Schnell oder sicher?

Schnell und sicher.

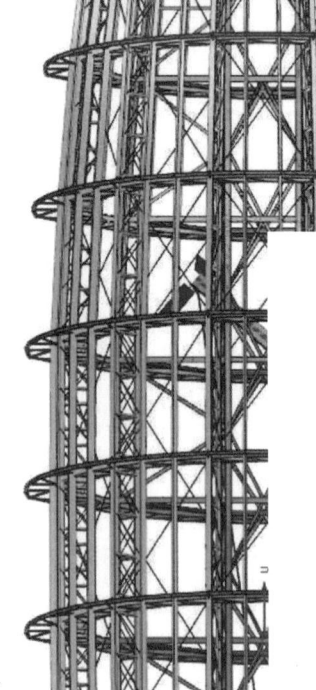

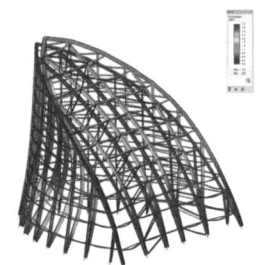
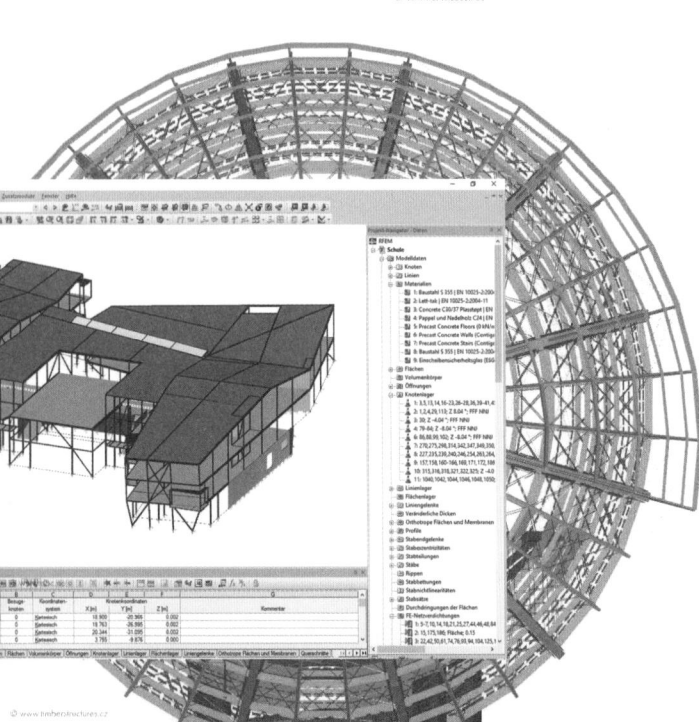
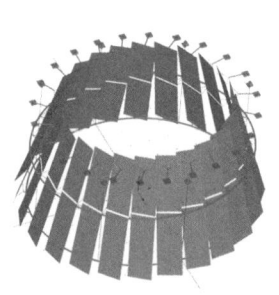

Mathematik	Seite 1 bis 40	1
Vermessung	Seite 41 bis 60	2
Baubetrieb	Seite 61 bis 98	3
Lastannahmen, Einwirkungen	Seite 99 bis 176	4
Statik und Festigkeitslehre	Seite 177 bis 232	5
Räumliche Aussteifungen	Seite 233 bis 256	6
Beton	Seite 257 bis 276	7
Stahlbeton und Spannbeton	Seite 277 bis 458	8
Mauerwerk und Putz	Seite 459 bis 499	9
Stahlbau	Seite 501 bis 737	10
Holzbau nach Eurocode 5	Seite 739 bis 876	11
Glasbau	Seite 877 bis 902	12
Geotechnik	Seite 903 bis 987	13
Bauen im Bestand	Seite 989 bis 1031	14
Brandschutz	Seite 1033 bis 1066	15
Bauphysik	Seite 1067 bis 1175	16
Schallimmissionsschutz	Seite 1177 bis 1206	17
Verkehrswesen	Seite 1209 bis 1308	18
Hydraulik und Wasserbau	Seite 1309 bis 1363	19
Siedlungswasserwirtschaft	Seite 1365 bis 1442	20
Abfallwirtschaft	Seite 1443 bis 1473	21
Building Information Modeling	Seite 1475 bis 1485	22
Bauzeichnungen	Seite 1487 bis 1517	23
Sachverzeichnis	Seite 1519 bis 1537	24

Wendehorst Bautechnische Zahlentafeln

EBOOK INSIDE

Die Zugangsinformationen zum eBook inside finden Sie
am Ende des Buchs.

Ulrich Vismann
(Hrsg.)

Wendehorst Bautechnische Zahlentafeln

36. Auflage

Herausgegeben von Prof. Dr.-Ing. Ulrich Vismann, FH Aachen
in Verbindung mit DIN Deutsches Institut für Normung e.V.

 Springer Vieweg

Beuth

Herausgeber
Ulrich Vismann
FH Aachen
Aachen, Deutschland

Die DIN-Normen sind wiedergegeben mit Erlaubnis des DIN Deutsches Institut für Normung e.V. Maßgebend für das Anwenden jeder DIN-Norm ist deren Fassung mit dem neuesten Ausgabedatum, die bei der Beuth Verlag GmbH, Am DIN-Platz, Burggrafenstraße 6, 10787 Berlin, erhältlich ist (www.beuth.de). Sinngemäß gilt das gleiche für alle in diesem Buch angezogenen amtlichen Richtlinien, Bestimmungen, Verordnungen usw.

  1. Auflage 1934
27. Auflage 1996
28. Auflage 1998
29. Auflage 2001
30. Auflage 2002
31. Auflage 2004
32. Auflage 2007
33. Auflage 2009
34. Auflage 2012
35. Auflage 2015
36. Auflage 2018

ISBN 978-3-658-17935-9   ISBN 978-3-658-17936-6 (eBook)   ISBN Beuth 978-3-410-27698-2
https://doi.org/10.1007/978-3-658-17936-6

Die Deutsche Nationalbibliothek verzeichnet diese Publikation in der Deutschen Nationalbibliografie; detaillierte bibliografische Daten sind im Internet über http://dnb.d-nb.de abrufbar.

Springer Vieweg
© Springer Fachmedien Wiesbaden GmbH 2018

Lektorat: Ralf Harms, Pamela Frank

Gedruckt auf säurefreiem und chlorfrei gebleichtem Papier

Springer Vieweg ist Teil von Springer Nature
Die eingetragene Gesellschaft ist Springer Fachmedien Wiesbaden GmbH
Die Anschrift der Gesellschaft ist: Abraham-Lincoln-Str. 46, 65189 Wiesbaden, Germany

Vorwort

Der bereits mit der 35. Auflage eingeführte zweispaltige Satz des „Wendehorst, Bautechnische Zahlentafeln" hat bei den Lesern ein durchweg positives Echo gefunden. Darüber hinaus ist die Online-Version der Zahlentafeln ebenfalls außerordentlich gut angenommen worden, sodass mit der jetzt vorliegenden 36. Auflage der eingeschlagene Weg weiter verfolgt werden kann. Im Bereich der bautechnischen Tafelwerke steht der „Wendehorst" damit als Vorreiter an vorderster Front zeitgemäßer Nutzungsmöglichkeiten.

Alle Kapitel der vorliegenden 36. Neuauflage der Zahlentafeln erhalten eine neue Nummerierung, die sich gedanklich an den fünf Ordnungspunkten „Grundlagen, Konstruktion und Bemessung, Bauphysik, Infrastruktur und Umwelt sowie Informationsverarbeitung" orientiert. Mit den neuen Autoren Prof. A. Borrmann, Prof. A. Malkwitz, Prof. C. Moormann, Prof. M. König und R. Pickhardt konnten wir kompetente Kollegen für die Fortschreibung des Werkes gewinnen. In diesem Zusammenhang wurden auch die Kapitel Baubetrieb und BIM neu in die Themensammlung aufgenommen. Die Kollegen Prof. Krings, Prof. Lohse und Prof. Feiser, die den Inhalt dieses Buches über viele Jahre maßgeblich mitgeprägt haben, haben aus Altersgründen ihre Mitarbeit eingestellt. Für ihre Beiträge bedanke ich mich als Herausgeber auch im Namen des Springer-Verlages ausdrücklich.

Seit fast 85 Jahren hat sich „Der Wendehorst" in Praxis und Lehre als Standardwerk der Bauingenieure bewährt. Inhaltlich ist das Buch vollständig mit dem aktuellen Stand der Bautechnik überarbeitet worden. Dies betrifft vornehmlich die inzwischen weitgehend vollzogene Einführung der Eurocodes in den Bemessungsfächern des konstruktiven Ingenieurbaus.

Zur besseren inhaltlichen Orientierung werden im Folgenden die wesentlichen Neubearbeitungen dieser Auflage aufgezählt:

Baubetrieb	Komplett neues Kapitel
Baustatik	Umfangreiche Neubearbeitung und Modernisierung
Bauphysik	Der bauliche Schallschutz wurde unter Berücksichtigung der neuen DIN 4109 vollständig überarbeitet
Beton	Vollständige Aktualisierung
BIM	Komplett neues Kapitel
Geotechnik	Vollständige Überarbeitung und Aktualisierung
Stahlbau/Verbundbau	Umfangreiche Aktualisierung in Bezug auf alle Aktualisierungen zum Eurocode 3,
Stahlbeton + Spannbeton	Umfangreiche Erweiterung und Aktualisierung mit den aktuellen Berichtigungen zum Eurocode 2
Holzbau	Erweiterung und Aktualisierung in Bezug auf den Eurocode 5, Stand 2017

Alle anderen Kapitel wurden jeweils dem aktuellen Stand der Technik angepasst und redaktionell überarbeitet. Insbesondere ist hier auch auf das parallel zu diesem Bautabellenbuch vorhandene Lehrbuch „Wendehost, Beispiel aus der Baupraxis", welches jetzt aktuell mit der 6. Auflage erscheint, hinzuweisen. Hier werden ausschließlich vollständige durchgerechnete Praxisbeispiele, für die in einem Tafelwerk wie dem Wendehorst kein Platz ist, vorgestellt und erläutert.

Dem Verlag und insbesondere Ralf Harms sei an dieser Stelle im Namen aller Autoren und des Herausgebers für die stets kooperative Zusammenarbeit recht herzlich gedankt.

Aachen, im Juli 2017   Ulrich Vismann

Griechisches Alphabet

α A *a* Alpha	β B *b* Beta	γ Γ *g* Gamma	δ Δ *d* Delta
ε E *ĕ* Epsilon	ζ Z *z* Zeta	η H *ē* Eta	ϑ Θ *th* Theta
ι I *i* Iota	$\varkappa$ K *k* Kappa	λ Λ *l* Lambda	μ M *m* Mü
ν N *n* Nü	ξ Ξ *x* Ksi	o O *ŏ* Omikron	π Π *p* Pi
ϱ P *r* Rho	σ Σ *s* Sigma	τ T *t* Tau	υ Υ *ü* Ypsilon
φ Φ *ph* Phi	χ X *ch* Chi	ψ Ψ *ps* Psi	ω Ω *ō* Omega

SI-Einheiten nach DIN 1301-1 (10.2010)

SI-Einheiten sind nur die Basiseinheiten (Tafel 1) und die daraus kohärent (mit dem Zahlenfaktor „eins") abgeleiteten Einheiten (Beispiele s. Tafel 2). Der Name SI steht für „Système International d'Unites,, (Internationales Einheitensystem). Eine ausführliche Information über das Internationale Einheitensystem enthält die SI-Broschüre der Physikalisch-Technischen Bundesanstalt (Download unter www.ptb.de).

Tafel 1 SI-Basiseinheiten

Basisgröße	Basiseinheit	
	Name	Zeichen
Länge	der Meter	m
Masse	der Kilogramm	kg
Zeit	die Sekunde	s
elektrische Stromstärke	das Ampere	A
thermodynamische Temperatur	das Kelvin[a]	K
Stoffmenge	das Mol	mol
Lichtstärke	die Candela	cd

[a] Bei Angabe von Celsius-Temperaturen wird der besondere Name Celsius (Einheitenzeichen: °C) anstelle von Kelvin benutzt.

Tafel 2 Abgeleitete SI-Einheiten mit besonderem Namen und Zeichen

Größe	SI-Einheit		Beziehung
	Name	Zeichen	
ebener Winkel	der Radiant	rad	$1\,\mathrm{rad} = 1\,\mathrm{m/m}$
Raumwinkel	der Steradiant	sr	$1\,\mathrm{sr} = 1\,\mathrm{m^2/m^2}$
Kraft	das Newton	N	$1\,\mathrm{N} = 1\,\mathrm{kg\,m/s^2}$
Druck, mechanische Spannung	das Pascal	Pa	$1\,\mathrm{Pa} = 1\,\mathrm{N/m^2}$
Energie, Arbeit, Wärmemenge	das Joule	J	$1\,\mathrm{J} = 1\,\mathrm{N\,m} = 1\,\mathrm{W\,s}$
Leistung, Wärmestrom	das Watt	W	$1\,\mathrm{W} = 1\,\mathrm{J/s}$
Lichtstrom	das Lumen	lm	$1\,\mathrm{lm} = 1\,\mathrm{cd\,sr}$
Beleuchtungsstärke	das Lux	lx	$1\,\mathrm{lx} = 1\,\mathrm{lm/m^2}$

Tafel 3 International festgelegte Vorsätze (SI-Vorsätze)

Faktor	Vorsatz		Faktor	Vorsatz		Faktor	Vorsatz		Faktor	Vorsatz	
	Name	Zeichen		Name	Zeichen		Name	Zeichen		Name	Zeichen
10^{-18}	Atto	a	10^{-6}	Mikro	μ	10^1	Deka	da	10^9	Giga	G
10^{-15}	Femto	f	10^{-3}	Milli	m	10^2	Hekto	h	10^{12}	Tera	T
10^{-12}	Piko	p	10^{-2}	Zenti	c	10^3	Kilo	k	10^{15}	Peta	P
10^{-9}	Nano	n	10^{-1}	Dezi	d	10^6	Mega	M	10^{18}	Exa	E

Das Vorsatzzeichen bildet zusammen mit dem Einheitenzeichen, mit dem es ohne Zwischenraum geschrieben oder gesetzt wird, das Zeichen einer eigenen Einheit.

Tafel 4 Einheiten außerhalb des SI

Größe	Einheitenname	Einheitenzeichen	Definition
ebener Winkel	Vollwinkel	–	$1\,\text{Vollwinkel} = 2\pi\,\mathrm{rad}$
	Gon	gon	$1\,\mathrm{gon} = (\pi/200)\,\mathrm{rad}$
	Grad	° [a]	$1° = (\pi/180)\,\mathrm{rad}$
	Minute	′ [a]	$1' = (1/60)°$
	Sekunde	″ [a]	$1'' = (1/60)'$
Volumen	Liter	ℓ	$1\,\ell = 1\,\mathrm{dm^3}$
Zeit	Minute	min [a]	$1\,\mathrm{min} = 60\,\mathrm{s}$
	Stunde	h [a]	$1\,\mathrm{h} = 60\,\mathrm{min}$
	Tag	d [a]	$1\,\mathrm{d} = 24\,\mathrm{h}$
	Gemeinjahr	a [a]	$1\,\mathrm{a} = 365\,\mathrm{d} = 8760\,\mathrm{h}$
Masse	Tonne	t	$1\,\mathrm{t} = 10^3\,\mathrm{kg} = 1\,\mathrm{Mg}$
Druck	Bar	bar	$1\,\mathrm{bar} = 10^5\,\mathrm{Pa}$

[a] Nicht mit Vorsätzen verwenden.

Umrechnungstafeln

Einzellasten

	N	kN	MN
1 N	1	10^{-3}	10^{-6}
1 kN	10^3	1	10^{-3}
1 MN	10^6	10^3	1
1 kp	10	10^{-2}	10^{-5}
1 Mp	10^4	10	10^2

g = Gramm
k = Kilo = 10^3 (tausend)
M = Mega = 10^6 (million)
N = Newton
p = Pond
t = Tonne

Massen/Kräfte

	g	kg	t	N	kN	MN
1 g	1	10^{-3}	10^{-6}	10^{-2}	10^{-5}	10^{-8}
1 kg	10^3	1	10^{-3}	10	10^{-2}	10^{-5}
1 t	10^6	10^3	1	10^4	10	10^{-2}

Zeiteinheiten

	a (Jahr)	d (Tag)	h (Stunde)	min (Minute)	s (Sekunde)
1 a (Jahr)	1	365	8760	525.600	$31{,}54 \cdot 10^6$
1 d (Tag)	$2{,}740 \cdot 10^{-3}$	1	24	1440	86.400
1 h (Stunde)	$1{,}142 \cdot 10^{-4}$	$4{,}167 \cdot 10^{-2}$	1	60	3600
1 min (Minute)	$1{,}903 \cdot 10^{-6}$	$6{,}944 \cdot 10^{-4}$	$1{,}667 \cdot 10^{-2}$	1	60
1 s (Sekunde)	$3{,}171 \cdot 10^{-8}$	$1{,}157 \cdot 10^{-5}$	$2{,}788 \cdot 10^{-4}$	$1{,}667 \cdot 10^{-2}$	1

Flächenlasten/Spannungen

	N/mm^2	N/cm^2	kN/mm^2	kN/cm^2	kN/m^2	MN/cm^2	MN/m^2
1 N/mm^2	1	10^2	10^{-3}	10^{-1}	10^3	10^{-4}	1
1 N/cm^2	10^{-2}	1	10^{-5}	10^{-3}	10	10^{-6}	10^{-2}
1 kN/mm^2	10^3	10^5	1	10^2	10^6	10^{-1}	10^3
1 kN/cm^2	10	10^3	10^{-2}	1	10^4	10^{-3}	10
1 kN/m^2	10^{-3}	10^{-1}	10^{-6}	10^{-4}	1	10^{-7}	10^{-3}
1 MN/cm^2	10^4	10^6	10	10^3	10^7	1	10^4
1 MN/m^2	1	10^2	10^{-3}	10^{-1}	10^3	10^{-4}	1
1 kp/mm^2	10	10^3	10^{-2}	1	10^4	10^3	10
1 kp/cm^2	10^{-1}	10	10^{-4}	10^{-2}	10^2	10^{-5}	10^{-1}
1 Mp/cm^2	10^2	10^4	10^{-1}	10	10^5	10^{-2}	10^2
1 Mp/m^2	10^{-2}	1	10^{-5}	10^{-3}	10	10^{-6}	10^{-2}

$$1\,Pa = 1\,N/m^2 \qquad 1\,kPa = 1\,kN/m^2 \qquad 1\,MPa = 1\,MN/m^2 = 1\,N/mm^2 \qquad \text{(Pascal)}$$

Autorenverzeichnis

Prof. Dr.-Ing. Ernst Biener war nach Studium und Promotion an der RWTH Aachen zunächst für einen internationalen Baukonzern im Bereich der Umwelttechnik tätig. Seit 1989 ist er Professor für Umwelttechnik im Fachbereich Bauingenieurwesen der Fachhochschule Aachen. Er ist außerdem von der IHK Aachen ö. b. u. v. Sachverständiger für Deponietechnik sowie Erkundung, Beurteilung und Sanierung von Grundwasser- und Bodenverunreinigungen und Beratender Ingenieur (Ingenieurkammer BauNW). Als Mitglied zahlreicher Berufsverbände (DGGT, DGAW, DWA, VKU etc.) sowie Geschäftsführer der Ingenieurgesellschaft Umtec – Prof. Biener | Sasse | Konertz – Partnerschaft Beratender Ingenieure und Geologen mdB mit Sitz in Bremen, Osnabrück und Aachen ist er Autor zahlreicher Veröffentlichungen in nationalen und internationalen Fachmedien.

Prof. Dr.-Ing. André Borrmann hat Bauingenieurwesen an der Bauhaus-Universität Weimar studiert und an der TU München im Bereich Bauinformatik promoviert. Seit 2011 leitet er den Lehrstuhl für Computergestützte Modellierung und Simulation an der TU München und ist seit 2014 Sprecher des Leonhard Obermeyer Center of Digital Methods for the Built Environment. Einen der wesentlichen Forschungsschwerpunkte des Lehrstuhls bildet die Weiterentwicklung von Methoden und Verfahren des Building Information Modeling. Prof. Borrmann ist als Gutachter für zahlreiche internationale Journals tätig und wurde mit mehreren internationalen Preisen für seine Forschungstätigkeit ausgezeichnet. Er wirkt in den BIM-Gremien bei VDI und DIN mit, ist Sprecher des Arbeitskreises Bauinformatik, dem Zusammenschluss der Bauinformatik-Lehrstühle im deutschsprachigen Raum, und Mitglied im Commitee der European Group for Intelligent Computing in Engineering (EG-ICE).

Prof. Dr.-Ing. Sylvia Heilmann studierte Bauingenieurwesen an der Technischen Hochschule Leipzig und führt seit 1997 ein Ingenieurbüro für Baustatik und Brandschutz. Sie promovierte an der Technischen Universität Dresden und ist dort seit 2016 Professorin für Brandschutz. Ihre zahlreichen Veröffentlichungen zum Thema Brandschutz gehören seit Jahren zur Standardfachliteratur.

Prof. Dr.-Ing. Ekkehard Heinemann studierte an der Ingenieurschule Siegen und der Technischen Hochschule Aachen Bauingenieurwesen. Anschließend war er als wissenschaftlicher Assistent am Aachener Institut für Wasserbau und Wasserwirtschaft tätig und promovierte auf dem Gebiet von Wirbelströmungen. Viele Jahre wurde er von einer Ingenieurgesellschaft hauptsächlich für Auslandsprojekte der Wasserkraft- und Talsperrenplanung eingesetzt. Von 1990 bis 2011 vertrat er an der Fachhochschule Köln, jetzt Technische Hochschule Köln, die Gebiete der Wasserwirtschaft und des Wasserbaus. Als Autor beteiligte er sich an zahlreichen Fachbeiträgen und Büchern.

Prof. Dr.-Ing. Martin Homann studierte Architektur an der Universität Dortmund und promovierte am Lehrstuhl Bauphysik der Universität Dortmund über Rissüberbrückungsfähigkeit von Beschichtungssystemen. Danach Mitarbeiter in der Baustoffindustrie und freiberufliche Tätigkeit als Architekt und Bauphysiker. Von der Architektenkammer Nordrhein-Westfalen

staatlich anerkannter Sachverständiger für Schall- und Wärmeschutz und seit 2000 Professor
für Bauphysik an der Fachhochschule Münster.

Prof. Dr.-Ing. Wolfram Jäger studierte Bauingenieurwesen an der Technischen Universität
Dresden und an der Moskauer Bauhochschule (MISI) und promovierte in Dresden am Lehrstuhl für Baumechanik der Stabtragwerke und Bauwerksoptimierung. Professor Jäger ist seit
vielen Jahren als Beratender Ingenieur, als Prüfingenieur und Tragwerksplaner tätig und hat
– neben zwei Fachbüchern in englischer Sprache – zahlreiche wissenschaftliche Aufsätze zu
Themen aus dem Bauwesen, insbesondere dem Mauerwerksbau veröffentlicht. Er ist sowohl in
mehreren Fachausschüssen und -gremien des DIN als auch in europäischen Normungsgremien
Mitglied. Er ist Chefredakteur der Zeitschrift „Mauerwerk" und Herausgeber des Mauerwerk-
kalenders sowie Inhaber des Lehrstuhls für Tragwerksplanung der Fakultät Architektur der TU
Dresden.

Prof. Dr.-Ing. Rainer Joeckel studierte an der Universität Stuttgart Geodäsie. Nach der
Assistentenzeit am Geodätischen Institut Stuttgart promovierte er über ein Thema der Mess-
technik. Nach anschließender Tätigkeit in der Vermessungsverwaltung in Baden-Württemberg
und bei der Stadt Stuttgart erfolgte die Berufung an die Fachhochschule Stuttgart – Hochschule für Technik. Seine Fachgebiete sind Vermessungskunde, Industrielle Messtechnick,
Elektronisches Messen und Geodätische Positionsbestimmung. Er ist Autor zahlreicher wissenschaftlicher Veröffentlichungen, Fach- und Lehrbücher.

Prof. Dr.-Ing. Markus König studierte bis 1997 Bauingenieurwesen mit der Studienrich-
tung Angewandte Informatik an der Universität Hannover, an der er auch 2003 mit dem
Schwerpunkt kooperative Gebäudeplanung promovierte. Zwischen 2003 und 2004 war er Ge-
sellschafter und Projektleiter der jPartner Software GmbH & Co. KG, welche individuelle
Terminplanungssoftware entwickelte. Anschließend übernahm Herr König die Juniorprofes-
sur „Theoretische Methoden des Projektmanagements" an der Bauhaus-Universität Weimar.
Im Jahr 2009 wurde er auf den Lehrstuhl für Informatik im Bauwesen an der Ruhr-Universität
Bochum berufen. Er ist in zahlreiche Forschungsvorhaben rund um die Themen „Building
Information Modeling" und „Bauprozesssimulation" eingebunden und ist als Gutachter für
zahlreiche Fachzeitschriften tätig.

Prof. Dr.-Ing. Alexander Malkwitz hat an der TU München Bauingenieurwesen und Wirt-
schaftswissenschaften studiert. In den ersten Jahren seiner Berufstätigkeit war er bei BASF
und HOCHTIEF tätig. Im Anschluss daran hat er als Management Berater und Partner
einer führenden Unternehmensberatung weltweit eine Vielzahl von Unternehmen im Bau-
und Anlagenbau, dem Maschinenbau aber auch der Stahlindustrie beraten. Seit 2006 ist er
Professor an der Universität Duisburg-Essen und leitet dort das Institut für Baubetrieb und
Baumanagement. Er ist Autor einer Vielzahl von Veröffentlichungen rund um das Thema
des Baumanagement. Außerdem unterstützt er als geschäftsführender Gesellschafter der
Unternehmensberatung M+P Unternehmen darin besser zu werden, Chancen zu nutzen und
Herausforderungen zu meistern.

Prof. Dr.-Ing. Dieter Maurmaier assistierte und promovierte nach seinem Studium der
Fachrichtung Bauingenieurwesen am Institut für Straßen- und Verkehrswesen der Universität Stuttgart. Er war als Partner im Ingenieurbüro Bender + Stahl tätig und gründete später die
Firma MAP Prof. Maurmaier + Partner mit den Schwerpunkten Verkehrsplanung, Straßenentwurf, Verkehrstechnik und Immissionsschutz. Von 1992 bis 2015 lehrte er an der Hochschule
für Technik Stuttgart das Fachgebiet Verkehrswesen.

Univ.-Prof. Dr.-Ing. habil. Christian Moormann studierte Bauingenieurwesen mit der
Vertiefungsrichtung Konstruktiver Ingenieurbau an der Universität Hannover. Nach einer Tä-

tigkeit als Wissenschaftlicher Mitarbeiter am Institut und der Versuchsanstalt für Geotechnik der Technischen Universität Darmstadt promovierte er über ein Thema zur Baugrund-Grundwasser-Interaktion bei tiefen Baugruben. In der Folge war Prof. Moormann als Beratender Ingenieur und Geschäftsführer in Ingenieurbüros für Geotechnik tätig. 2009 erwarb er an der Technischen Universität Darmstadt mit einer Habilitationsschrift zu „Möglichkeit und Grenzen experimenteller und numerischer Modellbildungen zur Optimierung geotechnischer Verbundkonstruktionen" die Venia Legendi für das Fach „Bodenmechanik und Grundbau". Seit 2010 hat er als Universitätsprofessor die Leitung des Institutes für Geotechnik an der Universität Stuttgart übernommen. Forschungsschwerpunkte sind u. a. Numerische Methoden in der Geotechnik, Halbfestgesteine, Pfähle/Baugrundverbesserungen, tiefe Baugruben, Geothermie und Verkehrswegebau. Prof. Moormann ist öffentlich bestellter und vereidigter Sachverständiger für Erdbau, Grundbau, Felsbau sowie Spezialtiefbau und ist als Inhaber des Ingenieurbüros Prof. Moormann Geotechnik Consult beratend und prüfend bei zahlreichen, auch internationalen Projekten in die Ingenieurpraxis eingebunden. Er ist als Experte in diversen nationalen und internationalen Fachgremien und Normenausschüssen tätig; so ist Prof. Moormann u. a. Obmann des deutschen Normenausschusses „Pfähle", des europäischen Normenausschusses „Pile Design" und im CEN/TC250/SC 7 Leiter des Projektteams für die Erstellung des Eurocode 7, Teil 3 „Geotechnical Structures", ferner ist er Vorstandsmitglied der Deutschen Gesellschaft für Geotechnik (DGGT) und Beirat im Lenkungsgremium Fachbereich „Grundbau – Geotechnik" des DIN.

Prof Dr.-Ing. Ansgar Neuenhofer studierte Bauingenieurwesen an der RWTH Aachen und promovierte 1994 am dortigen Lehrstuhl für Baustatik mit einem Thema zur Sicherheitstheorie im Stahlbetonbau. Nach 16-jähriger Tätigkeit in Forschung, Lehre und Praxis in Kalifornien kehrte er 2010 nach Deutschland zurück und vertritt seitdem an der Technischen Hochschule Köln die Lehrgebiete Baumechanik und Baudynamik.

Prof. Dr.-Ing. Helmuth Neuhaus studierte Bauingenieurwesen an der Ruhr-Universität Bochum. Er promovierte dort mit einem Thema aus dem Holzbau. Danach war er in einer Anlagenbaufirma tätig. 1986 ging er an die Fachhochschule Münster. Seine Lehrgebiete waren Holzbau und Bauphysik. Als Autor und Mitautor veröffentlichte er zahlreiche Aufsätze und ein Fachbuch. Er war öffentlich bestellter und vereidigter Sachverständiger der IHK Nord Westfalen (Münster) für das Sachgebiet Holzbau.

Dipl.-Ing. Roland Pickhardt studierte Bauingenieurwesen an der RWTH Aachen mit der Fachrichtung konstruktiver Ingenieurbau. In den Jahren 1987 bis 1991 war er bei der Philipp Holzmann AG, Düsseldorf, im Bereich Baustoffüberwachung und Bauleitung beschäftigt. Danach wechselte er in die Zementindustrie, wo er derzeit als Bauberater des Informations-Zentrums Beton tätig ist. Er wirkt im Rahmen der E-Schein-Ausbildung an verschiedenen Institutionen bzw. Hochschulen als Dozent mit. Außerdem ist er in Gremien der FGSV und der DWA im Bereich „Ländlicher Wegebau" vertreten. In der VDI-Gesellschaft Bauen und Gebäudetechnik ist er Mitglied im Fachbeirat Bautechnik, im Verband der Deutschen Betoningenieure (VDB) Mitglied des erweiterten Vorstands sowie Leiter der Regionalgruppe Nordrhein. Er ist Autor verschiedener Publikationen innerhalb des gemeinsamen Schrifttums der Zementindustrie, so z. B. bei den Fachbüchern „Beton – Herstellung nach Norm", „Bauphysik nach Maß" oder „Bauteilkatalog".

Prof. Dr.-Ing. Winfried Roos studierte Bauingenieurwesen an der RWTH Aachen. Nach einer mehrjährigen Tätigkeit als Statiker und Bauleiter für eine große deutsche Baufirma wechselte er an den Lehrstuhl für Massivbau der TU München. Dort promovierte er während seiner sechsjährigen Tätigkeit als wissenschaftlicher Assistent zur Thematik der Druckfestigkeit des gerissenen Stahlbetons in scheibenförmigen Bauteilen bei gleichzeitig wirkender Querzugbeanspruchung. Im Anschluss war er mehrere Jahre Partner und geschäftsführender

Gesellschafter einer Ingenieurgesellschaft in Essen. Seit 1998 ist er an der Technischen Hochschule Köln und vertritt dort die Lehrgebiete Massivbau und Baustatik. Außerdem ist er seit 1999 öffentlich bestellter und vereidigter Sachverständiger der IHK Köln für Tragkonstruktionen im Massivbau.

Prof. Dr.-Ing. Richard Stroetmann studierte Bauingenieurwesen an der FH-Aachen, der TH Darmstadt und der Universität Kaiserslautern. Im Zeitraum von 1987 bis 1994 war er als Tragwerksplaner im Ingenieur-, Anlagen- und Hochbau tätig. 1994 begann er als wissenschaftlicher Mitarbeiter am Institut für Stahlbau und Werkstoffmechanik der TU Darmstadt und schloss dort 1999 mit der Promotion in der Stabilitätstheorie und Finite-Elemente-Methode ab. Anschließend wechselte er zu KREBS+KIEFER in Darmstadt, begann dort als Projektleiter im Hochbau und wurde im Jahr 2001 zum Geschäftsführenden Gesellschafter bestellt. Seit Februar 2006 ist er Professor für Stahlbau und Direktor des Instituts für Stahl- und Holzbau, seit Januar 2016 Prodekan der Fakultät Bauingenieurwesen der TU Dresden. Mit der Gründung der Dresdener Geschäftsstelle der KREBS+KIEFER Ingenieure GmbH im Jahr 2006 ist er dort zuständiger Geschäftsführer. Im Jahr 2011 bekam er die Anerkennung als Prüfingenieur in der Fachrichtung Metallbau. Er ist Sachverständiger beim Deutschen Institut für Bautechnik (DIBt) und als Mitglied im Normenausschuss Bauwesen (NABau) und German Expert im CEN TC250 SC 3 (Eurocode 3) in verschiedenen Arbeitsausschüssen an der Entwicklung von Normen im Stahlbau beteiligt.

Prof. Dr.-Ing. Andreas Strohmeier studierte an der RWTH Aachen Bauingenieurwesen. Dort promovierte er auch während seiner wissenschaftlichen Assistententätigkeit mit einem Thema zum Leistungsvermögen von Abwasserbehandlungsanlagen. Er war in verschiedenen international tätigen Ingenieurunternehmen beschäftigt, darunter in einem der weltweit größten Wasser- und Abwasseraufbereitungsunternehmen. In Führungspositionen übernahm er praktische Ingenieurtätigkeiten aus dem Bereich der Wasser- und Abwassertechnik. Seit 1994 ist er Professor an der Fachhochschule Aachen im Fachbereich Bauingenieurwesen für das Lehrgebiet Wasserversorgung und Abwassertechnik sowie Autor zahlreicher internationaler Fachaufsätze.

Dr. Silke Tasche studierte Bauingenieurwesen mit der Vertiefung Konstruktiver Ingenieurbau an der Technischen Universität Dresden. Seit 2001 ist sie wissenschaftliche Mitarbeiterin am Institut für Baukonstruktion der Fakultät Bauingenieurwesen der Technischen Universität Dresden. Als Arbeitsschwerpunkte sind der Konstruktive Glasbau sowie die Klebtechnik zu nennen, welche Kernthemen der Promotion waren. 2010 erfolgte die Weiterqualifizierung zum DVS®-EWF-European Adhesive Engineer (EAE) am Fraunhofer-Institut für Fertigungstechnik und Angewandte Materialforschung IFAM in Bremen.

André Thesing M. Sc. studierte Projektmanagement (Bau) an der Hochschule in Biberach mit der Vertiefungsrichtung Ingenieurhochbau und anschließend Bauingenieurwesen an der Universität Duisburg-Essen mit dem Schwerpunkt Baubetrieb, Infrastruktursysteme und Umwelttechnik. Seitdem war er Mitarbeiter bei einem international tätigen Bauunternehmen und arbeitet weiterhin in einem deutschen Bau- und Beratungsunternehmen. Er lehrt als wissenschaftlicher Mitarbeiter am Institut für Baubetrieb und Baumanagement der Universität Duisburg-Essen. Seine Fachgebiete umfassen die klassische Baubetriebslehre sowie die Methode des Building Information Modeling. Neben der Mitgliedschaft im Normenausschuss Bauwesen (NABau) ist er in Arbeitskreisen rund um das Thema digitales Bauen tätig.

Prof. Dr.-Ing. Ulrich Vismann studierte Bauingenieurwesen mit dem Schwerpunkt Konstruktiver Ingenieurbau an der RWTH Aachen. Anschließend war er Assistent am dortigen Lehrstuhl für Baustatik und promovierte an der TU-München über ein Thema zur Sicherheitstheorie im Stahlbetonbau. Nach einer fünfjährigen Tätigkeit in der Bauindustrie wechselte er

1999 in die Selbständigkeit als Beratender Ingenieur. Seit 2001 ist er Professor für Massivbau und Baustatik an der Fachhochschule Aachen. Als Gastdozent lehrte er mehrere Jahre an der Polytechnic of Namibia, jetzt Namibia University of Science and Technology (NUST), in Windhoek. Darüber hinaus ist er von der Ingenieurkammer Bau NRW als ö. b. u. v. Sachverständiger für Massivbau mit den Schwerpunkten Stahlbetonbau, Spannbetonbau und Mauerwerksbau vereidigt. Die Aufgaben als Sachverständiger und Beratender Ingenieur nimmt Herr Prof. Vismann als Geschäftsführer des Ingenieurbüros Kossin + Vismann GmbH & Co. KG wahr.

Prof. Dr.-Ing. Uwe Weitkemper studierte Bauingenieurwesen mit dem Schwerpunkt Konstruktiver Ingenieurbau an der RWTH Aachen. Anschließend war er Assistent am dortigen Lehrstuhl für Baustatik und Baudynamik und promovierte über ein Thema zur Erdbebensicherung von Stahlbetonbauwerken. Danach war er als Tragwerksplaner und Planungsleiter für ein großes deutsches Bauunternehmen und eine Ingenieurgesellschaft vorwiegend in Auslandsprojekten des Brückenbaus tätig. Seit 2009 ist er Professor für Massivbau am Campus Minden der Fachhochschule Bielefeld.

Prof. Dr.-Ing. Bernhard Weller studierte Bauingenieurwesen mit Vertiefung Konstruktiver Ingenieurbau an der RWTH Aachen. Später war er als Beratender Ingenieur tätig mit anschließender Promotion. Nach seiner Professur für Tragwerksplanung an der Fachhochschule Frankfurt/Main ist er jetzt am Lehrstuhl für Baukonstruktionslehre an der Technischen Universität Dresden und dort seit 2002 außerdem Direktor des Instituts für Baukonstruktion.

Mathematik

Prof. Dr.-Ing. Ansgar Neuenhofer

Inhaltsverzeichnis

1.1	Funktionsverläufe und Kreis-Elemente	2
1.2	Arithmetik	3
	1.2.1 Rechnen mit physikalischen Größen	3
	1.2.2 Potenzen	3
	1.2.3 Wurzeln	4
	1.2.4 Logarithmen	4
	1.2.5 Binomischer Satz	4
	1.2.6 Reihen	5
	1.2.7 Zinseszins- und Rentenrechnung	5
	1.2.8 Investitionsrechnung	6
	1.2.9 Gleichung zweiten Grades (quadratische Gleichung)	7
1.3	Lineare Algebra	7
	1.3.1 Determinanten	7
	1.3.2 Vektoren	8
	1.3.3 Matrizen	11
	1.3.4 Lösung linearer Gleichungssysteme mit dem Gauß-Algorithmus	13
1.4	Trigonometrie	14
1.5	Geometrie	16
	1.5.1 Geometrie der Ebene	16
	1.5.2 Geometrie des Raumes	18
1.6	Analytische Geometrie der Ebene	19
	1.6.1 Punkt in verschiedenen Koordinatensystemen	19
	1.6.2 Zwei und mehr Punkte	20
	1.6.3 Gerade	20
	1.6.4 Kegelschnitte	21
1.7	Differenzialrechnung	22
	1.7.1 Grundlagen	22
	1.7.2 Rechenregeln	22
	1.7.3 Ableitungen elementarer Funktionen	23
	1.7.4 Partielle Ableitungen von Funktionen von zwei (oder mehr) Variablen	23
1.8	Integralrechnung	23
	1.8.1 Bestimmtes Integral	23
	1.8.2 Unbestimmtes Integral	24
	1.8.3 Rechenmethoden der Integralrechnung	24
	1.8.4 Numerische Integration	24
	1.8.5 Grundintegrale (ohne Integrationskonstante)	25
	1.8.6 Integrationsformeln (ohne Integrationskonstante)	25
1.9	Anwendungen der Differenzial- und Integralrechnung	27
	1.9.1 Tangente und Normale der Kurve einer Funktion	27
	1.9.2 Eigenschaften der Kurven von Funktionen	27
	1.9.3 Lösung nichtlinearer Gleichungen mit dem Newton-Verfahren	27
	1.9.4 Krümmung, Krümmungsradius, Krümmungskreis	28
	1.9.5 Unbestimmte Ausdrücke	28
	1.9.6 Geometrische Größen	28
	1.9.7 Differenzieren und Integrieren in Polarkoordinaten	30
	1.9.8 Potenzreihen	30
1.10	Funktionen zweier Veränderlicher	31
	1.10.1 Darstellung	31
	1.10.2 Integration	31
	1.10.3 Nichtlineare Gleichungssysteme	32
1.11	Differenzialgleichungen	33
	1.11.1 Begriffe	33
	1.11.2 Trennung der Veränderlichen	33
	1.11.3 Lineare DGl. mit konstanten Koeffizienten	34
	1.11.4 Differenzenverfahren	35
1.12	Statistik, Fehlerrechnung	35
	1.12.1 Statistik	35
	1.12.2 Fehlerrechnung	39

Mathematische Zeichen nach DIN 1302 (12.99)

$=\ (\neq)$	gleich (ungleich); $\equiv$ identisch gleich
$\sim\ (\approx)$	ähnlich, proportional; (rund, etwa)
$\hat{=}\ (\cong)$	entspricht (kongruent)
$\parallel\ (\nparallel)$	parallel (nicht parallel)
$\perp$	rechtwinklig zu, senkrecht zu
$\triangle\ (\triangleleft)$	Dreieck (Winkel)
$<\ (>)$	kleiner als (größer als)
$,\ (\dots)$	Komma (und so weiter bis)
$\%$	Prozent, vom Hundert, $1\ \% = 10^{-2}$
‰	Promille, vom Tausend, $1\ \text{‰} = 10^{-3}$
$+\ (-)$	plus (minus)
$\cdot / \times$	mal
$-/:$	durch, geteilt durch, zu; in Formeln / und : nur zur Platzersparnis/auch „je" gelesen, z. B. MN/m^2 = Meganewton je Quadratmeter
$\prod_{i=1}^{n} x_i$	Produkt über x_i, von i gleich 1 bis n
$\sum$	Summe; Grenzbezeichnungen: $\sum_{k=1}^{n}$
$\sqrt[n]{\ }$	n-te Wurzel aus
i oder j	imaginäre Einheit $= \sqrt{-1}$

A. Neuenhofer ✉

Fakultät für Bauingenieurwesen und Umwelttechnik, Technische Hochschule Köln, Betzdorfer Straße 2, 50679 Köln, Deutschland

© Springer Fachmedien Wiesbaden GmbH 2018

U. Vismann (Hrsg.), *Wendehorst Bautechnische Zahlentafeln*, https://doi.org/10.1007/978-3-658-17936-6_1

$\log_a$	Logarithmus zur Basis a
	$\lg = \log_{10}$; $\ln = \log_e$; $\mathrm{lb} = \log_2$
$n!$	n Fakultät $n! = 1 \cdot 2 \cdot \ldots \cdot n$
$\binom{n}{k}$	n über k
$f(x)$	f von x; Funktion der Veränderl. x
$\lim$	Limes, Grenzwert
$\lim\limits_{x \to a} f(x) = b$	bedeutet: $f(x)$ strebt gegen den Grenzwert b, wenn x sich in beliebiger Weise dem Wert a nähert
d	Differenzialzeichen
$\int$	Integral; $\iint$ Doppelintegral
$\sum\limits_{i=1}^{n} x_i$	Summe über x_i von i gleich 1 bis n

Zahlenwerte einiger wichtiger Konstanten

Konstante	Zahlenwert	Kehrwert
π	3,141592654	0,318309886
$\pi/180 = \text{arc } 1°$	0,017453293	57,29577951
$\pi/(60 \cdot 180) = \text{arc } 1'$	0,000290888	3437,7468
$\pi/(60^2 \cdot 180) = \text{arc } 1''$	0,000004848	206.264,81
$\pi/200 = \text{arc } 1 \text{ gon}$	0,015707963	63,66197723
e	2,718281828	0,367879441
lg e	0,434294482	2,302585093
g^a	9,80665	0,10197
$\sqrt{g}$	3,13156	0,31933
$\pi/\sqrt{g}$	1,00320	0,99681

[a] Fallbeschleunigung in m/s² in Meereshöhe und 45° geographischer Breite.

1.1 Funktionsverläufe und Kreis-Elemente

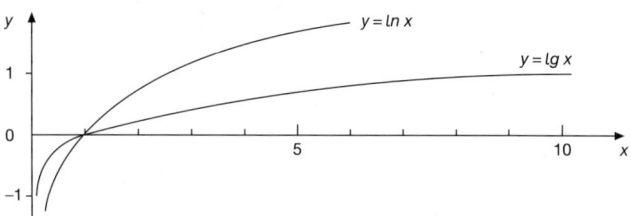

Abb. 1.1 Logarithmusfunktionen

$$\alpha = 4 \cdot \arcsin \sqrt{\frac{h}{d}} = 2 \cdot \arctan \frac{s}{d - 2h}$$

$$h = \frac{d}{2} \cdot \left(1 - \cos \frac{\alpha}{2}\right) = \frac{1}{2} \cdot (d - \sqrt{d^2 - s^2})$$

$$s = d \cdot \sin \frac{\alpha}{2} = 2 \cdot \sqrt{h \cdot (d - h)}$$

$$b = \frac{d}{2} \cdot \alpha = d \cdot 2 \arcsin \sqrt{\frac{h}{d}}$$

$$e = \frac{d}{2} \cdot \left(\frac{4}{3} \cdot \frac{\sin^3 \frac{\alpha}{2}}{\alpha - \sin \alpha} - \cos \frac{\alpha}{2}\right) = \frac{s^3}{12A} - \frac{d}{2} \cdot \cos \frac{\alpha}{2}$$

$$A = \frac{d^2}{8} \cdot (\alpha - \sin \alpha) = \frac{d}{4} \cdot (b - s) + \frac{s \cdot h}{2}$$

(Bogenlänge b, Bogenhöhe h, Sehnenlänge s, Schwerpunktslage e, Fläche A, Öffnungswinkel α (Bogenmaß), $\alpha = \frac{\pi}{180°} \cdot (\alpha \text{ in Grad})$)

Abb. 1.2 Winkelfunktionen und deren Umkehrfunktionen

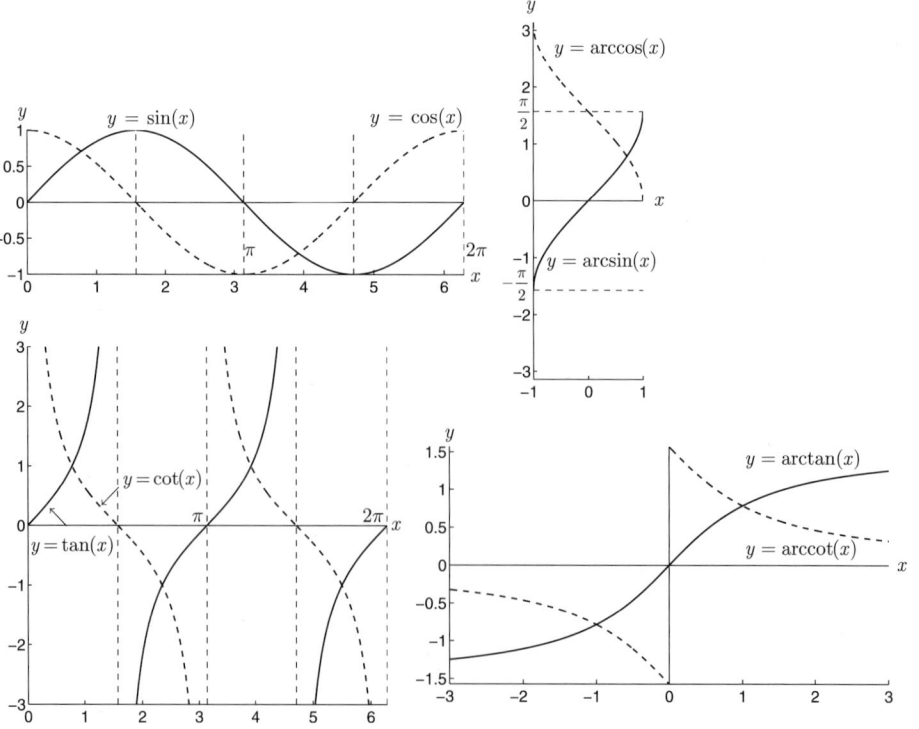

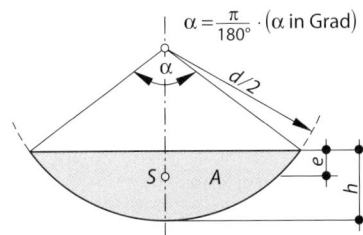

$$\alpha = \frac{\pi}{180°} \cdot (\alpha \text{ in Grad})$$

Abb. 1.3 Größen am Kreisausschnitt

1.2 Arithmetik

1.2.1 Rechnen mit physikalischen Größen

Eine physikalische Größe (kurz: Größe) beschreibt eine messbare Eigenschaft eines physikalischen Phänomens (Körper, Vorgänge, Zustände); ein spezieller Wert einer Größe ist ein Größenwert.

Größenwert = Zahlenwert (Maßzahl) · Einheit

Beispiel

$$l = 5\,\text{m} = \{l\} \cdot [l] = \text{Zahlenwert von } l \cdot \text{ Einheit von } l$$
$$\{l\} = 5 \quad [l] = \text{m}$$

Eine physikalische Gleichung stellt eine Beziehung zwischen Größen oder Einheiten oder Zahlenwerten dar.

Eine *Größengleichung* stellt eine Beziehung zwischen Größen dar und gilt unabhängig von der Wahl der Einheiten und sollte vorwiegend benutzt werden.

Beispiel

$$v = s/t \quad M = ql^2/8 \quad f = Fl^3/(3\,E\,I)$$

Eine *Einheitengleichung* gibt die zahlenmäßige Beziehung zwischen Einheiten an.

Beispiel

$$1\,\text{m} = 100\,\text{cm} \quad 1\,\text{kN} = 1000\,\text{N} \quad 1\,\text{N} = 1\,\text{kg}\,\text{m}\,\text{s}^{-2}$$

Eine *Zahlenwertgleichung* gibt die Beziehung zwischen Zahlenwerten von Größen an und erfordert immer die Angabe der Einheiten, für die die Zahlenwerte gelten.

Beispiel

$$\{v\} = 3{,}6\frac{\{s\}}{\{t\}} \quad \text{mit } v \text{ in km/h, } s \text{ in m, } t \text{ in s}$$

Mit $\{s\} = 450$ und $\{t\} = 30$ wird $\{v\} = 3{,}6 \cdot \frac{450}{30} = 54$, $v = 54\,\text{km/h}$.

Das *Auswerten von Größengleichungen* erfordert im allgemeinen das Einsetzen der gegebenen Größenwerte in der Form: Zahlenwert · Einheit.

Beispiel

Fläche eines rechtwinkligen Dreiecks mit Grundseite $g = 3\,\text{m}$ und Höhe $h = 400\,\text{cm}$.

Allgemein:
$$A = 0{,}5\,g\,h = 0{,}5 \cdot 3\,\text{m} \cdot 400\,\text{cm} = 600\,\text{m}\,\text{cm} = 6\,\text{m}^2$$

Einheitengerecht: $A = 0{,}5\,g\,h = 0{,}5 \cdot 3\,\text{m} \cdot 4\,\text{m} = 6\,\text{m}^2$

Kurzform: $A = 0{,}5\,g\,h = 0{,}5 \cdot 3 \cdot 4 = 6\,\text{m}^2$

Bei der üblichen Kurzform wird einheitengerecht eingesetzt; Einheiten werden jedoch bei der Zwischenrechnung nicht geschrieben; Endergebnis hat Einheit.

Beispiel

Auswertung der Größengleichung

$$f = Fl^3/(3\,E\,I) \quad \text{mit}$$
$$F = 20\,\text{kN}, \quad l = 3\,\text{m},$$
$$E = 2{,}1 \cdot 10^7\,\text{N/cm}^2, \quad I = 2{,}517\,\text{dm}^4.$$

Einheitengerecht (N, cm):

$$f = \frac{2 \cdot 10^4\,\text{N} \cdot 3^3 \cdot 10^6\,\text{cm}^3}{3 \cdot 2{,}1 \cdot 10^7\,\text{N/cm}^2 \cdot 2{,}517 \cdot 10^4\,\text{cm}^4}$$
$$= \frac{2 \cdot 3^3}{3 \cdot 2{,}1 \cdot 2{,}517} \cdot 10^{4+6-7-4}\,\frac{\text{N}\,\text{cm}^3\,\text{cm}^2}{\text{N}\,\text{cm}^4}$$
$$= 3{,}41 \cdot 10^{-1}\,\text{cm}$$

Kurzform (N, cm): wie vor; Einheiten jedoch nur beim Endergebnis.

Die Einheit des Ergebnisses kann man wie folgt überprüfen:

$$[f] = \left[\frac{Fl^3}{3\,E\,I}\right] = \frac{\text{N}\,\text{cm}^3\,\text{cm}^2}{\text{N}\,\text{cm}^4} = \text{cm}$$

▶ **Merke** Eine Größengleichung gilt unabhängig von der Wahl der Einheiten. Einheiten in eckiger Klammer zu schreiben ist nicht normgerecht.

1.2.2 Potenzen

$$a \cdot a \cdot a \cdot \ldots \cdot a = a^n \quad (n \text{ Faktoren})$$
$$a = \text{Basis}, \quad n = \text{Potenzexponent}, \quad a^n = \text{Potenz}$$
$$a^1 = a \qquad a^0 = 1 \quad (a \neq 0) \qquad a^{-n} = \frac{1}{a^n}$$

Rechenregeln Mit m, n, a, b reell:
$$p \cdot a^n \pm q \cdot a^n = (p \pm q)a^n \qquad a^m \cdot a^n = a^{m+n}$$
$$a^n \cdot b^n = (a \cdot b)^n \qquad \frac{a^m}{a^n} = a^{m-n}$$
$$\frac{a^n}{a^n} = \left(\frac{a}{b}\right)^n \qquad (a^m)^n = a^{m \cdot n}$$

1.2.3 Wurzeln

$b = \sqrt[m]{a} = a^{1/m}$, wenn $b^m = a$ und $a > 0$, m positiv ganz

a = Radikand, m = Wurzelexponent, b = Wurzel

$\sqrt[2]{a} = \sqrt{a}$

Rechenregeln Mit a, b reell, n, m positiv ganz, $a > 0$:

$$p\sqrt[m]{b} \pm q\sqrt[m]{b} = (p \pm q)\sqrt[m]{b} \qquad \sqrt[m]{a} \cdot \sqrt[m]{b} = \sqrt[m]{ab}$$

$$\sqrt[m]{a} \cdot \sqrt[n]{a} = \sqrt[m \cdot n]{a^{m+n}} \qquad \left(\sqrt[m]{a}\right)^n = \sqrt[m]{a^n} = a^{\frac{n}{m}}$$

$$\frac{\sqrt[m]{a}}{\sqrt[m]{b}} = \sqrt[m]{\frac{a}{b}} \qquad \frac{\sqrt[m]{a}}{\sqrt[n]{a}} = \sqrt[m \cdot n]{a^{n-m}}$$

$$\sqrt[m]{\sqrt[n]{a}} = \sqrt[m \cdot n]{a} = \sqrt[n]{\sqrt[m]{a}}$$

$$\sqrt{-a} = \sqrt{a(-1)} = \sqrt{a} \cdot \sqrt{-1} = \sqrt{a} \cdot \mathrm{j}$$

mit $\mathrm{j} = \sqrt{-1}$ = imaginäre Einheit

$$\mathrm{j}^2 = -1; \quad \mathrm{j}^3 = -\mathrm{j}; \quad \mathrm{j}^4 = +1;$$

allgemein $\mathrm{j}^{4n+k} = \mathrm{j}^k$ (n ganzzahlig; $k = 0, 1, 2, 3$).

1.2.4 Logarithmen

$$r = \log_a b, \text{ wenn } a^r = b \text{ und } a, b > 0,\ a \neq 1;$$

a = Basis, r = Exponent = Logarithmus,

b = Numerus

Rechenregeln Mit a, b, n, m reell:

$$\log_a 1 = 0 \quad \log_a a = 1 \quad \log_a 0 = -\infty \quad a^{\log_a b} = b$$

$$\log_a(cd) = \log_a c + \log_a d \qquad \log_a c^n = n \log_a c$$

$$10^{\lg b} = b \qquad \log_a\left(\frac{c}{d}\right) = \log_a c - \log_a d$$

$$\log_a \sqrt[m]{c} = \frac{1}{m}\log_a c \qquad \mathrm{e}^{\ln b} = b$$

Dekadische Logarithmen $\log_{10} b = \lg b$

$$\lg(c \cdot 10^n) = \lg c + \lg 10^n = \lg c + n$$

$$\lg(c \cdot 10^{-m}) = \lg c + \lg 10^{-m} = \lg c - m$$

Natürliche Logarithmen $\log_\mathrm{e} b = \ln b$

$$\text{mit}\quad \mathrm{e} = \lim_{n \to \infty}\left(1 + \frac{1}{n}\right)^n = 2{,}718281828$$

Binärlogarithmen $\log_2 b = \mathrm{lb}\, b$

Umrechnung der Logarithmen mit verschiedenen Basen

$$\log_a b = \frac{\log_s b}{\log_s a} \qquad \log_a b = \frac{1}{\log_b a}$$

$$\lg b = \frac{\ln b}{2{,}302585093} = 0{,}434294482 \ln b$$

Es gilt $a^b = \mathrm{e}^{b \cdot \ln a}$ mit $a > 0$ und b reell.

1.2.5 Binomischer Satz

$$k! = 1 \cdot 2 \cdot 3 \cdot \ldots \cdot k \quad \text{„}k\text{-Fakultät“},\quad k \text{ positiv ganz,}$$

$$0! = 1$$

$$k! \approx (k/\mathrm{e})^k \sqrt{2\pi k} \quad \text{für } k \gg 1$$

$$\binom{n}{k} = \frac{n(n-1)(n-2)\cdot \ldots \cdot(n-k+1)}{k!} \quad \text{„}n \text{ über } k\text{“}$$

$$= \textbf{Binomialkoeffizient} \text{ mit } k \text{ positiv ganz und } n \text{ reell}$$

(gleich viele Faktoren in Zähler und Nenner).

$$\binom{0}{0} = \binom{n}{0} = 1 \qquad \binom{n}{1} = \binom{n}{n-1} = n$$

$$\binom{n}{k} + \binom{n}{k+1} = \binom{n+1}{k+1}$$

$$\binom{n}{k} = 0 \quad \text{für } k > n \text{ und } k, n \text{ positiv, ganz}$$

$$\binom{n}{k} = \binom{n}{n-k} = \frac{n!}{k!(n-k)!} \quad \text{für } k, n \text{ positiv ganz}$$

Binomischer Satz (für n positiv ganz und a, b reell)

$$(a+b)^n = \binom{n}{0}a^n + \binom{n}{1}a^{n-1}b + \binom{n}{2}a^{n-2}b^2 + \ldots$$

$$+ \binom{n}{n-1}ab^{n-1} + \binom{n}{n}b^n$$

$$= \sum_{k=0}^{n}\binom{n}{k}a^{n-k}b^k$$

$$(a \pm b)^2 = a^2 \pm 2ab + b^2$$

$$(a \pm b)^3 = a^3 \pm 3a^2b \pm 3ab^2 \pm b^3$$

Näherungsformeln

$$(1+x)^n \approx 1 + nx,\quad \frac{1}{(1+x)^n} \approx 1 - nx,\quad \text{wenn } |nx| \ll 1$$

$$\sqrt{1+x} \approx 1 + x/2,\quad \frac{1}{\sqrt{1+x}} \approx 1 - x/2, \text{ wenn } |x| \ll 1$$

$$(a+b)^n \approx a^n\left(1 + n\frac{b}{a}\right),\quad \text{wenn } |nb| \ll a$$

$$\sqrt{1{,}004} \approx 1 + 0{,}004/2 = 1{,}002$$
$$\sqrt{9{,}27} = \sqrt{9(1 + 0{,}03)} \approx 3 \cdot 1{,}015 = 3{,}045$$

Teilbarkeit

$$\frac{a^n - b^n}{a - b} = a^{n-1} + a^{n-2}b + a^{n-3}b^2 + \ldots + ab^{n-2} + b^{n-1}$$
$$n \text{ positiv ganz}$$

$$\frac{a^2 - b^2}{a - b} = a + b \qquad \frac{a^3 - b^3}{a - b} = a^2 + ab + b^2$$

1.2.6 Reihen

Arithmetische Reihe $d = a_{i+1} - a_i$ = Differenz zwischen 2 benachbarten Gliedern, a_1 = Anfangsglied, $a_n = a_1 + (n+1)d$ = Endglied, $a_i = (a_{i-1} + a_{i+1})/2$ = **arithmetisches Mittel**.

Interpolation von m Gliedern zwischen a und $b > a$:

$$d = (b - a)/(m + 1)$$
$$s_n = a_1 + (a_1 + d) + (a_1 + 2d) + \ldots$$
$$+ [a_1 + (n-2)d] + [a_1 + (n-1)d]$$
$$= \sum_{i=0}^{n-1} (a_1 + i\,d) = \frac{n}{2}(a_1 + a_n)$$

Geometrische Reihe $q = a_{i+1}/a_i$ = Quotient zwischen 2 benachbarten Gliedern, a_1 = Anfangsglied, $a_n = a_1 q^{n-1}$ = Endglied, $a_i = \sqrt{a_{i-1} \cdot a_{i+1}}$ = **geometrisches Mittel**.

Interpolation von m Gliedern zwischen a und $b > a$:

$$q = \sqrt[m+1]{b/a}.$$

Endliche geometrische Reihe

$$s_n = a_1 + a_1 q + a_1 q^2 + \ldots + a_1 q^{n-2} + a_1 q^{n-1}$$
$$= \sum_{i=0}^{n-1} a_1 q^i = a_1 \frac{q^n - 1}{q - 1}$$

Unendliche geometrische Reihe

$$s = \lim_{n \to \infty} s_n = \frac{a_1}{1 - q} \quad \text{für } |q| < 1$$

Potenzsummen

$$\sum_{i=1}^{n} i = \frac{n(n+1)}{2} \qquad \sum_{i=1}^{n} i^2 = \frac{n(n+1)(2n+1)}{6}$$
$$\sum_{i=1}^{n} i^3 = \frac{n^2(n+1)^2}{4}$$

Beziehung zwischen arithmetischem und geometrischem Mittel

$$(a + b)/2 > \sqrt{ab} \quad a \neq b \quad a, b > 0$$

1.2.7 Zinseszins- und Rentenrechnung

Ist p = Zinsfuß in %, $q = 1 + p/100$ = Zinsfaktor, K_0 = Anfangskapital = Barwert B_0, K_n = Kapital nach n Jahren = Endwert und R = jährliche Rate bzw. Rente, so gilt bei jährlicher Verzinsung:

Aufzinsungsformel

$$k_n = k_0 \cdot q^n$$

Rente nachschüssig

$$k_n = R \frac{q^n - 1}{q - 1}$$

Rente vorschüssig

$$k_n = R \cdot q \frac{q^n - 1}{q - 1}$$

Barwertformel

$$B_0 = k_n / q^n$$

Hieraus erhält man die jährliche Abschreibungssumme $A = R$ eines nach n Jahren erlöschenden Wertes K_n (z. B. eines Baugerätes, Bauwerkes usw.) zu:

$$A = K_n \frac{q - 1}{q^n - 1} \quad \text{bzw. in Prozent des Neuwertes}$$
$$100 \cdot \frac{A}{K_n} = 100 \cdot \frac{q - 1}{q^n - 1}.$$

Die Änderung von K_0 durch Einzahlungen $(+)$ bzw. Abhebungen $(-)$ beträgt:

nachschüssig:
$$K_n = K_0 \cdot q^n \pm R \frac{q^n - 1}{q - 1}$$

vorschüssig:
$$K_n = K_0 \cdot q^n \pm R \cdot q \frac{q^n - 1}{q - 1}$$

Stetige Verzinsung

$$K_n = K_0 \cdot e^{\frac{p}{100}n}$$

Wachstumsfunktion

$$y = y_0 \cdot e^{kt}$$

(k = „Wachstumsrate", t = Zeit)

Eine Anfangsschuld $K_0 = 10.000\,\text{€}$ soll in monatlichen Raten (= Annuität = Zinsen + Tilgung) $R = 416\,\text{€}$ (nachschüssige Verzinsung), Zinssatz $p = 8{,}5\,\%$, getilgt werden.

$$K_0 \cdot q^n - R(q^n - 1)/(q - 1) = 0,$$

dabei ist $q = 1 + p/12 = 1{,}0070833$ (monatliche Abzahlung)

$$n = \frac{\ln(R/[R - K_0(q-1)])}{\ln q}$$

$$= \frac{\ln(416/(416 - 10.000 \cdot 0{,}0070833))}{\ln 1{,}0070833} = 26{,}4$$

$$K_{26} = K_0 \cdot q^{26} - R(q^{26} - 1)/(q - 1)$$

$$= 12.014{,}36 - 11.830{,}21 = 184{,}15 \, €$$

(Restschuld nach 26 Raten)

27. Rate: $184{,}15 \cdot 1{,}0070833 = 185{,}45 \, €$

1.2.8 Investitionsrechnung

Wirtschaftlichkeitsvergleiche bei der Planung von baulichen Anlagen erfolgen anhand einer statischen oder dynamischen Investitionsrechnung.

Statische Investitionsrechnung aufgrund von Jahreskosten

$$\text{Jahreskosten } J = \frac{H}{l} + p \cdot H + b \quad \text{in €/a}$$

H Herstellkosten in €
B Betriebskosten in €/a
l Lebensdauer in Jahren
p Zinssatz, bezogen auf ein Jahr

Die mit obiger Gleichung ermittelten Jahreskosten stimmen nicht mit den tatsächlichen Kosten überein: Jahrliche Preissteigerungen der Betriebskosten bleiben unberücksichtigt; obwohl jahrlich auch getilgt wird, werden Zinsen für die vollen Herstellkosten über die gesamte Lebensdauer berechnet; hat ein Teil der Anlage eine kürzere Lebensdauer als die Gesamtanlage, so wird angenommen, dass zum ursprünglichen Preis reinvestiert wird.

Dynamische Investitionsrechnung aufgrund des Gegenwartswertes Der Gegenwartswert G einer Zahlung Z, die erst in n Jahren fällig ist, wird mit der Barwertformel ermittelt:

$$G = Z/q^n \quad \text{mit } q = 1 + p = 1 + \text{Zinssatz}$$

Wird bei der Ermittlung des Gegenwartswertes einer Anlage berücksichtigt, dass im allgemeinen die laufenden Betriebskosten jährlich steigen und dass unter Umstanden eine Reinvestition eines Teiles der Anlage erforderlich ist, wenn nämlich dessen Lebensdauer geringer ist als der Planungszeitraum, so wird:

Gegenwartswert einer Anlage

$$G = H \cdot g_H + B \cdot g_B \quad \text{(in €)}$$

H Herstellkosten bei Inbetriebnahme ($t = 0$) in €
B Jährliche Betriebskosten bei Inbetriebnahme ($t = 0$) in €
g_H Gegenwartswertfaktor der Herstellkosten
g_B Gegenwartswertfaktor der Betriebskosten

$$g_H = \frac{\left(\frac{s}{q}\right)^{w \cdot l} - 1}{\left(\frac{s}{q}\right)^l - 1} + \frac{s^{w \cdot l}(q^{n - w \cdot l} - 1)}{q^{n - l}(q^l - 1)}$$

$$\lim_{s \to q} g_H = w + \frac{1 - q^{w \cdot l - n}}{1 - q^{-1}}$$

$$g_B = \frac{r}{q} \frac{\left(\frac{r}{q}\right)^n - 1}{\frac{r}{q} - 1} = r \frac{q^n - r^n}{q^n(q - r)}$$

$$\lim_{r \to q} g_B = n$$

q Zinsfaktor ($= 1 + $ Zinssatz)
s Jährlicher Steigerungsfaktor der Herstellkosten ($s = 1$ für $n \leq l$)
r Jährlicher Steigerungsfaktor der Betriebskosten
l Lebensdauer einer Anlage in Jahren
n Planungszeitraum in Jahren
w $[n/l] = $ Anzahl (ganzzahlig, abgerundet) der in n Jahren voll abgeschriebenen Erstinvestitionen und Reinvestitionen

Beispielhaft sind in den Tafeln 1.1 und 1.2 g_H- und g_B-Faktoren angegeben.

Beispiel

Gegenwartswert einer Gesamtanlage, die aus den Teilanlagen A und B besteht.

Planungszeitraum: 30 Jahre
Zinsfaktor:

$$q = 1{,}06 \quad \text{(Zinssatz 6\%)}$$

Betriebskostensteigerungsfaktor:

$$r = 1{,}08 \quad \text{(Zinssatz 8\%)}$$

Herstellungskostensteigerungsfaktor:

$$s = 1{,}07 \quad \text{(Zinssatz 7\%)}$$

| | Herstell-kosten in € | Betriebs-kosten in €/a | Lebens-dauer in a | Gegenwartswert | |
				Faktor	Wert in €
Teilan-lage A	150.000		20	1,7742	266.130
		8000		40,6086	324.869
Teilan-lage B	100.000		50	0,8733	87.330
		4000		40,6086	162.434
					840.763

Tafel 1.1 Gegenwartswertfaktoren g_H der Herstellkosten

n	l	s	q									
a	a		1,03	1,04	1,05	1,06	1,07	1,08	1,09	1,10	1,11	1,12
30	15	1,04	2,1560	2,0000	1,8663	1,7515	1,6527	1,5677	1,4944	1,4311	1,3764	1,3290
		1,05	2,3344	2,1544	2,0000	1,8675	1,7535	1,6554	1,5707	1,4977	1,4345	1,3798
		1,06	2,5383	2,3307	2,1528	2,0000	1,8686	1,7555	1,6579	1,5737	1,5009	1,4378
		1,07	2,7709	2,5320	2,3271	2,1512	2,0000	1,8698	1,7575	1,6605	1,5766	1,5041
		1,08	3,0361	2,7614	2,5259	2,3236	2,1497	2,0000	1,8709	1,7594	1,6630	1,5795
30	20	1,04	1,6956	1,5968	1,5117	1,4384	1,3754	1,3213	1,2749	1,2351	1,2010	1,1718
		1,05	1,8423	1,7227	1,6196	1,5309	1,4546	1,3891	1,3328	1,2847	1,2434	1,2081
		1,06	2,0181	1,8736	1,7489	1,6417	1,5495	1,4703	1,4023	1,3441	1,2942	1,2515
		1,07	2,2285	2,0540	1,9037	1,7742	1,6630	1,5674	1,4854	1,4151	1,3550	1,3035
		1,08	2,4797	2,2695	2,0885	1,9326	1,7985	1,6834	1,5847	1,5000	1,4275	1,3655
30	25	1,04	1,3349	1,2850	1,2418	1,2047	1,1728	1,1456	1,1224	1,1028	1,0861	1,0721
		1,05	1,4254	1,3620	1,3072	1,2600	1,2195	1,1849	1,1555	1,1305	1,1094	1,0916
		1,06	1,5391	1,4588	1,3893	1,3295	1,2782	1,2344	1,1971	1,1654	1,1386	1,1160
		1,07	1,6817	1,5802	1,4923	1,4167	1,3518	1,2964	1,2492	1,2092	1,1753	1,1467
		1,08	1,8602	1,7321	1,6212	1,5258	1,4440	1,3740	1,3145	1,2640	1,2212	1,1852
30	30	1,00	1,0000	1,0000	1,0000	1,0000	1,0000	1,0000	1,0000	1,0000	1,0000	1,0000
	35	1,00	0,9122	0,9265	0,9388	0,9494	0,9584	0,9660	0,9723	0,9775	0,9818	0,9853
	40	1,00	0,8480	0,8737	0,8959	0,9148	0,9308	0,9441	0,9550	0,9640	0,9713	0,9771
	45	1,00	0,7994	0,8346	0,8649	0,8906	0,9121	0,9297	0,9442	0,9558	0,9651	0,9726
	50	1,00	0,7618	0,8049	0,8421	0,8733	0,8992	0,9202	0,9372	0,9508	0,9615	0,9700

Tafel 1.2 Gegenwartswertfaktoren g_B der Betriebskosten

n	r	q									
a		1,03	1,04	1,05	1,06	1,07	1,08	1,09	1,10	1,11	1,12
30	1,04	34,9686	30,0000	25,9533	22,6352	19,8960	17,6197	15,7153	14,1115	12,7522	11,5926
	1,05	40,9806	34,9162	30,0000	25,9881	22,6925	19,9674	17,6991	15,7986	14,1961	12,8361
	1,06	48,2739	40,8538	34,8649	30,0000	26,0224	22,7490	20,0378	17,7775	15,8811	14,2799
	1,07	57,1420	48,0430	40,7298	34,8147	30,0000	26,0560	22,8047	20,1072	17,8550	15,9627
	1,08	67,9467	56,7676	47,8178	40,6086	34,7654	30,0000	26,0891	22,8595	20,1757	17,9315
	1,09	81,1343	67,3767	56,4032	47,5980	40,4900	34,7172	30,0000	26,1217	22,9135	20,2432
	1,10	97,2545	80,2996	66,8228	56,0482	47,3835	40,3741	34,6699	30,0000	26,1537	22,9666

1.2.9 Gleichung zweiten Grades (quadratische Gleichung)

$$a_2 x^2 + a_1 x + a_0 = 0 \quad x_{1;2} = \frac{-a_1 \pm \sqrt{a_1^2 - 4a_2 a_0}}{2a_2}$$

$$x^2 + px + q = 0 \quad x_{1;2} = -\frac{p}{2} \pm \sqrt{\left(\frac{p}{2}\right)^2 - q}$$

Kontrolle:

$$x_1 + x_2 = -p = -\frac{a_1}{a_2} \quad x_1 \cdot x_2 = q = \frac{a_0}{a_2}$$

1.3 Lineare Algebra

1.3.1 Determinanten

Eine n-reihige Determinante hat n Zeilen und n Spalten, also n^2 Elemente in der Form

$$D = \begin{vmatrix} a_{11} & a_{12} & a_{13} & \ldots & a_{1n} \\ a_{21} & a_{22} & a_{23} & \ldots & a_{2n} \\ a_{31} & a_{32} & a_{33} & \ldots & a_{3n} \\ \vdots & \vdots & \vdots & \ldots & \vdots \\ a_{n1} & a_{n2} & a_{n3} & \ldots & a_{nn} \end{vmatrix}$$

Das Element a_{ik} steht in der i-ten Zeile und k-ten Spalte. Man liest a_{23} „a zwei drei"

Streicht man in einer n-reihigen Determinante die i-te Zeile und die k-te Spalte und schiebt die übrigen Elemente wieder zu einer Quadratform zusammen, so entsteht eine $(n-1)$-reihige *Unterdeterminante*. Multipliziert man diese mit dem Faktor $(-1)^{i+k}$, so entsteht die *Adjunkte* A_{ik} des Elementes a_{ik}.

Der Wert einer n-reihigen Determinante ist gleich der Summe der Produkte aus den Elementen einer beliebigen Reihe und den zugehörigen Adjunkten

$$D = \sum_{\substack{i=1 \\ k=\text{const}}}^{n} a_{ik} A_{ik} = \sum_{\substack{k=1 \\ i=\text{const}}}^{n} a_{ik} A_{ik}$$

(Entwicklungssatz von Laplace)

Beispiel

$$D = \begin{vmatrix} 4 & -3 & 2 \\ 5 & 6 & -7 \\ 10 & -2 & -3 \end{vmatrix}$$

$$D = 4 \begin{vmatrix} 6 & -7 \\ -2 & -3 \end{vmatrix} - 5 \begin{vmatrix} -3 & 2 \\ -2 & -3 \end{vmatrix} + 10 \begin{vmatrix} -3 & 2 \\ 6 & -7 \end{vmatrix}$$

$$= 4(-18 - 14) - 5(9 + 4) + 10(21 - 12) = -103$$

Spezialfall: Zweireihige Determinante

$$D = \begin{vmatrix} a_{11} & a_{12} \\ a_{21} & a_{22} \end{vmatrix} = a_{11} a_{22} - a_{12} a_{21}$$

Der Wert einer zweireihigen Determinante D ist das Produkt der Elemente der Hauptdiagonale vermindert um das Produkt der Elemente der Nebendiagonale.

Spezialfall: Dreireihige Determinante Die 1. und 2. Spalte werden neben die 3. Spalte geschrieben. In Richtung der Pfeile werden 6 Produkte zu je drei Faktoren gebildet und addiert bzw. subtrahiert.

$$D = a_{11} a_{22} a_{33} + a_{12} a_{23} a_{31} + a_{13} a_{21} a_{32}$$
$$- a_{31} a_{22} a_{13} - a_{32} a_{23} a_{11} - a_{33} a_{21} a_{12}$$

Regeln für das Rechnen mit Determinanten

1. Der Wert einer Determinante bleibt erhalten, wenn alle Zeilen mit allen Spalten unter Beibehaltung ihrer Reihenfolge vertauscht werden (Spiegeln an der Hauptdiagonale).
2. Eine Determinante ändert ihr Vorzeichen, wenn zwei beliebige Reihen vertauscht werden.
3. Eine Determinante wird mit einem Faktor multipliziert, indem alle Elemente einer beliebigen Reihe mit diesem Faktor multipliziert werden.
4. Der Wert einer Determinante bleibt erhalten, wenn zu einer Reihe ein Vielfaches einer anderen Reihe addiert wird.
5. Der Wert einer Determinante ist Null, wenn zwei Reihen einander proportional sind, d. h. wenn sie sich nur durch einen Faktor unterscheiden. Man sagt auch: die beiden Reihen sind *linear abhängig*.

Beispiel

$$k \begin{vmatrix} a_{11} & a_{12} \\ a_{21} & a_{22} \end{vmatrix} = \begin{vmatrix} ka_{11} & ka_{12} \\ a_{21} & a_{22} \end{vmatrix} = k(a_{11} a_{22} - a_{12} a_{21})$$

$$\begin{vmatrix} a & b \\ ka & ka \end{vmatrix} = k \begin{vmatrix} a & b \\ a & a \end{vmatrix} = 0$$

$$\begin{vmatrix} a_{11} & a_{12} \\ a_{21} & a_{22} \end{vmatrix} = \begin{vmatrix} a_{11} + ka_{21} & a_{12} + ka_{22} \\ a_{21} & a_{22} \end{vmatrix}$$

$$= (a_{11} + ka_{21})a_{22} - (a_{12} + ka_{22})a_{21}$$

$$= a_{11} a_{22} - a_{12} a_{21}$$

1.3.2 Vektoren

Skalar Größe, durch Maßzahl und Einheit vollständig beschrieben (z. B. Masse $m = 5{,}32\,\text{kg}$; Temperatur $T = 301\,\text{K}$; Arbeit $W = 5{,}3\,\text{kN m}$).

Vektor Größe, durch Maßzahl, Einheit und Richtung beschrieben (z. B. Kraft F, Moment M, Geschwindigkeit v). Ein Kraftvektor F (gelesen „Vektor F") ist ein *linienflüchtiger* Vektor und darf auf der Wirkungslinie verschoben werden. Ein Momentenvektor M ist ein *freier* Vektor und darf beliebig verschoben werden.

Darstellung eines Vektors entweder geometrisch durch einen Pfeil im Raum oder rechnerisch in der Form $v = (v_x; v_y; v_z)$ z. B. $F = (5; -3; 6)\,\text{kN} = $ Kraft F mit den Komponenten $F_x = 5\,\text{kN}$, $F_y = -3\,\text{kN}$, $F_z = 6\,\text{kN}$.

Beispiel

F in der $(x; y)$-Ebene

$$F_x = F \cos \alpha \qquad F_y = F \sin \alpha$$

$$F = \sqrt{F_x^2 + F_y^2} \qquad \alpha = \arctan \frac{F_y}{F_x}$$

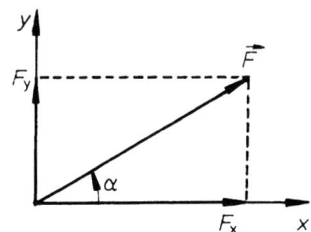

Abb. 1.4 Komponenten eines Vektors in der Ebene

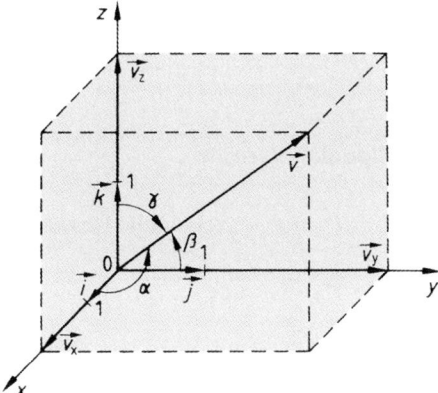

Abb. 1.5 Komponenten eines Vektors im Raum

1.3.2.1 Vektoralgebra

Vektor

$$v = v_x + v_y + vz$$
$$v = v_x\,i + v_y\,j + v_z\,k$$

v_x, v_y, v_z Vektorkomponenten
v_x, v_y, v_z Vektorkoordinaten
i, j, k Basisvektoren

Betrag $|v| = v = +\sqrt{v_x^2 + v_y^2 + v_z^2}$

Einheitsvektor $v^0 = v/v,\ |v^0| = v^0 = 1$

Richtungscosinus

$$\cos\alpha = \frac{v_x}{v} \quad \cos\beta = \frac{v_y}{v} \quad \cos\gamma = \frac{v_z}{v}$$

Es gilt $\cos^2\alpha + \cos^2\beta + \cos^2\gamma = 1$

Addition/Subtraktion $v_3 = v_1 \pm v_2$

$$v_{3x} = v_{1x} \pm v_{2x} \quad v_{3y} = v_{1y} + v_{2y} \quad v_{3z} = v_{1z} \pm v_{2z}$$

> **Beispiel**
> $R = \sum_{i=1}^{n} F_i$ = Resultierende R aus n Kräften F_i.
> Mit $F_1 = (3; -2; 5)$ kN, $F_2 = (5; 3; -6)$ kN, $F_3 = (-4; 2; 6)$ kN wird $R = (R_x; R_y; R_z) = (4; 3; 5)$ kN.

Nullvektor $0 = v + (-v)$

Linearkombination $v = \lambda_1 v_1 + \lambda_2 v_2 + \ldots + \lambda_n v_n$.
v_1 und v_2 sind kollinear (parallel), wenn $\lambda_1 v_1 + \lambda_2 v_2 = 0$ ist. v_1, v_2 und v_3 sind komplanar (liegen in einer Ebene), wenn $\lambda_1 v_1 + \lambda_2 v_2 + \lambda_3 v_3 = 0$ ist.
Sind v_1 und v_2 nicht kollinear bzw. v_1, v_2 und v_3 nicht komplanar, so sind die Vektoren linear unabhängig.

Skalares Produkt

$$v_1 \cdot v_2 = v_1 v_2 \cos(v_1, v_2) = v_{1x} v_{2x} + v_{1y} v_{2y} + v_{1z} v_{2z}$$

Es gilt

$$v_1 \cdot v_2 = v_2 \cdot v_1$$
$$v_1 \cdot (v_2 + v_3) = v_1 \cdot v_2 + v_1 \cdot v_3$$
$$i^2 = 1 \quad j^2 = 1 \quad k^2 = 1$$
$$i \cdot j = 0 \quad j \cdot k = 0 \quad k \cdot i = 0$$

> **Beispiel**
> $W = F \cdot s = F s \cos(F, s) =$ Arbeit der Kraft F auf dem Weg s.
> Mit $F = (3; 4)$ kN und $s = (2; 3)$ m wird $W = 3 \cdot 2 + 4 \cdot 3 = 18$ kN m.

Projektion von v_1 auf v_2 $v_{1(v_2)} = \frac{v_1 \cdot v_2}{v_2^2} v_2$

Winkel zwischen zwei Vektoren $\cos(v_1, v_2) = \frac{v_1 \cdot v_2}{v_1 v_2}$

> **Beispiel**
> Der Winkel φ zwischen $F_1 = (5; 2)$ kN und $F_2 = (5; 10)$ kN beträgt
>
> $$\varphi = \arccos \frac{F_1 \cdot F_2}{F_1 F_2}$$
> $$= \arccos \frac{5 \cdot 5 + 2 \cdot 10}{\sqrt{(5^2 + 2^2) \cdot (5^2 + 10^2)}}$$
> $$= \arccos \frac{45}{\sqrt{29 \cdot 125}}$$
> $$\varphi = 41{,}63°$$

Vektorielles Produkt

$$v_1 \times v_2 = \begin{vmatrix} i & j & k \\ v_{1x} & v_{2y} & v_{1z} \\ v_{2x} & v_{2y} & v_{2z} \end{vmatrix} \quad |v_1 \times v_2| = v_1 v_2 \sin(v_1, v_2)$$

Es gilt

$$v_1 \times v_2 = -(v_2 \times v_1)$$
$$v_1 \times (v_2 + v_3) = v_1 \times v_2 + v_1 \times v_3$$
$$i \times i = 0 \quad j \times j = 0 \quad k \times k = 0$$
$$i \times j = k \quad j \times k = i \quad k \times i = j$$

$M_0 = r \times F$ = Moment (Drehachse durch den Null-punkt) der Kraft F, im Punkt mit dem Ortsvektor r angreifend. Mit $r = (5; 3)$ m und $F = (1; 10)$ kN wird, wenn man nach der 3. Spalte entwickelt:

$$M_0 = r \times F = \begin{vmatrix} i & j & k \\ 5 & 3 & 0 \\ 1 & 10 & 0 \end{vmatrix}$$

$$= +k(5 \cdot 10) - (3 \cdot 1) = 47k$$

d. h. $M_0 = (0; 0; 47)$ kN m

Mehrfache Produkte

$$v_1 \cdot (v_2 \times v_3) = \begin{vmatrix} v_{1x} & v_{1y} & v_{1z} \\ v_{2x} & v_{2y} & v_{2z} \\ v_{3x} & v_{3y} & v_{3z} \end{vmatrix} \quad \text{Spatprodukt}$$

$$v_1 \times (v_2 \times v_3) = (v_1 \cdot v_3)v_2 - (v_1 \cdot v_2)v_3$$

$$(v_1 \times v_2) \cdot (v_3 \times v_4) = (v_1 \cdot v_3)(v_2 \cdot v_4) - (v_2 \cdot v_3)(v_1 \cdot v_4)$$

$$(v_1 \times v_2) \times (v_3 \times v_4) = (v_1 \cdot (v_2 \times v_4))v_3 - (v_1 \cdot (v_2 \times v_3))v_4$$

Der Multiplikationspunkt bedeutet das skalare Produkt zweier Vektoren. Kein Operationszeichen bedeutet das Produkt zweier Skalare bzw. eines Vektors mit einem Skalar.

1.3.2.2 Geometrische Anwendungen der Vektorrechnung

Radiusvektor

$$r = \overrightarrow{OP} = xi + yj + zk = (x; y; z)$$

$$r_i = \overrightarrow{OP_i} = x_i i + y_i j + z_i k = (x_i; y_i; z_i)$$

$$a = \overrightarrow{OA} = a_x i + a_y j + a_z k = (a_x; a_y; a_z)$$

Vektor $\overrightarrow{AB}$

$$\overrightarrow{AB} = \overrightarrow{OB} - \overrightarrow{OA} = (b_x - a_x; b_y - a_y; b_z - a_z)$$

Abb. 1.6 Geometrische Anwendung der Vektorrechnung

Abstand $\overline{P_2 P_1}$

$$|r_2 - r_1| = \sqrt{(x_2 - x_1)^2 + (y_2 + y_1)^2 + (z_2 - z_1)^2}$$

Gerade durch P_1 parallel zu a

$$r = r_1 + \lambda a \quad (\lambda = \text{Parameter})$$

$$x = x_1 + \lambda a_x \quad y = y_1 + \lambda a_y \quad z = z_1 + \lambda a_z$$

Gerade durch P_1 und P_2

$$r = r_1 + \lambda(r_2 - r_1)$$

Abstand Nullpunkt – Gerade

$$r \cdot l = l^2 = l^2 \quad \text{(vektorielle Hesseform)}$$

Abstand Punkt P_0 – Gerade

$$(r_0 - l) \cdot l = -d \cdot l = -d \cdot l$$

Gerade durch $P_1(-6; -12)$ und $P_2(-12; -4)$:

$$r = (-6i - 12j) + \lambda(-6i + 8j)$$

$$= (-6 - 6\lambda)i + (-12 + 8\lambda)j$$

P_1 und P_2 liegen auf der Geraden; somit wird mit $r_i \cdot l = l_x^2 + l_y^2$

$$-6l_x - 12l_y = l_x^2 + l_y^2$$

$$-12l_x - 4l_y = l_x^2 + l_y^2$$

Lösungen: $l_x = -48/5$, $l_y = -36/5$, $l = 12$

Für $P_0(8; -4)$ wird mit $r_0 = 8i - 4j$ und $l = -\frac{48}{5}i - \frac{36}{5}j$

$$d = -(r_0 - l) \cdot l/l = 16$$

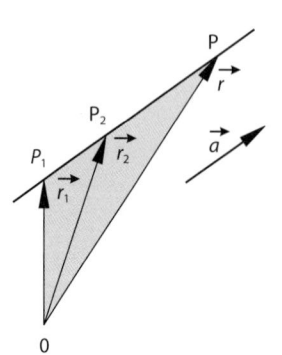

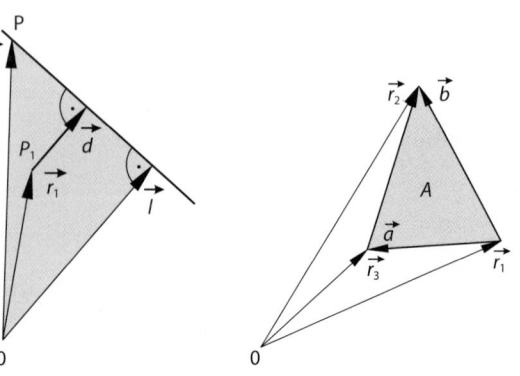

Fläche eines Dreiecks

$$A = \frac{1}{2}\sqrt{a^2 \cdot b^2 - (a \cdot b)^2}$$

$$A = \frac{1}{2}|(r_1 \times r_2 + r_2 \times r_3 + r_3 \times r_1)|$$

Fläche eines Parallelogramms

$$A = |a \times b|$$

Ebene durch P_1, P_2, P_3

$$r - r_1 = \lambda_1(r_2 - r_1) + \lambda_2(r_3 - r_1)$$

Beispiel

Ebene durch $P_1(1; 2; 3)$, $P_2(-1; 2; -3)$ und $P_3(-4; 5; 6)$:

$$
\begin{aligned}
(x - 1)i &= \lambda_1(-2)i + \lambda_2(-5)i \\
(y - 2)j &= \lambda_1(0)j + \lambda_2(3)j \qquad (*) \\
(z - 3)k &= \lambda_1(-6)k + \lambda_2(3)k \\
(*) \to \lambda_2 &= (y - 2)/3 \\
\lambda_1 &= (1 - x - 5\lambda_2)/2 \\
z &= 3 - 6\lambda_1 + 3\lambda_2
\end{aligned}
$$

Es folgt: $3x + 6y - z - 12 = 0$

Schnittpunkt einer Geraden mit einer Ebene

$u = a + \lambda b$ Parametergleichung der Geraden

$v = c + \lambda_1 d + \lambda_2 e$ Parametergleichung der Ebene

Gleichsetzen, d. h. $u(\lambda) = v(\lambda_1, \lambda_2)$ führt auf ein lineares Gleichungssystem für λ, λ_1 und λ_2.

Vektor der Normalen

$$n = n_x i + n_y j + n_z k = a \times b$$

(n steht senkrecht auf der (a, b)-Ebene)

Parameterfreie Ebenengleichung

$$(r - r_1) \cdot n = 0$$

(Ebene durch Punkt P_1 mit Normalenvektor n)

Winkel zwischen Gerade und Ebene

$$\varphi = \arcsin\left|\frac{n \cdot a}{n \cdot a}\right|$$

(mit Gerade $r = r_1 + \lambda a$ und Ebene $n \cdot r = n \cdot r_1$)

Winkel zwischen zwei Ebenen

$$\varphi = \arccos\frac{n_1 \cdot n_2}{n_1 \cdot n_2}$$

Volumen des durch a, b und c gebildeten Spats

$$V = a \cdot (b \times c)$$

Beispiel

Mit $a = (3; 9; -3)\,\text{m}$, $b = (4; 4; 2)\,\text{m}$ und $c = (1; 1; 5)\,\text{m}$ wird

$$V = \begin{vmatrix} 3 & 9 & -3 \\ -4 & 4 & 2 \\ 1 & 1 & 1 \end{vmatrix} = 12 + 18 + 12 - 6 + 36 + 12$$

$$= 84\,\text{m}^3$$

1.3.3 Matrizen

Eine rechteckige Anordnung von $m \cdot n$ Elementen a_{ik} (Zahlen, Funktionen oder andere mathematische Größen) aus m Zeilen und n Spalten heißt eine (m, n)-Matrix $\mathbf{A}$.

$$\mathbf{A} = (a_{ik}) = \begin{pmatrix} a_{11} & a_{12} & a_{13} & \dots & a_{1n} \\ a_{21} & a_{22} & a_{23} & \dots & a_{2n} \\ \vdots & \vdots & \vdots & & \vdots \\ a_{m1} & a_{m2} & a_{m3} & \dots & a_{mn} \end{pmatrix}$$

einzeilige Matrix = Zeilenvektor, einspaltige Matrix = Spaltenvektor

Unterschied zu einer Determinante: Häufig ist $m \neq n$; der Matrixbegriff enthält keine Vorschrift zur Verknüpfung der Elemente. Eine Determinante hat einen Wert.

Beispiele

$$\mathbf{A} = \begin{pmatrix} 1 & 2 \\ 3 & 4 \\ 0 & 9 \end{pmatrix}; \quad \mathbf{B} = \begin{pmatrix} \cos\alpha & \sin\alpha \\ -\sin\alpha & \cos\alpha \end{pmatrix};$$

$$\mathbf{N} = \begin{pmatrix} 0 & 0 & 0 \\ 0 & 0 & 0 \\ 0 & 0 & 0 \end{pmatrix}; \quad \mathbf{D} = \begin{pmatrix} 2 & 0 & 0 \\ 0 & 5 & 0 \\ 0 & 0 & 1 \end{pmatrix};$$

$$\mathbf{E} = \begin{pmatrix} 1 & 0 & 0 \\ 0 & 1 & 0 \\ 0 & 0 & 1 \end{pmatrix}; \quad x = \begin{pmatrix} x_1 \\ x_2 \\ x_3 \end{pmatrix}.$$

Stimmen zwei Matrizen in Spalten- und Zeilenzahl überein, so sind sie vom gleichen Typ.

Transponieren Vertauscht man in einer Matrix $\mathbf{A}$ alle Zeilen mit den entsprechenden Spalten, so erhält man die transponierte Matrix $\mathbf{A}^{\mathsf{T}}$.

Quadratische Matrix $m = n$; Ordnung = Anzahl der Reihen; Symmetrie wenn Matrix gleich der transponierten Matrix ($\mathbf{A} = \mathbf{A}^\mathrm{T}$); Diagonalmatrix $\mathbf{D}$: Diagonalelemente $a_{ii} \neq 0$, alle übrigen Elemente $a_{ik} = 0$; Einheitsmatrix $\mathbf{E} =$ Diagonalmatrix, bei der alle $a_{ii} = 1$ sind.

Gleichheit Zwei Matrizen $\mathbf{A}$ und $\mathbf{B}$ sind gleich, wenn sie vom gleichen Typ sind und $a_{ik} = b_{ik}$ für alle i und k gilt.

Addition $\mathbf{A}$ und $\mathbf{B}$ müssen vom gleichen Typ sein.

$$\mathbf{C} = \mathbf{A} + \mathbf{B} \quad c_{ik} = a_{ik} + b_{ik} \quad \text{für alle } i, k$$

Multiplikation einer Matrix A mit einem konstanten Faktor λ Jedes Element von $\mathbf{A}$ wird mit λ multipliziert (bei Determinanten wird dagegen nur *eine* Reihe mit λ multipliziert).

Multiplikation zweier Matrizen Es muss die Spaltenanzahl $n_\mathbf{A}$ gleich der Zeilenanzahl $m_\mathbf{B}$ sein.

$$\mathbf{C} = \mathbf{AB} \quad c_{ik} = \sum_{j=1}^{n} a_{ij} b_{jk},$$

$$(i = 1, 2, \ldots, m_\mathbf{A}, k = 1, 2, \ldots, n_\mathbf{B}, n = n_\mathbf{A} = m_\mathbf{B})$$

$$\mathbf{A}(\mathbf{B} + \mathbf{C}) = \mathbf{AB} + \mathbf{AC}$$

$$(\mathbf{AB})\mathbf{C} = \mathbf{A}(\mathbf{BC})$$

Im allgemeinen gilt

$$\mathbf{AB} \neq \mathbf{BA}$$

Es gilt

$$(\mathbf{AB})^\mathrm{T} = \mathbf{B}^\mathrm{T}\mathbf{A}^\mathrm{T} \quad \text{und} \quad (\mathbf{AB})^{-1} = \mathbf{B}^{-1}\mathbf{A}^{-1}$$

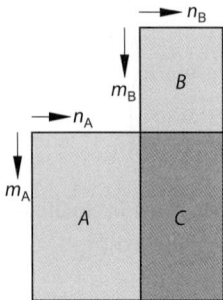

Abb. 1.7 Falksches Schema für die Matrizenmultiplikation

Determinante einer Matrix det(A)

$$\det(\mathbf{AB}) = \det(\mathbf{A})\det(\mathbf{B})$$

Beispiel

Mit

$$\mathbf{A} = \begin{pmatrix} 3 & 6 \\ 2 & 5 \end{pmatrix}, \quad \mathbf{B} = \begin{pmatrix} 2 & 3 \\ 0 & 1 \\ 5 & 2 \end{pmatrix},$$

$$\mathbf{E} = \begin{pmatrix} 1 & 0 \\ 0 & 1 \end{pmatrix}, \quad \mathbf{D} = \begin{pmatrix} 2 & 0 \\ 0 & 3 \end{pmatrix}$$

wird:

$$\mathbf{A}^\mathrm{T} = \begin{pmatrix} 3 & 2 \\ 6 & 5 \end{pmatrix}; \quad \mathbf{B}^\mathrm{T} = \begin{pmatrix} 2 & 0 & 5 \\ 3 & 1 & 2 \end{pmatrix};$$

$\mathbf{A} + \mathbf{B}$ nicht definiert

$$\mathbf{A} + \mathbf{D} = \begin{pmatrix} 3+2 & 6+0 \\ 2+0 & 5+3 \end{pmatrix} = \begin{pmatrix} 5 & 6 \\ 2 & 8 \end{pmatrix};$$

$$\mathbf{AD} = \begin{pmatrix} 3 & 6 \\ 2 & 5 \end{pmatrix}\begin{pmatrix} 2 & 0 \\ 0 & 3 \end{pmatrix}$$

$$= \begin{pmatrix} 3 \cdot 2 + 6 \cdot 0 & 3 \cdot 0 + 6 \cdot 3 \\ 2 \cdot 2 + 5 \cdot 0 & 2 \cdot 0 + 5 \cdot 3 \end{pmatrix} = \begin{pmatrix} 6 & 18 \\ 4 & 15 \end{pmatrix}$$

$$\mathbf{AE} = \begin{pmatrix} 3 & 6 \\ 2 & 5 \end{pmatrix}\begin{pmatrix} 1 & 0 \\ 0 & 1 \end{pmatrix} = \begin{pmatrix} 3 & 6 \\ 2 & 5 \end{pmatrix};$$

$$\mathbf{DA} = \begin{pmatrix} 2 & 0 \\ 0 & 3 \end{pmatrix}\begin{pmatrix} 3 & 6 \\ 2 & 5 \end{pmatrix}$$

$$= \begin{pmatrix} 2 \cdot 3 + 0 \cdot 2 & 2 \cdot 6 + 0 \cdot 5 \\ 0 \cdot 3 + 3 \cdot 2 & 0 \cdot 6 + 3 \cdot 5 \end{pmatrix} = \begin{pmatrix} 6 & 12 \\ 6 & 15 \end{pmatrix}$$

Mit

$$\mathbf{C} = \begin{pmatrix} \cos\alpha & \sin\alpha \\ -\sin\alpha & \cos\alpha \end{pmatrix}$$

wird

$$\det(\mathbf{C}) = \begin{vmatrix} \cos\alpha & \sin\alpha \\ -\sin\alpha & \cos\alpha \end{vmatrix} = \cos^2\alpha + \sin^2\alpha = 1$$

Kehrmatrix (inverse Matrix) $\mathbf{A}^{-1}$ $\mathbf{A}^{-1}$ ist die Kehrmatrix zu $\mathbf{A}$, wenn $\mathbf{AA}^{-1} = \mathbf{A}^{-1}\mathbf{A} = \mathbf{E}$ ist. $\mathbf{A}^{-1}$ existiert nur, wenn $\mathbf{A}$ quadratisch und $\det(\mathbf{A}) \neq 0$ ist, d.h. wenn $\mathbf{A}$ regulär ist.

Zur Ermittlung von $\mathbf{A}^{-1}$ zerlegt man $\mathbf{A}^{-1}$ und $\mathbf{E}$ in Spaltenvektoren und bestimmt die Elemente α_{ik} der Kehrmatrix $\mathbf{A}^{-1}$ aus den dabei entstehenden Gleichungssystemen (n Gleichungen $\mathbf{A}\alpha_k = e_k$ mit jeweils n Unbekannten).

Gesucht ist die Kehrmatrix $\mathbf{A}^{-1}$ zur zweireihigen Matrix $\mathbf{A}$.

$$\begin{pmatrix} a_{11} & a_{12} \\ a_{21} & a_{22} \end{pmatrix} \begin{pmatrix} \alpha_{11} & \alpha_{12} \\ \alpha_{21} & \alpha_{22} \end{pmatrix} = \begin{pmatrix} 1 & 0 \\ 0 & 1 \end{pmatrix}$$

$$\left.\begin{array}{l} a_{11}\alpha_{11} + a_{12}\alpha_{21} = 1 \\ a_{21}\alpha_{11} + a_{22}\alpha_{21} = 0 \end{array}\right\} \Rightarrow \begin{array}{l} \alpha_{11} = +a_{22}/\det(\mathbf{A}) \\ \alpha_{21} = -\alpha_{21}/\det(\mathbf{A}) \end{array}$$

$$\left.\begin{array}{l} a_{11}\alpha_{12} + a_{12}\alpha_{22} = 0 \\ a_{21}\alpha_{12} + a_{22}\alpha_{22} = 1 \end{array}\right\} \Rightarrow \begin{array}{l} \alpha_{12} = +a_{12}/\det(\mathbf{A}) \\ \alpha_{22} = -a_{11}/\det(\mathbf{A}) \end{array}$$

$$\mathbf{A} = \begin{pmatrix} a_{11} & a_{12} \\ a_{21} & a_{22} \end{pmatrix} \Rightarrow \mathbf{A}^{-1} = \frac{1}{\det(\mathbf{A})} \begin{pmatrix} a_{22} & -a_{12} \\ -a_{21} & a_{11} \end{pmatrix}$$

Die Reihenfolge des Invertierens und Transponierens ist vertauschbar:

$$(\mathbf{A}^{\mathrm{T}})^{-1} = (\mathbf{A}^{-1})^{\mathrm{T}}$$

1.3.4 Lösung linearer Gleichungssysteme mit dem Gauß-Algorithmus

Zur Bestimmung von n Unbekannten $x_1, x_2, \ldots, x_n$ sind n unabhängige Gleichungen erforderlich.

$$\begin{array}{ll} \alpha_{11}x_1 + \alpha_{12}x_2 + \alpha_{13}x_3 + \ldots + \alpha_{1n}x_n = b_1 & (1) \\ \alpha_{21}x_1 + \alpha_{22}x_2 + \alpha_{23}x_3 + \ldots + \alpha_{2n}x_n = b_2 & (2) \\ \qquad\qquad\qquad\qquad \vdots \qquad\qquad\qquad \vdots & \\ \alpha_{n1}x_1 + \alpha_{n2}x_2 + \alpha_{n3}x_3 + \ldots + \alpha_{nn}x_n = b_n & (n) \end{array}$$

in Matrizenschreibweise $\mathbf{A}x = b$.

Sind alle $b_i = 0$, dann nennt man das Gleichungssystem *homogen*, andernfalls *inhomogen*.

Beim Gauß-Algorithmus wird ein Gleichungssystem mit n Unbekannten (I) schrittweise um jeweils eine Gleichung und eine Unbekannte reduziert. Multipliziert man (1) nacheinander mit a_{ik}/a_{11} $(i = 2, 3, \ldots, n)$ und subtrahiert diese Produkte jeweils von der i-ten Gleichung, so bleibt nach diesem ersten Schritt ein System von $(n - 1)$ Gleichungen mit $(n - 1)$ Unbekannten übrig. Verfährt man mit diesem neuen System und den in weiteren Schritten entstehenden neuen Systemen in gleicher Weise, so bleibt nach insgesamt $(n - 1)$ Schritten nur noch eine Gleichung mit x_n übrig. Schreibt man aus jedem dieser Systeme jeweils die erste Gleichung heraus, so entsteht das sog. gestaffelte Gleichungssystem (II), aus dem die n Unbekannten von unten nach oben schrittweise berechnet werden können.

Gleichungssystem mit n Unbekannten (I)

$$\begin{array}{ll} a_{11}x_1 + a_{12}x_2 + \ldots + a_{1n}x_n = b_1 & (1) \\ a_{21}x_1 + a_{22}x_2 + \ldots + a_{2n}x_n = b_2 & (2) \\ \qquad\qquad\qquad \vdots \qquad\qquad \vdots & \\ a_{n1}x_1 + a_{n2}x_2 + \ldots + a_{nn}x_n = b_n & (n) \end{array}$$

Gestaffeltes Gleichungssystem (II)

$$\begin{array}{ll} a_{11}x_1 + a_{12}x_2 + \ldots + a_1x_n = b_1 & (1) \\ \quad\; a'_{22}x_2 + \ldots + a'_{2n}x_n = b'_2 & (2') \\ \qquad\qquad\qquad \vdots \qquad\qquad \vdots & \\ \qquad\qquad\quad a_{nn}^{(n-1)}x_n = b_n^{(n-1)} & (n^{(n-1)}) \end{array}$$

Das Verfahren wird in Tabellenform mit den gegebenen a_{ik} und b_i durchgeführt und nachstehend an einem System mit 4 Unbekannten gezeigt. Nur zur Erläuterung sind in der Tabelle zusätzlich auch die einzelnen Rechenschritte angegeben worden.

System mit 4 Unbekannten

$$\begin{array}{ll} x_1 + 2x_2 + x_3 - 2x_4 = -5 & (1) \\ 2x_1 - 2x_2 - 2x_3 + 4x_4 = 12 & (2) \\ -2x_1 - 2x_2 + 3x_3 \qquad\quad = 2 & (3) \\ 3x_1 \qquad\quad - x_3 + 3x_4 = 10 & (4) \end{array}$$

Um nach jedem Schritt eine Rechenkontrolle zu haben, bildet man die Zeilensummen $(\sum)$, mit denen man die gleichen Rechenschritte durchführt, wie mit den übrigen Zahlen der Zeile. Diese Ergebnisse (Kontrolle) müssen mit denen der Summenspalte übereinstimmen (Tafel 1.3).

Aus den Gleichungen $(4''')$, $(3'')$, $(2')$ und (1), dem gestaffelten Gleichungssystem, werden die Unbekannten x_4, x_3, x_2 und x_1 wie folgt berechnet:

$$\begin{aligned} x_4 &= 3/1 = 3 \\ x_3 &= (14 - 4 \cdot 3)/1 = 2 \\ x_2 &= (22 - 8 \cdot 3 + 4 \cdot 2)/(-6) = -1 \\ x_1 &= (-5 + 2 \cdot 3 - 2 + 2 \cdot 1)/1 = 1 \end{aligned}$$

Tafel 1.3 Gauß-Algorithmus

Zeile	Gl.	x_1	x_2	x_3	x_4	b	$\sum$	Kontrolle	Rechenschritte
1	(1)	1	2	1	−2	−5	−3		
2	(2)	2	−2	−2	4	12	14		
3	–	2	4	2	−4	−10	−6	−6	$a_{21}/a_{11} \cdot (1)$
4	(3)	−2	2	3	0	2	5		
5	–	−2	−4	−2	4	10	6	6	$a_{31}/a_{11} \cdot (1)$
6	(4)	3	0	−1	3	10	15		
7	–	3	6	3	−6	−15	−9	−9	$a_{41}/a_{11} \cdot (1)$
8	(2′)	0	−6	−4	8	22	20	20	Zeile 2 − Zeile 3
9	(3′)	0	6	5	−4	−8	−1	−1	Zeile 4 − Zeile 5
10	–	0	6	4	−8	−22	−20	−20	$a'_{32}/a'_{22} \cdot (2′)$
11	(4′)	0	−6	−4	9	25	24	24	Zeile 6 − Zeile 7
12	–	0	−6	−4	8	22	20	20	$a'_{42}/a'_{22} \cdot (2′)$
13	(3″)		0	1	4	14	19	19	Zeile 9 − Zeile 10
14	(4″)		0	0	1	3	4	4	Zeile 11 − Zeile 12
15	–		0	0	0	0	0	0	$a''_{43}/a''_{33} \cdot (3″)$
16	(4‴)				1	3	4	4	Zeile 14 − Zeile 15

1.4 Trigonometrie

Rechtwinkliges Dreieck

$$\sin\alpha = \frac{a}{c} \qquad \cos\alpha = \frac{b}{c}$$

$$\tan\alpha = \frac{a}{b} \qquad \cot\alpha = \frac{b}{a}$$

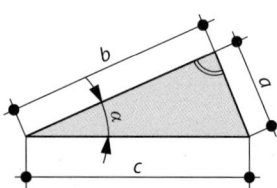

Abb. 1.8 Rechtwinkliges Dreieck mit Katheten a und b und Hypothenuse c

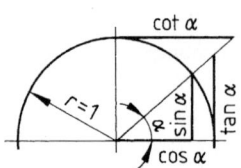

Abb. 1.9 Funktionen am Einheitskreis

Schiefwinkliges Dreieck $R =$ Umkreisradius, $r =$ Inkreisradius, $s = (a+b+c)/2$; a, b, c und α, β, γ können in den folgenden Sätzen jeweils zyklisch vertauscht werden

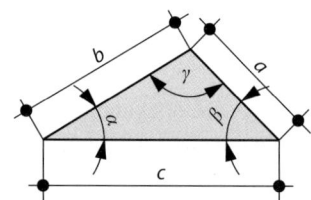

Abb. 1.10 Seiten- und Winkeldefinition im allgemeinen Dreieck

Sinussatz

$$a : b : c = \sin\alpha : \sin\beta : \sin\gamma$$

$$\frac{a}{\sin\alpha} = \frac{b}{\sin\beta} = \frac{c}{\sin\gamma} = 2R$$

Cosinussatz

$$a^2 = b^2 + c^2 - 2bc\cos\alpha$$

Halbwinkelsatz

$$\tan\frac{\alpha}{2} = \sqrt{\frac{(s-b)(s-c)}{s(s-a)}} = \frac{r}{s-a}$$

Tangenssatz

$$\frac{a+b}{a-b} = \frac{\tan\frac{\alpha+\beta}{2}}{\tan\frac{\alpha-\beta}{2}}$$

Flächensatz

$$2A = ab\sin\gamma = bc\sin\alpha = ac\sin\beta$$
$$= abc/(2R) = 4R^2\sin\alpha\sin\beta\sin\gamma$$

Trigonometrische Funktionen und deren Umkehrfunktionen

$$\sin^2 x + \cos^2 x = 1$$

$$\tan x = \frac{\sin x}{\cos x}$$

$$\cot x = \frac{\cos x}{\sin x}$$

$$\tan x \cot x = 1$$

$$\sin(x \pm y) = \sin x \cos y \pm \cos x \sin y$$

$$\cos(x \pm y) = \cos x \cos y \mp \sin x \sin y$$

$$\tan(x \pm y) = \frac{\tan x \pm \tan y}{1 \mp \tan x \tan y}$$

$$\cot(x \pm y) = \frac{\cot x \cot y \mp 1}{\cot y \mp \cot x}$$

$$\sin 2x = 2 \sin x \cos x$$

$$\cos 2x = \cos^2 x - \sin^2 x$$

$$= 2 \cos^2 x - 1 = 1 - 2 \sin^2 x$$

$$\tan 2x = \frac{2 \tan x}{1 - \tan^2 x}$$

$$\cot 2x = \frac{\cot^2 x - 1}{2 \cot x}$$

$$\sin\left(\frac{x}{2}\right) = \sqrt{\frac{1 - \cos x}{2}}$$

$$\cos\left(\frac{x}{2}\right) = \sqrt{\frac{1 + \cos x}{2}}$$

$$\tan\left(\frac{x}{2}\right) = \sqrt{\frac{1 - \cos x}{1 + \cos x}}$$

$$\cot\left(\frac{x}{2}\right) = \sqrt{\frac{1 + \cos x}{1 - \cos x}}$$

$$\sin x + \sin y = 2 \sin \frac{x - y}{2} \cos \frac{x - y}{2}$$

$$\cos x + \cos y = 2 \cos \frac{x + y}{2} \cos \frac{x - y}{2}$$

$$\sin x - \sin y = 2 \sin \frac{x - y}{2} \cos \frac{x + y}{2}$$

$$\cos x - \cos y = -2 \sin \frac{x + y}{2} \sin \frac{x - y}{2}$$

$$\tan x \pm \tan y = \frac{\sin(x \pm y)}{\cos x \cos y}$$

$$\cot x \pm \cot y = \frac{\sin(x \pm y)}{\sin x \sin y}$$

$$\arcsin x + \arccos x = \frac{\pi}{2}$$

$$\arctan x + \operatorname{arccot} x = \frac{\pi}{2}$$

$$\arcsin x = \arccos \sqrt{1 - x^2}$$

$$\arccos x = \arctan \sqrt{\frac{1 - x^2}{x}}$$

$$\arccos x = \arcsin \sqrt{1 - x^2}$$

$$\arctan x = \frac{\arcsin x}{\sqrt{1 + x^2}}$$

Hyperbolische Funktionen und deren Umkehrfunktionen

$$\sinh x = \frac{e^x - e^{-x}}{2} \qquad \cosh x = \frac{e^x + e^{-x}}{2}$$

$$\tanh x = \frac{\sinh x}{\cosh x} \qquad \coth x = \frac{1}{\tanh x}$$

$$\sinh(x \pm y) = \sinh x \cosh y \pm \cosh x \sinh y$$

$$\cosh(x \pm y) = \cosh x \cosh y \pm \sinh x \sinh y$$

$$\operatorname{arsinh} x = \ln\left(x + \sqrt{x^2 + 1}\right)$$

$$\operatorname{arcosh} x = \ln\left(x + \sqrt{x^2 - 1}\right) \quad \text{für } x \geq 1$$

$$\operatorname{artanh} x = \frac{1}{2} \ln \frac{1 + x}{1 + x} \quad \text{für } |x| < 1$$

$$\operatorname{arcoth} x = \frac{1}{2} \ln \frac{x + 1}{x - 1} \quad \text{für } |x| > 1$$

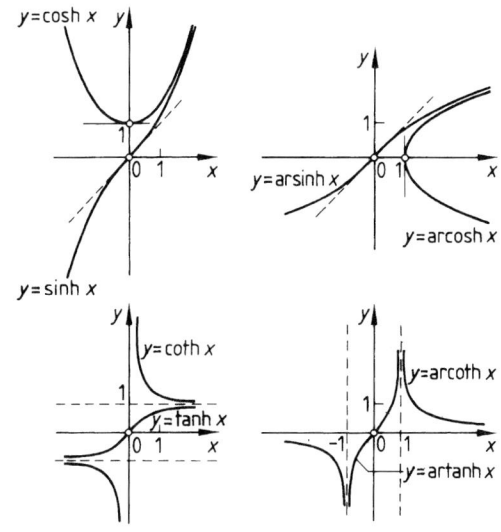

Abb. 1.11 Hyperbolische Funktionen und deren Umkehrfunktionen

1.5 Geometrie

1.5.1 Geometrie der Ebene

Rechtwinkliges Dreieck

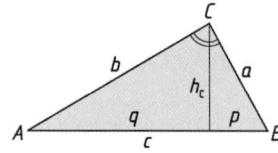

Abb. 1.12 Rechtwinkliges Dreieck

Fläche $A = \frac{1}{2}ab = \frac{1}{2}ch_c$

Pythagoras $c^2 = a^2 + b^2$

Euklid $a^2 = cp, b^2 = cq$

Höhensatz $h_c^2 = pq$

Dreieck (s. Abschn. 1.4)

$$A = \frac{ah_a}{2} = \frac{bh_b}{2} = \frac{ch_c}{2}$$
$$= rs = \sqrt{s(s-a)(s-b)(s-c)}$$

r = Radius des Inkreises, $s = \frac{a+b+c}{2}$ = halber Umfang

Quadrat $A = a^2$

Rechteck $A = ab$

Parallelogramm $A = ah$

Trapez

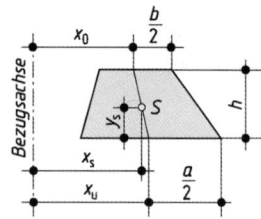

Abb. 1.13 Trapez

Fläche

$$A = \frac{a+b}{2}h$$

Schwerpunktabstände

$$y_S = \frac{h}{3} \cdot \frac{a+2b}{a+b}$$
$$x_S = x_u - \frac{x_u - x_0}{3} \cdot \frac{a+2b}{a+b}$$

Regelmäßige Vielecke (n-Ecke)

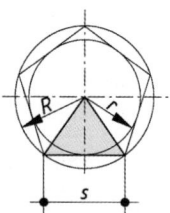

Abb. 1.14 Regelmäßige Vielecke

Der Flächeninhalt ist

$$A = n\frac{s \cdot r}{2} \quad \text{oder}$$
$$A = \frac{n}{4}\cot\frac{108°}{n}s^2$$
$$= n\sin\frac{180°}{n}\cos\frac{180°}{n}R^2 = n\tan\frac{180°}{n}r^2$$

mit

$$s = 2\sin\frac{180°}{n}R = 2\tan\frac{180°}{n}r \quad \text{und}$$
$$r = \frac{1}{2}\cot\frac{180°}{n}s = \cos\frac{108°}{n}R$$

Zusammengesetzte Kreisbögen (Korbbogen)

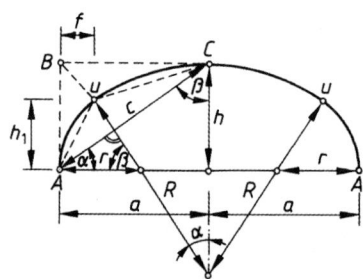

Abb. 1.15 Zusammengesetzte Kreisbögen

h = Bogenhöhe, $l = 2a$ = Bogenweite. Übergangspunkt u ist Schnittpunkt der Winkelhalbierenden im Dreieck ABC.

$$c = \sqrt{a^2 + h^2}$$
$$f = \frac{ah}{a+h+c}$$
$$h_1 = \frac{h(h+c)}{a+h+c}$$
$$R = \frac{ahc}{(a+h+c)}$$
$$r = \frac{ahc}{(a+h+c)(c-h)}$$

Unregelmäßige Vielecke Zerlegen durch Diagonalen in Dreiecke oder durch Lote auf eine Grundlinie in Dreiecke und Trapeze.

$$A = \text{Summe der Einzelflächen}$$

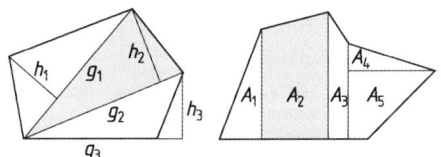

Abb. 1.16 Unregelmäßige Vielecke

Beliebiges n-Eck Flächenberechnung aus den Koordinaten der Eckpunkte s. Abschn. 1.6.2.

Kreis $A = \pi r^2 = \frac{\pi d^2}{4}, U = 2\pi r = \pi d$

Kreisring $A = \pi(R^2 - r^2) - \pi(R + r)(R - r)$

Kreisringstück gleicher Breite

$$A = \frac{\pi \alpha}{360°}(R^2 - r^2) = \frac{\pi \alpha}{180°} R_\mathrm{m} \delta = R_\mathrm{m} \delta \arc \alpha$$

$$R_\mathrm{m} = \frac{R + r}{2} \quad \arc \alpha = -\frac{\pi}{180°}\alpha$$

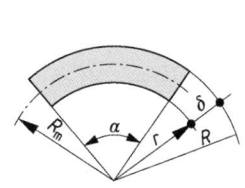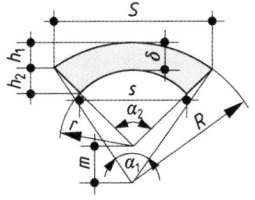

Abb. 1.17 Kreisringstücke gleicher und ungleicher Breite

Kreisringstück ungleicher Breite

$$A = \frac{\pi R^2}{360°}\alpha_1 - \frac{\pi r^2}{360°}\alpha_2 - \frac{mS}{2}$$

$$= \frac{1}{2}(R^2 \arc \alpha_1 - r^2 \arc \alpha_2 - mS)$$

$$m = R - \delta - r$$

$$S = 2\sqrt{h_1(2R - h_1)}$$

$$s = 2\sqrt{h_2(2r - h_2)}$$

Kreisausschnitt

$$A = \frac{br}{2} = \frac{r^2 \arc \alpha}{2} \quad b = \frac{\pi r \alpha}{180°} = r \arc \alpha$$

$$s = 2r \sin \frac{\alpha}{2} \quad y = r \cos \frac{\alpha}{2} \quad h = r\left(1 - \cos \frac{\alpha}{2}\right)$$

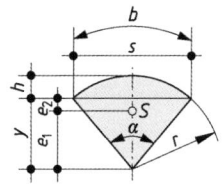

Abb. 1.18 Kreisausschnitt

Schwerpunktabstand

- vom Mittelpunkt

$$e_1 = \frac{2}{3}r\frac{s}{b} = \frac{2}{3} \cdot \frac{r^3 \sin \frac{\alpha}{2}}{A}$$

- von der Sehne

$$e_2 = y - e_1 = r \cos \frac{\alpha}{2} - \frac{2}{3} \cdot \frac{r^3 \sin \frac{\alpha}{2}}{A}$$

Kreisabschnitt Siehe Abschn. 1.1

Parabel

Quadratische Parabel		Kubische Parabel	
$y = h\left(\frac{x}{b}\right)^2 = \frac{h}{b^2}x^2$		$y = h\left(\frac{x}{b}\right)^3 = \frac{h}{b^3}x^3$	
$A_1 = \frac{2}{3}bh$	$A_2 = \frac{1}{3}bh$	$A_1 = \frac{3}{4}bh$	$A_2 = \frac{1}{4}bh$
$x_1 = \frac{3}{8}b$	$x_2 = \frac{3}{4}b$	$x_1 = \frac{2}{5}b$	$x_2 = \frac{4}{5}b$
$y_1 = \frac{3}{5}h$	$y_2 = \frac{3}{10}h$	$y_1 = \frac{4}{7}h$	$y_2 = \frac{2}{7}h$

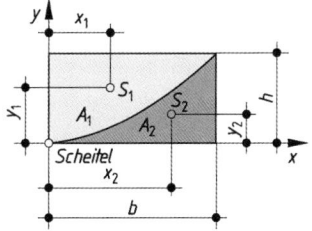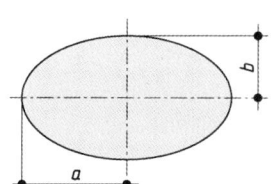

Abb. 1.19 Parabel und Ellipse

Ellipse

$$A = \pi ab \quad U = \mu(a + b) \quad \lambda = \frac{a - b}{a + b}$$

μ nach untenstehender Tafel, Zwischenwerte von λ und μ geradlinig einschalten

λ	0,1	0,2	0,3	0,4	0,5
μ	3,1495	3,1731	3,2127	3,2686	3,3412
λ	0,6	0,7	0,8	0,9	1,0
μ	3,4314	3,5401	3,6691	3,8208	4,0000

Beliebige Flächen Flächenberechnung mit der Trapezregel, Simpson-Regel oder Gauß-Regel (s. Abschn. 1.8.4).

1.5.2 Geometrie des Raumes

Körper	Rauminhalt V	Oberfläche O, Mantel M
Prisma allgemein	$V = Ah$	$O =$ Summe aller Flächen
Würfel	$V = a^3$	$O = 6a^2$
Kreiszylinder	$V = \pi r^2 h = \frac{\pi d^2}{4} h$	$O = 2\pi r(r + h)$, $M = 2\pi r h$
Pyramide allgemein	$V = \frac{1}{3} Ah$	$O =$ Summe aller Flächen
Kreiskegel	$V = \frac{1}{3}\pi r^2 h$	$O = \pi r(r + s)$, $M = \pi rs$ $s = \sqrt{r^2 + h^2}$ (Mantellinie)
Pyramidenstumpf allgemein	$V = \frac{h}{3}(A_\mathrm{u} + \sqrt{A_\mathrm{u} A_\mathrm{o}} + A_\mathrm{o})$	$O =$ Summe aller Flächen
Kegelstumpf	$V = \frac{\pi h}{3}(R^2 + Rr + r^2)$	$M = \pi s(R + r)$ $s = \sqrt{(R - r^2) + h^2}$ (Mantellinie)
Kugel	$V = \frac{4}{3}\pi r^3 = \frac{\pi d^3}{6}$	$O = 4\pi r^2 = \pi d^2$
Kugelabschnitt 	$V = \pi h^2\left(r - \frac{h}{3}\right)$ $V = \frac{\pi h}{6}(3a^2 + h^2)$ $a = \sqrt{h(2r - h)}$	$O = \pi(2a^2 + h^2)$ $M = 2\pi r h = \pi(a^2 + h^2)$ (Kappe oder Kalotte)
Kugelausschnitt	$V = \frac{2}{3}\pi r^2 h$	$O = \pi r(a + 2h)$, $M = \pi ra$
Kugelschicht 	$V = \frac{\pi h}{6}(3a^2 + 3b^2 + h^2)$ Für die Halbkugel wird $h = a = r$ und $b = 0$ $V = \frac{\pi r}{6}(3r^2 + r^2) = \frac{2}{3}\pi r^3$	$M = 2\pi r h$ $r = \sqrt{a^2 + \left(\frac{a^2 - b^2 - h^2}{2h}\right)^2}$
Zylinderhuf 	Die Grundfläche ist ein Halbkreis; der Schnitt geht also durch den Mittelpunkt des Kreises $\left.\begin{array}{l} V = \frac{2}{3}r^2 h \\ M = 2rh \end{array}\right\}$ (ohne π)	Zu verwenden bei der Berechnung des Klostergewölbes, dessen Wange dem Volumen und dessen Leibungsfläche dem Mantel des Zylinderhufes inhaltsgleich ist.
Prismatoid 	Die beliebigen Grundflächen liegen in parallelen Ebenen. A_m ist der zur Grundfläche parallele Querschnitt in halber Höhe. $V = \frac{h}{6}(A_\mathrm{u} + 4A_\mathrm{m} + A_\mathrm{o})$	Oberfläche aller Prismatoide = Summe der Grund- und Seitenflächen. Letztere sind Vielecke. Sie können auch windschief sein. Sonderfälle des Prismatoids sind alle Prismen, Pyramide ($A_\mathrm{o} = 0$), Pyramidenstumpf, Obelisk (Sandhaufen, Säulenfuß), Keil (Dach), Rampe usw. Auch Kugel mit $A_\mathrm{u} = A_\mathrm{o} = 0$, $A_\mathrm{m} = \pi r^2$, $h = d$
Obelisk (Keilstumpf) 	Grundfläche rechteckig: $V = \frac{h}{6}[(2a + a_1)b + (2a_1 + a)b_1]$ Bei trapezförmiger Grundfläche sind für a und a_1 die Mittelparallelen, für b und b_1 die Trapezhöhen zu setzen.	Kugelabschnitt, Kugelschicht und Zylinderhuf können als Prismatoide aufgefasst werden. **Beispiel** Sandhaufen mit $a = 8\,\mathrm{m}$, $b = 6\,\mathrm{m}$, $h = 1\,\mathrm{m}$, Böschung $1 : 1{,}5$ $a_1 = 8 - 2 \cdot 1 \cdot 1{,}5 = 5\,\mathrm{m}$ $b_1 = 6 - 2 \cdot 1 \cdot 1{,}5 = 3\,\mathrm{m}$ $V = \frac{1}{6}[(2 \cdot 8 + 5) \cdot 6 + (2 \cdot 5 + 8) \cdot 3] = 30\,\mathrm{m}^3$
Keil, Dach 	$V = \frac{hb}{6}(2a + a_1)$ Bei trapezförmiger Grundfläche ist für a die Mittelparalle, für b die Trapezhöhe zu setzen.	

Körper	Rauminhalt V	Anmerkungen, Beispiele
Rampe	$V = \frac{h^2}{6}\left(3a + 2n_1 h\frac{m-n}{m}\right)(m-n)$ Für $n = 0$ (Rampe gegen lotrechte Mauer) wird $V = \frac{h^2}{6}(3a + 2n_1 h)m$ **Beispiel** Rampe mit $h = 2{,}0$ m, $a = 2{,}5$ m, $m = 12$, $n = 1$, $n_1 = 1{,}5$ $V = \frac{2{,}0^2}{6}\left(3 \cdot 2{,}5 + 2 \cdot 1{,}5 \cdot 2{,}0\frac{12-1}{12}\right)(12-1) = 95{,}33$ m^3 Für $n = 0$: $V = \frac{2{,}0^2}{6}(3 \cdot 2{,}5 + 2 \cdot 1{,}5 \cdot 2{,}0) \cdot 12 = 108{,}00$ m^3 $V =$ Volumen der Rampe (ohne durchlaufende Böschung)	
Elliptischer Kübel	a, b: obere Halbachsen, a_1, b_1 untere Halbachsen $V = \frac{\pi h}{6}[(2a + a_1)b + (2a_1 + a)b_1]$ **Beispiel** Kübel mit $a = 45$ cm, $b = 25$ cm, $a_1 = 40$ cm, $b_1 = 20$ cm, $h = 50$ cm $V = \frac{\pi \cdot 50}{6}[(2 \cdot 45 + 40) \cdot 25 + (2 \cdot 40 + 45) \cdot 20] = 150.500$ cm$^3 = 150{,}5$ l	
Umdrehungskörper	$V =$ Umdrehungsfläche mal Weg des Flächenschwerpunktes S $V = A \cdot 2\pi r = ah \cdot 2\pi r$	$M =$ Umdrehungslinienlänge mal Weg des Linienschwerpunktes S_0 $M = h \cdot 2\pi\left(r + \frac{a}{2}\right)$
Zylindrischer Ring	$V = \pi r^2 \cdot 2\pi R = 2\pi^2 R r^2 = \frac{\pi^2 D d^2}{4}$	$O = 2\pi r \cdot 2\pi R = 4\pi^2 Rr = \pi^2 Dd$

1.6 Analytische Geometrie der Ebene

1.6.1 Punkt in verschiedenen Koordinatensystemen

Rechtwinkliges Koordinatensystem $P(x; y) =$ Punkt mit der Abszisse x und der Ordinate y

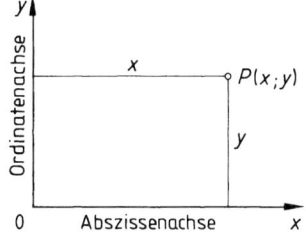

Abb. 1.20 Rechtwinkliges Koordinatensystem

Polarkoordinatensystem $P(r; \varphi) =$ Punkt mit dem Abstand r und dem Polarwinkel φ

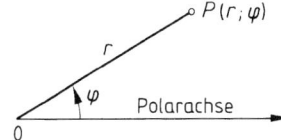

Abb. 1.21 Polarkoordinatensystem

Umrechnung zwischen rechtwinkligen und Polarkoordinaten

$$x = r\cos\varphi \qquad r = \sqrt{x^2 + y^2}$$

$$y = r\sin\varphi \qquad \varphi = \arctan\frac{y}{x}$$

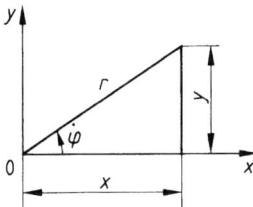

Abb. 1.22 Umrechnung zwischen rechtwinkligem und Polarkoordinatensystem

Koordinatentransformation (Parallelverschiebung und Drehung)

$$\bar{x} = x\cos\varphi + y\sin\varphi - a\cos\varphi - b\sin\varphi$$

$$\bar{y} = -x\sin\varphi + y\cos\varphi + a\sin\varphi - b\cos\varphi$$

$$x = \bar{x}\cos\varphi - \bar{y}\sin\varphi + a$$

$$y = \bar{x}\sin\varphi + \bar{y}\cos\varphi + b$$

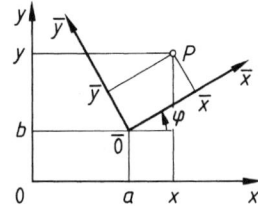

Abb. 1.23 Koordinatentransformation

Querschnittswerte polygonal begrenzter Flächen (n-Eck)
(Vorhandene Flächen im Gegenuhrzeigersinn, nicht vorhandene Flächen im Uhrzeigersinn umfahren; dabei ist $x_{n+1} = x_1, y_{n+1} = y_1$)

$$a_i = x_i y_{i+1} - x_{i+1} y_i \quad A = \frac{1}{2} \sum_{i=1}^{n} a_i$$

$$S_y = \frac{1}{6} \sum_{i=1}^{n} a_i (x_i + x_{i+1}) \quad S_x = \frac{1}{6} \sum_{i=1}^{n} a_i (y_i + y_{i+1})$$

$$x_S = \frac{S_y}{A} \quad y_S = \frac{S_x}{A}$$

$$I_x = \frac{1}{12} \sum_{i=1}^{n} a_i \left(y_i^2 + y_i y_{i+1} + y_{i+1}^2 \right)$$

$$I_y = \frac{1}{12} \sum_{i=1}^{n} a_i \left(x_i^2 + x_i x_{i+1} + x_{i+1}^2 \right)$$

$$I_{xy} = \frac{1}{24} \sum_{i=1}^{n} a_i \left(2x_i y_i + x_i y_{i+1} + x_{i+1} y_i + 2x_{i+1} y_{i+1} \right)$$

Transformationsgleichungen in Matrizenschreibweise

$$\begin{pmatrix} \bar{x} \\ \bar{y} \end{pmatrix} = \begin{pmatrix} \cos\varphi & \sin\varphi \\ -\sin\varphi & \cos\varphi \end{pmatrix} \begin{pmatrix} x - a \\ y - b \end{pmatrix}$$

$$\begin{pmatrix} x \\ y \end{pmatrix} = \begin{pmatrix} \cos\varphi & -\sin\varphi \\ \sin\varphi & \cos\varphi \end{pmatrix} \begin{pmatrix} \bar{x} \\ \bar{y} \end{pmatrix} + \begin{pmatrix} a \\ b \end{pmatrix}$$

1.6.2 Zwei und mehr Punkte

Länge l der Strecke $\overline{P_1 P_2}$

$$l = \sqrt{(x_2 - x_1)^2 + (y_2 - y_1)^2}$$

Steigung der Strecke $\overline{P_1 P_2}$

$$\tan\alpha = \frac{y_2 - y_1}{x_2 - x_1} = m$$

Teilpunkt T der Strecke $\overline{P_1 P_2}$

$$x_T = \frac{x_1 + k x_2}{1 + k}, \quad y_T = \frac{y_1 + k y_2}{1 + k} \quad \text{mit } k = \frac{\overline{P_1 T}}{\overline{T P_2}}$$

Mittelpunkt M der Strecke $\overline{P_1 P_2}$

$$x_M = \frac{x_1 + x_2}{2}, \quad y_M = \frac{y_1 + y_2}{2}$$

Fläche A des Dreiecks $P_1 P_2 P_3$

$$A = \frac{1}{2}[x_1(y_2 - y_3) + x_2(y_3 - y_1) + x_3(y_1 - y_2)]$$

$$= \frac{1}{2} \begin{vmatrix} x_1 & y_1 & 1 \\ x_2 & y_2 & 1 \\ x_3 & y_3 & 1 \end{vmatrix}$$

P_1, P_2 und P_3 liegen auf einer Geraden, wenn $A = 0$ ist.

Schwerpunkt S des Dreiecks $P_1 P_2 P_3$

$$x_S = \frac{x_1 + x_2 + x_3}{3} \quad y_S = \frac{y_1 + y_2 + y_3}{3}$$

1.6.3 Gerade

Allgemeine Form $y = mx + n$

Zweipunkteform $\frac{y - y_1}{x - x_1} = \frac{y_2 - y_1}{x_2 - x_1}$

Punktrichtungsform für Punkt $(x_1; y_1)$ $\frac{y - y_1}{x - x_1} = m$

Achsenabschnittform $\frac{x}{a} + \frac{y}{b} = 1$

Implizite Form $\alpha x + \beta y + \gamma = 0$

Hessesche Normalform

$$x \cos\varphi + y \sin\varphi - d = 0$$

$$\frac{\alpha x + \beta y + \gamma}{\pm\sqrt{\alpha^2 + \beta^2}} = 0$$

Das Vorzeichen vor der Wurzel ist so zu wählen, dass $\pm\gamma/\sqrt{\alpha^2 + \beta^2} < 0$ wird.

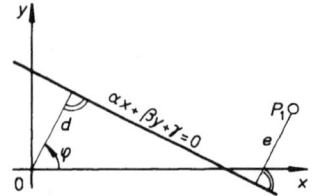
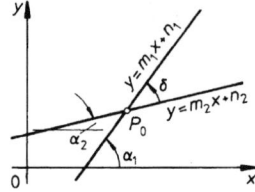

Abb. 1.24 Geraden

Abstand des Punktes P_i von einer Geraden

$$e = x_1 \cos \varphi + y_1 \sin \varphi - d$$

Schnittpunkt und Schnittwinkel zweier Geraden

$$x_0 = \frac{n_2 - n_1}{m_1 - m_2} \quad y_0 = \frac{n_2 m_1 - n_1 m_2}{m_1 - m_2}$$

$$\tan \delta = \tan(\alpha_1 - \alpha_2) = \frac{m_1 - m_2}{1 + m_1 m_2}$$

Orthogonalitätsbedingung $m_1 = -1/m_2$

1.6.4 Kegelschnitte

Kreis mit Radius r um $(x_M ; y_M)$

$$(x - x_M)^2 + (y - y_M)^2 = r^2$$

$$y = y_M \pm \sqrt{r^2 - (x - x_M)^2}$$

Anstieg im Berührungspunkt

$$m_T = -\frac{x_T - x_M}{y_T - y_M}$$

Polare mit Pol $(x_0 ; y_0)$

$$(x - x_M)(x_0 - x_M) + (y - y_M)(y_0 - y_M) = r^2$$

Ellipse (oberes Zeichen) und Hyperbel (unteres Zeichen)

Mit Achsen parallel zu Koordinatenachsen

$$\frac{(x - x_M)^2}{a^2} \pm \frac{(y - y_M)^2}{b^2} = 1$$

Lineare Exzentrizität

$$e = \sqrt{a^2 \mp b^2}$$

Numerische Exzentrizität

$$\varepsilon = e/a \lessgtr 1$$

Tangente

$$\frac{(x - x_M)(x_T - x_M)}{a^2} \pm \frac{(y - y_M)(y_T - y_M)}{b^2} = 1$$

Anstieg im Berührungspunkt

$$m_T = \mp \frac{b^2 (x_T - x_M)}{a^2 (y_T - y_M)}$$

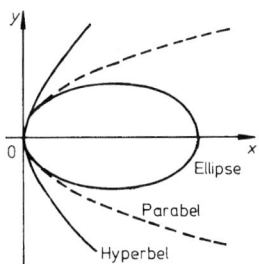

Abb. 1.25 Kegelschnitte

Polare mit Pol $(x_0 ; y_0)$

$$\frac{(x - x_M)(x_0 - x_M)}{a^2} \pm \frac{(y - y_M)(y_0 - y_M)}{b^2} = 1$$

Radien der Scheitelschmiegkreise

Ellipse $\quad r_1 = b^2/a \quad r_2 = a^2/b$

Hyperbel $\quad r = b^2/a$

Asymptoten der Hyperbel

$$y = y_M \pm \frac{b}{a}(x - x_M)$$

Parabel mit Scheitel $(x_A ; y_A)$

$$(y - y_A)^2 = 2p(x - x_A)$$

(horizontale Achse; $p = +$: Öffnung nach rechts, $p = -$: Öffnung nach links)

Tangente

$$(y - y_A)(y_T - y_A) = p[(x - x_A)(x_T - x_A)]$$

Anstieg im Berührungspunkt

$$m_T = \frac{p}{y_T - y_A}$$

Polare mit Pol $(x_0 ; y_0)$

$$(y - y_A)(y_0 - y_A) = p[(x - x_A) + (x_0 - x_A)]$$

Parabel mit vertikaler Achse

$$(x - x_A)^2 = 2p(y - y_A)$$

($p = +$: Öffnung nach oben, $p = -$: Öffnung nach unten)

Scheitelgleichungen der Kegelschnitte mit $p = b^2/a$

Ellipse $y^2 = 2px - \frac{p}{a}x^2$

Parabel $y^2 = 2px$

Hyperbel $y^2 = 2px - \frac{p}{a}x^2$

Algebraische Gleichung 2. Grades

$$a_{11}x^2 + 2a_{12}xy + a_{22}y^2 + 2a_{13}x + 2a_{23}y + a_{33} = 0$$

Mit $a_{ik} = a_{ki}$ wird

$$D = \begin{vmatrix} a_{11} & a_{12} & a_{13} \\ a_{21} & a_{22} & a_{23} \\ a_{31} & a_{32} & a_{33} \end{vmatrix} \quad \text{und} \quad D_{33} = \begin{vmatrix} a_{11} & a_{12} \\ a_{21} & a_{22} \end{vmatrix}$$

berechnet

$$D \neq 0 \quad \text{und} \quad D_{33} \begin{cases} < 0 & \text{Hyperbel} \\ = 0 & \text{Parabel} \\ > 0 & \text{– Ellipse, wenn } a_{11}D < 0; \\ & \text{– komplexe Kurve,} \\ & \quad \text{wenn sgn } D = \text{sgn } a_{11} \end{cases}$$

Sonderfall Ellipse wird Kreis, wenn $a_{11} = a_{22}$ und $a_{12} = 0$.

1.7 Differenzialrechnung

1.7.1 Grundlagen

Differenzenquotient

$$\frac{\Delta y}{\Delta x} = \frac{y - y_1}{x - x_1}$$

Die Funktion $y = f(x)$ ist in x_1 differenzierbar, wenn für alle Nullfolgen $(x - x_1)$ erhalten wird:

Differenzialquotient

$$\lim_{\Delta x \to 0} \frac{\Delta y}{\Delta x} = y'(x_1) = f'(x_1) = y_1'$$

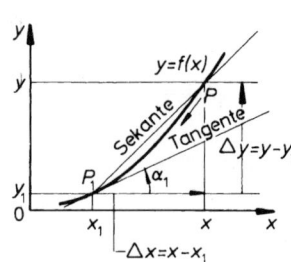

Abb. 1.26 Geometrie der Differenzialrechnung

Differenzial

$$dy = f'(x)\,dx = y' > dx$$

Höhere Ableitungen

$$y' = \frac{dy}{dx} \quad y'' = \frac{d^2y}{dx^2} \quad y''' = \frac{d^3y}{dx^3} \quad \cdots$$

Mittelwertsatz

$$\frac{f(b) - f(a)}{b - a} = f'(x_m) \quad x_m \text{ aus } (a, b)$$

1.7.2 Rechenregeln

Konstante $c' = 0$

Konstanter Faktor $(cf)' = cf'$

Summe $(f_1 \pm f_2)' = f_1' \pm f_2'$

Produktregel

$$(f_1 f_2)' = f_1' f_2 + f_1 f_2' = f_1 f_2 \left(\frac{f_1'}{f_1} + \frac{f_2'}{f_2} \right)$$

Quotientenregel

$$\left(\frac{f_1}{f_2} \right)' = \frac{f_1' f_2 - f_1 f_2'}{f_2^2}$$

Kettenregel

$$\frac{dy}{dx} = \frac{dy}{du} \frac{du}{dx}$$

wenn $y = f(x) = g(h(x))$ mit $u = h(x)$

Implizit gegebene Funktion

$$\frac{dh(y)}{dx} = \frac{dh}{dy} \cdot y'$$

Logarithmische Differentiation Ist $f_1(x) > 0$ und $y = f_1(x)^{f_2(x)}$, so folgt

$$y' = f_1(x)^{f_2(x)} \left[\frac{f_1'(x)}{f_1(x)} f_2(x) + f_2'(x) \ln f_1(x) \right]$$

Aufgelöste Funktion Ist $x = g(y)$ gleichwertig mit $y = f(x)$, so gilt

$$\frac{df(x)}{dx} = \frac{1}{\frac{dg(y)}{dy}}.$$

1.7.3 Ableitungen elementarer Funktionen

$$(x^n)' = nx^{n-1} \quad n \text{ reell}$$

$$(\arccos x)' = \frac{-1}{\sqrt{1-x^2}}$$

$$(e^x)' = e^x$$

$$(\arctan x)' = \frac{1}{1+x^2}$$

$$(a^x)' = a^x \cdot \ln a \quad a > 0$$

$$(\text{arccot}\, x)' = \frac{-1}{1+x^2}$$

$$(x^x)' = x^x(1+\ln x)$$

$$(\sinh x)' = \cosh x$$

$$(\ln x)' = \frac{1}{x}$$

$$(\cosh x)' = \sinh x$$

$$(\log_a x)' = \frac{1}{x \ln a}$$

$$(\tanh x)' = 1 - \tanh^2 x = \frac{1}{\cosh^2 x}$$

$$(\sin x)' = \cos x$$

$$(\coth x)' = 1 - \coth^2 x = -\frac{1}{\sinh^2 x}$$

$$(\cos x)' = -\sin x$$

$$(\text{arsinh}\, x)' = \frac{1}{\sqrt{x^2+1}}$$

$$(\tan x)' = 1 + \tan^2 x = \frac{1}{\cos^2 x}$$

$$(\text{arcosh}\, x)' = \frac{1}{\sqrt{x^2-1}}$$

$$(\cot x)' = (1 + \cos^2 x) = -\frac{1}{\sin^2 x}$$

$$(\text{artanh}\, x)' = \frac{1}{1-x^2} \quad |x| < 1$$

$$(\arcsin x)' = \frac{1}{\sqrt{1-x^2}}$$

$$(\text{arcoth}\, x)' = \frac{-1}{x^2-1} \quad |x| > 1$$

$$(\ln \sin x)' = \cot x$$

$$(\ln \cos x)' = -\tan x$$

$$(\ln \tan x)' = \frac{2}{\sin 2x}$$

$$(\ln \cot x)' = \frac{-2}{\sin 2x}$$

1.7.4 Partielle Ableitungen von Funktionen von zwei (oder mehr) Variablen

$$z = f(x, y)$$

$$\lim_{\Delta x \to 0} \frac{f(x + \Delta x, y) - f(x, y)}{\Delta x} = \frac{\partial z}{\partial x} = \frac{\partial(x, y)}{\partial x} = f_x$$

$$\lim_{\Delta y \to 0} \frac{f(x, y + \Delta y) - f(x, y)}{\Delta y} = \frac{\partial z}{\partial y} = \frac{\partial(x, y)}{\partial y} = f_y$$

Bei der Bildung höherer Ableitungen kann bei stetigen Funktionen und Ableitungen die Reihenfolge des Differenzierens vertauscht werden (z. B. $f_{xy} = f_{yx}$).

Totales Differenzial $\mathrm{d}z = f_x\, \mathrm{d}x + f_y\, \mathrm{d}y$.

1.8 Integralrechnung

1.8.1 Bestimmtes Integral

$$\int_a^b f(x)\, \mathrm{d}x = \lim_{n \to \infty} \sum_{i=1}^{n} y_i \Delta x_i$$

$y = f(x) =$ Integrand; a und $b =$ untere und obere Integrationsgrenze; Intervall von a bis $b =$ Integrationsweg; $x =$ Integrationsvariable.

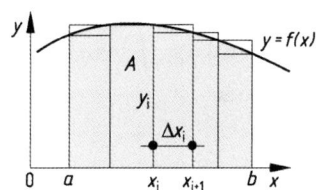

Abb. 1.27 Geometrie der Integralrechnung

Mittelwertsatz

$$\int_a^b f(x)\, \mathrm{d}x = (b - a) f(x_{\mathrm{m}})$$

Umkehrung des Integrationsweges

$$\int_a^b f(x)\, \mathrm{d}x = -\int_b^a f(x)\, \mathrm{d}x$$

Zerlegung des Integrationsweges

$$\int_a^b f(x)\, \mathrm{d}x = \int_a^c f(x)\, \mathrm{d}x + \int_c^b f(x)\, \mathrm{d}x$$

1.8.2 Unbestimmtes Integral

$$I(x) = \int\limits_a^x f(u)\,du + C = \int f(x)\,dx$$

ist die Menge aller Stammfunktionen $F(x)$ mit $F'(x) = f(x)$.

Hauptsatz der Differenzial- und Integralrechnung

$$\frac{dI(x)}{dx} = f(x) \Leftrightarrow I(x) = \int f(x)\,dx$$

Differenzieren und Integrieren sind inverse Rechenoperationen.

Ist $F(x) = \int f(x)\,dx$ eine Stammfunktion, so gilt

$$\int\limits_a^b f(x)\,dx = F(b) - F(a)$$

1.8.3 Rechenmethoden der Integralrechnung

Konstanter Faktor

$$\int c f(x)\,dx = c \int f(x)\,dx$$

Integration einer Summe

$$\int [f_1(x) \pm f_2(x)]\,dx = \int f_1(x)\,dx \pm \int f_2(x)\,dx$$

Produktintegration

$$\int f_1 f_2'\,dx = f_1 f_2 - \int f_1' f_2\,dx$$

Logarithmische Integration

$$\int \frac{f'}{f}\,dx = \ln|f|$$

Integration durch Substitution

Mit $f(x) = g(h(x)) = g(u)$ und $u = h(x) \Leftrightarrow x = k(u)$ gilt

$$\int f(x)\,dx = \int g(u) \frac{dk(u)}{du}\,du = \int g(u) \frac{dx}{du}\,du$$

1.8.4 Numerische Integration

Trapezregel

$$\int\limits_a^b f(x)\,dx \approx h\left(\frac{1}{2}y_0 + y_1 + y_2 + \ldots + y_{n-1} + \frac{1}{2}y_n\right)$$

(gleich breite Streifen)

Simpson-Regel (Beispiel hierzu s. Abschn. 1.9.6)

$$\int\limits_a^b f(x)\,dx \approx \frac{h}{3}(y_0 + 4y_1 + 2y_2 + 4y_3 + \ldots + 2y_{n-2} + 4y_{n-1} + y_n)$$

(gerade Anzahl gleich breiter Streifen)

Gauß-Regel Die Stützstellen werden durch Lösen eines nichtlinearen Gleichungssystems optimiert, damit Polynome beliebigen Grades exakt integriert werden. N Gauß-Punkte integrieren ein Polynom vom Grad $2N - 1$ exakt. Die Stützstellen werden üblicherweise für Integrationsgrenzen -1 und 1 bestimmt und tabelliert. Zur Berücksichtigung allgemeiner Grenzen erfolgt eine Koordinatentransformation. Die Gauß-Regel ist das übliche Verfahren zur Berechnung von Elementmatrizen im Rahmen der Finite-Elemente-Methode.

$$I = \int\limits_{-1}^1 f(x)\,dx = \sum_{i=1}^N f(x_i)w_i$$

x_i Gauß-Punkte (Stützstellen)
w_i Gewichte

GLS für 2 Gauß-Punkte

$$\int\limits_{-1}^1 1\,dx = 2 \qquad \rightarrow \qquad w_1 + w_2 = 2$$

$$\int\limits_{-1}^1 x\,dx = 0 \qquad \rightarrow \qquad x_1 w_1 + x_2 w_2 = 0$$

$$\int\limits_{-1}^1 x^2\,dx = \frac{2}{3} \qquad \rightarrow \qquad x_1^2 w_1 + x_2^2 w_2 = \frac{2}{3}$$

$$\int\limits_{-1}^1 x^3\,dx = 0 \qquad \rightarrow \qquad x_1^3 w_1 + x_2^3 w_2 = 0$$

GLS für 3 Gauß-Punkte

$$\int\limits_{-1}^1 1\,dx = 2 \qquad \rightarrow \qquad w_1 + w_2 + w_3 = 2$$

$$\int\limits_{-1}^1 x\,dx = 0 \qquad \rightarrow \qquad x_1 w_1 + x_2 w_2 + x_3 w_3 = 0$$

$$\int\limits_{-1}^1 x^2\,dx = \frac{2}{3} \qquad \rightarrow \qquad x_1^2 w_1 + x_2^2 w_2 + x_3^2 w_3 = \frac{2}{3}$$

$$\int_{-1}^{1} x^3 \, dx = 0 \quad \rightarrow \quad x_1^3 w_1 + x_2^3 w_2 + x_3^3 w_3 = 0$$

$$\int_{-1}^{1} x^4 \, dx = \frac{2}{5} \quad \rightarrow \quad x_1^4 w_1 + x_2^4 w_2 + x_3^4 w_3 = \frac{2}{5}$$

$$\int_{-1}^{1} x^5 \, dx = 0 \quad \rightarrow \quad x_1^5 w_1 + x_2^5 w_2 + x_3^5 w_3 = 0$$

N	Stützstellen x	Gewichte w
2	$-0{,}577350269$	$1{,}000000000$
	$0{,}577350269$	$1{,}000000000$
3	$-0{,}774596669$	$0{,}555555555$
	$0{,}000000000$	$0{,}888888888$
	$0{,}774596669$	$0{,}555555555$
4	$-0{,}861136311$	$0{,}347854845$
	$-0{,}339981043$	$0{,}652145154$
	$0{,}339981043$	$0{,}652145154$
	$0{,}861136311$	$0{,}347854845$

Beispiel

$$\int_0^3 e^{x^2} \, dx \quad x = 1{,}5 x^* + 1{,}5 \quad dx = 1{,}5 \, dx^*$$
$$x(x^* = -1) = 0 \quad x(x^* = 1) = 3$$

	x^*	w	x	$e^{x^2} \cdot w \cdot 1{,}5$
1	$-0{,}86113631$	$0{,}34785485$	$0{,}20829553$	$0{,}545$
2	$-0{,}33998104$	$0{,}65214515$	$0{,}99002843$	$2{,}607$
3	$0{,}33998104$	$0{,}65214515$	$2{,}00997157$	$55{,}588$
4	$0{,}86113631$	$0{,}34785485$	$2{,}79170447$	$1265{,}356$
				$1324{,}096$

Ein auf fünf signifikante Stellen genauer Wert des Integrals (mittels Reihenentwicklung erhalten) ist $I = 1444{,}5$. Für einen genaueren Wert mittels Gauß-Verfahren müssten mehr Stützstellen hinzugenommen werden.

1.8.5 Grundintegrale (ohne Integrationskonstante)

$$\int x^m \, dx = \frac{x^{m+1}}{m+1} \quad m \neq -1$$

$$\int \frac{dx}{1+x^2} = \arctan x$$

$$\int \frac{dx}{x} = \ln x \quad x > 0$$

$$\int \frac{dx}{1-x^2} = \frac{1}{2} \ln \left| \frac{1+x}{1-x} \right| = \operatorname{artanh} x$$

$$\int e^x \, dx = e^x$$

$$\int \frac{dx}{\sqrt{1-x^2}} = \arcsin x \quad |x| < 1$$

$$\int a^x \, dx = \frac{a^x}{\ln a} \quad a \neq 1, a > 0$$

$$\int \frac{dx}{\sqrt{x^2-1}} = \ln\left(x + \sqrt{x^2-1}\right) = \operatorname{arcosh} x \quad |x| > 1$$

$$\int \sin x \, dx = -\cos x$$

$$\int \frac{dx}{\sqrt{x^2+1}} = \ln\left(x + \sqrt{x^2+1}\right) = \operatorname{arsinh} x$$

$$\int \sinh x \, dx = \cosh x$$

$$\int \cosh x \, dx = \sinh x$$

1.8.6 Integrationsformeln (ohne Integrationskonstante)

Rationale Integranden

$$\int (ax+b)^n \, dx = \frac{(ax+b)^{n+1}}{a(n+1)} \quad \text{für } n \neq 1$$

$$\int \frac{dx}{ax+b} = \frac{1}{a} \ln |ax+b|$$

$$\int \frac{dx}{(ax+b)^2} = -\frac{1}{a(ax+b)}$$

$$\int \frac{dx}{ax^2+b} = \frac{1}{\sqrt{ab}} \arctan\left(\sqrt{\frac{a}{b}}\, x\right) \quad \text{für } ab > 0$$

$$\int \frac{dx}{ax^2-b} = \frac{1}{\sqrt{ab}} \ln\left| \frac{\sqrt{ab}-ax}{\sqrt{ab}+ax} \right| \quad \text{für } ab > 0$$

Im Weiteren sei $D = ac - b^2$

$$\int \frac{dx}{ax^2+2bx+c} = \begin{cases} \frac{1}{\sqrt{D}} \arctan \frac{ax+b}{\sqrt{D}} & D > 0 \\ \frac{1}{2\sqrt{-D}} \ln \left| \frac{\sqrt{-D}-b-ax}{\sqrt{-D}+b+ax} \right| & D < 0 \\ -\frac{1}{ax+b} & D = 0 \end{cases}$$

$$\int \frac{\alpha x + \beta}{ax^2+2bx+c} \, dx = \frac{\alpha}{2a} \ln |ax^2+2bx+c|$$
$$+ \frac{\beta a - \alpha b}{a} \int \frac{dx}{ax^2+2bx+c}$$

$$\int \frac{dx}{(ax^2+2bx+c)^n} = \frac{1}{2D(n-1)} \frac{ax+b}{(ax^2+2bx+c)^{n-1}}$$
$$+ \frac{(2n-3)a}{2D(n-1)} \int \frac{dx}{(ax^2+2bx+c)^{n-1}}$$

$$\int \frac{\alpha x + \beta}{(ax^2+2bx+c)^n} \, dx = \frac{-\alpha}{2a(n-1)} \frac{1}{(ax^2+2bx+c)^{n-1}}$$
$$+ \frac{\beta a - \alpha b}{a} \frac{dx}{(ax^2+2bx+c)^n}$$

Irrationale Integranden

$$\int \sqrt{ax+b}\, dx = \frac{2}{3a}(ax+b)^{3/2}$$

$$\int \frac{dx}{\sqrt{ax+b}} = \frac{2}{a}\sqrt{ax+b}$$

$$\int \sqrt{x^2+a^2}\, dx = \frac{x}{2}\sqrt{x^2+a^2} + \frac{a^2}{2}\ln\left(x+\sqrt{x^2+a^2}\right)$$

$$\int x^2\sqrt{x^2+a^2}\, dx = \frac{1}{3}\left(x^2+a^2\right)^{3/2}$$

$$\int \frac{\sqrt{x^2+a^2}}{x}\, dx = \sqrt{x^2+a^2} - a\ln\frac{a+\sqrt{x^2+a^2}}{x}$$

$$\int x^2\sqrt{x^2+a^2}\, dx = \frac{x}{4}\left(x^2+a^2\right)^{3/2} - \frac{a^2}{8}\Big[x\sqrt{x^2+a^2}$$
$$+ a^2\ln\left(x+\sqrt{x^2+a^2}\right)\Big]$$

$$\int \frac{dx}{\sqrt{x^2+a^2}} = \ln\left(x+\sqrt{x^2+a^2}\right)$$

$$\int \frac{x}{\sqrt{x^2+a^2}}\, dx = \sqrt{x^2+a^2}$$

$$\int \frac{x^2}{\sqrt{x^2+a^2}}\, dx = \frac{x}{2}\sqrt{x^2+a^2} - \frac{a^2}{2}\ln\left(x+\sqrt{x^2+a^2}\right)$$

$$\int \frac{1}{x\sqrt{x^2+a^2}}\, dx = -\frac{1}{a}\ln\frac{a+\sqrt{x^2+a^2}}{x}$$

$$\int \frac{1}{x^2\sqrt{x^2+a^2}}\, dx = -\frac{\sqrt{x^2+a^2}}{a^2 x}$$

$$\int \sqrt{a^2-x^2}\, dx = \frac{x}{2}\sqrt{a^2-x^2} + \frac{a^2}{2}\arcsin\frac{x}{a}$$

$$\int x\sqrt{a^2-x^2}\, dx = -\frac{1}{3}\left(a^2-x^2\right)^{3/2}$$

$$\int x^2\sqrt{a^2-x^2}\, dx = -\frac{x}{4}(a^2-x^2)^{3/2}$$
$$+ \frac{a^2}{8}\left(x\sqrt{a^2-x^2} + a^2\arcsin\frac{x}{a}\right)$$

$$\int \frac{1}{\sqrt{a^2-x^2}}\, dx = \arcsin\frac{x}{a}$$

$$\int \frac{x}{\sqrt{a^2-x^2}}\, dx = -\sqrt{a^2-x^2}$$

$$\int \sqrt{x^2-a^2}\, dx = \frac{x}{2}\sqrt{x^2-a^2} - \frac{a^2}{2}\ln\left(x+\sqrt{x^2-a^2}\right)$$

$$\int x\sqrt{x^2-a^2}\, dx = \frac{1}{3}\left(x^2-a^2\right)^{3/2}$$

$$\int \frac{\sqrt{x^2-a^2}}{x}\, dx = \sqrt{x^2-a^2} - a\arccos\frac{a}{x}$$

$$\int \frac{1}{\sqrt{x^2-a^2}}\, dx = \ln\left(x+\sqrt{x^2-a^2}\right)$$

$$\int \frac{x}{\sqrt{x^2-a^2}}\, dx = \sqrt{x^2-a^2}$$

Transzendente Integranden

$$\int \ln x\, dx = x\ln x - x$$

$$\int (\ln x)^n\, dx = \int u^n e^u\, du \quad \text{mit } u = \ln x$$

$$\int x^n \ln x\, dx = \frac{x^{n+1}}{n+1}\ln x - \frac{x^{n+1}}{(n+1)^2} \quad n\neq -1$$

$$\int \frac{\ln x}{x}\, dx = \frac{1}{2}(\ln x)^2$$

$$\int \frac{dx}{x\ln x} = \ln|\ln x|$$

$$\int \tan x\, dx = -\ln|\cos x|$$

$$\int \cot x\, dx = \ln|\sin x|$$

$$\int \sin^2 x\, dx = -\frac{1}{4}\sin 2x + \frac{x}{2}$$

$$\int \cos^2 x\, dx = \frac{1}{4}\sin 2x + \frac{x}{2}$$

$$\int \tan^2 x\, dx = \tan x - x$$

$$\int \sin^n x\, dx = -\frac{\sin^{n-1}x\cos x}{n} + \frac{n-1}{n}\int \sin^{n-2}x\, dx$$

$$\int \cos^n x\, dx = -\frac{\cos^{n-1}x\sin x}{n} + \frac{n-1}{n}\int \cos^{n-2}x\, dx$$

$$\int \sin(ax+b)\, dx = -\frac{1}{a}\cos(ax+b)$$

$$\int \cos(ax+b)\, dx = \frac{1}{a}\sin(ax+b)$$

$$\left.\begin{array}{l} \displaystyle\int \sin ax\cos bx\, dx = -\frac{\cos(a+b)x}{2(a+b)} - \frac{\cos(a-b)x}{2(a-b)} \\[2ex] \displaystyle\int \cos ax\cos bx\, dx = -\frac{\sin(a-b)x}{2(a-b)} + \frac{\sin(a+b)x}{2(a+b)} \\[2ex] \displaystyle\int \sin ax\sin bx\, dx = -\frac{\sin(a-b)x}{2(a-b)} - \frac{\sin(a+b)x}{2(a+b)} \end{array}\right\} a^2\neq b^2$$

$$\int \frac{dx}{\sin x} = \ln\left|\tan\frac{x}{2}\right|$$

$$\int \frac{dx}{1+\cos x} = \tan\frac{x}{2}$$

$$\int \frac{dx}{\cos x} = \ln\left|\tan\left(\frac{x}{2}+\frac{\pi}{4}\right)\right|$$

$$\int \frac{dx}{1-\cos x} = -\cot\frac{x}{2}$$

$$\int \sin x\cos x\, dx = \frac{1}{2}\sin^2 x$$

$$\int \frac{dx}{\sin x\cos x} = \ln|\tan x|$$

$$\int x^n \sin x \, dx = -x^n \cos x + n \int x^{n-1} \cos x \, dx$$

$$\int x^n \cos x \, dx = x^n \sin x - n \int x^{n-1} \sin x \, dx$$

$$\int e^{ax} \cos bx \, dx = \frac{e^{ax}}{a^2 + b^2}(a \cos bx + b \sin bx)$$

$$\int e^{ax} \sin bx \, dx = \frac{e^{ax}}{a^2 + b^2}(a \sin bx - b \cos bx)$$

$$\int e^{ax} \cos^2 bx \, dx = \frac{e^{ax}}{2a} + \frac{e^{ax}}{a^2 + 4b^2}\left(\frac{a}{2}\cos 2bx + b \sin 2bx\right)$$

$$\int e^{ax} \sin^2 bx \, dx = \frac{e^{ax}}{2a} - \frac{e^{ax}}{a^2 + 4b^2}\left(\frac{a}{2}\cos 2bx + b \sin 2bx\right)$$

$$\int \arcsin x \, dx = x \arcsin x + \sqrt{1 - x^2}$$

$$\int \arccos x \, dx = x \arccos x - \sqrt{1 - x^2}$$

$$\int \arctan x \, dx = x \arctan x - \frac{1}{2}\ln(1 + x^2)$$

$$\int \operatorname{arccot} x \, dx = x \operatorname{arccot} x + \frac{1}{2}\ln(1 + x^2)$$

$$\int \operatorname{arsinh} x \, dx = x \operatorname{arsinh} x - \sqrt{1 + x^2}$$

$$\int \operatorname{arcosh} x \, dx = x \operatorname{arcosh} x - \sqrt{x^2 - 1}$$

$$\int \operatorname{artanh} x \, dx = x \operatorname{artanh} x + \frac{1}{2}\ln(1 - x^2)$$

$$\int \operatorname{arcoth} x \, dx = x \operatorname{arcoth} x + \frac{1}{2}\ln(x^2 - 1)$$

1.9 Anwendungen der Differenzial- und Integralrechnung

1.9.1 Tangente und Normale der Kurve einer Funktion

Tangente im Punkt $(x_1; y_1)$ $\quad y = y_1 + f'(x_1) \cdot (x - x_1)$

Normale im Punkt $(x_1; y_1)$ $\quad y = y_1 - \dfrac{x - x_1}{f'(x_1)}$

1.9.2 Eigenschaften der Kurven von Funktionen

Maximum $\quad y' = 0$ und $y'' < 0$

Minimum $\quad y' = 0$ und $y'' > 0$

Rechtskrümmung $\quad y'' < 0$

Linkskrümmung $\quad y'' > 0$

Wendepunkt $\quad y''$ ändert das Vorzeichen

Beispiel

Extremwerte und Wendepunkte der Funktion

$$y = x^3 - 6x + 9.$$

$y' = 3x^2 - 6$; $y'' = 6x$; Extremwerte: $0 = 3x_e^2 - 6$; $x_e = \pm\sqrt{2}$; Maximum bei $(-\sqrt{2}; 9 + 4\sqrt{2})$, da $y''(-\sqrt{2}) = -6\sqrt{2} < 0$; Minimum bei $(+\sqrt{2}; 9 + 8\sqrt{2})$, da $y''(+\sqrt{2}) = +6\sqrt{2} > 0$; Wendepunkt: $0 = 6x_w$; $x_w = 0$; $y_w = 9$.

Beispiel

Rinne aus vier gleichbreiten Blechstreifen; Form, damit die Rinne möglichst viel Wasser fasst.

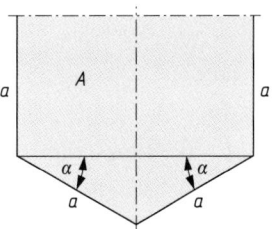

Abb. 1.28 Rinne aus vier gleichbreiten Blechstreifen

$$A = a \cdot 2a \cos \alpha + a \sin \alpha \cdot a \cos \alpha$$
$$= a^2(2 \cos \alpha + \sin \alpha \cos \alpha)$$
$$A' = a^2(-2 \sin \alpha - \sin \alpha \sin \alpha + \cos \alpha \cos \alpha)$$
$$= -a^2(\sin^2 \alpha - \cos^2 \alpha + 2 \sin \alpha)$$
$$A' = 0 \Rightarrow \sin^2 \alpha_e - (1 - \sin^2 \alpha_e) + 2 \sin \alpha_e = 0$$
$$2 \sin^2 \alpha_e + 2 \sin \alpha_e - 1 = 0;$$
$$\sin \alpha_e = -\frac{1}{2} \pm \sqrt{\frac{1}{4} + \frac{1}{2}} = \frac{-1 \pm \sqrt{3}}{2}$$
$$\Rightarrow \alpha_e = 21{,}47°$$
$$\max A = a^2 \cdot 2{,}202 > a^2 \cdot 2 \quad \text{(Rechteck)}$$

1.9.3 Lösung nichtlinearer Gleichungen mit dem Newton-Verfahren

$$x_{i+1} = x_i + \Delta x_{i+1} \quad \Delta x_{i+1} = -\frac{y_i}{f'(x_i)} \quad \text{Anfangswert } x_0$$

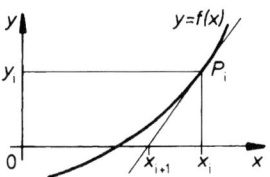

Abb. 1.29 Lösung einer nichtlinearen Gleichung

Beispiel

Gesucht ist die Lösung der Gleichung $\cos x = x$ bzw.
Nullstelle von $f(x) = x - \cos x$

$$f'(x) = 1 + \sin x$$

i	x_i	$f(x_i)$	$f'(x_i)$	Δx_{i+1}	x_{i+1}	$\left\|\frac{x_{i+1}-x_i}{x_{i+1}}\right\|$
0	0,0000	$-1,0000$	1,0000	1,0000	1,0000	1,0000
1	1,0000	0,4597	1,8415	$-0,2496$	0,7504	0,3327
2	0,7504	0,0189	1,6819	$-0,0113$	0,7391	0,0152
3	0,7391	0,0000	1,6736	0,0000	0,7391	0,0000

1.9.4 Krümmung, Krümmungsradius, Krümmungskreis

Krümmung

$$\varkappa = \lim_{\Delta s \to 0} \frac{\Delta\alpha}{\Delta s} = \frac{d\alpha}{ds}$$

$$= \frac{y''}{(1+y'^2)^{3/2}} \begin{cases} > 0 & \text{Linkskrümmung} \\ = 0 & \text{Möglichkeit eines Wendepunktes} \\ < 0 & \text{Rechtskrümmung} \end{cases}$$

Krümmungsradius

$$\varrho = \frac{1}{\varkappa} = \frac{(1+y'^2)^{3/2}}{y''} \begin{cases} > 0 & \text{Linkskrümmung} \\ < 0 & \text{Rechtskrümmung} \end{cases}$$

Krümmungsmittelpunkt

$$x_M = x - y'\frac{1+y'^2}{y''} \qquad y_M = y + \frac{1+y'^2}{y''}$$

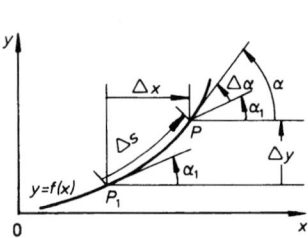 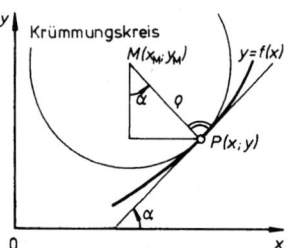

Abb. 1.30 Krümmung, Krümmungsradius und Krümmungskreis

Beispiel

Die Krümmung $1/\varrho(x)$ der Biegelinie $w(x)$ ist proportional zum Schnittbiegemoment $M(x)$ und umgekehrt proportional zur Biegesteifigkeit $EI(x)$ (E = Elastizitätsmodul, $I(x)$ = auf die y-Achse bezogenes Flächenmoment 2. Grades des Trägerquerschnitts).

$$\frac{1}{\varrho(x)} = \frac{w''}{(1+w'^2)^{3/2}} = -\frac{M(x)}{EI(x)}$$

(nichtlinearisierte Differenzialgleichung der Biegelinie)

1.9.5 Unbestimmte Ausdrücke

Sind f und g in $x = a$ differenzierbar und $f(a) = g(a) = 0$
oder $f(a) \to \infty$, $g(a) \to \infty$, so gilt

$$\lim_{x \to a} \frac{f(x)}{g(x)} = \lim_{x \to a} \frac{f'(x)}{g'(x)} \qquad \text{Regel von de l'Hospital}$$

Beispiel

$$\lim_{r \to a} r^2 \ln r = ?$$

Es wird auf den Ausdruck ∞/∞ umgeformt.

$$r^2 \cdot \ln r = \frac{\ln r}{1/r^2}; \quad f(r) = \ln r; \quad f'(r) = 1/r;$$
$$g(r) = 1/r^2; \quad g'(r) = -2/r^3$$

$$\lim_{r \to 0} r^2 \ln r = \lim_{r \to 0} \frac{1/r}{-2/r^3} = \lim_{r \to 0}(-r^2/2) = 0$$

1.9.6 Geometrische Größen

Fläche $\quad A = \int_A dA = \int_a^b y\, dy$

Bogenlänge $\quad s = \int_s ds = \int_a^b \sqrt{1+y'^2}\, dx$

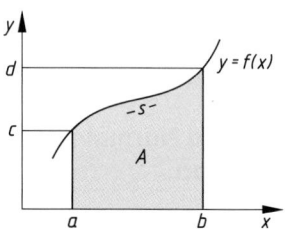

Abb. 1.31 Geometrische Größen

Volumen $\quad V = \int_V dV$

Rotationskörper

$$V_x = \pi \int_a^b y^2\, dx \quad (x\text{-Achse} = \text{Rotationsachse})$$

$$V_y = \pi \int_c^d x^2\, dy = \pi \int_a^b x^2 y'\, dx$$

Beispiel

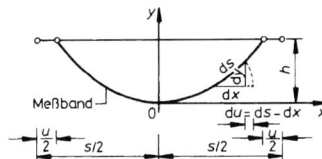

Abb. 1.32 Durchhängendes Messband

Differenz u zwischen Messbandlänge s und Sehnenlänge (zu messende Länge); das Messband hängt entsprechend der Funktion $y = hx^2/(s/2)^2$ durch.

$$\mathrm{d}u = \mathrm{d}s - \mathrm{d}x = \left(\sqrt{1+y'^2} - 1\right)\mathrm{d}x$$

$$\approx \left(1 + \frac{y'^2}{2} - 1\right)\mathrm{d}x = \frac{y'^2}{2}\,\mathrm{d}x$$

$$y' = \frac{4h}{s^2}\cdot 2x = \int\limits_{-s/2}^{+s/2} \frac{32h^2}{s^4}x^2\,\mathrm{d}x = \frac{8h^2}{3s}$$

Beispiel

Fläche zwischen der x-Achse und der Kurve der Funktion $y = x^3\,\mathrm{cm}^{-2} - x^2\,\mathrm{cm}^{-1} + 1\,\mathrm{cm}$, begrenzt durch die Abszissen $a = 5\,\mathrm{cm}$ und $b = 8\,\mathrm{cm}$.

$$A = \int\limits_a^b (x^3\,\mathrm{cm}^{-2} - x^2\,\mathrm{cm}^{-1} + 1\,\mathrm{cm})\,\mathrm{d}x$$

$$= \frac{b^4 - a^4}{4}\,\mathrm{cm}^{-2} - \frac{b^3 - a^3}{3}\,\mathrm{cm}^{-1} + (b-a)\,\mathrm{cm}$$

$$= 741{,}75\,\mathrm{cm}^2$$

Beispiel

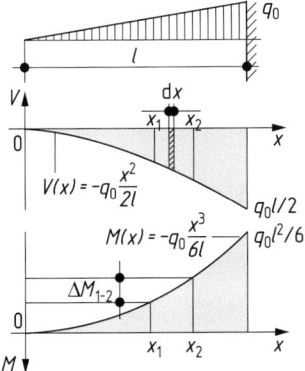

Abb. 1.33 Kragarm unter Dreieckslast

Vergleich des Inhalts der Querkraftfläche $A_{V,1-2}$ mit dem Momentenzuwachs ΔM_{1-2} auf der Länge $(x_2 - x_1)$.

$$\mathrm{d}A_V = V(x)\,\mathrm{d}x = -q_0\frac{x^2}{2l}\,\mathrm{d}x$$

$$A_{V,1-2} = \int\limits_{x_1}^{x_2} V(x)\,\mathrm{d}x$$

$$= -\frac{q_0}{2l}\int\limits_{x_1}^{x_2} x^2\,\mathrm{d}x = -\frac{q_0}{6l}(x_2^3 - x_1^3)$$

$$\Delta M_{1-2} = M(x_2) - M(x_1)$$

$$= -q_0\frac{x_2^3}{6l} + q_0\frac{x_1^3}{6l} = -\frac{q_0}{6l}(x_2^3 - x_1^3)$$

Beispiel

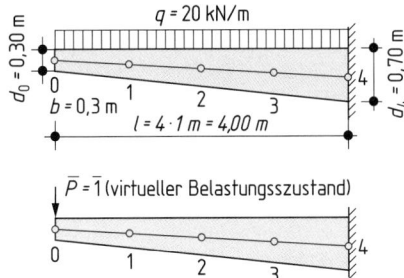

Abb. 1.34 Kragarm unter Gleichlast

Gesucht ist die Enddurchbiegung des Stahlbetonkragarms ($E_b = 3\cdot 10^7\,\mathrm{kN/m}^2$); Trägerbreite $b = 0{,}30\,\mathrm{m}$.

Arbeitsgleichung:

$$E_b I_c \cdot \delta_0 = \int\limits_0^l M(x)\bar{M}(x)\frac{I_c}{I(x)}\,\mathrm{d}x$$

$$I_c = \frac{bd^3(4{,}0)}{12} = Vergleichsträgheitsmoment$$

$$\frac{I_c}{I(x)} = \frac{d^3(4{,}0)}{d^3(x)} = \left(\frac{0{,}70\,\mathrm{m}}{d(x)}\right)^3$$

$$M(x) = -qx^2/2 \quad \bar{M}(x) = -\bar{1}x$$

Das Integral

$$\int\limits_0^l M(x)\bar{M}(x)\frac{I_c}{I(x)}\,\mathrm{d}x$$

wird mit der Simpson-Regel bestimmt (s. Abschn. 1.8.4).

$$\delta_0 = \int\limits_0^l M(x)\bar{M}(x)\frac{I_c}{I(x)}\,\mathrm{d}x \cdot \frac{1}{E_b}\cdot\frac{1}{l_c}$$

$$= \frac{1{,}0}{3}\cdot 3008{,}44\,\mathrm{kN\,m}^3 \cdot \frac{\mathrm{m}^2}{3\cdot 10^7\,\mathrm{kN}}\cdot\frac{12}{0{,}3\cdot 0{,}7^3\,\mathrm{m}^4}$$

$$= 0{,}0039\,\mathrm{m} = 3{,}9\,\mathrm{mm}$$

Tafel 1.4 Rechnung nach Simpson mit vier Streifen

Pkt.	x [m]	$d(x)$ [m]	$I_c/I(x)$	$M(x)$ [kN m]	$\bar{M}(x)$ [m]	k	$k \cdot I_c/I(x) \cdot$ $M(x) \cdot \bar{M}(x)$ [kN m²]
0	0,0	0,30		0	0	1	0
1	1,0	0,40	5,359	−10,0	−1,0	4	214,36
2	2,0	0,50	2,744	−40,0	−2,0	2	439,04
3	3,0	0,60	1,588	−90,0	−3,0	4	1715,04
4	4,0	0,70	1,000	−160,0	−4,0	1	640,00
							3008,44

(k = „Simpson-Faktoren").

Bemerkung: Schon eine grobe Einteilung liefert genügend genaue Werte, wie die folgenden Ergebnisse zeigen:

$$n = 2 \quad \delta_0 = 3{,}934\,\text{mm};$$
$$n = 4 \quad \delta_0 = 3{,}898\,\text{mm};$$
$$n = 6 \quad \delta_0 = 3{,}901\,\text{mm};$$
$$n = 8 \quad \delta_0 = 3{,}902\,\text{mm}$$

1.9.7 Differenzieren und Integrieren in Polarkoordinaten

$$r = f(\varphi) \quad r' = \frac{dr}{d\varphi} \quad r'' = \frac{dr'}{d\varphi} \quad \tan \psi = \frac{r}{'}$$

$$y' = \frac{r' \sin \varphi + r \cos \varphi}{r' \cos \varphi - r \sin \varphi} \quad y'' = \frac{r^2 + 2r'^2 - rr''}{(r' \cos \varphi - r \sin \varphi)^3}$$

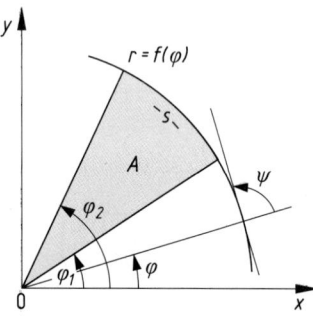

Abb. 1.35 Differenzieren und Integrieren in Polarkoordinaten

Krümmung

$$\varkappa = \frac{y''}{(1 + y'^2)^{3/2}}$$

$$\varkappa = [\operatorname{sgn}(r' \cos \varphi - r \sin \varphi)] \frac{r^2 + 2r'^2 - rr''}{(r^2 + r'^2)^{3/2}}$$

Krümmungsradius $\varrho = 1/\varkappa$

Fläche $A = \dfrac{1}{2} \displaystyle\int_{\phi_1}^{\varphi_2} r^2 \, d\varphi$

Bogen $s = \displaystyle\int_{\varphi_1}^{\varphi_2} \sqrt{r^2 + r'^2} \, d\varphi$

1.9.8 Potenzreihen

$$f(x) = f(x_0) + \frac{x - x_0}{1!} f'(x_0) + \frac{(x - x_0)^2}{2!} f''(x_0) + \dots$$
$$+ \frac{(x - x_0)^n}{n!} f^{(n)}(x_0) + \frac{(x - x_0)^{n+1}}{(n + 1)!} f^{(n+1)}(x_m)$$

mit x_m aus $[x, x_0]$.

$$\sin x = \sum_{i=0}^{\infty} (-1)^i \frac{x^{2i+1}}{(2i + 1)!}$$
$$= x - \frac{x^3}{3!} + \frac{x^5}{5!} - \dots \quad (x \text{ reell})$$

$$\cos x = \sum_{i=0}^{\infty} (-1)^i \frac{x^{2i+1}}{(2i + 1)!}$$
$$= 1 - \frac{x^2}{2!} + \frac{x^4}{4!} - \dots \quad (x \text{ reell})$$

$$\arcsin x = x + \frac{1}{2} \frac{x^3}{3} + \frac{1 \cdot 3}{2 \cdot 4} \frac{x^5}{5}$$
$$+ \frac{1 \cdot 3 \cdot 5}{2 \cdot 4 \cdot 6} \frac{x^7}{7} + \dots \quad (|x| < 1)$$

$$\arccos x = \frac{\pi}{2} - \arcsin x \quad (|x| < 1)$$

$$\arctan x = x - \frac{x^3}{3} + \frac{x^5}{5} - \dots \quad (|x| < 1)$$

$$e^x = 1 + \frac{x}{1!} + \frac{x}{2!} + \dots = \sum_{i=0}^{\infty} \frac{x^i}{i!} \quad (x \text{ reell})$$

$$a^x = \sum_{i=0}^{\infty} \frac{(x \cdot \ln a)^i}{i!} \quad (x \text{ reell})$$

$$\ln(1 + x) = \sum_{i=1}^{\infty} (-1)^{i+1} \frac{x^i}{i} \quad (-1 \leq x < +1)$$

$$\ln(1 - x) = -\sum_{i=1}^{\infty} \frac{x^i}{i} \quad (-1 \leq x < +1)$$

$$\sinh x = \sum_{i=0}^{\infty} \frac{x^{2i+1}}{(2i + 1)!}$$
$$= x + \frac{x^3}{3!} + \frac{x^5}{5!} + \frac{x^7}{7!} + \dots \quad (x \text{ reell})$$

$$\cosh x = \sum_{i=0}^{\infty} \frac{x^{2i}}{(2i)!}$$
$$= 1 + \frac{x^2}{2!} + \frac{x^4}{4!} + \frac{x^6}{6!} + \dots \quad (x \text{ reell})$$

$$(1 + x)^n = \sum_{i=0}^{n} \binom{n}{i} x^i \quad (m, n \text{ positiv ganz}, |x| < 1)$$

$$(1 - x)^n = \sum_{i=0}^{n} \binom{n}{i} (-x)^i \quad (m, n \text{ positiv ganz}, |x| < 1)$$

1.10 Funktionen zweier Veränderlicher

1.10.1 Darstellung

Funktionen zweier Veränderlicher können durch eine Fläche im Raum oder Höhenlinien dargestellt werden.

Beispiel

$$z = f(x, y) = -xy\,e^{-x^2-y^2} \quad -2 \le x \le 2,\ -2 \le y \le 2$$

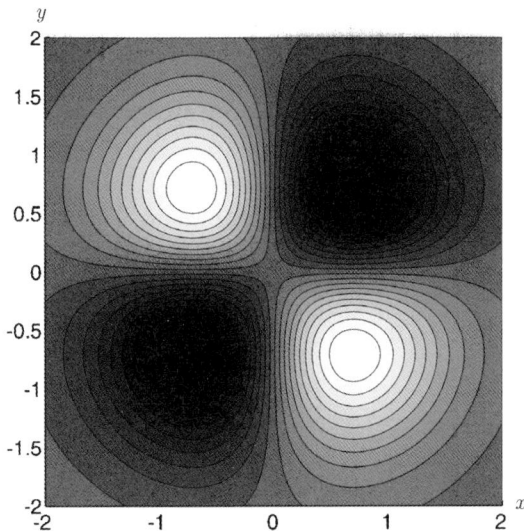

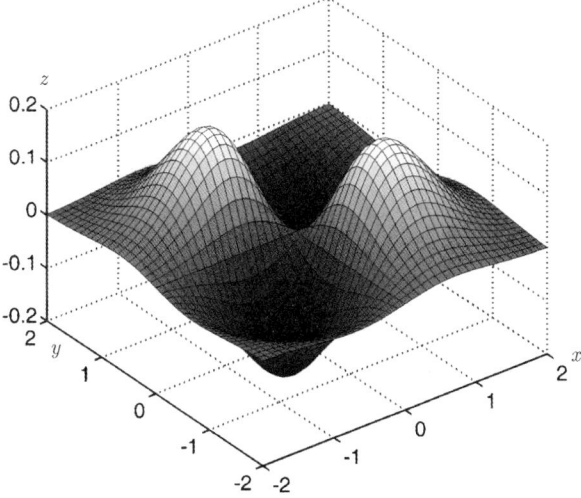

Abb. 1.36 Darstellung von Funktionen zweier Veränderlicher

1.10.2 Integration

Alle Verfahren, die bei eindimensionaler Integration Anwendung finden, können auch im Zweidimensionalen benutzt werden (Mittelpunkt-, Trapez-, Simpson-, Gaußregel etc.) mit M bzw. N Stützstellen entlang der beiden Richtungen (vgl. Abb. 1.37).

Integration über Rechteck

$$I = \int_a^b \int_c^d f(x, y)\,\mathrm{d}y\,\mathrm{d}x = \sum_{i=1}^M \sum_{j=1}^N f(x_i, y_j)\,w_i\,w_j$$

x_i, y_j: Stützstellen, w_i, w_j: Gewichte

Beispiel

Gesucht ist der exakte Wert (analytische Integration) und ein Näherungswert (Mittelpunktsregel mit zwei Stützstellen je Richtung) für das Volumen, das durch das Quadrat $0 \le x \le 2, 0 \le y \le 2$ und die Funktion $z = 16 - x^2 - 2y^2$ gebildet wird.

Analytische Integration

$$
\begin{aligned}
V &= \int_0^2 \int_0^2 f(x, y)\,\mathrm{d}y\,\mathrm{d}x \\
&= \int_0^2 \left[\int_0^2 \left(16 - x^2 - 2y^2\right)\,\mathrm{d}y \right]\mathrm{d}x \\
&= \int_0^2 \left(16y - x^2 y - \frac{2}{3}y^3\right)_0^2 \mathrm{d}x \\
&= \int_0^2 \left(16 \cdot 2 - x^2 \cdot 2 - \frac{2}{3}\cdot 2^3 - 0\right)\mathrm{d}x \\
&= \left(32x - \frac{2}{3}x^3 - \frac{16}{3}x\right)_0^2 \\
&= 64 - 16 = 48
\end{aligned}
$$

Numerische Integration

$$
\begin{aligned}
V &\approx \sum_{i=1}^2 \sum_{j=1}^2 f(x_i, y_j)\,\Delta A \\
&= f(0{,}5; 0{,}5)\Delta A + f(0{,}5; 1{,}5)\Delta A \\
&\quad + f(1{,}5; 0{,}5)\Delta A + f(1{,}5; 1{,}5)\Delta A \\
&= 15{,}25 \cdot 1 + 11{,}25 \cdot 1 + 13{,}25 \cdot 1 + 9{,}25 \cdot 1 \\
&= 49
\end{aligned}
$$

Integration über beliebigen Bereich

$$I = \int_a^b \int_{f_1(x)}^{f_2(x)} f(x, y)\,\mathrm{d}y\,\mathrm{d}x \approx \sum_{i=1}^M \sum_{j=1}^N f\left[x_i, y_j(x_i)\right]w_i\,w_j$$

Die Grenzen der inneren Integration sind nicht konstant, sondern sind eine Funktion der „äußeren" Variablen.

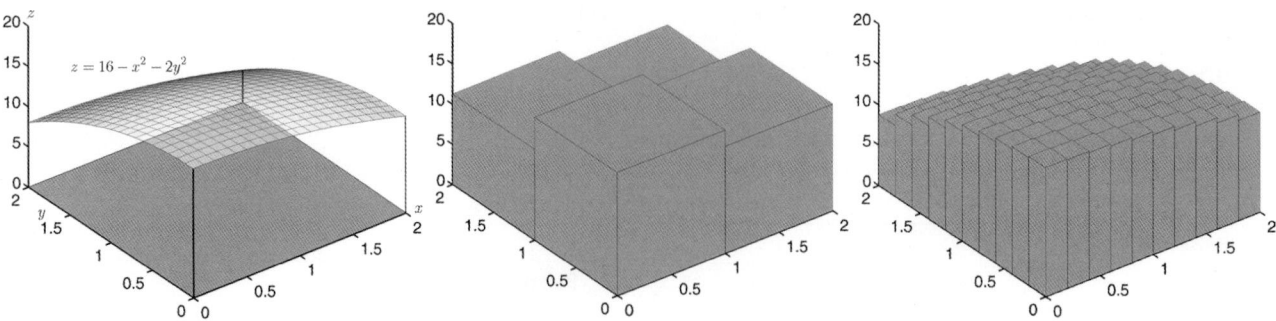

Abb. 1.37 Volumen und Mittelpunktmethode mit zwei und zehn Stützstellen je Richtung

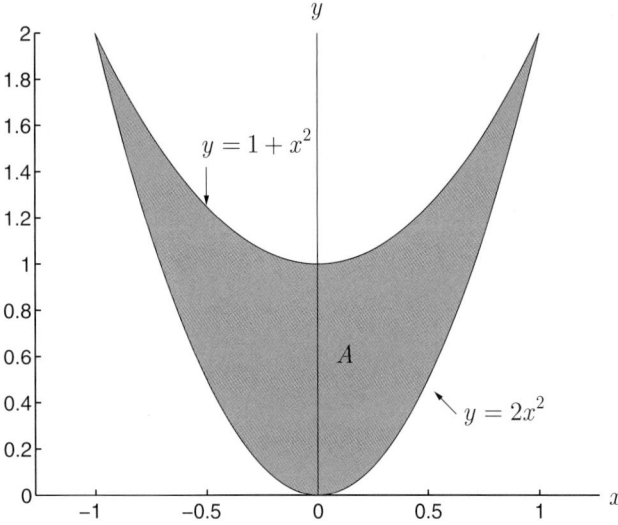

Abb. 1.38 Darstellung des Integrationsbereichs

Beispiel

Gesucht ist das Integral $\iint_A (x + 2y)\,\mathrm{d}A$ über die in Abb. 1.38 gezeigte Fläche.

$$\iint_A (x + 2y)\,\mathrm{d}A = \int_{-1}^{1} \int_{2x^2}^{1+x^2} (x + 2y)\,\mathrm{d}y\,\mathrm{d}x$$

$$= \int_{-1}^{1} \left(xy + y^2 \right)_{y=2x^2}^{y=1+x^2} \mathrm{d}x$$

$$= \int_{-1}^{1} \left(x \cdot (1 + x^2) + (1 + x^2)^2 - x(2x^2) - (2x^2)^2 \right) \mathrm{d}x$$

$$= \int_{-1}^{1} \left(-3x^4 - x^3 + 2x^2 + x + 1 \right) \mathrm{d}x$$

$$= \int_{-1}^{1} \left(-\frac{3}{5}x^5 - \frac{x^4}{4} + \frac{2}{3}x^3 + \frac{1}{2}x^2 + x \right)_{-1}^{1} \mathrm{d}x = \frac{32}{15}$$

1.10.3 Nichtlineare Gleichungssysteme

Das Vorgehen ist analog zu nichtlinearen skalaren Gleichungen (s. Abschn. 1.9.3). Statt der Ableitung $f'(x)$ wird die Jacobi-Matrix $\partial \boldsymbol{f}/\partial \boldsymbol{x}$ benötigt.

$$\boldsymbol{f}(\boldsymbol{x}) = \boldsymbol{0} \quad \text{mit } \boldsymbol{x} = \begin{bmatrix} x_1 & x_2 & \cdots & x_N \end{bmatrix}^{\mathrm{T}}$$

$$\boldsymbol{f} = \begin{bmatrix} f_1 & f_2 & \cdots & f_N \end{bmatrix}^{\mathrm{T}}$$

Anfangswert $\boldsymbol{x}_0 = \begin{bmatrix} x_{1,0} & x_{2,0} & \cdots & x_{3,0} \end{bmatrix}^{\mathrm{T}}$

$$\Delta \boldsymbol{x} = -\mathbf{J}^{-1} \cdot \boldsymbol{f} \quad \mathbf{J} = \begin{bmatrix} \frac{\partial f_1}{\partial x_1} & \frac{\partial f_1}{\partial x_2} & \cdots & \frac{\partial f_1}{\partial x_N} \\ \frac{\partial f_2}{\partial x_1} & \frac{\partial f_2}{\partial x_2} & \cdots & \frac{\partial f_2}{\partial x_N} \\ \vdots & \vdots & \ddots & \vdots \\ \frac{\partial f_N}{\partial x_1} & \frac{\partial f_N}{\partial x_2} & \cdots & \frac{\partial f_N}{\partial x_N} \end{bmatrix}$$

$$\Delta \mathbf{x} = \begin{bmatrix} \Delta x_1 \\ \Delta x_2 \\ \vdots \\ \Delta x_N \end{bmatrix}$$

Beispiel

$$f_1(x_1, x_2) = 3x_1 + 7x_2 + (x_1 + 2)^{\frac{1}{2}} + (x_2 + 2)^{\frac{2}{3}} - 70$$

$$f_2(x_1, x_2) = 5x_1 + 3x_2 + (x_1 + 1)^{\frac{2}{3}} + (x_2 + 3)^{\frac{1}{2}} - 60$$

$$\boldsymbol{x}_0 = \begin{bmatrix} 0 \\ 0 \end{bmatrix}$$

$$\boldsymbol{f}_0 = \begin{bmatrix} 3 \cdot 0 + 7 \cdot 0 + (0 + 2)^{\frac{1}{2}} + (0 + 2)^{\frac{2}{3}} - 70 \\ 5 \cdot 0 + 3 \cdot 0 + (0 + 1)^{\frac{2}{3}} + (0 + 3)^{\frac{1}{2}} - 60 \end{bmatrix}$$

$$= \begin{bmatrix} -66{,}9984 \\ -57{,}2679 \end{bmatrix}$$

Tafel 1.5 Nichtlineares Gleichungssystem mit zwei Unbekannten

i	x_i	$f(x_i)$	$\mathbf{J}(x_i)$	Δx_{i+1}	x_{i+1}	$\sqrt{\frac{\Delta x_i^{\mathrm{T}} \Delta x_i}{x_i^{\mathrm{T}} x_i}}$
0	$\begin{bmatrix} 0 \\ 0 \end{bmatrix}$	$\begin{bmatrix} -66,9984 \\ -57,2679 \end{bmatrix}$	$\begin{bmatrix} 3,3536 & 7,5291 \\ 5,6667 & 3,2887 \end{bmatrix}$	$\begin{bmatrix} 6,6646 \\ 5,9301 \end{bmatrix}$	$\begin{bmatrix} 6,6646 \\ 5,9301 \end{bmatrix}$	1,0000
1	$\begin{bmatrix} 6,6646 \\ 5,9301 \end{bmatrix}$	$\begin{bmatrix} -1,5755 \\ -2,0112 \end{bmatrix}$	$\begin{bmatrix} 3,1699 & 7,3343 \\ 5,3381 & 3,1673 \end{bmatrix}$	$\begin{bmatrix} 0,3353 \\ 0,0699 \end{bmatrix}$	$\begin{bmatrix} 6,9999 \\ 6,0000 \end{bmatrix}$	0,0370
2	$\begin{bmatrix} 6,9999 \\ 6,0000 \end{bmatrix}$	$\begin{bmatrix} -0,0006 \\ -0,0008 \end{bmatrix}$	$\begin{bmatrix} 3,1667 & 7,3333 \\ 5,3333 & 3,1667 \end{bmatrix}$	$\begin{bmatrix} 0,0001 \\ 0,0000 \end{bmatrix}$	$\begin{bmatrix} 7,0000 \\ 6,0000 \end{bmatrix}$	0,0000

$$\begin{bmatrix} \frac{\partial f_1}{\partial x_1} & \frac{\partial f_1}{\partial x_2} \\ \frac{\partial f_2}{\partial x_1} & \frac{\partial f_2}{\partial x_2} \end{bmatrix} = \begin{bmatrix} 3 + \frac{1}{2}(x_1+2)^{-\frac{1}{2}} & 7 + \frac{2}{3}(x_2+2)^{-\frac{1}{3}} \\ 5 + \frac{2}{3}(x_1+1)^{-\frac{1}{3}} & 3 + \frac{1}{2}(x_2+3)^{-\frac{1}{2}} \end{bmatrix}_{\substack{x_1=0 \\ x_2=0}}$$

$$= \begin{bmatrix} 3 + \frac{1}{2}\frac{1}{\sqrt{2}} & 7 + \frac{2}{3}\frac{1}{\sqrt[3]{2}} \\ 5 + \frac{2}{3} & 3 + \frac{1}{2}\frac{1}{\sqrt{3}} \end{bmatrix}$$

$$= \begin{bmatrix} 3,3536 & 7,5291 \\ 5,6667 & 3,2887 \end{bmatrix}$$

$$\begin{bmatrix} 3,3536 & 7,5291 \\ 5,6667 & 3,2887 \end{bmatrix} \Delta x_1 = \begin{bmatrix} 66,9894 \\ 57,2679 \end{bmatrix}$$

$$\rightarrow \quad \Delta x_1 = \begin{bmatrix} 6,6646 \\ 5,9301 \end{bmatrix}$$

$$\rightarrow \quad x_1 = x_0 + \Delta x_1 = \begin{bmatrix} 0 \\ 0 \end{bmatrix} + \begin{bmatrix} 6,6646 \\ 5,9301 \end{bmatrix} = \begin{bmatrix} 6,6646 \\ 5,9301 \end{bmatrix}$$

Tafel 1.5 fasst die gezeigte und zwei weitere Iterationen zusammen.

1.11   Differenzialgleichungen

1.11.1   Begriffe

Eine Gleichung, die außer den Variablen auch deren Ableitungen enthält, heißt Differenzialgleichung (DGl.). Bei einer *gewöhnlichen DGl.* hängt die gesuchte Funktion nur von einer Variablen ab (allgemeine Form $f(x, y', y'', \ldots, y^{(m)}) = 0$); bei einer *partiellen DGl.* hängt die gesuchte Funktion von mehreren Variablen ab. Ist die m-te Ableitung die höchste in der DGl. vorkommende Ableitung, so ist die DGl. von m-ter Ordnung. Funktionen, die mit ihren Ableitungen die DGl. erfüllen, heißen Lösungen der DGl. Die *allgemeine Lösung* einer DGl. m-ter Ordnung enthält m Integrationskonstanten.

1.11.2   Trennung der Veränderlichen

Aus

$$y' = \frac{\mathrm{d}y}{\mathrm{d}x} = f_1(x)\,f_2(y)$$

mit $y(x_0) = y_0$ und mit im betrachteten Intervall stetigen Funktionen $f_1(x)$ und $f_2(y)$

$$\int_{-y_0}^{y} \frac{\mathrm{d}u}{f_2(u)} = \int_{-x_0}^{x} f_1(v)\,\mathrm{d}v \quad f_2(y) \neq 0$$

Häufig wird geschrieben

$$\int \frac{\mathrm{d}y}{f_2(y)} = \int f_1(x)\,\mathrm{d}x$$

Beispiel

Gesucht ist die Lösung der DGl. $y' = -x/y$ mit der Anfangsbedingung (Anfangswertaufgabe) $y(0) = 3$.

$$\frac{\mathrm{d}y}{\mathrm{d}x} = -\frac{x}{y}$$

$$y\,\mathrm{d}y = -x\,\mathrm{d}x$$

$$\int_0^y u\,\mathrm{d}u = -\int_3^x v\,\mathrm{d}v$$

$$y^2 - 0^2 = -(x^2 - 3^2)$$

$$x^2 + y^2 = 9 \quad \text{d. h. Kreisgleichung}$$

Beispiel

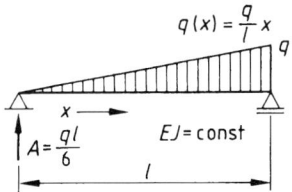

Abb. 1.39   Träger auf zwei Stützen unter Dreieckslast

Für den in Abb. 1.39 dargestellten Einfeldträger sind $V(x)$, $M(x)$ und $w(x)$ gesucht.

$$V'(x) = -q(x) = -\frac{q}{l}x$$

$$\int \mathrm{d}V = -\int \frac{q}{l}x\,\mathrm{d}x$$

$$V(x) = -\frac{qx^2}{2l} + c_1$$

Randbedingung:

$$V(0) = \frac{ql}{6} \rightarrow c_1 = \frac{ql}{6}$$

$$V(x) = \frac{ql}{6} - \frac{qx^2}{2l}$$

$$M'(x) = V(x)$$

$$\int dM = \int \left(\frac{ql}{6} - \frac{qx^2}{2l}\right) dx$$

$$M(x) = \frac{qlx}{6} - \frac{qx^3}{6l} + c_2$$

Randbedingung:

$$M(0) = 0 \rightarrow c_2 = 0$$

$$M(x) = \frac{qlx}{6} - \frac{qx^3}{6l}$$

$$w''(x) = -\frac{M(x)}{EI} = -\frac{q}{EI}\left(\frac{lx}{6} - \frac{x^3}{6l}\right)$$

$$w'(x) = -\frac{q}{EI}\left(\frac{lx^2}{12} - \frac{x^4}{24l} + c_3\right)$$

$$w(x) = -\frac{q}{EI}\left(\frac{lx^3}{36} - \frac{x^5}{120l} + c_3 x + c_4\right)$$

Randbedingung:

$$w(0) = 0 \rightarrow c_4 = 0$$

$$w(l) = 0 \rightarrow c_3 = -\frac{7l^3}{360}$$

$$w(x) = \frac{q}{360EI}\left(7l^3 x - 10lx^3 + \frac{3x^5}{l}\right)$$

1.11.3 Lineare DGl. mit konstanten Koeffizienten

$$\sum_{i=0}^{m} a_i y^{(i)} = g(x)$$

Lösung: $y = y_{(h)} + y_{(p)}$

Lösung der homogenen DGl. $\sum_{i=0}^{m} a_i y^{(i)} = 0$:

$$y_{(h)} = \sum_{i=1}^{m} C_i e^{p_i x}$$

p_i sind Nullstellen der charakteristischen Gleichung:

$$\sum_{i=0}^{n} a_i p^i = 0$$

wobei $p_1 \neq p_2 \neq \ldots \neq p_n$

$$y_{(h)} = (B_0 + B_1 x + B_2 x^2 + \ldots + B_{k-1} x^{k-1}) e^{p_1 x}$$

$$+ \sum_{i=k+1}^{m} C_i e^{p_i x}$$

wenn mehrfache Nullstellen $p_1 = p_2 = p_3 = \ldots = p_k$ vorhanden.

$y_{(p)}$ = Spezielle (partielle) Lösung der inhomogenen DGl.: Der Ansatz wird in der allgemeinen Form der Störfunktion gemacht:

Störfunktion	Ansatz
$g(x) = b e^{ax}$	$y_{(p)} = c e^{ax}$
$g(x) = b_0 + b_1 x + \ldots + b_r x^r$	$y_{(p)} = c_0 + c_1 x + \ldots + c_r x^r$
$g(x) = A \sin ax$ oder $g(x) = A \cos ax$	$y_{(p)} = B_1 \sin ax + B_1 \cos ax$
$g(x) = A e^{ax} \sin bx$ oder $g(x) = A e^{ax} \cos bx$	$y_{(p)} = e^{ax}(B_1 \sin bx + B_2 \cos bx)$

Bei Übereinstimmung der Störfunktion mit einer Lösung der homogenen DGl. werden die Größen B im Ansatz durch $B \cdot x^r$ ersetzt, r ergibt sich nach dem Einsetzen des Ansatzes in die DGl.

Beispiel

Gesucht ist die allgemeine Lösung der DGl.

$$y'' - 4y = 2x.$$

Homogene DGl.: $y'' - 4y = 0$
Charakteristische Gl.: $p^2 - 4 = 0$
$\rightarrow p_1 = +2$ und $p_2 = -2$
Inhomogene DGl.: $y'' - 4y = 2x$
Ansatz: $y_{(p)} = c_0 + c_1 x$
$0 - 4(c_0 + c_1 x) = 2x$
Koeffizientenvergleich liefert $c_0 = 0$ und $c_1 = -0{,}5$
Allgemeine Lösung:

$$y = C_1 e^{2x} + C_2 e^{-2x} - 0{,}5x$$

Beispiel

Die DGl. der freien Schwingung lautet $m\ddot{x} + cx = 0$; die Punkte bedeuten Ableitungen nach der Zeit t. Die Rückstellkraft ist cx = Federkraft = Federkonstante mal Auslenkung.

Mit $\omega^2 = c/m$ wird $\ddot{x} + \omega^2 x = 0$
Charakteristische Gleichung: $p^2 + \omega^2 = 0$
Lösungen: $p_1 = +i\omega$ und $p_2 = -i\omega$
Lösung der DGl.: $x = C_1 e^{i\omega t} + C_2 e^{-i\omega t}$
Mithilfe der Eulerschen Formel $e^{i\omega} = \cos\omega + i\sin\omega$ (Beweis durch Reihenentwicklung) folgt:

$$x = (C_1 + C_2)\cos\omega t + i(C_1 - C_2)\sin\omega t$$

$$x = A_1 \cos\omega t + iA_2 \sin\omega t$$

Da nur die Lösungen in reeller Form interessieren, darf geschrieben werden:

$$x = A_1 \cos \omega t + A_2 \sin \omega t = A \cos(\omega t - \varepsilon)$$

Durch Einsetzen dieser Lösung in die DGl. kann die Richtigkeit überprüft werden.

1.11.4 Differenzenverfahren

Die Ableitungen in einer DGl. werden durch Differenzenquotienten ersetzt; durch Auflösen eines linearen Gleichungssystems werden Werte der Lösungsfunktion ermittelt.

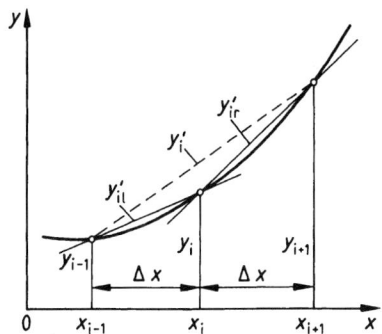

Abb. 1.40 Differenzenverfahren

Differenzenformeln für DGl. 1. Ordnung

$$y'_{i1} = \frac{y_i - y_{i-1}}{\Delta x} \quad \text{(rückwärts)}$$

$$y'_i = \frac{y_{i+1} - y_{i-1}}{2\Delta x} \quad \text{(mittig)}$$

$$y'_{ir} = \frac{y_{i+1} - y_i}{\Delta x} \quad \text{(vorwärts)}$$

Differenzenformeln für DGl. 2. Ordnung

$$y''_i = \frac{1}{h^2} \boxed{1 \ \boxed{-2} \ 1} \ y$$

$$y''_0 = -\frac{3}{h} y'_0 + \frac{1}{2h^2} \boxed{\boxed{-7} \ 8 \ -1} \ y$$

Mehrstellenformeln für DGl. 2. Ordnung

$$\boxed{1 \ \boxed{10} \ 1} \ y'' = \frac{12}{h^2} \boxed{1 \ \boxed{-2} \ 1} \ y$$

$$\boxed{\boxed{1} \ 6} \ y'' = -\frac{10}{6h} y'_0 + \frac{1}{18h^2} \boxed{\boxed{89} \ -216 \ 135 \ -8} \ y$$

Randbedingungen

Aus $\quad y'_0 = 0 \quad$ folgt $\quad y_{-1} = y_1$

Aus $\quad y''_0 = 0 \quad$ folgt $\quad y_{-1} = 2y_0 - y_1$

Aus $\quad y'''_0 = 0 \quad$ folgt $\quad y_{-2} = 2y_{-1} - 2y_1 + y_2$

1.12 Statistik, Fehlerrechnung

1.12.1 Statistik

Stichprobe $\{x_1, x_2, x_3, \ldots, x_n\}$, n Werte der beobachteten Größe; Klassenanzahl bei großem ($50 < n < 500$) Stichprobenumfang: $k \approx \sqrt{n}$, jedoch nicht mehr als 30 Klassen.

Klassenbreite $\Delta x = (\max x - \min x)/k < 0{,}6s$

Klassenmitte $\bar{x}_i$

Ordinate der Häufigkeitsverteilung:

Absolute Häufigkeit n_i (Anzahl der Werte einer Klasse) oder relative Häufigkeit $h_i = n_i/n$.

Ordinate der Häufigkeitssummenverteilung:

Absolute Häufigkeitssumme $G_i = \sum_{j=1}^{i} n_j$ oder relative Häufigkeitssumme $\Phi_i = \sum_{j=1}^{i} h_j$

Lagemaße einer Stichprobe (es wird stets über alle i summiert)

Arithmetischer Mittelwert

$$\bar{x} = \frac{1}{n} \sum x_i \approx \frac{1}{n} \sum n_i \bar{x}_i$$

Geometrischer Mittelwert

$$\bar{x}_G = \sqrt[n]{x_1 x_2 \ldots x_n}$$

Harmonischer Mittelwert

$$\bar{x}_H = \frac{n}{\sum 1/x_i}$$

Streuungsmaße einer Stichprobe Spannweite (Variationsbreite)

$$R = \max x - \min x$$

Streuung

$$s^2 = \frac{1}{n-1} \sum (x_i - \bar{x})^2$$

$$= \frac{1}{n-1} \left[\sum x_i^2 - \frac{1}{n} \left(\sum x_i \right)^2 \right]$$

$$\approx \frac{1}{n-1} \sum (\bar{x}_i - \bar{x})^2 n_i$$

$$= \frac{1}{n-1} \left[\sum \bar{x}_i^2 n_i - \frac{1}{n} \left(\sum \bar{x}_i n_i \right)^2 \right]$$

Standardabweichung $s = +\sqrt{s^2}$

Variationskoeffizient $v = s/\bar{x}$

1.12.1.1 Wahrscheinlichkeitsverteilungen einer Zufallsgröße

$h(A) = k/n =$ relative Häufigkeit des Zufallsereignisses A (bei n-maliger Durchführung eines Zufallsexperiments tritt

A insgesamt k-mal ein).

$$p(A) = \lim_{n \to \infty} h(A) = \text{Wahrscheinlichkeit von } A.$$

$n!$ Anzahl der Möglichkeiten, n Elemente zu ordnen.

n^k Anzahl der Möglichkeiten, k Elemente geordnet einer Menge von n verschiedenen Elementen zu entnehmen (mit Zurücklegen).

$\binom{n}{k}$ Anzahl der Möglichkeiten, k Elemente ungeordnet einer Menge von n verschiedenen Elementen zu entnehmen (ohne Zurücklegen).

Normalverteilung (stetige Verteilung mit Erwartungswert μ und Varianz σ^2)

Wahrscheinlichkeitsdichte

$$f(x) = \frac{1}{\sigma \sqrt{2\pi}} e^{-\frac{1}{2}\left(\frac{x-\mu}{\sigma}\right)^2}$$

Verteilungsfunktion

$$F(x) = \int_{-\infty}^{x} f(v)\, dv$$

Mit $u = (x - \mu)/\sigma$ und $\sigma f(x) = \varphi(u)$ wird die $N(\mu; \sigma)$-Verteilung zur $N(0; 1)$-Verteilung (Normierte Normalverteilung)

Wahrscheinlichkeitsdichte

$$\varphi(u) = \frac{1}{\sqrt{2\pi}} e^{-u^2/2}$$

Verteilungsfunktion

$$\Phi(u) = \frac{1}{2} + \frac{1}{\sqrt{2\pi}} \int_{0}^{u} e^{-v^2/2}\, dv = \frac{1}{2} + \Psi(u)$$

$$\Phi(-u) = 50\% - \Psi(u)$$

$$\Phi(u) = 50\% + \Psi(u)$$

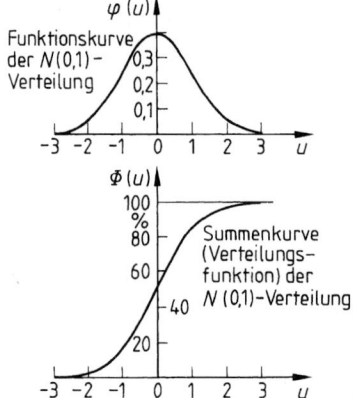

Abb. 1.41 Wahrscheinlichkeitsdichte und Verteilungsfunktion der Normalverteilung

Tafel 1.6 Einige Zahlenwerte der Normalverteilung

u	$\varphi(u)$	$\Psi(u)$ in %	u	$\varphi(u)$	$\Psi(u)$ in %
0,0	0,39894	0,000	1,2	0,19419	38,493
0,1	0,39695	3,983	1,4	0,14973	41,924
0,2	0,39104	7,926	1,6	0,11092	44,520
0,3	0,38139	11,791	1,8	0,07895	46,407
0,4	0,36827	15,542	2,0	0,05399	47,725
0,5	0,35207	19,146	2,2	0,03547	48,610
0,6	0,33322	22,575	2,4	0,02239	49,180
0,7	0,31225	25,804	2,6	0,01358	49,534
0,8	0,28969	28,814	2,8	0,00792	49,744
0,9	0,26609	31,594	3,0	0,00443	49,865
1,0	0,24197	34,134	3,2	0,00238	49,931

Binomialverteilung (diskrete Verteilung mit Erwartungswert $\mu = np$ und Varianz $\sigma^2 = np(1-p)$)

Wahrscheinlichkeitsverteilung

$$p(x_i) = \binom{n}{x_i} p^{x_i} (1-p)^{n-x_i}$$

Verteilungsfunktion

$$F(x_i) = \sum_{j=0}^{i} \binom{n}{j} p^j (1-p)^{n-j}$$

$p(x_i)$ Wahrscheinlichkeit dafür, dass unter n Elementen einer der beiden Merkmalswerte genau x_i-mal auftritt;

p Wahrscheinlichkeit dafür, daß bei einem Element der Merkmalswert vorhanden ist.

Beispiel

In einer Lieferung von 100 Stück befinden sich 5 defekte Stücke ($p = 0,05$). Wie groß ist die Wahrscheinlichkeit, bei einer Stichprobe von 3 Stück (mit Zurücklegen) 0, 1, 2 oder 3 defekte Stücke zu erhalten?

$$p(0) = \binom{3}{0} \cdot 0,05^0 \cdot 0,95^{3-0} = 0,8574$$

$$F(0) = 0,8574$$

$$p(1) = \binom{3}{1} \cdot 0,05^1 \cdot 0,95^{3-1} = 0,1354$$

$$F(1) = 0,9928$$

$$p(2) = \binom{3}{2} \cdot 0,05^2 \cdot 0,95^{3-2} = 0,0071$$

$$F(2) = 0,9999$$

$$p(3) = \binom{3}{3} \cdot 0,05^3 \cdot 0,95^{3-3} = 0,0001$$

$$F(3) = 1,0000$$

Mit 99,28 %iger Wahrscheinlichkeit wird höchstens 1 defektes Stück entnommen.

Tafel 1.7 Überschreitungswahrscheinlichkeit $P_{\ddot{u}}(z)$

z	$-,-0$	$-,-1$	$-,-2$	$-,-3$	$-,-4$	$-,-5$	$-,-6$	$-,-7$	$-,-8$	$-,-9$
0,0	0,5000	0,4960	0,4920	0,4880	0,4840	0,4801	0,4761	0,4721	0,4681	0,4641
0,1	0,4602	0,4562	0,4522	0,4483	0,4443	0,4404	0,4364	0,4325	0,4286	0,4247
0,2	0,4207	0,4168	0,4129	0,4090	0,4052	0,4013	0,3974	0,3936	0,3897	0,3859
0,3	0,3821	0,3783	0,3745	0,3707	0,3669	0,3632	0,3594	0,3557	0,3520	0,3483
0,4	0,3446	0,3409	0,3372	0,3336	0,3300	0,3264	0,3228	0,3192	0,3156	0,3121
0,5	0,3085	0,3050	0,3015	0,2981	0,2946	0,2912	0,2877	0,2843	0,2810	0,2776
0,6	0,2743	0,2709	0,2676	0,2643	0,2611	0,2578	0,2546	0,2514	0,2483	0,2451
0,7	0,2420	0,2389	0,2358	0,2327	0,2297	0,2266	0,2236	0,2207	0,2177	0,2148
0,8	0,2119	0,2090	0,2061	0,2033	0,2005	0,1977	0,1949	0,1922	0,1894	0,1867
0,9	0,1841	0,1814	0,1788	0,1762	0,1736	0,1711	0,1685	0,1660	0,1635	0,1611
1,0	0,1587	0,1562	0,1539	0,1515	0,1492	0,1469	0,1446	0,1423	0,1401	0,1379
1,1	0,1357	0,1335	0,1314	0,1292	0,1271	0,1251	0,1230	0,1210	0,1190	0,1170
1,2	0,1151	0,1131	0,1112	0,1093	0,1075	0,1057	0,1038	0,1020	0,1003	0,0985
1,3	0,09680	0,09510	0,09342	0,09176	0,09012	0,08851	0,08692	0,08534	0,08379	0,08227
1,4	0,08076	0,07927	0,07781	0,07636	0,07493	0,07353	0,07215	0,07078	0,06944	0,06811
1,5	0,06681	0,06552	0,06426	0,06301	0,06178	0,06057	0,05938	0,05821	0,05705	0,05592
1,6	0,05480	0,05370	0,05262	0,05155	0,05050	0,04947	0,04846	0,04746	0,04648	0,04552
1,7	0,04457	0,04363	0,04272	0,04182	0,04093	0,04006	0,03921	0,03837	0,03754	0,03673
1,8	0,03593	0,03515	0,03438	0,03363	0,03289	0,03216	0,03144	0,03074	0,03006	0,02938
1,9	0,02872	0,02807	0,02743	0,02681	0,02619	0,02559	0,02500	0,02442	0,02385	0,02330
2,0	0,02275	0,02222	0,02169	0,02118	0,02068	0,02018	0,01970	0,01923	0,01876	0,01831
2,1	0,01787	0,01743	0,01700	0,01659	0,01618	0,01578	0,01539	0,01501	0,01463	0,01426
2,2	0,01391	0,01355	0,01321	0,01288	0,01255	0,01223	0,01191	0,01161	0,01131	0,01101
2,3	0,010726	0,010446	0,010172	0,009905	0,009644	0,009389	0,009139	0,008896	0,008658	0,008426
2,4	0,008199	0,007978	0,007762	0,007551	0,007346	0,007145	0,006949	0,006758	0,006571	0,006389
2,5	0,006212	0,006038	0,005870	0,005705	0,005545	0,005388	0,005236	0,005087	0,004942	0,004801
2,6	0,004663	0,004529	0,004398	0,004271	0,004147	0,004027	0,003909	0,003795	0,003683	0,003575
2,7	0,003469	0,003366	0,003266	0,003169	0,003074	0,002982	0,002892	0,002805	0,002720	0,002637
2,8	0,002557	0,002479	0,002403	0,002329	0,002258	0,002188	0,002120	0,002054	0,001990	0,001928
2,9	0,001868	0,001809	0,001752	0,001697	0,001643	0,001591	0,001540	0,001491	0,001443	0,001397
3,0	0,001352	0,001308	0,001266	0,001225	0,001185	0,001146	0,001109	0,001072	0,001037	0,001003
3,1	0,000970	0,000937	0,000906	0,000876	0,000847	0,000818	0,000791	0,000764	0,000738	0,000713
3,2	0,000689	0,000666	0,000643	0,000621	0,000600	0,000579	0,000559	0,000540	0,000521	0,000503
3,3	0,000485	0,000468	0,000452	0,000436	0,000421	0,000406	0,000392	0,000378	0,000364	0,000351
3,4	0,000339	0,000327	0,000315	0,000304	0,000293	0,000282	0,000272	0,000262	0,000253	0,000244

Poisson-Verteilung (diskrete Verteilung mit Erwartungswert $\mu = np$ und Varianz $\sigma^2 = np$)

Wahrscheinlichkeitsverteilung (folgt aus der Binomialverteilung, wenn p klein und n groß wird)

$$p(x_i) = \frac{\mu^{x_i}}{x_i!} e^{-\mu}$$

Überschreitungswahrscheinlichkeit $P_{\ddot{u}}(z) = 1 - P(z)$ **für die normierte Gauß-Normalverteilung** (Werte in Tafel 1.7 in den Grenzen $0 \leq z < 3,5$):

Dichtefunktion

$$p(z) = \frac{1}{\sqrt{2 \cdot \pi}} \cdot e^{-z^2/2}$$

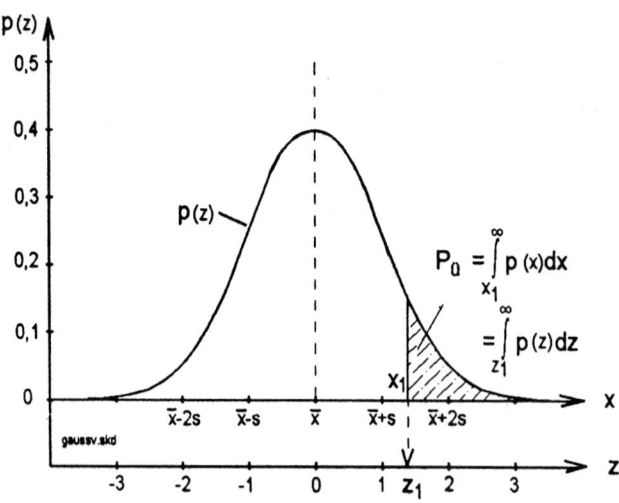

Abb. 1.42 Überschreitungswahrscheinlichkeit der Normalverteilung

mit

$$z = \frac{x - \bar{x}}{s_x} \quad \text{und} \quad s_x = \sqrt{\frac{\sum (x - \bar{x})^2}{n - 1}};$$

Überschreitungswahrscheinlichkeit

$$P_{\text{ü}}(z_1) = \frac{1}{\sqrt{2 \cdot \pi}} \cdot \int_{z_1}^{\infty} e^{-z^2/2} \, dz;$$

Unterschreitungswahrscheinlichkeit

$$P(z_1) = \frac{1}{\sqrt{2 \cdot \pi}} \cdot \int_{\infty}^{z_1} e^{-z^2/2} \, dz;$$

Jährlichkeit

$$T_n = \frac{\Delta t}{P_{\text{ü}}};$$

Schiefekoeffizient

$$c_S = \frac{n \cdot \sum (x - \bar{x})^3}{(n - 1) \cdot (n - 2) \cdot s_x^3},$$

Voraussetzung für Normalverteilung: $c_S = 0$

Statistische Prüfverfahren

Statistische Sicherheit

$$S(u_S) = \int_{-u_S}^{u_S} \varphi(u) \, du = 2\psi(u_S)$$

S % der Elemente x der Grundgesamtheit liegen zwischen den Schranken $\mu - u_S \sigma$ und $\mu + u_S \sigma$ (Schwellenwerte, Fraktile)

Tafel 1.8 u_S-Werte der Normalverteilung

S in %	α in %	Abgrenzung	
		Einseitig	Zweiseitig
90	10	1,28155	1,64485
95	5	1,64485	1,95996
96	4	1,75069	2,05375
97	3	1,88079	2,17009
98	2	2,05375	2,32635
99	1	2,32635	2,57583
99,9	0,1	3,09023	3,29053

5 %-Fraktile

$$x_{5\%} = \mu - 1{,}645\sigma$$

Schrankenwert, der nur von 5 % der Grundgesamtheit unterschritten wird, Normalverteilung mit σ vorausgesetzt

Vertrauensbereich

$$\bar{x} - u_S \sigma / \sqrt{n} \leq \mu \leq \bar{x} + u_S \sigma / \sqrt{n}$$

Erwartungswert μ liegt mit der Sicherheit S im angegebenen Intervall. Bei kleinem Stichprobenumfang bzw. wenn σ unbekannt ist

$$\bar{x} - t_S s / \sqrt{n} \leq \mu \leq \bar{x} + t_S s / \sqrt{n}$$

t_S ist abhängig von $f = n - 1$

Tafel 1.9 t_S-Werte der t-Verteilung

f	Abgrenzung			
	Einseitig		Zweiseitig	
	$S = 95\%$	$S = 99\%$	$S = 95\%$	$S = 99\%$
1	6,314	31,821	12,706	63,657
2	2,920	6,965	4,303	9,925
3	2,353	4,541	3,182	5,841
4	2,132	3,747	2,776	4,604
5	2,015	3,365	2,571	4,032
6	1,943	3,143	2,447	3,707
7	1,895	2,998	2,365	3,499
8	1,860	2,896	2,306	3,355
9	1,833	2,821	2,262	3,250
10	1,812	2,764	2,228	3,169
15	1,753	2,602	2,131	2,947
20	1,725	2,528	2,086	2,845
25	1,708	2,485	2,060	2,787
30	1,697	2,457	2,042	2,750
40	1,684	2,423	2,021	2,704
50	1,676	2,403	2,010	2,678
∞	1,645	2,326	1,960	2,576

Tafel 1.10 Ermittlung von Mittelwert und Standardabweichung

i	x_i [MN/m^2]	$(x_i - \bar{x})^2$ [MN^2/m^4]
1	36,5	1,19
2	39,4	15,92
3	40,0	21,07
4	33,7	2,92
5	38,4	8,94
6	29,5	34,93
7	31,6	14,52
8	34,2	1,46
	283,3	100,95

Mittelwert $\bar{x}$, Standardabweichung s, 5%-Fraktile und der Vertrauensbereich ($S = 95\%$) einer Stichprobe sind gesucht.

$$\bar{x} = 283,3/8 = 35,41 \, \text{MN/m}^2$$

$$s^2 = 100,95/7 = 14,42 \, (\text{MN/m}^2)^2$$

$$s = 3,80 \, \text{MN/m}^2$$

$$x_{5\%} = 35,41 - 1,895 \cdot 3,80 = 28,21 \, \text{MN/m}^2$$

$$t_S s/\sqrt{n} = 2,365 \cdot 3,80/\sqrt{8} = 3,18 \, \text{MN/m}^2$$

$$\mu = (35,41 \pm 3,18)\text{MN/m}^2, \quad S = 95\%$$

Korrelation und Regression Die Beobachtungswerte $(x_i; y_i)$ einer verbundenen Stichprobe können in einem $(x; y)$-Koordinatensystem dargestellt werden; aus den x_i-, und y_i-Werten werden

$$\bar{x} = \frac{1}{n} \sum x_i; \quad s_x^2 = \frac{1}{n-1} \sum (x_i - \bar{x})^2; \quad s_x = \sqrt{s_x^2};$$

$$\bar{y} = \frac{1}{n} \sum y_i; \quad s_y^2 = \frac{1}{n-1} \sum (y_i - \bar{y})^2; \quad s_y = \sqrt{s_y^2};$$

$$m_{xy} = \frac{1}{n-1} \sum (x_i - \bar{x}) \cdot (y_i - \bar{y})$$

(empirische Kovarianz) berechnet.

Empirischer Korrelationskoeffizient

$$r = \frac{m_{xy}}{s_x s_y} \quad \begin{array}{l} r = 0 \quad \text{kein linearer Zusammenhang,} \\ |r| = 1 \quad \text{linearer Zusammenhang.} \end{array}$$

Empirische Regressionsgerade

$$y = \bar{y} + r \frac{s_y}{s_x} \cdot (x - \bar{x})$$

Ermittlung einer Regressionsgraden

i	x_i	y_i	$(\bar{x} - x_i)^2$	$(\bar{y} - y_i)^2$	$(\bar{x} - x_i)(\bar{y} - y_i)$
1	4,1	28,0	17,14	9,0	12,42
2	6,2	32,0	4,16	1,00	−2,04
3	7,9	30,5	0,116	0,25	0,17
4	10,5	34,0	5,116	9,00	6,78
5	12,5	30,5	18,15	0,25	−2,13
$\sum$	41,2	155,0	44,67	19,50	15,20

$$\bar{x} = \frac{41,2}{5} = 8,24 \qquad \bar{y} = \frac{155,0}{55} = 31,00$$

$$s_x^2 = \frac{44,67}{4} = 11,17 \quad s_y^2 = \frac{19,50}{4} = 4,88$$

$$s_x = 3,3419 \qquad s_y = 2,2079$$

$$m_{xy} = \frac{15,20}{4} = 3,80$$

$$r = \frac{3,80}{3,3419 \cdot 2,2070} = 0,5150$$

$$y(x) = 31,00 + \frac{0,5150 \cdot 2,208}{3,342}(x - 8,24)$$

$$= 28,20 + 0,3402\,x$$

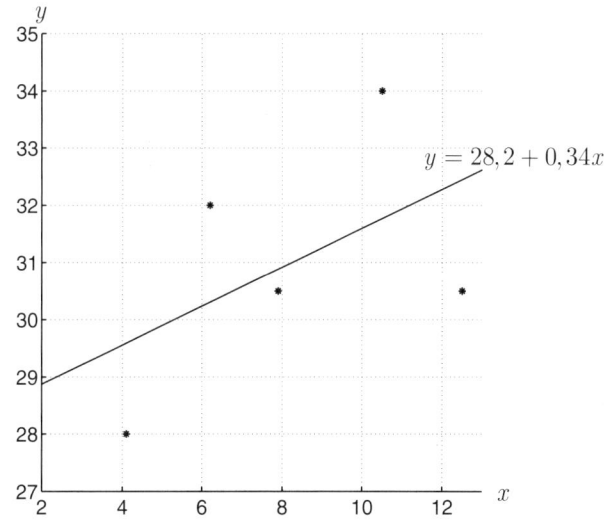

Abb. 1.43 Regressionsgerade

1.12.2 Fehlerrechnung

Fehlerfortpflanzungsgesetz und Vertrauensbereich für die Funktion $z = f(u, v, w, \dots)$

Standardabweichungen der Grundgesamtheiten $\sigma_u, \sigma_v, \sigma_w, \dots$ bekannt:

$$\sigma_z = \sqrt{(f_u \sigma_u)^2 + (f_v \sigma_v)^2 + (f_w \sigma_w)^2 + \dots} \quad \Delta z = \frac{u_S \sigma_z}{\sqrt{n}}$$

Schätzwerte $S_u, S_v, S_w, \ldots$ aus Stichproben, alle vom gleichen Umfang n, bekannt:

$$s_z = \sqrt{(f_u s_u)^2 + (f_v s_v)^2 + (f_w s_w)^2 + \ldots} \quad \Delta z = \frac{t_S s_z}{\sqrt{n}}$$

Vertrauensbereiche $\Delta u, \Delta v, \Delta w, \ldots$ (i. Allg. aus Stichproben unterschiedlichen Umfangs) bekannt:

$$\Delta z = \sqrt{(f_u \Delta u)^2 + (f_v \Delta v)^2 + (f_w \Delta w)^2 + \ldots}$$

$$= \sqrt{\begin{array}{l}(f(u + \Delta u, v, w, \ldots) - z)^2 \\ + (f(u, v + \Delta v, w, \ldots) - z)^2 \\ + (f(u, v, w + \Delta w, \ldots) - z)^2 + \ldots\end{array}}$$

Beispiel

Wie groß ist der relative Fehler $\Delta f_E / f_E$ der Enddurchbiegung eines Freiträgers unter Gleichstreckenlast mit folgenden relativen Vertrauensbereichen $\Delta l / l = 1\%$, $\Delta E / E = 2\%$ und $\Delta I / I = 3\%$?

$$f_E = ql^4/(8EI); \quad l + \Delta l = 1{,}01l;$$
$$E + \Delta E = 1{,}02E; \quad I + \Delta I = 1{,}03I;$$

$$\Delta f_E = \sqrt{\begin{array}{l}(f_E \cdot 1{,}01^4 - f_E)^2 + (f_E/1{,}02 - f_E)^2 \\ + (f_E/1{,}03 - f_E)^2\end{array}}$$

$$\Delta f_E / f_E = \sqrt{(1{,}01^4 - 1)^2 + (1/1{,}02 - 1)^2 + (1/1{,}03 - 1)^2}$$
$$= 0{,}0537 = 5{,}37\%$$

Vermessung

Prof. Dr.-Ing. Rainer Joeckel

Inhaltsverzeichnis

2.1   Grundlagen 41
    2.1.1   Das Lagefestpunktfeld 41
    2.1.2   Das Höhenfestpunktfeld 43
2.2   Grundaufgaben 43
    2.2.1   Berechnung des Richtungswinkels und der Entfernung 43
    2.2.2   Polarpunktberechnung 44
    2.2.3   Höhenübertragung mit dem Tachymeter 44
    2.2.4   Transformationen 45
    2.2.5   Achsenschnitte 47
2.3   Festpunktverdichtung durch Polygonierung 47
    2.3.1   Der beidseitig angeschlossene Polygonzug 48
    2.3.2   Fehlergrenzen beim Polygonzug 49
    2.3.3   Streckenreduktionen 49
2.4   Freie Standpunktwahl mit Helmert-Transformation 51
    2.4.1   Stationierung durch Anschluss an koordinierte Punkte 51
    2.4.2   Aufnahme der Neupunkte 51
    2.4.3   Absteckung mit Freier Standpunktwahl 51
2.5   Geländeaufnahme 52
2.6   Absteckung 52
2.7   Liniennivellement 53
2.8   Achsberechnung 54
2.9   Mengenberechnung 57

Anmerkung Entsprechend DIN 18709 werden die dort angeführten Bezeichnungen verwendet.

2.1 Grundlagen

Die vermessungstechnischen Arbeiten gliedern sich in
- Horizontal- oder Lagemessungen und
- Vertikal- oder Höhenmessungen

In der Regel bezieht man sich dabei auf ein *Lagefestpunktfeld* und ein *Höhenfestpunktfeld*.

R. Joeckel ✉
Hochschule für Technik Stuttgart, Dillweg 13, 70619 Stuttgart, Deutschland

© Springer Fachmedien Wiesbaden GmbH 2018
U. Vismann (Hrsg.), *Wendehorst Bautechnische Zahlentafeln*, https://doi.org/10.1007/978-3-658-17936-6_2

Bei bautechnischen Vermessungen sind die beiden Aufgaben:
- Erfassung (Punktaufnahme) und
- Absteckung (Übertragung des Bauentwurfs in das Gelände)

von besonderer Bedeutung.

Die Vermessung bildet die Grundlage für die Planung und Durchführung von Bauvorhaben.

2.1.1 Das Lagefestpunktfeld

Das Lagefestpunktfeld umfasst ein enges Netz koordinierter Punkte, von denen aus Absteckung und Punktaufnahme durchgeführt werden können. Die Punkte sind zum Teil noch im Gauß-Krüger-Meridianstreifensystem (GK-System) koordiniert. Die Umstellung in allen Bundesländern auf das transversale Mercatorsystem (UTM-System) steht kurz vor dem Abschluss.

GK-System Das GK-System erlaubt eine winkeltreue jedoch nicht längentreue Abbildung des Erdellipsoids in die Ebene. Das GK-System ist in 3°-breite Meridianstreifen eingeteilt. In der Mitte der Meridianstreifen liegen die Bezugsmeridiane L_0.

Für das Gebiet der Bundesrepublik Deutschland sind die Bezugsmeridiane $L_0 = 6°, 9°, 12°$ und $15°$ östlich Greenwich in östlicher Richtung durchnummeriert und mit einer Kennzahl K_z versehen.

$$K_z = L_0/3°$$

Die Gauß-Krüger-Koordinaten eines Punktes nennt man Rechts- und Hochwert.

$$\text{Rechtswert} = R = \text{Ordinate} = R_0 + Y$$

Mit

R_0 Ordinatenwert des Bezugsmeridians $= (K_z + 0,5) \cdot 10^6$ m

Y Abstand des Punktes vom Bezugsmeridian (Lotlänge). Östlich vom Bezugsmeridian ist Y positiv, westlich davon negativ (Abb. 2.1).

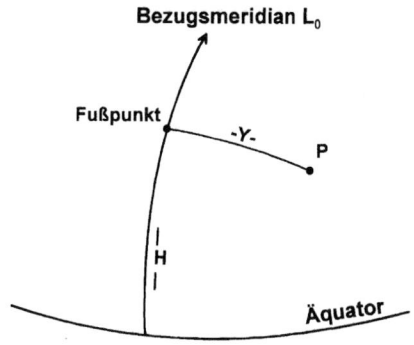

Abb. 2.1 GK-Koordinaten

Ein Punkt A liegt 23.415,25 m östlich vom 9°-Meridian

$$R_0 = (9°/3° + 0,5) \cdot 10^6 \, \text{m} = 3.500.000 \, \text{m}$$
$$R_A = R_0 + Y_A = 3.523.415,25 \, \text{m}$$

Ein Punkt B liegt 77.216,82 m westlich vom 12°-Meridian

$$R_0 = (12°/3° + 0,5) \cdot 10^6 \, \text{m} = 4.500.000 \, \text{m}$$
$$R_B = R_0 + Y_B = 4.422.783,18 \, \text{m}$$

Hochwert $= H =$ Abszisse $=$ Länge des Bezugsmeridians vom Äquator bis zum Lotfußpunkt.

$$H = 5.617.316,17 \, \text{m}$$

Gauß-Krüger-Koordinaten sind ebene rechtwinklige Koordinaten. Bei der Abbildung einer auf der Erdoberfläche gemessenen Strecke in die Gauß-Krüger-Ebene muss eine Verzerrungskorrektur angebracht werden (siehe Abschn. 2.3.3).

UTM-System Das UTM-System erlaubt ebenfalls eine winkeltreue Abbildung des Erdellipsoids in die Ebene. Das UTM-System ist in 6° breite Meridianstreifen eingeteilt. In der Mitte der Meridianstreifen liegen die Bezugsmeridiane L_0. Für das Gebiet der Bundesrepublik Deutschland sind die Bezugsmeridiane $L_0 = 3°, 9°$ und 15° östlich Greenwich in östlicher Richtung durchnummeriert und mit einer Zonennummer Z versehen.

$$Z = \frac{L_0 + 3°}{6°} + 30$$

Die UTM-Koordinaten eines Punktes nennt man Ost- und Nord-Wert.

$$\text{Ostwert} = E = \text{Ordinate} = E_0 + Y$$

mit
E_0 $(Z + 0,5)10^6 \, \text{m}$
Y Abstand des Punktes vom Bezugsmeridian. Östlich vom Bezugsmeridian ist Y positiv, westlich davon negativ.

Ein Punkt C liegt 107.325,16 m westlich vom 9°-Meridian.

$$Z = 32$$
$$E_0 = 32.500.000 \, \text{m}$$
$$E_C = 32.392.674,84$$

Nordwert $= N =$ Abszisse $=$ Länge des Bezugsmeridians vom Äquator bis zum Lotfußpunkt.

$N = 5.489.217,12 \, \text{m}$

Die Koordinaten des Festpunktfeldes können über die Landesvermessungsämter der Bundesländer bezogen werden. Die einzelnen Landesvermessungsämter sind über das Internetportal www.adv-online.de zu erreichen.

Die Festpunktfelder der Länder bestehen derzeit noch aus dem trigonometrischen Punktfeld (TP-Feld) mit einem durchschnittlichen Punktabstand von ca. 1 km. Das TP-Feld ist durch das Aufnahmepunktfeld (AP-Feld) weiter verdichtet. In Ortslagen beträgt der durchschnittliche Punktabstand des AP-Feldes ca. 200 m. Reicht diese Punktdichte für ein Bauvorhaben nicht aus, so muss z. B. durch Polygonierung (siehe Abschn. 2.3) das Punktfeld weiter verdichtet werden.

Die Punktverdichtung (sowohl nach Lage und Höhe) kann aber auch durch satellitengestützte Vermessung erfolgen. Dazu kann unter anderem der bundesweit zur Verfügung stehende Satellitenpositionierungsdienst SAPOS® eingesetzt werden. Hierzu ist ein GPS-Empfänger und eine Verbindung zu einer Referenzstation über Langwelle, UKW oder Mobiltelefon (GSM) erforderlich.

SAPOS® bietet folgende Dienste an:

- Echtzeit-Positionierungs-Service (EPS)
  mit einer Genauigkeit von 0,5 m bis 3 m. Dieser Dienst kann über UKW, Langwelle oder 2 m-Funk genutzt werden.

- Hochpräziser-Echtzeit-Positionierungs-Service (HEPS)
  mit einer Genauigkeit von 1 cm bis 5 cm. Durch Vernetzung der SAPOS®-Referenzstationen kann diese Genauigkeit auf 1 bis 2 cm gesteigert werden. Hier werden Korrekturdaten über Mobiltelefon (GSM) oder 2 m-Funk übertragen.

- Geodätisch Hochpräziser Positionierungs-Service (GHPS)
  Hier lassen sich Genauigkeiten im Subzentimeterbereich erzielen.

Einzelheiten über die erforderliche Hardware-Konfiguration und die angebotenen Dienste sind über die Internet-Adresse www.sapos.de zu erfahren.

2.1.2 Das Höhenfestpunktfeld

Die gesamte Bundesrepublik ist mit einem Netz stabiler Höhenfestpunkte überzogen. Meist werden die Höhenfestpunkte durch waagrechte Höhenbolzen, die in Bauwerksfundamenten angebracht sind, verkörpert. Der Abstand der Höhenfestpunkte beträgt in Ortslagen etwa 300 m. Bei diesem geringen Punktabstand ist ein Höhenanschluss durch Liniennivellement (siehe Abschn. 2.7) immer schnell durchführbar. Bei Baumaßnahmen empfiehlt es sich, immer an zwei Höhenfestpunkten anzuschließen.

Die Höhen einiger alter Bundesländer beziehen sich derzeit noch auf die Bezugsfläche „Normal Null" (NN), die an den Amsterdamer Pegel angeschlossen ist. Die Höhen der neuen Bundesländer beziehen sich zum Teil noch auf den Pegel Kronstadt (bei St. Petersburg). Man bezeichnet sie als Höhen über Höhen-Null (HN). Die HN-Bezugsfläche liegt ca. 16 cm unter der NN-Bezugsfläche. Im Übergangsbereich kann dies zu Problemen bei der Höhenübertragung führen. Inzwischen ist eine Umstellung auf ein bundesweit einheitliches Höhensystem (Normalhöhen) fast abgeschlossen.

Da die Höhenwerte der verschiedenen Systeme nicht identisch sind, muss gewährleistet sein, dass sich sämtliche Höhenpunkte eines Projektes auf ein einheitliches Höhensystem beziehen.

Die Höhen des Festpunktfeldes können von den Landesvermessungsämtern der Bundesländer über die Internetadresse www.adv-online.de bezogen werden.

2.2 Grundaufgaben

2.2.1 Berechnung des Richtungswinkels und der Entfernung (siehe Abb. 2.2)

Gegeben: $P_1(Y_1, X_1)$
$P_2(Y_2, X_2)$
Gesucht: $t_{1,2}$ und $S_{1,2}$

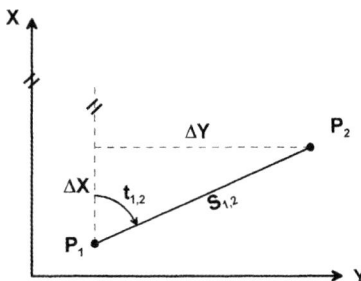

Abb. 2.2 Richtungswinkel und Entfernung

Lösung:

$$\Delta Y = Y_2 - Y_1$$
$$\Delta X = X_2 - X_1$$
$$S_{1,2} = \sqrt{\Delta X^2 + \Delta Y^2} \tag{2.1}$$
$$t_{1,2} = \arctan \frac{\Delta Y}{\Delta X} \tag{2.2}$$

Der Richtungswinkel t muss immer im Intervall $0 \text{ gon} \leq t < 400 \text{ gon}$ liegen. Je nach Vorzeichen von ΔY und ΔX wird er in einem der Quadranten I bis IV liegen (siehe Abb. 2.3 und Tafel 2.1).

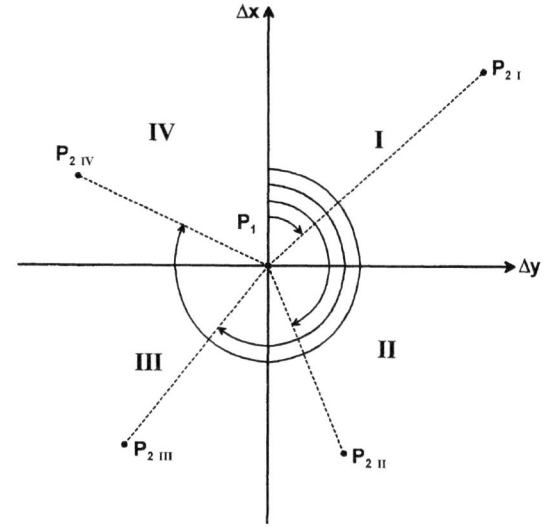

Abb. 2.3 Quadranten

Tafel 2.1 Quadrantenfestlegung

Quadrant	ΔY	ΔX	Richtungswinkel $t = \arctan \frac{\Delta Y}{\Delta X}$
I	+	+	t
II	+	−	$t + 200 \text{ gon}$
III	−	−	$t + 200 \text{ gon}$
IV	−	+	$t + 400 \text{ gon}$

Bei einigen Taschenrechnern wird der Richtungswinkel t im Intervall: $-200 \text{ gon} \leq t \leq 200 \text{ gon}$ ausgegeben. Um den quadrantengerechten Richtungswinkel zu bekommen, muss bei negativem Vorzeichen dann 400 gon dazuaddiert werden.

Geschlossene Formel für quadrantengerechte Richtungswinkel:

$$\Delta Y = Y_2 - Y_1 + 1 \cdot 10^{-a}$$
$$\Delta X = X_2 - X_1 + 1 \cdot 10^{-a}$$

a entspricht der Stellenzahl, mit der gerechnet wird (z. B. $a = 8$ bei achtstelliger Genauigkeit).

$$t \, [\text{gon}] = \frac{200}{\pi} \arctan \frac{\Delta Y}{\Delta X} + 200$$
$$- (1 + \text{sgn} \, \Delta X) \cdot \text{sgn} \, \Delta Y \cdot 100 \tag{2.3a}$$

oder für Taschenrechner mit voreingestellter Winkeleinheit „Gon":

$$t \, [\mathrm{gon}] = \arctan \frac{\Delta Y}{\Delta X} + 200$$
$$- (1 + \mathrm{sgn}\,\Delta X) \cdot \mathrm{sgn}\,\Delta Y \cdot 100 \qquad (2.3b)$$

Die meisten Taschenrechner verfügen über die „Signum"-Funktion (sgn x), wobei gilt:

$$\mathrm{sgn}\,x = \begin{cases} 1 & \text{für } x > 0 \\ 0 & \text{für } x = 0 \\ -1 & \text{für } x < 0 \end{cases}$$

ΔY	ΔX	t
+50,15	+48,27	51,216 gon
+27,83	−65,12	174,289 gon
−39,46	−47,74	243,973 gon
−62,39	+28,28	327,093 gon

2.2.2 Polarpunktberechnung

Gegeben: Standpunkt $S(Y_S, X_S)$
                   Anschlusspunkt $A(Y_A, X_A)$
Gemessen: α_n, S_n
Gesucht: $P_n(Y_n, X_n)$ (siehe Abb. 2.4)
Lösung:

$$t_{S,A} = \arctan \frac{Y_A - Y_S}{X_A - X_S} \qquad (2.4)$$

$t_{S,A}$ muss im Intervall $0 \le t < 400\,\mathrm{gon}$ liegen (siehe Abschn. 2.2.1!)

$$t_n = t_{S,A} + a_n \qquad (2.5)$$

falls $t_n \ge 400\,\mathrm{gon}$ dann 400 gon abziehen.

$$Y_n = Y_S + S_n \cdot \sin t_n \qquad (2.6)$$
$$X_n = X_S + S_n \cdot \cos t_n \qquad (2.7)$$

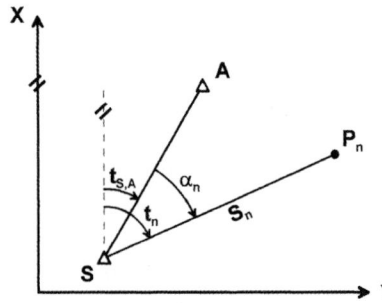

Abb. 2.4 Polarpunktberechnung

$Y_S = 100,00\,\mathrm{m}$	$Y_A = 150,00\,\mathrm{m}$
$X_S = 100,00\,\mathrm{m}$	$X_A = 150,00\,\mathrm{m}$
$a_n = 27,000\,\mathrm{gon}$	$S_n = 100,00\,\mathrm{m}$
$t_{S,A} = 50,000\,\mathrm{gon}$	$t_n = 77,000\,\mathrm{gon}$
$Y_n = 193,544\,\mathrm{m}$	$X_n = 135,347\,\mathrm{m}$

Diese Aufgabe lässt sich auch umkehren:
Punkte mit gegebenen Y, X-Koordinaten sollen polar abgesteckt werden. Dann ist gesucht: α_n und S_n
Lösung:

$$t_n = \arctan \frac{Y_n - Y_S}{X_n - X_S}$$
$$a_n = t_n - t_{S,A}$$
$$S_n = \sqrt{(Y_n - Y_S)^2 + (X_n - X_S)^2}$$

2.2.3 Höhenübertragung mit dem Tachymeter

Gemessen: Zenitwinkel Z
                   Schrägstrecke S
                   Instrumentenhöhe i
                   Zielhöhe t
Gesucht: Höhenunterschied ΔH (siehe Abb. 2.5)
Lösung:

$$\Delta H = S \cdot \cos Z + i - t \qquad (2.8)$$

Für $S > 200\,\mathrm{m}$ muss die Erdkrümmung und die Refraktion berücksichtigt werden:

$$\Delta H = S \cdot \cos Z + \frac{S^2}{2R} \cdot 0,87 + i - t \qquad (2.9)$$

mit $R = $ Erdradius $= 6.380.000\,\mathrm{m}$

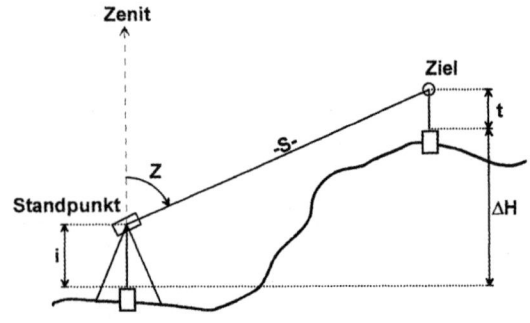

Abb. 2.5 Trigonometrische Höhenübertragung

$$S = 295{,}15\,\text{m} \quad Z = 93{,}105\,\text{gon}$$

$$i = 1{,}355\,\text{m} \quad t = 1{,}585\,\text{m}$$

$$\Delta H = 31{,}904 + 0{,}006 + 1{,}355 - 1{,}585 = 31{,}680\,\text{m}$$

2.2.4 Transformationen

Sehr oft werden Bauwerkskoordinaten in einem lokalen Koordinatensystem berechnet, das keinen Bezug zum übergeordneten Koordinatensystem der Vermessungsverwaltungen hat. Soll dieses Bauwerk dann vom übergeordneten Koordinatensystem aus abgesteckt werden, so muss eine Transformation erfolgen. Für eine Transformation von einem Ausgangssystem in ein Zielsystem sind in der Regel vier Transformationsparameter erforderlich. Diese vier Parameter müssen zuvor mithilfe identischer Punkte ermittelt werden. Identische Punkte sind in beiden Systemen koordiniert.

Transformation mit zwei identischen Punkten Um Punkte des Systems 1 (Ausgangssystem y, x) in das System 2 (Zielsystem Y, X) zu überführen, hat man vier Freiheitsgrade (siehe Abb. 2.6):

Y_0 Verschiebung parallel zur Y-Achse
X_0 Verschiebung parallel zur X-Achse
α Drehung
M Maßstabsänderung

Mit den folgenden Transformationsgleichungen lassen sich Punkte des Systems 1 in das System 2 transformieren:

$$Y = Y_0 + M \cdot \sin\alpha \cdot x + M \cdot \cos\alpha \cdot y$$
$$X = X_0 + M \cdot \cos\alpha \cdot x - M \cdot \sin\alpha \cdot y$$

oder mit $o = M \cdot \sin\alpha$ und $a = M \cdot \cos\alpha$ folgt:

$$Y = Y_0 + o \cdot x + a \cdot y \tag{2.10}$$
$$X = X_0 + a \cdot x - o \cdot y \tag{2.11}$$

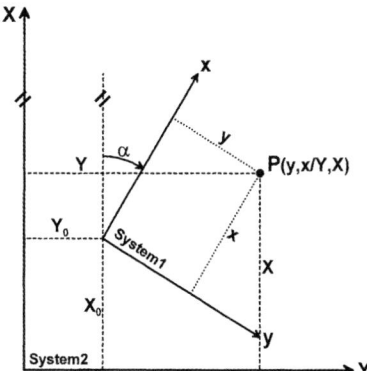

Abb. 2.6 4-Parameter-Transformation

Mit den Koordinaten von zwei identischen Punkten $P_1(y_1, x_1 / Y_1, X_1)$ und $P_2(y_2, x_2 / Y_2, X_2)$ ergeben sich die Parameter wie folgt:

$$o = \frac{(x_2 - x_1)(Y_2 - Y_1) - (y_2 - y_1)(X_2 - X_1)}{(x_2 - x_1)^2 + (y_2 - y_1)^2} \tag{2.12}$$

$$a = \frac{(X_2 - x_1)(X_2 - X_1) + (y_2 - y_1)(Y_2 - Y_1)}{(x_2 - x_1)^2 + (y_2 - y_1)^2} \tag{2.13}$$

bzw.

$$M = \sqrt{a^2 + o^2} \tag{2.14}$$

$$\alpha = \arctan\left(\frac{o}{a}\right) \tag{2.15}$$

$$Y_0 = Y_1 - o \cdot x_1 - a \cdot y_1 \tag{2.16}$$

$$X_0 = X_1 - a \cdot x_1 + o \cdot y_1 \tag{2.17}$$

Für die Transformation von System 2 in das System 1 (Rücktransformation) folgt:

$$y = \frac{a}{M^2}(Y - Y_0) - \frac{o}{M^2}(X - X_0) \tag{2.18}$$

$$x = \frac{a}{M^2}(X - X_0) + \frac{o}{M^2}(Y - Y_0) \tag{2.19}$$

Punkt-Nr.	y	x	Y	X
Identische Punkte				
287	−24,02	30,93	492,95	755,49
288	60,32	−80,15	367,51	816,38
Neupunkt				
350	34,76	87,52	–	–

$$o = 0{,}452314 \qquad M = 0{,}999763$$
$$a = -0{,}891593 \qquad \alpha = 170{,}1121\,\text{gon}$$
$$Y_0 = 457{,}544 \qquad X_0 = 772{,}202$$
$$Y_{350} = 466{,}14 \qquad X_{350} = 678{,}45$$

Rücktransformation mit (2.18) und (2.19) ergibt wieder:

$$y_{350} = 34{,}76 \quad x_{350} = 87{,}52$$

Transformationen mit mehr als zwei identischen Punkten (Helmert-Transformation) Die Koordinaten der identischen Punkte P_1 bis P_n werden hierfür auf den Schwerpunkt bezogen.

$$y_S = \frac{1}{n}\sum_{i=1}^{n} y_i \qquad x_S = \frac{1}{n}\sum_{i=1}^{n} x_i$$

$$Y_S = \frac{1}{n}\sum_{i=1}^{n} Y_i \qquad X_S = \frac{1}{n}\sum_{i=1}^{n} X_i$$

$$\overline{y}_i = y_i - y_S \qquad \overline{x}_i = x_i - x_S$$

$$\overline{Y}_i = Y_i - Y_S \qquad \overline{X}_i = X_i - X_S$$

Berechnung der Transformationsparameter:

$$o = \frac{\sum\limits_{i=1}^{n} (\bar{x}_i \bar{Y}_i - \bar{y}_i \bar{X}_i)}{\sum\limits_{i=1}^{n} (\bar{x}_i^2 + \bar{y}_i^2)} \qquad (2.20)$$

$$a = \frac{\sum\limits_{i=1}^{n} (\bar{y}_i \bar{Y}_i - \bar{x}_i \bar{X}_i)}{\sum\limits_{i=1}^{n} (\bar{x}_i^2 + \bar{y}_i^2)} \qquad (2.21)$$

bzw.

$$M = \sqrt{a^2 + o^2} \quad \alpha = \arctan\left(\frac{o}{a}\right)$$

$$Y_0 = Y_S - o \cdot x_S - a \cdot y_S \qquad (2.22)$$

$$X_0 = X_S - a \cdot x_S + o \cdot y_S \qquad (2.23)$$

Formeln für die Transformation von System 1 in das System 2:

$$Y = Y_0 + o \cdot x + a \cdot y \qquad (2.24)$$

$$X = X_0 + a \cdot x - o \cdot y \qquad (2.25)$$

Kontrolle bei der Helmert-Transformation:

Werden auch die identischen Punkte mit (2.24) und (2.25) transformiert, so erhält man die Verbesserungen v_y und v_x mit:

$$v_y = Y - Y_0 - o \cdot x - a \cdot y \qquad (2.26)$$

$$v_x = X - X_0 - a \cdot x + o \cdot y \qquad (2.27)$$

Für die Verbesserungen der n identischen Punkte gilt:

$$\sum_{i=1}^{n} v_{y_i} = \sum_{i=1}^{n} v_{x_i} = 0 \qquad (2.28)$$

Aus diesen Verbesserungen lässt sich auch eine Standardabweichung für die Koordinaten im System 2 ableiten:

$$S_y = S_x = \sqrt{\frac{\sum\limits_{i=1}^{n} (v_{x_i}^2 + v_{y_i}^2)}{2n - 4}} \qquad (2.29)$$

Für die Transformation von System 2 in das System 1 (Rücktransformation) gilt:

$$y = \frac{a(Y - Y_0) - o(X - X_0)}{a^2 + o^2} \qquad (2.30)$$

$$x = \frac{a(X - X_0) + o(Y - Y_0)}{a^2 + o^2} \qquad (2.31)$$

Beispiel

Punkt-Nr.	y	x	Y	X
Identische Punkte				
287	−24,02	30,93	492,95	755,49
288	60,32	−80,15	367,51	816,38
209	−157,36	194,14	685,81	670,22
275	6,48	−9,26	447,58	777,51
Neupunkt				
350	34,76	87,52	−	−

$$y_S = -28{,}645 \qquad x_S = 33{,}915$$
$$Y_S = 498{,}462 \qquad X_S = 754{,}900$$

Punkt-Nr.	$\bar{y}$	$\bar{x}$	$\bar{Y}$	$\bar{X}$
287	4,625	−2,985	−5,512	0,590
288	88,965	−114,065	−130,952	61,480
209	−128,715	160,225	187,348	−84,680
275	35,125	−43,175	−50,882	−22,610

$$\sum_{i=1}^{4} (\bar{x}_i \bar{Y}_i - \bar{y}_i \bar{X}_i) = 30.002{,}097$$

$$\sum_{i=1}^{4} (\bar{y}_i \bar{Y}_i + \bar{x}_i \bar{X}_i) = -59.135{,}883$$

$$\sum_{i=1}^{4} (\bar{x}_i^2 - \bar{y}_i^2) = 66.293{,}344$$

$$o = 0{,}452566 \qquad M = 1{,}0002697$$
$$a = -0{,}892034 \qquad \alpha = 170{,}1105 \text{ gon}$$
$$Y_0 = 457{,}561 \qquad X_0 = 772{,}190$$
$$v_{y_1} = -0{,}036\,\text{m} \qquad v_{x_1} = +0{,}020\,\text{m}$$
$$v_{y_2} = +0{,}029\,\text{m} \qquad v_{x_2} = -0{,}007\,\text{m}$$
$$v_{y_3} = +0{,}017\,\text{m} \qquad v_{x_3} = -0{,}006\,\text{m}$$
$$v_{y_4} = -0{,}010\,\text{m} \qquad v_{x_4} = +0{,}007\,\text{m}$$

Probe: $\sum = 0 \qquad \sum = 0$

Standardabweichung:

$$S_x = S_y = \sqrt{\frac{0{,}00306}{4}} = 0{,}028\,\text{m}$$
$$Y_{350} = 466{,}16 \quad X_{350} = 678{,}39$$

Rücktransformation dieser Koordinaten mit (2.30) und (2.31):

$$Y_{350} = 34{,}76 \quad X_{350} = 87{,}52$$

2.2.5 Achsenschnitte

- Schnitt zweier geradliniger Achsen
  Gegeben: $A(Y_A, X_A)$, $B(Y_B, X_B)$, $C(Y_C, X_C)$,
  $\qquad\quad D(Y_D, X_D)$
  Gesucht: $S(Y_S, X_S)$ (siehe Abb. 2.7)
  Lösung:

$$k_1 = \frac{Y_B - Y_A}{X_B - X_A} \tag{2.32}$$

$$k_2 = \frac{Y_D - Y_C}{X_D - X_C} \tag{2.33}$$

$$X_S = X_A + \frac{(Y_C - Y_A) - k_2(X_C - X_A)}{k_1 - k_2} \tag{2.34}$$

$$Y_S = Y_A + k_1(X_S - X_A) \tag{2.35}$$

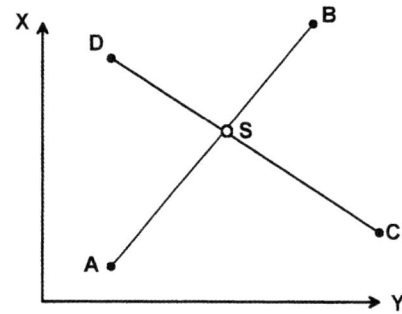

Abb. 2.7 Schnitt Gerade-Gerade

Beispiel

Punkt	Y	X
A	360,20	2934,77
B	480,19	2990,33
C	400,17	3000,19
D	484,79	2970,88
S	458,13	2980,11

$$k_1 = 2{,}15965$$
$$k_2 = -2{,}88707$$

- Schnitt einer geradlinigen Achse mit Kreis
  Gegeben: $A(Y_A, X_A)$, $B(Y_B, X_B)$,
  $\qquad\quad$ Kreismittelpunkt $M(Y_M, X_M)$, Radius r
  Gesucht: $S_1(Y_{S_1}, X_{S_1})$ bzw. $S_2(Y_{S_2}, X_{S_2})$
  $\qquad\quad$ (siehe Abb. 2.8)
  Lösung: Berechnung der Strecke $\overline{AM}$ und der Richtungswinkel $t_{A,B}$ und $t_{A,M}$ aus den gegebenen Koordinaten (siehe Abschn. 2.2.1).

$$\alpha = |t_{A,M} - t_{A,B}| \tag{2.36}$$

$$h = \overline{AM} \cdot \sin \alpha \tag{2.37}$$

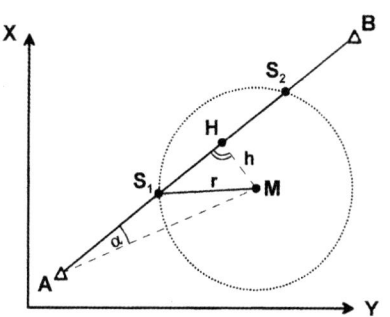

Abb. 2.8 Schnitt Gerade-Kreis

$$\overline{HS} = \overline{HS}_1 = \overline{HS}_2 = \sqrt{r^2 - h^2} \tag{2.38}$$

$$\overline{AH} = \sqrt{\overline{AM}^2 - h^2} \tag{2.39}$$

$$\overline{AS}_1 = \overline{AH} - \overline{HS} \quad \text{bzw.} \quad \overline{AS}_2 = \overline{AH} + \overline{HS} \tag{2.40}$$

$$Y_{S_1} = Y_A + \overline{AS}_1 \cdot \sin t_{A,B} \quad \text{bzw.}$$
$$Y_{S_2} = Y_A + \overline{AS}_2 \cdot \sin t_{A,B} \tag{2.41}$$

$$X_{S_1} = X_A + \overline{AS}_1 \cdot \sin t_{A,B} \quad \text{bzw.}$$
$$X_{S_2} = X_A + \overline{AS}_2 \cdot \cos t_{A,B} \tag{2.42}$$

In der Regel kann der Bearbeiter aus der geometrischen Anordnung der Punkte klar entscheiden, welche der beiden Lösungen gesucht ist.
Kontrolle: $\overline{S_1 M} = \overline{S_2 M} = r$

Beispiel

Punkt	Y	X
A	391,70	713,51
B	514,56	680,94
M	500,66	738,08
$r = 58{,}80\,\mathrm{m}$		
S_1	460,29	695,33
S_2	514,55	680,94

$$\alpha = 30{,}6165\,\mathrm{gon}$$

$\overline{AM} = 111{,}696\,\mathrm{m}$	$h = 51{,}670\,\mathrm{m}$
$\overline{HS} = 28{,}065\,\mathrm{m}$	$\overline{AH} = 99{,}026\,\mathrm{m}$
$\overline{AS}_1 = 70{,}962\,\mathrm{m}$	$\overline{AS}_2 = 127{,}091\,\mathrm{m}$

2.3 Festpunktverdichtung durch Polygonierung

Reicht die Dichte des amtlichen Festpunktfeldes für die Absteckung eines Bauwerks nicht aus, so muss das Festpunktfeld durch Einschaltung weiterer koordinierter Punkte verdichtet werden.

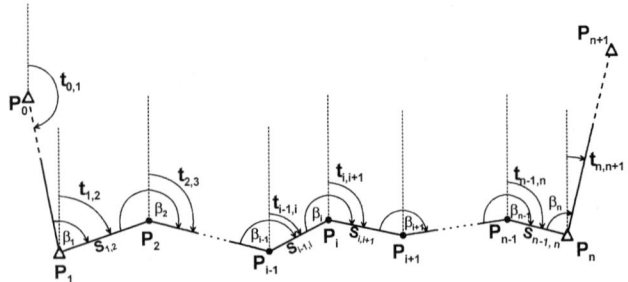

Abb. 2.9 Polygonzug

Dies kann z. B. mithilfe eines Polygonzuges (Abb. 2.9) geschehen. Vor allem für die Absteckung von Straßenachsen ist der Polygonzug zur Schaffung trassennaher Vermessungspunkte geeignet.

2.3.1 Der beidseitig angeschlossene Polygonzug

Die wichtigste Polygonzugsvariante ist der beidseitig angeschlossene Polygonzug. Hierbei können zwischen die beiden gegebenen Festpunkte P_1 und P_n die Neupunkte P_2 bis P_{n-1} durch Winkel- und Streckenmessung eingeschaltet werden (siehe Abb. 2.9). Außerdem sind hierbei die Anschlusspunkte P_0 und P_{n+1} für die Anschlussrichtungen erforderlich.

Gegeben: Koordinaten der Anschlusspunkte P_0, P_1, P_n, P_{n+1}

Gemessen: Brechungswinkel $\beta_1, \beta_2, \ldots, \beta_n$
Strecken $S_{1,2}, S_{2,3}, \ldots, S_{n-1,n}$

Gesucht: Koordinaten der Neupunkte P_2 bis P_{n-1}

Lösung:

- Berechnung der An- und Abschlussrichtungswinkel

$$t_{0,1} = \arctan \frac{y_1 - y_0}{x_1 - x_0} \qquad (2.43)$$

$$t_{n,n+1} = \arctan \frac{y_{n+1} - y_n}{x_{n+1} - x_n} \qquad (2.44)$$

Die Richtungswinkel t müssen im Intervall $0\,\mathrm{gon} \leq t < 400\,\mathrm{gon}$ liegen (siehe Abschn. 2.2.1)

- Berechnung der Winkelabschlussverbesserung v_β und der ausgeglichenen Richtungswinkel.

Ausgehend vom Anschlussrichtungswinkel t_{01} können alle weiteren Richtungswinkel der Polygonseiten wie folgt berechnet werden:

$$
\begin{aligned}
t_{1,2} &= t_{0,1} - 200\,\mathrm{gon} + \beta_1 \; (\pm 400\,\mathrm{gon}) \\
t_{2,3} &= t_{1,2} - 200\,\mathrm{gon} + \beta_2 \; (\pm 400\,\mathrm{gon}) \\
&\;\;\vdots \\
t_{i,i+1} &= t_{i-1,i} - 200\,\mathrm{gon} + \beta_i \; (\pm 400\,\mathrm{gon}) \\
&\;\;\vdots
\end{aligned}
\qquad (2.45)
$$

Ergibt sich $t_{i,i+1} \geq 400\,\mathrm{gon}$, dann 400 gon abziehen!

Ergibt sich $t_{i,i+1} < 0\,\mathrm{gon}$, dann 400 gon dazuzählen!

Der Richtungswinkel $t_{i,i+1}$ lässt sich auch aus dem Anschlussrichtungswinkel $t_{0,1}$ und der Summe der Brechungswinkel berechnen:

$$
\begin{aligned}
t_{1,2} &= t_{0,1} - 200\,\mathrm{gon} + \beta_1 \; (\pm 400\,\mathrm{gon}) \\
t_{2,3} &= t_{0,1} - 2 \cdot 200\,\mathrm{gon} + \beta_1 + \beta_2 \; (\pm 400\,\mathrm{gon}) \\
&\;\;\vdots \\
t_{i,i+1} &= t_{0,1} - i \cdot 200\,\mathrm{gon} + \sum_{k=1}^{i} \beta_k \; (\pm 400\,\mathrm{gon}) \\
&\;\;\vdots
\end{aligned}
$$

$$(2.46)$$

Aufgrund von Ungenauigkeiten in den Brechungswinkeln β und Restfehlern in den Anschlusskoordinaten wird die nach (2.46) berechnete Abschlussrichtung nicht mit der nach (2.44) aus Koordinaten berechneten übereinstimmen. Diese Abweichung kann als Winkelabschlussverbesserung v_β wie folgt berechnet werden:

$$
\begin{aligned}
v_\beta &= t_{n,n+1} - \left(t_{0,1} - n \cdot 200\,\mathrm{gon} + \sum_{k=1}^{n} \beta_k (\pm 400\,\mathrm{gon}) \right) \\
&= \text{,,SOLL} - \text{IST''} \qquad (2.47)
\end{aligned}
$$

Falls v_β innerhalb der Fehlergrenzen (siehe Abschn. 2.3.2) liegt, erfolgt eine gleichmäßige Verteilung der Abschlussverbesserungen auf die einzelnen Brechungswinkel und man erhält die endgültigen und ausgeglichenen Richtungswinkel $\bar{t}$ nach (2.45).

$$\bar{t}_{i,i+1} = \bar{t}_{i-1,i} - 200\,\mathrm{gon} + \beta_i + \frac{v_\beta}{n} \; (\pm 400\,\mathrm{gon}) \quad (2.48)$$

- Berechnung der Koordinatenabschlussverbesserungen und der ausgeglichenen Koordinaten der Neupunkte.

Mit den ausgeglichenen Richtungswinkeln $\bar{t}$ und den Strecken S erhält man die Koordinatenunterschiede:

$$\Delta Y_{i,i+1} = Y_{i+1} - Y_i = S_{i,i+1} \cdot \sin \bar{t}_{i,i+1} \qquad (2.49)$$

$$\Delta X_{i,i+1} = X_{i+1} - X_i = S_{i,i+1} \cdot \cos \bar{t}_{i,i+1} \qquad (2.50)$$

Aufgrund der Ungenauigkeiten in den Strecken, in den ausgeglichenen Richtungswinkeln und in den Anschlusskoordinaten wird die Summe der nach (2.49) und (2.50) berechneten Koordinatenunterschiede nicht mit den Sollwerten $Y_n - Y_1$ und $X_n - X_1$ übereinstimmen. Man berechnet deshalb die Koordinatenanschlussverbesserungen v_y und v_x nach folgenden Gleichungen:

$$v_Y = (Y_n - Y_1) - \sum_{k=1}^{n-1} Y_{k,k+1} \qquad (2.51)$$

$$v_X = (X_n - X_1) - \sum_{k=1}^{n-1} X_{k,k+1} \qquad (2.52)$$

Diese Verbesserungen werden nun proportional zu den Seitenlängen auf die einzelnen Koordinatenunterschiede verteilt:

$$v_{\Delta Y_{i,i+1}} = \frac{S_{i,i+1}}{\sum S} \cdot v_Y \qquad (2.53)$$

$$v_{\Delta X_{i,i+1}} = \frac{S_{i,i+1}}{\sum S} \cdot v_X \qquad (2.54)$$

Somit folgt für die endgültigen und ausgeglichenen Koordinaten der Neupunkte:

$$Y_{i+1} = Y_i + \Delta Y_{i,i+1} + v_{\Delta Y_{i,i+1}} \qquad (2.55)$$

$$X_{i+1} = X_i + \Delta X_{i,i+1} + v_{\Delta X_{i,i+1}} \qquad (2.56)$$

Setzt man diese Berechnung bis zum Abschlusspunkt P_n fort, so ergibt sich die Kontrolle:

$$Y_n = Y_{n\,\text{SOLL}} \qquad X_n = X_{n\,\text{SOLL}}$$

2.3.2 Fehlergrenzen beim Polygonzug

Die nach (2.51) und (2.52) berechneten Koordinatenverbesserungen v_y und v_x werden in Längsverbesserung L und Querverbesserung Q umgerechnet:

$$L = \frac{v_y(Y_n - Y_1) + v_x(X_n - X_1)}{\overline{P_1 P_n}}$$

$$Q = \frac{v_y(X_n - X_1) + v_x(Y_n - Y_1)}{\overline{P_1 P_n}}$$

mit

$$\overline{P_1 P_n} = \sqrt{(Y_n - Y_1)^2 + (X_n - X_1)^2}$$

L, Q und die nach (2.47) berechnete Winkelabschlussverbesserung v_β müssen innerhalb der vorgeschriebenen Fehlergrenzen (B.-W.) liegen:

Zulässige Winkelabweichung ZW in [mgon]:

$$\text{ZW}_2 = \sqrt{\frac{600^2}{(\sum s)^2}(n-1)^2 \cdot n + 10^2}$$

$$\text{für Genauigkeitsstufe 2}$$

$$\text{ZW}_1 = \frac{2}{3}\text{ZW}_2 \quad \text{für Genauigkeitsstufe 1}$$

Zulässige Längsabweichung ZL in [m]:

$$\text{ZL}_2 = \sqrt{0{,}03^2(n-1) + 0{,}06^2} \quad \text{für Genauigkeitsstufe 2}$$

$$\text{ZL}_1 = \frac{2}{3}\text{ZL}_2 \qquad\qquad \text{für Genauigkeitsstufe 1}$$

Zulässige lineare Querabweichung ZQ in [m]:

$$\text{ZQ}_2 = \sqrt{0{,}003^2 \cdot n^3 + 0{,}00005^2 \cdot S_G^2 + 0{,}06^2}$$

$$\text{für Genauigkeitsstufe 2}$$

$$\text{ZQ}_1 = \frac{2}{3}\text{ZQ}_2 \quad \text{für Genauigkeitsstufe 1}$$

Dabei bedeuten:

n	Zahl der Brechungswinkel
$\sum s$	Summe der Polygonseiten in Metern
S_G	Strecke $\overline{P_1 P_n}$ in Metern

Genauigkeitsstufe 1 Gebiete mit hohem Grundstückswert
Genauigkeitsstufe 2 übrige Gebiete

2.3.3 Streckenreduktionen

Werden die Polygonzüge im Gauß-Krüger- oder UTM-Koordinatensystem berechnet, müssen die gemessenen Strecken in diese Rechenebenen abgebildet werden. Bei dieser Abbildung treten Verzerrungen auf, die berücksichtigt werden müssen.

Außerdem muss berücksichtigt werden, wenn die mittlere Höhe des Messgebietes von der Höhe des Meeresspiegels abweicht.

Streckenreduktion ΔS bei Gauß-Krüger-Systemen (Tafel 2.2):

$$\Delta S = S\left(\frac{Y^2}{2R^2} - \frac{h}{R}\right) \qquad (2.57)$$

Streckenreduktion bei UTM-Systemen:

$$\Delta S = S\left(\frac{Y^2}{2R^2} - \frac{h}{R} - 0{,}0004\right) \qquad (2.58)$$

Für die reduzierte Strecke $\bar{S}$ folgt dann:

$$\bar{S} = S + \Delta S \qquad (2.59)$$

Dabei bedeuten:
S gemessene Horizontalstrecke
R Erdradius (6380 km)
Y Entfernung des Messgebietes vom Bezugsmeridian
h mittlere Höhe über dem Meeresspiegel

Tafel 2.2 Streckenreduktion ΔS [mm] für 100 m-Strecke bei *GK-Systemen*

h [m]	Y [km]						
	0	20	40	60	80	100	120
0	0	0,5	2,0	4,4	7,9	12,3	17,7
200	−3,1	−2,6	−1,2	1,3	4,7	9,1	14,6
400	−6,2	−5,8	−4,3	−1,8	1,6	6,0	11,4
600	−9,4	−8,9	−7,4	−5,0	−1,5	2,9	8,3
800	−12,5	−12,0	−10,6	−8,1	−4,7	−0,3	5,1
1000	−15,7	−15,2	−13,7	−11,3	−7,8	−3,4	2,0

$$S = 265{,}500 \text{ m} \quad Y = 20 \text{ km} \quad h = 600 \text{ m}$$

Aus Tafel 2.2 für 100 m-Strecke:

$$\Delta S = -8{,}9 \text{ mm}$$

Reduktion für $S = 265{,}500$ m

$$\Delta S = 2{,}655 \cdot (-8{,}9) = -24 \text{ mm}$$
$$\bar{S} = 265{,}476 \text{ m}$$

Für die Streckenreduktion bei UTM-Systemen sind von den Werten der Tafel 2.2 jeweils 40 mm abzuziehen:

für 100 m-Strecke: $\quad \Delta S = -48{,}9 \text{ mm}$

für $S = 265{,}500$ m: $\quad S = 2{,}655 \cdot (-48{,}9) = -130 \text{ mm}$

$$\bar{S} = 265{,}370 \text{ m}$$

Beispiel zur Polygonzugsberechnung

Gegeben: Koordinaten der Anschlusspunkte P_0, P_1, P_5, P_6

Punkt	Y [m]	x [m]
P_0	927,64	5431,00
P_1	406,23	4234,58
P_5	293,59	3681,46
P_6	382,17	3780,26

Gemessen: Brechungswinkel β_1 bis β_5
Reduzierte Horizontalstrecken $S_{1,2}, S_{2,3}, S_{3,4}, S_{4,5}$

Punkt	β [gon]	S [m]
P_1	203,2750	
		157,33
P_2	188,1460	
		109,98
P_3	172,0410	
		161,56
P_4	226,7470	
		152,08
P_5	30,1530	
		$\sum S = 580{,}95$

Gesucht: Koordinaten der Neupunkte P_2, P_3 und P_4

Abb. 2.10 Lage des Polygonzugs

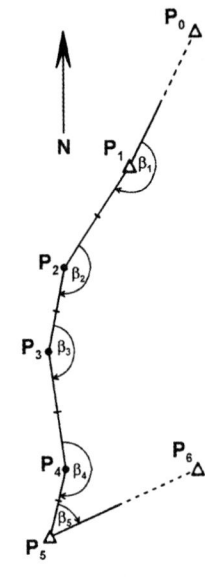

(2.43): $\quad t_{0,1} = 226{,}1644 \text{ gon}$ $\qquad$ $ZW_2 = 0{,}0136 \text{ gon} = 13{,}6 \text{ mgon}$

(2.44): $\quad t_{5,6} = 46{,}5312 \text{ gon}$ $\qquad$ $ZW_1 = 0{,}0091 \text{ gon} = 9{,}1 \text{ mgon}$

(2.47): $\quad v_\beta = 0{,}0048 \text{ gon} = 4{,}8 \text{ mgon}$ $\qquad$ $\dfrac{v_\beta}{5} = 0{,}00096 \text{ gon}$

	$\bar{t}$ (2.48)	ΔY (2.49)	ΔX (2.50)	$v_{\Delta Y}$ (2.53)	$v_{\Delta X}$ (2.54)	Y (2.55)	X (2.56)
P_0							
	226,1644						
P_1						**406,23**	**4234,58**
	229,4404	−70,191	−140,804	0,011	−0,003		
P_2						336,050	4093,773
	217,5873	−29,998	−105,810	0,008	−0,002		
P_3						306,060	3987,961
	189,6293	26,202	−159,421	0,011	−0,003		
P_4						332,273	3828,537
	216,3772	−38,693	−147,075	0,010	−0,002		
P_5						**293,59**	**3681,46**
	46,5312						
P_6							
		$\sum \Delta Y = -112{,}68$	$\sum \Delta X = -553{,}11$			$Y_5 - Y_1 = -112{,}64$	$X_5 - X_1 = -553{,}12$
		$v_Y = 0{,}04 \text{ m}$	$v_X = -0{,}01 \text{ m}$				
		$L = 0{,}002 \text{ m}$	$Q = -0{,}041 \text{ m}$				
		$ZL_2 = 0{,}085 \text{ m}$	$ZQ_2 = 0{,}074 \text{ m}$				
		$ZL_1 = 0{,}057 \text{ m}$	$ZQ_1 = 0{,}050 \text{ m}$				

2.4 Freie Standpunktwahl mit Helmert-Transformation

Mit dem Verfahren „Freie Standpunktwahl (Freie Stationierung)" ist es möglich, von einem beliebigen nicht koordinierten Standpunkt aus Punkte aufzunehmen bzw. abzustecken (siehe auch Abschn. 2.2.2 und Abb. 2.11).

Bedingung ist hierbei, es muss Sichtverbindung zu drei bis vier koordinierten Vermessungspunkten bestehen.

2.4.1 Stationierung durch Anschluss an koordinierte Punkte

Es werden die Richtungen r_i, die Zenitwinkel Z_i und die Schrägstrecken S_i zu den n Anschlusspunkten (= identische Punkte) gemessen.

- Berechnung der ebenen rechtwinkligen Koordinaten y, x des Standpunktsystems aus den räumlichen Polarkoordinaten r, Z, S:

$$y_i = S_i \cdot \sin Z_i \cdot \sin r_i \qquad (2.60)$$
$$x_i = S_i \cdot \sin Z_i \cdot \cos r_i \qquad (2.61)$$

An den Strecken S_i sollten die Reduktionen (Abschn. 2.3.3) schon angebracht sein. Werden sie nicht angebracht, so werden sie vom Maßstab M der Helmert-Transformation aufgefangen.

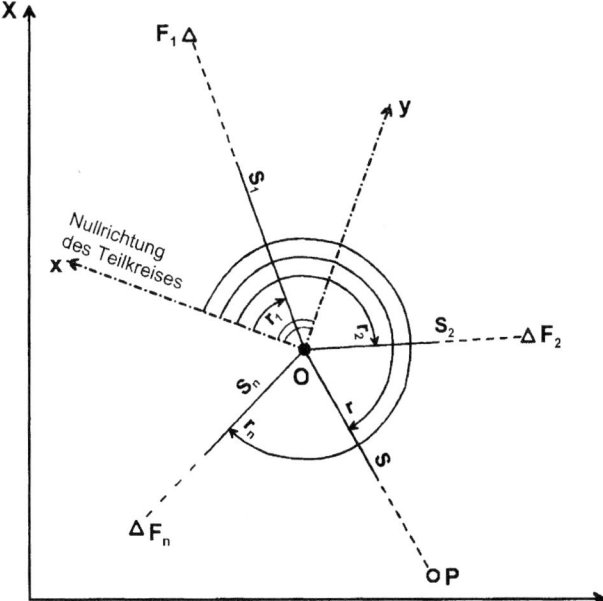

Abb. 2.11 Freie Standpunktwahl. F_i im System Y, X koordinierte Festpunkte (Anschlusspunkte, Passpunkte); P aufzunehmender bzw. abzusteckender Punkt; O „freier" Standpunkt; Y, X Koordinaten des übergeordneten Systems; y, x Koordinaten des Standpunktsystems: O ist der Nullpunkt $(0,0)$ des Systems, die „Nullrichtung" des Tachymeters gibt die x-Achse vor, senkrecht dazu liegt die y-Achse; r_i gemessene Richtungen; S_i gemessene Schräg- bzw. Horizontalstrecken (bei den neuen Tachymetern können auch Horizontalstrecken gemessen werden); Z_i gemessene Zenitwinkel

- Ermittlung der Parameter der Helmert-Transformation o, a, bzw. M, α und Y_0, X_0 nach (2.20) bis (2.23). Dabei M überprüfen. M muss nahe bei 1 liegen. Die beiden Parameter Y_0 und X_0 stellen die Koordinaten des Messinstruments im übergeordneten System dar.
- Überprüfung der Stationierung
  Dazu die Verbesserungen v_{y_i}, v_{x_i} und die Standardabweichungen S_y und S_x mit (2.26) bis (2.29) berechnen.
  Der Verbesserungsvektor v_L mit $v_L = \sqrt{v_y^2 + v_x^2}$, stellt die Klaffungen (Abweichungen zwischen Soll- und Ist-Lage) der identischen Punkte nach der Transformation dar. Die Klaffungen für einen identischen Punkt dürfen in Baden-Württemberg bei Genauigkeitsstufe 1 den Betrag 3 cm und bei Genauigkeitsstufe 2 den Betrag 4 cm nicht übersteigen.

2.4.2 Aufnahme der Neupunkte

Messung von r, Z, S zu den nichtidentischen Punkten
- Berechnung rechtwinkliger ebener Koordinaten bezogen auf den Instrumentenstandpunkt mit (2.60) und (2.61):

$$y = S \cdot \sin Z \cdot \sin r$$
$$x = S \cdot \sin Z \cdot \cos r$$

- Transformation der Neupunkte in das übergeordnete System mit (2.24) und (2.25):

$$Y = Y_0 + o \cdot x + a \cdot y$$
$$X = X_0 + a \cdot x - o \cdot y$$

2.4.3 Absteckung mit Freier Standpunktwahl

Die zuvor für ein Objekt berechneten Gauß-Krüger-Koordinaten (Y, X) sollen mit Freier Standpunktwahl abgesteckt werden. Hierzu ist wieder wie in Abschn. 2.4.1 dargestellt eine Stationierung erforderlich, um die Transformationsparameter zu erhalten.
- Transformation der im Gauß-Krüger-Koordinatensystem (Y, X) gegebenen Objektkoordinaten in das System des Instrumentenstandpunkts (y, x) durch Rücktransformation mit (2.30) und (2.31).

$$y = \frac{a(Y - Y_0) - o(X - X_0)}{a^2 + o^2}$$
$$x = \frac{a(X - X_0) + o(Y - Y_0)}{a^2 + o^2}$$

- Berechnung ebener Polarkoordinaten (r, S) aus den rechtwinkligen Koordinaten (y, x):

$$r = \arctan \frac{y}{x}$$
$$S = \sqrt{y^2 + x^2}$$

Die Strecken S sind hierbei Horizontalstrecken. Mit allen neueren Tachymetern können direkt Horizontalstrecken gemessen werden.

2.5 Geländeaufnahme

In der Regel werden die zur Verfügung stehenden topographischen Karten für die Planung und Durchführung eines Bauvorhabens zu kleinmaßstäblich sein, sodass für das in Frage kommende Gebiet eine topographische Geländeaufnahme erforderlich wird.

Das auszuwählende Aufnahmeverfahren ist von der Form und Größe des Bauobjektes abhängig.

Für alle Planungsvorhaben und für großflächige Bauobjekte kann die Tachymetrie, die satellitengestützte Punktaufnahme oder auch die Photogrammetrie in Frage kommen.

Für langgestreckte Objekte wie Straßen, Eisenbahnlinien, Kanäle usw. eignet sich auch die Längs- und Querprofilaufnahme.

Bei der tachymetrischen Aufnahme oder bei der Aufnahme mit Satellitenempfängern ist es das Ziel, das Gelände möglichst genau aber mit möglichst wenigen Aufnahmepunkten zu erfassen. Hierzu müssen vor allem die Strukturpunkte: Kuppen-, Mulden- und Sattelpunkte, die Geripplinien (Rücken- oder Tallinien) und die Geländebruchkanten erfasst werden. Die Aufnahmepunktdichte hängt von der Geländeform ab und sollte zwischen 10 m und 20 m liegen.

Bei der tachymetrischen Aufnahme werden die Punkte polar nach Lage (Abschn. 2.2.2) und Höhe (Abschn. 2.2.3) aufgenommen. Das Tachymeter kann dabei auf koordinierten Vermessungspunkten aufgestellt werden, es kann aber auch mit Freier Standpunktwahl gearbeitet werden. Als neuestes Verfahren zur Geländeerfassung kommt auch das Terrestrische Laserscanning (TLS) in Frage.

Das Ergebnis dieser Aufnahmen ist ein dreidimensionaler Punkthaufen (Digitales Geländemodell). In diesem Digitalen Geländemodell können, falls erforderlich, auch Höhenlinien interpoliert werden.

Bei sehr großflächigen Bauvorhaben ist die photogrammetrische Geländeerfassung zu empfehlen. Dazu ist nicht unbedingt eine Neubefliegung des Geländes erforderlich, da die Vermessungsverwaltungen der Länder flächendeckend aktuelle Luftbilder anbieten können. Einige Bundesländer können inzwischen auch ein flächendeckendes, für Bauplanungen ausreichend genaues Digitales Geländemodell anbieten. Internetportale: www.adv-online.de und www. terramapserver.de.

Soll eine vorhandene Straße ausgebaut werden oder für eine neu gebaute Straße eine Volumenberechnung erfolgen, so bietet sich die Längs- und Querprofilaufnahme an. Entlang der Straßenachse wird das Längsprofil und senkrecht dazu werden die Querprofile gelegt (Abb. 2.12).

Die Aufnahme der Profilpunkte kann hier wiederum tachymetrisch und zwar am besten mit Freier Standpunktwahl erfolgen. Im freien Gelände ist auch eine Punktaufnahme mit Satellitenempfängern möglich.

2.6 Absteckung

Abzusteckende Objekte werden vom Bauingenieur oder Vermessungsingenieur in einem geeigneten rechtwinkligen Koordinatensystem berechnet. Das heißt, Gebäudeeckpunkte, Pfeilerpunkte, Auflagerpunkte, Achspunkte usw. werden in einem günstig gewählten lokalen Koordinatensystem koordiniert. Dieses lokale System wird meist einen geometrischen Bezug zu schon vorhandenen Bauwerken (z. B. parallel zu einer Gebäudeachse) oder zu vorhandenen Aufnahmepunkten der Vermessungsverwaltung (z. B. die Verbindungslinie zweier Aufnahmepunkte gibt eine Achsrichtung vor) haben. Hier sind zwei Fälle zu unterscheiden:

a) Die im lokalen System berechneten Objektpunkte sollen auch in diesem lokalen System abgesteckt werden.

b) Die Objektpunkte sollen vom Aufnahmepunktfeld der Vermessungsverwaltungen aus abgesteckt werden.

Im Fall a) können die Objektpunkte nach dem Polarverfahren (Abschn. 2.2.2) abgesteckt werden. Dazu erforderlich ist ein in diesem System koordinierter Standpunkt und mindestens ein Anschlusspunkt. Als Instrumentenstandpunkt kann hier z. B. der Ursprung des lokalen Systems gewählt werden. Dies kann jedoch in der Örtlichkeit zu Schwierigkeiten führen. Wesentlich flexibler ist die Absteckung mit Freier Standpunktwahl (Abschn. 2.4.3). Hier kann der Instrumentenstandpunkt so ausgewählt werden (z. B. auf einem

Abb. 2.12 Profile

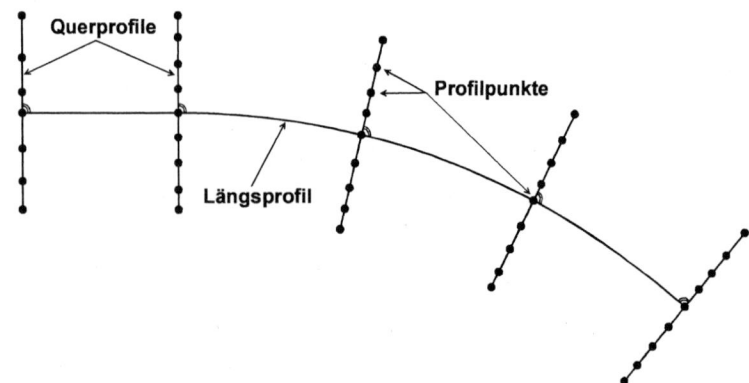

Erdhügel), dass das gesamte Objekt mit einer Instrumentenaufstellung abgesteckt werden kann. Voraussetzung sind hierzu allerdings im lokalen System koordinierte Anschlusspunkte.

Im Fall b) müssen die lokalen Koordinaten über identische Punkte mittels Helmert-Transformation (Abschn. 2.2.4) in das übergeordnete Koordinatensystem der Vermessungsverwaltung überführt werden. Anschließend wird nur noch in diesem System gearbeitet. Die Absteckung kann dann mit dem Polarverfahren (Abschn. 2.2.2) vorgenommen werden, wobei die Punkte des Aufnahmepunktfeldes sowohl als Instrumentenstandpunkt als auch als Anschlusspunkte dienen. Auch hier kann wesentlich flexibler und eleganter mit der Freien Standpunktwahl gearbeitet werden (Abschn. 2.4.3). Als neuestes Verfahren käme auch das satellitengestützte Absteckverfahren in Echtzeit (z. B. das Verfahren HEPS von SA*POS*®) in Frage (siehe Abschn. 2.1.1).

2.7 Liniennivellement

Für eine Höhenbestimmung oder Höhenübertragung mit mm-Genauigkeit reicht die tachymetrische Höhenbestimmung (Abschn. 2.2.3) meist nicht mehr aus. Hier ist dann ein Liniennivellement zu empfehlen.

Das Liniennivellement wird mit einem Nivellierinstrument und am besten mit zwei Nivellierlatten durchgeführt. Der Gesamthöhenunterschied ΔH zwischen Anfangs- und Endpunkt wird dabei in kleine Teilhöhenunterschiede Δh zerlegt (Abb. 2.13). Jede Instrumentenaufstellung mit Ablesung zur Rückwärtslatte (R) und zur Vorwärtslatte (V) ergibt einen Teilhöhenunterschied Δh mit:

$$\Delta h = R - V \qquad (2.62)$$

und damit

$$\Delta H = \sum \Delta h \qquad (2.63)$$

Rückblickzielweite und Vorblickzielweite sollen dabei gleich groß sein (Abb. 2.13).

Aufgabe: Es soll die Höhe des Neupunktes N durch Anschluss an die gegebenen Höhenfestpunkte A und E bestimmt werden.
Gegeben: H_A, H_E
Gemessen: $R_1, V_1, R_2, V_2, \ldots, R_n, V_n$
Gesucht: H_N (Abb. 2.13)
Lösung:

$$\boxed{\begin{aligned} \Delta h_1 &= R_1 - V_1 \\ \Delta h_2 &= R_2 - V_2 \\ &\vdots \\ \Delta h_n &= R_n - V_n \end{aligned}}$$

$$\sum \Delta h = \sum R - \sum V = \Delta H \qquad (2.64)$$

Aufgrund von Messfehlern und Ungenauigkeiten in den Anschlusspunkten wird ΔH nicht genau mit dem Sollhöhenunterschied $H_E - H_A$ übereinstimmen. Für die Bestimmung der Neupunkthöhe H_N berücksichtigt man die Höhenverbesserung v_H mit:

$$v_H = (H_E - H_A) - \Delta H \qquad (2.65)$$

Liegt v_H innerhalb des Grenzwerts (2.67), so verteilt man v_H auf die Teilhöhenunterschiede Δh und erhält schließlich die ausgeglichenen Teilhöhenunterschiede $\overline{\Delta h}$:

$$\overline{\Delta h_1} = \Delta h_1 + \frac{v_H}{n}$$

$$\vdots \qquad\qquad (2.66)$$

$$\overline{\Delta h_n} = \Delta h_n + \frac{v_H}{n}$$

Abb. 2.13 Liniennivellement

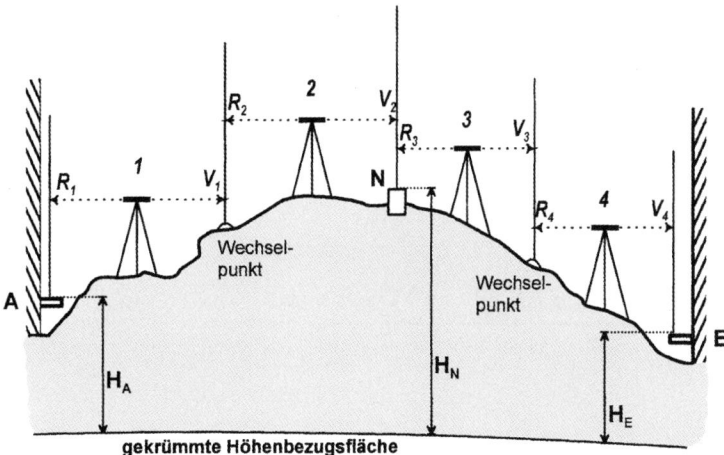

Die Höhe des Neupunkts N (Abb. 2.13) ergibt sich dann in unserem Beispiel zu:

$$H_N = H_A + \overline{\Delta h_1} + \overline{\Delta h_2}$$

Zur Kontrolle rechnet man weiter bis zum Endpunkt E und es muss sich dann genau die gegebene Höhe H_E ergeben.

Nivellement-Regeln:

- Immer an *zwei* bekannten Höhenfestpunkten anschließen
- Zur Genauigkeitssteigerung und zur zusätzlichen Kontrolle hin und zurück nivellieren
- Gleiche Zielweiten im Vor- und Rückblick einhalten
- Nicht unter 0,3 m an der Nivellierlatte anzielen
- Auf Wechselpunkten Unterlegplatten („Frösche") verwenden

Grenzwert nach RAS-Verm:

Grenzwert für den Widerspruch zwischen Messergebnis und vorgegebenem Höhenunterschied:

$$F \, [\text{mm}] = 2 + 5\sqrt{S} \tag{2.67}$$

S ist hierbei die Gesamtlänge des Liniennivellements (Summe aller Zielweiten in [km]), wobei die Zielweite ungefähr aus den Schrittzahlen abgeleitet wird.

Zahlenbeispiel (Tafel 2.3):

$$H_A = 213{,}245 \, \text{m} \quad H_E = 212{,}860 \, \text{m}$$

$$\sum R - \sum V = -0{,}389$$

$$v_H = -0{,}385 + 0{,}389 = 0{,}004 \, \text{m}$$

$$F = 2 + 5\sqrt{0{,}28} = 5 \, \text{mm}$$

$$\frac{v_H}{4} = 0{,}001 \, \text{m}$$

2.8 Achsberechnung

Achsen von Verkehrswegen bestehen unter anderem aus Geraden, Klotoiden und Kreisbögen.

Bei der **Kreisbogenberechnung** geht man in der Regel vom Bogenanfangspunkt A und der dort angelegten Tangente aus. Nach Abb. 2.14 folgt:

$$l_t = r \cdot \tan \frac{\alpha}{2} \tag{2.68}$$

$$l_{ts} = r \cdot \tan \frac{\alpha}{4} \tag{2.69}$$

$$f = \frac{r}{\cos \frac{\alpha}{2}} - r \tag{2.70}$$

$$h_f = r - r \cdot \cos \frac{\alpha}{2} \tag{2.71}$$

$$l_s = 2 \cdot r \cdot \sin \frac{\alpha}{2} \tag{2.72}$$

$$l_b = \frac{\pi \cdot r \cdot \alpha \, [\text{gon}]}{200} \tag{2.73}$$

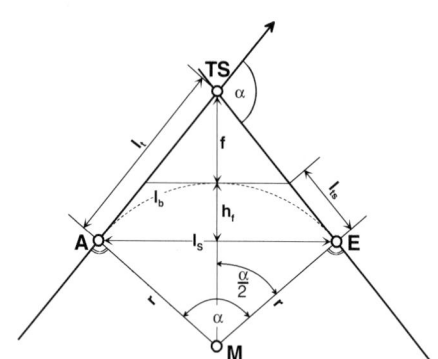

Abb. 2.14 Kreisbogenelemente

Tafel 2.3 Zahlenbeispiel Höhenberechnung

Punkt	Ablesung: „rückwärts" R	Ablesung: „vorwärts" V	$\Delta h = R - V$	$\frac{v_H}{n}$	Höhe	Zielweiten [m]
A					**213,245**	
	3,052	0,785	2,267	0,001		35/35
	2,983	0,827	2,156	0,001		35/35
N					217,670	
	1,234	2,769	−1,535	0,001		30/30
	0,485	3,762	−3,277	0,001		40/40
E					**212,860**	
	$\sum R = 7{,}754$	$\sum V = 8{,}143$	$\sum \Delta h = -0{,}389$ (IST)		$H_E - H_A = -0{,}385$ (SOLL)	

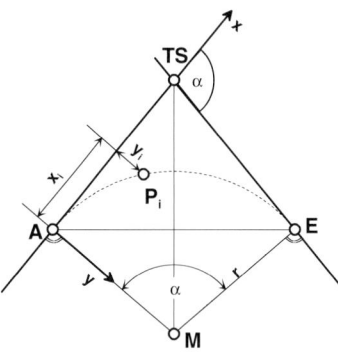

Abb. 2.15 Bogenpunkt P_i

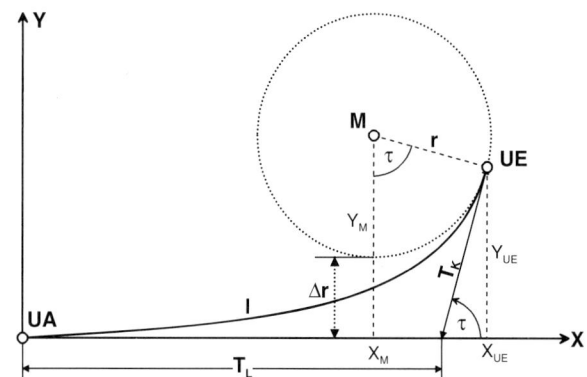

Abb. 2.17 Klotoide

Für einen beliebigen Bogenpunkt P_i wird für ein auf der Tangente vorgegebenes x_i die Ordinate y_i nach (2.74) bestimmt Abb. 2.15.

$$y_i = r - \sqrt{r^2 - x_i^2} \qquad (2.74)$$

Will man die Bogenpunkte gleichabständig mit der Bogenlänge l angeben, legt man den jeweiligen Mittelpunktswinkel β mit

$$\beta = \frac{200 \cdot l}{\pi \cdot r} = 63{,}661977 \cdot \frac{l}{r} \quad \text{in gon} \qquad (2.75)$$

fest (Abb. 2.16). Für jeden Einzelpunkt gilt dann

$$x_i = r \cdot \sin(i \cdot \beta) \qquad (2.76)$$
$$y_i = r \cdot [1 - \cos(i \cdot \beta)] \qquad (2.77)$$

i Anzahl der Einzelbögen l, die vom Bogenanfang A mit gleichem Winkel β abgesetzt werden,

x_i die Abszisse des Bogenpunktes P_i auf der Tangente $A \rightarrow$ TS,

y_i Ordinate des Punktes P_i senkrecht zur Bogentangente.

Die **Klotoide** als Übergangsbogen (Abb. 2.17) folgt dem Bildungsgesetz

$$A^2 = r \cdot l \qquad (2.78)$$

wobei:

A Klotoidenparameter

r Krümmungsradius an der Stelle UE

l Klotoidenlänge von UA bis UE

Zur Absteckung der Klotoide von der Haupttangente (X-Achse) aus gibt Schnädelbach [14] bei vorgegebenen X-Werten folgende Gebrauchsformeln an:

$$Y = \frac{x^3}{6 \cdot A^2} \left(1 - 0{,}205 \left(\frac{X}{A} \right)^4 \right)^{-0{,}27875} \qquad (2.79)$$

$$l = X \left(1 - 0{,}205 \left(\frac{X}{A} \right)^4 \right)^{-0{,}12195} \qquad (2.80)$$

$$\tau = \arctan \left(\frac{1}{2} \left(\frac{X}{A} \right)^2 \cdot \left(1 - 0{,}27371 \left(\frac{X}{A} \right)^4 \right)^{-0{,}487134} \right)$$
$$(2.81\text{a})$$

oder

$$\tau\,[\text{rad}] = \frac{l^2}{2A^2} = \frac{l}{2r} = \frac{A^2}{2r^2} \quad \text{und} \quad \tau\,[\text{gon}] = \tau\,[\text{rad}] \cdot \frac{200}{\pi}$$
$$(2.81\text{b})$$

Restfehler bis zur Kennstelle $A = r = I$

$$\Delta Y \leq 2 \cdot 10^{-6} \cdot A, \quad \Delta \tau \leq 0{,}02\,\text{mgon} \quad (\text{für 2.81a}),$$
$$\Delta l \leq 5 \cdot 10^{-6} \cdot A.$$

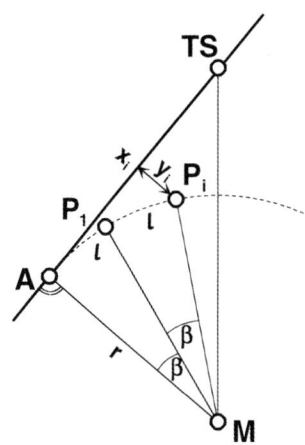

Abb. 2.16 Bogenabsteckung

Tafel 2.4 Koeffizienten des Klotoidenpolynoms

i	a_i	b_i
1	$1{,}000000000 \cdot 10^{-0}$	$1{,}666666667 \cdot 10^{-1}$
2	$-2{,}500000000 \cdot 10^{-2}$	$-2{,}976190476 \cdot 10^{-3}$
3	$2{,}893518519 \cdot 10^{-4}$	$2{,}367424242 \cdot 10^{-5}$
4	$-1{,}669337607 \cdot 10^{-6}$	$-1{,}033399471 \cdot 10^{-7}$
5	$5{,}698894141 \cdot 10^{-9}$	$2{,}832783637 \cdot 10^{-10}$
6	$-1{,}281497360 \cdot 10^{-11}$	$-5{,}318467304 \cdot 10^{-13}$
7	$2{,}038745799 \cdot 10^{-14}$	$7{,}260490737 \cdot 10^{-16}$

Für vorgegebene Streckenlängen l auf der Klotoide gilt nach Desenritter [5]:

$$X = A \cdot \sum_{i=1}^{n} a_i \cdot l_e^{4i-3} \qquad (2.82)$$

$$Y = A \cdot \sum_{i=1}^{n} b_i \cdot l_e^{4i-1} \qquad (2.83)$$

mit

$$l_e = \frac{l}{A}$$

Die Koeffizienten entnimmt man der Tafel 2.4. Sehr hohe Genauigkeit erzielt man, wenn man die ersten sieben Glieder berücksichtigt.

Für $l_e \le 1$ bei sechsstelliger Genauigkeit reichen die folgenden Näherungsformeln aus:

$$X = A \left(\left(\frac{l_e^4}{3474{,}1} - \frac{1}{40} \right) l_e^4 + 1 \right) l_e \qquad (2.84)$$

$$Y = A \left(\left(\frac{l_e^4}{42410} - \frac{1}{336} \right) l_e^4 + \frac{1}{6} \right) l_e^3 \qquad (2.85)$$

Weitere bei der Klotoidenberechnung wichtige Größen (Abb. 2.17) erhält man wie folgt:

$$X_M = X_{UE} - r \cdot \sin \tau \qquad (2.86)$$

$$\Delta r = Y_{UE} - r(1 - \cos \tau) \qquad (2.87)$$

$$T_K = \frac{Y_{UE}}{\sin \tau} \qquad (2.88)$$

$$T_L = X_{UE} - Y_{UE} \cdot \cot \tau \qquad (2.89)$$

Beispiel

Gegeben sei $A = 250{,}00$ m. Gesucht werden r, X, Y, T_K, T_L, X_M und Δr für die Bogenlänge $l = 50{,}00$ m.

Nach (2.78) ist $r = \frac{A^2}{l} = \frac{62.500}{50} = 1250{,}00$ m.

Es wird mit $l_e = \frac{50}{250} = 0{,}2$ nach (2.82) und (2.83)

$$X = 0{,}199992 \cdot 250 = 49{,}998 \text{ m},$$

$$Y = 0{,}00133329 \cdot 250 = 0{,}333 \text{ m}.$$

Mit (2.81a) und (2.81b) berechnet man den Tangentenwinkel

$$\tan \tau = 0{,}5 \cdot \left(\frac{49{,}998}{250} \right)^2$$
$$\cdot \left(1 - 0{,}27371 \cdot \left(\frac{49{,}998}{250} \right)^4 \right)^{-0{,}487137}$$
$$= 0{,}0200027$$

Damit ist der Tangentenwinkel der Klotoide

$$\tau = 1{,}27324 \text{ gon}$$

Die übrigen Werte erhält man aus (2.86) bis (2.89).

$$X_M = 49{,}998 - 1250 \cdot 0{,}01999 = 25{,}00 \text{ m}$$
$$\Delta r = 0{,}333 - 1250 \cdot (1 - 0{,}9998) = 0{,}083 \text{ m}$$
$$T_K = \frac{0{,}333}{0{,}01999} = 16{,}666 \text{ m},$$
$$T_L = 49{,}998 - 0{,}333 \cdot \frac{0{,}9998}{0{,}01999} = 33{,}335 \text{ m}.$$

Man kann zwei Klotoiden und einen Kreisbogen zu einem **symmetrischen Übergangsbogen** zusammenfassen (Abb. 2.18).

Hierbei sind die Klotoidenparameter $A_1 = A_2 = A$, der Kreisbogenradius r und der Tangentenschnittwinkel γ vorgegeben.

Hier sind vor allem die auf die Tangenten bezogenen Anfangs- und Endpunkte A und E sowie die Trassenlänge von A nach E gesucht:

$$t = (r + \Delta r) \cdot \tan \frac{\gamma}{2} \qquad (2.90)$$

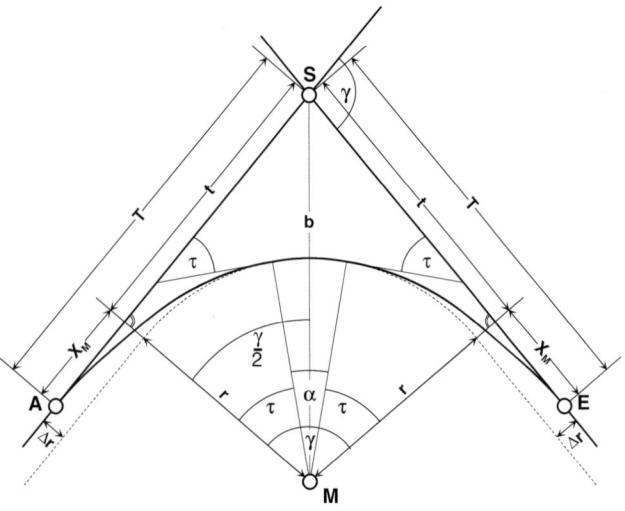

Abb. 2.18 Symmetrischer Übergangsbogen

dabei wird Δr nach (2.87) berechnet.

$$T = \overline{AS} = \overline{SE} = t + X_M \qquad (2.91)$$

X_M folgt aus (2.86).

$$\alpha = \gamma - 2\tau \qquad (2.92)$$

τ folgt aus (2.81b) wobei $l = \frac{A^2}{r}$.

Für das Kreisbogenstück b folgt:

$$b = r \cdot \alpha \, [\text{gon}] \cdot \frac{\pi}{200} \qquad (2.93)$$

und damit für die Trassenlänge $L_{\ddot{\text{U}}}$ des symmetrischen Übergangsbogens von A bis E:

$$L_{\ddot{\text{U}}} = 2l + b \qquad (2.94)$$

Sind die beiden Klotoidenparameter A_1 und A_2 nicht gleich, so spricht man von einem **unsymmetrischen Übergangsbogen** (Abb. 2.19). Es sind dann A_1, A_2, r und γ vorgegeben.

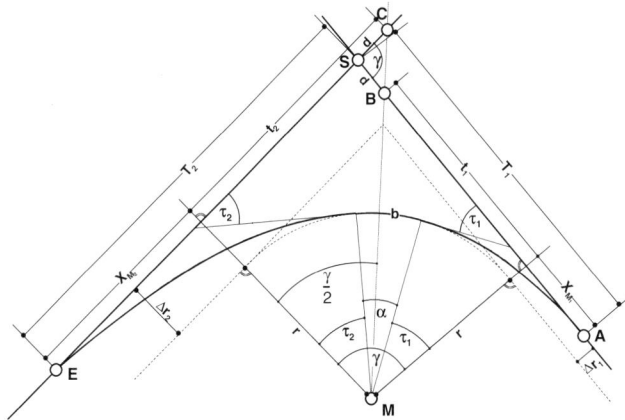

Abb. 2.19 Unsymmetrischer Übergangsbogen

Zur Berechnung der Tangentenlängen $\overline{SA}$ und $\overline{SE}$ und der Trassenlänge von A nach E geht man wie folgt vor:

$$t_1 = (r + \Delta r) \cdot \tan \frac{\gamma}{2} \qquad (2.95)$$

$$t_2 = (r + \Delta r_2) \cdot \tan \frac{\gamma}{2} \qquad (2.96)$$

Δr_1 bzw. Δr_2 werden nach (2.87) in Abhängigkeit von r und A_1 bzw. A_2 berechnet.

Aus Abb. 2.20 folgt

$$d = \overline{SB} = \overline{SC} = \frac{\Delta r_2 - \Delta r_1}{\sin \gamma} \qquad (2.97)$$

und damit

$$T_1 = \overline{SA} = X_{M_1} + t_1 + d \qquad (2.98)$$

$$T_2 = \overline{SE} = X_{M_2} + t_2 - d \qquad (2.99)$$

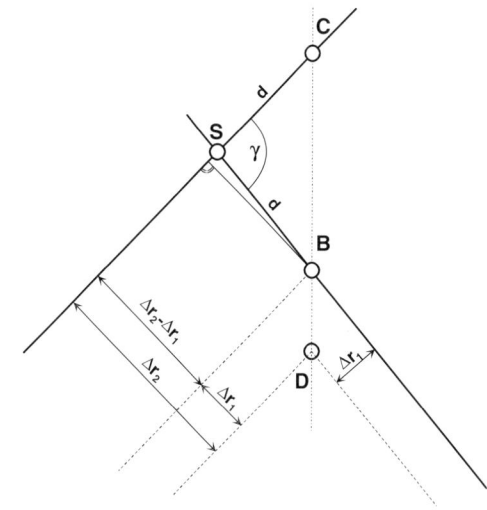

Abb. 2.20 Detailskizze zum unsymmetrischen Übergangsbogen

X_{M_1} bzw. X_{M_2} werden nach (2.86) in Abhängigkeit von r und A_1 bzw. r und A_2 berechnet.

$$\alpha = \gamma - (\tau_1 + \tau_2) \qquad (2.100)$$

τ_1 bzw. τ_2 werden nach (2.81b) in Abhängigkeit von r und A_1 bzw. r und A_2 berechnet wobei $l_1 = \frac{A_1^2}{r}$ und $l_2 = \frac{A_2^2}{r}$.

$$b = r \cdot \alpha \, [\text{gon}] \cdot \frac{\pi}{200} \qquad (2.101)$$

Die Trassenlänge $L_{\ddot{\text{U}}}$ für den unsymmetrischen Übergangsbogen von A nach E ergibt sich dann zu

$$L_{\ddot{\text{U}}} = l_1 + b + l_2 \qquad (2.102)$$

2.9 Mengenberechnung

Zwei Anwendungen der Mengenberechnung sind von besonderer Bedeutung:
- Berechnung von Flächen
- Berechnung von Baukörpervolumen

Flächenberechnung Der Flächeninhalt polygonal begrenzter Flächen kann nach der Gauß'schen Flächenformel aus Koordinaten berechnet werden (Abb. 2.21).

$$A = \frac{1}{2} \sum_{i=1}^{n} (X_i \cdot (Y_{i+1} - Y_{i-1})) \qquad (2.103a)$$

oder gleichwertig

$$A = \frac{1}{2} \sum_{i=1}^{n} (Y_i \cdot (X_{i-1} - X_{i+1})) \qquad (2.103b)$$

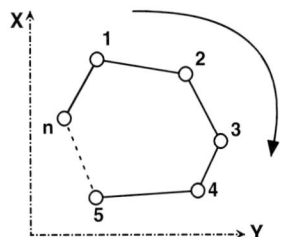

Abb. 2.21 Flächenberechnung

Die Koordinaten der Punkte, die die Flächen begrenzen (Abb. 2.21) werden dabei im Uhrzeigersinn nacheinander eingegeben.

$$\text{für} \quad i = n \quad \text{folgt für} \quad i + 1 = 1 \quad \text{und}$$
$$\text{für} \quad i = 1 \quad \text{folgt für} \quad i - 1 = n$$

Für Straßen-Querprofilflächen A (Abb. 2.22) verwendet man als Abszissen Y den Abstand von der Bauwerksachse und als Ordinate Z die Höhe über NN.

$$A = \frac{1}{2} \sum_{i=1}^{n} (Z_i \cdot (Y_{i+1} - Y_{i-1})) \qquad (2.104)$$

Flächenerfassung durch Digitalisieren Auf einem Digitalisiertisch werden die Flächenbegrenzungslinien punktweise abgefahren und automatisch registriert. Nach völligem Umfahren der Fläche erfolgt nach (2.103a) und (2.103b) automatisch die Flächenangabe. Hierbei müssen schon koordinierte Punkte als Passpunkte mit erfasst werden, um Maßstab und eventuellen Papierverzug zu berücksichtigen.

Mengenermittlung Um die Menge eines Baukörpers zu berechnen, der von zwei Querprofilen mit den Querschnittsflächen A_1 und A_2 begrenzt wird, verwendet man bei gerader

Abb. 2.22 Mengenberechnung aus Querprofilen

Achse die Formel

$$V = \frac{A_1 + A_2}{2} \cdot l \qquad (2.105)$$

l ist der Abstand der beiden Querprofile, gemessen in der Achse.

Wenn die Querschnittsflächen nicht symmetrisch zur Achse angeordnet sind, so muss besonders bei kleinen Achsradien r der Flächenschwerpunktsabstand Y_S von der Achse berücksichtigt werden.

$$Y_S = \frac{\frac{1}{6} \sum_{i=1}^{n} ((Y_1^2 + Y_i \cdot Y_{i+1} + Y_{i+1}^2) \cdot (Z_i - Z_{i+1}))}{A} \qquad (2.106)$$

Bei gekrümmter Achse ist ein Verbesserungsfaktor anzusetzen.

$$k = \frac{r - Y_S}{r}$$

r Radius an der Station des Querprofils wobei $r > 0$ für Rechtskurve und $r < 0$ für Linkskurve
Die verbesserte Menge ist dann

$$V_V = V \cdot k_{\text{Mittel}} \qquad (2.107)$$
$$k_{\text{Mittel}} = (k_i + k_{i+1}) \cdot 0,5$$

Geländequerprofile müssen so gelegt werden, dass sie den Verlauf des Geländes genügend genau repräsentieren, um eine genaue Leistungsberechnung zu ermöglichen.

Beispiel
Die Fläche der in Abb. 2.22 dargestellten Querprofile ist zu bestimmen und der Abtrag dazwischen zu berechnen.

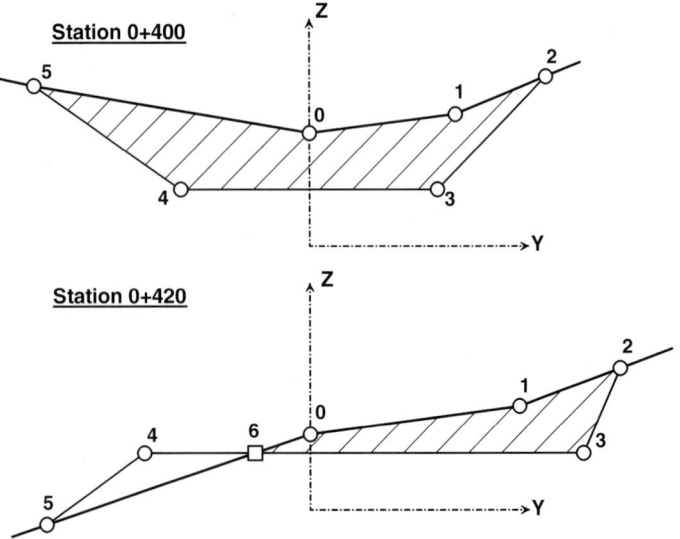

Die Profile liegen in einer Rechtskurve mit $r = 300,00$ m. Bei Station $0 + 420$ entsteht ein Anschnittsprofil. Der Ausgleich durch Quertransport soll nicht vorgenommen werden. Die Mengen sind getrennt zu ermitteln. Hier wird nur der Abtrag weiter berücksichtigt.

Station $0 + 400$:

Punkt-Nr.	Achsabstand Y	Höhe Z
0	0,00	500,00
1	7,75	500,19
2	10,50	501,40
3	7,00	499,07
4	−7,00	498,88
5	−11,30	501,75

Station $0 + 420$:

Punkt-Nr.	Achsabstand Y	Höhe Z
0	0,00	500,50
1	6,50	501,00
2	12,35	502,25
3	10,85	500,75
4	−7,00	500,30
5	−10,00	497,96

Der Schnittpunkt 6 des Planums mit dem Gelände $(0 + 420)$ ist nach (2.32) bis (2.35) zu berechnen:

$$k_1 = \frac{Y_0 - Y_5}{Z_0 - Z_5} = 3,937008$$

$$k_2 = \frac{Y_4 - Y_3}{Z_4 - Z_3} = 39,66667$$

$$Z_6 = Z_5 + \frac{(Y_3 - Y_5) - k_2(Z_3 - Z_5)}{(k_1 - k_2)} = 500,47 \,\text{m}$$

$$Y_6 = Y_5 + k_1(Z_6 - Z_5) = -0,10 \,\text{m}$$

Die Flächenberechnung für Profil $0 + 400$ ergibt:

$$A_{0123450} = 24,983 \,\text{m}^2$$

Die Schwerpunktlage wird für Profil $0 + 400$ in der folgenden Form bestimmt (siehe Tafel 2.5):

$$Y_{S400} = \frac{-252,1729400}{6 \cdot 24,983} = -1,682 \,\text{m}$$

Das heißt, der Flächenschwerpunkt liegt $-1,682$ m von der Achse entfernt. Für den Kreisbogen (Rechtskurve) mit $r = 300,00$ m ergibt dies einen Korrekturwert

$$k_{400} = \frac{300 + 1,68}{300} = 1,0056$$

Auf gleiche Weise verfährt man mit Profil $0 + 420$. Die Profilfläche für den Abtrag ist dabei von den Punkten 0, 1, 2, 3, 6, 0 begrenzt.

$$A_{012360} = 5,500 \,\text{m}^2$$
$$Y_{S420} = 8,292 \,\text{m}$$
$$k_{420} = 0,9724$$
$$k_{\text{Mittel}} = \frac{1,0056 + 0,9724}{2} = 0,9890$$

Zwischen den beiden Profilen liegt dann die Aushubmenge

$$V = \frac{24,983 + 5,500}{2} \cdot 20 \cdot 0,9890 = 301,48 \,\text{m}^3$$

Ohne Berücksichtigung des Korrekturfaktors würde die Berechnung $V = 304,83$ m³, also 3,35 m³ mehr, ergeben.

Mengenermittlung mit digitalem Geländemodell Die Grundlage eines digitalen Geländemodells (DGM) bilden regelmäßig oder auch beliebig verteilte Geländepunkte (Y, X, Z) und zusätzliche Informationen wie z. B. Geländelinien (Abb. 2.23).

Solche Geländelinien können Bruchlinien, Böschungskanten usw. sein. Werden die Geländelinien durch eine ausreichende Zahl von Aufnahmepunkten miterfasst, so lassen sich im DGM Dreiecksmaschen bilden, die auch den Verlauf der Geländelinien berücksichtigen (Abb. 2.23). Die

Tafel 2.5 Schwerpunktlage für Profil $0 + 400$

Von Punkt i nach Punkt $i + 1$	Y_i	Y_{i+1}	$Y_i \cdot Y_{i+1}$	Y_i^2	Y_{i+1}^2	Summe	$Z_i - Z_{i+1}$	Produkt
0–1	0,00	7,75	0,00	0,00	60,063	60,063	−0,19	11,4119
1–2	7,75	10,50	81,375	60,063	110,250	251,688	−1,21	−304,4525
2–3	10,50	7,00	73,50	110,25	49,00	232,750	2,33	542,3075
3–4	7,00	−7,00	−49,00	49,00	49,00	49,00	0,19	9,3100
4–5	−7,00	−11,30	79,10	49,00	127,69	255,790	−2,87	−734,1173
5–0	−11,30	0,00	0,00	127,69	0,00	127,690	1,75	223,4575
							Summe	−252,1729

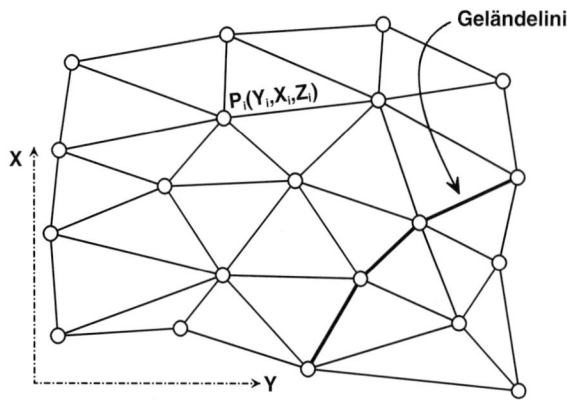

Abb. 2.23 Digitales Geländemodell mit Geländelinie

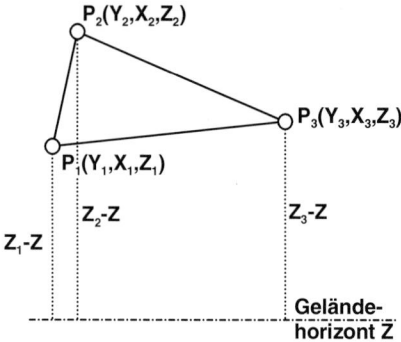

Abb. 2.24 Durch Dreiecksmasche vorgegebenes Prismenvolumen

Geländeoberfläche kann dann durch ebene Dreiecke angenähert werden.

Soll z. B. eine Abtragsmenge bis zum Geländehorizont mit Höhe Z abgetragen werden, so lässt sich die Abtragsmenge durch dreieckige Prismen annähern (Abb. 2.24).

Die dreieckige Grundfläche A_P des Prismas im Horizont Z erhält man nach (2.103a) und (2.103b).

$$A_P = \frac{1}{2}(X_1(Y_2 - Y_3) + X_2(Y_3 - Y_1) + X_3(Y_1 - Y_2))$$

Die mittlere Prismenhöhe ergibt sich zu

$$h_m = \frac{1}{3}(Z_1 + Z_2 + Z_3 - 3Z) \qquad (2.108)$$

damit erhalten wir als Prismenvolumen V_P:

$$V_P = A_P \cdot h_m \qquad (2.109)$$

Die Gesamtabtragsmenge V ergibt sich dann als Summe aller Prismenvolumen

$$V = \sum V_P \qquad (2.110)$$

Einzelheiten und Besonderheiten der Mengenermittlung können den **Regelungen für die elektronische Bauabrechnung – Verfahrensbeschreibung (REB-VB)** entnommen werden. Hier sind vor allem interessant:

- REB-VB 21.003 „Massenberechnung aus Querprofilen"
- REB-VB 21.013 „Massenberechnung zwischen Begrenzungslinien"
- REB-VB 22.013 „Massen und Oberflächen aus Prismen"
- REB-VB 22.114 „Ermittlung von Rauminhalten und Flächen aus Horizonten"

Literatur

1. DIN 18709-1, 10.95, Begriffe, Kurzzeichen und Formelzeichen im Vermessungswesen – Teil 1: Allgemeines

2. DIN 18709-2, 04.86, Begriffe, Kurzzeichen und Formelzeichen im Vermessungswesen – Teil 1: Ingenieurvermessung,

3. Baumann: Vermessungskunde. Bonn: Ferd. Dümmlers Verlag, Band 1, 5. Aufl. 1999, Band 2, 6. Aufl. 1999

4. Breuer/Hirle/Joeckel: Freie Stationierung. Dt. Verein für Vermessungswesen, Landesverein Baden-Württemberg e. V., 1983

5. Desenritter: DV-gerechte Funktionen für Klothoidenberechnungen, Straßen- und Tiefbau, H. 37, 3/1983, Isernhagen: Giesel Verlag für Publizität, 1983

6. Gruber/Joeckel: Formelsammlung für das Vermessungswesen, 18. Aufl. 2017, Wiesbaden: Springer Vieweg

7. Möser: Handbuch Ingenieurgeodäsie, Ingenieurbau. Heidelberg: Wichmann Verlag, 2016

8. Möser/Müller/Schlemmer/Werner: Handbuch Ingenieurgeodäsie, Straßenbau. Heidelberg: Wichmann Verlag, 2002

9. Joeckel/Stober/Huep: Elektronische Entfernungs- und Richtungsmessung und ihre Integration in aktuelle Positionierungsverfahren 5. Aufl. 2008, Heidelberg: Wichmann

10. Matthews: Vermessungskunde, Teil 1, 29. Aufl., 2003, Wiesbaden: Teubner

11. Osterloh: Erdmassenberechnung. 4. Aufl. Wiesbaden: Bauverlag, 1985

12. Osterloh: Straßenplanung mit Klothoiden und Schleppkurven. 5. Aufl. Wiesbaden: Bauverlag, 1991

13. Richtlinien für die Anlage von Straßen RAS, Teil: Vermessung (RAS-Verm), 2001, Forschungsgesellschaft für das Straßen- und Verkehrswesen VGSV, 2001

14. Schnädelbach: Zur Berechnung von Schnittpunkten mit der Klothoide. Zeitschrift für Vermessungswesen, 3/1983

15. Witte/Sparla: Vermessungskunde und Grundlagen der Statistik für das Bauwesen. 8. Aufl. 2015, Heidelberg: Wichmann

16. Vermessungswesen: Normen (DIN Taschenbuch 111). 7. Aufl. 2013, Berlin: Beuth

Baubetrieb

3

Prof. Dr.-Ing. Alexander Malkwitz und André Thesing, M.Sc.

Inhaltsverzeichnis

3.1 Öffentliches Bauplanungs- und Bauordnungsrecht 61
   3.1.1 Bauplanungsrecht 61
   3.1.2 Bauordnungsrecht 61
3.2 Vergaberecht 63
   3.2.1 Vergabeverordnung/Schwellenwerte 63
   3.2.2 VOB/A 64
   3.2.3 Vergabearten 64
   3.2.4 Vergabe und Vertragsunterlagen 64
   3.2.5 Fristen 67
3.3 Vertragsrecht 67
   3.3.1 VOB/B 67
   3.3.2 Anspruchsgrundlagen nach VOB/B 68
   3.3.3 Fristen nach VOB/B und BGB 69
   3.3.4 VOB/C 70
3.4 Kalkulation 71
   3.4.1 Kalkulationsstufen 71
   3.4.2 Gliederung der Kostenermittlung 72
   3.4.3 Kostengruppen und Kostenarten 72
3.5 Arbeitsvorbereitung 75
   3.5.1 Verfahrensplanung 75
   3.5.2 Ressourcenplanung 76
   3.5.3 Ablaufplanung 76
   3.5.4 Baustelleneinrichtungsplanung 80
3.6 Projektmanagement 81
   3.6.1 Projektorganisation 81
   3.6.2 Qualitätsmanagement 83
   3.6.3 Berichtswesen der Baustelle 83
   3.6.4 Sicherheits- und Gesundheitsschutz 84
3.7 Abrechnung 86
   3.7.1 Bestandteile der Abrechnung 86
   3.7.2 Abrechnungseinheiten 87
   3.7.3 Abrechnungsregeln 88
3.8 Planung 88
   3.8.1 HOAI 88
   3.8.2 DIN 276 92
   3.8.3 Kostengliederung 92
   3.8.4 DIN 277 94
3.9 Building Information Modeling (BIM) 95

3.1 Öffentliches Bauplanungs- und Bauordnungsrecht

Das öffentliche Baurecht ist in der Bundesrepublik Deutschland in zwei maßgebliche Abschnitte aufgeteilt. Das Bauplanungsrecht (nach Art. 47 Nr. 18 GG „Bodenrecht") als Bundesrecht und das Bauordnungsrecht (Art. 30, 70 GG) als Landesrecht, zu dem auch die örtlichen Bauvorschriften gehören. Anforderungen die über das Bauplanungs- und Bauordnungsrecht hinausgehen, gehören zum Baunebenrecht. Dazu zählen alle verbindlichen Vorschriften von Bund und Länder, die sich unmittelbar auf die Zulässigkeit oder die Rechtmäßigkeit auswirken, wie z. B. die Errichtung, der Änderung oder der Nutzung von baulichen Anlagen einschließlich ihrer notwendigen Bestandteile und üblichen Nebenanlagen.

3.1.1 Bauplanungsrecht

Das Bauplanungsrecht regelt entsprechend der gesetzlichen Vorgaben aus dem Baugesetzbuch und der Baunutzungsverordnung die Verfahren und Inhalte der Bauleitplanung der Gemeinden, und hier in der Hauptsache die Bebauungspläne und den Flächennutzungsplan. D. h. es umfasst insgesamt die Vorschriften, die sich mit der Bebauung und der Bebaubarkeit (oder auch nicht- baulichen Nutzung) von Grundstücken befassen.

> **Beispiel**
>
> Ein Bebauungsplanplan kann vorsehen, dass in einem bestimmten Gebiet nur Häuser mit einem Vollgeschoss und einer bestimmten Dachform gebaut werden.

3.1.2 Bauordnungsrecht

Das Bauordnungsrecht, geregelt u. a. in den unterschiedlichen Bauordnungen der Länder und einigen hierzu ergan-

A. Malkwitz ✉ · A. Thesing
Institut für Baubetrieb und Baumanagement, Universität Duisburg-Essen, Essen, Deutschland

© Springer Fachmedien Wiesbaden GmbH 2018
U. Vismann (Hrsg.), *Wendehorst Bautechnische Zahlentafeln*, https://doi.org/10.1007/978-3-658-17936-6_3

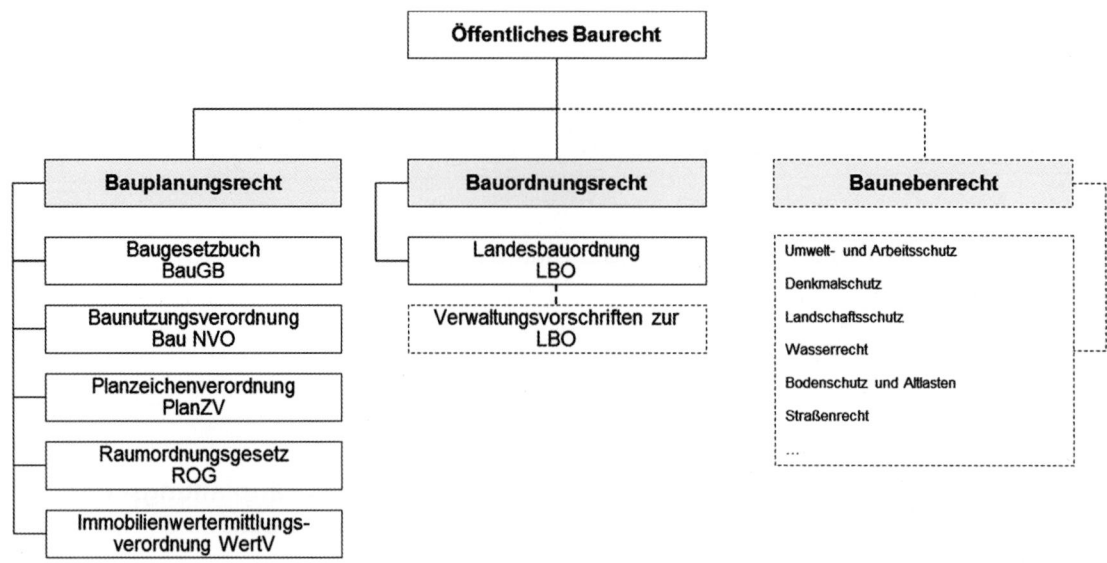

Abb. 3.1 Rechtsbereiche des Öffentlichen Bauplanungs- und Bauordnungsrecht

Tafel 3.1 Gesetze und Rechtsvorschriften im Bauplanungsrecht	Gesetz oder Rechtsvorschrift	Wesentliche Instrumente und Inhalte
	Baugesetzbuch (BauGB) vom 23.09.2004, zuletzt geändert 20.10.2015	Grundsätze der Bauleitplanung, Vorschriften zum Umweltschutz, Aufstellung der Bauleitpläne, Beteiligung von Öffentlichkeit und Behörden, Flächennutzungsplan, Bebauungsplan, Veränderungssperre, Bodenverkehrsgenehmigung, Vorkaufsrecht der Gemeinde Zulässigkeit von Bauvorhaben: im Geltungsbereich eines Bebauungsplanes (§30), innerhalb im Zusammenhang bebauter Ortsteile (§34), im Außenbereich (§35) Umlegung, Grenzregelung, Enteignung, Entschädigung, Wertermittlung von Grundstücken, Entwicklung neuer Siedlungen, …
	Baunutzungsverordnung (BauNVO) vom 23.01.1990, zuletzt geändert 11.06.2013	Art und Maß baulicher Nutzung von Grundstücken, Baugebiete, Bauweise, Grundflächenzahl, Geschossflächenzahl, Baumassenzahl, Darstellung nach Planzeichenverordnung, …
	Planzeichenverordnung (PlanZV) vom 18.12.1990, zuletzt geändert 22.07.2011	Planunterlagen, Planzeichen für Bauleitpläne wie z. B. Art und Maß der baulichen Nutzung, Bauweisen, Baulinien, Baugrenzen, Verkehrsflächen, usw., …
	Raumordnungsgesetz (ROG) vom 22.12.2008, zuletzt geändert 31.08.2015	Raumordnungspläne, Regionalpläne, Flächennutzungspläne, Beteiligte bei der Aufstellung von Raumordnungsplänen, Raumordnungsverfahren, Bekanntmachungen, Zuständigkeiten, …
	Immobilienwertermittlungsverordnung (ImmoWertV) vom 19.05.2010	Grundsätze für die Ermittlung des Verkehrswertes von Grundstücken, Bodenrichtwerte, Vergleichswertverfahren, Sachwertverfahren, …

genen Verordnungen, stellt die Voraussetzungen fest, wie ein Vorhaben ausgeführt werden kann, nachdem die planungsrechtliche grundsätzliche Bebaubarkeit des Grundstückes geklärt ist. Es dient hauptsächlich in der Verhinderung oder Reduzierung von Gefahren und Risiken, die bei oder durch die Nutzung von Gebäuden entstehen können z. B. Brandschutz und die Regelung auch anderer Bedingungen für Konflikte die aus der Gebäudenutzung entstehen wie z. B. Stellplatz-Regelungen, Lärmschutz, Einhaltung genehmigter Nutzungsarten und Nutzungsintensität, usw.

Das Bauplanungsrecht geht dem Bauordnungsrecht grundsätzlich vor.

Beispiel: Genehmigung von Vorhaben

Die Baugenehmigung (Baubewilligung) enthält eine Feststellung der unteren Bauaufsichtsbehörde, dass das Vorgaben keine öffentlich-rechtliche Vorschriften entgegenstehen und ist nach Erteilung drei Jahre gültig. Die Geltungsdauer erlischt, wenn innerhalb von drei Jahren nicht mit der Bauausführung des Vorhabens begonnen wurde oder die Ausführung mehr als ein Jahr unterbrochen worden ist. Um die behördlichen Aufgaben zu reduzieren würde das sogenannte „vereinfachte Genehmigungsverfahren" zur Regel. Welche Vorhaben genehmigungsfrei sind, regeln die einzelnen Landesbauordnungen der Länder. Nach

Tafel 3.2 Gesetze und Rechtsvorschriften im Bauordnungsrecht

Gesetz oder Rechtsvorschrift	Wesentliche Instrumente und Inhalte
Landesbauordnung NRW vom 01.03.2000	Abstandsflächen, Grundstücke, Gestaltung, Bauarten, Baulasten, Baubeteiligte
Verwaltungsvorschrift zur Landesbauordnung NRW VV BauO NRW vom 12.10.2010	Detailvorschriften zu einzelnen Paragrafen der Landesbauordnung NRW

Tafel 3.3 Genehmigungsverfahren nach der BauO NRW vom 01.03.2000 [7, S. 351]

Genehmigungsbedürftige Vorhaben § 63	Genehmigungsfreie Verfahren § 65–67	Vereinfachtes Genehmigungsverfahren § 68
Sind alle, soweit in § 65–67, § 79, § 80 nicht anderes bestimmt ist. Hierzu gehören die „besonderen" Sonderbauten gemäß § 68: – Hochhäuser – Bauten mit mehr als 30 m Höhe – Bauten mit mehr als 1600 m² Grundfläche – Verkaufsstätten > 700 m² Fläche – Messe und Ausstellungsbauten – Bürogebäude > 300 m² Fläche – Versammlungsstätten > 200 Personen – Kindergärten, Tagesstätten f. Behinderte – Gaststätten > 40 Gastplätze – Hotels > 30 Betten – Schulen, Hochschulen – ...	Sind: § 65 Vorhaben: gemäß Katalogen in Absätzen (1) bis (3) § 66 Anlagen: gemäß Auflistung der hier gemeinten haustechnischen Anlagen § 67 Wohngebäude, Stellplätze, Garagen: – die dem Bebauungsplan entsprechen – wenn die Erschließung gesichert ist – wenn Gemeinde kein Genehmigungsverfahren durchführen will	Wird durchgeführt – wenn das Vorhaben nicht genehmigungsbedürftig ist – soweit die Baumaßnahme nicht genehmigungsfrei nach §§ 65–67 ist – wenn der Bauherr beantragt Die Bauaufsichtsbehörde prüft nur die Vereinbarkeit des Vorhabens – mit §§ 29–38 Baugesetzbuch – mit §§ 4, 6, 7, 8, 9(2), 12, 13, 51, bei Sonderbauten auch mit § 17

Erteilung der Baugenehmigung können noch weitere Verfahren wie z. B. Prüfungen zum Emissionsschutz nötig sein, um ein Vorhaben endgültig zu genehmigen.

Ein Bauantrag führt grundsätzlich nur dann zu einem Anspruch auf Erteilung einer Baugenehmigung, wenn das Vorhaben den Vorgaben des Bauordnungsrechts und des Bauplanungsrechts entspricht.

3.2 Vergaberecht

Das Vergaberecht ist in der Bundesrepublik Deutschland nicht einheitlich in einem Gesetz oder einer Richtlinie geregelt, sondern setzt sich aus verschiedenen Regelungen an verschiedenen Stellen zusammen. Die europäischen Vergaberichtlinien gibt den Rahmen für ein einheitliches Vergaberecht in Europa vor. Diese Richtlinie steckt die zwingenden Grenzen des Vergaberechts ab, lässt aber Spielraum für die einzelnen nationalen Regelungen und Richtlinien zu. Dieser Teil der nationalen Richtlinien wird in Deutschland im Vierten Teil, in den §§ 97 ff., des Gesetzes gegen Wettbewerbsbeschränkungen (GWB) der Vergabeverordnung (VgV), der Sektorenverordnung (SektVO) der Konzessionsvergabeverordnung (KonzVgV) und der Vergabeverordnung für die Bereiche Verteidigung und Sicherheit (VSVgV) der Vergabe- und Vertragsordnung für Bauleistungen Teil A (VOB/A), der Vergabe- und Vertragsordnung für Leistungen (VOL/A).

3.2.1 Vergabeverordnung/Schwellenwerte

Die Vergabeverordnung (VgV) ist eine Rechtsverordnung, die das Verfahren bei der Vergabe von öffentlichen Aufträgen regelt. Die Vergabeverordnung enthält „nähere Bestimmungen über das einzuhaltende Verfahren bei der dem Teil 4 des

Abb. 3.2 Übersicht Vergaberecht

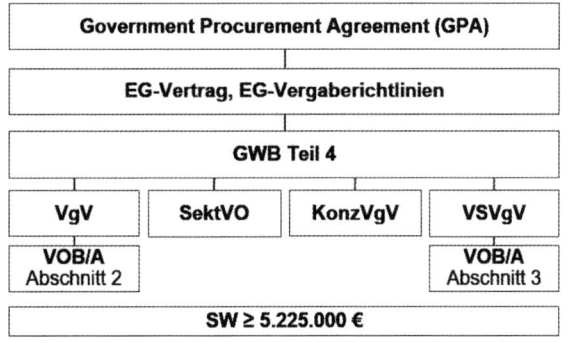

Tafel 3.4 Schwellenwerte nach (EU) Nr. 2015/2342 vom 16. Dezember 2015 mit Wirkung zum 1. Januar 2016

135.000 €	Liefer- und Dienstleistungaufträge, die von oberen oder obersten Bundesbehörden ausgeschrieben werden
209.000 €	Liefer- und Dienstleistungaufträge, die nicht im Bereich Verteidigung und Sicherheit, nicht im Sektorenbereich und nicht von oberen oder obersten Bundesbehörden ausgeschrieben werden
418.000 €	für Liefer- und Dienstleistungaufträge im Bereich Verteidigung und Sicherheit und im Sektorenbereich
5.225.000 €	für Bauleistungen

Gesetzes gegen Wettbewerbsbeschränkungen unterliegenden Vergabe von öffentlichen Aufträgen und bei der Ausrichtung von Wettbewerben durch den öffentlichen Auftraggeber"[1].

Der Schwellenwert ist ein geschätzter Auftragswert ohne Mehrwertsteuer der in den europäischen Richtlinien 2004/17/EG, 2004/18/EG und 2009/81/EG geregelt ist und alle zwei Jahre an die Kursentwicklung angepasst wird. Die Vergabestelle orientiert sich bei der Ermittlung des Schwellenwertes an die aktuelle Marktlage und darf diesen nicht zu niedrig einschätzen um evtl. ein europaweites Vergabeverfahren zu entziehen.

3.2.2 VOB/A

Die Vergabe- und Vertragsordnung für Bauleistungen Teil A (VOB/A) regelt die gesamte Vergabe von Bauleistungen von der Prüfung bis zum Abschluss des Vertrages. Die VOB/A ist in insgesamt drei Abschnitte aufgeteilt. Abschn. 1 regelt nationale Bauvergaben, Abschn. 2 sind für europaweite Vergaben öffentlicher Auftraggeber zuständig und Abschn. 3 gilt für die Vergabe von verteidigungs- oder sicherheitsspezifischen öffentlichen Bauaufträgen.

3.2.3 Vergabearten

Im nationalen als auch im EU-Vergaberecht gelten nach den allgemeinen Bestimmungen gemäß der Vergabe- und Vertragsordnung für Bauleistungen VOB/A unterschiedliche Vergabearten bei der Vergabe öffentlicher Auftrage.

3.2.4 Vergabe und Vertragsunterlagen

Die Leistungsbeschreibung (LB) bildet das Kernstück der Vergabe- und Vertragsunterlagen. Dabei wird zwischen einer Leistungsbeschreibung mit Leistungsverzeichnis und einer Leistungsbeschreibung mit Leistungsprogramm unterschie-

Tafel 3.5 Übersicht VOB/A, Abschn. 1 (Stand 01.07.2016)

§ 1	Bauleistungen
§ 2	Grundsätze
§ 3	Arten der Vergabe
§ 3a	Zulässigkeitsvoraussetzungen
§ 3b	Ablauf der Verfahren
§ 4	Vertragsarten
§ 4a	Rahmenvereinbarungen
§ 5	Vergabe nach Losen, Einheitliche Vergabe
§ 6	Teilnehmer am Wettbewerb
§ 6a	Eignungsnachweise
§ 6b	Mittel der Nachweisführung, Verfahren
§ 7	Leistungsbeschreibung
§ 8	Vergabeunterlagen
§ 8a	Allgemeine, Besondere und Zusätzliche Vertragsbedingungen
§ 8b	Kosten- und Vertrauensregelung, Schiedsverfahren
§ 9	Einzelne Vertragsbedingungen, Ausführungsfristen
§ 9a	Vertragsstrafen, Beschleunigungsvergütung
§ 9b	Verjährung der Mängelansprüche
§ 9c	Sicherheitsleistung
§ 9d	Änderung der Vergütung
§ 10	Fristen
§ 11	Grundsätze der Informationsübermittlung
§ 11a	Anforderungen an elektronische Mittel
§ 12	Bekanntmachung
§ 12a	Versand der Vergabeunterlagen
§ 13	Form und Inhalt der Angebote
§ 14	Öffnung der Angebote, Öffnungstermin bei ausschließlicher Zulassung elektronischer Angebote
§ 14a	Öffnung der Angebote, Eröffnungstermin bei Zulassung schriftlicher Angebote
§ 15	Aufklärung des Angebotsinhalts
§ 16	Ausschluss von Angeboten
§ 16a	Nachforderung von Unterlagen
§ 16b	Eignung
§ 16c	Prüfung
§ 16d	Wertung
§ 17	Aufhebung der Ausschreibung
§ 18	Zuschlag
§ 19	Nicht berücksichtigte Bewerbungen und Angebote
§ 20	Dokumentation
§ 21	Nachprüfungsstellen
§ 22	Änderungen während der Vertragslaufzeit
§ 23	Baukonzessionen
Anhang TS	Technische Spezifikationen

---

[1] § 1 VgV.

VOB/A Abschnitt 1	**Öffentliche Ausschreibung** Bauleistungen werden im vorgeschriebenen Verfahren nach öffentlicher Aufforderung einer unbeschränkten Zahl von Unternehmen zur Einreichung von Angeboten vergeben.
	Beschränkte Ausschreibung Bauleistungen werden im vorgeschriebenen Verfahren nach Aufforderung einer beschränkten Zahl von Unternehmen zur Einreichung von Angeboten vergeben.
	Freihändige Vergabe Bauleistungen werden ohne ein förmliches Verfahren vergeben.
	EU-Schwellenwert 5.225.000 Euro
VOB/A Abschnitt 2	**Offenes Verfahren** Der öffentliche Auftraggeber fordert eine unbeschränkte Anzahl von Unternehmen öffentlich zur Abgabe von Angeboten auf.
	Nichtoffenes Verfahren Der öffentliche Auftraggeber wählt nach vorheriger öffentlicher Aufforderung eine beschränkte Anzahl von Unternehmen nach objektiven, transparenten und nichtdiskriminierenden Kriterien zur Abgabe von Angeboten auf.
	Verhandlungsverfahren Der öffentliche Auftraggeber wendet sich mit oder ohne Teilnahmewettbewerb an ausgewählte Unternehmen, um diesen Unternehmen über die Angebote zu verhandeln.
	Wettbewerblicher Dialog Verfahren zur Vergabe öffentlicher Aufträge mit dem Ziel der Ermittlung und Festlegung der Mittel, mit denen die Bedürfnisse des öffentlichen Auftraggebers am besten erfüllt werden können

Abb. 3.3 Vergabearten nach § 3 VOB/A

den. Der Auftraggeber spezialisiert darin die zu vergebene Leistung auf deren Grundlage die späteren Bieter ihr Angebot abgeben. Bei der Erstellung der Leistungsbeschreibung sollten folgende Grundsätze eingehalten werden:

1. die Leistung ist eindeutig und erschöpfend zu beschreiben
2. sämtliche Gegebenheiten die eine einwandfreie Preisermittlung ermöglichen sind in den Verdingungsunterlagen anzugeben
3. dem Auftragnehmer darf kein ungewöhnliches Wagnis für Umstände und Ereignisse aufgebürdet werden

Die Leistungsbeschreibung wird nach Zuschlagserteilung zu einem wesentlichen Vertragsbestandteil. Daher sollten Bieter bei Unklarheiten in der Leistungsbeschreibung diese vor Abgabe des Angebotes klären.

Die Leistungsbeschreibung mit Leistungsverzeichnis ist die am häufigsten vorkommende Art der Leistungsbeschreibung. Darin wird die geforderte Leistung in der sog. Position nach Art, Qualität, Mengen und Dimension beschrieben. Hierbei werden die Positionen wie in Tafel 3.6 dargestellt unterschieden.

Das Standardleistungsbuch für das Bauwesen (StLB) dient der Beschreibung von Bauleistungen und dem Informationsaustausch der am Bau beteiligten Partner und beinhaltet verschiedene Textsammlungen für Ausschreibungstexte die nach verschiedenen Leistungsbereichen unterteilt sind.

Tafel 3.6 Positionsarten

Positionsart	Beschreibung
Ausführungsposition (Normalposition)	Die Ausführungsposition beschreibt die Leistungen, die in jedem Fall ausgeführt wird, solange nicht auf eine andere Positionsart verwiesen wird
Grundposition	Die Grundposition beschreibt die Leistung, die sehr wahrscheinlich zur Ausführung kommt aber zu der noch mehrere Alternativpositionen vorhanden sind
Alternativposition (Wahlposition)	Die Alternativposition wird „an Stelle von" ausgeschrieben und bewirkt, dass sie an Stelle einer anderen Position zur Ausführung kommt
Zulageposition	Zulageposition, die in der Regel Erschwernisse oder ergänzende Ausführungsbedingungen als Zulage auf eine vorhandene Normalposition repräsentiert
Leitposition	Die Leitposition beschreibt Leistungen die in nachfolgenden Positionen näher beschrieben werden

Tafel 3.7 Inhalte einer Positionsbeschreibung [7, S. 878]

Beschreibung	Beispiel
Art der fertiggestellten Leistung (Leistung ggf. mit der erforderlichen Tätigkeit	– Ortbeton der Wand u. ggf. erforderliche. Tätigkeiten – Betonstahl schneiden, biegen, … – …
Ort der Leistung (Geschoss, Achse, Raum, …)	– Erdgeschoss, Obergeschoss, … – Achse 1, Achse 2, … – …
Qualität der Leistung (Material, Eigenschaften, Abmessungen, …)	– Stahlbeton C20/25, C30/37, … – Leichtbeton, Normalbeton, … – Länge 2,00 m, Dicke 40 cm, …
Menge der Leistung (Längen,- Flächen,- Raum oder Gewichtseinheiten)	– m – m^2 – m^3
Verwendungszweck	– für Löschwasseranlagen, …
Zeitpunkt/Dauer	–
Vertragsrechtliche und Abrechnungs-Technische Hinweise	– Überschüssiges Material geht in das Eigentum des AN über
Ausführungs-Technische Anforderungen und Hinweise	– Bodeneinbau lagenweise, Dicke der Lagen 30 cm, …

Tafel 3.8 Standardleistungsbuch (STLB Bau. Dynamische Baudaten Online [40]; Stand 02/2016)

LB	Gewerke nach STLB-Bau	LB	Gewerke nach STLB-Bau	LB	Gewerke nach STLB-Bau
000	Sicherheitseinrichtungen, Baustelleneinrichtungen	027	Tischlerarbeiten	054	Niederspannungsanlagen – Verteilersysteme und Einbaugeräte
001	Gerüstarbeiten	028	Parkett-, Holzpflasterarbeiten	055	Sicherheits- und Ersatzstromversorgungsanlagen
002	Erdarbeiten	029	Beschlagarbeiten	057	Gebäudesystemtechnik
003	Landschaftsbauarbeiten	030	Rollladenarbeiten	058	Leuchten und Lampen
004	Landschaftsbauarbeiten – Pflanzen	031	Metallbauarbeiten	059	Sicherheitsbeleuchtungsanlagen
005	Brunnenbauarbeiten und Aufschlussbohrungen	032	Verglasungsarbeiten	060	Elektroakustische Anlagen, Sprechanlagen, Personenrufanlagen
006	Spezialtiefbauarbeiten	033	Baureinigungsarbeiten	061	Kommunikationsnetze
007	Untertagebauarbeiten	034	Maler- und Lackierarbeiten – Beschichtungen	062	Kommunikationsanlagen
008	Wasserhaltungsarbeiten	035	Korrosionsschutzarbeiten an Stahlbauten	063	Gefahrenmeldeanlagen
009	Entwässerungskanalarbeiten	036	Bodenbelagarbeiten	064	Zutrittskontroll-, Zeiterfassungssysteme
010	Drän- und Versickerarbeiten	037	Tapezierarbeiten	069	Aufzüge
011	Abscheider- und Kleinkläranlagen	038	Vorgehängte hinterlüftete Fassaden	070	Gebäudeautomation
012	Mauerarbeiten	039	Trockenbauarbeiten	075	Raumlufttechnische Anlagen
013	Betonarbeiten	040	Wärmeversorgungsanlagen – Betriebseinrichtungen	078	Kälteanlagen für raumlufttechnische Anlagen
014	Natur-, Betonwersteinarbeiten	041	Wärmeversorgungsanlagen – Leitungen, Armaturen, Heizflächen	080	Straßen, Wege, Plätze
016	Zimmer- und Holzbauarbeiten	042	Gas- und Wasseranlagen – Leitungen, Armaturen	081	Betonerhaltungsarbeiten
017	Stahlbauarbeiten	043	Druckrohrleitungen für Gas, Wasser und Abwasser	082	Bekämpfender Holzschutz
018	Abdichtungsarbeiten	044	Abwasseranlagen – Leitungen, Abläufe, Armaturen	084	Abbruch-, Rückbau- und Schadstoffsanierungsarbeiten
019	Kampfmittelräumarbeiten	045	Gas-, Wasser- und Entwässerungsanlagen – Ausstattung, Elemente, Fertigbäder	085	Rohrvortriebsarbeiten
020	Dachdeckungsarbeiten	046	Gas-, Wasser- und Entwässerungsanlagen – Betriebseinrichtungen	087	Abfallentsorgung, Verwertung und Beseitigung
021	Dachabdichtungsarbeiten	047	Dämm- und Brandschutzarbeiten an technischen Anlagen	090	Baulogistik

Tafel 3.8 (Fortsetzung)

022	Klempnerarbeiten	049	Feuerlöschanlagen, Feuerlöschgeräte	091	Stundenlohnarbeiten
023	Putz- und Stuckarbeiten, Wärmedämmsysteme	050	Blitzschutz-/Erdungsanlagen, Überspannungsschutz	096	Bauarbeiten an Bahnübergängen
024	Fliesen- und Plattenarbeiten	051	Kabelleitungstiefbauarbeiten	097	Bauarbeiten an Gleisen und Weichen
025	Estricharbeiten	052	Mittelspannungsanlagen	098	Witterungsschutzmaßnahmen
026	Fenster, Außentüren	053	Niederspannungsanlagen – Kabel/Leitungen, Verlegesysteme, Installationsgeräte		

Tafel 3.9 Fristen nach VOB/A

	Offenes Verfahren	Nichtoffenes Verfahren	Verhandlungsverfahren mit Teilnahmewettbewerb	Verhandlungsverfahren ohne Teilnahmewettbewerb	Wettbewerblicher Dialog
Teilnahmefrist		30	30		30
bei Dringlichkeit		15	15		
Angebotsfrist	35	30	30	30	
bei elektronischer Abgabe	30	25	25	25	
bei Dringlichkeit	15	10	10	10	
bei Vorabinformationen	15	10	10	10	
Wartefrist vor Zuschlag	15	15	15	15	15
bei elektronischer Abgabe	10	10	10	10	10
Bindefrist (VOB/A-EU)	60	60	60	60	60

3.2.5 Fristen

Bei Vergabeverfahren über dem Schwellenwert sind bestimmte (Mindest-)Fristen einzuhalten. Dabei gelten immer Kalendertage.

3.3 Vertragsrecht

Das Vertragsrecht (private Baurecht) regelt die rechtlichen Beziehungen zwischen den am Bau Beteiligten Parteien zur Planung und Durchführung eines Bauwerkes. Dabei unterscheidet man zwischen denjenigen die eine Leistung in Auftrag geben (Auftraggeber) und denen der die Bauleistung zu erbringen hat (Auftragnehmer). Die gesetzlichen Regelungen geben, im Gegensatz zu öffentlichen Baurecht, den Rahmen vor, vertragliche Abweichungen zu treffen. Dabei können die Vertragsparteien einen Werkvertrag nach § 631 ff. BGB oder einen Dienstvertrag nach § 611 ff. BGB abschließen. Der Werkvertrag als Bau- und Architektenvertrag ist dabei einer der wichtigsten Werkverträge im privaten Baurecht.

3.3.1 VOB/B

Wird ein Vertrag geschlossen so gilt uneingeschränkt das BGB außer bei dessen Ausgestaltung wird die Vergabe- und Vertragsordnung für Bauleistungen VOB zugrunde gelegt, was in der Baupraxis den Regelfall darstellt. Dabei handelt es sich bei der VOB im Sinne des BGB um Allgemeine Geschäftsbedingungen und unterliegt nach § 307 ff. BGB einer Inhaltskontrolle, wenn sie nicht als Ganzes vereinbart wurde. Werden einzelne Regelungen aus der VOB ausgeschlossen, so gelten die entsprechenden Regelungen des BGB.

Tafel 3.10 Übersicht VOB/B

VOB/B (Stand 01.07.2016)

§ 1	Art und Umfang der Leistung	§ 10	Haftung der Vertragsparteien
§ 2	Vergütung	§ 11	Vertragsstrafe
§ 3	Ausführungsunterlagen	§ 12	Abnahme
§ 4	Ausführung	§ 13	Mängelansprüche
§ 5	Ausführungsfristen	§ 14	Abrechnung
§ 6	Behinderung und Unterbrechung der Ausführung	§ 15	Stundenlohnarbeiten
§ 7	Verteilung der Gefahr	§ 16	Zahlung
§ 8	Kündigung durch den Auftraggeber	§ 17	Sicherheitsleistung
§ 9	Kündigung durch den Auftragnehmer	§ 18	Streitigkeiten

Tafel 3.11 Anspruchsgrundlagen nach § 2 VOB/B

Anspruchsgrund-lagen nach VOB/B	Grund/Voraussetzung	Folgen
§ 2 Abs. 3	Mengenänderung einer Position (Über- oder Unterschreitung) um mehr als 10 %	Bei einer Mengenüberschreitung muss der vereinbarte Einheitspreis für die über 10 % hinausgehende Menge neu vereinbart werden. Bei einer Mengenunterschreitung muss der vereinbarte Einheitspreis für die gesamte Menge geändert werden
§ 2 Abs. 4	Übernahme von Vertragsleistungen durch den Auftraggeber (AG)	Vergütung der Leistungen nach Vereinbarung oder dem Auftragnehmer (AN) steht die vereinbarte Vergütung abzüglich ersparter Aufwendungen nach § 8 Abs. 1 Nr. 2 VOB/B zu
§ 2 Abs. 5	Änderungen des Bauentwurfes oder Anord-nungen durch den AG nach § 1 Abs. 3 VOB/B	Ein neuer Preis ist unter Berücksichtigung der Mehr- oder Minderkosten zu vereinbaren. Die Vereinbarung soll vor Ausführungsbeginn getroffen werden
§ 2 Abs. 6	Zusätzliche Leistung die nicht im Vertrag vorgesehen ist und vom AG nach § 1 Abs. 4 angeordnet wird	Der neue Preis ist auf Grundlage der Preisermittlung zu ermitteln und muss vor Ausführungsbeginn durch den AG angekündigt werden
§ 2 Abs. 7 Nr. 1	Veränderung einer aufgeführten Leistung bei Vereinbarung eines Pauschalpreises	Die Vergütung bleibt unverändert, es sei denn die Leistung weicht er-heblich von der vertraglichen Leistung ab. Auf Verlangen ist dann ein Ausgleich auf Grundlage der Preisermittlung unter Berücksichtigung der Mehr- oder Minderkosten zu gewähren
§ 2 Abs. 7 Nr. 2	Veränderung von Leistungen bei Vereinbarung eines Pauschalvertrags	Die Regelungen von § 2 Abs. 4, 5, 6, 8 und 9 VOB/B gelten auch bei Vereinbarung eines Pauschalvertrags
§ 2 Abs. 8 Nr. 2	Leistungen ohne Auftrag vom AG werden durch den AN durchgeführt	Leistungen ohne Auftrag werden nicht Vergütet und müssen vom AN beseitigt außer die Leistung war für die Erfüllung des Vertrages not-wendig oder es dem mutmaßlichen Willen des AG entsprach und ihm unverzüglich angezeigt wurden. Vergütung erfolgt nach § 2 Abs. 5 oder 6 VOB/B
§ 2 Abs. 9	Verlangen des AG von nicht geschuldeten Unterlagen (Zeichnungen, Berechnungen, …)	Die geforderten Unterlagen sind durch den AG zu vergüten. Bei Nach-prüfen der Unterlagen hat der AG die Kosten zu tragen
§ 2 Abs. 10	Vergütung von Stundenlohnarbeiten	Stundenlohnarbeiten werden nur vergütet, wenn sie ausdrücklich verein-bart worden sind

Tafel 3.12 Anspruchsgrundlagen nach § 6 VOB/B

Anspruchsgrund-lagen nach VOB/B	Grund/Voraussetzung	Folgen
§ 2 Abs. 5, 6 oder 8	Ausführung einer geänderten oder zusätzli-chen Leistung und einer dadurch entstehenden Fristverlängerung und Behinderung	Die Ausführungsfrist wird nach § 6 Abs. 2 Nr. 1 verlängert. Die Vergü-tung ist in Folge der Bauzeitverlängerung anzupassen
§ 6 Abs. 2	Ausführungsfristen werden durch einen Um-stand aus dem Risikobereich des AG, Streik, höhere Gewalt, usw. verlängert	Die Ausführungsfrist verlängert sich nach Anzeige um die Dauer der Behinderung mit einem Zuschlag für die Wiederaufnahme der Arbeiten und die evtl. Verschiebung in eine ungünstige Jahreszeit. Witterungsein-flüsse während der Ausführungszeit, mit denen normalerweise gerechnet werden muss, gelten in diesem Fall nicht als Behinderung
§ 6 Abs. 5	Ausführung wird durch eine längere Dauer unterbrochen	Bereits Ausgeführte Leistungen sind bei einer längeren Dauer bereits ab-zurechnen. Nichtausgeführte Teile der Leistung müssen vergütet werden
§ 6 Abs. 6	Vorliegen einer Behinderung durch verschul-den eines Vertragsteils	Bei Vorsatz und grober Fahrlässigkeit besteht Anspruch auf Ersatz des nachgewiesenen Schadens. Der Anspruch des AN auf angemessene Entschädigung nach § 642 BGB bleibt unberührt sofern § 6 Abs. 1 und 2 gegeben ist

Beispiel

Die Gewährleistung für Bauwerke beträgt nach BGB 5 Jahre jedoch bei vereinbarter VOB nur 4 Jahre. Danach ist es zulässig und gegenüber den Verbrauchern sogar verlangt im Rahmen eines VOB-Vertrages die VOB-Gewährleistung durch die längere BGB-Gewährleistung zu ersetzen.

3.3.2 Anspruchsgrundlagen nach VOB/B

Bei Abweichungen vom vertraglich vereinbarten Bausoll be-stimmt die VOB/B was eine Vertragspartei von der Anderen und unter welchen Voraussetzungen verlangen kann. Die Folgen die aus den Abweichungen entstehen werden im § 2 Abs. 3 bis 10 und § 6 Abs. 2 bis 6 begründet.

3.3.3 Fristen nach VOB/B und BGB

Die VOB/B enthält ausdrückliche Regeln zu Ausführung (-fristen), Behinderungen, Abnahme, Mängelansprüche, Ab-rechnung, Stundenlohnarbeiten, Zahlung, Sicherheitsleistung und Streitigkeiten. Die nachfolgende Tabelle gibt einen Überblick über sämtlichen Fristen gemäß VOB/B und BGB.

Tafel 3.13 Fristen nach VOB/B und BGB [7, S. 840]

Anspruchsgrundlage nach VOB/B	Grund/Voraussetzung	Frist
§ 4 Abs. 3	Bedenken gegen: – die Art der Ausführung – der Sicherung gegen Unfallgefahr – die Güte der vom AG gelieferten Stoffe oder Bauteile – die Leistung anderer Unternehmer	Unverzüglich
§ 5 Abs. 2	Ohne Fristvereinbarung: Beginn der Ausführung nach Aufforderung durch den AG (Beginn ist AG anzuzeigen)	12 Werktage
§ 5 Abs. 3	Abhilfe schaffen, Arbeitskräfte, Geräte usw. in ausreichendem Umfang zu stellen, auf Verlangen des AG	Unverzüglich
§ 6 Abs. 1	Behinderung der ordnungsgemäß auszuführenden Leistungen ist AG anzuzeigen	Unverzüglich
§ 6 Abs. 3	Nach Wegfall der Behinderung: Aufnahme der Arbeiten (ist AG anzuzeigen)	Unverzüglich
§ 6 Abs. 7	Längerfristige Dauer einer Unterbrechung, nach der Recht zur Kündigung besteht	3 Monate
§ 8 Abs. 3 Nr. 4	Aufstellung von Mehrkosten und anderen Ansprüchen nach Abrechnung mir Dritten (bei Kündigung durch AG)	12 Werktage
§ 8 Abs. 4	Kündigung durch AG wegen Preisabsprache	12 Werktage
§ 8 Abs. 7	Vorlage einer prüfbaren Rechnung über die ausgeführten Leistungen nach Kündigung durch AG	Unverzüglich
§ 12 Abs. 1	Abnahme auf Verlangen des AG, falls formelle Abnahme nicht vereinbart	12 Werktage
§ 12 Abs. 5 Nr. 1	Ohne Ablageverlangen: Eintritt der Abnahme nach Mitteilung über die Fertigstellung	12 Werktage
§ 12 Abs. 5 Nr. 2	Ohne Abnahmeverlangen: Eintritt der Abnahme durch Benutzung der Bauleistung	6 Werktage
§ 13 Abs. 4	Verjährungsfrist der Gewährleistung – für Bauwerke – bei Arbeiten an einem Grundstück – bei maschinellen und elektrotechnischen/elektronischen Anlagen, bei denen die Wartung Einfluss auf die Sicherheit und Funktionsfähigkeit hat, wenn dem AN die Wartung für die Dauer der Verjährungsfrist nicht übertragen worden ist – für die vom Feuer berührten Teile von Feuerungsanlagen – für feuerberührte und abgasdämmende Teile von industriellen Feuerungsanlagen	4 Jahre 2 Jahre 1 Jahr
§ 13 Abs. 7 Nr. 4	Verjährungsfrist für vom AN verschuldete Mängel, die die Gebrauchsfähigkeit erheblich beeinträchtigen und vom AG versicherbar sind	5 Jahre
§ 14 Abs. 3	Einreichen der Schlussrechnung – bei Ausführungsfrist bis zu 3 Monaten – Verlängerung der Abgabefrist (für je 3 Monate Ausführungsfrist)	12 Werktage 6 Werktage
§ 15 Abs. 3	Rückgabe der vom AG bescheinigten Stundenlohnzettel	6 Werktage
§ 15 Abs. 4	Einreichung der Stundenlohnrechnungen nach Abschluss der Stundenlohnarbeiten	4 Wochen
§ 16 Abs. 1 Nr. 3	Ansprüche auf Abschlagszahlung nach Zugang der Aufstellung	21 Tage
§ 16 Abs. 3 Nr. 1	Anspruch auf Schlusszahlung (nach Prüfung und Feststellung) nach Zugang der Schlussrechnung	30 Tage spätestens 60 Tage
§ 16 Abs. 3 Nr. 5	Erklärung eines Vorbehaltes nach Zugang gegen die Schlusszahlung	28 Tage
§ 16 Abs. 3 Nr. 5	Einreichung einer prüfbaren Rechnung über die vorbehaltenen Forderungen oder Begründung des vorgenannten Vorbehaltes	28 Tage
§ 17 Abs. 6 Nr. 1	Nach Mitteilung: Einzahlung von einbehaltenen Sicherheitsleistungen auf Sperrkonto bei vereinbartem Geldinstitut (nur für Abschlagszahlungen)	18 Werktage
§ 17 Abs. 7	Nach Vertragsabschluss: Erbringen der Sicherheitsleistung	18 Werktage
§ 18 Abs. 2	Bei Meinungsverschiedenheiten bei öffentlichen Aufträgen schriftliche Entscheidung der Klärung durch vorgesetzte Behörden	2 Monate
§ 18 Abs. 2	Einspruchsfrist, nach Eingang des Bescheides, gegen Entscheidung der vorgesetzten Behörde	3 Monate

Tafel 3.13 (Fortsetzung)

Anspruchsgrundlage nach BGB	Grund/Voraussetzung	Frist
§ 634a Abs. 1 Nr. 1	Herstellung, Wartung oder Veränderung einer Sache oder in der Erbringung von Planungs- oder Überwachungsleistungen	2 Jahre
§ 634a Abs. 1 Nr. 2	Verjährungsfrist der Gewährleistung für Bauwerke	5 Jahre
§ 634a Abs. 1 Nr. 3	Sonstige Werksleistungen	3 Jahre

3.3.4 VOB/C

Die Allgemein Technischen Vertragsbedingungen für Bauleistungen (ATV) sind als Teil C Bestandteil der VOB. Bei den ATV handelt es sich um eine Vielzahl von DIN-Normen, die als allgemein anerkannte Regeln der Technik gelten. Die ATV DIN 18299 „Allgemeine Regelungen für Bauarbeiten jeder Art" bildet die Grundlage der AT. In den ATV DIN 18300 ff. werden weitestgehend alle Leistungen geregelt, die für die Erstellung eines Bauwerkes erforderlich sind. Zusätzliche Technische Vertragsbedingungen die in den Vertrag aufgenommen werden können die ATV ergänzen.

Die gesamten ATV sind grundsätzlich in die in Tafel 3.15 aufgeführten Abschnitte gegliedert.

Tafel 3.14 Übersicht VOB/C

DIN-Norm	Bezeichnung	DIN-Norm	Bezeichnung
ATV DIN 18299	„Allgemeine Regeln für Bauarbeiten jeder Art"	ATV DIN 18335	„Stahlbauarbeiten"
ATV DIN 18300	„Erdarbeiten"	ATV DIN 18336	„Abdichtungsarbeiten"
ATV DIN 18301	„Bohrarbeiten"	ATV DIN 18338	„Dachdeckungs- und Dachabdichtungsarbeiten"
ATV DIN 18302	„Arbeiten zum Ausbau von Bohrungen"	ATV DIN 18339	„Klempnerarbeiten"
ATV DIN 18303	„Verbauarbeiten"	ATV DIN 18340	„Trockenbauarbeiten"
ATV DIN 18304	„Ramm-, Rüttel- und Pressarbeiten"	ATV DIN 18345	„Wärmedämm-Verbundsysteme"
ATV DIN 18305	„Wasserhaltungsarbeiten"	ATV DIN 18349	„Betonerhaltungsarbeiten"
ATV DIN 18306	„Entwässerungskanalarbeiten"	ATV DIN 18350	„Putz- und Stuckarbeiten"
ATV DIN 18307	„Druckrohrleitungsarbeiten außerhalb von Gebäuden"	ATV DIN 18351	„Vorgehängte hinterlüftete Fassaden"
ATV DIN 18308	„Drän- und Versickerarbeiten"	ATV DIN 18352	„Fliesen- und Plattenarbeiten"
ATV DIN 18309	„Einpressarbeiten"	ATV DIN 18353	„Estricharbeiten"
ATV DIN 18311	„Nassbaggerarbeiten"	ATV DIN 18354	„Gussasphaltarbeiten"
ATV DIN 18312	„Untertagebauarbeiten"	ATV DIN 18355	„Tischlerarbeiten"
ATV DIN 18313	„Schlitzwandarbeiten mit stützenden Flüssigkeiten"	ATV DIN 18356	„Parkettarbeiten"
ATV DIN 18314	„Spritzbetonarbeiten"	ATV DIN 18357	„Beschlagarbeiten"
ATV DIN 18315	„Verkehrswegebauarbeiten – Oberbauschichten ohne Bindemittel"	ATV DIN 18358	„Rollladenarbeiten"
ATV DIN 18316	„Verkehrswegebauarbeiten – Oberbauschichten mit hydraulischen Bindemitteln	ATV DIN 18360	„Metallbauarbeiten"
ATV DIN 18317	„Verkehrswegebauarbeiten – Oberbauschichten aus Asphalt"	ATV DIN 18361	„Verglasungsarbeiten"
ATV DIN 18318	„Verkehrswegebauarbeiten – Pflasterdecken und Plattenbeläge in ungebundener Ausführung, Einfassungen"	ATV DIN 18363	„Maler- und Lackierarbeiten – Beschichtungen"
ATV DIN 18319	„Rohrvortriebsarbeiten"	ATV DIN 18364	„Korrosionsschutzarbeiten an Stahlbauten"
ATV DIN 18320	„Landschaftsbauarbeiten"	ATV DIN 18365	„Bodenbelagarbeiten"
ATV DIN 18321	„Düsenstrahlarbeiten"	ATV DIN 18366	„Tapezierarbeiten"
ATV DIN 18322	„Kabelleitungstiefbauarbeiten"	ATV DIN 18367	„Holzpflasterarbeiten"
ATV DIN 18323	„Kampfmittelräumarbeiten"	ATV DIN 18379	„Raumlufttechnische Anlagen"
ATV DIN 18324	„Horizontalspülbohrarbeiten"	ATV DIN 18380	„Heizanlagen und zentrale Wassererwärmungsanlagen"
ATV DIN 18325	„Gleisbauarbeiten"	ATV DIN 18381	„Gas-, Wasser- und Entwässerungsanlagen innerhalb von

Tafel 3.14 (Fortsetzung)

ATV DIN 18326	„Renovierungsarbeiten an Entwässerungskanälen"	ATV DIN 18382	„Nieder- und Mittelspannungsanlagen bis 36 kV"
ATV DIN 18329	„Verkehrssicherungsarbeiten"	ATV DIN 18384	„Blitzschutzanlagen"
ATV DIN 18330	„Mauerarbeiten"	ATV DIN 18385	„Förderanlagen, Aufzugsanlagen, Fahrtreppen und Fahrsteige"
ATV DIN 18331	„Betonarbeiten"	ATV DIN 18386	„Gebäudeautomation"
ATV DIN 18332	„Natursteinarbeiten"	ATV DIN 18421	„Dämm- und Brandschutzarbeiten an technischen Anlagen"
ATV DIN 18333	„Betonwerksteinarbeiten"	ATV DIN 18451	„Gerüstarbeiten"
ATV DIN 18334	„Zimmer- und Holzbauarbeiten"	ATV DIN 18459	Abbrucharbeiten

Tafel 3.15 Gliederung der VOB/C bzw. der ATV

Abschnitte der ATV	Inhalt/Besonderheiten
0. Hinweise zum Aufstellen der Leistungsbeschreibung	– zur Baustelle, auf der die Leistung ausgeführt werden soll – zur Ausführung der Leistung – zu Abweichungen der Ausführung von der Regelausführung der ATV – zu Abweichungen der Ausschreibung von Leistungen als Nebenleistungen oder Besondere Leistungen – zu den für die Leistungen empfohlenen Abrechnungseinheiten
1. Geltungsbereich	– Beschreibung der Arbeiten, für die die ATV zuständig ist – Die ATV DIN 18299 gilt für alle Leistungen, Abweichende Regelungen aus den anderen ATV haben Vorrang
2. Stoffe, Bauteile	– Angaben zu den Stoffen und Bauteilen und deren DIN-Normen
3. Ausführung	– Wahl des Bauverfahrens und dessen Bauablauf zur Ausführung der Leistung – Umgang mit Baustoffen und Bauteilen – Besonderheiten zur Verarbeitung
4. Nebenleistungen, Besondere Leistung	– Nebenleistungen sind Leistungen, die auch ohne Erwähnung im Vertrag zur Vertraglichen Leistung gehören – Besonderer Leistungen müssen in der Leistungsbeschreibung besonders erwähnt werden, damit sie zur vertraglichen Leistungen gehören. Ist eine Besondere Leistung nicht in der Leistungsbeschreibung erwähnt so gilt § 2 Abs. 5, 6 oder 8
5. Abrechnung	– Regeln für die Durchführung des Aufmaßes

3.4 Kalkulation

Unter dem Begriff der Kalkulation (Baukalkulation) wird die Ermittlung aller Kostenbestandteile für die Erbringung einer Bauleistung (Bauauftrages) verstanden. Dabei kann die Kalkulation zu verschiedenen Zeitpunkten erfolgen, d. h. vor, während oder am Ende der Bauausführung. Dadurch werden die einzelnen Kalkulationsstufen (Kalkulationsarten) in Angebots-, Auftrags- bzw. Vertrags-, Arbeits-, Zwischen- bzw. Nachtrags- und Nachkalkulation unterschieden.

3.4.1 Kalkulationsstufen

Angebotskalkulation

Die Angebotskalkulation (AK) ist eine Vorkalkulation in der Angebotsphase und bildet die Grundlage für die Submission. Darin werden anhand der die Herstellkosten eines Bauwerks und im weiteren Verlauf die Preise ermittelt, welche die Höhe der Angebotssumme für den Auftraggeber darstellen. Die Schwierigkeit bei der Angebotskalkulation liegt darin, dass zum Zeitpunkt der Angebotskalkulation noch keine detaillierten Planunterlagen vorliegen. Daher ist die Ange-

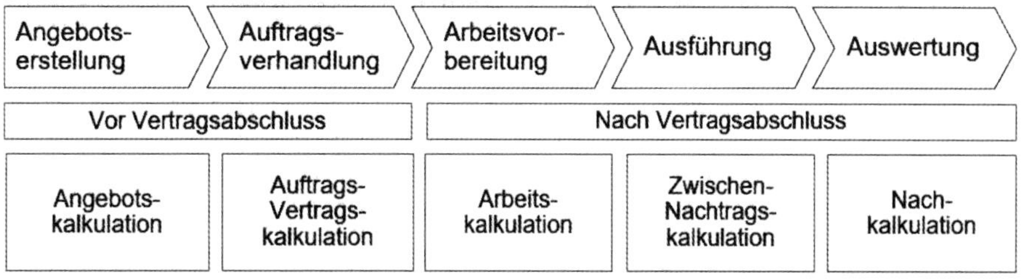

Abb. 3.4 Kalkulationsstufen Vor- und nach Vertragsschluss

botskalkulation die wichtigste aller Kalkulationsarten, weil die ermittelten Preise mit einigen Unsicherheiten behaftet sind, die der Auftragnehmer berücksichtigen sollte.

Vertragskalkulation
Die Angebotskalkulation bleibt unverändert oder wird durch gemeinsam vereinbarte Veränderungen zum Zeitpunkt der Vertragsverhandlung zur Vertragskalkulation (Auftragskalkulation). Damit wird die Vertragskalkulation Vertragsbestandteil und enthält damit alle ermittelten Preise für alle Positionen aus der Leistungsbeschreibung während und nach der Bauausführung.

Arbeitskalkulation
Nach der Auftragserteilung durch den Auftraggeber beginnt für den Auftragnehmer die Ausführung des Bauvorhabens und damit die Arbeitskalkulation als Teil der Arbeitsvorbereitung. Darin werden alle Kosten die für die Erstellung des Bauwerkes nötig sind z. B. durch Ablaufpläne ermittelt. Im Gegensatz zur Angebotskalkulation entstehen in der Regel veränderte Kostenstrukturen z. B. durch veränderte Ausführungsmethoden oder Bauverfahren. Der Gesamtpreis aus der Vertragskalkulation bleibt jedoch unverändert. In der Arbeitskalkulation werden die Ist-Kosten der ausgeführten Leistung und die zukünftige Leistung als kalkulatorische Leistung regelmäßig periodisch aktualisiert.

Nachtragskalkulation
Die Nachtragskalkulation ist erforderlich, sobald es währen der Bauausführung zu geänderten oder zusätzlichen Leistungen kommt die im Bauvertrag nicht vereinbart wurden z. B. bei Mengenmehrung. Die zusätzlichen Leistungen sollen sich dabei an Positionen aus der Arbeitskalkulation oder an diesen Preisen anlehnen.

Nachkalkulation
Die Nachkalkulation weist die Ist-Kosten aus und beginnt mit Fertigstellung des Bauwerkes oder einer einzelnen Leistung. Dadurch wird diese auch als letzte Arbeitskalkulation bezeichnet. Durch einen Soll-Ist-Vergleich wird der wirtschaftliche Erfolg gemessen und die kalkulatorischen Ansätze aus der Angebotskalkulation überprüft. Dadurch können wertvolle Erkenntnisse für Folgeaufträge ermittelt werden.

3.4.2 Gliederung der Kostenermittlung

Die Kosten eines Bauwerkes werden nach ihrer Verursachung und Zurechnung aufgeteilt und in folgende Kostengruppen und Kostenarten gegliedert. Die Angebotssumme entsteht im Anschluss an die Addition aller Kosten.

```
    Einzelkosten der Teilleistungen
        Lohnkosten
        Stoffkosten
        Gerätekosten
        Kosten der NU und Fremdarbeit
        …
  +   Gemeinkosten der Baustelle
  =   Herstellkosten
  +   Allgemeine Geschäftskosten
  =   Selbstkosten
  +   Wagnis und Gewinn
  =   Angebotssumme-Netto
  +   Umsatzsteuer
  =   Angebotssumme-Brutto
```

Abb. 3.5 Kalkulationsschema

3.4.3 Kostengruppen und Kostenarten

Einzelkosten der Teilleistungen
Die Einzelkosten der Teilleistungen (EKT) sind einzelnen Kosten, die einer Position aus dem Leistungsverzeichnis direkt zugeordnet werden können. Sie werden dabei nach Kostenarten aufgeteilt welche die Grundlage für den späteren Vergleich der Soll-Kosten mit den ermittelten Ist-Kosten auf der Baustelle bilden.

Tafel 3.16 Kostenarten nach der Kosten-, Leistungs- und Ergebnisrechnung der Bauunternehmen (KLR) 2016

Kostenarten nach KLR
– Lohn-und Gehaltskosten für Arbeiter und Poliere
– Kosten für Baustoffe und Fertigungsstoffe
– Kosten des Rüst-, Schal-und Verbaumaterials einschl. der Hilfsstoffe
– Kosten der Geräte und der Betriebsstoffe
– Kosten der Geschäfts-, Betriebs-und Baustellenausstattung
– Allgemeine Kosten
– Fremdarbeitskosten und Kosten der Nachunternehmerleistungen

Bei der Angebotskalkulation gilt, dass nur Kostenarten aufgeführt werden die einen wesentlichen Anteil an den Einzelkosten haben. In der Praxis werden häufig nur die vier wesentlichen Kostenarten (Lohn-, Stoff-, Geräte- und Fremdarbeits- bzw. NU-Kosten) benötigt.

Lohnkosten
Lohnkosten umfassen nach dem Bundesrahmentarifvertrag (BRTV) die Löhne der gewerblichen Arbeitnehmer für das Baugewerbe. Neben den tariflichen Löhnen und Entgelten gehören zusätzlich sämtliche Leistungs- und Prämienlöhne, Zuschlage für Überstunden, Sonn-, Feiertags- und Nachtarbeit, Besondere Erschwernisse, übertarifliche Bezahlungen und Arbeitgeberzulagen für z. B. für vermögenswirksame Leistungen.

Tafel 3.17 Ermittlung des Kalkulationsmittellohns

Mittlerer Gesamttarifstundenlohn GTL	Mittellohn A
+ Lohnbedingte Zuschläge	
= Mittellohn A/AP	Mittellohn AP
+ Lohnzusatzkosten	Mittellohn AS
= Mittellohn AS/APS	Mittellohn APS
+ Lohnnebenkosten	Mittellohn ASL
= Kalkulations-Mittellohn ASL/APSL	Mittellohn APSL

Mittellohn A Mittellohn für gewerbliche Arbeitnehmer ohne Polieranteil
Mittellohn AP Mittellohn incl. Polieranteil
Mittellohn AS Mittellohn incl. Sozialkosten ohne Polieranteil
Mittellohn APS Mittellohn incl. Sozialkosten incl. Polieranteil
Mittellohn ASL Mittellohn incl. Sozialkosten und Lohnnebenkosten ohne Polieranteil
Mittellohn APSL Mittellohn incl. Sozialkosten und Lohnnebenkosten inkl. Polieranteil

Tafel 3.18 Lohngruppen nach BRTV und Tariflohnstunden West 2016

Lohn-gruppe	Berufsgruppe	Hinweise	Tariflohn-stunden TL [€]	Bauzuschlag BZ [€]	Gesamttarif-stundenlohn GTL [€]
1	– Werker – Maschinenwerker	Erhalten den Mindestlohn, ungelernte Arbeits-kräfte, Arbeiten nach Anweisung	10,62	0,63	11,25
2	– Fachwerker – Maschinisten – Kraftfahrer	Fachlich begrenzte Arbeit nach Anweisung, Anerkannte Ausbildung, Vorhandensein von Fertigkeiten und Kenntnissen	13,65	0,80	14,45
3	– Facharbeiter – Baugeräteführer – Berufskraftfahrer	Facharbeiten des jeweiligen Berufsbildes, nach 3-jähriger Facharbeiterausbildung: LG 3	16,51	0,97	17,48
4	– Spezialfacharbeiter – Baumaschinenführer	Selbstständiges Ausführen der Facharbeiten, Prüfung als Baumaschinenführer	18,03	1,06	19,09
5	– Vorarbeiter – Baumaschinen-Vor-arbeiter	Vorarbeiter Weiterbildung und Polier, Führung einer Gruppe von Arbeitnehmern	18,92	1,12	20,04
6	– Werkpolier – Baumaschinen-Fach-arbeiter	Führung und Anleitung einer Gruppe von Arbeitnehmern	20,71	1,22	21,93

Beispiel
Berechnung des Gesamttarifstundenlohns (GTL)

Berufsgruppe	Lohn-gruppe	Gesamttarif-stundenlohn GTL [€]	Anzahl	Gesamtlohn [€/h]
Fachwerker	2	14,45	2	28,90
Facharbeiter	3	17,48	3	52,44
Spezialfacharbeiter	4	19,09	4	76,36
Vorarbeiter	5	20,04	1	20,04

$$\text{Mittlerer GTL} = \frac{\text{Gesamtlohn}}{\text{Anzahl der Arbeitskräfte}}$$
$$= \frac{177,74\,€/h}{10} = 17,77\,€/h$$

Da zum Zeitpunkt der Vorkalkulation nicht bekannt ist, welche Arbeitskräfte auf der Baustelle bei der Ausführung der entsprechenden Leistungen eingesetzt werden, ist es üblich, mit dem arithmetischen Mittel aller Gesamt-Tariflöhne einer fiktiven Arbeitsgruppe zu rechnen, die für die Herstellung der Arbeiten eingesetzt werden kann.

Stoffkosten
Die Stoffkosten (Materialkosten) enthalten alle Bau-, Bauhilfs- und Betriebsstoffe der einzelnen Teilleistungen. Sie ergeben sich aus den Einkaufspreisen ohne Umsatzsteuer inkl. Transport zur Baustelle einschließlich möglicher Schnitt-, Material- oder Bruchverluste.

Beispiel: Berechnung der Stoffkosten für Baustahl

Bezeichnung	Menge	EP [€/ME]	GP [€]
Baustahl S500 – 12 mm	1 t	830,00	830,00
– Rabatt 3 %			24,90
+ Verschnitt und Verlust 5 %			41,50
+ Ladekosten 1 h/t	1 t	33,50	33,50
			880,00

Gerätekosten
Unter Gerätekosten fallen gemäß Baugeräteliste (BGL) alle Kosten für Abschreibung, Verzinsung und Reparatur an. Kosten die für die Bedienung, Wartung und Betrieb des Gerätes anfallen gehören nicht zu den eigentlichen Gerätekosten, sondern zählen zu den Lohn- bzw. Stoffkosten. Ebenso verhält es sich bei Mietgeräten. Diese werden mit

den tatsächlichen Mietsätzen vom Gerätevermieter bei der Erstellung der Kalkulation berücksichtigt. Bei Mietgeräten muss der Kalkulator darauf achten, ob die Kosten für Bedienung, Wartung, Reparatur sowie anfallende Betriebsstoffe bereit im Mietpreis enthalten sind.

Grundsätzlich unterscheidet man Geräte die auf der Baustelle eingesetzt werden zwischen Bereitstellungsgeräte (Kompressoren, Krane, ...) und Leistungsgeräte (Bagger, Planierraupen, ...). Bereitstellungsgeräte werden Baustellengemeinkosten über die gesamte Vorhaltezeit zugerechnet, weil sie im Gegensatz zu Leistungsgeräten nicht direkt bestimmten Positionen in einem Leistungsverzeichnis zugeordnet werden können.

Der Mittlere Neuwert ist der durchschnittliche Listenpreis von Baugeräten ab Werk und ist Grundlage für die Berechnung der Abschreibungs-, Verzinsungs- und Reparaturkosten.

$$\text{Mittlerer Neuwert} = A_x = A \cdot \frac{i_x}{100} \, [\text{€}]$$

A_x Mittlerer Neuwert für die Wiederbeschaffung im Jahr x
A Mittlerer Neuwert in €
i_x Erzeugerpreisindex für Baumaschinen im Jahr x
Die kalkulatorische Abschreibung ist der Ansatz zur Erfassung der Wertminderung und der Wiederbeschaffungskosten eines technischen und leistungsmäßig gleichwertigen Gerätes.

$$\text{Abschreibung} = \frac{\text{Mittlerer Neuwert } [\text{€}]}{\text{Vorhaltemonate } [\text{Monat}]}$$

Die Verzinsung ist der kalkulatorische Ansatz für das in die Baugeräte investierte, kalkulatorisch noch nicht abgeschriebene Kapital.

$$\text{Verzinsung} = \frac{\text{Kalkulatorischer Zinssatz} \cdot \text{Nutzungsjahre}}{\text{Vorhaltemonate } [\text{Monat}]} \cdot \frac{1}{2} \text{ Mittlerer Neuwert}$$

Die Reparaturkosten sind durchschnittliche monatliche Aufwendungen zur Erhaltung und Wiederherstellung der Betriebsbereitschaft am Einsatzort sowie in eigenen und fremden Werkstätten.

$$\text{Reparaturkosten} = R = r \cdot A \left[\frac{\text{€}}{\text{Monat}}\right]$$

R Reparaturkosten in € für jede Gerätegröße
r monatliche Sätze in % vom mittleren Neuwert für jede Geräteart
A Mittlerer Neuwert in €

Beispiel

Berechnung des monatlichen Abschreibungs-, Verzinsungs- und Reparaturbetrages für eine Planierraupe mit 95 kW (BGL-Nr. D.4.00.0095)

Mittlerer Neuwert: 284.000,00 €
Nutzungszeit: 4 Jahre
Vorhaltezeit: 35 bis 30 Monate
Zinssatz: 6,5 %
Reparaturkosten: 3,1 % pro Monat

$$\text{Abschreibung A} = \frac{284.000,00 \, \text{€}}{35 \text{ bis } 30 \text{ Monate}}$$
$$= 8114 \text{ bis } 9467 \, \text{€/Monat}$$

$$\text{Verzinsung V} = \frac{6,5\% \cdot 4 \text{ Jahre} \cdot \frac{1}{2} \cdot 284.000,00 \, \text{€}}{35 \text{ bis } 30 \text{ Monate}}$$
$$= 1055 \text{ bis } 1231 \, \text{€/Monat}$$

$$\text{Reparaturkosten R} = 3,1\% \cdot 284.000,00$$
$$= 8804 \, \text{€/Monat}$$

NU-Kosten

Kommt es bei einem Bauauftrag zum Einsatz von Nachunternehmern so wird zwischen Unternehmen und Nachunternehmer ein Leistungsvertrag für die zu erbringende Leistung geschlossen. Nachunternehmerleistungen werden in der Angebotskalkulation gesondert als Einzelkosten ausgewiesen und mit einem niedrigeren Zuschlag für AGK und G+W versehen. Steht bei der Erstellung der Angebotskalkulation bereit fest welche Leistungen der Nachunternehmer übernimmt, dann sind die Preise direkt beim Nachunternehmer anzufragen und in die Kalkulation einzusetzen.

Gemeinkosten der Baustelle

Gemeinkosten der Baustelle (Baustellengemeinkosten oder indirekte Kosten) sind alle Kosten einer Baustelle welche nicht einer Teilleistung zugeordnet werden können. Entweder entstehen die Gemeinkosten der Baustelle durch Aufwendungen z. B. für den Betrieb der Baustelle oder in Form von Nebenkosten bei der Ausführung von Teilleistungen. Dabei lassen sich die Gemeinkosten in zeitabhängige und zeitunabhängige Kosten unterteilen.

Allgemeine Geschäftskosten

Die Allgemeinen Geschäftskosten (AGK) sind Kosten die dem Unternehmen durch den Betrieb als Ganzes entstehen. Dabei können die AGK den einzelnen Teilleistungen nur indirekt zugeordnet werden. Sämtliche AGK fallen nie für ein einzelnes Bauprojekt an sondern immer für den ganzen Betrieb.

Tafel 3.19 Zeitabhängige- und Zeitunabhängige Kosten

Zeitabhängige Kosten	Zeitunabhängige Kosten
– **Vorhaltekosten:** Geräte, Fahrzeuge, Sicherungseinrichtungen, Verkehrssignalanlagen, Unterkünfte und Container, Einrichtungsgegenstände und Büroausstattung (Mietgegenstände), Rüst-, Schal- und Verbaumaterial – **Betriebskosten:** Geräte, Fahrzeuge, Unterkünfte und Container – **Baustellengehälter** – **Lohnkosten aus der Gerätevorhaltung:** Gerätebedienung z. B. Kranführer, Lohnkosten für Wartung der Baustromversorgung etc. – **Allgemeine Baukosten:** Hilfslöhne für Magaziner, etc., Instandhaltungskosten für die Unterhaltung der Baustelleneinrichtung und der Baustraßen, Kosten für Telefon, Spesen, Pkw, . . . – **Sonderkosten:** Pachten und Mieten, zeitabhängige Entschädigungen	– **Einrichten und Räumen der Baustelle:** An- und Abtransport sowie Verladen der Baustelleneinrichtung einschl. Geräte, Auf-, Umbau- und Abbaukosten der Baustelleneinrichtung einschl. Geräte, Erstellen, Instandhalten und Beseitigen der Zufahrten, Wege, Zäune, Lager und Werkplätze, Erstausstattung für Büros, Unterkünfte und Sanitäranlagen – **Kosten der Baustellenausstattung:** Hilfsstoffe, Werkzeuge und Kleingeräte, Einrichtungsgegenstände und Büroausstattung – **Technische, organisatorische Bearbeitung und Kontrolle:** Konstruktive Bearbeitung, Arbeitsvorbereitung, Baustoffprüfung – **Sonderwagnisse und Versicherungen**

Tafel 3.20 Übersicht AGK

Personalkosten der Unternehmensleitung/-verwaltung	Steuern und öffentliche Abgaben
Kosten der Betriebsgebäude	Beiträge für Verbände
Kosten für Soft- und Hardware	Versicherungen
Kosten des Bauhofs, der Werkstatt, des Fuhrparks	Kalkulatorischer Unternehmerlohn
Freiwillige soziale Aufwendungen für die Belegschaft	. . .

Wagnis und Gewinn

Der Zuschlag für Wagnis und Gewinn wird als prozentualer Anteil zusammengefasst und auf den Netto-Angebotspreis bezogen. Dabei deckt der Anteil für Wagnis Kosten ab, die zum Zeitpunkt der Angebotserstellung noch nicht bekannt sind aber aufgrund langjähriger Erfahrung zu erwarten sind, z. B. Mehraufwand gegenüber den Kalkulationsansätzen, Lohnerhöhungen, Kostensteigerungen von Baustoffen, etc. Der Gewinn ist ein betriebswirtschaftlich notwendiger Ansatz, um die Verzinsung des eingesetzten Kapitals zu erwirtschaften. Die Höhe des prozentualen Anteils hängt dabei von den Baumarktverhältnissen bzw. den unternehmerischen Zielen ab. In der Regel liegt der Anteil von Wagnis und Gewinn bei ca. 3–8 % der Angebotssumme.

3.5 Arbeitsvorbereitung

Bei der Arbeitsvorbereitung (AV) werden sämtliche Voraussetzungen geschaffen, die für einen optimalen Bauablauf benötigt werden. Dafür ist eine systematische Analyse des gesamten Bauvorhabens unter Anwendung aller technisch und wirtschaftlichen Randbedingungen erforderlich. Erkenntnisse aus vorangegangenen Bauvorhaben können dabei wichtige Erkenntnisse liefern. Arbeitsvorbereitung, die für jedes Bauvorhaben einzeln betraget werden muss, wird zwischen globaler und lokaler Arbeitsvorbereitung unterschieden. Dabei werden alle Baustellen des gesamten Unternehmens betrachtet um z. B. eine optimale Ressourcenauslastung von Arbeitskräfte oder Baugeräten zu erreichen. Im Gegensatz dazu, werden bei der lokalen Arbeitsvorbereitung Tätigkeiten und Maßnahmen ergriffen, die sich auf die Baustelle an sich beziehen wie z. B. die Ablaufplanung.

3.5.1 Verfahrensplanung

Die Verfahrensplanung, als Teil der Arbeitsvorbereitung, ist ein wichtiger Bestandteil für eine erfolgreiche Ausführung eines Projekts. Das darin gewählte Bauverfahren bestimmt sowohl die Bereitstellungsplanung als auch die Ablaufplanung und die Baustelleneinrichtungsplanung. Um das op-

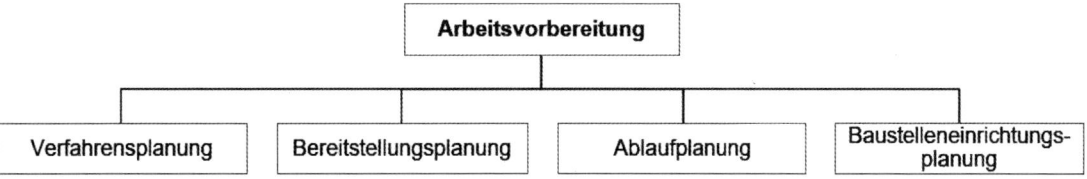

Abb. 3.6 Elemente der Arbeitsvorbereitung

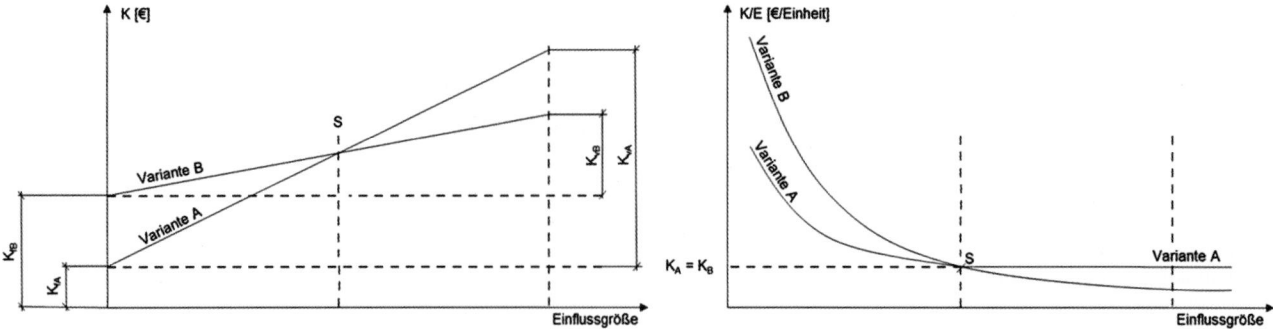

Abb. 3.7 Wirtschaftlichkeitsvergleich zweier Bauverfahren [7, S. 1033]

timale Bauverfahren zu finden ist eine detaillierte Analyse erforderlich wie z. B. Art der Baukonstruktion, verwendeten Baustoffen, finanziellen Mittel, den Terminen oder durch Vorgaben des Umweltschutzes. Die Wahl des Bauverfahrens hängt damit von einer Vielzahl von verschiedenen Faktoren ab und wird entweder durch den kalkulatorischen oder den differenzierten Verfahrensvergleich ermittelt. Während beim kalkulatorischen Verfahrensvergleich nur die Kosten des Verfahrens betrachtet und die Differenz der Kosten bzw. die Wirtschaftlichkeitsgrenze bestimmt wird so werden beim differenzierten Verfahrensvergleich neben den wirtschaftlichen auch die technischen und organisatorischen Kriterien betrachtet.

3.5.2 Ressourcenplanung

Ressourcenplanung (Bereitstellungsplanung) ist eine mengenmäßige Planung von Personal, Geräte und Material über der gesamten Bauausführung. Die Ablaufplanung, als Teil der Arbeitsvorbereitung, ist hierbei eng mit der Ressourcenplanung verbunden, weil die Bauzeit im direkten Zusammenhang mit den einzelnen Ressourcen steht. Aufgrund von immer stärker werdender Spezialisierung verschiedener Bereiche ist bei Bedarf die Beschaffung von Nachunternehmerleistung ein weiteres Element der Ressourcenplanung.

Personalplanung
Innerhalb der Personalplanung wird der gesamte Bedarf an Arbeitskräften für die jeweilige Baustelle ermittelt. Hierbei werden Führungskräfte wie z. B. Poliere oder Bauleiter im Gegensatz zu anderen Arbeitskräften extra dargestellt. Bei einem geplanten Einsatz von Nachunternehmern wird die Anzahl der Fremdarbeiter getrennt vom eigenen Personal

aufgelistet. Sämtliche Arbeitskräfte die für die Ausführung benötigt werden, werden in einem sogenannten Mengen-Zeit-Diagramm dargestellt. Darin wird das benötigte Personal von jedem einzelnen Vorgang innerhalb eines gewählten Zeitraumes (Tage oder Wochen) addiert.

Geräteplanung
Durch die Geräteplanung wird der Gerätebedarf für das Bauvorhaben über die gesamte Projektlaufzeit ermittelt. Dazu wird eine sogenannte Gerätebedarfsliste erstellt aus der hervorgeht welche Geräte, zu welchem Zeitpunkt wie lange vorhanden sein müssen.

Materialplanung
Durch die Materialplanung wird im Rahmen der Arbeitsvorbereitung bestimmt welche Materialien/Baustoffe auf der Baustelle benötigt werden. Dabei muss sich bereits vor der geplanten Ausführung der Einkauf mit der Bauleitung auf der Baustelle abstimmen. Der Einkauf der Materialien erfolgt zentral. Dadurch ist gewährleistet, dass die Angebotspalette komplett ausgeschöpft werden kann. Der Abruf der Materialien erfolgt relativ kurzfristig durch den Bauleiter auf der Baustelle. Die Verteilung der einzelnen Materialien wird analog zur Personalplanung zeitlich dargestellt.

3.5.3 Ablaufplanung

Die (Bau-)Ablaufplanung gilt als zentrales Element der Arbeitsvorbereitung und beschreibt einzelnen Vorgänge eines Bauprojektes, welche durch Anordnungsbeziehungen und Dauern abgebildet werden. Durch Hinzufügen von konkreten Zeitangaben (Kalenderdaten) entsteht der sogenannte Terminplan. Die Ablaufplanung erzielt nur dann ein optimales

Abb. 3.8 Übersicht Bereitstellungsplanung

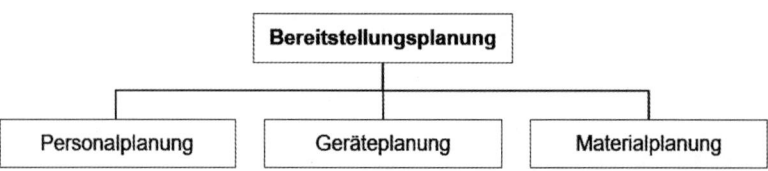

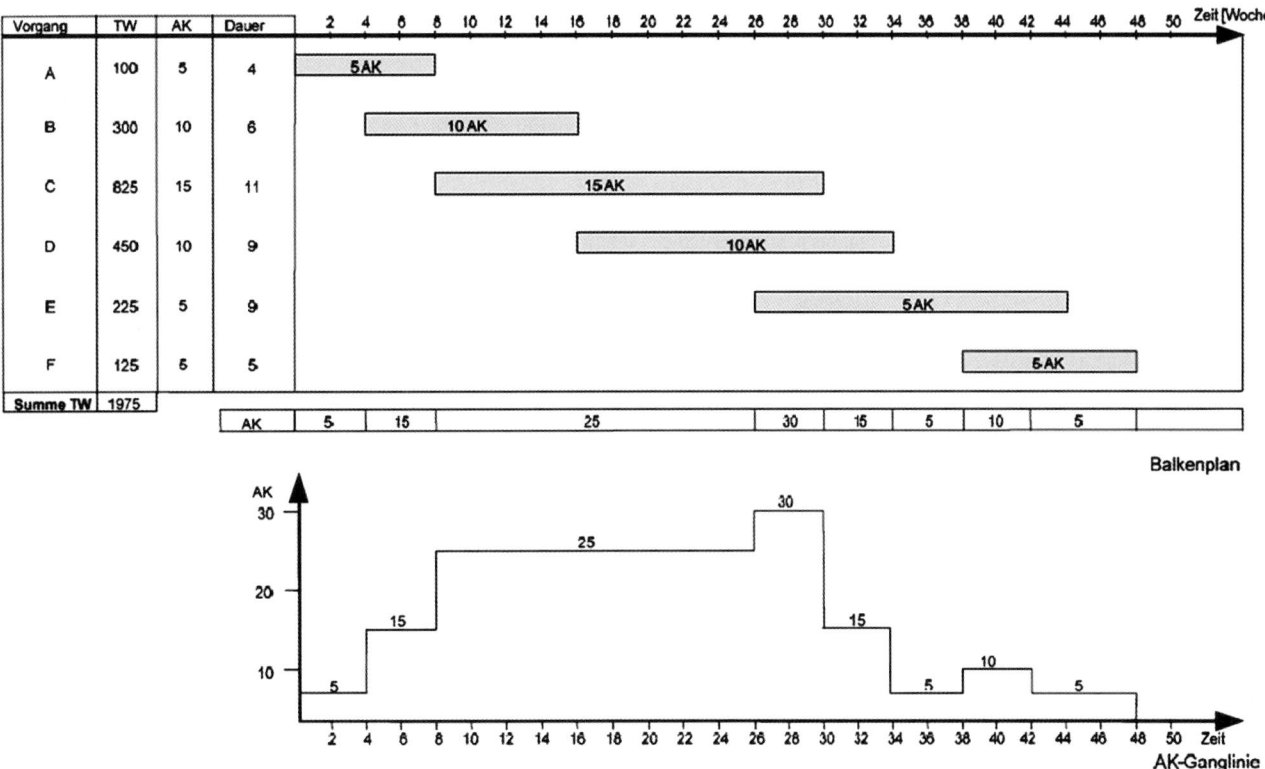

Abb. 3.9 Personalbereitstellung [1, S. 221]

Abb. 3.10 Geräteplanung

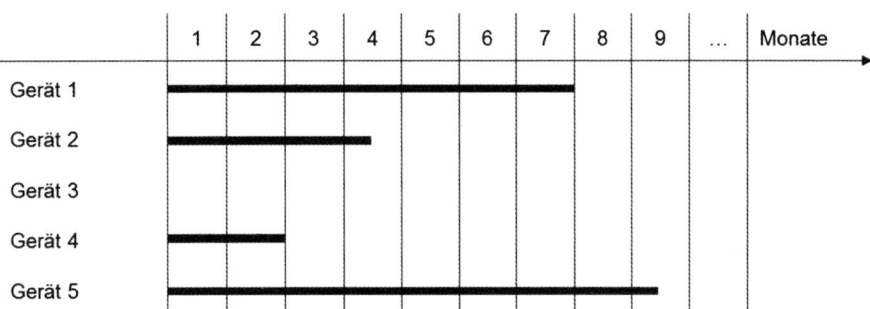

Ergebnis, wenn alle Vorgänge aus Planung und Ausführung zusammen betrachtet werden. Dabei hat die Ablaufplanung nicht nur eine vorrausschauende Funktion, sondern bildet im späteren Verlauf des Projektes eine Kontroll- und Steuerungsfunktion.

Ebenen der Terminplanung
Siehe Tafel 3.21 und Abb. 3.11.

Darstellungsarten
Bei der Bauablaufplanung werden im Wesentlichen drei verschiedene Formen der Darstellung von Bauabläufen verwendet:
- Balkenplan
- Weg-Zeit-Diagramm
- Netzplan

Beim **Balkenplan** (Gnant-Diagramm) werden die einzelnen Vorgänge auf der y-Achse als Balken dargestellt. Die Länge des Balkens auf der x-Achse stellt den Anfangs- und Endtermin und die daraus resultierende Dauer des Vorgangs dar. Anordnungsbeziehungen zwischen den einzelnen Vorgängen werden durch Pfeile abgebildet. Aufgrund hoher Übersichtlichkeit ist der Balkenplan die meistgenutzte Darstellung von Bauabläufen. Durch die leicht verständliche Darstellung lässt sich der zeitliche Ablauf und Fortschritt sehr gut kontrollieren.

Das **Weg-Zeit-Diagramm** (Volumen-Zeit-Diagramm, Liniendiagramm) eignet sich besonders für Linienbaustellen wie z. B. im Straßen-, Brücken- oder Tunnelbau. Darin werden die geografischen Gegebenheiten des Projekts mit dem zeitlichen Ablauf verknüpft. Dadurch lässt sich der Zeitpunkt, Ort und Geschwindigkeit der einzelnen Aufgaben genau darstellen. In der Regel wird auf der x-Achse der

Tafel 3.21 Methoden und Ebenen der Ablaufplanung und deren Eignung [1, S. 42]

Ebenen		Darstellungsform			
Auftraggeber	Auftragnehmer	Terminliste	Balkenplan	Weg-Zeit-Diagramm	Netzplan
Rahmenterminplan	Grobterminplan	möglich, insbesondere in Vertragsmustern oder Bautafeln	gut geeignet	für Linienbaustellen gut geeignet	selten/weniger geeignet
Generalterminplan					
Steuerungsterminplan	Koordinationsterminplan	für spezielle Aufgaben gut bis sehr gut geeignet	zur Visualisierung sehr gut geeignet	für Linienbaustellen sehr gut geeignet	zur Berechnung sehr gut geeignet
Detailterminplan	Feinterminplan	möglich, teilweise gut geeignet	gut	selten	selten

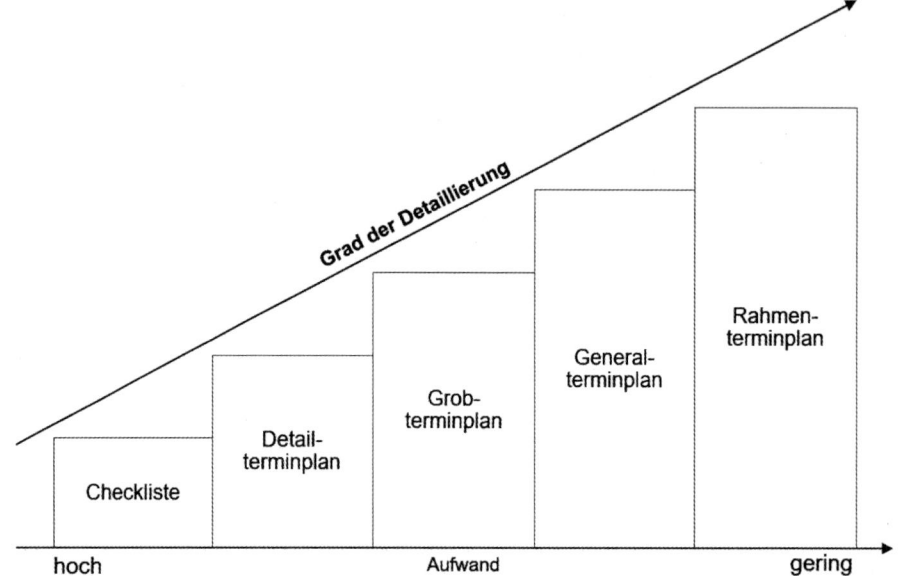

Abb. 3.11 Ebenen der Terminplanung

Wegabschnitt und auf der y-Achse die Zeit dargestellt. Jede einzelne Aufgabe in einem Weg-Zeit-Diagramm wird als Linie dargestellt, beginnt an einem Startpunkt und bewegt sich zum Endpunkt mit dem jeweiligen Ort und Zeitangabe. Die Steigung der Linie (Vorgang) entspricht der Geschwindigkeit, d. h. dass ein schneller Vorgang durch eine schwache Neigung angezeigt wird und umgekehrt. Schnittpunkte zweier Vorgänge weisen dabei auf Kollisionen hin.

Ein **Netzplan** bzw. die Netzplantechnik verfolgt das Ziel, alle Vorgänge eines Projektes nach deren Abhängigkeit und zeitlicher Lage zu verknüpft und grafisch darzustellen. Der Netzplan dient als Grundlage für die Ermittlung von Meilensteinen oder zur Erstellung von Balkenplanen und wird auf Basis eines Projektstrukturplanes erstellt. Dadurch das ein einzelner Vorgang mehrere Vorgänger bzw. Nachfolger haben kann entsteht das Bild eines Netzes.

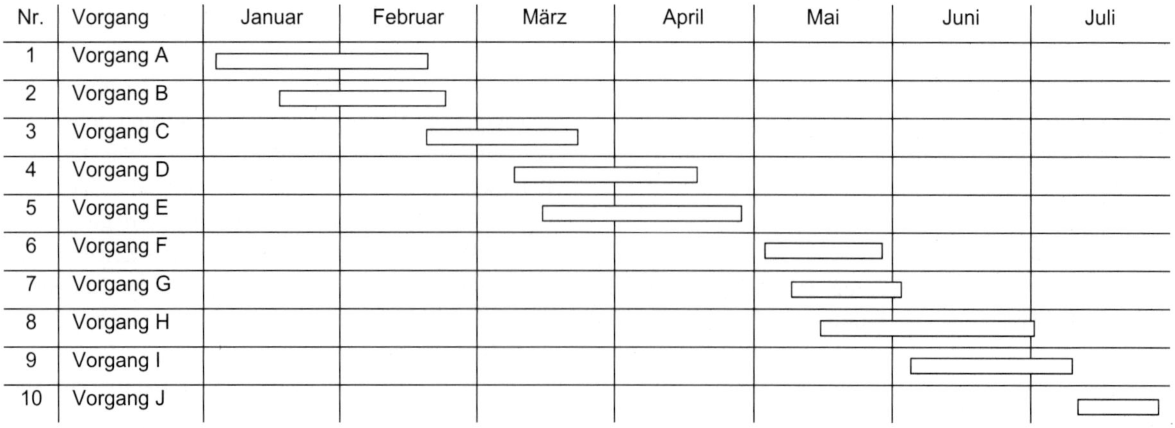

Nr.	Vorgang	Januar	Februar	März	April	Mai	Juni	Juli
1	Vorgang A							
2	Vorgang B							
3	Vorgang C							
4	Vorgang D							
5	Vorgang E							
6	Vorgang F							
7	Vorgang G							
8	Vorgang H							
9	Vorgang I							
10	Vorgang J							

Abb. 3.12 Beispiel Balkenplan

Abb. 3.13 Beispiel Weg-Zeit-
Diagramm

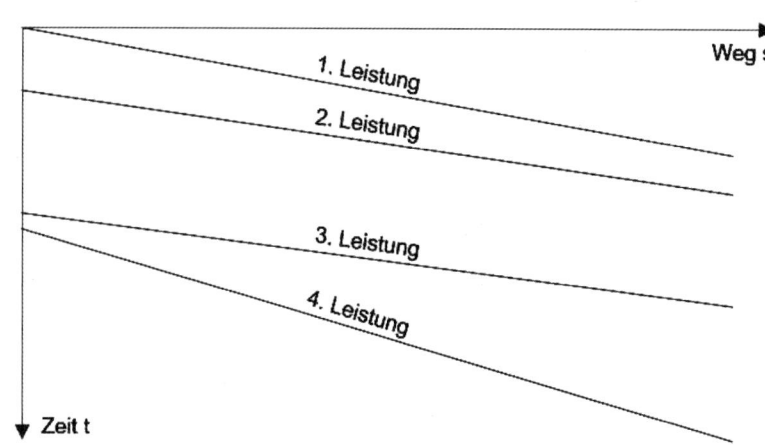

Anordnungsbeziehungen

Tafel 3.22 Anordnungsbeziehungen [7, S. 1045]

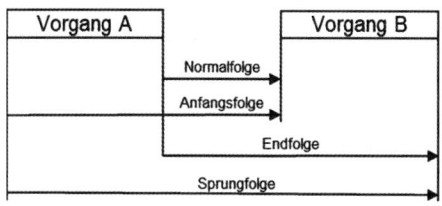

Normalfolge:
Anordnungsbeziehung vom Ende des Vorgangs A bis zum Anfang
seines Nachfolgers B

Anfangsfolge:
Anordnungsbeziehung vom Anfang des Vorgangs A bis zum Anfang
seines Nachfolgers B

Endfolge:
Anordnungsbeziehung vom Ende des Vorgangs A bis zum Ende
seines Nachfolgers B

Sprungfolge:
Anordnungsbeziehung vom Anfang des Vorganges A bis zum Ende
seines Nachfolgers B

Zeitliche Lagen und Pufferzeit

Ein Puffer in der Terminplanung, ist eine Zeitreserve die in einem Projekt der dazu genutzt werden kann, Vorgänge zu verschieben um sicherzustellen, dass die vereinbarten Termine
trotz Verzögerung noch eingehalten werden. Die unterschiedlichen Pufferzeiten ergeben sich aus der zeitlichen Differenz
der frühsten Lage (FL_i) und der spätesten Lage (SL_i) des Vorgangs selbst und aus der frühesten und spätesten Lage (FL_j
und SL_j) seines Nachfolgers und der frühesten und spätesten
Lage seines Vorgängers (FL_{i-1} und SL_{i-1}). Ein Vorgang, bei
dem die frühste Lage und späteste Lage identisch ist, besitzt
keine Pufferzeit und wird damit als Kritsch angesehen. Kritische Vorgänge haben Auswirkungen auf dem nachfolgenden
Vorgang und den Endzeitpunkt. Alle kritischen Vorgänge bilden zusammen den sog. Kritischen Weg.

Tafel 3.23 Berechnung der Pufferzeiten

Gesamtpuffer GP	Freier Puffer FP
$GP_i = SAZ_i - FAZ_i = SEZ_i - FEZ_i$	$FP_i = FAZ_j - FEZ_i$
Freie Rückwärtspuffer FRP	Unabhängiger Puffer UP
$FRP_i = SAZ_j - SEZ_i - 1 - D_i$	$UP_i = FAZ_j - SEZ_i - 1 - D_i$

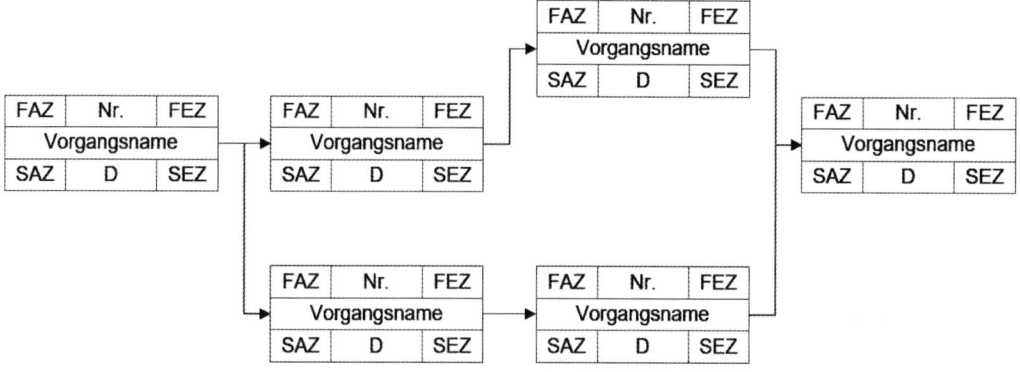

Abb. 3.14 Beispiel Netzplan

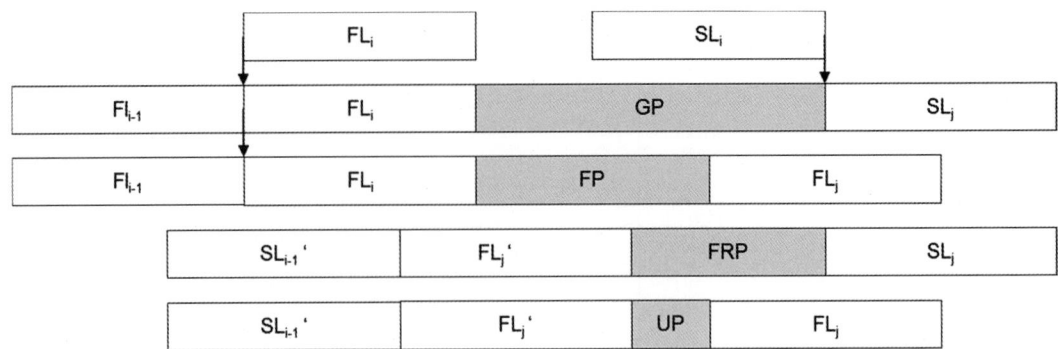

Abb. 3.15 Pufferzeiten [1, S. 133]

3.5.4 Baustelleneinrichtungsplanung

Unter einer Baustelleneinrichtung (BE) wird eine zeitlich befristete Produktions-, Lager-, Transport und Arbeitsstätte auf der Baustelle verstanden, die zur Ausführung von Bauleistungen benötigt wird. Die Baustelleneinrichtungsplanung (BEP) als Teil der Arbeitsvorbereitung bildet die Grundlage für einen optimalen Bauablauf und gewährleistet zusätzlich allen Arbeitskräften auf der Baustelle einen bestmöglichen Sicherheits- und Gesundheitsschutz. Im Gegensatz zu stationären Fertigung muss die Baustelleneinrichtung für jede Baustelle neu geplant werden, dadurch hängt der wirtschaftliche Erfolg einer Baustelle durch eine optimal geplante Baustelleneinrichtung ab.

Tafel 3.24 gibt einen Überblick über die wichtigsten Gesetze und Rechtsvorschriften die zur einer erfolgreichen Baustelleneinrichtungsplanung erforderlich sind.

Das zentrale Element einer intensiven Baustelleneinrichtungsplanung ist der sogenannte Baustelleneinrichtungsplan, der z. B. durch Personal, Geräte oder Bauablaufpläne ergänzt werden kann. Dieser unterliegt keiner behördlichen Prüfung und muss daher sorgfältig erstellt und durch den Bauherrn und seinen Koordinator gemäß Baustellenverordnung geprüft werden. Das entbindet den Auftragnehmer jedoch nicht von seiner Verantwortung für eine sichere Einrichtung der Baustelle Sorge zu tragen.

Das Ergebnis einer intensiven Planung der Baustelleneinrichtung wird im sog. Baustelleneinrichtungsplan dargestellt.

Tafel 3.24 Auszug von Gesetzen und Rechtsvorschriften für die Baustelleneinrichtung

Gesetz oder Rechtsvorschrift	Wesentliche Instrumente und Inhalte
Bürgerliches Gesetzbuch (BGB) vom 18.08.1896, zuletzt geändert 24.05.2016	§ 823 BGB Verkehrssicherungspflicht
Arbeitsschutzgesetz (ArbSchG) vom 07.08.1996, zuletzt geändert 31.08.2015	Sicherung und Verbesserung der Sicherheit und des Gesundheitsschutzes der Beschäftigten bei der Arbeit; Pflichten des Arbeitgebers und der Beschäftigten
Arbeitsstättenverordnung (ArbStättV) vom 12.08.2004, zuletzt geändert 30.11.2016	Sicherheit und Gesundheitsschutz der Beschäftigten beim Einrichten und Betreiben von Arbeitsstätten; Anforderungen an Arbeitsstätten; Verantwortlichkeit des Arbeitgebers
Arbeitsstättenregeln (ASR) vom	Konkretisieren die Anforderungen der Arbeitsstättenverordnung (ArbStättV) und werden laufend bekannt gemacht und aktualisiert
Baustellenverordnung (BaustellV) vom 10.06.1998, zuletzt geändert 15.11.2016	Planung der Ausführung des Bauvorhaben Sicherheits-und Gesundheitsschutzplan SiGe-Plan, SiGe-Koordinator, Pflichten des Bauherrn und des Arbeitgebers
Betriebssicherheitsverordnung (BetrSichV) vom 03.02.2015, zuletzt geändert 15.11.2016	Gefährdungsbeurteilung, Anforderungen an Bereitstellung, Benutzung und Beschaffenheit; Prüfung der Arbeitsmittel, überwachungsbedürftige Anlagen, Prüfbescheinigung, Mindestvorschriften für Arbeitsmittel; Konkretisierung durch Technische Regeln für Betriebssicherheit TRBS
Straßenverkehrs-Ordnung (StVO) vom 06.03.2013, zuletzt geändert 16.12.2016	Verkehrsregeln, Sicherungsarbeiten bei Einschränkungen und Gefährdungen, verkehrsrechtliche Anordnungen
Wasserhaushaltsgesetz (WHG) vom 31.07.2009, zuletzt geändert 04.08.2016	Gemeinsame Bestimmungen über die Gewässer, Erlaubnis- und Bewilligungserfordernis, Anforderung an das Einleiten von Abwasser
Bundes-Immissionsschutzgesetz (BImSchG) vom 15.03.1974, zuletzt geändert 26.07.2016	Schutz vor bzw. Vermeidung und Verminderung von schädlichen Umwelteinwirkungen wie Luftverunreinigung, Geräusche, Erschütterungen u. dgl. Errichtung und Betrieb von Anlagen, Pflichten des Betreibers, Technischer Ausschuss für Anlagensicherheit
Gewerbeabfallverordnung (GewAbfV) vom 19.06.2002, zuletzt geändert 24.02.2012	Definitionen, Sammlung, Getrennthaltung, Vorbehandlung, Verwertung von Gewerbeabfällen
Weitere Technische Normen (ZTV) z. B. DIN, RSA, RAS, …	Baugruben und Gräben, Arbeits- und Schutzgerüste, Fahrbare Arbeitsbühnen aus vorgefertigten Bauteilen, Richtlinien für die Sicherung von Arbeitsstellen an Straßen, Richtlinien für die Anlage von Straßen, …

Beispiel: Baustelleneinrichtungsplan

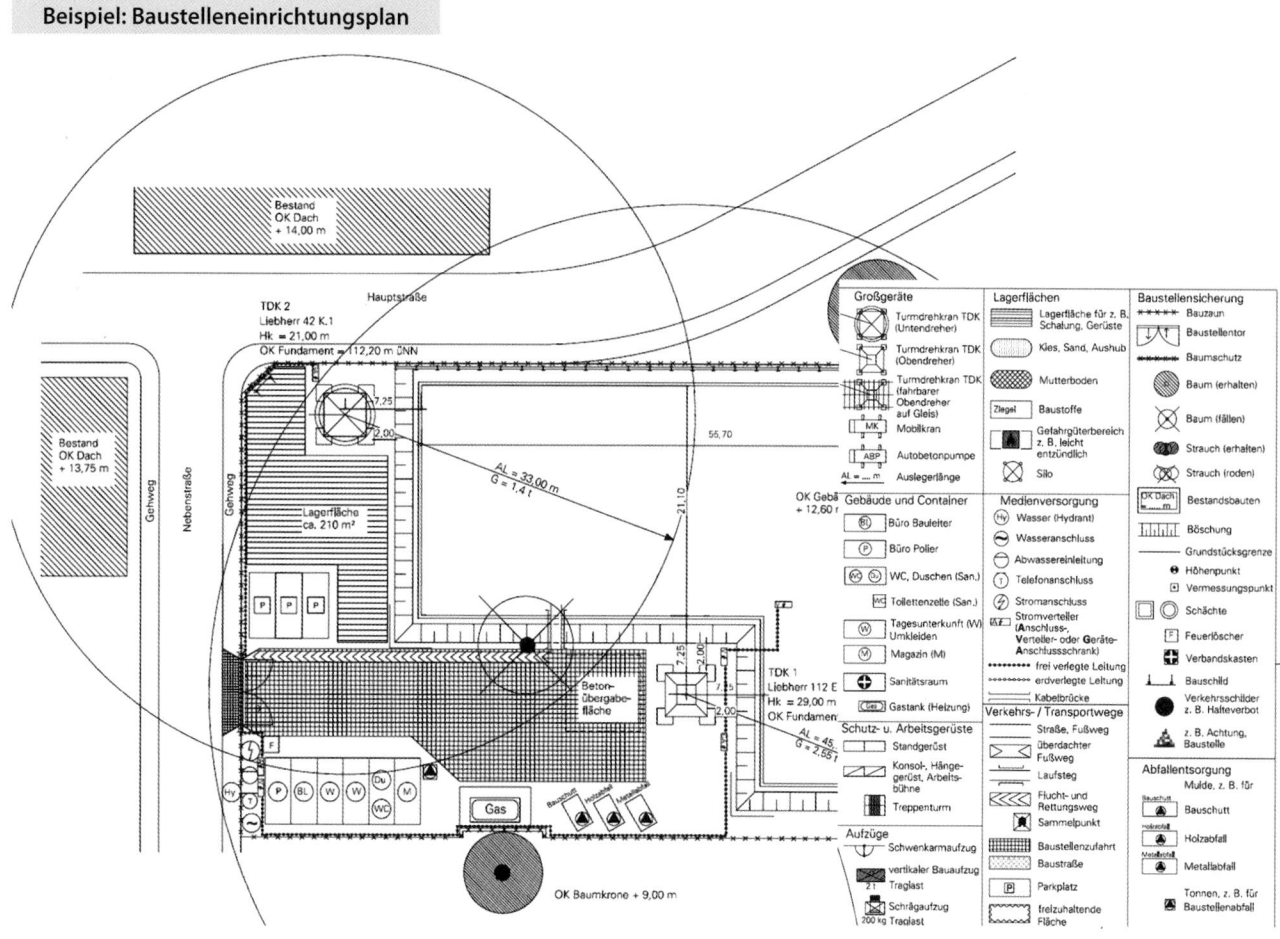

Abb. 3.16 Beispiel Baustelleneinrichtungsplan [4], auch verfügbar unter: www.baua.de/de/Publikationen/Broschueren/A84.pdf?__ blob=publicationFile&v=12, zuletzt geprüft am 13.03.2017

3.6 Projektmanagement

Bauprojektmanagement als eine spezielle Art des Projektmanagements beschreibt das Management von Bauvorhaben von der Entwicklung über die Planung bis hin zur Abwicklung und der späteren Nutzung. Ein Projekt ist ein (Bau-) Vorhaben das eine klar definierte und abgegrenzte Aufgabe mit Einmaligkeitscharakter aufweist und sich wegen einer hohen Komplexität nicht über standardisierte Abläufe abwickeln lässt.

3.6.1 Projektorganisation

Die Projektorganisation als Aufbau- und Ablauforganisation von Projekten unterscheidet sich stark von der stationären Industrie z. B. durch planerische Vorgaben des Auftraggebers oder durch das vertraglich festgelegte Bausoll. Weitere Faktoren wie z. B. Größe, Art und Individualität des Bauvorhabens beeinflussen maßgeblich die gesamte Projektstruktur und -organisation, die je nach Projektphase veränderbar sein muss.

Aufbau- und Ablauforganisation

In der Aufbauorganisation (Strukturorganisation) wird das hierarchische Gerüst eines Unternehmens dargestellt. Darin werden die Rahmenbedingungen festgelegt welche Stellen es im Unternehmen gibt, welche Zuständigkeiten und Aufgaben diese Stellen übernehmen und wie diese zusammenarbeiten. Dabei wird meistens jeder Stelle ein einzelner Mitarbeiter zugewiesen. Die Aufbauorganisation auf einer Baustelle unterscheidet sich von der auf Unternehmensebene z. B. durch die Bauzeit des Projektes und der damit verbundenen Anpassungen an die verschiedenen Leistungen/Leistungsphasen wie Roh- und Ausbau.

Die Ablauforganisation (Prozessorganisation) des Bauwerks gibt an, nach welchem Prinzip d. h. wann und wie die einzelnen Prozesse innerhalb des Unternehmens/Organisation ablaufen. Innerhalb von Bauunternehmen hat die Ablauforganisation z. B. das Ziel, Bauwerke wirtschaftlich unter Einhaltung von Terminen, Qualitäten und Kosten zu erstellen. Im Rahmen der Arbeitsvorbereitung gehört die Bauablaufplanung zu den wesentlichen Anwendungsbereichen.

Tafel 3.25 Begriffe nach DIN 69901-5

Begriffe nach DIN 69901-5 (Stand 01.2009)	Beschreibung
Projekt	Vorhaben, das im Wesentlichen durch Einmaligkeit der Bedingungen in ihrer Gesamtheit gekennzeichnet ist
Projekt-Aufbauorganisation	hierarchisch geordnete Projektorganisation mit z. B. Weisungsrechten, Zuständigkeiten oder Berichtspflichten
Projektcontrolling	Sicherstellung des Erreichens aller Projektziele durch Ist-Datenerfassung, Soll-Ist-Vergleich, Analyse der Abweichungen, Bewertung der Abweichungen gegebenenfalls mit Korrekturvorschlägen, Maßnahmenplanung, Steuerung der Durchführung von Maßnahmen
Projektdokumentation	Gesamtheit aller relevanten Dokumente, die in oder aus einem Projekt entstehen, Verwendung und Anwendung finden oder anderen Bezug zum Projekt haben
Projekthandbuch	Zusammenstellung von Informationen, Standards und Regelungen, die für ein bestimmtes Projekt gelten
Projektmanagement	Gesamtheit von Führungsaufgaben, -organisation, -techniken und -mitteln für die Initiierung Definition, Planung, Steuerung und den Abschluss von Projekten
Projektmanagementhandbuch	Zusammenstellung von Regelungen, die innerhalb einer Organisation generell für die Planung und Durchführung von Projekten gelten
Projektmanagementsystem	System von Richtlinien, organisatorischen Strukturen, Prozessen und Methoden zur Planung, Überwachung und Steuerung von Projekten
Projektstruktur	Gesamtheit aller Elemente (Teilprojekte, Arbeitspakete, Vorgänge) eines Projekts sowie der wesentlichen Beziehungen zwischen diesen Elementen

Die grafische Darstellung der verschiedenen Aufbau- bzw. Ablauforganisationen werden durch ein sogenanntes Organigramm grafisch dargestellt. Die Vorteile solcher Organigramme liegen, auch bei komplexen Unternehmens- oder Projektstrukturen, in einer übersichtlichen Darstellung.

Projektstrukturplan

Der Projektstrukturplan (PSP) ist ein wesentliches Element innerhalb des Projektmanagements welcher die Grundlage für Kosten-, Termin,- Ablauf- und Ressourcenplanung bildet. Durch den Projektstrukturplan (PSP) wird ein Projekt

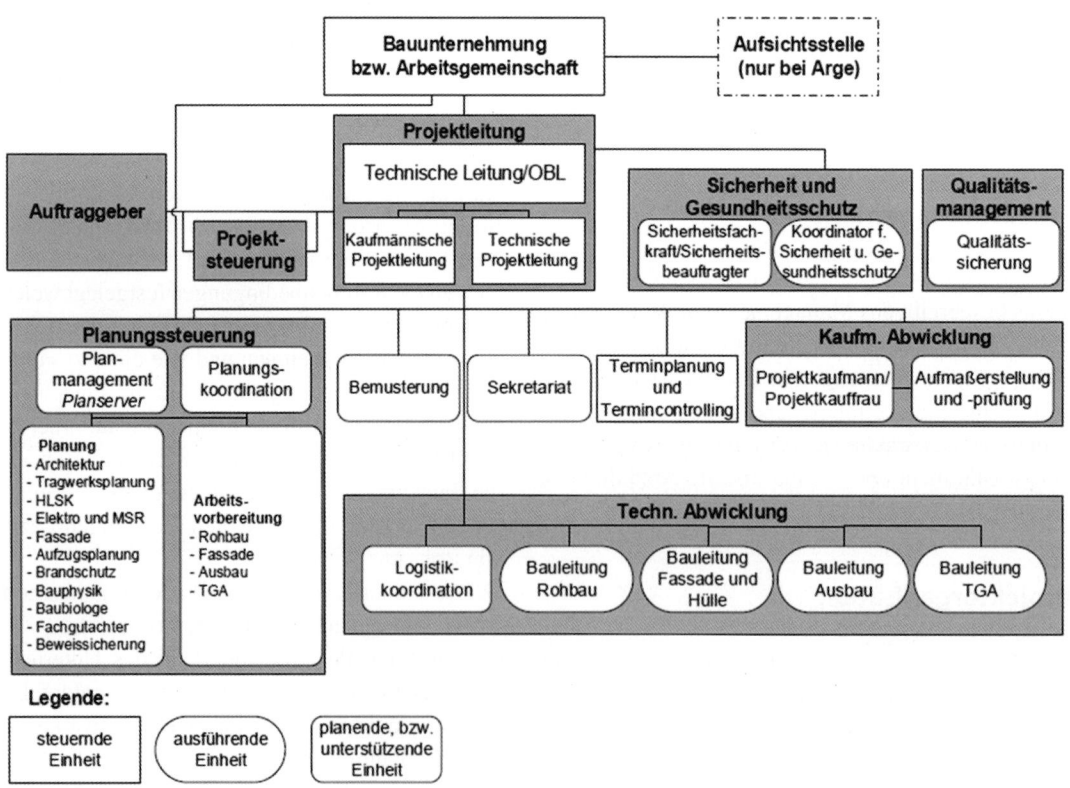

Abb. 3.17 Aufbauorganisation einer Baustelle [1, S. 20]

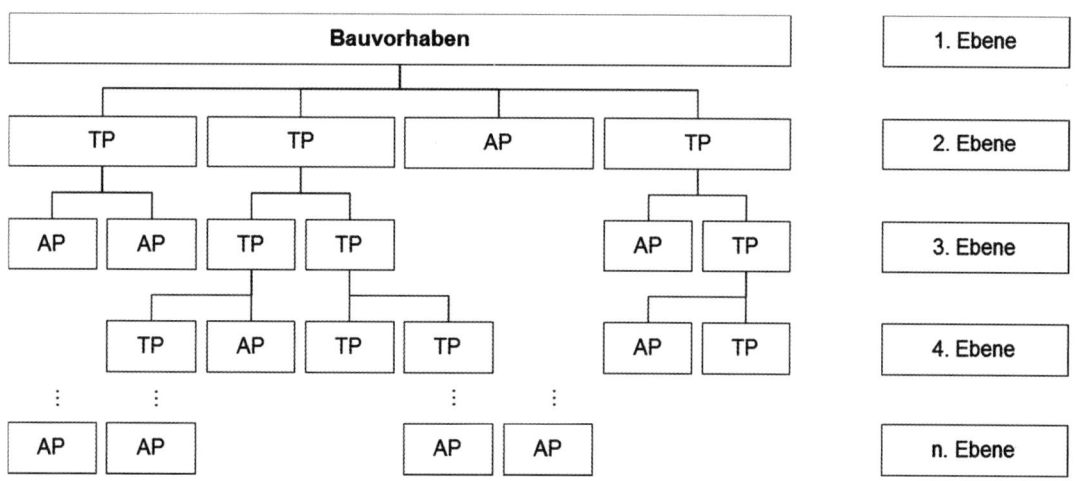

Abb. 3.18 Projektstrukturplan [7, S. 1313]

in einzelne Elemente zerlegt. Dabei wird dieser in drei Arten unterschieden. Der Objektorientierte PSP gliedert ein Projekt nach formalen und/oder inhaltlichen Elementen, der funktionsorientierte PSP gliedert das Projekt nach ablauforientierten Elementen z. B. Art der auszuführenden Tätigkeit und der zeitorientierte PSP gliedert das Projekt in die einzelnen Phasen des Projektes auf. Die Aufgliederung des gesamten Projekts erfolgt in überschaubare Teilaufgaben und Arbeitspakete. Teilaufgaben werden, im Gegensatz zu Arbeitspaketen die sich auf der untersten Ebene befinden, weiter unterteilte.

3.6.2 Qualitätsmanagement

Qualitätsmanagement (QM) bezeichnet alle organisatorischen Maßnahmen zur Verbesserung von Prozessen, Leistungen und Produkten.

Die DIN EN ISO 9000 ff. bildet die Grundlage für die Qualitätsmanagementsysteme und deren Anforderungen.

Tafel 3.26 Übersicht Normenreihe Qualitätsmanagement

Norm	Titel/Inhalt
DIN EN ISO 9000:2015	Qualitätsmanagementsysteme – Grundlagen und Begriffe
DIN EN ISO 9001:2015	Qualitätsmanagementsysteme – Anforderungen
DIN EN ISO 9004:2009	Leiten und Lenken für den nachhaltigen Erfolg einer Organisation – Ein Qualitätsmanagementansatz
DIN EN ISO 19011:2011	Leitfaden zur Auditierung von Managementsystemen
DIN EN ISO/IEC 17021	Konformitätsbewertung – Anforderungen an Stellen, die Managementsysteme auditieren und zertifizieren

3.6.3 Berichtswesen der Baustelle

Das Berichtswesen dient zur Dokumentation von verschiedensten Vorgängen bei einem Bauvorhaben und wird zwischen internem und externem Berichtswesen unterschieden. Während das interne Berichtswesen nicht für den Auftraggeber bestimmt ist, handelt es sich bei dem externen Berichtswesen um den Schriftwechsel mit außerbetrieblichen Stellen (Bauherr, Behörde, ...). Sämtliche Dokumente aus dem Berichtswesen bilden wären des Bauvorhabens die sogenannte Bauakte (Bauleiterakte), die nach Abschluss des Bauvorhabens archiviert wird um bei Bedarf die gesamte Bauausführung nachzuvollziehen.

Tafel 3.27 Dokumente im Berichtswesen (Auszug)

Berichtswesen und Schriftwechsel	Intern	Extern
Bautagebuch	×	×
Unfallmeldungen	×	×
Schadensmeldungen	×	×
Bauzeitenplan	×	×
Baustelleneinrichtungsplan	×	×
Fotodokumentation	×	×
Planeingangslisten	×	
Wochen- und Tagesstundenberichte	×	
Gerätestundenberichte	×	
Material-, Geräteeingangsschein	×	
Aktennotizen		×
Gesprächsnotizen		×
Protokolle		×
Abrechnungsblätter		×
Monatsberichte		×
VOB-Schriftverkehr		×

Tafel 3.28 Gesetze und Rechtsvorschriften zum Sicherheits- und Gesundheitsschutz auf Baustellen (Auszug)

Gesetz oder Rechtsvorschrift	Wesentliche Instrumente und Inhalte
Bürgerliches Gesetzbuch (BGB) vom 18.08.1896, zuletzt geändert 24.05.2016	§ 823 BGB Verkehrssicherungspflicht
Arbeitsschutzgesetz (ArbSchG) vom 07.08.1996, zuletzt geändert 31.08.2015	Sicherung und Verbesserung der Sicherheit und des Gesundheitsschutzes der Beschäftigten bei der Arbeit; Pflichten des Arbeitgebers und der Beschäftigten
Arbeitsstättenverordnung (ArbStättV) vom 12.08.2004, zuletzt geändert 30.11.2016	Sicherheit und Gesundheitsschutz der Beschäftigten beim Einrichten und Betreiben von Arbeitsstätten; Anforderungen an Arbeitsstätten; Verantwortlichkeit des Arbeitgebers
Baustellenverordnung (BaustellV) vom 10.06.1998, zuletzt geändert 15.11.2016	Planung der Ausführung des Bauvorhaben Sicherheits-und Gesundheitsschutzplan SiGe-Plan, SiGe-Koordinator, Pflichten des Bauherrn und des Arbeitgebers
PSA-Benutzungsverordnung (PSA-BV) vom 04.12.1996	Bereitstellung persönlicher Schutzausrüstungen (PSA) durch den Arbeitgeber sowie deren Benutzung durch die Beschäftigten. Anforderungen, die der Arbeitgeber bei Beschaffung, Wartung, Lagerung und Instandhaltung zu beachten hat
Betriebssicherheitsverordnung (BetrSichV) vom 03.02.2015, zuletzt geändert 15.11.2016	Regelt die Bereitstellung von Arbeitsmitteln durch den Arbeitgeber, die Benutzung von Arbeitsmitteln sowie den Betrieb von überwachungsbedürftigen Anlagen im Sinne des Arbeitsschutzes
Chemikaliengesetz (ChemG) vom 16.09.1980, zuletzt geändert 04.04.2016	Menschen und Umwelt vor schädlichen Einwirkungen gefährlicher Stoffe und Gemische schützen, insbesondere erkennbar zu machen, abzuwenden und ihrem Entstehen vorzubeugen
Gefahrstoffverordnung (GefStoffV) vom 26.11.2010, zuletzt geändert 15.11.2016	Menschen und Umwelt vor stoffbedingten Schädigungen u. a. durch Regelungen zur Einstufung, Kennzeichnung und Verpackung gefährlicher Stoffe und Gemische, Maßnahmen zum Schutz der Beschäftigten und anderer Personen zu schützen

Konkretisierungen der einzelnen Gesetze und Rechtsvorschriften:
– Regeln zum Arbeitsschutz auf Baustellen (RAB zur BaustellV)
– Arbeitsstättenrichtlinien (ASR zur ArbStättV)
– Technische Regeln für Betriebssicherheit (TRBS), Gefahrstoffe (TRGS zur GefStoffV), brennbare Flüssigkeiten (TRbF)

3.6.4 Sicherheits- und Gesundheitsschutz

Für den Sicherheits- und Gesundheitsschutz auf Baustellen sind sowohl die Arbeitgeber als auch die Bauherren verantwortlich. Dabei sind die Arbeitgeber nach dem Arbeitsschutzgesetz (ArbSchG) verpflichtet, die erforderlichen Maßnahmen des Arbeitsschutzes unter Berücksichtigung der Umstände zu treffen, die Sicherheit und Gesundheit der Beschäftigten bei der Arbeit beeinflussen [10, § 3 Abs. 1]. Zudem ist es die Aufgabe des Arbeitgebers Vereinbarungen und Maßnahmen zu treffen, die das Verhältnis zu den Arbeitnehmern (§ 4 Nr. 2 Abs. 2 VOB/B) regeln, bspw. die Einhaltung der Unfallverhütungsvorschriften[2]. Der Bauherr ist nach der Baustellenverordnung (BaustellV) für das gesamte Bauvorhaben und im Wesentlichen für die Sicherheits- und Gesundheitsprävention durch vorbeugende Planung, Koordinierung, Information und Kontrolle aller am Bau Beteiligten zuständig [6, S. 44]. Dabei ist er verantwortlich für die Planung der Ausführung des Bauvorhabens nach § 2 BaustellV oder er beauftragt einen Dritten, diese Maßnahmen in eigener Verantwortung zu treffen [15, § 4]. Der Bauherr oder der von ihm beauftragte Dritte wird durch die Beauftragung geeigneter Koordinatoren nicht von seiner Verantwortung entbunden [15, § 3 Abs. 1a]. Zusätzlich ist eine Vorankündigung der Baumaßnahme nach § 2 Abs. 2 BaustellV für jede Baustelle, bei der die voraussichtliche Dauer der Arbei-

ten mehr als 30 Arbeitstage beträgt und auf der mehr als 20 Beschäftigte gleichzeitig tätig werden, oder der Umfang der Arbeiten voraussichtlich 500 Personentage überschreitet.

Ausgehend von der Baustellenverordnung (BaustellV) sind weitere Sicherheitsvorschriften für die Durchführung von Bauvorhaben zu berücksichtigen, die in Tafel 3.28 auszugsweise aufgelistet sind.

Regelungen zum Arbeitsschutz auf Baustellen (RAB)
Die Regeln zum Arbeitsschutz auf Baustellen (RAB) geben den Stand der Technik bezüglich Sicherheits- und Gesundheitsschutz auf Baustellen wieder [28, S. 1]. Die RAB werden nach Aufstellung und Anpassung durch den Aus-

Tafel 3.29 Übersicht Regeln zum Arbeitsschutz auf Baustellen

RAB	Bezeichnung und Inhalt
RAB 01	Gegenstand, Zustandekommen, Aufbau, Anwendung und Wirksamwerden der RAB
RAB 10	Begriffsbestimmungen (Konkretisierung von Begriffen der BaustellV)
RAB 25	Arbeiten in Druckluft (Konkretisierungen zur Druckluftverordnung)
RAB 30	Geeigneter Koordinator (Konkretisierung zu § 3 BaustellV)
RAB 31	Sicherheits- und Gesundheitsschutzplan – SiGePlan
RAB 32	Unterlage für spätere Arbeiten (Konkretisierung zu § 3 Abs. 2 Nr. 3 BaustellV)
RAB 33	Allgemeine Grundsätze nach § 4 des Arbeitsschutzgesetzes

---

[2] Vgl. DIN ATV 18299 Abschn. 4.1.4

Tafel 3.30   Aktivitäten nach der Baustellenverordnung (RAB 31 (2003), S. 3)

Baustellenbedingungen		Vorankündigung	Koordinator	SiGePlan
Beschäftigte	Umfang und Art der Arbeiten			
eines Arbeitgebers	Kleiner 31 Arbeitstage und 21 Beschäftigte oder 501 Personentage	Nein	Nein	Nein
eines Arbeitgebers	Kleiner 31 Arbeitstage und 21 Beschäftigte oder 501 Personentage und besonders gefährliche Arbeiten	Nein	Nein	Nein
eines Arbeitgebers	Größer 30 Arbeitstage und 20 Beschäftigte oder 500 Personentage	Ja	Nein	Nein
eines Arbeitgebers	größer 30 Arbeitstage und 20 Beschäftigte oder 500 Personentage und besonders gefährliche Arbeiten	Ja	Nein	Nein
mehrere Arbeitgeber die gleichzeitig oder nacheinander tätig werden	Kleiner 31 Arbeitstage und 21 Beschäftigte oder 501 Personentage	Nein	Ja	Nein
mehrere Arbeitgeber die gleichzeitig oder nacheinander tätig werden	Kleiner 31 Arbeitstage und 21 Beschäftigte oder 501 Personentage jedoch besonders gefährliche Arbeiten	Nein	Ja	Ja
mehrere Arbeitgeber die gleichzeitig oder nacheinander tätig werden	Größer 30 Arbeitstage und 20 Beschäftigte oder 500 Personentage	Ja	Ja	Ja
mehrere Arbeitgeber die gleichzeitig oder nacheinander tätig werden	Größer 30 Arbeitstage und 20 Beschäftigte oder 500 Personentage und besonders gefährliche Arbeiten	Ja	Ja	Ja

schuss für Sicherheit und Gesundheitsschutz auf Baustellen (ASGB) vom Bundesministerium für Arbeit und Soziales bekannt gegeben. Durch die Regelungen der RAB soll der Sicherheits- und Gesundheitsschutz aller Beschäftigten auf der Baustelle verbessert werden. Darüber hinaus dienen die Regelungen gemäß RAB zur Verhütung von Unfällen und arbeitsbedingten Gesundheitsgefahren [28, ebd.].

RAB 30 Geeigneter Koordinator
Nach der in § 3 BaustellV genannten Aufgaben hat der Koordinator gemäß RAB 30 „den Bauherrn und die sonstigen am Bau Beteiligten bei ihrer Zusammenarbeit hinsichtlich der Einbindung von Sicherheit und Gesundheitsschutz sowohl während der Planung der Ausführung als auch während der Ausführung des Bauvorhabens zu unterstützen".

Tafel 3.31   Aufgaben des Koordinators während der Planung der Ausführung nach RAB 30

Koordinierung der Maßnahmen aus den allgemeinen Grundsätzen nach § 4 Arbeitsschutzgesetz bei der Planung der Ausführung

Feststellen sicherheits- und gesundheitsschutzrelevanter Wechselwirkungen zwischen den Arbeiten der einzelnen Gewerke auf der Baustelle und anderen betrieblichen Tätigkeiten oder Einflüssen auf oder in der Nähe der Baustelle

Aufzeigen von Möglichkeiten zur Vermeidung von Sicherheits- und Gesundheitsrisiken

Sicherheits- und Gesundheitsschutzplan ausarbeiten oder ausarbeiten lassen und an den Planungsprozess anpassen, soweit dies erforderlich ist

Beraten bei der Planung der Baustelleneinrichtung

Gegebenenfalls Erstellen einer Baustellenordnung

Beraten bei der Planung bleibender sicherheitstechnischer Einrichtungen für mögliche spätere Arbeiten an der baulichen Anlage und Zusammenstellen der Unterlage mit den erforderlichen Angaben für die sichere und gesundheitsgerechte Durchführung dieser Arbeiten

Tafel 3.31   (Fortsetzung)

Hinwirken auf das Berücksichtigen von Leistungen zu Sicherheit und Gesundheitsschutz in Ausschreibungen, Vergabe- und Bauvertragsunterlagen; gegebenenfalls Mitwirken bei der Prüfung der Angebote und der Vergabe

Beraten bei der Terminplanung, insbesondere bei der Abstimmung von Bauausführungszeiten, um Gefahren, die durch ein zeitliches Nebeneinander hervorgerufen werden können, zu vermeiden

Gegebenenfalls Mitwirken beim Erstellen der Vorankündigung und deren Übermittlung an die nach Landesrecht zuständige Behörde (z. B. Gewerbeaufsichtsamt oder Amt für Arbeitsschutz)

Tafel 3.32   Aufgaben des Koordinators während der Ausführung des Bauvorhabens nach RAB 30

Gegebenenfalls Aushängen und Anpassen der Vorankündigung

Bekannt machen, Anpassen und Fortschreiben des Sicherheits- und Gesundheitsschutzplanes sowie Hinwirken auf seine Einhaltung und auf die Umsetzung der erforderlichen Arbeitsschutzmaßnahmen durch die beteiligten Unternehmen

Information und eingehende Erläuterung der Maßnahmen für Sicherheit und Gesundheitsschutz gegenüber allen Auftragnehmern (einschließlich der Nachunternehmer und der Unternehmer ohne Beschäftigte)

Organisieren des Zusammenwirkens der bauausführenden Unternehmen hinsichtlich Sicherheit und Gesundheitsschutz zum Beispiel durch Sicherheitsbesprechungen und -begehungen mit Dokumentation und Auswerten der Ergebnisse

Koordinieren der Überwachung der ordnungsgemäßen Anwendung der Arbeitsverfahren durch die Arbeitgeber zum Beispiel durch Einfordern von Nachweisen

Hinwirken auf die Einhaltung einer Baustellenordnung und eines Baustelleneinrichtungsplanes (soweit diese vorhanden sind) hinsichtlich der Vermeidung gegenseitiger Gefährdungen

Berücksichtigung sicherheits- und gesundheitsschutzrelevanter Wechselwirkungen zwischen Arbeiten auf der Baustelle und anderen betrieblichen Tätigkeiten oder Einflüssen auf oder in der Nähe der Baustelle

Koordinieren der Anwendung der allgemeinen Grundsätze nach § 4 Arbeitsschutzgesetz

Tafel 3.33 Qualifikationen und Kenntnisse eines Koordinators nach RAB 30

Baufachliche Kenntnisse
Funktionelle, technische und organisatorische Planung von baulichen Anlagen
Technische Regelwerke
Standsicherheit von baulichen Anlagen und Hilfsbauwerken
Baustoffe
Bauverfahren, Baugeräte
Bauausführung, Baustelleneinrichtungsplanung, Bauablaufplanung
Baustellenorganisation
Technischer Ausbau, Innenausbau und Technische Ausrüstung
Wartung, Unterhaltung und Erhaltung baulicher Anlagen
Ausschreibung, Vergabe, Bauvertragsrecht
Arbeitsschutzfachliche Kenntnisse
Allgemeine Grundsätze des Arbeitsschutzes gemäß § 4 ArbSchG
Ermittlung und Beurteilung von Gefährdungen auf Baustellen und bei späteren Arbeiten an den baulichen Anlagen
Organisation des Arbeitsschutzes auf Baustellen
Spezielle Koordinatorenkenntnisse
Sinn und Zweck der BaustellV sowie ihre Stellung im Arbeitsschutzsystem
Anwendung und Inhalt der BaustellV
Aufgaben und Pflichten des Koordinators, seine rechtliche Stellung im Verhältnis zum Bauherrn und zu den anderen am Bau Beteiligten
…

RAB 31 Sicherheits- und Gesundheitsplan – SiGePlan

Unter bestimmten Voraussetzungen muss der Bauherr oder dem von ihm beauftragten Dritten einen Sicherheits- und Gesundheitsschutzplan erstellen bzw. erstellen lassen. Dabei ist der Umfang bzw. Inhalt und Form des SiGePlan nicht reglementiert. Danach muss der SiGePlan nach § 2 Abs. 3 BaustellV die anzuwendenden Arbeitsschutzbestimmungen erkennbar werden lassen und die besonderen Maßnahmen für besonders gefährliche Arbeiten nach Anhang II enthalten sein. Die RAB 31 unterscheiden den Inhalt eines SiGePlan lediglich in Mindestanforderungen und Empfehlungen.

Tafel 3.34 Anforderungen an einen SiGePlan nach RAB 31

Mindestanforderungen	Empfehlungen
– Arbeitsabläufe – Gefährdungen – Räumliche und zeitliche Zuordnung der Arbeitsabläufe – Maßnahmen zur Vermeidung bzw. Minimierung der Gefährdungen – Arbeitsschutzbestimmungen	– Vorgesehene bzw. beauftragte Unternehmer – Gefährdungen Dritter – Termine – Informations- und Arbeitsmaterialien zum Arbeits- u. Gesundheitsschutz – Mitgeltende Unterlagen – Ausschreibungstexte

3.7 Abrechnung

Als Abrechnung wird im allgemeinen Sprachgebrauch eine endgültige und abschließende Rechnung verstanden [8, S. 127]. Diese wird spätestens am Ende des Bauvorhabens dem Auftraggeber fristgemäß als Schlussrechnung übergeben. Bedingt durch die erhebliche Vorfinanzierungslast bei größeren Bauvorhaben werden sogenannte Abschlagsrechnungen durch den Auftragnehmer gestellt. Die Abrechnung der Bauleistung erfolgt Grundsätzlich nach VOB sofern nichts anderes vereinbart wurde.

Tafel 3.35 Rechtsvorschriften Abrechnung

BGB	§ 641 Fälligkeit der Vergütung
HOAI	Leistungsphase 8 „Objektüberwachung" – Gemeinsames Aufmaß – Rechnungsprüfung
VOB/B	– § 1 Art und Umfang der Leistungen – § 2 Vergütung – § 14 Abrechnung – § 15 Stundenlohnarbeiten – § 16 Zahlung – § 17 Sicherheitsleistungen
VOB/C	DIN 18299 ff. – Abschn. 5

Für die Leistungsabrechnung enthält die VOB/B verschiedene Anforderungen, die nach Abschlags-, Teilschluss- oder Schlussrechnungen sowie nach der gewählten Vertragsart (Einheitspreisvertrag, Pauschalvertrag, Stundenlohnvertrag, …) zu unterscheiden sind. Die Ausgewählte Vertragsart bestimmt zusätzlich welche Unterlagen für die Abrechnung der Bauleistung erforderlich sind. Liegt ein Einheitspreisvertrag zu Grunde so muss die ausgeführte Leistungen durch detaillierte Mengenberechnungen nachgewiesen werden wo hingegen bei einem Pauschalpreisvertrag die Fertigstellung der geschuldeten Bauleistung ausreicht.

3.7.1 Bestandteile der Abrechnung

Eine Abrechnung muss nach § 14 VOB/B bestimmte Bestandteile oder Merkmale aufweisen damit die Prüfbarkeit der fertiggestellten Bauleistungen gewährleistet ist. Dafür sind die zum Nachweis von Art und Umfang der Leistung erforderlichen Mengenberechnungen, Ausführungsunterlagen, Aufmaße, Zeichnungen und andere Belege wie z. B. Lieferscheine, Stahllisten oder Wiegekarten beizufügen.

Die genaue Vorgehensweise zur Abrechnung einer Bauleistung ist in der DIN 18299 erläutert. Darin heißt es:

> Die Leistung ist aus Zeichnungen zu ermitteln, soweit die ausgeführte Leistung diesen Zeichnungen entspricht. Sind solche Zeichnungen nicht vorhanden, ist die Leistung aufzumessen.

Abb. 3.19 Schematische Darstellung der Abrechnung nach VOB

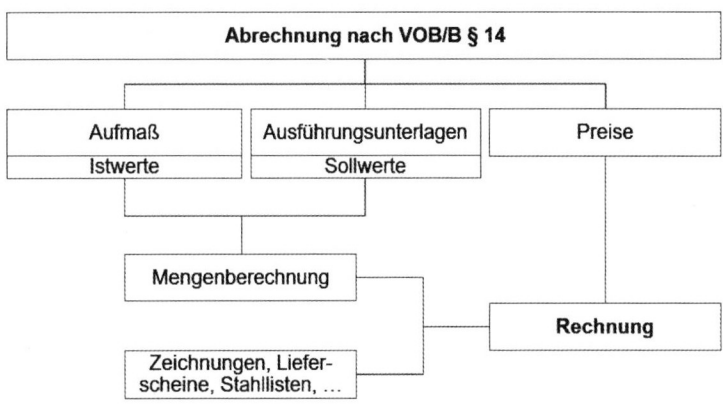

Diese allgemeine Regelung wird in den einzelnen Folgenormen um konkrete Angaben zur Verfahrensweise bei Abrechnung der betroffenen Bauleistungen hinsichtlich der spezifischen Besonderheiten eines Gewerkes ergänzt.

3.7.2 Abrechnungseinheiten

Bei der Abrechnung von Bauleistungen sollten grundsätzlich die im Leistungsverzeichnis der Ausschreibung genannten Abrechnungseinheiten verwendet werden. Die Abrechnungseinheiten ergeben sich aus der ATV DIN 18299

„Allgemeinen Regelungen für Bauarbeiten jeder Art" Abschn. 0.5 Abrechnungseinheiten:

> Im Leistungsverzeichnis sind die Abrechnungseinheiten für die Teilleistungen (Positionen) gemäß Abschn. 0.5 der jeweiligen ATV anzugeben.

Abweichend von den genannten Abrechnungseinheiten aus den Allgemeinen Technischen Vertragsbedingungen (VOB/C) können jedoch abweichende Abrechnungseinheiten vertraglich vereinbart werden.

Tafel 3.36 Abrechnungseinheiten

ATV DIN	Abrechnungseinheit (Auszug)
ATV DIN 18300 Erdarbeiten	– Abtrag, Aushub, Fördern, Einbau nach Raummaß (m^3) oder Flächenmaß (m^2), gestaffelt nach Längen der Förderwege, soweit 50 m Förderweg überschritten werden, – Steinpackungen, Steinwürfe, Bodenlieferungen und dergleichen nach Raummaß (m^3), Flächenmaß (m^2) oder Masse (t), – Verdichten nach Raummaß (m^3) oder Flächenmaß (m^2), – Herstellen der planmäßigen Höhenlage, Neigung und Ebenheit nach Flächenmaß (m^2) oder nach Raummaß (m^3), – Wiederherstellen der planmäßigen Höhenlage, Neigung, Ebenheit und des Verdichtungsgrades nach Flächenmaß (m^2), – Einbau und Verdichten des Bodens in der Leitungszone nach Raummaß (m^3), Flächenmaß (m^2) oder Längenmaß (m), – …
ATV DIN 18330 Mauerarbeiten	– Flächenmaß (m^2), getrennt nach Bauart und Maßen, für Mauerwerk, Ausfachungen von Holz, Stahl- und Betonskeletten, nichttragende Trennwände, Sicht- und Verblendmauerwerk, Verblendschalen, Bekleidungen, Rückflächen von Nischen, Gewölbe, Ausfugungen, … – Raummaß (m^3), getrennt nach Bauart und Maßen, für Dämmstoffe für die Auffüllung von Hohlräumen, Schüttungen. – Längenmaß (m), getrennt nach Bauart und Maßen, für Leibungen bei Sicht- und Verblendmauerwerk, Sohlbänke und Gesimse einschließlich etwaiger Auskragungen, gemauerte oder vorgefertigte Stürze, Überwölbungen und Entlastungsbögen über Öffnungen und Nischen, … – Anzahl (Stück), getrennt nach Bauart und Maßen, für Herstellen von Aussparungen, z. B. Öffnungen, Nischen, Schlitze, Durchbrüche, Schließen von Aussparungen, vorgefertigte Stürze, Nischen, Fundamente für Geräte und dergleichen, Liefern und Einbauen von Stahlteilen und Fertigteilen, z. B. Fertigteildecken, … – Masse (kg, t), getrennt nach Bauart und Maßen, für Betonstahl, Stahlprofile, Anker, Bolzen, Schüttungen
ATV DIN 18331 Betonarbeiten	– Raummaß (m^3), getrennt nach Bauart und Maßen, für massige Bauteile, z. B. Fundamente, Stützmauern, Widerlager, Füll- und Mehrbeton, Brückenüberbauten, Pfeiler. – Flächenmaß (m^2), getrennt nach Bauart und Maßen, für Beton-Sauberkeitsschichten, Wände, Silo- und Behälterwände, wandartige Träger, Brüstungen, Attiken, Fundament- und Bodenplatten, Decken, Fertigteile, Treppenlaufplatten mit oder ohne Stufen, Treppenpodestplatten, Herstellen von Aussparungen, z. B. Öffnungen, Nischen, Hohlräume, Schlitze, Kanäle… – Längenmaß (m), getrennt nach Bauart und Maßen, für Stützen, Pfeilervorlagen, Balken, Fenster- und Türstürze, Unter- und Überzüge, Fertigteile, Stufen, Herstellen von Schlitzen, Kanälen, Profilierungen, … – Anzahl (Stück), getrennt nach Bauart und Maßen, für Stützen, Pfeilervorlagen, Balken, Fenster- und Türstürze, Unter- und Überzüge, Fertigteile, Fertigteile mit Konsolen, Winkelungen und dergleichen, Stufen, Herstellen von Aussparungen, z. B. Öffnungen, Nischen, Hohlräume, Schlitze, Kanäle, sowie von Profilierungen, … – Masse (kg, t), getrennt nach Bauart und Maßen, für Liefern, Schneiden, Biegen und Verlegen von Bewehrungen und Unterstützungen, Einbauteile, Verbindungselemente und dergleichen

Tafel 3.37 Abrechnungsregeln

ATV DIN	Abrechnungsregel (Auszug)
ATV DIN 18300 Erdarbeiten	Hinterfüllen und Überschütten Es werden abgezogen: – Baukörper über 1 m^3 Einzelgröße, – Leitungen und dergleichen mit einem äußeren Querschnitt größer 0,1 m^2 Abtrag und Aushub Die Mengen sind an der Entnahmestelle im Abtrag zu ermitteln Einbau und Verdichten Bei Abrechnung nach Raummaß werden abgezogen: – Baukörper über 1 m^3 Einzelgröße, – Leitungen, Sickerkörper, Steinpackungen und dergleichen mit einem äußeren Querschnitt größer 0,1 m^2 Bei Abrechnung nach Flächenmaß werden abgezogen: – Durchdringungen über 1 m^2 Einzelgröße abgezogen
ATV DIN 18330 Mauerarbeiten	– Wandmauerwerk wird von Oberseite Rohdecke bis Unterseite Rohdecke gerechnet – Bei Wanddurchdringungen wird nur eine Wand durchgehend berücksichtigt, bei Wänden ungleicher Dicke die dickere Wand – Stürze, Rollladenkästen, Überwölbungen und Entlastungsbögen werden übermessen und mit ihren Maßen gesondert gerechnet Bei Abrechnung nach Flächenmaß wird abgezogen: – Öffnungen (auch raumhoch) und Durchdringungen, z. B. von Deckenplatten, Kragplatten, über 2,5 m^2 Einzelgröße, dabei gelten die jeweils kleinsten Maße der Öffnung oder Durchdringung, – Nischen sowie Aussparungen für einbindende Bauteile, soweit für das dahinterliegende Mauerwerk gesonderte Positionen in der Leistungsbeschreibung vorgesehen sind, – bei Bodenbelägen aus Flach- oder Rollschichten Aussparungen über 0,5 m^2 Einzelgröße, – Unterbrechungen der Mauerwerksfläche durch Bauteile, z. B. durch Fachwerkteile, Stützen, Unterzüge, Vorlagen, mit einer Einzelbreite über 30 cm. Bei Abrechnung nach Längenmaß wird abgezogen: – Unterbrechungen über 1 m Einzellänge
ATV DIN 18331 Betonarbeiten	– Durch die Bewehrung, z. B. Betonstabstähle, Profilstähle, Spannbetonbewehrungen mit Zubehör, Ankerschienen, verdrängte Betonmengen werden nicht abgezogen. Einbetonierte Pfahlköpfe, Walzprofile und Spundwände werden nicht abgezogen – Bei Abrechnung von Bauteilen nach Flächenmaß werden Nischen, Schlitze, Kanäle, Fugen und dergleichen übermessen – Die Schalung von Bauteilen wird in der Abwicklung der geschalten Flächen gerechnet. Nischen, Schlitze, Kanäle, Fugen, eingebaute Dämmstoffschichten und dergleichen werden übermessen. Beton Bei Abrechnung nach Raummaß werden abgezogen: – Öffnungen (auch raumhoch), Nischen, Kassetten, Hohlkörper und dergleichen über 0,5 m^3 Einzelgröße, – Schlitze, Kanäle, Profilierungen und dergleichen über 0,1 m^3 je m Länge, durchdringende oder einbindende Bauteile, z. B. Einzelbalken, Balkenstege bei Plattenbalkendecken, Stützen, Einbauteile, Betonfertigteile, Rollladen-kästen, Rohre, über 0,5 m^3 Einzelgröße Bei Abrechnung nach Flächenmaß werden abgezogen: – Öffnungen (auch raumhoch) und Durchdringungen über 2,5 m^2 Einzelgröße. Schalung Es werden abgezogen – Öffnungen (auch raumhoch), Durchdringungen, Einbindungen, Anschlüsse von Bauteilen und dergleichen über 2,5 m^2 Einzelgröße

3.7.3 Abrechnungsregeln

Die abzurechnende Menge der Bauleistung muss rechnerisch erfasst werden. Dabei kann die Menge mathematisch exakt berechnet werden was jedoch einen erheblichen Aufwand bedeutet. Durch Abrechnungsregeln im Abschn. 5 der VOB/C wird der Abrechnungsaufwand reduziert indem die Menge der Bauleistung „übermessen" oder abgezogen wird.

3.8 Planung

Bei der Planung von Bauprojekten handelt es sich um ein „Systematisches und zukunftbezogenes Erarbeiten von Zielen, stufenweise detaillierte Suche und optimale Auswahl von Lösungen, sowie Vorbereitung der daraus folgenden Handlungen" [9].

3.8.1 HOAI

Die Honorarordnung für Architekten und Ingenieure (HOAI) stellt das zwingende Preisrecht dar und ist eine Verordnung des Bundes die das Honorar von Architekten und Ingenieuren in Deutschland regelt. Die HOAI Gliedert sich in verschiedene Bereiche in denen Architekten und Ingenieure tätig werden und welche Honorarforderungen diese stellen können. Dabei werden für die verschiedensten Planungsleistungen, im Gegensatz zu den Beratungsleistungen bei denen lediglich Preisempfehlungen angegeben sind, konkrete und vor allem verbindliche Preisvorgaben dargestellt.

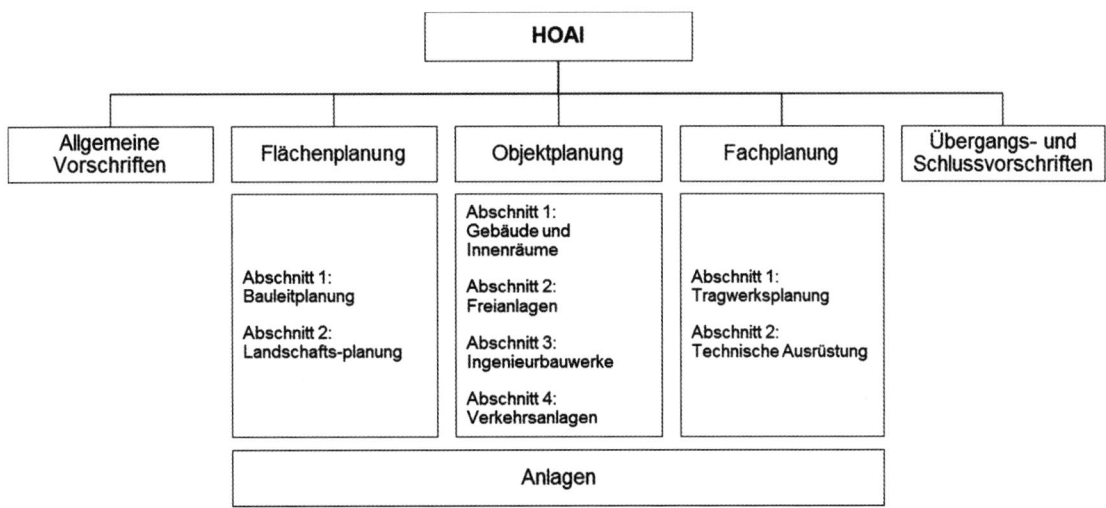

Abb. 3.20 Gliederung der HOAI

Honorarzonen

Bauvorhaben haben unterschiedliche Anforderungen sowohl in der Planung als auch in der Ausführung. Die Planungsanforderungen und die damit verbundenen Schwierigkeitsgrade bei der Bauplanung werden bei der Honorarberechnung berücksichtigt. Die Schwierigkeitsgrade werden nach § 5 in Objekt-, Tragwerks-, Flächenplanung und Planung der Technischen Ausrüstung unterschieden.

Leistungsbild

Die Leistungsbilder nach § 43 Ingenieurbauwerke, § 47 Verkehrsanlagen und § 51 Tragwerksplanung umfassen die Gesamtleistung von Architekten und Ingenieuren. Dabei werden die Leistungsbilder in Leistungsphasen gegliedert welche einen bestimmten Anteil am Gesamthonorar der Architekten oder Ingenieure ausmachen.

Tafel 3.38 Honorarzonen nach § 5 Abs. 1 HOAI (2013)

Honorarzone	Anforderung	Beispiel
Honorarzone I	mit sehr geringen Planungsanforderungen	Schlaf- und Unterkunftsbaracken; andere Behelfsbauten für vorübergehende Nutzung; Pausenhallen; Spielhallen; Liege- und Wandelhallen; etc.
Honorarzone II	mit geringen Planungsanforderungen	Einfache Wohnbauten mit gemeinschaftlichen Sanitär- und Kücheneinrichtungen; Garagenbauten, Parkhäuser, Gewächshäuser; etc.
Honorarzone III	mit durchschnittlichen Planungsanforderungen	Wohnhäuser, Wohnheime und Heime mit durchschnittlicher Ausstattung; Kindergärten; Gemeinschaftsunterkünfte; Grundschulen; etc.
Honorarzone IV	mit überdurchschnittlichen Planungsanforderungen	Wohnungshäuser mit überdurchschnittlicher Ausstattung; Terrassen- und Hügelhäuser; Heime mit zusätzlichen medizinisch-technischen Einrichtungen; etc.
Honorarzone V	mit sehr hohen Planungsanforderungen	Krankenhäuser (Versorgungsstufe III); Universitätskliniken; Stahlwerksgebäude; etc.

Tafel 3.39 Leistungsbild Gebäude und Innenräume nach § 34 HOAI (2013)

Leistungsphase	Bezeichnung	§ 43 Anteil am Gesamthonorar in %	§ 47 Anteil am Gesamthonorar in %	§ 51 Anteil am Gesamthonorar in %
1	Grundlagenermittlung	2	2	3
2	Vorplanung	20	20	10
3	Entwurfsplanung	25	25	15
4	Genehmigungsplanung	5	8	30
5	Ausführungsplanung	15	15	40
6	Vorbereitung der Vergabe	13	10	2
7	Mitwirkung bei der Vergabe	4	4	–
8	Objektüberwachung – Bauüberwachung und Dokumentation	15	15	–
9	Objektbetreuung	1	1	–

Honorartafel

Das Honorar für Grundleistungen wird in Abhängigkeit von den anrechenbaren Kosten und den Honorarzonen als Mindest- und Höchstsatz in den Honorartafeln festgesetzt.

Sobald die anrechenbaren Kosten über den in den Honorartafeln festgesetzten Kosten übersteigen so ist das Honorar frei vereinbar.

Tafel 3.40 Honorartafel für Ingenieurbauwerke nach § 44 HOAI (2013)

Anrechenbare Kosten in Euro	Honorarzone I sehr geringe Anforderungen		Honorarzone II geringe Anforderungen		Honorarzone III durchschnittliche Anforderungen		Honorarzone IV hohe Anforderungen		Honorarzone V sehr hohe Anforderungen	
	von	bis	von	bis	von	bis	von	bis	von	bis
	Euro		Euro		Euro		Euro		Euro	
25.000	3449	4109	4109	4768	4768	5428	5428	6036	6036	6696
35.000	4475	5331	5331	6186	6186	7042	7042	7831	7831	8687
50.000	5897	7024	7024	8152	8152	9279	9279	10.320	10.320	11.447
75.000	8069	9611	9611	11.154	11.154	12.697	12.697	14.121	14.121	15.663
100.000	10.079	12.005	12.005	13.932	13.932	15.859	15.859	17.637	17.637	19.564
150.000	13.786	16.422	16.422	19.058	19.058	21.693	21.693	24.126	24.126	26.762
200.000	17.215	20.506	20.506	23.797	23.797	27.088	27.088	30.126	30.126	33.417
300.000	23.534	28.033	28.033	32.532	32.532	37.031	37.031	41.185	41.185	45.684
500.000	34.865	41.530	41.530	48.195	48.195	54.861	54.861	61.013	61.013	67.679
750.000	47.576	56.672	56.672	65.767	65.767	74.863	74.863	83.258	83.258	92.354
1.000.000	59.264	70.594	70.594	81.924	81.924	93.254	93.254	103.712	103.712	115.042
1.500.000	80.998	96.482	96.482	111.967	111.967	127.452	127.452	141.746	141.746	157.230
2.000.000	101.054	120.373	120.373	139.692	139.692	159.011	159.011	176.844	176.844	196.163
3.000.000	137.907	164.272	164.272	190.636	190.636	217.001	217.001	241.338	241.338	267.702
5.000.000	203.584	242.504	242.504	281.425	281.425	320.345	320.345	356.272	356.272	395.192
7.500.000	278.415	331.642	331.642	384.868	384.868	438.095	438.095	487.227	487.227	540.453
10.000.000	347.568	414.014	414.014	480.461	480.461	546.908	546.908	608.244	608.244	674.690
15.000.000	474.901	565.691	565.691	656.480	656.480	747.270	747.270	831.076	831.076	921.866
20.000.000	592.324	705.563	705.563	818.801	818.801	932.040	932.040	1.036.568	1.036.568	1.149.806
25.000.000	702.770	837.123	837.123	971.476	971.476	1.105.829	1.105.829	1.229.848	1.229.848	1.364.201

Tafel 3.41 Honorartafel für Verkehrsanlagen § 48 HOAI (2013)

Anrechenbare Kosten in Euro	Honorarzone I sehr geringe Anforderungen		Honorarzone II geringe Anforderungen		Honorarzone III durchschnittliche Anforderungen		Honorarzone IV hohe Anforderungen		Honorarzone V sehr hohe Anforderungen	
	von	bis	von	bis	von	bis	von	bis	von	bis
	Euro		Euro		Euro		Euro		Euro	
25.000	3882	4624	4624	5366	5366	6108	6108	6793	6793	7535
35.000	4981	5933	5933	6885	6885	7837	7837	8716	8716	9668
50.000	6487	7727	7727	8967	8967	10.207	10.207	11.352	11.352	12.592
75.000	8759	10.434	10.434	12.108	12.108	13.783	13.783	15.328	15.328	17.003
100.000	10.839	12.911	12.911	14.983	14.983	17.056	17.056	18.968	18.968	21.041
150.000	14.634	17.432	17.432	20.229	20.229	23.027	23.027	25.610	25.610	28.407
200.000	18.106	21.567	21.567	25.029	25.029	28.490	28.490	31.685	31.685	35.147
300.000	24.435	29.106	29.106	33.778	33.778	38.449	38.449	42.761	42.761	47.433
500.000	35.622	42.433	42.433	49.243	49.243	56.053	56.053	62.339	62.339	69.149
750.000	48.001	57.178	57.178	66.355	66.355	75.532	75.532	84.002	84.002	93.179
1.000.000	59.267	70.597	70.597	81.928	81.928	93.258	93.258	103.717	103.717	115.047
1.500.000	80.009	95.305	95.305	110.600	110.600	125.896	125.896	140.015	140.015	155.311
2.000.000	98.962	117.881	117.881	136.800	136.800	155.719	155.719	173.183	173.183	192.102

Tafel 3.41   (Fortsetzung)

Anrechen-bare Kosten in Euro	Honorarzone I sehr geringe Anforderungen		Honorarzone II geringe Anforderungen		Honorarzone III durchschnittliche Anforderungen		Honorarzone IV hohe Anforderungen		Honorarzone V sehr hohe Anforderungen	
	von	bis	von	bis	von	bis	von	bis	von	bis
	Euro		Euro		Euro		Euro		Euro	
3.000.000	133.441	158.951	158.951	184.462	184.462	209.973	209.973	233.521	233.521	259.032
5.000.000	194.094	231.200	231.200	268.306	268.306	305.412	305.412	339.664	339.664	376.770
7.500.000	262.407	312.573	312.573	362.739	362.739	412.905	412.905	459.212	459.212	509.378
10.000.000	324.978	387.107	387.107	449.235	449.235	511.363	511.363	568.712	568.712	630.840
15.000.000	439.179	523.140	523.140	607.101	607.101	691.062	691.062	768.564	768.564	852.525
20.000.000	543.619	647.546	647.546	751.473	751.473	855.401	855.401	951.333	951.333	1.055.260
25.000.000	641.265	763.860	763.860	886.454	886.454	1.009.049	1.009.049	1.122.213	1.122.213	1.244.808

Tafel 3.42   Honorartafel für Tragwerksplanung § 52 HOAI (2013)

Anrechen-bare Kosten in Euro	Honorarzone I sehr geringe Anforderungen		Honorarzone II geringe Anforderungen		Honorarzone III durchschnittliche Anforderungen		Honorarzone IV hohe Anforderungen		Honorarzone V sehr hohe Anforderungen	
	von	bis	von	bis	von	bis	von	bis	von	bis
	Euro		Euro		Euro		Euro		Euro	
10.000	1461	1624	1624	2064	2064	2575	2575	3015	3015	3178
15.000	2011	2234	2234	2841	2841	3543	3543	4149	4149	4373
25.000	3006	3340	3340	4247	4247	5296	5296	6203	6203	6537
50.000	5187	5763	5763	7327	7327	9139	9139	10.703	10.703	11.279
75.000	7135	7928	7928	10.080	10.080	12.572	12.572	14.724	14.724	15.517
100.000	8946	9940	9940	12.639	12.639	15.763	15.763	18.461	18.461	19.455
150.000	12.303	13.670	13.670	17.380	17.380	21.677	21.677	25.387	25.387	26.754
250.000	18.370	20.411	20.411	25.951	25.951	32.365	32.365	37.906	37.906	39.947
350.000	23.909	26.565	26.565	33.776	33.776	42.125	42.125	49.335	49.335	51.992
500.000	31.594	35.105	35.105	44.633	44.633	55.666	55.666	65.194	65.194	68.705
750.000	43.463	48.293	48.293	61.401	61.401	76.578	76.578	89.686	89.686	94.515
1.000.000	54.495	60.550	60.550	76.984	76.984	96.014	96.014	112.449	112.449	118.504
1.250.000	64.940	72.155	72.155	91.740	91.740	114.418	114.418	134.003	134.003	141.218
1.500.000	74.938	83.265	83.265	105.865	105.865	132.034	132.034	154.635	154.635	162.961
2.000.000	93.923	104.358	104.358	132.684	132.684	165.483	165.483	193.808	193.808	204.244
3.000.000	129.059	143.398	143.398	182.321	182.321	227.389	227.389	266.311	266.311	280.651
5.000.000	192.384	213.760	213.760	271.781	271.781	338.962	338.962	396.983	396.983	418.359
7.500.000	264.487	293.874	293.874	373.640	373.640	466.001	466.001	545.767	545.767	575.154
10.000.000	331.398	368.220	368.220	468.166	468.166	583.892	583.892	683.838	683.838	720.660
15.000.000	455.117	505.686	505.686	642.943	642.943	801.873	801.873	939.131	939.131	989.699

Interpolation

Die Mindest- und Höchstsätze für Zwischenstufen der in den Honorartafeln enthaltenen anrechenbaren Kosten, Werte und Verrechnungseinheiten sind gemäß § 13 HOAI durch lineare Interpolation zu ermitteln.

$$x = a + \frac{b \cdot c}{d} = 100\,\% \text{ Honorar}$$

x das zu ermittelnde Honorar

a Honorar für die nächstniedrigere Stufe der anr. Kosten

b Differenz zwischen tatsächlichen anr. Kosten und nächstniedrigeren anr. Kosten

c Differenz der beiden Honorare für die nächsthöheren und nächstniedrigeren anr. Kosten

d Differenz der in der Tabelle nacheinander genannten anr. Kosten

Honorarberechnung

Die Ermittlung des Honorars bemisst sich für alle Planungsbereiche nach den anrechenbaren Kosten, der maßgebenden Honorarzone, der maßgeblichen Honorartafel und evtl. Zuschläge und Nebenkosten.

Abb. 3.21 Ablauf der Honorar-berechnung

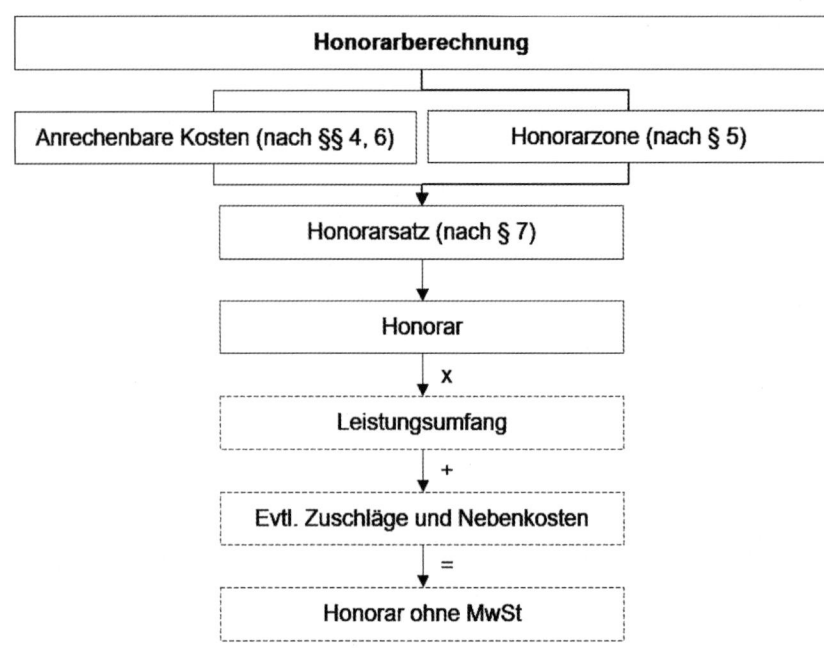

Beispiel: Honorarermittlung für Tragwerksplanung

Anrechenbare Kosten: 8.000.000 €

Honorarzone: III (Mittelwert)

Mittelwert 7,5 Mio. €:

$$\frac{(373.640 + 466.001)}{2} = 419.820,50 \, €$$

Mittelwert 10 Mio. €:

$$\frac{(468.166 + 583.892)}{2} = 526.029,00 \, €$$

Differenz: 106.208,50 €

Interpolation:

$$419.820,50 + \frac{(500.000 \cdot 106.208,50)}{2.500.000} = 441.062,20 \, €$$

Honoraranspruch: 441.062,20 €

3.8.2 DIN 276

Die DIN 276 dient, als Teil 1 für den Hochbau und Teil 4 für den Ingenieurbau, zur Ermittlung und Gliederung der Projektkosten sowie zur Ermittlung der Anrechenbaren Kosten für die Honorarermittlung für Architekten und Ingenieure.

Stufen der Kostenermittlung
Siehe Tafel 3.43.

3.8.3 Kostengliederung

Die Kostengliederung nach DIN 276 sieht eine dreistufige Gliederung der Kosten vor, die wiederum durch dreistellige Ordnungszahlen gekennzeichnet sind. Zusammenhängende Kosten werden dabei in die Kostengruppen eingeteilt.

Tafel 3.43 Stufen der Kostenermittlung nach DIN 276

Kostenrahmen

Der Kostenrahmen dient als eine Grundlage für die Entscheidung über die Bedarfsplanung sowie für grundsätzliche Wirtschaftlichkeits- und Finanzierungsüberlegungen und zur Festlegung der Kostenvorgabe.
Bei dem Kostenrahmen werden insbesondere folgende Informationen zugrunde gelegt:
– quantitative Bedarfsangaben, z. B. Raumprogramm mit Nutzeinheiten, Funktionselemente und deren Flächen;
– qualitative Bedarfsangaben, z. B. bautechnische Anforderungen, Funktionsanforderungen, Ausstattungsstandards;
– gegebenenfalls auch Angaben zum Standort.
Im Kostenrahmen müssen innerhalb der Gesamtkosten mind. die Bauwerkskosten gesondert ausgewiesen werden.

Kostenschätzung

Die Kostenschätzung dient als eine Grundlage für die Entscheidung über die Vorplanung.
In der Kostenschätzung werden insbesondere folgende Informationen zugrunde gelegt:
– Ergebnisse der Vorplanung, insbesondere Planungsunterlagen, zeichnerische Darstellungen;
– Berechnung der Mengen von Bezugseinheiten der Kostengruppen, nach DIN 277;
– erläuternde Angaben zu den planerischen Zusammenhängen, Vorgängen und Bedingungen;
– Angaben zum Baugrundstück und zur Erschließung.
In der Kostenschätzung müssen die Gesamtkosten nach Kostengruppen mindestens bis zur 1. Ebene der Kostengliederung ermittelt werden.

Tafel 3.43 (Fortsetzung)

Kostenberechnung

Die Kostenberechnung dient als eine Grundlage für die Entscheidung über die Entwurfsplanung.
In der Kostenberechnung werden insbesondere folgende Informationen zugrunde gelegt:
– Planungsunterlagen, z. B. durchgearbeitete Entwurfszeichnungen (Maßstab nach Art und Größe des Bauvorhabens), gegebenenfalls auch Detailpläne mehrfach wiederkehrender Raumgruppen;
– Berechnung der Mengen von Bezugseinheiten der Kostengruppen;
– Erläuterungen, z. B. Beschreibung der Einzelheiten in der Systematik der Kostengliederung, die aus den Zeichnungen und den Berechnungsunterlagen nicht zu ersehen, aber für die Berechnung und die Beurteilung der Kosten von Bedeutung sind.
In der Kostenberechnung müssen die Gesamtkosten nach Kostengruppen mindestens bis zur 2. Ebene der Kostengliederung ermittelt werden.

Kostenanschlag

Der Kostenanschlag dient als eine Grundlage für die Entscheidung über die Ausführungsplanung und die Vorbereitung der Vergabe.
Im Kostenanschlag werden insbesondere folgende Informationen zugrunde gelegt:
– Planungsunterlagen, z. B. endgültige vollständige Ausführungs-, Detail- und Konstruktionszeichnungen;
– Berechnungen, z. B. für Standsicherheit, Wärmeschutz, technische Anlagen;
– Berechnung der Mengen von Bezugseinheiten der Kostengruppen;
– Erläuterungen zur Bauausführung, z. B. Leistungsbeschreibungen;
– Zusammenstellungen von Angeboten, Aufträgen und bereits entstandenen Kosten (z. B. für das Grundstück, Baunebenkosten usw.).
Im Kostenanschlag müssen die Gesamtkosten nach Kostengruppen mindestens bis zur 3. Ebene der Kostengliederung ermittelt und nach den vorgesehenen Vergabeeinheiten geordnet werden. Der Kostenanschlag kann entsprechend dem Projektablauf in einem oder mehreren Schritten aufgestellt werden.

Kostenfeststellung

Die Kostenfeststellung dient zum Nachweis der entstandenen Kosten sowie gegebenenfalls zu Vergleichen und Dokumentationen.
In der Kostenfeststellung werden insbesondere folgende Informationen zugrunde gelegt:
– geprüfte Abrechnungsbelege, z. B. Schlussrechnungen, Nachweise der Eigenleistungen;
– Planungsunterlagen, z. B. Abrechnungszeichnungen;
– Erläuterungen.
In der Kostenfeststellung müssen die Gesamtkosten nach Kostengruppen bis zur 3. Ebene der Kostengliederung unterteilt werden.

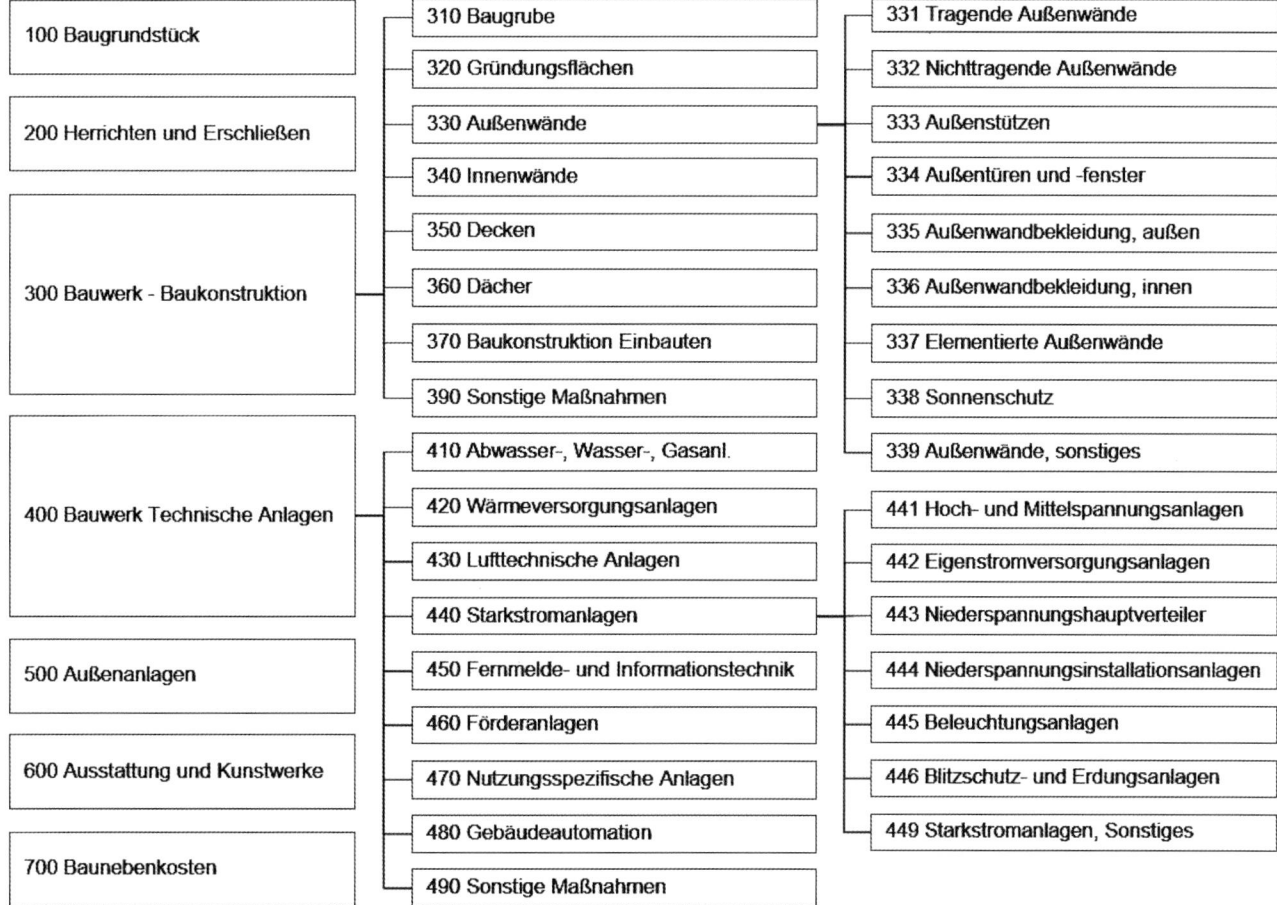

Abb. 3.22 Kostengliederung KG 300 und 400

3.8.4 DIN 277

Die DIN 277 (2016) dient für die Ermittlung der Grundflächen und Rauminhalte von Bauwerken sowie Teilen von Bauwerken im Hochbau. Die Ermittlung der Grundflächen und Rauminhalte sind Grundlage für die Berechnung der Kosten im Hochbau nach DIN 276 der Nutzungskosten im Hochbau nach DIN 18960 und beim wirtschaftlichkeitsvergleich von Bauwerken.

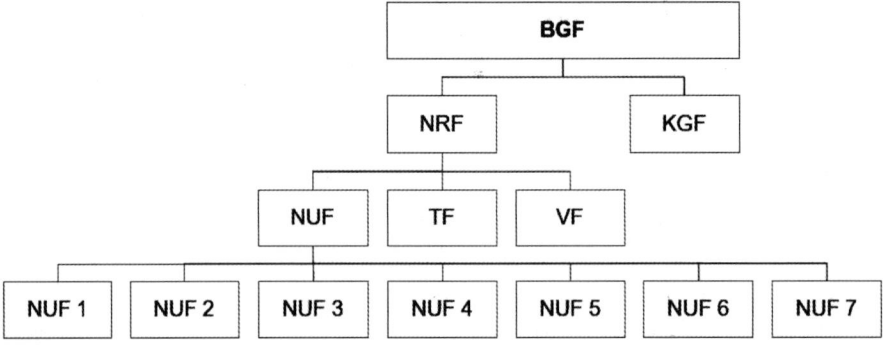

Abb. 3.23 Bauwerksgrundflächen nach DIN 277

Tafel 3.44 Definition der Grundflächen nach DIN 277

Bezeichnung	Erläuterung	Zusammenhang
BGF Brutto-Grundfläche	Gesamtfläche aller Grundrissebenen des Bauwerks	BGF = NRF + KGF
KGF Konstruktions-Grundfläche	Teilfläche der Brutto-Grundfläche (BGF), die sämtliche Grundflächen der aufgehenden Baukonstruktionen des Bauwerks umfasst	KGF = BGF − NRF
NRF Netto-Raumfläche	Teilfläche der Brutto-Grundfläche (BGF), die sämtliche Grundflächen der nutzbaren Räume aller Grundrissebenen des Bauwerks umfasst	NRF = BGF − KGF NRF = NUF + TV + VF
NUF Nutzungsfläche	Teilfläche der Netto-Raumfläche (NRF), die der wesentlichen Zweckbestimmung des Bauwerks dient	NUF = NRF − TF − VF NUF = NUF1 + NUF2 + NUF3 + NUF4 + NUF5 + NUF6 + NUF7
TF Technikfläche	Teilfläche der Netto-Raumfläche (NRF) für die technischen Anlagen zur Versorgung und Entsorgung des Bauwerks	TF = NRF − NUF − VF
VF Verkehrsfläche	Teilfläche der Netto-Raumfläche (NRF) für die horizontale und vertikale Verkehrserschließung des Bauwerks	VF = NRF − NUF − TF

Tafel 3.45 Untergliederung BGF und KGF nach DIN 277

Bezeichnung	Erläuterung	Zusammenhang
IGF Innen-Grundfläche	Differenz der Brutto-Grundfläche (BGF) und der Außenwand-Konstruktions-Grundfläche (AKF)	IGF = BGF − AKF
NGF Netto-Grundfläche	Differenz der Innen-Grundfläche (IGF) und der Innenwand-Konstruktions-Grundfläche (IKF)	NGF = IGF − IKF
NRF Netto-Raumfläche	Differenz der Netto-Grundfläche (NGF) und der Trennwand-Grundfläche (TGF)	NRF = NGF − TGF
AKF Außenwand-Konstruktions-Grundfläche	Konstruktionsgrundfläche der Außenwände	AKF = BGF − IGF
IKF Innenwand-Konstruktions-Grundfläche	Konstruktionsgrundfläche der Innenwände	IKF = IGF − NGF
TGF Trennwand-Grundfläche	Grundfläche der Trennwände	TGF = NGF − NRF

Tafel 3.46 Rauminhalte nach DIN 277

Bezeichnung	Erläuterung	Zusammenhang
BRI Brutto-Rauminhalt	Gesamtvolumen des Bauwerks	BRI = KRI + NRI
KRI Konstruktions-Rauminhalt	Teilvolumen des Brutto-Rauminhalts (BRI), das von den Baukonstruktionen des Bauwerks eingenommen wird	KRI = BRI − NRI
NRI Netto-Rauminhalt	Teilvolumen des Brutto-Rauminhalts (BRI), das sämtliche nutzbaren Räume aller Grundrissebenen des Bauwerks umfasst	NRI = BRI − KRI

Tafel 3.47 Grundflächen eines Grundstücks nach DIN 277

Bezeichnung	Erläuterung	Zusammenhang
GF Grundstücksfläche	Fläche, die durch die Grundstücksgrenzen gebildet wird und die im Liegenschafts-kataster sowie im Grundbuch ausgewiesen ist	GF = BF + UF
BF Bebaute Fläche	Teilfläche der Grundstücksfläche (GF), die durch ein Bauwerk oberhalb der Ge-ländeoberfläche überbaut oder überdeckt oder unterhalb der Geländeoberfläche unterbaut ist	BF = GF − UF
UF Unbebaute Fläche	Teilfläche der Grundstücksfläche (GF), die nicht durch ein Bauwerk überbaut, überdeckt oder unterbaut ist	UF = GF − BF
AF Außenanlagenfläche	Teilfläche der Grundstücksfläche (GF), die sich außerhalb eines Bauwerks bzw. bei unterbauter Grundstücksfläche über einem Bauwerk befindet	AF = GF − überbaute GF AF = UF + unterbaute GF

Tafel 3.48 Gliederung der Nutzflächen nach DIN 277

Nutzungsfläche (NUF)	Beispiele und Anmerkungen
NUF 1 Wohnen und Aufenthalt	Wohnräume, Schlafräume, Beherbergungsräume, Küchen in Wohnungen, Gemeinschaftsräume, Auf-enthaltsräume, Bereitschaftsräume, Pausenräume, Teeküchen, Ruheräume, Warteräume Speiseräume, Haftäume
NUF 2 Büroarbeit	Büroräume, Großraumbüros, Besprechungsräume, Konstruktionsräume, Zeichenräume, Schalterräume, Aufsichtsräume, Bürogeräteräume
NUF 3 Produktion, Hand- und Maschinen-arbeit, Forschung und Entwicklung	Werkhallen, Werkstätten, Labors (technologische, physikalische, elektrotechnische, chemische, biologi-sche usw.), Räume für Tierhaltung, Räume für Pflanzenzucht, gewerbliche Küchen (einschließlich Aus-und Rückgaben), Sonderarbeitsräume (für Hauswirtschaft, Wäschepflege usw.)
NUF 4 Lagern, Verteilen und Verkaufen	Lager- und Vorratsräume, Lagerhallen, Tresorräume, Siloräume, Archive, Sammlungsräume, Registratu-ren, Kühlräume, Annahme- und Ausgaberäume, Packräume, Versandräume, Verkaufsräume, Messeräume
NUF 5 Bildung, Unterricht und Kultur	Unterrichts- und Übungsräume, Hörsäle, Seminarräume, Werkräume, Praktikumsräume, Bibliotheksräu-me, Leseräume, Sporträume, Gymnastikräume, Zuschauerräume (in Kinos, Theatern, Sporthallen usw.), Bühnenräume, Studioräume…
NUF 6 Heilen und Pflegen	Räume für allgemeine Untersuchung und Behandlung (für medizinische Erstversorgung, Beratung usw.), Räume für spezielle Untersuchung und Behandlung (für Endoskopie, Physiologie, Zahnmedizin usw.), Operationsräume, Entbindungsräume, Räume für Strahlendiagnostik und Strahlentherapie, …
NUF 7 Sonstige Nutzungen	Abstellräume, Fahrradräume, Müllsammelräume, Fahrzeugabstellflächen (Garagen, Hallen, Schutz-dächer), Fahrgastaufenthaltsflächen (Bahn- und Flugsteige usw.) Technische Anlagen zum Betrieb nutzungsspezifischer Einrichtungen (EDV-Serverraum, Kompressor-Raum für die Druckluftanlage einer Werkstatt, Schalträume für medizinische Einrichtungen, Schaltwar-ten, usw.), Schutzräume Sanitärräume (Toiletten einschließlich Vorräume, Waschräume, Duschräume, Saunaräume, Putzräume usw.), Umkleideräume (Schrankräume, Künstlergarderoben usw.), Reinigungsschleusen

3.9 Building Information Modeling (BIM)

Unter dem Begriff Building Information Modeling (BIM) werden neue Werkzeuge und Zusammenarbeitsformen beim Planen, Bauen und Betreiben von Bauwerken zusammenge-fasst, die zu einer höheren Digitalisierung der Wertschöp-fungskette Bauen beitragen sollen. Viele dieser Werkzeuge werden sehr bald Markt-standard sein. Das Bundesministeri-um für Verkehr und digitale Infrastruktur (BMVI) legte einen „Stufenplan Digitales Planen und Bauen" vor, der die Selbst-verpflichtung des Ministeriums enthält, BIM verpflichtend für alle Bauinfrastrukturmaßnahmen des Bundes ab 2020 vorzugeben.

„Building Information Modeling bezeichnet eine koope-rative Arbeitsmethodik, mit der auf der Grundlage digitaler Modelle eines Bauwerks die für seinen Lebenszyklus rele-vanten Informationen und Daten konsistent erfasst, verwaltet und in einer transparenten Kommunikation zwischen den Beteiligten ausgetauscht oder für die weitere Bearbeitung übergeben werden."

Basis ist ein dreidimensionales (virtuelles) Gebäudeda-tenmodell bei dem digitale Gebäudeinformationen erzeugt, verarbeitet, verwaltet und zusammengeführt werden. Durch die Methode BIM verspricht man sich viele Vorteile, wie et-wa eine Steigerung der bisherigen Planungsqualität durch eine verbesserte Zusammenarbeit der Planungsbeteiligten und eine automatische Kollisionsprüfung (Clash Detection), eine frühzeitigere und effizientere Optimierung von Pla-nungsentwürfen, eine höhere Kostensicherheit durch eine modellbasierte Massenermittlung, eine verbesserte Bauab-laufplanung, eine verbesserte Dokumentation zum Ende des Bauvorhabens sowie eine signifikant reduzierte Fehleranfäl-ligkeit und deutlich erhöhte Fehlererkennung während des gesamte Projektabwicklung.

Abb. 3.24 Koordinations- und
Teilmodelle

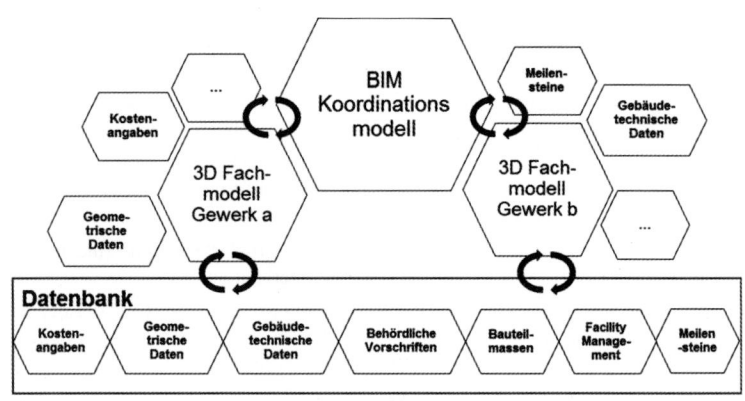

BIM im Lebenszyklus

Im gesamten Lebenszyklus eines Bauwerks sind die Kosten in der Bau- und Betriebsphase am höchsten und somit beim Auftraggeber und späteren Nutzer von besonderer Bedeutung.

Das BIM Gebäudedatenmodell ermöglicht bereits in der Planungsphase Auswirkungen von Entscheidungen auf die Betriebsphase darzustellen. Durch die Informationsdurchgängigkeit über die Planungs-, und Bau- bis zur Betriebsphase können zu einem frühen Projektzeitpunkt Entscheidungen so getroffen werden, dass sich anfallende Kosten in der Betriebsphase optimieren lassen. Auch die entstehende Menge und Detailtiefe der Informationen, kann zu einer verbesserten Bewirtschaftung und ggf. auch zu höheren Verkaufserlösen der Immobilien führen.

Datenaustausch von Bauwerksmodellen

Sämtliche Projektinformationen werden in einem BIM Projekt zentral bereitgestellt, verwaltet und koordiniert Bei der Modellierung greifen die Planer auf ihre spezifischen Daten

zurück (z. B. Leistungsdaten für Lüftungstechnik, Heizungstechnik, …) und fügen diese den Modellelementen hinzu. Bei konsequenter Verknüpfung verfügen die Modellelemente dadurch über Informationen, z. B. über Abhängigkeiten zu anderen Elementen oder ihren physischen Eigenschaften. Durch die Methode BIM und entsprechende Software können die Modelle diese Informationen mit anderen Modellen austauschen, bzw. auf zentral vorgehaltene Informationen zurückgreifen. Damit der Austausch fehlerfrei funktioniert werden Anforderungen im BIM Abwicklungsplan definiert.

Als offene und herstellerunabhängige Schnittstelle hat sich die IFC Schnittstelle (Industry Foundation Classes) vom buildingSMART etabliert, welche unter der ISO 16739 als internationaler Standard registriert ist.

AIA und BAP

Während der Projektvorbereitung werden auf Basis des auftraggeberseitigen Nutzerbedarfs projektspezifische Auftraggeber-Informations-Anforderungen (AIA) entwickelt. Die AIA beschreiben dabei die auftraggeberseitigen Vorgaben an

Abb. 3.25 Datenaustausch von
Bauwerksmodellen, vgl. [3]

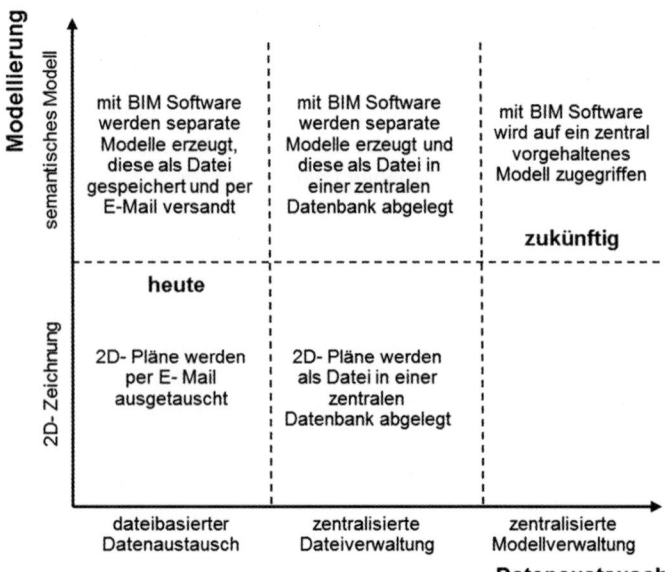

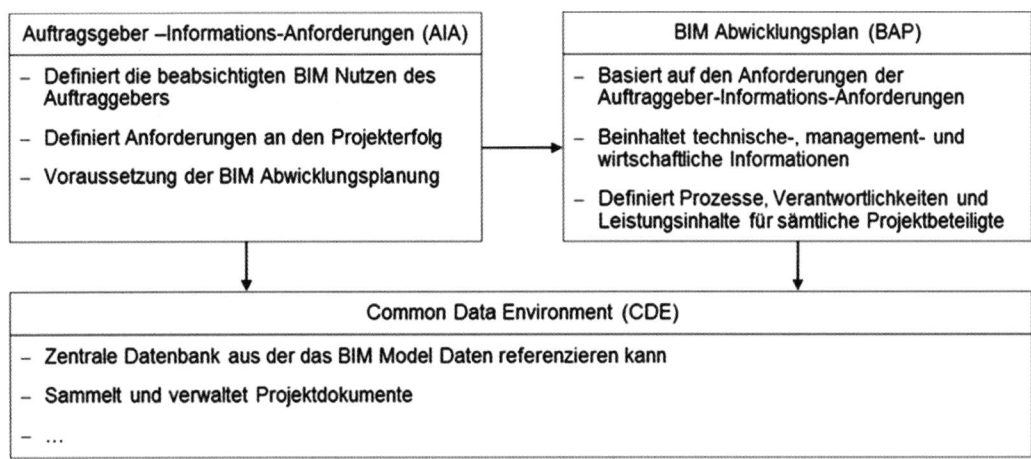

Abb. 3.26 AIA und BAP

die BIM-Prozesse. Im weiteren Verlauf im Anschluss daran beschreibt der BIM Abwicklungsplan die Umsetzung der in den Auftraggeber-Informations-Anforderungen definierten Anforderungen in einem Projekt und stellt die geforderten BIM Nutzen sicher.

BIM Software
Softwareapplikationen die in den BIM Prozess eingesetzt werden bzw. diesen unterstützen gibt es für unterschiedlichste Einsatzbereiche. Dabei sollten die verschiedenen Softwareprogramme über offene Schnittstellen verfügen.

Tafel 3.49 Übersicht BIM-Software (Auszug)

BIM-Softwarekategorien (Auszug)	
Anwendungsfeld	Software
Architektur	Autodesk Revit, Allplan Architektur, Vectorworks, Bentley Speedikon Architektur
Tragwerksplanung	Tekla Structure, Autodesk Revit Structure, Allplan Ingenieurbau
Haustechnik	Autodesk Revit MEP, Graphisoft HKLSE-Modeller
Kosten- und Terminplanung	RIB iTWO, BIM4you, DBD-Kostenkalkül
Koordination und Kommunikation	Solibri Model Checker, Autodesk Navisworks, Tekla BIMsight

Literatur

1. Berner, F.; Kochendörfer, B.; Schach, R. (2014) Grundlagen der Baubetriebslehre 2: Baubetriebsplanung, 2. Auflage, Stuttgart/Berlin/Dresden: Springer Vieweg Verlag

2. Berner, F.; Kochendörfer, B.; Schach, R. (2015) Grundlagen der Baubetriebslehre 3: Baubetriebsführung, 2. Auflage, Stuttgart/Berlin/Dresden: Springer Vieweg Verlag

3. Borrmann, A. (2012) Building Information Modeling – Datenaustausch/Datenmanagement, Zusammenarbeit. Vorlesung, Lehrstuhl für Computergestützte Modellierung und Simulation, Technische Universität München

4. Bundesanstalt für Arbeitsschutz und Arbeitsmedizin (o. D.) Wirtschaftliche und sichere Baustelleneinrichtung, Dortmund, BAuA

5. Hauptverband der Deutschen Bauindustrie e. V. (HDB); Zentralverband Deutsches Baugewerbe e. V. (ZDB) KLR-Bau Kosten- und Leistungsrechnung der Bauunternehmen, 8. Auflage, Verlagsgesellschaft Rudolf Müller GmbH Co. KG

6. Kluge, I. Die Baustellenverordnung in der Praxis. SiGeKo-Erfahrungen, Artikel aus: Beratende Ingenieure Jg.35, Nr.11/12, 2005 S. 44–49

7. Krause, T.; Ulke, B. (2016) Zahlentafeln für den Baubetrieb, 9. Auflage, Aachen: Springer Vieweg Verlag

8. Würfele, F.; Bielefeld, B.; Gralla, M. (2012) Bauobjektüberwachung, 2. Auflage, Dortmund: Springer Vieweg Verlag

Gesetze, Normen und Richtlinien

9. AHO-Schriftenreihe (Heft 9), 4., vollständig überarbeitete Auflage „Leistungsbild und Honorierung Projektmanagementleistungen in der Bau- und Immobilienwirtschaft", Stand: Mai 2014

10. Arbeitsschutzgesetz vom 7. August 1996 (BGBl. I S. 1246), das zuletzt durch Artikel 427 der Verordnung vom 31. August 2015 (BGBl. I S. 1474) geändert worden ist

11. Arbeitsstättenverordnung vom 12. August 2004 (BGBl. I S. 2179), die zuletzt durch Artikel 1 der Verordnung vom 30. November 2016 (BGBl. I S. 2681) geändert worden ist"

12. Baugesetzbuch in der Fassung der Bekanntmachung vom 23. September 2004 (BGBl. I S. 2414), das zuletzt durch Artikel 6 des Gesetzes vom 20. Oktober 2015 (BGBl. I S. 1722) geändert worden ist

13. Baunutzungsverordnung in der Fassung der Bekanntmachung vom 23. Januar 1990 (BGBl. I S. 132), die zuletzt durch Artikel 2 des Gesetzes vom 11. Juni 2013 (BGBl. I S. 1548) geändert worden ist

14. Bauordnung für das Land Nordrhein-Westfalen – Landesbauordnung – (BauO NRW) in der Fassung der Bekanntmachung Vom 1. März 2000

15. Baustellenverordnung vom 10. Juni 1998 (BGBl. I S. 1283), die zuletzt durch Artikel 3 Absatz 2 der Verordnung vom 15. November 2016 (BGBl. I S. 2549) geändert worden ist

16. Betriebssicherheitsverordnung vom 3. Februar 2015 (BGBl. I S. 49), die zuletzt durch Artikel 2 der Verordnung vom 15. November 2016 (BGBl. I S. 2549) geändert worden ist

17. Bundes-Immissionsschutzgesetz in der Fassung der Bekanntmachung vom 17. Mai 2013 (BGBl. I S. 1274), das zuletzt durch Artikel 1 des Gesetzes vom 30. November 2016 (BGBl. I S. 2749) geändert worden ist

18. Bundesrahmentarifvertrag für das Baugewerbe (BRTV) 4. Juli 2002 in der Fassung vom 17. Dezember 2003, 14. Dezember 2004, 29. Juli 2005, 19. Mai 2006, 20. August 2007, 31. Mai 2012, 17. Dezember 2012, 5. Juni 2014, 10. Dezember 2014 und 10. Juni 2016

19. Chemikaliengesetz in der Fassung der Bekanntmachung vom 28. August 2013 (BGBl. I S. 3498, 3991), das zuletzt durch Artikel 4 Absatz 97 des Gesetzes vom 18. Juli 2016 (BGBl. I S. 1666) geändert worden ist

20. DIN 276: Kosten im Bauwesen: Teil 1 Hochbau; Fassung 12/2008

21. DIN 277: Grundflächen und Rauminhalte im Bauwesen, Teil 1 Hochbau, Fassung 01/2016

22. DIN 69901: Projektmanagement: Teil 5 Begriffe, Fassung 01/2009

23. Gefahrstoffverordnung vom 26. November 2010 (BGBl. I S. 1643, 1644), die zuletzt durch Artikel 1 der Verordnung vom 15. November 2016 (BGBl. I S. 2549) geändert worden ist

24. Gewerbeabfallverordnung vom 19. Juni 2002 (BGBl. I S. 1938), die durch Artikel 4 der Verordnung vom 2. Dezember 2016 (BGBl. I S. 2770) geändert worden ist

25. Immobilienwertermittlungsverordnung vom 19. Mai 2010 (BGBl. I S. 639)

26. Planzeichenverordnung vom 18. Dezember 1990 (BGBl. 1991 I S. 58), die durch Artikel 2 des Gesetzes vom 22. Juli 2011 (BGBl. I S. 1509) geändert worden ist

27. PSA-Benutzungsverordnung vom 4. Dezember 1996 (BGBl. I S. 1841)

28. Regel zum Arbeitsschutz auf Baustellen 01, [BArbBl. 1/2001, S. 77 ff.] Stand: 02.11.2000

29. Regel zum Arbeitsschutz auf Baustellen 30, [BArbBl. 6/2003, S. 64 ff.] Stand: 27.03.2003

30. Regel zum Arbeitsschutz auf Baustellen 30, [BArbBl. 3/2004, S. 59 ff.] Stand: 12.11.2003

31. Raumordnungsgesetz vom 22. Dezember 2008 (BGBl. I S. 2986), das zuletzt durch Artikel 124 der Verordnung vom 31. August 2015 (BGBl. I S. 1474) geändert worden ist

32. Straßenverkehrs-Ordnung vom 6. März 2013 (BGBl. I S. 367), die zuletzt durch Artikel 2 der Verordnung vom 16. Dezember 2016 (BGBl. I S. 2938) geändert worden ist

33. Verwaltungsvorschrift zur Landesbauordnung – VV BauO NRW – RdErl. d. Ministeriums für Städtebau und Wohnen, Kultur und Sport v. 12.10.2000 – II A 3 – 100/85

34. Verordnung (EU) 2015/2342 der Kommission vom 15. Dezember 2015 zur Änderung der Richtlinie 2004/18/EG des Europäischen Parlaments und des Rates im Hinblick auf die Schwellenwerte für Auftragsvergabeverfahren

35. Verordnung über die Honorare für Architekten- und Ingenieurleistungen (Honorarordnung für Architekten und Ingenieure – HOAI) in der Fassung vom 10.07.2013, in Kraft getreten am 17.07.2013

36. Vergabe- und Vertragsordnung für Bauleistungen Teil A, Fassung 2016, Bekanntmachung vom 1. Juli 2016 (BAnz AT 01.07.2016 B4)

37. Vergabe- und Vertragsordnung für Bauleistungen Teil B: Allgemeine Vertragsbedingungen für die Ausführung von Bauleistungen Fassung 2016, (Bekanntmachung vom 31.7.2009, BAnz. Nr. 155 vom 15.10.2009) geändert durch Bekanntmachung vom 26. Juni 2012 (BAnz AT 13.07.2012 B3) zuletzt geändert durch Bekanntmachung vom 7. Januar 2016 (BAnz AT 19.01.2016 B3) in der Fassung 2016 in Anwendung seit dem 18.4.2016 gem. § 2 Vergabeverordnung (Art. 1 der Verordnung vom 12.04.2016, BGBl. I S. 624) i. V.m. § 8a Abs. 1 VOB/A 2016

38. Verwaltungsvorschrift zur Landesbauordnung – VV BauO NRW, Ministerialblatt (MBl. NRW.) Ausgabe 2000 Nr. 71 vom 23.11.2000 Seite 1431 bis 1512

39. Wasserhaushaltsgesetz vom 31. Juli 2009 (BGBl. I S. 2585), das zuletzt durch Artikel 1 des Gesetzes vom 4. August 2016 (BGBl. I S. 1972) geändert worden ist

Internetquellen

40. STLB Bau, 08.02.2017, http://www.stlb-bau-online.de/ Ausschreibungstexte/Leistungsbereiche/1

Lastannahmen, Einwirkungen

4

Prof. Dr.-Ing. Winfried Roos

Inhaltsverzeichnis

4.1 Grundlagen der Tragwerksplanung 100
    4.1.1 Allgemeines 100
    4.1.2 Anforderungen 101
    4.1.3 Struktur des Nachweiskonzeptes 102
    4.1.4 Basisvariable und Bemessungswerte 104
    4.1.5 Nachweise für Grenzzustände der Tragfähigkeit . 106
    4.1.6 Nachweise für Grenzzustände der Gebrauchstauglichkeit 108
4.2 Eigenlasten von Baustoffen, Bauteilen und Lagerstoffen . 109
    4.2.1 Wichten und Flächenlasten von Baustoffen und Bauteilen 109
    4.2.2 Lagerstoffe 113
4.3 Nutzlasten für Hochbauten 116
    4.3.1 Allgemeines 116
    4.3.2 Abgrenzung von Eigen- und Nutzlast, Trennwandzuschlag 117
    4.3.3 Bekanntgabe zulässiger Nutzlasten 117
    4.3.4 Lotrechte vorwiegend ruhende Nutzlasten 117
    4.3.5 Gleichmäßig verteilte Nutzlasten und Einzellasten bei nicht vorwiegend ruhenden Einwirkungen . . . 120
    4.3.6 Horizontale Nutzlasten 121
4.4 Windlasten 121
    4.4.1 Allgemeines; Schwingungsanfälligkeit 121
    4.4.2 Windzonen, Windgeschwindigkeit v und Geschwindigkeitsdruck q 122
    4.4.3 Winddruck w bei nicht schwingungsanfälligen Konstruktionen 125
    4.4.4 Windkräfte bei nicht schwingungsanfälligen Konstruktionen 126
    4.4.5 Aerodynamische Druckbeiwerte 127
    4.4.6 Aerodynamische Kraftbeiwerte 142
    4.4.7 Abminderung der Windkräfte auf hintereinander liegende gleiche Stäbe, Tafeln oder Fachwerke . . 146
    4.4.8 Effektive Schlankheit für unterschiedliche Bauwerke und Baukörperformen 147
4.5 Schneelasten 148
    4.5.1 Charakteristische Werte der Schneelasten 148
    4.5.2 Schneelast auf Dächern 148

4.6 Eislasten 153
    4.6.1 Vereisungsklassen 153
    4.6.2 Vereisungsklassen und Eiszonen 154
    4.6.3 Eisansatz in größeren Höhen über Gelände 156
    4.6.4 Windlast auf vereiste Baukörper 156
4.7 Lastannahmen für Straßen- und Wegbrücken 157
    4.7.1 Allgemeines 157
    4.7.2 Verkehrsregellasten 157
4.8 Einwirkungen auf Brücken 159
    4.8.1 Allgemeines 159
    4.8.2 Grundlagen der Tragwerksplanung 159
    4.8.3 Einwirkungen aus Straßenverkehr und andere für Straßenbrücken besondere Einwirkungen . . . 160
    4.8.4 Einwirkungen für Fußgängerwege, Radwege und Fußgängerbrücken 164
    4.8.5 Einwirkungen aus Eisenbahnverkehr und andere für Eisenbahnbrücken typische Einwirkungen . . . 164
    4.8.6 Windeinwirkungen auf Brücken 164
    4.8.7 Temperatureinwirkungen bei Brückenüberbauten 164
4.9 Erdbebenlasten auf Hochbauten 167
    4.9.1 Allgemeines 167
    4.9.2 Erdbebenzonen 167
    4.9.3 Untergrundverhältnisse, Geologie und Baugrund . 169
    4.9.4 Gebäudekategorien 169
    4.9.5 Allgemeine Anforderungen an die Regelmäßigkeit des Bauwerks 169
    4.9.6 Grundlegende Anforderungen an bauliche Anlagen in Erdbebengebieten 171
    4.9.7 Regeldarstellung der Erdbebeneinwirkung 172
    4.9.8 Kombination der Erdbebeneinwirkung mit anderen Einwirkungen 173
    4.9.9 Vereinfachtes Antwortspektrenverfahren zur Bestimmung der Erdbebenkräfte 173
    4.9.10 Nachweis der Standsicherheit 174
    4.9.11 Besondere Regeln für Mauerwerksbauten 174
    4.9.12 Besondere Regeln für Gründungen üblicher Hochbauten 176
    4.9.13 Besondere Regeln für Beton-, Stahl- und Holzbauten 176

W. Roos ✉
Technische Hochschule Köln, Betzdorfer Straße 2, 50679 Köln, Deutschland

© Springer Fachmedien Wiesbaden GmbH 2018
U. Vismann (Hrsg.), *Wendehorst Bautechnische Zahlentafeln*, https://doi.org/10.1007/978-3-658-17936-6_4

Technische Baubestimmungen

DIN EN 1990		12.2010	Eurocode: Grundlagen der Tragwerksplanung
	/NA	12.2010	Nationaler Anhang zu DIN EN 1990
	/NA/A1	08.2012	Nationaler Anhang zu DIN EN 1990, Änderung A1
DIN EN 1991			Eurocode 1: Einwirkungen auf Tragwerke
-1			Teil 1: Allgemeine Einwirkungen auf Tragwerke
-1-1		12.2010	Teil 1-1: Wichten, Eigengewicht und Nutzlasten im Hochbau
	/NA	12.2010	Nationaler Anhang zu DIN EN 1991-1-1
	/NA/A1	05.2015	Änderung A1
-1-2		12.2010	Teil 1-2: Brandeinwirkungen auf Tragwerke
	Ber. 1	08.2013	Berichtigung 1
	/NA	09.2015	Nationaler Anhang zu DIN EN 1991-1-2
-1-3		12.2010	Teil 1-3: Schneelasten
	/A1	12.2015	Änderung A1
	/NA	12.2010	Nationaler Anhang zu DIN EN 1991-1-3
-1-4		12.2010	Teil 1-4: Windlasten
	/NA	12.2010	Nationaler Anhang zu DIN EN 1991-1-4
-1-5		12.2010	Teil 1-5: Temperatureinwirkungen
	/NA	12.2010	Nationaler Anhang zu DIN EN 1991-1-5
-1-6		12.2010	Teil 1-6: Einwirkungen während der Bauausführung
	Ber. 1	08.2013	Berichtigung 1
	/NA	12.2010	Nationaler Anhang zu DIN EN 1991-1-6
-1-7		12.2010	Teil 1-7: Außergewöhnliche Einwirkungen
	/A1	08.2014	Änderung A1
	/NA	12.2010	Nationaler Anhang zu DIN EN 1991-1-7
-2		12.2010	Teil 2: Verkehrslasten auf Brücken
	/NA	08.2012	Nationaler Anhang zu DIN EN 1991-2
DIN 1055			Einwirkungen auf Tragwerke
-1		06.2002	Teil 1: Wichten und Flächenlasten von Baustoffen, Bauteilen und Lagerstoffen
-2		11.2010	Teil 2: Bodenkenngrößen
-3		03.2006	Teil 3: Eigen- und Nutzlasten für Hochbauten
-4		03.2005	Teil 4: Windlasten
		03.2006	Berichtigung 1 zu DIN 1055-4: 2005-03
-5		07.2005	Teil 5: Schnee- und Eislasten
DIN 1072		12.1985	Straßen- und Wegbrücken; Lastannahmen
		05.1988	Beiblatt 1 zu DIN 1072: 1985-12
DIN 4149		04.2005	Bauten in deutschen Erdbebengebieten – Lastannahmen, Bemessung und Ausführung üblicher Hochbauten

4.1 Grundlagen der Tragwerksplanung

nach DIN EN 1990: 2010-12; DIN EN 1990/NA: 2010-12; DIN EN 1990/NA/A1: 2012-08

4.1.1 Allgemeines

Die Entwicklung des Eurocode-Programms begann im Jahr 1975 mit dem Ziel, innerhalb der europäischen Gemein- schaft technische Handelshemmnisse zu beseitigen und die technischen Normen zu harmonisieren. Im Rahmen dieses Programms wurden harmonisierte technische Regelwerke für die Tragwerksplanung von Bauwerken erarbeitet. Insgesamt umfasst das Programm folgende Normen, die in der Regel aus mehreren Teilen bestehen:

EN 1990 Eurocode 0 *Grundlagen der Tragwerksplanung*

EN 1991 Eurocode 1 *Einwirkungen auf Tragwerke*

EN 1992 Eurocode 2 *Entwurf, Berechnung und Bemessung von Stahlbetonbauten*

EN 1993 Eurocode 3 *Entwurf, Berechnung und Bemessung von Stahlbauten*

EN 1994 Eurocode 4 *Entwurf, Berechnung und Bemessung von Stahl-Beton-Verbundbauten*

EN 1995 Eurocode 5 *Entwurf, Berechnung und Bemessung von Holzbauten*

EN 1996 Eurocode 6 *Entwurf, Berechnung und Bemessung von Mauerwerksbauten*

EN 1997 Eurocode 7 *Entwurf, Berechnung und Bemessung in der Geotechnik*

EN 1998 Eurocode 8 *Auslegung von Bauwerken gegen Erdbeben*

EN 1999 Eurocode 9 *Entwurf, Berechnung und Bemessung von Aluminiumkonstruktionen*

Die Eurocodes beinhalten allgemeine Regelungen für den Entwurf, die Berechnung und die Bemessung von vollständigen Tragwerken und Einzelbauteilen, die sich für die übliche Anwendung eignen. Dabei wird unterschieden zwischen *Prinzipien* (sind grundsätzlich gültig; Kennzeichnung durch den Buchstaben P nach der Absatznummerierung) und *Anwendungsregeln* (sind allgemein anerkannte Regeln, die den Prinzipien folgen; abweichende Anwendungsregeln sind zulässig).

Die Nationale Fassung eines Eurocodes enthält den vollständigen Text mit möglicherweise einer nationalen Titelseite und einem nationalen Vorwort sowie einem Nationalen Anhang.

Der Nationale Anhang (NA) darf nur Hinweise zu den Parametern geben, die im Eurocode für nationale Entscheidungen offen gelassen wurden (z. B. Zahlenwerte für Teilsicherheitsbeiwerte, Vorschriften zur Anwendung der informativen Anhänge, ergänzende Regelungen, sofern diese den Eurocodes nicht widersprechen). Diese national festzulegenden Parameter (NDP) gelten für die Tragwerksplanung von Hochbauten und Ingenieurbauten in dem Land, in dem sie erstellt werden.

Derzeit (Stand Herbst 2016) sind die Eurocodes 0 bis 7 und 9 als Technische Baubestimmungen eingeführt; für die korrespondierenden nationalen Normen gelten in einzelnen Bundesländern zum Teil noch Übergangsregelungen.

Vor diesem Hintergrund basieren in dem Kapitel „**Lastannahmen, Einwirkungen**" die Abschn. 4.1 bis 4.5 sowie 4.8 auf den Regelungen der Eurocodes 0 (EN 1990) und 1 (EN 1991). Die entsprechenden Regelungen der vorangegangenen nationalen Normen können dem Kapitel 7, Abschnitte 1 bis 5, der 33. Auflage der Bautechnischen Zahlentafeln entnommen werden.

EN 1990 beinhaltet Prinzipien und Anforderungen zur Tragsicherheit, Gebrauchstauglichkeit und Dauerhaftigkeit von Tragwerken. Sie beruht auf dem Konzept der Bemessung nach Grenzzuständen mit Teilsicherheitsbeiwerten und

bildet die Grundlage der Eurocodes EN 1991 bis EN 1999. Ziel ist das Erreichen eines akzeptablen Zuverlässigkeitsniveaus, wobei folgende Annahmen vorausgesetzt sind:

- Wahl des Tragsystems und Tragwerksplanung durch entsprechend qualifizierte und erfahrene Personen.
- Bauausführung durch geschultes und erfahrenes Personal.
- Sicherstellung einer sachgerechten Aufsicht und Güteüberwachung während der Bauausführung.
- Verwendung von Baustoffen und Erzeugnissen entsprechend den Angaben in EN 1990 bis EN 1999 oder den maßgebenden Ausführungsnormen, Werkstoff- und Produktnormen.
- Sachgerechte Instandhaltung des Tragwerks.
- Nutzung des Tragwerks entsprechend den Planungsannahmen.

4.1.2 Anforderungen

Grundsätzlich ist ein Tragwerk so zu planen und auszuführen, dass es während der Errichtung und in der vorgesehenen Nutzungszeit mit angemessener Zuverlässigkeit und Wirtschaftlichkeit den möglichen Einwirkungen und Einflüssen standhält sowie die geforderten Anforderungen an die Gebrauchstauglichkeit eines Bauwerks oder eines Bauteils erfüllt.

Im Rahmen der Planung und Berechnung des Tragwerks sind die Aspekte ausreichende Tragfähigkeit, Gebrauchstauglichkeit und Dauerhaftigkeit zu berücksichtigen. Des Weiteren muss im Brandfall für die geforderte Feuerwiderstandsdauer eine ausreichende Tragsicherheit vorhanden sein. Darüber hinaus muss sichergestellt sein, dass bei außergewöhnlichen Ereignissen wie Explosionen, Anprall oder menschlichem Versagen keine Schadensfolgen entstehen, die in keinem Verhältnis zur Schadensursache stehen.

Die erforderliche Zuverlässigkeit eines Tragwerks ist durch den Entwurf und die Bemessung nach EN 1990 bis EN 1999 sowie durch die Anwendung geeigneter Ausführungs- und Qualitätsmanagementmaßnahmen sicherzustellen. Dabei können differenzierte Zuverlässigkeitsniveaus z. B. für die Tragfähigkeit oder die Gebrauchstauglichkeit zur Anwendung kommen (vgl. Abschn. 4.1.3).

In Tafel 4.1 sind Anhaltswerte für Planungsgrößen der Nutzungsdauer klassifiziert. Dabei sichern die in den bauartenspezifischen Bemessungsnormen enthaltenen Regelungen zur Gewährleistung der Dauerhaftigkeit bei angemessenem Instandhaltungsaufwand in der Regel während der vorgesehenen Nutzungsdauer die geforderte Tragfähigkeit und Gebrauchstauglichkeit ohne wesentliche Beeinträchtigung der Nutzungseigenschaften.

Tafel 4.1 Klassifizierung der Nutzungsdauer

Klasse der Nutzungsdauer	Planungsgröße der Nutzungsdauer (in Jahren)	Beispiele
1	10	Tragwerke mit befristeter Standzeit
2	10–25	Austauschbare Tragwerksteile, z. B. Kranbahnträger, Lager
3	15–30	Landwirtschaftlich genutzte und ähnliche Tragwerke
4	50	Gebäude und andere gewöhnliche Tragwerke
5	100	Monumentale Gebäude, Brücken und andere Ingenieurbauwerke

Folgende Aspekte sind im Hinblick auf die Gewährleistung der Dauerhaftigkeit eines Tragwerks und seiner Bauteile zu berücksichtigen:

- vorgesehene/vorhersehbare zukünftige Nutzung,
- geforderte Entwurfskriterien,
- erwartete Umweltbedingungen; diese sind in der Planungsphase zu erfassen, sodass ihr Einfluss auf die Dauerhaftigkeit festgelegt werden kann und geeignete Maßnahmen zum Schutz von Baustoffen und Bauprodukten ergriffen werden können,
- Zusammensetzung, Eigenschaften und Verhalten der Baustoffe und Bauprodukte,
- Baugrundeigenschaften,
- Wahl der Tragsysteme,
- Bauteilgeometrie und bauliche Durchbildung,
- Qualität von Bauausführung und -überwachung,
- Instandhaltung während der planmäßigen Nutzungsdauer,
- ggf. besondere Schutzmaßnahmen.

4.1.3 Struktur des Nachweiskonzeptes

Die bei der Planung und Berechnung eines Tragwerks anzusetzenden Einwirkungen und Umgebungseinflüsse, die Widerstandswerte der verwendeten Baustoffe und Bauprodukte sowie auch die geometrischen Eigenschaften sind Streuungen unterworfen. Aus diesem Grund kann der „Versagensfall (Nichterreichen einer gestellten Anforderung)" im Allgemeinen nicht mit absoluter Sicherheit ausgeschlossen werden; es müssen daher angemessene Zuverlässigkeiten festgelegt werden um insbesondere auch für ähnliche Tragwerke ein möglichst einheitliches Sicherheitsniveau zu erzielen.

Dabei wäre es in wirtschaftlicher Hinsicht wenig sinnvoll, die Zuverlässigkeit z. B. für Anforderungen an das Erscheinungsbild oder an die Funktion eines Tragwerks ähnlich hoch festzulegen wie z. B. für Anforderungen an die Sicherheit von Personen oder an die Sicherheit des Tragwerks.

Diese grundlegenden Gedanken sind im Nachweiskonzept der EN 1990 in Form einer semiprobabilistischen Betrachtungsweise umgesetzt; die Bemessung erfolgt mittels der Methode mit Teilsicherheitsbeiwerten, wobei die Basisvariablen (Einwirkungen, Widerstände, geometrische Eigenschaften; vgl. Abschn. 4.1.4) durch Anwendung von Teilsicherheitsbeiwerten und Kombinationsbeiwerten als Bemessungswerte für die maßgebenden Grenzzustandsnachweise dargestellt werden. Es werden nach EN 1990 zwei Grenzzustände unterschieden:

- **Grenzzustände der Tragfähigkeit (GZT)**
Dies sind Zustände, bei deren Überschreiten durch Einsturz oder andere Versagensformen die Sicherheit von Menschen und die Sicherheit des Tragwerks gefährdet ist. Auf die entsprechenden Nachweise wird in Abschn. 4.1.5 eingegangen. Die dabei festgelegten Teilsicherheitsbeiwerte gelten für eine Einstufung des Bauwerks in Zuverlässigkeitsklasse RC 2 gemäß EN 1990, Anhang B, mit den zugehörigen Zielwerten für den Zuverlässigkeitsindex β für verschiedene Bemessungssituationen, festgelegt für die Bezugszeiträume 1 Jahr und 50 Jahre gemäß EN 1990, Anhang C.

- **Grenzzustände der Gebrauchstauglichkeit (GZG)**
Dies sind Zustände, bei deren Überschreiten festgelegte Nutzungsanforderungen (z. B. Grenzdurchbiegungen, Grenzrissbreiten im Stahlbetonbau etc.) nicht erreicht werden. Auf die entsprechenden Nachweise wird in Abschn. 4.1.6 eingegangen. Der zugehörige Zielwert für den Zuverlässigkeitsindex β für nicht umkehrbare Anforderungen, ist – im Vergleich zu den Grenzzuständen der Tragfähigkeit – wesentlich geringer (EN 1990, Anhang C).

Die Struktur des Bemessungskonzeptes sowie die maßgebenden Bemessungssituationen für die Grenzzustände sind in Tafel 4.2 zusammengefasst. Dabei ist die Bemessung für die jeweiligen Grenzzustände mit geeigneten Modellen für das Tragsystem und für die Belastung durchzuführen und es ist nachzuweisen, dass kein Grenzzustand überschritten wird:

Bemessungswert einer Auswirkung E_d

$\leq$ Bemessungswert eines Widerstandes R_d bzw.

$\leq$ Bemessungswert eines Gebrauchstauglichkeitskriteriums C_d.

Das Gesamtvorgehen bei der Bemessung zeigt Abb. 4.1. Für den häufig vorkommenden Fall einer linear-elastischen Berechnung des Tragwerks darf entsprechend Abb. 4.2 vorgegangen werden.

Tafel 4.2 Struktur des Bemessungskonzeptes

Grenzzustand	Tragfähigkeit	Gebrauchstauglichkeit
Anforderungen	Sicherheit von Personen Sicherheit des Tragwerks	Wohlbefinden von Personen Funktion des Tragwerks Erscheinungsbild
Nachweiskriterien	Verlust der Lagesicherheit Festigkeitsversagen Stabilitätsversagen Versagen durch Materialermüdung	Verformungen und Verschiebungen Schwingungen Schäden (einschließlich Rissbildung) Schäden durch Materialermüdung
Bemessungssituationen	Ständige vorübergehende außergewöhnliche Erdbeben	Charakteristische häufige quasi-ständige
Beanspruchung	Bemessungswert der Beanspruchung z. B.: destabilisierende Einwirkungen, Schnittgrößen	Bemessungswert der Beanspruchung z. B.: Spannungen, Rissbreiten, Verformungen
Widerstand	Bemessungswert des Tragwiderstandes (Beanspruchbarkeit) z. B.: stabilisierende Einwirkungen, Materialfestigkeiten, Querschnittswiderstände	Bemessungswert des Gebrauchstauglichkeitskriteriums z. B.: Dekompression, Grenzwerte für Spannungen, Rissbreiten, Verformungen

Abb. 4.1 Einzelschritte bei der Bemessung

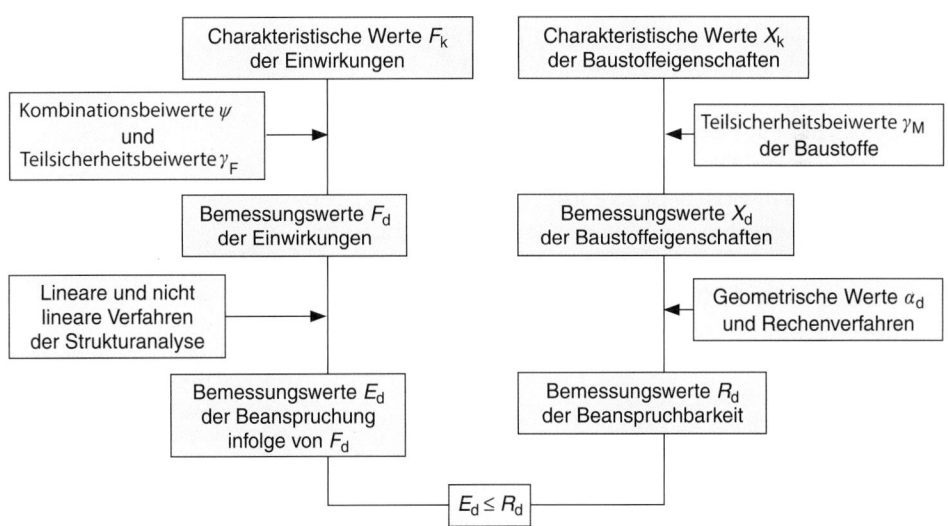

Abb. 4.2 Einzelschritte bei der Bemessung: linear-elastische Berechnung des Tragwerks

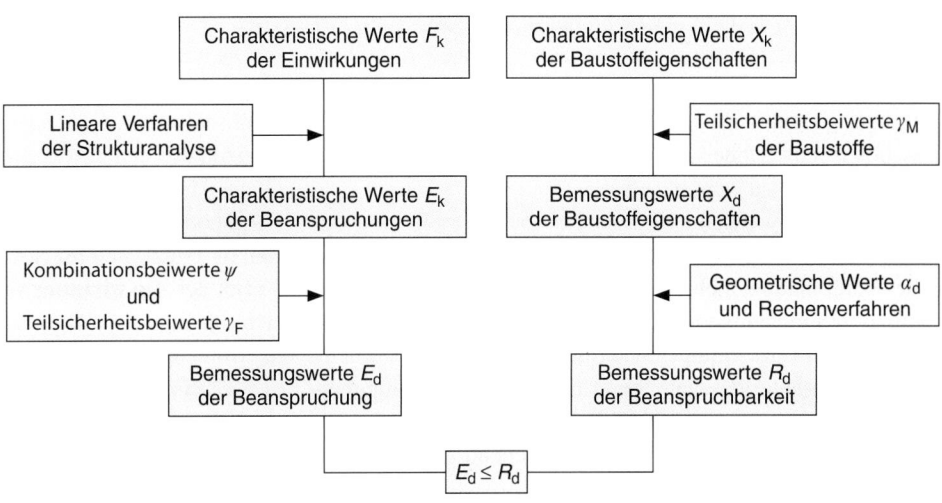

4.1.4 Basisvariable und Bemessungswerte

4.1.4.1 Einwirkungen/Auswirkungen von Einwirkungen

Wichtigstes Kriterium für die Einteilung von Einwirkungen ist ihre zeitliche Veränderung; danach wird unterschieden in:

- Ständige Einwirkungen (G), z. B. Eigengewicht, indirekte Einwirkungen aus Schwinden oder ungleichmäßigen Setzungen
- Veränderliche Einwirkungen (Q), z. B. Nutzlasten, Wind- und Schneelasten
- Außergewöhnliche Einwirkungen (A), z. B. Explosionen oder Fahrzeuganprall.

Der **charakteristische Wert** F_k einer Einwirkung ist der wichtigste repräsentative Wert. Dieser ist in EN 1991 als Mittelwert, als oberer oder unterer Wert oder als Nennwert festgelegt. Der charakteristische Wert einer **ständigen** Einwirkung ist bei kleiner Streuung von G als ein einziger Wert G_k (i. Allg. als Mittelwert) anzusetzen; bei größerer Streuung von G und auch bei kleiner Streuung für den Fall, dass das Tragwerk empfindlich auf die Veränderung von G reagiert, sind ein oberer Wert $G_{k,sup}$ und ein unterer Wert $G_{k,inf}$ anzusetzen. Der charakteristische Wert Q_k einer **veränderlichen** Einwirkung ist als einziger Wert auf Basis einer statistischen Verteilung oder auch als Nennwert (statistische Verteilung unbekannt) festgelegt. **Außergewöhnliche** Einwirkungen sowie **Erdbeben**einwirkungen sind durch Nennwerte festgelegt.

Für die veränderlichen Einwirkungen sind als weitere repräsentative Werte festgelegt:

- Kombinationswert $\psi_0 \cdot Q_k$
- häufiger Wert $\psi_1 \cdot Q_k$
- quasi-ständiger Wert $\psi_2 \cdot Q_k$.

Einwirkungskombinationen sind sowohl für die Grenzzustände der Tragfähigkeit (vgl. Abschn. 4.1.5.3) als auch für die Grenzzustände der Gebrauchstauglichkeit (vgl. Abschn. 4.1.6.2) festgelegt. Treten dabei Schnee und Wind *beide* als Begleiterscheinungen neben einer nichtklimatischen Leiteinwirkung auf, braucht bei Orten bis zu NN +1000 m nur Schnee *oder* Wind bei den Kombinationsregeln angesetzt zu werden.

Die Zahlenwerte für Kombinationsbeiwerte im Hochbau sind im NA entsprechend Tafel 4.3 festgelegt. Dabei darf die Kombination mehrkomponentiger Einwirkungen (z. B. Nutzlasten in mehrgeschossigen Gebäuden) mit anderen veränderlichen Einwirkungen wie folgt berücksichtigt werden:

- Die charakteristischen Werte der einzelnen Komponenten (Kategorien; vgl. Abschn. 4.3.4.1) bzw. ihre vorherrschenden Werte dürfen vereinfachend in voller Höhe addiert werden.
- Die Auswirkung der aufsummierten Nutzlasten darf bei der Lastweiterleitung in mehrgeschossigen Hochbauten abgemindert werden (vgl. Abschn. 4.3.4.1).

Tafel 4.3 Zahlenwerte für Kombinationsbeiwerte im Hochbau

Einwirkung	ψ_0	ψ_1	ψ_2
Nutzlasten im Hochbau[a,b]			
Kategorie A: Wohn- und Aufenthaltsräume	0,7	0,5	0,3
Kategorie B: Büros	0,7	0,5	0,3
Kategorie C: Versammlungsräume	0,7	0,7	0,6
Kategorie D: Verkaufsräume	0,7	0,7	0,6
Kategorie E: Lagerräume	1,0	0,9	0,8
Kategorie F: Verkehrsflächen, Fahrzeuglast $\leq$ 30 kN	0,7	0,7	0,6
Kategorie G: Verkehrsflächen, 30 kN $\leq$ Fahrzeuglast $\leq$ 160 kN	0,7	0,5	0,3
Kategorie H: Dächer	0	0	0
Schnee- und Eislasten[c]			
Orte bis zu NN+1000 m	0,5	0,2	0
Orte über NN+1000 m	0,7	0,5	0,2
Windlasten[d]	0,6	0,2	0
Temperatureinwirkungen (nicht Brand)[e]	0,6	0,5	0
Baugrundsetzungen[f]	1,0	1,0	1,0
Sonstige Einwirkungen[g,h]	0,8	0,7	0,5

[a] Kategorien siehe DIN EN 1991-1-1.
[b] Abminderungsbeiwerte für Nutzlasten in mehrgeschossigen Hochbauten siehe DIN EN 1991-1-1.
[c] Siehe DIN EN 1991-1-3.
[d] Siehe DIN EN 1991-1-4.
[e] Siehe DIN EN 1991-1-5.
[f] Siehe DIN EN 1997.
[g] Flüssigkeitsdruck ist im Allgemeinen als eine veränderliche Einwirkung zu behandeln, für die die ψ-Beiwerte standortbedingt festzulegen sind. Flüssigkeitsdruck, dessen Größe durch geometrische Verhältnisse oder aufgrund hydrologischer Randbedingungen begrenzt ist, darf als ständige Einwirkung behandelt werden, wobei alle ψ-Beiwerte gleich 1,0 zu setzen sind.
[h] ψ-Beiwerte für Maschinenlasten sind betriebsbedingt festzulegen.

- Die weiteren repräsentativen Werte bzw. ihre begleitenden Bemessungswerte werden mit den jeweiligen Kombinationsbeiwerten berechnet.

Horizontallasten sowie Lasten der Kategorien T, Z und K (siehe Abschn. 4.3.4 bis 4.3.6) sind im Hinblick auf Einwirkungskombinationen den in Tafel 4.3 angegebenen Kategorien für Nutzlasten im Hochbau zuzuordnen.

Bei der **Auswirkung von Einwirkungen** (E) handelt es sich um Beanspruchungen von Bauteilen (z. B. Schnittkräfte, Momente, Spannungen, Dehnungen) oder um Reaktionen des Gesamttragwerks (z. B. Durchbiegungen, Verdrehungen), die durch Einwirkungen hervorgerufen werden. Dabei werden die charakteristischen Werte unabhängiger Auswirkungen E_{Fk} – diese sollten bei der linear-elastischen Berechnung des Tragwerks angewendet werden – aus den charakteristischen Werten der unabhängigen Einwirkungen F_k am Tragwerk bestimmt. Gleiches gilt für die repräsentativen

Werte einer unabhängigen Auswirkung. Die charakteristischen Werte E_{Fk} – insbesondere die Schnittgrößen zwischen Bauwerk und Baugrund – werden bei der Bemessung der Gründung benötigt (vgl. Kap. 13).

Wie in Abschn. 4.1.3 erläutert, werden die Nachweise in den Grenzzuständen mit Bemessungswerten geführt.

Der **Bemessungswert F_d** einer Einwirkung ergibt sich dann aus dem maßgebenden repräsentativen Wert der Einwirkung F_{rep} durch Multiplikation mit dem Teilsicherheitsbeiwert γ_F, durch den ungünstige Größenabweichungen der Einwirkung berücksichtigt werden:

$$F_d = \gamma_F \cdot F_{rep}$$

Dabei ist F_{rep} allgemein definiert als $\psi \cdot F_k$, wobei der Kombinationsbeiwert ψ je nach Bemessungssituation entweder 1,0 ist oder als ψ_0, ψ_1 oder ψ_2 aus Tafel 4.3 zu entnehmen ist.

Der **Bemessungswert für die Auswirkung einer Einwirkung E_d** kann bei Betrachtung einer Einwirkungskombination (vgl. Abschn. 4.1.5.3 und 4.1.6.2) in der Regel wie folgt dargestellt werden:

$$E_d = E\left(\gamma_{F,1} \cdot F_{rep,1}; \gamma_{F,2} \cdot F_{rep,2}; \ldots; a_{d,1}; a_{d,2}; \ldots\right)$$

mit:

$\gamma_{F,i}$ Teilsicherheitsbeiwert für Einwirkungen unter Berücksichtigung von Modellunsicherheiten *und* Größenabweichungen (vgl. Abschn. 4.1.5.1)

$a_{d,i}$ Bemessungswerte der geometrischen Größen (vgl. Abschn. 4.1.4.3).

Bei linear-elastischer Berechnung des Tragwerks ergeben sich die Bemessungswerte der unabhängigen Auswirkungen $E_{Fd,i}$ analog zu den Bemessungswerten der unabhängigen Einwirkungen $F_{d,i}$; in diesem Fall darf der Bemessungswert einer Beanspruchung E_d durch Superposition der Bemessungswerte der unabhängigen Auswirkungen berechnet werden:

$$E_d = E_{Fd,1} + E_{Fd,2} + \ldots$$

4.1.4.2 Eigenschaften von Baustoffen, Bauprodukten und Bauteilen

Die Eigenschaften von Baustoffen, Bauprodukten und Bauteilen werden i. Allg. als **charakteristische Werte X_k** (Baustoffe, Bauprodukte) bzw. **R_k** (Bauteile) angegeben; sie sind nach den gültigen Prüfnormen und genormten Verfahren zu bestimmen. Die Festlegung der Werte erfolgt i. Allg. auf Basis von statistischen Verteilungen (z. B. Druckfestigkeit Beton als 5-%-Fraktile; Elastizitätsmoduli und Kriechbeiwerte Beton als Mittelwerte); wenn nicht genügend statistische Daten zur Verfügung stehen, dürfen auch Nennwerte verwendet

werden. Die Baustoff- und Produkteigenschaften werden in den Normen EN 1992 bis EN 1999 sowie in den maßgebenden harmonisierten Europäischen Technischen Produktnormen oder in anderen Dokumenten angegeben.

Der **Bemessungswert X_d** einer Baustoff- oder Produkteigenschaft ergibt sich dann aus dem charakteristischen Wert durch Multiplikation mit dem Umrechnungsbeiwert η (Berücksichtigung des Unterschiedes zwischen Probeneigenschaften und maßgebenden Eigenschaften im Bauteil) und durch Division mit dem Teilsicherheitsbeiwert γ_M, durch den ungünstige Größenabweichungen der Baustoff- oder Produkteigenschaft vom charakteristischen Wert sowie Streuungen des Umrechnungsbeiwertes η berücksichtigt werden:

$$X_d = \eta \cdot X_k / \gamma_M$$

Der **Bemessungswert R_d** der Tragfähigkeit eines Bauteiles darf wie folgt vereinfacht werden:

$$R_d = R\left(\eta_1 \cdot X_{k,1}/\gamma_{M,1}; \eta_2 \cdot X_{k,2}/\gamma_{M,2}; \ldots a_{d,1}; a_{d,2}; \ldots\right)$$

mit:

$\gamma_{M,i}$ Teilsicherheitsbeiwert für Bauteileigenschaften unter Berücksichtigung von Modellunsicherheiten, geometrischen Abweichungen *und* Größenabweichungen der Baustoff- oder Produkteigenschaften; Festlegung erfolgt in den Bemessungsnormen, wobei der Wert $\gamma_{M,i}$ den Faktor η_i mit enthalten darf

$a_{d,i}$ Bemessungswerte der geometrischen Größen (vgl. Abschn. 4.1.4.3).

4.1.4.3 Geometrische Größen

Die bei der Tragwerksplanung in Ausführungszeichnungen angegebenen Maße werden als **charakteristische Werte a_k** verwendet; es handelt sich hierbei um Nennmaße. Wenn die statistische Verteilung ausreichend bekannt ist, dürfen geometrische Angaben auch als festgelegte Fraktilwerte verwendet werden. Auf Maßtoleranzen an Schnittstellen zwischen Bauteilen aus verschiedenen Baustoffen ist zu achten.

Die **Bemessungswerte a_d** von geometrischen Größen dürfen als Nennwerte a_{nom} angenommen werden, d. h. der Bemessungswert entspricht i. Allg. dem charakteristischen Wert. Sind Abweichungen von Einfluss, sind die geometrischen Bemessungswerte wie folgt festzulegen:

$$a_d = a_{nom} \pm \Delta_a$$

Dabei berücksichtigt Δ_a die Möglichkeit ungünstiger Abweichungen von charakteristischen Werten oder Nennwerten sowie kumulative Wirkungen anderer Abweichungen.

4.1.5 Nachweise für Grenzzustände der Tragfähigkeit

4.1.5.1 Allgemeines

Bei der Tragwerksplanung werden folgende Grenzzustände der Tragfähigkeit unterschieden:

- EQU: Verlust der Lagesicherheit des Tragwerks oder eines seiner Teile, betrachtet als starrer Körper;
- STR: Versagen oder übermäßige Verformungen des Tragwerks oder seiner Teile einschließlich der Gründungselemente, wobei die Tragfähigkeit von Baustoffen und Bauteilen entscheidend ist;
- GEO: Versagen oder übermäßige Verformungen des Baugrundes, wobei die Festigkeiten von Boden oder Fels wesentlich an der Tragsicherheit beteiligt sind;
- FAT: Ermüdungsversagen des Tragwerks oder seiner Teile; die maßgebenden Kombinationen der Einwirkungen sind in EN 1992 bis EN 1999 angegeben.

Bei den Nachweisen für Grenzzustände der Tragfähigkeit sind für die Ermittlung der Bemessungswerte der Einwirkungen Teilsicherheitsbeiwerte und Kombinationsbeiwerte festgelegt.

Die Zahlenwerte für Kombinationsbeiwerte im Hochbau sind in Tafel 4.3 angegeben. Die Zahlenwerte für die Teilsicherheitsbeiwerte sind in den Tafeln 4.4, 4.5 und 4.6 angegeben; die in diesen Tafeln enthaltenen Zahlenwerte gelten für die Zuverlässigkeitsklasse RC 2 (vgl. Abschn. 4.1.3).

Tafel 4.4 Teilsicherheitsbeiwerte für Einwirkungen (EQU) (Gruppe A)

Einwirkung	Symbol	Situationen	
		P/T	A/E
Ständige Einwirkungen: Eigenlast des Tragwerks und von nicht tragenden Bauteilen, ständige Einwirkungen, die vom Baugrund herrühren, Grundwasser und frei anstehendes Wasser			
Destabilisierend	$\gamma_{G,dst}$	1,10	1,00
Stabilisierend	$\gamma_{G,stb}$	0,90	0,95
Bei kleinen Schwankungen der ständigen Einwirkungen, wenn durch Kontrolle die Unter- bzw. Überschreitung von ständigen Lasten mit hinreichender Zuverlässigkeit ausgeschlossen wird			
Destabilisierend	$\gamma_{G,dst}$	1,05	1,00
Stabilisierend	$\gamma_{G,stb}$	0,95	0,95
Ständige Einwirkungen für den kombinierten Nachweis der Lagesicherheit, der den Widerstand der Bauteile (z. B. Zugverankerungen) einschließt			
Destabilisierend	$\gamma_{G,dst}^*$	1,35	1,00
Stabilisierend	$\gamma_{G,stb}^*$	1,15	0,95
Destabilisierende veränderliche Einwirkungen	γ_Q	1,50	1,00
Außergewöhnliche Einwirkungen	γ_A	–	1,00

Tafel 4.5 Teilsicherheitsbeiwerte für Einwirkungen (STR/GEO) (Gruppe B)

Einwirkung	Symbol	Situationen	
		P/T	A/E
Unabhängige ständige Einwirkungen			
Auswirkung ungünstig[a,b]	$\gamma_{G,sup}$	1,35	1,00
Auswirkung günstig[a,b]	$\gamma_{G,inf}$	1,00	1,00
Unabhängige veränderliche Einwirkungen			
Auswirkung ungünstig[b,c]	γ_Q	1,50	1,00
Außergewöhnliche Einwirkungen	γ_A	–	1,00

[a] Beim Nachweis des Grenzzustands für das Versagen des Trägwerks werden die charakteristischen Werte aller ständigen Einwirkungen gleichen Ursprungs (unabhängige ständige Einwirkung) mit dem Faktor $\gamma_{G,sup}$ multipliziert, wenn die insgesamt resultierende Auswirkung auf die betrachtete Beanspruchung ungünstig ist, jedoch mit dem Faktor $\gamma_{G,inf}$, wenn die insgesamt resultierende Auswirkung günstig ist.
[b] Zur Wahl der Teilsicherheitsbeiwerte beim Nachweis von geotechnischen Zuständen siehe DIN 1054: 2009.
[c] Bei günstiger Auswirkung ist $\gamma_Q = 0$.

Tafel 4.6 Teilsicherheitsbeiwerte für Einwirkungen (GEO) (Gruppe C)

Einwirkung	Symbol	Situationen	
		P/T	A/E
Unabhängige ständige Einwirkungen			
Auswirkung ungünstig[a]	γ_G	1,00	1,00
Auswirkung günstig[a]	γ_G	1,00	1,00
Unabhängige veränderliche Einwirkungen			
Auswirkung ungünstig[b]	γ_Q	1,30	1,00
Außergewöhnliche Einwirkungen	γ_A	–	1,00

[a] Beim Nachweis des Grenzzustands für das Versagen des Trägwerks werden die charakteristischen Werte aller ständigen Einwirkungen gleichen Ursprungs (unabhängige ständige Einwirkung) mit dem Faktor $\gamma_{G,sup}$ multipliziert, wenn die insgesamt resultierende Auswirkung auf die betrachtete Beanspruchung ungünstig ist, jedoch mit dem Faktor $\gamma_{G,inf}$, wenn die insgesamt resultierende Auswirkung günstig ist.
[b] Bei günstiger Auswirkung ist $\gamma_Q = 0$.

Dabei werden die Teilsicherheitsbeiwerte für Einwirkungen

- in ständigen oder vorübergehenden Bemessungssituationen aus den jeweiligen mit „*P/T*" gekennzeichneten Spalten,
- in außergewöhnlichen Bemessungssituationen oder bei Erdbeben aus den jeweiligen mit „*A/E*" gekennzeichneten Spalten der Tafeln entnommen. Die genannten Bemessungssituationen sind in Abschn. 4.1.5.3 erläutert.

Die bei den Nachweisen für Grenzzustände der Tragfähigkeit für die Ermittlung der Bemessungswerte der Eigenschaften von Baustoffen, Bauprodukten und Bauteilen zu verwendenden Teilsicherheitsbeiwerte γ_M sowie auch der Teilsicherheitsbeiwert für Vorspannung γ_P sind den jeweiligen Bemessungsnormen EN 1992 bis EN 1999 zu entnehmen.

4.1.5.2 Nachweis der Lagesicherheit und der Tragfähigkeit

Die **Lagesicherheit eines Tragwerks (EQU)** ist nachgewiesen, wenn der Bemessungswert der Auswirkung der destabilisierenden Einwirkungen $E_{d,dst}$ den Bemessungswert der Auswirkung der stabilisierenden Einwirkungen $E_{d,stb}$ nicht überschreitet:

$$E_{d,dst} \leq E_{d,stb}$$

Die bei diesen Nachweisen anzusetzenden Teilsicherheitsbeiwerte sind in Tafel 4.4 angegeben. Es ist zu beachten, dass die charakteristischen Werte aller destabilisierend wirkenden *Anteile* der ständigen Einwirkungen mit dem Faktor $\gamma_{G,dst}$ und die charakteristischen Werte aller stabilisierend wirkenden *Anteile* mit dem Faktor $\gamma_{G,stb}$ multipliziert werden.

Ist für die Lagesicherheit in der Bemessungssituation P/T der Widerstand eines Bauteils (z. B. Zugverankerung) erforderlich, so ergibt sich der zugehörige Bemessungswert der Verankerungskraft $E_{d,anch}$ zu:

$$E_{d,anch} = E_{d,dst} - E_{d,stb}$$

Im Falle linear-elastischer Berechnung folgt:

$$E_{d,anch} = E_{G_{k,dst}} \cdot \gamma^*_{G,dst} + E_{Q_k} \cdot \gamma_Q - E_{G_{k,stb}} \cdot \gamma^*_{G,stb}$$

Darüber hinaus ist der Bemessungswert der Verankerungskraft bei günstiger Auswirkung aller ständigen Einwirkungen mit $\gamma_{G,inf}$ gemäß Tafel 4.5 zu bestimmen; der größere Bemessungswert ist dann nachzuweisen.

Bei **Nachweisen für Grenzzustände der Tragfähigkeit von Querschnitten, Bauteilen oder Verbindungen (STR oder GEO)** ist zu zeigen, dass der Bemessungswert der Auswirkung der Einwirkungen E_d den Bemessungswert der zugehörigen Tragfähigkeit R_d nicht überschreitet:

$$E_d \leq R_d$$

Bei Tragsicherheitsnachweisen für Bauteile (STR), die keine geotechnischen Einwirkungen enthalten, sind die Teilsicherheitsbeiwerte Tafel 4.5 zu entnehmen. Dabei werden Einwirkungen infolge Zwang grundsätzlich als veränderliche Einwirkungen $Q_{k,i}$ eingestuft. Flüssigkeitsdruck darf nur dann, wenn dessen Größe durch geometrische Verhältnisse oder aufgrund hydrologischer Randbedingungen begrenzt ist, als ständige Einwirkung behandelt werden; ansonsten ist er als veränderliche Einwirkung zu behandeln. Baugrundsetzungen sollten wie ständige Einwirkungen mit ungünstiger Auswirkung behandelt werden.

Tragsicherheitsnachweise für Bauteile (STR) wie Fundamente, Pfähle, Wände des Fundamentkörpers etc., die auch geotechnische Einwirkungen und Bodenwiderstände (GEO) beinhalten, sind sowohl für die geotechnischen Einwirkungen als auch für die übrigen Einwirkungen aus dem oder auf

das Tragwerk ausschließlich mit den Teilsicherheitsbeiwerten nach Tafel 4.5 zu führen.

Bei Nachweisen von Grenzzuständen des Baugrundversagens (GEO) sind die Teilsicherheitsbeiwerte der Einwirkungen Tafel 4.6 zu entnehmen. Hierzu gehören der Nachweis der Stabilität des Baugrunds für Hochbauten, der Böschungs- oder Geländebruch. Der Nachweis der Gleitsicherheit einer Gründung ist jedoch mit den Teilsicherheitswerten nach Tafel 4.5 zu führen.

4.1.5.3 Kombinationen von Einwirkungen

Für jeden kritischen Lastfall sind für die Berechnung des Bemessungswertes E_d der Auswirkungen der Einwirkungen folgende Kombinationen der unabhängigen, gleichzeitig auftretend angenommenen Einwirkungen zu bestimmen:

Ständige oder vorübergehende Bemessungssituationen (Grundkombinationen)

$$E_d = E\left\{ \sum_{j \geq 1} \gamma_{G,j} \cdot G_{k,j} \,,+\text{''}\, \gamma_p \cdot P \,,+\text{''}\, \gamma_{Q,1} \cdot Q_{k,1} \right.$$
$$\left. \,,+\text{''}\, \sum_{i > 1} \gamma_{Q,i} \cdot \psi_{0,i} \cdot Q_{k,i} \right\}$$

Es bedeuten:

,,+" ,,ist zu kombinieren mit"

$\sum$,,gemeinsame Auswirkung von".

Bei linear-elastischer Berechnung des Tragwerks dürfen die Bemessungswerte der Auswirkungen der Einwirkungen wie folgt berechnet werden:

$$E_d = \sum_{j \geq 1} \gamma_{G,j} \cdot E_{Gk,j} + \gamma_p \cdot E_{Pk} + \gamma_{Q,1} \cdot E_{Qk,1}$$
$$+ \sum_{i > 1} \gamma_{Q,i} \cdot \psi_{0,i} \cdot E_{Qk,i}$$

Dabei kann der charakteristische Wert der vorherrschenden unabhängigen veränderlichen Auswirkung $E_{Qk,1}$ wie folgt bestimmt werden:

$$\gamma_{Q,1} \cdot (1 - \psi_{0,1}) \cdot E_{Qk,1}$$
$$= \text{Max. oder Min.} \left\{ \gamma_{Q,i} \cdot (1 - \psi_{0,i}) \cdot E_{Qk,i} \right\}$$

Außergewöhnliche Bemessungssituationen

$$E_d = E\left\{ \sum_{j \geq 1} G_{k,j} \,,+\text{''}\, P \,,+\text{''}\, A_d \,,+\text{''}\, \psi_{1,1} \cdot Q_{k,1} \right.$$
$$\left. \,,+\text{''}\, \sum_{i > 1} \psi_{2,i} \cdot Q_{k,i} \right\}$$

Die Bemessungswerte der veränderlichen Einwirkungen in außergewöhnlichen Bemessungssituationen und bei Erdbeben werden als Begleiteinwirkungen angesetzt. Für Fahrzeuganprall, Explosion oder Erdbeben darf in obiger Gleichung $\psi_{2,1}$ an Stelle von $\psi_{1,1}$ angesetzt werden.

Bei linear-elastischer Berechnung des Tragwerks dürfen die Bemessungswerte der Auswirkungen der Einwirkungen wie folgt berechnet werden:

$$E_{\mathrm{dA}} = \sum_{j \geq 1} \gamma_{\mathrm{GA},j} \cdot E_{\mathrm{Gk},j} + E_{\mathrm{Pk}} + E_{\mathrm{Ad}} + \gamma_{\mathrm{QA},1} \cdot \psi_{1,1} \cdot E_{\mathrm{Qk},1}$$
$$+ \sum_{i \geq 1} \gamma_{\mathrm{QA},i} \cdot \psi_{2,i} \cdot E_{\mathrm{Qk},i}$$

Dabei kann der charakteristische Wert der vorherrschenden unabhängigen veränderlichen Auswirkung $E_{\mathrm{Qk},1}$ wie folgt bestimmt werden:

$$\gamma_{\mathrm{QA},1} \cdot (\psi_{1,1} - \psi_{2,1}) \cdot E_{\mathrm{Qk},1}$$
$$= \text{Max. oder Min.} \left\{ \gamma_{\mathrm{QA},i} \cdot (\psi_{1,i} - \psi_{2,i}) \cdot E_{\mathrm{Qk},i} \right\}$$

Bemessungssituationen bei Erdbeben

$$E_{\mathrm{d}} = E \left\{ \sum_{j \geq 1} G_{\mathrm{k},j} \; „+\text{``} \; P \; „+\text{``} \; A_{\mathrm{Ed}} \; „+\text{``} \; \sum_{i \geq 1} \psi_{2,i} \cdot Q_{\mathrm{k},i} \right\}$$

Bei linear-elastischer Berechnung des Tragwerks dürfen die Bemessungswerte der Auswirkungen der Einwirkungen wie folgt berechnet werden:

$$E_{\mathrm{dE}} = \sum_{j \geq 1} E_{\mathrm{Gk},j} + E_{\mathrm{Pk}} + E_{\mathrm{AEd}} + \sum_{i \geq 1} \psi_{2,i} \cdot E_{\mathrm{Qk},i}$$

4.1.6 Nachweise für Grenzzustände der Gebrauchstauglichkeit

4.1.6.1 Allgemeines

Es ist nachzuweisen, dass der Bemessungswert C_{d} der Grenze für das maßgebende Gebrauchstauglichkeitskriterium mindestens gleich dem Bemessungswert E_{d} der Auswirkung der Einwirkungen in der Dimension des Gebrauchstauglichkeitskriteriums aufgrund der maßgeblichen Einwirkungskombination nach Abschn. 4.1.6.2 ist:

$$E_{\mathrm{d}} \leq C_{\mathrm{d}}$$

Für Bauwerke des Hochbaus sind in DIN EN 1990 Hinweise zu Verformungen und Schwingungen enthalten, die als Gebrauchstauglichkeitskriterien angesehen und für die Grenzwerte vereinbart werden können. Weitere Gebrauchstauglichkeitskriterien sind in den Bemessungsnormen geregelt. Besonderer Beachtung bedürfen dabei Grenzzustände der Gebrauchstauglichkeit, bei deren Überschreitung mit

Schäden zu rechnen ist und deren bleibende Einhaltung eine Voraussetzung für die dauerhafte Einhaltung eines Grenzzustandes der Tragfähigkeit darstellt (z. B. Rissbreitenbeschränkung im Stahlbeton- und Spannbetonbau).

Bei den Nachweisen für Grenzzustände der Gebrauchstauglichkeit sind für die Ermittlung der Bemessungswerte der Einwirkungen alle Teilsicherheitsbeiwerte γ_{F} zu 1,0 angenommen.

Die Zahlenwerte für Kombinationsbeiwerte im Hochbau sind in Tafel 4.3 angegeben.

Die Teilsicherheitsbeiwerte γ_{M} für die Baustoff-, Bauprodukt- und Bauteileigenschaften sind ebenfalls mit 1,0 anzunehmen, soweit in den Bemessungsnormen EN 1992 bis EN 1999 keine gegenteiligen Angaben gemacht werden.

4.1.6.2 Kombinationen von Einwirkungen

Folgende Kombinationen von Einwirkungen kommen für Gebrauchstauglichkeitsnachweise in Frage:

Charakteristische Kombination

$$E_{\mathrm{d}} = E \left\{ \sum_{j \geq 1} G_{\mathrm{k},j} \; „+\text{``} \; P_{\mathrm{k}} \; „+\text{``} \; Q_{\mathrm{k},1} \; „+\text{``} \; \sum_{i > 1} \psi_{0,i} \cdot Q_{\mathrm{k},i} \right\}$$

Die charakteristische Kombination wird i. d. R. für nicht umkehrbare Auswirkungen am Tragwerk verwendet.

Bei linear-elastischer Berechnung des Tragwerks dürfen die Bemessungswerte der Auswirkungen der Einwirkungen wie folgt berechnet werden:

$$E_{\mathrm{d,char}} = \sum_{j \geq 1} E_{\mathrm{Gk},j} + E_{\mathrm{Pk}} + E_{\mathrm{Qk},1} + \sum_{i > 1} \psi_{0,i} \cdot E_{\mathrm{Qk},i}$$

Dabei kann der charakteristische Wert der vorherrschenden unabhängigen veränderlichen Auswirkung $E_{\mathrm{Qk},1}$ wie folgt bestimmt werden:

$$(1 - \psi_{0,1}) \cdot E_{\mathrm{Qk},1} = \text{Max. oder Min.} \left\{ (1 - \psi_{0,i}) \cdot E_{\mathrm{Qk},i} \right\}$$

Häufige Kombination

$$E_{\mathrm{d}} = E \left\{ \sum_{j \geq 1} G_{\mathrm{k},j} \; „+\text{``} \; P_{\mathrm{k}} \; „+\text{``} \; \psi_{1,1} \cdot Q_{\mathrm{k},1} \right.$$
$$\left. „+\text{``} \; \sum_{i \geq 1} \psi_{2,i} \cdot Q_{\mathrm{k},i} \right\}$$

Die häufige Kombination wird i. d. R. für umkehrbare Auswirkungen am Tragwerk verwendet.

Bei linear-elastischer Berechnung des Tragwerks dürfen die Bemessungswerte der Auswirkungen der Einwirkungen wie folgt berechnet werden:

$$E_{\mathrm{d,frequ}} = \sum_{j \geq 1} E_{\mathrm{Gk},j} + E_{\mathrm{Pk}} + \psi_{1,1} \cdot E_{\mathrm{Qk},1} + \sum_{i \geq 1} \psi_{2,i} \cdot E_{\mathrm{Qk},i}$$

Dabei kann der charakteristische Wert der vorherrschenden unabhängigen veränderlichen Auswirkung $E_{Qk,1}$ wie folgt bestimmt werden:

$$(\psi_{1,1} - \psi_{2,1}) \cdot E_{Qk,1}$$
$$= \text{Max. oder Min.} \left\{ (\psi_{1,i} - \psi_{2,i}) \cdot E_{Qk,i} \right\}$$

Quasi-ständige Kombination

$$E_d = E \left\{ \sum_{j \geq 1} G_{k,j} \text{ „+" } P_k \text{ „+" } \sum_{i \geq 1} \psi_{2,i} \cdot Q_{k,i} \right\}$$

Die quasi-ständige Kombination wird i. d. R. für Langzeitauswirkungen, z. B. für das Erscheinungsbild des Bauwerks, verwendet.

Bei linear-elastischer Berechnung des Tragwerks dürfen die Bemessungswerte der Auswirkungen der Einwirkungen wie folgt berechnet werden:

$$E_{d,perm} = \sum_{j \geq 1} E_{Gk,j} + E_{Pk} + \sum_{i \geq 1} \psi_{2,i} \cdot E_{Qk,i}$$

4.2 Eigenlasten von Baustoffen, Bauteilen und Lagerstoffen

nach DIN EN 1991-1-1: 2010-12; DIN EN 1991-1-1/NA: 2010-12; DIN EN 1991-1-1/NA/A1: 2015-05

Bei den nachfolgend angeführten Wichten und Flächenlasten handelt es sich um charakteristische Werte nach DIN EN 1990. Mit * gekennzeichnete Werte wurden aus DIN 1055 übernommen, da entsprechende Angaben in DIN EN 1990 fehlen.

4.2.1 Wichten und Flächenlasten von Baustoffen und Bauteilen

4.2.1.1 Beton und Mörtel

Tafel 4.7 Wichten für Beton und Mörtel (Rechenwerte in kN/m³, bei Frischbeton und bei bewehrtem Leichtbeton um 1 kN/m³ erhöhen)

Leichtbeton	Rohdichteklasse LC						
	1,0	1,2	1,4	1,6	1,8	2,0	
	9–10	10–12	12–14	14–16	16–18	18–20	
Normalbeton							24
Stahlbeton							25
Schwerbeton							> 28*
Zementmörtel							19–23
Gipsmörtel							12–18
Kalkzementmörtel							18–20
Kalkmörtel							12–18

4.2.1.2 Mauerwerk

Tafel 4.8 Wichten für Natursteine und Mauerwerk aus Natursteinen

Gegenstand	Wichte [kN/m³]
Amphibolit*	30
Basalt	27–31
Diabas*	29
Diorit	27–31
Dolomit*	28
Gabbro	27–31
Gneis	30
Granit	27–30
Granulit*	30
Grauwacke	21–27
Kalkstein	20
Kalkstein, dicht	20–29
Konglomerate*	26
Marmor*	28
Muschelkalk*	28
Porphyr	27–30
Quarzit*	27
Rhyolith*	26
Sandstein	21–27
Schiefer	28
Serpentin*	27
Syenit	27–30
Trachyt	26
Travertin*	26
Tuffstein	20

Tafel 4.9 Wichten für Mauerwerk aus künstlichen Steinen mit Normal-, Leicht- und Dünnbettmörtel

Rohdichte	Wichte[a] [kN/m³]
0,31–0,35	5,5
0,36–0,40	6,0
0,41–0,45	6,5
0,46–0,50	7,0
0,51–0,55	7,5
0,56–0,60	8,0
0,61–0,65	8,5
0,66–0,70	9,0
0,71–0,75	9,5
0,76–0,80	10,0
0,81–0,90	11,0
0,91–1,0	12,0
1,01–1,2	14,0
1,21–1,4	16,0
1,41–1,6	16,0
1,61–1,8	18,0
1,81–2,0	20,0
2,01–2,2	22,0
2,21–2,4	24,0
2,41–2,6	26,0

[a] Die Werte schließen den Fugenmörtel und die übliche Feuchte ein. Bei Mauersteinen mit einer Rohdichte $\leq 1,4$ dürfen bei Verwendung von Leicht- und Dünnbettmörtel die charakteristischen Werte um 1 kN/m³ vermindert werden.

4.2.1.3 Bauplatten und Planbauplatten aus unbewehrtem Porenbeton sowie Dach-, Wand- und Deckenplatten aus bewehrtem Porenbeton

Tafel 4.10 Bauplatten und Planbauplatten aus unbewehrtem Porenbeton nach DIN 4166

Zeile	Rohdichteklasse	Wichte[a] [kN/m^3]
1	0,35	4,5
2	0,40	5,0
3	0,45	5,5
4	0,50	6,0
5	0,55	6,5
6	0,60	7,0
7	0,65	7,5
8	0,70	8,0
9	0,80	9,0

[a] Die Werte schließen den Fugenmörtel und die übliche Feuchte ein. Bei Verwendung von Leicht- und Dünnbettmörtel dürfen die charakteristischen Werte um 0,5 kN/m^3 vermindert werden.

Tafel 4.11 Dach-, Wand- und Deckenplatten aus bewehrtem Porenbeton nach DIN 4223

Zeile	Rohdichteklasse	Wichte [kN/m^3]
1	0,40	5,2
2	0,45	5,7
3	0,50	6,2
4	0,55	6,7
5	0,60	7,2
6	0,65	7,8
7	0,70	8,4
8	0,80	9,5

4.2.1.4 Wandbauplatten aus Gips und Gipskartonplatten

Tafel 4.12 Flächenlasten für Gips-Wandbauplatten nach DIN EN 12859 und Gipskartonplatten nach DIN 18180

Gegenstand	Rohdichteklasse	Flächenlast je cm Dicke [kN/m^2]
Porengips-Wandbauplatten	0,7	0,07
Gips-Wandbauplatten	0,9	0,09
Gipskartonplatten	–	0,09

4.2.1.5 Putze ohne und mit Putzträgern

Tafel 4.13 Flächenlasten fur Putze ohne und mit Putzträgern

Gegenstand	Flächenlast [kN/m^2]
Drahtputz (Rabitzdecken und Verkleidungen)*, 30 mm Mörteldicke aus	
Gipsmörtel	0,50
Kalk-, Gipskalk- oder Gipssandmörtel	0,60
Zementmörtel	0,80
Gipskalkputz	
Auf Putzträgern (z. B. Ziegeldrahtgewebe, Streckmetall) bei 30 mm Mörteldicke	0,50
Auf Holzwolleleichtbauplatten mit einer Dicke von 15 mm und Mörtel mit einer Dicke von 20 mm	0,35
Auf Holzwolleleichtbauplatten mit einer Dicke von 25 mm und Mörtel mit einer Dicke von 20 mm	0,45
Gipsputz, Dicke 15 mm	0,18
Kalk-, Kalkgips- und Gipssandmörtel, Dicke 20 mm	0,35
Kalkzementmörtel, Dicke 20 mm	0,40
Leichtputz nach DIN 18550-4, Dicke 20 mm	0,30
Putz aus Putz- und Mauerbinder nach DIN 4211, Dicke 20 mm	0,40
Rohrdeckenputz (Gips), Dicke 20 mm	0,30
Wärmedämmputzsystem (WDPS) Dämmputz	
Dicke 20 mm	0,24
Dicke 60 mm	0,32
Dicke 100 mm	0,40
Wärmedämmbekleidung aus Kalkzementputz mit einer Dicke von 20 mm und Holzwolleleichtbauplatten	
Plattendicke 15 mm	0,49
Plattendicke 50 mm	0,60
Plattendicke 100 mm	0,80
Wärmedämmverbundsystem (WDVS) aus 15 mm dickem bewehrtem Oberputz und Schaumkunststoff nach DIN V 18164-1 und DIN 18164-2 oder Faserdämmstoff nach DIN V 18165-1 und DIN 18165-2	0,30
Zementmörtel, Dicke 20 mm	0,42

4.2.1.6 Metalle

Tafel 4.14 Metalle

Gegenstand	Wichte [kN/m³]
Aluminium	27,0
Aluminiumlegierung*	28,0
Blei	112,0–114,0
Bronze	83,0–85,0
Kupfer-Zink-Legierung*	85,0
Kupfer-Zinn-Legierung*	85,0
Gusseisen	71,0–72,5
Kupfer	87,0–89,0
Magnesium*	18,5
Messing	83,0–85,0
Nickel*	89,0
Schmiedeeisen	76,0
Stahl	77,0–78,5
Zink	71,0–72,0
Zinn*	74,0

4.2.1.7 Holz und Holzwerkstoffe

Tafel 4.15 Holz und Holzwerkstoffe

Gegenstand	Wichte [kN/m³]
Holz (Festigkeitsklassen, siehe EN 338)	
Festigkeitsklasse C14	3,5
Festigkeitsklasse C16	3,7
Festigkeitsklasse C18	3,8
Festigkeitsklasse C22	4,1
Festigkeitsklasse C24	4,2
Festigkeitsklasse C27	4,5
Festigkeitsklasse C30	4,6
Festigkeitsklasse C35	4,8
Festigkeitsklasse C40	5,0
Festigkeitsklasse D30	6,4
Festigkeitsklasse D35	6,7
Festigkeitsklasse D40	7,0
Festigkeitsklasse D50	7,8
Festigkeitsklasse D60	8,4
Festigkeitsklasse D70	10,8
Brettschichtholz (Festigkeitsklassen, siehe EN 1194)	
GL24h	3,7
GL28h	4,0
GL32h	4,2
GL36h	4,4
GL24c	3,5
GL28c	3,7
GL32c	4,0
GL36c	4,2

Tafel 4.15 (Fortsetzung)

Gegenstand	Wichte [kN/m³]
Sperrholz	
Weichholz-Sperrholz	5,0
Birken-Sperrholz	7,0
Laminate und Tischlerplatten	4,5
Spanplatten	
Spanplatten	7,0–8,0
Zementgebundene Spanplatten	12,0
Sandwichplatten	7,0
Holzfaserplatten	
Hartfaserplatten	10,0
Faserplatten mittlerer Dichte	8,0
Leichtfaserplatten	4,0

4.2.1.8 Fußboden- und Wandbeläge

Tafel 4.16 Flächenlasten von Fußboden- und Wandbelägen

Gegenstand	Flächenlast je cm Dicke [kN/m²/cm]
Asphaltbeton	0,24
Asphaltmastix	0,18
Gussasphalt	0,23
Betonwerksteinplatten, Terrazzo, kunstharzgebundene Werksteinplatten	0,24
Estrich	
Calciumsulfatestrich (Anhydritestrich, Natur-, Kunst- und REAᵃ-Gipsestrich)	0,22
Gipsestrich	0,20
Gussasphaltestrich	0,23
Industrieestrich	0,24
Kunstharzestrich	0,22
Magnesiaestrich nach DIN 272 mit begehbarer Nutzschicht bei ein- oder mehrschichtiger Ausführung	0,22
Unterschicht bei mehrschichtiger Ausführung	0,12
Zementestrich	0,22
Glasscheiben	0,25
Acrylscheiben	0,12
Gummi	0,15
Keramische Wandfliesen (Steingut einschließlich Verlegemörtel)	0,19
Keramische Bodenfliesen (Steinzug und Spaltplatten, einschließlich Verlegemörtel)	0,22
Kunststoff-Fußbodenbelag	0,15
Linoleum	0,13
Natursteinplatten (einschließlich Verlegemortel)	0,30
Teppichboden	0,03

ᵃ Rauchgasentschwefelungsanlage.

4.2.1.9 Sperr-, Dämm- und Füllstoffe

Tafel 4.17 Flächenlasten von losen Stoffen

Gegenstand	Flächenlast je cm Dicke [kN/m²/cm]
Bimskies, geschüttet	0,07
Blähglimmer, geschüttet	0,02
Blähperlit	0,01
Blähschiefer und Blähton, geschüttet	0,15
Faserdämmstoffe nach DIN V 18165-1 und DIN 18165-2 (z. B. Glas-, Schlacken-, Steinfaser)	0,01
Faserstoffe, bituminiert, als Schüttung	0,02
Gummischnitzel	0,03
Hanfscheben, bituminiert	0,02
Hochofenschaumschlacke (Hüttenbims), Steinkohlen-schlacke, Koksasche*	0,14
Hochofenschlackensand	0,10
Kieselgur	0,03
Korkschrot, geschüttet	0,02
Magnesia, gebrannt	0,10
Schaumkunststoffe	0,01

Tafel 4.18 Flächenlasten von Platten, Matten und Bahnen

Gegenstand	Flächenlast je cm Dicke [kN/m²/cm]
Asphaltplatten	0,22
Holzwolle-Leichtbauplatten nach DIN 1101	
Plattendicke ≤ 100 mm	0,06
Plattendicke > 100 mm	0,04
Kieselgurplatten	0,03
Korkschrotplatten aus imprägniertem Kork nach DIN 18161-1, bituminiert	0,02
Mehrschicht-Leichtbauplatten nach DIN 1102, unabhängig von der Dicke	
Zweischichtplatten	0,05
Dreischichtplatten	0,09
Korkschrotplatten aus Backkork nach DIN 18161-1	0,01
Perliteplatten	0,02
Polyurethan-Ortschaum nach DIN 18159-1	0,01
Schaumglas (Rohdichte 0,07 g/cm³) in Dicken von 4 cm bis 6 cm mit Pappekaschierung und Verklebung	0,02
Schaumkunststoffplatten nach DIN V 18164-1 und DIN 18164-2	0,004

4.2.1.10 Dachdeckungen

Die Rechenwerte gelten für 1 m² Dachfläche ohne Sparren, Pfetten und Dachbinder.

Tafel 4.19 Flächenlasten für Deckungen aus Dachziegeln, Dachsteinen und Glasdeckstoffen

Gegenstand	Flächenlasten[a] [kN/m²]
Dachsteine aus Beton mit mehrfacher Fußverrippung und hochliegendem Längsfalz	
Bis 10 Stück/m²	0,50
Über 10 Stück/m²	0,55

Tafel 4.19 (Fortsetzung)

Gegenstand	Flächenlasten[a] [kN/m²]
Dachsteine aus Beton mit mehrfacher Fußverrippung und tiefliegendem Längsfalz	
Bis 10 Stück/m²	0,60
Über 10 Stück/m²	0,65
Biberschwanzziegel 155 mm × 375 mm und 180 mm × 380 mm und ebene Dachsteine aus Beton im Biberformat	
Spießdach (einschließlich Schindeln)	0,60
Doppeldach und Kronendach	0,75
Falzziegel, Reformpfannen, Falzpfannen, Flachdachpfannen	0,55
Glasdeckstoffe	Bei gleicher Dachde-ckungsart wie in voran-gegangenen Zeilen
Großformatige Pfannen bis 10 Stück/m²	0,50
Kleinformatige Biberschwanzziegel und Sonderformate (Kirchen-, Turmbiber usw.)	0,95
Krempziegel, Hohlpfannen	0,45
Krempziegel, Hohlpfannen in Pappdocken verlegt	0,55
Mönch- und Nonnenziegel (mit Vermörtelung)	0,90
Strangfalzziegel	0,60

[a] Die Flächenlasten gelten, soweit nicht anders angegeben, ohne Vermörtelung, aber einschließlich der Lattung. Bei einer Vermörtelung sind 0,1 kN/m² zuzuschlagen.

Tafel 4.20 Flächenlasten von Schieferdeckung

Gegenstand	Flächenlasten [kN/m²]
Altdeutsche Schieferdeckung und Schablonendeckung auf 24 mm Schalung, einschließlich Vordeckung und Schalung	
In Einfachdeckung	0,50
In Doppeldeckung	0,60
Schablonendeckung auf Lattung, einschließlich Lattung	0,45

Tafel 4.21 Flächenlasten von Faserzement-Dachplatten nach DIN EN 494

Gegenstand	Flächenlast [kN/m²]
Deutsche Deckung auf 24 mm Schalung, einschließlich Vordeckung und Schalung	0,40
Doppeldeckung auf Lattung, einschließlich Lattung	0,38[a]
Waagerechte Deckung auf Lattung, einschließlich Lattung	0,25[a]

[a] Bei Verlegung auf Schalung sind 0,1 kN/m² zu addieren.

Tafel 4.22 Flächenlasten von Faserzement-Wellplatten nach DIN EN 494

Gegenstand	Flächenlast [kN/m²]
Faserzement-Kurzwellplatten	0,24[a]
Faserzement-Wellplatten	0,20[a]

[a] Ohne Pfetten, jedoch einschließlich Befestigungsmaterial.

Tafel 4.23 Flächenlasten von Metalldeckungen

Gegenstand	Flächenlast [kN/m²]
Aluminiumblechdach (Aluminium 0,7 mm dick, einschließlich 24 mm Schalung)	0,25
Aluminiumblechdach aus Well-, Trapez- und Klemmrippenprofilen	0,05
Doppelstehfalzdach aus Titanzink oder Kupfer, 0,7 mm dick, einschließlich Vordeckung und 24 mm Schalung	0,35
Stahlpfannendach (verzinkte Pfannenbleche)	
Einschließlich Lattung	0,15
Einschließlich Vordeckung und 24 mm Schalung	0,30
Stahlblechdach aus Trapezprofilen	_a
Wellblechdach (verzinkte Stahlbleche, einschließlich Befestigungsmaterial)	0,25

[a] Nach Angabe des Herstellers.

Tafel 4.24 Flächenlasten von sonstigen Deckungen

Gegenstand	Flächenlast [kN/m²]
Deckung mit Kunststoffwellplatten (Profilformen nach DIN EN 494), ohne Pfetten, einschließlich Befestigungsmaterial	
Aus faserverstärkten Polyesterharzen (Rohdichte 1,4 g/cm³), Plattendicke 1 mm	0,03
Wie vor, jedoch mit Deckkappen aus glasartigem Kunststoff (Rohdichte 1,2 g/cm³)	0,06
Plattendicke 3 mm	0,08
PVC-beschichtetes Polyestergewebe, ohne Tragwerk	
Typ I (Reißfestigkeit 3,0 kN/5 cm Breite)	0,0075
Typ II (Reißfestigkeit 4,7 kN/5 cm Breite)	0,0085
Typ III (Reißfestigkeit 6,0 kN/5 cm Breite)	0,01
Rohr- oder Strohdach, einschließlich Lattung	0,70
Schindeldach, einschließlich Lattung	0,25
Sprossenlose Verglasung	
Profilbauglas, einschalig	0,27
Profilbauglas, zweischalig	0,54
Zeltleinwand, ohne Tragwerk	0,03

Tafel 4.25 Flächenlasten von Dach- und Bauwerksabdichtungen mit Bitumen- und Kunststoffbahnen sowie Elastomerbahnen

Gegenstand	Flächenlast [kN/m²]
Bahnen im Lieferzustand	
Bitumen- und Polymerbitumen-Dachdichtungsbahn nach DIN 52130 und DIN 52132	0,04
Bitumen- und Polymerbitumen-Schweißbahn nach DIN 52131 und DIN 52133	0,07
Bitumen-Dichtungsbahn mit Metallbandeinlage nach DIN 18190-4	0,03
Nackte Bitumenbahn nach DIN 52129	0,01
Glasvlies-Bitumen-Dachbahn nach DIN 52143	0,03
Kunststoffbahnen, 1,5 mm Dicke	0,02

Tafel 4.25 (Fortsetzung)

Gegenstand	Flächenlast [kN/m²]
Bahnen in verlegtem Zustand	
Bitumen- und Polymerbitumen-Dachdichtungsbahn nach DIN 52130 und DIN 52132, einschließlich Klebemasse bzw. Bitumen- und Polymerbitumen-Schweißbahn nach DIN 52131 und DIN 52133, je Lage	0,07
Bitumen-Dichtungsbahn nach DIN 18190-4, einschließlich Klebemasse, je Lage	0,06
Nackte Bitumenbahn nach DIN 52129, einschließlich Klebemasse, je Lage	0,04
Glasvlies-Bitumen-Dachbahn nach DIN 52143, einschließlich Klebemasse, je Lage	0,05
Dampfsperre, einschließlich Klebemasse bzw. Schweißbahn, je Lage	0,07
Ausgleichsschicht, lose verlegt	0,03
Dachabdichtungen und Bauwerksabdichtungen aus Kunststoffbahnen, lose verlegt, je Lage	0,02
Schwerer Oberflächenschutz auf Dachabdichtungen	
Kiesschüttung, Dicke 5 cm	1,0

4.2.2 Lagerstoffe

4.2.2.1 Baustoffe als Lagerstoffe

Tafel 4.26 Wichten und Böschungswinkel für Baustoffe als Lagerstoffe

Gegenstand	Wichte [kN/m³]	Böschungswinkel[a]
Betonit		
Lose	8,0	40°
Gerüttelt	11,0	–
Blähton, Blähschiefer*	15,0[b]	30°
Braunkohlenfilterasche	15,0	20°
Flugasche	10,0–14,0	25°
Gesteinskörnung		
Für Leichtbeton	9,0–20,0	30°
Für Normalbeton	20,0–30,0	30°
Für Schwerbeton	> 30,0	30°
Gips, gemahlen	15,0	25°
Glas, in Tafeln	25,0	–
Glas, gekörnt	22,0	–
Drahtglas	26,0	–
Acrylglas	12,0	–
Hochofenstückschlacke	17,0	40°
Hochofenschlacke, gekörnt	12,0	30°
Hüttenbims	9,0	35°
Kalk, gebrannt		
In Stücken*	13,0	45°
Gemahlen	13,0	25–27°
Gelöscht*	6,0	25°

Tafel 4.26 (Fortsetzung)

Gegenstand	Wichte [kN/m³]	Böschungs-winkel[a]
Kalkstein	13,0	25°
Kesselasche*	13,0	30°
Koksasche*	7,5	25°
Kies und Sand, Schüttung	15,0–20,0	35°
Kunststoffe; Polyethylen, Polystyrol als Granulat	6,4	30°
Polyvinylchlorid als Pulver	5,9	40°
Polyesterharze	11,8	–
Leimharze	13,0	–
Magnesit (kaustisch gebrannte Magnesia), gemahlen	12,0	–
Stahlwerkschlacke (Körnungen und Mineralstoffgemische)*	22,0	40°
Schaumlava, gebrochen, erdfeucht*	10,0	35°
Trass, gemahlen, lose geschüttet*	15,0	25°
Vermiculit		
Blähglimmer als Zuschlag für Beton	1,0	–
Glimmer	6,9–9,0	–
Zement, gemahlen, lose geschüttet	16,0	28°
In Säcken	15,0	–
Zementklinker*	18,0	26°
Ziegelsand, Ziegelsplitt und Ziegelschotter, erdfeucht	15,0	35°

[a] Die Böschungswinkel gelten für lose Schüttung.
[b] Höchstwert, der in der Regel unterschritten wird.

4.2.2.2 Gewerbliche und industrielle Lagerstoffe

Tafel 4.27 Wichten und Böschungswinkel von gewerblichen und industriellen Lagerstoffen

Gegenstand	Wichte [kN/m³]	Böschungs-winkel
Aktenregale und -schränke, gefüllt	6,0	–
Akten und Bücher, geschichtet	8,5	–
Bitumen	14,0	–
Eis, in Stücken	8,5	–
Eisenerz		
Raseneisenerz	14,0	40°
Brasilerz	39,0	40°
Fasern, Zellulose, in Ballen gepresst	12,0	0°
Faulschlamm		
Bis 30 % Volumenanteil an Wasser	12,5	20°
Über 50 % Volumenanteil an Wasser	11,0	0°
Fischmehl	8,0	45°
Gummi	10,0–17,0	–
Holzspäne, lose geschüttet	2,0	45°
Holzspäne		
In Säcken, trocken	3,0	–
Lose, trocken	2,5	45°
Lose, feucht	5,0	45°

Tafel 4.27 (Fortsetzung)

Gegenstand	Wichte [kN/m³]	Böschungs-winkel
Holzwolle		
Lose	1,5	45°
Gepresst	4,5	–
Karbid in Stücken	9,0	30°
Kleider und Stoffe, gebündelt oder in Ballen	11,0	–
Kork, gepresst	3,0	–
Leder, Häute und Felle, geschichtet oder in Ballen	10,0	–
Linoleum nach DIN EN 548, in Rollen	13,0	–
Papier		
Geschichtet	11,0	–
In Rollen	15,0	–
Porzellan oder Steingut, gestapelt	11,0	–
PVC-Beläge nach DIN EN 649, in Rollen	15,0	–
Soda		
Geglüht	25,0	45°
Kristallin	15,0	40°
Steinsalz		
Gebrochen	22,0	45°
Gemahlen	12,0	40°
Wolle, Baumwolle, gepresst, luftgetrocknet	13,0	–

Tafel 4.28 Wichten von Flüssigkeiten

Gegenstand	Wichten [kN/m³]
Getränke	
Bier	10,0
Milch	10,0
Süßwasser	10,0
Wein	10,0
Pflanzenöle	
Rizinusöl	9,3
Glyzerin	12,3
Leinöl	9,2
Olivenöl	8,8
Organische Flüssigkeiten und Säuren	
Alkohol	7,8
Äther	7,4
Salzsäure 40 %-ig (Massenanteil)	11,8
Brennspiritus	7,8
Salpetersäure 91 %-ig (Massenanteil)	14,7
Schwefelsäure 30 %-ig (Massenanteil)	13,7
Schwefelsäure 87 %-ig (Massenanteil)	17,7
Terpentin	8,3
Kohlenwasserstoffe	
Anilin	9,8
Benzol	8,8
Steinkohleteer	10,8–12,8

Tafel 4.28 (Fortsetzung)

Gegenstand	Wichten [kN/m³]
Kohlenwasserstoffe	
Kreosot	10,8
Naphtha	7,8
Paraffin	8,3
Leichtbenzin	6,9
Erdöl	9,8–12,8
Dieselöl	8,3
Heizöl	7,8–9,8
Schweröl	12,3
Schmieröl	8,8
Benzin, als Kraftstoff	7,4
Flüssiggas	
Butangas	5,7
Propangas	5,0
Weitere Flüssigkeiten	
Quecksilber	133
Bleimennige	59
Bleiweiß in Öl	38
Schlamm (Volumenanteil über 50 % Wasser)	10,8

Tafel 4.29 Wichten und Böschungswinkel von festen Brennstoffen

Gegenstand	Wichten [kN/m³]	Böschungs-winkel
Holzkohle		
Lufterfüllt	4	–
Luftfrei	15	–
Steinkohle		
Pressbriketts, geschüttet	8	35
Pressbriketts, gestapelt	13	–
Eierbriketts	8,3	30
Steinkohle als Rohkohle, grubenfeucht	10	35
Kohle, gewaschen	12	–
Steinkohle als Staubkohle	7	25
Koks	4,0–6,5	35–45
Mittelgut im Steinbruch	12,3	35
Waschberge im Zechenbetrieb	13,7	35
Andere Kohlensorten	8,3	30–35
Brennholz	5,4	45
Braunkohle		30
Briketts, geschüttet	7,8	–
Briketts, gestapelt	12,8	30–40
Erdfeucht	9,8	35
Trocken	7,8	25–40
Staub	4,9	40
Braunkohlenschwelkoks	9,8	
Torf		
Schwarz, getrocknet, dicht verpackt	6–9	–
Schwarz, getrocknet, lose gekippt	3–6	45

Tafel 4.30 Wichten und Böschungswinkel von landwirtschaftlichen Schütt- und Stapelgütern

Gegenstand	Wichte [kN/m³]	Böschungs-winkel
Anwelksilage*	5,5	0°
Feuchtsilage (Maiskörner)*	16,0	0°
Flachs, gestapelt oder in Ballen gepresst*	3,0	–
Grünfutter, lose gelagert*	4,0	–
Halmfuttersilage, nass*	11,0	0°
Häute und Felle	8,0–9,0	–
Heu		
In Ballen	1,0–3,0	–
Gewalzte Ballen	6,0–7,0	–
Hopfen	1,0–2,0	25°
In Säcken*	1,7	–
In zylindrischen Hopfenbüchsen*	4,7	–
Gepresst oder in Tuch eingenäht	2,9	–
Körner, ungemahlen (≤ 14 % Feuchtigkeitsgehalt, falls nicht anders angegeben)		
Allgemein	7,8	30°
Gerste	7,0	30°
Braugerste (feucht)	8,8	–
Grassamen	3,4	30°
Mais, geschüttet	7,4	30°
Mais in Säcken	5,0	–
Hafer	5,0	30°
Rübsamen	6,4	25°
Roggen	7,0	30°
Weizen, geschüttet	7,8	30°
Weizen in Säcken	7,5	–
Kraftfutter*		
Getreide- und Malzschrot	4,0	45°
Grünfutterbriketts Durchmesser 50 mm bis 80 mm	4,5	50°
Grünfuttercops Durchmesser 15 mm bis 30 mm	6,0	45°
Grünmehlpellets Durchmesser 4 mm bis 8 mm	7,5	45°
Grünmehl- und Kartoffelflocken	1,5	45°
Kleie und Troblako	3,0	45°
Ölkuchen	10,0	–
Ölschrot und Kraftfuttergemische	5,5	45°
Malz*	5,5	20°
Spreu*	1,0	–
Stroh		
Lose (trocken)	0,7	–
In Niederdruckballen oder kurz gehäckselt (bis 5 cm)*	0,8	–
In Hochdruckballen, garngebunden*	1,1	–
In Hochdruckballen, drahtgebunden*	2,7	–
Tabak, gebündelt oder in Ballen	3,5–5,0	–

Tafel 4.30 (Fortsetzung)

Gegenstand	Wichte [kN/m³]	Böschungs- winkel
Torf		
Trocken, lose, geschüttet	1,0	35°
Trocken, in Ballen komprimiert	5,0	–
Feucht	9,5	–
Wolle		
Lose	3,0	–
In Ballen	7,0-13,0	–
Zuckerrüben		
Trockenschnitzel	2,9	35°
Roh	7,6	–
Nassschnitzel	10,0	–

Tafel 4.31 Wichten und Böschungswinkel von Düngemitteln

Gegenstand	Wichte [kN/m³]	Böschungs- winkel
Naturdünger		
Mist (mindestens 60 % Feststoffe)	7,8	–
Mist (mit trockenem Stroh)	9,3	45°
Trockener Geflügelmist	6,9	45°
Jauche (maximal 20 % Feststoffe)	10,8	–
Kunstdünger		
NPK – Düngemittel, gekörnt	8,0–12,0	25°
Thomasmehl	13,7	35°
Phosphat, gekörnt	10,0–16,0	30°
Kalisulfat	12,0–16,0	28°
Harnstoffe	7,0–8,0	24°

Tafel 4.32 Wichten und Böschungswinkel von Nahrungsmitteln

Gegenstand	Wichte [kN/m³]	Böschungs- winkel
Butter, verpackt, in Kartons*	8,0	–
Eier, in Behältern	4,0–5,0	–
Fische in Kisten*	8,0	–
Gefrierfleisch*	7,0	–
Gemüse, grün		
Kohl	4,0	–
Salat	5,0	–
Hülsenfrüchte		
Bohnen	8,1	35°
Allgemein	7,4	30°
Sojabohnen	7,8	–
Kaffee in Säcken*	7,0	–
Kakao in Säcken*	6,0	–
Kartoffeln		
Lose	7,6	35°
In Kisten	4,4	–
Konserven aller Art*	8,0	–

Tafel 4.32 (Fortsetzung)

Gegenstand	Wichte [kN/m³]	Böschungs- winkel
Mehl		
Abgepackt in Tüten auf Paletten und in Sacken	5,0	–
Lose (geschüttet)	6,0	25°
Obst und Früchte		
Äpfel		
Lose	8,3	30°
In Kisten	6,5	–
Kirschen	7,8	–
Birnen	5,9	–
Himbeeren, in Schalen	2,0	–
Erdbeeren, in Schalen	1,2	–
Tomaten	6,8	–
Wurzelgemüse		
Allgemein	8,8	–
Rote Beete	7,4	40°
Möhren	7,8	35°
Zwiebeln	7	35°
Rüben	7	35°
Zucker		
Fest und abgepackt in Tüten auf Paletten und in Säcken	16,0	–
Lose (geschüttet)	7,8–10,0	35°

4.3 Nutzlasten für Hochbauten

nach DIN EN 1991-1-1:2010-12; DIN EN 1991-1-1/NA: 2010-12; DIN EN 1991-1-1/NA/A1: 2015-05

4.3.1 Allgemeines

Eigenlast ist die Summe der in der Regel ständig vorhandenen unveränderlichen Einwirkungen, also das Gewicht der tragenden oder stützenden Bauteile und der unveränderlichen, von den tragenden Bauteilen dauernd aufzunehmenden Lasten (z. B. Auffüllungen, Fußbodenbeläge, Putz und dgl.).

Nutzlast ist die veränderliche oder bewegliche Einwirkung auf das Bauteil (z. B. Personen, Einrichtungsstücke, unbelastete leichte Trennwände, Lagerstoffe, Maschinen, Fahrzeuge).

Als „vorwiegend ruhend" gelten statische Einwirkungen und solche nicht ruhenden Einwirkungen, die für die Tragwerksplanung als ruhende Einwirkung betrachtet werden dürfen. Das sind alle Nutzlasten mit Ausnahme der weiter unten ausdrücklich als „nicht vorwiegend ruhend" definierten Einwirkungen. Insbesondere gelten die Nutzlasten in Werkstätten und Fabriken als vorwiegend ruhend, soweit nicht im Einzelfall stoßende oder sehr häufig sich wiederholende Lasten wirken.

Als „nicht vorwiegend ruhend" gelten stoßende und sich häufig wiederholende Lasten, z. B. aus Betrieb mit Gegengewichtsstaplern, aus Fahrzeuglasten nach DIN 1072 oder aus Hubschrauberlasten.

Anpralllasten von Fahrzeugen oder außergewöhnliche Lasten aus Maschinenbetrieb sind EN 1991-1-7 zu entnehmen. Nutzlasten von Brücken werden in Abschn. 4.8 behandelt.

4.3.2 Abgrenzung von Eigen- und Nutzlast, Trennwandzuschlag

Die charakteristischen Werte der Eigenlasten des Tragwerks und von nicht tragenden Teilen des Bauwerks sind aus den Wichten bzw. Flächenlasten der Baustoffe nach DIN EN 1991-1-1 zu ermitteln (vgl. Abschn. 4.2).

Die Eigenlasten von z. B. losen Kies- und Bodenschüttungen auf Dächern oder Decken sind veränderliche Einwirkungen. Dies gilt insbesondere dann, wenn diese Einwirkungen z. B. infolge von Reparaturarbeiten vorübergehend entfernt werden können, und wenn sie sich auf die Standsicherheit des Bauwerks oder einzelner Teile des Tragwerks auswirken können.

Statt eines genauen Nachweises darf der Einfluss leichter unbelasteter Trennwände bis zu einer Höchstlast von 5 kN/m Wandlänge durch einen gleichmäßig verteilten Zuschlag zur Nutzlast (Trennwandzuschlag) berücksichtigt werden. Ausgenommen sind Wände, die parallel zu den Balken von Decken ohne ausreichende Querverteilung stehen.

Als Zuschlag zur Nutzlast ist bei Wänden, die einschließlich des Putzes höchstens eine Last von 3 kN/m Wandlänge erbringen, mindestens 0,8 kN/m², bei Wänden, die mehr als eine Last von 3 kN/m und von höchstens 5 kN/m Wandlänge erbringen, mindestens 1,2 kN/m² anzusetzen. Bei Nutzlasten von 5 kN/m² und mehr ist dieser Zuschlag nicht erforderlich.

Lasten infolge beweglicher Trennwände müssen als Nutzlast behandelt werden.

4.3.3 Bekanntgabe zulässiger Nutzlasten

In Gebäuden und baulichen Anlagen, die in Kategorie E eingeordnet werden, ist in jedem Raum die nach Tafel 4.33 bzw. Tafel 4.36 angenommene Nutzlast anzugeben. Bei Decken, die von Personenfahrzeugen oder von Gabelstaplern befahren werden, ist an den Einfahrten der Räume die zulässige Gesamtlast nach Tafel 4.35 bzw. Tafel 4.36 anzugeben.

An den Zufahrten von Decken, die von schwereren Fahrzeugen (z. B. solche nach Abschn. 4.3.5.4) befahren werden, ist die zulässige Gesamtlast des Fahrzeugs der entsprechenden Brückenklasse nach DIN 1072 anzugeben (siehe Abschn. 4.7).

4.3.4 Lotrechte vorwiegend ruhende Nutzlasten

4.3.4.1 Gleichmäßig verteilte Nutzlasten und Einzellasten für Decken, Balkone und Treppen

Die charakteristischen Werte gleichmäßig verteilter Nutzlasten für Decken, Treppen und Balkone sind in Tafel 4.33 enthalten.

Alle Lasten dieser Tafel 4.33 gelten als vorwiegend ruhende Lasten. Tragwerke, die durch Menschen zu Schwingungen angeregt werden können, sind gegen die auftretenden Resonanzeffekte auszulegen.

Falls der Nachweis der örtlichen Mindesttragfähigkeit erforderlich ist (z. B. bei Bauteilen ohne ausreichende Querverteilung der Lasten), so ist er mit den charakteristischen Werten für die Einzellast Q_k nach Tafel 4.33 ohne Überlagerung mit der Flächenlast q_k zu führen. Die Aufstandsfläche für Q_k umfasst ein Quadrat mit einer Seitenlänge von 5 cm.

Wenn konzentrierte Lasten aus Lagerregalen, Hubeinrichtungen, Tresoren usw. zu erwarten sind, muss die Einzellast für diesen Fall gesondert ermittelt und zusammen mit den gleichmaßig verteilten Nutzlasten beim Tragsicherheitsnachweis berücksichtigt werden.

Für die Lastweiterleitung auf sekundäre Tragglieder (Unterzüge, Stützen, Wände, Gründungen usw.) dürfen die Nutzlasten wie folgt abgemindert werden:

$$q_k' = \alpha_A \cdot q_k$$

Dabei ist

q_k die Nutzlast nach Tafel 4.33; wird q_k mit einem Trennwandzuschlag nach Abschn. 4.3.2 ermittelt, so darf dieser ebenfalls mit abgemindert werden.

q_k' die abgeminderte Nutzlast

α_A der Abminderungsbeiwert nach folgenden Gleichungen:

Abminderungsbeiwert α_A für die Kategorien A, B und Z

$$\alpha_A = 0{,}5 + \frac{10}{A} \leq 1{,}0$$

Abminderungsbeiwert α_A für die Kategorien C bis E1.1

$$\alpha_A = 0{,}7 + \frac{10}{A} \leq 1{,}0$$

Dabei ist A die Einzugsfläche des sekundären Traggliedes in m² (siehe hierzu Abb. 4.3 und 4.4). Bei einem mehrfeldrigen statischen System ist die Einzugsfläche für jedes Feld getrennt zu ermitteln. Vereinfacht dürfen alle Felder mit dem ungünstigsten Abminderungsfaktor (siehe hierzu Abb. 4.5) abgemindert werden.

Wenn für die Bemessung der vertikalen Tragglieder Nutzlasten aus mehreren Stockwerken maßgebend sind, dürfen die Nutzlasten der Kategorien A bis D, E1.1, E1.2, E2.1 bis E2.5, T und Z mit einem Faktor α_n abgemindert werden.

Tafel 4.33 Lotrechte Nutzlasten für Decken, Treppen und Balkone

Kategorie		Nutzung	Beispiele	q_k [kN/m²]	Q_k [kN]
A	A1	Spitzböden	Für Wohnzwecke nicht geeigneter, aber zugänglicher Dächraum bis 1,80 m lichter Höhe.	1,0	1,0
	A2	Wohn- und Aufenthaltsräume	Räume mit ausreichender Querverteilung der Lasten. Räume und Flure in Wohngebäuden, Bettenräume in Krankenhäusern, Hotelzimmer einschl. zugehöriger Küchen und Bäder.	1,5	–
	A3		Wie A2, aber ohne ausreichende Querverteilung der Lasten.	2,0[c]	1,0
B	B1	Büroflächen, Arbeitsflächen, Flure	Flure in Bürogebäuden, Büroflächen, Arztpraxen ohne schweres Gerät, Stationsräume, Aufenthaltsräume einschl. der Flure, Kleinviehställe.	2,0	2,0
	B2		Flure in Krankenhäusern, Hotels, Altenheimen, Internaten usw.; Küchen u. Behandlungsräume in Krankenhäusern einschl. Operationsräume ohne schweres Gerät; Kellerräume in Wohngebäuden.	3,0	3,0
	B3		Wie B1 und B2, jedoch mit schwerem Gerät	5,0	4,0
C	C1	Räume, Versammlungsräume und Flächen, die der Ansammlung von Personen dienen können (mit Ausnahme von unter A, B, D und E festgelegten Kategorien)	Flächen mit Tischen; z. B. Kindertagesstätten, Kinderkrippen, Schulräume, Cafes, Restaurants, Speisesäle, Lesesäle, Empfangsräume, Lehrerzimmer.	3,0	4,0
	C2		Flächen mit fester Bestuhlung; z. B. Flächen in Kirchen, Theatern oder Kinos, Kongresssäle, Hörsäle, Versammlungsräume, Wartesäle	4,0	4,0
	C3		Frei begehbare Flächen; z. B. Museumsflächen, Ausstellungsflächen usw. und Eingangsbereiche in öffentlichen Gebäuden und Hotels, nicht befahrbare Hofkellerdecken sowie die zur Nutzungskategorie C1 bis C3 gehörigen Flure.	5,0	4,0
	C4		Sport- und Spielflächen; z. B. Tanzsäle, Sporthallen, Gymnastik- und Kraftsporträume, Bühnen.	5,0	7,0
	C5		Flächen für große Menschenansammlungen; z. B. in Gebäuden wie Konzertsälen, Terrassen und Eingangsbereiche sowie Tribünen mit fester Bestuhlung.	5,0	4,0
	C6		Flächen mit regelmäßiger Nutzung durch erhebliche Menschenansammlungen, Tribünen ohne feste Bestuhlung	7,5	10
D	D1	Verkaufsräume	Flächen von Verkaufsräumen bis 50 m² Grundflache in Wohn-, Büro und vergleichbaren Gebäuden.	2,0	2,0
	D2		Flächen in Einzelhandelsgeschäften und Warenhäusern.	5,0	4,0
	D3		Flächen wie D2, jedoch mit erhöhten Einzellasten infolge hoher Lagerregale.	5,0	7,0
E	E1.1	Fabriken und Werkstätten, Ställe, Lagerräume und Zugänge	Flächen in Fabriken[a] und Werkstätten[a] mit leichtem Betrieb und Flächen in Großviehställen	5,0	4,0
	E1.2		Allgemeine Lagerflächen, einschließlich Bibliotheken.	6,0[b]	7,0
	E2.1		Flächen in Fabriken[a] und Werkstätten[a] mit mittlerem oder schwerem Betrieb.	7,5[b]	10,0
T[d]	T1	Treppen und Treppenpodeste	Treppen und Treppenpodeste in Wohngebäuden, Bürogebäuden und von Arztpraxen ohne schweres Gerät.	3,0	2,0
	T2		Alle Treppen und Treppenpodeste, die nicht in T1 oder T3 eingeordnet werden können.	5,0	2,0
	T3		Zugänge und Treppen von Tribünen ohne feste Sitzplätze, die als Fluchtweg dienen.	7,5	3,0
Z[d]		Zugänge, Balkone und Ähnliches	Dachterrassen, Laubengänge, Loggien usw., Balkone, Ausstiegspodeste.	4,0	2,0

[a] Nutzlasten in Fabriken und Werkstätten gelten als vorwiegend ruhend. Im Einzelfall sind sich häufig wiederholende Lasten je nach Gegebenheit als nicht vorwiegend ruhende Lasten nach Abschn. 4.3.5 einzuordnen.

[b] Bei diesen Werten handelt es sich um Mindestwerte. In Fällen, in denen höhere Lasten vorherrschen, sind die höheren Lasten anzusetzen.

[c] Für die Weiterleitung der Lasten in Räumen mit Decken ohne ausreichende Querverteilung auf stützende Bauteile darf der angegebene Wert um 0,5 kN/m² abgemindert werden.

[d] Hinsichtlich der Einwirkungskombinationen sind die Einwirkungen der Nutzungskategorie des jeweiligen Gebäudes oder Gebäudeteils zuzuordnen.

Der Faktor α_n beträgt für:
Kategorien A bis D, Z: $\alpha_n = 0,7 + 0,6/n$
Kategorien E1.1, E1.2, E2.1 bis E2.5, T: $\alpha_n = 1,0$
Dabei ist n die Anzahl der Geschosse (> 2) oberhalb der belasteten Stützen und Wände mit der gleichen Nutzungskategorie.

Der Faktor α_A darf für ein Bauteil nicht gleichzeitig mit dem Faktor α_n angesetzt werden. Es darf aber der günstigere der beiden Werte angesetzt werden.

In mehrgeschossigen Gebäuden ist die Nutzlast aller Geschosse bei der Ermittlung der Einwirkungskombination insgesamt als eine unabhängige veränderliche Einwirkung aufzufassen.

Wenn der charakteristische Wert der Nutzlasten in Kombination mit anderen Einwirkungen durch einen Kombinationsbeiwert ψ abgemindert wird, darf eine Abminderung mit dem Faktor α_n nicht angesetzt werden.

Abb. 4.3 Lasteinzugsflächen für die Schnittgrößenermittlung von Mittel- und Randfeldern (hier $A_2 > A_1 > A_3$)

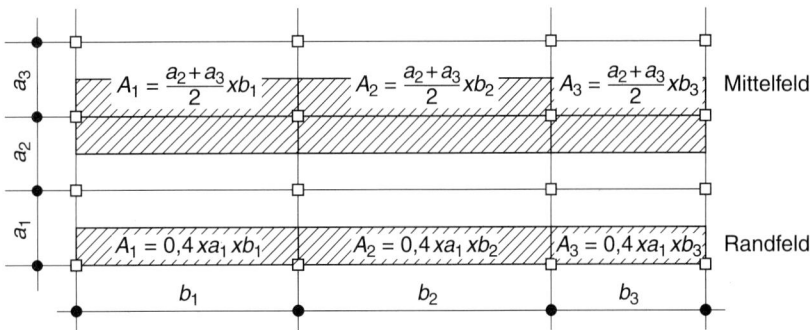

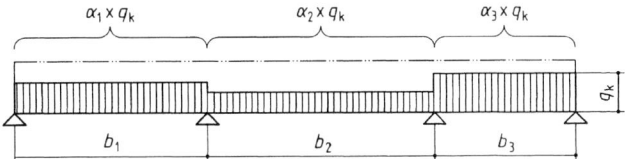

Abb. 4.4 Lastabminderung mit feldweise unterschiedlichen α_i-Werten (hier $\alpha_3 > \alpha_1 > \alpha_2$)

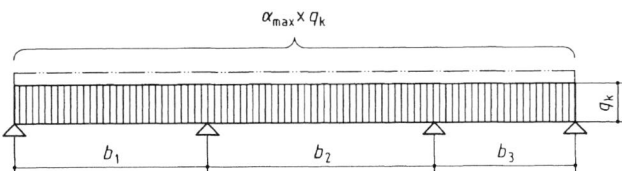

Abb. 4.5 Lastabminderung mit einheitlichen a_i-Werten (hier vereinfacht $\alpha_{max} = \alpha_3$)

4.3.4.2 Gleichmäßig verteilte Nutzlasten und Einzellasten für Dächer

Die Lasten entsprechend Abschn. 4.3.4.2 gelten als vorwiegend ruhende Lasten.

Der charakteristische Wert einer Mannlast auf Dächern ist in Tafel 4.34 angegeben. Falls der Nachweis der örtlichen Mindesttragfähigkeit erforderlich ist, so ist er mit den charakteristischen Werten für die Einzellast Q_k nach Tafel 4.34 zu führen. Die Aufstandsfläche für Q_k umfasst ein Quadrat mit einer Seitenlänge von 5 cm.

Für Begehungsstege, die Teil eines Fluchtweges sind, ist eine Nutzlast von 3 kN/m² anzusetzen.

Befahrbare Dächer oder Dächer für Sonderbetrieb sind in den Abschn. 4.3.4.3 und 4.3.5 geregelt.

Eine Überlagerung der Einwirkungen nach Tafel 4.34 mit den Schneelasten ist nicht erforderlich.

Bei Dachlatten sind zwei Einzellasten von je 0,5 kN in den äußeren Viertelpunkten der Stützweite anzunehmen. Für hölzerne Dachlatten mit Querschnittsabmessungen, die sich erfahrungsgemäß bewährt haben, ist bei Sparrenabständen bis etwa 1 m kein Nachweis erforderlich.

Leichte Sprossen dürfen mit einer Einzellast von 0,5 kN in ungünstigster Stellung berechnet werden, wenn die Dächer nur mithilfe von Bohlen und Leitern begehbar sind.

Tafel 4.34 Nutzlasten für Dächer

1	2	3
Kategorie	Nutzung	Q_k [kN]
H	Nicht begehbare Dächer, außer für übliche Erhaltungsmaßnahmen, Reparaturen	1,0

4.3.4.3 Nutzlasten für Parkhäuser und Flächen mit Fahrzeugverkehr

Die charakteristischen Werte gleichmäßig verteilter Nutzlasten bzw. von Achslasten für Parkhäuser und Flächen mit Fahrzeugverkehr sind in Tafel 4.35 enthalten. Die Lasten dieser Tafel 4.35 gelten als vorwiegend ruhende Lasten.

Bei Anwendung der Achslast gilt Abb. 4.6.

Die Flächenlast oder die Achslast Q_k ist alternativ anzusetzen.

Tafel 4.35 Lotrechte Nutzlasten für Parkhäuser und Flächen mit Fahrzeugverkehr

Kategorie	Nutzung	q_k [kN/m²]		Q_k [kN]
F1	Verkehrs- und Parkflächen für leichte Fahrzeuge (Gesamtlast ≤ 30 kN)	3,0[b,c]	oder	20[a]
F2	Zufahrtsrampen	5,0[c]	oder	20[a]

[a] In den Kategorien F1 und F2 können die Achslast ($Q_k = 20$ kN) oder die Radlasten ($0,5 Q_k = 10$ kN) für den Nachweis örtlicher Beanspruchungen (z. B. Querkraft am Auflager oder Durchstanzen unter einer Radlast) maßgebend werden.

[b] Kann bei statischen Systemen die Einflussfläche A_{EF} (in m²) eindeutig bestimmt werden, darf die Flächenlast wie folgt abgemindert werden:

$$2,2 + 35/A_{EF} \leq 3,0 \, \text{kN/m}^2$$
$$\geq 2,5 \, \text{kN/m}^2$$

Alternativ darf auf der sicheren Seite liegend die Einflussfläche A_{EF} auch als Einzugsfläche A nach Abb. 4.3 bestimmt werden.

[c] Für die Lastweiterleitung auf Stützen, Wände und Fundamente ist ein Wert von 2,5 kN/m² ausreichend.

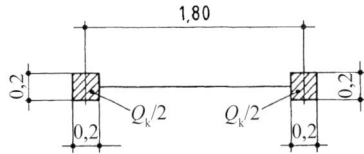

Abb. 4.6 Maße für die Anwendung von Achslasten

Die Zufahrten zu Flächen, die für die Kategorie F bemessen sind, müssen durch Vorrichtungen begrenzt werden, die die Durchfahrt schwererer Fahrzeuge verhindern.

4.3.5 Gleichmäßig verteilte Nutzlasten und Einzellasten bei nicht vorwiegend ruhenden Einwirkungen

4.3.5.1 Allgemeines
Die gleichmäßig verteilten Nutzlasten q_k nach Tafel 4.36 und Tafel 4.38 sind ohne Schwingbeiwert anzusetzen.

Die Einzellasten Q_k nach Tafel 4.36 und Tafel 4.38 sind mit den Schwingbeiwerten φ (nach Abschn. 4.3.5.2) zu vervielfachen.

4.3.5.2 Schwingbeiwerte
Der Schwingbeiwert beträgt $\varphi = 1{,}4$, sofern kein genauerer Nachweis geführt wird. Für überschüttete Bauwerke ist $\varphi = 1{,}4 - 0{,}1 \cdot h_{ü} \geq 1{,}0$.

Dabei ist $h_{ü}$ die Überschüttungshöhe in m.

Der Schwingbeiwert φ für Flächen nach Abschn. 4.3.5.4 ist in DIN 1072 enthalten (vgl. Abschn. 4.7).

4.3.5.3 Flächen für Betrieb mit Gabelstaplern
Lagerflächen und Flächen für industrielle Nutzung sind zunächst in die Kategorien E1.1, E1.2, E2.1 gemäß Tafel 4.33 unterteilt. Darüber hinaus werden die Kategorien E2.2 bis E2.5 im Falle einer Nutzung mit Gabelstaplern unterschieden (Tafel 4.36).

Lagerflächen, auf denen Gabelstapler eingesetzt werden, sind je nach den Betriebsverhältnissen für einen Gabelstapler in ungünstigster Stellung mit den in Betracht kommenden Einzellasten Q_k und ringsherum für eine gleichmäßig verteilte Nutzlast q_k nach Tafel 4.36 zu bemessen; dabei werden die Gabelstaplerklassen FL1 bis FL6 definiert (Tafel 4.37 in Verbindung mit Abb. 4.7).

Die Gleichlast q_k ist außerdem in ungünstiger Zusammenwirkung – feldweise veränderlich – anzusetzen, sofern die Nutzung als Lagerfläche nicht ungünstiger ist.

Muss damit gerechnet werden, dass Decken sowohl von Gabelstaplern als auch von Fahrzeugen der Kategorie F oder

Tafel 4.36 Nutzlasten auf Lagerflächen mit Gabelstaplern

Nutzungs-kategorien	Gabelstap-lerklasse	Zulässige Gesamtlast[a] [kN]	Nutzlast	
			Q_k [kN]	q_k [kN/m²]
E2.2	FL1	31	26	12,5
E2.3	FL2	46	40	15,0
E2.4	FL3	69	63	17,5
E2.5	FL4	100	90	20,0
	FL5	150	140	20,0
	FL6	190	170	20,0

[a] Summe aus Eigengewicht (netto) und Hublasten gemäß Tafel 4.37.

Tafel 4.37 Abmessungen von Gabelstaplern nach FL-Klassen

Gabelstapler-klasse	a [m]	b [m]	l [m]	Eigengewicht (Netto) [kN]	Hublasten [kN]
FL1	0,85	1,00	2,60	21	10
FL2	0,95	1,10	3,00	31	15
FL3	1,00	1,20	3,30	44	25
FL4	1,20	1,40	4,00	60	40
FL5	1,50	1,90	4,60	90	60
FL6	1,80	2,30	5,10	110	80

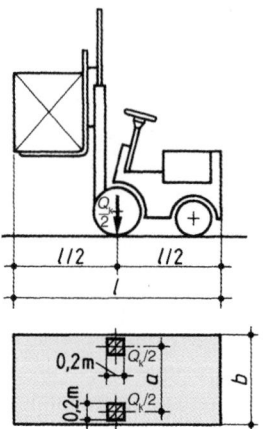

Abb. 4.7 Abmessungen von Gabelstaplern

von Fahrzeugen nach Abschn. 4.3.5.4 befahren werden, so ist die ungünstiger wirkende Nutzlast anzusetzen.

Horizontallasten infolge Beschleunigung und Bremsen von Gapelstaplern können mit 30 % der Achslast angesetzt werden ($0{,}3 \cdot Q_k$; ohne φ).

4.3.5.4 Flächen für Fahrzeugverkehr auf Hofkellerdecken und planmäßig befahrene Deckenflächen
Hofkellerdecken und andere Decken, die planmäßig von Fahrzeugen befahren werden, sind für die Lasten der Brückenklassen 16/16 bis 30/30 nach DIN 1072 (vgl. Abschn. 4.7) zu berechnen.

Hofkellerdecken, die nur im Brandfall von Feuerwehrfahrzeugen befahren werden, sind für die Brückenklasse 16/16 nach DIN 1072 zu berechnen. Dabei ist jedoch nur ein Einzelfahrzeug in ungünstigster Stellung anzusetzen; auf den umliegenden Flächen ist die gleichmäßig verteilte Last der Hauptspur in Rechnung zu stellen. Der nach DIN 1072 geforderte Nachweis für eine einzelne Achslast von 110 kN darf entfallen. Die Nutzlast darf als vorwiegend ruhend eingestuft werden.

4.3.5.5 Flächen für Hubschrauberlandeplätze
Für Hubschrauberlandeplätze auf Decken sind entsprechend den zulässigen Abfluggewichten der Hubschrauber die Regelbelastungen der Tafel 4.38 zu entnehmen.

Tafel 4.38 Hubschrauber-Regellasten auf Dachflächen der Kategorie K

Kategorie		Zulässiges Abfluggewicht [t]	Hubschrauber Regellast Q_k [kN]	Seitenlängen einer quadratischen Aufstandsfläche [cm]
HC[a]	HC1	3	30	20
	HC2	6	60	30
	HC3	12	120	30

[a] Die Einwirkungen sind wie diejenigen der Kategorie G zu kombinieren.

Außerdem sind die Bauteile auch für eine gleichmäßig verteilte Nutzlast von $5\,kN/m^2$ mit Volllast der einzelnen Felder in ungünstigster Zusammenwirkung – feldweise veränderlich – zu berechnen. Der ungünstigste Wert ist maßgebend. Diese gleichmäßig verteilte Nutzlast darf für die Weiterleitung in stützende Bauteile auf $3\,kN/m^2$ reduziert werden, wenn eine Befahrung der Dachfläche aufgrund der baulichen Gegebenheiten nicht möglich ist.

Als Horizontallast ist eine Nutzlast Q_k nach Tafel 4.38 in der Ebene der Start- und Landefläche und des umgebenden Sicherheitsstreifens an der für den untersuchten Querschnitt eines Bauteils jeweils ungünstigsten Stelle anzunehmen.

4.3.6 Horizontale Nutzlasten

4.3.6.1 Horizontale Lasten auf Zwischenwände und Absturzsicherungen

Die charakteristischen Werte gleichmäßig verteilter horizontaler Nutzlasten, die in Höhe von bis zu 1,2 m wirken, sind in Tafel 4.39 enthalten.

Die horizontalen Nutzlasten nach Tafel 4.39 sind in Absturzrichtung in voller Höhe und in der Gegenrichtung mit 50 % (mindestens jedoch 0,5 kN/m) anzusetzen.

Tafel 4.39 Horizontale Lasten auf Zwischenwände und Absturzsicherungen

Spalte	1	2
Zeile	Belastete Fläche nach Kategorie	Horizontale Nutzlast q_k [kN/m]
1	A, B1, H, F1 bis F4[b], T1, Z[a]	0,5
2	B2, B3, C1 bis C4, D, E1.1[c], E1.2[c], E2.1 bis E2.5[c], Z[a], FL1 bis FL6[b], HC, T2	1,0
3	C5, C6, T3	2,0

[a] Kategorie Z entsprechend der Einstufung in die Gebäudekategorie.
[b] Anprall wird durch konstruktive Maßnahmen ausgeschlossen.
[c] Bei Flächen der Kategorie E1.1, E1.2, E2.1 bis E2.5, die nur zu Kontroll- und Wartungszwecken begangen werden, sind die Lasten in Abstimmung mit dem Bauherrn festzulegen ($\geq 0,5\,kN/m$).

4.3.6.2 Horizontallasten zur Erzielung einer ausreichenden Längs- und Quersteifigkeit

Neben der vorgeschriebenen Windlast und etwaigen anderen waagerecht wirkenden Lasten sind zum Erzielen einer ausreichenden Längs- und Quersteifigkeit folgende beliebig gerichtete Horizontallasten zu berücksichtigen:

Für Tribünenbauten und ähnliche Sitz- und Steheinrichtungen ist eine in Fußbodenhöhe angreifende Horizontallast von 1/20 der lotrechten Nutzlast anzusetzen.

Bei Gerüsten ist eine in Schalungshöhe angreifende Horizontallast von 1/100 aller lotrechten Lasten anzusetzen.

Zur Sicherung gegen Umkippen von Einbauten, die innerhalb von geschlossenen Bauwerken stehen und keiner Windbeanspruchung unterliegen, ist eine Horizontallast von 1/100 der Gesamtlast in Höhe des Schwerpunktes anzusetzen.

4.4 Windlasten

nach DIN EN 1991-1-4: 2010-12; DIN EN 1991-1-4/NA: 2010-12

4.4.1 Allgemeines; Schwingungsanfälligkeit

DIN EN 1991-1-4 enthält Regeln und Verfahren für die Berechnung der charakteristischen Windlasten auf Hoch- und Ingenieurbauwerke bis zu einer Höhe von 300 m sowie auf deren einzelne Bauteile und Anbauten. Abgespannte Masten und Fachwerkmaste sowie Türme werden in DIN EN 1993-3-1 behandelt.

Windlasten werden als veränderliche, freie Einwirkungen eingestuft; die bei der Bemessung anzusetzenden Windlasten werden als unabhängige Einwirkungen betrachtet. Die nach DIN EN 1991-1-4 ermittelten Geschwindigkeitsdrücke sind charakteristische Größen (jährliche Überschreitungswahrscheinlichkeit 0,02).

Windlasten müssen sowohl für das gesamte Bauwerk als auch für Teile des Bauwerks (Bauteile, Fassadenelemente) ermittelt werden. Sind Bauwerke durch massive Wände und Decken ausreichend ausgesteift, kann i. d. R. auf einen Nachweis der Gesamtkonstruktion infolge Windbeanspruchung verzichtet werden.

Windlasten werden in DIN EN 1991-1-4 als **Winddrücke** und **Windkräfte** erfasst. Dabei ist die Windlast unabhängig von der Himmelsrichtung mit dem vollen Rechenwert des Geschwindigkeitsdruckes wirkend zu berechnen.

Bei ausreichend steifen, **nicht schwingungsanfälligen** Tragwerken oder Bauteilen kann die Windwirkung durch Ansatz einer statischen Ersatzlast, festgelegt auf Grundlage von Böengeschwindigkeiten, erfasst werden; die zugehörigen Regelungen des vereinfachten Nachweisverfahrens sind nachfolgend dargestellt.

Bei **schwingungsanfälligen** Konstruktionen wird die in Windrichtung entstehende Böenwirkung einschließlich böenerregter Resonanzschwingungen durch eine statische Ersatzlast erfasst; diese beruht auf dem Böengeschwindigkeitsdruck, der mit einem Strukturbeiwert angepasst wird.

Das Verfahren ist in DIN EN 1991-1-4/NA, Anhang NA.C, geregelt.

Ein Bauwerk gilt im Sinne der Norm als nicht schwingungsanfällig, wenn seine Verformungen unter Berücksichtigung der dynamischen Wirkung der Windkräfte die Verformungen aus statischer Windlast um nicht mehr als 10% überschreiten.

Ohne besondere Nachweise dürfen übliche Wohn-, Büro- und Industriegebäude mit einer Höhe bis zu 25 m und ihnen in Form oder Konstruktion ähnliche Gebäude in der Regel als nicht schwingungsanfällig angenommen werden. Als Kragträger wirkende Baukonstruktionen – z. B. Türme und Schornsteine – dürfen als nicht schwingungsanfällig angesehen und mit dem vereinfachten Verfahren berechnet werden, wenn sie die folgende Bedingung erfüllen:

$$\frac{x_s}{h} \leq \frac{\delta}{\left(\sqrt{\frac{h_{ref}}{h} \cdot \frac{h+b}{b}} + 0{,}125 \cdot \sqrt{\frac{h}{h_{ref}}}\right)^2} \quad \text{mit } h_{ref} = 25\,\text{m}$$

x_s die Kopfpunktverschiebung unter Eigenlast in Windrichtung wirkend angenommen, in m;

δ das logarithmische Dämpfungsdekrement nach DIN EN 1991-1-4, Anhang F;

b die Breite des Bauwerks, in m;

h die Höhe des Bauwerks, in m.

Das logarithmische Dämpfungsdekrement δ für die Grundbiegeschwingungsform kann wie folgt abgeschätzt werden:

$$\delta = \delta_s + \delta_a + \delta_d$$

δ_s das logarithmische Dekrement der Strukturdämpfung;

δ_a das logarithmische Dekrement der aerodynamischen Dämpfung für die Grundeigenform;

δ_d das logarithmische Dekrement der Dämpfung infolge besonderer Maßnahmen (zum Beispiel Schwingungsdämpfer).

Näherungswerte für das logarithmische Dekrement der Strukturdämpfung δ_s können Tafel 4.40 entnommen werden (weitere Werte enthält DIN EN 1991-1-4, Anhang F, Tabelle F.2).

Das logarithmische Dekrement der aerodynamischen Dämpfung δ_a für Schwingungen in Windrichtung kann abgeschätzt werden zu:

$$\delta_a = \frac{\varrho \cdot b \cdot c_f}{2 \cdot n_1 \cdot m_e} v_m(z_s)$$

ϱ die Luftdichte $\varrho = 1{,}25$ kg/m³;

b die Breite der dem Wind ausgesetzten Bauwerksfläche, in m;

c_f der aerodynamische Kraftbeiwert in Windrichtung (siehe Abschn. 4.4.6);

$v_m(z_s)$ die mittlere Windgeschwindigkeit $v_m(z)$ (siehe Tafel 4.43)

Tafel 4.40 Näherungswerte für δ_s von Bauwerken für die Grundschwingungsform

Bauwerkstyp		Bauwerksdämpfung δ_s
Gebäude in Stahlbetonbauweise		0,10
Gebäude in Stahlbauweise		0,05
Gebäude in gemischter Bauweise (Beton + Stahl)		0,08
Türme und Schornsteine in Stahlbetonbauweise		0,03
Stahlbrücken und Türme in Stahlfachwerkbauweise	Geschweißt	0,02
	Vorgespannte Schrauben	0,03
	Rohe Schrauben	0,05
Verbundbrücken		0,04
Brücken in Massivbauweise	Vorgespannt ohne Risse	0,04
	Mit Rissen	0,10
Seile	Paralleldrahtbündel	0,006
	Spiralförmig angeordnete Drähte	0,02

z_s die Bezugshöhe (siehe Abb. 4.8)

m_e die äquivalente Masse je Längeneinheit für die Grundschwingung in Windrichtung; DIN EN 1991-1-4, Anhang F

n_1 die Eigenfrequenz für die Grundschwingung in Windrichtung; DIN EN 1991-1-4, Anhang F

Falls besondere Maßnahmen zur Dämpfungserhöhung angebracht werden, ist das zusätzliche Dämpfungsdekrement δ_d mithilfe geeigneter theoretischer oder experimenteller Verfahren zu ermitteln.

4.4.2 Windzonen, Windgeschwindigkeit v und Geschwindigkeitsdruck q

Grundlegend für die Berechnung der Windbelastung von Bauwerken ist der zu einer gegebenen Windgeschwindigkeit v gehörige Geschwindigkeitsdruck q:

$$q = \frac{1}{2}\varrho \cdot v^2 = \frac{v^2}{1600}$$

ϱ Luftdichte in kg/m³; (Rechenwert $\varrho = 1{,}25$ kg/m³)

v Windgeschwindigkeit in m/s

q Geschwindigkeitsdruck in kN/m²

Für die Windzonen WZ1 bis WZ4 enthält Tafel 4.41 die zeitlich gemittelten Windgeschwindigkeiten $v_{b,0}$ und zugehörige Geschwindigkeitsdrücke $q_{b,0}$. Die angegebenen Werte gelten für eine Höhe von 10 m über Grund in ebenem, offenem Gelände (Geländekategorie II nach Tafel 4.42). Bei exponierten Gebäudestandorten kann eine Erhöhung erforderlich werden (DIN EN 1991-1-4/NA, Anhang B.4).

Eine Zuordnung der Windzonen nach Verwaltungsgrenzen kann z. B. im Internet unter www.dibt.de abgerufen werden.

Abb. 4.8 Lage des Angriffspunktes der resultierenden
Windkraft. **a** Gebäude, Schornsteine, Türme u. Ä., $z_s = 0.6 \cdot h \geq$
z_{min}, **b** Brücken, Freileitungen
u. Ä., $z_s = z_g + 0.5 \cdot h \geq z_{min}$,
c Hochbehälter u. Ä., $z_s =$
$z_g + 0.5 \cdot h \geq z_{min}$

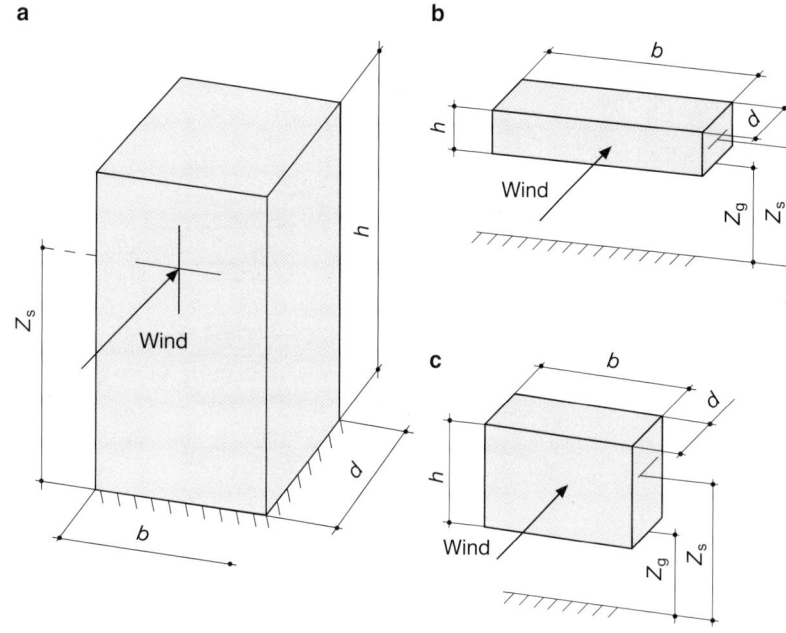

Tafel 4.41 Windzonenkarte für das Gebiet der Bundesrepublik Deutschland

Windzone	$v_{b,0}$ (m/s)	$q_{b,0}$ (kN/m^2)
WZ 1	22,5	0,32
WZ 2	25,0	0,39
WZ 3	27,5	0,47
WZ 4	30,0	0,56

Tafel 4.42 Geländekategorien

Geländekategorie I Offene See; Seen mit mindestens 5 km freier Fläche in Windrichtung; glattes, flaches Land ohne Hindernisse $z_0 = 0,01$ m $\alpha = 0,12$	
Geländekategorie II Gelände mit Hecken, einzelnen Gehöften, Häusern oder Bäumen, z. B. landwirtschaftliches Gebiet $z_0 = 0,05$ m $\alpha = 0,16$	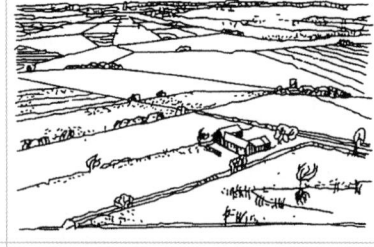
Geländekategorie III Vorstädte, Industrie- oder Gewerbegebiete; Wälder $z_0 = 0,30$ m $\alpha = 0,22$	
Geländekategorie IV Stadtgebiete, bei denen mindestens 15% der Fläche mit Gebäuden bebaut sind, deren mittlere Höhe 15 m überschreitet $z_0 = 1,05$ m $\alpha = 0,30$	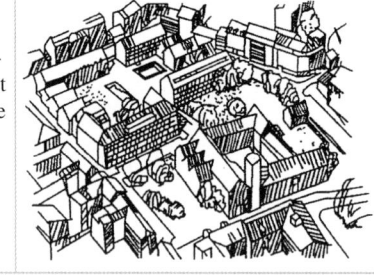

Der Geschwindigkeitsdruck ist zu erhöhen, wenn der Bauwerksstandort oberhalb einer Meereshöhe von 800 m über NN liegt. Der Erhöhungsfaktor beträgt $(0,2 + H_s/1000)$, wobei H_s die Meereshöhe in Meter ist. Oberhalb von $H_s = 1100$ m sind besondere Überlegungen erforderlich, ebenso für Kamm- und Gipfellagen der Mittelgebirge.

Bei vorübergehenden Zuständen kann eine Abminderung des Geschwindigkeitsdruckes vorgenommen werden (DIN EN 1991-1-4/NA, Anhang B, Tabelle NA.B.5).

Die Basiswindgeschwindigkeit v_b ergibt sich aus den in Tafel 4.41 angegebenen Grundwerten $v_{b,0}$ unter Berücksichtigung von Richtungsfaktor c_{dir} und Jahreszeitenbeiwert c_{season} zu:

$$v_b = c_{dir} \cdot c_{season} \cdot v_{b,0}$$

Für c_{dir} und c_{season} werden die Werte 1,0 angesetzt (in Ausnahmefällen können sie auch genauer bestimmt werden).

Die mittlere Windgeschwindigkeit v_m wird mit der Basiswindgeschwindigkeit bestimmt. Dabei hängen die Profile der mittleren Windgeschwindigkeit und der zugehörigen Turbulenzintensität von der Geländerauigkeit und der Topographie in der Umgebung des Bauwerksstandortes ab.

Für baupraktische Zwecke werden 4 Geländekategorien entsprechend Tafel 4.42 sowie 2 Mischprofile („Küste": Übergangsbereich zwischen Geländekategorie I und II; „Binnenland": Übergangsbereich zwischen Geländekategorie II und III) unterschieden. Auf der sicheren Seite liegend kann in den küstennahen Gebieten sowie auf den Nord- und Ostseeinseln die Geländekategorie I, im Binnenland die Geländekategorie II angesetzt werden.

In der Regel wird der **Böengeschwindigkeitsdruck** für die Windlastermittlung bei nicht schwingungsanfälligen Konstruktionen benutzt.

In Tafel 4.43 sind die Profile der mittleren Windgeschwindigkeit v_m, der Turbulenzintensität I_v und des Böengeschwindigkeitsdruckes für die 4 Geländekategorien zusammengestellt.

Der **Böengeschwindigkeitsdruck** als Ausgangswert zur Bestimmung von Winddrücken (siehe Abschn. 4.4.3) und von Windkräften (siehe Abschn. 4.4.4) bei nicht schwingungsanfälligen Bauwerken und Bauteilen kann wie folgt ermittelt werden:

- Ansatz eines vereinfachten, über die Höhe konstanten Geschwindigkeitsdruckes;
- Ansatz eines mit der Höhe über Grund anwachsenden Geschwindigkeitsdruckes.

Vereinfachte Annahmen für den Böengeschwindigkeitsdruck bei Bauwerken bis zu einer Höhe von 25 m über Grund Der Geschwindigkeitsdruck nach Tafel 4.44 darf konstant über die gesamte Gebäudehöhe angenommen werden. Die für die Küste angegebenen Werte gelten für küstennahe Gebiete in einem Streifen entlang der Küste mit 5 km Breite landeinwärts sowie auf den Inseln der Ostsee. Auf den Inseln der Nordsee ist das vereinfachte Verfahren nur bis zu einer Gebäudehöhe von 10 m zugelassen.

Höhenabhängiger Böengeschwindigkeitsdruck im Regelfall Für Bauwerke, die sich in größere Höhen als 25 m über Grund erstrecken, ist der Einfluss von Bodenrauigkeit und Topographie auf das Profil des Geschwindigkeitsdruckes zu berücksichtigen. Dieser Einfluss kann mit den Gleichungen entsprechend Tafel 4.45 erfasst werden. Da große Gebiete mit gleichförmiger Bodenrauigkeit in Deutschland selten vorkommen, treten überwiegend Mischprofile der 4 Geländekategorien nach Tafel 4.42 auf; in Tafel 4.45 sind als Regelfall 3 Profile angegeben. Der Geschwindigkeitsdruck $q_b = q_{b,0}$ ist Tafel 4.41 zu entnehmen.

Abweichend von den Gleichungen entsprechend Tafel 4.45 darf der Einfluss der Bodenrauigkeit auf Grundlage von Tafel 4.43 genauer bewertet werden (weitere Erläuterungen gemäß DIN EN 1991-1-4/NA, Anhang B).

Tafel 4.43 Profile der mittleren Windgeschwindigkeit, der Turbulenzintensität, des Böengeschwindigkeitsdruckes und der Böengeschwindigkeit in ebenem Gelände für 4 Geländekategorien

Geländekategorie	I	II	III	IV
Mindesthöhe z_{min}	2,00 m	4,00 m	8,00 m	16,00 m
Mittlere Windgeschwindigkeit v_m für $z > z_{min}$	$1{,}18 \cdot v_b (z/10)^{0,12}$	$1{,}00 \cdot v_b (z/10)^{0,16}$	$0{,}77 \cdot v_b (z/10)^{0,22}$	$0{,}56 \cdot v_b (z/10)^{0,30}$
v_m/v_b für $z < z_{min}$	0,97	0,86	0,73	0,64
Turbulenzintensität I_v für $z > z_{min}$	$0{,}14 \cdot (z/10)^{-0,12}$	$0{,}19 \cdot (z/10)^{-0,16}$	$0{,}28 \cdot (z/10)^{-0,22}$	$0{,}43 \cdot (z/10)^{-0,30}$
I_v für $z < z_{min}$	0,17	0,22	0,29	0,37
Böengeschwindigkeitsdruck q_p für $z > z_{min}$	$2{,}6 \cdot q_b (z/10)^{0,19}$	$2{,}1 \cdot q_b (z/10)^{0,24}$	$1{,}6 \cdot q_b (z/10)^{0,31}$	$1{,}1 \cdot q_b (z/10)^{0,40}$
q_p/q_b für $z < z_{min}$	1,9	1,7	1,5	1,3
Böengeschwindigkeit v_p für $z > z_{min}$	$1{,}61 \cdot v_b (z/10)^{0,095}$	$1{,}45 \cdot v_b (z/10)^{0,120}$	$1{,}27 \cdot v_b (z/10)^{0,155}$	$1{,}05 \cdot v_b (z/10)^{0,200}$
v_p/v_b für $z < z_{min}$	1,38	1,30	1,23	1,15

Tafel 4.44 Vereinfachte Geschwindigkeitsdrücke für Bauwerke bis 25 m Höhe

Windzone		Geschwindigkeitsdruck q_p in kN/m² bei einer Gebäudehöhe h in den Grenzen von		
		$h \leq 10$ m	10 m $< h \leq 18$ m	18 m $< h \leq 25$ m
1	Binnenland	0,50	0,65	0,75
2	Binnenland	0,65	0,80	0,90
	Küste und Inseln der Ostsee	0,85	1,00	1,10
3	Binnenland	0,80	0,95	1,10
	Küste und Inseln der Ostsee	1,05	1,20	1,30
4	Binnenland	0,95	1,15	1,30
	Küste der Nord- und Ostsee und Inseln der Ostsee	1,25	1,40	1,55
	Inseln der Nordsee	1,40	–	–

Tafel 4.45 Über die Höhe z veränderlicher Böengeschwindigkeitsdruck q_p für Bauwerke bis 300 m Höhe

Im Binnenland	In küstennahen Gebieten sowie auf den Inseln der Ostsee	Auf den Inseln der Nordsee
Mischprofil der Geländekategorien II und III	Mischprofil der Geländekategorien I und II	Geländekategorie I
$z \leq 7$ m: $q_p(z) = 1{,}5 \cdot q_b$	$z \leq 4$ m: $q_p(z) = 1{,}8 \cdot q_b$	$z \leq 2$ m: $q_p(z) = 1{,}1$ kN/m²
7 m $< z \leq 50$ m: $q_p(z) = 1{,}7 \cdot q_b \left(\frac{z}{10}\right)^{0,37}$	4 m $< z \leq 50$ m: $q_p(z) = 2{,}3 \cdot q_b \left(\frac{z}{10}\right)^{0,27}$	2 m $< z \leq 300$ m:
50 m $< z \leq 300$ m: $q_p(z) = 2{,}1 \cdot q_b \left(\frac{z}{10}\right)^{0,24}$	50 m $< z \leq 300$ m: $q_p(z) = 2{,}6 \cdot q_b \left(\frac{z}{10}\right)^{0,19}$	$q_p(z) = 1{,}5 \cdot q_b \left(\frac{z}{10}\right)^{0,19}$ kN/m²

4.4.3 Winddruck w bei nicht schwingungsanfälligen Konstruktionen

Die Angaben zum Winddruck gelten für ausreichend steife Konstruktionen (böenerregte Resonanzschwingungen vernachlässigbar). Windsog ist als „negativer Winddruck" erfasst (siehe Abb. 4.9).

Der auf eine bestimmte Oberfläche eines Bauwerks wirkende Winddruck w hängt nicht nur vom Geschwindigkeitsdruck $q_p(z_e)$ sondern auch von der Form des Bauwerks sowie der Lage der betrachteten Fläche ab und kann sich auch innerhalb einer Fläche von Teilbereich zu Teilbereich ändern. Diese letztgenannte Abhängigkeit wird ganz allgemein berücksichtigt durch den aerodynamischen **Druck**beiwert c_p (p = pressure), für Außenflächen c_{pe} (e = extern) und für Innenflächen offener Bauwerke c_{pi} (i = intern).

Es gilt
- für den Winddruck w_e auf die Außenfläche eines Bauwerks

$$w_e = c_{pe} \cdot q_p(z_e)$$

c_{pe} Druckbeiwert
$q_p(z_e)$ zur Höhe z_e gehörender Geschwindigkeitsdruck nach Abschn. 4.4.2
z_e Bezugshöhe nach Abschn. 4.4.5
- für den Winddruck w_i auf eine Oberfläche im Inneren eines Bauwerks

$$w_i = c_{pi} \cdot q_p(z_i)$$

Aerodynamische Druckbeiwerte c_p für einzelne Flächen oder Teilflächen häufig vorkommender Baukörper enthält Abschn. 4.4.5.

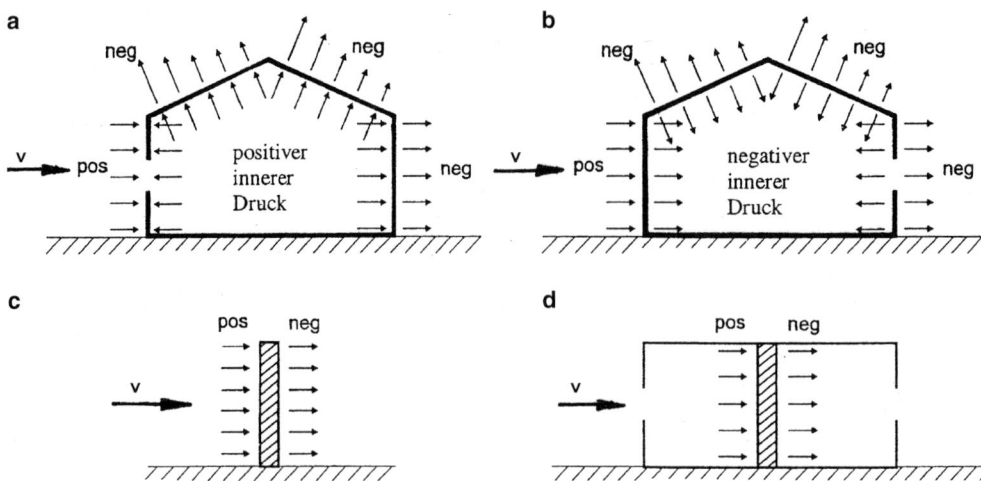

Abb. 4.9 Druck auf Bauwerksflächen. **a** luvseitig offen, **b** leeseitig offen, **c** freistehende Wand, **d** Innenwand in einem offenen Gebäude

Die Nettodruckbelastung infolge Winddruck auf eine Wand, ein Dach oder ein Bauteil ist die Resultierende von Innen- und Außendruck.

4.4.4 Windkräfte bei nicht schwingungsanfälligen Konstruktionen

Auf Oberflächen eines Baukörpers im Wind wirken Druck- und Sogkräfte senkrecht zu Flächen und Reibungskräfte tangential an umströmten Flächen. Die Gesamtwindkraft, die auf einen Baukörper oder ein Körperteil wirkt, wird wie folgt ermittelt:

- aus Kräften, ermittelt mit Kraftbeiwerten (siehe Abschn. 4.4.4.1),
- aus Kräften, ermittelt mit Winddrücken und Reibungsbeiwerten (siehe Abschn. 4.4.4.2).

4.4.4.1 Resultierende Windkräfte, berechnet mit Kraftbeiwerten

Die resultierende Gesamtwindkraft F_w auf einen Baukörper wird wie folgt berechnet:

$$F_w = c_s c_d \cdot c_f \cdot q_p(z_e) \cdot A_{ref}$$

$c_s c_d$ Strukturbeiwert; bei nicht schwingungsanfälligen Konstruktionen 1,0; alternativ genauere Ermittlung nach DIN EN 1991-1-4/NA, Anhang C.3

c_f aerodynamischer Kraftbeiwert nach Abschn. 4.4.6

$q_p(z_e)$ Geschwindigkeitsdruck in der Höhe z_e nach Abschn. 4.4.2

A_{ref} Bezugsfläche für den Kraftbeiwert nach Abschn. 4.4.6

Alternativ kann die Windkraft durch vektorielle Addition der auf die Körperabschnitte wirkenden Windkräfte bestimmt werden:

$$F_{wj} = c_s c_d \cdot \sum c_{fj} \cdot q_p(z_{ej}) \cdot A_j$$

z_{ej} zur Fläche A_j gehörende Höhe
c_{fj} aerodynamischer Kraftbeiwert im Teilabschnitt j

4.4.4.2 Windkräfte, berechnet mit Winddrücken und Reibungsbeiwerten

Die resultierende Windkraft F_w kann durch vektorielle Addition der Kräfte $F_{w,e}$ aus dem Außenwinddruck, $F_{w,i}$ aus dem Innenwinddruck und der Reibungskraft F_{fr} bestimmt werden:

$$F_{w,e} = c_s c_d \cdot \sum w_e \cdot A_{ref}$$

$$F_{w,i} = \sum w_i \cdot A_{ref}$$

$$F_{fr,j} = c_{fr,j} \cdot q_p(z_e)_j \cdot A_{fr,j}$$

$c_s c_d$ Strukturbeiwert (siehe Abschn. 4.4.4.1)

w_e, w_i Winddrücke auf einen Körperabschnitt in der Höhe z_e, z_i (siehe Abschn. 4.4.3)

A_{ref} Bezugsfläche des Körperabschnittes

c_{fr} Reibungsbeiwert

A_{fr} Außenfläche, die parallel vom Wind angeströmt wird

Reibungskräfte F_{fr} wirken tangential an einer umströmten Fläche eines Baukörpers. Sie dürfen in der Regel gegenüber den auf andere Flächen des gleichen Baukörpers gleichzeitig wirkenden Druckkräften vernachlässigt werden. Bei flächenartigen Baukörpern wie z. B. freistehende Überdachungen geringer Konstruktionshöhe und lange Wände, werden – wenn sie parallel zur Fläche angeströmt werden – Reibungskräfte bedeutsam.

Reibungsbeiwerte für einige Materialien bzw. Oberflächen enthält Tafel 4.46.

Bezugsfläche ist die vom Wind bestrichene Fläche.

Tafel 4.46 Reibungsbeiwerte c_{fr} für Wände, Brüstungen und Dachflächen

Obefläche	Reibungsbeiwert c_{fr}
Glatt (z. B. Stahl, glatter Beton)	0,01
Rau (z. B. rauer Beton, geteerte Flächen)	0,02
Sehr rau (z. B. gewellt, gerippt, gefaltet)	0,04

Für Wände gilt

$$A_{fr} = 2h \cdot l$$

h die Höhe der Wand;
l Länge der Wand.
Für freistehende Überdachungen gilt

$$A_{fr} = 2b \cdot l$$

b die Breite der Überdachung;
l die Länge der Überdachung.
Bezugshöhe z_e ist bei freistehenden Dächern die Dachhöhe, bei Wänden die Oberkante der Wand.

4.4.5 Aerodynamische Druckbeiwerte

4.4.5.1 Allgemeines
Aerodynamische Druckbeiwerte werden angegeben für Baukörper als Innen- und Außendruckbeiwerte bzw. für freistehende Dächer und Wände als Gesamtdruckbeiwerte. Die Außendruckbeiwerte c_{pe} für Bauwerke und Bauteile hängen von der Größe der Lasteinzugsfläche A ab. In den nachfolgenden Tafeln sind zwei Werte angegeben: $c_{pe,1}$ für kleine Flächen ($A \leq 1\,\mathrm{m^2}$) und $c_{pe,10}$ für große Flächen ($A \geq 10\,\mathrm{m^2}$). Für Flächen mittlerer Größe ($1\,\mathrm{m^2} < A < 10\,\mathrm{m^2}$) wird quasi logarithmisch interpoliert. Es gilt (siehe Abb. 4.10):

$$A \leq 1\,\mathrm{m^2}: \quad c_{pe} = c_{pe,1}$$
$$1\,\mathrm{m^2} < A < 10\,\mathrm{m^2}: \quad c_{pe} = c_{pe,1} + \left(c_{pe,10} - c_{pe,1}\right) \log A$$
$$A \geq 10\,\mathrm{m^2}: \quad c_{pe} = c_{pe,10}$$

Die Werte für Lasteinzugsflächen $< 10\,\mathrm{m^2}$ sind ausschließlich für die Berechnung der Ankerkräfte von unmittelbar durch Windwirkung belasteten Bauteilen, den Nachweis der Verankerungen und ihrer Unterkonstruktion zu verwenden.

Bei Dachüberständen kann für den Unterseitendruck der Wert der anschließenden Wandfläche und auf der Oberseite

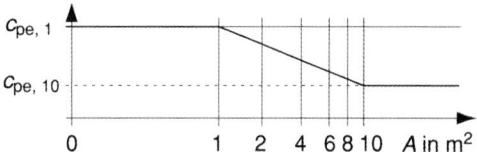

Abb. 4.10 Abhängigkeit des Druckbeiwertes c_{pe} von der Größe der untersuchten Lasteinflussfläche A

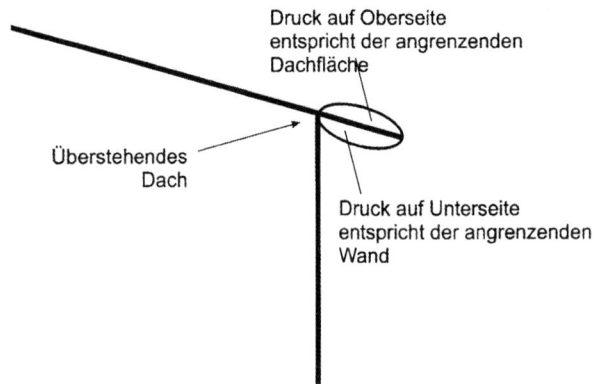

Abb. 4.11 Drücke bei Dachüberständen

der Druck der angrenzenden Dachfläche angenommen werden (siehe Abb. 4.11).

4.4.5.2 Vertikale Wände von Baukörpern mit rechteckigem Grundriss
Tafel 4.47 enthält Druckbeiwerte c_p sowohl für die luv- und leeseitigen Wände D und E eines im Windstrom liegenden Baukörpers als auch für die beiden anderen von Wind überstrichenen („seitlichen") Wandflächen, die dabei in bis zu je drei senkrechte Streifen A, B und C zerlegt werden, siehe Abb. 4.12.

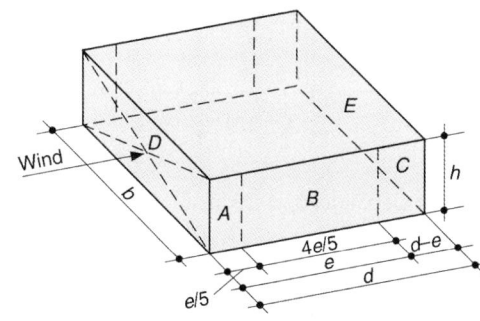

Abb. 4.12 Bezeichnung der Wände und Wandteile sowie Aufteilung der bestrichenen Seitenwände. $e = b$ oder $2h$, der kleinere Wert ist maßgebend (b = Breite der luvseitigen Wand)

Tafel 4.47 Außendruckbeiwerte für vertikale Wände rechteckiger Gebäude

Bereich	A		B		C		D		E	
h/d	$c_{pe,10}$	$c_{pe,1}$	$c_{pe,10}$	$c_{pe,1}$	$c_{pe,10}$	$c_{pe,1}$	$c_{pe,10}$	$c_{pe,1}$	$c_{pe,10}$	$c_{pe,1}$
5	−1,4	−1,7	−0,8	−1,1	−0,5	−0,7	+0,8	+1,0	−0,5	−0,7
1	−1,2	−1,4	−0,8	−1,1	−0,5		+0,8	+1,0	−0,5	
≤ 0,25	−1,2	−1,4	−0,8	−1,1	−0,5		+0,7	+1,0	−0,3	−0,5

Für einzeln in offenem Gelände stehende Gebäude können im Sogbereich auch größere Sogkräfte auftreten.

Zwischenwerte dürfen linear iterpoliert werden.

Für Gebäude mit $h/d > 5$ ist die Gesamtwindlast anhand der Kraftbeiwerte aus Abschn. 4.4.6.1 zu ermitteln.

Drei Beispiele zur Aufteilung der vom Wind bestrichenen „Seiten"-Wände:

(a) Niedriges Gebäude, $b = 20\,\text{m}$, $d = 10\,\text{m}$, $h = 6\,\text{m}$.

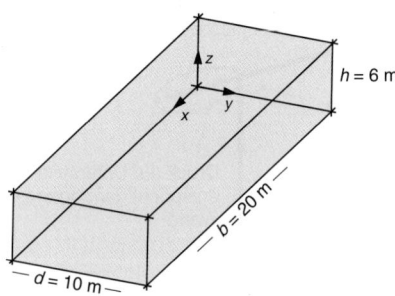

(a1) Wind auf Schmalseite (Wind parallel x)

$$e = \begin{cases} = d = 10\,\text{m} \\ = 2h = 12\,\text{m} \end{cases} = 10\,\text{m}$$
$$e/5 = 2\,\text{m}$$

(a2) Wind auf Breitseite (Wind parallel y)

$$e = \begin{cases} = b = 20\,\text{m} \\ = 2h = 12\,\text{m} \end{cases} = 12\,\text{m}$$
$$e/5 = 2,4\,\text{m}$$

(b) Höheres Gebäude, $b = 20\,\text{m}$, $d = 10\,\text{m}$, $h = 15\,\text{m}$.

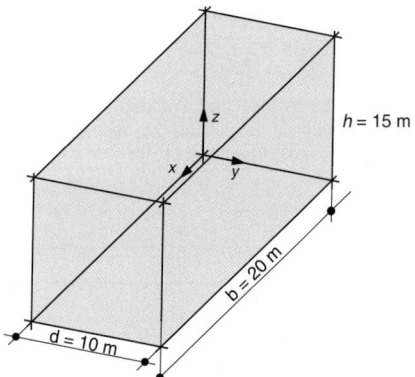

(b1) Wind auf Schmalseite (Wind parallel x)

$$e = \begin{cases} = d = 10\,\text{m} \\ = 2h = 30\,\text{m} \end{cases} = 10\,\text{m}$$
$$e/5 = 2\,\text{m}$$

(b2) Wind auf Breitseite (Wind parallel y)

$$e = \begin{cases} = b = 20\,\text{m} \\ = 2h = 30\,\text{m} \end{cases} = 20\,\text{m}$$
$$e/5 = 4\,\text{m}$$

(c) Höheres und schmales Gebäude, $b = 20\,\text{m}$, $d = 4\,\text{m}$, $h = 15\,\text{m}$.

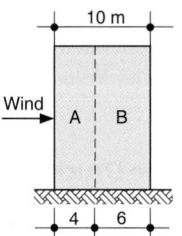

(c1) analog oben

(c2) Wind auf Breitseite (Wind parallel y)

$$e = \begin{cases} = b = 20\,\text{m} \\ = 2h = 30\,\text{m} \end{cases} = 20\,\text{m}$$
$$e/5 = 4\,\text{m}$$

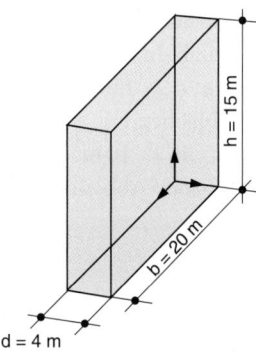

Abb. 4.13 Bezugshöhe z_e und Geschwindigkeitsdruck $q_p(z)$ für senkrechte Gebäudewände. b ist die Breite der angeblasenen Gebäudewand (Wind hier senkrecht auf Zeichenebene)

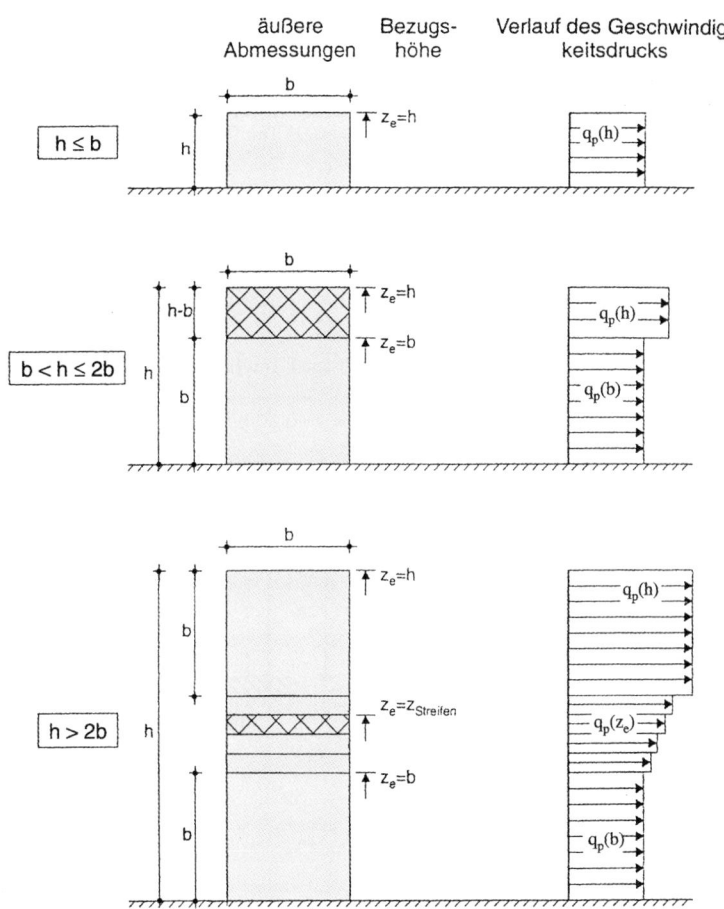

Für den Geschwindigkeitsdruck $q_p(z)$ gilt Folgendes (siehe Abb. 4.13):

- ist die Höhe h der angeströmten Fläche $b \cdot h$ nicht größer als ihre Breite b, dann gilt für die ganze Fläche der zu ihrem oberen Rand gehörende Geschwindigkeitsdruck $q_p(h)$.
- ist die Höhe h der angeströmten Fläche $b \cdot h$ größer als b und kleiner bzw. gleich $2b$, dann wird diese Fläche zweigeteilt und es gilt
  - für die untere Teilfläche $b \cdot b$ der zu ihrem oberen Teilflächenrand gehörende Geschwindigkeitsdruck $q_p(b)$
  - für die obere Teilfläche $b \cdot (h-b)$ der zum oberen Flächenrand gehörende Geschwindigkeitsdruck $q_p(h)$.
- Ist die Höhe h der angeströmten Fläche $h \cdot b$ größer als $2b$, dann wird diese Fläche nach Maßgabe von Abb. 4.13 in mehr als zwei Teilbereiche geteilt und es gilt
  - für den unteren Teilbereich $b \cdot b$ der Geschwindigkeitsdruck $q_p(b)$,
  - für den oberen Teilbereich $b \cdot b$ der Geschwindigkeitsdruck $q_p(h)$, und
  - für den oder die Teilbereiche dazwischen der Geschwindigkeitsdruck an ihrem jeweiligen oberen Teilbereichsrand $q_p(z_e)$; dabei ist der Zwischenbereich in eine angemessene Anzahl von Streifen zu unterteilen.

4.4.5.3 Flachdächer bzw. Dächer mit weniger als 5° Neigung

Für Flachdächer mit verschiedenen Trauf-Formen – scharfkantig, abgerundet, abgeschrägt, Attika – enthält Tafel 4.48 die Druckbeiwerte c_{pe} für die luvseitigen Eckbereiche F, den luvseitigen Randbereich G, den Hauptbereich H und den leeseitigen Bereich I (siehe Abb. 4.14).

Bei Flachdächern mit Attika oder abgerundetem Traufbereich darf für Zwischenwerte h_p/h und r/h linear interpoliert werden.

Bei Flachdächern mit mansarddachartigem Traufbereich darf für Zwischenwerte von α zwischen $\alpha = 30°, 45°$ und $60°$ linear interpoliert werden. Für $\alpha > 60°$ darf zwischen den Werten für $\alpha = 60°$ und den Werten für Flachdächer mit rechtwinkligem Traufbereich linear interpoliert werden.

Im Bereich I, für den positive und negative Werte angegeben werden, sollten beide Werte berücksichtigt werden.

Für die Schräge des mansarddachartigen Traufbereichs selbst werden die Außendruckbeiwerte in Tafel 4.50 „Außendruckbeiwerte für Sattel- und Trogdächer" Anströmrichtung $\theta = 0°$, Bereiche F und G, in Abhängigkeit von dem Neigungswinkel des mansarddachartigen Traufbereichs angegeben. Bei mansardenartigen abgeschrägten Traufbereichen mit einem horizontalen Maß weniger als $e/10$ sollten die Werte für scharfkantige Traufbereiche verwendet werden.

Tafel 4.48 Außendruckbeiwerte für Flachdächer

		Bereich							
		F		G		H		I	
		$c_{pe,10}$	$c_{pe,1}$	$c_{pe,10}$	$c_{pe,1}$	$c_{pe,10}$	$c_{pe,1}$	$c_{pe,10}$	$c_{pe,1}$
Scharfkantiger Traufbereich		−1,8	−2,5	−1,2	−2,0	−0,7	−1,2	+0,2/−0,6	
Mit Attika	$h_p/h = 0{,}025$	−1,6	−2,2	−1,1	−1,8	−0,7	−1,2	+0,2/−0,6	
	$h_p/h = 0{,}05$	−1,4	−2,0	−0,9	−1,6	−0,7	−1,2	+0,2/−0,6	
	$h_p/h = 0{,}10$	−1,2	−1,8	−0,8	−1,4	−0,7	−1,2	+0,2/−0,6	
Abgerundeter Traufbereich	$r/h = 0{,}05$	−1,0	−1,5	−1,2	−1,8	−0,4		±0,2	
	$r/h = 0{,}10$	−0,7	−1,2	−0,8	−1,4	−0,3		±0,2	
	$r/h = 0{,}20$	−0,5	−0,8	−0,5	−0,8	−0,3		±0,2	
Abgeschrägter Traufbereich	$\alpha = 30°$	−1,0	−1,5	−1,0	−1,5	−0,3		±0,2	
	$\alpha = 45°$	−1,2	−1,8	−1,3	−1,9	−0,4		±0,2	
	$\alpha = 60°$	−1,3	−1,9	−1,3	−1,9	−0,5		±0,2	

Abb. 4.14 Aufteilung der Dachfläche bei Flachdächern. $e = b$ oder $2h$, der kleinere Wert ist maßgebend (b = Breite der luvseitigen Wand)

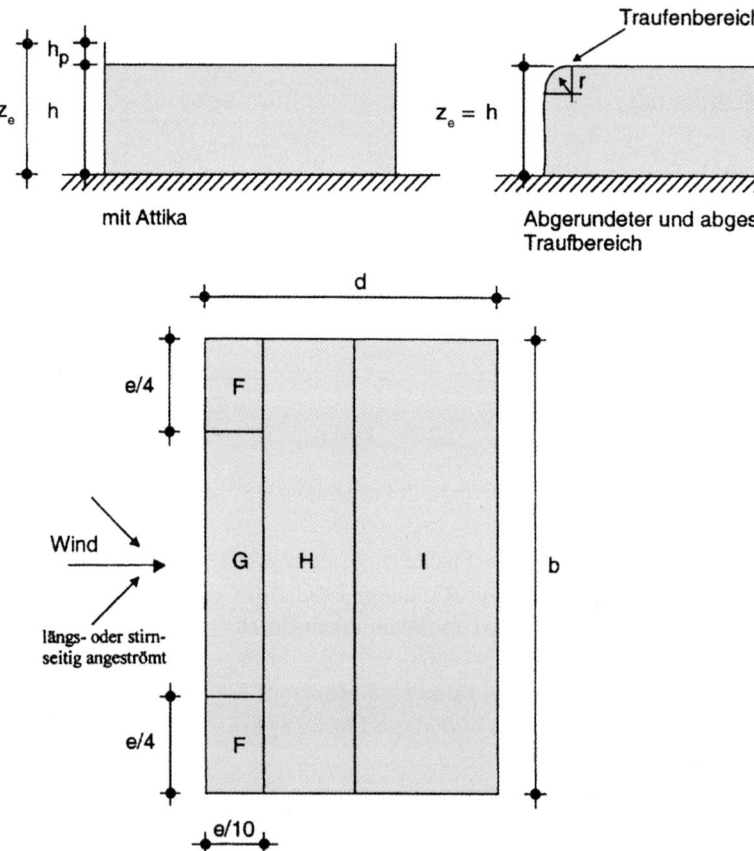

Für den abgerundeten Traufbereich selbst werden die Außendruckbeiwerte entlang der Krümmung durch lineare Interpolation entlang der Kurve zwischen dem Wert an der vertikalen Wand und auf dem Dach ermittelt.

Beispiel für die Aufteilung der Dachfläche:

Gebäudeabmessungen $b = 10$ m, $d = 20$ m, $h = 6{,}00$ m.

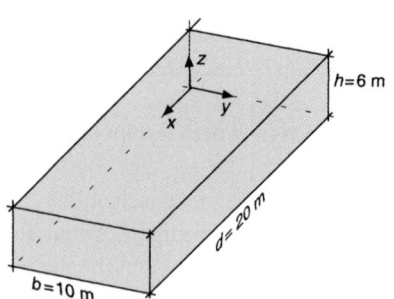

(a) Wind auf Schmalseite (Wind parallel x)

$$e = \begin{cases} = b = 10\ \text{m} \\ = 2h = 12\ \text{m} \end{cases} = 10\ \text{m}$$

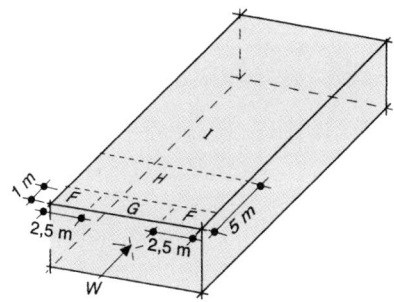

(b) Wind auf Breitseite (Wind parallel y)

$$e = \begin{cases} = d = 20\ \text{m} \\ = 2h = 12\ \text{m} \end{cases} = 12\ \text{m}$$

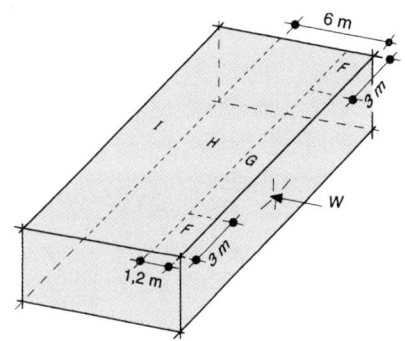

4.4.5.4 Pultdächer

Das Dach einschließlich der überstehenden Teile ist in Bereiche nach Abb. 4.15 einzuteilen. Die Bezugshöhe z_e ist mit $z_e = h$ anzusetzen. Die Druckbeiwerte für jeden Bereich werden in Tafel 4.49 angegeben.

Für die Anströmrichtung $\Theta = 0°$ und bei Neigungswinkeln von $\alpha = +5°$ bis $+45°$ ändert sich der Druck schnell zwischen positiven und negativen Werten; daher werden sowohl der positive als auch der negative Wert angegeben. Für Dachneigungen zwischen den angegebenen Werten darf linear interpoliert werden, sofern nicht das Vorzeichen der Druckbeiwerte wechselt. Der Wert Null ist für Interpolationszwecke angegeben.

Tafel 4.49 Außendruckbeiwerte für Pultdächer

Neigungswinkel α	Anströmrichtung $\Theta = 0°$						Anströmrichtung $\Theta = 180°$					
	Bereich						Bereich					
	F		G		H		F		G		H	
	$c_{pe,10}$	$c_{pe,1}$	$c_{pe,10}$	$c_{pe,1}$	$c_{pe,10}$	$c_{pe,1}$	$c_{pe,10}$	$c_{pe,1}$	$c_{pe,10}$	$c_{pe,1}$	$c_{pe,10}$	$c_{pe,1}$
5°	−1,7	−2,5	−1,2	−2,0	−0,6	−1,2	2,3	−2,5	−1,3	−2,0	−0,8	−1,2
	+0,0		+0,0		+0,0							
15°	−0,9	−2,0	−0,8	−1,5	−0,3		−2,5	−2,8	−1,3	−2,0	−0,9	−1,2
	+0,2		+0,2		+0,2							
30°	−0,5	−1,5	−0,5	−1,5	−0,2		−1,1	−2,3	−0,8	−1,5	−0,8	
	+0,7		+0,7		+0,4							
45°	−0,0		−0,0		−0,0		−0,6	−1,3	−0,5		−0,7	
	+0,7		+0,7		+0,6							
60°	+0,7		+0,7		+0,7		−0,5	−1,0	−0,5		−0,5	
75°	+0,8		+0,8		+0,8		−0,5	−1,0	−0,5		−0,5	

Neigungswinkel α	Anströmrichtung $\Theta = 90°$									
	Bereich									
	F_{hoch}		F_{tief}		G		H		I	
	$c_{pe,10}$	$c_{pe,1}$	$c_{pe,10}$	$c_{pe,1}$	$c_{pe,10}$	$c_{pe,1}$	$c_{pe,10}$	$c_{pe,1}$	$c_{pe,10}$	$c_{pe,1}$
5°	−2,1	−2,6	−2,1	−2,4	−1,8	−2,0	−0,6	−1,2	−0,5	
15°	−2,4	−2,9	−1,6	−2,4	−1,9	−2,5	−0,8	−1,2	−0,7	−1,2
30°	−2,1	−2,9	−1,3	−2,0	−1,5	−2,0	−1,0	−1,3	−0,8	−1,2
45°	−1,5	−2,4	−1,3	−2,0	−1,4	−2,0	−1,0	−1,3	−0,9	−1,2
60°	−1,2	−2,0	−1,2	−2,0	−1,2	−2,0	−1,0	−1,3	−0,7	−1,2
75°	−1,2	−2,0	−1,2	−2,0	−1,2	−2,0	−1,0	−1,3	−0,5	

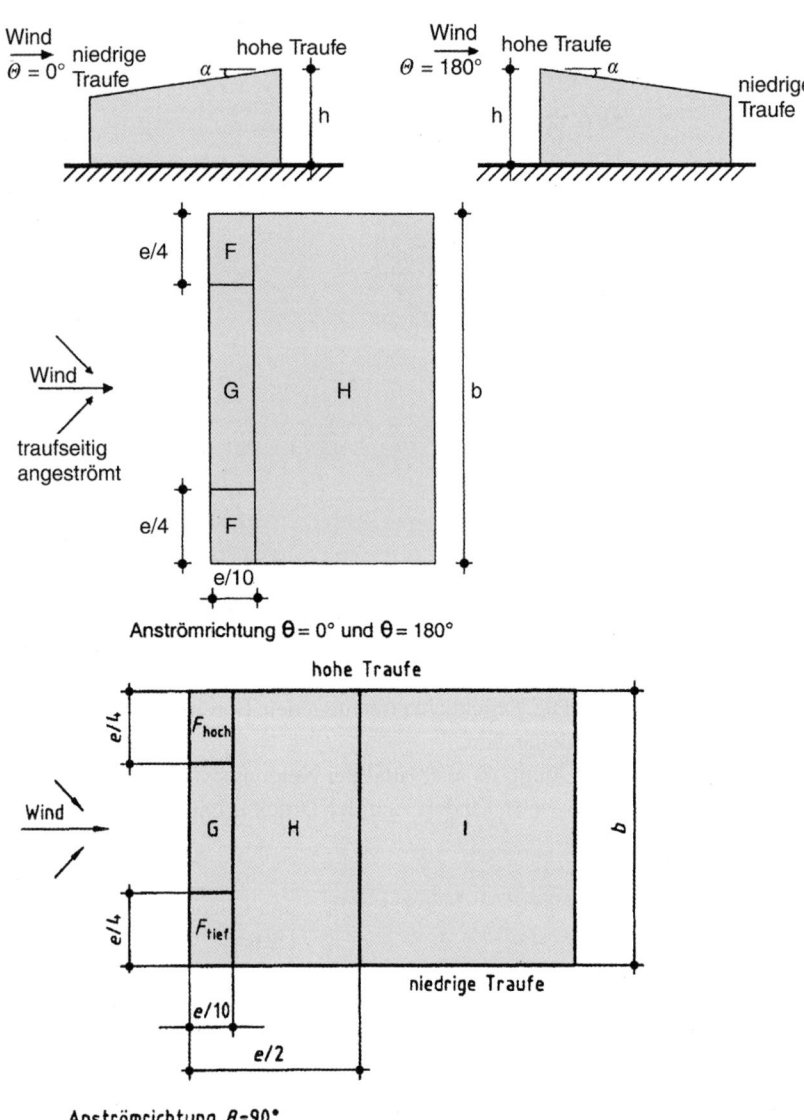

Abb. 4.15 Einteilung der Dachflächen bei Pultdächern

4.4.5.5 Sattel- und Trogdächer

Das Dach wird in Bereiche nach Abb. 4.16 eingeteilt.

Die Bezugshöhe ist $z_e = h$ wie dargestellt. Die Druckbeiwerte für jeden Bereich sind in Tafel 4.50 angegeben.

Für die Anströmrichtung $\Theta = 0°$ und einen Neigungswinkel von $\alpha = -5°$ bis $+45°$ ändert sich der Druck schnell zwischen positiven und negativen Werten; daher werden sowohl der positive als auch der negative Wert angegeben. Bei solchen Dächern sind vier Fälle zu berücksichtigen, bei denen jeweils die kleinsten bzw. größten Werte für die Bereiche

F, G und H mit den kleinsten bzw. größten Werten der Bereiche I und J kombiniert werden. Das Mischen von positiven und negativen Werten auf einer Dachfläche ist nicht zulässig. Für Dachneigungen zwischen den angegebenen Werten darf linear interpoliert werden, sofern nicht das Vorzeichen der Druckbeiwerte wechselt. Zwischen den Werten $\alpha = +5°$ und $\alpha = -5°$ darf nicht interpoliert werden; stattdessen sind die Werte für Flachdächer nach Abschn. 4.4.5.3 zu benutzen. Der Wert Null ist für Interpolationszwecke angegeben.

Abb. 4.16 Einteilung der
Dachflächen bei Sattel- und
Trogdächern

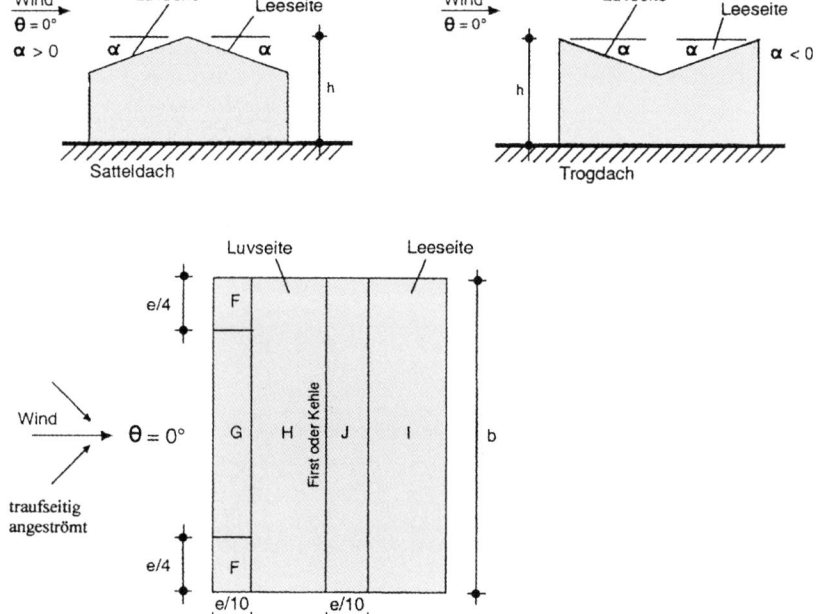

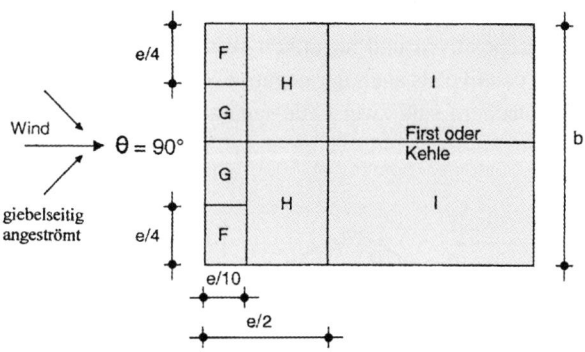

Tafel 4.50 Außendruckbeiwerte
für Sattel- und Trogdächer

Neigungswinkel α	Anströmrichtung $\Theta = 0°$									
	Bereich									
	F		G		H		I		J	
	$c_{pe,10}$	$c_{pe,1}$	$c_{pe,10}$	$c_{pe,1}$	$c_{pe,10}$	$c_{pe,1}$	$c_{pe,10}$	$c_{pe,1}$	$c_{pe,10}$	$c_{pe,1}$
$-45°$	$-0,6$		$-0,6$		$-0,8$		$-0,7$		$-1,0$	$-1,5$
$-30°$	$-1,1$	$-2,0$	$-0,8$	$-1,5$	$-0,8$		$-0,6$		$-0,8$	$-1,4$
$-15°$	$-2,5$	$-2,8$	$-1,3$	$-2,0$	$-0,9$	$-1,2$	$-0,5$		$-0,7$	$-1,2$
$-5°$	$-2,3$	$-2,5$	$-1,2$	$-2,0$	$-0,8$	$-1,2$	$-0,6$		$-0,6$	
							$+0,2$		$+0,2$	
$5°$	$-1,7$	$-2,5$	$-1,2$	$-2,0$	$-0,6$	$-1,2$	$-0,6$		$-0,6$	
	$+0,0$		$+0,0$		$+0,0$				$+0,2$	
$15°$	$-0,9$	$-2,0$	$-0,8$	$-1,5$	$-0,3$		$-0,4$		$-1,0$	$-1,5$
	$-0,2$		$-0,2$		$-0,2$		$+0,0$		$+0,0$	
$30°$	$-0,5$	$-1,5$	$-0,5$	$-1,5$	$-0,2$		$-0,4$		$-0,5$	
	$+0,7$		$+0,7$		$+0,4$		$+0,0$		$+0,0$	
$45°$	$+0,0$		$+0,0$		$+0,0$		$-0,2$		$-0,3$	
	$+0,7$		$+0,7$		$+0,6$		$+0,0$		$+0,0$	
$60°$	$+0,7$		$+0,7$		$-0,7$		$-0,2$		$-0,3$	
$75°$	$+0,8$		$+0,8$		$+0,8$		$-0,2$		$-0,3$	

Tafel 4.50 (Fortsetzung)

Neigungswinkel α	Anströmrichtung $\Theta = 90°$							
	Bereich							
	F		G		H		I	
	$c_{pe,10}$	$c_{pe,1}$	$c_{pe,10}$	$c_{pe,1}$	$c_{pe,10}$	$c_{pe,1}$	$c_{pe,10}$	$c_{pe,1}$
$-45°$	$-1,4$	$-2,0$	$-1,2$	$-2,0$	$-1,0$	$-1,3$	$-0,9$	$-1,2$
$-30°$	$-1,5$	$-2,1$	$-1,2$	$-2,0$	$-1,0$	$-1,3$	$-0,9$	$-1,2$
$-15°$	$-1,9$	$-2,5$	$-1,2$	$-2,0$	$-0,8$	$-1,2$	$-0,8$	$-1,2$
$-5°$	$-1,8$	$-2,5$	$-1,2$	$-2,0$	$-0,7$	$-1,2$	$-0,6$	$-1,2$
$5°$	$-1,6$	$-2,2$	$-1,3$	$-2,0$	$-0,7$	$-1,2$	$-0,6$	
$15°$	$-1,3$	$-2,0$	$-1,3$	$-2,0$	$-0,6$	$-1,2$	$-0,5$	
$30°$	$-1,1$	$-1,5$	$-1,4$	$-2,0$	$-0,8$	$-1,2$	$-0,5$	
$45°$	$-1,1$	$-1,5$	$-1,4$	$-2,0$	$-0,9$	$-1,2$	$-0,5$	
$60°$	$-1,1$	$-1,5$	$-1,2$	$-2,0$	$-0,8$	$-1,0$	$-0,5$	
$75°$	$-1,1$	$-1,5$	$-1,2$	$-2,0$	$-0,8$	$-1,0$	$-0,5$	

4.4.5.6 Walmdächer

Das Dach ist in Bereiche nach Abb. 4.17 einzuteilen. Die Bezugshöhe z_e ist mit $z_e = h$ anzusetzen. Die Druckbeiwerte für jeden Bereich werden in Tafel 4.51 angegeben.

Für die Anströmrichtung $\Theta = 0°$ und einen Neigungswinkel von $\alpha = +5°$ bis $+45°$ ändert sich der Druck auf der Luvseite schnell zwischen positiven und negativen Werten; daher werden sowohl der positive als auch der negative Wert angegeben. Bei solchen Dächern sind zwei Fälle separat zu berücksichtigen: 1. ausschließlich positive Werte und 2. ausschließlich negative Werte. Das Mischen von positiven und negativen Werten auf einer Dachfläche ist nicht zulässig.

Für Werte der Dachneigung zwischen den angegebenen Werten darf linear interpoliert werden, sofern nicht das Vorzeichen der Druckbeiwerte wechselt. Der Wert Null ist für Interpolationszwecke angegeben.

Die luvseitige Dachneigung ist maßgebend für die Druckbeiwerte.

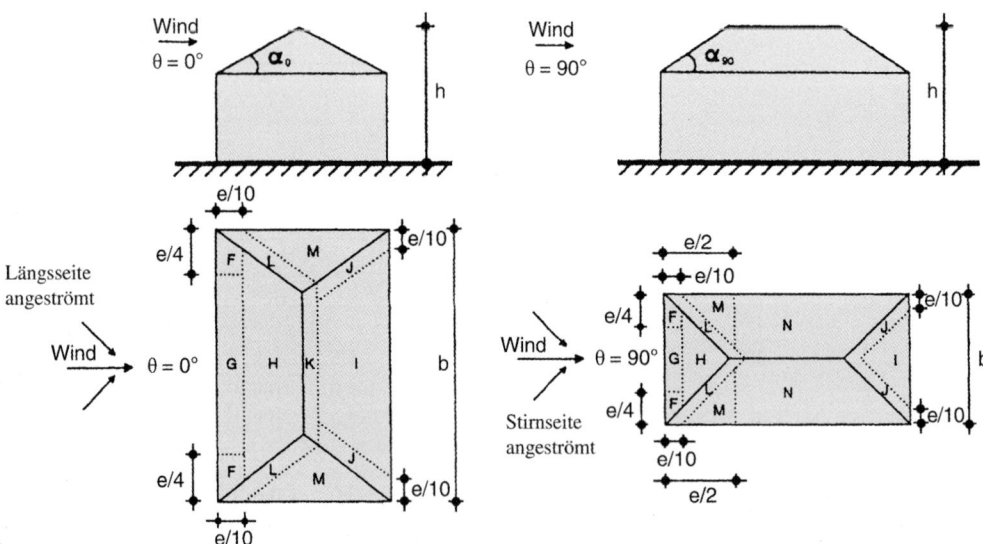

Abb. 4.17 Einteilung der Dachflächen bei Walmdächern. $e = b$ oder $2h$, der kleinere Wert ist maßgebend (b = Breite der luvseitigen Wand)

Tafel 4.51 Außendruckbeiwerte für Walmdächer

Neigungswinkel α α_0 für $\Theta = 0°$ α_{90} für $\Theta = 90°$	Anströmrichtung $\Theta = 0°$ und $\Theta = 90°$																	
	Bereich																	
	F		G		H		I		J		K		L		M		N	
	$c_{pe,10}$	$c_{pe,1}$	$c_{pe,10}$	$c_{pe,1}$	$c_{pe,10}$	$c_{pe,1}$	$c_{pe,10}$	$c_{pe,1}$	$c_{pe,10}$	$c_{pe,1}$	$c_{pe,10}$	$c_{pe,1}$	$c_{pe,10}$	$c_{pe,1}$	$c_{pe,10}$	$c_{pe,1}$	$c_{pe,10}$	$c_{pe,1}$
+5°	−1,7	−2,5	−1,2	−2,0	−0,6	−1,2	−0,3		−0,6		−0,6		−1,2	−2,0	−0,6	−1,2	−0,4	
	+0,0		+0,0		+0,0													
+15°	−0,9	−2,0	−0,8	−1,5	−0,3		−0,5		−1,0	−1,5	−1,2	−2,0	−1,4	−2,0	−0,6	−1,2	−0,3	
	+0,2		+0,2		+0,2													
+30°	−0,5	−1,5	−0,5	−1,5	−0,2		−0,4		−0,7	−1,2	−0,5		−1,4	−2,0	−0,8	−1,2	−0,2	
	+0,5		+0,7		+0,4													
+45°	−0,0		−0,0		−0,0		−0,3		−0,6		−0,3		−1,3	−2,0	−0,8	−1,2	−0,2	
	+0,7		+0,7		+0,6													
+60°	+0,7		+0,7		+0,7		−0,3		−0,6		−0,3		−1,2	−2,0	−0,4		−0,2	
+75°	+0,8		+0,8		+0,8		−0,3		−0,6		−0,3		−1,2	−2,0	−0,4		−0,2	

4.4.5.7 Sheddächer

Für Sheddächer werden die Druckbeiwerte aus den Werten für Pultdächer bzw. für Trogdächer abgeleitet und gemäß Abb. 4.18 wie folgt angepasst:

- Für Sheddächer nach Abb. 4.18a, b werden die Druckbeiwerte für Pultdächer nach Abschn. 4.4.5.4 benutzt. Bei Anströmrichtung parallel zu den Firsten gelten die Werte der Tafel 4.49, Anströmrichtung $\Theta = 90°$. Für die Anströmrichtungen $\Theta = 0°$ und $\Theta = 180°$ werden die Werte der Tafel 4.49 mit den Faktoren gemäß Abb. 4.18 abgemindert. Für die Konfiguration b müssen, abhängig vom Vorzeichen des Druckbeiwertes c_{pe} der ersten Dachfläche, zwei Fälle untersucht werden.

Abb. 4.18 Außendruckbeiwerte bei Sheddächern

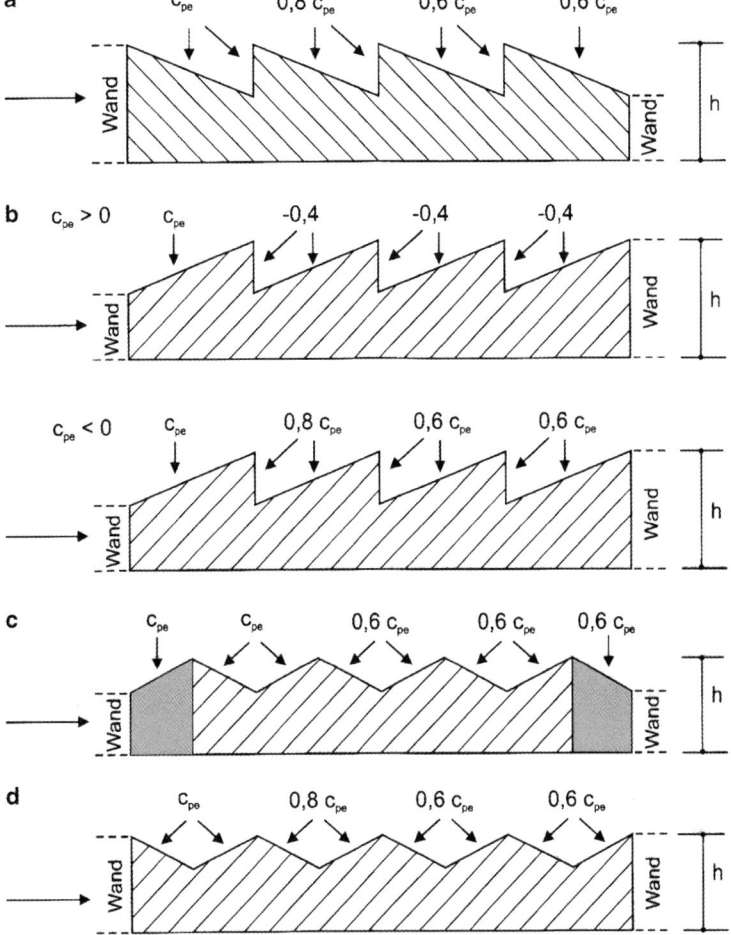

- Für Sheddächer nach Abb. 4.18c, d werden die Druckbeiwerte für Trogdächer nach Abschn. 4.4.5.5 benutzt. Bei Anströmrichtung parallel zu den Firsten gelten die Werte der Tafel 4.50, Anströmrichtung $\Theta = 90°$. Für die Anströmrichtungen $\Theta = 0°$ und $\Theta = 180°$ werden die Werte der Tafel 4.50, Anströmrichtung $\Theta = 0°$, mit den Faktoren gemäß Abb. 4.18 abgemindert. Für die Konfiguration c ist der erste c_{pe}-Wert der c_{pe}-Wert eines Pultdaches, die folgenden c_{pe}-Werte sind jene eines Trogdaches.

Die Bereiche F, G und J sind nur für die erste, luvseitige Dachfläche zu benutzen.

Für die übrigen Dachflächen sind die Bereiche H und I zu benutzen. Die Bezugshöhe z_e ist mit $z_e = h$ anzusetzen.

4.4.5.8 Gekrümmte Dächer

Für kreiszylindrisch gekrümmte Dächer sind in Abb. 4.19 Druckbeiwerte für verschiedene Dachbereiche angegeben. Die angegebenen Verteilungen sind als Einhüllende zu verstehen, die nicht notwendigerweise gleichzeitig auftreten und auch nicht zur gleichen Windrichtung gehören müssen. Die tatsächliche momentane Druckverteilung kann je nach betrachteter Schnittgröße ungünstiger wirken. Wenn die Windlast das Bemessungsergebnis wesentlich bestimmt, kann es daher erforderlich sein, zusätzliche Winddruckverteilungen zu untersuchen.

Für den Bereich A gemäß Abb. 4.19 gilt:

- für $0 < h/d < 0{,}5$ ist der $c_{pe,10}$-Wert durch lineare Interpolation zu ermitteln;
- für $0{,}2 \leq f/d \leq 0{,}3$ und $h/d \geq 0{,}5$ müssen zwei $c_{pe,10}$-Werte berücksichtigt werden;
- das Diagramm gilt nicht für Flachdächer.

Die Druckbeiwerte für die Wandflächen von rechteckigen Gebäuden mit gekrümmten Dachflächen sind Abschn. 4.4.5.2 zu entnehmen.

In DIN EN 1991-1-4 sind des Weiteren Druckbeiwerte für Kuppeln mit kreisrunder Basis angegeben.

4.4.5.9 Vordächer

Regelungen zu Druckbeiwerten für Vordächer wurden über einen normativen nationalen Anhang in DIN EN 1991-1-4/NA eingebracht. Der Geltungsbereich umfasst ebene, an eine Gebäudewand angeschlossene Vordächer mit einer Auskragung von maximal 10 m und einer Dachneigung von bis zu ±10° aus der Horizontalen.

Vordächer sind jeweils sowohl für eine abwärts gerichtete (positive) als auch für eine aufwärts gerichtete (negative) Kraftwirkung zu untersuchen. Die zugehörigen resultierenden Druckbeiwerte $c_{p,net}$ sind in Tafel 4.52 angegeben; die Bezeichnungen und Abmessungen sind Abb. 4.20 zu entnehmen. Die Bezugshöhe z_e ist der Mittelwert aus der Trauf- und Firsthöhe des Gebäudes.

Abb. 4.19 Außendruckbeiwerte $c_{pe,10}$ für gekrümmte Dächer von Baukörpern mit rechteckigem Grundriss

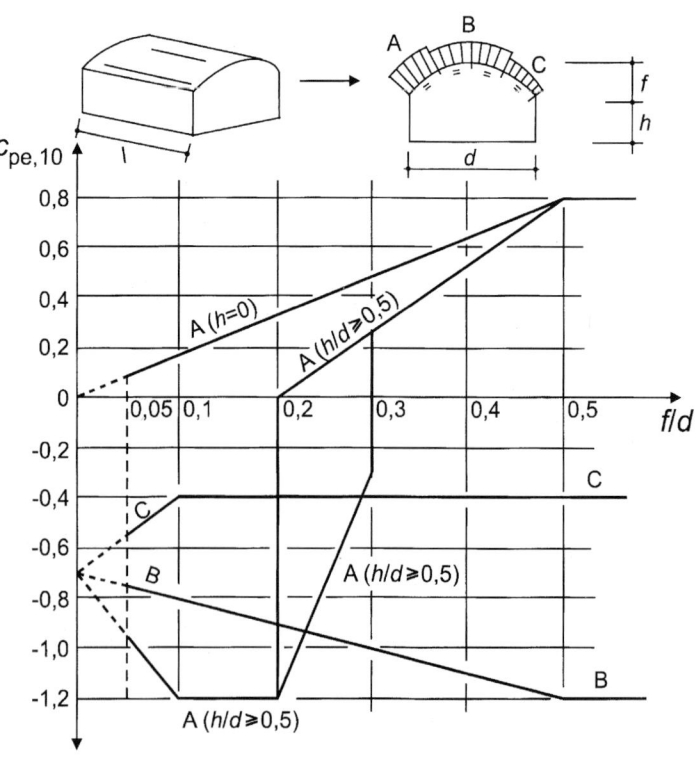

Tafel 4.52 Werte $c_{p,net}$ für den resultierenden Druck an Vordächern

Höhenverhältnis h_1/h	Bereich A			Bereich B		
	Abwärtslast	Aufwärtslast		Abwärtslast	Aufwärtslast	
		$h_1/d_1 \leq 1,0$	$h_1/d_1 \geq 3,5$		$h_1/d_1 \leq 1,0$	$h_1/d_1 \geq 3,5$
$\leq 0,1$	1,1	−0,9	−1,4	0,9	−0,2	−0,5
0,2	0,8	−0,9	−1,4	0,5	−0,2	−0,5
0,3	0,7	−0,9	−1,4	0,4	−0,2	−0,5
0,4	0,7	−1,0	−1,5	0,3	−0,2	−0,5
0,5	0,7	−1,0	−1,5	0,3	−0,2	−0,5
0,6	0,7	−1,1	−1,6	0,3	−0,4	−0,7
0,7	0,7	−1,2	−1,7	0,3	−0,7	−1,0
0,8	0,7	−1,4	−1,9	0,3	−1,0	−1,3
0,9	0,7	−1,7	−2,2	0,3	−1,3	−1,6
1,0	0,7	−2,0	−2,5	0,3	−1,6	−1,9

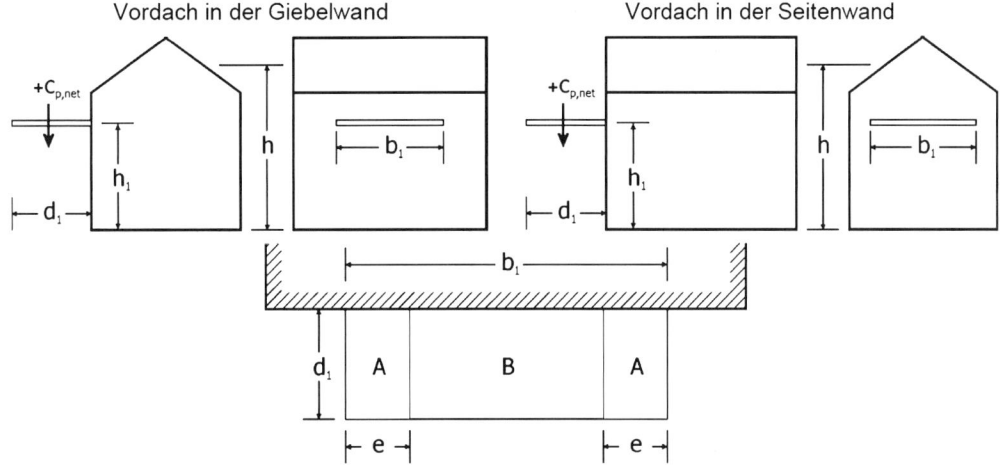

Abb. 4.20 Abmessungen und Einteilung der Flächen für Vordächer. $e = d_1/4$ oder $b_1/2$, der kleinere Wert ist maßgebend

Die angegebenen Werte gelten unabhängig vom horizontalen Abstand des Vordaches von einer Gebäudeecke. Zwischenwerte, sowohl für $1,0 < h_1/d_1 < 3,5$ als auch für h_1/h sind linear zu interpolieren.

4.4.5.10 Innendruck

In Räumen mit durchlässigen Außenwänden ist der Innendruck zu berücksichtigen, wenn er ungünstig wirkt. Innen- und Außendruck sind gleichzeitig wirkend anzunehmen. Wirkt der Innendruck entlastend, so ist er zu Null zu setzen.

Bis zu einer Grundundichtigkeit von 1 % braucht der Innendruck nicht berücksichtigt zu werden, wenn die Öffnungsanteile über die Flächen der Außenwände annähernd gleichmäßig verteilt sind.

Der Innendruckbeiwert c_{pi} ist von Größe und Verteilung der Öffnungen in der Gebäudehülle abhängig. Für den Fall, dass an mindestens zwei Seiten eines Gebäudes (Fassade oder Dach) die Gesamtfläche der Öffnungen je Seite mehr als 30 % der betrachteten Seitenfläche betragen, gelten diese beiden Seiten als „gänzlich offene Seiten"; die Windlast auf dieses Gebäude ist dann entsprechend den Regelungen der Abschn. 4.4.5.12 (freistehende Dächer) und 4.4.5.13 (freistehende Wände) zu ermitteln.

Für den Grenzzustand der Tragfähigkeit dürfen Gebäudeöffnungen wie Fenster oder Türen als geschlossen angesehen werden, sofern sie nicht betriebsbedingt bei Sturm geöffnet werden müssen.

Bei einem *Gebäude mit einer dominanten Fläche* (= Gesamtfläche der Öffnungen dieser Seite ist mindestens doppelt so groß, wie die Summe aller Öffnungen und Undichtigkeiten in den restlichen Seitenflächen) ist der Innendruck von dem Außendruck, der auf die Öffnungen der dominanten Seitenfläche wirkt, abhängig. Es gilt:

- $c_{pi} = 0,75 \cdot c_{pe}$ für den Fall, dass die Gesamtfläche der Öffnungen in der dominanten Seite doppelt so groß wie die Summe aller Öffnungen in den restlichen Seitenflächen ist;
- $c_{pi} = 0,90 \cdot c_{pe}$ für den Fall, dass die Gesamtfläche der Öffnungen in der dominanten Seite mindestens dreimal so groß wie die Summe aller Öffnungen in den restlichen Seitenflächen ist;

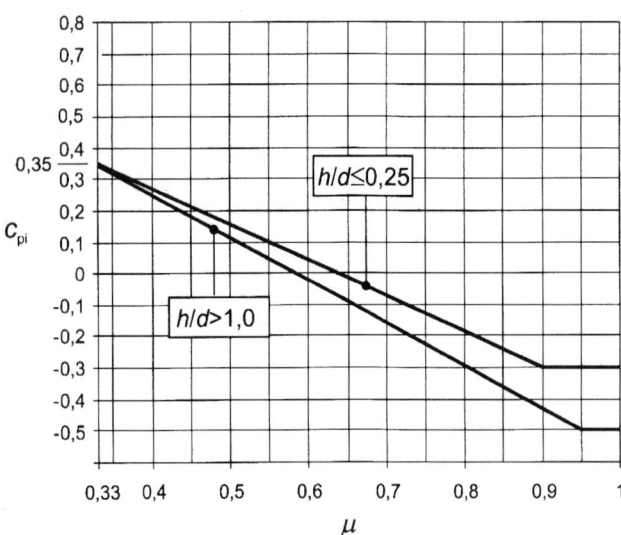

Abb. 4.21 Innendruckbeiwerte bei gleichförmig verteilten Öffnungen

Abb. 4.22 Eckdetails mehrschaliger Außenwände. **a** geschlossener Randbereich, **b** offener Randbereich

- ist die Gesamtfläche der Öffnungen in der dominanten Seite kleiner als das Dreifache, jedoch größer als das Doppelte der Summe aller Öffnungen in den restlichen Seitenflächen, so darf der c_{pi}-Wert linear interpoliert werden;
- der c_{pe}-Wert ist jeweils der Außendruckbeiwert der dominanten Seite; liegen dabei die Öffnungen in Bereichen unterschiedlicher Außendruckbeiwerte (vgl. Abschn. 4.4.5.2), so ist ein mit den Öffnungsflächen gewichteter Mittelwert für c_{pe} zu bilden.

Bei Gebäuden *ohne eine dominante Fläche* ist der c_{pi}-Wert anhand von Abb. 4.21 zu ermitteln. Dabei ist der c_{pi}-Wert abhängig von der Höhe h und der Tiefe d des Gebäudes, sowie vom Flächenparameter μ für jede Anströmrichtung:

$$\mu = \frac{\begin{array}{c}\text{Gesamtfläche der Öffnungen in den leeseitigen}\\ \text{und windparallelen Flächen mit } c_{pe} \leq 0\end{array}}{\text{Gesamtfläche der Öffnungen aller Wände}}$$

Dies gilt für Fassaden und Dächer von Gebäuden mit und ohne Zwischenwände. Lässt sich kein sinnvoller Flächenparameter μ ermitteln oder ist die Berechnung nicht möglich, so ist der c_{pi}-Wert als der ungünstigere Wert aus $+0,2$ und $-0,3$ anzunehmen.

Bei $0,25 < h/d \leq 1$ darf linear interpoliert werden.

Als Bezugshöhe z_i für den Innendruck ist die Bezugshöhe z_e für den Außendruck der Seitenflächen anzusetzen, deren Öffnungen zur Entstehung des Innendruckes führen.

4.4.5.11 Winddruck auf mehrschalige Wand- und Dachflächen

Die Windlasten auf mehrschalige Wand- und Dachflächen sind für jede Schale getrennt zu berechnen, wobei grundsätzlich zwischen porösen und dichten Schalen zu unterscheiden ist. Eine Schale ist als dicht anzusehen, wenn deren Porosität ($=$ Verhältnis der Summe aller Öffnungsflächen zur Gesamtfläche der Seite) kleiner 0,1 % ist.

Ist nur eine Schale porös, ist die Windlast auf die dichte Schale nach Abschn. 4.4.3 als Differenz der Innen- und Außendrücke zu berechnen (s. auch Abb. 4.9).

Ist mehr als eine Schale porös, ist die Windlast abhängig von den Steifigkeiten der Schalen, den Außen- und Innendrücken, dem Schalenabstand, der Porosität der Schalen und den Öffnungen in seitlichen Begrenzungswänden der Schicht zwischen den Schalen. Als erste Näherung wird empfohlen, die Windeinwirkung auf die Schale mit der größten Steifigkeit als Differenz der Innen- und Außendrücke zu berechnen.

Für Fälle, bei denen die seitlichen Begrenzungswände der Zwischenschicht luftdicht ausgebildet sind (Fall (a) gemäß Abb. 4.22: entlang der vertikalen Gebäudekanten ist eine dauerhaft wirksame, vertikale Luftsperre angeordnet) und bei denen der lichte Abstand der Schalen kleiner als 100 mm ist (Wärmedämmungen eingeschlossen, wenn diese nicht belüftet sind), können folgende Näherungen angewendet werden:

- Fall: dichte Innenschale/poröse Außenschale (Porosität $\geq$ 0,75 %) mit gleichmäßig verteilten Öffnungen
  - Innenschale: $c_{p,net} = c_{pe} - c_{pi}$
  - Außenschale: $c_{p,net} = \pm 0,5$
- Fall: dichte Innenschale/dichte, steifere Außenschale
  - Innenschale: $c_{p,net} = c_{pi}$
  - Außenschale: $c_{p,net} = c_{pe} - c_{pi}$
- Fall: poröse Innenschale mit gleichmäßig verteilten Öffnungen/dichte Außenschale
  - Innenschale: $c_{p,net} = 1/3 \cdot c_{pi}$
  - Außenschale: $c_{p,net} = c_{pe} - c_{pi}$
- Fall: dichte, steifere Innenschale/dichte Außenschale
  - Innenschale: $c_{p,net} = c_{pe} - c_{pi}$
  - Außenschale: $c_{p,net} = c_{pe}$

4.4.5.12 Druck- und Kraftbeiwerte für freistehende Dächer

Freistehende Dächer sind Dächer, an die sich nach unten keine durchgehenden Wände anschließen, wie z. B. Tankstellendächer oder Bahnsteigüberdachungen.

Die Windeinwirkung auf ein freistehendes Dach wird maßgeblich vom Versperrungsgrad φ unterhalb des Daches (= Verhältnis der versperrten Fläche zur Gesamtquerschnittsfläche unterhalb des Daches) beeinflusst (siehe Abb. 4.23). Beide Flächen sind senkrecht zur Anströmrichtung zu ermitteln.

Die Tafeln 4.53 und 4.54 enthalten die Kraftbeiwerte c_f der resultierenden Windkraft sowie die resultierenden Gesamtdruckbeiwerte $c_{p,net}$ (maximaler lokaler Druck für alle Anströmrichtungen) für freistehende Pultdächer und für freistehende Sattel- und Trogdächer. Es gelten folgende Anmerkungen:

- Die in den Tafeln für $\varphi = 0$ und für $\varphi = 1$ angegebenen Werte berücksichtigen die resultierende Windbelastung auf der Ober- und Unterseite des Daches für alle Anströmrichtungen. Zwischenwerte dürfen interpoliert werden.

Abb. 4.23 Umströmung freistehender Dächer. **a** Leeres, freistehendes Dach ($\varphi = 0$), **b** durch Lagergut leeseitig versperrtes Dach ($\varphi = 1$)

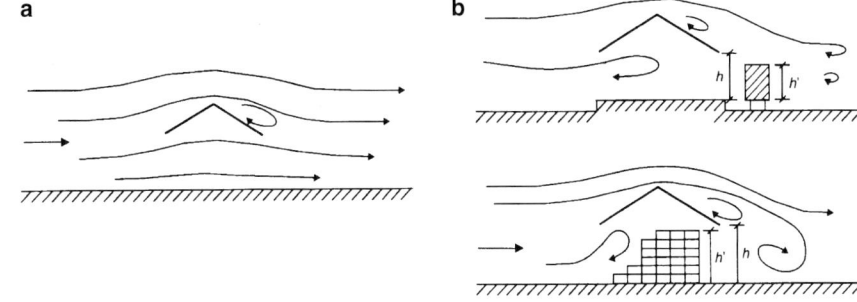

Tafel 4.53 Werte $c_{p,net}$ und c_f für freistehende Pultdächer

Gesamtdruckbeiwerte $c_{p,net}$

Flächeneinteilung

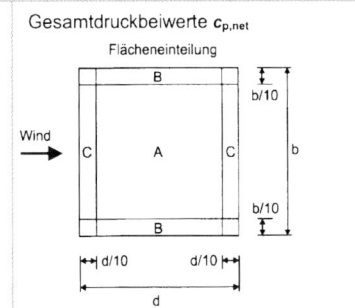

Neigungswinkel α	Versperrungsgrad φ	Kraftbeiwert c_f	Bereich A	Bereich B	Bereich C
0°	Maximum alle φ	+0,2	+0,5	+1,8	+1,1
	Minimum $\varphi = 0$	−0,5	−0,6	−1,3	−1,4
	Minimum $\varphi = 1$	−1,3	−1,5	−1,8	−2,2
5°	Maximum alle φ	+0,4	+0,8	+2,1	+1,3
	Minimum $\varphi = 0$	−0,7	−1,1	−1,7	−1,8
	Minimum $\varphi = 1$	−1,4	−1,6	−2,2	−2,5
10°	Maximum alle φ	+0,5	+1,2	+2,4	+1,6
	Minimum $\varphi = 0$	−0,9	−1,5	−2,0	−2,1
	Minimum $\varphi = 1$	−1,4	−1,6	−2,6	−2,7
15°	Maximum alle φ	+0,7	+1,4	+2,7	+1,8
	Minimum $\varphi = 0$	−1,1	−1,8	−2,4	−2,5
	Minimum $\varphi = 1$	−1,4	−1,6	−2,9	−3,0
20°	Maximum alle φ	+0,8	+1,7	+2,9	+2,1
	Minimum $\varphi = 0$	−1,3	−2,2	−2,8	−2,9
	Minimum $\varphi = 1$	−1,4	−1,6	−2,9	−3,0
25°	Maximum alle φ	+1,0	+2,0	+3,1	+2,3
	Minimum $\varphi = 0$	−1,6	−2,6	−3,2	−3,2
	Minimum $\varphi = 1$	−1,4	−1,5	−2,5	−2,8
30°	Maximum alle φ	+1,2	+2,2	+3,2	+2,4
	Minimum $\varphi = 0$	−1,8	−3,0	−3,8	−3,6
	Minimum $\varphi = 1$	−1,4	−1,5	−2,2	−2,7

Tafel 4.54 Werte $c_{p,net}$ und c_f für freistehende Sattel- und Trogdächer

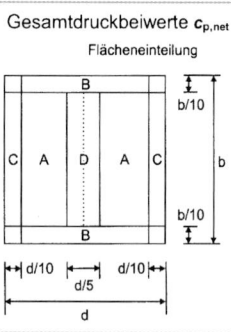

Gesamtdruckbeiwerte $\boldsymbol{c_{p,net}}$

Flächeneinteilung

Neigungs-winkel α [%]	Versperrungsgrad φ	Kraftbeiwert c_f	Bereich A	Bereich B	Bereich C	Bereich D
−20°	Maximum alle φ	+0,7	+0,8	+1,6	+0,6	+1,7
	Minimum $\varphi = 0$	−0,7	−0,9	−1,3	−1,6	−0,6
	Minimum $\varphi = 1$	−1,3	−1,5	−2,4	−2,4	−0,6
−15°	Maximum alle φ	+0,5	+0,6	+1,5	+0,7	+1,4
	Minimum $\varphi = 0$	−0,6	−0,8	−1,3	−1,6	−0,6
	Minimum $\varphi = 1$	−1,4	−1,6	−2,7	−2,6	−0,6
−10°	Maximum alle φ	+0,4	+0,6	+1,4	+0,8	+1,1
	Minimum $\varphi = 0$	−0,6	−0,8	−1,3	−1,5	−0,6
	Minimum $\varphi = 1$	−1,4	−1,6	−2,7	−2,6	−0,6
−5°	Maximum alle φ	+0,3	+0,5	+1,5	+0,8	+0,8
	Minimum $\varphi = 0$	−0,5	−0,7	−1,3	−1,6	−0,6
	Minimum $\varphi = 1$	−1,3	−1,5	−2,4	−2,4	−0,6
+5°	Maximum alle φ	+0,3	+0,6	+1,8	+1,3	+0,4
	Minimum $\varphi = 0$	−0,6	−0,6	−1,4	−1,4	−1,1
	Minimum $\varphi = 1$	−1,3	−1,3	−2,0	−1,8	−1,5
+10°	Maximum alle φ	+0,4	+0,7	+1,8	+1,4	+0,4
	Minimum $\varphi = 0$	−0,7	−0,7	−1,5	−1,4	−1,4
	Minimum $\varphi = 1$	−1,3	−1,3	−2,0	−1,8	−1,8
+15°	Maximum alle φ	+0,4	+0,9	+1,9	+1,4	+0,4
	Minimum $\varphi = 0$	−0,8	−0,9	−1,7	−1,4	−1,8
	Minimum $\varphi = 1$	−1,3	−1,3	−2,2	−1,6	−2,1
+20°	Maximum alle φ	+0,6	+1,1	+1,9	+1,5	+0,4
	Minimum $\varphi = 0$	−0,9	−1,2	−1,8	−1,4	−2,0
	Minimum $\varphi = 1$	−1,3	−1,4	−2,2	−1,6	−2,1
+25°	Maximum alle φ	+0,7	+1,2	+1,9	+1,6	+0,5
	Minimum $\varphi = 0$	−1,0	−1,4	−1,9	−1,4	−2,0
	Minimum $\varphi = 1$	−1,3	−1,4	−2,0	−1,5	−2,0
+30°	Maximum alle φ	+0,9	+1,3	+1,9	+1,6	+0,7
	Minimum $\varphi = 0$	−1,0	−1,4	−1,9	−1,4	−2,0
	Minimum $\varphi = 1$	−1,3	−1,4	−1,8	−1,4	−2,0

- +-Werte bedeuten eine nach unten, −-Werte eine nach oben gerichtete resultierende Windlast.
- Leeseits der maximalen Versperrung sind $c_{p,net}$-Werte für $\varphi = 0$ anzusetzen.
- Bei der Bemessung von Dachelementen und Verankerungen ist der $c_{p,net}$-Wert zu verwenden.
- Reibungskräfte sind zu berücksichtigen (siehe Abschn. 4.4.4.2).

Die Lage der resultierenden Windkräfte ist gemäß den Abb. 4.24 und 4.25 definiert:

- Bei freistehenden Pultdächern ist die Lage der resultierenden Windkraft gemäß Abb. 4.24 als Abstand von der luvseitigen Seite definiert.
- Bei freistehenden Sattel- oder Trogdächern ist die resultierende Windkraft gemäß Abb. 4.25 jeweils in der Mitte der geneigten Dachfläche anzusetzen. Zusätzlich ist für

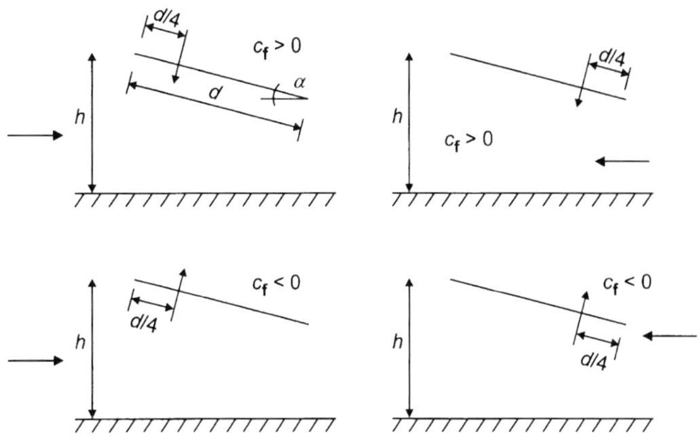

Abb. 4.24 Lage der resultierenden Windkraft bei freistehenden Pultdächern

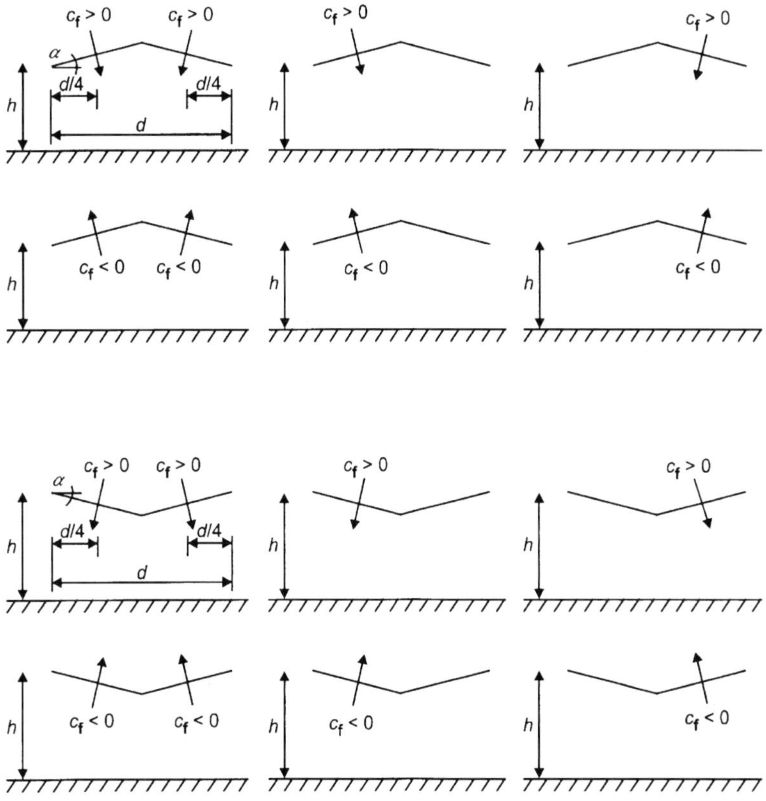

Abb. 4.25 Lage der resultierenden Windkräfte bei freistehenden Sattel- und Trogdächern

ein solches Dach eine einseitige Belastung der Dachfläche infolge minimaler oder maximaler Windlast anzusetzen. Die Referenzhöhe z_e entspricht der Höhe h entsprechend den Abb. 4.24 und 4.25. Zu Regelungen für Sheddächer sei auf DIN EN 1991-1-4, Abschn. 7.3, verwiesen. Für zweischalige freistehende Dächer sind die Regeln in Abschn. 4.4.5.11 anzuwenden.

4.4.5.13 Druckbeiwerte für freistehende Wände und Brüstungen

Die Wand bzw. Brüstung ist vom jeweiligen Ende aus in Bereiche nach Abb. 4.26 zu unterteilen. Beiwerte für den resultierenden Druck $c_{p,net}$ für freistehende Wände und Brüstungen sind in Tafel 4.55 angegeben.

Ein Völligkeitsgrad von $\varphi = 1$ gilt für vollkommen geschlossene Wände, $\varphi = 0{,}8$ gilt für Wände, die zu 20 % offen sind. Die Bezugsfläche ist in beiden Fällen die Gesamtfläche der Wand.

Für Völligkeitsgrade φ zwischen 0,8 und 1,0 können die Beiwerte linear interpoliert werden.

Falls der betrachteten Wand luvseitig andere Wände, die gleich groß oder größer sind, vorgelagert sind, kann bereichsweise ein zusätzlicher Abschattungsfaktor angewendet werden. Der Wert für den Abschattungsfaktor hängt vom Abstand X der beiden Wände, von ihrer Höhe h und vom Völligkeitsgrad φ der luvseitigen, abschattenden Wand ab. Die Werte sind in Abb. 4.27 dargestellt.

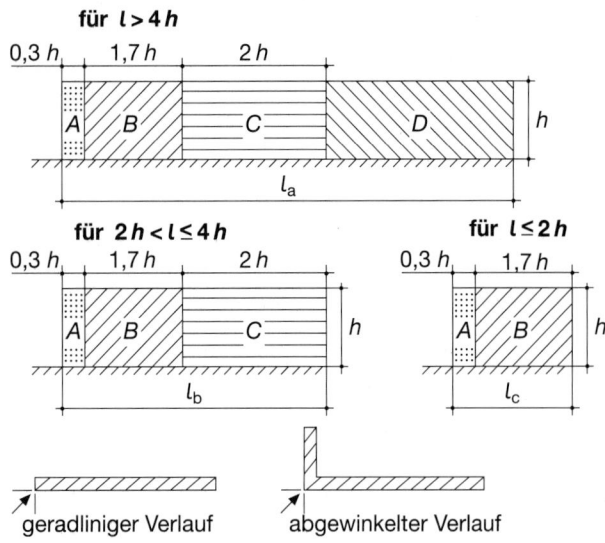

für $l > 4h$

0,3 h   1,7 h   2 h

| A | B | C | D | h |

l_a

für $2h < l \leq 4h$ **für** $l \leq 2h$

0,3 h   1,7 h   2 h   0,3 h   1,7 h

| A | B | C | h | | A | B | h |

l_b l_c

geradliniger Verlauf   abgewinkelter Verlauf

Abb. 4.26 Flächeneinteilung bei freistehenden Wänden und Brüstungen

Tafel 4.55 Beiwerte für den resultierenden Druck $c_{p,net}$ für freistehende Wände und Brüstungen

Völligkeits-grad	Zone		A	B	C	D
$\varphi = 1$	Gerade Wand	$l/h \leq 3$	2,3	1,4	1,2	1,2
		$l/h = 5$	2,9	1,8	1,4	1,2
		$l/h \geq 10$	3,4	2,1	1,7	1,2
	Abgewinkelte Wand mit Schenkellänge $\geq h$[a,b]		±2,1	±1,8	±1,4	±1,2
$\varphi = 0,8$			±1,2	±1,2	±1,2	±1,2

[a] Für Längen des abgewinkelten Wandstücks zwischen 0 und h darf linear interpoliert werden.
[b] Positive und negative Werte nicht mischen.

Abb. 4.27 Abschattungsfaktor ψ_s für Winddrücke auf hintereinander liegende Wände. x Abstand der Wände, h Höhe der luvseitigen Wand

Der resultierende Druck auf die abgeschattete Wand ergibt sich zu:

$$c_{p,net,s} = \psi_s c_{p,net}$$

ψ_s Abschattungsfaktor
$c_{p,net}$ Druckbeiwert für freistehende Wände.
Die Endbereiche der abgeschatteten Wand sind auf einer Länge, die gleich der Höhe h ist, für die volle Windbelastung nachzuweisen.

4.4.6 Aerodynamische Kraftbeiwerte

Nachfolgend sind für einige ausgewählte Bauteile die aerodynamischen Kraftbeiwerte zusammengestellt. Weitere Kraftbeiwerte für polygonale Querschnitte, Kreiszylinder oder Kugeln können DIN EN 1991-1-4, Abschnitt 7 entnommen werden.

4.4.6.1 Kraftbeiwerte für Bauteile mit rechteckigem Querschnitt

Für den Kraftbeiwert c_f von Bauteilen mit rechteckigem Querschnitt bei Anströmung senkrecht zu einer Querschnittsseite ist

$$c_f = \psi_r \cdot \psi_\lambda \cdot c_{f,0}$$

$c_{f,0}$ Grundkraftbeiwert nach Abb. 4.28
ψ_λ Abminderungsfaktor nach Abb. 4.35 (siehe Abschn. 4.4.8)
ψ_r Abminderungsbeiwert nach Abb. 4.29.

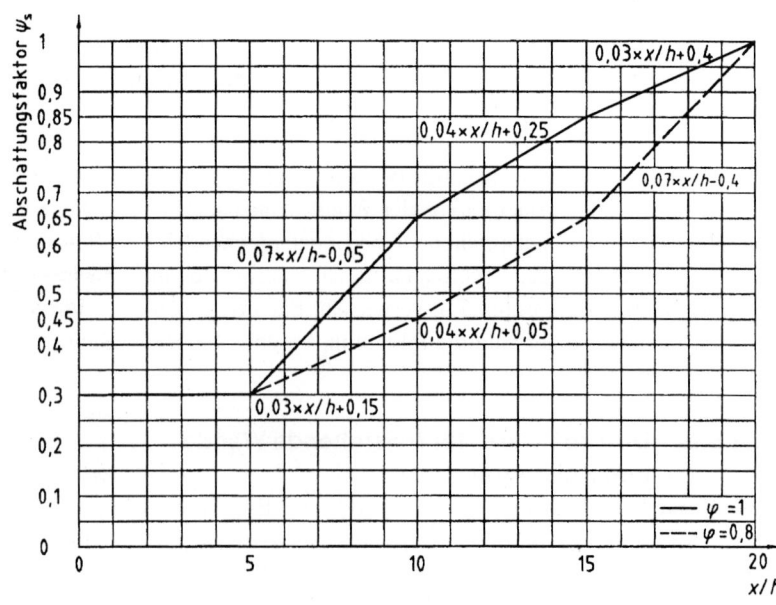

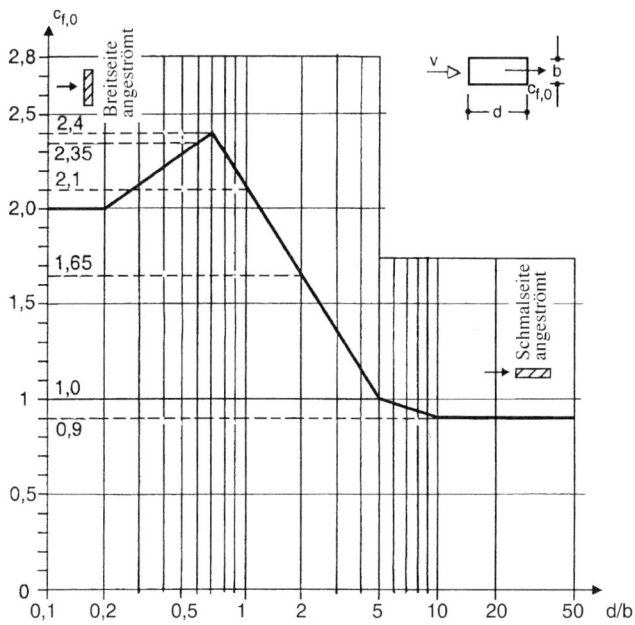

Abb. 4.28 Grundkraftbeiwerte $c_{f,0}$ von scharfkantigen Rechteckquerschnitten

Der Grundkraftbeiwert $c_{f,0}$ gilt für scharfkantige quaderförmige Baukörper unendlicher Schlankheit λ.

Der Abminderungsfaktor ψ_λ berücksichtigt die effektive Schlankheit des scharfkantigen Rechteckquerschnitts (siehe Abschn. 4.4.8).

Die Abhängigkeit des Kraftbeiwertes c_f vom Grad der Abrundung der Kanten des Quaders regelt der Abminderungsbeiwert ψ_r. Dessen Abhängigkeit von der Abrundung zeigt Abb. 4.29.

Die Bezugsfläche A_{ref} ist gleich $l \cdot b$ (l = Länge des betrachteten Abschnittes). Die Bezugshöhe z_e ist gleich der Höhe der Oberkante des betrachteten Abschnittes über Geländeoberkante. Für die Lage des Angriffspunktes der resultierenden Windlast gilt Abb. 4.8.

4.4.6.2 Kraftbeiwerte für Anzeigentafeln

Liegt die Unterkante der Anzeigentafel (Fläche $b \cdot h$; siehe Abb. 4.30) mindestens $h/4$ über Gelände, dann beträgt $c_f = 1{,}80$. Dieser Wert darf auch bei $z_g < h/4$ und $b/h \leq 1$ angewendet werden.

Abb. 4.29 Abminderungsbeiwert ψ_r für einen quadratischen Querschnitt mit abgerundeten Ecken

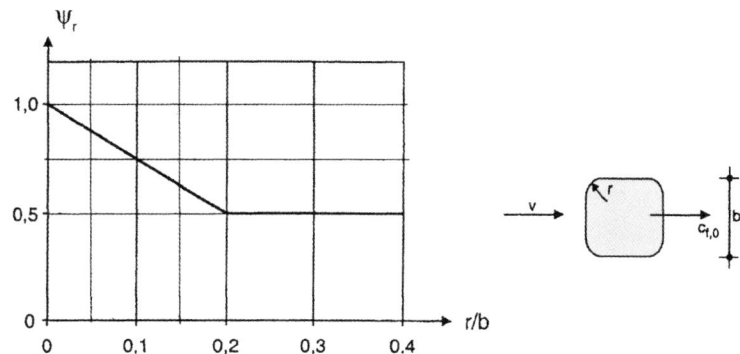

Abb. 4.30 Anzeigetafeln

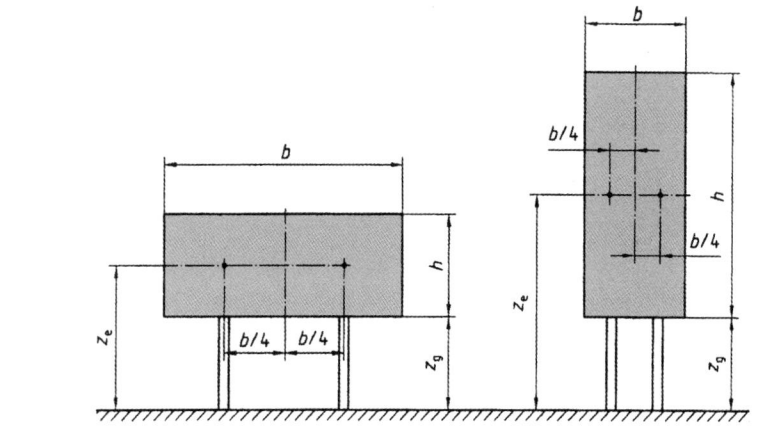

Die resultierende Kraft senkrecht zur angeströmten Rechteckfläche $b \cdot h$ der Anzeigentafel ist in Höhe des Flächenschwerpunktes mit einer horizontalen Ausmitte von $e = 0{,}25b$ sowohl zur einen als auch zur anderen Seite anzusetzen.

Ist der Abstand der Unterkante der Tafel geringer als $h/4$ und das Verhältnis $b/h > 1$, dann ist die Tafel wie eine freistehende Wand zu behandeln (siehe Abschn. 4.4.5.13).

4.4.6.3 Kraftbeiwerte für Flaggen

Tafel 4.56 enthält Festlegungen für Kraftbeiwerte c_f und Bezugsflächen A_{ref} bei Flaggen. Die Formel für flatternde Flaggen schließt dynamische Kräfte aufgrund des Flattereffektes mit ein; dabei sind:

m_f Masse je Flächeneinheit der Flagge
ϱ Luftdichte, $1{,}25\,\text{kg/m}^3$
z_e Höhe bis zur Oberkante der Flagge über Geländeoberkante.

4.4.6.4 Kraftbeiwerte für Fachwerke, Gitter und Gerüste

Der Kraftbeiwert c_f für Fachwerke, Gitter und Gerüste ist:

$$c_f = c_{f,0} \cdot \psi_\lambda$$

$c_{f,0}$ Grundkraftbeiwert für Fachwerke mit unendlicher Schlankheit gemäß Abb. 4.31, 4.32 und 4.33
ψ_λ Abminderungsfaktor zur Berücksichtigung der Schlankheit (siehe Abschn. 4.4.8, Abb. 4.36).

Tafel 4.56 Kraftbeiwerte c_f für Flaggen

Flaggen		A_{ref}	c_f
allseitig befestigte Flaggen 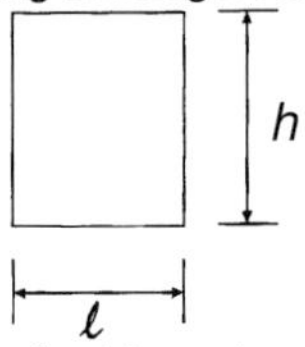 Kraft wirkt senkrecht auf Flaggenebene		$h \cdot l$	1,8
a frei flatternde Flaggen 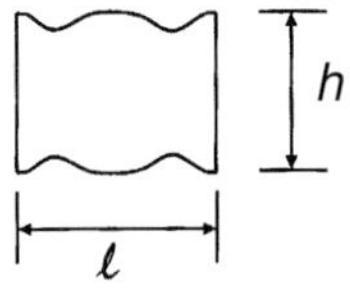		$h \cdot l$	$0{,}02 + 0{,}7 \cdot \dfrac{m_f}{\varrho \cdot h} \cdot \left(\dfrac{A_{ref}}{h^2} \right)^{-1{,}25}$
b 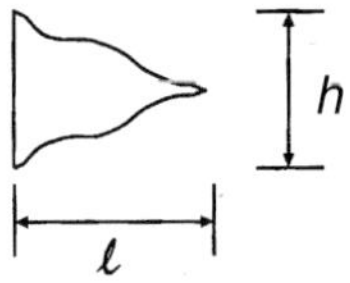 Kraft wirkt in Flaggenebene		$0{,}5 \cdot h \cdot l$	

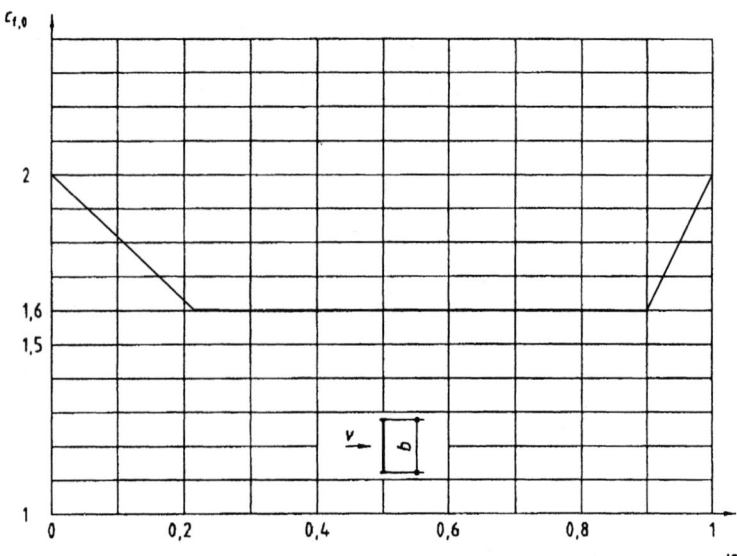

Abb. 4.31 Grundkraftbeiwert $c_{f,0}$ für ein ebenes Fachwerk aus abgewinkelten scharfkantigen Profilen in Abhängigkeit vom Völligkeitsgrad φ

Abb. 4.32 Grundkraftbeiwert $c_{f,0}$ für ein räumliches Fachwerk aus abgewinkelten und scharfkantigen Profilen in Abhängigkeit vom Völligkeitsgrad φ

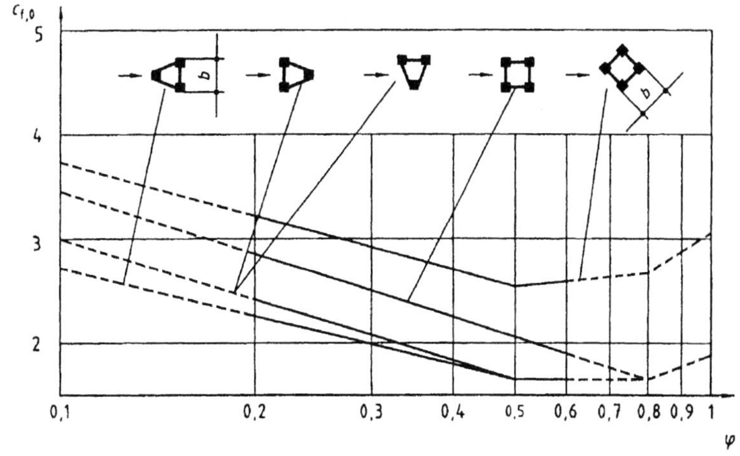

Abb. 4.33 Grundkraftbeiwert $c_{f,0}$ für ebene und räumliche Fachwerke aus Profilen mit kreisförmigem Querschnitt

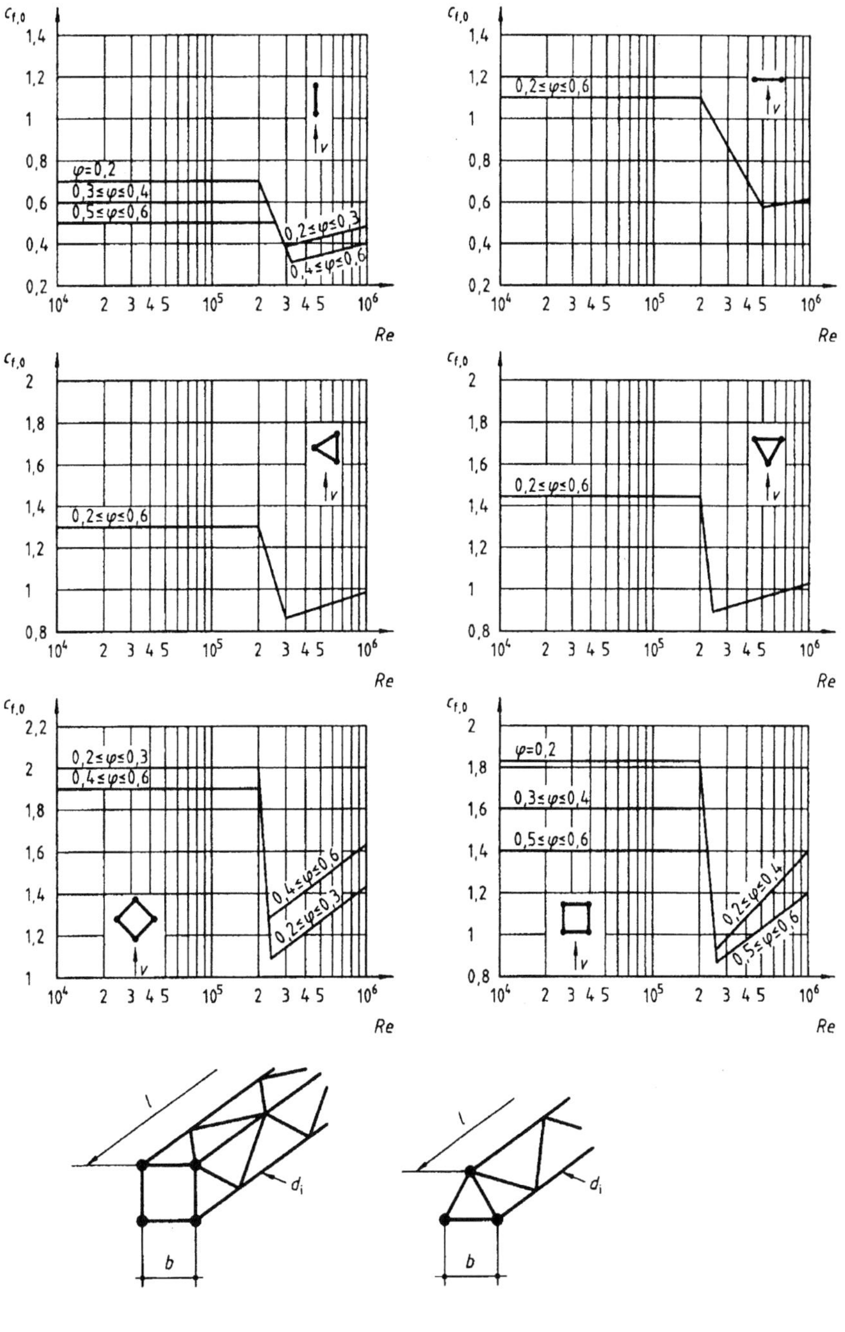

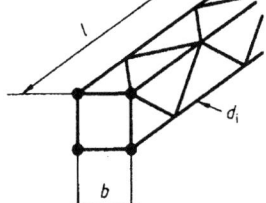

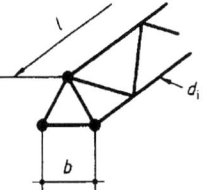

Die Bezugsfläche A_{ref} ist gleich der Fläche A (Summe der projizierten Flächen der Stäbe und Knotenbleche der betrachteten Seite; bei räumlichen Fachwerken ist die Luvseite zu betrachten). Die Bezugshöhe z_e ist gleich der Höhe der Oberkante des betrachteten Abschnitts.

Der in den Abb. 4.31, 4.32 und 4.33 verwendete Völligkeitsgrad φ ist gemäß Abschn. 4.4.8, Abb. 4.36, definiert.

Die in Abb. 4.33 verwendete Reynoldszahl Re ist wie folgt definiert:

$$\text{Re} = (v \cdot b)/\nu \quad \text{mit } v = ((2 \cdot q_{\text{p}})/\varrho)^{1/2}$$

Dabei sind
ν kinematische Zähigkeit, $\nu = 15 \cdot 10^{-6}\,\text{m}^2/\text{s}$
q_{p} Geschwindigkeitsdruck gemäß Abschn. 4.4.2
b Stabbreite des größten Gurtstabes, in m
ϱ Luftdichte; $1{,}25\,\text{kg/m}^3$.

4.4.7 Abminderung der Windkräfte auf hintereinander liegende gleiche Stäbe, Tafeln oder Fachwerke

DIN EN 1991-1-4 enthält hierzu keine Angaben; es wird die Anwendung der nachfolgend erläuterten Regelungen nach DIN 1055-4 empfohlen.

Die gesamte Windkraft, die auf hintereinander liegende Baukörper wirkt, ist geringer als die Summe der Einzelkräfte. Die Abminderung der Gesamtkraft erfolgt durch Verminderung der Bezugsfläche A (vgl. Tafel 4.57) mit dem Abminderungsfaktor η (vgl. Abb. 4.34).

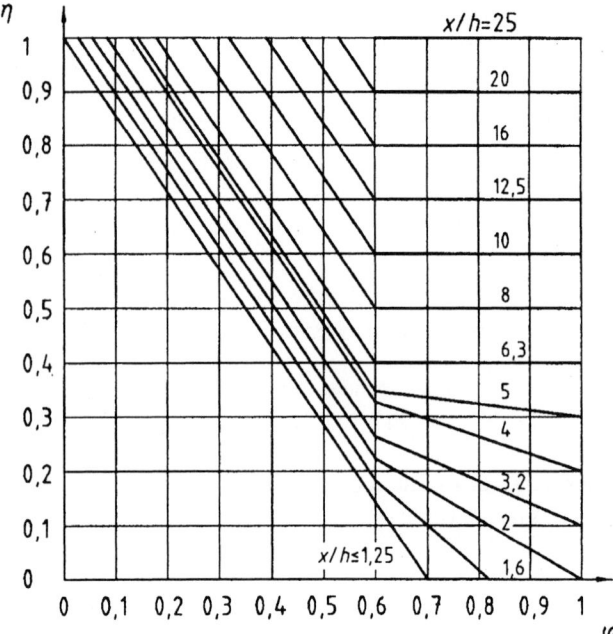

Abb. 4.34 Abminderungsfaktor η für die Summe der Windkräfte auf hintereinander liegende gleiche Baukörper in Abhängigkeit vom Verhältnis x/h und vom Völligkeitsgrad φ (bei vollwandigen Baukörpern: $\varphi = 1$; sonst siehe Abschn. 4.4.8)

Dabei wird vorausgesetzt, dass die Einzelbaukörper an den Enden gehalten sind und im Übrigen frei umströmt werden. Näherungsweise darf die Abminderung nach diesem Abschnitt auch für den Fall vorgenommen werden, dass die hintereinander liegenden Baukörper unter einer geschlossenen Decke liegen.

Tafel 4.57 Bezugsfläche A und Kraftbeiwert c_f für hintereinander liegende Baukörper	Form und Lage des Baukörpers	Bezugsfläche A	Kraftbeiwert c_f
	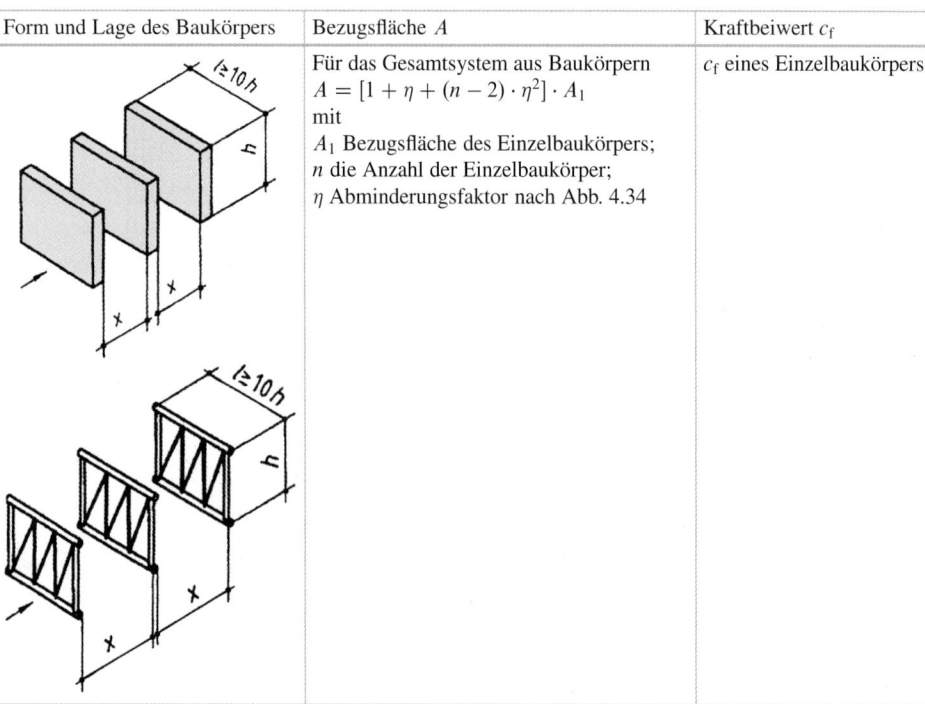	Für das Gesamtsystem aus Baukörpern $A = [1 + \eta + (n-2) \cdot \eta^2] \cdot A_1$ mit A_1 Bezugsfläche des Einzelbaukörpers; n die Anzahl der Einzelbaukörper; η Abminderungsfaktor nach Abb. 4.34	c_f eines Einzelbaukörpers

Die Abminderung gilt für Queranströmung und für eine
Schräganströmung bis 5°. Sie darf auch bei annähernd gleichen Einzelbaukörpern angewandt werden, wenn für A_1 die
Bezugsfläche des größten Einzelbaukörpers angesetzt wird.
Bei unterschiedlichen Abständen x der Einzelbaukörper darf
näherungsweise der Größtabstand als einheitlicher Abstand
angesetzt werden.

4.4.8 Effektive Schlankheit für unterschiedliche Bauwerke und Baukörperformen

Tafel 4.58 enthält Formeln zur Berechnung der effektiven
Schlankheit λ für unterschiedliche Bauwerke und Baukör-
performen. Abb. 4.35 liefert den Abminderungsfaktor ψ_λ
in Abhängigkeit von der effektiven Schlankheit λ und der
Völligkeit φ. Zur Definition des Völligkeitsgrades φ siehe
Abb. 4.36.

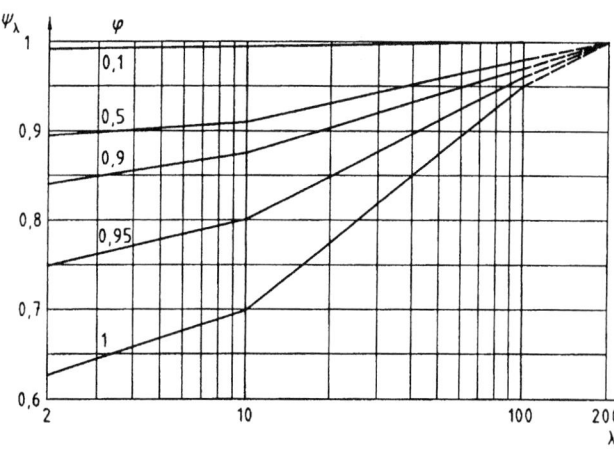

Abb. 4.35 Abminderungsfaktor ψ_λ in Abhängigkeit der effektiven
Schlankheit λ und für verschiedene Völligkeitsgrade φ

Tafel 4.58 Effektive Schlankheit λ für Zylinder-, Vieleck-, Brücken- und Rechteckquerschnitte sowie für Anzeigetafeln, scharfkantige Bauteile und Fachwerkkonstruktionen	Lage des Baukörpers, Anströmung senkrecht zur Zeichenebene	Effektive Schlankheit λ
	für $l > b$	$\lambda = l/b$ oder $\lambda = 2$, der größere Wert ist maßgebend
	für $b \leq l$	Für polygonale, rechteckige und scharfkantige Querschnitte sowie für Fachwerke: für $l \geq 50$ m ist $\lambda = 1{,}4l/b$ oder $\lambda = 70$, der kleinere Wert ist maßgebend für $l < 15$ m ist $\lambda = 2l/b$ oder $\lambda = 70$, der kleinere Wert ist maßgebend
	für $b \leq l$	Für Kreiszylinder: für $l \geq 50$ m ist $\lambda = 0{,}7l/b$ oder $\lambda = 70$, der kleinere Wert ist maßgebend für $l < 15$ m ist $\lambda = l/b$ oder $\lambda = 70$, der kleinere Wert ist maßgebend
		Zwischenwerte dürfen linear interpoliert werden.
		Für $l \geq 50$ m ist $\lambda = 0{,}7l/b$ oder $\lambda = 70$, der größere Wert ist maßgebend für $l < 15$ m ist $\lambda = l/b$ oder $\lambda = 70$, der größere Wert ist maßgebend Zwischenwerte dürfen linear interpoliert werden

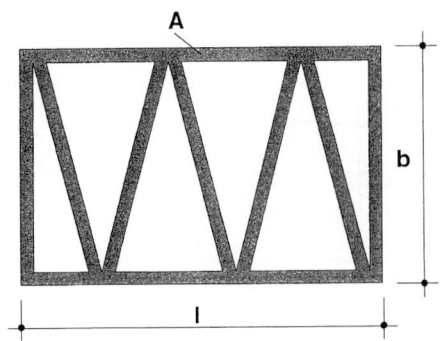

Abb. 4.36 Zur Definition des Völligkeitsgrades φ

Der Völligkeitsgrad φ ist wie folgt definiert (siehe Abb. 4.36):

$$\varphi = A/A_c$$

A die Summe der projizierten Flächen der einzelnen Teile;
A_c die eingeschlossene Fläche $A_c = l \cdot b$.

4.5 Schneelasten

nach DIN EN 1991-1-3:2010-12; DIN EN 1991-1-3/NA: 2010-12; DIN EN 1991-1-3/A1: 2015-12

4.5.1 Charakteristische Werte der Schneelasten

Der charakteristische Wert der Schneelast s_k ist als eine unabhängige veränderliche Einwirkung zu betrachten.

Die charakteristischen Werte der Schneelasten auf dem Boden sind in Abhängigkeit von der Schneelastzone und der Geländehöhe über dem Meeresniveau nach Abb. 4.37 und 4.38 zu berechnen. Für Bauten in Höhenlagen von mehr als 1500 m müssen in jedem Einzelfall von der zuständigen Behörde entsprechende Rechenwerte festgelegt werden.

Im norddeutschen Tiefland können vereinzelt Schneelasten bis zum mehrfachen Wert der sich nach Abb. 4.37 ergebenden charakteristischen Schneelasten auftreten. Die dort von den örtlichen Behörden festgelegten Rechenwerte sind dann zusätzlich als außergewöhnliche Einwirkungen nach DIN EN 1990 zu berücksichtigen. Gleiches gilt für bestimmte Lagen der Schneelastzone 3 (etwa Oberharz, Hochlagen des Fichtelgebirges, Reit im Winkel und Obernach/Walchensee).

Eine Zuordnung der Schneelastzonen nach Verwaltungsgrenzen kann z. B. im Internet unter www.dibt.de abgerufen werden.

Die charakteristischen Werte in den Zonen 1a und 2a ergeben sich jeweils durch Erhöhung der Werte aus den Zonen 1 und 2 mit einem Faktor 1,25. Die Sockelbeträge werden in gleicher Weise angehoben.

4.5.2 Schneelast auf Dächern

4.5.2.1 Allgemeines

Die Schneelast auf dem Dach ist in Abhängigkeit von der Dachform und der charakteristischen Schneelast s_k auf dem Boden nach folgender Gleichung zu ermitteln:

$$s_i = \mu_i \cdot s_k$$

μ_i Formbeiwert der Schneelast (siehe Tafeln 4.59 und 4.60);
s_k charakteristischer Wert der Schneelast auf dem Boden in kN/m^2.

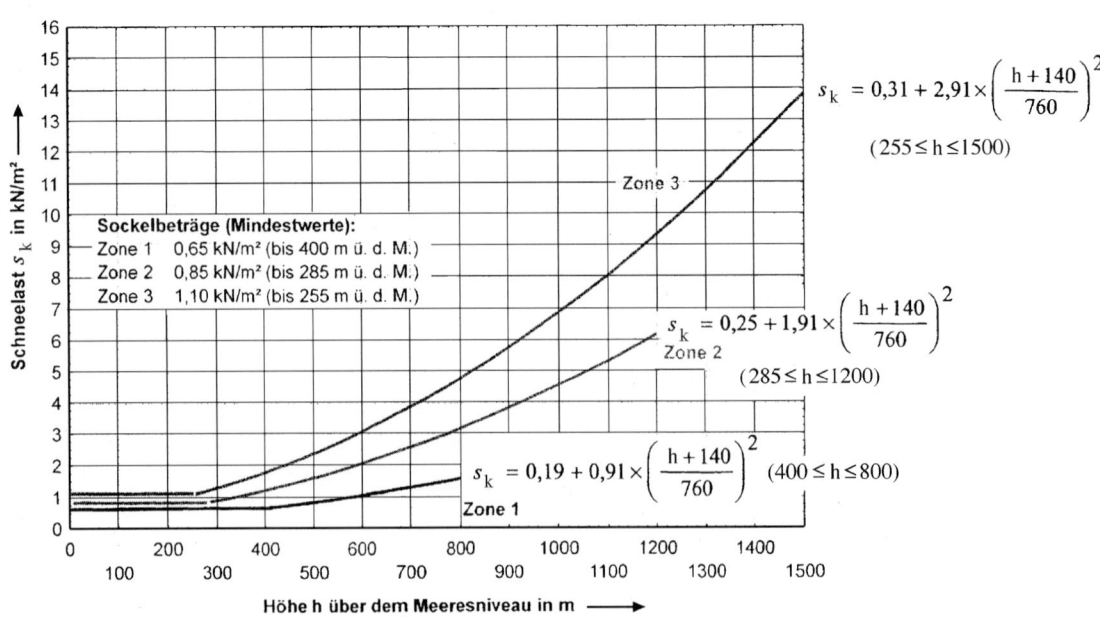

Abb. 4.37 Charakteristischer Wert der Schneelast s_k auf dem Boden für Zone 1, Zone 2 und Zone 3

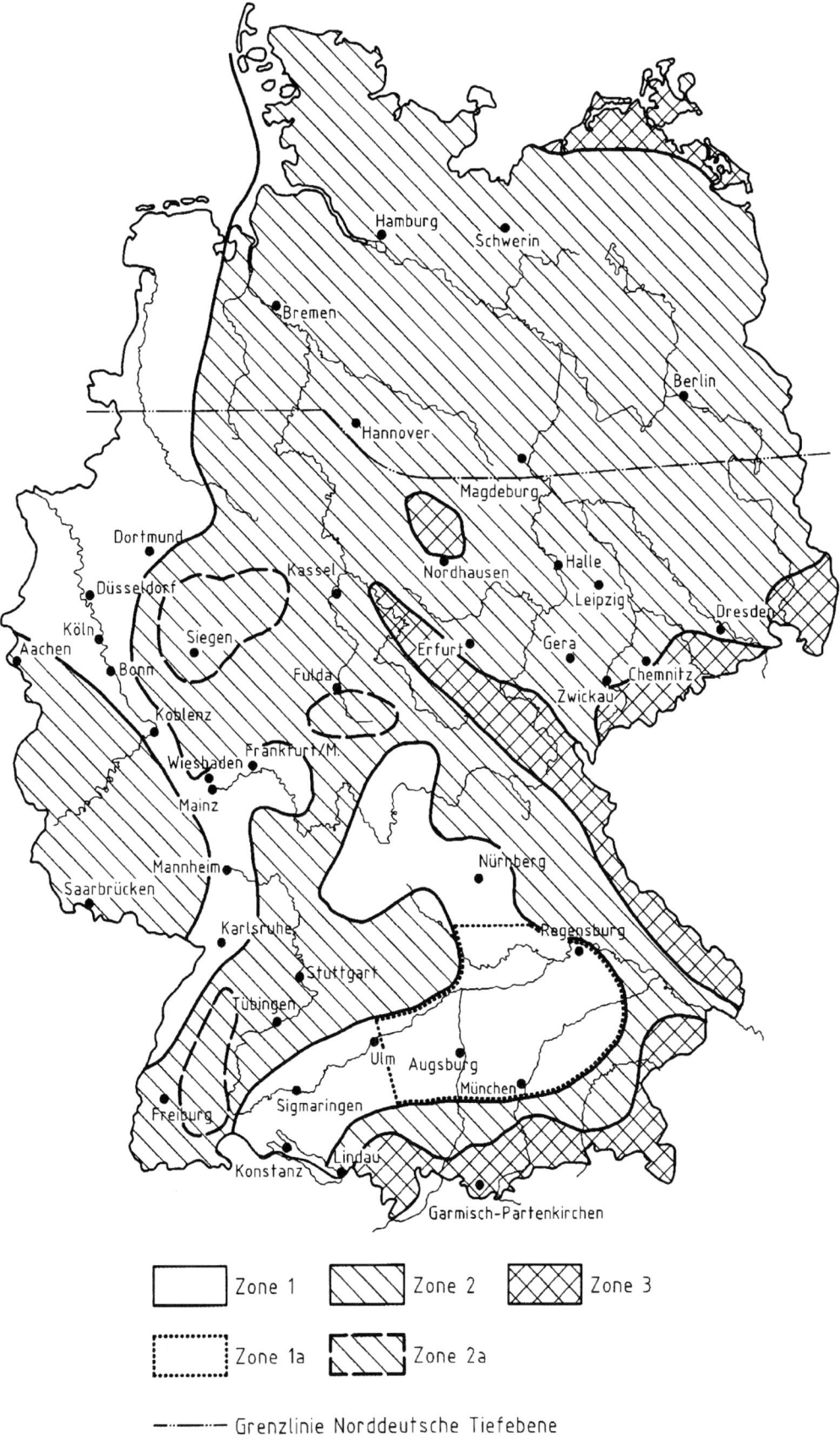

Abb. 4.38 Schneelastzonenkarte

Die Last ist als lotrecht wirkend anzunehmen und bezieht sich auf die waagerechte Projektion der Dachfläche. Die Formbeiwerte zur Berechnung der Schneelasten auf dem Dach gelten für ausreichend wärmegedämmte Konstruktionen ($U < 1\,\mathrm{W}/(\mathrm{m^2\,K})$) mit üblicher Dacheindeckung, näherungsweise auch für Glaskonstruktionen.

Alle nachfolgenden Festlegungen zu Schneelasten (einschließlich Schneeverwehungen) sind in der ständigen/ vorübergehenden Bemessungssituation zu berücksichtigen. Allein in der norddeutschen Tiefebene ist die zuvor erwähnte, dort speziell festgelegte außergewöhnliche Schneelast zusätzlich in der außergewöhnlichen Bemessungssituation zu berücksichtigen. Die Bemessungssituationen sind in DIN EN 1990 geregelt (siehe Abschn. 4.1.5). Die Kombinationsbeiwerte für Schneelasten gemäß DIN EN 1990 (siehe Abschn. 4.1.4.1, Tafel 4.3) werden in DIN EN 1991-1-3 bestätigt.

4.5.2.2 Flache und einseitig geneigte Dächer

Abb. 4.39 zeigt die anzusetzende Schneelast: auf ganzer Fläche gleichmäßig verteilte Volllast.

Der Formbeiwert μ_1 der Schneelast ist in Tafel 4.59 und Abb. 4.42 angegeben.

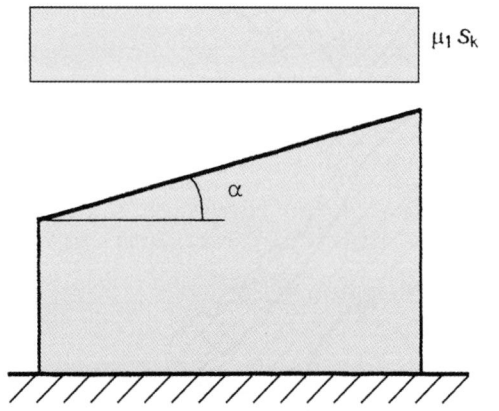

Abb. 4.39 Lastbild der Schneelast für flache und einseitig geneigte Dächer

4.5.2.3 Symmetrische und unsymmetrische Satteldächer

Es sind die drei Lastbilder (a) bis (c) nach Abb. 4.40 zu betrachten. Das ungünstigste ist für die Bemessung maßgebend.

Die Formbeiwerte $\mu_1(\alpha_1)$; $\mu_1(\alpha_2)$ der Schneelast sind in Tafel 4.59 und Abb. 4.42 angegeben.

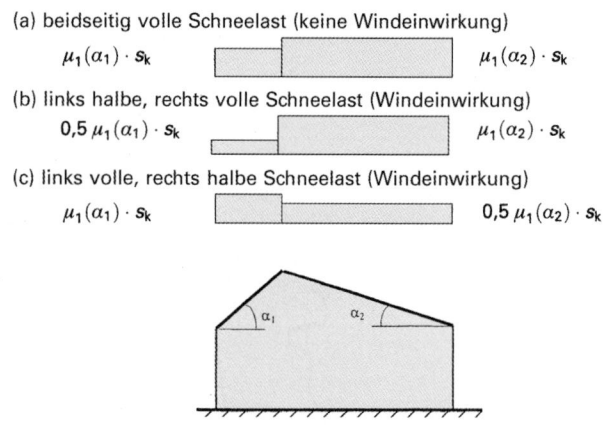

(a) beidseitig volle Schneelast (keine Windeinwirkung)

$\mu_1(\alpha_1) \cdot s_k$ $\mu_1(\alpha_2) \cdot s_k$

(b) links halbe, rechts volle Schneelast (Windeinwirkung)

$0{,}5\,\mu_1(\alpha_1) \cdot s_k$ $\mu_1(\alpha_2) \cdot s_k$

(c) links volle, rechts halbe Schneelast (Windeinwirkung)

$\mu_1(\alpha_1) \cdot s_k$ $0{,}5\,\mu_1(\alpha_2) \cdot s_k$

Abb. 4.40 Lastbild der Schneelast für das Satteldach

4.5.2.4 Gereihte Sattel- und Sheddächer

Neben den Schneelastfällen ohne Windeinwirkung (a) ist bei aneinandergereihten Dächern und Sheddächern auch der in Abb. 4.41 gezeigte Verwehungslastfall (b) zu berücksichtigen.

Die Formbeiwerte μ_1 und μ_2 sind in Tafel 4.59 und Abb. 4.42 angegeben.

Der Formbeiwert μ_2 (siehe Tafel 4.59) braucht nicht höher angesetzt zu werden als

$$\frac{\gamma \cdot h}{s_k} + \mu_1$$

γ Wichte des Schnees, die für diese Berechnung zu $2\,\mathrm{kN/m^3}$ angenommen werden kann;

h Höhenlage des Firstes über der Traufe in m;

s_k charakteristische Schneelast in $\mathrm{kN/m^2}$.

Hinweis: Die Schneelast auf steil stehende Fensterflächen oder auf angrenzende Bauteile kann sinngemäß nach Abschn. 4.5.2.10 ermittelt werden.

4.5.2.5 Formbeiwerte für Flachdächer, Pult- und Satteldächer

Abb. 4.42 und Tafel 4.59 zeigen die Formbeiwerte für Flachdächer, Pult- und Satteldächer.

Dabei wird davon ausgangen, dass der Schnee ungehindert vom Dach abrutschen kann. Befindet sich an der Traufe eine Brüstung, ein Schneefanggitter oder ein anderes Hindernis, dann ist als Formbeiwert der Schneelast mindestens $\mu = 0{,}8$ zu wählen.

Abb. 4.41 Lastbild der Schneelast für gereihte Satteldächer und Sheddächer. **a** Fensterband geneigt, **b** Fensterband lotrecht

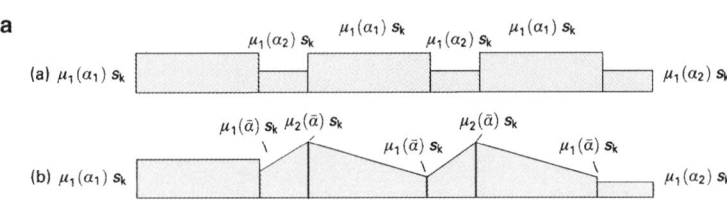

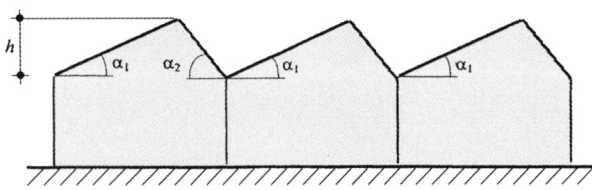

Für die Innenfelder maßgebend ist dabei der mittlere Neigungswinkel $\bar{\alpha} = 0{,}5\,(\alpha_1 + \alpha_2)$

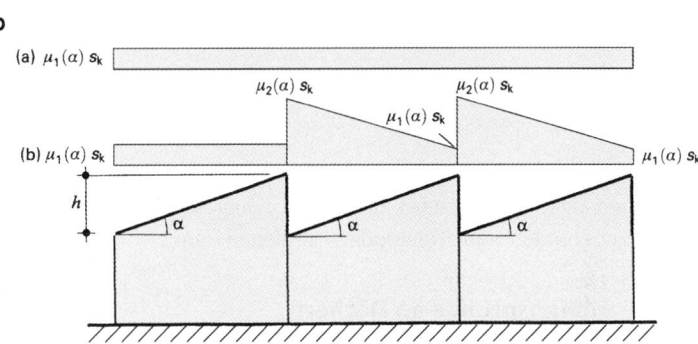

4.5.2.6 Tonnendächer

Tonnendächer sind entweder für gleichmäßige Schneelast (a) oder, wenn dies ungünstiger ist, für die in Abb. 4.43 dargestellte unsymmetrische Schneelast (b) zu untersuchen. Mit Tonnendächern sind alle zylindrischen Formen mit beliebiger konvex gekrümmter Leitkurve gemeint. Die Neigung der Tangente an dem Anschlusspunkt zu den vertikalen Bauteilen ist ebenfalls beliebig.

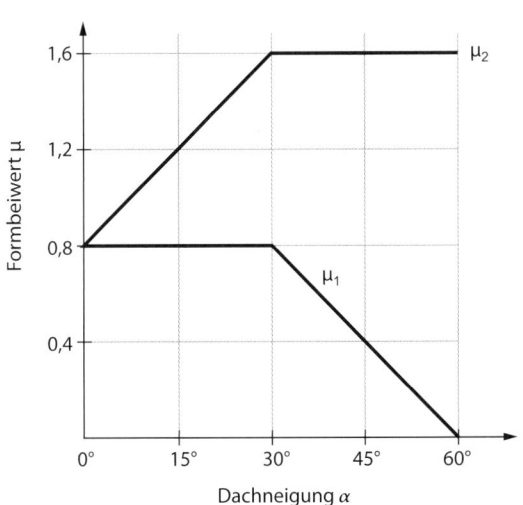

Abb. 4.42 Formbeiwerte der Schneelast für flache und geneigte Dächer

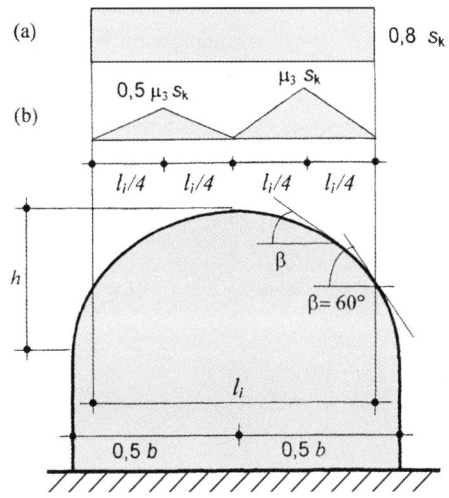

Abb. 4.43 Lastbild der Schneelast für Tonnendächer

Tafel 4.59 Formbeiwerte der Schneelast für flache und geneigte Dächer

Dachneigung α	$0° \leq \alpha \leq 30°$	$30° < \alpha < 60°$	$\alpha \geq 60°$
Formbeiwert μ_1	0,8	$0{,}8(60° - \alpha)/30°$	0
Formbeiwert μ_2	$0{,}8 + 0{,}8\,\alpha/30°$	1,6	–

Abb. 4.44 Formbeiwerte der Schneelast für Tonnendächer

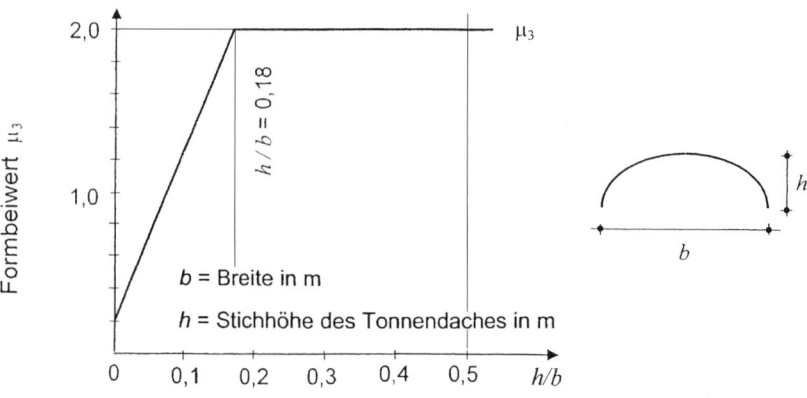

Tafel 4.60 Formbeiwerte der Schneelast für Tonnendächer

Verhältnis h/b	$< 0{,}18$	$\geq 0{,}18$
Formbeiwert μ_3	$0{,}2 + 10\,h/b$	$2{,}0$

Abb. 4.44 und Tafel 4.60 zeigen die Formbeiwerte μ_3 für Tonnendächer. Dabei wird davon ausgegangen, dass der Schnee ungehindert vom Tonnendach abgleiten kann.

4.5.2.7 Höhensprünge an Dächern

Häufig kommt es auf den Dächern unterhalb des Höhensprunges durch Anwehen oder Abrutschen des Schnees vom obenliegenden Dach zu einer Anhäufung von Schnee. Für diesen Fall ist auf dem tiefer liegenden Dach der Lastfall nach Abb. 4.45 zu berücksichtigen.

$\mu_1 = 0{,}8$ (das tiefer liegende Dach wird als flach angenommen)

$\mu_2 = \mu_W + \mu_S$

    $\geq 0{,}8$ und $\leq 2{,}4$ (allgemein)

    $\geq 0{,}8$ und $\leq 2{,}0$ (seitlich offene und für Räumung zugängliche Vordächer $b_2 \leq 3$ m)

    $\geq 1{,}2$ und $\leq 6{,}45/s_k^{0{,}9}$ (alpine Region bei $s_k > 3{,}0$ kN/m²)

    $\leq 4{,}0$ (außergewöhnliche Einwirkung, Norddeutsches Tiefland)

μ_W ist der Formbeiwert der Schneelast aus Verwehung (ab $h > 0{,}5$ m zu berücksichtigen):

$$\mu_W = \frac{b_1 + b_2}{2 \cdot h} \quad \text{jedoch nicht größer als} \quad \mu_W = \frac{\gamma \cdot h}{s_k} - \mu_S$$

γ Wichte des Schnees, hier 2 kN/m³;
h Höhe des Dachsprunges in m;
s_k charakteristische Schneelast in kN/m²;
b_1 und b_2 Dachlängen nach Abb. 4.45.
μ_S ist der Formbeiwert der abrutschenden Schneelast:

- Neigung des oberen Daches $\alpha \leq 15°$: $\mu_S = 0$
- Neigung des oberen Daches $\alpha > 15°$: μ_S ist aus einer Zusatzlast zu bestimmen, die zu 50 % der größten resultierenden Gesamtschneelast auf der anschließenden Dachseite des oberen Daches anzunehmen ist.

Bei Anordnung von Schneefanggittern darf auf den Ansatz von μ_S verzichtet werden (siehe auch Abschn. 4.5.2.10).

4.5.2.8 Verwehungen an Wänden und Aufbauten

An Dachaufbauten kann es durch Windverwehungen zu Schneeanhäufungen kommen.

Die Formbeiwerte der Schneelast und die Länge der Verwehungskeile sind wie folgt anzunehmen (siehe Abb. 4.46):

$$\mu_1 = 0{,}8, \quad \mu_2 = \gamma h / s_k \begin{array}{c} \geq 0{,}8 \\ \leq 2{,}0 \end{array}$$

γ Wichte des Schnees (hier 2,0 kN/m³);
s_k charakteristische Schneelast auf dem Boden in kN/m²;
h Höhe des Aufbaus in m.

Abb. 4.45 Lastbild der Schneelast an Höhensprüngen

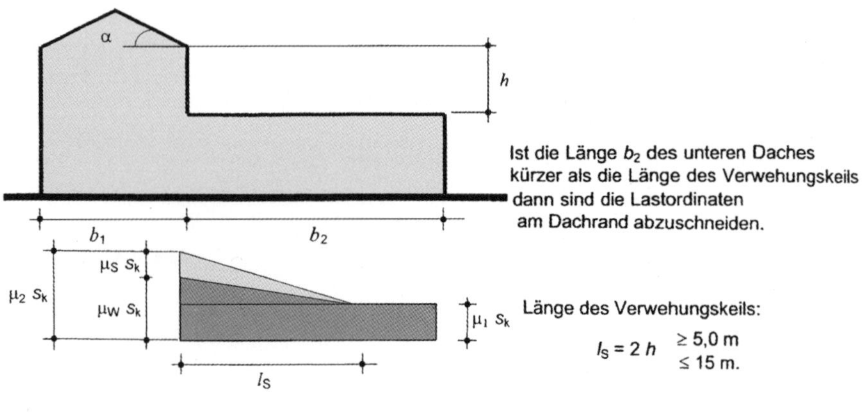

Ist die Länge b_2 des unteren Daches kürzer als die Länge des Verwehungskeils dann sind die Lastordinaten am Dachrand abzuschneiden.

Länge des Verwehungskeils:
$$l_S = 2\,h \quad \begin{array}{c} \geq 5{,}0 \text{ m} \\ \leq 15 \text{ m}. \end{array}$$

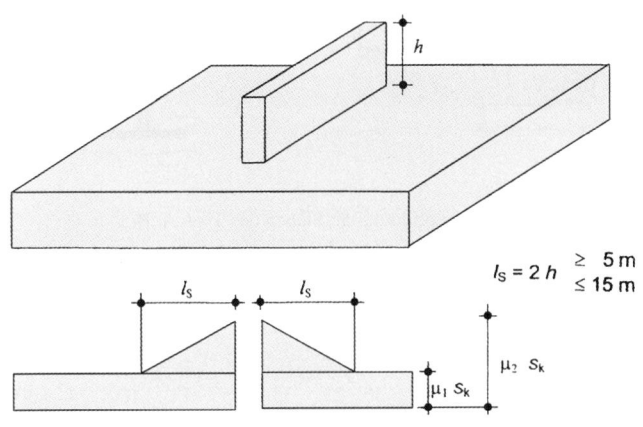

Abb. 4.46 Lastbild der Schneelast an Wänden und Aufbauten

4.5.2.9   Schneeüberhang an der Traufe

Bei der Bemessung der auskragenden Teile eines Daches ist zusätzlich zur Schneelast auf dem Kragarm der überhängende Schnee an der Traufe zu berücksichtigen. Die Last des Schneeüberhangs ist als Linienlast an der Trauflinie anzusetzen und wird berechnet:

$$S_e = 0{,}4 \cdot s_i^2 / \gamma$$

S_e Schneelast des Überhanges je m Traufe in kN/m;
s_i Schneelast für das Dach in kN/m²;
γ Wichte des Schnees; Rechenwert hier 3 kN/m³.

Bei Anordnung von Schneefanggittern darf auf den Ansatz der Linienlast verzichtet werden (siehe auch Abschn. 4.5.2.10).

4.5.2.10   Schneelasten auf Schneefanggitter und Dachaufbauten

Für den Nachweis der Schneefanggitter ist die Reibung zwischen Schnee und Dachfläche zu vernachlässigen. Die Kraft F_s, die von einer rutschgefährdeten Schneemasse in Gleitrichtung je Einheit der Breite ausgeübt wird, beträgt (siehe Abb. 4.47):

$$F_s = \mu_i s_k b \sin \alpha$$

μ_i größter Formbeiwert der Schneelast nach Abschn. 4.5.2.5 für die betrachtete Dachfläche (unverwehter Schnee);
s_k charakteristische Schneelast auf dem Boden in kN/m²;

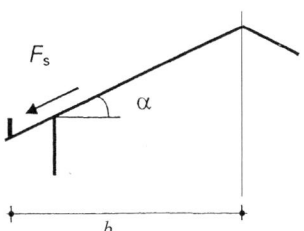

Abb. 4.47 Schneelast auf Schneefanggitter

b Grundrissentfernung zwischen Gitter bzw. Dachaufbau und First in m;
α Dachneigungswinkel von der Waagerechten aus gemessen.

4.6   Eislasten

nach DIN 1055-5:2005-07

DIN EN 1991-1-3 enthält keine Angaben zu Eislasten; es werden daher nachfolgend die Regelungen nach DIN 1055-5 behandelt.

Die Vereisung (Eisregen oder Raueis) hängt von den meteorologischen Verhältnissen wie Lufttemperatur, relative und absolute Luftfeuchtigkeit sowie Wind ab, die mit der Geländeform und der Geländehöhe über NN stark wechseln.

Wegen der vielfältigen Einflussfaktoren können zur Art und Stärke des Eisansatzes allgemeine Angaben nur bis zu Höhenlagen ≤ 600 m ü. NN und bis zu Bauwerkshöhen von 50 m über Gelände gemacht werden. In allen anderen Fällen und für besonders exponierte Lagen ist bereits in der Planung in Abstimmung mit der zuständigen Behörde festzulegen, welcher Eisansatz zu berücksichtigen ist.

Bei filigranen Bauteilen kann für die Bemessung ein Eislastansatz anstelle des Schneelastansatzes maßgebend werden. Neben dem erhöhten Gewicht ist dabei auch die größere Windangriffsfläche zu beachten.

4.6.1   Vereisungsklassen

Die Art des Eisansatzes hängt von den meteorologischen Bedingungen ab, die während des Vereisungsvorganges am Bauort herrschen. Für die Berechnung werden zwei typische Fälle klassifiziert:

Vereisungsklassen G Es wird eine allseitige Ummantelung der Bauteile mit Klareis (gefrierende Nebellagen) oder Glatteis (gefrierender Regen) angenommen, die durch die Dicke der Eisschicht in Zentimeter charakterisiert ist (siehe Abb. 4.48). So bedeutet z. B. die Vereisungsklasse G 1 einen allseitigen Eisansatz von $t = 1$ cm und entsprechend für G2 mit $t = 2$ cm. Für das Gebiet der Bundesrepublik Deutschland sind die Vereisungsklassen G 1 oder G 2 maßgebend.

Die Eisrohwichte für Klareis und Glatteis ist mit 9 kN/m³ anzusetzen.

Vereisungsklassen R Die vorherrschende Windrichtung während der Vereisung des Bauwerks führt zum Aufbau einer einseitigen gegen den Wind anwachsenden kompakten Raueisfahne. Sie ist in Tafel 4.61 durch das Gewicht des an einem dünnen Stab angelagerten Eises definiert. Dies gilt für Stäbe beliebiger Querschnittsform bis zu einer Profilbreite von 300 mm.

Abb. 4.48 Allseitiger Eismantel

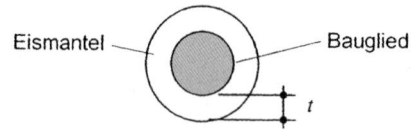

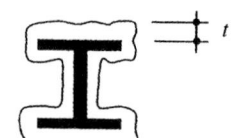

Tafel 4.61 Vereisungsklassen Raueis

Vereisungsklasse	Eisgewicht an einem Stab ($\varnothing \leq 300$ mm) [kN/m]
R 1	0,005
R 2	0,009
R 3	0,016
R 4	0,028
R 5	0,050

Tafel 4.62 Eisfahnenbildung an Stäben des Typs A, B, C u. D

Stabquerschnitt Typ A, B, C u. D									
Stabbreite W [mm]		10		30		100		300	
Eisklasse	Eisgewicht [kN/m]	Eisfahnen [mm]							
		L	D	L	D	L	D	L	D
R 1	0,005	56	23	36	35	13	100	4	300
R 2	0,009	80	29	57	40	23	100	8	300
R 3	0,016	111	37	86	48	41	100	14	300

Im Flachland und bis in die unteren Lagen der Mittelgebirge der Bundesrepublik Deutschland sind die Vereisungsklassen R 1 bis R 3 maßgebend. In Anlehnung an die Windgeschwindigkeit gilt das in Tafel 4.61 angegebene Eisgewicht in 10 m Höhe über Gelände. Im Falle abweichender Bauteilhöhen ist der Höhenfaktor k_z nach Abschn. 4.6.3 zu berücksichtigen. Die Eisrohwichte für Raueis ist mit 5 kN/m³ anzusetzen.

Tafel 4.63 Eisfahnenbildung an Stäben des Typs E u. F

Stabquerschnitt Typ E u. F									
Stabbreite W [mm]		10		30		100		300	
Eisklasse	Eisgewicht [kN/m]	Eisfahnen [mm]							
		L	D	L	D	L	D	L	D
R 1	0,005	55	22	29	34	0	100	0	300
R 2	0,009	79	28	51	39	0	100	0	300
R 3	0,016	111	36	81	47	9	100	0	300

Die schematisierten Formen einer anwachsenden kompakten Raueisfahne sind für nicht verdrehbare Stabquerschnitte in Abb. 4.49 dargestellt. Bei verdrehbaren Querschnitten (Seilen) kann es durch die Rotation zu einer allseitigen Eisanlagerung (Eiswalze) kommen. Die Schichtdicke kann aus den Eisgewichten nach Tafel 4.61 berechnet werden.

Mit wachsender Querschnittsbreite nimmt die Länge der Eisfahne ab, jedoch nur bis zu einer Breite von 300 mm. Für breitere Querschnitte ist der Wert für 300 mm anzunehmen, sodass sich für diese Bauteile höhere Eisgewichte je Längeneinheit ergeben.

Für Fachwerke ergibt sich die Eislast als Summe der Eislasten der Einzelstäbe, wobei geometrische Überschneidungen abgezogen werden können.

Die Maße der Eisfahnen für die in Abb. 4.49 dargestellten Stabtypen können den Tafeln 4.62 und 4.63 entnommen werden.

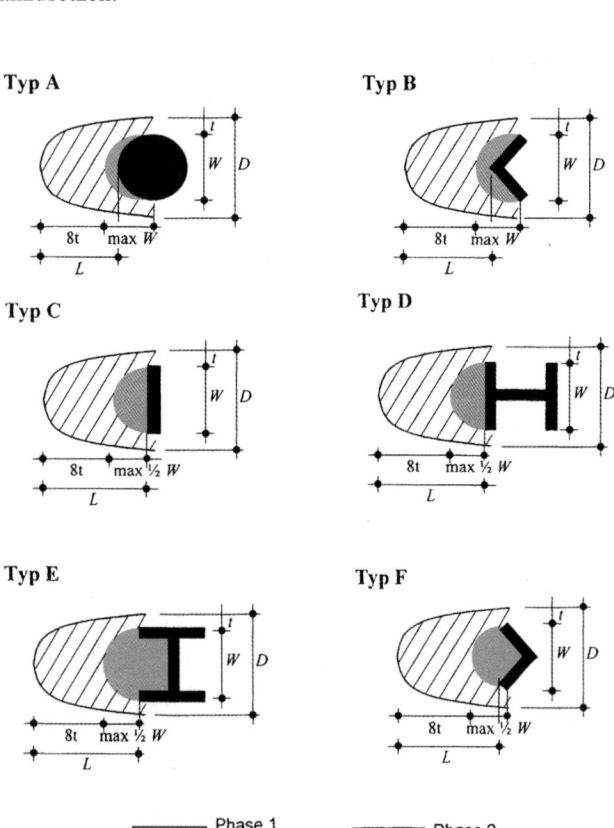

Abb. 4.49 Raueisfahnen vor Stäben mit unterschiedlicher Querschnittsform

4.6.2 Vereisungsklassen und Eiszonen

Aufgrund der meteorologischen und topographischen Verhältnisse wird Deutschland nach Abb. 4.50 in vier Eiszonen unterteilt.

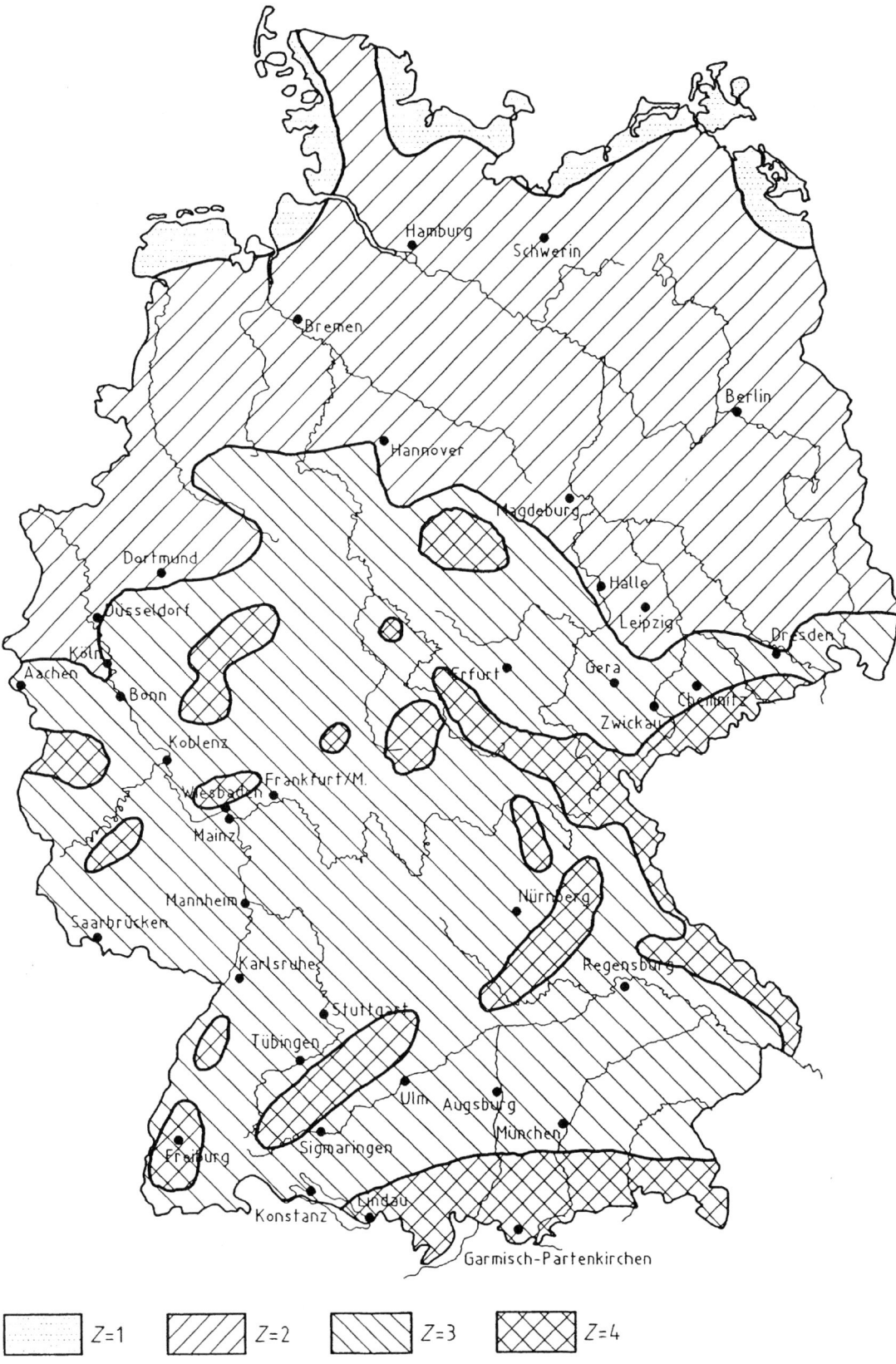

Abb. 4.50 Eiszonenkarte der Bundesrepublik Deutschland

Tafel 4.64 Vereisungsklassen im Gebiet der Bundesrepublik Deutschland

Zone	Region	Vereisungsklasse
1	Küste	G 1, R 1
2	Binnenland	G 2, R 1
3	Mittelgebirge $h \leq 400\,\mathrm{m}$ ü. d. M.	R 2
4	Mittelgebirge $400\,\mathrm{m} < h \leq 600\,\mathrm{m}$ ü. d. M.	R 3

Für die dargestellten Zonen sind die in Tafel 4.64 aufgeführten Vereisungsklassen zu untersuchen.

Die Vereisungsklassen decken normale Verhältnisse ab. In besonders exponierten oder gut abgeschirmten Lagen kann die maßgebende Vereisungsklasse zutreffender durch ein meteorologisches Gutachten festgelegt werden. Für Höhenlagen oberhalb 600 m über NN ist die Vereisungsklasse grundsätzlich durch ein Gutachten in Abstimmung mit der zuständigen Behörde festzulegen.

4.6.3 Eisansatz in größeren Höhen über Gelände

Für R-Klassen gilt, dass bedingt durch die anwachsende Windgeschwindigkeit der Eisansatz mit der Höhe über Gelände zunimmt. Für Bauteile bis 50 m über Gelände ist die Menge des Eisansatzes mit dem Höhenfaktor

$$k_z = 1 + \frac{h - 10}{100}$$

zu vervielfältigen (siehe Abb. 4.51). Die Höhe h ist in m einzusetzen.

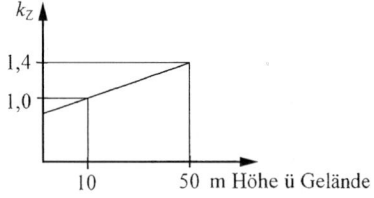

Abb. 4.51 Höhenfaktor k_z

Für G-Klassen kann der Eisansatz mit Klareis für Bauteile bis zu 50 m über Gelände als gleichbleibend angesetzt werden.

4.6.4 Windlast auf vereiste Baukörper

Die Windlast auf vereiste Baukörper ist nach DIN EN 1991-1-4 zu bestimmen.

Durch Eisansatz ändert sich die Querschnittsform der Bauteile und damit der Windkraftbeiwert und die Bezugsfläche, bei Fachwerken auch der Völligkeitsgrad. Dies ist in der Berechnung zu berücksichtigen.

In den Vereisungsklassen G ist mit den allseitig geometrisch vergrößerten Querschnitten zu rechnen. Ausgehend von den Windkraftbeiwerten c_{f0} ohne Eisansatz können in Abb. 4.52 die veränderten Werte c_{fi} für Eisansatz abgelesen oder linear interpoliert werden. Die Windkraftbeiwerte tendieren mit zunehmender Vereisung auf einen einheitlichen Wert hin.

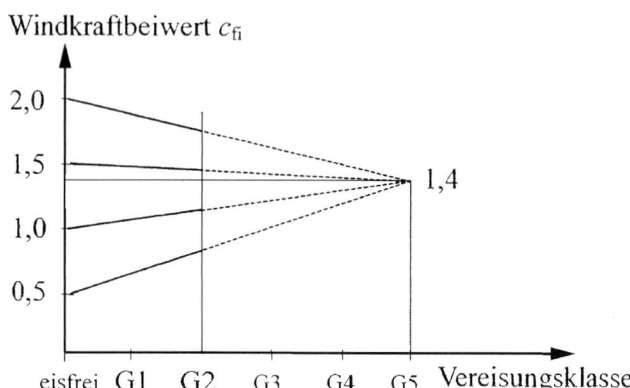

Abb. 4.52 Veränderte Windkraftbeiwerte c_{fi} bei allseitigem Eisansatz

Bei den Raueisklassen R ist ungünstig davon auszugehen, dass der Wind quer zu den Raueisfahnen bläst; die veränderten Windkraftbeiwerte c_{fi} sind Abb. 4.53 zu entnehmen.

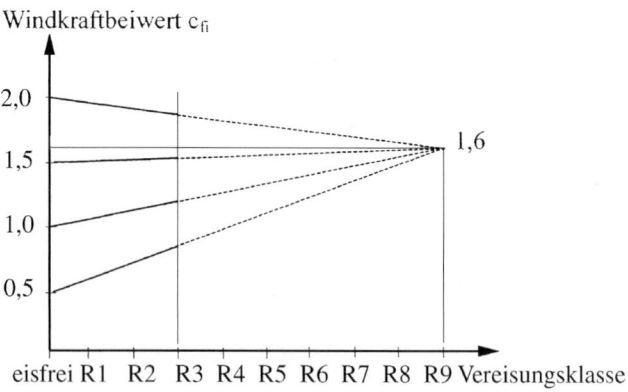

Abb. 4.53 Veränderte Windkraftbeiwerte c_{fi} bei Raueis

Für dünne und für stabförmige Bauglieder bis zur Breite von 300 mm können die vergrößerten Windangriffsflächen den Tafeln 4.62 und 4.63 entnommen werden.

4.7 Lastannahmen für Straßen- und Wegbrücken

nach DIN 1072: 1985-12; DIN 1072 Beiblatt 1: 1988-05

4.7.1 Allgemeines

In der neuen Normenreihe der DIN EN 1991 wird in Teil 1-1 an zwei Stellen, die für die praktische Anwendung von Bedeutung sind, noch auf DIN 1072 verwiesen:

- DIN EN 1991-1-1/NA, 6.3.2.3, „Schwingbeiwerte" (siehe vorliegend Abschn. 4.3.5.2)
- DIN EN 1991-1-1/NA, 3.3.3, „Flächen für Fahrzeugverkehr auf Hofkellerdecken und planmäßig befahrene Deckenflächen" (siehe vorliegend Abschn. 4.3.5.4).

Dabei wird Bezug genommen auf Lasten der Brückenklassen 16/16 bis 30/30 nach DIN 1072, wobei auch der zugehörige Schwingbeiwert von Bedeutung ist; auf diese Aspekte wird in Abschn. 4.7.2 kurz eingegangen.

4.7.2 Verkehrsregellasten

In DIN 1072 sind die Straßen- und Wegbrücken je nach Belastbarkeit in Brückenklassen eingeteilt. Dabei ist zwischen den Regelklassen (siehe Tafel 4.65) und den Nachrechnungsklassen (siehe Tafel 4.66) unterschieden.

Die Zuordnung der Verkehrsregellasten zur Brückenfläche erfolgt durch Aufteilung in eine Hauptspur, eine unmittelbar daneben angeordnete Nebenspur sowie die außerhalb

Tafel 4.65 Verkehrsregellasten der Regelklassen (Maße in m)

	Brückenklasse 60/30 vorzusehen für BAB, B, L, K, S[a]	Brückenklasse 30/30 vorzusehen für K, S, G, W	
(1)	Regelfahrzeug		
	Gesamtlast: 600 kN	Gesamtlast: 300 kN	
	Radlast: 100 kN	Radlast: 50 kN	
	Aufstandsfläche: 0,20 m × 0,60 m	Aufstandsfläche: 0,20 m × 0,40 m	
	Ersatzflächenlast: $p' = 33{,}3\,\text{kN/m}^2$	Ersatzflächenlast: $p' = 16{,}7\,\text{kN/m}^2$	Einzelne Achslast 130 kN
(2)	Belastungssysteme für die Fahrbahnfläche zwischen den Schrammborden		
	Restliche Fahrbahnfläche mit $p_2 = 3\,\text{kN/m}^2$ belasten ohne Schwingbeiwert φ HS = Hauptspur mit Schwingbeiwert φ NS = Nebenspur ohne Schwingbeiwert φ		
	Bei der Ermittlung der jeweils ungünstigen Laststellung sind die auf der Hauptspur (HS) und Nebenspur (NS) aufgestellten Regelfahrzeuge nicht gegeneinander zu verschieben, sondern als Lastpaket unmittelbar nebeneinander auf gleicher Höhe anzusetzen. Beträgt die Fahrbahnbreite (von Brücken der Regelklassen) weniger als 6,0 m, so bleiben auch einzelne Radlasten des SLW auf der Nebenspur unberücksichtigt.		
(3)	Belastung (bis zum Geländer) von Geh-, Radwegen, Schrammbordstreifen, erhöhten oder baulich abgegrenzten Mittelstreifen (ohne Schwingbeiwert φ). Der ungünstigste Wert von (3.1) bis (3.3) ist maßgebend.		
(3.1)	Flächenlast $p_2 = 3\,\text{kN/m}^2$ zusammen mit den Lasten nach (2).		
(3.2)	Für die Belastung einzelner Bauteile, z. B. Gehwegplatten, Längsträger, Konsolen, Querträger, ist $p_3 = 5\,\text{kN/m}^2$ anzusetzen ohne die Lasten nach (2).		
(3.3)	Falls nicht gegen Auffahren durch starre abweisende Schutzeinrichtungen gesichert, Radlast $P = 50\,\text{kN}$ mit Aufstandsfläche $0{,}20 \times 0{,}40$ (wie bei SLW 30), ohne die Lasten nach (2). Für das Nachrechnen bestehender Brücken gilt Radlast $P = 40\,\text{kN}$ nach (3.3). Dies bezieht sich auch auf Brücken der Brückenklasse 60, 45, 30, auch wenn sie in Brückenklasse 60/30 oder 30/30 eingestuft werden können.		

[a] BAB = Bundesautobahnen; B = Bundesstraßen; L = Landesstraßen (Land- bzw. Staatsstraßen bzw. L I. O); S = Stadt- bzw. Gemeindestraßen; K = Kreisstraßen (L II. O); G = Gemeindewege; W = Wirtschaftswege.

Tafel 4.66 Verkehrsregellasten der Nachrechnungsklassen (Maße in m)

Brückenklassen 16/16, 12/12[a], 9/9, 6/6 und 3/3

1	Lastkraftwagen (LKW)							
		Brückenklasse		16/16	12/12	9/9	6/6	3/3
		Gesamtlast kN		160	120	90	60	30
		Ersatzflächenlast p' kN/m^2		8,9	6,7	5,0	4,0	3,0
		Vorderräder	Radlast kN	30	20	15	10	5
			Aufstandsbreite b_1	0,26	0,20	0,18	0,14	0,14
		Hinterräder	Radlast kN	50	40	30	20	10
			Aufstandsbreite b_2	0,40	0,30	0,26	0,20	0,20
		Eine einzelne Achse	Last kN	110	110	90	60	30
			Aufstandsbreite b_3	0,40	0,40	0,30	0,26	0,20

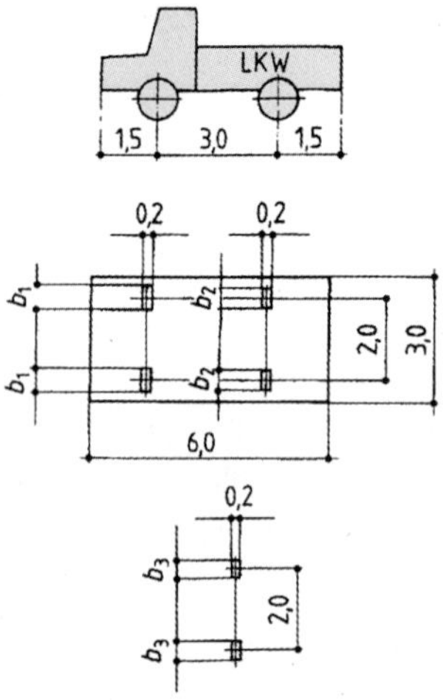

2	Lastschema für die Fahrbahnfläche zwischen den Schrammborden					
	Brückenklasse	16/16[b]	12/12	9/9	6/6	3/3
	p_1 kN/m^2	5,0	4,0	4,0	4,0	3,0
	p_2 kN/m^2	3,0	3,0	3,0	2,0	2,0

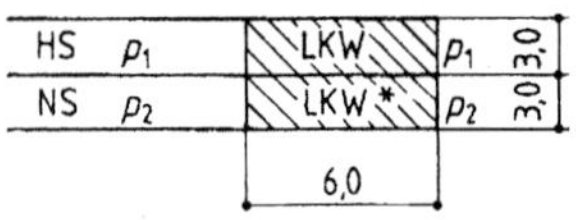

3 | Lastschema für die übrigen Brückenflächen bis zu den Geländern (Geh- und Radwege, Schrammbordstreifen, erhöhte oder baulich abgegrenzte Mittelstreifen).
Der ungünstigste Wert der Zeile 3, Aufzählungen a bis c, ist ohne Schwingbeiwert φ einzusetzen.

a) p_2 nach Zeile 2 zusammen mit den übrigen Lasten nach Zeile 2, dabei HS mit Schwingbeiwert φ

b) $p_3 = 5\,\text{kN/m}^2$ ohne Lasten der Zeile 2 (Nur für die Belastung einzelner Bauteile, z. B. Gehwegplatten, Längsträger, Konsolen, Querträger)

c) Falls nicht gegen Auffahren durch steife abweisende Schutzeinrichtung gesichert (nur für die Belastung einzelner Bauteile entsprechend Zeile 3, Aufzählung b):

Radlast $P = 40\,\text{kN}$
Aufstandsfläche $0,2 \times 0,3$ ⎫ Nur bei bestehenden Brücken der Brückenklasse 16/16 und 12/12
ohne Lasten der Zeile 2 ⎭

Radlast $P = 50\,\text{kN}$
Aufstandsfläche $0,2 \times 0,4$ ⎫ Nur bei neuen Brücken der Brückenklasse 12/12[a]
ohne Lasten der Zeile 2 ⎭

* Gegebenenfalls auch einzelne Radlasten
HS Hauptspur mit Schwingbeiwert φ
NS Nebenspur ohne Schwingbeiwert φ
Restflächen mit p_2 ohne Schwingbeiwert φ
[a] Die Lastannahmen der Brückenklassen 12/12 für das Nachrechnen bestehender Straßen und Wegbrücken können vom Baulastträger auch für das Berechnen neuer Brücken zugelassen werden.
[b] Es dürfen auch Werte aus Rechenwerken mit einer Aufteilung der Radlasten (Vorderachse : Hinterachse) im Verhältnis 1 : 2 benutzt werden.

dieser Spuren liegende Fläche; die Breite von Haupt- und Nebenspur beträgt jeweils 3 m.

Detaillierte Angaben zu Lastgrößen und Lastanordnung können den Tafeln 4.65 bzw. 4.66 entnommen werden.

Die Verkehrsregellasten der Hauptspur sind mit einem Schwingbeiwert φ zu vervielfachen; dieser beträgt

- bei Bauwerken ohne Überschüttung (siehe Abb. 4.54)

$$\varphi = 1,4 - 0,008 \cdot l_\varphi \geq 1,0$$

- bei überschütteten Bauwerken

$$\varphi = 1,4 - 0,008 \cdot l_\varphi - 0,1\,h_\ddot{u} \geq 1,0$$

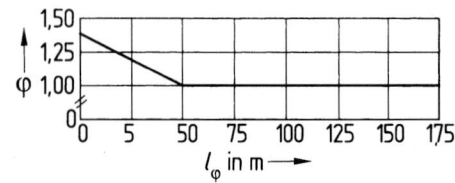

Abb. 4.54 Schwingbeiwert l_φ bei Bauwerken ohne Überschüttung

mit
l_φ maßgebende Länge in m und
$h_\ddot{u}$ Überschüttungshöhe in m

Maßgebende Längen l_φ sind:

- beim Berechnen der Schnittgrößen aus unmittelbarer Belastung eines Bauteiles die Stützweite bzw. die Länge der Auskragung dieses Bauteiles, bei kreuzweise gespannten Platten die kleinere Stützweite;
- beim Berechnen der Schnittgrößen aus mittelbarer Belastung eines Bauteiles entweder dessen Stützweite oder die der Tragglieder, die die Verkehrslast auf das Bauteil übertragen; dabei darf der größere Wert für l_φ angesetzt werden;
- bei Traggliedern, die sowohl durch Anteile aus mittelbarer als auch aus unmittelbarer Belastung beansprucht werden, für jeden dieser Anteile der für ihn maßgebende Wert l_φ;
- bei durchlaufenden Trägern ohne und mit Gelenken das arithm. Mittel aller Stützweiten; für Lasten unmittelbar auf Kragarmen oder in Feldern, deren Stützweite geringer ist als das 0,7-fache der größten Stützweite, ist als maßgebende Länge die Länge des Kragarmes bzw. die Stützweite des jeweils kleineren Feldes zu nehmen.

4.8 Einwirkungen auf Brücken

nach DIN EN 1991-2: 2010-12; DIN EN 1991-2/NA: 2012-08

4.8.1 Allgemeines

Die bauaufsichtliche Einführung der europäischen Regelwerke im Brückenbau erfolgte mit ARS 22/2012 zum 1. Mai 2013. Damit wurde der bis dahin gültige DIN-Fachbericht 101 „Einwirkungen auf Brücken" (siehe 34. Auflage der Bautechnischen Zahlentafeln, Abschn. 8) ersetzt durch die Eurocodes 0 und 1 (siehe Abschn. 4.1.1). Spezielle brückenspezifische Regelungen sind dabei insbesondere enthalten in DIN EN 1990 (Grundlagen der Tragwerksplanung), DIN EN 1991-2 (Verkehrslasten auf Brücken), DIN EN 1991-1-4 (Windlasten), DIN EN 1991-1-5 (Temperatureinwirkungen) sowie DIN EN 1991-1-7 (Außergewöhnliche Einwirkungen) mit den jeweiligen zugehörigen, zum Teil brückenspezifischen nationalen Anhängen.

4.8.2 Grundlagen der Tragwerksplanung

Basis bildet das Sicherheitskonzept nach DIN EN 1990 mit den entsprechenden Regelungen für Nachweise in den Grenzzuständen der Tragfähigkeit und der Gebrauchstauglichkeit; nachfolgend werden die im vorangegangenen Abschn. 4.1 erläuterten Regelungen ergänzt um die brückenspezifischen nationalen Regelungen entsprechend DIN EN 1990/NA/A1.

Brücken sind im Hinblick auf ihre planmäßige Nutzungsdauer der Klasse 5 gemäß Tafel 4.1 (siehe Abschn. 4.1) zuzuordnen; Lager und Übergangskonstruktionen sind in Klasse 3 einzuordnen.

Für Nachweise in den Grenzzuständen der Tragfähigkeit sind die Einwirkungskombinationen gemäß Abschn. 4.1.5.3 und für Nachweise in den Grenzzuständen der Gebrauchstauglichkeit gemäß Abschn. 4.1.6.2 zu bestimmen.

Tafel 4.67 enthält die in den verschiedenen Bemessungssituationen in den Grenzzuständen der Tragfähigkeit anzusetzenden Teilsicherheitsbeiwerte. Hierzu ist folgendes anzumerken:

- Die Tafel gilt für Grenzzustände der Tragfähigkeit im Hinblick auf Versagen oder übermäßige Verformungen des Tragwerks oder seiner Teile, dabei sowohl für Bauteile ohne geotechnische Einwirkungen (STR) als auch für Bauteile mit geotechnischen Einwirkungen und Bodenwiderständen (GEO); für Nachweise der Lagesicherheit (EQU) sei auf DIN EN 1990/NA/A1 verwiesen.
- Bei Vorspannung gilt der Faktor, der in den Eurocodes für die Bemessung empfohlen wird; hier angegeben sind die Werte gemäß DIN EN 1992-1-1 bei linearen Verfahren mit ungerissenen Querschnitten.

Tafel 4.67 Teilsicherheitsbeiwerte für Einwirkungen: Grenzzustände der Tragfähigkeit für Straßenbrücken

Einwirkung	Bezeichnung	Bemessungssituation	
		S/V	A
Ständige Einwirkungen: Eigengewicht von tragenden und nichttragenden Bauteilen, Boden, Grundwasser und freifließendes Wasser, bewegliche Lasten usw.			
Ungünstig	γ_{Gsup}	1,35	1,00
Günstig	γ_{Ginf}	1,00	1,00
Vorspannung	γ_p	1,00	1,00
Setzungen[a]	$\gamma_{G,set}$	1,20	–
Einwirkungen aus Straßen- und Fußgängerverkehr			
Ungünstig	γ_Q	1,35/1,50[b]	1,00
Günstig		0	0
Temperatur			
Ungünstig	γ_Q	1,35	1,00
Günstig		0	0
Die anderen veränderlichen Einwirkungen			
Ungünstig	γ_Q	1,50	1,00
Günstig		0	0
Außergewöhnliche Einwirkungen	γ_A	–	1,00

S – Ständige Bemessungssituation,
V – Vorübergehende Bemessungssituation,
A – Außergewöhnliche Bemessungssituation.
[a] Gemäß ARS 22/2012, Anlage 4, darf bei Betonbrücken $\gamma_{G,set} = 1,0$ angesetzt werden.
[b] Gemäß ARS 22/2012, Anlage 2, für vertikale Einwirkungen aus Fußgängerverkehr; nicht jedoch in Verbindung mit Tafel 4.71, gr1a, Fußnote b.

Tafel 4.68 Kombinationsbeiwerte für Straßenbrücken

Einwirkung	Bezeichnung		ψ_0	ψ_1	ψ_2
Verkehrslasten	$gr\,1\,(LM\,1)^b$	TS	0,75	0,75	0,2
		UDL[a]	0,40	0,40	0,2
	$gr\,2$ (Horiz. Lasten)		0	0	0
	$gr\,3$ (Fußg. Lasten)		0	0,4	0
	$gr\,4$ (LM 4)		0	–	0
Windlasten	$F_{Wk}{}^b$		0,6	0,2	0
Temperatur	T_k		0,8[c]	0,6	0,5

[a] Die Beiwerte für die gleichmäßig verteilte Belastung beziehen sich nicht nur auf die Flächenlast des LM 1, sondern auch auf die in Tafel 4.73 angegebene abgeminderte Last aus Fußgänger- und Radwegbrücken.
[b] Ständige Bemessungssituationen.
[c] Gemäß ARS 22/2012, Anlage 2, für Nachweise im GZT sind Abminderungen gemäß den Eurocodes für die Bemessung möglich.

- Einwirkungen aus ungleichmäßigen Setzungen sind nur in Bemessungssituationen mit ungünstiger Wirkung zu berücksichtigen; hier angegeben ist der Wert bei linearelastischen Berechnungen.

Tafel 4.68 zeigt die für Straßenbrücken festgelegten ψ-Beiwerte. Bei Verkehrseinwirkungen gelten sie, soweit zu berücksichtigen, sowohl für die in Abschn. 4.8.3.4 angegebenen Verkehrslastgruppen als auch für die dominanten Komponenten der Einwirkungen dieser Gruppen, wenn diese getrennt zu betrachten sind.

Für weitere Angaben zu Einwirkungen aus und während der Bauausführung sei auf DIN EN 1990/NA/A1 verwiesen.

4.8.3 Einwirkungen aus Straßenverkehr und andere für Straßenbrücken besondere Einwirkungen

4.8.3.1 Allgemeines

Der Anwendungsbereich der in DIN EN 1991-2 mit zugehörigem NA festgelegten Einwirkungen für Straßenbrücken umfasst Bauwerke mit Belastungslängen (max. Länge einer zusammenhängenden Einflusslinie gleichen Vorzeichens) bis 200 m. Für Belastungslängen über 200 m kann angenommen werden, dass die Anwendung des Lastmodells 1 auf der sicheren Seite liegt.

Als Fahrbahn ist die Breite w zwischen den Schrammborden definiert, wenn die Schrammbordhöhe ≥ 75 mm beträgt. In allen anderen Fällen entspricht die Breite w der lichten Weite zwischen den inneren Grenzen der Rückhaltesysteme für Fahrzeuge.

Für Entwurf, Berechnung und Bemessung wird die Fahrbahn in rechnerische Fahrstreifen unterteilt; die Breite w_l der rechnerischen Fahrstreifen und die größtmögliche Gesamtzahl (ganzzahlig) n_l solcher Fahrstreifen ist in Tafel 4.69 geregelt.

Tafel 4.69 Anzahl und Breite von Fahrstreifen

Fahrbahnbreite w	Anzahl der rechnerischen Fahrstreifen	Breite eines rechnerischen Fahrstreifens	Breite der Restfläche
$w < 5,4\,\mathrm{m}$	$n_l = 1$	3 m	$w - 3\,\mathrm{m}$
$5,4\,\mathrm{m} \leq w < 6\,\mathrm{m}$	$n_l = 2$	$w/2$	0
$6\,\mathrm{m} \leq w$	$n_l = \mathrm{Int}(w/3)$	3 m	$w - 3,0 \cdot n_l$

Bezüglich Lage und Nummerierung der rechnerischen Fahrstreifen gelten folgende Regelungen (siehe auch Abb. 4.55):

- Die Anzahl der zu berücksichtigenden belasteten Fahrstreifen, ihre Lage auf der Fahrbahn und ihre Nummerierung sind für jeden Einzelnachweis so zu wählen, dass sich die ungünstigsten Beanspruchungen aus den Lastmodellen ergeben.
- Der am ungünstigsten wirkende Fahrstreifen trägt die Nr. 1, der als zweitungünstigst wirkende Fahrstreifen trägt die Nr. 2 usw.
- Besteht die Fahrbahn aus zwei getrennten Richtungsfahrbahnen auf **einem Überbau**, so sollte für die gesamte Fahrbahn nur eine Nummerierung vorgenommen werden.
- Wenn die Fahrbahn aus zwei getrennten Teilen auf **zwei unabhängigen Überbauten** besteht, sollte für jeden Überbau eine eigenständige Nummerierung vorgesehen werden.

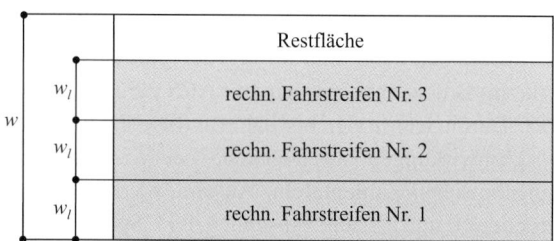

Abb. 4.55 Beispiel einer Fahrstreifennummerierung

Die Anordnung der nachfolgend definierten Lastmodelle erfolgt in den rechnerischen Fahrstreifen in ungünstigster Stellung (Länge der Belastung und Stellung in Längsrichtung); die Doppelachsen sind in Querrichtung als nebeneinander stehend anzunehmen. Im Falle von Einzellasten wird eine Lastverteilung durch Belag und Betonplatte unter einem Winkel von 45° bis zur Mittellinie der Betonplatte angenommen (im Falle einer orthotropen Fahrbahnplatte bis zur Mittellinie des Fahrbahndeckbleches).

4.8.3.2 Vertikallasten – charakteristische Werte

In DIN EN 1991-2 werden vier Lastmodelle beschrieben; davon kommen gemäß NA in Deutschland nur die Lastmodelle 1 und 4 zur Anwendung:

Lastmodell 1 Das Lastmodell besteht aus der Doppelachse (Tandem-System TS) und aus der gleichmäßig verteilten Belastung (UDL). In jedem rechnerischen Fahrstreifen 1 bis 3 sollte eine Doppelachse aufgestellt werden, wobei die Doppelachsen in Querrichtung gekoppelt sind; es sollten nur vollständige Doppelachsen angeordnet werden. Die Fahrstreifen 1 bis 3 sind ohne Restfläche unmittelbar nebeneinander anzuordnen.

In Tafel 4.70 sind die charakteristischen Werte für die Achslasten Q_{ik} sowie für die gleichmäßig verteilten Flächenlasten q_{ik} zusammengestellt; die dynamischen Erhöhungsfaktoren sind bereits enthalten. Diese charakteristischen Werte sind mit sogenannten Anpassungsfaktoren zu multiplizieren; die im NA für Deutschland festgelegten Werte für α_{Qi} und α_{qi} sind ebenfalls in Tafel 4.70 angegeben.

Tafel 4.70 LM 1: charakteristische Werte und Anpassungsfaktoren

Stellung	Doppelachse TS		Gleichmäßig verteilte Last UDL	
	Achslast Q_{ik} [kN]	α_{Qi}	q_{ik} (oder q_{rk}) in kN/m^2	α_{qi}
Fahrstreifen 1	300	1,0	9,0	1,33
Fahrstreifen 2	200	1,0	2,5	2,4
Fahrstreifen 3	100	1,0	2,5	1,2
Andere Fahrstreifen	0	–	2,5	1,2
Restfläche (q_{rk})	0	–	2,5	1,2

Abb. 4.56 zeigt beispielhaft eine Lastanordnung gemäß Lastmodell 1 mit den anzusetzenden Werten für die Achslasten ($\alpha_{Qi} \cdot Q_{ik}$) sowie für die gleichmäßig verteilten Lasten ($\alpha_{qi} \cdot q_{ik}$).

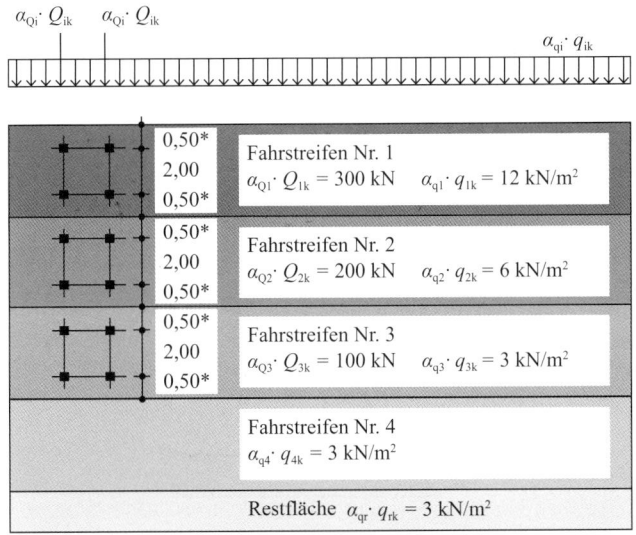

Abb. 4.56 Lastmodell 1

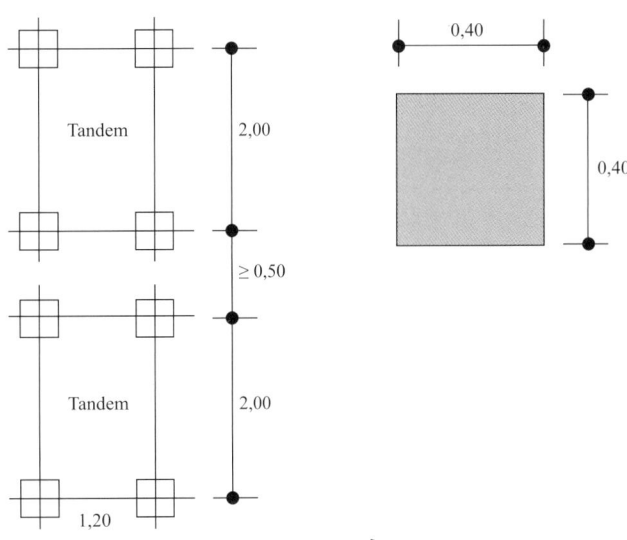

Abb. 4.57 Anwendung der Doppelachse für lokale Nachweise

Abb. 4.57 zeigt die Anwendung der Doppelachse für lokale Nachweise; dabei dürfen benachbarte Doppelachsen enger angeordnet werden.

Lastmodell 4 Über dieses Lastmodell (Flächenlast 5 kN/m^2) soll, soweit im Einzelfall erforderlich, Menschengedränge dargestellt werden; es gilt für globale Nachweise und nur für vorübergehende Bemessungssituationen.

4.8.3.3 Horizontallasten – charakteristische Werte

Die **Lasten aus Bremsen und Anfahren** sind in Längsrichtung in Höhe der Oberkante des fertigen Belags wirkend anzunehmen; der charakteristische Wert Q_{lk} (positiv und negativ anzusetzen) ist anteilig zu den maximalen vertikalen Lasten des in Fahrstreifen 1 vorgesehenen Lastmodells 1 festgelegt:

$$Q_{lk} = 0,6 \cdot \alpha_{Q1} \cdot (2 \cdot Q_{1k}) + 0,1 \cdot \alpha_{q1} \cdot q_{1k} \cdot w_1 \cdot L$$
$$360 \cdot \alpha_{Q1} \leq Q_{lk} \leq 900 \quad \text{in kN}$$

mit

L Länge des Überbaus (zu berücksichtigender Teil).

Die **Zentrifugallasten** sind in Höhe der Oberkante des fertigen Belags in Querrichtung, radial zur Fahrbahnachse wirkend, anzunehmen; der charakteristische Wert von Q_{tk} (in kN) ist wie folgt festgelegt:

$$\begin{aligned} Q_{tk} &= 0,2 \cdot Q_v & \text{bei } r < 200\,\text{m} \\ &= 40 \cdot Q_v/r & \text{bei } 200\,\text{m} \leq r \leq 1500\,\text{m} \\ &= 0 & \text{bei } r > 1500\,\text{m} \end{aligned}$$

mit

r horizontaler Radius der Fahrbahnmittellinie (in m)

Q_v Gesamtlast aus den vertikalen Einzellasten der Doppelachsen von Lastmodell 1.

Tafel 4.71 Festlegung von Verkehrslastgruppen

Lastart	Fahrbahn				Geh- und Radwege auf Brücken [a]
	Vertikallasten		Horizontallasten		Nur Vertikallasten
Lastmodell	Lastmodell 1	Menschengedränge	Brems- und Anfahrlasten	Zentrifugallasten	Gleichmäßig verteilte Belastung
gr 1a	Charakteristischer Wert				Abgeminderter Wert [b]
gr 2	Häufiger Wert		Charakteristischer Wert	Charakteristischer Wert	
gr 3					Charakteristischer Wert
gr 4		Charakteristischer Wert			Charakteristischer Wert [c]
gr 6 [d]	0,5 facher charakteristischer Wert		0,5 facher charakteristischer Wert	0,5 facher charakteristischer Wert	Charakteristischer Wert [c]

▫ Dominante Komponente der Einwirkung (gekennzeichnet als zur Gruppe gehörige Komponente)

[a] Siehe Abschn. 4.8.4.
[b] Der abgeminderte Wert darf mit 3 kN/m² angesetzt werden.
[c] Es sollte nur ein Fußweg belastet werden, falls dies ungünstiger ist als der Ansatz von zwei belasteten Fußwegen.
[d] Auswechseln von Lagern

4.8.3.4 Verkehrslastgruppen für Straßenbrücken

Die Gleichzeitigkeit des Ansatzes der Vertikallasten (Lastmodelle entsprechend Abschn. 4.8.3.2), der Horizontallasten (siehe Abschn. 4.8.3.3) sowie der für Fußgänger- und Radwegbrücken festgelegten Lasten (siehe Abschn. 4.8.4) wird entsprechend den in Tafel 4.71 angegebenen, sich gegenseitig ausschließenden Gruppen berücksichtigt.

4.8.3.5 Lastmodelle für Ermüdungsberechnungen

Der über die Brücke fließende Verkehr führt zu einem Spannungsspektrum, das Ermüdung herbeiführen kann. Für Ermüdungsnachweise ist die Festlegung einer Verkehrskategorie (Anzahl der Streifen mit Lastkraftverkehr; Anzahl der Lastkraftwagen pro Jahr und LKW-Streifen) erforderlich; es ist ein Ermüdungslastmodell anzuwenden. Weitergehende Regelungen sind DIN EN 1991-2, Abschn. 4.6 zu entnehmen.

4.8.3.6 Außergewöhnliche Einwirkungen

Als außergewöhnliche Situationen sind zu berücksichtigen:

Fahrzeuganprall an Überbauten, Pfeiler oder andere stützende Bauteile Die Regelungen zu Anprallasten auf Pfeiler und andere stützende Bauteile sind DIN EN 1991-1-7 zu entnehmen. Dabei sind die anzusetzenden äquivalenten statischen Anprallkräfte aus Straßenfahrzeugen Tab. NA.2-4.1 des Nationalen Anhangs zu entnehmen.

Abb. 4.58 zeigt die Lage des Lastangriffspunktes. Dabei ist im Fall von Lkw $h = 1{,}25$ m und im Fall von Pkw $h = 0{,}5$ m anzusetzen; die Anprallfläche beträgt maximal $b \times h = 0{,}5$ m $\times$ 0,2 m.

Anprallasten auf Überbauten aus Straßenverkehr unter Brücken sind nur beim Nachweis der Lagesicherheit des Überbaus zu berücksichtigen; die Anprallasten dürfen dabei vereinfachend 20 cm oberhalb UK Überbau angesetzt werden.

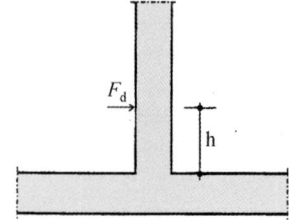

Abb. 4.58 Geometrie des Angriffes der Anprallast

Abb. 4.59 Anordnung von Lasten auf Geh- und Radwegen von Straßenbrücken

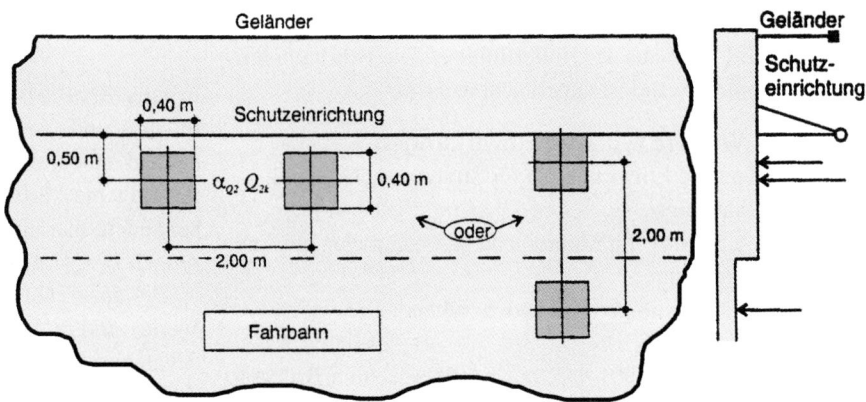

Fahrzeuge auf Geh- und Radwegen von Straßenbrücken
Wird eine **starre** Schutzeinrichtung vorgesehen, so ist eine Berücksichtigung der Achslast hinter der Schutzeinrichtung nicht erforderlich. In diesem Fall ist eine außergewöhnliche Achslast $\alpha_{Q2} \cdot Q_{2k}$ in ungünstigster Anordnung entsprechend Abb. 4.59 zu berücksichtigen; sie wirkt nicht gleichzeitig mit anderen Verkehrslasten auf der Fahrbahn. Hinter der Schutzeinrichtung ist jedoch mindestens die Einzellast Q_{fwk} gemäß Abschn. 4.8.4 anzunehmen.

Im Falle einer **deformierbaren** Schutzeinrichtung gelten die gleichen Regelungen bezüglich Last und Anordnung, jetzt jedoch bis 1 m hinter der Schutzeinrichtung. Bei **ganz fehlender** Schutzeinrichtung gelten die Regelungen bis zum Überbaurand.

Anpralllasten auf Schrammborde Größe und Anordnung der in Querrichtung wirkend anzunehmenden Horizontalkraft aus Fahrzeuganprall an Schrammborde ist in Abb. 4.60 dargestellt. Gleichzeitig mit der Anpralllast sollte eine vertikale Verkehrslast von $0{,}75 \cdot \alpha_{Q1} \cdot Q_{1k}$ angenommen werden.

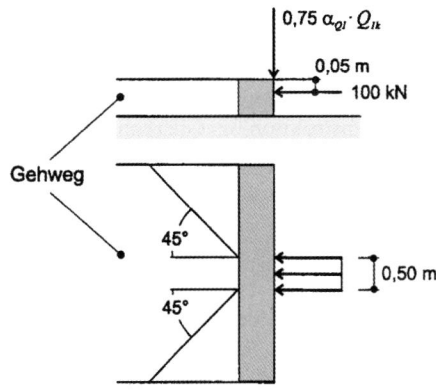

Abb. 4.60 Fahrzeuganprall an Schrammborde

Anpralllasten auf Fahrzeugrückhaltesysteme Durch Fahrzeugrückhaltesysteme werden vertikale und horizontale Lasten in den Brückenüberbau übertragen.

Für die Tragwerksbemessung ist eine auf den Überbau übertragene, quer zur Fahrtrichtung wirkende Horizontalkraft, verteilt auf eine Länge von 0,5 m, anzunehmen. Die Last wirkt 0,10 m unter Oberkante Schutzeinrichtung mindestens jedoch 1,0 m über Fahrbahn bzw. Gehweg. Gleichzeitig mit der Horizontalkraft ist eine vertikale Einzellast von $0{,}75 \cdot \alpha_{Q1} \cdot Q_{1k}$ anzusetzen. Empfohlene Werte für durch Fahrzeugrückhaltesysteme übetragene Horizontalkräfte können einer Tabelle in DIN EN 1991-2/NA entnommen werden.

4.8.3.7 Einwirkungen auf Geländer
Es ist eine horizontal und vertikal wirkende Linienlast von 1,0 kN/m in Oberkante Geländer anzunehmen; dies gilt sowohl für Fuß-, Rad- und Dienstwege auf Brücken als auch für Geh- und Radwegbrücken.

4.8.3.8 Lastmodelle für Hinterfüllungen
Für die Fahrbahn hinter Widerlagerwänden, Flügelwänden etc. gelten die charakteristischen Vertikallasten entsprechend Abschn. 4.8.3.2; vereinfachend können die Lasten der Doppelachsen ($2 \cdot \alpha_{Qi} \cdot Q_{ik}$) auf einer Belastungsfläche von 3,0 m (quer) × 5,0 m (längs) durch eine Flächenlast ersetzt werden. Für die Lastausbreitung in Hinterfüllungen und im Erdkörper gilt DIN EN 1997.

Falls nicht anderweitig festgelegt, sollte keine Horizontallast in Oberkante Fahrbahn im Bereich der Hinterfüllung angenommen werden. Für die Bemessung von Kammerwänden gelten die Lastansätze entsprechend Abb. 4.61 (Bremslast in

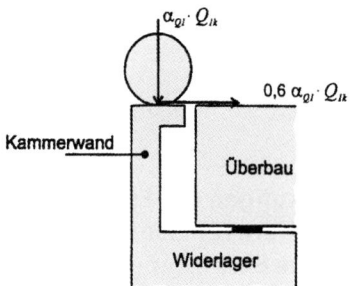

Abb. 4.61 Lasten für Kammerwände

Längsrichtung, gleichzeitig wirkend mit vertikaler Achslast und mit Erddruck aus der Hinterfüllung). Die Fahrbahn hinter der Kammerwand ist dabei nicht belastet.

4.8.3.9 Weitere typische Einwirkungen

Weitere typische Einwirkungen für Straßenbrücken sind:
- Fahrbahnbeläge
  $\Delta g = 0{,}5\,\text{kN/m}^2$ für Mehreinbau Fahrbahnbelag bei Ausgleichsgradiente
- Versorgungsleitungen und andere ruhende Lasten
- Schneelasten
  gemäß DIN EN 1991-1-3; nur bei überdachten Brücken, bei beweglichen Brücken sowie bei Nachweisen von Bauzuständen
- Anheben zum Auswechseln von Lagern
  Anhebemaß 1 cm; je Auflagerlinie für sich berücksichtigen; vorübergehende Bemessungssituation mit Verkehrslasten der Lastgruppe gr 6 (siehe Abschn. 4.8.3.4)

4.8.4 Einwirkungen für Fußgängerwege, Radwege und Fußgängerbrücken

Es sollten, soweit erforderlich, drei voneinander unabhängige Lastmodelle für die ständige und vorübergehende Bemessungssituation angewendet werden: eine gleichmäßig verteilte Last q_{fk}, eine Einzellast Q_{fwk} sowie Lasten aus Dienstfahrzeugen Q_{serv}.

Die charakteristischen Werte der gleichmäßig verteilten Last q_{fk} sind mit $5{,}0\,\text{kN/m}^2$ (bzw. reduzierte Werte gemäß Abb. 4.62) und die der Einzellast Q_{fwk} mit 10 kN (Aufstandsfläche $0{,}1\,\text{m} \times 0{,}1\,\text{m}$) anzunehmen.

Bezüglich detaillierter Darstellung der Einwirkungen für Fußgängerwege, Radwege und Fußgängerbrücken sei auf DIN EN 1991-2, Abschnitt 5, verwiesen.

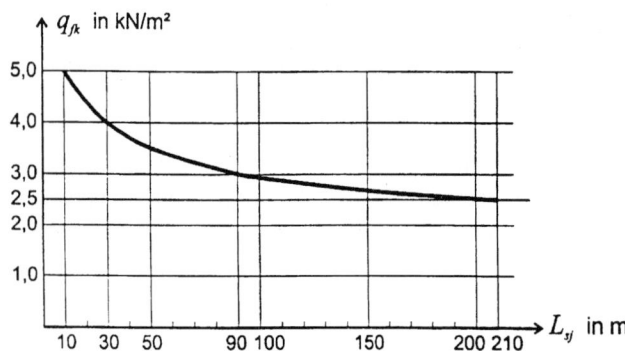

Abb. 4.62 Gleichmäßig verteilte Last in Abhängigkeit von der Belastungslänge

4.8.5 Einwirkungen aus Eisenbahnverkehr und andere für Eisenbahnbrücken typische Einwirkungen

Siehe DIN EN 1991-2, Abschnitt 6.

4.8.6 Windeinwirkungen auf Brücken

In DIN EN 1991-1-4, Abschnitt 8, sind Windeinwirkungen für ein- und mehrfeldrige Brücken mit konstanter Bauhöhe und einem Überbau geregelt. Das dort u. a. erläuterte vereinfachte Verfahren ist in Deutschland in Anhang NA.N behandelt; hierauf beziehen sich die nachfolgenden Ausführungen.

Die anzusetzenden Windeinwirkungen (charakteristische Werte) sind in Abhängigkeit der Windzonen und der Geländekategorie in den Tafeln 4.72a bis d zusammengestellt; die Zuordnung des Bauwerkes zur Windzone erfolgt nach der Windzonenkarte (siehe Abschn. 4.4.2, Tafel 4.41).

Die in den Tafeln aufgeführten Werte gelten für Höhen bis 100 m über GOF; bei größeren Höhen sollten verfeinerte Untersuchungen durchgeführt werden. Die Angaben gelten nur für nicht schwingungsanfällige Deckbrücken und für nicht schwingungsanfällige Bauteile.

Für zeitlich begrenzte Bauzustände dürfen die charakteristischen Werte der Tafeln durch Multiplikation mit folgenden Faktoren reduziert werden:
- Faktor 0,55 für die Tafel 4.72a, c sowie Faktor 0,4 für die Tafel 4.72b, d bei Bauzuständen, die nicht länger als 1 Tag dauern; es muss sichergestellt sein, dass die Windgeschwindigkeiten unter 18 m/s bleiben.
- Faktor 0,8 für die Tafel 4.72a, c sowie Faktor 0,55 für die Tafel 4.72b, d bei Bauzuständen, die nicht länger als 1 Woche dauern; es muss sichergestellt sein, dass die Windgeschwindigkeiten unter 22 m/s bleiben.

In den Tafeln bedeuten:

b Überbau: die Gesamtbreite der Deckbrücke
  Unterbau: die Stützen- bzw. Pfeilerabmessungen parallel zur Windrichtung

d Überbau: bei Brücken ohne Verkehr und ohne Lärmschutzwand die Höhe von Unterkante Tragkonstruktion bis Oberkante Kappe (einschließlich ggf. vorhandener Brüstung oder Gleitwand); bei Brücken mit Verkehrsband oder mit Lärmschutzwand die Höhe von Unterkante Tragkonstruktion bis Oberkante Verkehrsband bzw. Lärmschutzwand
  Unterbau: Stützen- bzw. Pfeilerabmessung senkrecht zur Windrichtung

z_{e} die größte Höhe der Windresultierenden über GOF oder über mittlerem Wasserstand

4.8.7 Temperatureinwirkungen bei Brückenüberbauten

Temperatureinwirkungen sind in DIN EN 1991-1-5 geregelt. Sie werden als freie veränderliche Einwirkungen angesehen; im Übrigen sind es indirekte Einwirkungen.

Tafel 4.72 Windeinwirkung w in kN/m² auf Brücken **a** für Windzonen 1 und 2 (Binnenland), **b** auf Brücken für Windzonen 3 und 4 (Binnenland), **c** auf Brücken für Windzonen 1 und 2 (Küstennähe), **d** für Windzonen 3 und 4 (Küstennähe)

a	Ohne Verkehr und ohne Lärmschutzwand			Mit Verkehr[a] oder mit Lärmschutzwand		
	Auf Überbauten					
b/d[b]	$z_e \leq 20$ m	20 m $< z_e \leq 50$ m	50 m $< z_e \leq 100$ m	$z_e \leq 20$ m	20 m $< z_e \leq 50$ m	50 m $< z_e \leq 100$ m
$\leq 0{,}5$	1,75	2,45	2,90	1,45	2,05	2,40
$= 4$	0,95	1,35	1,60	0,80	1,10	1,30
≥ 5	0,95	1,35	1,60	0,60	0,85	1,00
	Auf Stützen und Pfeilern[c]					
b/d[b]	$z_e \leq 20$ m		20 m $< z_e \leq 50$ m		50 m $< z_e \leq 100$ m	
$\leq 0{,}5$	1,70		2,35		2,80	
≥ 5	0,75		1,05		1,25	

b	Ohne Verkehr und ohne Lärmschutzwand			Mit Verkehr[a] oder mit Lärmschutzwand		
	Auf Überbauten					
b/d[b]	$z_e \leq 20$ m	20 m $< z_e \leq 50$ m	50 m $< z_e \leq 100$ m	$z_e \leq 20$ m	20 m $< z_e \leq 50$ m	50 m $< z_e \leq 100$ m
$\leq 0{,}5$	2,55	3,55	4,20	2,10	2,95	3,45
$= 4$	1,40	1,95	2,25	1,15	1,60	1,90
≥ 5	1,40	1,95	2,25	0,90	1,25	1,45
	Auf Stützen und Pfeilern[c]					
b/d[b]	$z_e \leq 20$ m		20 m $< z_e \leq 50$ m		50 m $< z_e \leq 100$ m	
$\leq 0{,}5$	2,40		3,40		4,00	
≥ 5	1,05		1,50		1,75	

c	Ohne Verkehr und ohne Lärmschutzwand			Mit Verkehr[a] oder mit Lärmschutzwand		
	Auf Überbauten					
b/d[b]	$z_e \leq 20$ m	20 m $< z_e \leq 50$ m	50 m $< z_e \leq 100$ m	$z_e \leq 20$ m	20 m $< z_e \leq 50$ m	50 m $< z_e \leq 100$ m
$\leq 0{,}5$	2,20	2,85	3,20	1,85	2,35	2,65
$= 4$	1,20	1,55	1,75	1,00	1,30	1,45
≥ 5	1,20	1,55	1,75	0,80	1,00	1,10
	Auf Stützen und Pfeilern[c]					
b/d[b]	$z_e \leq 20$ m		20 m $< z_e \leq 50$ m		50 m $< z_e \leq 100$ m	
$\leq 0{,}5$	2,15		2,75		3,10	
≥ 5	0,95		1,20		1,35	

d	Ohne Verkehr und ohne Lärmschutzwand			Mit Verkehr[a] oder mit Lärmschutzwand		
	Auf Überbauten					
b/d[b]	$z_e \leq 20$ m	20 m $< z_e \leq 50$ m	50 m $< z_e \leq 100$ m	$z_e \leq 20$ m	20 m $< z_e \leq 50$ m	50 m $< z_e \leq 100$ m
$\leq 0{,}5$	3,20	4,10	4,65	2,60	3,35	3,80
$= 4$	1,75	2,20	2,50	1,45	1,85	2,10
≥ 5	1,75	2,20	2,50	1,10	1,40	1,60
	Auf Stützen und Pfeilern[c]					
b/d[b]	$z_e \leq 20$ m		20 m $< z_e \leq 50$ m		50 m $< z_e \leq 100$ m	
$\leq 0{,}5$	3,05		3,90		4,45	
≥ 5	1,35		1,70		1,95	

[a] Es gilt der Kombinationsbeiwert $\psi_0 = 0{,}4$ (Windzone 3 + 4) und $\psi_0 = 0{,}55$ (Windzone 1 + 2).

[b] Bei Zwischenwerten kann geradlinig interpoliert werden.

[c] Bei quadratischen Stützen- oder Pfeilerquerschnitten mit abgerundeten Ecken, bei denen das Verhältnis $r/d \geq 0{,}20$ beträgt, können die Windeinwirkungen auf Pfeiler und Stützen um 50 % reduziert werden. Für $0 < r/d < 0{,}2$ darf linear interpoliert werden. Dabei ist r der Radius der Ausrundung.

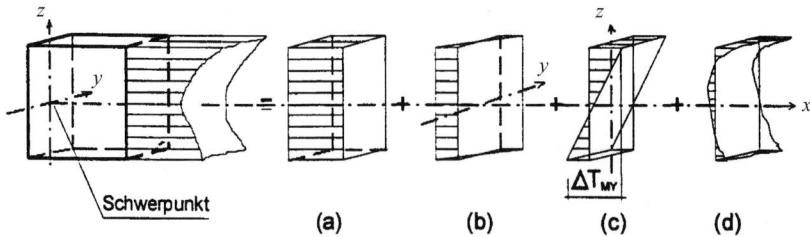

Abb. 4.63 Anteile des Temperaturprofils. **a** Konstanter Temperaturanteil, ΔT_N; **b** Linear veränderlicher Temperaturanteil in der x-y-Ebene, ΔT_{Mz}; **c** Linear veränderlicher Temperaturanteil in der x-z-Ebene, ΔT_{My}; **d** Nicht-lineare Temperaturverteilung, ΔT_E

Die Temperaturverteilung innerhalb des Bauteilquerschnitts führt zu Verformungen dieses Bauteils; sind Verformungen behindert, entstehen Spannungen im Bauteil. Das Temperaturprofil in einem einzelnen Bauteil kann in die Anteile entsprechend Abb. 4.63 aufgeteilt werden.

Temperaturunterschiede bei Brücken sind in DIN EN 1991-1-5, Abschnitt 6, geregelt. Dabei wird bei den Brückenüberbauten hinsichtlich der Festlegung zugehöriger Temperatureinwirkungen zwischen Typ 1 (Stahlüberbau), Typ 2 (Verbundüberbau) und Typ 3 (Betonüberbau) unterschieden.

Konstanter Temperaturanteil – charakteristische Werte Die Differenz zwischen dem minimalen und maximalen Niveau der konstanten Temperaturanteile verursacht in Tragwerken ohne Verformungsbehinderung eine Längenänderung.

In Deutschland können die maximalen/minimalen konstanten Temperaturanteile $T_{e,max}/T_{e,min}$ angenommen werden zu $+53\,°C/-27\,°C$ (Typ 1), $+41\,°C/-20\,°C$ (Typ 2) sowie zu $+39\,°C/-16\,°C$ (Typ 3).

Die Aufstelltemperatur T_0 (i. d. R. Annahme von $10\,°C$), die während der Tragwerkserstellung im Bauteil vorherrscht, darf als Bezugswert für die Berechnung von Längenänderungen verwendet werden.

Damit ergeben sich die Werte der maximalen Temperaturschwankungen zu

$$\Delta T_{N,con} = T_0 - T_{e,min} \qquad \text{(Verkürzung)},$$

$$\Delta T_{N,exp} = T_{e,max} - T_0 \qquad \text{(Ausdehnung)},$$

$$\Delta T_N = T_{e,max} - T_{e,min} \qquad \text{(Gesamtschwankung)}.$$

Linearer Temperaturunterschied – charakteristische Werte Im Allgemeinen braucht die lineare Temperaturverteilung nur in vertikaler Richtung berücksichtigt zu werden. Dabei werden die linearen Temperaturunterschiede zwischen Ober- und Unterseite des Brückenüberbaus durch die Werte $\Delta T_{M,heat}$ (Oberseite wärmer als Unterseite) und $\Delta T_{M,cool}$

Tafel 4.73 Linear veränderliche Temperaturunterschiede für unterschiedliche Überbauarten von Straßen-, Fußgänger- und Eisenbahnbrücken

Überbautyp	Oberseite wärmer als Unterseite	Unterseite wärmer als Oberseite
	$\Delta T_{M,heat}$ in K	$\Delta T_{M,cool}$ in K
Typ 1 Stahlüberbau aus Hohlkasten, Fachwerk oder Plattenbalken	18	13
Typ 2 Verbundüberbau: Betonplatte auf einem Hohlkasten, Fachwerk oder Plattenbalken aus Stahl	15	18
Typ 3 Betonüberbauten aus:		
Betonhohlkasten	10	5
Betonplattenbalken	15	8
Betonplatte	15	8

(Unterseite wärmer als Oberseite) beschrieben (siehe Tafel 4.73).

Die in Tafel 4.73 angegebenen Werte gelten bei einer Belagsdicke von 50 mm; bei abweichenden Dicken sind die Werte der Tafel 4.73 mit den Faktoren k_{sur} entsprechend Tafel 4.74 zu multiplizieren.

Bei gleichzeitiger Betrachtung des konstanten Temperaturanteils ΔT_N als auch des linearen Temperaturunterschiedes ΔT_M gilt der ungünstigere Fall aus:

$$\Delta T_M + \omega_N \Delta T_N \quad \text{oder} \quad \Delta T_N + \omega_M \Delta T_M$$

mit $\omega_N = 0{,}35$; $\omega_M = 0{,}75$.

Soweit Unterschiede der konstanten Temperaturanteile zwischen verschiedenen Bauteilen zu berücksichtigen sind, ist dieser Unterschied mit $\Delta T = 15\,K$ anzusetzen (z. B. Zugband – Bogen/Hänger oder Schrägkabel – Überbau).

Tafel 4.74 Faktoren k_{sur} zur Berücksichtigung unterschiedlicher Belagsdicken (gemäß ARS 22/2012, Anlage 3)

Straßen, Fußgänger- und Eisenbahnbrücken

Dicke des Oberbelages mm	Typ 1		Typ 2		Typ 3	
	Oben wärmer als unten k_{sur}	Unten wärmer als oben k_{sur}	Oben wärmer als unten k_{sur}	Unten wärmer als oben k_{sur}	Oben wärmer als unten k_{sur}	Unten wärmer als oben k_{sur}
Ohne Belag	1,6[a]	0,6	1,1	0,9	1,5[a]	1,0
50	1,0	1,0	1,0	1,0	1,0	1,0
80	0,82	1,1	1,0	1,0	0,82	1,0
100	0,7	1,2	1,0	1,0	0,7	1,0
150	0,7	1,2	1,0	1,0	0,5	1,0
Schotter (600 mm)	0,6	1,4	0,8	1,2	0,6	1,0

[a] Diese Werte stellen den oberen Grenzwert für dunkle Farben dar.

4.9 Erdbebenlasten auf Hochbauten

nach DIN 4149:2005-04

4.9.1 Allgemeines

Als Erdbeben werden alle natürlich und ohne menschliches Zutun zustande gekommenen Erschütterungen des Erdbodens bezeichnet, von der Mercalli-Sieberg-Intensität 1 bis zur Intensität 12 (siehe Tafel 4.75).

Bei einem Beben der Intensität 7 erreicht die horizontale Bodenbeschleunigung – sie ist ein Maß für die Beanspruchung von Bauten – Werte um $0,2\,\text{m/s}^2$.

Bei der Beantwortung der Frage, ob eine Region erdbebengefährdet ist oder nicht, spielt nicht nur die Intensität der auftretenden Beben, sondern auch ihre Häufigkeit eine Rolle. In einer gegebenen Region treten schwerere Beben selten, leichtere häufig und sehr leichte fast ständig auf. DIN 4149 macht Angaben zur Sicherung von Bauten gegen ein Beben, das **statistisch ein Mal in 475 Jahren** auftritt (Referenz-Wiederkehrperiode). Das ist gleichbedeutend mit einer Auftretenswahrscheinlichkeit von etwa 10 Prozent in 50 Jahren.

4.9.2 Erdbebenzonen

Beben der Mercalli-Sieberg-Intensität 1 bis 5 werden von Bauten, die nach den allgemeingültigen Regeln der Baukunst erstellt wurden bzw. werden, schadlos ertragen. Beben höherer Intensität werden von baulichen Anlagen nur dann schadlos überstanden, wenn bei ihrem Entwurf besondere Regeln beachtet und bei ihrer Konstruktion und Errichtung besondere Maßnahmen und Vorkehrungen getroffen werden. Auf dem Gebiet der Bundesrepublik Deutschland sind in Abständen von fünfhundert Jahren keine Beben der Intensität 9 bis 12 beobachtet worden, weshalb die in Abb. 4.64 dargestellte Erdbebenzonenkarte für Deutschland neben einer Übergangszone 0 nur die Erdbebenzonen 1, 2 und 3 ausweist.

Die zu den Zonen gehörenden Intensitätsintervalle zeigt Tafel 4.76. Sie enthält als zonenspezifische Lastparameter auch die Bemessungswerte der zugehörigen horizontalen Bodenbeschleunigung α_g.

Für die Zuordnung einzelner Kreise und Gemeinden zu den Erdbebenzonen können Informationen z. B. im Internet unter www.dibt.de abgerufen werden.

Tafel 4.75 Mercalli-Sieberg-Intensität

Intensität	Erscheinung
1	Nur von Seismographen registriert, sonst unmerklich
2	Sehr leicht; nur von wenigen Personen gespürt
3	Leicht; nur von einem kleinen Teil der Bevölkerung als Beben wahrgenommen
4	Mäßig; nicht von allen Menschen der Region wahrgenommen, leichtes Klirren von Gläsern
5	Ziemlich stark; in Wohnungen allgemein festgestellt, hängende Gegenstände pendeln
6	Stark; von jedermann mit Schrecken verspürt, leichte Schäden an wenig solide gebauten Häusern
7	Sehr stark; zahlreiche leicht gebaute Häuser werden geringfügig beschädigt
8	Zerstörend; freistehende Mauern stürzen um, mittelschwere Schäden an vielen Häusern
9	Verwüstend; einzelne Bauten zerstört
10	Vernichtend; viele solide gebaute Gebäude zerstört, Schienen verbogen, Bodenspalten, Felsstürze
11	Katastrophe; Brücken und Dämme zerstört; nur ganz wenige sehr solide Bauten bleiben stehen
12	Große Katastrophe; kein Werk von Menschenhand bleibt stehen

Tafel 4.76 Zuordnung von Intensitätsintervallen und Bemessungswerten der Bodenbeschleunigung zu den Erdbebenzonen

Zone	Intensitätsintervalle	Bemessungswert der Bodenbeschleunigung a_g [m/s^2]
0	$6 \leq I < 6,5$	–
1	$6,5 \leq I < 7$	0,4
2	$7 \leq I < 7,5$	0,6
3	$7,5 \leq I < 8$	0,8

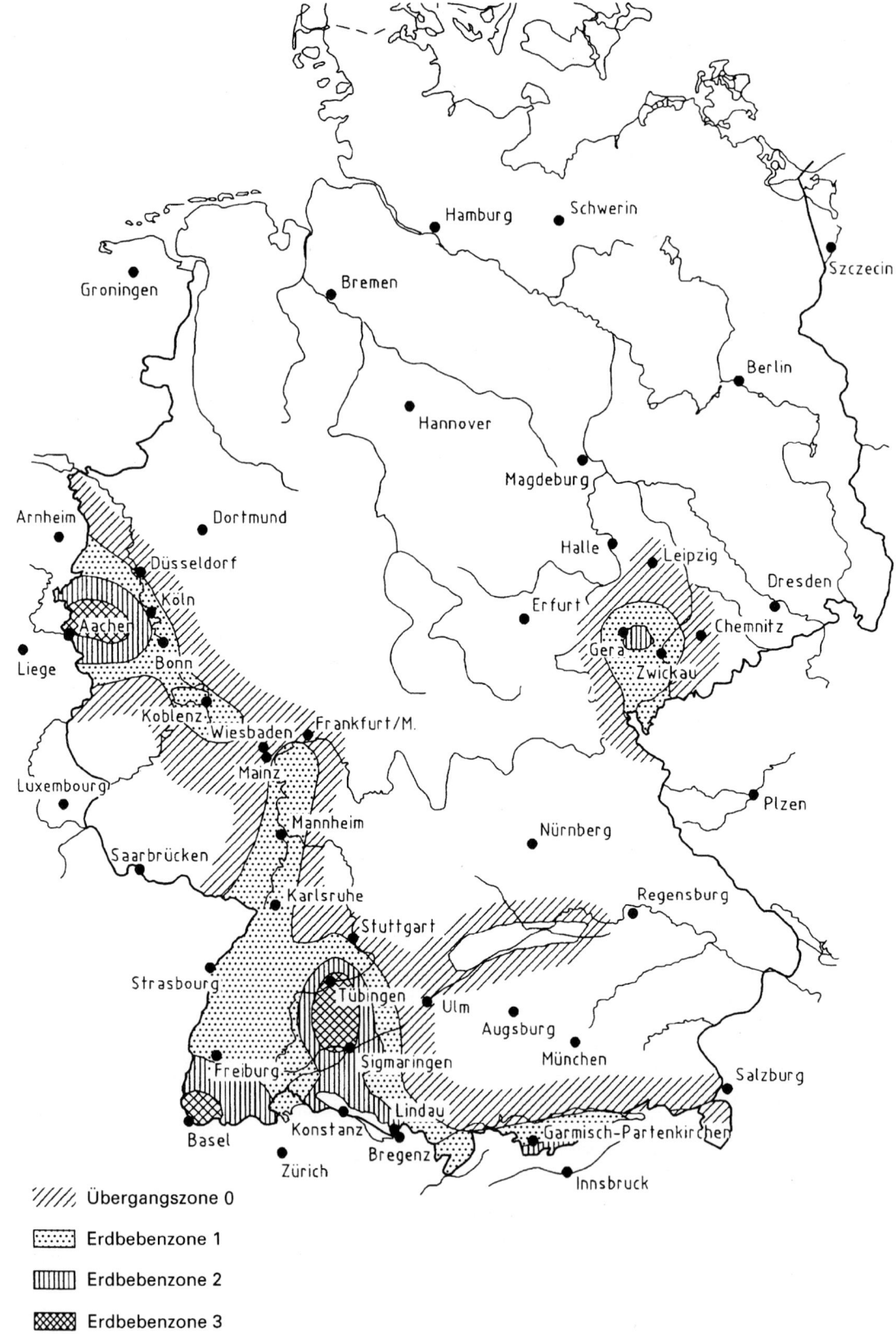

///// Übergangszone 0

▢ Erdbebenzone 1

▥ Erdbebenzone 2

▨ Erdbebenzone 3

Abb. 4.64 Erdbebenzonen der Bundesrepublik Deutschland

Tafel 4.77 Baugrundklassen

Baugrundklasse	A	B	C
Merkmal	Unverwitterte (bergfrische) Festgesteine mit hoher Festigkeit. Dominierende Scherwellengeschwindigkeiten liegen höher als etwa 800 m/s	Mäßig verwitterte Festgesteine bzw. Festgesteine mit geringerer Festigkeit oder grobkörnige (rollige) bzw. gemischtkörnige Lockergesteine mit hohen Reibungseigenschaften in dichter Lagerung bzw. in fester Konsistenz (z. B. glazial vorbelastete Lockergesteine). Dominierende Scherwellengeschwindigkeiten liegen etwa zwischen 350 m/s und 800 m/s	Stark bis völlig verwitterte Festgesteine oder gröbkornige (rollige) bzw. gemischtkörnige Lockergesteine in mitteldichter Lagerung bzw. in mindestens steifer Konsistenz oder feinkörnige (bindige) Lockergesteine in mindestens steifer Konsistenz. Dominierende Scherwellengeschwindigkeiten liegen etwa zwischen 150 m/s und 350 m/s

4.9.3 Untergrundverhältnisse, Geologie und Baugrund

Innerhalb einer Erdbebenzone hängt die Wirkung eines Bebens auf ein Bauwerk ab u. a. von den geologischen Untergrundverhältnissen des Standortes und vom Baugrund. Als „Baugrund" gilt hier die oberflächennahe Bodenschicht bis zu einer Tiefe von 20 m, wobei der Boden bis zu einer Tiefe von 3 m außer Betracht bleibt.

Tafel 4.77 beschreibt die Baugrundklassen A bis C. Die Schichten darunter bilden den geologischen Untergrund.

Wenn sich der Baugrund nicht nach Tafel 4.77 einordnen lässt, insbesondere wenn als Baugrund tiefgründig unverfestigte Ablagerungen in lockerer Lagerung (z. B. lockerer Sand) bzw. in weicher oder breiiger Konsistenz (z. B. Seeton, Schlick) vorhanden sind (dominierende Scherwellengeschwindigkeiten liegen unter 150 m/s), ist der Einfluss auf die Erdbebeneinwirkungen gesondert zu untersuchen und zu berücksichtigen.

Die Einstufung eines Standortes in eine Baugrundklasse kann entfallen, wenn solch ungünstige Baugrundverhältnisse ausgeschlossen werden können und die Erdbebeneinwirkung unter Annahme der Baugrundklasse C bestimmt wird.

Der Bauwerksstandort und die Art des Untergrundes sollten im Allgemeinen keine Risiken bezüglich Grundbruch, Hangrutschung und Setzung infolge Bodenverflüssigung oder Bodenverdichtung bei Erdbeben bieten.

Im Zweifelsfall ist die Einstufung eines Standortes in die Baugrundklasse durch weitergehende Untersuchungen zu bestimmen.

Tafel 4.78 beschreibt die geologischen Untergrundklassen R, T und S.

Abb. 4.65 ordnet das Gebiet der deutschen Erdbebenzonen den verschiedenen geologischen Untergrundklassen zu. Für die Zuordnung einzelner Kreise und Gemeinden zu den Untergrundklassen können Informationen z. B. im Inter-

Tafel 4.78 Geologische Untergrundklassen

Untergrundklasse	Merkmal
R	Gebiete mit felsartigem Gesteinsuntergrund
T	Übergangsbereiche zwischen den Gebieten der Untergrundklasse R und der Untergrundklasse S, sowie Gebiete relativ flachgründiger Sedimentbecken
S	Gebiete tiefer Beckenstrukturen mit mächtiger Sedimentfüllung

net unter www.dibt.de abgerufen werden (weitere Hinweise auch unter www.gfz-potsdam.de).

Die Kombination von Baugrund und geologischem Untergrund führt zur Definition der „Untergrundverhältnisse"; es können A-R, B-R, C-R, B-T, C-T sowie C-S vorkommen.

4.9.4 Gebäudekategorien

Hochbauten sind entsprechend ihrer Bedeutung für den Schutz der Allgemeinheit und im Hinblick auf die mit einem Einsturz verbundenen Folgen (z. B. Gefahr für Leib und Leben, Kulturgüter und Sachwerte) einer der vier Bedeutungskategorien nach Tafel 4.79 zuzuordnen. Die jeweils zugehörigen Bedeutungsbeiwerte γ_1 werden bei der Beschreibung der Erdbebeneinwirkung berücksichtigt (siehe Abschn. 4.9.7).

4.9.5 Allgemeine Anforderungen an die Regelmäßigkeit des Bauwerks

Bei den Nachweisen für den Lastfall Erdbeben wird zwischen regelmäßigen und unregelmäßigen Bauwerken unterschieden.

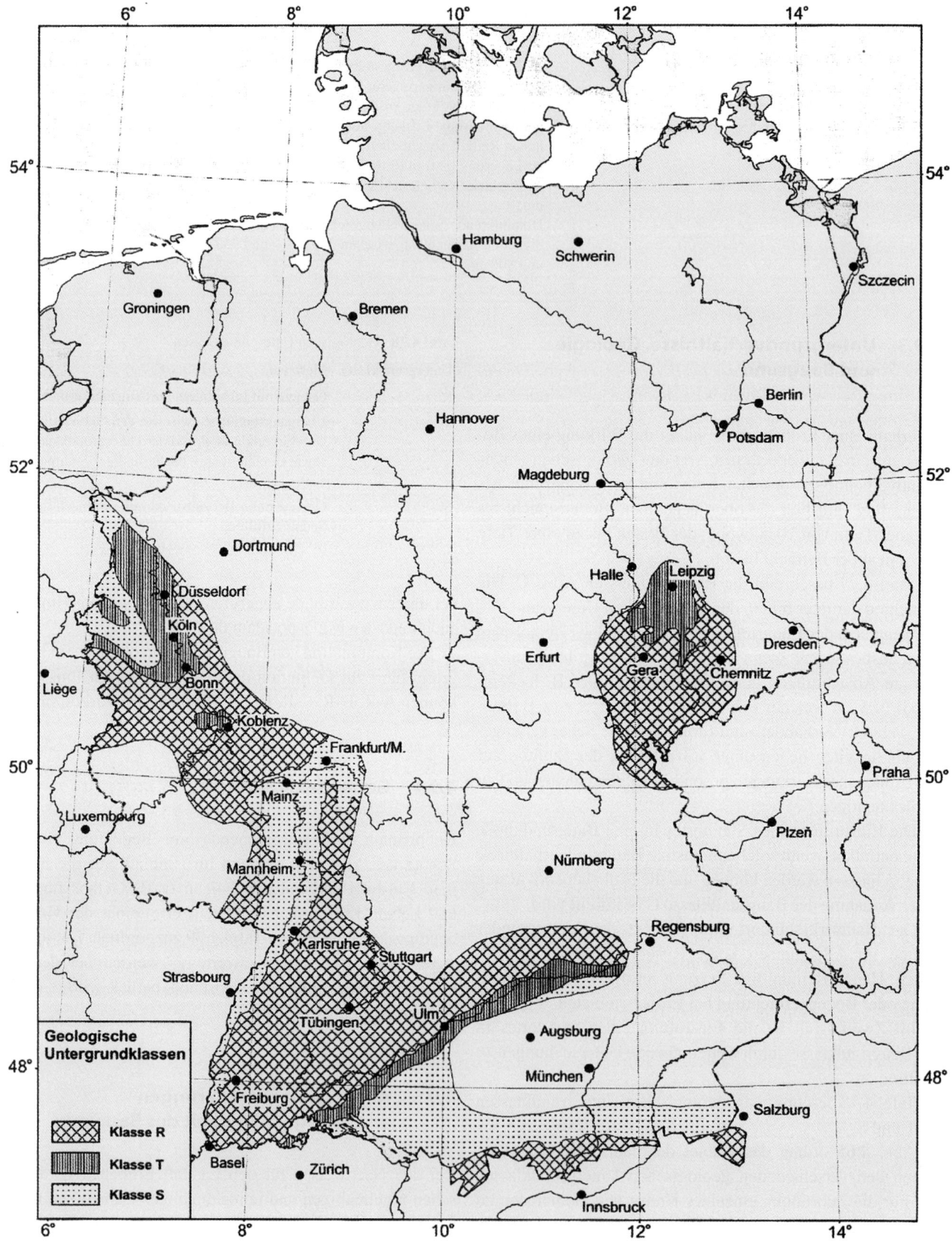

Abb. 4.65 Geologische Untergrundklassen in den Erdbebenzonen der Bundesrepublik Deutschland

Tafel 4.79 Bedeutungskategorien für Hochbauten und Bedeutungsbeiwerte γ_1

Bedeutungskategorie	Bauwerke	Bedeutungsbeiwert γ_1
I	Bauwerke von geringer Bedeutung für die öffentliche Sicherheit, z. B. landwirtschaftliche Bauten usw.	0,8
II	Gewöhnliche Bauten, die nicht zu den anderen Kategorien gehören, z. B. Wohngebäude	1,0
III	Bauwerke, deren Widerstandsfähigkeit gegen Erdbeben im Hinblick auf die mit einem Einsturz verbundenen Folgen wichtig ist, z. B. große Wohnanlagen, Verwaltungsgebäude, Schulen, Versammlungshallen, kulturelle Einrichtungen, Kaufhäuser usw.	1,2
IV	Bauwerke, deren Unversehrtheit im Erdbebenfall von Bedeutung für den Schutz der Allgemeinheit ist, z. B. Krankenhäuser, wichtige Einrichtungen des Katastrophenschutzes und der Sicherheitskräfte, Feuerwehrhäuser usw.	1,4

Aus zweierlei Gründen ist für Bauten in Erdbebengebieten eine gewisse Regelmäßigkeit, Klarheit und Einfachheit im Grund- und Aufriss anzustreben:

Erstens verhalten sich Bauten mit vergleichsweise regelmäßigem Grund- und Aufriss günstiger bei Erdbeben, was wirtschaftlich in einem günstigeren Verhaltensbeiwert zum Ausdruck kommt. Zweitens lässt sich das Verhalten von Bauten mit vergleichsweise regelmäßigem Grund- und Aufriss bei Erdbeben rechnerisch einfacher erfassen und beschreiben. (siehe Tafel 4.80).

Kriterien für Regelmäßigkeit im Grundriss:

- Das Gebäude ist im Grundriss bezüglich der Horizontalsteifigkeit und der Massenverteilung um zwei zueinander senkrechte Achsen nahezu symmetrisch.
- Die Grundrissform ist einfach und kompakt, hat z. B. keine H- oder X-Form. Gegebenenfalls wird eine komplexere Grundrissform durch Fugen in kompakte Grundrissformen zerlegt. Das Aussteifungssystem wird nicht durch Nischen, rückspringende Ecken u. Ä. beeinträchtigt.
- In jedem Geschoss sind die Stützen und Wände durch Decken miteinander verbunden, die statisch nicht nur als Platten sondern auch als Scheiben wirksam sind.
- Die Steifigkeit der Decken in ihrer Ebene muss im Vergleich zur Horizontalsteifigkeit der durch die Decken gekoppelten Stützen und Wände ausreichend groß sein, sodass sich die Verformung der Decke nur unwesentlich auf die Verteilung der horizontalen Kräfte auf die aussteifenden Bauteile auswirkt.
- Jedes Geschoss muss ausreichend torsionssteif sein.

Kriterien für Regelmäßigkeit im Aufriss:

- Alle an der Aufnahme von Horizontallasten beteiligten Tragwerksteile (z. B. Kerne, tragende Wände oder Rahmen) verlaufen ohne Unterbrechung von der Gründung bis zur Oberkante des Gebäudes.
- Die Horizontalsteifigkeit und die Masse der einzelnen Geschosse bleiben konstant oder verringern sich nur allmählich ohne größere Sprünge mit zunehmender Höhe.
- Bei Skelettbauten bleibt das Verhältnis der tatsächlich vorhandenen Tragfähigkeit für Horizontallasten zur rechnerisch erforderlichen Tragfähigkeit für aufeinander folgende Geschosse möglichst gleich.
- Wenn Rücksprünge vorhanden sind, gelten die Bedingungen gemäß DIN 4149: Bild 1.

4.9.6   Grundlegende Anforderungen an bauliche Anlagen in Erdbebengebieten

- Für das Tragwerk sollen statische Systeme gewählt werden, die die Erdbebenkräfte auf direktem Wege ableiten.
- Aussteifende Tragwerksteile sollen in beiden Hauptrichtungen vergleichbare Tragfähigkeit und Verformbarkeit haben.
- Steifigkeitssprünge von einem Geschoss zum nächsten sollen vermieden werden.
- Alle Geschossdecken eines Geschosses sollen auf gleicher Höhe liegen.

Tafel 4.80   Auswirkung der Regelmäßigkeit des Tragwerks auf die Erdbebenauslegung

Grundriss	Aufriss	Rechenmodell	Schwingungsberechnung	Verhaltensbeiwert q [a]
Regelmäßig	Regelmäßig	Eben	I. d. R. vereinfacht (Grundschwingungsform)	Referenzwert
Regelmäßig	Unregelmäßig	Eben	Mehrere Schwingungsformen	U. U. abgemindert
Unregelmäßig	Regelmäßig	I. d. R. räumlich	I. d. R. mehrere Schwingungsformen	Referenzwert
Unregelmäßig	Unregelmäßig	Räumlich	Mehrere Schwingungsformen	U. U. abgemindert

[a] siehe Norm, Abschnitte 8 bis 11: Besondere Regeln für Beton-, Stahl-, Holz- und Mauerwerksbauten.

- Das Tragwerk soll um die senkrechte Achse möglichst torsionssteif sein. Massen sollen möglichst nahe an der senkrechten Drillruheachse liegen.
- Die gewählte Konstruktion soll wenig empfindlich gegen Imperfektionen und Auflagerbewegungen sein.
- Geschossdecken sollen horizontale Trägheitskräfte problemlos auf die aussteifenden Elemente verteilen.
- Die Gründungskonstruktion soll alle Gründungsteile bei Erdbebenanregung ggf. einheitlich verschieben.
- Die Tragkonstruktion soll duktil (zäh) sein und Energie hysteretisch dissipieren (vernichten) können.
- Die oberen Geschosse sollen frei von großen Massen sein.
- Komplexe Strukturen sollen durch Fugen in dynamisch voneinander unabhängig agierende Einheiten zerlegt werden.

Die Erfüllung dieser Anforderungen macht einen rechnerischen Nachweis der Gebrauchstauglichkeit überflüssig.

4.9.7 Regeldarstellung der Erdbebeneinwirkung

Das „elastische Bodenbeschleunigungs-Antwortspektrum" (Abb. 4.66) beschreibt die Antwort (Beschleunigung) eines elastisch sich verformenden Bauwerks auf ein Beben. Es beschreibt somit die Einwirkung auf Tragwerke, die bei Erdbebeneinwirkung im linear-elastischen Bereich verbleiben, ohne dass Energie anders als durch viskose Dämpfung dissipiert wird. Eine mögliche Reduzierung der eingetragenen Energie durch hysteretische Energiedissipation im Bauwerk vermindert die Beschleunigung der Bauwerksmassen und damit die auf das Bauwerk wirkenden Trägheitskräfte.

Dies wird vereinfachend durch Abminderung der elastischen Antwortspektren auf das Niveau der Bemessungsspektren berücksichtigt.

Tafel 4.81 zeigt die Berechnungsvorschriften für das elastische Antwortspektrum $S_e(T)$ und Tafel 4.82 diejenigen

Tafel 4.81 Elastisches Antwortspektrum $S_e(T)$

Bereich	Elastisches Antwortspektrum $S_e(T)$
$T_A \leq T \leq T_B$	$S_e(T) = a_g \cdot \gamma_1 \cdot S \cdot (1 + (T/T_B) \cdot (\eta \cdot \beta_0 - 1))$
$T_B \leq T \leq T_C$	$S_e(T) = a_g \cdot \gamma_1 \cdot S \cdot \eta \cdot \beta_0$
$T_C \leq T \leq T_D$	$S_e(T) = a_g \cdot \gamma_1 \cdot S \cdot \eta \cdot \beta_0 \cdot T_C/T$
$T_D \leq T$	$S_e(T) = a_g \cdot \gamma_1 \cdot S \cdot \eta \cdot \beta_0 \cdot T_C \cdot T_D/T^2$

Tafel 4.82 Bemessungsspektrum $S_d(T)$

Bereich	Bemessungsspektrum $S_d(T)$
$0 \leq T \leq T_B$	$S_d(T) = a_g \cdot \gamma_1 \cdot S \cdot (1 + (T/T_B) \cdot ((\beta_0/q) - 1))$
$T_B \leq T \leq T_C$	$S_d(T) = a_g \cdot \gamma_1 \cdot S \cdot (\beta_0/q)$
$T_C \leq T \leq T_D$	$S_d(T) = a_g \cdot \gamma_1 \cdot S \cdot (\beta_0/q) \cdot (T_C/T)$
$T_D \leq T$	$S_d(T) = a_g \cdot \gamma_1 \cdot S \cdot (\beta_0/q) \cdot (T_C \cdot T_D/T^2)$

Tafel 4.83 Werte der Parameter zur Beschreibung des horizontalen und vertikalen Elastischen Antwortspektrums

Untergrund-verhältnisse	S	Horizontal			Vertikal		
		T_B [s]	T_C [s]	T_D [s]	T_B [s]	T_C [s]	T_D [s]
A-R	1,00	0,05	0,20	2,00	0,05	0,20	2,00
B-R	1,25	0,05	0,25	2,00	0,05	0,20	2,00
C-R	1,50	0,05	0,30	2,00	0,05	0,20	2,00
B-T	1,00	0,10	0,30	2,00	0,10	0,20	2,00
C-T	1,25	0,10	0,40	2,00	0,10	0,20	2,00
C-S	0,75	0,10	0,50	2,00	0,10	0,20	2,00

für das Bemessungsspektrum $S_d(T)$ in Abhängigkeit von der Schwingungsdauer T des zum Bauwerk gehörenden Einmassenschwingers im Verhältnis zu den Boden- und Untergrundparametern S, T_B, T_C, T_D (siehe auch Abb. 4.66). Tafel 4.83 liefert die Werte dieser Boden- und Untergrundparameter für die verschiedenen Untergrundverhältnisse.

Zum Nachweis der horizontalen Erdbebeneinwirkung werden in der Regel zwei zueinander orthogonale Richtungen des Gebäudequerschnitts, bei Ansatz des gleichen elastischen Antwortspektrums, untersucht. Die vertikale Komponente der Erdbebeneinwirkung kann ebenfalls durch das angegebene Antwortspektrum beschrieben werden, wobei der Bemessungswert der Bodenbeschleunigung mit dem Faktor 0,7 abzumindern ist.

Es ist

T	die Schwingungsdauer des zum Bauwerk gehörenden linearen Einmassenschwingers in s
a_g	der Bemessungswert der Bodenbeschleunigung, siehe Tafel 4.76
γ_1	Bedeutungsbeiwert nach Tafel 4.79
β_0	der Verstärkungsbeiwert der Spektralbeschleunigung mit dem Referenzwert $\beta_0 = 2{,}5$ für 5 % viskose Dämpfung

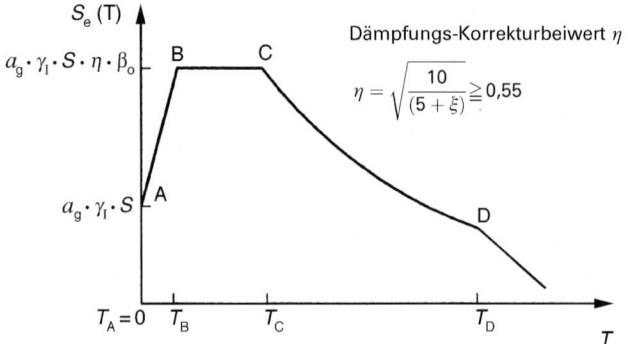

$$\eta = \sqrt{\frac{10}{(5+\xi)}} \geq 0{,}55$$

Abb. 4.66 Elastisches Antwortspektrum

T_B, T_C, T_D die zu den Untergrundverhältnissen gehörenden Kontrollperioden in s, siehe Tafel 4.83; $T_A = 0$

S der Untergrundparameter, siehe Tafel 4.83

η der Dämpfungskorrekturbeiwert mit dem Referenzwert $\eta = 1$ für 5 % viskose Dämpfung ($\xi = 5$)

S_e Ordinate des elastischen Antwortspektrums in m/s^2

S_d Ordinate des Bemessungsspektrums in m/s^2

q der Verhaltensbeiwert, siehe Norm, Abschnitte 8 bis 11: Besondere Regeln für Beton-, Stahl-, Holz- und Mauerwerksbauten.

4.9.8 Kombination der Erdbebeneinwirkung mit anderen Einwirkungen

Für die Ermittlung des Bemessungswertes E_{dAE} der Beanspruchungen gelten die Kombinationsregeln für die Bemessungssituation Erdbeben nach DIN EN 1990, Abschn. 4.1.5.3.

Für die neben dem Bemessungswert infolge von Erdbeben A_{Ed} zu berücksichtigenden Vertikallasten gilt

$$\sum G_{kj} \oplus \sum \psi_{Ei} \cdot Q_{ki}$$

(Bezeichnungen siehe Abschn. 4.1.5.3)

Dabei berücksichtigen die Kombinationsbeiwerte ψ_{Ei} die Wahrscheinlichkeit, dass die veränderlichen Lasten $\psi_{2i} \cdot Q_{ki}$ während des Erdbebens nicht in voller Größe vorhanden sind:

$$\psi_{Ei} = \varphi \cdot \psi_{2i}$$

ψ_{2i} nach Abschn. 4.1, Tafel 4.3
φ nach Tafel 4.84.

4.9.9 Vereinfachtes Antwortspektrenverfahren zur Bestimmung der Erdbebenkräfte

Bauwerke, die sich durch zwei ebene Modelle, eines für jede Grundrisshauptrichtung, darstellen lassen und deren Verhalten durch Beiträge höherer Schwingungsformen nicht wesentlich beeinflusst wird, können mithilfe dieses vereinfachten Verfahrens berechnet werden. Zu ihnen gehören Bauwerke, die die o. a. Kriterien für die Regelmäßigkeit im Grund- und Aufriss erfüllen oder die (nur) die Grundrisskriterien erfüllen und Grundschwingzeiten $T_1 \leq 4T_C$ (T_C nach Tafel 4.83) haben. Bei ihnen ergibt sich die Gesamterdbebenkraft F_b für jede Hauptrichtung zu

$$F_b = S_d(T_1) \cdot M \cdot \lambda$$

$S_d(T_1)$ die Ordinate des Bemessungsspektrums bei T_1
T_1 die Grundschwingzeit des Bauwerks
M die Gesamtmasse des Bauwerks
λ ein Korrekturfaktor mit dem Wert $\lambda = 0,85$ für $T \leq 2T_C$ für Gebäude mit mehr als 2 Geschossen und $\lambda = 1,0$ in allen anderen Fällen.

Anmerkung Der Beiwert λ berücksichtigt die Tatsache, dass in Gebäuden mit mindestens drei Stockwerken und Verschiebungsfreiheitsgraden in jeder horizontalen Richtung die effektive modale Masse der Grundeigenform durchschnittlich um 15 % kleiner ist als die gesamte Gebäudemasse.

Die Grundschwingzeit T_1 beider ebener Modelle des Bauwerks darf vereinfacht z. B. mit dem Rayleigh-Verfahren bestimmt werden.

Von der Gesamterdbebenkraft F_b entfällt auf jedes Geschoss i die folgende Erdbebenkraft F_i

$$F_i = F_b \, (s_i \cdot m_i) / \sum \left(s_j \cdot m_j \right)$$

m_i, m_j die Massen der Geschosse i und j
s_i, s_j die Horizontalverschiebungen der Massen m_i, m_j in der Grundschwingungsform.

Tafel 4.84 Beiwert für φ zur Berechnung von ψ_{Ei}

Art der veränderlichen Einwirkung	Geschoss		φ
	Nutzung	Lage	
Nutzlasten und Verkehrslasten in Lagerräumen, Bibliotheken, Werkstätten und Fabriken mit schwerem Betrieb, Warenhäusern, Parkhäusern	–	–	1,0
Nutzlasten und Verkehrslasten in sonstigen Gebäuden (Wohnhäuser, Bürogebäude, Krankenhäuser usw.)	Alle Geschosse sind unabhängig voneinander genutzt	Oberstes Geschoss	1,0
		Andere Geschosse	0,5
	Mehrere Geschosse haben eine in Beziehung stehende Nutzung	Oberstes Geschoss	1,0
		Andere Geschosse	0,7

Die Grundschwingungsformen der beiden ebenen Bauwerksmodelle können mittels baudynamischer Verfahren berechnet werden.

Die auf das Geschoss i entfallende Erdbebenkraft F_i kann vereinfacht auch so berechnet werden:

$$F_i = F_b \left(z_i \cdot m_i \right) / \sum \left(z_j \cdot m_j \right)$$

z_i, z_j die Höhen der Geschossmassen m_i, m_j in m.

4.9.10 Nachweis der Standsicherheit

Für den Nachweis der Standsicherheit sind die Bemessungssituation infolge Erdbeben im Grenzzustand der Tragfähigkeit nach DIN EN 1990, Abschn. 4.1.5.3 zusammen mit den Entwurfsempfehlungen (siehe Abschn. 4.9.6) zu berücksichtigen.

Bauartenunabhängig darf der Tragfähigkeitsnachweis für die seismische Lastkombination nach Abschn. 4.9.8 mit dem Bemessungsspektrum für lineare Berechnung nach Abschn. 4.9.7 unter Annahme im Wesentlichen linear-elastischen Verhaltens mit dem Verhaltensbeiwert $q = 1,0$ für die horizontale und die vertikale Richtung geführt werden.

Für Hochbauten der Bedeutungskategorien I bis III nach Tafel 4.79 können die Nachweise im Grenzzustand der Tragfähigkeit als erbracht angesehen werden, wenn nachfolgende Bedingungen erfüllt sind:

- Die nach Abschn. 4.9.9 für die Kombination nach Abschn. 4.9.8 mit einem Verhaltensbeiwert $q = 1,0$ ermittelte horizontale Gesamterdbebenkraft ist kleiner als die maßgebende Horizontalkraft aus den anderen zu untersuchenden Einwirkungskombinationen (z. B. mit Windlasten), für die das Bauwerk für die ständige und vorübergehende Bemessungssituation bemessen wird.
- Die Entwurfsempfehlungen (siehe Abschn. 4.9.6) sind eingehalten worden.

Bei Wohn- und ähnlichen Gebäuden (z. B. Bürogebäude) kann auf den rechnerischen Nachweis für den Grenzzustand der Tragfähigkeit verzichtet werden, wenn folgende Bedingungen eingehalten sind:

- Die Anzahl der Vollgeschosse über Gründungsniveau überschreitet nicht die Werte der Tafel 4.85 (oberstes

Tafel 4.85 Bedeutungskategorie und zulässige Anzahl der Vollgeschosse für Hochbauten ohne rechnerischen Standsicherheitsnachweis

Erdbebenzone	Bedeutungskategorie	Maximale Anzahl der Vollgeschosse
1	I bis III	4
2	I und II	3
3	I und II	2

Geschoss kein Vollgeschoss, wenn die für die Erdbebeneinwirkungen zu berücksichtigende Masse $\leq 50\,\%$ der des darunterliegenden Vollgeschosses ist; Kellergeschoss bzw. Geschoss über Gründungsniveau bleibt unberücksichtigt, sofern es als steifer Kasten ausgebildet und auf einheitlichem Niveau gegründet ist).

- Die grundlegenden Anforderungen gemäß Abschn. 4.9.6 sind erfüllt.
- Bei Bauten in den Erdbebenzonen 2 und 3 sind zusätzlich die Regelmäßigkeitskriterien gemäß Abschn. 4.9.5 erfüllt.
- Die Geschosshöhe ist $\leq 3,50\,\text{m}$.
- Für Mauerwerksbauten sind die konstruktiven Regeln nach Abschn. 4.9.11.4 eingehalten.

4.9.11 Besondere Regeln für Mauerwerksbauten

4.9.11.1 Allgemeines

Mauerwerksbauten sind Bauten, bei denen die Horizontallasten überwiegend über tragende Wände aus Mauerwerk abgetragen werden. Tragende Wände, die der Aussteifung gegen horizontale Einwirkungen dienen, werden im Folgenden als Schubwände bezeichnet.

Für Hochbauten aus Mauerwerk in den Erdbebenzonen 1 bis 3 gelten neben den Festlegungen von DIN 4149 zusätzlich diejenigen nach DIN 1053-1, DIN 1053-3 und DIN 1053-4.

Für nicht tragende Außenschalen von zweischaligem Mauerwerk nach DIN 1053-1 in Gebäuden, die Tafel 4.85 (siehe Abschn. 4.9.10) entsprechen, ist ein rechnerischer Nachweis für den Lastfall Erdbeben nicht erforderlich.

In Abhängigkeit von der Art des für erdbebenwiderstandsfähige Bauteile verwendeten Mauerwerks sind die Mauerwerksbauten einem der folgenden Bauwerkstypen zuzuordnen:

- Bauwerke aus unbewehrtem Mauerwerk;
- Bauwerke aus eingefasstem Mauerwerk;
- Bauwerke aus bewehrtem Mauerwerk.

4.9.11.2 Besondere Anforderungen an die Mauerwerksbaustoffe

Für Hochbauten aus Mauerwerk in den deutschen Erdbebengebieten dürfen alle Mauersteine und Mauermörtel für Mauerwerk nach DIN 1053-1 verwendet werden.

In den Erdbebenzonen 2 und 3 müssen Mauersteine für Schubwände aus Mauerwerk nach DIN 1053, die keine in Wandlängsrichtung durchlaufenden Innenstege haben, in der in Wandlängsrichtung vorgesehenen Steinrichtung eine mittlere Steindruckfestigkeit von mindestens $2,5\,\text{N/mm}^2$ aufweisen. Der kleinste Einzelwert einer Versuchsreihe aus sechs Prüfkörpern muss mindestens $2,0\,\text{N/mm}^2$ betragen. Die Prüfung ist nach DIN EN 772-1 durchzuführen.

4.9.11.3 Allgemeine Konstruktionsregeln

Abschn. 4.9.6 ist zu berücksichtigen.

Hochbauten aus Mauerwerk sind in allen Vollgeschossen durch Geschossdecken mit Scheibenwirkung auszusteifen.

Die Aussteifungswirkung muss in allen Horizontalrichtungen gegeben sein. Wände können nur dann zur Aussteifung herangezogen werden, wenn die Mindestanforderungen nach Tafel 4.86 erfüllt sind.

Bezüglich „zusätzlicher Konstruktionsregeln" für eingefasstes Mauerwerk und für bewehrtes Mauerwerk siehe Norm, Abschnitte 11.4 und 11.5.

Tafel 4.86 Mindestanforderungen an aussteifende Wände

Erdbebenzone	Wanddicke t in cm	Knicklänge $\dfrac{h_k}{\text{Wanddicke } t}$	Wandlänge l in cm
1	Nach DIN 1053-1		≥ 74
2	$\geq 15^a$	≤ 18	≥ 98
3	$\geq 17,5$	≤ 15	≥ 98

[a] Wände der Wanddicke ≥ 115 mm dürfen zusätzlich berücksichtigt werden, wenn $h_k/t \leq 15$ ist. Knicklänge nach DIN 1053-1.

4.9.11.4 Konstruktive Regeln für Mauerwerksbauten ohne rechnerischen Nachweis des Grenzzustandes der Tragfähigkeit für den Lastfall Erdbeben

Für Hochbauten aus Mauerwerk, die zusätzlich zu den Bestimmungen in Abschn. 4.9.11.1 bis 4.9.11.3 den im Folgenden angegebenen Festlegungen entsprechen, ist ein rechnerischer Nachweis im Grenzzustand der Tragfähigkeit für den Lastfall Erdbeben nicht erforderlich.

Der Gebäudegrundriss muss kompakt und annähernd rechteckig ausgebildet sein. Das Verhältnis zwischen kürzerer Seite b und längerer Seite l des Bauwerks bzw. eines durch Gebäudefugen begrenzten Bauwerksabschnitts muss $b/l \geq 0,25$ betragen.

Die Anzahl der Vollgeschosse über Gründungsniveau darf die in Tafel 4.85 (siehe Abschn. 4.9.10) angegebenen Werte nicht überschreiten. Die maximale Geschosshöhe beträgt 3,50 m.

Die aussteifenden Wände sind so anzuordnen, dass der Steifigkeitsmittelpunkt und der Massenschwerpunkt nahe beieinander liegen und eine ausreichende Torsionssteifigkeit sichergestellt ist.

Die aussteifenden Wände müssen über alle Geschosse durchgehen. In Dachgeschossen kann die Aussteifung stattdessen durch andere konstruktive Maßnahmen sichergestellt werden.

Die aussteifenden Wände müssen den überwiegenden Teil der vertikalen Lasten tragen. Die vertikalen Lasten sollten auf die aussteifenden Wände in beiden Gebäuderichtungen verteilt werden.

Das Gebäude ist in beiden Gebäuderichtungen durch genügend lange Schubwände ausreichend auszusteifen. Hierfür sind jeweils die in Tafel 4.87 angegebenen Mindestwerte für die auf die Geschossgrundrissfläche bezogene Schubwandquerschnittsfläche der aussteifenden Wände einzuhalten.

In jeder Gebäuderichtung müssen mindestens zwei Schubwände mit einer Länge von jeweils mindestens 1,99 m angeordnet werden.

Für Bemessungswerte $a_g \cdot S \cdot \gamma_I > 0,09 \cdot g \cdot k$ (siehe Abschn. 4.9.8) müssen mindestens 50 % der erforderlichen Wandquerschnittsflachen nach Tafel 4.87 aus Wänden mit mindestens 1,99 m Länge bestehen.

Die Verwendung der Steinfestigkeitsklasse 2 für Außenwände ist zulässig, wenn in jeder Richtung wenigstens 50 % der erforderlichen Wandquerschnittsfläche der Schubwände aus Mauerwerk der Festigkeitsklasse 4 oder höher bestehen. Die Gesamtquerschnittsfläche der Schubwände muss dann die in Tafel 4.87 für die Steinfestigkeitsklasse 4 geltenden Werte einhalten.

Tafel 4.87 Mindestanforderungen an die auf die Geschossgrundrissfläche bezogene Querschnittsfläche von Schubwänden je Gebäuderichtung

Anzahl der Vollgeschosse	$a_g \cdot S \cdot \gamma_I \leq 0,06\, g \cdot k^a$			$a_g \cdot S \cdot \gamma_I \leq 0,09\, g \cdot k^a$			$a_g \cdot S \cdot \gamma_I \leq 0,12\, g \cdot k^a$		
	Steinfestigkeitsklasse nach DIN 1053-1[b,c]								
	4	6	≥ 12	4	6	≥ 12	4	6	≥ 12
1	0,02	0,02	0,02	0,03	0,025	0,02	0,04	0,03	0,02
2	0,035	0,03	0,02	0,055	0,045	0,03	0,08	0,05	0,04
3	0,065	0,04	0,03	0,08	0,065	0,05	Kein vereinfachter Nachweis zulässig (KvNz)		
4	KvNz	0,05	0,04	KvNz					

[a] Für Gebäude, bei denen mindestens 70 % der betrachteten Schubwände in einer Richtung länger als 2 m sind, beträgt der Beiwert $k = 1 + (l_{ay} - 2)/4 \leq 2$. Dabei ist l_{ay} die mittlere Wandlänge der betrachteten Schubwände in m. In allen anderen Fällen beträgt $k = 1$. Der Wert γ_I wird nach Abschn. 4.9.4 bestimmt.
[b] Bei Verwendung unterschiedlicher Steinfestigkeitsklassen, z. B. für Innen- und Außenwände, sind die Anforderungswerte im Verhältnis der Flächenanteile der jeweiligen Steinfestigkeitsklasse zu wichten.
[c] Zwischenwerte dürfen linear interpoliert werden.

4.9.12 Besondere Regeln für Gründungen üblicher Hochbauten

Der Zusammenhalt des Bauwerks bzw. der jeweils dynamisch unabhängigen Teile eines Bauwerks im Gründungsbereich muss sichergestellt sein.

Die vorstehende Anforderung kann als erfüllt betrachtet werden, wenn alle einzelnen Gründungselemente (z. B. Einzelfundamente) in ein und derselben horizontalen Ebene angeordnet und z. B. durch eine ausreichend dimensionierte fundamentnahe Sohlplatte oder Zerrbalken für alle zu betrachtenden Lastrichtungen zug- und druckfest miteinander verbunden sind.

Liegt Baugrund der Klasse A vor, so kann in allen Erdbebenzonen auf diese Kopplung verzichtet werden. In Erdbebenzone 1 gilt dies auch für Baugrund der Klasse B.

Zerrbalken müssen eine Mindestlängsbewehrung aus 4 ⌀ 12 BSt 500 S oder gleichwertig, die im anzuschließenden Fundamentkörper entsprechend zu verankern sind, aufweisen. Sinngemäß sind fundamentnahe Sohlplatten auszubilden und in den zu betrachtenden Lastrichtungen anzuschließen. Können Zerrbalken oder Sohlplatten nicht ausgeführt werden, so sind unter Berücksichtigung der maximal möglichen Relativverschiebung zwischen den einzelnen Gründungskörpern weitere in dieser Norm nicht geregelte Nachweise zu führen.

In Streifenfundamenten unter gemauerten Wänden ist eine konstruktive Mindestbewehrung von 4 ⌀ 12 BSt 500 S vorzusehen.

Möglichst zu vermeiden sind Gründungen

- in unterschiedlicher Tiefe, wenn der Baugrund in den verschiedenen Gründungstiefen bei Erdbeben deutlich voneinander abweichende Bewegungen erfahren kann,
- auf unterschiedlichen Gründungselementen, die ein deutlich voneinander abweichendes Verformungsverhalten zeigen,
- auf verschiedenartigem Baugrund mit deutlich voneinander abweichendem Verformungsverhalten,
- an stärker geneigten Hängen.

4.9.13 Besondere Regeln für Beton-, Stahl- und Holzbauten

Siehe Norm, Abschnitte 8, 9 und 10.

Statik und Festigkeitslehre

Prof. Dr.-Ing. Ansgar Neuenhofer

Inhaltsverzeichnis

5.1 Begriffe und Formelzeichen 177
    5.1.1 Grundlagen nach DIN 1080 Teil 1 177
    5.1.2 Regeln für die Orientierung 178
5.2 Flächenwerte 178
    5.2.1 Allgemeines 178
    5.2.2 Aus Teilflächen zusammengesetzte Flächen (Abb. 5.8) 181
    5.2.3 Polygonal berandete Flächen; n-Ecke 181
5.3 Spannungen und Verzerrungen; Körperelement 184
    5.3.1 Allgemeines 184
    5.3.2 Einachsiger Spannungszustand 184
    5.3.3 Ebener Spannungszustand 185
5.4 Spannungen und Schnittgrößen in homogenen Querschnitten 186
    5.4.1 Allgemeines 186
    5.4.2 Normalspannungen 186
    5.4.3 Schubspannungen 188
5.5 Nicht-homogene Querschnitte; versagende Zugzone 189
    5.5.1 Nicht-homogene Querschnitte 189
    5.5.2 Querschnitte mit versagender Zugzone 190
5.6 Belastung, Querkaft, Biegemoment 191
5.7 Verformungen des Einzelstabs 191
    5.7.1 Längenänderung 191
    5.7.2 Drehung der Querschnitte um die Stabachse . . . 192
    5.7.3 Verschiebung der Querschnitte senkrecht zur Stabachse (Biegelinie) 192
5.8 Knicken in einer Ebene (Eulerfälle) 193
5.9 Statisch bestimmte Tragwerke 194
    5.9.1 Einfache Balken 194
    5.9.2 Schräger Balken (Dachsparren) 197
    5.9.3 Gelenkträger unter Gleichlast 198
    5.9.4 Fachwerke 199
    5.9.5 Dreigelenkrahmen 199
    5.9.6 Räumliche Tragwerke 200
5.10 Formänderungsberechnung 201
5.11 Integrationstafeln 203
5.12 Statisch unbestimmte Träger 204
5.13 Belastungsglieder und Volleinspannmomente 206
5.14 Zweifeldträger mit beliebigem Verhältnis der Stützweiten 208
5.15 Zweifeldträger mit gleichen Stützweiten und feldweiser Belastung 209
5.16 Einflusslinien 213
    5.16.1 Allgemeines 213
5.17 Rahmenformeln 214

5.18 Kehlbalkendach 216
5.19 Schnittgrößenermittlung statisch unbestimmter Systeme . 217
    5.19.1 Grad der statische Unbestimmtheit 217
    5.19.2 Kraftgrößenverfahren 217
    5.19.3 Weggrößenverfahren für Stabtragwerke 220
5.20 Vorspannung 226
    5.20.1 Ansatz der Vorspann- und Auflagerkräfte 226
    5.20.2 Ansatz der Verankerungskräfte und Umlenkkräfte 226
5.21 Theorie zweiter Ordnung 229
    5.21.1 Einleitung 229
    5.21.2 Differentialgleichung 229
    5.21.3 Weggrößenverfahren zweiter Ordnung 229
    5.21.4 Verfahren mit Abtriebskräften 229
    5.21.5 Knickproblem 232

5.1 Begriffe und Formelzeichen

5.1.1 Grundlagen nach DIN 1080 Teil 1

Formelzeichen werden aus Hauptzeichen und, wenn zur Vermeidung von Missverständnissen erforderlich, zusätzlich noch durch Nebenzeichen gebildet (Tafel 5.1).

Nebenzeichen werden als Fuß- oder Kopfzeiger an die Hauptzeichen angefügt. Kopfzeiger sind jedoch wegen der Gefahr der Verwechslung mit einer Potenz möglichst zu vermeiden oder eindeutig zu kennzeichnen, z. B. durch runde Klammern.

Tafel 5.1 Hauptzeichen (Verwendung von Buchstaben)

Buchstaben	Verwendung für folgende Bedeutungen
Lat. Großbuchstaben	Last- und Schnittgrößen (Kraft, Moment); Leistung; Arbeit; Fläche; Flächengrößen; Volumen; Verformungsmodul; Temperatur
Lat. Kleinbuchstaben	Länge; Geschwindigkeit; Beschleunigung: Streckenlast; Flächenlast auf die Länge oder Fläche bezogene Schnittgrößen, Masse; Verschiebungen
Griech. Kleinbuchstaben	Verhältnisgrößen; Koeffizienten; Wichte; Dichte; Spannungen; Festigkeit; Verzerrung; Verkrümmung; Verdrehung; Wärmeleitfähigkeit

A. Neuenhofer ✉
Fakultät für Bauingenieurwesen und Umwelttechnik, Technische Hochschule Köln, Betzdorfer Straße 2, 50679 Köln, Deutschland

© Springer Fachmedien Wiesbaden GmbH 2018
U. Vismann (Hrsg.), *Wendehorst Bautechnische Zahlentafeln*, https://doi.org/10.1007/978-3-658-17936-6_5

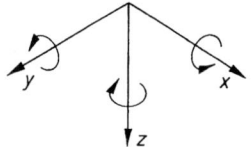

Abb. 5.1 Positive Koordinaten und Richtungssinne

5.1.2 Regeln für die Orientierung

Koordinaten Bauwerke als Ganzes werden einem globalen Koordinatensystem (z. B X, Y, Z), einzelne Bauwerksteile einem lokalen Koordinatensystem (z. B. x, y, z) zugeordnet. Bei lokalen Systemen für Stäbe liegen die x-Achse in der Stabrichtung, die y- und die z-Achse in der Querschnittsfläche (Abb. 5.1).

Kraftgrößen (Kräfte, Momente) In Komponentendarstellung sind Lastgrößen positiv, wenn sie den Richtungssinn der Koordinatenachsen haben. Positive Komponenten von Schnittgrößen (Schnittkräfte, Schnittmomente) haben auf positiven Schnittflächen den Richtungssinn der Koordinatenachsen, auf negativen Schnittflächen zeigen sie entgegengesetzt (Abb. 5.2).

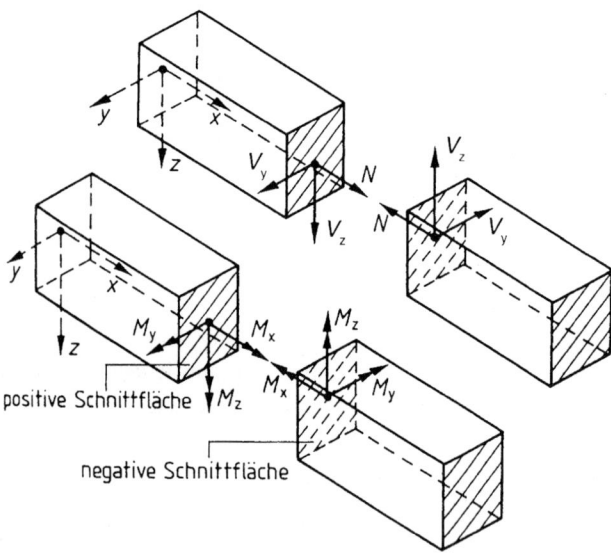

Abb. 5.2 Positive Schnittgrößen

Spannungen Spannungskomponenten werden durch zwei Fußzeiger gekennzeichnet. Der erste gibt die Orientierung der Bezugsfläche (Richtung der Flächennormalen), der zweite die Orientierung der Spannungskomponente an. (Häufig wird auch statt σ_{xx} nur σ_x usw. geschrieben.) Positive Spannungskomponenten haben auf positiven Schnittflächen den Richtungssinn der Koordinatenachse, auf neg. Schnittflächen zeigen sie entgegengesetzt.

Verschiebungsgrößen Positive Verschiebungsgrößen (Verschiebungen, Verdrehungen) haben den Richtungssinn der Koordinatenachsen.

Verzerrungen Sie werden wie die Spannungskomponenten orientiert, die an ihnen Arbeit verrichten. Sie werden mit entsprechenden Fußzeigern versehen.

5.2 Flächenwerte

5.2.1 Allgemeines

Flächeninhalt $A = \int \mathrm{d}A$

5.2.1.1 Allgemeines orthogonales Bezugssystem $\overline{y}, \overline{z}$

Flächenmoment ersten Grades

$$S_{\overline{y}} = \int \overline{z}\,\mathrm{d}A \qquad S_{\overline{z}} = \int \overline{y}\,\mathrm{d}A$$

Koordinaten des Schwerpunkts

$$\overline{y}_S = \frac{S_{\overline{z}}}{A} \qquad \overline{z}_S = \frac{S_{\overline{y}}}{A}$$

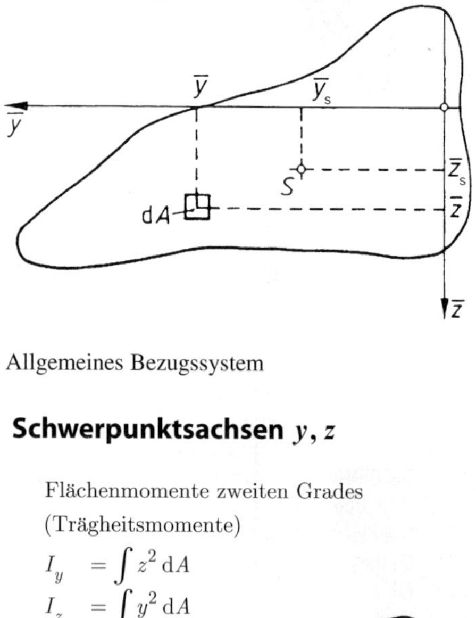

Abb. 5.3 Allgemeines Bezugssystem

5.2.1.2 Schwerpunktsachsen y, z

Flächenmomente zweiten Grades
(Trägheitsmomente)

$$I_y = \int z^2\,\mathrm{d}A$$
$$I_z = \int y^2\,\mathrm{d}A$$
$$I_{yz} = \int yz\,\mathrm{d}A$$

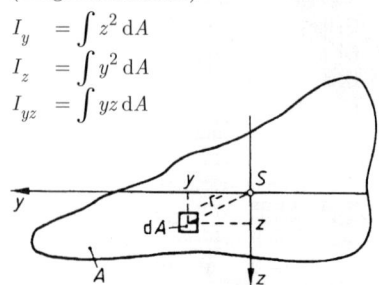

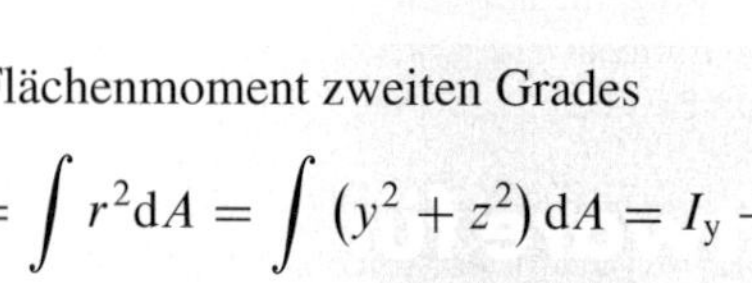

Abb. 5.4 Schwerpunktsachsen

Polares Flächenmoment zweiten Grades

$$I_\mathrm{p} = \int r^2\mathrm{d}A = \int \left(y^2 + z^2\right)\mathrm{d}A = I_\mathrm{y} + I_\mathrm{z}$$

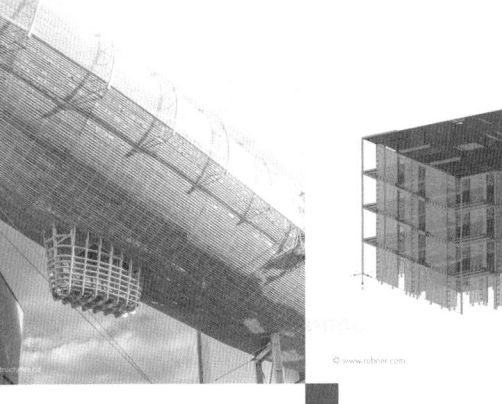
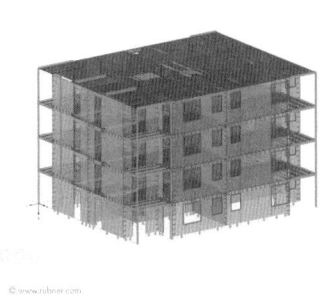
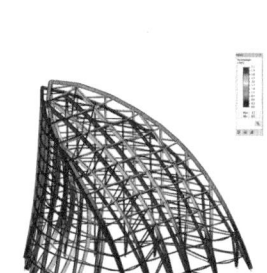

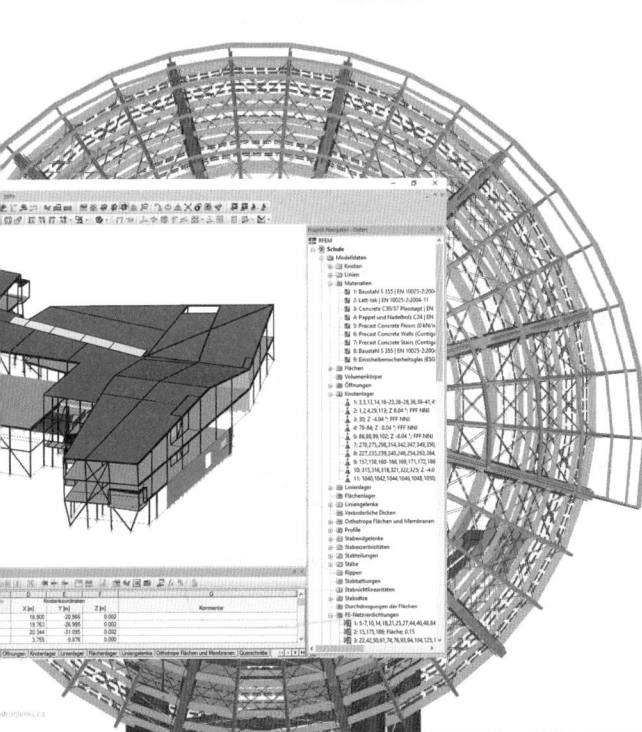
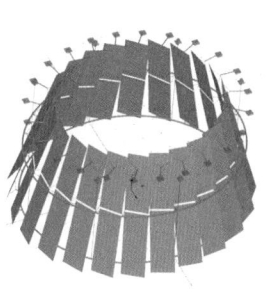

Flächenmomente zweiten Grades
um parallel aus dem Schwerpunkt
verschoben Achsen $\bar{y}$ und $\bar{z}$
(Satz von Steiner)

$$I_{\bar{y}} = \int \bar{z}^2\, dA = I_y + A \cdot z_0^2$$
$$I_{\bar{z}} = \int \bar{y}^2\, dA = I_z + A \cdot y_0^2$$
$$I_{\overline{yz}} = \int \overline{yz}\, dA = I_{yz} + A \cdot y_0 \cdot z_0$$

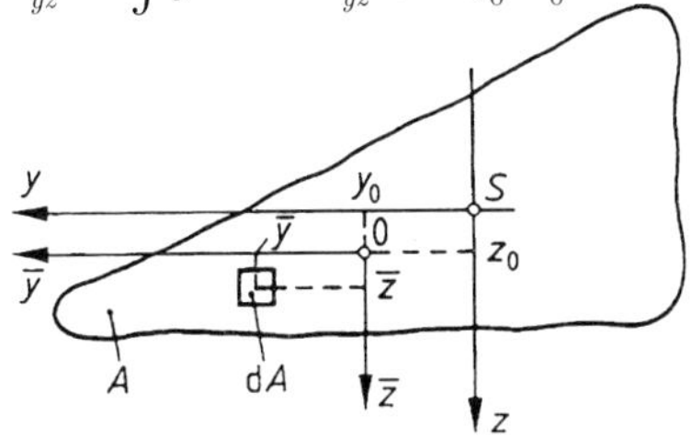

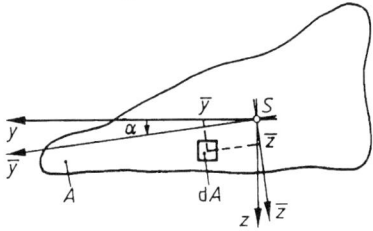

Abb. 5.5 Parallel aus dem Schwerpunkt S verschobene Achsen

Flächenmomente zweiten Grades
um beliebig gedrehte Achsen

$$I_{\bar{y}} = \int \bar{z}^2\, dA = I_y \cdot \cos^2\alpha + I_z \cdot \sin^2\alpha - I_{yz}\sin 2\alpha$$
$$I_{\bar{z}} = \int \bar{y}^2\, dA = I_y \cdot \sin^2\alpha + I_z \cdot \cos^2\alpha + I_{yz}\sin 2\alpha$$
$$I_{\overline{yz}} = \int \overline{yz}\, dA = \frac{1}{2}\left(I_y - I_z\right)\sin^2\alpha + I_{yz}\cos 2\alpha$$

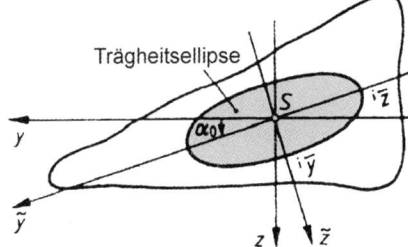

Abb. 5.6 Gedrehte Achsen

5.2.1.3 Hauptachsen $\tilde{y}$, $\tilde{z}$

Orientierung der Hauptachsen $\tilde{y}, \tilde{z}\,(I_{\tilde{y}\tilde{z}} = 0)$

$$\tan 2\alpha_0 = \frac{2I_{yz}}{I_z - I_y}$$

Hauptträgheitsmomente

$$\left.\begin{array}{c} I_{max} \\ I_{min} \end{array}\right\} = \frac{I_y + I_z}{2} \pm \frac{I_y - I_z}{2}\sqrt{1 + \tan^2\alpha_0}$$

Trägheitsellipse

Abb. 5.7 Hauptachsen

5.2.2 Aus Teilflächen zusammengesetzte Flächen (Abb. 5.8)

Flächeninhalt
$$A = A_1 + A_2 + \dots$$

Statische Momente (Flächenmomente ersten Grades)
$$S_y = A_1 \cdot z_{S1} + A_2 \cdot z_{S2} + \dots$$
$$S_z = A_1 \cdot y_{S1} + A_2 \cdot y_{S2} + \dots$$

Trägheitsmomente (Flächenmomente zweiten Grades)
$$I_y = I_{y1} + A_1 \cdot z_{S1}^2 + I_{y2} + A_2 \cdot z_{S2}^2 + \dots$$
$$I_z = I_{z1} + A_1 \cdot y_{S1}^2 + I_{z2} + A_2 \cdot y_{S2}^2 + \dots$$
$$I_{yz} = I_{yz1} + A_1 \cdot y_{S1} \cdot z_{S1} + I_{yz2} + A_2 \cdot y_{S2} \cdot z_{S2} + \dots$$

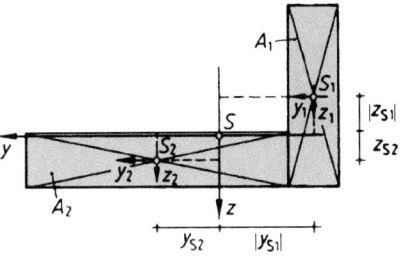

Abb. 5.8 Flächenwerte zusammengesetzter Flächen

5.2.3 Polygonal berandete Flächen; n-Ecke

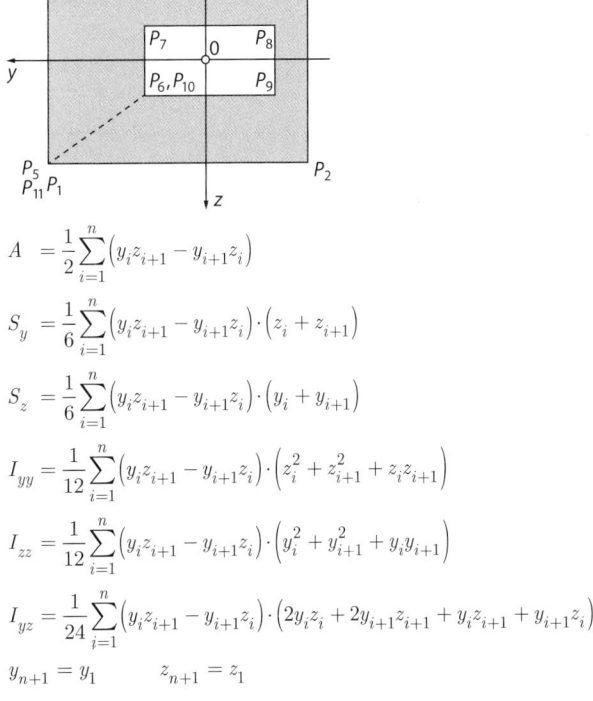

$$A = \frac{1}{2}\sum_{i=1}^{n}\left(y_i z_{i+1} - y_{i+1}z_i\right)$$

$$S_y = \frac{1}{6}\sum_{i=1}^{n}\left(y_i z_{i+1} - y_{i+1}z_i\right)\cdot\left(z_i + z_{i+1}\right)$$

$$S_z = \frac{1}{6}\sum_{i=1}^{n}\left(y_i z_{i+1} - y_{i+1}z_i\right)\cdot\left(y_i + y_{i+1}\right)$$

$$I_{yy} = \frac{1}{12}\sum_{i=1}^{n}\left(y_i z_{i+1} - y_{i+1}z_i\right)\cdot\left(z_i^2 + z_{i+1}^2 + z_i z_{i+1}\right)$$

$$I_{zz} = \frac{1}{12}\sum_{i=1}^{n}\left(y_i z_{i+1} - y_{i+1}z_i\right)\cdot\left(y_i^2 + y_{i+1}^2 + y_i y_{i+1}\right)$$

$$I_{yz} = \frac{1}{24}\sum_{i=1}^{n}\left(y_i z_{i+1} - y_{i+1}z_i\right)\cdot\left(2y_i z_i + 2y_{i+1}z_{i+1} + y_i z_{i+1} + y_{i+1}z_i\right)$$

$$y_{n+1} = y_1 \qquad z_{n+1} = z_1$$

Abb. 5.9 Polygonal berandete Fläche; Nummerierung der Eckpunkte

Tafel 5.2 Flächen- und Widerstandsmomente für die Schwerachse

Querschnitt	Schwerachsen-abstand e	Flächenmoment 2. Grades I	Widerstands-moment $W = I/e$
1. 2. 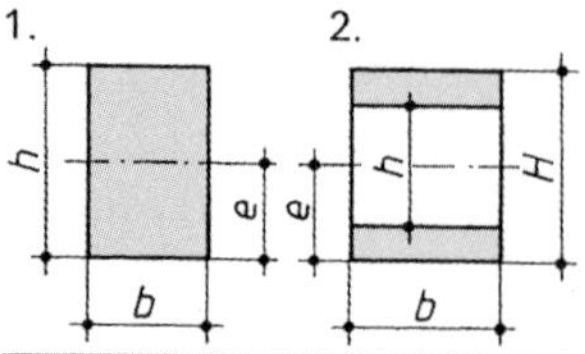	1. $\dfrac{h}{2}$ 2. $\dfrac{H}{2}$	1. $\dfrac{bh^3}{12}$ 2. $\dfrac{b}{12}(H^3 - h^3)$	1. $\dfrac{bh^2}{6}$ 2. $\dfrac{b}{6H}(H^3 - h^3)$
3. 4. 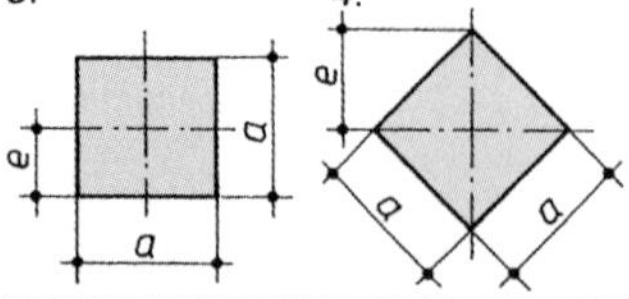	3. $\dfrac{a}{2}$ 4. $\dfrac{a}{2}\sqrt{2}$	3. $\dfrac{a^4}{12}$ 4. $\dfrac{a^4}{12}$	3. $\dfrac{a^3}{6}$ 4. $0{,}1179\,a^3$
5. 6. 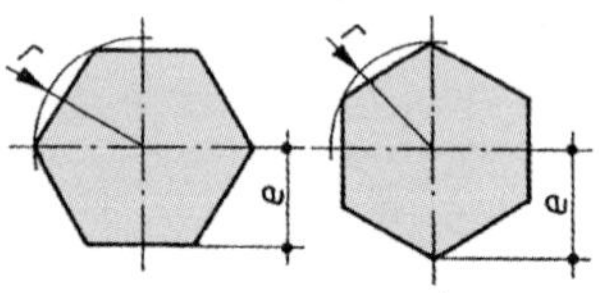	5. $0{,}866\,r$ 6. r	5. $0{,}5413\,r^4$ 6. $0{,}5413\,r^4$	5. $\dfrac{5}{8}r^3 = 0{,}625\,r^3$ 6. $0{,}5413\,r^3$
7. 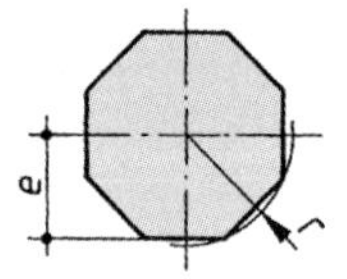	$0{,}9239\,r$	$0{,}6381\,r^4$	$0{,}6906\,r^3$
8. 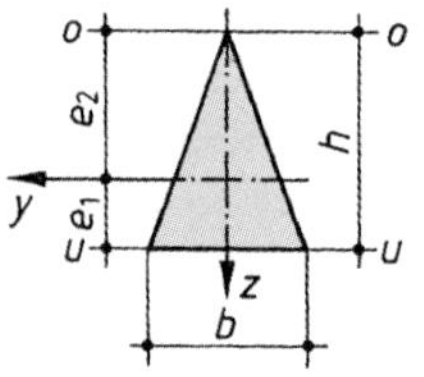	$e_1 = \dfrac{h}{3}$ $e_2 = \dfrac{2}{3}h$	$I_y = \dfrac{bh^3}{36}$ $I_z = \dfrac{hb^3}{48}$	$W_{yo} = \dfrac{bh^2}{24}$ $W_{yu} = \dfrac{bh^2}{12}$ $W_z = \dfrac{hb^2}{24}$
9. 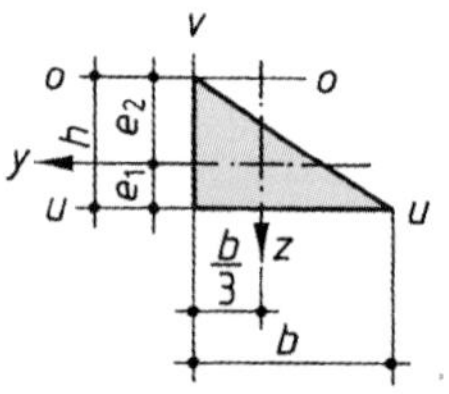	$e_1 = \dfrac{h}{3}$ $e_2 = \dfrac{2}{3}h$	$I_y = \dfrac{b \cdot h^3}{36}$ $I_z = \dfrac{hb^3}{36}$ $I_{yz} = -\dfrac{b^2 h^2}{72}$	$W_{yo} = \dfrac{bh^2}{24}$ $W_{yu} = \dfrac{bh^2}{12}$
10. 11. 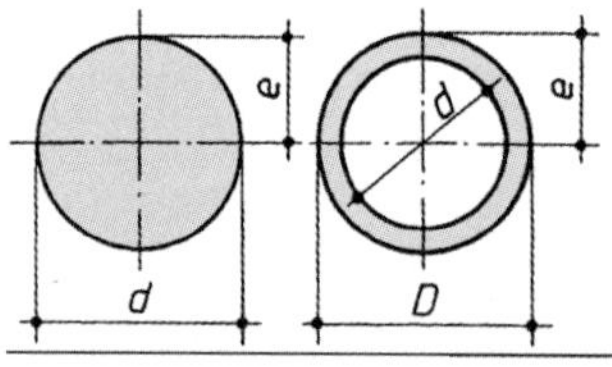	10. $\dfrac{d}{2}$ 11. $\dfrac{D}{2}$	10. $\dfrac{\pi d^4}{64} \approx 0{,}05\,d^4$ 11. $\dfrac{\pi}{64}(D^4 - d^4)$	10. $\dfrac{\pi d^3}{32} \approx 0{,}1\,d^3$ 11. $\dfrac{\pi}{32} \cdot \dfrac{D^4 - d^4}{D}$

Tafel 5.2 (Fortsetzung)

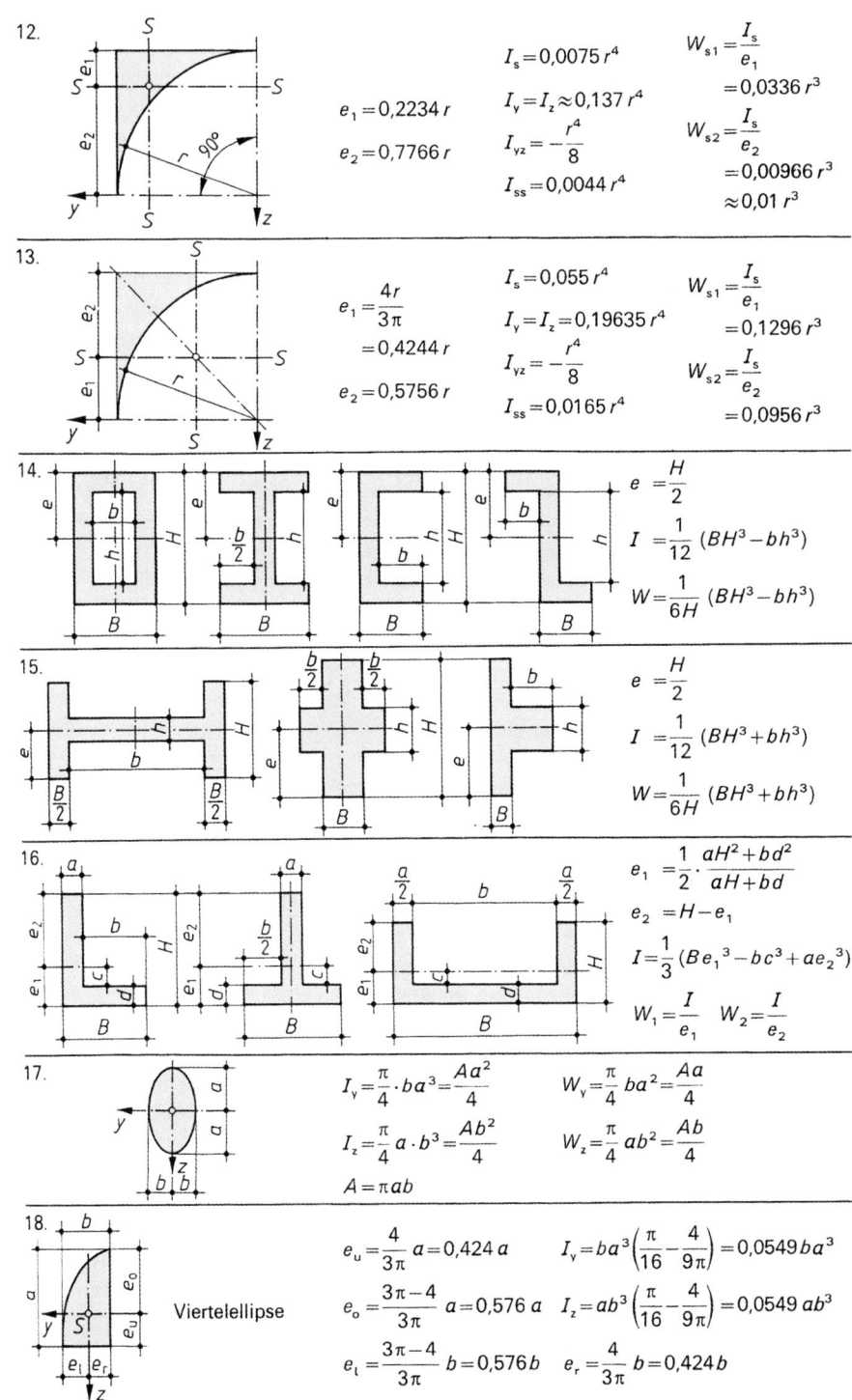

12.

$$I_s = 0,0075 \, r^4$$

$$W_{s1} = \frac{I_s}{e_1}$$

$$= 0,0336 \, r^3$$

$$e_1 = 0,2234 \, r$$

$$I_y = I_z \approx 0,137 \, r^4$$

$$e_2 = 0,7766 \, r$$

$$I_{yz} = -\frac{r^4}{8}$$

$$W_{s2} = \frac{I_s}{e_2}$$

$$= 0,00966 \, r^3$$

$$I_{ss} = 0,0044 \, r^4$$

$$\approx 0,01 \, r^3$$

13.

$$e_1 = \frac{4r}{3\pi}$$

$$I_s = 0,055 \, r^4$$

$$W_{s1} = \frac{I_s}{e_1}$$

$$= 0,4244 \, r$$

$$I_y = I_z = 0,19635 \, r^4$$

$$= 0,1296 \, r^3$$

$$e_2 = 0,5756 \, r$$

$$I_{yz} = -\frac{r^4}{8}$$

$$W_{s2} = \frac{I_s}{e_2}$$

$$I_{ss} = 0,0165 \, r^4$$

$$= 0,0956 \, r^3$$

14.

$$e = \frac{H}{2}$$

$$I = \frac{1}{12} \left(BH^3 - bh^3 \right)$$

$$W = \frac{1}{6H} \left(BH^3 - bh^3 \right)$$

15.

$$e = \frac{H}{2}$$

$$I = \frac{1}{12} \left(BH^3 + bh^3 \right)$$

$$W = \frac{1}{6H} \left(BH^3 + bh^3 \right)$$

16.

$$e_1 = \frac{1}{2} \cdot \frac{aH^2 + bd^2}{aH + bd}$$

$$e_2 = H - e_1$$

$$I = \frac{1}{3} \left(Be_1^3 - bc^3 + ae_2^3 \right)$$

$$W_1 = \frac{I}{e_1} \quad W_2 = \frac{I}{e_2}$$

17.

$$I_y = \frac{\pi}{4} \cdot ba^3 = \frac{Aa^2}{4}$$

$$W_y = \frac{\pi}{4} ba^2 = \frac{Aa}{4}$$

$$I_z = \frac{\pi}{4} a \cdot b^3 = \frac{Ab^2}{4}$$

$$W_z = \frac{\pi}{4} ab^2 = \frac{Ab}{4}$$

$$A = \pi ab$$

18. Viertelellipse

$$e_u = \frac{4}{3\pi} a = 0,424 \, a$$

$$I_y = ba^3 \left(\frac{\pi}{16} - \frac{4}{9\pi} \right) = 0,0549 \, ba^3$$

$$e_o = \frac{3\pi - 4}{3\pi} a = 0,576 \, a$$

$$I_z = ab^3 \left(\frac{\pi}{16} - \frac{4}{9\pi} \right) = 0,0549 \, ab^3$$

$$e_l = \frac{3\pi - 4}{3\pi} b = 0,576 \, b$$

$$e_r = \frac{4}{3\pi} b = 0,424 \, b$$

Schwerpunktlagen weiterer Flächen s. Kapitel Mathematik

Tafel 5.3 Torsionsflächenmomente zweiten Grades und Torsionswiderstandsmomente

Querschnittsform	I_T	W_T	Ort von max τ
Kreis	$\dfrac{\pi d^4}{32}$	$\dfrac{\pi d^3}{16}$	Am Umfang
Kreisring	$\dfrac{\pi}{32}(d^4 - d_1^4)$	$\dfrac{\pi}{16}\dfrac{d^4 - d_1^4}{d}$	Am äußeren Umfang
Dünnwandiger Kreisring $t \ll d$ $d_m = d - t$	$\dfrac{\pi d_m^3 t}{4}$	$\dfrac{\pi d_m^2 t}{2}$	Über Ringdicke nahezu konstant
Ellipse	$\dfrac{\pi}{16}\dfrac{a^3 b^3}{a^2 + b^2}$	$\pi\dfrac{a b^2}{16}$	Schnittpunkt des Umfangs mit kurzer Achse
Sechseck	$0{,}133\,d^4$	$0{,}188\,d^3$	Mitte der Seiten
Achteck	$0{,}130\,d^4$	$0{,}185\,d^3$	Mitte der Seiten
Rechteck	$\alpha b^3 d$	$\beta b^2 d$	Mitten der längeren Seiten

d/b	1,00	1,25	1,50	2,00	3,00	4,00	6,00	10,00	∞
α	0,140	0,171	0,196	0,229	0,263	0,281	0,299	0,313	0,333
β	0,208	0,221	0,231	0,246	0,267	0,282			

Querschnittsform	I_T	W_T	Ort von max τ
Walzquerschnitte	$\eta\,\tfrac{1}{3}\sum(d\cdot b^3)$	$\eta\,\dfrac{1}{3\max b}\sum(d\cdot b^3)$	Mitte der Längsseiten des dicksten Rechtecks

Profil	I	[	L	T	+
η	1,30	1,12	1,00	1,12	1,17

Querschnittsform	I_T	W_T	Ort von max τ
Kastenquerschnitt $t_1, t_2 \ll b$ $t_3, t_4 \ll d$	$\dfrac{4bd}{\dfrac{1}{b}\left(\dfrac{1}{t_1}+\dfrac{1}{t_2}\right)+\dfrac{1}{d}\left(\dfrac{1}{t_3}+\dfrac{1}{t_4}\right)}$	$2bd\min t$	Mitte der dünnsten Wand
Geschlossener dünnwandiger Querschnitt	allgemein: $\dfrac{4A_m^2}{\oint\dfrac{ds}{t}}$ für t=const: $\dfrac{4A_m^2 t}{U}$ A_m ist die Fläche, die von der Wandachse eingeschlossen wird.	$2A_m\min t$	An der dünnsten Stelle des Rings

5.3 Spannungen und Verzerrungen; Körperelement

5.3.1 Allgemeines

Zwischen den beiden Ufern eines Schnittes durch ein beanspruchtes Bauteil wirken über die Fläche verteilte Kräfte, die Spannungen (Einheit z. B. MPa). Schräg auf eine Schnittfläche wirkende Spannungen werden in Normalspannungen σ, die senkrecht zur Schnittfläche wirken, und Schubspannungen τ, die in der Ebene der Schnittfläche wirken, zerlegt. Die Schubspannungen werden meist noch in Komponenten parallel zu den Querschnittsachsen zerlegt. Ein aus einem beanspruchten Bauteil herausgeschnittenes kleines Volumenelement verändert durch Verzerrungen seine Form und Größe. Es wird in Richtung der drei Kantenlängen im Allgemeinen unterschiedlich stark gedehnt (Dehnung ε). Ein ursprünglich rechter Winkel zwischen den Kanten des Volumenelements wird verändert (Gleitungen γ). Ursache für Spannungen und Verzerrungen sind die Einwirkungen (Äußere Kräfte, Zwängungen, Temperaturänderung usw.). Den Zusammenhang zwischen Spannungen und Verzerrungen beschreibt das Spannungs-Dehnungs-Gesetz (z. B. das Hookesche Gesetz).

5.3.2 Einachsiger Spannungszustand

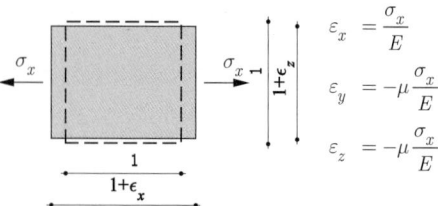

$$\varepsilon_x = \frac{\sigma_x}{E}$$

$$\varepsilon_y = -\mu\frac{\sigma_x}{E}$$

$$\varepsilon_z = -\mu\frac{\sigma_x}{E}$$

Abb. 5.10 Einachsiger Spannungszustand

5.3.3   Ebener Spannungszustand

a) Normalspannungen

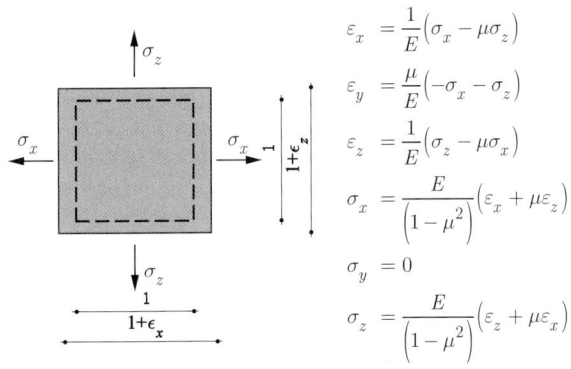

$$\varepsilon_x = \frac{1}{E}\left(\sigma_x - \mu\sigma_z\right)$$

$$\varepsilon_y = \frac{\mu}{E}\left(-\sigma_x - \sigma_z\right)$$

$$\varepsilon_z = \frac{1}{E}\left(\sigma_z - \mu\sigma_x\right)$$

$$\sigma_x = \frac{E}{\left(1-\mu^2\right)}\left(\varepsilon_x + \mu\varepsilon_z\right)$$

$$\sigma_y = 0$$

$$\sigma_z = \frac{E}{\left(1-\mu^2\right)}\left(\varepsilon_z + \mu\varepsilon_x\right)$$

Abb. 5.11   Ebener Spannungszustand; Normalspannungen

b) Schubspannungen

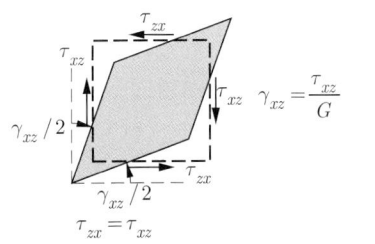

$$\gamma_{xz} = \frac{\tau_{xz}}{G}$$

$$\tau_{zx} = \tau_{xz}$$

(Zugeordnete Schubspannungen sind gleich)

Abb. 5.12   Ebener Spannungszustand; Schubspannungen

Spannungen auf einem gedrehten Element

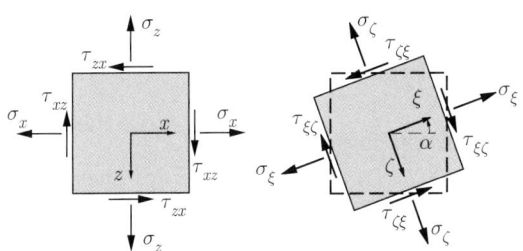

$$\sigma_\zeta(\alpha) = \frac{1}{2}\left(\sigma_z + \sigma_x\right) + \frac{1}{2}\left(\sigma_z - \sigma_x\right)\cos 2\alpha + \tau_{xz}\sin 2\alpha$$

$$\sigma_\xi(\alpha) = \frac{1}{2}\left(\sigma_z + \sigma_x\right) - \frac{1}{2}\left(\sigma_z - \sigma_x\right)\cos 2\alpha - \tau_{xz}\sin 2\alpha$$

$$\tau_{\zeta\xi}(\alpha) = \qquad -\frac{1}{2}\left(\sigma_z - \sigma_x\right)\sin 2\alpha + \tau_{xz}\cos 2\alpha$$

Abb. 5.13   Spannungen auf gedrehten Flächen

Alternativ können die Spannungen auf gedrehten Flächen über eine Matrixtransformation bestimmt werden.

$$\begin{bmatrix}\sigma_\xi & \tau_{\xi\zeta} \\ \tau_{\zeta\xi} & \sigma_\zeta\end{bmatrix} = \mathbf{T}^T\begin{bmatrix}\sigma_x & \tau_{xz} \\ \tau_{zx} & \sigma_z\end{bmatrix}\mathbf{T} \quad \text{mit} \quad \mathbf{T} = \begin{bmatrix}\cos\alpha & \sin\alpha \\ -\sin\alpha & \cos\alpha\end{bmatrix}$$

Orientierung des Elements mit Hauptnormalspannungen

$$\tan 2\alpha_0 = \frac{-2\tau_{xz}}{\sigma_x - \sigma_z}$$

In der Ebene der Hauptspannungen treten keine Schubspannungen auf ($\tau_{\zeta\xi} = 0$).

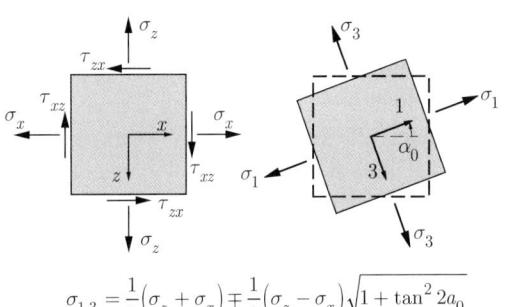

$$\sigma_{1,3} = \frac{1}{2}\left(\sigma_z + \sigma_x\right) \mp \frac{1}{2}\left(\sigma_z - \sigma_x\right)\sqrt{1 + \tan^2 2\alpha_0}$$

Abb. 5.14   Hauptnormalspannungen

Die die Hauptspannungen liefernde Matrizentransformation ist

$$\begin{bmatrix}\sigma_1 & 0 \\ 0 & \sigma_3\end{bmatrix} = \mathbf{T}^T\begin{bmatrix}\sigma_x & \tau_{xz} \\ \tau_{zx} & \sigma_z\end{bmatrix}\mathbf{T} \quad \text{mit} \quad \mathbf{T} = \begin{bmatrix}\cos\alpha_0 & \sin\alpha_0 \\ -\sin\alpha_0 & \cos\alpha_0\end{bmatrix}$$

Orientierung des Elements mit Hauptschubspannungen

$$\tan 2\alpha_1 = \frac{\sigma_x - \sigma_z}{2\tau_{xz}}$$

Hauptschubspannungen

$$\left.\begin{matrix}\tau_{max} \\ \tau_{min}\end{matrix}\right\} = \mp\sqrt{\frac{1}{4}\left(\sigma_x - \sigma_z\right)^2 + \tau_{xz}^2}$$

Beziehungen zwischen den Materialkonstanten

$$G = \frac{E}{2\left(1 + \mu\right)}, \quad \mu = \frac{E}{2G} - 1, \quad \frac{E}{3} \leq G \leq \frac{E}{2}$$

Tafel 5.4   Elastizitätsmoduln in MPa[a]

Baustoff	E
Baustahl	210.000
Betonstahl	200.000
Stahlguss	169.000
Aluminium	70.000
Glas	60.000 bis 73.000
Normalbeton	27.000 bis 37.000
Mauerwerk	1500 bis 10.000
Nadelholz ∥ zur Faser	~11.000
Nadelholz ⊥ zur Faser	~370
Eiche u. Buche ∥ zur Faser	~12.000
Eiche u. Buche ⊥ zur Faser	~800

[a] Genaue Werte: siehe Werkstoffnormen

5.4 Spannungen und Schnittgrößen in homogenen Querschnitten

5.4.1 Allgemeines

Die zwischen den beiden Ufern eines Schnittes durch ein beanspruchtes stabförmiges Bauteil wirkenden Spannungen lassen sich durch eine einzige resultierende Schnittkraft S darstellen, deren Wirkungslinie die Schnittebene in einem Punkt P schneidet. Die Zerlegung dieser Kraft an der Stelle P liefert die Normalkraft N (wirkt senkrecht zum Querschnitt) und die Querkräfte V_y und V_z (wirken in der Querschnittsebene). Parallelverschiebung von N in die Schwerlinie liefert zusätzlich die Momente M_y und M_z. Parallelverschiebung von V_y und V_z in den Schwerpunkt des Querschnitts liefert das Torsionsmoment M_x (Abb. 5.15). Für die folgenden Beziehungen zwischen Schnittgrößen und zugehörigen Spannungen gelten die Voraussetzungen:

- die Beanspruchung liegt im elastischen Bereich, das Hookesche Gesetz hat Gültigkeit,
- die Stabachse ist gerade oder nur schwach gekrümmt,
- der Querschnitt ändert sich im Bereich nicht oder nur allmählich; Querschnittssprünge, Durchbrüche, Aussparungen existieren nicht,
- im betrachteten Bereich werden keine größeren Kräfte eingeleitet,
- die Verzerrungen infolge Querkraft werden vernachlässigt (Querschnitte bleiben eben und senkrecht zur Stabachse)

5.4.2 Normalspannungen

5.4.2.1 Normalkraft N in der Schwerlinie
Eine im Schwerpunkt wirkende Normalkraft N erzeugt die Normalspannungen (Abb. 5.16)

$$\sigma_x = \frac{N}{A}$$

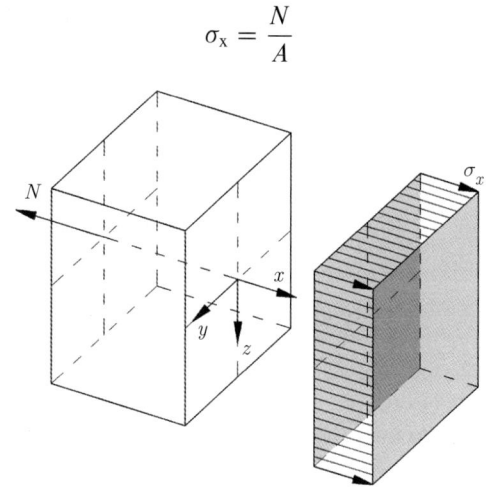

Abb. 5.16 Spannungen infolge Normalkraft

5.4.2.2 Einachsige Biegung M_y
Ist y eine Schwerpunktshauptachse des Querschnitts eines homogenen Stabs, erzeugt das Biegemoment M_y die Normalspannungen

$$\sigma_x(z) = \frac{M_y}{I_y} z$$

Die Spannungsnulllinie ist die y-Achse. In den am weitesten von der Spannungsnulllinie entfernten Querschnittspunkten P_1 und P_2 betragen die Spannungen mit den vorzeichenbehafteten Widerstandsmomenten

$$W_{y,1} = \frac{I_y}{z_1} \quad \text{und} \quad W_{y,2} = \frac{I_y}{z_2}$$

$$\sigma_{x1} = \frac{M_y}{W_{y1}} \quad \text{und} \quad \sigma_{x2} = \frac{M_y}{W_{y2}}$$

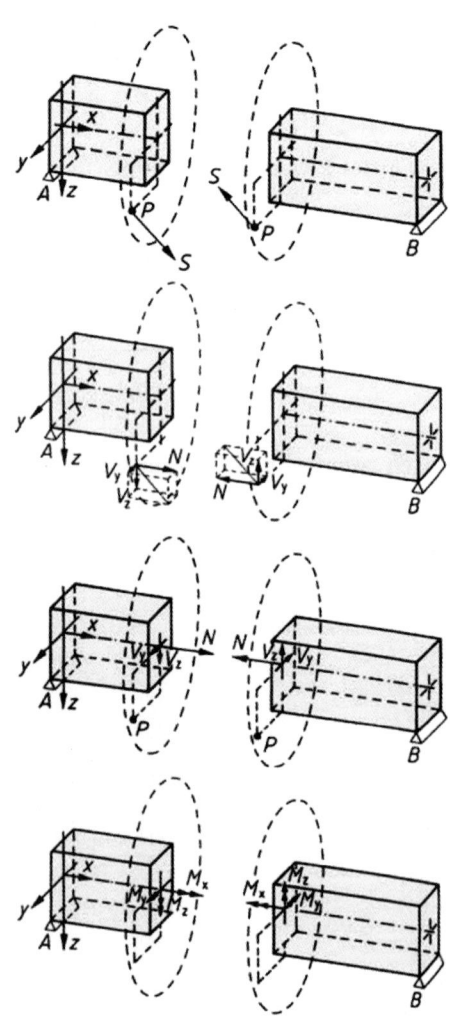

Abb. 5.15 Schnittgrößen

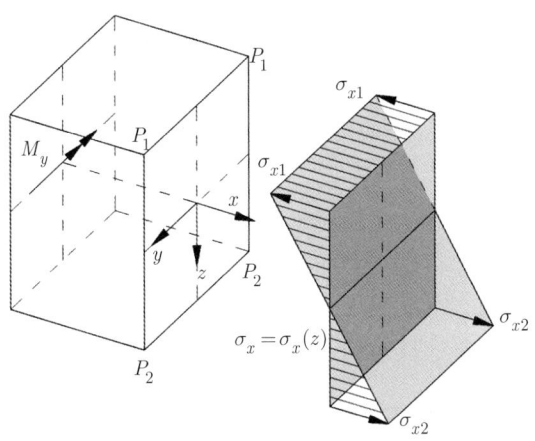

Abb. 5.17 Spannungen infolge Biegemoment M_y

5.4.2.3 Einachsige Biegung mit Normalkraft

Unter der Einwirkung von einachsiger Biegung und Normalkraft gilt für die Spannungsverteilung über den Querschnitt

$$\sigma_\mathrm{x}(z) = \frac{N}{A} + \frac{M_\mathrm{y}}{I_\mathrm{y}} z$$

was für P_1 und P_2 zu

$$\sigma_\mathrm{x1} = \frac{N}{A} + \frac{M_\mathrm{y}}{W_\mathrm{y1}} \quad \text{und} \quad \sigma_\mathrm{x2} = \frac{N}{A} + \frac{M_\mathrm{y}}{W_\mathrm{y2}}$$

führt.

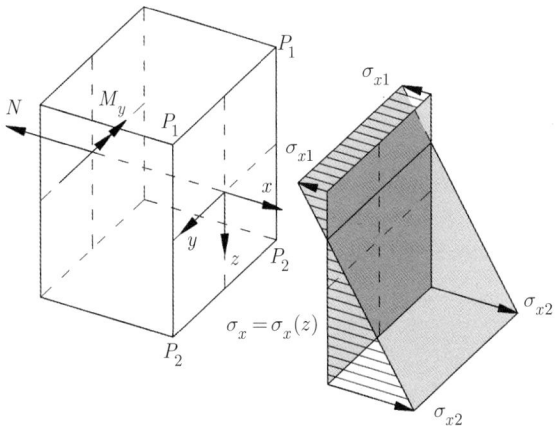

Abb. 5.18 Spannungen infolge einachsiger Biegung mit Normalkraft

5.4.2.4 Zweiachsige Biegung

Sind y und z Schwerpunktshauptachsen, ergeben sich durch die beiden Biegemomente die Spannungen

$$\sigma_\mathrm{x}(y, z) = \frac{M_\mathrm{y}}{I_\mathrm{y}} z - \frac{M_\mathrm{z}}{I_\mathrm{z}} y$$

Die Spannungsnulllinie

$$y = \frac{M_\mathrm{y}}{M_\mathrm{z}} \frac{I_\mathrm{z}}{I_\mathrm{y}} z$$

verläuft durch den Schwerpunkt S. Sie bildet mit der y-Achse den Winkel

$$\alpha = \arctan\left(\frac{M_\mathrm{z}}{M_\mathrm{y}} \frac{I_\mathrm{y}}{I_\mathrm{z}} \right)$$

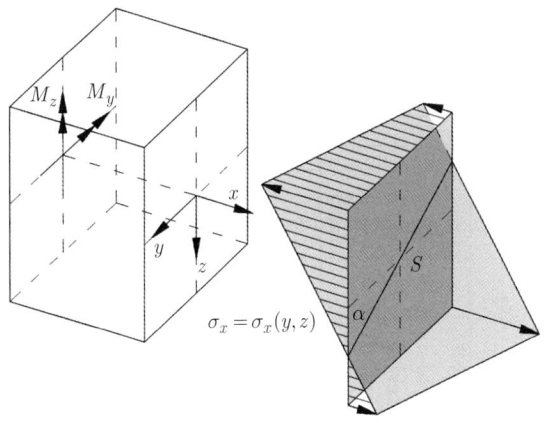

Abb. 5.19 Spannungen infolge zweiachsiger Biegung

5.4.2.5 Zweiachsige Biegung mit Normalkraft

a) Verwendung von Hauptachsen Sind y und z Schwerpunktshauptachsen, ergeben sich infolge zweiachsiger Biegung mit Normalkraft die Spannungen (Abb. 5.20)

$$\sigma_\mathrm{x}(y, z) = \frac{N}{A} + \frac{M_\mathrm{y}}{I_\mathrm{y}} z - \frac{M_\mathrm{z}}{I_\mathrm{z}} y$$

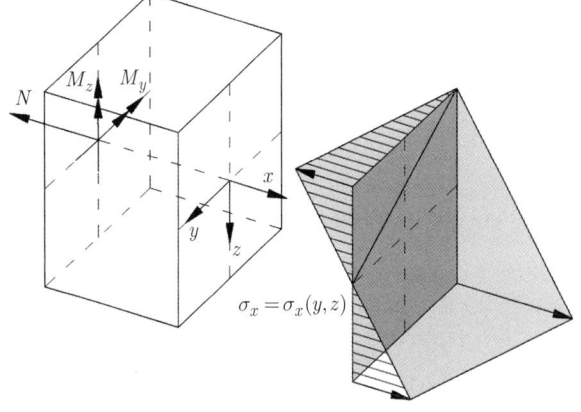

Abb. 5.20 Spannungen infolge zweiachsiger Biegung mit Normalkraft

b) Verwendung von beliebig orientierten Schwerpunkts-achsen Sind y und z Schwerpunktsachsen (aber keine Hauptachsen) ergibt sich

$$\sigma_x(y,z) = \frac{N}{A} + \frac{(I_z \cdot z - I_{yz} \cdot y)M_y - (I_y \cdot y - I_{yz} \cdot z)M_z}{I_y I_z - I_{yz}^2}$$

c) Spannungen eines Vorzeichens, Querschnittskern Zu jedem Angriffspunkt von N in der Querschnittsebene gehört eine bestimmte Lage der Spannungsnulllinie. Der Ort aller Angriffspunkte, für die die Spannungen im Querschnitt ein einheitliches Vorzeichen haben (nur Druck- oder nur Zug-spannungen), wird als Querschnittskern bezeichnet.

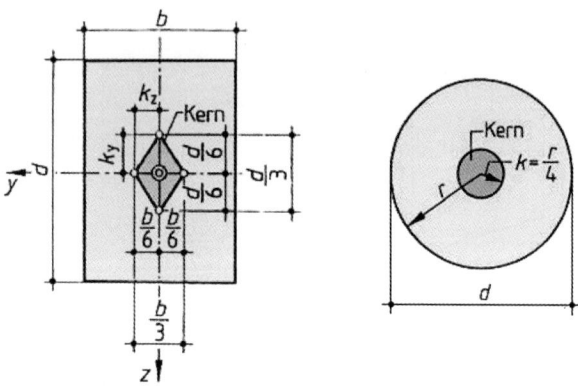

Abb. 5.21 Kern eines Rechteck- und Vollkreisquerschnitts

5.4.3 Schubspannungen

5.4.3.1 Querkraft V_z in Richtung der Hauptachse z

a) Schubspannungen Ist z eine Hauptachse und verläuft die Wirkungslinie von V_z durch den Schubmittelpunkt der Querschnittsfläche, so gehören zu V_z die Schubspannungen

$$\tau_{xz}(z) = \tau_{zx}(z) = \frac{V_z \cdot S_y}{I_y \cdot b}$$

S_y ist das Flächenmoment ersten Grades der Fläche, die sich unterhalb der betrachteten Koordinate z befindet.

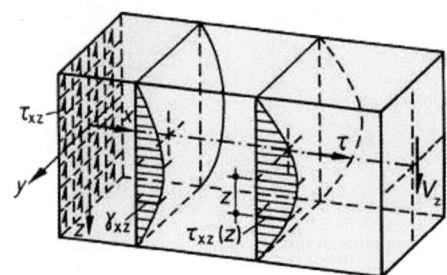

Abb. 5.22 Querkraft V_z

Das Maximum des Flächenmoments ersten Grades ergibt sich für einen Schnitt entlang der Schwerlinie des Querschnitts, so dass die größten Schubspannungen dort auftreten.

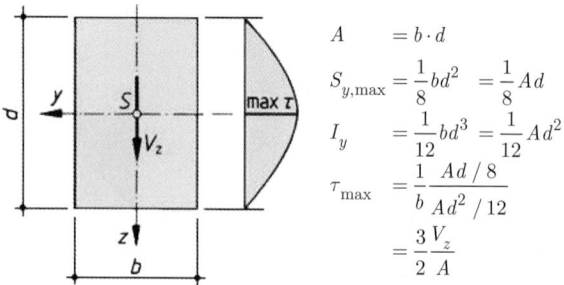

$$A = b \cdot d$$
$$S_{y,\max} = \frac{1}{8}bd^2 = \frac{1}{8}Ad$$
$$I_y = \frac{1}{12}bd^3 = \frac{1}{12}Ad^2$$
$$\tau_{\max} = \frac{1}{b}\frac{Ad/8}{Ad^2/12}$$
$$= \frac{3}{2}\frac{V_z}{A}$$

Abb. 5.23 Schubspannungsverteilung τ_{xz} im Rechteckquerschnitt

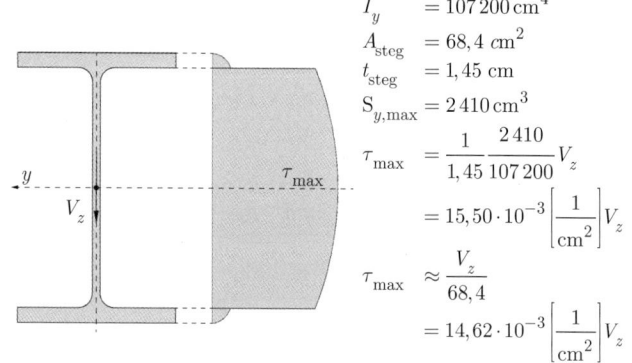

$$I_y = 107\,200\,\mathrm{cm}^4$$
$$A_{\mathrm{steg}} = 68,4\;cm^2$$
$$t_{\mathrm{steg}} = 1,45\;\mathrm{cm}$$
$$S_{y,\max} = 2\,410\,\mathrm{cm}^3$$
$$\tau_{\max} = \frac{1}{1,45}\frac{2\,410}{107\,200}V_z$$
$$= 15,50 \cdot 10^{-3}\left[\frac{1}{\mathrm{cm}^2}\right]V_z$$
$$\tau_{\max} \approx \frac{V_z}{68,4}$$
$$= 14,62 \cdot 10^{-3}\left[\frac{1}{\mathrm{cm}^2}\right]V_z$$

Abb. 5.24 Schubspannungen im HE 500·B

b) Schubfluss Die in einer zur Schwerlinie bzw. Stabach-se parallelen Schnittfläche der Breite b und der Länge L wirkenden Schubspannungen τ können zusammengefasst werden zum Schubfluss, der auf die Länge bezogenen Schub-kraft

$$T' = \tau \cdot b$$

Integration des Schubflusses über eine Länge ℓ liefert die auf dieser Länge im betrachteten Schnitt zu übertragende Schub-kraft (Abb. 5.25)

$$T = \int_{\ell} T'\,\mathrm{d}x$$

c) S-förmige Vorwölbung Wegen der parabolischen Vertei-lung der Schubspannung über die Profilhöhe kommt es zu einem entsprechenden Verlauf der Schubverzerrungen, was zu einer Verwölbung des Querschnitts führt. Bei größeren Querkräften ist somit die Voraussetzung vom Ebenbleiben der Querschnitte nicht mehr erfüllt.

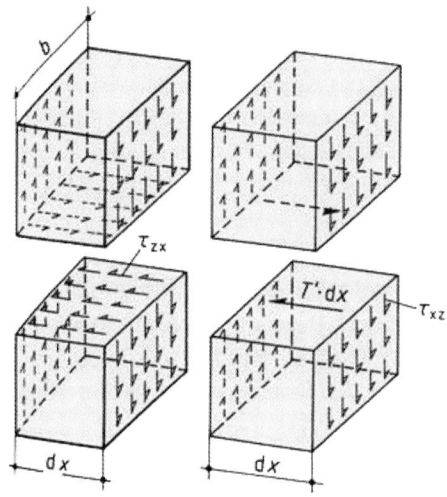

Abb. 5.25 Schubkraft T

d) Schubmittelpunkt Damit die Querlast eines Stabes nur Biegung und keine Torsion hervorruft, muss ihre Wirkungslinie den Querschnitt im Schubmittelpunkt schneiden. Bei doppelt symmetrischen Querschnitten fallen Schubmittelpunkt und Schwerpunkt zusammen, bei einfach symmetrischen Querschnitten liegt der Schubmittelpunkt auf der Symmetrieachse. Beim ⊥ und L-Profil liegt der Schubmittelpunkt im Schnittpunkt der Mittellinien der beiden rechteckförmigen Teilquerschnitte. Für zwei andere häufig verwendete Profile zeigt Abb. 5.26 die Lage des Schubmittelpunkts.

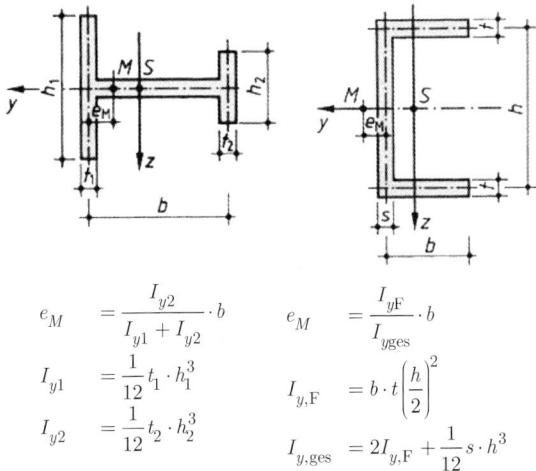

$$e_M = \frac{I_{y2}}{I_{y1}+I_{y2}}\cdot b \qquad e_M = \frac{I_{yF}}{I_{yges}}\cdot b$$

$$I_{y1} = \frac{1}{12}t_1\cdot h_1^3 \qquad I_{y,F} = b\cdot t\left(\frac{h}{2}\right)^2$$

$$I_{y2} = \frac{1}{12}t_2\cdot h_2^3 \qquad I_{y,ges} = 2I_{y,F}+\frac{1}{12}s\cdot h^3$$

Abb. 5.26 Schubmittelpunkt

5.4.3.2 Torsionsmoment M_x

a) Allgemeines Die Querschnitte eines beliebigen auf Torsion beanspruchten Profils werden im Allg. nicht nur in ihrer Ebene gedreht sondern auch aus ihrer Ebene heraus verwölbt (Wölbkrafttorsion). Wölbfreie Torsion (St. Venantsche Torsion) tritt nur im Kreis- und Kreisringquerschnitt auf.

b) St. Venantsche Torsion Zwischen den Querschnittsflächen eines auf Torsion beanspruchten Stabes mit Kreis- oder Kreisringquerschnitt treten nur Tangentialspannungen in Umfangsrichtung auf. Die außen auftretende größte Tangentialspannung τ_{max} ist mit dem Torsionsmoment $M_T = M_x$ und dem Torsionswiderstandsmoment W_T (Tafel 5.3) durch die Beziehung

$$\tau_{max} = \frac{M_T}{W_T}$$

verknüpft. Diese einfache Beziehung kann auch bei anderen Profilen mit guter Näherung verwendet werden, um die größte Schubspannung aus St. Venantscher Torsion zu berechnen.

c) Wölbkrafttorsion Zu den bei Verwölbung des Querschnitts auftretenden Spannungen gibt die Spezialliteratur Auskunft.

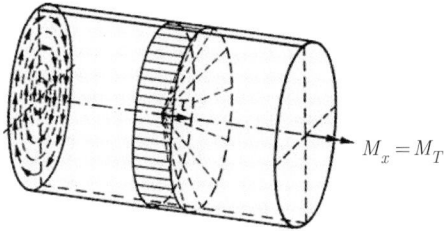

Abb. 5.27 Torsion

5.5 Nicht-homogene Querschnitte; versagende Zugzone

5.5.1 Nicht-homogene Querschnitte

a) Allgemeines Besteht der Querschnitt aus verschiedenen Materialien, sind die Berechnungen mit ideellen Querschnittswerten durchzuführen. Hier sollen nur zwei verschiedene Materialien betrachtet werden. Ein Material wird als Grundmaterial betrachtet mit dem Elastizitätsmodul E_1. Material 2 hat den E-Modul E_2. Das Verhältnis der E-Moduln ist

$$n = \frac{E_2}{E_1}$$

b) ideeller Schwerpunkt Die Flächenwerte des zweiten Materials werden mit den n-fachen Werten bei der Bestimmung des Schwerpunkts berücksichtigt. Die Schnittgrößen greifen im ideellen Schwerpunkt an.

c) ideelle Flächenwerte Bei der Berechnung der ideellen Fläche A_i und dem ideellen Flächenmoment zweiten Grades I_{yi} sind die Flächenwerte von Material 2 mit den n-fachen Werten zu berücksichtigen.

d) Berechnung der Normalspannung Im Bereich von Material 1 wird die Spannung mit den üblichen Formeln aber mit den ideellen Querschnittswerten berechnet. Gleiches gilt für Material 2 jedoch müssen die Spannungen noch mit n multipliziert werden.

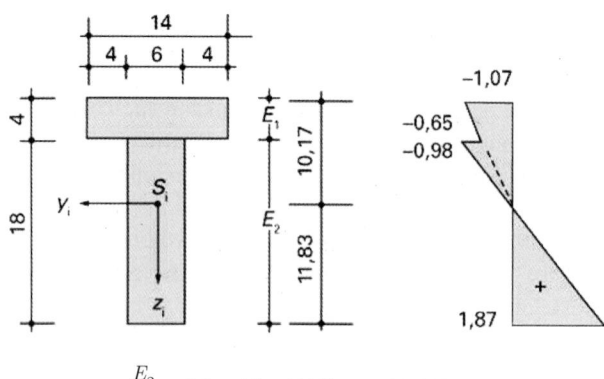

Beispiel

$$n = \frac{E_2}{E_1} = 1,5 \quad M = 10\,\text{kNm} = 1000\,\text{kNcm}$$

Ideelle Flächenwerte

$$A_i = 4 \cdot 14 + 1,5 \cdot 6 \cdot 18 = 56 + 1,5 \cdot 108 = 218\,\text{cm}^2$$

Schwerpunkt von Oberkante

$$z_S = \frac{56 \cdot 2 + 1,5 \cdot 108 \cdot 13}{56 + 1,5 \cdot 108} = 10,17\,\text{cm}$$

Trägheitsmoment

$$I_{yi} = 14 \cdot \frac{4^3}{12} + 14 \cdot 4 \cdot 8,17^2 + 1,5 \cdot \left(6 \cdot \frac{18^3}{12} + 6 \cdot 18 \cdot 2.83^2\right)$$
$$= 9\,484\,\text{cm}^4$$

Spannungen
Oberkante (Material 1)

$$\sigma = \frac{1\,000}{9\,484} \cdot (-10,17) = -1,07\,\frac{\text{kN}}{\text{cm}^2}$$

Unterkante (Material 2)

$$\sigma = 1,5 \cdot \frac{1\,000}{9\,484} \cdot 11,93 = 1,87\,\frac{\text{kN}}{\text{cm}^2}$$

Abb. 5.28 Querschnitt und Spannungsverteilung

5.5.2 Querschnitte mit versagender Zugzone

a) Allgemeines Ausmittig im Querschnitt wirkende Druckkräfte können auch dann übertragen werden, wenn der Baustoff keine Zugspannungen aufnehmen kann (z. B. Mauerwerk und Baugrund). Solange die Druckkraft im Kern des Querschnitts wirkt, ist der gesamte Querschnitt gedrückt und es gelten die Beziehungen des Abschn. 5.4. Wirkt die Druckkraft außerhalb des Kerns, müssen hierfür neue Beziehungen zwischen den Spannungen und der resultierenden Schnittkraft entwickelt werden. Für den häufig auftretenden Fall des Rechteckquerschnitts werden diese im Folgenden angegeben.

b) Angriffspunkt der Druckkraft liegt auf einer Symmetrieachse Mit den Bezeichnungen von Abbildung Abb. 5.29 lautet die Beziehung zwischen der größten Kantenpressung σ_{max} und der Druckkraft D, die im Abstand c vom Querschnittsrand wirkt

$$\sigma_{\text{max}} = \frac{2D}{3ac}$$

Die Spannungsnulllinie hat den Abstand $3c$ von diesem Querschnittsrand. Auf der Restlänge $b - 3c$ bis zum gegenüberliegenden Rand existiert eine klaffende Fuge. Diese würde sich z. B. bis zum Flächenschwerpunkt öffnen bei $c = b/6$ (Abb. 5.29).

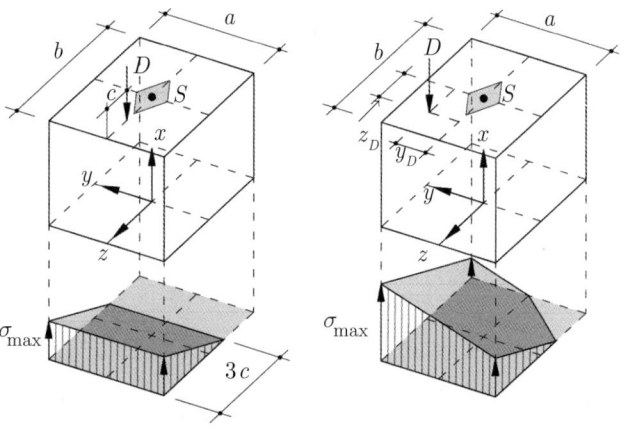

Abb. 5.29 Einachsig und zweiachsig ausmittiger Druck

c) Angriffspunkt der Druckkraft liegt nicht auf der Symmetrieachse Je nach Lage des Angriffspunkts der resultierenden Druckkraft ist die Grundfläche des Spannungskörpers beim Rechteckquerschnitt ein Vier- oder Fünfeck. Das Volumen des Spannungskörpers ist der Druckkraft äquivalent. Die maximale Druckspannung ergibt sich mithilfe der Beziehung nach Tafel 5.5 zu

$$\sigma_{\text{max}} = \frac{\mu D}{ab}$$

Tafel 5.5 μ-Werte

z_D/b	0,00	0,02	0,04	0,06	0,08	0,10	0,12	0,14	0,16	0,18	0,20	0,22	0,24	0,26	0,29	0,30	0,32
0,32	3,70	3,93	4,17	4,43	4,70	4,99											
0,30	3,33	3,54	3,75	3,98	4,23	4,49	4,78	5,09	5,43								
0,28	3,03	3,22	3,41	3,62	3,84	4,08	4,35	4,63	4,94	5,28	5,66						
0,26	2,78	2,95	3,13	3,32	3,52	3,74	3,98	4,24	4,53	4,84	5,19	5,57					
0,24	2,56	2,72	2,88	3,06	3,25	3,46	3,68	3,92	4,18	4,47	4,79	5,15	**5,55**				
0,22	2,38	2,53	2,68	2,84	3,02	3,20	3,41	3,64	3,88	4,15	4,44	**4,77**	5,15	5,57			
0,20	2,22	2,36	2,50	2,66	2,82	2,99	3,18	3,39	3,62	3,86	**4,14**	4,44	4,79	5,19	5,66		
0,18	2,08	2,21	2,35	2,49	2,64	2,80	2,98	3,17	3,38	**3,61**	3,86	4,15	4,47	4,84	5,28		
0,16	1,96	2,08	2,21	2,34	2,48	2,63	2,80	2,97	**3,17**	3,38	3,62	3,88	4,18	4,53	4,94	5,43	
0,14	1,84	1,96	2,08	2,21	2,34	2,48	2,63	**2,79**	2,97	3,17	3,39	3,64	3,92	4,24	4,63	5,09	
0,12	1,72	1,84	1,96	2,08	2,21	2,34	**2,48**	2,63	2,80	2,98	3,18	3,41	3,68	3,98	4,35	4,78	
0,10	1,60	1,72	1,84	1,96	2,08	**2,20**	2,34	2,48	2,63	2,80	2,99	3,20	3,46	3,74	4,08	4,49	4,99
0,08	1,48	1,60	1,72	1,84	**1,96**	2,08	2,21	2,34	2,48	2,64	2,82	3,02	3,25	3,52	3,84	4,23	4,70
0,06	1,36	1,48	1,60	**1,72**	1,84	1,96	2,08	2,21	2,34	2,49	2,66	2,84	3,06	3,32	3,62	3,98	4,43
0,04	1,24	1,36	**1,48**	1,60	1,72	1,84	1,96	2,08	2,21	2,35	2,50	2,68	2,88	3,13	3,41	3,75	4,17
0,02	1,12	**1,24**	1,36	1,48	1,60	1,72	1,84	1,96	2,08	2,21	2,36	2,53	2,72	2,95	3,22	3,54	3,93
0,00	**1,00**	1,12	1,24	1,36	1,48	1,60	1,72	1,84	1,96	2,08	2,22	2,38	2,56	2,78	3,03	3,33	3,70

y_D/a

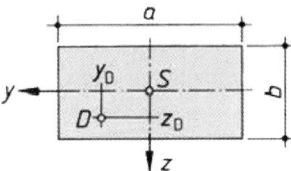

Abb. 5.30 Zu Tafel 5.5

5.6 Belastung, Querkaft, Biegemoment

Die Gleichgewichtsbetrachtung eines Balkenelements (siehe Abb. 5.31) liefert die Differentialbeziehungen

$$q(x) = -\frac{dV(x)}{dx} \quad \text{bzw.} \quad V(x) = -\int q(x)\,dx + c_1$$

$$V(x) = \frac{dM(x)}{dx} \quad \text{bzw.} \quad M(x) = \int V(x)\,dx + c_2$$

Die Belastung ist somit die negative erste Ableitung der Querkraft (die Querkraft ist das Integral über die negative Belastung) und die Querkraft die erste Ableitung des Biegemoments (das Biegemoment ist das Integral über die Querkraft).

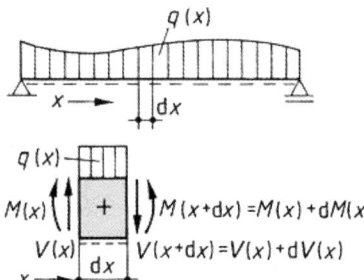

Abb. 5.31 Balkenelement

5.7 Verformungen des Einzelstabs

5.7.1 Längenänderung

Die Längenänderung $\Delta\ell$ eines Stabes unter Einwirkung einer Normalkraft N oder einer gleichmäßigen Temperaturänderung T beträgt

$$\Delta\ell = \varepsilon \cdot \ell \quad \text{mit} \quad \varepsilon = \frac{N}{EA} \quad \text{bzw.} \quad \varepsilon = \alpha_T \cdot T$$

Tafel 5.6 Temperaturdehnzahlen α_T bei normalen Temperaturen (nicht im Brandfall)

Baustoff	α_T in $10^{-6} \cdot 1/°C$
Baustahl	12
Betonstahl	10
Stahlguss	zirka 12
Aluminium	zirka 20
Glas	3 bis 9
Normalbeton	10
Mauerwerk	6 bis 10
Holz ∥ zur Faser	2,5 bis 5
Holz ⊥ zur Faser	25 bis 60

N Normalkraft
T gleichmäßig im ganzen Querschnitt auftretende Temperaturänderung
A Querschnittsfläche
E Elastizitätsmodul
α_T Temperaturdehnzahl
ℓ Stablänge
$\Delta\ell$ Längenänderung des Stabes
ε Dehnung

5.7.2 Drehung der Querschnitte um die Stabachse

Die Querschnitte eines Stabs werden gegeneinander verdreht durch ein um die Stabachse drehendes Moment, das Torsionsmoment $M_\mathrm{T} = M_\mathrm{x}$. Über die Beziehung zwischen Torsionsmoment, Drehwinkel und Torsionssteifigkeit gibt Abb. 5.32 Auskunft.

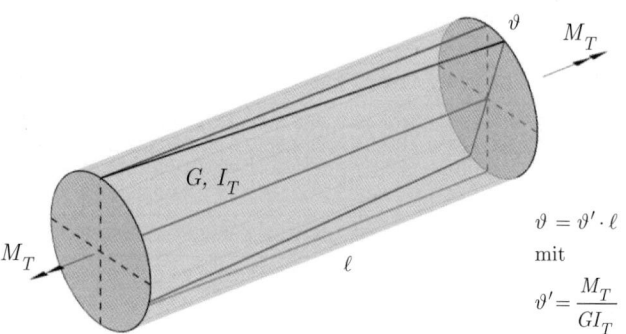

$$\vartheta = \vartheta' \cdot \ell$$
mit
$$\vartheta' = \frac{M_T}{GI_T}$$

Abb. 5.32 Torsion

M_T Torsionsmoment
I_T Torsionsträgheitsmoment
G Gleitmodul
ℓ Stablänge bzw. Abstand zweier betrachteter Querschnitte
ϑ Winkel, um den sich zwei Querschnitte gegeneinander verdrehen
ϑ' Drillung (auf die Länge bezogene Drehung)

5.7.3 Verschiebung der Querschnitte senkrecht zur Stabachse (Biegelinie)

Unter der Einwirkung von Querlasten, ausmittiger Längsbelastung oder Temperatur werden die Querschnitte eines Stabes senkrecht zur Stabachse zur sogenannten Biegelinie verschoben und verdreht. Der Einfluss von Querkräften auf die Biegelinie wird üblicherweise vernachlässigt.

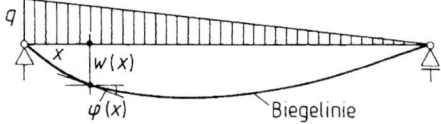

Abb. 5.33 Biegelinie

a) Ungleichmäßige Temperaturänderung Unterschiedliche Temperaturänderungen T_1 und T_2 an zwei gegenüberliegenden Querschnittsseiten werden zerlegt in eine gleichmä-

ßige Temperaturänderung T auf Höhe der Schwerlinie siehe Abschn. 5.7.1 und eine Temperaturdifferenz $\Delta T = T_2 - T_1$ (Abb. 5.34). Letztere führt am zwängungsfrei (statisch bestimmt) gelagerten Stab zur Krümmung

$$\frac{1}{R} = \frac{\Delta T \cdot \alpha_\mathrm{T}}{h}$$

Bei statisch unbestimmter Lagerung treten infolge Temperaturänderung auch Zwängungsmomente auf.

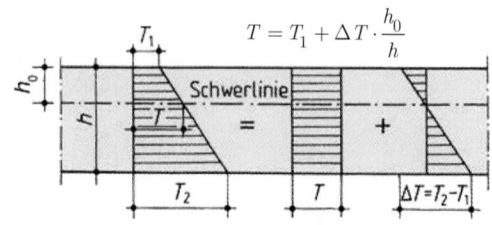

Abb. 5.34 Temperaturänderung

b) Querlasten Die Differentialgleichung der Biegelinie ergibt sich aus der Betrachtung des gekrümmten Balkenelements in Abb. 5.35.

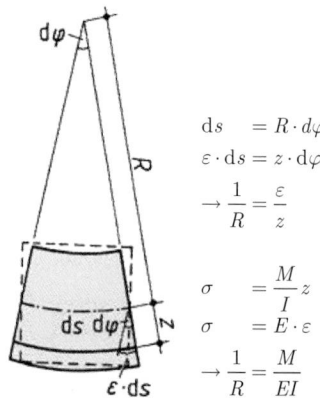

$$ds = R \cdot d\varphi$$
$$\varepsilon \cdot ds = z \cdot d\varphi$$
$$\rightarrow \frac{1}{R} = \frac{\varepsilon}{z}$$

$$\sigma = \frac{M}{I} z$$
$$\sigma = E \cdot \varepsilon$$
$$\rightarrow \frac{1}{R} = \frac{M}{EI}$$

Abb. 5.35 Gebogenes Stabelement

Der exakte Ausdruck für die Krümmung

$$\frac{1}{R} = \frac{-w''}{(1 + w'^2)^{3/2}}$$

liefert unter Annahme der üblichen baustatischen Linearisierung ($w' \ll 1$)

$$\frac{1}{R} = -w''(x) = \frac{M(x)}{EI}$$

Ableitungen dieser Beziehung ergeben

$$w'''(x) = -\frac{V(x)}{EI}$$

und

$$w^{IV}(x) = \frac{q(x)}{EI}$$

Daraus folgt, dass die *EI*-fache Biegelinie entweder durch viermalige Integration der Belastungsfunktion, dreimalige Integration der negativen Querkraftfunktion oder zweifache Integration der negativen Momentenfunktion ermittelt werden kann.

Beispiel

Gesucht ist die Biegelinie eines Balkens auf zwei Stützen unter Gleichlast

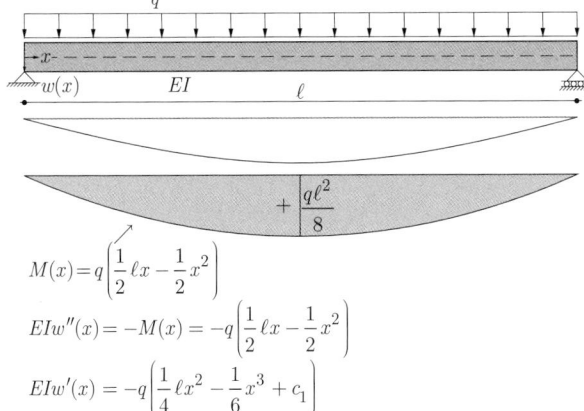

$$M(x) = q\left(\frac{1}{2}\ell x - \frac{1}{2}x^2\right)$$

$$EIw''(x) = -M(x) = -q\left(\frac{1}{2}\ell x - \frac{1}{2}x^2\right)$$

$$EIw'(x) = -q\left(\frac{1}{4}\ell x^2 - \frac{1}{6}x^3 + c_1\right)$$

$$EIw(x) = -q\left(\frac{1}{12}\ell x^3 - \frac{1}{24}x^4 + c_1 x + c_2\right)$$

Randbedingungen und Bestimmung der Konstanten

$w(0) = 0 \rightarrow c_2 = 0$

$w(\ell) = 0 \rightarrow c_1 = \dfrac{q\ell^3}{24}$

Somit lautet die Funktion der Biegelinie

$$w(x) = \frac{q\ell^4}{24\,EI}\left[\left(\frac{x}{\ell}\right)^4 - 2\left(\frac{x}{\ell}\right)^3 + \frac{x}{\ell}\right]$$

$$w_{max} = w\left(\frac{\ell}{2}\right) = \frac{5\,q\ell^4}{384\,EI}$$

Abb. 5.36 Biegelinie des Einfeldträgers unter Gleichlast

5.8 Knicken in einer Ebene (Eulerfälle)

Knicken wird durch die Differentialgleichung der Biegelinie in der Form

$$w'''(x) + \frac{F_k}{EI}\,w'(x) = 0$$

beschrieben, deren Lösung für die kritische Last (Knicklast)

$$F_k = \frac{\pi^2 EI}{s_k^2}$$

lautet. Wichtige Parameter bei Knicknachweisen sind der Trägheitsradius

$$i = \sqrt{\frac{I}{A}}$$

die Knicklänge s_k sowie der Schlankheitsgrad

$$\lambda = \frac{s_k}{i}$$

Hinsichtlich Lagerung und zugehöriger Knicklänge des Einzelstabs wird zwischen vier sogenannten Eulerfällen unterschieden (Abb. 5.37).

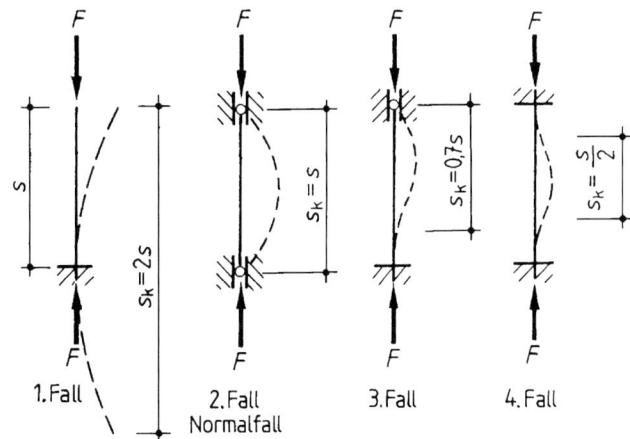

Abb. 5.37 Eulerfälle

Einzelheiten zur Behandlung des Knickproblems in der Bemessung enthalten die Abschnitte für die jeweiligen Bauweisen. Knickprobleme für Stabsysteme werden im Abschn. 5.21 angesprochen.

5.9   Statisch bestimmte Tragwerke

5.9.1   Einfache Balken

Tafel 5.7 Kragträger und Träger auf zwei Stützen

Belastungsfall	Auflagerkräfte	Biegemomente	Durchbiegung
1.	$B = F$	$M(x) = -Fx$ $M_B = -Fl$	$w = \dfrac{1}{3}\cdot\dfrac{Fl^3}{EI} = \dfrac{1}{3}\cdot\dfrac{\lvert M_B\rvert l^2}{EI}$
2.	$B = ql$	$M(x) = -\dfrac{qx^2}{2}$ $M_B = -\dfrac{ql^2}{2}$	$w = \dfrac{1}{8}\cdot\dfrac{ql^4}{EI} = \dfrac{1}{4}\cdot\dfrac{\lvert M_B\rvert l^2}{EI}$
3.	$B = \dfrac{ql}{2}$	$M(x) = -\dfrac{qx^3}{6l}$ $M_B = -\dfrac{ql^2}{6}$	$w = \dfrac{1}{30}\cdot\dfrac{ql^4}{EI} = \dfrac{1}{5}\cdot\dfrac{\lvert M_B\rvert l^2}{EI}$
4.	$A = F\dfrac{b}{l}$ $B = F\dfrac{a}{l}$	$M(x) = A\cdot x$ für $0 \le x \le a$ $M(x) = B(l-x)$ für $a \le x \le l$ $\max M = F\cdot a\cdot b/l$	$w_1 = \dfrac{1}{3}\cdot\dfrac{F}{EI}\cdot\dfrac{a^2 b^2}{l}$
5. $a = b = \dfrac{l}{2}$	$A = B = \dfrac{F}{2}$	$M(x) = \dfrac{F}{2}x$ $\max M = \dfrac{Fl}{4}$	$w = \dfrac{1}{48}\cdot\dfrac{Fl^3}{EI} = \dfrac{1}{12}\cdot\dfrac{\max M\, l^2}{EI}$ (s. Tafel 5.9)
6.	$A = B = F$	$\max M = Fa$	$w = \dfrac{Fa}{24EI}(3l^2 - 4a^2)$ (s. Tafel 5.9)
7.	$A = B = \dfrac{ql}{2}$	$M(x) = \dfrac{qx}{2}(l-x)$ $\max M = \dfrac{ql^2}{8}$	$w = \dfrac{5}{384}\cdot\dfrac{ql^4}{EI} = \dfrac{1}{9{,}6}\cdot\dfrac{\max M\, l^2}{EI}$ (s. Tafel 5.9)
8.	$A = \dfrac{1}{6}ql$ $B = \dfrac{1}{3}ql$	$M(x) = \dfrac{qlx}{6}\left(1 - \dfrac{x^2}{l^2}\right)$ $\max M = \dfrac{ql^2}{15{,}6}$ bei $x = 0{,}577\,l$	$w = 0{,}00652\,\dfrac{ql^4}{EI}$ bei $x = 0{,}5193\,l$
9.	$A = \dfrac{qbc}{l}$ $B = \dfrac{qac}{l}$	$\max M = \dfrac{qabc}{2l^2}(2l-c)$ bei $x = \dfrac{A}{q} + d$	$w_1 = \dfrac{qc}{384lEI}\cdot(lc^3 - 16abc^2 + 128a^2 b^2)$ bei $x = a$
10. $a = b = \dfrac{l}{2}$	$A = B = \dfrac{qc}{2}$	$\max M = \dfrac{qc}{8}(2l-c)$	$w = \dfrac{q\cdot c}{96EI}(2l^3 - lc^2 + 0{,}25c^3)$

Tafel 5.7 (Fortsetzung)

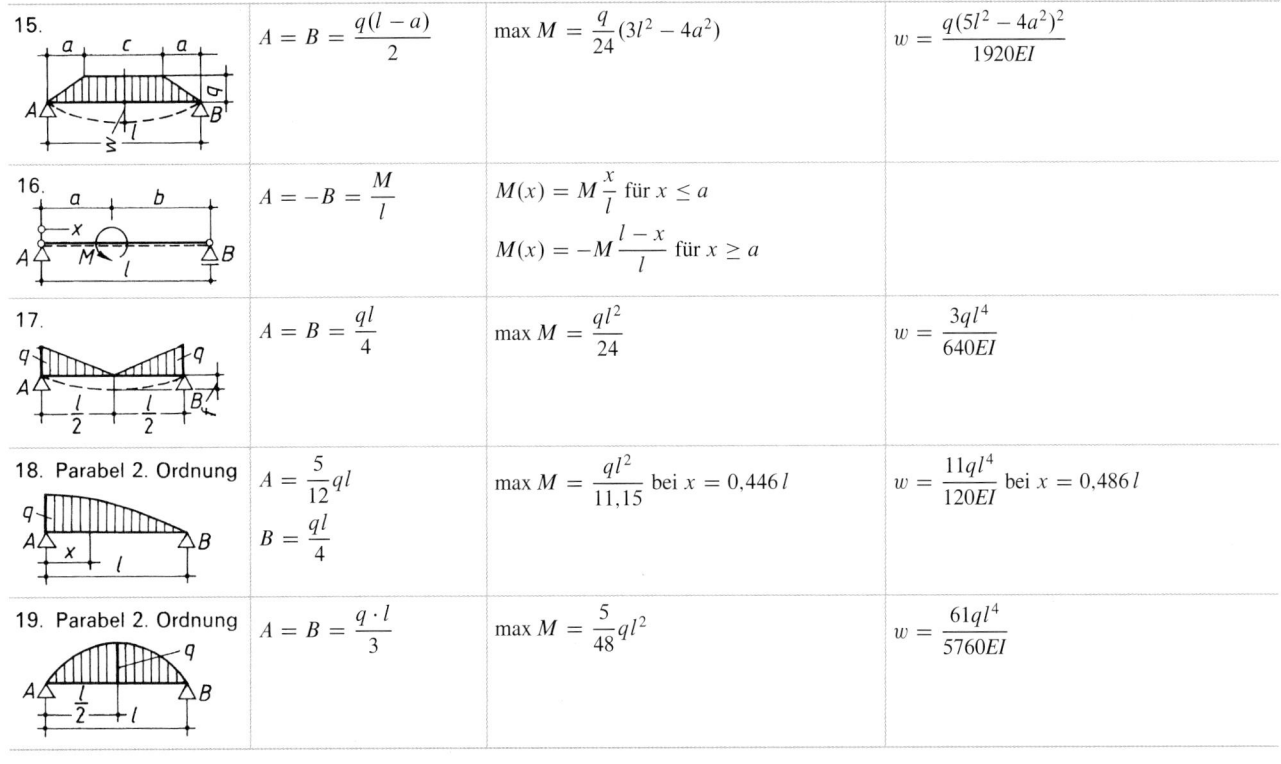

Belastungsfall	Auflagerkräfte	Biegemomente	Durchbiegung
11.	$A = \dfrac{qc}{2l}(2l - c)$ $B = \dfrac{qc^2}{2l}$	$x \le c:\ M(x) = A \cdot x - \dfrac{qx^2}{2}$ $\max M = \dfrac{qc^2}{8l^2}(2l - c)^2$ bei $x = \dfrac{A}{q}$	$w = \dfrac{q \cdot b \cdot c^3}{24EI}\left(4 - 3\dfrac{c}{l}\right)$ bei $x = c$
12. $c = \dfrac{l}{2}$	$A = \dfrac{3}{8}ql$ $B = \dfrac{1}{8}ql$	$\max M = \dfrac{9}{128}ql^2$	$w = \dfrac{5}{768} \cdot \dfrac{q \cdot l^4}{EI}$ bei $x = l/2$
13.	$A = B = \dfrac{ql}{4}$	$x \le \dfrac{l}{2}:\ M(x) = \dfrac{qlx}{2}\left(\dfrac{1}{2} - \dfrac{2}{3} \cdot \dfrac{x^2}{l^2}\right)$ $x \ge \dfrac{l}{2}:\ M = M(x \leftarrow l - x)$ $\max M = \dfrac{ql^2}{12}$	$w = \dfrac{1}{120} \cdot \dfrac{ql^4}{EI}$
14.	$A = (2q_A + q_B)\dfrac{l}{6}$ $B = (q_A + 2q_B)\dfrac{l}{6}$	Mit $q = \dfrac{1}{2}(q_A + q_B)$ ist $\max M = \dfrac{q \cdot l^2}{n}$ bei $x = \xi \cdot l$	Für $q_A/q_B = 0$ s. Fall 8 für $q_A/q_B = 1{,}0$ s. Fall 7

q_A/q_B	0	0,1	0,2	0,3	0,4	0,5	0,6	0,7	0,8	0,9	1
ξ	0,577	0,566	0,554	0,544	0,535	0,528	0,521	0,515	0,509	0,504	0,500
n	7,79	7,86	7,90	7,94	7,96	7,98	7,99	7,99	8,00	8,00	8,00

Belastungsfall	Auflagerkräfte	Biegemomente	Durchbiegung
15.	$A = B = \dfrac{q(l - a)}{2}$	$\max M = \dfrac{q}{24}(3l^2 - 4a^2)$	$w = \dfrac{q(5l^2 - 4a^2)^2}{1920EI}$
16.	$A = -B = \dfrac{M}{l}$	$M(x) = M\dfrac{x}{l}$ für $x \le a$ $M(x) = -M\dfrac{l - x}{l}$ für $x \ge a$	
17.	$A = B = \dfrac{ql}{4}$	$\max M = \dfrac{ql^2}{24}$	$w = \dfrac{3ql^4}{640EI}$
18. Parabel 2. Ordnung	$A = \dfrac{5}{12}ql$ $B = \dfrac{ql}{4}$	$\max M = \dfrac{ql^2}{11{,}15}$ bei $x = 0{,}446\,l$	$w = \dfrac{11ql^4}{120EI}$ bei $x = 0{,}486\,l$
19. Parabel 2. Ordnung	$A = B = \dfrac{q \cdot l}{3}$	$\max M = \dfrac{5}{48}ql^2$	$w = \dfrac{61ql^4}{5760EI}$

Tafel 5.8 Träger auf zwei Stützen mit Kragarm

Belastungsfall	Auflagerkräfte	Biegemomente	Durchbiegung
20. 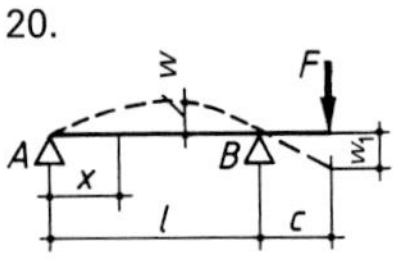	$A = -\dfrac{Fc}{l}$ $B = \dfrac{F(l+c)}{l}$	$x \le l: M(x) = A \cdot x = -\dfrac{Fcx}{l}$ $M_\mathrm{B} = -Fc$	$w = \dfrac{Fl^2}{9EI} \cdot \dfrac{c}{\sqrt{3}}$ bei $x = 0{,}577\,l$ $w_1 = \dfrac{Fc^2}{3EI}(l+c)$
21. 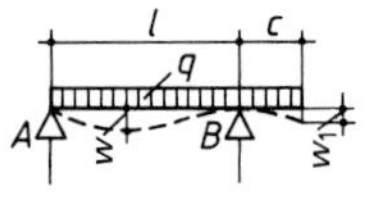	$A = \dfrac{q}{2l}(l^2 - c^2)$ $B = \dfrac{q}{2l}(l+c)^2$	$\max M_\mathrm{F} = \dfrac{q}{8l^2}(l^2 - c^2)^2$ $M_\mathrm{B} = -\dfrac{qc^2}{2}$ $c = (\sqrt{2}-1)l: \max M_\mathrm{F} = |M_\mathrm{B}|$	$w = \dfrac{ql^2}{384EI}(5l^2 - 12c^2)$ bei $x = \dfrac{l}{2}$ $w_1 = \dfrac{qc}{24EI}[c^2(4l+3c) - l^3]$
22. 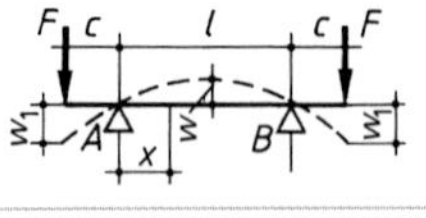	$A = B = F$	$M_\mathrm{A} = M_\mathrm{B} = -Fc$	$w = \dfrac{Fl^2 c}{8EI}$ bei $\dfrac{l}{2}$ $w_1 = \dfrac{Fc^2}{3EI}\left(c + \dfrac{3l}{2}\right)$
23. 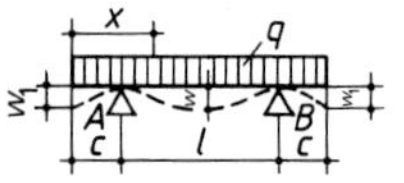	$A = B = \dfrac{q}{2}(l + 2c)$	$M(x) = A \cdot x \left(1 - \dfrac{c}{x} - \dfrac{x}{l+2c}\right)$ für $x \le c$ wird $M(x) = -\dfrac{qx^2}{2}$ $M_\mathrm{A} = M_\mathrm{B} = -\dfrac{qc^2}{2}$ $M_\mathrm{C} = \dfrac{ql^2}{2}\left(\dfrac{1}{4} - \dfrac{c^2}{l^2}\right)$ für $c = 0{,}3535\,l$ wird $M_\mathrm{A} = M_\mathrm{C} = \pm\dfrac{ql^2}{16}$	$w = \dfrac{1}{16} \cdot \dfrac{ql^4}{EI}\left(\dfrac{5}{24} - \dfrac{c^2}{l^2}\right)$ $w_1 = \dfrac{1}{24} \cdot \dfrac{ql^4}{EI} \cdot \left(3\dfrac{c^4}{l^4} + 6\dfrac{c^3}{l^3} - \dfrac{c}{l}\right)$

Tafel 5.9 Erforderliche Flächenmomente 2. Grades bei Durchbiegungsbeschränkungen. Ergänzung zu Fall 5, 6, 7, erf $I_\mathrm{y} = k \cdot M \cdot l$, vorh $w = c \cdot$ vorh $\sigma \cdot l^2 / h$, M in kN m, l in m, vorh σ in N/mm^2 und h in cm einsetzen. Dann ergibt sich: erf I_y in cm^4 und vorh w in cm

zul w	Faktoren k für					
	Baustahl ($E = 210.000$ N/mm^2)			Nadelholz ($E = 10.000$ N/mm^2)		
$l/200$	7,94	10,1	9,92	167	213	208
$l/300$	11,9	15,2	14,9	250	319	313

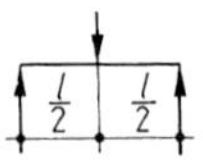

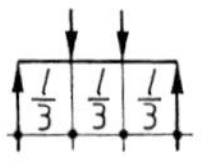

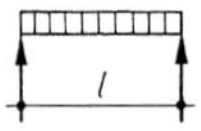

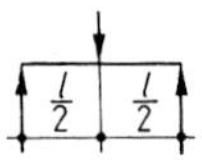

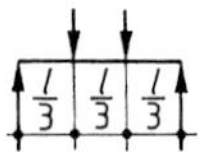

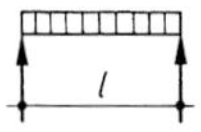

$c =$	Nur für symmetrische Querschnitte					
	0,0079	0,0101	0,0099	0,167	0,213	0,208
$a = l/l_\mathrm{k}$	$M_\mathrm{k} = F \cdot l_\mathrm{k}$	$M_\mathrm{k} = q \cdot l_\mathrm{k}^2/2$	$M = q \cdot l^2/8$	$M_\mathrm{k} = F \cdot l_\mathrm{k}$	$M_\mathrm{k} = q \cdot l_\mathrm{k}^2/2$	$M = q \cdot l^2/8$
$l_\mathrm{k}/200$	$31{,}7 \cdot (1+a)$	$31{,}7 \cdot (0{,}75+a)$	$-31{,}7$	$667 \cdot (1+a)$	$667 \cdot (0{,}75+a)$	-667
$l_\mathrm{k}/300$	$47{,}6 \cdot (1+a)$	$47{,}6 \cdot (0{,}75+a)$	$-47{,}6$	$1000 \cdot (1+a)$	$1000 \cdot (0{,}75+a)$	-1000
erf $I_\mathrm{y} = k \cdot M_\mathrm{k} \cdot l_\mathrm{k}$			erf $I_\mathrm{y} = k \cdot M \cdot l$	erf $I_\mathrm{y} = k \cdot M_\mathrm{k} \cdot l_\mathrm{k}$		erf $I_\mathrm{y} = k \cdot M \cdot l$

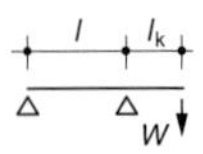

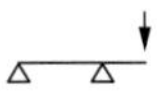

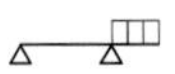

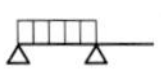

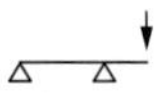

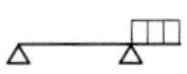

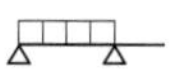

Für andere Verhältnisse von w: interpolieren. Kragträger: $a = 0$

5.9.2 Schräger Balken (Dachsparren)

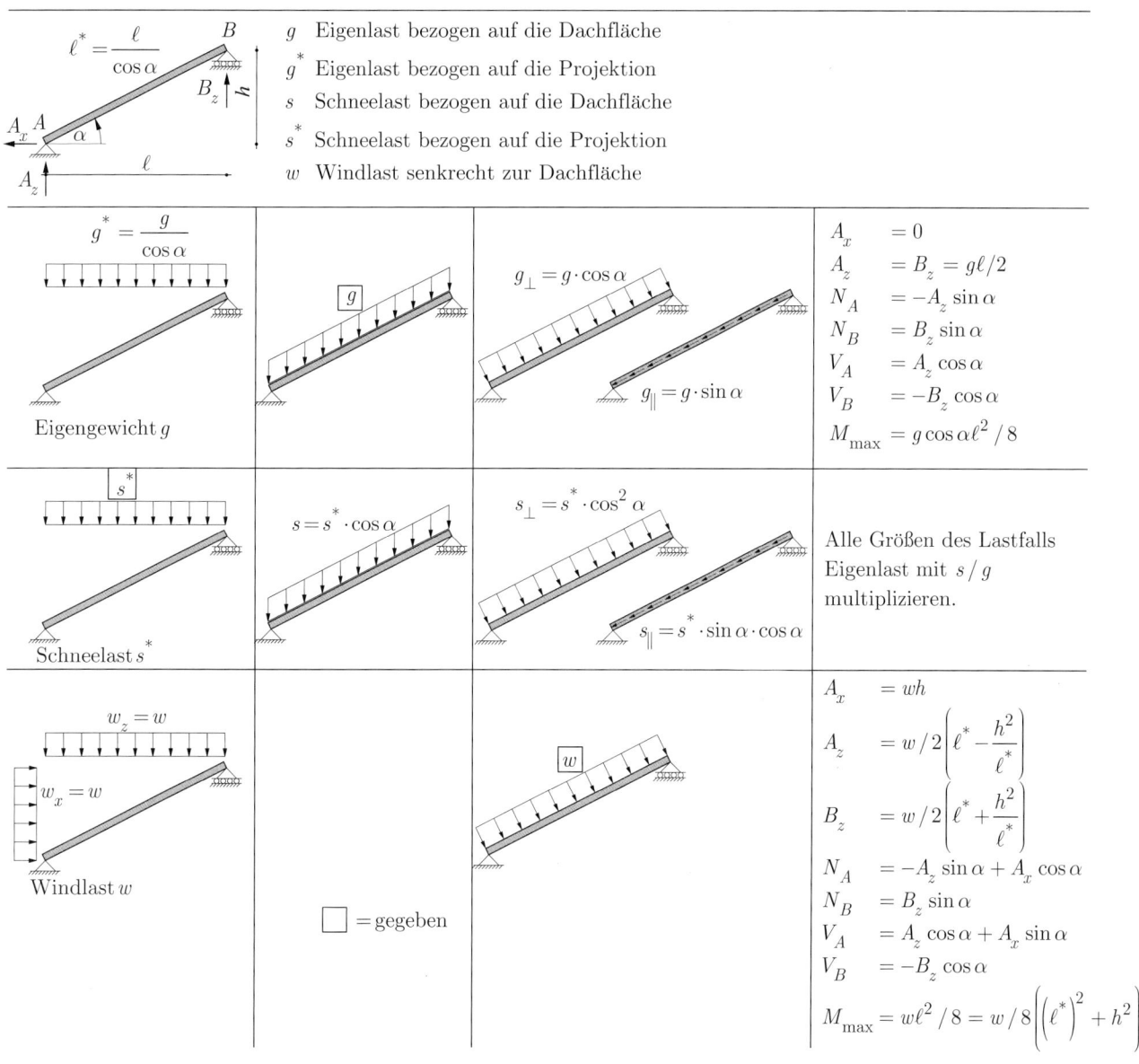

Abb. 5.38 Lastumrechnung sowie Auflager- und Schnittkräfte des schrägen Balkens für Eigen-, Schnee- und Windlast

5.9.3 Gelenkträger unter Gleichlast

Tafel 5.10 Gelenkträger unter Gleichlast

Ausführung, Gelenke	Auflagerkräfte	Biegemomente
1. $b_2 = 0,1716\,l$	$A = 0,4142\,ql$ $B = 1,1716\,ql$ $C = 0,4142\,ql$	$M_1 = M_2 = -M_B$ $= 0,0858\,ql^2$
2 a. $b_1 = c_3 = 0,125\,l$	$A = D = 0,4375\,ql$ $B = C = 1,0625\,ql$	$M_1 = 0,0957\,ql^2$ $M_2 = -M_B = -M_C$ $= 0,0625\,ql^2$
2 b. $b_2 = c_2 = 0,22\,l$	$A = D = 0,4142\,ql$ $B = C = 1,0858\,ql$	$M_1 = -M_B = -M_C$ $= 0,0858\,ql^2$ $M_2 = 0,0392\,ql^2$
3. $b_2 = 0,2035\,l$; $c_2 = 0,157\,l$; $d_4 = 0,125\,l$	$A = 0,4142\,ql$ $B = 1,1090\,ql$ $C = 0,9768\,ql$ $D = 1,0625\,ql$ $E = 0,4375\,ql$	$M_1 = -M_B$ $= 0,0858\,ql^2$ $M_2 = 0,0511\,ql^2$ $M_3 = -M_C = M_3 = -M_D$ $= 0,0625\,ql^2$ $M_4 = 0,0957\,ql^2$

4. Fünffeld-Gerberträger

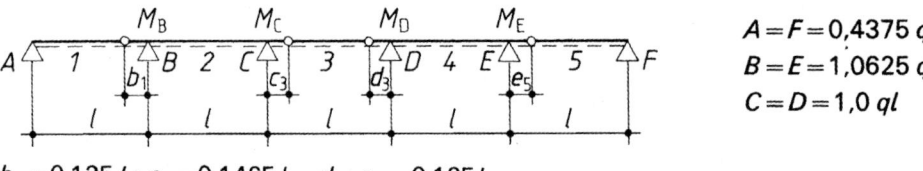

$A = F = 0,4375\,ql$;
$B = E = 1,0625\,ql$;
$C = D = 1,0\,ql$

$b_1 = 0,125\,l$; $c_3 = 0,1465\,l = d_3$; $e_5 = 0,125\,l$
$M_1 = 0,0957\,q \cdot l^2$; $M_2 = M_3 = -M_B = -M_C = 0,0625\,ql^2$

5. Sechsfeld-Gerberträger

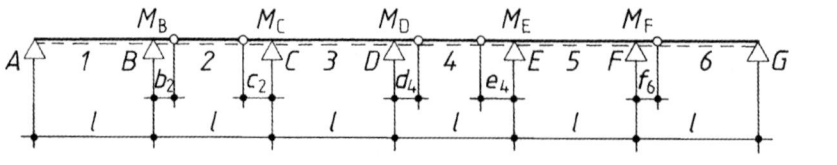

$A = 0,4142\,ql$
$B = 1,1090\,ql$
$C = 0,9768\,ql$
$D = E = 1,0\,ql$
$F = 1,0625\,ql$

$b_2 = 0,2035\,l$; $c_2 = 0,1570\,l$; $d_4 = e_4 = 0,1465\,l$; $f_6 = 0,125\,l$
$M_1 = -M_B = 0,0858\,ql^2$; $M_2 = 0,0511\,ql^2$; $M_6 = 0,0957\,ql^2$
$M_3 = M_4 = M_5 = -M_C = -M_D = -M_E = -M_F = 0,0625\,q \cdot l^2$

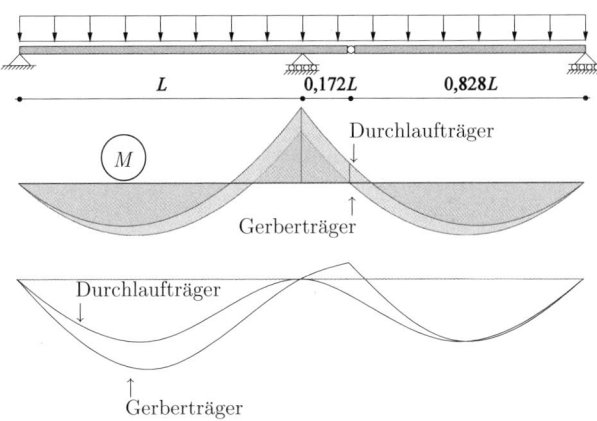

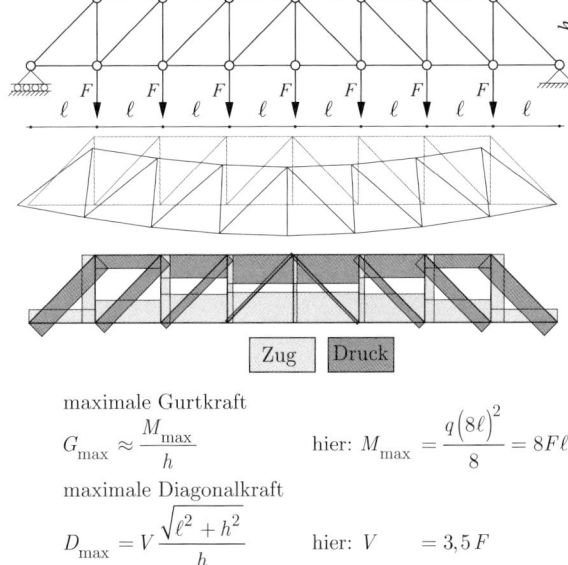

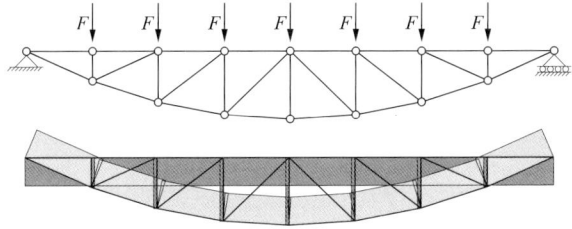

Abb. 5.39 Biege- und Momentenlinie für Zweifeld-Gerberträger und Vergleich mit Durchlaufsystem

Da die Gelenke nicht in den Momentennullpunkten des entsprechenden Durchlaufträgers angeordnet sind, hat die Biegelinie des Gerberträgers in den Gelenken Knicke.

5.9.4   Fachwerke

5.9.4.1   Stabkraftverlauf in gewöhnlichen Fachwerken

maximale Gurtkraft

$$G_{max} \approx \frac{M_{max}}{h} \qquad \text{hier: } M_{max} = \frac{q(8\ell)^2}{8} = 8F\ell$$

maximale Diagonalkraft

$$D_{max} = V\frac{\sqrt{\ell^2 + h^2}}{h} \qquad \text{hier: } V = 3,5\,F$$

Abb. 5.40 Biegelinie und Stabkraftverlauf in parallelgurtigem Fachwerk

Die Anpassung der Fachwerkhöhe an den Momentenverlauf kann den Verlauf der Stabkräfte günstig beeinflussen.

Abb. 5.41 Stabkraftverlauf im Fischbauch-Fachwerk

5.9.4.2   Ritterschnitt

Beispiel
Gesucht: Kräfte in den Stäben 1, 2 und 3 des gezeigten Fachwerks.

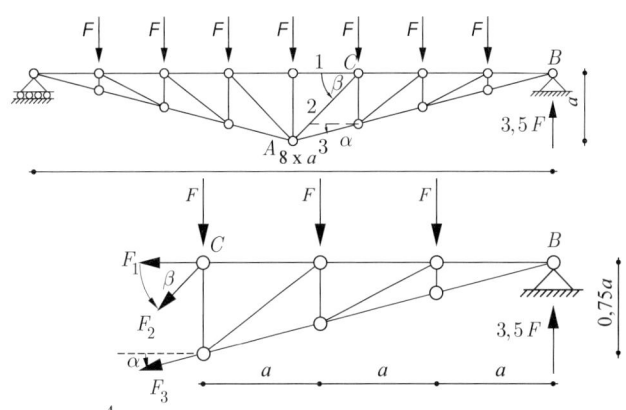

$$\cos\alpha = \frac{4}{\sqrt{17}} = 0,9701 \quad \sin\beta = 0,7071$$

$$\sum M_A = 0 = F(3,5\cdot 4 - 1 - 2 - 3) + F_1\cdot 1 \qquad \rightarrow F_1 = -8\,F$$
$$\sum M_B = 0 = F(1 + 2 + 3) + F_2\cdot 0,7071\cdot 3 \qquad \rightarrow F_2 = -2,83\,F$$
$$\sum M_C = 0 = F(3,5\cdot 3 - 1 - 2) - F_3\cdot 0,75\cdot 0,9701 \quad \rightarrow F_3 = 10,3\,F$$

Abb. 5.42 Ritterschnitt

5.9.5   Dreigelenkrahmen

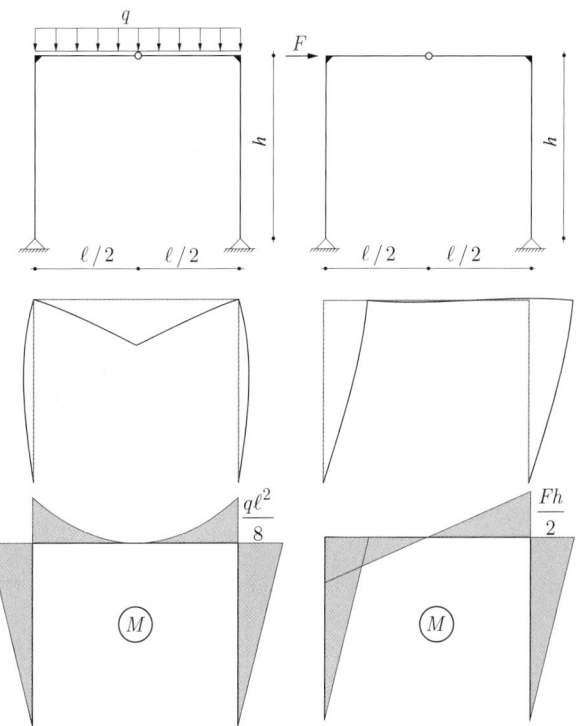

Abb. 5.43 Qualitative Biege- und Momentenlinie des Dreigelenkrahmens für zwei Lastfälle

5.9.6 Räumliche Tragwerke

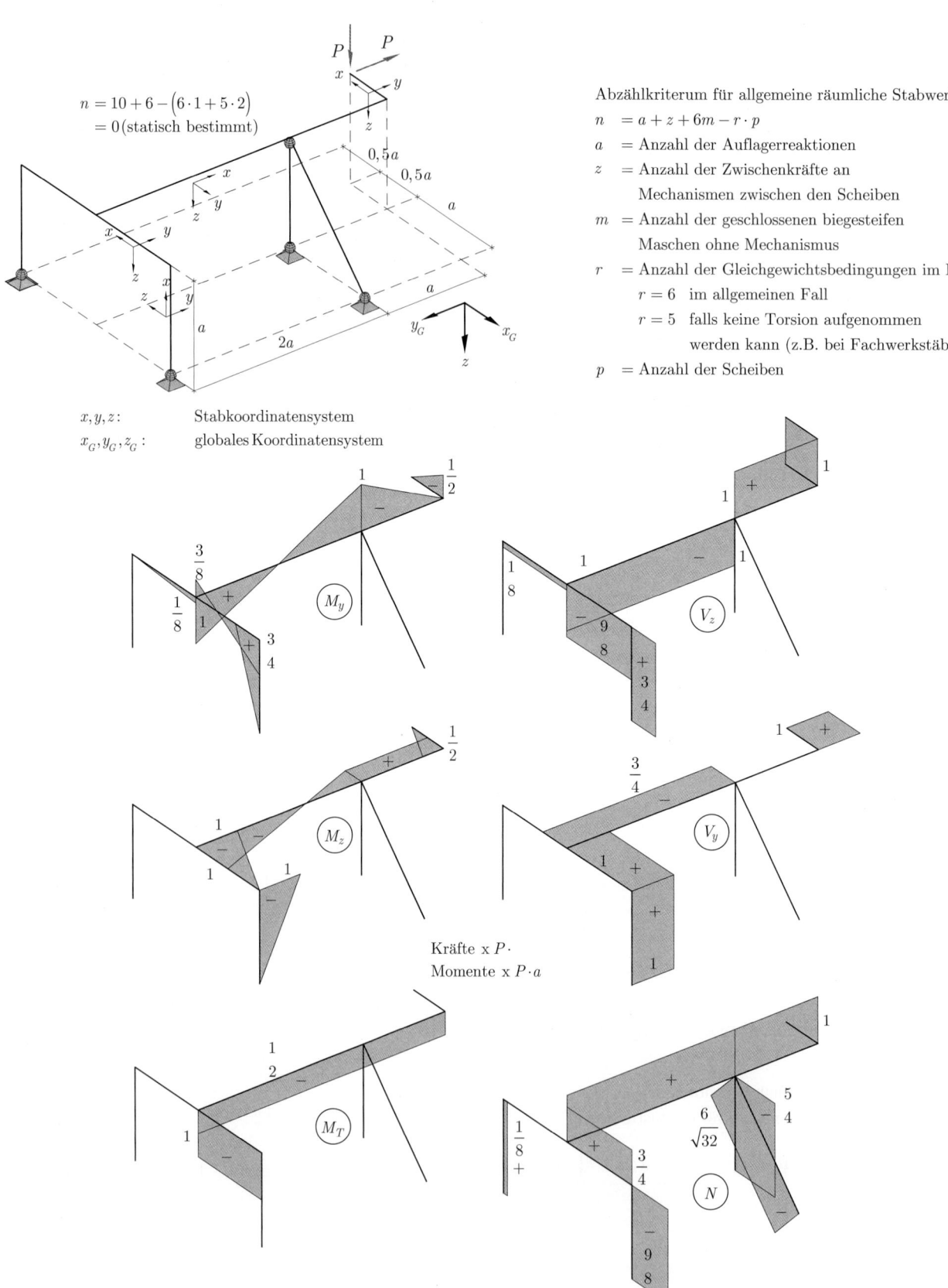

$$n = 10 + 6 - \left(6 \cdot 1 + 5 \cdot 2\right)$$
$$= 0 \,(\text{statisch bestimmt})$$

$x, y, z:$ Stabkoordinatensystem
$x_G, y_G, z_G :$ globales Koordinatensystem

Abzählkriterum für allgemeine räumliche Stabwerke

$n\quad = a + z + 6m - r \cdot p$

$a\quad =$ Anzahl der Auflagerreaktionen

$z\quad =$ Anzahl der Zwischenkräfte an
Mechanismen zwischen den Scheiben

$m\quad =$ Anzahl der geschlossenen biegesteifen
Maschen ohne Mechanismus

$r\quad =$ Anzahl der Gleichgewichtsbedingungen im Raum
$\quad\quad r = 6\quad$ im allgemeinen Fall
$\quad\quad r = 5\quad$ falls keine Torsion aufgenommen
$\quad\quad\quad\quad\quad$ werden kann (z.B. bei Fachwerkstäben)

$p\quad =$ Anzahl der Scheiben

Kräfte x $P \cdot$
Momente x $P \cdot a$

Abb. 5.44 Räumlicher Rahmen

5.10   Formänderungsberechnung

Oft ist bei der Tragwerksberechnung nicht die gesamte Biegelinie zu ermitteln sondern nur die Verschiebung und Verdrehung an bestimmten Orten. Solche Einzelweggrößen können mit dem Prinzip der virtuellen Arbeit (oder kurz Arbeitssatz)

$$P'\Delta = \int \left[\frac{MM'}{EI} + \frac{NN'}{EA} + \kappa \frac{VV'}{GA} + \alpha_{\mathrm{T}} \left(N'T_0 + M' \frac{\Delta T}{h} \right) \right] \mathrm{d}x$$
$$\qquad + \text{Stützensenkung} + \text{Federn}$$

$$M'\varphi = \ldots \text{(siehe oben)}$$

bestimmt werden. Hierzu wird zur Berechnung einer Verschiebung die fiktive Kraft $P' = 1$ und zur Berechnung einer Verdrehung das fiktive Moment $M' = 1$ angebracht. Es bedeuten:

P', M' virtuelle Kraft, virtuelles Moment
Δ, φ gesuchte Einzelverformung
N, V, M Schnittgrößen infolge tatsächlicher Belastung
N', V', M' Schnittgrößen infolge virtueller Belastung
A, I, κ, h Querschnittswerte
$E, G, \alpha_{\mathrm{T}}$ Materialwerte

Bei Biegetragwerken kann der Einfluss aus Querkräften und Normalkräften oft vernachlässigt werden. In räumlichen Tragwerken muss der Arbeitssatz um drei weitere Schnittgrößen ergänzt werden.

Beispiel

Gesucht: Horizontale Verschiebung u_A des Punktes A.

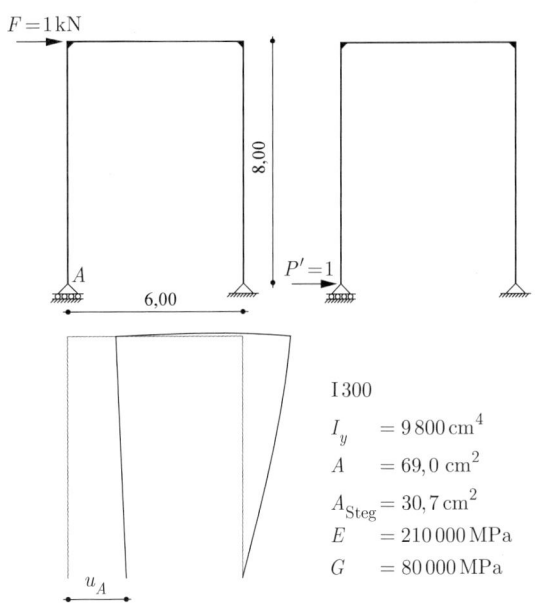

Abb. 5.45 Beispiel Formänderungsberechnung, wirkliches und virtuelles System, Biegelinie sowie Querschnitts- und Materialwerte

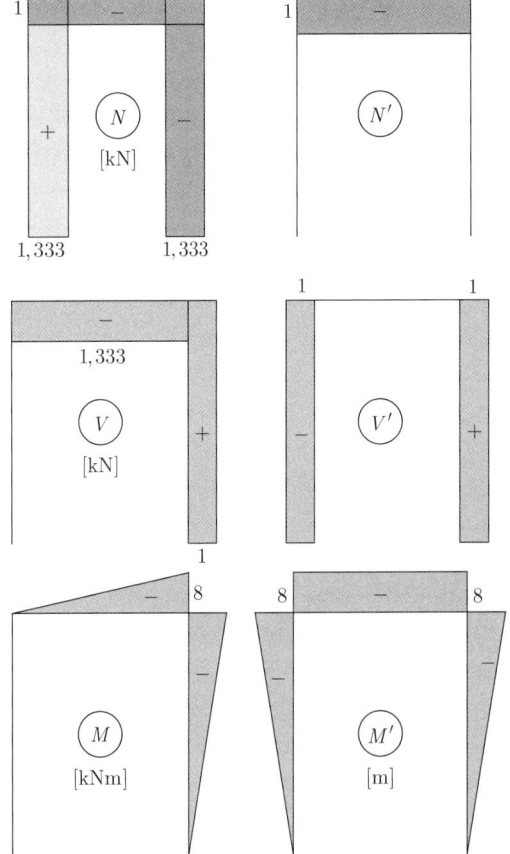

Abb. 5.46 Schnittgrößen infolge wirklicher und virtueller Belastung

Auswertung mithilfe der Tafel 5.11.

$$u_\mathrm{A} = \int \left(\frac{MM'}{EI} + \frac{NN'}{EA} + \kappa \frac{VV'}{GA} \right) \mathrm{d}x \qquad \left(\frac{A}{\kappa} \approx A_\mathrm{Steg} \right)$$

$$+ \underbrace{\frac{1}{21.000 \cdot 69} (-1) \cdot (-1) \cdot 6{,}00}_{\text{aus } N}$$

$$+ \underbrace{\frac{1}{8000 \cdot 30{,}7} (-1) \cdot (-1) \cdot 8{,}00}_{\text{aus } V}$$

$$+ \underbrace{\frac{1}{210 \cdot 98} \left(\frac{1}{3} \cdot (-8) \cdot (-8) \cdot 8{,}00 + \frac{1}{2} \cdot (-8) \cdot (-8) \cdot 6{,}00 \right)}_{\text{aus} M}$$

$$= 4{,}14 \cdot 10^{-6} + 32{,}6 \cdot 10^{-6} + 0{,}0176$$

$$= 0{,}0177 \,\mathrm{m}$$

Gesucht: Gelenkrotation (Knick) im Punkt A für den gezeigten Gerberträger.

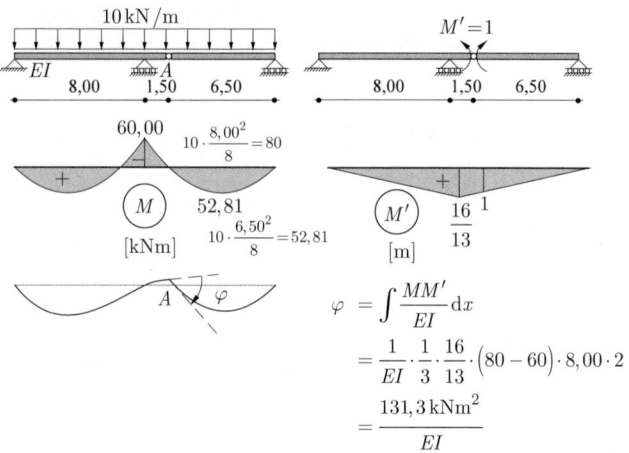

$$\varphi = \int \frac{MM'}{EI} \mathrm{d}x$$

$$= \frac{1}{EI} \cdot \frac{1}{3} \cdot \frac{16}{13} \cdot \left(80 - 60 \right) \cdot 8{,}00 \cdot 2$$

$$= \frac{131{,}3 \,\mathrm{kNm}^2}{EI}$$

Auswertung mithilfe der Tafel 5.11.

5.11   Integrationstafeln

Tafel 5.11 Wert der Integrale $\int f_i \cdot f_k\,dx = l \cdot$ Tafelwert

f_i \ f_k	Rechteck	Dreieck	Dreieck ($l/2$, $l/2$)	Dreieck (δl, γl)	Trapez (f_{k1}, f_{k2})	Kubische Parabel	Kubische Parabel	$\int f_i \cdot f_k\,dx$
Rechteck f_i	$f_i f_k$	$\frac{1}{2} f_i f_k$	$\frac{1}{2} f_i f_k$	$\frac{1}{2} f_i f_k$	$\frac{1}{2} f_i (f_{k1}+f_{k2})$	$\frac{1}{4} f_i f_k$	$\frac{1}{4} f_i f_k$	f_i^2
Dreieck f_i	$\frac{1}{2} f_i f_k$	$\frac{1}{3} f_i f_k$	$\frac{1}{4} f_i f_k$	$\frac{1}{6}(1+\gamma) f_i f_k$	$\frac{1}{6} f_i (f_{k1}+2f_{k2})$	$\frac{2}{15} f_i f_k$	$\frac{1}{5} f_i f_k$	$\frac{1}{3} f_i^2$
Dreieck f_i	$\frac{1}{2} f_i f_k$	$\frac{1}{6} f_i f_k$	$\frac{1}{4} f_i f_k$	$\frac{1}{6}(1+\delta) f_i f_k$	$\frac{1}{6} f_i (2f_{k1}+f_{k2})$	$\frac{7}{60} f_i f_k$	$\frac{1}{20} f_i f_k$	$\frac{1}{3} f_i^2$
Dreieck f_i ($l/2$, $l/2$)	$\frac{1}{2} f_i f_k$	$\frac{1}{4} f_i f_k$	$\frac{1}{3} f_i f_k$	$\frac{1}{12}(3-4\gamma^2) f_i f_k$ für $\gamma \le \delta$	$\frac{1}{4} f_i (f_{k1}+f_{k2})$	$\frac{5}{32} f_i f_k$	$\frac{3}{32} f_i f_k$	$\frac{1}{3} f_i^2$
Dreieck f_i (αl, βl)	$\frac{1}{2} f_i f_k$	$\frac{1}{6}(1+\alpha) f_i f_k$	$\frac{1}{12}(3-4\alpha^2) f_i f_k$ für $\alpha \le \beta$	$\frac{1}{6}\cdot\frac{2\alpha-\alpha^2-\gamma^2}{\alpha\cdot\delta} f_i f_k$ für $\alpha \ge \gamma$	$\frac{1}{6} f_i[(1+\beta)f_{k1}+(1+\alpha)f_{k2}]$	$\frac{1}{20}(1+\alpha)\left(\frac{7}{3}-\alpha^2\right)\cdot f_i f_k$	$\frac{1}{20}(1+\alpha)(1+\alpha^2)\cdot f_i f_k$	$\frac{1}{3} f_i^2$
Trapez f_{i1} f_{i2}	$\frac{1}{2}(f_{i1}+f_{i2}) f_k$	$\frac{1}{6}(f_{i1}+2f_{i2}) f_k$	$\frac{1}{4} f_k(f_{i1}+f_{i2})$	$\frac{1}{6} f_k[(1+\delta)f_{i1}+(1+\gamma)f_{i2}]$	$\frac{1}{6}[(2f_{k1}+f_{k2})f_{i1}+(f_{k1}+2f_{k2})f_{i2}]$	$\frac{1}{60}(7f_{i1}+8f_{i2})\cdot f_k$	$\frac{1}{20}(f_{i1}+4f_{i2})\cdot f_k$	$\frac{1}{3}(f_{i1}^2+f_{i2}^2+f_{i1}f_{i2})$
Quadratische Parabel f_i	$\frac{2}{3} f_i f_k$	$\frac{1}{3} f_i f_k$	$\frac{5}{12} f_i f_k$	$\frac{1}{3}(1+\gamma\delta)\cdot f_i f_k$	$\frac{1}{3}(f_{k1}+f_{k2}) f_i$			
Quadratische Parabel f_i	$\frac{2}{3} f_i f_k$	$\frac{5}{12} f_i f_k$	$\frac{17}{48} f_i f_k$	$\frac{1}{12}(5-\delta-\delta^2) f_i f_k$	$\frac{1}{12} f_i(3f_{k1}+5f_{k2})$			
Quadratische Parabel f_i	$\frac{2}{3} f_i f_k$	$\frac{1}{4} f_i f_k$	$\frac{17}{48} f_i f_k$	$\frac{1}{12}(5-\gamma-\gamma^2) f_i f_k$	$\frac{1}{12} f_i(5f_{k1}+3f_{k2})$			
Quadratische Parabel f_i	$\frac{1}{3} f_i f_k$	$\frac{1}{4} f_i f_k$	$\frac{7}{48} f_i f_k$	$\frac{1}{12}(1+\gamma+\gamma^2) f_i f_k$	$\frac{1}{12} f_i(f_{k1}+3f_{k2})$			
Quadratische Parabel f_i	$\frac{1}{3} f_i f_k$	$\frac{1}{12} f_i f_k$	$\frac{7}{48} f_i f_k$	$\frac{1}{12}(1+\delta+\delta^2) f_i f_k$	$\frac{1}{12} f_i(3f_{k1}+f_{k2})$			

Beispiel:

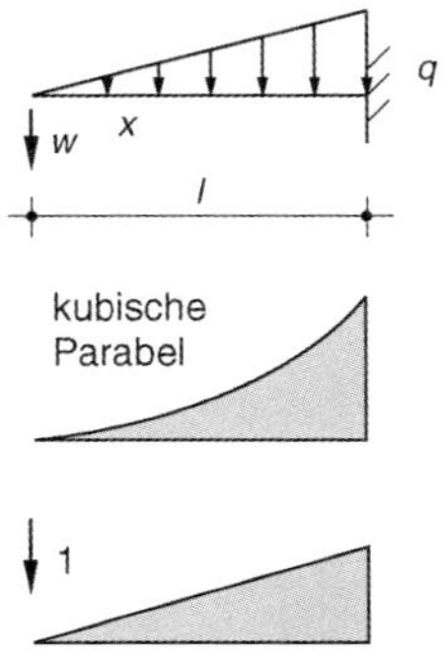

gesucht: w

$M = -q\dfrac{l^2}{6} = f_k$

$\overline{M} = -1 \cdot l = f_i$

$E \cdot J \cdot w = \text{Tafelwert} \cdot l \cdot f_i \cdot f_k$

$E \cdot J \cdot w = \dfrac{1}{5} \cdot l \cdot \left(-q\dfrac{l^2}{6}\right) \cdot (-l) = q\dfrac{l^4}{30}$

(siehe auch Tafel 5.7, 3. Fall)

5.12 Statisch unbestimmte Träger

Tafel 5.12 Eingespannte Träger

Belastungsfall	Auflagerkräfte	Biegemomente	Durchbiegung
1. 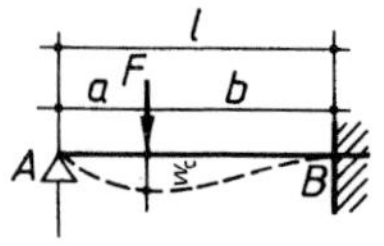	$A = \dfrac{Fb^2}{2l^3}(2l + a)$ $B = \dfrac{Fa}{2l^3}(3l^2 - a^2)$	$M_B = -\dfrac{Fab}{2l^2}(l + a)$ $M_C = \dfrac{Fab^2}{2l^3}(2l + a)$	$w_C = \dfrac{Fa^2b^3}{12EIl^3}(3l + a)$
2. 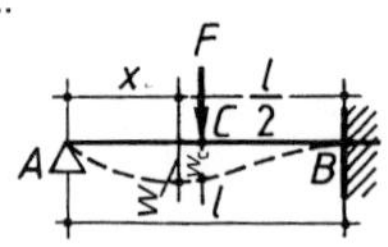	$A = \dfrac{5}{16}F$ $B = \dfrac{11}{16}F$	$M_B = -\dfrac{3}{16}Fl$ $M_C = \dfrac{5}{32}Fl$	$w_C = \dfrac{7}{768} \cdot \dfrac{Fl^3}{EI}$ $w = \dfrac{1}{48\sqrt{5}} \cdot \dfrac{Fl^3}{EI}$ bei $x = 0{,}447\,l$
3. 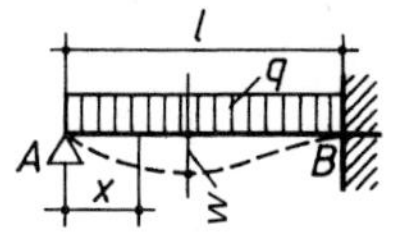	$A = \dfrac{3}{8}ql$ $B = \dfrac{5}{8}ql$	$M_{(x)} = \dfrac{qlx}{2}\left(\dfrac{3}{4} - \dfrac{x}{l}\right)$ $M_B = -\dfrac{ql^2}{8}$ $M_C = \dfrac{9}{128}ql^2$ bei $x = \dfrac{3}{8}l$	$w \approx \dfrac{2}{369} \cdot \dfrac{ql^4}{EI}$ bei $x = 0{,}4215\,l$
4. 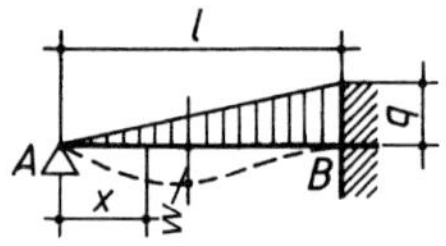	$A = \dfrac{1}{10}ql$ $B = \dfrac{2}{5}ql$	$M_{(x)} = \dfrac{qlx}{2}\left(\dfrac{1}{5} - \dfrac{x^2}{3l^2}\right)$ $M_B = -\dfrac{ql^2}{15}$ $M_C = \dfrac{ql^2}{33{,}54}$ bei $x = 0{,}447\,l$	$w \approx \dfrac{1}{420} \cdot \dfrac{ql^4}{EI}$ bei $x = 0{,}447\,l$
5. 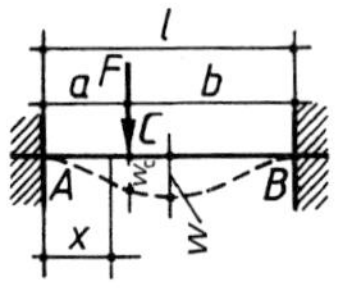	$A = \dfrac{Fb^2}{l^3}(l + 2a)$ $B = \dfrac{Fa^2}{l^3}(l + 2b)$	$M_A = -F\dfrac{ab^2}{l^2}$ $M_B = -F\dfrac{a^2b}{l^2}$ $\max M = M_C = 2F\dfrac{a^2b^2}{l^3}$	$w_C = \dfrac{1}{3l^3} \cdot \dfrac{Fa^3b^3}{EI}$ $w = \dfrac{2}{3(3l - 2a)^2} \cdot \dfrac{Fa^2b^3}{EI}$ bei $x = \dfrac{l^2}{3l - 2a}$
6. 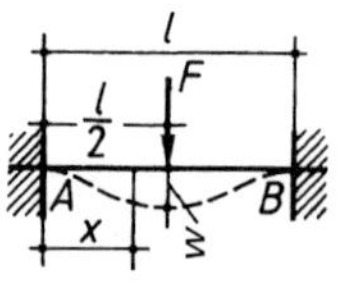	$A = B = \dfrac{F}{2}$	$M_{(x)} = \dfrac{F}{2}\left(x - \dfrac{l}{4}\right)$ $M_A = M_B = -\dfrac{Fl}{8}$ $\max M = \dfrac{Fl}{8}$	$w = \dfrac{1}{192} \cdot \dfrac{Fl^3}{EI} = \dfrac{\max M\, l^2}{24EI}$
7. 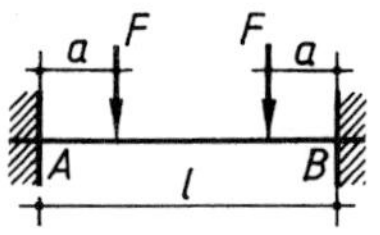	$A = B = F$	$M_A = M_B = -\dfrac{Fa}{l}(l - a)$ $\max M = \dfrac{Fa^2}{l}$	

Tafel 5.12 (Fortsetzung)

Belastungsfall	Auflagerkräfte	Biegemomente	Durchbiegung
8. 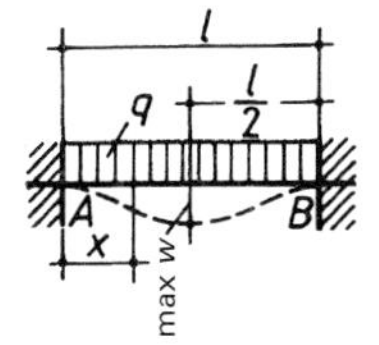	$A = B = \dfrac{ql}{2}$	$M(x) = -\dfrac{ql^2}{2}\left(\dfrac{1}{6} - \dfrac{x}{l} + \dfrac{x^2}{l^2}\right)$ $\min M = M_A = M_B = -\dfrac{ql^2}{12}$ $\max M = \dfrac{ql^2}{24}$	$\max w = \dfrac{1}{384}\cdot\dfrac{ql^4}{EI}$
9. 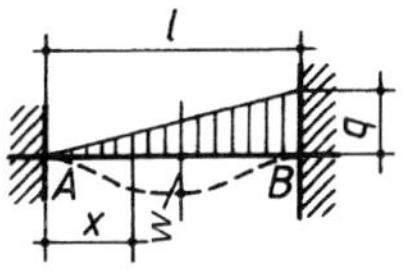	$A = \dfrac{3}{20}ql$ $B = \dfrac{7}{20}ql$	$M(x) = -\dfrac{ql^2}{60}\left(2 - 9\dfrac{x}{l} + 10\dfrac{x^3}{l^3}\right)$ $M_A = -\dfrac{ql^2}{30}$ $\min M = M_B = -\dfrac{ql^2}{20}$ $\max M = \dfrac{ql^2}{46,6}$ bei $x = 0,548\,l$	$\max w = \dfrac{1}{764}\cdot\dfrac{ql^4}{EI}$ bei $x = 0,525\,l$
10. 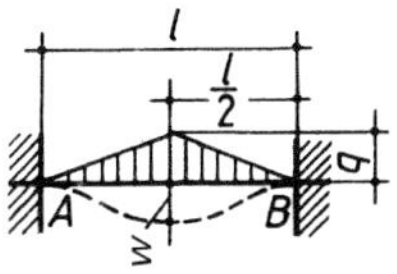	$A = B = \dfrac{ql}{4}$	$\min M = M_A = M_B = -\dfrac{5}{96}ql^2$ $\max M = \dfrac{ql^2}{32}$	$\max w \approx \dfrac{1}{549}\cdot\dfrac{ql^4}{EI}$
11. 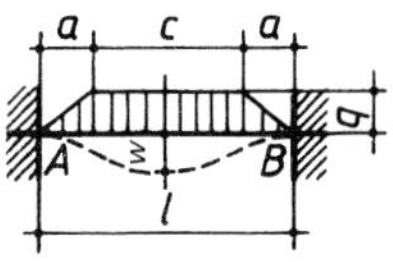	$A = B = \dfrac{q(l-a)}{2}$	$\min M = M_A = M_B$ $\quad= -\dfrac{q}{12}\left(l^2 - 2a^2 + \dfrac{a^3}{l}\right)$ $\max M = \dfrac{q}{24}\left(l^2 - \dfrac{2a^3}{l}\right)$	$\max w = \dfrac{q}{1920\,EI}(5l^4 - 20a^3 l + 16a^4)$
12. 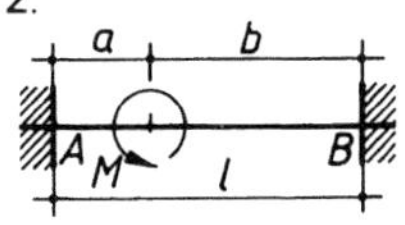	$A = -B = 6M\dfrac{ab}{l^3}$	$M_A = -M\dfrac{b}{l^2}(3a - l)$ $M_B = M\dfrac{a}{l^2}(3b - l)$	
13. Stützensenkung 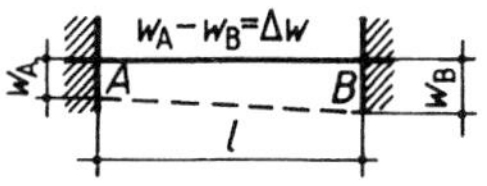 $w_A - w_B = \Delta w$	$A = -B = -\dfrac{12EI}{l^3}\Delta w$	$M_A = -M_B = \dfrac{6EI}{l^2}\Delta w$	
14. ungl. Erwärmung 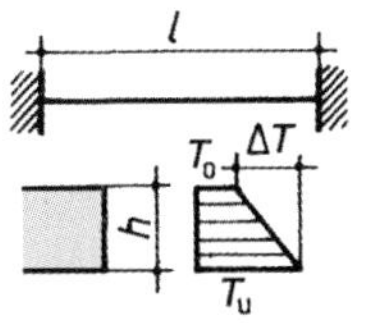	$A = B = 0$	$M_A = M_B = -\dfrac{EI}{h}\alpha_T\Delta T$ $h = $ Trägerhöhe	

5.13 Belastungsglieder und Volleinspannmomente

Tafel 5.13 Belastungsglieder und Volleinspannmomente

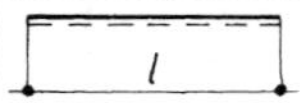

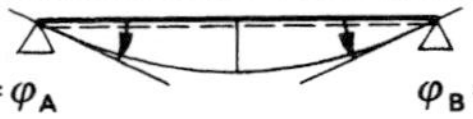

$$\varphi_A = \frac{l}{6EI}\cdot L \qquad \varphi_B = \frac{l}{6EI}\cdot R$$

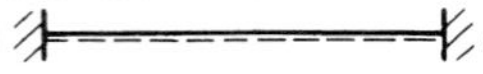

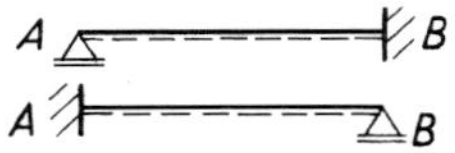

Nr.	Lastfall	L	R	M_A	M_B	M_A	M_B
1	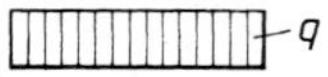	$\dfrac{ql^2}{4}$	$\dfrac{ql^2}{4}$	$-\dfrac{ql^2}{12}$	$-\dfrac{ql^2}{12}$	$-\dfrac{ql^2}{8}$	$-\dfrac{ql^2}{8}$
2	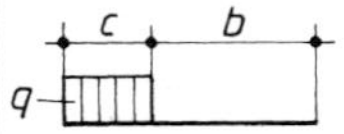	$\dfrac{qc^2}{4l^2}(2l-c)^2$	$\dfrac{qc^2}{4l^2}(2l^2-c^2)$	$-\dfrac{qc^2}{12l^2}(6b^2+4bc+c^2)$	$-\dfrac{qc^3}{12l^2}(4b+c)$	$-\dfrac{qc^2}{8l^2}(l+b)^2$	$-\dfrac{qc^2}{8l^2}(2l^2-c^2)$
3	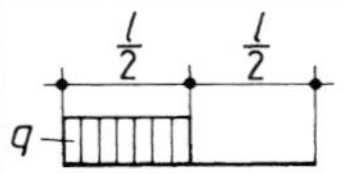	$\dfrac{9}{64}ql^2$	$\dfrac{7}{64}ql^2$	$-\dfrac{11}{192}ql^2$	$-\dfrac{5}{192}ql^2$	$-\dfrac{9}{128}ql^2$	$-\dfrac{7}{128}ql^2$
4	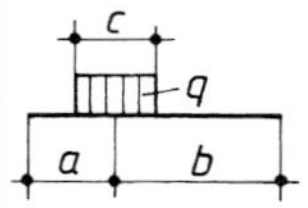	$\dfrac{qc\,b}{l^2}\left(l^2-b^2-\dfrac{c^2}{4}\right)$	$\dfrac{qc\,a}{l^2}\left(l^2-a^2-\dfrac{c^2}{4}\right)$	$-\dfrac{qc}{12l^2}\big[(4l^2-c^2)(2b-a)-4(2b^3-a^3)\big]$	$-\dfrac{qc}{12l^2}\big[(4l^2-c^2)(2a-b)-4(2a^3-b^3)\big]$	$-\dfrac{qbc}{8l^2}\big[4(l^2-b^2)-c^2\big]$	$-\dfrac{qac}{8l^2}\big[4(l^2-a^2)-c^2\big]$
5	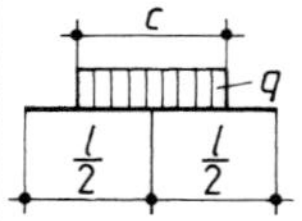	$\dfrac{qc}{8l}(3l^2-c^2)$	$\dfrac{qc}{8l}(3l^2-c^2)$	$-\dfrac{qc}{24l}(3l^2-c^2)$	$-\dfrac{qc}{24l}(3l^2-c^2)$	$-\dfrac{qc}{16l}(3l^2-c^2)$	$-\dfrac{qc}{16l}(3l^2-c^2)$
6	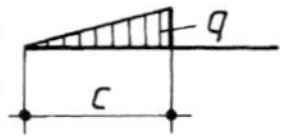	$\dfrac{qc^2}{3l}\left(2l-2.25c+0.6\dfrac{c^2}{l}\right)$	$\dfrac{qc^2}{3l}\left(1-0.6\dfrac{c^2}{l}\right)$	$-\dfrac{qc^2}{3l}\left(1-1.5c+0.6\dfrac{c^2}{l}\right)$	$-\dfrac{qc^3}{4l}\left(1-0.8\dfrac{c}{l}\right)$	$-\dfrac{qc^2}{6l}\left(2l-2.25c+0.6\dfrac{c^2}{l}\right)$	$-\dfrac{qc^2}{6}\left(1-0.6\dfrac{c^2}{l^2}\right)$
7	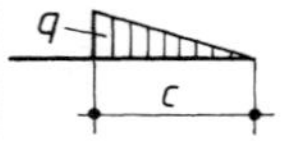	$\dfrac{qc^2}{3l}\left(1-0.6\dfrac{c^2}{l}\right)$	$\dfrac{qc^2}{3l}\left(2l-2.25c+0.6\dfrac{c^2}{l}\right)$	$-\dfrac{qc^3}{4l}\left(1-0.8\dfrac{c}{l}\right)$	$-\dfrac{qc^2}{3l}\left(1-1.5c+0.6\dfrac{c^2}{l}\right)$	$-\dfrac{qc^2}{6}\left(1-0.6\dfrac{c^2}{l^2}\right)$	$-\dfrac{qc^2}{6l}\left(2l-2.25c+0.6\dfrac{c^2}{l}\right)$
8	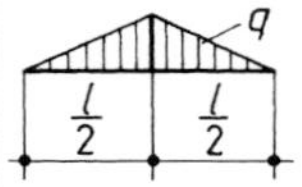	$\dfrac{5}{32}ql^2$	$\dfrac{5}{32}ql^2$	$-\dfrac{5}{96}ql^2$	$-\dfrac{5}{96}ql^2$	$-\dfrac{5}{64}ql^2$	$-\dfrac{5}{64}ql^2$
9		$\dfrac{7}{60}ql^2$	$\dfrac{8}{60}ql^2$	$-\dfrac{1}{30}ql^2$	$-\dfrac{1}{20}ql^2$	$-\dfrac{7}{120}ql^2$	$-\dfrac{8}{120}ql^2$
10	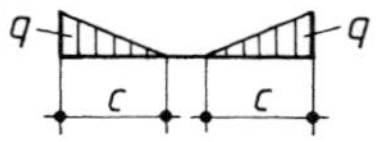	$\dfrac{qc^2}{2l}(l-0.5c)$	$\dfrac{qc^2}{2l}(l-0.5c)$	$-\dfrac{qc^2}{6l}(1-0.5c)$	$-\dfrac{qc^2}{6l}(1-0.5c)$	$-\dfrac{qc^2}{6l}(1-0.5c)$	$-\dfrac{qc^2}{6l}(1-0.5c)$
11	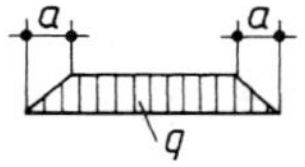	$\dfrac{q}{4}\left(l^2-2a^2+\dfrac{a^3}{l}\right)$	$\dfrac{q}{4}\left(l^2-2a^2+\dfrac{a^3}{l}\right)$	$-\dfrac{q}{12}\left(l^2-2a^2+\dfrac{a^3}{l}\right)$	$-\dfrac{q}{12}\left(l^2-2a^2+\dfrac{a^3}{l}\right)$	$-\dfrac{q}{8}\left(l^2-2a^2+\dfrac{a^3}{l}\right)$	$-\dfrac{q}{8}\left(l^2-2a^2+\dfrac{a^3}{l}\right)$
12		$\dfrac{1}{5}ql^2$	$\dfrac{1}{5}ql^2$	$-\dfrac{1}{15}ql^2$	$-\dfrac{1}{15}ql^2$	$-\dfrac{1}{10}ql^2$	$-\dfrac{1}{10}ql^2$
13	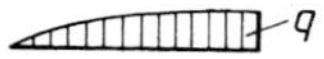	$\dfrac{10}{60}ql^2$	$\dfrac{11}{60}ql^2$	$-\dfrac{1}{20}ql^2$	$-\dfrac{1}{15}ql^2$	$-\dfrac{10}{120}ql^2$	$-\dfrac{11}{120}ql^2$
14		$\dfrac{1}{15}ql^2$	$\dfrac{1}{12}ql^2$	$-\dfrac{1}{60}ql^2$	$-\dfrac{1}{30}ql^2$	$-\dfrac{1}{30}ql^2$	$-\dfrac{1}{24}ql^2$

Tafel 5.13 (Fortsetzung)

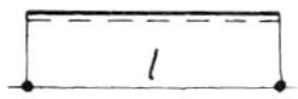

Kopf der Tabelle (Durchlaufträger / Einspannträger):
$$\frac{l}{6EI}\cdot L = \varphi_A \qquad \varphi_B = \frac{l}{6EI}\,R$$

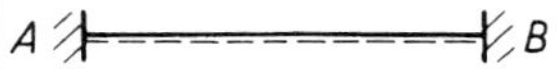

Nr.	Lastfall	L	R	M_A	M_B	M_A
15	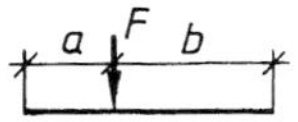 F bei a / b	$\dfrac{Fab}{l^2}(l+b)$	$\dfrac{Fab}{l^2}(l+a)$	$-\dfrac{Fab^2}{l^2}$	$\dfrac{Fa^2b}{l^2}$	$-\dfrac{Fab}{2l^2}(l+b)$
16	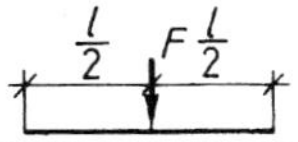 F bei $\tfrac{l}{2}$	$\dfrac{3}{8}Fl$	$\dfrac{3}{8}Fl$	$-\dfrac{Fl}{8}$	$\dfrac{Fl}{8}$	$-\dfrac{3}{16}Fl$
17	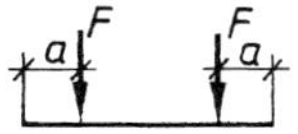 F bei a / a	$\dfrac{3Fa}{l}(l-a)$	$\dfrac{3Fa}{l}(l-a)$	$-\dfrac{Fa}{l}(l-a)$	$-\dfrac{Fa}{l}(l-a)$	$-\dfrac{3Fa}{2l}(l-a)$
18	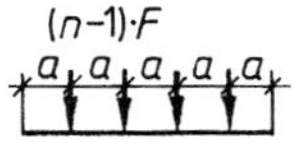 $(n-1)\,F$, Abstand a	$\dfrac{Fa}{4}(n^2-1)$	$\dfrac{Fa}{4}(n^2-1)$	$-\dfrac{Fl}{12}\!\left(n-\dfrac{1}{n}\right)$	$-\dfrac{Fl}{12}\!\left(n-\dfrac{1}{n}\right)$	$-\dfrac{Fl}{8}\!\left(n-\dfrac{1}{n}\right)$
19	 $3\,F$, Abstand $\tfrac{l}{3}$	$\dfrac{2}{3}Fl$	$\dfrac{2}{3}Fl$	$-\dfrac{2}{9}Fl$	$-\dfrac{2}{9}Fl$	$-\dfrac{Fl}{3}$
20	 $4\,F$, Abstand $\tfrac{l}{4}$	$\dfrac{15}{16}F\!\cdot\! l$	$\dfrac{15}{16}Fl$	$-\dfrac{5}{16}Fl$	$-\dfrac{5}{16}Fl$	$-\dfrac{15}{32}Fl$
21	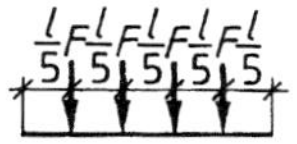 $5\,F$, Abstand $\tfrac{l}{5}$	$\dfrac{6}{5}Fl$	$\dfrac{6}{5}Fl$	$-\dfrac{2}{5}Fl$	$-\dfrac{2}{5}Fl$	$-\dfrac{3}{5}Fl$
22	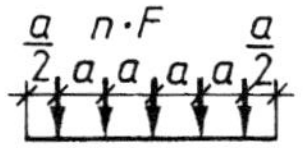 $n\!\cdot\! F$, Abstand a, $\tfrac{a}{2}$	$\dfrac{Fa}{4}\!\left(n^2+\dfrac{1}{2}\right)$	$\dfrac{F\cdot a}{4}\!\left(n^2+\dfrac{1}{2}\right)$	$-\dfrac{Fl}{12}\!\left(n+\dfrac{1}{2n}\right)$	$-\dfrac{Fl}{12}\!\left(n+\dfrac{1}{2n}\right)$	$-\dfrac{Fl}{8}\!\left(n+\dfrac{1}{2n}\right)$
23	M bei $\tfrac{l}{2}$ / $\tfrac{l}{2}$	$\dfrac{M}{4}$	$-\dfrac{M}{4}$	$-\dfrac{M}{4}$	$+\dfrac{M}{4}$	$-\dfrac{M}{8}$
24	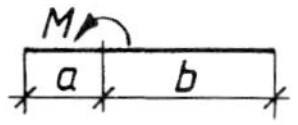 M bei a / b	$\dfrac{M}{l^2}(l^2-3b^2)$	$-\dfrac{M}{l^2}(l^2-3a^2)$	$-\dfrac{Mb}{l^2}(3a-l)$	$\dfrac{Ma}{l^2}(3b-l)$	$-\dfrac{M}{2l^2}(l^2-3b^2)$
25	M am Ende	M	$2\,M$	0	$-M$	$-\dfrac{M}{2}$
26	M_1, M_2 an den Enden	$2M_1+M_2$	M_1+2M_2	$-M_1$	$-M_2$	$-M_1-\dfrac{1}{2}M_2$
27	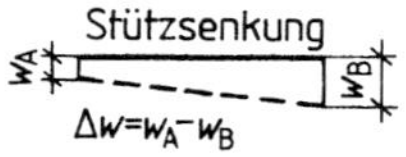 Stützensenkung $\Delta w = w_A - w_B$	$\dfrac{6EI}{l^2}(w_B-w_A)$	$-\dfrac{6EI}{l^2}(w_B-w_A)$	$\dfrac{6EI}{l^2}\Delta w$	$\dfrac{6EI}{l^2}\Delta w$	$\dfrac{3EI}{l^2}\Delta w$
28	 ΔT, Höhe h	$3EI\alpha_T\dfrac{\Delta T}{h}$	$3EI\alpha_T\dfrac{\Delta T}{h}$	$-EI\alpha_T\dfrac{\Delta T}{h}$	$-EI\alpha_T\dfrac{\Delta T}{h}$	$-\dfrac{3}{2}\dfrac{EI\alpha_T\Delta T}{h}$

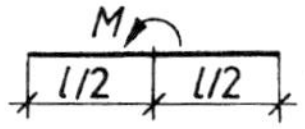

Anmerkung In die Formeln dieser Seiten stets die tatsächlichen (geometrischen) Feldlängen einsetzen; auch dann, wenn wegen unterschiedlicher Flächenmomente zweiten Grades mit reduzierten (mechanischen) Feldlängen gearbeitet wird.

5.14 Zweifeldträger mit beliebigem Verhältnis der Stützweiten

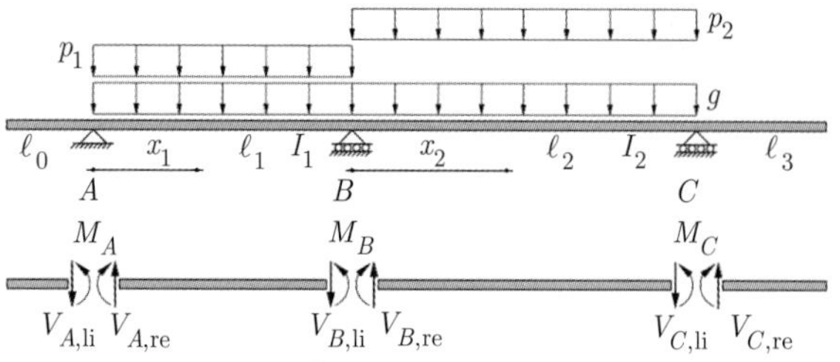

$$\ell_1' = \ell_1 \qquad \ell_2' = \frac{I_1}{I_2}\ell_2$$

$$M_B = -\frac{1}{2\left(\ell_1' + \ell_2'\right)}\left[\left(\frac{q_1\ell_1^2}{4} + M_A\right)\ell_1' + \left(\frac{q_2\ell_2^2}{4} + M_C\right)\ell_2'\right]$$

$$V_{A,\text{li}} = -q_0\ell_0 \quad \text{(bzw. Resultier. aus belieb. Last auf Kragarm 0)}$$

$$V_{A,\text{re}} = +\frac{1}{2}q_1\ell_1 + \left(-M_A + M_B\right)/\ell_1$$

$$V_{B,\text{li}} = -\frac{1}{2}q_1\ell_1 + \left(-M_A + M_B\right)/\ell_1$$

$$V_{B,\text{re}} = +\frac{1}{2}q_2\ell_2 + \left(-M_B + M_C\right)/\ell_2$$

$$V_{C,\text{li}} = -\frac{1}{2}q_2\ell_2 + \left(-M_B + M_C\right)/\ell_2$$

$$V_{C,\text{re}} = +q_3\ell_3 \quad \text{(bzw. Resultier. aus belieb. Last auf Kragarm 3)}$$

$$A = V_{A,\text{re}} - V_{A,\text{li}}$$

$$B = V_{B,\text{re}} - V_{B,\text{li}}$$

$$C = V_{C,\text{re}} - V_{C,\text{li}}$$

$$M_{1,\max} = M_A + \frac{V_{A,\text{re}}^2}{2q_1} \quad \text{bei } x_1 = \frac{V_{A,\text{re}}}{q_1}$$

$$M_{2,\max} = M_B + \frac{V_{B,\text{re}}^2}{2q_2} \quad \text{bei } x_2 = \frac{V_{B,\text{re}}}{q_2}$$

Bei $M_A = M_C = 0$ gilt:

$$-\frac{1}{2\left(\ell_1' + \ell_2'\right)}\left[\frac{q_1\ell_1^2}{4}\ell_1' + \frac{q_2\ell_2^2}{4}\ell_2'\right].$$

Bei $I_1 = I_2$ gilt:

$$M_B = -\frac{1}{2\left(\ell_1 + \ell_2\right)}\left(\frac{q_1\ell_1^3}{4} + \frac{q_2\ell_2^3}{4}\right)$$

Abb. 5.47 Zweifeldträger

Tafel 5.14 Beiwerte für g, p_1 und p_2 zur Berechnung von M_B ($M_A = M_C = 0$, $I_1 = I_2$)

$\ell_1 : \ell_2$	Stützmoment M_b		
	Aus g	Aus p	
	Volllast	Feld 1	Feld 2
1 : 1	−0,1250	−0,0625	−0,0625
1 : 1,05	−0,1316	−0,0610	−0,0706
1 : 1,1	−0,1388	−0,0595	−0,0793
1 : 1,15	−0,1466	−0,0581	−0,0885
1 : 1,2	−0,1550	−0,0568	−0,0982
1 : 1,25	−0,1641	−0,0556	−0,1085
1 : 1,3	−0,1738	−0,0543	−0,1195
1 : 1,35	−0,1841	−0,0532	−0,1309
1 : 1,4	−0,1950	−0,0521	−0,1429
1 : 1,45	−0,2066	−0,0510	−0,1556
1 : 1,5	−0,2188	−0,0500	−0,1688
1 : 1,55	−0,2316	−0,0490	−0,1826
1 : 1,6	−0,2450	−0,0481	−0,1969
1 : 1,65	−0,2591	−0,0472	−0,2119
1 : 1,7	−0,2738	−0,0463	−0,2275
1 : 1,75	−0,2891	−0,0455	−0,2436
1 : 1,8	−0,3050	−0,0446	−0,2604
1 : 1,85	−0,3216	−0,0439	−0,2777
1 : 1,9	−0,3388	−0,0431	−0,2957
1 : 1,95	−0,3566	−0,0424	−0,3142
1 : 2	−0,3750	−0,0417	−0,3333
1 : 2,05	−0,3941	−0,0410	−0,3531
1 : 2,1	−0,4138	−0,0403	−0,3735
1 : 2,15	−0,4341	−0,0397	−0,3944
1 : 2,2	−0,4550	−0,0391	−0,4159
1 : 2,25	−0,4766	−0,0385	−0,4381
1 : 2,3	−0,4988	−0,0379	−0,4609
1 : 2,35	−0,5216	−0,0373	−0,4843
1 : 2,4	−0,5450	−0,0368	−0,5082
1 : 2,45	−0,5690	−0,0362	−0,5328
1 : 2,5	−0,5938	−0,0357	−0,5581
1 : 2,55	−0,6191	−0,0352	−0,5839
1 : 2,6	−0,6450	−0,0347	−0,6103
1 : 2,65	−0,6716	−0,0342	−0,6374
1 : 2,7	−0,6988	−0,0338	−0,6650
1 : 2,75	−0,7265	−0,0333	−0,6932
1 : 2,8	−0,7550	−0,0329	−0,7221
1 : 2,85	−0,7841	−0,0325	−0,7516
1 : 2,9	−0,8138	−0,0321	−0,7817
1 : 2,95	−0,8441	−0,0316	−0,8125
1 : 3	−0,8750	−0,0313	−0,8437
	$g \cdot \ell_1^2$	$p_1 \cdot \ell_1^2$	$p_2 \cdot \ell_1^2$

Streckenlast in Feld 1: $q_1 = g + p_1$
Streckenlast in Feld 2: $q_2 = g + p_2$

Gesucht: $M_{B,min}$, $M_{1,max}$ für Zweifeldträger

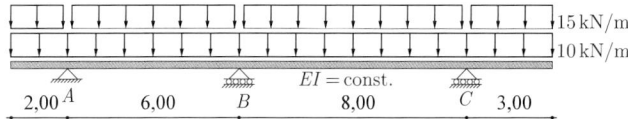

Abb. 5.48 Zweifeldträger unter ständiger und feldweise veränderlicher Last

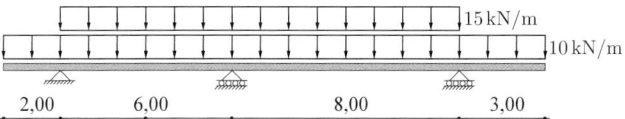

Abb. 5.49 Laststellung für $M_{B,min}$

$$M_A = -10 \cdot \frac{2,00^2}{2} = -20,00\,\text{kNm}$$

$$M_C = -10 \cdot \frac{3,00^2}{2} = -45,00\,\text{kNm}$$

$$M_{B,min} = -\frac{1}{2 \cdot (6,00 + 8,00)}$$
$$\cdot \left[\left(25 \cdot \frac{6,00^2}{4} - 20,00\right) \cdot 6,00 \right.$$
$$\left. + \left(25 \cdot \frac{8,00^2}{4} - 45,00\right) \cdot 8,00 \right]$$
$$= -145,4\,\text{kNm}$$

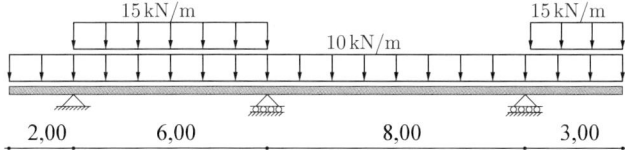

Abb. 5.50 Laststellung für $M_{1,max}$

$$M_A = -10 \cdot \frac{2,00^2}{2} = -20,00\,\text{kNm}$$

$$M_C = -25 \cdot \frac{3,00^2}{2} = -112,5\,\text{kNm}$$

$$M_B = -\frac{1}{2 \cdot (6,00 + 8,00)}$$
$$\cdot \left[\left(25 \cdot \frac{6,00^2}{4} - 20,00\right) \cdot 6,00 \right.$$
$$\left. + \left(10 \cdot \frac{8,00^2}{4} - 112,50\right) \cdot 8,00 \right]$$
$$= -57,50\,\text{kNm}$$

$$V_{A,re} = \frac{1}{2} \cdot 25 \cdot 6,00 + (20,00 - 57,50)/6,00 = 68,75\,\text{kN}$$

$$M_{1,max} = -20,00 + \frac{68,75^2}{2 \cdot 25} = 74,53\,\text{kNm}$$

5.15 Zweifeldträger mit gleichen Stützweiten und feldweiser Belastung

Tafel 5.15 enthält die Koeffizienten k zur Ermittlung der Größtwerte der Feld- und Stützmomente, Auflager- und Querkräfte. Voraussetzung sind konstantes Trägheitsmoment und gleiche Stützweite, doch kann Tafel 5.15 auch bei ungleichen Stützweiten benutzt werden, wenn $\ell_{min} \geq 0,8\,\ell_{max}$ ist.

Die statischen Größen an den Innenstützen (Momente, Auflager- und Querkräfte) werden dann mit den Mittelwerten der jeweils benachbarten Stützweiten berechnet, z. B. $C = kq(\ell_2 + \ell_3)/2$. Die Koeffizienten k gelten spiegelbildlich auch für die rechte Trägerhälfte, für die Querkräfte jedoch mit umgekehrten Vorzeichen; z. B. beim Träger mit drei gleichen Öffnungen: $M_1 \cong M_3$, $A \cong D$, $V_{Bl} \cong -V_{Cr}$ usw.

5

Abb. 5.51 Durchlaufträger

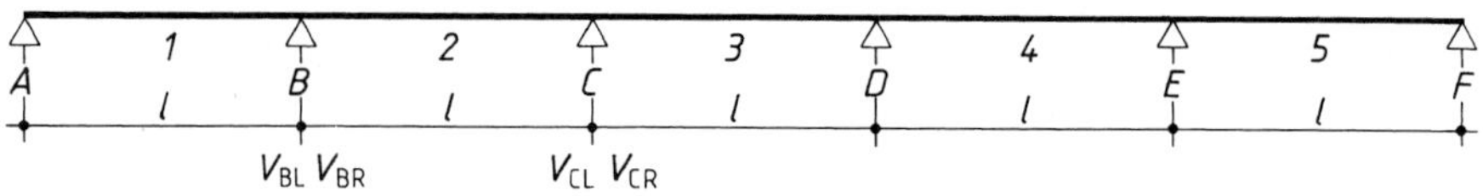

Tafel 5.15 Durchlaufträger

Belastung 1	Belastung 2	Belastung 3	Belastung 4	Belastung 5	Belastung 6
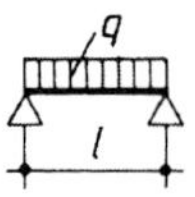	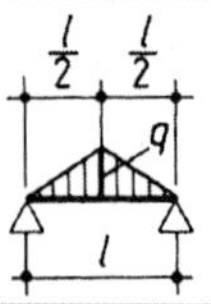	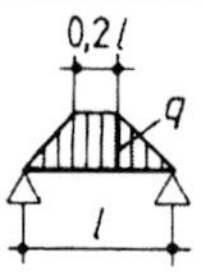	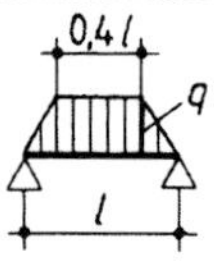	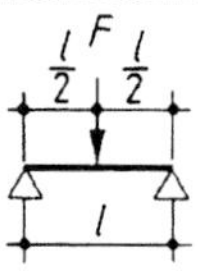	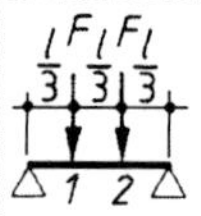

Es gilt für	Momente	Kräfte	Durchsenkung
Belastung 1 … 4	$k \cdot ql^2$	$k \cdot ql$	$10^{-2} \cdot k \cdot ql^4/EI$
Belastung 5 … 6	$k \cdot Fl$	$k \cdot F$	$10^{-2} \cdot k \cdot Fl^3/EI$

Belastungsschema	Statische Größe	Belastung					
		1	2	3	4	5	6
2 gleiche Felder							
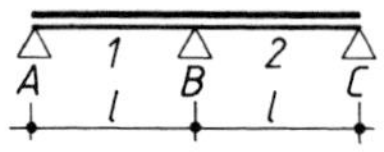	M_1	0,070	0,048	0,056	0,063	0,156	(0,222/0,111)
	min M_B	−0,125	−0,078	−0,093	−0,106	−0,187	−0,333
	A	0,375	0,172	0,207	0,244	0,313	0,667
	max B	1,250	0,656	0,786	0,912	1,375	2,667
	min V_{Bl}	−0,625	−0,328	−0,393	−0,456	−0,687	−1,333
	w_1	0,542	0,357	0,423	0,476	0,932	1,521
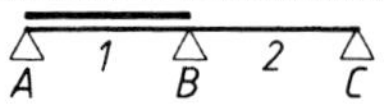	max M_1	0,096	0,065	0,076	0,085	0,203	(0,278/0,222)
	M_B	−0,062	−0,039	−0,046	−0,053	−0,094	−0,167
	max A	0,438	0,211	0,254	0,297	0,406	0,833
	min C	−0,062	−0,039	−0,046	−0,053	−0,094	−0,167
	w_1	0,915	0,591	0,702	0,793	1,501	2,517
3 gleiche Felder							
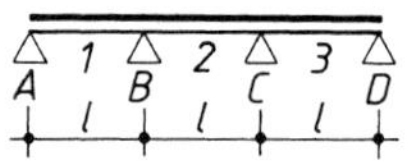	M_1	0,080	0,054	0,064	0,071	0,175	(0,244/0,156)
	M_2	0,025	0,021	0,024	0,025	0,100	0,067
	M_B	−0,100	−0,062	−0,074	−0,085	−0,150	−0,267
	A	0,400	0,188	0,226	0,265	0,350	0,733
	B	1,100	0,563	0,674	0,785	1,150	2,267
	V_{Bl}	−0,600	−0,313	−0,374	−0,435	−0,650	−1,267
	V_{Br}	0,500	0,250	0,300	0,350	0,500	1,000
	w_1	0,688	0,449	0,533	0,601	1,157	1,913
	w_2	0,052	0,052	0,060	0,063	0,208	0,216
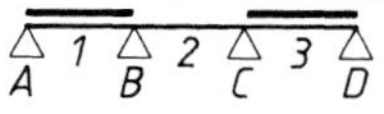	max M_1	0,101	0,068	0,080	0,090	0,213	(0,289/0,244)
	M_B	−0,050	−0,031	−0,037	−0,042	−0,075	−0,133
	max A	0,450	0,219	0,263	0,308	0,425	0,867
	w_1	0,992	0,639	0,759	0,858	1,617	2,722
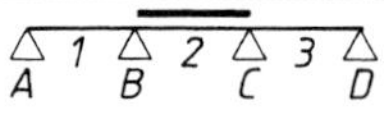	max M_2	0,075	0,052	0,061	0,068	0,175	0,200
	M_B	−0,050	−0,031	−0,037	−0,042	−0,075	−0,133
	min A	−0,050	−0,031	−0,037	−0,042	−0,075	−0,133
	w_2	0,677	0,443	0,525	0,592	1,146	1,883
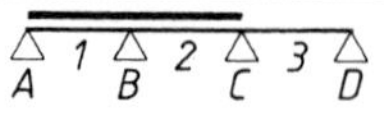	min M_B	−0,117	−0,073	−0,087	−0,099	−0,175	−0,311
	M_C	−0,033	−0,021	−0,025	−0,028	−0,050	−0,089
	max B	1,200	0,625	0,749	0,869	1,300	2,533
	min V_{Bl}	−0,617	−0,323	−0,387	−0,449	−0,675	−1,311
	max V_{Br}	0,583	0,302	0,362	0,421	0,625	1,222
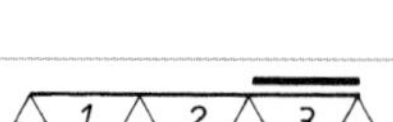	max M_B	0,017	0,010	0,012	0,014	0,025	0,044
	M_C	−0,067	−0,042	−0,050	−0,056	−0,100	−0,178
	max V_{Bl}	0,017	0,010	0,012	0,014	0,025	0,044
	max V_{Br}	−0,083	−0,052	−0,062	−0,071	−0,125	−0,222

Tafel 5.15 (Fortsetzung)

Belastungsschema	Statische Größe	Belastung					
		1	2	3	4	5	6

4 gleiche Felder

Belastungsschema	Statische Größe	1	2	3	4	5	6
	M_1	0,077	0,052	0,062	0,069	0,170	(0,238/0,143)
	M_2	0,036	0,028	0,032	0,035	0,116	(0,079/0,111)
	M_B	−0,107	−0,067	−0,080	−0,091	−0,161	−0,286
	M_C	−0,071	−0,045	−0,053	−0,060	−0,107	−0,190
	A	0,393	0,183	0,220	0,259	0,339	0,714
	B	1,143	0,589	0,706	0,821	1,214	2,381
	C	0,929	0,455	0,547	0,639	0,893	1,810
	V_{Bl}	−0,607	−0,317	−0,380	−0,441	−0,661	−1,286
	V_{Br}	0,536	0,272	0,327	0,380	0,554	1,095
	V_{Cl}	−0,464	−0,228	−0,273	−0,320	−0,446	−0,905
	w_1	0,646	0,422	0,501	0,565	1,092	1,800
	w_2	0,189	0,137	0,162	0,178	0,411	0,581
	max M_1	0,100	0,067	0,079	0,088	0,210	(0,286/0,238)
	M_B	−0,054	−0,033	−0,040	−0,045	−0,080	−0,143
	M_C	−0,036	−0,022	−0,027	−0,030	−0,054	−0,095
	max A	0,446	0,217	0,260	0,305	0,420	0,857
	w_1	0,970	0,626	0,743	0,840	1,584	2,663
	max M_2	0,081	0,055	0,065	0,072	0,183	(0,206/0,222)
	M_B	−0,054	−0,033	−0,040	−0,045	−0,080	−0,143
	M_C	−0,036	−0,022	−0,027	−0,030	−0,054	−0,095
	min A	−0,054	−0,033	−0,040	−0,045	−0,080	−0,143
	w_2	0,744	0,485	0,575	0,649	1,247	2,062
	min M_B	−0,121	−0,075	−0,090	−0,102	−0,181	−0,321
	M_C	−0,018	−0,011	−0,013	−0,015	−0,027	−0,048
	M_D	−0,058	−0,036	−0,043	−0,049	−0,087	−0,155
	max B	1,223	0,640	0,766	0,889	1,335	2,595
	min V_{Bl}	−0,621	−0,325	−0,390	−0,452	−0,681	−1,321
	min V_{Br}	0,603	0,314	0,376	0,437	0,654	1,274
	max M_B	0,013	0,008	0,010	0,011	0,020	0,036
	M_C	−0,054	−0,033	−0,040	−0,045	−0,080	−0,143
	M_D	−0,049	−0,031	−0,037	−0,042	−0,074	−0,131
	min B	−0,080	−0,050	−0,060	−0,068	−0,121	−0,214
	max V_{Bl}	0,013	0,008	0,010	0,011	0,020	0,036
	min V_{Br}	−0,067	−0,042	−0,050	−0,057	−0,100	−0,179
	M_B	−0,036	−0,022	−0,027	−0,030	−0,054	−0,095
	min M_C	−0,107	−0,067	−0,080	−0,091	−0,161	−0,286
	max C	1,143	0,589	0,706	0,821	1,214	2,381
	min V_{Cl}	−0,571	−0,295	−0,353	−0,410	−0,607	−1,190
	M_B	−0,071	−0,045	−0,053	−0,060	−0,107	−0,190
	max M_C	0,036	0,022	0,027	0,030	0,054	0,095
	min C	−0,214	−0,134	−0,159	−0,181	−0,321	−0,571
	max V_{Cl}	0,107	0,067	0,080	0,091	0,161	0,286

Tafel 5.15 (Fortsetzung)

Belastungsschema	Statische Größe	Belastung 1	2	3	4	5	6

5 gleiche Felder

Belastungsschema	Statische Größe	1	2	3	4	5	6
A 1 B 2 C 3 D 4 E 5 F	M_1	0,078	0,053	0,062	0,069	0,171	(0,240/0,146)
	M_2	0,033	0,026	0,030	0,032	0,112	(0,076/0,099)
	M_3	0,046	0,034	0,040	0,043	0,132	0,123
	M_B	−0,105	−0,066	−0,078	−0,089	−0,158	−0,281
	M_C	−0,079	−0,049	−0,059	−0,067	−0,118	−0,211
	A	0,395	0,184	0,222	0,261	0,342	0,719
	B	1,132	0,582	0,698	0,811	1,197	2,351
	C	0,974	0,484	0,580	0,678	0,961	1,930
	V_{Bl}	−0,605	−0,316	−0,378	−0,439	−0,658	−1,281
	V_{Br}	0,526	0,266	0,320	0,372	0,539	1,070
	V_{Cl}	−0,474	−0,234	−0,280	−0,328	−0,461	−0,930
	V_{Cr}	0,500	0,250	0,300	0,350	0,500	1,000
	w_1	0,657	0,429	0,509	0,574	1,109	1,829
	w_2	0,153	0,115	0,135	0,148	0,358	0,484
	w_3	0,315	0,217	0,256	0,285	0,603	0,918
A 1 B 2 C 3 D 4 E 5 F	max M_1	0,100	0,067	0,080	0,089	0,211	(0,287/0,240)
	max M_3	0,086	0,059	0,069	0,077	0,191	0,228
	M_B	−0,053	−0,033	−0,039	−0,045	−0,079	−0,140
	M_C	−0,039	−0,025	−0,029	−0,033	−0,059	−0,105
	max A	0,447	0,217	0,261	0,305	0,421	0,860
	w_1	0,976	0,629	0,747	0,845	1,593	2,679
	w_3	0,809	0,525	0,623	0,703	1,343	2,234
A 1 B 2 C 3 D 4 E 5 F	max M_2	0,079	0,055	0,064	0,071	0,181	(0,205/0,216)
	M_B	−0,053	−0,033	−0,039	−0,045	−0,079	−0,140
	M_C	−0,039	−0,025	−0,029	−0,033	−0,059	−0,105
	min A	−0,053	−0,033	−0,039	−0,045	−0,079	−0,140
	w_2	0,727	0,474	0,562	0,634	1,220	2,015
A 1 B 2 C 3 D 4 E 5 F	min M_B	−0,120	−0,075	−0,089	−0,101	−0,179	−0,319
	M_C	−0,022	−0,013	−0,016	−0,018	−0,032	−0,057
	M_D	−0,044	−0,028	−0,033	−0,037	−0,066	−0,118
	M_E	−0,051	−0,032	−0,038	−0,044	−0,077	−0,137
	max B	1,218	0,636	0,762	0,884	1,327	2,581
	min V_{Bl}	−0,620	−0,325	−0,389	−0,451	−0,679	−1,319
	max V_{Br}	0,598	0,311	0,373	0,433	0,647	1,262
A 1 B 2 C 3 D 4 E 5 F	max M_B	0,014	0,009	0,011	0,012	0,022	0,038
	M_C	−0,057	−0,036	−0,043	−0,049	−0,086	−0,153
	M_D	−0,035	−0,022	−0,026	−0,029	−0,052	−0,093
	M_E	−0,054	−0,034	−0,040	−0,046	−0,081	−0,144
	min B	−0,086	−0,054	−0,064	−0,073	−0,129	−0,230
	max V_{Bl}	0,014	0,009	0,011	0,012	0,022	0,038
	min V_{Br}	−0,072	−0,045	−0,053	−0,061	−0,107	−0,191
A 1 B 2 C 3 D 4 E 5 F	M_B	−0,035	−0,022	−0,026	−0,029	−0,052	−0,093
	min M_C	−0,111	−0,070	−0,083	−0,094	−0,167	−0,297
	M_D	−0,020	−0,013	−0,015	−0,017	−0,031	−0,054
	M_E	−0,057	−0,036	−0,043	−0,049	−0,086	−0,153
	max C	1,167	0,605	0,725	0,842	1,251	2,447
	min V_{Cl}	−0,576	−0,298	−0,357	−0,415	−0,615	−1,204
	max V_{Cr}	0,591	0,307	0,368	0,427	0,636	1,242
A 1 B 2 C 3 D 4 E 5 F	M_B	−0,071	−0,044	−0,053	−0,060	−0,106	−0,188
	max M_C	0,032	0,020	0,024	0,027	0,048	0,086
	M_D	−0,059	−0,037	−0,044	−0,050	−0,088	−0,156
	M_E	−0,048	−0,030	−0,036	−0,041	−0,072	−0,128
	min C	−0,194	−0,121	−0,144	−0,164	−0,291	−0,517
	max V_{Cl}	0,103	0,064	0,077	0,087	0,154	0,274
	min V_{Cr}	−0,091	−0,057	−0,068	−0,077	−0,136	−0,242

5.16 Einflusslinien

5.16.1 Allgemeines

Die Einflusslinie einer statischen Größe Z ist eine Kurve, deren Ordinaten η an der Angriffsstelle einer wandernden Einzellast nach Multiplikation mit dem Wert der Last den zu dieser Laststellung gehörigen Wert der statischen Größe liefert. Nach dem Arbeitssatz der Baustatik ist die Einflusslinie für eine Schnittgröße an einem bestimmten Ort gleich der Biegelinie, die sich einstellt, wenn zuerst ein zur Schnittgröße komplementärer Mechanismus an diesem Ort eingefügt wird und dann in diesem Mechanismus eine Einheitsverformung eingeprägt wird. Dann ergeben sich positive Einflussordinaten unterhalb des Lastgurts und negative Einflussordinaten oberhalb. Beispielsweise ist die Einflusslinie für das Schnittmoment an einer beliebigen Stelle eines Tragwerks gleich der Biegelinie, die sich ergibt, wenn an dieser Stelle ein Gelenk eingefügt wird und dann ein Knick der Größe eins eingeprägt wird. Statisch bestimmte Systeme werden durch Einfügen von Mechanismen kinematisch verschieblich. Einflusslinien für Schnittkräfte statisch bestimmter Tragwerke sind daher abschnittsweise linear (der eingeprägten Verformung wird kein Widerstand entgegengesetzt). Einflusslinien für Schnittgrößen statisch unbestimmter Stabwerke sind stets kubische Parabeln. Die Einflusslinie für eine Verschiebung an einer Stelle ergibt sich als Biegelinie infolge einer Einheitslast an der betrachteten Stelle in Richtung der betrachteten Verschiebung. Analoges gilt für die Einflusslinie für eine Verdrehung.

Beispiel

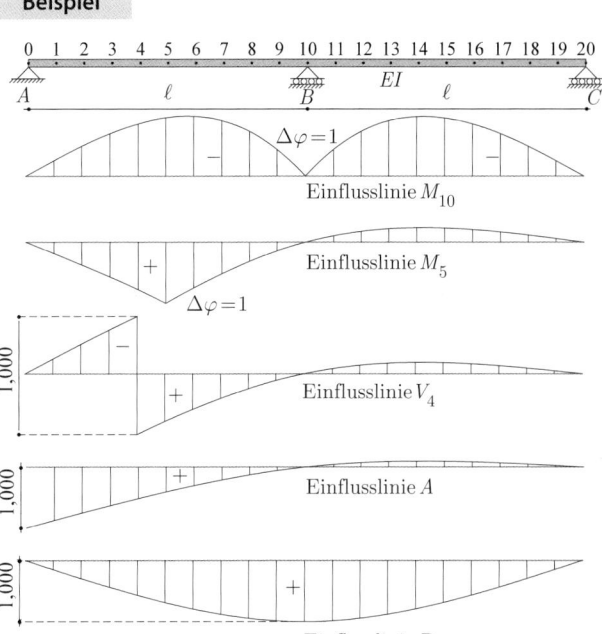

Abb. 5.52 Verschiedene Einflusslinien (qualitativ) des Zweifeldträgers mit gleichen Stützweiten

Beispiel

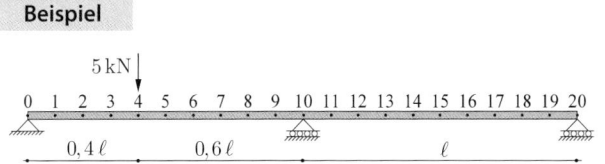

Abb. 5.53 Auswertung der Einflusslinien

Tafel 5.16 Einflussordinaten

Steht die Last F = 1kN in den Punkten	x/l	dann entstehen Biegemomente M = Fη in kNm in den Punkten											Querkräfte in kN		Auflagerkräfte in kN		
		1	2	3	4	5	6	7	8	9	10	11	V_0	V_{10}	A	B	C
A 0	0	0	0	0	0	0	0	0	0	0	0	0	1,0000	0	1,0000	0	0
1	0,1	0,0875	0,0751	0,0626	0,0501	0,0376	0,0252	0,0127	0,0002	−0,0123	−0,0248	−0,0223	0,8753	0,0248	0,8753	0,1495	−0,0248
2	0,2	0,0752	0,1504	0,1256	0,1008	0,0760	0,0512	0,0264	0,0016	−0,0232	−0,0480	−0,0432	0,7520	0,0480	0,7520	0,2960	−0,0480
3	0,3	0,0632	0,1264	0,1895	0,1527	0,1159	0,0791	0,0422	0,0054	−0,0314	−0,0683	−0,0614	0,6318	0,0683	0,6318	0,4365	−0,0683
4	0,4	0,0516	0,1032	0,1548	0,2064	0,1580	0,1096	0,0612	0,0128	−0,0356	−0,0840	−0,0756	0,5160	0,0840	0,5160	0,5680	−0,0840
5	0,5	0,0406	0,0812	0,1219	0,1625	0,2031	0,1438	0,0844	0,0250	−0,0344	−0,0938	−0,0844	0,4063	0,0938	0,4063	0,6875	−0,0938
6	0,6	0,0304	0,0608	0,0912	0,1216	0,1520	0,1824	0,1128	0,0432	−0,0264	−0,0960	−0,0864	0,3040	0,0960	0,3040	0,7920	−0,0960
7	0,7	0,0211	0,0422	0,0632	0,0843	0,1054	0,1265	0,1475	0,0686	−0,0103	−0,0893	−0,0803	0,2108	0,0893	0,2108	0,8785	−0,0893
8	0,8	0,0128	0,0256	0,0384	0,0512	0,0640	0,0768	0,0896	0,1024	0,0152	−0,0720	−0,0648	0,1280	0,0720	0,1280	0,9440	−0,0720
9	0,9	0,0057	0,0115	0,0172	0,0229	0,0286	0,0344	0,0401	0,0458	0,0515	−0,0428	−0,0385	0,0572	0,0428	0,0572	0,9855	−0,0428
B 10	1,0	0	0	0	0	0	0	0	0	0	0	0	0	1,0000	0	1,0000	0
11	1,1	−0,0043	−0,0086	−0,0128	−0,0171	−0,0214	−0,0257	−0,0299	−0,0342	−0,0385	−0,0428	0,0515	−0,0428	0,9428	−0,0428	0,9855	0,0572
12	1,2	−0,0072	−0,0144	−0,0216	−0,0288	−0,0360	−0,0432	−0,0504	−0,0576	−0,0648	−0,0720	0,0152	−0,0720	0,8720	−0,0720	0,9440	0,1280
13	1,3	−0,0089	−0,0179	−0,0268	−0,0357	−0,0446	−0,0536	−0,0625	−0,0714	−0,0803	−0,0893	−0,0103	−0,0893	0,7893	−0,0893	0,8785	0,2108
14	1,4	−0,0096	−0,0192	−0,0288	−0,0384	−0,0480	−0,0576	−0,0672	−0,0768	−0,0864	−0,0960	−0,0264	−0,0960	0,6960	−0,0960	0,7920	0,3040
15	1,5	−0,0094	−0,0188	−0,0281	−0,0375	−0,0469	−0,0563	−0,0656	−0,0750	−0,0844	−0,0938	−0,0344	−0,0938	0,5938	−0,0938	0,6875	0,4063
16	1,6	−0,0084	−0,0168	−0,0252	−0,0336	−0,0420	−0,0504	−0,0588	−0,0672	−0,0756	−0,0840	−0,0356	−0,0840	0,4840	−0,0840	0,5680	0,5160
17	1,7	−0,0068	−0,0137	−0,0205	−0,0273	−0,0341	−0,0410	−0,0478	−0,0546	−0,0614	−0,0683	−0,0314	−0,0683	0,3683	−0,0683	0,4365	0,6318
18	1,8	−0,0048	−0,0096	−0,0144	−0,0192	−0,0240	−0,0288	−0,0336	−0,0384	−0,0432	−0,0480	−0,0232	−0,0480	0,2480	−0,0480	0,2960	0,7520
19	1,9	−0,0025	−0,0050	−0,0074	−0,0099	−0,0124	−0,0149	−0,0173	−0,0198	−0,0223	−0,0248	−0,0123	−0,0248	0,1248	−0,0248	0,1495	0,8753
C 20	2,0	0	0	0	0	0	0	0	0	0	0	0	0	0	0	0	1,0000
													V_0	V_{10}	A	B	C

$\ell_1 = \ell_2 = 7{,}00\,\text{m}$
$F = 5{,}0\,\text{kN}$ im Punkt 4, $x/\ell = 0{,}4$
Gesucht: $A, B, M_4, M_{10}, M_{16}$

$$A = 0{,}516 \cdot 5{,}0 = 2{,}58\,\text{kN}$$

$$B = 0{,}568 \cdot 5{,}0 = 2{,}84\,\text{kN}$$

$$M_4 = 0{,}2064 \cdot 5{,}0 \cdot 7{,}00 = 7{,}22\,\text{kNm}$$

$$M_{10} = -0{,}0840 \cdot 5{,}0 \cdot 7{,}00 = -2{,}94\,\text{kNm}$$

$$M_{16} = -0{,}0336 \cdot 5{,}0 \cdot 7{,}00 = -1{,}176\,\text{kNm}$$

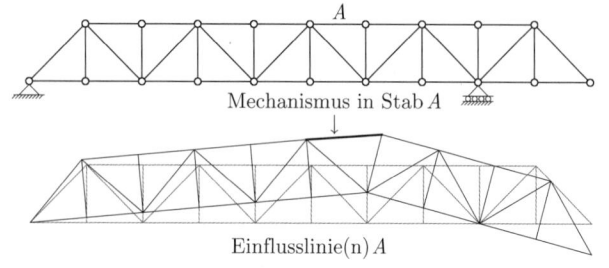

Abb. 5.54 Qualitative Einflusslinien für statisch bestimmtes Fachwerk

Abb. 5.54 zeigt die abschnittweise lineare Biegelinie infolge eines (Normalkraft)Mechanismus in Stab A. Die vertikale Durchbiegung des Obergurts ist dann die Einflusslinie für die Stabkraft A infolge einer Wanderlast auf dem Obergurt, die vertikale Durchbiegung des Untergurts ist die Einflusslinie für die Stabkraft A infolge einer Wanderlast auf dem Untergurt. Die horizontale Komponente der Biegelinie der Gurte ist die Einflusslinie für horizontale Lasten auf dem jeweiligen Gurt (gewöhnlich von geringem Interesse).

5.17 Rahmenformeln

Hilfsgröße

$$c = \frac{I_R}{I_S} \cdot \frac{h}{l}$$

I_R = Trägheitsmoment des Riegelquerschnitts
I_S = Trägheitsmoment des Stielquerschnitts
h = Höhe des Rahmens
l = Stützweite

Tafel 5.17 Rahmenformeln

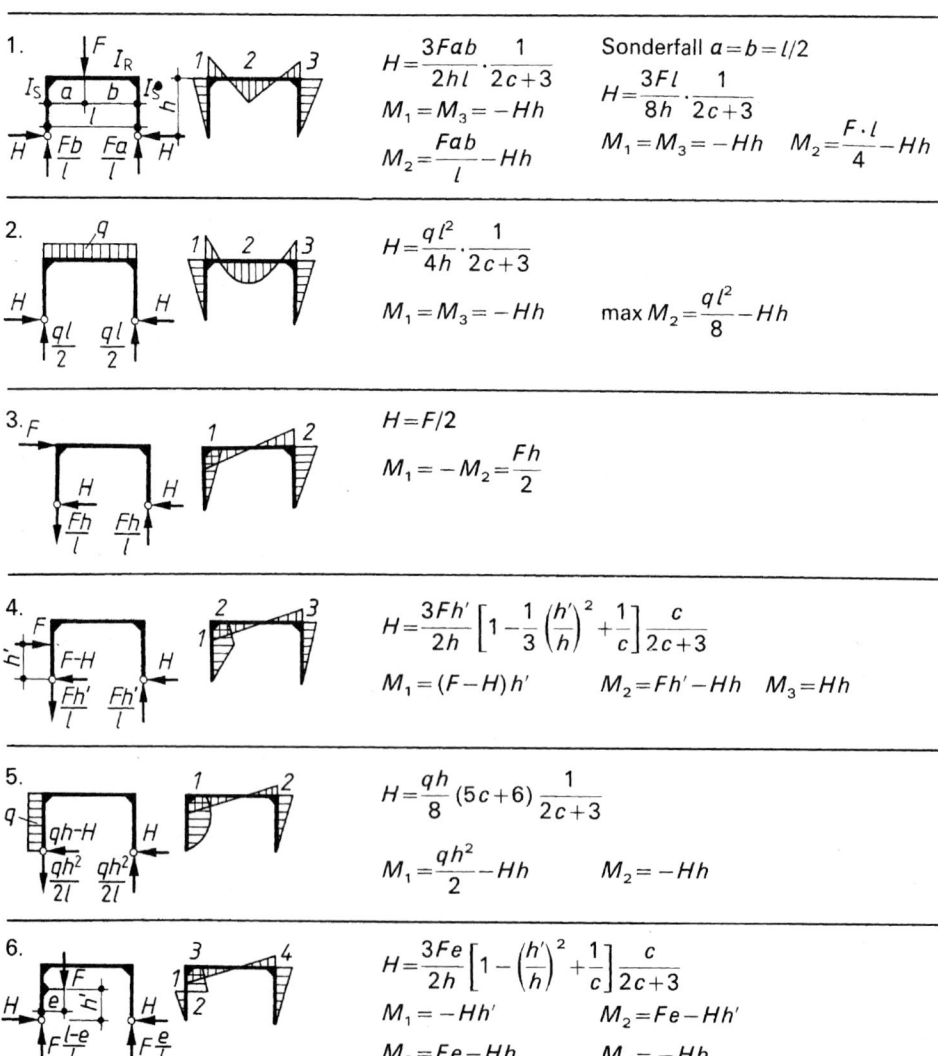

Tafel 5.17 (Fortsetzung)

7. Belastung durch Moment am Riegel

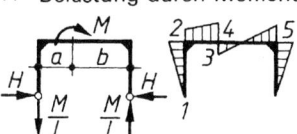

$$H = \frac{3M}{2h} \cdot \frac{b-a}{l} \cdot \frac{1}{2c+3} \qquad M_2 = M_5 = -H \cdot h$$

$$M_3 = -Hh - M\frac{a}{l} \qquad M_4 = -Hh + M\frac{b}{l}$$

Ist $a > b$, so wird H negativ, d.h. ist von innen nach außen gerichtet, wenn M, wie eingezeichnet, rechtsdrehend.

8. gleichmäßige Erwärmung um $T°C$

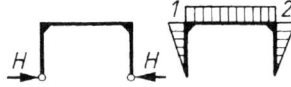

$$H = \frac{3EI_R\alpha_T T}{h^2} \cdot \frac{1}{2c+3} \qquad M_1 = M_2 = -Hh$$

9.

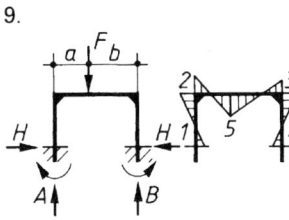

$$A = \frac{Fb}{l}\left[1 + \frac{a(b-a)}{l^2(6c+1)}\right] \qquad B = F - A \qquad H = \frac{3Fab}{2hl} \cdot \frac{1}{c+2}$$

$$\begin{matrix} M_1 = \\ M_4 = \end{matrix} = \frac{Fab}{2l}\left[\frac{1}{c+2} \mp \frac{b-a}{l(6c+1)}\right]$$

$$\begin{matrix} M_2 = \\ M_3 = \end{matrix} = -\frac{Fab}{l}\left[\frac{1}{c+2} \pm \frac{b-a}{2l(6c+1)}\right]$$

$$M_5 = \frac{1}{l}(Fab + bM_2 + aM_3)$$

Sonderfall $a = b = \dfrac{l}{2}$: $\quad A = B = \dfrac{F}{2} \qquad H = \dfrac{3Fl}{8h} \cdot \dfrac{1}{c+2}$

$$M_1 = M_4 = \frac{H \cdot h}{3} \qquad M_2 = M_3 = -2M_1 \qquad M_5 = \frac{Fl}{4} + M_2$$

10.

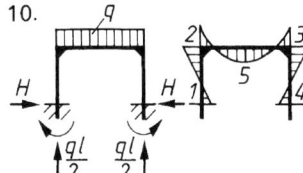

$$H = \frac{ql^2}{4h} \cdot \frac{1}{c+2} \qquad M_1 = M_4 = \frac{ql^2}{12} \cdot \frac{1}{c+2}$$

$$M_2 = M_3 = -2M_1 \qquad M_5 = \frac{ql^2}{8} + M_2$$

11.

$$A = -B = \frac{Fh}{l} \cdot \frac{3c}{6c+1}$$

$$M_1 = M_4 = \frac{Fh}{2} \cdot \frac{3c+1}{6c+1}$$

$$M_2 = -M_3 = \frac{Fh}{2} \cdot \frac{3c}{6c+1}$$

12.

$$B = -A = \frac{q \cdot h^2}{l} \cdot \frac{c}{6c+1}; \; H_A = -\frac{q \cdot h}{8} \cdot \frac{6c+13}{c+2}; \; H_B = \frac{q \cdot h}{8} \cdot \frac{2c+3}{c+2}$$

$$\begin{matrix} M_1 = \\ M_4 = \end{matrix} = \frac{qh^2}{4}\left[-\frac{c+3}{6(c+2)} \mp \frac{4c+1}{6c+1}\right]$$

$$\begin{matrix} M_2 = \\ M_3 = \end{matrix} = \frac{qh^2}{4}\left[-\frac{c}{6(c+2)} \pm \frac{2c}{6c+1}\right]$$

13.

$$A = -B = \frac{6M}{l} \cdot \frac{c}{6c+1} \qquad\qquad H = -\frac{3M}{2h} \cdot \frac{1}{c+2}$$

$$\begin{matrix} M_1 = \\ M_5 = \end{matrix} = -\frac{M}{2}\left(\frac{1}{c+2} \mp \frac{1}{6c+1}\right)$$

$$\begin{matrix} M_2 = \\ M_4 = \end{matrix} = \frac{M}{2}\left(\frac{2}{c+2} \pm \frac{1}{6c+1}\right) \qquad M_3 = -(M - M_2)$$

14. gleichmäßige Erwärmung um $T°C$

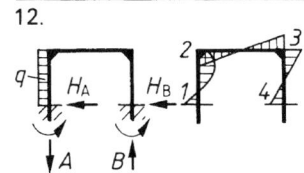

$$H = \frac{3EI_R\alpha_T T}{h^2} \cdot \frac{2c+1}{c(c+2)}$$

$$M_1 = M_4 = -\frac{3EI_R\alpha_T T}{h} \cdot \frac{c+1}{c(c+2)}$$

$$M_2 = M_3 = M_1 - Hh \text{ (negativ)}$$

5.18 Kehlbalkendach

Tafel 5.18 Kehlbalkendach

Belastungen	V_A	V_B	N_{DE}	H_A	H_B	M_D	M_E
a)	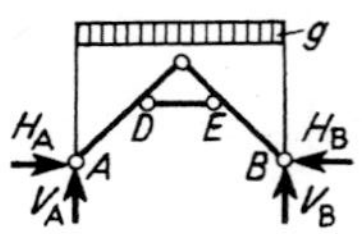 $\dfrac{g \cdot l}{2}$	$\dfrac{g \cdot l}{2}$	$-\dfrac{1+\gamma}{16\gamma \tan\varphi} g \cdot l$	$\dfrac{1+4\alpha+\gamma}{16\alpha \tan\varphi} g \cdot l$	$\dfrac{1+4\alpha+\gamma}{16\alpha \tan\varphi} g \cdot l$	$\dfrac{3\gamma-1}{32} g \cdot l^2$	$\dfrac{3\gamma-1}{32} g \cdot l^2$
b)	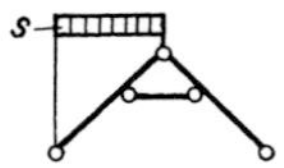 $\dfrac{3}{8} s \cdot l$	$\dfrac{1}{8} s \cdot l$	$-\dfrac{1+\gamma}{32\gamma \tan\varphi} s \cdot l$	$\dfrac{1+4\alpha+\gamma}{32\alpha \tan\varphi} s \cdot l$	$\dfrac{1+4\alpha+\gamma}{32\alpha \tan\varphi} s \cdot l$	$\dfrac{7\gamma-1}{64} s \cdot l^2$	$-\dfrac{1+\gamma}{64} s \cdot l^2$
c)	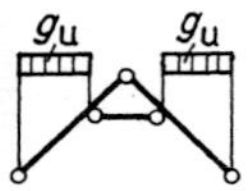 $\dfrac{\alpha}{2} g_u \cdot l$	$\dfrac{\alpha}{2} g_u \cdot l$	$-\dfrac{\alpha(3\beta+1)}{16\beta \tan\varphi} g_u \cdot l$	$\dfrac{\alpha(\alpha+4)}{16 \tan\varphi} g_u \cdot l$	$\dfrac{\alpha(\alpha+4)}{16 \tan\varphi} g_u \cdot l$	$-\dfrac{\alpha^3}{32} g_u \cdot l^2$	$-\dfrac{\alpha^3}{32} g_u \cdot l^2$
d)[a]	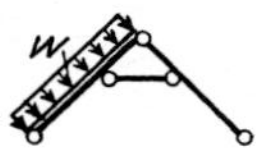 $\dfrac{3-\tan^2\varphi}{8} w \cdot l$	$\dfrac{1+\tan^2\varphi}{8} w \cdot l$	$-\dfrac{1+\gamma}{32\gamma} \cdot \dfrac{1+\tan^2\varphi}{\tan\varphi} w \cdot l$	$\dfrac{k_1}{16} w \cdot l$	$\dfrac{k_2}{16} w \cdot l$	$\dfrac{k_3}{64} w \cdot l^2$	$-\dfrac{k_4}{64} w \cdot l^2$
e)[a]	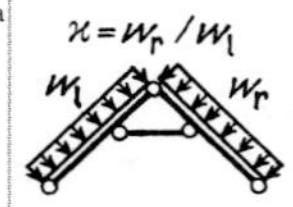 $\dfrac{3-\tan^2\varphi + \varkappa(1+\tan^2\varphi)}{8} w_l \cdot l$	$\dfrac{1+\tan^2\varphi + \varkappa(3-\tan^2\varphi)}{8} w_l \cdot l$	$-\dfrac{(1+\gamma)(1+\tan^2\varphi)(1+\varkappa)}{32\gamma \cdot \tan\varphi} w_l \cdot l$	$\dfrac{k_1 + \varkappa k_2}{16} w_l \cdot l$	$\dfrac{k_2 + \varkappa k_1}{16} w_l \cdot l$	$\dfrac{k_3 - \varkappa k_4}{64} w_l \cdot l^2$	$\dfrac{-k_4 + \varkappa k_3}{64} w_l \cdot l^2$
f)	 $g_k \cdot b = \dfrac{\beta}{2} g_k \cdot l$	$g_k \cdot b = \dfrac{\beta}{2} g_k \cdot l$	$-\dfrac{g_k \cdot b}{\tan\varphi} = -\dfrac{\beta}{2\tan\varphi} g_k \cdot l$	$\dfrac{g_k \cdot b}{\tan\varphi} = \dfrac{\beta}{2\tan\varphi} g_k \cdot l$	$\dfrac{g_k \cdot b}{\tan\varphi} = \dfrac{\beta}{2\tan\varphi} g_k \cdot l$	0	0
g)	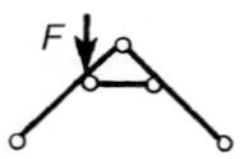 $\dfrac{2b+a}{l} F = \left(\beta + \dfrac{\alpha}{2}\right) F$	$\dfrac{a}{l} F = \dfrac{\alpha}{2} F$	$-\dfrac{F}{2\tan\varphi}$	$\dfrac{F}{2\tan\varphi}$	$\dfrac{F}{2\tan\varphi}$	$\dfrac{\gamma \cdot l}{4} F$	$-\dfrac{\gamma \cdot l}{4} F$

[a] $k_1 = \dfrac{2}{\tan\varphi} - 6\tan\varphi + \dfrac{1+\gamma}{2\alpha} \cdot \dfrac{1+\tan^2\varphi}{\tan\varphi}$, $k_2 = \dfrac{1+\tan^2\varphi}{\tan\varphi} \cdot \left(2 + \dfrac{1+\gamma}{2\alpha}\right)$, $k_3 = (1+\tan^2\varphi)(7\gamma-1)$, $k_4 = (1+\tan^2\varphi)(1+\gamma)$

5.19 Schnittgrößenermittlung statisch unbestimmter Systeme

5.19.1 Grad der statische Unbestimmtheit

Abzählkriterum für allgemeine ebene Stabwerke

$n = a + z + 3m - 3p$

a = Anzahl der Auflagerreaktionen

z = Anzahl der Zwischenkräfte an

  Mechanismen zwischen den Scheiben

m = Anzahl der geschlossenen biegesteifen

  Maschen ohne Mechanismus

p = Anzahl der Scheiben

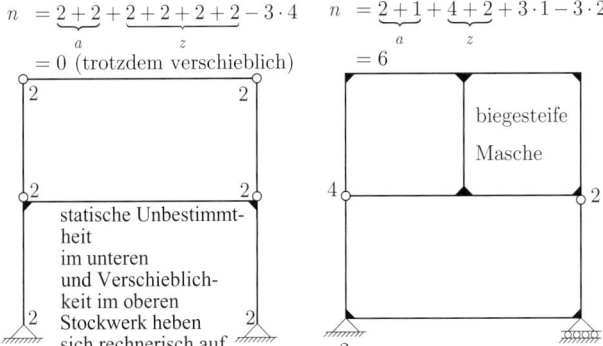

Abb. 5.55 Abzählkriterium für ebene Stabtragwerke

In einem Gelenk, in dem m Stäbe zusammentreffen, werden $2m - 1$ Zwischenkräfte übertragen. Das Abzählkriterium ist lediglich ein notwendiges aber kein hinreichendes Kriterium für die Stabilität des Tragwerks, d. h. aus einem Wert $n \geq 0$ folgt nicht automatisch die Stabilität des Systems (Abb. 5.55).

5.19.2 Kraftgrößenverfahren

Ein n-fach statisch unbestimmtes System wird durch Einfügen von n Mechanismen, d. h. das Lösen von n Bindungen wie z. B. das Entfernen von Auflagern oder das Einfügen von Gelenken statisch bestimmt gemacht. Dieses statisch bestimmte Grundsystem erlaubt dann Verformungen, die am ursprünglichen Tragwerk nicht möglich sind. Deshalb werden an den n Mechanismen unbekannte Kraftgrößen x_i angesetzt, die zu den unverträglichen Verformungen komplementär. Durch die Bedingung, dass die unverträglichen Verformungen infolge der äußeren Einwirkungen durch die statisch Unbestimmten rückgängig gemacht werden müssen, werden n Gleichungen für die n Unbekannten gewonnen. Diese Gleichungen werden als Verträglichkeitsbedingungen

bezeichnet. Da das Kraftgrößenverfahren auf dem Superpositionsprinzip beruht, ist es nur bei linearem Tragverhalten anwendbar.

Rechengang

1. Grad n der statischen Unbestimmtheit bestimmen und statisch bestimmtes Grundsystem wählen. Einführen von n statisch unbestimmten, unbekannten Kraftgrößen. $x_i, i = 1 \ldots n$.

2. Schnittkraftlinien am statisch bestimmten Grundsystem ermitteln getrennt für die Einwirkungen („0-System") und die Unbekannten x_i („1-System", „2-System", …, „n-System").

3. Formänderungswerte δ_{ij} und δ_{i0} mit dem Prinzip der virtuellen Kräfte (Arbeitssatz) zu

$$\delta_{ij} = \frac{1}{EI} \int M_i M_j \, dx + \frac{1}{EA} \int N_i N_j \, dx + \frac{1}{GA} k \int V_i V_j \, dx$$

$$\delta_{i0} = \frac{1}{EI} \int M_i M_0 \, dx + \frac{1}{EA} \int N_i N_0 \, dx$$

$$+ \frac{1}{GA} k \int V_i V_0 \, dx + \int M_i \frac{\alpha_T \Delta T}{h} \, dx$$

$$+ \text{Stützensenkung} + \text{Federn}$$

ermitteln, Verträglichkeitsbedingungen

$$x_1 \delta_{11} + x_2 \delta_{12} + \ldots + x_n \delta_{1n} + \delta_{10} = 0$$
$$x_1 \delta_{21} + x_2 \delta_{22} + \ldots + x_n \delta_{2n} + \delta_{20} = 0$$
$$\vdots$$
$$x_n \delta_{n1} + x_2 \delta_{n2} + \ldots + x_n \delta_{nn} + \delta_{n0} = 0$$

aufstellen und Gleichungssystem lösen.

Der erste Index einer Formänderung δ_{ij} gibt deren Ort, deren Art (Verschiebung oder Verdrehung) und die positive Richtung an, der zweite Index die Ursache der Formänderung.

4. Superposition: Die endgültigen Schnittgrößen S ergeben sich durch Überlagerung

$$S = S_0 + x_1 S_1 + \ldots + x_n S_n$$

Oft empfiehlt es sich, die Überlagerung nur für die Biegemomente durchzuführen, um anschließend direkt die endgültigen Quer- und Normalkräfte durch Gleichgewicht (Freischneiden) zu erhalten.

Beispiel

Gesucht: Schnittkräfte für den gezeigten Rahmen sowie die Verdrehung im Punkt A. Nur Biegeverformungen sollen berücksichtigt werden.

Das Tragwerk ist einfach statisch unbestimmt. Als Unbekannte wird die horizontale Auflagerkraft am rechten Fußpunkt gewählt.

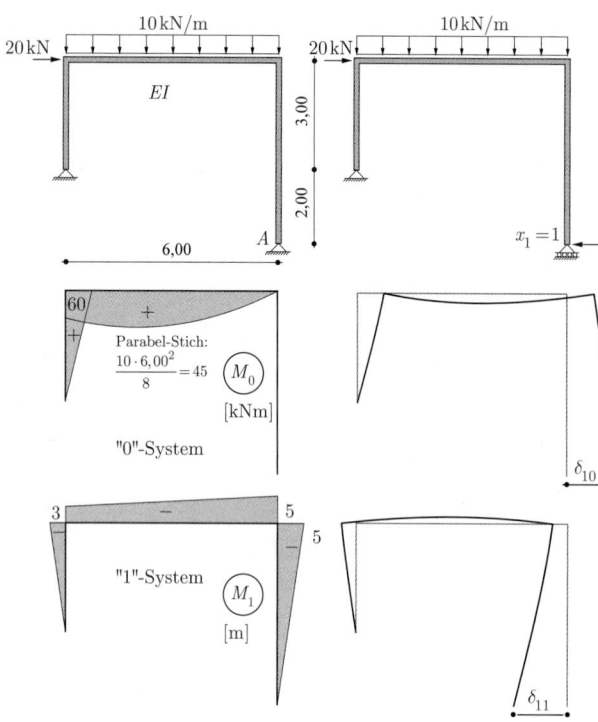

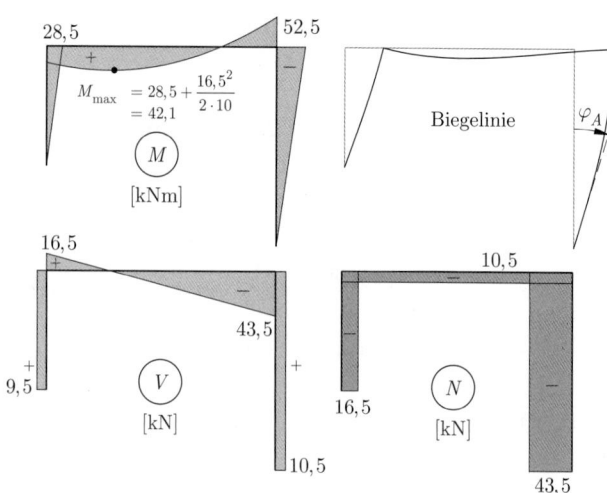

Abb. 5.56 Einfach statisch unbestimmter Rahmen; Berechnung mit dem Kraftgrößenverfahren; Berechnung des statisch bestimmten Grundsystems

Abb. 5.57 Einfach statisch unbestimmter Rahmen; Berechnung mit dem Kraftgrößenverfahren; endgültige Schnittgrößen und Biegelinie

Die Verdrehung im Punkt A wird mit dem Arbeitssatz berechnet. Dabei kann der Reduktionssatz der Baustatik zur Anwendung kommen. Dieser besagt, dass die virtuelle Schnittkraftfläche für ein beliebiges reduziertes System ermittelt werden darf, das aus dem ursprünglichen Tragwerk durch Weglassen von Tragwerksteilen oder Festhaltungen hervorgeht.

$$EI\delta_{11} = \int M_1 \cdot M_1 \, dx$$
$$= \frac{1}{3}\big[3^2 \cdot 3{,}00 + (3^2 + 5^2 + 3 \cdot 5) \cdot 6{,}00 + 5^2 \cdot 5{,}00\big]$$
$$= 148{,}67$$

$$EI\delta_{10} = \int M_1 \cdot M_0 \, dx$$
$$= -\frac{1}{3}\big[60 \cdot 3 \cdot 3{,}00 + 45 \cdot (3+5) \cdot 6{,}00 + 60 \cdot 3 \cdot 6{,}00\big]$$
$$\quad - \frac{1}{6} \cdot 60 \cdot 5 \cdot 6{,}00$$
$$= -1560 \, \text{kNm}^3$$

$$x_1 = -\frac{\delta_{10}}{\delta_{11}} = -\frac{-1560}{148{,}67} = 10{,}49 \, \text{kN}$$

$$M = M_0 + x_1 M_1$$

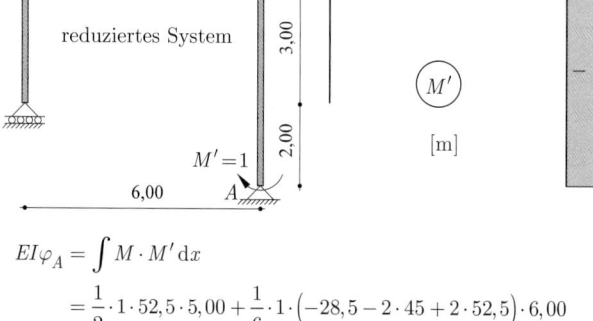

$$EI\varphi_A = \int M \cdot M' \, dx$$
$$= \frac{1}{2} \cdot 1 \cdot 52{,}5 \cdot 5{,}00 + \frac{1}{6} \cdot 1 \cdot \left(-28{,}5 - 2 \cdot 45 + 2 \cdot 52{,}5\right) \cdot 6{,}00$$
$$= 117{,}8 \, \text{kNm}^2$$

Abb. 5.58 Einfach statisch unbestimmter Rahmen; Berechnung mit dem Kraftgrößenverfahren; Fußpunktverdrehung mit Arbeitssatz am reduzierten System

Beispiel

Gesucht: Schnittkräfte für den gezeigten Durchlaufträger. Nur Biegeverformungen sollen berücksichtigt werden. Das Tragwerk ist zweifach statisch unbestimmt. Als Unbekannte werden die beiden Stützmomente gewählt.

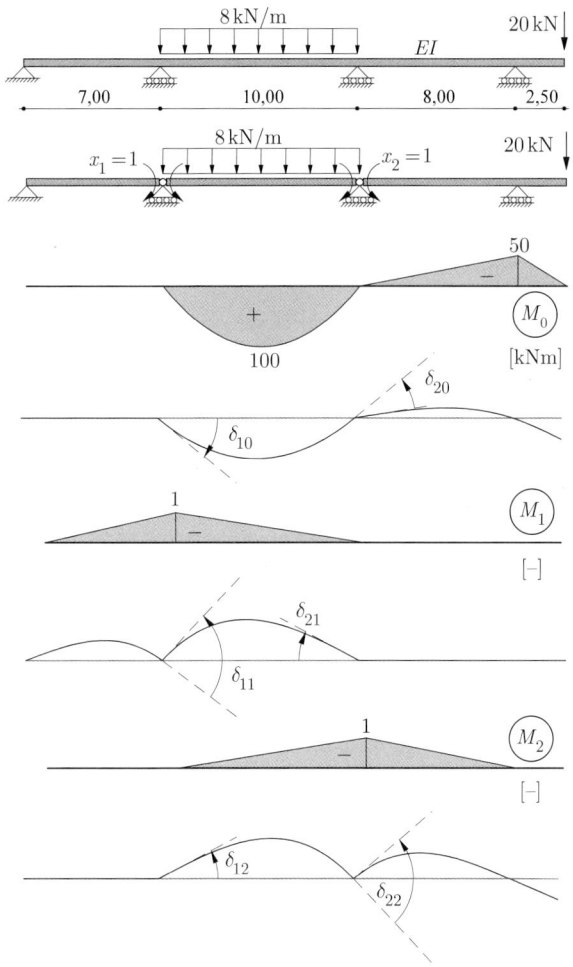

Abb. 5.59 Zweifach statisch unbestimmter Träger; Berechnung mit dem Kraftgrößenverfahren

Formänderungswerte

$$\delta_{11} = \frac{1}{3} \cdot 1^2 \cdot (10{,}00 + 7{,}00) = \frac{17}{3}$$

$$\delta_{22} = \frac{1}{3} \cdot 1^2 \cdot (10{,}00 + 8{,}00) = 6$$

$$\delta_{12} = \frac{1}{6} \cdot 1 \cdot 1 \cdot 10{,}00 = \frac{5}{3}$$

$$\delta_{21} = \delta_{12}$$

$$\delta_{10} = -\frac{1}{3} \cdot 1 \cdot 100 \cdot 10{,}00 = -\frac{1000}{3}$$

$$\delta_{20} = -\frac{1}{3} \cdot 1 \cdot 100 \cdot 10{,}00 + \frac{1}{6} \cdot 1 \cdot 50 \cdot 8{,}00 = -\frac{800}{3}$$

Verträglichkeitsbedingungen und Lösung

$$\delta_{11}x_1 + \delta_{12}x_2 + \delta_{10} = 0$$

$$\delta_{21}x_1 + \delta_{22}x_2 + \delta_{20} = 0$$

$$\begin{bmatrix} 17 & 5 \\ 5 & 18 \end{bmatrix} \begin{bmatrix} x_1 \\ x_2 \end{bmatrix} = \begin{bmatrix} 1000 \\ 800 \end{bmatrix}$$

$$x_1 = 49{,}82 \text{ kNm}$$

$$x_2 = 30{,}61 \text{ kNm}$$

Endgültige Momente

$$M = M_0 + x_1 M_1 + x_2 M_2$$

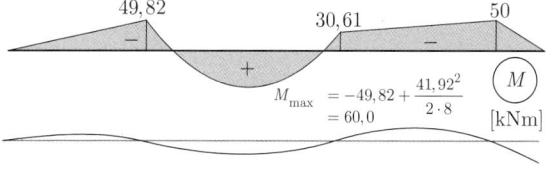

Endgültige Querkräfte V aus M

Abb. 5.60 Zweifach statisch unbestimmter Träger; Berechnung mit dem Kraftgrößenverfahren; endgültige Schnittgrößen und Biegelinie

5.19.3 Weggrößenverfahren für Stabtragwerke

Beim Weggrößenverfahren sind die Knotenverschiebungen und -verdrehungen (auch Freiheitsgrade genannt) die Unbekannten. Zunächst wird für jeden Stab eine Beziehung zwischen den Stabendverschiebungen (i. a. gleich den Knotenverschiebungen) und den Stabendschnittgrößen hergeleitet. An den Knoten des Tragwerks werden in Richtung der Freiheitsgrade die Gleichgewichtsbedingungen aufgestellt.

Bei ebenen Stabtragwerken weist jeder Knoten drei Freiheitsgrade auf. Die Anzahl der Gleichgewichtsbedingungen an den Knoten entspricht der Anzahl der Freiheitsgrade. Aus der Lösung des entstehenden Gleichungssystems ergeben sich die Knotenverschiebungen. Die Schnittkräfte ergeben sich durch Rückrechnung aus den Knotenverschiebungen. Der in Abb. 5.61 gezeigte Rahmen hat vier Knoten und damit insgesamt 12 Freiheitsgrade, von denen fünf festgehalten sind, d. h. die Verschiebung ist zu Null vorgegeben, so dass die sieben „freien" Freiheitsgrade durch Lösung eines Gleichungssystems mit sieben Unbekannten bestimmt werden.

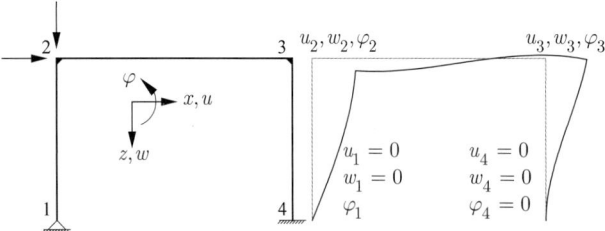

Abb. 5.61 Weggrößenverfahren: Koordinatensystem, Knoten, Stäbe, Knotenverschiebungen (Freiheitsgrade), Festhaltungen

Die Vorzeichenvereinbarung des Weggrößenverfahrens (kurz WGV-Vorzeichen) orientiert sich an den Koordinatenrichtungen und weicht daher von der Vorzeichenvereinbarung bei Schnittkraftlinien ab (kurz Statik-Vorzeichen) (Abb. 5.62).

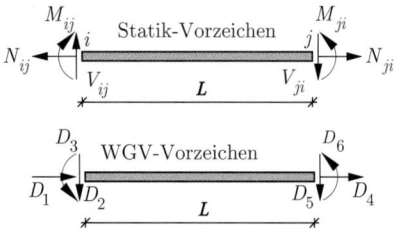

Abb. 5.62 Vorzeichenvereinbarung für Schnittkräfte

5.19.3.1 Allgemeines Weggrößenverfahren

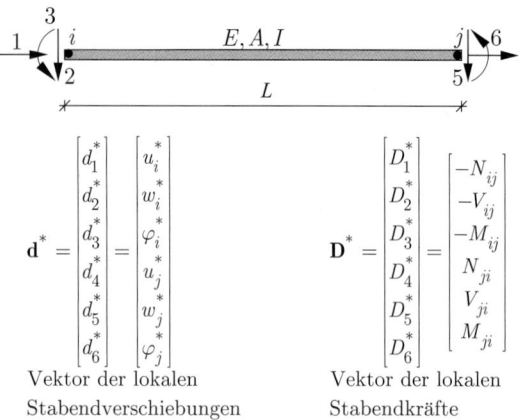

$$\mathbf{d}^* = \begin{bmatrix} d_1^* \\ d_2^* \\ d_3^* \\ d_4^* \\ d_5^* \\ d_6^* \end{bmatrix} = \begin{bmatrix} u_i^* \\ w_i^* \\ \varphi_i^* \\ u_j^* \\ w_j^* \\ \varphi_j^* \end{bmatrix} \qquad \mathbf{D}^* = \begin{bmatrix} D_1^* \\ D_2^* \\ D_3^* \\ D_4^* \\ D_5^* \\ D_6^* \end{bmatrix} = \begin{bmatrix} -N_{ij} \\ -V_{ij} \\ -M_{ij} \\ N_{ji} \\ V_{ji} \\ M_{ji} \end{bmatrix}$$

Vektor der lokalen   Vektor der lokalen
Stabendverschiebungen   Stabendkräfte

Abb. 5.63 Das ebene Stabelement mit sechs Freiheitsgraden

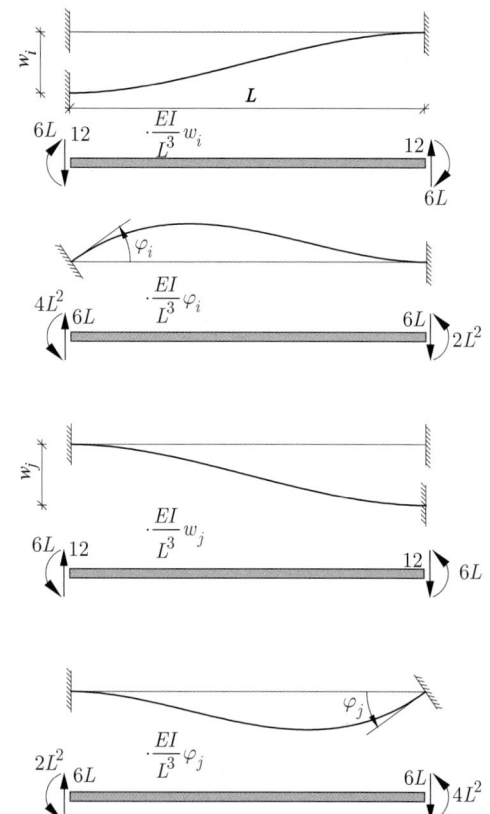

Abb. 5.64 Stabendverschiebungen und zugehörige Stabendkräfte (nur die vier Biegefreiheitsgrade gezeigt, nicht die zwei Axialfreiheitsgrade) für das ebene Stabelement mit sechs Freiheitsgraden

Lokale Elementsteifigkeitsmatrix

$$\mathbf{K}^* = \frac{EI}{L^3}\begin{bmatrix} 0 & 0 & 0 & 0 & 0 & 0 \\ 0 & 12 & -6L & 0 & -12 & -6L \\ 0 & -6L & 4L^2 & 0 & 6L & 2L^2 \\ 0 & 0 & 0 & 0 & 0 & 0 \\ 0 & -12 & 6L & 0 & 12 & 6L \\ 0 & -6L & 2L^2 & 0 & 6L & 4L^2 \end{bmatrix}$$

$$+ \frac{EA}{L}\begin{bmatrix} 1 & 0 & 0 & -1 & 0 & 0 \\ 0 & 0 & 0 & 0 & 0 & 0 \\ 0 & 0 & 0 & 0 & 0 & 0 \\ -1 & 0 & 0 & 1 & 0 & 0 \\ 0 & 0 & 0 & 0 & 0 & 0 \\ 0 & 0 & 0 & 0 & 0 & 0 \end{bmatrix}$$

$$\mathbf{D}^* = \mathbf{K}^* \mathbf{d}^*$$

Transformation vom globalen ins lokale Koordinatensystem

$$x^* = x\cos\alpha + z\sin\alpha$$
$$z^* = -x\sin\alpha + z\cos\alpha$$
$$\varphi^* = \varphi$$

$$\begin{bmatrix} x^* \\ z^* \\ \varphi^* \end{bmatrix} = \begin{bmatrix} \cos\alpha & \sin\alpha & 0 \\ -\sin\alpha & \cos\alpha & 0 \\ 0 & 0 & 1 \end{bmatrix}\begin{bmatrix} x \\ z \\ \varphi \end{bmatrix}$$

Transformationsmatrix

$$\mathbf{T} = \begin{bmatrix} \cos\alpha & \sin\alpha & 0 & 0 & 0 & 0 \\ -\sin\alpha & \cos\alpha & 0 & 0 & 0 & 0 \\ 0 & 0 & 1 & 0 & 0 & 0 \\ 0 & 0 & 0 & \cos\alpha & \sin\alpha & 0 \\ 0 & 0 & 0 & -\sin\alpha & \cos\alpha & 0 \\ 0 & 0 & 1 & 0 & 0 & 1 \end{bmatrix}$$

Globale Elementsteifigkeitsmatrix
$$\mathbf{K}^* = \mathbf{T}^T \cdot \mathbf{K}^* \cdot \mathbf{T}$$

Globale Stabendkräfte
$$\mathbf{D} = \mathbf{T}^T \cdot \mathbf{D}^*$$

Globale Stabendverschiebungen
$$\mathbf{d} = \mathbf{T}^T \cdot \mathbf{d}^*$$

Gesamtsteifigkeitsmatrix

Die System- oder Gesamtsteifigkeitsmatrix wird zusammengesetzt durch „Einspeichern" der globalen Elementsteifigkeitsmatrizen an die richtige Stelle. Abb. 5.65 zeigt schematisch den Prozess des Zusammenbaus der vier Stabsteifigkeitsmatrizen und des Lastvektors. Die grauen Zeilen und Spalten der Gesamtsteifigkeitsmatrix entsprechen den festgehaltenen Freiheitsgraden, die „leeren" Matrixelemente haben den Wert Null. Der Lastvektor ergibt sich aus den Festeinspanngrößen infolge F an den Knoten 3 und 4, den Festeinspanngrößen infolge q an den Knoten 2 und 4, der Knotenlast H am Knoten 3 sowie der Knotenlast M am Knoten 2.

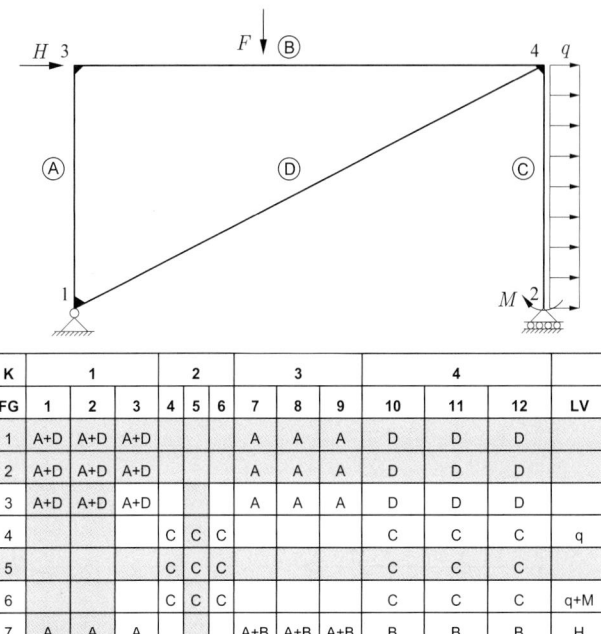

K	1			2			3			4			
FG	1	2	3	4	5	6	7	8	9	10	11	12	**LV**
1	A+D	A+D	A+D				A	A	A	D	D	D	
2	A+D	A+D	A+D				A	A	A	D	D	D	
3	A+D	A+D	A+D				A	A	A	D	D	D	
4				C	C	C				C	C	C	q
5				C	C	C				C	C	C	
6				C	C	C				C	C	C	q+M
7	A	A	A				A+B	A+B	A+B	B	B	B	H
8	A	A	A				A+B	A+B	A+B	B	B	B	F
9	A	A	A				A+B	A+B	A+B	B	B	B	F
10	D	D	D	C	C	C	B	B	B	B+C+D	B+C+D	B+C+D	q
11	D	D	D	C	C	C	B	B	B	B+C+D	B+C+D	B+C+D	F
12	D	D	D	C	C	C	B	B	BB	B+C+D	B+C+D	B+C+D	F+q

Abb. 5.65 Zusammenbau der Gesamtsteifigkeitsmatrix und des Lastvektors; K = Knoten; FG = Freiheitsgrad; LV = Lastvektor

Stabendmechanismen

Die Vorgabe von bestimmten Stabendkräften zu Null wird als Stabendmechanismus bezeichnet. Diese können in Form eines Normalkraft-, Querkraft- oder Biegemechanismus (Gelenk) auftreten. Liegen Stabendmechanismen vor, kommen zusätzliche (innere) Freiheitsgrade ins Spiel, die auf Stabebene durch sogenannte statische Kondensation eliminiert werden können. Im Rahmen der Abb. 5.66 treten in den Knoten 1, 3, 4, 6 nur ein Drehwinkel, in den Knoten 2, 5, 7 zwei Drehwinkel auf. Auch bei einem Vollgelenk wie im Knoten 7, sollten nie alle Stäbe mit einem Endmechanismus versehen werden, da dann der Knoten keine Drehsteifigkeit mehr aufweist und das Gleichungssystem singulär wird, weil der entsprechende Hauptdiagonaleintrag in der Gesamtsteifigkeitsmatrix Null wird. So sollte im Knoten 7 entweder Stab VI oder Stab VII einen Mechanismus erhalten, aber nicht beide Stäbe. Zwischen Stäben I und V existiert eine biegesteife Verbindung, so dass der rechte Winkel in der Biegelinie erhalten bleibt (kein Knick) und ein Moment übertragen wird. Zwischen Stäben I und II bzw. II und V bildet sich ein Knick. Ähnliches gilt an Knoten 5 allerdings kann hier in der Stütze ein Moment übertragen werden, so dass der Knick zwischen Riegel V und Stütze III/IV entsteht. Die Biegelinie der Stütze III geht im Knoten 5 mit gleicher Neigung in die Biegelinie der Stütze IV über.

5.19.3.2 Drehwinkelverfahren

Das Drehwinkelverfahren ist ein auf die Handrechnung zugeschnittenes Weggrößenverfahren. Die Verformungen infolge Normalkraft werden vernachlässigt. Es wird üblicherweise zwischen verschieblichen (Knotenverdrehungen und -verschiebungen) und unverschieblichen System (nur Knotenverdrehungen) unterschieden. Bei verschieblichen Systemen werden die beiden Endverschiebungen w_i und w_j senkrecht zum Stand zum Stabdrehwinkel ψ_{ij} zusammengefasst. Bei unverschieblichen Systemen ergeben sich die Knotendrehwinkel aus dem Momentengleichgewicht an den Knoten. Bei verschieblichen Systemen sind zur Gewinnung zusätzlicher Gleichungen weitere Gleichgewichtsbedingungen oder eine Arbeitsgleichung erforderlich.

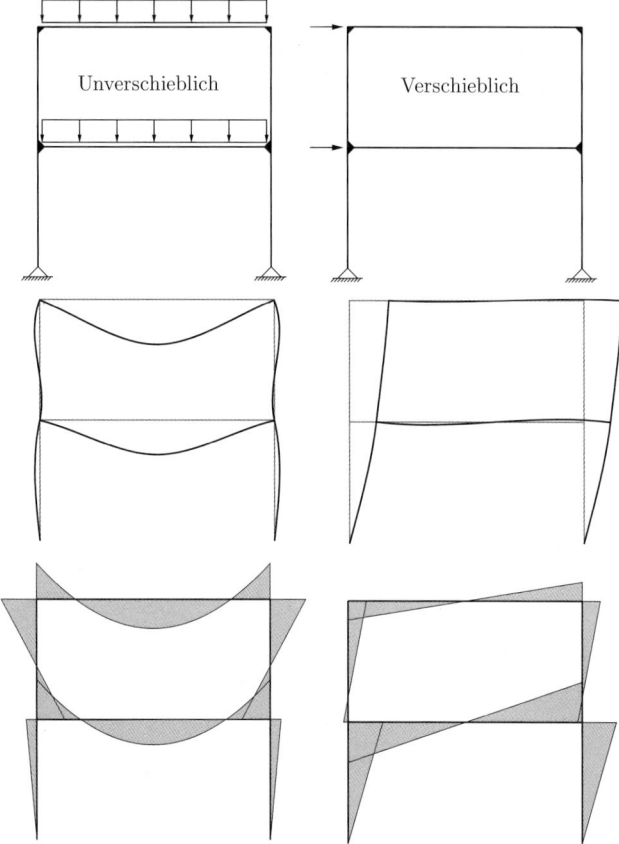

Abb. 5.67 Unverschiebliches (nur Knotenverdrehungen) und verschiebliches (Knotenverschiebungen und -verdrehungen) Tragwerk

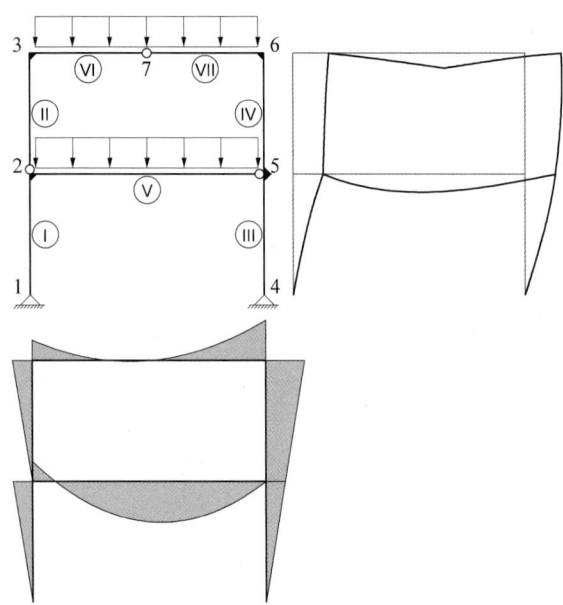

Abb. 5.66 Stabendmechanismen und ihre Auswirkung auf Biege- und Momentenlinie

Analog zum allgemeinen Weggrößenverfahren werden auch beim Drehwinkelverfahren zunächst Beziehungen zwischen den Stabendkräften und Stabendverschiebungen hergeleitet. Gemäß Abb. 5.68 werden von den sechs Endkräften nur die beiden Endmomente, von den sechs Endverschiebungen nur die beiden Drehwinkel und die Verschiebungen senkrecht zur Stabachse betrachtet. Letztere werden zu einem Stabdrehwinkel zusammengefasst.

Rechengang

1. Unbekannte Knotendrehwinkel φ und Stabdrehwinkel ψ festlegen;
2. Festeinspannmomente bestimmen;
3. Stabendmomente M_{ij} und M_{ji} mit den Ausdrücken der Abb. 5.68 als Funktion von φ und ψ ausdrücken;
4. Gleichgewichtsbedingungen aufstellen und Gleichungssystem nach φ und ψ auflösen;
5. Stabendmomente durch Einsetzen von φ und ψ in 3. bestimmen;
6. Vorzeichen anpassen und Momentenlinie M zeichnen;
7. Querkräfte V (aus Stabendmomenten) und Normalkräfte N (üblicherweise über Knotengleichgewicht) berechnen;

Elimination des Stabenddrehwinkels bei gelenkiger Endlagerung

Liegt eine einseitig gelenkige Endlagerung an einem Stabende vor (z. B. am Knoten j), kann der dortige Stabenddrehwinkel φ_j über die Bedingung $M_{ji} = 0$ eliminiert werden, um daraus eine Momenten-Verdrehungs-Beziehung für den einseitig eingespannten Stab herzuleiten (Abb. 5.69). Auch das Festeinspannmoment muss entsprechend modifiziert werden.

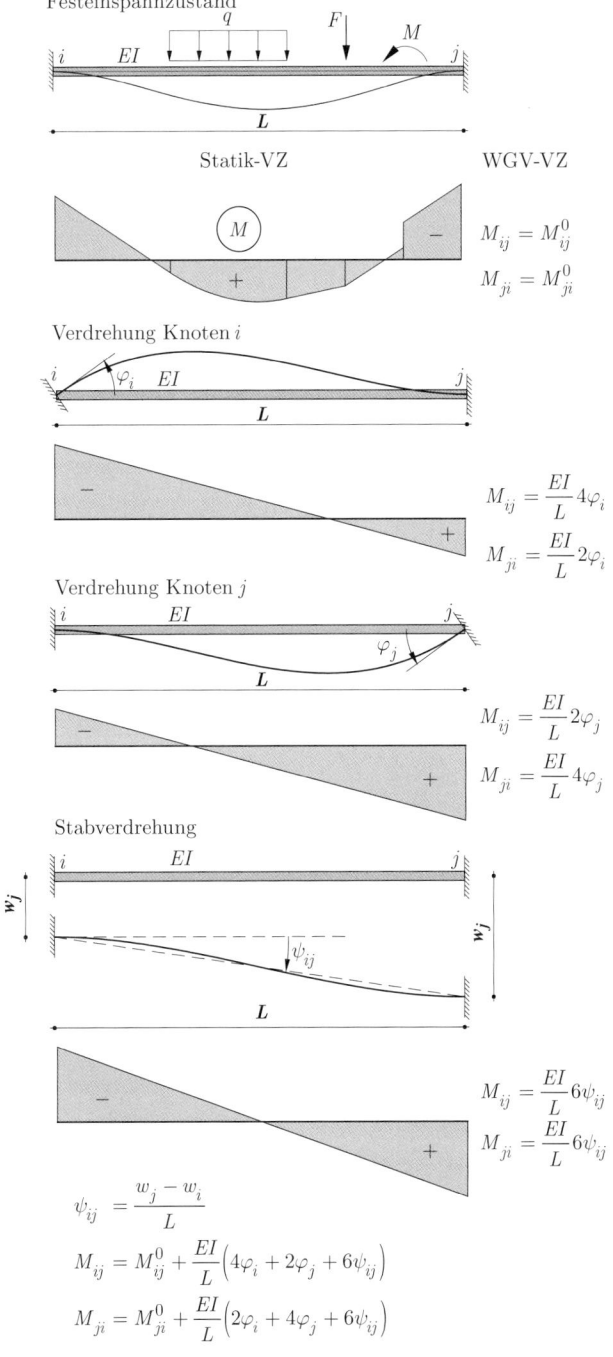

Abb. 5.68 Die Beziehungen des Drehwinkelverfahrens

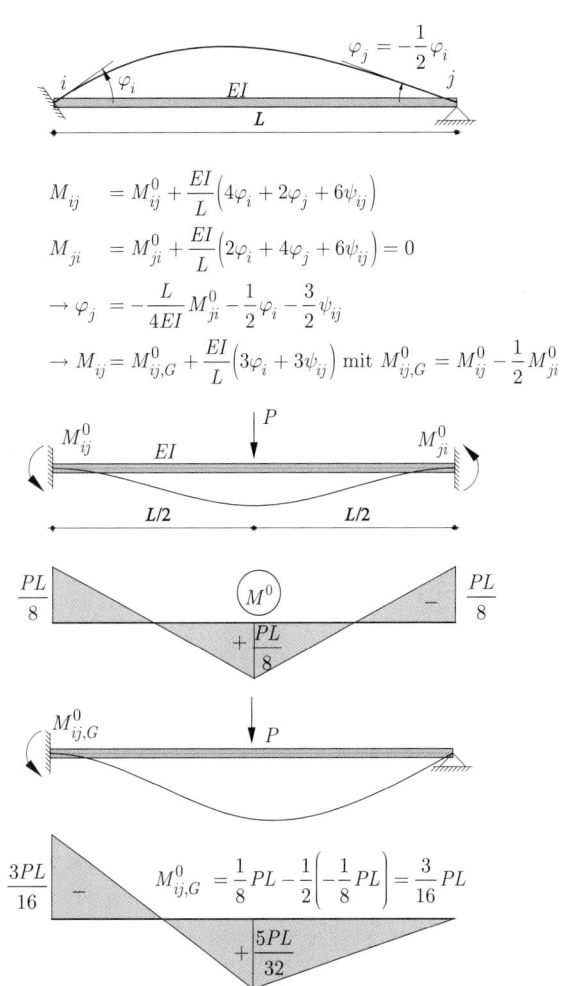

Abb. 5.69 Modifikation der Beziehungen des Drehwinkelverfahrens für einseitig eingespannten Stab

Beispiel (unverschiebliches System)

Der Durchlaufträger ist unverschieblich (d. h. es treten nur Knotenverdrehungen aber keine Knotenverschiebungen auf) und dreifach geometrisch unbestimmt. Unbekannt sind die Knotendrehwinkel φ_A, φ_B und φ_C. Der Knotendrehwinkel φ_A kann vorab gemäß Abb. 5.69 eliminiert werden.

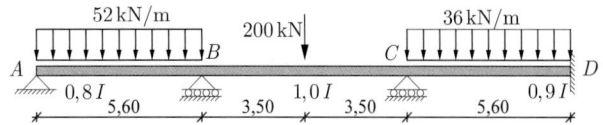

Abb. 5.70 Durchlaufträger

Festeinspannmomente in kNm

$$M_{BA}^0 = -52 \cdot \frac{5,60^2}{8} = -203,8$$

$$M_{BC}^0 = 200 \cdot \frac{7,00}{8} = 175,0$$

$$M_{CB}^0 = -200 \cdot \frac{7,00}{8} = -175,0$$

$$M_{CD}^0 = 36 \cdot \frac{5,60^2}{12} = 94,1$$

$$M_{DC}^0 = -36 \cdot \frac{5,60^2}{12} = -94,1$$

Stabendmomente als Funktion von φ

$$EI = 56 \quad \text{(beliebig gewählt)}$$

$$\begin{aligned} M_{BA} &= M_{BA}^0 + \frac{EI}{L_{AB}} 3\varphi_B \\ &= -203,8 + \frac{0,8 \cdot 56}{5,60} \cdot 3\varphi_B \\ &= -203,8 + 24\varphi_B \end{aligned}$$

$$\begin{aligned} M_{BC} &= M_{BC}^0 + \frac{EI}{L_{BC}} (4\varphi_B + 2\varphi_C) \\ &= 175,0 + \frac{56}{7,00} \cdot (4\varphi_B + 2\varphi_C) \\ &= 175,0 + 32\varphi_B + 16\varphi_C \end{aligned}$$

$$\begin{aligned} M_{CB} &= M_{CB}^0 + \frac{EI}{L_{BC}} (2\varphi_B + 4\varphi_C) \\ &= -175,0 + \frac{56}{7,00} \cdot (2\varphi_B + 4\varphi_C) \\ &= -175,0 + 16\varphi_B + 32\varphi_C \end{aligned}$$

$$\begin{aligned} M_{CD} &= M_{CD}^0 + \frac{EI}{L_{CD}} 4\varphi_C \\ &= 94,1 + \frac{0,9 \cdot 56}{5,60} \cdot 4\varphi_C \\ &= 94,1 + 36\varphi_C \end{aligned}$$

$$\begin{aligned} M_{DC} &= M_{DC}^0 + \frac{EI}{L_{CD}} 2\varphi_C \\ &= -94,1 + \frac{0,9 \cdot 56}{5,60} \cdot 2\varphi_C \\ &= -94,1 + 18\varphi_C \end{aligned}$$

Momentengleichgewicht in den Knoten B und C

$$\begin{aligned} \sum M_B &= M_{BA} + M_{BC} \\ &= -203,8 + 24\varphi_B + 175,0 + 32\varphi_B + 16\varphi_C \\ &= -28,8 + 56\varphi_B + 16\varphi_C \\ &= 0 \end{aligned}$$

$$\begin{aligned} \sum M_C &= M_{CB} + M_{CD} \\ &= -175,0 + 16\varphi_B + 32\varphi_C + 94,1 + 36\varphi_C \\ &= -80,9 + 16\varphi_B + 68\varphi_C \\ &= 0 \end{aligned}$$

Lösung

$$\varphi_B = 0,1876 \quad \text{bzw.} \quad \varphi_B = \frac{56 \cdot 0,1876}{EI} = \frac{10,51 \, \text{kNm}^2}{EI}$$

$$\varphi_C = 1,146 \quad \text{bzw.} \quad \varphi_C = \frac{56 \cdot 1,146}{EI} = \frac{64,17 \, \text{kNm}^2}{EI}$$

Rückrechnung auf φ_A

$$\begin{aligned} M_{AB} &= M_{AB}^0 + \frac{EI}{L_{AB}} (4\varphi_A + 2\varphi_B) \\ &= 52 \cdot \frac{5,60^2}{12} + \frac{0,8 \cdot 56}{5,60} (4\varphi_A + 2\varphi_B) \\ &= 135,9 + 32\varphi_A + 16 \cdot 0,1876 \\ &= 0 \\ \rightarrow \varphi_A &= -4,341 \quad \text{bzw.} \end{aligned}$$

$$\varphi_A = -\frac{56 \cdot 4,341}{EI} = -\frac{243,1 \, \text{kNm}^2}{EI}$$

Stabendmomente in kNm

$$M_{BA} = -203,8 + 24 \cdot 0,1876 = -199,3$$
$$M_{BC} = 175,0 + 32 \cdot 0,1876 + 16 \cdot 1,146 = 199,3$$
$$M_{CB} = -175,0 + 16 \cdot 0,1876 + 32 \cdot 1,146 = -135,4$$
$$M_{CD} = 94,1 + 36 \cdot 1,146 = 135,4$$
$$M_{DC} = -94,1 + 18 \cdot 1,146 = -73,5$$

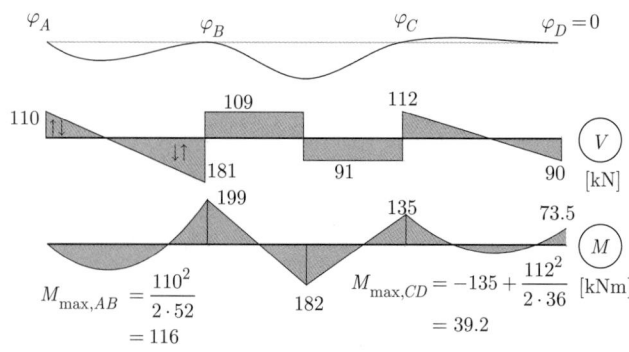

Abb. 5.71 Durchlaufträger: Biege-, Querkraft- und Momentenlinie

Beispiel für verschiebliches System

Das System ist einfach verschieblich, d. h. es tritt ein unabhängiger Stabdrehwinkel ψ auf. Zusätzlich muss der Knotendrehwinkel φ_B berechnet werden. Die beiden Stabendverdrehungen φ_{CB} und φ_{CD} können eliminiert werden, in dem die Stäbe BC und CD als einseitig eingespannt betrachtet werden.

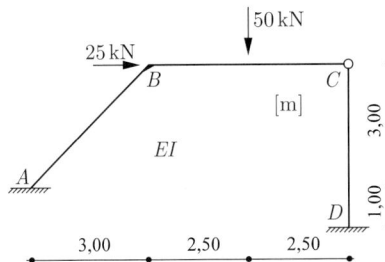

Abb. 5.72 Verschieblicher Rahmen

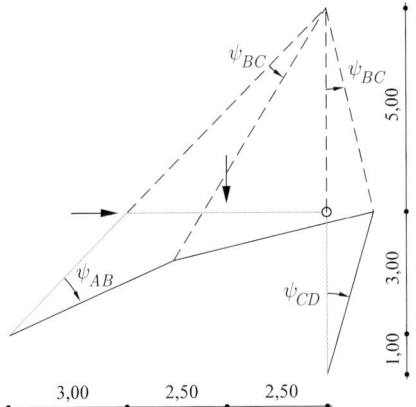

Abb. 5.73 Polplan zur Bestimmung der Stabdrehwinkel

Beziehung zwischen den Stabdrehwinkeln

$$\psi_{AB} = \psi$$
$$\psi_{BC} = -\frac{3{,}00}{5{,}00}\psi_{AB}$$
$$= -0{,}60\psi$$
$$\psi_{CD} = -\frac{5{,}00}{4{,}00}\psi_{BC}$$
$$= 0{,}75\psi$$

Festeinspannmomente

$$M_{BC}^0 = \frac{3}{16}\cdot 50\cdot 5{,}00 = 46{,}88\ \text{kNm}$$

Stabendmomente als Funktion von φ_B und ψ

$$EI = 100 \quad \text{(beliebig gewählt)}$$
$$M_{AB} = \frac{100}{4{,}243}\cdot(2\varphi_B + 6\psi_{AB})$$
$$= 47{,}14\varphi_B + 141{,}42\psi$$
$$M_{BA} = \frac{100}{4{,}243}\cdot(4\varphi_B + 6\psi_{AB})$$
$$= 94{,}28\varphi_B + 141{,}42\psi$$
$$M_{BC} = M_{BC}^0 + \frac{100}{5{,}000}\cdot(3\varphi_B + 3\psi_{BC})$$
$$= 46{,}88 + 60{,}0\varphi_B - 36{,}00\psi$$
$$M_{DC} = \frac{100}{4{,}000}\cdot 3\psi_{CD}$$
$$= 56{,}25\psi$$

Gleichgewicht und Lösung

$$\sum M_B = M_{BA} + M_{BC}$$
$$= 94{,}28\varphi_B + 141{,}42\psi + 46{,}88$$
$$+ 60{,}00\varphi_B - 36{,}00\psi$$
$$= 46{,}88 + 154{,}28\varphi_B + 105{,}42\psi$$
$$= 0$$
$$\sum W' = (M_{AB} + M_{BA})\,\psi'_{AB} + M_{BC}\psi'_{BC} + M_{DC}\psi'_{CD}$$
$$- 25\cdot 3{,}00\psi'_{AB} + 50\cdot 2{,}50\psi'_{BC}$$
$$= (47{,}14\varphi_B + 141{,}42\psi + 94{,}28\varphi_B + 141{,}42\psi)$$
$$\cdot 1{,}00 + (46{,}88 + 60{,}00\varphi_B - 36{,}00\psi)\,(-0{,}60)$$
$$+ 56{,}25\psi\cdot 0{,}75 - 75 - 75$$
$$= 105{,}42\varphi_B + 346{,}63\psi - 178{,}11$$
$$= 0$$
$$\rightarrow \varphi_B = -0{,}8268,\ \psi = 0{,}7653 \quad \text{bzw.}$$
$$\varphi_B = -\frac{100\cdot 0{,}8268}{EI} = -\frac{82{,}68\ \text{kNm}^2}{EI}$$
$$\psi = \frac{100\cdot 0{,}7653}{EI} = \frac{76{,}53\ \text{kNm}^2}{EI}$$

Stabendmomente

$$M_{AB} = 47{,}14\cdot(-0{,}8268) + 141{,}42\cdot 0{,}7653 = 69{,}3$$
$$M_{BA} = 94{,}28\cdot(-0{,}8268) + 141{,}42\cdot 0{,}7653 = 30{,}3$$
$$M_{BC} = 46{,}88 + 60{,}00\cdot(-0{,}8268) - 36{,}00\cdot 0{,}7653$$
$$= -30{,}3$$
$$M_{DC} = 56{,}25\cdot 0{,}7653 = 43{,}1$$

Abb. 5.74 Momentenlinie und qualitative Biegelinie

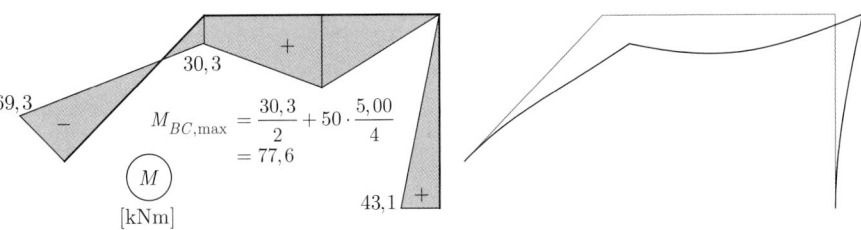

$$M_{BC,\max} = \frac{30{,}3}{2} + 50\cdot\frac{5{,}00}{4}$$
$$= 77{,}6$$

5.20 Vorspannung

Der Lastfall Vorspannung führt bei statisch bestimmten Systemen zu einem reinen Eigenspannungszustand, bei dem keine Auflagerkräfte auftreten. In statisch unbestimmten Systemen treten zusätzlich Zwängungskräfte auf. Zur Schnittkraftermittlung stehen bei statisch bestimmten wie unbestimmten Systemen zwei Methoden zur Verfügung.

5.20.1 Ansatz der Vorspann- und Auflagerkräfte

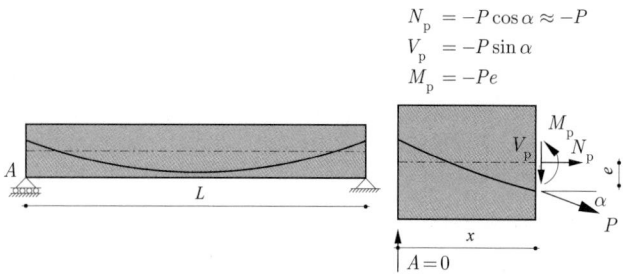

$$N_p = -P\cos\alpha \approx -P$$
$$V_p = -P\sin\alpha$$
$$M_p = -Pe$$

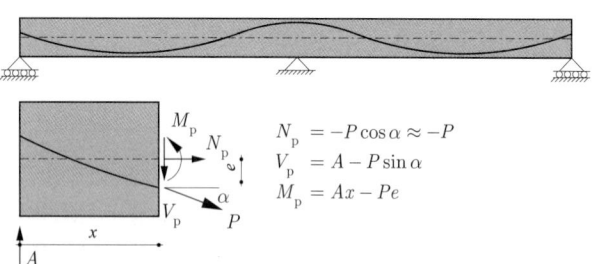

$$N_p = -P\cos\alpha \approx -P$$
$$V_p = A - P\sin\alpha$$
$$M_p = Ax - Pe$$

Abb. 5.75 Schnittgrößen infolge Vorspannung

5.20.2 Ansatz der Verankerungskräfte und Umlenkkräfte

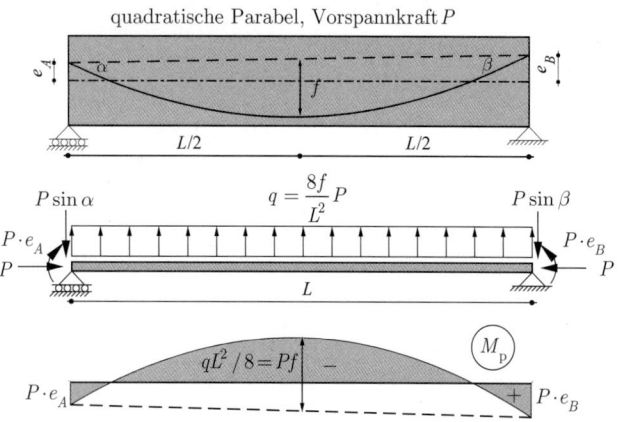

Abb. 5.76 Verankerungskräfte, Umlenkkräfte und Biegemomente infolge Vorspannung

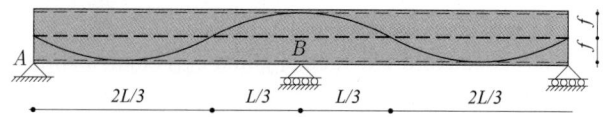

Beispiel

Bestimmung der Biegemomente infolge Vorspannung

Abb. 5.77 Verankerungskräfte, Umlenkkräfte und Biegemomente infolge Vorspannung

1. Berechnung mit statisch bestimmten und statisch unbestimmten Anteil der Vorspannung (Kraftgrößenverfahren)

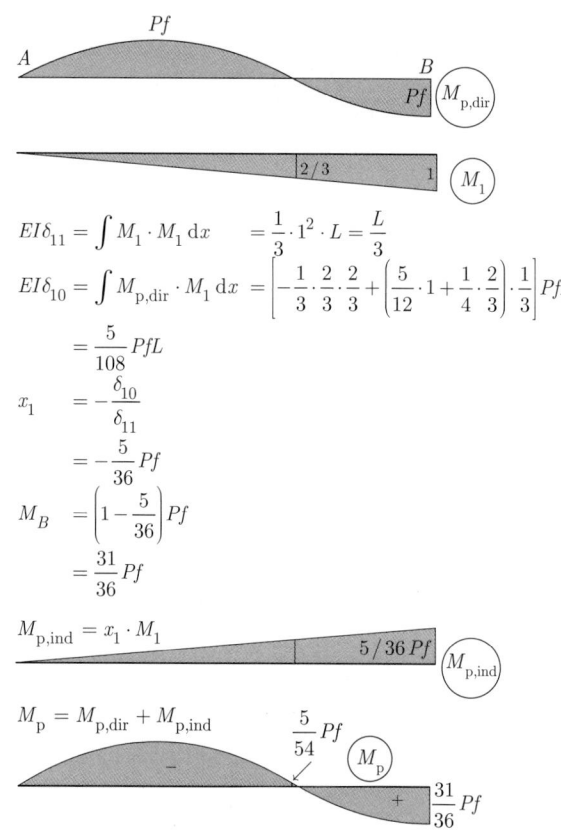

$$EI\delta_{11} = \int M_1 \cdot M_1 \, dx \quad = \frac{1}{3}\cdot 1^2 \cdot L = \frac{L}{3}$$

$$EI\delta_{10} = \int M_{p,dir} \cdot M_1 \, dx = \left[-\frac{1}{3}\cdot\frac{2}{3}\cdot\frac{2}{3} + \left(\frac{5}{12}\cdot 1 + \frac{1}{4}\cdot\frac{2}{3}\right)\cdot\frac{1}{3}\right]PfL$$

$$= \frac{5}{108}PfL$$

$$x_1 = -\frac{\delta_{10}}{\delta_{11}}$$

$$= -\frac{5}{36}Pf$$

$$M_B = \left(1 - \frac{5}{36}\right)Pf$$

$$= \frac{31}{36}Pf$$

$$M_{p,ind} = x_1 \cdot M_1$$

$$M_p = M_{p,dir} + M_{p,ind}$$

Abb. 5.78 Momente infolge Vorspannung mit Ansatz des statisch bestimmten und statisch unbestimmten Anteils

2. Berechnung mit Verankerungs- und Umlenkkräften (Kraftgrößenverfahren)

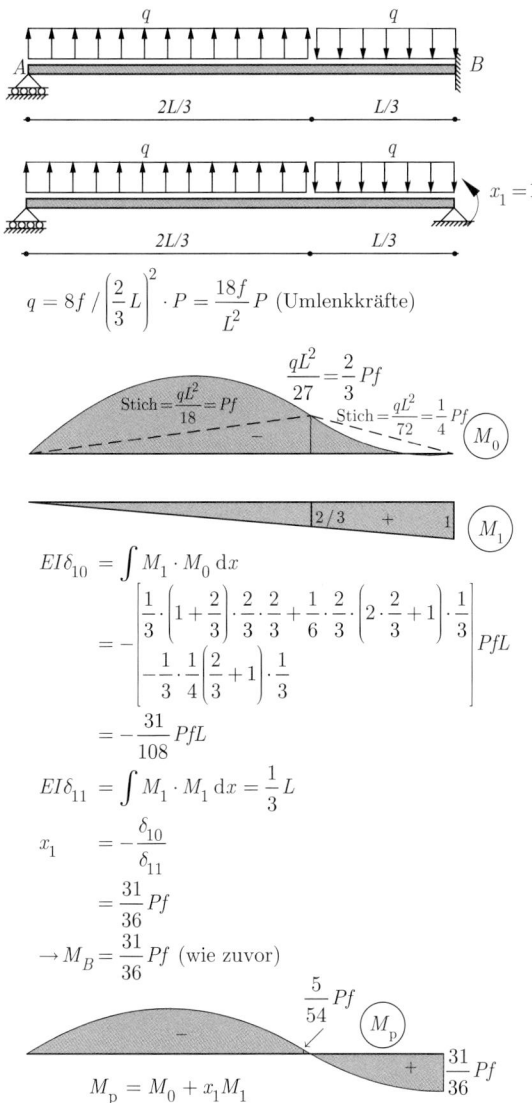

$q = 8f \big/ \left(\dfrac{2}{3}L\right)^2 \cdot P = \dfrac{18f}{L^2}P$ (Umlenkkräfte)

$EI\delta_{10} = \int M_1 \cdot M_0 \, dx$

$$= -\begin{bmatrix} \dfrac{1}{3}\cdot\left(1+\dfrac{2}{3}\right)\cdot\dfrac{2}{3}\cdot\dfrac{2}{3}+\dfrac{1}{6}\cdot\dfrac{2}{3}\cdot\left(2\cdot\dfrac{2}{3}+1\right)\cdot\dfrac{1}{3} \\ -\dfrac{1}{3}\cdot\dfrac{1}{4}\left(\dfrac{2}{3}+1\right)\cdot\dfrac{1}{3} \end{bmatrix} PfL$$

$$= -\dfrac{31}{108}PfL$$

$EI\delta_{11} = \int M_1 \cdot M_1 \, dx = \dfrac{1}{3}L$

$x_1 = -\dfrac{\delta_{10}}{\delta_{11}}$

$= \dfrac{31}{36}Pf$

$\rightarrow M_B = \dfrac{31}{36}Pf$ (wie zuvor)

$M_{\mathrm{p}} = M_0 + x_1 M_1$

Abb. 5.79 Momente infolge Vorspannung mit Ansatz der Umlenkkräfte

Beide Ansätze liefern die gleichen Momente M_{p} infolge Vorspannung.

Beispiel: Fall 5

$P = 100\,\mathrm{kN}, \quad e = 0,7\,\mathrm{m} \quad g = 0,5\,\mathrm{m} \quad \beta = 0,6$

$\alpha = \dfrac{2\cdot 0,6-1}{0,6} - \dfrac{0,5\cdot\left(0,6-1\right)^2}{0,7\cdot 0,6}$
$= 0,1429$

$f = e + g$
$= 0,7 + 0,5$
$= 1,2\,\mathrm{m}$

$M_{B,\mathrm{p,dir}} = g \cdot P$
$= 0,5\cdot 100$
$= 50,0\,\mathrm{kNm}$

$M_{B,\mathrm{p,ind}} = \dfrac{1}{4}\begin{Bmatrix}1,2\cdot\left[5-0,6\cdot\left(2-0,1429\right)-0,1429\cdot\left(4-0,1429\right)\right] \\ -0,50\cdot\left[5+0,6\cdot\left(2-0,6\right)\right]\end{Bmatrix}\cdot 100$
$= \dfrac{1}{4}\left\{1,2\cdot 3,3347 - 0,50\cdot 5,84\right\}\cdot 100$
$= 0,2704\cdot 100$
$= 27,04\,\mathrm{kNm}$

$M_{B,\mathrm{p}} = 50,0 + 27,04$
$= 77,04\,\mathrm{kNm}$

$q_1 = \dfrac{2\cdot 0,7}{\left(1-0,6\right)^2\cdot\ell^2}\cdot 100$
$= \dfrac{875\,\mathrm{kNm}}{\ell^2}$

$q_2 = \dfrac{2\cdot 0,7\cdot 1,2}{\left(2\cdot 1,2\cdot 0,6 - 0,5\cdot 0,6^2 - 1,2\right)\cdot\ell^2}\cdot 100$
$= \dfrac{2\,800\,\mathrm{kNm}}{\ell^2}$

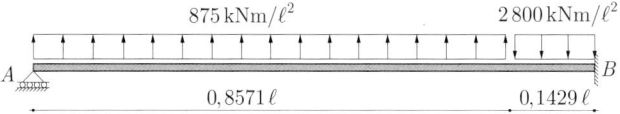

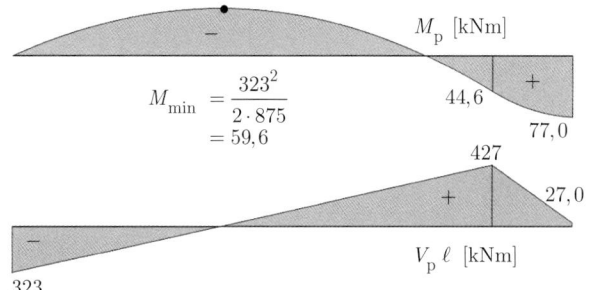

$M_{\min} = \dfrac{323^2}{2\cdot 875}$
$= 59,6$

Tafel 5.19 Volleinspannmomente und Umlenkkräfte infolge Vorspannung

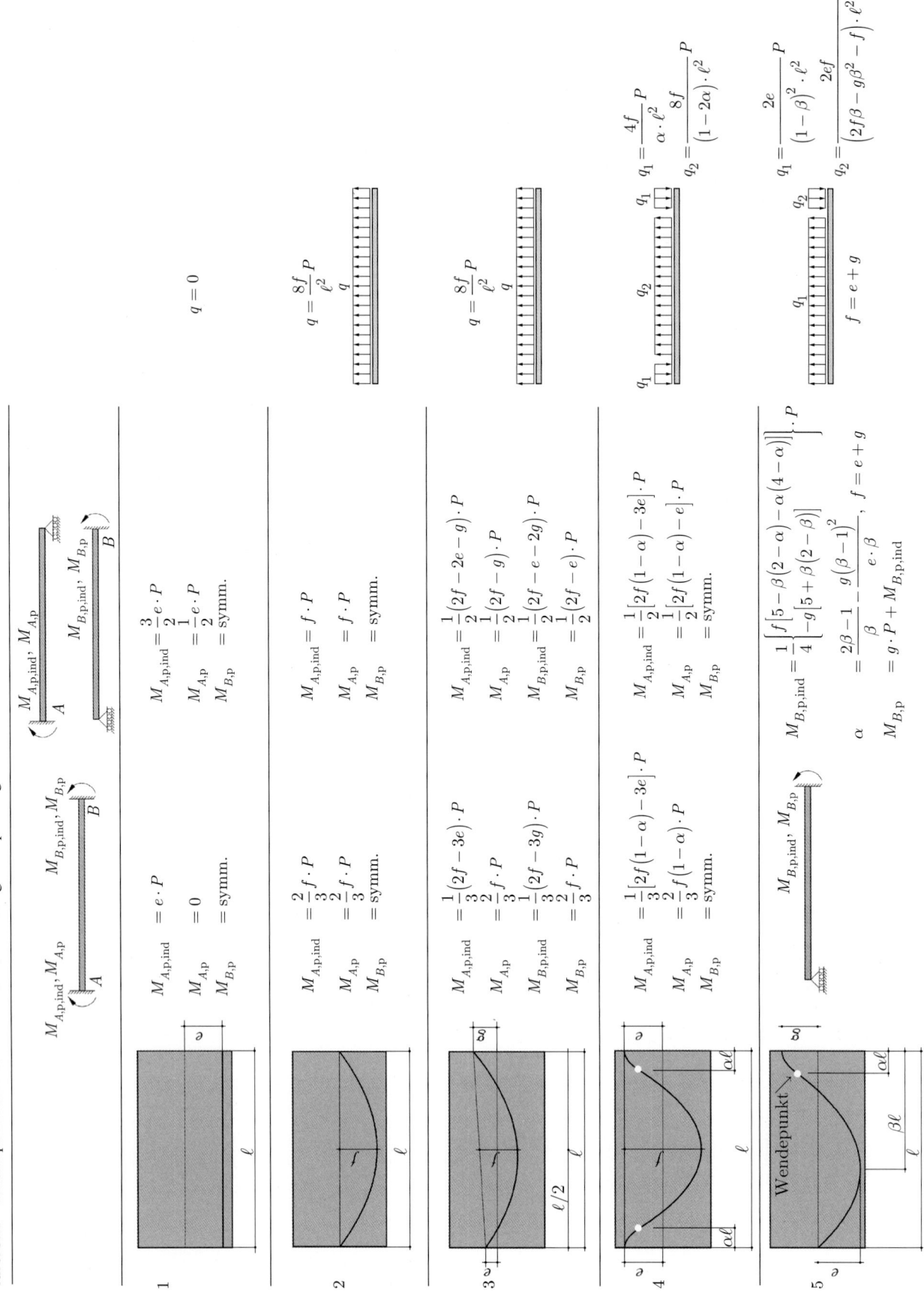

5.21   Theorie zweiter Ordnung

5.21.1   Einleitung

Bei der Berechnung von Tragwerken nach der Theorie zweiter Ordnung werden die Gleichgewichtsbetrachtungen am verformten System durchgeführt (bei der Theorie erster Ordnung am unverformten System). Druckkräfte bewirken eine Vergrößerung der Biegemomente und der Verformungen, Zugkräfte verringern diese. Es ist nicht üblich, die Verringerung der Elemente durch Zugkräfte zu berücksichtigen. Die Vergrößerung der Momente durch Druckkräfte muss berücksichtigt werden, wenn sie $10\,\%$ übersteigt. Bei der Berechnung sind die charakteristischen Belastungen mit Sicherheitsbeiwerten zu vergrößern. Das Superpositionsprinzip gilt nur bei gleichbleibender Längskraft F.

5.21.2   Differentialgleichung

Die Differentialgleichung für die Biegelinie $w(x)$ nach Theorie zweiter Ordnung lautet

$$w''(x) + \kappa^2 w(x) = \frac{M^1(x)}{EI} \quad \text{mit} \quad \kappa^2 = \frac{F}{EI}$$

wobei $M_1(x)$ das Moment nach Theorie erster Ordnung ist.

Das Moment nach Theorie zweiter Ordnung ist

$$M(x) = -EIw''(x)$$

Beispiel

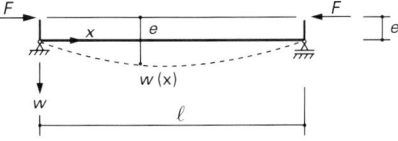

Für das skizziere System ist das Moment nach Theorie erster Ordnung

$$M^1(x) = F \cdot e$$

Allgemeine Lösung der Differentialgleichung

$$w(x) = A \sin(\kappa x) + B \cos(\kappa x) - e$$

Randbedingungen

$$w(x = 0) = 0 = A \cdot 0 + B - e$$
$$\rightarrow B = e$$
$$w(x = \ell) = 0 = A \cdot \sin(\kappa\ell) + e \cos(\kappa\ell) - e$$
$$\rightarrow A = e \cdot \frac{1 - \cos(\kappa\ell)}{\sin(\kappa\ell)}$$

Biegelinie

$$\rightarrow w(x) = e \cdot \left[\frac{1 - \cos(\kappa\ell)}{\sin(\kappa\ell)} \sin(\kappa x) + \cos(\kappa x) - 1 \right]$$
$$w_{\max} = w(x = 0{,}5\ell)$$
$$= e \cdot \left[\frac{1}{\cos\left(\frac{\kappa\ell}{2}\right)} - 1 \right]$$
$$M_{\max} = F \cdot (e + w_{\max})$$

5.21.3   Weggrößenverfahren zweiter Ordnung

Beim Weggrößenverfahren zweiter Ordnung werden mit der Lösung der Differentialgleichung die Steifigkeitsmatrix zweiter Ordnung $\mathbf{K}^{\mathrm{II}}$ und der Lastvektor bestimmt. Die Steifigkeitsmatrix hängt durch die Stabkennzahl ε von den Normalkräften ab.

$$\mathbf{K}^{\mathrm{II}} =$$

$$\frac{EI}{\ell^3} \begin{bmatrix} 0 & 0 & 0 & 0 & 0 & 0 \\ 0 & 2(A'+B')-\varepsilon^2 & -(A'+B')\ell & 0 & -2(A'+B')+\varepsilon^2 & -(A'+B')\ell \\ 0 & -(A'+B')\ell & A'\ell^2 & 0 & (A'+B')\ell & B'\ell^2 \\ 0 & 0 & 0 & 0 & 0 & 0 \\ 0 & -2(A'+B')+\varepsilon^2 & (A'+B')\ell & 0 & 2(A'+B')-\varepsilon^2 & (A'+B')\ell \\ 0 & -(A'+B')\ell & B'\ell^2 & 0 & (A'+B')\ell & A'\ell^2 \end{bmatrix}$$

$$+ \frac{EA}{\ell} \begin{bmatrix} 1 & 0 & 0 & -1 & 0 & 0 \\ 0 & 0 & 0 & 0 & 0 & 0 \\ 0 & 0 & 0 & 0 & 0 & 0 \\ -1 & 0 & 0 & 1 & 0 & 0 \\ 0 & 0 & 0 & 0 & 0 & 0 \\ 0 & 0 & 0 & 0 & 0 & 0 \end{bmatrix}$$

$$A' = \frac{\varepsilon(\sin\varepsilon - \varepsilon\cos\varepsilon)}{2(1 - \cos\varepsilon) - \varepsilon\sin\varepsilon}$$

$$B' = \frac{\varepsilon(\varepsilon - \sin\varepsilon)}{2(1 - \cos\varepsilon) - \varepsilon\sin\varepsilon}$$

$$\varepsilon = \kappa\ell = \ell\sqrt{\frac{F}{EI}}$$

Zur Bestimmung des Lastvektors (Festeinspanngrößen zweiter Ordnung) wird auf die Spezialliteratur verwiesen.

Für gegebene Normalkräfte ergibt sich mit diesem Ansatz die im Rahmen der üblichen baustatischen Vereinfachungen exakte Lösung.

5.21.4   Verfahren mit Abtriebskräften

Das Verfahren mit Abtriebskräften ein für die meisten baupraktischen Zwecke ausreichend genaues Näherungsverfahren. Das Gleichgewicht am verformten System wird zurückgeführt auf die Betrachtung des unverformten Systems unter zusätzlichen Kräften, den Abtriebskräften.

Es werden zunächst unter γ-fachen Lasten die Schnittgrößen und Verschiebungen u^{I} nach Theorie erster Ordnung berechnen. Mit u^{I} werden (meist horizontale) Abtriebskräfte berechnet, die durch die Drucknormalkräfte zu einem ersten Zusatzmoment ΔM_1^{II} und einer ersten Zusatzverschiebung Δu_1^{II} führen. Diese haben weitere Abtriebskräfte und zusätzliche Verschiebungen zur Folge und so weiter. Dieser Prozess konvergiert, das heißt die Biegemomente und Verschiebungen werden mit jedem Iterationsschritt kleiner, wenn die Druckkraft kleiner als die Knicklast ist. Je geringer die Druckkraft relativ zur Knicklast, desto schneller konvergiert die Iteration. Jedes zusätzliche Biegemoment und jede zusätzliche Verschiebung unterscheiden sich von dem jeweils vorhergehenden Wert um den gleichen Faktor α. Die Verschiebung nach Theorie zweiter Ordnung ist somit als geometrische Reihe darstellbar.

$$
\begin{aligned}
M^{\mathrm{II}} &= M^{\mathrm{I}} + \Delta M_1^{\mathrm{II}} + \Delta M_2^{\mathrm{II}} + \ldots \\
&= M^{\mathrm{I}} + \Delta M_1^{\mathrm{II}}\left(1 + a + a^2 + \ldots\right) \\
&= M^{\mathrm{I}} + \Delta M_1^{\mathrm{II}}\frac{1}{1-\alpha} \quad \text{nicht } M^{\mathrm{I}}\frac{1}{1-\alpha}!!! \\
u^{\mathrm{II}} &= u^{\mathrm{I}} + \Delta u_1^{\mathrm{II}} + \Delta u_2^{\mathrm{II}} + \ldots \\
&= u^{\mathrm{I}}\left(1 + a + a^2 + \ldots\right) \\
&= u^{\mathrm{I}}\frac{1}{1-\alpha}
\end{aligned}
$$

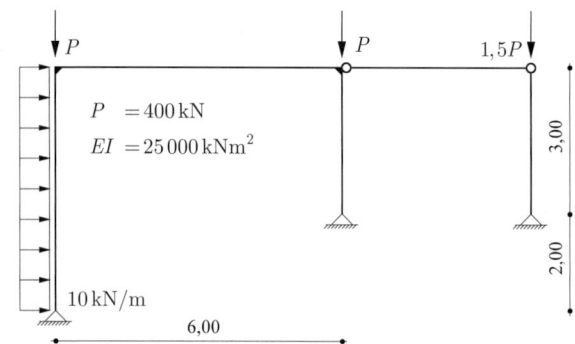

Abb. 5.80 Abtriebskräfte ersetzen das Kippmoment aus Theorie zweiter Ordnung

Beispiel

Gesucht: Momentenlinie zweiter Ordnung für den gezeigten Rahmen

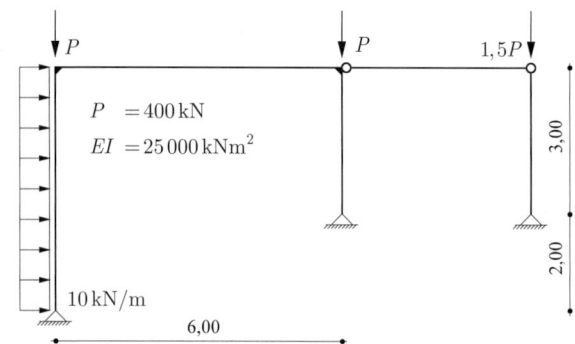

Abb. 5.81 Rahmen zur Berechnung nach Theorie zweiter Ordnung

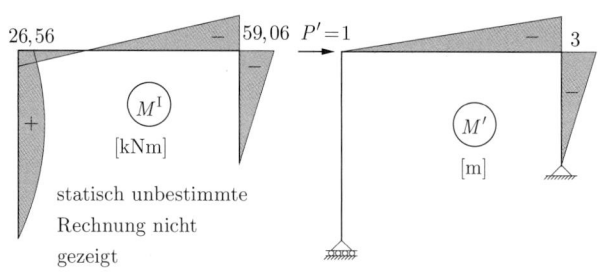

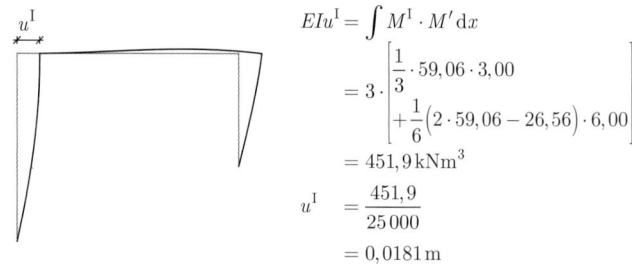

statisch unbestimmte
Rechnung nicht
gezeigt

$$
\begin{aligned}
EIu^{\mathrm{I}} &= \int M^{\mathrm{I}} \cdot M' \, \mathrm{d}x \\
&= 3 \cdot \left[\begin{array}{l} \frac{1}{3} \cdot 59{,}06 \cdot 3{,}00 \\ +\frac{1}{6}\left(2 \cdot 59{,}06 - 26{,}56\right) \cdot 6{,}00 \end{array}\right] \\
&= 451{,}9 \, \mathrm{kNm}^3 \\
u^{\mathrm{I}} &= \frac{451{,}9}{25\,000} \\
&= 0{,}0181 \, \mathrm{m}
\end{aligned}
$$

Abb. 5.82 Moment und Verschiebung erster Ordnung

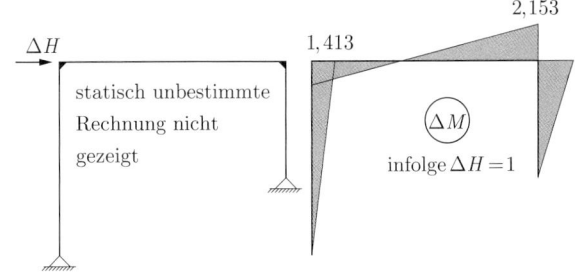

Abb. 5.83 Moment infolge Abtriebskraft

$$EI\delta = \int M^2 \mathrm{d}x$$

$$= \frac{1}{3}\left[\begin{array}{l} 1{,}413^2 \cdot 5{,}00 \\ +(1{,}413^2 + 2{,}153^2 - 1{,}413 \cdot 2{,}153) \cdot 6{,}00 \\ +2{,}153^2 \cdot 3{,}00 \end{array}\right]$$

$$= 15{,}111\,\mathrm{m}^3$$

$$\Delta H_1 = \left(\frac{400}{5{,}00} + \frac{400 + 1{,}5 \cdot 400}{3{,}00}\right)\frac{\mathrm{kN}}{\mathrm{m}} \cdot 0{,}0181\,\mathrm{m}$$

$$= 7{,}471\,\mathrm{kN}$$

$$\Delta u_1^{\mathrm{II}} = \frac{1}{25.000\,\mathrm{kNm}^2} \cdot 7{,}471\,\mathrm{kN} \cdot 15{,}111\,\mathrm{m}^3$$

$$= 0{,}00452\,\mathrm{m}$$

$$\alpha = \frac{1}{1 - \frac{0{,}00452}{0{,}0181}} = 1{,}333$$

$$u^{\mathrm{II}} = \alpha u^{\mathrm{I}} = 1{,}333 \cdot 0{,}0181 = 0{,}024\,\mathrm{m}$$

$$\Delta H = 1{,}333 \cdot \Delta H_1 = 1{,}333 \cdot 7{,}471 = 9{,}96\,\mathrm{kN}$$

$$M_{\mathrm{links}}^{\mathrm{II}} = 26{,}56 + 9{,}96 \cdot 1{,}413 = 40{,}6\,\mathrm{kNm}$$

$$M_{\mathrm{rechts}}^{\mathrm{II}} = 59{,}06 + 9{,}96 \cdot 2{,}153 = 80{,}5\,\mathrm{kNm}$$

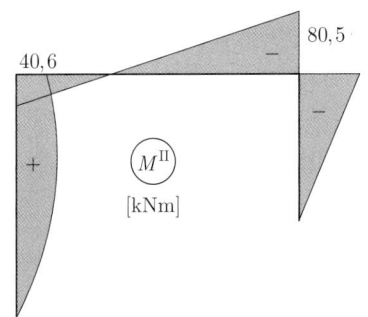

Abb. 5.84 Moment zweiter Ordnung

Müssen mehrere Abtriebskräfte angesetzt werden (z. B. bei mehreren Stockwerken), erhöht sich der Rechenaufwand beträchtlich (Abb. 5.85).

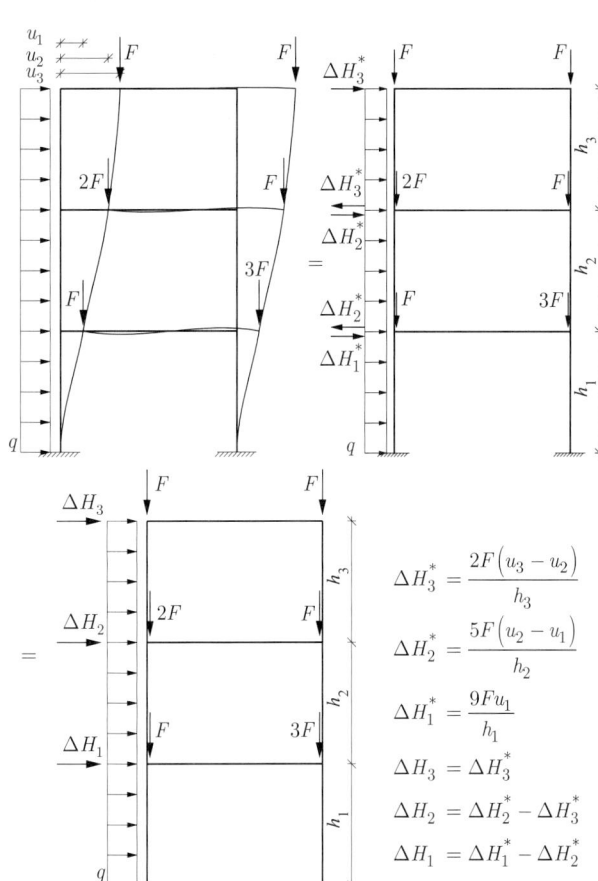

$$\Delta H_3^* = \frac{2F(u_3 - u_2)}{h_3}$$

$$\Delta H_2^* = \frac{5F(u_2 - u_1)}{h_2}$$

$$\Delta H_1^* = \frac{9Fu_1}{h_1}$$

$$\Delta H_3 = \Delta H_3^*$$

$$\Delta H_2 = \Delta H_2^* - \Delta H_3^*$$

$$\Delta H_1 = \Delta H_1^* - \Delta H_2^*$$

Abb. 5.85 Ansatz der Abtriebskräfte in mehrstöckigem Rahmen

5.21.5 Knickproblem

Sämtliche in Zusammenhang mit der Theorie zweiter Ordnung beschriebene Berechnungsverfahren können zur Bestimmung der Knicklast angewendet werden. Beim Drehwinkelverfahren zweiter Ordnung sowie dem allgemeinen Weggrößenverfahren muss die sogenannte Knickdeterminate zu Null gesetzt werden, was zu einer nichtlinearen skalaren Gleichung für die Stabkennzahl ε bzw. die Knicklast F_k führt (nichtlineares Knickproblem). Man erhält im Rahmen der üblichen baustatischen Voraussetzungen die exakte Lösung. Das Verfahren mit Abtriebskräften führt auf ein Eigenwertproblem (lineares Knickproblem), dessen Eigenwerte die Knicklasten und dessen Eigenvektoren die Knickfigur ergeben (höhere Eigenwerte haben keine baupraktische Bedeutung). Wird lediglich eine Abtriebskraft angesetzt (ein Freiheitsgrad) ergibt sich eine lineare Gleichung für die Knicklast (siehe nachfolgendes Beispiel).

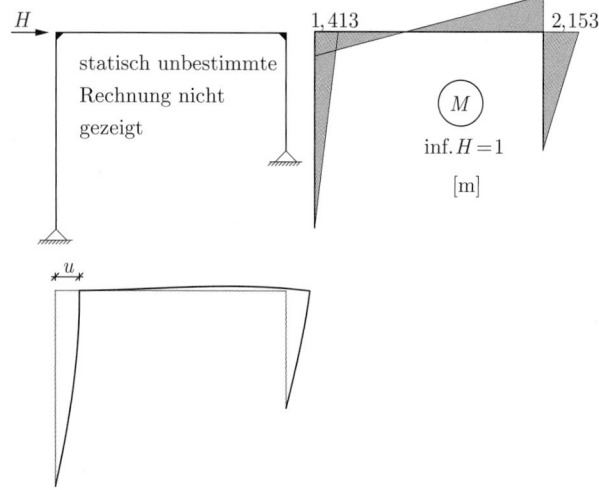

Beispiel

Gesucht: Knicklast F_k des gezeigten Rahmens

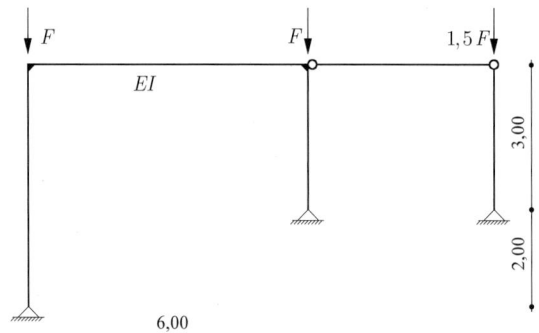

Abb. 5.86 Rahmen zur Knicklastberechnung

$$EIu = H \int M^2 \, dx$$

$$= \frac{1}{3} \left[\begin{array}{l} 1{,}413^2 \cdot 5{,}00 \\ + \left(1{,}413^2 + 2{,}153^2 - 1{,}413 \cdot 2{,}153 \right) \cdot 6{,}00 \\ + 2{,}153^2 \cdot 3{,}00 \end{array} \right]$$

$$= 15{,}14H$$

$$H = \left(\frac{F}{5{,}00} + \frac{2{,}5F}{3{,}00} \right) \cdot u$$

$$= 1{,}0333F \cdot u$$

$$u = 1{,}0333F \cdot u \cdot \frac{15{,}14}{EI}$$

$$F = F_k$$

$$= \frac{EI}{15{,}14 \cdot 1{,}0333}$$

$$= \frac{EI}{15{,}6 \, \text{m}^2}$$

Räumliche Aussteifungen

Prof. Dr.-Ing. Ansgar Neuenhofer

Inhaltsverzeichnis

6.1 Aussteifungselemente und ihre Wirkungsweise 233
    6.1.1 Allgemeines 233
    6.1.2 Horizontale Aussteifung 235
    6.1.3 Vertikale Aussteifung 237
    6.1.4 Anordnung von Aussteifungselementen 241
6.2 Schnittgrößenermittlung von Wandaussteifungen 241
    6.2.1 Voraussetzungen 241
    6.2.2 Statisch bestimmte Anordnung 241
    6.2.3 Statisch unbestimmte Anordnung 243
    6.2.4 Unverschieblichkeit ausgesteifter Tragwerke . . . 249
6.3 Dynamik 250
    6.3.1 Grundlagen, Begriffe 250
    6.3.2 Einmassenschwinger (ungedämpft) 250
    6.3.3 Niedrigste Eigenfrequenzen 250
    6.3.4 Dunkerley-Näherungsformel für Zweimassen-
        schwinger 251
    6.3.5 Antwortspektrum 251
6.4 Berechnung von Aussteifungselementen bei dynamischer
    Belastung (Lastfall Erdbeben) 251
    6.4.1 Allgemeines 251
    6.4.2 Modalanalyse 252
    6.4.3 Zeitverlaufsverfahren 252
    6.4.4 Antwortspektrenverfahren 252
6.5 Einige Hinweise für die elektronische Berechnung mit
    Baustatikprogrammen 254
    6.5.1 Allgemeines 254
    6.5.2 Ebenes Stabwerksmodell 254
    6.5.3 Räumliches Stabwerksmodell 254
    6.5.4 Schalenmodell 255
    6.5.5 Volumenmodell 255

A. Neuenhofer ✉
Fakultät für Bauingenieurwesen und Umwelttechnik, Technische Hochschule Köln, Betzdorfer Straße 2, 50679 Köln, Deutschland

U. Vismann (Hrsg.), *Wendehorst Bautechnische Zahlentafeln*, https://doi.org/10.1007/978-3-658-17936-6_6

6.1 Aussteifungselemente und ihre Wirkungsweise

6.1.1 Allgemeines

Bauwerke müssen so konstruiert und durchgebildet werden, dass nicht nur für die lotrechten Einwirkungen sondern auch für die Horizontallasten ein Lastpfad von der Krafteinleitung durch das Tragwerk hin zu der Gründung besteht, der den Anforderungen an Festigkeit und Steifigkeit genügt. Beispiele für horizontale Einwirkungen sind Lasten aus Wind, Erdbebenlasten, Anprall sowie ungewollter Schiefstellung. Im Allgemeinen nehmen sowohl für den Lastfall Erdbeben als auch für Wind die Horizontalkräfte mit zunehmendem Abstand zum Gelände zu, so dass die Belastung annähernd linear veränderlich ist. Es ergibt sich daher für die Querkraft und das Kippmoment ein ungefähr quadratischer bzw. kubischer Verlauf über die Bauwerkshöhe. Abbildung 6.1 zeigt schematisch ein nicht ausgesteiftes System mit insgesamt sieben Ebenen, die in einem 4 × 3-Raster angeordnet sind. Das Tragwerk weist sieben unabhängige Starrkörperverschiebungen auf. Es fehlen sieben Diagonalstäbe, um es zu stabilisieren.

Am einfachsten kann das Tragwerk ausgesteift werden, indem je eine Diagonale die sieben Ebenen stabilisiert (vgl. Abb. 6.2a). Da Diagonalen im Inneren eines Gebäudes architektonisch unerwünscht sind, werden i. Allg. die horizontalen Ebenen durch horizontale Aussteifung als Starrkörper ausgebildet, so dass nur drei Diagonalstäbe als vertikale Aussteifung verbleiben müssen (vgl. Abb. 6.2b).

Eine vertikale Aussteifung mit drei Diagonalen, d. h. der statisch erforderlichen Anzahl von Aussteifungselementen, hat allerdings den Nachteil, dass das Tragwerk torsionsanfällig wird. Eine Last, die an einer nicht ausgesteiften Ebene wirkt, kann erst nach einem „langen Spaziergang" abgetragen werden (vgl. Abb. 6.3a). Daher werden gewöhnlich mehr vertikale Aussteifungselemente verwendet als statisch notwendig, was zu einer direkten Lastabtragung führt (vgl. Abb. 6.3b).

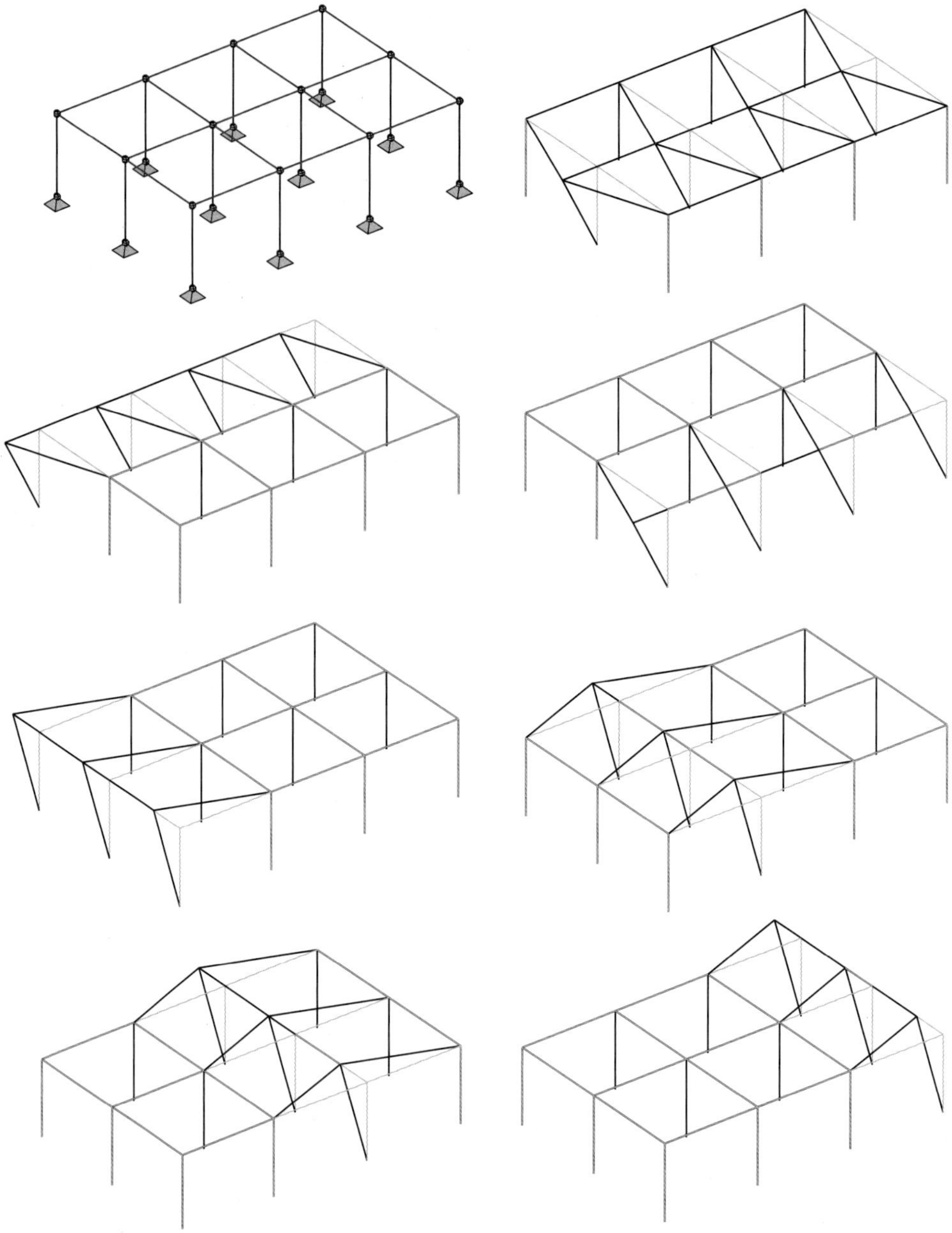

Abb. 6.1 Siebenfach labiles
Tragwerk

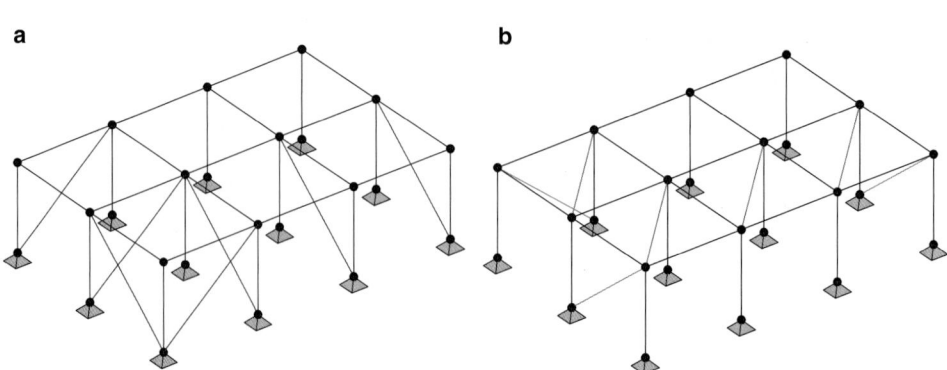

Abb. 6.2 Stabiles Tragwerk:
a durch vertikale Aussteifung;
b durch vertikale und horizontale
Aussteifung

a   b

Abb. 6.3 Stabiles Tragwerk:
a minimale vertikale Aussteifung mit drei Wanddiagonalen;
b vertikale Aussteifung mit vier
Wanddiagonalen zur Vermeidung
von Torsion

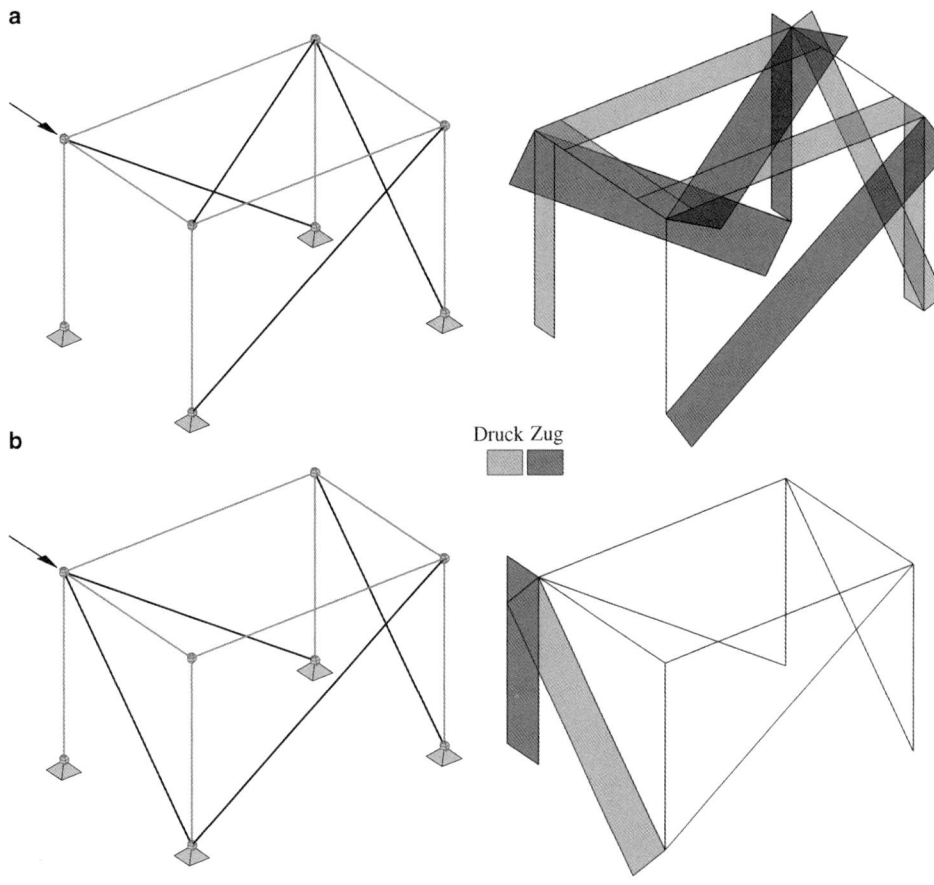

6.1.2 **Horizontale Aussteifung**

Die horizontale Aussteifung dient dazu, die Horizontallasten von ihrem Angriffspunkt zu den vertikalen Aussteifungselementen weiterzuleiten. Die gängigsten horizontalen Aussteifungselemente sind der Verband (Abb. 6.4) sowie die klassische Stahlbetondecke.

6.1.2.1 **Verband**

Ein Verband wirkt wie ein horizontales Fachwerk. Es treten nur Normalkräfte auf. Die Gurtkräfte sind in Feldmitte maximal, die Diagonalkräfte an den Auflagern (siehe Abb. 6.5). Die vertikale Aussteifung dient als Auflager für das horizontale Fachwerk, so dass die Horizontalkomponenten der vertikalen Aussteifung die Horizontalkräfte aufnehmen. Das

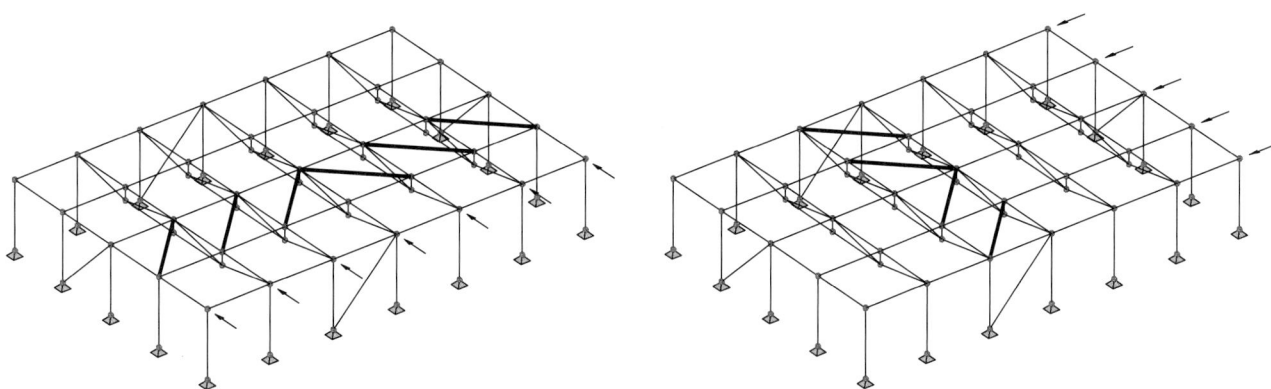

Abb. 6.4 Mit Verband horizontal ausgesteiftes Bauwerk (vertikale Aussteifung hier ebenfalls als Verband)

Abb. 6.5 Qualitativer Normal-
kraftverlauf in ausgesteiftem
Tragwerk

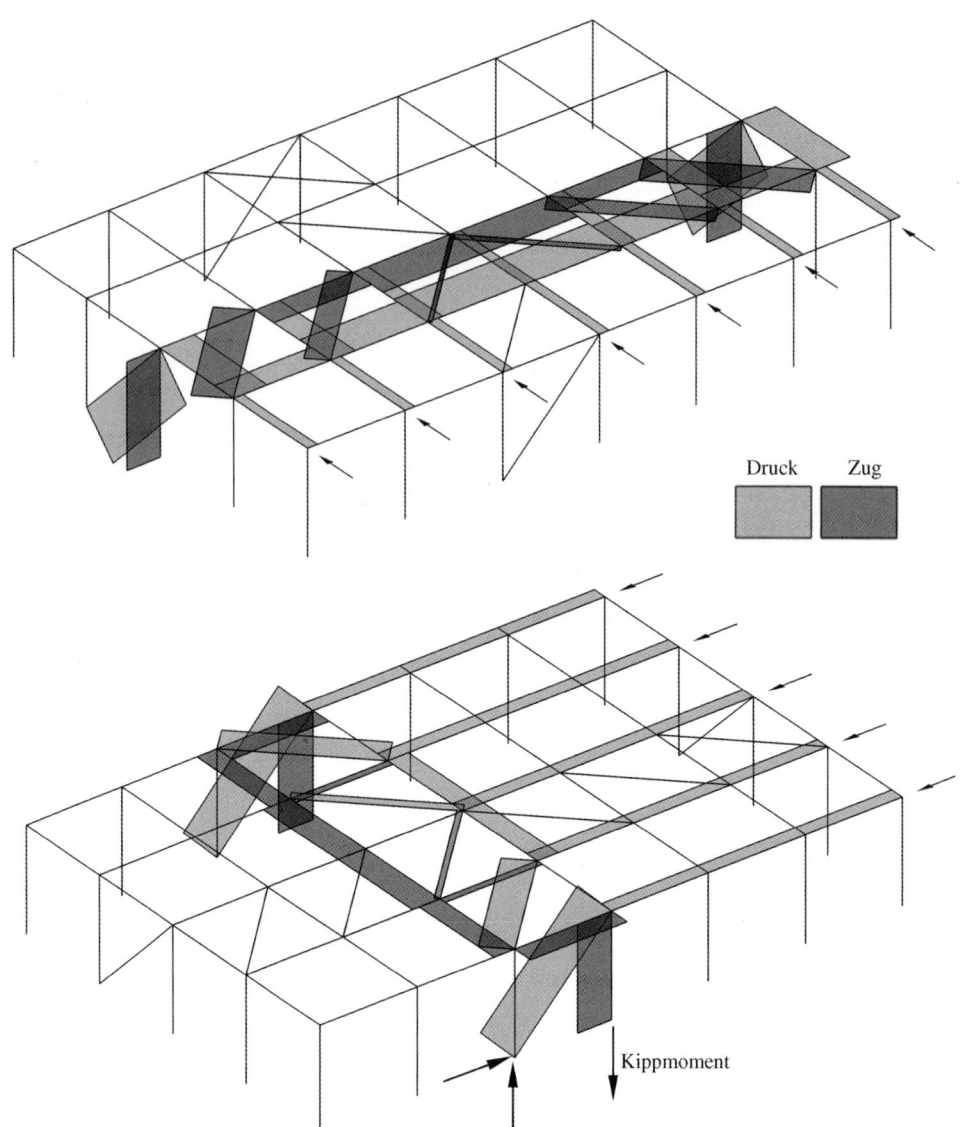

Kippmoment wird durch das Kräftepaar aufgenommen, das durch die Vertikalkomponente in der Diagonalen und der zugehörigen Stützenkraft gebildet wird.

6.1.2.2 Deckenscheibe

Wird eine Decke herangezogen, um die Horizontallasten an die vertikalen Aussteifungselemente weiterzuleiten, wirkt diese im Allgemeinen als Scheibe. Die Spannungsverteilung in der aussteifenden Scheibe hängt unter anderem ab von der Form der Scheibe, der Anordnung der vertikalen Aussteifungselemente, der relativen Steifigkeit von Scheibe und vertikalen Aussteifungselementen sowie der Lastverteilung (Druck/Sog auf die Scheibenumrisse bei Windbelastung, gleichmäßig verteilte Massenkräfte bei Erdbebenbelastung). Besondere Bedeutung kommt dem Verhältnis zwischen der

Steifigkeit der vertikalen Aussteifungselemente und der Steifigkeit der Deckenscheiben zu. Abbildung 6.6 skizziert zwei extreme Situationen: (a) Die Steifigkeit der Decke in Scheibenrichtung ist groß im Vergleich zu der Steifigkeit der vertikalen Aussteifungselemente. Die Deckenscheibe erfährt somit nur kleine Verformungen und kann vereinfachend als starr in der Berechnung angesetzt werden. (b) Die Steifigkeit der Decke in Scheibenrichtung ist klein im Vergleich zu der Steifigkeit der vertikalen Aussteifungselemente. Die Deckenscheibe erfährt signifikante Verformungen, was in der Berechnung berücksichtigt werden muss (siehe Abb. 6.7). Zur genaueren Bestimmung der Spannungsverhältnisse in der Deckenscheibe (insbesondere bei Aussparungen) sowie der Aufteilung der Belastung auf die vertikalen Aussteifungselemente kann eine Berechnung mit Finiten Elementen nützlich sein.

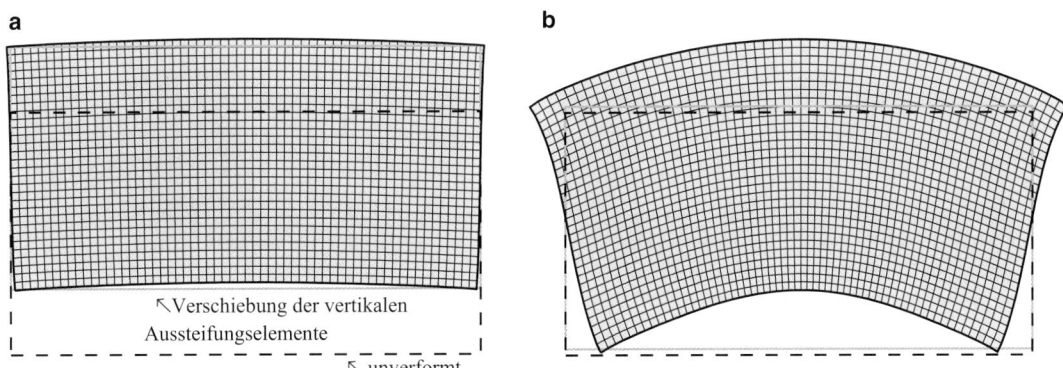

Abb. 6.6 Deckenscheibe als horizontales Aussteifungselement. **a** Verformung in vertikalen Aussteifungselementen dominiert; **b** Verformung in Deckenscheibe dominiert

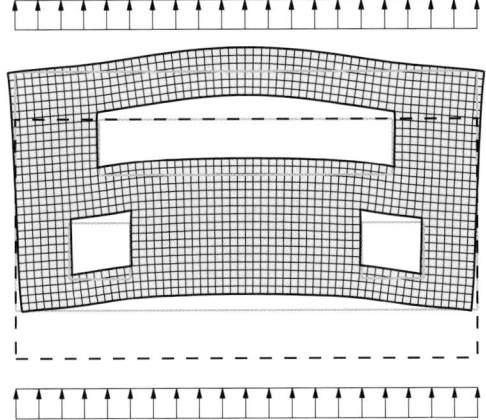

Abb. 6.7 Deckenscheibe mit Öffnungen

6.1.3   Vertikale Aussteifung

6.1.3.1   Einzelstützen (Abb. 6.8)
Aufgrund der geringen Steifigkeit kommt eine Aussteifung mit Einzelstützen nur für niedrige Gebäude in Frage.

6.1.3.2   Wandscheiben (Abb. 6.9, 6.10)
Schlanke Wände (H/L groß) verhalten sich wie gewöhnliche Kragstützen mit vernachlässigbaren Schubverformungen, bei gedrungenen Wänden (H/L klein) sind die Schubverformungen signifikant.

Abb. 6.8 Tragverhalten von Einzelstützen.

$$k_i = \frac{3EI_i}{H^3} \qquad v = \frac{F}{\sum_{i=1}^{n} k_i}$$

$$V_i = \frac{k_i}{\sum_{i=1}^{n} k_i} \qquad F = \frac{I_i}{\sum_{i=1}^{n} I_i} F$$

$$M_i = V_i \cdot H \qquad = k_i \cdot v$$

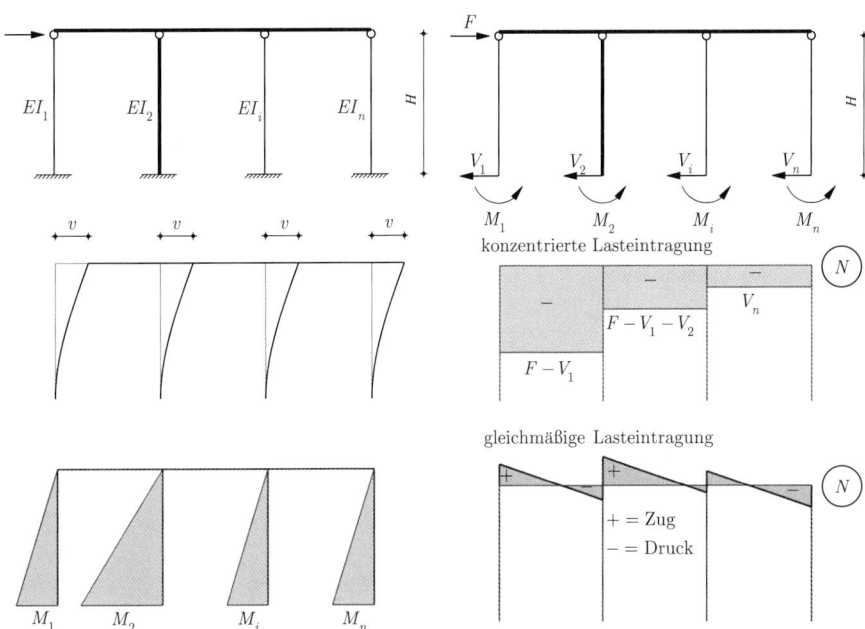

Abb. 6.9 Tragverhalten von Wandscheiben

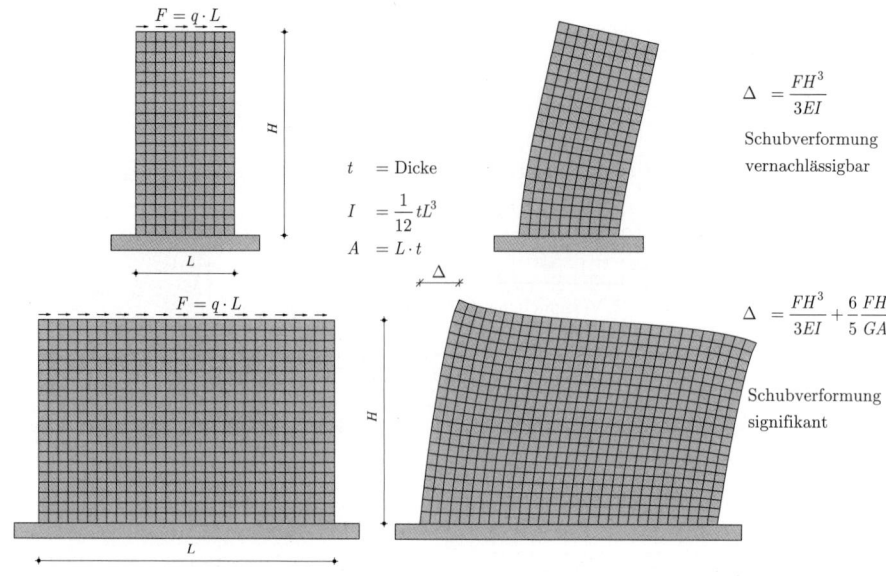

$$t = \text{Dicke}$$
$$I = \frac{1}{12} t L^3$$
$$A = L \cdot t$$

$$\Delta = \frac{F H^3}{3 EI}$$

Schubverformung vernachlässigbar

$$\Delta = \frac{F H^3}{3 EI} + \frac{6}{5} \frac{F H}{G A}$$

Schubverformung signifikant

Abb. 6.10 Beitrag von Biege- und Schubverformung zur Gesamtverformung

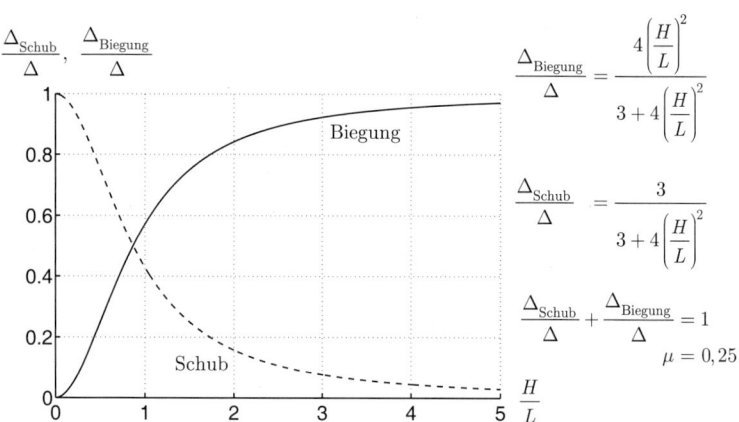

$$\frac{\Delta_{\text{Biegung}}}{\Delta} = \frac{4 \left(\dfrac{H}{L} \right)^2}{3 + 4 \left(\dfrac{H}{L} \right)^2}$$

$$\frac{\Delta_{\text{Schub}}}{\Delta} = \frac{3}{3 + 4 \left(\dfrac{H}{L} \right)^2}$$

$$\frac{\Delta_{\text{Schub}}}{\Delta} + \frac{\Delta_{\text{Biegung}}}{\Delta} = 1$$
$$\mu = 0,25$$

6.1.3.3 Rahmen (Abb. 6.11, 6.12)

In Rahmen wird das Kippmoment durch Biegung in den Stützen sowie durch ein Kräftepaar in den Stützen aufgenommen. Eingespannte Rahmen sind deutlich steifer als gelenkig gelagerte. Die Einspannung ist in der Regel jedoch konstruktiv aufwändig und kostspielig. Stockwerkrahmen sind hochgradig statisch unbestimmt. Die Berechnung der Schnittgrößen und der Verschiebungen erfolgt i. Allg. elektronisch.

Abb. 6.11 Dreigelenkrahmen, Zweigelenkrahmen und eingespannter Rahmen

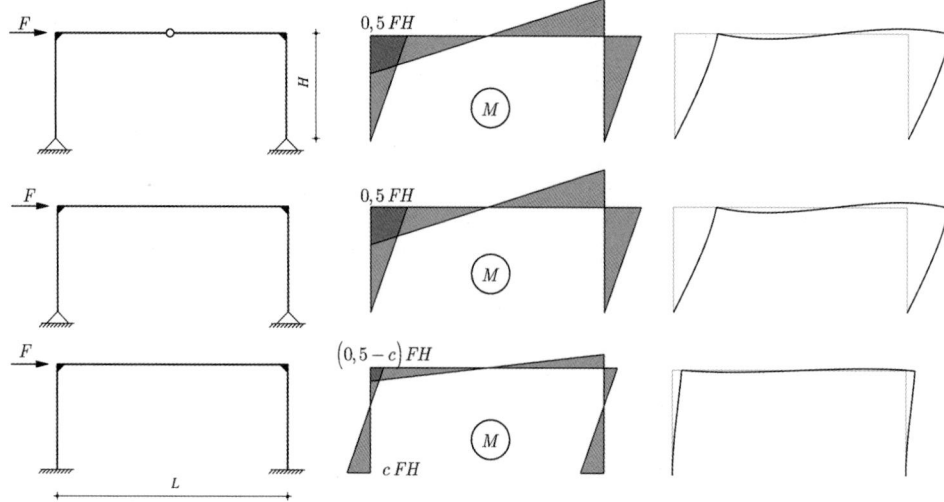

Abb. 6.12 Biegelinie und qualitative Schnittkraftlinien eines Mehrgeschossrahmens

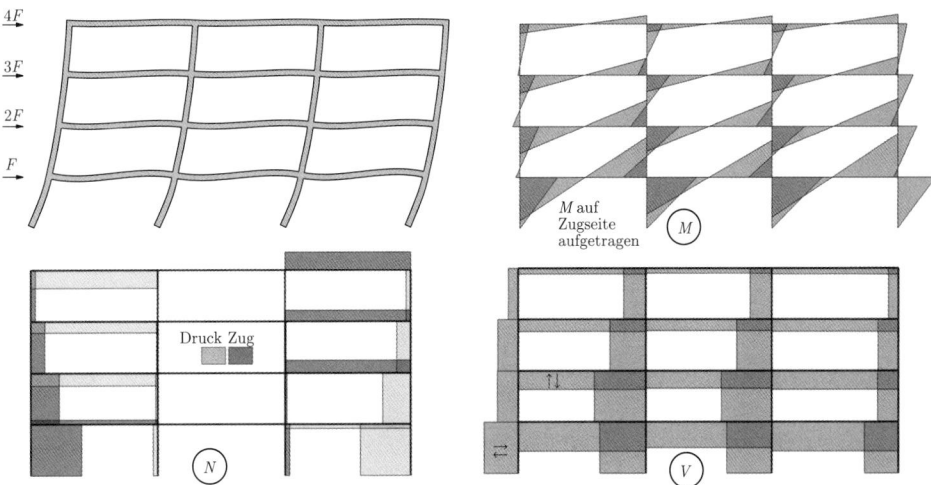

6.1.3.4 Verband (Abb. 6.13, 6.14)

Es existieren zahlreiche verschiedene Anordnungsmöglichkeiten für die Diagonalstäbe. Bei der hier gezeigten Variante erzeugt die Horizontallast je nach Richtung Zug- oder Druckkräfte, so dass die Diagonalstäbe auch als Knickstäbe zu bemessen sind. Das gezeigte System ist statisch bestimmt, eine Gleichgewichtsbetrachtung liefert:

$$D_i = \sum_{j=1}^{i} F_j / \cos\alpha \qquad 1 \le i \le n \quad \text{Zug}$$

$$S_i = S_{i-1} + D_{i-1} \sin\alpha \quad S_1 = 0 \quad 2 \le i \le n \quad \text{Zug}$$

$$T_i = T_{i-1} + D_i \sin\alpha \qquad T_0 = 0 \quad 1 \le i \le n \quad \text{Druck}$$

$$H_i = D_i \cos\alpha = \sum_{j=1}^{i} F_j \qquad 1 \le i \le n \quad \text{Druck}$$

Für andere Arten von Verbänden können ähnliche Gleichungen aufgestellt werden.

Tafel 6.1 Beispiel: Verbandaussteifung, Stabkräfte (Vielfaches von F, $\sin\alpha = 0,6 \cos\alpha = 0,8$)

i	F_i	$\sum F_i$	D_i	S_i	H_i	T_i
1	4,00	4,00	5,00	0	4,00	3,00
2	3,00	7,00	8,75	3,00	7,00	8,25
3	2,00	9,00	11,25	8,25	9,00	15,00
4	1,00	10,00	12,50	15,00	10,00	22,50

Sind die Aussteifungselemente versetzt angeordnet, treten große Normalkräfte auf, weil die Horizontalkräfte aus den oberen Geschossen bis zum nächsten Aussteifungselement weitergeleitet werden müssen (vgl. Abb. 6.14). Dies trifft nicht nur auf Tragwerke zu, die durch Verbände ausgesteift werden, sondern ebenso auf die zuvor beschriebenen Aussteifungselemente.

Abb. 6.13 Fachwerkaussteifung: **a** allgemeine Bezeichnungen der Kräfte; **b**, **c** Beispiel

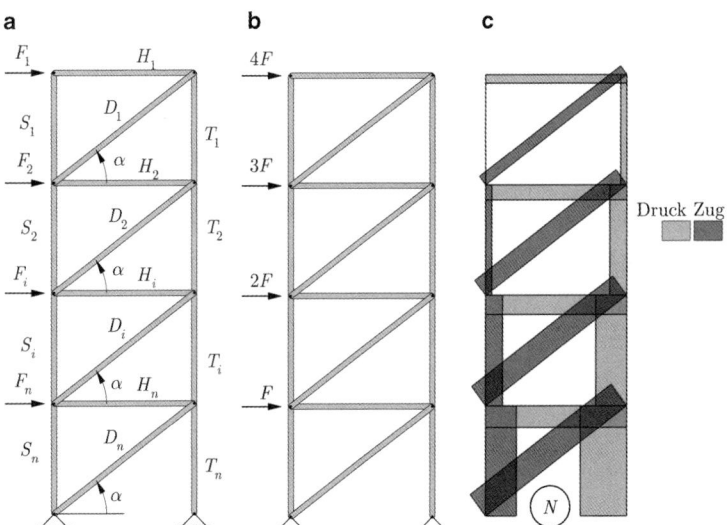

Abb. 6.14 a Ungünstig und
b günstig ausgesteiftes Tragwerk
sowie zugehörige Normalkraft-
verläufe

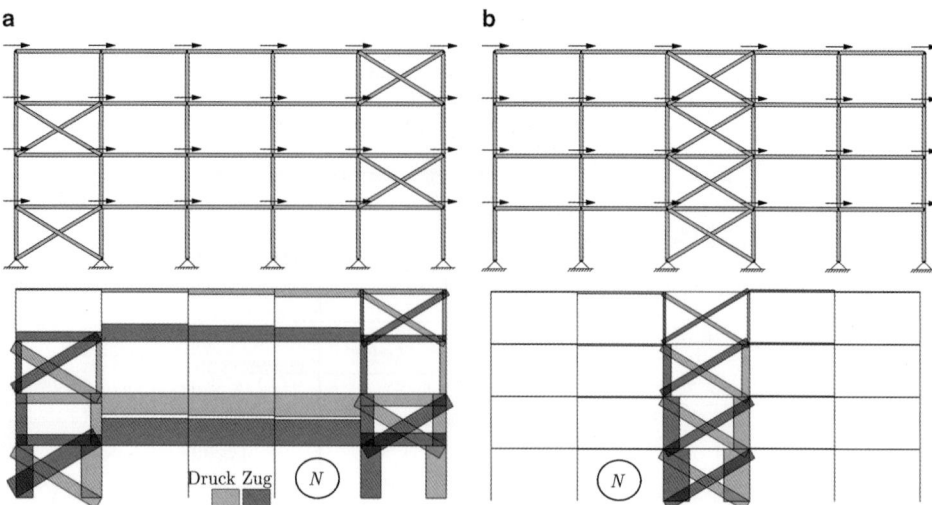

6.1.3.5 Kern (Abb. 6.15)

Ein Aussteifungskern trägt zur Steifigkeit in allen Richtungen bei. Als Hohlkastenquerschnitt ist er besonders torsionssteif. Allerdings setzen Öffnungen die Torsionssteifigkeit bedeutend herab.

6.1.3.6 Outrigger-System (Abb. 6.16)

In Outrigger-Systemen übertragen steife Riegel (die Outrigger), die in bestimmter Höhe angebracht sind und sich oft über ein ganzes Stockwerk erstrecken, einen Teil des Kippmoments auf ausgewählte Stützen, sogenannte Megastützen. Dadurch reduziert sich die Biegebeanspruchung im Kern wie Abb. 6.16 zeigt. Der Schub verbleibt dabei i. Allg. im Kern.

Abb. 6.15 Kern als Aussteifungselement

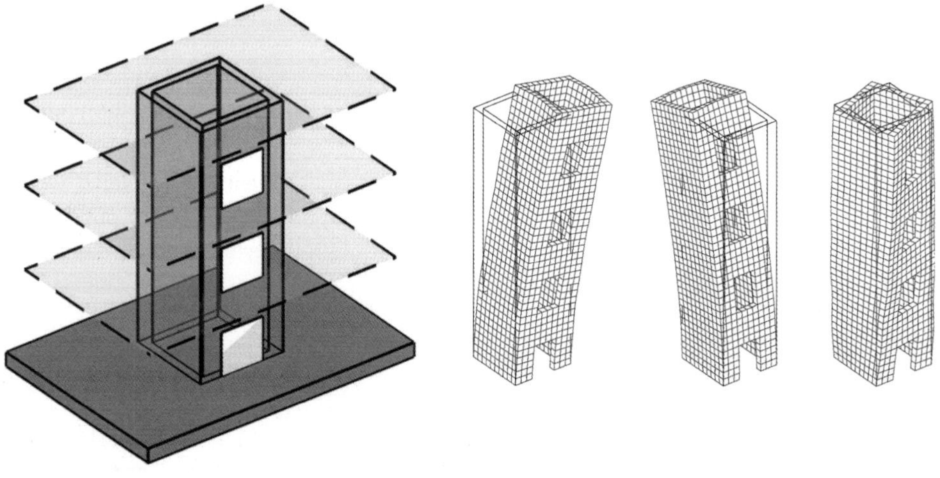

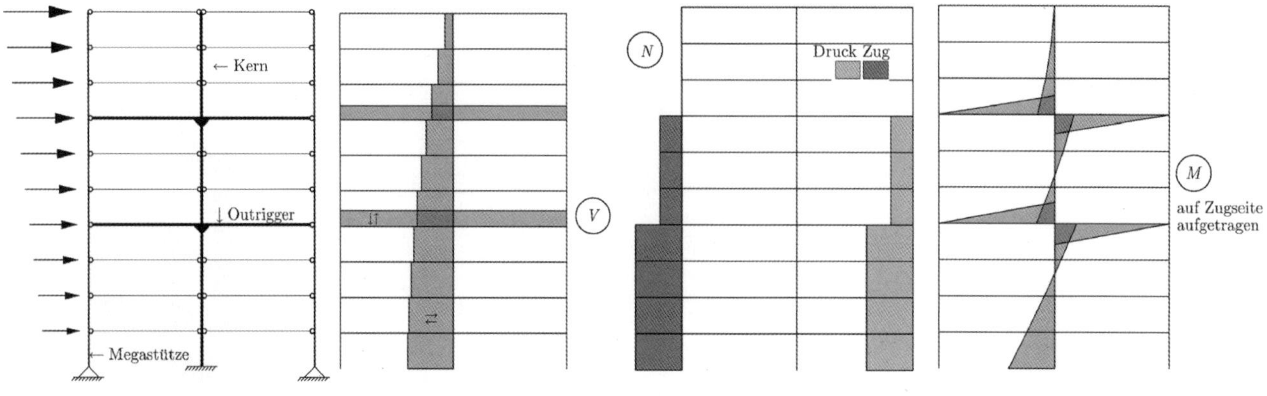

Abb. 6.16 Statisches System und qualitative Schnittkraftlinien für Outrigger-System

6.1.4   Anordnung von Aussteifungselementen

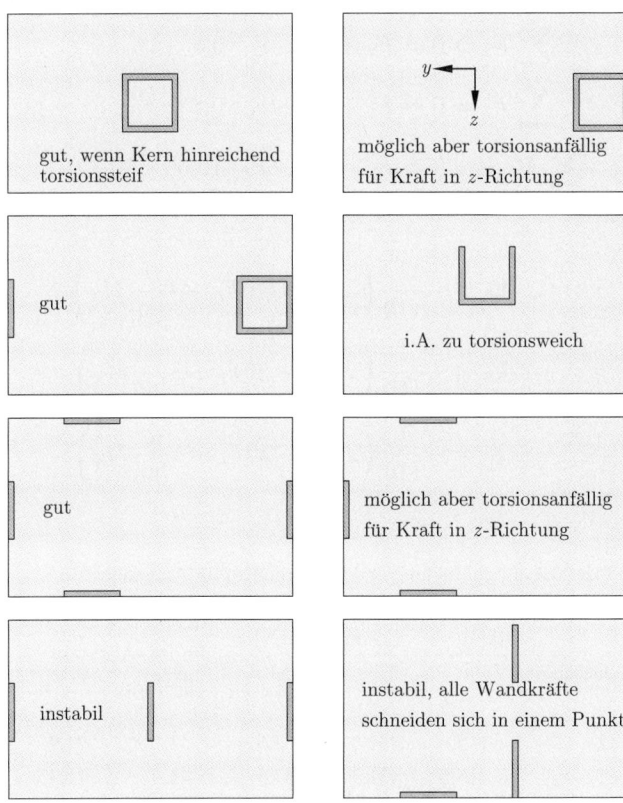

Abb. 6.17 Anordnungen der Gebäudeaussteifung im Grundriss

6.2   Schnittgrößenermittlung von Wandaussteifungen

6.2.1   Voraussetzungen

- Die Wandscheiben besitzen lediglich in ihrer Ebene Steifigkeit (Scheibenwirkung), die Steifigkeit senkrecht zur Ebene (Plattenwirkung) wie auch ihre Torsionssteifigkeit wird vernachlässigt. Unter diesen Annahmen erfährt die Wand eine Querkraft in Richtung der Wand und das zugehörige Biegemoment. In jedem Geschoss werden die anfallenden Horizontalkräfte auf die einzelnen Wände verteilt, was zu einer Querkraftänderung ΔV führt.

- Die Geschossdecken sind starr in ihrer Ebene, die Steifigkeit in Plattenrichtung wird vernachlässigt.
  Es tritt daher keine Rahmenwirkung zwischen den einzelnen Aussteifungselementen auf, und es werden nur Horizontalkräfte übertragen, die sich aus der Verträglichkeit der Horizontalverschiebungen der Aussteifungselemente ergeben.

- Der Einfluss der Wölbkrafttorsion bleibt unberücksichtigt.

- Der Einfluss von Schubverformungen auf die Schnittgrößen wird vernachlässigt, da das Verhältnis von Wandhöhe zu Wandlänge im Allgemeinen hinreichen groß ist und somit von einem Ebenbleiben der Querschnitte ausgegangen werden kann.

6.2.2   Statisch bestimmte Anordnung

6.2.2.1   Allgemeines

Unter den oben getroffenen Annahmen liegt eine statisch bestimmte Gebäudeaussteifung dann vor, wenn das Bauwerk durch genau drei Wandscheiben ausgesteift ist. Zwei davon können an einer Kante miteinander verbunden sein und so einen abgewinkelten, T-förmigen oder gekreuzten Querschnitt bilden. Die Scheibenebenen dürfen sich nicht in einem Punkt schneiden und nicht parallel angeordnet sein (vgl. Abb. 6.17). Zwar liegt auch dann eine statisch bestimmte Aussteifung vor, wenn alle drei Scheiben zu einem einzigen zusammenhängenden Querschnitt verbunden sind, in diesem Fall ist aber eine Bestimmung des Schubmittelpunkts erforderlich, die in den folgenden Abschnitten behandelt wird. Aus den auf die Geschossplatten einwirkenden Kräften F_Y, F_Z, M_X können mit Hilfe der drei Gleichgewichtsbedingungen die in Scheibenrichtung wirkenden Querkräfte V berechnet werden.

Bilden Wandscheiben einen zusammenhängenden Querschnitt, können die Gleichgewichtsbedingungen analog angewandt werden. Bei der Spannungsermittlung, die der Schnittgrößenermittlung folgt, muss jedoch beachtet werden, dass die Achsen Y und Z normalerweise nicht die Hauptachsen des winkelartigen Wandquerschnitts sind, so dass sich die Spannungsermittlung schwieriger gestaltet als bei getrennten Wandscheiben.

Abb. 6.18 Schnittgrößen in aussteifender Wand

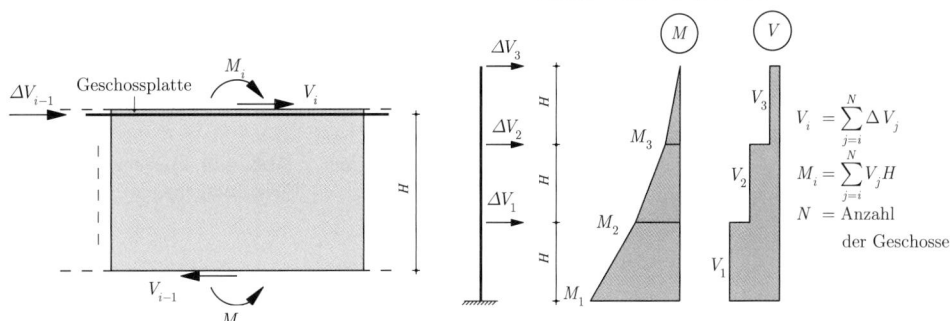

$$V_i = \sum_{j=i}^{N} \Delta V_j$$

$$M_i = \sum_{j=i}^{N} V_j H$$

N = Anzahl der Geschosse

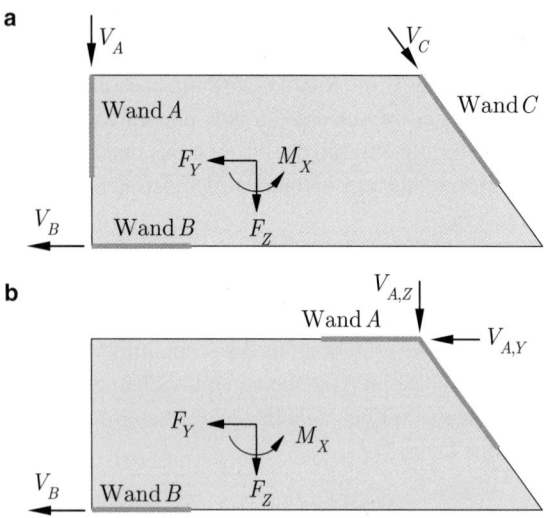

Gleichgewicht Getrennte Wandscheiben

$$\sum F_Y = 0 = F_Y + V_B - V_C \cdot 0{,}6$$

$$\sum F_Z = 0 = F_Z + V_A + V_C \cdot 0{,}8$$

$$\sum M_{O,X} = 0 = F_Y \cdot 5{,}00 - F_Z \cdot 10{,}00$$
$$+ M_X - V_C \cdot 0{,}8 \cdot 27{,}50$$

$$V_A = -\frac{1}{110}\left(20F_Y + 70F_Z + 4\frac{1}{[m]}M_X\right)$$

$$V_B = -\frac{1}{110}\left(95F_Y + 30F_Z - 3\frac{1}{[m]}M_X\right)$$

$$V_C = -\frac{1}{110}\left(25F_Y - 50F_Z + 5\frac{1}{[m]}M_X\right)$$

(6.1)

Abb. 6.19 Statisch bestimmte Anordnung von Aussteifungselementen. **a** Drei getrennte Wände; **b** Zwei Wände bilden zusammenhängenden Querschnitt

6.2.2.2 Beispiel (siehe Abb. 6.20)

Gesucht: Biegemomente und Querkräfte in den Wänden infolge einer gegebenen Windlast von $1{,}40\,\text{kN/m}^2$ (drei Geschosse, Geschosshöhe $= 3{,}00\,\text{m}$).

Tafel 6.2 Lastaufteilung und Schnittgrößen für Anordnung (a)

	Kraft [kN]	Moment [kN m]	Lastaufteilung nach (6.1) [kN]		
Geschoss	F_Z	M_X	ΔV_A	ΔV_B	ΔV_C
3	−57,5	215,6			
2	−115,0	431,3	57,5	43,1	71,9
1	−115,0	431,3	57,5	43,1	71,9

	Querkraft [kN]			Moment [kN m]		
Geschoss	V_A	V_B	V_C	M_A	M_B	M_C
3	28,8	21,6	35,9	86,3	64,7	107,8
2	86,3	64,7	107,8	345,0	258,8	431,3
1	143,8	107,8	179,7	776,3	582,2	970,3

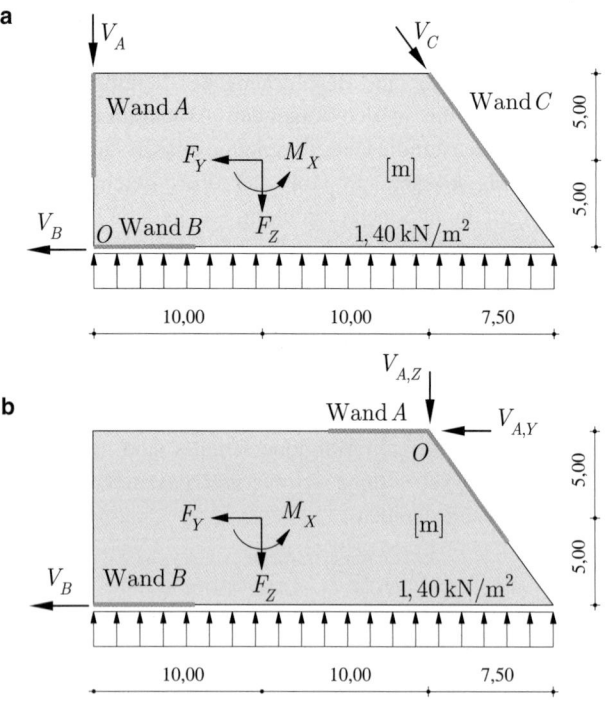

Abb. 6.20 Beispiel: Statisch bestimmte Bauwerksaussteifung; **a** Drei getrennte Wände; **b** Zwei Wände bilden zusammenhängenden Querschnitt

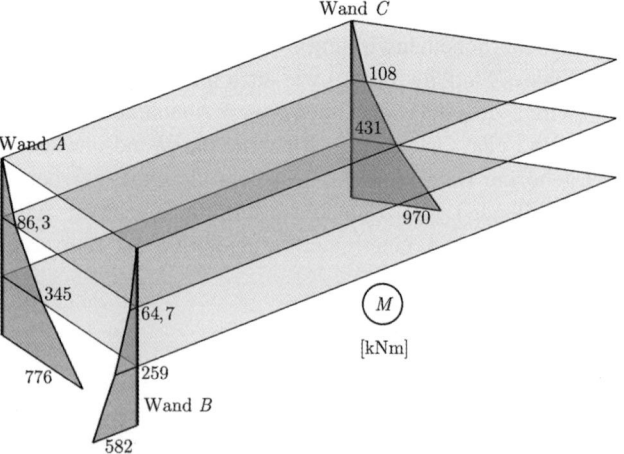

Abb. 6.21 Biegemomente in Aussteifungswänden (auf Zugseite der Wand aufgetragen), Anordnung (a)

Zusammenhängende Wandscheiben

$$\sum F_Y = 0 = F_Y + V_B + V_{A,Y}$$

$$\sum F_Z = 0 = F_Z + V_{A,Z}$$

$$\sum M_O = 0 = M_X - V_B \cdot 10{,}00 - F_Y \cdot 5{,}00 + F_Z \cdot 10{,}00$$

$$V_{A,Y} = -0{,}5F_Y - F_Z - 0{,}1\frac{1}{[\text{m}]}M_X$$

$$V_{A,Z} = -F_Z$$

$$V_B = -0{,}5F_Y + F_Z + 0{,}1\frac{1}{[\text{m}]}M_X \qquad (6.2)$$

Tafel 6.3 Lastaufteilung und Schnittgrößen für Anordnung (b)

	Kraft [kN]	Moment [kN m]	Lastaufteilung nach (6.2) [kN]		
Geschoss	F_Z	M_X	$\Delta V_{A,Y}$	$\Delta V_{A,Z}$	ΔV_B
3	−57,5	215,6	−35,9	57,5	35,9
2	−115,0	431,3	−71,9	115,0	71,9
1	−115,0	431,3	−71,9	115,0	71,9

	Querkraft [kN]			Moment [kN m]		
Geschoss	$V_{A,Y}$	$V_{A,Z}$	V_B	$M_{A,Y}$	$M_{A,Z}$	M_B
3	−35,9	57,5	35,9	172,5	107,8	107,8
2	−107,8	172,5	107,8	690,0	431,3	431,3
1	−179,7	287,5	179,7	1552	970,3	970,3

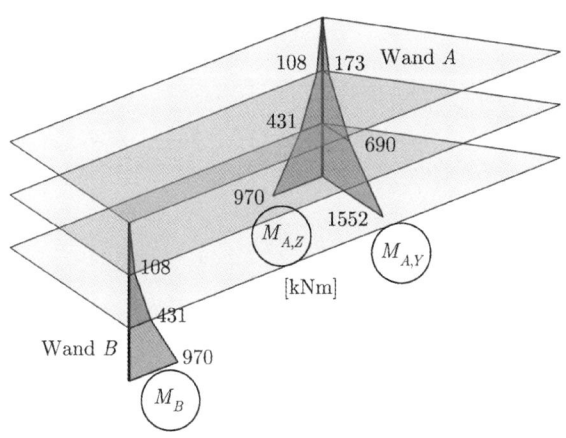

Abb. 6.22 Biegemomente in Aussteifungswänden (auf Zugseite der Wand aufgetragen), Anordnung (b)

Geschosskräfte

$$F_Z = -1{,}4\,\text{kN/m}^2 \cdot 27{,}50\,\text{m} \cdot 3\,\text{m}$$
$$= -115\,\text{kN} \quad (\text{Geschoss 1 und 2})$$

$$F_Z = -1{,}4\,\text{kN/m}^2 \cdot 27{,}50\,\text{m} \cdot 3\,\text{m}/2$$
$$= -57{,}5\,\text{kN} \quad (\text{Geschoss 3})$$

$$M_X = 115\,\text{kN} \cdot (27{,}50/2 - 10{,}00)\,\text{m}$$
$$= 431{,}3\,\text{kN m} \quad (\text{Geschoss 1 und 2})$$

$$M_X = 57{,}5\,\text{kN} \cdot (27{,}50/2 - 10{,}00)\,\text{m}$$
$$= 215{,}6\,\text{kN m} \quad (\text{Geschoss 3})$$

6.2.3 Statisch unbestimmte Anordnung

6.2.3.1 Annahmen zum Verformungsverhalten

6.2.3.1.1 Affines Verformungsverhalten (Abb. 6.23)

Die Abtragung der Horizontallasten erfolgt über unabhängige Kragarme. Die Geschossdecke verteilt die Horizontalbelastung auf die Wände entsprechend ihrer Steifigkeiten. Der Anteil der Horizontallast, der auf ein Aussteifungselement entfällt, ändert sich über die Höhe des Bauwerks nicht.

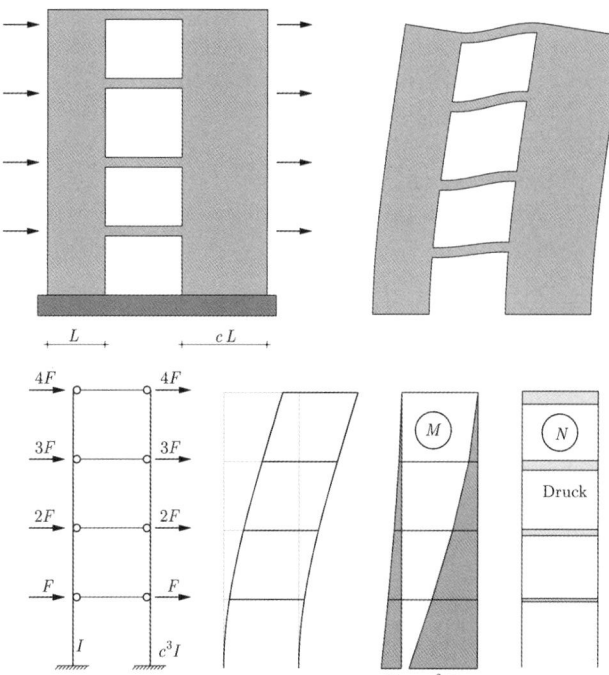

Abb. 6.23 Affines Verformungsverhalten

6.2.3.1.2 Nicht-affines Verformungsverhalten (Abb. 6.24)

Unterschiedliches Verformungsverhalten der aussteifenden Bauteile führt zu einer Wechselwirkung mit entsprechender

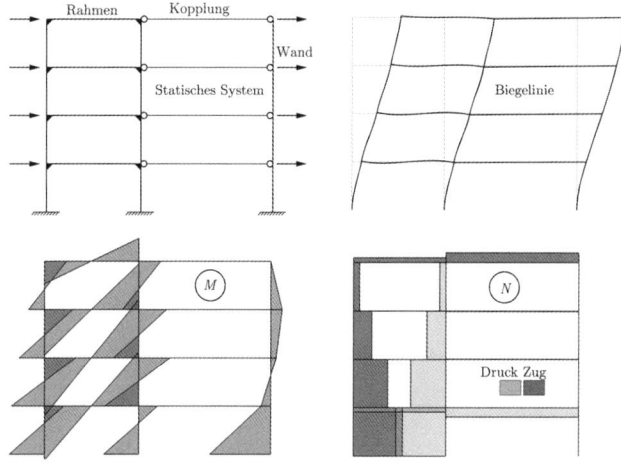

Abb. 6.24 Nicht-affines Verformungsverhalten

Umverteilung der Kräfte. So gibt im oberen Teil des unten skizzierten Tragsystems die Wandscheibe Last an den Rahmen ab (es entsteht Zug im Kopplungselement), im unteren Teil ist das Verhalten genau umgekehrt, d. h. der Rahmen gibt Kraft an die Wandscheibe ab (es entsteht Druck im Kopplungselement). Bei nicht-affinem Verformungsverhalten ist die Schnittgrößenermittlung im Allgemeinen aufwändig. Auf sie wird hier nicht weiter eingegangen. Ein Beispiel zu diesem Thema befindet sich im Beispielband.

6.2.3.2 Schnittgrößen bei affinem Verformungsverhalten (einfache Anordnung von Wandscheiben)

6.2.3.2.1 Voraussetzungen

- Wie unter Abschn. 6.2.1 erwähnt
- Wände parallel zu Bauwerksachsen, d. h. $I_{yz} = 0$ für alle Wände.

6.2.3.2.2 Trägheitsmoment und Lage des Schubmittelpunkts

$$I = \frac{1}{12} \cdot t \cdot L^3$$

$$Y_M = \frac{\sum I_{y,i} \cdot Y_i}{\sum I_{y,i}} \qquad (6.3)$$

$$Z_M = \frac{\sum I_{z,i} \cdot Z_i}{\sum I_{z,i}}$$

6.2.3.2.3 Aufteilung der Horizontaleinwirkungen

$$V_{y,i} = \frac{I_{z,i}}{\sum I_{z,i}} F_{Y,M}$$
$$- \frac{I_{z,i} \cdot \Delta Z_i}{\sum \Delta Y_i^2 I_{y,i} + \sum \Delta Z_i^2 I_{z,i}} M_{X,M}$$

$$V_{z,i} = \frac{I_{y,i}}{\sum I_{y,i}} F_{Z,M}$$

$$+ \frac{I_{y,i} \cdot \Delta Y_i}{\sum \Delta Y_i^2 I_{y,i} + \sum \Delta Z_i^2 I_{z,i}} M_{X,M}$$

(6.4)

Es bedeuten:

t	Wanddicke
L	Wandlänge
I	Trägheitsmoment der Wand
	$I = I_y$ für Wände in z-Richtung,
	$I = I_z$ für Wände in y-Richtung
Y_i, Z_i	Abstand der Wand i vom beliebig gewählten Ursprung, O
	Y_i für Wände in z-Richtung, Z_i für Wände in y-Richtung

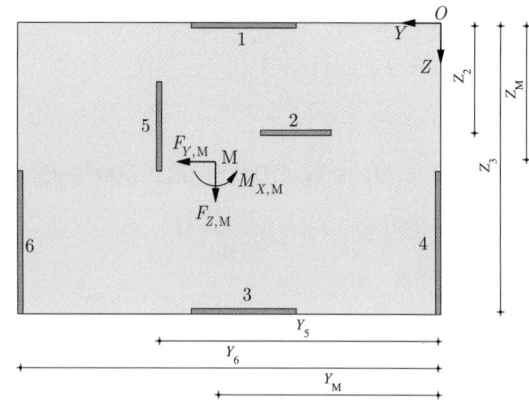

Abb. 6.25 Anordnung von Wänden parallel zu Hauptachsen des Tragwerks

$V_{y,i}, V_{z,i}$	Querkraft in Wand i
$F_{Y,M}, F_{Z,M}, M_{X,M}$	auf den Schubmittelpunkt bezogene Einwirkungen
Y_M, Z_M	Koordinaten des Schubmittelpunkts
$\Delta Y_i, \Delta Z_i$	Abstand der Wand i vom Schubmittelpunkt ($\Delta Y_i = Y_i - Y_M$, $\Delta Z_i = Z_i - Z_M$)

6.2.3.2.4 Beispiel (Abb. 6.26, Tafel 6.4)

Gesucht: Einflusszahlen für die Lastaufteilung infolge Einheitsbelastung $F_{Y,M} = 1$, $F_{Z,M} = 1$, $M_{X,M} = 1$ im Schubmittelpunkt M.

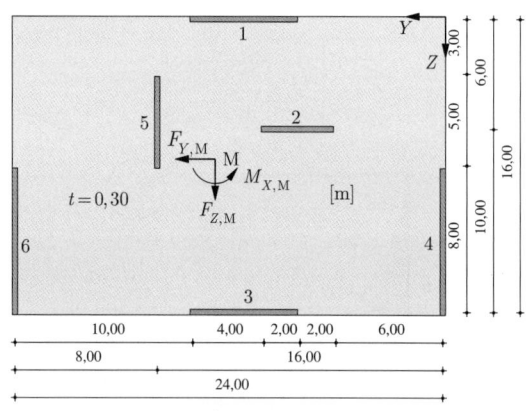

Abb. 6.26 Beispiel: Lastaufteilung

Schubmittelpunkt

$$Y_M = \frac{\sum_{i=1}^3 I_{y,i} \cdot Y_i}{\sum_{i=1}^3 I_{y,i}} = \frac{361{,}5 \, \mathrm{m}^5}{28{,}73 \, \mathrm{m}^4} = 12{,}58 \, \mathrm{m}$$

$$Z_M = \frac{\sum_{i=1}^3 I_{z,i} \cdot Z_i}{\sum_{i=1}^3 I_{z,i}} = \frac{97{,}86 \, \mathrm{m}^5}{12{,}40 \, \mathrm{m}^4} = 7{,}89 \, \mathrm{m}$$

Tafel 6.4 Berechnungen zu Querschnittswerten, Schubmittelpunkt und Lastaufteilung

Wände in Y-Richtung

Wand i	L [m]	$I_{z,i}$ [m^4]	Z_i [m]	$I_{z,i} \cdot Z_i$ [m^5]	$\Delta Z = Z_i - Z_M$ [m]	$I_{z,i} \cdot \Delta Z^2$ [m^6]	$\dfrac{I_{z,i}}{\sum I_{z,i}}$	$\dfrac{-I_{z,i} \cdot \Delta Z_i}{\sum \Delta Y_i^2 I_{y,i} + \sum \Delta Z_i^2 I_{z,i}}$ [1/m]
1	6,00	5,40	0,15	0,81	−7,74	323,66	0,4355	0,009442
2	4,00	11,60	6,15	9,84	−1,74	4,85	0,1290	0,000629
3	6,00	15,40	16,15	87,21	8,26	368,26	0,4355	−0,010071
$\sum$	16,00	12,40		97,66		696,8	1 (ok)	0 (ok)

Wände in Z-Richtung

Wand i	L [m]	$I_{y,i}$ [m^4]	Y_i [m]	$Y_{y,i} \cdot y_i$ [m^5]	$\Delta Y = Y_i - Y_M$ [m]	$I_{y,i} \cdot \Delta Y^2$ [m^6]	$\dfrac{I_{y,i}}{\sum I_{y,i}}$	$\dfrac{-I_{y,i} \cdot \Delta Y_i}{\sum \Delta Y_i^2 I_{y,i} + \sum \Delta Z_i^2 I_{z,i}}$ [1/m]
4	8,00	12,80	0,15	1,92	−12,44	1973,31	0,4456	−0,035948
5	5,00	3,13	16,15	50,47	3,56	39,71	0,1088	0,002516
6	8,00	12,80	24,15	309,12	11,56	1711,94	0,4456	0,033432
$\sum$		28,73		361,5		3731,0	1 (ok)	0 (ok)

Tafel 6.5 Einflusszahlen für die Wände infolge Einheitsbelastung im Schubmittelpunkt

Schnittkraft	Wand i	Infolge $F_{Y,M} = 1$	Infolge $F_{Z,M} = 1$	Infolge $M_{X,M} = 1$
V_y	1	0,4355	0	0,009442/m
	2	0,1290	0	0,000629/m
V_z	3	0,4355	0	−0,010071/m
	4	0	0,4456	−0,035948/m
	5	0	0,1088	0,002516/m
	6	0	0,4456	0,033432/m

6.2.3.3 Schnittgrößen bei affinem Verformungsverhalten (komplexere Anordnung von Wandscheiben)

Bei komplexer Anordnung von Wandscheiben, die sich dadurch auszeichnet, dass Wandscheiben zusammenhängen oder nicht parallel zu den Bauwerksachsen ausgerichtet sind, gestaltet sich die Ermittlung der Querschnittswerte, die Berechnung des Schubmittelpunkts wie auch die Lastaufteilung deutlich schwieriger als zuvor.

6.2.3.3.1 Biegequerschnittswerte

Für die Berechnung der Querschnittswerte werden die Wandquerschnitte am einfachsten auf die dickenbelegte Wandmittellinie reduziert (Querschnittsskelett). Dabei ergibt sich im Vergleich zu der in Kap. 5 dargestellten Methode zur Ermittlung der Flächenwerte ein geringfügiger Unterschied. Dieser ist üblicherweise vernachlässigbar, wie das folgende Beispiel zeigt:

Näherungsweise Berechnung Bei geraden Wandabschnitten sind alle Querschnittswerte stets ein Integral über ein Produkt aus zwei linearen Funktionen. Produktintegrale sind beispielsweise vom Kraftgrößenverfahren der Baustatik her bekannt.

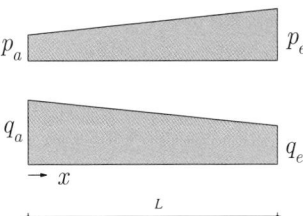

Abb. 6.27 Beitrag eines Wandabschnitts. p_a: Anfangswert Faktor 1, p_e: Endwert Faktor 1, q_a: Anfangswert Faktor 2, q_e: Endwert Faktor 2

Allgemeiner Fall:

$$\int_0^L p(x) \cdot q(x) \, dx = \frac{1}{6} \left[p_a \cdot (2 \cdot q_a + q_e) + p_e \cdot (2 \cdot q_e + q_a) \right] \cdot L$$

Spezialfälle:

$$\int_0^L p(x) \cdot p(x) \, dx = \frac{1}{3} \left[p_a^2 + p_a p_e + p_e^2 \right] \cdot L$$

$$\int_0^L p(x) \cdot q \, dx = \frac{1}{2} \left[p_a + p_e \right] \cdot q \cdot L$$

Abb. 6.28 Exakte Querschnittsgeometrie, dickenbelegter Querschnitt und zugehörige Koordinaten

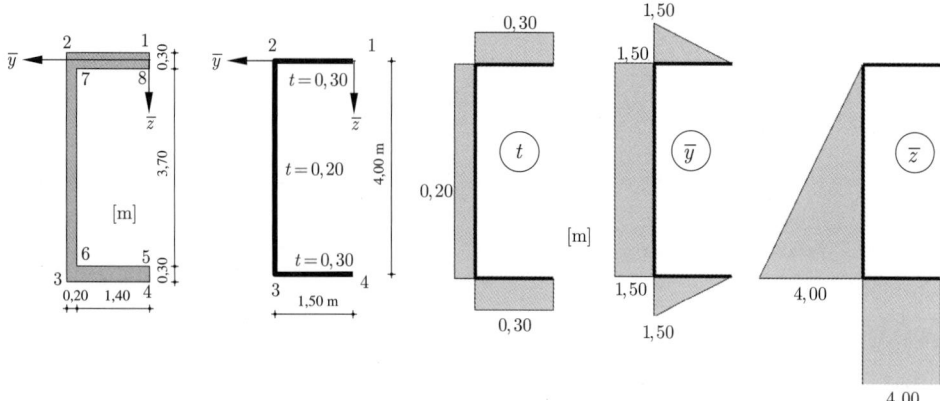

Beispiel: Vgl. Abb. 6.28

Vorgehen:

- Wahl eines beliebigen Koordinatensystems $\bar{y}, \bar{z}$
- Auftragen der Größen $t, \bar{y}, \bar{z}$
- Integrieren
- Umrechnung der Trägheitsmomente auf die Schwereachse

Schwerpunkt

$$\bar{y}_S = \frac{\int \bar{y}\,\mathrm{d}A}{A} = \frac{1,875}{1,700} = 1,1029\,\mathrm{m}$$

$$\bar{z}_S = \frac{\int \bar{z}\,\mathrm{d}A}{A} = \frac{3,400}{1,700} = 2,0000\,\mathrm{m}$$

Auf Schwereachse bezogene Trägheitsmomente

$$I_y = \int z^2\,\mathrm{d}A = I_{\bar{y}} - \bar{z}_S^2 \cdot A$$
$$= 11,467 - 2,000^2 \cdot 1,700 = 4,667\,\mathrm{m}^4$$

$$I_z = \int y^2\,\mathrm{d}A = I_{\bar{z}} - \bar{y}_S^2 \cdot A$$
$$= 2,475 - 1,1029^2 \cdot 1,700 = 0,4070\,\mathrm{m}^4$$

$$I_{yz} = \int yz\,\mathrm{d}A = I_{\bar{y}\bar{z}} - \bar{y}_S \cdot \bar{z}_S \cdot A$$
$$= 3,750 - 1,1029 \cdot 2,000 \cdot 1,700 = 0$$

Genäherte Querschnittswerte (exakte Querschnittswerte)

$$A = 1,700\,\mathrm{m}^2 \quad (1,700)$$
$$S_{\bar{y}} = 3,400\,\mathrm{m}^3 \quad (3,400)$$
$$S_{\bar{z}} = 1,875\,\mathrm{m}^3 \quad (1,878)$$
$$I_{\bar{y}} = 11,467\,\mathrm{m}^4 \quad (11,491)$$
$$I_{\bar{z}} = 2,475\,\mathrm{m}^4 \quad (2,487)$$
$$I_{\bar{y}\bar{z}} = 3,750\,\mathrm{m}^4 \quad (3,756)$$
$$I_y = 4,667\,\mathrm{m}^4 \quad (4,691)$$
$$I_z = 0,4070\,\mathrm{m}^4 \quad (0,4120)$$

Tafel 6.6 Berechnung der Querschnittswerte

Abschnitt	L [m]	t [m]	$A = Lt$ [m²]
1	1,50	0,30	0,45
2	4,00	0,20	0,80
3	1,50	0,30	0,45
$\sum$			**1,70**

Abschnitt	$\bar{y}_a$ [m]	$\bar{y}_e$ [m]	$\frac{1}{2}(\bar{y}_a + \bar{y}_e)A$ [m³]
1	0	1,50	0,3375
2	1,50	1,50	1,200
3	1,50	0	0,3375
$\sum$			**1,875**

Abschnitt	$\bar{z}_a$ [m]	$\bar{z}_e$ [m]	$\frac{1}{2}(\bar{z}_a + \bar{z}_e)A$ [m³]
1	0	0	0
2	0	4,00	1,600
3	4,00	4,00	1,800
$\sum$			**3,400**

Abschnitt	$\frac{1}{3}[\bar{y}_a^2 + \bar{y}_a\bar{y}_e + \bar{y}_e^2]A$ [m⁴]	$\frac{1}{3}[\bar{z}_a^2 + \bar{z}_a\bar{z}_e + \bar{z}_e^2]A$ [m⁴]
1	0,3375	0
2	1,8000	4,2667
3	0,3375	7,2000
$\sum$	**2,475**	**11,467**

Abschnitt	$\frac{1}{6}[\bar{y}_a(2\bar{z}_a + \bar{z}_e) + \bar{y}_e(2\bar{z}_e + \bar{z}_a)]A$ [m⁴]
1	0
2	2,4000
3	1,3500
$\sum$	**3,7500**

6.2.3.3.2 Schubmittelpunkt des Einzelquerschnitts

Zur Bestimmung des Schubmittelpunkts eines Wandquerschnitts müssen neben den üblichen Biegequerschnittswerten auch die sogenannte Einheitsverwölbung ω bestimmt werden.

Vorgehen:

- Wahl eines beliebigen Pols P und eines beliebigen auf dem Querschnittsskelett liegenden Ursprungs O einer Laufkoordinate s
- Trage $\bar{\omega}$ auf. Wir erhalten die Große $\bar{\omega}$ an einem Punkt auf dem Querschnitt, indem das Produkt aus der Koordinate s und dem senkrechten Abstand zum Pol bis zu diesem Punkt integriert wird (siehe Rechengang unten)
- Das Integral $\int \omega\,\mathrm{d}A$ muss verschwinden. Bereinige deshalb $\bar{\omega}$, indem $1/A \int \bar{\omega}\,\mathrm{d}A$ von $\bar{\omega}$ subtrahiert wird.

Pol P und Ursprung O werden willkürlich in Punkt 1 gewählt.

$$A = 2 \cdot 1{,}50 \cdot 0{,}30 + 4{,}00 \cdot 0{,}20$$
$$= 2 \cdot 0{,}45 + 0{,}80 = 1{,}70\,\mathrm{m}^2$$
$$\bar{\omega}_1 = 0$$
$$\bar{\omega}_2 = 0 + 1{,}50 \cdot 0 = 0$$
$$\bar{\omega}_3 = 0 + 4{,}00 \cdot 1{,}50 = 6{,}00\,\mathrm{m}^2$$
$$\bar{\omega}_4 = 6{,}00 + 1{,}50 \cdot 4{,}00 = 12{,}00\,\mathrm{m}^2$$

Beispiel: Vgl. Abb. 6.29

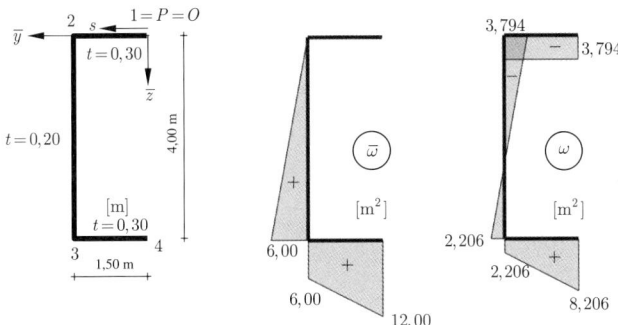

Abb. 6.29 Einheitsverwölbung

Integriere:

$$\frac{1}{A} \int \bar{\omega}\,\mathrm{d}A = \frac{1}{1{,}70}\left[\frac{1}{2} \cdot 6{,}00 \cdot 4{,}00 \cdot 0{,}20\right.$$
$$\left. + \frac{1}{2} \cdot (6{,}00 + 12{,}00) \cdot 1{,}50 \cdot 0{,}30\right]$$
$$= 3{,}794\,\mathrm{m}^2$$

Bereinige:

$$\omega_1 = 0 - 3{,}794 = -3{,}794\,\mathrm{m}^2$$
$$\omega_2 = 0 - 3{,}794 = -3{,}794\,\mathrm{m}^2$$
$$\omega_3 = 6{,}00 - 3{,}794 = 2{,}206\,\mathrm{m}^2$$
$$\omega_4 = 12{,}000 - 3{,}794 = 8{,}206\,\mathrm{m}^2$$

Integriere zur Probe:

$$\int \omega\,\mathrm{d}A = -3{,}794 \cdot 1{,}50 \cdot 0{,}30$$
$$+ \frac{1}{2} \cdot (2{,}206 - 3{,}794) \cdot 4{,}00 \cdot 0{,}20$$
$$+ \frac{1}{2} \cdot (2{,}206 + 8{,}206) \cdot 1{,}50 \cdot 0{,}30$$
$$= -1{,}7073 - 0{,}6352 + 2{,}3427$$
$$= 0 \to \mathrm{ok}$$

Die Koordinaten des Schubmittelpunkts M relativ zum gewählten Pol P (nicht relativ zum gewählten Koordinatenursprung) ergeben sich zu

$$\bar{y}_\mathrm{M} = \frac{A_{\omega\bar{y}}I_z - A_{\omega\bar{z}}I_{yz}}{I_y I_z - I_{yz}I_{yz}} \qquad \bar{z}_\mathrm{M} = \frac{A_{\omega\bar{z}}I_y - A_{\omega\bar{y}}I_{yz}}{I_y I_z - I_{yz}I_{yz}}$$

$$A_{\omega\bar{y}} = \int \omega\bar{z}\,\mathrm{d}A \qquad A_{\omega\bar{z}} = \int \omega\bar{y}\,\mathrm{d}A$$

$$I_y = \int z^2\,\mathrm{d}A \quad I_z = \int y^2\,\mathrm{d}A \quad I_{yz} = \int yz\,\mathrm{d}A$$

$$\bar{y}_\mathrm{M} = \frac{A_{\omega\bar{y}}I_z - A_{\omega\bar{z}}I_{yz}}{I_y I_z - I_{yz}I_{yz}} = \frac{9{,}70 \cdot 0{,}4070 - 0}{4{,}667 \cdot 0{,}4070 - 0}$$
$$= 2{,}078\,\mathrm{m}$$

$$\bar{z}_\mathrm{M} = \frac{A_{\omega\bar{z}}I_y - A_{\omega\bar{y}}I_{yz}}{I_y I_z - I_{yz}I_{yz}} = \frac{(0{,}8140) \cdot 4{,}667 - 0}{4{,}667 \cdot 0{,}4070 - 0}$$
$$= 2{,}000\,\mathrm{m} \quad \text{(wie erwartet wegen Symmetrie)}$$

Tafel 6.7 Berechnung des Schubmittelpunkts

Abschnitt	ω_a	ω_e
1	−3,794	−3,794
2	−3,794	2,206
3	2,206	8,206
$\sum$		

Abschnitt	$A_{\omega\bar{y}} = \frac{1}{6}[\omega_\mathrm{a}(2\bar{y}_\mathrm{a} + \bar{y}_\mathrm{e}) + \omega_\mathrm{e}(2\bar{y}_\mathrm{e} + \bar{y}_\mathrm{a})]A$
1	−1,2805
2	−0,9529
3	−1,4195
$\sum$	−0,8140

Abschnitt	$A_{\omega\bar{z}} = \frac{1}{6}[\omega_\mathrm{a}(2\bar{z}_\mathrm{a} + \bar{z}_\mathrm{e}) + \omega_\mathrm{e}(2\bar{z}_\mathrm{e} + \bar{z}_\mathrm{a})]A$
1	0
2	0,3294
3	9,3706
$\sum$	9,700

Probe: Wähle zuvor bestimmten Schubmittelpunkt als Pol P: Dann muss $\bar{y}_M = \bar{z}_M = 0$ sein.

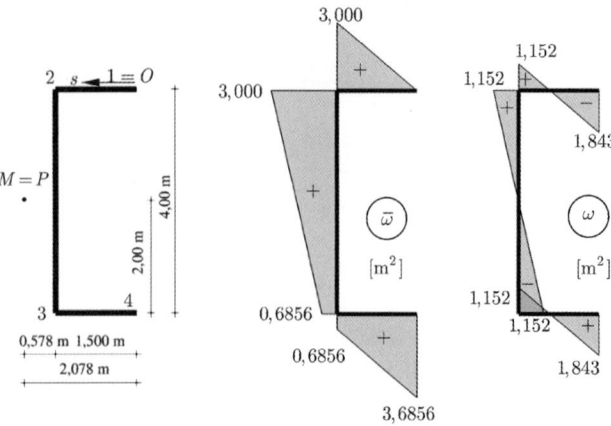

Abb. 6.30 Einheitsverwölbung mit Pol im Schubmittelpunkt

Tafel 6.8 Probe zur Schubmittelpunktsberechnung

Abschnitt	ω_a	ω_e
1	−1,843	−1,152
2	1,152	−1,152
3	−1,152	1,843
$\sum$		

Abschnitt	$A_{\omega\bar{y}} = \frac{1}{6}[\omega_a(2\bar{y}_a + \bar{y}_e) + \omega_e(2\bar{y}_e + \bar{y}_a)A]$
1	−0,0531
2	0
3	0,0531
$\sum$	0 (ok)

Abschnitt	$A_{\omega\bar{z}} = \frac{1}{6}[\omega_a(2\bar{z}_a + \bar{z}_e) + \omega_e(2\bar{z}_e + \bar{z}_a)A]$
1	0
2	−0,6172
3	0,6170
$\sum$	0 (ok)

6.2.3.3.3 Schubmittelpunkt des Gesamtsystems

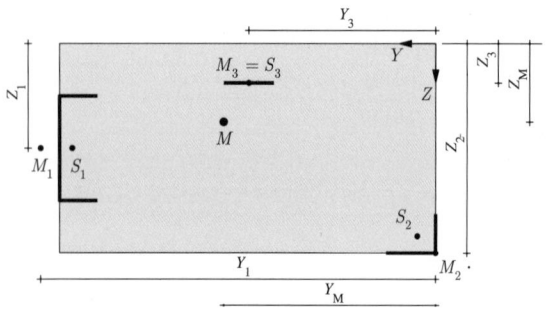

Abb. 6.31 Schubmittelpunkt des Gesamtsystems

Mit bekannten Trägheitsmomenten I_y, I_z und I_{yz} der Aussteifungselemente und Lage Y_i, Z_i ihrer Schubmittelpunkte ergibt sich der Schubmittelpunkt des Gesamtsystems zu

$$Y_M = \frac{\left(\sum I_{y,i} \cdot Y_i - \sum I_{yz,i} \cdot Z_i\right) \cdot \sum I_{z,i}}{\sum I_{y,i} \cdot \sum I_{z,i} - \left(\sum I_{yz,i}\right)^2}$$
$$- \frac{\left(\sum I_{yz,i} \cdot Y_i - \sum I_{z,i} \cdot Z_i\right) \cdot \sum I_{yz,i}}{\sum I_{y,i} \cdot \sum I_{z,i} - \left(\sum I_{yz,i}\right)^2}$$
$$Z_M = \frac{\left(\sum I_{y,i} \cdot Y_i - \sum I_{yz,i} \cdot Z_i\right) \cdot \sum I_{yz,i}}{\sum I_{y,i} \cdot \sum I_{z,i} - \left(\sum I_{yz,i}\right)^2}$$
$$- \frac{\left(\sum I_{yz,i} \cdot Y_i - \sum I_{z,i} \cdot Z_i\right) \cdot \sum I_{y,i}}{\sum I_{y,i} \cdot \sum I_{z,i} - \left(\sum I_{yz,i}\right)^2}$$

(6.5)

6.2.3.4 Aufteilung der Horizontaleinwirkungen

Die Querkräfte in den Aussteifungswänden infolge der Einwirkungen $F_{Y,M}$, $F_{Z,M}$, $M_{X,M}$ im Schubmittelpunkt ergeben sich zu

$$V_{y,i} = \frac{b \cdot A - c \cdot C}{D} F_{Y,M} + \frac{c \cdot B - b \cdot C}{D} F_{Z,M}$$
$$+ \frac{c \cdot \Delta Y_i - b \cdot \Delta Z_i}{E} M_{X,M}$$
$$V_{z,i} = \frac{c \cdot A - a \cdot C}{D} F_{Y,M} + \frac{a \cdot B - c \cdot C}{D} F_{Z,M}$$
$$+ \frac{a \cdot \Delta Y_i - c \cdot \Delta Z_i}{E} M_{X,M}$$

mit

$$a = I_{y,i} \qquad A = \sum I_{y,i}$$
$$b = I_{z,i} \qquad B = \sum I_{z,i}$$
$$c = I_{yz,i} \qquad C = \sum I_{yz,i}$$
$$D = \sum I_{y,i} \cdot \sum I_{z,i} - \left(\sum I_{yz,i}\right)^2$$
$$= A \cdot B - C^2$$
$$E = \sum \Delta Y_i^2 I_{y,i} + \sum \Delta Z_i^2 I_{z,i} - 2 \sum \Delta Y_i \Delta Z_i I_{yz,i}$$

(6.6)

Es bedeuten:

$I_{y,i}$, $I_{z,i}$, $I_{yz,i}$	Trägheitsmomente des aussteifenden Bauteils i um seine Schwereachse
Y_i, Z_i	Koordinaten des Schubmittelpunkts des aussteifenden Bauteils bezüglich eines beliebig gewählten globalen Ursprungs O
$V_{y,i}$, $V_{z,i}$	Querkraft im aussteifenden Bauteil i
$F_{Y,M}$, $F_{Z,M}$, $M_{X,M}$	auf den Schubmittelpunkt M bezogenen Einwirkungen
Y_M, Z_M	Koordinaten des Schubmittelpunkts des Gesamtsystems
ΔY_i, ΔZ_i	Abstand des Schubmittelpunkts des Gesamtsystems vom Schubmittelpunkt des Bauteils i in Y- bzw. Z-Richtung

Unter Vernachlässigung von I_{yz} oder falls die Hauptachsen aller Aussteifungselemente mit den globalen Koordinatenrichtungen zusammenfallen, so dass $I_{yz} = 0$ gilt, vereinfachen sich (6.5) und (6.6) zu (6.3) bzw. (6.4).

Ein Beispiel zu einer komplexeren Anordnung von Aussteifungswänden befindet sich im Beispielband.

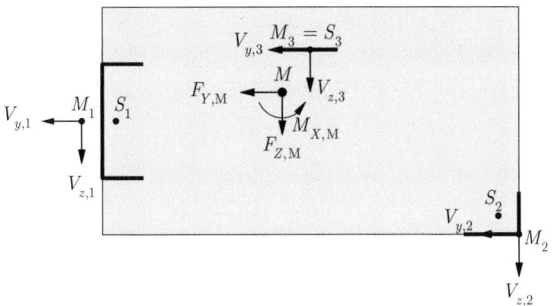

Abb. 6.32 Aufteilung der Einwirkungen im Schubmittelpunkt auf die Aussteifungselemente

6.2.4 Unverschieblichkeit ausgesteifter Tragwerke

6.2.4.1 Allgemeines

Nach DIN EN 1992-1 können Tragwerke als unverschieblich betrachtet werden (d. h. ein Nachweis nach Theorie 2. Ordnung kann entfallen), wenn folgende Bedingungen eingehalten werden:

$$\frac{F_{V,Ed} \cdot I^2}{\sum E_{cd} \cdot I_c} \leq K_1 \cdot \frac{n_S}{n_S + 1,6}$$

Das Kriterium muss für jede der beiden Hauptachsen des Tragwerks eingehalten werden. Zusätzlich muss bei Tragwerken, deren Aussteifungselemente nicht annähernd symmetrisch angeordnet sind oder nicht vernachlässigbare Verdrehungen zulassen, gelten

$$\frac{1}{\left(\frac{1}{L} \cdot \sqrt{\frac{E_{cd} \cdot I_\omega}{\sum_j F_{V,Ed,j} \cdot r_j^2}} + \frac{1}{2,28} \cdot \sqrt{\frac{G_{cd} \cdot I_T}{\sum_j F_{V,Ed,j} \cdot r_j^2}}\right)^2} \leq K_1 \cdot \frac{n_S}{n_S + 1,6}$$

Dabei ist:

L die Gesamthöhe des Gebäudes oberhalb der Einspannung;

n_S die Anzahl der Geschosse;

$F_{V,Ed}$ die gesamte vertikale Last im Gebrauchszustand (auf aussteifende und ausgesteifte Bauteile);

$F_{V,Ed,j}$ der Bemessungswert der Vertikallast der aussteifenden und ausgesteiften Bauteile j mit $\gamma_F = 1,0$;

E_{cd} der Bemessungswert des Elastizitätsmoduls von Beton;

I_c das Trägheitsmoment des ungerissenen Betonquerschnitts der aussteifenden Bauteile;

r_j der Abstand der Stütze j vom Schubmittelpunkt des Gesamtsystems;

$E_{cd} I_\omega$ die Summe der Nennwölbsteifigkeiten aller gegen Verdrehung aussteifenden Bauteile (Bemessungswert);

$G_{cd} I_T$ die Summe der Torsionssteifigkeiten aller gegen Verdrehung aussteifenden Bauteile (St. Venant'sche Torsionssteifigkeit, Bemessungswert);

K_1 0,31 (empfohlener Wert).

$$G I_T = \sum_i G_i \cdot I_{T,i} \quad G = \frac{E}{2(1 + \mu)}$$

G Schubmodul des Betons

μ Querkontraktionszahl des Betons

I_T St. Venant'sches Torsionsflächemoment (siehe Kap. 5)

6.2.4.2 Beispiel

8 Geschosse à 3,00 m

Die gesamte vertikale Last beträgt

$$F_{V,Ed} = 10,0 \, kN/m^2 \cdot 24,00 \, m \cdot 16,00 \, m \cdot 8 = 30.720 \, kN$$

Mit den Werten aus Tafel 6.4 für die Summe der Trägheitsmomente ergibt sich y-Richtung

$$\frac{F_{V,Ed} \cdot L^2}{\sum E_{cd} \cdot I_c} = \frac{30.720 \, kN \cdot 242 \, m^2}{26.700 \cdot 10^3 \, kN/m^2 \cdot 12,40 \, m^4} = 0,0534$$

$$K_1 \cdot \frac{n_S}{n_S + 1,6} = 0,31 \cdot \frac{8}{8 + 1,6} = 0,258$$

$$0,0534 \leq 0,258 \rightarrow \text{in Ordnung}$$

z-Richtung

$$\frac{F_{V,Ed} \cdot L^2}{\sum E_{cd} \cdot I_c} = \frac{30.720 \, kN \cdot 242 \, m^2}{26.700 \cdot 10^3 \, kN/m^2 \cdot 28,73 \, m^4} = 0,0231$$

$$K_1 \cdot \frac{n_S}{n_S + 1,6} = 0,31 \cdot \frac{8}{8 + 1,6} = 0,258$$

$$0,0231 \leq 0,258 \rightarrow \text{in Ordnung}$$

Die Aussteifungselemente sind annähernd symmetrisch angeordnet. Ein Nachweis der Verdrehungssteifigkeit kann entfallen.

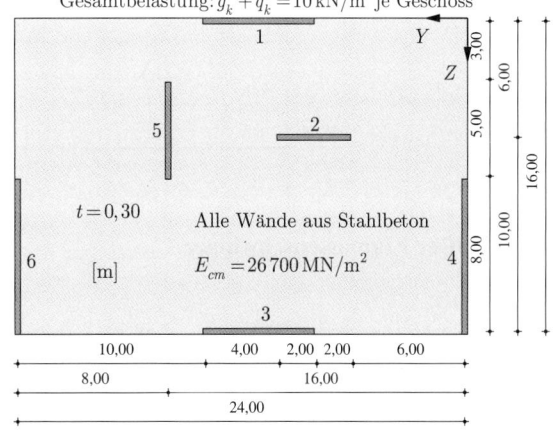

Abb. 6.33 System zum Nachweis der Unverschieblichkeit (vgl. Abschn. 6.2.3.2.4)

6.3 Dynamik

6.3.1 Grundlagen, Begriffe

Größe	Formelzeichen	Einheit
Zeit	t	s
Masse	m	kg
Weg	x	m
Geschwindigkeit	$v = \frac{dx}{dt} = \dot{x}$	m/s
Beschleunigung	$a = \frac{dv}{dt} = \dot{v} = \ddot{x}$	m/s² (Erdbeschleunigung $g = 9{,}81 \frac{m}{s^2} \approx 10 \frac{m}{s^2}$)
Kraft	$F = m \cdot a$	kg m/s² = N
Gewichtskraft	$G = m \cdot g$	kg m/s² = N
Federsteifigkeit	$k = F/x$	kg/s² = N/m
Kinetische Energie	$E = m \cdot \frac{v^2}{2}$	kg m²/s² = N m
Potentielle Energie	$E = G \cdot x$	kg m²/s² = N m
Federenergie	$E = k \cdot \frac{x^2}{2}$	kg m²/s² = N m
Impuls	$I = m \cdot v = \int F(t)\, dt$	k m/s = N s

6.3.2 Einmassenschwinger (ungedämpft)

Differenzialgleichung	$m \cdot \ddot{x}(t) + k \cdot x(t) = F(t)$
Lösung für die freie Schwingung ($F(t) = 0$)	$x(t) = x_0 \cdot \cos(\omega \cdot t) + v_0 \cdot \frac{\sin(\omega \cdot t)}{\omega}$
Mit der Eigenkreisfrequenz	$\omega = \sqrt{\frac{k}{m}}$ in 1/s
Mit der Eigenfrequenz	$f = \frac{\omega}{2\pi}$ in Hz
Mit der Eigenschwingzeit	$T = \frac{1}{f} = \frac{2\pi}{\omega}$ in s

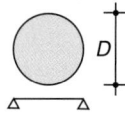

Ungedämpfter Einmassenschwinger

$$\max x(t) = \frac{v_0}{\omega} \quad \max v(t) = v_0 \quad \max \ddot{x}(t) = v_0 \cdot \omega$$

Lösung für $F(t) = 0$, $x_0 = 0$ und $I = m \cdot v_0$

Beispiel

$$m = 100\,\text{kg} \quad k = 10.000\,\text{N/m} = 10.000\,\text{kg/s}^2$$

$$G = m \cdot g \quad w = \sqrt{\frac{k}{m}} = \sqrt{\frac{10.000\,\text{kg/s}^2}{100\,\text{kg}}} = 10\,\text{s}^{-1}$$

$$T = \frac{2\pi}{\omega} = 0{,}628\,\text{s} \quad f = \frac{1}{T} = 1{,}59\,\text{Hz}$$

Alternativ: f als Funktion der statischen Verschiebung x_{stat}

$$f = \frac{1}{2\pi}\sqrt{\frac{k}{m}} = \frac{1}{2\pi}\sqrt{\frac{G/x_{\text{stat}}}{G/g}} = \frac{1}{2\pi}\sqrt{\frac{g}{x_{\text{stat}}}}$$

$$= \frac{\sqrt{981}}{2\pi}\sqrt{\frac{1}{x_{\text{stat}}\,[\text{cm}]}} \approx \frac{5}{\sqrt{x_{\text{stat}}\,[\text{cm}]}}$$

$$x_{\text{stat}} = \frac{G}{k}$$

6.3.3 Niedrigste Eigenfrequenzen

Länge l [m]

Biegesteifigkeit $E \cdot l_Y$ [N m²]

Gesamtmasse m [kg]

Einfeldträger, Frequenz f [Hz] $= \alpha \cdot \sqrt{E \cdot l_Y/(m \cdot l^3)}$

$\alpha = 0{,}563$

$\alpha = 1{,}571$

$\alpha = 2{,}458$

$\alpha = 3{,}561$

Quadratische Platte ($\mu = 0$), Frequenz f [Hz] $= \alpha \cdot \sqrt{E \cdot h^3/(m \cdot l^2)}$

$\alpha = 0{,}907$

$\alpha = 1{,}654$

Kreisplatte ($\mu = 0$), Frequenz f [Hz] $= 0{,}811 \cdot \sqrt{E \cdot h^3/(m \cdot D^2)}$

6.3.4 Dunkerley-Näherungsformel für Zweimassenschwinger

Sind zwei Massenanteile auf einem elastischen System und die Eigenfrequenzen mit den einzelnen Massenanteilen f_1 und f_2 bekannt, so gilt näherungsweise für die Eigenfrequenz des gesamten Systems

$$1/f_{\text{ges}}^2 \approx 1/f_1^2 + 1/f_2^2$$

Beispiel

Baustahl $E = 210 \cdot 10^9 \frac{\text{N}}{\text{m}^2}$, HEB 240, $I_\text{y} = 11.260 \cdot 10^{-8}\,\text{m}^4$

$$E \cdot I_\text{y} = 23{,}646 \cdot 10^6\,\text{N}\,\text{m}^2$$

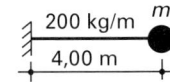

1. nur gleichmäßig verteilte Masse $m_1 = 200 \cdot 4{,}00 = 800\,\text{kg}$

$$f_1 = 0{,}563 \cdot \sqrt{\frac{23{,}646 \cdot 10^6}{800 \cdot 4{,}00^3}} = 12{,}08\,\text{Hz}$$

2. nur Endmasse $m_2 = 2000\,\text{kg}$

$$k = \frac{x}{F} = \frac{3 \cdot E \cdot I_\text{y}}{l^3}$$

$$f_2 = \frac{1}{2\pi} \cdot \sqrt{\frac{k}{m_2}} = 0{,}276 \cdot \sqrt{\frac{E \cdot I_\text{y}}{m_2 \cdot l^3}}$$

$$f_2 = 0{,}276 \cdot \sqrt{\frac{23{,}646 \cdot 10^6}{800 \cdot 4{,}00^3}} = 3{,}75\,\text{Hz}$$

$$1/f_{\text{ges}}^2 \approx 1/f_1^2 + 1/f_2^2 = 1/12{,}08^2 + 1/3{,}75^2$$
$$= 0{,}0780$$

$$f_{\text{ges}} = \frac{1}{\sqrt{0{,}0780}} = 3{,}58\,\text{Hz}$$

6.3.5 Antwortspektrum

Wird ein Einmassenschwinger einer dynamischen Beanspruchung unterworfen (z. B. Impuls oder Erdbeben) und dann die maximale Antwort (Weg, Geschwindigkeit oder Beschleunigung) in Abhängigkeit der Eigenschwingdauer des Einmassenschwingers aufgetragen, so erhält man das sogenannte **Anwortspektrum**.

Beispiel

Antwortspektrum eines Impulses $I = m \cdot v_0$

$$\max x(t) = \max\left(v_0 \cdot \frac{\sin(\omega \cdot t)}{\omega}\right) = \frac{v_0}{\omega}$$

$$\max v(t) = \omega \cdot \max x(t) = v_0$$

$$\max a(t) = \omega^2 \cdot \max x(t) = \omega \cdot v_0$$

$$\max a(t)\,[\text{m/s}^2]$$

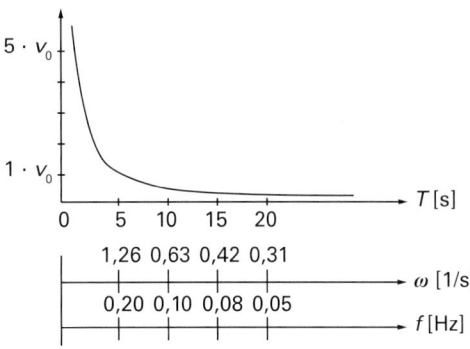

Antwortspektrum für Erdbeben, siehe Abschn. 6.4.4!

6.4 Berechnung von Aussteifungselementen bei dynamischer Belastung (Lastfall Erdbeben)

6.4.1 Allgemeines

Bewegungsgleichung des Mehrmassenschwingers für Erdbebeneinwirkung

$$\mathbf{M}\ddot{\boldsymbol{u}}(t) + \mathbf{C}\dot{\boldsymbol{u}}(t) + \mathbf{K}\boldsymbol{u}(t) = -\mathbf{M}\boldsymbol{r}\,\ddot{u}_\text{B}(t)$$

Entkoppelte Bewegungsgleichungen in Modalkoordinaten

$$\ddot{q}_\text{j}(t) + 2\zeta_\text{j}\omega_\text{j}\dot{q}(t) + \omega_\text{j}^2 q(t) = -\varGamma_\text{j}\ddot{u}_\text{B}(t)$$

mit

$$\varGamma_\text{j} = \frac{\boldsymbol{\varphi}_\text{j}^\text{T}\mathbf{M}\boldsymbol{r}}{\boldsymbol{\varphi}_\text{j}^\text{T}\mathbf{M}\boldsymbol{\varphi}_\text{j}}$$

Modale Superposition

$$\boldsymbol{u}(t) = \boldsymbol{\Phi}\boldsymbol{q}(t) = \sum_{\text{j}=1}^{\text{N}} \boldsymbol{u}_\text{j}(t)$$

$$\boldsymbol{q}(t) = \begin{bmatrix} q_1(t) & \cdots & q_\text{N}(t) \end{bmatrix}^\text{T}$$

Tragwerksantwort in Eigenform j

$$\boldsymbol{u}_\text{j}(t) = \boldsymbol{\varphi}_\text{j}q_\text{j}(t)$$

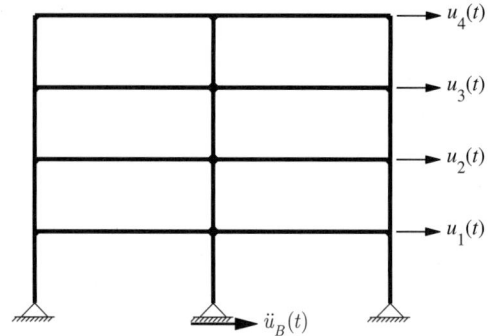

Abb. 6.34 Vierstöckiger Rahmen als Beispiel

Bezeichnungen

N	Anzahl der Eigenformen
$\ddot{u}_B$	Bodenbeschleunigung
$u, \dot{u}, \ddot{u}$	Vektor der Knotenverschiebungen, -geschwindigkeiten und -beschleunigungen
u_j	Antwort in Eigenform j
$\mathbf{M}$	Massenmatrix
$\mathbf{C}$	Dämpfungsmatrix
$\mathbf{K}$	Steifigkeitsmatrix
$\boldsymbol{\Phi}$	Matrix der Eigenformen
$\boldsymbol{\varphi}_j$	Vektor der Eigenform j
r	Einflussvektor (Verschiebung der Freiheitsgrade bei Einheitsbodenverschiebung u_B)
q_j	Antwort in Modalkoordinaten (Eigenform j)
ω_j	Eigenkreisfrequenz j
T_j	Eigenschwingzeit j
ζ_j	Dämpfungsmaß für Eigenform j
Γ_j	Anteilsfaktor für Eigenform j
D_j	Spektralverschiebung für Eigenform j
$A_j = D_j \cdot \omega_j^2$	Spektralbeschleunigung für Eigenform j
ϱ_{ij}	Korrelationskoeffizient für Eigenformen i und j

6.4.2 Modalanalyse

Eine Transformation auf Modalkoordinaten mit der Transformationsmatrix $\boldsymbol{\Phi}$ entkoppelt die Bewegungsgleichungen, falls für die Dämpfungsmatrix ein Ansatz der Form $\mathbf{C} = \alpha_1 \mathbf{M} + \alpha_2 \mathbf{K}$ gemacht wird. Es ergeben sich N skalare Gleichungen wie oben dargestellt. Die Koeffizienten α_1 und α_2 werden dabei so bestimmt, dass zu zwei Eigenkreisfrequenzen ω_i und ω_j Dämpfungsmaße ζ_i und ζ_j gewählt werden.

6.4.3 Zeitverlaufsverfahren

Beim Zeitverlaufsverfahren wird die Tragwerksantwort zu einem vorgegebenen Bodenbeschleunigungs-Zeit-Verlauf als Funktion der Zeit bestimmt (Abb. 6.35). Ein we-

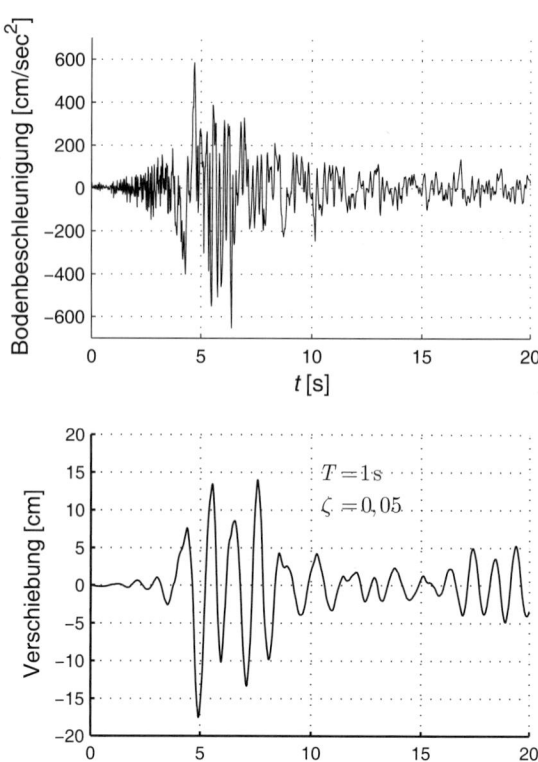

Abb. 6.35 Bodenbeschleunigungs-Zeit-Verlauf und entsprechende Antwort eines Einmassenschwingers

sentlicher Nachteil des Verfahrens besteht darin, dass die Ergebnisse einem einzelnen ausgewählten Seismogramm (Bodenbeschleunigungs-Zeit-Verlauf) zugeordnet sind. Ein alternativer, gleichermaßen zutreffender Beschleunigungsverlauf führt üblicherweise zu stark abweichenden Ergebnissen. Um statistisch aussagekräftige Ergebnisse zu erhalten, müssen daher mehrere mögliche Erdbeben untersucht werden, was einen erheblichen Berechnungsaufwand verursacht.

Bei einem linearen Modell, kann die Integration der Bewegungsgleichung entweder direkt oder durch eine modale Analyse erfolgen. Üblicherweise haben nur einige wenige Eigenformen signifikanten Einfluss auf die Tragwerksantwort. Durch Vernachlässigung höherer Eigenformen ohne merkliches Gewicht wird der Berechnungsaufwand bei modaler Überlagerung gegenüber einer direkten Integration der Bewegungsgleichungen entscheidend reduziert. Bei nichtlinearem Tragverhalten kommt nur die direkte Integration der Bewegungsgleichung in Frage, weil das Superpositionsprinzip nicht gilt, auf dem eine Modalanalyse beruht.

6.4.4 Antwortspektrenverfahren

Beim Antwortspektrenverfahren werden die Maximalwerte der Tragwerksantwort mit Hilfe eines Bemessungsantwort-

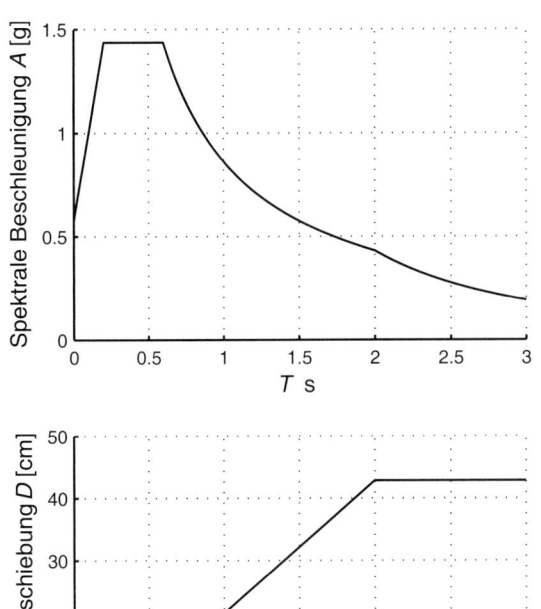

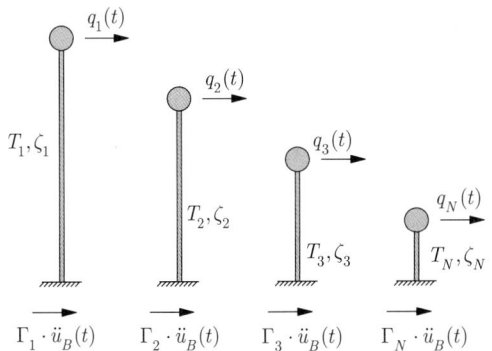

Abb. 6.36 Spektrale Beschleunigung und Verschiebung (Eurocode 8)

spektrums (Abb. 6.36) getrennt für jede Modalform bestimmt und anschließend überlagert (vgl. Abb. 6.37). Da die Wahrscheinlichkeit gering ist, dass die Maximalwerte der Modalantwort zur gleichen Zeit auftreten, ist es im Allgemeinen zu konservativ, die Absolutwerte der maximalen Modalantwort einfach zu addieren. Vielmehr kommen verschiedene modale Kombinationsregeln zum Einsatz, die ihren Ursprung in der Wahrscheinlichkeitstheorie haben. Da das Antwortspektrenverfahren auf einer Modalanalyse und damit auf dem Superpositionsprinzip beruht, ist es nur auf ein lineares Tragwerksmodell anwendbar.

Abb. 6.37 Prinzip der modalen Superposition.
$\boldsymbol{q}(t) = [q_1(t), q_2(t), \dots, q_N(t)]^T$, $\boldsymbol{u}(t) = \boldsymbol{\Phi}\boldsymbol{q}(t)$:
$\boldsymbol{u}(t) = \boldsymbol{\Phi}_1 \cdot q_1(t) + \boldsymbol{\Phi}_2 \cdot q_2(t) + \boldsymbol{\Phi}_3 \cdot q_3 + \dots + \boldsymbol{\Phi}_N \cdot q_N(t) = \boldsymbol{\Phi}\boldsymbol{q}(t)$

Rechenablauf

- Bestimme Massenmatrix $\mathbf{M}$ und Steifigkeitsmatrix $\mathbf{K}$
- Löse Eigenwertproblem $\det(\mathbf{K} - \omega^2\mathbf{M}) = 0$, um Eigenfrequenzen ω_j und zugehörige Eigenformen $\boldsymbol{\varphi}_i$ sowie modale Beteiligungsfaktoren Γ_j zu bestimmen

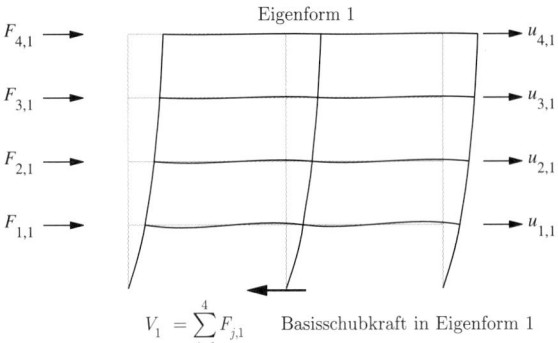

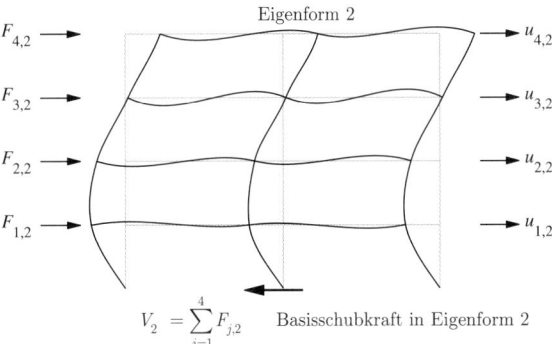

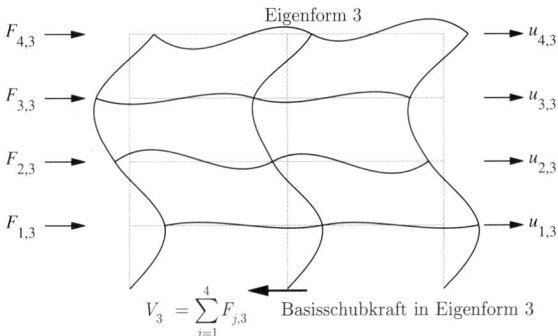

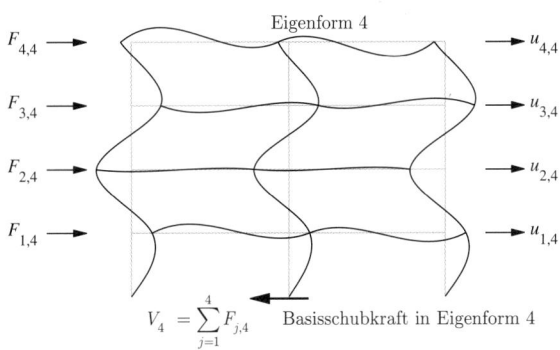

Abb. 6.38 Eigenformen und zugehörige Kräfte und Verschiebungen eines vierstöckigen Rahmens

- Bestimme Spektralbeschleunigungen A_j sowie Spektralverschiebungen $D_j = A_j/\omega_j^2$ für gewähltes modales Dämpfungsmaß ζ_j
- Bestimme interessierende Antwortgröße R wie Basisschubkraft, Kippmoment, relative Geschossverschiebungen etc. getrennt für jede Modalform
- Überlagere Ergebnisse zu jeder Eigenform entweder mit der SRSS-Regel (square-root-of-sum-of-squares)

$$R = \sqrt{R_1^2 + R_2^2 + \ldots + R_N^2} = \sqrt{\sum_{j=1}^{N} R_j^2}$$

oder der CQC-Regel (complete quadratic combination)

$$R = \sqrt{R_1^2 + R_2^2 + \ldots + R_N^2 + 2R_1 R_2 \varrho_{12} + 2R_1 R_3 \varrho_{13} + \ldots}$$

$$= \sqrt{\sum_{i=1}^{N} \sum_{j=1}^{N} R_1 R_j \varrho_{ij}}$$

Einige Antwortgrößen:
- Verschiebung des Geschosses i in Eigenform j:

$$u_{i,j} = \varphi_{i,j} \cdot \Gamma_j \cdot D_j$$

- relative Geschossverschiebung (zwischen Geschossen $i-1$) in Eigenform j:

$$\Delta u_{i,j} = (\varphi_{i,j} - \varphi_{i-1,j}) \cdot \Gamma_j \cdot D_j$$

- Geschosskräfte in Eigenform j:

$$\boldsymbol{F}_j = \mathbf{K} \cdot \boldsymbol{u}_j = \boldsymbol{\varphi}_j \cdot \Gamma_j \cdot D_j$$

6.5   Einige Hinweise für die elektronische Berechnung mit Baustatikprogrammen

6.5.1   Allgemeines

Falls die Steifigkeit der Geschossplatten (in Scheibenrichtung) signifikant größer ist als die Steifigkeit der Aussteifungselemente, ist es sinnvoll, die in der Geschossebene liegenden Knoten zu einer starren Einheit zusammenzufassen. Die Geschossebene hat dann nur noch drei Freiheitsgrade, weil die Verschiebungen aller auf der Scheibe liegenden Punkte eine Funktion der beiden Verschiebungen sowie der Verdrehung um die vertikale Achse sind (Master-Slave Beziehung).

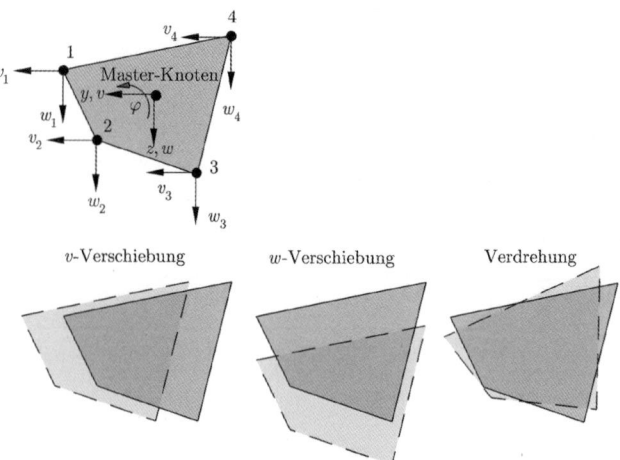

Abb. 6.39   Drei Freiheitsgrade der Geschossplatte

Für das in Abb. 6.39 gezeigte Beispiel ergibt sich

$$v_1 = v - z_1 \cdot \varphi \qquad w_1 = w + y_1 \cdot \varphi$$
$$v_2 = v - z_2 \cdot \varphi \qquad w_2 = w + y_2 \cdot \varphi$$
$$v_3 = v - z_3 \cdot \varphi \qquad w_3 = w + y_3 \cdot \varphi$$
$$v_4 = v - z_4 \cdot \varphi \qquad w_4 = w + y_4 \cdot \varphi$$

oder

$$\begin{bmatrix} v_i \\ w_i \end{bmatrix} = T_i \begin{bmatrix} v \\ w \\ \varphi \end{bmatrix} \quad \text{mit } T_i = \begin{bmatrix} 1 & 0 & -z_i \\ 0 & 1 & y_i \end{bmatrix}$$

T_i = Transformationsmatrix für Knoten i

6.5.2   Ebenes Stabwerksmodell

Falls die Aussteifungselemente symmetrisch angeordnet sind, kann eine Berechnung getrennt für die beiden Hauptrichtungen erfolgen. Falls alle Aussteifungselemente gleiches (affines) Verformungsverhalten aufweisen, führt eine elektronische Berechnung als ebenes Stabwerk zu dem gleichen Ergebnis wie die in Kap. 23 beschriebene Lastaufteilung. Ein ebenes Stabwerksmodell bietet sich insbesondere dann an, wenn die Aussteifungselemente verschiedenes Verformungsverhalten aufweisen (z. B. Rahmen und Wände), denn dann ist die einfache Lastaufteilung nicht möglich.

6.5.3   Räumliches Stabwerksmodell

Falls die Aussteifungselemente unsymmetrisch angeordnet sind, ist das Tragwerk als räumliches System zu be-

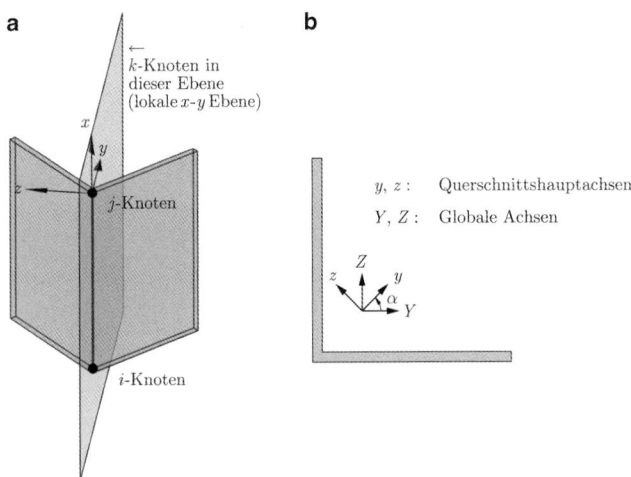

Abb. 6.40 Zwei Varianten zur Definition des lokalen Koordinatensystems für räumliche Stabwerksberechnung: **a** Angabe eines dritten Knotens, **b** Angabe eines Winkels

trachten, das Verschiebungen und Verdrehungen aufweist. Auch hier sind die Ergebnisse identisch mit der zuvor beschriebenen „Handrechenmethode" vorausgesetzt, die Aussteifungselemente weisen gleiches Verformungsverhalten auf.

Bei einem räumlichen Modell kommt der Definition des lokalen Koordinatensystems, d. h. der Definition der Querschnittshauptachsen besondere Bedeutung zu. Die Definition des lokalen Koordinatensystems erfolgt in den Softwareprodukten üblicherweise entweder durch einen dritten Knoten k, der zusammen mit den beiden Knoten i und j, die die Orientierung der lokalen x-Achse definieren, die Ausrichtung der lokalen x-y-Ebene angibt oder durch die Angabe eines Winkels, der die Drehung der Hauptachsen um die Stabachse beschreibt (vgl. Abb. 6.40). Falls Schubmittelpunkt und Schwerpunkt nicht zusammenfallen, muss der Anwender der Modellierung besondere Aufmerksamkeit schenken.

6.5.4 Schalenmodell

Bei einem Schalenmodell entfällt die Problematik des lokalen Koordinatensystems. Die Modellerstellung und die Interpretation der Berechnungsergebnisse sind allerdings aufwändiger als bei einem Stabwerksmodell, da die Schnittgrößen zunächst als Spannungen und nicht als Kräfte und Momente ausgegeben werden. Nach Definition von Schnittebenen durch den Benutzer kann die Integration der Spannungen zu den Spannungsresultierenden, den Schnittgrößen, erfolgen. Kenntnisse der Finite-Elemente-Methode sind zur zuverlässigen Bearbeitung von Schalenmodellen unerlässlich. Bei bedeutenden Unregelmäßigkeiten im Querschnitt der Aussteifungselemente, was eine Abschätzung der Steifigkeit erschwert, kann ein Schalenmodell hilfreich sein. In vielen Situationen aber wird ein Schalenmodell gegenüber einem Stabmodell nur geringe zusätzliche Information über das Tragverhalten liefern.

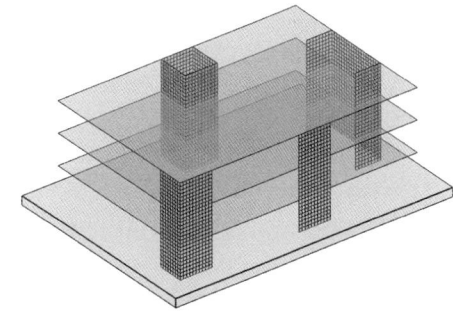

Abb. 6.42 Aussteifungselemente als Schalenmodell

6.5.5 Volumenmodell

Ein Tragwerksmodell mit Volumenelementen kommt wohl nur für besondere Problemstellungen (wie z. B. dicke Aussteifungselemente, Schadensanalysen, Explosionseinwirkungen etc.) infrage (sofern das Softwarepaket überhaupt finite Volumenelemente enthält). Der Berechnungsaufwand und der Umfang von Ergebnisdaten sind immens und im Ingenieuralltag kaum wirtschaftlich zu rechtfertigen.

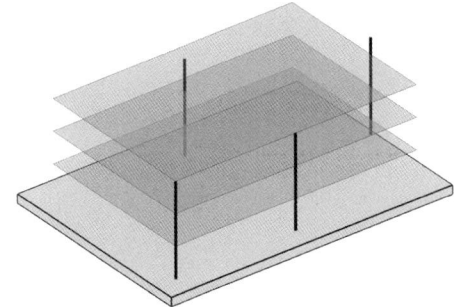

Abb. 6.41 Aussteifungselemente als Stabmodell

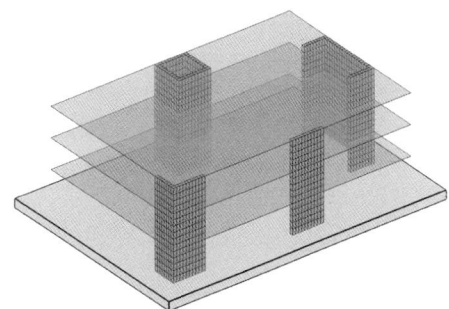

Abb. 6.43 Aussteifungselemente als Volumenmodell

Literatur

1. König, G.; Liphardt, S.: Hochhäuser aus Stahlbeton. Betonkalender. Ausgabe 2003, 92. Jahrgang. Ernst & Sohn. Berlin.

2. Theile, V.; Röhr, M.; Meyer, J.: Geschossbauten – Verwaltungsgebäude. Betonkalender. Ausgabe 2003, 92. Jahrgang. Ernst & Sohn. Berlin.

3. Neuenhofer, A. (2015). Aussteifung von Tragwerken. In U. Vismann (Hrsg.), *Wendehorst, Beispiele aus der Baupraxis* (5. Aufl.). Wiesbaden: Springer Vieweg.

Beton

Prof. Dr.-Ing. Ulrich Vismann und Dipl.-Ing. Roland Pickhardt

Inhaltsverzeichnis

7.1 Allgemeines 257
7.2 Begriffe, Symbole, Abkürzungen 257
   7.2.1 Begriffe 257
   7.2.2 Symbole und Abkürzungen 259
7.3 Ausgangsstoffe, Zement 259
7.4 Anforderungen an den Beton 260
   7.4.1 Betonzusammensetzung 260
   7.4.2 Dauerhaftigkeit 261
7.5 Betoneigenschaften 267
   7.5.1 Frischbeton 267
   7.5.2 Festbeton 267
   7.5.3 Druckfestigkeit von Beton im Bauwerk 268
7.6 Festlegung des Betons 268
   7.6.1 Beton nach Eigenschaften 269
   7.6.2 Beton nach Zusammensetzung 269
   7.6.3 Standardbeton 269
7.7 Transport, Verarbeitung und Nachbehandlung 269
   7.7.1 Transport und Entladen 269
   7.7.2 Einbringen und Verdichten 270
   7.7.3 Nachbehandlung und Schutz des Betons 270
7.8 Überwachung von Beton auf Baustellen 271
   7.8.1 Überwachung durch das Bauunternehmen
       (Betone der Überwachungsklassen 1, 2 und 3) . . 271
   7.8.2 Weitergehende Bestimmungen für die Überwachung
       durch das Bauunternehmen bei Einbau von Betonen
       der Überwachungsklassen 2 und 3 274
   7.8.3 Überwachung des Einbaus von Betonen
       der Überwachungsklassen 2 und 3 durch
       eine dafür anerkannte Überwachungsstelle 275

7.1 Allgemeines

Gemäß Bauregelliste A1, Ausgabe 2015/2 bildet weiterhin die DIN EN 206-1:2001-07 in Verbindung mit der DIN 1045-2:2008-08 als nationale Anwendungsregel die bauordnungsrechtliche Grundlage für das Bauprodukt Beton. Die

U. Vismann ✉
FH Aachen, Bayernallee 9, 52066 Aachen, Deutschland

R. Pickhardt
InformationsZentrum Beton GmbH, Neustraße 1, 59269 Beckum, Deutschland

© Springer Fachmedien Wiesbaden GmbH 2018
U. Vismann (Hrsg.), *Wendehorst Bautechnische Zahlentafeln*, https://doi.org/10.1007/978-3-658-17936-6_7

DIN EN 206:2017-01 wird derzeit in Deutschland bauordnungsrechtlich *nicht* eingeführt. In den nachstehenden Abschnitten sind die aus dieser nationalen Anwendungsregel vorgegebenen Änderungen eingebaut. Die Beziehung zwischen den verschiedenen Normen und Richtlinien ergibt sich aus Abb. 7.1.

7.2 Begriffe, Symbole, Abkürzungen

7.2.1 Begriffe

Gesteinskörnungen: Körnige, natürliche bzw. industriell hergestellte, gebrochene oder ungebrochene, oder vorher beim Bauen verwendete und rezyklierte, mineralische Stoffe.

Zement: Hydraulisches Bindemittel. Fein gemahlener, anorganischer Stoff. Ergibt mit Wasser gemischt Zementleim, der auch unter Wasser erhärtet und raumbeständig bleibt.

wirksamer Wassergehalt: Gesamtwassermenge abzüglich von der Gesteinskörnung aufgenommene Wassermenge im Frischbeton.

Wasserzementwert: Masseverhältnis wirksamer Wassermenge zur Zementmenge im Frischbeton.

Zusatzmittel: Flüssige, pulverförmige oder granulatartige Stoffe, die dem Beton während des Mischens in geringen Mengen, bezogen auf den Zementgehalt, zugegeben werden, um durch chemische und/oder physikalische Wirkung Eigenschaften des Frisch- oder Festbetons zu verändern.

Zusatzstoff: Fein verteilter anorganischer Stoff, der im Beton verwendet wird, um bestimmte Eigenschaften zu beeinflussen.

äquivalenter Wasserzementwert: Masseverhältnis des wirksamen Wassergehalts zur Summe aus dem Zementgehalt und k-fach anrechenbaren Anteil von Zusatzstoffen.

Mehlkorngehalt: Summe aus Zementgehalt, Zusatzstoffgehalt und dem Kornanteil der Gesteinskörnung bis 0,125 mm.

Abb. 7.1 Beziehung zwischen den Normen DIN EN 206-1 und DIN 1045-2 sowie Richtlinien und mitgeltenden Normen

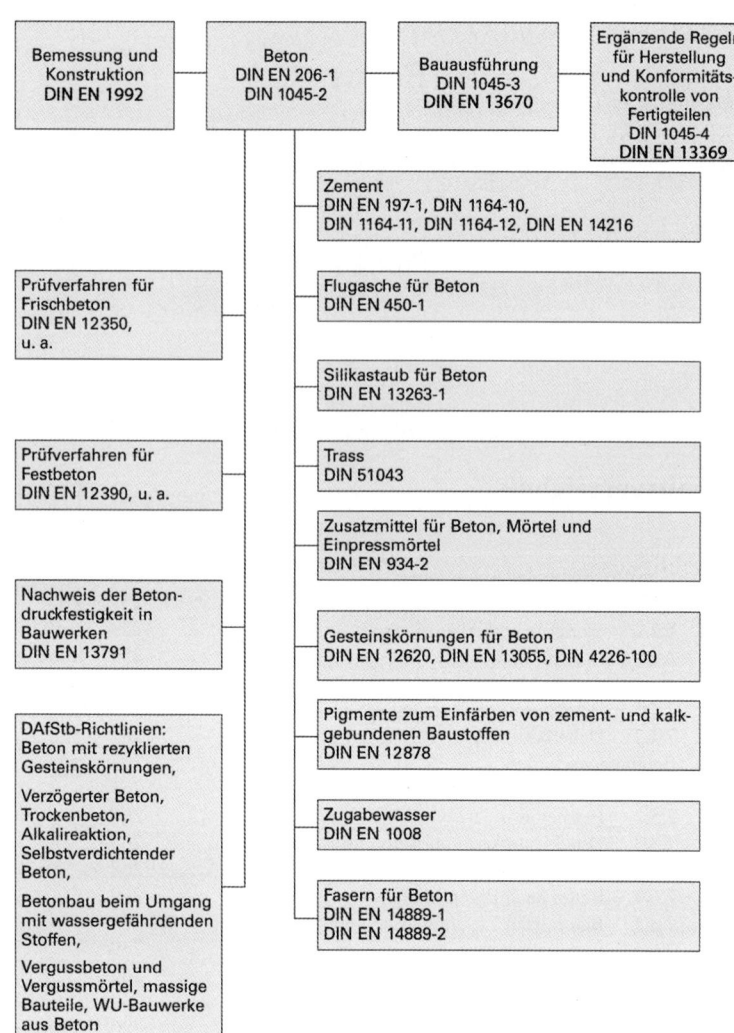

Beton: Durch Mischen von Zement, Gesteinskörnung, Wasser und eventuell Zusatzmitteln und Zusatzstoffen erzeugter Baustoff.

Frischbeton: Fertig gemischter Beton, der noch verarbeitet und verdichtet werden kann.

Festbeton: Erhärteter Beton mit einer gewissen Festigkeit.

Beton nach Eigenschaften: Beton mit festgelegten Eigenschaften und ggf. zusätzlichen Anforderungen, für deren Bereitstellung und Erfüllung der Hersteller verantwortlich ist.

Beton nach Zusammensetzung: Beton mit festgelegter Zusammensetzung und ggf. vorgegebenen Ausgangsstoffen, für deren Einhaltung der Hersteller verantwortlich ist.

Standardbeton: Beton mit festgelegter Zusammensetzung durch vorgegebenen Mindestzementgehalt; Anwendung nur für natürliche Gesteinskörnungen, für bestimmte Druckfestigkeitsklassen und Expositionsklassen, ohne Betonzusätze.

Kubikmeter Beton: Frischbetonmenge, die nach DIN EN 12350-6 verdichtet, 1 m^3 ergibt.

Charakteristische Festigkeit: Erwarteter Festigkeitswert. 5 % der Grundgesamtheit aller Festigkeitsmesswerte fallen unterhalb dieses Festigkeitswertes.

Erstprüfung: Prüfung vor Herstellungsbeginn, um zu ermitteln, wie ein neuer Beton (oder Betonfamilie) zusammengesetzt sein muss, um die geforderten Frisch- und Festbetoneigenschaften sicherzustellen.

Expositionsklasse: Klassifizierung von chemischen und physikalischen Umgebungsbedingungen, denen ein Bauteil ausgesetzt sein kann und die auf Beton, Bewehrung oder metallische Einbauteile einwirken können und nicht Lasten im Sinne der Tragwerksplanung sind.

Feuchtigkeitsklasse: Einstufung der Umgebungsbedingungen, die vom Planer hinsichtlich einer möglichen schädigenden Alkali-Kieselsäure-Reaktion bei Beton nach Eigenschaften und Standardbeton immer festzulegen ist.

7.2.2 Symbole und Abkürzungen

Expositionsklassen

X0   kein Korrosions- oder Angriffsrisiko

XC...   Korrosionsgefahr durch Karbonatisierung (**C**arbonation)

XD...   Korrosionsgefahr durch Chloride, kein Meerwasser (**D**eicing)

XS...   Korrosionsgefahr durch Chloride aus Meerwasser (**S**eawater)

XF...   Gefahr von Frostangriff mit oder ohne Taumittel (**F**reezing)

XA...   chemischer Angriff (Chemical **A**ttack)

XM...   mechanischer Angriff des Betons durch Verschleiß (**M**echanical abrasion)

Feuchtigkeitsklassen

WO kein Feuchtigkeitsrisiko, Beton weitgehend trocken

WF Beton, der häufig oder längere Zeit feucht ist

WA wie WF, aber zusätzlich mit häufiger oder langzeitiger Alkalizufuhr von außen

WS WS in DIN EN 1992-1-1 nicht enthalten, nur für hochbeanspruchte Betonfahrbahnen nach TL Beton-StB

Konsistenzklassen

S1 bis S5   Setzmaß

V0 bis V4   Setzzeitmaß (Vébé)

C0 bis C3   Verdichtungsmaß

F1 bis F6   Ausbreitmaß

C.../...   Druckfestigkeitsklassen für Normal- und Schwerbeton

LC.../...   Druckfestigkeitsklassen für Leichtbeton

$f_{ck,cyl}$ charakteristische Betondruckfestigkeit, geprüft am Zylinder

$f_{c,cyl}$ Betondruckfestigkeit, geprüft am Zylinder

$f_{ck,cube}$ charakteristische Betondruckfestigkeit, geprüft am Würfel

$f_{c,cube}$ Betondruckfestigkeit, geprüft am Würfel

$f_{c,dry}$ Betondruckfestigkeit von Probekörpern, gelagert nach DIN EN 12390-2/Anhang NA (Trockenlagerung)

f_{cm} mittlere Druckfestigkeit des Betons

$f_{cm,j}$ mittlere Druckfestigkeit des Betons im Alter von j Tagen

f_{ci} einzelnes Prüfergebnis für die Druckfestigkeit von Beton

f_{tk} charakteristische Spaltzugfestigkeit von Beton

f_{tm} mittlere Spaltzugfestigkeit von Beton

f_{ti} einzelnes Prüfergebnis für die Spaltzugfestigkeit von Beton

D...   Rohdichteklasse von Leichtbeton

D_{max} Nennwert des Größtkorns der Gesteinskörnung

CEM...   Zementart nach den Normen der Reihe DIN EN 197

σ Schätzwert für die Standardabweichung einer Gesamtheit

s_n Standardabweichung von aufeinander folgenden Prüfergebnissen

w/z Wasserzementwert

z Zementgehalt im Beton

f Flugaschegehalt im Beton

s Silikastaubgehalt im Beton

k Faktor für die Berücksichtigung der Mitwirkung eines Zusatzstoffes

k_f k-Wert zur Anrechnung von Flugstaub

k_s k-Wert zur Anrechnung von Silikastaub

$(w/z)_{eq}$ äquivalenter Wasserzementwert

7.3 Ausgangsstoffe, Zement

Zement ist ein hydraulisches Bindemittel, das heißt ein fein gemahlener, anorganischer Stoff, der mit Wasser gemischt Zementleim ergibt, welcher durch Hydratation erstarrt und erhärtet und nach dem Erhärten auch unter Wasser fest und raumbeständig bleibt. Die hydraulische Erhärtung von CEM-Zement beruht vorwiegend auf der Hydratation von Calciumsilikaten, jedoch können auch andere chemische Verbindungen an der Erhärtung beteiligt sein, wie z. B. Aluminate.

DIN EN 197-1 unterteilt Zemente in fünf Hauptzementarten. Dies sind:

CEM I   Portlandzement

CEM II   Portlandkompositzement

CEM III Hochofenzement

CEM IV Puzzolanzement

CEM V   Kompositzement.

Zemente werden im Weiteren entsprechend ihrer Festigkeitsklassen (siehe Tafel 7.1) sowie nach der Zugabemenge ihrer

Tafel 7.1 Zementfestigkeitsklassen und Zementnormen

Festigkeits-klasse	Norm	Druckfestigkeit [N/mm²]		
		Anfangsfestigkeit		Normfestigkeit
		2 Tage	7 Tage	28 Tage	
22,5	DIN EN 14216	–	–	≥ 22,5	≤ 42,5
32,5 Lᵃ	DIN EN 197-1	–	≥ 12,0		
32,5 N	DIN EN 197-1	–	≥ 16,0	≥ 32,5	≤ 52,5
32,5 R	DIN EN 197-1	≥ 10,0	–		
42,5 Lᵃ	DIN EN 197-1	–	≥ 16,0		
42,5 N	DIN EN 197-1	≥ 10,0	–	≥ 42,5	≤ 62,5
42,5 R	DIN EN 197-1	≥ 20,0	–		
52,5 Lᵃ	DIN EN 197-1	≥ 10,0	–		
52,5 N	DIN EN 197-1	≥ 20,0	–	≥ 52,5	–
52,5 R	DIN EN 197-1	≥ 30,0	–		

ᵃ Nur für Hochofenzemente nach DIN EN 197-1.

Tafel 7.2 Normalzemente und ihre Zusammensetzung nach DIN EN 197-1

Zementart			Hauptbestandteile neben Portlandzementklinker	
Hauptart	Benennung	Kurzzeichen	Art	Anteil [M.-%]
CEM I	Portlandzement	CEM I	–	0
CEM II	Portlandhüttenzement	CEM II/A-S	Hüttensand (S)	6–20
		CEM II/B-S		21–35
	Portlandsilicastaubzement	CEM II/A-D	Silicastaub (D)	6–10
	Portlandpuzzolanzement	CEM II/A-P	Natürliches Puzzolan (P)	6–20
		CEM II/B-P		21–35
		CEM II/A-Q	Künstliches Puzzolan (Q)	6–20
		CEM II/B-Q		21–35
	Portlandflugaschezement	CEM II/A-V	Kieselsäurereiche Flugasche (V)	6–20
		CEM II/B-V		21–35
		CEM II/A-W	Kalkreiche Flugasche (W)	6–20
		CEM II/B-W		21–35
	Portlandschieferzement	CEM II/A-T	Gebrannter Schiefer (T)	6–20
		CEM II/B-T		21–35
	Portlandkalksteinzement	CEM II/A-L	Kalkstein (L)	6–20
		CEM II/B-L		21–35
		CEM II/A-LL	Kalkstein (LL)	6–20
		CEM II/B-LL		21–35
	Portlandkompositzement[a]	CEM II/A-M	Alle Hauptbestandteile sind möglich (S, D, P, Q, V, W, T, L, LL)	12–20
		CEM II/B-M		21–35
CEM III	Hochofenzement	CEM III/A	Hüttensand (S)	36–65
		CEM III/B		66–80
		CEM III/C		81–95
CEM IV	Puzzolanzement[a]	CEM IV/A	Silicastaub, Puzzolane und Flugasche (D, P, Q, V, W)	11–35
		CEM IV/B		36–55
CEM V	Kompositzement	CEM V/A	Hüttensand (S)	18–30
			Puzzolane (P, Q), Flugasche (V)	18–30
		CEM V/B[b]	Hüttensand (S)	31–49
			Puzzolane (P, Q), Flugasche (V)	31–49

[a] Der Anteil von Silicastaub ist auf 10 M.-% begrenzt.
[b] Der Klinkeranteil muss zwischen 20 und 38 M.-% liegen.

Hauptbestandteile (siehe Tafel 7.2) unterschieden. Darüber hinaus werden sie noch nach ihrer Anfangsfestigkeit unterteilt in

- niedrige Anfangsfestigkeit (Kennbuchstabe **L** = Low, nur für Hochofenzemente nach DIN EN 197-1)
- normale Anfangsfestigkeit (Kennbuchstabe **N** = Normal)
- hohe Anfangsfestigkeit (Kennbuchstabe **R** = Rapid).

Sonderzemente (Zement mit zusätzlichen oder besonderen Eigenschaften) für bestimmte Bauaufgaben werden zusätzlich nach folgenden Eigenschaften unterschieden:

LH   Zemente mit niedriger Hydratationswärme
VLH Zemente nach DIN EN 14216 mit sehr niedriger Hydratationswärme
SR   Zemente mit hohem Sulfatwiderstand
(na) Zemente mit niedrigem wirksamen Alkaligehalt
FE   Zemente mit frühem Erstarren
SE   Zemente mit schnellem Erstarren
HO   Zemente mit erhöhtem Anteil organischer Bestandteile.

7.4 Anforderungen an den Beton

7.4.1 Betonzusammensetzung

Beton besteht aus
- Zement
- Gesteinskörnung (alt: Zuschlag)
- Zugabewasser
- evtl. Zusatzmittel, Zusatzstoffe.

Die Zusammensetzung soll entsprechend den Anforderungen gewählt und auf die Verarbeitbarkeit abgestimmt werden. Dabei sind folgende Anforderungen einzuhalten:

Zementart entsprechend der Verwendungsart, der Bauteilabmessungen, der Umweltbedingungen (Expositionsklassen) des Bauwerkes und der Wärmeentwicklung des Betons im Bauwerk.

Zementgehalt nach Tafel 7.5.

Max. Wasserzementwert nach Tafel 7.5

Korngröße des Gesteinskorns so wählen, dass beim Einbringen des Betons kein Entmischen stattfindet. Der maximale Nennwert sollte folgende Werte nicht überschreiten:
- 1/3 (besser 1/5) der kleinsten Bauteilabmessung
- lichter Abstand der Bewehrungsstäbe abzüglich 5 mm (bei $D_{max} \geq 16$ mm)

Chloridgehalt des Betons Höchstzulässige Werte in M.-% bezogen auf den Zementgehalt:

Unbewehrter Beton	$\leq 1{,}0\,\%$
Stahlbeton	$\leq 0{,}4\,\%$
Spannbeton	$\leq 0{,}2\,\%$

Zusatzmittel Als mögliche Zusatzmittel können im Beton eingesetzt werden (Wirkungsgruppen mit entsprechender Kennzeichnung):
- Betonverflüssiger (BV)
- Fließmittel (FM)
- Stabilisierer (ST)
- Luftporenbildner (LP)
- Erstarrungsbeschleuniger (BE)
- Erhärtungsbeschleuniger (BE)
- Verzögerer (VZ)
- Dichtungsmittel (DM)

Geringe Mengen an Betonzusatzmitteln (bis 3 l/m³) können bei der Stoffraumrechnung vernachlässigt werden. Die Gesamtmenge an Zusatzmittel darf weder die vom Zusatzmittelhersteller empfohlene Höchstdosierung noch 50 g je kg Zement (bei Zugabe eines Mittels) überschreiten. Bei Zugabe mehrerer Zusatzmittel und bei Hochfesten Betonen gelten höhere Grenzwerte.

Fasern Fasern werden dem Beton zugegeben, um die Festigkeitseigenschaften sowie die Duktilität bei hoher Beanspruchung zu erhöhen. Rissbildungseigenschaften sollen ebenfalls günstig beeinflusst werden. Fasern werden im Allgemeinen als Stahlfasern (DIN EN 14889-1) oder Polymerfasern (DIN EN 14889-2) im Beton verwendet. Im Allgemeinen erfolgt die Verwendung von Fasern nach einer Produktnorm oder einer allgemeinen bauaufsichtlichen Zulassung.

Zusatzstoffe Pulverförmige anorganische Stoffe, ggf. als Suspension aufbereitet, die dem Beton in größerer Menge zugegeben werden, um bestimmte Eigenschaften zu beeinflussen.

Zusatzstoffe Typ I (nahezu inaktiv): z. B. Kalksteinmehl, Pigmente
Zusatzstoffe Typ II (puzzolanisch oder latent hydraulisch): z. B. Flugasche, Silicastaub.

Betontemperatur

Frischbeton	$\leq 30\,°C$
Beim Mischen und Einbringen	$\geq 5\,°C$
	($\geq 10\,°C$, wenn $z < 240$ kg/m³ oder bei LH-Zementen).

7.4.2 Dauerhaftigkeit

Beton mit ausreichender Dauerhaftigkeit soll
- den Bewehrungsstahl vor Korrosion schützen
- den Umweltbedingungen standhalten.

Hierfür sind folgende Maßnahmen sicherzustellen:
- Wahl der Ausgangsstoffe und der Betonzusammensetzung entsprechend der erforderlichen Festigkeit, den zutreffenden Expositionsklassen und der Feuchtigkeitsklasse.
- Sach- und materialgerechte Verarbeitung des Betons bei seiner Herstellung und dem Einbau (Mischen, Einbringen, Verdichten).
- Ausreichende Nachbehandlung.
- Überwachung des Betons entsprechend der zutreffenden Überwachungsklasse.

Chemische und physikalische Umgebungsbedingungen, denen ein Bauteil ausgesetzt sein kann und die auf den Beton oder die Bewehrung einwirken können und nicht Lastannahmen im Sinne der Tragwerksplanung sind, werden durch Expositionsklassen und Feuchtigkeitsklassen erfasst. Ihre Einstufung erfolgt nach Tafeln 7.3 und 7.4.

Eine ähnliche Tabelle befindet sich auch in DIN EN 1992-1-1/NA, Tabelle 4.1. Eine gute Übersicht zur Festlegung der Expositions- und Feuchtigkeitsklassen gibt auch die Darstellung in Abb. 7.2 (entnommen aus dem Zement-Merkblatt B9, 3.2017, www.beton.org [9]).

Die Tafel 7.4 macht ergänzende Angaben für die Wahl der Expositionsklassen bei chemischem Angriff durch natürliche Böden und Grundwasser. Hinsichtlich Vorkommen und Wirkungsweise siehe in diesem Zusammenhang auch DIN 4030-1.

Die Tafeln 7.5 und 7.6 sind [3] entnommen und beschreiben die Grenzwerte für die Zusammensetzung des Betons bzw. die Anwendungsbereiche für verschiedene Zemente in Abhängigkeit von der Expositionsklasse.

Tafel 7.3 Expositionsklassen

Klasse	Beschreibung der Umgebung	Beispiele für die Zuordnung von Expositionsklassen
1 Kein Korrosions- oder Angriffsrisiko		
Für Bauteile ohne Bewehrung oder eingebettetes Metall in nicht betonangreifender Umgebung kann die Expositionsklasse X0 zugeordnet werden		
X0	Beton ohne Bewehrung oder eingebettetes Metall: alle Umgebungsbedingungen außer XF, XA, XM	Fundamente ohne Bewehrung ohne Frost; Innenbauteile ohne Bewehrung
	Beton mit Bewehrung oder eingebettetem Metall: sehr trocken	Beton in Gebäuden mit sehr geringer Luftfeuchte (relative Luftfeuchte RH $\leq$ 30 %)
2 Bewehrungskorrosion, ausgelöst durch Karbonatisierung		
Wenn Beton, der Bewehrung oder anderes eingebettetes Metall enthält, Luft und Feuchte ausgesetzt ist, muss die Expositionsklasse wie folgt zugeordnet werden: **Anmerkung 1** Die Feuchtebedingung bezieht sich auf den Zustand innerhalb der Betondeckung der Bewehrung oder anderen eingebetteten Metalls; in vielen Fällen kann jedoch angenommen werden, dass die Bedingungen in der Betondeckung den Umgebungsbedingungen entsprechen. In diesen Fällen darf die Klasseneinteilung nach der Umgebungsbedingung als gleichwertig angenommen werden. Dies braucht nicht der Fall zu sein, wenn sich zwischen dem Beton und seiner Umgebung eine Sperrschicht befindet.		
XC1	Trocken oder ständig nass	Bauteile in Innenräumen mit üblicher Luftfeuchte (einschließlich Küche, Bad und Waschküche in Wohngebäuden); Beton, der ständig in Wasser getaucht ist
XC2	Nass, selten trocken	Teile von Wasserbehältern; Gründungsbauteile
XC3	Mäßige Feuchte	Bauteile, zu denen die Außenluft häufig oder ständig Zugang hat, z. B. offene Hallen, Innenräume mit hoher Luftfeuchtigkeit z. B. in gewerblichen Küchen, Bädern, Wäschereien, in Feuchträumen von Hallenbädern und in Viehställen; Dachflächen mit flächiger Abdichtung; Verkehrsflächen mit flächiger unterlaufsicherer Abdichtung (mit Instandhaltungsplan)
XC4	Wechselnd nass und trocken	Außenbauteile mit direkter Beregnung
3 Bewehrungskorrosion, verursacht durch Chloride, ausgenommen Meerwasser		
Wenn Beton, der Bewehrung oder anderes eingebettetes Metall enthält, chloridhaltigem Wasser, einschließlich Taumittel, ausgenommen Meerwasser, ausgesetzt ist, muss die Expositionsklasse wie folgt zugeordnet werden:		
XD1	Mäßige Feuchte	Bauteile im Sprühnebelbereich von Verkehrsflächen; Einzelgaragen; befahrene Verkehrsflächen mit vollflächigem Oberflächenschutz (mit Instandhaltungsplan)
XD2	Nass, selten trocken	Solebäder; Bauteile, die chloridhaltigen Industrieabwässern ausgesetzt sind
XD3	Wechselnd nass und trocken	Teile von Brücken mit häufiger Spritzwasserbeanspruchung; Fahrbahndecken; befahrene Verkehrsflächen mit rissvermeidenden Bauweisen ohne Oberflächenschutz oder ohne Abdichtung (mit Instandhaltungsplan); befahrene Verkehrsflächen mit dauerhaftem lokalen Schutz von Rissen (mit Instandhaltungsplan, siehe auch DAfStb-Richtlinie „Schutz und Instandsetzung von Betonbauteilen")
4 Bewehrungskorrosion, verursacht durch Chloride aus Meerwasser		
Wenn Beton, der Bewehrung oder anderes eingebettetes Metall enthält, Chloriden aus Meerwasser oder salzhaltiger Seeluft ausgesetzt ist, muss die Expositionsklasse wie folgt zugeordnet werden:		
XS1	Salzhaltige Luft, aber kein unmittelbarer Kontakt mit Meerwasser	Außenbauteile in Küstennähe
XS2	Unter Wasser	Bauteile in Hafenanlagen, die ständig unter Wasser liegen
XS3	Tidebereiche, Spritzwasser- und Sprühnebelbereiche	Kaimauern in Hafenanlagen
5 Frostangriff mit und ohne Taumittel		
Wenn durchfeuchteter Beton erheblichem Angriff durch Frost-Tau-Wechsel ausgesetzt ist, muss die Expositionsklasse wie folgt zugeordnet werden:		
XF1	Mäßige Wassersättigung, ohne Taumittel	Außenbauteile
XF2	Mäßige Wassersättigung, mit Taumittel	Bauteile im Sprühnebel- oder Spritzwasserbereich von taumittelbehandelten Verkehrsflächen, soweit nicht XF 4; Betonbauteile im Sprühnebelbereich von Meerwasser
XF3	Hohe Wassersättigung, ohne Taumittel	Offene Wasserbehälter; Bauteile in der Wasserwechselzone von Süßwasser
XF4	Hohe Wassersättigung, mit Taumittel	Verkehrsflächen, die mit Taumitteln behandelt werden; Überwiegend horizontale Bauteile im Spritzwasserbereich von taumittelbehandelten Verkehrsflächen; Räumerlaufbahnen von Kläranlagen; Meerwasserbauteile in der Wasserwechselzone

Tafel 7.3 (Fortsetzung)

Klasse	Beschreibung der Umgebung	Beispiele für die Zuordnung von Expositionsklassen
6 Betonkorrosion durch chemischen Angriff		
	Wenn Beton chemischem Angriff durch natürliche Böden, Grundwasser, Meerwasser nach DIN EN 206-1/DIN 1045-2, Tab. 2, und Abwasser ausgesetzt ist, muss die Expositionsklasse wie folgt zugeordnet werden: **Anmerkung 2** Bei XA3 und unter Umgebungsbedingungen außerhalb der Grenzen von DIN EN 206-1/DIN 1045-2, Tab. 2, bei Anwesenheit anderer angreifender Chemikalien, chemisch verunreinigtem Boden oder Wasser, bei hoher Fließgeschwindigkeit von Wasser und Einwirkung von Chemikalien nach DIN EN 206-1/DIN 1045-2, Tab. 2, sind Anforderungen an den Beton oder Schutzmaßnahmen in DIN 1045-2 Abschn. 5.3.2 vorgegeben	
XA1	Chemisch schwach angreifende Umgebung nach DIN EN 206-1/DIN 1045-2, Tab. 2	Behälter von Kläranlagen; Güllebehälter
XA2	Chemisch mäßig angreifende Umgebung nach DIN EN 206-1/DIN 1045-2, Tab. 2, und Meeresbauwerke	Betonbauteile, die mit Meerwasser in Berührung kommen; Bauteile in betonangreifenden Böden
XA3	Chemisch stark angreifende Umgebung nach DIN EN 206-1/DIN 1045-2, Tab. 2	Industrieabwasseranlagen mit chemisch angreifenden Abwässern; Futtertische der Landwirtschaft; Kühltürme mit Rauchgasableitung
7 Betonkorrosion durch Verschleißbeanspruchung		
	Wenn Beton einer erheblichen mechanischen Beanspruchung ausgesetzt ist, muss die Expositionsklasse wie folgt zugeordnet werden:	
XM1	Mäßige Verschleißbeanspruchung	Tragende oder aussteifende Industrieböden mit Beanspruchung durch luftbereifte Fahrzeuge
XM2	Starke Verschleißbeanspruchung	Tragende oder aussteifende Industrieböden mit Beanspruchung durch luft- oder vollgummibereifte Gabelstapler
XM3	Sehr starke Verschleißbeanspruchung	Tragende oder aussteifende Industrieböden mit Beanspruchung durch elastomer- oder stahlrollenbereifte Gabelstapler; Oberflächen, die häufig mit Kettenfahrzeugen befahren werden; Wasserbauwerke in geschiebebelasteten Gewässern, z. B. Tosbecken
8 Betonkorrosion infolge Alkali-Kieselsäurereaktion		
	Anhand der zu erwartenden Umgebungsbedingungen ist der Beton einer der vier nachfolgenden Feuchtigkeitsklassen zuzuordnen:	
WO	Beton, der nach normaler Nachbehandlung nicht längere Zeit feucht und nach dem Austrocknen während der Nutzung weitgehend trocken bleibt	Innenbauteile des Hochbaus; Bauteile, auf die Außenluft, nicht jedoch z. B. Niederschläge, Oberflächenwasser, Bodenfeuchte einwirken können und/oder die nicht ständig einer relativen Luftfeuchte von mehr als 80 % ausgesetzt werden.
WF	Beton, der während der Nutzung häufig oder längere Zeit feucht ist	Ungeschützte Außenbauteile, die z. B. Niederschlägen, Oberflächenwasser oder Bodenfeuchte ausgesetzt sind; Innenbauteile des Hochbaus für Feuchträume, wie z. B. Hallenbäder, Wäschereien und andere gewerbliche Feuchträume, in denen die relative Luftfeuchte überwiegend höher als 80 % ist; Bauteile mit häufiger Taupunktunterschreitung, wie z. B. Schornsteine, Wärmeübertragerstationen, Filterkammern und Viehställe; massige Bauteile gemäß DAfStb-Richtlinie „Massige Bauteile aus Beton", deren kleinste Abmessung 0,80 m überschreitet (unabhängig vom Feuchtezutritt).
WA	Beton, der zusätzlich zu der Beanspruchung nach Klasse WF häufiger oder langzeitiger Alkalizufuhr von außen ausgesetzt ist	Bauteile mit Meerwassereinwirkung; Bauteile unter Tausalzeinwirkung ohne zusätzliche hohe dynamische Beanspruchung (z. B. Spritzwasserbereiche, Fahr- und Stellflächen in Parkhäusern); Bauteile von Industriebauten und landwirtschaftlichen Bauwerken (z. B. Güllebehälter) mit Alkalisalzeinwirkung; Betonfahrbahnen der Belastungsklasse 0,3 bis 1,0.
WS[a]	Beton, der hoher dynamischer Beanspruchung und direktem Alkalieintrag ausgesetzt ist	Bauteile unter Tausalzeinwirkung mit zusätzlicher hoher dynamischer Beanspruchung (z. B. Betonfahrbahnen der Belastungsklasse 1,8 und höher)

[a] Die Feuchtigkeitsklasse WS ist nicht in DN EN 1992-1-1 enthalten. WS wird nur für hochbeanspruchte Betonfahrbahnen nach TL Beton-StB angewendet.

Abb. 7.2 Expositionsklassen [9]
[1)] Gemäß TL Beton-StB und ARS

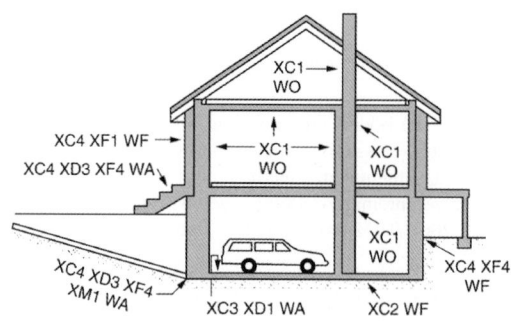

Beispiele für mehrere, gleichzeitig zutreffende Expositions- und Feuchtigkeitsklassen an einem Wohnhaus

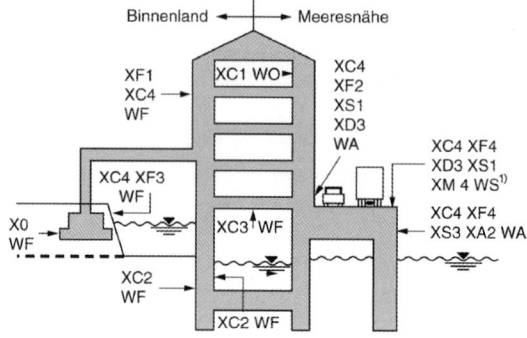

Beispiele für mehrere, gleichzeitig zutreffende Expositions- und Feuchtigkeitsklassen im Hoch- und Ingenieurbau

Tafel 7.4 Grenzwerte für Expositionsklassen bei chemischem Angriff durch Böden und Grundwasser.
Werte gültig für natürliche Böden und Grundwasser mit einer Wasser-/ Bodentemperatur zwischen 5 °C und 25 °C sowie bei einer sehr geringen Fließgeschwindigkeit (näherungsweise wie für hydrostatische Bedingungen).

Der schärfste Wert für jedes einzelne Merkmal ist maßgebend. Liegen zwei oder mehrere angreifende Merkmale in derselben Klasse, davon mindestens eines im oberen Viertel (bei pH im unteren Viertel), ist die Umgebung der nächsthöheren Klasse zuzuordnen. Ausnahme: Nachweis über eine spezielle Studie, dass dies nicht erforderlich ist

Chemisches Merkmal	Referenzprüfverfahren	XA1	XA2	XA3
Grundwasser				
SO_4^{2-} mg/l[e]	EN 196-2	≥ 200 und ≤ 600	> 600 und ≤ 3000	> 3000 und ≤ 6000
pH-Wert	ISO 4316	$\leq 6,5$ und $\geq 5,5$	$< 5,5$ und $\geq 4,5$	$< 4,5$ und $\geq 4,0$
CO_2 mg/l angreifend	DIN 4030-2	≥ 15 und ≤ 40	> 40 und ≤ 100	> 100 bis zur Sättigung
NH_4^+ mg/l[d]	ISO 7150-1 oder ISO 7150-2	≥ 15 und ≤ 30	> 30 und ≤ 60	> 60 und ≤ 100
Mg^{2+} mg/l	ISO 7980	≥ 300 und ≤ 1000	> 1000 und ≤ 3000	> 3000 bis zur Sättigung
Boden				
SO_4^{2-} mg/kg[a]	EN 196-2[b]	≥ 2000 und $\leq 3000^c$	$> 3000^c$ und ≤ 12.000	> 12.000 und ≤ 24.000
Säuregrad	DIN 4030-2	> 200 Bauman-Gully	In der Praxis nicht anzutreffen	

[a] Tonböden mit einer Durchlässigkeit von weniger als 10^{-5} m/s dürfen in eine niedrigere Klasse eingestuft werden.

[b] Das Prüfverfahren beschreibt die Auslaugung von SO_4^{2-} durch Salzsäure; Wasserauslaugung darf stattdessen angewandt werden, wenn am Ort der Verwendung des Betons Erfahrung hierfür vorhanden ist.

[c] Falls die Gefahr der Anhäufung von Sulfationen im Beton – zurückzuführen auf wechselndes Trocknen und Durchfeuchten oder kapillares Saugen – besteht, ist der Grenzwert von 3000 mg/kg auf 2000 mg/kg zu vermindern.

[d] Gülle kann, unabhängig vom NH_4^+-Gehalt, in die Expositionsklasse XA1 eingeordnet werden.

[e] Falls der Sulfatgehalt des Grundwassers > 600 mg/l beträgt, ist dieser im Rahmen der Festlegung des Betons anzugeben.

Tafel 7.5 Grenzwerte für die Zusammensetzung des Betons

a

		Kein Korrosions- oder Angriffsrisiko	Bewehrungskorrosion										
			Durch Karbonatisierung verursachte Korrosion				Durch Chloride verursachte Korrosion						
							Chloride außer aus Meerwasser			Chloride aus Meerwasser		
Nr.	Expositionsklassen	X0[a]	XC1	XC2	XC3	XC4	XD1	XD2	XD3	XS1	XS2	XS3
1	Höchstzulässiger w/z	–	0,75		0,65	0,60	0,55	0,50	0,45	Siehe XD1	Siehe XD2	Siehe XD3
2	Mindestdruckfestigkeitsklasse[b]	C8/10	C16/20		C20/25	C25/30	C30/37[d]	C35/45[d,e]	C35/45[d]			
3	Mindestzementgehalt[c] in kg/m³	–	240		260	280	300	320	320			
4	Mindestzementgehalt[c] bei Anrechnung von Zusatzstoffen in kg/m³	–	240		240	270	270	270	270			
5	Mindestluftgehalt in %	–	–		–	–	–	–	–			
6	Andere Anforderungen	–	–		–	–	–	–	–			

b

| | | Betonkorrosion | | | | | | | | | | |
| | | Frostangriff | | | | Aggressive chemische Umgebung | | | Verschleißbeanspruchung[h] | | |
Nr.	Expositionsklassen	XF1	XF2	XF3	XF4	XA1	XA2	XA3	XM1	XM2	XM3
1	Höchstzulässiger w/z	0,60	0,55[g]	0,55	0,50[g]	0,60	0,50	0,45	0,55	0,55	0,45
2	Mindestdruckfestigkeitsklasse[b]	C25/30	C35/45[e]	C25/30	C30/37	C25/30	C35/45[d,e]	C35/45[d]	C30/37[d]	C30/37[d]	C35/45[d]
3	Mindestzementgehalt[c] in kg/m³	280	300	300	320	280	320	320	300[i]	300[i]	320[i]
4	Mindestzementgehalt[c] bei Anrechnung von Zusatzstoffen in kg/m³	270	270[g]	270	270[g]	270	270	270	270	270	270
5	Mindestluftgehalt in %	–	f	f	f,j	–	–	–	–	–	–
6	Andere Anforderungen	F4 (Gesteinskörnungen für die Expositionsklassen XF1 bis XF4)	MS25	F2	MS18	–	–	l	–	Oberflächenbehandlung des Betons[k]	Einstreuen von Hartstoffen nach DIN 1100

[a] Nur für Beton ohne Bewehrung oder eingebettetes Metall.

[b] Gilt nicht für Leichtbeton.

[c] Bei einem Größtkorn der Gesteinskörnung von 63 mm darf der Zementgehalt um 30 kg/m³ reduziert werden.

[d] Bei Verwendung von Luftporenbeton, z. B. aufgrund gleichzeitiger Anforderungen aus der Expositionsklasse XF, eine Festigkeitsklasse niedriger. In diesem Fall darf Fußnote e nicht angewendet werden.

[e] Bei langsam und sehr langsam erhärtenden Betonen ($r < 0{,}30$) eine Festigkeitsklasse niedriger. Die Druckfestigkeit zur Einteilung in die geforderte Druckfestigkeitsklasse ist auch in diesem Fall an Probekörpern im Alter von 28 Tagen zu bestimmen. In diesem Fall darf Fußnote d nicht angewendet werden.

[f] Der mittlere Luftgehalt im Frischbeton unmittelbar vor dem Einbau muss bei einem Größtkorn der Gesteinskörnung von 8 mm $\geq$ 5,5 V.-%, 16 mm $\geq$ 4,5 V.-%, 32 mm $\geq$ 4,0 V.-% und 63 mm $\geq$ 3,5 V.-% betragen. Einzelwerte dürfen diese Anforderungen um höchstens 0,5 V.-% unterschreiten.

[g] Die Anrechnung auf den Mindestzementgehalt und den Wasserzementwert ist nur bei Verwendung von Flugasche zulässig. Weitere Zusatzstoffe des Typs II dürfen zugesetzt, aber nicht auf den Zementgehalt oder den w/z angerechnet werden. Bei gleichzeitiger Zugabe von Flugasche und Silikastaub ist eine Anrechnung auch für die Flugasche ausgeschlossen.

[h] Es dürfen nur Gesteinskörnungen nach DIN EN 12620 verwendet werden.

[i] Höchstzementgehalt 360 kg/m³, jedoch nicht bei hochfesten Betonen.

[j] Erdfeuchter Beton mit w/z = 0,40 darf ohne Luftporen hergestellt werden.

[k] z. B. Vakuumieren und Flügelglätten des Betons

[l] Schutzmaßnahmen siehe DIN 1045-2, Abschn. 5.3.2

Tafel 7.6 Anwendungsbereiche für Zemente zur Herstellung von Beton nach DIN 1045-2[a]

Expositionsklassen		Kein Korrosions-/Angriffsrisiko	Bewehrungskorrosion										Betonangriff										Spannstahl-verträglichkeit
			Durch Karbonatisierung verursachte Korrosion				Durch Chloride verursachte Korrosion						Frostangriff				Aggressive chemische Umgebung			Verschleiß			
x = gültiger Anwendungsbereich							Andere Chloride als Meerwasser			Chloride aus Meerwasser													
o = für die Herstellung nach dieser Norm nicht anwendbar		XO	XC1	XC2	XC3	XC4	XD1	XD2	XD3	XS1	XS2	XS3	XF1	XF2	XF3	XF4	XA1	XA2[d]	XA3[d]	XM1	XM2	XM3	
CEM I		x	x	x	x	x	x	x	x	x	x	x	x	x	x	x	x	x	x	x	x	x	x
CEM II	A/B S	x	x	x	x	x	x	x	x	x	x	x	x	x	x	x	x	x	x	x	x	x	x
	A D	x	x	x	x	x	x	x	x	x	x	x	x	x	x	x	x	x	x	x	x	x	x
	A/B P/Q	x	x	x	x	x	x	x	x	x	x	x	x	o	x	o	x	x	x	x	x	x	o
	A/B V[f]	x	x	x	x	x	x	x	x	x	x	x	x	x	x	x	x	x	x	x	x	x	o
	A W[f]	x	x	x	x	x	x	x	x	x	x	o	x	x	x	o	x	x	x	x	x	x	o
	B W[f]	x	o	x	x	x	x	x	x	x	o	o	x	x	x	o	x	x	x	x	x	x	o
	A/B T	x	x	x	x	x	x	x	x	x	x	x	x	x	x	x	x	x	x	x	x	x	x
	A LL	x	x	x	x	x	x	x	x	x	x	x	x	x	x	x	x	x	x	x	x	x	x
	B LL	x	x	x	x	x	x	x	x	x	x	o	x	x	x	o	x	x	o	x	x	o	o
	A L	x	x	x	x	x	x	x	x	x	x	x	x	x	x	x	x	x	x	x	x	x	x
	B L	x	x	x	x	x	x	x	x	x	x	o	x	x	x	o	x	x	o	x	x	o	o
	A M[e,f]	x	x	x	x	x	x	x	x	x	x	x	x	x	x	x	x	x	x	x	x	x	x
	B M[e,f]	x	x	x	x	x	x	x	x	x	x	x	x	x	x	o	x	x	x	x	x	x	o
CEM III	A	x	x	x	x	x	x	x	x	x	x	x	x	x	x	x[b]	x	x	x	x	x	x	o
	B	x	x	x	x	x	x	x	x	x	x	x	x	x	x	x[c]	x	x	x	x	x	x	o
	C	x	o	x	o	o	o	o	o	o	o	o	o	o	o	o	x	x	x	o	o	o	o
CEM IV[e,f]	A	x	o	x	o	o	x	x	x	x	o	o	x	x	x	o	o	o	o	x	x	x	o
	B	x	o	x	o	o	x	x	x	x	o	o	x	x	x	o	o	o	o	x	x	x	o
CEM V[e,f]	A	x	o	x	o	o	x	x	x	x	o	o	x	x	x	o	o	o	o	x	x	x	o
	B	x	o	x	o	o	x	x	x	x	o	o	x	x	x	o	o	o	o	x	x	x	o

[a] Sollen Zemente, die nach dieser Tabelle nicht anwendbar sind, verwendet werden, bedürfen sie einer allgemeinen bauaufsichtlichen Zulassung. Siehe auch DIN 1045-2, Tab. F.3.2 bis F.3.4.

[b] Festigkeitsklasse ≥ 42,5 oder Festigkeitsklasse ≥ 32,5 R mit einem Hüttensand-Massenanteil von ≤ 50 %

[c] CEM III/B darf nur für die folgenden Anwendungsfälle verwendet werden:

a) Meerwasserbauteile: $w/z \leq 0,45$; Mindestfestigkeitsklasse C35/45 und $z \geq 340\,\text{kg/m}^3$

b) Räumerlaufbahnen $w/z \leq 0,35$; Mindestfestigkeitsklasse C40/50 und $z \geq 360\,\text{kg/m}^3$; Beachtung von DIN EN 12255-1/DIN 19569-2 Kläranlagen

Auf Luftporen kann in beiden Fällen verzichtet werden.

[d] Bei chemischem Angriff durch Sulfat (ausgenommen bei Meerwasser) muss oberhalb der Expositionsklasse XA1 Zement mit hohem Sulfatwiderstand (CEM I-SR 3 oder niedriger, CEM III/B-SR, CEM III/C-SR) verwendet werden. Zur Herstellung von Beton mit hohem Sulfatwiderstand darf bei einem Sulfatgehalt des angreifenden Wassers von $SO_4^{2-} \leq 1500\,\text{mg/l}$ anstelle der genannten SR-Zemente eine Mischung aus Zement und Flugasche verwendet werden. Sulfatgehalte oberhalb 600 mg/l sind im Rahmen der Festlegung des Betons anzugeben.

[e] Spezielle Kombinationen können günstiger sein.

[f] Zemente zur Herstellung von Betonen nach DIN 1045-2 dürfen nur Flugaschen mit bis zu 5 % Glühverlust enthalten.

7.5 Betoneigenschaften

7.5.1 Frischbeton

Klassifizierung entsprechend seiner Konsistenz nach Tafel 7.7 anhand folgender Prüfungen:
- Ausbreitmaß nach DIN EN 12350-5
- Verdichtungsmaß nach DIN EN 12350-4
- Setzzeit (Vebe) nach DIN EN 12350-3
- Setzmaß nach DIN EN 12350-2

Die Konsistenzklassen der Tafel 7.7 sind nicht direkt vergleichbar. In besonderen Fällen darf auch ein Zielwert der Konsistenz vereinbart werden. In Deutschland sind vorzugsweise das Ausbreitmaß und für steifere Konsistenzen das Verdichtungsmaß zu verwenden.

Weitere Eigenschaften:
- Luftgehalt nach DIN EN 12350-7
- Wasserzementwert und Zementgehalt nach Gewichtsanteilen.

7.5.2 Festbeton

a) Druckfestigkeit Charakteristische Festigkeit mit dem Wert, unterhalb dem erwartungsgemäß 5 % der Gesamtheit aller möglichen Festigkeitsmessungen liegen.

Bestimmung an Probekörpern nach DIN EN 12390-1 mit Lagerung nach DIN EN 12390-2 im Alter von 28 Tagen.
- Würfel ($f_{ck,cube}$) mit 150 mm Kantenlänge
- Zylinder ($f_{ck,cyl}$) mit $d = 150$ mm Durchmesser und $h = 300$ mm Höhe. Für die Betondruckfestigkeit des Betons gelten die Werte gemäß Tafel 7.8 und 7.9.

Dabei sieht die DIN EN 12390-2 eine Probekörperlagerung im Wasserbad oder Feuchtekammer bis zum Prüftermin vor ($\hat{=} f_{c,cube}$ oder $f_{c,cyl}$, Referenzlagerung). Abweichend beschreibt der nationale Anhang (NA) der Norm die in Deutschland übliche Lagerung von Probekörpern mit einem Tag in der Form, sechs Tage im Wasserbad und vom siebten Tag an bis zum Prüftermin luftgelagert ($\hat{=} f_{c,dry}$, Trockenlagerung).

Bei Würfeln mit einer Lagerung abweichend von DIN EN 12390-2 gilt für die Druckfestigkeit

$$f_{c,cube} = 0{,}92 \cdot f_{c,dry} \text{ bis C50/60}$$

und

$$f_{c,cube} = 0{,}95 \cdot f_{c,dry} \text{ ab C55/67}$$

Wenn Würfel mit einer Kantenlänge von 100 mm geprüft werden, so sind die Prüfwerte auf Würfel mit der Kantenlänge von 150 mm wie folgt umzurechnen:

$$f_{c,dry(150\,mm)} = 0{,}97 \cdot f_{c,dry(100\,mm)}$$

Tafel 7.7 Konsistenzklassen des Betons

Prüfung	Klasse	Kennzeichnung		Beschreibung
Ausbreit-maß	F 1	Ausbreitmaß in mm (Durchmesser)	≤ 340	Steif
	F 2		350 bis 410	Plastisch
	F 3		420 bis 480	Weich
	F 4		490 bis 550	Sehr weich
	F 5		560 bis 620	Fließfähig
	F 6		≥ 630[a]	Sehr fließfähig
Verdich-tungsmaß	C 0	Verdichtungs-maß	≥ 1,46	Sehr steif
	C 1		1,45 bis 1,26	Steif
	C 2		1,25 bis 1,11	Plastisch
	C 3		1,10 bis 1,04	Weich
	C 4[b]		< 1,04	–
Setzzeit (Vébé)	V 0	Setzzeit in s	≥ 31	
	V 1		30 bis 21	
	V 2		20 bis 11	
	V 3		10 bis 6	
	V 4		5 bis 3	
Setzmaß	S 1	Setzmaß in mm (auf 10 mm gerundet)	10 bis 40	
	S 2		50 bis 90	
	S 3		100 bis 150	
	S 4		160 bis 210	
	S 5		≥ 220	

[a] Bei Ausbreitmaßen über 700 mm ist die DAfStb-Richtlinie „Selbstverdichtender Beton" zu beachten.
[b] C4 gilt nur für Leichtbeton.

Tafel 7.8 Druckfestigkeitsklassen für Normal- und Schwerbeton

Druckfestigkeits-klasse	Charakteristische Mindestdruckfestig-keit von Zylindern $f_{ck,cyl}$ [N/mm²]	Charakteristische Mindestdruckfestig-keit von Würfeln $f_{ck,cube}$ [N/mm²]
C8/10	8	10
C12/15	12	15
C16/20	16	20
C20/25	20	25
C25/30	25	30
C30/37	30	37
C35/45	35	45
C40/50	40	50
C45/55	45	55
C50/60	50	60
C55/67[a]	55	67
C60/75	60	75
C70/85	70	85
C80/95	80	95
C90/105[b]	90	105
C100/115[b]	100	115

$f_{ck,cyl}$ wird in DIN EN 1992 mit f_{ck} bezeichnet.
[a] Ab C55/67 hochfester Beton.
[b] Allgemeine bauaufsichtliche Zulassung oder Zustimmung im Einzelfall erforderlich.

Tafel 7.9 Druckfestigkeitsklassen für Leichtbeton

Druckfestigkeits-klasse	Charakteristische Mindestdruckfestig-keit von Zylindern $f_{ck,cyl}$ [N/mm^2]	Charakteristische Mindestdruckfestig-keit von Würfeln[a] $f_{ck,cube}$ [N/mm^2]
LC8/9	8	9
LC12/13	12	13
LC16/18	16	18
LC20/22	20	22
LC25/28	25	28
LC30/33	30	33
LC35/38	35	38
LC40/44	40	44
LC45/50	45	50
LC50/55	50	55
LC55/60[b]	55	60
LC60/66	60	66
LC70/77[c]	70	77
LC80/88[c]	80	88

[a] Es dürfen andere Werte verwendet werden, wenn das Verhältnis zwischen diesen Werten und der Referenzfestigkeit von Zylindern mit genügender Genauigkeit festgestellt und dokumentiert worden ist.
[b] Ab LC55/67 hochfester Leichtbeton.
[c] Allgemeine bauaufsichtliche Zulassung oder Zustimmung im Einzelfall erforderlich.

Sofern nichts anderes festgelegt wurde, ist die Druckfestigkeit an Probekörpern im Alter von 28 Tagen zu bestimmen. Für besondere Anwendungen kann es auch erforderlich sein, die Druckfestigkeit zu einem früheren oder späteren Zeitpunkt oder nach Lagerung unter besonderen Bedingungen (z. B. Wärmebehandlung) zu bestimmen.

b) Zugfestigkeit
Die **Biegezugfestigkeit** wird an Balken mit quadratischem Querschnitt bestimmt. Geprüft wird entweder mit Zweipunkt-Lasteintragung oder mit mittiger Lasteintragung.

Die **Spaltzugfestigkeit** wird in der Regel an Zylindern bestimmt. Die Prüfung erfolgt nach EN 12390-6 an Probekörpern im Alter von 28 Tagen.

c) Festigkeitsentwicklung Wird zeitabhängig anhand von Druckfestigkeitsprüfungen bestimmt.

d) Verschleißwiderstand Bei Beton mit Anforderungen an hohen Verschleißwiderstand müssen die Grenzwerte zu Druckfestigkeitsklasse, Zementgehalt, Wasserzementwert und Gesteinskörnungen nach Tafel 7.5, ggf. im Besonderen für die Expositionsklasse XM, eingehalten sein.

Der Mehlkorngehalt ist auf $400 \, kg/m^3$ bei einem Zementgehalt $\leq 300 \, kg/m^3$ und auf $450 \, kg/m^3$ bei einem Zementgehalt $\leq 350 \, kg/m^3$ begrenzt.

Körner aller Gesteinskörnungen, die für die Herstellung von Beton in den Expositionsklassen XM verwendet werden, sollten eine mäßig raue Oberfläche und eine gedrungene

Tafel 7.10 Klasseneinteilung von Leichtbeton nach der Rohdichte

Rohdichte-klasse	D 1,0	D 1,2	D 1,4	D 1,6	D 1,8	D 2,0
Rohdichte-bereich [kg/m^3]	≥ 800 und ≤ 1000	> 1000 und ≤ 1200	> 1200 und ≤ 1400	> 1400 und ≤ 1600	> 1600 und ≤ 1800	> 1800 und ≤ 2000

Die Rohdichte von Leichtbeton darf auch durch einen Zielwert festgelegt werden.

Gestalt haben. Das Gesteinskorngemisch sollte möglichst grobkörnig sein.

e) Wassereindringwiderstand Wenn der Beton einen hohen Wassereindringwiderstand haben muss, so muss er
- bei Bauteildicken über 0,40 m einen Wasserzementwert $w/z \leq 0,70$ aufweisen;
- bei Bauteildicken bis 0,40 m einen Wasserzementwert $w/z \leq 0,60$ sowie mindestens einen Zementgehalt von $280 \, kg/m^3$ (bei Anrechnung von Zusatzstoffen $270 \, kg/m^3$) aufweisen. Die Mindestdruckfestigkeitsklasse C25/30 ist einzuhalten.

Außerdem ist die DAfStb-Richtlinie „Wasserundurchlässige Bauwerke aus Beton (WU-Richtlinie)" zu beachten.

f) Rohdichte Einteilung entsprechend der Trockenrohdichte des Betons
- Leichtbeton (LC): 800 bis $2000 \, kg/m^3$ (ofentrocken) sowie nach Tafel 7.10
- Normalbeton: > 2000 bis $2600 \, kg/m^3$ (ofentrocken)
- Schwerbeton: $> 2600 \, kg/m^3$ (ofentrocken)

7.5.3 Druckfestigkeit von Beton im Bauwerk

Die Prüfung von Beton im Bauwerk erfolgt nach DIN EN 12504 an Bohrkernproben, durch zerstörungsfreie Prüfung mit einem Rückprallhammer, durch Bestimmung der Ausziehkraft oder durch Bestimmung der Ultraschallgeschwindigkeit. Die Bewertung der Druckfestigkeit von Beton in Bauwerken oder in Bauwerksteilen ist in DIN EN 13791 geregelt.

7.6 Festlegung des Betons

Beton darf als „Beton nach Eigenschaften" oder als „Beton nach Zusammensetzung" beschrieben werden, wobei jeweils Mindestangaben und, wenn besondere Bedingungen zu erfüllen sind, zusätzliche Angaben erforderlich sind. Es müssen alle relevanten Eigenschaften an den Beton durch den Verfasser der Festlegungen (Planer, Bauausführender) aufgestellt und an den Hersteller übergeben werden (z. B. Leistungsbeschreibung).

Für untergeordnete Bauteile kommt auch „Standardbeton" in Betracht.

7.6.1   Beton nach Eigenschaften

Vom Planer sind folgende grundlegende Anforderungen festzulegen. Der Hersteller des Betons ist für die Erfüllung der Anforderungen verantwortlich.
- Druckfestigkeitsklasse
- Größtkorn der Gesteinskörnung (Nennwert)
- Expositionsklassen und Feuchtigkeitsklasse
- Chloridgehalt oder Verwendungsangabe (unbew. Beton, Stahlbeton, Spannbeton)
- Konsistenzklasse
- Rohdichteklasse (nur für Leichtbeton) oder ggf. Zielwert der Rohdichte (nur für Leicht- oder Schwerbeton).

Zusätzliche Anforderungen können sein:
- Besondere Arten oder Klassen von Zement oder Gesteinskörnungen
- Festigkeitsentwicklung
- Wärmeentwicklung während der Hydratation
- besondere Anforderungen an die Gesteinskörnung
- besondere Anforderungen an die Temperatur des Frischbetons
- Luftporen (LP-Bildner)
- andere zusätzliche technische Anforderungen.

7.6.2   Beton nach Zusammensetzung

Die Ausgangsstoffe und deren Zusammensetzung werden vom Verfasser der Festlegungen (Planer, Bauausführender) vorgeschrieben, der Hersteller liefert nach diesen Angaben, übernimmt aber keine Verantwortung für die Eigenschaften des Betons. Grundlegende Anforderungen sind:
- Zementgehalt/m^3 Beton
- Art, Festigkeitsklasse und Herkunft des Zements
- Konsistenzbereich von Frischbeton oder Wasserzementwert
- Gesteinskörnung (Art, maximaler Chloridgehalt, Größtkorn, Sieblinie)
- Art, Menge und Herkunft von Zusatzmitteln, Zusatzstoffen oder Fasern.

Zusätzliche Angaben für Eigenschaften der Betonzusammensetzung können sein:
- Herkunft weiterer Ausgangsstoffe
- Zusätzliche Anforderungen an die Gesteinskörnung
- Frischbetontemperatur
- andere zusätzliche technische Anforderungen.

Zusätzliche Angaben für Transport, Förderung und Verarbeitung von Transportbeton können sein:
- Lieferzeit
- Liefermenge
- Fahrzeugart (mit/ohne Rührwerk)
- Fahrzeugabmessungen, Fahrzeuggewicht.

7.6.3   Standardbeton

Standardbeton ist durch folgende Angaben festzulegen:
- Druckfestigkeitsklasse
- Expositionsklasse und Feuchtigkeitsklasse
- Nennwert des Größtkorns der Gesteinskörnung
- Konsistenzbezeichnung (steif, plastisch, weich)
- Festigkeitsentwicklung, falls erforderlich.

Standardbeton darf nur für Bauwerke aus unbewehrtem und bewehrtem Normalbeton in den Expositionsklassen X0, XC1 und XC2 und Druckfestigkeitsklassen für den Nachweis der Tragfähigkeit ≤ C16/20 verwendet werden.

7.7   Transport, Verarbeitung und Nachbehandlung

7.7.1   Transport und Entladen

Nachteilige Veränderungen des Frischbetons, z. B. Entmischen, Bluten oder Verlust von Zementleim, müssen während des Beladens, des Transports und des Entladens sowie während des Förderns auf der Baustelle gering gehalten werden. Bei der Übergabe des Betons muss die vereinbarte Konsistenz vorhanden sein.

Fahrmischer oder Fahrzeuge mit Rührwerk sollten 90 Minuten nach der ersten Wasserzugabe zum Zement, Fahrzeuge ohne Mischer oder Rührwerk für die Beförderung von Beton steifer Konsistenz 45 Minuten nach der ersten Wasserzugabe zum Zement vollständig entladen sein. Beschleunigtes oder verzögertes Erstarren des Betons in Folge von Witterungseinflüssen bzw. der Zusammensetzung des Betons sind zu berücksichtigen. Unmittelbar vor dem Entladen ist der Beton nochmals durchzumischen.

Vor Entladen des Betons muss der Hersteller dem Verwender einen Lieferschein übergeben, auf dem mindestens folgende Angaben enthalten bzw. handschriftlich nachzutragen sind:
- Name des Transportbetonwerkes
- Lieferscheinnummer
- Beladezeit, bzw. Zeitpunkt des ersten Kontakts zwischen Zement und Wasser
- KFZ-Kennzeichen des Lieferfahrzeuges
- Name des Abnehmers
- Baustellenbezeichnung
- Menge des Betons in Kubikmetern
- Bauaufsichtliches Übereinstimmungszeichen unter Angabe von DIN EN 206-1 und DIN 1045-2
- Zeitpunkt des Eintreffens des Betons auf der Baustelle
- Zeitpunkt des Beginns des Entladens
- Zeitpunkt des Beendens des Entladens.

Für Beton nach Eigenschaften (Regelfall) noch zusätzlich:
- Druckfestigkeitsklasse
- Expositionsklasse(n) und Feuchtigkeitsklasse
- Art der Verwendung des Betons (unbewehrter Beton, Stahlbeton, Spannbeton) oder Klasse des Chloridgehalts
- Konsistenzklasse oder Zielwert der Konsistenz
- Zementart und -festigkeitsklasse
- Art der Zusatzmittel und Zusatzstoffe
- Besondere Eigenschaften, falls gefordert
- Nennwert des Größtkorns der Gesteinskörnung
- Rohdichteklasse oder Zielwert der Rohdichte bei Leichtbeton oder Schwerbeton
- Festigkeitsentwicklung des Betons
- Gegebenenfalls Art und Menge der Fasern.

7.7.2 Einbringen und Verdichten

Um Entmischungen zu verhindern, sollte der Beton beim Einbringen in die Schalung (insbesondere Stützen- und Wandschalung) durch Fallrohre zusammengehalten werden.

Der Beton muss vollständig verdichtet werden. Trotzdem kann er noch einzelne Luftporen enthalten. Die Bewehrungsstäbe sind dicht mit Beton zu umhüllen. Bei Verwendung von Innenrüttlern sollte die Rüttelflasche noch in die untere, bereits verdichtete Schicht eindringen (Vernadeln). Beim Einbau in Lagen darf das Betonieren daher nur so lange unterbrochen werden, bis die zuletzt eingebaute Schicht noch nicht erstarrt ist.

Bei besonderen Verhältnissen (schnelle Steiggeschwindigkeit, hoher Wassergehalt, geringes Wasserrückhaltevermögen, Sichtbetonflächen, wasserundurchlässige Bauteile) empfiehlt sich ein Nachverdichten des Betons.

7.7.3 Nachbehandlung und Schutz des Betons

Beton ist in den oberflächennahen Bereichen bis zum genügenden Erhärten gegen schädigende Einflüsse, z. B. Austrocknen und starkes Abkühlen, zu schützen. Nach Abschluss des Verdichtens und der Oberflächenbearbeitung des Betons ist die Oberfläche unverzüglich nachzubehandeln. Soll die Rissbildung an der freien Oberfläche infolge Frühschwinden vermieden werden, ist eine zwischenzeitliche Nachbehandlung vor der Oberflächenbearbeitung durchzuführen.

Gebräuchliche Verfahren für das Feuchthalten des Betons sind (auch in Kombination):
- Belassen in der Schalung
- Abdecken mit Folien, die an Kanten und Stößen gesichert sind

- Auflegen von Wasser speichernden Abdeckungen unter ständigem Feuchthalten
- Aufrechterhalten eines sichtbaren Wasserfilms auf der Betonoberfläche (Besprühen, Fluten)
- Aufsprühen von Nachbehandlungsmitteln mit nachgewiesener Eignung (unzulässig in Arbeitsfugen und bei später zu beschichtenden Oberflächen, sofern nicht entfernt).

Die Dauer der Nachbehandlung richtet sich – ohne genaueren Nachweis der Festigkeit – nach der Expositionsklasse, der Oberflächentemperatur (bzw. der Frischbetontemperatur) und der Festigkeitsentwicklung des Betons, die als zusätzliche Anforderung festgelegt werden kann bzw. dem Lieferschein zu entnehmen ist. Die Mindestdauer der Nachbehandlung für alle Expositionsklassen außer X0, XC1 und XM enthält Tafel 7.11. Für Beton der Expositionsklasse XM muss die Nachbehandlungsdauer nach dieser Tafel verdoppelt werden. Bei der Expositionsklasse X0 und XC1 muss mindestens 12 Stunden nachbehandelt werden.

DIN EN 13670/DIN 1045-3 enthält eine weitere Tabelle für eine vereinfachte Bestimmung der Nachbehandlungsdauer für Betone der Expositionsklassen XC2, XC3, XC4 und XF1. Sie wird durch eine einmalige Messung der Frischbetontemperatur zum Einbauzeitpunkt und durch die Festigkeitsentwicklung des Betons bestimmt.

Tafel 7.11 Mindestnachbehandlungsdauer[a] in Tagen; außer X0, XC1 und XM

Oberflächen-temperatur ϑ in °C[e]	Festigkeitsentwicklung des Betons[c] $r = f_{cm2}/f_{cm28}$[d]			
	Schnell	Mittel	Langsam	Sehr langsam
	$r \geq 0{,}50$	$r \geq 0{,}30$	$r \geq 0{,}15$	$r < 0{,}15$
$\vartheta \geq 25$	1	2	2	3
$25 > \vartheta \geq 15$	1	2	4	5
$15 > \vartheta \geq 10$	2	4	7	10
$10 > \vartheta \geq 5$[b]	3	6	10	15

[a] Bei mehr als 5 h Verarbeitbarkeitszeit ist die Nachbehandlungsdauer angemessen zu verlängern.
[b] Bei Temperaturen unter 5 °C ist die Nachbehandlungsdauer um die Zeit zu verlängern, während deren die Temperatur unter 5 °C lag.
[c] Aus Mittelwerten der Druckfestigkeit nach 2 und 28 Tagen, ermittelt nach DIN EN 12390-3, entweder bei der Erstprüfung oder aus bekanntem Verhältnis von Betonen vergleichbarer Zusammensetzung (gleicher Zement, gleicher Wasserzementwert). Wird bei besonderen Anwendungen die Druckfestigkeit zu einem späteren Zeitpunkt als 28 Tage bestimmt, ist statt f_{cm28} die mittlere Druckfestigkeit zum entsprechend späteren Zeitpunkt anzusetzen.
[d] Zwischenwerte dürfen eingeschaltet werden.
[e] Anstelle der Oberflächentemperatur des Betons darf die Lufttemperatur angesetzt werden.

7.8 Überwachung von Beton auf Baustellen

Die Betonnormen DIN EN 206-1, DIN 1045-2 und DIN 1045-3, die die deutschen Anwendungsregeln zur DIN EN 13670 enthält, unterscheiden zwischen Standardbeton, Beton nach Eigenschaften und Beton nach Zusammensetzung (siehe auch Abschn. 7.6).

Für **Standardbeton** gelten gewisse Einschränkungen und Grenzwerte. Seine Anwendung ist auf wenige Druckfestigkeits- und Expositionsklassen beschränkt. Die bei der Herstellung und Verarbeitung vorgeschriebenen Überwachungen sind vergleichsweise gering.

Bei der Verwendung von **Beton nach Zusammensetzung** gibt der Besteller des Betons dem Hersteller die Betonzusammensetzung vor. Im Allgemeinen ist der Besteller das ausführende Bauunternehmen. Die Verwendung von Beton nach Zusammensetzung erfordert besonders betontechnologisch qualifiziertes Personal und ein entsprechend ausgerüstetes Prüflabor für die Durchführung der Erstprüfung und aller weiteren Prüfungen, die im Rahmen der Betonherstellung erforderlich sind.

Bei der Verarbeitung von **Beton nach Eigenschaften** bestellt das ausführende Unternehmen den Beton beim Transportbetonhersteller anhand der festgelegten Frisch- und Festbetoneigenschaften sowie der geforderten Expositionsklassen. Der Betonhersteller ermittelt aus diesen Vorgaben die normgerechte und technisch erforderliche Betonzusammensetzung und gewährleistet die bestellten Betoneigenschaften.

Beton nach Eigenschaften ist der in der Praxis überwiegend verwendete Beton. Aus diesem Grunde wird nachstehend vor allem die Überwachung von Beton nach Eigenschaften auf der Baustelle behandelt.

7.8.1 Überwachung durch das Bauunternehmen (Betone der Überwachungsklassen 1, 2 und 3)

Je nach Betonbaumaßnahme wird zur Qualitätssicherung des Betons ein unterschiedlich hoher Überwachungsaufwand gefordert. DIN EN 13670/DIN 1045-3 formuliert mit den Überwachungsklassen 1, 2 und 3 ein mehrstufiges Überwachungssystem (Tafel 7.12). Die Anforderungen an die Überprüfung der maßgebenden Frisch- und Festbetoneigenschaften nehmen mit aufsteigender Überwachungsklasse zu. Die Überwachungsklassen 1 und 2 regeln die Überwachung von Beton der Druckfestigkeitsklassen bis einschließlich C50/60 bzw. LC25/28 (bis Rohdichteklasse D1,4) und LC35/38 (ab Rohdichteklasse D1,6). Der Überwachungsaufwand und die Klasseneinteilung richten sich neben der Festigkeitsklasse vor allem auch nach den geltenden Expositionsklassen (Tafel 7.12), wobei für die Zuordnung die höchste zutreffende Überwachungsklasse maßgebend ist. Die Überwachungsklasse 3 betrifft hohe Druckfestigkeitsklassen für die hochfesten Betone.

Bei der Verarbeitung von Beton der Überwachungsklassen 2 und 3 muss zusätzlich zu einer weiter reichenden Überwachung durch das Bauunternehmen (siehe Abschn. 7.8.2) eine Überwachung durch eine dafür anerkannte Überwachungsstelle nach Abschn. 7.8.3 durchgeführt werden (Abb. 7.3).

Darüber hinaus sind in DIN EN 13670/DIN 1045-3 verschiedene Regelungen und Anforderungen zu Schalung, Bewehrung, Verarbeitung und Nachbehandlung von Beton formuliert, die ungeachtet der Überwachungsklasse gelten. Verantwortlich für die ordnungsgemäße Durchführung aller

Tafel 7.12 Überwachungsklassen für Beton

Gegenstand	Überwachungsklasse 1	Überwachungsklasse 2[a]	Überwachungsklasse 3[a]
Druckfestigkeitsklasse für Normal- und Schwerbeton	$\leq$ C25/30[b]	$\geq$ C30/37 und $\leq$ C50/60	$\geq$ C55/67
Druckfestigkeitsklasse für Leichtbeton der Rohdichteklasse			
D1,0 bis D1,4	Nicht anwendbar	$\leq$ LC25/28	$\geq$ LC30/33
D1,6 bis D2,0	$\leq$ LC25/28	LC 30/33 und LC 35/38	$\geq$ LC40/44
Expositionsklasse	X0, XC, XF1	XS, XD, XA, XM[c], XF2, XF3, XF4	–
Besondere Betoneigenschaften	–	– Beton für wasserundurchlässige Baukörper (z. B. Weiße Wannen)[d] – Unterwasserbeton – Beton für hohe Gebrauchstemperaturen $T \leq 250\,°C$ – Strahlenschutzbeton (außerhalb des Kernkraftwerkbaus) – für besondere Anwendungsfälle (z. B. Verzögerter Beton, Selbstverdichtender Beton (SVB), Betonbau beim Umgang mit wassergefährdenden Stoffen) sind DAfStb-Richtlinien anzuwenden.	–

[a] Das Bauunternehmen muss im Rahmen der Eigenüberwachung über eine ständige Betonprüfstelle verfügen. Fremdüberwachung durch anerkannte Überwachungsstelle erforderlich.

[b] Spannbeton der Festigkeitsklasse C25/30 ist stets Überwachungsklasse 2.

[c] Gilt nicht für übliche Industrieböden.

[d] Beton mit hohem Wassereindringwiderstand darf in die Überwachungsklasse 1 eingeordnet werden, wenn der Baukörper nur zeitweilig aufstauendem Sickerwasser ausgesetzt ist und wenn in der Projektbeschreibung nichts anderes festgelegt ist.

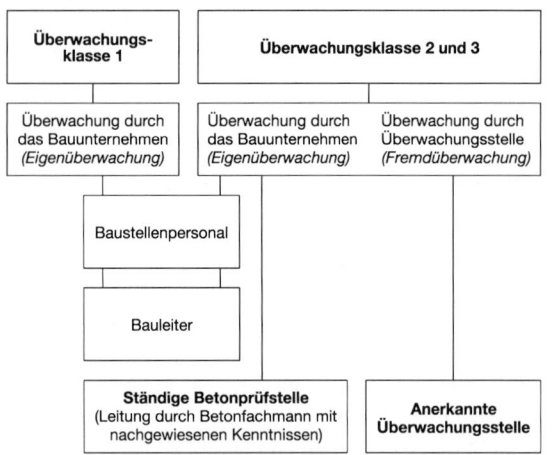

Abb. 7.3 Organisation und Verantwortlichkeit der Überwachung des Einbaus von Betonen nach Eigenschaften der Überwachungsklassen 1, 2 und 3

in DIN EN 13670/DIN 1045-3 geforderten Überwachungsmaßnahmen auf der Baustelle ist die Bauleitung des ausführenden Unternehmens. Dies gilt unabhängig davon, ob eine firmeneigene oder eine externe Prüfstelle die Durchführung der Überwachungsarbeiten des Betons verantwortlich übernommen hat.

Nachfolgend stehen die in der Norm vorgesehenen Prüfungen und Dokumentationen durch das ausführende Bauunternehmen für die Gewerke Schalen, Bewehren und Betonieren im Vordergrund. Die verantwortungsvolle Überwachung einer Betonbaustelle oder eines Betoniervorganges darf sich jedoch nicht nur auf die routinemäßige Abarbeitung normgemäßer Kontrollen beschränken. Die fachliche Qualifikation und das Engagement des Aufsichtspersonals entscheiden im Zusammenspiel der beteiligten Gewerke maßgeblich über die Qualität des fertigen Bauwerks.

7.8.1.1 Überwachung von Gerüsten und Schalungen

Die Festlegung des Ausschalzeitpunktes liegt in der Verantwortung der Bauleitung. Vor dem Ausrüsten bzw. Ausschalen ist zu prüfen, ob der Beton eine ausreichende Festigkeit besitzt. Wenn die Überprüfung der Festigkeit durch Erhärtungsprüfungen oder eine Reifeberechnung erfolgt, sollten die Ergebnisse dokumentiert werden. Die Zeiten des Ausrüstens und Ausschalens, die Lufttemperatur und die Witterungsverhältnisse sind ungeachtet der Überwachungsklasse aufzuzeichnen.

7.8.1.2 Überwachung des Bewehrens

Vor dem Betonieren ist, unabhängig von der geltenden Überwachungsklasse, zu überprüfen, ob

- Stahlsorte, Anzahl, Durchmesser und Lage der Bewehrung den Angaben der Bewehrungszeichnungen entsprechen,

- Stoß- und Übergreifungslängen eingehalten sowie mechanische Verbindungen ordnungsgemäß ausgeführt sind,
- die erforderliche Betondeckung durch geeignete Abstandhalter und Unterstützungen erreicht wird,
- die Bewehrung keine Verunreinigungen (z. B. Öl, Farbe, Schmutz) und keinen losen Rost aufweist,
- die Bewehrung gegen Verschieben während des Betonierens ausreichend befestigt und gesichert ist,
- die Anordnung der Bewehrung das Einbringen und Verdichten des Betons nicht behindert (Einfüllöffnungen, Rüttellücken).

Änderungen der Bewehrungsführung aus baubetrieblichen oder aus anderen Gründen sind nur in Abstimmung mit dem Tragwerksplaner oder verantwortlichen Ingenieur zulässig. Schweißarbeiten an Betonstahl dürfen nur durch Unternehmen bzw. durch Personal mit entsprechendem Eignungsnachweis durchgeführt werden.

7.8.1.3 Überwachung des Betonierens

Neben den gemäß geltender Überwachungsklassen geforderten Frisch- und Festbetonprüfungen sind, begleitend zur Betonverarbeitung und unabhängig von der Überwachungsklasse, folgende Daten aufzuzeichnen:

- Lufttemperatur (Maximum/Minimum) und Witterungsverhältnisse während des Betonierens einzelner Abschnitte,
- Bauabschnitt und Bauteil,
- Art und Dauer der Nachbehandlung.

7.8.1.4 Überprüfung der Frisch- und Festbetoneigenschaften

Die geforderten Prüfungen an Frisch- und Festbeton sind für *Standardbeton, Beton nach Eigenschaften* und *Beton nach Zusammensetzung* unterschiedlich und abhängig von der Überwachungsklasse. Die durchzuführenden Prüfungen sind in DIN EN 13670/DIN 1045-3, Anhang NB, geregelt. Die Proben für die Prüfungen müssen auf der Baustelle, ggf. nach Einstellen der Konsistenz, zufällig ausgewählt und nach DIN EN 12350-1 entnommen werden.

Bei der Verarbeitung von *Standardbeton* sind lediglich Lieferschein, Konsistenz und die Gleichmäßigkeit des angelieferten Betons gemäß Tafel 7.13 sowie die Funktionsfähigkeit der Verdichtungsgeräte zu prüfen.

Bei der Verwendung von *Beton nach Eigenschaften* sind die in Tafel 7.13 und 7.14 aufgeführten Prüfungen durchzuführen.

Bei *Beton nach Zusammensetzung* führt der Hersteller des Betons im Rahmen seiner Konformitätskontrolle keine Überprüfung der geforderten Betoneigenschaften durch. Den Nachweis für das Erreichen dieser Eigenschaften übernimmt der Verwender des Betons (Bauunternehmen) im Rahmen der Überwachung auf der Baustelle. Art, Anforderung und Umfang der Prüfungen orientieren sich für alle

Tafel 7.13 Beton nach Eigenschaften: Umfang und Häufigkeit der Prüfungen der Frisch- und Festbetoneigenschaften

Gegenstand	Prüfverfahren	Anforderung	Häufigkeit für Überwachungsklasse		
			1	2	3
Lieferschein	Augenscheinprüfung	Übereinstimmung mit der Festlegung	Jedes Lieferfahrzeug		
Konsistenz[a]	Augenscheinprüfung	Normales Aussehen, wie festgelegt	Stichprobe	Jedes Lieferfahrzeug	
	DIN EN 12350-2, DIN EN 12350-3, **DIN EN 12350-4**, **DIN EN 12350-5**	Wie festgelegt	In Zweifelsfällen	– beim ersten Einbringen jeder Betonzusammensetzung – bei der Herstellung von Probekörpern für die Festigkeitsprüfung – in Zweifelsfällen	
Frischbetonrohdichte von Leicht- und Schwerbeton	DIN EN 12350-6	Wie festgelegt	– bei der Herstellung von Probekörpern für die Festigkeitsprüfung – in Zweifelsfällen		
Gleichmäßigkeit des Betons	Augenscheinprüfung	Homogenes Erscheinungsbild	Stichprobe	Jedes Lieferfahrzeug	
	Vergleich von Eigenschaften	Stichproben müssen die gleichen Eigenschaften aufweisen	In Zweifelsfällen		
Druckfestigkeit	Siehe Abschn. 7.8.1.5	Wie festgelegt, mit den Annahmekriterien (siehe Tafel 7.15)	In Zweifelsfällen	3 Proben je 300 m³ oder je 3 Betoniertage	3 Proben je 50 m³ oder je Betoniertag
Luftgehalt von Luftporenbeton	DIN EN 12350-7 für Normal- und Schwerbeton sowie ASTM C 173 für Leichtbeton	Wie festgelegt	Nicht zutreffend	– zu Beginn jedes Betonierabschnitts – in Zweifelsfällen	
Frischbetontemperatur	Temperaturmessung	Wie festgelegt[b,c,d]	In Zweifelsfällen	Bei Lufttemperaturen unter +5 °C und über +30 °C beim Einbau des Betons	
Andere Eigenschaften	In Übereinstimmung mit Normen und Richtlinien, oder wie vorab vereinbart	–	–	–	–

[a] in Abhängigkeit vom gewählten Prüfverfahren; fett gedruckt: in Deutschland bevorzugte Prüfverfahren
[b] Bei Lufttemperaturen zwischen +5 °C und −3 °C darf die Temperatur des Betons beim Einbringen +5 °C nicht unterschreiten. Sie darf +10 °C nicht unterschreiten, wenn der Zementgehalt im Beton kleiner als 240 kg/m³ oder wenn Zemente mit niedriger Hydrationswärme verwendet werden.
[c] Bei Lufttemperaturen unter −3 °C muss die Betontemperatur beim Einbringen mindestens +10 °C betragen. Sie sollte anschließend wenigstens 3 Tage auf mindestens +10 °C gehalten werden. Ansonsten ist der Beton solange zu schützen, bis eine ausreichende Festigkeit erreicht ist.
[d] Die Frischbetontemperatur darf im Allgemeinen +30 °C nicht überschreiten, sofern nicht durch geeignete Maßnahmen sichergestellt ist, dass keine nachteiligen Folgen zu erwarten sind.

Tafel 7.14 Umfang und Häufigkeit der Überprüfung technischer Einrichtungen

Gegenstand	Prüfverfahren	Anforderung	Häufigkeit für Überwachungsklasse		
			1	2	3
Verdichtungsgeräte	Funktionskontrolle	Einwandfreies Arbeiten	In angemessenen Zeitabständen	Bei Beginn der Betonierarbeiten, dann mindestens monatlich	Je Betoniertag
Mess- und Laborgeräte	Funktionskontrolle	Ausreichende Messgenauigkeit	Bei Inbetriebnahme, dann in angemessenen Zeitabständen		Je Betoniertag

Überwachungsklassen an den sonst für Beton nach Eigenschaften im Transportbetonwerk geltenden Konformitätskriterien nach DIN EN 206-1/DIN 1045-2. Das ausführende Bauunternehmen muss darüber hinaus, ungeachtet der Überwachungsklasse, eine ständige Betonprüfstelle hinzuziehen (siehe 7.8.2.1). Diese kann eine unternehmenseigene oder eine externe, vertraglich gebundene Prüfstelle sein.

7.8.1.5 Prüfung der Druckfestigkeit für Beton nach Eigenschaften bei Verwendung von Transportbeton

Im Rahmen der Überwachung durch den Betonhersteller (Transportbetonwerk) und das Bauunternehmen gelten bestimmte Fachbegriffe und Prinzipien: Der Transportbetonhersteller bestätigt im Rahmen seiner Überwachungsleistung die „Konformität" seiner Produktion mit der geforderten Druckfestigkeit. Das Bauunternehmen überprüft die „Identität" des gelieferten Betons mit dieser „konformen" Grundgesamtheit (Indentitätsprüfung bzw. Überwachungsprüfung). Für jeden verarbeiteten Beton der Überwachungsklasse 2 und 3 sind auf der Baustelle mindestens drei Proben zu entnehmen und zwar:

- bei Überwachungsklasse 2 jeweils für höchstens $300\,\text{m}^3$ oder je drei Betoniertage,
- bei Überwachungsklasse 3 jeweils für höchstens $50\,\text{m}^3$ oder je Betoniertag.

Maßgebend ist die Anforderung, welche die größere Anzahl von Proben ergibt. Die Proben müssen etwa gleichmäßig über die Betonierzeit verteilt und aus verschiedenen Lieferfahrzeugen entnommen werden. Aus jeder Probe ist ein Probekörper zur Prüfung der Druckfestigkeit herzustellen. Zusammensetzungsvarianten mit gleichen Ausgangsstoffen, gleichem w/z-Wert, aber anderem Größtkorn gelten als ein Beton.

Bei Betonen der Überwachungsklasse 1 ist eine Überprüfung der Druckfestigkeit für Beton nach Eigenschaften nur in Zweifelsfällen notwendig (siehe Tafel 7.13).

Die Druckfestigkeitsprüfung erfolgt nach DIN EN 12390, Teile 1 bis 4 sowie nach den Regelungen der DIN EN 206-1/ DIN 1045-2, Abschn. 5.5.1.2 (z. B. Prüfkörperabmessungen, Lagerungsbedingungen). Für Betone üblicher Zusammensetzung werden im Allgemeinen Würfel mit einer Kantenlänge von 150 mm verwendet. Von 150 mm Kantenlänge abweichende Probekörper erfordern eine Korrektur der Druckfestigkeitsergebnisse über einen Umrechnungsfaktor (siehe Abschn. 7.5.2).

Die Lagerung der Probekörper erfolgt bis zur Prüfung in einer Feuchtekammer oder unter Wasser (Referenzlagerung). Alternativ – und in Deutschland üblich – können die Probekörper im Alter von 7 Tagen aus dem Wasserbad oder der Feuchtekammer entnommen werden und bis zur Prüfung bei zugfreier Raumluft (15 °C bis 22 °C) gelagert werden (sog. „Trockenlagerung"). Die bei der Trockenlagerung ermittelten Druckfestigkeitswerte sind gegenüber der Referenzlagerung abzumindern. Hierzu kann der nach DIN 1045-2 für Normalbeton aufgeführte Abminderungsfaktor von 0,92 verwendet werden (für hochfesten Beton 0,95) (siehe Abschn. 7.5.2).

Die Identität des Betons wird durch Vergleich der ermittelten Druckfestigkeiten mit so genannten „Annahmekriterien" festgestellt. Die Annahmekriterien für die Ergebnisse der Druckfestigkeitsprüfung sind in Tafel 7.15 aufgeführt. Der Beton ist anzunehmen, wenn Mittel- und Einzelwertkriterium erfüllt sind. Damit gilt die Identität des durch die Stichprobe repräsentierten Betons (Baustelle) mit der Grundgesamtheit (Transportbetonwerk) als nachgewiesen.

Tafel 7.15 Annahmekriterien für Ergebnisse der Druckfestigkeitsprüfung

Anzahl der Einzelwerte	Mittelwert[a] f_cm in N/mm^2	Einzelwert[c] f_ci in N/mm^2
3 bis 4	$\geq f_\text{ck} + 1$	$\geq f_\text{ck} - 4$
5 bis 6	$\geq f_\text{ck} + 2$	$\geq f_\text{ck} - 4$
> 6	$\geq f_\text{ck} + (1{,}65 - 2{,}58/\sqrt{n}) \cdot \sigma^\text{b}$	$\geq f_\text{ck} - 4$

[a] Mittelwert von n nicht überlappenden Einzelwerten.
[b] Standardabweichung der Stichprobe für $n \geq 35$, wobei gilt: $\sigma \geq 3\,\text{N/mm}^2$ für Überwachungsklasse 2 und $\sigma \geq 5\,\text{N/mm}^2$ für Überwachungsklasse 3; bei Stichproben $n < 35$ gilt $\sigma \geq 4\,\text{N/mm}^2$.
[c] für ÜK 3: $\geq 0{,}9 \cdot f_\text{ck}$

Grundsätzlich besteht die Möglichkeit, vorhandene Prüfergebnisse in kleinere Gruppen aufeinander folgender Werte (mind. 3) aufzuteilen, so dass für die jeweiligen Mittelwerte die zugehörigen Anforderungen für *3 bis 4*, für *5 bis 6* oder für *> 6* Einzelwerte herangezogen werden dürfen.

Wenn der Nachweis der Identität nicht gelingt, sind weitere Maßnahmen erforderlich, um die Standsicherheit bzw. Gebrauchstauglichkeit des Bauwerks sicherzustellen. Ob Nachprüfungen mit dem Rückprallhammer, die Entnahme von Bohrkernen oder ein erneuter statischer Nachweis auf Grundlage der verminderten Festigkeiten infrage kommen, ist im Einzelfall abzustimmen.

7.8.2 Weitergehende Bestimmungen für die Überwachung durch das Bauunternehmen bei Einbau von Betonen der Überwachungsklassen 2 und 3

Für die Überwachung des Einbaus von Betonen der Überwachungsklassen 2 und 3 wird das bekannte Konzept aus Eigenüberwachung (Überwachung durch das Bauunternehmen) und Fremdüberwachung (Überwachung durch eine dafür anerkannte Überwachungsstelle) fortgesetzt.

Baustellen, auf denen Betone der Überwachungsklassen 2 oder 3 verarbeitet werden, sind an deutlich sichtbarer Stelle unter Angabe von „DIN EN 13670/DIN 1045-3" und der Überwachungsstelle zu kennzeichnen.

7.8.2.1 Ständige Betonprüfstelle

Wird Beton nach Eigenschaften der Überwachungsklassen 2 oder 3 (oder Beton nach Zusammensetzung) verarbeitet, muss das Bauunternehmen über eine ständige Betonprüfstelle verfügen, die

- mit allen Geräten und Einrichtungen zur Durchführung der Prüfungen nach Tafel 7.13 ausgestattet ist und
- von einem in der Betontechnik erfahrenen Fachmann geleitet wird, der die dafür notwendigen erweiterten be-

tontechnologischen Kenntnisse durch eine Bescheinigung einer hierfür anerkannten Stelle nachweisen kann.

Der Leiter der Betonprüfstelle ist für die Schulung der Fachkräfte in Abständen von höchstens drei Jahren verantwortlich und hat dies zu dokumentieren.

Bedient sich das Bauunternehmen einer externen, also nicht unternehmenseigenen Prüfstelle, so sind die Prüfungsaufgaben der Prüfstelle in einem Überwachungsvertrag zu übertragen. Dieser muss eine Mindestlaufzeit von einem Jahr haben. Die Überwachungsleistungen für das ausführende Unternehmen dürfen nicht durch eine Prüfstelle erfolgen, welche auch den Betonhersteller überwacht oder von diesem wirtschaftlich abhängig ist.

Aufgaben der ständigen Betonprüfstelle sind:
- Beratung des Bauunternehmens und der Baustelle,
- Durchführungen der Prüfungen gemäß Tafel 7.13, soweit diese nicht durch das Personal der Baustelle durchgeführt werden,
- Funktionsprüfungen der Geräteausstattung der Baustelle nach Tafel 7.14 vor Beginn der Betonarbeiten,
- laufende Überprüfungen und Beratung bei Verarbeitung und Nachbehandlung des Betons,
- Beurteilung und Auswertung der Prüfergebnisse und Mitteilung der Ergebnisse an das Bauunternehmen und dessen Bauleitung,
- Schulung des Baustellenfachpersonals.

7.8.2.2 Aufzeichnungen

Beim Einbau von Beton der Überwachungsklassen 2 und 3 sind folgende Angaben zu dokumentieren und nach Abschluss der Arbeiten mindestens fünf Jahre aufzubewahren:
- Zeitpunkt und Dauer der einzelnen Betoniervorgänge,
- Lufttemperatur und Witterungsverhältnisse bei der Ausführung einzelner Betonierabschnitte oder Bauteile bis zum Ausschalen und Ausrüsten,
- Art und Dauer der Nachbehandlung,
- Frischbetontemperatur bei Lufttemperatur unter $+5\,^{\circ}\mathrm{C}$ und über $+30\,^{\circ}\mathrm{C}$,
- Namen der Lieferwerke und Nummern der Lieferscheine sowie der zugehörige Bauabschnitt oder das Bauteil, ein Verzeichnis (Liste) der gelieferten Betone mit den Angaben, welche die einschlägigen Normen und Regelwerke fordern,
- Ergebnisse der Frisch- und Festbetonprüfungen gemäß Tafel 7.13.

Nach Beendigung der Betonarbeiten sind die Ergebnisse aller Prüfungen nach Tafel 7.13 an den Betonen der Überwachungsklassen 2 und 3 der bauüberwachenden Behörde und der Überwachungsstelle zu übergeben. Auf dieser Basis erstellt die anerkannte Überwachungsstelle einen Endbericht über die überwachte Baumaßnahme.

7.8.2.3 Anzeigepflicht des Bauunternehmens

Das Bauunternehmen hat der Überwachungsstelle schriftlich mitzuteilen:
- die ständige Betonprüfstelle mit Angabe des Prüfstellenleiters,
- einen Wechsel des Prüfstellenleiters,
- die Inbetriebnahme jeder Baustelle, auf der Betone der Überwachungsklassen 2 und 3 eingebaut werden, mit Angabe des Bauleiters,
- einen Wechsel des Bauleiters,
- Angaben zur Festlegung der vorgesehenen Betone nach DIN EN 206-1 und DIN 1045-2 sowie der Überwachungsklassen der Betone nach Tafel 7.12,
- die voraussichtlichen Betonmengen,
- den voraussichtlichen Beginn und das voraussichtliche Ende der Betonierzeiten,
- eine Unterbrechung der Betonierarbeiten von mehr als vier Wochen,
- die Wiederinbetriebnahme einer Baustelle nach einer Unterbrechung von mehr als vier Wochen.

7.8.3 Überwachung des Einbaus von Betonen der Überwachungsklassen 2 und 3 durch eine dafür anerkannte Überwachungsstelle

Die Verarbeitung von Betonen der Überwachungsklassen 2 und 3 ist durch eine dafür anerkannte Überwachungsstelle zu überprüfen. Bei Aufnahme der Überwachung wird geprüft, ob das Bauunternehmen über Fachkräfte mit hinreichender Sachkunde und Erfahrung sowie über die erforderliche Geräteausstattung verfügt.

Umfang der Überwachung sowie Häufigkeit und Probenahme sind in DIN EN 13670/DIN 1045-3 im Anhang ND geregelt.

Die Ergebnisse der Überprüfung durch die Überwachungsstelle sind in einem Bericht festzuhalten. Dieser ist auf der Baustelle und bei der Überwachungsstelle aufzubewahren und den Beauftragten der zuständigen Behörde auf Verlangen vorzulegen.

Literatur

1. DIN EN 1992-1-1, 2011-01, Eurocode 2: Bemessung und Konstruktion von Stahlbeton- und Spannbetontragwerken – Teil 1-1: Allgemeine Bemessungsregeln und Regeln für den Hochbau und Nationaler Anhang (NA) – National festgelegte Parameter, 2013-04, inkl. Änderungen A1, 2015-03 und NA/A1, 2015-12

2. DIN EN 206-1, 2001-07, Beton – Teil 1: Festlegungen, Eigenschaften, Herstellung und Konformität, inkl. Änderung A2, 2005-09

3. DIN 1045-2, 2008-08, Tragwerke aus Beton, Stahlbeton und Spannbeton – Teil 2: Beton – Festlegung, Eigenschaften, Herstellung und Konformität – Anwendungsregeln zu DIN EN 206-1

4. DIN EN 13670, 2011-03, Ausführung von Tragwerken aus Beton

5. DIN 1045-3, 2012-03, Tragwerke aus Beton, Stahlbeton und Spannbeton – Teil 3: Bauausführung – Anwendungsregeln zu DIN EN 13670, inkl. Berichtigung 1, 2013-07

6. Heft 526, Deutscher Ausschuss für Stahlbeton (DAfStb), Erläuterungen zu den Normen DIN EN 206-1, DIN 1045-2, DIN 1045-3, DIN 1045-4 und DIN EN 12620, Beuth-Verlag, Berlin, 2003

7. DIN EN 197-1, 2011-11, Zement – Teil 1: Zusammensetzung, Anforderungen und Konformitätskriterien von Normalzement

8. M. Biscoping, R. Pickhardt: Zement-Merkblatt B5 „Überwachen von Beton auf Baustellen", 2014-10, Hrsg.: Verein Deutscher Zementwerke, Düsseldorf (Download unter www.beton.org)

9. R. Osterheld, M. Beck: Zement-Merkblatt B9 „Expositionsklassen für Betonbauteile im Geltungsbereich des EC2", 2017-03, Hrsg.: InformationsZentrum Beton GmbH, Erkrath (Download unter www.beton.org)

10. R. Pickhardt, T. Bose, W. Schäfer: Beton – Herstellung nach Norm – Arbeitshilfe für Ausbildung, Planung und Baupraxis", 21. Aufl., Verlag Bau+Technik, Erkrath 2016

11. T. Richter, M. Peck, R. Pickhardt: Bauteilkatalog – Planungshilfe für dauerhafte Betonbauteile, 9. Aufl., Verlag Bau+Technik, Erkrath 2016

Stahlbeton und Spannbeton

8

Prof. Dr.-Ing. Ulrich Vismann

Inhaltsverzeichnis

8.1   Allgemeines   277
   8.1.1   Einführung   277
8.2   Begriffe, Formelzeichen, SI-Einheiten   278
   8.2.1   Begriffe   278
   8.2.2   Bautechnische Unterlagen   281
   8.2.3   Formelzeichen   282
   8.2.4   SI-Einheiten   284
8.3   Baustoffeigenschaften   284
   8.3.1   Beton   284
   8.3.2   Betonstahl   290
   8.3.3   Spannstahl   293
   8.3.4   Spannglieder   295
8.4   Allgemeine Grundlagen zur Tragwerksplanung   295
8.5   Schnittgrößenermittlung   296
   8.5.1   Lastfälle und Lastfallkombinationen   297
   8.5.2   Imperfektionen   297
   8.5.3   Auswirkungen nach Theorie II. Ordnung   299
   8.5.4   Zeitabhängige Wirkungen   299
   8.5.5   Tragwerksidealisierung   300
   8.5.6   Berechnungsverfahren   302
8.6   Bemessung im Grenzzustand der Tragfähigkeit   327
   8.6.1   Dauerhaftigkeit und Betondeckung   327
   8.6.2   Biegung und Längskraft   332
   8.6.3   Querkraft   338
   8.6.4   Torsion   348
   8.6.5   Durchstanzen   352
   8.6.6   Stabförmige Bauteile unter Biegung und
            Längsdruck (Theorie II. Ordnung)   359
   8.6.7   Unbewehrter oder gering bewehrter Beton   372
8.7   Bemessung im Grenzzustand der Gebrauchstauglichkeit .   373
   8.7.1   Begrenzung der Spannungen   373
   8.7.2   Begrenzung der Rissbreiten   377
   8.7.3   Begrenzung der Verformung   384
8.8   Allgemeine Bewehrungs- und Konstruktionsgrundlagen .   389
   8.8.1   Betonstahl   389
   8.8.2   Spannglieder   397
8.9   Konstruktionsregeln für spezielle Bauteile   401
   8.9.1   Balken   401
   8.9.2   Vollplatten aus Ortbeton   406
   8.9.3   Vorgefertigte Deckensysteme   411
   8.9.4   Stützen und Druckglieder   412
   8.9.5   Betonwände   413
   8.9.6   Wandartige Träger   413

   8.9.7   Konsolen   414
   8.9.8   Fundamente   415
   8.9.9   Sonderfälle der Bemessung und Konstruktion . . .   418
   8.9.10   Schadensbegrenzung bei außergewöhnlichen
           Einwirkungen   419
8.10   Bemessungstafeln   421
8.11   Betonstahltabellen und Konstruktionstafeln   451

8.1 Allgemeines

8.1.1 Einführung

Inzwischen sind die Eurocodes mit Ausnahme von Eurocode 8 (Erdbebenbemessung) in allen Bundesländern bauaufsichtlich eingeführt. Hinsichtlich der Anwendung der Eurocodes in Deutschland sind aber zusätzlich immer auch die Erlasse der einzelnen Bundesländer zu beachten (weitere Details hierzu siehe www.dibt.de). Für den Bereich des Stahl- und Spannbetonbaus ist die Anwendung des Eurocode 2 seit dem 1. Juli 2012 in Deutschland verbindlich, es liegen somit vielfache praktische Erfahrungen im Umgang mit dem umfangreichen Normenwerk vor. Vor diesem Hintergrund gibt es natürlich auch inzwischen Änderungen und Korrekturen [2, 4]. Das hier vorliegende Kapitel „Stahlbeton- und Spannbetonbau" im Wendehorst ist komplett auf die aktuellen Regelungen des Eurocode 2 inkl. des deutschen nationalen Anhanges angepasst, alle Aktualisierungen (Stand Juli 2017) sind eingearbeitet. Im Detail sind darüber hinaus in der aktualisierten 36. Auflage dieses Buches wiederum umfangreiche Ergänzungen eingearbeitet worden.

Der originale Normentext des Eurocode 2 ist für den Anwender in der Praxis und die Studierenden im Prinzip kaum zu verwenden, da zumindest immer zwei Dokumente parallel gelesen werden müssen, nämlich die eigentliche Norm [1] sowie der zugehörige nationale Anhang [2]. Darüber hinaus sind dann die jeweiligen A1-Änderungen [2, 4] zu beachten. Um dieses Dilemma zu überbrücken, wurden

U. Vismann ✉
FH Aachen, Bayernallee 9, 52066 Aachen, Deutschland

© Springer Fachmedien Wiesbaden GmbH 2018
U. Vismann (Hrsg.), *Wendehorst Bautechnische Zahlentafeln*, https://doi.org/10.1007/978-3-658-17936-6_8

vom Beuth Verlag mit [14] sogenannte verwobene Dokumente bereitgestellt. Dieses Dokument ist immer noch sehr umfangreich und beinhaltet neben den Regelungen zum Stahlbetonbau auch diejenigen zum Spannbetonbau. Eine weitere Vereinfachung bietet die sogenannte Kurzfassung des Eurocodes [15], mit der die Regelungen den Eurocode 2 zum reinen Stahlbetonbau zusammengefasst werden. Zu allen Dokumenten sind weitere Hintergrundinformationen in [11] und [16] enthalten. Wesentlich kompakter und übersichtlicher ist daher natürlich der Wendehorst, der als Tafelwerk alle relevanten Normeninhalte zusammenfasst.

Der Vergleich des EC 2 mit der DIN 1045-1 zeigt, dass die Bemessungsaufgaben vom Grundtenor her weitgehend identisch sind, im Detail jedoch sind viele Einzelheiten anders formuliert und bezeichnet; einige Bemessungsaufgaben wurden auch komplett neu formuliert. Die im Vergleich zur DIN 1045-1 geänderten Definitionen, Begriffe und Formelzeichen erschweren gerade in der Einarbeitungsphase die Handhabung des neuen Regelwerkes. Hier kann dieses Bautabellenbuch als übersichtliches Nachschlagewerk wertvolle Hilfe leisten. Auf die folgenden wesentlichen Bestandteile und Änderungen des Eurocodes gegenüber der DIN 1045-1 soll hier besonders hingewiesen werden:

- Der Nationale Anhang für Deutschland ist umfangreich und muss parallel zur eigentlichen Norm beachtet werden. Einige Anhänge der Norm werden z. B. durch den Nationalen Anhang wieder außer Kraft gesetzt.
- Leichtbetonbauteile, Fertigteile und unbewehrte Betonteile sind nicht wie in DIN 1045-1 mit im Text verwoben, sondern in den jeweils separaten Kap. 10, 11 und 12 der Norm enthalten.
- Im Heft 600 des DAfStb [11] sind weitere Erläuterungen und Hinweise zum Eurocode veröffentlicht.
- Die Nachweise zum Durchstanzen sind in wesentlichen Teilen neu formuliert.
- Druckkräfte werden zum Teil mit positivem Vorzeichen berücksichtigt. Hier muss der Anwender sich mit Ingenieurverstand von Fall zu Fall vergegenwärtigen, mit welchem Vorzeichen die Längskräfte in die Bemessungsgleichungen eingehen.
- Auf den modifizierten Teilsicherheitsbeiwert für höherfeste Betone wird verzichtet. Die Parameter der Spannungs-Dehnungslinien wurden angepasst. Auch die Formulierung des E-Moduls E_{cm} ist geändert. Vor diesem Hintergrund können die Bemessungstafeln nach DIN 1045-1 für höherfeste Betone ($> C50$) nicht mehr verwendet werden.
- Bei unbewehrtem Beton ist anstelle eines erhöhten Teilsicherheitsbeiwertes ein modifizierter Abminderungsfaktor zur Bestimmung des Bemessungswertes der Betondruckfestigkeit eingeführt.

- Die Schwindmaße im Eurocode sind im Allg. etwas geringer als in der DIN 1045-1.
- Für Betonstahl gilt die neue DIN 488. Die Bezeichnung wurde von BSt 500 auf B 500 geändert.
- Der Nachweis der Verformungsbegrenzung über zulässige Biegeschlankheiten ist neu formuliert und führt tendenziell zu größeren Deckenstärken.
- Die konstruktiven Regeln sind vielfach mit neuen Bezeichnungen versehen.

8.2 Begriffe, Formelzeichen, SI-Einheiten

8.2.1 Begriffe

- **üblicher Hochbau**: Hochbau mit vorwiegend ruhenden und gleichmäßig verteilten Nutzlasten bis $5\,kN/m^2$, Einzellasten bis 7 kN und Personenkraftwagen.
- **vorwiegend ruhende Einwirkung**: statische Einwirkung oder nicht ruhende Einwirkung, die jedoch für die Tragwerksplanung als ruhende Einwirkung angesehen werden darf.
- **nicht vorwiegend ruhende Einwirkung**: stoßende Einwirkung oder sich häufig wiederholende Einwirkung, die eine vielfache Beanspruchungsänderung während der Nutzungsdauer des Tragwerks oder des Bauteils hervorruft. (z. B. Kran-, Kranbahn-, Gabelstaplerlasten, Verkehrslasten auf Brücken).
- **vorwiegend auf Biegung beanspruchtes Bauteil**: Bauteil mit einer bezogenen Exzentrizität im Grenzzustand der Tragfähigkeit von $e_d/h \geq 3,5$.
- **Druckglied**: Vorwiegend auf Druck beanspruchtes, stab- oder scheibenförmiges Bauteil mit einer bezogenen Exzentrizität im Grenzzustand der Tragfähigkeit von $e_d/h < 3,5$.
- **Normalbeton**: Beton mit einer Trockenrohdichte zwischen 2000 und $2600\,kg/m^3$; Betonfestigkeitsklassen C12/15 bis C100/115 (In diesem Beitrag wird vorwiegend Normalbeton bis C50/60 behandelt).
- **Leichtbeton**: Trockenrohdichte zwischen 800 und $2000\,kg/m^3$.
- **hochfester Beton**: (auch hochfester Normalbeton) Beton mit Festigkeitsklassen $\geq$ C55/67 bzw. $\geq$ LC55/60.
- **Spannglied mit sofortigem Verbund**: Im Spannbett gespanntes Spannglied, das nach dem Spannen einbetoniert wird.
- **Spannglied mit nachträglichem Verbund**: In einem einbetonierten Hüllrohr liegendes Spannglied, das nach dem Erhärten des Betons gespannt und durch Ankerkörper an den Enden verankert wird. Danach wird der Hohlraum im Hüllrohr durch Einpressmörtel gefüllt.

- **internes (externes) Spannglied ohne Verbund**: innerhalb (außerhalb) des Betonquerschnitts liegendes Zugglied aus Spannstahl, das nach dem Erhärten des Betons gespannt wird und mit dem Tragwerk durch Verankerungen und Umlenksättel verbunden ist und im Bereich von Spanngliedkrümmungen Umlenkkräfte auf den Beton ausübt.
- **Dekompression**: Grenzzustand, bei dem ein Teil des Betonquerschnitts unter der maßgebenden Einwirkungskombination unter Druckspannungen steht.
- **Grenzzustand der Tragfähigkeit (GZT)**: Derjenige Zustand, bei dessen Überschreitung rechnerisch der Einsturz oder andere Formen des Tragwerksversagens eintreten.
- **Grenzzustand der Gebrauchstauglichkeit (GZG)**: Derjenige Zustand, bei dessen Überschreitung festgelegte Nutzungsanforderungen eines Tragwerkes oder eines Tragwerksteils nicht mehr erfüllt werden oder eine dauerhafte Tragfähigkeit nicht mehr sichergestellt ist.
- **Einwirkung**: Lasten, die als Kräfte oder Zwänge in Form von Temperatur oder Setzungen auf ein Bauwerk wirken.
- **charakteristischer Wert**: Werte der Einwirkungen, die in einschlägigen Bestimmungen festgelegt werden.
- **Bemessungswert**: Werte, die sich durch Multiplikation der charakteristischen Werte mit einem Sicherheitsbeiwert und ggf. einem Kombinationsbeiwert ergeben.
- **Duktilität**: plastische Dehnfähigkeit von Betonstahl, Spannstahl und Stahl- bzw. Spannbeton.
- **Relaxation**: mit Relaxation wird bei Spannstählen das allmähliche Absinken der Spannung bei gleichbleibender Dehnung bezeichnet.
- **unbewehrte oder gering bewehrte Bauteile**: Bauteile ohne Bewehrung oder mit einer geringeren als die jeweilige Mindestbewehrung (siehe Abschn. 8.9).

8.2.2 Bautechnische Unterlagen

Zu den bautechnischen Unterlagen gehören die für die Ausführung des Bauwerks notwendigen Zeichnungen, die statische Berechnung und – wenn für die Bauausführung erforderlich – eine ergänzende Projektbeschreibung sowie etwaige bauaufsichtlich erforderliche Verwendbarkeitsnachweise für Bauprodukte bzw. Bauarten (z. B. allgemeine bauaufsichtliche Zulassungen).

8.2.2.1 Zeichnungen

Die Bauteile, die einzubauende Betonstahlbewehrung und die Spannglieder sowie alle Einbauteile sind auf den Zeichnungen eindeutig und übersichtlich darzustellen und zu bemaßen. Die Darstellungen müssen mit den Angaben in der statischen Berechnung übereinstimmen und alle für die Aus-

führung der Bauteile und für die Prüfung der Berechnungen erforderlichen Maße enthalten. Auf zugehörige Zeichnungen ist hinzuweisen.

Pflichtangaben für Bewehrungszeichnungen

- Festigkeitsklassen, Expositionsklassen und ggf. weitere Anforderungen für den Beton (z. B. WU)
- Betonstahl- und Spannstahlsorten
- Anzahl, Durchmesser, Form und Lage der Bewehrungsstäbe; gegenseitiger Abstand und Übergreifungslänge an Stößen und Verankerungslängen; Anordnung, Maße und Ausbildung von Schweißstellen; Typ und Lage der mechanischen Verbindungsmittel
- Rüttelgassen, Lage von Betonieröffnungen
- das Herstellungsverfahren der Vorspannung; Anzahl, Typ und Lage der Spannglieder sowie der Spanngliedverankerungen und Spanngliedkopplungen sowie zugehörige Betonstahlbewehrung; Typ und Durchmesser der Hüllrohre; Angaben zum Einpressmörtel
- bei gebogenen Bewehrungsstäben die erforderlichen Biegerollendurchmesser
- Maßnahmen zur Lagesicherung der Betonstahlbewehrung und der Spannglieder sowie Anordnung, Maße und Ausführung der Unterstützungen der oberen Betonstahlbewehrungslage und der Spannglieder
- das Verlegemaß c_v der Bewehrung, das sich aus dem Nennmaß der Betondeckung c_{nom} ableitet sowie das Vorhaltemaß Δc_{dev} der Betondeckung
- die Fugenausbildung
- gegebenenfalls besondere Maßnahmen zur Qualitätssicherung.

8.2.2.2 Statische Berechnungen

Das Tragwerk und die Lastabtragung sind textlich zu beschreiben. Die Tragfähigkeit und die Gebrauchstauglichkeit der baulichen Anlage und ihrer Bauteile sind in der statischen Berechnung übersichtlich und **leicht prüfbar** nachzuweisen. Mit numerischen Methoden erzielte Rechenergebnisse sollten grafisch dargestellt werden.

Für besondere Rechenwege, insbesondere wenn diese nicht Normativ erfasst sind, und für abweichende außergewöhnliche Gleichungen ist die Fundstelle genau anzugeben, sofern diese allgemein zugänglich ist. Ansonsten sind die Ableitungen so weit zu entwickeln, dass ihre Richtigkeit geprüft werden kann.

8.2.2.3 Baubeschreibung

Angaben, die für die Bauausführung oder für die Prüfung der Zeichnungen oder der statischen Berechnung notwendig sind und aus den Zeichnungen nicht ohne Weiteres entnommen werden können, müssen in einer Baubeschreibung enthalten und erläutert sein.

8.2.3 Formelzeichen

Eine Auswahl wesentlicher Formelzeichen und abgeleiteter Zeichen ist unten aufgeführt.

8.2.3.1 Einzelne Formelzeichen

Lateinische Großbuchstaben

A Fläche; Querschnitt; außergewöhnliche Einwirkung
C Festigkeitsklasse Beton
D Biegerollendurchmesser
E Elastizitätsmodul; Auswirkung der Einwirkung
F Einwirkung
G Schubmodul; ständige Einwirkung
GZG Grenzzustand der Tragfähigkeit
     (= ULS Ultimate Limit State)
GZT Grenzzustand der Gebrauchstauglichkeit
     (= SLS Serviceability Limit State)
I Flächenmoment 2. Grades
L Länge
LC Festigkeitsklasse Leichtbeton
M Biegemoment
N Normalkraft
P Vorspannkraft
Q veränderliche Einwirkung
R Widerstand
S Schnittgrößen, Flächenmoment ersten Grades
T Torsionsmoment
V Querkraft

Lateinische Kleinbuchstaben

a Abstand; Auflagerbreite; geometrische Angabe
Δa Abweichung für eine geometrische Angabe
b Breite eines Querschnitts, oder Gurtbreite eines T oder L-Querschnitts
c Betondeckung; Rauigkeitsbeiwert
d statische Nutzhöhe; Durchmesser
e Lastausmitte (Exzentrizität)
f Festigkeit
h Höhe; Dicke; Gesamthöhe eines Querschnitts
i Trägheitsradius
k Beiwert, Faktor
l oder (L) Länge, Stützweite, Spannweite
m Moment je Längeneinheit
n Normalkraft je Längeneinheit
s Stababstand
t Zeitpunkt; Wanddicke
u Umfang eines Betonquerschnitts mit der Fläche A_c
v Querkraft je Längeneinheit
x Höhe der Druckzone
z Hebelarm der inneren Kräfte

Griechische Buchstaben

α Winkel; Verhältnis; Wärmedehnzahl
β Winkel; Verhältnis; Beiwert; Abminderung; Querkraft; Ausbreitwinkel
γ Teilsicherheitsbeiwert Inkrement, Zuwachs/Umlagerungsverhältnis
δ Inkrement, Zuwachs/Umlagerungsverhältnis
ε Dehnung
φ Kriechbeiwert
λ Schlankheit
μ Reibungsbeiwert zwischen Spannglied und Hüllrohr
ν Querdehnzahl; Abminderungsbeiwert der Druckfestigkeit für gerissenen Beton
ϱ Ofentrockene Dichte des Betons in kg/m^3
σ Normalspannung
τ Schubspannung aus Torsion
θ Winkel
ξ Verhältnis der Verbundfestigkeit von Spannstahl zu der von Betonstahl; bezogene Druckzonenhöhe
ψ Kombinationsbeiwert einer veränderlichen Einwirkung
Δ Differenz.

Indizes

b, d Verbund
c Beton; Druck; Kriechen
cal Rechenwert
col Stütze (column)
cr crack
d Bemessungswert
dev deviation (Abweichung)
dir direkt
E Beanspruchung
e Exzentrizität
Ed Bemessungswert Beanspr.
eff wirksam (effective)
erf erforderlich
fat Ermüdung
G ständige Einwirkung als Einzellast
g ständige Einwirkung als Linien- oder Flächenlast
ind indirekt
inf unterer (inferior)
k charakteristisch
m mittlerer Wert
p Vorspannung
perm ständig (permanent)
pl unbewehrt (plain)
prov vorhanden (provided)
Q veränderliche Einwirkung als Einzellast
q veränderliche Einwirkung als Linien- oder Flächenlast
R rechn. Systemwiderstand
Rd Bemessungswiderstand

r   Riss
red   reduziert
rqd   erforderlich (required)
s   Betonstahl; Schwinden
sup   oberer (superior)
t   Zug
vorh   vorhanden
y   Fließgrenze (yield)

8.2.3.2 Abgeleitete Formelzeichen

Lateinische Großbuchstaben mit Indizes

A_c Betonquerschnittsfläche

A_p Spannstahlfläche

A_s Betonstahlfläche

A_{s1} Zugbewehrungsfläche

A_{s2} Druckbewehrungsfläche

$A_{s,min}$ Querschnittsfläche der Mindestbewehrung

A_{sw} Schubbewehrungsfläche

D_{Ed} Schädigungssumme (Ermüdung)

$E_c, E_{c(28)}$ Elastizitätsmodul für Normalbeton als Tangente im Ursprung der Spannungs-Dehnungs-Linie allgemein und nach 28 Tagen

$E_{c,eff}$ effektiver Elastizitätsmodul des Betons

$E_c(t)$ Elastizitätsmodul für Normalbeton als Tangente im Ursprung der Spannungs-Dehnungs-Linie nach t Tagen

E_{cm} mittlerer Elastizitätsmodul für Normalbeton (Sekantenmodul)

E_p Elastizitätsmodul für Spannstahl

E_s Elastizitätsmodul für Betonstahl

F_d Bemessungswert einer Einwirkung

F_k charakteristischer Wert einer Einwirkung

G_k charakteristischer Wert einer ständigen Einwirkung

M_{Ed} Bemessungswert des einwirkenden Biegemoments

M_{Rd} Bemessungswert des aufnehmbaren Biegemoments

N_{Ed} Bemessungswert der einwirkenden Normalkraft (Zug oder Druck)

N_{Rd} Bemessungswert der aufnehmbaren Normalkraft

P_d Bemessungswert der Vorspannkraft

P_k charakteristischer Wert der Vorspannkraft

P_{m0} Mittelwert der Vorspannkraft unmittelbar nach der Krafteinleitung in den Beton

P_{mt} Mittelwert der Vorspannkraft zum Zeitpunkt t

P_0 aufgebrachte Höchstkraft am Spannanker nach dem Spannen

Q_k charakteristischer Wert der veränderlichen Einwirkung

Q_{fat} charakteristischer Wert der veränderlichen Einwirkung beim Nachweis gegen Ermüdung

T_{Ed} Bemessungswert des einwirkenden Torsionsmoments

T_{Rd} Bemessungswert des aufnehmbaren Torsionsmoments

V_{Ed} Bemessungswert der einwirkenden Querkraft

$V_{Rd,c}$ Bemessungswert der aufnehmbaren Querkraft ohne Schubbewehrung

$V_{Rd,max}$ Bemessungswert der durch die Druckstrebenfestigkeit aufnehmbaren Querkraft

$V_{Rd,sy}$ Bemessungswert der durch die Schubbewehrung aufnehmbaren Querkraft.

Lateinische Kleinbuchstaben mit Indizes

a_l Versatzmaß Zugkraftdeckung

b_{eff} mitwirkende Plattenbreite

b_w Stegbreite eines T, I oder L-Querschnitts

c_j Rauigkeitsbeiwert in Verbundfugen

c_{min} Mindestbetondeckung

c_{nom} Betondeckung Nennmaß

c_v Verlegemaß der Bewehrung

d_g Durchmesser des Größtkorns einer Gesteinskörnung

$\varnothing_p$ Nenndurchmesser bei Spanngliedern

$\varnothing_s$ Stabdurchmesser

$\varnothing_n$ Vergleichsdurchmesser Gesamtlastausmitte

e_i zusätzliche ungewollte Ausmitte (imperfection)

e_{tot} Gesamtlastausmitte

f_{cd} Bemessungswert der einaxialen Betondruckfestigkeit

f_{ck} charakteristische Zylinderdruckfestigkeit des Betons nach 28 Tagen

f_{cm} Mittelwert der Zylinderdruckfestigkeit des Betons

f_{ctd} Bemessungswert der zentrischen Betonzugfestigkeit

f_{ctk} charakteristischer Wert der zentrischen Betonzugfestigkeit

f_{ctm} Mittelwert der zentrischen Zugfestigkeit des Betons

f_p Zugfestigkeit des Spannstahls

f_{pk} charakteristischer Wert der Zugfestigkeit des Spannstahls

$f_{p0,1}$ 0,1 %-Dehngrenze des Spannstahls

$f_{p0,1k}$ charakteristischer Wert der 0,1 %-Dehngrenze des Spannstahls

$f_{p0,2k}$ charakteristischer Wert der 0,2 %-Dehngrenze des Betonstahls

f_t Zugfestigkeit des Betonstahls

f_{tk} charakteristischer Wert der Zugfestigkeit des Betonstahls

f_y Streckgrenze des Betonstahls

f_{yd} Bemessungswert der Streckgrenze des Betonstahls

f_{yk} charakteristischer Wert der Streckgrenze des Betonstahls

f_{ywd} Bemessungswert der Streckgrenze von Querkraftbe-
        wehrung
l_{eff} effektive Stützweite
$l_{\text{b,rqd}}$ Grundmaß der Verankerungslänge
l_{o} Übergreifungslänge
s_{w} Abstand der Schubbewehrung
x_{d} Druckzonenhöhe nach der Schnittgrößenumlagerung.

Griechische Kleinbuchstaben mit Indizes

γ_{A} Teilsicherheitsbeiwert für außergewöhnliche Ein-
        wirkungen A
γ_{C} Teilsicherheitsbeiwert für Beton
$\gamma_{\text{C,fat}}$ Teilsicherheitsbeiwert für Beton beim Nachweis
        gegen Ermüdung
γ_{F} Teilsicherheitsbeiwert für Einwirkungen, F
$\gamma_{\text{F,fat}}$ Teilsicherheitsbeiwerte für Einwirkungen beim
        Nachweis gegen Ermüdung
γ_{G} Teilsicherheitsbeiwert für ständige Einwirkungen,
        G
γ_{M} Teilsicherheitsbeiwerte für eine Baustoffeigen-
        schaft unter Berücksichtigung von Streuungen
        der Baustoffeigenschaft selbst sowie geometrischer
        Abweichungen und Unsicherheiten des verwende-
        ten Bemessungsmodells (Modellunsicherheiten)
γ_{P} Teilsicherheitsbeiwert für Einwirkungen infolge
        Vorspannung, P, sofern diese auf der Einwirkungs-
        seite berücksichtigt wird
γ_{Q} Teilsicherheitsbeiwert für veränderliche Einwir-
        kungen, Q
γ_{S} Teilsicherheitsbeiwert für Betonstahl und Spann-
        stahl
$\gamma_{\text{s,fat}}$ Teilsicherheitsbeiwert für Betonstahl und Spann-
        stahl beim Nachweis gegen Ermüdung
ε_{c} Dehnung des Betons
ε_{c1} Dehnung des Betons unter der Maximalspannung
        f_{c}
ε_{cu} rechnerische Bruchdehnung des Betons
ε_{p} Spannstahldehnung
ε_{s} Betonstahldehnung
ε_{u} rechnerische Bruchdehnung des Beton- oder
        Spannstahls
ε_{uk} charakteristische Dehnung des Beton- oder Spann-
        stahls unter Höchstlast
ϱ_{1000} Verlust aus Relaxation (in %), 1000 Stunden nach
        Aufbringung der Vorspannung bei einer mittleren
        Temperatur von 20 °C
ϱ_{l} geometrisches Bewehrungsverhältnis der Längsbe-
        wehrung
ϱ_{w} geometrisches Bewehrungsverhältnis der Quer-
        kraftbewehrung
σ_{c} Spannung im Beton
σ_{cp} Spannung im Beton aus Normalkraft oder Voll-
        spannung

σ_{cu} Spannung im Beton bei der rechnerischen Bruch-
        dehnung des Betons ε_{cu}
σ_{s} Betonstahlspannung
$\varphi(t, t_0)$ Kriechzahl, die die Kriechverformung zwischen
        den Zeitpunkten t und t_0 beschreibt, bezogen auf
        die elastische Verformung nach 28 Tagen
$\varphi(\infty, t_0)$ Endkriechzahl
ψ_0 Kombinationsbeiwert für seltene Werte
ψ_1 Kombinationsbeiwert für häufige Werte
ψ_2 Kombinationsbeiwert für quasi-ständige Werte

8.2.4 SI-Einheiten

Folgende mit der ISO 1000 bzw. DIN 1301-1 übereinstim-
mende SI-Einheiten werden für Berechnungen empfohlen:

Längen	m, mm
Querschnittsflächen	cm^2, mm^2
Kräfte, Einwirkungen	kN, kN/m, kN/m^2
Wichte	kN/m^3
Spannungen und Festigkeiten	N/mm^2 ($= N/mm^2 = MPa$), kN/cm^2 ($= 10\,N/mm^2$)
Momente	kN m

8.3 Baustoffeigenschaften

Die physikalischen Eigenschaften für die zur Verwendung
kommenden Baustoffe sind in Tafel 8.1 zusammengestellt.

8.3.1 Beton

Normalbeton ist Beton mit geschlossenem Gefüge, der aus
festgelegten Gesteinskörnungen hergestellt wird und so zusammengesetzt und verdichtet ist, dass außer den künstlich
erzeugten kein nennenswerter Anteil an eingeschlossenen
Luftporen vorhanden ist. Seine Trockenrohdichte beträgt
2000 bis 2600 kg/m^3.

8.3.1.1 Betondruck- und Betonzugfestigkeit
Der Bemessung der Bauteile liegen die charakteristischen
Zylinderdruckfestigkeiten f_{ck} zugrunde. Die Betondruckfestigkeit ist als der Bemessungswert definiert, der bei statistischer Auswertung aller Druckfestigkeitsergebnisse von
Beton im Alter von 28 Tagen nur in 5 % aller Fälle (5 % Fraktile) unterschritten wird.

Die Druckfestigkeitswerte f_{ck} können entweder an Zylindern (300 mm Höhe, 150 mm Durchmesser) als $f_{\text{ck,zyl}}$
oder an Würfeln (150 mm Kantenlänge) als $f_{\text{ck,cube}}$ ermittelt
werden. Da die Bemessungsregeln auf den Werten der Zylin-
derfestigkeit basieren, gilt im Weiteren $f_{\text{ck,zyl}} = f_{\text{ck}}$.

Tafel 8.1 Physikalische Eigenschaften von Beton, Stahlbeton und Spannbeton aus Normalbeton: Betonstahl und Spannstahl

Physikalische Eigenschaft	Normalbeton		Stahl	
	Beton (unbewehrt)	Stahlbeton Spannbeton	Betonstahl	Spannstahl
Dichte ϱ [kg/m³]	2400	2500	7850	7850
Wärmedehnzahl [K⁻¹]	$10 \cdot 10^{-6}$			
Querdehnzahl ν [–]	0,2 für elastische Dehnungen 0 wenn Rissbildung in Beton unter Zugbeanspruchung zulässig ist			

Die Bezeichnung C steht für Normalbeton, LC für Leichtbeton. Die beiden Zahlen hinter den Bezeichnungen verweisen auf die Zylinder- bzw. Würfelfestigkeit $C f_{ck,cyl}/f_{ck,cube}$ oder $LC f_{ck,cyl}/f_{ck,cube}$. Im Folgenden wird aufgrund der Relevanz in der Praxis im Wesentlichen nur Normalbeton bis zur Festigkeitsklasse C50/60 betrachtet. Die Betonzugfestigkeit wird für den einachsigen Spannungszustand angegeben. Wegen der großen Streuung der Zugfestigkeitswerte werden hierfür sowohl die Mittelwerte f_{ctm} als auch die unteren und oberen charakteristischen Grenzwerte $f_{ctk;0,05}$ bzw. $f_{ctk;0,95}$ angegeben.

Die analytischen Beziehungen für die rechnerischen Betonkennwerte ((8.1) bis (8.7)) beziehen sich auf ein Betonalter von $t = 28d$. Da die Formeln nicht „Einheitenrein" sind, müssen alle Festigkeitswerte in [N/mm²] eingesetzt werden.

$$f_{cm} = f_{ck} + 8 \quad [\text{N/mm}^2] \tag{8.1}$$
charakteristische Druckfestigkeit

$$f_{ctm} = 0,30 f_{ck}^{(2/3)} \quad [\text{bis C50/60}] \tag{8.2}$$
Mittelwert der Zugfestigkeit

$$f_{ctm} = 2,12 \ln(1 + f_{cm}/10) \quad [\text{ab C55/67}] \tag{8.3}$$

$$f_{ctk;0,05} = 0,70 f_{ctm} \quad [\text{5\%-Quantil}] \tag{8.4}$$
5 % Quantil der Zugfestigkeit

$$f_{ctk;0,95} = 1,30 f_{ctm} \quad [\text{95\%-Quantil}] \tag{8.5}$$
95 % Quantil der Zugfestigkeit

$$f_{ctm,fl} = (1,6 - h \, [\text{mm}]/1000) \cdot f_{ctm} \geq f_{ctm} \tag{8.6}$$
Biegezugfestigkeit

$$E_{cm} = 22.000 \cdot (f_{cm}/10)^{0,3} \tag{8.7}$$
Sekantenmodul

Die Tafeln 8.2 und 8.3 enthalten die Festigkeitswerte in tabellarischer Form.

Die angegebenen E-Moduln für Beton entsprechen Richtwerten für Sekantenmoduln zwischen $\sigma_c = 0$ und $0,4 f_{cm}$ eines Betons mit quarzithaltigen Gesteinskörnungen. Bei Kalkstein- und Sandsteinkörnungen sollten die Werte um 10 % bzw. 30 % reduziert, bei Basaltgesteinskörnungen um 20 % erhöht werden. In besonderen Fällen kann es sinnvoll sein, genauere Werte zu ermitteln. Weitere Erläuterungen enthalten [10, 11].

Im Allgemeinen sind die Festigkeitswerte des Betons auf ein Betonalter von 28 Tagen bezogen. Für bestimmte Anwendungsfälle (insbesondere im Spannbetonbau) ist aber auch die zeitliche Entwicklung der Materialeigenschaften des Betons von Bedeutung. Diese Werte können auf der Grundlage von Prüfergebnissen bestimmt werden, eine erste

Tafel 8.2 Festigkeits- und Formänderungskennwerte von hochfestem Normalbeton $\leq$ C50/60

Kenngröße	Festigkeitsklassen								
	C12/15[a]	C16/20	C20/25	C25/30	C30/37	C35/45	C40/50	C45/55	C50/60
f_{ck} in N/mm²	**12**	**16**	**20**	**25**	**30**	**35**	**40**	**45**	**50**
$f_{ck,cube}$ in N/mm²	15	20	25	30	37	45	50	55	60
f_{cm} in N/mm²	20	24	28	33	38	43	48	53	58
f_{ctm} in N/mm²	1,6	1,9	2,2	2,6	2,9	3,2	3,5	3,8	4,1
$f_{ctk;0,05}$ in N/mm²	1,1	1,3	1,5	1,8	2	2,2	2,5	2,7	2,9
$f_{ctk;0,95}$ in N/mm²	2	2,5	2,9	3,3	3,8	4,2	4,6	4,9	5,3
E_{cm} in N/mm²	27.000	29.000	30.000	31.000	33.000	34.000	35.000	36.000	37.000
ε_{c1} in ‰	1,8	1,9	2,1	2,2	2,3	2,4	2,5	2,55	2,6
ε_{cu1} in ‰	3,5 (siehe Abb. 8.1)								
n in ‰	2,0 (siehe Abb. 8.2)								
ε_{c2} in ‰	2,0 (siehe Abb. 8.2)								
ε_{cu2} in ‰	3,5 (siehe Abb. 8.2)								
ε_{c3} in ‰	1,75 (siehe Abb. 8.3)								
ε_{cu3} in ‰	3,5 (siehe Abb. 8.3)								

[a] Die Festigkeitsklasse C12/15 darf nur bei vorwiegend ruhender Einwirkung verwendet werden.

Tafel 8.3 Festigkeits- und Formänderungskennwerte von hochfestem Normalbeton $\geq$ C55/67

Kenngröße	Festigkeitsklassen					
	C55/67	C60/75	C70/85	C80/95	C90/105	C100/115[a]
f_{ck} in N/mm^2	**55**	**60**	**70**	**80**	**90**	**100**
$f_{ck,cube}$ in N/mm^2	67	75	85	95	105	115
f_{cm} in N/mm^2	63	68	78	88	98	108
f_{ctm} in N/mm^2	4,2	4,4	4,6	4,8	5	5,2
$f_{ctk;0,05}$ in N/mm^2	3	3,1	3,2	3,4	3,5	3,7
$f_{ctk;0,95}$ in N/mm^2	5,5	5,7	6	6,3	6,6	6,8
E_{cm} in N/mm^2	38.000	39.000	41.000	42.000	44.000	45.000
ε_{c1} in ‰	2,5	2,6	2,7	2,8	2,8	2,8
ε_{cu1} in ‰	3,2	3,0	2,8	2,8	2,8	2,8
n in ‰	1,75	1,60	1,45	1,4	1,4	1,4
ε_{c2} in ‰	2,2	2,3	2,4	2,5	2,6	2,6
ε_{cu2} in ‰	3,1	2,9	2,7	2,6	2,6	2,6
ε_{c3} in ‰	1,8	1,9	2,0	2,2	2,3	2,4
ε_{cu3} in ‰	3,1	2,9	2,7	2,6	2,6	2,6

[a] Die Werte für C100/115 folgen nicht den analytischen Beziehungen, sie wurden von diesen unabhängig festgelegt.

Abschätzung kann allerdings auch mit den folgenden Beziehungen erfolgen:

Betondruckfestigkeit zum Zeitpunkt t:

$$f_{ck}(t) = f_{cm}(t) - 8 \text{ [N/mm}^2] \quad \text{für } 3\,d < t < 28\,d$$
$$f_{ck}(t) = f_{ck} \quad \text{für } t \geq 28\,d \tag{8.8}$$

Für Werte $t < 3\,d$ sind Versuche erforderlich. Die Betonfestigkeit im Alter t hängt von verschiedenen Einflussparametern ab. Bei einer mittleren Temperatur von 20 °C und Lagerung nach DIN 12390 kann $f_{cm}(t)$ wie folgt bestimmt werden.

$$f_{cm}(t) = \beta_{cc}(t) \cdot f_{cm} \tag{8.9}$$

$\beta_{cc}(t)$ Beiwert für das Betonalter $= e^{s[1-\sqrt{28/t}]}$
$f_{cm}(t)$ Mittlere Druckfestigkeit des Betons im Alter von t Tagen
f_{cm} Mittlere Druckfestigkeit des Betons im Alter von 28 Tagen, siehe Tafeln 8.2 und 8.3
t betrachtetes Betonalter in Tagen ($3\,d < t < 28\,d$)
s Beiwert für den Zementtyp
     $= 0{,}20$ für Zemente CEM 42,5 R, CEM 52,5 N, CEM 52,5 R (Klasse R)
     $= 0{,}25$ für Zemente CEM 32,5 R, CEM 42,5 N, (Klasse N)
     $= 0{,}38$ für Zemente CEM 32,5 N (Klasse S)
     $= 0{,}20$ generell für hochfeste Betone

Betonzugfestigkeit zum Zeitpunkt t:

$$f_{ctm}(t) = [\beta_{cc}(t)]^{\alpha} \cdot f_{ctm} \tag{8.10}$$

$\beta_{cc}(t)$ siehe oben
α Beiwert
     $= 1{,}0$ für $t < 28$ Tage
     $= 2/3$ für $t \geq 28$ Tage

Elastizitätsmodul zum Zeitpunkt t:

$$E_{cm}(t) = \left[\frac{f_{cm}(t)}{f_{cm}} \right]^{0,3} \cdot E_{cm} \tag{8.11}$$

8.3.1.2 Spannungs-Dehnungs-Linien

Es gibt eine Spannungs-Dehnungs-Linie für nichtlineare Schnittgrößenermittlungsverfahren und Verformungsberechnungen (Abb. 8.1) sowie drei für die Querschnittsbemessung (Abb. 8.2, 8.3 und 8.4). In den Tafeln 8.2 und 8.3 sind die erforderlichen Parameter zur Bestimmung der Spannungsdehnungslinien aufgeführt.

Schnittgrößenermittlung und Verformungsberechnung (siehe Abb. 8.1)

Die Spannungs-Dehnungs-Linie gilt für $0 < |\varepsilon_c| < \varepsilon_{cu1}$

$$\sigma_c = f_{cm} \left(\frac{k \cdot \eta - \eta^2}{1 + (k-2)\eta} \right) \tag{8.12}$$

$$\eta = \varepsilon_c / \varepsilon_{c1}$$

$$k = 1{,}05 \cdot E_{cm} \cdot |\varepsilon_{c1}| / f_{cm}$$

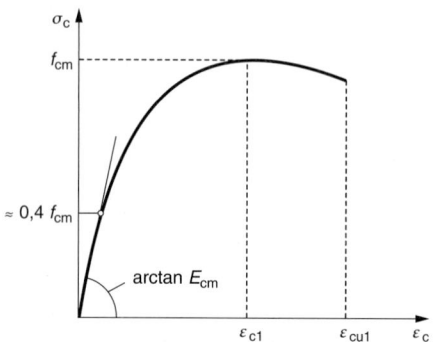

Abb. 8.1 Diagramm nur für Verformungsberechnungen

Querschnittsbemessung (siehe Abb. 8.2)

Für das Parabel-Rechteck-Diagramm gilt für $0 \leq \varepsilon_c < \varepsilon_{c2}$

$$\sigma_c = f_{cd}\left[1 - \left(1 - \frac{\varepsilon_c}{\varepsilon_{c2}}\right)^n\right] \qquad (8.13)$$

und für $\varepsilon_{c2} \leq \varepsilon_c \leq \varepsilon_{cu2}$

$$\sigma_c = f_{cd}$$

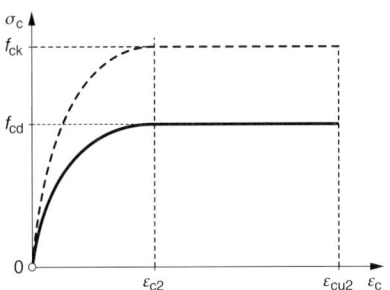

Abb. 8.2 Parabel-Rechteck-Diagramm

Dabei sind der Exponent n sowie die Dehnungen ε_{c2} und ε_{cu2} gemäß Tafel 8.2 bzw. 8.3 einzusetzen.

Für Querschnittsbemessungen dürfen aber auch die folgenden vereinfachten Spannungs-Dehnungs-Beziehungen angewandt werden (siehe Abb. 8.3 und 8.4).

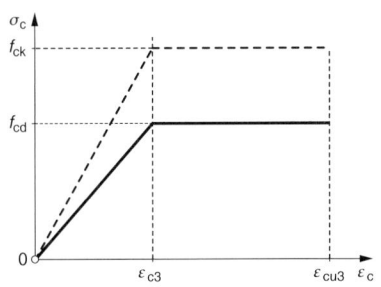

Abb. 8.3 Bilineare Spannungs-Dehnungs-Linie

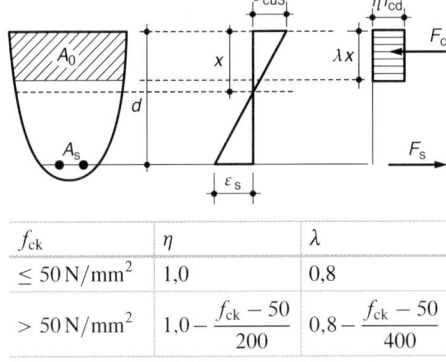

f_{ck}	η	λ
$\leq 50\,\text{N/mm}^2$	$1{,}0$	$0{,}8$
$> 50\,\text{N/mm}^2$	$1{,}0 - \dfrac{f_{ck} - 50}{200}$	$0{,}8 - \dfrac{f_{ck} - 50}{400}$

Abb. 8.4 Spannungsblock.
Anmerkung Sofern die Querschnittsbreite zum gedrückten Rand hin abnimmt, ist $\eta \cdot f_{cd}$ zusätzlich mit dem Faktor 0,9 abzumindern

Der Bemessungswert (GZT) der **Betondruckfestigkeit** f_{cd} ist durch folgende Formel zu bestimmen

$$f_{cd} = \alpha_{cc} \cdot \frac{f_{ck}}{\gamma_C} \qquad (8.14)$$

α_{cc} Abminderungsbeiwert zur Berücksichtigung von Langzeitwirkungen auf die Druckfestigkeit
     = 0,85 im Allgemeinen
     = 1,0 bei Kurzzeitbelastungen (z. B. Anprall)
$\alpha_{cc} = \alpha_{cc,pl} = 0,7$ bei unbewehrtem Beton
γ_C Teilsicherheitsbeiwert für bewehrten Beton
     = 1,5 im Allgemeinen
     = 1,3 in außergewöhnlichen Bemessungssituationen
     = 1,35 bei ständig überwachten Fertigteilproduktionen
     (Verwendung sollte mit dem Werk abgestimmt werden)

Der Bemessungswert (GZT) der **Betonzugfestigkeit** entspricht:

$$f_{ctd} = \alpha_{ct} \cdot \frac{f_{ctk;0,05}}{\gamma_C} \qquad (8.15)$$

α_{ct} berücksichtigt die Langzeitauswirkungen und beträgt 0,85. **Hinweis:** Bei der Ermittlung von der Verbundspannung f_{bd} ist $\alpha_{ct} = 1,0$.

In bestimmten Fällen von Gebrauchstauglichkeitsnachweisen wird die Biegezugfestigkeit des bewehrten Betons benötigt. Diese ist stark von der Gesamthöhe des Bauteils abhängig und kann als Mittelwert oder charakteristischer Wert aus der zugehörigen axialen Zugfestigkeit, wie folgt abgeleitet werden:

$$f_{ctm,fl} = (1{,}6 - h/1000) \cdot f_{ctm} \quad \text{bzw.}$$
$$f_{ctk,fl} = (1{,}6 - h/1000) \cdot f_{ctk} \qquad (8.16)$$

h Gesamthöhe des Bauteils in mm.

Die üblicherweise zu verwendenden Bemessungswerte der Betonfestigkeiten nach (8.14) und (8.15) sind in Tafel 8.4 zusammengestellt.

8.3.1.3 Kriechen und Schwinden

Unter **Kriechen** versteht man die zeitabhängige Änderung der Verformungen bei konstanter, d. h. andauernder Spannung. Unter dem Begriff **Schwinden** versteht man die Verkürzung des Betons infolge Feuchtigkeitsverlust.

Die Effekte aus Kriechen und Schwinden müssen dann berücksichtigt werden, wenn ihr Einfluss wesentlich ist. Für die Nachweise im Grenzzustand der Gebrauchstauglichkeit ist hiervon im Allgemeinen auszugehen, im Grenzzustand der Tragfähigkeit gilt dies bei Stabilitätsnachweisen nach Theorie II. Ordnung und bei vorgespannten Tragwerken. Im Allgemeinen kann man davon ausgehen, das Kriechen und Schwinden voneinander unabhängig sind.

Tafel 8.4 Teilsicherheitsbeiwerte, Bemessungswerte der Festigkeiten für Beton

Festigkeits-klasse	C12/15	C16/20	C20/25	C25/30	C30/37	C35/45	C40/50	C45/55	C50/60	C55/67	C60/75	C70/85	C80/95	C90/105	C100/115
γ_C	1,5	1,5	1,5	1,5	1,5	1,5	1,5	1,5	1,5	1,5	1,5	1,5	1,5	1,5	1,5
α_{cc}	0,85	0,85	0,85	0,85	0,85	0,85	0,85	0,85	0,85	0,85	0,85	0,85	0,85	0,85	0,85
f_{cd} in N/mm²	6,80	9,07	11,33	14,17	17,00	19,83	22,67	25,50	28,33	31,16	34,00	39,66	45,33	51,00	56,66
f_{ctd} in N/mm²	0,62	0,76	0,88	1,02	1,15	1,27	1,39	1,51	1,62	1,72	1,82	2,02	2,21	2,39	2,56

Unter der Voraussetzung, dass die Betondruckspannung beim Aufbringen der Belastung zum Zeitpunkt t_0 den Wert von $0{,}45 \cdot f_{ck,j}$ (dabei ist $f_{ck,j}$ die Zylinderdruckfestigkeit des Betons zum Belastungszeitpunkt t_0) nicht überschreitet und die mittlere relative Luftfeuchtigkeit (RH) zwischen 40 % und 100 % und die Umgebungstemperaturen zwischen $-40\,°C$ und $+40\,°C$ liegen, darf die **Kriechdehnung** ε_{cc} des Betons zum Zeitpunkt $t = \infty$ bei einer zeitlich konstanten kriecherzeugenden Spannung σ_c mit der nachfolgenden Formel bestimmt werden:

$$\varepsilon_{cc}(\infty, t_0) = \varphi(\infty, t_0) \cdot \frac{\sigma_c}{1{,}05 \cdot E_{cm}} \qquad (8.17)$$

Die Kriechzahl φ ist auf den Tangentenmodul E_c bezogen, welcher hier mit $E_c = 1{,}05 \cdot E_{cm}$ berücksichtigt ist. Die **Endkriechzahl** $\varphi(\infty, t_0)$ ist aus Tafel 8.5 bzw. Abb. 8.5 abzulesen. Dabei ist die wirksame Bauteildicke $h_0 = 2 \cdot A_c / u$ mit der Querschnittsfläche A_c und dem Umfang u (bei Kastenträgern einschließlich 50 % des inneren Umfangs). σ_c ist die zeitlich konstante, kriecherzeugende Betondruckspannung.

Wenn die kriecherzeugende Druckspannung bei Belastungsbeginn t_0 größer als $0{,}45 f_{ck}(t_0)$ ist (z. B. bei Vorspannung mit sofortigem Verbund), muss die Nichtlinearität des Kriechens erfasst werden. Dies geschieht durch eine Modifikation der linearen Kriechzahl $\varphi(\infty; t_0)$:

$$\varphi_{nl}(\infty, t_0) = \varphi(\infty, t_0) \cdot e^{1{,}5(k_\sigma - 0{,}45)} \qquad (8.18)$$

Dabei ist

$\varphi_{nl}(\infty, t_0)$ die dann maßgebende nichtlineare Kriechzahl
$k_\sigma = \frac{\sigma_c}{f_{ck}(t_0)}$ das Verhältnis von kriecherzeugender Druckspannung zu charakteristischer Betondruckfestigkeit bei Belastungsbeginn.

Die gesamte **Schwinddehnung** ε_{cs} setzt sich aus zwei Anteilen zusammen, der Trocknungsschwinddehnung ε_{cd} und der autogenen Schwinddehnung ε_{ca}.

$$\varepsilon_{cs} = \varepsilon_{cd} + \varepsilon_{ca} \qquad (8.19)$$

Die Trocknungsschwinddehnung vollzieht sich relativ langsam, da sie direkt von der Wassermigration durch den erhärteten Beton abhängt. Das autogene Schwinden tritt im Wesentlichen in den ersten Tagen nach der Betonage auf und wird in Abhängigkeit der Betonfestigkeit als lineare Funktion beschrieben. Der Endwert beträgt $\varepsilon_{ca,\infty} = 2{,}5 \cdot (f_{ck} - 10) \cdot 10^{-6}$. Dieser Anteil sollte insbesondere in den Fällen berücksichtigt werden, wo frischer Beton auf bereits erhärteten Beton aufgebracht wird. In Tafel 8.6 sind einige Endschwindmaße $\varepsilon_{cs,\infty}$ für Normalbeton angegeben. Allgemein handelt es sich um Mittelwerte mit einem Variationskoeffizienten von 30 %.

In Anlehnung an die früher übliche tabellarische Darstellung von Kriech- und Schwindzahlen der DIN 4227 geben die Tafeln 8.5 und 8.6 entsprechende Werte wieder.

Für die Bestimmung der Kriechzahl φ_t sowie der Schwindmaße ε_{cs} zu einem beliebigen Zeitpunkt t sind die

Tafel 8.5 Endkriechzahlen[a] $\varphi(\infty, t_0)$, Zement 32,5R bzw. 42,5N, C20/25 (C30/37)

Alter bei Belastungsbeginn t_0 in Tagen	Wirksame Bauteildicke $h_0 = \frac{2A_c}{u}$ (in cm)					
	5	15	60	5	25	60
	Trockene Umgebungsbedingungen (innen) RH = 50 %			Feuchte Umgebungsbedingungen (außen) RH = 80 %		
1	6,78 (5,54)	5,57 (4,57)	4,54 (3,75)	4,43 (3,67)	3,77 (3,13)	3,51 (2,93)
7	4,73 (3,87)	3,89 (3,20)	3,17 (2,62)	3,10 (2,56)	2,63 (2,19)	2,45 (2,05)
28	3,64 (2,98)	2,99 (2,46)	2,44 (2,02)	2,38 (1,97)	2,02 (1,69)	1,89 (1,58)
90	2,91 (2,38)	2,34 (1,97)	1,95 (1,61)	1,91 (1,58)	1,62 (1,35)	1,51 (1,26)

[a] Klammerwerte in der Tafel gelten für C30/37.

a Trockene Innenräume, relative Luftfeuchte = 50%

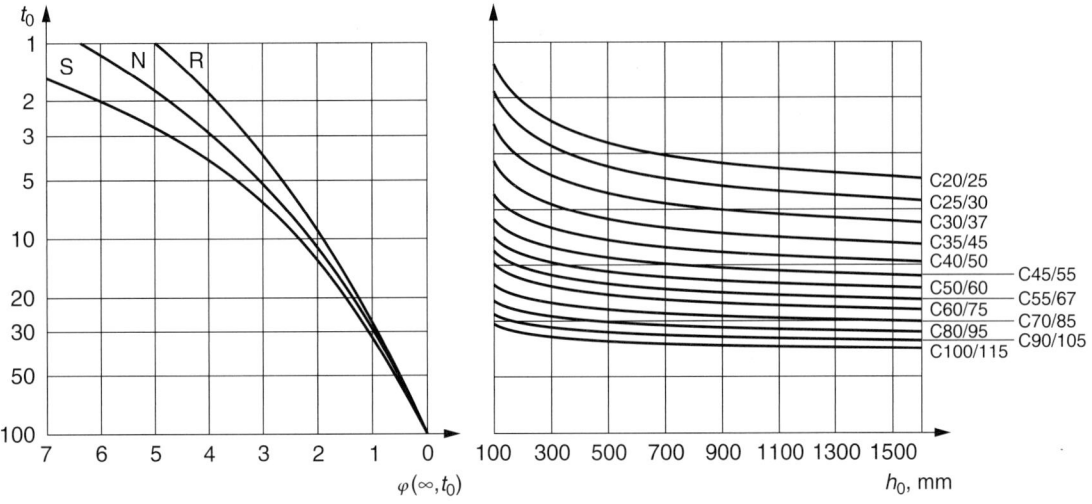

b Außenluft, relative Luftfeuchte = 80%

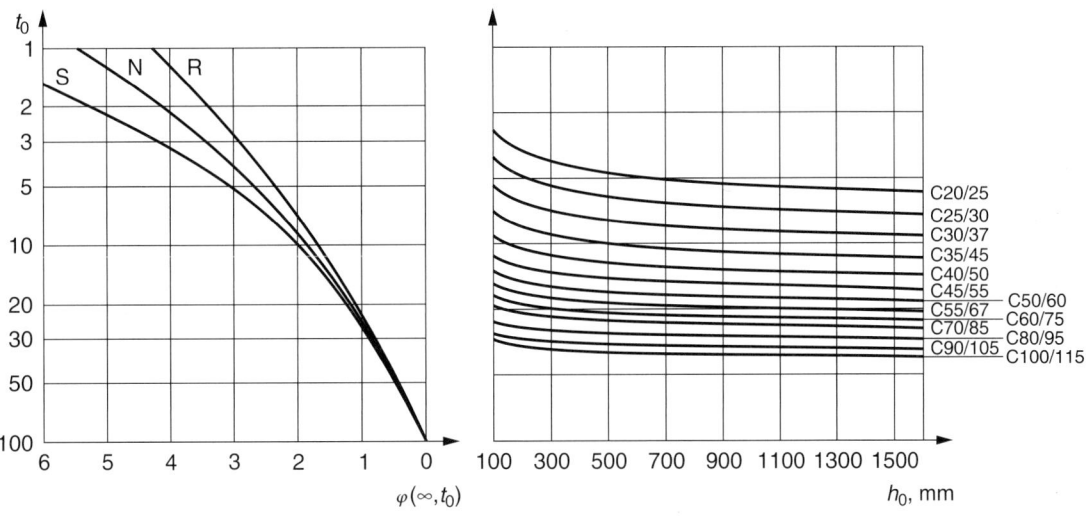

Ablesehinweis:

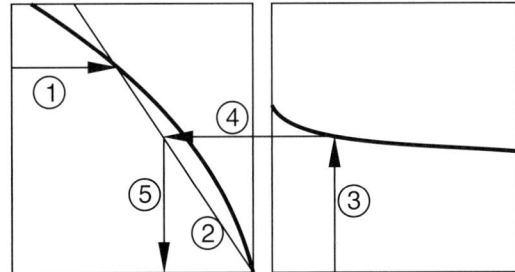

ANMERKUNG
– der Schnittpunkt der Linien 4 und 5 kann auch
  über dem Punkt 1 liegen
– für $t_0 > 100$ darf $t_0 = 100$ angenommen werden
  (Tangentenlinie ist zu verwenden)

Zementklassen
R : CEM 42,5 R, 52,5 N 52,5 R
N : CEM 32,5 R, 42,5 N
S : CEM 32,5 N

Abb. 8.5 Nomogramme zu Bestimmung der Endkriechzahl $\varphi(\infty, t_0)$

Tafel 8.6 Endschwindmaße[a] $\varepsilon_{cs,\infty}$ in ‰ für ausgewählte Betonfestigkeitsklassen

Betonfestigkeits- klasse	Wirksame Bauteildicke $h_0 = \frac{2A_c}{u}$ (in cm)					
	5	15	60	5	25	60
	Trockene Umgebungsbedingungen (innen) RH = 50 %			Feuchte Umgebungsbedingungen (außen) RH = 80 %		
Zementklasse R (CEM 42,5 R, 52,5 N, 52,5 R)						
C20/25	0,77	0,71	0,53	0,44	0,36	0,32
C30/37	0,72	0,67	0,52	0,42	0,35	0,31
C40/50	0,67	0,63	0,49	0,41	0,34	0,31
C50/60	0,64	0,60	0,48	0,40	0,34	0,31
Zementklasse N (CEM 32,5 R, 42,5 N)						
C20/25	0,57	0,53	0,41	0,33	0,27	0,24
C30/37	0,53	0,50	0,39	0,32	0,27	0,24
C40/50	0,50	0,47	0,37	0,31	0,27	0,24
C50/60	0,48	0,45	0,37	0,31	0,27	0,25
Zementklasse S (CEM 32,5 N)						
C20/25	0,47	0,43	0,33	0,27	0,22	0,19
C30/37	0,44	0,41	0,32	0,27	0,22	0,20
C40/50	0,41	0,39	0,31	0,26	0,23	0,21
C50/60	0,40	0,38	0,31	0,27	0,23	0,22

[a] Im Eurocode sind Schwindmaße ohne Vorzeichen angegeben. Sie sind jedoch als Verkürzung des Betons aufzufassen.

analytischen Beziehungen gemäß (8.20) bzw. Tafel 8.7 zu verwenden. Weitere Hinweise siehe auch Eurocode 2, Anhang B [1, 2].

Die Gesamtverformung des Betons $\varepsilon_c(t)$ ergibt sich aus:

$$\varepsilon_c(t) = \varepsilon_{c,el}(t_0) + \varepsilon_{cs}(t, t_s) + \varepsilon_{cc}(t, t_0) \qquad (8.20)$$

Dabei ist bei zeitlich konstanter Spannung:

$\varepsilon_{c,el}(t_0)$ elastische Dehnung zum Zeitpunkt t_0 (= Belastungsbeginn)

$$\varepsilon_{c,el} = \frac{\sigma_c(t_0)}{E_{cm}(t_0)}$$

$\varepsilon_{cs}(t, t_s)$ Schwinddehnungen zum betrachteten Zeitpunkt t bei Trocknungsbeginn t_s

$\varepsilon_{cc}(t, t_0)$ Kriechdehnung zum betrachteten Zeitpunkt t bei Belastungsbeginn t_0

$$\varepsilon_{cc}(\infty, t_0) = \varphi(t, t_0) \cdot \frac{\sigma_c(t_0)}{E_c}$$
$$= \varphi(t, t_0) \cdot \frac{\sigma_c(t_0)}{1{,}05 \cdot E_{cm}}$$

$\sigma_c(t_0)$ zeitlich konstante kriecherzeugende Betonspannung *mit* Belastungsbeginn bei t_0

$\varphi(t, t_0)$ Kriechzahl (siehe Tafel 8.7)

E_c Tangentenmodul des Betons $\approx 1{,}05 \cdot E_{cm}$

Die Gesamtverformung des Betons $\varepsilon_c(t)$ strebt mit zunehmendem t dem rechnerischen Endwert $\varepsilon_{c\infty}$ entgegen.

In vielen Fällen kann vereinfachend zur Berücksichtigung des zeitabhängigen Betonverhaltens mit dem sogenannten effektiven Elastizitätsmodul (8.21) gerechnet werden:

$$E_{c,eff} = \frac{E_{cm}}{1 + \varphi(t, t_0)} \qquad (8.21)$$

8.3.2 Betonstahl

Betonstahl kann als Stabstahl, als Betonstahl in Ringen, als Gitterträger und als Matten zur Bewehrung von Betonbauten verwendet werden. Er ist nach Stahlsorte, Klasse, Duktilität, Maß, Oberflächenbeschaffenheit und Schweißbarkeit einzuteilen. Die Lieferlängen betragen üblicherweise bis zu 12 m, maximal 15 m. Größere Sonderlängen bis 31 m können ggf. auf Anfrage bestellt werden. Betonstähle sind in Deutschland nach DIN 488 [9] genormt oder sie müssen einer allgemeinen bauaufsichtlichen Zulassung entsprechen. Bei der Verwendung von Betonstählen nach bauaufsichtlicher Zulassung für Betonfestigkeiten ab C70/85 muss dies explizit in der Zulassung geregelt sein.

In der DIN 488-1 werden zwei Betonstahlsorten beschrieben, die nunmehr mit B500A und B500B anstelle von bisher BSt 500 (A) bzw. BSt 500 (B) bezeichnet werden. Die Normbezeichnung lautet z. B. für einen Nenndurchmesser von 20 mm: Betonstabstahl DIN 488-B500B-20. Die Einordnung kann nach Tafel 8.8 erfolgen.

Gerippter Betonstahl ist nur in der Ausführung mit hoher Duktilität (Betonstahl B500B) zugelassen. Bewehrungsdraht wird dagegen nur mir normaler Duktilität (Betonstahl

Tafel 8.7 Ermittlung von Kriechzahl und Schwindmaß zu einem beliebigen Zeitpunkt

Kriechzahl $\varphi(t, t_0)$	$\varphi(t, t_0) = \varphi_0 \cdot \beta_c(t, t_0)$
	mit $\varphi_0 = \varphi_{RH} \cdot \beta(f_{cm}) \cdot \beta(t_0)$; Grundzahl des Kriechens
	$\beta_c(t, t_0)$ beschreibt die zeitliche Entwicklung der Kriechverformung
	$\beta_c(t, t_0) = \left(\dfrac{(t - t_0)}{\beta_H + (t - t_0)} \right)^{0,3}$; t, t_0 in Tagen
	$\beta_H = 1,5 \cdot \left[1 + (0,012 \cdot RH)^{18} \right] \cdot h_0 + 250 \cdot \alpha_3 \leq 1500 \cdot \alpha_3$
	$\varphi_{RH} = \left[1 + \dfrac{1 - RH/100}{\sqrt[3]{h_0/1000}} \cdot \alpha_1 \right] \cdot \alpha_2$;
	$\beta(f_{cm}) = 16,8/\sqrt{f_{cm}}$
	$\beta(t_0) = \dfrac{1}{[0,1 + (t_{0,eff})^{0,2}]}$
	hierbei ist für Beton mit $f_{cm} \leq 35\,\text{N/mm}^2$ $\alpha_1 = \alpha_2 = \alpha_3 = 1,0$ ansonsten gilt:
	$\alpha_1 = [35/f_{cm}]^{0,7}$; $\alpha_2 = [35/f_{cm}]^{0,2}$; $\alpha_3 = [35/f_{cm}]^{0,5}$
	α_i sind Beiwerte zur Berücksichtigung des Einflusses der Betonfestigkeit
	$h_0 = 2A_c/u$ [mm] = wirksame Bauteildicke
	t_0 bzw. $t_{0,T}$ = das tatsächliche Betonalter bei Belastungsbeginn in Tagen in Abhängigkeit von der Zementart und Temperatur
	$t_{0,eff} = t_{0,T} \cdot \left[\dfrac{9}{2 + (t_{0T})^{1,2}} + 1 \right]^{\alpha} \geq 0,5$ Tage, (wirksames Betonalter: Zementart)
	$\alpha \rightarrow$ siehe unten
	Der Einfluss der Temperatur ($T \neq 20\,°C$) während des Abbindens ($0°$ bis $80°$) wird in obiger Gleichung sowie für $\beta(t_0)$ berücksichtigt, indem mit t_{0T} gemäß folgender Gleichung berechnet wird:
	$t_{0T} = \sum\limits_{i=1}^{n} \left(e^{-\left[\frac{4000}{273 + T(\Delta t_i)} - 13,65 \right]} \cdot \Delta t_i \right)$; $T(\Delta t_i)$ = Temperatur in $°C$ im Zeitintervall Δt_i [d]
Schwindmaß $\varepsilon_{cs}(t, t_s)$	$\varepsilon_{cs}(t, t_s) = \varepsilon_{ca}(t) + \varepsilon_{cd}(t, t_s)$
	$\varepsilon_{ca}(t) = \beta_{as}(t) \cdot \varepsilon_{ca}(\infty)$
	$\varepsilon_{cd}(t) = \beta_{ds}(t, t_s) \cdot k_h \cdot \varepsilon_{cd,0}$
	$\varepsilon_{ca}(\infty) = 2,5 \cdot \left(f_{ck} \left[\dfrac{N}{mm^2} \right] - 10 \right) \cdot 10^{-6}$
	$\varepsilon_{cd0} = 0,85 \cdot \left[(220 + 110 \cdot \alpha_{ds1}) \cdot e^{-(\alpha_{ds2} \cdot f_{cm}/10)} \right] \cdot 10^{-6} \cdot \beta_{RH}(RH)$
	$\beta_{RH}(RH) = 1,55 \cdot [1 - (RH/100)^3]$
	$\beta_{ds}(t, t_s) = (t - t_s)/\left[(t - t_s) + 0,04 \cdot \sqrt{(h_0)^3} \right]$
	$\beta_{as}(t) = 1 - e^{(-0,2\sqrt{t})}$

Die Parameter der vorgenannten Gleichungen sind:

t Betonalter zum betrachteten Zeitpunkt t [d]

t_0 tatsächliches Betonalter bei Belastungsbeginn [d]

t_s Betonalter zu Beginn des Schwindens (bzw. der Austrocknung) [d]

t_1 Bezugsgröße 1 Tag

$t_{0,T}$ wirksames Betonalter bei Belastungsbeginn [d] zur Berücksichtigung der Temperatur

$t_{0,eff}$ wirksames Betonalter bei Belastungsbeginn [d]

RH relative Luftfeuchte der Umgebung [%]

h_0 $= 2A_c/u$ = wirksame Bauteildicke

   mit A_c = Querschnittsfläche des Betons,

   u = Umfang, welcher der Trocknung ausgesetzt ist.

   Bei Kastenträgern einschließlich 50 % des inneren Umfangs

f_{cm} mittlere Zylinderdruckfestigkeit = $f_{ck} + 8$ [N/mm^2]

α Beiwert zur Berücksichtigung der Festigkeitsentwicklung des Betons, in Abhängigkeit des Zementtyps (siehe unten)

k_h Koeffizient in Abhängigkeit der wirksamen Bauteildicke h_0 (siehe unten)

Die Gleichungen gelten für einen Belastungsbeginn > 24 h, lineares Kriechen und mittlere relative Luftfeuchtigkeiten zwischen 40 und 100 %. Die mittlere Temperatur muss zwischen $-10\,°C$ und $30\,°C$ liegen. Der Variationskoeffizient der Ergebnisse beträgt ca. 20 %. Für Leichtbeton gelten weitere Anpassungsfaktoren (siehe EC 2, Anhang B [1, 2])

Beiwerte $\alpha, \alpha_{ds1}, \alpha_{ds2}$,

Zementtyp	Merkmal	Festigkeitsklassen	α	α_{ds1}	α_{ds2}
S	langsam erhärtend	32,5 N	-1	3	0,13
N	normal oder schnell erhärtend	32,5 R, 42,5 N	0	4	0,12
R	schnell erhärtend und hochfest	42,5 R, 52,5 N, 52,5 R	$+1$	6	0,11

Beiwerte k_h

h_0	k_h
100	1,0
200	0,85
300	0,75
≥ 500	0,70

Tafel 8.8 Einordnung der Betonstähle nach DIN 488 [9]

Bezeichnung	Lieferform	Durchmesser [mm]	Streckgrenze f_{yk} [N/mm²]	Streckgrenzenverhältnis $(f_t/f_y)_k$	Grenzdehnung ε_{uk} [‰]
B500A	Stab	6 8 10 12 14 16 20 25 28 32 40	500	1,05 normal duktil	25
B500B	Stab	6 8 10 12 14 16 20 25 28 32 40	500	1,08 hoch duktil	50
B500A	Matte	4 4,5 5 5,5 6 6,5 7 7,5 8 8,5 9 9,5 10 11 12	500	1,05 normal duktil	25
B500B	Matte	4 4,5 5 5,5 6 6,5 7 7,5 8 8,5 9 9,5 10 11 12 14 16	500	1,08 hoch duktil	50

Tafel 8.9 Erlaubte Schweißverfahren und deren Anwendung nach EC 2-1-1/NA 3.2.5 [2]

Belastungsart	Schweißverfahren	Nr.[d]	Zugstäbe	Druckstäbe[b]
Vorwiegend ruhend	Abbrennstumpfschweißen (RA)	24	Stumpfstoß	
	Lichtbogenhandschweißen (E) und Metall-Lichtbogenschweißen (MF)	111 114	Stumpfstoß mit $\varnothing_s \geq$ 20 mm, Laschen-, Überlapp-, Kreuzungsstoß[c], Verbindungen mit anderen Stahlteilen	
	Metall-Aktivgasschweißen (MAG)[a]	135	Laschen-, Überlapp-, Kreuzungsstoß[c], Verbindungen mit anderen Stahlteilen	
		136	–	Stumpfstoß $\varnothing_s \geq$ 20 mm
	Reibschweißen (FR)	42	Stumpfstoß und Verbindungen mit anderen Stahlteilen	
	Widerstandspunktschweißen (RP) (mit Einpunktschweißmaschine)	21	Überlappstoß bis 28 mm Kreuzungsstoß bis 28 mm[a]	
Nicht vorwiegend ruhend	Abbrennstumpfschweißen (RA)	24	Stumpfstoß	
	Lichtbogenhandschweißen (E)	111	–	Stumpfstoß $\varnothing_s \geq$ 14 mm
	Metall-Aktivgasschweißen (MAG)	136	–	Stumpfstoß $\varnothing_s \geq$ 14 mm

[a] Zulässiges Verhältnis der Stabnenndurchmesser sich kreuzender Stäbe $\geq$ 0,57.
[b] Falls ungleiche Stabdurchmesser miteinander verschweißt werden, dürfen diese nur eine Durchmessergröße auseinanderliegen.
[c] Für tragende Verbindungen $\varnothing_s \leq$ 16 mm.
[d] Ordnungsnummern der Schweißverfahren nach DIN EN ISO 4063.

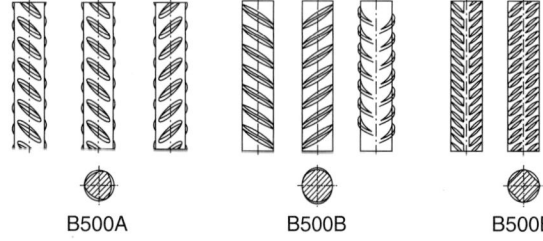

B500A   B500B   B500B

Abb. 8.6 Kennzeichnung der Stahlsorte

B500A) hergestellt. Betonstahl in Ringen, Betonstahlmatten und Gitterträger sind in beiden Duktilitätsklassen lieferbar. Bei der Verwendung der Duktilitätsklasse B ist mit dem Verfahren der linear-elastischen Schnittgrößenermittlung nach EC 2 eine Umlagerung von bis zu 30 % möglich, in der Duktilitätsklasse A jedoch nur bis zu 15 %.

Die Kennzeichnung der Stahlsorte erfolgt über die aufgewalzte Oberflächengestalt nach Abb. 8.6. Die Stahlsorte B500A hat 3 Rippenreihen, die Stahlsorte B500B hat 2 oder 4 Rippenreihen.

Das DIBT erteilt den jeweiligen Herstellerwerken zudem ein Werkkennzeichen, welches in einem Abstand von maxi-

mal 1,5 m wiederholend durch fehlende oder dickere Rippen in die Schrägrippenreihen eingewalzt wird.

Schweißverfahren für Bewehrungsstäbe müssen der Tafel 8.9 entsprechen und dürfen nur an Betonstählen mit entsprechender Schweißeignung durchgeführt werden. Es dürfen nur Stäbe zusammengeschweißt werden, die sich maximal in einer Durchmessergröße unterscheiden. Betonstähle, hergestellt nach DIN 488 sind generell schweißgeeignet. Schweißarbeiten dürfen nur von Betrieben durchgeführt werden, die einen Eignungsnachweis nach DIN EN ISO 17660 besitzen und müssen von Personen mit entsprechender Ausbildung ausgeführt werden.

8.3.2.1 Festigkeiten

Charakteristische Werte sind **Streckgrenze** f_{yk} und **Zugfestigkeit** f_{tk}. Für Betonstähle mit nicht ausgeprägter Streckgrenze darf der Wert bei 0,2 % Dehnung angesetzt werden ($f_{0,2k}$). Alle angegebenen Festigkeitswerte gelten für einen Temperaturbereich zwischen −40 °C und +100 °C.

Die Bemessungswerte für den Betonstahl im GZT ergeben sich durch Division der charakteristischen Werte der Spannungsdehnungslinie durch den Teilsicherheitsbeiwert

Abb. 8.7 Typische und rechnerische Spannungs-Dehnungs-Linie für den Betonstahl.
a Warmgewalzter Betonstahl,
b Annahmen für die Querschnittsbemessung

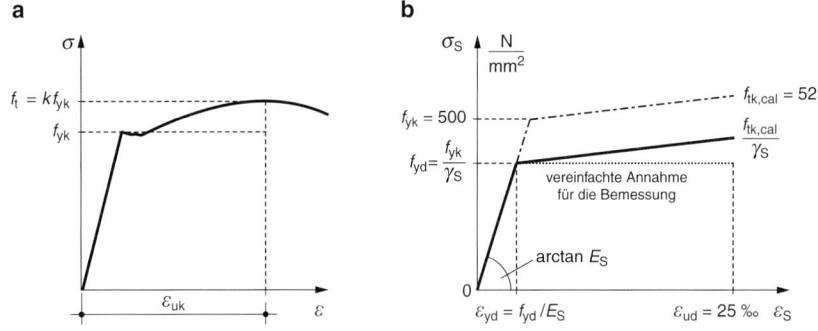

Tafel 8.10 Bemessungswerte von Betonstahl B500

Teilsicherheitsbeiwert γ_S	B500A	B500B
	1,15	1,15
Streckgrenze[a] f_y		
– charakteristischer Wert f_{yk}	500 N/mm²	500 N/mm²
– Bemessungswert f_{yd}	435 N/mm²	435 N/mm²
Dehnung an Streckgrenze ε_{sy}		
– charakteristischer Wert	2,5 ‰	2,5 ‰
– Bemessungswert	2,175 ‰	2,175 ‰
Zugfestigkeit f_t		
– charakteristischer Wert $f_{tk,cal}$	525 N/mm²	525 N/mm²
– Bemessungswert f_{td}	456 N/mm²	456 N/mm²
Grenzdehnung ε_u		
– charaktcristischer Wert ε_{uk}	25 ‰	50 ‰
– Bemessungswert ε_{du}	25 ‰	25 ‰
Streckgrenzenverhältnis $(f_t/f_y)_k$	1,05	1,08
Elastizitätsmodul E_s	200.000 N/mm²	200.000 N/mm²
Wärmedehnzahl α_t	$10 \cdot 10^{-6} \frac{1}{K}$	$10 \cdot 10^{-6} \frac{1}{K}$

[a] Für B500B gilt zusätzlich: $f_{y,ist}/f_{yk} \leq 1,3$. $f_{y,ist}$ entspricht der im Zugversuch bestimmten Streckgrenze.

$\gamma_s = 1,15$. Dabei kann entweder die geneigte obere Linie 1 oder die horizontale Linie 2 nach Abb. 8.7b der Bemessung zugrunde gelegt werden.

Für nichtlineare Schnittgrößenermittlungen sind möglichst wirklichkeitsnahe Materialkennlinien von Bedeutung. Insofern werden im Eurocode für diese Fälle separate Kennlinien angegeben. Details siehe EC 2-1-1/NA 3.2.7.(5) [2].

Tafel 8.10 enthält die Zusammenstellung der Festigkeitswerte für Betonstahl.

Dauerschwingfestigkeit Die Dauerschwingfestigkeit von Betonstahl ist kein reiner Materialkennwert sondern hängt maßgeblich von der Kerbwirkung und vom Belastungsniveau ab. Die Kerbwirkung resultiert aus der Heterogenität des Stahlgefüges und aus markanten äußeren Kerben (z. B. bei Schweißpunkten). DIN 488 [9] enthält entsprechende Angaben zu den Parametern zur Beschreibung der Dauerschwingfestigkeit der Betonstahlprodukte. Ermüdungsnachweise selber sind in Abschn. 8.6.6.6 beschrieben.

8.3.3 Spannstahl

Als Spannstahl können Drähte, Stäbe und Litzen verwendet werden. Spannstahl zeichnet sich im Vergleich zum Betonstahl durch eine deutlich höhere Festigkeit aus und ist grundsätzlich nicht schweißgeeignet. Er ist nach Stahlsorte, Klasse (Relaxationsverhalten), Maß und Oberflächenbeschaffenheit einzuteilen. Für Spannstähle sowie die Bauteile eines Vorspannsystems (Verankerungen, Kupplungen, Hüllrohre etc.) sind generell bauaufsichtliche Zulassungen erforderlich. Eine detaillierte Liste der gültigen Zulassungen kann beim DIBT (www.dibt.de) nachgeschlagen werden.

8.3.3.1 Festigkeiten

Charakteristische Werte sind die 0,1 %-Dehngrenze $f_{p0,1k}$ und die Zugfestigkeit f_{pk}. Die Bezeichnung der Stahlgüte erfolgt durch die vorgestellten Buchstaben „St", gefolgt von der 0,1 % Dehngrenze und der Zugfestigkeit, letztere durch einen Schrägstrich getrennt (z. B. St 1570/1770). Spannstähle müssen eine angemessene Dehnfähigkeit haben, wobei die charakteristische Dehnung bei Höchstlast ε_{uk} vom Hersteller angegeben wird. Die Bemessung kann unter Ansatz des Nenndurchmessers oder des Nennwertes der Querschnittsfläche erfolgen.

Auf Grundlage der typischen Spannungsdehnungslinie für den Spannstahl darf für die Ermittlung der Schnittgrößen und für die Querschnittsbemessung eine idealisierte rechnerische Spannungsverteilung nach Abb. 8.8 angenommen werden.

Die Bemessungswerte für den Spannstahl ergeben sich durch Division der charakteristischen Werte der Spannungsdehnungslinie durch Teilsicherheitsbeiwerte γ_s (s. Abschn. 8.4). Dabei kann entweder die Linie 1 (geneigter oberer Ast) oder die Linie 2 (horizontaler oberer Ast) gemäß Abb. 8.8 der Querschnittsbemessung zugrunde gelegt werden. Die Spannstahldehnung ist dabei auf $\varepsilon_{ud} = \varepsilon_p^{(0)} + 0,025 \leq 0,9 \cdot \varepsilon_{uk}$ zu begrenzen. $\varepsilon_p^{(0)}$ ist die Vordehnung des Spannstahls, ε_{uk} entspricht der Gesamtdehnung bei Höchstlast und muss für Spannstahl ≥ 35 ‰ sein.

In Tafel 8.11 sind die wesentlichen Festigkeitseigenschaften von üblichen Spannstählen exemplarisch zusammengestellt. Es gelten aber immer die Werte der verwendeten Zu-

Abb. 8.8 Typische und
rechnerische Spannungs-
Dehnungs-Linie für den
Spannstahl

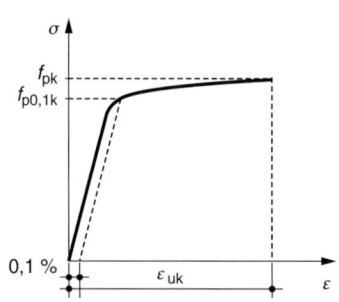 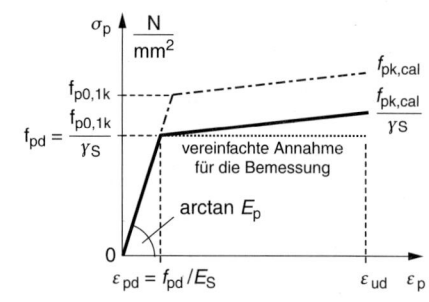

Tafel 8.11 Bemessungswerte von üblichen Spannstählen[a]

	ST 1470/1670 kaltgezogener Spannstahl-draht, glatt	ST 1570/1770 kaltgezogener Spannstahldraht, profiliert, Spannstahllitzen	ST 1660/1860 Spannstahllitzen
Teilsicherheitsbeiwert γ_s	1,15	1,15	1,15
0,1 %-Dehngrenze[a] $R_{p0,1}$			
– charakt. Wert $f_{p0,1k}$	1420 N/mm²	1500 N/mm²	1600 N/mm²
– Bemessungswert f_{pd}	1235 N/mm²	1304 N/mm²	1391 N/mm²
0,2 %-Dehngrenze[a] $R_{p0,2}$			
– charakt. Wert $f_{p0,2k}$	1470 N/mm²	1570 N/mm²	1660 N/mm²
Zugfestigkeit R_m			
– charakt. Wert f_{pk}	1670 N/mm²	1770 N/mm²	1860 N/mm²
– Bemessungswert f_{pk}/γ_S	1452 N/mm²	1539 N/mm²	1617 N/mm²
Dehnung an der Dehngrenze $f_{p0,1}$			
– charakteristischer Wert	6,93 ‰	7,31 (7,69)[b] ‰	8,20 ‰
– Bemessungswert	6,02 ‰	6,36 (6,69)[b] ‰	7,13 ‰
Grenzdehnung ε_u			
– charakt. Wert ε_{uk}	35 ‰	35 ‰	35 ‰
– Bemessungswert ε_{ud}	$\varepsilon_p^{(0)} + 25\,‰ \le 0{,}9\varepsilon_{uk}$	$\varepsilon_p^{(0)} + 25\,‰ \le 0{,}9\varepsilon_{uk}$	$\varepsilon_p^{(0)} + 25\,‰ \le 0{,}9\varepsilon_{uk}$
Duktilitätseigenschaften	$(f_p/f_{p0,1})_k \ge 1{,}1$ nachträglicher Verbund, ohne Verbund: Hochduktil sofortiger Verbund: Normalduktil		
Elastizitätsmodul E_p	205.000 N/mm² (Draht, Stäbe) 195.000 N/mm² (Litze)		195.000 N/mm
Typische Rechenwerte für Spannstahlrelaxation	50 Jahre	100 Jahre	
$-\sigma_{p0}/f_{pk} = 0{,}5$	< 1,0 %	< 1,0 %	
$-\sigma_{p0}/f_{pk} = 0{,}55$	1,0 %	1,2 %	
$-\sigma_{p0}/f_{pk} = 0{,}60$	2,5 %	2,80 %	
$-\sigma_{p0}/f_{pk} = 0{,}65$	4,5 %	5,0 %	
$-\sigma_{p0}/f_{pk} = 0{,}70$	6,5 %	7,0 %	
$-\sigma_{p0}/f_{pk} = 0{,}75$	9,0 %	10,0 %	
$-\sigma_{p0}/f_{pk} = 0{,}80$	13,0 %	14,0 %	
Wärmedehnzahl α_t	$10 \cdot 10^{-6}\,K^{-1}$		
Dichte	7850 kg/m³		
Gültigkeitsbereich	−40 °C bis +100 °C		

[a] Diese Werte sind als exemplarisch zu verstehen. In Deutschland gelten die Werte der bauaufsichtlichen Zulassungen für Spannstähle (siehe www.dibt.de).
[b] Spannstahllitzen

lassungen. Spannstähle zeigen je nach Art unterschiedliches Relaxationsverhalten. Unter **Relaxation** versteht man die zeitabhängige Spannungsabnahme bei konstanter Dehnung. Die Relaxationskennwerte $\psi_P(t)$ sind abhängig von der Ausnutzung des Spannstahls (σ_{p0}/f_{pk}) und müssen den jeweiligen bauaufsichtlichen Zulassungen der Spannsysteme bzw. des Spannstahls entnommen werden. Der Spannkraftverlust infolge Relaxation $\Delta\sigma_{pr}(t)$ zum betrachteten Zeitpunkt t berechnet sich dann zu $\Delta\sigma_{pr}(t) = \sigma_{p0} \cdot \psi_p(t)$, wobei σ_{p0} die Anfangsspannung im Spannstahl zum Zeitpunkt t_0 ist.

Beim Vorspannen mit Spanngliedern im nachträglichen Verbund oder ohne Verbund muss der Beton zum Zeitpunkt des Vorspannens eine bestimmte Mindestdruckfestigkeit aufweisen. Diese Mindestwerte für Teilvorspannen und endgültiges Vorspannen sind ebenfalls den bauaufsichtlichen Zulassungen der Spannsysteme zu entnehmen.

Es ist zu beachten, dass bei der Anwendung vorgespannter Konstruktionen außerhalb des üblichen Hochbaus spezielle Regeln und Normen gelten, beispielsweise für den Brückenbau der Eurocode 2, Teil 2. Auch bei nichtlinearer Schnittgrößenermittlung gelten besondere Spannungsdehnungslinien (siehe EC 2-1-1/NA 3.3.6.(9)) [3].

8.3.4 Spannglieder

Bezüglich der Anforderungen an die Eigenschaften, die Prüfverfahren und die Verfahren zur Bescheinigung der Konformität von unten genannten Baustoffen wird auf die einschlägigen Normen verwiesen.

Für Verankerungen (Ankerkörper) und Kopplungen zur Verbindung einzelner Spanngliedabschnitte zu durchlaufenden Spanngliedern von vorgespannten Tragwerken mit nachträglichem Verbund gilt:
- Die Verwendung erfolgt auf Grundlage von bauaufsichtlichen Zulassungen
- Für die bauliche Durchbildung gelten die Abschn. 8.8.2 und 8.9
- Die Festigkeits-, Verformungs- und Dauerfestigkeitseigenschaften müssen erfüllt sein durch
  a) entsprechende Wahl der Geometrie und Baustoffeigenschaft
  b) sinnvolle Begrenzung der Bruchdehnung
  c) Verankerung in Bereichen, die nicht anderweitig hochbelastet sind

- Ausreichende Kraftübertragung muss gewährleistet sein. Für Spannkanäle und Hüllrohre von vorgespannten Tragwerken mit nachträglichem Verbund gilt
- Die Verwendung erfolgt auf Grundlage von bauaufsichtlichen Zulassungen
- Hüllrohre sollen aus Baustoffen bestehen, die in einschlägigen Normen festgelegt sind
- Das Profil der Hüllrohre muss eine einwandfreie Kraftübertragung gewährleisten.

8.4 Allgemeine Grundlagen zur Tragwerksplanung

Generell gelten die Grundlagen der DIN EN 1990, wobei für Beton-Stahlbeton- und Spannbetontragwerke folgende Anforderungen zu erfüllen sind:
- Die Bemessung in den Grenzzuständen unter Berücksichtigung der Tragwiderstände, der Dauerhaftigkeit und Gebrauchstauglichkeit nach EC 2-1-1/NA
- Die Berücksichtigung der Einwirkungen nach DIN EN 1991 sowie Lastkombination mit Kombinationsbeiwerten und Teilsicherheitsbeiwerten nach DIN EN 1990 bzw. EC 2-1-1/NA
- Erfüllung der Anforderungen an den Feuerwiderstand.

An dieser Stelle (siehe Tafeln 8.12 und 8.13) werden daher lediglich die wesentlichen Teilsicherheitsbeiwerte des EC 2-1-1/NA, soweit sie speziell für die Bemessung im Stahl- und Spannbetonbau gelten, zusammengestellt.

Einwirkungen auf Tragwerke, Teilsicherheitsbeiwerte und Lastkombinationen werden allgemein im Kap. 4 „Lastannahmen, Einwirkungen" dieses Buches behandelt.

Für Beton- und Stahlbetonbauteile im üblichen Hochbau (außer Lagerräume und Baugrundsetzungen) dürfen gegen-

Tafel 8.12 Teilsicherheitsbeiwerte im GZT für Einwirkungen γ_F

	Teilsicherheitsbeiwert		Kommentar
	günstige Auswirkung	ungünstige Auswirkung	
ständige Einwirkungen G_k	$\gamma_G = 1,0$	$\gamma_G = 1,35$	Sind günstige und ungünstige ständige Einwirkungen als unabhängige Anteile zu berücksichtigen (z. B. beim Nachweis der Lagesicherheit) so gilt $\gamma_{G,sup} = 1,1$ und $\gamma_{G,inf} = 0,9$
veränderliche Einwirkung Q_k	$\gamma_Q = 0$	$\gamma_Q = 1,5$	Bei Fertigteilen gilt für Bauzustände $\gamma_G = \gamma_Q = 1,15$. Einwirkungen aus Krantransport und Schalungshaftung sind dabei zu berücksichtigen.
Vorspannung P	$\gamma_P = 1,0$		Bei der Bestimmung der Spaltzugbewehrung gilt $\gamma_P = 1,35$. Bei nichtlinearen Verfahren gelten besondere Regeln (EC 2-1-1/NA, 2.4.2.2)
Zwang (z. B. aus Temperatur oder Setzung)	$\gamma_{ZW} = 0$	$\gamma_{ZW} = 1,5$	Bei linearer-elastischer Schnittgrößenermittlung mit den Steifigkeiten der ungerissenen Querschnitte darf mit $\gamma_{ZW} = 1,0$ und dem mittleren Elastizitätsmodul E_{cm} gerechnet werden.
Schwinden	$\gamma_{SH} = 0$	$\gamma_{SH} = 1,0$	
Ermüdung	$\gamma_{F,fat} = 1,0$		

Tafel 8.13 Teilsicherheitsbeiwerte im GZT für Baustoffe γ_M

	Teilsicherheitsbeiwert			Kommentar
	Ständig und vorübergehend	Außergewöhnlich	Ermüdung	
Beton	$\gamma_C = 1,5$	$\gamma_C = 1,3$	$\gamma_{C,fat} = 1,5$	Bei Fertigteilen mit werksmäßiger und ständig überwachter Betonherstellung durch eine Überprüfung der Betonfestigkeit an jedem fertigen Bauteil darf $\gamma_C = 1,35$ im GZT angesetzt werden.
Betonstahl, Spannstahl	$\gamma_S = 1,15$	$\gamma_S = 1,0$	$\gamma_{S,fat} = 1,15$	

Tafel 8.14 Kombinationsbeiwerte ψ für Hochbauten (weitere Details siehe Kap. 4)

Einwirkung	ψ_0	ψ_1	ψ_2
Nutzlasten			
Kategorie A: Wohn- und Aufenthaltsräume	0,7	0,5	0,3
Kategorie B: Büroräume	0,7	0,5	0,3
Kategorie C: Versammlungsräume	0,7	0,7	0,6
Kategorie D: Verkaufsräume	0,7	0,7	0,6
Kategorie E: Lagerräume	1,0	0,9	0,8
Verkehrslasten			
Kategorie F: Fahrzeuggewicht $\leq 30\,kN$	0,7	0,7	0,6
Kategorie G: $30\,kN <$ Fz.-Gewicht $\leq 160\,kN$	0,7	0,5	0,3
Kategorie H: Dächer	0	0	0
Schneelasten			
Orte bis zu NN + 1000 m	0,5	0,2	0
Orte über NN + 1000 m	0,7	0,5	0,2
Windlasten	0,6	0,5	0
Temperatureinwirkungen (nicht Brand)	0,6	0,5	0
Baugrundsetzungen	1,0	1,0	1,0
Sonstige veränderliche Einwirkungen	0,8	0,7	0,5
Vereinfachte Kombinationsbeiwerte (siehe (8.22)–(8.24))			
Kategorie A–D, F, G; Schnee, Wind, Temperatur	0,7	0,7	0,6
Kategorie E; Baugrundsetzungen	1,0	1,0	1,0

über DIN EN 1990 vereinfachte Einwirkungskombinationen angewendet werden.

Grenzzustand der Tragfähigkeit

- Ständige und vorübergehende Kombination

$$E_d = \sum_{j \geq 1} 1,35 \cdot E_{Ek,j} + 1,5 \cdot E_{Qk,1} + 1,5 \cdot \sum_{i > 1} 0,7 \cdot E_{Q,i} \tag{8.22}$$

Grenzzustand der Gebrauchstauglichkeit

- häufige Kombination (z. B. für Spannungsbegrenzung)

$$E_{d,frequ} = \sum_{j \geq 1} E_{Gk,j} + 0,7 \cdot \sum_{i \geq 1} E_{Qk,i} \tag{8.23}$$

- quasi-ständige Kombination (z. B. für Rissbreiten oder Verformungen)

$$E_{d,perm} = \sum_{j \geq 1} E_{Gk,j} + 0,6 \cdot \sum_{i \geq 1} E_{Qk,i} \tag{8.24}$$

Ansonsten sind die im Hochbau gültigen üblichen Kombinationsbeiwerte in Tafel 8.14 zusammengestellt.

8.5 Schnittgrößenermittlung

Zur Bestimmung von Schnittgrößen werden Tragwerke idealisiert.

a) Durch Zerlegung der Tragwerke in einzelne Bauteile (geometrische Idealisierung) werden statische Systeme gebildet.

b) Die Idealisierung des Material- und Tragverhaltens erfolgt durch Annahme verschiedener Rechenverfahren
   - linear-elastische Berechnung
   - linear-elastische Berechnung mit Umlagerung
   - Plastizitätstheorie
   - nichtlineare Verfahren

c) Im Bereich von örtlich konzentrierten Beanspruchungen (z. B. Auflager, Einzellasten, Verankerungszonen, Kreuzungspunkte von Bauteilen und unstetigen Querschnittsteilen) können weitere Berechnungen erforderlich sein.

8.5.1   Lastfälle und Lastfallkombinationen

Die für die Bemessung eines Tragwerkes maßgebende Einwirkungskombination ist durch Untersuchung einer ausreichenden Anzahl von Lastfällen zu bestimmen.

Dabei dürfen Einwirkungskombinationen vereinfacht angenommen werden, wenn sie alle kritischen Bemessungsbedingungen erfassen. Berechnungen erfolgen sowohl im Grenzzustand der Tragfähigkeit als auch im Grenzzustand der Gebrauchstauglichkeit.

Zur Ermittlung der maßgeblichen Beanspruchungskombination darf im allgemeinen Hochbau bei durchlaufenden Balken oder Platten mit gleichmäßig verteilten Lasten und linearer Schnittgrößenermittlung die folgende vereinfachte Laststellung untersucht werden (siehe Abb. 8.9).

- Belastung der Felder abwechselnd mit den Bemessungslasten $(\gamma_Q \cdot Q_k + \gamma_G \cdot G_k + P_m)$ bzw. $(\gamma_G \cdot G_k + P_m)$
- Belastung von zwei beliebig nebeneinander liegenden Feldern mit den Bemessungslasten $(\gamma_Q \cdot Q_k + \gamma_G \cdot G_k + P_m)$ und allen anderen Feldern mit $(\gamma_G \cdot G_k + P_m)$ bzw. abwechselnd mit $(\gamma_Q \cdot Q_k + \gamma_G \cdot G_k + P_m)$.

Dabei wird bei nicht vorgespannten Bauteilen die ständige Last in allen Feldern mit dem oberen Wert für γ_G angesetzt. Auf die Einhaltung der Konstruktionsregeln für die Mindestbewehrung (siehe Abschn. 8.9.2) wird in diesem Zusammenhang explizit hingewiesen.

Für den Nachweis der Lagesicherheit wird in diesem Zusammenhang auf die Regelungen der DIN EN 1990 (siehe auch Kap. 4) hingewiesen. Hier sind die ständigen Lasten ggf. auch mit ihrer günstigen Wirkung zu erfassen. Zudem gelten beim Nachweis der Lagesicherheit andere Teilsicherheitsbeiwerte.

Die Stützkräfte von einachsig gespannten Platten, Rippendecken, Balken und Plattenbalken dürfen unter der An-

nahme ermittelt werden, dass die Bauteile (unter Vernachlässigung der Durchlaufwirkung) frei drehbar gelagert sind. Die Durchlaufwirkung sollte jedoch stets für das erste Innenauflager sowie solche Innenauflager berücksichtigt werden, bei denen das Stützweitenverhältnis benachbarter Felder mit annähernd gleicher Steifigkeit außerhalb des Bereichs $0,5 < l_{\text{eff},1}/l_{\text{eff},2} < 2,0$ liegt. Für die ständigen Einwirkungen aus Eigenlast ist der Teilsicherheitsbeiwert γ_G über alle Felder (mit Ausnahme für den Nachweis der Lagesicherheit) gleich. Die maßgebenden Querkräfte dürfen bei üblichen Hochbauten für Vollbelastung aller Felder ermittelt werden, wenn das Stützweitenverhältnis benachbarter Felder mit annähernd gleicher Steifigkeit $0,5 < l_{\text{eff},1}/l_{\text{eff},2} < 2,0$ beträgt.

Ansonsten sind die ungünstigsten Beanspruchungssituationen unter Berücksichtigung der Kombinationsregeln gemäß DIN EN 1990 (siehe Kap. 4) für den Grenzzustand der Tragfähigkeit und Gebrauchstauglichkeit zu ermitteln. Die Berechnung der unterschiedlichsten Lastfallkombinationen kann sehr umfangreich werden und wird heute in aller Regel durch Computerprogramme erledigt.

8.5.2   Imperfektionen

Im Grenzzustand der Tragfähigkeit sind die Auswirkungen von möglichen Imperfektionen zu berücksichtigen. Wird der Einfluss der Tragwerksimperfektionen auf geometrische Ersatzimperfektionen zurückgeführt, so kann die Schnittgrößenermittlung am zunächst unbelasteten, unverformten Tragwerk als Ganzes über eine Schiefstellung gegen die Vertikale unter dem Winkel θ_i im Bogenmaß berücksichtigt werden.

$$\theta_i = \theta_0 \cdot \alpha_h \cdot \alpha_m \qquad (8.25)$$

θ_0 Grundwert $(= 1/200)$
α_h Abminderungsbeiwert der Höhe $0 \le \alpha_h = 2/\sqrt{l} \le 1,0$
    $(l = \text{Länge o. Höhe in [m]})$
α_m Abminderungsbeiwert der Anzahl der Bauteile $\alpha_m = \sqrt{0,5 \cdot (1 + 1/m)}$
m Anzahl der vertikalen Bauteile
Für die Definition von l und m gemäß (8.25) gilt:
- Auswirkungen auf eine Einzelstütze: $m = 1$, $l = \text{Länge}$ der Stütze
- Auswirkungen auf ein Aussteifungssystem:
    $m = \text{Anzahl der vertikalen Bauteile, die zur horizontalen Belastung des Aussteifungssystems beitragen.}$
    Für m dürfen nur diejenigen vertikalen Bauteile angesetzt werden, die mindestens 70 % des Bemessungswertes der mittleren Längskraft $N_{\text{Ed},m} = F_{\text{Ed}}/m$ aufnehmen. F_{Ed} entspricht dabei der Summe der Längskräfte aller lotrechten Bauteile im Geschoss
    $l = \text{Gebäudehöhe}$

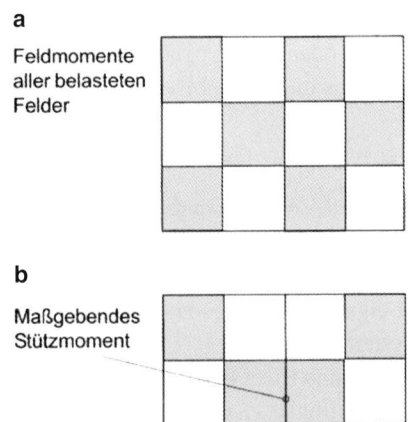

a

Feldmomente aller belasteten Felder

b

Maßgebendes Stützmoment

Abb. 8.9   Vereinfachte Lastanordnung im Hochbau. *Grau* hinterlegte Flächen sind zusätzlich mit den veränderlichen Flächenlasten beansprucht

- Auswirkungen auf Decken- und Dachscheiben, die horizontale Kräfte verteilen:

  m = Anzahl der vertikalen Bauteile im betrachteten Geschoss, die zur horizontalen Gesamtbelastung auf die betrachtete Scheibe beitragen

  l = Stockwerkshöhe.

Auf Grundlage der Schiefstellungen werden Ersatzhorizontalkräfte ermittelt und als Beanspruchungsgrößen auf das Tragwerk angesetzt. Der Ansatz dieser Kräfte in

- lotrechte aussteifende Bauteile
- nicht ausgesteifte Rahmensysteme
- waagerechte aussteifende Bauteile

ist in den Abb. 8.10 bis 8.12 erläutert.

Lotrechte aussteifende Bauteile sind für Ersatzhorizontalkräfte nach (8.26) zu bemessen (siehe Abb. 8.10).

$$\Delta H_j = \sum_{i=1}^{n} V_{ji} \cdot \theta_i \qquad (8.26)$$

ΔH_j Ersatzhorizontalkraft in der Ebene j

$\sum_{i=1}^{n} V_{ji}$ Summe der jeweils anteilig je Geschossebene j entstehenden vertikalen Bemessungskräfte

θ_i Schiefstellung nach (8.25).

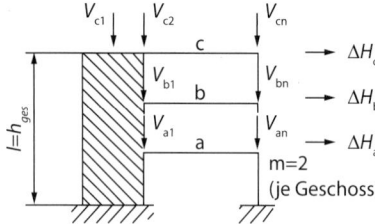

Abb. 8.10 Lotrechte aussteifende Bauteile

Falls mit bereits aufaddierten Geschosslasten gerechnet wird, gilt $\Delta H_j = \theta_i \cdot (N_b - N_a)$ anstelle von (8.26).

Tragwerke ohne lotrechte aussteifende Bauteile (z. B. Rahmen, siehe Abb. 8.11) sind auch für Ersatzhorizontalkräfte nach (8.26) zu bemessen.

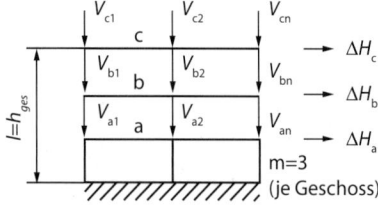

Abb. 8.11 Tragwerke ohne Aussteifung

Waagerechte aussteifende Bauteile (z. B. Decken bzw. Dachscheiben) übertragen Stabilisierungskräfte von den lotrechten Bauteilen zu den aussteifenden Bauteilen. Sie sind für eine Ersatzhorizontallast H_i gemäß Abb. 8.12 zu bemessen. Auf die Weiterleitung dieser Kräfte (z. B. bei der Bemessung von lotrecht aussteifenden Bauteilen) kann verzichtet werden. Für die Schiefstellung ist der Winkel θ_i anzusetzen:

$$\theta_i = \theta_0 = 0{,}008/\sqrt{2m} \quad \text{für Deckenscheiben} \quad (8.27a)$$

$$\theta_i = \theta_0 = 0{,}008/\sqrt{m} \quad \text{für Dachscheiben} \quad (8.27b)$$

$$\alpha_h = \alpha_m = 1$$

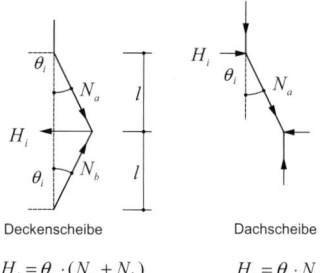

Abb. 8.12 Waagerechte aussteifende Bauteile

H_i Ersatzhorizontalkraft in waagerecht aussteifenden Bauteilen

N_b, N_a Bemessungswerte der Beanspruchungen

m die Anzahl der auszusteifenden Tragwerksteile im betrachteten Geschoss.

Imperfektionen müssen im GZG im Allgemeinen nicht erfasst werden.

Bei Einzelstützen (siehe auch Abschn. 8.6.6) dürfen die Auswirkungen der Imperfektion alternativ entweder über die Lastausmitte $e_i = \theta_i \cdot l_0/2$ mit l_0 als Knicklänge gemäß Abschn. 8.6.6.2 oder als Ersatzhorizontalkraft H_i in der Position, welche das maximale Moment erzeugt mit

$$H_i = \theta_i \cdot N \qquad \text{für nicht ausgesteifte Stützen}$$

$$H_i = 2 \cdot \theta_i \cdot N \qquad \text{für ausgesteifte Stützen}$$

erfasst werden (Abb. 8.13). Der Ansatz einer Ersatzhorizontalkraft eignet sich insbesondere auch für statisch unbestimmte Systeme.

Bei Wänden und Einzelstützen in ausgesteiften Systemen darf vereinfacht immer $e_i = l_0/400$ verwendet werden (entspricht $\alpha_h = 1$).

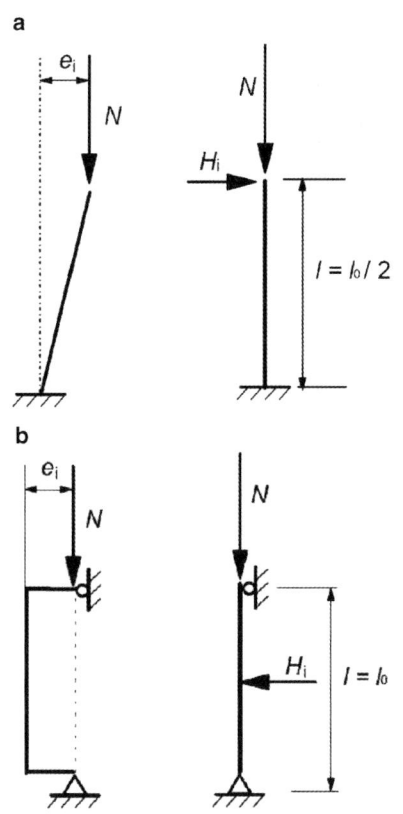

Abb. 8.13 Einzelstützen.
a nicht ausgesteift,
b ausgesteift

Beispiel 8.1

Tragwerk mit aussteifenden (Stütze in Achse ①) und auszusteifenden Bauteilen (Stützen in Achse ②, ③, ④).

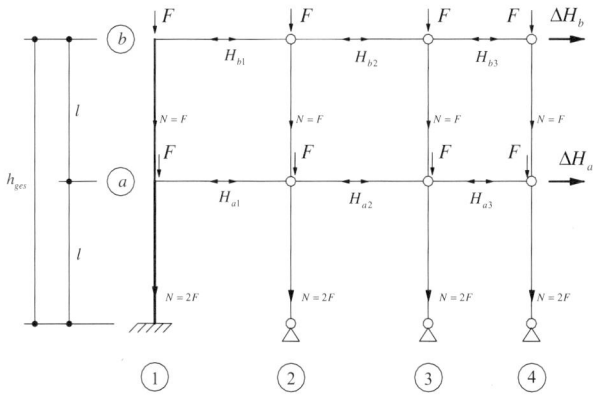

Geschosshöhe $l = 3{,}7$ m, Knotenlasten F:
Lotrecht aussteifendes Bauteil:

$$\alpha_h = 2/\sqrt{2 \cdot 3{,}7} = 0{,}735$$

$$\alpha_m = \sqrt{0{,}5 \cdot (1 + 1/4)} = 0{,}791$$

$$\theta_i = \frac{1}{200} \cdot 0{,}735 \cdot 0{,}791 = 2{,}906 \cdot 10^{-3}$$

$$\Delta H_a = 2{,}906 \cdot 10^{-3} \cdot 4F = 11{,}624F$$

$$\Delta H_b = 2{,}906 \cdot 10^{-3} \cdot 4F = 11{,}624F$$

Diese Kräfte sind für die Bemessung des aussteifenden Bauteils (Stütze in Achse 1) als Ersatzhorizontalkräfte anzusetzen.

Waagerecht aussteifende Bauteile (Dach- und Deckenscheiben):

Ebene a:

$$\theta_{i,4} = 0{,}008/\sqrt{2 \cdot 1} = 5{,}657 \cdot 10^{-3}$$

$$H_{a3} = 3F \cdot 5{,}657 \cdot 10^{-3} = 16{,}97 \cdot 10^{-3} \cdot F$$

$$\theta_{i,3} = 0{,}008/\sqrt{2 \cdot 2} = 4{,}0 \cdot 10^{-3}$$

$$H_{a1} = 6F \cdot 4{,}0 \cdot 10^{-3} = 24{,}00 \cdot 10^{-3} \cdot F$$

$$\theta_{i,2} = 0{,}008/\sqrt{2 \cdot 3} = 3{,}266 \cdot 10^{-3}$$

$$H_{a1} = 9F \cdot 3{,}266 \cdot 10^{-3} = 29{,}39 \cdot 10^{-3} \cdot F$$

Ebene b:

$$\theta_{i,4} = 0{,}008/\sqrt{1} = 8{,}0 \cdot 10^{-3}$$

$$H_{b3} = 1F \cdot 8{,}0 \cdot 10^{-3} = 8{,}0 \cdot 10^{-3} \cdot F$$

$$\theta_{i,3} = 0{,}008/\sqrt{2} = 5{,}657 \cdot 10^{-3}$$

$$H_{b2} = 2F \cdot 5{,}657 \cdot 10^{-3} = 11{,}31 \cdot 10^{-3} \cdot F$$

$$\theta_{i,2} = 0{,}008/\sqrt{3} = 4{,}619 \cdot 10^{-3}$$

$$H_{b1} = 3F \cdot 4{,}619 \cdot 10^{-3} = 13{,}86 \cdot 10^{-3} \cdot F$$

Diese Kräfte sind für die Bemessung der Scheibentragwirkung als eigenständige, nicht durch Kombinationsfaktoren abzumindernde Lasten, anzusetzen. Bei der Bemessung des aussteifenden Bauteils (Stütze in Achse 1) sind diese Kräfte nicht zu berücksichtigen.

8.5.3   Auswirkungen nach Theorie II. Ordnung

Für Hochbauten dürfen Auswirkungen nach Theorie II. Ordnung vernachlässigt werden, wenn das Verhältnis $M_{II}/M_I <$ 1,10 ist. Ansonsten und bei anderen Bauten, bei denen der Einfluss von Bedeutung ist, müssen die Auswirkungen nach Theorie II. Ordnung berücksichtigt werden (Gleichgewichtszustand unter Berücksichtigung des verformten Tragwerkes).

Kriterien für die Beurteilung, ob ein System nach Theorie II. Ordnung nachzuweisen ist oder vereinfachte Nachweise für Einzelstützen möglich sind, können Abschn. 8.6.6 entnommen werden. Im Übrigen wird auf das Kap. 6 dieses Buches sowie [11] verwiesen.

8.5.4   Zeitabhängige Wirkungen

Zeitabhängige Wirkungen sind in Rechnung zu stellen, wenn der Einfluss von Bedeutung ist. Dies ist insbesondere bei vorgespannten Systemen, nachträglich ergänzten Querschnitten und Nachweisen nach Theorie II. Ordnung der Fall.

Auch bei genaueren Verformungsbetrachtungen im GZG können zeitabhängige Wirkungen erheblichen Einfluss haben. In diesem Zusammenhang wird auf die einschlägige Fachliteratur verwiesen [14].

8.5.5 Tragwerksidealisierung

Für die gängigen Formen von Tragwerksteilen gelten die in Tafel 8.15 aufgezeichneten Bedingungen.

Tafel 8.15 Einteilung von Tragwerksteilen (l Stützweite, l_{min} kleinste Stützweite, h Querschnittshöhe, b Querschnittsbreite, b_{max} größte Querschnittsabmessung, b_{min} kleinste Querschnittsabmessung)

Funktion	Bedingung
Balken	$l/h \geq 3; b/h < 5$
Stütze	$b_{max}/b_{min} \leq 4; l \geq 3 \cdot h$
Scheibe/Wand	$b_{max}/b_{min} > 4$
Wandartiger Träger	$l/h < 3$
Platte	$l_{min}/h \geq 3; b/h \geq 5$

Platten dürfen als einachsig gespannt angenommen werden, wenn die Belastung gleichmäßig verteilt ist und wenn zwei nahezu parallele Ränder ohne Auflagerung oder bei allseitiger Stützung einer Rechteckplatte das Stützweitenverhältnis $l_{max}/l_{min} > 2$ ist.

Rippen- oder Kassettendecken dürfen als Vollplatten berechnet werden, wenn die Gurtplatte zusammen mit den Rippen ausreichend torsionssteif ist und die Bedingungen in Abb. 8.14 erfüllt sind.

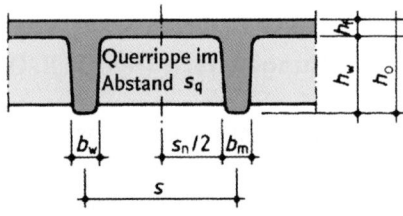

Abb. 8.14 Berechnung von Rippen- und Kassettendecken als Vollplatten. $s \leq 150\,cm$, $h_w \leq 4b_m$, $h_f \geq s_n/10 \geq 5\,cm$, $s_q \leq 10h_0$, $s_n \,\widehat{=}$ lichter Abstand zwischen den Rippen, $s_q \,\widehat{=}$ Abstand der Querrippen, h_f darf auf 4 cm verringert werden, wenn massive Füllkörper zwischen den Rippen vorhanden sind

8.5.5.1 Stützweite von Platten und Balken

Für die wirksame Stützweite (siehe Abb. 8.15) gilt

$$l_{eff} = l_n + \sum_i a_i$$

l_n lichte Stützweite
a_i Abstand der Auflagerlinien von der Auflagervorderkante.

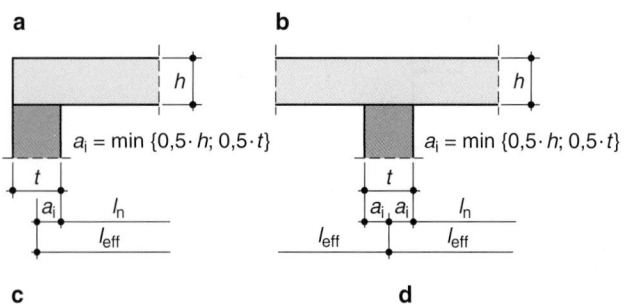

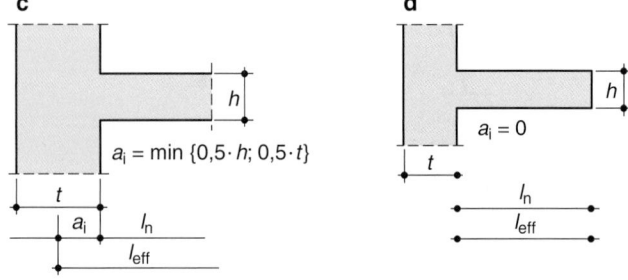

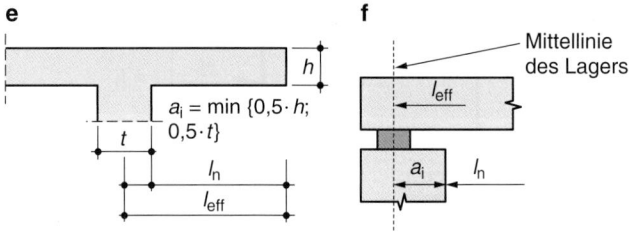

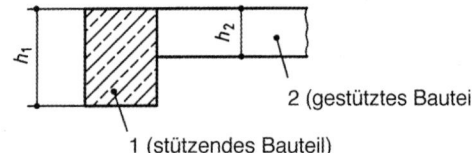

Abb. 8.15 Wirksame Stützweiten l_{eff}.
a Endauflager ohne Einspannung,
b Mittenauflager,
c Endauflager mit voller Einspannung,
d Kragarm (Einzelträger),
e Kragarm (Durchlaufträger),
f Auflagerkonstruktion mit Lager

8.5.5.2 Lagerungsart (direkt oder indirekt)

Bei direkter Lagerung wird die Auflagerkraft des gestützten Bauteils durch senkrechte Druckspannungen an der Unterkante eingeleitet (siehe Abb. 8.16). Das ist günstig für die Querkraftaufnahme und für eine geringe notwendige Verankerungslänge im Auflagerbereich.

Abb. 8.16 Direkte und indirekte Lagerung. $(h_1 - h_2) \geq h_2$ direkte Lagerung, $(h_1 - h_2) < h_2$ indirekte Lagerung

8.5.5.3 Mitwirkende Plattenbreite

Die mitwirkende Plattenbreite b_{eff} (siehe Abb. 8.17) von Plattenbalken darf vereinfachend feldweise konstant über die gesamte Feldlänge angenommen werden.

$$b_{eff} = \sum_i b_{eff,i} + b_w \leq b$$

mit

$$b_{\text{eff,i}} = 0{,}2b_{\text{i}} + 0{,}1l_0 \leq 0{,}2l_0 \tag{8.28}$$
$$\leq b_{\text{i}}$$

Dabei ist (siehe Abb. 8.17 und Abb. 8.18)
l_0 die wirksame Stützweite
b_{i} die tatsächlich vorhandene Gurtbreite
b_{w} die Stegbreite.

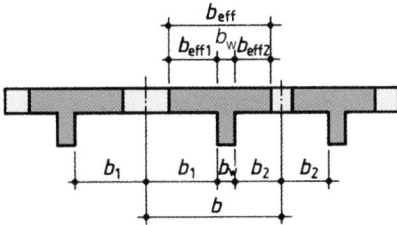

Abb. 8.17 Plattenbalken, mitwirkende Plattenbreite

Bei ungefähr gleichen Steifigkeiten der Einzelfelder, ungefähr gleichmäßig verteilten Belastungen und einem Stützweitenverhältnis benachbarter Felder von $0{,}8 < l_1 / l_2 < 1{,}25$ darf die wirksame Stützweite Abb. 8.18 entnommen werden.

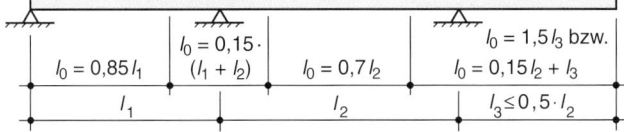

Abb. 8.18 Definition von l_0 (Abstand der Momentennullpunkte) zur Bestimmung von b_{eff}. Bei kurzen Kragarmen ($l_3/l_2 < 0{,}3$) gilt: $l_0 = 1{,}5 \cdot l_3$

Bei veränderlicher Plattendicke darf in (8.28) die Stegbreite b_{w} durch die wirksame Stegbreite $b_{\text{w}} + b_{\text{v}}$ ersetzt werden (Abb. 8.19).

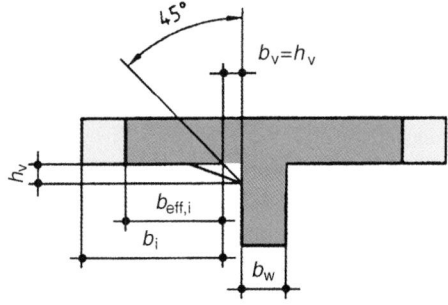

Abb. 8.19 Plattenbalken mit veränderlicher Plattendicke

In Lasteinleitungszonen von konzentriert eingeleiteten Vorspannkräften darf der Ausbreitungswinkel in Abb. 8.20 zu $\beta = 33{,}7°$ angenommen werden.

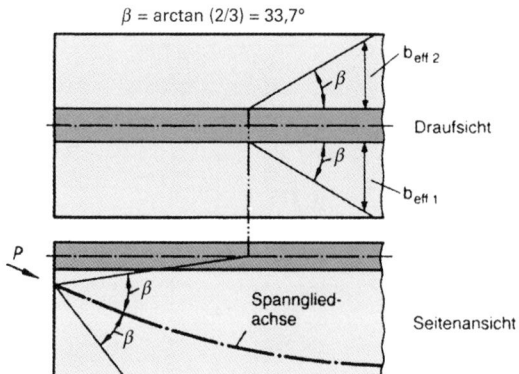

Abb. 8.20 Ausbreitung von Vorspannkräften

8.5.5.4 Kennwerte des ungerissenen Querschnitts

Im Stahl- und Spannbetonbau werden drei Querschnittstypen unterschieden (siehe auch Abb. 8.21):

- **Bruttoquerschnitt**

  Entspricht dem homogenen Betonquerschnitt. Enthaltene Beton- und Spannstahl wird nicht berücksichtigt. Sie werden zur Vereinfachung oder zur Vorbemessung verwendet, wenn die Stahlquerschnitte noch nicht bekannt sind. Zur Kennzeichnung wird Index c verwendet.

$$A_{\text{c}} = \sum_j A_{\text{c}}^j; \tag{8.29}$$

$$\overline{z}_{\text{c}} = \frac{\sum_j A_{\text{c}}^j \cdot \tilde{z}_{\text{c}}^j}{A_{\text{c}}} \tag{8.30}$$

$$I_{\text{cy}} = \sum_j I_{\text{cy}}^j + \sum_j A_{\text{c}}^j \cdot \left(\overline{z}_{\text{c}}^j\right)^2 \tag{8.31}$$

Dabei ist:
A_{c}^j Bruttofläche des Teilquerschnitts j
$\tilde{z}_{\text{c}}^j$ Koordinate des Schwerpunkts des Teilquerschnittes j mit Bezug auf ein beliebig gewähltes Querschnittskoordinatensystem
$\overline{z}_{\text{c}}$ Koordinate des Gesamtquerschnittsschwerpunktes im gewählten Querschnittskoordinatensystem ($\tilde{z}_{\text{c}}$)
z_{c}^j Koordinate des Schwerpunkts des Teilquerschnittes j im Koordinatensystem des Gesamtquerschnittsschwerpunktes

$$z_{\text{c}}^j = \tilde{z}_{\text{c}}^j - \overline{z}_{\text{c}}$$

- **Nettoquerschnitt**

  Entspricht dem Bruttoquerschnitt unter Abzug der Bewehrung (Beton- und Spannstahl, ggf. auch Hüllrohrquerschnitten). Sie werden bei der Berechnung zur Interaktion von Beton und Bewehrung (Kriechen, Schwinden, Vorspannung) verwendet. Zur Kennzeichnung wird Index n

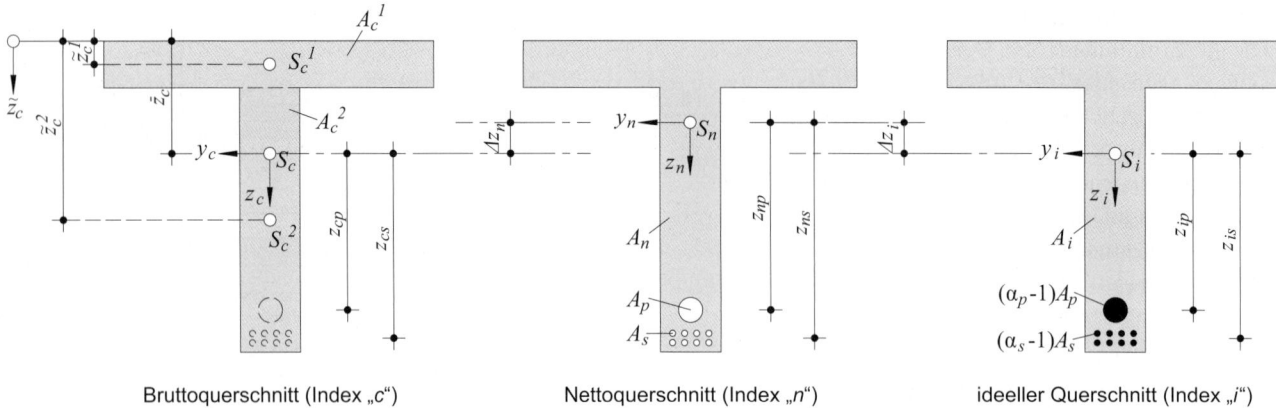

Bruttoquerschnitt (Index „c")   Nettoquerschnitt (Index „n")   ideeller Querschnitt (Index „i")

Abb. 8.21 Querschnittswerte und Bezeichnungen

verwendet. Mit Bezug auf das Schwerpunktskoordinatensystem des Bruttoquerschnitts erhält man die Werte:

$$A_{\mathrm{n}} = A_{\mathrm{c}} - \sum_j A_{\mathrm{s}}^j - \sum_k A_{\mathrm{p}}^k, \tag{8.32}$$

$$\Delta z_{\mathrm{n}} = -\frac{\sum_j A_{\mathrm{s}}^j z_{\mathrm{cs}}^j + \sum_k A_{\mathrm{p}}^k z_{\mathrm{cp}}^k}{A_{\mathrm{n}}}, \tag{8.33}$$

$$I_{\mathrm{ny}} = I_{\mathrm{cy}} + A_{\mathrm{c}}\Delta z_{\mathrm{n}}^2 - \sum_j A_{\mathrm{s}}^j (z_{\mathrm{ns}}^j)^2 - \sum_k A_{\mathrm{p}}^k (z_{\mathrm{np}}^k)^2. \tag{8.34}$$

Im Spannbetonbau werden auch Nettoquerschnittswerte unter Abzug der leeren Hüllrohrflächen benötigt. In diesem Fall müssen obige Beziehungen entsprechend angepasst werden.

• **Ideeller Querschnitt**
Entspricht dem realen Verbundquerschnitt. Im Verbund liegende Beton- und Spannstahlflächen werden unter Berücksichtigung ihrer mechanischen Eigenschaften erfasst. Diese werden über das Verhältnis der E-Moduli des Stahls zum Beton mit $\alpha_{\mathrm{s}} = \frac{E_{\mathrm{s}}}{E_{\mathrm{cm}}}$ und $\alpha_{\mathrm{p}} = \frac{E_{\mathrm{p}}}{E_{\mathrm{cm}}}$ erfasst. Zur Kennzeichnung wird Index i verwendet. Mit Bezug auf das Schwerpunktskoordinatensystem des Bruttoquerschnitts erhält man die Werte:

$$A_{\mathrm{i}} = A_{\mathrm{c}} + (\alpha_{\mathrm{s}} - 1)A_{\mathrm{s}} + (\alpha_{\mathrm{p}} - 1)A_{\mathrm{p}}, \tag{8.35}$$

$$\Delta z_{\mathrm{i}} = \frac{(\alpha_{\mathrm{s}} - 1)\sum_j A_{\mathrm{s}}^j z_{\mathrm{cs}}^j + (\alpha_{\mathrm{p}} - 1)\sum_k A_{\mathrm{p}}^k z_{\mathrm{cp}}^k}{A_{\mathrm{i}}}, \tag{8.36}$$

$$I_{\mathrm{i,y}} = I_{\mathrm{cy}} + A_{\mathrm{c}}\Delta z_{\mathrm{i}}^2 + (\alpha_{\mathrm{s}} - 1)\sum_j A_{\mathrm{s}}^j (z_{\mathrm{is}}^j)^2$$
$$+ (\alpha_{\mathrm{p}} - 1)\sum_k A_{\mathrm{p}}^k (z_{\mathrm{ip}}^k)^2. \tag{8.37}$$

Im Spannbetonbau werden die Anteile der Betonstahlbewehrung in obigen Gleichungen vielfach vernachlässigt.

8.5.6 Berechnungsverfahren

Grundbedingungen der Anwendung aller Berechnungsverfahren ist, dass der Gleichgewichtszustand jederzeit sichergestellt ist. Dabei genügt in der Regel die Anwendung von Theorie I. Ordnung (Gleichgewichtszustand am nicht verformten Tragwerk, Theorie II. Ordnung s. Abschn. 8.5.3). Sind Tragwerke durch Fugen in Abschnitte unterteilt (Abschnittslänge im Regelfall < 30 m), so brauchen die Einflüsse aus Zwangsverformungen (Temperatureinwirkung, Schwinden) dann nicht berücksichtigt werden, wenn Verformungen nicht zu Schäden führen.

8.5.6.1 Grenzzustände der Gebrauchstauglichkeit und Tragfähigkeit
Für die Ermittlung der Schnittgrößen sind folgende Verfahren zulässig:
a) Grenzzustand der Gebrauchstauglichkeit
– Elastizitätstheorie (ungerissene Querschnitte mit Elastizitätsmodul E_{cm})
– Rissbildungen im Beton dürfen bei günstiger Auswirkung und müssen bei deutlich ungünstigem Einfluss auf das Tragverhalten berücksichtigt werden.

b) Grenzzustand der Tragfähigkeit
Hier dürfen verschiedene Berechnungsverfahren angewendet werden
– linear-elastisch
– linear-elastisch mit begrenzter Umlagerung
– nichtlinear unter Berücksichtigung der nicht linearen Verformungseigenschaften von Stahlbeton- und Spannbetonquerschnitten
– plastisch (Plastizitätstheorie).

Anmerkung Die nichtlinearen und plastischen Verfahren der Schnittgrößenermittlung sind in der Praxis wenig verbreitet und sollten daher nur in begründeten Fällen angewendet werden.

8.5.6.2 Vereinfachungen

Für die Ermittlungen der Schnittgrößen sind folgende Vereinfachungen zulässig:

- Querdehnzahl darf den Wert Null erhalten
- durchlaufende Platten und Balken dürfen als frei drehbar gelagert angenommen werden
- Das Stützmoment darf bei frei drehbar gelagerter Rechnung ausgerundet und bei monolithischem Verbund des zu stützenden Bauteiles mit dem Bemessungsmoment am Auflagerrand angenommen werden, wobei letzteres Moment größer als 65 % des Auflagermomentes bei Volleinspannung (Mindestbemessungsmoment) sein sollte. Allgemein ergeben sich die in Abb. 8.22 angegebenen Bemessungswerte nach (8.38) bis (8.40).

$$|M_{\mathrm{Ed,red}}| = |M_{\mathrm{Ed}}| - F_{\mathrm{Ed,sup}}| \cdot b_{\mathrm{sup}}/8 \qquad (8.38)$$

(siehe Abb. 8.22a).

$$|M_{\mathrm{Ed,li}}| = |M_{\mathrm{Ed}}| - |V_{\mathrm{d,li}}| \cdot b_{\mathrm{sup}}/2 > \min |M_{\mathrm{d}}| \qquad (8.39)$$

$$|M_{\mathrm{Ed,re}}| = |M_{\mathrm{Ed}}| - |V_{\mathrm{d,re}}| \cdot b_{\mathrm{sup}}/2 > \min |M_{\mathrm{d}}| \qquad (8.40)$$

(siehe Abb. 8.22b).
Bei gleichmäßig verteilter Einwirkung ist das Mindestbemessungsmoment $\min M_{\mathrm{d}}$.

a

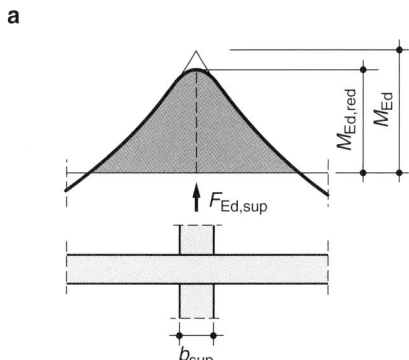

b

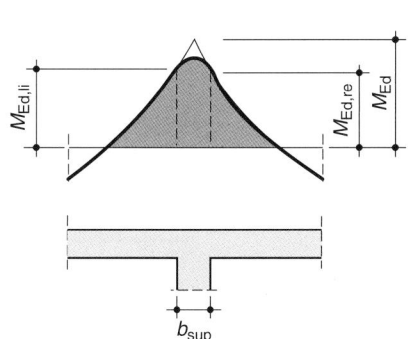

Abb. 8.22 Ausrundung des Stützmomentes.
a Frei drehbare Lagerung, $M_{\mathrm{Ed,red}}$ nach (8.38),
b monolithischer Verbund, $M_{\mathrm{Ed,li}}$, $M_{\mathrm{Ed,re}}$ nach (8.39) bzw. (8.40)

- erste Innenstütze im Endfeld (einseitige Einspannung)

$$\min M_{\mathrm{d}} = (q_{\mathrm{d}} + g_{\mathrm{d}}) \cdot l_{\mathrm{n}}^2/12 \qquad (8.41)$$

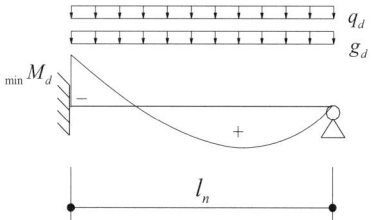

- übrige Innenstützen (beidseitige Einspannung)

$$\min M_{\mathrm{d}} = (q_{\mathrm{d}} + g_{\mathrm{d}}) \cdot l_{\mathrm{n}}^2/18 \qquad (8.42)$$

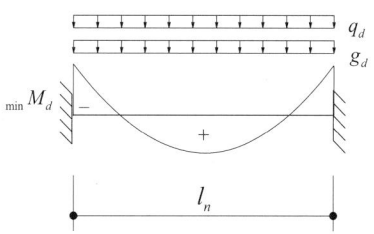

In den Gleichungen (8.38) bis (8.42) bedeuten:

M_{Ed} Bemessungswert ohne Abminderung
$M_{\mathrm{Ed,red}}$ reduzierte Bemessungswerte
$M_{\mathrm{Ed,li}}$; $M_{\mathrm{Ed,re}}$ reduzierte Bemessungswerte
$F_{\mathrm{Ed,sup}}$ Auflagerreaktion (Bemessungswert)
$V_{\mathrm{d,re}}$; $V_{\mathrm{d,li}}$ Querkraft rechts bzw. links (Bemessungswert)
b_{sup} Auflagerbreite
l_{n} lichte Stützweite.

Bei indirekter Lagerung ist die Abminderung auf das Anschnittmoment nur zulässig, wenn das stützende Bauteil eine Vergrößerung der statischen Nutzhöhe des gestützten Bauteils mit einer Neigung von mindestens 1 : 3 zulässt.

Auflagerreaktionen bei einachsig gespannten Platten dürfen auf Grundlage einer frei drehbaren Lagerung unter Vernachlässigung der Durchlaufwirkung ermittelt werden.
Ausnahme:

- Erste Innenauflager
- Spannweite der angrenzenden Felder weichen mehr als 50 % voneinander ab.

8.5.6.3 Schnittgrößenermittlung bei Balken und Rahmen

Bei der linearen Berechnung müssen alle Auswirkungen einer Momentenumlagerung bei der Bemessung berücksichtigt werden. Die sich aus der Momentenumlagerung ergebenden Schnittgrößen müssen mit den aufgebrachten Lasten im Gleichgewicht stehen.

Tafel 8.16 Umlagerungsfaktoren $\delta = M_{\text{umgelagert}} / M_{\text{vorher}}$

Betonfestig-keitsklasse	Betonstahl	
	Hochduktil (B)	Normalduktil (A)
Bis C50/60	$\geq 0{,}64 + 0{,}8 \cdot \dfrac{x_\text{u}}{d} \geq 0{,}70$	$\geq 0{,}64 + 0{,}8 \cdot \dfrac{x_\text{u}}{d} \geq 0{,}85$
Ab C55/67	$\geq 0{,}72 + 0{,}8 \cdot \dfrac{x_\text{u}}{d} \geq 0{,}80$	$= 1{,}0$ (keine Umlagerung)

Der Nachweis des Rotationsvermögens braucht für Durchlaufträger mit annähernd gleichen Steifigkeiten und Stützweitenverhältnissen benachbarter Felder von 0,5 bis 2 sowie in Riegeln von unverschieblichen Rahmen und vorwiegend auf Biegung beanspruchten Bauteilen nicht geführt werden, wenn das Verhältnis δ des umgelagerten Momentes zum Ausgangsmoment vor der Umlagerung die Bedingungen gemäß Tafel 8.16 in Abhängigkeit der Betonfestigkeitsklassen und der verwendeten Stahlsorten erfüllt.

Dabei ist x_u/d das Verhältnis der Druckzonenhöhe $x = x_\text{u}$ zur statischen Höhe d des betrachteten Querschnitts nach Umlagerung im GZT. Eine Umlagerung von der Stütze zum Feld ist damit nur möglich, wenn z. B. für Beton $\leq$ C50/60 die bezogene Druckzonenhöhe $x_\text{u}/d \leq 0{,}45$ ist. Insofern ist dieser Wert als generelle Grenze bei der Bemessung einzuhalten, sofern nicht gesonderte konstruktive Maßnahmen zur Sicherung der Betondruckzone (enge Verbügelung) getroffen werden. Praktisch bedeutet dies, dass folgende konstruktive Regeln dann eingehalten sein müssen [11]:

- Mindestbügeldurchmesser 10 mm
- Bügelabstände max. $0{,}25\,h$ bzw 200 mm längs und 400 mm quer

Alternativ kann auch ein expliziter Rotationsnachweis nach EC 2, Abschn. 8.5.6.3 geführt werden. Dies gilt auch, wenn das o. g. Stützweitenverhältnis nicht eingehalten wird.

Die möglichen Umlagerungsverhältnisse δ sind in Abhängigkeit der bezogenen Momentenbeanspruchung μ_{Eds} in den Bemessungstabellen im Abschn. 8.10 mit angegeben.

Bei Eckknoten unverschieblicher Rahmen ist die Umlagerung auf $\delta = 0{,}9$ begrenzt [11].

Bei verschieblichen Rahmen, vorgespannten Rahmenecken, bei Tragwerken aus unbewehrtem Beton und bei unbewehrten Kontaktfugen sind keine Umlagerungen der Momente erlaubt.

8.5.6.3.1 Biegemomente in Rahmentragwerken
nach DAfStb-Heft 240 [12]

Der bei Außerachtlassen einer ggf. vorhandenen elastischen Einspannung der Durchlaufkonstruktion in das Endlauflager (z. B. Unterzug/Stahlbetonstütze oder Deckenplatte/Wand oder Deckenplatte/Randunterzug) sich im Endfeld rechnerisch ergebende Momentenverlauf tritt im wirklichen Bauteil nicht auf. Er muss ggf. nachträglich den wirklichen Verhältnissen angepasst werden. Für rahmenartige Tragwerke ist das sog. c_o/c_u-Verfahren anwendbar (siehe Abb. 8.23):

Mit dem Einspannmoment M_R^o des beidseitig voll eingespannten Endfeldes unter Volllast und den Verteilungszahlen

$$c_\text{o} = \frac{l_\text{R}}{h_\text{o}} \cdot \frac{I_\text{So}}{I_\text{R}} \quad \text{und} \quad c_\text{u} = \frac{l_\text{R}}{h_\text{u}} \cdot \frac{I_\text{Su}}{I_\text{R}}$$

und dem Lastwert

$$\alpha = \frac{q_\text{d}}{g_\text{d} + q_\text{d}} = \frac{\gamma_\text{Q} \cdot q_\text{k}}{\gamma_\text{G} \cdot g_\text{k} + \gamma_\text{Q} \cdot q_\text{k}}$$

ergeben sich das Riegel-End-Moment

$$M_\text{R} = \frac{c_\text{o} + c_\text{u}}{3(c_\text{o} + c_\text{u}) + 2{,}5} \cdot (3 + \alpha) \cdot M_\text{R}^\text{o}$$

und die Stützen-Momente

$$M_\text{So} = \frac{-c_\text{o}}{3(c_\text{o} + c_\text{u}) + 2{,}5} \cdot (3 + \alpha) \cdot M_\text{R}^\text{o}$$

$$M_\text{Su} = \frac{c_\text{u}}{3(c_\text{o} + c_\text{u}) + 2{,}5} \cdot (3 + \alpha) \cdot M_\text{R}^\text{o}$$

8.5.6.4 Schnittgrößenermittlung bei Platten

Dieser Abschnitt gilt für alle Platten, die in zwei Achsrichtungen beansprucht sind, für einachsig gespannte Platten gilt Abschn. 8.5.6.3.

Zulässige Berechnungsverfahren sind

- lineare Berechnung mit oder ohne Umlagerung (Grenzzustände der Gebrauchstauglichkeit und der Tragfähigkeit)
- plastische Berechnung (Grenzzustand der Tragfähigkeit)
- numerische Verfahren auf der Grundlage nicht linearer Baustoffeigenschaften.

Die lineare Berechnung kann unter den in Abschn. 8.5.6.3 angegebenen Berechnungsverfahren für Balken angewendet werden.

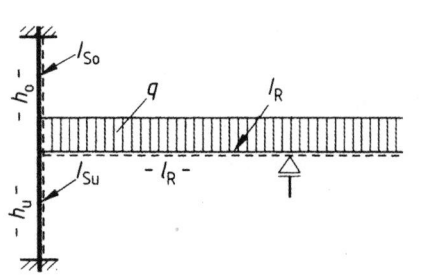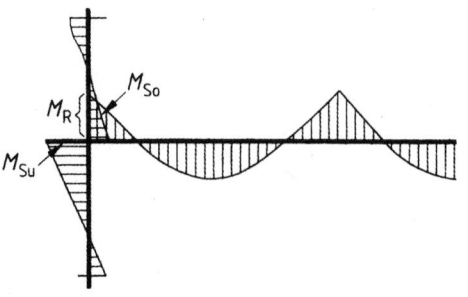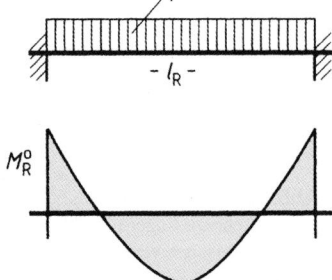

Abb. 8.23 Rahmenartiges Tragwerk c_o/c_u-Verfahren

Bei der plastischen Berechnung kommen vor allem zwei Verfahren zur Anwendung, wobei untenstehende Anmerkungen zu beachten sind

- Bruchlinientheorie (kinematisches Verfahren)
- Streifenverfahren (statisches Verfahren).

Auf den direkten Nachweis des Rotationsvermögens darf verzichtet werden, wenn ausreichende Verformungsfähigkeit vorhanden ist. Betonstähle mit hoher Duktilität können ohne weitere Nachweise verwendet werden.

Für das Verhältnis von Stützmoment zu Feldmoment gilt

$$0{,}5 \leq M_S/M_F \leq 2{,}0$$

Die bezogene Druckzonenhöhe darf folgende Werte nicht überschreiten

$$x/d = 0{,}15 \quad \text{ab C55/67}$$
$$x/d = 0{,}25 \quad \text{bis C50/60}$$

x Höhe der Druckzone
d Nutzhöhe.

8.5.6.4.1 Schnittgrößen und Auflagerkräfte von vierseitig gelagerten Platten unter Gleichlast

Vierseitig gelagerte Rechteckplatten, deren größere Stützweite nicht größer als das Zweifache der kleineren ist, sind als zweiachsig gespannt zu berechnen und auszubilden.

Die vierseitig gestützte Einfeldplatte Als Bezugssystem dient ein rand-paralleles x-y-System, wobei die x-Achse dem kürzeren Rand parallel ist (Abb. 8.24). Der kürzere Rand hat die Länge l_x. Das Biegemoment m_x erzeugt Spannungen in x-Richtung, das Biegemoment m_y erzeugt Spannungen in y-Richtung. Die Lastabtragung in x-Richtung liefert die Stützkräfte $\bar{q}_x$ entlang dem längeren Rand; die Lastabtragung in y-Richtung liefert die Stützkräfte $\bar{q}_y$ entlang dem kürzeren Rand.

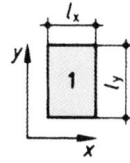

Abb. 8.24 Vierseitig gelagerte Platte

Allgemein gilt: Größen in direktem Zusammenhang
- mit der Lastabtragung in x-Richtung tragen den Index x;
- mit der Lastabtragung in y-Richtung tragen den Index y.

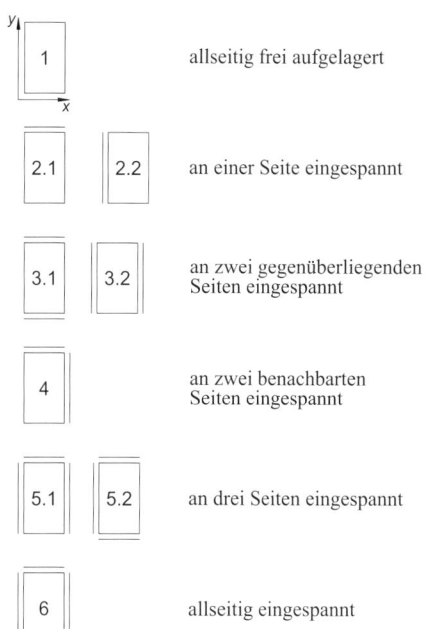

Abb. 8.25 Stützungen

Die einzelnen Ränder der Einfeldplatte können frei drehbar gelagert oder fest ein gespannt sein. Abb. 8.25 zeigt die möglichen Lagerungsfälle. Ecken, in denen zwei frei drehbare Ränder zusammenstoßen, nennt man freie Ecken.

Plattenmomente werden angegeben in der allgemeinen Form

$$m_i = \frac{q \cdot l_x^2}{k_i}$$

$m_{x\,m}$ Plattenmoment m_x in Feldmitte (maximal)
$m_{y\,max}$ größtes Feldmoment m_y
$m_{x\,erm}$ Einspannmoment in der Mitte des längeren Randes (minimal)
$m_{y\,erm}$ Einspannmoment in der Mitte des kürzeren Randes (minimal)
$m_{x\,er\,min}$ kleinstes Einspannmoment entlang dem eingespannten längeren Rand
$m_{y\,er\,min}$ kleinstes Einspannmoment entlang dem eingespannten kürzeren Rand
k_i Tafel 8.17
q Flächenlast der Platte aus Eigengewicht und ggf. veränderlicher Last.

Tafel 8.17 enthält die k_i-Werte für
a) volle Drilltragfähigkeit (drillsteife Platte),
b) herabgesetzte Drilltragfähigkeit,
c) Drilltragfähigkeit = 0 (drillweiche Platte).

Tafel 8.17 Beiwerte k_i zur Berechnung der Biegemomente in Einfeldplatten

Stützung	Drilltragfähigkeit	Beiwerte k_i											
		Stützweitenverhältnis $\varepsilon = l_y/l_x$											
		1,0	1,10	1,20	1,30	1,40	1,50	1,60	1,70	1,80	1,90	2,0	∞
1	a	k_{xm} 27,2	22,4	19,1	16,8	15,0	13,7	12,7	11,9	11,3	10,8	10,4	
		k_{ymax} 27,2	27,9	29,1	30,9	32,8	34,7	36,1	37,3	38,5	39,4	40,3	
	b	k_{xm} 20,0	16,6	14,5	13,0	11,9	11,1	10,6	10,2	9,8	9,5	9,3	
		k_{ymax} 20,0	20,7	22,1	24,0	26,2	28,3	30,2	31,9	33,4	34,7	35,9	
	c	k_{xm} 13,1	10,9	9,6	8,7	8,2	7,8	7,5	7,3	7,2	7,2	7,1	
		k_{ymax} 13,1	13,5	14,4	15,8	17,7	19,9	21,7	23,5	24,2	24,9	25,5	
2.1	a	k_{xm} 41,2	31,9	25,9	21,7	18,8	16,6	15,0	13,8	12,8	12,0	11,4	
		k_{ymax} 29,4	28,8	28,9	29,7	30,8	32,3	33,6	34,9	36,2	37,5	38,8	
		k_{yerm} −11,9	−10,9	−10,1	−9,6	−9,2	−8,9	−8,7	−8,5	−8,4	−8,3	−8,2	
	b	k_{xm} 34,3	25,9	20,6	17,0	14,1	12,8	11,6	10,8	10,1	9,6	9,3	
		k_{ymax} 23,5	22,7	22,4	23,1	24,1	25,5	26,9	28,5	30,2	31,7	33,2	
	c	k_{xm} 22,6	17,2	13,9	11,8	10,4	9,5	8,8	8,3	8,0	7,8	7,6	
		k_{ymax} 16,9	15,5	15,3	15,6	16,3	17,2	18,4	19,9	21,6	23,7	23,5	
		k_{yerm} −8,4	−7,7	−7,3	−7,1	−7,1	−7,1	−7,1	−7,2	−7,3	−7,4	−7,5	
2.2	a	k_{xm} 31,4	27,3	24,5	22,4	21,0	19,8	19,0	18,3	17,8	17,4	17,1	
		k_{ymax} 41,2	45,1	48,8	51,8	54,3	55,6	56,8	57,8	58,6	59,0	59,2	
		k_{xerm} −11,9	−10,9	−10,2	−9,7	−9,3	−9,0	−8,8	−8,6	−8,4	−8,3	−8,3	
	b	k_{xm} 25,1	22,4	20,6	19,2	18,4	17,7	17,3	16,8	16,5	16,3	16,1	
		k_{ymax} 34,3	38,7	43,2	46,5	49,4	51,2	53,1	54,3	55,3	55,9	56,4	
	c	k_{xm} 16,3	14,8	13,8	13,2	12,8	12,6	12,5	12,5	12,5	12,6	12,7	
		k_{ymax} 22,6	25,6	29,7	33,3	36,4	37,7	38,9	40,0	41,0	42,0	42,0	
		k_{xerm} −8,4	−7,8	−7,3	−7,1	−6,9	−6,8	−6,8	−6,8	−6,8	−6,8	−6,9	
3.1	a	k_{xm} 63,3	46,1	35,5	28,5	23,7	20,4	17,9	16,0	14,6	13,4	12,5	
		k_{ymax} 35,1	32,9	31,7	31,2	31,4	32,1	33,3	34,9	37,1	39,7	42,4	
		k_{yerm} −14,3	−12,7	−11,5	−10,7	−10,0	−9,5	−9,2	−8,9	−8,7	−8,5	−8,4	
	c	k_{xm} 41,0	28,8	21,8	17,3	14,4	11,7	11,0	10,0	9,3	8,8	8,4	
		k_{ymax} 23,1	20,7	19,2	18,5	18,3	18,6	19,4	20,5	22,1	24,2	26,8	
		k_{yerm} −10,8	−9,6	−8,7	−8,1	−7,7	−7,5	−7,4	−7,3	−7,3	−7,3	−7,5	
3.2	a	k_{xm} 35,1	31,7	29,4	27,8	26,6	25,8	25,2	24,7	24,4	24,3	24,1	
		k_{ymax} 61,7	67,2	71,5	73,5	74,6	75,8	77,0	77,0	77,0	77,0	77,0	
		k_{xerm} −14,3	−13,5	−13,0	−12,6	−12,3	−12,2	−12,0	−12,0	−12,0	−12,0	−12,0	
	c	k_{xm} 23,1	21,8	21,1	20,9	20,8	20,8	20,9	21,2	21,4	21,7	22,0	
		k_{ymax} 41,0	48,1	52,1	54,2	55,8	57,5	59,0	60,0	59,2	57,9	57,5	
		k_{xerm} −10,8	−10,4	−10,2	−10,0	−10,0	−10,0	−10,1	−10,2	−10,3	−10,3	−10,5	
4	a	k_{xm} 42,7	35,1	30,0	26,5	24,1	22,2	21,0	19,9	19,1	18,4	17,9	
		k_{ymax} 40,2	42,0	44,0	47,6	51,0	53,0	54,8	56,3	57,7	59,0	60,2	
		k_{xermin} −14,3	−12,7	−11,5	−10,7	−10,0	−9,6	−9,2	−8,9	−8,7	−8,5	−8,4	
		k_{yermin} −14,3	−13,6	−13,1	−12,8	−12,6	−12,4	−12,3	−12,2	−12,2	−12,2	−12,2	
	b	k_{xm} 37,1	30,7	26,3	23,5	21,5	20,0	19,1	18,3	17,7	17,2	16,9	
		k_{ymax} 35,0	36,7	38,6	41,2	45,5	47,8	49,8	51,7	53,4	55,1	56,8	
	c	k_{xmax} 23,4	19,4	17,0	15,5	14,5	13,8	13,4	13,1	13,0	12,9	12,9	
		k_{ymax} 23,4	24,3	26,3	28,3	31,2	33,9	35,7	37,5	39,1	40,8	42,3	

Tafel 8.17 (Fortsetzung)

Stützung	Drill-trag-fähig-keit	Beiwerte k_i											
		Stützweitenverhältnis $\varepsilon = l_y/l_x$											
		1,0	1,10	1,20	1,30	1,40	1,50	1,60	1,70	1,80	1,90	2,0	∞
5.1	a	k_{xm} 44,1	37,9	33,8	31,0	29,0	27,6	26,5	25,7	25,1	24,7	24,5	
		$k_{y\,max}$ 55,9	60,3	66,2	69,0	72,0	75,2	78,7	82,5	86,8	91,7	97,0	
		$k_{x\,er\,min}$ −16,2	−14,8	−13,9	−13,2	−12,7	−12,5	−12,3	−12,2	−12,1	−12,0	−12,0	
		$k_{x\,erm}$ −18,3	−17,7	−17,5	−17,5	−17,5	−17,5	−17,5	−17,5	−17,5	−17,5	−17,5	
	c	k_{xm} 28,8	25,6	23,7	22,6	21,9	21,6	21,4	21,4	21,4	21,6	21,7	
		$k_{y\,max}$ 36,3	40,0	46,1	49,0	51,9	54,7	57,4	59,9	59,1	58,2	57,5	
		$k_{x\,er\,min}$ −12,9	−11,8	−11,1	−10,7	−10,5	−10,3	−10,3	−10,3	−10,3	−10,3	−10,3	
		$k_{y\,erm}$ −15,3	−15,5	−15,9	−16,2	−16,6	−16,9	−17,1	−17,4	−17,6	−17,9	−18,1	
5.2	a	k_{xm} 59,5	46,1	37,5	31,8	28,0	25,2	23,3	21,7	20,5	19,5	18,7	
		k_{ym} 44,1	43,7	44,8	46,9	50,3	55,0	61,6	70,4	79,6	89,8	101,0	
		$k_{x\,erm}$ −18,3	−15,4	−13,5	−12,2	−11,2	−10,6	−10,1	−9,7	−9,4	−9,0	−8,8	
		$k_{y\,er\,min}$ −110,2	−14,8	−13,9	−13,3	−13,0	−12,7	−12,6	−12,5	−12,4	−12,3	−12,3	
	c	$k_{x\,max}$ 36,3	27,9	22,7	19,4	17,3	15,9	14,9	14,2	13,8	13,5	13,5	
		$k_{y\,max}$ 28,8	27,8	28,1	29,5	31,8	35,2	39,9	46,0	52,7	57,6	60,8	
		$k_{x\,erm}$ −15,3	−12,7	−10,9	−9,7	−8,9	−8,3	−7,9	−7,6	−7,4	−7,2	−7,1	
		$k_{y\,er\,min}$ −12,9	−12,0	−11,5	−11,3	−11,2	−11,3	−11,4	−11,6	−11,8	−11,9	−12,2	
6	a	k_{xm} 56,8	46,1	39,4	34,8	31,9	29,6	28,1	26,9	26,0	25,4	25,0	
		$k_{y\,max}$ 56,8	60,3	65,8	73,6	83,4	93,5	98,1	101,3	103,3	104,6	105,0	
		$k_{x\,erm}$ −19,4	−17,1	−15,5	−14,5	−13,7	−13,2	−12,8	−12,5	−12,3	−12,1	−12,0	
		$k_{y\,erm}$ −19,4	−18,4	−17,9	−17,6	−17,5	−17,5	−17,5	−17,5	−17,5	−17,5	−17,5	
	c	k_{xm} 39,1	32,2	28,2	25,6	24,0	23,0	22,3	22,0	21,9	21,9	21,9	
		$k_{y\,max}$ 39,1	41,4	45,6	52,0	61,1	72,5	81,2	86,5	92,6	97,5	94,5	
		$k_{x\,erm}$ −16,3	−14,2	−12,8	−11,9	−11,3	−10,9	−10,6	−10,5	−10,5	−10,5	−10,5	
		$k_{y\,erm}$ −16,3	−15,9	−15,9	−16,1	−16,3	−16,6	−17,0	−17,3	−17,6	−17,8	−18,1	

a: volle Drilltragfähigkeit; b: verminderte Drilltragfähigkeit; c: Drilltragfähigkeit = 0.

Volle Drilltragfähigkeit ist bei Stahlbetonvollplatten gegeben, wenn

- die freien Ecken gegen Abheben gesichert sind (Nachweis),
- im Bereich der freien Ecke(n) in der Platte die geforderte Drillbewehrung angeordnet wird und
- in den Eckbereichen der Platte keine größeren Aussparungen vorhanden sind.

Die Sicherheit gegen Abheben ist z. B. gegeben, wenn die dauernd vorhandene Auflast im Eckbereich mindestens 1/16 der Gesamtlast der Platte beträgt.

Ist eine der o. g. Bedingungen nicht erfüllt, so sind die k_i-Werte für (b) herabgesetzte Drilltragfähigkeit zu verwenden, was zu größeren Feldmomenten führt (Stützmomente einfachheitshalber wie bei (a)).

Fertigteilplatten mit statisch mitwirkender Ortbetonschicht und zweiachsig gespannte Rippendecken sind als (c) drillweich (Drilltragfähigkeit = 0) zu berechnen. Gleichwohl können auch hier Abhebekräfte in den Ecken auftreten, da die Drilltragfähigkeit nicht vollständig ausfällt (Ecken konstruktiv verankern).

Ein Bild über den Verlauf der aus Tafel 8.17 errechneten Plattenmomente gibt Tafel 8.18. Die Werte der Tafel 8.17 gelten für isotrope Platten, also für Platten mit gleicher Plattensteifigkeit in allen Richtungen. Haben z. B. bei zweiachsig gespannten Rippendecken die Rippen in Längs- und Querrichtung unterschiedliche Abstände, dann ist die Platte orthogonal anisotrop, man sagt auch orthotrop. Für solche Platten dürfen die Werte der Tafel 8.17 nicht verwendet werden.

Bei der Berechnung der Werte der Tafel 8.17 wurde die Querdehnzahl $\mu = 0$ gesetzt. Feldmomente für $\mu \neq 0$ (z. B. $\mu = 0,2$) lassen sich aus den mit Tafel 8.23 errechneten Werten so berechnen:

$$m_{x,\mu} = \frac{1}{(1-\mu^2)}(m_{y,\mu=0} + \mu \cdot m_{x,\mu=0})$$

$$m_{y,\mu} = \frac{1}{(1-\mu^2)}(m_{x,\mu=0} + \mu \cdot m_{y,\mu=0})$$

$$m_{xy,\mu} = (1-\mu)m_{xy,\mu=0}.$$

Tafel 8.18 Verlauf der Plattenmomente

Volle Drilltragfähigkeit (drillsteif) Verlauf der Biege- und Drillmomente für $\varepsilon = 1{,}5$	Drilltragfähigkeit = 0 (drillweich) Verlauf der Biegemomente

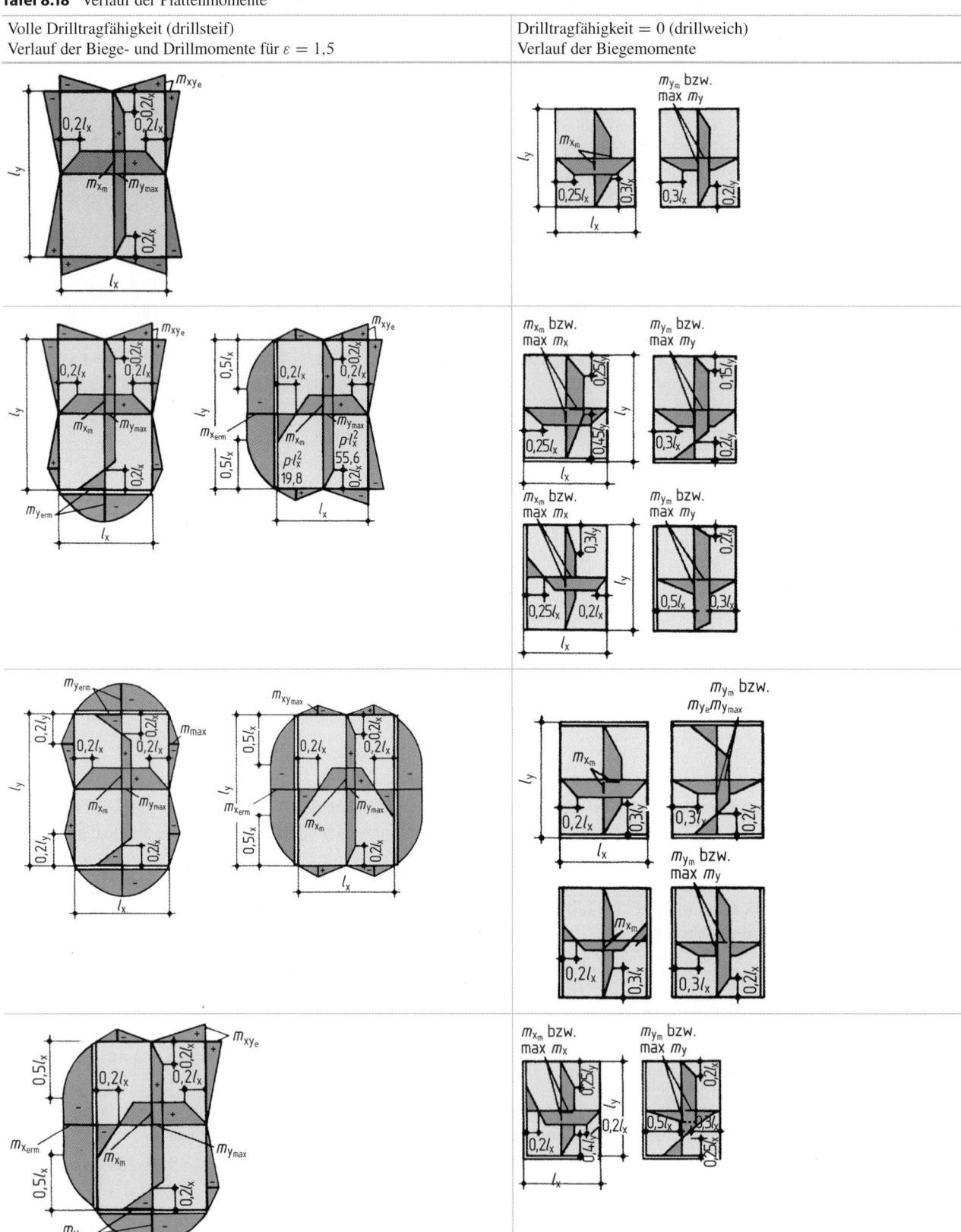

Tafel 8.18 (Fortsetzung)

Volle Drilltragfähigkeit (drillsteif) Verlauf der Biege- und Drillmomente für $\varepsilon = 1{,}5$	Drilltragfähigkeit = 0 (drillweich) Verlauf der Biegemomente

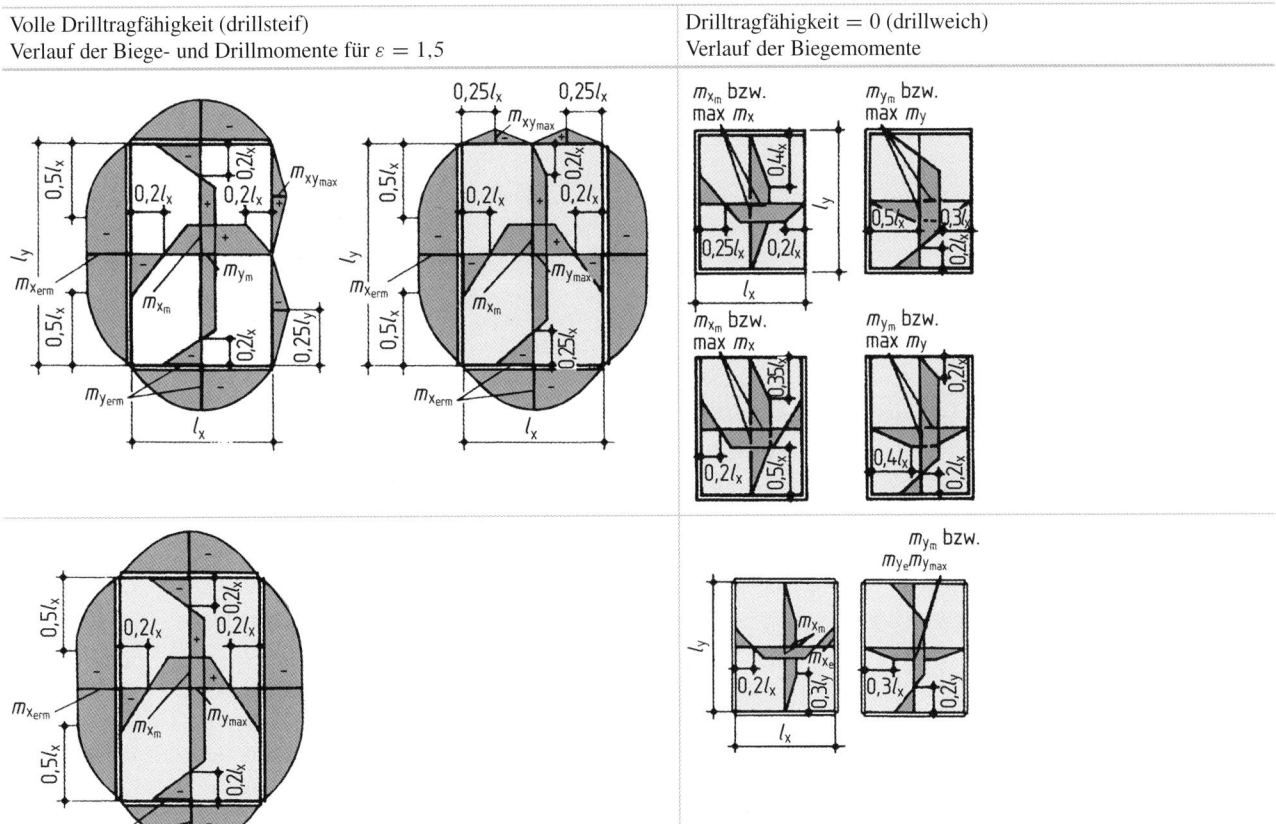

Zur **Ermittlung der Schnittgrößen in Randunterzügen** vierseitig gelagerter Platten dürfen die Stützkräfte näherungsweise mit den Lastbildern berechnet werden, die sich aus der Zerlegung der Plattenfläche in Trapeze und Dreiecke ergeben (siehe Abb. 8.26). Stoßen an einer Ecke Plattenränder mit gleichartiger Stützung zusammen, so beträgt der Zerlegungswinkel 45°; stößt ein voll eingespannter mit einem frei drehbar gelagerten Rand zusammen, so beträgt der am eingespannten Rand anliegende Zerlegungswinkel 60°. Für die verschiedenen Stützungen ergeben sich die maximalen Lastordinaten des freien und eingespannten Randes in der Form

$$\max \overline{q} = m \cdot q \cdot l_x$$

m aus Tafel 8.19.

Wenn die Gleichlast q einer zweiachsig gespannten Platte auf die beiden Tragrichtungen aufgeteilt werden muss, so kann das mit den Lastaufteilungsfaktoren k_x und k_y nach Tafel 8.20 erfolgen

$$q_x = k_x \cdot q; \quad q_y = k_y \cdot q.$$

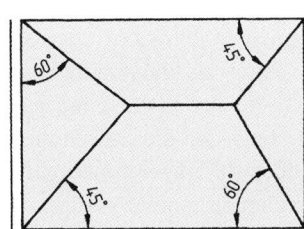

Abb. 8.26 Lastaufteilung zur Berechnung der Stützkräfte

Tafel 8.19 Koeffizienten m für maximale Lastordinaten

	1	2.1	2.2	3.1	3.2	4	5.1	5.2	6
Frei drehbar gelagerter Rand	0,50	0,50	0,365	0,50	0,29	0,365	0,29	0,365	–
Fest eingespannter Rand	–	0,865	0,635	0,865	0,50	0,635	0,50	0,635	0,50

Tafel 8.20 Lastaufteilungsfaktoren k_x und k_y

	1, 4, 6	2.1	2.2	3.1	3.2	5.1	5.2
$k_x =$	$\left(1+\frac{1}{\varepsilon^4}\right)^{-1}$	$\left(1+\frac{1}{0,4\cdot\varepsilon^4}\right)^{-1}$	$\left(1+\frac{1}{2,5\cdot\varepsilon^4}\right)^{-1}$	$\left(1+\frac{1}{0,2\cdot\varepsilon^4}\right)^{-1}$	$\left(1+\frac{1}{5\cdot\varepsilon^4}\right)^{-1}$	$\left(1+\frac{1}{2\cdot\varepsilon^4}\right)^{-1}$	$\left(1+\frac{1}{0,5\cdot\varepsilon^4}\right)^{-1}$
$k_y =$	$(1+\varepsilon^4)^{-1}$	$(1+0,4\cdot\varepsilon^4)^{-1}$	$(1+2,5\cdot\varepsilon^4)^{-1}$	$(1+0,2\cdot\varepsilon^4)^{-1}$	$(1+5\cdot\varepsilon^4)^{-1}$	$(1+2\cdot\varepsilon^4)^{-1}$	$(1+0,5\cdot\varepsilon^4)^{-1}$
$e=1,0$	$k_x=0,500$	$k_x=0,286$	$k_x=0,714$	$k_x=0,167$	$k_x=0,833$	$k_x=0,667$	$k_x=0,333$
	$k_y=0,500$	$k_y=0,714$	$k_y=0,286$	$k_y=0,833$	$k_y=0,167$	$k_y=0,333$	$k_y=0,667$
$e=1,1$	$k_x=0,594$	$k_x=0,369$	$k_x=0,785$	$k_x=0,226$	$k_x=0,880$	$k_x=0,745$	$k_x=0,423$
	$k_y=0,406$	$k_y=0,631$	$k_y=0,215$	$k_y=0,774$	$k_y=0,120$	$k_y=0,255$	$k_y=0,577$
$e=1,2$	$k_x=0,675$	$k_x=0,453$	$k_x=0,838$	$k_x=0,293$	$k_x=0,912$	$k_x=0,806$	$k_x=0,509$
	$k_y=0,325$	$k_y=0,547$	$k_y=0,162$	$k_y=0,707$	$k_y=0,088$	$k_y=0,194$	$k_y=0,491$
$e=1,3$	$k_x=0,741$	$k_x=0,533$	$k_x=0,877$	$k_x=0,364$	$k_x=0,935$	$k_x=0,851$	$k_x=0,588$
	$k_y=0,259$	$k_y=0,467$	$k_y=0,123$	$k_y=0,636$	$k_y=0,065$	$k_y=0,149$	$k_y=0,412$
$e=1,4$	$k_x=0,793$	$k_x=0,606$	$k_x=0,906$	$k_x=0,434$	$k_x=0,951$	$k_x=0,885$	$k_x=0,658$
	$k_y=0,207$	$k_y=0,394$	$k_y=0,094$	$k_y=0,566$	$k_y=0,049$	$k_y=0,115$	$k_y=0,342$
$e=1,5$	$k_x=0,835$	$k_x=0,669$	$k_x=0,927$	$k_x=0,503$	$k_x=0,962$	$k_x=0,910$	$k_x=0,717$
	$k_y=0,165$	$k_y=0,331$	$k_y=0,073$	$k_y=0,497$	$k_y=0,038$	$k_y=0,090$	$k_y=0,283$
$e=1,6$	$k_x=0,868$	$k_x=0,724$	$k_x=0,942$	$k_x=0,567$	$k_x=0,970$	$k_x=0,929$	$k_x=0,766$
	$k_y=0,132$	$k_y=0,276$	$k_y=0,058$	$k_y=0,433$	$k_y=0,030$	$k_y=0,071$	$k_y=0,234$
$e=1,7$	$k_x=0,893$	$k_x=0,770$	$k_x=0,954$	$k_x=0,626$	$k_x=0,977$	$k_x=0,944$	$k_x=0,807$
	$k_y=0,107$	$k_y=0,230$	$k_y=0,046$	$k_y=0,374$	$k_y=0,023$	$k_y=0,056$	$k_y=0,193$
$e=1,8$	$k_x=0,913$	$k_x=0,808$	$k_x=0,963$	$k_x=0,677$	$k_x=0,981$	$k_x=0,955$	$k_x=0,840$
	$k_y=0,087$	$k_y=0,192$	$k_y=0,037$	$k_y=0,323$	$k_y=0,019$	$k_y=0,045$	$k_y=0,160$
$e=1,9$	$k_x=0,929$	$k_x=0,839$	$k_x=0,970$	$k_x=0,723$	$k_x=0,985$	$k_x=0,963$	$k_x=0,867$
	$k_y=0,071$	$k_y=0,161$	$k_y=0,030$	$k_y=0,277$	$k_y=0,015$	$k_y=0,037$	$k_y=0,133$
$e=2,0$	$k_x=0,941$	$k_x=0,865$	$k_x=0,976$	$k_x=0,762$	$k_x=0,988$	$k_x=0,970$	$k_x=0,889$
	$k_y=0,059$	$k_y=0,135$	$k_y=0,024$	$k_y=0,238$	$k_y=0,012$	$k_y=0,030$	$k_y=0,111$

Bei Platten mit nur teilweisen Einspannungen kann der Zerlegungswinkel nach dem Grad der Einspannung zwischen 45° und 60° angenommen werden. Aus der Zerlegung der Lastenflüsse mit den Winkeln 45° und 60° ergeben sich die in Tafel 8.21 dargestellten detaillierten Lastbilder. In [12] wird empfohlen, sofern die Eckabhebekräfte R_e gemäß Tafel 8.22 nicht gesondert berücksichtigt werden, eine rechteckförmige Ersatzlast (gestrichelte Lastbilder in Tafel 8.22) anzusetzen.

Eckabhebekräfte In Ecken, die aus zwei gelenkig gelagerten Rändern gebildet werden, ist eine Platte gegen Abheben zu verankern. Die entsprechende Abhebekraft R_e errechnet sich aus dem Drillmoment zu $R_e = 2 \cdot |m_{xy}|$. Sie kann auch näherungsweise zu 1/16 der gesamten Plattenlast angesetzt werden. Alternativ können die genaueren Werte der drillsteifen Platte auch mit Hilfe der Tafel 8.22 bestimmt werden.

Zweiachsig gespannte durchlaufende Platten In der Baupraxis sind Einfeldplatten (z. B. Garagendecke) die Ausnahme und Mehrfeldplatten – Plattensysteme (z. B. Geschossdecke) – die Regel.

Platten zwischen Stahlträgern oder Stahlbetonfertigbalken dürfen nur dann als durchlaufend gerechnet werden, wenn die Oberkante der Platte mindestens 4 cm über der Trägeroberkante liegt und die Bewehrung zur Deckung der Stützmomente über die Träger hinweggeführt wird.

Bei der Berechnung eines Systems von zweiachsig gespannten Platten wird ausgegangen von den bekannten Ergebnissen der Analyse von Einfeldplatten.

Die Plattenmomente durchlaufender, zweiachsig gespannter Platten, deren Stützweitenverhältnis min l / max l in einer Durchlaufrichtung nicht kleiner als 0,75 ist, dürfen nach dem Verfahren der Belastungsumordnung berechnet werden, s. Abb. 8.27.

Tafel 8.21 Ersatzlastbilder zur Ermittlung der Auflagerkräfte von Randunterzügen bei Gleichstreckenlast $F_\mathrm{d} = g_\mathrm{d} + q_\mathrm{d} = \gamma_\mathrm{G} \cdot g_\mathrm{k} + \gamma_\mathrm{Q} \cdot q_\mathrm{k}$. Eckabhebekräfte siehe Tafel 8.22

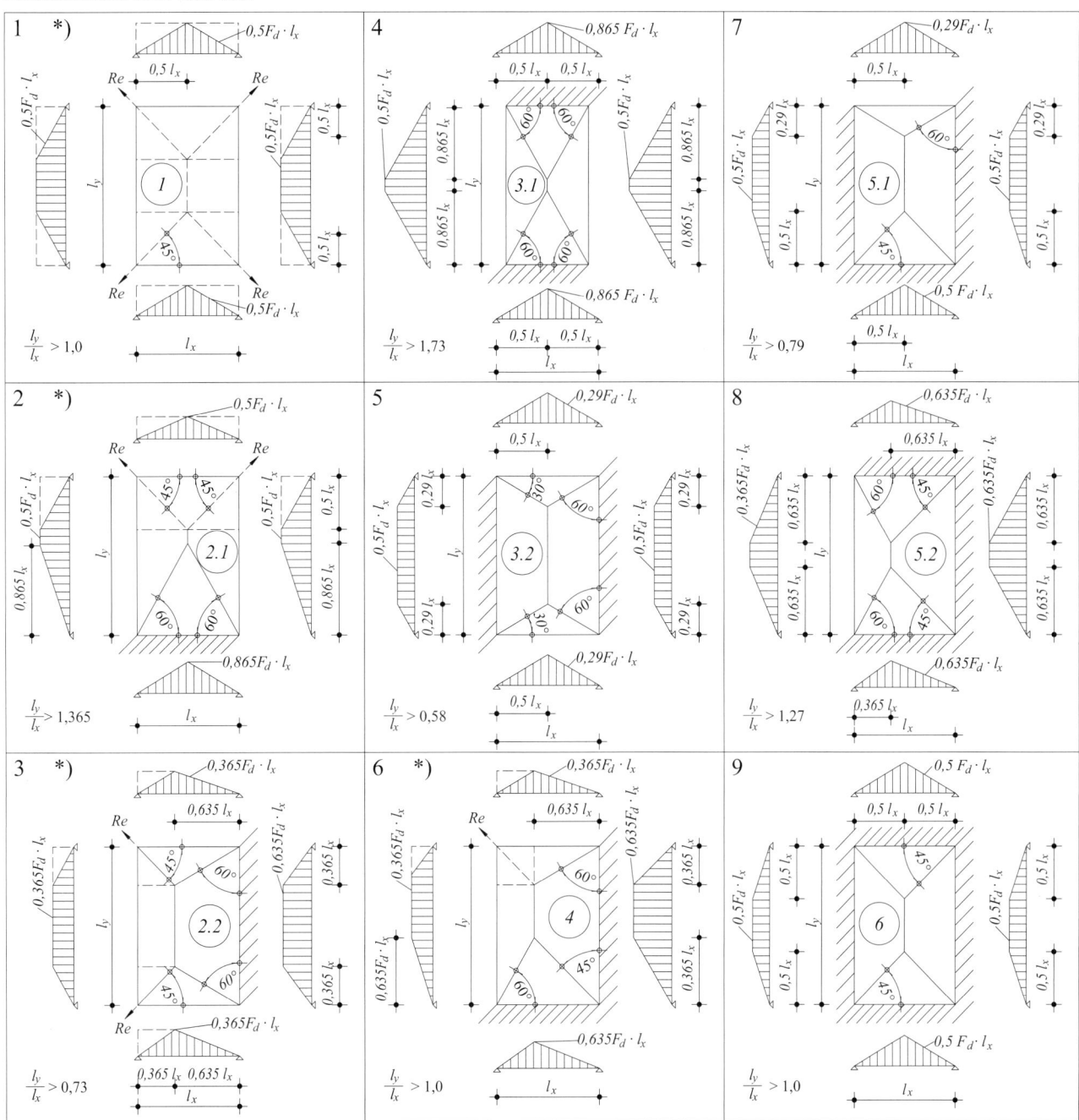

*) Gestricheltes Lastbild maßgebend, wenn Eckabhebekräfte nicht gesondert erfasst werden, vgl. DAfStb-Heft 240;2.3.4.
1) Werden die angegebenen Grenzwerte l_y/l_x unter- bzw. überschritten, werden die Achsbezeichnungen gewechselt.

   Maximale Feldmomente des stärker umrandeten Feldes von Abb. 8.27 ergeben sich unter der links dargestellten Belastung (schraffierte Felder belastet). Rechts wirkt die gleiche Belastung in anderer Aufteilung. Wie man sieht, lassen sich die **maximalen Feldmomente** des elastisch eingespannten Plattenfeldes des Plattensystems an einer Einfeldplatte mit fest eingespannten und frei drehbar gelagerten Rändern ermitteln, die man wie folgt belastet:

$g + q/2$ auf Einfeldplatte, die an allen Rändern fest eingespannt ist, wo Nachbarfelder anschließen, liefert m'_Feld

$q/2$ auf Einfeldplatte, die an allen Rändern frei drehbar gelagert ist, liefert m''_Feld

$$\max m_\mathrm{Feld} = m'_\mathrm{Feld} + m''_\mathrm{Feld}$$

Abb. 8.27 Belastungsumordnung

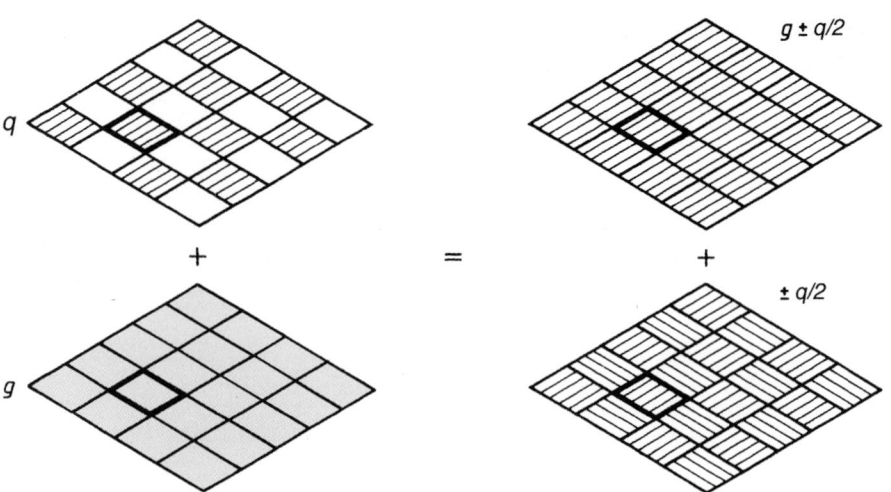

Tafel 8.22 Beiwerte k_A zur Berechnung der Eckabhebekräfte vierseitig gelagerter Platten nach Czerny BK 1996 [13], Hahn [27] bzw.
eigenen FEM-Berechnungen: $R_e = F_d \cdot l_x^2 / k_A$; $F_d = \gamma_G \cdot g_k + \gamma_Q \cdot q_k$

Stützung	1 [13]	2.1 [13]	2.2 [13]	4 (FEM)	4 [27]
$\varepsilon_e = l_y / l_x$					
1,00	10,80	13,10	13,10	15,34	17,55
1,05	10,30	12,20	12,70	14,33	16,71
1,10	9,85	11,60	12,40	13,77	15,95
1,15	9,50	10,90	12,20	13,32	15,26
1,20	9,20	10,50	12,00	12,94	14,63
1,25	8,95	10,00	11,80	12,64	14,04
1,30	8,75	9,70	11,70	12,32	13,50
1,35	8,55	9,30	11,60	12,11	13,00
1,40	8,40	9,10	11,50	12,00	12,54
1,45	8,25	8,80	11,40	11,81	12,10
1,50	8,15	8,70	11,40	11,97	11,70
1,55	8,05	8,50	11,30	11,60	11,32
1,60	7,95	8,40	11,30	11,52	10,97
1,65	7,85	8,20	11,20	11,47	10,64
1,70	7,80	8,10	11,20	11,42	10,32
1,75	7,75	8,00	11,20	11,38	10,03
1,80	7,70	7,90	11,20	11,35	9,75
1,85	7,65	7,80	11,20	11,33	9,49
1,90	7,65	7,80	11,20	11,30	9,24
1,95	7,60	7,70	11,20	11,29	9,00
2,00	7,55	7,70	11,20	11,28	8,78

Das **minimale Stützmoment** zwischen zwei Plattenfeldern
eines Plattensystems darf wie folgt berechnet werden:
(a) Man berechnet die beiden (Voll-)Einspannmomente m_{S1}
   und m_{S2} der beiden benachbarten Einfeldplatten.
(b) Man berechnet das arithmetische Mittel

$$m_S = \frac{1}{2}(m_{S1} + m_{S2}).$$

(c) Man berechnet den Wert „75 Prozent des betragsmäßig
   größeren (Voll-)Einspannmomentes".
(d) Man vergleicht die unter (b) und (c) berechneten Werte
   miteinander und wählt den betragsmäßig größeren Wert
   als maßgebendes Stützmoment.
(e) bei $l_1 = l_2 > 5$ ist zwischen m_{S1} und m_{S2} nicht zu
   mitteln:
   Der betragsmäßig größere Wert ist allein für die Bemessung maßgebend.

Ein Kragarm kann hinsichtlich der Stützungsart des angrenzenden Feldes dann als einspannend angesetzt werden,
wenn das Kragmoment aus Eigenlast größer ist als das halbe
Volleinspannmoment des Feldes bei Belastung durch $g + q$.
Sinngemäß ist zu verfahren, wenn andere einspannende Systeme, z. B. dreiseitig gelagerte Platten angrenzen.

Auf die oben beschriebene Weise können auch die Plattenmomente eines Plattensystems mithilfe der k-Werte von
Tafel 8.17 berechnet werden. Die hierbei erforderlich wer-
dende Überlagerung haben Pieper und Martens [26] überflüssig gemacht, indem sie generell eine 50prozentige Einspannung ($\frac{g+q/2}{g+q} = 0{,}50$) annehmen und dafür die Koeffizienten
angeben (siehe Tafel 8.23). Die Koeffizienten dieser Tafel
dürfen bei annähernd gleicher Dicke d aller Platten benutzt
werden, solange $q \leq \frac{2}{3}(g + q)$ bzw. $q \leq 2g$ ist.

Vorgehensweise

Feldmomente: $m_{fx} = (g_d + q_d) \cdot \dfrac{l_x^2}{k_{xm}}$,

$m_{fy} = (g_d + q_d) \cdot \dfrac{l_x^2}{k_{y\,max}}$

Stützmomente: $m_{sx} = -(g_d + q_d) \cdot \dfrac{l_x^2}{k_{x\,erm}}$,

$m_{sy} = -(g_d + q_d) \cdot \dfrac{l_x^2}{k_{y\,erm}}$

Tafel 8.23 Momentenzahlen nach Pieper und Martens

Stützung	Drill-trag-fähig-keit	Beiwerte k_i												
		Stützweitenverhältnis $\varepsilon = l_y/l_x$												
			1,0	1,10	1,20	1,30	1,40	1,50	1,60	1,70	1,80	1,90	2,0	$> \infty$
1	a	k_{xm}	27,2	22,4	19,1	16,8	15,0	13,7	12,7	11,9	11,3	10,8	10,4	8,0
		$k_{y\,max}$	27,2	27,9	29,1	30,9	32,8	34,7	36,1	37,3	38,5	39,4	40,3	*
	b	k_{xm}	20,0	16,6	14,5	13,0	11,9	11,1	10,6	10,2	9,8	9,5	9,3	8,0
		$k_{y\,max}$	20,0	20,7	22,1	24,0	26,2	28,3	30,2	31,9	33,4	34,7	35,9	*
2.1	a	k_{xm}	32,8	26,3	22,0	18,9	16,7	15,0	13,7	12,8	12,0	11,4	10,9	8,0
		$k_{y\,max}$	29,1	29,2	29,8	30,6	31,8	33,5	34,8	36,1	37,3	38,4	39,5	*
		$k_{y\,erm}$	−11,9	−10,9	−10,1	−9,6	−9,2	−8,9	−8,7	−8,5	−8,4	−8,3	−8,2	−8,0
	b	k_{xm}	26,4	21,4	18,2	15,9	14,3	13,0	12,1	11,5	10,9	10,4	10,1	8,0
		$k_{y\,max}$	22,4	22,8	23,9	25,1	26,7	28,6	30,4	32,0	33,4	34,8	36,2	*
2.2	a	k_{xm}	29,1	24,6	21,5	19,2	17,5	16,2	15,2	14,4	13,8	13,3	12,9	10,2
		$k_{y\,max}$	32,8	34,5	36,8	38,8	40,9	42,7	44,1	45,3	46,5	47,2	47,9	*
		$k_{x\,erm}$	−11,9	−10,9	−10,2	−9,7	−9,3	−9,0	−8,8	−8,6	−8,4	−8,3	−8,3	−8,0
	b	k_{xm}	22,4	19,2	17,2	15,7	14,7	13,9	13,2	12,7	12,3	12,0	11,8	10,2
		$k_{y\,max}$	26,4	28,1	30,3	32,7	35,1	37,3	39,1	40,7	42,2	43,3	44,8	*
3.1	a	k_{xm}	38,0	30,2	24,8	21,1	18,4	16,4	14,8	13,6	12,7	12,0	11,4	8,0
		$k_{y\,max}$	30,6	30,2	30,3	31,0	32,2	33,8	35,9	38,3	41,1	44,9	46,3	*
		$k_{y\,erm}$	−14,3	−12,7	−11,5	−10,7	−10,0	−9,5	−9,2	−8,9	−8,7	−8,5	−8,4	−8,0
3.2	a	k_{xm}	30,6	26,3	23,2	20,9	19,2	17,9	16,9	16,1	15,4	14,9	14,5	12,0
		$k_{y\,max}$	38,0	39,5	41,4	43,5	45,6	47,6	49,1	50,3	51,3	52,1	52,9	*
		$k_{x\,erm}$	−14,3	−13,5	−13,0	−12,6	−12,3	−12,2	−12,0	−12,0	−12,0	−12,0	−12,0	−12,0
4	a	k_{xm}	33,2	27,3	23,3	20,6	18,5	16,9	15,8	14,9	14,2	13,6	13,1	10,2
		$k_{y\,max}$	33,2	34,1	35,5	37,7	39,9	41,9	43,5	44,9	46,2	47,2	48,3	*
		$k_{x\,er\,min}$	−14,3	−12,7	−11,5	−10,7	−10,0	−9,6	−9,2	−8,9	−8,7	−8,5	−8,4	−8,0
		$k_{y\,er\,min}$	−14,3	−13,6	−13,1	−12,8	−12,6	−12,4	−12,3	−12,2	−12,2	−12,2	−12,2	−11,2
	b	k_{xm}	26,7	22,1	19,2	17,2	15,7	14,6	13,8	13,2	12,7	12,3	12,0	10,2
		$k_{y\,max}$	26,7	27,6	29,2	31,4	33,8	36,2	38,1	39,8	41,4	42,8	44,2	*
5.1	a	k_{xm}	33,6	28,2	24,4	21,8	19,8	18,3	17,2	16,3	15,6	15,0	14,6	12,0
		$k_{y\,max}$	37,3	38,7	40,4	42,7	45,1	47,5	49,5	51,4	53,3	55,1	58,9	*
		$k_{x\,er\,min}$	−16,2	−14,8	−13,9	−13,2	−12,7	−12,5	−12,3	−12,2	−12,1	−12,0	−12,0	−12,0
		$k_{y\,erm}$	−18,3	−17,7	−17,5	−17,5	−17,5	−17,5	−17,5	−17,5	−17,5	−17,5	−17,5	−17,5
5.2	a	k_{xm}	37,3	30,3	25,3	22,0	19,5	17,7	16,4	15,4	14,6	13,9	13,4	10,2
		k_{ym}	33,6	34,1	35,1	37,3	39,8	43,1	46,6	52,3	55,5	60,5	66,1	*
		$k_{x\,erm}$	−18,3	−15,4	−13,5	−12,2	−11,2	−10,6	−10,1	−9,7	−9,4	−9,0	−8,9	−8,0
		$k_{y\,er\,min}$	−16,2	−14,8	−13,9	−13,3	−13,0	−12,7	−12,6	−12,5	−12,4	−12,3	−12,3	−11,2
6	a	k_{xm}	36,8	30,2	25,7	22,7	20,4	18,7	17,5	16,5	15,7	15,1	14,7	12,0
		$k_{y\,max}$	36,8	38,1	40,4	43,5	47,1	50,6	52,8	54,5	56,1	57,3	58,3	*
		$k_{x\,erm}$	−19,4	−17,1	−15,5	−14,5	−13,7	−13,2	−12,8	−12,5	−12,3	−12,1	−12,0	−12,0
		$k_{y\,erm}$	−19,4	−18,4	−17,9	−17,6	−17,5	−17,5	−17,5	−17,5	−17,5	−17,5	−17,5	−17,5

a: volle Drilltragfähigkeit, b: reduzierte Drilltragfähigkeit.

Bei unterschiedlichen Einspannmomenten an angrenzenden Plattenfeldern wird dann wie folgt gemittelt:

- Stützweitenverhältnis der beiden betroffenen Platten liegt zwischen $0,2 \leq l_i/l_j \leq 5$

$$|m_{s\,ij}| = \max \begin{cases} 0,5 \cdot |m_{s\,j} + m_{s\,j}| \\ 0,75 \cdot \max\{|m_{s\,i}|\,;\,|m_{s\,j}|\} \end{cases}$$

- Stützweitenverhältnis der beiden betroffenen Platten liegt außerhalb des o. g. Bereiches, d. h. $l_i/l_j < 2$ oder $l_i/l_j > 5$

$$|m_{s\,ij}| = \max\{|m_{s\,i}|\,;\,|m_{s\,j}|\}$$

Auf Basis dieser Schnittgrößen erfolgt dann die Biegebemessung im GZT, d. h. eine Umlagerung darf nicht mehr durchgeführt werden.

Tafel 8.24 Momentenzahlen f_x [a]

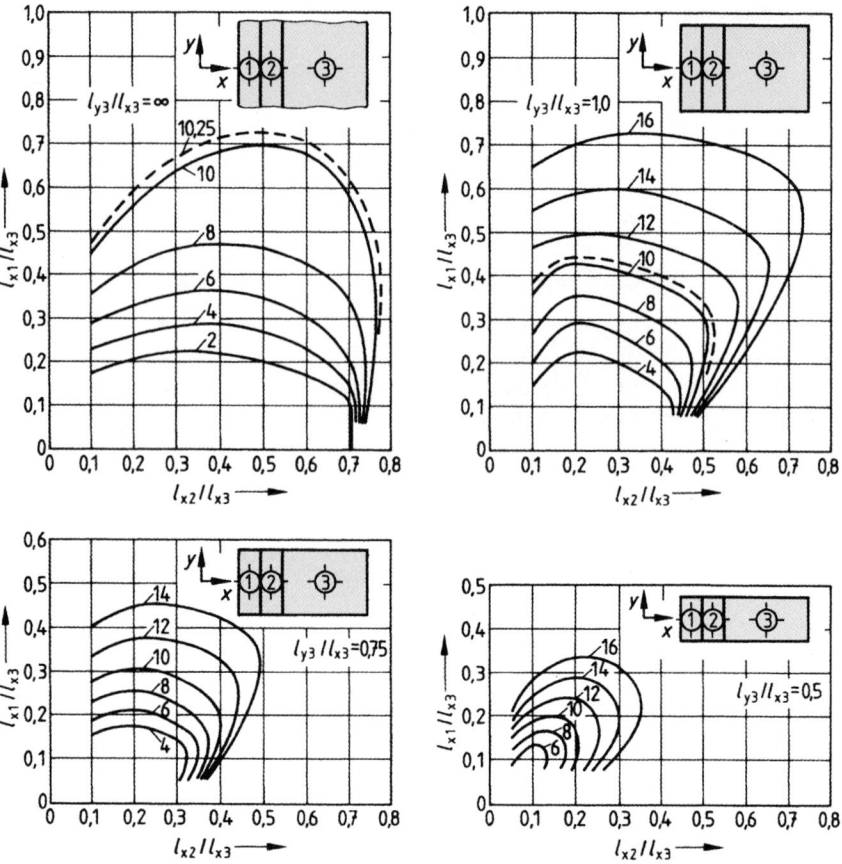

[a] Zwischenwerte können innerhalb einer Tafel und zwischen zwei Tafeln linear eingeschaltet werden. Im Allgemeinen genügt es jedoch die Tafel zu verwenden, deren Seitenverhältnis im Feld 3 dem vorhandenen am nächsten liegt. Wird die Tafel mit dem niedrigen Wert $l_{y3} = l_{x3}$ gewählt, so ist etwas reichlicher zu bewehren.

Sonderfall Folgt in einem Plattensystem auf zwei kleine Felder ein großes (Abb. 8.28), dann werden die Verhältnisse z. B. in Feld 1 nicht nur durch Feld 2, sondern auch durch Feld 3 beeinflusst.

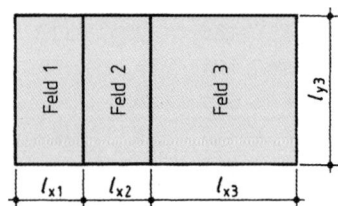

Abb. 8.28 Auf zwei kleine Felder folgt ein großes

Man verfährt dann so:
- Tafel 8.24 Momentenzahl f_{x1} entnehmen;
- wenn $f_{x1} > 10{,}25$ oder das Stützweitenverhältnis nicht mehr notiert, dann wie im Normalfall Tafel 8.17 oder Tafel 8.23 verwenden;

- anderenfalls ergibt sich
- das Feldmoment in Feld 1

$$m_{f_{x1}} = \frac{(g+q) \cdot l_{x1}^2}{f_{x1}}$$

- die Endauflagerkraft des Feldes 1

$$A = \sqrt{2(g+q) \cdot m_{f_{x1}}}$$

- das Stützmoment zwischen den Feldern 1 und 2

$$m_b = A l_{x1} - \frac{(g+q) \cdot l_{x1}^2}{2}$$

- das Feldmoment in Feld 2

$$m_{f_{x2}} = \frac{(g+q) \cdot l_{x2}^2}{12}$$

(wenn $m_b > m_{f_{x2}}$, dann ist m_b im Feld 2 maßgebend).

Beispiel 8.2 (siehe Abb. 8.29)

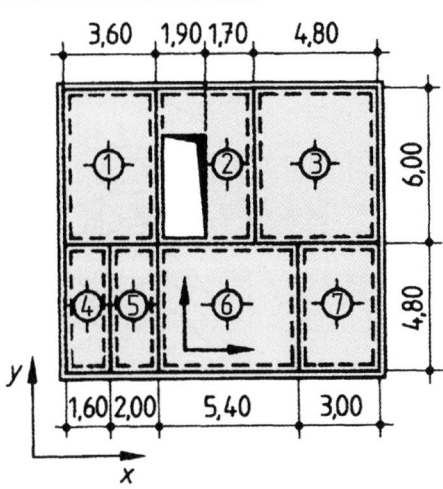

Abb. 8.29 Plattensystem, Beispiel

$$g_d = 7{,}45\,\text{kN/m}^2; \quad q = 2{,}25\,\text{kN/m}^2$$

$$g_d + q_d = 9{,}70\,\text{kN/m}^2; \quad 2{,}25 < 9{,}70/3.$$

Berechnung der Momente s. Tafeln 8.25 und 8.26.

Zu Platte 6:

$$\varepsilon' = l'_y = l'_x = 1{,}13$$

Zu Platte 4:

$$l_{y3} = l_{x3} = 4{,}80/5{,}40 = 0{,}88 \approx 1{,}0$$

$$l_{x1} = l_{x3} = 1{,}60/5{,}40 = 0{,}296;$$

$$l_{x2} = l_{x3} = 2{,}0/5{,}40 = 0{,}37;$$

Nach Tafel 8.17 $f_{x1} = 7{,}9$. Die Indizes geben hier nicht die Plattennummer sondern das 1. bzw. 3. Feld an.

Zu Platte 2:

Kragmoment $m_{sxo} = -9{,}7 \cdot 1{,}7^2/2 = -14{,}01\,\text{kN m/m}$.

Das Plattenfeld 2 kann auch in andere statische Systeme aufgelöst werden z. B. in dreiseitig gelagerte Platten.

f_x und m_{f_x} für Platte 4 nach Tafel 8.24. f_x und m_{f_x} für Platte 5 nach oberer Gleichung für Feld 2. Alle anderen Werte nach Tafel 8.17.

Tafel 8.25 Feldmomente in kN m/m

PL-Nr.	Stützung	l_x / l'_y	l_y / l'_x	$\varepsilon = l_y/l_x$ / $\varepsilon' = l'_x/l'_y$	f_x	f_y	s_x	s_y	m_{f_x}	m_{f_y}	m_{sox}	m_{soy}
1	2	3,60 / –	6,00 / –	1,67 / –	13,1	35,7	–	8,7	9,59	3,52	– / –	−14,44
2	Krag	1,70	–	–	–	–	2,0	–	–	–	−14,01	–
3	4	4,80 / –	6,00 / –	1,25 / –	22,0	36,6	11,1	13,0	10,15	6,10	−20,12	−17,18
4	4	1,60 / –	4,80 / –	3,00 / –	7,9	*	8,0	11,2	3,14	*	−3,10	−2,22
5	5	2,00 / –	4,80 / –	2,40 / –	12,0	*	12,0	17,5	3,23	*	−3,23	−2,22
6		–	–	–								
	5'	5,40	4,80	1,13	34,4	28,8	14,5	14,8	6,49	7,76	−15,41	−15,09
7	4	3,00 / –	4,80 / –	1,60 / –	15,8	43,5	9,2	12,3	5,52	2,01	−9,48	−7,09

Tafel 8.26 Stützmomente in kN m/m

m	Rand i–k							
	x-Richtung				y-Richtung			
	2–3	4–5	5–6	6–7	1–4	1–5	(2) 3–6	3–7
$m_{so} = m_{ik}$	−14,01	−3,10	−3,23	−15,41	−14,44	−14,44	−17,18	−17,18
$m_{so} = m_{ki}$	−20,12	−3,23	−15,41	−9,48	−2,22	−2,22	−15,09	−7,09
$\frac{m_{ik}+m_{ki}}{2}$		−3,17	−9,32	−12,44	Wegen der T-förmigen Wandstücke Volleinspannung maßgebend			
$0{,}75\min m_{so}$		−2,42	−11,55	−11,55				
$\min m_s$	−14,01	−3,17	−11,55	−12,44	−14,44	−14,44	−17,18	−17,18

8.5.6.4.2 Dreiseitig gelagerte Platten nach Hahn [27]

Dreiseitig frei drehbar gestützte Platte (Abb. 8.30)

$$\varepsilon = l_y / l_x; \quad D = \overline{\omega}_r \cdot E \cdot d^3$$

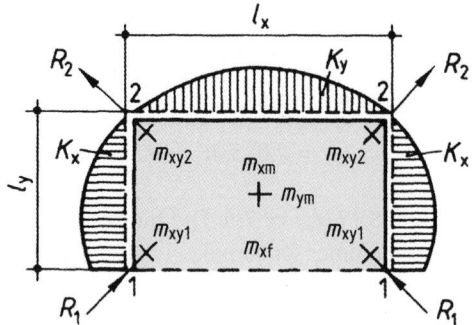

Abb. 8.30 Gleichlast

Lastfall 1 Gleichlast q

$$K = q \cdot l_x l_v$$

Momente $\quad m_i = K : f_i$

Durchbiegung $\quad \omega_r = K \cdot l_x^2 : D$

Auflagerkräfte $\quad K_x = v_x \cdot K; \; K_y = v_y \cdot K_i$

Verteilung der Auflagerkräfte s. Abb. 8.30

Eckkräfte $\quad R_1 = 2m_{xy1}; \; R_2 = 2m_{xy2}$ (Zug).

Lastfall 2 Randlast q_x (Abb. 8.31)

$$S = q_x l_x$$

Momente $\quad m_i = S : f_i$

Durchbiegung $\quad \omega_r = S \cdot l_x^2 : D.$

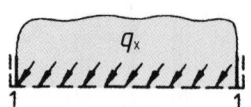

Abb. 8.31 Randlast

Lastfall 3 Randmoment μ (Abb. 8.32)

Momente $\quad m_i = \mu : f_i$

Durchbiegung $\quad \omega_r = \mu l_x^2 : D$

Auflagerkräfte $\quad K_x = v_x \cdot \mu; \; K_y = v_y \cdot \mu;$

Verteilung der Auflagerkräfte s. Abb. 8.32

Eckkräfte $\quad R_1 = |\varrho_1 \cdot \mu|; \; R_2 = \varrho_2 \cdot \mu.$

Die zugehörigen Beiwerte sind in Tafel 8.27 angegeben.

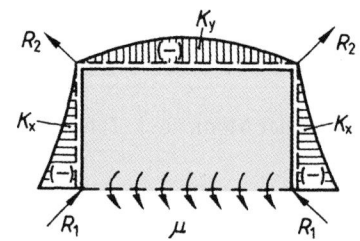

Abb. 8.32 Randmoment

Tafel 8.27 Dreiseitig frei drehbar gestützte Platte

$\varepsilon =$	1,5	1,4	1,3	1,2	1,1	1,0	0,9	0,8	0,7	0,6	0,5	0,4	0,3	0,25
Fall 1 Gleichlast														
f_{xr}	12,6	11,9	11,3	10,7	10,2	9,8	9,4	9,1	9,1	9,2	9,8	11,0	13,7	16,2
f_{xm}	15,3	14,9	14,5	14,1	13,8	13,7	13,6	13,8	14,2	15,2	17,0	20,2	26,3	31,5
f_{ym}	62,4	58,4	54,2	50,0	45,9	41,7	37,1	33,2	29,9	27,4	25,9	26,3	29,7	33,7
$\pm f_{xy2}$	22,3	20,6	19,3	17,9	16,7	15,4	14,1	12,9	11,8	10,8	10,1	9,4	8,8	8,6
$\pm f_{xy1}$	412	300	220	161	118	86,5	63,6	47,0	35,0	26,3	20,2	15,8	12,8	11,6
$\overline{\omega}_r$	9,10	8,70	8,35	8,05	7,80	7,60	7,45	7,35	7,35	7,40	7,65	8,25	9,90	1,60
v_x	0,45	0,45	0,44	0,43	0,42	0,39	0,39	0,37	0,34	0,31	0,28	0,22	0,16	0,13
v_y	0,28	0,30	0,32	0,34	0,36	0,44	0,44	0,49	0,54	0,59	0,64	0,72	0,80	0,84
Fall 2 Randlast														
f_{xr}	4,1	4,1	4,1	4,1	4,1	4,1	4,1	4,2	4,3	4,5	4,9	5,6	6,9	8,1
f_{xm}	18,0	16,1	14,3	13,1	11,9	10,9	10,2	9,6	9,4	9,3	9,7	10,8	13,1	16,1
f_{ym}	36,2	33,0	30,8	29,2	27,9	27,2	27,2	29,3	32,8	39,4	52,5	91,0	200	500
$\pm f_{xy2}$	65,0	51,5	40,5	32,4	25,6	20,4	16,0	12,6	10,2	8,3	6,9	5,8	5,2	4,9
$\overline{\omega}_r$	3,10	3,10	3,10	3,10	3,10	3,10	3,05	3,05	3,10	3,35	3,70	4,45	5,75	7,00
Fall 3 Randmoment														
f_{xr}	2,95	2,94	2,93	2,92	2,91	2,90	2,85	2,80	2,74	2,65	2,50	2,35	2,20	2,08
f_{xm}	−18,2	−18,4	−18,8	−20,5	−23,2	−31,0	−69	105	30,0	12,5	7,9	5,7	4,6	4,2
$-f_{ym}$	32,1	22,4	16,5	12,8	9,8	7,6	6,1	4,8	3,4	3,1	2,5	2,2	2,1	2,0
$\overline{\omega}_r$	2,00	2,00	2,00	2,00	2,00	2,00	1,95	1,90	1,85	1,78	1,71	1,63	1,54	1,49
$-v_x$						1,19	1,39	1,52	1,55	1,52	1,49	1,46	1,36	1,20
$-v_y$						0,62	0,64	0,70	0,78	0,80	0,80	0,70	0,50	0,28
ϱ_1						1,25	1,55	1,78	1,94	1,03	2,15	2,35	2,65	2,96
$-\varrho_2$						−0,25	−0,16	−0,09	−0,01	0,11	0,26	0,54	1,04	1,52

Beispiel 8.3 (zur Anwendung von Tafel 8.27)

$$l_y = 2,10\,\text{m}; \quad l_x = 3,00\,\text{m}; \quad \varepsilon = 0,70;$$

Gleichlast $q = 8,5\,\text{kN/m}^2$　Lastfall 1;

Randlast $q_x = 7,2\,\text{kN/m}$　Lastfall 2;

$$K = 8,50 \cdot 2,10 \cdot 3,0 = 53,55\,\text{kN};$$

$$S = 7,2 \cdot 3,0 = 21,6\,\text{kN};$$

$$m_{xr} = 53,55/9,1 + 21,6/4,3 = 10,90\,\text{kN/m};$$

$$m_{xm} = 53,55/14,2 + 21,6/9,4 = 6,07\,\text{kN m/m};$$

$$m_{ym} = 53,55/29,9 - 21,6/32,8 = 1,13\,\text{kN m/m};$$

$$m_{xy2} = \pm 53,55/11,8 \pm 21,6/10,2$$

$$= \pm 6,66\,\text{kN m/m};$$

$$m_{xy1} = 53,55/35 = 1,53\,\text{kN m/m}.$$

Dreiseitig gestützte Platte mit Einspannung der drei Ränder (Abb. 8.33)

$$\varepsilon = l_y / l_x$$

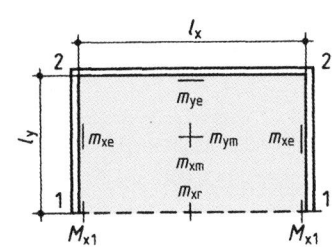

Abb. 8.33 Biegemomente

Lastfall 1 Gleichlast q

$$K = q \cdot l_x \cdot l_y;$$
$$m_i = K/f_i;$$
$$K_x = v_x \cdot K;$$
$$K_y = v_y \cdot K;$$

Abb. 8.34 Stützkräfte

Lastfall 2 Dreieckslast; max q am Rand 2–2; $q = 0$ am Rand 1–1;

$$K = 0,5 \cdot \max q \cdot l_x \cdot l_y;$$
$$m_i = K : f_i$$

Lastfall 3 Randlast:

$$S_{1-1} = q_{1-1} \cdot l_x;$$
$$m_i = S_{1-1}/f_i$$

Die zugehörigen Beiwerte sind in Tafel 8.28 angegeben.

Tafel 8.28 Dreiseitig gestützte Platte mit Einspannung der drei Ränder

$\varepsilon =$	1,5	1,4	1,3	1,2	1,1	1,0	0,9	0,8	0,7	0,6	0,5	0,4	0,3	0,25
Fall 1 Gleichlast														
f_{xr}	35,8	33,4	31,0	28,6	26,4	24,3	22,4	20,9	19,9	19,8	21,3	26,8	46,4	77,0
f_{xm}	39,8	38,3	37,0	35,8	34,9	34,3	34,0	34,3	35,6	38,6	45,6	63,6	126	228
f_{ym}	163	152	141	130	119	109	99,5	91,0	83,4	80,0	83,4	108	208	417
$-f_{x1}$	17,8	16,6	15,3	14,1	12,8	11,6	10,4	9,3	8,2	7,4	6,8	6,8	7,6	8,6
$-f_{xe}$	18,7	17,8	17,0	16,2	15,6	15,0	14,5	14,3	14,2	14,7	15,8	18,1	23,0	27,2
$-f_{ye}$	26,4	24,6	22,8	21,1	19,3	17,6	15,8	14,2	12,6	11,1	9,8	9,0	9,0	9,6
v_x	0,42	0,41	0,40	0,39	0,38	0,37	0,35	0,34	0,32	0,30	0,27	0,23	0,19	0,17
v_y	0,16	0,18	0,20	0,22	0,24	0,26	0,30	0,32	0,36	0,40	0,46	0,54	0,62	0,66
Fall 2 Dreieckslast max q. Rand 2–2														
f_{xr}	115	100	86,3	73,7	63,0	54,1	46,8	41,4	37,9	36,6	38,9	48,7	85,5	143
f_{xm}	42,4	41,5	41,1	41,0	41,3	42,2	44,0	46,8	51,4	59,2	74,2	110	230	430
f_{ym}	80,6	76,2	71,3	66,7	62,5	58,8	56,9	54,0	56,5	59,1	69,0	91,0	172	17,7
$-f_{xe}$	19,1	18,4	17,8	17,3	16,9	16,6	16,5	16,7	17,2	18,3	20,3	23,9	30,7	36,5
$-f_{ye}$	7,8	17,0	16,3	15,6	14,9	14,2	13,5	13,0	12,5	12,0	11,7	11,7	12,6	13,8
Fall 3 Randlast S_{1-1}														
f_{xr}	7,0	7,0	7,1	7,1	7,2	7,2	7,3	7,3	7,4	7,9	9,2	13,0	21,2	33,5
f_{xm}	143	112	85	63	47,5	35,5	28,2	24,0	22,1	23,3	27,1	34,3	54	84
$-f_{ym}$	22	22	22	22	22	22	22	21	21	19	17	15	13	12
$-f_{x1}$	2,3	2,3	2,3	2,2	2,2	2,2	2,1	2,1	2,1	2,2	2,2	2,6	3,3	4,1
$-f_{xe}$	262	165	102	68	47,1	35,8	27,0	20,5	15,8	13,2	12,1	12,5	13,9	15,6
$-f_{ye}$	$\sim \infty$	–	–	–	250	120	59	35	20	12,4	8,6	5,9	5,3	5,2

Beispiel 8.4 (zur Anwendung von Tafel 8.28)

$$l_y = 4,80 \, \text{m};$$

$$l_x = 6,00 \, \text{mm};$$

$$\varepsilon = 0,80;$$

Dreieck $\max q = 12,5 \, \text{kN/m}^2$ Lastfall 2;

$$K = 0,5 \cdot 12,5 \cdot 6,00 \cdot 4,80 = 180 \, \text{kN}$$

$$m_{xr} = 180/41,4 = 4,35 \, \text{kN m/m}$$

$$m_{xm} = 180/46,8 = 3,85 \, \text{kN m/m}$$

$$m_{ym} = 180/54,0 = 3,33 \, \text{kN m/m}$$

$$m_{x1} = -180/24,6 = -7,32 \, \text{kN m/m}$$

$$m_{xe} = -180/16,7 = -10,78 \, \text{kN m/m}$$

$$m_{ye} = -180/13,0 = -13,85 \, \text{kN m/m}$$

8.5.6.4.3 Punkt- und Linienlasten auf einachsig gespannten Platten; rechnerische Lastverteilungsbreite b_m

Ohne genaueren Nachweis darf die rechnerische Lastverteilungsbreite b_m nach Tafel 8.29 ermittelt werden. Dabei gilt für die Lasteintragungsbreite t (siehe Abb. 8.35)

$$t = b_0 + 2d_1 + d$$

b_0 Lastaufstandsbreite
d_1 lastverteilende Deckschicht
d Plattendicke.

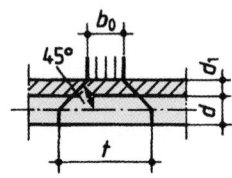

Abb. 8.35 Lasteintragungsbreite t

Tafel 8.29 Rechnerische Lastverteilungsbreite unter konzentrierten Lasten [12]

Statisches System Schnittgröße	Rechnerische Lastverteilungsbreite b_m	Gültigkeitsgrenzen			Mitwirkende Breite b_m gültig für durchgehende Linienlast ($t_x = l$)	
		x	t_y	t_x	$t_y = 0,05l$	$t_y = 0,1l$
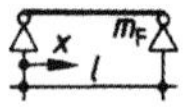	$t_y + 2,5 \cdot x \cdot \left(1 - \dfrac{x}{l}\right)$	$0 < x < l$	$0,8l$	l	$b_m = 1,36l$	
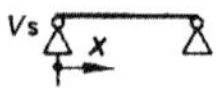	$t_y + 0,5 \cdot x$	$0 < x < l$	$0,8l$	l	$b_m = 0,25l$	$b_m = 0,30l$
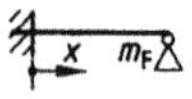	$t_y + 1,5 \cdot x \cdot \left(1 - \dfrac{x}{l}\right)$	$0 < x < l$	$0,8l$	l	$b_m = 1,01l$	
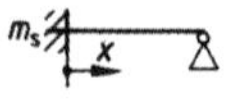	$t_y + 0,5 \cdot x \cdot \left(2 - \dfrac{x}{l}\right)$	$0 < x < l$	$0,8l$	l	$b_m = 0,67l$	
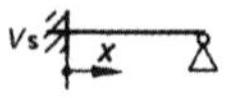	$t_y + 0,3 \cdot x$	$0,2l < x < l$	$0,4l$	$0,2l$	$b_m = 0,25l$	$b_m = 0,30l$
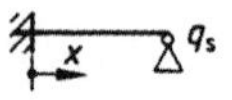	$t_y + 0,4 \cdot (l - x)$	$l < x < 0,8l$	$0,4l$	$0,2l$	$b_m = 0,17l$	$b_m = 0,21l$
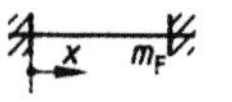	$t_y + x \cdot \left(1 - \dfrac{x}{l}\right)$	$0 < x < l$	$0,8l$	l	$b_m = 0,86l$	
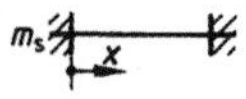	$t_y + 0,5 \cdot x \cdot \left(2 - \dfrac{x}{l}\right)$	$0 < x < l$	$0,4l$	l	$b_m = 0,52l$	
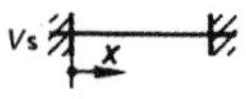	$t_y + 0,3 \cdot x$	$0,2l < x < l$	$0,4l$	$0,2l$	$b_m = 0,21l$	$b_m = 0,25l$
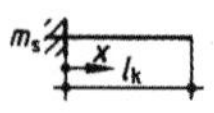	$0,2l_k + 1,5 \cdot x, t_y + 1,5 \cdot x$	$0 < x < l_k$	$t_y < 0,2l_k,$ $0,2l_k \le t_y \le 0,8l_k$	$\le l_k$	$b_m = 1,35l$	
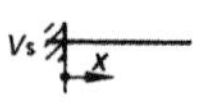	$0,2l_k + 0,3 \cdot x$	$0,2l_k < x < l_k$	$t_y < 0,2l_k,$ $0,2l_k \le t_y \le 0,4l_k$	$\le 0,2l_k$	$b_m = 0,36l$	$b_m = 0,43l$

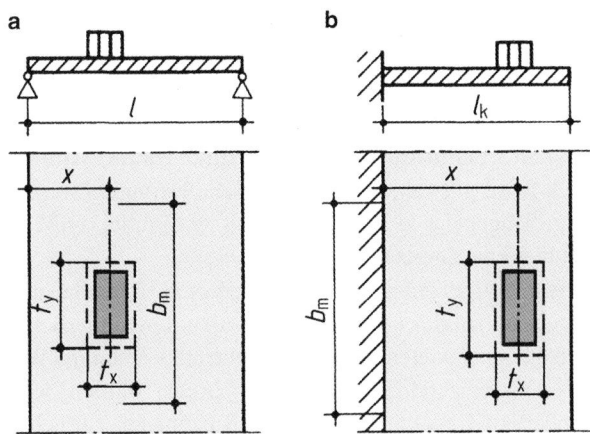

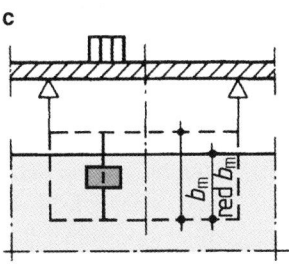

Abb. 8.36 Beispiel für Lastverteilungsbreiten.
a b_m für Feldmomente,
b b_m für Stützmoment bei Kragplatten,
c Reduzierte b_m bei Lasten in Randnähe

Die Abb. 8.36a und b zeigen Beispiele für b_m. Für Lasten in Randnähe ergibt sich eine reduzierte rechnerische Lastverteilungsbreite red b_m nach Abb. 8.36c.

Für die Berechnung des Biegemomentes m und der Querkraft v gilt

$$m = \frac{M}{b_\mathrm{m}}; \quad v = \frac{V}{b_\mathrm{m}}$$

l Stützweite der Platte

l_k Kragweite der Platte

x Abstand des Lastschwerpunktes vom Auflager

t_x Lasteintragungsbreite in x-Richtung

t_y Lasteintragungsbreite senkrecht zur x-Richtung

m Plattenmoment je m Breite (m_F bzw. m_s)

M größtes Balkenmoment (Feldmoment M_F bzw. Stützmoment M_s) der auf die Länge t_x gleichmäßig verteilten Gesamtlast

V Balkenquerkraft am Auflager

v Plattenquerkraft je m Breite am Auflager

b_m rechnerische Lastverteilungsbreite a. d. Stelle des max. Feldmomentes bzw. am Auflager.

8.5.6.4.4 Punktförmig gestützte Platten

Allgemeine Grundlagen Platten sind punktförmig gestützt, wenn sie unmittelbar auf Stützen aufgelagert sind. Dabei können die Stützköpfe verstärkt (Pilzdecken) oder unver-

stärkt (Flachdecken) ausgebildet werden. Die Stützen können gelenkig oder biegesteif an die Platte angeschlossen werden. Üblicherweise wird in der Berechnung ein gelenkiger Anschluss angenommen.

Schnittgrößen Bei rechteckigem Stützenraster mit Stützweiten

$$0{,}75 \le l_\mathrm{x}/l_\mathrm{y} \le 1{,}33$$

und vorwiegend lotrechter Belastung kann für die Ermittlung der Schnittgrößen das in Abb. 8.37 dargestellte Näherungsverfahren verwendet werden. Die Pilzdecke wird durch zwei sich kreuzende Scharen von Durchlaufträgern oder bei biegesteifer Unterstützung durch Rahmen ersetzt. Als Stützweite wird der Abstand der Unterstützungen und als Systembreite der entsprechende Stützenabstand senkrecht zur Trägerrichtung angenommen. Die Systeme werden in beide Richtungen jeweils mit der gesamten Last feldweise in ungünstiger Stellung belastet.

Der Einfluss der Stützenkopfverstärkungen ist zu berücksichtigen, wenn der Durchmesser der Verstärkung $\ge 0{,}3$ min l und die Neigung der Unterseiten $\ge 1:3$ ist.

Die Schnittgrößen sind im Bereich der jeweiligen Systembreite zu verteilen, wobei das Deckenfeld in einen inneren Feldstreifen und zwei äußere Gurtstreifen zerlegt wird (siehe Abb. 8.38) [12].

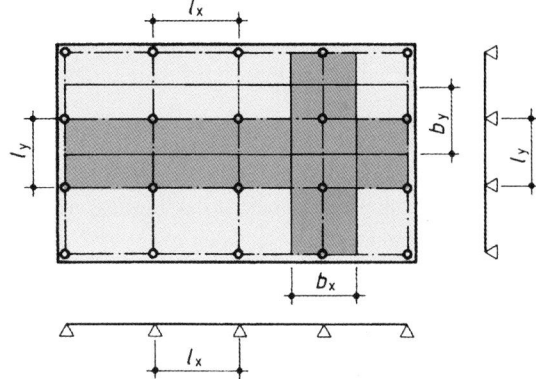

Abb. 8.37 Ersatzträger als Durchlaufträger bei gelenkigen Anschlüssen Stützen/Platte. b_x Belastungsbreite in x-Richtung, b_y Belastungsbreite in y-Richtung

8.5.6.5 Schnittgrößenermittlung von Wänden und in ihrer Ebene beanspruchten Bauteilen

Schnittgrößen von Bauteilen, für die die Annahme einer linearen Dehnungsverteilung nicht zutrifft, dürfen nach folgenden Verfahren ermittelt werden:

- lineare Berechnung (Grenzzustände der Gebrauchstauglichkeit und der Tragfähigkeit)
- elastische-plastische Berechnung
- Berechnungen unter Zugrundelegung nichtlinearen Materialverhaltens.

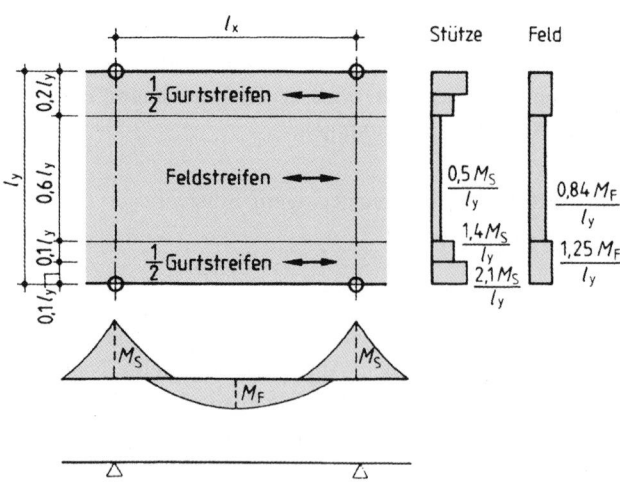

Abb. 8.38 Schnittgrößen in Pilz- und Flachdecken (dargestellt für die x-Richtung)

Bei der linearen Berechnung müssen die Auswirkungen von Zwang (z. B. Wärmeeinwirkungen oder Auflagersetzungen) und von Theorie II. Ordnung berücksichtigt werden, wenn sie von Bedeutung sind. Kommen numerische Methoden auf Grundlage der Elastizitätstheorie zur Anwendung, so sind die Auswirkungen einer Rissbildung in hochbelasteten Bauteilen zu verfolgen (z. B. durch Verringerung der Steifigkeiten in den betroffenen Bereichen).

Bei der Berechnung nach der Plastizitätstheorie dürfen Bauteile durch Idealisierung in statisch bestimmte Stabwerke mit fiktiven Druck- und Zugstreben betrachtet werden, wobei dann alle Kräfte aus Gleichgewichtsbedingungen ermittelt werden.

Folgende Nachweise sind zu führen:

• Aufnahme der Zugkräfte durch Bewehrung mit ausreichender Verankerung, dabei ist der Bemessungswert der Stahlspannung auf $\sigma_{sd} \leq f_{yd}$ begrenzt.
• Nachweis der Betondruckspannungen in den Druckstreben, wobei für die zulässige Bemessungsdruckspannung von Normalbeton gilt:

$\sigma_{Rd,max} = 1{,}00 \cdot f_{cd}$ für ungerissene Betondruckzone

$\sigma_{Rd,max} = 0{,}75 \cdot f_{cd}$ für Druckstreben parallel zu Rissen

• Kontrolle örtlich auftretender Spannungen (z. B. aus konzentrierten Einzellasten).

Hinweise zur Bemessung von Wänden und insbesondere auch wandartigen Trägern sind z. B. Heft 240 DAfStb [12] oder im Betonkalender 2001 [13] enthalten.

8.5.6.5.1 Schnittgrößen wandartiger Träger, Scheiben

Nach EC 2 gilt folgende geometrische Definition für wandartige Träger ($l_{eff} < 3h$, siehe Abb. 8.39). Früher (DIN 1045) galt hier eine Grenze von $l_{eff} < 5h$.

Wandartige Träger sind scheibenartige Bauteile, die im Gegensatz zu klassischen Wänden nicht kontinuierlich sondern nur an diskreten Punkten gelagert sind. Während Wände daher vorwiegend auf Druck beansprucht werden, werden wandartige Träger vorwiegend auf Biegung beansprucht. Allerdings trifft in diesem Fall die Annahme der technische Biegelehre mit einer linearen Dehnungsverteilung über die Querschnittshöhe nicht mehr zu (siehe Abb. 8.40).

Das Tragverhalten wandartiger Träger wird maßgeblich durch den Ort des Lastangriffs (Lasteintrag von oben oder unten) sowie die Art der Lagerung (unten gestützt oder seitlich über die Wandhöhe verteilt) bestimmt. Für die Schnittgrößenermittlung werden in der Praxis Stabwerksmodelle, welche sich an die Hauptspannungstrajektorien einer linearelastischen Schnittgrößenermittlung nach der Scheibentheorie im Zustand I anlehnen (Schlaich Schäfer, BK 2011 [13]) oder ein in der Praxis verbreitetes **Näherungsverfahren nach Heft 240** DAfStb [12] verwendet. Bei diesem Näherungsverfahren werden zunächst die Biegemomente im Feld und über der Stütze nach der Biegetheorie wie für Balkentragwerke ermittelt und diese dann unter Ansatz der Hebelarme nach Tafel 8.30 in innere Zug- und Druckgurtkräfte umgerechnet (siehe (8.43)). Dabei können beliebige Laststellungen erfasst werden. Die Bemessung nach diesem Verfahren ist für normalfesten Beton bis C50/60 zugelassen [11].

$$\left.\begin{array}{l}\text{Resultierende Zugkraft} \\ \text{im Feld:}\end{array}\quad F_{td,F} = \dfrac{M_{Ed,F}}{z_F}\right\}$$

$$\left.\begin{array}{l}\text{Resultierende Zugkraft} \\ \text{über der Stütze:}\end{array}\quad F_{td,S} = \dfrac{M_{Ed,S}}{z_S}\right\} \quad (8.43)$$

$$\left.\begin{array}{l}\text{Resultierende Zugkraft} \\ \text{am Kragarm:}\end{array}\quad F_{td,K} = \dfrac{M_{Ed,K}}{z_K}\right\}$$

Die Auflagerkräfte der wandartigen Träger können im Zuge dieses Näherungsverfahrens ebenfalls nach der Balkentheo-

Abb. 8.39 Geometrische Definition für wandartige Träger bzw. Balken

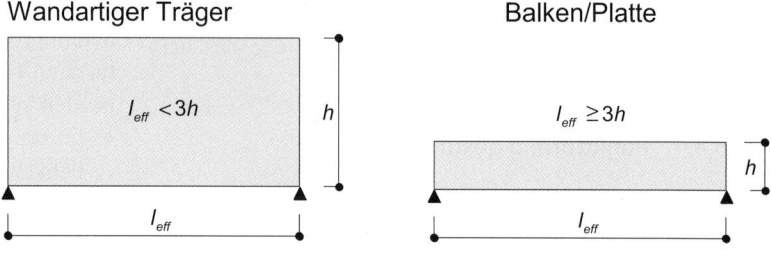

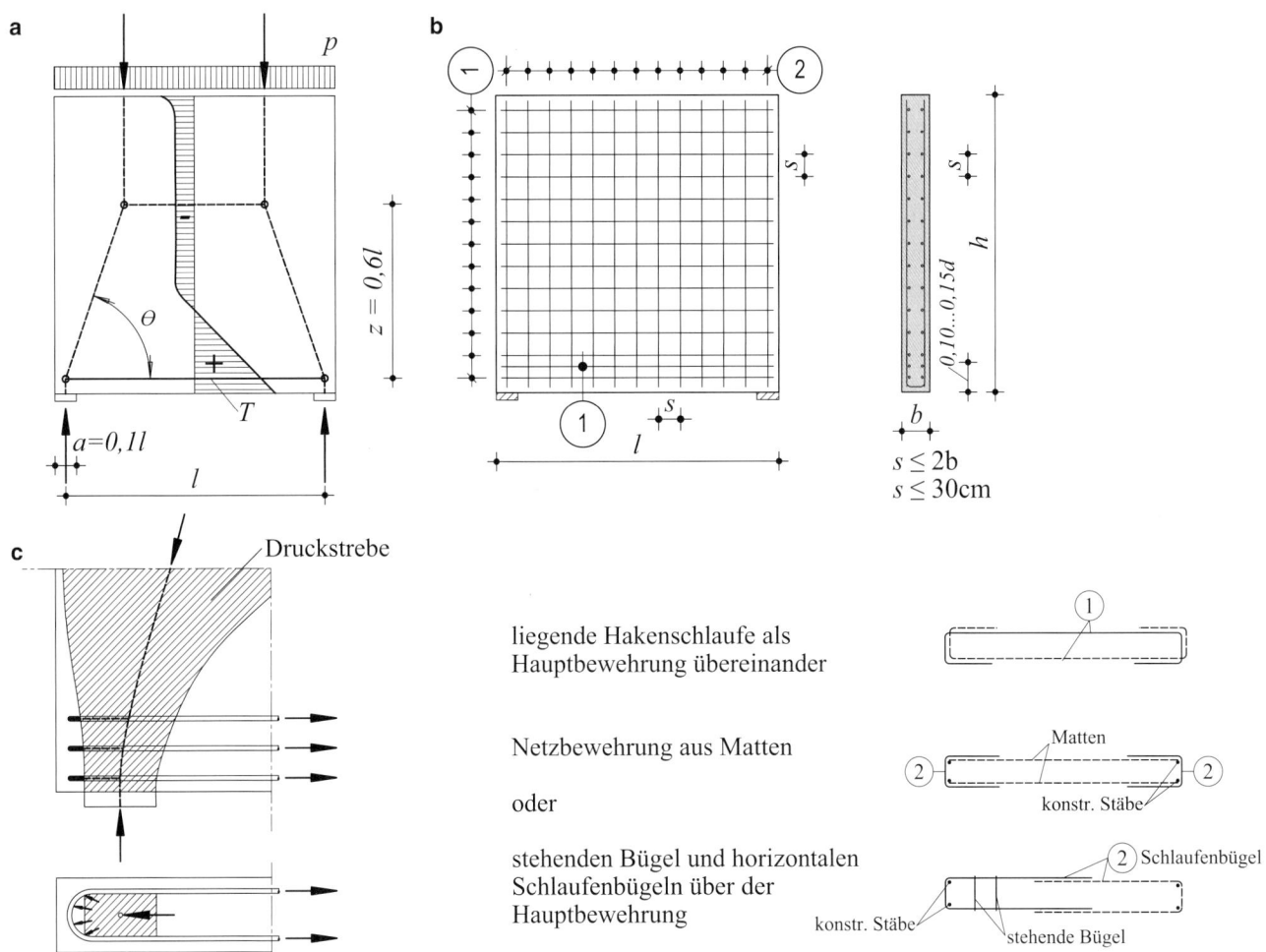

Abb. 8.40 Wandartiger Träger, Modell, Bewehrung, Auflagerbereich (nach BK 2001 [13]).
a Modell,
b Bewehrung,
c Auflagerbereich (Knotenpunkt)

rie ermittelt werden. Bei Endauflagern von mehrfeldrigen wandartigen Trägern müssen die Auflagerkräfte aber mit den in Tafel 8.31 angegebenen Faktoren vergrößert werden. Die zugehörigen Auflagerkräfte an der ersten Innenstütze dürfen um den halben Betrag dieser Erhöhung reduziert werden.

In Heft 240 sind zusätzlich auch Tafelwerte zur Bestimmung der resultierenden Zugkräfte enthalten.

Zugstreben Die aus einem Fachwerkmodell oder nach oben beschriebenem Näherungsverfahren ermittelten Zugstrebenkräfte müssen durch eine ausreichende, in der Regel nicht gestaffelte Bewehrung abgedeckt werden. Ggf. sind an Krafteinleitungsstellen oder Einschnürungen entstehende Querzugkräfte durch entsprechende Bewehrung abzudecken (siehe auch EC 2, 6.5.3 [1]). Auf die Verankerung der Zugkräfte in den Knoten ist besonders zu achten. Auf die in [12] Abschn. 4.2.3 angegebene Schrägbewehrung darf verzichtet werden, wenn die orthogonale Bewehrung jeweils 100 % der Querkraft aufnehmen kann.

Tafel 8.30 Wandartige Träger, Hebelarm der inneren Kräfte

System	Geometrie	Hebelarm der inneren Kräfte
Einfeldträger	$0{,}5 \leq h/l < 1{,}0$	$z_F = 0{,}3 \cdot h \cdot (3 - h/l)$
	$h/l \geq 1{,}0$	$z_F = 0{,}6 \cdot l$
Zweifeldträger und Endfelder von Durchlaufträgern	$0{,}4 \leq h/l < 1{,}0$	$z_F = z_S = 0{,}5 \cdot h \cdot (1{,}9 - h/l)$
	$h/l \geq 1{,}0$	$z_F = z_S = 0{,}45 \cdot h$
Innenfelder von Durchlaufträgern	$0{,}3 \leq h/l < 1{,}0$	$z_F = z_S = 0{,}5 \cdot h \cdot (1{,}8 - h/l)$
	$h/l \geq 1{,}0$	$z_F = z_S = 0{,}4 \cdot l$
Kragträger	$0{,}4 \leq h/l < 2{,}0$	$z_S = 0{,}65 \cdot l_k + 0{,}1 \cdot h$
	$h/l \geq 2{,}0$	$z_S = 0{,}85 \cdot l_k$

h = Bauhöhe,
l = Stützweite,
l_k = Kragarmlänge,
z_F = Hebelarm im Feld,
z_S = Hebelarm über der Stütze

Tafel 8.31 Erhöhungsfaktoren für Endauflagerkräfte [12] wandartiger Träger

h/l	0,3	0,4	0,7	$\geq 1{,}0$
Erhöhungsfaktor	1,0	1,08	1,13	1,15

Druckstreben Die Hauptdruckspannungen können näherungsweise nach Heft 240 [12] nachgewiesen werden. Der globale Sicherheitsfaktor 2,1 aus DIN 1045, Ausgabe 1988 wird dabei für Einwirkungen mit $\gamma_F = 1,4$ und für Widerstände mit $\gamma_M = \gamma_C = 1,5$ angenommen ($1,5 \cdot 1,4 = 2,1$). Fasst man $_{zul}F$ bzw. $_{zul}Q$ aus [12] als Bemessungswerte F_{Rd} bzw. V_{Rd} auf, sind diese mit den Schnittgrößen aus den γ-fachen charakteristischen Einwirkungen zu vergleichen. Auf der Widerstandsseite darf dann für $\beta_R = \alpha_{cc} \cdot f_{ck}$ und $\beta_s = f_{yk}$ eingesetzt werden. Die Gleichungen aus [12] lauten dann (siehe (8.44)):

- Innenauflager

$$F_{Ed} \leq F_{Rd} = \left(0,9 \cdot \alpha_{cc} \cdot f_{ck} \cdot A_c + f_{yk} \cdot A_s\right)/\gamma_C \quad (8.44a)$$

- Endauflager

$$F_{Ed} \leq F_{Rd} = \left(0,8 \cdot \alpha_{cc} \cdot f_{ck} \cdot A_c + f_{yk} \cdot A_s\right)/\gamma_C \quad (8.44b)$$

- Querkraft am Auflager

$$\begin{aligned}V_{Ed} \leq V_{Rd} &= (0,21/\gamma_C) \cdot \alpha_{cc} \cdot f_{ck} \cdot l \cdot b \\ &= 0,21 \cdot f_{cd} \cdot l \cdot b \leq 0,21 \cdot f_{cd} \cdot h \cdot b\end{aligned} \quad (8.44c)$$

Ein gesonderter Nachweis der Schubspannungen ist dann nicht erforderlich, sofern die weiteren konstruktiven Regeln eingehalten werden.

Nach EC 2 werden im Allgemeinen für Stabwerksmodelle auch separate Grenzwerte $\sigma_{Rd,max}$ für Druckstrebennachweise genannt (siehe hierzu Eurocode 2, Kap. 6.5, [1] bis [4]). In der Regel ist dann aber die Bemessung der Knoten maßgebend.

Konstruktive Durchbildung Die Hauptbewehrung wird üblicherweise nach Abb. 8.41 im wandartigen Träger verteilt. Die statisch erforderliche Bewehrung der Zugstäbe aus den Bemessungsmodellen ist für das Gleichgewicht in den Knoten durch Aufbiegungen, U-förmige Bügel oder Ankerkörper (selten) vollständig zu verankern, sofern keine ausreichende Verankerungslänge l_{bd} zwischen Knoten und Wandende vorhanden ist. Weitere allgemeine Konstruktionsregeln sind in Tafel 8.32 zusammengefasst.

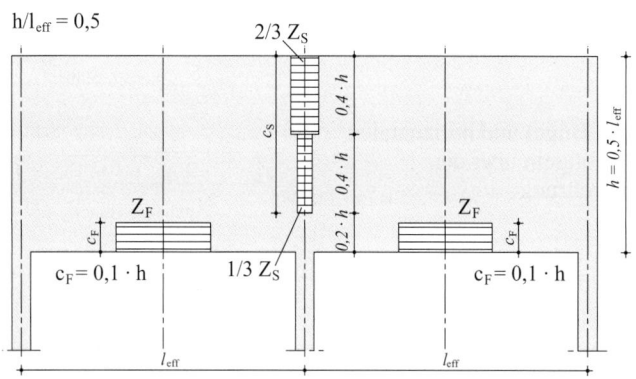
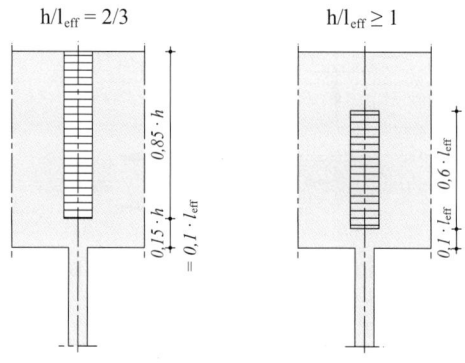

Kragscheiben

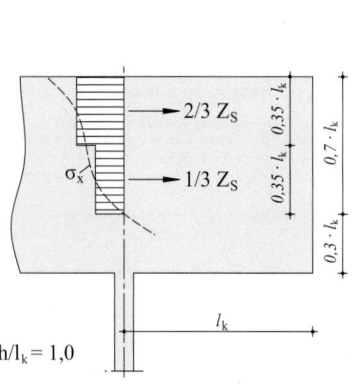
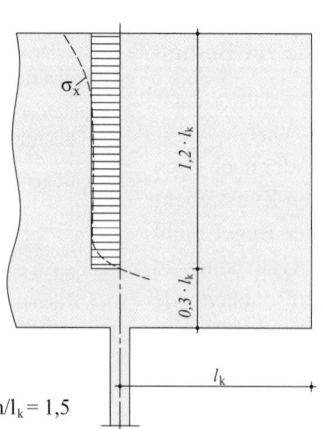
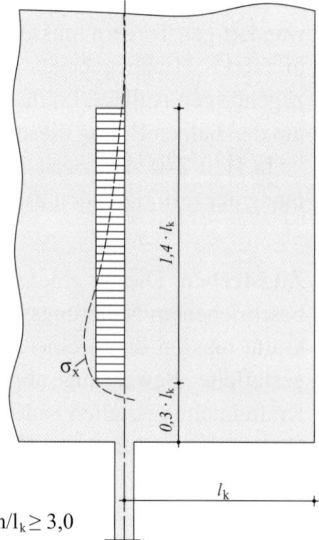

Abb. 8.41 Verteilung der Hauptbewehrung nach Heft 240 [12]

Tafel 8.32 Konstruktive Ausbildung von wandartigen Trägern	Feldbewehrung	– Vollständig über die Auflager führen und dort verankern – Anordnung über eine Höhe von $0,1h$ bzw. $0,1l$ (der kleinere Wert ist maßgebend)
	Stützbewehrung Kragbewehrung	– siehe Abb. 8.41
	Netzbewehrung	– je Außenfläche und Richtung: $A_{s,db\,min} = 0,075 \cdot A_c \geq 1,5\,\mathrm{cm^2/m}$ – Maschenweit $\leq 300\,\mathrm{mm}$ $\qquad\qquad\quad \leq$ zweifache Wanddicke
	Mindestwanddicken	nach Tafel 8.84

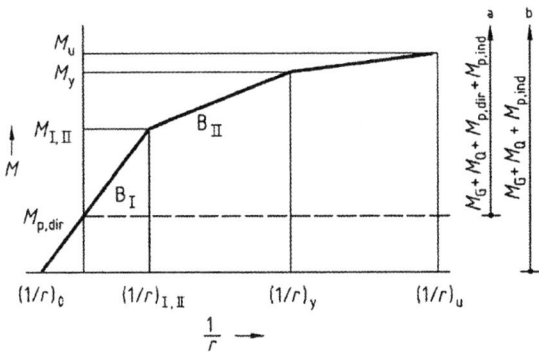

Abb. 8.42 Momenten-Krümmungsbeziehung für Spannbetonquerschnitte.

B_I, B_{II} Biegesteifigkeit im ungerissenen (Zustand I) bzw. gerissenen Zustand (Zustand II) $= \mathrm{d}M/\mathrm{d}(1/r)$,

$(1/r)_0$ Vorkrümmung infolge Vorspannung,

$M_{p,dir}$ statisch bestimmter Anteil des Moments aus Vorspannung,

$M_{p,ind}$ statisch unbestimmter Anteil des Moments aus Vorspannung,

$M_{I,II}$ Moment beim Übergang von Zustand I zu Zustand II,

M_y Fließmoment,

M_u Bruchmoment,

$(1/r)_{I,II}$ zu $M_{I,II}$ gehörende Krümmung $= M_{I,II}/B_I$,

a einwirkende Momente, Vorspannung als Einwirkung,

b einwirkende Momente, Vorspannung als Vorkrümmung

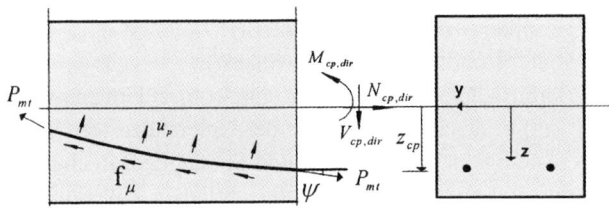

Abb. 8.43 Schnittgrößen aus Vorspannung, statisch bestimmte Systeme. $N_{cp,dir} \cong -P_{mt}$, $M_{cp,dir} \cong -P_{mt} \cdot z_{cp}$, $V_{cp,dir} = -P_{mt} \cdot \sin(\psi)$ $(\psi \ll 1)$

Abb. 8.44 Schnittgrößen aus Vorspannung, statisch unbestimmte Systeme

8.5.6.6 Vorgespannte Tragwerke

Die Wirkung der Vorspannung kann als eine Einwirkung aus Anker- und Umlenkkräften (d. h. als eine einwirkende Schnittgröße) oder alternativ als Dehnungszustand mit entsprechender Vorkrümmung betrachtet werden (siehe Abb. 8.42). Statische Methoden zur Ermittlung der Schnittgrößen aus Vorspannung können dem Kap. 5 entnommen werden. Bei Anwendung linear-elastischer Verfahren der Schnittgrößenermittlung sollte die statisch unbestimmte Auswirkung der Vorspannung (Index ind) als Einwirkung berücksichtigt werden.

Bei statisch bestimmt gelagerten Tragwerken können die Schnittgrößen aus Vorspannung direkt aus den Gleichgewichtsbedingungen am Querschnitt bestimmt werden (Abb. 8.43).

Bei statisch unbestimmten Systemen ist eine entsprechende statisch unbestimmte Berechnung unter Ansatz der Umlenk- und Ankerkräfte aus der Vorspannwirkung erforderlich (Abb. 8.44). In baupraktisch üblichen Fällen ist $f/l_i \leq 1/12$, so dass bei parabolischer Spanngliedführung die Umlenkkräfte mit ausreichender Genauigkeit mit $u_p = P_{mt} \cdot \frac{8 \cdot f}{l_i^2}$ angesetzt werden können. Ansonsten gilt $u_p(x) = P_{mt}(x) \cdot \frac{1}{R(x)}$, wobei $R(x)$ der Krümmungsradius des Spanngliedes an der Stelle x ist. Die Schnittgrößenermittlung selber kann dann mit den üblichen baustatischen Methoden, Tabellenwerken oder Stabwerksprogrammen durchgeführt werden.

Der Index „dir" weist auf die statisch bestimmte Wirkung der Vorspannung hin.

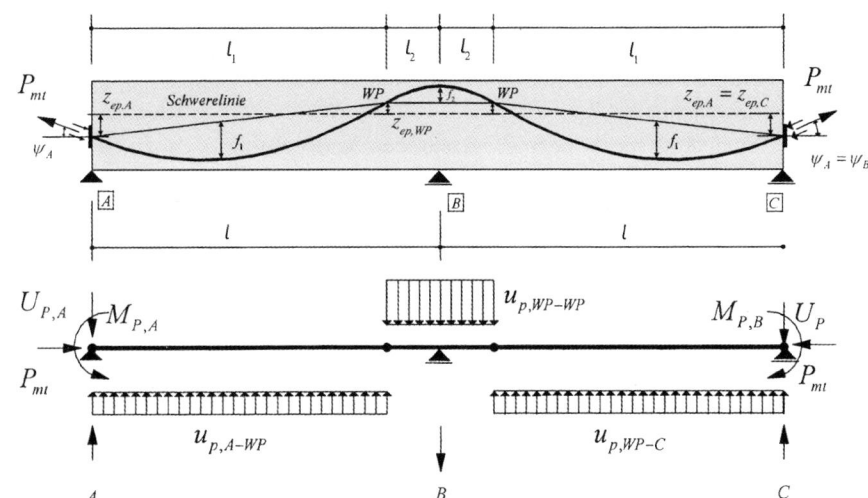

Die am statisch unbestimmten System ermittelten Schnittgrößen aus Vorspannung werden im Allgemeinen dann wieder in einen statisch bestimmten Anteil (Index *dir*) und einen
statisch unbestimmten Anteil (Index *ind*) aufgeteilt.

Weitere Hinweise und Beispiele zur Schnittgrößenermittlung infolge Vorspannung sind auch im Kap. 5, Statik und
Festigkeitslehre dieses Buches enthalten.

8.5.6.6.1 Vorspannkraft

Die zulässigen Spannstahlspannungen betragen:

- während des Spannvorganges

$$P_{max} = A_p \cdot \sigma_{p,max} = A_p \cdot \min \begin{cases} 0{,}80 f_{pk} \\ 0{,}90 f_{p0,1k} \end{cases} \qquad (8.45)$$

- nach dem Absetzen der Spannpresse (unter Berücksichtigung der sofortigen Verluste)

$$P_{m0}(x) = A_p \cdot \sigma_{pm0}(x) = A_p \cdot \min \begin{cases} 0{,}75 f_{pk} \\ 0{,}85 f_{p0,1k} \end{cases} \qquad (8.46)$$

Der Mittelwert $P_{m0}(x)$ der Vorspannkraft muss unter
Berücksichtigung der Spannkraftverluste infolge Reibung
$\Delta P_\mu(x)$, der elastischen Bauteilverkürzung ΔP_{el}, sowie des
Verankerungsschlupfes ΔP_{sl} und ggf. der Kurzzeitrelaxation
ΔP_r des Spannstahls ermittelt werden. Zu einem beliebigen
weiteren Zeitpunkt t sind für $P_{mt}(x)$ zudem die zeitabhängigen Verluste aus Kriechen, Schwinden und Langzeitrelaxation $\Delta P_t(t)$ zu erfassen. Damit ist $P_{mt}(x) = P_{m0}(x) -
\Delta P_{c+s+r}(x)$

$$P_{mt}(x) = P_0 - \Delta P_\mu(x) - \Delta P_{el} - \Delta P_{sl} - \Delta P_r - \Delta P_t(t) \qquad (8.47)$$

Dabei ist:

P_{m0} Mittelwert der Vorspannkraft zum Zeitpunkt $t = 0$
  unmittelbar nach dem Absetzen der Pressenkraft
  auf den Anker

$P_{mt}(x)$ Mittelwert der Vorspannkraft zur Zeit t an der Stelle x

P_0 Aufgebrachte Höchstkraft am Spannanker während
  des Spannens ($P_0 \leq P_{max}$)

ΔP_{el} Spannkraftverlust infolge elastischer Verformung
  des Bauteils bei der Spannkraftübertragung

ΔP_r Kurzzeitrelaxation (insbesondere bei Vorspannung
  mit sofortigem Verbund)

$\Delta P_t(t)$ Spannkraftverlust infolge Kriechen, Schwinden
  und Langzeitrelaxation

$\Delta P_\mu(x)$ Spannkraftverlust infolge Reibung (i. Allg. nicht
  bei sofortigem Verbund)

ΔP_{sl} Spannkraftverlust infolge Verankerungsschlupf
  (nicht bei sofortigem Verbund).

Ein Überspannen ist nur bei einer Genauigkeit der Spannpresse von $\pm 5\,\%$ bezogen auf $P_{m\infty}$ zulässig. Zum Überspannen darf P_{max} dann auf den Wert $0{,}95 \cdot f_{p0,1k} \cdot A_p$ angehoben
werden (z. B. bei Auftreten einer unerwartet hohen Reibung,
siehe diesbezüglich auch [11]).

Unabhängig hiervon ist die planmäßige Vorspannkraft
bei nachträglichem Verbund so zu begrenzen, dass auch bei
erhöhten Reibungsverlusten die gewünschte Vorspannkraft
(8.47) erreicht werden kann. Dazu ist P_{max} zusätzlich mit
dem Faktor $k_\mu = e^{-\mu \cdot (\theta + k \cdot x) \cdot (\varkappa - 1)}$ abzumindern. Dabei ist
$\varkappa$ ein Vorhaltemaß zur Sicherung der Überspannungsreserve
mit $\varkappa = 1{,}5$ bei ungeschützter Lage des Spannstahl im Hüllrohr bis zu 3 Wochen bzw. $\varkappa = 2{,}0$ bei größeren Zeiträumen.

Die **Spannkraftverluste aus Reibung** $\Delta P_\mu(x)$ werden
mit einem Ansatz aus der Seilreibung ermittelt zu:

$$\Delta P_\mu(x) = P_0 \cdot (1 - e^{-\mu \cdot (\theta + k \cdot x)}) \qquad (8.48)$$

Dabei ist:

μ Reibungsbeiwert zwischen Spannglied und Hüllrohr

θ Summe der planmäßigen Umlenkwinkel über die Länge x
  (unabhängig von Richtung und Vorzeichen)

k ungewollter Umlenkwinkel (pro Längeneinheit), abhängig
  von der Art des Spannglieds [rad/m]

x Länge des Spanngliedes, i. A. gemessen ab dem Spannanker bis zur betrachteten Stelle x.

Sofern genauere Angaben fehlen, gilt bei internen Spanngliedern im nachträglichen Verbund für den Reibungsbeiwert
(Hüllrohr zu ca. 50 % ausgefüllt):

- kaltgezogener Draht: $\mu = 0{,}17$ (intern),
- Litzen: $\mu = 0{,}19$ (intern),
- gerippter Stab: $\mu = 0{,}65$ (intern)
- glatter Rundstab: $\mu = 0{,}33$ (intern).

Einfluss auf die Größe des ungewollten Umlenkwinkels
k [°/m] besitzen die Abstände der Unterstützungen und die
Biegesteifigkeit von Hüllrohr und Spannglied. Rechenwerte
hierzu sind ebenfalls den bauaufsichtlichen Zulassungen zu
entnehmen. Üblich sind Werte von $0{,}3 < k < 0{,}8$ [°/m]
($= 0{,}005 < k < 0{,}014$ [rad/m]). Generell gelten für μ und
k aber die Werte der allgemeinen bauaufsichtlichen Zulassungen.

Die tatsächliche Summe der Umlenkwinkel $\sum_i \theta_i$ wird
über den Verlauf des Spannglieds ermittelt (siehe Abb. 8.45):

$$\theta_i = |\arctan(z'_{cp}(x_0)) - \arctan(z'_{cp}(x_1))|$$

Die **Spannkraftverluste aus Kriechen, Schwinden und
Relaxation** werden für idealisiert angenommene einsträngi-
ge Vorspannung im Verbund ermittelt aus:

$$\Delta P_{c+s+r} = A_p \cdot \Delta \sigma_{p,c+s+r}$$
$$= A_p \cdot \frac{\varepsilon_{cs}(t,t_0) \cdot E_p + 0{,}8 \Delta \sigma_{pr} + \alpha_p \cdot \varphi(t,t_0) \cdot (\sigma_{c,QP})}{1 + \alpha_p \frac{A_p}{A_c} \left(1 + \frac{A_c}{I_c} \cdot z_{cp}^2\right) \cdot [1 + 0{,}8 \cdot \varphi(t,t_0)]} \qquad (8.49)$$

Abb. 8.45 Planmäßige Umlenkwinkel

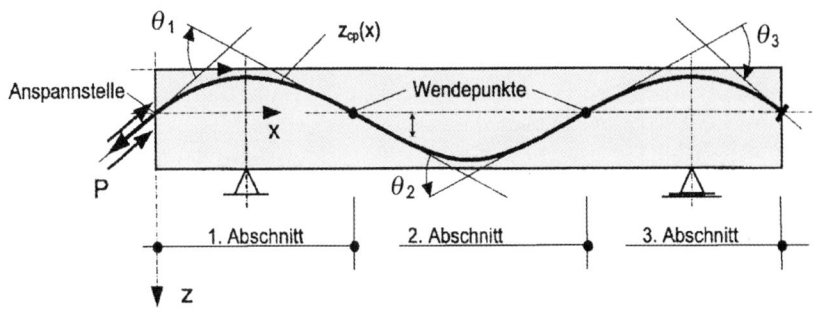

Dabei ist:

$\Delta\sigma_{p,c+s+r}$ Spannungsänderung im betrachteten Querschnitt in den Spanngliedern aus K, S, R an der Stelle x zum Zeitpunkt t

$\varepsilon_{cs}(t, t_0)$ Schwinddehnung des Betons

α_p E_p/E_{cm}; E-Modul Spannstahl zu E-Modul Beton

$\Delta\sigma_{pr}$ Spannungsänderung in den Spanngliedern an der Stelle x infolge Relaxation ($\Delta\sigma_{pr} < 0$). $\Delta\sigma_{pr}$ ist mit den Angaben aus der zugehörigen bau-aufsichtlichen Zulassung des Spannverfahrens in Abhängigkeit von σ_p/f_{pk} zu bestimmen. Dabei ist σ_p die anfängliche Spannstahlspannung aus Vor-spannung und quasi-ständigen Einwirkungen mit $\sigma_p = \sigma_p(G + P_{m0} + \Psi_2 \cdot Q)$

$\varphi(t, t_0)$ Kriechzahl

$\sigma_{c,QP}$ Betonspannung in Höhe der Spannglieder infolge der quasi-ständigen Beanspruchung mit, $\sigma_{c,QP} = \sigma_c(G + P_{m0} + \psi_2 \cdot Q)$. In Bauzuständen sind ggf. nur die maßgebenden Lasten anzusetzen.

I_c Flächenmoment 2. Grades der Betonquerschnitts-fläche

Z_{cp} Abstand zwischen dem Schwerpunkt des Beton-querschnitts und den Spanngliedern.

Sofern keine genaueren Angaben vorliegen, können die Re-laxationsverluste auf der Basis der Angaben in Tafel 8.33 bzw. Abb. 8.46 abgeschätzt werden.

Tafel 8.33 Genäherte Beziehung zwischen Relaxationsverlusten und Zeit bis 1000 h

Zeit in h	1	5	20	100	200	500	1000
Relaxationsverluste in % des Wertes bei 1000 h	15	25	35	55	65	85	100

Gleichung (8.49) gilt für Spannglieder im Verbund, wenn die Spannungen für den betrachteten Querschnitt eingesetzt werden sowie für Spannglieder ohne Verbund, wenn gemit-telte Werte der Spannung verwendet werden.

Bei einer Keilverankerung von Spannlitzen tritt ein so-genannter Keilschlupf von ca. $\Delta_{sl} = 2$ bis 10 mm auf (festziehen der Keile in die Ankerplatte, genaue Werte ge-mäß Zulassung). Es kommt zu einem Abfall der Spannkraft am Spannanker (siehe Abb. 8.47). Der **Spannkraftverlust** ΔP_{sl} **aus Keilschlupf** kann bei bekannter Nachlasslänge l_{sl} näherungsweise mit (8.50) berechnet werden:

$$l_{sl} = \sqrt{\frac{\Delta l_{sl} \cdot E_p}{\sigma_{p0} \cdot \mu \cdot \left(\left|\frac{1}{r}\right|\right) + k}} \qquad (8.50)$$

bei parabolischem Verlauf ist $\left|\frac{1}{r}\right| \cong \left|\frac{8f}{l^2}\right|$

σ_{p0} Spannkraft an der Spannpresse vor dem Absetzen

Δl_{sl} Keilschlupf (Verkürzung)

l_{sl} Nachlasslänge

E_p E-Modul des Spannstahls

k ungewollter Umlenkwinkel

r Krümmungsradius des Spanngliedes auf der Länge l_{sl}.

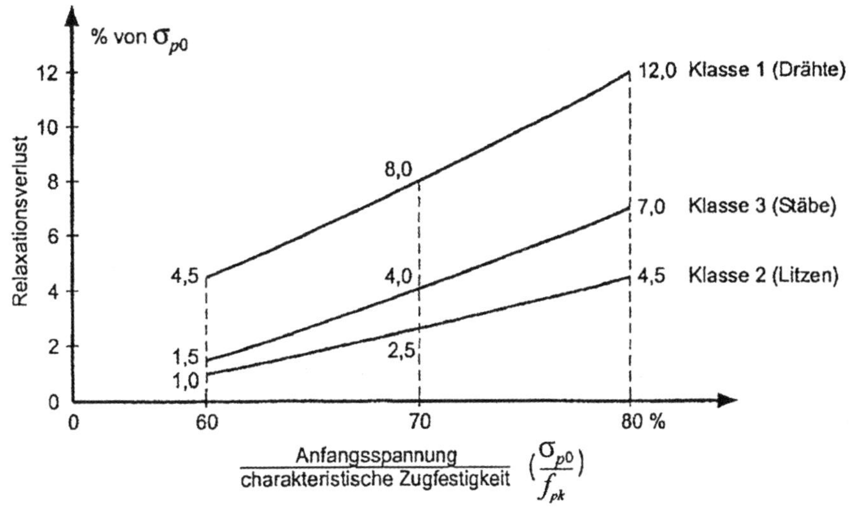

Abb. 8.46 Relaxationsverluste
nach 1000 h bei 20 °C

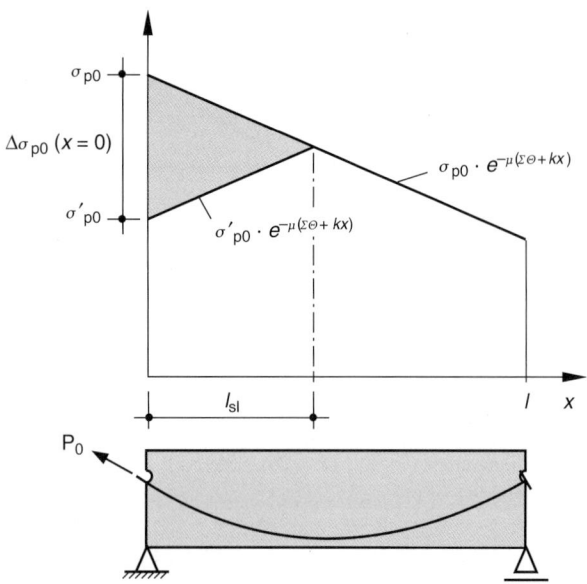

Abb. 8.47 Verlauf der Spannstahlspannungen

Dabei ist darauf zu achten, ob l_{sl} kleiner oder größer der Spanngliedlänge l ist. Damit ergibt sich dann der Spannkraftverlust aus Keilschlupf zu:

a) $l_{sl} \leq l$

$$\Delta P_{sl} = A_p \cdot \Delta\sigma_{sl} \cong A_p \cdot 2 \cdot \frac{\Delta l_{sl} \cdot E_p}{l_{sl}} \qquad (8.51a)$$

b) $l_{sl} > l$, bei $x = l/2$ gilt:

$$\Delta P_{sl} \cong A_p \cdot \Delta\sigma_{sl} = A_p \cdot \frac{\Delta l_{sl} \cdot E_p}{l} \qquad (8.51b)$$

Die **Spannkraftverluste aus elastischer Bauteilverkürzung** ΔP_{el} können bei Bauteilen mit sofortigem Verbund über eine Steifezahl α_{pi} ermittelt werden. Es gilt mit $P^{(0)}$ als Verankerungskraft der Spanndrähte im Spannbett:

$$\Delta P_c = P^{(0)} \cdot \alpha_{pi};$$
$$\alpha_{pi} = \alpha_p \cdot \frac{A_p}{A_i} \cdot \left(1 + \frac{A_i}{I_i} z_{ip}^2\right); \quad \alpha_p = \frac{E_p}{E_{cm}} \qquad (8.52)$$

Bei mehrsträngiger Vorspannung wird auf die einschlägige Fachliteratur hingewiesen [19].

Bei Vorspannung mit nachträglichem Verbund oder ohne Verbund wird direkt gegen den erhärteten Beton vorgespannt. Dabei tritt die elastische Bauteilverkürzung direkt beim Aufbringen der Vorspannkraft auf und wird somit als Verlust an Vorspannkraft nicht mehr wahrgenommen. Bei mehrsträngiger Vorspannung, deren einzelne Stränge nach-

einander vorgespannt werden ist allerdings zu beachten, dass beim Vorspannen des zweiten bzw. der folgenden Spannglieder die Vorspannkraft der bereits vorgespannten Spannglieder über die elastische Bauteilverkürzung beeinflusst wird. Näherungsweise kann dieser Effekt als Mittelwert ΔP_{el} für jedes Spannglied wie folgt bestimmt werden:

$$\Delta P_{el} = A_p \cdot E_p \cdot \sum \left[\frac{j \cdot \Delta\sigma_c(t)}{E_{cm}(t)} \right] \qquad (8.53)$$

$\Delta\sigma_c$ Spannungsänderung im Schwerpunkt der Spannglieder zum Zeitpunkt t

j Beiwert mit $j = (n-1)/2n$. n ist die Anzahl identischer, nacheinander gespannter Spannglieder. Näherungsweise gilt $j = 0,5$. Für Spannungsänderungen infolge der ständigen Einwirkungen nach dem Vorspannen ist $j = 1,0$.

Der **Bemessungswert der Vorspannkraft** P_d im Grenzzustand der Tragfähigkeit (GZT) wird aus dem Mittelwert der Vorspannkraft unter Berücksichtigung des Teilsicherheitsbeiwertes $\gamma_P = 1,0$ bestimmt, d. h. $P_d = \gamma_P \cdot P_{mt}$.

Bei Spanngliedern ohne Verbund muss ein ggf. auftretender Spannungszuwachs $\Delta\sigma_{p,ULS}$ im Spannstahl über eine Verformungsberechnung des Gesamtsystems bestimmt werden. Vereinfachend darf dieser Spannungszuwachs bei exzentrisch geführten, internen Spanngliedern pauschal mit $\Delta\sigma_{p,ULS} = 100\,\text{N/mm}^2$ angesetzt werden. Bei linear elastischer Schnittgrößenermittlung darf $\Delta\sigma_{p,ULS}$ auch komplett unberücksichtigt bleiben.

Für die Nachweise im Grenzzustand der Gebrauchstauglichkeit (GZG) z. B. Dekompressions- und Rissbreitennachweis sind mögliche Streuungen der Vorspannkraft durch Ansatz eines oberen und unteren Grenzwertes zu berücksichtigen. Die **charakteristischen Werte der Vorspannkraft** betragen damit:

$$\begin{array}{ll} \text{oberer Grenzwert:} & P_{k,sup} = r_{sup} \cdot P_{mt} \\ \text{unterer Grenzwert:} & P_{k,inf} = r_{inf} \cdot P_{mt} \end{array} \qquad (8.54)$$

Als Parameter für die Streuungsfaktoren sind anzunehmen:

Verbund	sofortiger, ohne	nachträglicher
r_{sup}	1,05	1,10
r_{inf}	0,95	0,90

Ansonsten wird im GZG mit dem Mittelwert der Vorspannkraft $P_k = P_{mt}$ gerechnet.

8.6   Bemessung im Grenzzustand der Tragfähigkeit

Tragwerke sind derart zu bemessen, dass sie während der vorgesehenen Nutzungsdauer ihre Funktion hinsichtlich der Gebrauchstauglichkeit, Tragfähigkeit und Dauerhaftigkeit voll erfüllen.

Die für die Bemessung maßgebenden Festigkeitswerte sind in Abschn. 8.3 zusammengestellt. Diese dürfen für den Beton- und Spannstahl auf Grundlage des Nenndurchmessers und des Nennquerschnittes ermittelt werden. Für den Beton werden im allgemeinen Bruttoquerschnittswerte angesetzt. Bei hochfestem Beton und im Spannbetonbau müssen hiervon abweichend ggf. Nettoquerschnitte oder auch ideelle Querschnittswerte berücksichtigt werden. Im Rahmen der Bemessungsaufgaben können für den Betonstahl die Werte der Streckgrenze und der Zugfestigkeit sowohl bei Druck- als auch Zugbeanspruchung angesetzt werden.

Die in dem folgenden Abschn. 8.6.2 beschriebenen Nachweise gelten zunächst für ungestörte Bereiche von Balken, Platten und ähnlichen Bauteilen, in denen die Querschnitte näherungsweise eben bleiben. In den sogenannten Diskontinuitätsbereichen können z. B. mit Hilfe von Stabwerksmodellen gesonderte Betrachtungen erforderlich sein.

8.6.1   Dauerhaftigkeit und Betondeckung

Bauten und Bauteile sind nicht nur direkt einwirkenden Lasten – also äußeren Kräften – ausgesetzt, sondern auch chemischen und physikalischen Angriffen sowie indirekten Einwirkungen, s. z. B. Tafel 8.34.

Tafel 8.34 Beispiele von chemischen und physikalischen Angriffen und indirekten Einwirkungen; Expositionen

Chemischer Angriff	Nutzung eines Gebäudes zur Lagerung von Flüssigkeiten
	Umweltbedingungen aggressiv
	Tragwerk ist Gasen oder Lösungen (z. B. Säurelösungen) ausgesetzt
	Ungeeignete Baustoffeigenschaften (z. B. Alkali-Kieselsäure-Reaktion (AKR) von Gesteinskörnungen)
Physikalischer Angriff	Abnutzung
	Frost-Tau-Wechselwirkung
	Eindringen von Wasser
Indirekte Einwirkungen	Zwangseinwirkungen durch Verformungen (z. B. durch bes. Lasten, Temperatur, Kriechen und Schwinden)

In Abhängigkeit von den Umweltbedingungen werden Bauten und Bauteile bestimmten Expositionsklassen zugeordnet (s. Tafel 8.35).

Von der Umwelt- bzw. Expositionsklasse, in die ein Bauwerk oder Bauteil einzuordnen ist, hängen die Werte für Betondeckung und Mindestbetonfestigkeitsklasse sowie die Betonrezeptur ab.

Eine angemessene Dauerhaftigkeit gilt als sichergestellt, wenn folgende Anforderungen erfüllt bzw. eingehalten sind:
- die Nachweise im GTZ und GZG (siehe Abschn. 8.6 und 8.7),
- die konstruktiven Regeln erfüllt sind (siehe Abschn. 8.8 und 8.9),
- Wahl der Expositionsklassen und Betondeckung nach diesem Kapitel bzw. EC 2,
- Zusammensetzung und Eigenschaften des Betons nach DIN EN 206-1: 2001-07 und DIN 1045-2:2008-08 (siehe auch Kap. 7 dieses Tafelwerks),
- Bauausführung nach DIN 1045-3 bzw. DIN EN 13670,
- Bauwerk bzw. Bauteil unterliegt einer geplanten Instandhaltung, inklusive Inspektion, Wartung und Instandsetzung (siehe hierzu DAfStb-Richtlinie „Schutz und Instandsetzung von Betonbauteilen").

8.6.1.1   Expositionsklassen und Mindestbetonfestigkeit

Umgebungsbedingungen werden hinsichtlich der Angriffsrisiken aus Bewehrungskorrosion und Betonkorrosion unterschieden. Für jedes Betontragwerk ist aufgrund seiner Umgebungsbedingungen eine entsprechende Expositions- und Feuchtigkeitsklassenzuordnung zu treffen. Dabei ist vom Tragwerksplaner eine klare Zuordnung für die beiden Angriffsrisiken Bewehrungskorrosion und Betonkorrosion festzulegen. Auf die Berücksichtigung der Fußnoten der Tafel 8.35 wird hier ausdrücklich hingewiesen.

Weiterführende vertiefte Hinweise zur Wahl und Einordnung der Bauteile in entsprechende Expositionsklassen sind z. B. im Bauteilkatalog [20] enthalten. Die Anwendung dieses Kataloges kann hier sehr empfohlen werden, da viele konkrete Hinweise und Beispiele aufgeführt sind (www. beton.org).

Die Festlegung der Feuchtigkeitsklassen W erfolgt nach den Umgebungsbedingungen. Für einige Fälle wird in [11] eine Zuordnung zwischen der Feuchtigkeitsklasse und der Expositionsklasse empfohlen (siehe Tafel 8.36).

Die Feuchtigkeitsklassen sind in den Ausführungsunterlagen anzugeben, sie haben jedoch keine direkten Auswirkungen auf die Bemessung sondern geben einen Hinweis zur Betonherstellung.

Tafel 8.35 Expositionsklassen

1	2	3	4
Klasse	Beschreibung der Umgebung	Beispiele für die Zuordnung von Expositionsklassen (informativ)	Mindestbeton-festigkeitsklasse
1 Kein Korrosions- oder Angriffsrisiko			
X0	Für Beton ohne Bewehrung oder einge-bettetes Metall: alle Expositionsklassen, ausgenommen Frostangriff, Verschleiß oder chemischer Angriff	Fundamente ohne Bewehrung ohne Frost, Innenbauteile ohne Bewehrung	C12/15
	Für Beton mit Bewehrung oder eingebet-tetem Metall: sehr trocken	Beton in Gebäuden mit sehr geringe Luftfeuchte ($\leq 30\%$)	
2 Bewehrungskorrosion, ausgelöst durch Karbonatisierung[a]			
XC1	Trocken oder ständig nass	Bauteile in Innenräumen mit üblicher Luftfeuchte (einschließlich Küche, Bad und Waschküche in Wohngebäuden); Beton, der ständig in Wasser getaucht ist	C16/20
XC2	Nass, selten trocken	Teile von Wasserbehältern; langzeitig wasserbenetzte Oberflächen; viel-fach bei Gründungen	C16/20
XC3	Mäßige Feuchte	Bauteile, zu denen die Außenluft häufig oder ständig Zugang hat, z. B. offene Hallen, Innenräume mit hoher Luftfeuchtigkeit z. B. in gewerbli-chen Küchen, Bädern, Wäschereien, in Feuchträumen von Hallenbädern und in Viehställen; Dachflächen mit flächiger Abdichtung; Verkehrsflä-chen mit flächiger unterlaufsicherer Abdichtung[b]	C20/25
XC4	Wechselnd nass und trocken	Wasserbenetzte Oberflächen (wenn nicht XC[c]), z. B. Außenbauteile mit direkter Beregnung	C25/30
3 Bewehrungskorrosion, ausgelöst durch Chloride, ausgenommen Meerwasser			
XD1	Mäßige Feuchte	Bauteile im Sprühnebelbereich von Verkehrsflächen; Einzelgaragen; befahrene Verkehrsflächen mit vollflächigem Oberflächenschutz[c]	C30/37[d]
XD2	Nass, selten trocken	Solebäder; Bauteile, die chloridhaltigen Industriewässern ausgesetzt sind	C35/45[d] oder [e]
XD3	Wechselnd nass und trocken	Teile von Brücken mit häufiger Spritzwasserbeanspruchung; Fahrbahn-decken; befahrene Verkehrsflächen mit rissvermeidenden Bauweisen ohne Oberflächenschutz oder ohne Abdichtung[c]; befahrene Verkehrsflä-chen mit dauerhaftem lokalen Schutz von Rissen[b, c]	C35/45[d]
4 Bewehrungskorrosion, ausgelöst durch Chloride aus Meerwasser			
XS1	Salzhaltige Luft, aber kein unmittelbarer Kontakt mit Meerwasser	Außenbauteile in Küstennähe	C30/37[d]
XS2	Unter Wasser	Teile von Meeresbauwerken, die ständig unter Wasser liegen	C35/45[d] oder [e]
XS3	Tidebereiche, Spritzwasser- und Sprüh-nebelbereiche	Teile von Meeresbauwerken, z. B. Kaimauern in Hafenanlagen	C35/45[d]
5 Betonangriff durch Frost mit und ohne Taumittel			
XF1	Mäßige Wassersättigung ohne Taumittel	Außenbauteile	C25/30
XF2	Mäßige Wassersättigung mit Taumittel oder Meerwasser	Bauteile im Sprühnebel- oder Spritzwasserbereich von taumittel-behandelten Verkehrsflächen, soweit nicht XF4; Betonbauteile im Sprühnebelbereich von Meerwasser	C25/30 LP[f] C35/45[e]
XF3	Hohe Wassersättigung ohne Taumittel	offene Wasserbehälter; Bauteile in der Wasserwechselzone von Süß-wasser	C25/30 LP[f] C35/45[e]
XF4	Hohe Wassersättigung mit Taumittel	Verkehrsflächen, die mit Taumitteln behandelt werden; überwiegend horizontale Bauteile im Spritzwasserbereich von taumittelbehandelten Verkehrsflächen; Räumerlaufbahnen von Kläranlagen; Meerwasserbau-teile in der Wasserwechselzone	C30/37 LP[f, g, h]
6 Betonangriff durch chemischen Angriff der Umgebung[i]			
XA1	Chemisch schwach angreifende Umge-bung	Behälter von Kläranlagen; Güllebehälter	C25/30
XA2	Chemisch mäßig angreifende Umgebung und Meeresbauwerke	Bauteile, die mit Meerwasser in Berührung kommen; Bauteile in beton-angreifenden Böden	C35/45[d] oder [e]
XA3	Chemisch stark angreifende Umgebung	Industrieabwasseranlagen mit chemisch angreifenden Abwässern; Fut-tertische der Landwirtschaft; Kühltürme mit Rauchgasableitung	C35/45[d]

Tafel 8.35 (Fortsetzung)

1	2	3	4
Klasse	Beschreibung der Umgebung	Beispiele für die Zuordnung von Expositionsklassen (informativ)	Mindestbeton-festigkeitsklasse
7 Betonangriff durch Verschleißbeanspruchung [6]			
XM1	Mäßige Verschleißbeanspruchung	Tragende oder aussteifende Industrieböden mit Beanspruchung durch luftbereifte Fahrzeuge	C30/37[d]
XM2	Starke Verschleißbeanspruchung	Tragende oder aussteifende Industrieböden mit Beanspruchung durch luft- oder vollgummibereifte Gabelstapler	C30/37[d, j] C35/45[d]
XM3	Sehr starke Verschleißbeanspruchung	Tragende oder aussteifende Industrieböden mit Beanspruchung durch elastomer- oder stahlrollenbereifte Gabelstapler; Oberflächen, die häufig mit Kettenfahrzeugen befahren werden; Wasserbauwerke in geschiebebelasteten Gewässern, z. B. Tosbecken	C35/45[d]
8 Betonkorrosion infolge Alkali-Kieselsäurereaktion			
Anhand der zu erwartenden Umgebungsbedingungen ist der Beton einer der vier folgenden Feuchtigkeitsklassen zuzuordnen.			
WO	Beton, der nach normaler Nachbehandlung nicht längere Zeit feucht und nach dem Austrocknen während der Nutzung weitgehend trocken bleibt	– Innenbauteile des Hochbaus; – Bauteile, auf die Außenluft, nicht jedoch z. B. Niederschläge, Oberflächenwasser, Bodenfeuchte einwirken können und (oder) die nicht ständig einer relativen Luftfeuchte von mehr als 80 % ausgesetzt werden.	–
WF	Beton, der während der Nutzung häufig oder längere Zeit feucht ist	– Ungeschützte Außenbauteile, die z. B. Niederschlägen, Oberflächenwasser oder Bodenfeuchte ausgesetzt sind; – Innenbauteile des Hochbaus für Feuchträume, wie z. B. Hallenbäder, Wäschereien und andere gewerbliche Feuchträume, in denen die relative Luftfeuchte überwiegend höher als 80 % ist; – Bauteile mit häufiger Taupunktunterschreitung, wie z. B. Schornsteine, Wärmeübertragerstationen, Filterkammer und Viehställe; – Massige Bauteile gemäß DAfStb-Richtlinie „Massige Bauteile aus Beton", deren kleinste Abmessung 0,80 m überschreitet (unabhängig vom Feuchtezutritt).	–
WA	Beton, der zusätzlich zu der Beanspruchung nach Klasse WF häufiger oder langzeitiger Alkalizufuhr von außen ausgesetzt ist	– Bauteile mit Meerwassereinwirkung; Bauteile unter Tausalzeinwirkung ohne zusätzliche hohe dynamische Beanspruchung (z. B. Spritzwasserbereiche, Fahr- und Stellflächen in Parkhäusern); – Bauteile von Industriebauten und landwirtschaftlichen Bauwerken (z. B. Güllebehälter) mit Alkalisalzeinwirkung.	–

[a] Die Feuchteangaben beziehen sich auf den Zustand innerhalb der Betondeckung der Bewehrung. Im Allgemeinen kann angenommen werden, dass die Bedingungen in der Betondeckung den Umgebungsbedingungen des Bauteils entsprechen. Dies braucht nicht der Fall zu sein, wenn sich zwischen dem Beton und seiner Umgebung eine Sperrschicht befindet.

[b] Für die Sicherstellung der Dauerhaftigkeit ist ein Instandhaltungsplan im Sinne der DAfStb-Richtlinie „Schutz und Instandsetzung von Betonbauteilen" aufzustellen.

[c] Für die Planung und Ausführung des dauerhaften lokalen Schutzes von Rissen gilt DAfStb-Richtlinie „Schutz und Instandsetzung von Betonbauteilen".

[d] Bei Verwendung von Luftporenbeton, z. B. aufgrund gleichzeitiger Anforderungen aus der Expositionsklasse XF, eine Festigkeitsklasse niedriger; siehe auch Fußnote [f].

[e] Bei langsam und sehr langsam erhärtenden Betonen ($r < 0,30$ nach DIN EN 206-1) eine Festigkeitsklasse im Alter von 28 Tagen niedriger. Die Druckfestigkeit zur Einteilung in die geforderte Druckfestigkeitsklasse ist auch in diesem Fall an Probekörpern im Alter von 28 Tagen zu bestimmen.

[f] Diese Mindestbetonfestigkeitsklassen gelten für Luftporenbeton mit Mindestanforderungen an den mittleren Luftgehalt im Frischbeton nach DIN 1045-2 unmittelbar vor dem Einbau.

[g] Erdfeuchter Beton mit $w/z \leq 0,40$ auch ohne Luftporen.

[h] Bei Verwendung eines CEM III/B nach DIN 1045-2: Tabelle F.3.1, Fußnote [c]) für Räumerlaufbahnen in Beton ohne Luftporen mindestens C40/50 (hierbei gilt: $w/z \leq 0,35$, $z \geq 360\,\mathrm{kg/m^3}$).

[i] Grenzwerte für die Expositionsklassen bei chemischem Angriff siehe DIN EN 206-1 und DIN 1045-2.

[j] Diese Mindestbetonfestigkeitsklasse erfordert eine Oberflächenbehandlung des Betons nach DIN 1045-2, z. B. Vakuumieren und Flügelglätten des Betons.

Tafel 8.36 Empfohlene Zuordnung zwischen Feuchtigkeits- und Expositionsklasse

	1	2	3	4
	Expositionsklasse	Umgebungsbedingungen	Feuchtigkeitsklasse[a,b,c]	Bemerkung
1	XC1	Immer trocken Immer nass	WO WF	Massige trockene Bauteile mit b bzw. $h \geq 800$ mm in WF
2	XC3	Mäßige Feuchte	WO oder WF	Beurteilung im Einzelfall
3	XC2, XC4, XF1, XF3	Nass, selten trocken, wechselnd nass und trocken, mäßige bis sehr hohe Wassersättigung, ohne Taumittel	WF	–
4	XF2, XF4, XD2, XD3, XS2, XS3	Mäßige bis sehr hohe Wassersättigung, mit Taumittel bzw. Salzwasser, nass, selten trocken, wechselnd nass und trocken	WA	Eintrag von Alkalien von außen (z. B. Chloride)
5	XD1, XS1, XA	Mäßige Feuchte	WF[d] oder WA	Beurteilung im Einzelfall

[a] Im Regelungsbereich der ZTV-ING sind alle Bauteile im Bereich von Bundesfernstraßen in die Feuchtigkeitsklasse WA einzustufen.
[b] Infolge der Bauteilabmessungen kann eine abweichende Einstufung erforderlich werden.
[c] Werden Bauteile ein- oder mehrseitig abgedichtet, ist dies bei der Wahl der Feuchtigkeitsklasse zu beachten.
[d] Dies gilt, wenn die Alkalibelastung von außen gering ist.

8.6.1.2 Betondeckung

Die Betondeckung wird von der Außenkante der außen liegenden Bewehrung bis zur nächsten Betonoberfläche gemessen. Eine Mindestbetondeckung c_{min} ist einzuhalten,

- um die einbetonierte Bewehrung gegen Korrosion zu schützen (Dauerhaftigkeit),
- um die Verbundkräfte sicher zu übertragen und
- um den Feuerwiderstand zu gewährleisten (siehe Kap. 15)

Die Betondeckung zur Sicherung des Feuerwiderstandes ist in DIN EN 1992-1-2/NA geregelt (siehe auch Kap. 15 in diesem Buch). Die Mindestbetondeckung zur Sicherstellung eines ausreichenden Korrosionsschutzes ist in Tafel 8.37 angegeben. Gleichzeitig ist dort auch das Vorhaltemaß Δc_{dev} angegeben (dev = deviation (Abweichung)). Die Mindestbetondeckung c_{min} ist um das Vorhaltemaß zu erhöhen, um Ausführungstoleranzen zu berücksichtigen. Damit ergibt

Tafel 8.37 Mindestbetondeckung c_{min} zum Schutz gegen Korrosion und Vorhaltemaß Δc_{dev}

Expositionsklasse	Mindestbetondeckung c_{min} mm[a,b]		Vorhaltemaß Δc_{dev} [mm]
	Betonstahl	Spannglieder im sofortigen Verbund und im nachträglichen Verbund[c]	
XC1	10	20	10
XC2	20	30	15
XC3	20	30	
XC4	25	35	
XD1, XD2, XD3[d]	40	50	
XS1, XS2, XS3	40	50	
XM1	c_{min} + 5 mm[e]	c_{min} + 5 mm[e]	Δc_{dev}
XM2	c_{min} + 10 mm[e]	c_{min} + 10 mm[e]	Δc_{dev}
XM3	c_{min} + 15 mm[e]	c_{min} + 15 mm[e]	Δc_{dev}

[a] Die Werte dürfen für Bauteile, deren Betonfestigkeit um 2 Festigkeitsklassen höher liegt, als nach Tafel 8.35 mindestens erforderlich ist, um 5 mm vermindert werden. Für Bauteile der Expositionsklasse XC1 ist diese Abminderung nicht zulässig.
[b] Wird Ortbeton kraftschlüssig mit einem Fertigteil verbunden, dürfen die Werte an den der Fuge zugewandten Rändern auf 5 mm im Fertigteil und auf 10 mm (bzw. 5 mm bei rauer Fuge) im Ortbeton verringert werden. Die Bedingungen zur Sicherstellung des Verbundes müssen jedoch eingehalten werden, sofern die Bewehrung im Bauzustand ausgenutzt wird. Auf das Vorhaltemaß der Betondeckung darf auf beiden Seiten der Verbundfuge verzichtet werden. Für Bewehrungsstäbe, welche bei rauer oder verzahnter Verbundfuge direkt auf der Fugenoberfläche liegen, gilt mäßiger Verbund. Im Bereich von Elementfugen bei Halbfertigteilen ist c_{nom} einzuhalten.
[c] Die Mindestbetondeckung bezieht sich bei Spanngliedern im nachträglichen Verbund auf die Oberfläche des Hüllrohrs.
[d] Im Einzelfall können besondere Maßnahmen zum Korrosionsschutz der Bewehrung nötig sein.
[e] Alternativ kann die zusätzliche Opferbetonschicht durch eine geeignete Betonzusammensetzung nach DIN 1045-2 kompensiert werden.

Tafel 8.38 Mindestbetondeckung c_{min} zur Sicherung des Verbundes

Betonstahl[a] c_{min} [mm]	Spannstahl c_{min} [mm]		
$\geq \varnothing_s$ bzw. $\geq \varnothing_n$	Sofortiger Verbund (Litzen oder profilierte Drähte)	Nachträglicher Verbund	
		Runde Hüllrohre	Rechteckige Hüllrohre $a \cdot b$ mit ($a < b$)
	$2,5\,\varnothing_p$	$\varnothing_p \leq 80\,mm$	$= \max\{a, b/2\} \leq 80\,mm$

[a] Falls d_g (Größtkorndurchmesser) größer als 32 mm ist c_{min} um 5 mm zu erhöhen.

Tafel 8.39 Betondeckungsmaße c_{nom} und Verlegemaße c_v für übliche Stabdurchmesser

Expositionsklasse	Indikative Mindestbetonfestigkeitsklasse		Stabdurchmesser $\varnothing_s$ in mm						
			≤ 10	12	14	16	20	25	28
XC1	C16/20	c_{min}	20	22	24	26	30	35	38
		c_v	20	25	25	30	30	35	40
XC2, XC3	C16/20, C20/25	c_{min}	35	35	35	35	35	35	38
		c_v	35	35	35	35	35	35	40
XC4	C25/30	c_{min}	40	40	40	40	40	40	38
		c_v	40	40	40	40	40	40	40
XD1, XD2, XD3, XS1, XS2, XS3	C30/37, C35/35, C35/35	c_{min}	55	55	55	55	55	55	55
		c_v	55	55	55	55	55	55	55

sich dann das Betondeckungsnennmaß c_{nom}. Handelsübliche Abstandhalter zur Sicherstellung der Betondeckung gibt es in gewissen Abmessungen, im Allgemeinen 5 mm Schritte. Das sich hieraus ergebende Verlegemaß c_v, welches auf den Ausführungsplänen angegeben werden muss, darf nicht kleiner als c_{nom} gewählt werden.

$$c_v \geq c_{nom} = c_{min} + \Delta c_{dev}; \quad c_{min} \geq \varnothing_s \text{ oder } \varnothing_n \quad (8.55)$$

Auf die Beachtung der Fußnoten der Tafel 8.37 wird hier explizit hingewiesen.

Um auch noch die Verbundkräfte sicher zu übertragen, darf c_{min} nicht kleiner sein als in Tafel 8.38 angegeben.

Ist die Verbundbedingung maßgebend für die Wahl von c_{min}, so darf generell das Vorhaltemaß $\Delta c_{dev} = 10\,mm$ verwendet werden.

In der Tafel 8.39 kann das Maß c_{nom} direkt in Abhängigkeit der Expositionsklasse und des Stabdurchmessers abgelesen werden.

Bei besonderen Qualitätskontrollen darf das Vorhaltemaß Δc_{dev} reduziert werden. Die Merkblätter des deutschen Beton- und Bautechnik Vereins (DBV) „Betondeckung und Bewehrung" und „Abstandhalter" enthalten hierzu weitere Angaben.

Das Vorhaltemaß Δc_{dev} ist zu erhöhen, wenn gegen unebene Flächen betoniert wird. Eine Erhöhung um das Differenzmaß der Unebenheiten ist dann zu wählen, mindestens aber 20 mm. Wird direkt auf den Baugrund betoniert, dann ist das Vorhaltemaß um mindestens 50 mm zu vergrößern.

Bei der Bestimmung der statischen Nutzhöhe d, die zur Bemessung benötigt wird, ist vom Verlegemaß c_v auszugehen.

Beispiel 8.5

Balkenhöhe $h = 60\,cm$

Expositionsklasse XC1 (trocken oder ständig nass)

Bügel mit $\varnothing_s = 12\,mm$ umschließen die einlagige Zugbewehrung mit $\varnothing_s = 28\,mm$

Aus Tafel 8.35 Mindestbetonfestigkeitsklasse: C16/20

Aus Tafel 8.36 $c_{min} = 10\,mm$ und $\Delta c_{dev} = 10\,mm$

Betondeckungen:

Bezogen auf die Bügelaußenkante $c_{min} = 12\,mm = \varnothing_{s,Bügel}$

$$\rightarrow c_{nom} = 12 + 10 = 22\,mm$$

(Direkte Ablesung aus Tafel 8.39 ebenfalls möglich!)

Bezogen auf die Zugbewehrung $c_{min} = 28\,mm = \varnothing_{s,Stab}$

$$\rightarrow c_{nom} = 28 + 10 = 38\,mm$$

(Direkte Ablesung aus Tafel 8.39 ebenfalls möglich!)

Bezogen auf die Bügelaußenkante der Bügel ergibt sich dann

$$\rightarrow c_{nom} = 38 - 12 = 26\,mm$$

Dieser Wert ist maßgebend!

Es wird unterstellt, dass es nur handelsübliche Betonabstandhalter in Abmessungsschritten von 5 mm gibt.

Dann ist das Verlegemaß von $c_v = 30\,mm$ zu wählen.

Die statische Nutzhöhe ergibt sich dann hier zu:

$$d = h - c_v - \varnothing_{s,Bügel} - 1/2 \cdot \varnothing_{s,Stab}$$
$$= 60,0 - 3,0 - 1,2 - 1/2 \cdot 2,8$$
$$= 54,4\,cm$$

Die Ergebnisse sind in Abb. 8.48 dargestellt.

Abb. 8.48 Bewehrungsdarstellung im Querschnitt

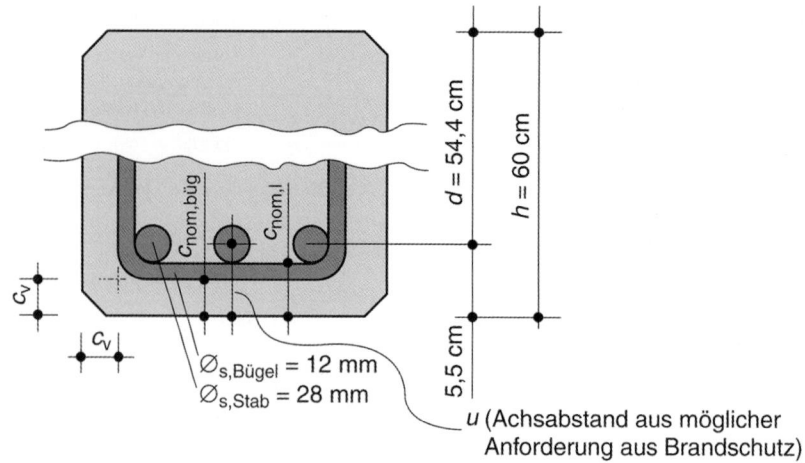

Abb. 8.49 Bewehrung im Halbfertigteil. **a** Bewehrung direkt aufgelegt (mäßige Verbundbedingungen), **b** Bewehrung mit c_{min} aufgelegt (gute Verbundbedingungen)

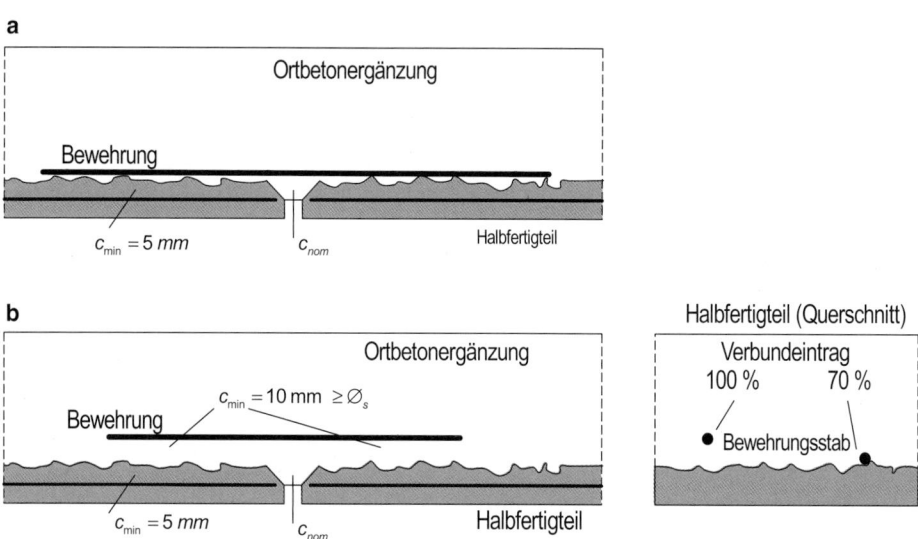

Bei der Verwendung von **Elementdecken** werden im Hochbau häufige Zulagebewehrungen direkt auf die Fertigteiloberflächen verlegt. Um in diesen Fällen eine praktikable Lösung vorzuhalten, ist das hierbei gestörte Verbundverhalten durch eine Vergrößerung der Verankerungs- bzw. Übergreifungslänge (mäßiger Verbund) zu berücksichtigen. Im Bereich der Elementfuge ist c_{nom} einzuhalten. Die Halb-Fertigteiloberfläche muss dem Kriterium „rauh" oder „verzahnt" entsprechen (vgl. Abschn. 8.6.3.6). Sollen gute Verbundbedingungen gelten, so müssen die in Abb. 8.49b dargestellten Randbedingungen eingehalten sein. $c_{min} > \varnothing_s$ (Verbundbedingungen) muss aber eingehalten werden.

8.6.2 Biegung und Längskraft

Für Bauteile mit im Verbund liegender Bewehrung, die mit Biegung, Biegung mit Längskraft oder Längskraft allein belastet sind, erfolgt die Ermittlung der aufnehmbaren Schnittgrößen unter folgenden Annahmen:

- Ebenbleiben der Querschnitte
- Zug-, Druckbewehrung und Beton haben, wenn sie in gleicher Höhe liegen, gleich große Dehnung bzw. Zusatzdehnung
- Zugfestigkeit des Betons wird vernachlässigt
- Für die Betondruckspannungen gelten die rechnerischen Spannungsdehnungslinien nach Abb. 8.1 bzw. 8.2 und 8.3, für Betonstahl und Spannstahl die rechnerischen Spannungsdehnungslinien nach Abb. 8.7 bzw. 8.8.
- Die Bemessung erfolgt auf Grundlage des Dehnungsdiagrammes nach Abb. 8.50.
- Die Vordehnung $\varepsilon_p^{(0)}$ der Spannglieder wird im allg. bei der Spannungsermittlung im Spannstahl berücksichtigt.
  Bei den anzusetzenden Dehnungen nach Abb. 8.50 ist zu beachten:
a) Die betragsmäßig größten Betondehnungen ε_{cu2} bzw. ε_{cu3} (Normalbeton) sind für Normalbeton den Tafeln 8.2 und 8.3 zu entnehmen.
b) Ist der Querschnitt vollständig überdrückt, dann darf die Dehnung im Punkt C von Abb. 8.50 nur den Wert ε_{c2} (Normalbeton) bzw. ε_{c3} erreichen.

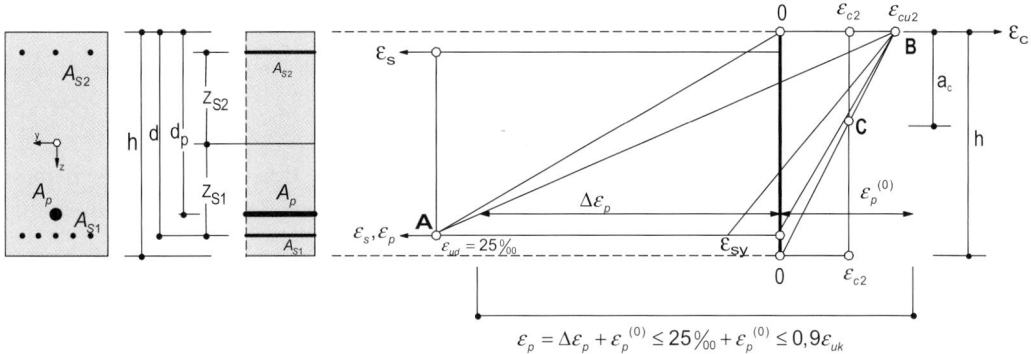

Abb. 8.50 Grenzen der Dehnungsverteilung im GZT

c) Bei einer nur geringen Exzentrizität ($e_\mathrm{d}/h \leq 0{,}1$) darf bei Normalbeton vereinfacht $\varepsilon_{c2} = -0{,}0022 = -2{,}2\,\%_0$ angesetzt werden, damit wird die günstige Wirkung des Kriechens berücksichtigt.

d) In vollständig überdrückten Querschnittsteilen, wie Platten von Plattenbalken oder Kastenträgern, ist die Dehnung in der Plattenmitte auf den Wert ε_{c2} (Normalbeton) bzw. ε_{c3} beschränkt. Siehe Tafel 8.2 oder 8.3 für Normalbeton. Allerdings braucht die Tragfähigkeit des gesamten Querschnitts nicht kleiner angesetzt zu werden, als die Tragfähigkeit des Steges mit der gesamten Höhe und einer Dehnungsverteilung entsprechend Abb. 8.50.

e) Für die Betonstahldehnung ε_s gilt: $\varepsilon_\mathrm{s} \leq 25\,\%_0 = \varepsilon_\mathrm{ud}$, für die Spannstahldehnung ε_p gilt: $\varepsilon_\mathrm{p} \leq \varepsilon_\mathrm{p}^{(0)} + 25\,\%_0 = \varepsilon_\mathrm{ud}$.

Generell gilt bei der Querschnittsbemessung das Prinzip „Riss vor Bruch". Daher sind Stahlbetonbauteile in der Zugzone mit einer Mindestbewehrung auszustatten (siehe Abschn. 8.9).

8.6.2.1 Bemessung für mittigen Zug oder Zugkraft mit kleiner Ausmitte

Die Bewehrungsermittlung erfolgt ohne weitere Hilfsmittel durch Anwendung des Hebelgesetzes nach Abb. 8.51 und (8.57a) und (8.57b). Dabei wird vorausgesetzt, dass die äußere Wirkungslinie der Zugkraft N_Ed innerhalb der Bewehrungslagen liegt, d. h. $|e_\mathrm{d}| < |z_\mathrm{si}|$.

$$e_\mathrm{d} = \frac{M_\mathrm{Ed}}{N_\mathrm{Ed}} \tag{8.56}$$

$$A_\mathrm{s2} = N_\mathrm{Ed}\frac{Z_\mathrm{s1} - e_\mathrm{d}}{\sigma_\mathrm{sd}(Z_\mathrm{s1} + Z_\mathrm{s2})} \tag{8.57a}$$

$$A_\mathrm{s1} = N_\mathrm{Ed}\frac{Z_\mathrm{s2} + e_\mathrm{d}}{\sigma_\mathrm{sd}(Z_\mathrm{s1} + Z_\mathrm{s2})} \tag{8.57b}$$

$$\sigma_\mathrm{sd} = 1{,}05 \cdot f_\mathrm{yd} = 456\,\mathrm{MN/m^2} \tag{8.57c}$$

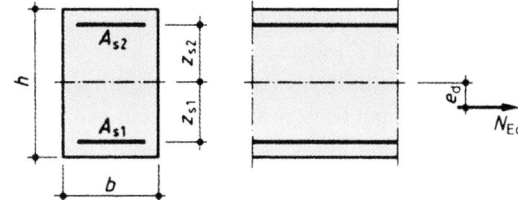

Abb. 8.51 Bemessung für mittigen Zug und Zugkraft mit kleiner Ausmitte

Wird eine symmetrische Bewehrungsanordnung angestrebt, so ergibt sich $A_\mathrm{s1} = A_\mathrm{s2}$ aus dem Größtwert der Gleichungen (8.57a) und (8.57b). Bei zentrischer Zugkraft gilt $A_\mathrm{s,tot} = N_\mathrm{Ed}/\sigma_\mathrm{sd}$.

Beispiel 8.6

Bemessung eines Zugstabes für folgende Vorgaben:

Abmessungen: $b/h = 24/40\,\mathrm{cm}$

Bemessungsschnittgrößen:

$$M_\mathrm{Ed} = 30\,\mathrm{kN\,m}, \quad N_\mathrm{Ed} = 300\,\mathrm{kN}$$

Betonstahl:

$$\text{B500}, \quad z_\mathrm{s1} = z_\mathrm{s2} = 15\,\mathrm{cm}, \quad e_\mathrm{d} = 10\,\mathrm{cm}$$

Lösung

$$A_\mathrm{s2} = 0{,}300\frac{0{,}15 - 0{,}10}{456(0{,}15 + 0{,}15)} \cdot 10^4 = 1{,}10\,\mathrm{cm^2}$$

$$A_\mathrm{s1} = 0{,}300\frac{0{,}15 + 0{,}10}{456(0{,}15 + 0{,}15)} \cdot 10^4 = 5{,}48\,\mathrm{cm^2}$$

Die so ermittelte Bewehrung ist zusätzlich hinsichtlich der Gebrauchstauglichkeitseigenschaften (Rissbreitenbegrenzung, Spannungsbegrenzung) zu prüfen. Diese Nachweise sind hierbei vielfach bemessungsentscheidend.

8.6.2.2 Bemessung für mittige Druckkraft

Besteht keine Knickgefahr und greift die Druckkraft im Schwerpunkt eines symmetrisch bewehrten Querschnitts an, dann kann die aufnehmbare Druckkraft (Bauteilwiderstand) N_{Rd} mit den Festigkeitswerten f_{cd} und f_{yd} für den Beton und den Betonstahl mit (8.58) bestimmt werden. Der Nachweis erfolgt mit (8.59).

$$-N_{Rd} = A_{c,netto} \cdot f_{cd} + A_s \cdot f_{yd}$$
$$= A_{c,brutto} \cdot f_{cd} + A_s \cdot (f_{yd} + f_{cd}) \qquad (8.58)$$
$$|N_{Ed}| \leq |N_{Rd}| \qquad (8.59)$$

Die Bruttofläche des Betonquerschnitts $A_{c,brutto}$ ist die gesamte Fläche inklusive der Betonstahlfläche A_s. Die Nettofläche $A_{c,netto}$ ist die reine Betonfläche (ohne die Betonstahlfläche). Es gilt der Zusammenhang: $A_{c,netto} = A_{c,brutto} - A_s$. Wird statt der Nettofläche vereinfachend mit der Bruttofläche gerechnet, dann bewegt man sich nicht auf der sicheren Seite!

Beispiel 8.7

Für den in Abb. 8.52 gegebenen Querschnitt ist die aufnehmbare mittige Druckkraft N_{Rd} ist gesucht.

$$b/h = 24/40\,cm; \quad A_{s,tot} = 22\,cm^2$$

Baustoffe: B500; C30/37

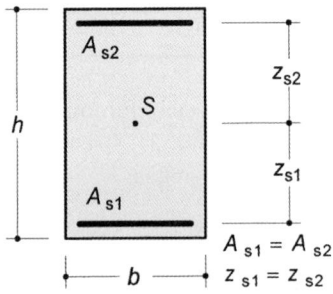

Abb. 8.52 Querschnitt

Lösung

$$A_{c,brutto} = 24 \cdot 40 = 960\,cm^2$$
$$A_{c,netto} = 960 - 22 = 938\,cm^2$$

Abb. 8.53 Umrechnung in „versetzte" Schnittgrößen

$$f_{cd} = 0,85 \cdot 30/1,5 = 17\,MN/m^2 = 1,7\,kN/cm^2$$
$$f_{yd} = 500/1,15 = 435\,MN/m^2 = 43,5\,kN/cm^2$$
$$-N_{Rd} = 938 \cdot 1,7 + 22 \cdot 43,5 = 2550\,kN$$

Hinweis: Eine Berechnung mit der Bemessungstafel BT 7a ergibt für eine Bemessung mit der mittigen Druckkraft von 2550 kN:

$$\mu_{Ed} = 0 \quad \nu_{Ed} = \frac{-2,55}{0,24 \cdot 0,40 \cdot 17} = -1,56$$

Ablesung

$$\omega_{tot} = 0,56 \quad f_{yd}/f_{cd} = 25,59$$

Erforderliche Bewehrung

$$A_{s,tot} = 0,56 \cdot \frac{24 \cdot 40}{25,59} = 21\,cm^2$$

Weil der Bemessungstafel BT 7a Bruttoflächen zugrunde liegen (und nicht wie es korrekt wäre Nettoflächen!), ergibt sich die Differenz zwischen 22 cm² und 21 cm² bei der Betonstahlfläche.

Der exakte Wert ergibt sich wenn $(f_{yd} - f_{cd})/f_{cd} = 24,59$ anstatt von f_{yd}/f_{cd} benutzt wird.

$$A_{s,tot} = \ldots = 21,9\,cm^2 \approx 22\,cm^2$$

8.6.2.3 Bemessung für Biegung mit Längskraft

Die Bewehrungsermittlung erfolgt mit Hilfe von Bemessungstafeln bzw. Diagrammen. Diese sind im Abschn. 8.9 für Rechteckquerschnitte und Plattenbalken abgedruckt.

Für die Anwendung einiger Bemessungstafeln (BT) müssen die Schnittgrößen M_{Ed} und N_{Ed}, die als Ergebnis der statischen Berechnung im allgemeinen auf die Schwereachse eines Querschnitts bezogen sind, auf die Schwerelinie der gezogenen Stahllage (Index s) bezogen werden, s. Abb. 8.53.

Beispiele zur Bemessung für Biegung und Längskraft unter Anwendung der entsprechenden Bemessungstafeln (BT) aus Abschn. 8.10.

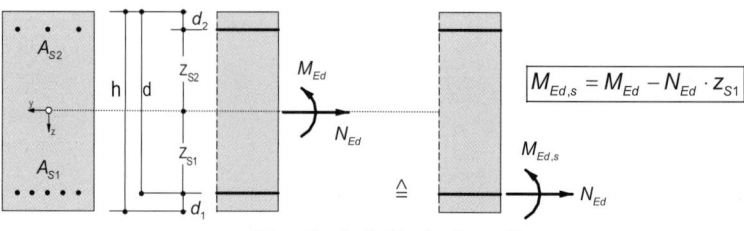

Längskraft als Zugkraft positiv

Beispiel 8.8

Anwendung BT 1 für Querschnitte mit rechteckiger Druckzone. Bemessung für folgende Vorgaben:

Abmessungen: $b/d/h = 24/35/40\,\text{cm}$
Beton: C20/25; Betonstahl: B500
Bemessungsschnittgrößen

$$M_{\text{Ed}} = 78{,}2\,\text{kN\,m}, \quad N_{\text{Ed}} = 0$$

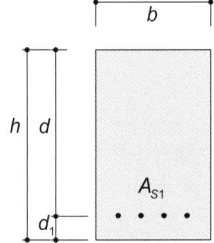

Lösung

$$f_{\text{cd}} = \alpha_{\text{cc}} \cdot f_{\text{ck}}/\gamma_{\text{C}} = 0{,}85 \cdot 20/1{,}5 = 11{,}33\,\text{MN/m}^2$$

$$f_{\text{yd}} = f_{\text{yk}}/\gamma_{\text{S}} = 500/1{,}15 = 435\,\text{MN/m}^2$$

$$M_{\text{Eds}} = 78{,}20\,\text{kN\,m}\ (N_{\text{Ed}} = 0)$$

$$\mu_{\text{Eds}} = 0{,}0782 \cdot \frac{1}{0{,}24 \cdot 0{,}35^2 \cdot 11{,}33} = 0{,}235$$

$$\omega = 0{,}2735 \quad (\text{aus BT 1a, nach Interpolation})$$

$$\xi = 0{,}338 \leq 0{,}45$$

$$\rightarrow \text{ keine Druckbewehrung, d.\,h. } A_{\text{s2}} = 0$$

$$A_{\text{s}} = 0{,}2735 \cdot \frac{11{,}33}{435} \cdot 0{,}24 \cdot 0{,}35 \cdot 10^4$$

$$= 5{,}98\,\text{cm}^2 \quad (A_{\text{s1}} = A_{\text{s}};\ A_{\text{s2}} = 0)$$

Beispiel 8.9

Anwendung BT 6 für Plattenbalken. Bemessung für folgende Vorgaben:

Abmessungen: $b_{\text{eff}} = 1{,}50\,\text{m}$ $b_{\text{w}} = 30\,\text{cm}$
  $h_{\text{f}} = 11\,\text{cm}$ $d = 55\,\text{cm}$

Beton: C20/25; Betonstahl: B500
Bemessungsschnittgrößen:

$$M_{\text{Ed}} = 1000\,\text{kN\,m} \quad N_{\text{Ed}} = 0$$

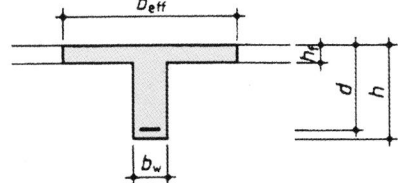

Lösung

$$f_{\text{cd}} = 0{,}85 \cdot 20/1{,}5 = 11{,}33\,\text{MN/m}^2$$

$$f_{\text{yd}} = 500/1{,}15 = 435\,\text{MN/m}^2$$

$$M_{\text{Eds}} = 1000\,\text{kN\,m}$$

$$\mu_{\text{Eds}} = \frac{1{,}000}{1{,}50 \cdot 0{,}55^2 \cdot 11{,}33} = 0{,}195$$

$$h_{\text{f}}/d = 11/55 = 0{,}20$$

$$b_{\text{eff}}/b_{\text{w}} = 1{,}50/0{,}30 = 5{,}0$$

Aus Tabelle BT 6:

$$\omega_1 = 0{,}2210 \quad (\text{nach Interpolation})$$

$$A_{\text{s}} = \frac{1}{f_{\text{yd}}} \left(\omega_1 \cdot b_{\text{eff}} \cdot d \cdot f_{\text{cd}} + N_{\text{Ed}}\right)$$

$$= \frac{1}{435} \left(0{,}2210 \cdot 150 \cdot 55 \cdot 11{,}33\right) = 47{,}50\,\text{cm}^2$$

Beispiel 8.10

Anwendung BT 1 (beim Plattenbalken)

Plattenbalkenquerschnitt, einfache Bewehrung

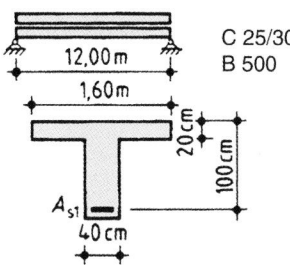

Verkehr: $q_{\text{k}} = 45\,\text{kN/m}$
Eigengewicht: $g_{\text{k}} = 35\,\text{kN/m}$
Bemessungsmoment:

$$M_{\text{Ed}} = (35 \cdot 1{,}35 + 45 \cdot 1{,}50) \cdot 12{,}00^2/8$$

$$M_{\text{Ed}} = 2065{,}5\,\text{kN\,m} = M_{\text{Eds}}$$

Bemessung (aus BT 1)

$$f_{\text{cd}} = 0{,}85 \cdot 25/1{,}5 = 14{,}16\,\text{N/mm}^2$$

$$\mu_{\text{Eds}} = \frac{2{,}0655}{1{,}60 \cdot 1{,}0^2 \cdot 14{,}16} = 0{,}091$$

$$\xrightarrow{\text{BT 1a}} \begin{cases} \omega_1 = 0{,}0958 \\ \xi < 0{,}131 \\ \sigma_{\text{Sd}} = 456{,}5 \end{cases}$$

Überprüfung der Lage der Nulllinie

$$x = \xi \cdot d = 13{,}1\,\text{cm} < 20\,\text{cm}$$

$$\rightarrow \text{ Nulllinie in der Platte}$$

Bemessung wie beim Rechteckquerschnitt

$$_{\text{erf}}A_{s1} = \frac{1}{456,5} \cdot (0,0958 \cdot 160 \cdot 100 \cdot 14,16)$$
$$= 47,55\,\text{cm}^2$$

Beispiel 8.11

Anwendung BT 1b für Rechteckquerschnitt mit Druckbewehrung

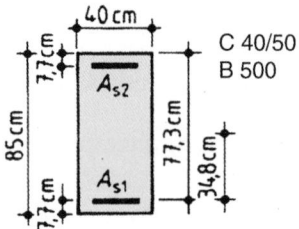

$M_{\text{Ed}} = 1780\,\text{kN m}$ $N_{\text{Ed}} = -1000\,\text{kN}$

$M_{\text{Ed,s}} = 1780 + 1000 \cdot 0,348$ $M_{\text{Ed,s}} = 2128\,\text{kN m}$

Bemessung ($x/d < 0,45$):

$$f_{\text{cd}} = 0,85 \cdot 40/1,5 = 22,67\,\text{N/mm}^2$$

$$\mu_{\text{Eds}} = \frac{2,128}{0,40 \cdot 0,773^2 \cdot 22,67} = 0,3927$$

$$> \mu_{\text{Eds,lim}} = 0,296$$

Druckbewehrung erforderlich

$$d_2/d = 0,1 \xrightarrow{\text{BT 1b}} \begin{cases} \omega_1 = 0,47200 & \sigma_{\text{s1d}} = 436,8 \\ \omega_2 = 0,10703 & \sigma_{\text{s2d}} = -435,3 \end{cases}$$

$$_{\text{erf}}A_{s1} = \frac{1}{436,8} \cdot (0,4720 \cdot 0,40 \cdot 0,773 \cdot 22,67 - 1,0) \cdot 10^4$$
$$= 52,85\,\text{cm}^2$$

$$_{\text{erf}}A_{s2} = \frac{1}{435,3} \cdot (0,10703 \cdot 0,40 \cdot 0,773 \cdot 22,67) \cdot 10^4$$
$$= 17,23\,\text{cm}^2$$

Beispiel 8.12

Plattenschnittgrößen (mit und ohne Umlagerung) sowie Bemessung

$$g_{\text{k}} \cdot 1,35 + q_{\text{k}} \cdot 1,50 = 70\,\text{kN/m}^2$$
$$f_{\text{cd}} = 14,16\,\text{N/mm}^2$$

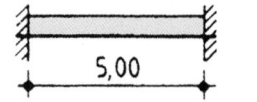

C25/30
B 500
Platte: $d = 20$ cm
(statische Höhe)

Lineare Schnittgrößenermittlung ohne Umlagerung:
Stützen:

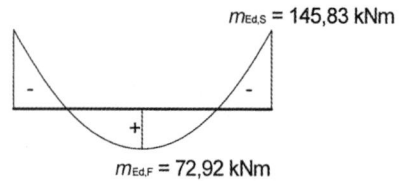

$$m_{\text{Ed}} = -70 \cdot 5,00^2/12$$
$$= -145,83\,\text{kN m/m}$$

$$\mu_{\text{Eds}} = \frac{0,1458}{1,0 \cdot 0,20^2 \cdot 14,16}$$

$$= 0,257 \xrightarrow{\text{BT 1A}} \begin{cases} \omega_1 = 0,3076 \\ \sigma_{\text{s1d}} = 438,2 \\ \delta_{\text{zul}} = 0,94 \end{cases}$$

$$_{\text{erf}}a_{s1} = \frac{1}{438,2} \cdot (0,3048 \cdot 100 \cdot 20 \cdot 14,16)$$
$$= 19,70\,\text{cm}^2$$

Feld:

$$m_{\text{Ed}} = m_{\text{Eds}} = +70 \cdot 5,00^2/24$$
$$= 72,92\,\text{kN m/m}$$

$$\mu_{\text{Eds}} = \frac{0,07292}{1,0 \cdot 0,20^2 \cdot 14,16}$$

$$= 0,1287 \xrightarrow{\text{BT 1a}} \begin{cases} \omega_1 = 0,1386 \\ \sigma_{\text{s1d}} = 448,8 \end{cases}$$

$$_{\text{erf}}a_{s1} = \frac{1}{448,8} \cdot (0,1386 \cdot 100 \cdot 20 \cdot 14,16)$$
$$= 8,75\,\text{cm}^2$$

Lineare Schnittgrößenermittlung mit Umlagerung:
Stützen: (s. oben)

$$\delta \cdot m_{\text{Ed}} = -0,95 \cdot 145,83$$
$$= -138,54\,\text{kN m/m}$$

$$\mu_{\text{Eds}} = \frac{0,1385}{1,0 \cdot 0,20^2 \cdot 14,16}$$

$$= 0,245 \xrightarrow{\text{BT 1a}} \begin{cases} \omega_1 = 0,2735 \\ \sigma_{\text{s1d}} = 439,2 \\ \xi = 0,338 \end{cases}$$

Kontrolle:

$$\delta_{\text{zul}} = 0,64 + 0,8 \cdot \xi = 0,64 + 0,8 \cdot 0,338$$
$$= 0,91 < 0,95$$

$$_{\text{erf}}a_{s1} = \frac{1}{439,2} \cdot (0,2735 \cdot 100 \cdot 20 \cdot 14,16)$$
$$= 17,64\,\text{cm}^2/\text{m}$$

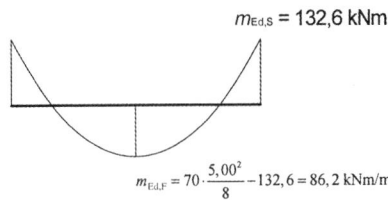

$$m_{\text{Ed,F}} = 70 \cdot \frac{5{,}00^2}{8} - 132{,}6 = 86{,}2 \text{ kNm/m}$$

Feld:

$$m_{\text{Ed}} = m_{\text{Eds}} = 80{,}21 \text{ kN m/m}$$

$$\mu_{\text{Eds}} = \frac{0{,}0802}{1{,}0 \cdot 0{,}20^2 \cdot 14{,}16}$$

$$= 0{,}1416 \xrightarrow{\text{BT 1a}} \begin{cases} \omega_1 = 0{,}1537 \\ \sigma_{\text{s1d}} = 446{,}9 \end{cases}$$

$$\text{erf} a_{\text{s1}} = \frac{1}{446{,}9} \cdot (0{,}1537 \cdot 100 \cdot 20 \cdot 14{,}16)$$

$$= 9{,}74 \text{ cm}^2/\text{m}$$

Beispiel 8.13

Anwendung BT 0 (allg. Bemessungsdiagramm) für Rechteckquerschnitte

　　Abmessungen: $b/d/h = 24/35/40 \text{ cm}$
　　Baustoffe: C20/25 und B 500
　　Bemessungsschnittgrößen:

$$M_{\text{Ed}} = 0{,}0782 \text{ MN m}, \quad N_{\text{Ed}} = 0$$

Lösung

$$f_{\text{cd}} = 0{,}85 \cdot 20/1{,}5 = 11{,}33 \text{ MN/m}^2;$$

$$M_{\text{Eds}} = 0{,}0782 + 0 = 0{,}0782 \text{ MN m}$$

$$\mu_{\text{Eds}} = \frac{0{,}0782}{0{,}24 \cdot 0{,}35^2 \cdot 11{,}33} = 0{,}235$$

$$< \mu_{\text{Eds, lim}} = 0{,}296$$

Ablesung aus BT 0:

$$\xi = 0{,}86; \quad \sigma_{\text{s1}} = 439 \text{ MN/m}^2$$

$$z = 0{,}86 \cdot 0{,}35 = 0{,}301 \text{ m};$$

$$A_{\text{s1}} = \frac{0{,}0782}{0{,}301} \cdot \frac{10^4}{439} = 5{,}92 \text{ cm}^2$$

Hinweis: Dieses Beispiel entspricht dem Beispiel 8.8 im Abschn. 8.6.2.3!

Beispiel 8.14

Anwendung BT 0 (allg. Bemessungsdiagramm) mit Druckbewehrung.

　　Rechteckquerschnitt mit den Abmessungen:

$$b/d/d_2/h = 40/77{,}3/7{,}7/85 \text{ cm}$$

Baustoffe: C40/50 und B500
Bemessungsschnittgrößen:

LF 1　　$M_{\text{Ed}} = 1{,}78 \text{ MN m}, \quad N_{\text{Ed}} = -1{,}0 \text{ MN},$

LF 2　　$M_{\text{Ed}} = 1{,}43 \text{ MN m}, \quad N_{\text{Ed}} = +0{,}50 \text{ MN},$

Lösung

$$f_{\text{cd}} = 0{,}85 \cdot 40/1{,}5 = 22{,}67 \text{ MN/m}^2;$$

$$z_{\text{s1}} = 85/2 - (85 - 77{,}3) = 34{,}8 \text{ cm}$$

LF 1　　$M_{\text{Eds}} = 1{,}78 - (-1{,}0) \cdot 0{,}348 = 2{,}128 \text{ MN m}$

$$\mu_{\text{Eds}} = \frac{2{,}128}{0{,}40 \cdot 0{,}773^2 \cdot 22{,}67} = 0{,}393$$

$$> \mu_{\text{Eds, lim}} = 0{,}296$$

Ablesung aus BT 0 für $d_2/d = 7{,}7/77{,}3 \approx 0{,}10$

$$\xi_{\text{lim}} = 0{,}813;$$

$$\sigma_{\text{s1,lim}} = 436{,}8 \text{ MN/m}^2, \quad \sigma_{\text{s2,lim}} = 435{,}3 \text{ MN/m}^2$$

$$z_{\text{lim}} = 0{,}813 \cdot 0{,}773 = 0{,}628 \text{ m}$$

$$M_{\text{Eds,lim}} = 0{,}296 \cdot 0{,}40 \cdot 0{,}773^2 \cdot 22{,}67 = 1{,}604 \text{ MN m}$$

$$\Delta M_{\text{Eds}} = 2{,}128 - 1{,}604 = 0{,}524 \text{ MN m}$$

$$A_{\text{s1}} = \left(\frac{1{,}604}{0{,}628} - 1{,}00 + \frac{0{,}524}{0{,}773 - 0{,}777} \right) \cdot \frac{10^4}{436{,}8}$$

$$= 52{,}8 \text{ cm}^2$$

$$A_{\text{s2}} = \frac{0{,}524}{0{,}773 - 0{,}077} \cdot \frac{10^4}{435{,}3} = 17{,}3 \text{ cm}^2$$

Hinweis: Dieses Beispiel entspricht dem Beispiel 8.11 im Abschn. 8.6.2.3!

LF 2　　$M_{\text{Eds}} = 1{,}43 - 0{,}5 \cdot 0{,}348 = 1{,}256 \text{ MN}$

$$\mu_{\text{Eds}} = \frac{1{,}256}{0{,}40 \cdot 0{,}773^2 \cdot 22{,}67}$$

$$= 0{,}232 < \mu_{\text{Eds,lim}} = 0{,}296$$

→ im LF 2 ist eine Druckbewehrung nicht erforderlich
　　Ablesung aus BT 0

$$\xi = 0{,}86 \rightarrow z = 0{,}86 \cdot 0{,}773 = 0{,}665 \text{ m},$$

$$\sigma_{\text{s1d}} = 440 \text{ N/nm}^2$$

$$A_{\text{s1}} = \left(\frac{1{,}256}{0{,}665} + 0{,}5 \right) \frac{1}{440} \cdot 10^4 = 54{,}29 \text{ cm}^2$$

Erforderliche Bewehrung insgesamt aus LF 1 und LF 2

$$A_{\text{s1}} = 54{,}29 \text{ cm}^2, \quad A_{\text{s2}} = 17{,}3 \text{ cm}^2$$

Anmerkung: Die vorhandene Druckbewehrung wurde im LF 2 nicht berücksichtigt.

8.6.2.4 Bemessung für Längsdruckkraft mit kleiner Ausmitte

Die Bewehrungsermittlung erfolgt mithilfe von Interaktionsdiagrammen, welche im Abschn. 8.10 für **Rechteckquerschnitte mit symmetrischer Bewehrung** abgedruckt sind. Für überwiegenden Längsdruck oder Längszug bzw. überwiegende Biegebeanspruchung mit wechselnden Vorzeichen wird in der Regel eine symmetrische Bewehrung angeordnet.

Für geringe Ausmitten mit $e_d/h \leq 0,1$ darf für Normalbeton $\varepsilon_{c2} = 2,2\,\text{‰}$ ausgenutzt werden, d. h. $\sigma_{sd} = f_{yd}$, ansonsten gilt $\varepsilon_{c2} = 2,0\,\text{‰}$, womit die Streckgrenze des Stahls nicht ausgenutzt werden kann ($\sigma_{sd} = 0,002 \cdot E_s$). Für Querschnitte mit Drucknormalkraft ist bei der Bemessung immer eine Mindestausmitte $e_0 = h/30\,\text{cm} \geq 2,0\,\text{cm}$ anzusetzen. Bei Bauteilen nach Theorie II. Ordnung sind die entsprechenden Imperfektionen maßgebend.

Beispiel 8.15

Anwendung BT 3c (Interaktionsdiagramm)
   Rechteckquerschnitt, umlaufend symmetrisch bewehrt
   Abmessungen: $b/h/d_1/d_1 = 25/35/5/5\,\text{cm}$
   Baustoffe: C30/37, B500A
   Bemessungsschnittgrößen im GZT:

$$N_{Ed} = 2600,00\,\text{kN} \quad (\text{Druckkraft})$$

Lösung

$$f_{cd} = 0,85 \cdot \frac{30}{1,5} = 17\,\text{N/mm}^2$$

Mindestausmitte $e_0 = h/30\,\text{cm} = 35/30 = 1,17 < 2,0\,\text{cm}$ d. h. 2 cm sind maßgebend

$$N_{Ed} = -2600\,\text{kN}$$
$$M_{Ed} = 0,02 \cdot 2600 = 52\,\text{kN m}$$
$$\nu_{Ed} = \frac{-2,6}{0,25 \cdot 0,35 \cdot 17} = -1,74$$
$$\mu_{Ed} = \frac{0,052}{0,25 \cdot 0,35^2 \cdot 17} = 0,10$$

Ablesen aus BT 3c $d_1/d \sim 0,15$

$$\omega_{tot} = 1,09 \rightarrow A_{s,tot} = 1,09 \cdot \frac{25 \cdot 35}{25,59} = 37,27\,\text{cm}^2$$

d. h. je Querschnittseite 18,63 cm (3 Ø 28)

Kreisquerschnitte Kreisquerschnitte werden in der Regel wie Rechteckquerschnitte mit symmetrischer Bewehrung bemessen. Im Abschn. 8.10 ist eine entsprechende Bemessungshilfe für den Vollquerschnitt angegeben.

8.6.2.5 Bemessung vorgespannter Querschnitte

Die Bemessung bei Vorspannung mit sofortigem oder nachträglichem Verbund kann im GZT (nach Herstellung des Verbundes) analog der Querschnittsbemessung für Stahlbeton erfolgen. Dabei sind die unterschiedlichen Höhenlagen von schlaffer und vorgespannter Bewehrung sowie die unterschiedlichen Stahlfestigkeiten zu berücksichtigen. Die Spannstahldehnung setzt sich aus der Vordehnung $\varepsilon_p^{(0)}$ und der Zusatzdehnung $\Delta\varepsilon_p$ zusammen. Eine Bemessung für Querschnitte mit rechteckiger Druckzone kann z. B. mit Hilfe des allgemeinen Bemessungsdiagramms (BT 0) durchgeführt werden.

Bei Vorspannung ohne Verbund (gilt auch für Vorspannung mit nachträglichem Verbund vor Herstellung des Verbundes) ist die Vorspannwirkung generell als äußere Einwirkung zu betrachten. Aufgrund des nicht vorhandenen Verbundes ist der Spannungszuwachs im Spannstahl von der Verformung des gesamten statischen Systems abhängig. Dieser Spannungszuwachs kann bei exzentrisch geführten internen Spanngliedern vereinfacht mit $\Delta\sigma_{P,ULS} = 100\,\text{N/mm}^2$ angenommen werden. Bei Tragwerken mit externen Spanngliedern darf dieser Spannungszuwachs auch komplett vernachlässigt werden, sofern die Schnittgrößenermittlung linear-elastisch erfolgt. In [16] wird darauf hingewiesen, dass der Spannungszuwachs für vorgespannte Kragarme nur mit $50\,\text{N/mm}^2$, für meldfeldige Flachdecken hingegen mit $350\,\text{N/mm}^2$ angesetzt werden sollte.

8.6.3 Querkraft

Unabhängig von den nachstehend aufgeführten Nachweisen ist in Balken mit $b/h < 5$ immer eine Mindestquerkraftbewehrung nach Abschn. 8.9.1.1 anzuordnen.

Ausnahmen

- Platten (Voll-, Rippen-, Hohlplatten) mit ausreichendem Querabtrag der Lasten.
- Bauteile von untergeordneter Bedeutung (z. B. Sturz mit Spannweite < 2 m).
  Hierbei wird vorausgesetzt, dass sich oberhalb des Sturzes ein Druckgewölbe ausbilden und der Gewölbeschub aufgenommen werden kann. Generell sind in Deutschland für Flachstürze bauaufsichtliche Zulassungen erforderlich.

Insbesondere bei Rippendecken darf auf die Mindestquerkraftbewehrung verzichtet werden, wenn folgende Bedingungen eingehalten sind:

- vorwiegend ruhende Lasten mit $q_k \leq 3\,\text{kN/m}^2$ bzw. $Q_k \leq 3\,\text{kN}$ (Lasten nach Kategorie A bis B2 nach DIN EN 1991-1-1/NA, Wohn-, Büro- und Arbeitsflächen)
- maximaler lichter Rippenabstand $\leq 700\,\text{mm}$
- minimale Plattendicke 1/10 des lichten Rippenabstandes bzw. $\geq 50\,\text{mm}$

- Querbewehrung in der Platte mindestens $3\varnothing 6$ je m
- durchlaufende Feldbewehrung in den Rippen mit $\varnothing \leq 16$ mm
- keine Brandschutzanforderungen.

Bei Rippendecken mit Brandschutzanforderungen oder im Bereich einer Druckzone unten in den Rippen (Durchlaufsysteme), sind stets Bügel anzuordnen.

8.6.3.1 Bemessungsverfahren

Für die Bemessung gilt

$$V_{Ed} \leq V_{Rd} = \begin{cases} V_{Rd,c} & \text{Bemessungswert der aufnehmbaren Querkraft ohne Querkraftbewehrung} \\ V_{Rd,s} & \text{Bemessungswert der aufnehmbaren Querkraft mit Querkraftbewehrung} \\ V_{Rd,max} & \text{Bemessungswert der durch Druckstreben aufnehmbaren Querkraft} \end{cases}$$

(8.60)

Wenn $V_{Ed} > V_{Rd,c}$ ist, ist immer ein expliziter Nachweis von $V_{Ed} \leq V_{Rd,s}$ erforderlich; $V_{Ed} \leq V_{Rd,max}$ ist generell einzuhalten. Die Querkraftnachweise dürfen bei zweiachsig gespannten Platten getrennt für jede Spannrichtung geführt werden. Wenn in diesen Fällen Querkraftbewehrung erforderlich wird, ist diese aus beiden Richtungen zu addieren. Für Plattentragwerke mit $V_{Ed} \leq V_{Rd,c}$ braucht $V_{Rd,max}$ nicht mehr zusätzlich nachgewiesen werden [11].

Hinweis Die Nachweise zur Querkraftbemessung sind stark an Rechteckquerschnitten orientiert. Dabei wird vorausgesetzt, dass die Querkräfte einachsig in Querschnittshauptrichtung angreifen. Bei geneigten Querkräften, dem sogenannten „schiefen Schub", können gesonderte Bemessungsverfahren notwendig werden. Hierzu sind in [21] geeignete Bemessungsdiagramme veröffentlicht. Zur Querkaftbemessung von reinen Kreisquerschnitten wird auf die Bemessungsdiagramme in [22] verwiesen.

8.6.3.2 Einwirkende Querkraft V_{Ed}

Die einwirkende Querkraft ist nach Abschn. 8.5 zu ermitteln. Dabei sind die folgenden Einflüsse zu beachten:

a) Lagerungsart
Siehe Abschn. 8.5.5.2. Bei gleichmäßig verteilter Belastung und direkter Auflagerung ist die einwirkende Querkraft für den Nachweis von $V_{Rd,c}$ und $V_{Rd,s}$ im Abstand d vom Auflagerrand anzusetzen. Für den Nachweis von $V_{Rd,max}$ ist bei direkter Lagerung die Querkraft am Auflagerrand maßgebend. Bei indirekter Lagerung ist im Allgemeinen für alle Nachweise die Querkraft in der Auflagerachse maßgebend. Ausnahmen hierzu sind im Heft 600 [11] formuliert.

b) Auflagernahe Einzellast
Bei Trägern mit **direkter Lagerung** und oberseitiger Lasteintragung gilt eine Einzellast als auflagernah, wenn

sie die Bedingung $0,5d \leq a_v \leq 2d$ erfüllt. a_v ist der Abstand zum Auflagerrand (bzw. zur Auflagerachse bei verformbaren Lagern). In diesem Fall darf die aus der Einzellast resultierende Querkraft mit dem Faktor β zur bemessungsrelevanten Querkraft für den Nachweis von $V_{Rd,c}$ und $V_{Rd,s}$ abgemindert werden. Für $a_v < 0,5d$ ist in der Gleichung für β der Wert $a_v = 0,5d$ anzusetzen. Für den Nachweis von $V_{Rd,max}$ ist diese Abminderung nicht zulässig.

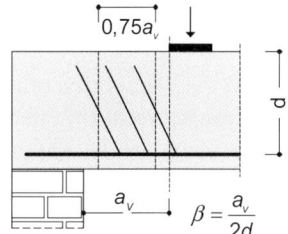

Es wird vorausgesetzt, dass die in Nachweis nach (8.62) angesetzte Längsbewehrung vollständig im Auflager verankert ist. Nachzuweisen ist dann:

- für Bauteile ohne Querkraftbewehrung $V_{Ed} \leq V_{Rd,c}$ unter Berücksichtigung von β $V_{Ed} \leq 0,5 \cdot b_w \cdot d \cdot \nu \cdot f_{cd}$ als Druckstrebennachweis ohne Ansatz von β.
  Dabei ist $\nu = 0,675 \cdot (1,1 - f_{ck}/500) \geq 0,675$
- für Bauteile mit Querkraftbewehrung $V_{Ed} \leq V_{Rd,max}$ nach (8.66) bzw. (8.70) ohne Ansatz von β
  $A_{sw} = \frac{V_{Ed}}{f_{ywd} \cdot \sin \alpha}$ mit Ansatz von β.
  Diese Bewehrung muss in einem mittleren Bereich von $0,75a_v$ verlegt sein.

c) Bauteile mit geneigten Gurten und geneigten Spanngliedern
Bei entsprechenden Trägern wird die einwirkende Querkraft durch die Komponenten der Gurt- und Spanngliedkräfte in Querkraftrichtung erhöht oder vermindert (siehe Abb. 8.54 und (8.61))

$$V_{Ed} = V_{Ed,0} - V_{ccd} - V_{td} - V_{pd}$$

(8.61)

$V_{Ed,o}$ Grundbemessungswert der auf den Querschnitt einwirkenden Querkraft

V_{Ed} Bemessungswert der einwirkenden Querkraft (maßgebend für die Nachweise der Querkrafttragfähigkeit)

V_{ccd} Bemessungswert der Querkraftkomponente in der Druckzone $= \frac{M_{Eds}}{z} \cdot \tan \psi_{cc}$; $M_{Eds} = M_{Ed} - N_{Ed} \cdot z_s$

V_{td} Bemessungswert der Querkraftkomponente aus der Stahlzugkraft $= \left(\frac{M_{Eds}}{z} + N_{Ed}\right) \cdot \tan \psi_t$

V_{pd} Bemessungswert der Querkraftkomponente aus der Spannstahlkraft im GZT $= F_{pd} \cdot \sin \psi_p$. (Hinweis: In den für Querkraftnachweise maßgebenden Schnitten wird die Streckgrenze im Spannstahl oft nicht erreicht, zeitabhängige Verluste sind zu berücksichtigen.)

Abb. 8.54 Querkraftanteile für Träger mit geneigten Gurten bzw. geneigtem Spannglied (ohne Druckbewehrung). *1* Wirkungslinie der Betondruckkraft, *2* Schwereachse der Spannglieder, *3* Schwereachse der Betonstahlbewehrung, *4* Nulllinie

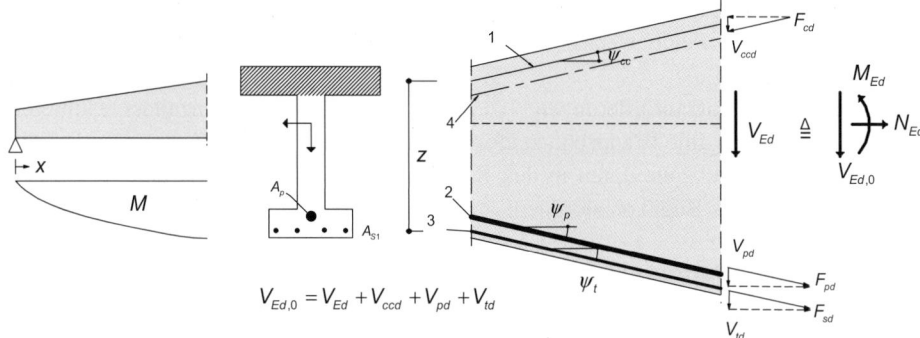

$$V_{Ed,0} = V_{Ed} + V_{ccd} + V_{pd} + V_{td}$$

Gezeigt ist in Abb. 8.54 der Fall mit Querkraftverminderung. Mit gleichsinnigem Verlauf von Moment $|M|$ und innerem Hebelarm z wird ein Teil der einwirkenden Querkraft unmittelbar über die geneigten Gurtkräfte aufgenommen und braucht im Nachweis der Querkrafttragfähigkeit nicht berücksichtigt werden. Im umgekehrten Fall, d. h. wenn die Verläufe von $|M|$ und z gegensinnig sind, tritt eine Erhöhung der einwirkenden Querkraft auf. Die muss berücksichtigt werden [17].

Der Querkraftanteil einer ggf. vorhandenen Druckbewehrung ist analog zu V_{ccd} in (8.61) zu berücksichtigen.

8.6.3.3 Bauteile ohne rechnerisch erforderliche Querkraftbewehrung ($V_{Ed} \leq V_{Rd,c}$)

Bei Plattentragwerken des üblichen Hochbaus kann vielfach auf eine Querkraftbewehrung mit dem Nachweis, dass $V_{Ed} \leq V_{Rd,c}$ gilt, verzichtet werden. Zusätzlich ist generell auch $V_{Ed} \leq V_{Rd,max}$ nachzuweisen. Der Nachweis für $V_{Rd,max}$ ist aber in diesem Zusammenhang im Allgemeinen nicht bemessungsentscheidend, bei Plattentragwerken darf daher auf diesen Nachweis verzichtet werden [11].

$$V_{Rd,c} = \left[\frac{0,15}{\gamma_C} \cdot k \cdot (100 \cdot \varrho_l \cdot f_{ck})^{1/3} + 0,12 \cdot \sigma_{cp}\right] \cdot b_w \cdot d$$
$$\geq (\nu_{min} + 0,12 \cdot \sigma_{cp}) \cdot b_w \cdot d \ [\text{MN}] \qquad (8.62)$$

Der Mindestwert ist dabei unabhängig von der Längszugbewehrung. In (8.62) sind:

γ_C der Teilsicherheitsbeiwert für bewehrten Beton (i. Allg. = 1,5)

k $= 1 + \sqrt{200/d} \leq 2,0$ mit d in mm zur Berücksichtigung der Bauteilhöhe

ϱ_l der Längsbewehrungsgrad mit $\varrho_l = \frac{A_{sl}}{b_w \cdot d} \leq 0,02$

A_{sl} die Fläche der Zugbewehrung, die mindestens um das Maß $l_{bd} + d$ über den betrachteten Querschnitt hinaus geführt und dort wirksam verankert wird (siehe Abb. 8.55). Bei Vorspannung mit sofortigem Verbund darf die Spannstahlfläche voll auf A_{s1} angerechnet werden

b_w die kleinste Querschnittsbreite innerhalb der Zugzone des Querschnitts in [m]

d die statische Nutzhöhe der Biegebewehrung im betrachteten Querschnitt in [m]

f_{ck} der charakteristische Wert der Betondruckfestigkeit in N/mm^2

σ_{cp} der Bemessungswert der Betonlängsspannung in Höhe des Schwerpunkts des Querschnitts mit $\sigma_{cd} = \frac{N_{Ed}}{A_c} \leq 0,2 \cdot f_{cd}$ in N/mm^2 (Betonzugspannungen sind in (8.63) negativ einzusetzen)

N_{Ed} der Bemessungswert der Längskraft im Querschnitt infolge äußerer Einwirkungen oder Vorspannung ($N_{Ed} > 0$ als Längsdruckkraft)

$$\nu_{min} = \begin{cases} (0,0525/\gamma_C) \cdot \sqrt{k^3 \cdot f_{ck}} & \text{für } d \leq 600 \text{ mn} \\ (0,0375/\gamma_C) \cdot \sqrt{k^3 \cdot f_{ck}} & \text{für } d > 800 \text{ mn} \end{cases}$$

Zwischenwerte können linear interpoliert werden.

Zusätzlich zum Nachweis der Querkrafttragfähigkeit nach (8.62) ist die ohne Abminderung einer auflagernahen Einzellast einwirkende Querkraft V_{Ed} zu begrenzen auf $V_{Ed} \leq 0,5 \cdot b_w \cdot d \cdot \nu \cdot f_{cd}$ mit $\nu = 0,675$ allgemein für Querkraft und $\nu = 0,525$ für Torsion (siehe Abschn. 8.6.4). Diese Begrenzung der Druckstrebentragfähigkeit wird in der Regel nur bei sehr hohen auflagernahen Einzellasten maßgebend. Für Betone $\geq$ C55/67 gelten besondere Regeln.

Abb. 8.55 Definition von A_{sl} für die Ermittlung von ϱ_l in (8.62)

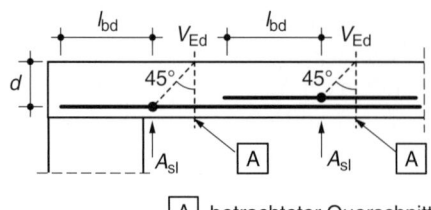
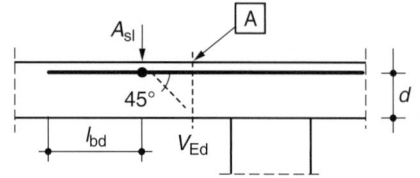

A betrachteter Querschnitt

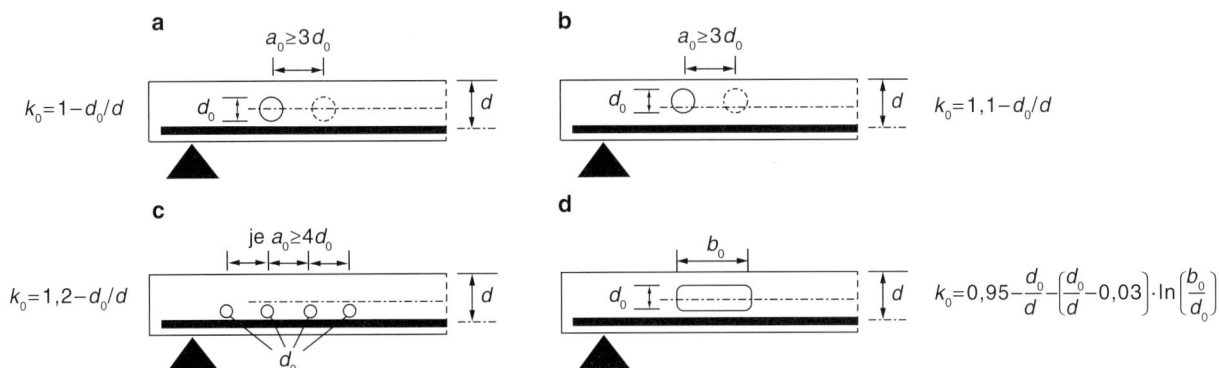

Abb. 8.56 Erfassung von Öffnungen beim Nachweis der Querkrafttragfähigkeit [11]. **a** Runde Öffnung mit $0{,}2 \leq d_0/d \leq 0{,}35$ auf der Zugseite, **b** runde Öffnung mit $0{,}2 \leq d_0/d \leq 0{,}35$ und mit Achse $\geq 0{,}2d_0$ von der Schwerelinie in Richtung Druckzone, **c** kleine runde Öffnungen $0{,}1 \leq d_0/d \leq 0{,}2$, **d** rechteckige Öffnung $b_0/d_0 < 4$ ($d_0 \leq d/4$)

Die Tragfähigkeit von Stahlbetondecken ohne Querkraftbewehrung mit in den Querschnitten integrierten Öffnungen (kommt in der Praxis häufig für TGA-Leitungen vor) kann nach (8.62) durch Abminderung der Werte $C_{Rd,c} = 1{,}5/\gamma_C$ bzw. v_{min} durch den Faktor k_0 gemäß Abb. 8.56 erfolgen.

Die günstige Wirkung von Längsdruckspannungen sollte in diesen Fällen vernachlässigt, Längszuspannungen müssen aber erfasst werden. Beim Nachweis der Biegetragfähigkeit ist auf den Erhalt der erforderlichen Druckzonenhöhe zu achten.

Bei einer Gruppenanordnung von nebeneinanderliegenden runden Öffnungen dürfen die Gleichungen nach Abb. 8.56 für Einzelöffnungen angewendet werden, wenn die gegenseitigen Mindestabstände a_0 eingehalten sind. Andernfalls sind die Einzelöffnungen zu einer umschließenden rechteckigen Öffnung zusammenzufassen (Abb. 8.56d). Der Abstand der Öffnungen zu Einzellasten sollte mindestens d entsprechen. Leerrohrgruppen in Platten $h \leq 40$ cm mit kleinen Öffnungen $d_0/d \leq 0{,}1$ und Achsabständen $a_0 \geq 4d_0$ haben keinen Einfluss auf den Wert von $V_{Rd,c}$.

Gleichung (8.62) lautet dann:

$$V_{Rd,c} = \left[\frac{0{,}15}{\gamma_C} \cdot k_0 \cdot k \cdot (100 \cdot \varrho_1 \cdot f_{ck})^{1/3} + 0{,}12 \cdot \sigma_{cp} \right] \cdot b_w \cdot d$$
$$\geq (v_{min} \cdot k_0 + 0{,}12 \cdot \sigma_{cp}) \cdot b_w \cdot d \text{ MN} \qquad (8.63)$$

k_0 siehe Abb. 8.56, weitere Werte siehe (8.62).

Bei ungerissenen (d. h. $\sigma_c \leq f_{ctk;0,05}/\gamma_C$), einfeldrigen, statisch bestimmt gelagerten Bauteilen mit Längsdruckkräften (im allg. aus Vorspannung) darf die Querkrafttragfähigkeit ohne Querkraftbewehrung alternativ nach (8.64) nachgewiesen werden.

$$V_{Rd,c} = \frac{I \cdot b_w}{S} \sqrt{(f_{ctd})^2 + \alpha_1 \cdot \sigma_{cp} \cdot f_{ctd}} \qquad (8.64)$$

Mit

I Flächenträgheitsmoment (Flächenmoment 2. Grades)

S Statisches Moment (Flächenmoment 1. Grades)

α_1 $= l_x/l_{pt2} \leq 1$ bei Vorspannung mit sofortigem Verbund $= 1$ in den übrigen Fällen

l_x Abstand des betrachteten Querschnitts vom Beginn der Übertragungslänge des Spanngliedes

l_{pt2} oberer Bemessungswert der Übertragungslänge des Spanngliedes

b_w Querschnittsbreite in der Schwereachse unter Berücksichtigung etwaiger Hüllrohre (siehe (8.66))

f_{ctd} $= \alpha_{ct} \cdot f_{ctk;0,05}/\gamma_C = 0{,}57 \cdot f_{ctk;0,05}$ mit $\alpha_{ct} = 0{,}85$ und $\gamma_C = 1{,}50$.

Eine Anwendung dieser Nachweisform ist im Wesentlichen nur bei vorgespannten Konstruktion und Druckgliedern sinnvoll. Auf eine ggf. erforderliche Mindestquerkraftbewehrung sowie Spaltzugbewehrung ist zu achten. Auf den Nachweis nach (8.64) darf bei o. g. Voraussetzungen verzichtet werden, wenn der betrachtete Querschnitt näher am Auflager liegt als der Schnittpunkt zwischen der Schwereachse und einer vom Auflagerrand im Winkel von 45° geneigten Linie. Bei veränderlichen Stegbreiten kann der maßgebende Schnitt auch außerhalb des Schwerpunktes liegen.

8.6.3.4 Bauteile mit rechnerisch erforderlicher Querkraftbewehrung

Generell ist in Balken und Plattenbalken sowie Platten mit $b/h < 5$, unabhängig davon ob der Nachweis $V_{Ed} \leq V_{Rd,c}$ erfüllt ist, zumindest eine Mindestquerkraftbewehrung erforderlich. Für den Fall $V_{Ed} > V_{Rd,c}$ ist die erforderliche Querkraftbewehrung explizit zu ermitteln und die Druckstrebentragfähigkeit mit $V_{Ed} \leq V_{Rd,max}$ nachzuweisen. Dazu wird das Fachwerkmodell in Abb. 8.57 verwendet.

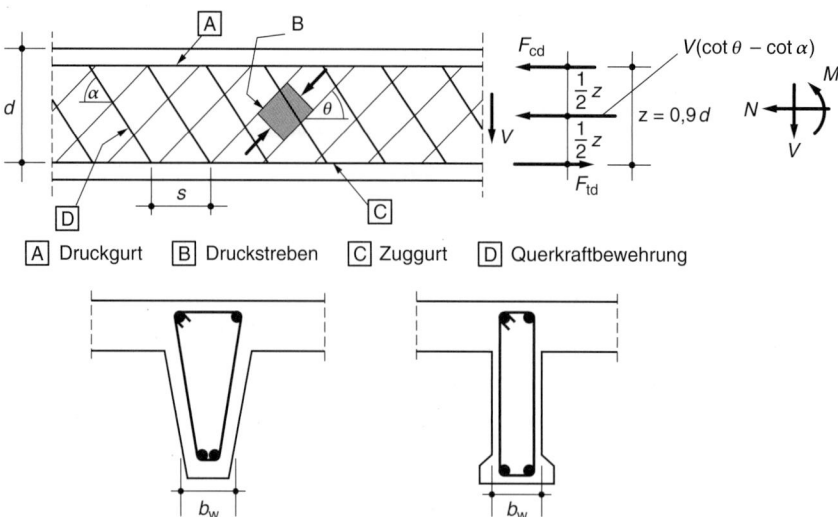

Abb. 8.57 Fachwerkmodell und Formelzeichen für querkraftbewehrte Bauteile. α Winkel zwischen Querkraftbewehrung und der rechtwinklig zur Querkraft verlaufenden Bauteilachse, θ Winkel zwischen Betondruckstreben und der rechtwinklig zur Querkraft verlaufenden Bauteilachse, F_{td} Bemessungswert der Zugkraft in der Längsbewehrung,

F_{cd} Bemessungswert der Betondruckkraft in Richtung der Längsachse des Bauteils, b_w kleinste Querschnittsbreite zwischen Zug- und Druckgurt, z innerer Hebelarm bei einem Bauteil mit konstanter Höhe, der zum Biegemoment im betrachteten Bauteil gehört

8.6.3.4.1 Wahl der Druckstrebenneigung θ
Die Druckstrebenneigung θ (siehe Abb. 8.58) darf zwischen den Winkeln $\theta = 18{,}4°$ (cot $\theta = 3{,}0$) und $\theta = 45°$ (cot $\theta = 1{,}0$) liegen und kann nach folgender Formel (8.65) bestimmt werden:

$$1{,}0 \le \cot\theta \le \frac{1{,}2 + 1{,}4\sigma_{cp}/f_{cd}}{1 - V_{Rd,cc}/V_{Ed}} \le 3{,}0 \quad (8.65)$$

mit

$$V_{Rd,cc} = c \cdot 0{,}48 \cdot f_{ck}^{1/3} \cdot \left(1 - 1{,}2 \cdot \frac{\sigma_p}{f_{cd}}\right) \cdot b_w \cdot z \quad (8.66)$$

Wobei:
c Rauigkeitsbeiwert $= 0{,}5$
$\sigma_{cp} = N_{Ed}/A_c$ (als Zugspannung negativ einsetzen)
N_{Ed} Bemessungswert der Längskraft im Querschnittsschwerpunkt.

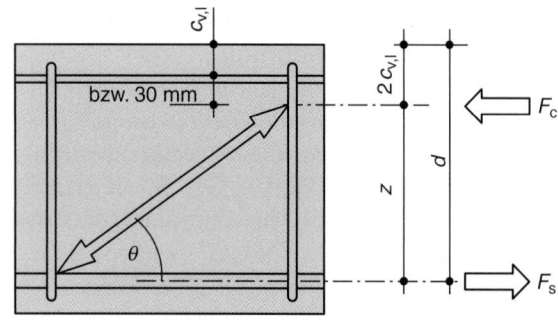

Abb. 8.58 Innerer Hebelarm z beim Querkraftnachweis

Bei geneigter Querkraftbewehrung darf auch eine flacher geneigte Druckstrebe mit cot $\theta = 0{,}58$ ($\theta = 60°$) ausgenutzt werden, die untere Grenze in (8.65) beträgt dann 0,58. Bei Längszugbelastung sollte cot $\theta = 1$ eingehalten werden.

Für den inneren Hebelarm darf angesetzt werden: $z = 0{,}9 \cdot d$. Alternativ kann z aus der Biegebemessung im GZT an der betrachteten Stelle bestimmt werden. Es darf jedoch kein größerer Wert als $z = d - 2c_{v,l} \ge d - c_{v,l} - 30$ mm angesetzt werden (siehe Abb. 8.58). Dabei ist $c_{v,l}$ das Verlegemaß der Längsbewehrung. Bei einem Querschnitt, der vollständig unter Zugbeanspruchung steht, darf für z der Abstand der Zugbewehrungen angesetzt werden, sofern Bügel die Längszugbewehrungen umfassen.

Ein kleiner Winkel θ, also ein großer Wert für cot θ, ermöglicht eine geringe Querkraftbewehrung, verursacht aber eine höhere Druckstrebenbeanspruchung sowie ein größeres Versatzmaß a_l (siehe Abschn. 8.9.1.1). Vereinfachend können immer auch folgende Anhaltswerte für cot θ angesetzt werden:

cot $\theta = 1{,}2$ bei reiner Biegung oder bei Biegung mit Längskraft

cot $\theta = 1{,}0$ bei Biegung mit Längszug

8.6.3.4.2 Nachweis der maximalen Druckstrebentragfähigkeit $V_{Ed} \le V_{Rd,max}$

$$V_{Rd,max} = b_w \cdot z \cdot \nu_1 \cdot f_{cd} \cdot \frac{\cot\theta + \cot\alpha}{1 + \cot^2\theta} \quad (8.67)$$

wobei
$\nu_1 = 0{,}75 \cdot (1{,}1 - f_{ck}/500) \le 0{,}75$ (Festigkeitsabminderungsbeiwert $= 0{,}75$ bei Beton $\le$ C50/60)

b_{w} kleinste Querschnittsbreite zwischen Zug- und Druckgurt.

Bei vorgespannten Querschnitten mit verpressten Hüllrohren mit einer Durchmessersumme $\sum \varnothing_{\mathrm{h}} > b_{\mathrm{w}}/8$ muss der Bemessungswert der Druckstrebentragfähigkeit $V_{\mathrm{Rd,max}}$ unter Berücksichtigung des Nennwertes $b_{\mathrm{w,nom}}$ der Querschnittsbreite für die ungünstigste Hüllrohrlage mit $\varnothing_{\mathrm{h}}$ als äußerem Hüllrohrdurchmesser ermittelt werden.

Dabei ist:

$$b_{\mathrm{w,nom}} = b_{\mathrm{w}} - 0{,}5 \sum \varnothing_{\mathrm{h}} \text{ bis C50/60 (bzw. LC50/55)}$$
$$b_{\mathrm{w,nom}} = b_{\mathrm{w}} - 1{,}0 \sum \varnothing_{\mathrm{h}} \text{ ab C55/67 (bzw. LC55/60)}$$

Für nebeneinanderliegende nicht verpresste Hüllrohre oder Vorspannung ohne Verbund gilt:

$$b_{\mathrm{w,nom}} = b_{\mathrm{w}} - 1{,}20 \sum d_{\mathrm{h}}$$

z innerer Hebelarm (siehe Abschn. 8.6.3.4.1).

8.6.3.4.3   Nachweis der erforderlichen Querkraftbewehrung $V_{\mathrm{Ed}} \le V_{\mathrm{Rd,S}}$

$$_{\mathrm{erf}}a_{\mathrm{sw}} = \frac{A_{\mathrm{sw}}}{s} = \frac{V_{\mathrm{Ed}}}{f_{\mathrm{ywd}} \cdot z \cdot (\cot\theta + \cot\alpha) \cdot \sin\alpha} \quad (8.68)$$

wobei

s Bügelabstand
a_{sw} Bewehrungsquerschnitt je Längeneinheit
$f_{\mathrm{ywd}} = f_{\mathrm{yd}}$ (die mit zunehmender plastischer Dehnung auftretende Verfestigung darf nicht angesetzt werden)
z innerer Hebelarm (siehe Abschn. 8.6.3.4.1).

8.6.3.4.4   Vereinfachte Formeln für den Nachweis der Querkrafttragfähigkeit

Für den häufig vorkommenden Fall
- Normalbeton bis C50/60, $\gamma_{\mathrm{C}} = 1{,}5$
- keine Längskraft ($\sigma_{\mathrm{cp}} = 0$)
- $z = 0{,}9 \cdot d$
- senkrechte Querkraftbewehrung (Bügel); $\alpha = 90°$; Druckstrebenneigung $1 \le \cot\theta \le 3{,}0$

lassen sich die Formeln (8.62) bis (8.68) wie folgt vereinfachen:

$$V_{\mathrm{Rd,c}} = \max \begin{cases} 0{,}1 \cdot k \cdot (100 \cdot \varrho_{\mathrm{l}} \cdot f_{\mathrm{ck}})^{1/3} \cdot b_{\mathrm{w}} \cdot d \\ 0{,}035 \cdot \sqrt{k^3 \cdot f_{\mathrm{ck}}} \cdot b_{\mathrm{w}} \cdot d \quad \text{für } d \le 600\,\mathrm{mm} \\ 0{,}025 \cdot \sqrt{k^3 \cdot f_{\mathrm{ck}}} \cdot b_{\mathrm{w}} \cdot d \quad \text{für } d > 800\,\mathrm{mm} \end{cases}$$
$$(8.69)$$

$$1{,}0 \le \cot\theta \le \frac{1{,}2}{1 - V_{\mathrm{Rd,cc}}/V_{\mathrm{Ed}}} \le 3{,}0 \quad (8.70)$$

mit $V_{\mathrm{Rd,cc}} = 0{,}216 \cdot f_{\mathrm{ck}}^{1/3} \cdot b_{\mathrm{w}} \cdot d$ und

$$V_{\mathrm{Rd,max}} = \frac{0{,}3826 \cdot b_{\mathrm{w}} \cdot d \cdot f_{\mathrm{ck}}}{\cot\theta + \tan\theta} \quad (8.71)$$

$$_{\mathrm{erf}}a_{\mathrm{sw}} = \frac{A_{\mathrm{sw}}}{s} = \frac{V_{\mathrm{Ed}}}{f_{\mathrm{yd}} \cdot 0{,}9 \cdot d \cdot \cot\theta} \quad (8.72)$$

Beispiel 8.16

Querkraftnachweis ohne erforderliche Querkraftbewehrung

Beton C25/30, Plattenquerschnitt:

$$b/d/h = 100/15{,}1/18\,\mathrm{cm}, \quad c_{\mathrm{v,l}} = 2{,}0\,\mathrm{cm}$$

Zugbewehrung R335A,

$$a_{\mathrm{sx}} = 3{,}35\,\mathrm{cm}^2/\mathrm{m} \quad (\varnothing_{\mathrm{s}} = 8),$$
$$a_{\mathrm{sy}} = 1{,}13\,\mathrm{cm}^2/\mathrm{m} \quad (\varnothing_{\mathrm{s}} = 6)$$

Der Nachweis erfolgt hier nur für die x-Richtung. Einwirkende Querkraft:
$V_{\mathrm{Ed,x}} = 41{,}5\,\mathrm{kN/m}$ am Auflagerrand
$V_{\mathrm{Ed,x}} = 39{,}4\,\mathrm{kN/m}$ im Abstand d vom Auflagerrand

$$k = 1 + \sqrt{\frac{200}{151}} = 2{,}15 > 2{,}0$$

$$\varrho_{\mathrm{l}} = \frac{3{,}35}{100 \cdot 15{,}1} = 0{,}00222 < 0{,}02$$

$$f_{\mathrm{ck}} = 25\,\mathrm{N/mm}^2$$

$$V_{\mathrm{Rd,c}} = \max \begin{cases} 0{,}1 \cdot 2{,}0 \cdot (100 \cdot 0{,}00222 \cdot 25)^{1/3} \cdot 0{,}151 \\ \quad = 0{,}0534\,\mathrm{MN/m} = 535\,\mathrm{kN/m} \\ 0{,}035\sqrt{2^3 \cdot 25} \cdot 0{,}151 \\ \quad = 0{,}0747\,\mathrm{MN/m} = 74{,}7\,\mathrm{kN/m} \end{cases}$$

$V_{\mathrm{Rd,ct}} = 74{,}70 > 39{,}4\,\mathrm{kN/m}$

$\to$ Querkraftbewehrung nicht erforderlich!

Eine Mindestquerkraftbewehrung ist aufgrund des Plattenquerschnittes ($b/h = 100/18 = 5{,}55 > 5$) nicht erforderlich. Auf den Nachweis für $V_{\mathrm{Rd,max}}$ darf hier verzichtet werden.

Beispiel 8.17

Querkraftnachweis mit erf. Querkraftbewehrung
Beton C20/25,

$$b_{\mathrm{w}}/d/h = 24/83/90\,\mathrm{cm}, \quad c_{\mathrm{v,l}} = 5{,}8\,\mathrm{cm}$$

Zugbewehrung $3\varnothing_{\mathrm{s}} = 25$ mit $14{,}7\,\mathrm{cm}^2$; ausreichend verankert

Einwirkende Querkraft

$V_{\text{Ed}} = 250\,\text{kN}$ am Auflagerrand

$V_{\text{Ed}} = 213\,\text{kN}$ im Abstand d vom Auflagerrand

$z = 0{,}9d = 0{,}9 \cdot 0{,}83 = \underline{0{,}747\,\text{m}}$

$ < 0{,}90 - 2 \cdot 0{,}058 = 0{,}784\,\text{m}$

$ \geq 0{,}90 - 0{,}058 - 0{,}030 = 0{,}812\,\text{m}$

$k = 1 + \sqrt{\dfrac{200}{830}} = 1{,}49 < 2{,}0$

$\sigma_{\text{l}} = \dfrac{14{,}7}{24 \cdot 83} = \underline{0{,}0074} < 0{,}02$

$f_{\text{ck}} = 20\,\text{N/mm}^2 (f_{\text{ck}})^{1/3} = 2{,}71$

$V_{\text{Rd,c}} = \max \begin{cases} 0{,}1 \cdot 1{,}49 \cdot (100 \cdot 0{,}0074 \cdot 20)^{1/3} \cdot 0{,}24 \cdot 0{,}83 \\ \quad = 0{,}0729\,\text{MN} = \underline{72{,}9\,\text{kN}} \\ 0{,}025\sqrt{1{,}49^3 \cdot 20} \cdot 0{,}24 \cdot 0{,}83 \\ \quad = 0{,}0405\,\text{MN} = 40{,}5\,\text{kN} \end{cases}$

$V_{\text{Rd,c}} = 72{,}9 < 213\,\text{kN} = V_{\text{Ed}}$

$\rightarrow$ Querkraftbewehrung erforderlich!

Es werden senkrecht stehende Bügel als Querkraftbewehrung eingebaut.

Druckstrebenneigung:

$V_{\text{Rd,cc}} = 0{,}216 \cdot 20^{1/3} \cdot 0{,}24 \cdot 0{,}83 = 0{,}1166\,\text{MN}$

$\phantom{V_{\text{Rd,cc}}} = 116{,}6\,\text{kN}$

$1{,}0 \leq \cot\theta \leq \dfrac{1{,}2}{1 - 116{,}6/213} = 2{,}65 \leq 3{,}0$

Gewählt:

$\cot\theta = 2{,}65 \quad \theta = 20{,}67°$

$V_{\text{Rd,max}} = \dfrac{0{,}3825}{2{,}65 + 1/2{,}65} \cdot 20 \cdot 0{,}24 \cdot 0{,}83 = 0{,}5034\,\text{MN}$

$\phantom{V_{\text{Rd,max}}} = 503{,}4\,\text{kN} > 250\,\text{kN} = V_{\text{Ed}}$

(Für den Nachweis von $V_{\text{Rd,max}}$ ist die einwirkende Querkraft am Auflagerrand maßgebend.)

Querkraftbewehrung:

$a_{\text{sw}} = \dfrac{A_{\text{sw}}}{s} = \dfrac{0{,}213}{435 \cdot 0{,}9 \cdot 0{,}83 \cdot 2{,}65} \cdot 10^4 = 2{,}47\,\dfrac{\text{cm}^2}{\text{m}}$

Gewählt: 2-schnittige, senkrecht stehende Bügel, $\varnothing_{\text{s}} = 8$, Bügelabstand 30 cm, vorh. $a_{\text{sw}} = 3{,}35 > 2{,}47\,\text{cm}^2/\text{m}$.

Überprüfung Mindestquerkraftbewehrung und Bügelabstand

$_{\text{min}}\varrho_{\text{w}} = 0{,}7\,\text{‰} = 0{,}0007,$

$_{\text{min}}a_{\text{sw}} = 0{,}0007 \cdot 245 \cdot 100 = 1{,}68 < 2{,}46\,\text{cm}^2/\text{m}$

$\dfrac{V_{\text{Ed}}}{V_{\text{Rd,max}}} = \dfrac{213}{503{,}4} = 0{,}423 \rightarrow \max s = 30\,\text{cm}$

8.6.3.5 Schubkräfte zwischen Balkensteg und Gurten

Der Anschluss von Gurten an Stegen, manchmal auch Schulterschub genannt, kann mithilfe des Bemessungsmodells nach Abb. 8.59 berechnet werden.

Abb. 8.59 Anschluss zwischen Gurten und Steg

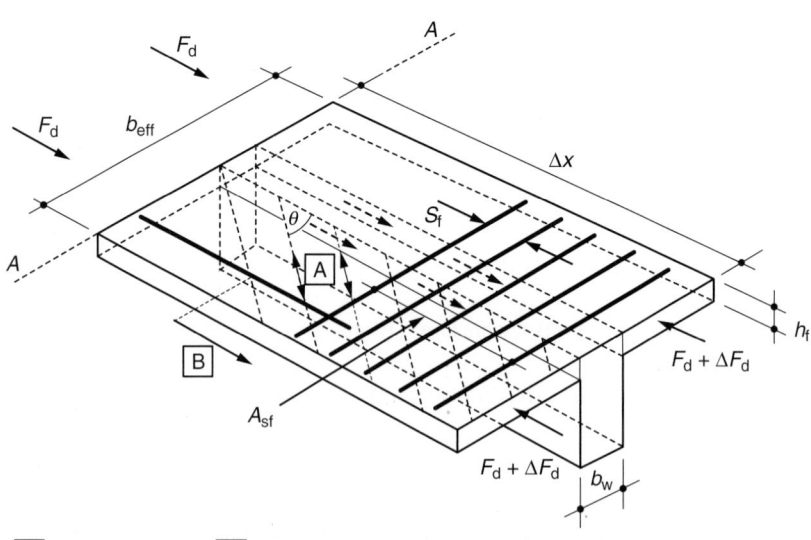

A Druckstreben   B hinter diesem projizierten Punkt verankerter Längsstab

Der Nachweis ist vom Ansatz her mit den Formeln (8.66) bis (8.68) bzw. (8.69) bis (8.72) zu führen. Dabei sind folgende Änderungen zu beachten: einwirkende Längsschubkraft:

$$V_{Ed} = \Delta F_d$$

ΔF_d entspricht der Längskraftdifferenz in einem einseitigen Gurtabschnitt der Länge Δx.

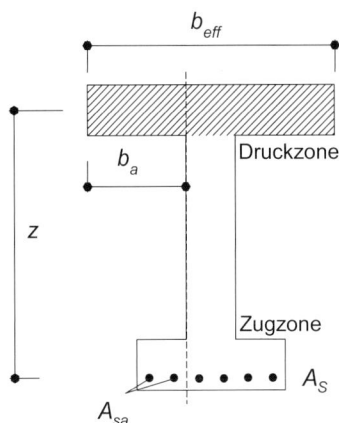

- Druckgurtanschluss:

$$\Delta F_d = \Delta F_{cd} = \frac{\Delta M_{Ed}}{z} \cdot \frac{F_{ca}}{F_{cd}} \cong \frac{\Delta M_{Ed}}{z} \cdot \frac{b_a}{b_{eff}}$$

- Zuggurtanschluss:

$$\Delta F_d = \Delta F_{sd} = \frac{\Delta M_{Ed}}{z} \cdot \frac{A_{sa}}{A_s}$$

Dabei ist:

ΔM_{Ed} Änderung des Biegemomentes innerhalb der Länge Δx

Δx Länge eines Gurtabschnittes, maximal der halbe Abstand zwischen Momentennullpunkt und Momentenhöchstwert, bei Einzellasten ist Δx höchstens der Abstand zwischen den Einzellasten

z Hebelarm der inneren Kräfte (siehe Abschn. 8.6.3.4.1)

F_{ca} Betondruckkraft im anzuschließenden Gurtabschnitt

F_{cd} gesamte Betondruckkraft

A_{sa} Stahlfläche im anzuschließenden Gurtabschnitt

A_s gesamte Stahlfläche im Zuggurt.

Zur Ermittlung der Druckstrebenneigung θ_f darf für σ_{cp} die mittlere Betonlängsspannung im anzuschließenden Gurtabschnitt mit der Länge Δx angesetzt werden.

$$\sigma_{cp} = 0{,}5 \cdot \Delta F_d / (b_a \cdot h_f),$$
$$V_{Rd,cc} = c \cdot 0{,}48 \cdot f_{ck}^{1/3} (1 - 1{,}2\sigma_{cp}/f_{cd}) \cdot h_f \cdot \Delta x.$$

Vereinfachend darf in Zuggurten mit $\cot\theta = 1{,}0$, in Druckgurten mit $\cot\theta = 1{,}2$ gerechnet werden. Für die senkrecht zur Fuge angeordnete Anschlussbewehrung A_{sf} (siehe Abb. 8.59) erhält man unter Ansatz der geometrischen Größen $b_w = h_f =$ Gurtdicke am Anschluss und $z = 0{,}9 \cdot d = \Delta x$ aus den Gleichungen in (8.66) bis (8.68) bzw. (8.69) bis (8.72).

$$V_{Rd,max} = \frac{h_f \cdot \Delta x \cdot \nu_1 \cdot f_{cd}}{\tan\theta_f + \cot\theta_f} \le V_{Ed} = \Delta F_d,$$
$$a_{sf} = \frac{A_{sf}}{s_f} = \frac{V_{Ed}}{f_{yd} \cdot \Delta x \cdot \cot\theta_f} \tag{8.73}$$

$\nu_1 = 0{,}75 \cdot (1{,}1 - f_{ck}/500) \le 0{,}75$ (Festigkeitsabminderungsbeiwert $= 0{,}75$ bei Beton $\le$ C50/60).

Mit der Bestimmung der genauen Druckstrebenneigung kann in Druckgurten eine deutliche Abminderung der erforderlichen Bewehrung erreicht werden. Mit den vereinfachten Annahmen zur Druckstrebenneigung gilt:

- Druckgurtanschluss:

$$V_{Rd,max} = 0{,}492 \cdot h_f \cdot \Delta x \cdot \nu_1 \cdot f_{cd} \le \Delta F_d$$
$$a_{sf} = \frac{\Delta F_d}{f_{yd} \cdot \Delta x \cdot 1{,}2} \tag{8.74a}$$

- Zuggurtanschluss:

$$V_{Rd,max} = 0{,}5 \cdot h_f \cdot \Delta x \cdot \nu_1 \cdot f_{cd} \le \Delta F_d$$
$$a_{sf} = \frac{\Delta F_d}{f_{yd} \cdot \Delta x} \tag{8.74b}$$

Auf die Anschlussbewehrung kann verzichtet werden, wenn gilt:

$$V_{Ed} = 0{,}4 \cdot h_f \cdot \Delta x \cdot f_{ctd};$$
$$f_{ctd} = \alpha_{ct} \cdot f_{ctk;0,05}/\gamma_C \xrightarrow{\text{i. Allg.}} = 0{,}85 \cdot f_{ctk;0,05}/1{,}5 \tag{8.75}$$

Die nach (8.73) ermittelte Bewehrung ist hälftig auf die Plattenober- und unterseite aufzuteilen.

Unabhängig hiervon ist eine ggf. erforderliche Bewehrung aus Plattenbiegung bzw. eine entsprechende Mindestbewehrung nach Abschn. 8.8 erforderlich.

Bei kombinierter Beanspruchung durch Querbiegung und durch Schubkräfte zwischen Gurt und Steg gilt: Die obere Querbiegebewehrung darf vollständig auf den erforderlichen 50 %-Anteil der Schubbewehrung nach (8.73) angerechnet werden. Der untere 50 %-Anteil der Schubbewehrung nach (8.73) ist in jedem Fall vorzusehen.

Wenn Querkraftbewehrung in der Gurtplatte erforderlich wird, sollte der Nachweis der Druckstreben senkrecht (Platte) und längs (Scheibe) des Plattenanschnittes in linearer Interaktion geführt werden:

$$[V_{Ed}/V_{Rd,max}]_{Platte} + [V_{Ed}/V_{Rd,max}]_{Scheibe} \le 1{,}0 \tag{8.76}$$

Anschluss eines Druckgurtes, s. Abb. 8.60
Beton C40/50, Stahl B500A
Biegebemessung in Feldmitte

$$M_{Ed} = (1,35 \cdot 40 + 1,5 \cdot 17) \cdot 8,5^2/8 = 718,0 \, \text{kN m}$$

$$\mu_{Eds} = \frac{0,718}{0,90 \cdot 0,75^2 \cdot 22,67} = 0,0625;$$

$$\text{Ablesung aus BT 1a}$$

$$\zeta = 0,965 \rightarrow z = 0,965 \cdot 0,75 = 0,724 \, \text{m},$$

$$\sigma_{s1d} = 456,5 \, \text{N/mm}^2$$

$$\xi = 0,089 \rightarrow x = 0,089 \cdot 0,75 = 0,067 \, \text{m} < h_f$$

$$A_{s1} = \left(\frac{0,718}{0,724}\right) \frac{1}{456,5} \cdot 10^4 = 21,72 \, \text{cm}^2$$

Entlang des Trägers liegt die Dehnungsnulllinie in der Platte. Als Länge der nachzuweisenden Gurtabschnitte wird der halbe Abstand zwischen Momentennullpunkt und -maximum, d. h. $\Delta x = 8,5/4 = 2,125 \, \text{m}$ angenommen, wobei hier exemplarisch der Abstand zwischen Nullpunkt und Viertelspunkt nachgewiesen wird.

$$V_{Ed} = \Delta F_d = \frac{\Delta M_{Eds}}{Z} \cdot \frac{b_{eff,i}}{b_{eff}}$$

$$= \frac{538,5 - 0}{0,724} \cdot \frac{0,3}{0,9} = 248 \, \text{kN}$$

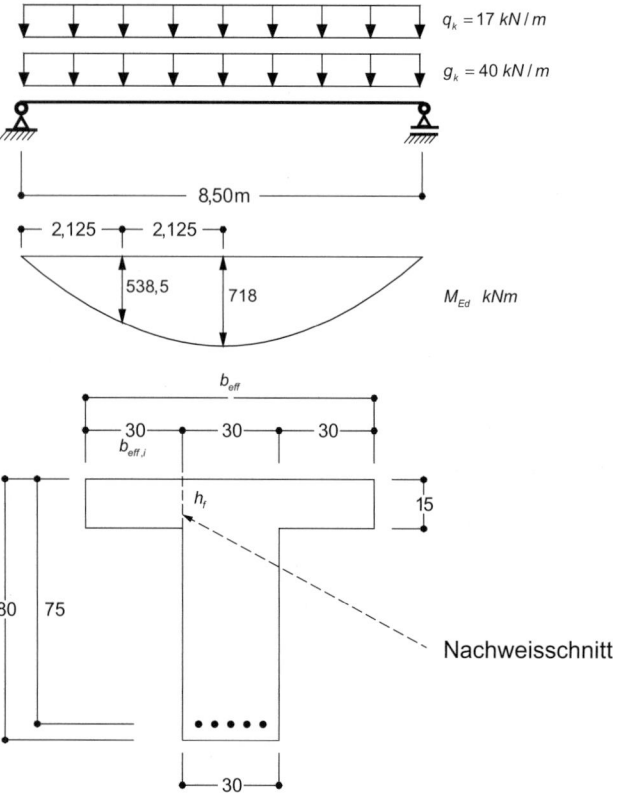

Abb. 8.60 Anschluss eines Druckgurtes

Die Tragfähigkeit kann dann nach (8.73) nachgewiesen werden. Vereinfachte Annahme: $\cot \theta_f = 1,2$

- Erforderliche Anschlussbewehrung:

$$a_{sf} = \frac{V_{Ed}}{\Delta x \cdot f_{yd} \cdot \cot \theta_f} = \frac{0,248}{2,125 \cdot 435 \cdot 1,2}$$

$$= 2,24 \cdot 10^{-4} \, \text{m}^2/\text{m} = 2,24 \, \text{cm}^2/\text{m}$$

- Nachweis der Druckstrebentragfähigkeit

$$V_{Rd,max} = \frac{h_f \cdot \Delta x \cdot \nu_1 \cdot f_{cd}}{\tan \theta_f + \cot \theta_f}$$

$$= \frac{0,15 \cdot 2,125 \cdot 0,75 \cdot 22,67}{1/1,2 + 1,2} = 2,665 \, \text{MN}$$

$$\gg 0,248 \, \text{MN}$$

Auf die Anschlussbewehrung kann nicht verzichtet werden, da mit (8.74a) und (8.74b)

$$V_{Ed} = 0,248 > 0,4 \cdot h_f \cdot \Delta x \cdot f_{ctd}$$

$$= 0,4 \cdot 0,15 \cdot 2,125 \cdot (0,85 \cdot 2,5/1,5)$$

$$= 0,181 \, \text{MN}$$

Die Bewehrung ist auf die Plattenober- und -unterseite hälftig aufzuteilen. Die Mindestschubbewehrung und ggf. Bewehrung aus Plattenbiegung muss berücksichtigt werden.

8.6.3.6 Kraftübertragung in Schubfugen

Die Übertragung von Schubkräften in Fugen zwischen zu unterschiedlichen Zeitpunkten hergestellten Betonierabschnitten (z. B. zwischen Fertigteilen und Ortbeton, zwei Fertigteilen oder in einer Arbeitsfuge) wird maßgeblich von der Rauigkeit und Oberflächenbeschaffenheit der Fuge bestimmt. Es gelten folgende Definitionen:

sehr glatt Bei Betonage gegen Stahl, Kunststoff oder Holz. Unbehandelte Fugenoberflächen sollten bei der Verwendung von Beton im ersten Betonierabschnitt mit fließfähiger oder sehr fließfähiger Konsistenz (Ausbreitmaße ≥ F5) als **sehr glatte Fugen** eingestuft werden.

glatt Abgezogene oder im Gleit- bzw. Extruderverfahren hergestellte Oberflächen. Auch bei Oberflächen, welche nach dem Verdichten ohne weitere Behandlung verbleiben.

rau Oberflächen, welche mindestens eine 3 mm durch Rechen erzeugte Rauigkeit im Abstand von ca. 40 mm oder durch in der Oberfläche mit > 3 mm freigelegte Gesteinskörnungen aufweisen. Alternativ darf die Oberfläche eine definierte Rauigkeit aufweisen (Rautiefe $R_t \geq 1,5 \, \text{mm}$, Profilkuppenhöhe $R_p \geq 1,1 \, \text{mm}$, siehe Heft 600 [11]).

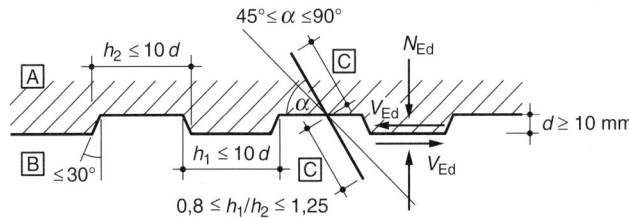

A 1. Betonabschnitt **B** 2. Betonabschnitt

C Verankerung der Bewehrung

Abb. 8.61 Verzahnte Fugenausbildung

verzahnt Wenn die Geometrie der Verzahnung dem Abb. 8.61 entspricht. Ebenfalls bei Gesteinskörnungen mit $d_g \geq 16$ mm und einem freiliegenden Korngerüst von 6 mm. Alternativ darf die Oberfläche eine definierte Rauigkeit aufweisen (Rautiefe $R_t \geq 3{,}0$ mm, Profilkuppenhöhe $R_p \geq 2{,}2$ mm, siehe Heft 600 [11]).

Es ist nachzuweisen, dass der Bemessungswert der einwirkenden Schubkraft je Längeneinheit kleiner gleich dem aufnehmbaren Wert ist: $v_{Edi} \leq v_{Rdi}$.

Der Bemessungswert v_{Edi} in der Kontaktfläche berechnet sich zu:

$$v_{Edi} = \frac{F_{cdi}}{F_{cd}} \cdot \frac{V_{Ed}}{z \cdot b_i} = \beta \cdot \frac{V_{Ed}}{z \cdot b_i} \qquad (8.77)$$

mit

F_{cdi} Bemessungswert des über die Schubfuge zu übertragenden Längskraftanteils

F_{cd} Bemessungswert der Gurtlängskraft infolge Biegung am betrachteten Querschnitt mit $F_{cd} = M_{Ed}/z$

V_{Ed} Bemessungswert der einwirkenden Querkraft

z $= 0{,}9 \cdot d$, innerer Hebelarm des zusammengesetzten Querschnitts. Ist die Verbundbewehrung jedoch gleichzeitig auch Querkraftbewehrung, so gilt für z Abschn. 8.6.3.4.1

b_i Breite der Fuge, siehe auch Abb. 8.62, Index i für „Interface"

β in der Druckzone ist $\beta = F_{cdi}/F_{cd} \leq 1$, in der Zugzone gilt $\beta = 1$.

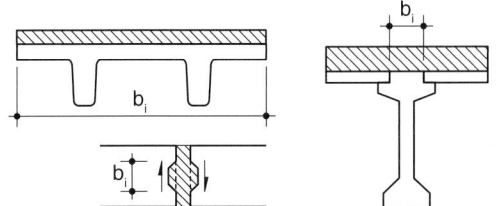

Abb. 8.62 Beispiele für Fugen

Tafel 8.40 Beiwerte c, μ, ν

Fugenoberfläche	c^c	μ	ν^d
Verzahnt	0,50	0,9	0,70
Rau	0,40[a]	0,7	0,50
Glatt	0,20[a]	0,6	0,20
Sehr glatt	0	0,5	0[b]

[a] in den Fällen, in denen die Fuge infolge Einwirkungen rechtwinklig zur Fuge unter Zug steht, ist bei glatten oder rauen Fugen $c = 0$ zu setzen. Dies gilt auch bei Fugen zwischen nebeneinander liegenden Fertigteilen ohne Verbindung durch Mörtel- oder Kunstharzfugen wegen des nicht vorhandenen Haftverbundes.
[b] der Reibungsanteil $\mu \cdot \sigma_n$ in (8.78) darf ausgenutzt werden; jedoch nur bis $\sigma_n \leq 0{,}1 \cdot f_{cd}$
[c] Bei dynamischer oder Ermüdungsbeanspruchung ist $c = 0$ anzunehmen (keine Adhäsion)
[d] Für Festigkeitsklassen $> C50/55$ sind alle Werte von ν mit dem Faktor $\nu_2 = (1{,}1 - f_{ck}/500)$ zu multiplizieren.

Der Bemessungswert der aufnehmbaren Schubkraft v_{Rdi} in der Kontaktfläche berechnet sich additiv aus drei Traganteilen (Adhäsion, Reibung, Bewehrung) zu:

$$v_{Rdi} = c \cdot f_{ctd} + \mu \cdot \sigma_n + \varrho \cdot f_{yd} \cdot (1{,}2\mu \cdot \sin\alpha + \cos\alpha)$$
$$\leq 0{,}5 \cdot \nu \cdot f_{cd} \qquad (8.78)$$

mit

c, μ Rauigkeitsbeiwert, Reibungsbeiwert nach Tafel 8.40

f_{ctd} Bemessungswert der Betonzugfestigkeit des 1. oder 2. Betonierabschnittes (der kleinere Wert ist maßgebend), mit $f_{ctd} = \alpha_{ct} \cdot f_{ctk;0{,}05}/\gamma_C; \alpha_{ct} = 0{,}85$

σ_n kleinste Normalspannung senkrecht zur Fuge (als Druckspannung positiv), welche gleichzeitig mit der Querkraft wirken kann. $\sigma_n = n_{Ed}/b < 0{,}6 f_{cd}$ (n_{Ed} entspricht dem unteren Bemessungswert der längenbezogenen Normalkraft, siehe auch Abb. 8.61). Ist σ_n eine Zugspannung, so ist in (8.78) der Wert $c \cdot f_{ctd} = 0$ anzusetzen.

ϱ geom. Bewehrungsgrad $= A_s/A_i$

A_s die Verbundfuge kreuzende Bewehrungsfläche

A_i gesamte Verbundfläche

α zu A_s gehöriger Winkel nach Abb. 8.61, $45° \leq \alpha \leq 90°$

ν Abminderungsfaktor für die Festigkeit gemäß Tafel 8.40.

Für sehr glatte Fugen darf v_{Rdi} den Wert von $v_{Rdi,max} = 0{,}5 \cdot \nu \cdot f_{cd} = 0{,}1 \cdot f_{cd}$ für glatte Fugen nach (8.78) nicht überschreiten.

Soll die Verbindung in der Fuge durch Bewehrung sichergestellt werden, dürfen die Summe Traganteile der Einzelelemente der Bewehrung (mit $45° \leq \alpha \leq 135°$) angesetzt werden (z. B. bei Gitterträgern). Bei biegebeanspruchten Bauteilen darf eine abgestufte Verteilung (siehe Abb. 8.63) gewählt werden. Bei Scheibenbeanspruchung kann die Bewehrung auch konzentriert angeordnet werden. Generell muss die Verbundbewehrung auf beiden Seiten der Verbundfuge nach den Bewehrungsregeln verankert werden.

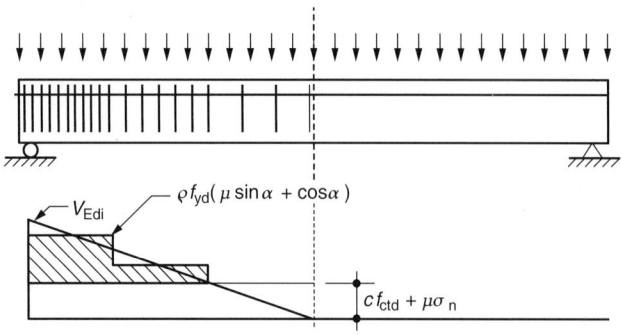

Abb. 8.63 Querkraftdiagramm mit Darstellung der erf. Verbundbewehrung

Die Verbundbewehrung für Platten mit Ortbetonergänzungen ohne rechnerisch erforderliche Querkraftbewehrung ($V_{Rd,c} \geq V_{Ed}$) wird nach den folgenden Konstruktionsregeln verlegt:

- in Spannrichtung: $2,5\,h \leq 300\,\text{mm}$
- quer zur Spannrichtung: $5\,h \leq 750\,\text{mm}$ ($\leq 375\,\text{mm}$ vom Rand)

Wird die Verbundbewehrung zugleich als Querkraftbewehrung (in Bauteilen mit $V_{Rd,c} < V_{Ed}$) angesetzt, so sind die Konstruktionsregeln für Querkraftbewehrung einzuhalten. In diesem Fall beträgt der maximale Abstand quer zur Spannrichtung 400 mm für Deckenhöhen bis 400 mm, ansonsten gilt Tafel 8.74.

Bei Überzügen ist in den Arbeitsfugen von einer Zugbeanspruchung oberhalb des angehängten Bauteils auszugehen. Insofern kann der Adhäsionsanteil mit $c_j > 0$ für raue oder glatte Fugen nicht angesetzt werden. Eine Schubkraftübertragung ist daher nur über eine ausreichend verzahnte Fuge und die Bewehrung möglich.

Bei überwiegend auf Biegung beanspruchten Bauteilen mit Fugen rechtwinklig zur Systemachse (beispielsweise Arbeitsfugen am Fuß von Winkelstützwänden) wirkt die Fuge wie ein Biegeriss. Hier sind die Fugen rau oder verzahnt auszuführen. Die Nachweise sind entsprechend Abschn. 8.6.3.3 und 8.6.3.4 zu führen. Dabei sollte die Ermittlung von $V_{Rdc,c}$, $V_{Rd,cc}$ und $V_{Rd,max}$ im Verhältnis $c/0,5$ abgemindert werden. Bei Bauteilen mit Querkraftbewehrung ist die Abminderung mindestens bis zum Abstand von $l_e = 0,5 \cdot \cot\theta \cdot d$ beiderseits der Fuge vorzunehmen. Bei überdrückten Querschnitten (z. B. Kellerwand unter Obergeschossen) kann auch der Reibungsanteil $\mu \cdot \sigma_n \cdot b \cdot h$ allein angesetzt werden. Weitere Hinweise und Beispiele sind in [11] und [20] enthalten.

8.6.4 Torsion

Eine vollständige Torsionsbemessung ist nur erforderlich, wenn das statische Gleichgewicht eines Tragwerkes von der Torsionssteifigkeit seiner einzelnen Bauteile abhängt. Torsionsbeanspruchungen, welche bedingt durch die Einhaltung von Verträglichkeitskriterien auftreten, aber für die Standsicherheit des Systems nicht notwendig sind, können für die rechnerischen Nachweise im GZT unbeachtet bleiben. Ggf. ist aber zu berücksichtigen, dass Torsion in stat. unbestimmten Bauteilen auftritt und damit zu Rissbildungen führen kann (Grenzzustand der Gebrauchstauglichkeit).

In jedem Fall sollte immer eine Mindestbewehrung nach Abschn. 8.9.1.1 und 8.9.1.2 zur Vermeidung von Rissbildungen angeordnet werden.

Alle rechnerischen Nachweise erfolgen für den GZT.

Es ist, über die Mindestquerkraftbewehrung nach Abschn. 8.9.1.2 hinaus, für näherungsweise rechteckige Vollquerschnitte keine Querkraft- und Torsionsbewehrung erforderlich, wenn die beiden nachfolgenden Bedingungen eingehalten sind.

$$T_{Ed} \leq V_{Ed} \cdot b_w/4,5 \tag{8.79}$$

$$V_{Ed} \cdot \left(1 + \frac{4,5 \cdot T_{Ed}}{V_{Ed} \cdot b_w}\right) \leq V_{Rd,c} \tag{8.80}$$

Dabei ist $V_{Rd,c}$ nach (8.62) zu bestimmen. Können (8.79) und (8.80) nicht erfüllt werden, so muss neben dem Einbau der Mindestbewehrung ein expliziter Nachweis auf Querkraft und Torsion geführt werden.

Bei reiner Torsion erfolgt die Ermittlung der Torsionstragfähigkeit unter der Annahme eines geschlossenen, dünnwandigen Querschnitts. Vollquerschnitte werden hierzu durch gleichwertige dünnwandige Querschnitte ersetzt. Gegliederte Querschnitte (z. B. T-Querschnitte) können in Teilquerschnitte, welche dann wiederum durch dünnwandige Querschnitte zu ersetzen sind, zerlegt werden. Die Gesamttorsionstragfähigkeit entspricht dann der Summe der Tragfähigkeiten der Einzelelemente. Angreifende Torsionsmomente können im Verhältnis der Torsionssteifigkeiten der ungerissenen Einzelquerschnitte $I_{T,i}$ aufgeteilt werden, d. h. $T_{Ed,i} = (I_{T,i}/\sum I_{T,i}) \cdot T_{Ed}$.

Die Bestimmung der effektiven Wanddicke $t_{ef,i}$ der äquivalenten Hohlkastenquerschnitte erfolgt nach Abb. 8.64 wie folgt:

$$t_{ef,i} = \min \begin{cases} \text{doppelter Abstand von der Außenfläche} \\ \text{bis zur Mittellinie der Längsbewehrung} \\ \text{vorhandene Bauteildicke} \end{cases}$$

Bei Hohlkasten mit Wanddicken $\leq b/6$ bzw. $\leq h/6$ und beidseitiger Wandbewehrung kann die gesamte Wanddicke für $t_{ef,i}$ angesetzt werden.

Abb. 8.64 Definition der effektiven Wanddicke $t_{ef,i}$ [11]. **a** Schlanker Hohlkastenquerschnitt, **b** gedrungener Hohlkastenquerschnitt

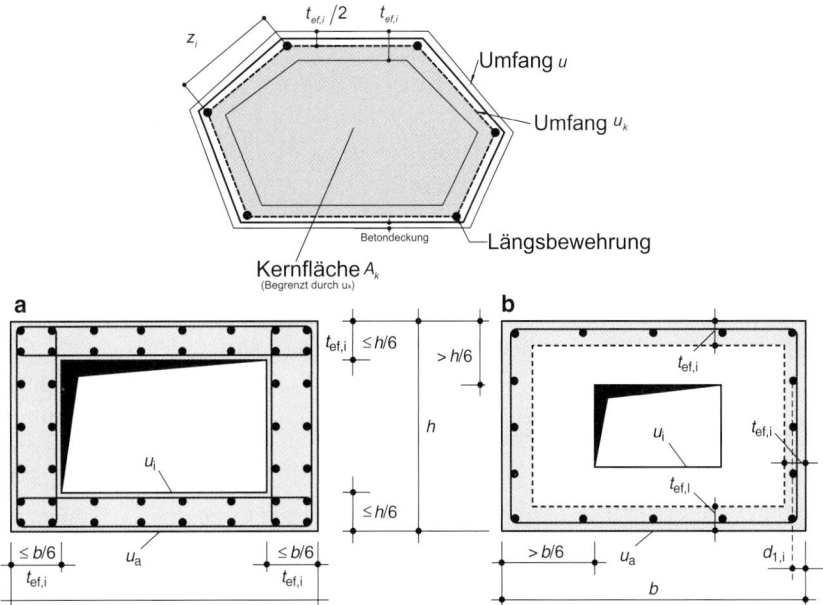

8.6.4.1 Bemessungsverfahren bei reiner Torsion

Der **Nachweis bei reiner Torsion** (kommt in der Praxis selten vor) erfolgt in Analogie zum Querkraftnachweis durch den Vergleich des einwirkenden Torsionsmomentes T_{Ed} mit der Tragfähigkeit der Druckstreben $T_{Rd,max}$ bzw. der Zugstreben $T_{Rd,s}$

$$T_{Ed} \leq \begin{cases} T_{Rd,max} \\ T_{Rd,s} \end{cases} \quad (8.81)$$

Für die Druckstrebentragfähigkeit gilt:

$$T_{Rd,max} = \frac{2 \cdot \nu \cdot f_{cd} \cdot A_k \cdot t_{ef,i}}{\cot \theta + \tan \theta} \quad (8.82)$$

ν 0,525 (Abminderungsfaktor bei reiner Torsion). Bei Kastenquerschnitten mit Bewehrung an den Innen- und Außenseiten der Wände gemäß Abb. 8.64a darf $\nu = 0,75$ angesetzt werden. Für Betonfestigkeitsklassen $\geq$ C55/67 ist ν mit dem Faktor $\nu_2 = (1,1 - f_{ck}/500)$ zu multiplizieren.

f_{cd} Bemessungswert der Betondruckfestigkeit im GZT $= \alpha_{cc} \cdot f_{ck}/\gamma_C$

A_k Betonfläche, welche durch die Mittellinie umschlossen wird (einschließlich innerer Hohlbereiche). Die Mittellinie ist über $t_{ef,i}/2$ definiert (siehe auch Abb. 8.64, oben)

$t_{ef,i}$ effektive Wandstärke des Ersatzhohlkastens

θ Druckstrebenneigung, welche für Torsion allein im Allg. zu $\theta = 45°$ ($\cot \theta = 1$) angenommen wird.

Für die Zugstrebentragfähigkeit ist die Tragfähigkeit der Längsbewehrung und der Bügelbewehrung zu unterscheiden, der kleinere Wert ist maßgebend:

$$T_{Rd,s} = \min \begin{cases} T_{Rd,sw} = 2 \cdot A_k \cdot f_{yd} \cdot (A_{sw}/s_w) \cdot \cot \theta \\ \qquad\qquad\qquad \text{Bügel} \\ T_{Rd,sl} = 2 \cdot A_k \cdot f_{yd} \cdot (\sum A_{sl}/u_k) \cdot \tan \theta \\ \qquad\qquad\qquad \text{Längsbewehrung} \end{cases}$$
$$(8.83)$$

Dabei ist

A_{sw} Querschnittsfläche der Bügelbewehrung im Abstand s

$\sum A_{sl}$ Gesamte Querschnittsfläche der Torsionslängsbewehrung

s_w Bügelabstand in Längsrichtung

u_k Umfang der Kernfläche A_k (siehe Abb. 8.64)

f_{yd} Bemessungswert der Stahlstreckgrenze im GZT $= f_{yk}/\gamma_S$.

8.6.4.2 Bemessungsverfahren bei Querkraft und Torsion

Der **Nachweis bei kombinierter Beanspruchung aus Torsion und Querkraft** (der Regelfall in der Praxis) basiert auf jeweils separaten Nachweisen für beide Einwirkungsgrößen. Dabei muss allerdings die Druckstrebenneigung θ für die Torsions- und Querkraftbemessung einheitlich angesetzt werden. Hierfür gelten die Grenzen nach (8.65), wobei dort als einwirkende Querkraft $V_{Ed} = V_{Ed,T+V}$ diejenige aus Torsion und Querkraft anzusetzen ist. $V_{Rd,cc}$ in (8.65) ist für $t_{ef,i}$ anstelle b_w zu ermitteln.

Damit ist:

$$0,58 \leq \cot\theta \leq \frac{1,2 + 1,4 \cdot \sigma_{cp}/f_{cd}}{1 - V_{Rd,cc}/V_{Ed,T+V}} \leq 3,0$$

$$V_{Rd,cc} = c \cdot 0,48 \cdot f_{ck}^{1/3} \cdot (1 - 1,2\sigma_{cp}/f_{cd}) \cdot t_{ef} \cdot z$$

Die einzelnen Formelbestandteile sind mit (8.65) und (8.66) erläutert. Die einwirkende Querkraft ist dann nach (8.84):

$$V_{Ed,T+V} = V_{Ed,T} + V_{Ed} \cdot \frac{t_{ef,i}}{b_w} \qquad (8.84)$$

$V_{Ed,T}$ die aus dem Torsionsmoment T_{Ed} resultierende Querkraft in einem Abschnitt der Länge z_i nach der 1. Bredt'schen Formel mit $V_{Ed,T} = \frac{T_{Ed} \cdot z_i}{2 \cdot A_k}$ (siehe auch Abb. 8.64)

z_i die Höhe der betrachteten Wand i, definiert durch den Abstand der Schnittpunkte der Wandmittellinie mit den Mittellinien der angrenzenden Wände

V_{Ed} einwirkende Querkraft.

Nach vereinfachten Annahmen darf die erforderliche Torsionsbewehrung aber auch unabhängig von der für die Querkraftbemessung gewählten Druckstrebenneigung für $\theta = 45°$ ($\cot\theta = 1$) ermittelt werden. Die gesamte Torsionsbewehrung besteht aus einer Bewehrung rechtwinklig zur Bauteilachse A_{sw} (i. Allg. Bügel) im Abstand von s_w und einer Torsionslängsbewehrung $\sum A_{sl}$, verteilt über den Umfang u_k der Kernfläche A_k. Bei kleineren Querschnitten darf die Torsionslängsbewehrung auch an den Wandecken konzentriert werden. Aus (8.83) erhält man dann die erf. Torsionsbewehrung zu:

$$\text{erf}\frac{A_{sw}}{s_w} = a_{sw} = \frac{T_{Ed}}{2 \cdot A_k \cdot f_{yd} \cdot \cot\theta} \quad \text{Bügel}$$

$$\text{erf}\frac{\sum A_{sl}}{u_k} = a_{sl} = \frac{T_{Ed}}{2 \cdot A_k \cdot f_{yd} \cdot \tan\theta} \quad \text{Längsbewehrung}$$

$$(8.85)$$

Die mit der gewählten Druckstrebenneigung ermittelten Bewehrungsmengen für Biegung (nach Abschn. 8.6.2), Torsion (8.85) und Querkraft (8.68) sind getrennt zu ermitteln und zu addieren. Die Torsionslängsbewehrung in Druckgurten darf entsprechend der vorhandenen Druckkräfte abgemindert werden. Das heißt, wenn die Zugspannungen aus Torsion von Längsdruckspannungen aus Biegung überdrückt werden, kann auf die Torsionslängsbewehrung in der Druckzone verzichtet werden.

Der **Druckstrebennachweis** für die kombinierte Beanspruchung erfolgt nach der folgenden Interaktionsbeziehung:

$$\left(\frac{T_{Ed}}{T_{Rd,max}}\right)^j + \left(\frac{V_{Ed}}{V_{Rd,max}}\right)^j \leq 1 \qquad (8.86)$$

wobei

$j = 1$ für Kastenquerschnitte,
$j = 2$ für Kompaktquerschnitte,
$T_{Rd,max}$ nach (8.82), $V_{Rd,max}$ nach (8.67).

Beispiel 8.19

Bemessung für Biegung, Querkraft und Torsion [14], s. Abb. 8.65

Beton C30/37, Stahl B500
System, Belastung und Schnittgrößen
Nachweisführung an der Einspannstelle

$$f_{cd} = 0,85 \cdot \frac{35}{1,5} = 17\,\text{kN/mm}^2$$

$$d = 0,50 - 0,06 = 0,44\,\text{m}$$

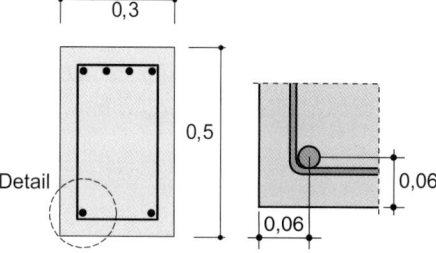

Nachweisführung an der Einspannstelle
Biegebemessung

$$\mu_{Eds} = \frac{0,210}{0,3 \cdot 0,44^2 \cdot 17} = 0,213; \quad \text{Ablesung aus BT 1a}$$

$$\zeta = 0,875 \rightarrow z = 0,875 \cdot 0,44 = 0,385\,\text{m},$$

$$A_{s1} = \left(\frac{0,210}{0,385}\right)\frac{1}{435} \cdot 10^4 = 12,54\,\text{cm}^2$$

Überprüfung, ob eine kombinierte Bemessung für Querkraft und Torsion entfallen kann:

$$T_{Ed} = 40 \geq \frac{110 \cdot 0,30}{4,5} = 7,333\,\text{kN m};$$

$$110 \cdot \left(1 + \frac{4,5 \cdot 40}{110 \cdot 0,3}\right) = 710\,\text{kN m} > V_{Rd,c} = 533\,\text{kN}$$

$$V_{Rd,c} = \left[0,1 \cdot \left(1 + \sqrt{\frac{200}{440}}\right) \cdot \left(100 \cdot \frac{12,38}{30 \cdot 50} \cdot 17\right)^{1/3}\right] \cdot 0,3 \cdot 0,44$$

$$= 0,0533\,\text{MN}$$

Abb. 8.65 Beispiel zur Bemessung für Biegung, Querkraft und Torsion

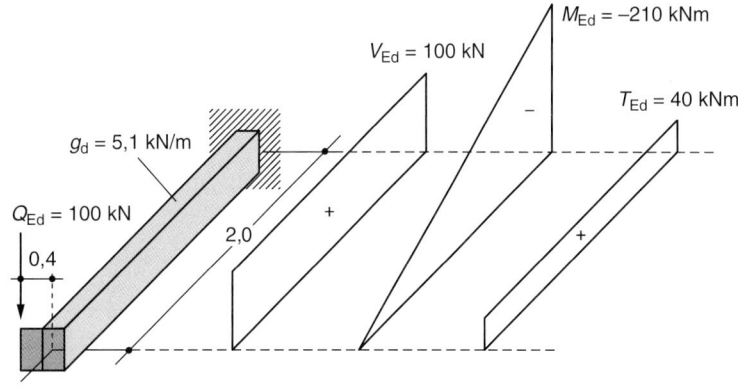

→ Nachweis nicht erbracht, expliziter Nachweis für Torsion erforderlich! Geometrie des Ersatzhohlkastens (nach Abb. 8.64)

$$t_{eff} = 2 \cdot 0{,}06 = 0{,}12\,\mathrm{m},$$
$$u_k = 2 \cdot [(0{,}3 - 0{,}12) + (0{,}5 - 0{,}12)] = 1{,}12\,\mathrm{m}$$

Kernquerschnitt:

$$A_k = (0{,}3 - 0{,}12)(0{,}5 - 0{,}12) = 0{,}0684\,\mathrm{m}^2$$

Querkraftanteil aus Torsion in der vertikalen Wand

$$V_{Ed,T} = \frac{T_{Ed} \cdot z}{2 \cdot A_k} = \frac{40 \cdot 0{,}38}{2 \cdot 0{,}0684} = 111{,}11\,\mathrm{kN}$$
$$V_{Ed,T+V} = 111{,}11 + 110 \cdot \frac{0{,}12}{0{,}30} = 155{,}11\,\mathrm{kN}$$

Ermittlung der Druckstrebenneigung (einheitlich für $T + V$)

$$V_{Rd,cc} = [0{,}5 \cdot 0{,}48 \cdot (30)^{1/3}] \cdot 0{,}12 \cdot 0{,}385 = 0{,}0354\,\mathrm{MN}$$
$$1{,}0 \leq \cot\theta \leq \frac{1{,}2}{1 - 35{,}4/155{,}11}$$
$$= 1{,}555 \leq 3{,}0,$$

gewählt: $\cot\theta = 1{,}50$

Bemessung für Querkraft allein:

$$\mathrm{erf}\,\frac{A_{sw}}{s} = a_{sw} = \frac{V_{Ed}}{z \cdot f_{yd} \cdot \cot\theta} = \frac{0{,}110}{0{,}385 \cdot 435 \cdot 1{,}5} \cdot 10^4$$
$$= 4{,}38\,\mathrm{cm}^2/\mathrm{m}$$
$$V_{Rd,max} = \frac{\nu_1 \cdot f_{cd} \cdot b_w \cdot z}{\cot\theta + \tan\theta} = \frac{0{,}75 \cdot 17 \cdot 0{,}30 \cdot 0{,}385}{1{,}5 + 1/1{,}5}$$
$$= 0{,}692\,\mathrm{MN}$$

Bemessung für Torsion allein:

Bügel:

$$\mathrm{erf}\,\frac{A_{sw}}{s} = a_{sw} = \frac{T_{Ed}}{2 \cdot A_k \cdot f_{yd} \cdot \cot\theta}$$
$$= \frac{0{,}040}{2 \cdot 0{,}0684 \cdot 435 \cdot 1{,}5} \cdot 10^4 = 4{,}48\,\frac{\mathrm{cm}^2}{\mathrm{m}}$$

Längsbewehrung:

$$\mathrm{erf}\,\frac{\sum A_{sl}}{u_k} = a_{sl} = \frac{T_{Ed}}{2 \cdot A_k \cdot f_{yd} \cdot \tan\theta}$$
$$= \frac{0{,}040}{2 \cdot 0{,}0684 \cdot 435 \cdot 1/1{,}5} \cdot 10^4 = 10{,}08\,\frac{\mathrm{cm}^2}{\mathrm{m}}$$

Druckstrebe:

$$T_{Rd,max} = \frac{2 \cdot \nu \cdot \alpha_{cw} \cdot f_{cd} \cdot A_k \cdot t_{ef,i}}{\cot\theta + \tan\theta}$$
$$= \frac{2 \cdot 0{,}75 \cdot 1{,}0 \cdot 17 \cdot 0{,}0684 \cdot 0{,}12}{1{,}5 + 1/1{,}5}$$
$$= 0{,}0966\,\mathrm{MN\,m}$$

Druckstrebennachweis bei kombinierter Beanspruchung:

$$\left(\frac{T_{Ed}}{T_{Rd,max}}\right)^j + \left(\frac{V_{Ed}}{V_{Rd,max}}\right)^j = \left(\frac{40}{96{,}60}\right)^2 + \left(\frac{110}{692}\right)^2$$
$$= 0{,}197 \leq 1$$

Erforderliche Bewehrung:
- Bügel:

$$a_{sw} = \frac{A_{sw,V}}{s_w} + \frac{2 \cdot A_{sw,T}}{s_w}$$
$$= 4{,}38 + 2 \cdot 4{,}48 = 13{,}34\,\text{cm}^2/\text{m}$$

gewählt: Bügel $\varnothing 12$, $e = 15\,\text{cm}$ ($15{,}08\,\text{cm}^2/\text{m}$)

- Längsbewehrung:
Die Längsbewehrung wird zu je einem Drittel auf den Zug- und Druckgurt sowie die Steghöhe verteilt.

Zuggurt: $A_{sl} = 12{,}54 + 10{,}08 \cdot 1{,}12/3 = 16{,}30\,\text{cm}^2$,
           gewählt $4\varnothing 25$

Stege: $A_{sl} = 10{,}08 \cdot 1{,}12/3 = 3{,}76\,\text{cm}^2$,
           gewählt $2\varnothing 12$ je Seite

Druckgurt: $A_{sl} = 10{,}08 \cdot 1{,}12/3 = 3{,}76\,\text{cm}^2$,
           gewählt $4\varnothing 12$.

Die Torsionslängsbewehrung wird nicht mit der Biege-druckkraft aufgerechnet, da die Biegebeanspruchung im Gegensatz zur Torsionsbeanspruchung über die Trägerlänge abnimmt.

8.6.5 Durchstanzen

Bei der unmittelbaren Auflagerung von Platten auf Stützen besteht generell die Gefahr des Durchstanzens infolge konzentrierter Lasteinleitung. Das gleiche Phänomen tritt z. B. auch an Wandenden und Wandecken, Stützen auf Einzelfundamenten oder Pfahlkopfplatten auf. In diesen Bereichen ist daher der Nachweis zu erbringen, dass die aufnehmbare Querkraft v_{Rd} längs festgelegter Rundschnitte kleiner als die entsprechend einwirkende Querkraft v_{Ed} ist.

Der Durchstanznachweis erfolgt damit längs festgelegter Rundschnitte, außerhalb dieser Rundschnitte gelten die Regeln der Querkraftbemessung nach Abschn. 8.6.3.

8.6.5.1 Bemessungsverfahren und einwirkende Querkraft
Die generelle Nachweisgleichung lautet (8.87):

$$v_{Ed} = \frac{\beta \cdot V_{Ed}}{u_i \cdot d} \leq v_{Rd} \qquad (8.87)$$

V_{Ed} Bemessungswert der einwirkenden Querkraft, eine Reduzierung für auflagernahe Einzellasten ist nicht möglich. Bei Fundamenten kann jedoch die günstige Wirkung der Bodenpressung berücksichtigt werden (s. u.).

u_i Umfang eines Rundschnittes nach Abb. 8.66 und 8.67

d mittlere Nutzhöhe der Platte $d = 0{,}5 \cdot (d_x + d_y)$

β Beiwert zur Berücksichtigung der Auswirkung von Lastausmitten. Vereinfacht gelten bei unverschieblichen Systemen mit Stützweitenverhältnissen

$$0{,}8 \leq l_1/l_2 \leq 1{,}25$$

folgende Werte:

$\beta = 1{,}10$ Innenstützen
$\beta = 1{,}40$ Randstützen
$\beta = 1{,}50$ Eckstützen
$\beta = 1{,}35$ Wandenden
$\beta = 1{,}20$ Wandecken.

Für verschiebliche Systeme oder Stützweitenverhältnisse außerhalb der genannten Grenzen kann der Lasterhöhungsfaktor β nach EC 2-1-1/NA Abschn. 6.4.3 (3) [3] oder [11] bestimmt werden.

Der flächenbezogene Bemessungswert v_{Rd} [N/mm²] der Querkrafttragfähigkeit in (8.87) längs eines Rundschnittes einer Platte ist über die folgenden Grenztragfähigkeiten definiert:

$v_{Rd,c}$ Flächenbezogener Bemessungswert der Querkrafttragfähigkeit längs des kritischen Rundschnitts ohne Durchstanzbewehrung.

Abb. 8.66 Bemessungsmodell für den Nachweis der Sicherheit gegen Durchstanzen

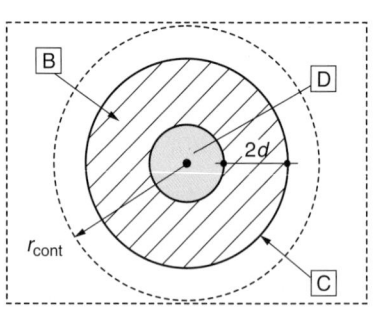

$\theta = \arctan(1/2)$
$= 26{,}6°$

$2d$

c

Querschnittsfläche des kritischen Rundschnitts

Lasteinleitungsfläche
$\theta \geq 26{,}6°$

B Fläche A_{cont} innerhalb des kritischen Rundschnitts

C kritischer Rundschnitt u_1

D Lasteinleitungsfläche A_{load}

r_{cont} weitere Rundschnitte

Abb. 8.67 Berücksichtigung des
Vertikalanteils aus Vorspannung

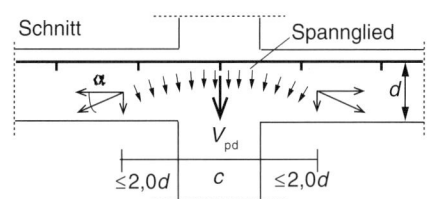 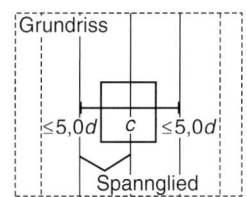

$\nu_{Rd,c,out}$ Flächenbezogener Bemessungswert der Querkrafttragfähigkeit im äußeren Rundschnitt außerhalb des
durchstanzbewehrten Bereiches.

$\nu_{Rd,cs}$ Flächenbezogener Bemessungswert der Querkrafttragfähigkeit mit Durchstanzbewehrung längs innerer Nachweisschnitte.

$\nu_{Rd,max}$ Flächenbezogener Bemessungswert der maximalen
Querkrafttragfähigkeit längs des kritischen Rundschnitts.

Erforderliche Nachweise im Überblick:

- Platten und Fundamente ohne Durchstanzbewehrung
  Nachweis, dass im kritischen Rundschnitt

$$\nu_{Ed} \leq \nu_{Rd,c}$$

- Platten und Fundamente mit Durchstanzbewehrung
  Nachweis, dass im kritischen Rundschnitt u_1:

$$\nu_{Ed} \leq \nu_{Rd,max}$$

Nachweis, dass in weiteren Rundschnitten:

$$\nu_{Ed} \leq \nu_{Rd,cs}$$

Nachweis, dass im äußeren Rundschnitt u_{out}:

$$\nu_{Ed} \leq \nu_{Rd,c,out}$$

Durchstanzen bei Fundamenten Die oben angegebenen
Regeln gelten zunächst für Platten mit gleichmäßig verteil-
ten Lasten. Bei Fundamenten oder Bodenplatten erhöht die
Bodenpressung innerhalb des kritischen Rundschnittes den
Durchstanzwiderstand. Die einwirkende Querkraft V_{Ed} darf
deshalb um die günstige Wirkung des Sohldruckes in der
Fläche A_{cont} innerhalb des kritischen Rundschnitts (siehe
Abb. 8.66) reduziert werden. Allerdings sind in diesen Fällen

die Rundschnitte in einem Abstand $< 2d$ separat und ggf. iterativ zu bestimmen (siehe Gleichungen zur Bestimmung von
ν_{Rd}). Bei Decken- und Fundamentplatten mit Vorspannung
darf ein günstiger Einfluss der vertikalen Komponente V_{pd}
von geneigten Spanngliedern, welche die Querschnittsfläche
des betrachteten Rundschnitts schneiden, berücksichtigt werden (siehe Abb. 8.67). Es dürfen jedoch nur die Spannglieder
angerechnet werden, die innerhalb eines Abstandes von $0,5d$
von der Stütze angeordnet sind.

8.6.5.1.1 Lasteinleitungsfläche und kritischer Rundschnitt

Der kritische Rundschnitt u_1 darf im Allgemeinen in einem
Abstand von $2,0d$ von der Lasteinleitungsfläche angenommen werden. Die kritische Fläche A_{crit} ist die Fläche innerhalb des kritischen Rundschnittes u_1. Weitere Rundschnitte
sind immer affin zu u_1 anzunehmen. Die folgenden Darstellungen zeigen die häufig vorkommenden Fälle (Abb. 8.68).
Die Festlegungen gelten für Lasteinzugsflächen A_{load} mit folgenden Kriterien:

- rechteckig und kreisförmig mit einem Umfang $u_0 \leq 12d$
  und einem Seitenverhältnis $a/b \leq 2$
- beliebig, aber sinngemäß mit den oben genannten Formen
  begrenzt
- bei Rundstützen mit $u_0 > 12d$ sind querkraftbeanspruch-
  te Flachdecken nach Abschn. 8.6.3 nachzuweisen. Dabei
  darf in (8.62) der Faktor $0,15/\gamma_C$ ersetzt werden durch
  $(12d/u_0) \cdot 0,18/\gamma_C > 0,15/\gamma_C$.

Die Rundschnitte benachbarter Lasteinzugsflächen dürfen sich nicht überschneiden. In [12] wird hierzu ergänzt:
Treten Überschneidungen zwischen zwei Rundschnitten auf,
so ist der gesamte Rundschnittumfang der kleinsten Umhül-
lenden unter Berücksichtigung der Umfangsbegrenzung der
Lasteinzugsfläche von $12d$ im Durchstanznachweis in Ansatz zu bringen.

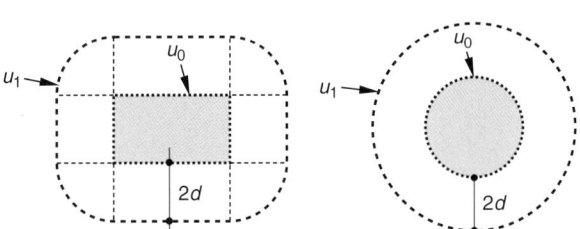 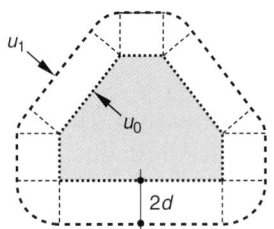 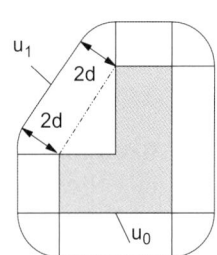

Abb. 8.68 Rundschnitt u_0 um Lasteinleitungsflächen und kritischer Rundschnitt u_1 im Abstand $2,0d$

Abb. 8.69 Kritischer Rundschnitt u_1 bei ausgedehnten
Auflagerflächen

$b_1 = \min(b; 3d)$
$a_1 = \min(a; 2b; 6d - b_1)$

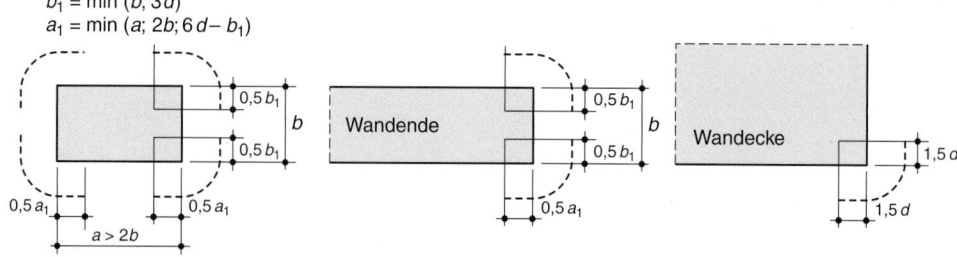

Abb. 8.70 Kritischer Rundschnitt u_1 in der Nähe von
Öffnungen bzw. freien Rändern

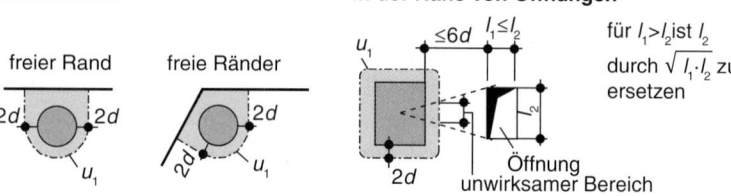

Bei ausgedehnten Auflagerflächen, bei denen sich die Querkräfte auf die Ecken der Auflagerflächen konzentrieren, sind die Rundschnitte gemäß Abb. 8.69 zu wählen.

Für Lasteinleitungsflächen in der Nähe von Öffnungen mit einem Randabstand $< 6d$ oder im Bereich von freien Rändern ist ein der Öffnung bzw. dem freien Rand zugewandter Teil als unwirksam zu betrachten. Details können dem Abb. 8.70 entnommen werden.

Für Platten mit runden oder rechteckigen Stützenkopfverstärkungen wird auf die Details im EC-2-1-1/NA, Abschn. 6.4.2 (8) [3] verwiesen.

8.6.5.2 Platten und Fundamente ohne Durchstanzbewehrung

Für die Querschnittsfläche im kritischen Rundschnitt ist nachzuweisen dass $v_{Ed} \leq v_{Rd,c}$ [N/mm²]. Der Durchstanzwiderstand beträgt:

$$v_{Rd,c} = [C_{Rd,c} \cdot k \cdot (100 \cdot \varrho_1 \cdot f_{ck})^{1/3} + 0{,}1 \cdot \sigma_{cp}]$$
$$\geq [v_{min} + 0{,}1 \cdot \sigma_{cp}] \qquad (8.88)$$

$C_{Rd,c}$ $= 0{,}18/\gamma_C$
  bei Flachdecken und Bodenplatten mit $u_0/d \geq 4$
  $= (0{,}18/\gamma_C) \cdot (0{,}1 \cdot u_0/d + 0{,}6)$
  bei Flachdecken für Innenstützen mit $u_0/d < 4$
k $= 1 + \sqrt{200/d} \leq 2{,}0$ mit d in mm
d $= 0{,}5 \cdot (d_x + d_y)$, mittlere Nutzhöhe
ϱ_1 $= \sqrt{\varrho_{1,x} \cdot \varrho_{1,y}} \leq \begin{cases} 0{,}02 \\ 0{,}5 \cdot f_{cd}/f_{yd} \end{cases}$

$\varrho_{1,x}, \varrho_{1,y}$ Bewehrungsgrade der verankerten Zugbewehrung in x- bzw. y-Richtung als Mittelwerte im Bereich der Stützenabmessung zuzüglich $3d$ pro Seite,

$$\varrho_{1,x} = \frac{a_{sl,x}}{d}, \quad \varrho_{1,y} = \frac{a_{sl,y}}{d}$$

σ_{cp} Bemessungswert der Betonnormalspannung im krit. Rundschnitt [N/mm²] (als Zugspannung negativ)

$$\sigma_{cp} = \frac{\sigma_{c,x} + \sigma_{c,y}}{2} \leq 2{,}0 \, \frac{MN}{m^2},$$

wobei

$$\sigma_{c,x} = \frac{N_{Ed,x}}{A_{c,x}}, \quad \sigma_{c,y} = \frac{N_{Ed,y}}{A_{c,y}}$$

z. B. infolge Vorspannung

v_{min} $= (0{,}0525/\gamma_C) \cdot \sqrt{k^3 \cdot f_{ck}}$ für $d \leq 600$ mm
  $= (0{,}0375/\gamma_C) \cdot \sqrt{k^3 \cdot f_{ck}}$ für $d > 800$ mm,
  Zwischenwerte interpolieren.

Für Fundamente gilt ergänzend Die Querkrafttragfähigkeit ist hier in kritischen Rundschnitten in einem Abstand $\leq 2d$ nachzuweisen. Dabei ist der Abstand a_{crit} des maßgebenden Rundschnittes (siehe Abb. 8.71) iterativ mit (8.89) zu ermitteln. Bei sehr gedrungenen Fundamenten mit $a_\lambda < d$ kann ein Durchstanznachweis entfallen.

Die resultierende Einwirkung beträgt $V_{Ed,red} = V_{Ed} - \Delta V_{Ed}$, wobei ΔV_{Ed} die resultierende, nach oben gerichtete Sohlspannung (ohne Fundamenteigengewicht) innerhalb des kritischen Rundschnittes ist. Die eigentliche Nachweisgleichung lautet dann:

$$v_{Ed} = \frac{\beta \cdot V_{Ed,red}}{u \cdot d} \leq v_{Rd,c} \qquad (8.89)$$

$v_{Rd,c} = C_{Rd,c} \cdot k \cdot (100\varrho_1 \cdot f_{ck})^{1/3} \cdot 2 \cdot d/a \geq v_{min} \cdot 2 \cdot d/a$
$C_{Rd,c} = 0{,}15/\gamma_C$ bei Stützenfundamenten und Bodenplatten
β $= 1{,}10$ Lasterhöhungsfaktor bei zentrischer Last
  für exzentrische Last ist β nach EC-2-1-1/NA, Abschn. 6.4.4, [3] bzw. [11], zu bestimmen

Abb. 8.71 Rundschnitt und Abzug der Sohlpressung

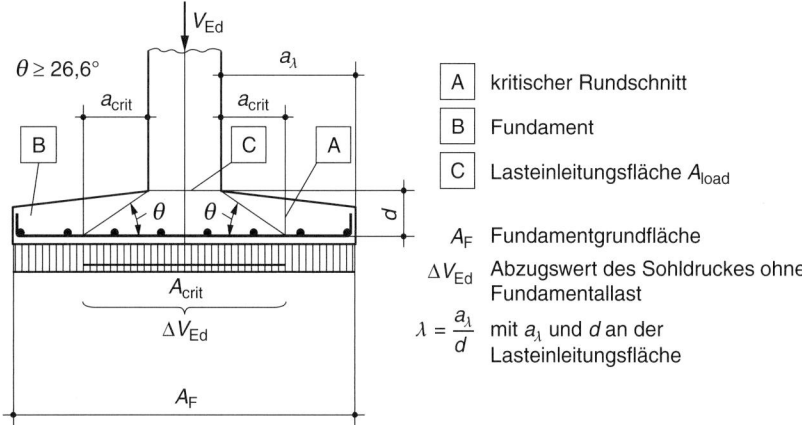

a   Abstand vom Stützenrand bis zum betrachteten Rundschnitt

für $\lambda = (a_\lambda/d) > 2$ gilt $a = a_{crit}$ im Abstand $1{,}0d$ (schlanke Fundamente, Bodenplatten)

für $\lambda = (a_\lambda/d) \leq 2$ gilt $a = a_{crit}$ durch Iteration ungünstigst zu bestimmen

restliche Parameter wie bei (8.88).

Innerhalb des iterativ bestimmten Rundschnitts darf die Summe der Bodenpressungen zu 100 % entlastend angesetzt werden. Wird zur Vereinfachung der Rechnung der konstante Rundschnitt im Abstand $1{,}0d$ angenommen, dürfen 50 % der Summe der Bodenpressungen innerhalb des konstanten Rundschnitts entlastend angenommen werden, d. h. in (8.89) ist $V_{Ed,red} = V_{Ed} - 0{,}5 \cdot \Delta V_{Ed}$.

Anstelle einer Iteration kann a_{crit} auch mit folgendem Nomogramm (Abb. 8.72) in Abhängigkeit der Werte c/d und L/c graphisch bestimmt werden. Oberhalb der gepunkteten Linie gilt $a_\lambda/d > 2 \to a_{crit} = d$.

Beispiel 8.20

Tragfähigkeit eines Fundamentes ohne Durchstanzbewehrung

Beton C25/30, Stahl B500 A

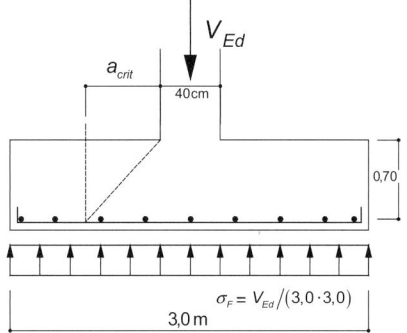

Zentrisch belastetes Stützenfundament mit quadratischer Stütze $c = 40$ cm und quadratischen Fundamentabmessungen

Abb. 8.72 Nomogramm zur Bestimmung von a_{crit} bei zentrisch belasteten Fundamenten. Oberhalb der gepunkteten Linie gilt: $a_{crit} = d$

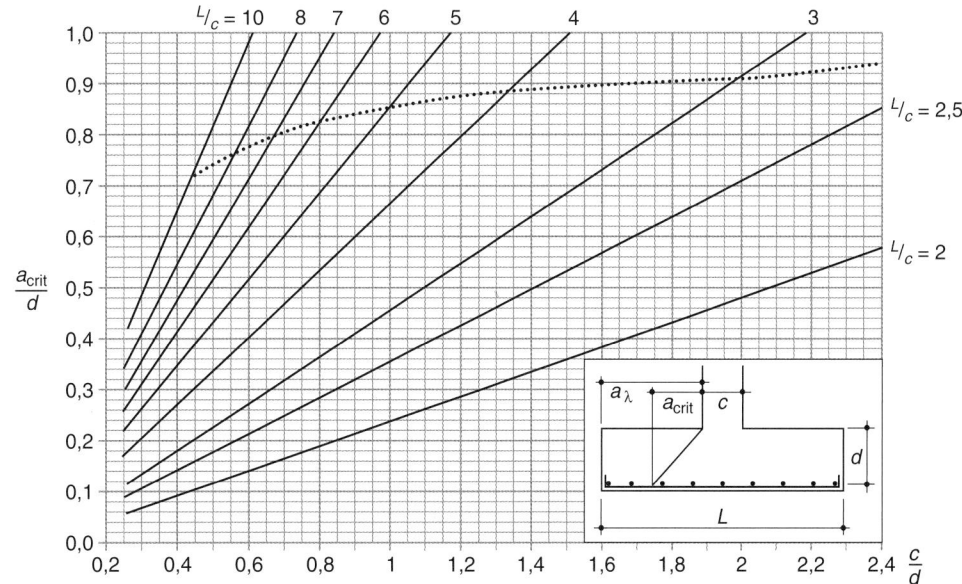

Längsbewehrungsgrad $\varrho_l = 0,5\,\%$
Mittlere Nutzhöhe $d = 70\,\text{cm}$ $f_{ck} = 25\,\text{N/mm}^2$

$$\lambda = a_\lambda/d = 0,5 \cdot (3,0 - 0,4)/0,7 = 1,857 < 2$$

$$\rightarrow \text{Iteration von } a_{crit} \text{ erforderlich}$$

$$V_{Ed,red} = V_{Ed} - \Delta V_{Ed} = V_{Ed} - \sigma_F \cdot A_{crit} \le V_{Rd,c}$$

$$V_{Ed} - \frac{V_{Ed}}{3 \cdot 3} \cdot A_{crit} = V_{Ed} \cdot \left(1 - \frac{1}{9} \cdot A_{crit}\right) \le V_{Rd,c}$$

$$\rightarrow V_{Ed} = \frac{V_{Rd,c}}{(1 - A_{crit}/9)}$$

$$V_{Rd,c} = 0,15/\gamma_C \cdot k \cdot (100 \cdot \varrho_l \cdot f_{ck})^{1/3} \cdot 2 \cdot d/a \cdot (d \cdot u)$$

$$\ge v_{min} \cdot 2 \cdot d/a \cdot (d \cdot u)$$

$$k = 1 + \sqrt{200/d} = 1 + \sqrt{200/700} = 1,534 \le 2,0,$$

$$v_{min} = 0,030 \cdot \sqrt{1,544^3 \cdot 25} = 0,285$$

$$V_{Rd,c} = 0,1 \cdot 1,534 \cdot (100 \cdot 0,005 \cdot 25)^{1/3} \cdot 2 \cdot d^2 \cdot u/a$$

$$\ge 0,285 \cdot 2 \cdot d^2 \cdot u/a$$

$$V_{Rd,c} = 0,349 \cdot u/a \ge 0,279 \cdot u/a$$

$$u = 4 \cdot c + 2 \cdot a \cdot \pi,$$

$$A = c^2 + 4 \cdot a \cdot c + \pi \cdot a^2$$

An dieser Stelle muss a entweder iterativ mit den obigen Gleichungen ermittelt werden oder $a = a_{crit}$ kann mit Hilfe von Abb. 8.71 vorab bestimmt werden. Eingangswerte für Abb. 8.72

$$L/c = 3/0,4 = 7,5, \quad c/d = 0,4/0,7 = 0,571$$

$$\xrightarrow{\text{ablesen aus Abb. 8.72}} a_{crit}/d = 0,72$$

$$\rightarrow a_{crit} = 0,72 \cdot 0,70 = 0,504\,\text{m}$$

$$u = 4 \cdot 0,4 + 2 \cdot 0,504 \cdot \pi = 4,767\,\text{m},$$

$$A = 0,4^2 + 4 \cdot 0,504 \cdot 0,4 + \pi \cdot 0,504^2 = 1,764\,\text{m}^2$$

$$V_{Rd,c} = 0,349 \cdot 4,767/0,504 = 3,30\,\text{MN}$$

$$\beta \cdot V_{Ed} \le \frac{V_{Rd,c}}{(1 - A_{crit}/9)} = \frac{3,30}{1 - 1,764/9} = 4,104\,\text{MN}$$

$$\rightarrow V_{Ed} \le \frac{4,104}{1,10} = 3,73\,\text{MN}$$

8.6.5.3 Platten oder Fundamente mit Durchstanzbewehrung

Kann der Nachweis $v_{Ed} \le v_{Rd,c}$ [N/mm²] im kritischen Rundschnitt nach (8.88) nicht erbracht werden, so ist in der Regel eine Durchstanzbewehrung vorzusehen. Dazu sind folgende Nachweise zu führen:

$$v_{Ed} \le \begin{cases} v_{Rd,max} & \text{Bemessungswert der max. Querkraft-} \\ & \text{tragfähigkeit im krit. Rundschnitt } u_1 \\ v_{Rd,cs} & \text{Durchstanzwiderstand der Platte} \\ & \text{mit Durchstanzbewehrung} \\ v_{Rd,c,out} & \text{Querkrafttragfähigkeit der Platte im} \\ & \text{äußeren Rundschnitt o. Bewehrung} \end{cases} \quad (8.90)$$

Die **Maximaltragfähigkeit $v_{Rd,max}$** im kritischen Rundschnitt (im Abstand $u_1 = 2d$ zum Stützenrand) entspricht der 1,4-fachen Tragfähigkeit ohne Durchstanzbewehrung nach (8.87) und ist wie folgt nachzuweisen:

$$v_{Ed,u_1} \le v_{Rd,max} = 1,4 \cdot v_{Rd,c,u_1} = 1,4 \cdot v_{Rd,c} \quad (8.91)$$

Die günstige Wirkung von Betondruckspannungen σ_{cp} infolge Vorspannung darf bei diesem Nachweis in $v_{Rd,c}$ nicht angesetzt werden.

Der Nachweis der **Tragfähigkeit $v_{Rd,cs}$ bei der Anordnung von Durchstanzbewehrung** erfolgt zunächst bezogen auf den kritischen Umfang im Abstand $u_1 = 2d$ zum Stützenrand mit (8.92):

$$v_{Rd,cs} = 0,75 \cdot v_{Rd,c} + 1,5 \cdot \frac{d}{s_r} \cdot \frac{A_{sw} \cdot f_{ywd,ef} \cdot \sin\alpha}{u_1 \cdot d} \quad (8.92)$$

$$\le v_{Rd,max}$$

$v_{Rd,c}$ nach (8.88)

s_r radialer Abstand der Durchstanzbewehrungsreihen in [mm] mit $s_r \le 0,75d$. Für aufgebogene Durchstanzbewehrung ist für das Verhältnis $d/s_r = 0,53$ anzusetzen. Die aufgebogene Bewehrung darf mit $f_{swd,ef} = f_{ywd}$ ausgenutzt werden.

A_{sw} Querschnittsfläche in [mm²] der Durchstanzbewehrung in einer Bewehrungsreihe (Rundschnitt) um die Stütze. Durch Umstellung der Gleichung (8.92) ergibt sich die erforderliche Bewehrung zu

$$A_{sw} = \frac{(v_{Ed} - 0,75 \cdot v_{Rd,c}) \cdot u_1 \cdot d}{1,5 \cdot (d/s_r) \cdot f_{ywd,ef} \cdot \sin\alpha} \quad \text{für Bügel}$$

$$A_{sw} = \frac{(v_{Ed} - 0,75 \cdot v_{Rd,c}) \cdot u_1 \cdot d}{0,795 \cdot f_{ywd} \cdot \sin\alpha} \quad \text{für Schrägstäbe}$$

$f_{ywd,ef}$ Bemessungswert der effektiven Festigkeit der Durchstanzbewehrung infolge schlechter Verankerung von Bügeln in dünnen Platten
$f_{ywd,ef} = 250 + 0,25 \cdot d \le f_{ywd}$; ($d$ in [mm] einsetzen)

α Winkel zwischen Durchstanzbewehrung und Plattenebene. Schrägstäbe sollten eine Neigung von $45° \le \alpha \le 90°$ haben. Sie dürfen in einem Bereich bis $\le 1,5d$ vom Stützenrand angeordnet werden (siehe Abb. 8.73).

d Mittelwert der statischen Nutzhöhen in den orthogonalen Richtungen in [mm].

Die nach (8.92) ermittelte Durchstanzbewehrung ist um den Faktor $K_{sw,i}$ in der ersten und zweiten Bewehrungsreihe zu erhöhen.

1. Reihe (mit $0,3d \le s_0 \le 0,5d$)

$$K_{sw,1} = 2,5$$

2. Reihe (mit $s_r \le 0,75d$)

$$K_{sw,2} = 1,4$$

3. und alle weiteren Reihen (mit $s_r \le 0,75d$)

$$K_{sw,3} = 1,0 = K_{sw,i>3}$$

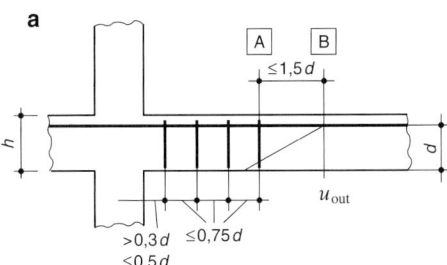

a

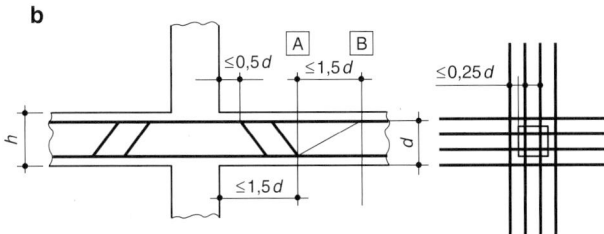

b

A   letzter Rundschnitt, der noch Durchstanzbewehrung benötigt

B   letzter Rundschnitt, der keine Durchstanzbewehrung benötigt

Abb. 8.73 Nachweisschnitte und Konstruktive Durchbildung der Durchstanzbewehrung. **a** Bügelabstände bei Flachdecken, **b** Abstände aufgebogener Stäbe

Die ermittelte Durchstanzbewehrung ist je Rundschnitt gemäß Abb. 8.73 solange anzuordnen, bis der Nachweis ohne Durchstanzbewehrung geführt werden kann. Im kritischen Rundschnitt (i. d. R. dritte Bewehrungsreihe) darf der tangentiale Abstand der Bewehrung nicht mehr als $1{,}5d$ betragen.

Im äußersten Rundschnitt u_{out} im Abstand von $1{,}5d$ zur letzten Bewehrungsreihe ist der Nachweis zu führen, dass

$$v_{\text{Ed}} = \frac{\beta \cdot V_{\text{Ed}}}{u_{\text{out}} \cdot d} \leq v_{\text{Rd,c,out}} \qquad (8.93)$$

ist.

$v_{\text{Rd,c,out}}$ ist nach (8.62) mit $C_{\text{Rd,c}} = 1{,}5/\gamma_C$ als Querkrafttragfähigkeit ohne Querkraftbewehrung zu bestimmen.

Empfohlene Vorgehensweise beim Durchstanznachweis:

a) Berechnung von $v_{\text{Rd,c}}$ und Überprüfung, ob Durchstanzbewehrung erf. ist

b) Berechnung von $v_{\text{Rd,max}} = 1{,}4 \cdot v_{\text{Rd,c}}$ und Überprüfung der Tragfähigkeit

c) Abgrenzung des durchstanzbewehrten Bereiches über

$$u_{\text{out}} = \frac{\beta \cdot V_{\text{Ed}}}{v_{\text{Rd,c}} \cdot d}$$

d) Bestimmung der erf. Bewehrung A_{sw} je Reihe

$$A_{\text{sw,i}} = K_{\text{sw,i}} \cdot (v_{\text{Ed}} - 0{,}75 \cdot v_{\text{Ed,c}}) \cdot \frac{s_{\text{r}} \cdot u_1}{1{,}5 \cdot f_{\text{ywd,ef}}};$$

$$\alpha = 90°$$

e) Anordnung der Bewehrung unter Beachtung der Konstruktionsregeln.

Hinweis In der Praxis werden vielfach spezielle Bewehrungselemente (Kopfbolzenleisten, evtl. auch Gitterträger)

als Durchstanzbewehrung angeordnet. Hier gelten die zugehörigen bauaufsichtlichen Zulassungen. Die Hersteller stellen ebenfalls entsprechende Bemessungssoftware zur Verfügung. Bei der Anordnung von Gitterträgern ist insofern besondere Sorgfalt erforderlich, als dass es sich in Bezug auf die Querschnittshöhe um sogenannte Passformen handelt. Die Einbaubarkeit der gesamten Bewehrung ist daher genau zu prüfen. Ein entsprechender Hinweis auf dem Bewehrungsplan ist sinnvoll.

Mindestdurchstanzbewehrung Wenn Durchstanzbewehrung erforderlich wird, ist als Querschnitt je Bügelschenkel (oder Gleichwertig) mindestens anzusetzen:

$$A_{\text{sw,min}} = A_{\text{s}} \cdot \sin a = \frac{0{,}08}{1{,}5} \cdot \frac{\sqrt{f_{\text{ck}} \, [\text{N/mm}^2]}}{f_{\text{yk}} \, [\text{N/mm}^2]} \cdot s_{\text{r}} \cdot s_{\text{t}} \qquad (8.94)$$

wobei

$A_{\text{sw,min}}$ erforderliche Fläche eines Bewehrungselementes (z. B. Bügelschenkel) in $[\text{mm}^2]$

s_{r} radialer Abstand der Durchstanzbewehrungsreihen in $[\text{mm}]$

s_{t} tangentialer Abstand der einzelnen Bewehrungselemente einer Reihe in $[\text{mm}]$

α Winkel zwischen Durchstanzbewehrung und Hauptbewehrung, d. h. bei vertikalen Bügeln $\alpha = 90°$.

Für Fundamente mit Durchstanzbewehrung gilt ergänzend Aufgrund der steileren Neigung der Druckstreben in Fundamenten gelten folgende erweiterte Festlegungen:

Die reduzierte einwirkende Querkraft $V_{\text{Ed,red}} = V_{\text{Ed}} - \Delta V_{\text{Ed}}$ (siehe (8.89)) ist von den ersten beiden Bewehrungsreihen neben A_{load} ohne Abzug des Betontraganteils $v_{\text{Rd,c}}$ aufzunehmen. Die erforderliche Bewehrungsmenge $A_{\text{sw,1+2}}$ ist gleichmäßig auf beide Reihen in die Abständen $s_0 = 0{,}3d$ und $s_0 + s_1 = 0{,}3d + 0{,}5d = 0{,}8d$ zu verteilen.

Dabei gilt bei Anordnung von:
Bügelbewehrung:

$$A_{\text{sw,1+2}} = \frac{\beta \cdot V_{\text{Ed,red}}}{f_{\text{ywd,ef}}} \qquad (8.95)$$

aufgebogene Bewehrung:

$$A_{\text{sw,1+2}} = \frac{\beta \cdot V_{\text{Ed,red}}}{1{,}3 \cdot f_{\text{ywd,ef}} \cdot \sin \alpha} \qquad (8.96)$$

Falls weitere Bewehrungsreihen erforderlich sein sollten, sind je Reihe 33 % der Bewehrung $A_{\text{sw,1+2}}$ vorzusehen. Der Abzugswert der Sohlpressung ΔV_{Ed} darf dabei mit der Fundamentfläche innerhalb der betrachteten Bewehrungsreihe angesetzt werden. Die radialen Abstände s_{r} zwischen der ersten bis dritten Bewehrungsreihe sind bei gedrungenen Fundamenten auf $0{,}5d$ zu begrenzen (siehe Abb. 8.74).

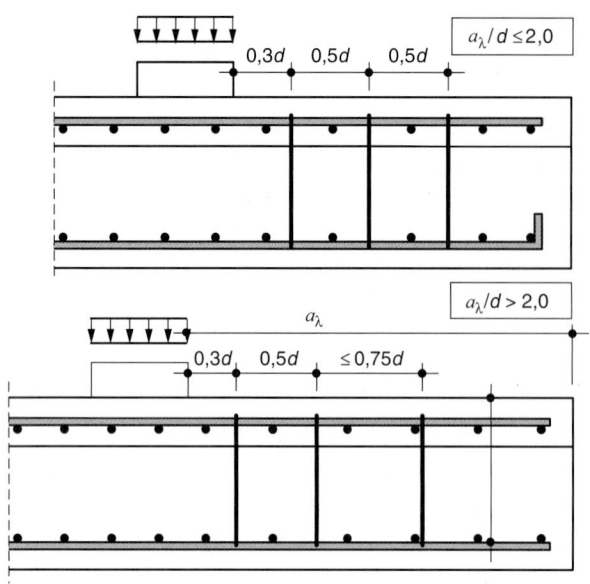

Abb. 8.74 Abstand der Durchstanzbewehrung bei Fundamenten

8.6.5.4 Mindestbemessungsmomente für Platten-Stützen-Verbindungen

Zur Sicherung der Querkrafttragfähigkeit sind die Platten im Bereich der Stützen (siehe Abb. 8.75) für folgende Mindestmomente in z- und y-Richtung zu bemessen, sofern nicht die Schnittgrößenermittlung zu höheren Werten führt:

$$m_{Edz} \geq \eta_z \cdot V_{Ed}$$
$$m_{Edy} \geq \eta_y \cdot V_{Ed} \qquad (8.97)$$

V_{Ed} Aufzunehmende Querkraft
η_z, η_y Momentenbeiwert nach Tafel 8.41.

Beim Nachweis der aufnehmbaren Biegemomente können nur Bewehrungsstäbe berücksichtigt werden, die außerhalb der kritischen Querschnittsfläche verankert sind.

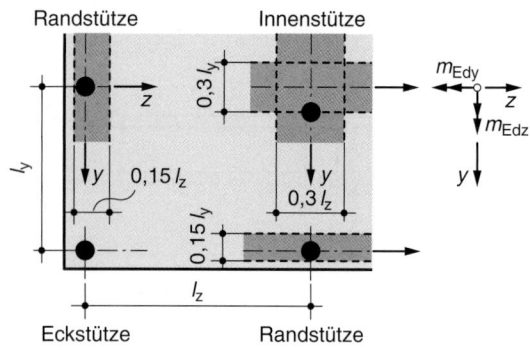

Abb. 8.75 Biegemomente m_{Edz} und m_{Edy} in Platten-Stützen-Verbindungen und mitwirkende Plattenbreite zur Ermittlung der aufnehmbaren Biegemomente

Beispiel 8.21

Tragfähigkeit eines Fundamentes mit Durchstanzbewehrung

Zentrisch belastetes Stützenfundament mit quadratischer Stütze $c = 40$ cm und quadratischen Fundamentabmessungen

Beton C25/30, Stahl B500 A

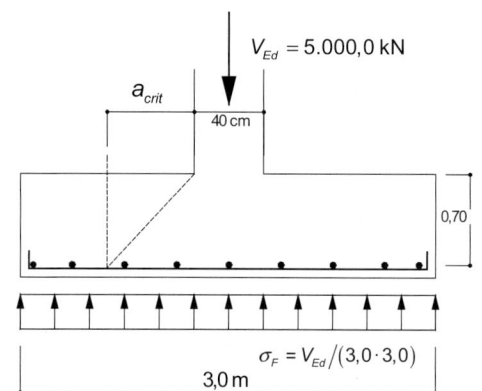

Tafel 8.41 Momentenbeiwerte η

Lage der Stütze	η_z für m_{Edz}			η_y für m_{Edy}		
	Zug an der Plattenoberseite[a]	Zug an der Plattenunterseite[a]	Mitwirkende Plattenbreite	Zug an der Plattenoberseite[a]	Zug an der Plattenunterseite[a]	Mitwirkende Plattenbreite
Innenstütze	0,125	0	$0,3l_y$	0,125	0	$0,3l_z$
Randstütze, Plattenrand parallel zur z-Achse	0,25	0	$0,15l_y$	0,125	0,125	(je m Plattenbreite)
Randstütze, Plattenrand parallel zur y-Achse	0,125	0,125	(je m Plattenbreite)	0,25	0	$0,15l_z$
Eckstütze	0,50	0,5	(je m Plattenbreite)	0,5	0,5	(je m Plattenbreite)

[a] Mit Plattenoberseite wird die der Lasteinleitungsfläche gegenüberliegende Seite der Platte bezeichnet, mit Plattenunterseite dementsprechend die andere Seite.

Längsbewehrungsgrad:

$$\varrho_{\mathrm{l}} = 0,5\,\%$$

Mittlere Nutzhöhe:

$$d = 70\,\mathrm{cm} \quad f_{\mathrm{ck}} = 25\,\mathrm{N/mm}^2$$

Tragfähigkeit ohne Durchstanzbewehrung:

$$\beta \cdot V_{\mathrm{Ed}} = 4,104\,\mathrm{MN}$$

(siehe Beispiel 12.20), d. h. mit $\beta \cdot V_{\mathrm{Ed}} = 1,1 \cdot 5,0 = 5,5\,\mathrm{MN}$ ist Durchstanzbewehrung erforderlich.

Maximaltragfähigkeit

$$V_{\mathrm{Rd,max}} = 1,4 \cdot 4,1 = 5,745\,\mathrm{MN} \leq 5,5\,\mathrm{MN}$$

Der Abstand des kritischen Rundschnittes wurde im Beispiel 12.20 zu $a_{\mathrm{crit}} = 0,504\,\mathrm{m}$ bestimmt. $A_{\mathrm{crit}} = 0,4^2 + 4 \cdot 0,504 \cdot 0,4 + \pi \cdot 0,504^2 = 1,764\,\mathrm{m}^2$.

Erforderliche Durchstanzbewehrung

$$f_{\mathrm{ywd,ef}} = 250 + 0,25d = 250 + 0,25 \cdot 700$$
$$= 425 < 435\,\mathrm{N/mm}^2$$

$$V_{\mathrm{Ed,red}} = V_{\mathrm{Ed}} - \sigma_{\mathrm{F}} \cdot A_{\mathrm{krit}} = V_{\mathrm{Ed}} \cdot (1 - A_{\mathrm{krit}}/A)$$
$$= 5,0 \cdot (1 - 1,764/9) = 4,02\,\mathrm{MN}$$

$$A_{\mathrm{sw,1+2}} = \frac{\beta \cdot V_{\mathrm{Ed,red}}}{f_{\mathrm{ywd,ef}}} = \frac{1,1 \cdot 4,02}{425} \cdot 10^4 = 104\,\mathrm{cm}^2$$

Die Anordnung erfolgt in der ersten Reihe bei $u_1 = 0,3d = 0,21\,\mathrm{m}$ sowie in der zweiten Reihe bei $u_2 = 0,8d = 0,56\,\mathrm{m}$ vom Stützenrand mit jeweils $104/2 = 52\,\mathrm{cm}^2$. Diese Bewehrungsmenge ist gleichmäßig auf den Umfang der beiden Reihen zu verteilen

$$u_1 = 4 \cdot 0,4 + 2 \cdot \pi \cdot 0,21 = 2,92\,\mathrm{m}$$
$$\rightarrow 52/2,92 = 17,8\,\mathrm{cm}^2/\mathrm{m} \quad \text{z. B. } \varnothing 20/17$$
$$u_2 = 4 \cdot 0,4 + 2 \cdot \pi \cdot 0,56 = 5,12\,\mathrm{m}$$
$$\rightarrow 52/5,12 = 10,16\,\mathrm{cm}^2/\mathrm{m} \quad \text{z. B. } \varnothing 16/17$$

Überprüfung, ob außerhalb des Rundschnittes ebenfalls Durchstanzbewehrung erforderlich ist:

$$A_2 = 0,4^2 + 4 \cdot 0,56 \cdot 0,4 + \pi \cdot 0,56^2 = 2,041\,\mathrm{m}^2$$

$$V_{\mathrm{Rd,c}} = 0,1 \cdot 1,577 \cdot (0,5 \cdot 25)^{1/3} = 0,366\,\mathrm{MN}$$

$$V_{\mathrm{Ed,red}} = V_{\mathrm{Ed}} \cdot (1 - A_2/A) = 5,0 \cdot (1 - 2,041/9)$$
$$= 3,8866\,\mathrm{MN}$$

$$u_{\mathrm{out}} = \beta \cdot V_{\mathrm{Ed,red}}/(v_{\mathrm{Rd,c}} \cdot d) = 1,1 \cdot 3,866/(0,366 \cdot 0,7)$$
$$= 16,6\,\mathrm{m}$$
$$> u_2 + 1,5d = 4 \cdot 0,4 + 2 \cdot \pi \cdot (0,56 + 1,5 \cdot 0,7)$$
$$= 11,72\,\mathrm{m}$$

d. h. es ist eine weitere Bewehrungsreihe erforderlich. Für Fundamente mit einer Schubschlankheit $\lambda = a_\lambda/d = 1,3/0,70 = 1,85 < 2$ ist diese im Abstand $0,5d$ zur zweiten Bewehrungsreihe anzuordnen:

$$a_3 = (0,8 + 0,5) \cdot d = 0,91\,\mathrm{m},$$
$$u_3 = 4 \cdot 0,4 + 2 \cdot \pi \cdot 0,91 = 7,32\,\mathrm{m}$$

Erforderliche Bewehrungsmenge:

$$A_{\mathrm{sw,3}} = 0,33 \cdot A_{\mathrm{sw,1+2}} = 0,33 \cdot 104$$
$$= 34,32\,\mathrm{cm}^2 \,\hat{=}\, 34,32/7,32 = 4,69\,\mathrm{cm}^2/\mathrm{m}$$

z. B. $\varnothing 12/20$

Überprüfung, ob außerhalb des dritten Rundschnittes noch Durchstanzbewehrung erforderlich ist:

$$A_3 = 0,4^2 + 4 \cdot 0,91 \cdot 0,4 + \pi \cdot 0,91^2 = 4,218\,\mathrm{m}^2$$

$$V_{\mathrm{Ed,red}} = V_{\mathrm{Ed}} \cdot (1 - A_3/A) = 5,0 \cdot (1 - 4,218/9)$$
$$= 2,657\,\mathrm{MN}$$

$$u_{\mathrm{out}} = \beta \cdot V_{\mathrm{Ed,red}}/(v_{\mathrm{Rd,c}} \cdot d) = 1,1 \cdot 2,657/(0,366 \cdot 0,7)$$
$$= 11,40\,\mathrm{m}$$
$$> u_{3+1,5d} = 4 \cdot 0,4 + 2 \cdot \pi \cdot (0,91 + 1,5 \cdot 0,7)$$
$$= 13,92\,\mathrm{m}$$

Eine weitere Bewehrungsreihe ist nicht erforderlich.

8.6.6 Stabförmige Bauteile unter Biegung und Längsdruck (Theorie II. Ordnung)

Für schlanke Tragwerke bzw. Bauteile, die vorwiegend auf Druck beansprucht und deren Tragfähigkeit wesentlich durch ihre Verformung derart beeinflusst werden, dass die Momente aus Theorie II. Ordnung zu einer Erhöhung der Momente aus Theorie I. Ordnung führen ($M^{\mathrm{II}}/M^{\mathrm{I}} > 1,1$), ist ein Nachweis nach diesem Abschnitt erforderlich. In der Bemessungspraxis handelt es sich hierbei um die sogenannten Knicksicherheitsnachweise.

8.6.6.1 Einteilung des Tragwerks und der Tragwerksteile

Der zu führende Nachweis hängt in erster Linie von der Nachgiebigkeit des Tragwerkes ab. Dabei wird unterschieden in **ausgesteifte** und **unausgesteifte** Tragwerke (siehe Abb. 8.10 und 8.11). Bei ausgesteiften Tragwerken brauchen die auszusteifenden Bauteile nicht unter Berücksichtigung der horizontalen Kräfte bemessen werden, da diese komplett vom Aussteifungssystem übernommen werden. Aussteifende Bauteile selber sollten unverschieblich (s. u.) sein und sind daher im Allg. nach Theorie I. Ordnung zu bemessen (Tafel 8.42).

Tafel 8.42 Einteilung der Tragwerke und Regeln der Nachweisführung

Aussteifende Bauteile im Tragwerk vorhanden?			
Ja		Nein	
Ausgesteift? Prüfung nach den Kriterien b) (8.98) und ggf. c) (8.99)		**Nicht ausgesteift?** Prüfung nach dem Kriterium[a] a) $R_\mathrm{d}^\mathrm{II} < 0,9 \cdot R_\mathrm{d}^\mathrm{I}$	
Ja	Nein	Ja	Nein
Unverschieblich	**Verschieblich**	**Verschieblich**	**Unverschieblich**
Berechnung nach Theorie I. Ordnung	Auswirkungen auf das Gesamttragwerk nach Theorie II. Ordnung sind zu berücksichtigen		Berechnung nach Theorie I. Ordnung

[a] R^I Tragfähigkeit, berechnet nach Theorie I. Ordnung; R^II Tragfähigkeit, berechnet nach Theorie II. Ordnung.

Je nach ihrer Empfindlichkeit gegenüber Auswirkungen nach Theorie II. Ordnung sind Tragwerke zusätzlich als **verschieblich** (verformungsempfindlich) oder **unverschieblich** einzustufen. Die Verschieblichkeit ist hinsichtlich der Translation und Rotation zu betrachten. Als unverschieblich gelten:

a) Tragwerke, bei denen der Einfluss von Knotenverschiebungen auf die Bemessungsschnittgrößen der einzelnen Bauteile vernachlässigt werden können (10 %-Regel), z. B. auch Rahmen ohne aussteifende Bauteile, die aber diese Bedingung erfüllen.

b) Ausgesteifte Tragwerke, bei denen die Aussteifung durch annähernd symmetrisch im Bauwerk verteilte Wände oder Kerne erfolgt (d. h. hohe Rotationssteifigkeit), und diese hinsichtlich der horizontalen Steifigkeiten das folgende Kriterium erfüllen (siehe auch EC 2, 5.8.3 [1]):

$$\frac{F_\mathrm{V,Ed} \cdot L^2}{\sum E_\mathrm{cd} \cdot I_\mathrm{c}} \leq K_1 \cdot \frac{n_\mathrm{s}}{n_\mathrm{s} + 1{,}6} \qquad (8.98)$$

Dabei ist:

$F_\mathrm{V,Ed}$ Summe aller lotrechten Lasten im Gebrauchszustand $\gamma_\mathrm{F} = 1{,}0$, d. h. sowohl auf ausgesteifte als auch aussteifende Bauteile

L Gesamthöhe des Bauwerkes über der Einspannebene

E_cd Bemessungswert des Elastizitätsmoduls $E_\mathrm{cd} = E_\mathrm{cm}/1{,}2$

I_c Trägheitsmoment des ungerissenen Betonquerschnitts (Zustand I) der aussteifenden Bauteile

K_1 $= 0{,}31$. Wenn sichergestellt ist, das die aussteifenden Bauteile im GZT ungerissen bleiben (d. h. f_ctm wird nicht überschritten) kann $K_1 = 0{,}62$ angesetzt werden.

n_s Anzahl der Geschosse.

In Bezug auf (8.98) sind folgende Kriterien zusätzlich zu beachten:

• Ausreichender Torsionswiderstand (wird durch die Forderung nach annähernd symmetrischer Anordnung der Aussteifungselemente erfüllt)

• Schubkraftverformungen können vernachlässigt werden

• Starre Gründungen in der Einspannebene

• Annähernd konstante Steifigkeiten der Aussteifungselemente über die Bauwerkshöhe

• Die Gesamtlast nimmt pro Stockwerk annähernd gleichmäßig zu

c) Wenn die lotrecht aussteifenden Bauteile nicht annähernd symmetrisch angeordnet sind oder nicht vernachlässigbare Verdrehungen zulassen, muss zusätzlich zur Translationssteifigkeit nach (8.98) auch die Verdrehsteifigkeit aus der Kopplung der Wölbsteifigkeit E_cd und der Torsionssteifigkeit $E_\mathrm{cd} \cdot I_\mathrm{T}$ der (8.99) genügen, um das System als unverschieblich annehmen zu können.

$$\left[\frac{1}{L} \cdot \sqrt{\frac{E_\mathrm{cd} \cdot I_\omega}{\sum_j F_\mathrm{V,Ed,j} \cdot r_\mathrm{j}^2}} + \frac{1}{2{,}28} \cdot \sqrt{\frac{G_\mathrm{cd} \cdot I_\mathrm{T}}{\sum_j F_\mathrm{V,Ed,j} \cdot r_\mathrm{j}^2}} \right]^{-2}$$
$$\leq K_1 \cdot \frac{n_\mathrm{s}}{n_\mathrm{s} + 1{,}6} \qquad (8.99)$$

Dabei ist:

$L, K_1, E_\mathrm{cd}, I_\mathrm{c}, n_\mathrm{s}$ wie bei (8.98)

$E_\mathrm{cd} \cdot I_\omega$ Summe der Nennwölbsteifigkeiten aller gegen Verdrehung aussteifenden Bauteile (Bemessungswert)

$E_\mathrm{cd} \cdot I_\mathrm{T}$ Summe der Torsionssteifigkeiten aller gegen Verdrehung aussteifenden Bauteile (St. Venant'sche Torsion, Bemessungswert)

r_j Abstand der Stütze j vom Schubmittelpunkt des Gesamtsystems

$F_\mathrm{v,Ed,j}$ Bemessungswert der Vertikallast der aussteifenden und ausgesteiften Bauteile j mit $\gamma_\mathrm{F} = 1{,}0$.

Für von den Punkten b) und c) abweichende Fälle wird auf ergänzende Hinweise im EC 2-1-1, Anhang H [1] verwiesen. Ist ein Tragwerk verschieblich, d. h. können die oben genannten Kriterien nicht erfüllt werden, so sind alle Nachweise am Gesamtsystem nach Theorie II. Ordnung zu führen.

Tafel 8.43 Einteilung der Bauteile und Regeln der Nachweisführung

Einzeldruckglieder als einzelne Stützen oder als Einzeldruckglieder betrachtete Teiles eines Tragwerkes $l_0 = \beta \cdot l_{\text{col}}$; $\lambda = l_0 / i$; Überprüfung **Schlankheitskriterium** $\lambda > \lambda_{\text{lim}} = \max\left(25; \frac{16}{\sqrt{n}}\right)$? (siehe (8.102))		
Ja		**Nein**
Schlankes Bauteil Gegenseitige Verschiebung der Stabenden von Bedeutung?		**Gedrungenes Bauteil**
Ja Schlankes, verschiebliches Bauteil	**Nein** Schlankes, unverschiebliches Bauteil	**Unverschieblich**
Nachweis nach Theorie II. Ordnung erforderlich (z. B. Verfahren mit Nennkrümmungen oder genaue Berechnung)		**Nachweis nach Theorie I. Ordnung ausreichend** Bemessung mit N_{Ed}, $M_{\text{Ed,min}} = N_{\text{Ed}} \cdot e_0$; $e_0 = \max\{h/30, 20\,\text{mm}\}$

Ausführliche Hinweise finden sich auch im Kap. 6 dieses Buches, weitere Beispiele sind in [18] enthalten.

Die Bemessung von einzelnen Druckgliedern, welche nach den obigen Kriterien zu einem als unverschieblich ausgesteiften üblichen Hochbau gehören, wird nur bei sehr schlanken Bauteilen in nennenswerter Weise von der Tragwerksverformung beeinflusst. Unverschiebliche Tragwerke oder Einzeldruckglieder, die als nicht schlank gelten (siehe Abschn. 8.6.6.2), brauchen daher nicht nach Theorie II. Ordnung bemessen zu werden. Bei verschieblichen Tragwerken sind hingegen die Tragwerksverformungen im Allgemeinen immer zu berücksichtigen. Für die Bemessung von Einzeldruckgliedern hat sich daher ein Nachweisverfahren in Abhängigkeit der Ersatzlänge l_0 bewährt.

8.6.6.2   Einzeldruckglieder

Als Einzeldruckglieder werden bezeichnet
- einzelstehende Stützen
- Druckglieder, die in einem unverschieblichen Tragwerk gelenkig oder biegesteif angeschlossen sind
- Druckglieder, die als aussteifendes Bauteil dienen und schlank sind.

Durch einen Vergleich der Schlankheit mit Grenzwerten (siehe Tafel 8.43) wird entschieden, ob die Auswirkungen nach Theorie II. Ordnung zu berücksichtigen sind. Die Schlankheit λ eines Druckgliedes errechnet sich aus:

$$\lambda = l_0 / i$$

wobei
$i = \sqrt{I/A}$ Flächenträgheitsradius des ungerissenen Betonquerschnitts
  $i = 0{,}289 \cdot h$ für Rechteckquerschnitte
  $i = 0{,}25 \cdot h$ für Kreisquerschnitte
$l_0 = \beta \cdot l_{\text{col}}$ Ersatzlänge (Knicklänge) mit
  l_{col} Stützlänge zwischen den idealisierten Einspannstellen
  β Knickbeiwert: Verhältnis von Ersatzlänge zu Stützenlänge.

Für Standardfälle kann β aus den in der Mechanik bekannten Euler-Fällen übertragen werden (siehe Abb. 8.76). Im Falle regelmäßiger Rahmen mit elastischen Einspannungen an den Stützenden kann der Knickbeiwert β mit Hilfe der folgenden Nomogramme (Abb. 8.77) bzw. von (8.102) und (8.103) bestimmt werden.

Die Nomogramme basieren auf den folgenden Gleichungen für:
a)   ausgesteifte Bauteile:

$$l_0 = 0{,}5 \cdot l_{\text{col}} \cdot \sqrt{\left(1 + \frac{k_1}{0{,}45 + k_1}\right) \cdot \left(1 + \frac{k_2}{0{,}45 + k_2}\right)} \tag{8.100}$$

b)   nicht ausgesteifte Bauteile:

$$l_0 = l_{\text{col}} \cdot \max\left\{ \sqrt{\left(1 + 10 \frac{k_1 \cdot k_2}{k_1 + k_2}\right)}; \left(1 + \frac{k_1}{1 + k_1}\right) \cdot \left(1 + \frac{k_2}{1 + k_2}\right) \right\} \tag{8.101}$$

Dabei ist:
k_i bezogene Einspanngrade der Enden 1 und 2 mit

$$k_i = \frac{\sum E I_{\text{col}} l_{\text{col}}}{\sum M_{\text{R}}};$$

$\sum E I_{\text{col}} / l_{\text{col}}$ ist die Summe der Stabsteifigkeiten der zu stabilisierenden Stiele, $\sum M_{\text{R}}$ ist die Summe der Drehwiderstandsmomente (siehe Abb. 8.77) der *einspannenden* Bauteile (stabilisierende Riegel) infolge einer Einheitsverdrehung bzw. Verschiebung am Knoten i.
Zur Berücksichtigung des Steifigkeitsabfalls infolge Rissbildung wird empfohlen, für Druckglieder die Steifigkeit im Zustand I, für überwiegend auf Biegung beanspruchte Bauteile jedoch nur 50 % der Steifigkeit nach Zustand I zur Bestimmung von k_i anzusetzen.

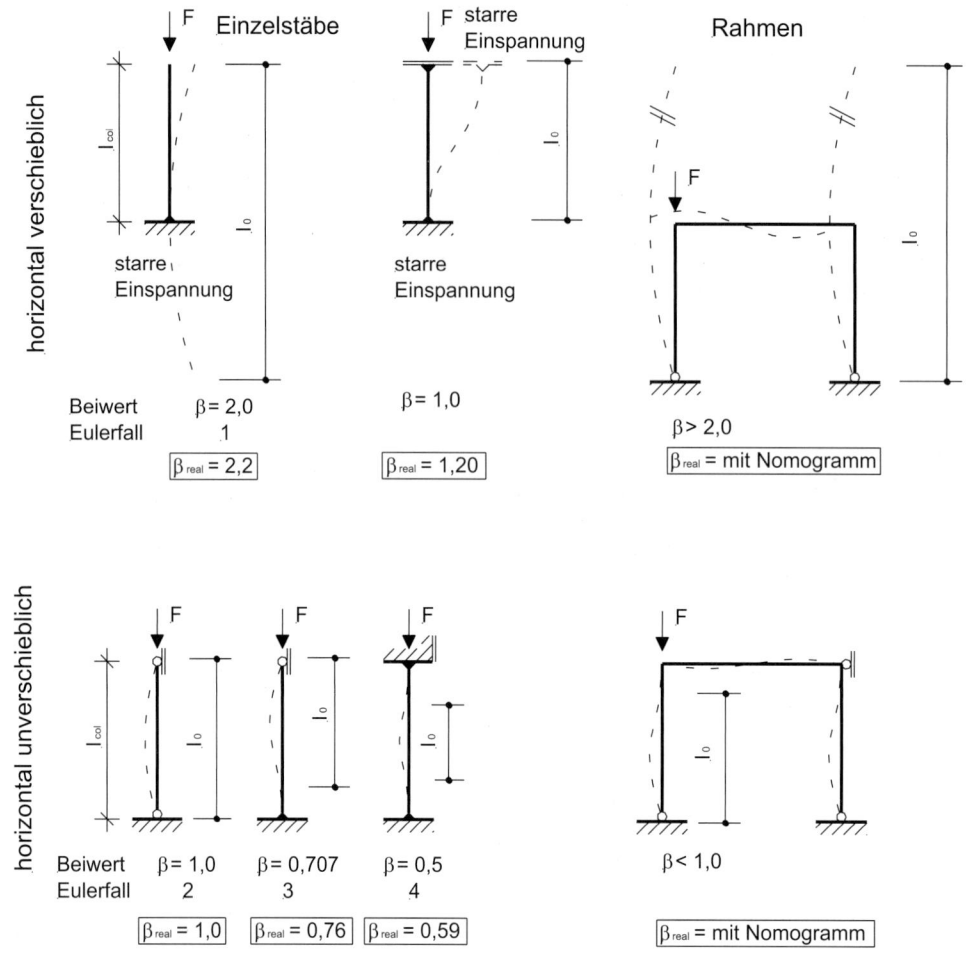

Abb. 8.76 Bestimmung der Ersatzlängen für Standardfälle

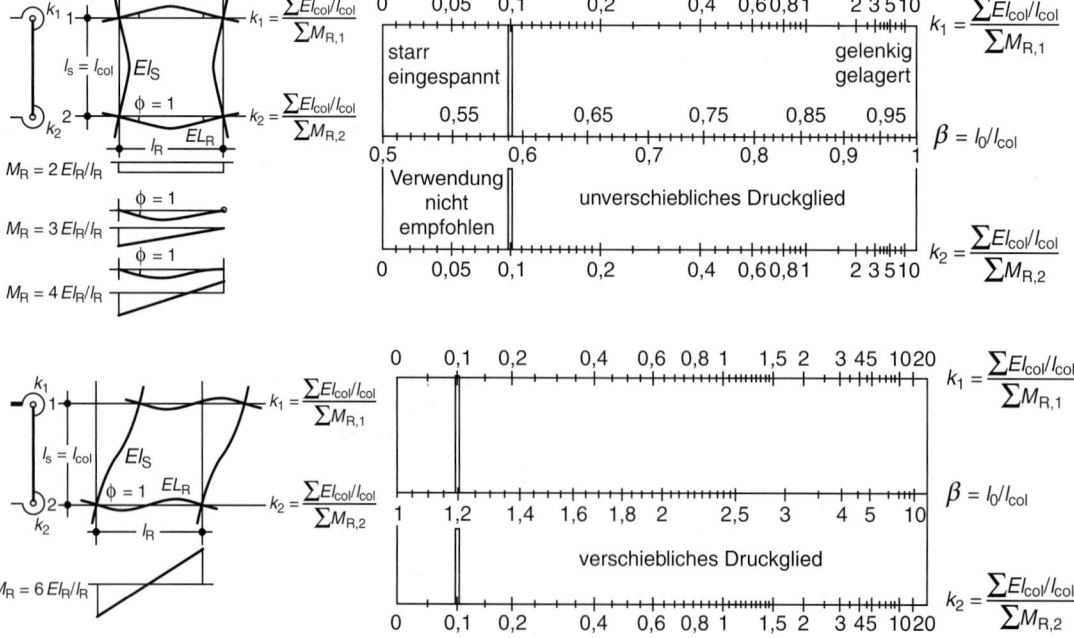

Abb. 8.77 Nomogramme zur Berechnung der Ersatzlänge von Einzeldruckgliedern [U. Quast, BK 2004] [13]

Es gilt z. B. für k_i und l_0:

- Stab beidseitig gelenkig:

$$\sum M_R = 0; \quad k_i = \infty, \quad l_0 = l_{col}$$

nach (8.100)

- Stab beidseitig starr eingespannt:

$$\sum M_R = \infty; \quad k_i = 0, \quad l_0 = 0{,}5 \cdot l_{col}$$

($k_i = 0$ ist ein theoretischer Wert, der in der Praxis nicht vorkommt. Daher sollte immer mindestens $k_i = 0{,}1$ angesetzt werden $\rightarrow l_0 = 0{,}59 \cdot l_{col}$ nach (8.99) bzw. $\rightarrow l_0 = 1{,}22 \cdot l_{col}$ nach (8.101))

- Stab auf der einen Seite gelenkig gelagert, auf der anderen starr eingespannt:

$$k_1 = \infty, \quad k_2 = 0, \quad l_0 = 0{,}71 \cdot l_{col}$$

bzw. real mit $k_2 = 0{,}1 \rightarrow l_0 = 0{,}76 \cdot l_{col}$ nach (8.100):

- Stab beidseitig elastisch eingespannt, verschiebliches System:

$$k_2 = \frac{20/4{,}25}{0{,}5 \cdot (3 \cdot 28/4{,}5 + 3 \cdot 28/6{,}3)} = 0{,}294$$

$$k_1 = \frac{20/4{,}25}{0{,}5 \cdot (4 \cdot 28/4{,}5 + 3 \cdot 28/6{,}3)} = 0{,}246$$

$$l_0 = \beta \cdot l_{col} = 1{,}53 \cdot 4{,}25 = 6{,}50 \, \text{m}$$

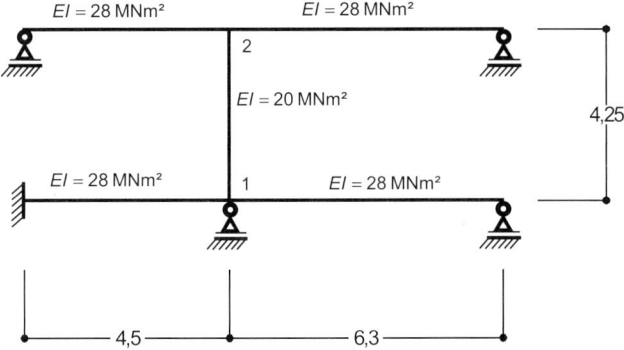

Weitere Hinweise zur Knicklängenbestimmung enthält Heft 600 des DAfStb [11].

Schlankheitskriterium Sofern $\lambda \leq \lambda_{lim}$ ist, gilt die betrachtete Einzelstütze als gedrungen. Hier kann auf einen Nachweis nach Theorie II. Ordnung verzichtet werden.

$$\lambda_{lim} = \begin{cases} 25 & \text{für } |n| \geq 0{,}41 \\ 16/\sqrt{|n|} & \text{für } |n| < 0{,}41 \end{cases} \quad (8.102)$$

λ Schlankheit l_0/i
n Bezogene Längskraft nach (8.103)
l_0 Ersatzlänge des Druckgliedes
i Flächenträgheitsradius $= \sqrt{I/A}$.

Für n gilt

$$n = N_{Ed}/(f_{cd} \cdot A_c) \quad (8.103)$$

N_{Ed} Bemessungswert der aufzunehmenden Normalkraft
A_c Betonquerschnitt der Stütze
f_{cd} Bemessungswert der Betondruckfestigkeit.

Für Druckglieder mit zweiachsiger Lastausmitte darf dieses Kriterium für jede Richtung einzeln betrachtet werden. Die Nachweise nach Theorie II. Ordnung können dann ggf. in beiden Richtungen entfallen oder sie sind in einer oder beiden Richtungen zu führen.

Sofern $\lambda > \lambda_{lim}$ ist, gilt die betrachtete Einzelstütze als schlank. Hier ist ein Nachweis nach Theorie II. Ordnung erforderlich. Nach EC 2-1-1, Kap. 5.8 [1] kann dies mit drei verschiedenen Berechnungsverfahren erfolgen:

1. Allgemeines Verfahren

Dies basiert auf einer nichtlinearen Schnittgrößenermittlung, welche die geometrische Nichtlinearität nach Theorie II. Ordnung enthält. Dieses Verfahren ist im Allgemeinen in den entsprechenden Bemessungsprogrammen der Softwarehersteller implementiert und wird im Rahmen dieses Tafelwerkes nicht näher erläutert.

2. Näherungsverfahren auf der Grundlage von Nennsteifigkeiten

Dieses Verfahren kann gemäß nationalem Anhang in Deutschland entfallen.

3. Näherungsverfahren auf der Grundlage von Nennkrümmungen (entspricht weitgehend dem Modellstützenverfahren nach DIN 1045-1) [5]. Dieses Verfahren eignet sich vorwiegend für Einzelstützen und wird im Folgenden näher erläutert.

8.6.6.2.1   Vereinfachtes Bemessungsverfahren mit Nennkrümmungen

Mit diesem Verfahren wird das Bemessungsmoment einer überwiegend normalkraftbeanspruchten Stütze nach Theorie II. Ordnung auf der Grundlage einer geschätzten Maximalkrümmung bestimmt. Anschließend kann die Querschnittsbemessung der Stütze mit den üblichen Bemessungshilfsmitteln erfolgen.

Für rechteckige bzw. kreisförmige Druckglieder mit einer Lastausmitte $e_0 \geq 0{,}1h$ kann hierbei auf Grundlage einer fußeingespannten und am Kopf frei verschieblichen Modellstütze nach Abb. 8.78 bemessen werden. Für andere Querschnittsformen und $e_0 < 0{,}1\,\text{h}$ ist dieses Verfahren ebenfalls anwendbar, liefert im Allgemeinen aber unwirtschaftliche Ergebnisse.

Die Bemessung des kritischen Querschnittes $A–A$ in Abb. 8.78 erfolgt unter der Längskraft N_{Ed} und der Gesamtausmitte e_{tot} mit

$$e_{tot} = e_0 + e_i + e_2 \quad (8.104)$$

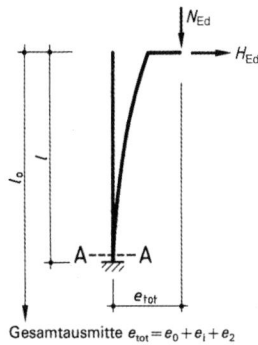

Abb. 8.78 Modellstütze

Gesamtausmitte $e_{tot} = e_0 + e_i + e_2$

a) e_0 Lastausmitte nach Theorie I. Ordnung

$$e_0 = M_{Ed0}/N_{Ed}$$

M_{Ed0} Bemessungswert des aufzunehmenden Biegemomentes nach Theorie I. Ordnung
N_{Ed} Bemessungswert der aufzunehmenden Längskraft. Bei unverschieblich gelagerten Bauteilen ohne Querlasten zwischen den Stabenden darf im Rahmen dieses Nachweises in (8.104) mit einer Ersatzausmitte $e_0 = e_{0e}$ gerechnet werden (siehe Abb. 8.79). Es gilt dann:

Fall I $\quad e_{01} = e_{02} = e_{0e}$
Fall II und III $\quad |e_{02}| > |e_{01}|$

$$e_{0e} = \max \begin{cases} 0,6 \cdot e_{02} + 0,4 \cdot e_{01} \\ 0,4 \cdot e_{02} \end{cases}$$

wobei e_{01} und e_{02} mit Vorzeichen einzusetzen sind.

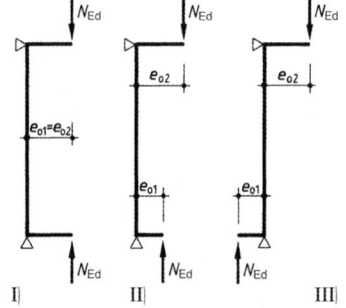

Abb. 8.79 Berechnung der Lastausmitte e_0

b) e_i ungewollte Lastausmitte (Imperfektion)

$$e_i = \theta_i \cdot \frac{l_0}{2}$$

l_0 Ersatzlänge der Stütze.

$$\theta_i = \frac{1}{200} \cdot \alpha_h; \quad 0 \le \alpha_h = \frac{2}{\sqrt{l_{col}\,[m]}} \le 1,0$$

c) e_2 Stabauslenkung nach Theorie II. Ordnung

$$e_2 = K_1 \cdot l_0^2 \cdot \frac{1}{r} \cdot \frac{1}{c}$$

$$K_1 = \lambda/10 - 2,5 \quad \text{für } 25 \le \lambda \le 35$$
$$K_1 = 1 \quad \text{für } \lambda > 35$$

$1/r$ entspricht der Stabkrümmung im kritischen Querschnitt

$$\frac{1}{r} = K_r \cdot K_\varphi \cdot \frac{1}{r_0}$$

$$\frac{1}{r_0} = \frac{2 \cdot \varepsilon_{yd}}{0,9 \cdot d} \quad K_r = \frac{N_{ud} - N_{Ed}}{N_{ud} - N_{bal}} \le 1$$

K_φ zur Berücksichtigung des Kriechens (s. Abschn. 8.6.6.2.2)
$\varepsilon_{yd} = f_{yd}/E_s$. Bemessungswert der Dehnung der Bewehrung an der Streckgrenze
d Nutzhöhe des Querschnitts in der Stabilitätsrichtung
N_{ud} Bemessungswert der Grenztragfähigkeit des Querschnitts unter zentrischem Druck $N_{ud} = (f_{cd} \cdot A_c + f_{yd} \cdot A_s)$
N_{Ed} Bemessungswert der aufzunehmenden Längskraft
N_{bal} Längsdruckkraft, unter der die Momentengrenztragfähigkeit eines Querschnittes am größten ist $N_{bal} \cong 0,4 \cdot f_{cd} \cdot A_c$ (Rechteckquerschnitte mit symmetrischer Bewehrung)
$K_r = 1$ liegt immer auf der sicheren Seite. Im Falle $K_r < 1$ und $n = N_{Ed}/(A_c \cdot f_{cd}) > 0,5$ ist im Allgemeinen ein iteratives Vorgehen erforderlich
$c = 10$ Beiwert zur Beschreibung des Krümmungsverlaufes entlang des Stabes. Bei konstantem Querschnitt wird mit $c = 10$ gerechnet. Wenn das Moment entlang der Stabachse konstant ist, ist in der Regel ein kleinerer Wert anzusetzen, dabei ist $c = 8$ der untere Grenzwert. Abb. 8.80 (Kordina/Quast, BK 2001 [13]) beschreibt, dass der Krümmungsverlauf umso rechteckiger ist, je kleiner die H-Last und je kleiner die bezogene Zusatzausmitte e_2/h ist.

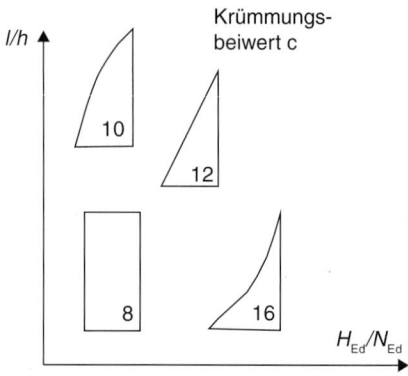

Abb. 8.80 Krümmungsbeiwert in Abhängigkeit des Krümmungsverlaufs

8.6.6.2.2 Berücksichtigung des Kriechens über K_φ

Die Auswirkungen des Kriechens werden mit dem Faktor k_φ wie folgt erfasst:

$$K_\varphi = 1 + \beta \cdot \varphi_{eff} \geq 1,0$$

Dabei ist:

φ_{eff} effektive Kriechzahl $= \varphi(\infty, t_0) \cdot \dfrac{M_{0Eqp}}{M_{0Ed}}$ mit

$\varphi(\infty, t_0)$ Endkriechzahl nach Tafel 8.5

M_{0Eqp} Moment nach Theorie I. Ordnung in der quasi-ständigen Kombination (GZG inkl. Imperfektion)

M_{0Ed} Moment nach Theorie I. Ordnung in der Bemessungskombination (GZT inkl. Imperfektion).

Wenn M_{0Eqp}/M_{0Ed} variiert, darf das Verhältnis für den Querschnitt mit dem maximalen Moment oder ein repräsentativer Wert verwendet werden.

β zur Berücksichtigung des Einflusses der Stützenschlankheit $\beta = 0,35 + f_{ck}/200 - \lambda/150 \geq 0$.

Wenn die folgenden drei Bedingungen erfüllt sind, dürfen die Kriechauswirkungen hier vernachlässigt werden, d. h. $\varphi_{eff} = 0 \to K_\varphi = 1$

1. $\varphi(\infty, t_0) \leq 2$
2. $\lambda \leq 75$
3. $M_{0Ed}/N_{Ed} > h$.

In unverschieblichen Tragwerken dürfen Kriechauswirkungen in der Regel auch vernachlässigt werden, wenn die Stützen an beiden Enden monolithisch mit lastabtragenden Bauteilen verbunden sind. Bei verschieblichen Tragwerken darf das Kriechen ebenfalls unberücksichtigt bleiben, wenn $\lambda < 50$ ist und gleichzeitig die bezogene Lastausmitte im GZT $e_0/h > 2$ (d. h. $M_{0Ed}/N_{Ed} > 2h$) ist.

Beispiel 8.22

Bemessung einer Kragstütze (die Stütze sei senkrecht zur Zeichenebene gehalten)

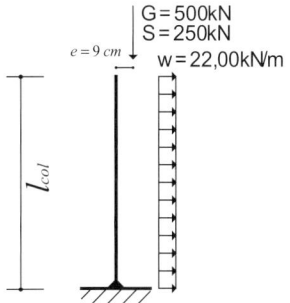

Abmessungen:

$$b/h = 45/45\,\text{cm}, \quad l_{col} = 3,30\,\text{m}$$

Beton C30/37, $f_{cd} = 17,00\,\text{N/mm}^2$
Betonstahl B500, $d = 40,5\,\text{cm}$

Vorwerte:

$$l_0 = \beta \cdot l_{col} = 2,2 \cdot 3,3 = 7,26\,\text{m}$$

$$i = \sqrt{I/A} = 0,289 \cdot 0,45 = 0,13\,\text{m}$$

$$\lambda = l_0/i = 7,26/0,13$$
$$= 55,8 > 25\ (n \geq 0,41) \to \text{KSNW erforderlich}$$

Imperfektion und Zusatzmoment M_i

$$\alpha_h = \frac{2}{\sqrt{l_{col}}} = \frac{2}{\sqrt{3,3}} = 1,101 > 1,$$

$$\theta_i = \frac{1}{200} \cdot \alpha_h = 0,005$$

$$\to e_i = \theta_i \cdot \frac{l_0}{2} = 0,005 \cdot \frac{7,26}{2} = 0,0182\,\text{m}$$

$$M_i = |N| \cdot e_i = |N| \cdot 0,0182 \quad [\text{kN m}]$$

Charakteristische Einwirkungen an der Einspannstelle

	Ständig	Veränderlich	Veränderlich
	G	S	w
N [kN]	−500,00	−250,00	0
M_0 [kN m]	45,00	22,50	119,79
M_i [kN m]	9,08	4,04	0
$M = M_0 + M_a$	54,08	27,04	119,79
$\psi_0/\psi_1/\psi_2$		0,7/0,5/0,2	0,6/0,5/0

Mögliche Lastfallkombinationen (GZT)
1. $1,35 \cdot G + 1,5 \cdot (S + \psi_0 \cdot w)$

$$N_{Ed} = -1,35 \cdot 500 - 1,5 \cdot 250 = -1050\,\text{kN};$$

$$M_{Ed0} = 1,35 \cdot 45 + 1,5 \cdot (22,50 + 0,6 \cdot 119,79)$$
$$= 202,31\,\text{kN m}$$

$$\to e_0 = \frac{202,31}{1050} = 0,193\,\text{m};$$

$$\frac{e_0}{h} = \frac{0,193}{0,45} = 0,428 < 2$$

2. $1,35 \cdot G + 1,5 \cdot (w + \psi_0 \cdot S)$

$$N_{Ed} = -1,35 \cdot 500 - 1,5 \cdot 0,7 \cdot 250 = -937,5\,\text{kN};$$

$$M_{Ed0} = 1,35 \cdot 45 + 1,5 \cdot (119,79 + 0,7 \cdot 22,5)$$
$$= 264,06\,\text{kN m}$$

$$\to e_0 = \frac{264,06}{937,50} = 0,282\,\text{m};$$

$$\frac{e_0}{h} = \frac{0,282}{0,45} = 0,626 < 2$$

3. $1,0 \cdot G + 1,5 \cdot w$

$$N_{Ed} = -1,0 \cdot 500 - 500 \, kN;$$

$$M_{1Ed} = 1,0 \cdot 45 + 1,5 \cdot 119,79 = 224,68 \, kN\,m$$

$$\rightarrow e_0 = \frac{224,68}{500,00} = 0,449 \, m;$$

$$\frac{e_0}{h} = \frac{0,449}{0,45} = 0,998 < 2$$

Aus $e_0/h \leq 2$ und $\lambda > 50$ folgt, dass der Kriecheinfluss berücksichtigt werden muss. Zu betrachtende Lastfall-kombinationen zur Berücksichtigung des Kriecheinflusses unter Berücksichtigung der Imperfektion:

$$M_{0Eqp} = G + \psi_{2,S} \cdot S + \psi_{2,w} \cdot w$$
$$= 54,08 + 0,2 \cdot 27,04 + 0 \cdot 119,79$$
$$= 59,49 \, kN\,m$$

$$M_{0Ed} = 1,35 \cdot G + 1,5 \cdot (w + \psi_0 \cdot S)$$
$$= 1,35 \cdot 54,08 + 1,5 \cdot (119,79 + 0,7 \cdot 27,04)$$
$$= 281,09 \, kN\,m$$

Endkriechzahl:

$$RH = 50\,\%,$$

$$h_0 = 2A_c/u = 2 \cdot 45^2/(4 \cdot 45) = 22,5 \, cm$$

CEM 32,5 N, $t_0 = 28d$, $\rightarrow$ Tafel 8.5 bzw. Abb. 8.5:

$$\varphi(\infty, t_0) = 2,38$$

$$\varphi_{eff} = \varphi(\infty, t_0) \cdot M_{0Eqp}/M_{0Ed}$$
$$= 2,38 \cdot 59,49/281,09 = 0,504$$

$$\beta = 0,35 + f_{ck}/200 - \lambda/150 \geq 0$$

$$\rightarrow \beta = 0,35 + 30/200 - 55,8/150 = \underline{0,128}$$

$$K_\varphi = 1 + \beta \cdot \varphi_{eff} = 1 + 0,128 \cdot 0,504 = 1,0645$$

Lastausmitte e_2 nach Theorie II. Ordnung:

$$e_2 = k_1 \cdot l_0^2 \cdot \frac{1}{r} \cdot \frac{1}{10}$$

$$K_1 = 1; \quad K_2 = 1;$$

$$\frac{1}{r_0} = \frac{2 \cdot \varepsilon_{yd}}{0,9d} = \frac{2 \cdot 2,175 \cdot 10^{-3}}{0,9 \cdot 0,405} = 0,01193$$

$$\frac{1}{r} = 1,0 \cdot 1,0645 \cdot 0,01193 = 0,0127$$

$$\rightarrow e_2 = 1,0 \cdot 7,26^2 \cdot 0,0127/10 = 0,067 \, m$$

Geschätzter Bewehrungsgehalt $\sim 1\,\%$, d. h. $45^2 \cdot 0,01 = 20 \, cm^2$

$$N_{ud} \cong -(17 \cdot 0,45^2 + 435 \cdot 20 \cdot 10^{-4}) = -4,31 \, MN,$$

$$N_{bal} \cong -0,4 \cdot (17 \cdot 0,45^2) = -1,377 \, MN$$

d. h.

$$K_r = (-4,31 + 1,050)/(-4,31 + 1,377) = 1,11 > 1,0.$$

Im Fall $|N_{bal}| \geq |N_{Ed}|$ kann demnach generell mit $K_r = 1,0$ gerechnet werden. Sollte $|N_{bal}| < |N_{Ed}|$ sein, so ist im Sinne einer wirtschaftlichen Bemessung ein iteratives Vorgehen zur Ermittlung von K_r sinnvoll. Hierzu wird in einem ersten Schritt der Bewehrungsgehalt des Querschnitts zur genauen Bestimmung von K_r geschätzt (siehe oben). Sollte das endgültige Bemessungsergebnis von diesem Schätzwert abweichen, so kann durch schrittweise bessere Schätzungen eine Übereinstimmung zwischen Schätzwert und endgültigem Bemessungsergebnis erreicht werden. Die Annahme $K_r = 1,0$ liegt immer auf der sicheren Seite.

Die eigentliche Bemessung erfolgt nun mit Hilfe der Bemessungstabellen (BT) des Abschn. 8.10 für symmetrisch bewehrte Querschnitte ($d_1/d = 4,5/45 = 0,1 \rightarrow$ BT 2b):
LK 1:

$$e_{tot} = e_0 = e_1 + e_2$$
$$= 0,193 + 0,0182 + 0,067 = 0,2782$$

$$N_{Ed} = -1050 \, kN;$$

$$M_{Ed} = N_{Ed} \cdot e_{tot} = 1050 \cdot 0,2782 = 292,11 \, kN\,m$$

$$\nu_{Ed} = \frac{N_{Ed}}{b \cdot h \cdot f_{cd}} = \frac{-1,050}{0,45^2 \cdot 17} = -0,305;$$

$$\mu_{Ed} = \frac{M_{Ed}}{b \cdot h^2 \cdot f_{cd}} = \frac{0,292}{0,45^3 \cdot 17} = 0,189$$

Ablesen aus BT 2b: $\rightarrow \omega_{tot} = 0,21$
LK 2:

$$e_{tot} = e_0 = e_1 + e_2$$
$$= 0,282 + 0,0182 + 0,067 = 0,3672$$

$$N_{Ed} = -937,5 \, kN;$$

$$M_{Ed} = N_{Ed} \cdot e_{tot} = 937,5 \cdot 0,3672 = 344,25 \, kN\,m$$

$$\nu_{Ed} = \frac{N_{Ed}}{b \cdot h \cdot f_{cd}} = \frac{-0,9375}{0,45^2 \cdot 17} = -0,272;$$

$$\mu_{Ed} = \frac{M_{Ed}}{b \cdot h^2 \cdot f_{cd}} = \frac{0,344}{0,45^3 \cdot 17} = 0,222$$

Ablesen aus BT 2b: $\rightarrow \omega_{tot} = 0,31$
LK 3:

$$e_{tot} = e_0 + e_1 + e_2$$
$$= 0,449 + 0,0182 + 0,067 = 0,5342$$

$$N_{Ed} = -500 \, kN;$$

$$M_{Ed} = N_{Ed} \cdot e_{tot} = 500 \cdot 0,5342 = 267,10 \, kN\,m$$

$$\nu_{Ed} = \frac{N_{Ed}}{b \cdot h \cdot f_{cd}} = \frac{-0,500}{0,45^2 \cdot 17} = -0,145;$$

$$\mu_{Ed} = \frac{M_{Ed}}{b \cdot h^2 \, f_{cd}} = \frac{0,267,10}{0,45^2 \cdot 17} = 0,172$$

Ablesen aus BT 2b: $\rightarrow \omega_{\text{tot}} = 0,275$

Damit wird LK 2 für die Bemessung maßgebend. Die erforderliche Stützbewehrung beträgt:

$$_{\text{erf}}A_{\text{s,tot}} = \omega \cdot A_{\text{c}}/(f_{\text{yd}}/f_{\text{cd}})$$
$$= 0,31 \cdot 45^2/(435/17) = 24,53\,\text{cm}^2$$

gewählt: je Seite $4\varnothing_{\text{s}} = 20\,\text{mm} = 8\varnothing 20$ $(25,12\,\text{cm}^2)$.

8.6.6.3 Druckglieder mit zweiachsiger Lastausmitte

Allgemein können diese Druckglieder nach dem allgemeinen Verfahren bemessen werden. In bestimmten Fällen sind aber für Rechteckquerschnitte getrennte Nachweise (ohne Beachtung der zweiachsigen Ausmitte und unter Ansatz der gesamten Querschnittsbewehrung) nach Abschn. 8.6.6.2 in jeder Achsrichtung y und z möglich. Dazu ist zu prüfen, ob einerseits die bezogenen Ausmitten e_{0y}/b und e_{0z}/h eine der beiden folgenden Bedingungen in (8.105) erfüllen (entspricht einem Lastangriffspunkt im dunkleren Bereich der Abb. 8.81):

$$\frac{e_{0z}/h}{e_{0y}/b} \leq 0,2 \quad \text{oder} \quad \frac{e_{0y}/b}{e_{0z}/h} \leq 0,2 \qquad (8.105)$$

und andererseits für die Schlankheitsverhältnisse (8.106) erfüllt ist:

$$\frac{\lambda_y}{\lambda_z} \leq 2 \quad \text{und} \quad \frac{\lambda_z}{\lambda_y} \leq 2 \qquad (8.106)$$

e_{0i}, λ_i sind die Lastausmitten nach Theorie I. Ordnung bzw. die Schlankheiten bezogen auf die entsprechenden Achsen $i = y$ bzw. z. Bei vom Rechteck abweichenden Querschnittsformen dürfen ebenfalls getrennte Nachweise geführt werden, wenn in (8.105) die Größen h und b mit den Werten eines äquivalenten Rechteckquerschnitts mit $b_{\text{eq}} = i_y \cdot \sqrt{12}$

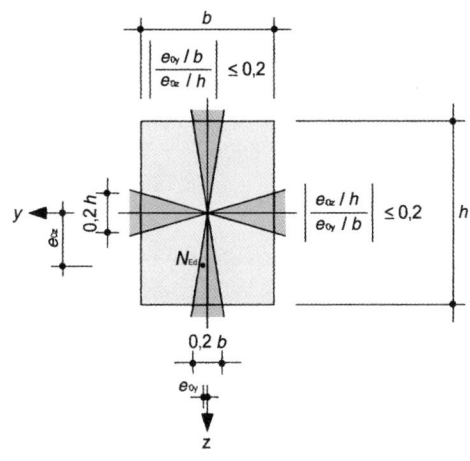

Abb. 8.81 Voraussetzung für getrennten Nachweis

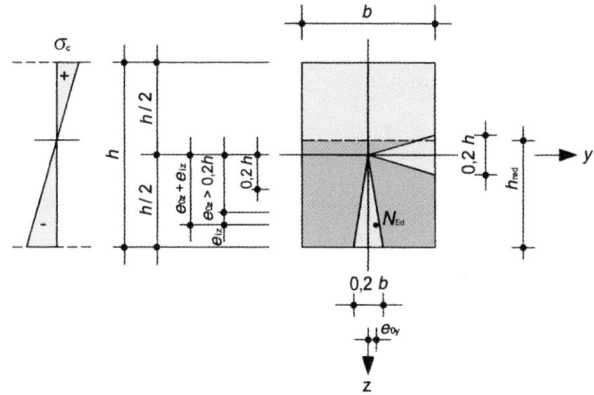

Abb. 8.82 Bedingungen für getrennte Nachweise in Richtung der beiden Hauptachsen

und $h_{\text{eq}} = i_z \cdot \sqrt{12}$ und ersetzt werden. i_y, i_z sind die entsprechenden Trägheitsradien des Querschnitts.

Bei Rechteckquerschnitten mit $e_{0z}/h > 0,2$ ist ein getrennter Nachweis nur dann erlaubt, wenn für den Nachweis um die schwächere Hauptachse z nach Abb. 8.82 die Dicke h auf h_{red} abgemindert wird. Dabei wird h_{red} auf Grundlage einer linearen Spannungsverteilung nach folgender Formel ermittelt.

$$h_{\text{red}} = \frac{h}{2} + \frac{h^2}{12(e_{0z} + e_{iz})} \leq h \qquad (8.107)$$

e_{iz} ungewollte Ausmitte e_i in z-Richtung.

Können die Regeln für einen getrennten Richtungsnachweis nicht erfüllt werden, kann alternativ zum allgemeinen Nachweis der Stütze mit zweiachsiger Lastausmitte (i. Allg. per EDV) auch der folgende vereinfachte Nachweis verwendet werden:

$$\left(\frac{M_{\text{Edz}}}{M_{\text{Rdz}}}\right)^a + \left(\frac{M_{\text{Edy}}}{M_{\text{Rdy}}}\right)^a \leq 1,0 \qquad (8.108)$$

Dabei ist:

$M_{\text{Edz/y}}$ das Bemessungsmoment um die z- bzw. y-Achse nach Theorie II. Ordnung

$M_{\text{Rdz/y}}$ der Biegewiderstand des Querschnitts um die z- bzw. y-Achse

a Exponent
   - für runde und elliptische Querschnitte $a = 2$
   - für rechteckige Querschnitte

$N_{\text{Ed}}/N_{\text{Rd}}$	0,1	0,7	1,0
$a =$	1,0	1,5	2,0

Zwischenwerte interpolieren.

mit N_{Ed} als Bemessungswert der Normalkraft und $N_{\text{Rd}} = A_{\text{c}} \cdot f_{\text{cd}} + A_{\text{s}} \cdot f_{\text{yd}}$.

Tafel 8.44 Knicklängenbeiwert für verschiedene Lagerungsbedingungen

Lagerungsbedingungen	Zeichnung	Gleichung	Faktor β
Zweiseitig gehalten	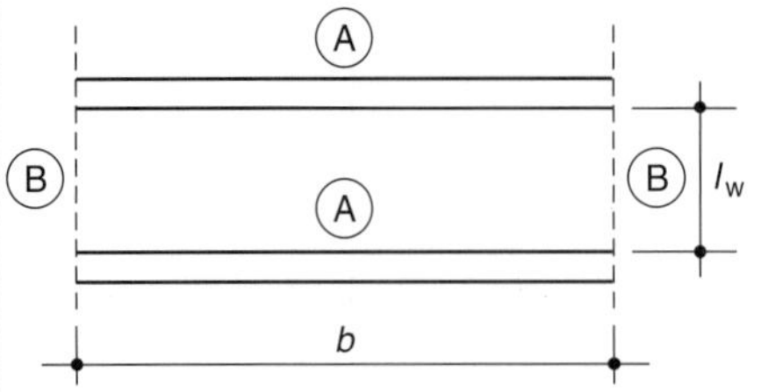		$\beta = 1{,}0$ für alle Verhältnisse von l_w/b
Dreiseitig gehalten		$\beta = \dfrac{1}{1 + \left(\frac{l_\mathrm{w}}{3b}\right)^2}$	$\begin{array}{cc} b/l_\mathrm{w} & \beta \\ 0{,}2 & 0{,}26 \\ 0{,}4 & 0{,}59 \\ 0{,}6 & 0{,}76 \\ 0{,}8 & 0{,}85 \\ \hline 1{,}0 & 0{,}90 \\ 1{,}5 & 0{,}95 \\ 2{,}0 & 0{,}97 \\ 5{,}0 & 1{,}00 \end{array}$
Vierseitig gehalten		Wenn $b \geq l_\mathrm{w}$ $\beta = \dfrac{1}{1 + \left(\frac{l_\mathrm{w}}{b}\right)^2}$ Wenn $b < l_\mathrm{w}$ $\beta = \dfrac{1}{2 \cdot \left(\frac{l_\mathrm{w}}{b}\right)}$	$\begin{array}{cc} b/l_\mathrm{w} & \beta \\ 0{,}2 & 0{,}10 \\ 0{,}4 & 0{,}20 \\ 0{,}6 & 0{,}30 \\ 0{,}8 & 0{,}40 \\ \hline 1{,}0 & 0{,}50 \\ 1{,}5 & 0{,}69 \\ 2{,}0 & 0{,}80 \\ 5{,}0 & 0{,}96 \end{array}$

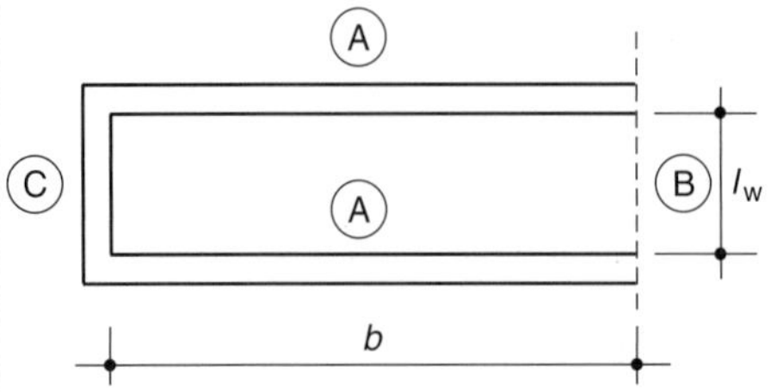

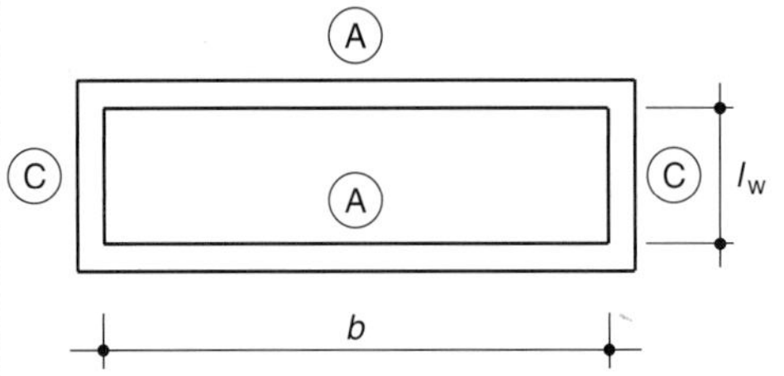

Ⓐ Deckenplatten   Ⓑ Freier Rand   Ⓒ Querwand.

8.6.6.4 Kippen von schlanken Trägern

Auf einen genauen Nachweis des seitlichen Ausweichens schlanker Träger nach Theorie II. Ordnung darf verzichtet werden, wenn folgende Bedingungen eingehalten werden:

- ständige Bemessungssituation:

$$b \geq \sqrt[4]{\left(\frac{l_\mathrm{0t}}{50}\right)^3 \cdot h} \quad \text{und} \quad b \geq h/2{,}5 \qquad (8.109)$$

- vorübergehende Bemessungssituation:

$$b \geq \sqrt[4]{\left(\frac{l_\mathrm{0t}}{70}\right)^3 \cdot h} \quad \text{und} \quad b \geq h/3{,}5 \qquad (8.110)$$

mit:

l_0t Länge des Druckgurtes zwischen seitlichen Abstützungen
b Breite des Druckgurtes
h Gesamthöhe des Trägers im mittleren Bereich von l_0t.

Die mit (8.109) und (8.110) angegebenen Näherungslösungen sollen nach [11] nur bis Trägerspannweiten $l_0 \leq 30$ m angewendet werden. Die Auflagerkonstruktion ist so zu bemessen, dass mindestens ein Torsionsmoment von $T_\mathrm{Ed} = V_\mathrm{Ed} \cdot l_\mathrm{eff}/300$ aufgenommen werden kann. V_Ed entspricht dem Bemessungswert der Querkraft im Auflager senkrecht zur Trägerachse, l_eff der effektiven Stützweite.

Falls die Nachweise nach (8.109) bzw. (8.110) nicht geführt werden können, ist im Allg. ein genauer Nachweis (mit EDV-Unterstützung) nach Theorie II. Ordnung unter Ansatz einer Imperfektion von 1/300 der Gesamtträgerlänge zu führen. Die Auflagergabel ist dann entsprechend nachzuweisen. Weitere Hinweise finden sich in (K. Zilch, BK 2004 [13]).

8.6.6.5 Druckglieder aus unbewehrtem Beton

Die Schlankheit von unbewehrten Stützen und Wänden ist $\lambda = l_0/i$ (Erklärungen s. Abschn. 8.6.6.2). Die Knicklänge $l_0 = \beta \cdot l_\mathrm{col} = \beta \cdot l_\mathrm{w}$ mit $l_\mathrm{w} =$ lichte Höhe des Bauteils wird dabei in Abhängigkeit folgender Definitionen für β bestimmt:

- allgemein $\beta = 1{,}0$ für Stützen (allgemein)
- für Kragstützen oder Wände $\beta = 2{,}0$
- anders gelagerte Wände gemäß Tafel 8.44 bzw. Abb. 8.83

Anwendungshinweise zu Tafel 8.44

- für zweiseitig gehaltene Wände, die am Kopf- und Fußende biegesteif angeschlossen sind, dürfen die Tafelwerte für β mit dem Faktor 0,85 abgemindert werden.
- Höhe von Wandöffnungen $< \frac{1}{3} l_\mathrm{w}$ oder Öffnungsfläche $< \frac{1}{10}$ der Wandfläche. Ansonsten sind idealisierend abschnittsweise 2-seitig gehaltene Wände zu betrachten.

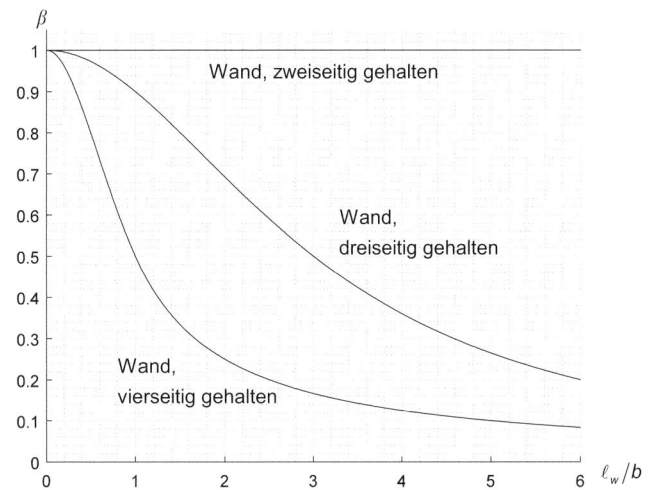

Abb. 8.83 Knicklängenbeiwert β nach Tafel 8.44

- Die Werte β sind angemessen zu vergrößern, wenn die Querbiegeträgfähigkeit der Wände durch Schlitze oder Aussparungen beeinträchtigt wird.
- Querwände können als aussteifend gelten, wenn:
  – ihre Gesamtdicke den Wert $0{,}5 \cdot h_\mathrm{w}$ nicht unterschreitet (h_w = Dicke der auszusteifenden Wand)
  – sie die gleiche Höhe l_w besitzen wie die auszusteifende Wand
  – ihre Länge l_ht mindestens $l_\mathrm{w}/5$ der lichten Höhe der auszusteifenden Wand beträgt
  – innerhalb der Lange l_ht der Querwand keine Öffnungen vorhanden sind.

Grenzen für die Schlankheit λ Unbewehrte Druckglieder (Stützen oder Wände) sind unabhängig vom Schlankheitsgrad λ als schlank anzusehen. In Abhängigkeit von λ gelten zudem folgende Nachweisregeln:
- für $l_0/h < 2{,}5$ ($\hat{=} \lambda \leq 8{,}6$ bei Rechteckquerschnitten) kann auf eine Schnittgrößenermittlung nach Theorie II. Ordnung verzichtet werden
- generell gilt: $l_0/h \leq 25$ bzw. $\lambda \leq 86$ = maximal zulässige Schlankheit.

Vereinfachtes Nachweisverfahren für unbewehrte Stützen und Wände Die im GZT aufnehmbare Längsdruckkraft unbewehrter Wände und Stützen in unverschieblich ausgesteiften Tragwerken beträgt:

$$N_\mathrm{Rd} = b \cdot h_\mathrm{w} \cdot f_\mathrm{cd,pl} \cdot \Phi \qquad (8.111)$$

Dabei ist
N_Rd Bemessungswert der aufnehmbaren Normalkraft

$f_\mathrm{cd,pl}$ Bemessungswert der Betondruckfestigkeit für unbewehrten Beton

$$f_\mathrm{cd,pl} = \alpha_\mathrm{cc,pl} \cdot f_\mathrm{ck}/\gamma_C \quad \mathrm{mit} \quad \alpha_\mathrm{cc,pl} = 0{,}7$$

h_w Gesamtdicke des Querschnitts
b Gesamtbreite des Querschnitts
Φ Beiwert zur Berücksichtigung der Auswirkungen nach Theorie II. Ordnung mit (siehe Abb. 8.84)

$$\Phi = 1{,}14 \cdot (1 - 2e_\mathrm{tot}/h_\mathrm{w}) - 0{,}02 l_0/h \quad \mathrm{und}$$
$$0 \leq \Phi \leq 1 - 2 \cdot e_\mathrm{tot}/h_\mathrm{w}.$$

e_tot Gesamtausmitte mit $e_\mathrm{tot} = e_0 + e_i + e_\varphi$
  e_0 Lastausmitte nach Theorie I. Ordnung, ggf. unter Berücksichtigung der Biegemomente aus Einspannungen in benachbarte Bauteile sowie aus Windwirkungen
  e_i die ungewollte zusätzliche Lastausmitte infolge geometrischer Imperfektionen, vereinfachend mit $e_i = l_0/400$.
  e_φ Exzentrizität infolge von Kriechen (e_φ darf im Allgemeinen vernachlässigt werden).
Zur Sicherstellung eines ausreichend duktilen Bauteilverhaltens gilt für stabförmige, unbewehrte Bauteile mit Rechteckquerschnitt zudem: $e_\mathrm{tot}/h_\mathrm{w} < 0{,}4$.

Hinweis Der Bundesverband der Deutschen Transportbetonindustrie e.V. hat eine Typenstatik mit hilfreichen Bemessungsdiagrammen für unbewehrte Kellerwände im Wohnungsbau unter www.beton.org veröffentlicht.

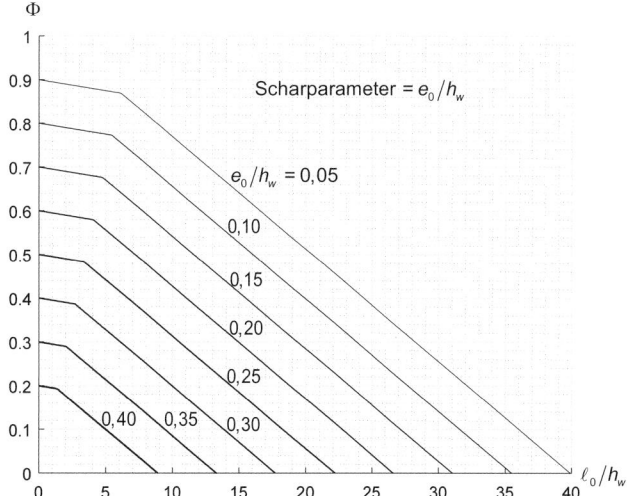

Abb. 8.84 Abminderungsbeiwert Φ für (8.111) (Theorie II. Ordnung ist in der Auswertung bereits mit $l_0/400$ erfasst)

Beispiel 8.23

unbewehrte Kragstütze, $b/h = 40/40$ cm mit exzentrischer Belastung. Die Stütze ist senkrecht zur Zeichenebene gehalten.

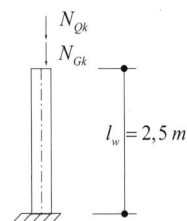

Baustoffe: Beton C20/25
Belastung: $N_{Gk} = 110$ kN
              $N_{Qk} = 80$ kN
Exzentrizität: $e_0 = 10$ cm
Einwirkende Schnittgrößen

$$N_{Ed} = 1{,}35 \cdot 110 + 1{,}5 \cdot 80 = 268{,}50 \, \text{kN}$$
$$M_{Ed} = 0{,}1 \cdot 268{,}50 = 26{,}85 \, \text{kNm}$$

Knicklänge und Schlankheit

$$\beta = 2{,}0, \quad l_0 = 2{,}0 \cdot 2{,}5 = 5{,}0 \, \text{m},$$
$$i = 0{,}289 \cdot 0{,}40 = 0{,}1156$$
$$\lambda = l_0/i = 5/0{,}1156 = 43{,}25 \leq 86 = \lambda_{max}$$

→ Theorie II. Ordnung muss berücksichtigt werden
  Aufnehmbare Längsdruckkraft

$$N_{Rd} = b \cdot h_w \cdot f_{cd,pl} \cdot \Phi \quad \text{(siehe (8.111))}$$
$$f_{cd,pl} = 0{,}7 \cdot 20/1{,}5 = 9{,}33 \, \text{N/mm}^2$$
$$e_{tot} = e_0 + e_i + e_\varphi$$
$$\quad\quad = 0{,}10 + 5/400 + 0 = 0{,}1125 \, \text{m}$$
$$e_{tot}/h_w = 0{,}1125/0{,}40 = 0{,}281,$$
$$l_0/h_w = 5{,}00/0{,}40 = 12{,}50 \xrightarrow{(8.111)} \Phi = 0{,}249$$

Alternativ mit Ablesung aus Abb. 8.84

$$e_0/h_w = 0{,}10/0{,}40 = 0{,}25,$$
$$l_0/h_w = 12{,}50 \xrightarrow{\text{Abb. 8.84}} \Phi \approx 0{,}25$$
$$N_{Rd} = 0{,}4 \cdot 0{,}4 \cdot 9{,}33 \cdot 0{,}25 = 0{,}373 \, \text{MN}$$

Nachweis der Tragfähigkeit

$$N_{Ed} = 268{,}50 \, \text{kN} \leq N_{Rd} = 373 \, \text{kN}$$

8.6.6.6 Ermüdungsnachweise

Tragende Stahl- und Spannbetonbauteile, die beträchtlichen und häufig auftretenden Spannungsänderungen unterworfen sind, haben eine begrenzte Lebensdauer. Sie müssen daher gegen Materialermüdung nachgewiesen werden. Der Ermüdungsnachweis für Betonbauteile entspricht einem Betriebsfestigkeitsnachweis, wobei Bauteile zu betrachten sind, bei denen der Anteil der nicht vorwiegend ruhenden Belastung nicht vernachlässigt werden kann. Dies betrifft insbesondere z. B. Türme, Kranbahnen, Brückenbauwerke oder Industrieanlagen mit dynamisch wirkenden Maschinen. Im allgemeinen Hochbau treten derartige Ermüdungsbeanspruchungen eher selten auf, daher sind Ermüdungsnachweise hier nicht zu führen.

Im Rahmen dieser bautechnischen Zahlentafeln werden daher nur die Grundzüge des Nachweises zusammengefasst und die Formeln für ein vereinfachtes Verfahren (Stufe 1, siehe Abb. 8.85) wiedergegeben. Im Übrigen wird auf die Regelungen des EC 2-1-1, 6.8 verwiesen.

Ermüdungsnachweise sind Tragfähigkeitsnachweise (GZT), allerdings auf Gebrauchslastniveau. Spannungen sind auf der Grundlage gerissener Querschnitte ($f_{ct} = 0$) zu bestimmen. Das unterschiedliche Verbundverhalten von Betonstahl und Spannstahl kann dabei über den Faktor η erfasst werden.

$$\eta = \frac{A_s + A_p}{A_s + A_p \cdot \sqrt{\xi \cdot (\varnothing_s/\varnothing_p)}} \tag{8.112}$$

Dabei ist
ξ Verhältnis der Verbundfestigkeit nach Tafel 8.49
$\varnothing_s$ Betonstahldurchmesser
$\varnothing_p$ äquivalenter Spannstahldurchmesser, wobei
    $\varnothing_p = 1{,}6 \cdot \sqrt{A_p}$ für Bündelspannglieder,
    $\varnothing_p = 1{,}75 \cdot \varnothing_{wire}$ für Einzellitzen mit 7 Drähten,
    $\varnothing_p = 1{,}2 \cdot \varnothing_{wire}$ für Einzellitzen mit 3 Drähten,
    $\varnothing_{wire} =$ Drahtdurchmesser.
Bei der Bemessung für Querkraft darf die Druckstrebenneigung θ wie mit Hilfe eines Stabwerksmodells oder mit (8.113) bestimmt werden:

$$\tan \theta_{fat} = \sqrt{\tan \theta} \leq 1 \tag{8.113}$$

wobei θ der Druckstrebenneigung aus der Bemessung im GZT entspricht. Für $\theta > 45°$ sollte $\theta_{fat} = \theta$ angesetzt werden.

Als Einwirkungskombination ist die jeweils ungünstigste Grundkombination (ständige und nichtzyklische veränderliche Einwirkungen) mit den zyklischen Einwirkungen Q_{fat}

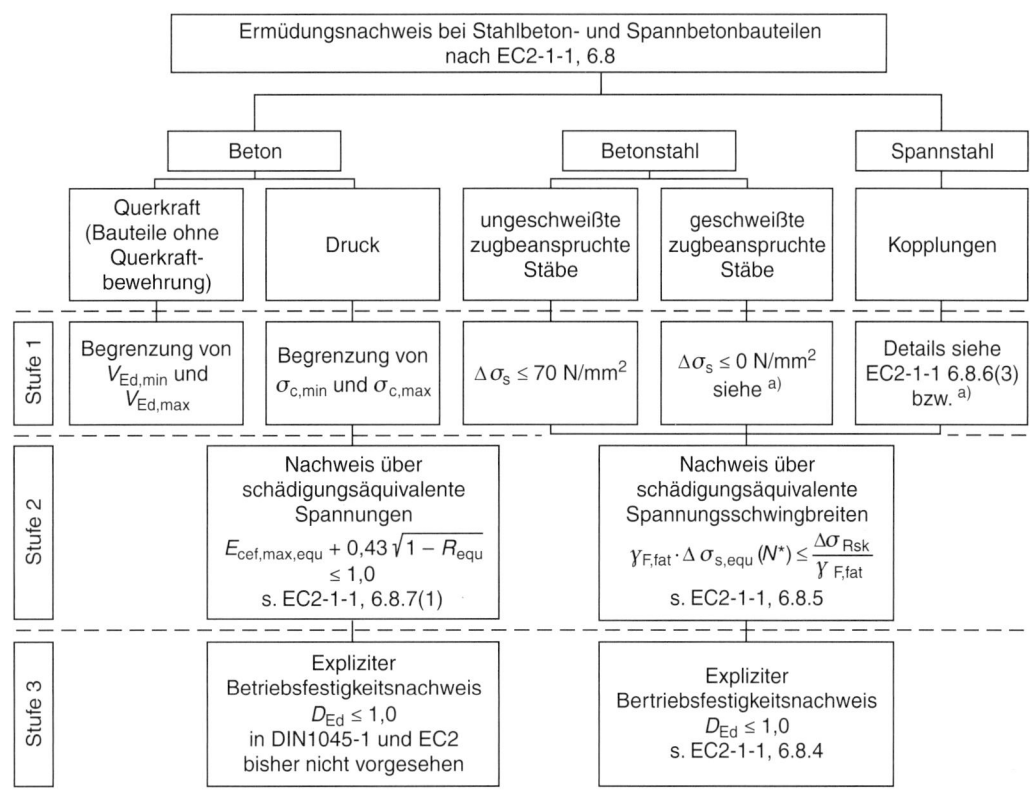

Abb. 8.85 Grundsätzliche Nachweisstufen für den Ermüdungsnachweis [14]

wie folgt zu überlagern:

$$E_{\text{d,frequ}} = E\left\{ \sum_{j\geq 1} G_{\text{k,j}} \oplus P_{\text{k}} \oplus \psi_{1,1} \cdot Q_{\text{k,1}} \right.$$
$$\left. \oplus \sum_{i>1} \psi_{2,1} \cdot Q_{\text{k,i}} \oplus Q_{\text{fat}} \right\}$$

$Q_{\text{k,1}}$, $Q_{\text{k,i}}$ sind dabei nichtzyklische veränderliche Einwirkungen, Q_{fat} ist die maßgebende Ermüdungsbelastung. In der Grundkombination sind ggf. auch ungünstige Auswirkungen einer wahrscheinlichen Stützensenkung sowie Temperatureinwirkung zu erfassen.

Beim **vereinfachten Ermüdungsnachweis (Stufe 1)** ist für den Stahl eine maximale Spannungsschwingbreite $\Delta\sigma_{\text{c,frequ}} \leq 70\,\text{N/mm}^2$ einzuhalten, für den Beton sind zulässige Ober- und Unterspannungen nachzuweisen. Abb. 8.85 ist zu entnehmen, dass bei geschweißten Bewehrungsstäben unter Zugbeanspruchungen immer ein Nachweis nach Stufe 2 oder 3 zu führen ist.

Für die **Betondruckbeanspruchungen** $\sigma_{\text{c,min}}$ und $\sigma_{\text{c,max}}$ gilt in Stufe 1:

$$\begin{aligned}
\frac{\sigma_{\text{c,max}}}{f_{\text{cd,fat}}} &\leq 0{,}5 + 0{,}45 \cdot \frac{\sigma_{\text{c,min}}}{f_{\text{cd,fat}}} \\
&\leq \begin{cases} 0{,}9 & \text{für } f_{\text{ck}} \leq 50\,\text{N/mm}^2 \\ 0{,}8 & \text{für } f_{\text{ck}} > 50\,\text{N/mm}^2 \end{cases}
\end{aligned} \tag{8.114}$$

$\sigma_{\text{c,max}}$ maximale Betondruckspannung in der häufigen Kombination (als Druckspannung positiv)

$\sigma_{\text{c,min}}$ minimale Betondruckspannung, am selben Ort wie $\sigma_{\text{c,max}}$. Ist $\sigma_{\text{c,min}}$ hier eine Zugspannung, so gilt: $\sigma_{\text{c,min}} = 0$

$f_{\text{cd,fat}}$ Bemessungswert der Ermüdungsfestigkeit von Beton

$$f_{\text{cd,fat}} = \beta_{\text{cc}}(t_0) \cdot f_{\text{cd}} \cdot (1 - f_{\text{ck}}/250)$$

(f_{cd} bzw. f_{ck} in N/mm²)

$\beta_{cc}(t_0)$ Beiwert für die Nacherhärtung,

$$\beta_{cc}(t_0) = e^{[s\cdot(1-\sqrt{28/t_0})]}$$

t_0 Betonalter in Tagen bei Beginn der zyklischen Belastung

s Beiwert für den Zement

$s = 0{,}20$ für Zementklasse R

$s = 0{,}25$ für Zementklasse N

$s = 0{,}38$ für Zementklasse S.

Für die **Druckstreben von querkraftbeanspruchten Bauteilen mit Querkraftbewehrung** darf (8.114) ebenfalls verwendet werden. Dabei darf der Bemessungswert der Ermüdungsfestigkeit mit dem Faktor $\nu_1 = 0{,}75\cdot(1{,}1 - f_{ck}/500) \leq 0{,}75$ reduziert werden.

Für die **Druckstreben von querkraftbeanspruchten Bauteilen ohne Querkraftbewehrung** gilt:

mit $V_{Ed,min}/V_{Ed,max} \geq 0$:

$$\left|\frac{V_{Ed,max}}{V_{Rd,c}}\right| \leq 0{,}5 + 0{,}45\cdot\left|\frac{V_{Ed,min}}{V_{Rd,c}}\right|$$
$$\leq \begin{cases} 0{,}9 & \text{für } f_{ck} \leq 50\,\text{N/mm}^2 \\ 0{,}8 & \text{für } f_{ck} > 50\,\text{N/mm}^2 \end{cases} \quad (8.115)$$

mit $V_{Ed,min}/V_{Ed,max} < 0$:

$$\left|\frac{V_{Ed,max}}{V_{Rd,c}}\right| \leq 0{,}5 - \left|\frac{V_{Ed,min}}{V_{Rd,c}}\right| \quad (8.116)$$

Dabei ist:

$V_{Ed,max}$ maximale Querkraft in der häufigen Kombination

$V_{Ed,min}$ minimale Querkraft in der häufigen Kombination im Querschnitt von $V_{Ed,max}$

$V_{Rd,c}$ Bemessungswert der aufnehmbaren Querkraft nach (8.62).

8.6.7 Unbewehrter oder gering bewehrter Beton

Beton ohne eine Bewehrung oder Beton mit einer geringeren Bewehrung als die erforderliche Mindestbewehrung nach Abschn. 8.8 wird als unbewehrter Beton behandelt. Auch für die Bewehrung in diesem „unbewehrten Beton" sind die erforderlichen Betondeckungen einzuhalten!

Die Bemessung erfolgt auf der Grundlage der in Abschn. 8.3.1 angegebenen Betonfestigkeitsklassen für lineare Dehnungsverteilungen. Im EC 2 gilt ein einheitlicher Teilsicherheitsbeiwert für alle Betonfestigkeitsklassen mit $\gamma_C = 1{,}5$. Allerdings wird die Betondruckfestigkeit für unbewehrten Beton über den Faktor $\alpha_{cc} = \alpha_{cc,pl} = 0{,}7$ zur Berücksichtigung der geringeren Umlagerungsfähigkeit im Querschnitt mit $f_{cd,pl} = \alpha_{cc,pl}\cdot f_{ck}/\gamma_C$ abgemindert. Der Bemessungswert der Betonzugfestigkeit wird ebenfalls entsprechend mit $\alpha_{ct} = \alpha_{ct,plain} = 0{,}7$ reduziert, d. h. $f_{ctd,pl} = \alpha_{ct,pl}\cdot f_{ctk;0,05}/\gamma_C$. Schnittgrößen sollten im Allgemeinen nur linear und ohne Umlagerungen ermittelt werden. Bei Biegung mit Längskraft darf keine höhere Festigkeit als C35/45 bzw. LC20/22 angesetzt werden. Die Festigkeitswerte sind in Tafel 8.45 zusammengestellt.

8.6.7.1 Nachweise für Biegung und Längskraft

Es gelten die folgenden Grundlagen:

- Betonzugfestigkeit wird nicht angesetzt
- Spannungs-Dehnungs-Linien nach Abschn. 8.3.1.2, Abb. 8.2 und 8.3.

Die aufnehmbare Normalkraft eines Rechteckquerschnitts mit einachsiger Lastausmitte e ist:

$$N_{Rd} = f_{cd,pl}\cdot b\cdot h_w\cdot(1 - 2e/h_w) \quad (8.117)$$

Dabei ist

b die Gesamtbreite des Querschnitts (siehe Abb. 8.86)

h_w die Gesamtdicke des Querschnitts (siehe Abb. 8.86)

e die Lastausmitte von N_{Ed} in Richtung von h_w.

Für stabförmige unbewehrte Bauteile mit Rechteckquerschnitt wird gefordert, dass im GZT die Ausmitte der Längskraft auf $e_d/h < 0{,}4$ begrenzt wird. Dabei ist $e_d = e_{tot}$ gemäß Abschn. 8.6.6.2.1, d. h. zusätzlich zur Ausmitte e_0 ist die ungewollte Ausmitte e_i und e_2 zu berücksichtigen. In diesem Zusammenhang wird auf das vereinfachte Verfahren für Einzeldruckglieder und Wände nach Abschn. 8.6.6.5 verwiesen.

Für Nachweise bei Querkraftbeanspruchung und Torsion wird auf den Normentext in [1] und [2] verwiesen. Dabei ist zunächst nachzuweisen, dass die Betonzugfestigkeit nicht infolge Rissbildung ausfällt.

Tafel 8.45 Festigkeitswerte von unbewehrtem Beton

Kenngröße	Festigkeitsklassen					
	C12/15	C16/20	C/20/25	C25/30	C30/37	$\geq$ C35/456
f_{ck} [N/mm^2]	12	16	20	25	30	35
$\alpha_{cc,pl}$	0,70	0,70	0,70	0,70	0,70	0,70
γ_C	1,5	1,5	1,5	1,5	1,5	1,5
$f_{cd,pl}$ [N/mm^2]	5,6	7,5	9,3	11,7	14	16,3
$f_{ctd,pl}$ [N/mm^2]	0,77	0,93	1,08	1,26	1,42	1,57

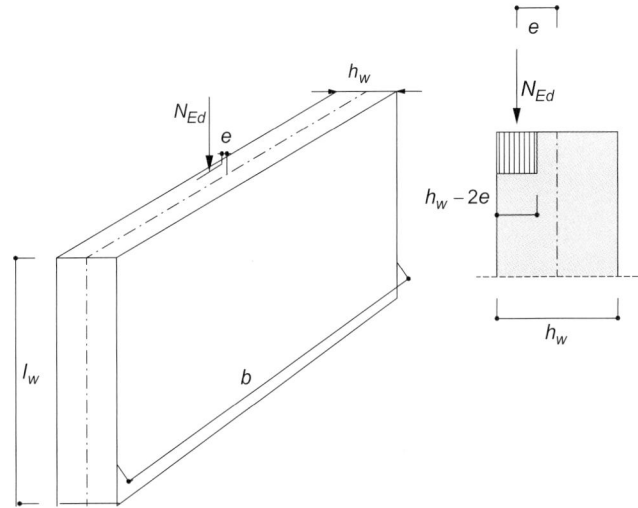

Abb. 8.86 Bezeichnungen bei unbewehrten Wänden

8.7 Bemessung im Grenzzustand der Gebrauchstauglichkeit

Die Dauerhaftigkeit und Gebrauchstauglichkeit von Stahlbeton- und Spannbetonbauteilen wird durch Einhaltung von Spannungs- und Verformungsgrenzen sowie zulässigen Rissbreiten im Gebrauchszustand sichergestellt. Die zugehörigen Schnittgrößenermittlungen erfolgen im Allgemeinen linear-elastisch.

8.7.1 Begrenzung der Spannungen

Betondruckspannungen sind zur Vermeidung übermäßiger Schädigungen des Betongefüges, Beton- und Spannstahlspannungen zur Vermeidung nichtelastischer Verformungen wie folgt zu begrenzen (Tafel 8.46).

Oben genannte Begrenzungen der Spannungen können für nicht vorgespannte Tragwerke als eingehalten gelten, wenn folgende Bedingungen erfüllt sind:
a) Bemessung für den Grenzzustand der Tragfähigkeit nach Abschn. 8.6.
b) Mindestbewehrung nach Abschn. 8.9.1.1
c) Bauliche Durchbildung nach Abschn. 8.9
d) Schnittgrößen im Grenzzustand der Tragfähigkeit sind um nicht mehr als 15 % umgelagert.

8.7.1.1 Spannungsermittlung für bewehrte Querschnitte

Im **Zustand I** (ungerissene Querschnitte) werden die Spannungen in üblicher Weise mit den ideellen Querschnittswerten A_i und I_i des Querschnitts bestimmt:

Betonspannung:

$$\sigma_c = \frac{N}{A_i} + \frac{M}{I_i} \cdot z \qquad (8.118)$$

Stahlspannung:

$$\sigma_s = \alpha_e \cdot \left(\frac{N}{A_i} + \frac{M}{I_i} \cdot z \right) \qquad (8.119)$$

Tafel 8.46 Spannungsgrenzwerte im GZG

Nachweis	Lastsituation	Erläuterung	Grenzwert
Betonspannung[a] σ_c	Seltene Kombination (rare)	gilt in den Expositionsklassen XD, XF und XS sofern keine besonderen Maßnahmen in der Betondruckzone wie Betondeckungserhöhung oder Umschnürungsbewehrung	$\sigma_{c,rare} \leq 0{,}60 f_{ck}$
	Quasi-ständige Kombination (perm)	Wird dieser Grenzwert überschritten, ist nichtlineares Kriechen zu berücksichtigen (siehe (8.18))	$\sigma_{c,rare} \leq 0{,}45 f_{ck}$
	Vorgespannte Bauteile je nach Anforderungsklasse bzw. Expositionsklasse	Zur Gewährleistung der Dauerhaftigkeit	Dekompressionsnachweis
	Vorgespannte Bauteile bei der Spannkraftübertragung	Allgemein	$\sigma_c \leq 0{,}60 f_{ck}(t)$ [b]
		Vorspannung mit sofortigem Verbund	$\sigma_c \leq 0{,}70 f_{ck}(t)$ [c]
Betonstahlspannungen σ_s	Seltene Kombination (rare)	Allgemein	$\sigma_{s,rare} \leq 1{,}0 f_{yk}$
		Zugspannungen aus Zwang	$\sigma_{s,rare} \leq 0{,}8 f_{yk}$
Spannstahlspannungen σ_p	Quasi-ständige Kombination (perm)	Nach Abzug aller Spannkraftverluste mit dem Mittelwert P_{mt} der Vorspannung	$\sigma_{p,perm} \leq 0{,}65 f_{pk}$
	Seltene Kombination (rare)	Nach dem Lösen der Verankerung bzw. dem Absetzen der Pressenkraft mit dem Mittelwert P_{mt} der Vorspannung	$\sigma_{p,rare} \leq \begin{cases} 0{,}80 f_{pk} \\ 0{,}90 f_{p0.1k} \end{cases}$

[a] Im Bereich von Verankerungen und Auflagern darf auf die Nachweise der Betondruckspannungen verzichtet werden sofern die Allgemeinen Bewehrungsregeln eingehalten werden. Lasteinleitungen (z. B. im Spannbetonbau) sind aber selbstverständlich nachzuweisen.
[b] $f_{ck}(t)$ ist die Druckfestigkeit des Betons zum Zeitpunkt der Spannkraftübertragung.
[c] Zur Vermeidung von Längsrissen muss $f_{ck}(t)$ durch die Erfahrung des Herstellers belegt werden (siehe DAfStb, Heft 600) [11].

Bei der Spannungsermittlung von Betonquerschnitten sollte von einem gerissenen Querschnitt (**Zustand II**) ausgegangen werden, falls unter der seltenen Lastkombination am gezogenen Querschnittsrand die Betonzugfestigkeit $f_{ct,eff}$ überschritten wird. Der Wert von $f_{ct,eff}$ darf mit der zentrischen Zugfestigkeit f_{ctm} nach Tafel 8.2 oder der Biegezugfestigkeit $f_{ctm,fl}$ nach (8.16) angenommen werden, wenn die Mindestbewehrung nach Abschn. 8.9.1.1 ebenfalls jeweils mit der entsprechenden Zugfestigkeit bestimmt wird. Die Spannungsermittlung für den Zustand II erfolgt dann, unabhängig vom betrachteten Lastfall, unter folgenden Bedingungen:

a) Beton übernimmt keine Zugspannungen.
b) Elastisches Verhalten von Beton auf Druck und elastisches Verhalten von Stahl.
c) Das Verhältnis der E-Module von Stahl zu Beton wird häufig zu $\alpha_e = E_s/E_{cm} = 15$ angenommen.
d) Sollen Kriecheinflüsse berücksichtigt werden, dann ist als Betonelastizitätsmodul der Wert $E_{cm}/(1+\varphi)$ mit der Kriechzahl φ zu nehmen.
e) Die Schnittgrößen sind für die jeweilige Lastkombination zu bestimmen, z. B. seltene oder quasi-ständige Lastkombination.

Näherungsweise kann die Stahlspannung im **Zustand II** in der Zugbewehrung nach Abb. 8.87 mit (8.120) berechnet werden:

Stahlspannung:

$$\sigma_{s1} = \left(\frac{M_s}{z} + N \right) \cdot \frac{1}{A_{s1}} \qquad (8.120)$$

Dabei ist:

M_s Moment bezogen auf die Zugbewehrung

$$M_s = M - N \cdot z_{s1}$$

N als Zugkraft positiv

z innerer Hebelarm aus der Bemessung im GZT, vereinfacht $= 0{,}9 \cdot d$.

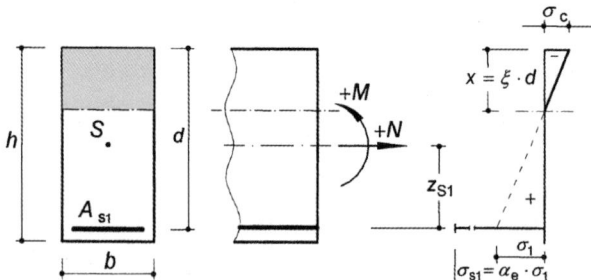

Abb. 8.87 Spannungen im Zustand II im Grenzzustand der Gebrauchstauglichkeit

Die genaue Berechnung der Spannungen bei **reiner Biegung** erfolgt für **Rechteckquerschnitte** mit (8.121) bis (8.124):

Druckzonenhöhe:

$$x = \frac{\alpha_e \cdot A_{S1}}{b} \cdot \left(-1 + \sqrt{1 + \frac{2 \cdot b \cdot d}{\alpha_e \cdot A_{s1}}} \right) \qquad (8.121)$$

innerer Hebelarm:

$$z = d - \frac{x}{3} \qquad (8.122)$$

Betonspannung:

$$\sigma_c = -\frac{2 \cdot M}{b \cdot x \cdot z} \qquad (8.123)$$

Stahlspannung:

$$\sigma_{s1} = \frac{M}{z \cdot A_{s1}} = |\sigma_c| \cdot \alpha_e \cdot \left(\frac{d-x}{x} \right) \qquad (8.124)$$

wobei für $t = 0$:

$$\alpha_e = \frac{E_s}{E_{cm}}$$

bzw. für $t = \infty$:

$$\alpha_e = \frac{E_s}{E_{c,eff}} = \frac{E_s}{[E_{cm}/(1+\varphi_\infty)]}$$

ist.

Bei Rechteckquerschnitten **mit Druckbewehrung und reiner Biegebeanspruchung** ($N = 0$) gilt entsprechend:

$$\sigma_c = -\frac{M}{\frac{b \cdot x}{6} \cdot (3d - x) + \alpha_e \cdot A_{s2} \cdot (d - d_2) \cdot \frac{x - d_2}{x}} \qquad (8.125)$$

$$\sigma_{s1} = |\sigma_c| \cdot \frac{\alpha_e \cdot (d - x)}{x} \qquad (8.126)$$

$$x = \frac{\alpha_e \cdot (A_{s1} + A_{s2})}{b} \qquad (8.127)$$

$$+ \sqrt{\left(\frac{\alpha_e \cdot (A_{s1} + A_{s2})}{b} \right)^2 + \frac{2\alpha_e}{b}(A_{s1} \cdot d + A_{s2} \cdot d_2)}$$

Die genaue Berechnung der Spannungen bei **Biegung mit Längskraft** erfolgt iterativ. Man setzt in die obigen Gleichungen (8.121) bis (8.124) statt der Stahlfläche A_s nur den vom auf die Zugbewehrung bezogenen Moment M_s alleine verursachten Stahlanteil

$$A_{sM} = A_s - \frac{N}{\sigma_{s1}} \qquad (8.128)$$

und statt des Momentes M das auf die Zugbewehrung bezogene Moment $M_s = M - N \cdot z_{s1}$ ein. Da die Stahlspannung σ_{s1} in den Gleichungen zuerst unbekannt ist, wird sie geschätzt, dann mit (8.121), (8.122) und (8.124) berechnet und mit der geschätzten Spannung verglichen. Mit der verbesserten Stahlspannung wird nun solange der Rechengang wiederholt, bis beide Werte genügend genau übereinstimmen.

Beispiel 8.24

Spannungsermittlung bei reiner Biegung
Beton C30/37

$$E_{cm} = 33.000 \, \text{N/mm}^2 \quad \text{(siehe Tafel 8.2)};$$

$$\text{Kriechzahl: } \varphi = 1{,}7$$

$$\sigma_{cd} = 17$$

$$\frac{E_{cm}}{1 + \varphi} = \frac{33.000}{1 + 1{,}7} = 12.222 \, \text{N/mm}^2$$

Betonstahl B500

$$E_s = 200.000 \, \text{N/mm}^2$$

$$\alpha_e = \frac{200.000}{12.222} = 16{,}36$$

Rechteckquerschnitt mit $b = 25 \, \text{cm}$ und $d = 40 \, \text{cm}$

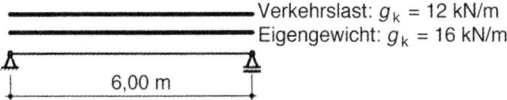

Verkehrslast: $g_k = 12 \, \text{kN/m}$
Eigengewicht: $g_k = 16 \, \text{kN/m}$

6,00 m

Bemessung im Grenzzustand der Tragfähigkeit

$$M_{Ed} = (1{,}35 \cdot 12 + 1{,}50 \cdot 16) \cdot \frac{6{,}00^2}{8} = 181 \, \text{kN m}$$

mit Bemessungstafel BT 2a

$$\mu_{Eds} = \frac{M_{Eds}}{b \cdot d^2 \cdot f_{cd}} = \frac{0{,}181}{0{,}25 \cdot 0{,}40^2 \cdot 17} = 0{,}266$$

$$\rightarrow \omega = 0{,}316, \, k_z = 0{,}836$$

erf. Biegebewehrung:

$$A_{s1} = \omega \cdot b \cdot d \cdot (f_{cd}/f_{yd})$$
$$= 0{,}316 \cdot 25 \cdot 40 \cdot 17/435 = 12{,}34 \, \text{cm}^2$$

innerer Hebelarm:

$$z = k_z \cdot d = 0{,}836 - 0{,}40 = 0{,}334 \, \text{m}$$

Spannungsnachweis im Grenzzustand der Gebrauchstauglichkeit
Seltene Lastkombination
Kombinationsbeiwert für Verkehrslast $\psi_0 = 0{,}7$

$$M = (1{,}0 \cdot 12 + 0{,}7 \cdot 16) \cdot \frac{6{,}00^2}{8} = 104{,}4 \, \text{kN m}$$

Näherungsrechnung für die Stahlspannung:

$$\sigma_{s1} \approx \frac{104{,}4}{0{,}334} \cdot \frac{1}{12{,}56} = 24{,}9 \, \text{kN/cm}^2$$

Genaue Berechnung:
Druckzonenhöhe:

$$x = \frac{16{,}36 \cdot 12{,}56}{25} \cdot \left(-1 + \sqrt{1 + \frac{2 \cdot 25 \cdot 40}{16{,}36 \cdot 12{,}56}} \right)$$
$$= 18{,}71 \, \text{cm}$$

Innerer Hebelarm:

$$z = 40 - \frac{18{,}71}{3} = 33{,}8 \, \text{cm}$$

Betonspannung:

$$\sigma_c = -\frac{2 \cdot 104{,}4 \cdot 100}{25 \cdot 18{,}71 \cdot 33{,}8} = -1{,}32 \, \text{kN/cm}^2$$

Stahlspannung:

$$\sigma_{s1} = \frac{104{,}4 \cdot 100}{33{,}8 \cdot 12{,}56} = 24{,}6 \, \text{kN/cm}^2$$

Die zulässigen Spannungswerte

$$|\sigma_c| = 0{,}60 \cdot f_{ck} = 0{,}60 \cdot 30 = 18 \, \text{kN/cm}^2$$

und

$$\sigma_s = f_{yk} = 43{,}5 \, \text{kN/cm}^2$$

sind hier eingehalten.
Wenn dieses Beispiel ohne den Kriecheinfluss berechnet wird, dann ergibt sich:

$$\alpha_e = \frac{200.000}{33.000} = 6{,}06;$$
$$x = 12{,}86 \, \text{cm}; \quad z = 35{,}7 \, \text{cm};$$
$$\sigma_c = -1{,}81 \, \text{kN/cm}^2; \quad \sigma_{s1} = 23{,}3 \, \text{kN/cm}^2$$

Beispiel 8.25

Spannungsermittlung bei Biegung und Längskraft, iterative Vorgehensweise

Rechteckquerschnitt $b/h/d_1 = 30/50/5\,\mathrm{cm}$

Beton   C40/50, B500B, $A_{s1} = 12\,\mathrm{cm}^2$, $\alpha_e = 15$

Belastung $M_k = 135\,\mathrm{kNm}$, $N_k = -40\,\mathrm{kN}$ (quasi-ständige Kombination)

Geschätzte Stahlspannung $\sigma_{s1} = 250\,\mathrm{N/mm}^2$

1. Iteration

$$A_{sM} = A_{s1} - \frac{N}{\sigma_{s1}} = 12 - \frac{-40}{25} = 13{,}60\,\mathrm{cm}^2,$$

$$z_{s1} = 50/2 - 5 = 20\,\mathrm{cm}$$

$$M_{s1} = M - N \cdot z_{s1} = 135 - (-40) \cdot 0{,}2 = 143\,\mathrm{kNm}$$

$$x = \frac{\alpha_e \cdot A_{s1}}{b} \cdot \left(-1 + \sqrt{1 + \frac{2 \cdot b \cdot d}{\alpha_e \cdot A_{s1}}}\right)$$

$$= \frac{15 \cdot 13{,}6}{30} \cdot \left(-1 + \sqrt{1 + \frac{2 \cdot 30 \cdot 45}{15 \cdot 13{,}6}}\right)$$

$$= 18{,}86\,\mathrm{cm}$$

$$z = d - x/3 = 40 - 18{,}86/3 = 38{,}71\,\mathrm{cm}$$

$$\sigma_{s1} = \frac{M_s}{z \cdot A_{sM}} = \frac{143}{0{,}3871 \cdot 13{,}60} \cdot 10$$

$$= 271{,}63\,\mathrm{MN/m}^2 \neq 250\,\mathrm{MN/m}^2$$

2. Iteration mit $\sigma_{s1} = 271{,}63\,\mathrm{N/mm}^2$

$$A_{sM} = A_{s1} - \frac{N}{\sigma_{s1}} = 12 - \frac{-40}{27{,}16} = 13{,}47\,\mathrm{cm}^2$$

$$x = \frac{15 \cdot 13{,}47}{30} \cdot \left(-1 + \sqrt{1 + \frac{2 \cdot 30 \cdot 45}{15 \cdot 13{,}47}}\right)$$

$$= 18{,}79\,\mathrm{cm}$$

$$z = d - x/3 = 40 - 18{,}79/3 = 38{,}74\,\mathrm{cm}$$

$$\sigma_{s1} = \frac{M_s}{z \cdot A_{sM}} = \frac{143}{0{,}3874 \cdot 13{,}47} \cdot 10$$

$$= 274{,}04\,\mathrm{MN/m}^2 \neq 271{,}60\,\mathrm{MN/m}^2$$

3. Iteration mit $\sigma_{s1} = 274{,}04\,\mathrm{N/mm}^2$

$$A_{sM} = A_{s1} - \frac{N}{\sigma_{s1}} = 12 - \frac{-40}{27{,}40} = 13{,}46\,\mathrm{cm}^2$$

$$x = \frac{15 \cdot 13{,}46}{30} \cdot \left(-1 + \sqrt{1 + \frac{2 \cdot 30 \cdot 45}{15 \cdot 13{,}46}}\right)$$

$$= 18{,}78\,\mathrm{cm}$$

$$z = d - x/3 = 40 - 18{,}78/3 = 38{,}74\,\mathrm{cm}$$

$$\sigma_{s1} = \frac{M_s}{z \cdot A_{sM}} = \frac{143}{0{,}3874 \cdot 13{,}48} \cdot 10$$

$$= 274{,}25\,\mathrm{MN/m}^2 \approx 274{,}04\,\mathrm{MN/m}^2$$

Resultierende Spannungen

Beton:
$$\sigma_{s1} = \frac{M_s}{z \cdot A_{s1}} + \frac{N}{A_{s1}}$$

$$= \left(\frac{143}{0{,}3874 \cdot 12{,}0} + \frac{-40}{12}\right) \cdot 10$$

$$= 274{,}27\,\mathrm{MN/m}^2$$

Stahl:
$$\sigma_c = \frac{2 \cdot M_s}{b \cdot x \cdot z} = \frac{2 \cdot 0{,}143}{0{,}30 \cdot 0{,}1878 \cdot 0{,}3874}$$

$$= 13{,}10\,\mathrm{MN/m}^2 \leq 0{,}45 \cdot f_{ck} = 18$$

8.7.1.2 Dekompressionsnachweis für vorgespannte Bauteile

Der Nachweis der Dekompression kann auf zwei verschiedene Art und Weisen geführt werden:

a) Vereinfachter Nachweis im Zustand I, dass in der maßgebenden Lastkombination (einschließlich Vorspannung) der Querschnitt vollständig überdrückt ist.

b) Genauer Nachweis, dass in der maßgebenden Lastkombination (einschließlich Vorspannung) der Betonquerschnitt um das Spannglied im Bereich von 100 mm oder 1/10 der Querschnittshöhe unter Druckspannungen steht. Der jeweils größere Bereich ist maßgebend (siehe auch Abb. 8.88).

Wesentliches Ziel des Dekompressionsnachweises ist der besondere Korrosionsschutz der empfindlichen Spannglieder durch ausschließen von Rissen im Spanngliedbereich. Daher werden die entsprechenden Anforderungen an die Spannbetonbauteile auch im Zusammenhang mit den Anforderungen an die Rissbreitenbeschränkung definiert (siehe Tafel 8.47).

Der Dekompressionsnachweis wird im Allgemeinen als Entwurfskriterium für die Dimensionierung der erforderlichen Spannstahlmenge herangezogen, da er bei überwiegender Biegebeanspruchung nur durch eine entsprechende Vorspannung erfüllt werden kann. Dabei liegt der o. g. vereinfachte Dekompressionsnachweis auf der sicheren Seite und wird in der Praxis überwiegend verwendet. Dabei wird

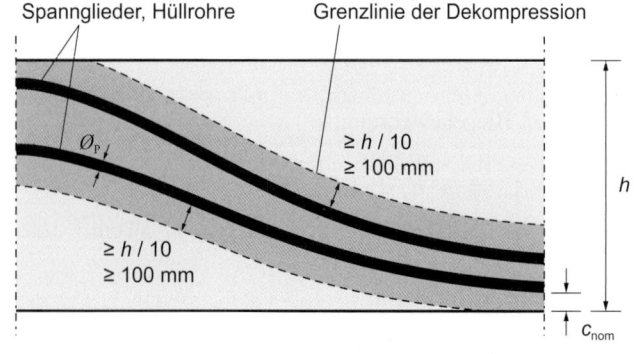

Abb. 8.88 Grenzlinien beim genauen Nachweis der Dekompression

Abb. 8.89 Spannungsbilder zum Dekompressionsnachweis

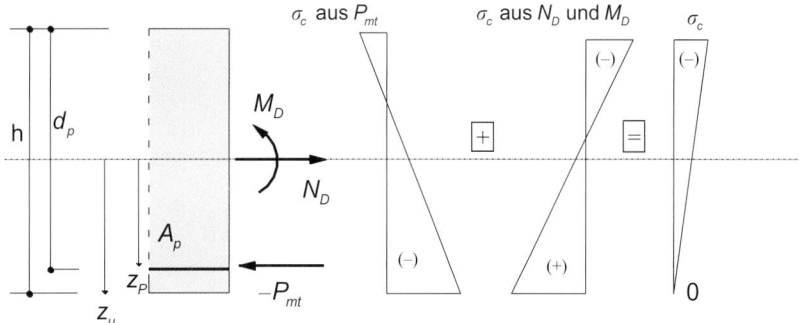

wie folgt vorgegangen:

$$\sigma_c = \frac{N_D + N_p}{A_c} + \frac{M_D + M_p}{I_c} \cdot z_u \overset{!}{=} 0 \qquad (8.129)$$

Der Nachweis ist grundsätzlich unter Berücksichtigung der charakteristischen Werte der Vorspannung zu führen, d. h. mit $P_{k,sup} = r_{sup} \cdot P_{mt}$ bzw. $P_{k,inf} = r_{inf} \cdot P_{mt}$. Formal sind für den Nachweis bei im Verbund liegenden Querschnitten die ideellen Querschnittswerte anzusetzen. Im Rahmen des Entwurfs liegen diese im Allgemeinen noch nicht vor, man rechnet dann zunächst mit den Bruttoquerschnitten. Ggf. muss dann iterativ vorgegangen werden.

Die Schnittgrößen infolge äußerer Einwirkungen N_D und M_D in (8.129), die die Wirkung der Vorspannung in der betrachteten Faser aufheben, werden auch als Dekompressionsschnittgrößen bezeichnet.

Wird (8.129) nach der Vorspannkraft aufgelöst so erhält man beispielsweise bei einem statisch bestimmten System die erforderliche charakteristische Vorspannkraft aus der Betrachtung eines unteren Querschnittrandes:

$$_{erf}P_{k,inf} = \frac{\frac{N_{Ed}}{A_i} + \frac{M_{Ed} \cdot z_{iu}}{I_i}}{\frac{1}{A_i} + \frac{z_{ip} \cdot z_{iu}}{I_i}} \qquad (8.130)$$

und mit (8.131) die erforderliche Spannstahlmenge zu

$$_{erf}A_p = \frac{_{erf}P_{k,inf}}{r_{inf} \cdot \sigma_{pmt}} \qquad (8.131)$$

Bei einer dem Momentenverlauf angepassten Spanngliedführung und nachgewiesener Dekompression an dem, dem Spannglied nächsten gelegenen Querschnittsrand ist der Nachweis gegen Dekompression am gegenüber liegenden Querschnittsrand bei üblichen Verhältnissen zwischen Eigen- und Nutzlast in der Regel eingehalten [16]. Insbesondere bei geraden Spanngliedführungen kann das Überdrücken auch des abliegenden Querschnittrandes unwirtschaftlich sein. In diesen Fällen kann der genauere Nachweis hilfreich sein. Dieser erfolgt dann im Zustand II, wobei auf der Zugseite die Nachweise zur Rissbreitenbeschränkung entsprechend der Expositionsklasse vorzunehmen sind.

Im Endbereich eines vorgespannten Bauteils darf der Nachweis der Dekompression entfallen. Die Länge des Endbereiches in bei Vorspannung mit nachträglichem Verbund und Vorspannung ohne Verbund gleich der Länge der Lastausbreitungszone, bei Vorspannung mit sofortigem Verbund gleich der Lasteintragungslänge l_{disp} (siehe Abschn. 8.8.2). Die Gebrauchstauglichkeit ist in diesen Bereichen durch den Nachweis der Rissbreitenbeschränkung zu führen (z. B. mit Hilfe von Stabwerksmodellen).

Für Bauzustände können abweichende Anforderungen an den Nachweis der Dekompression gelten.

8.7.2 Begrenzung der Rissbreiten

Rissbildung ist in Betonzugzonen nahezu unvermeidbar. Die Rissbreite ist jedoch so zu begrenzen, dass die ordnungsgemäße Nutzung des Tragwerkes sowie sein Erscheinungsbild und die Dauerhaftigkeit als Folge von Rissen nicht beeinträchtigt werden.

Die zulässigen Grenzwerte der Rissbreiten zur Sicherstellung der Dauerhaftigkeit von Stahlbeton- und Spannbetonbauteilen ohne besondere Anforderungen (z. B. bzgl. Wasserundurchlässigkeit) sind in Abhängigkeit der Expositionsklassen in Tafel 8.47 angegeben.

Für Bauteile mit ausschließlicher Vorspannung ohne Verbund gelten die Anforderungen für Stahlbeton, bei einer Kombination von Vorspannung mit und ohne Verbund gelten die Anforderungen von Spanngliedern im Verbund.

Zur Rissbreitenbegrenzung sind folgende Nachweise zu führen:

- **Mindestbewehrung** zur Begrenzung der Rissbreite infolge Zwang gemäß Abschn. 8.7.2.1
- **Begrenzung der Rissbreite infolge Last** für die maßgebende Einwirkungskombination gemäß Tafel 8.47 durch
  a) direkte Berechnung (siehe hierzu einschlägige Fachliteratur) oder alternativ
  b) Begrenzung von Stabdurchmesser bzw. Stababstand gemäß Abschn. 8.7.2.1.

Es ist zu beachten, dass bei Platten in der Expositionsklasse XC1 mit $h \leq 20\,\text{cm}$, welche durch Biegung ohne wesentlichen zentrischen Zug beansprucht werden, keine Nachweise

Tafel 8.47 Grenzwerte w_{max} für die rechnerische Rissbreite w_k

Expositionsklasse	Stahlbeton und Vorspannung ohne Verbund	Vorspannungen mit nachträglichem Verbund	Vorspannung mit sofortigem Verbund	
	Mit Einwirkungskombination			
	Quasi-ständig	Häufig	Häufig	Selten
X0, XC1	0,4[a]	0,2	0,2	
XC2–XC4	0,3	0,2[b, c]	0,2[b]	
XS1–XS3, XD1, XD2, XD3[d]			Dekompression[e]	0,2

[a] Bei den Expositionsklassen X0 und XC1 hat die Rissbreite keinen Einfluss auf die Dauerhaftigkeit und dieser Grenzwert wird i. Allg. zur Wahrung eines akzeptablen Erscheinungsbildes gesetzt. Fehlen entsprechende Anforderungen an das Erscheinungsbild, darf dieser Grenzwert erhöht werden.
[b] Zusätzlich ist der Nachweis der Dekompression unter der quasi-ständigen Einwirkungskombination zu führen.
[c] Wenn der Korrosionsschutz anderweitig sichergestellt wird (Hinweise hierzu in den Zulassungen der Spannverfahren), darf der Dekompressionsnachweis entfallen.
[d] Bei Bauteilen der Expositionsklasse XD3 können besondere Maßnahmen erforderlich sein.
[e] Dekompression bedeutet in diesem Zusammenhang, dass der Betonquerschnitt um das Spannglied in einem Bereich von 100 mm bzw. 1/10 der Querschnittshöhe (der größere Bereich ist maßgebend) unter Druckspannungen steht. Die Spannungen sind im Zustand II nachzuweisen.

zur Begrenzung der Rissbreite notwendig sind, wenn darüber hinaus die Festlegungen nach Abschn. 8.9.2 eingehalten sind und keine strengere Begrenzung der Rissbreite (wie z. B. für WU-Bauteile) erforderlich ist. Werden Betonstahlmatten mit einem Querschnitt $a_s \geq 6,0\,\mathrm{cm^2/m}$ in zwei Ebenen gestoßen, so ist im Stoßbereich der Nachweis der Rissbreitenbegrenzung mit einer um 25 % erhöhten Stahlspannung zu führen.

Die im EC 2 vorgesehenen rechnerischen Nachweisverfahren zur Rissbreitenbegrenzung erlauben keine exakte Berechnung der Rissbreite. Vielmehr werden Anhaltswerte ermittelt, deren gelegentliche, geringfügige Überschreitung im Bauwerk nicht ausgeschlossen ist. Dies ist unter Beachtung der sonstigen Normenregeln zur Konstruktion und Bemessung im Allgemeinen unbedenklich und entspricht dem anerkannten Stand der Technik.

8.7.2.1 Mindestbewehrung zur Begrenzung der Rissbreite

In Bauteilen, die durch Zugspannungen aus indirekten Einwirkungen (Zwang) oder Eigenspannungen beansprucht werden können, muss eine Mindestbewehrung zur ausreichenden Begrenzung der Rissbreite vorgesehen werden. Dies bedeutet, dass zur Begrenzung von Zwangsrissbreiten die infolge der Rissschnittgröße mit $\sigma_c = f_{ct,eff}$ am betrachteten Rand auftretenden Stahlspannungen entsprechend stärker zu begrenzen sind. Die hierbei infrage kommenden Zwangsbeanspruchungen können sowohl infolge äußerem als auch innerem sowie frühem oder spätem Zwang auftreten, d. h. es sind ggf. auch statisch bestimmte Systeme zu erfassen. In der Regel ist somit nur dann die hier beschriebene Mindestbewehrung zur Begrenzung der Rissbreite vorzusehen,

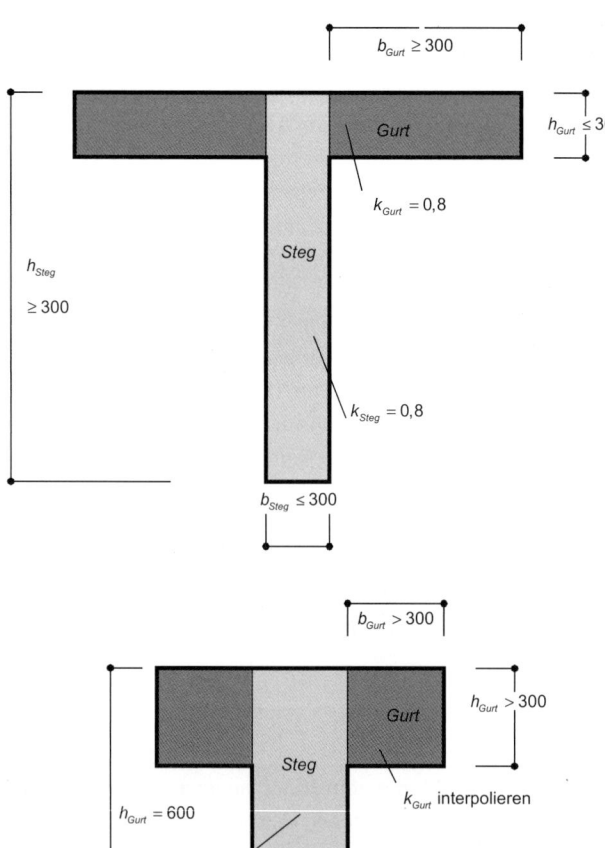

Abb. 8.90 Aufteilung profilierter Querschnitte zum Nachweis der Mindestbewehrung

wenn eine Rissbildung infolge nicht explizit berücksichtigter Zwangeinwirkung oder Eigenspannung nicht auszuschließen ist. Außerdem braucht die Mindestbewehrung nicht angeordnet werden, wenn Bauteile mit konstruktiven, den Zwang reduzierenden Maßnahmen oder dünne biegebeanspruchte Platten mit $h \leq 200\,\text{mm}$ als Innenbauteile in Expositionsklasse XC1 geplant werden. Bei einer nichtlinearen Berechnung unter Berücksichtigung aller Zwang erzeugenden Einwirkungen, z. B. aus Temperatur, Setzungen, Schwinden und bei realistischer Abschätzung der Festhaltungen, z. B. durch Anbindung an steife Nachbarbauteile, kann die Rissbreitenbegrenzung direkt oder indirekt ohne gesonderte Mindestbewehrung nachgewiesen werden [25].

In Bauteilen mit Vorspannung mit Verbund ist die Mindestbewehrung zur Rissbreitenbegrenzung nicht in Bereichen erforderlich, in denen im Beton unter der seltenen Einwirkungskombination und unter den maßgebenden charakteristischen Werten der Vorspannung Betondruckspannungen am Querschnittsrand auftreten, die dem Betrag nach größer als $1\,\text{N/mm}^2$ sind.

Bei profilierten Querschnitten wie Hohlkästen oder Plattenbalken ist die Mindestbewehrung für jeden Teilquerschnitt (Gurte und Stege) einzeln nachzuweisen (Abb. 8.90).

Die als Mindestbewehrung definierte Querschnittsbewehrung der Zugbewehrung $A_{s,min}$ ergibt sich zu

$$A_{s,min} = k_c \cdot k \cdot f_{ct,eff} \cdot \frac{A_{ct}}{\sigma_s} \qquad (8.132)$$

wobei k_c den Einfluss der Spannungsverteilung innerhalb des Querschnitts bei Erstrissbildung und k nichtlinear verteilte Eigenspannungen berücksichtigt. Im Einzelnen betragen

$$k_c = 0,4 \cdot \left[1 - \frac{\sigma_c}{k_1 \cdot (h/h^*) \cdot f_{ct,eff}} \right] \leq 1,0 \qquad (8.133)$$

für rechteckige Querschnitte und Stege von Plattenbalken und Hohlkasten ($k_c = 0,4$ bei reiner Biegung, $k_c = 1,0$ bei reinem Zug)

$$k_c = 0,9 \cdot \frac{F_{cr,Gurt}}{A_{ct} \cdot f_{ct,eff}} \geq 0,5 \qquad (8.134)$$

für Zuggurte von Plattenbalken und Hohlkasten mit $F_{cr,Gurt}$ = Zuggurtkraft im Zustand I, ermittelt mit $f_{ct,eff}$. In Zuggurten mit ungleichmäßiger Spannungsverteilung sollte die Zuggurtkraft anteilig auf die Bewehrungslagen verteilt werden.

$A_{s,min}$ Mindestbetonstahlbewehrung der Zugzone. Diese ist überwiegend am gezogenen Rand des Querschnitts oder Teilquerschnitts anzuordnen, wobei aber auch ein angemessener Anteil über die Zugzone zu verteilen ist, um breite Sammelrisse zu vermeiden.

σ_c Betonspannung in Höhe der Schwerlinie des Querschnitts oder Teilquerschnitts im ungerissenen Zustand unter der Einwirkungskombination, die am Gesamtquerschnitt zur Erstrissbildung führt ($\sigma_c = N_{Ed}/A_c > 0$ bei Druckspannungen)

k_1 Beiwert zur Berücksichtigung von Längskräften bei der Spannungsverteilung
$k_1 = 1,5$ bei Drucknormalkraft
$k_1 = 2 \cdot h^*/(3 \cdot h)$ bei Zugnormalkraft

h Höhe des Querschnitts oder Teilquerschnitts
h^* $= h$ für $h < 1,0\,\text{m}$
      $= 1,0$ für $h \geq 1,0\,\text{m}$

k a) bei Zugspannungen infolge im Bauteil selbst hervorgerufenen Zwangs (z. B. Eigenspannungen infolge Abfließen der Hydratationswärme):
$k = 0,8$ für $h \leq 300\,\text{mm}$
$k = 0,52$ für $h \geq 800\,\text{mm}$

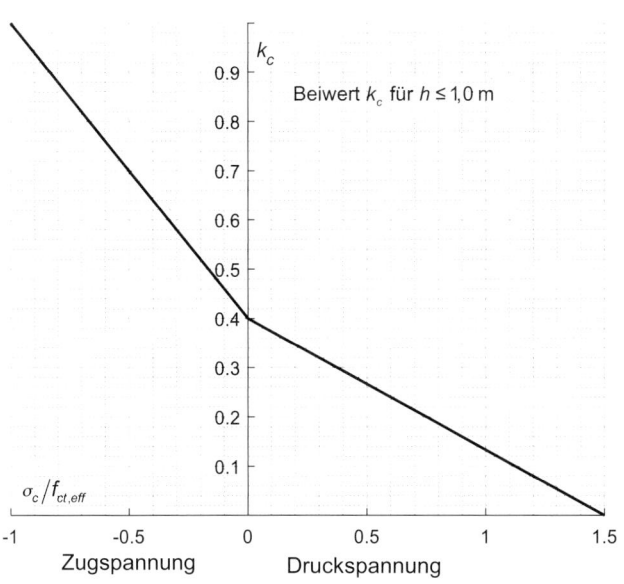

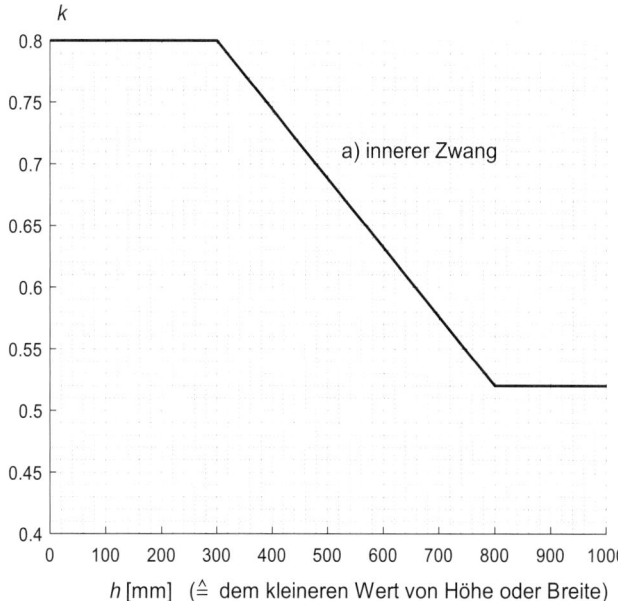

Zwischenwerte dürfen linear interpoliert werden. Dabei ist für h der kleinere Wert von Höhe oder Breite des Querschnitts oder Teilquerschnitts zu setzen.

b) bei Zugspannungen infolge außerhalb des Bauteils hervorgerufenen Zwangs (z. B. Stützensenkung):
$$k = 1{,}0$$

A_{ct} Fläche der Betonzugzone (Zustand I) unmittelbar vor der Rissbildung, ggf. auch betrachteter Teilquerschnitt der Betonzugzone

$f_{ct,eff}$ die wirksame Zugfestigkeit $f_{ctm}(t)$ des Betons zum betrachteten Zeitpunkt. Im Allg. ist $f_{ct,eff} = f_{ctm}$. Es sollte jedoch die Zugfestigkeit angesetzt werden, die bei zu erwartender Rissbildung vorhanden ist. Bei Rissbildungen aus Abfließen der Hydratationswärme (Zwang) mit einem Betonalter von 3 bis $5d$ hat sich herausgestellt, dass die früher getroffene pauschale Annahme mit $f_{ct,eff} = 0{,}5 \cdot f_{ctm}$ für heute am Markt verfügbare Betone nicht mehr flächendeckend zutrifft. In [4] wurde diese Regelung daher gestrichen. Stattdessen kann in Abhängigkeit der Erhärtungsgeschwindigkeit und der Bauteildicke die maßgebende Festigkeit $f_{ctm}(t)$ gemäß Tafel 8.48 angesetzt werden. Die getroffenen Annahmen sind mit entsprechenden Hinweisen in der Baubeschreibung, in den Leistungsverzeichnissen sowie auf den Ausführungsplänen zu nennen. Wenn der Zeitpunkt der Rissbildung nicht mit Sicherheit innerhalb der ersten $28d$ liegt, sollte mindestens mit $f_{ct,eff} = 3{,}0\,\text{N/mm}^2$ gerechnet werden.

Hinweise:

– Bei Innenbauteilen in der Expositionsklasse XC1 kommen üblicherweise Betone mit mittlerer bzw. schneller Festigkeitsentwicklung zum Einsatz.

– Im Brückenbau soll weiterhin mit dem Ansatz mit $f_{ct,eff} = 0{,}5\,f_{ctm}$ gerechnet werden. Siehe auch z. B. ZTV-ING bzw. EC 2, Teil 2, Brückenbau.

σ_s die zulässige Spannung in der Betonstahlbewehrung zur Begrenzung der Rissbreite in Abhängigkeit vom Grenzdurchmesser $\varnothing_s^*$ nach (8.135) oder Tafel 8.51. (8.135) drückt den Zusammenhang zwischen Rissbreite, Stahlspannung und Betonzugfestigkeit aus. Sie kann als Ersatz für die in Tafel 8.51 angegebenen, dort auf $f_{ct,eff} = 2{,}9\,\text{N/mm}^2$ bezogenen Werte genommen werden, wobei dann die Modifikation der Grenzdurchmesser bei abweichenden Betonzugfestigkeiten entfällt.

$$\sigma_s = \sqrt{6 \cdot \frac{w_k \cdot f_{ct,eff} \cdot E_s}{\varnothing_s}} \leq f_{yk} \qquad (8.135)$$

E_s $200.000\,\text{MN/m}^2$, E-Modul Betonstahl

$\varnothing_s$ gewählter Stabdurchmesser der Betonstahlbewehrung

– ggf. auch Ersatzdurchmesser bei unterschiedlichen Stabdurchmessern

$$\varnothing_{eq} = \sum \left(n_i \cdot \varnothing_i^2\right) \big/ \sum \left(n_i \cdot \varnothing_i\right)$$

Tafel 8.48 Empfohlene Anhaltswerte der Betonzugfestigkeit bei Zwang aus Abfließen der Hydratationswärme [25]

1	2	3	4	5
Festigkeitsentwicklung des Betons	Bauteildicke h			
	$\leq 0{,}30\,\text{m}$	$\leq 0{,}80\,\text{m}$	$\leq 2{,}0\,\text{m}$	$> 2{,}0\,\text{m}$
langsam $(r < 0{,}30)^{a,\,b}$	$-^c$	$0{,}60\,f_{ctm}$	$0{,}70\,f_{ctm}{}^d$	$0{,}80\,f_{ctm}{}^d$
mittel $(r < 0{,}50)^a$	$0{,}65\,f_{ctm}$	$0{,}75\,f_{ctm}$	$0{,}85\,f_{ctm}$	$0{,}95\,f_{ctm}$
schnell $(r \geq 0{,}50)^a$	$0{,}80\,f_{ctm}$	$0{,}90\,f_{ctm}$	$1{,}00\,f_{ctm}$	$1{,}00\,f_{ctm}$

[a] Die Festigkeitsentwicklung des Betons wird durch das Verhältnis $r = f_{cm}(2d)/f_{cm}(28d)$ beschrieben, das bei der Eignungsprüfung oder auf der Grundlage eines bekannten Verhältnisses von Beton vergleichbarer Zusammensetzung (d. h. gleicher Zement, gleicher w/z-Wert) ermittelt wurde. Wird bei besonderen Anwendungen die Druckfestigkeit zu einem späteren Zeitpunkt $f > 28$ Tage bestimmt, ist das Verhältnis der mittleren Druckfestigkeit nach 2 Tagen $f_{cm}(2d)$ zur mittleren Druckfestigkeit zum Zeitpunkt der Bestimmung der Druckfestigkeit $f_{cm}(t)$ zu ermitteln oder es ist vom Betonhersteller eine Festigkeitsentwicklungskurve bei 20 °C zwischen 2 Tagen und dem Zeitpunkt der Bestimmung der Druckfestigkeit anzugeben.
[b] Bei Festigkeitsklassen > C30/37 ist es i. d. R. nicht möglich, das Festigkeitsverhältnis $r < 0{,}30$ bezogen auf 28 Tage zu begrenzen. In diesen Fällen ist es erforderlich, den Zeitpunkt des Nachweises der Festigkeitsklasse auf einen späteren Zeitpunkt (z. B. 56 Tage) zu vereinbaren.
[c] Die Auslegung der Bewehrung bei dünnen Bauteilen auf eine langsame Festigkeitsentwicklung ist nicht sinnvoll. Es sollte grundsätzlich mindestens eine mittlere Festigkeitsentwicklung angenommen werden.
[d] Der empfohlene Anhaltswert für massige Bauteile ist erst bei der Verwendung von langsam erhärtenden Betonen mit einem Prüfalter von 91 Tagen zu erwarten.

– ggf. auch Vergleichsdurchmesser bei Stabbündeln mit n-Stäben ($n \leq 3$)

$$\varnothing_{n} = \sqrt{\sum\left(n \cdot \varnothing_{i}^{2}\right)} \leq 55\,\text{mm}$$

– Durchmesser des Einzelstabes bei Betonstahlmatten mit Doppelstäben

f_{yk} 500 MN/m² für Betonstahl B500

Die Begrenzung der Rissbreite nach Tafel 8.51 für eine Zwangbeanspruchung erfolgt dann über die folgende Modifikation der Grenzdurchmesser

$$\varnothing_{s} = \max \begin{cases} \varnothing_{s}^{*} \cdot \dfrac{k_{c} \cdot k \cdot h_{cr}}{4 \cdot (h - d)} \cdot \dfrac{f_{ct,eff}}{2{,}9} \\[2ex] \varnothing_{s}^{*} \cdot \dfrac{f_{ct,eff}}{2{,}9} \end{cases} \quad (8.136)$$

$\varnothing_{s}$ modifizierter Stabdurchmesser
$\varnothing_{s}^{*}$ Grenzdurchmesser nach Tafel 8.51
h Bauteilhöhe
d Statische Höhe
h_{cr} Höhe der Zugzone im Querschnitt bzw. Teilquerschnitt vor Rissbildung ($h_{cr} = 0{,}5h$ bei zentr. Zug und beidseitiger Bewehrungslage, $h_{cr} = h$ bei einer mittigen Bewehrungslage, siehe auch Abb. 8.91).

a

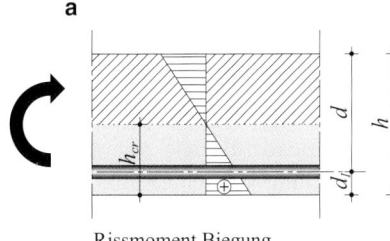

Rissmoment Biegung

b

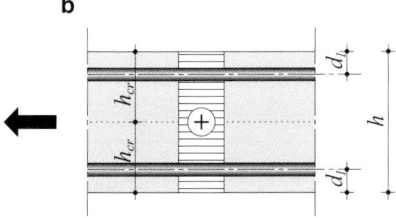

Mindestbewehrung zentrischer Zug (positiv)

Abb. 8.91 Modifikation des Stabdurchmessers bei Zwang [23]

Bei Anwendung der Gleichung (8.132) darf der gewählte Stabdurchmesser $\varnothing_{s}$ rechnerisch in (8.135) wie folgt modifiziert werden:

$$\varnothing_{s,\,mod} = \varnothing_{s} \cdot \dfrac{4 \cdot (h - d)}{k_{c} \cdot k \cdot h_{cr}} \leq \varnothing_{s} \quad (8.137)$$

Eine im Verbund liegende Vorspannbewehrung darf in einem Abstand $\leq 150\,\text{mm}$ vom Spannglied zur Begrenzung der Rissbreite auf die Mindestbewehrung nach (8.136) bzw. (8.137) mit dem Anteil von $\xi_{1} \cdot A_{p}' \cdot \Delta\sigma_{p}$ angerechnet werden.

Dabei ist:

A_{p}' Querschnittsfläche der in $A_{c,eff}$ im Verbund liegenden Spannstahlbewehrung

$A_{c,eff}$ Wirkungsbereich der Bewehrung. $A_{c,eff}$ entspricht der Betonfläche um die Zugbewehrung mit $A_{c,eff} = h_{c,ef} \cdot b$ mit $h_{c,ef} = \min\{2{,}5 \cdot (h - d), (h - x)/2, h/2\}$. Siehe auch Abb. 8.92.

x Druckzonenhöhe im Zustand I

ξ_{1} mit den Stabdurchmessern gewichtetes Verhältnis der Verbundfestigkeit

$$\xi_{1} = \sqrt{\xi \cdot \varnothing_{s} / \varnothing_{p}}$$

ξ Verhältnis der Verbundfestigkeit von Spannstahl zu Betonstahl gemäß Tafel 8.49

$\varnothing_{s}$ größter Einzeldurchmesser des Betonstahls

$\varnothing_{p}$ äquivalenter Durchmesser des Spannstahls (gemäß (8.112))

$\Delta\sigma_{p}$ Spannungsänderung im Spannstahl bezogen auf den Zustand des ungedehnten Betons.

(8.132) lautet dann:

$$A_{s,min} \cdot \sigma_{s} + \xi_{1} \cdot A_{p}' \cdot \Delta\sigma_{p} = k_{c} \cdot k \cdot f_{ct,eff} \cdot A_{ct} \quad (8.138)$$

Hinweis $h_{c,ef} = 2{,}5 \cdot (h - d)$ gilt für eine konzentrierte Bewehrungsanordnung und dünne Bauteile mit $h/(h - d) < 10$ bei Biegung und $h/(h - d) < 5$ bei zentrischem Zwang. Bei dickeren Bauteilen kann der Wirkungsbereich bis auf $h_{c,ef} = 5 \cdot (h - d)$ anwachsen (siehe Abb. 8.92). Wenn die Bewehrung nicht innerhalb des Grenzbereiches $h_{c,ef} = (h - x)/3$ liegt, sollte dieser auf $h_{c,ef} = (h - x)/2$ vergrößert werden.

Tafel 8.49 Verhältnis der Verbundfestigkeit ξ

	Spannglieder sofortiger Verbund				Spannglieder nachträglicher Verbund			
	$\leq$ C50/60	C55/67	C60/75	$\geq$ C70/85	$\leq$ C50/60	C55/67	C60/75	$\geq$ C70/85
Glatte Stäbe	–	–	–	–	0,3	0,26	0,23	0,15
Litzen	0,6	0,53	0,45	0,3	0,5	0,44	0,38	0,25
Profilierte Stäbe	0,7	0,61	0,53	0,35	0,6	0,53	0,45	0,30
Gerippte Stäbe	0,8	0,7	0,6	0,4	0,7	0,61	0,53	0,35

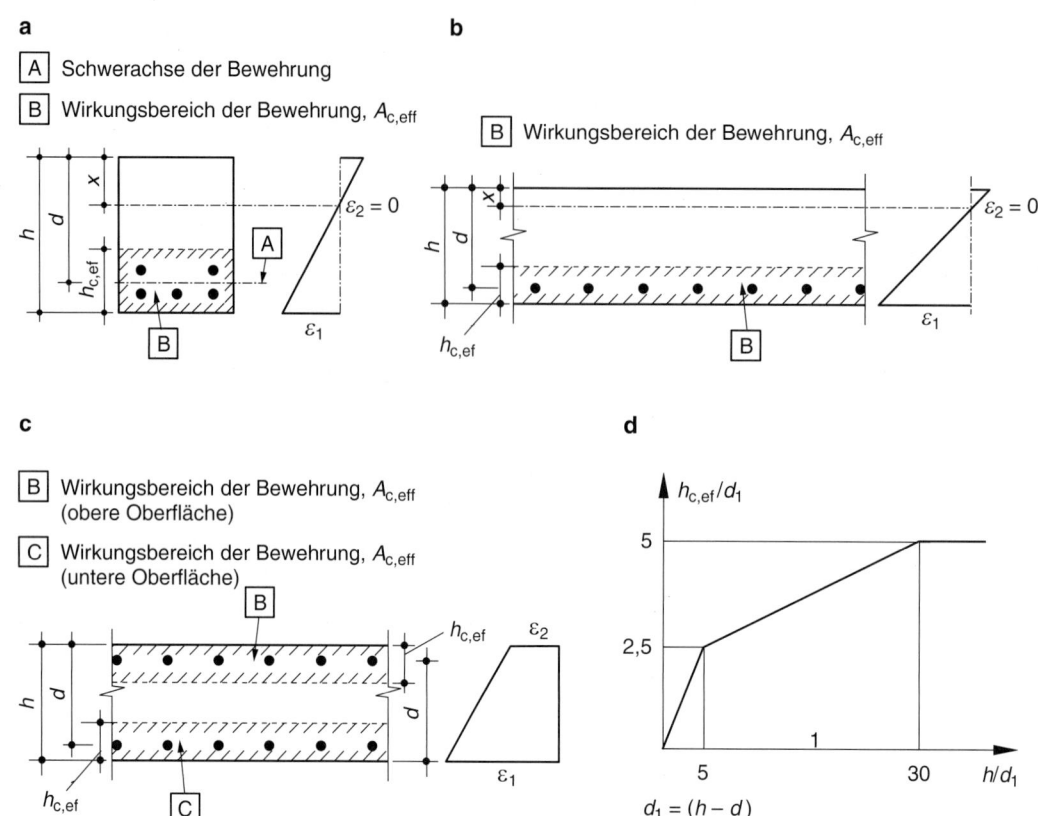

Abb. 8.92 Wirkungsbereich $A_{c,eff}$ der Bewehrung. **a** Träger, **b** Platte/Decke, **c** Bauteil unter Zugbeanspruchung, **d** Vergrößerung der Höhe $h_{c,ef}$ des Wirkungsbereichs der Bewehrung bei zunehmender Bauteildicke (nur für zentrischen Zug bei dickeren Bauteilen)

Mindestbewehrung bei dickeren Bauteilen Bei massigen Bauteilen wie z. B. Widerlagerwände im Brückenbau oder Betonbauteile des Wasserbaus, bei denen eine Rissbildung aus frühem Zwang (abfließen der Hydratationswärme) zu erwarten ist, können nach (8.132) erhebliche Bewehrungsmengen erforderlich werden. Hier darf die Mindestbewehrung unter zentrischem Zwang für die Begrenzung der Rissbreite je Bauteilseite unter Berücksichtigung einer effektiven Randzone $A_{c,eff}$ mit der folgenden Gleichung bestimmt werden:

$$A_{s,min} = f_{ct,eff} \cdot A_{c,eff}/\sigma_s \geq k \cdot f_{ct,eff} \cdot A_{ct}/f_{yk} \quad (8.139)$$

Dabei ist:

$A_{c,eff}$ Wirkungsbereich der Bewehrung, $A_{c,eff} = h_{c,ef} \cdot b$ (gemäß Abb. 8.92)

A_{ct} Fläche der Betonzugzone je Bauteilseite, für Rechteckquerschnitte ist $A_{ct} = 0.5 \cdot b \cdot h$.

Der Grenzdurchmesser $\varnothing_s^*$ zur Bestimmung der Stahlspannung σ_s in (8.139) muss in Abhängigkeit von $f_{ct,eff}$ mit (8.140) modifiziert werden oder es wird mit (8.135) gearbeitet.

$$\varnothing_s = \varnothing_s^* \cdot \frac{f_{ct,eff} \, [\text{N/mm}^2]}{2.9 \, [\text{N/mm}^2]} \quad (8.140)$$

Es ist in jedem Fall aber nicht mehr Mindestbewehrung erforderlich, als sich nach (8.132) und (8.135) ergeben hatte.

Langsam erhärtende Betone mit geringerer Hydratationswärmeentwicklung können ebenfalls zur Reduktion der erforderlichen Mindestbewehrung führen. Für Betone mit $r = f_{cm,2}/f_{cm,28} \leq 0.3$ darf daher die erforderliche Mindestbewehrung mit dem Faktor 0,85 abgemindert werden. Eine solche Vorgehensweise ist in den Ausführungsunterlagen zu dokumentieren.

Beispiel 8.26

Mindestbewehrung für eine 200 mm dicke Wand C30/37 (XC4) mit zentrischem Zwang

zentrischer Zug: $k_c = 1.0$

$h = 200$ mm: $k = 0.8$ (innerer Zwang)

gewählte Bewehrung $\varnothing_s = 10$ mm, der Stababstand ist zu bestimmen

zulässige Rissbreite $w_k = 0.3$ mm

a) später Zwang $> 28d$

$$f_{ct,eff} = 3.0 \, \text{N/mm}^2 > 2.9 \, \text{N/mm}^2$$

$$\sigma_s = \sqrt{6 \cdot \frac{0.3 \cdot 3.0 \cdot 200.000}{10}} = 329 \, \text{N/mm}^2$$

mit (8.139):

$$A_{s,min} = 1.0 \cdot 0.8 \cdot 3.0 \cdot 20 \cdot 100/329$$

$$= 14.6\,\text{cm}^2/\text{m} < \varnothing_s 10/100\,\text{mm je Wandseite}$$

b) nur früher Zwang aus Hydratation.

Beton mit mittlerer Festigkeitsentwicklung (siehe Tafel 8.48)

$$f_{ct,eff} = 0.65 \cdot f_{ctm} = 0.65 \cdot 2.9\,\text{N/mm}^2$$

$$= 1.9\,\text{N/mm}^2$$

$$\sigma_s = \sqrt{6 \cdot \frac{0.3 \cdot 1.9 \cdot 200.000}{10}} = 262\,\text{N/mm}^2$$

mit (8.139):

$$A_{s,min} = 1.0 \cdot 0.8 \cdot 1.9 \cdot 20 \cdot 100/262$$

$$= 11.6\,\text{cm}^2/\text{m} < \varnothing_s 10/125\,\text{mm je Wandseite}$$

8.7.2.2 Begrenzung der Rissbreite ohne besondere Berechnung

Rissbreiten können auf zulässige Werte begrenzt werden, wenn die Stabdurchmesser oder die Stababstände in Abhängigkeit der vorhandenen Stahlspannung begrenzt werden. Bei Rissbildung infolge Zwang sind dabei die Grenzdurchmesser nach Tafel 8.51 mit (8.137) einzuhalten, bei Rissbildung infolge äußerer Lasten entweder die Grenzdurchmesser nach Tafel 8.51 mit (8.137) oder die Stababstände nach Tafel 8.50.

Der Grenzdurchmesser der Bewehrungsstäbe nach Tafel 8.51 darf in Abhängigkeit von der Bauteilhöhe und muss in Abhängigkeit von der wirksamen Betonzugfestigkeit $f_{ct,eff}$ folgendermaßen modifiziert werden:

$$\varnothing_s = \max \begin{cases} \varnothing_s^* \cdot \dfrac{\sigma_s \cdot A_s}{4 \cdot (h - d) \cdot b \cdot f_{ct,0}} \\ \varnothing_s^* \cdot \dfrac{f_{ct,eff}}{f_{ct,0}} \end{cases} \quad (8.141)$$

Dabei ist

$\varnothing_s$ der modifizierte Grenzdurchmesser

$\varnothing_s^*$ der Grenzdurchmesser nach Tafel 8.51

σ_s die Betonstahlspannung im Zustand II in der maßgebenden Lastkombination

A_s die Querschnittsfläche der Betonstahlbewehrung

h die Bauteilhöhe

d die statische Nutzhöhe

b die Breite der Zugzone

$f_{ct,0}$ die Zugfestigkeit des Betons, auf die die Werte nach Tafel 8.51 bezogen sind ($f_{ct,0} = 2.9\,\text{N/mm}^2$).

Bei im Verbund liegenden Spanngliedern ist die Betonstahlspannung σ_s in (8.141) für die maßgebende Einwirkungskombination unter Berücksichtigung des unterschiedlichen

Tafel 8.50 Höchstwerte der Stababstände von Betonstählen[a]

Stahlspannung σ_s [N/mm²]	Hochstabstände der Stäbe in mm in Abhängigkeit vom Rechenwert der Rissbreite w_k		
	$w_k = 0.4\,\text{mm}$	$w_k = 0.3\,\text{mm}$	$w_k = 0.2\,\text{mm}$
160	300	300	200
200	300	250	150
240	250	200	100
280	200	150	50
320	150	100	–
360	100	50	–

[a] Die Tafelwerte basieren auf folgenden Annahmen: einlagige Bewehrung, $d_1 = 4\,\text{cm}$. Bauteile, die mit diesen Annahmen nicht konform sind, sollten mit der Durchmessertafel 8.51 bemessen werden.

Tafel 8.51 Grenzdurchmesser $\varnothing_s^*$ bei Betonstählen ($\sigma_s = \sqrt{6 \cdot w_k \cdot E_s \cdot f_{ct,0}/\varnothing_s^*}$)[a]

Stahlspannung σ_s [N/mm²]	Grenzdurchmesser der Stäbe in mm in Abhängigkeit vom Rechenwert der Rissbreite w_k				
	$w_k = 0.4\,\text{mm}$	$w_k = 0.3\,\text{mm}$	$w_k = 0.2\,\text{mm}$	$w_k = 0.15\,\text{mm}$	$w_k = 0.1\,\text{mm}$
160	54	41	27	20	14
180	43	32	21	16	11
200	35	26	17	13	9
220	29	22	14	11	7
240	24	18	12	9	6
260	21	15	10	8	5
280	18	13	9	7	4
300	15	12	8	6	4
320	14	10	7	5	3
340	12	9	6	5	3
360	11	8	5	4	3
400	9	7	4	3	
450	7	5	3	3	

[a] Die Tafelwerte basieren auf folgenden Annahmen: $f_{ct,0} = f_{ct,eff} = 2.9\,\text{N/mm}^2$, $E_s = 200.000\,\text{N/mm}^2$.

Verbundverhaltens von Betonstahl und Spannstahl wie folgt anzusetzen:

$$\sigma_s = \sigma_{s2} + 0.4 f_{ct,eff} \left(\frac{1}{\varrho_{eff}} - \frac{1}{\varrho_{tot}} \right) \quad (8.142)$$

σ_{s2} Betonstahlspannung bzw. Spannungszuwachs im Spannstahl im Zustand II unter Annahme eines starren Verbundes

ϱ_{eff} effektiver Bewehrungsgrad $= (A_s + \xi_1^2 \cdot A_p')/A_{c,eff}$; $\xi_1 = \sqrt{\xi \cdot \varnothing_s/\varnothing_{p'}}$, ξ s. Tafel 8.49

ϱ_{tot} geometrischer Bewehrungsgrad $= (A_s + A_p')/A_{c,eff}$

A_p' Spanngliedfläche im Wirkungsbereich $A_{c,eff}$ der Bewehrung

$A_{c,eff}$ siehe Abb. 8.92.

Der **Wirkungsbereich der Bewehrung** $A_{c,eff}$ ist die Betonfläche um die Zugbewehrung mit der Höhe $h_{c,eff}$, wobei $h_{c,eff} = $ dem Minimum von $2.5 \cdot (d - h) = 2.5 \cdot d_1$, $(h - x)/3$

und $h/2$ entspricht. Der Ansatz mit $h_{c,eff} = 2,5 \cdot (d - h) = 2,5 \cdot d_1$ gilt nur für eine konzentrierte Bewehrungsanordnung und dünne Bauteile mit:

- $h/d_1 \leq 10 \rightarrow h_{eff} = 0,25 \cdot h$ bei Biegung
- $h/d_1 \leq 5 \rightarrow h_{c,eff} = 0,5 \cdot h$ bei zentrischem Zwang

Bei dickeren Bauteilen gilt:

- $5 \leq h/d_1 < 30 \rightarrow h_{eff} = 0,1 \cdot h + 2 \cdot d_1$
- $h/d \geq 30 \rightarrow h_{c,eff} = 5 \cdot d_1$

Abb. 8.92 zeigt typische Fälle für den Wirkungsbereich der Bewehrung.

Bei hohen Trägern ($h > 100$ cm), bei denen die Zugbewehrung auf einen kleinen Teil der Querschnittshöhe konzentriert ist, sollte eine zusätzliche Oberflächenbewehrung zur Begrenzung der Rissbreite an den ansonsten unbewehrt gebliebenen Seitenflächen der Zugzone gleichmäßig angeordnet werden. Die erforderliche Querschnittsfläche dieser Bewehrung darf den Wert nach (8.132) mit $k = 0,5$ und $\sigma_s = f_{yk}$ nicht unterschreiten. Abstand und Durchmesser können durch geeignete Vereinfachung in Anlehnung an Tafel 8.50 und 8.51 bestimmt werden.

8.7.2.3 Berechnung der Rissbreite

Die in den vorstehenden Kapiteln angegebenen Regeln zur Begrenzung der Rissbreite sind praxisgerecht, sodass eine gesonderte Berechnung der Rissbreiten nur sehr selten erforderlich sein wird.

Für genauere Nachweise kann die charakteristische Rissbreite w_k jedoch auch explizit berechnet werden. Es gilt:

$$w_k = s_{r,max} \cdot (\varepsilon_{sm} - \varepsilon_{cm}) \qquad (8.143)$$

$s_{r,max}$ maximaler Rissabstand bei abgeschlossenem Rissbild
ε_{sm} die mittlere Dehnung der Bewehrung unter der maßgebenden Einwirkungskombination unter Berücksichtigung des Betons auf Zug zwischen den Rissen
ε_{cm} mittlere Dehnung des Betons zwischen den Rissen

Der maximale Rissabstand $s_{r,max}$ wird bei abgeschlossenem Rissbild mit Gleichung (8.144) ermittelt

$$s_{r,max} = \frac{\varnothing_s}{3,6 \cdot \rho_{eff}} \leq \frac{\sigma_s \cdot \varnothing_s}{3,6 \cdot f_{ct,eff}} \qquad (8.144)$$

$\varnothing_s$ Stabdurchmesser, bzw. ggf. der äquivalente Stabdurchmesser bei verschiedenen Stäben

$$\varnothing_{eq} = \sum \left(n_i \cdot \varnothing_i^2 \right) / \sum \left(n_i \cdot \varnothing_i \right)$$

Bei Betonstahlmatten ist $s_{r,max}$ auf maximal zwei Maschenweiten zu begrenzen.

Die Differenz der mittleren Dehnungen erhält man aus:

$$(\varepsilon_{sm} - \varepsilon_{cm}) = \frac{\sigma_s - k_t \cdot \frac{f_{ct,eff}}{\rho_{eff}} \cdot (1 + \alpha_e \cdot \rho_{eff})}{E_s} \geq 0,6 \cdot \frac{\sigma_s}{E_s}$$
$$(8.145)$$

$\rho_{eff} = (A_s + \xi_1^2 \cdot A_p')/A_{c,eff}$ (siehe auch (8.142))
$f_{ct,eff}$ wirksame Zugfestigkeit zum Zeitpunkt der Rissbildung, ohne Ansatz einer Mindestzugfestigkeit

α_e E_s/E_c
k_t Faktor zur Berücksichtigung eines Dauerstandseffektes = 0,4 bei Langzeiteinwirkung (Regelfall). Bei Kurzzeiteinwirkung darf $k_t = 0,6$ angesetzt werden. Letzteres sollte aber ein Ausnahmefall sein.
σ_s Spannung der Zugbewehrung im Zustand II
A_p' Spanngliedfläche im Wirkungsbereich $A_{c,eff}$
A_s Betonstahlfläche.

Bei Bauteilen, die nur einem im Bauteil selbst hervorgerufenem Zwang unterworfen sind (z. B. Abfließen der Hydratationswärme) darf die Dehnungsdifferenz unter Ansatz von $\sigma_s = \sigma_{sr}$ ermittelt werden. $\sigma_{sr} = k_c \cdot k \cdot f_{cteff} \cdot A_{ct}/A_s$ entspricht der Spannung der Zugbewehrung, die auf der Grundlage eines gerissenen Querschnitts für eine Einwirkungskombination berechnet wird, welche zur Erstrissbildung führt.

Wenn die Rissbreiten für Beanspruchungen berechnet werden, bei denen die Zugspannungen aus einer Kombination von Zwang und Lastbeanspruchung herrühren, dürfen die Gleichungen dieses Abschnittes verwendet werden. Jedoch sollte die Dehnung infolge Lastbeanspruchung, die auf Grundlage eines gerissenen Querschnitts berechnet wurde, um den Wert infolge des Zwangs erhöht werden.

Wenn die resultierende Dehnung infolge Zwang im gerissenen Zustand den Wert 0,8 ‰ nicht überschreitet, ist es im Allgemeinen ausreichend, die Rissbreite für den größeren Wert der Spannung aus Last oder Zwang zu ermitteln.

Weitere Hinweise siehe auch EC 2, 7.3.4 [1–4] und Heft 600 [11].

8.7.3 Begrenzung der Verformung

Die Verformung eines Bauteils oder Tragwerks darf seine ordnungsgemäße Funktion und sein Erscheinungsbild – also die Gebrauchstauglichkeit – nicht beeinträchtigen. Dabei wird allgemein zwischen dem Durchhang f, der Durchbiegung w und einer möglichen Überhöhung $\ddot{u}$ (siehe Abb. 8.93) unterschieden.

Der größte auftretende Durchhang $_{vorh}f$ von Balken und Platten darf in der quasiständigen Lastkombination den Grenzwert $l/250$ nicht überschreiten, wobei l entweder die Länge der Verbindungslinie der Auflager (die Stützweite) oder die Länge des 2,5fachen Kragträgers (gemessen vom Ende des Kragträgers bis zum rechnerischen Auflager) ist.

Es gilt also

$$\max f \leq l/250 \qquad (8.146)$$

Der maximale Durchhang eines Kragträgers sollte zudem den des benachbarten Feldes nicht überschreiten. Zum Ausgleich von Durchbiegungen sind Überhöhungen bei der Herstellung von Platten und Balken mit einem „Stich" bis zu $l/250$ zulässig.

In Fällen, in denen der Durchhang weder die Gebrauchseigenschaften beeinträchtigt noch besondere Anforderungen an das Erscheinungsbild gestellt werden, dürfen diese Grenzwerte auch erhöht werden.

Abb. 8.93 Definition: Durchhang f, Durchbiegung w und Überhöhung $ü$

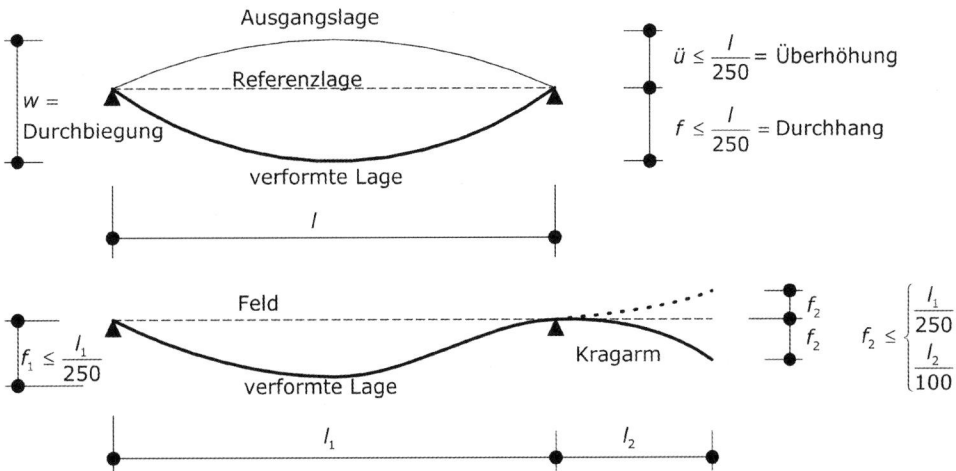

Die gesamte Durchbiegung w kann zur genaueren Betrachtung in die einzelnen Anteile aus Überhöhung $ü$, den Durchbiegungsanteil aus ständigen Lasten w_1 und den Durchbiegungszuwachs aus Langzeiteinwirkungen w_2 sowie den Durchbiegungsanteilen aus veränderlichen Einwirkungen w_3 aufgeteilt werden.

Wenn das betrachtete Bauteil Elemente zu tragen hat, die bei diesen Verformungen Schaden nehmen können (z. B. nichttragende Trennwände oder Verglasungen), so ist eine weitergehende Begrenzung der Durchbiegung w nötig. In solchen Fällen soll der Grenzwert $w \leq l/500$ eingehalten werden. Es ist zu beachten, dass sich dieser Grenzwert auf die auftretenden Verformungen nach Einbau der verformungsempfindlichen Ausbauelemente bezieht.

Verformungsnachweise für überwiegend biegebeanspruchte Bauteile können entweder durch eine explizite Durchbiegungsberechnung (siehe hierzu EC 2, Kap. 7.4.3 [1] bzw. DAfStb Heft 600 [11]) oder, wie in der Praxis im allgemeinen üblich, als vereinfachte indirekte Nachweise durch die Einhaltung von zulässigen Grenzwerten der Biegeschlankheit l/d geführt werden.

Für Spannbetonbauteile sind die Biegeschlankheitskriterien nicht geeignet, hier sollte eine explizite Verformungsberechnung durchgeführt werden [11].

8.7.3.1 Verformungsnachweise durch Begrenzung der Biegeschlankheit

Hierzu sind für Balken und Platten folgende Grenzwerte in Abhängigkeit des Zugbewehrungsgrades einzuhalten:

$$\frac{l}{d} \leq \begin{cases} K \cdot \left[11 + 1{,}5 \cdot \sqrt{f_{ck}} \cdot \dfrac{\varrho_0}{\varrho} + 3{,}2 \cdot \sqrt{f_{ck}} \cdot \left(\dfrac{\varrho_0}{\varrho} - 1 \right)^{3/2} \right] \\ \qquad\qquad\qquad\qquad\qquad \text{für } \varrho \leq \varrho_0 \\ K \cdot \left[11 + 1{,}5 \cdot \sqrt{f_{ck}} \cdot \dfrac{\varrho_0}{\varrho - \varrho'} + \dfrac{1}{12} \cdot \sqrt{f_{ck}} \cdot \sqrt{\dfrac{\varrho'}{\varrho}} \right] \\ \qquad\qquad\qquad\qquad\qquad \text{für } \varrho > \varrho_0 \end{cases}$$

$$(8.147)$$

Dabei ist:

l/d Grenzwert der Biegeschlankheit (Verhältnis von Stützweite zu Nutzhöhe)

K Beiwert zur Ermittlung der Ersatzstützweite nach Tafel 8.52

f_{ck} in N/mm^2

Tafel 8.52 Beiwerte K sowie Grundwerte der zul. Biegeschlankheit in Abhängigkeit üblicher statischer Systeme[a]

Statisches System	K	Beton C30/37 hoch beansprucht $\varrho = 1{,}5\,\%$	Beton C30/37 gering beansprucht $\varrho = 0{,}5\,\%$
Frei drehbar gelagerter Einfeldträger; gelenkig gelagerte einachsig oder zweiachsig gespannte Platte	1,0	$l/d = 14$	$l/d = 20$
Endfeld eines Durchlaufträgers oder einer einachsig gespannten durchlaufenden Platte; Endfeld einer zweiachsig gespannten Platte, die kontinuierlich über einer längeren Seite durchläuft	1,3	$l/d = 18$	$l/d = 26$
Mittelfeld eines Balkens oder einer einachsig oder zweiachsig gespannten Platte	1,5	$ld = 20$	$l/d = 30$
Platte, die ohne Unterzüge auf Stützen gelagert ist (Flachdecke) (auf Grundlage der größeren Spannweite)	1,2	$l/d = 17$	$l/d = 24$
Kragträger	0,4	$l/d = 6$	$l/d = 8$

[a] Die Beiwerte K gelten für durchlaufende Systeme mit annähernd gleichen Steifigkeiten benachbarter Felder, sofern das Stützweitenverhältnis im Bereich $0{,}8 \leq l_{eff,1}/l_{eff,2} \leq 1{,}25$ liegt. Sind diese Bedingungen nicht eingehalten, darf mit $K = l_{eff}/l_0$ gerechnet werden, wobei l_0 dem Abstand der Momentennullpunkte in der quasi-ständigen Lastkombination entspricht.

Tafel 8.53 Referenzbewehrungsgrad in Abhängigkeit der Betonfestigkeitsklasse

	C12/15	C16/20	C20/25	C25/30	C30/37	C35/45	C40/50	C45/55	C50/60
ϱ_0	0,35 %	0,40 %	0,45 %	0,50 %	0,55 %	0,59 %	0,63 %	0,67 %	0,71 %

ϱ_0 Referenzbewehrungsgrad mit

$$\varrho_0 = 10^{-3} \cdot \sqrt{f_{ck} \,[\text{N/mm}^2]}$$

bzw. Tafel 8.53

ϱ erforderlicher Bewehrungsgrad der Zugbewehrung im GZT an der Stelle des maximalen Feldmomentes bzw. bei Kragträgern an der Einspannstelle

ϱ' erforderlicher Bewehrungsgrad der Druckbewehrung im GZT an der Stelle des maximalen Feldmomentes bzw. bei Kragträgern an der Einspannstelle.

Im allgemeinen Hochbau gilt für den Bewehrungsgrad vielfach $\varrho < \varrho_0$, so dass im Allgemeinen dann (8.147) ausgewertet werden muss. Unter Umständen kann, da der Bewehrungsgrad bzw. die Querschnittshöhe zunächst abgeschätzt werden muss, ein iteratives Vorgehen bei der Bestimmung der notwendigen Querschnittshöhe erforderlich sein.

Die Abb. 8.94 und 8.95 zeigen eine graphische Auswertung von (8.147) unter Berücksichtigung des Grenzwertes $l/(d \cdot K) = 35$ nach (8.148).

Der Gleichung (8.147) liegt rechnerisch eine Stahlspannung im Gebrauchszustand (im Allgemeinen in der quasi-

Abb. 8.94 Grenzwerte der Biegeschlankheiten nach (8.147) ohne Druckbewehrung ($\varrho' = 0$)

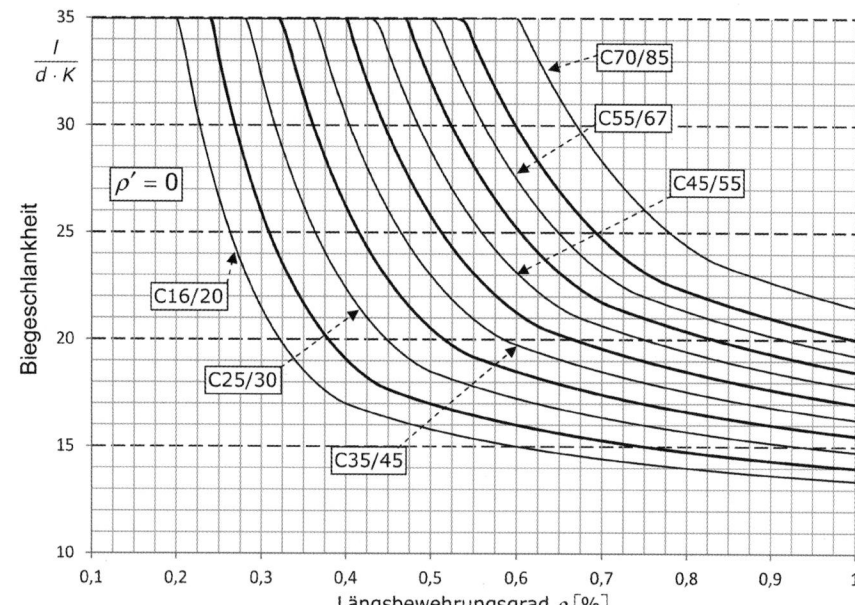

Abb. 8.95 Grenzwerte der Biegeschlankheiten nach (8.147) ohne Druckbewehrung ($\varrho' = 0$)

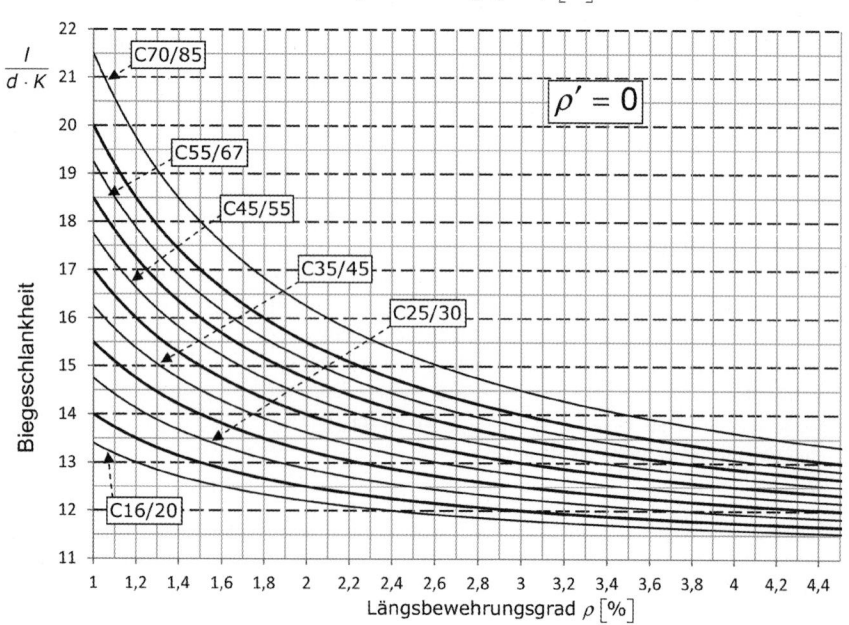

ständigen Lastkombination) von $\sigma_s = 310\,\text{N/mm}^2$ (gerissener Rechteckquerschnitt) zugrunde. Daher sind die Werte von l/d nach (8.147) ggf. in Abhängigkeit des tatsächlichen Stahlspannungsniveaus σ_s im GZG sowie der Querschnittsform mit den Faktoren k_i zu modifizieren.

$$k_1 = \frac{310\,\text{N/mm}^2}{\sigma_s} \sim \frac{500}{f_{yk}} \cdot \frac{A_{s,\text{prov}}}{A_{s,\text{req}}}$$

für den Einfluss der Stahlspannung. In Heft 600 [11] wird empfohlen, den Wert mit $k_1 \leq 1{,}1$ zu begrenzen.

$$k_2 = 0{,}8$$

für gliederte Querschnitte (z. B. Plattenbalken) mit $b_{\text{eff}}/b_w > 3$.

Für Bauteile mit verformungsempfindlichen Ausbauelementen gilt zusätzlich:
$k_3 = 7{,}0/l$ für Balken und Platten mit Stützweiten > 7,0 m
$k_3 = 8{,}5/l$ für Flachdecken mit Stützweiten > 8,5 m.
l entspricht der effektiven Stützweite nach Abschn. 8.5.5.1 in Metern.

Die Biegeschlankheit nach (8.147) sollte unter Berücksichtigung der Beiwerte K zur Bestimmung der Ersatzstützweite nach Tafel 8.52 zusätzlich auf die Maximalwerte der nach DIN 1045 bisher bekannten Werte mit

$$\frac{l}{d} \leq \begin{cases} k \cdot 35 & \text{allgemein} \\ k^2 \cdot \dfrac{150}{l} & \begin{array}{l}\text{ergänzend, falls verformungsempfindliche} \\ \text{Bauteile betroffen sind}\end{array} \end{cases}$$

$$(8.148)$$

begrenzt werden.

In Tafel 8.52 sind die Beiwerte K sowie exemplarisch die Auswertungen der (8.147) für häufige Fälle, d. h. für C30/37, $\sigma_s = 310\,\text{N/mm}^2$, geringe und mäßig bewehrte Querschnitte $\varrho < 0{,}5\,\%$ bzw. hochbewerte Querschnitte $\varrho = 1{,}5\,\%$ angegeben.

Hinweise zur Anwendung der Tafelwerte 8.52 bzw. Abb. 8.94 und 8.95:
- Die Tafelwerte K liegen i. Allg. auf der sicheren Seite. Genaue rechnerische Nachweise führen daher häufig zu dünneren Bauteilen
- Für vierseitig gelagerte Platten ist der Nachweis mit der kürzeren Stützweite zu führen. Bei Flachdecken ist die größere Stützweite maßgebend
- Für dreiseitig gelagerte Platten ist die Stützweite parallel zum freien Rande bzw. ggf. die „Kraglänge" maßgebend.

Bei Bauteilen aus Leichtbeton sind die Grundwerte der Biegeschlankheiten nach (8.147) bzw. (8.148) mit dem Faktor $(\varrho/2200)^{0{,}3}$ abzumindern.

Beim Nachweis der Verformung mit Hilfe der Biegeschlankheiten kann alternativ wie folgt vorgegangen werden:
a) Über eine Schätzung des erforderlichen Längsbewehrungsgrades (z. B. mit $\varrho \leq \varrho_{\text{lim}}$ bei Deckenplatten) wird die Nutzhöhe über die Biegeschlankheit ermittelt. Bei der darauf folgenden Biegebemessung zeigt sich, sofern der tatsächliche Längsbewehrungsgrad geringer ist als der geschätzte, dass der Nachweis erfüllt ist, sofern er höher ist, muss die Biegeschlankheit reduziert werden.
b) Mit einem bekannten Querschnitt wird die Bemessung im GZT durchgeführt. Über den erforderlichen Längsbewehrungsgrad wird die Biegeschlankheit ermittelt und mit dem vorhandenen Querschnitt verglichen.

Im Rahmen von Vordimensionierungen eignet sich auch die folgende Empfehlung von Krüger/Mertzsch (Beton- und Stahlbetonbau 97, Heft 11, 2002 [21]) zur schnellen Ermittlung von Biegeschlankheiten unter Berücksichtigung sowohl der allgemeinen als auch der erhöhten Durchbiegungsanforderungen. Die erforderliche Nutzhöhe kann demnach mit $_{\text{erf}}d = k_c \cdot (l_i/\lambda_i)$ bestimmt werden. Dabei ist:
λ_i die Grenzschlankheit nach Tafel 8.54
$l_i = \alpha_i \cdot l_{\text{eff}}$ ideelle Stützweite von Balkentragwerken und Flachdecken mit a_i nach Tafel 8.55

Tafel 8.54 Beiwerte λ_i

		l_i	λ_i
$\dfrac{l}{250}$	Platten	$\leq 4{,}0$ m	30,0
		7,0 m	24,0
		12,0 m	19,0
	Balken	$\leq 4{,}0$ m	28,0
		7,0 m	25,0
		12,0 m	19,0[a]
$\dfrac{l}{500}$	Platten	$\leq 4{,}0$ m	23,0
		7,0 m	17,0
		12,0 m	13,0
	Balken	$\leq 4{,}0$ m	16,0
		7,0 m	14,0
		12,0 m	13,0

Zwischenwerte können linear interpoliert werden.
[a] Bei gering belasteten Balken ist eine Erhöhung bis auf 22 möglich.

Tafel 8.55 α_i-Werte zur Bestimmung von l_i

Statisches System	α_i
1. frei drehbar gelagerter Einfeldträger	1,00
2. Endfeld eines Durchlaufträgers	0,80
3. Mittelfeld eines Balkens	0,70
4. Kragträger	2,50
5. Platte, die ohne Unterzüge auf Stützen gelagert ist (Flachdecke mit der größeren Spannweite)	0,85

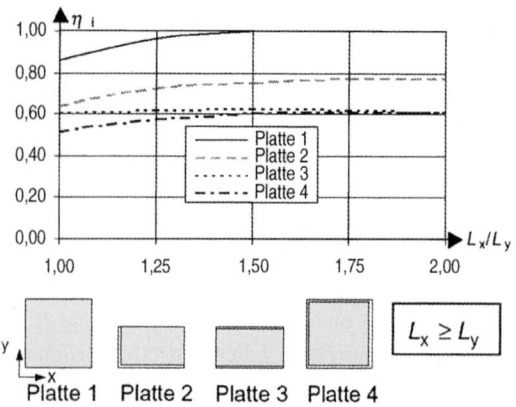

Abb. 8.96 Beiwert h_i zur Berücksichtigung der Plattengeometrie

$l_i = \eta_i \cdot l_{\text{eff}}$ ideelle Stützweite von Plattentragwerken ($l_{\text{eff}} = \min l = L_y$ sowie η_i nach Abb. 8.96)

$k_c \approx (20/f_{ck})^{1/6}$ Faktor zur Berücksichtigung der Betonfestigkeit (f_{ck} in N/mm^2).

Alle Werte gelten für Beton mit $f_{ck} \geq 20\,\text{N/mm}^2$ und einer Kriechzahl $\varphi \leq 2,5$. Die Verkehrslast der Platten sollte $\leq 5,0\,\text{kN/m}^2$ sein.

Beispiel 8.27

a) Zweiachsig gespannte Platte (Vordimensionierung)

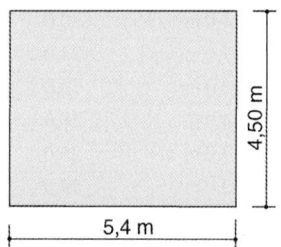

Beton C25/30, B500B

$L_x/L_y = 5{,}40/4{,}50 = 1{,}20; \xrightarrow[\text{Platte 1}]{\text{Abb. 8.96}} \eta_i = 0{,}92$

$l_i = 0{,}92 \cdot 4{,}50 = 4{,}14\,\text{m},$

$k_c = (20/25)^{1/6} = 0{,}963$

$_{\text{zul}}f = l/250 \rightarrow \lambda_i = 29{,}72$ (interpoliert)

$_{\text{erf}}d = 0{,}963 \cdot 4{,}14/29{,}72 = 0{,}135\,\text{m}$

gewählt: $h = 16\,\text{cm}$

$_{\text{zul}}f = l/500 \rightarrow \lambda_i = 22{,}72$ (interpoliert)

$_{\text{erf}}d = 0{,}963 \cdot 4{,}14/22{,}72 = 0{,}175\,\text{m}$

gewählt: $h = 20\,\text{cm}$

Nachweis nach EC 2 (gemäß (8.147))

Bemessungsergebnis:

$$\varrho = 0{,}28\,\% < \varrho^0 = 10^{-3} \cdot \sqrt{25} = 0{,}005 = 0{,}5\,\%$$

Tafel 8.52: $K = 1{,}0$, Modifikationsbeiwert $k_1 = 1{,}0$

$$\frac{l}{d} = 1{,}0 \cdot \left[11 + 1{,}5 \cdot \sqrt{25} \cdot \frac{0{,}5}{0{,}28} \right.$$
$$\left. + 3{,}2 \cdot \sqrt{25} \cdot \left(\frac{0{,}5}{0{,}28} - 1 \right)^{3/2} \right]$$

$$= 35{,}54$$

Für $_{\text{zul}}f = l/250$ ist zusätzlich zu prüfen:

Grenzwert nach (8.148): $l/d = 1{,}0 \cdot 35 = 35$ (hier maßgebend)

$$\rightarrow {}_{\text{erf}}d = 4{,}5/35 = 0{,}129\,\text{m}$$

d. h. $h = 16\,\text{cm}$ ausreichend.

Für $_{\text{zul}}w = l/500$ ist zusätzlich zu prüfen:

Grenzwert nach (8.148): $l/d = 1{,}0^2 \cdot 150/4{,}5 = 33{,}33$ (hier maßgebend)

$$\rightarrow {}_{\text{erf}}d = 4{,}5/33{,}33 = 0{,}135\,\text{m}$$

d. h. es wäre auch eine etwas geringere Plattenstärke als $h = 20\,\text{cm}$ ausreichend. Der Nachweis der Biegeschlankheit wäre dann in Abhängigkeit des tatsächlichen Bewehrungsgrades neu zu führen.

b) Dreifeldträger (Vordimensionierung)

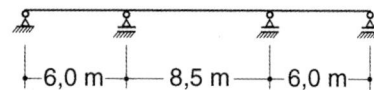

Beton C30/37, B 500 B
Rechteckquerschnitt
Endfeld:

$$l_i = \alpha_i \cdot l_{\text{eff}} = 0{,}8 \cdot 6{,}00 = 4{,}80\,\text{m}$$

Mittelfeld:

$$l_i = \alpha_i \cdot l_{\text{eff}} = 0{,}7 \cdot 8{,}50 = 5{,}95\,\text{m}$$

Maßgebend ist somit das Mittelfeld:

$$k_c = (20/30)^{1/6} = 0,935$$

$$_{zul}f = l/250 \rightarrow \lambda_i = 26,05 \text{ (interpoliert)}$$

$$_{eff}d = 0,935 \cdot 5,95/36,05 = 0,215 \text{ m},$$

$$h = 26 \text{ cm}$$

$$_{zul}f = l/250 \rightarrow \lambda_i = 14,7 \text{ (interpoliert)}$$

$$_{eff}d = 0,935 \cdot 5,95/14,7 = 0,378 \text{ m},$$

$$h = 42 \text{ cm}$$

Nachweis nach EC 2 (gemäß (8.147))
Bemessungsergebnis:

$$\varrho = 0,405\,\% < \varrho^0 = 10^{-3} \cdot \sqrt{30} = 0,00548 = 0,548\,\%$$

Tafel 8.52: $K = 1,0$, Modifikationsbeiwert $k_1 = 1,0$, $k_3 = 7/8,5 = 0,823$.

$$\frac{l}{d} = 1,5 \cdot \left[11 + 1,5 \cdot \sqrt{30} \cdot \frac{0,548}{0,405} \right.$$
$$\left. + 3,2 \cdot \sqrt{30} \cdot \left(\frac{0,548}{0,405} - 1 \right)^{3/2} \right]$$

$$= 38,69$$

Für $_{zul}f = l/250$ ist zusätzlich zu prüfen:
Grenzwert nach (8.148): $l/d = 1,5 \cdot 35 = 52,50$
(38,69 maßgebend)

$$\rightarrow \ _{erf}d = 8,5/38,69 = 0,22 \text{ m}$$

d. h. $h = 26$ cm etwa ausreichend.
Für $_{zul}w = l/500$ ist zusätzlich zu prüfen:
Grenzwert nach (8.148):

$$l/d = 1,5^2 \cdot 150/8,5 = 39,70$$

Mit $k_3 = 0,823$ modifizierte Schlankheit:

$$l/d = 38,69 \cdot 0,823 = 31,84 \text{ (maßgebend)}$$

$$\rightarrow \ _{erf}d = 8,5/31,84 = 0,267 \text{ m}$$

d. h. es wäre auch eine etwas geringere Balkenstärke als $h = 42$ cm möglich.
Der Nachweis der Biegeschlankheit ist dann nach wiederholter Bemessung mit geändertem Bewehrungsgrad neu zu führen.

8.8 Allgemeine Bewehrungs- und Konstruktionsgrundlagen

Dieser Abschnitt gilt für Normalbeton mit Bewehrungen aus Betonstabstählen, Betonstahlmatten und Spannstählen bei überwiegend ruhender Belastung. Der Lastfall „Fahrzeuganprall" im üblichen Hochbau ist ebenfalls eingeschlossen. Bei
- dynamischen Einwirkungen
- Ermüdungsbeanspruchung
- speziellen, z. B. beschichteten Bewehrungen
- Leichtbeton

können zusätzliche Anforderungen bestehen.

8.8.1 Betonstahl

8.8.1.1 Stababstände

Der lichte Abstand a von Betonstahl (Stabdurchmesser $\varnothing_S$) in horizontaler und in vertikaler Richtung darf nicht kleiner als 20 mm sein und muss mindestens gleich dem größeren Stabdurchmesser ($\varnothing_S$ bzw. $\varnothing_n$) sein. Wird ein Beton mit einer größten Gesteinskörnung von $d_g > 16$ mm benutzt, so darf der lichte Abstand a auch nicht kleiner als $d_g + 5$ mm sein. Im Bereich von Übergreifungsstößen gelten andere Werte (siehe Abschn. 8.8.1.6).

In jedem Fall soll a so groß gewählt werden, dass der Beton ausreichend verdichtet werden kann und der Verbund gesichert ist. Dazu sind ggf. Rüttelgassen vorzusehen. Bei mehrlagiger Bewehrung sind die Stäbe vertikal übereinander im Abstand a anzuordnen.

Die in Abb. 8.97 angegebenen Abstände stellen somit Mindestabstände dar, die aus praktischen Erwägungen heraus so nur in begrenzten Bereichen vorgesehen werden sollten.

8.8.1.2 Biegen von Betonstahl

Die infolge des Biegens von Betonstählen auftretenden Beanspruchungen sowohl beim Stahl als auch beim Beton (Umlenkpressungen) erfordern entsprechende Nachweise. Für den Nachweis der Bewehrungsbeanspruchung gelten die in Tafel 8.56 und 8.57 zusammengestellten Mindestbiegerollendurchmesser D_{min}.

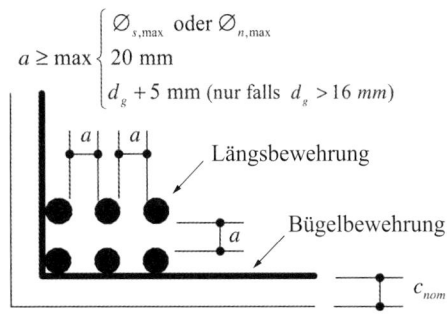

Abb. 8.97 Stababstände im Betonquerschnitt

Tafel 8.56 Mindestwerte der Biegerollendurchmesser $D_{\min}$ für Stäbe

Betonstahl	Haken, Winkelhaken, Schlaufen, Bügel		Schräge Stäbe und sonst. Krümmungen		
	Stabdurchmesser $\varnothing_s$		Mindestmaß der Betondeckung seitlich		
	$< 20\,\text{mm}$	$\geq 20\,\text{mm}$	$> 100\,\text{mm}$ und $> 7\varnothing_s$	$> 50\,\text{mm}$ und $> 3\varnothing_s$	$\leq 50\,\text{mm}$ oder $\leq 3\varnothing_s$
Rippenstäbe B 500	$4\varnothing_s$	$7\varnothing_s$	$10\varnothing_s$	$15\varnothing_s$	$20\varnothing_s$

Tafel 8.57 Mindestwerte der Biegerollendurchmesser $D_{\min}$ für geschweißte Bewehrung

Für	Vorwiegend ruhende Einwirkungen		Nicht vorwiegend ruhende Einwirkungen	
	Schweißung außerhalb	Schweißung innerhalb	Schweißung auf der Außenseite	Schweißung auf der Innenseite
	des Biegebereiches		der Biegung	
$a < 4\varnothing_s$	$20\varnothing_s$	$20\varnothing_s$	$100\varnothing_s$	$500\varnothing_s$
$a \geq 4\varnothing_s$	Werte nach Tafel 8.56			

a entspricht dem Abstand zwischen Biege- und Schweißstelle.

Tafel 8.58 Hin- und Zurückbiegen von Betonstabstählen und Betonstahlmatten[a]

Bedingung/Parameter		Kaltbiegen		Warmbiegen B500 $> 500\,°C$
		Hin- und Zurückbiegen	Mehrfachbiegen an einer Stelle	Hin- und Zurückbiegen
vorwiegend ruhende Belastung	$\varnothing_s$	$\leq 14\,\text{mm}$	generell nicht zulässig	–
	$D_{\min}$	$\geq 6\varnothing_s$		–
	f_{yd}	$\leq 0,8 f_{yd}$ im GZT		$\leq 217\,\text{N/mm}^2$
	V_{Ed}	$\leq 0,3 \cdot V_{Rd,max}$[b] für $\alpha = 90°$		–
		$\leq 0,2 \cdot V_{Rd,max}$[b] für $\alpha < 90°$		
nicht vorwiegend ruhende Belastung	$\varnothing_s$	$\leq 14\,\text{mm}$		–
	$D_{\min}$	$\geq 15\varnothing_s$		–
	f_{yd}	$\leq 0,8 f_{yd}$ im GZT		$\leq 217\,\text{N/mm}^2$
	$\Delta\sigma_s$	$\leq 50\,\text{N/mm}^2$		$\leq 50\,\text{N/mm}^2$
	V_{Ed}	$\leq 0,3 \cdot V_{Rd,max}$[b] für $\alpha = 90°$		–
		$\leq 0,2 \cdot V_{Rd,max}$[b] für $\alpha < 90°$		–

[a] Siehe auch: DBV-Merkblatt „Rückbiegen von Betonstahl und Anforderungen an Verwahrkästen".
[b] α = Neigung der Zugstrebe. Vereinfachend darf $V_{Rd,max}$ mit $\theta = 40°$ bestimmt werden.

Der Nachweis der Betonbeanspruchung im Krümmungsbereich kann ebenfalls über die Einhaltung eines Mindestbiegerollendurchmessers $D_{\min}$ nach (8.149) erfolgen:

$$D_{\min} \geq \frac{F_{bt}}{f_{cd}} \cdot \left(\frac{1}{a_b} + \frac{1}{2 \cdot \varnothing_s} \right) \qquad (8.149)$$

F_{bt} Zugkraft des Stabes im GZT am Krümmungsbeginn

a_b kleinerer Wert aus halbem Schwerpunkt-Abstand der Krümmungsebenen benachbarter Stäbe und dem Abstand der Krümmungsebene zur Bauteiloberfläche (im Allg. $= 0,5 \cdot \varnothing_s +$ Betondeckung)

f_{cd} Bemessungswert der Betondruckfestigkeit, aber $< 31,17\,\text{N/mm}^2$ ($\hat{=}$ C55/67).

Für Haken, Winkelhaken und Schlaufen kann dieser Nachweis mit den Werten nach Tafel 8.56 und 8.57 als erbracht angesehen werden, sofern gilt:

- entweder die erforderliche Verankerungslänge nach dem Ende der Krümmung ist $< 5 \cdot \varnothing_s$
- oder die Krümmungsebene liegt nicht nahe der Betonoberfläche und innerhalb der Krümmung ist ein Querstab mit $\varnothing_{s,quer} \geq \varnothing_s$ angeordnet.

Das Hin- und Zurückbiegen von Betonstählen ist an enge Grenzen gebunden. Diese sind in Tafel 8.58 zusammengefasst.

8.8.1.3 Verbundbereiche und Bemessungswert der Verbundspannung

Die Verbundbedingungen sind abhängig von den Bauteilabmessungen sowie der Beschaffenheit der Bewehrungsstäbe und deren Lage im Bauteil während des Betonierens. Unterschieden wird zwischen guten (vgl. Tafel 8.59) und mäßigen (alle anderen) Verbundbedingungen.

Ein guter Verbund darf auch für liegend hergestellte stabförmige Bauteile mit Querschnittsabmessungen $\leq 50\,\text{cm}$ angenommen werden, sofern diese mit einem Außenrüttler verdichtet werden. Bei Gleitbauverfahren ist im Allg. von mäßigen Verbundeigenschaften auszugehen.

Der Bemessungswert der Verbundspannungen $f_{bd} = 2,25 \cdot \eta_1 \cdot f_{ctk;0,05}/\gamma_C$ ist in Tafel 8.60 angegeben. Dabei ist $\eta_1 = 1$ bei guten Verbundbedingungen, $\eta_1 = 0,7$ bei mäßigen Verbundbedingungen. Aufgrund der höheren Sprö-

Tafel 8.59 Bedingungen für guten Verbundbereich[a]

Stablage zur Waagerechten während des Betonierens	Bauteildicke h in cm	Stablage[b]
0 bis 45°	≤ 30	 alle Stäbe
	> 30 ≤ 60	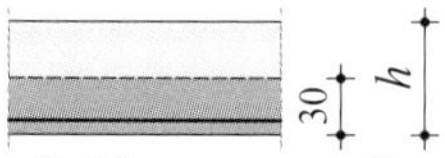 alle Stäbe die 30 cm von unten liegen
	> 60	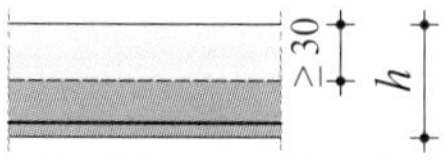 alle Stäbe die $\geq$30 cm von oben liegen
45 bis 90°	Ohne Begrenzung	 alle Stäbe mit $45 < \alpha \leq 90°$

[a] Alle anderen Stablagen gehören in den mäßigen Verbundbereich.
[b] Betonierrichtung ist immer von unten nach oben.

Tafel 8.60 Bemessungswerte der Verbundspannung f_{bd} [N/mm²] für Betonstahl mit $\varnothing_s \leq 32$ mm

charakteristische Betondruckfestigkeit f_{ck} in N/mm²														
	12	16	20	25	30	35	40	45	50	55	60	70	80	90	100
guter Verbund	1,65	2,00	2,32	2,69	3,04	3,37	3,68	3,99	4,28	4,43	4,57	4,57	4,57	4,57	4,57
mäßiger Verbund	1,16	1,40	1,62	1,89	2,13	2,36	2,58	2,79	2,99	3,10	3,20	3,20	3,20	3,20	3,20

Tafel 8.61 Grundwert der Verankerungslänge $l_{b,rqd}/\varnothing_s$ in [cm] für Stabstahl B 500[a].
Ablesebeispiel: C20/25, guter Verbund, $\varnothing_s = 12$ mm, $l_{b,rqd} = 4{,}68 \cdot 12 = 56{,}2$ cm

charakteristische Betondruckfestigkeit f_{ck} in N/mm²										
	12[b]	16	20	25	30	35	40	45	50	55	60–100
guter Verbund	6,58	5,43	4,68	4,04	3,57	3,22	2,95	2,73	2,54	2,46	2,38
mäßiger Verbund	9,40	7,76	6,69	5,77	5,11	4,61	4,21	3,90	3,63	3,51	3,40

[a] Ist bei der Querschnittsbemessung an der betrachteten Verankerungsstelle der ansteigende Ast der Stahlkennlinie berücksichtigt worden, so ist der Wert von $l_{b,req}$ aus dieser Tafel mit dem Faktor $\sigma_{sd}/f_{yd} \leq 1{,}05$ zu vergrößern.
[b] Beton C12/15 darf nur für Bauteile verwendet werden, bei denen keinerlei Korrosionsgefahr besteht, d. h. im Allgemeinen werden bewehrte Bauteile nicht in dieser Festigkeitsklasse ausgeführt.

digkeit wird die Verbundfestigkeit für Betone > C55/67 auf den Wert von C60/75 begrenzt.

Bei Stabdurchmessern größer 32 mm sind die Werte der Tafel 8.60 mit $(132 - \varnothing_s \,[\text{mm}])/100$ zu multiplizieren.

8.8.1.4 Verankerungen
Der **Grundwert der Verankerungslänge** $l_{b,rqd}$ beträgt:

$$l_{b,rqd} = \frac{\varnothing_s}{4} \cdot \frac{f_{yd}}{f_{bd}} \qquad (8.150)$$

f_{yd} Bemessungswert der Streckgrenze
f_{bd} Grundwert der Verbundspannung nach Tafel 8.60
$\varnothing_s$ Stabdurchmesser bzw. bei Doppelstäben $= \varnothing_n = \varnothing_s \cdot \sqrt{2}$.
Der auf den Stabdurchmesser bezogene Grundwert ist in Tafel 8.61 zusammengestellt, im Abschn. 8.10 sind entsprechende Tafelwerte detailliert aufgeführt.

Der **Bemessungswert der Verankerungslänge**[1] $l_{bd} = l_{b,eq}$ für Stäbe, Drähte und Betonstahlmatten aus Rippenstäben wird aus dem Grundwert nach (8.150) wie folgt mit abgeleitet:

$$l_{b,eq} = \alpha_a \cdot l_{b,rqd} \cdot \frac{A_{s,\text{erf}}}{A_{s,\text{vorh}}} \geq l_{b,\min} \qquad (8.151)$$

---

[1] Formal wird im EC 2 zwischen dem Bemessungswert der Verankerungslänge l_{bd} und der sogenannten Ersatzverankerungslänge $l_{b,eq}$ unterschieden. Dies war bisher in Deutschland nicht üblich und ist aus Sicht des Verfassers auch nicht praxisgerecht. Daher wird an dieser Stelle die bisher auch übliche Berechnung mit der vom Ende der Biegeform gemessenen Verankerungslänge $l_{b,eq}$ empfohlen. Diese Vorgehensweise wird im EC 2 als „vereinfachte Alternative" bezeichnet. Die im EC 2 hier verwendeten Beiwerte α_1 und α_2 werden zum Beiwert α_a zusammengefasst und in Tafel 8.62 beschrieben. Nur der Vollständigkeit halber werden hier auch die Formeln für l_{bd} mit angegeben.

Tafel 8.62 Zulässige Verankerungsarten von Betonstahl und α_a-Werte

Art und Ausbildung der Verankerung			Beiwert α_a	
			Zugstäbe[a]	Druckstäbe
a) Gerade Stabenden			1,0	1,0
b) Haken	c) Winkelhaken	d) Schlaufen	0,7[b] (1,0)	Nicht zulässig
e) Gerade Stabenden mit mindestens einem angeschweißten Stab[c] innerhalb $l_{b,eq}$			0,7	0,7
f) Haken	g) Winkelhaken	h) Schlaufen (Draufsicht)	0,5 (0.7)	Nicht zulässig
Mit jeweils mindestens einem angeschweißten Stab[c] innerhalb $l_{b,eq}$ vor dem Krümmungsbeginn				
i) Gerade Stabenden mit mindestens zwei angeschweißten Stäben[c] innerhalb $l_{b,eq}$ (Stababstand $s < 100$ mm und $\geq 5\varnothing_s$ und ≥ 50 mm) nur zulässig bei Einzelstäben mit $\varnothing_s \leq 16$ mm und bei Doppelstäben mit $\varnothing_s \leq 12$ mm			0,5	0,5

[a] Die in Klammern angegebenen Werte gelten, wenn im Krümmungsbereich rechtwinklig zur Krümmungsebene die Betondeckung weniger als $3\varnothing_s$ beträgt oder kein Querdruck oder keine enge Verbügelung vorhanden ist.
[b] Bei Schlaufenverankerungen mit Biegerollendurchmesser $D \geq 15\varnothing_s$ darf der Wert α_a auf 0,5 reduziert werden.
[c] Für angeschweißte Stäbe gilt: $\varnothing_{s,Quer} \geq 0{,}6 \cdot \varnothing_s$. Sie sind als tragende Verbindungen auszuführen.

$l_{b,eq}$ Ersatzverankerungslänge (ist dem Bemessungswert l_{bd} äquivalent)

α_a Beiwert zur Berücksichtigung der Verankerungsart nach Tafel 8.62

$l_{b,min}$ Mindestverankerungslänge
  bei Zugstäben $l_{b,min} \geq \max\{0{,}3 \cdot l_{b,r,qd}; 10 \cdot \varnothing_s\}$
  bei Druckstäben $l_{b,min} \geq \max\{0{,}6 \cdot l_{b,r,qd}; 10 \cdot \varnothing_s\}$

Verankerungen mit gebogenen Druckstäben sind unzulässig. Im Verankerungsbereich von Bewehrungsstäben ist eine Bewehrung quer zur Stabrichtung zur Aufnahme von Zugspannungen anzuordnen. Wenn die üblichen konstruktiven Maßnahmen ergriffen werden, z. B. Bügel bei Stützen und Balken, Querbewehrung bei Platten und Wänden, so ist dies im Allgemeinen für die hier angesprochene Querbewehrung ausreichend.

Sollen spezielle Ankerköper verwendet werden, so ist hierfür vielfach eine bauaufsichtliche Zulassung erforderlich, ggf. kann allerdings auch genauer rechnerischer Nachweis ausreichend sein. Für angeschweißte Ankerplatten gilt DIN EN ISO 17660 „Schweißen von Betonstahl".

Bemessungswert der Verankerungslänge l_{bd}: Für die Praxis wird empfohlen, die Verankerungen über den äquivalenten Wert mit der Ersatzverankerungslänge $l_{b,eq}$ (s. o.) zu bestimmen.

Der Grundwert der Verankerungslänge $l_{b,rqd}$ darf bei gebogenen Stäben nur dann über die Krümmung nach Abb. 8.98 gemessen werden, wenn der größere Biegerollendurchmesser nach Tafel 8.56 für Schrägaufbiegungen eingehalten ist. Ansonsten gelten die Angaben gemäß Tafel 8.62.

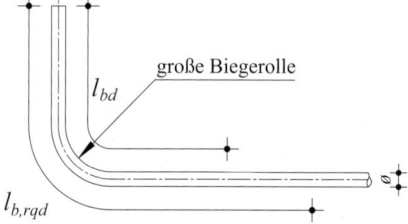

Abb. 8.98 Grundwert der Verankerungslänge, gemessen entlang der Mittellinie

Tafel 8.63 Beiwerte α_i zur Berechnung der Verankerungslänge l_{bd}

Einfluss	Art der Verankerung	Zugstab	Druckstab
Biegeform α_1	gerades Stabende	$\alpha_1 = 1$	$\alpha_1 = 1{,}0$
	Haken, Winkelhaken, Schlaufen	$c_d \geq 3\varnothing_s: \alpha_1 = 0{,}7$ $c_d \leq 3\varnothing_s: \alpha_1 = 1{,}0^a$	
Betondeckung α_2	gerades Stabende	$\alpha_2 = 1$	$\alpha_2 = 1{,}0$
	Haken, Winkelhaken, Schlaufen	$\alpha_2 = 1$	$\alpha_2 = 1{,}0$
nicht angeschweißte Querbewehrung α_3 [b]	alle Arten	$\alpha_3 = 1 - K \cdot \lambda$ mit $0{,}7 \leq \alpha_3 \leq 1{,}0$	$\alpha_3 = 1{,}0$
angeschweißte Querstäbe α_4	alle Arten	$\alpha_4 = 0{,}7$	$\alpha_4 = 0{,}7$
Querdruck α_5	alle Arten	$\alpha_5 = 1 - 0{,}04p$ mit $0{,}7 \leq \alpha_5 \leq 1{,}0$	–

[a] $\alpha_1 = 0{,}7$ darf eingesetzt werden, wenn Querdruck oder eine enge Verbügelung vorhanden ist.
[b] Im Allgemeinen ist es wegen des geringen Einflusses zweckmäßig mit $\alpha_3 = 1{,}0$ zu rechnen.

Die allgemeine Gleichung für l_{bd} nach EC 2-1-1/NA, 8.4.4 [13] berücksichtigt weitere Faktoren und lautet:

$$l_{bd} = \alpha_1 \cdot \alpha_2 \cdot \alpha_3 \cdot \alpha_4 \cdot \alpha_5 \cdot l_{b,rqd} \cdot \frac{A_{s,erf}}{A_{s,vorh}} \geq l_{b,min} \quad (8.152)$$

α_1 entspricht α_a (Verankerungsart) nach Tafel 8.62 bzw. Tafel 8.63

α_2 Beiwert zur Erfassung der Betondeckung (α_2 ist in der Regel 1,0)

α_3 Beiwert zur Erfassung der Querbewehrung

α_4 entspricht α_a (angeschweißte Querstäbe) nach Tafel 8.62 bzw. Tafel 8.63

α_5 Beiwert zur Erfassung von Querdruckspannungen
= 2/3 bei direkter Lagerung
= 2/3 falls eine allseitige, durch Bewehrung gesicherte Betondeckung $\geq 10\varnothing_s$ vorhanden ist. Dies gilt nicht für Übergreifungsstöße mit einem Achsabstand der Stöße $s \leq 10\varnothing_s$.
= 1,5 wenn rechtwinklig zur Bewehrungsebene Querzug eine Rissbildung parallel zum Bewehrungsstab ermöglicht. Bei vorwiegend ruhender Beanspruchung und einer Rissbreitenbeschränkung auf $w_k \leq 0{,}2$ mm darf auf die Erhöhung verzichtet werden.

Bei Querdruck siehe Tafel 8.63

$l_{b,min}$ Mindestverankerungslänge bei Zugstäben ist $l_{b,min} \geq$ max$\{0{,}3 \cdot \alpha_1 \cdot \alpha_4 \cdot l_{b,rqd}; 10 \cdot \varnothing_s\}$. Die Mindestverankerungslänge bei direkter Lagerung ist

$$l_{b,dir} = \max\{2/3 \cdot l_{b,min}; 6{,}7 \cdot \varnothing_s\},$$

bei Druckstäben ist

$$l_{b,min} \geq \max\{0{,}6 \cdot l_{b,rqd}; 10 \cdot \varnothing_s\}$$

Bei direkter Lagerung darf l_{bd} auch geringer als $l_{b,min}$ angesetzt werden, falls ein Querstab innerhalb der Auflagerung (mindestens 15 mm vom Lageranschnitt entfernt) angeschweißt ist.

Anmerkungen:

λ $= (\sum A_{st} - \sum A_{st,min})/A_s$

$\sum A_{st}$ Querschnittsfläche der Querbewehrung entlang l_{bd}

$\sum A_{st,min}$ Querschnittsfläche der Mindestquerbewehrung ($= 0{,}25A_s$ für Balken und 0 für Platten)

A_s Querschnittsfläche des größten verankerten Einzelstabs

p Querdruck in N/mm² im GZT innerhalb l_{bd}

c_d der kleinere Wert aus Betondeckung und lichtem Abstand zwischen zwei Stäben (bei Haken, Winkelhaken und Schlaufen: senkrecht zur Krümmungsebene gemessen)

K Beiwert für die Wirksamkeit der Querbewehrung
= 0,1 wenn der zu verankernde Stab an zwei Seiten von Querbewehrung um schlossen wird (Stab in einer Bügelecke)
= 0,05 wenn die Querbewehrung zwischen Stab und Bauteiloberfläche liegt
= 0 wenn die Querbewehrung innerhalb des zu verankernden Stabes liegt.

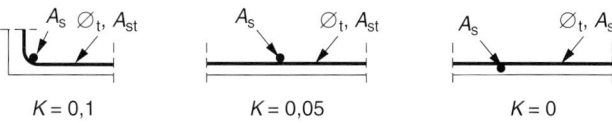

α_1 und α_2 dürfen nicht gleichzeitig angesetzt werden.

Bei Schlaufenverankerungen mit $c_d > 3\varnothing_s$ und Biegerollendurchmessern $D \geq 15\varnothing_s$ darf $\alpha_1 = 0{,}5$ gesetzt werden.

Falls eine allseitig durch Bewehrung gesicherte Betondeckung von mindestens $10\varnothing_s$ vorhanden ist, darf $\alpha_5 = 2/3$ angenommen werden. Dies gilt nicht für Übergreifungsstöße mit einem Achsabstand der Stöße $s \leq 10\varnothing_s$.

Der Beiwert α_5 ist auf 1,5 zu erhöhen, wenn rechtwinklig zur Bewehrungsebene ein Querzug vorhanden ist, der eine Rissbildung parallel zur Bewehrungsachse im Verankerungsbereich erwarten lässt. Wird bei vorwiegend ruhenden Einwirkungen die Breite der Risse parallel zu den Stäben auf $w_k = 0{,}2$ mm im GZG begrenzt, darf auf diese Erhöhung verzichtet werden. Verankerungen mit gebogenen Druckstäben sind unzulässig.

Abb. 8.99 Verankerung und Schließen von Bügeln.
a Haken,
b Winkelhaken,
c gerade Stabenden mit zwei angeschweißten Querstäben,
d gerade Stabenden mit einem angeschweißten Querstab,
e, f Schließen in der **Druckzone**,
g, h Schließen in der **Zugzone**
(l_0 mit $\alpha_1 = 0{,}7$ nach Tafel 8.63 mit Haken oder Winkelhaken am Bügelende),
i Schließen bei Plattenbalken im Bereich der Platte.
1 Verankerungselemente nach **a** bzw. **b**,
2 Kappenbügel,
3 Betondruckzone,
4 Betonzugzone,
5 obere Querbewehrung,
6 untere Bewehrung der anschließenden Platte.
Anmerkung Für **c** und **d** darf in der Regel die Betondeckung nicht weniger als 3∅ oder 50 mm betragen

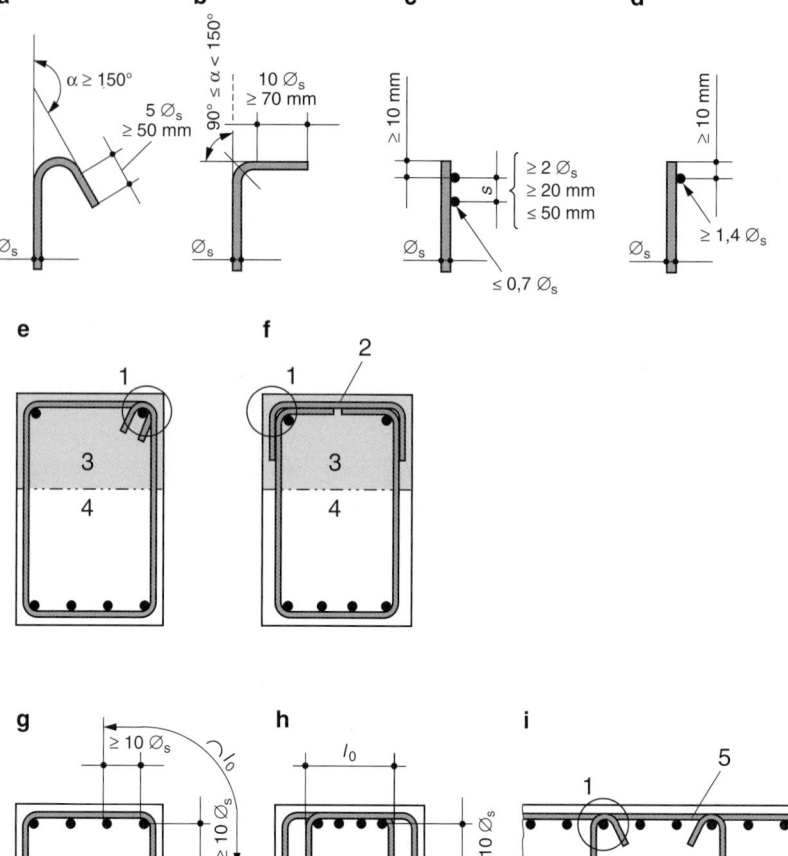

8.8.1.5 Verankerungen von Bügeln und Querkraftbewehrung

Um eine ausreichende Verankerung zu gewährleisten, müssen Bügel den Zuggurt umfassen und in der Druckzone mit Haken, Winkelhaken oder angeschweißten Querstäben ausgestattet sein. In den Bügelecken sowie bei Haken und Winkelhaken sollten stets Längsstäbe angeordnet werden. Bezüglich der Ausbildung der Verankerung sowie des Schließens der Bügel in der Druck- bzw. Zugzone gilt Abb. 8.99. Bei Plattenbalken dürfen die Bügel im Bereich der Platte mittels durchgehender Querstäbe geschlossen werden, wenn $V_{Ed} \leq 2/3 \cdot V_{Rd,max}$ eingehalten ist.

8.8.1.6 Bewehrungsstöße

Üblicherweise erfolgt die Kraftübertragung zwischen zwei Bewehrungsstäben mit einem Übergreifungsstoß. Alternativ sind Schweißverbindungen oder andere mechanische Verbindungsmittel mit bauaufsichtlicher Zulassung möglich. Hin-

sichtlich der Stoßanordnung und -ausbildung gelten folgende Prinzipien:

• Stöße sind in der Regel versetzt anzuordnen.
• Stöße sollten möglichst in weniger stark beanspruchten Querschnitten liegen (insbesondere nicht in plastischen Gelenken).
• Stöße sollten in der Regel im Querschnitt symmetrisch angeordnet sein.
• Stöße müssen den Konstruktionsregeln der Tafel 8.64 entsprechen. Bezüglich der Stoßenden gilt Tafel 8.62. 100 % der Zugstäbe dürfen mit diesen Regeln in einer Lage gestoßen werden. Für Stäbe in mehreren Lagen ist dieser Anteil auf 50 % beschränkt.
• Druckstäbe und Querbewehrung dürfen in einem Querschnitt gestoßen werden. Bzgl. eines Kontaktstoßes für Druckstäbe in Stützen gelten besondere Regeln (EC 2-1-1/NA, 8.7.2. (5) [1])

Tafel 8.64 Ausbildung von
Übergreifungsstößen

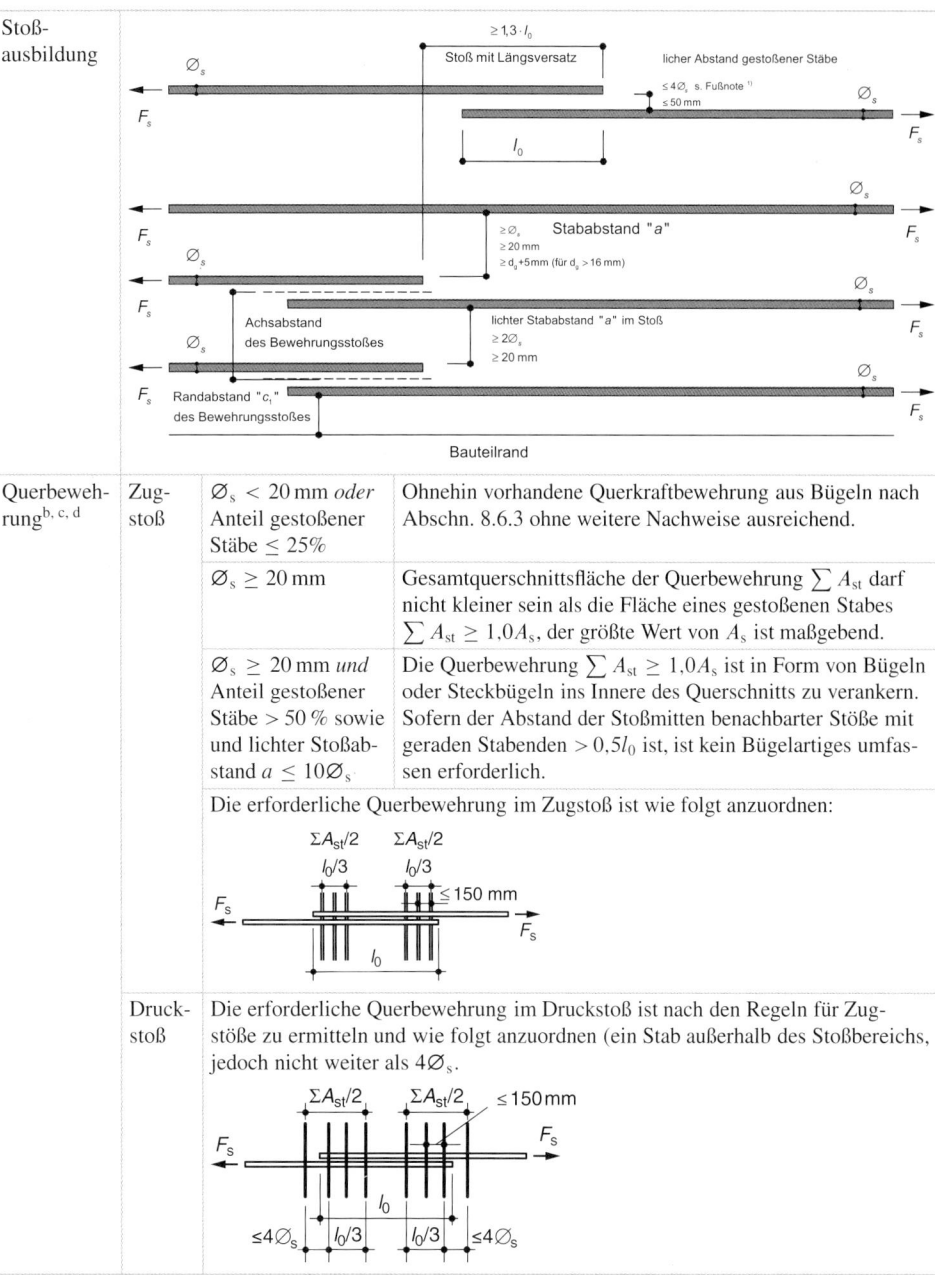

Querbeweh-rung[b, c, d]	Zug-stoß	$\varnothing_s < 20$ mm *oder* Anteil gestoßener Stäbe $\leq 25\%$	Ohnehin vorhandene Querkraftbewehrung aus Bügeln nach Abschn. 8.6.3 ohne weitere Nachweise ausreichend.
		$\varnothing_s \geq 20$ mm	Gesamtquerschnittsfläche der Querbewehrung $\sum A_{st}$ darf nicht kleiner sein als die Fläche eines gestoßenen Stabes $\sum A_{st} \geq 1,0 A_s$, der größte Wert von A_s ist maßgebend.
		$\varnothing_s \geq 20$ mm *und* Anteil gestoßener Stäbe $> 50\%$ sowie und lichter Stoßab-stand $a \leq 10\varnothing_s$	Die Querbewehrung $\sum A_{st} \geq 1,0 A_s$ ist in Form von Bügeln oder Steckbügeln ins Innere des Querschnitts zu verankern. Sofern der Abstand der Stoßmitten benachbarter Stöße mit geraden Stabenden $> 0,5 l_0$ ist, ist kein bügelartiges umfassen erforderlich.

Die erforderliche Querbewehrung im Zugstoß ist wie folgt anzuordnen:

Die erforderliche Querbewehrung im Druckstoß ist nach den Regeln für Zug-stöße zu ermitteln und wie folgt anzuordnen (ein Stab außerhalb des Stoßbereichs, jedoch nicht weiter als $4\varnothing_s$.

[a] Gestoßene Stäbe dürfen sich innerhalb der Übergreifungslänge berühren. Ist aber der lichte Abstand zwischen zwei gestoßenen Stäben $> 4\varnothing_s$ bzw. 50 mm, so ist die Übergreifungslänge l_0 um den diesen Wert übersteigenden Betrag zu verlängern.
[b] In flächenartigen Bauteilen muss die Querbewehrung bügelartig ausgebildet werden, falls $a \leq 5\varnothing_s$, sie darf jedoch auch gerade sein, wenn die Übergreifungslänge um 30 % erhöht wird.
[c] Werden bei mehrlagiger Bewehrung mehr als 50 % des Querschnitts der einzelnen Lagen in einem Schnitt gestoßen, so sind die Übergreifungsstöße durch Bügel zu umschließen, die für die Kraft aller gestoßenen Stäbe zu bemessen sind.
[d] In vorwiegend biegebeanspruchten Bauteilen ab der C70/85 sind Übergreifungsstöße durch Bügel zu umschließen, wobei die Summe der Querschnittsfläche der orthogonalen Schenkel gleich der Querschnittsfläche der gestoßenen Längsbewehrung sein muss.

Tafel 8.65 Beiwert α_6 zur Erfassung des Anteils gestoßener Stäbe

Stoßdarstellung			Anteil der ohne Längsversatz gestoßenen Stäbe am Querschnitt einer Bewehrungslage	
			$\leq 33\,\%$	$> 33\,\%$
	Zug-stoß	$\varnothing_s < 16\,mm$	$1{,}2^a$	$1{,}4^a$
		$\varnothing_s \geq 16\,mm$	$1{,}4^a$	$2{,}0^b$
	Druckstoß		$1{,}0$	$1{,}0$

[a] Falls $c_1 \geq 4\varnothing_s$ und $a \geq 8\varnothing_s$ gilt: $\alpha_6 = 1{,}0$.
[b] Falls $c_1 \geq 4\varnothing_s$ und $a \geq 8\varnothing_s$ gilt: $\alpha_6 = 1{,}4$.

Im Bereich von Übergreifungsstößen ist **Querbewehrung** erforderlich, um Querzugkräfte aufzunehmen. Diese ist gemäß Tafel 8.64 zu ermitteln und anzuordnen.

Die **Übergreifungslänge** l_0 ergibt sich aus dem Grundmaß der Verankerungslänge zu:

$$l_0 = \alpha_1 \cdot \alpha_3 \cdot \alpha_5 \cdot \alpha_6 \cdot l_{b,rqd} \cdot \frac{A_{s,erf}}{A_{s,vorh}} \geq l_{0,min} \qquad (8.153)$$

$l_{b,rqd}$ Grundmaß der Verankerungslänge nach (8.150)
α_1 Beiwert zur Erfassung der Verankerungsart (siehe Tafel 8.63 bzw. alternativ α_a nach Tafel 8.62)
α_3 Beiwert zur Erfassung der Querbewehrung, Tafel 8.63 Für die Berechnung von α_3 ist in der Regel $\sum A_{st,min} = 1{,}0 \cdot A_s \cdot (\sigma_{sd}/f_{yd})$ anzunehmen, wobei A_s der Querschnittsfläche eines gestoßenen Stabes entspricht.
α_5 Beiwert zur Erfassung von Querdruckspannungen (Erläuterung siehe (8.152)) (Für Übergreifungsstöße ist α_5 in der Regel 1,0)
α_6 Übergreifungslängenbeiwert nach Tafel 8.65
$l_{0,min}$ Mindestmaß der Übergreifungslänge bei Zugstäben

$$l_{b,min} \geq \max\{0{,}3 \cdot \alpha_1 \cdot \alpha_6 \cdot l_{b,red}; 15 \cdot \varnothing_s; 200\,mm\},$$

α_1 nach Tafel 8.62, $l_{b,rqd}$ nach (8.150).
Sofern keine angeschweißten Querstäbe vorhanden sind (α_4) kann (8.153) wie folgt vereinfacht werden:

$$l_0 = \alpha_6 \cdot l_{bd} = \alpha_6 \cdot l_{b,eq} \geq l_{0,min} \qquad (8.154)$$

l_{bd} Bemessungswert der Verankerungslänge bzw. Ersatzverankerungslänge $l_{b,eq}$ nach (8.152) bzw. (8.151) (ohne Berücksichtigung von angeschweißten Querstäben)
α_6 Übergreifungslängenbeiwert nach Tafel 8.65
$l_{0,min}$ Mindestmaß der Übergreifungslänge (siehe Erläuterungen zu (8.153)).

Stöße von Betonstahlmatten können durch Verschränkung (Ein-Ebenen-Stoß) oder als Zwei-Ebenen-Stoß ausgeführt werden (siehe Abb. 8.100). Zusätzlich ist bei R-Matten zwischen dem Stoß der Hauptbewehrung (Tragstoß) und der Querbewehrung (Verteilerstoß) zu unterscheiden. Stöße durch Verschränkung kommen in der Praxis des allgemeinen Hochbaus seltener vor. Die zugehörigen Übergreifungslängen sind nach (8.153) bzw. (8.154) zu bestimmen, wobei aber $l_{0,min}$ den Abstand der Mattenquerbewehrung nicht unterschreiten darf. In (8.153) darf hier der günstige Einfluss angeschweißter Querbewehrung nicht angesetzt werden ($\alpha_3 = 1{,}0$). Bei Ermüdungsbeanspruchung ist eine Verschränkung der Betonstahlmatten nach Abb. 8.100a die Regelausführung.

Üblicherweise wird im allg. Hochbau der **Zwei-Ebenen-Stoß für Betonstahlmatten** ausgeführt. Dieser ist nach Tafel 8.66 auszubilden. Die Übergreifungslänge der Hauptbewehrung im Zwei-Ebenen-Stoß beträgt:

$$l_0 = \alpha_7 \cdot l_{b,rqd} \geq l_{0,min} \qquad (8.155)$$

$l_{b,rqd}$ Grundwert der Verankerungslänge nach (8.150)
α_7 Beiwert für den Mattenquerschnitt

$$1{,}0 \leq \alpha_7 = 0{,}4 + \frac{a_{s,vorh}\,[cm^2/m]}{8} \leq 2{,}0$$

$a_{s,vorh}$ die vorhandene Bewehrungsmenge im betrachteten Schnitt
$l_{0,min}$ Mindestwert der Übergreifungslänge mit

$$l_{0,min} = \max\{0{,}3 \cdot \alpha_7 \cdot l_{b,rqd}; s_q; 200\,mm\}$$

s_q der Abstand der angeschweißten Querstäbe.

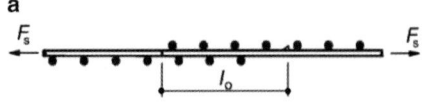
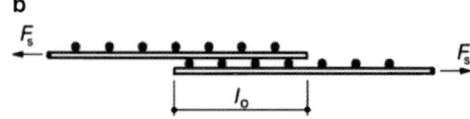

Abb. 8.100 Übergreifungsstöße von geschweißten Betonstahlmatten. **a** Verschränkung von Betonstahlmatten (Längsschnitt), **b** Zwei-Ebenen-Stoß von Betonstahlmatten (Längsschnitt)

Tafel 8.66 Stoßausbildung für Betonstahlmatten (Zwei-Ebenen-Stoß)[a]

Stoß	Bedingung	Zul. Stoßanteil	Übergreifungslänge[c]		
Hauptbewehrung	$A_s/s_l = a_s \leq 12\,\mathrm{cm^2/m}$	100 %	Nach (8.63)		
	$A_s/s_l = a_s > 12\,\mathrm{cm^2/m^2}$	60 %	$l_0 = \alpha_7 \cdot l_{b,rqd} \geq l_{0,min}$		
Querbewehrung (Verteilerstoß)	Innerhalb der Übergreifungslänge müssen mindestens zwei Längsstäbe der Hauptbewehrung liegen.	100 %	$\varnothing_{s,q} \leq 6\,\mathrm{mm}$	$l_0 \geq$	$\begin{cases}150\,\mathrm{mm}\\ s_l\end{cases}$
			$6 < \varnothing_{s,q} \leq 8{,}5$	$l_0 \geq$	$\begin{cases}250\,\mathrm{mm}\\ 2 \cdot s_l\end{cases}$
			$8{,}5 < \varnothing_{s,q} \leq 12$	$l_0 \geq$	$\begin{cases}350\,\mathrm{mm}\\ 2 \cdot s_l\end{cases}$
			$\varnothing_{s,q} \leq 12\,\mathrm{mm}$	$l_0 \geq$	$\begin{cases}500\,\mathrm{mm}\\ 2 \cdot s_l\end{cases}$

[a] Eine zusätzliche Querbewehrung im Stoßbereich ist nicht erforderlich.
[b] Bei mehrlagiger Bewehrung ist ein Vollstoß nur bei der inneren Bewehrungslage zulässig, wobei der Anteil der gestoßenen Matten $\leq 60\,\%$ der erforderlichen Bewehrung beträgt.
[c] $\varnothing_{s,q}$ Stabdurchmesser der Querbewehrung, s_l, s_q Stababstände in Längs- und Querrichtung.

Zusätzlich zu den Angaben der Tafel 8.66 sind folgende Regeln einzuhalten:

- Stöße müssen in Bereichen liegen, in denen die Stahlspannung im GZT nur zu 80 % ausgenutzt wird. Sofern dies nicht eingehalten wird, ist die Biegebemessung mit der am weitesten von der Zugseite entfernten Bewehrungslage durchzuführen. Für den Nachweis der Rissbreite ist in diesem Fall eine um 25 % erhöhe Stahlspannung anzusetzen.
- Sofern $\alpha_s \leq 6\,\mathrm{cm^2/m}$ ist, kann auf eine bügelartige Umfassung des Stoßes verzichtet werden.
- Bei mehrlagiger Mattenbewehrung sind die Stöße der einzelnen Mattenlagen um mindestens $1{,}3 \cdot l_0$ zu versetzen.

8.8.1.7 Stöße, zusätzliche Regeln für Rippenstäbe mit $\varnothing_s > 32\,\mathrm{mm}$

Die wesentlichen Abmessungen, Stababstände und Betondeckung sind in Tafel 8.67 angegeben. Daneben soll die Rissbeschränkung entweder durch Anordnung einer Hauptbewehrung oder durch Nachweis nach Abschn. 8.7.2 erfolgen. Als Festigkeitsklasse können C20/25 bis C80/95 eingesetzt werden. Die Bemessungswerte der Verbundspannungen f_{bd} nach Tafel 8.60 sind mit dem Faktor $(132 - \varnothing_s)/100$ zu multiplizieren.

Weitere detaillierte Vorgaben und Ergänzungen zu diesem Thema sind in EC-2-1-1/NA 8.8 [2] enthalten.

8.8.1.8 Zusätzliche Bewehrungsregeln für Stabbündel aus Rippenstäben

Als Bemessungsgrundlage dient ein Ersatzstab mit dem Durchmesser $\varnothing_n$ und gleicher Fläche bzw. gleichem Schwerpunkt des Stabbündels nach (8.156).

$$\varnothing_n = \varnothing_s \sqrt{n_b} \leq \begin{cases}55\,\mathrm{mm}\\ 28\,\mathrm{mm}\ \text{ab C70/85}\end{cases} \qquad (8.156)$$

$n_b \leq 4$ für lotrechte Stäbe unter Druck und Stäbe in einem Übergreifungsstoß
$n_b \leq 3$ in allen anderen Fällen
$\varnothing_s \leq 28\,\mathrm{mm}$.

In einem Stabbündel müssen alle Stäbe die gleichen Eigenschaften haben. Stäbe mit verschiedenen Durchmessern dürfen gebündelt werden, wenn das Verhältnis der Durchmesser $\leq 1{,}7$ ist. Für Stabbündel gelten die allgemeinen Bewehrungsregeln (s. Abschn. 8.8.1), wobei als Eingangswert jeweils der Vergleichsdurchmesser anzusetzen ist. Für den lichten Abstand zwischen den einzelnen Bündeln ist jedoch vom Außendurchmesser auszugehen. Die Betondeckung darf nicht weniger als $\varnothing_n$ betragen. Zwei sich berührende, übereinander liegende Stäbe müssen nicht als Stabbündel behandelt werden.

In der Praxis müssen weitere detaillierte Vorgaben gemäß EC-2-1-1/NA 8.9 [2] beachtet werden.

8.8.2 Spannglieder

Die **Betondeckung** der Spannglieder bzw. Hüllrohre ist nach Abschn. 8.6.1 und Tafel 8.37 festzulegen. Für die lichten Abstände untereinander gelten die Werte in Tafel 8.68. Zusätzlich sind bei Spanngliedern auch immer die zugehörigen bauaufsichtlichen Zulassungen zu beachten.

8.8.2.1 Krafteinleitungsbereiche

Bei der Berechnung der Bereiche mit konzentrierten Lasteinleitungen ist insbesondere auf die Einhaltung des Gleichgewichts aller Kräfte sowie auf die Aufnahme der Querkräfte aus Verankerung und von Druckstreben aus Vorspannung zu achten. Wenn konzentrierte Kräfte in ein Bauteil eingeleitet werden, so ist im Allgemeinen eine örtliche Zusatzbewehrung zur Aufnahme der entstehenden Spaltzugkräfte vorzusehen. Für typische Fälle bei der Lasteinleitung von Einzellasten enthält Abschn. 8.9.9.3 konkrete Bemessungsregeln.

Tafel 8.67 Zusätzliche Regeln für Rippenstäbe mit $\varnothing_s > 32$ mm

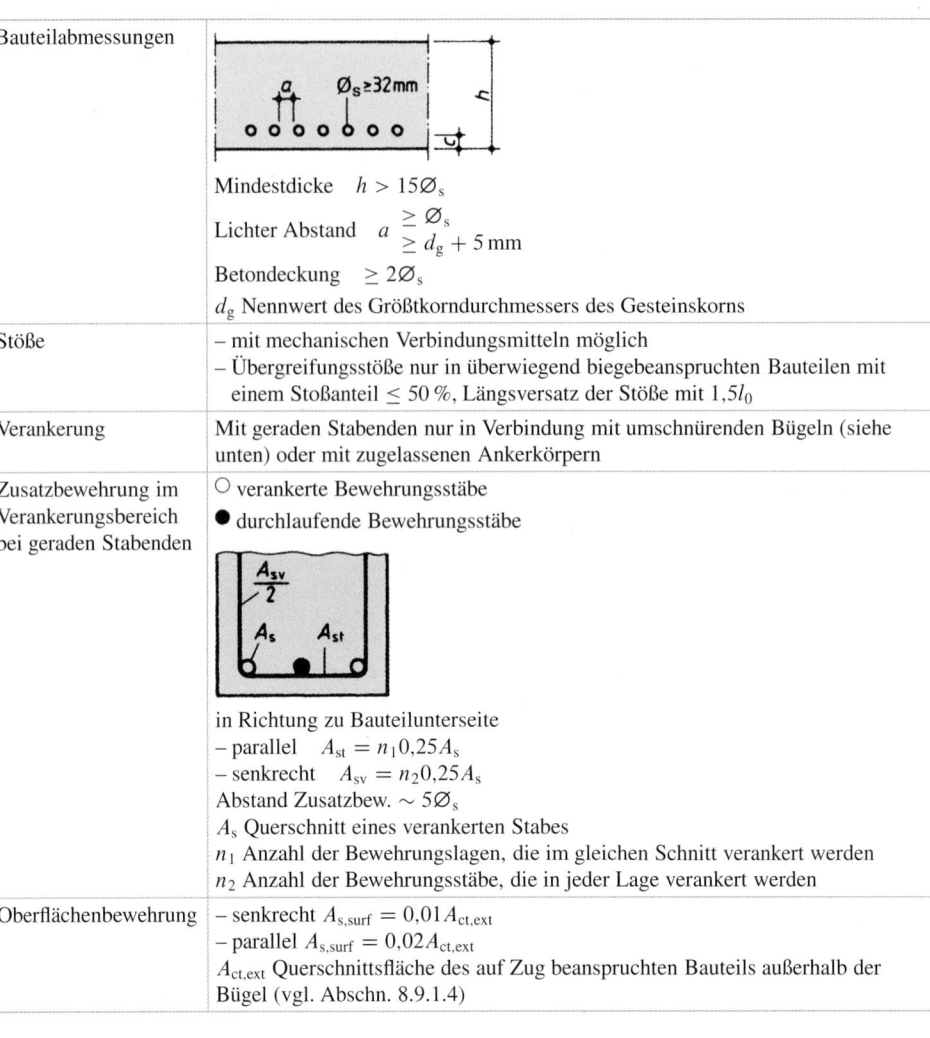

Bauteilabmessungen	Mindestdicke $\quad h > 15\varnothing_s$
	Lichter Abstand $\quad a \begin{array}{l} \geq \varnothing_s \\ \geq d_g + 5 \text{ mm} \end{array}$
	Betondeckung $\quad \geq 2\varnothing_s$
	d_g Nennwert des Größtkorndurchmessers des Gesteinskorns
Stöße	– mit mechanischen Verbindungsmitteln möglich
	– Übergreifungsstöße nur in überwiegend biegebeanspruchten Bauteilen mit einem Stoßanteil $\leq 50\,\%$, Längsversatz der Stöße mit $1,5 l_0$
Verankerung	Mit geraden Stabenden nur in Verbindung mit umschnürenden Bügeln (siehe unten) oder mit zugelassenen Ankerkörpern
Zusatzbewehrung im Verankerungsbereich bei geraden Stabenden	○ verankerte Bewehrungsstäbe ● durchlaufende Bewehrungsstäbe in Richtung zu Bauteilunterseite – parallel $\quad A_{st} = n_1 0{,}25 A_s$ – senkrecht $\quad A_{sv} = n_2 0{,}25 A_s$ Abstand Zusatzbew. $\sim 5\varnothing_s$ A_s Querschnitt eines verankerten Stabes n_1 Anzahl der Bewehrungslagen, die im gleichen Schnitt verankert werden n_2 Anzahl der Bewehrungsstäbe, die in jeder Lage verankert werden
Oberflächenbewehrung	– senkrecht $A_{s,surf} = 0{,}01 A_{ct,ext}$ – parallel $A_{s,surf} = 0{,}02 A_{ct,ext}$ $A_{ct,ext}$ Querschnittsfläche des auf Zug beanspruchten Bauteils außerhalb der Bügel (vgl. Abschn. 8.9.1.4)

Tafel 8.68 Lichte Mindestabstände von Spanngliedern und Hüllrohren[a]

Vorspannung		Lichte Mindestabstände a	
sofortiger Verbund		Spann-glieder	senk-recht: $a \begin{array}{l} \geq 2\varnothing_p \\ \geq d_g \end{array}$
			waage-recht: $a \begin{array}{l} \geq 2\varnothing_p \\ \geq d_g + 5 \text{ mm} \\ \geq 20 \text{ mm} \end{array}$
nachträglicher Verbund sowie interne Spannglieder ohne Verbund		Hüll-rohre	senk-recht: $a \geq \max\{d_g;\ \varnothing_H;\ 40 \text{ mm}\}$
			waage-recht: $a \geq \max\{d_g + 5;\ \varnothing_H;\ 50 \text{ mm}\}$

[a] Zwischen im Verbund liegenden Spanngliedern und verzinkten Bauteilen müssen mindestens 20 mm Beton vorhanden sein, eine metallische Verbindung darf nicht bestehen.

Abb. 8.101 Übertragung der Vorspannung, Längenparameter

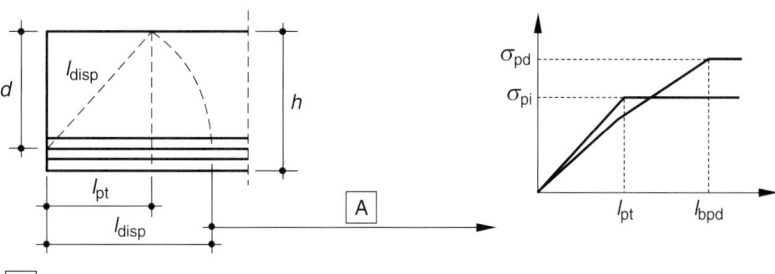

A | Lineare Spannungsverteilung im Bauteilquerschnitt

8.8.2.1.1 Verankerung bei Vorspannung mit sofortigem Verbund

Auf die Anordnung einer Spaltzugbewehrung darf bei einfachen Fällen (z. B. Spannbetonhohlplatten) verzichtet werden, wenn die Spaltzugspannung den Wert $f_{ctd} = \alpha_{ct} \cdot f_{ctk;0,05}/\gamma_C$ ($\alpha_{ct} = 0,85$) nicht überschreitet. Gegebenenfalls ist die Festigkeit $f_{ctd}(t)$ zum betrachteten Zeitpunkt zu berücksichtigen.

Bei der Verankerung von Spanndrähten im sofortigem Verbund wird unterschieden zwischen (siehe auch Abb. 8.101):

- **Übertragungslänge** l_{pt} (Grundwert) über die eine Spannkraft P_0 voll auf den Beton übertragen wird mit

$$l_{pt} = \alpha_1 \cdot \alpha_2 \cdot \varnothing_p \cdot \frac{\sigma_{pm0}}{f_{bpt}} \qquad (8.157)$$

α_1 = 1,0 bei stufenweisem Eintragen der Vorspannung, 1,25 bei schlagartigem Eintragen der Vorspannung

α_2 = 0,25 für Spannstahl mit runden Querschnitten, = 0,19 für Spannstahllitzen mit 3 und 7 Drähten

$\varnothing_p$ Nenndurchmesser der Litze bzw. des Drahtes

σ_{spm0} Spannung im Spannstahl direkt nach dem Absetzen der Spannkraft

f_{bpt} Verbundspannung beim Absetzen der Spannkraft (siehe Tafel 8.69)

$$f_{bpt} = \eta_{p1} \cdot \eta_1 \cdot f_{ctd}(t)$$

η_{p1} = 2,7 für Spannstahl mit runden Querschnitten,
= 2,85 für Litzen ($A_P < 100\,\text{mm}^2$) und profilierte Drähte $\varnothing_p \leq 8\,\text{mm}$

η_1 = 1,0 bei guten Verbundbedingungen, 0,7 sonst

$f_{ctd}(t)$ = Bemessungswert der Betonzugfestigkeit zum Zeitpunkt des Absetzens der Spannkraft = $\alpha_{ct} \cdot 0,7 \cdot f_{ctm}(t)/\gamma_{c'}$, $\alpha_{ct} = 0,85$.

- **Bemessungswert der Übertragungslänge** $l_{ptd} = l_{pt1}$ bzw l_{pt2} ist der je nach Bemessungssituation ungünstigere Wert von $l_{pt1} = 0,8 \cdot l_{pt}$ bzw. $l_{pt2} = 1,2 \cdot l_{pt}$. Im Allgemeinen wird der niedrigere Wert zum Nachweis örtlicher Spannungen beim Absetzen der Spannkraft, der höhere für Grenzzustände der Tragfähigkeit (Querkraft, Verankerung etc.) verwendet.

Tafel 8.69 Verbundspannungen f_{bpt}, sofortiger Verbund

Betondruck- und Betonzugfestigkeit in N/mm² zum Zeitpunkt der Spannkraftübertragung			Verbundspannung in [N/mm²]					
			f_{bpt}				f_{bpd}	
			Litzen und profilierte Drähte mit $\varnothing_p \leq 8\,\text{mm}$		Profilierte Drähte mit $\varnothing_p > 8\,\text{mm}$		Litzen mit 7 Drähten und profilierte Drähte	
$f_{ck}(t)$	$f_{cm}(t)$	$f_{ctm}(t)$	Guter Verbund	Mäßiger Verbund	Guter Verbund	Mäßiger Verbund	Guter Verbund	Mäßiger Verbund
20	28	2,21	2,5	1,8	2,4	1,7	–	–
25	33	2,56	2,9	2,0	2,7	1,9	1,4	1,0
30	38	2,90	3,3	2,3	3,1	2,2	1,6	1,1
35	43	3,21	3,6	2,5	3,4	2,4	1,8	1,2
40	48	3,51	4,0	2,8	3,8	2,6	1,9	1,4
45	53	3,8	4,3	3,0	4,1	2,8	2,1	1,5
50	58	4,07	4,6	3,2	4,4	3,1	2,3	1,6
60	68	4,35	4,9	3,4	4,7	3,3	2,4	1,7
70	78	4,61	5,2	3,6	4,9	3,5	2,4	1,7
80	88	4,84	5,5	3,8	5,2	3,6	2,4	1,7
90	98	5,04	5,7	4,0	5,4	3,8	2,4	1,7
100	108	5,2	6,0	4,3	5,7	4,0	2,4	1,7

Abb. 8.102 Spannstahlspannungen im Verankerungsbereich, sofortiger Verbund. **a** Übertragungslänge, ungerissen, **b** Übertragungslänge, gerissen. *1* beim Absetzen der Spannkraft, *2* im GTZ ohne Rissbildung in der Übertragung, *3* mit Rissbildung in der Übertragungslänge, *4* Stelle des ersten Biegerisses

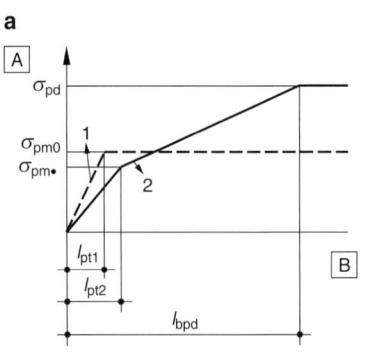
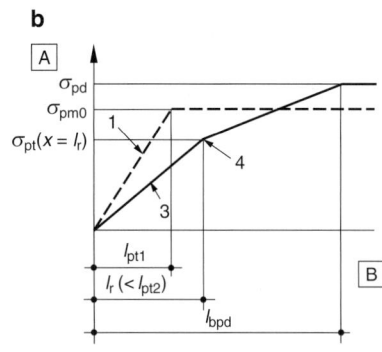

A Spannung im Spannglied
B Abstand vom Ende

- **Eintragungslänge** l_{disp} innerhalb der die maximale Betonspannung in eine linear Verteilte über den gesamten Betonquerschnitt übergeht, (disp → dispersion length)

$$l_{disp} = \sqrt{l_{pt}^2 + d^2}$$

- **Verankerungslänge** l_{bpd}, innerhalb der die maximale Spanngliedkraft im GZT vollständig verankert ist.

Bei der Verankerung von Spanndrähten wird davon ausgegangen, dass außerhalb der Eintragungslänge die Betonspannungen einen linearen Verlauf aufweisen.

Die Verankerungslänge l_{bpd} im GZT bestimmt sich in Abhängigkeit der zu erwartenden Rissbildungsbereiche. Es wird unterschieden zwischen Rissbildung, definiert durch das Überschreiten von $f_{ctk;0,05}$ außerhalb oder innerhalb des Verankerungsbereichs. Dabei ist $f_{ctk;0,05}$ wegen der Sprödigkeit bei höheren Festigkeitsklassen auf den Wert für C60/75 zu begrenzen.

- **Ungerissener Verankerungsbereich**

Es kann auf einen Nachweis der Verankerung verzichtet werden (Abb. 8.102a).

- **gerissener Verankerungsbereich**

Rissbildung außerhalb der Übertragungslänge $l_{ptd} = l_{pt2}$
Gesamtverankerungslänge für das Spannglied mit einer Spannung von σ_{pd}

$$l_{bpd} = l_{pt2} + \alpha_2 \cdot \varnothing_p \cdot \frac{(\sigma_{pd} - \sigma_{pm\infty})}{f_{bpd}} \qquad (8.158)$$

Rissbildung innerhalb der Übertragungslänge $l_{ptd} = l_{pt2}$

$$l_{bpd} = l_r + \alpha_2 \cdot \varnothing_p \cdot \frac{\sigma_{pd} - \sigma_{pt}(x = l_r)}{f_{bpd}} \qquad (8.159)$$

α_2 siehe (8.157)
l_{pt2} oberer Bemessungswert der Übertragungslänge
l_r Länge des ungerissenen Verankerungsbereichs
σ_{pd} Spannung im Spannglied $= f_{0,1k}/\gamma_S$
$\sigma_{pm\infty}$ Spannung im Spannglied nach Abzug der Spannungsverluste

f_{bpd} Verbundfestigkeit für die Verankerung im GZT $=$
$f_{bpd} = \eta_{p2} \cdot \eta_1 \cdot f_{ctd}$
$\eta_{p2} = 1,4$ für profilierte Drähte mit 7 Litzen und Litzen ($A_p < 100\,\text{mm}^2$)
η_{p2}-Werte für andere Arten von Spanngliedern sind den Zulassungen zu entnehmen.
η_1 siehe (8.157). Dieser Bemessungswert der Verbundspannung ist auf den Maximalwert eines C60/75 begrenzt (siehe Tafel 8.69).

Überschreiten die Betonzugspannungen den Wert $f_{ctk;0,05}$, so ist auch nachzuweisen, dass die vorhandene Zugkraftlinie die Zugkraftdeckungslinie aus der Zugkraft von Spannstahl und Betonstahl nicht überschreitet. Die Zugkraft im Spannstahl ist nach Abb. 8.102 zu ermitteln. Außerhalb der Übertragungslänge l_{bpd} bzw. nach dem ersten Riss ($x > l_r$) sind dabei wegen der schlechteren Verbundbedingungen die Werte für mäßigen Verbund nach Tafel 8.69 anzusetzen. Die zu verankernde Zugkraft F_{Ed} in der Entfernung x vom Bauteilende beträgt:

$$F_{Ed}(x) = \frac{M_{Ed}(x)}{z} + \frac{1}{2} \cdot V_{Ed}(x) \cdot (\cot\theta - \cot\alpha) \qquad (8.160)$$

dabei ist:

$M_{Ed}(x)$ Bemessungswert des aufzunehmenden Biegemomentes an der Stelle x
$V_{Ed}(x)$ Bemessungswert der zugehörigen Querkraft an der Stelle x
z innerer Hebelarm
θ, α Neigung der Druckstrebe bzw. Zugstrebe.

Hinweis Bei zyklischer Beanspruchung sind beim Nachweis der Verankerungslänge besondere Regeln zu beachten (siehe EC 2-1-1/NA, 8.10.2.3) [2].

8.8.2.1.2 Verankerung bei Vorspannung mit nachträglichem und ohne Verbund

Lasteinleitungszonen können im Allgemeinen nach der Elastizitätstheorie berechnet werden. Alternativ kann auch der

Winkel der Lastausbreitung zu $\beta = 33{,}7°$ angenommen werden (siehe auch Abschn. 8.5.5.3).

Die im Verankerungsbereich erforderliche Spaltzug- und Zusatzbewehrung ist der allgemeinen bauaufsichtlichen Zulassung für das Spannverfahren zu entnehmen. Der Nachweis der Kraftaufnahme und -weiterleitung im Tragwerk ist mit einem geeigneten Verfahren (z. B. mit Stabwerksmodellen) zu führen. Wird hier mit einer Spannungsbegrenzung im GZT von $\sigma_{sd} \leq 300\,\text{N/mm}^2$ gearbeitet, kann erwartet werden, dass angemessene Rissbreiten nicht überschritten werden. Siehe auch Abschn. 8.9.9.3.

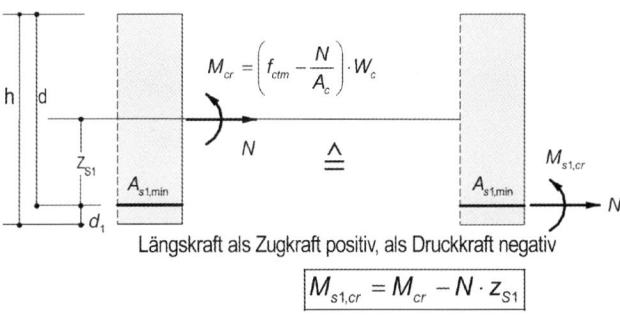

Abb. 8.103 Rissmoment eines Querschnitts mit äußerer Längskraft

8.9 Konstruktionsregeln für spezielle Bauteile

Neben den Nachweisen zur Tragfähigkeit, Gebrauchstauglichkeit und Dauerhaftigkeit (Abschn. 8.6) sowie den allgemeinen Konstruktionsregeln im Stahl- und Spannbetonbau (Abschn. 8.8) bestehen für die bauliche Durchbildung von einzelnen Bauteilen aus dem Bereich des Hochbaus spezielle Konstruktionsregeln, die im Folgenden zusammengefasst dargestellt werden.

8.9.1 Balken

8.9.1.1 Längsbewehrung
Die Längsbewehrung ist mit einem Mindest- bzw. Höchstquerschnitt nach untenstehenden Gleichungen auszubilden, wobei der charakteristische Wert des Betonstahles f_{yk} in N/mm^2 einzusetzen ist. Die **Mindestbewehrung** versteht sich dabei als Sicherung eines ausreichend duktilen Bauteilverhaltens nach dem Prinzip „Riss vor Bruch" (Robustheitsbewehrung). Bei vorgespannten Bauteilen darf hierbei die Wirkung der Vorspannung nicht berücksichtigt werden. Die Anordnung der Mindestbewehrung erfolgt nach Tafel 8.70.

$$A_{sl,min} \geq \frac{W_c}{z_{II}} \cdot \frac{f_{ctm}}{f_{yk}} = \frac{M_{cr}}{z_{II}} \cdot \frac{1}{f_{yk}} \qquad (8.161)$$

W_c Widerstandsmoment des Bruttobetonquerschnitts im Zustand I $= I_c/z_c$ am betrachteten Zugrand des Querschnitts

z_{II} innerer Hebelarm im Zustand II

f_{yk} charakteristischer Wert der Streckgrenze des Betonstahls, i. Allg. $= 500\,\text{N/mm}^2$

M_{cr} Rissmoment $= W_c \cdot f_{ctm}$.

Für Rechteckquerschnitte mit $z_{II} = 0{,}8d$ und $d = 0{,}9h$ gilt damit näherungsweise $A_{sl,min} \approx 0{,}26 \cdot b \cdot d \cdot f_{ctm}/f_{yk}$. Diese Formulierung findet sich im EC-2 [1].

Eine gegebenenfalls vorhandene Längskraft kann bei der Ermittlung der Mindestbewehrung gemäß Abb. 8.103 erfasst werden.

Die Längskraft N ist dabei ohne Teilsicherheitsbeiwert (GZG, seltene Kombination) ungünstigst anzusetzen, d. h. für Druckkräfte die kleinste, für Zugkräfte der größte Wert (N als Zugkraft positiv). Längskräfte aus Vorspannung dürfen nicht berücksichtigt werden, es darf jedoch 1/3 der im Verbund liegenden Spannstahlfläche auf die erforderliche Mindestbewehrung angerechnet werden (siehe Tafel 8.70).

Tafel 8.70 Anordnung der Mindestlängsbewehrung

Allgemein	– In der Zugzone gleichmäßig über die Breite sowie anteilig über die Zugzonenhöhe – Hochgeführte Bewehrung und hochgeführte Spannglieder dürfen nicht berücksichtigt werden – Verankerung am End- und Innenauflager jeweils mit der Mindestverankerungslänge – Stöße sind für die volle Zugkraft auszubilden
Feldbewehrung	– Die untere Mindestbewehrung ist zwischen den Endauflagern durchzuführen
Stützbewehrung	– In beiden anschließenden Feldern über die Länge von mindestens 1/4 der Stützweite – Bei Kragarmen über die gesamte Kragarmlänge
$A_{s,vorh} < A_{s,min}$	– Sind als unbewehrte bzw. gering bewehrte Querschnitte zu behandeln
Gründungsbauteile, erddruckbeanspruchte Wände	– Es darf auf die Mindestbewehrung verzichtet werden, wenn das duktile Bauteilverhalten durch Umlagerung des Sohldrucks bzw. Erddrucks sichergestellt werden kann. Dies ist in der Regel bei Gründungsbauteilen zu erwarten. – Der Verzicht auf die Mindestbewehrung ist im Rahmen der Tragwerksplanung immer explizit zu begründen.
Vorgespannte Bauteile	– 1/3 der im Verbund liegenden Spannstahlfläche darf auf die Mindestbewehrung nach (8.126) angerechnet werden, wenn mindestens zwei Spannglieder vorhanden sind und die angerechneten Spannglieder nicht mehr als 0,2 h oder 250 mm (der kleinere Wert ist maßgebend) von der Betonstahlbewehrung entfernt liegt.

Tafel 8.71 Konstruktionsregeln für Balken

Allgemein	– $A_{s,max}$ ist auch im Bereich von Übergreifungsstößen einzuhalten

Umschnürung der Druckzone[a] zur Sicherung ausreichender Duktilität	– Falls $x/d > 0,45$ und Beton $\leq$ C50/60
	  • Bügeldurchmesser $\varnothing_s \geq 10\,\mathrm{mm}$
	  • Bügelabstand längs $s_l \leq 0,25\,h$ bzw. 20 cm
	  • Bügelabstand quer $s_q \leq h$ bzw. 60 cm
	– Falls $x/d > 0,35$ und Beton $\geq$ C55/67
	  • Bügeldurchmesser $\varnothing_s \geq 10\,\mathrm{mm}$
	  • Bügelabstand längs $s_l \leq 0,25\,h$ bzw. 20 cm
	  • Bügelabstand quer $s_q \leq h$ bzw. 40 cm

Sicherung der Druckbewehrung	– Eine im GZT erforderliche Druckbewehrung mit dem Stabdurchmesser $\varnothing_s$ ist durch Querbewehrung mit einem Stababstand $\leq 15\varnothing_s$ zu sichern.
Konstruktive Einspannbewehrung	– Rechnerisch nicht berücksichtige Einspannungen (z. B. bei monolithischer Herstellung aber Annahme einer gelenkigen Lagerung) sind für ein Moment zu bemessen, welches 25 % des benachbarten Feldmomentes entspricht – Diese Bewehrung muss, vom Auflagerrand gemessen mindestens über 0,25-fache Länge des Endfeldes verlegt werden. – Eine Mindestbewehrung nach (8.161) oder (8.162) ist hier nicht erforderlich.
Ausgelagerte Bewehrung bei Plattenbalken und Hohlkastenquerschnitten	– An Zwischenauflagern darf die Zugbewehrung höchstens auf einer Breite entsprechend der halben effektiven Gurtbreite $b_{eff,i}$ (siehe Abbildung bzw. Abschn. 8.5.5.3) neben den Steg ausgelagert werden. 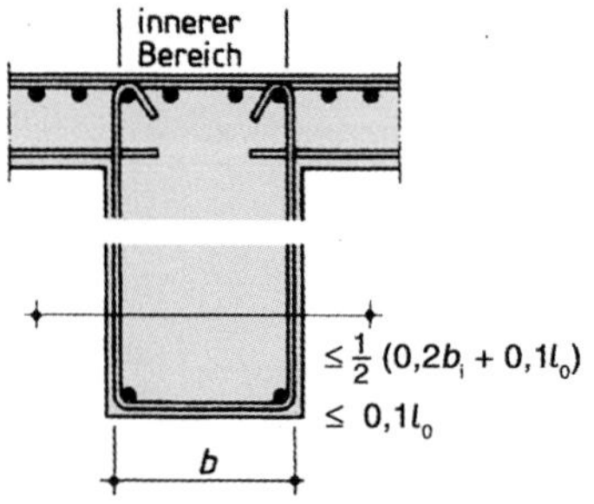 innerer Bereich $\leq \frac{1}{2}(0,2b_i + 0,1l_0)$ $\leq 0,1l_0$ b

[a] Diese Regelung entspricht der DIN 1045-1 bzw. [11]. Sie ist in dieser Form in EC 2 nicht explizit enthalten.

$$A_{s1,min} = \left(\frac{M_{s1,cr}}{z_{II}} + N \right) \cdot \frac{1}{f_{yk}}$$

$$= \frac{M_{cr} + N \cdot (z_{II} - z_{s1})}{z_{II} \cdot f_{yk}}$$

$$= \frac{f_{ctm} \cdot W_c + N \cdot (z_{II} - z_{s1} - W_c/A_c)}{z_{II} \cdot f_{yk}} \quad (8.162)$$

Wobei (siehe Abb. 8.103):

$$M_{cr} = \left(f_{ctm} - \frac{N}{A_c} \right) \cdot W_c$$

$$M_{s1,cr} = M_{cr} - N \cdot z_{s1}$$

z_{s1} Abstand der Mindestbewehrung von der Schwereachse
Die **maximale Bewehrungsmenge** (Zug- und Druckbewehrung) in einem Querschnitt beträgt

$$A_{s,max} = 0,08 \cdot A_c \quad (8.163)$$

A_c Betonquerschnitt.
Ansonsten gelten für Stahlbetonbalken die in Tafel 8.71 zusammengefassten Konstruktionsregeln.

Die Biegebemessung erfolgt üblicherweise nur an den höchstbeanspruchten Querschnitten. Im Sinne einer wirtschaftlichen Bewehrungsführung kann es sinnvoll sein, die

Bewehrungsmengen entlang der Bauteilachse zu staffeln. Mit Hilfe der Zugkraftlinie bzw. der **Zugkraftdeckungslinie** kann hier die in jedem Querschnitt erforderliche Bewehrung graphisch nachgewiesen werden (Abb. 8.104). Im allgemeinen Fall ist dieser Nachweis sowohl im GZT als auch im

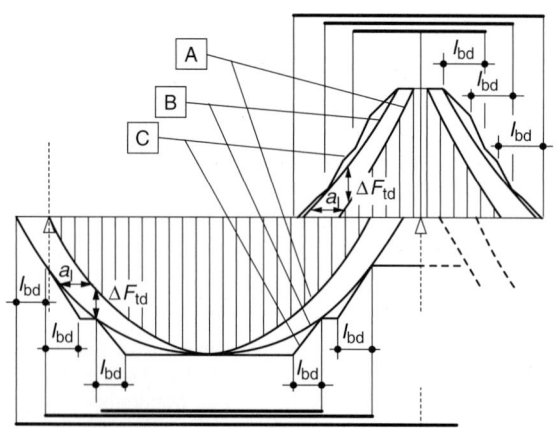

A	Umhüllende für $M_{Ed}/z + N_{Ed}$		B	Einwirkende Zugkraft F_s
C	Aufnehmbare Zugkraft F_{Rs}			

Abb. 8.104 Zugkraft und Zugkraftdeckungslinie, Tragfähigkeit der Bewehrung innerhalb der Verankerungslängen

Tafel 8.72 Konstruktionsregeln für die Zugkraftdeckung und Verankerung

Allgemein	– Die Tragfähigkeit der einzelnen Stäbe innerhalb der Verankerungslänge darf unter der Annahme eines linearen Kraftverlaufs angenommen werden (siehe Abb. 8.104). Als Vereinfachung und auf der sicheren Seite kann dies auch vernachlässigt werden (konstanter Verlauf). Dies war in der bisherigen Praxis nach DIN 1045-1 üblich. – Bei einer Schnittgrößenermittlung nach E-Theorie (Umlagerung $\leq 15\,\%$) darf auf einen Nachweis der Zugkraftdeckung im GZG verzichtet werden.
Verankerung allgemein (außerhalb von Auflagern)	– $l \geq 1{,}0 l_{bd}$ Falls an der betrachteten Stelle der Stahl oberhalb von f_{yd} bis f_{td} ausgenutzt wird, ist dies bei der Ermittlung von l_{bd} zu berücksichtigen
Verankerungen für aufgebogene Querkraftbewehrung	– in der Zugzone: $\geq 1{,}3 l_{bd}$ – in der Druckzone: $\geq 0{,}7 l_{bd}$ Gemessen vom Schnittpunkt zwischen den Achsen des aufgebogenen Stabes und der Längsbewehrung
Verankerung der unteren Bewehrung am Endauflager	– bis zum Endauflager sind mindestens 25 % der Feldbewehrung zu führen und dort zu verankern – zu verankernde Zugkraft an Gelenken: $$F_{Ed} = |V_{Ed}| \cdot \frac{a_1}{z} + N_{Ed} \geq \frac{|V_{Ed}|}{2}$$ – Die Verankerung ist gemäß den folgenden Darstellungen anzuordnen. **a** direkte Lagerung 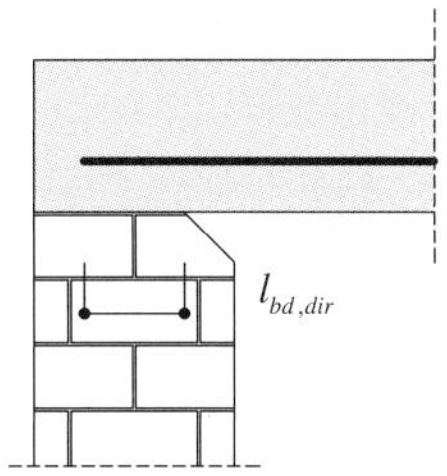 $$l_{bd,dir} = \alpha_1 \cdot \alpha_4 \cdot \alpha_5 \cdot l_{b,rqd} \cdot \frac{A_{s,erf}}{A_{s,vorh}} \geq \frac{2}{3} \cdot l_{b,min} = \frac{2}{3} \cdot l_{b,eq} \geq \max\{0{,}2 \cdot l_{b,rqd}; 6{,}7 \cdot \varnothing_s\}$$ $$l_{b,rqd} = \frac{\varnothing_s}{4} \cdot \frac{f_{yd}}{f_{bd}}$$ **b** indirekte Lagerung 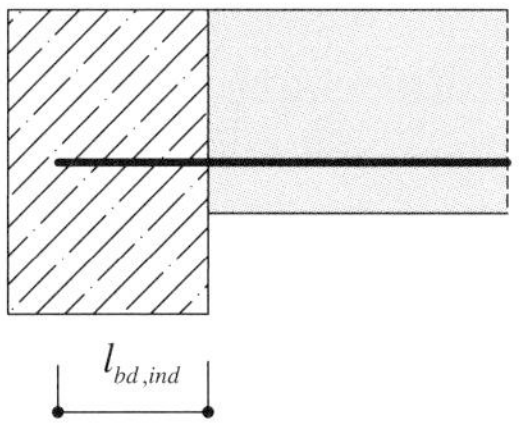 $$l_{bd,ind} = \alpha_1 \cdot \alpha_4 \cdot \alpha_5 \cdot l_{b,rqd} \cdot \frac{A_{s,erf}}{A_{s,vorh}} \geq l_{b,min} = l_{b,eq} \geq \max\{0{,}3 \cdot l_{b,rqd}; 10 \cdot \varnothing_s\}$$ Die Verankerungslänge beginnt immer am Auflagerrand. Die Bewehrung ist mindestens über die rechnerische Auflagerlinie zu führen.
Verankerung der unteren Bewehrung am Zwischenauflager	– bis zum Zwischenauflager sind mindestens 25 % der Feldbewehrung zu führen und zu verankern – Verankerungslänge $\geq 6\varnothing_s$ oder bei Haken und Winkelhaken mindestens $> D$ für Stäbe > 16 mm, ansonsten $2D$ (D = Biegerollendurchmesser). 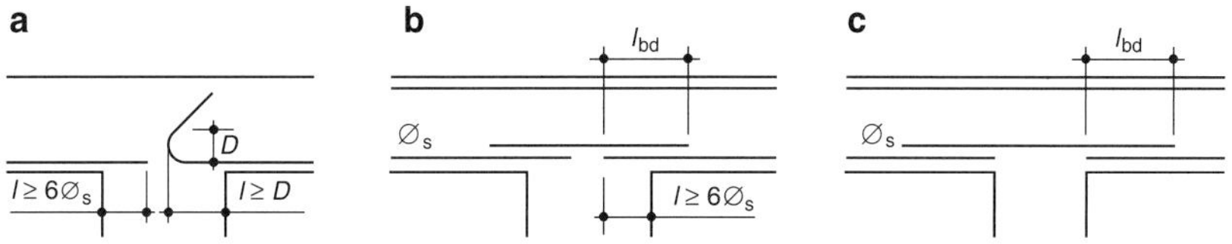 – Verankerungen nach b und c können auch mögliche positive Momente aufnehmen (z. B. infolge Setzungen). Die Erfordernis einer derartigen Bewehrung ist ggf. mit dem Bauherrn explizit zu vereinbaren.

GZG erforderlich. Bei der Bestimmung der Zugkraft F_{sd} muss die Auswirkung der Querkraft in Form eines zusätzlichen Anteils $\Delta F_{sd,v}$ berücksichtigt werden.

$$F_{sd} = \left(\frac{M_{Eds}}{z} + N_{Ed}\right) + \Delta F_{sd,v}$$

$$= \left(\frac{M_{Eds}}{z} + N_{Ed}\right) + \frac{V_{Ed}}{2} \cdot (\cot\theta - \cot\alpha) \quad (8.164)$$

Der zusätzliche Zugkraftanteil $\Delta F_{sd,v}$ wird zeichnerisch über ein horizontales Verschieben der Zugkraft ($M_{Eds}/z + N_{Ed}$) um das Versatzmaß a_l in Richtung abnehmender Zugkraft erfasst. Für das Versatzmaß gilt:

$$a_l = \begin{cases} \frac{z}{2} \cdot (\cot\theta - \cot\alpha) & \text{Bauteile mit Querkraftbewehrung} \\ 1{,}0 \cdot d & \text{Bauteile ohne Querkraftbewehrung} \end{cases} \quad (8.165)$$

θ Druckstrebenneigung nach Abschn. 8.6.3.4

α Zugstrebenneigung (vertikale Bügel $\alpha = 90°$)

z innerer Hebelarm $\approx 0{,}9 \cdot d$ (bzw. entsprechend dem Wert aus der Biegebemessung)

N_{Ed} Längskraft im betrachteten Querschnitt (als Druckkraft negativ)

$M_{Ed,s}$ Versatzmoment $= (M_{Ed} - N_{Ed} \cdot z_{s1})$ im betrachteten Querschnitt

V_{Ed} Querkraft im betrachteten Querschnitt.

Bei einer Anordnung der Zugbewehrung in der Gurtplatte außerhalb des Steges von Plattenbalken ist a_l jeweils um den Abstand der einzelnen Stäbe vom Steganschnitt zu verlängern.

8.9.1.2 Querkraftbewehrung

Die Neigung der Schubbewehrung zur Bauteilachse sollte zwischen 45 und 90 liegen. Mögliche Kombinationen von Schubbewehrungen sind in Abb. 8.105 dargestellt.

Bügel sind ausreichend zu verankern, an der Außenseite von Stegen dürfen nur Rippenstäbe gestoßen werden. Der Durchmesser von glatten Rundstäben soll 12 mm nicht überschreiten. Für die Mindestbewehrung $A_{sw,min}$ bei balkenartigen Tragwerken gilt

$$\frac{A_{sw,min}}{s_w} = a_{sw,min} = \varrho_w \cdot b_w \cdot \sin\alpha \quad (8.166)$$

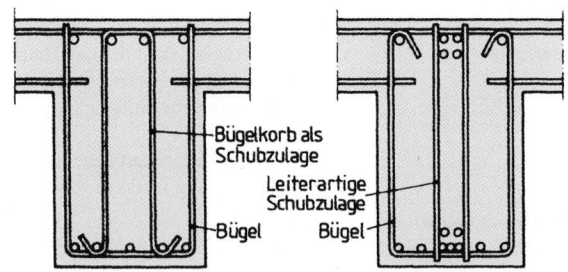

Abb. 8.105 Beispiele von Kombinationen für Schubbewehrungen. Kombinationen (der Anteil der Bügel muss $\geq 50\,\%$ der notwendigen Schubbewehrung sein): Bügel (umfassen Längsbewehrung und Druckzone), Schrägstäbe, Schubzulagen (ohne Umschließung der Längsbewehrung), z. B. Körbe, Leitern usw. (ausreichende Verankerung erforderlich)

A_{sw} Querschnittsfläche der Schubbewehrung je Länge s_w

ϱ_w Bewehrungsgrad in Abhängigkeit der verwendeten Betonfestigkeitsklasse nach Tafel 8.73. Bei gegliederten Querschnitten mit vorgespanntem Zuggurt ist ϱ_w nach Tafel 8.73 mit dem Faktor 1,6 zu vergrößern ($\varrho_{w,min}$).

s_w Abstand der Schubbewehrung

b_w Stegbreite

α Winkel zwischen Schubbewehrung und Hauptbewehrung.

Der maximale Abstand von Bügeln oder anderen Schubbewehrungen s_{max} ist vom Verhältnis der Schubbeanspruchung V_{Ed} zum höchsten Bemessungswert der Querkraft $V_{Rd,max}$, der ohne Versagen der Druckstreben aufgenommen werden kann, abhängig (siehe Tafel 8.74).

Querkraftdeckung Formal ist die Querkraftbewehrung so entlang der Stabachse anzuordnen, dass an jeder Stelle die Bemessungsquerkraft abgedeckt wird. Dazu können Bügelabstände oder Bügeldurchmesser entsprechend den o. g. Regeln angepasst werden.

Wie aus DIN 1045 bekannt, darf gemäß [11] bei oben eingetragener Gleichstreckenlast die Querkraftlinie wie in Abb. 8.106 eingeschnitten werden (diese Regelung ist explizit im EC 2 [1] bis [4] nicht enthalten). Dabei muss die Einschnittsfläche A_E kleiner gleich der Auftragsfläche A_A sein. Es wird immer mit einer Auftragsfläche im Abstand d von der Auflagervorderkante begonnen. Die Abschnittslängen von Auftrags- und Einschnittsfläche sind maximal $d/2$. Bei unten angehängter Last darf nicht eingeschnitten werden, es sei denn, die entsprechende Aufhängebewehrung wird addiert.

Tafel 8.73 Mindestquerkraftbewehrungsgrade ϱ_w, $\varrho_{w,min} = 0{,}16 \cdot f_{ctm}/f_{yk}$

	Charakteristische Betondruckfestigkeit f_{ck} in N/mm²														
	12	16	20	25	30	35	40	45	50	55	60	70	80	90	100
ϱ_w in ‰ allgemein	0,51	0,61	0,70	0,83	0,93	1,02	1,12	1,21	1,31	1,34	1,41	1,47	1,54	1,60	1,66
$\varrho_{w,min}$ in % vorgespannter Zuggurt	0,81	0,98	1,13	1,31	1,48	1,64	1,80	1,94	2,08	2,16	2,23	2,36	2,48	2,58	2,68

Tafel 8.74 Maximaler Abstand von Bügeln und anderen Schubbewehrungen

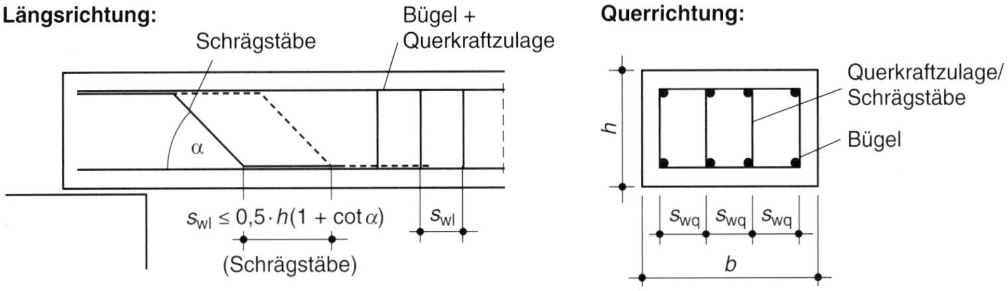

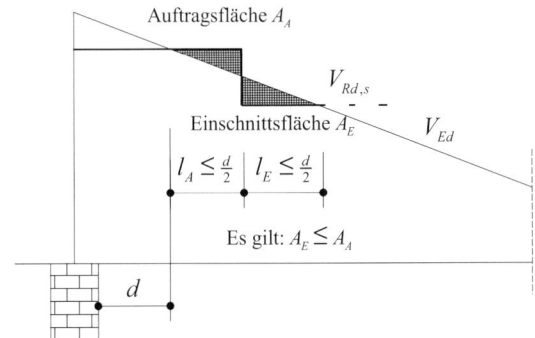

Querkraftausnutzung[a]	$\leq$ C50/60	> C50/60	$\leq$ C50/60	> C50/60	Schrägstäbe (alle Festigkeitsklassen)
	Längsabstand[b]		Querabstand		Längsabstand
$V_{Ed} < 0{,}30 V_{Rd,max}$	$0{,}7h$ bzw. 300 mm	$0{,}7h$ bzw. 200 mm	h bzw. 800 mm	h bzw. 600 mm	$s_{max} \leq 0{,}5 \cdot h \cdot (1 + \cot \alpha)$
$0{,}30 V_{Rd,max} < V_{Ed} < 0{,}60 V_{Rd,max}$	$0{,}5h$ bzw. 300 mm	$0{,}5h$ bzw. 200 mm	h bzw. 600 mm	h bzw. 400 mm	
$V_{Ed} > 0{,}60 V_{Rd,max}$	$0{,}25h$ bzw. 200 mm				

[a] $V_{Rd,max}$ darf näherungsweise mit $\theta = 40°$ ($\cot \theta = 1{,}2$) ermittelt werden.
[b] Bei Balken mit $h < 200$ mm und $V_{Ed} < V_{Rd,c}$ braucht der Bügelabstand nicht kleiner als 150 mm zu sein.

Abb. 8.106 Zulässiges Einschneiden der Querkraftdeckungslinie bei Tragwerken des üblichen Hochbaus

8.9.1.3 Torsionsbewehrung

Als Torsionsbewehrung ist ein rechtwinkliges Bewehrungsnetz aus Bügeln und Längsstäben vorzusehen. Dabei gelten die Bedingungen nach Tafel 8.75.

8.9.1.4 Oberflächenbewehrung

Zur Vermeidung von Betonabplatzungen und zur Begrenzung der Rissbreite ist für Stahlbetonbauteile bei größeren Stabdurchmessern eine Oberflächenbewehrung erforderlich. Es gelten die Regeln nach Tafel 8.76.

Bei **Bauteilen mit Vorspannung ist stets eine Oberflächenbewehrung** nach Tafel 8.77 anzuordnen. Für die Grundwerte ϱ sind dabei die Werte aus Tafel 8.73 einzusetzen. Die Oberflächenbewehrung ist in der Zug- und Druckzone von Platten in Form von Bewehrungsnetzen anzuordnen, die aus zwei sich annähernd rechtwinklig kreuzenden Bewehrungslagen mit der jeweils nach Tafel 8.77 erforderlichen Querschnittsfläche bestehen. Dabei darf der Stababstand 200 mm nicht überschreiten.

Auf die Oberflächenbewehrung darf angerechnet werden:
- die im Bereich der zweifachen Betondeckung im sofortigen Verbund liegenden Spannstähle
- die im GZT oder GZG erforderliche Betonstahlbewehrung.

Tafel 8.75 Ausbildung der Torsionsbewehrung

Ausbildung Torsionsbügel	– Winkel zur Bauteilachse 90° – geschlossen – durch Übergreifen verankert – die Hakenlänge sollte generell mindestens $10\varnothing_s$ betragen	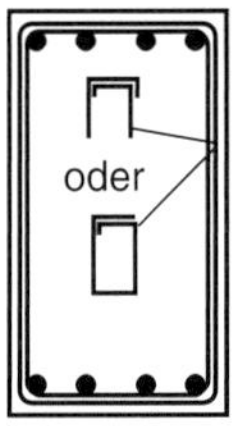 Empfohlene Torsionsbügelform (im übrigen gilt Abb. 8.99g, h)
Mindestbewehrung	– Angaben in Abschn. 8.9.1.2 gelten sinngemäß	
Bügelabstände	– $s_{max} = u_k/8$ (u_k Umfang des Kernquerschnittes) – Die Abstände nach Tafel 8.74 sind einzuhalten	
Längsstäbe	– über den inneren Umfang der Bügel verteilen mit $a < 350$ mm, mindestens jedoch 1 Stab je Querschnittsecke	

Tafel 8.76 Konstruktionsregeln für Oberflächenbewehrung (Stahlbeton)

Allgemein	Erforderlich, wenn für die Hauptbewehrung gilt – Stäbe größer $\varnothing_s = 32\,\text{mm}$ – Stabbündel mit $\varnothing_{s,v} = 32\,\text{mm}$ – Bei einer Betondeckung $> 70\,\text{mm}$ ist in der Regel für eine erhöhte Dauerhaftigkeit eine Oberflächenbewehrung unabhängig von Stabdurchmesser der Hauptbewehrung mit einer Querschnittsfläche von $A_{s,surfmin} = 0,005\,A_{ct,ext}$ in beiden Richtungen vorzusehen
Beispiele für die Anordnung der Oberflächenbewehrung	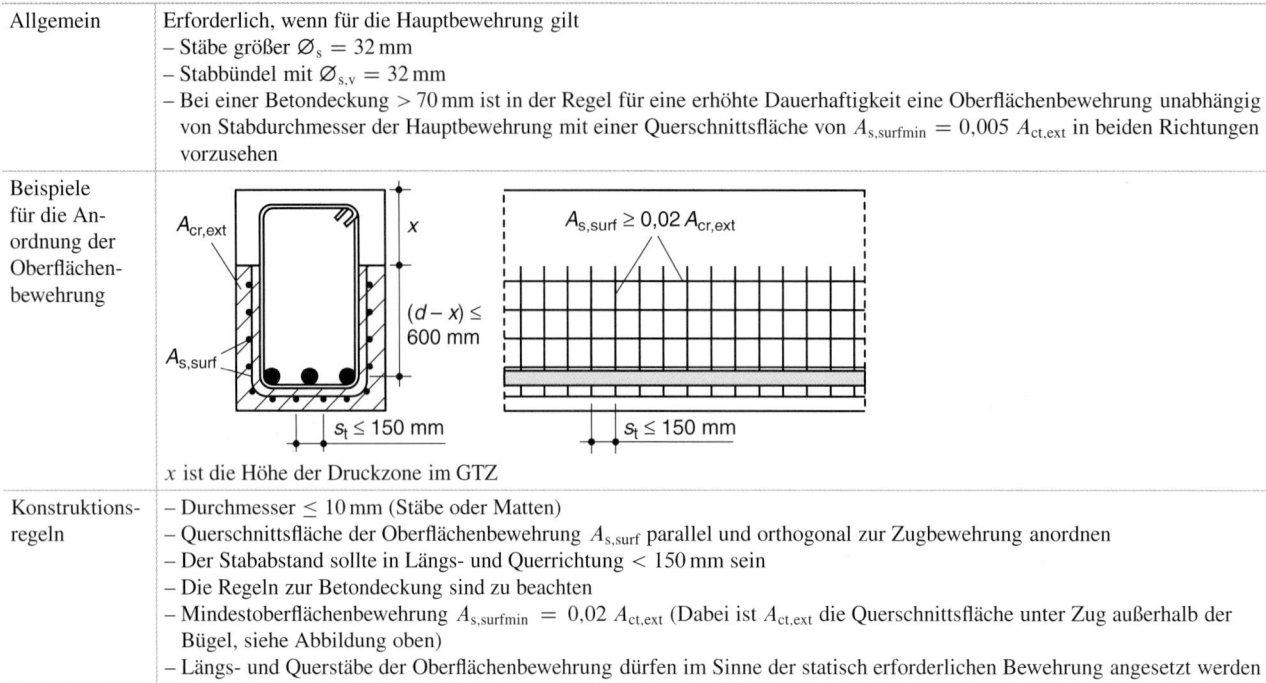 x ist die Höhe der Druckzone im GTZ
Konstruktionsregeln	– Durchmesser $\leq 10\,\text{mm}$ (Stäbe oder Matten) – Querschnittsfläche der Oberflächenbewehrung $A_{s,surf}$ parallel und orthogonal zur Zugbewehrung anordnen – Der Stababstand sollte in Längs- und Querrichtung $< 150\,\text{mm}$ sein – Die Regeln zur Betondeckung sind zu beachten – Mindestoberflächenbewehrung $A_{s,surfmin} = 0,02\,A_{ct,ext}$ (Dabei ist $A_{ct,ext}$ die Querschnittsfläche unter Zug außerhalb der Bügel, siehe Abbildung oben) – Längs- und Querstäbe der Oberflächenbewehrung dürfen im Sinne der statisch erforderlichen Bewehrung angesetzt werden

Tafel 8.77 Mindestoberflächenbewehrung für die verschiedenen Bereiche eines vorgespannten Bauteils

	Platten, Gurtplatten und breite Balken ($b_w > h$) je m		Balken mit $b_w \leq h$ und Stege von Plattenbalken und Kastenträgern	
	Bauteile in Umgebungsbedingungen der Expositionsklassen XC1 bis XC4	Bauteile in Umgebungsbedingungen der Expositionsklassen	Bauteile in Umgebungsbedingungen der Expositionsklassen XC1 bis XC4	Bauteile in Umgebungsbedingungen der Expositionsklassen
– bei Balken an jeder Seitenfläche – bei Platten mit $h \geq 1,0\,\text{m}$ an jedem gestützten oder nicht gestützten Rand[a]	$0,5\varrho h$ bzw. $0,5\varrho h_f$	$1,0\varrho h$ bzw. $1,0\varrho h_f$	$0,5\varrho b_w$ je m	$1,0\varrho b_w$ je m
– in der Druckzone von Balken und Platten am äußeren Rand[b,c] – in der vorgedrückten Zugzone von Platten[a,b,c]	$0,5\varrho h$ bzw. $0,5\varrho h_f$	$1,0\varrho h$ bzw. $1,0\varrho h b_w$	–	$1,0\varrho h_f$
– in Druckgurten mit $h > 120\,\text{mm}$ (obere und untere Lage je für sich)[a]	–	$1,0\varrho h_f$	–	–

[a] Eine Oberflächenbewehrung größer als $3,35\,\text{cm}^2/\text{m}$ je Richtung ist nicht erforderlich.
[b] Bei Platten aus Fertigteilen mit einer Breite $< 1,2\,\text{m}$ darf die Oberflächenbewehrung in Querrichtung entfallen.
[c] Bei Bauteilen in der Expositionsklasse XC1 darf die Oberflächenbewehrung am äußeren Rand der Druckzone entfallen.

8.9.2 Vollplatten aus Ortbeton

Die hier zusammengefassten Konstruktionsregeln gelten für ein- oder zweiachsig gespannte Vollplatten mit b bzw. $l_{eff} > 5h$. Sie dürfen aber auch für Platten mit $l_{eff} \geq 3h$ angewandt werden. Es gelten folgende Mindestabmessungen (Tafel 8.78).

Tafel 8.78 Mindestabmessungen für Vollplatten

Allgemein	$h \geq 70\,\text{mm}$
– mit aufgebogener Querkraftbewehrung	$h \geq 160\,\text{mm}$
– mit Bügeln als Querkraftbewehrung	$h \geq 200\,\text{mm}$
– mit Durchstanzbewehrung	$h \geq 200\,\text{mm}$

8.9.2.1 Biegebewehrung in Platten
Für die Biegebewehrung gelten die Bedingungen der Tafel 8.79.

8.9.2.2 Querkraftbewehrung in Platten
Die bauliche Durchbildung erfolgt sinngemäß nach Abschn. 8.9.1.2, allerdings sind die in Tafel 8.80 genannten Konstruktionsregeln zu berücksichtigen.

Querkraftbewehrungen in Platten dürfen auch als ein- oder zweischnittige Bügel mit Haken verankert werden. Bügel mit 90°-Winkelhaken gelten als Querkraftzulage. Bei Platten mit Brandschutzanforderungen ($\geq$ R 90) dürfen 90°-Winkelhaken nicht auf der brandbeanspruchten Seite angeordnet werden.

Tafel 8.79 Ausbildung der Biegebewehrung bei Vollplatten

Mindestbewehrung[a] Höchstbewehrung	Gleichungen (8.161) und (8.163) gelten sinngemäß (siehe Abschn. 8.9.1.1)
Hauptbewehrung	Abschn. 8.9.1.1 gilt sinngemäß. Das Versatzmaß ist mit $a_\mathrm{l} = d$ anzunehmen, bei querkraftbewehrten Platten ist $a_\mathrm{l} = 0{,}5 \cdot z \cdot (\cot\theta - \cot\alpha) \geq d$ $s_\mathrm{max} = 250\,\mathrm{mm}$ für $h \geq 250\,\mathrm{mm}$ und $150\,\mathrm{mm}$ für $h \leq 150\,\mathrm{mm}$; Zwischenwerte interpolieren!
Querbewehrung	$a_\mathrm{s} \geq 20\,\%$ der Hauptbewehrung $s_\mathrm{max} = 250\,\mathrm{mm}$ bei Betonstahlmatten gilt: $\varnothing_\mathrm{s,quer} \geq 5\,\mathrm{mm}$
Bewehrung am Auflager 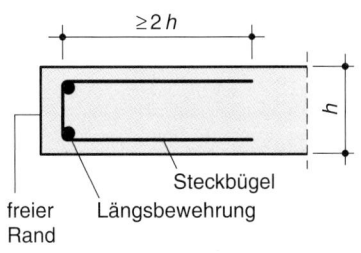	$\geq 50\,\%$ der erforderlichen Feldbewehrung bis zum Aufleger führen und dort verankern Bei teilweise nicht berücksichtigter Endeinspannung ist obere Bewehrung nach folgenden Regeln anzuordnen – $A_\mathrm{s} \geq 0{,}25 A_\mathrm{s\,Feld,max}$ – $l \geq l_\mathrm{w}/5$ (vom Auflagerrand) – Aus konstruktiven Erwägungen heraus wird diese Bewehrung auch bei frei drehbaren Endauflagern angeordnet. Über Zwischenauflagern muss diese Bewehrung durchlaufen

Drillbewehrung[b]	Drillsteife Platten müssen eine ausreichende Sicherung der Plattenecken gegen Abheben aufweisen. Dies kann angenommen werden, wenn an der Plattenecke eine Auflast von mindestens 1/16 der auf das betrachtete Plattenfeld entfallenden Gesamtlast vorhanden ist oder aber die Ecke für diese Last gegen Abheben baukonstruktiv (z. B. durch biegesteife Verbindung mit einem Unterzug oder mit einer benachbarten Platte) gesichert ist. In diesen Fällen ist eine Drillbewehrung nach folgenden Regeln zu bemessen bzw. anzuordnen:
	 – Wenn die Plattenschnittgrößen unter Ansatz der Drillsteifigkeit ermittelt werden, so ist die Bewehrung in den Plattenecken unter Berücksichtigung dieser Drillmomente zu bemessen.
	 – Ist die Platte mit Randbalken oder benachbarten Deckenfeldern biegesteif verbunden, so brauchen die zugehörigen Drillmomente nicht nachgewiesen werden und keine Drillbewehrung angeordnet werden.
	 – Die Drillbewehrung darf vereinfacht durch eine parallel zu den Plattenrändern verlaufende obere und untere Netzbewehrung ersetzt werden. Konstruktionsdetails siehe auch Abb. 8.96. Dabei gilt:
	   • Ecken mit zwei frei aufliegenden Rändern: $a_\mathrm{s,x}$ in beiden Richtungen, oben und unten auf einer Länge von $0{,}3_\mathrm{min}l$.
	   • Ecken, in denen ein frei aufliegender und ein eingespannter Rand zusammenstoßen: $0{,}5 \cdot a_\mathrm{s,x}$ rechtwinklig zum freien Rand.
	   • Diese Eckbewehrung ist auch bei vierseitig gelagerten Platten, deren Schnittgrößen als einachsig gespannt oder unter Vernachlässigung der Drillsteifigkeit ermittelt wurden, anzuordnen.
	 In den heute üblichen Plattenbemessungen mit Hilfe der Finite-Elemente-Analyse werden die entsprechenden Drillmomente automatisch mit erfasst. In diesem Zusammenhang ist natürlich auf die Sicherung der Plattenecken gegen Abheben zu achten

Bewehrung freier Ränder	An ungestützten freien Rändern – Längs- und Querbewehrung erforderlich mit $l \geq 2h$. – Vorhandene Bewehrung darf angerechnet werden Bei Fundamenten und innen liegenden Bauteilen des üblichen Hochbaus darf auf diese Bewehrung verzichtet werden. Bei vorgespannten Platten: $a_\mathrm{s,R} \geq 2{,}0 \cdot \varrho_\mathrm{w} \cdot h$ mit $\varrho_\mathrm{w} = \varrho_\mathrm{w,min} = 0{,}16 \cdot f_\mathrm{ctm}/f_\mathrm{yk}$ nach Tafel 8.73

[a] Bei zweiachsig gespannten Platten braucht die Mindestbewehrung nach Abschn. 8.9.1.1 nur in der Hauptspannrichtung angeordnet werden.

[b] Abb. 8.107 zeigt exemplarisch die Anordnung von Drillbewehrung für verschiedene Lagerungsfälle.

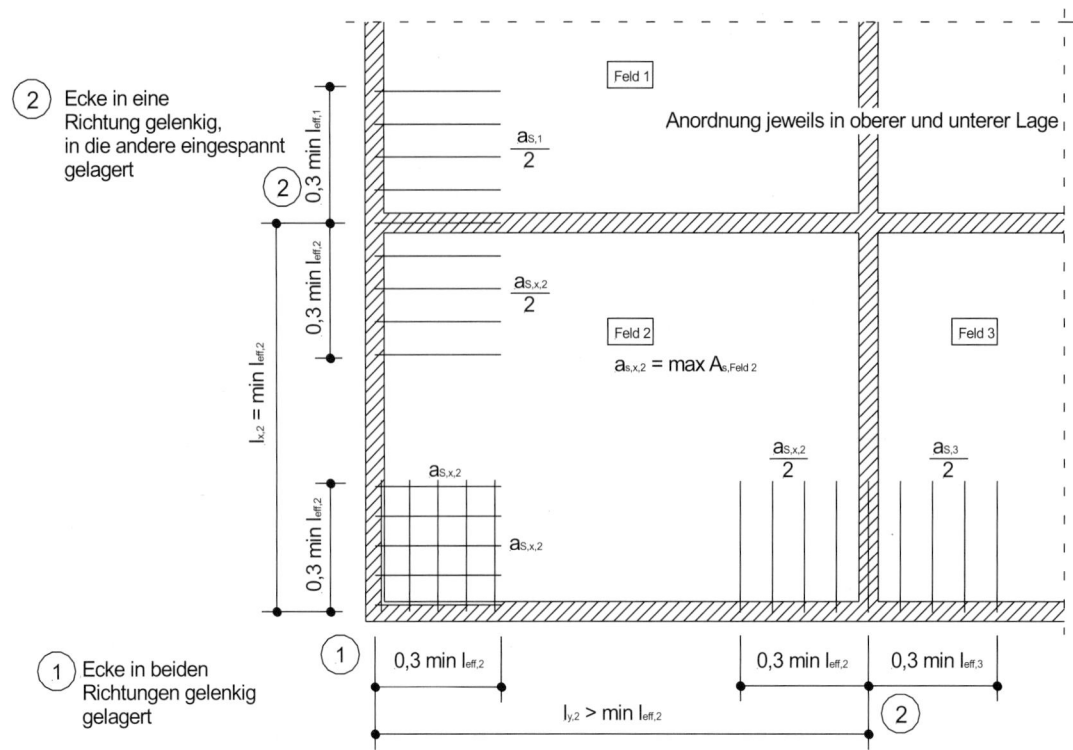

Abb. 8.107 Anordnung der Drillbewehrung

Tafel 8.80 Konstruktionsregeln für Querkraftbewehrung in Platten

Bedingung	Konstruktionsregel
$b/h < 4$	Bauteil ist als Balken zu behandeln (siehe Abschn. 8.9.1)
$V_{Ed} \leq V_{Rd,c}$ und $b/h > 5$	Keine Querkraftbewehrung erforderlich
$V_{Ed} > V_{Rd,c}$ und $b/h > 5$	Der 0,6-fache Wert der Mindestquerkraftbewehrung für Balken (siehe Tafel 8.73) ist als Mindestquerkraftbewehrung der Platte erforderlich
$V_{Ed} \leq V_{Rd,c}$ und $5 \geq b/h \geq 4$	Mindestquerkraftbewehrung der Platte ist zwischen 0-fachen bis 1,0-fachen Wert der für Balken erforderlichen Mindestquerkraftbewehrung (siehe Tafel 8.73) zu interpolieren
$V_{Ed} > V_{Rd,c}$ und $5 \geq b/h \geq 4$	Mindestquerkraftbewehrung der Platte ist zwischen 0,6-fachen bis 1,0-fachen Wert der für Balken erforderlichen Mindestquerkraftbewehrung (siehe Tafel 8.73) zu interpolieren
$V_{Ed} \leq 1/3 \cdot V_{Rd,max}$	Die Querkraftbewehrung darf vollständig aus aufgebogenen Stäben oder Querkraftzulagen bestehen
$V_{Ed} > 1/3 \cdot V_{Rd,max}$	Mindestens 50 % der aufzunehmenden Querkraft müssen durch Bügel abgedeckt werden
$V_{Ed} \leq 0,3 \cdot V_{Rd,max}$	Längsabstand der Bügel $s_{max} = 0,7 \cdot h$, Querabstand $s_{max} = h$
$0,3 \cdot V_{Rd,max} < V_{Ed} \leq 0,6 \cdot V_{Rd,max}$	Längsabstand der Bügel $s_{max} = 0,5 \cdot h$, Querabstand $s_{max} = h$
$V_{Ed} > 0,6 \cdot V_{Rd,max}$	Längsabstand der Bügel $s_{max} = 0,25\,h$, Querabstand $s_{max} = h$
Generell	Längsabstand von aufgebogenen Stäben $s_{max} = h$

8.9.2.3 Deckengleiche Balken bei unterbrochener Stützung

Bei linienförmiger Plattenlagerung treten in der Praxis häufig Stützungsunterbrechungen z. B. bei Tür- und Fensteröffnungen auf. Werden die Schnittgrößen unter Vernachlässigung dieser Stützungsunterbrechung ermittelt (wie das im allgemeinen bei der Anwendung von Tafelwerken für Plattenschnittgrößen der Fall ist), so kann der hieraus resultierende Einfluss im Nachgang auf konstruktive Weise nach Tafel 8.81 Berücksichtigung finden (siehe auch DAfStb, Heft 240 [12]). Eingangswert ist die Länge der fehlenden Stützung l im Verhältnis zur Plattendicke h.

8.9.2.4 Bewehrung von Platten mit punktförmiger Stützung (Flachdecken)

Zur Vermeidung eines fortschreitenden Versagens ist stets ein Teil der Feldbewehrung in der unteren Lage über die Stützstreifen im Bereich von Innen- und Randstützen hinwegzuführen bzw. dort zu verankern. Die hierzu erforderliche Bewehrung (auch **Abreiß- oder Kollapsbewehrung**) muss mindestens eine Querschnittsfläche von $A_s = V_{Ed}/f_{yk}$ aufweisen und ist im Bereich der Lasteinleitungsfläche (bei Stützenkopfverstärkungen in der Platte) anzuordnen. V_{Ed} ist der Bemessungswert der in die Platte eingeleiteten Querkraft ermittelt unter Ansatz von $\gamma_F = 1,0$, Abminderungen

Tafel 8.81 Konstruktionsregeln für deckengleiche Balken

Bedingung	Konstruktionsregel
$l/h \le 7$	Wahl einer konstruktiven Bewehrung (ohne rechnerischen Nachweis)
$7 < \frac{l}{h} \le 15$	Die unterbrochene Stützung kann durch einen deckengleichen Balken ersetzt werden, dessen Berechnung und Bemessung nach folgendem Näherungsverfahren durchgeführt wird. Der Balken wird mit der Breite $b_{M,F}$ für die Momentenbeanspruchung im Feld, und $b_{M,S}$ für die Momentenbeanspruchung an der Einspannung bemessen. Für die Querkraftbemessung wird die Breite b_v angesetzt.

Mitwirkende Breite	Zwischenauflager	Endauflager
Stütze	$b_{M,S} = 0{,}25 \cdot l$	$b_{M,S} = 0{,}125 \cdot l$
Feld	$b_{M,F} = 0{,}50 \cdot l$	$b_{M,F} = 0{,}25 \cdot l$
Querkraft	$b_v = t + h$	$b_v = t + 0{,}5h$

Die Lasteinflussfläche wird gemäß Darstellung gewählt.

a　　Innenbereich (Zwischenauflager)　　　　　**b**　　Randbereich (Endauflager)

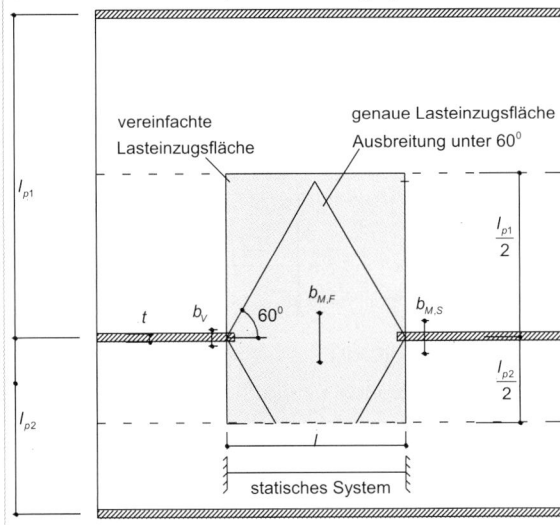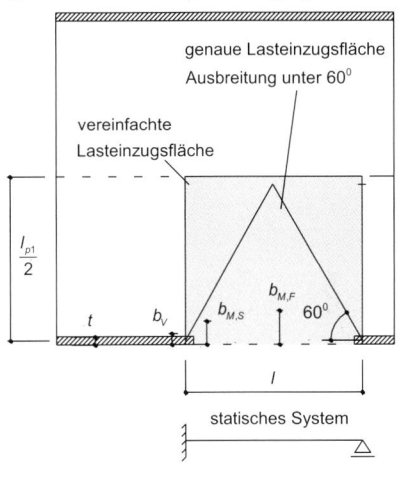

Bewehrung

Die aus der Balkenbemessung erforderliche Stütz-, Feld- und Querkraftbewehrung ist in Richtung der Stützweite des dgl. Balkens einzubauen. Rechtwinklig zur unterbrochenen Stützung ist zunächst die Bewehrung wie bei Platten mit durchlaufender Unterstützung unten und bei Innenauflagern auch oben anzuordnen. Zusätzlich ist eine Verstärkung der Stützbewehrung bei Innenauflagern nach folgender Darstellung erforderlich, und zwar nur ab $l = 10d$ linear bis auf 40 % bei $l = 15d$. An Endauflagern sind Steckbügel wie angegeben erforderlich.

a　Zwischenauflager　　　　　　　**b**　Endauflager

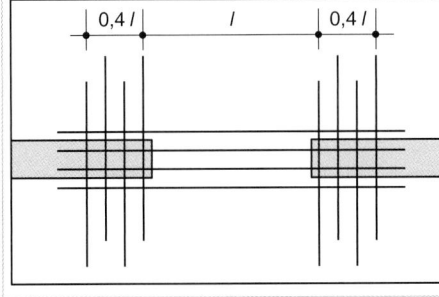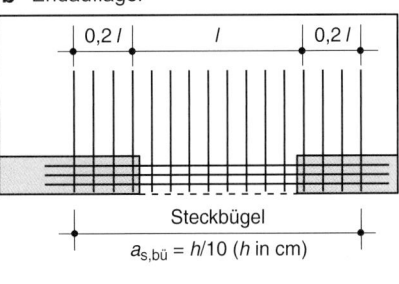

$\frac{l}{h} > 15$	Das Tragverhalten ist nach der Plattentheorie (z. B. mit FEM) genau zu untersuchen. Alternativ kann auch ein Unter- oder Überzug mit explizitem statischem Nachweis angeordnet werden.

Tafel 8.82 Konstruktionsregeln für punktförmig gestützte Platten

Mindestplattendicke	Platten mit Durchstanzbewehrung 20 cm
Abreißbewehrung	$A_s = V_{Ed}/f_{yk}$, $\gamma_F = 1{,}0$, Anordnung in der unteren Lage, bei Innenstützen jeweils in Richtung der beiden Gurtstreifen, bei Randstützen parallel zum Rand. Bei elastisch gebetteten Bodenplatten darf auf diese Abreißbewehrung verzichtet werden.
Feldbewehrung	Mindestens 50 % der unten liegenden ist je Tragrichtung bis zu den Auflagerachsen zu führen
Stützbewehrung über Innenstützen	Werden keine genaueren Gebrauchstauglichkeitsnachweise geführt, so ist über Innenstützen 50 % der Querschnittsfläche aus der Biegebewehrung (= die über der Stütze erforderliche Bewehrung, um das gesamte negative Moment aufzunehmen) beidseitig der Stütze auf einer Breite mit der 0,125-fachen effektiven Spannweite der angrenzenden Deckenfelder anzuordnen
Stützbewehrung über Randstützen	Bewehrungen, die Biegemomente der Platte auf Eck- oder Randstützen übertragen, sind innerhalb der mitwirkenden Breite b_e nach den folgenden Abbildungen einzulegen.

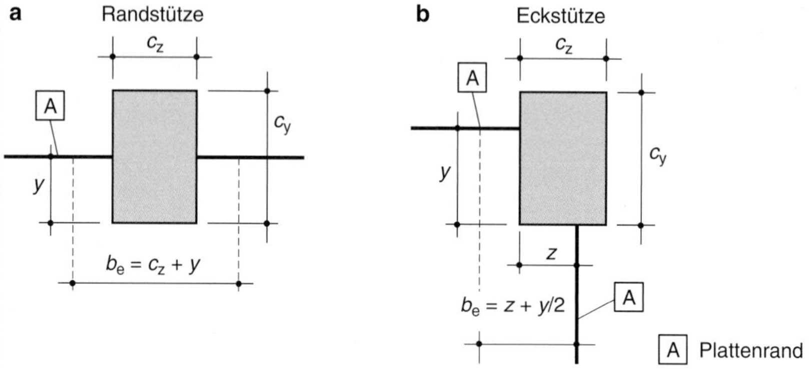

a Randstütze $\quad c_z \quad c_y \quad A \quad y \quad b_e = c_z + y$

b Eckstütze $\quad c_z \quad c_y \quad A \quad y \quad z \quad b_e = z + y/2 \quad$ [A] Plattenrand

ANMERKUNG y darf $> c_y$ sein   ANMERKUNG z darf $> c_z$ sein und $y > c_y$

Anmerkung y ist der Abstand vom Plattenrand bis zur Innenseite der Stütze

Lasteinleitungsfläche	An freiem Rand bzw. mit Randabstand $< d$ Anordnung einer besonderen Randbewehrung (Steckbügel) mit einem Abstand $s_w \leq 100$ mm längs des freien Randes
Durchstanzbewehrung	– Anordnung zwischen der Lasteinleitungsfläche/Stütze bis zum Abstand von $1{,}5d$ innerhalb des Rundschnittes, an dem die Querkraftbewehrung nicht mehr benötigt wird. Im Allg. sind mindestens zwei konzentrische Reihen von Bügelschenkeln im Abstand $\leq 0{,}75d$ erforderlich. Siehe auch Abb. 8.73. – Es müssen mindestens 50 % der Längsbewehrung in tangentialer und radialer Richtung von den Durchstanzbügeln umschlossen werden. – Querkraftzulagen sind als Durchstanzbewehrung nicht zulässig. – Im Bereich der ausgerundeten Verlegeumfänge sind gewisse Lagetoleranzen ($\pm d$) der Bügel zulässig, allerdings nicht in der ersten Bügelreihe direkt neben der Leiteinleitungsfläche. Details siehe Heft 600 DAfStb [11]. – Stabdurchmesser sind auf die mittlere statische Höhe d wie folgt abzustimmen: • Bügel: $\varnothing_s \leq 0{,}05d$ • Schrägaufbiegungen $\varnothing_s \leq 0{,}08d$ ($45° \leq \alpha \leq 60°$) – Innerhalb des kritischen Rundschnittes darf der tangentiale Abstand der Bügelschenkel nicht mehr als $1{,}5d$ betragen, außerhalb gilt $2{,}0d$ – Bei aufgebogenen Stäben darf eine Bewehrungsreihe als ausreichend betrachtet werden – Mindestbewehrung eines Bügelschenkels $$A_{sw,min} = A_s \cdot \sin\alpha = s_r \cdot s_t \cdot \frac{0{,}08}{1{,}5} \cdot \frac{\sqrt{f_{ck}[\text{N/mm}^2]}}{f_{yk}[\text{N/mm}^2]}$$ – Mindestbewehrung einer Bügelreihe: $$A_{sw,min} = A_s \cdot \sin\alpha = s_r \cdot u_i \cdot \frac{0{,}08}{1{,}5} \cdot \frac{\sqrt{f_{ck}[\text{N/mm}^2]}}{f_{yk}[\text{N/mm}^2]}$$ α ist der Winkel zwischen der Durchstanzbewehrung und der Längsbewehrung, d. h. bei vertikalen Bügeln ist $\alpha = 90°$ s_r, s_t Bügelabstand radial bzw. tangential, bei Schrägstäben ist $s_r = d$. u_i = Umfang des Rundschnittes i

von V_{Ed} sind nicht zulässig. Auf diese Abreißbewehrung darf bei elastisch gebetteten Bodenplatten wegen der Boden-Bauwerk-Interaktion verzichtet werden. Generell sind auch die Mindestbiegemomente für den Durchstanzbereich nach Abschn. 8.6.5.4 zu beachten.

Ist bei Bügeln als Durchstanzbewehrung rechnerisch nur eine Bewehrungsreihe erforderlich, so ist stets eine zweite Reihe mit der Mindestbewehrung $\varrho_w = A_{sw}/(s_w \cdot u) \geq$ min ϱ_w vorzusehen. Dabei ist $s_w = 0{,}75d$ anzunehmen.

Die bauliche Durchbildung erfolgt sinngemäß nach Abschn. 8.9.2.1, allerdings sind die in Tafel 8.82 genannten Konstruktionsregeln zu berücksichtigen.

Die Anordnung der Durchstanzbewehrung (mit Bügeln oder Schrägstäben) ist ebenfalls in Abb. 8.73 dargestellt. In der Praxis werden als Durchstanzbewehrung aufgrund Ihrer besonderen Effizienz vielfach auch Kopfbolzenleisten eingesetzt. Diese können nach entsprechender bauaufsichtlicher Zulassung bemessen werden. Die Hersteller bieten hier zur Unterstützung im Allgemeinen auch eine kostenlose Bemessungssoftware an. Bei Deckensystemen, die mit Halbfertigteilen hergestellt werden (sogenannte Filigrandecken) werden vielfach auch spezielle Gitterträger als Filigran-Durchstanzbewehrungselemente nach bauaufsichtlicher Zulassung eingesetzt. Diese werden dann bereits bei der Produktion der Halbfertigteile eingebaut. Stahlbaumäßige Lösungen durch einbetonierte Elemente (z. B. Europilz®) folgen dem Prinzip der Stützenkopfverstärkung. Der Durchstanzkegel wird signifikant vergrößert. Ein weiterer Vorteil kann hierbei in der Realisierung geringerer Stützenabmessungen liegen.

8.9.3 Vorgefertigte Deckensysteme

Auf die Querverteilung der Lasten ist bei vorgefertigten, nebeneinander liegenden Deckensystemen besonders zu beachten. Dabei können z. B. folgende Konstruktionen (siehe Abb. 8.108) gewählt werden:

Allgemein sind folgende Punkte zu beachten:
- Die Querverteilung bei Punkt- und Linienlasten ist durch Berechnung oder Versuche nachzuweisen.

- Bei gleichmäßig verteilter Belastung q_{Ed} (kN/m²) ist die entlang der Fuge wirkende Querkraft pro Längeneinheit: $v_{Ed} = q_{Ed} \cdot b_e/3 \cdot b_e$ ist die Breite des Bauteils.
- Werden Fertigteilplatten mit einer (statisch mitwirkenden) Ortbetonschicht versehen (siehe Abschn. 8.6.3.6), so muss die Ortbetonergänzung mindestens 40 mm stark sein. Eine Querbewehrung darf sowohl im Fertigteil als auch in der Ortbetonergänzung liegen.
- Bei zweiachsig gespannten Platten darf für die Beanspruchung rechtwinklig zur Fuge nur die Bewehrung berücksichtigt werden, die durchläuft oder gestoßen ist (siehe Abb. 8.109). Voraussetzung für die Berücksichtigung der gestoßenen Bewehrung ist, dass der Durchmesser der Bewehrungsstäbe $d_s \leq 14$ mm, der Bewehrungsquerschnitt $a_s \leq 10$ cm²/m und der Bemessungswert der Querkraft $V_{Ed} \leq 0{,}3 \cdot V_{Rd,max}$ ist. Darüber hinaus ist der Stoß durch Bewehrung (z. B. mit Bügeln) nach Tafel 8.64 im Abstand höchstens der zweifachen Deckendicke zu sichern. Der Betonstahlquerschnitt dieser Bewehrung im fugenseitigen Stoßbereich ist dabei für die Zugkraft der gestoßenen Längsbewehrung zu bemessen. Wer den Gitterträger verwendet, sind immer auch die allgemeinen bauaufsichtlichen Zulassungen zu beachten.
- Die günstige Wirkung der Drillsteifigkeit darf bei der Schnittgrößenermittlung nur berücksichtigt werden, wenn sich innerhalb des Drillbereiches von $0{,}3l$ ab der Ecke keine Stoßfuge der Fertigteilplatten befindet oder wenn die Fuge durch eine Verbundbewehrung im Abstand von höchstens 100 mm vom Fugenrand gesichert wird. Die Aufnahme der Drillmomente ist nachzuweisen. Die Aufnahme der Drillmomente braucht nicht nachgewiesen werden, wenn die Platte mit einem Randbalken oder benachbarten Deckenfeldern biegesteif verbunden ist.

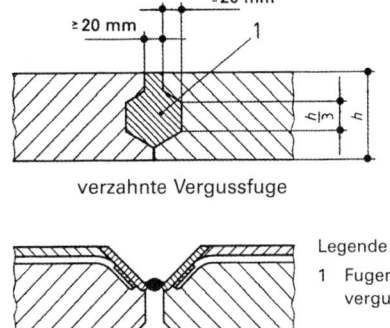

Abb. 8.108 Deckenverbindungen zur Querkraftübertragung

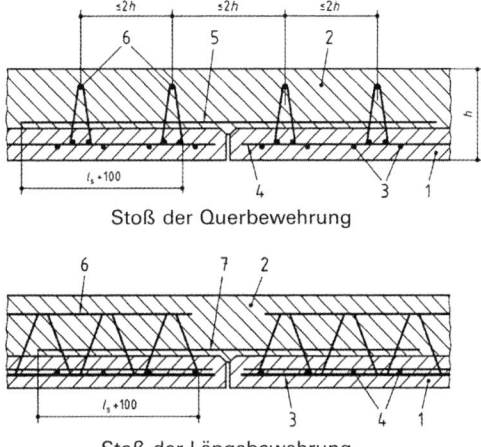

Abb. 8.109 Möglicher Tragstoß bei zweiachsig gespannten Halbfertigteildecken. *1* Fertigteilplatte, *2* Ortbeton, *3* Längsbewehrung, *4* statisch erforderliche Querbewehrung (in der Fertigteilplatte), *5* statisch erforderliche Querbewehrung (Stoßzulage), *6* Gitterträger (es gelten die allgemeinen bauaufsichtlichen Zulassungen), *7* Längsbewehrung (Stoßzulage)

- Bei Endauflagern ohne Wandauflast ist eine Verbundsicherungsbewehrung von mindestens 6 cm²/m entlang der Auflagerlinie anzuordnen. Diese sollte auf einer Breite von 0,75 m angeordnet werden.

- Aus Fertigteilen zusammengesetzte Decken können auch als tragfähige Scheiben angesetzt werden, wenn die Scheibentragfunktion (z. B. durch Ringanker und Zuganker) nachgewiesen ist. Die Fertigteilfugen müssen druckfest miteinander verbunden sein. Die Zuganker müssen dabei durch Bewehrungsstäbe in den Fugen zwischen den Fertigteilen oder in der Ortbetonergänzung gebildet werden.

- Wenn an Fertigteilplatten mit Ortbetonergänzung planmäßig und dauerhaft Lasten angehängt werden, sollte die Verbundsicherung im unmittelbaren Lasteinleitungsbereich nachgewiesen werden.

- Bei Vollplatten aus Fertigteilen mit einer Breite $b \leq 1,0$ m darf die Querbewehrung nach Tafel 8.79 entfallen.

8.9.4 Stützen und Druckglieder

Stützen und Druckglieder mit dem Seitenverhältnis $b/h \leq 4$ ($b \geq h$) sind nach Tafel 8.83 auszubilden. Der Mindestwert der Zugbewehrung ist nach (8.167) und der maximale zulässige Bewehrungsquerschnitt nach (8.168) zu ermitteln

$$A_{s,min} = 0,15 \frac{|N_{Ed}|}{f_{yd}} \qquad (8.167)$$

$$A_{s,max} = 0,09 A_c \qquad (8.168)$$

A_c Gesamtquerschnitt der Betonfläche

N_{Ed} Bemessungswert der Längskraft

f_{yd} Bemessungswert der Streckgrenzen des Betonstahles.

Tafel 8.83 Bauliche Durchbildung von Stützen und Druckglieder mit $b/h \geq 4$ ($b \geq h$)

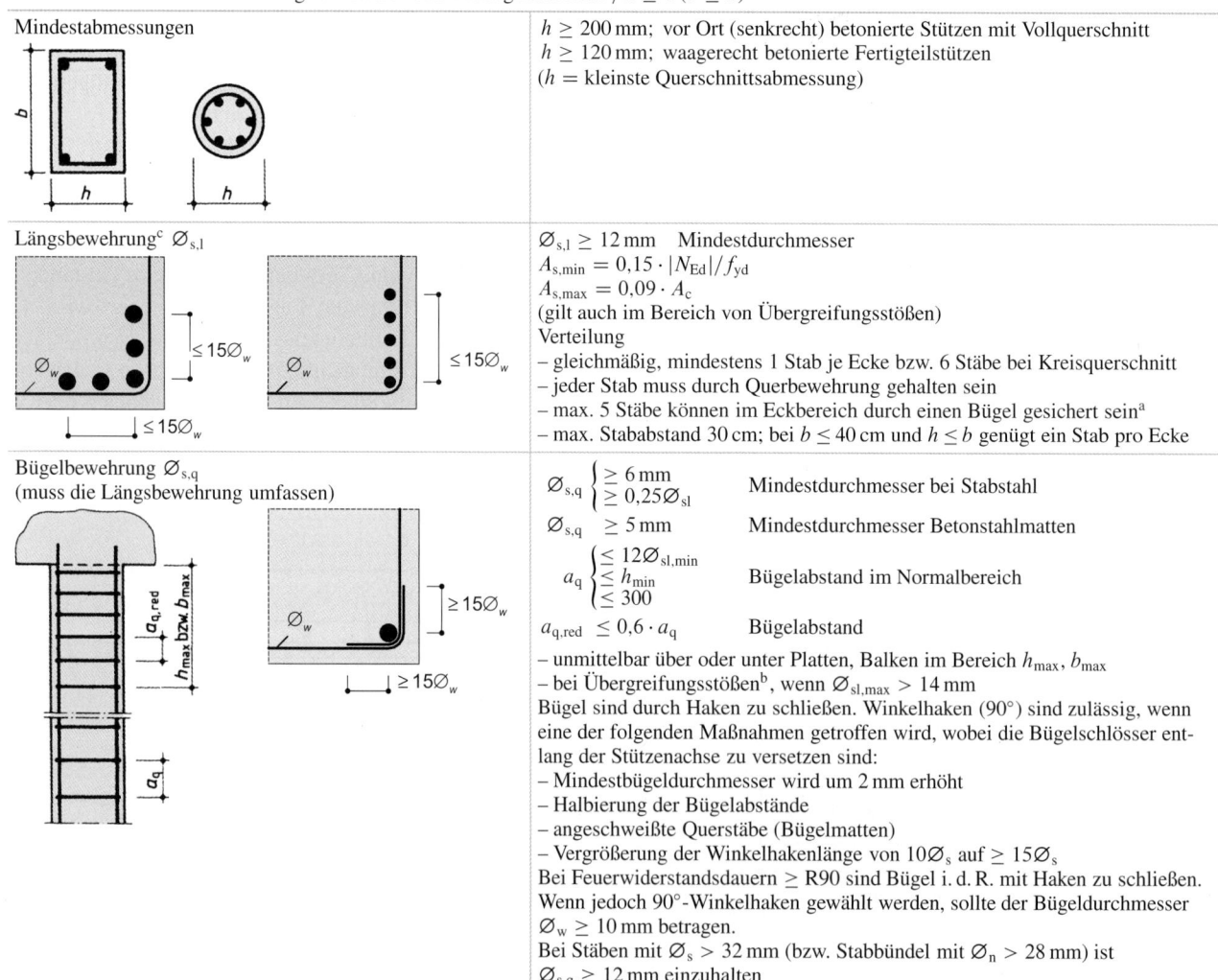

Mindestabmessungen	$h \geq 200$ mm; vor Ort (senkrecht) betonierte Stützen mit Vollquerschnitt $h \geq 120$ mm; waagerecht betonierte Fertigteilstützen (h = kleinste Querschnittsabmessung)
Längsbewehrung[c] $\varnothing_{s,l}$	$\varnothing_{s,l} \geq 12$ mm Mindestdurchmesser $A_{s,min} = 0,15 \cdot |N_{Ed}|/f_{yd}$ $A_{s,max} = 0,09 \cdot A_c$ (gilt auch im Bereich von Übergreifungsstößen) Verteilung – gleichmäßig, mindestens 1 Stab je Ecke bzw. 6 Stäbe bei Kreisquerschnitt – jeder Stab muss durch Querbewehrung gehalten sein – max. 5 Stäbe können im Eckbereich durch einen Bügel gesichert sein[a] – max. Stababstand 30 cm; bei $b \leq 40$ cm und $h \leq b$ genügt ein Stab pro Ecke
Bügelbewehrung $\varnothing_{s,q}$ (muss die Längsbewehrung umfassen)	$\varnothing_{s,q} \begin{cases} \geq 6 \text{ mm} \\ \geq 0,25 \varnothing_{sl} \end{cases}$ Mindestdurchmesser bei Stabstahl $\varnothing_{s,q} \geq 5$ mm Mindestdurchmesser Betonstahlmatten $a_q \begin{cases} \leq 12 \varnothing_{sl,min} \\ \leq h_{min} \\ \leq 300 \end{cases}$ Bügelabstand im Normalbereich $a_{q,red} \leq 0,6 \cdot a_q$ Bügelabstand – unmittelbar über oder unter Platten, Balken im Bereich h_{max}, b_{max} – bei Übergreifungsstößen[b], wenn $\varnothing_{sl,max} > 14$ mm Bügel sind durch Haken zu schließen. Winkelhaken (90°) sind zulässig, wenn eine der folgenden Maßnahmen getroffen wird, wobei die Bügelschlösser entlang der Stützenachse zu versetzen sind: – Mindestbügeldurchmesser wird um 2 mm erhöht – Halbierung der Bügelabstände – angeschweißte Querstäbe (Bügelmatten) – Vergrößerung der Winkelhakenlänge von $10\varnothing_s$ auf $\geq 15\varnothing_s$ Bei Feuerwiderstandsdauern $\geq$ R90 sind Bügel i. d. R. mit Haken zu schließen. Wenn jedoch 90°-Winkelhaken gewählt werden, sollte der Bügeldurchmesser $\varnothing_w \geq 10$ mm betragen. Bei Stäben mit $\varnothing_s > 32$ mm (bzw. Stabbündel mit $\varnothing_n > 28$ mm) ist $\varnothing_{s,q} \geq 12$ mm einzuhalten

[a] Weitere Längsstäbe und solche, deren Abstand vom Eckbereich den 15-fachen Bügeldurchmesser überschreitet, sind durch zusätzliche Querbewehrung zu sichern. Diese Querbewehrung darf maximal auf den Abstand $2a_q$ verlegt werden.

[b] Es sind mindestens 3 gleichmäßig auf der Stoßlänge angeordnete Stäbe erforderlich. Wenn im Bereich des Übergreifungsstoßes im GTZ überwiegend Biegebeanspruchung vorliegt, ist die Querbewehrung für Übergreifungsstöße zu beachten (siehe Tafel 8.64).

[c] Bei Richtungsänderung der Längsstäbe (z. B. bei Veränderung des Stützenquerschnitts) sind die Abstände der Querbewehrung unter Berücksichtigung der auftretenden Querzugkräfte zu bestimmen. Diese Auswirkungen dürfen für Richtungsänderungen $\leq 1/12$ vernachlässigt werden.

Tafel 8.84 Ausbildung von Stahlbetonwänden

Mindestwanddicken **unbewehrter** Wände	durchlaufende Decken	nicht durchlaufende Decken
C12/15 (Ortbeton)	140 mm	200 mm
ab C16/20 (Ortbeton)	120 mm	140 mm
ab C16/20 (Fertigteil)	100 mm	120 mm
Mindestwanddicken **bewehrter** Wände	durchlaufende Decken	nicht durchlaufende Decken
ab C16/20 (Ortbeton)	100 mm	120 mm
ab C16/20 (Fertigteil)	80 mm	100 mm
vertikale Bewehrung	Die Stahlquerschnittsfläche der vertikalen Wandbewehrung muss zwischen $A_{s,v\,min}$ $A_{s,v\,max}$ liegen. $A_{s,v\,min} = 0{,}15 \cdot N_{Ed}/f_{yd} \geq 0{,}0015 A_c$ $A_{s,v\,max} = 0{,}04 A_c$ Zusätzlich gilt: – Im Bereich von Stößen: $A_{s,v\,max} = 1/40{,}08 A_c$ – Bei schlanken Wänden ($\lambda \geq \lambda_{lim}$) nach Abschn. 8.6.6.2 oder falls $\lvert N_{Ed} \rvert \geq 0{,}3 \cdot f_{cd} \cdot A_c$ ist vereinfacht $A_{s,v\,min} = 0{,}003 A_c$ Allerdings darf $A_{s,v\,min}$ hier auch belastungsabhängig mit $A_{s,v\,min} = 0{,}15 \cdot \lvert N_{Ed} \rvert / f_{yd} \geq 0{,}0015 A_c$ bestimmt werden. Jeweils die Hälfte dieser Bewehrung sollte an jeder Außenseite liegen.
horizontale Bewehrung $A_{s,h}$	$A_{s,h\,min} = 0{,}2 \cdot A_{s,v}$ $\varnothing_{s,v} \geq 0{,}25 \cdot \varnothing_{s,v}$ Zusätzlich gilt: – Bei schlanken Wänden ($\lambda \geq \lambda_{lim}$) nach Abschn. 8.6.6.2 oder falls $\lvert N_{Ed} \rvert \geq 0{,}3 \cdot f_{cd} \cdot A_c$ ist $A_{s,h\,min} = 0{,}50 A_{s,v}$ Die horizontale Bewehrung sollte im Allgemeinen außenliegend angeordnet sein.
Stababstände	Vertikal a_v $a_v \leq \begin{cases} 2b \\ 300\,\text{mm} \end{cases}$ horizontal a_h $a_h \leq 350\,\text{mm}$ 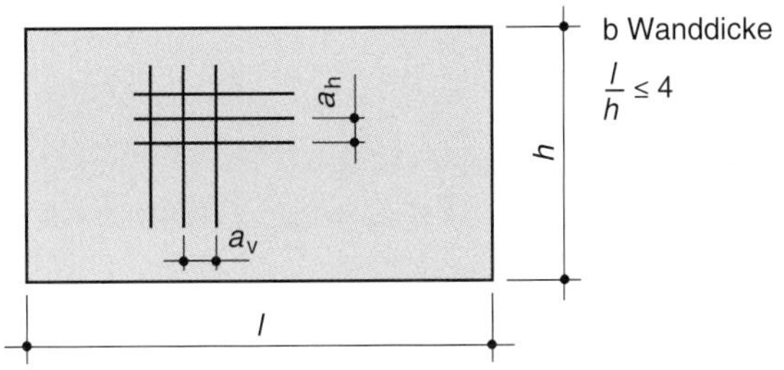
Querbewehrung	Falls $A_{s,v} \leq 0{,}02 A_c$ ist eine Querbewehrung gemäß folgenden Regeln vorzusehen – Außenliegende Hauptbewehrung ist durch 4 S-Haken je m² zu verbinden – Für Tragstäbe ≤ 16 mm mit einer Betondeckung $\geq 2\varnothing_s$ dürfen die S-Haken entfallen. In diesem Fall (und stets bei Betonstahlmatten) dürfen Druckstäbe auch außen liegen. – Außenliegende Hauptbewehrung dicker Wände können auch mit Steckbügeln im Innern der Wand mit $0{,}5l_{b,rqd}$ verankert werden. – An freien Rändern von Wänden mit einer Bewehrung $A_s \geq 0{,}003 A_c$ je Wandseite müssen die Eckstäbe durch Steckbügel mit einer Schenkellänge $\geq 2b$ gesichert werden.
unbewehrte Wände	Aussparungen, Schlitze, Durchbrüche und Hohlräume sind bei der Bemessung zu berücksichtigen. Für lotrechte Schlitze und Aussparungen ist ein nachträgliches Einstemmen zulässig, wenn gilt: – Wanddicke ≥ 120 mm – Schlitztiefe $t = \min\{30\,\text{mm}; 1/6\,\text{Wanddicke}\}$ – Schlitzbreite $\leq$ Wanddicke – Abstand der Schlitze $\geq 2{,}0$ m

8.9.5 Betonwände

Stahlbetonwände mit dem Verhältnis der waagerechten Länge zur Dicke von $l/b \geq 4$ und einer Bewehrung auf Grundlage des Tragfähigkeitsnachweises sind nach Tafel 8.84 auszubilden. Für Wände mit überwiegender Plattenbiegung gelten die Regeln nach Abschn. 8.9.2. Bei Wänden aus Halbfertigteilen sind allgemeine bauaufsichtliche Zulassungen zu beachten.

8.9.6 Wandartige Träger

Die Berechnung erfolgt üblicherweise mit Stabwerkmodellen, siehe z. B. Betonkalender 2001, Konstruieren im Stahlbetonbau [13].

Ein Näherungsverfahren nach Heft 240 [12] zur Schnittgrößenermittlung und Bemessung sowie die konstruktiven Regeln sind in Abschn. 8.5.6.5 ausführlich beschrieben.

Abb. 8.110 Konsole $a_c/h_c \leq 0,5$, Stabwerksmodell und Bewehrungsführung

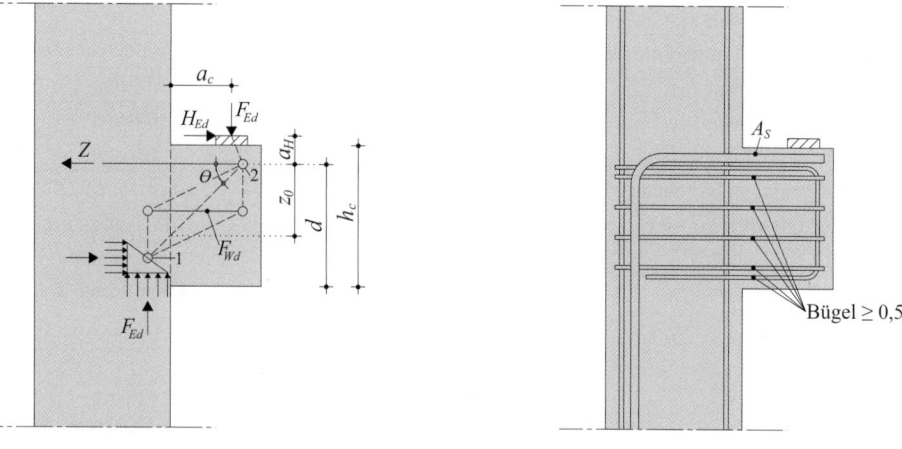

Abb. 8.111 Konsole $a_c/h_c > 0,5$, Stabwerksmodell und Bewehrungsführung

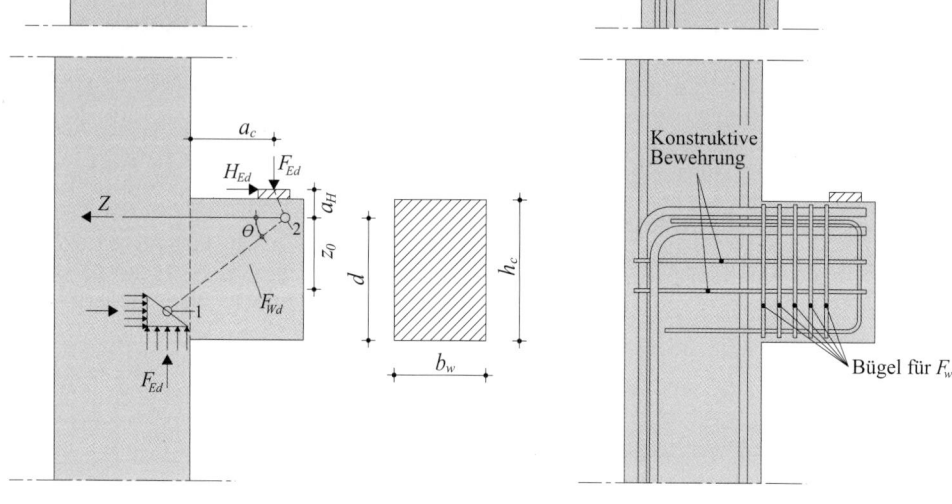

8.9.7 Konsolen

Das Tragverhalten von Konsolen ist abhängig von ihrer Schlankheit, ausgedrückt durch das Verhältnis a_c/h_c (siehe Abb. 8.110 und 8.111). a_c entspricht dem Abstand der Last zur Vorderkante der Stütze, h_c entspricht der Höhe der Konsole. Die Bemessung von Konsolen erfolgt üblicherweise auf der Grundlage von Stabwerkmodellen, da es sich um einen typischen Diskontinuitätsbereich handelt. Für $a_c/h_c > 1,5$ kann eine Bemessung als Kragträger erfolgen.

An dieser Stelle werden einige grundlegende Bemessungsschritte nach Heft 600 [11] des DAfStb wiedergegeben.

Der Nachweis dieser Konsolen erfolgt in 4 Schritten:

1. Nachweis für die Querkraft der Konsole

$$V_{Ed} = F_{Ed} \leq V_{Rd,max} = 0,5 \cdot v \cdot b_w \cdot z \cdot \frac{f_{ck}}{\gamma_C} \quad (8.169)$$

$$v \geq (0,7 - f_{ck}/200) \geq 0,5, \quad z = 0,9d$$

2. Nachweis der Zuggurtkraft

$$Z_{Ed} = F_{Ed} \cdot \frac{a_c}{z_0} + H_{Ed} \cdot \frac{a_H + z_0}{z_0}$$

$$\rightarrow {}_{erf} A_s = \frac{Z_{Ed}}{f_{yd}} \quad (8.170)$$

wobei $a_c/z_0 \geq 0,4$. Die Lage der Druckstrebe wird über z_0 beschrieben mit $z_0 = d \cdot (1 - 0,4 \cdot V_{Ed}/V_{Rd,max})$.

Zur Berücksichtigung behinderter Verformungen ist mindestens eine Horizontalkraft $H_{Ed} = 0,2 \cdot F_{Ed}$ anzusetzen.

3. Nachweis der Lastpressung und Verankerung des Zugbandes im Knoten 2

Die Verankerungslänge beginnt unter der Innenkante der Lagerplatte. Die Verankerung kann mit liegenden Schlaufen oder Ankerkörpern erfolgen.

4. Anordnung von Bügeln

a) Für $a_c/h_c \leq 0,5$ und $V_{Ed} > 0,3 \cdot V_{Rd,max}$ nach (8.71)
   Es sind geschlossene horizontale oder geneigte Bügel mit einem Gesamtquerschnitt von mindestens 50 % der Gurtbewehrung (Abb. 8.110) anzuordnen.

b) Für $a_c/h_c > 0,5$ und $V_{Ed} > V_{Rd,c}$ nach (8.69)
   Es sind geschlossene horizontale oder geneigte Bügelkräfte von insgesamt $F_{Wd} = 0,7 \cdot F_{Ed}$ (Abb. 8.111) anzuordnen.

c) Der Nachweis zur Weiterleitung der Kräfte aus der Konsole in der anschließenden Stütze ist wie für Rahmenknoten zu führen.

Weitere detaillierte Hinweise und Bemessungsvorgaben in Abhängigkeit einer Einteilung in gedrungene ($a_c/h_c \leq 0,5$), schlanke ($0,5 < a_c/h_c \leq 1,0$) und sehr schlanke ($1,0 < a_c/h_c \leq 1,5$) Konsolen sind z. B. im Betonkalender 2007 [13] zusammengestellt.

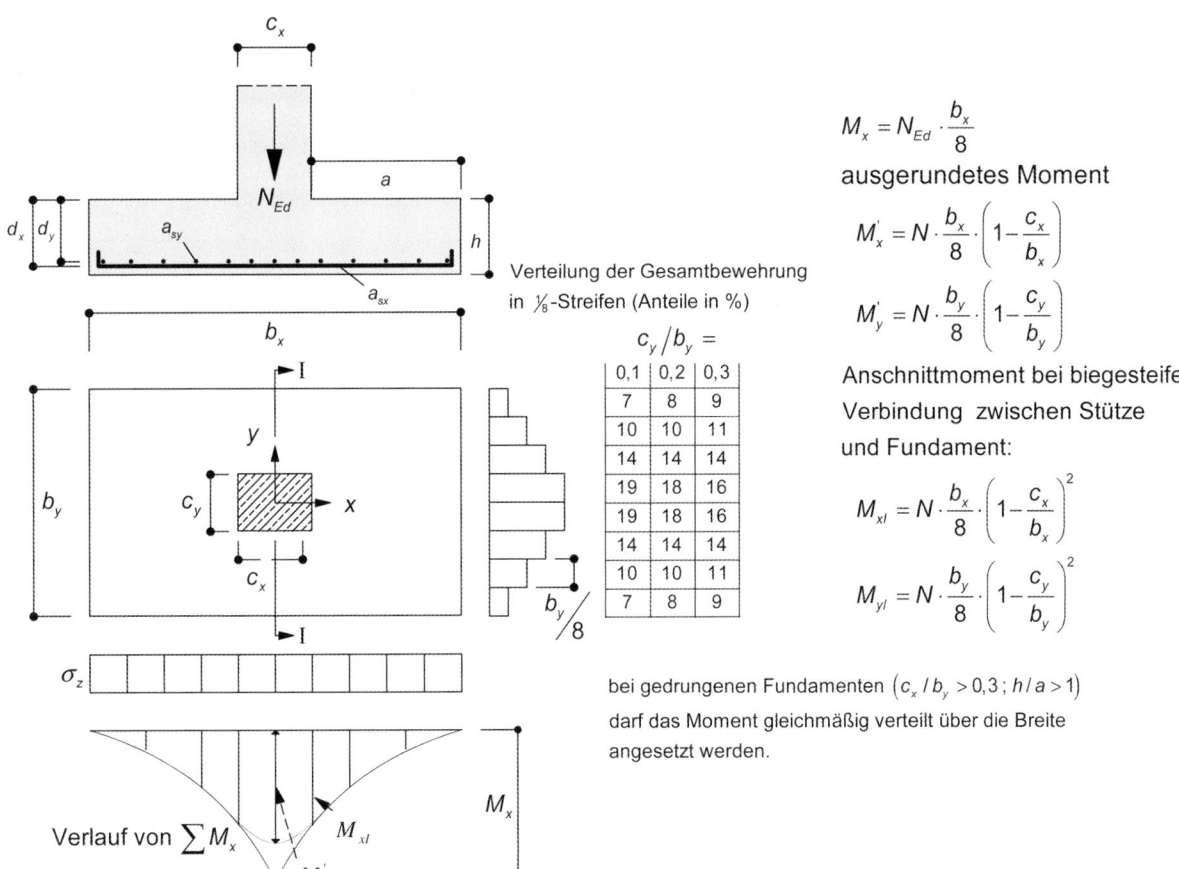

$$M_x = N_{Ed} \cdot \frac{b_x}{8}$$

ausgerundetes Moment

$$M_x^{'} = N \cdot \frac{b_x}{8} \cdot \left(1 - \frac{c_x}{b_x}\right)$$

$$M_y^{'} = N \cdot \frac{b_y}{8} \cdot \left(1 - \frac{c_y}{b_y}\right)$$

Anschnittmoment bei biegesteifer Verbindung zwischen Stütze und Fundament:

$$M_{xl} = N \cdot \frac{b_x}{8} \cdot \left(1 - \frac{c_x}{b_x}\right)^2$$

$$M_{yl} = N \cdot \frac{b_y}{8} \cdot \left(1 - \frac{c_y}{b_y}\right)^2$$

bei gedrungenen Fundamenten $\left(c_x / b_y > 0{,}3 \, ; \, h / a > 1\right)$ darf das Moment gleichmäßig verteilt über die Breite angesetzt werden.

Abb. 8.112 Momentenverlauf und Bewehrungsverteilung im Fundament [12]

8.9.8 Fundamente

Fundamente stellen die Verbindung zwischen dem Überbau und dem Baugrund her. Sie werden überwiegend als Ortbetonkonstruktion erstellt. Als Konstruktionsform werden überwiegend rechteckige Einzel- bzw. Streifenfundamente ausgeführt, für Fertigteil- und Stahlstützen auch Köcher- und Blockfundamente. Grundsätzlich besteht bei diesen Fundamentarten auch die Gefahr des Durchstanzens (siehe Abschn. 8.6.5), Entwurfsziel sollte es i. d. R. in diesem Zusammenhang aber sein, Fundamente ohne Durchstanzbewehrung auszuführen.

8.9.8.1 Bewehrte Einzelfundamente

Die für die Stahlbetonbemessung maßgebenden Schnittgrößen ergeben sich aus der Sohldruckverteilung. Für die praktische Anwendung werden diese nach dem Spannungstrapezverfahren (lineare Verteilung des Sohldruckes) bestimmt (siehe auch Kap. 13, Abschn. 13.7). Mit bekannter Sohldruckverteilung werden in der Praxis nach Heft 240 [12] die Schnittgrößen für die Fundamentbemessung bestimmt (siehe Abb. 8.112). Dabei ist zu berücksichtigen, dass weder das Eigengewicht des Fundamentes noch eine gleichmäßig

verteilte Erdauflast Biegemomente oder Querkräfte im Fundament hervorrufen.

Eine vereinfachte Verteilung der Momente gemäß Abb. 8.112 kann erreicht werden, wenn jeweils zwei Streifen zusammengefasst werden. Bei exzentrischer Fundamentbelastung oder zusätzlichen Momentenbeanspruchungen aus der Stütze sind die Fundamentschnittgrößen aus einer trapez- oder dreiecksförmigen Sohlspannungsverteilung zu ermitteln (Spannungstrapezverfahren). Weitere generelle Konstruktionsregeln sind in Tafel 8.85 zusammengefasst. Der Durchstanznachweis ist nach Abschn. 8.6.5 zu führen.

8.9.8.2 Köcherfundamente/Blockfundamente

Köcherfundamente müssen vertikale Lasten, Biegemomente und Horizontalkräfte aus den Stützen in den Baugrund übertragen können. Der Köcher muss groß genug sein, um ein einwandfreies Verfüllen mit Beton unter und seitlich der Stütze zu ermöglichen.

Derartige Fundamente werden häufig für Fertigteilstützen als Blockfundamente wegen des geringen Schalungsaufwandes eingesetzt. Besondere Beachtung muss dabei die Einbindung der Stütze in das Fundament bekommen. Bei der Vergussfuge zwischen Stütze und Fundament ist es

Tafel 8.85 Konstruktionsregeln für bewehrte Streifen- und Einzelfundamente

Bewehrungsführung	– Bewehrung generell ohne Abstufung bis zum Rand führen – Bei Kreisfundamenten darf die Hauptbewehrung orthogonal und in der Mitte des Fundamentes auf einer Breite von $(50 \pm 10)\,\%$ des Fundamentdurchmessers konzentriert werden. – Wenn die Einwirkungen zu Zug an der Fundamentoberseite führen (z. B. wenn ein Klaffen der Sohlfuge auftritt, sodass an der Fundamentoberseite aus Eigengewicht und ggf. Auflasten Zugspannungen entstehen), ist hierfür ebenfalls Bewehrung nach den allgemeinen Bemessungsregeln vorzusehen
Mindeststabdurchmesser	– Mattenbewehrung: $\varnothing_{s,min} = 6\,\text{mm}$ – Stabstahl: $\varnothing_{s,min} = 10\,\text{mm}$
Verankerung der Bewehrung	Die zu verankernde Zugkraft ist $F_s = R \cdot z_e / z_i$ Dabei ist R die Resultierende des Sohldrucks innerhalb der Länge x; z_e der äußere Hebelarm, d. h. der Abstand zwischen R und der Vertikalkraft N_{Ed}; N_{Ed} die Vertikalkraft, die den gesamten Sohldruck zwischen den Schnitten A und B erzeugt; z_i der innere Hebelarm, d. h. der Abstand zwischen der Bewehrung und der horizontalen Kraft F_s; F_s die Druckkraft, die der maximalen Zugkraft $F_{s,max}$ entspricht. 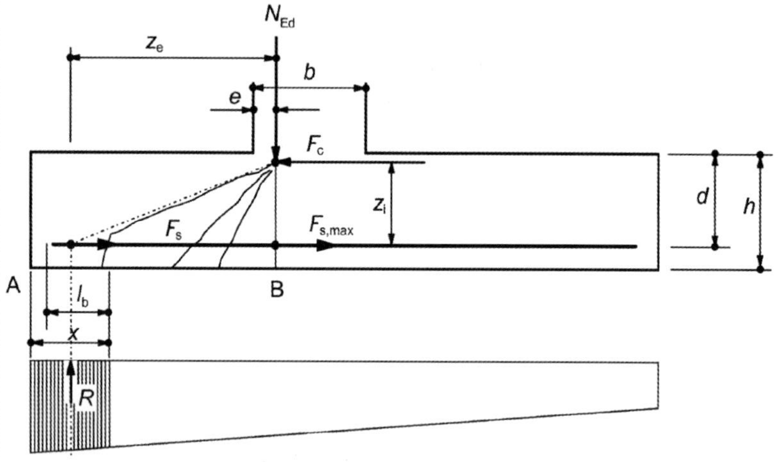 Vereinfachungen: $\quad e = 0{,}15b \quad z_i = 0{,}9d$, bei geraden Stäben: $\quad x_{min} = h/2$
Zerrbalken	Werden angeordnet, um die Wirkung einer Lastausmitte auf die Fundamente auszugleichen. Mindeststabdurchmesser – Mattenbewehrung: $\varnothing_{s,min} = 6\,\text{mm}$ – Stabstahl: $\varnothing_{s,min} = 10\,\text{mm}$ – Minimale lotrechte Last $\geq 10\,\text{kN/m}$, falls die Einwirkungen eines Bodenverdichtungsgerätes Beanspruchungen hervorrufen könnten
Randverbügelung	Eine Randverbügelung der Fundamentaußenflächen ist nicht erforderlich
Robustheitsbewehrung	An der Unterseite von Fundamenten ist in der Regel keine Robustheitsbewehrung erforderlich [11]
Einzelfundamente auf Fels	Die Aufnahme von Spaltzugkräften ist nachzuweisen, wenn der Sohldruck im GZT $> 5\,\text{MN/m}^2$ ist. (Details siehe EC 2, 9.8.4 [1], [2])

üblich, zunächst die Fuge unter dem Stützenfuß zu vergießen, um sicherzustellen, dass der Beton auch unter den Stützenfuß läuft. Die Sicherung mit Keilen o. ä. wird erst entfernt, wenn der Verguss erhärtet ist. Anschließend wird der Verguss ergänzt. In diesem Zusammenhang ist auch der Durchstanzkegel im Bauzustand zu betrachten. Bei Blockfundamenten ist ein Durchstanznachweis des Köcherbodens im Bauzustand mit unvergossener Stütze zu führen. Zur Montage der Stütze wird diese vielfach auf einen Zentrierdorn gestellt, welcher die Eigenlast der Stütze punktförmig einleitet [28].

Fundamente mit aufgesetztem Köcher haben gegenüber den Blockfundamenten in der Praxis an Bedeutung verloren. In [28] findet sich ggf. ein ausführliches Bemessungsbeispiel.

Allgemeine Angaben zur Bewehrungsführung bei Einzelfundamenten sind in Tafel 8.85 zusammengefasst.

Köcherfundament mit profilierter Oberfläche

Köcher mit speziell ausgebildeten Profilierungen oder Verzahnungen dürfen als mit der Stütze monolithisch verbunden angenommen werden. Für die Übergreifung der vertikalen

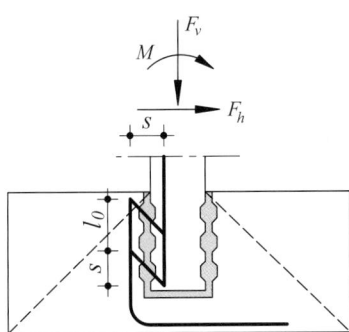

Abb. 8.113 Köcherfundament/Blockfundament mit profilierter Oberfläche

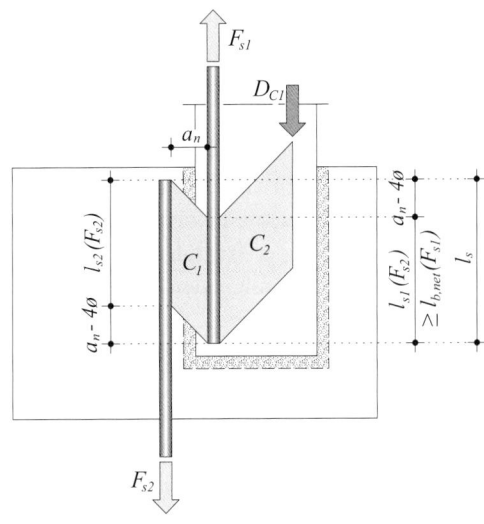

Abb. 8.114 Modell der Kraftübertragung [11]

Zugbeanspruchung von der Stütze auf das Fundament spielt der horizontale Abstand s (siehe Abb. 8.113) zwischen dem Zugstab in der Stütze und dem entsprechenden Zugstab im Fundament eine besondere Rolle. Die Übergreifung ist dabei um diesen Abstand s zu erhöhen. Falls im Fundament und in der Stütze unterschiedliche Stabdurchmesser verwendet werden, ist der jeweils größere Wert für l_0 maßgebend. Als Biegerollendurchmesser ist für den Stehbügel im Fundament $10\emptyset_s$ erforderlich. Zusätzlich ist für den Übergreifungsstoß auch eine Horizontalbewehrung erforderlich. Auch aus der Einspannung ergibt sich eine erforderliche horizontale Zugkraft, die durch geschlossene Bügel, welche über die Köcherhöhe gleichmäßig verteilt sind, aufgenommen werden kann.

Im Kommentar zum EC 2 [16] wird darauf hingewiesen, dass die Verlängerung der Übergreifung um das Achsmaß s auf der sicheren Seite liegt. Alternativ ist eine Verlängerung von l_0 in Bezug auf den lichten Abstand der Stäbe a nach folgender Regel (siehe auch Tafel 8.64, Fußnote a) möglich.

- Verlängerung der Übergreifung um $\max\begin{cases} a - 4\emptyset_s \\ a - 50\,\text{mm} \end{cases}$:

Bei der Ermittlung des Übergreifungsstoßes darf zudem in Blockfundamenten aufgrund der allseitigen Querdehnungsbehinderung eine um $50\,\%$ erhöhte Verbundspannung angesetzt werden. Im Heft 600 [11] wird darauf hingewiesen, dass für den Übergreifungstoß nur der Zugkraftanteil angesetzt werden muss, der über die Druckstrebe auf die vertikale Köcherbewehrung übertragen wird. Der Rest der Stützenzugkraft wird dann über eine innere Druckstrebe in die Druckzone der Stütze übertragen (siehe Abb. 8.114).

Für die Verzahnung der Fugenausbildung gelten die Regeln gemäß Abb. 8.61. Bezüglich der Betondeckung zwischen Ortbeton bzw. Vergussbeton und Fertigteil sind im Fertigteil an dem der Verbundfuge zugewandten Seite $c_{\min} = 5\,\text{mm}$ und im Ortbeton $c_{\min} = 10\,\text{mm}$ einzuhalten (siehe auch Abb. 8.49).

Köcherfundament mit glatter Oberfläche

Die Kräfte und Momente der Stütze werden in das Fundament über entsprechende Druckkräfte F1, F2 und F3 (siehe Abb. 8.115) eingeleitet. Dabei müssen über den Vergussbeton entsprechende Reibungskräfte übertragen werden.

Es gelten folgende Konstruktionsregeln und Hinweise:
- Die Einbindetiefe l sollte größer als $1,5h$ sein
- Reibungsbeiwert in der Vergussfuge $\mu \leq 0,3$
- konstruktive Durchbildung der Bewehrung für F1 an der Oberseite der Köcherwand
- Übertragung von F1 entlang der Seitenwände in das Fundament
- Verankerung der Hauptbewehrung in Stütze und Köcher
- Durchstanzwiderstand der Fundamentplatte unter der Stützenlast, wobei der Füllbeton unter dem Fertigteil berücksichtigt werden darf.

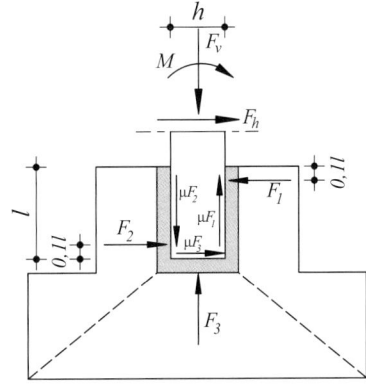

Abb. 8.115 Köcherfundament mit glatter Oberfläche

8.9.8.3 Unbewehrte Einzel- und Streifenfundamente

Unbewehrte, zentrisch belastete Einzel- und Streifenfunda-mente werden vorzugsweise für gering belastete Bauteile eingesetzt. Bei höheren Lasten oder sehr geringen zulässigen Bodenpressungen ergeben sich so große Fundamenthöhen, dass unbewehrte Fundamente unwirtschaftlich werden. Für den Nachweis ausreichender Tragfähigkeit (GZT) unbewehr-ter Fundamente gelten die folgenden Annahmen:

- Die Querschnitte bleiben eben.
- Die in (8.171) anzusetzende erhöhte Zugfestigkeit ist $f_{ctd} = \alpha_{cc} \cdot f_{ctk;0,05}/\gamma_C = 0,85 \cdot f_{ctk;0,05}/\gamma_C$
  f_{ctd} anstelle des für unbewehrten Beton sonst üblichen Wertes $f_{ctd,pl} = \alpha_{cc,pl} \cdot f_{ctk;0,05}/\gamma_C = 0,7 \cdot f_{ctk;0,05}/\gamma_C$ be-rücksichtigt die infolge der Boden-Bauwerks-Interaktion geringere Gefahr des spröden Versagens der Fundamente (Umlagerungen des Sohldrucks sind möglich).
- Die Betondruckspannungen sind aus den für die Be-messung maßgebenden Spannungs-Dehnungs-Linien zu bestimmen (Parabel-Rechteck-Diagramm).
- Es darf keine höhere Festigkeitsklasse des Betons als C35/45 angesetzt werden.

Wegen der gedrungenen Form des auskragenden Fundament-teils (siehe Abb. 8.116) kann von einem Eben bleiben des Querschnitts nicht sicher ausgegangen werden. Daher wird bei der Bestimmung des Widerstandsmomentes die Quer-schnittshöhe nur zu 85 % angesetzt und die erforderlichen Fundamentabmessungen wie folgt bestimmt:

$$h \geq \ddot{u} \cdot \frac{1}{0,85} \cdot \sqrt{\frac{3 \cdot \sigma_{Bd}}{f_{ctd}}} \qquad (8.171)$$

σ_{Bd} Bodenpressung im GZT (γ_F-fach) [N/mm²]

$f_{ctd} = \alpha_{cc} \cdot \dfrac{f_{ctk;0,05}}{\gamma_C} = 0,85 \cdot \dfrac{f_{ctk;0,05}}{1,5}$

h Fundamenthöhe
$\ddot{u}$ Fundamentüberstand.

Es wird empfohlen, das Verhältnis $h/\ddot{u} \geq 1$, d. h. $\alpha \geq 45°$ zu wählen. Fundamente mit $h/\ddot{u} \geq 2$ dürfen generell unbewehrt ausgeführt werden.

Unabhängig vom Ergebnis nach (8.171) ist auf eine frost-sichere Gründungstiefe zu achten.

8.9.9 Sonderfälle der Bemessung und Konstruktion

8.9.9.1 Indirekte Auflager

In Kreuzungsbereichen von Haupt- und Nebenträgern sind wechselseitige Auflagerreaktionen durch Aufhängebeweh-rungen vollständig aufzunehmen.

Diese Bewehrung sollte aus Bügeln bestehen, die die Hauptbewehrung des Hauptträgers umfassen, wobei einige Bügel aus dem Kreuzungsbereich nach Abb. 8.117 ausgela-gert werden können.

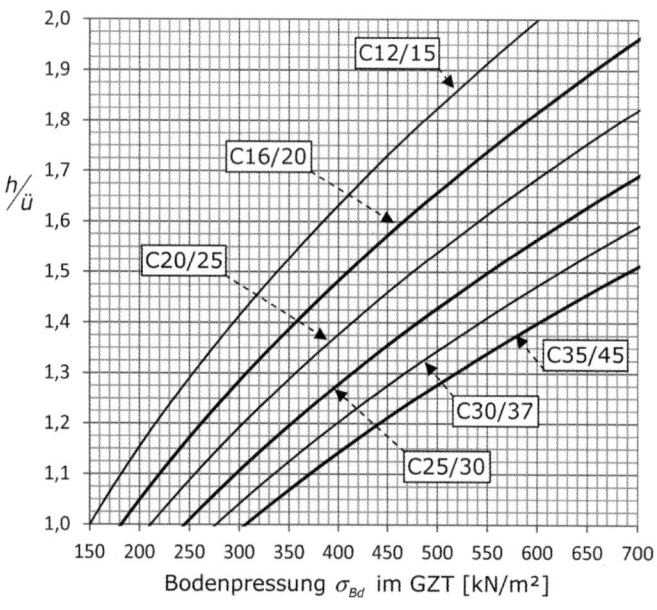

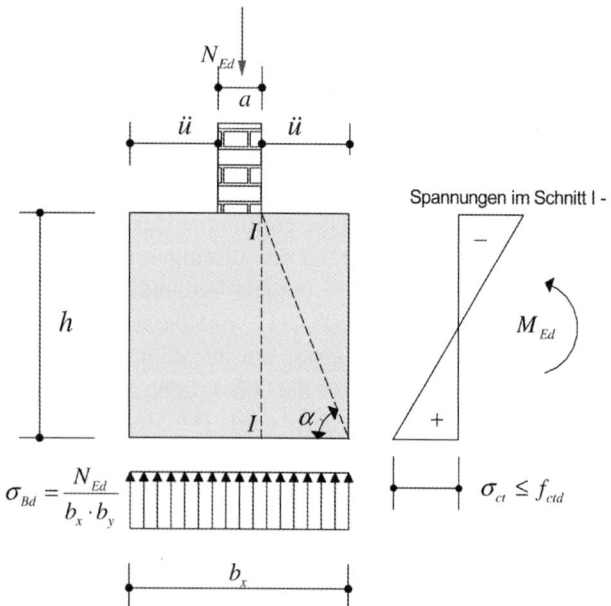

Abb. 8.116 Unbewehrte Fundamente und zulässige Lastausbreitung $h/\ddot{u}$

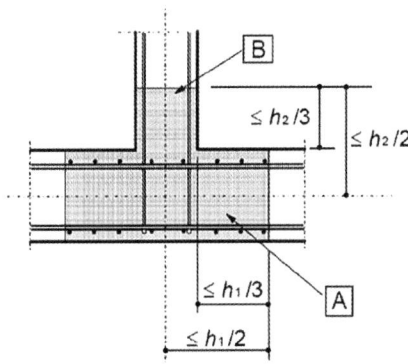

A — stützender Träger mit Höhe h_1

B — unterstützter Träger mit Höhe h_2
$(h_1 \geq h_2)$

Abb. 8.117 Kreuzungsbereich bei indirekten Auflagern

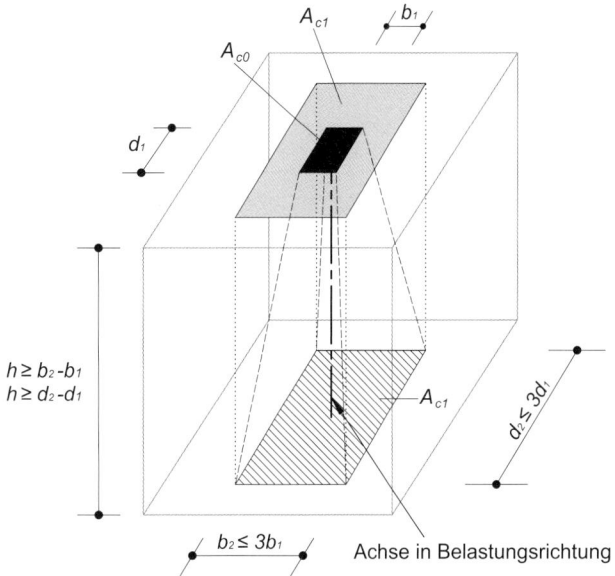

Abb. 8.118 Beispiel für das Verhältnis A_{c0} zu umgebendem Beton

8.9.9.2 Teilflächenbelastung

Die aufnehmbare Teilflächenbelastung F_{Rdu} aus der Belastung auf einer Teilfläche A_{c0} beträgt

$$F_{Rdu} = A_{c0} \cdot f_{cd} \cdot \sqrt{A_{c1}/A_{c0}} \leq 3{,}0 \cdot f_{cd} \cdot A_{c0} \qquad (8.172)$$

A_{c0} Belastungsfläche

A_{c1} maximal rechnerische Verteilungsfläche mit geometrischer Ähnlichkeit zu A_{c0}. Bedingungen für A_{c1} siehe auch Abb. 8.118 und Tafel 8.86

8.9.9.3 Spalt- und Randzugkräfte bei Teilflächenbelastungen

Bei Teilflächenbeanspruchungen treten im Lasteintragungsbereich Querzugspannungen auf, welche durch eine geeignete Bewehrung aufzunehmen sind. Die Nachweise können grundsätzlich über Stabwerksmodelle geführt werden z. B. Schlaich/Schäfer, BK 2011 [13]. Für einige Fälle enthält auch das Heft 240 [12] in der Praxis sehr bewährte Modell, wovon hier die beiden häufigsten Situationen in Tafel 8.87 wiedergegeben werden.

8.9.9.4 Umlenkkräfte

In Bereichen mit Richtungsänderungen von inneren Zug- oder Druckkräften muss die Aufnahme der entstehenden Umlenkkräfte sichergestellt werden. Weiterführende Hinweise können Heft 525 DAfStb [10] und Heft 600 [11] entnommen werden.

8.9.10 Schadensbegrenzung bei außergewöhnlichen Einwirkungen

Bei außergewöhnlichen Ereignissen ist eine Schädigung des Tragwerks in einem zur ursprünglichen Ursache unverhältnismäßig großen Ausmaß zu vermeiden. Daher zielen die Konstruktionsregeln im Stahl- und Spannbetonbau auch darauf ab, immer ein Versagen mit Vorankündigung zu erreichen. Der zufällige Ausfall einzelner Bauteile oder das Auftreten örtlicher Schädigungen sollte nicht zum Versagen des Gesamttragwerks führen.

Die grundsätzliche Anordnung dieser Ankersysteme ist in Abb. 8.119 dargestellt, Tafel 8.88 enthält die zugehörigen Konstruktionshinweise.

Tafel 8.86 Bedingungen für Teilflächenbelastungen

geometrische Bedingungen für A_{c0} und A_{c1}	– Für die zur Lastverteilung in Belastungsrichtung zur Verfügung stehende Höhe gelten die Bedingungen gemäß Abb. 8.118 $h \geq b_2 - b_1$ und $h \geq d_2 - d_1$ – Der Schwerpunkt der Fläche A_{c1} muss in Belastungsrichtung mit dem Schwerpunkt der Belastungsfläche für A_{c0} übereinstimmen – Geometrisch ähnlich, d. h. $b_1/d_1 = b_2/d_2$ – Es ist mindestens eine A_{c0} umgebende Betonfläche mit den Abmessungen aus der Projektion von für A_{c1} auf die Lasteinleitungsebene erforderlich – Bei mehreren Druckkräften dürfen sich die rechnerischen Verteilungsflächen innerhalb der Höhe h nicht überschneiden
Spaltzugkräfte	– Spaltzugkräfte sind durch Bewehrung aufzunehmen (Bügel oder Haarnadeln). Siehe auch Tafel 8.87 – Wird auf eine entsprechende Bewehrung verzichtet, sollte die Teilflächenlast auf $F_{Rdu} \leq 0{,}6 \cdot f_{cd} \cdot A_{c0}$ begrenzt werden

Tafel 8.87 Bemessungsmodelle für Spaltzugbeanspruchungen

Lastfall und Bemessungsgröße	Darstellung
Mittig angreifende Druckkraft $$F_{sd} = \frac{N_{Ed}}{4} \cdot \left(1 - \frac{b_1}{h_s}\right)$$ $$A_{s,erf} = \frac{F_{Sd}}{f_{yd}}$$ Die Einfassungsbewehrung für $F_{sd,R}$ am Rand wird konstruktiv gewählt.	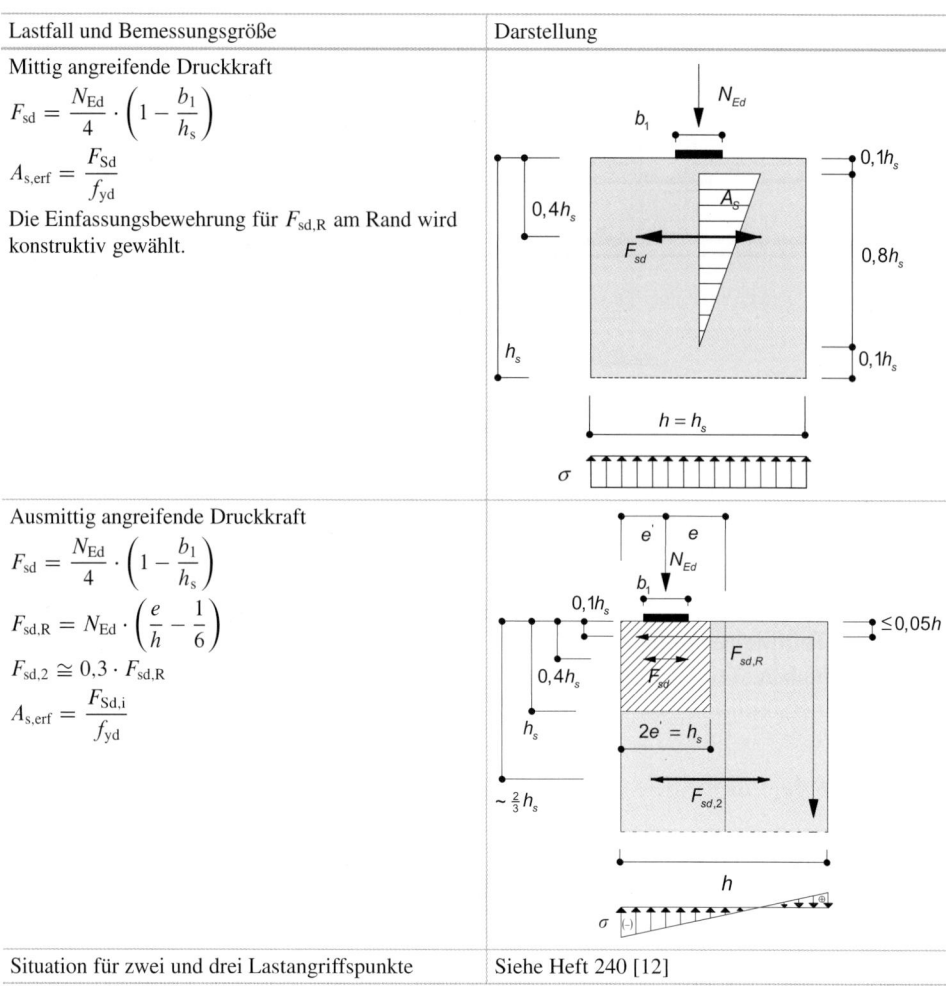
Ausmittig angreifende Druckkraft $$F_{sd} = \frac{N_{Ed}}{4} \cdot \left(1 - \frac{b_1}{h_s}\right)$$ $$F_{sd,R} = N_{Ed} \cdot \left(\frac{e}{h} - \frac{1}{6}\right)$$ $$F_{sd,2} \cong 0,3 \cdot F_{sd,R}$$ $$A_{s,erf} = \frac{F_{Sd,i}}{f_{yd}}$$	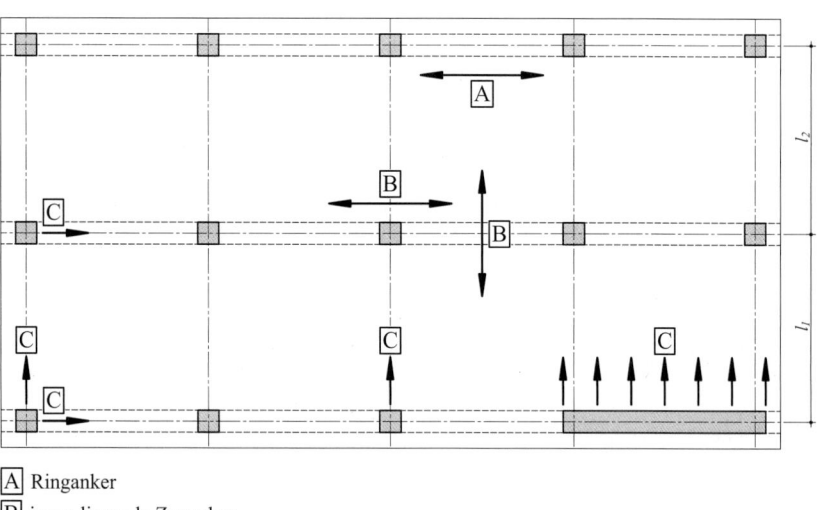
Situation für zwei und drei Lastangriffspunkte	Siehe Heft 240 [12]

Abb. 8.119 Zuganker für außergewöhnliche Einwirkungen

A Ringanker
B innen liegende Zuganker
C horizontale Stützen oder Wandzuganker

Alternativ ist es auch möglich, eine Bemessung für außergewöhnliche Ereignisse nach DIN EN 1991-1-7 (außergewöhnliche Einwirkungen) vorzunehmen. Die Anwendung der konstruktiven Regeln ist aber wesentlich praxistauglicher.

Im üblichen Hochbau sind zur Schadensbegrenzung bei außergewöhnlichen Einwirkungen **Ringanker**, im Fertigteilbau sind zusätzlich **innenliegende Zuganker** und horizontale **Stützen oder Wandzuganker** vorzusehen. Die Materialfestigkeiten dürfen dabei bis zu ihrer charakteristischen Festigkeit ausgenutzt werden.

Tafel 8.88 Konstruktionsregeln für Zuganker

Allgemein	– Zuganker sind als Mindestbewehrung und nicht als zusätzliche Bewehrung zu der aus der Bemessung erforderlichen Bewehrung vorgesehen – Für die Bemessung der Zugglieder darf f_{yk} ausgenutzt werden

Ringanker	– In jeder Decken- oder Dachebene durchlaufend bzw. umlaufend innerhalb eines Randabstandes von 1,2 m
	– Aufnehmbare Zugkraft $T_{tie,per} = l_i \cdot 10\,\text{kN/m} \geq 70\,\text{kN}^{a}$
	  $\quad T_{tie,per}$ Zugkraft im Ringanker
	  $\quad l_i$ Spannweite des Endfeldes [m], rechtwinklig zum Ringanker (siehe auch Abb. 8.119)
	  d. h. es sind mindestens $A_{s,min} = 70/50 = 1{,}4\,\text{cm}^2$ erforderlich (z. B. 2$\varnothing_s$ 10 mm oder 1$\varnothing_s$ 14 mm).
	– Vorhandene Bewehrung in Ortbetondecken in einem Randstreifen von 1,2 m darf angerechnet werden.
	– Stöße der entsprechenden Bewehrung sind mit $l_0 = 2 \cdot l_{b,red}$ auszubilden, wobei auch hier f_{yk} ausgenutzt werden darf.
	– Der Stoßbereich ist mit Bügeln, Steckbügeln oder Wendeln in einem Abstand $s \leq 100\,\text{mm}$ zu umfassen. Alternativ können auch Schweißverbindungen oder mechanische Verbindungen ausgeführt werden.
	– Bei Bügelmatten darf der o. g. Abstand der Querbewehrung auf $s \leq 150\,\text{mm}$ vergrößert werden [11].
	– Tragwerke mit Innenrändern (z. B. in einem Atrium) müssen ebenfalls Ringanker nach obigen Regeln aufweisen

Innenliegende Zuganker	– In jeder Decken- und Dachebene in zwei zueinander ungefähr rechtwinkligen Richtungen
	– In der gesamten Bauteillänge durchlaufend und in den umlaufenden Ringankern verankern oder alternativ in den horizontalen Zugankern zu Stützen oder Wänden fortsetzen
	– Können auch insgesamt oder teilweise verteilt in den Platten oder Wänden angeordnet werden
	– In Wänden innerhalb von 0,5 m über oder unter den jeweiligen Deckenplatten
	– Bemessungswert $T_{tie,int} = 20\,\text{kN/m}$
	– Bei Decken ohne Aufbeton (z. B. Spannbetonhohldielen), in denen die Zuganker nicht verteilt angeordnet werden können, dürfen diese konzentriert in den Fugen angeordnet werden.
	  Mindestkraft: $T_{tie} = 20\,\text{kN/m} \ \cdot (l_1 + l_2)/2 \geq 70\,\text{kN}^{a}$
	  d. h. es sind mindestens $A_{s,min} = 70/50 = 1{,}4\,\text{cm}^2$ erforderlich (z. B. 2$\varnothing_s$ 10 mm oder 1$\varnothing_s$ 14 mm).
	  $\quad l_1, l_2$ Spannweiten der Deckenplatten auf beiden Seiten senkrecht zur Fuge in [m] (siehe Abb. 8.119)
	– Die bei Decken ohne Aufbeton gemäß erstem Spiegelstrich rechtwinklig zu vorgenanntem Zuganker anzuordnenden Zuganker dürfen ebenfalls entweder in Vergussfugen oder aber in unterstützenden Wänden oder Unterzügen verlegt werden, sofern eine Verbindung zur Decke – zumindest durch ausreichende Reibungskräfte – sichergestellt ist

Horizontale Stützen- und Wandzuganker	– Randstützen der Außenwände sind in jeder Decken- und Dachebene horizontal im Tragwerk zu verankern
	– Zugkraft der Zuganker
	  $\quad F_{tie,fac} = 10\,\text{kN/m}$ je Fassadenmeter
	  $\quad F_{tie,col} = 150\,\text{kN}$ je Stütze
	– Eckstützen sind in zwei Richtungen zu verankern. Ggf. vorhandene Ringanker dürfen hier angerechnet werden.
	– Am oberen Rand tragender Innentafeln sollte mindestens eine Bewehrung von $0{,}7\,\text{cm}^2/\text{m}$ in den Zwischenraum zwischen den Deckentafeln eingreifen. Diese Bewehrung darf an zwei Punkten vereinigt werden, bei Wandtafeln bis zu einer Länge von 2,5 m genügt ein Anschlusspunkt in Wandmitte. Diese Bewehrung darf durch andere gleichwertige Maßnahmen ersetzt werden.
	– Für Hochhäuser und Großtafelbauten gelten weitere spezielle Regeln (siehe hierzu EC 2, 9.10.2.4 [1])

[a] Im Gegensatz zur DIN 1045 wurde der ehemalige obere Grenzwert von 70 kN in EC 2 zu einem unteren Grenzwert deklariert. Weitere Hinweise siehe auch [16]

8.10 Bemessungstafeln

Im Folgenden werden die wesentlichen graphischen und tabellarischen Bemessungshilfsmittel für den Stahlbetonbau wiedergegeben. Die Tafel 8.89 gibt einen Überblick über die Anwendungsbereiche, auf die besonders zu achten sind.

Alle hier wiedergegebenen Bemessungsdiagramme gelten für folgende Randbedingungen und Definitionen:

- Betondruckfestigkeit im GZT = $f_{cd} = \alpha_{cc} \cdot f_{ck}/\gamma_C$ mit $\alpha_{cc} = 0{,}85$ und $\gamma_C = 1{,}5$.
- Parabel-Rechteck-Diagramm, Zugfestigkeit wird vernachlässigt
- Bilineare Stahlkennlinie B500, $f_{yk} = 500\,\text{N} = \text{mm}^2$, $f_{tk} = 525\,\text{N} = \text{mm}^2$, $\gamma_S = 1{,}15$, $\varepsilon_{su} \leq 25\,\text{‰}$
- Druckkräfte sind mit negativem Vorzeichen, Zugkräfte mit positivem Vorzeichen anzunehmen (diese Regelung ist im EC 2 vielfach umgekehrt).

In den Bemessungshilfen wird üblicherweise mit Bruttobetonflächen gerechnet. Bei Querschnitten mit Druckbewehrung wäre korrekterweise hier eigentlich die Nettoquerschnittsfläche anzusetzen. Die exakte Druckbewehrung ergibt sich aber auch dann, wenn die mit Bruttowerten ermittelte Druckbewehrung noch mit dem Faktor $f_{yd}/(f_{yd} - f_{cd})$ vergrößert wird. In der Praxis kann dieser Einfluss für Betone bis C50/60 im Allg. vernachlässigt werden, bei höherfesten Betonen sollte dieser Einfluss jedoch berücksichtigt werden.

Die folgenden Bemessungsdiagramme BT 2 bis BT 5 berücksichtigen korrekterweise aber generell bereits die Nettoquerschnittswerte [30].

Historisch bedingt fanden zur Querschnittsbemessung vielfach auch die sogenannten k_h- bzw. k_d-Tafeln eine breite Anwendung. Die Ablesung der hier wiedergegeben Bemessungstafeln mit dimensionslosen Beiwerten ist, insbesondere auch bei Querschnitten mit Druckbewehrung etwas einfacher. Darüber hinaus sind die dimensionslosen Beiwerte auch international verbreitet. Aus diesem Grund und zur Vermeidung unnötiger Redundanzen wird auf die Wiedergabe von k_d-Tafeln in diesem Buch verzichtet.

Tafel 8.89 Übersicht der Anwendungsbereiche der Bemessungshilfen

Betonquerschnitt	Anwendungsbereich	Bemessungstafeln BT	
		Besondere Merkmale	Nr.
A_{s2} / A_{s1}	Reine Biegung und Biegung mit Längskraft	Allgemeines Bemessungsdiagramm $\leq$ C50	BT 0
		Tafel ohne und mit Druckbew. $\leq$ C50	BT 1a bis BT 1d
A_{s2} / A_{s1}; $d_1 = d_2$; $A_{s1} = A_{s2} = \dfrac{A_{s,tot}}{2}$	a) Biegung mit überwiegend Längsdruck bzw. Längszug mit geringer Ausmitte b) überwiegend Biegezug mit wechselnden Vorzeichen	Interaktionsdiagramm mit $A_{s1} = A_{s2}$ $d_1/h = 0{,}05$; $0{,}10$; $0{,}15$; $0{,}20$; $0{,}25$ bis C50/60, Bemessung unter Berücksichtigung der Nettoquerschnitte	BT 2a bis 2e
d_2; $\dfrac{A_{s,tot}}{4}$; $\dfrac{A_{s,tot}}{4}$ $\dfrac{A_{s,tot}}{4}$; $\dfrac{A_{s,tot}}{4}$; d_1	a) Biegung mit überwiegend Längsdruck bzw. Längszug mit geringer Ausmitte b) Überwiegend Biegezug mit wechselnden Vorzeichen	Interaktionsdiagramm mit $A_{s,tot}/4$ auf jeder Querschnittsseite verteilt $d_1/h = 0{,}05$; $0{,}10$; $0{,}15$; $0{,}20$; $0{,}25$ bis C50/60, Bemessung unter Berücksichtigung der Nettoquerschnitte	BT 3a bis 3d
$A_{s,tot}$	Biegung und Längskraft	Interaktionsdiagramm mit gleichmäßig über dem Umfang verteilter Bewehrung $A_{s,tot}$ $d_1/h = 0{,}05$; $0{,}10$; $0{,}15$; $0{,}20$; $0{,}25$ bis C50/60, Bemessung unter Berücksichtigung der Nettoquerschnitte	BT 4a bis 4e
$A_{s,tot}$	Biegung mit Längskraft	Interaktionsdiagramm mit gleichmäßig über dem Umfang verteilter Bewehrung $A_{s,tot}$ $r_i/r = 0{,}90$; $d_1/(r - r_i) = 0{,}50$ $r_i/r = 0{,}80$; $d_1/(r - r_i) = 0{,}50$ $r_i/r = 0{,}80$; $d_1/(r - r_i) = 0{,}30$ $r_i/r = 0{,}70$; $d_1/(r - r_i) = 0{,}50$ $r_i/r = 0{,}70$; $d_1/(r - r_i) = 0{,}30$ bis C50/60, Bemessung unter Berücksichtigung der Nettoquerschnitte	BT 5a bis 5e
b_f; h_f; d; h; A_{s1}; b_w	Biegung mit Längskraft	Tafeln bis C50/60	BT 6a und 6b
d; h; $v_{Rd,c}$; ρ_l	Plattenquerschnitte ohne Querkraftbewehrung, Mindestquerkrafttragfähigkeit $v_{Rd,c,min}$	Diagramme bis C50/60, statische Höhe d bis 1000 m, $\sigma_{cp} = 0$	BT 7
	Plattenquerschnitte ohne Querkraftbewehrung, Querkrafttragfähigkeit $v_{Rd,c}$	Diagramme bis C50/60, statische Höhe d bis 200 mm, $\sigma_{cp} = 0$	BT 8
	Plattenquerschnitte ohne Querkraftbewegung, Mindestquerkrafttragfähigkeit $v_{Rd,c,min}$ und zugehöriger Längsbewehrungsgrad ϱ_l	Tafelwerte bis C50/60, statische Höhe d bis 300 mm, $\sigma_{cp} = 0$	BT 9
d; h; a_{sw}; b_w	Querschnitte mit Querkraftbewehrung, erf. Querkrafttragfähigkeit ϱ_w	Tafelwerte bis C50/60, senkrechte Bügel, minimale Druckstrebenneigung, $\sigma_{cp} = 0$	BT 10
	Querschnitte mit Querkraftbewehrung, erf. Querkrafttragfähigkeit ϱ_w	Tafelwerte bis C50/60, senkrechte Bügel, Druckstrebenneigung $40° \leq \theta \leq 45°$, $\sigma_{cp} = 0$	BT 11

Tafel 8.90 BT 0 Allgemeines Bemessungsdiagramm für Rechteckquerschnitte bis C50/60 B 500

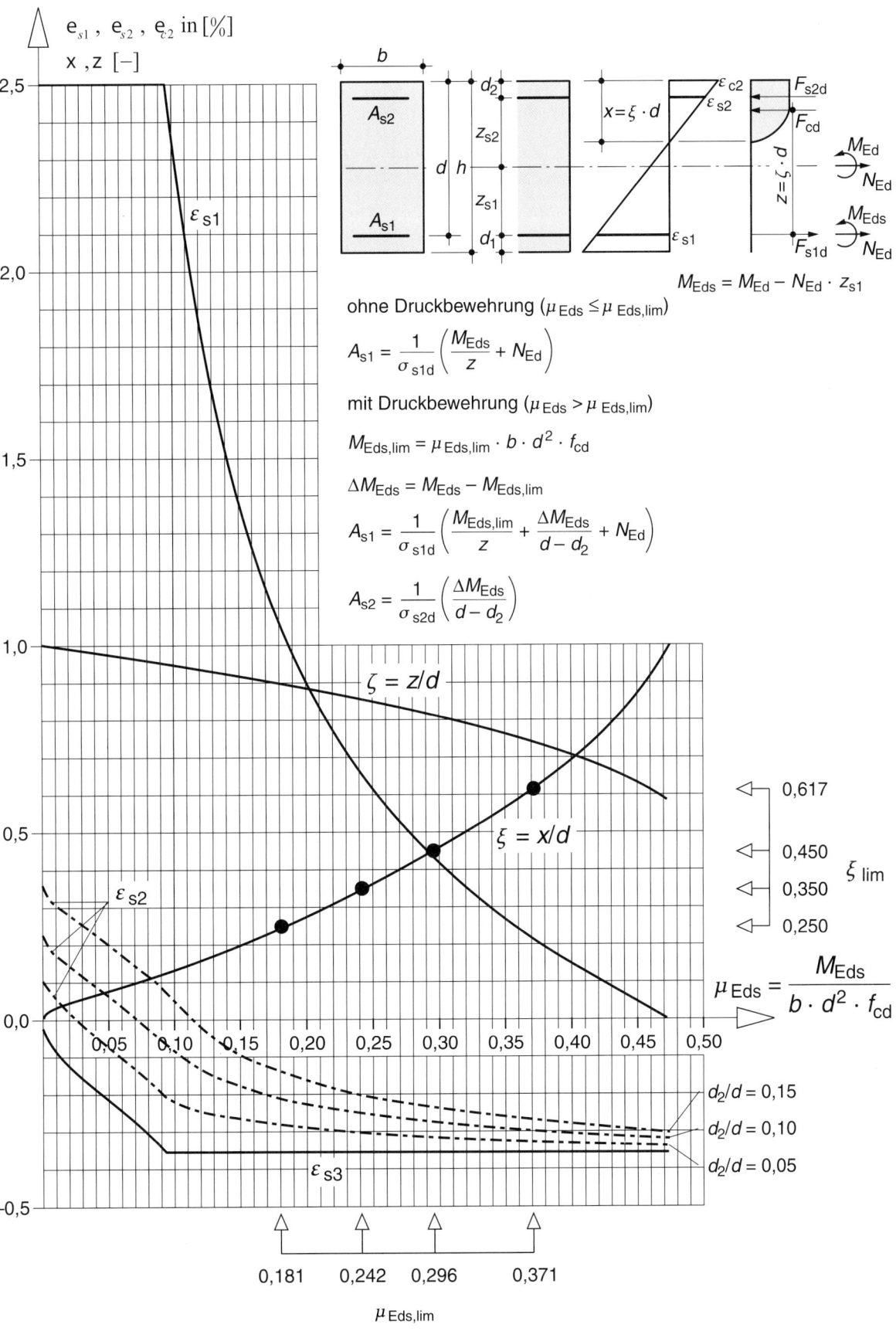

$$M_{Eds} = M_{Ed} - N_{Ed} \cdot z_{s1}$$

ohne Druckbewehrung ($\mu_{Eds} \leq \mu_{Eds,lim}$)

$$A_{s1} = \frac{1}{\sigma_{s1d}} \left(\frac{M_{Eds}}{z} + N_{Ed} \right)$$

mit Druckbewehrung ($\mu_{Eds} > \mu_{Eds,lim}$)

$$M_{Eds,lim} = \mu_{Eds,lim} \cdot b \cdot d^2 \cdot f_{cd}$$

$$\Delta M_{Eds} = M_{Eds} - M_{Eds,lim}$$

$$A_{s1} = \frac{1}{\sigma_{s1d}} \left(\frac{M_{Eds,lim}}{z} + \frac{\Delta M_{Eds}}{d - d_2} + N_{Ed} \right)$$

$$A_{s2} = \frac{1}{\sigma_{s2d}} \left(\frac{\Delta M_{Eds}}{d - d_2} \right)$$

Tafel 8.91 **BT 1a** Bemessungstafel mit dimensionslosen Beiwerten für den Rechteckquerschnitt
Beton C12/15 bis C50/60, Betonstahl B 500, $\gamma_S = 1{,}15$

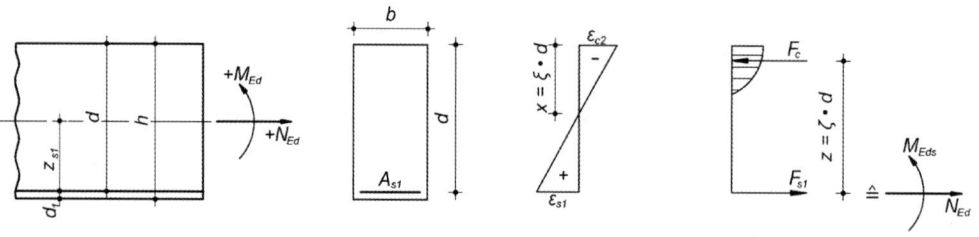

f_{cd} in N/mm², $\gamma_C = 1{,}5$	C16/20	C20/25	C265/30	C30/37	C35/45	C40/50	C45/55	C50/60
	9,07	11,33	14,17	17,00	19,83	22,67	25,50	28,33

$$M_{Eds} = M_{Ed} - N_{Ed} \cdot z_{s1}, \quad \mu_{Eds} = \frac{M_{Eds}}{b \cdot d^2 \cdot f_{cd}} \xrightarrow{\text{Ablesung } \omega_1} A_{s1} = \frac{1}{\sigma_{sd}} (\omega_1 \cdot b \cdot d \cdot f_{cd} + N_{Ed})$$

μ_{Eds}	ω_1	$\xi = x/d$	$\zeta = z/d$	ε_{c2}	ε_{s1}	$\sigma_{sd} = f_{yd}$	σ_{sd}	δ_{zul}	δ_{zul}
[–]	[–]	[–]	[–]	[‰]	[‰]	[N/mm²]	[N/mm²]	Hochduktil	Normalduktil
0,01	**0,0101**	0,030	0,990	−0,77	25,00	434,8	456,5	0,70	0,85
0,02	**0,0203**	0,044	0,985	−1,15	25,00	434,8	456,5	0,70	0,85
0,03	**0,0306**	0,055	0,980	−1,46	25,00	434,8	456,5	0,70	0,85
0,04	**0,0410**	0,066	0,976	−1,76	25,00	434,8	456,5	0,70	0,85
0,05	**0,0515**	0,076	0,971	−2,06	25,00	434,8	456,5	0,70	0,85
0,06	**0,0621**	0,086	0,967	−2,37	25,00	434,8	456,5	0,71	0,85
0,07	**0,0728**	0,097	0,962	−2,68	25,00	434,8	456,5	0,72	0,85
0,08	**0,0836**	0,107	0,956	−3,01	25,00	434,8	456,5	0,73	0,85
0,09	**0,0946**	0,118	0,951	−3,35	25,00	434,8	456,5	0,73	0,85
0,10	**0,1057**	0,131	0,946	−3,50	23,29	434,8	454,9	0,74	0,85
0,11	**0,1170**	0,145	0,940	−3,50	20,71	434,8	452,4	0,76	0,85
0,12	**0,1285**	0,159	0,934	−3,50	18,55	434,8	450,4	0,77	0,85
0,13	**0,1401**	0,173	0,928	−3,50	16,73	434,8	448,6	0,78	0,85
0,14	**0,1518**	0,188	0,922	−3,50	15,16	434,8	447,1	0,79	0,85
0,15	**0,1638**	0,202	0,916	−3,50	13,80	434,8	445,9	0,80	0,85
0,16	**0,1759**	0,217	0,910	−3,50	12,61	434,8	444,7	0,81	0,85
0,17	**0,1882**	0,232	0,903	−3,50	11,55	434,8	443,7	0,83	0,85
0,18	**0,2007**	0,248	0,897	−3,50	10,62	434,8	442,7	0,84	0,85
0,19	**0,2134**	0,264	0,890	−3,50	9,78	434,8	442,0	0,85	0,85
0,20	**0,2263**	0,280	0,884	−3,50	9,02	434,8	441,3	0,86	0,86
0,21	**0,2395**	0,296	0,877	−3,50	8,33	434,8	440,6	0,88	0,88
0,22	**0,2529**	0,312	0,870	−3,50	7,71	434,8	440,0	0,89	0,89
0,23	**0,2665**	0,329	0,863	−3,50	7,13	434,8	439,5	0,90	0,90
0,24	**0,2804**	0,346	0,856	−3,50	6,60	434,8	439,5	0,92	0,92
0,25	**0,2946**	0,364	0,849	−3,50	6,12	434,8	438,5	0,93	0,93
0,26	**0,3091**	0,382	0,841	−3,50	5,67	434,8	438,1	0,95	0,95
0,27	**0,3239**	0,400	0,834	−3,50	5,25	434,8	437,7	0,96	0,96
0,28	**0,3391**	0,419	0,826	−3,50	4,86	434,8	437,3	0,98	0,98
0,29	*0,3546*	*0,438*	*0,818*	*−3,50*	*4,49*	*434,8*	*437,0*	*0,99*	*0,99*
0,30	**0,3706**	0,458	0,810	−3,50	4,15	434,8	436,7		
0,31	**0,3869**	0,478	0,801	−3,50	3,82	434,8	436,4		
0,32	**0,4038**	0,499	0,793	−3,50	3,52	434,8	436,1		
0,33	**0,4211**	0,520	0,784	−3,50	3,23	434,8	435,8		
0,34	**0,4391**	0,542	0,774	−3,50	2,95	434,8	435,5		
0,35	**0,4576**	0,565	0,765	−3,50	2,69	434,8	435,3		
0,36	**0,4768**	0,589	0,755	−3,50	2,44	434,8	435,0		
0,37	*0,4968*	*0,614*	*0,745*	*−3,50*	*2,20*	*434,8*	*434,8*		
0,38	**0,5177**	0,640	0,734	−3,50	1,97	394,5[a]	394,5		
0,39	**0,5396**	0,667	0,723	−3,50	1,75	350,1[a]	350,1		
0,40	**0,5627**	0,695	0,711	−3,50	1,54	307,1[a]	307,1		

[a] Streckgrenze wird nicht ausgenutzt, daher unwirtschaftlicher Bemessungsbereich.

Tafel 8.92 BT 1b Bemessungstafel mit dimensionslosen Beiwerten für den Rechteckquerschnitt mit Druckbewehrung

Beton C12/15 bis C50/60, $x/d = 0,25$, Betonstahl B 500, $\gamma_S = 1,15$

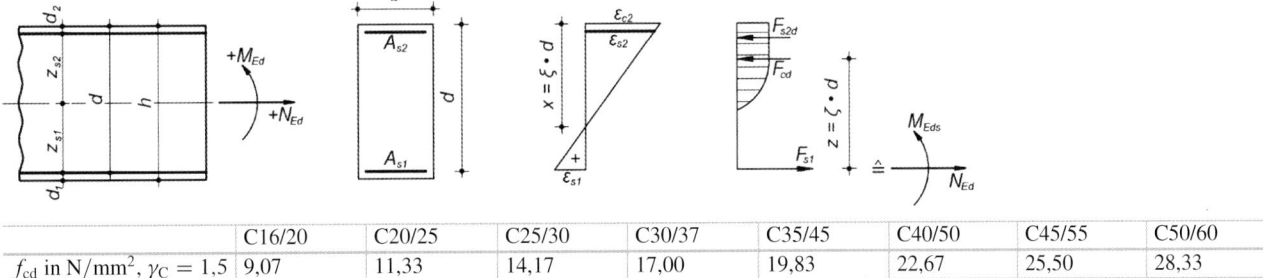

	C16/20	C20/25	C25/30	C30/37	C35/45	C40/50	C45/55	C50/60
f_{cd} in N/mm², $\gamma_C = 1,5$	9,07	11,33	14,17	17,00	19,83	22,67	25,50	28,33

$$M_{Eds} = M_{Ed} - N_{Ed} \cdot z_{s1}, \quad \mu_{Eds} = \frac{M_{Eds}}{b \cdot d^2 \cdot f_{cd}} \xrightarrow{\text{Ablesung } \omega_1, \omega_2} A_{s1} = \frac{1}{\sigma_{s1d}}(\omega_1 \cdot b \cdot d \cdot f_{cd} + N_{Ed}), \quad A_{s2} = \frac{1}{|\sigma_{s2d}|}(\omega_2 \cdot b \cdot d \cdot f_{cd})$$

C12/15 bis C50/60, $\xi = 0,25$, $\sigma_{s1d} = 442,7$ N/mm²

μ_{Eds}	$d_2/d = 0,05$ $\varepsilon_{s1}/\varepsilon_{s2} = 10,5/-2,8‰$ $\sigma_{s2d} = -435,4$ N/mm²		$d_2/d = 0,10$ $\varepsilon_{s1}/\varepsilon_{s2} = 10,5/-2,1‰$ $\sigma_{s2d} = -420,1$ N/mm²		$d_2/d = 0,15$ $\varepsilon_{s1}/\varepsilon_{s2} = 10,5/-1,4‰$ $\sigma_{s2d} = -280,0$ N/mm²		$d_2/d = 0,20$ $\varepsilon_{s1}/\varepsilon_{s2} = 10,5/-0,7‰$ $\sigma_{s2d} = -140,2$ N/mm²	
	ω_1	ω_2	ω_1	ω_2	ω_1	ω_2	ω_1	ω_2
0,18	0,202	0,000	0,202	0,000	0,202	0,000	0,202	0,000
0,19	0,211	0,009	0,212	0,010	0,213	0,010	0,213	0,011
0,20	0,222	0,020	0,223	0,021	0,224	0,022	0,226	0,023
0,21	0,233	0,030	0,234	0,032	0,236	0,034	0,238	0,036
0,22	0,243	0,041	0,245	0,043	0,248	0,046	0,251	0,048
0,23	0,254	0,051	0,256	0,054	0,260	0,057	0,263	0,061
0,24	0,264	0,062	0,268	0,065	0,271	0,069	0,276	0,073
0,25	0,275	0,072	0,279	0,076	0,283	0,081	0,288	0,086
0,26	0,285	0,083	0,290	0,087	0,295	0,093		
0,27	0,296	0,093	0,301	0,099	0,307	0,104		
0,28	0,306	0,104	0,312	0,110	0,318	0,116		
0,29	0,317	0,114	0,323	0,121	0,330	0,128		
0,30	0,327	0,125	0,334	0,132	0,342	0,140		
0,31	0,338	0,135	0,345	0,143	0,354	0,151		
0,32	0,348	0,146	0,356	0,154	0,366	0,163		
0,33	0,359	0,157	0,368	0,165	0,377	0,175		
0,34	0,369	0,167	0,379	0,176	0,389	0,187		
0,35	0,380	0,178	0,390	0,187	0,401	0,198		
0,36	0,390	0,188	0,401	0,199	0,413	0,210		
0,37	0,401	0,199	0,412	0,210	0,424	0,222		
0,38	0,411	0,209	0,423	0,221	0,436	0,234		
0,39	0,422	0,220	0,434	0,232	0,448	0,246		
0,40	0,433	0,230	0,445	0,243	0,460	0,257		
0,41	0,443	0,241	0,456	0,254	0,471	0,269		
0,42	0,454	0,251	0,468	0,265	0,483	0,281		
0,43	0,464	0,262	0,479	0,276	0,495	0,293		
0,44	0,475	0,272	0,490	0,287	0,507	0,304		
0,45	0,485	0,283	0,501	0,299	0,518	0,316		
0,46	0,496	0,293	0,512	0,310	0,530	0,328		
0,47	0,506	0,304	0,523	0,321	0,542	0,340		
0,48	0,517	0,314	0,534	0,332	0,554	0,351		
0,49	0,527	0,325	0,545	0,343	0,566	0,363		
0,50	0,538	0,335	0,556	0,354				
0,51	0,548	0,346	0,568	0,365				
0,52	0,559	0,357	0,579	0,376				
0,53	0,569	0,367	0,590	0,387				
0,54	0,580	0,378	0,601	0,399				
0,55	0,590	0,388	0,612	0,410				

Tafel 8.93 BT 1c Bemessungstafel mit dimensionslosen Beiwerten für den Rechteckquerschnitt mit Druckbewehrung
Beton C12/15 bis C50/60, $x/d = 0,45$, Betonstahl B 500, $\gamma_S = 1,15$

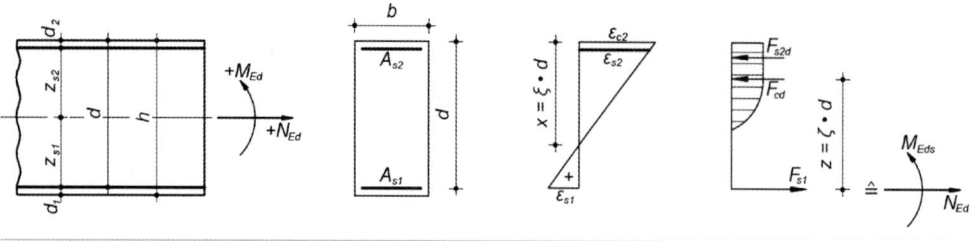

	C16/20	C20/25	C25/30	C30/37	C35/45	C40/50	C45/55	C50/60
f_{cd} in N/mm², $\gamma_C = 1,5$	9,07	11,33	14,17	17,00	19,83	22,67	25,50	28,33

$$M_{Eds} = M_{Ed} - N_{Ed} \cdot z_{s1}, \quad \mu_{Eds} = \frac{M_{Eds}}{b \cdot d^2 \cdot f_{cd}} \xrightarrow{\text{Ablesung } \omega_1, \omega_2} A_{s1} = \frac{1}{\sigma_{s1d}}(\omega_1 \cdot b \cdot d \cdot f_{cd} + N_{Ed}), \quad A_{s2} = \frac{1}{|\sigma_{s2d}|}(\omega_2 \cdot b \cdot d \cdot f_{cd})$$

C12/15 bis C50/60, $\xi = 0,45$, $\sigma_{s1d} = 436,8\,\text{N/mm}^2$

	$d_2/d = 0,05$		$d_2/d = 0,10$		$d_2/d = 0,15$		$d_2/d = 0,20$	
	$\varepsilon_{s1}/\varepsilon_{s2} = 4,3/-3,1\,‰$		$\varepsilon_{s1}/\varepsilon_{s2} = 4,3/-2,7\,‰$		$\varepsilon_{s1}/\varepsilon_{s2} = 4,3/-2,3\,‰$		$\varepsilon_{s1}/\varepsilon_{s2} = 4,3/-1,9\,‰$	
	$\sigma_{s2d} = -435,7\,\text{N/mm}^2$		$\sigma_{s2d} = -435,3\,\text{N/mm}^2$		$\sigma_{s2d} = -434,9\,\text{N/mm}^2$		$\sigma_{s2d} = -388,8\,\text{N/mm}^2$	
μ_{Eds}	ω_1	ω_2	ω_1	ω_2	ω_1	ω_2	ω_1	ω_2
0,30	0,368	0,004	0,369	0,004	0,369	0,005	0,369	0,005
0,31	0,379	0,015	0,380	0,015	0,381	0,016	0,382	0,017
0,32	0,389	0,025	0,391	0,027	0,392	0,028	0,394	0,030
0,33	0,400	0,036	0,402	0,038	0,404	0,040	0,407	0,042
0,34	0,410	0,046	0,413	0,049	0,416	0,052	0,419	0,055
0,35	0,421	0,057	0,424	0,060	0,428	0,063	0,432	0,067
0,36	0,432	0,067	0,435	0,071	0,439	0,075	0,444	0,080
0,37	0,442	0,078	0,446	0,082	0,451	0,087	0,457	0,092
0,38	0,453	0,088	0,457	0,093	0,463	0,099	0,469	0,105
0,39	0,463	0,099	0,469	0,104	0,475	0,110	0,482	0,117
0,40	0,474	0,109	0,480	0,115	0,486	0,122	0,494	0,130
0,41	0,484	0,120	0,491	0,127	0,498	0,134	0,507	0,142
0,42	0,495	0,130	0,502	0,138	0,510	0,146	0,519	0,155
0,43	0,505	0,141	0,513	0,149	0,522	0,158	0,532	0,167
0,44	0,516	0,151	0,524	0,160	0,534	0,169	0,544	0,180
0,45	0,526	0,162	0,535	0,171	0,545	0,181	0,557	0,192
0,46	0,537	0,173	0,546	0,182	0,557	0,193	0,569	0,205
0,47	0,547	0,183	0,557	0,193	0,569	0,205	0,582	0,217
0,48	0,558	0,194	0,569	0,204	0,581	0,216	0,594	0,230
0,49	0,568	0,204	0,580	0,215	0,592	0,228	0,607	0,242
0,50	0,579	0,215	0,591	0,227	0,604	0,240	0,619	0,255
0,51	0,589	0,225	0,602	0,238	0,616	0,252	0,632	0,267
0,52	0,600	0,236	0,613	0,249	0,628	0,263	0,644	0,280
0,53	0,610	0,246	0,624	0,260	0,639	0,275	0,657	0,292
0,54	0,621	0,257	0,635	0,271	0,651	0,287	0,669	0,305
0,55	0,632	0,267	0,646	0,282	0,663	0,299	0,682	0,317
0,56	0,642	0,278	0,657	0,293	0,675	0,310	0,694	0,330
0,57	0,653	0,288	0,669	0,304	0,686	0,322	0,707	0,342
0,58	0,663	0,299	0,680	0,315	0,698	0,334	0,719	0,355
0,59	0,674	0,309	0,691	0,327	0,710	0,346	0,732	0,367
0,60	0,684	0,320	0,702	0,338	0,722	0,358	0,744	0,380

Tafel 8.94 BT 1d Bemessungstafel mit dimensionslosen Beiwerten für den Rechteckquerschnitt mit Druckbewehrung

Beton C12/15 bis C50/60, $x/d = 0,617$, Betonstahl B 500, $\gamma_S = 1,15$

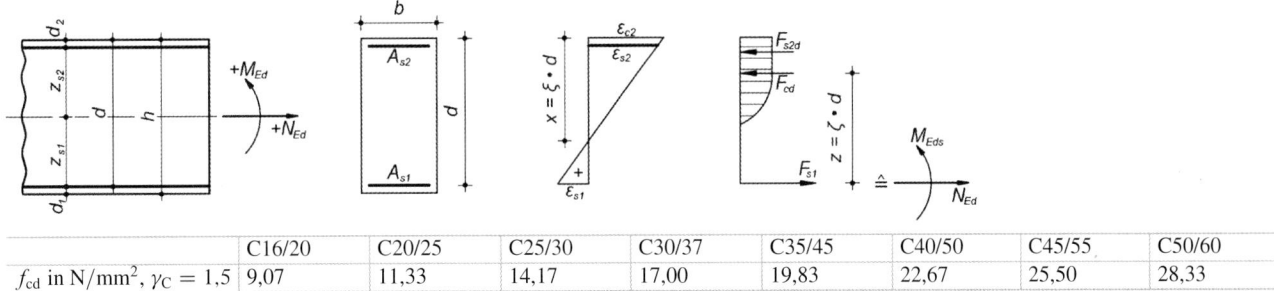

	C16/20	C20/25	C25/30	C30/37	C35/45	C40/50	C45/55	C50/60
f_{cd} in N/mm², $\gamma_C = 1,5$	9,07	11,33	14,17	17,00	19,83	22,67	25,50	28,33

$$M_{Eds} = M_{Ed} - N_{Ed} \cdot z_{s1},\ \mu_{Eds} = \frac{M_{Eds}}{b \cdot d^2 \cdot f_{cd}} \xrightarrow{\text{Ablesung } \omega_1,\, \omega_2} A_{s1} = \frac{1}{\sigma_{s1d}} (\omega_1 \cdot b \cdot d \cdot f_{cd} + N_{Ed}),\ A_{s2} = \frac{1}{|\sigma_{s2d}|} (\omega_2 \cdot b \cdot d \cdot f_{cd})$$

C12/15 bis C50/60, $\xi = 0,617$, $\sigma_{s1d} = 434,8\,\text{N/mm}^2$

μ_{Eds}	$d_2/d = 0,05$ $\varepsilon_{s1}/\varepsilon_{s2} = 4,3/{-}3,1\,‰$ $\sigma_{s2d} = -435,7\,\text{N/mm}^2$		$d_2/d = 0,10$ $\varepsilon_{s1}/\varepsilon_{s2} = 4,3/{-}2,7\,‰$ $\sigma_{s2d} = -435,3\,\text{N/mm}^2$		$d_2/d = 0,15$ $\varepsilon_{s1}/\varepsilon_{s2} = 4,3/{-}2,3\,‰$ $\sigma_{s2d} = -434,9\,\text{N/mm}^2$		$d_2/d = 0,20$ $\varepsilon_{s1}/\varepsilon_{s2} = 4,3/{-}1,9\,‰$ $\sigma_{s2d} = -388,8\,\text{N/mm}^2$	
	ω_1	ω_2	ω_1	ω_2	ω_1	ω_2	ω_1	ω_2
0,37	0,498	0,000	0,498	0,000	0,498	0,000	0,498	0,000
0,38	0,509	0,009	0,509	0,010	0,510	0,010	0,510	0,011
0,39	0,519	0,020	0,520	0,021	0,521	0,022	0,523	0,023
0,40	0,530	0,030	0,531	0,032	0,533	0,034	0,535	0,036
0,41	0,540	0,041	0,542	0,043	0,545	0,046	0,548	0,048
0,42	0,551	0,051	0,554	0,054	0,557	0,057	0,560	0,061
0,43	0,561	0,062	0,565	0,065	0,569	0,069	0,573	0,073
0,44	0,572	0,072	0,576	0,076	0,580	0,081	0,585	0,086
0,45	0,582	0,083	0,587	0,087	0,592	0,093	0,598	0,098
0,46	0,593	0,093	0,598	0,099	0,604	0,104	0,610	0,111
0,47	0,603	0,104	0,609	0,110	0,616	0,116	0,623	0,123
0,48	0,614	0,114	0,620	0,121	0,627	0,128	0,635	0,136
0,49	0,624	0,125	0,631	0,132	0,639	0,140	0,648	0,148
0,50	0,635	0,135	0,642	0,143	0,651	0,151	0,660	0,161
0,51	0,645	0,146	0,654	0,154	0,663	0,163	0,673	0,173
0,52	0,656	0,157	0,665	0,165	0,674	0,175	0,685	0,186
0,53	0,667	0,167	0,676	0,176	0,686	0,187	0,698	0,198
0,54	0,677	0,178	0,687	0,187	0,698	0,198	0,710	0,211
0,55	0,688	0,188	0,698	0,199	0,710	0,210	0,723	0,223
0,56	0,698	0,199	0,709	0,210	0,721	0,222	0,735	0,236
0,57	0,709	0,209	0,720	0,221	0,733	0,234	0,748	0,248
0,58	0,719	0,220	0,731	0,232	0,745	0,246	0,760	0,261
0,59	0,730	0,230	0,742	0,243	0,757	0,257	0,773	0,273
0,60	0,740	0,241	0,754	0,254	0,769	0,269	0,785	0,286

Tafel 8.95 BT 2a Interaktionsdiagramm für Rechteckquerschnitte mit symmetrisch zweiseitiger Bewehrung (unter Ansatz der Nettobetondruck-fläche und des ansteigenden Astes der Spannungs-Dehnungs-Linie des Betonstahls ermittelt)

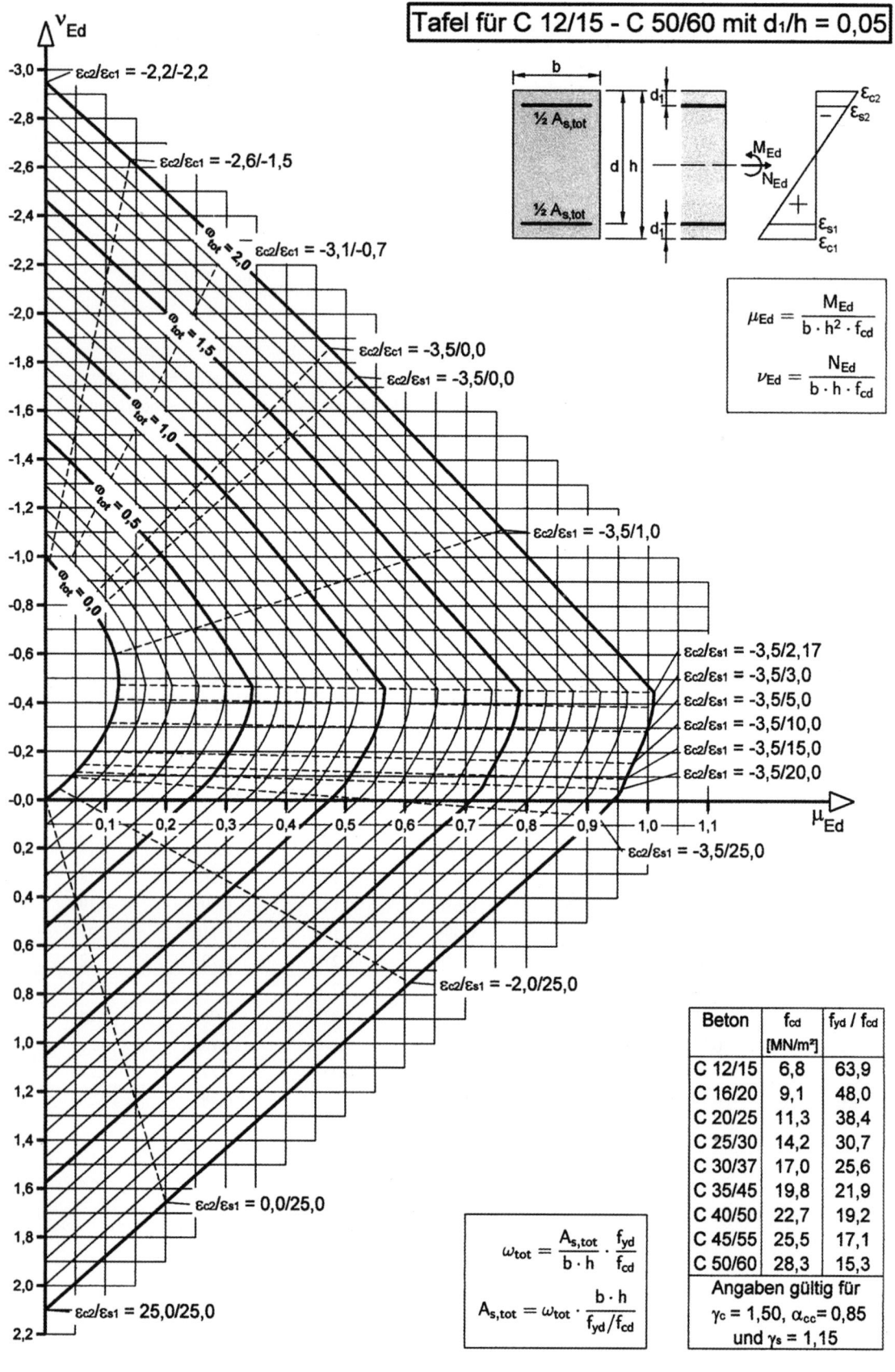

Tafel 8.96 BT 2b Interaktionsdiagramm für Rechteckquerschnitte mit symmetrisch zweiseitiger Bewehrung (unter Ansatz der Nettobetondruck-fläche und des ansteigenden Astes der Spannungs-Dehnungs-Linie des Betonstahls ermittelt)

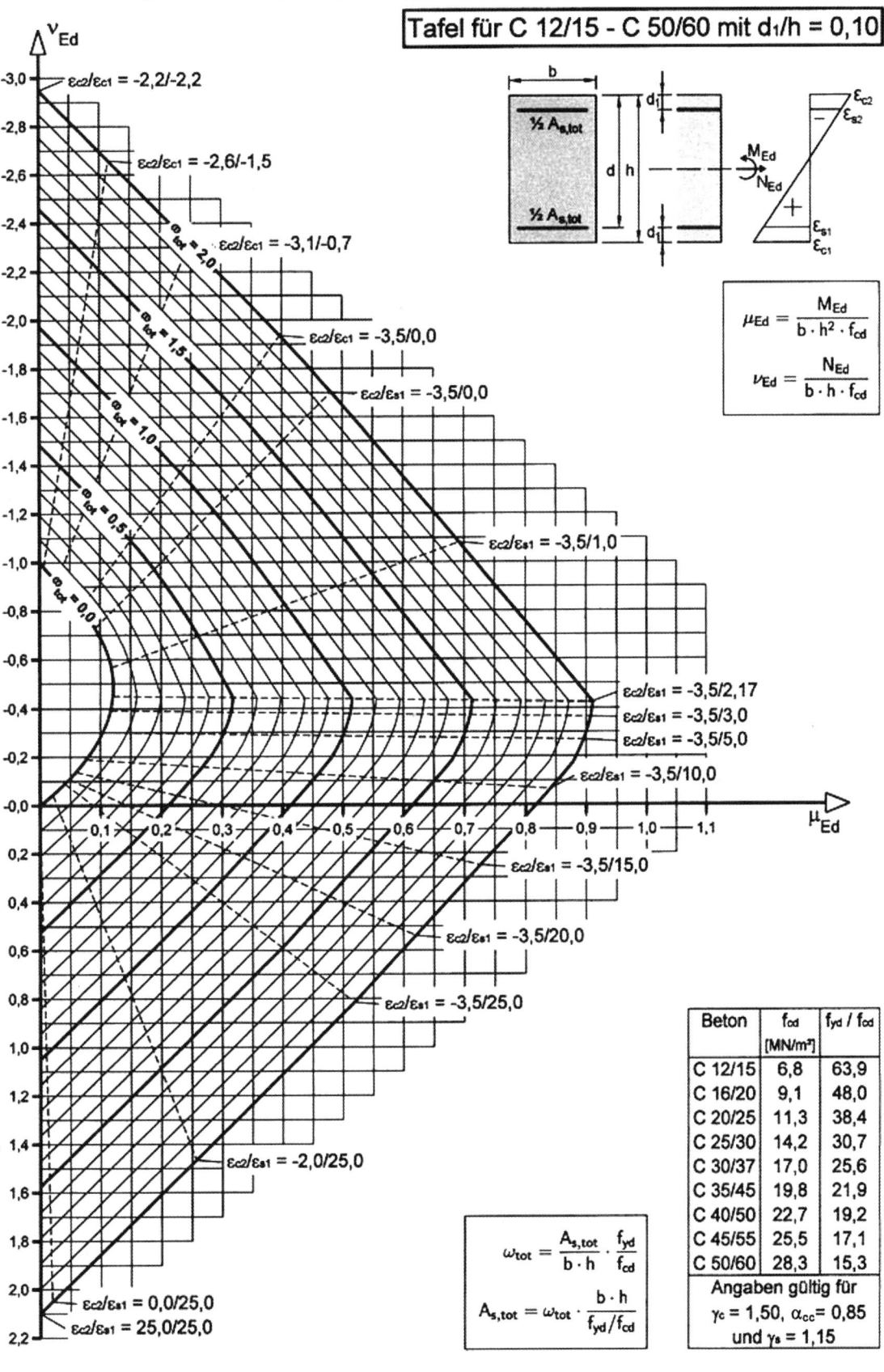

Tafel für C 12/15 - C 50/60 mit $d_1/h = 0,10$

$$\mu_{Ed} = \frac{M_{Ed}}{b \cdot h^2 \cdot f_{cd}}$$

$$\nu_{Ed} = \frac{N_{Ed}}{b \cdot h \cdot f_{cd}}$$

$$\omega_{tot} = \frac{A_{s,tot}}{b \cdot h} \cdot \frac{f_{yd}}{f_{cd}}$$

$$A_{s,tot} = \omega_{tot} \cdot \frac{b \cdot h}{f_{yd}/f_{cd}}$$

Beton	f_{cd} [MN/m²]	f_{yd}/f_{cd}
C 12/15	6,8	63,9
C 16/20	9,1	48,0
C 20/25	11,3	38,4
C 25/30	14,2	30,7
C 30/37	17,0	25,6
C 35/45	19,8	21,9
C 40/50	22,7	19,2
C 45/55	25,5	17,1
C 50/60	28,3	15,3

Angaben gültig für
$\gamma_c = 1,50$, $\alpha_{cc} = 0,85$
und $\gamma_s = 1,15$

Tafel 8.97 **BT 2c** Interaktionsdiagramm für Rechteckquerschnitte mit symmetrisch zweiseitiger Bewehrung (unter Ansatz der Nettobetondruck-fläche und des ansteigenden Astes der Spannungs-Dehnungs-Linie des Betonstahls ermittelt)

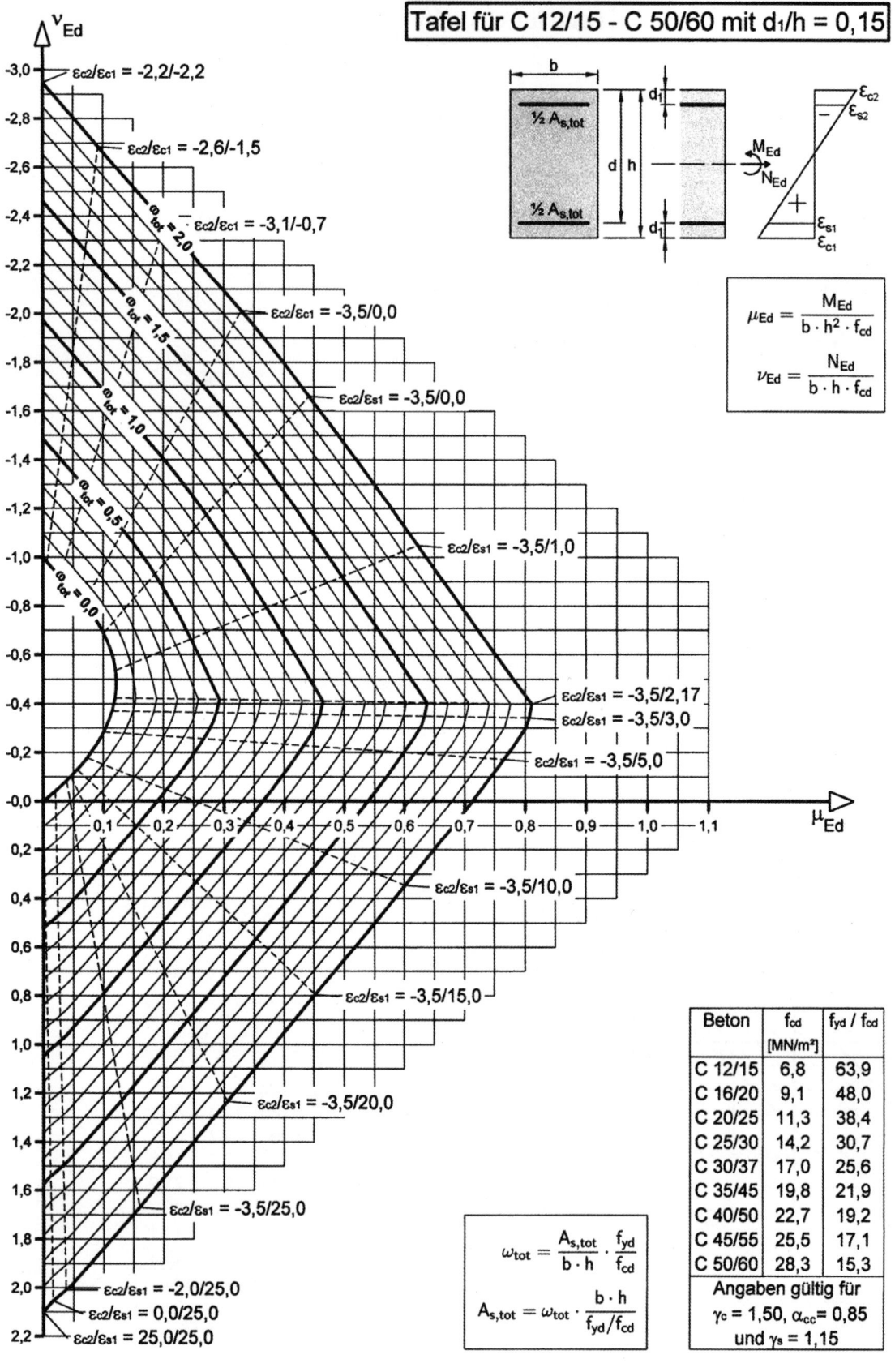

Tafel 8.98   BT 2d Interaktionsdiagramm für Rechteckquerschnitte mit symmetrisch zweiseitiger Bewehrung (unter Ansatz der Nettobetondruckfläche und des ansteigenden Astes der Spannungs-Dehnungs-Linie des Betonstahls ermittelt)

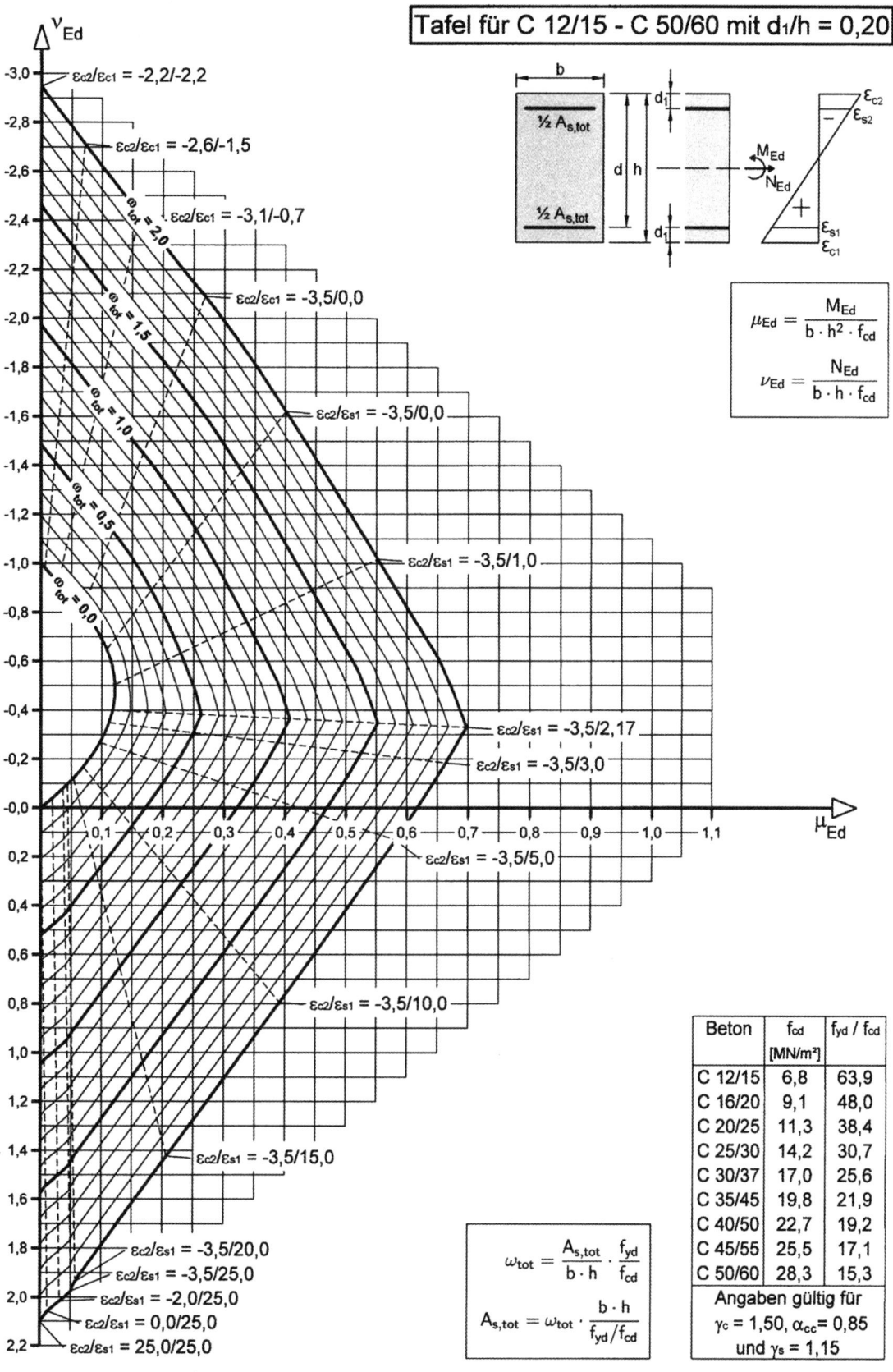

Tafel für C 12/15 - C 50/60 mit $d_1/h = 0{,}20$

$$\mu_{Ed} = \frac{M_{Ed}}{b \cdot h^2 \cdot f_{cd}}$$

$$\nu_{Ed} = \frac{N_{Ed}}{b \cdot h \cdot f_{cd}}$$

$$\omega_{tot} = \frac{A_{s,tot}}{b \cdot h} \cdot \frac{f_{yd}}{f_{cd}}$$

$$A_{s,tot} = \omega_{tot} \cdot \frac{b \cdot h}{f_{yd}/f_{cd}}$$

Beton	f_{cd} [MN/m²]	f_{yd}/f_{cd}
C 12/15	6,8	63,9
C 16/20	9,1	48,0
C 20/25	11,3	38,4
C 25/30	14,2	30,7
C 30/37	17,0	25,6
C 35/45	19,8	21,9
C 40/50	22,7	19,2
C 45/55	25,5	17,1
C 50/60	28,3	15,3
Angaben gültig für		
$\gamma_c = 1{,}50$, $\alpha_{cc} = 0{,}85$		
und $\gamma_s = 1{,}15$		

Tafel 8.99 BT 2e Interaktionsdiagramm für Rechteckquerschnitte mit symmetrisch zweiseitiger Bewehrung (unter Ansatz der Nettobetondruckfläche und des ansteigenden Astes der Spannungs-Dehnungs-Linie des Betonstahls ermittelt)

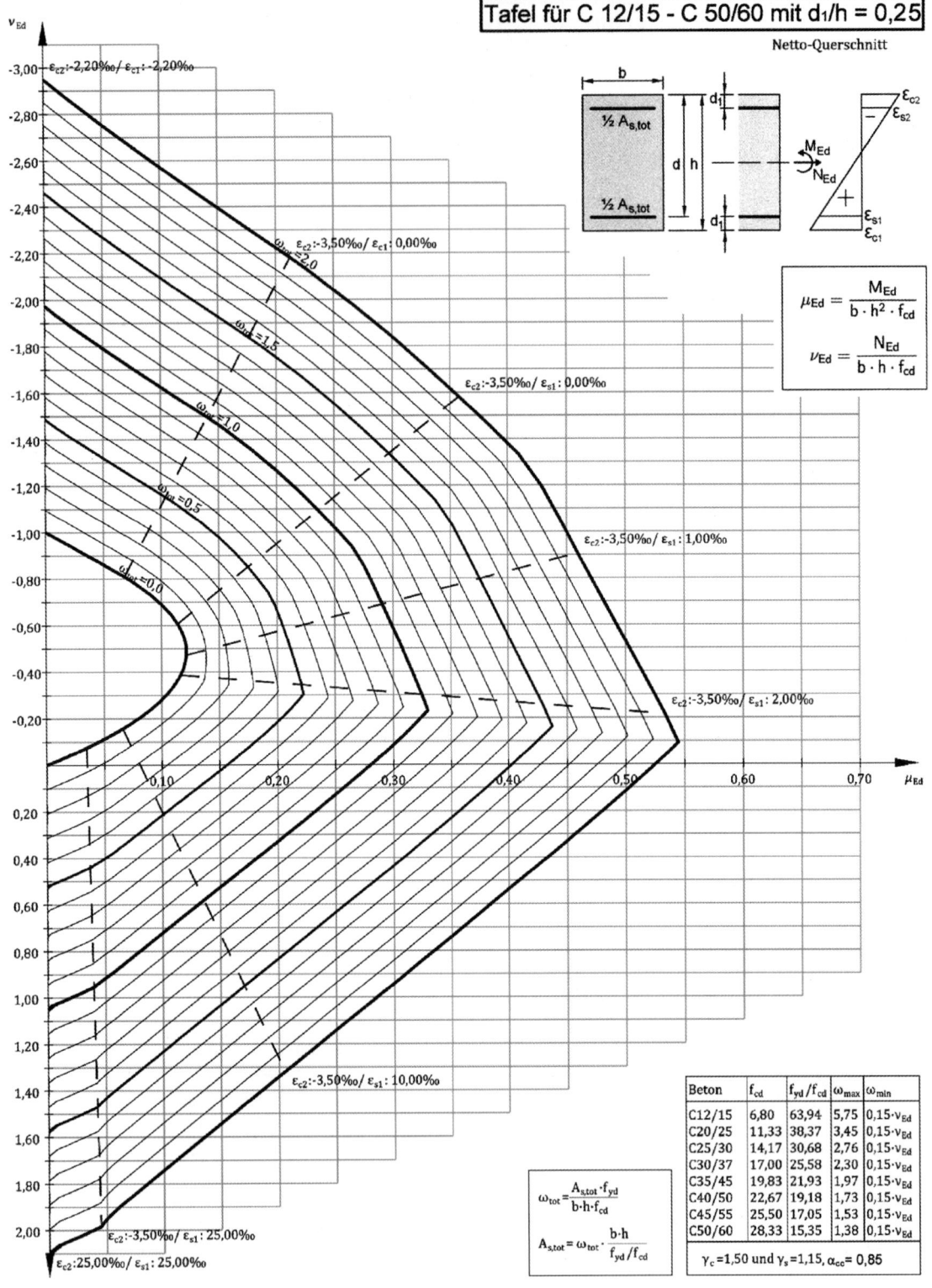

Tafel für C 12/15 - C 50/60 mit d_1/h = 0,25

Netto-Querschnitt

$$\mu_{Ed} = \frac{M_{Ed}}{b \cdot h^2 \cdot f_{cd}}$$

$$\nu_{Ed} = \frac{N_{Ed}}{b \cdot h \cdot f_{cd}}$$

$$\omega_{tot} = \frac{A_{s,tot} \cdot f_{yd}}{b \cdot h \cdot f_{cd}}$$

$$A_{s,tot} = \omega_{tot} \cdot \frac{b \cdot h}{f_{yd}/f_{cd}}$$

Beton	f_{cd}	f_{yd}/f_{cd}	ω_{max}	ω_{min}
C12/15	6,80	63,94	5,75	$0{,}15 \cdot \nu_{Ed}$
C20/25	11,33	38,37	3,45	$0{,}15 \cdot \nu_{Ed}$
C25/30	14,17	30,68	2,76	$0{,}15 \cdot \nu_{Ed}$
C30/37	17,00	25,58	2,30	$0{,}15 \cdot \nu_{Ed}$
C35/45	19,83	21,93	1,97	$0{,}15 \cdot \nu_{Ed}$
C40/50	22,67	19,18	1,73	$0{,}15 \cdot \nu_{Ed}$
C45/55	25,50	17,05	1,53	$0{,}15 \cdot \nu_{Ed}$
C50/60	28,33	15,35	1,38	$0{,}15 \cdot \nu_{Ed}$

γ_c =1,50 und γ_s =1,15, α_{cc} = 0,85

Tafel 8.100 BT 3a Interaktionsdiagramm für Rechteckquerschnitte mit symmetrisch umlaufender Bewehrung (unter Ansatz der Nettobeton-druckfläche und des ansteigenden Astes der Spannungs-Dehnungs-Linie des Betonstahls ermittelt)

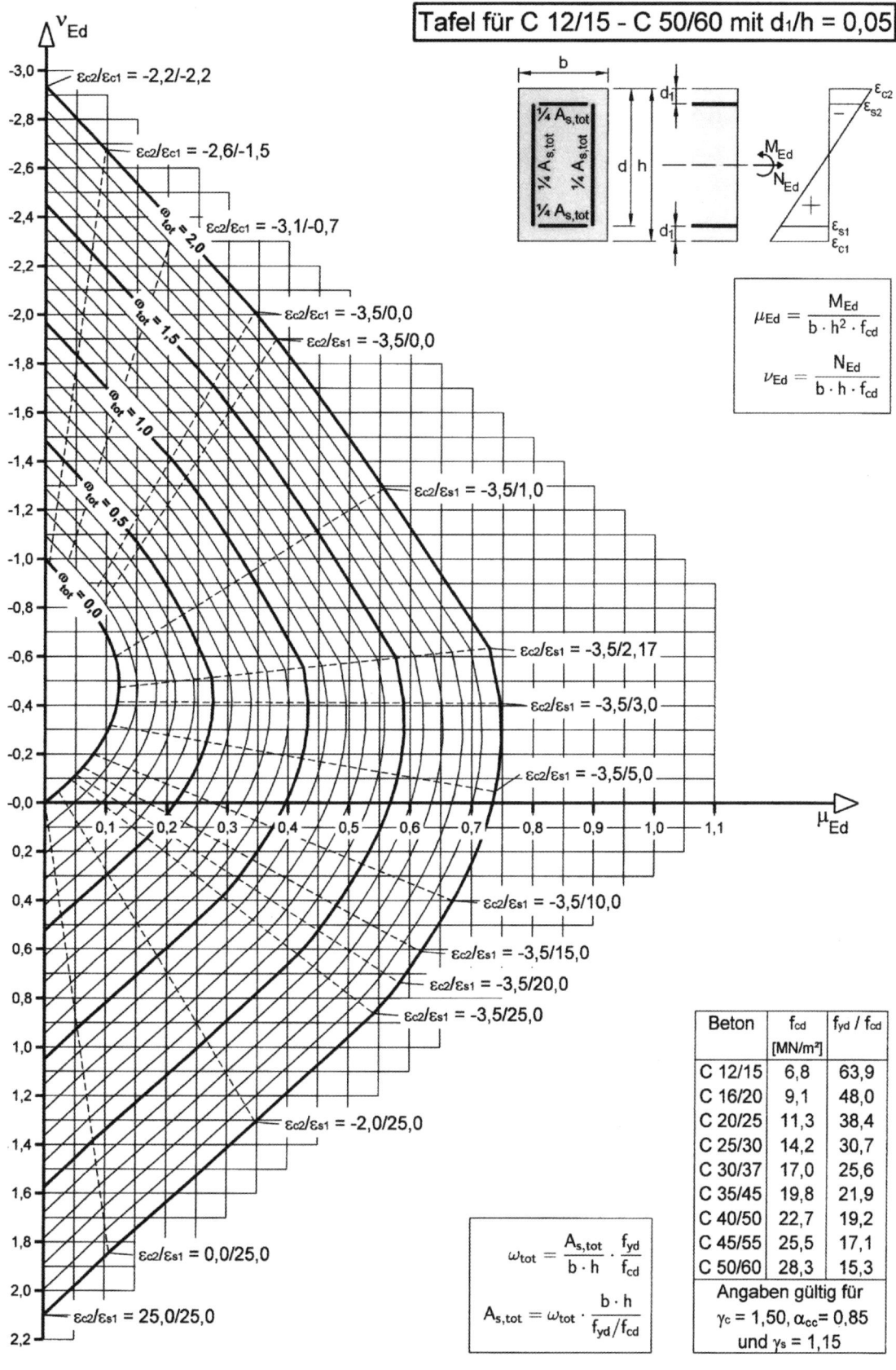

Tafel 8.101 BT 3b Interaktionsdiagramm für Rechteckquerschnitte mit symmetrisch umlaufender Bewehrung (unter Ansatz der Nettobetondruckfläche und des ansteigenden Astes der Spannungs-Dehnungs-Linie des Betonstahls ermittelt)

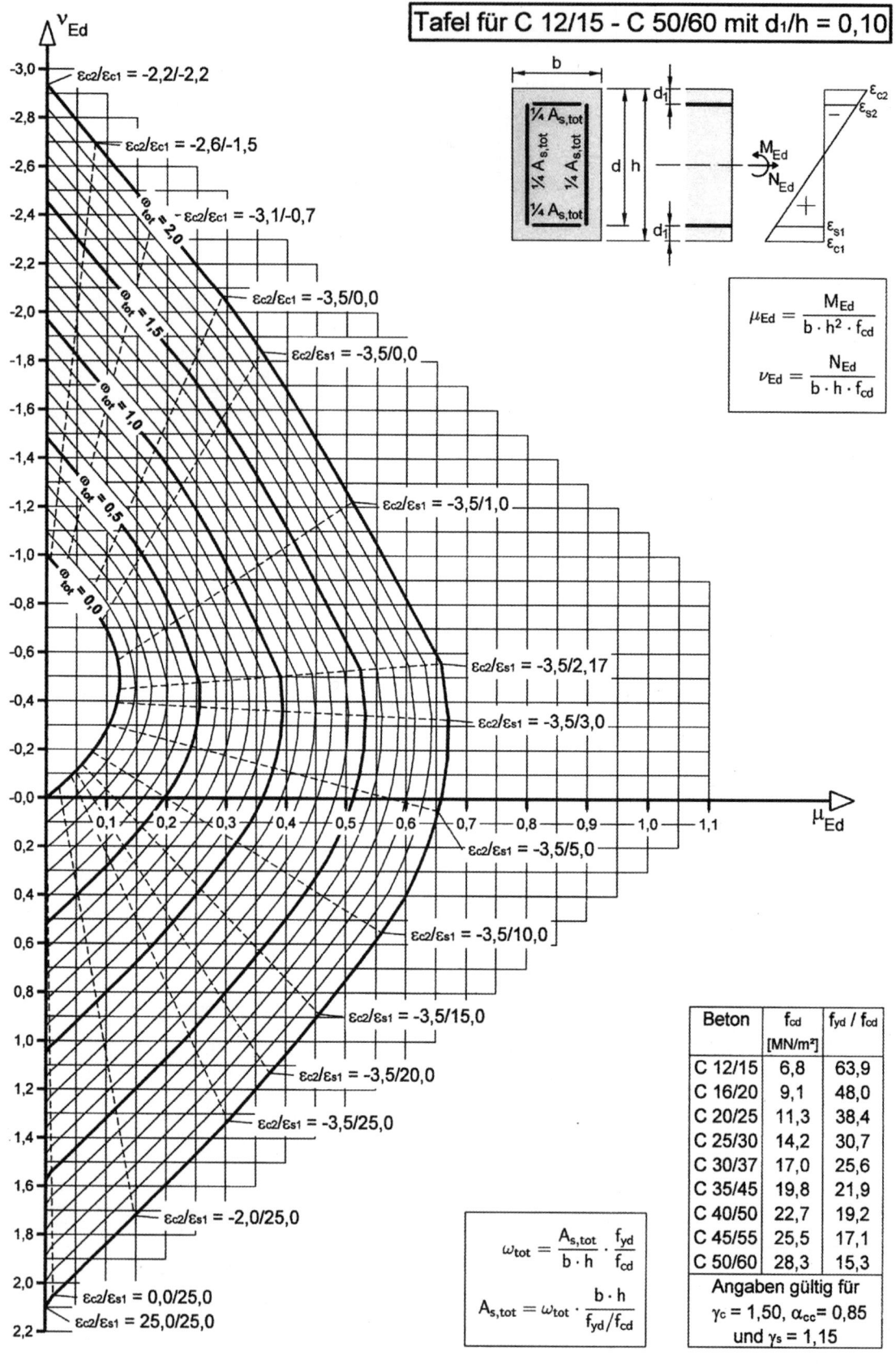

Tafel für C 12/15 - C 50/60 mit $d_1/h = 0{,}10$

$$\mu_{Ed} = \frac{M_{Ed}}{b \cdot h^2 \cdot f_{cd}}$$

$$\nu_{Ed} = \frac{N_{Ed}}{b \cdot h \cdot f_{cd}}$$

Beton	f_{cd} [MN/m²]	f_{yd} / f_{cd}
C 12/15	6,8	63,9
C 16/20	9,1	48,0
C 20/25	11,3	38,4
C 25/30	14,2	30,7
C 30/37	17,0	25,6
C 35/45	19,8	21,9
C 40/50	22,7	19,2
C 45/55	25,5	17,1
C 50/60	28,3	15,3
Angaben gültig für		
$\gamma_c = 1{,}50$, $\alpha_{cc} = 0{,}85$		
und $\gamma_s = 1{,}15$		

$$\omega_{tot} = \frac{A_{s,tot}}{b \cdot h} \cdot \frac{f_{yd}}{f_{cd}}$$

$$A_{s,tot} = \omega_{tot} \cdot \frac{b \cdot h}{f_{yd}/f_{cd}}$$

Tafel 8.102 BT 3c Interaktionsdiagramm für Rechteckquerschnitte mit symmetrisch umlaufender Bewehrung (unter Ansatz der Nettobetondruckfläche und des ansteigenden Astes der Spannungs-Dehnungs-Linie des Betonstahls ermittelt)

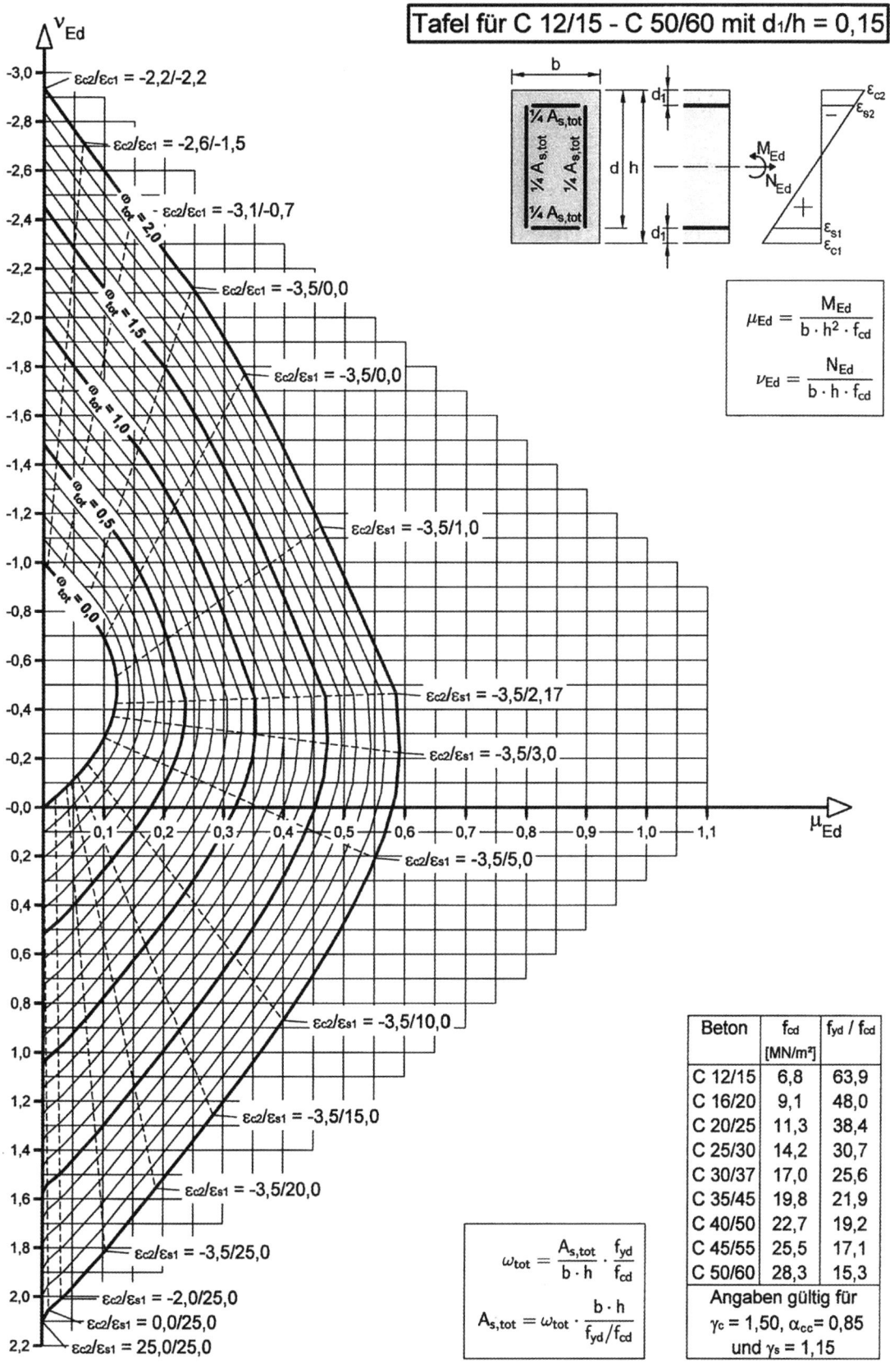

Tafel für C 12/15 - C 50/60 mit $d_1/h = 0{,}15$

$$\mu_{Ed} = \frac{M_{Ed}}{b \cdot h^2 \cdot f_{cd}}$$

$$\nu_{Ed} = \frac{N_{Ed}}{b \cdot h \cdot f_{cd}}$$

$$\omega_{tot} = \frac{A_{s,tot}}{b \cdot h} \cdot \frac{f_{yd}}{f_{cd}}$$

$$A_{s,tot} = \omega_{tot} \cdot \frac{b \cdot h}{f_{yd}/f_{cd}}$$

Beton	f_{cd} [MN/m²]	f_{yd}/f_{cd}
C 12/15	6,8	63,9
C 16/20	9,1	48,0
C 20/25	11,3	38,4
C 25/30	14,2	30,7
C 30/37	17,0	25,6
C 35/45	19,8	21,9
C 40/50	22,7	19,2
C 45/55	25,5	17,1
C 50/60	28,3	15,3
Angaben gültig für $\gamma_c = 1{,}50$, $\alpha_{cc} = 0{,}85$ und $\gamma_s = 1{,}15$		

Tafel 8.103 BT 3d Interaktionsdiagramm für Rechteckquerschnitte mit symmetrisch umlaufender Bewehrung (unter Ansatz der Nettobetondruckfläche und des ansteigenden Astes der Spannungs-Dehnungs-Linie des Betonstahls ermittelt)

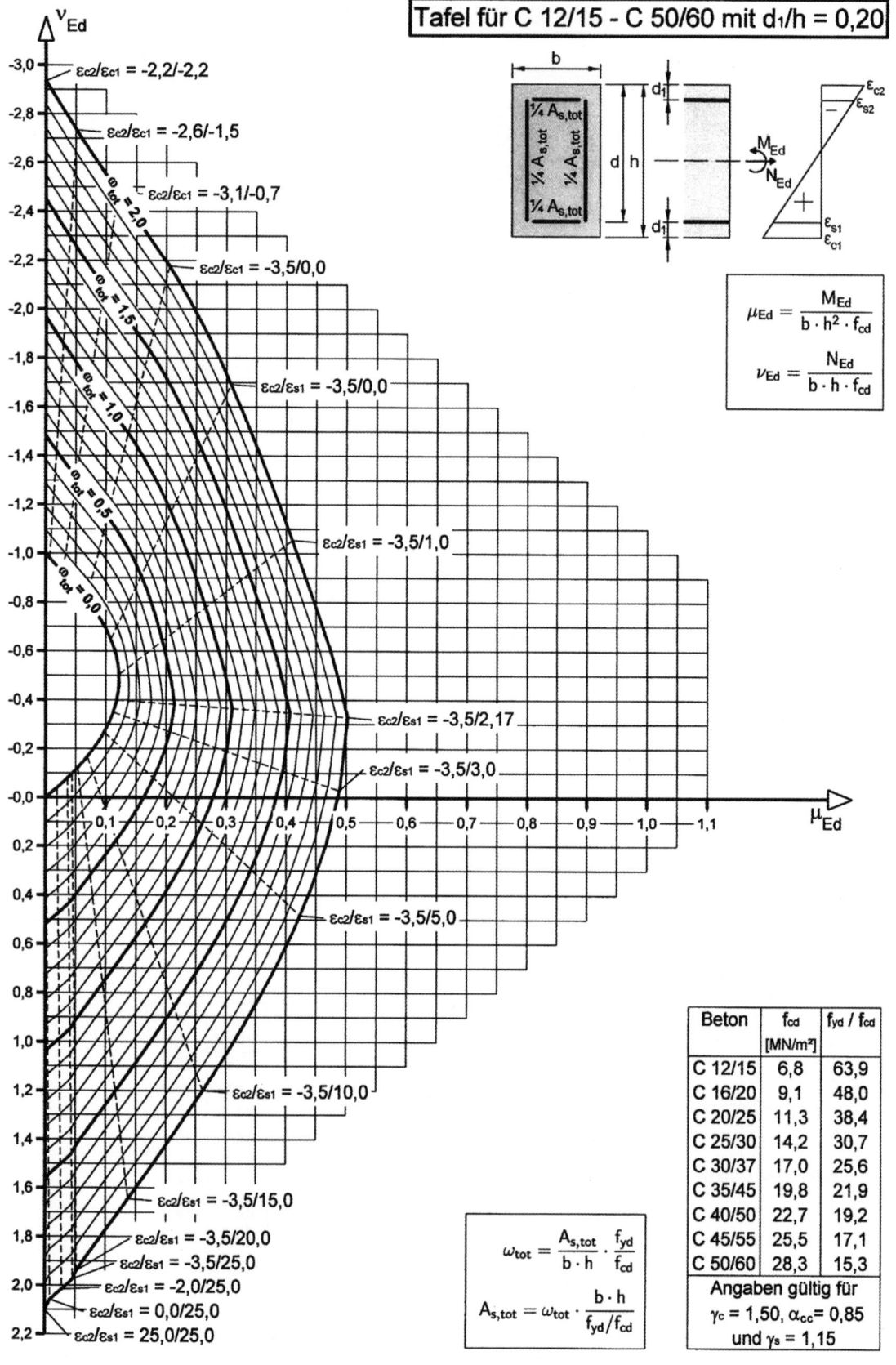

Beton	f_{cd} [MN/m²]	f_{yd} / f_{cd}
C 12/15	6,8	63,9
C 16/20	9,1	48,0
C 20/25	11,3	38,4
C 25/30	14,2	30,7
C 30/37	17,0	25,6
C 35/45	19,8	21,9
C 40/50	22,7	19,2
C 45/55	25,5	17,1
C 50/60	28,3	15,3
Angaben gültig für		
$\gamma_c = 1{,}50$, $\alpha_{cc} = 0{,}85$ und $\gamma_s = 1{,}15$		

Tafel für C 12/15 - C 50/60 mit $d_1/h = 0{,}20$

$$\mu_{Ed} = \frac{M_{Ed}}{b \cdot h^2 \cdot f_{cd}}$$

$$\nu_{Ed} = \frac{N_{Ed}}{b \cdot h \cdot f_{cd}}$$

$$\omega_{tot} = \frac{A_{s,tot}}{b \cdot h} \cdot \frac{f_{yd}}{f_{cd}}$$

$$A_{s,tot} = \omega_{tot} \cdot \frac{b \cdot h}{f_{yd}/f_{cd}}$$

Tafel 8.104   BT 4a Interaktionsdiagramm für Kreisquerschnitte mit gleichmäßig verteilter, umlaufender Bewehrung (unter Ansatz der Nettobetondruckfläche und des ansteigenden Astes der Spannungs-Dehnungs-Linie des Betonstahls ermittelt)

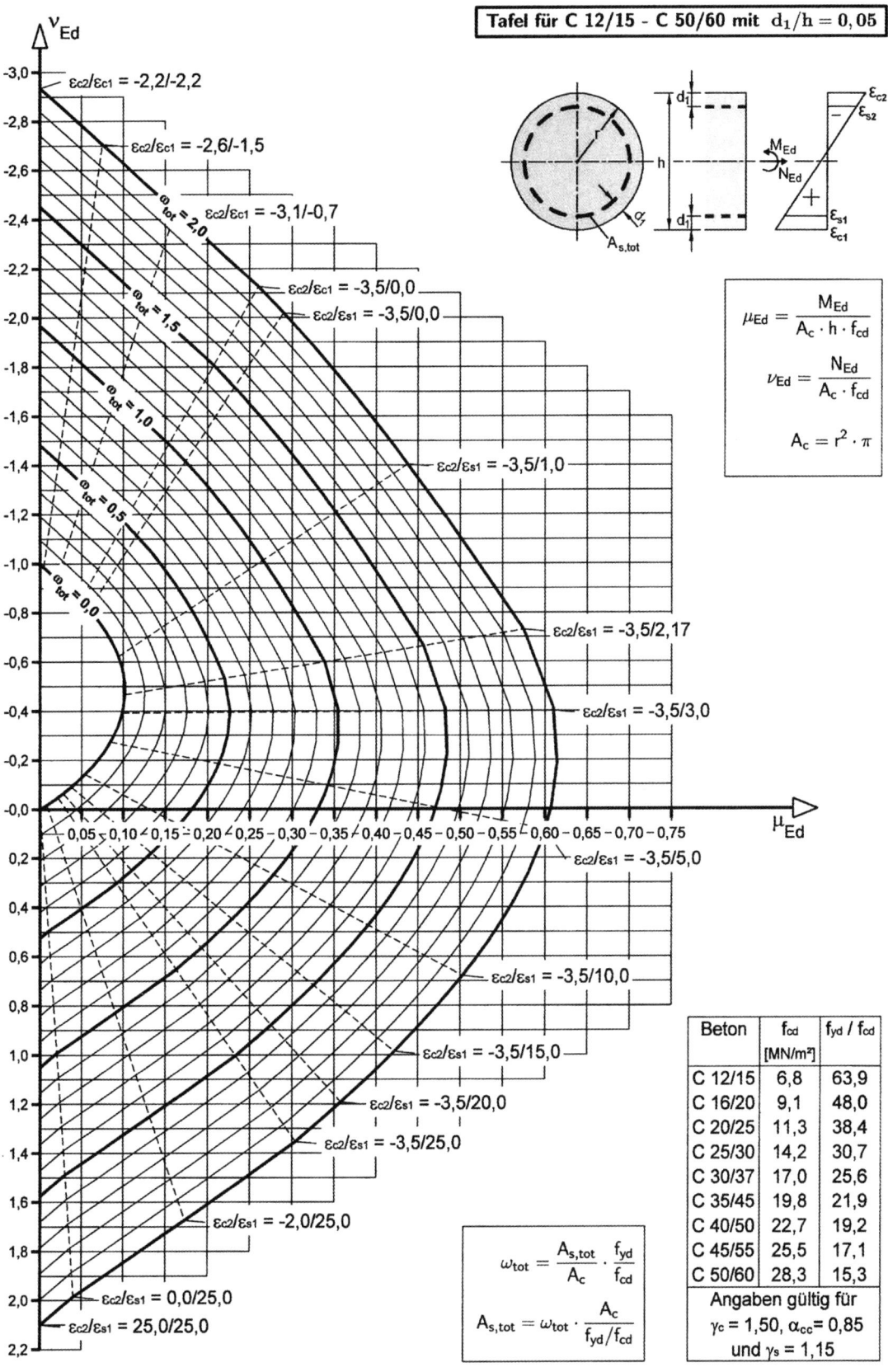

Tafel für C 12/15 - C 50/60 mit $d_1/h = 0,05$

$$\mu_{Ed} = \frac{M_{Ed}}{A_c \cdot h \cdot f_{cd}}$$

$$\nu_{Ed} = \frac{N_{Ed}}{A_c \cdot f_{cd}}$$

$$A_c = r^2 \cdot \pi$$

$$\omega_{tot} = \frac{A_{s,tot}}{A_c} \cdot \frac{f_{yd}}{f_{cd}}$$

$$A_{s,tot} = \omega_{tot} \cdot \frac{A_c}{f_{yd}/f_{cd}}$$

Beton	f_{cd} [MN/m²]	f_{yd}/f_{cd}
C 12/15	6,8	63,9
C 16/20	9,1	48,0
C 20/25	11,3	38,4
C 25/30	14,2	30,7
C 30/37	17,0	25,6
C 35/45	19,8	21,9
C 40/50	22,7	19,2
C 45/55	25,5	17,1
C 50/60	28,3	15,3
Angaben gültig für		
$\gamma_c = 1,50$, $\alpha_{cc} = 0,85$		
und $\gamma_s = 1,15$		

438   U. Vismann

Tafel 8.105 BT 4b Interaktionsdiagramm für Kreisquerschnitte mit gleichmäßig verteilter, umlaufender Bewehrung (unter Ansatz der Nettobetondruckfläche und des ansteigenden Astes der Spannungs-Dehnungs-Linie des Betonstahls ermittelt)

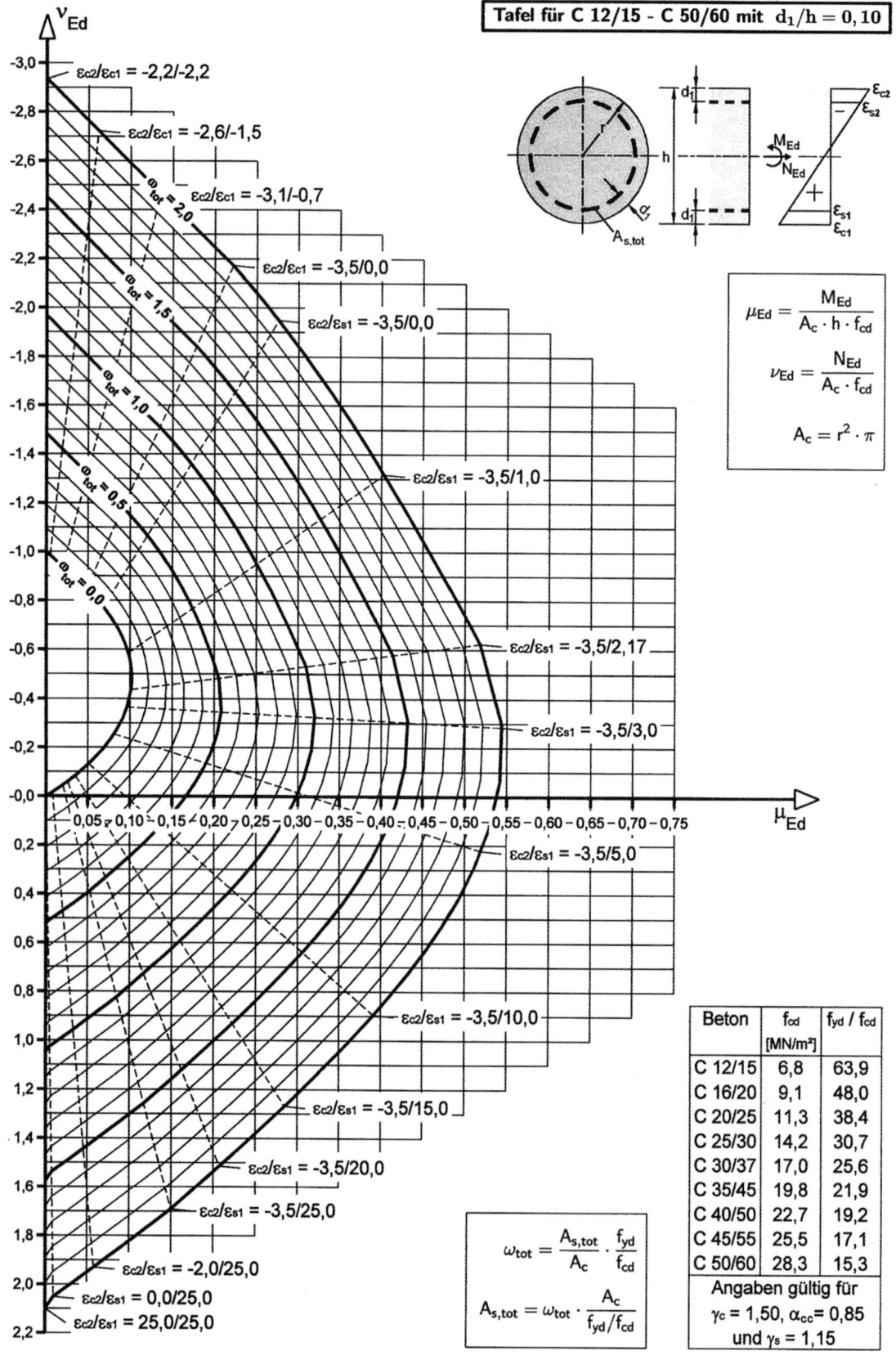

Tafel 8.106 BT 4c Interaktionsdiagramm für Kreisquerschnitte mit gleichmäßig verteilter, umlaufender Bewehrung (unter Ansatz der Nettobetondruckfläche und des ansteigenden Astes der Spannungs-Dehnungs-Linie des Betonstahls ermittelt)

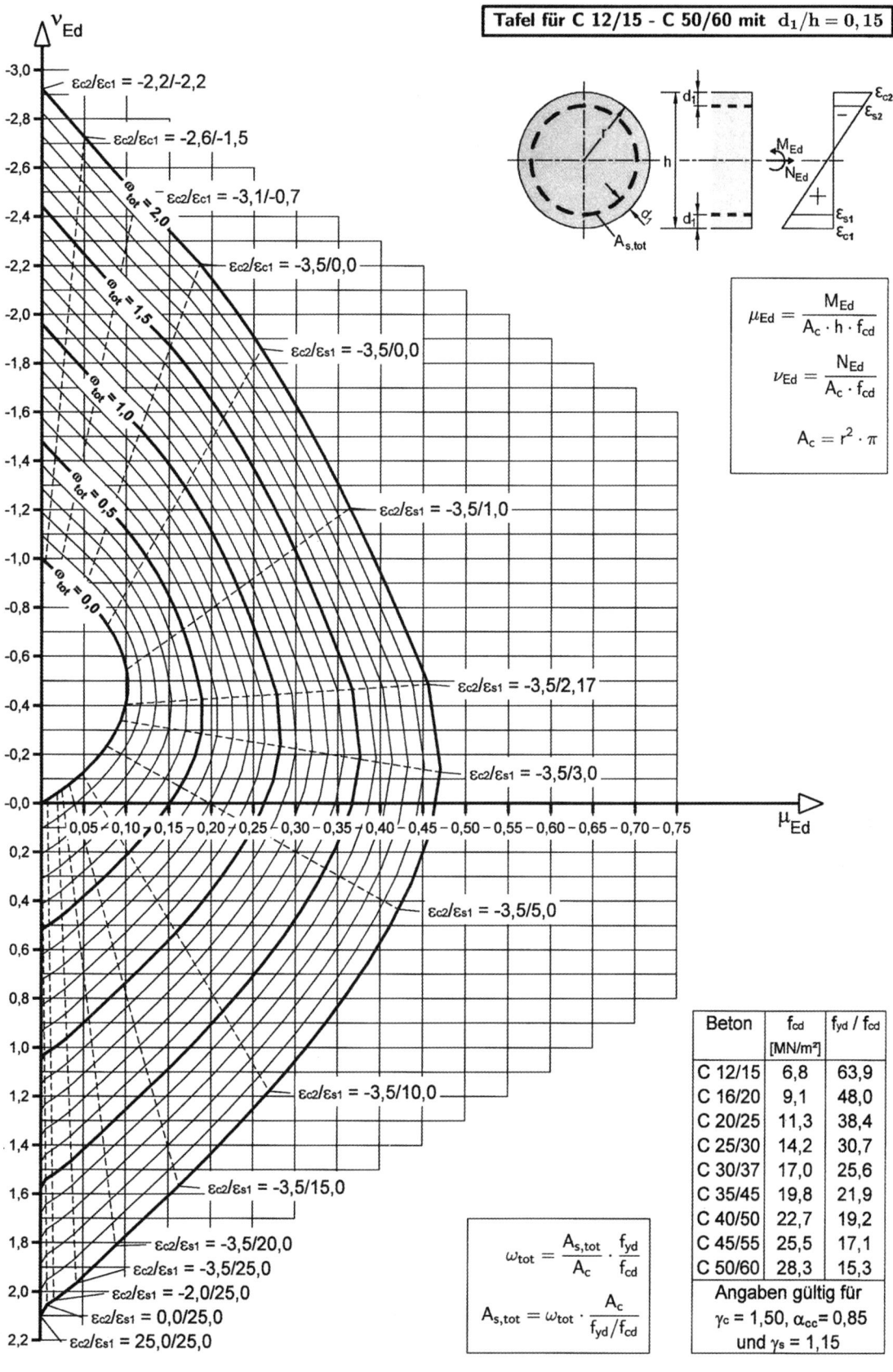

Tafel für C 12/15 - C 50/60 mit $d_1/h = 0,15$

$$\mu_{Ed} = \frac{M_{Ed}}{A_c \cdot h \cdot f_{cd}}$$

$$\nu_{Ed} = \frac{N_{Ed}}{A_c \cdot f_{cd}}$$

$$A_c = r^2 \cdot \pi$$

$$\omega_{tot} = \frac{A_{s,tot}}{A_c} \cdot \frac{f_{yd}}{f_{cd}}$$

$$A_{s,tot} = \omega_{tot} \cdot \frac{A_c}{f_{yd}/f_{cd}}$$

Beton	f_{cd} [MN/m²]	f_{yd}/f_{cd}
C 12/15	6,8	63,9
C 16/20	9,1	48,0
C 20/25	11,3	38,4
C 25/30	14,2	30,7
C 30/37	17,0	25,6
C 35/45	19,8	21,9
C 40/50	22,7	19,2
C 45/55	25,5	17,1
C 50/60	28,3	15,3

Angaben gültig für
$\gamma_c = 1,50$, $\alpha_{cc} = 0,85$
und $\gamma_s = 1,15$

Tafel 8.107   BT 4d Interaktionsdiagramm für Kreisquerschnitte mit gleichmäßig verteilter, umlaufender Bewehrung (unter Ansatz der Nettobetondruckfläche und des ansteigenden Astes der Spannungs-Dehnungs-Linie des Betonstahls ermittelt)

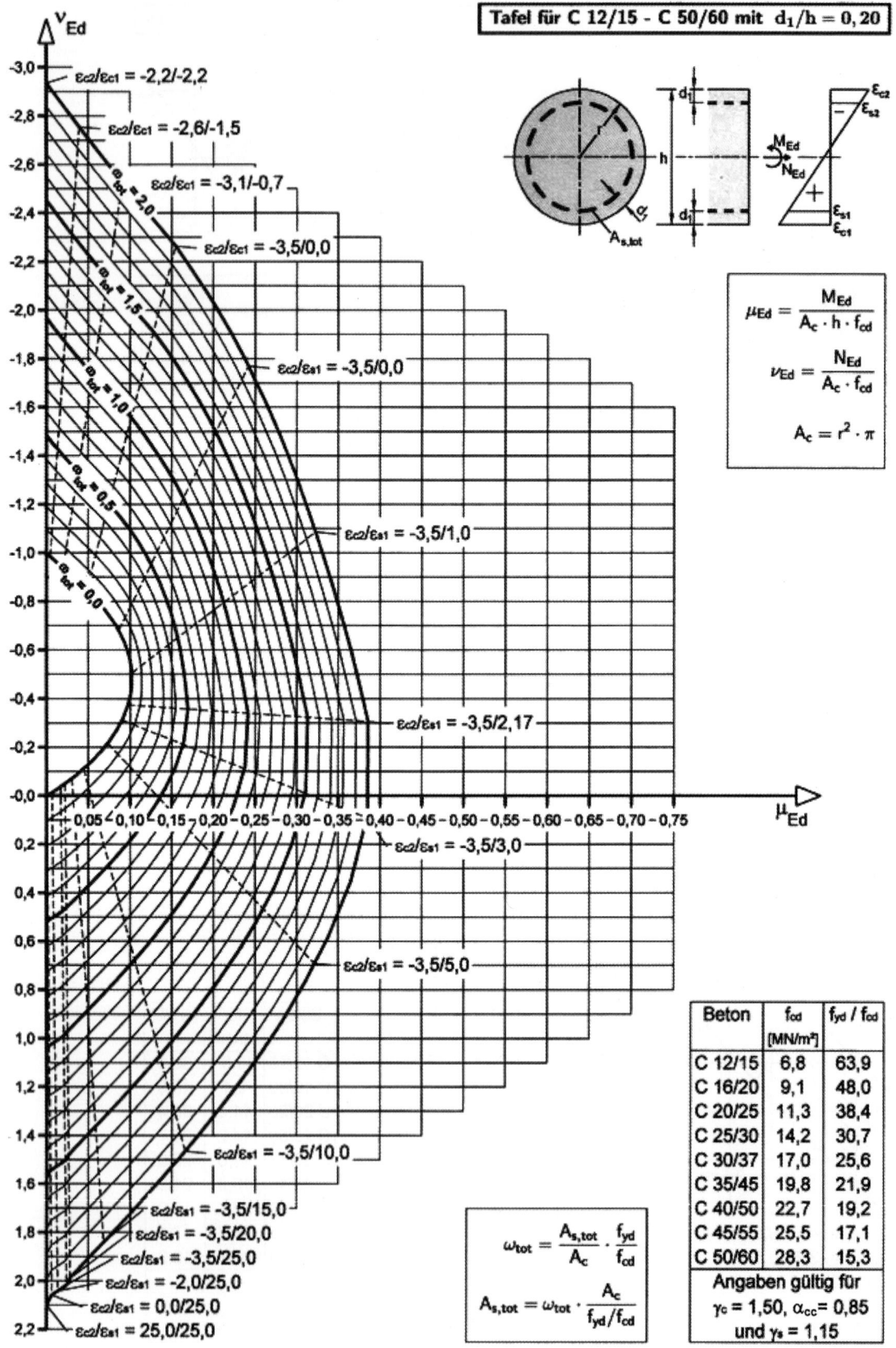

Tafel für C 12/15 - C 50/60 mit $d_1/h = 0,20$

$$\mu_{Ed} = \frac{M_{Ed}}{A_c \cdot h \cdot f_{cd}}$$

$$\nu_{Ed} = \frac{N_{Ed}}{A_c \cdot f_{cd}}$$

$$A_c = r^2 \cdot \pi$$

$$\omega_{tot} = \frac{A_{s,tot}}{A_c} \cdot \frac{f_{yd}}{f_{cd}}$$

$$A_{s,tot} = \omega_{tot} \cdot \frac{A_c}{f_{yd}/f_{cd}}$$

Beton	f_{cd} [MN/m²]	f_{yd}/f_{cd}
C 12/15	6,8	63,9
C 16/20	9,1	48,0
C 20/25	11,3	38,4
C 25/30	14,2	30,7
C 30/37	17,0	25,6
C 35/45	19,8	21,9
C 40/50	22,7	19,2
C 45/55	25,5	17,1
C 50/60	28,3	15,3
Angaben gültig für		
$\gamma_c = 1,50$, $\alpha_{cc} = 0,85$		
und $\gamma_s = 1,15$		

Tafel 8.108 BT 4e Interaktionsdiagramm für Rechteckquerschnitte mit symmetrisch umlaufender Bewehrung (unter Ansatz der Nettobeton-druckfläche und des ansteigenden Astes der Spannungs-Dehnungs-Linie des Betonstahls ermittelt)

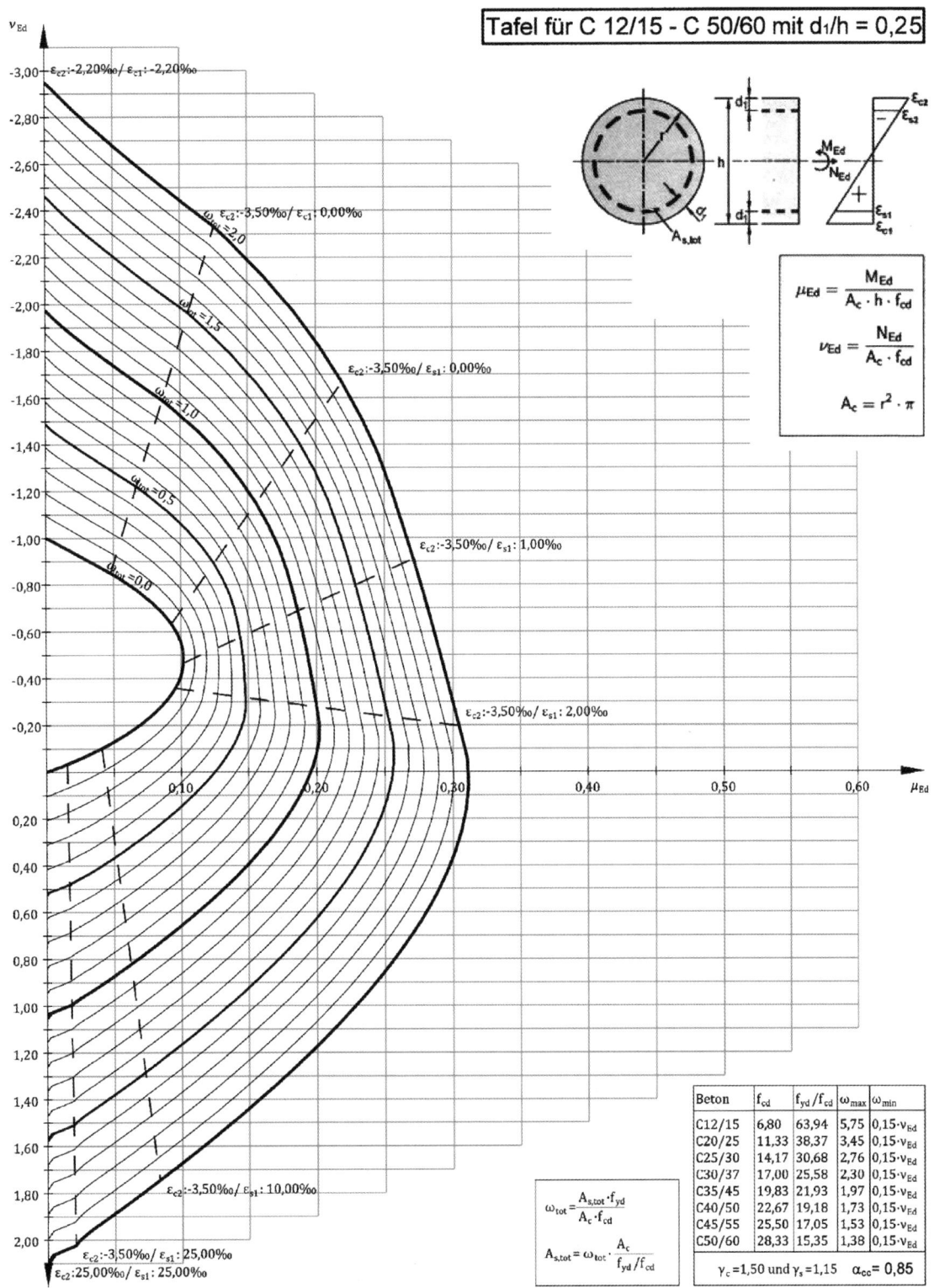

Tafel für C 12/15 - C 50/60 mit $d_1/h = 0,25$

$$\mu_{Ed} = \frac{M_{Ed}}{A_c \cdot h \cdot f_{cd}}$$

$$\nu_{Ed} = \frac{N_{Ed}}{A_c \cdot f_{cd}}$$

$$A_c = r^2 \cdot \pi$$

$$\omega_{tot} = \frac{A_{s,tot} \cdot f_{yd}}{A_c \cdot f_{cd}}$$

$$A_{s,tot} = \omega_{tot} \cdot \frac{A_c}{f_{yd}/f_{cd}}$$

Beton	f_{cd}	f_{yd}/f_{cd}	ω_{max}	ω_{min}
C12/15	6,80	63,94	5,75	$0,15 \cdot \nu_{Ed}$
C20/25	11,33	38,37	3,45	$0,15 \cdot \nu_{Ed}$
C25/30	14,17	30,68	2,76	$0,15 \cdot \nu_{Ed}$
C30/37	17,00	25,58	2,30	$0,15 \cdot \nu_{Ed}$
C35/45	19,83	21,93	1,97	$0,15 \cdot \nu_{Ed}$
C40/50	22,67	19,18	1,73	$0,15 \cdot \nu_{Ed}$
C45/55	25,50	17,05	1,53	$0,15 \cdot \nu_{Ed}$
C50/60	28,33	15,35	1,38	$0,15 \cdot \nu_{Ed}$

$\gamma_c = 1,50$ und $\gamma_s = 1,15$ $\alpha_{cc} = 0,85$

Tafel 8.109 **BT 5a** Interaktionsdiagramm für Kreisringquerschnitte mit gleichmäßig verteilter, umlaufender Bewehrung (unter Ansatz der Nettobetondruckfläche und des ansteigenden Astes der Spannungs-Dehnungs-Linie des Betonstahls ermittelt)

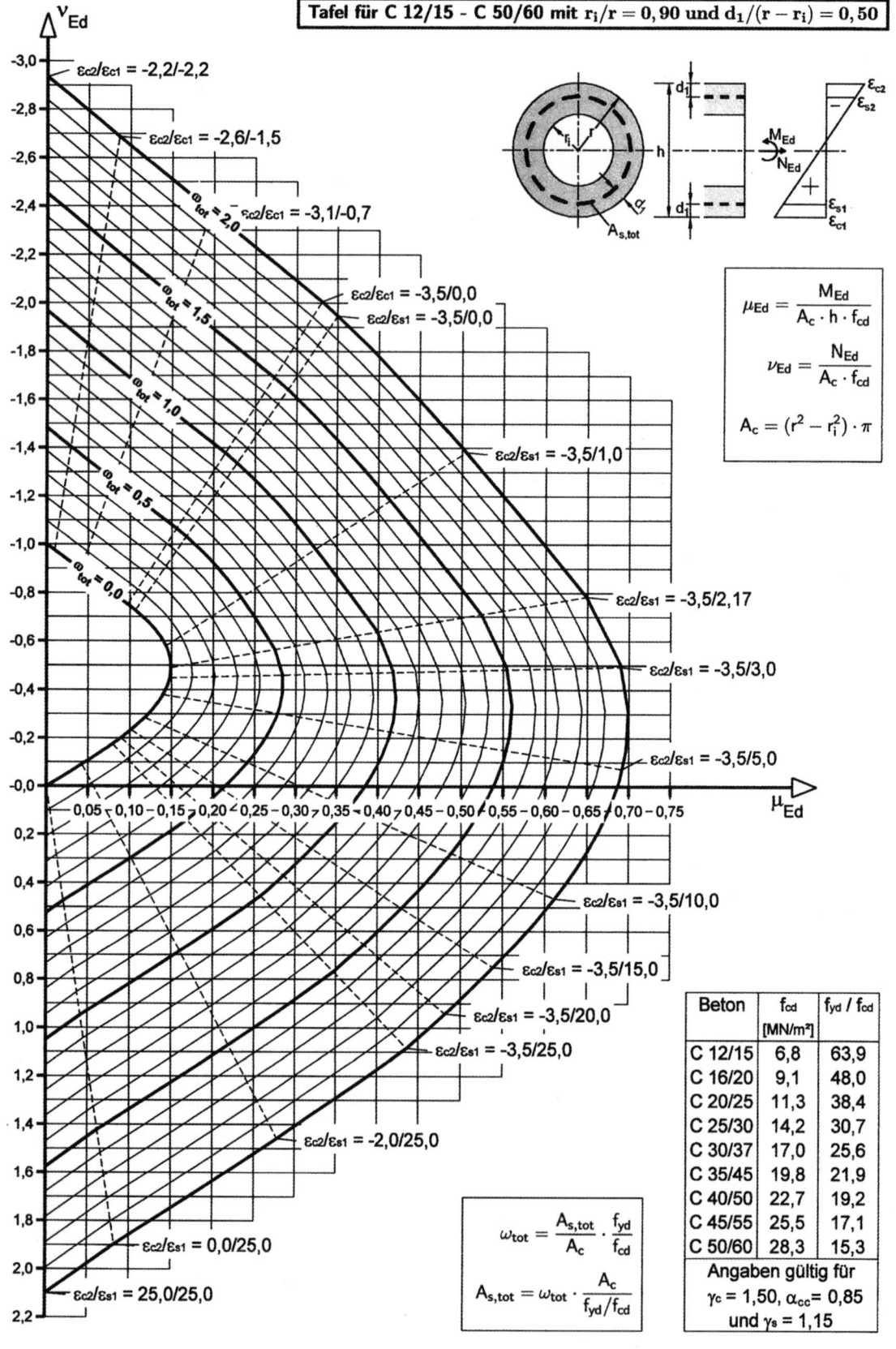

Tafel 8.110 BT 5b Interaktionsdiagramm für Kreisringquerschnitte mit gleichmäßig verteilter, umlaufender Bewehrung (unter Ansatz der Netto-betondruckfläche und des ansteigenden Astes der Spannungs-Dehnungs-Linie des Betonstahls ermittelt)

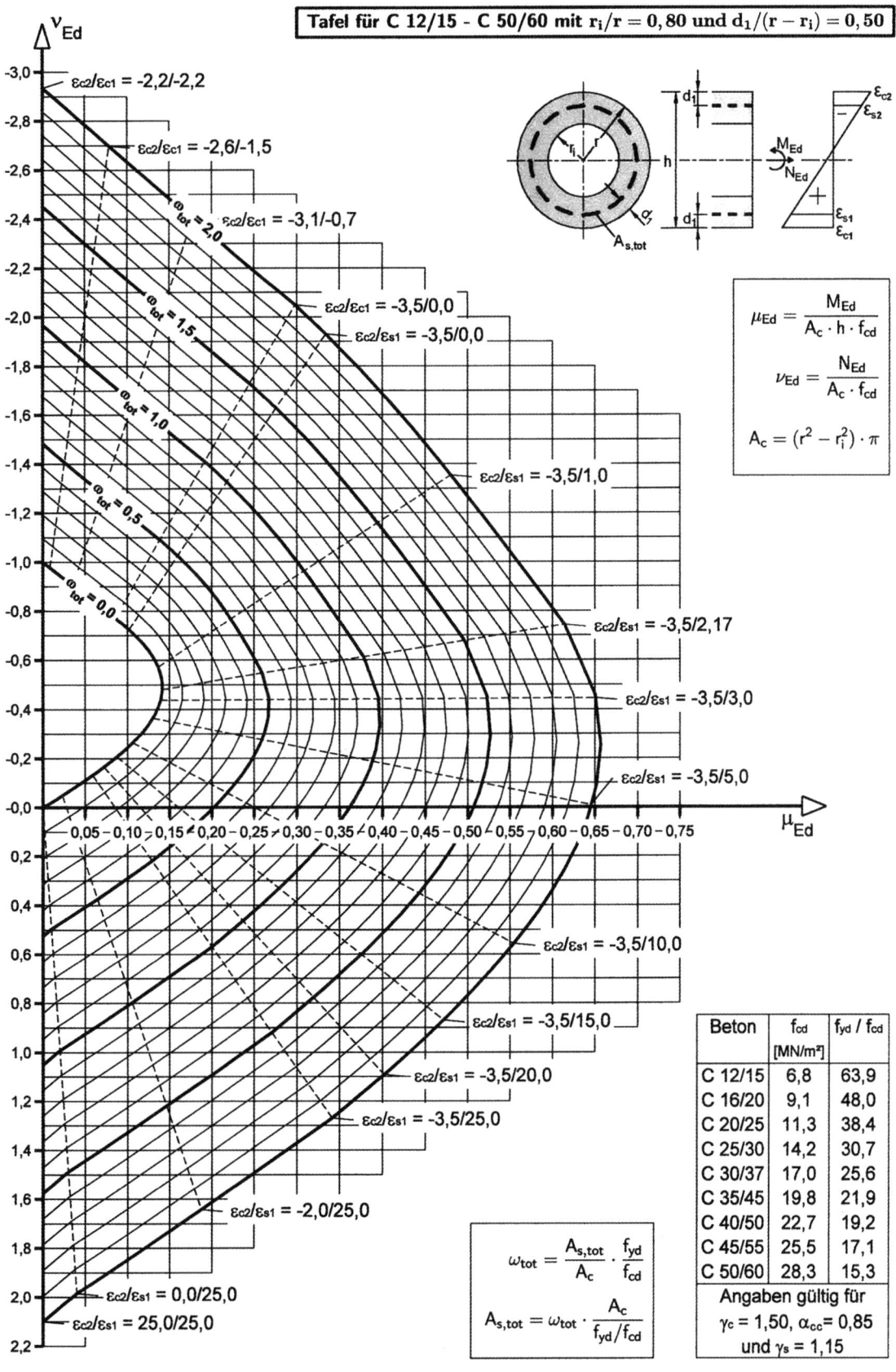

Tafel für C 12/15 - C 50/60 mit $r_i/r = 0,80$ und $d_1/(r - r_i) = 0,50$

$$\mu_{Ed} = \frac{M_{Ed}}{A_c \cdot h \cdot f_{cd}}$$

$$\nu_{Ed} = \frac{N_{Ed}}{A_c \cdot f_{cd}}$$

$$A_c = (r^2 - r_i^2) \cdot \pi$$

$$\omega_{tot} = \frac{A_{s,tot}}{A_c} \cdot \frac{f_{yd}}{f_{cd}}$$

$$A_{s,tot} = \omega_{tot} \cdot \frac{A_c}{f_{yd}/f_{cd}}$$

Beton	f_{cd} [MN/m²]	f_{yd} / f_{cd}
C 12/15	6,8	63,9
C 16/20	9,1	48,0
C 20/25	11,3	38,4
C 25/30	14,2	30,7
C 30/37	17,0	25,6
C 35/45	19,8	21,9
C 40/50	22,7	19,2
C 45/55	25,5	17,1
C 50/60	28,3	15,3
Angaben gültig für		
$\gamma_c = 1,50$, $\alpha_{cc} = 0,85$		
und $\gamma_s = 1,15$		

Tafel 8.111 BT 5c Interaktionsdiagramm für Kreisringquerschnitte mit gleichmäßig verteilter, umlaufender Bewehrung (unter Ansatz der Netto-betondruckfläche und des ansteigenden Astes der Spannungs-Dehnungs-Linie des Betonstahls ermittelt)

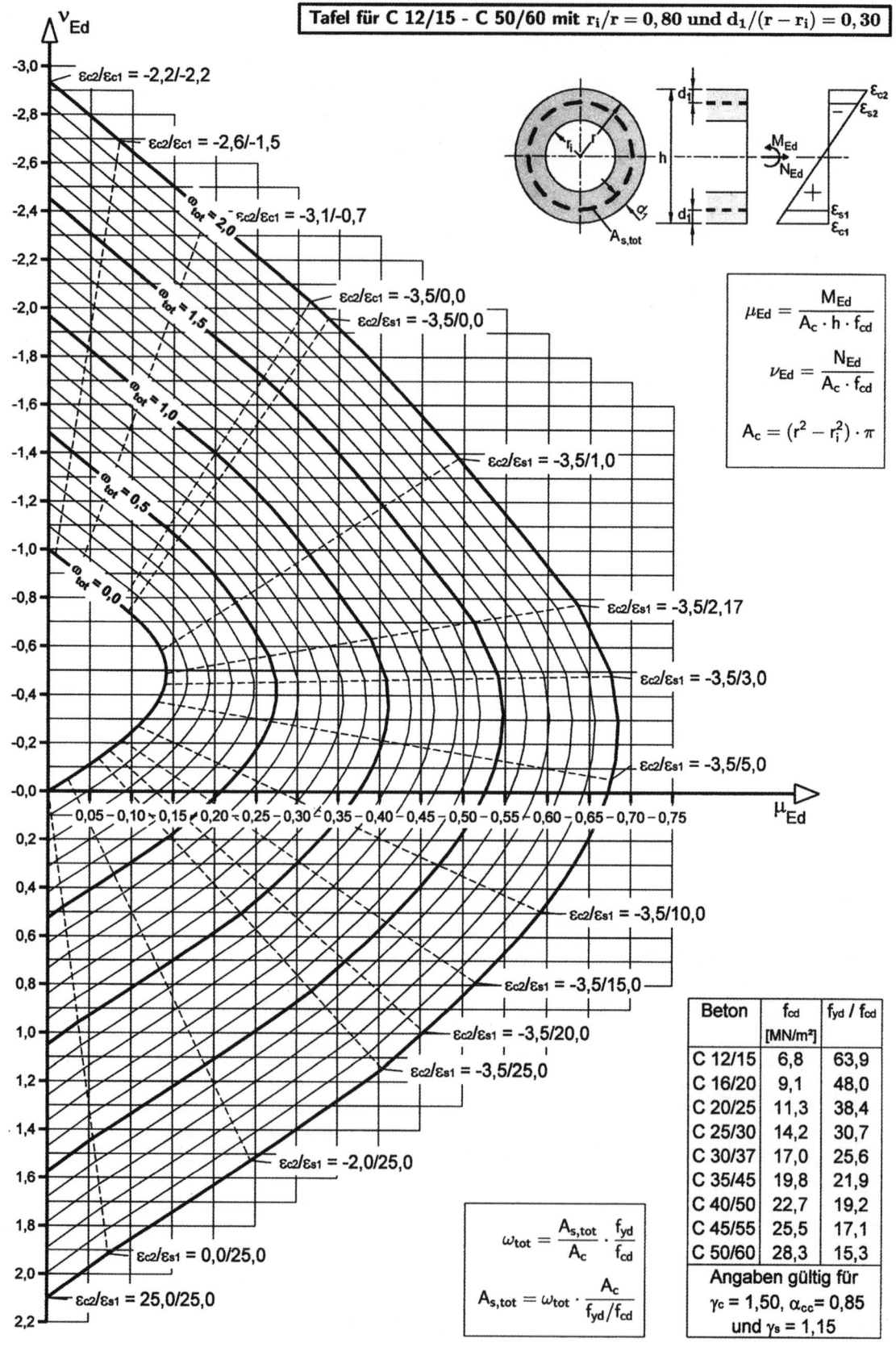

Tafel 8.112 BT 5d Interaktionsdiagramm für Kreisringquerschnitte mit gleichmäßig verteilter, umlaufender Bewehrung (unter Ansatz der Nettobetondruckfläche und des ansteigenden Astes der Spannungs-Dehnungs-Linie des Betonstahls ermittelt)

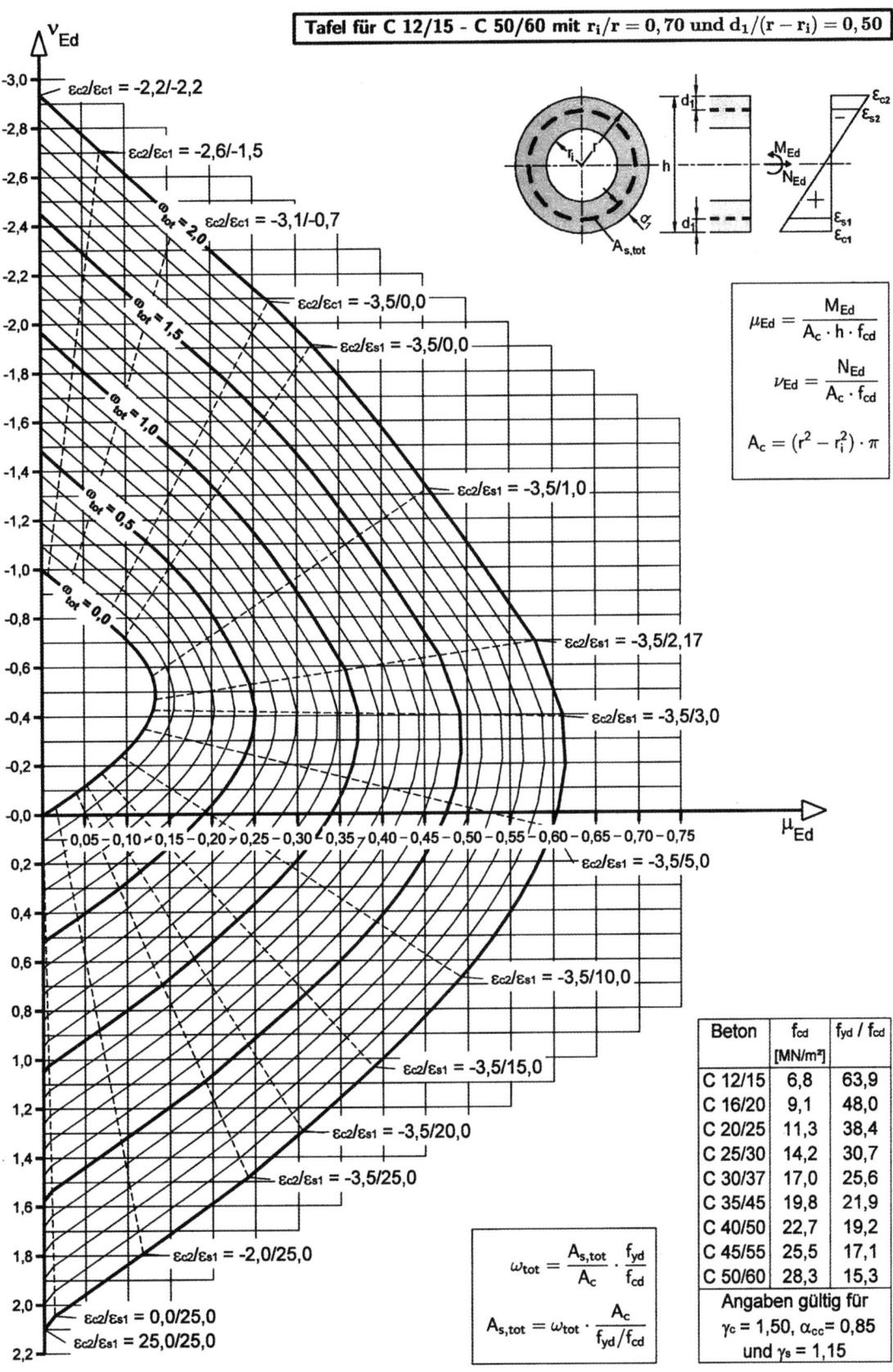

Tafel für C 12/15 - C 50/60 mit $r_i/r = 0,70$ und $d_1/(r - r_i) = 0,50$

$$\mu_{Ed} = \frac{M_{Ed}}{A_c \cdot h \cdot f_{cd}}$$

$$\nu_{Ed} = \frac{N_{Ed}}{A_c \cdot f_{cd}}$$

$$A_c = (r^2 - r_i^2) \cdot \pi$$

$$\omega_{tot} = \frac{A_{s,tot}}{A_c} \cdot \frac{f_{yd}}{f_{cd}}$$

$$A_{s,tot} = \omega_{tot} \cdot \frac{A_c}{f_{yd}/f_{cd}}$$

Beton	f_{cd} [MN/m²]	f_{yd}/f_{cd}
C 12/15	6,8	63,9
C 16/20	9,1	48,0
C 20/25	11,3	38,4
C 25/30	14,2	30,7
C 30/37	17,0	25,6
C 35/45	19,8	21,9
C 40/50	22,7	19,2
C 45/55	25,5	17,1
C 50/60	28,3	15,3

Angaben gültig für $\gamma_c = 1,50$, $\alpha_{cc} = 0,85$ und $\gamma_s = 1,15$

Tafel 8.113　BT 5e Interaktionsdiagramm für Kreisringquerschnitte mit gleichmäßig verteilter, umlaufender Bewehrung (unter Ansatz der Netto-betondruckfläche und des ansteigenden Astes der Spannungs-Dehnungs-Linie des Betonstahls ermittelt)

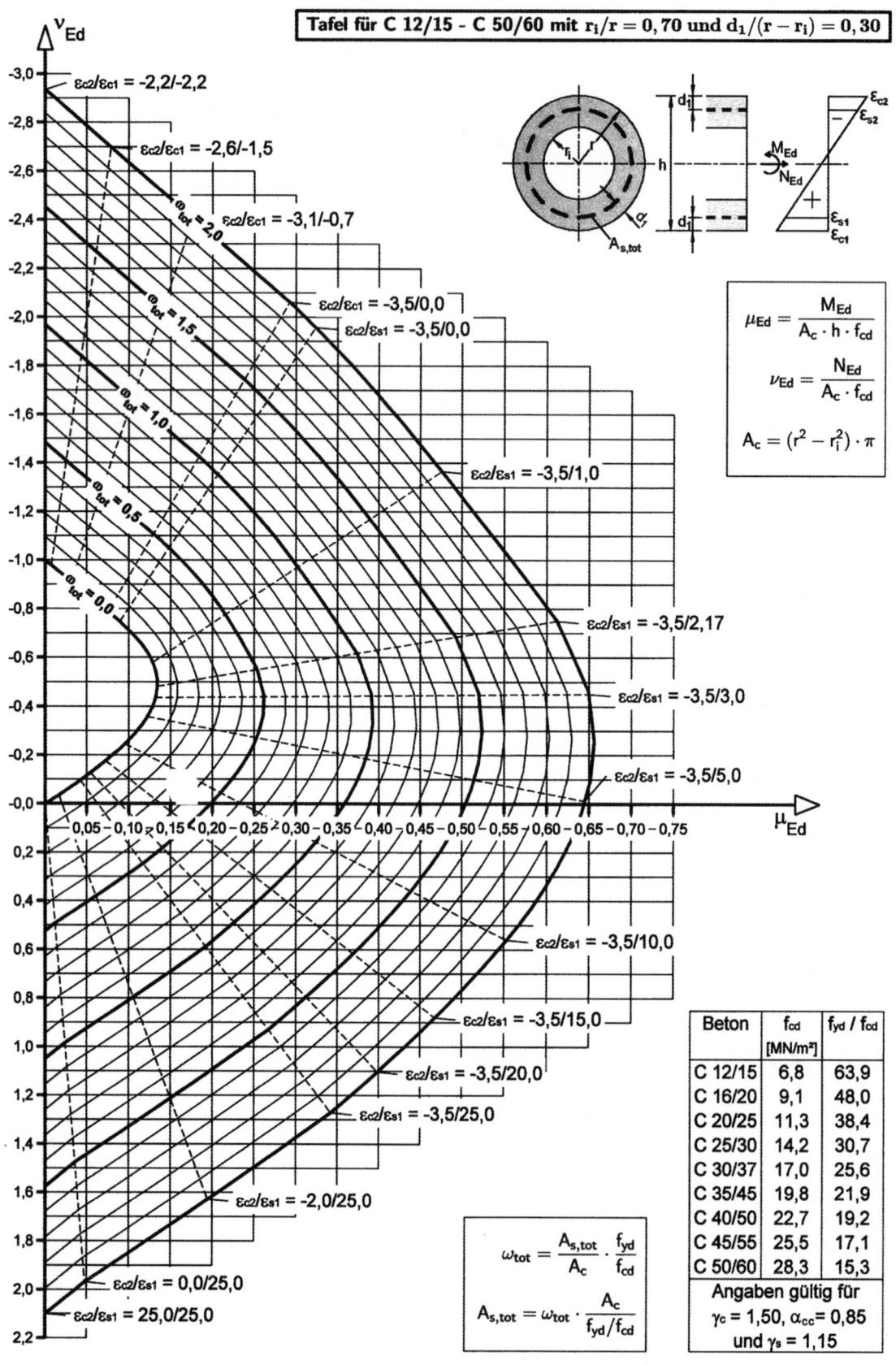

Tafel für C 12/15 - C 50/60 mit $r_i/r = 0,70$ und $d_1/(r - r_i) = 0,30$

$$\mu_{Ed} = \frac{M_{Ed}}{A_c \cdot h \cdot f_{cd}}$$

$$\nu_{Ed} = \frac{N_{Ed}}{A_c \cdot f_{cd}}$$

$$A_c = (r^2 - r_i^2) \cdot \pi$$

$$\omega_{tot} = \frac{A_{s,tot}}{A_c} \cdot \frac{f_{yd}}{f_{cd}}$$

$$A_{s,tot} = \omega_{tot} \cdot \frac{A_c}{f_{yd}/f_{cd}}$$

Beton	f_{cd} [MN/m²]	f_{yd}/f_{cd}
C 12/15	6,8	63,9
C 16/20	9,1	48,0
C 20/25	11,3	38,4
C 25/30	14,2	30,7
C 30/37	17,0	25,6
C 35/45	19,8	21,9
C 40/50	22,7	19,2
C 45/55	25,5	17,1
C 50/60	28,3	15,3
Angaben gültig für		
$\gamma_c = 1,50$, $\alpha_{cc} = 0,85$		
und $\gamma_s = 1,15$		

Tafel 8.114 BT 6a Bemessungstafel mit dimensionslosen Beiwerten für den Plattenbalkenquerschnitt

C12/15 - C50/60, γ_C=1,5, α_{CC}=0,85, B 500, γ_s=1,15
(die ω_1-Werte berücksichtigen den ansteigenden Ast der Stahlkennlinie)

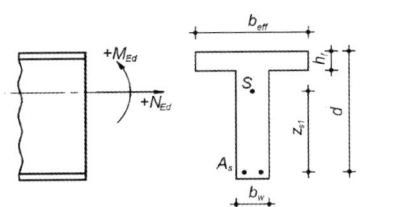

$M_{Eds} = M_{Ed} - N_{Ed} \cdot z_{s1}$

(N_{Ed} als Druckkraft negativ)

$\mu_{Eds} = \dfrac{M_{Eds}}{b_{eff} \cdot d^2 \cdot f_{cd}}$

$A_{s1} = \dfrac{1}{f_{yd}} \cdot \left(\omega_1 \cdot b_{eff} \cdot d \cdot f_{cd} + N_{Ed}\right)$

$h_f/d = 0,05$ — ω_1-Werte für $b_{eff}/b_w =$

μ_{Eds}	1	2	3	5	≥ 10
0,01	0,0096	0,0096	0,0096	0,0096	0,0096
0,02	0,0193	0,0193	0,0193	0,0193	0,0193
0,03	0,0292	0,0291	0,0291	0,0291	0,0291
0,04	0,0390	0,0390	0,0390	0,0390	0,0390
0,05	0,0490	0,0490	0,0490	0,0489	0,0489
0,06	0,0591	0,0593	0,0600	0,0609	0,0623
0,07	0,0693	0,0709	0,0720	0,0734	0,0766
0,08	0,0797	0,0827	0,0842	0,0867	
0,09	0,0901	0,0947	0,0969	0,1013	
0,10	0,1011	0,1070	0,1102	0,1630	
0,11	0,1125	0,1197	0,1243		
0,12	0,1240	0,1328	0,1395		
0,13	0,1358	0,1465			
0,14	0,1476	0,1607			
0,15	0,1597	0,1755			
0,16	0,1720	0,1912			
0,17	0,1844				
0,18	0,1971				
0,19	0,2099				
0,20	0,2230				
0,21	0,2363				
0,22	0,2498				
0,23	0,2636				
0,24	0,2777				
0,25	0,2921				
0,26	0,3067				
0,27	0,3217				
0,28	0,3371				
0,29	0,3528				
0,30	0,3690				
0,31	0,3855				
0,32	0,4026				
0,33	0,4202				
0,34	0,4383				
0,35	0,4571				
0,36	0,4766				
0,37	0,4968				

Im grau hinterlegten Bereich gilt $x/d \leq 0,45$

$h_f/d = 0,10$ — ω_1-Werte für $b_{eff}/b_w =$

μ_{Eds}	1	2	3	5	≥ 10
0,01	0,0096	0,0096	0,0096	0,0096	0,0096
0,02	0,0193	0,0193	0,0193	0,0193	0,0193
0,03	0,0292	0,0292	0,0292	0,0292	0,0292
0,04	0,0390	0,0390	0,0390	0,0390	0,0390
0,05	0,0490	0,0490	0,0490	0,0490	0,0490
0,06	0,0591	0,0591	0,0591	0,0591	0,0591
0,07	0,0693	0,0693	0,0693	0,0693	0,0693
0,08	0,0797	0,0796	0,0796	0,0796	0,0796
0,09	0,0901	0,0901	0,0903	0,0905	0,0907
0,10	0,1011	0,1024	0,1029	0,1036	0,1045
0,11	0,1125	0,1147	0,1155	0,1167	0,1189
0,12	0,1240	0,1272	0,1284	0,1306	0,2807
0,13	0,1358	0,1399	0,1418	0,1458	
0,14	0,1476	0,1529	0,1560		
0,15	0,1597	0,1664	0,1710		
0,16	0,1720	0,1804	0,1975		
0,17	0,1844	0,1951			
0,18	0,1971	0,2104			
0,19	0,2099				
0,20	0,2230				
0,21	0,2363				
0,22	0,2498				
0,23	0,2636				
0,24	0,2777				
0,25	0,2921				
0,26	0,3067				
0,27	0,3217				
0,28	0,3371				
0,29	0,3528				
0,30	0,3690				
0,31	0,3855				
0,32	0,4026				
0,33	0,4202				
0,34	0,4383				
0,35	0,4571				
0,36	0,4766				
0,37	0,4968				

Im grau hinterlegten Bereich gilt $x/d \leq 0,45$

Tafel 8.115 BT 6b Bemessungstafel mit dimensionslosen Beiwerten für den Plattenbalkenquerschnitt

C12/15 - C50/60, γ_C=1,5, α_{CC}= 0,85, B 500, γ_s=1,15
(die ω_1-Werte berücksichtigen den ansteigenden Ast der Stahlkennlinie)

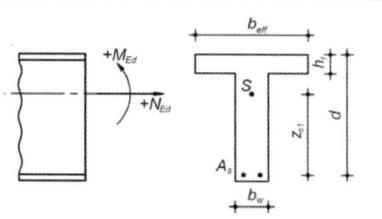

$$M_{Eds} = M_{Ed} - N_{Ed} \cdot z_{s1}$$

(N_{Ed} als Druckkraft negativ)

$$\mu_{Eds} = \frac{M_{Eds}}{b_{eff} \cdot d^2 \cdot f_{cd}}$$

$$A_{s1} = \frac{1}{f_{yd}} \cdot (\omega_1 \cdot b_{eff} \cdot d \cdot f_{cd} + N_{Ed})$$

$h_f/d = 0,15$

ω_1 - Werte für b_{eff}/b_w =

μ_{Eds}	1	2	3	5	≥ 10
0,01	0,0096	0,0096	0,0096	0,0096	0,0096
0,02	0,0193	0,0193	0,0193	0,0193	0,0193
0,03	0,0292	0,0292	0,0292	0,0292	0,0292
0,04	0,0390	0,0390	0,0390	0,0390	0,0390
0,05	0,0490	0,0490	0,0490	0,0490	0,0490
0,06	0,0591	0,0591	0,0591	0,0591	0,0591
0,07	0,0693	0,0693	0,0693	0,0693	0,0693
0,08	0,0797	0,0797	0,0797	0,0797	0,0797
0,09	0,0901	0,0901	0,0901	0,0901	0,0901
0,10	0,1011	0,1011	0,1011	0,1011	0,1011
0,11	0,1125	0,1125	0,1125	0,1125	0,1125
0,12	0,1240	0,1240	0,1240	0,1240	0,1241
0,13	0,1358	0,1359	0,1360	0,1362	0,1363
0,14	0,1476	0,1486	0,1490	0,1494	0,1500
0,15	0,1597	0,1615	0,1622	0,1631	0,1648
0,16	0,1720	0,1746	0,1758	0,1777	0,3780
0,17	0,1844	0,1881	0,1901	0,1962	
0,18	0,1971	0,2021	0,2052		
0,19	0,2099	0,2166	0,2215		
0,20	0,2230	0,2318			
0,21	0,2363	0,2477	Im grau hinterlegten Bereich gilt $x/d \leq 0,45$		
0,22	0,2498				
0,23	0,2636				
0,24	0,2777				
⋮	⋮	⇒ s. Tabellenwerte für $h_f/d = 0,05$			
0,37	0,4968				

$h_f/d = 0,20$

ω_1 - Werte für b_{eff}/b_w =

μ_{Eds}	1	2	3	5	≥ 10
0,01	0,0096	0,0096	0,0096	0,0096	0,0096
0,02	0,0193	0,0193	0,0193	0,0193	0,0193
0,03	0,0292	0,0292	0,0292	0,0292	0,0292
0,04	0,0390	0,0390	0,0390	0,0390	0,0390
0,05	0,0490	0,0490	0,0490	0,0490	0,0490
0,06	0,0591	0,0591	0,0591	0,0591	0,0591
0,07	0,0693	0,0693	0,0693	0,0693	0,0693
0,08	0,0797	0,0797	0,0797	0,0797	0,0797
0,09	0,0901	0,0901	0,0901	0,0901	0,0901
0,10	0,1011	0,1011	0,1011	0,1011	0,1011
0,11	0,1125	0,1125	0,1125	0,1125	0,1125
0,12	0,1240	0,1240	0,1240	0,1240	0,1240
0,13	0,1358	0,1358	0,1358	0,1358	0,1358
0,14	0,1476	0,1476	0,1476	0,1476	0,1476
0,15	0,1597	0,1597	0,1597	0,1597	0,1597
0,16	0,1720	0,1720	0,1720	0,1720	0,1720
0,17	0,1844	0,1846	0,1847	0,1848	0,1850
0,18	0,1971	0,1979	0,1982	0,1986	0,1991
0,19	0,2099	0,2116	0,2122	0,2131	0,2147
0,20	0,2230	0,2256	0,2267	0,2288	
0,21	0,2363	0,2401	0,2422		
0,22	0,2498	0,2552	Im grau hinterlegten Bereich gilt $x/d \leq 0,45$		
0,23	0,2636	0,2711			
0,24	0,2777				
⋮	⋮	⇒ s. Tabellenwerte für $h_f/d = 0,05$			
0,37	0,4968				

$h_f/d = 0,30$

ω_1 - Werte für b_{eff}/b_w =

μ_{Eds}	1	2	3	5	≥ 10
0,01	0,0096	0,0096	0,0096	0,0096	0,0096
⋮	⋮	⇒ s. Tabellenwerte für $h_f/d = 0,15$			
0,12	0,1240	0,1240	0,1240	0,1240	0,1240
0,13	0,1358	0,1358	0,1358	0,1358	0,1358
0,14	0,1476	0,1476	0,1476	0,1476	0,1476
0,15	0,1597	0,1597	0,1597	0,1597	0,1597
0,16	0,1720	0,1720	0,1720	0,1720	0,1720
0,17	0,1844	0,1844	0,1844	0,1844	0,1844
0,18	0,1971	0,1971	0,1971	0,1971	0,1971
0,19	0,2099	0,2099	0,2099	0,2099	0,2099
0,20	0,2230	0,2230	0,2230	0,2230	0,2230
0,21	0,2363	0,2363	0,2363	0,2363	0,2363
0,22	0,2498	0,2498	0,2498	0,2498	0,2498
0,23	0,2636	0,2636	0,2635	0,2635	0,2635
0,24	0,2777	0,2777	0,2777	0,2778	0,2778
0,25	0,2921	0,2926	0,2928	0,2929	0,2931
0,26	0,3067	0,3081	0,3085	0,3091	0,3744
0,27	0,3217	0,3242			
0,28	0,3371	Im grau hinterlegten Bereich gilt $x/d \leq 0,45$			
0,29	0,3528				
0,30	0,3690				
0,31	0,3855				
0,32	0,4026				
⋮	⋮	⇒ s. Tabellenwerte für $h_f/d = 0,05$			
0,37	0,4968				

$h_f/d = 0,40$

ω_1 - Werte für b_{eff}/b_w =

μ_{Eds}	1	2	3	5	≥ 10
0,01	0,0096	0,0096	0,0096	0,0096	0,0096
⋮	⋮	⇒ s. Tabellenwerte für $h_f/d = 0,15$			
0,12	0,1240	0,1240	0,1240	0,1740	0,1240
0,13	0,1358	0,1358	0,1358	0,1358	0,1358
0,14	0,1476	0,1476	0,1476	0,1476	0,1476
0,15	0,1597	0,1597	0,1597	0,1597	0,1597
0,16	0,1720	0,1720	0,1720	0,1720	0,1720
0,17	0,1844	0,1844	0,1844	0,1844	0,1844
0,18	0,1971	0,1971	0,1971	0,1971	0,1971
0,19	0,2099	0,2099	0,2099	0,2099	0,2099
0,20	0,2230	0,2230	0,2230	0,2230	0,2230
0,21	0,2363	0,2363	0,2363	0,2363	0,2363
0,22	0,2498	0,2498	0,2498	0,2498	0,2498
0,23	0,2636	0,2636	0,2636	0,2636	0,2636
0,24	0,2777	0,2777	0,2777	0,2777	0,2777
0,25	0,2921	0,2921	0,2921	0,2921	0,2921
0,26	0,3067	0,3067	0,3067	0,3067	0,3067
0,27	0,3217	0,3217	0,3217	0,3217	0,3217
0,28	0,3371	0,3370	0,3370	0,3370	0,3370
0,29	0,3528	0,3526	0,3525	0,3525	0,3524
0,30	0,3690	0,3686	0,3685	0,3684	0,3684
0,31	0,3855				
0,32	0,4026				
⋮	⋮	⇒ s. Tabellenwerte für $h_f/d = 0,05$			
0,37	0,4968				

Tafel 8.116 BT 7 $v_{Rd,c,min}$ Mindestquerkrafttragfähigkeit, Bauteile ohne Querkraftbewehrung, $\sigma_{cp} = 0$, $V_{Rd,c,min} = v_{Rd,c,min} \cdot b_w \cdot d$, Ablesewert $v_{Rd,c,min}$ in MN/m^2

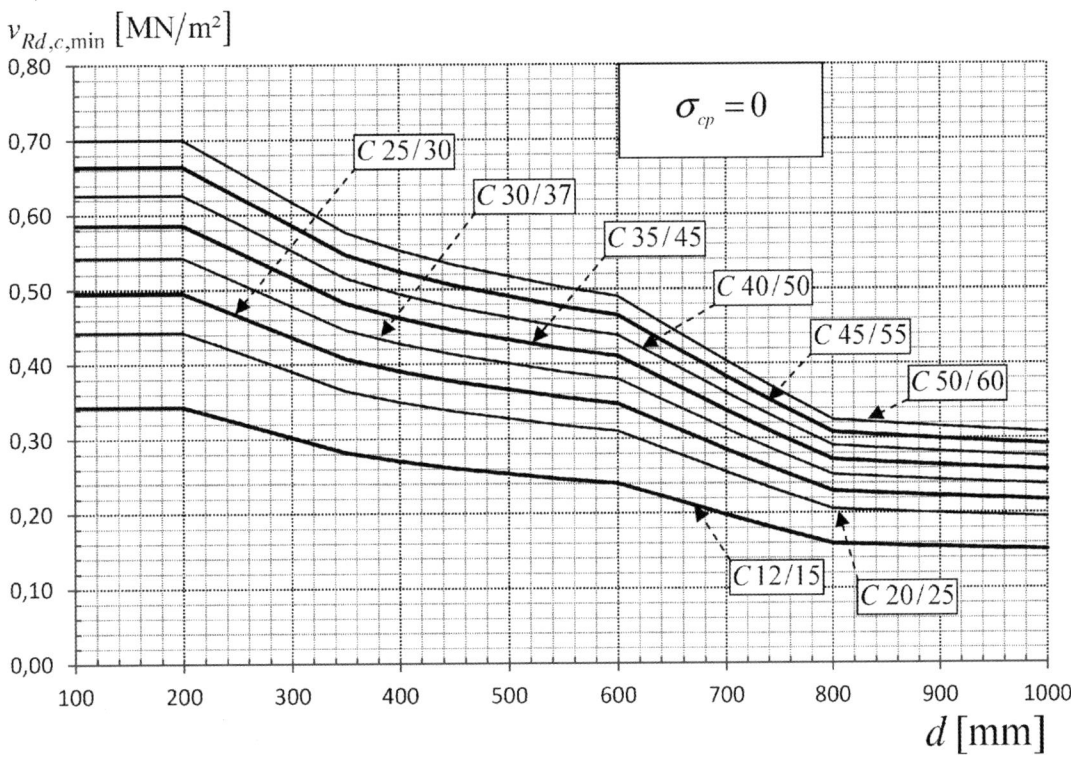

Tafel 8.117 BT 8 $v_{Rd,c}$ Querkrafttragfähigkeit, Bauteile ohne Querkraftbewehrung, $\sigma_{cp} = 0$, $d \leq 200$ mm, $V_{Rd,c} = v_{Rd,c} \cdot b_w \cdot d$, Ablesewert $v_{Rd,c}$ in MN/m^2

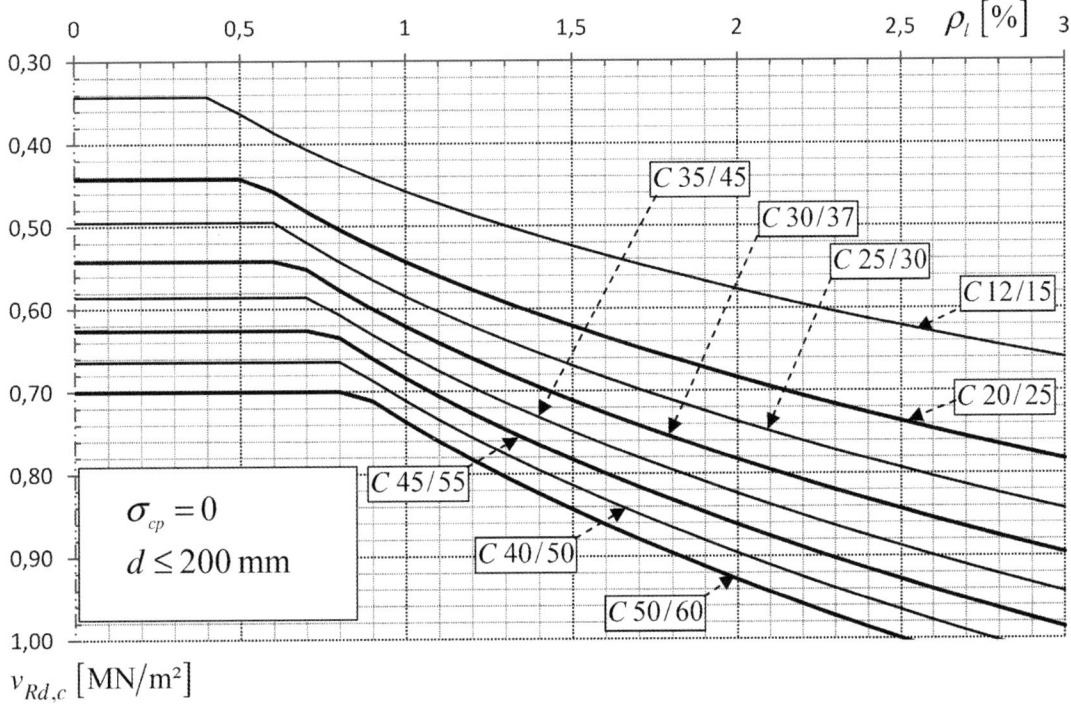

Tafel 8.118 BT 9 $v_{Rd,c,min}$ Mindestquerkrafttragfähigkeit und zugehöriger Längsbewehrungsgrad ϱ_l [%],
Bauteile ohne Querkraftbewehrung, $\sigma_{cp} = 0$, $\gamma_C = 1{,}5$, d bis 30 cm, $V_{Rd,c,min} = v_{Rd,c,min} \cdot b_w \cdot d$; Ablesewert $v_{Rd,c,min}$ in MN/m^2

d	Beton	C12/15	C16/20	C20/25	C25/30	C30/37	C35/40	C40/50	C45/55	C50/60
≤ 20 cm	$v_{Rd,c,min}$	0,343	0,396	0,443	0,495	0,542	0,586	0,626	0,664	0,700
	ϱ_l [%]	**0,420**	**0,485**	**0,542**	**0,606**	**0,664**	**0,717**	**0,767**	**0,813**	**0,858**
21 cm	$v_{Rd,c,min}$	0,337	0,389	0,435	0,486	0,532	0,575	0,615	0,652	0,687
	ϱ_l [%]	**0,413**	**0,476**	**0,533**	**0,595**	**0,652**	**0,705**	**0,753**	**0,799**	**0,842**
22 cm	$v_{Rd,c,min}$	0,331	0,382	0,427	0,478	0,523	0,565	0,604	0,641	0,676
	ϱ_l [%]	**0,406**	**0,468**	**0,524**	**0,585**	**0,641**	**0,693**	**0,740**	**0,785**	**0,828**
23 cm	$v_{Rd,c,min}$	0,326	0,376	0,420	0,470	0,515	0,556	0,595	0,631	0,665
	ϱ_l [%]	**0,399**	**0,461**	**0,515**	**0,576**	**0,631**	**0,681**	**0,728**	**0,773**	**0,814**
24 cm	$v_{Rd,c,min}$	0,321	0,370	0,414	0,463	0,507	0,548	0,586	0,621	0,655
	ϱ_l [%]	**0,393**	**0,454**	**0,507**	**0,567**	**0,621**	**0,671**	**0,717**	**0,761**	**0,802**
25 cm	$v_{Rd,c,min}$	0,316	0,365	0,408	0,456	0,500	0,540	0,577	0,612	0,645
	ϱ_l [%]	**0,387**	**0,447**	**0,500**	**0,559**	**0,612**	**0,661**	**0,707**	**0,750**	**0,791**
26 cm	$v_{Rd,c,min}$	0,312	0,360	0,403	0,450	0,493	0,532	0,569	0,604	0,636
	ϱ_l [%]	**0,382**	**0,441**	**0,493**	**0,551**	**0,604**	**0,652**	**0,697**	**0,740**	**0,780**
27 cm	$v_{Rd,c,min}$	0,308	0,355	0,397	0,444	0,487	0,526	0,562	0,596	0,628
	ϱ_l [%]	**0,377**	**0,435**	**0,487**	**0,544**	**0,596**	**0,644**	**0,688**	**0,730**	**0,769**
28 cm	$v_{Rd,c,min}$	0,304	0,351	0,392	0,439	0,480	0,519	0,555	0,588	0,620
	ϱ_l [%]	**0,372**	**0,430**	**0,481**	**0,537**	**0,589**	**0,636**	**0,680**	**0,721**	**0,760**
29 cm	$v_{Rd,c,min}$	0,300	0,347	0,388	0,433	0,475	0,513	0,548	0,581	0,613
	ϱ_l [%]	**0,368**	**0,425**	**0,475**	**0,531**	**0,582**	**0,628**	**0,672**	**0,712**	**0,751**
30 cm	$v_{Rd,c,min}$	0,297	0,343	0,383	0,428	0,469	0,507	0,542	0,575	0,606
	ϱ_l [%]	**0,364**	**0,420**	**0,469**	**0,525**	**0,575**	**0,621**	**0,664**	**0,704**	**0,742**

Tafel 8.119 BT 10 Querkraftbewehrungsgrad, $\varrho_w = A_{sw}/s_w \cdot b_w$ [%], Bauteile mit Querkraftbewehrung, $\sigma_{cp} = 0$, $\gamma_C = 1{,}5$, senkrechte Querkraftbewehrung, minimale Druckstrebenneigung, $a_{sw} = b_w \cdot \varrho_w$; Ablesewert ϱ_w in %

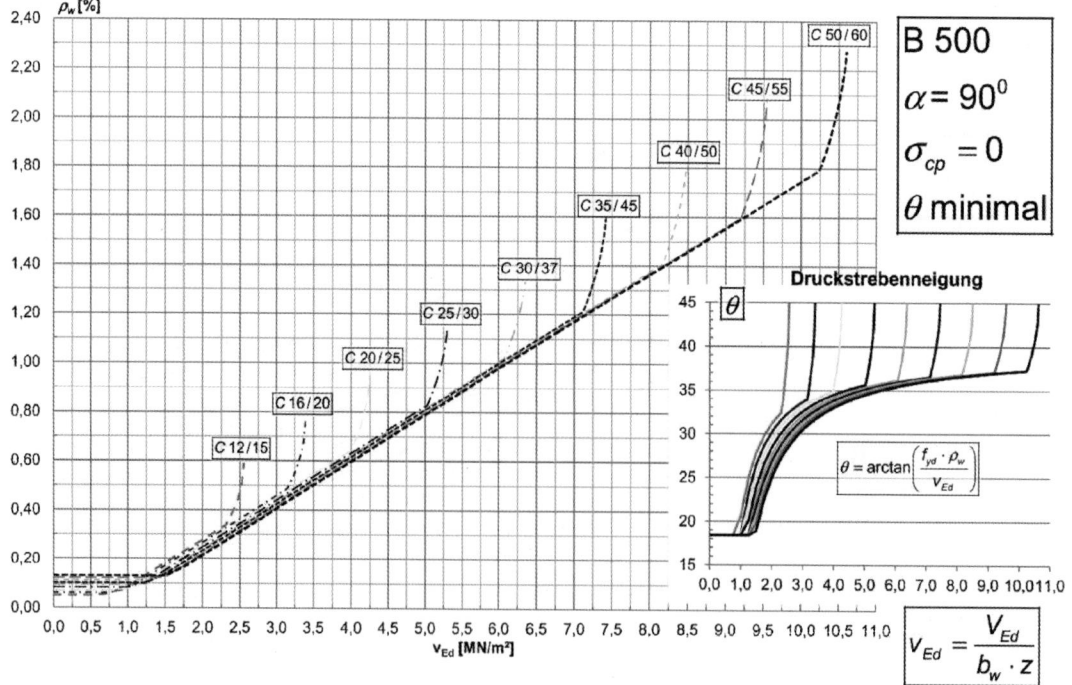

Tafel 8.120 BT 11 Querkraftbewehrungsgrad, $\varrho_w = A_{sw}/s_w \cdot b_w$ [%], Bauteile mit Querkraftbewehrung, $\sigma_{cp} = 0$, $\gamma_C = 1{,}5$, senkrechte Querkraftbewehrung, Druckstrebenneigung $40° \le \theta \le 45°$, $a_{sw} = b_w \cdot \varrho_w$; Ablesewert ϱ_w in %

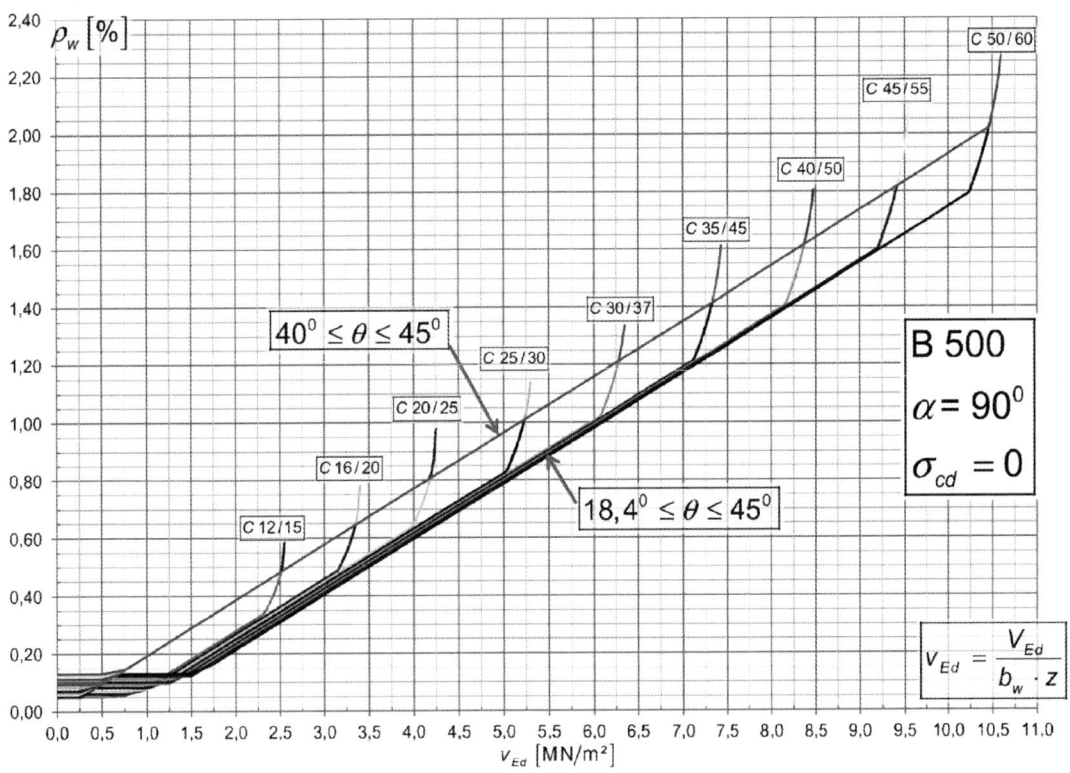

8.11 Betonstahltabellen und Konstruktionstafeln

Tafel 8.121 Nennwerte von Betonstahl B 500

Nenndurchmesser $\varnothing_s$ in mm	Nennquerschnitt A_s in cm^2	Nenngewicht in kg/m
4,0	0,126	0,099
4,5	0,159	0,125
5,0	0,196	0,154
5,5	0,238	0,187
6,0	**0,283**	**0,222**
6,5	0,332	0,260
7,0	0,385	0,302
7,5	0,442	0,347
8,0	**0,503**	**0,395**
8,5	0,567	0,445
9,0	0,636	0,499
9,5	0,709	0,556
10,0	**0,785**	**0,617**
10,5	0,866	0,680
11,0	0,950	0,746
11,5	1,039	0,815
12,0	**1,131**	**0,888**
14,0	**1,54**	**1,21**
16,0	**2,01**	**1,58**
20,0	**3,14**	**2,47**
25,0	**4,91**	**3,85**
28,0	**6,16**	**4,83**

Tafel 8.122 Querschnitte von Plattenbewehrungen a_s in cm^2/m, s = Stababstand n = Stabzahl

s in cm	Stabdurchmesser $\varnothing_s$ in mm									n je m
	6	8	10	12	14	16	20	25	28	
5	5,65	10,05	15,71	22,62	30,79	40,21	62,83	98,17	–	20,00
5,5	5,14	9,14	14,28	20,56	27,99	36,56	57,12	89,25	–	18,18
6	4,71	8,38	13,09	18,85	25,66	33,51	52,36	81,81	102,63	16,67
6,5	4,35	7,73	12,08	17,40	23,68	30,93	48,33	75,52	94,73	15,38
7	4,04	7,18	11,22	16,16	21,99	28,72	44,88	70,12	87,96	14,29
7,5	3,77	6,70	10,47	15,08	20,52	26,81	41,9	65,4	82,1	13,3
8,0	3,53	6,28	9,82	14,14	19,24	25,13	39,3	61,4	77,0	12,5
8,5	3,33	5,91	9,24	13,31	18,11	23,65	37,0	57,9	72,5	11,8
9,0	3,14	5,59	8,73	12,57	17,10	22,34	34,9	54,5	68,4	11,1
9,5	2,98	5,29	8,27	11,90	16,20	21,16	33,1	51,6	64,8	10,5
10,0	2,83	5,03	7,85	11,31	15,39	20,11	31,4	49,1	61,6	10,0
10,5	2,69	4,79	7,48	10,77	14,66	19,15	29,9	46,6	58,7	9,5
11,0	2,57	4,57	7,14	10,28	13,99	18,28	28,6	44,7	56,0	9,1
11,5	2,46	4,37	6,83	9,84	13,39	17,49	27,3	42,7	53,6	8,7
12,0	2,36	4,19	6,54	9,42	12,83	16,76	26,2	40,8	51,3	8,3
12,5	2,26	4,02	6,28	9,05	12,32	16,09	25,1	39,3	49,3	8,0
13,0	2,17	3,87	6,04	8,70	11,84	15,47	24,2	37,8	47,4	7,7
13,5	2,09	3,72	5,82	8,38	11,40	14,90	23,3	36,3	45,6	7,4
14,0	2,02	3,59	5,61	8,08	11,00	14,36	22,4	35,1	44,0	7,1
14,5	1,95	3,47	5,42	7,80	10,62	13,87	21,7	33,9	42,5	6,9
15,0	1,89	3,35	5,24	7,54	10,26	13,41	20,9	32,7	41,1	6,7
15,5	1,82	3,24	5,07	7,30	9,93	12,97	20,3	31,7	39,7	6,5
16,0	1,77	3,14	4,91	7,07	9,62	12,57	19,64	30,7	38,5	6,3
16,5	1,71	3,05	4,76	6,85	9,33	12,19	19,04	29,7	37,3	6,1
17,0	1,66	2,96	4,62	6,65	9,05	11,83	18,48	29,0	36,2	5,9
17,5	1,62	2,87	4,49	6,46	8,79	11,49	17,95	28,0	35,2	5,7
18,0	1,57	2,79	4,36	6,28	8,55	11,17	17,46	27,3	34,2	5,6
18,5	1,53	2,72	4,25	6,11	8,32	10,87	16,98	26,5	33,3	5,4
19,0	1,49	2,65	4,13	5,95	8,10	10,58	16,54	25,8	32,4	5,3
19,5	1,45	2,58	4,03	5,80	7,89	10,31	16,11	25,2	31,6	5,1
20,0	1,41	2,51	3,93	5,65	7,69	10,05	15,72	24,6	30,8	5,0
20,5	1,38	2,45	3,83	5,52	7,50	9,80	15,32	23,9	30,0	4,9
21	1,35	2,39	3,74	5,39	7,33	9,57	14,96	23,4	29,3	4,8
21,5	1,32	2,34	3,65	5,26	7,16	9,35	14,61	22,8	28,6	4,6
22	1,29	2,28	3,57	5,14	7,00	9,14	14,28	22,3	28,0	4,5
22,5	1,26	2,23	3,49	5,03	6,84	8,94	13,96	21,8	27,4	4,4
23	1,23	2,19	3,41	4,92	6,69	8,74	13,66	21,3	26,8	4,3
23,5	1,20	2,14	3,34	4,81	6,55	8,56	13,37	20,9	26,2	4,2
24	1,18	2,09	3,27	4,71	6,41	8,38	13,09	20,4	25,7	4,2
24,5	1,15	2,05	3,21	4,61	6,28	8,21	12,82	20,0	25,1	4,1
25	1,13	2,01	3,14	4,52	6,16	8,04	12,57	19,6	24,6	4,0

Tafel 8.123 Querschnitte von Balkenbewehrungen A_s in cm²

$\varnothing_s$ in mm	Stabanzahl											
	1	2	3	4	5	6	7	8	9	10	11	12
6	0,28	0,57	0,85	1,13	1,42	1,70	1,98	2,26	2,55	2,83	3,11	3,40
8	0,50	1,01	1,51	2,01	2,52	3,02	3,52	4,02	4,53	5,03	5,53	6,04
10	0,79	1,57	2,36	3,14	3,93	4,71	5,50	6,28	7,07	7,85	8,64	9,42
12	1,13	2,26	3,39	4,52	5,65	6,78	7,91	9,04	10,17	11,30	12,43	13,56
14	1,54	3,08	4,62	6,16	7,70	9,24	10,78	12,32	13,86	15,40	16,94	18,48
16	2,01	4,02	6,03	8,04	10,05	12,06	14,07	16,08	18,09	20,10	22,11	24,12
20	3,14	6,28	9,42	12,56	15,70	18,84	21,98	25,12	28,26	31,40	34,54	37,68
25	4,91	9,82	14,73	19,64	24,55	29,46	34,37	39,28	44,19	49,10	54,01	58,92
28	6,16	12,32	18,48	24,64	30,80	36,96	43,12	49,28	55,44	61,60	67,76	73,92

Tafel 8.124 Größte Anzahl von Stahleinlagen in einer Lage (b_w = Balkenbreite)

b_w in cm	Durchmesser der Stahleinlagen d_s in mm						
	10	12	14	16	20	25	28
10	1	1	1	1	1	–	–
15	3	3	2	2	2	1	1
20	(5)	4	4	4	3	2	2
25	6	6	5	5	4	3	3
30	8	7	7	6	6	4	4
35	(10)	9	8	8	7	5	5
40	11	10	10	9	8	6	6
45	13	12	11	11	9	7	7
50	(15)	14	13	12	11	8	8
60	18	17	16	15	13	10	9
$\varnothing$ Bügel	6 mm				8 mm	10 mm	

Betondeckung der Bügel $c_{bü} = 3{,}0$ cm. Bei den Werten in Klammern werden die geforderten Abstände geringfügig unterschritten.

Tafel 8.125 Stahlquerschnitte $a_{Bügel}$ in cm²/m für zweischnittige Bügel

$\varnothing_s$ in mm	Stababstand der 2-schnittigen Bügel in cm													
	10,0	11,0	12,0	13,0	14,0	15,0	16,0	17,0	18,0	19,0	20,0	22,0	23,0	25,0
5	3,9	3,6	3,3	3,0	2,8	2,6	2,5	2,3	2,2	2,1	2,0	1,8	1,7	1,6
6	5,7	5,1	4,7	4,3	4,0	3,8	3,5	3,3	3,1	3,0	2,8	2,6	2,5	2,3
8	10,1	9,1	8,4	7,7	7,2	6,7	6,3	5,9	5,6	5,3	5,0	4,6	4,4	4,0
10	15,7	14,3	13,1	12,1	11,2	10,5	9,8	9,2	8,7	8,3	7,9	7,1	6,8	6,3
12	22,6	20,6	18,8	17,4	16,2	14,1	14,1	13,3	12,6	11,9	11,3	10,3	9,8	9,0
14	30,8	28,0	25,7	23,7	22,0	19,2	19,2	18,1	17,1	16,2	15,4	14,0	13,4	12,3
16	40,2	36,6	33,5	30,9	28,7	25,1	25,1	23,7	22,3	21,2	20,1	18,3	17,5	16,1

Tafel 8.126 Querschnitte $A_{s\text{bü}}$ in cm² für zweischnittige Bügel

$\varnothing_s$ in mm	Anzahl der Bügel														
	1	2	3	4	5	6	7	8	9	10	11	12	13	14	15
5	0,4	0,8	1,2	1,6	2,0	2,4	2,7	3,1	3,5	3,9	4,3	4,7	5,1	5,5	5,9
6	0,6	1,1	1,7	2,3	2,8	3,4	4,0	4,5	5,1	5,7	6,2	6,8	7,4	7,9	8,5
8	1,0	2,0	3,0	4,0	5,0	6,0	7,0	8,0	9,0	10,1	11,1	12,1	13,1	14,1	15,1
10	1,6	3,1	4,7	6,3	7,9	9,4	11,0	12,6	14,1	15,7	17,3	18,8	20,4	22,0	23,6
12	2,3	4,5	6,8	9,0	11,3	13,6	15,8	18,1	20,4	22,6	24,9	27,1	29,4	31,7	33,9
14	3,1	6,2	9,2	12,3	15,4	18,5	21,6	24,6	27,7	30,8	33,9	36,9	40,0	43,1	46,2
16	4,0	8,0	12,1	16,1	20,1	24,1	28,1	32,2	36,2	40,2	44,2	48,3	52,3	56,3	60,3

Tafel 8.127 Grundwert der Verankerungslänge $l_{b,rqd}$ [cm] für Stabstahl B 500[a], $f_{yd} = 435\,\text{N/mm}^2$

$\varnothing_s$ in mm	Verbund	Charakteristische Betondruckfestigkeit f_{ck} in N/mm²										
		12[b]	16	20	25	30	35	40	45	50	55	60–100
6	gut	40	33	28	24	21	19	18	16	15	15	14
	mäßig	56	47	40	35	31	28	25	23	22	21	20
8	gut	53	43	37	32	29	26	24	22	20	20	19
	mäßig	75	62	54	46	41	37	34	31	29	28	27
10	gut	66	54	47	40	36	32	30	27	25	25	24
	mäßig	94	78	67	58	51	46	42	39	36	35	34
12	gut	79	65	56	48	43	39	35	33	31	29	29
	mäßig	113	93	80	69	61	55	51	47	44	42	41
14	gut	92	76	66	57	50	45	41	38	36	34	33
	mäßig	132	109	94	81	71	64	59	55	51	49	48
16	gut	105	87	75	65	57	52	47	44	41	39	38
	mäßig	150	124	107	92	82	74	67	62	58	56	54
20	gut	132	109	94	81	71	64	59	55	51	49	48
	mäßig	188	155	134	115	102	92	84	78	73	70	68
25	gut	165	136	117	101	89	81	74	68	64	61	59
	mäßig	235	194	167	144	128	115	105	97	91	88	85
28	gut	184	152	131	113	100	90	83	76	71	69	67
	mäßig	263	217	187	161	143	129	118	109	102	98	95

[a] Ist bei der Querschnittsbemessung an der betrachteten Verankerungsstelle der ansteigende Ast der Stahlkennlinie berücksichtigt worden, so ist der Wert von $l_{b,rqd}$ aus dieser Tafel mit dem Faktor $\sigma_{sd}/f_{yd} \leq 1{,}05$ zu vergrößern.

[b] Beton C12/15 darf nur für Bauteile verwendet werden, bei denen keinerlei Korrosionsgefahr besteht, d. h. im Allgemeinen werden bewehrte Bauteile nicht in dieser Festigkeitsklasse ausgeführt.

Weitere Konstruktionstafeln zu den Themen:

- Verbundbedingungen siehe Tafel 8.59
- Verbundspannungen siehe Tafel 8.60
- Biegerollendurchmesser siehe Tafeln 8.56 und 8.57
- Verankerungsarten siehe Tafeln 8.62 und 8.63
- Bewehrungsstöße siehe Tafeln 8.64 bis 8.66.

Tafel 8.128 Lieferprogramm für Lagermatten ab Januar 2008 (Info: Institut für Betonstahlbewehrung e.V.)

Mattentyp	Querschnitte längs	quer	Länge / Breite	Gewicht je Matte	je m²	Stababstände	Stabdurchmesser Innenbereich	Randbereich	Anzahl der Längsrandstäbe (Randeinsparung) links	rechts	Überstände Anfang/Ende links/rechts
	cm²/m		m	kg		mm	mm		links	rechts	mm
Q188A	1,88	1,88		41,7	3,02	150 · 150 ·	6,0 6,0				75 25
Q257A	2,57	2,57		56,8	4,12	150 · 150 ·	7,0 7,0				75 25
Q335A	3,35	3,35	6,00 / 2,30	74,3	5,38	150 · 150 ·	8,0 8,0				75 25
Q424A	4,24	4,24		84,4	6,12	150 · 150 ·	9,0 / 9,0	7,0 —	4 /	4	75 25
Q524A	5,24	5,24		100,9	7,31	150 · 150 ·	10,0 / 10,0	7,0 —	4 /	4	75 25
Q636A	6,36	6,28	6,00 / 2,35	132,0	9,36	100 · 125 ·	9,0 / 10,0	7,0 —	4 /	4	62,5 25
R188A	1,88	1,13		33,6	2,43	150 · 250 ·	6,0 6,0				125 25
R257A	2,57	1,13		41,2	2,99	150 · 250 ·	7,0 6,0				125 25
R335A	3,35	1,13	6,00 / 2,30	50,2	3,64	150 · 250 ·	8,0 6,0				125 25
R424A	4,24	2,01		67,2	4,87	150 · 250 ·	9,0 / 8,0	8,0 —	2 /	2	125 25
R524A	5,24	2,01		75,7	5,49	150 · 250 ·	10,0 / 8,0	8,0 —	2 /	2	125 25

Tafel 8.129 Mattenübergreifung für Lagermatten im Zwei-Ebenen-Stoß nach der Maschenregel

Q-Matten

Typ	Tragstoß in Längsrichtung							Tragstoß in Querrichtung						
	C							C						
	20/25	25/30	30/37	35/45	40/50	45/55	50/60	20/25	25/30	30/37	35/45	40/50	45/55	50/60
Verbundbereich I														
Q-188A	1	1	1	1	1	1	1	2	2	2	1	1	1	1
Q-257A	2	1	1	1	1	1	1	2	2	2	2	2	1	1
Q-335A	2	2	1	1	1	1	1	3	2	2	2	2	2	2
Q-424A	2	2	2	1	1	1	1	3	3	3	3	3	3	3
Q-524A	3	2	2	2	2	1	1	3	3	3	3	3	3	3
Q-636A	4	3	3	2	2	2	2	6	5	4	4	3	3	3
Verbundbereich II														
Q-188A	2	2	2	1	1	1	1	3	2	2	2	2	2	2
Q-257A	3	2	2	2	1	1	1	3	3	3	2	2	2	2
Q-335A	3	3	2	2	2	2	1	4	3	3	3	2	2	2
Q-424A	4	3	3	2	2	2	2	4	4	3	3	3	3	3
Q-524A	4	4	3	3	2	2	2	5	4	4	3	3	3	3
Q-636A	5	4	4	3	3	3	2	8	7	6	5	5	5	5

R-Matten

Typ	Tragstoß in Längsrichtung							Tragstoß in Querrichtung						
	C							C						
	20/25	25/30	30/37	35/45	40/50	45/55	50/60	20/25	25/30	30/37	35/45	40/50	45/55	50/60
Verbundbereich I														
R-188A	1	1	1	1	1	1	1	1	1	1	1	1	1	1
R-257A	1	1	1	1	1	1	1	1	1	1	1	1	1	1
R-335A	1	1	1	1	1	1	1	1	1	1	1	1	1	1
R-424A	1	1	1	1	1	1	1	2	2	2	2	2	2	2
R-524A	1	1	1	1	1	1	1	2	2	2	2	2	2	2
Verbundbereich II														
R-188A	1	1	1	1	1	1	1	1	1	1	1	1	1	1
R-257A	1	1	1	1	1	1	1	1	1	1	1	1	1	1
R-335A	2	1	1	1	1	1	1	1	1	1	1	1	1	1
R-424A	2	2	1	1	1	1	1	2	2	2	2	2	2	2
R-524A	2	2	2	1	1	1	1	2	2	2	2	2	2	2

Tafel 8.130 Übergreifungslängen l_s [cm] für Lagermatten im Zwei-Ebenen-Stoß

Q-Matten

Typ	Tragstoß in Längsrichtung							Tragstoß in Querrichtung						
	C							C						
	20/25	25/30	30/37	35/45	40/50	45/55	50/60	20/25	25/30	30/37	35/45	40/50	45/55	50/60
Verbundbereich I														
Q-188A	29	25	22	20	20	20	20	29	25	22	20	20	20	20
Q-257A	34	29	26	23	21	20	20	34	29	26	23	21	20	20
Q-335A	38	33	29	26	24	22	21	38	33	29	26	24	22	21
Q-424A	43	37	33	29	27	25	23	50	50	50	50	50	50	50
Q-524A	50	43	39	34	31	29	27	50	50	50	50	50	50	50
Q-636A	51	44	39	35	32	30	28	57	48	43	38	35	35	35
Verbundbereich II														
Q-188A	41	35	32	28	26	24	22	41	35	32	28	26	24	22
Q-257A	48	41	37	32	30	28	26	48	41	37	32	30	28	26
Q-335A	55	47	42	37	34	32	29	55	47	42	37	34	32	29
Q-424A	61	52	47	42	38	35	33	61	52	50	50	50	50	50
Q-524A	72	61	55	49	45	41	39	72	61	55	50	50	50	50
Q-636A	73	62	56	50	46	42	39	81	69	62	55	50	50	50

R-Matten

Typ	Tragstoß in Längsrichtung							Tragstoß in Querrichtung						
	C							C						
	20/25	25/30	30/37	35/45	40/50	45/55	50/60	20/25	25/30	30/37	35/45	40/50	45/55	50/60
Verbundbereich I														
R-188A	29	25	25	25	25	25	25	15	15	15	15	15	15	15
R-257A	34	29	26	25	25	25	25	15	15	15	15	15	15	15
R-335A	38	33	29	26	25	25	25	15	15	15	15	15	15	15
R-424A	43	37	33	29	27	25	25	25	25	25	25	25	25	25
R-524A	50	43	39	34	31	29	27	25	25	25	25	25	25	25
Verbundbereich II														
R-188A	41	35	32	28	26	24	22	15	15	15	15	15	15	15
R-257A	48	41	37	32	30	28	26	15	15	15	15	15	15	15
R-335A	55	47	42	37	34	32	29	15	15	15	15	15	15	15
R-424A	61	52	47	42	38	35	33	25	25	25	25	25	25	25
R-524A	72	61	55	49	45	41	39	25	25	25	25	25	25	25

8

Literatur

1. DIN EN 1992-1-1 Eurocode 2: Bemessung und Konstruktion von Stahlbeton- und Spannbetontragwerken, Teil 1-1: Allgemeine Bemessungsregeln und Regeln für den Hochbau, Januar 2011

2. DIN EN 1992-1-1/A1 Eurocode 2: Bemessung und Konstruktion von Stahlbeton- und Spannbetontragwerken, Teil 1-1: Allgemeine Bemessungsregeln und Regeln für den Hochbau, Änderung 1, März 2015

3. DIN EN 1992-1-1/NA Nationaler Anhang, National festgelegte Parameter zu Eurocode 2, Bemessung und Konstruktion von Stahlbeton- und Spannbetontragwerken, Teil 1-1, Allgemeine Bemessungsregeln und Regeln für den Hochbau, April 2013

4. DIN EN 1992-1-1/NA/A1 Nationaler Anhang, National festgelegte Parameter zu Eurocode 2, Bemessung und Konstruktion von Stahlbeton- und Spannbetontragwerken, Teil 1-1, Allgemeine Bemessungsregeln und Regeln für den Hochbau, Änderung 1, Dezember 2015

5. DIN 1045-1 Tragwerke aus Beton, Stahlbeton und Spannbeton – Teil 1: Bemessung und Konstruktion, 08/2008

6. DIN 1045-2 Tragwerke aus Beton, Stahlbeton und Spannbeton – Teil 2 Beton; Festlegung, Eigenschaften, Herstellung und Konformität, 08/2008

7. DIN 1045-3 Tragwerke aus Beton, Stahlbeton und Spannbeton – Teil 3 Bauausführung, 08/2008

8. DIN 1045-4 Tragwerke aus Beton, Stahlbeton und Spannbeton – Teil 4, Ergänzende Regeln für die Herstellung und die Konformität von Fertigteilen, 07/2001

9. DIN 488, Teile 1–6 Betonstahl, 08/2009

10. DAfStb Heft 525 Erläuterungen zu DIN 1045-1, Beuth Verlag, 2. Auflage 2010

11. DAfStb Heft 600 Erläuterungen zu DIN EN 1992-1-1 und DIN EN 1992-1-1/NA (Eurocode 2), 1. Auflage, Beuth Verlag, 2012

12. DAfStb Heft 240 Hilfsmittel zur Berechnung der Schnittgrößen und Formänderungen von Stahlbetontragwerken, Berlin, Beuth Verlag, 3. Auflage, 1991

13. Betonkalender Verlag Ernst & Sohn, verschiedene Jahrgänge, Abkürzung im Text: z. B. „Autor, BK 2004 [13]"

14. Handbuch Eurocode 2 Betonbau, Band 1, Allgemeine Regeln. Vom DIN konsolidierte Fassung. 1. Auflage 2012. Deutsches Institut für Normung e. V. Beuth Verlag GmbH. ISBN 978-3-410-20826-6

15. Fingerloos, F, Hegger, J., Zilch, K.: *Kurzfassung des Eurocode 2 für Stahlbetontragwerke im Hochbau.* Ernst & Sohn, Beuth, 1. Auflage 2012

16. Fingerloos, F, Hegger, J., Zilch, K.: *Eurocode 2 für Deutschland, DIN EN 1992-1-1, Teil 1-1. Allgemeine Bemessungsregeln und Regeln für den Hochbau mit nationalem Anhang. Kommentierte Fassung.* Ernst & Sohn, Beuth, 2. Auflage 2016

17. Zilch, K. Zehetmaier, G.: *Bemessung im konstruktiven Betonbau,* 2. überarbeitete und erweiterte Auflage, Springer, 2010

18. Vismann, U. (Hrsg.), *Wendehorst, Beispiele aus der Baupraxis,* 6. Auflage, Springer Vieweg, 2017

19. Rombach, G.: *Spannbetonbau,* 2. Auflage, Ernst & Sohn, 2010

20. Peck, Pickhardt, Richter: *Bauteilkatalog, Planungshilfe für dauerhafte Betonbauteile,* 9. Auflage 2016. Betonmarketing Deutschland GmbH, Erkrath. www.beton.org.

21. Mark, P., Birtel, V., Stangenberg, F.: *Bemessungshilfen und Konstruktion bei geneigten Querkräften,* Beton- und Stahlbetonbau 102, Heft 2 und Heft 5, 2007. Verlag Ernst und Sohn

22. Bender, M., Mark, P.: *Zur Querkraftbemessung bei Kreisquerschnitten,* Beton- und Stahlbetonbau 101, Heft 2 und Heft 5, 2006. Verlag Ernst und Sohn

23. Goris, Hegger, *Stahlbetonbau Aktuell 2013,* Beuth Verlag, Berlin 2013

24. Krüger, W. Mertzsch, O.: *Beitrag zur Verformungsberechnung von überwiegend auf Biegung beanspruchten bewehrten Betonquerschnitten.* Beton- Stahlbetonbau 97 (2002), Heft 11

25. DBV-Merkblatt *„Begrenzung der Rissbildung im Stahlbeton- und Spannbetonbau",* Deutscher Beton- und Bautechnik-Verein E. V., Fassung Mai 2016

26. Pieper, K.; Martens, P.: Durchlaufende vierseitig gestützte Platten im Hochbau. Beton- und Stahlbetonbau 61(1961), S 158 und 62 (1967), S. 150

27. Hahn, J.: Durchlaufträger, Rahmen, Platten und Balken auf elastischer Bettung, 12. Auflage, Werner Verlag 1976

28. Hegger, J, Mark, P. *Stahlbetonbau* Bauwerk Beuth 2017. Kapitel D Praxisgerechtes Konstruieren und Bewehren am Beispiel.

29. Deutscher Beton- und Bautechnik-Verein e. V. *Beispiele zur Bemessung nach Eurocode 2.* Band 1 Hochbau, Verlag Ernst und Sohn, Berlin 2011

30. Küppers, M., Vismann, U. *Masterarbeit zur Stützenbemessung im Massivbau,* FH-Aachen, 2014

Prof. Dr.-Ing. Wolfram Jäger

Inhaltsverzeichnis

9.1	Maßordnung im Hochbau nach DIN 4172 (9.15)	459
9.2	Mauersteine und Mauermörtel	460
9.3	Mauerwerk, Berechnung und Ausführung nach Eurocode 6	464
9.3.1	Baustoffe	464
9.3.2	Sicherheitskonzept	465
9.3.3	Mauerwerksfestigkeiten	467
9.3.4	Berechnung und Nachweisführung mit den vereinfachten Berechnungsmethoden	472
9.3.5	Berechnung und Nachweisführung nach den allgemeinen Regeln	475
9.3.6	Kellerwände ohne Nachweis auf Erddruck	482
9.3.7	Bauteile und Konstruktionsdetails	483
9.4	Bewehrtes Mauerwerk	490
9.4.1	Bewehrtes Mauerwerk nach EC 6	490
9.4.2	Bemessung von übermauerten Flachstürzen	494
9.4.3	Bewehrung von Mauerwerk zur konstruktiven Rissesicherung	496
9.5	Natursteinmauerwerk	496
9.6	Putz, Baustoffe und Ausführung nach DIN EN 13914-1 und -2	496

9.1 Maßordnung im Hochbau nach DIN 4172 (9.15)

Baunormzahlen (s. Tafel 9.1) sind die Zahlen für Baurichtmaße und die daraus abgeleiteten Einzel-, Rohbau- und Ausbaumaße. Sie sind anzuwenden, wenn nicht besondere Gründe dies verbieten.

Baurichtmaße sind die theoretischen Grundlagen für die Baumaße der Praxis, sie sind nötig, um alle Bauteile planmäßig zu verbinden.

Nennmaße sind Maße zur Kennzeichnung von Größe, Gestalt und Lage eines Bauteils oder Bauwerks. Sie sind bei Bauarten ohne Fugen gleich den Baurichtmaßen. Bei Bauarten mit Fugen ergeben sie sich aus den Baurichtmaßen durch Abzug oder Zuschlag des Fugenanteils.

Fugen und Verband Bauteile (Mauersteine, Bauplatten usw.) sind so zu bemessen, dass ihre Baurichtmaße im Verband Baunormzahlen sind. Verbandsregeln, Verarbeitungsfugen und Toleranzen sind dabei zu beachten.

Tafel 9.1 Baunormzahlen

Reihen vorzugsweise für								
den Rohbau				Einzelmaße	den Ausbau			
a	b	c	d	e	f	g	h	i
25	$\frac{25}{2}$	$\frac{25}{3}$	$\frac{25}{4}$	$\frac{25}{10}=\frac{5}{2}$	5	2×5	4×5	5×5
				2,5				
				5	5			
			$6\frac{1}{4}$	7,5				
		$8\frac{1}{3}$		10	10	10		
	$12\frac{1}{2}$		$12\frac{1}{2}$	12,5				
		$16\frac{2}{3}$		15	15			
			$18\frac{3}{4}$	17,5				
				20	20	20	20	
				22,5				
25	25	25	25	25	25			25
				27,5				
			$31\frac{1}{4}$	30	30	30		
				32,5	35			
		$33\frac{1}{3}$		35				
	$37\frac{1}{2}$		$37\frac{1}{2}$	37,5				
		$41\frac{2}{3}$		40	40	40	40	
			$43\frac{3}{4}$	42,5				
				45	45			
				47,5				
50	50	50	50	50	50	50		50

Tafel 9.2 Kleinmaße nach DIN 323 Bl. 1 (8.74)

in cm	2,5		2	1,6		1,25	1		
in mm	8	6,3	5	4	3,2	2,5	2	1,6	1,25 1

W. Jäger ✉
Technische Universität Dresden, 01062 Dresden, Deutschland

© Springer Fachmedien Wiesbaden GmbH 2018
U. Vismann (Hrsg.), *Wendehorst Bautechnische Zahlentafeln*, https://doi.org/10.1007/978-3-658-17936-6_9

Tafel 9.3 Beispiele von Steinmaßen in cm

	Baurichtmaß	Fuge	Nennmaß
Steinlänge	25	1	24
Steinbreite	25/2	1	11,5
Steinhöhe	25/3	1,23	7,1
	25/4	1,05	5,2

z. B.
Betonbau
Wanddicke: Richtmaß = 25 cm, Nennmaß = 25 cm
Raumbreite: Richtmaß = 400 cm, Nennmaß = 400 cm
Mauerwerk
Wanddicke: Richtmaß = 25 cm, Nennmaß = 24 cm
Raumbreite: Richtmaß = 400 cm, Nennmaß = 401 cm.

9.2 Mauersteine und Mauermörtel

Nach der **Materialart** werden bei *Mauersteinen* nach Tafel 9.4 unterschieden:

Tafel 9.4 Normen für Mauersteine

	EN[a]	AN[b]	RN[c]
Mauer-ziegel	DIN EN 771-1 (11.15)	DIN 20000-401 (01.17)	DIN 105-100 (1.12)
Kalksand-steine	DIN EN 771-2 (11.15)	DIN 20000-402 (01.17)	DIN V 106 (10.05)
Poren-betonsteine	DIN EN 771-4 (11.15)	DIN 20000-404 (12.15)	
Leicht-betonsteine	DIN EN 771-3 (11.15)	DIN V 20000-403 (6.05)	DIN V 18151-100 (10.05), DIN V 18 152-100 (10.05)
Normal-betonsteine	DIN EN 771-3 (11.15)	DIN V 20000-403 (6.05)	DIN V 18153-100 (10.05)

[a] Europäische Norm (als DIN mit Zusatz EN, vgl. [26]).
[b] Anwendungsnorm gibt an, unter welchen Bedingungen die CE-gekennzeichneten Produkte in Deutschland angewendet werden können.
[c] Restnorm enthält zusätzliche Eigenschaften, Festlegungen sowie Klassifizierungen von Eigenschaftswerten; ergänzt die europäische Norm so, dass bisherige uneingeschränkte Nutzung der Mauerwerksbaustoffe möglich ist.

Nach der **Steinart** werden unterschieden:
- *Mauersteine* mit Höhen ≤ 123 mm
  - Vollsteine, Lochanteil einschl. Grifflöcher $\leq 15\,\%$
  - Lochsteine, Lochanteil einschl. Grifflöcher $> 15\,\%$
- *Blocksteine* mit Höhen > 123, vorwiegend mit 238 mm
  - Vollblöcke, Lochanteil einschl. Grifflöcher $\leq 15\,\%$
  - Vollblöcke mit Schlitzen, Schlitzanteil einschl. Grifflöcher $\leq 10\,\%$
  - Hohlblöcke mit Kammern
  - Hochlochsteine, Lochanteil 15–50 % der Lagerfläche
  - Elemente bis zu einer Länge von 1 m
- *Plansteine, Planelemente* für Dünnbettvermauerung (erhöhte Anforderungen hinsichtlich der Grenzabmaße); Unterteilung wie Blocksteine.

Tafel 9.5 Steinmaße in mm mit vermörtelter Stoßfuge[a]

Länge[b,c]	Breite	Höhe[c]
240	115	52
300	175	71
365	240	113
490	300	175
	365	238

[a] für einige Steinsorten auch abweichende Maße, u. a. größere Längen.
[b] **Steine mit Knirschvermauerung** sind 5 mm länger und haben an den Stirnseiten Mörteltaschen
Steine mit Nut- und Federsystem (Verzahnung an den Stirnseiten) sind 7 bis 9 mm länger. Die Stoßfugen bleiben unvermörtelt.
[c] **Plansteine** für Dünnbettvermauerung sind je 9 mm länger und höher.

Tafel 9.6 Format-Kurzzeichen (Beispiele)

Format-Kurzzeichen	Maße in mm		
	l	b	h
1 DF (Dünnformat)	240	115	52
NF (Normalformat)	240	115	71
2 DF	240	115	113
3 DF	240	175	113
4 DF	240	240	113
5 DF	240	300	113
6 DF	240	365	113
8 DF	240	240	238
10 DF	240	300	238
12 DF	240	365	238
15 DF	365	300	238
18 DF	365	365	238
16 DF	490	240	238
20 DF	490	300	238

Steinmaße Für **Steine mit vermörtelten Stoßfugen** können die Maße der Tafel 9.5 miteinander kombiniert werden.

Steinformate werden als Vielfache des Dünnformats angegeben. Beispiele praxisüblicher Formate enthält Tafel 9.6. Die Steinbreite entspricht immer der Wanddicke. Wo Längen und Breiten austauschbar sind, ist dem Kurzzeichen die Steinbreite hinzuzufügen.

Zum Beispiel: 10 DF (240) entspricht Steinformat $300 \times 240 \times 238$.

Die Zuordnung der einzelnen Steinarten sowie der Eigenlast von Mauerwerk zur Steinrohdichte sind Kap. 4 zu entnehmen.

Mauermörtel nach DIN EN 998-2 (02-17), DIN V 20000-412 (3.04), DIN V 18580 (3.07).

Abb. 9.1 Mauermaße (s. auch Tafel 9.3)

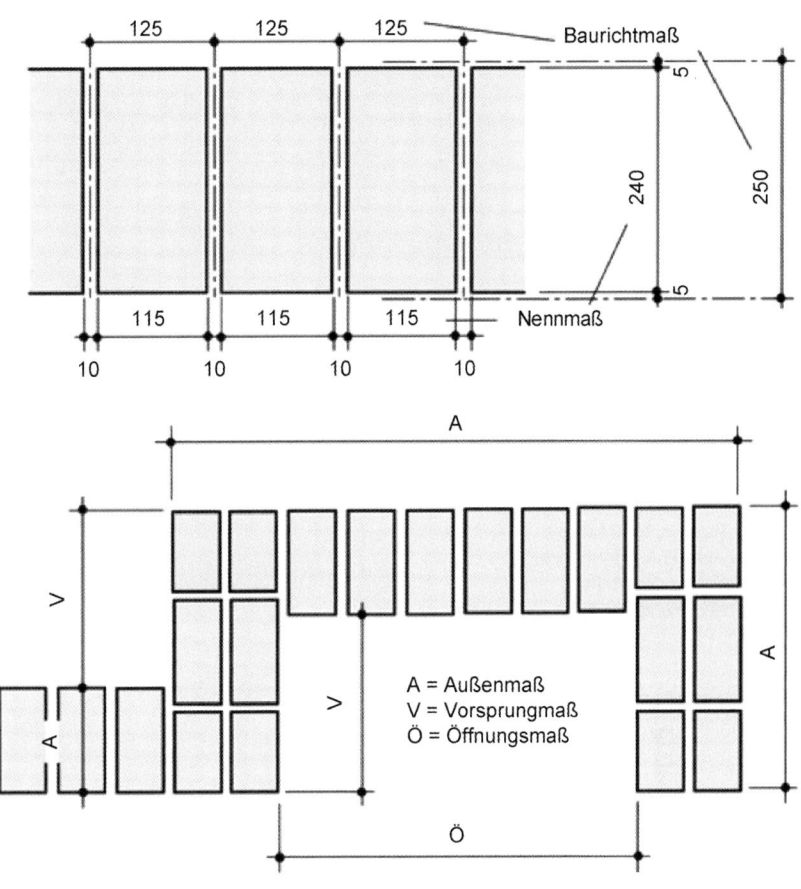

Tafel 9.7 Planungsmaße für Mauerwerk

Kopfzahl	Längenmaße[a] in m			Schichten	Höhenmaße in m bei Steindicken in mm					
	A	Ö	V		52	71	113	155	175	238
1	0,115	0,135	0,125	1	0,0625	0,0833	0,125	0,1666	0,1875	0,250
2	0,240	0,260	0,250	2	0,1250	0,1667	0,250	0,3334	0,3750	0,500
3	0,365	0,385	0,375	3	0,1875	0,2500	0,375	0,5000	0,5625	0,750
4	0,490	0,510	0,500	4	0,2500	0,3333	0,500	0,6666	0,7500	1,000
5	0,615	0,635	0,625	5	0,3125	0,4167	0,625	0,8334	0,9375	1,250
6	0,740	0,760	0,750	6	0,3750	0,5000	0,750	1,0000	1,1250	1,500
7	0,865	0,885	0,875	7	0,4375	0,5833	0,875	1,1666	1,3125	1,750
8	0,990	1,010	1,000	8	0,5000	0,6667	1,000	1,3334	1,5000	2,000
9	1,115	1,135	1,125	9	0,5625	0,7500	1,125	1,5000	1,6875	2,250
10	1,240	1,260	1,250	10	0,6240	0,8333	1,250	1,6666	1,8750	2,500
11	1,365	1,385	1,375	11	0,6875	0,9175	1,375	1,8334	2,0625	2,750
12	1,490	1,510	1,500	12	0,7500	1,0000	1,500	2,0000	2,2500	3,000
13	1,615	1,635	1,625	13	0,8125	1,0833	1,625	2,1666	2,4375	3,250
14	1,740	1,760	1,750	14	0,8750	1,1667	1,750	2,3334	2,6250	3,500
15	1,865	1,885	1,875	15	0,9375	1,2500	1,875	2,5000	2,8125	3,750
16	1,990	2,010	2,000	16	1,0000	1,3333	2,000	2,6666	3,0000	4,000
17	2,115	2,135	2,125	17	1,0625	1,4167	2,125	2,8334	3,1875	4,250
18	2,240	2,260	2,250	18	1,1250	1,5000	2,250	3,0000	3,3750	4,500
19	2,365	2,385	2,375	19	1,1875	1,5833	2,375	3,1666	3,5625	4,750
20	2,490	2,510	2,500	20	1,2500	1,6667	2,500	3,3334	3,7500	5,000

[a] A = Außenmaße, Ö = Öffnungsmaße, V = Vorsprungmaße.

Tafel 9.8 Rohdichten und Festigkeiten handelsüblicher genormter Mauersteine[a]

Steinart	Rohdichteklasse in kg/dm³	Festigkeitsklasse in N/mm²										
		1,6	2	4	6	8	12	20	28	36	48	60
Mauerziegel DIN EN 771-1[b]	0,6				×							
Mz Vollziegel	0,7			×	×							
HLz Hochlochziegel	0,8			×	×	×	×					
VMz Vormauer-Vollziegel	0,9				×	×	×					
VHLz Vormauer-Hochlochziegel	1,0				×	×	×	×				
KMz Vollklinker	1,2						×	×				
KHLz Hochlochklinker	1,4						×	×	×			
HLzW Leichthochlochziegel[c]	1,6						×	×	×			×
	1,8						×	×	×	×	×	×
	2,0						×	×	×	×		×
	2,2								×			×
Kalksandsteine DIN EN 771-2[b]	1,2						×					
KS Vollsteine, Vollblöcke	1,4						×	×				
KSL Lochsteine, Hohlblöcke	1,6						×	×	×			
KS Vm Vormauersteine	1,8						×	×	×			
KS Vb Verblender	2,0						×	×	×			
KS XL Planelemente	2,2						×	×				
Porenbetonsteine DIN EN 771-4[b]	0,4		×	×								
PB Blocksteine	0,5		×	×								
PP Plansteine	0,6			×	×							
	0,7				×	×						
	0,8				×	×						
Leichtbeton-Hohlblöcke DIN EN 771-3[b]	0,35	×										
1 K Hbl bis 6 K Hbl	0,4	×	×									
nK = Anzahl der Kammern	0,45		×	×								
	0,5		×	×	×							
	0,55		×	×	×							
	0,6		×	×	×							
	0,65				×							
	0,7		×	×	×							
	0,8		×	×	×							
	0,9		×	×								
	1,0		×	×								
	1,2			×	×							
Leichtbeton-Vollsteine DIN EN 771-3[b]	0,55		×									
V Vollsteine	0,6		×									
	0,65			×								
	0,7		×	×								
	0,8		×	×	×							
	0,9		×	×	×	×						
	1,0		×	×	×	×						
	1,2		×	×	×	×						
	1,4			×	×	×						
	1,6			×	×	×						
	1,8			×	×	×						
	2,0				×	×	×	×				

Tafel 9.8 (Fortsetzung)

Steinart	Rohdichteklasse in kg/dm³	Festigkeitsklasse in N/mm²										
		1,6	2	4	6	8	12	20	28	36	48	60
Leichtbeton-Vollblöcke DIN EN 771-3[b]	0,40	×										
Vbl Vollblöcke	0,45	×	×									
Vbl S Vollblöcke, geschlitzt	0,5		×									
Vbl S-W Vollblöcke, geschlitzt[d]	0,55		×									
	0,6		×	×								
	0,65			×								
	0,7		×	×	×							
	0,8		×	×	×							
	0,9		×	×	×							
	1,0		×	×	×	×						
	1,2		×	×	×							
	1,4		×	×	×							
	1,6				×		×					
	1,8				×		×	×				
	2,0						×	×				
	2,2							×				
Steine aus Normalbeton DIN EN 771-3[b]	0,8		×									
Hbn Hohlblocksteine	0,9		×	×								
	1,0			×								
	1,2			×	×							
	1,4				×	×						
	1,6				×	×	×					
	1,8				×	×	×					
	2,0				×	×	×					
	2,2				×	×	×					
	2,4				×	×	×					

[a] genormte Steine oder Steine mit bauaufsichtlicher Zulassung.
[b] es gelten weiter die zugehörigen AN bwz. RN (s. Tabelle am Anfang des Abschnitts).
[c] z. T. feinere Untergliederung in AN bzw. RN.
[d] mit zusätzlichen Anforderungen an die Wärmedämmung.

Tafel 9.9 Baustoffbedarf (Steine und Mörtel) für Maurerarbeiten unter Verwendung von Normalmauermörtel

Steinformat		Maße in cm	Anzahl der Schichten je 1 m Höhe	Wanddicke	Je m² Wand		Je m³ Mauerwerk	
		Länge × Breite × Höhe			Steine	Mörtel	Steine	Mörtel
				cm	Stück	Liter	Stück	Liter
Lochsteine (für Vollsteine bis zu 10 % Mörtel weniger)	DF	24 × 11,5 × 5,2	16	11,5	66	29	573	242
				24	132	68	550	284
				36,5	198	109	541	300
	NF	24 × 11,5 × 7,1	12	11,5	50	26	428	225
				24	99	64	412	265
				36,5	148	101	406	276
	2 DF	24 × 11,5 × 11,3	8	11,5	33	19	286	163
				24	66	49	275	204
				36,5	99	80	271	220
	3 DF	24 × 17,5 × 11,3	8	17,5	33	28	188	160
				24	45	42	185	175
	4 DF	24 × 24 × 11,3	8	24	33	39	137	164
	8 DF	24 × 24 × 23,8	4	24	16	20	69	99
Block- und Hohlblocksteine		49,5 × 175 × 23,8	4	17,5	8	16	46	84
		49,5 × 24 × 23,8	4	24	8	22	33	86
		49,5 × 30 × 23,8	4	30	8	26	27	88
		37 × 24 × 23,8	4	24	12	26	50	110
		37 × 30 × 23,8	4	30	12	32	42	105
		24,5 × 36,5 × 23,8	4	36,5	16	36	45	100

9.3 Mauerwerk, Berechnung und Ausführung nach Eurocode 6

Der Eurocode 6 für Mauerwerk auf der Basis des Teilsicherheitskonzeptes liegt in allen seinen Teilen als europäische Norm in deutscher Übersetzung vor und wurde vom Normenausschuss Bauwesen im DIN als deutsche Fassung gemeinsam mit den zugehörigen Nationalen Anhängen veröffentlicht. Im März 2014 erfolgte die bauaufsichtliche Einführung.

Mauerwerk kann nach Eurocode 6 mit Hilfe der vereinfachten Berechnungsmethoden nach DIN EN 1996-3 (s. Abschn. 9.3.4) oder nach den allgemeinen Regeln nach DIN EN 1996-1-1 (s. Abschn. 9.3.5) berechnet werden.

9.3.1 Baustoffe

Innerhalb eines Geschosses möglichst kein oder nur eingeschränkter Wechsel von Steinarten und Mörtelgruppen.

Steine und Mörtel, die unmittelbar der Witterung ausgesetzt bleiben, müssen frostwiderstandsfähig sein.

9.3.1.1 Mauermörtel nach DIN EN 1996-1-1/NA (5.12)

Normalmauermörtel sind Baustellenmauermörtel oder Werkmauermörtel mit Trockenrohdichten $\geq 1,5\,\text{kg/dm}^3$ und Zusammensetzungen nach Tafel 9.10.

Einschränkungen für den Einsatz der Mörtelgruppen
- MG I ist für den Einsatz im Neubau nicht zulässig (mit Ausnahme bei der Instandsetzung von altem Mauerwerk, in Abhängigkeit vom Bestandsschutz [25])

Zusätzlich zur Prüfung der Druckfestigkeit sind die Anforderungen an die Fugendruckfestigkeit und die Verbundfestigkeit nach Tafel 9.11 einzuhalten.

Kontrolle und Prüfung der Mörteldruckfestigkeit
- bei Normalmauermörtel der Gruppe IIIa
- bei Bauwerken mit mehr als 6 Vollgeschossen.

Leichtmauermörtel sind Werk-Trocken- oder Werk-Frischmauermörtel mit einer Trockenrohdichte $\leq 1,3\,\text{kg/dm}^3$. Einteilung in die Gruppen LM 21 und LM 36. Anforderungen nach Tafel 9.12 (Auszug aus der Norm).

Tafel 9.10 Zusammensetzung, Mischungsverhältnisse für Normalmauermörtel nach DIN V 18580 (3.07)

Mörtelgruppe	Mörtelklasse nach DIN EN 998-2	Luftkalk		Hydraulischer Kalk (HL2)	Hydraulischer Kalk (HL5), Putz- und Mauerbinder (MC5)	Zement	Sand[a] aus natürlichem Gestein
		Kalkteig	Kalkhydrat				
II	M 2,5	1,5	–	–	–	1	8
		–	2	–	–	1	8
		–	–	2	–	1	8
		–	–	–	1	–	3
IIa	M 5	–	1	–	–	1	6
		–	–	–	2	1	8
III	M 10	–	–	–	–	1	4

[a] Die Werte des Sandanteils beziehen sich auf den lagerfeuchten Zustand.

Tafel 9.11 Zusätzliche Mindestanforderungen an die Druckfestigkeit in der Fuge und die Verbundfestigkeit von Normalmauermörtel im Alter von 28 Tagen nach DIN V 18580 (3.07)

Mörtelart	Mörtelgruppe	Mörtelklasse nach DIN EN 998-2	Fugendruckfestigkeit[a,b] [N/mm²]			Verbundfestigkeit[b] [N/mm²]	
			Verf. I	Verf. II	Verf. III	Charakt. Anfangsscherfestigkeit (Haftscherfestigkeit)[c] n. DIN EN 1052-3[e]	Mindesthaftscherfestigkeit (Mittelwert)[d] n. DIN 18555-5
Normalmauermörtel	II	M 2,5	1,25	2,5	1,75	0,04	0,10
	IIa	M 5	2,5	5	3,5	0,08	0,20
	III	M 10	5	10	7,0	0,10	0,25
	IIIa	M 20	10	20	14	0,12	0,30

[a] Die Prüfung erfolgt nach DIN 18555-9.

[b] Die Prüfung der Fugendruckfestigkeit muss mit Referenzsteinen erfolgen. Referenzsteine sind Kalksandsteine DIN 106-KS12-2,0-NF (ohne Lochung bzw. Grifföffnung) mit einer Eigenfeuchte von 3 bis 5 % (Masseanteil), deren Eignung für diese Prüfung von der Amtlichen Materialprüfanstalt für das Bauwesen beim Institut für Baustoffkunde und Materialprüfung der Universität Hannover, Nienburger Straße 3, D-30617 Hannover, bescheinigt worden ist.

[c] Die maßgebende Verbundfestigkeit ergibt sich aus dem ermittelten Wert der charakteristischen Anfangsscherfestigkeit (Haftscherfestigkeit) multipliziert mit dem Prüffaktor 1,2.

[d] Die maßgebende Verbundfestigkeit ergibt sich aus dem Prüfwert der Haftscherfestigkeit (Mittelwert) multipliziert mit dem Prüffaktor 1,2.

[e] Abweichend von DIN EN 1052-3 darf die Prüfung ohne Vorbelastung an 5 Prüfkörpern durchgeführt werden. Die charakteristische Anfangsscherfestigkeit (Haftscherfestigkeit) ergibt sich dann aus dem mit 0,8 multiplizierten Mittelwert.

Tafel 9.12 Anforderungen an Leichtmauermörtel im Alter von 28 Tagen nach DIN V 18580 (3.07)

Mörtelgruppe		LM 21	LM 36
Mörtelklasse nach DIN EN 998-2		M 5	M 5
Trockenrohdichte [kg/dm^3]		$\leq 0,7$	$\leq 1,0$
Fugendruckfestigkeit^{a,b} [N/mm^2]	Verf. I	2,5	2,5
	Verf. II	5	5
	Verf. III	3,5	3,5
Charakteristische Anfangsscherfestigkeit (Haftscherfestigkeit)^c n. DIN EN 1052-3^e [N/mm^2]		0,08	0,08
Mindesthaftscherfestigkeit (Mittelwert)^d n. DIN 18555-5 [N/mm^2]		0,20	0,20
Längsdehnungsmodul [N/mm^2]		≥ 2100	≥ 3000
Querdehnungsmodul [N/mm^2]		≥ 7500	≥ 15.000
Verarbeitbarkeitszeit		$\geq 4\,\mathrm{h}$	

^{a} Die Prüfung erfolgt nach DIN 18555-9.
^{b} Die Prüfung der Fugendruckfestigkeit muss mit Referenzsteinen erfolgen. Referenzsteine sind Kalksandsteine DIN 106-KS12-2,0-NF (ohne Lochung bzw. Grifföffnung) mit einer Eigenfeuchte von 3 bis 5 % (Masseanteil), deren Eignung für diese Prüfung von der Amtlichen Materialprüfanstalt für das Bauwesen beim Institut für Baustoffkunde und Materialprüfung der Universität Hannover, Nienburger Straße 3, D-30617 Hannover, bescheinigt worden ist.
^{c} Die maßgebende Verbundfestigkeit ergibt sich aus dem ermittelten Wert der charakteristischen Anfangsscherfestigkeit (Haftscherfestigkeit) multipliziert mit dem Prüffaktor 1,2.
^{d} Die maßgebende Verbundfestigkeit ergibt sich aus dem Prüfwert der Haftscherfestigkeit (Mittelwert) multipliziert mit dem Prüffaktor 1,2.
^{e} Abweichend von DIN EN 1052-3 darf die Prüfung ohne Vorbelastung an 5 Prüfkörpern durchgeführt werden. Die charakteristische Anfangsscherfestigkeit (Haftscherfestigkeit) ergibt sich dann aus dem mit 0,8 multiplizierten Mittelwert.

Leichtmauermörtel sind nicht zulässig für Gewölbe und der Witterung ausgesetztes Sichtmauerwerk.

Dünnbettmörtel sind Werk-Trockenmauermörtel mit einer Trockenrohdichte $> 1,3\,\mathrm{kg/dm^3}$. Sie werden der Mörtelgruppe M 10 zugeordnet. Anforderungen auszugsweise nach Tafel 9.13. Dünnbettmörtel dürfen nur für Plansteine verwendet werden, mit Fugendicken von 1 mm bis 3 mm.

Nicht zulässig für Gewölbe. Das Größtkorn der verwendeten Gesteinskörnung darf höchstens 1,0 mm betragen.

Tafel 9.13 Zusätzliche Anforderungen an Dünnbettmörtel im Alter von 28 Tagen nach DIN V 18580 (3.07)

Charakteristische Anfangsscherfestigkeit (Haftscherfestigkeit)	0,20 N/mm^2
Mindesthaftscherfestigkeit (Mittelwert)	0,50 N/mm^2
Druckfestigkeit nach Feuchtlagerung	70 % der Mörteldruckfestigkeit
Korrigierbarkeitszeit	$\geq 7\,\mathrm{min}$
Verarbeitbarkeitszeit	$\geq 4\,\mathrm{h}$

9.3.1.2 Mauersteine

Es dürfen nur genormte Steine oder solche mit bauaufsichtlicher Zulassung verwendet werden. Normsteine sind Vollsteine nach DIN EN 771-1 bis DIN EN 771-4 in Verbindung mit DIN 20000-401, -402 und DIN 20000-404 sowie DIN V 20000-403 und DIN 105-100, DIN V 106, DIN V 18152-100, DIN V 18153-100 und Lochsteine nach DIN EN 771-1 bis DIN EN 771-3 in Verbindung mit DIN 20000-401, -402, -404, DIN V 20000-403, DIN 105-100, DIN V 106, DIN V 18151-100 sowie DIN V 18153-100.

In Außenschalen dürfen Kalksandsteine mit Oberflächenbeschichtungen nur verwendet werden, wenn deren Frostwiderstandsfähigkeit unter erhöhter Beanspruchung nach DIN EN 771-2 bzw. nach DIN V 106 nachgewiesen wurde.

Bei Zulassungssteinen sind die Auflagen für die Anwendung im Zulassungsbescheid zu beachten (s. Abschn. 9.2, Zulassungen über Hersteller oder DIBt (www.dibt.de) erhältlich).

9.3.2 Sicherheitskonzept

Die Sicherheit von Mauerwerk ist in der Regel im Grenzzustand der Tragfähigkeit nachzuweisen. In diesem Zustand muss an jedem Ort eines Bauteils gewährleistet sein, dass der Bemessungswert der Beanspruchungen E_d in einem Querschnitt den Bemessungswert des Tragwiderstandes R_d in diesem Querschnitt nicht überschreitet:

$$E_d < R_d \qquad (9.1)$$

E_d Bemessungswert einer Schnittgröße infolge von Einwirkungen
R_d zugehöriger Bemessungswert des Tragwiderstandes.

Für den Bemessungswert des Tragwiderstandes bzw. der Beanspruchbarkeit R_d werden Tragwerksdaten (Abmessungen und Stoffkenngrößen) und ein geeigneter Algorithmus zur Bestimmung des Tragwiderstandes benötigt, für den Bemessungswert der Beanspruchung E_d werden die maßgebenden Einwirkungen gebraucht.

9.3.2.1 Einwirkungen

Die charakteristischen Werte E_k der Einwirkungen (im Gebrauchszustand) sind DIN EN 1990, dem zugehörigen nationalen Anhang DIN EN 1990/NA und ggf. bauaufsichtlichen Ergänzungen und Richtlinien zu entnehmen, beispielsweise für Wind- und Schneelasten, Verkehrslasten und Eigengewichtslasten. Aus ihnen werden Bemessungswerte im Grenzzustand der Tragfähigkeit E_d durch Multiplikation mit Teilsicherheitsbeiwerten γ_f für ständige und vorübergehende Einwirkungen nach Tafel 9.14 errechnet.

$$E_d = \gamma_f \cdot E_k \qquad (9.2)$$

Tafel 9.14 Teilsicherheitsbeiwert γ_F für ständige und veränderliche Einwirkungen auf Tragwerke nach DIN EN 1990/NA (12.10)

Auswirkung	Ständige Einwirkung G	Veränderliche Einwirkung Q
Günstig	1,0	0
Ungünstig	1,35	1,5
Außergewöhnliche Bemessungssituation	1,0	1,0

Diese Bemessungswerte E_d werden nach Kombinationsregeln der DIN EN 1990 unter Verwendung sogenannter Kombinationsbeiwerte ψ_i aus der gleichen Norm zu Bemessungssituationen kombiniert, siehe Abschnitt Lastannahmen und Einwirkungen.

- Ständige und vorübergehende Bemessungssituation (Vereinfachung nach EC 6):

$$E_d = E\left\{\sum_{j\geq 1} \gamma_{G,j} \cdot G_{k,j} \oplus \sum_{i\geq 1} \gamma_{Q,i} \cdot Q_{k,i}\right\} \quad (9.3)$$

- Außergewöhnliche Bemessungssituation:

$$E_{dA} = E\left\{\sum_{j\geq 1} \gamma_{GA,j} \cdot G_{k,j} \oplus A_d \oplus \psi_{1,1} \cdot Q_{k,1}\right.$$
$$\left. \oplus \sum_{i>1} \psi_{2,i} \cdot Q_{k,i}\right\} \quad (9.4)$$

γ_G Teilsicherheitsbeiwert für ständige Einwirkungen
γ_Q Teilsicherheitsbeiwert für veränderliche Einwirkungen

$G_{k,j}$ charakteristische Werte der ständigen Einwirkungen
$Q_{k,j}$ charakteristische Werte der veränderlichen Einwirkungen
A_d Bemessungswert einer außergewöhnlichen Einwirkung
ψ_0, ψ_1, ψ_2 Kombinationsbeiwerte
$\oplus$ „in Kombination mit".

9.3.2.2 Tragwiderstand

Der Bemessungswert R_d des Tragwiderstandes im Grenzzustand der Tragfähigkeit wird mit einem geeigneten Algorithmus aus den Abmessungen des Bauteils und den Baustoffkennwerten berechnet.

Charakteristische Werte der Baustoffeigenschaften X_k sind nach festgelegten Verfahren zu ermitteln oder Normen bzw. bauaufsichtlichen Zulassungsbescheiden zu entnehmen.

Für die Berechnung des Tragwiderstandes werden die Bemessungswerte der Baustoffeigenschaften benötigt (vgl. Abschn. 9.3.3).

Abminderung der Bemessungsdruckfestigkeit bei:
- Wandquerschnitten $< 0,1\,\text{m}^2$ um $(0,7 + 3A)$, dabei ist A die belastete Bruttoquerschnittsfläche in m^2; für Wandquerschnitte aus getrennten Steinen mit einem Lochanteil $> 35\,\%$ und Wandquerschnitten, die durch Schlitze oder Aussparungen geschwächt sind, beträgt der Faktor 0,8.
- Langzeitwirkungen und weiterer Einflüsse über den Dauerstandfaktor ζ; für eine dauernde Beanspruchung infolge von Eigengewicht, Schnee- und Verkehrslasten gilt $\zeta = 0,85$; für kurzzeitige Beanspruchungsarten darf $\zeta = 1,0$ gesetzt werden.

Tafel 9.15 Teilsicherheitsbeiwerte γ_M für die Baustoffeigenschaften nach DIN EN 1996-1-1/NA (5.12)

Material	γ_M Bemessungssituation	
	Ständig und vorübergehend	Außergewöhnlich[a]
Unbewehrtes Mauerwerk aus Steinen der Kategorie I und Mörtel nach Eignungsprüfung[b,c]	1,5	1,3
Bewehrtes Mauerwerk aus Steinen der Kategorie I und Mörtel nach Eignungsprüfung[b]	10,0[d]	10,0[d]
Unbewehrtes Mauerwerk aus Steinen der Kategorie I und Mörtel nach Rezeptmörtel[c,e]	1,5	1,3
Bewehrtes Mauerwerk aus Steinen der Kategorie I und Mörtel nach Rezeptmörtel[b]	10,0[d]	10,0[d]
Verankerung von Bewehrungsstahl	10,0[d]	
Bewehrungsstahl und Spannstahl	10,0[d]	
Ergänzungsbauteile nach DIN EN 845-1	Nach Zulassung	
Stürze nach DIN EN 845-2	Nach Zulassung	

[a] für die Bemessung im Brandfall siehe DIN EN 1996-1-2.
[b] siehe NCI zu Abschn. 3.2.2 (nach DIN EN 1996-1-1/NA).
[c] Randstreifenvermörtelung ist für tragendes Mauerwerk nicht anwendbar.
[d] In Einzelfällen können in Abstimmung mit der zuständigen Bauaufsichtsbehörde abweichende Werte vereinbart werden.
[e] Gilt nur für Baustellenmörtel nach DIN V 18580.

9.3.2.3 Vereinfachte Einwirkungskombinationen nach DIN EN 1996-1-1/NA (5.12)

Bei Wohn- und Bürogebäuden darf der Bemessungswert der einwirkenden Normalkraft im Allgemeinen vereinfacht mit den folgenden Einwirkungskombinationen bestimmt werden:

$$N_{Ed} = 1{,}35 \cdot N_{Gk} + 1{,}5 \cdot N_{Qk} \tag{9.5}$$

In Hochbauten mit Decken aus Stahlbeton, die mit charakteristischen Nutzlasten einschließlich Trennwandzuschlag von maximal $3\,\mathrm{kN/m^2}$ belastet sind, darf vereinfachend angesetzt werden:

$$N_{Ed} = 1{,}4 \cdot (N_{Gk} + N_{Qk}) \tag{9.6}$$

Im Fall größerer Biegemomente, z. B. bei Windscheiben, ist auch der Lastfall $M_{max} + N_{min}$ zu berücksichtigen. Dabei gilt:

$$\min N_{Ed} = 1{,}0 \cdot N_{Gk} \tag{9.7}$$

Bei der Berechnung des Wand-Decken-Knotens dürfen die ständigen Lasten (G) in allen Deckenfeldern und allen Geschossen mit dem gleichen Teilsicherheitsbeiwert γ_G multipliziert werden und die halbe Nutzlast darf wie eine ständige Last angesetzt werden.

9.3.2.4 Begrenzung der planmäßigen Exzentrizitäten

Grundsätzlich dürfen klaffende Fugen infolge der planmäßigen Exzentrizität der einwirkenden charakteristischen Lasten in der charakteristischen Bemessungssituation (ohne Berücksichtigung der ungewollten Ausmitte, der Kriechausmitte und der Stabauslenkung nach Theorie II. Ordnung) rechnerisch höchstens bis zum Schwerpunkt des Gesamtquerschnittes entstehen.

Sofern beim Nachweis der Querkrafttragfähigkeit in Scheibenrichtung der Rechenwert der Haftscherfestigkeit in Ansatz gebracht wird, ist bei Windscheiben mit einer Ausmitte $e > l/6$ zusätzlich nachzuweisen, dass die rechnerische Randdehnung aus der Scheibenbeanspruchung auf der Seite der Klaffung $\varepsilon_R = \varepsilon_D \cdot a / l_{c,lin}$ für charakteristische Bemessungssituationen nach DIN EN 1990:2010-12, 6.5.3 (2) a) den Wert $\varepsilon_R = 10^{-4}$ nicht überschreitet (siehe Abb. 9.2). Der Elastizitätsmodul für Mauerwerk darf hierfür zu $E = 1000\,f_k$ angenommen werden.

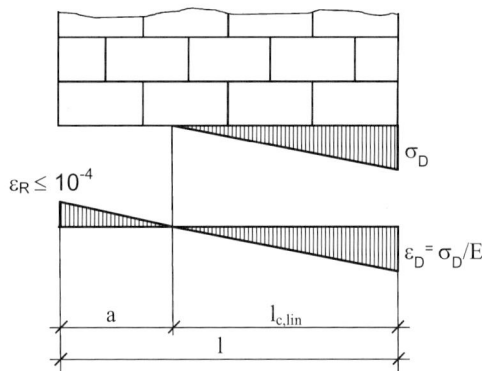

Abb. 9.2 Begrenzung der Randdehnung bei Windscheiben. l Länge der Wandscheibe, $l_{c,lin}$ überdrückte Länge, σ_D Kantenpressung auf Basis eines linear-elastischen Stoffgesetzes, ε_D rechnerische Randstauchung, ε_R rechnerische Randdehnung, E Kurzzeit-Elastizitätsmodul als Sekantenmodul

9.3.3 Mauerwerksfestigkeiten

Mauerwerksfestigkeiten sind charakteristische Größen oder Bemessungswerte.

a) Charakteristische Größen
   Charakteristische Größen werden als 5 %-Quantilwerte angegeben.

b) Bemessungswerte
   Die Bemessungswerte X_d der Baustoffeigenschaften werden i. Allg. erhalten, indem man die charakteristischen Werte X_k durch den Teilsicherheitsbeiwert γ_M für die Baustoffeigenschaften dividiert und mit einem Abminderungsfaktor ζ multipliziert.

$$X_d = \zeta \cdot \frac{X_k}{\gamma_M} \tag{9.8}$$

X_d Bemessungswert der Baustoffeigenschaft

ζ Abminderungsfaktor zur Berücksichtigung der Langzeitwirkung (dauernde Druckbeanspruchung infolge von Eigengewicht, Schnee- und Verkehrslasten $\zeta = 0{,}85$, alle andere Beanspruchungen $\zeta = 1$)

X_k charakteristischer Wert der Baustoffeigenschaft

γ_M Teilsicherheitsbeiwert für die Baustoffeigenschaften s. Tafel 9.15.

Bei Verwendung von Mauersteinen nach **bauaufsichtlicher Zulassung** sind die dort angegebenen Werte zu verwenden.

9.3.3.1 Charakteristische Druckfestigkeit

Die charakteristische Druckfestigkeit von Mauerwerk ist definiert als Festigkeit, die im Kurzzeitversuch an Prüfkörpern nach DIN EN 1052-1 gewonnen, als 5 %-Quantile ausgewertet und auf die theoretische Schlankheit 0 bezogen ist.

9.3.3.1.1 Charakteristische Druckfestigkeit nach DIN EN 1996-1-1/NA

Nach DIN EN 1996-1-1 sind für Rezeptmauerwerk (RM) die charakteristischen Festigkeiten f_k mit Hilfe von (9.9) und Tafel 9.16 bis Tafel 9.24 in Abhängigkeit von den Steinfestigkeitsklassen und den Mörtelgruppen zu ermitteln.

$$f_k = K \cdot f_b^\alpha \cdot f_m^\beta \tag{9.9}$$

f_k charakteristische Druckfestigkeit von Mauerwerk in N/mm^2;

K, α, β Konstanten;

f_b normierte Mauersteindruckfestigkeit in Lastrichtung in N/mm^2;

f_m Druckfestigkeit des Mauermörtels in N/mm^2.

Tafel 9.16 Rechenwerte für die Druckfestigkeit von Mauermörtel DIN EN 1996-1-1/NA (5.12)

Mörtelgruppe nach DIN V 20000-412 oder DIN V 18580		Druckfestigkeit f_m [N/mm^2]
Normalmauermörtel	II	2,5
	IIa	5,0
	III	10,0
	IIIa	20,0
Leichtmauermörtel	LM 21	5,0
	LM 36	5,0
Dünnbettmörtel	DM	10,0

Tafel 9.17 Rechenwerte für die umgerechnete mittlere Steindruckfestigkeit f_{st} in Abhängigkeit von der Druckfestigkeitsklasse DIN EN 1996-1-1/NA (5.12)

Druckfestigkeitsklasse der Mauersteine und Planelemente	Umgerechnete mittlere Mindestdruckfestigkeit f_{st} [N/mm^2]
2	2,5
4	5,0
6	7,5
8	10,0
10	12,5
12	15,0
16	20,0
20	25,0
28	35,0
36	45,0
48	60,0
60	75,0

Tafel 9.18 Parameter zur Ermittlung der Druckfestigkeit von Einsteinmauerwerk aus Hochlochziegeln mit Lochung A (HLzA), Lochung B (HLzB), Mauertafelziegeln T1, sowie Kalksand-Loch- und Hohlblocksteinen mit Normalmauermörtel nach DIN EN 1996-1-1/NA/A1 (3.14)

Mittlere Steindruckfestigkeit [N/mm^2]	Mörtelart	Parameter		
		K	α	β
$5,0 \leq f_{st} < 10,0$	NM II	0,68	0,605	0,189
	NM IIa			
	NM III	0,70		
$10,0 \leq f_{st} \leq 75,0$	NM II^a	0,69	0,585	0,162
	NM IIa^a	0,79		
	NM III			
	NM IIIa^b			

^{a} Die Druckfestigkeit des Mauerwerks darf nicht größer angenommen werden als für Steinfestigkeiten $f_{st} = 25$ N/mm^2.
^{b} Gilt nur für mittlere Steindruckfestigkeiten $\geq 12,5$ N/mm^2.

Tafel 9.19 Parameter zur Ermittlung der Druckfestigkeit von Einsteinmauerwerk aus Hochlochziegeln mit Lochung W (HLzW), Mauertafelziegeln T2, T3 und T4 sowie Langlochziegeln (LLz) mit Normalmauermörtel nach DIN EN 1996-1-1/NA (5.12)

Mittlere Steindruckfestigkeit [N/mm^2]	Mörtelart	Parameter		
		K	α	β
$5,0 \leq f_{st} < 10,0$	NM II	0,54	0,605	0,189
	NM IIa			
	NM III	0,56		
$10,0 \leq f_{st} \leq 75,0$	NM II^a	0,55	0,585	0,162
	NM IIa^a	0,63		
	NM III^a			
	NM IIIa^a			

^{a} Die Druckfestigkeit des Mauerwerks darf bei Mauerwerk aus Hochlochziegeln mit Lochung W und Mauertafelziegeln T4 nicht größer angenommen werden als für Steinfestigkeiten $f_{st} = 15$ N/mm^2 und bei Mauerwerk aus Mauertafelziegeln T2 und T3 nicht größer als für $f_{st} = 25$ N/mm^2.

Tafel 9.20 Parameter zur Ermittlung der Druckfestigkeit von Einsteinmauerwerk aus Vollziegeln sowie Kalksand-Vollsteinen und Kalksand-Blocksteinen mit Normalmauermörtel nach DIN EN 1996-1-1/NA/A1 (3.14)

Steinart	Mörtelart	Parameter		
		K	α	β
Vollziegel, KS-Vollsteine, KS-Blocksteine	NM II^a, IIa^b	0,95	0,585	0,162
	NM III^c, IIIa^d			

^{a} Die Druckfestigkeit des Mauerwerks darf nicht größer angenommen werden als für die Steinfestigkeiten $f_{st} = 45$ N/mm^2.
^{b} Gilt nur für mittlere Steindruckfestigkeit $f_{st} \geq 7,5$ N/mm^2. Die Druckfestigkeit des Mauerwerks darf nicht größer angenommen werden als für die Steinfestigkeiten $f_{st} = 45$ N/mm^2.
^{c} Gilt nur für mittlere Steindruckfestigkeit $f_{st} \geq 12,5$ N/mm^2. Die Druckfestigkeit des Mauerwerks darf nicht größer angenommen werden als für die Steinfestigkeiten $f_{st} = 60$ N/mm^2.
^{d} Gilt nur für mittlere die Steindruckfestigkeit $f_{st} \geq 15$ N/mm^2.

Tafel 9.21 Parameter zur Ermittlung der Druckfestigkeit von Einsteinmauerwerk aus Kalksand-Plansteinen und Kalksand-Planelementen mit Dünnbettmörtel nach DIN EN 1996-1-1/NA/A1 (3.14)

Steinart		Mörtelart	Parameter		
			K	α	β
KS-Plan-elemente	KS-XL	DM[a]	1,70	0,630	–
	KS-XL-N, KS-XL-E	DM[b]	0,80	0,800	–
KS-Plan-steine	KS-P	DM[c]			
	KS L-P	DM[d]	1,15	0,585	–

[a] Für mittlere Steindruckfestigkeiten $f_{st} < 150\,\text{N/mm}^2$ gelten die Werte für Plansteine KS-P. Die Druckfestigkeit des Mauerwerks darf nicht größer angenommen werden als für Steinfestigkeiten $f_{st} = 35\,\text{N/mm}^2$.
[b] Die Druckfestigkeit des Mauerwerks darf nicht größer angenommen werden als für Steinfestigkeiten $f_{st} = 35\,\text{N/mm}^2$.
[c] Die Druckfestigkeit des Mauerwerks darf nicht größer angenommen werden als für Steinfestigkeiten $f_{st} = 45\,\text{N/mm}^2$.
[d] Die Druckfestigkeit des Mauerwerks darf nicht größer angenommen werden als für Steinfestigkeiten $f_{st} = 25\,\text{N/mm}^2$.

Tafel 9.22 Parameter zur Ermittlung der Druckfestigkeit von Einsteinmauerwerk aus Mauerziegeln und Kalksandsteinen mit Leichtmauermörtel nach DIN EN 1996-1-1/NA (5.12)

Mittlere Steindruckfestigkeit [N/mm²]	Mörtelart	Parameter		
		K	α	β
$2,5 \leq f_{st} < 5,0$	LM 21	0,74	0,495	–
	LM 36	0,85		
$5,0 \leq f_{st} < 7,5$	LM 21	0,74		
	LM 36	1,00		
$7,5 \leq f_{st} \leq 35,0$	LM 21[a]	0,81		
	LM 36[b]	1,05		

[a] Die Druckfestigkeit des Mauerwerks darf nicht größer angenommen werden als für Steinfestigkeiten $f_{st} = 15\,\text{N/mm}^2$.
[b] Die Druckfestigkeit des Mauerwerks darf nicht größer angenommen werden als für Steinfestigkeiten $f_{st} = 10\,\text{N/mm}^2$.

Tafel 9.23 Parameter zur Ermittlung der Druckfestigkeit von Einsteinmauerwerk aus Leichtbeton- und Betonsteinen nach DIN EN 1996-1-1/NA/A1 (3.14)

Steinart		Mittlere Steindruckfestigkeit [N/mm²]	Mörtelart	Parameter		
				K	α	β
Vollsteine	V, Vbl		NM[a]	0,67	0,74	0,13
	Vbl S, Vbl SW	$2,5 \leq f_{st} < 10,0$	NM II[b], NM IIa[b]	0,68	0,605	0,189
			NM III[b], NM IIIa[b]	0,70		
		$10,0 \leq f_{st} < 75,0$	NM IIa[b], NM III[b], NM IIIa[b]	0,79	0,585	0,162
	Vn, Vbn Vm, Vmb		NM[c]	0,95	0,585	0,162
Lochsteine	Hbl, Hbn		NM[b]	0,74	0,63	0,10
Voll- und Lochsteine			LM21[d], LM36[e]	0,79	0,66	–

[a] Die umgerechnete mittlere Steindruckfestigkeit darf nicht größer angenommen werden als die dreifache Mörtelfestigkeit $f_{st} \leq 3 f_m$. Die Mörtelfestigkeit darf nicht größer angenommen werden als für Mörtelgruppe III $f_m \leq 10\,\text{N/mm}^2$. Für mittlere Steindruckfestigkeiten $f_{st} < 5,0\,\text{N/mm}^2$ in Kombination mit Mörtelgruppe III und IIIa gilt $f_k = 1,8\,\text{N/mm}^2$.
[b] Die umgerechnete mittlere Steindruckfestigkeit darf nicht größer angenommen werden als die dreifache Mörtelfestigkeit $f_{st} \leq 3 f_m$. Die Mörtelfestigkeit darf nicht größer angenommen werden als für Mörtelgruppe III $f_m \leq 10\,\text{N/mm}^2$.
[c] Die umgerechnete mittlere Steindruckfestigkeit darf nicht größer angenommen werden als die dreifache Mörtelfestigkeit $f_{st} \leq 3 f_m$. Die Mörtelfestigkeit darf nicht größer angenommen werden als für Mörtelgruppe III $f_m \leq 10\,\text{N/mm}^2$. Für mittlere Steindruckfestigkeiten $5,0\,\text{N/mm}^2 \geq f_{st} < 7,5\,\text{N/mm}^2$ in Kombination mit Mörtelgruppe IIa, III und IIIa gilt $f_k = 2,9\,\text{N/mm}^2$. Für mittlere Steindruckfestigkeiten $7,5\,\text{N/mm}^2 \geq f_{st} < 10,0\,\text{N/mm}^2$ gilt $f_k = 4,0\,\text{N/mm}^2$. Für mittlere Steindruckfestigkeiten $10,0\,\text{N/mm}^2 \geq f_{st} < 12,5\,\text{N/mm}^2$ gilt $f_k = 5,0\,\text{N/mm}^2$.
[d] Die Druckfestigkeit des Mauerwerks darf nicht größer angenommen werden als für umgerechnete mittlere Steindruckfestigkeiten $f_{st} = 10\,\text{N/mm}^2$.
[e] Die umgerechnete mittlere Steindruckfestigkeit darf nicht größer angenommen werden als die dreifache Mörtelfestigkeit $f_{st} \leq 3 f_m$.

Tafel 9.24 Parameter zur Ermittlung der Druckfestigkeit von Einsteinmauerwerk aus Porenbeton mit Dünnbettmörtel nach DIN EN 1996-1-1/NA (5.12)

Steinart	Mittlere Steindruckfestigkeit [N/mm²]	Mörtelart	Parameter		
			K	α	β
Vollsteine aus Porenbeton	$2,5 \leq f_{st} < 5,0$	DM	0,90	0,76	–
	$5,0 \leq f_{st} \leq 10,0$		0,90	0,75	–

9.3.3.1.2 Charakteristische Druckfestigkeit nach DIN EN 1996-3/NA

In DIN EN 1996-3 sind in Anhang NA.D die charakteristischen Festigkeiten f_k in tabellarischer Form aufbereitet und können Tafel 9.25 bis Tafel 9.33 in Abhängigkeit von den Steinfestigkeitsklassen und den Mörtelgruppen entnommen werden.

Tafel 9.25 Charakteristische Druckfestigkeit f_k in N/mm² von Einsteinmauerwerk aus Hochlochziegeln mit Lochung A (HLzA), Lochung B (HLzB), Mauertafelziegeln T1 sowie Kalksand-Loch- und Hohlblocksteinen mit Normalmauermörtel nach DIN EN 1996-3/NA/A1 (3.14)

Steindruckfestigkeitsklasse	f_k [N/mm²]			
	NM II	NM IIa	NM III	NM IIIa
4	2,1	2,4	2,9	–
6	2,7	3,1	3,7	–
8	3,1	3,9	4,4	–
10	3,5	4,5	5,0	5,6
12	3,9	5,0	5,6	6,3
16	4,6	5,9	6,6	7,4
20	5,3	6,7	7,5	8,4
28	5,3	6,7	9,2	10,3
36	5,3	6,7	10,2	11,9
48	5,3	6,7	12,2	14,1
60	5,3	6,7	14,3	16,0

Tafel 9.26 Charakteristische Druckfestigkeit f_k in N/mm² von Einsteinmauerwerk aus Hochlochziegeln mit Lochung W (HLzW), Mauertafelziegeln (T2, T3 und T4) sowie Langlochziegeln (LLz) mit Normalmauermörtel nach DIN EN 1996-3/NA/A1 (3.14)

Steindruckfestigkeitsklasse	f_k [N/mm²]			
	NM II	NM IIa	NM IIIa	NM IIIa
4	1,7	2,0	2,3	2,6
6	2,2	2,5	2,9	3,3
8	2,5	3,2	3,5	4,0
10	2,8	3,6	4,0	4,5
12	3,1	4,0	4,5	5,0
16	3,7 (3,1)	4,7 (4,0)	5,3 (4,5)	5,9 (5,0)
20	4,2 (3,1)	5,4 (4,0)	6,0 (4,5)	6,7 (5,0)

Werte in Klammern gelten für Mauerwerk aus Hochlochziegeln mit Lochung W (HLzW) und Mauertafelziegeln T4.

Tafel 9.27 Charakteristische Druckfestigkeit f_k in N/mm² von Einsteinmauerwerk aus Vollziegeln sowie Kalksand-Vollsteinen und Kalksand-Blocksteinen mit Normalmauermörtel nach DIN EN 1996-3/NA/A1 (3.14)

Steindruckfestigkeitsklasse	f_k [N/mm²]			
	NM II	NM IIa	NM III	NM IIIa
2	–	–	–	–
4	2,8	–	–	–
6	3,6	4,0	–	–
8	4,2	4,7	–	–
10	4,8	5,4	6,0	–
12	5,4	6,0	6,7	7,5
16	6,4	7,1	8,0	8,9
20	7,2	8,1	9,1	10,1
28	8,8	9,9	11,0	12,4
36	10,2	11,4	12,7	14,3
48	10,2	11,4	15,1	16,9
60	10,2	11,4	15,1	16,9

Tafel 9.28 Charakteristische Druckfestigkeit f_k in N/mm² von Einsteinmauerwerk aus Kalksand-Plansteinen und Kalksand-Planelementen mit Dünnbettmörtel nach DIN EN 1996-3/NA/A1 (3.14)

Steindruckfestigkeitsklasse	f_k [N/mm²]			
	Planelemente		Plansteine	
	KS XL	KS XL-N, KS XL-E	KS P	KS L-P
2	–	–	–	–
4	2,9	2,9	2,9	2,9
6	4,0	4,0	4,0	3,7
8	5,0	5,0	5,0	4,4
10	6,0	6,0	6,0	5,0
12	9,4	7,0	7,0	5,6
16	11,2	8,8	8,8	6,6
20	12,9	10,5	10,5	7,6
28	16,0	13,8	13,8	7,6
36	16,0	13,8	16,8	7,6
48	16,0	13,8	16,8	7,6
60	16,0	13,8	16,8	7,6

Tafel 9.29 Charakteristische Druckfestigkeit f_k in N/mm² von Einsteinmauerwerk aus Mauerziegeln und Kalksandsteinen mit Leichtmauermörtel nach DIN EN 1996-3/NA/A1 (3.14)

Steindruckfestigkeitsklasse	f_k [N/mm²]	
	LM 21	LM 36
2	1,2	1,3
4	1,6	2,2
6	2,2	2,9
8	2,5	3,3
10	2,8	3,3
12	3,0	3,3
16	3,0	3,3
20	3,0	3,3
28	3,0	3,3

Tafel 9.30 Charakteristische Druckfestigkeit f_k in N/mm² von Einsteinmauerwerk aus Leichtbeton- und Betonsteinen mit Normalmauermörtel nach DIN EN 1996-3/NA/A1 (3.14)

Leichtbeton-steine	Steindruck-festigkeitsklasse	f_k [N/mm²]		
		Mörtelgruppe		
		II	IIa	III und IIIa
Hbl, Hbn	2	1,4	1,5	1,7
	4	2,2	2,4	2,6
	6	2,9	3,1	3,3
	8	2,9	3,7	4,0
	10	2,9	4,3	4,6
	12	2,9	4,8	5,1
V, Vbl	2	1,5	1,6	1,8
	4	2,5	2,7	3,0
	6	3,4	3,7	4,0
	8	3,4	4,5	5,0
	10	3,4	5,4	5,9
	12	3,4	6,1	6,7
	16	3,4	6,1	8,3
	20	3,4	6,1	9,8
Vn, Vbn, Vm, Vmb	4	2,8	2,9	2,9
	6	3,6	4,0	4,0
	8	3,6	4,7	5,0
	10	3,6	5,4	6,0
	12	3,6	6,0	6,7
	16	3,6	6,0	8,0
	≥ 20	3,6	6,0	9,1

Tafel 9.31 Charakteristische Druckfestigkeit f_k in N/mm² von Einsteinmauerwerk aus Leichtbeton-Vollblöcken mit Schlitzen Vbl S, Vbl SW mit Normalmauermörtel nach DIN EN 1996-3/NA/A1 (3.14)

Steindruckfestigkeitsklasse	f_k [N/mm²]		
	Mörtelgruppe		
	II	IIa	III, IIIa
2	1,4	1,6	1,8
4	2,1	2,4	2,9
6	2,7	3,1	3,7
8	2,7	3,9	4,4
10	2,7	4,5	5,0
12	2,7	5,0	5,6

Tafel 9.32 Charakteristische Druckfestigkeit f_k in N/mm² von Einsteinmauerwerk aus Voll- und Lochsteinen aus Leichtbeton mit Leichtmauermörtel nach DIN EN 1996-3/NA (1.12)

Steindruckfestigkeitsklasse	f_k [N/mm²]
	LM 21 und LM 36
2	1,4
4	2,3
6	3,0
8	3,6

Tafel 9.33 Charakteristische Druckfestigkeit f_k in N/mm² von Einsteinmauerwerk aus Porenbetonsteinen mit Dünnbettmörtel nach DIN EN 1996-3/NA (1.12)

Steindruckfestigkeitsklasse	f_k [N/mm²]
2	1,8
4	3,0
6	4,1
8	5,1

Die charakteristische Festigkeit für Verbandsmauerwerk mit Normalmauermörtel ist durch Multiplikation des Tabellenwertes mit 0,80 zu ermitteln. Verbandsmauerwerk ist Mauerwerk mit mehr als einem Stein in Richtung der Wanddicke.

9.3.3.2 Charakteristische Schubfestigkeit

Die charakteristische Schubfestigkeit wird aus den Eingangsgrößen Haftscherfestigkeit, Bemessungswert der Druckspannung und Steinzugfestigkeit ermittelt und stellt den 5 %-Quantilwert dar. Die eingehenden Baustoffkenngrößen sind dabei Mittelwerte. Die Haftscherfestigkeit f_{vk0} ist nach Tafel 9.34 zu bestimmen.

a) Scheibenschub

$$f_{vk} = f_{vlt} = \min \begin{cases} f_{vlt1} \\ f_{vlt2} \end{cases} \qquad (9.10)$$

Reibungsversagen:

$$f_{vlt1} = f_{vk0} + 0{,}4 \cdot \sigma_{Dd} \qquad \text{vermörtelte Stoßfuge} \qquad (9.11)$$

$$f_{vlt1} = \frac{1}{2} \cdot f_{vk0} + 0{,}4 \cdot \sigma_{Dd} \qquad \text{unvermörtelte Stoßfuge} \qquad (9.12)$$

Steinzugversagen:

$$f_{vlt2} = 0{,}45 \cdot f_{bt,cal} \cdot \sqrt{1 + \frac{\sigma_{Dd}}{f_{bt,cal}}} \qquad (9.13)$$

Für Mauerwerk aus Porenbetonplansteinen mit glatten Stirnflächen und vollflächig vermörtelten Stoßfugen kann der Wert nach (9.13) mit dem Faktor 1,2 erhöht werden.

f_{vk0} Haftscherfestigkeit nach Tafel 9.34;

σ_{Dd} Bemessungswert der zugehörigen Druckspannung an der Stelle der maximalen Schubspannung. Für Rechteckquerschnitte gilt $\sigma_{Dd} = N_{Ed}/A$, dabei ist A der

Tafel 9.34 Werte für die Haftscherfestigkeit f_{vk0} von Mauerwerk ohne Auflast nach DIN EN 1996-1-1/NA (5.12)

f_{vk0} [N/mm²]					
Normalmauermörtel mit einer Festigkeit f_m [N/mm²]				Dünnbettmörtel (Lagerfugendicke 1 bis 3 mm)	Leichtmauer-mörtel
2,5	5	10	20		
0,08	0,18	0,22	0,26	0,22	0,18

überdrückte Querschnitt; im Regelfall ist die minimale Einwirkung $N_{Ed} = 1{,}0 \, N_{Gk}$ maßgebend;

$f_{bt,cal}$ rechnerische Steinzugfestigkeit, mit:

$f_{bt,cal} = 0{,}020 \cdot f_{st}$ für Hohlblocksteine

$f_{bt,cal} = 0{,}026 \cdot f_{st}$ für Hochlochsteine und Steine mit Grifflöchern oder Grifftaschen

$f_{bt,cal} = 0{,}032 \cdot f_{st}$ für Vollsteine ohne Grifflöcher oder Grifftaschen

$f_{bt,cal} = \frac{0{,}082}{1{,}25} \cdot \frac{1}{0{,}7 + (f_{st}/25)^{0,5}} \cdot f_{st}$, f_{st} in N/mm² für Porenbetonplansteine der Länge ≥ 498 mm und der Höhe ≥ 248 mm

f_{st} umgerechnete mittlere Steindruckfestigkeit.

Bei Ansatz der Anfangsscherfestigkeit f_{vk0} in (9.11) ist der Randdehnungsnachweis nach Abschn. 9.3.2.4 zu führen.

b) Plattenschub

$$f_{vlt1} = 0{,}6 \cdot \sigma_{Dd} \quad \text{oder}$$

$$f_{vlt1} = f_{vk0} + 0{,}6 \cdot \sigma_{Dd} \qquad \text{vermörtelte Stoßfuge} \quad (9.14)$$

$$f_{vlt1} = \frac{2}{3} \cdot f_{vk0} + 0{,}6 \cdot \sigma_{Dd} \quad \text{unvermörtelte Stoßfuge} \quad (9.15)$$

9.3.3.3 Charakteristische Biegefestigkeit

Die charakteristische Biegezugfestigkeit f_{xk1} mit einer Bruchebene parallel zu den Lagerfugen (Plattenbiegung) darf in tragenden Wänden nicht angesetzt werden. Eine Ausnahme gilt nur für Wände aus Planelementen, die lediglich durch zeitweise einwirkende Lasten rechtwinklig zur Oberfläche beansprucht werden (z. B. Wind auf Ausfachungsmauerwerk). In diesem Fall darf der Bemessung eine charakteristische Biegezugfestigkeit in Höhe von $f_{xk1} = 0{,}2 \, \text{N/mm}^2$ zugrunde gelegt werden. (Beim Versagen der Wand darf es jedoch nicht zu einem größeren Einsturz oder zum Stabilitätsverlust des ganzen Tragwerkes kommen.)

Die charakteristische Biegezugfestigkeit f_{xk2} von Mauerwerk mit der Bruchebene senkrecht zu den Lagerfugen ergibt sich aus dem kleineren der beiden Werte nach den Gleichungen:

$$f_{xk2} = (\alpha \cdot f_{vk0} + 0{,}6 \cdot \sigma_D) \cdot \frac{l_{ol}}{h_u} \qquad (9.16)$$

$$f_{xk2} = (0{,}5 \cdot f_{bt,cal}) \leq 0{,}7 \quad \text{in N/mm}^2 \qquad (9.17)$$

$\alpha = 1{,}0$ für vermörtelte Stoßfugen

$\alpha = 0{,}5$ für unvermörtelte Stoßfugen.

9.3.4 Berechnung und Nachweisführung mit den vereinfachten Berechnungsmethoden

9.3.4.1 Voraussetzungen für die Anwendung der vereinfachten Berechnungsmethoden

- Gebäudehöhe über Gelände ≤ 20 m (bei geneigten Dächern Mittel aus First- und Traufhöhe)
- Stützweite der aufliegenden Decken $l \leq 6{,}0$ m (nicht, wenn Biegemomente aus Deckendrehwinkel durch konstruktive Maßnahmen, z. B. Zentrierleisten, begrenzt werden); zweiachsig gespannten Decken $l =$ kürzere der beiden Stützweiten
- Überbindemaß

$$l_{ol} \geq \begin{cases} 0{,}4 \cdot h_u \\ 45 \text{ mm} \end{cases}$$

nur bei Elementmauerwerk

$$l_{ol} \geq \begin{cases} 0{,}2 \cdot h_u \\ 125 \text{ mm} \end{cases}$$

- Deckenauflagertiefe

$$a \geq \begin{cases} 0{,}5 \cdot t \\ 100 \text{ mm} \end{cases}$$

Abb. 9.3 Bruchebenen bei Biegebeanspruchung von Mauerwerk.
a Bruchebene parallel zu den Lagerfugen, f_{xk1},
b Bruchebene senkrecht zu den Lagerfugen, f_{xk2}

a

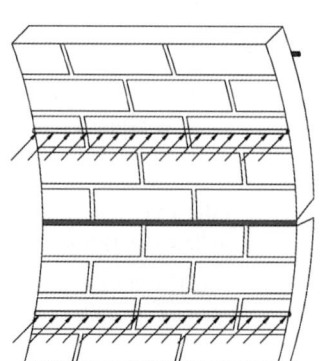

b

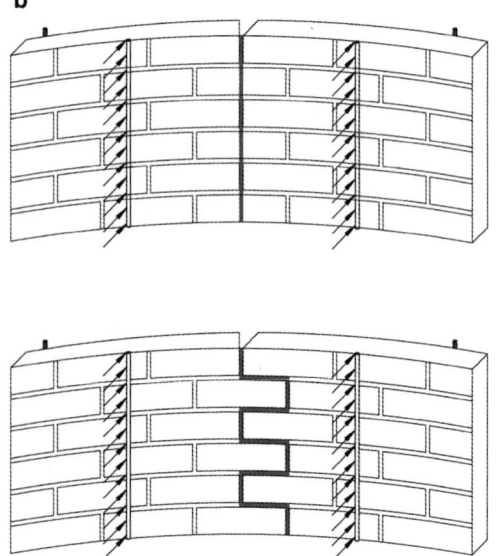

9.3.4.2   Aussteifung

Verzicht auf Nachweis, wenn:

- Geschossdecken = steife Scheiben oder ausreichend steife Ringbalken vorliegen
- in Längs- und Querrichtung des Gebäudes ausreichende Anzahl aussteifender Wände vorhanden (ohne größere Schwächungen und Versprünge bis zum Fundament).

Sonst muss ein Nachweis nach DIN EN 1996-1-1, s. [5] geführt werden.

9.3.4.3   Auflagerkräfte

Für die Auflagerkräfte von Decken und Balken ist stets die Durchlaufwirkung bei der ersten Innenstütze zu berücksichtigen. Bei anderen Innenstützen dann, wenn das Verhältnis der angrenzenden Stützweiten $< 0{,}7$ ist. Tragende Wände parallel zur Spannrichtung einachsig gespannter Decken sind mit einem Deckenstreifen angemessener Breite zu belasten. Auflagerkräfte aus zweiachsig gespannten Decken nach den Regeln des Stahlbetonbaus (s. Kap. 5).

9.3.4.4   Knotenmomente

Sie bleiben in Wänden, die als Innenauflager von durchlaufenden Decken dienen, unberücksichtigt. Für Wände, die als einseitiges Endauflager von Decken dienen, werden sie ohne Nachweis durch den Faktor Φ_1 nach Abschn. 9.3.4.7 berücksichtigt.

9.3.4.5   Wind

Windlasten rechtwinklig zur Wandebene dürfen bei Decken mit Scheibenwirkung oder bei statisch nachgewiesenen Ringbalken im Abstand der zulässigen Geschosshöhen (Tafel 9.35) vernachlässigt werden. Nachweis der Mindestauflast für Wände, die als Endauflager für Decken oder Dächer dienen und durch Wind beansprucht werden, s. auch [32]:

$$N_{\mathrm{Ed}} \geq \frac{3 \cdot q_{\mathrm{Ewd}} \cdot h^2 \cdot b}{16 \cdot \left(a - \frac{h}{300}\right)} \tag{9.18}$$

h die lichte Geschosshöhe;

q_{Ewd} der Bemessungswert der Windlast je Flächeneinheit;

N_{Ed} der Bemessungswert der kleinsten vertikalen Belastung in Wandhöhenmitte im betrachteten Geschoss;

b die Breite, über die die vertikale Belastung wirkt;

a die Deckenauflagertiefe.

9.3.4.6   Knicklängen

9.3.4.6.1   2-seitig gehaltene Wände

$$h_{\mathrm{ef}} = \varrho_2 \cdot h \tag{9.19}$$

Tafel 9.35 Anwendungsvoraussetzungen nach DIN EN 1996-3/NA (1.12) [5]

	Bauteil	Voraussetzungen			
		Wanddicke	Lichte Wandhöhe	Aufliegende Decke	
				Stützweite	Nutzlast[a]
		t [mm]	h [m]	l_f [m]	q_k [kN/m²]
1	Tragende Innenwände	≥ 115	$\leq 2{,}75$	$\leq 6{,}00$	≤ 5
		< 240			
2		≥ 240	–		
3	Tragende Außenwände und zweischalige Haustrennwände	$\geq 115^{\mathrm{b}}$	$\leq 2{,}75$	$\leq 6{,}00$	≤ 3
		$< 150^{\mathrm{b}}$			
4		$\geq 150^{\mathrm{c}}$			
		$< 175^{\mathrm{c}}$			
5		≥ 175			[-0.65mm]≤ 5
		< 240			
6		≥ 240	$\leq 12 \cdot t$		

[a] Einschließlich Zuschlag für nicht tragende innere Trennwände.
[b] Als einschalige Außenwand nur bei eingeschossigen Garagen und vergleichbaren Bauwerken, die nicht zum dauernden Aufenthalt von Menschen vorgesehen sind.
Als Tragschale zweischaliger Außenwände und bei zweischaligen Haustrennwänden bis maximal zwei Vollgeschosse zuzüglich ausgebautes Dachgeschoss; aussteifende Querwände im Abstand $\leq 4{,}50$ m bzw. Randabstand von einer Öffnung $\leq 2{,}0$ m.
[c] Bei charakteristischen Mauerwerksdruckfestigkeiten mit $f_k < 1{,}8$ N/mm² gilt zusätzlich Fußnote b.

$\varrho_2 = 0{,}75$ für Wanddicken $t \leq 175$ mm
$\varrho_2 = 0{,}90$ für Wanddicken 175 mm $< t \leq 250$ mm
$\varrho_2 = 1{,}00$ für Wanddicken $t > 250$ mm.

Eine Abminderung der Knicklänge mit $\varrho_2 < 1{,}0$ ist nur zulässig, wenn folgende erforderliche Auflagertiefen a vorhanden sind:

$$t \geq 240\,\text{mm} \quad a \geq 175\,\text{mm}$$
$$t < 240\,\text{mm} \quad a = t.$$

9.3.4.6.2   3- und 4-seitig gehaltene Wände

$$h_{\mathrm{ef}} = \frac{1}{1 + \left(\alpha_3 \frac{\varrho_2 \cdot h}{3 \cdot b'}\right)^2} \cdot \varrho_2 \cdot h \geq 0{,}3 \cdot h \tag{9.20}$$

$$h_{\mathrm{ef}} = \frac{1}{1 + \left(\alpha_4 \frac{\varrho_2 \cdot h}{b}\right)^2} \cdot \varrho_2 \cdot h \quad \text{für } \alpha_4 \cdot \frac{h}{b} \leq 1 \tag{9.21}$$

$$h_{\mathrm{ef}} = \alpha_4 \cdot \frac{b}{2} \quad \text{für } \alpha_4 \cdot \frac{h}{b} > 1 \tag{9.22}$$

α_3, α_4 die Anpassungsfaktoren nach Abschn. 9.3.4.6.3;

ϱ_2 der Abminderungsfaktor der Knicklänge nach Abschn. 9.3.4.6.1;

b, b' der Abstand des freien Randes von der Mitte der haltenden Wand, bzw. Mittenabstand der haltenden Wände nach Abb. 9.4;

h_{ef} die Knicklänge;

h die lichte Geschosshöhe.

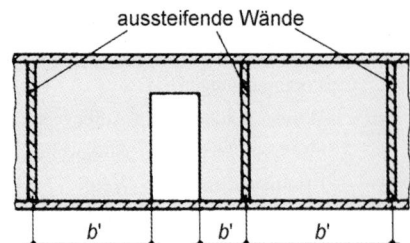

Abb. 9.4 Größen b' und b für drei- und vierseitig gehaltene Wände

Keine seitliche Halterung darf bei vierseitig gehaltenen Wänden bei $b > 30\,t$, bzw. bei dreiseitig gehaltenen Wänden bei $b' > 15\,t$ angesetzt werden. Diese Wände sind wie zweiseitig gehaltene Wände zu behandeln. Hierbei ist t die Dicke der gehaltenen Wand. Ist die Wand im Bereich des mittleren Drittels der Wandhöhe durch vertikale Schlitze oder Aussparungen geschwächt, so ist für t die Restwanddicke einzusetzen oder ein freier Rand anzunehmen. Unabhängig von der Lage eines vertikalen Schlitzes oder einer Aussparung ist an ihrer Stelle ein freier Rand anzunehmen, wenn die Restwanddicke kleiner als die halbe Wanddicke oder kleiner als 115 mm ist.

9.3.4.6.3 Anpassungsfaktoren α_3 und α_4

Für Mauerwerk mit einem planmäßigen **Überbindemaß** $l_{ol}/h_u \geq 0,4$ sind die Anpassungsfaktoren α_3 und α_4 gleich 1,0 zu setzen.

Für Elementmauerwerk mit einem planmäßigen **Überbindemaß** $0,2 \leq l_{ol}/h_u < 0,4$ sind die Anpassungsfaktoren Tafel 9.36 zu entnehmen.

9.3.4.7   Vertikaler Tragwiderstand im Grenzzustand der Tragfähigkeit

$$N_{Ed} \leq N_{Rd} \tag{9.23}$$

N_{Ed} Bemessungswert der vertikalen Belastung;
N_{Rd} Bemessungswert des vertikalen Tragwiderstandes.

$$N_{Rd} = \Phi \cdot A \cdot f_d \tag{9.24}$$

Φ Abminderungsfaktor Φ_i zur Berücksichtigung der Schlankheit und Lastausmitte nach (9.25) bis (9.28);
A Bruttoquerschnittsfläche der Wand;
f_d Bemessungsdruckfestigkeit des Mauerwerkes nach Abschn. 9.3.3.
Bei Wand-Querschnittsflächen kleiner als 0,1 m^2 ist die Bemessungsdruckfestigkeit des Mauerwerks mit dem Faktor 0,8 zu multiplizieren.

Tafel 9.36 Anpassungsfaktoren α_3, α_4 zur Abschätzung der Knicklänge von Wänden aus Elementmauerwerk mit einem Überbindemaß $0,2 \leq l_{ol}/h_u < 0,4$

Steingeometrie h_u/l_u	0,5	0,625	1	2
3-seitige Lagerung α_3	1,0	0,90	0,83	0,75
4-seitige Lagerung α_4	1,0	0,75	0,67	0,60

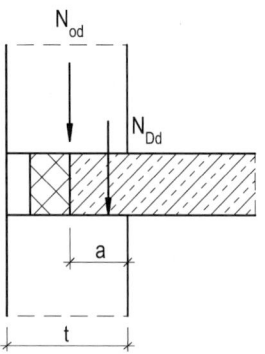

Abb. 9.5 Teilweise aufliegende Deckenplatte

Traglastminderung infolge Lastausmitte bei Endauflagern

$$\Phi_1 = 1,6 - \frac{l_f}{6} \leq 0,9 \cdot \frac{a}{t} \quad \text{für } f_k \geq 1,8\,\text{N/mm}^2 \tag{9.25}$$

$$\Phi_1 = 1,6 - \frac{l_f}{5} \leq 0,9 \cdot \frac{a}{t} \quad \text{für } f_k < 1,8\,\text{N/mm}^2 \tag{9.26}$$

$$\Phi_1 = 0,333 \quad\quad \text{für Dachdecken} \tag{9.27}$$

Traglastminderung infolge Knicken

$$\Phi_2 = 0,85 \cdot \left(\frac{a}{t}\right) - 0,0011 \cdot \left(\frac{h_{ef}}{t}\right)^2 \tag{9.28}$$

l_f Stützweite der angrenzenden Geschossdecke in m, bei zweiachsig gespannten Decken ist für l_f die kürzere der beiden Stützweiten einzusetzen;
a Deckenauflagertiefe;
t Dicke der Wand.
f_k charakteristischer Wert der Druckfestigkeit von Mauerwerk;
h_{ef} Knicklänge nach Abschn. 9.3.4.6.

9.3.4.8   Stark vereinfachte Berechnungsmethode für Mauerwerkswände bei Gebäuden mit höchstens drei Geschossen

Anwendungsbedingungen

- nicht mehr als drei Geschosse über Geländehöhe;
- Wände sind rechtwinklig zur Wandebene durch Decken und Dach in horizontaler Richtung gehalten, und zwar entweder durch die Decken und das Dach selbst oder durch geeignete Konstruktionen, z. B. Ringbalken mit ausreichender Steifigkeit;

- Auflagertiefe von Decken und Dach auf der Wand $\geq 2/3$ der Wanddicke, jedoch nicht weniger als 85 mm;
- lichte Geschosshöhe $\leq 3,0$ m;
- kleinste Gebäudeabmessung im Grundriss beträgt mindestens $1/3$ der Gebäudehöhe;
- die charakteristischen Werte der veränderlichen Einwirkungen auf Decken und Dach $\leq 5,0$ kN/m^2;
- größte lichte Spannweite der Decken beträgt 6,0 m;
- lichte Spannweite des Daches $\leq 6,0$ m, bei Leichtgewichts-Dachkonstruktionen Spannweite $\leq 12,0$ m;
- bei Innen- und Außenwänden $h_{\mathrm{ef}}/t \leq 21$
- Mindestwanddicke $t \geq 36,5$ cm bei teilaufliegender Decke.

$$N_{\mathrm{Rd}} = c_{\mathrm{A}} \cdot A \cdot f_{\mathrm{d}} \qquad (9.29)$$

$c_{\mathrm{A}} = 0{,}50$ für $h_{\mathrm{ef}}/t \leq 18$
$\quad\ = 0{,}33$ für $18 < h_{\mathrm{ef}}/t \leq 21$ und generell bei Wänden als Endauflager im obersten Geschoss, insbesondere unter Dachdecken,
$\quad\ = 0{,}40$ für $h_{\mathrm{ef}}/t \leq 18$, Steine mit $f_{\mathrm{k}} < 1{,}8$ N/mm^2, $l_{\mathrm{f}} > 5{,}5$ m;

f_{d} Bemessungswert der Druckfestigkeit des Mauerwerks;

A belastete Bruttoquerschnittsfläche der Wand ohne Öffnungen.

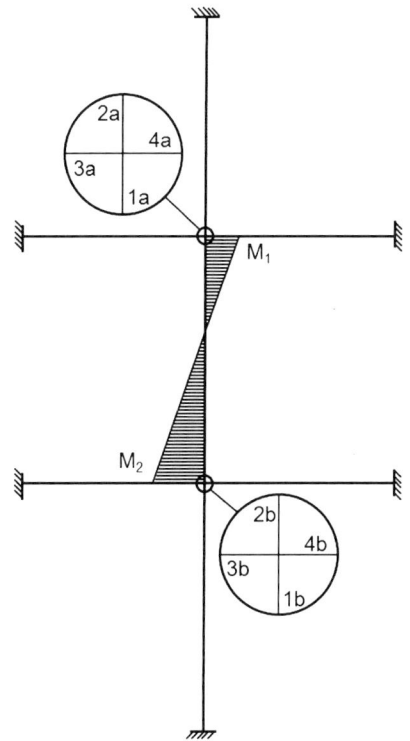

Abb. 9.6 Vereinfachtes Rahmenmodell

9.3.5 Berechnung und Nachweisführung nach den allgemeinen Regeln

Die allgemeinen Regeln dürfen auf einzelne Bauteile, einzelne Geschosse oder ganze Bauwerke angewendet werden. Es empfiehlt sich, zunächst den Nachweis nach den vereinfachten Berechnungsmethoden zu führen und nur beim Nichtgelingen des Nachweises bzw. bei Nichteinhaltung der Anwendungsvoraussetzungen nach den allgemeinen Regeln vorzugehen.

9.3.5.1 Knotenmomente
Eine vereinfachte Methode zur Berechnung von Ausmittigkeiten am Wand-Decken-Knoten ist in DIN EN 1996-1-1, Anhang NA.C gegeben.

Die Berechnung des Knotens kann entsprechend Abb. 9.6 vereinfacht werden. Bei weniger als vier Stäben an einem Knoten werden die nicht vorhandenen weggelassen. Die vom Knoten entfernten Stabenden sollten als eingespannt angesehen werden, es sei denn, sie sind nicht in der Lage, Momente aufzunehmen, so dass sie als gelenkig gelagert angenommen werden müssen.

Die Ermittlung der Biegemomente erfolgt für M_1 am Rahmen a und für M_2 am Rahmen b. Das Stabendmoment M_1 am Knoten 1 darf nach (9.30) berechnet werden. Das Stabendmoment M_2 am Knoten 2 wird in gleicher Weise nur

mit dem Ausdruck $E_2 I_2 / h_2$ im Zähler anstelle von $E_1 I_1 / h_1$ berechnet.

$$M_1 = \frac{\dfrac{n_1 E_1 I_1}{h_1}}{\dfrac{n_1 E_1 I_1}{h_1} + \dfrac{n_2 E_2 I_2}{h_2} + \dfrac{n_3 E_3 I_3}{l_3} + \dfrac{n_4 E_4 I_4}{l_4}}$$
$$\cdot \left[\frac{q_3 l_3^2}{4(n_3 - 1)} - \frac{q_4 l_4^2}{4(n_4 - 1)} \right] \qquad (9.30)$$

n_i Steifigkeitsfaktor des Stabes; er ist 4 bei an beiden Enden eingespannten Stäben und 3 in den anderen Fällen;

E_i Elastizitätsmodul des Stabes i, mit $i = 1, 2, 3$ oder 4; Für Mauerwerk ist der Elastizitätsmodul mit $E = K_E f_k$ zu bestimmen. Der Wert K_E kann getrennt nach der jeweiligen Mauersteinart aus Tabelle NA.12 entnommen werden.

I_i Trägheitsmoment des Stabes i, mit $i = 1, 2, 3$ oder 4 (bei zweischaligem Mauerwerk mit Luftschicht, bei dem nur eine Wandschale belastet ist, sollte als I_i nur das der belasteten Wandschale angenommen werden);

h_i lichte Höhe des Stabes i;

l_i lichte Spannweite des Stabes i;

q_i die gleichmäßig verteilte Bemessungslast des Stabes i bei Anwendung der Teilsicherheitsbeiwerte nach EN 1990 für ungünstige Einwirkung.

Bei zweiachsig gespannten Decken (Spannweitenverhältnissen bis 1 : 2) darf als Spannweite zur Ermittlung der Lastexzentrizität $2/3$ der kürzeren Seite eingesetzt werden.

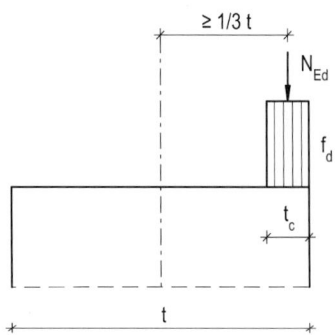

Abb. 9.7 Ausmitte der Bemessungslast bei Aufnahme durch den Spannungsblock. t_c überdrückte Tiefe $\leq 0,333t$, t Dicke der Wand, N_{Ed} Bemessungswert der eingehenden Vertikallast, f_d Bemessungswert der Druckfestigkeit des Mauerwerks

Die Ergebnisse der Berechnung liegen im Allgemeinen auf der sicheren Seite, da die wirkliche Einspannung der Decken in den Wandknoten (d. h. das Verhältnis des tatsächlich durch den Knoten übertragenen Momentes zu dem, welches bei voller Einspannung übertragen werden würde), nicht erreicht werden kann. Bei der Bemessung ist es zulässig, die errechnete Ausmitte mit dem Faktor η zu reduzieren. Der Wert η kann mit $(1 - k_m/4)$ angenommen werden.

$$k_m = \frac{n_3 \frac{E_3 I_3}{l_3} + n_4 \frac{E_4 I_4}{l_4}}{n_1 \frac{E_1 I_1}{h_1} + n_2 \frac{E_2 I_2}{h_2}} \leq 2 \qquad (9.31)$$

Ist die rechnerische Ausmitte der resultierenden Last aus Decken und darüber befindlichen Geschossen infolge der Knotenmomente am Kopf bzw. Fuß der Wand größer als die 0,333-fache Wanddicke t, so darf die resultierende Last über einen am Rand des Querschnittes angeordneten Spannungsblock mit der Ordinate f_d abgetragen werden (siehe Abb. 9.7). Dabei können Rissbildungen an der der Last

gegenüber liegenden Seite der Wand infolge der dabei entstehenden Deckenverdrehung auftreten.

Bei teilweise aufliegender Deckenplatte nach Abschn. 9.3.5.6 darf vereinfachend für die Wanddicke die Deckenauflagertiefe a angesetzt werden, d. h. für Nachweise am Kopf und Fuß der Wand ist für die Wanddicke a zu verwenden für Nachweise in Wandmitte t.

9.3.5.2 Formänderungen und Zwängungen

Verformungskennwerte für Mauerwerk s. Tafel 9.37.

Der Wertebereich gibt den üblichen Streubereich an. Er kann in Ausnahmefällen größer sein. Sofern in den Steinnormen der Nachweis anderer Streubereiche gefordert wird, gelten diese als Wertebereiche.

Durch konstruktive Maßnahmen (Wärmedämmung, Baustoffauswahl, Fugen u. a.) ist sicherzustellen, dass Zwängungen die Standsicherheit und Gebrauchsfähigkeit nicht unzulässig beeinträchtigen. So ist z. B. bei weitgespannten Dachdecken ohne Auflast Rissschäden an Deckenkanten durch Fugen, Zentrierleisten, Kantennut, Ausbildung der Außenhaut o. Ä. entgegenzuwirken.

9.3.5.3 Räumliche Steifigkeit

Auf einen rechnerischen Nachweis darf verzichtet werden, wenn:

- die Geschossdecken als steife Scheiben ausgebildet sind oder statisch nachgewiesene, ausreichend steife Ringbalken (s. Abschn. 9.3.7.4) vorliegen
- in Längs- und Querrichtung offensichtlich ausreichend aussteifende Wände vorhanden sind, die ohne Versprünge bis auf die Fundamente geführt sind.

Bestehen Zweifel über die vertikale und horizontale Gebäudeaussteifung, so ist ein rechnerischer Nachweis erforderlich. Dabei sind Lotabweichungen des Systems durch

Tafel 9.37 Kennwerte für Kriechen, Quellen oder Schwinden und Wärmedehnung (Rechenwerte und Wertebereiche) nach DIN EN 1996-1-1/NA (5.12)

Mauersteinart	Mauermörtelart	Endkriechzahl[a] Φ_∞		Endwert der Feuchtedehnung[b] [mm/m]		Wärmeausdehnungskoeffizient α_t [10^{-6}/K]	
		Rechenwert	Wertebereich	Rechenwert	Wertebereich	Rechenwert	Wertebereich
Mauerziegel	Normalmauermörtel	1,0	0,5 bis 1,5	0	$-0,1^c$ bis $+0,3$	6	5 bis 7
	Leichtmauermörtel	2,0	1,0 bis 3,0				
Kalksandstein	Normalmauermörtel/ Dünnbettmörtel	1,5	1,0 bis 2,0	$-0,2$	$-0,3$ bis $-0,1$	8	7 bis 9
Betonsteine	Normalmauermörtel	1,0	–	$-0,2$	$-0,3$ bis $-0,1$	10	8 bis 12
Leichtbetonsteine	Normalmauermörtel	2,0	1,5 bis 2,5	$-0,4$	$-0,6$ bis $-0,2$	10; 8[d]	
	Leichtmauermörtel			$-0,5$	$-0,6$ bis $-0,3$		
Porenbetonsteine	Dünnbettmörtel	0,5	0,2 bis 0,7	$-0,1$	$-0,2$ bis $+0,1$	8	7 bis 9

[a] Endkriechzahl $\Phi_\infty = \varepsilon_{c\infty}/\varepsilon_{el}$ mit $\varepsilon_{c\infty}$ als Endkriechmaß und $\varepsilon_{el} = \sigma/E$.

[b] Endwert der Feuchtedehnung ist bei Stauchung negativ und bei Dehnung positiv angegeben.

[c] Für Mauersteine < 2 DF gilt der Grenzwert $-0,2$ mm/m.

[d] Für Leichtbeton mit überwiegend Blähton als Zuschlag.

Tafel 9.38 Kennzahlen zur Bestimmung des Elastizitätsmoduls von Mauerwerk nach DIN EN 1996-1-1/NA (5.12)

Mauersteinart	Kennzahl K_E	
	Rechenwert	Wertebereich
Mauerziegel	1100	950 bis 1250
Kalksandsteine	950	800 bis 1250
Leichtbetonsteine	950	800 bis 1100
Betonsteine	2400	2050 bis 2700
Porenbetonsteine	550	500 bis 650

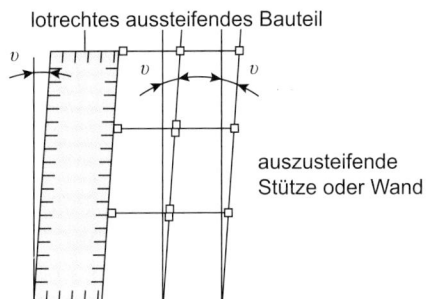

Abb. 9.8 Schrägstellung v aller auszusteifenden und aussteifenden lotrechten Bauteile

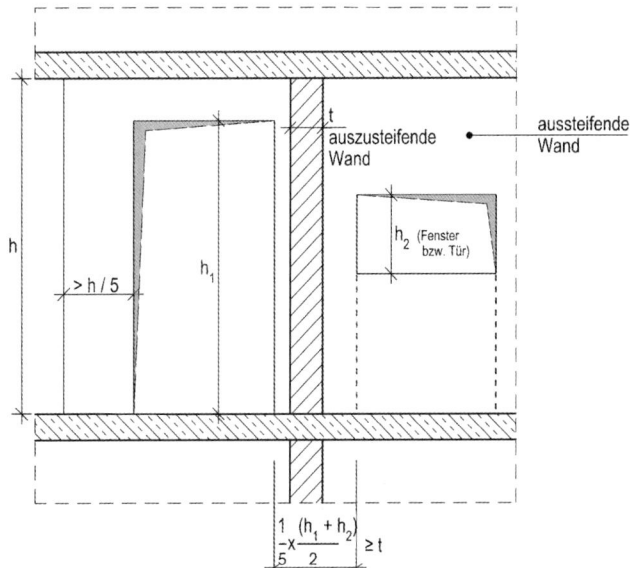

Abb. 9.9 Mindestlänge einer aussteifenden Wand mit Öffnungen

Ansatz horizontaler Kräfte zu berücksichtigen, die sich durch rechnerische Schrägstellung des Gebäudes um den Winkel v nach (9.32) ergeben. Beispiel in [5, Kap. 8, Abschn. 2.5].

$$v = \frac{1}{\left(100\sqrt{h_{tot}}\right)} \quad \text{(rad)} \qquad (9.32)$$

h_{tot} Gesamthöhe des Tragwerks in m.

Die einzelnen Teile von Tragwerken, die Mauerwerkswände enthalten, müssen räumlich so ausgesteift sein, dass sie insgesamt unverschieblich sind bzw. eintretende Verformungen in der Berechnung berücksichtigt werden.

Eine Berücksichtigung der Verformungen des Tragwerkes ist nicht erforderlich, wenn die lotrechten aussteifenden Bauteile in der betrachteten Richtung der Biegebeanspruchung im maßgebenden unteren Schnitt die Bedingungen der folgenden Gleichung erfüllen:

$$h_{tot}\sqrt{\frac{N_{Ed}}{\sum EI}} \leq \begin{cases} 0{,}6 & \text{für } n \geq 1 \\ 0{,}2 + 0{,}1n & \text{für } 1 \leq n \leq 4 \end{cases} \qquad (9.33)$$

h_{tot} Höhe des Tragwerkes von Oberkante Fundament;

N_{Ed} Bemessungswert der vertikalen Einwirkungen (am Fußpunkt des Gebäudes);

$\sum EI$ Summe der Biegesteifigkeit aller vertikal aussteifenden Bauteile in der maßgebenden Richtung;

n Anzahl der Geschosse.

Öffnungen in vertikal aussteifenden Elementen mit einer Fläche von weniger als $2\,\text{m}^2$ und einer Höhe von nicht mehr als $0{,}6h$ dürfen vernachlässigt werden.

9.3.5.4 Aussteifung der Wände, Öffnungen in Wänden und mittragende Breiten

Zur Aussteifung von tragenden Wänden dienen horizontal gehaltene Deckenscheiben, aussteifende Querwände oder andere ausreichend steife Bauteile. Unabhängig davon ist das Bauwerk als Ganzes auszusteifen.

Mindestmaße aussteifender Wände: $l \geq 1/5 \cdot h$, $t \geq 0{,}3\,t$ der auszusteifenden Wand.

Bei großen Öffnungen (s. Vorgaben nach Abb. 9.9) sind benachbarte Wandteile als 3- oder 2-seitig gehalten anzusehen.

An zwei vertikalen Rändern ausgesteifte Wand:

$l \geq 30\,t \rightarrow$ 2-seitig gehalten

An einem vertikalen Rand ausgesteifte Wand:

$l \geq 15\,t \rightarrow$ 2-seitig gehalten

- Mitwirkende Breite bei auf Schub beanspruchten Wänden s. Abb. 9.10

Bei Elementmauerwerk mit einem planmäßigen Überbindemaß $l_{ol} < 0{,}4\,h_u$ dürfen nur 40 % der ermittelten mitwirkenden Breite angesetzt.

9.3.5.5 Knicklängen

Wände mit Öffnungen, deren lichte Höhe größer als $1/4$ der lichten Höhe der Wand oder deren lichte Breite größer als $1/4$ der Wandlänge oder deren Fläche größer als $1/10$ der gesamten Wandfläche ist, sind für die Bestimmung der Knicklänge als an der Öffnung nicht gehalten anzusehen.

$$h_{ef} = \varrho_n \cdot h \qquad (9.34)$$

h_{ef} Knicklänge der Wand;

h lichte Geschosshöhe der Wand;

ϱ_n Abminderungsfaktor mit $n = 2, 3$ oder 4, je nach Halterung der auszusteifenden Wand nach Tafel 9.39.

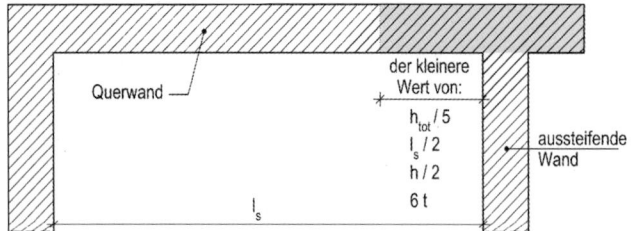

Abb. 9.10 Mitwirkende Breite bei auf Schub beanspruchten Wänden nach DIN EN 1996-1-1 (2.13), wenn eine schubfeste Verbindung vorhanden ist

Ist $b > 30t$ bei vierseitig gehaltenen Wänden bzw. $b' > 15t$ bei dreiseitig gehaltenen Wänden, so darf keine seitliche Halterung angesetzt werden. Diese Wände sind wie zweiseitig gehaltene Wände zu behandeln. Hierbei ist t die Dicke der gehaltenen Wand. Ist die Wand im Bereich des mittleren Drittels der Wandhöhe durch vertikale Schlitze oder Aussparungen geschwächt, so ist für t die Restwanddicke einzusetzen oder ein freier Rand anzunehmen. Unabhängig von der Lage eines vertikalen Schlitzes oder einer Aussparung ist an ihrer Stelle ein freier Rand anzunehmen, wenn die Restwanddicke kleiner als die halbe Wanddicke oder kleiner als 115 mm ist (Definition b und b' nach Abb. 9.4).

Knicklänge für Elementmauerwerk mit vermindertem Überbindemaß $0,2 \le l_{ol}/h_u < 0,4$

3-seitig gehaltene Wände:

$$h_{ef} = \frac{1}{1 + \left(\alpha_3 \frac{\varrho_2 \cdot h}{3 \cdot b'}\right)^2} \cdot \varrho_2 \cdot h \ge 0,3 \cdot h \quad (9.35)$$

4-seitig gehaltene Wände:

$$h_{ef} = \frac{1}{1 + \left(\alpha_4 \frac{\varrho_2 \cdot h}{b}\right)^2} \cdot \varrho_2 \cdot h \quad \text{für } \alpha_4 \cdot \frac{h}{b} \le 1 \quad (9.36)$$

$$h_{ef} = \alpha_4 \cdot \frac{b}{2} \quad \text{für } \alpha_4 \cdot \frac{h}{b} > 1 \quad (9.37)$$

Anpassungsfaktoren α_3 und α_4 nach Tafel 9.36. Sofern kein genauerer Nachweis für ϱ_2 erfolgt, gilt für flächig aufgelagerte Massivdecken vereinfacht:

- $\varrho_2 = 0,75$ wenn $e \le t/6$
- $\varrho_2 = 1,00$ wenn $e \ge t/3$.

Dabei ist e die planmäßige Ausmitte des Bemessungswertes der Längsnormalkraft am Wandkopf (ohne Berücksichtigung einer ungewollten Ausmitte). Zwischenwerte dürfen geradlinig interpoliert werden.

Eine Abminderung der Knicklänge mit $\varrho_2 < 1,0$ ist jedoch nur zulässig, wenn folgende erforderliche Auflagertiefen a gegeben sind:

- $t < 125$ mm, $a \ge 100$ mm
- $t \ge 125$ mm, $a \ge 2/3\,t$.

9.3.5.6 Tragfähigkeit bei zentrischer und exzentrischer Druckbeanspruchung

Die Nachweisstellen sind der Wandkopf (o), der Wandfuß (u) und die Wandmitte (m).

$$N_{Ed} \le N_{Rd} \quad (9.38)$$

N_{Ed} Bemessungswert der einwirkenden Normalkraft nach Abschn. 9.3.2.1 bzw. 9.3.2.3.
N_{Rd} Bemessungswert der aufnehmbaren Normalkraft (9.39)

$$N_{Rd} = \Phi \cdot t \cdot f_d \quad (9.39)$$

Φ Abminderungsfaktor Φ_i am Kopf oder Fuß der Wand, bzw. Φ_m in Wandmitte zur Berücksichtigung der Schlankheit und Lastausmitte;
t Wanddicke;
f_d Bemessungsdruckfestigkeit des Mauerwerkes nach Abschn. 9.3.3

Tafel 9.39 Knicklängenbeiwerte ϱ_n

Halterung	Bedingungen		ϱ_n
2-seitig	Stahlbetondecke	Lastausmitte Wandkopf $\le 0,25\,t$ und $a \ge 2/3\,t$	$\varrho_2 = 0,75$
		Sonst	$\varrho_2 = 1,0$
	Holzbalkendecke	$a \ge \begin{cases} 2/3\,t \\ 85\,\text{mm} \end{cases}$	$\varrho_2 = 1,0$
3-seitig		$h \le 3,5 \cdot l$	$\varrho_3 = \dfrac{1}{1 + \left[\frac{\varrho_2 \cdot h}{3 \cdot l}\right]^2} \cdot \varrho_2$
		$h > 3,5 \cdot l$	$\varrho_3 = \dfrac{1,5 \cdot l}{h} \ge 0,3$
4-seitig		$h \le 1,15 \cdot l$	$\varrho_4 = \dfrac{1}{1 + \left[\frac{\varrho_2 \cdot h}{l}\right]^2} \cdot \varrho_2$
		$h > 1,15 \cdot l$	$\varrho_3 = \dfrac{0,5 \cdot l}{h}$
Frei stehend			$\varrho_1 = 2\sqrt{\dfrac{1 + 2N_{od}/N_{ud}}{3}}$

Wenn der Wandquerschnitt kleiner als $0,1\,\mathrm{m}^2$ ist, sollte die Bemessungsfestigkeit des Mauerwerkes f_d mit $(0,7 + 3A)$ multipliziert werden (A = belastete Bruttoquerschnittsfläche in m^2). Für Wandquerschnitte aus getrennten Steinen mit einem Lochanteil $> 35\,\%$ und Wandquerschnitten, die durch Schlitze oder Aussparungen geschwächt sind, beträgt der Faktor $0,8$.

Teilweise aufliegende Deckenplatte Bei teilweise aufliegenden Deckenplatten darf maximal der in Mauerwerk ausgeführte Teil abzüglich der Dämmung bei der Nachweisführung angesetzt werden.

Vereinfachend darf die Berechnung der Ausmitten an einem System analog Abb. 6.1 der DIN EN 1996-1-1 mit einer ideellen Wanddicke, die gleich der Deckenauflagertiefe a ist, erfolgen. Bei Nachweisführung in Wandmitte am Gesamtquerschnitt vergrößert sich die Ausmitte entsprechend um $(t - a)/2$. In diesem Fall darf bei der vereinfachten Nachweisführung am Wandkopf und am Wandfuß bei Deckenrandabmauerung mit Dämmstreifen nur der Bereich der Deckenauflagerung herangezogen werden, in Wandmitte jedoch der volle Querschnitt mit der Wanddicke t.

Abminderungsfaktor zur Berücksichtigung der Schlankheit und Lastausmitte

a) Bei Schnittkraftermittlung am Kragarmmodell Überwiegend in Wandlängsrichtung biegebeanspruchte Querschnitte:

$$\Phi = \Phi_\mathrm{i} = 1 - 2 \cdot \frac{e_\mathrm{w}}{l} \qquad (9.40)$$

Φ_i Abminderungsfaktor an der maßgebenden Nachweisstelle am Wandkopf/Wandfuß, bei kombinierter Beanspruchung erfolgt der Nachweis auch in Wandhöhenmitte.

e_w Exzentrizität der einwirkenden Normalkraft in Wandlängsrichtung $e_\mathrm{w} = \frac{M_\mathrm{Ewd}}{N_\mathrm{Ed}}$

l Länge der Wand.

Überwiegend in Wandquerrichtung biegebeanspruchte Querschnitte:

$$\Phi = \Phi_\mathrm{i} = 1 - 2 \cdot \frac{e_\mathrm{i}}{t} \qquad (9.41)$$

e_i Lastexzentrizität am Kopf bzw. Fuß der Wand

$$e_\mathrm{i} = \frac{M_\mathrm{id}}{N_\mathrm{id}} + e_\mathrm{he} \geq 0,05t$$

M_id Bemessungswert des Biegemomentes, resultierend aus der Exzentrizität der Deckenauflagerkraft am Kopf/Fuß der Wand;

N_id Bemessungswert der am Kopf bzw. Fuß der Wand wirkenden Vertikalkraft;

e_he die Ausmitte am Kopf oder Fuß der Wand infolge horizontalen Lasten (z. B. Wind), sofern vorhanden

t Dicke der Wand.

b) Wandscheiben mit einer Schnittkraftermittlung an vom Kragarm abweichenden Modellen

$$\Phi = \Phi_\mathrm{i} = 1 - 2 \cdot \frac{V_\mathrm{Ed}}{N_\mathrm{Ed}} \cdot \lambda_\mathrm{v} \qquad (9.42)$$

V_Ed der Bemessungswert der einwirkenden Querkraft;

N_Ed Bemessungswert der einwirkenden Normalkraft;

λ_v Schubschlankheit mit $\lambda_\mathrm{v} = \psi \cdot h/l$

ψ Kennwert zur Beschreibung der Momentenverteilung über die Wandscheibenhöhe

$$\psi = \frac{1}{\left(1 - \frac{e_\mathrm{o}}{e_\mathrm{u}}\right)} > 0 \quad \text{für } |e_\mathrm{u}| > |e_\mathrm{o}| \quad \text{bzw.}$$

$$\psi = \frac{1}{\left(1 - \frac{e_\mathrm{u}}{e_\mathrm{o}}\right)} > 0 \quad \text{für } |e_\mathrm{u}| \leq |e_\mathrm{o}|$$

s. auch Abb. 9.11. Die Lastausmitten sind dabei vorzeichenrichtig (positiv in Richtung und Orientierung der angreifenden Horizontallast V am Wandkopf) ausgehend von der Wandlängenmitte einzusetzen.

l Länge der Wandscheibe;

h lichte Höhe der Wand;

e_o Ausmitte der Normalkraft am Wandkopf;

e_u Ausmitte der Normalkraft am Wandfuß.

Abb. 9.11 Beispiele für Lastausmitten am Wandkopf und am Wandfuß einer Wandscheibe nach DIN EN 1996-1-1/NA (5.12)

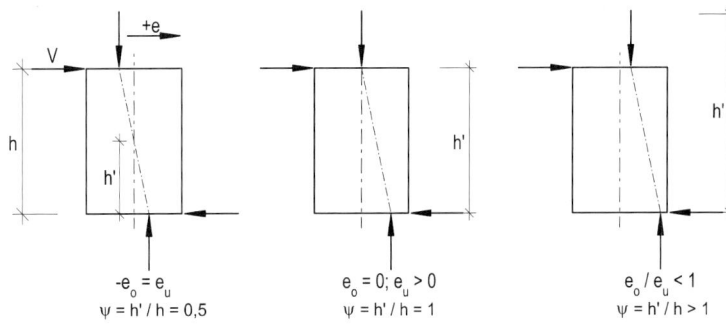

Kombinierte Beanspruchung Nachweis der Doppelbiegung bei kombinierter Beanspruchung aus Biegung um die starke Achse y und Biegung um die schwache Achse z

$$\Phi = \Phi_y \cdot \Phi_z \tag{9.43}$$

Biegemomente um die starke Achse y dürfen vernachlässigt werden, wenn diese beim Nachweis nach (9.40) nicht maßgebend werden.

Φ_y und Φ_z sollten für die gleiche Lastkombination ermittelt werden.

9.3.5.7 Wände mit Teilflächenlasten

$$N_{Edc} \le N_{Rdc} \tag{9.44}$$
$$N_{Rdc} = \beta \cdot A_b \cdot f_d \tag{9.45}$$

Für Vollsteine:

$$\beta = \left(1 + 0{,}3\frac{a_1}{h_c}\right)\left(1{,}5 - 1{,}1\frac{A_b}{A_{ef}}\right); \quad \beta \begin{cases} \ge 1{,}0 \\ \le 1{,}25 + \frac{a_1}{2 \cdot h_c} \\ \le 1{,}5 \end{cases}$$
$$\tag{9.46}$$

A_{ef} die wirksame Wandfläche, i. Allg. $l_{efm} \cdot t$; A_b/A_{ef} ist nicht größer als 0,45 einzusetzen.

Randnahe Einzellast ($a_1 \le 3 \cdot l_1$):
Vorauss.: $A_b \le 2 \cdot t^2$ und $e < t/6$

$$\beta = 1 + 0{,}1 \cdot \frac{a_1}{l_1} \le 1{,}5 \tag{9.47}$$

Lochsteine: Nachweis nach (9.47) auch für $a_1 > 3 \cdot l_1$.

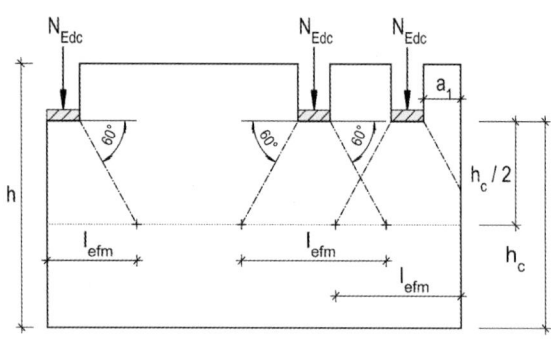

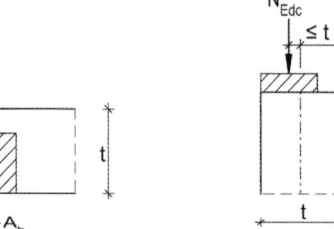

Abb. 9.12 Wände unter Teilflächenlasten

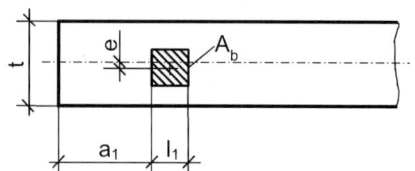

Abb. 9.13 Teilflächenpressung

Teilflächenbelastungen rechtwinklig zur Wandebene Bestimmung Bemessungswert der Tragfähigkeit mit $\beta = 1{,}3$.

Bei horizontalen Lasten $F_{Ed} > 4{,}0\,\text{kN}$ ist zusätzlich die Schubtragfähigkeit in den Lagerfugen der belasteten Steine nachzuweisen. Bei Loch- und Kammersteinen ist z. B. durch lastverteilende Zwischenlagen (elastomere Lager o. ä.) sicherzustellen, dass die Druckkraft auf mindestens 2 Stege eines Mauersteines übertragen wird.

9.3.5.8 Querkrafttragfähigkeit

$$V_{Ed} \le V_{Rdlt} \tag{9.48}$$

9.3.5.8.1 Querkrafttragfähigkeit in Scheibenrichtung bei Schnittkraftermittlung am Kragarmmodell

$$V_{Rdlt} = l_{cal} \cdot f_{vd} \cdot \frac{t}{c} \tag{9.49}$$

f_{vd} Bemessungswert der Schubfestigkeit mit $f_{vd} = f_{vk}/\gamma_M$ und f_{vk} nach Abschn. 9.3.3.2

l_{cal} rechnerische Wandlänge.
Unter Windbeanspruchung gilt:

$$l_{cal} = \min \begin{cases} 1{,}125 \cdot l \\ 1{,}333 \cdot l_{c,lin} \end{cases}$$

sonst

$$l_{cal} = \min \begin{cases} l \\ l_{c,lin} \end{cases}$$

c Schubspannungsverteilungsfaktor
$c = 1{,}0$ für $h/l \le 1$;
$c = 1{,}5$ für $h/l \ge 2$
(Zwischenwerte linear interpolieren);

h lichte Höhe der Wand;

l Länge der Wandscheibe;

$l_{c,lin}$ für die Berechnung anzusetzende, überdrückte Länge der Wandscheibe.

$$l_{c,lin} = \frac{3}{2} \cdot \left(1 - 2 \cdot \frac{e_w}{l}\right) \cdot l \le l$$

e_w Exzentrizität der einwirkenden Normalkraft in Wandlängsrichtung

$$e_w = M_{Ed}/N_{Ed}$$

M_{Ed} Bemessungswert des in Scheibenrichtung wirkenden Momentes;

N_{Ed} Bemessungswert der einwirkenden Normalkraft.

Elementmauerwerk

- Planmäßige Überbindemaße $l_{ol}/h_u < 0{,}4$ und hohe Normalkraftbeanspruchung
  Querkrafttragfähigkeit am Wandfuß infolge Schubdruckversagens

$$V_{Rdlt} = \frac{1}{\gamma_M \cdot c}\,(f_k \cdot t \cdot l_c - \gamma_M \cdot N_{Ed}) \cdot \frac{l_{ol}}{h_u} \qquad (9.50)$$

l_c anzusetzende, überdrückte Länge der Wandscheibe

$$l_c = \left(1 - 2 \cdot \frac{e_w}{l}\right) \cdot l$$

N_{Ed} Bemessungswert der einwirkenden Normalkraft, i. d. R. maximale Einwirkung

h_u Höhe des Elementes;

l_{ol} Überbindemaß.

- Elementmauerwerk mit unvermörtelten Stoßfugen und Verwendung von Steinen mit $h_u > l_u$
  Querkrafttragfähigkeit infolge Fugenversagens am Einzelstein

$$V_{Rdlt} = \frac{2}{3} \cdot \frac{1}{\gamma_M} \cdot \left(\frac{l_u}{h_u} + \frac{l_u}{h}\right) \cdot N_{Ed} \qquad (9.51)$$

N_{Ed} Bemessungswert der einwirkenden Normalkraft, i. d. R. minimale Einwirkung;

l_u/h_u Höhe/Länge des Elementes.

9.3.5.8.2 Querkrafttragfähigkeit in Scheibenrichtung bei Wandscheiben mit einer Schnittkraftermittlung an vom Kragarm abweichenden Modellen

$$V_{Rdlt} = l_{cal} \cdot f_{vd} \cdot \frac{t}{c} \qquad (9.52)$$

f_{vd} Bemessungswert der Schubfestigkeit mit $f_{vd} = f_{vk}/\gamma_M$ und f_{vk} nach Abschn. 9.3.3.2

l_{cal} rechnerisch überdrückte Wandlänge

$$l_{cal} = \frac{3}{2} \cdot \left(1 - 2 \cdot \frac{V_{Ed}}{N_{Ed}} \cdot \lambda_v\right) \cdot l \le l.$$

c Schubspannungsverteilungsfaktor
  $c = 1{,}0$ für $\lambda_v \le 1$;
  $c = 1{,}5$ für $\lambda_v \ge 2$
  (Zwischenwerte linear interpolieren);

V_{Ed} Bemessungswert der einwirkenden Querkraft;

N_{Ed} Bemessungswert der einwirkenden Normalkraft.

λ_v Schubschlankheit mit $\lambda_v = \psi \cdot h/l$.

Elementmauerwerk

- Planmäßige Überbindemaße $l_{ol}/h_u < 0{,}4$ und hohe Normalkraftbeanspruchung
  Querkrafttragfähigkeit am Wandfuß infolge Schubdruckversagens

$$V_{Rdlt} = \frac{1}{\gamma_M \cdot c}\,(f_k \cdot t \cdot l_c - \gamma_M \cdot N_{Ed}) \cdot \frac{l_{ol}}{h_u} \qquad (9.53)$$

c Schubspannungsverteilungsfaktor
  $c = 1{,}0$ für $\lambda_v \le 1$;
  $c = 1{,}5$ für $\lambda_v \ge 2$
  (Zwischenwerte linear interpolieren);

λ_v Schubschlankheit mit $\lambda_v = \psi \cdot h/l$;

l_c anzusetzende, überdrückte Länge der Wandscheibe

$$l_c = \left(1 - 2 \cdot \frac{V_{Ed}}{N_{Ed}} \cdot \lambda_v\right) \cdot l$$

N_{Ed} Bemessungswert der einwirkenden Normalkraft, i. d. R. maximale Einwirkung

V_{Ed} Bemessungswert der einwirkenden Querkraft;

h_u Höhe des Elementes;

l_{ol} Überbindemaß.

- Elementmauerwerk mit unvermörtelten Stoßfugen und Verwendung von Steinen mit $h_u > l_u$
  Querkrafttragfähigkeit infolge Fugenversagens am Einzelstein

$$V_{Rdlt} = \frac{2}{3} \cdot \frac{1}{\gamma_M} \cdot \left(\frac{l_u}{h_u} + \frac{l_u}{h}\right) \cdot N_{Ed} \qquad (9.54)$$

N_{Ed} Bemessungswert der einwirkenden Normalkraft, i. d. R. minimale Einwirkung;

l_u/h_u Höhe/Länge des Elementes.

9.3.5.8.3 Querkrafttragfähigkeit in Plattenrichtung

$$V_{Rdlt} = f_{vd} \cdot t_{cal} \cdot \frac{l}{c} \qquad (9.55)$$

f_{vd} Bemessungswert der Schubfestigkeit mit $f_{vd} = f_{vk}/\gamma_M$ und f_{vk} nach Abschn. 9.3.3.2;

t_{cal} rechnerische Wanddicke.
  Fuge am Wandfuß

$$t_{cal} = \min \begin{cases} t \\ 1{,}25 \cdot t_{c,lin} \end{cases}$$

sonst

$$t_{cal} = \min \begin{cases} t \\ t_{c,lin} \end{cases}$$

$t_{c,lin}$ für die Berechnung anzusetzende überdrückte Dicke der Wand

$$t_{c,lin} = \frac{3}{2} \cdot \left(1 - 2 \cdot \frac{e}{t}\right) \cdot t \le t$$

e Exzentrizität der einwirkenden Normalkraft;

l Länge der Wand; bei gleichzeitig vorhandenem Scheibenschub gilt $l = l_{c,lin}$;

c Schubspannungsverteilungsfaktor, hier $c = 1{,}5$.

9.3.5.9 Gebrauchstauglichkeit

Gilt als erfüllt, wenn:

- Nachweis im Grenzzustand der Tragfähigkeit mit den vereinfachten Berechnungsmethoden nach DIN EN 1996-3 geführt wurde.
- Nachweis im Grenzzustand der Tragfähigkeit geführt wurde und die folgenden Absätze unter Annahme eines linear-elastischen Werkstoffgesetzes eingehalten sind.
- Bei Beanspruchung aus vertikalen Lasten mit und ohne horizontale Einwirkungen senkrecht zur Wandebene darf die planmäßige Ausmitte in der charakteristischen Bemessungssituation (ohne Berücksichtigung der ungewollten Ausmitte, der Kriechausmitte und der Stabauslenkung nach Theorie II. Ordnung) bezogen auf den Schwerpunkt des Gesamtquerschnitts rechnerisch nicht größer als $1/3$ der Wanddicke t sein.
- Ist die rechnerische Ausmitte der resultierenden Last in der charakteristischen Bemessungssituation aus Decken und darüber befindlichen Geschossen infolge der Knotenmomente am Wandkopf bzw. -fuß größer als $1/3$ der Wanddicke t, so darf diese zu $1/3 t$ angenommen werden. In diesem Fall ist möglichen Rissbildungen in Mauerwerk und Putz infolge der entstehenden Deckenverdrehung durch geeignete Maßnahmen – z. B. Fugenausbildung, konstruktive Zentrierung durch weiche Randstreifen, Kantennut, Kellenschnitt, o. ä. mit entsprechender Ausbildung der Außenhaut – entgegenzuwirken.
- Bei horizontaler Scheibenbeanspruchung in Längsrichtung von Wänden mit Abmessungen $l/h < 0{,}5$ darf am Wandfuß die planmäßige Ausmitte in der häufigen Bemessungssituation (ohne Berücksichtigung der ungewollten Ausmitte und der Kriechausmitte) bezogen auf den Schwerpunkt des Gesamtquerschnitts rechnerisch nicht größer als $1/3$ der Wandlänge l sein.
- Sofern in (9.49) der Rechenwert der Haftscherfestigkeit in Ansatz gebracht wird, ist bei Windscheiben die Exzentrizität nach Abschn. 9.3.2.4 zu begrenzen.

9.3.6 Kellerwände ohne Nachweis auf Erddruck

Nachweis auf Erddruck darf entfallen, wenn:

- $h \leq 2{,}60\,\text{m}$, $t \geq 240\,\text{mm}$
- Kellerdecke = Scheibe
- $h_e \leq 1{,}15\,h$, Gelände horizontal, $q_k \leq 5\,\text{kN/m}^2$
- Grenzwerte nach Abschn. 9.3.6.1 oder 9.3.6.2 eingehalten sind.

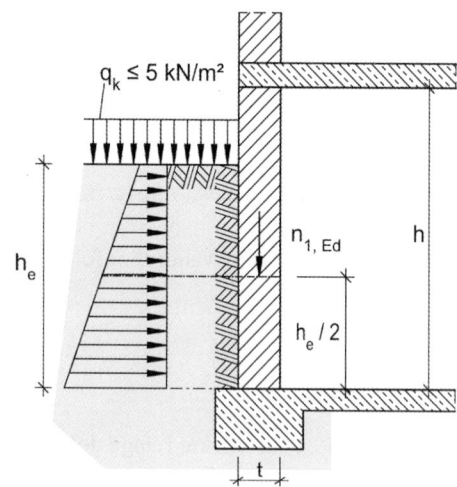

Abb. 9.14 Lastannahmen für Kellerwände

9.3.6.1 Grenzwerte der Wandnormalkraft nach der vereinfachten Berechnungsmethode

In halber Anschütthöhe:

$$N_{Ed,max} \leq \frac{t \cdot b \cdot f_d}{3} \qquad (9.56)$$

$$N_{Ed,min} \geq \frac{\varrho_e \cdot b \cdot h \cdot h_e^2}{\beta \cdot t} \qquad (9.57)$$

$N_{Ed,max}$ Bemessungswert der größten vertikalen Belastung der Wand;

$N_{Ed,min}$ Bemessungswert der kleinsten vertikalen Belastung der Wand;

b Breite der Wand;

b_c Abstand zwischen aussteifenden Querwänden oder anderen aussteifenden Elementen;

h lichte Höhe der Kellerwand;

h_e Höhe der Anschüttung;

t Wanddicke;

ϱ_e Wichte der Anschüttung;

f_d Bemessungswert der Druckfestigkeit des Mauerwerks;

β = 20 für $b_c \geq 2h$ sowie für Elementmauerwerk mit $0{,}2h_u \leq l_{ol} < 0{,}4h_u$

   = $60 - 20 b_c/h$ für $h < b_c < 2h$

   = 40 für $b_c \leq h$.

9.3.6.2 Grenzwerte der Wandnormalkraft nach den allgemeinen Regeln

In halber Anschütthöhe:

- oberer Bemessungswert:

$$n_{1,Ed,sup} \leq n_{1,Rd} = 0{,}33 \cdot t \cdot b \cdot f_d \qquad (9.58)$$

Tafel 9.40 Größte zulässige Werte der Ausfachungsfläche von nichttragenden Außenwänden ohne rechnerischen Nachweis nach DIN EN 1996-3/NA

Wanddicke t [mm]	Größte zulässige Werte[a, b] der Ausfachungsfläche in m² bei einer Höhe über Gelände von			
	0 bis 8 m		8 bis 20 m[c]	
	$h_i/l_i = 1{,}0$	$h_i/l_i \geq 2{,}0$ oder $h_i/l_i \leq 0{,}5$	$h_i/l_i = 1{,}0$	$h_i/l_i \geq 2{,}0$ oder $h_i/l_i \leq 0{,}5$
115[c, d]	12	8	–	–
150[d]	12	8	8	5
175	20	14	13	9
240	36	25	23	16
≥ 300	50	33	35	23

[a] Bei Seitenverhältnissen $0{,}5 < h_i/l_i < 1{,}0$ und $1{,}0 < h_i/l_i < 2{,}0$ dürfen die größten zulässigen Werte der Ausfachungsflächen geradlinig interpoliert werden.
[b] Die angegeben Werte gelten für Mauerwerk mindestens der Steindruckfestigkeitsklasse 4 mit Normalmauermörtel mindestens der Gruppe NM IIa und Dünnbettmörtel.
[c] In Windlastzone 4 nur im Binnenland zulässig.
[d] Bei Verwendung von Steinen der Festigkeitsklassen ≥ 12 dürfen die Werte dieser Zeile um 1/3 vergrößert werden.

• unterer Bemessungswert:

$$n_{1,d,inf} \geq n_{1,lim,d} = \frac{k_i \cdot \gamma_e \cdot h \cdot h_e^2}{7{,}8 \cdot t} \quad (9.59)$$

k_i maßgebender Erddruckbeiwert;
γ_e Wichte der Anschüttung;
h lichte Höhe der Kellerwand;
h_e Anschütthöhe;
t Dicke der Wand;
$n_{1,lim,d}$ Grenzwert der Wandnormalkraft je Einheit der Wandlänge in halber Anschütthöhe als Voraussetzung für die Gültigkeit des Bogenmodells.

Querkraftnachweis nach Abschn. 9.3.5.8
Für ausgesteifte Kellerwände mit zweiachsiger Lastabtragung gilt mit b als Achsabstand der Aussteifungen:

$$b \leq h: \quad n_{1,d,inf} \geq \frac{1}{2}n_{1,lim,d} \quad (9.60)$$

$$b \geq 2: \quad n_{1,d,inf} \geq n_{1,lim,d} \quad (9.61)$$

Zwischenwerte geradlinig interpolieren.
Hinsichtlich Konstruktion und Ausführung gilt DIN EN 1996-2.
Anwendung von (9.60) und (9.61) bei Elementmauerwerk mit einem planmäßigen Überbindemaß $< 0{,}4h_u$ ist unzulässig.
Beispiel in [5], Kap. 8, Abschn. 2.2.2.

9.3.7 Bauteile und Konstruktionsdetails

9.3.7.1 Tragende Wände und Pfeiler

Wände mit mehr als Eigenlast aus einem Geschoss sind stets tragende Wände.
Mindestdicke 115 mm.
Aussteifende Wände gelten immer als tragende Wände. Pfeiler sind kurze Wände mit einem Querschnitt $A < 1000\,cm^2$. Mindestquerschnitt $400\,cm^2$.

9.3.7.2 Nichttragende Wände

9.3.7.2.1 Mit gleichmäßig verteilter horizontaler Bemessungslast

nach DIN EN 1996-3, Anhang C
Bei vorwiegend windbelasteten nichttragenden Außenwänden als Ausfachungen von Fachwerk-, Skelett- und Schottensystemen darf auf einen statischen Nachweis verzichtet werden, wenn
• die Wände vierseitig gehalten sind
• bei Elementmauerwerk das Überbindemaß $\geq 0{,}4h_u$ beträgt
• die Größe der Ausfachungsflächen $h_i \cdot l_i$ nach Tafel 9.40 eingehalten ist, wobei h_i die Höhe und l_i die Länge der Ausfachungsfläche ist.
Für nichttragende Innenwände ohne Windbelastung gilt DIN 4103-1.

9.3.7.2.2 Mit begrenzter horizontaler Belastung

Anwendungsvoraussetzungen nach DIN EN 1996-3, Anhang B
• Innenwand, lichte Höhe $\leq 6{,}0\,m$;
• lichte Länge (zwischen den seitlichen Halterungen) $\leq 12{,}0\,m$;
• $t \geq 50\,mm$;
• Außenfassade ist nicht durch eine große Tür oder ähnliche Öffnungen durchbrochen;
• horizontale Beanspruchung ist begrenzt auf Bereiche mit geringer Menschenansammlung (z. B. Räume und Flure in Wohnungen, Büros, Hotels und ähnlich genutzten Gebäuden) in denen eine horizontale Nutzlast von 0,5 kN/m nach DIN EN 1991-1-1/NA:2010-12, Tabelle 6.12DE, Zeile 1 nicht überschritten wird, vorausgesetzt dass Vollsteine und Lochsteine nach DIN EN 1996-1-1/NA:2012-05, NCI zu Abschn. 9.3.1.1, (NA.5) zur Anwendung kommen
• keine ständigen (außer Eigengewicht) oder zeitweise auftretenden veränderlichen Belastung (einschließlich Windbelastung;

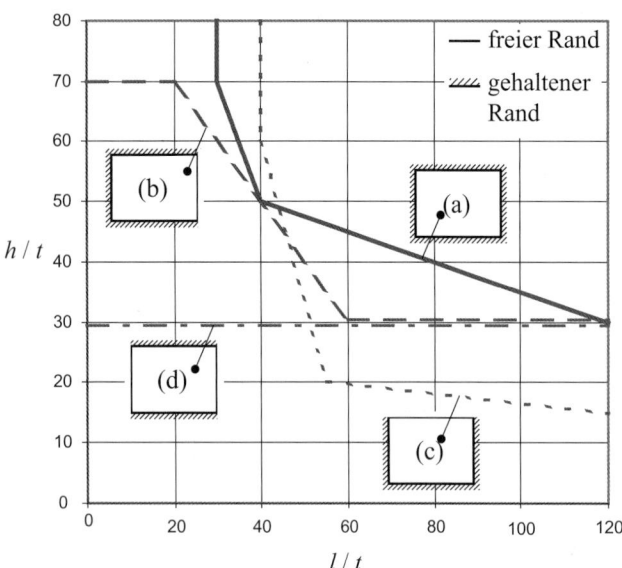

Abb. 9.15 Mindestdicke und Grenzabmessungen von vertikal nicht beanspruchten Innenwänden mit begrenzter horizontaler Belastung nach DIN EN 1996-3 (12.10)

- Wand wird nicht als Auflager schwerer Gegenstände wie z. B. Möbel, Sanitär- oder Heizungsanlagen, verwendet.
- Stabilität der Wand wird nicht durch Verformungen anderer Teile des Gebäudes (z. B. durch die Durchbiegung von Decken) oder durch Betriebsabläufe im Gebäude ungünstig beeinflusst;
- Berücksichtigung von Türen oder anderen Öffnungen und Schlitzen.

Bestimmung der Mindestdicke und der Grenzabmessungen der Wand nach Abb. 9.15.

Der Einfluss von Öffnungen in der Wand darf vernachlässigt werden, wenn die Gesamtfläche der Öffnungen $\leq 2,5\,\%$ der Wandfläche ist und die größte Fläche einer Einzelöffnung $\leq 0,1\,\mathrm{m}^2$ und die Länge oder Breite einer Einzelöffnung $\leq 0,5\,\mathrm{m}$ ist.

Für Wände mit Öffnungen dürfen die Mindestdicke und die Grenzabmessungen ebenfalls nach Abb. 9.15 bestimmt werden, wenn der Wandtyp auf der Grundlage der Darstellungen in Abb. 9.16 abgeleitet wird.

Wandtyp a mit Öffnung ist als Wandtyp b zu berücksichtigen, wobei l der größere Wert von l_1 und l_2 ist, siehe Abb. 9.16a.

Für Wandtyp c mit Öffnung ist dieses Verfahren nicht anwendbar.

Für Wandtyp d mit Öffnungen ist Anhang B für den linken, den mittleren und den rechten Teil der Wand anwendbar, wenn $l_3 \geq 2/3\,l$ und $l_3 \geq 2/3\,h$ ist, siehe Abb. 9.16b.

9.3.7.3 Anschluss der Wände an Decken und Dachstuhl

Zu übertragende Kräfte sollten entweder durch Reibungswiderstand in der Lagerfläche der tragenden Bauteile oder durch Anker mit entsprechender Endbefestigung übertragen werden.

Die Auflagertiefe der Decken muss mindestens $t/3 + 40\,\mathrm{mm}$ der Wanddicke t und darf nicht weniger als $100\,\mathrm{mm}$ betragen. (Bei Massivdecken Anschluss durch Reibung ausreichend, wenn Auflagertiefe $> 100\,\mathrm{mm}$.)

Der Abstand der Anker zwischen Wänden und Decken oder Dächern sollte nicht größer als 2 m, bei Gebäuden mit mehr als 4 Stockwerken jedoch nicht größer als 1,25 m sein. Haben die Auflasten auf der Wand eine vernachlässigbare Größe, wie z. B. bei einer Giebelwand-Dachverbindung, muss besonders auf eine wirksame Verbindung zwischen Ankern und Wand geachtet werden.

Nichttragende Wände müssen auf ihre Fläche wirkende Lasten auf tragende Bauteile, z. B. Wand- oder Deckenscheiben, abtragen.

Bei der Dachdecke ist möglicher Rissbildung im Mauerwerk und Putz durch geeignete Maßnahmen, z. B. Fugenausbildung, konstruktive Zentrierung durch weichen Randstreifen, Kantennut, Kellenschnitt, o. ä. mit entsprechender Ausbildung der Außenhaut, entgegenzuwirken.

Giebelwände sind durch Querwände oder Pfeilervorlagen auszusteifen oder kraftschlüssig mit dem Dachstuhl zu verbinden.

9.3.7.4 Ringanker und Ringbalken

Anordnung in jeder Deckenebene oder direkt darunter. Aus Stahlbeton, bewehrtem Mauerwerk, Stahl oder Holz, sollten in der Lage sein, eine Zugkraft mit einem Bemessungswert von 45 kN zu übertragen.

Stahlbetonringanker sollten mindestens zwei Bewehrungsstäbe mit wenigstens $150\,\mathrm{mm}^2$ Querschnitt enthalten. Stöße nach EN 1992-1-1 und möglichst versetzt. Parallel verlaufende Bewehrung kann mit dem vollen Querschnitt

Abb. 9.16 Wände mit Öffnungen. **a** Wandtyp a mit einer Öffnung, **b** Wandtyp d mit Öffnungen

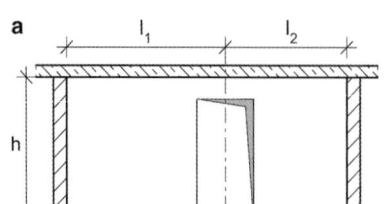

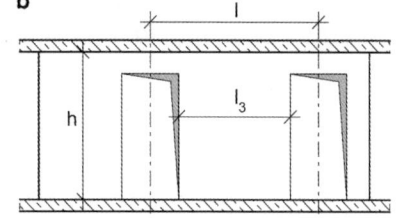

Tafel 9.41 Ohne Nachweis zulässige Größe $t_{ch,v}$ vertikaler Schlitze und Aussparungen im Mauerwerk nach DIN EN 1996-1-1/NA (5.12)

Wanddicke	Nachträglich hergestellte Schlitze und Aussparungen[c]		Mit der Errichtung des Mauerwerks hergestellte Schlitze und Aussparungen im gemauerten Verband			
	Maximale Tiefe[a] $t_{ch,v}$	Maximale Breite (Einzelschlitz)[b]	Verbleibende Mindestwanddicke	Maximale Breite[b]	Mindestabstand der Schlitze und Aussparungen	
					Von Öffnungen	Untereinander
[mm]	[mm]	[mm]	[mm]	[mm]		
115 bis 149	10	100	–	–	≥ 2-fache Schlitzbreite bzw. ≥ 240 mm	≥ Schlitzbreite
150 bis 174	20	100	–	–		
175 bis 199	30	100	115	260		
200 bis 239	30	125	115	300		
240 bis 299	30	150	115	385		
300 bis 364	30	200	175	385		
≥ 365	30	200	240	385		

[a] Schlitze, die bis maximal 1 m über den Fußboden reichen, dürfen bei Wanddicken ≥ 240 mm bis 80 mm Tiefe und 120 mm Breite ausgeführt werden.

[b] Die Gesamtbreite von Schlitzen nach Spalte 3 und Spalte 5 darf je 2 m Wandlänge die Maße in Spalte 5 nicht überschreiten. Bei geringeren Wandlängen als 2 m sind die Werte in Spalte 5 proportional zur Wandlänge zu verringern.

[c] Abstand der Schlitze und Aussparungen von Öfnungen ≥ 115 mm.

berücksichtigt werden, vorausgesetzt, sie befindet sich in Decken oder Fensterstürzen mit einer Entfernung von nicht mehr als 0,5 m von der Wandmitte bzw. Deckenmitte.

Wenn Decken ohne ausreichende Scheibentragwirkung genutzt oder Gleitschichten unter den Deckenauflagern eingebracht werden, sollte die horizontale Steifigkeit der Wand durch Ringbalken oder statisch äquivalente Bauteile sichergestellt werden.

Ringbalken und ihre Anschlüsse an die aussteifenden Wände sind für eine horizontale Last von 1/100 der vertikalen Last der Wände und gegebenenfalls für Windlasten zu bemessen. Bei der Bemessung von Ringbalken unter Gleitschichten sind außerdem Zugkräfte zu berücksichtigen, die den verbleibenden Reibungskräften entsprechen.

9.3.7.5 Schlitze und Aussparungen

9.3.7.5.1 Vertikale Schlitze und Aussparungen
Vernachlässigbar, wenn vertikale Schlitze und Aussparungen nicht tiefer als $t_{ch,v}$ nach Tafel 9.41 sind. Werden die Grenzwerte überschritten, sollte die Tragfähigkeit auf Druck, Schub und Biegung mit dem infolge der Schlitze und Aussparungen reduzierten Mauerwerksquerschnitt rechnerisch überprüft werden.

Vertikale Schlitze und Aussparungen sind auch dann ohne Nachweis zulässig, wenn die Querschnittsschwächung, bezogen auf 1 m Wandlänge, nicht mehr als 6 % beträgt und die Wand nicht drei- oder vierseitig gehalten gerechnet ist. Hierbei müssen eine Restwanddicke und ein Mindestabstand nach Tafel 9.41 eingehalten werden.

9.3.7.5.2 Horizontale Schlitze und Aussparungen
Horizontale und schräge Schlitz sollte in einem Bereich kleiner als ein Achtel der lichten Geschosshöhe ober- oder unterhalb der Decke angeordnet werden. Horizontale und

schräge Schlitze sind für eine gesamte Schlitztiefe von maximal dem Wert $t_{ch,h}$ nach ohne gesonderten Nachweis der Tragfähigkeit des reduzierten Mauerwerksquerschnitts auf Druck, Schub und Biegung zulässig, sofern eine Begrenzung der zusätzlichen Ausmitte in diesem Bereich vorgenommen wird. Klaffende Fugen infolge planmäßiger Ausmitte der einwirkenden charakteristischen Lasten (ohne Berücksichtigung der Kriechausmitte und der Stabauslenkung nach Theorie II. Ordnung) dürfen rechnerisch höchstens bis zum Schwerpunkt des Gesamtquerschnittes entstehen.

Generell sind horizontale und schräge Schlitze in den Installationszonen nach DIN 18015-3 anzuordnen. Horizontale und schräge Schlitze in Langlochziegeln sind jedoch nicht zulässig.

Sofern die Schlitztiefen die in Tafel 9.42 angegebenen Werte überschreiten, ist die Tragfähigkeit auf Druck, Schub

Tafel 9.42 Ohne Nachweis zulässige Größe $t_{ch,h}$ horizontaler und schräger Schlitze im Mauerwerk DIN EN 1996-1-1/NA (5.12)

Wanddicke [mm]	Maximale Schlitztiefe $t_{ch,h}$[a] [mm]	
	Unbeschränkte Länge	Länge ≤ 1250 mm[b]
115–149	–	–
150–174	–	0[c]
175–239	0[c]	25
240–299	15[c]	25
300–364	20[c]	30
Über 365	20[c]	30

[a] Horizontale und schräge Schlitze sind nur zulässig in einem Bereich ≤ 0,4 m ober- oder unterhalb der Rohdecke sowie jeweils an einer Wandseite. Sie sind nicht zulässig bei Langlochziegeln.

[b] Mindestabstand in Längsrichtung von Öffnungen ≥ 490 mm, vom nächsten Horizontalschlitz zweifache Schlitzlänge.

[c] Die Tiefe darf um 10 mm erhöht werden, wenn Werkzeuge verwendet werden, mit denen die Tiefe genau eingehalten werden kann. Bei Verwendung solcher Werkzeuge dürfen auch in Wänden ≥ 240 mm gegenüberliegende Schlitze mit jeweils 10 mm Tiefe ausgeführt werden.

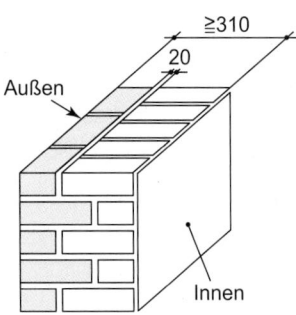

Abb. 9.17 Einschaliges Verblendmauerwerk

und Biegung mit dem infolge der horizontalen und schrägen Schlitze reduzierten Mauerwerksquerschnitt rechnerisch zu überprüfen.

9.3.7.6 Außenwände

9.3.7.6.1 Einschalige Außenwände
Geputzte Außenwände bewohnter Räume sollen mind. 240 mm dick sein. Einschaliges Verblendmauerwerk muss den Mindestmaßen der Abb. 9.17 entsprechen. Alle Fugen sind hohlraumfrei zu vermörteln. Die Verblendung gehört zum tragenden Querschnitt. Für die zulässige Beanspruchung ist die niedrigste Steinfestigkeitsklasse im Querschnitt maßgebend. Fugen der Sichtflächen mit Fugenglattstrich oder 15 mm tief auskratzen und verfugen.

9.3.7.6.2 Zweischalige Außenwände
- nur die Dicke der tragenden Innenschale ist bemessungsrelevant.
- Mindestdicke der Außenschale 90 mm (dünnere Außenschalen sind Bekleidungen nach DIN 18515).

- vollflächige Auflagerung auf ganzer Länge oder in der Abfangebene müssen alle Steine beidseitig aufgelagert sein (Konsolen).
- Außenschale aus frostwiderstandsfähigen Mauersteinen oder aus nicht frostwiderstandsfähigen Mauersteinen mit Außenputz
- Außenschale $t = 115$ mm: Abfangung in Höhenabständen von etwa 12 m; dürfen bis zu 25 mm über Auflager vorstehen. Ist die Außenschale nicht höher als zwei Geschosse oder wird sie alle zwei Geschosse abgefangen, dann darf sie bis zu 38 mm über ihr Auflager vorstehen. Überstände sind beim Nachweis der Auflagerpressung zu berücksichtigen.
- Außenschale $t \geq 105$ mm und $t < 115$ mm: ≤ 25 m über Gelände; Abfangung in Höhenabständen von etwa 6 m. Bei Gebäuden mit bis zu zwei Vollgeschossen darf ein Giebeldreieck bis 4 m Höhe ohne zusätzliche Abfangung ausgeführt werden. Diese Außenschalen dürfen höchstens 15 mm über ihr Auflager vorstehen.
- Außenschalen $t \geq 90$ mm und $t < 105$ mm: ≤ 20 m über Gelände; Abfangung in Höhenabständen von etwa 6 m. Bei Gebäuden bis zu zwei Vollgeschossen darf ein Giebeldreieck bis 4 m Höhe ohne zusätzliche Abfangung ausgeführt werden.

Die Mauerwerksschalen sind durch Anker nach allgemeiner bauaufsichtlicher Zulassung aus nichtrostendem Stahl oder durch Anker nach DIN EN 845-1 aus nichtrostendem Stahl, deren Verwendung in einer allgemeinen bauaufsichtlichen Zulassung geregelt ist, zu verbinden. Für Drahtanker, die in Form und Maßen Abb. 9.18 entsprechen, gilt:
- vertikaler Abstand: ≤ 500 mm;
- horizontaler Abstand: ≤ 750 mm;

Tafel 9.43 Mindestanzahl n_{tmin} von Drahtankern je m² Wandfläche (Windzonen nach DIN EN 1991 1-4/NA) nach DIN EN 1996-1-1/NA (5.12)

Gebäudehöhe	Windzonen 1 bis 3; Windzone 4, Binnenland	Windzone 4, Küste der Nord- und Ostsee und Inseln der Ostsee	Windzone 4, Inseln der Nordsee
$h \leq 10$ m	7[a]	7	8
10 m $< h \leq 18$ m	7[b]	8	9
18 m $< h \leq 25$ m	7	8[c]	–

[a] in Windzone 1 und Windzone 2 Binnenland: 5 Anker/m²
[b] in Windzone 1: 5 Anker/m²
[c] ist eine Gebäudegrundrisslänge kleiner als $h/4$: 9 Anker/m²

Abb. 9.18 Drahtanker für zweischaliges Mauerwerk für Außenwände DIN EN 1996-1-1/NA (5.12)

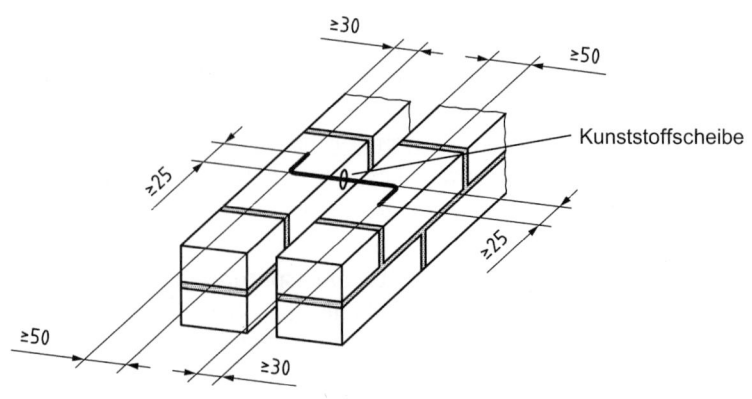

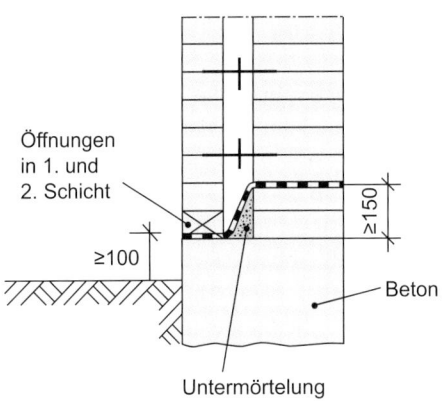

Abb. 9.19 Fußpunktausführung bei zweischaligem Verblendmauerwerk (Prinzipskizze), vgl. auch DIN 18195-4 (12.11))

- lichter Abstand der Mauerwerksschalen: ≤ 150 mm;
- Durchmesser: 4 mm;
- Normalmauermörtel mindestens der Gruppe IIa;
- Mindestanzahl: siehe Tafel 9.43;

sofern in einer Zulassung für die Drahtanker nichts anderes festgelegt ist.

An allen freien Rändern (von Öffnungen, an Gebäudeecken, entlang von Dehnungsfugen und an den oberen Enden der Außenschalen) sind zusätzlich drei Drahtanker je Meter Randlänge anzuordnen.

Drahtanker so ausführen, dass sie keine Feuchte von der Außen- zur Innenschale leiten können (z. B. Aufschieben einer Kunststoffscheibe, siehe Abb. 9.18).

Bei nichtflächiger Verankerung der Außenschale, z. B. linienförmig oder nur in Höhe der Decken, ist ihre Standsicherheit nachzuweisen.

Bei gekrümmten Mauerwerksschalen sind Art, Anordnung und Anzahl der Anker unter Berücksichtigung der Verformung festzulegen.

Zweischalige Außenwände mit Luftschicht Maße nach Abb. 9.20a. Luftschicht darf 40 mm sein, wenn der Mörtel auf mind. einer Seite abgestrichen wird.

Lüftungsöffnungen unten und oben je 7500 mm² je 20 m² Wandfläche (Fenster und Türen eingerechnet). Beginn der Luftschicht ≥ 100 mm über Erdgleiche,

Vertikale Dehnungsfugen anordnen. Abstände je nach Klima (Temperatur, Feuchte), Steinart und Farbe, Richtwerte:

$$\max L = 8{,}0 \text{ m} \qquad \text{bei KS} \quad \text{und}$$

$$\max L = 10 \text{ bis } 12 \text{ m} \quad \text{bei MZ.}$$

Horizontale Fugen unter Abfangungen und Auskragungen.

Mauerschalen an Berührungspunkten (z. B. Fenster) durch Sperrschicht trennen.

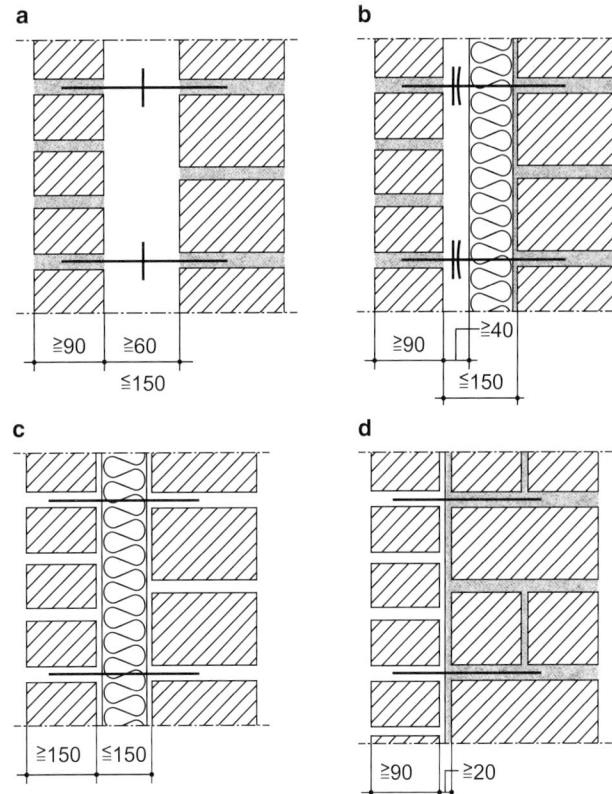

Abb. 9.20 **a** Außenwand mit Luftschicht, **b** Außenwand mit Luftschicht und Wärmedämmung, **c** Außenwand mit Kerndämmung, **d** Außenwand mit Putzschicht

Schalenabstände > 150 mm bei Verwendung von dafür bauaufsichtlich zugelassenen Ankern möglich.

Zweischalige Außenwände mit Luftschicht und Wärmedämmung Maße nach Abb. 9.20b. Luftschicht darf nicht durch Unebenheiten der Dämmschicht eingeengt werden. Für Luftschichtdicken < 40 mm gelten die Anforderungen an zweischalige Außenwände mit Kerndämmung.

Schalenabstände > 150 mm bei Verwendung von dafür bauaufsichtlich zugelassenen Ankern möglich.

Zweischalige Außenwand mit Kerndämmung Maße nach Abb. 9.20c. Bei glasierten oder beschichteten Steinen ist die Frostwiderstandsfähigkeit der Steine unter verstärkter Beanspruchung nachzuweisen.

Nur dauerhaft wasserabweisende, genormte oder bauaufsichtlich zugelassene Kerndämmstoffe dürfen verwendet werden.

Mineralfaserdämmstoffe dicht stoßen. Hartschaumplatten müssen Stufenfalz oder Nut und Feder haben oder zweilagig mit versetzten Fugen eingebaut werden. Bei losen Dämmstoffen oder Ortschaum lückenlose Füllung.

Entwässerungsöffnungen am Fußpunkt $\geq 5000\,\mathrm{mm}^2$ auf $20\,\mathrm{m}^2$ Wandfläche (einschl. Fenster und Türen).

Zweischalige Außenwände mit Putzschicht Putzschicht auf Außenseite der Innenschale. Außenschale dicht dagegen (Fingerspalt), s. Abb. 9.20d.

Entwässerungsöffnungen wie Wand mit Kerndämmung.

9.3.7.7 Gewölbewirkung über Wandöffnungen

In DIN EN 1996 ist Regelung nicht mehr enthalten, hier informativ wiedergegeben.

Vorausgesetzt, dass sich neben und oberhalb des Trägers und der Lastfläche eine Gewölbewirkung ausbilden kann (keine Öffnungen, Aufnahme des Gewölbeschubs), darf die Belastung nach den Abb. 9.21 und 9.22 angenommen werden, Verteilung von Einzellasten unter 60°.

Einzellasten außerhalb des Lastdreiecks brauchen nur berücksichtigt zu werden, wenn sie innerhalb der Stützweite und weniger als 250 mm über der Dreiecksspitze liegen.

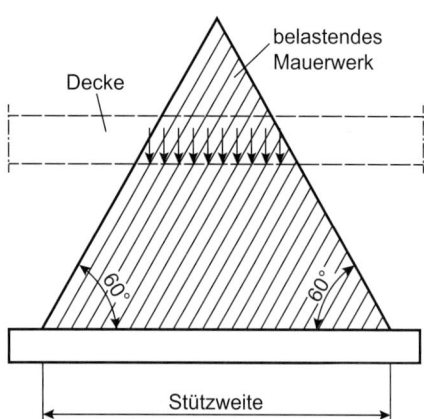

Abb. 9.21 Deckenlast über Wandöffnungen bei Gewölbewirkung

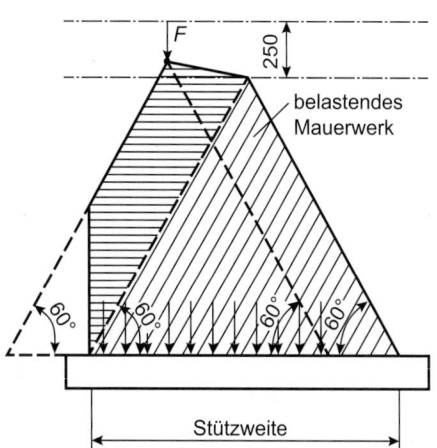

Abb. 9.22 Einzellast über Wandöffnungen bei Gewölbewirkung

9.3.7.8 Ausführung

9.3.7.8.1 Mindestwanddicke
Tragende Innen- und Außenwände $t_{\mathrm{min}} = 115\,\mathrm{mm}$

9.3.7.8.2 Verband
Die Stoß- und Längsfugen übereinanderliegender Schichten müssen gemäß Abb. 9.23 versetzt sein. Steine/Elemente einer Schicht sollen gleich hoch sein. In Schichten mit Längsfugen dürfen die Steine nicht höher als breit sein.

Bei Elementmauerwerk darf das Überbindemaß bis auf $0{,}2\,h_{\mathrm{u}}$, mindestens jedoch 125 mm, reduziert werden. Berücksichtigung in statischer Berechnung erforderlich.

An Wandenden und unter Einbauteilen (z. B. Stürze) ist zusätzliche Lagerfuge in jeder zweiten Schicht zum Längen- und Höhenausgleich (nach Abb. 9.24) zulässig, sofern die Aufstandsfläche der Steine ≥ 115 mm lang ist und Steine und Mörtel mindestens gleiche Festigkeit wie im übrigen Mauerwerk haben.

9.3.7.8.3 Vermauerung mit Stoßfugenvermörtelung
Vermörtelte Stoßfuge = mindestens die halbe Steinbreite über die gesamte Steinhöhe ist vermörtelt.

Übliche Fugendicken bei Normalmauermörtel: Stoßfuge 10 mm, Lagerfuge 12 mm. Mit Dünnbettmörtel muss die Fugendicke 1 bis 3 mm betragen.

Steine mit Mörteltaschen: entweder die Steine knirsch (Fugendicke < 5 mm) verlegen und Mörteltaschen verfüllen

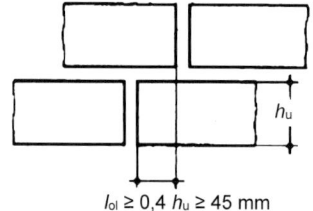

Abb. 9.23 Überbindemaß für Stoß- und Längsfugen

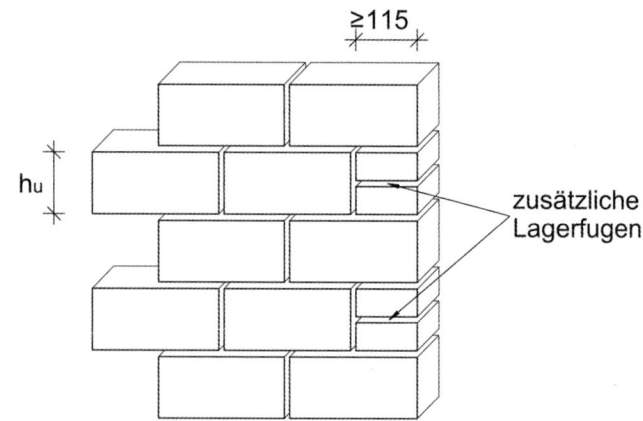

Abb. 9.24 Zusätzliche Lagerfugen

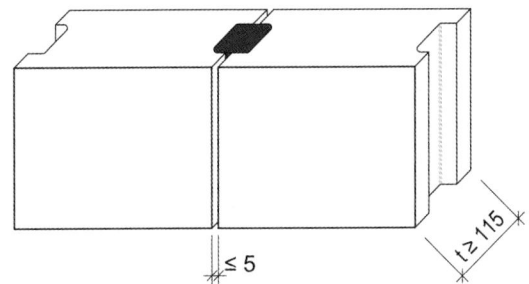

Abb. 9.25 Steine mit Mörteltaschen, Knirschverlegung

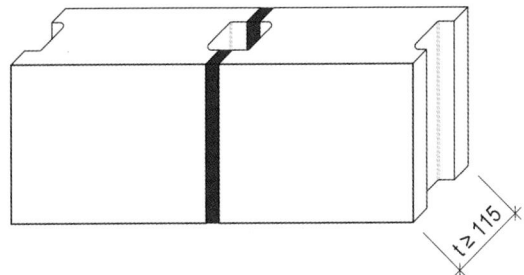

Abb. 9.26 Steine mit Mörteltaschen, Steinflanken vermörtelt

(Abb. 9.25) oder die Steinflanken vermörteln (Abb. 9.26). Bei nicht knirsch verlegten Steinen mit Stoßfugen > 5 mm müssen die Stoßfugen auf beiden Wandseiten vermörtelt sein.

9.3.7.8.4 Vermauerung ohne Stoßfugenvermörtelung
Hierzu sind geeignete Steine mit glatter Stirnfläche oder mit Nut- und Federsystem knirsch zu verlegen (Abb. 9.27). Bei nicht knirsch verlegten Steinen mit Fugendicken > 5 mm müssen die Fugen auf beiden Wandseiten vermörtelt sein.

Die Anforderungen an Schlagregenschutz, Wärmeschutz, Schallschutz und Brandschutz sind zu beachten.

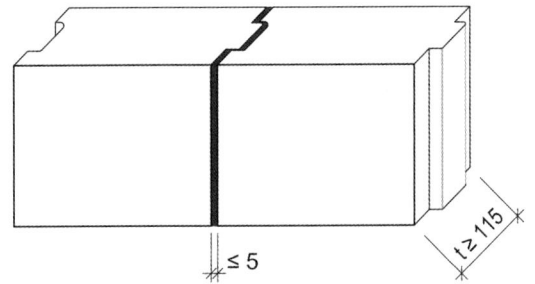

Abb. 9.27 Vermauerung von Steinen ohne Stoßfugenvermörtelung (Prinzipskizze)

9.3.7.8.5 Dehnungsfugen

Tafel 9.44 Empfohlene maximale horizontale Abstände l_m zwischen senkrechten Dehnungsfugen in unbewehrten nichttragenden Wänden

Art des Mauerwerks	l_m [m]
Ziegelmauerwerk	12
Kalksandsteinmauerwerk	8
Mauerwerk aus Beton (mit Zuschlägen) und Betonwerksteinen	6
Porenbetonmauerwerk	6
Natursteinmauerwerk	12

9.3.7.9 Güteprüfungen
Zur Gewährleistung des Sicherheitsniveaus von Mauerwerk sind Kontrollen sowohl der Ausgangsstoffe als auch des Mauerwerks erforderlich (früher Eignungsprüfungen und Güteprüfungen), nach neuer europäischer Nomenklatur Erstprüfungen und Produktionskontrollen.

Eignungsprüfungen/Erstprüfungen erfolgen vor der Ausführung, um die Eignung eines Materials für den vorgesehenen Zweck, z. B. seine Festigkeit, zu prüfen. Während der Herstellung der Mauerwerksprodukte bzw. der Ausführung dienen Güteprüfungen/Produktionskontrollen der stichprobenartigen Kontrolle.

Steine: Qualität der Steine wird im Werk durch werkseigene Produktionskontrolle gemäß den Stein-Normen kontrolliert. Die wesentlichen Ergebnisse und damit die Einhaltung der definierten Anforderungen sind auf dem Etikett, Beipackzettel oder Lieferschein festgehalten, der auf der Baustelle vom ausführenden Unternehmen abzunehmen und mit den Anforderungen der Ausführungsunterlagen zu vergleichen ist.

Mörtel: Die Herstellung von **Baustellenmörtel**, s. DIN 18580, ist vom Unternehmer eigenverantwortlich zu überwachen. Erstprüfungen vor der Ausführung nur beim Einsatz von MG IIIa und der Verwendung von Zusatzmitteln.

Die Herstellung von **Werkmörtel** wird im Werk nach DIN EN 998-2 sowie DIN V 18580 überwacht und beschränkt sich auf der Baustelle auf den Vergleich der Lieferscheine.

Beim Werkmörtel ist zu beachten, dass die Restnorm zusätzliche Eigenschaften (Fugendruckfestigkeit, Druckfestigkeit bei Feuchtelagerung, Längs- und Querdehnungsmodul) fordert, die nicht jeder europäische Mörtel mit CE-Kennzeichnung erfüllt. Ein europäischer Mörtel allein nach DIN EN 998-2, der diese zusätzlichen Anforderungen nicht erfüllt, ist deshalb einer niedrigeren Mörtelgruppe nach Anwendungsnorm DIN V 20000-412, Tabelle 1 zuzuordnen.

Abb. 9.28 Prinzipielle Möglichkeiten der Anordnung von Bewehrung im Mauerwerk nach DIN V ENV 1996-1-1 (12.96)

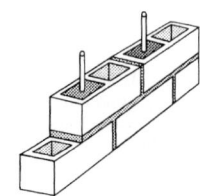

Vertikal bewehrte Wand aus Hohlblocksteinen

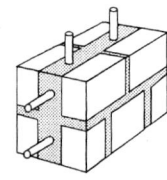

Zweischalige Wand mit Füllbeton und Bewehrung

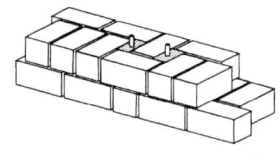

Vertikale Bewehrung in gemauerten Aussparungen

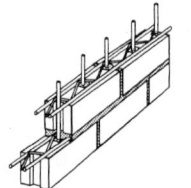

Wand mit vertikaler Bewehrung und Lagerfugenbewehrung

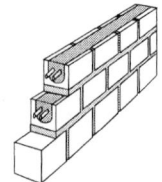

Wand mit bewehrtem Balken in vergossenen Längskanälen

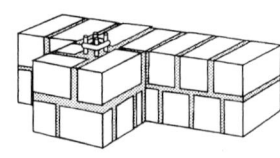

Wand mit vertikaler Bewehrung in Aussparungen von Vorlagen

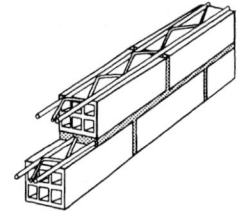

Wand aus Langlochsteinen mit Lagerfugenbewehrung

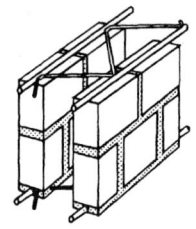

Wand mit vertikaler Bewehrung und Lagerfugenbewehrung

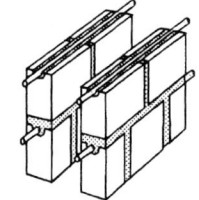

Lagerfugenbewehrung in Nuten von Formsteinen einer zweischaligen Wand

9.4 Bewehrtes Mauerwerk

9.4.1 Bewehrtes Mauerwerk nach EC 6

Die Bemessung von bewehrtem Mauerwerk ist zurzeit in Deutschland nur effizient über Zustimmungen im Einzelfall möglich. Aufgrund von Sicherheitsbedenken gegenüber den Regelungen des EC 6 bezüglich des bewehrten Mauerwerks ist der Teilsicherheitsbeiwert für das Material mit $\gamma_M = 10$ im Nationalen Anhang zum Eurocode 6 sehr ungünstig festgelegt worden. Hier ist in absehbarer Zukunft mit einer Anpassung an Europa zu rechnen.

Die Nachweise für bewehrtes Mauerwerk sind im EC 6 wie folgt vorgesehen.

9.4.1.1 Baustoffe

9.4.1.1.1 Mörtel
- Mauermörtel für bewehrtes Mauerwerk $f_m \geq 4\,\mathrm{N/mm^2}$
- Mauerwerk mit Lagerfugenbewehrung $f_m \geq 2\,\mathrm{N/mm^2}$.

9.4.1.1.2 Füllbeton

Tafel 9.45 Charakteristische Festigkeiten des Füllbetons nach DIN EN 1996-1-1 (2.13)

Betonfestigkeitsklasse	C12/15	C16/20	C20/25	C25/30 oder höher
f_{ck} [N/mm²]	12	16	20	25
f_{cvk} [N/mm²]	0,27	0,33	0,39	0,45

9.4.1.1.3 Bewehrungsstahl
Nach DIN EN 1992-1-1 und nach Zulassung, z. B. Fugenbewehrung mit Murfor-Bewehrungselementen der Bekaert GmbH gemäß Tafel 9.46, die zum Korrosionsschutz mit Duplex-Beschichtung überzogen sind. Anforderungen an den Bewehrungsstahl und die Betondeckung nach Tafel 9.47 und 9.48.

Dauerhaftigkeit:
- Korrosionsbeständig o. Schutzüberzug (verzinkt, Epoxidharzbeschichtung, o. ä.)

Tafel 9.46 Murfor-Bewehrungsträger als Beispiel einer Mauerwerksbewehrung nach Zulassung

Murfor-Abmessungen		Nenndurchmesser	Nennquerschnitt	Diagonaldraht-∅	Nenngewicht	Anwendung
a in mm	b in mm	d_1 in mm	A_s in cm^2	d_2 in mm	G in kg/m	
50	406	5	$2 \times 0{,}196$	3,75	0,397	Für tragende
100	406	5			0,405	Bauteile in
150	406	5			0,416	bewehrtem
180	406	5			0,430	Mauerwerk

Tafel 9.47 Auswahl von Bewehrungsstahl zur Gewährleistung der Dauerhaftigkeit nach DIN EN 1996-1-1/NA (5.12)

Expositionsklasse (Umgebung)[a]	Einbettung in Mörtel oder in Beton mit $c < c_{nom}$
MX1 (trockene Umgebung)	Ungeschützter Betonstahl
MX2 (Feuchte oder Durchnässung ausgesetzt)	Beschichteter Betonstahl[b] oder nichtrostender Betonstahl[b]
MX3 (Feuchte oder Durchnässung und Frost-Tau-Wechseln ausgesetzt)	Beschichteter Betonstahl[b] oder nichtrostender Betonstahl[b]
MX4 (in Küsten- oder Seewasserumgebung)	Nichtrostender Betonstahl[b] oder beschichteter Betonstahl[b]
MX5 (in Umgebung mit angreifenden Chemikalien)	Nichtrostender Betonstahl[b,c] oder beschichteter Betonstahl[b]

[a] Expositionsklassen nach DIN EN 1996-2.
[b] nach Zulassung
[c] Bei der Planung eines Projektes sollte berücksichtigt werden, dass austenitischer nichtrostender Stahl für den Einsatz in aggressiver Umgebung nicht geeignet sein kann.

Tafel 9.48 Mindestbetondeckung c_{min}, Vorhaltemaß Δc_{dev} und Nennmaß der Betondeckung c_{nom} für Bewehrung aus Betonstahl nach DIN EN 1996-1-1/NA (5.12)

Expositionsklasse	c_{min} [mm]	Δc_{dev} [mm]	c_{nom} [mm]	Zementgehalt [kg/m^3] min.	w/z-Wert max.
MX1	10	10	20	240	0.52
MX2	25	15	40	280	0,52
MX3	25	15	40	280	0,52
MX4	40	15	55	320	0,45
MX5	40	15	55	320	0,45

9.4.1.2 Festigkeiten

9.4.1.2.1 Verbundfestigkeit der Bewehrung
Siehe Tafeln 9.49 und 9.50.

Tafel 9.49 Charakteristische Verbundfestigkeit der Bewehrung im Füllbeton, umschlossen von Mauersteinen nach DIN EN 1996-1-1 (2.13)

Betondruckfestigkeitsklasse	C12/15	C16/20	C20/25	C25/30 oder höher
f_{bok} für glatte Baustähle [N/mm^2]	1,3	1,5	1,6	1,8
f_{bok} für gerippte Baustähle und nichtrostende Stähle [N/mm^2]	2,4	3,0	3.4	4,1

Tafel 9.50 Charakteristische Verbundfestigkeit der Bewehrung in Mörtel oder Füllbeton, nicht von Mauersteinen umschlossen nach DIN EN 1996-1-1 (2.13)

Druckfestigkeitsklasse von	Mörtel	M2–M4	M5–M9	M10–M14	M15–M19	M20
	Beton	Nicht verwendet	C12/15	C16/20	C20/25	C25/30 oder höher
f_{bok} für glatte Baustähle [N/mm^2]		–	0,7	1,2	1.4	1,4
f_{bok} für gerippte Baustähle und nichtrostende Stähle [N/mm^2]		–	1,0	1,5	2,0	3,4

Tafel 9.51 Effektive Spannweite von Mauerwerksbalken und -scheiben

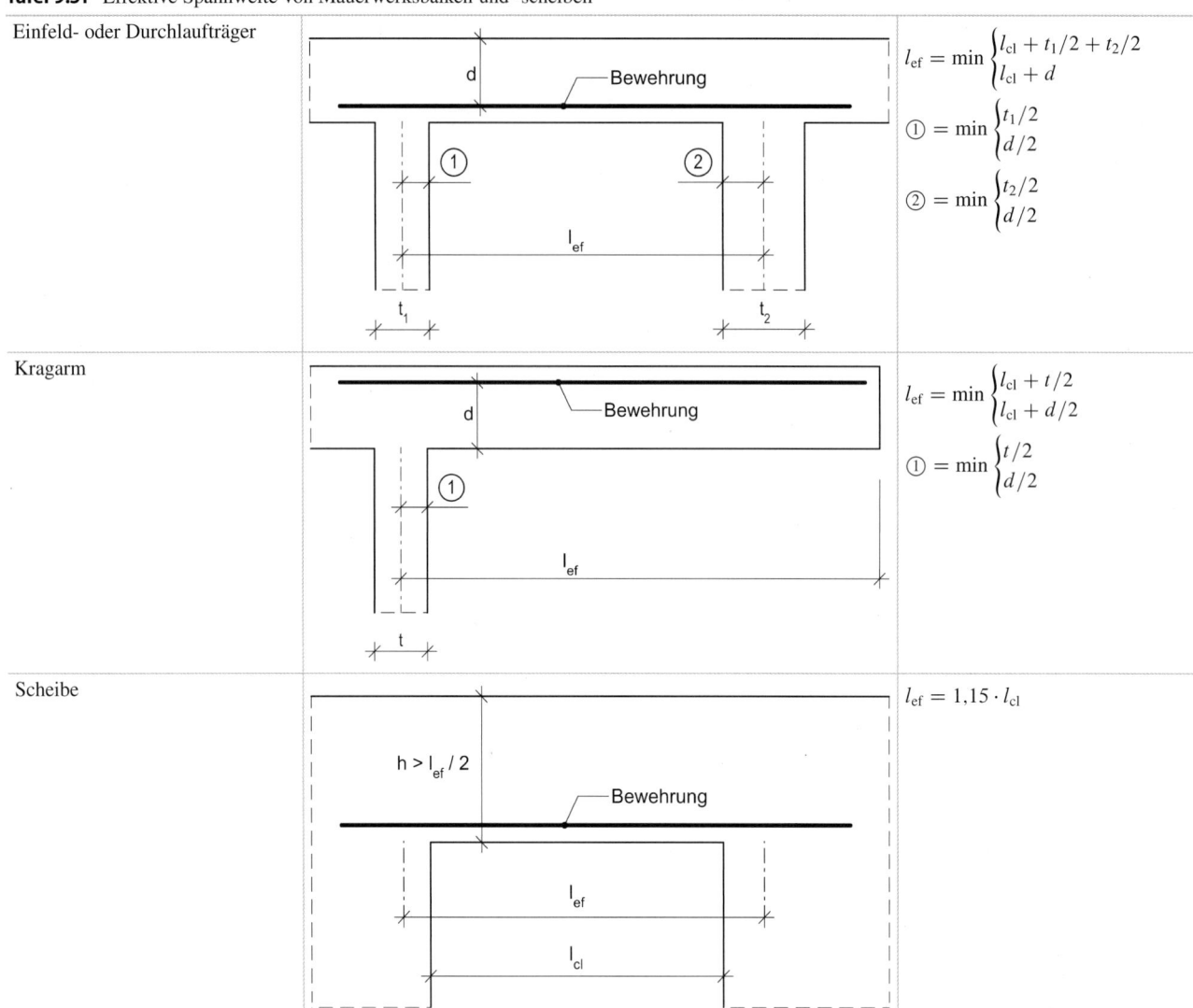

9.4.1.3 Biegebemessung

9.4.1.3.1 Effektive Spannweite von Mauerwerksbalken und -scheiben

Siehe Tafeln 9.51 und 9.52.

Einfeld- oder Durchlaufträger: lichter Abstand der horizontalen Halterungen

$$l_{\mathrm{r}} \leq \min \begin{cases} 60 b_{\mathrm{c}} \\ 250/d \cdot b_{\mathrm{c}}^2 \end{cases}$$

Kragarm

$$l_{\mathrm{r}} \leq \min \begin{cases} 25 b_{\mathrm{c}} \\ 100/d \cdot b_{\mathrm{c}}^2 \end{cases}$$

b_{c} Breite des Druckgurtes in der Mitte zwischen den Halterungen.

Tafel 9.52 Grenzwerte des Verhältnisses von effektiver Spannweite zur effektiven Höhe bei Wänden, die durch Platten bzw. Balkenbiegung beansprucht werden, und Balken nach DIN EN 1996-1-1 (2.13)

	Verhältnis der effektiven Spannweite zur Nutzhöhe (l_{ef}/d) oder effektiven Dicke ($l_{\mathrm{ef}}/t_{\mathrm{ef}}$)	
	Wand unter Plattenbiegung	Balken
Einfeldträger	35	20
Durchlaufträger	45	26
Zweiachsig gespannt	45	–
Kragarm	18	7

Anmerkung Für freistehende Wände, die nicht Teil eines Gebäudes sind und überwiegend auf Wind beansprucht werden, dürfen die für Wände angegebenen Verhältniswerte um 30 % erhöht werden, wenn diese Wände keinen Putz haben, der infolge Verformungen beschädigt werden kann.

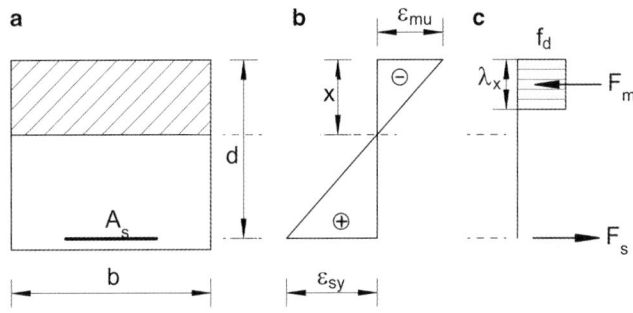

Abb. 9.29 Spannungs- und Dehnungsverteilung nach DIN EN 1996-1-1 (2.13). **a** Querschnitt, **b** Dehnungen, **c** Schnittkräfte

9.4.1.3.2 Nachweis auf Biegung und /oder Normalkraft

Einfach bewehrter Rechteckquerschnitt bei reiner Biegung (Abb. 9.29).

$$E_d \leq R_d \qquad (9.62)$$

$$M_{Rd} = A_s \cdot f_{yd} \cdot z \qquad (9.63)$$

$$z = d \left(1 - 0.5 \frac{A_s \cdot f_{yd}}{b \cdot d \cdot f_d} \right) \leq 0.95d \qquad (9.64)$$

$$M_{Rd} \leq 0.4 \cdot f_d \cdot b \cdot d^2$$

$$M_{Rd} \leq 0.3 \cdot f_d \cdot b \cdot d^2 \quad \text{bei Leichtbetonsteinen} \qquad (9.65)$$

b Querschnittsbreite;
d Nutzhöhe des Querschnitts;
A_s Querschnittsfläche der Zugbewehrung;
0,3; 0,4 Vorfaktoren (s. hierzu [28])
f_d kleinerer Wert aus Bemessungsdruckfestigkeit des Mauerwerks in Lastrichtung und Bemessungsdruckfestigkeit des Füllbetons;
f_{yd} Bemessungszugfestigkeit des Bewehrungsstahles. Biegebeanspruchter Querschnitt mit geringer Längskraft: Bemessung auf reine Biegung, wenn $\sigma_d \leq 0.3 f_d$.

9.4.1.3.3 Wandscheiben

Bemessung nach (9.63) und (9.65) mit

$$z = \min \begin{cases} 0.7 l_{ef} \\ 0.4h + 0.2 l_{ef} \end{cases} \qquad (9.66)$$

d Nutzhöhe der Wandscheibe; Annahme $d = 1.3 \cdot z$
   Rissbeschränkung: bis zu

$$h = \min \begin{cases} 0.5 l_{ef} \\ 0.5d \end{cases}$$

(gerechnet vom unteren Rand der Scheibe) zusätzliche Bewehrung in Lagerfugen oberhalb der Hauptbewehrung.

9.4.1.4 Schubbemessung

Annahme: Größtwert der Querkraft im Abstand von $d/2$ vom Auflagerrand (d Nutzhöhe des Bauteils) unter der Voraussetzung, dass sich die Druckstrebe ausbilden und die Strebenkräfte abgeleitet werden können.

Mauerwerkswände unter horizontaler Belastung in Wandebene mit vertikaler Bewehrung (Schubbewehrung wird vernachlässigt)

$$V_{Ed} \leq V_{Rd1} \qquad (9.67)$$

V_{Rd1} Bemessungswert der Schubtragfähigkeit:

$$V_{Rd1} = f_{vd} \cdot t \cdot l \qquad (9.68)$$

Mauerwerkswände mit vertikaler Bewehrung (hor. Schubbewehrung berücksichtigt)

$$V_{Ed} \leq V_{Rd1} + V_{Rd2} \qquad (9.69)$$

V_{Rd1} Bemessungswert der Schubtragfähigkeit:

$$V_{Rd1} = f_{vd} \cdot t \cdot l \qquad (9.70)$$

V_{Rd2} Bemessungswert des Bewehrungsanteils:

$$V_{Rd2} = 0.9 A_{sw} \cdot f_{yd} \qquad (9.71)$$

$$\frac{V_{Rd1} + V_{Rd2}}{t \cdot l} \leq 2.0 \, \text{N/mm}^2 \qquad (9.72)$$

A_{sw} Querschnitt der Schubbewehrung
Mauerwerksbalken
- Nach (9.67) mit $V_{Rd1} = f_{vd} \cdot b \cdot d$; Vergrößerungsfaktor für $f_{vd} \leq 0.3 \, \text{N/mm}^2$: $1 \leq \frac{2d}{a_v} \leq 4$
- Nach (9.69) mit $V_{Rd2} = 0.9 d \cdot \frac{A_{sw}}{s} \cdot f_{yd} (1 + \cot \alpha) \sin \alpha$; s = Abstand der Schubbewehrung, α = Neigung der Schubbewehrung $V_{Rd1} + V_{Rd2} \leq 0.25 f_b \cdot d \cdot b$.

Wandscheiben über Öffnungen
- Nachweis wie Mauerwerksbalken mit V_{ed} als Schubkraft am Auflagerrand und $d = 1.3 \cdot z$

9.4.1.5 Flachstürze

- max. Spannweite 3 m, sonst Bogenmodell
- Nachweis als Wandscheibe oder wandartiger Träger

$$M_{Rd} = F_{tkl}/\gamma_M \cdot f_{yd} \cdot z \qquad (9.73)$$

$$z = d \left(1 - 0.5 \frac{F_{tkl}}{\gamma_M \cdot b \cdot d \cdot f_d} \right) \leq 0.95d \qquad (9.74)$$

F_{tkl} vom Hersteller nach EN 845 2 deklarierte charakteristische Zugtragkraft des Flachsturz-Fertigteils; falls der Hersteller auch die Zugtragkraft im Grenzzustand der Gebrauchstauglichkeit in der Deklaration angegeben hat, sollte F_{tkl} mit einem Wert angesetzt werden, der nicht größer als der für die Gebrauchstauglichkeit geltende Wert multipliziert mit γ_M für die Verankerung von Bewehrungsstahl ist.

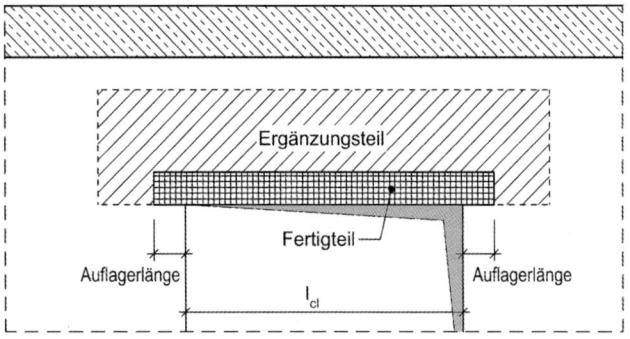

Abb. 9.30 Flachsturz mit darüber liegendem Mauerwerk als wandartiger Träger

9.4.1.6 Hinweise

Die Regelungsdichte zu eingefasstem und vorgespanntem Mauerwerk ist im Eurocode 6 sehr gering, deshalb gibt es im Nationalen Anhang diesbezüglich keine Festlegungen (ergänzend s. [29–31]). Die Anwendung erfolgt über allgemeine bauaufsichtliche Zulassungen bzw. Zustimmung im Einzelfall.

9.4.2 Bemessung von übermauerten Flachstürzen

Flachstürze sind vorgefertigte, bewehrte Bauteile, die mit dem darüber liegenden Mauerwerk zusammenwirken und

mit diesem den eigentlichen Sturz bilden (s. Abb. 9.31 bis 9.33).

Die Tragwirkung beruht auf der Ausbildung eines Bogens mit Zuggurt. In der Druckzone trägt das Mauerwerk senkrecht zu den Stoßfugen, in der Zugzone der Bewehrungsstahl der Flachstürze (s. Abb. 9.33). Sie sind nach den in den bauaufsichtlichen Zulassungen angegebenen Verfahren zu bemessen.

9.4.2.1 Nach allgemein bauaufsichtlichen Zulassungen

Nachfolgend sind die wesentlichen Anforderungen und Formeln wiedergegeben; maßgebend ist die jeweilige bauaufsichtliche Zulassung (abrufbar über www.dibt.de unter Zulassungen).

Anwendung auf frei an der Unterseite aufliegende Einfeldträger mit $l \leq 3{,}0$ m. Nur bei vorwiegend ruhender Belastung. Keine Einzellasten. Schlaff bewehrte Zuggurte mindestens aus LC 20/22 mit üblichem Bewehrungsstahl B 500. Bei nur einem Bewehrungsstab mindestens $\oslash 8$ mm, höchstens 12 mm. Zuggurtabmessungen mindestens $11{,}5 \times 6 \, \text{cm}^2$. Betondeckung mind. 2 cm (Steinschalen dürfen nicht in Ansatz gebracht werden). Druckzone ist im Verband mit Stoßfugenvermörtelung zu mauern. Nur Voll- und Hochlochziegel A nach DIN EN 771-1 (11.15)/DIN 20000-401 (1.17)/DIN V 105-100 (1.12), Kalksand-Voll oder Lochsteine nach DIN EN 771-2 (11.15)/DIN 20000-402 (1.17)/DIN

Abb. 9.31 Querschnitte von übermauerten Flachstürzen

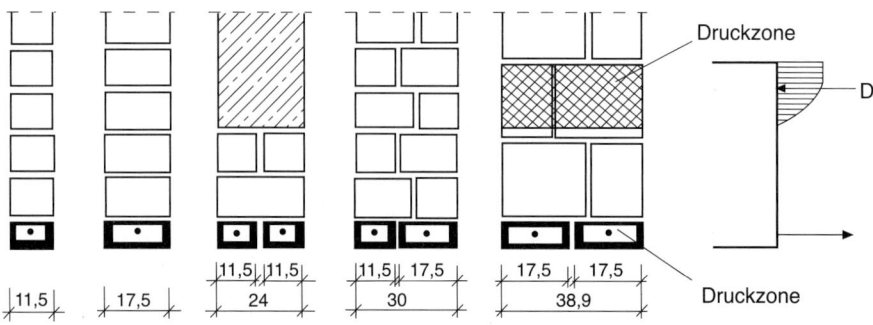

Abb. 9.32 Ansicht eines eingebauten Flachsturzes mit Stoßfugenvermörtelung

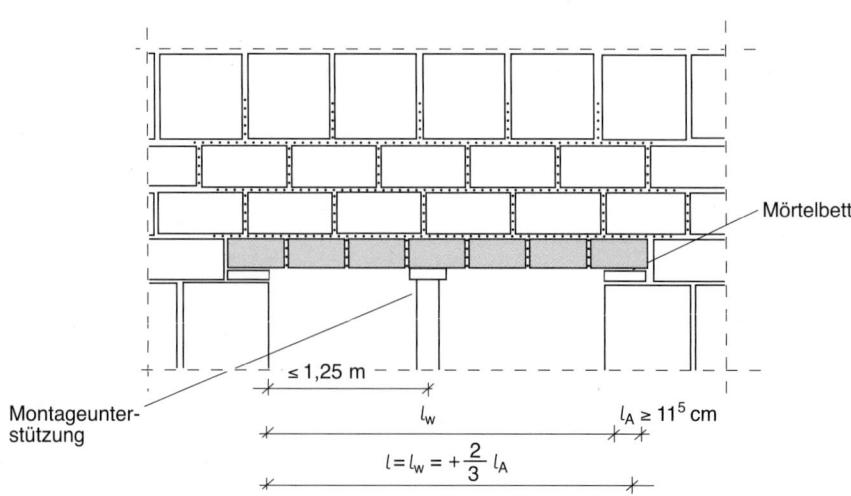

Abb. 9.33 Bogen-Zugband-Modell des übermauerten Flachsturzes

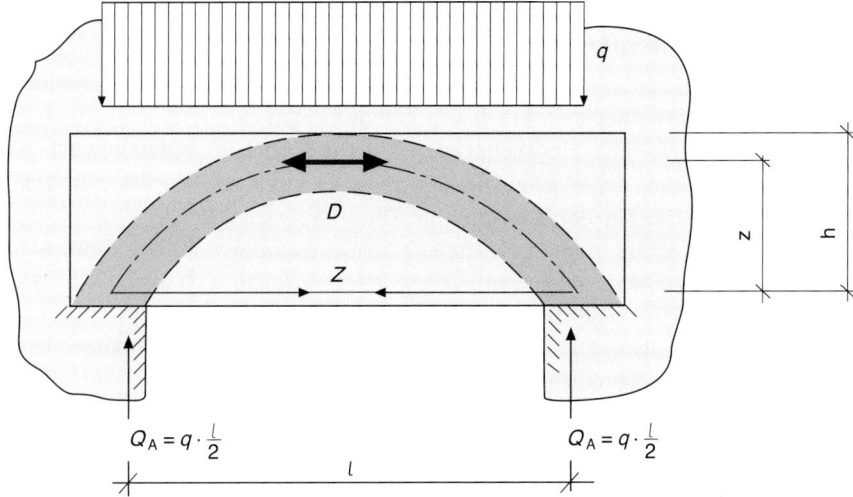

V 106 (10.05) und Vollsteine aus Leichtbeton nach DIN EN 771-3 (11.15)/DIN V 20000-403 (6.05)/DIN V 18152-100 (10.05). Steinfestigkeitsklasse mindestens 12, bei HLz mit versetzt oder diagonal verlaufenden Stegen mind. 20. Grifföffnungen nicht zugelassen. Mörtel mindestens MG II. Gesonderter Nachweis der Gebrauchsfähigkeit bei Einhaltung aller Bedingungen nicht erforderlich.

Nachweis der Biegetragfähigkeit nach DIN 1045-1. Spannungs-Dehnungs-Beziehung vereinfachend analog zum Beton (Dauerstandsfaktor für Beton/Mauerwerk $\eta = 0{,}85$; für Leichtbeton $\eta = 0{,}80$). Rechenwert der Druckfestigkeit für alle Mauerwerksarten konstant $f_k = 2{,}9\,\text{N/mm}^2$. Statische Nutzhöhe

$$d = \frac{1}{2{,}4} \cdot l_{\text{eff}} \qquad (9.75)$$

mit l_{eff} als Stützweite und d als Nutzhöhe.

Stahldehnung ist auf $\varepsilon_s = 0{,}005$ zu begrenzen. Charakteristische Druckfestigkeit Beton höchstens C20/25 bzw. LC20/22.

Bei Vorhandensein einer Stahlbetondecke auf der Übermauerung dürfen beide Baustoffe entsprechend den Dehnungen nach den zutreffenden Spannungs-Dehnungs-Linien beansprucht werden.

Teilsicherheitsbeiwerte analog DIN 1045-1.

Nachweis der Schubtragfähigkeit anhand der zulässigen Querkraft. Für die rechnerische Auflagerlinie ergibt sich

$$V_{\text{Rd}} = f_{\text{vdf}} \cdot b \cdot d \cdot \frac{\lambda + 0{,}4}{\lambda - 0{,}4} \qquad (9.76)$$

$$\lambda = \frac{\max M_{\text{Ed}}}{\max V_{\text{Ed}} \cdot d} \geq 0{,}6 \qquad (9.77)$$

f_{vdf} Bemessungswert der Schubfestigkeit des Flachsturzes mit $f_{\text{vdf}} = 0{,}14\,\text{N/mm}^2$

b Sturzbreite
d statische Nutzhöhe
λ Schubschlankheit, allgemein
M_{Ed} Bemessungswert des größten Biegemomentes
V_{Ed} der zugehörige Bemessungswert der größten Querkraft bzw. bei Gleichlast

$$\lambda = \frac{l_{\text{eff}}}{4 \cdot d} \geq 0{,}6 \qquad (9.78)$$

Wenn $\lambda < 0{,}6$, dann ist $\lambda = 0{,}6$ zu setzen. Die Nutzhöhe ist in der weiteren Bemessung dann abzumindern.

Verankerung der Bewehrung ist nach DIN 1045-1 nachzuweisen.

Versatzmaß

$$a_1 = 0{,}75 \cdot d \qquad (9.79)$$

Falls sich damit nach DIN 1045-1 rechnerisch eine größere Zugkraft ergeben sollte, als die an der Stelle des maximalen Biegemomentes vorhandene, so ist die Verankerungslänge mit

$$F_{\text{sd}} = \frac{\max M_{\text{Ed}}}{z} \qquad (9.80)$$

z innerer Hebelarm
nachzuweisen. Zulässige Rechenwerte der Verbundspannung gem. günstiger Verbundlage.

9.4.2.2 Nach Typenstatik

Auf der Basis von geprüften Typenstatiken bieten die meisten Hersteller Bemessungstabellen für die wesentlichen Einsatzfälle mit Bezug auf die jeweiligen Zulassungen oder die Flachsturzrichtlinie an.

9.4.3 Bewehrung von Mauerwerk zur konstruktiven Rissesicherung

Risse, die nicht die Standsicherheit der Wände beeinträchtigen, können dennoch unangenehm sein. Übliche Ursache: Schwindverkürzung der Wände, Durchbiegung der Decken, Temperaturänderungen der Konstruktion, Zur Rissesicherung kann Bewehrung in die Lagerfugen eingelegt werden. Hierfür ist DIN 1053-3 nicht verbindlich, jedoch Anhaltspunkt. Insbesondere sind die Regeln für Korrosionsschutz hier nicht verbindlich. Die Hersteller von Bewehrungselementen haben Empfehlungen entwickelt.

Beispiel Empfehlung für Murfor-Bewehrungsgitter $2\varnothing5$ mm in den Lagerfugen zur Rissesicherung gegen Schwindspannungen und Deckendurchbiegung; vertikaler Abstand der Gitter im unteren Wandbereich $\Delta h = 25$ cm, darüber $\Delta h = 50$ cm.

Siehe hierzu auch die Empfehlungen und Bemessungsansätze, die in der angegebenen weiterführenden Literatur enthalten sind.

9.5 Natursteinmauerwerk

Konstruktion, Ausführung und Bemessung von Mauerwerk aus Natursteinen kann nach DIN EN 1996-1-1/NA NCI Anhang NA.L erfolgen.

9.6 Putz, Baustoffe und Ausführung nach DIN EN 13914-1 und -2

nach DIN EN 998-1 (2.17), DIN EN 15824 (10.09) sowie DIN EN 13914-1 (9.16) u. -2 (9.16) und ergänzend DIN 18550-1 (12.14) u. -2 (6.15)

DIN EN 998-1 regelt europäisch die mineralischen Putzmörtel und DIN EN 15824 Putze mit organischen Bindemitteln, DIN EN 13914-1 u. -2 und ergänzend DIN 18550-1 und -2 die Planung, Zubereitung und Ausführung von Putzen und Putzsystemen. Weitere Hinweise, Anforderungen, Empfehlungen sowie Erläuterungen s. [24] und [27].

Putze können mehrlagig (aus einer oder mehreren Lagen Unterputz und einer Lage Oberputz) oder einlagig sein.

Unterputze bestehen aus Mörteln mit mineralischen Bindemitteln. Unterputze „entkoppeln" den Oberputz vom Untergrund und sind für die Funktion eines Putzsystems entscheidend. Die Eignung verschiedener Unterputze auf unterschiedlichen Untergründen ist ausführlich in den Leitlinien [24] beschrieben.

Oberputze können mineralisch oder organisch (Dispersions-Silikatputz (Silikatputz), Dispersionsputz (Kunstharzputz), Siliconharzputz) gebunden sein.

Spritzbewurf ist keine Lage, sondern eine Vorbehandlung des Putzgrundes.

Putzsystem ist die Gesamtheit aus Unter- und Oberputz. Nach DIN 13914-1 u. -2 werden Putzsysteme für Außenputze und Innenputze unterschieden. Oftmals empfiehlt es sich Leichtputz statt Normalputz zu verwenden, insbesondere bei wärmedämmenden Wandbaustoffen. Putz soll höhere Verformungsfähigkeit als der Untergrund aufweisen.

Mineralische Putze bestehen aus mineralischen Bindemitteln und mineralischen oder organischen Zuschlägen (DIN EN 998-1). Beide Zuschlagarten können dichtes oder poriges Gefüge haben. Als Putzmörtel werden in Deutschland praktisch ausschließlich Werk-Trockenmörtel eingesetzt, Putzmörtel sind gem. DIN EN 993-1 nach Tafel 9.53 zu klassifizieren. Die Verbindung zwischen Putzanforderung und Druckfestigkeit des Unter- bzw. Oberputzes wird über die bewährten Putzsysteme hergestellt. Im Hinblick auf Zuschlag und Zusatzstoffe enthält DIN EN 998-1 keine konkreten Vorschreibungen.

Leichtputze bestehen aus Putzmörteln mit einer Rohdichte ≤ 1300 kg/m^3 und sind für das Verputzen vor wärmedämmenden Wandbaustoffen besonders geeignet. Anforderungen CS I/CS II, wasserabweisend. Die erfolgte Einteilung in Leichtputz Typ I und Typ II ist in den Leitlinien [24] näher erläutert s. auch Tafel 9.55.

Wärmedämmputzsysteme (DIN EN 998-1, DIN EN 13914-1, DIN 18550 und bauaufsichtliche Zulassung) bestehen aus einem wärmedämmenden Unterputz (Wärmedämmputz; CS I Druckfestigkeit 0,4 bis 2,5 N/mm^2) und einem darauf abgestimmten wasserabweisenden Oberputz (Druckfestigkeit 0,8 bis 3,0 N/mm^2). Die wärmedämmenden Eigenschaften des Unterputzes (Wärmedämmputz) resultieren

Tafel 9.53 Klassifizierung der Eigenschaften von Putzmörtel

Eigenschaften	Kategorie	Werte
Druckfestigkeit nach 28 Tagen	CS I	0,4–2,5 N/mm^2
	CS II	1,5–5,0 N/mm^2
	CS III	3,5–7,5 N/mm^2
	CS IV	≥ 6 N/mm^2
Kapillare Wasseraufnahme	W 0	Nicht festgelegt
	W 1	$c \leq 0,40$ kg/(m^2 min^{0,5})
	W 2	$c \leq 0,20$ kg/(m^2 min^{0,5})
Wärmeleitfähigkeit von Wärmedämmputzen	T 1	$\leq 0,1$ W/(m K)
	T 2	$\leq 0,2$ W/(m K)

Tafel 9.54 Mineralische Putzmörtel nach DIN 18550-1 und -2

Bezeichnung	Bindemittel	Norm	Druckfestigkeitsklasse	Anwendungsbeispiele
Mörtel mit Luftkalk (CL)	Luftkalk (Kalkhydrat) als Hauptbindemittel	DIN EN 998-1	CS I	Denkmalpflege, Innenbereich
Mörtel mit hydraulischem Kalk (NHL,-HL)	Hauptbindemittel hydraulischer Kalk (NHL; HL)	DIN EN 998-1	CS I/CS II	Außenbereich, Innenbereich, Denkmalpflege
Kalk-Zementmörtel	Baukalk (Kalkhydrat) und Zement	DIN EN 998-1	CS II/CS III	Außenbereich, Sockelbereich, Innenbereich, Feuchträume
Zementmörtel	Hauptbindemittel Zement	DIN EN 998-1	CS III/CS IV	Außenbereich (Sockel, Kelleraußenwände), Innenbereich, Feuchträume
Gips-/Gipskalkmörtel	Hauptbindemittel Calciumsulfat	DIN EN 13279-1	B1–B7	Innenbereich, einschließlich häusliche Küchen und Bäder
Lehmmörtel	Lehm	DIN 18947	S I/S II	Innenbereich, einschließlich häusliche Küchen und Bäder

Tafel 9.55 Charakteristische Kennwerte marktgängiger Außenputze (Unterputze)

Putztyp	Normalputz	Leichtputz Typ I	Leichtputz Typ II[a]	Dämmputz
Druckfestigkeitsklasse nach DIN EN 998–1	CS II/CS III	CS II	CS I/CS II	CS I
Prismendruckfestigkeit [N/mm^2]	3–7	2.5–5	1–3	0,5–1,5
Trockenrohdichte (Prisma) [kg/m^3]	1600–1800	1000–1300	700–1200	250–500
Elastizitätsmodul[b] [N/mm^2]	3000–7000	2500–5000	1000–3000	< 1000

[a] Leichtputze vom Typ II werden auch unter der Bezeichnung „Faserleichtputz" „Superleichtputz" usw. angeboten
[b] Je nach Prüfverfahren wird zwischen dem dynamischen E-Modul und dem statischen E-Modul (Zug- oder Druck-E-Modul) unterschieden; bei mineralischen Putzmörteln gibt es eine Beziehung zwischen der Druckfestigkeit und dem E-Modul.

aus einem erhöhten Anteil an Leichtzuschlägen – vorwiegend expandiertes Polystyrol (EPS).

Nach der europäischen Norm EN 998-1 sind Wärmedämmputze (Abkürzung: T; Thermal insulating Mortar) auch in anderer Zusammensetzung möglich. Unabhängig von der Zusammensetzung werden nur die Wärmeleitfähigkeitsgruppen T1 ($\lambda_{10,dry} \leq 0,1\,\mathrm{W/(m\,K)}$) und T2 ($\lambda_{10,dry} \leq 0,2\,\mathrm{W/(m\,K)}$) definiert (s. Tafel 9.53).

In Deutschland finden jedoch nach wie vor Wärmedämmputze Anwendung, die in einer bauaufsichtlichen Zulassung geregelt sind. Insofern der in der Zulassung festgelegte Grenzwert λ_{grenz} eingehalten wird, gelten die Bemessungswerte für die Kategorie II nach Tafel 9.56.

Putze mit organischen Bindemitteln werden gebrauchsfertig (pastös) in Eimern oder in speziellen Silos auf die Baustelle geliefert. Unterschieden werden:
- Dispersions-Silikatputz (Silikatputz), der als eigenschaftsbestimmende Bindemittel Kali-Wasserglas und eine Polymerdispersion enthält
- Dispersionsputz (Kunstharzputz), dessen eigenschaftsbestimmendes Bindemittel aus Polymerdispersion besteht
- Siliconharzputz, der als eigenschaftsbestimmende Bindemittel eine Siliconharzemulsion und Polymerdispersion enthält.

Tafel 9.56 Bemessungswerte der Wärmeleitfähigkeit für Wärmedämmputz nach DIN 18550 (12.14)

Kategorie I Nennwert[a] W/(m·K), P = 90 % λ_D	Kategorie I Bemessungswert[c] W/(m·K) λ[d]	Kategorie II Grenzwert[b] W/(m·K) λ_{grenz}	Kategorie II Bemessungswert[c] W/(m·K) λ[e]
0,060	0,072	0,057	0,060
0,070	0,084	0,066	0,070
0,080	0,096	0,075	0,080
0,090	0,108	0,085	0,090
0,100	0,120	0,094	0,100
0,120	0,144	0,113	0,120
0,140	0 168	0,132	0,140
0,160	0,192	0,150	0,160

[a] Entspricht dem deklarierten Wert $\lambda_{10,dry}$ (P = 90 %) nach DIN EN 998-1.
[b] Der Wert λ_{grenz} (größter nachzuweisender Einzelwert) ist im Rahmen der technischen Spezifikation (z. B. allgemeine bauaufsichtliche Zulassung) des jeweiligen Wärmedämmputzmörtels festzulegen.
[c] Bemessungswert (Rechenwert).
[d] $\lambda = \lambda_D \cdot 1,2$
[e] $\lambda = \lambda_{grenz} \cdot 1,05$

Zusätzlich enthalten sie Zuschläge mit überwiegendem Kornanteil > 0,25 mm. Sie erfordern immer einen Grundanstrich und können auf Beton ohne, sonst nur mit einem mineralischen Unterputz (Mörtelgr. CS II oder CS III) hergestellt werden.

Sanierputze sind porenreiche Spezialputze mit sehr hoher Wasserdampfdiffusionsfähigkeit und verminderter kapillarer Leitfähigkeit. Einsatz: feuchtes und/oder salzbelastetes Mauerwerk, Sanierung (s. DIN EN 998-1 und WTA Merkblatt 2-9-04/D)

Putzdicke Angabe als mittlere Dicke und Mindestdicke (an einzelnen Stellen) nach DIN 18550 in mm: Außenputz 20/15, Innenputz 15/10, einlagiger Innenputz aus Werktrockenmörtel 10/5, einlagiger wasserabweisender Außenputz aus Werkmörtel 15/10, Wärmedämmputz mind. 20 und nicht mehr als 100 mm.

Abgestimmter Putzaufbau Die thermische und hygrische Beanspruchung einer Außenwand nimmt von außen nach innen ab. Die äußerste Putzlage (Oberputz) ist den größten Formänderungen z. B. durch Temperatur, ausgesetzt und muss somit auch die größte Verformbarkeit aufweisen, Dementsprechend sollen die Putzlagen von innen nach außen verformbarer („weicher") werden. Dies wird durch die bekannte Putzregel „weich auf hart" ausgedrückt. Die Regel gibt heutzutage aber nicht mehr den ganzen Stand der Technik wieder, da auch hochwärmedämmende Untergründe mit einer sehr geringen Festigkeit, wie z. B. Wärmedämmplatten, verputzt werden müssen. In diesen Fällen gilt zusätzlich die Putzregel „Entkopplung durch weiche Zwischenschicht". Dabei wird der Oberputz durch eine ausreichend dicke verformungsfähige Zwischenschicht (z. B. Leichtunterputz, Wärmedämmputz oder Dämmplatte) vom Untergrund entkoppelt. Die Wirksamkeit wird erhöht, wenn auf die weiche Zwischenschicht (Unterputz, Dämmplatte) vor dem Aufträgen des Oberputzes ein Armierungsputz – bestehend aus einem Armierungsmörtel und einem darin eingebetteten Armierungsgewebe – aufgebracht wird. Das Aufbringen einer solchen Armierungsschicht erhöht immer die Sicherheit gegen Rissbildung.

Literatur

1. Fouad, N. A. (Hrsg.): Lehrbuch der Hochbaukonstruktionen, 4. Aufl., Stuttgart: Springer Vieweg 2013.

2. Gunkler, E. u. a. (Hrsg.): Mauerwerk kompakt: für Studium und Praxis. Köln: Werner Verlag 2008.

3. Pfeifer, G. u. a.: Mauerwerk-Atlas. Basel: Birkhäuser 2001.

4. Graubner, C.-A. u. a. (Hrsg.): Mauerwerksbau aktuell. Praxishandbuch jährlich Berlin: Beuth Verlag.

5. Jäger, W.: Mauerwerksbau. In: Wendehorst Beispiele aus der Baupraxis, 5. Auflage; Hrsg. U. Vismann. Wiesbaden: Springer Vieweg 2014.

6. Verschiedene Merkblätter zum Mauerwerksbau. Hrsgg. v.d. Deutschen Gesellschaft für Mauerwerksbau, Bonn, abrufbar unter www.dgfm.de.

7. Bundesverband Kalksandsteinindustrie e. V., Hannover (Hrsg.): Kalksandstein – Eurocode 6. Bemessung und Konstruktion von Mauerwerksbauten. 2012.

8. Bundesverband Porenbetonindustrie e.V. Berlin (Hrsg.): Porenbeton Bericht 14 – Mauerwerk aus Porenbeton, Beispiele zur Bemessung nach Eurocode 6. 2012.

9. Arbeitsgemeinschaft Mauerziegel e.V. Bonn (Hrsg.): Bemessung von Ziegelmauerwerk. Ziegelmauerwerk nach DIN EN 1996-3 Vereinfachte Berechnungsmethoden. 2012.

10. Homann, M.: Porenbeton Handbuch: Planen und Bauen mit System. Hrsg. Bundesverband der Porenbetonindustrie. Gütersloh: Bauverlag 2008.

11. KLB Klimaleichtblock GmbH: Die europäische Mauerwerksnorm, Bemessung von KLB-Mauerwerk nach „EC 6". Andernach: 2013.

12. Schubert, P.: Schadensfreies Konstruieren mit Mauerwerk. In: Mauerwerk-Kalender, Hrsg.H.-J. Irmschler u. P. Schubert. Teil 1: Formänderungen von Mauerwerk – Nachweisverfahren, Untersuchungsergebnisse, Rechenwerte. 27 (2002), S. 313–331. Teil 2: Zweischalige Außenwände. S. 259–274.

13. Pfefferkorn, W.: Dachdecken und Mauerwerk. Köln: Verlagsges. R. Müller 1980.

14. Mann, W.; Zahn, J.: Bewehrung von Mauerwerk zur Risssicherung und Lastabtragung. In: Mauerwerk-Kalender 15 (1990), Hrsg. P. Funk. Berlin: Ernst & Sohn, S. 467–482.

15. Mann, W.; Zahn, J.: Bewehrtes Mauerwerk – ein Leitfaden für die Praxis. Zwevegem: Bekaert 1996.

16. Caballero González, A. u. a.: Bewehrtes Mauerwerk. In: Mauerwerk-Kalender 25 (2000), Hrsg. H.-J. Irmschler u. P. Schubert. Berlin: Ernst & Sohn. S. 319–332.

17. Schmidt, U. u. a.: Bemessung von Flachstürzen. In: Mauerwerk-Kalender 29 (2004), Hrsg. H.-J. Irmschler, W. Jäger u. P. Schubert. Berlin: Ernst & Sohn. S. 275–309.

18. Richtlinie für die Bemessung und Ausführung von Flachstürzen. Fassung E 2005-05. Berlin: DGfM 2005.

19. Reeh, H.; Schlundt, A.: Kommentierte Technische Regeln für den Mauerwerksbau. Richtlinie für die Herstellung, Bemessung und Ausführung von Flachstürzen. In: Mauerwerk-Kalender 31 (2006), Hrsg. H.-J. Irmschler, W. Jäger u. P. Schubert, Berlin: Ernst & Sohn. S. 433–441.

20. Riechers, H.-J.: Mauermörtel. In: Mauerwerk-Kalender 30 (2005), Hrsg. H.-J. Irmschler, W. Jäger u. P. Schubert, Berlin: Ernst & Sohn. S. 149–177.

21. Riechers, H.-J.; Hildebrand, M.: Außenputz auf Mauerwerk. In: Mauerwerk-Kalender 31 (2006), Hrsg. H.-J. Irmschler, W. Jäger u. P. Schubert, Berlin: Ernst & Sohn. S. 267–300.

22. Mauerwerk. Zeitschrift, zweimonatlich. Berlin: Ernst & Sohn.

23. Schubert, P.: CE-gekennzeichnete Mauerwerkbaustoffe – Putz-Planung, Gestaltung, Ausführung. Mauerwerk 9 (2005) 5, S. 218–222.

24. Leitlinien für das Verputzen von Mauerwerk und Beton – Grundlagen für die Planung, Gestaltung und Ausführung; Industrieverband Werkmörtel e. V. u. a. Duisburg 2014.

25. Normenhandbuch Eurocode 6 – Mauerwerksbau, Beuth-Verlag, Berlin 2012.

26. Alfes, C.; et al.: Der Eurocode 6 – Kommentar, Hrsg. DGfM; Beuth-Verlag und Verlag Ernst & Sohn, Berlin 2013.

27. Fachkommission Bautechnik der Bauministerkonferenz (ARGE Bau): Hinweise und Beispiele zum Vorgehen beim Nachweis der Standsicherheit beim Bauen im Bestand (Stand 07.04.08). https://www.dibt.de/de/Geschaeftsfelder/data/Hinweis_Bauen_im_Bestand.pdf.

28. Jäger, W.; Baier, G.; Schöps, P.: Bewehrtes Mauerwerk nach dem überarbeiteten Eurocode 6, Teil 1-1. Mauerwerk 8 (2004), H. 1, S. 11–18.

29. Gunkler, E.; Budelmann, H.; et al.: Bemessung von vorspannbarem Mauerwerk – Spiegelung der Regeln von EC 6. In Mauerwerk-Kalender 32 (2007), Hrsg. W. Jäger, Berlin: Ernst & Sohn. S. 329–366.

30. Lu, S.; Unger, C.: Bemessungsmethode für eingefasstes Mauerwerk auf Grundlage des Eurocode 6. Mauerwerk 14 (2010) 5,S. 293–296.

31. Jäger, W.; Schöps, P.: Untersuchungen zum eingefassten Mauerwerk am Beispiel Porenbeton. Mauerwerk 14 (2010) 5, S. 297–304.

32. Jäger, W.; Zum Nachweis der Mindestauflast nach DIN EN 1996-3/NA. In Mauerwerk-Kalender 42 (2017), Hrsg. W. Jäger, Berlin: Ernst & Sohn. S. 369–406.

33. Erler, M.; Jäger, W.; Kranzler, T.: Erddruckbelastete Kellerwände mit geringer Auflast. Mauerwerk 21 (2017) H. 2, S. 61–81.

Stahlbau

10

Prof. Dr.-Ing. Richard Stroetmann

Inhaltsverzeichnis

10.1 Formelzeichen, Werkstoffe, Profiltafeln 502
    10.1.1 Formelzeichen 502
    10.1.2 Werkstoffe 505
    10.1.3 Profiltafeln 511
10.2 Grundlagen der Tragwerksplanung und -berechnung 545
    10.2.1 Nachweisverfahren mit Teilsicherheitsbeiwerten . 545
    10.2.2 Tragwerksberechnung 545
    10.2.3 Klassifizierung von Anschlüssen und
           Berechnungsansätze 546
    10.2.4 Einflüsse der Tragwerksverformungen 548
    10.2.5 Methoden zur Stabilitätsberechnung von
           Tragwerken 549
    10.2.6 Imperfektionen 550
    10.2.7 Klassifizierung von Querschnitten 552
10.3 Beanspruchbarkeit von Querschnitten 555
    10.3.1 Allgemeines 555
    10.3.2 Querschnittswerte 556
    10.3.3 Beanspruchung auf Zug 557
    10.3.4 Beanspruchung auf Druck 558
    10.3.5 Beanspruchung auf Biegung 558
    10.3.6 Beanspruchung durch Querkraft 558
    10.3.7 Beanspruchung auf Torsion 559
    10.3.8 Beanspruchung auf Querkraft und Torsion 563
    10.3.9 Beanspruchung auf Biegung und Querkraft 564
    10.3.10 Beanspruchung auf Biegung und Normalkraft . . 564
    10.3.11 Beanspruchung von Querschnitten
           der Klassen 1 und 2 durch zweiachsige Biegung
           und Normalkraft 566
    10.3.12 Beanspruchung von Querschnitten
           der Klassen 1 und 2 durch Biegung, Querkraft
           und Normalkraft 566
    10.3.13 Tragfähigkeitstabellen 567
10.4 Stabilitätsnachweise für Stäbe und Stabwerke 584
    10.4.1 Allgemeines 584
    10.4.2 Gleichförmige Bauteile mit planmäßig
           zentrischem Druck 585
    10.4.3 Einachsige Biegung 616
    10.4.4 Auf Biegung und Druck beanspruchte
           gleichförmige Bauteile 627
    10.4.5 Allgemeines Verfahren für Knick- und
           Biegedrillknicknachweise 630
    10.4.6 Mehrteilige Druckstäbe 631

10.5 Plattenförmige Bauteile 635
    10.5.1 Grundlagen 635
    10.5.2 Berücksichtigung von Schubverzerrungen 635
    10.5.3 Beulsicherheitsnachweise nach DIN EN 1993-1-5,
           Abschnitte 4 bis 7 637
    10.5.4 Flanschinduziertes Stegbeulen 645
    10.5.5 Methode der reduzierten Spannungen 645
    10.5.6 Beulwerte, kritische Beulspannungen 647
10.6 Verbundtragwerke nach DIN EN 1994-1-1 651
    10.6.1 Grundlagen 651
    10.6.2 Verbundträger 654
    10.6.3 Verbundstützen 672
    10.6.4 Verbunddecken 680
10.7 Anschlüsse 686
    10.7.1 Allgemeines 686
    10.7.2 Verbindungen mit Schrauben und Nieten 687
    10.7.3 Verbindungen mit Bolzen 698
    10.7.4 Schweißverbindungen 699
    10.7.5 Biegetragfähigkeit von geschraubten
           Träger-Stützenverbindungen und Trägerstößen
           von I- und H-Profilen 705
10.8 Ermüdung 709
    10.8.1 Anwendungsbereich 709
    10.8.2 Bemessungskonzepte 709
    10.8.3 Ermüdungsbeanspruchung 710
    10.8.4 Spannungen und Spannungsschwingbreiten 712
    10.8.5 Ermüdungsfestigkeit 713
    10.8.6 Nachweis der Ermüdungssicherheit 715
10.9 Kranbahnen 717
    10.9.1 Allgemeines 717
    10.9.2 Einwirkungen 717
    10.9.3 Schnittgrößen und Spannungen 722
    10.9.4 Nachweise im Grenzzustand der Tragfähigkeit . . 726
    10.9.5 Nachweise im Grenzzustand der
           Gebrauchstauglichkeit 728
    10.9.6 Ermüdung 728
10.10 Ausführung von Stahlbauten 731
    10.10.1 Ausführungsklassen 731
    10.10.2 Schweißverbindungen 731
    10.10.3 Schraubenverbindungen 733

R. Stroetmann ✉
Institut für Stahl- und Holzbau, Technische Universität Dresden,
01062 Dresden, Deutschland

© Springer Fachmedien Wiesbaden GmbH 2018
U. Vismann (Hrsg.), *Wendehorst Bautechnische Zahlentafeln*, https://doi.org/10.1007/978-3-658-17936-6_10

10.1 Formelzeichen, Werkstoffe, Profiltafeln

10.1.1 Formelzeichen

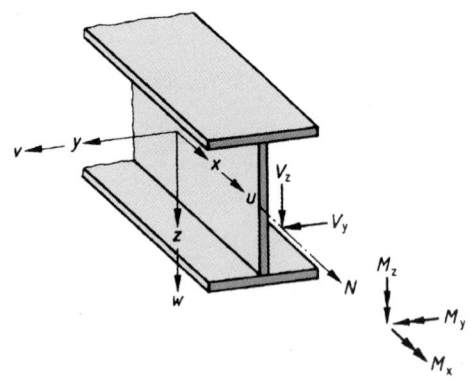

Schnittgrößen und Spannungen

N	Normalkraft
M	Moment
V	Querkraft
σ	Normalspannung
σ_v	Vergleichsspannung
$\Delta\sigma$	Spannungsschwingbreite
τ	Schubspannung
f_y	Streckgrenze
f_u	Zugfestigkeit
μ	Reibungszahl
ψ	Verhältnis von Spannungen oder Schnittgrößen

Querschnittsgrößen

A	Querschnittsfläche
A_v	wirksame Schubfläche; Querschnittsfläche der Pfosten einer Gitterstütze
EI	Biegesteifigkeit
G	Schubmodul
S	statisches Moment
I	Flächenträgheitsmoment
I_T	Torsionsflächenmoment 2. Grades (St. Venant)
I_w	Wölbflächenmoment 2. Grades
W	Elastisches Widerstandsmoment
b	Breite
d	Nenndurchmesser des Verbindungsmittels
d_0	Lochdurchmesser
i	Trägheitsradius
r	Ausrundungsradius
t	Blechdicke

Systemgrößen, Kennzahlen, Beiwerte

L	Länge
L_{cr}	Knicklänge
N_{cr}	ideale Verzweigungslast für den maßgebenden Knickfall
F_{cr}	ideale Verzweigungslast auf der Basis elastischer Anfangssteifigkeiten
M_{cr}	ideales Biegedrillknickmoment
α_{cr}	Verzweigungslastfaktor

k	Beulwert, Beiwert
α	Imperfektionsbeiwert; Seitenverhältnis
$\bar{\lambda}$	Schlankheitsgrad
$\bar{\lambda}_{LT}$	Schlankheitsgrad für Biegedrillknicken
χ	Abminderungsbeiwert nach der maßgebenden Knicklinie
ρ	Abminderungsbeiwert für Beulen; Abminderungsbeiwert zur Berücksichtigung von V_{Ed}
ϕ_0	Ausgangswert der Anfangsschiefstellung
ϕ	Anfangsschiefstellung
e_0	Stich der Vorkrümmung
ε	Stabkennzahl; Dehnung; Beiwert in Abhängigkeit von f_y

Einwirkungen, Widerstandsgrößen, Sicherheiten

F_{Ed}	Bemessungswert der Einwirkung
G	ständige Einwirkung
Q	veränderliche Einwirkung
N_{Rd}	Normalkrafttragfähigkeit
V_{Rd}	Querkrafttragfähigkeit
$N_{b,Rd}$	Normalkrafttragfähigkeit unter Berücksichtigung des maßgebenden Knickfalls
γ_F	Teilsicherheitsbeiwert für Einwirkungen
γ_M	Teilsicherheitsbeiwert für Widerstandsgrößen
f_y	Streckgrenze
f_u	Zugfestigkeit
M_{Rd}	Momententragfähigkeit
$M_{b,Rd}$	Momententragfähigkeit unter Berücksichtigung des Biegedrillknickens

Indizes

a	Baustahl
c	Beton
s	Betonstahl
p	Profilblech
Ek	charakteristischer Wert der Einwirkung
Ed	Bemessungswert der Einwirkung
f	Flansch
w	Steg; Schweißen; Wölbkrafttorsion
ch	Gurtstab bei mehrteiligen Stäben
sl	Längssteife
t	Zug
c	Druck
el	elastisch
pl	plastisch
k	charakteristischer Wert
d	Bemessungswert
Rk	charakteristischer Wert der Beanspruchbarkeit
Rd	Bemessungswert der Beanspruchbarkeit
cr	kritisch
b	Knicken
LT	Biegedrillknicken
eff	effektiv
mod	modifiziert
red	reduziert

10.1.2 Werkstoffe

10.1.2.1 Werkstoffeigenschaften

Bezeichnungssystem unlegierter Stähle für den Stahlbau
Die Bezeichnung kann auf zwei Arten erfolgen:
a) Nach der Werkstoff-Nummer gem. DIN EN 10027-2 [39], z. B. 1.0114
b) Mit dem Kurznamen nach DIN EN 10027-1 [38]:

> **Beispiel**

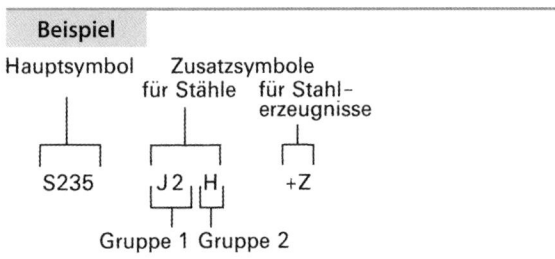

Beispiele für die Bedeutung der *Hauptsymbole*:
S Stähle für den allg. Stahlbau, gefolgt von dem Mindest-streckgrenzenwert in N/mm² und der Gütegruppe
P Stähle für den Druckbehälterbau.

Zusatzsymbole der Gruppe 2 werden erforderlichenfalls an die Gruppe 1 angehängt.

> **Beispiele**

C mit besonderer Kaltumformbarkeit,
L für tiefere Temperaturen,
W Wetterfest,
H Hohlprofile,
T für Rohre,
P für Spundbohlen,
N normalgeglüht oder normalisierend gewalzt,
M thermomechanisch gewalzt.

Die Nennwerte der Streckgrenze f_y und der Zugfestigkeit f_u für Baustahl sind in der Regel:
a) entweder direkt als Werte $f_y = R_{eh}$ und $f_u = R_m$ aus der Produktnorm (DIN EN 10025 Teile 2 bis 6, DIN EN 10210-1 und DIN EN 10219-1), oder
b) vereinfacht den Tafeln 10.4 und 10.5 zu entnehmen.

Tafel 10.1 Zusatzsymbole Gruppe 1 Nenndicken s. Norm

Prüftemperatur in °C		+20	0	−20	−30	−40	−50	−60
Kerbschlagarbeit, min	27 J	JR	J0	J2	J3	J4	J5	J6
	40 J	KR	K0	K2	K3	K4	K5	K6

Tafel 10.2 Allgemeine Werkstoffangaben

Elastizitätsmodul	E	$210.000\,\text{N/mm}^2$
Schubmodul	G	$81.000\,\text{N/mm}^2$
Querdehnzahl	ν	$0{,}3$
Temperaturdehnzahl	α	$12 \cdot 10^{-6}\,\text{K}^{-1}$ (für $T \leq 100\,°\text{C}$)
Dichte	ρ	$7850\,\text{kg/m}^3$

10.1.2.2 Anforderungen an die Duktilität
Es ist zwischen Stählen bis S460 (Tafel 10.4) und solchen mit höherer Streckgrenze (Tafel 10.5) zu unterscheiden. Stähle bis S460 sind auch für die plastische Tragwerksberechnung nach dem Fließgelenkverfahren zugelassen (vgl. [12], Abschn. 5.4.3). Bei Stählen oberhalb S460 bis S700 ist neben der elastischen eine nichtlineare plastische Tragwerksberechnung unter Berücksichtigung von Teilplastizierungen von Bauteilen in Fließzonen möglich (vgl. [23], Abschn. 2.1). Die Querschnittstragfähigkeit darf bei Querschnitten der Klassen 1 und 2 plastisch berechnet werden. Bei Stahlsorten nach den Tafeln 10.4 und 10.5 kann davon ausgegangen werden, dass die Duktilitätsanforderungen nach Tafel 10.3 erfüllt sind.

Tafel 10.3 Duktilitätsanforderungen

Stahlsorte	Bis S460	Über S460 bis S700
Verhältnis f_u/f_y	$\geq 1{,}10$	$\geq 1{,}05$
Bruchdehnung	$\geq 15\,\%$	$\geq 10\,\%$
Gleichmaßdehnung ε_u	$\geq 15 f_y/E$	$\geq 15 f_y/E$

10.1.2.3 Auswahl der Stahlsorten im Hinblick auf die Bruchzähigkeit nach DIN EN 1993-1-10 [21]
Die Regelungen dieses Abschnitts gelten für Stähle S235 bis S690 nach den Tafeln 10.4 und 10.5. Sie sind nicht zur Bewertung von Stählen bestehender Tragkonstruktionen bestimmt, sofern sie nicht den technischen Lieferbedingungen der aufgeführten Normen für die Stahlerzeugnisse entsprechen. Die Ausführungen gelten für geschweißte und ungeschweißte Bauteile mit reiner oder teilweiser Zugbeanspruchung und mit Ermüdungsbeanspruchung. Sie können für Bauteile mit anderen Bedingungen auf der sicheren Seite liegen. In diesen Fällen kann die Anwendung der Bruchmechanik zweckmäßig sein (siehe [21], Abschn. 2.4). Die Wahl der Stahlsorte erfolgt in der Regel unter Berücksichtigung der in Tafel 10.6 aufgeführten Einflüsse.

Zum Nachweis ausreichender Bruchzähigkeit der eingesetzten Werkstoffe wird in der Regel die außergewöhnliche Bemessungssituation nach Gleichung (10.1) zugrunde gelegt. Es wird das gleichzeitige Auftreten der niedrigsten Bauwerkstemperatur, ungünstiger Rissgrößen, Rissstelle und Werkstoffeigenschaften angenommen. Die Leiteinwirkung A ist die Bezugstemperatur T_{Ed}, die zur Abminderung der Werkstoffzähigkeit führt und sich auch in Spannungen aus behinderten Temperaturbewegungen äußern kann.

$$E_d = E\left\{A\left[T_{Ed}\right] + \sum G_k + \psi_1 Q_{k1} + \psi_{2,i} Q_{ki}\right\} \quad (10.1)$$

Die Bezugsspannung σ_{Ed} ist in der Regel als Nennspannung mit Hilfe eines elastischen Tragwerkmodells zu berechnen. Nebenspannungen aus Zwängungen sind dabei zu berücksichtigen. Im Allgemeinen liegen die σ_{Ed}-Werte

Tafel 10.4 Nennwerte der Streckgrenze f_y und der Zugfestigkeit f_u in N/mm² für warmgewalzten Baustahl

Werkstoffnorm und Stahlsorte	Erzeugnisdicke t [mm]			
	$t \leq 40$ mm		40 mm $< t \leq 80$ mm	
	Streckgrenze f_y	Zugfestigkeit f_u	Streckgrenze f_y	Zugfestigkeit f_u
DIN EN 10025-2				
S235	235	360	215	360
S275	275	430	255	410
S355	355	490	335	470
S450	440	550	410	550
DIN EN 10025-3				
S275 N/NL	275	390	255	370
S355 N/NL	355	490	335	470
S420 N/NL	420	520	390	520
S460 N/NL	460	540	430	540
DIN EN 10025-4				
S275 M/ML	275	370	255	360
S355 M/ML	355	470	335	450
S420 M/ML	420	520	390	500
S460 M/ML	460	540	430	530
DIN EN 10025-5				
S235 W	235	360	215	340
S355 W	355	490	335	490
DIN EN 10025-6				
S 460 Q/QL/QL1	460	570	440	550
DIN EN 10210-1				
S235 H	235	360	215	340
S275 H	275	430	255	410
S355 H	355	510	335	490
S275 NH/NLH	275	390	255	370
S355 NH/NLH	355	490	335	470
S420 NH/NLH	420	540	390	520
S460 NH/NLH	460	560	430	550
DIN EN 10219-1				
S235 H	235	360		
S275 H	275	430		
S355 H	355	510		
S275 NH/NLH	275	370		
S355 NH/NLH	355	470		
S460 NH/NLH	460	550		
S275 MH/MLH	275	360		
S355 MH/MLH	355	470		
S420 MH/MLH	420	500		
S460 MH/MLH	460	530		

Tafel 10.5 Nennwerte der Streckgrenze f_y und der Zugfestigkeit f_u in N/mm² für höherfeste Baustähle nach DIN EN 10025-6 [44] bis S690

Stahlsorte	$t \leq 50$ mm		50 mm $< t \leq 100$ mm		100 mm $< t \leq 150$ mm	
	f_y	f_u	f_y	f_u	f_y	f_u
S500 Q/QL/QL1	500	590	480	590	440	540
S550 Q/QL/QL1	550	640	530	640	490	590
S620 Q/QL/QL1	620	700	580	700	560	650
S690 Q/QL/QL1	690	770	650	760	630	710

Tafel 10.6 Einflüsse auf die
Wahl der Stahlsorte

Geschweißte und ungeschweißte Bauteile mit reiner oder teilweiser Zugbeanspruchung und mit Ermüdungsbeanspruchung		
Eigenschaften des Stahlwerkstoffes	**Bauteileigenschaften**	**Bemessungssituation**
Streckgrenze $f_y(t)$ abhängig von der Erzeugnisdicke t	Bauteilform und Detailgestaltung	Bemessungswert der niedrigsten Bauteiltemperatur
Stahlgüte ausgedrückt durch die Zähigkeitswerte T_{27J} oder T_{40J}	Kerbeffekt entsprechend den Kerbfällen in DIN EN 1993-1-9 [19]	Maximale Spannungen aus ständigen und veränderlichen Einwirkungen, die zu der Bemessungssituation nach Gl.(13.1) gehören
	Erzeugnisdicke t	Geeignete Annahmen für Eigenspannungen
	Geeignete Annahmen zu rissähnlichen Fehlern (z.B. durchgehende Risse oder halbelliptische Oberflächenrisse)	Annahmen zum ermüdungsbedingten Risswachstum in dem Betriebszeitintervall zwischen Bauwerksprüfungen
		Dehnungsgeschwindigkeit $\dot{\varepsilon}$ aus Stoßwirkungen in Sonderlastfällen
☐ soweit zutreffend		Kaltumformungsgrad ε_{cf}

zwischen $0{,}50 f_y(t)$ und $0{,}75 f_y(t)$. Bei Bauteilen, die ausschließlich Druckspannungen ausgesetzt sind, ist das Spannungsniveau $\sigma_{Ed} = 0{,}25 f_y(t)$ anzuwenden (vgl. [22]).

Die Bezugstemperatur an der potentiellen Rissstelle wird in der Regel nach (10.2) bestimmt.

$$T_{Ed} = T_{md} + \Delta T_r + \Delta T_\sigma + \Delta T_R + \Delta T_{\dot{\varepsilon}} + \Delta T_{\varepsilon_{cf}} \quad (10.2)$$

mit

T_{md} die niedrigste Lufttemperatur mit spezifizierter Wiederkehrperiode, siehe [3]

ΔT_r die Temperaturverschiebung infolge von Strahlungsverlusten, siehe [3]

ΔT_σ die Temperaturverschiebung infolge der Spannungen und der Streckgrenze des Werkstoffs, der angenommenen rissähnlichen Imperfektionen, der Bauteilform und der Abmessungen, siehe [21], Abschn. 2.4 (3)

ΔT_R der zusätzliche Sicherheitsterm zur Anpassung an andere Zuverlässigkeitsanforderungen als zugrunde gelegt

$\Delta T_{\dot{\varepsilon}}$ die Temperaturverschiebung für andere Dehnungsgeschwindigkeiten als der zugrunde gelegten Geschwindigkeit $\dot{\varepsilon}_0$, siehe (10.4)

$\Delta T_{\varepsilon_{cf}}$ die Temperaturverschiebung infolge des Kaltumformungsgrades ε_{cf}, siehe (10.5).

Die Einsatztemperaturen $T_{mdr} = T_{md} + \Delta T_r$ sind für einige Anwendungsgebiete in Tafel 10.7 aufgeführt (vgl. [22]). Andere Bauteile können sinngemäß eingeordnet werden. Bei Anwendung der Tafel 10.8 wird der Ansatz von

Tafel 10.7 Einsatztemperaturen T_{mdr} für verschiedene Bauteile

Bauteil	Einsatztemperatur $T_{mdr} = T_{md} + \Delta T_r$ in °C
Stahl- und Verbundbrücken	−30
Stahltragwerke im Hochbau	
Außen liegende Bauteile	−30
Innen liegende Bauteile	0
Kranbahnen (außen liegende Bauteile)	−30
Stahlwasserbau	
Verschlusskörper, die zeitweilig ganz oder zu einem großen Teil aus dem Wasser herausgenommen werden	−30
Einseitig von Wasser benetzte Verschlusskörper	−15
Beidseitig teilweise von Wasser benetzte Verschlusskörper	−15
Verschlusskörper, die sich vollständig unter Wasser befinden	−5

Bei Berücksichtigung von Dehngeschwindigkeiten $\dot{\varepsilon} > 10^{-1}\,\text{s}^{-1}$ infolge außergewöhnlicher Einwirkungen, z. B. Anprall, darf die gleichzeitig wirkende Temperatur $T_{mdr} = 0\,°\text{C}$ angesetzt werden.

Tafel 10.8 Maximal zulässige Erzeugnisdicken t in mm

Stahlsorte		Kerbschlagarbeit KV		Bezugstemperatur T_{Ed} in °C																		
Stahlsorte	Stahlgütegruppe	Bei T [°C]	J_{min}	10	0	−10	−20	−30	−40	−50	10	0	−10	−20	−30	−40	−50	10	0	−10	−20	−30	−40	−50
				$\sigma_{Ed}=0{,}75f_y(t)$							$\sigma_{Ed}=0{,}50f_y(t)$							$\sigma_{Ed}=0{,}25f_y(t)$						
S235	JR	20	27	60	50	40	35	30	25	20	90	75	65	55	45	40	35	135	115	100	85	75	65	60
	J0	0	27	90	75	60	50	40	35	30	125	105	90	75	65	55	45	175	155	135	115	100	85	75
	J2	−20	27	125	105	90	75	60	50	40	170	145	125	105	90	75	65	200	200	175	155	135	115	100
S275	JR	20	27	55	45	35	30	25	20	15	80	70	55	50	40	35	30	125	110	95	80	70	60	55
	J0	0	27	75	65	55	45	35	30	25	115	95	80	70	55	50	40	165	145	125	110	95	80	70
	J2	−20	27	110	95	75	65	55	45	35	155	130	115	95	80	70	55	200	190	165	145	125	110	95
	M, N	−20	40	135	110	95	75	65	55	45	180	155	130	115	95	80	70	200	200	190	165	145	125	110
	ML, NL	−50	27	185	160	135	110	95	75	65	200	200	180	155	130	115	95	230	200	200	200	190	165	145
S355	JR	20	27	40	35	25	20	15	15	10	65	55	45	40	30	25	25	110	95	80	70	60	55	45
	J0	0	27	60	50	40	35	25	20	15	95	80	65	55	45	40	30	150	130	110	95	80	70	60
	J2	−20	27	90	75	60	50	40	35	25	135	110	95	80	65	55	45	200	175	150	130	110	95	80
	K2, M, N	−20	40	110	90	75	60	50	40	35	155	135	110	95	80	65	55	200	200	175	150	130	110	95
	ML, NL	−50	27	155	130	110	90	75	60	50	200	180	155	135	110	95	80	210	200	200	200	175	150	130
S420	M, N	−20	40	95	80	65	55	45	35	30	140	120	100	85	70	60	50	200	185	160	140	120	100	85
	ML, NL	−50	27	135	115	95	80	65	55	45	190	165	140	120	100	85	70	200	200	200	185	160	140	120
S460	Q	−20	30	70	60	50	40	30	25	20	110	95	75	65	55	45	35	175	155	130	115	95	80	70
	M, N	−20	40	90	70	60	50	40	30	25	130	110	95	75	65	55	45	200	175	155	130	115	95	80
	QL	−40	30	105	90	70	60	50	40	30	155	130	110	95	75	65	55	200	200	175	155	130	115	95
	ML, NL	−50	27	125	105	90	70	60	50	40	180	155	130	110	95	75	65	200	200	200	175	155	130	115
	QL1	−60	30	150	125	105	90	70	60	50	200	180	155	130	110	95	75	215	200	200	200	175	155	130
S500	Q	0	40	55	45	35	30	20	15	15	85	70	60	50	40	35	25	145	125	105	90	80	65	55
	Q	−20	30	65	55	45	35	30	20	15	105	85	70	60	50	40	35	170	145	125	105	90	80	65
	QL	−20	40	80	65	55	45	35	30	20	125	105	85	70	60	50	40	195	170	145	125	105	90	80
	QL	−40	30	100	80	65	55	45	35	30	145	125	105	85	70	60	50	200	195	170	145	125	105	90
	QL1	−40	40	120	100	80	65	55	45	35	170	145	125	105	85	70	60	200	200	195	170	145	125	105
	QL1	−60	30	140	120	100	80	65	55	45	200	170	145	125	105	85	70	205	200	200	195	170	145	125
S550	Q	0	40	50	40	30	25	20	15	10	80	65	55	45	35	30	25	140	120	100	85	75	60	50
	Q	−20	30	60	50	40	30	25	20	15	95	80	65	55	45	35	30	160	140	120	100	85	75	60
	QL	−20	40	75	60	50	40	30	25	20	115	95	80	65	55	45	35	185	160	140	120	100	85	75
	QL	−40	30	90	75	60	50	40	30	25	135	115	95	80	65	55	45	200	185	160	140	120	100	85
	QL1	−40	40	110	90	75	60	50	40	30	160	135	115	95	80	65	55	200	200	185	160	140	120	100
	QL1	−60	30	130	110	90	75	60	50	40	185	160	135	115	95	80	65	200	200	200	185	160	140	120
S620	Q	0	40	45	35	25	20	15	15	10	70	60	50	40	30	25	20	130	110	95	80	65	55	45
	Q	−20	30	55	45	35	25	20	15	15	85	70	60	50	40	30	25	150	130	110	95	80	65	55
	QL	−20	40	65	55	45	35	25	20	15	105	85	70	60	50	40	30	175	150	130	110	95	80	65
	QL	−40	30	80	65	55	45	35	25	20	125	105	85	70	60	50	40	200	175	150	130	110	95	80
	QL1	−40	40	100	80	65	55	45	35	25	145	125	105	85	70	60	50	200	200	175	150	130	110	95
	QL1	−60	30	120	100	80	65	55	45	35	170	145	125	105	85	70	60	200	200	200	175	150	130	110
S690	Q	0	40	40	30	25	20	15	10	10	65	55	45	35	30	20	20	120	100	85	75	60	50	45
	Q	−20	30	50	40	30	25	20	15	10	80	65	55	45	35	30	20	140	120	100	85	75	60	50
	QL	−20	40	60	50	40	30	25	20	15	95	80	65	55	45	35	30	165	140	120	100	85	75	60
	QL	−40	30	75	60	50	40	30	25	20	115	95	80	65	55	45	35	190	165	140	120	100	85	75
	QL1	−40	40	90	75	60	50	40	30	25	135	115	95	80	65	55	45	200	190	165	140	120	100	85
	QL1	−60	30	110	90	75	60	50	40	30	160	135	115	95	80	65	55	200	200	190	165	140	120	100

$\Delta T_{\mathrm{R}} = 0\,^{\circ}\mathrm{C}$ empfohlen. Es darf $\Delta T_{\sigma} = 0\,^{\circ}\mathrm{C}$ angenommen werden [21].

Tafel 10.8 enthält die größten zulässigen Erzeugnisdicken in Abhängigkeit von der Stahlsorte, der Gütegruppe, der Bezugstemperatur T_{Ed} und der Bezugsspannung σ_{Ed}. Es darf linear interpoliert werden. Extrapolationen außerhalb der angegebenen Grenzen sind nicht zulässig. Der von der Blechdicke t [mm] abhängige charakteristische Wert der Streckgrenze darf entweder mit (10.3) bestimmt oder direkt als R_{eh}-Wert aus der maßgebenden Werkstoffnorm entnommen werden.

$$f_{\mathrm{y}}(t) = f_{\mathrm{y,nom}} - 0{,}25\frac{t}{t_0} \quad \text{in N/mm}^2 \qquad (10.3)$$

Den Werten der Tafel 10.8 liegen folgende Annahmen und Voraussetzungen zugrunde:

Es gelten die **Zuverlässigkeitsanforderungen** nach [1] unter Zugrundelegung üblicher Lieferqualitäten.

Als **Dehnungsgeschwindigkeit** wurde $\dot{\varepsilon}_0 = 4 \cdot 10^{-4}/\mathrm{s}$ angesetzt. Dieser Wert deckt die dynamischen Effekte ab, die in üblichen kurzzeitigen und langzeitigen Bemessungssituationen auftreten können. Bei anderen Dehnungsgeschwindigkeiten $\dot{\varepsilon}$ (z. B. Stoßwirkungen) können die Tabellenwerte mit Eingangswerten T_{Ed} verwendet werden, die um den Wert $\Delta T_{\dot{\varepsilon}}$ zu tieferen Temperaturen hin verschoben sind.

$$\Delta T_{\dot{\varepsilon}} = -\frac{1440 - f_{\mathrm{y}}(t)}{550} \cdot \left(\ln \frac{\dot{\varepsilon}}{\dot{\varepsilon}_0}\right)^{1,5} \quad \text{in }^{\circ}\mathrm{C} \qquad (10.4)$$

mit $\dot{\varepsilon} = 1 \cdot 10^{-4}/\mathrm{s}$ als Referenzdehnrate.

Es liegen **Werkstoffe ohne Kaltumformungen** ($\varepsilon_{\mathrm{cf}} = 0\,\%$) zugrunde. Letztere können berücksichtigt werden, indem die Werte T_{Ed} um den Wert $\Delta T_{\varepsilon_{\mathrm{cf}}}$ zu tieferen Temperaturen hin verschoben werden:

$$\Delta T_{\varepsilon_{\mathrm{cf}}} = -3 \cdot \varepsilon_{\mathrm{cf}} \quad \text{in }^{\circ}\mathrm{C} \qquad (10.5)$$

Als **Zähigkeitskennwerte** werden die Nennwerte $T_{27\mathrm{J}}$ aus den Produktnormen [44], [55] und [56] verwendet. Soweit dort andere T_{KV}-Werte als $T_{27\mathrm{J}}$ angegeben sind, wurde folgende Umrechnung benutzt:

$$T_{40\mathrm{J}} = T_{27\mathrm{J}} + 10 \quad \text{und} \quad T_{30\mathrm{J}} = T_{27\mathrm{J}} + 0 \quad \text{in }^{\circ}\mathrm{C} \qquad (10.6)$$

Für ermüdungsbeanspruchte Bauteile sind alle **Kerbfälle** nach [19] abgedeckt.

10.1.2.4 Auswahl der Stahlsorten im Hinblick auf Eigenschaften in Dickenrichtung

Allgemeines Beim Walzen können sich parallel zur Oberfläche plättchenförmige Einschlüsse aus Sulfiden, Silikaten und Oxiden in schichtenweiser Anordnung bilden. Diese sind mit zerstörungsfreien Prüfungen häufig nicht erkennbar. Bei Zugbeanspruchung in Dickenrichtung können die Einschlüsse zu Brüchen führen, die wegen ihres typischen Aussehens Terrassenbrüche genannt werden. Die Gefügetrennungen entstehen durch Schrumpfspannungen in Schweißverbindungen. Diese lassen sich im Allgemeinen durch Ultraschallprüfungen er-

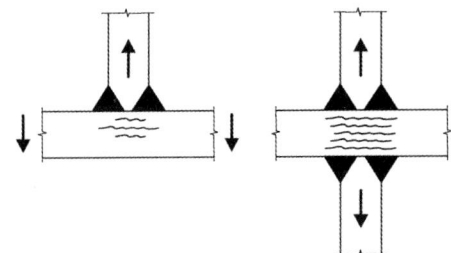

Abb. 10.1 Terrassenbruch

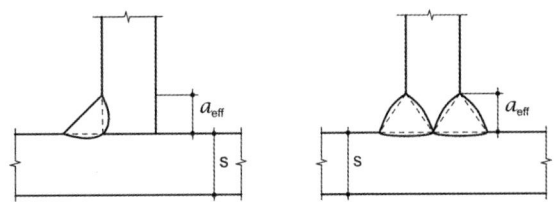

Abb. 10.2 Effektive Schweißnahtdicke a_{eff} für den Schrumpfprozess

kennen. Der Gefahr von Terrassenbrüchen kann durch Wahl von Werkstoffen mit verbessertem Verformungsvermögen in Dickenrichtung sowie konstruktiver und herstellungstechnischer Maßnahmen begegnet werden.

Große Bauteildicken und Schweißnahtvolumen sowie Behinderungen der Schrumpfverformungen der Schweißnähte durch hohe Steifigkeiten im Nahtbereich begünstigen den Terrassenbruch. Geeignete konstruktive Ausbildung der Schweißverbindung (z. B. Nahtvorbereitung), die Wahl einer Schweißfolge, die das Schrumpfen der Nähte so wenig wie möglich behindert, und das Vorwärmen der zu verbindenden Bauteile mindert die Terrassenbruchgefahr.

Nachweis der Z-Güten nach DIN EN 1993-1-10 [21] Die nachfolgenden Regelungen gelten für Stähle S235 bis S460. Die Terrassenbruchgefahr kann bei ausreichendem Verformungsvermögen in Dickenrichtung vernachlässigt werden. Als Maß dafür wird die Brucheinschnürung herangezogen, die als Z-Güte bezeichnet wird und deren versuchstechnische Bestimmung in [54] geregelt ist. Die erforderlichen Z-Güten werden für Stähle nach [21], Abschn. 3.2 ermittelt.

$$Z_{\mathrm{Ed}} \leq Z_{\mathrm{Rd}} \qquad (10.7)$$

mit

Z_{Ed} erforderlicher Z-Wert, der sich aus der Größe der Dehnungsbeanspruchungen des Grundwerkstoffs infolge behinderter Schweißnahtschrumpfung ergibt:
$Z_{\mathrm{Ed}} = Z_{\mathrm{a}} + Z_{\mathrm{b}} + Z_{\mathrm{c}} + Z_{\mathrm{d}} + Z_{\mathrm{e}}$, siehe Tafel 10.10
Z_{Rd} verfügbarer Z-Wert nach [54].

Tafel 10.9 Stahlgütewahl nach DIN EN 10164 [54]

Erford. Wert Z_{Ed} nach [21]	Verfügbarer Wert Z_{Rd} nach [54]
$Z_{\mathrm{Ed}} \leq 10$	–
$10 < Z_{\mathrm{Ed}} \leq 20$	Z15
$20 < Z_{\mathrm{Ed}} \leq 30$	Z25
$Z_{\mathrm{Ed}} > 30$	Z35

Tafel 10.10 Einflüsse auf die Anforderung Z_{Ed}

		Effektive Schweißnahtdicke a_{eff}	Nahtdicke bei Kehlnähten	Z
Schweißnahtdicke, die für die Dehnungs-beanspruchung durch Schweißschrumpfung verantwortlich ist		$a_{eff} \leq 7\,\text{mm}$	$a = 5\,\text{mm}$	$Z_a = 0$
		$7\,\text{mm} < a_{eff} \leq 10\,\text{mm}$	$a = 7\,\text{mm}$	$Z_a = 3$
		$10\,\text{mm} < a_{eff} \leq 20\,\text{mm}$	$a = 14\,\text{mm}$	$Z_a = 6$
		$20\,\text{mm} < a_{eff} \leq 30\,\text{mm}$	$a = 21\,\text{mm}$	$Z_a = 9$
		$30\,\text{mm} < a_{eff} \leq 40\,\text{mm}$	$a = 28\,\text{mm}$	$Z_a = 12$
		$40\,\text{mm} < a_{eff} \leq 50\,\text{mm}$	$a = 35\,\text{mm}$	$Z_a = 15$
		$50\,\text{mm} < a_{eff}$	$a > 35\,\text{mm}$	$Z_a = 15$
Nahtform und Anordnung der Naht in T-, Kreuz- und Eckverbindungen		Nahtform und Anordnung der Naht in T-, Kreuz- und Eckverbindungen	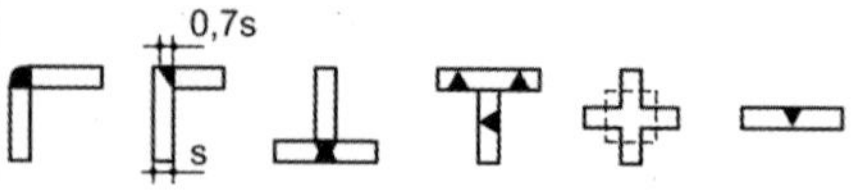	$Z_b = -25$
		Eckverbindungen 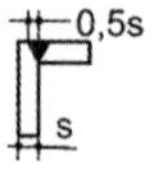		$Z_b = -10$
		Einlagige Kehlnahtdicke mit $Z_a = 0$ oder Kehlnähte mit $Z_a > 1$ und Puffern[a] mit duktilem Schweißgut 		$Z_b = -5$
		Mehrlagige Kehlnähte 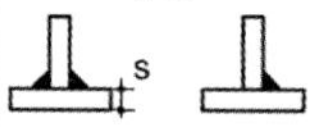		$Z_b = 0$
		Voll durchgeschweißte und nicht voll durchgeschweißte Kehlnähte mit geeigneter Schweißfolge, um Schrumpfeffekte zu reduzieren 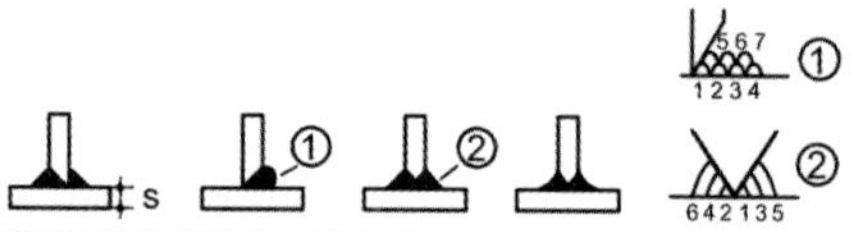		$Z_b = 3$
		Voll durchgeschweißte und nicht voll durchgeschweißte Kehlnähte 		$Z_b = 5$
		Eckverbindungen		$Z_b = 8$
Auswirkung der Werkstoffdicke s auf die lokale Behinderung der Schrumpfung[b]		$s \leq 10\,\text{mm}$		$Z_c = 2$
		$10\,\text{mm} < s \leq 20\,\text{mm}$		$Z_c = 4$
		$20\,\text{mm} < s \leq 30\,\text{mm}$		$Z_c = 6$
		$30\,\text{mm} < s \leq 40\,\text{mm}$		$Z_c = 8$
		$40\,\text{mm} < s \leq 50\,\text{mm}$		$Z_c = 10$
		$50\,\text{mm} < s \leq 60\,\text{mm}$		$Z_c = 12$
		$60\,\text{mm} < s \leq 70\,\text{mm}$		$Z_c = 15$
		$70\,\text{mm} < s$		$Z_c = 15$
Auswirkung der großräumigen Behinderung der Schweißschrumpfung durch andere Bauteile		Schwache Behinderung: Freie Schrumpfung möglich (z. B. T-Anschlüsse)		$Z_d = 0$
		Mittlere Behinderung: Freie Schrumpfung behindert (z. B. Querschott in Kastenträger)		$Z_d = 3$
		Starke Behinderung: Freie Schrumpfung verhindert (z. B. durchgesteckte, ringsum eingeschweißte Längsrippe in orthotroper Fahrbahnplatte)		$Z_d = 5$
Einfluss der Vorwärmung		Ohne Vorwärmung		$Z_e = 0$
		Vorwärmung $\geq 100\,°C$		$Z_e = -8$

[a] Puffern durch Auftragen von Schweißgut mit hohem Verformungsvermögen in Beanspruchungsrichtung. Das Puffern verbessert örtlich das Verformungsvermögen in Dickenrichtung und bewirkt zusätzlich eine Vergrößerung der Anschlussfläche. Die Zugfestigkeit des Schweißgutes zum Puffern muss mindestens so hoch sein wie diejenige der Schweißnähte des Anschlusses.

[b] Der Wert Z_c darf um 50 % reduziert werden, wenn der Werkstoff in Dickenrichtung vorherrschend statisch und nur durch Druckkräfte belastet wird.

10.1.3 Profiltafeln

Tafel 10.11 Kranschienen nach DIN 536

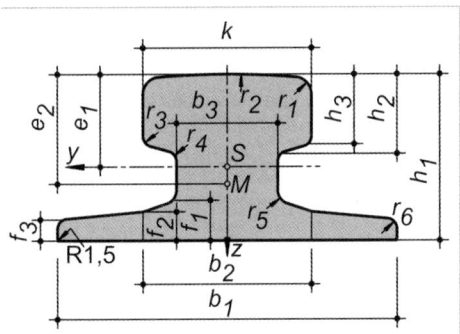

Form A (mit Fußflansch) nach DIN 536-1 (09.91)
Bezeichnung einer Kranschiene der Form A mit Kopfbreite $k = 100$ mm aus Stahl
mit $f_{u,k} \geq 690$ N/mm^2:
Kranschiene DIN 536 – A 100 – 690
Werkstoff: Stahl mit Zugfestigkeit $f_{u,k} \geq 690$ N/mm^2, bei A 75, A 100, A 120 und A 150
auch $f_{u,k} \geq 880$ N/mm^2.

Kurz-zeichen	Maße in mm														
	k	b_1	b_2	b_3	f_1	f_2	f_3	h_1	h_2	h_3	r_1	r_2	r_3	r_4	r_5	r_6
A 45	45	125	54	24	14,5	11	8	55	24	20	4	400	3	4	5	4
A 55	55	150	66	31	17,5	12,5	9	65	28,5	25	5	400	5	5	6	5
A 65	65	175	78	38	20	14	10	75	34	30	6	400	5	5	6	5
A 75	75	200	90	45	22	15,4	11	85	39,5	35	8	500	6	6	8	6
A 100	100	200	100	60	23	16,5	12	95	45,5	40	10	500	6	6	8	6
A 120	120	220	120	72	30	20	14	105	55,5	47,5	10	600	6	10	10	6
A 150	150	220	–	80	31,5	–	14	150	64,5	50	10	800	10	30	30	6

Kurz-zeichen	Stabstatische Querschnittswerte										
	G	e_1	e_2	A	A_y	A_z	I_y	I_z	I_T	S_y	S_z
	kg/m	cm	cm	cm^2	cm^2	cm^2	cm^4	cm^4	cm^4	cm^3	cm^3
A 45	22,1	3,33	4,24	28,2	17,0	9,6	90	170	39	22,88	26,12
A 55	31,8	3,90	4,91	40,5	24,8	14,6	178	337	88	38,45	48,64
A 65	43,1	4,47	5,61	54,9	33,7	20,2	319	606	173	60,18	69,22
A 75	56,2	5,04	6,29	71,6	44,1	26,9	531	1011	311	88,41	102,09
A 100	74,3	5,29	6,27	94,7	65,8	41,6	856	1345	666	128,78	141,58
A 120	100,0	5,79	6,53	127,4	97,1	58,5	1361	2350	1302	187,23	222,35
A 150	150,3	7,73	8,48	191,4	153,6	107,1	4373	3605	2928	412,00	342,60

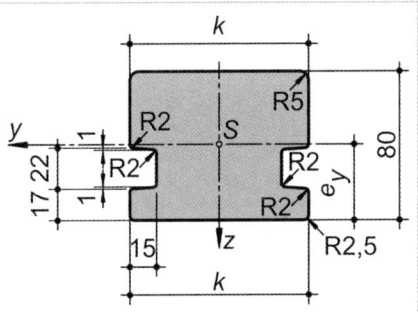

Form F (flach) nach DIN 536-2 (12.74) für spurkranzlose Laufräder
Bezeichnung einer Kranschiene der Form F mit Kopfbreite $k = 100$ mm:
Kranschiene F 100 DIN 536
Werkstoff: Stahl mit Zugfestigkeit $f_{u,k} \geq 690$ N/mm^2

Kurz-zeichen	Maße und Stabstatische Querschnittswerte								
	k	A	G	e_y	I_y	W_y	I_z	W_z	I_T
	mm	cm^2	kg/m	cm	cm^4	cm^3	cm^4	cm^3	cm^4
F 100	100	73,2	57,5	4,09	414	101	541	108	604
F 120	120	89,2	70,1	4,07	499	123	962	160	907

A Querschnittsfläche, A_y und A_z Schubflächen, I_T Flächenmoment 2. Grades für Torsion, S_y und S_z Statische Momente der durch die Hauptachsen begrenzten Querschnittsteile bezogen auf diese Hauptachsen.

Tafel 10.12 Warmgewalzte schmale I-Träger

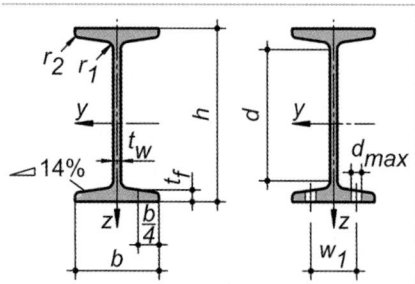

I-Reihe nach DIN 1025-1 (04.09)

Bezeichnung eines I-Trägers dieser Reihe aus einem Stahl mit dem Kurznamen S235JR bzw. der Werkstoffnummer 1.0038 nach DIN EN 10025 mit dem Kurzzeichen I 360:

I-Profil DIN 1025-1 – I 360 – S235JR oder I-Profil DIN 1025-1 – I 360 – 1.0038

Werkstoff vorzugsweise aus Stahlsorten nach DIN EN 10025; er ist in der Bezeichnung anzugeben.

Die gewünschte Nennlänge ist bei Bestellung anzugeben. Die Profile werden mit folgenden Grenzabmaßen von der bestellten Länge geliefert:

a) ± 50 mm oder, auf Vereinbarung

b) $^{+100}_{0}$ mm

Kurz-zeichen[a]	Maße in mm[b]					[c] d	[d] A	[e] A_{vy}	[f] A_{vz}	[d] G	[g] U	Für Biegung um die[h] y-Achse			z-Achse			[i] $S_y=\frac{1}{2}W_{pl,y}$	[j] S_f	[k] $i_{f,z}$	[l] I_T	[m] $\dfrac{I_w}{1000}$	[n] $\overline{w}^M$	d_{max}	Maße nach [93] in mm[o] Anreiß-maß w_1
	h	b	$t_w=r_1$	t_f	r_2							I_y	W_y	i_y	I_z	W_z	i_z								
							cm²	cm²	cm²	kg/m	m²/m	cm⁴	cm³	cm	cm⁴	cm³	cm	cm³	cm³	cm	cm⁴	cm⁶	cm²	
I																								
80	80	42	3,9	5,9	2,3	59,0	7,57	4,96	3,30	5,94	0,304	77,8	19,5	3,20	6,29	3,00	0,91	11,4	9,65	1,04	0,869	0,0875	7,78	–	–
100	100	50	4,5	6,8	2,7	75,7	10,6	6,80	4,72	8,34	0,370	171	34,2	4,01	12,2	4,88	1,07	19,9	16,6	1,23	1,60	0,268	11,7	–	–
120	120	58	5,1	7,7	3,1	92,4	14,2	8,93	6,45	11,1	0,439	328	54,7	4,81	21,5	7,41	1,23	31,8	26,3	1,42	2,71	0,685	16,3	–	–
140	140	66	5,7	8,6	3,4	109,1	18,2	11,4	8,32	14,3	0,502	573	81,9	5,61	35,2	10,7	1,40	47,7	39,1	1,61	4,32	1,540	21,7	–	–
160	160	74	6,3	9,5	3,8	125,7	22,8	14,1	10,5	17,9	0,575	935	117	6,40	54,7	14,8	1,55	68,0	55,5	1,80	6,57	3,138	27,8	–	–
180	180	82	6,9	10,4	4,1	142,4	27,9	17,1	13,0	21,9	0,640	1450	161	7,20	81,3	19,8	1,71	93,4	75,8	1,98	9,58	5,924	34,8	–	–
200	200	90	7,5	11,3	4,5	159,1	33,4	20,3	15,6	26,2	0,709	2140	214	8,00	117	26,0	1,87	125	101	2,18	13,5	10,52	42,5	–	–
220	220	98	8,1	12,2	4,9	175,8	39,5	23,9	18,6	31,1	0,775	3060	278	8,80	162	33,1	2,02	162	130	2,36	18,6	17,76	50,9	11	68
240	240	106	8,7	13,1	5,2	192,5	46,1	27,8	21,7	36,2	0,844	4250	354	9,59	221	41,7	2,20	206	165	2,56	25,0	28,73	60,1	13	69
260	260	113	9,4	14,1	5,6	208,9	53,3	31,9	25,4	41,9	0,906	5740	442	10,4	288	51,0	2,32	257	205	2,72	33,5	44,07	69,5	13	69
280	280	119	10,1	15,2	6,1	225,1	61,0	36,2	29,4	47,9	0,966	7590	542	11,1	364	61,2	2,45	316	251	2,86	44,2	64,58	78,8	13	70
300	300	125	10,8	16,2	6,5	241,6	69,0	40,5	33,7	54,2	1,03	9800	653	11,9	451	72,2	2,56	381	302	3,01	56,8	91,85	88,7	17	81
320	320	131	11,5	17,3	6,9	257,8	77,7	45,3	38,3	61,0	1,09	12.510	782	12,7	555	84,7	2,67	457	361	3,15	72,5	128,8	99,1	17	82
340	340	137	12,2	18,3	7,3	274,3	86,7	50,1	43,3	68,0	1,15	15.700	923	13,5	674	98,4	2,80	540	425	3,29	90,4	176,3	110	17	82
360	360	143	13,0	19,5	7,8	290,2	97,0	55,8	48,8	76,1	1,21	19.610	1090	14,2	818	114	2,90	638	500	3,43	115	240,1	122	21	90
380	380	149	13,7	20,5	8,2	306,7	107	61,1	54,3	84,0	1,27	24.010	1260	15,0	975	131	3,02	741	579	3,57	141	318,7	134	21	92
400	400	155	14,4	21,6	8,6	322,9	118	67,0	60,4	92,4	1,33	29.210	1460	15,7	1160	149	3,13	857	668	3,71	170	419,6	147	21	94
450	450	170	16,2	24,3	9,7	363,6	147	82,6	76,2	115	1,48	45.850	2040	17,7	1730	203	3,43	1200	929	4,07	267	791,1	181	21	100
500	500	185	18,0	27,0	10,8	404,3	179	99,9	93,7	141	1,63	68.740	2750	19,6	2480	268	3,72	1620	1250	4,43	402	1403	219	25	117
550	550	200	19,0	30,0	11,9	445,6	212	120	109	166	1,80	99.180	3610	21,6	3490	349	4,02	2120	1640	4,81	544	2389	260	28	127

[a] Kurzzeichen nach [40].

[b] Zulässige Abweichungen: für I-Reihe nach DIN 1025-1, s. [58]; für HEB-, HEA-, HEM- und IPE-Reihe nach DIN 1025-2 bis -5, s. [59]

[c] d Steghöhe zwischen den Ausrundungen, für I-Träger mit parallelen Flanschflächen gilt: $d = h - 2 \cdot (t_f + r)$.

[d] A Querschnittsfläche, G Längenbezogene Masse.

[e] A_{vy} wirksame Schubfläche bezogen auf die y-Achse, Berechnungsgrundlagen siehe Abschn. 10.3.13.

[f] A_{vz} wirksame Schubfläche bezogen auf die z-Achse, Berechnungsgrundlagen siehe Abschn. 10.3.13.

[g] U Anstrichfläche.

[h] I Flächenträgheitsmoment, W Elastisches Widerstandsmoment, i Trägheitsradius, jeweils bezogen auf die Achsen y, z; für plastische Widerstandsmomente W_{pl} siehe Abschn. 10.3.13.

[i] S_y Flächenmoment 1. Grades bezogen auf die y-Achse, $W_{pl,y} = 2S_y$ plastisches Widerstandsmoment bezogen auf die y-Achse (gilt für Querschnitte, die bezogen auf die y-Achse symmetrisch sind).

[j] S_f Flächenmoment 1. Grades am Ausrundungsbeginn von I-Profilen bezogen auf die y-Achse ($z = d/2$).

[k] $i_{f,z}$ Trägheitsradius des gedrückten Flansches einschl. der Radien zzgl. 1/6 der Stegfläche, bezogen auf die z-Achse, bei reiner Biegebeanspruchung.

[l] I_T St. Venant'sche Torsionssteifigkeit.

[m] I_w Wölbflächenmoment 2. Grades bezogen auf den Schubmittelpunkt.

[n] $\overline{w}^M$ maximale Wölbordinate, $\overline{w}^M = (h - t_f) \cdot b/4$.

[o] größtmögliche Lochdurchmesser und zugehörige minimale Anreißmaße nach [93]; für IPE-, HEAA-, HEA-, HEB- und HEM-Profile sind Anreißmaße in [41] enthalten, siehe Tafel 10.20.

Bemerkung Die Angaben entsprechend den Fußnoten j, k, l sind nicht genormt. Die Variablenbezeichnung wurde abweichend von den gültigen Profilnormen nach [12] vorgenommen.

Tafel 10.13 Warmgewalzte mittelbreite I-Träger

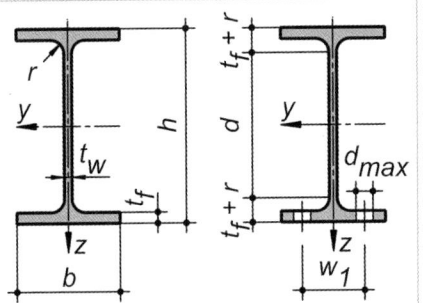

IPE-Reihe nach DIN 1025-5 (03.94)
Bezeichnung eines I-Trägers dieser Reihe aus einem Stahl mit dem Kurznamen S235JR bzw. der Werkstoffnummer 1.0038 nach DIN EN 10025 mit dem Kurzzeichen IPE 360:
I-Profil DIN 1025-5 – S235JR – IPE 360 oder I-Profil DIN 1025-5 – 1.0038 – IPE 360
Werkstoff vorzugsweise aus Stahlsorten nach DIN EN 10025; er ist in der Bezeichnung anzugeben.
Die gewünschte Nennlänge ist bei Bestellung anzugeben. Die Profile werden mit folgenden Grenzabmaßen von der bestellten Länge geliefert:
a) ± 50 mm oder
b) $^{+100}_{0}$ mm, wenn bestimmte Mindestlängen gefordert werden.

Kurz-zeichen	Maße in mm						A	A_{vy}	A_{vz}	G	U	Für Biegung um die y-Achse			z-Achse			$S_y = \frac{1}{2} W_{pl.y}$	S_f	$i_{f,z}$	I_T	$\dfrac{I_w}{1000}$	$\overline{w}^M$	Maße nach [93] in mm[a]	
	h	b	t_w	t_f	r	d						I_y	W_y	i_y	I_z	W_z	i_z							d_{max}	Anreiß-maß w_1
							cm²	cm²	cm²	kg/m	m²/m	cm⁴	cm³	cm	cm⁴	cm³	cm	cm³	cm³	cm	cm⁴	cm⁶	cm²		
IPEa – leichte Ausführung (nicht genormt)																									
80	78	46	3,3	4,2	5	59,6	6,38	3,86	3,07	5,00	0,325	64,4	16,5	3,18	6,85	2,98	1,04	9,49	8,02	1,19	0,416	0,0928	8,49	–	–
100	98	55	3,6	4,7	7	74,6	8,78	5,17	4,44	6,89	0,397	141	28,8	4,01	13,1	4,77	1,22	16,5	14,0	1,40	0,773	0,284	12,8	–	–
120	117,6	64	3,8	5,1	7	93,4	11,0	6,53	5,41	8,66	0,472	257	43,8	4,83	22,4	7,00	1,42	24,9	20,8	1,64	1,04	0,705	18,0	–	–
140	137,4	73	3,8	5,6	7	112,2	13,4	8,18	6,21	10,5	0,547	435	63,3	5,70	36,4	9,98	1,65	35,8	29,8	1,89	1,36	1,577	24,1	–	–
160	157	82	4,0	5,9	9	127,2	16,2	9,68	7,80	12,7	0,619	689	87,8	6,53	54,4	13,3	1,83	49,5	41,5	2,10	1,96	3,095	31,0	–	–
180	177	91	4,3	6,5	9	146,0	19,6	11,8	9,20	15,4	0,694	1060	120	7,37	81,9	18,0	2,05	67,7	56,2	2,35	2,70	5,933	38,8	11	64
200	197	100	4,5	7,0	12	159,0	23,5	14,0	11,5	18,4	0,764	1590	162	8,23	117	23,4	2,23	90,8	76,6	2,55	4,11	10,53	47,5	13	66
220	217	110	5,0	7,7	12	177,6	28,3	16,9	13,5	22,2	0,843	2320	214	9,05	171	31,2	2,46	120	100	2,82	5,69	18,71	57,6	13	66
240	237	120	5,2	8,3	15	190,4	33,3	19,9	16,3	26,2	0,918	3290	278	9,94	240	40,0	2,68	156	132	3,06	8,35	31,26	68,6	13	72
270	267	135	5,5	8,7	15	219,6	39,1	23,5	18,7	30,7	1,04	4920	368	11,2	358	53,0	3,02	206	173	3,45	10,3	59,51	87,2	17	81
300	297	150	6,1	9,2	15	248,6	46,5	27,6	22,2	36,5	1,16	7170	483	12,4	519	69,2	3,34	271	224	3,84	13,4	107,2	108	21	87
330	327	160	6,5	10,0	18	271,0	54,7	32,0	27,0	43,0	1,25	10.230	626	13,7	685	85,6	3,54	351	291	4,07	19,6	171,5	127	21	94
360	357,6	170	6,6	11,5	18	298,6	64,0	39,1	29,8	50,2	1,35	14.520	812	15,1	944	111	3,84	453	380	4,38	26,5	282,0	147	25	106
400	397	180	7,0	12,0	21	331,0	73,1	43,2	35,8	57,4	1,46	20.290	1020	16,7	1170	130	4,00	572	476	4,58	34,8	432,2	173	25	112
450	447	190	7,6	13,1	21	378,8	85,5	49,8	42,3	67,2	1,60	29.760	1330	18,7	1500	158	4,19	747	611	4,83	45,7	704,9	206	28	120
500	497	200	8,4	14,5	21	426,0	101	58,0	50,4	79,4	1,74	42.930	1730	20,6	1940	194	4,38	973	782	5,09	62,8	1125	241	28	120
550	547	210	9,0	15,7	24	467,6	117	65,9	60,3	92,1	1,87	59.980	2190	22,6	2430	232	4,55	1240	991	5,30	86,5	1710	279	28	127
600	597	220	9,8	17,5	24	514,0	137	77,0	70,1	108	2,01	82.920	2780	24,6	3120	283	4,77	1570	1250	5,57	119	2607	319	28	128
IPE																									
80	80	46	3,8	5,2	5	59,6	7,64	4,78	3,58	6,00	0,328	80,1	20,0	3,24	8,49	3,69	1,05	11,6	9,92	1,20	0,698	0,118	8,60	–	–
100	100	55	4,1	5,7	7	74,6	10,3	6,27	5,08	8,10	0,400	171	34,2	4,07	15,9	5,79	1,24	19,7	16,9	1,42	1,20	0,351	13,0	–	–
120	120	64	4,4	6,3	7	93,4	13,2	8,06	6,31	10,4	0,475	318	53,0	4,90	27,7	8,65	1,45	30,4	25,6	1,66	1,74	0,890	18,2	–	–
140	140	73	4,7	6,9	7	112,2	16,4	10,1	7,64	12,9	0,551	541	77,3	5,74	44,9	12,3	1,65	44,2	36,8	1,90	2,45	1,981	24,3	–	–
160	160	82	5,0	7,4	9	127,2	20,1	12,1	9,66	15,8	0,623	869	109	6,58	68,3	16,7	1,84	61,9	51,8	2,11	3,60	3,959	31,3	–	–
180	180	91	5,3	8,0	9	146,0	23,9	14,6	11,3	18,8	0,698	1320	146	7,42	101	22,2	2,05	83,2	69,1	2,36	4,79	7,431	39,1	–	–
200	200	100	5,6	8,5	12	159,0	28,5	17,0	14,0	22,4	0,768	1940	194	8,26	142	28,5	2,24	110	92,6	2,56	6,98	12,99	47,9	–	–
220	220	110	5,9	9,2	12	177,6	33,4	20,2	15,9	26,2	0,848	2770	252	9,11	205	37,3	2,48	143	119	2,84	9,07	22,67	58,0	–	–
240	240	120	6,2	9,8	15	190,4	39,1	23,5	19,1	30,7	0,922	3890	324	9,97	284	47,3	2,69	183	155	3,07	12,9	37,39	69,1	–	–
270	270	135	6,6	10,2	15	219,6	45,9	27,5	22,1	36,1	1,04	5790	429	11,2	420	62,2	3,02	242	202	3,46	15,9	70,58	87,7	–	–
300	300	150	7,1	10,7	15	248,6	53,8	32,1	25,7	42,2	1,16	8360	557	12,5	604	80,5	3,35	314	259	3,85	20,1	125,9	108	–	–
330	330	160	7,5	11,5	18	271,0	62,6	36,8	30,8	49,1	1,25	11.770	713	13,7	788	98,5	3,55	402	333	4,08	28,1	199,1	127	–	–
360	360	170	8,0	12,7	18	298,6	72,7	43,2	35,1	57,1	1,35	16.270	904	15,0	1040	123	3,79	510	420	4,36	37,3	313,6	148	–	–
400	400	180	8,6	13,5	21	331,0	84,5	48,6	42,7	66,3	1,47	23.130	1160	16,5	1320	146	3,95	654	536	4,57	51,1	490,0	174	–	–
450	450	190	9,4	14,6	21	378,8	98,8	55,5	50,8	77,6	1,61	33.740	1500	18,5	1680	176	4,12	851	682	4,81	66,9	791,0	207	–	–
500	500	200	10,2	16,0	21	426,0	116	64,0	59,9	90,7	1,74	48.200	1930	20,4	2140	214	4,31	1100	866	5,06	89,3	1249	242	–	–
550	550	210	11,1	17,2	24	467,7	134	72,2	72,3	106	1,88	67.120	2440	22,3	2670	254	4,45	1390	1090	5,26	123	1884	280	–	–
600	600	220	12,0	19,0	24	514,0	156	83,6	83,8	122	2,01	92.080	3070	24,3	3390	308	4,66	1760	1360	5,52	165	2846	330	–	–

[a] für die Profile IPEa 450 bis IPEa 600 ist die Anordnung von vier Löchern möglich. Der maximale Lochdurchmesser d_{max} beträgt dann 13 mm. Anmerkungen sinngemäß wie in Tafel 10.12.

Tafel 10.13 (Fortsetzung)

Kurz-zei-chen	Maße in mm						A	A_{vy}	A_{vz}	G	U	Für Biegung um die						$S_y = \frac{1}{2}W_{pl,y}$	S_f	$i_{f,z}$	I_T	$\frac{I_w}{1000}$	$\overline{w}^M$	Maße nach [93] in mm[a]	
												y-Achse			z-Achse										
	h	b	t_w	t_f	r	d						I_y	W_y	i_y	I_z	W_z	i_z							d_{max}	Anreiß-maß w_1
							cm²	cm²	cm²	kg/m	m²/m	cm⁴	cm³	cm	cm⁴	cm³	cm	cm³	cm³	cm	cm⁴	cm⁶	cm²		
IPEo – optimierte Ausführung (nicht genormt)																									
180	182	92	6,0	9,0	9	146,0	27,1	16,6	12,7	21,3	0,705	1510	165	7,45	117	25,5	2,08	94,6	78,6	2,39	6,76	8,740	39,8	–	–
200	202	102	6,2	9,5	12	159,0	32,0	19,4	15,5	25,1	0,779	2210	219	8,32	169	33,1	2,30	125	105	2,63	9,45	15,57	49,1	13	67
220	222	112	6,6	10,2	12	177,6	37,4	22,8	17,7	29,4	0,858	3130	282	9,16	240	42,8	2,53	161	135	2,90	12,3	26,79	59,3	13	68
240	242	122	7,0	10,8	15	190,4	43,7	26,4	21,4	34,3	0,932	4370	361	10,0	329	53,9	2,74	205	173	3,13	17,2	43,68	70,5	13	74
270	274	136	7,5	12,2	15	219,6	53,8	33,2	25,2	42,3	1,05	6950	507	11,4	513	75,5	3,09	287	242	3,52	24,9	87,64	89,0	17	83
300	304	152	8,0	12,7	15	248,6	62,8	38,6	29,0	49,3	1,17	9990	658	12,6	746	98,1	3,45	372	310	3,94	31,1	157,7	111	21	89
330	334	162	8,5	13,5	18	271,0	72,6	43,7	34,9	57,0	1,27	13.910	833	13,8	960	119	3,64	471	393	4,17	42,2	245,7	130	21	96
360	364	172	9,2	14,7	18	298,6	84,1	50,6	40,2	66,0	1,37	19.050	1050	15,0	1250	145	3,86	593	491	4,43	55,8	380,3	150	25	108
400	404	182	9,7	15,5	21	331,0	96,4	56,4	48,0	75,7	1,48	26.750	1320	16,7	1560	172	4,03	751	618	4,65	73,1	587,6	177	25	115
450	456	192	11,0	17,6	21	378,8	118	67,6	59,4	92,4	1,62	40.920	1790	18,6	2090	217	4,21	1020	826	4,90	109	997,6	210	28	123
500	506	202	12,0	19,0	21	426,0	137	76,8	70,2	107	1,76	57.780	2280	20,6	2620	260	4,38	1310	1030	5,13	143	1548	246	28	124
550	556	212	12,7	20,2	24	467,6	156	85,6	82,7	123	1,89	79.160	2850	22,5	3220	304	4,55	1630	1280	5,35	188	2302	284	28	131
600	610	224	15,0	24,0	24	514,0	197	108	104	154	2,04	118.300	3880	24,5	4520	404	4,79	2240	1740	5,66	318	3860	328	28	133
IPEv – verstärkte Ausführung (nicht genormt)																									
400	408	182	10,6	17,5	21	331,0	107	63,7	52,5	84,0	1,49	30.140	1480	16,8	1770	194	4,06	841	695	4,68	99,0	670,3	178	25	116
450	460	194	12,4	19,6	21	378,8	132	76,0	66,6	104	1,64	46.200	2010	18,7	2400	247	4,26	1150	928	4,96	150	1156	214	28	124
500	514	204	14,2	23,0	21	426,0	164	93,8	83,2	129	1,78	70.720	2750	20,8	3270	321	4,47	1580	1260	5,22	243	1961	250	28	126
550	566	216	17,1	25,2	24	467,6	202	109	110	159	1,92	102.300	3620	22,5	4260	395	4,60	2100	1640	5,45	380	3095	292	28	135
600	618	228	18,0	28,0	24	514,0	234	128	125	184	2,07	141.600	4580	24,6	5570	489	4,88	2660	2070	5,78	512	4813	336	28	136

[a] für die Profile IPEo 450 bis IPEo 600 ist die Anordnung von vier Löchern möglich. Der maximale Lochdurchmesser d_{max} beträgt dann 13 mm. Anmerkungen sinngemäß wie in Tafel 10.12.

Tafel 10.14   Warmgewalzte breite I-Träger, besonders leichte Ausführung

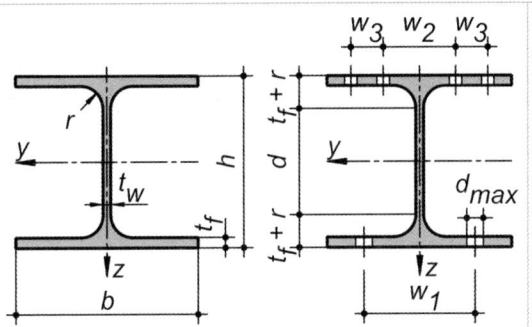

HEAA-Reihe (nicht genormt)
Träger mit parallelen Flanschflächen, deren Stege und Flansche dünner und deren Höhen h damit kleiner als die der HEA-Reihe nach DIN 1025-3 sind.
Werkstoff vorzugsweise aus Stahlsorten nach DIN EN 10025; er ist in der Bezeichnung anzugeben.
Walztoleranzen nach Herstellerangaben.

Kurz-zeichen	Maße in mm						A	A_{vy}	A_{vz}	G	U	Für Biegung um die						$S_y = \frac{1}{2}W_{pl,y}$	S_f	$i_{f,z}$	I_T	$\frac{I_w}{1000}$	$\overline{w}^M$
												y-Achse			z-Achse								
	h	b	t_w	t_f	r	d						I_y	W_y	i_y	I_z	W_z	i_z						
							cm²	cm²	cm²	kg/m	m²/m	cm⁴	cm³	cm	cm⁴	cm³	cm	cm³	cm³	cm	cm⁴	cm⁶	cm²
HEAA (IPBll) (nicht genormt)																							
100	91	100	4,2	5,5	12	56	15,6	11,0	6,15	12,2	0,553	237	52,0	3,89	92,1	18,4	2,43	29,2	27,5	2,62	2,51	1,675	21,4
120	109	120	4,2	5,5	12	74	18,6	13,2	6,90	14,6	0,669	413	75,8	4,72	159	26,5	2,93	42,1	39,2	3,17	2,78	4,242	31,1
140	128	140	4,3	6	12	92	23,0	16,8	7,92	18,1	0,787	719	112	5,59	275	39,3	3,45	61,9	57,3	3,73	3,54	10,21	42,7
160	148	160	4,5	7	15	104	30,4	22,4	10,4	23,8	0,901	1280	173	6,50	479	59,8	3,97	95,2	89,1	4,26	6,33	23,75	56,4
180	167	180	5	7,5	15	122	36,5	27,0	12,2	28,7	1,02	1970	236	7,34	730	81,1	4,47	129	120	4,82	8,33	46,36	71,8
200	186	200	5,5	8	18	134	44,1	32,0	15,5	34,6	1,13	2940	317	8,17	1070	107	4,92	174	161	5,31	12,7	84,49	89,0
220	205	220	6	8,5	18	152	51,5	37,4	17,6	40,4	1,25	4170	407	9,00	1510	137	5,42	223	205	5,86	15,9	145,6	108
240	224	240	6,5	9	21	164	60,4	43,2	21,5	47,4	1,36	5840	521	9,83	2080	173	5,87	285	263	6,35	23,0	239,6	129
260	244	260	6,5	9,5	24	177	69,0	49,4	24,7	54,1	1,47	7980	654	10,8	2790	214	6,36	357	332	6,86	30,3	382,6	152
280	264	280	7	10	24	196	78,0	56,0	27,5	61,2	1,59	10.560	800	11,6	3660	262	6,85	437	403	7,41	36,2	590,1	178
300	283	300	7,5	10,5	27	208	88,9	63,0	32,4	69,8	1,70	13.800	976	12,5	4730	316	7,30	533	492	7,90	49,3	877,2	204
320	301	300	8	11	27	225	94,6	66,0	35,4	74,2	1,74	16.450	1090	13,2	4960	331	7,24	598	547	7,89	55,9	1041	218
340	320	300	8,5	11,5	27	243	101	69,0	38,7	78,9	1,78	19.550	1220	13,9	5180	346	7,18	670	608	7,87	63,1	1231	231
360	339	300	9	12	27	261	107	72,0	42,2	83,7	1,81	23.040	1360	14,7	5410	361	7,12	748	671	7,85	71,0	1444	245
400	378	300	9,5	13	27	298	118	78,0	48,0	92,4	1,89	31.250	1650	16,3	5860	391	7,06	912	807	7,84	84,7	1948	274
450	425	300	10	13,5	27	344	127	81,0	54,7	99,7	1,98	41.890	1970	18,2	6090	406	6,92	1090	944	7,78	95,6	2572	309
500	472	300	10,5	14	27	390	137	84,0	61,9	107	2,08	54.640	2320	20,0	6310	421	6,79	1290	1090	7,72	108	3304	344
550	522	300	11,5	15	27	438	153	90,0	72,7	120	2,17	72.870	2790	21,8	6770	451	6,65	1560	1290	7,66	134	4338	380
600	571	300	12	15,5	27	486	164	93,0	81,3	129	2,27	91.870	3220	23,7	6990	466	6,53	1810	1460	7,60	150	5381	417
650	620	300	12,5	16	27	534	176	96,0	90,4	138	2,37	113.900	3680	25,5	7220	481	6,41	2080	1630	7,54	168	6567	453
700	670	300	13	17	27	582	191	102	100	150	2,47	142.700	4260	27,3	7670	512	6,34	2420	1870	7,51	195	8155	490
800	770	300	14	18	30	674	218	108	124	172	2,66	208.900	5430	30,9	8130	542	6,10	3110	2320	7,36	257	11.450	564
900	870	300	15	20	30	770	252	120	147	198	2,86	301.100	6920	34,6	9040	603	5,99	4000	2890	7,30	335	16.260	638
1000	970	300	16	21	30	868	282	126	172	222	3,06	406.500	8380	38,0	9500	633	5,80	4890	3380	7,19	403	21.280	712

Anmerkungen sinngemäß wie Tafel 10.12.

Tafel 10.15 Warmgewalzte breite I-Träger, leichte Ausführung

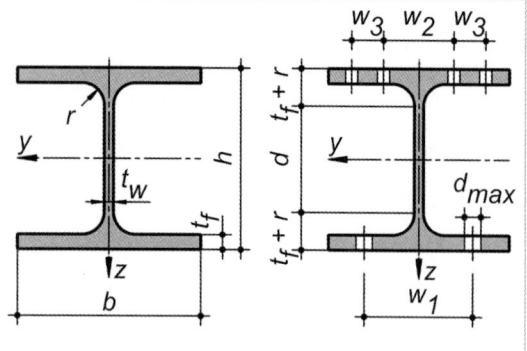

HEA-Reihe nach DIN 1025-3 (03.94)
Träger mit parallelen Flanschflächen, deren Stege und Flansche dünner und deren Höhen h damit kleiner als die der HEB-Reihe nach DIN 1025-2 sind.
Bezeichnung eines I-Trägers dieser Reihe aus einem Stahl mit dem Kurznamen S235JR bzw. der Werkstoffnummer 1.0038 nach DIN EN 10025 mit dem Kurzzeichen HE 360 A:
I-Profil DIN 1025-3 – S235JR – HE 360 A oder I-Profil DIN 1025-3 – 1.0038 – HE 360 A
Werkstoff vorzugsweise aus Stahlsorten nach DIN EN 10025; er ist in der Bezeichnung anzugeben.
Die gewünschte Nennlänge ist bei Bestellung anzugeben. Die Profile werden mit folgenden Grenzabmaßen von der bestellten Länge geliefert:
a) ± 50 mm oder
b) $^{+100}_{0}$ mm, wenn bestimmte Mindestlängen gefordert werden.

Kurz-zei-chen	Maße in mm						Für Biegung um die														
															y-Achse			z-Achse								
	h	b	t_w	t_f	r	d	A	A_{vy}	A_{vz}	G	U	I_y	W_y	i_y	I_z	W_z	i_z	$S_y=\frac{1}{2}W_{pl.y}$	S_f	$i_{f.z}$	I_T	$\frac{I_w}{1000}$	$\overline{w}^M$
							cm²	cm²	cm²	kg/m	m²/m	cm⁴	cm³	cm	cm⁴	cm³	cm	cm³	cm³	cm	cm⁴	cm⁶	cm²
HEA (IPBl)																							
100	96	100	5	8	12	56	21,2	16,0	7,56	16,7	0,561	349	72,8	4,06	134	26,8	2,51	41,5	39,5	2,68	5,24	2,581	22,0
120	114	120	5	8	12	74	25,3	19,2	8,46	19,9	0,677	606	106	4,89	231	38,5	3,02	59,7	56,3	3,23	5,99	6,472	31,8
140	133	140	5,5	8,5	12	92	31,4	23,8	10,1	24,7	0,794	1030	155	5,73	389	55,6	3,52	86,7	80,9	3,79	8,13	15,06	43,6
160	152	160	6	9	15	104	38,8	28,8	13,2	30,4	0,906	1670	220	6,57	616	76,9	3,98	123	114	4,29	12,2	31,41	57,2
180	171	180	6	9,5	15	122	45,3	34,2	14,5	35,5	1,02	2510	294	7,45	925	103	4,52	162	151	4,86	14,8	60,21	72,7
200	190	200	6,5	10	18	134	53,8	40,0	18,1	42,3	1,14	3690	389	8,28	1340	134	4,98	215	200	5,36	21,0	108,0	90,0
220	210	220	7	11	18	152	64,3	48,4	20,7	50,5	1,26	5410	515	9,17	1950	178	5,51	284	264	5,93	28,5	193,3	109
240	230	240	7,5	12	21	164	76,8	57,6	25,2	60,3	1,37	7760	675	10,1	2770	231	6,00	372	347	6,45	41,6	328,5	131
260	250	260	7,5	12,5	24	177	86,8	65,0	28,8	68,2	1,48	10.450	836	11,0	3670	282	6,50	460	431	6,97	52,4	516,4	154
280	270	280	8	13	24	196	97,3	72,8	31,7	76,4	1,60	13.670	1010	11,9	4760	340	7,00	556	518	7,52	62,1	785,4	180
300	290	300	8,5	14	27	208	113	84,0	37,3	88,3	1,72	18.260	1260	12,7	6310	421	7,49	692	646	8,04	85,2	1200	207
320	310	300	9	15,5	27	225	124	93,0	41,1	97,6	1,76	22.930	1480	13,6	6990	466	7,49	814	757	8,06	108	1512	221
340	330	300	9,5	16,5	27	243	133	99,0	45,0	105	1,79	27.690	1680	14,4	7440	496	7,46	925	855	8,05	127	1824	235
360	350	300	10	17,5	27	261	143	105	49,0	112	1,83	33.090	1890	15,2	7890	526	7,43	1040	959	8,05	149	2177	249
400	390	300	11	19	27	298	159	114	57,3	125	1,91	45.070	2310	16,8	8560	571	7,34	1280	1160	8,02	189	2942	278
450	440	300	11,5	21	27	344	178	126	65,8	140	2,01	63.720	2900	18,9	9470	631	7,29	1610	1440	8,01	244	4148	314
500	490	300	12	23	27	390	198	138	74,7	155	2,11	86.970	3550	21,0	10.370	691	7,24	1970	1750	8,00	309	5643	350
550	540	300	12,5	24	27	438	212	144	83,7	166	2,21	111.900	4150	23,0	10.820	721	7,15	2310	2010	7,96	352	7189	387
600	590	300	13	25	27	486	226	150	93,2	178	2,31	141.200	4790	25,0	11.270	751	7,05	2680	2290	7,92	398	8978	424
650	640	300	13,5	26	27	534	242	156	103	190	2,41	175.200	5470	26,9	11.720	782	6,97	3070	2590	7,88	448	11.030	461
700	690	300	14,5	27	27	582	260	162	117	204	2,50	215.300	6240	28,8	12.180	812	6,84	3520	2900	7,82	514	13.350	497
800	790	300	15	28	30	674	286	168	139	224	2,70	303.400	7680	32,6	12.640	843	6,65	4350	3500	7,71	597	18.290	572
900	890	300	16	30	30	770	321	180	163	252	2,90	422.100	9480	36,3	13.550	903	6,50	5410	4220	7,64	737	24.960	645
1000	990	300	16,5	31	30	868	347	186	185	272	3,10	553.800	11.190	40,0	14.000	934	6,35	6410	4860	7,56	822	32.070	719

Anmerkungen sinngemäß wie in Tafel 10.12.

Tafel 10.16 Warmgewalzte breite I-Träger

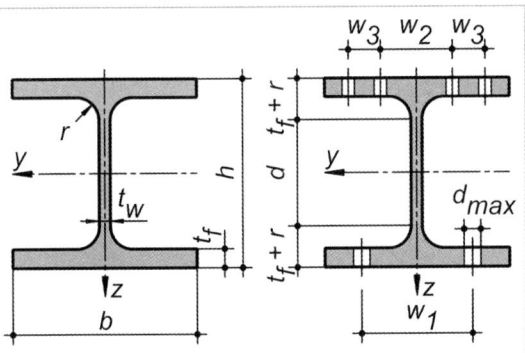

HEB-Reihe nach DIN 1025-2 (11.95)
Träger mit parallelen Flanschflächen.
Bezeichnung eines I-Trägers dieser Reihe aus einem Stahl mit dem Kurznamen S235JR bzw. der Werkstoffnummer 1.0038 nach DIN EN 10025 mit dem Kurzzeichen HE 360 B:
I-Profil DIN 1025-2 – S235JR – HE 360 B oder I-Profil DIN 1025-2 – 1.0038 – HE 360 B
Werkstoff vorzugsweise aus Stahlsorten nach DIN EN 10025; er ist in der Bezeichnung anzugeben.
Die gewünschte Nennlänge ist bei Bestellung anzugeben. Die Profile werden mit folgenden Grenzabmaßen von der bestellten Länge geliefert:
a) ± 50 mm oder
b) $^{+100}_{0}$ mm, wenn bestimmte Mindestlängen gefordert werden.

Kurz-zeichen	Maße in mm						A	A_{vy}	A_{vz}	G	U	Für Biegung um die						$S_y = \frac{1}{2}W_{pl,y}$	S_f	$i_{f,z}$	I_T	$\dfrac{I_w}{1000}$	$\overline{w}^M$
												y-Achse			z-Achse								
	h	b	t_w	t_f	r	d						I_y	W_y	i_y	I_z	W_z	i_z						
							cm²	cm²	cm²	kg/m	m²/m	cm⁴	cm³	cm	cm⁴	cm³	cm	cm³	cm³	cm	cm⁴	cm⁶	cm²
HEB (IPB)																							
100	100	100	6	10	12	56	26,0	20,0	9,04	20,4	0,567	450	89,9	4,16	167	33,5	2,53	52,1	49,8	2,71	9,25	3,375	22,5
120	120	120	6,5	11	12	74	34,0	26,4	11,0	26,7	0,686	864	144	5,04	318	52,9	3,06	82,6	78,2	3,27	13,8	9,410	32,7
140	140	140	7	12	12	92	43,0	33,6	13,1	33,7	0,805	1510	216	5,93	550	78,5	3,58	123	115	3,83	20,1	22,48	44,8
160	160	160	8	13	15	104	54,3	41,6	17,6	42,6	0,918	2490	312	6,78	889	111	4,05	177	166	4,34	31,2	47,94	58,8
180	180	180	8,5	14	15	122	65,3	50,4	20,2	51,2	1,04	3830	426	7,66	1360	151	4,57	241	225	4,90	42,2	93,75	74,7
200	200	200	9	15	18	134	78,1	60,0	24,8	61,3	1,15	5700	570	8,54	2000	200	5,07	321	301	5,43	59,3	171,1	92,5
220	220	220	9,5	16	18	152	91,0	70,4	27,9	71,5	1,27	8090	736	9,43	2840	258	5,59	414	386	5,99	76,6	295,4	112
240	240	240	10	17	21	164	106	81,6	33,2	83,2	1,38	11.260	938	10,3	3920	327	6,08	527	493	6,52	103	486,9	134
260	260	260	10	17,5	24	177	118	91,0	37,6	93,0	1,50	14.920	1150	11,2	5130	395	6,58	641	602	7,04	124	753,7	158
280	280	280	10,5	18	24	196	131	101	41,1	103	1,62	19.270	1380	12,1	6590	471	7,09	767	717	7,60	144	1130	183
300	300	300	11	19	27	208	149	114	47,4	117	1,73	25.170	1680	13,0	8560	571	7,58	934	875	8,12	185	1688	211
320	320	300	11,5	20,5	27	225	161	123	51,8	127	1,77	30.820	1930	13,8	9240	616	7,57	1070	1000	8,12	225	2069	225
340	340	300	12	21,5	27	243	171	129	56,1	134	1,81	36.660	2160	14,6	9690	646	7,53	1200	1120	8,11	257	2454	239
360	360	300	12,5	22,5	27	261	181	135	60,6	142	1,85	43.190	2400	15,5	10.140	676	7,49	1340	1240	8,10	292	2883	253
400	400	300	13,5	24	27	298	198	144	70,0	155	1,93	57.680	2880	17,1	10.820	721	7,40	1620	1470	8,07	356	3817	282
450	450	300	14	26	27	344	218	156	79,7	171	2,03	79.890	3550	19,1	11.720	781	7,33	1990	1780	8,05	440	5258	318
500	500	300	14,5	28	27	390	239	168	89,8	187	2,12	107.200	4290	21,2	12.620	842	7,27	2410	2130	8,03	538	7018	354
550	550	300	15	29	27	438	254	174	100	199	2,22	136.700	4970	23,2	13.080	872	7,17	2800	2440	7,99	600	8856	391
600	600	300	15,5	30	27	486	270	180	111	212	2,32	171.000	5700	25,2	13.530	902	7,08	3210	2750	7,95	667	10.970	428
650	650	300	16	31	27	534	286	186	122	225	2,42	210.600	6480	27,1	13.980	932	6,99	3660	3090	7,90	739	13.360	464
700	700	300	17	32	27	582	306	192	137	241	2,52	256.900	7340	29,0	14.440	963	6,87	4160	3440	7,85	831	16.060	501
800	800	300	17,5	33	30	674	334	198	162	262	2,71	359.100	8980	32,8	14.900	994	6,68	5110	4120	7,74	946	21.840	575
900	900	300	18,5	35	30	770	371	210	189	291	2,91	494.100	10.980	36,5	15.820	1050	6,53	6290	4920	7,66	1137	29.460	649
1000	1000	300	19	36	30	868	400	216	212	314	3,11	644.700	12.890	40,1	16.280	1090	6,38	7430	5640	7,58	1254	37.640	723

Anmerkungen sinngemäß wie in Tafel 10.12.

Tafel 10.17 Warmgewalzte breite I-Träger, verstärkte Ausführung

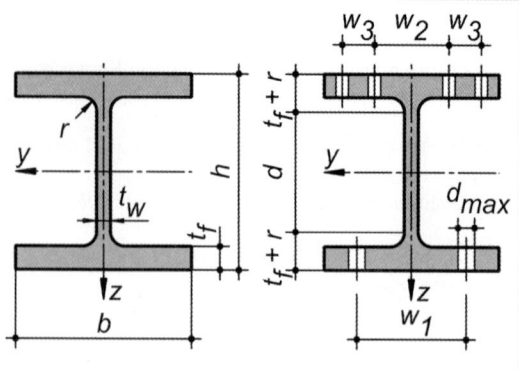

HEM-Reihe nach DIN 1025-4 (03.94)

Träger mit parallelen Flanschflächen, deren Stege und Flansche dicker und deren Höhen h damit größer als die der HEB-Reihe nach DIN 1025-2 sind.

Bezeichnung eines I-Trägers dieser Reihe aus einem Stahl mit dem Kurznamen S235JR bzw. der Werkstoffnummer 1.0038 nach DIN EN 10025 mit dem Kurzzeichen HE 360 M:

I-Profil DIN 1025-4 – S235JR – HE 360 M oder I-Profil DIN 1025-4 – 1.0038 – HE 360 M

Werkstoff vorzugsweise aus Stahlsorten nach DIN EN 10025; er ist in der Bezeichnung anzugeben.

Die gewünschte Nennlänge ist bei Bestellung anzugeben. Die Profile werden mit folgenden Grenzabmaßen von der bestellten Länge geliefert:

a) ± 50 mm oder

b) $^{+100}_{\ 0}$ mm, wenn bestimmte Mindestlängen gefordert werden.

Kurzzeichen	Maße in mm											Für Biegung um die										
												y-Achse			z-Achse							
	h	b	t_w	t_f	r	d	A	A_{vy}	A_{vz}	G	U	I_y	W_y	i_y	I_z	W_z	i_z	$S_y = \frac{1}{2} W_{pl,y}$	S_f	$i_{f,z}$	I_T	$\frac{I_w}{1000}$	$\overline{w}^M$
							cm²	cm²	cm²	kg/m	m²/m	cm⁴	cm³	cm	cm⁴	cm³	cm	cm³	cm³	cm	cm⁴	cm⁶	cm²
HEM (IPBv)																							
100	120	106	12	20	12	56	53,2	42,4	18,0	41,8	0,619	1140	190	4,63	399	75,3	2,74	118	113	2,92	68,2	9,925	26,5
120	140	126	12,5	21	12	74	66,4	52,9	21,2	52,1	0,738	2020	288	5,51	703	112	3,25	175	167	3,47	91,7	24,79	37,5
140	160	146	13	22	12	92	80,6	64,2	24,5	63,2	0,857	3290	411	6,39	1140	157	3,77	247	233	4,03	120	54,33	50,4
160	180	166	14	23	15	104	97,1	76,4	30,8	76,2	0,970	5100	566	7,25	1760	212	4,26	337	318	4,56	162	108,1	65,2
180	200	186	14,5	24	15	122	113	89,3	34,7	88,9	1,09	7480	748	8,13	2580	277	4,77	442	415	5,11	203	199,3	81,8
200	220	206	15	25	18	134	131	103	41,0	103	1,20	10.640	967	9,00	3650	354	5,27	568	534	5,65	259	346,3	100
220	240	226	15,5	26	18	152	149	118	45,3	117	1,32	14.600	1220	9,89	5010	444	5,79	710	665	6,21	315	572,7	121
240	270	248	18	32	21	164	200	159	60,1	157	1,46	24.290	1800	11,0	8150	657	6,39	1060	998	6,83	628	1152	148
260	290	268	18	32,5	24	177	220	174	66,9	172	1,57	31.310	2160	11,9	10.450	780	6,90	1260	1190	7,36	719	1728	173
280	310	288	18,5	33	24	196	240	190	72,0	189	1,69	39.550	2550	12,8	13.160	914	7,40	1480	1390	7,91	807	2520	199
300	340	310	21	39	27	208	303	242	90,5	238	1,83	59.200	3480	14,0	19.400	1250	8,00	2040	1930	8,53	1408	4386	233
320/305	320	305	16	29	27	208	225	177	68,5	177	1,78	40.950	2560	13,5	13.740	901	7,81	1460	1377	8,35	598	2903	222
320	359	309	21	40	27	225	312	247	94,8	245	1,87	68.130	3800	14,8	19.710	1280	7,95	2220	2080	8,49	1501	5004	246
340	377	309	21	40	27	243	316	247	98,6	248	1,90	76.370	4050	15,6	19.710	1280	7,90	2360	2200	8,47	1506	5584	260
360	395	308	21	40	27	261	319	246	102	250	1,93	84.870	4300	16,3	19.520	1270	7,83	2490	2320	8,43	1507	6137	273
400	432	307	21	40	27	298	326	246	110	256	2,00	104.100	4820	17,9	19.340	1260	7,70	2790	2550	8,36	1515	7410	301
450	478	307	21	40	27	344	335	246	120	263	2,10	131.500	5500	19,8	19.340	1260	7,59	3170	2850	8,31	1529	9251	336
500	524	306	21	40	27	390	344	245	129	270	2,18	161.900	6180	21,7	19.150	1250	7,46	3550	3150	8,23	1539	11.190	370
550	572	306	21	40	27	438	354	245	140	278	2,28	198.000	6920	23,6	19.160	1250	7,35	3970	3460	8,19	1554	13.520	407
600	620	305	21	40	27	486	364	244	150	285	2,37	237.400	7660	25,6	18.980	1240	7,22	4390	3770	8,11	1564	15.910	442
650	668	305	21	40	27	534	374	244	160	293	2,47	281.700	8430	27,5	18.980	1240	7,13	4830	4080	8,06	1579	18.650	479
700	716	304	21	40	27	582	383	243	170	301	2,56	329.300	9200	29,3	18.800	1240	7,01	5270	4380	7,99	1589	21.400	514
800	814	303	21	40	30	674	404	242	194	317	2,75	442.600	10.870	33,1	18.630	1230	6,79	6240	5050	7,85	1646	27.780	586
900	910	302	21	40	30	770	424	242	214	333	2,93	570.400	12.540	36,7	18.450	1220	6,60	7220	5660	7,74	1671	34.750	657
1000	1008	302	21	40	30	868	444	242	235	349	3,13	722.300	14.330	40,3	18.460	1220	6,45	8280	6310	7,65	1701	43.020	731

Anmerkungen sinngemäß wie in Tafel 10.12.

Tafel 10.18 Warmgewalzte I-Träger mit besonders breiten Flanschen

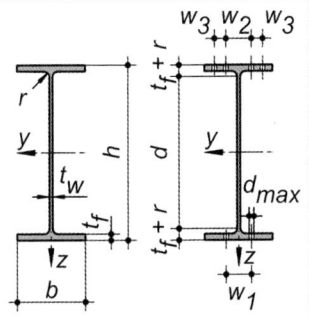

HL-Reihe (nicht genormt)
Träger mit parallelen und besonders breiten Flanschflächen sowie großen Höhen.
Werkstoff vorzugsweise aus Stahlsorten nach DIN EN 10025; er ist in der Bezeichnung anzugeben.
Walztoleranzen nach Herstellerangaben.

Kurz- zeichen	Maße in mm								Für Biegung um die												Maße nach [93] in mm		
									y-Achse			z-Achse											
	h	b	t_w	t_f	r	d	A	A_{vy}	A_{vz}	G	U	I_y	W_y	i_y	I_z	W_z	i_z	$S_y = \frac{1}{2}W_{pl.y}$	S_f	$i_{f.z}$	I_T	$\frac{I_w}{1000}$	$\overline{w}^M$	d_{max}	Anreißmaße
							cm²	cm²	cm²	kg/m	m²/m	cm⁴	cm³	cm	cm⁴	cm³	cm	cm³	cm³	cm	cm⁴	cm⁶	cm²		$w_{1,2}$	w_3

Kurz-zeichen	h	b	t_w	t_f	r	d	A cm²	A_{vy} cm²	A_{vz} cm²	G kg/m	U m²/m	I_y cm⁴	W_y cm³	i_y cm	I_z cm⁴	W_z cm³	i_z cm	$S_y=\frac12 W_{pl.y}$ cm³	S_f cm³	$i_{f.z}$ cm	I_T cm⁴	$\frac{I_w}{1000}$ cm⁶	$\overline{w}^M$ cm²	d_{max}	$w_{1,2}$	w_3
HL (nicht genormt)																										
1000 AA	970	400	16,5	21	30	868	329	168	177	258	3,46	504.400	10.400	39,16	22.450	1123	8,26	5939	4385	9,95	483	50.430	949	28	147	67
1000 × 296	982	400	16,5	27	30	868	377	216	182	296	3,48	618.700	12.600	40,52	28.850	1443	8,75	7110	5556	10,24	757	65.670	955	28	147	67
1000 A	990	400	16,5	31	30	868	409	248	185	321	3,50	696.400	14.070	41,27	33.120	1656	9,00	7899	6345	10,39	1021	76.030	959	28	147	67
1000 B	1000	400	19	36	30	868	472	288	212	371	3,51	812.100	16.240	41,48	38.480	1924	9,03	9163	7373	10,41	1565	89.210	964	28	149	67
1000 M	1008	402	21	40	30	868	524	322	235	412	3,53	909.800	18.050	41,66	43.410	2160	9,10	10.220	8242	10,49	2128	101.500	973	28	151	67
1000 × 477	1018	404	25,5	45	30	868	608	364	283	477	3,55	1.047.000	20.570	41,50	49.610	2456	9,03	11.770	9365	10,49	3159	117.000	983	28	156	67
1000 × 554	1032	408	29,5	52	30	868	706	424	328	554	3,59	1.232.000	23.880	41,79	59.100	2897	9,15	13.750	10.970	10,62	4860	141.300	1000	28	160	67
1000 × 642	1048	412	34	60	30	868	818	494	380	642	3,62	1.451.000	27.680	42,12	70.280	3412	9,27	16.050	12.850	10,74	7440	170.700	1018	28	164	67
1100 A	1090	400	18	31	20	988	436	248	206	343	3,71	867.400	15.920	44,58	33.120	1656	8,71	9031	6835	10,28	1037	92.710	1059	28	128	67
1100 B	1100	400	20	36	20	988	497	288	231	390	3,73	1.005.000	18.280	44,98	38.480	1924	8,80	10.390	7950	10,33	1564	108.700	1064	28	130	67
1100 M	1108	402	22	40	20	988	551	322	254	433	3,75	1.126.000	20.320	45,19	43.410	2160	8,87	11.580	8896	10,40	2130	123.500	1073	28	132	67
1100 R	1118	405	26	45	20	988	635	365	300	499	3,77	1.294.000	23.150	45,14	49.980	2468	8,87	13.300	10.130	10,45	3135	143.400	1086	28	136	67

Anmerkungen sinngemäß wie in Tafel 10.12.

10

Tafel 10.19 Warmgewalzte Breitflansch-Stützenprofile

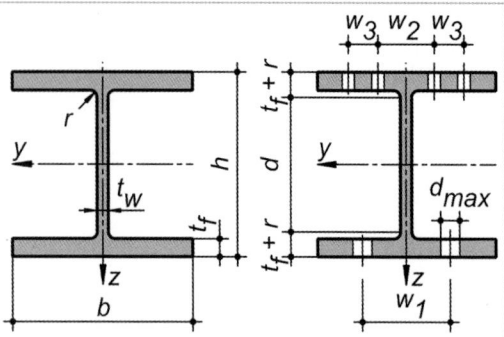

HD-Reihe 260/320 nach AM Standard (Amerikanische Norm)
HD-Reihe 360/400 nach ASTM A 6/A 6M (Amerikanische Norm)
Dieses Profil hat nahezu quadratische Außenabmessungen.
Werkstoff vorzugsweise aus Stahlsorten nach DIN EN 10025; er ist in der Bezeichnung anzugeben.
Walztoleranzen nach Herstellerangaben.

Kurzzeichen	Maße in mm										Für Biegung um die												Maße nach [93] in mm[a]	
											y-Achse			z-Achse										
G	h	b	t_w	t_f	r	d	A	A_{vy}	A_{vz}	U	I_y	W_y	i_y	I_z	W_z	i_z	$S_y = \frac{1}{2}W_{pl,y}$	S_f	$i_{f,z}$	I_T	$\frac{I_w}{1000}$	$\bar{w}^M$	d_{max}	Anreißmaße
kg/m							cm²	cm²	cm²	m²/m	cm⁴	cm³	cm	cm⁴	cm³	cm	cm³	cm³	cm	cm⁴	cm⁶	cm²		$w_{1,2}$	w_3

HD

260 x 93	260	260	10,0	17,5	24	177,0	118,4	91,0	37,6	1,50	14.920	1148	11,22	5135	395,0	6,58	641,5	602,3	7,04	123,8	753,7	158	28	128	–
260 x 114	268	262	12,5	21,5	24	177,0	145,7	113	46,1	1,52	18.910	1411	11,39	6456	492,8	6,66	799,9	750,9	7,13	222,4	979,0	161	28	131	–
260 x 142	278	265	15,5	26,5	24	177,0	180,3	140	56,6	1,54	24.330	1750	11,62	8236	621,6	6,76	1008	947,0	7,24	406,8	1300	167	28	134	–
260 x 172	290	268	18,0	32,5	24	177,0	219,6	174	66,9	1,57	31.310	2159	11,94	10.450	779,7	6,90	1262	1191	7,36	719,0	1728	173	28	136	–
320 x 97,6	310	300	9,0	15,5	27	225,0	124,4	93,0	41,1	1,76	22.930	1479	13,58	6985	465,7	7,49	814,0	757,1	8,06	108,0	1512	221	28	133	–
320 x 127	320	300	11,5	20,5	27	225,0	161,3	123	51,8	1,77	30.820	1926	13,82	9239	615,9	7,57	1075	1002	8,12	225,1	2069	225	28	136	–
320 x 158	330	303	14,5	25,5	27	225,0	201,2	155	64,2	1,80	39.640	2403	14,04	11.840	781,7	7,67	1359	1267	8,24	420,5	2741	231	28	139	–
320 x 198	343	306	18,0	32,0	27	225,0	252,3	196	79,5	1,83	51.900	3026	14,34	15.310	1001	7,79	1740	1626	8,36	805,3	3695	238	28	142	–
320 x 245	359	309	21,0	40,0	27	225,0	312,0	247	94,8	1,87	68.130	3796	14,78	19.710	1276	7,95	2218	2085	8,49	1501	5004	246	28	145	–
360 x 147	360	370	12,3	19,8	15	290,4	187,9	147	49,7	2,15	46.290	2572	15,70	16.720	903,9	9,43	1419	1289	10,17	223,7	4836	315	28	112	67
360 x 162	364	371	13,3	21,8	15	290,4	206,3	162	54,0	2,16	51.540	2832	15,81	18.560	1001	9,49	1570	1429	10,21	295,5	5432	317	28	113	67
360 x 179	368	373	15,0	23,9	15	290,2	228,3	178	60,7	2,17	57.440	3122	15,86	20.680	1109	9,52	1741	1583	10,26	393,8	6119	321	28	115	67
360 x 196	372	374	16,4	26,2	15	289,6	250,3	196	66,5	2,18	63.630	3421	15,94	22.860	1222	9,56	1919	1747	10,30	517,1	6829	323	28	116	67
400 x 187	368	391	15,0	24,0	15	290,0	237,6	188	60,7	2,24	60.180	3271	15,91	23.920	1224	10,03	1821	1663	10,79	414,6	7074	336	28	115	67
400 x 216	375	394	17,3	27,7	15	289,6	275,5	218	70,3	2,27	71.140	3794	16,07	28.250	1434	10,13	2131	1950	10,88	637,3	8515	342	28	117	67
400 x 237	380	395	18,9	30,2	15	289,6	300,9	239	77,1	2,28	78.780	4146	16,18	31.040	1572	10,16	2343	2145	10,91	825,5	9489	345	28	119	67
400 x 262	387	398	21,1	33,3	15	290,4	334,6	265	86,6	2,30	89.410	4620	16,35	35.020	1760	10,23	2630	2407	11,00	1116	10.940	352	28	121	67
400 x 287	393	399	22,6	36,6	15	289,8	366,3	292	93,5	2,31	99.710	5074	16,50	38.780	1944	10,29	2906	2669	11,04	1464	12.300	356	28	123	67
400 x 314	399	401	24,9	39,6	15	289,8	399,2	318	103	2,33	110.200	5525	16,62	42.600	2125	10,33	3187	2926	11,09	1870	13.740	360	28	125	67
400 x 347	407	404	27,2	43,7	15	289,6	442,0	353	114	2,35	124.900	6140	16,81	48.090	2380	10,43	3569	3284	11,19	2510	15.850	367	28	127	67
400 x 382	416	406	29,8	48,0	15	290,0	487,1	390	126	2,37	141.300	6794	17,03	53.620	2641	10,49	3982	3669	11,25	3326	18.130	374	28	130	67
400 x 421	425	409	32,8	52,6	15	289,8	537,1	430	140	2,39	159.600	7510	17,24	60.080	2938	10,58	4440	4096	11,33	4398	20.800	381	28	133	67
400 x 463	435	412	35,8	57,4	15	290,2	589,5	473	154	2,42	180.200	8283	17,48	67.040	3254	10,66	4939	4562	11,42	5735	23.850	389	28	136	67
400 x 509	446	416	39,1	62,7	15	290,6	649,0	522	171	2,45	204.500	9172	17,75	75.400	3625	10,78	5516	5104	11,54	7513	27.630	399	28	139	67
400 x 551	455	418	42,0	67,6	15	289,8	701,4	565	185	2,47	226.100	9939	17,95	82.490	3947	10,85	6025	5584	11,60	9410	30.870	405	28	142	67
400 x 592	465	421	45,0	72,3	15	290,4	754,9	609	200	2,45	250.200	10.760	18,20	90.170	4284	10,93	6569	6095	11,69	11.560	34.670	413	28	145	67
400 x 634	474	424	47,6	77,1	15	289,8	808,0	654	214	2,52	274.200	11.570	18,42	98.250	4634	11,03	7111	6611	11,78	14.020	38.570	421	28	148	67
400 x 677	483	428	51,2	81,5	15	290,0	863,4	698	232	2,55	299.500	12.400	18,62	106.900	4994	11,13	7673	7135	11,89	16.790	42.920	430	28	151	67
400 x 744	498	432	55,6	88,9	15	290,2	948,1	768	256	2,59	342.100	13.740	19,00	119.900	5552	11,25	8583	7998	12,01	21.840	49.980	442	28	156	67
400 x 818	514	437	60,5	97,0	15	290,0	1043	848	283	2,63	392.200	15.260	19,39	135.500	6203	11,40	9628	8992	12,16	28.510	58.650	456	28	161	67
400 x 900	531	442	65,9	106	15	289,0	1149	937	314	2,67	450.200	16.960	19,79	153.300	6938	11,55	10.810	10.120	12,31	37.350	68.890	470	28	166	67
400 x 990	550	448	71,9	115	15	290,0	1262	1030	349	2,72	518.900	18.870	20,27	173.400	7739	11,72	12.140	11.390	12,48	48.210	81.530	487	28	172	67
400 x 1086	569	454	78,0	125	15	289,0	1386	1135	386	2,77	595.700	20.940	20,73	196.200	8645	11,90	13.610	12.790	12,66	62.290	96.080	504	28	178	67

Anmerkungen sinngemäß wie in Tafel 10.12.
[a] Für die Profile 260 x... und 320 x... ist die Anordnung von vier Löchern möglich. Der maximale Lochdurchmesser d_{max} beträgt dann 17 mm für die Profile 260 x... bzw. 21 mm für die Profile 320 x....

Tafel 10.20 Anordnung von Schrauben in warmgewalzten Stahlprofilen nach DIN SPEC 18085 (08.14)

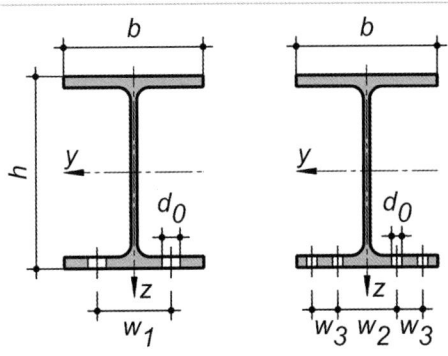

Die Tafel enthält *w*-Maße und größte Schrauben zwei- und vierreihiger Schraubenanordnungen nach DIN SPEC 18085 (08.14). Die angegebenen Schrauben sind die für das jeweilige Profil größtmöglichen einsetzbaren Schrauben. Im Zusammenhang mit den angegebenen *w*-Maßen ist auch die Verwendung kleinerer Schrauben (bis M12) möglich.

Die angegebenen größtmöglichen Schrauben gelten bei Einhaltung folgender Höchstwerte für die Nennlochdurchmesser d_0 der Schraubenlöcher:

Schraubengewinde	M12	M16	M20	M22	M24	M27	M30	M36
max. d_0 in mm	13,5[a]	18	22	24	26	30	33	39

	Zweireihige Schraubenanordnung								Vierreihige Schraubenanordnung			
	w-Maße und größte Schrauben für den allgemeinen Fall (beliebige Beanspruchungen) bzw. überwiegend auf Zug beanspruchte Schrauben								*w*-Maße und größte Schrauben für den allgemeinen Fall (beliebige Beanspruchungen)			
Profil-nenn-höhe	**IPE**			**HEAA, HEA, HEB, HEM**					**HEAA, HEA, HEB, HEM**			
	Schraube	w_1 in mm		Schraube	w_1 in mm für				Schraube	w_2 in mm für		w_3 in mm
					HEAA, HEA, HEB		HEM			HEAA, HEA, HEB	HEM	
		Allg.[b]	Zug[b,e]		Allg.[b]	Zug[b,e]	Allg.[b]	Zug[b,e]				
80	–	–	–	–	–	–	–	–	–	–	–	–
100	–	–	–	M12	60	60	66	66	–	–	–	–
120	–	–	–	M16	70	70	76	76	–	–	–	–
140	–	–	–	M22[c]	80	80	86	86	–	–	–	–
160	–	–	–	M24	90	90	96	96	–	–	–	–
180	M12	56	56	M27[c]	100	94	106	106	M12	72	78	35
200	M12	60	60	M30	110	104	116	110	M12	78	84	35
220	M16	66	66	M36	118	114	126	120	M12	80	86	45
240	M16	74	74	M36	126	118	136	126	M16	92	100	45
260	–	–	–	M36	132	124	142	132	M16	100	106	45
270	M16	78	78	–	–	–	–	–	–	–	–	–
280	–	–	–	M36	138	126	150	134	M20	112	112	55
300	M22[c]	86	86	M36	144	132[d]	160	142	M20	122	122	55
320	–	–	–	M36	150	132[d]	160	142	M20	126	126	55
330	M24	94	94	–	–	–	–	–	–	–	–	–
340	–	–	–	M36	160	132	160	142	M20	126	126	55
360	M24	96	92	M36	160	132	160	142	M20	126	126	55
400	M24	106	96	M36	160	134	160	142	M20	126	126	55
450	M27[c]	110	104	M36	160	134	160	142	M20	126	126	55
500	M30	118	110	M36	160	134	160	142	M20	126	126	55
550	M30	124	116	M36	160	136	160	142	M20	126	126	55
600	M30	126	116	M36	160	136	160	142	M20	126	126	55
650	–	–	–	M36	160	136	160	142	M20	126	126	55
700	–	–	–	M36	160	138	160	142	M20	126	126	55
800	–	–	–	M36	160	144	160	148	M20	130	130	55
900	–	–	–	M36	160	146	160	148	M20	130	130	55
1000	–	–	–	M36	160	146	160	148	M20	130	130	55

[a] Zur Erfassung von Beschichtungen wird ein um 0,5 mm erhöhter Nennlochdurchmesser berücksichtigt.

[b] Allg.: Allgemeine Beanspruchungen (Kategorien A, B und C sowie D und E nach DIN EN 1993-1-8),
Zug: Überwiegend auf Zug beanspruchte Schrauben (Kategorien D und E nach DIN EN 1993-1-8).

[c] Überlicherweise sind Schrauben M22 und M27 aufgrund geringerer Lagerhaltungen zu vermeiden.

[d] Mit dem *w*-Maß wird der in DIN EN 1993-1-8 festgelegte Grenzwert des maximalen Randabstands (4*t* + 40 mm) für HEAA-Profile nicht erfüllt. Der vertafelte Wert gilt bei HEAA-Profilen für Stahl, der nicht dem Wetter oder anderen korrosiven Einflüssen ausgesetzt ist.

[e] Bei ungünstiger Überlagerung von Maßtoleranzen kann es zu einem geringfügigen Hineinreichen der Scheiben in den Walzausrundungsbereich kommen (max. Scheibenneigung ≤ 1°).

Tafel 10.21 Warmgewalzter rundkantiger U-Stahl mit geneigten Flanschflächen

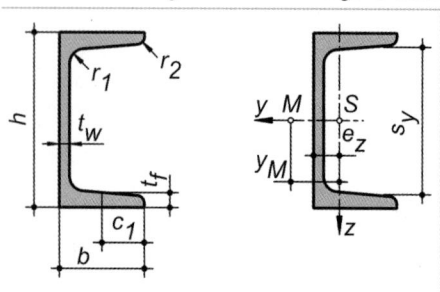

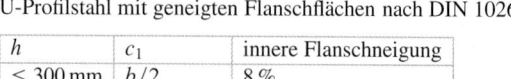

U-Profilstahl mit geneigten Flanschflächen nach DIN 1026-1 (09.09)

h	c_1	innere Flanschneigung
≤ 300 mm	$b/2$	8 %
> 300 mm	$(b - t_w)/2$	5 %

Bezeichnung eines U-Profilstahls mit geneigten Flanschflächen mit $h = 300$ mm aus einem Stahl mit dem Kurznamen S235JR bzw. der Werkstoffnummer 1.0038 nach DIN 10025:
U-Profil DIN 1026-1 – U 300 – S235JR oder U-Profil DIN 1026-1 – U 300 – 1.0038
U-Profilstahl nach dieser Norm wird vorzugsweise aus Stahlsorten nach DIN EN 10025 hergestellt. Die Stahlsorte ist bei der Bestellung anzugeben.
Die gewünschte Nennlänge ist bei Bestellung anzugeben. Die Profile werden mit folgenden Grenzabmaßen von der bestellten Länge geliefert:
a) $^{+100}_{0}$ mm oder, auf Vereinbarung
b) ± 50 mm.

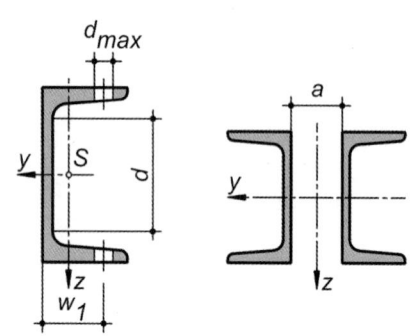

Kurz-zei-chen	Maße in mm[a]						A	A_{vz}	G	U	e_z[b]	y_M[c]	Für Biegung um die								s_y[d]	s_f	I_T	I_w	a[e]	Maße nach [93] in mm	
													y-Achse			z-Achse										
	h	b	t_w	$t_f = r_1$	r_2	d							I_y	W_y	i_y	I_z	W_z	i_z	$S_y = \frac{1}{2}W_{pl.y}$						d_{max}	Anreiß-maß w_1
							cm²	cm²	kg/m	m²/m	cm	cm	cm⁴	cm³	cm	cm⁴	cm³	cm	cm³	cm	cm³	cm⁴	cm⁶	mm	
U																										
30 × 15	30	15	4	4,5	2	12,1	2,21	1,24	1,74	0,103	0,52	0,74	2,53	1,69	1,07	0,38	0,39	0,42	–	–	–	0,165	0,408	9	–	–
30	30	33	5	7	3,5	1,2	5,44	1,66	4,27	0,174	1,31	2,22	6,39	4,26	1,08	5,33	2,68	0,99	–	–	–	0,912	4,36	–	–	–
40 × 20	40	20	5	5,5[f]	2,5	19,0	3,66	2,01	2,87	0,142	0,67	1,01	7,58	3,79	1,44	1,14	0,86	0,56	–	–	–	0,363	2,12	13	–	–
40	40	35	5	7	3,5	11,1	6,21	2,15	4,87	0,199	1,33	2,32	14,1	7,05	1,50	6,68	3,08	1,04	–	–	–	1,00	11,9	–	–	–
50 × 25	50	25	5	6	3	25,7	4,92	2,58	3,86	0,181	0,81	1,34	16,8	6,73	1,85	2,49	1,48	0,71	–	–	–	0,878	8,25	18	–	–
50	50	38	5	7	3,5	20,8	7,12	2,64	5,59	0,232	1,37	2,47	26,4	10,6	1,92	9,12	3,75	1,13	–	–	–	1,12	27,8	4	–	–
60	60	30	6	6	3	35,5	6,46	3,58	5,07	0,215	0,91	1,50	31,6	10,5	2,21	4,51	2,16	0,84	–	–	–	0,939	21,9	23	–	–
65	65	42	5,5	7,5	4	33,7	9,03	3,71	7,09	0,273	1,42	2,60	57,5	17,7	2,52	14,1	5,07	1,25	–	–	–	1,61	77,3	15	–	–
80	80	45	6	8	4	46,6	11,0	4,92	8,64	0,312	1,45	2,67	106	26,5	3,10	19,4	6,36	1,33	15,9	6,65	14,3	2,16	168	27	–	–
100	100	50	6	8,5	4,5	64,3	13,5	6,23	10,6	0,372	1,55	2,93	206	41,2	3,91	29,3	8,49	1,47	24,5	8,42	21,4	2,81	414	41	11	36
120	120	55	7	9	4,5	82,1	17,0	8,54	13,4	0,434	1,60	3,03	364	60,7	4,62	43,2	11,1	1,59	36,3	10,0	30,4	4,15	900	55	13	37
140	140	60	7	10	5	97,9	20,4	10,1	16,0	0,489	1,75	3,37	605	86,4	5,45	62,7	14,8	1,75	51,4	11,8	43,0	5,68	1800	68	13	37
160	160	65	7,5	10,5	5,5	115,6	24,0	12,2	18,8	0,546	1,84	3,56	925	116	6,21	85,3	18,3	1,89	68,8	13,4	56,3	7,39	3260	82	17	43
180	180	70	8	11	5,5	133,4	28,0	14,7	22,0	0,611	1,92	3,75	1350	150	6,95	114	22,4	2,02	89,6	15,1	71,8	9,55	5570	94	21	45
200	200	75	8,5	11,5	6	151,1	32,2	17,3	25,3	0,661	2,01	3,94	1910	191	7,70	148	27,0	2,14	114	16,8	89,7	11,9	9070	108	21	46
220	220	80	9	12,5	6,5	167,0	37,4	20,1	29,4	0,718	2,14	4,20	2690	245	8,48	197	33,6	2,30	146	18,5	115	16,0	14.600	120	21	47
240	240	85	9,5	13	6,5	184,7	42,3	23,1	33,2	0,775	2,23	4,39	3600	300	9,22	248	39,6	2,42	179	20,1	138	19,7	22.100	133	25	54
260	260	90	10	14	7	200,6	48,3	26,5	37,9	0,834	2,36	4,66	4820	371	9,99	317	47,7	2,56	221	21,8	171	25,5	33.300	146	25	56
280	280	95	10	15	7,5	216,3	53,3	28,6	41,8	0,890	2,53	5,02	6280	448	10,9	399	57,2	2,74	266	23,6	208	31,0	48.500	159	28	60
300	300	100	10	16	8	232,1	58,8	31,0	46,2	0,950	2,70	5,41	8030	535	11,7	495	67,8	2,90	316	25,4	249	37,4	69.100	172	28	61
320	320	100	14	17,5	8,75	247,4	75,8	46,3	59,5	0,982	2,60	4,82	10.870	679	12,1	597	80,6	2,81	413	26,3	306	66,7	96.100	181	25	63
350	350	100	14	16	8	283,3	77,3	50,1	60,6	1,05	2,40	4,45	12.840	734	12,9	570	75,0	2,72	449	28,6	309	61,2	114.000	204	28	65
380	380	102	13,5	16	8	313,1	80,4	52,5	63,1	1,11	2,38	4,58	15.760	829	14,0	615	78,7	2,77	507	31,1	342	59,1	146.000	227	28	65
400	400	110	14	18	9	325,0	91,5	57,7	71,8	1,18	2,65	5,11	20.350	1020	14,9	846	102	3,04	618	32,9	433	81,6	221.000	239	28	67

[a] Zul. Abweichungen s. [42].
[b] e_z Abstand der z-Achse von der Stegaußenkante.
[c] y_M Abstand des Schubmittelpunkts M von der z-Achse.
[d] s_y Abstand der Druck- und Zugmittelpunkte, $s_y = I_y/S_y$.
[e] a Stegabstand zweier U-Profile, für die die Flächenmomente 2. Grades bezogen auf die y-Achse bzw. z-Achse gleich groß und gleich $2I_y$ werden (Angaben nicht genormt).
[f] Bei U 40 × 20 ist $t_f = 5,5$ mm und $r_1 = 5$ mm.

Tafel 10.22 Warmgewalzter U-Stahl mit parallelen Flanschflächen

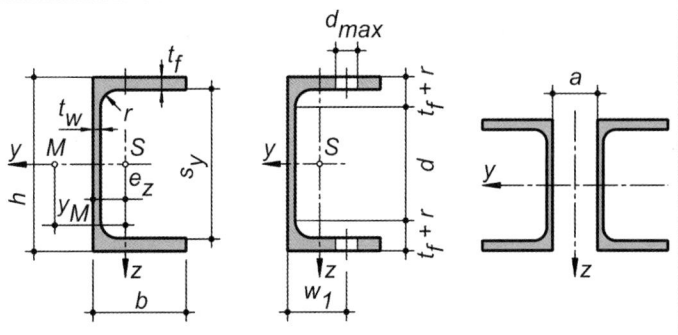

U-Profilstahl mit parallelen Flanschflächen nach DIN 1026-2 (10.02)

Bezeichnung eines U-Profilstahls mit parallelen Flanschflächen mit $h = 300$ mm aus einem Stahl mit dem Kurznamen S235JR bzw. der Werkstoffnummer 1.0038 nach DIN 10025:
U-Profil DIN 1026-2 – UPE 300 – S235JR oder U-Profil DIN 1026-2 – UPE 300 – 1.0038

U-Profilstahl nach dieser Norm wird vorzugsweise aus Stahlsorten nach DIN EN 10025 hergestellt. Die Stahlsorte ist bei der Bestellung anzugeben.

Die gewünschte Nennlänge ist bei Bestellung anzugeben. Die Profile werden mit folgenden Grenzabmaßen von der bestellten Länge geliefert:
a) $^{+100}_{0}$ mm oder, auf Vereinbarung
b) ± 50 mm.

Kurz-zeichen	Maße in mm[a]						A	A_{vz}	G	U	e_z [b]	y_M [c]	Für Biegung um die y-Achse			z-Achse			$S_y = \frac{1}{2} W_{pl.y}$	[d] s_y	S_f	I_T	I_w	[e] a	d_{max}	Maße nach [93] in mm Anreiß-maß w_1
	h	b	t_w	$t_f = r_1$	r_2	d	cm²	cm²	kg/m	m²/m	cm	cm	I_y cm⁴	W_y cm³	i_y cm	I_z cm⁴	W_z cm³	i_z cm	cm³	cm	cm³	cm⁴	cm⁶	mm	mm	
UPE																										
80	80	50	4	7	10	46	10,1	4,05	7,90	0,343	1,82	3,71	107	26,8	3,26	25,4	7,98	1,59	15,6	6,87	14,6	1,47	238	21	13	34
100	100	55	4,5	7,5	10	65	12,5	5,34	9,82	0,402	1,91	3,93	207	41,4	4,07	38,2	10,6	1,75	24,0	8,62	21,6	2,01	569	35	13	35
120	120	60	5	8	12	80	15,4	7,18	12,1	0,460	1,98	4,12	364	60,6	4,86	55,4	13,8	1,90	35,2	10,3	31,2	2,90	1120	50	13	36
140	140	65	5	9	12	98	18,4	8,25	14,5	0,520	2,17	4,54	599	85,6	5,71	78,7	18,2	2,07	49,4	12,1	43,4	4,05	2200	63	17	40
160	160	70	5,5	9,5	12	117	21,7	10,0	17,0	0,579	2,27	4,76	911	114	6,48	107	22,6	2,22	65,8	13,8	56,4	5,20	3960	76	21	43
180	180	75	5,5	10,5	12	135	25,1	11,2	19,7	0,639	2,47	5,19	1350	150	7,34	144	28,6	2,39	86,5	15,6	74,0	6,99	6810	89	21	43
200	200	80	6	11	13	152	29,0	13,5	22,8	0,697	2,56	5,41	1910	191	8,11	187	34,4	2,54	110	17,4	92,7	8,89	11.000	103	21	45
220	220	85	6,5	12	13	170	33,9	15,8	26,6	0,756	2,70	5,70	2680	244	8,90	246	42,5	2,70	141	19,1	117	12,1	17.610	116	25	51
240	240	90	7	12,5	15	185	38,5	18,8	30,2	0,813	2,79	5,91	3600	300	9,67	311	50,1	2,84	173	20,7	143	15,1	26.420	129	25	54
270	270	95	7,5	13,5	15	213	44,8	22,2	35,2	0,892	2,89	6,14	5250	389	10,8	401	60,7	2,99	226	23,3	183	19,9	43.550	150	28	58
300	300	100	9,5	15	15	240	56,6	30,3	44,4	0,968	2,89	6,03	7820	522	11,8	538	75,6	3,08	307	25,5	238	31,5	72.660	169	28	60
330	330	105	11	16	18	262	67,8	38,8	53,2	1,04	2,90	6,00	11.010	667	12,7	681	89,7	3,17	396	27,8	302	45,2	111.800	189	28	64
360	360	110	12	17	18	290	77,9	45,6	61,2	1,12	2,97	6,12	14.830	824	13,8	844	105	3,29	491	30,2	365	58,5	166.400	209	28	65
400	400	115	13,5	18	18	328	91,9	56,2	72,2	1,22	2,98	6,06	20.980	1049	15,1	1045	123	3,37	631	33,2	450	79,1	259.000	235	28	67

[a] Zul. Abweichungen s. [42].
[b] e_z Abstand der z-Achse von der Stegaußenkante.
[c] y_M Abstand des Schubmittelpunkts M von der z-Achse.
[d] Abstand der Druck- und Zugmittelpunkte, $s_y = I_y / S_y$.
[e] a Stegabstand zweier U-Profile, für die die Flächenmomente 2. Grades bezogen auf die y-Achse bzw. z-Achse gleich groß und gleich $2 I_y$ werden (Angaben nicht genormt).

Tafel 10.23 Warmgewalzter gleichschenkliger rundkantiger Winkelstahl nach DIN EN 10056-1 (06.17) (Auszug)

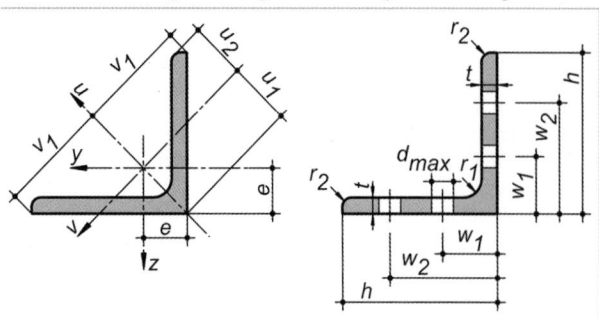

Bezeichnung eines gleichschenkligen Winkels mit der Schenkelbreite $h = 70$ mm und der Schenkeldicke $t = 7$ mm aus einem Stahl mit dem Kurznamen S235JR bzw. der Werkstoffnummer 1.0038 nach DIN 10025:
L EN 10056-1 – L 70 × 70 × 7 – S235JR oder
L EN 10056-1 – L 70 × 70 × 7 – 1.0038
Winkelstahl nach dieser Norm wird vorzugsweise aus Stahlsorten nach DIN EN 10025 hergestellt. Die Stahlsorte ist bei der Bestellung anzugeben.
Die gewünschte Nennlänge ist bei Bestellung anzugeben. Die Grenzabmaße von der bestellten Länge betragen:
a) ±50 mm oder
b) $^{+100}_{0}$ mm, wenn eine Mindestlänge gefordert wird.

Kurz-zeichen	Maße in mm[a]							Randabstände				Für Biegung um die								Maße nach [93]		
												y-Achse = z-Achse			u-Achse		v-Achse				Anreißmaße		
	h	t	r_1	r_2	A	G	U	e	v_1	u_1	u_2	I_y	W_y	i_y	I_u	i_u	I_v	W_v	i_v	d_{max}	w_1	w_2
L $h \times t$					cm²	kg/m	m²/m	cm	cm	cm	cm	cm⁴	cm³	cm	cm⁴	cm	cm⁴	cm³	cm	mm	mm	mm
20 × 3	20	3	3,5	1,75	1,12	0,882	0,077	0,598	1,41	0,846	0,708	0,392	0,279	0,590	0,618	0,742	0,165	0,195	0,383	–	–	–
25 × 3	25	3	3,5	1,75	1,42	1,12	0,097	0,723	1,77	1,02	0,885	0,803	0,452	0,751	1,27	0,945	0,334	0,326	0,484	–	–	–
25 × 4	25	4	3,5	1,75	1,85	1,45	0,097	0,762	1,77	1,08	0,901	1,02	0,586	0,741	1,61	0,931	0,430	0,399	0,482	–	–	–
30 × 3	30	3	5	2,5	1,74	1,36	0,116	0,835	2,12	1,18	1,05	1,40	0,649	0,899	2,22	1,13	0,585	0,496	0,581	–	–	–
30 × 4	30	4	5	2,5	2,27	1,78	0,116	0,878	2,12	1,24	1,06	1,80	0,850	0,892	2,85	1,12	0,754	0,607	0,577	–	–	–
35 × 4	35	4	5	2,5	2,67	2,09	0,136	1,00	2,47	1,42	1,24	2,95	1,18	1,05	4,68	1,32	1,23	0,865	0,678	–	–	–
40 × 4	40	4	6	3	3,08	2,42	0,155	1,12	2,83	1,58	1,40	4,47	1,55	1,21	7,09	1,52	1,86	1,17	0,777	–	–	–
40 × 5	40	5	6	3	3,79	2,97	0,155	1,16	2,83	1,64	1,41	5,43	1,91	1,20	8,59	1,51	2,26	1,38	0,773	–	–	–
45 × 4,5	45	4,5	7	3,5	3,90	3,06	0,174	1,26	3,18	1,78	1,58	7,15	2,20	1,35	11,3	1,70	2,97	1,67	0,873	–	–	–
50 × 4	50	4	7	3,5	3,89	3,06	0,194	1,36	3,54	1,92	1,75	8,97	2,46	1,52	14,2	1,91	3,73	1,94	0,979	–	–	–
50 × 5	50	5	7	3,5	4,80	3,77	0,194	1,40	3,54	1,99	1,76	11,0	3,05	1,51	17,4	1,90	4,55	2,29	0,973	11	35	–
50 × 6	50	6	7	3,5	5,69	4,47	0,194	1,45	3,54	2,04	1,77	12,8	3,61	1,50	20,3	1,89	5,34	2,61	0,968	11	36	–
60 × 5	60	5	8	4	5,82	4,57	0,233	1,64	4,24	2,32	2,11	19,4	4,45	1,82	30,7	2,30	8,03	3,46	1,17	13	35	–
60 × 6	60	6	8	4	6,91	5,42	0,233	1,69	4,24	2,39	2,11	22,8	5,29	1,82	36,1	2,29	9,44	3,96	1,17	13	36	–
60 × 8	60	8	8	4	9,03	7,09	0,233	1,77	4,24	2,50	2,14	29,2	6,89	1,80	46,1	2,26	12,2	4,86	1,16	13	38	–
65 × 7	65	7	9	4,5	8,70	6,83	0,252	1,85	4,60	2,61	2,29	33,4	7,18	1,96	53,0	2,47	13,9	5,31	1,26	17	42	–
70 × 6	70	6	9	4,5	8,13	6,38	0,272	1,93	4,95	2,73	2,46	36,9	7,27	2,13	58,5	2,68	15,3	5,60	1,37	21	41	–
70 × 7	70	7	9	4,5	9,40	7,38	0,272	1,97	4,95	2,79	2,47	42,3	8,41	2,12	67,1	2,67	17,5	6,28	1,36	21	42	–
75 × 6	75	6	9	5	8,73	6,85	0,292	2,05	5,30	2,90	2,64	45,8	8,41	2,29	72,7	2,89	18,9	6,53	1,47	21	41	–
75 × 8	75	8	9	5	11,4	8,99	0,292	2,14	5,30	3,02	2,66	59,1	11,0	2,27	93,8	2,86	24,5	8,09	1,46	21	43	–
80 × 8	80	8	10	5	12,3	9,63	0,311	2,26	5,66	3,19	2,83	72,2	12,6	2,43	115	3,06	29,9	9,37	1,56	25	50	–
80 × 10	80	10	10	5	15,1	11,9	0,311	2,34	5,66	3,30	2,85	87,5	15,4	2,41	139	3,03	36,4	11,0	1,55	21	46	–
90 × 7	90	7	11	5,5	12,2	9,61	0,351	2,45	6,36	3,47	3,16	92,5	14,1	2,75	147	3,46	38,3	11,0	1,77	28	53	–
90 × 8	90	8	11	5,5	13,9	10,9	0,351	2,50	6,36	3,53	3,17	104	16,1	2,74	166	3,45	43,1	12,2	1,76	28	54	–
90 × 9	90	9	11	5,5	15,5	12,2	0,351	2,54	6,36	3,59	3,18	116	17,9	2,73	184	3,44	47,9	13,3	1,76	28	55	–
90 × 10	90	10	11	5,5	17,1	13,4	0,351	2,58	6,36	3,65	3,19	127	19,8	2,72	201	3,43	52,6	14,4	1,75	28	56	–
100 × 8	100	8	12	6	15,5	12,2	0,390	2,74	7,07	3,87	3,52	145	19,9	3,06	230	3,85	59,9	15,5	1,96	28	55	–
100 × 10	100	10	12	6	19,2	15,0	0,390	2,82	7,07	3,99	3,54	177	24,6	3,04	280	3,83	73,0	18,3	1,95	28	57	–
100 × 12	100	12	12	6	22,7	17,8	0,390	2,90	7,07	4,11	3,57	207	29,1	3,02	328	3,80	85,7	20,9	1,94	28	59	–
120 × 10	120	10	13	6,5	23,2	18,2	0,469	3,31	8,49	4,69	4,24	313	36,0	3,67	497	4,63	129	27,5	2,36	28	60	–
120 × 12	120	12	13	6,5	27,5	21,6	0,469	3,40	8,49	4,80	4,26	368	42,7	3,65	584	4,60	152	31,6	2,35	28	60	–
130 × 12	130	12	14	7	30,0	23,5	0,508	3,64	9,19	5,15	4,60	472	50,4	3,97	750	5,00	195	37,8	2,55	28	61	–
150 × 10	150	10	16	8	29,3	23,0	0,586	4,03	10,6	5,71	5,28	624	56,9	4,62	991	5,82	258	45,1	2,97	25	58	118
150 × 12	150	12	16	8	34,8	27,3	0,586	4,12	10,6	5,83	5,29	737	67,7	4,60	1170	5,80	303	52,0	2,95	25	60	120
150 × 15	150	15	16	8	43,0	33,8	0,586	4,25	10,6	6,01	5,33	898	83,5	4,57	1426	5,76	370	61,6	2,93	28	66	–

Tafel 10.23 (Fortsetzung)

Kurzzeichen	Maße in mm[a]						Randabstände				Für Biegung um die								Maße nach [93]		
											y-Achse = z-Achse			u-Achse		v-Achse			Anreißmaße		
	h	t	r_1	r_2	A	G	U	e	v_1	u_1	u_2	I_y	W_y	i_y	I_u	i_u	I_v	W_v	i_v	d_{max}	w_1	w_2
L $h \times t$					cm²	kg/m	m²/m	cm	cm	cm	cm	cm⁴	cm³	cm	cm⁴	cm	cm⁴	cm³	cm	mm	mm	mm
160 × 15	160	15	17	8,5	46,1	36,2	0,625	4,49	11,3	6,35	5,67	1099	95,5	4,88	1745	6,16	453	71,3	3,13	25	64	124
180 × 16	180	16	18	9	55,4	43,5	0,705	5,02	12,7	7,10	6,38	1682	130	5,51	2673	6,95	692	97,4	3,53	28	69	136
180 × 18	180	18	18	9	61,9	48,6	0,705	5,10	12,7	7,22	6,41	1866	145	5,49	2963	6,92	768	106	3,52	28	71	138
200 × 16	200	16	18	9	61,8	48,5	0,785	5,52	14,1	7,81	7,09	2341	162	6,16	3723	7,76	960	123	3,94	28	69	136
200 × 18	200	18	18	9	69,1	54,2	0,785	5,60	14,1	7,93	7,12	2600	181	6,13	4133	7,73	1067	135	3,93	28	71	138
200 × 20	200	20	18	9	76,3	59,9	0,785	5,68	14,1	8,04	7,15	2851	199	6,11	4529	7,70	1172	146	3,92	28	73	140
200 × 24	200	24	18	9	90,6	71,1	0,785	5,84	14,1	8,26	7,21	3331	235	6,06	5284	7,64	1378	167	3,90	28	77	144
250 × 28	250	28	18	9	133	104	0,985	7,24	17,7	10,2	9,04	7697	433	7,62	12.230	9,61	3169	309	4,89	28	81	166
250 × 35	250	35	18	9	163	128	0,985	7,50	17,7	10,6	9,17	9264	529	7,54	14.670	9,48	3862	364	4,87	28	88	166

[a] Zul. Abweichungen s. [52].

Tafel 10.24 Warmgewalzter ungleichschenkliger rundkantiger Winkelstahl nach DIN EN 10056-1 (06.17) (Auszug)

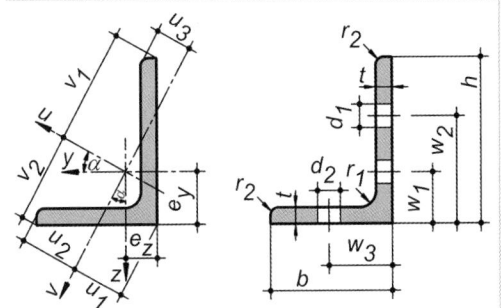

Bezeichnung eines ungleichschenkligen Winkels mit den Schenkelbreiten $h = 70\,mm$ und $b = 50\,mm$ sowie der Schenkeldicke $t = 6\,mm$ aus einem Stahl mit dem Kurznamen S235JR bzw. der Werkstoffnummer 1.0038 nach DIN 10025:
L EN 10056-1 – L 70 × 50 × 6 – S235JR oder L EN 10056-1 – L 70 × 50 × 6 – 1.0038
Winkelstahl nach dieser Norm wird vorzugsweise aus Stahlsorten nach DIN EN 10025 hergestellt. Die Stahlsorte ist bei der Bestellung anzugeben.
Die gewünschte Nennlänge ist bei Bestellung anzugeben. Die Grenzabmaße von der bestellten Länge betragen:
a) ±50 mm oder
b) $^{+100}_{0}$ mm, wenn eine Mindestlänge gefordert wird.

Kurzzeichen	Maße[a]					Randabstände							Achslage	Für Biegung um die										Maße nach [93]				
														y-Achse			z-Achse			u-Achse		v-Achse			Anreißmaße				
	r_1	r_2	A	G	U	e_y	e_z	v_1	v_2	u_1	u_2	u_3	$\tan\alpha$	I_y	W_y	i_y	I_z	W_z	i_z	I_u	i_u	I_v	i_v	d_1	d_2	w_1	w_2	w_3
L $h \times b \times t$	mm	mm	cm²	kg/m	m²/m	cm	cm	cm	cm	cm	cm	cm		cm⁴	cm³	cm	cm⁴	cm³	cm	cm⁴	cm	cm⁴	cm	mm	mm	mm	mm	mm
30 × 20 × 3	4	2	1,43	1,12	0,097	0,990	0,502	2,05	1,50	0,850	1,04	0,542	0,427	1,25	0,621	0,935	0,437	0,292	0,553	1,43	1,00	0,256	0,424	–	–	–	–	–
30 × 20 × 4	4	2	1,86	1,46	0,097	1,03	0,541	2,02	1,52	0,899	1,04	0,572	0,421	1,59	0,807	0,925	0,553	0,379	0,546	1,81	0,988	0,330	0,421	–	–	–	–	–
40 × 20 × 4	4	2	2,26	1,77	0,117	1,47	0,481	2,58	1,79	0,824	1,17	0,498	0,252	3,59	1,42	1,26	0,596	0,393	0,514	3,80	1,30	0,393	0,417	–	–	–	–	–
40 × 25 × 4	4	2	2,46	1,93	0,127	1,36	0,623	2,69	1,94	1,07	1,35	0,671	0,380	3,89	1,47	1,26	1,16	0,619	0,688	4,35	1,33	0,701	0,534	–	–	–	–	–
45 × 30 × 4	4,5	2,25	2,86	2,25	0,146	1,48	0,739	3,07	2,25	1,26	1,58	0,819	0,433	5,75	1,90	1,42	2,04	0,903	0,845	6,61	1,52	1,19	0,644	–	–	–	–	–
50 × 30 × 5	5	2,5	3,78	2,96	0,156	1,73	0,741	3,33	2,38	1,27	1,65	0,791	0,352	9,36	2,86	1,57	2,51	1,11	0,816	10,3	1,65	1,54	0,639	11	–	35	–	–
60 × 30 × 5	5	2,5	4,28	3,36	0,176	2,17	0,684	3,88	2,67	1,20	1,77	0,722	0,257	15,6	4,07	1,91	2,63	1,14	0,784	16,5	1,97	1,71	0,633	13	–	35	–	–
60 × 40 × 5	6	3	4,79	3,76	0,195	1,96	0,972	4,10	3,00	1,67	2,11	1,08	0,433	17,2	4,25	1,89	6,11	2,02	1,13	19,7	2,03	3,54	0,860	13	–	35	–	–
60 × 40 × 6	6	3	5,68	4,46	0,195	2,00	1,01	4,08	3,02	1,72	2,10	1,11	0,431	20,1	5,03	1,88	7,12	2,38	1,12	23,1	2,02	4,16	0,855	13	–	36	–	–
65 × 50 × 5	6	3	5,54	4,35	0,225	1,99	1,25	4,53	3,60	2,08	2,39	1,49	0,577	23,2	5,14	2,05	11,9	3,19	1,47	28,8	2,28	6,32	1,07	17	11	40	–	35
70 × 50 × 6	7	3,5	6,89	5,41	0,234	2,23	1,25	4,83	3,67	2,11	2,52	1,42	0,496	33,4	7,01	2,20	14,2	3,78	1,43	39,7	2,40	7,92	1,07	21	11	41	–	36
75 × 50 × 6	7	3,5	7,19	5,65	0,244	2,44	1,21	5,12	3,75	2,08	2,64	1,35	0,435	40,5	8,01	2,37	14,4	3,81	1,42	46,6	2,55	8,36	1,08	21	11	41	–	36
75 × 50 × 8	7	3,5	9,41	7,39	0,244	2,52	1,29	5,08	3,78	2,18	2,62	1,41	0,430	52,0	10,4	2,35	18,4	4,95	1,40	59,6	2,52	10,8	1,07	21	–	43	–	–
80 × 40 × 6	7	3,5	6,89	5,41	0,234	2,85	0,884	5,20	3,54	1,57	2,38	0,935	0,258	44,9	8,73	2,55	7,59	2,44	1,05	47,6	2,63	4,93	0,845	25	–	46	–	–
80 × 40 × 8	7	3,5	9,01	7,07	0,234	2,94	0,963	5,14	3,59	1,65	2,34	1,01	0,253	57,6	11,4	2,53	9,61	3,16	1,03	60,9	2,60	6,34	0,838	25	–	48	–	–
80 × 60 × 7	8	4	9,38	7,36	0,273	2,51	1,52	5,55	4,35	2,54	2,92	1,77	0,546	59,0	10,7	2,51	28,4	6,34	1,74	72,0	2,77	15,4	1,28	25	13	47	–	37

Tafel 10.24 (Fortsetzung)

Kurz-zeichen	Maße[a]					Randabstände							Achs-lage	Für Biegung um die										Maße nach [93]				
														y-Achse			z-Achse			u-Achse		v-Achse					Anreißmaße		
	r_1	r_2	A	G	U	e_y	e_z	v_1	v_2	u_1	u_2	u_3	$\tan\alpha$	I_y	W_y	i_y	I_z	W_z	i_z	I_u	i_u	I_v	i_v	d_1	d_2	w_1	w_2	w_3
L $h\times b\times t$	mm	mm	cm²	kg/m	m²/m	cm	cm	cm	cm	cm	cm	cm		cm⁴	cm³	cm	cm⁴	cm³	cm	cm⁴	cm	cm⁴	cm	mm	mm	mm	mm	mm
100×50×6	8	4	8,71	6,84	0,293	3,51	1,05	6,55	4,39	1,90	3,00	1,12	0,262	89,9	13,8	3,21	15,4	3,89	1,33	95,4	3,31	9,92	1,07	25	11	48	–	36
100×50×8	8	4	11,4	8,97	0,293	3,60	1,13	6,48	4,45	1,99	2,96	1,20	0,258	116	18,2	3,19	19,7	5,08	1,31	123	3,28	12,8	1,06	28	–	53	–	–
100×65×7	10	5	11,2	8,77	0,321	3,23	1,51	6,83	4,89	2,63	3,49	1,69	0,415	113	16,6	3,17	37,6	7,53	1,83	128	3,39	22,0	1,40	28	17	56	–	42
100×65×8	10	5	12,7	9,94	0,321	3,27	1,55	6,81	4,92	2,69	3,47	1,72	0,413	127	18,9	3,16	42,2	8,54	1,83	144	3,37	24,8	1,40	28	17	53	–	43
100×65×10	10	5	15,6	12,3	0,321	3,36	1,63	6,76	4,95	2,79	3,45	1,78	0,410	154	23,2	3,14	51,0	10,5	1,81	175	3,35	30,1	1,39	28	13	55	–	40
100×75×8	10	5	13,5	10,6	0,341	3,10	1,87	6,95	5,42	3,13	3,65	2,19	0,547	133	19,3	3,14	64,1	11,4	2,18	162	3,47	34,6	1,60	28	21	53	–	44
100×75×10	10	5	16,6	13,0	0,341	3,19	1,95	6,92	5,45	3,24	3,65	2,24	0,544	162	23,8	3,12	77,6	14,0	2,16	197	3,45	42,2	1,59	28	21	55	–	46
100×75×12	10	5	19,7	15,4	0,341	3,27	2,03	6,89	5,47	3,34	3,65	2,29	0,540	189	28,0	3,10	90,2	16,5	2,14	230	3,42	49,5	1,59	28	21	57	–	48
120×80×8	11	5,5	15,5	12,2	0,391	3,83	1,87	8,23	5,97	3,24	4,23	2,12	0,437	226	27,6	3,82	80,8	13,2	2,28	260	4,10	46,6	1,74	28	21	64	–	45
120×80×10	11	5,5	19,1	15,0	0,391	3,92	1,95	8,19	6,01	3,35	4,21	2,18	0,435	276	34,1	3,80	98,1	16,2	2,26	317	4,07	56,8	1,72	28	21	60	–	47
120×80×12	11	5,5	22,7	17,8	0,391	4,00	2,03	8,15	6,04	3,45	4,20	2,24	0,431	323	40,4	3,77	114	19,1	2,24	371	4,04	66,7	1,71	28	21	58	–	49
125×75×8	11	5,5	15,5	12,2	0,391	4,14	1,68	8,44	5,86	2,98	4,20	1,85	0,360	247	29,6	4,00	67,6	11,6	2,09	274	4,21	40,9	1,63	28	21	64	–	45
125×75×10	11	5,5	19,1	15,0	0,391	4,23	1,76	8,38	5,91	3,08	4,17	1,92	0,357	302	36,5	3,97	82,1	14,3	2,07	334	4,18	49,9	1,61	28	21	65	–	47
125×75×12	11	5,5	22,7	17,8	0,391	4,31	1,84	8,33	5,95	3,17	4,15	1,98	0,354	354	43,2	3,95	95,5	16,9	2,05	391	4,15	58,5	1,61	28	21	58	–	49
135×65×8	11	5,5	15,5	12,2	0,391	4,78	1,34	8,79	5,87	2,44	3,95	1,43	0,245	291	33,4	4,34	45,2	8,75	1,71	307	4,45	29,4	1,38	28	17	64	–	43
135×65×10	11	5,5	19,1	15,0	0,391	4,88	1,42	8,72	5,93	2,53	3,91	1,51	0,242	356	41,3	4,31	54,7	10,8	1,69	375	4,43	35,9	1,37	28	13	75	–	40
150×75×9	12	6	19,6	15,4	0,440	5,26	1,57	9,82	6,59	2,85	4,50	1,68	0,262	455	46,7	4,82	77,9	13,1	1,99	483	4,96	50,2	1,60	25	21	53	113	47
150×75×10	12	6	21,7	17,0	0,440	5,31	1,61	9,79	6,62	2,90	4,48	1,72	0,261	501	51,6	4,81	85,4	14,5	1,99	531	4,95	55,1	1,60	25	21	54	114	48
150×75×12	12	6	25,7	20,2	0,440	5,40	1,69	9,72	6,68	2,99	4,45	1,79	0,258	588	61,3	4,78	99,6	17,1	1,97	623	4,92	64,7	1,59	25	21	56	116	50
150×75×15	12	6	31,7	24,8	0,440	5,52	1,81	9,63	6,75	3,11	4,40	1,90	0,253	713	75,2	4,75	119	21,0	1,94	753	4,88	78,6	1,58	25	17	59	119	50
150×90×10	12	6	23,2	18,2	0,470	5,00	2,04	10,1	7,06	3,61	5,03	2,25	0,360	533	53,3	4,80	146	21,0	2,51	591	5,05	88,3	1,95	25	25	54	114	54
150×90×12	12	6	27,5	21,6	0,470	5,08	2,12	10,1	7,11	3,71	5,00	2,31	0,358	627	63,3	4,77	171	24,8	2,49	694	5,02	104	1,94	25	25	56	116	56
150×90×15	12	6	33,9	26,6	0,470	5,21	2,23	9,98	7,16	3,84	4,98	2,41	0,354	761	77,7	4,74	205	30,4	2,46	841	4,98	126	1,93	25	25	59	119	59
150×100×10	12	6	24,2	19,0	0,490	4,81	2,34	10,3	7,48	4,08	5,29	2,67	0,438	553	54,2	4,78	198	25,9	2,87	637	5,13	114	2,17	25	28	54	114	57
150×100×12	12	6	28,7	22,5	0,490	4,90	2,42	10,2	7,52	4,18	5,28	2,73	0,436	651	64,4	4,76	233	30,7	2,85	749	5,11	134	2,16	25	28	56	116	59
200×100×10	15	7,5	29,2	23,0	0,587	6,93	2,01	13,2	8,74	3,71	6,05	2,18	0,263	1219	93,2	6,46	210	26,3	2,68	1294	6,65	135	2,15	28	28	60	140	60
200×100×12	15	7,5	34,8	27,3	0,587	7,03	2,10	13,1	8,80	3,81	6,00	2,26	0,262	1440	111	6,43	247	31,3	2,67	1528	6,63	159	2,14	28	28	62	129	62
200×100×15	15	7,5	43,0	33,7	0,587	7,16	2,22	13,0	8,89	3,95	5,95	2,37	0,260	1758	137	6,40	299	38,4	2,64	1864	6,58	194	2,12	28	28	65	132	65
200×150×12	15	7,5	40,8	32,0	0,687	6,08	3,61	13,9	10,8	6,10	7,34	4,35	0,552	1652	119	6,36	803	70,5	4,44	2025	7,04	430	3,25	28	28	62	129	78
200×150×15	15	7,5	50,5	39,6	0,687	6,21	3,73	13,9	10,9	6,27	7,33	4,43	0,551	2022	147	6,33	979	86,9	4,40	2476	7,00	526	3,23	28	28	65	132	66

[a] Zul. Abweichungen s. [52].

Tafel 10.25 Warmgewalzter Breitflachstahl nach DIN 59200 (05.01)

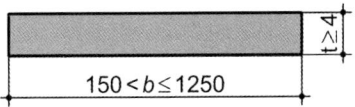

Bezeichnung für Breitflachstahl mit Nenndicke 15 mm, Klasse B für die Grenzabmaße der Dicke, Nennbreite 800 mm, in Herstelllängen ohne Angabe eines Längenbereichs, aus Stahl mit dem Kurznamen S235JR bzw. der Werkstoffnummer 1.0038 nach DIN EN 10025:

Breitflachstahl DIN 59200 – 15B × 800 – S235JR oder Breitflachstahl DIN 59200 – 15B × 800 – 1.0038

Warmgewalzter Breitflachstahl nach dieser Norm wird u. a. aus Stählen nach DIN EN 10025 geliefert. Die Stahlsorte ist in der Bezeichnung anzugeben.

Bei Bestellung ohne Längenangabe (nach Gewicht) darf die Länge nach Wahl des Lieferers zwischen 2000 und 12.000 mm schwanken. Breitflachstahl ist auch in Herstelllängen mit einem bei der Bestellung anzugebenden Längenbereich lieferbar. Die Spanne zwischen der kleinsten und der größten Länge dieses Bereichs muss dabei mindestens 500 mm betragen. Zulässige Maßabweichung bei Bestellung in Genaulänge: +200 mm. Nach Vereinbarung sind kleinere Maßabweichungen möglich, zu bevorzugen sind +50 mm und +25 mm.

Die zu bevorzugenden Nenndicken t sind: 5, 6, 8, 10, 12, 15, 20, 25, 30, 40, 50, 60 und 80 mm.

Die zu bevorzugenden Nennbreiten b sind: 160, 180, 200, 220, 240, 250, 260, 280, 300, 320, 340, 350, 360, 380, 400, 450, 500, 550, 600, 650, 700, 750, 800, 900, 1000, 1100 und 1200 mm.

Tafel 10.26 Warmgewalzter gleichschenkliger T-Stahl mit gerundeten Kanten und Übergängen nach DIN EN 10055 (12.95)

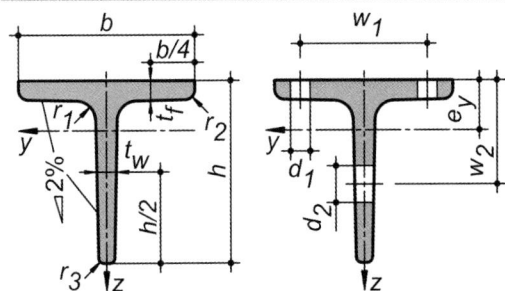

Bezeichnung eines gleichschenkligen rundkantigen T-Stahls mit $h = 40$ mm aus einem Stahl mit dem Kurznamen S235JR bzw. der Werkstoffnummer 1.0038 nach DIN 10025:

T-Profil EN 10055 – T40 – Stahl EN 10025 – S235JR oder
T-Profil EN 10055 – T40 – Stahl EN 10025 – 1.0038

Werkstoff vorzugsweise aus Stahlsorten nach DIN EN 10025; er ist in der Bezeichnung anzugeben.

Übliches Grenzabmaß: ±100 mm. Eingeschränkte Grenzabmaße: ±50 mm, ±25 mm, ±10 mm.

Auf Vereinbarung bei der Bestellung können die Gesamtspannen für die Grenzabmaße ganz auf die Plusseite oder ganz auf die Minusseite gelegt werden.

Kurz-zeichen	Maße in mm									Für Biegung um die						Maße nach [93] in mm			
										y-Achse			z-Achse					Anreißmaße	
	h	b	$t_w = t_f = r_1$	r_2	r_3	A	G	U	e_y	I_y	W_y[a]	i_y	I_z	W_z	i_z	d_1	d_2	w_1	w_2
						cm²	kg/m	m²/m	cm	cm⁴	cm³	cm	cm⁴	cm³	cm				
T																			
30	30	30	4	2	1	2,26	1,77	0,114	0,85	1,72	0,80	0,87	0,87	0,58	0,62	–	–	–	–
35	35	35	4,5	2,5	1	2,97	2,33	0,133	0,99	3,10	1,23	1,04	1,57	0,90	0,73	–	–	–	–
40	40	40	5	2,5	1	3,77	2,96	0,153	1,12	5,28	1,84	1,18	2,58	1,29	0,83	–	–	–	–
50	50	50	6	3	1,5	5,66	4,44	0,191	1,39	12,1	3,36	1,46	6,06	2,42	1,03	–	11	–	36
60	60	60	7	3,5	2	7,94	6,23	0,229	1,66	23,8	5,48	1,73	12,2	4,07	1,24	–	13	–	37
70	70	70	8	4	2	10,6	8,32	0,268	1,94	44,5	8,79	2,05	22,1	6,32	1,44	–	21	–	43
80	80	80	9	4,5	2	13,6	10,7	0,307	2,22	73,7	12,8	2,33	37,0	9,25	1,65	–	25	–	50
100	100	100	11	5,5	3	20,9	16,4	0,383	2,74	179	24,6	2,92	88,3	17,7	2,05	11	28	71	57
120	120	120	13	6,5	3	29,6	23,2	0,459	3,28	366	42,0	3,51	178	29,7	2,45	13	28	76	61
140	140	140	15	7,5	4	39,9	31,3	0,537	3,80	660	64,7	4,07	330	47,2	2,88	17	28	90	65

[a] $W_y = I_y/(h - e_y)$.

Tafel 10.27 Halbierte I-Träger

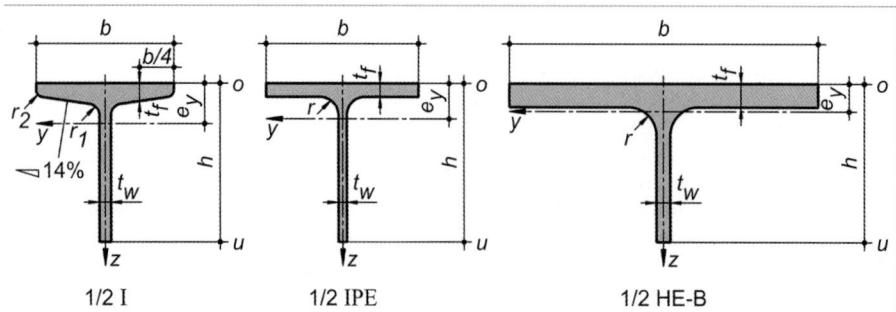

1/2 I 1/2 IPE 1/2 HE-B

Bezeichnungen und Maße b, t_w, t_f, r, r_1 und r_2 siehe entsprechende Tafeln der Walzprofile.

Alle I-Träger können nicht nur in der Stegmitte, sondern auch an anderen Stegstellen geteilt werden. Es entstehen dann mehr oder weniger hochstegige oder breitfüßige T-Stähle. Zwischen die halbierten I-Träger können optional auch zusätzliche Stegbleche eingeschweißt werden.

Kurz-zeichen					Für Biegung um die									
					y-Achse				z-Achse					
	h	A	G	e_y[a]	I_y	W_{yu}[b]	W_{yo}[b]	i_y	I_z	W_z	i_z	I_T	i_p[c]	i_M[d]
	mm	cm²	kg/m	cm	cm⁴	cm³	cm³	cm	cm⁴	cm³	cm	cm⁴	cm	cm
1/2 I – Halbierte schmale I-Träger, nach DIN 1025-1														
140	70	9,12	7,16	1,78	37,7	7,22	21,2	2,03	17,6	5,33	1,39	2,15	2,46	2,81
160	80	11,4	8,95	2,04	62,1	10,4	30,4	2,34	27,3	7,39	1,55	3,27	2,80	3,21
180	90	13,9	10,9	2,30	96,9	14,5	42,1	2,64	40,7	9,92	1,71	4,77	3,14	3,61
200	100	16,7	13,1	2,56	144	19,4	56,3	2,94	58,3	13,0	1,87	6,72	3,48	4,01
220	110	19,8	15,5	2,83	208	25,4	73,5	3,24	81,1	16,6	2,03	9,26	3,82	4,42
240	120	23,0	18,1	3,09	289	32,5	93,7	3,55	110	20,8	2,19	12,4	4,17	4,83
260	130	26,7	20,9	3,37	396	41,1	117	3,85	144	25,5	2,32	16,7	4,50	5,23
280	140	30,5	23,9	3,66	528	51,1	144	4,16	182	30,6	2,44	22,0	4,83	5,63
300	150	34,5	27,1	3,96	691	62,6	174	4,48	225	36,0	2,56	28,3	5,15	6,04
320	160	38,9	30,5	4,26	889	75,7	209	4,78	278	42,4	2,67	36,1	5,48	6,45
340	170	43,3	34,0	4,56	1130	90,5	247	5,10	336	49,1	2,79	45,0	5,81	6,86
360	180	48,5	38,1	4,86	1420	108	291	5,41	409	57,2	2,91	57,2	6,14	7,27
380	190	53,5	42,0	5,16	1750	126	338	5,72	487	65,4	3,02	70,5	6,47	7,68
400	200	58,9	46,2	5,46	2140	147	391	6,03	579	74,7	3,14	84,6	6,80	8,09
450	225	73,5	57,7	6,21	3400	209	547	6,80	863	101	3,43	133	7,62	9,11
500	250	89,7	70,4	6,96	5150	285	739	7,58	1240	134	3,72	200	8,44	10,1
550	275	106	83,2	7,56	7290	366	965	8,30	1740	174	4,06	272	9,24	11,0
1/2 IPEa – Halbierte mittelbreite I Träger, leichte Ausführung (nicht genormt)														
140	68,7	6,70	5,26	1,52	26,0	4,87	17,1	1,97	18,2	4,99	1,65	0,680	2,57	2,86
160	78,5	8,09	6,35	1,73	41,2	6,72	23,9	2,26	27,2	6,64	1,83	0,982	2,91	3,24
180	88,5	9,79	7,68	1,94	63,7	9,21	32,9	2,55	40,9	9,00	2,05	1,35	3,27	3,65
200	98,5	11,7	9,21	2,11	92,8	12,0	44,0	2,81	58,6	11,7	2,23	2,06	3,59	4,00
220	108,5	14,1	11,1	2,35	137	16,1	58,4	3,12	85,7	15,6	2,46	2,84	3,97	4,43
240	118,5	16,7	13,1	2,50	188	20,1	75,4	3,36	120	20,0	2,68	4,18	4,30	4,78
270	133,5	19,6	15,4	2,81	286	27,1	101	3,82	179	26,5	3,02	5,15	4,87	5,42
300	148,5	23,3	18,3	3,21	432	37,1	135	4,31	259	34,6	3,34	6,72	5,45	6,10
330	163,5	27,4	21,5	3,53	615	47,9	174	4,74	343	42,8	3,54	9,79	5,91	6,64
360	178,8	32,0	25,1	3,70	831	58,6	224	5,10	472	55,5	3,84	13,3	6,38	7,11
400	198,5	36,5	28,7	4,20	1200	76,4	285	5,72	585	65,0	4,00	17,4	6,98	7,85
450	223,5	42,8	33,6	4,88	1830	105	375	6,54	751	79,1	4,19	22,8	7,77	8,84
500	248,5	50,5	39,7	5,60	2740	142	489	7,36	970	97,0	4,38	31,4	8,56	9,85
550	273,5	58,6	46,0	6,25	3880	184	621	8,14	1220	116	4,55	43,3	9,33	10,8
600	298,5	68,5	53,8	6,93	5450	238	788	8,92	1560	142	4,77	59,4	10,1	11,8

[a] Abstand der y-Achse von der Flanschaußenkante.

[b] W_{yu}, W_{yo} auf den unteren bzw. oberen Querschnittsrand bezogenes Widerstandsmoment.

[c] $i_p = \sqrt{i_y^2 + i_z^2}$ auf den Schwerpunkt bezogener polarer Trägheitsradius.

[d] $i_M = \sqrt{i_p^2 + z_M^2}$ mit $z_M = e_y - t_f/2$ auf den Schubmittelpunkt bezogener polarer Trägheitsradius.

Tafel 10.27 (Fortsetzung)

Kurz-zeichen					Für Biegung um die									
					y-Achse				z-Achse					
	h	A	G	$e_y{}^a$	I_y	$W_{yu}{}^b$	$W_{yo}{}^b$	i_y	I_z	W_z	i_z	I_T	$i_p{}^c$	$i_M{}^d$
	mm	cm²	kg/m	cm	cm⁴	cm³	cm³	cm	cm⁴	cm³	cm	cm⁴	cm	cm
1/2 IPE – Halbierte mittelbreite I-Träger, nach DIN 1025-5														
140	70	8,21	6,45	1,62	33,0	6,14	20,4	2,01	22,5	6,15	1,65	1,22	2,60	2,90
160	80	10,0	7,89	1,84	52,9	8,57	28,8	2,29	34,2	8,33	1,84	1,80	2,94	3,29
180	90	12,0	9,40	2,05	80,3	11,5	39,1	2,59	50,4	11,1	2,05	2,40	3,30	3,69
200	100	14,2	11,2	2,25	117	15,1	51,9	2,87	71,2	14,2	2,24	3,49	3,64	4,07
220	110	16,7	13,1	2,45	165	19,3	67,6	3,15	102	18,6	2,48	4,53	4,01	4,47
240	120	19,6	15,4	2,63	227	24,3	86,6	3,41	142	23,6	2,69	6,44	4,35	4,84
270	135	23,0	18,0	2,97	346	32,8	117	3,88	210	31,1	3,02	7,97	4,92	5,50
300	150	26,9	21,1	3,32	509	43,6	153	4,35	302	40,3	3,35	10,1	5,49	6,16
330	165	31,3	24,6	3,65	717	55,8	196	4,78	394	49,3	3,55	14,1	5,96	6,70
360	180	36,4	28,5	3,99	992	70,8	249	5,22	522	61,4	3,79	18,7	6,45	7,27
400	200	42,2	33,2	4,52	1450	93,7	320	5,86	659	73,2	3,95	25,5	7,07	8,05
450	225	49,4	38,8	5,28	2220	129	420	6,70	838	88,2	4,12	33,4	7,86	9,09
500	250	57,8	45,3	6,01	3260	172	543	7,52	1070	107	4,31	44,6	8,66	10,1
550	275	67,2	52,8	6,77	4670	225	690	8,33	1330	127	4,45	61,6	9,45	11,1
600	300	78,0	61,2	7,48	6500	288	868	9,13	1690	154	4,66	82,7	10,2	12,2
1/2 IPEo – Halbierte mittelbreite I-Träger, optimierte Ausführung (nicht genormt)														
180	91	13,5	10,6	2,12	92,4	13,2	43,6	2,61	58,6	12,7	2,08	3,38	3,34	3,73
200	101	16,0	12,5	2,30	132	17,0	57,6	2,88	84,4	16,6	2,30	4,72	3,68	4,11
220	111	18,7	14,7	2,51	188	21,9	74,8	3,17	120	21,4	2,53	6,13	4,06	4,52
240	121	21,9	17,2	2,71	259	27,6	95,5	3,44	164	26,9	2,74	8,59	4,40	4,91
270	137	26,9	21,1	3,03	407	38,1	134	3,89	257	37,8	3,09	12,4	4,96	5,52
300	152	31,4	24,7	3,36	594	50,2	177	4,35	373	49,1	3,45	15,5	5,55	6,18
330	167	36,3	28,5	3,72	835	64,3	225	4,80	480	59,3	3,64	21,1	6,02	6,74
360	182	42,1	33,0	4,10	1160	82,5	284	5,26	626	72,7	3,86	27,9	6,52	7,34
400	202	48,2	37,8	4,62	1670	107	361	5,88	782	85,9	4,03	36,6	7,13	8,10
450	228	58,8	46,2	5,41	2670	153	493	6,73	1040	109	4,21	54,4	7,94	9,14
500	253	68,4	53,7	6,19	3920	205	633	7,57	1310	130	4,38	71,7	8,74	10,2
550	278	78,0	61,3	6,89	5460	261	793	8,37	1610	152	4,55	93,8	9,52	11,2
600	305	98,4	77,2	7,78	8350	368	1070	9,21	2260	202	4,79	159	10,4	12,3
1/2 IPEv – Halbierte mittelbreite I-Träger, verstärkte Ausführung (nicht genormt)														
400	204	53,5	42,0	4,69	1860	119	397	5,90	883	97,1	4,06	49,5	7,16	8,12
450	230	66,0	51,8	5,57	3040	174	546	6,79	1200	124	4,26	74,9	8,01	9,23
500	257	82,0	64,4	6,39	4770	247	747	7,63	1640	160	4,47	121	8,84	10,3
550	283	101	79,3	7,48	7400	355	989	8,56	2130	197	4,60	190	9,71	11,5
600	309	117	91,8	8,13	10.160	446	1250	9,33	2780	244	4,88	256	10,5	12,5

Tafel 10.27 (Fortsetzung)

Kurz-zeichen					Für Biegung um die									
					y-Achse				z-Achse					
	h	A	G	$e_y{}^a$	I_y	$W_{yu}{}^b$	$W_{yo}{}^b$	i_y	I_z	W_z	i_z	I_T	$i_p{}^c$	$i_M{}^d$
	mm	cm²	kg/m	cm	cm⁴	cm³	cm³	cm	cm⁴	cm³	cm	cm⁴	cm	cm
1/2 HEAA (1/2 IPBll) – Halbierte breite I-Träger, besonders leichte Ausführung (nicht genormt)														
140	64	11,5	9,04	1,02	27,0	5,02	26,4	1,53	137	19,6	3,45	1,77	3,78	3,85
160	74	15,2	11,9	1,13	44,3	7,07	39,3	1,71	239	29,9	3,97	3,16	4,32	4,39
180	83,5	18,3	14,3	1,28	70,7	10,0	55,2	1,97	365	40,6	4,47	4,17	4,88	4,97
200	93	22,1	17,3	1,44	107	13,7	74,9	2,21	534	53,4	4,92	6,34	5,39	5,49
220	102,5	25,7	20,2	1,59	157	18,1	98,4	2,47	755	68,7	5,42	7,96	5,95	6,07
240	112	30,2	23,7	1,75	222	23,4	127	2,71	1040	86,5	5,87	11,5	6,46	6,59
260	122	34,5	27,1	1,84	290	28,0	157	2,90	1390	107	6,36	15,2	6,99	7,12
280	132	39,0	30,6	2,01	394	35,2	196	3,18	1830	131	6,85	18,1	7,55	7,70
300	141,5	44,5	34,9	2,17	520	43,4	240	3,42	2370	158	7,30	24,7	8,06	8,22
320	150,5	47,3	37,1	2,40	659	52,1	274	3,73	2480	165	7,24	27,9	8,15	8,35
340	160	50,3	39,4	2,66	831	62,3	313	4,07	2590	173	7,18	31,5	8,25	8,51
360	169,5	53,3	41,8	2,92	1030	73,6	353	4,40	2710	180	7,12	35,5	8,37	8,69
400	189	58,8	46,2	3,40	1490	96,2	438	5,03	2930	195	7,06	42,3	8,67	9,09
450	212,5	63,5	49,9	4,07	2180	127	537	5,86	3040	203	6,92	47,8	9,07	9,69
500	236	68,4	53,7	4,78	3080	164	644	6,71	3160	210	6,79	53,9	9,54	10,4
550	261	76,4	60,0	5,64	4430	217	787	7,62	3380	226	6,65	66,8	10,1	11,2
600	285,5	82,0	64,4	6,47	5930	269	917	8,50	3500	233	6,53	74,9	10,7	12,1
650	310	87,9	69,0	7,33	7740	327	1060	9,39	3610	241	6,41	83,8	11,4	13,1
700	335	95,5	74,9	8,15	10.010	395	1230	10,2	3840	256	6,34	97,6	12,0	14,1
800	385	109	85,8	10,0	15.770	553	1580	12,0	4070	271	6,10	128	13,5	16,3
900	435	126	99,0	11,8	23.740	749	2010	13,7	4520	301	5,99	167	15,0	18,5
1000	485	141	111	13,9	33.870	978	2440	15,5	4750	317	5,80	202	16,5	20,9
1/2 HEA (1/2 IPBl) – Halbierte breite I-Träger, leichte Ausführung, nach DIN 1025-3														
140	66,5	15,7	12,3	1,13	37,5	6,79	33,3	1,55	195	27,8	3,52	4,06	3,84	3,91
160	76	19,4	15,2	1,28	61,5	9,72	48,1	1,78	308	38,5	3,98	6,10	4,36	4,44
180	85,5	22,6	17,8	1,37	89,1	12,4	65,0	1,98	462	51,4	4,52	7,40	4,94	5,02
200	95	26,9	21,1	1,52	133	16,6	87,3	2,22	668	66,8	4,98	10,5	5,45	5,55
220	105	32,2	25,3	1,66	194	21,9	116	2,45	977	88,8	5,51	14,2	6,03	6,14
240	115	38,4	30,2	1,81	273	28,2	151	2,67	1380	115	6,00	20,8	6,57	6,68
260	125	43,4	34,1	1,91	355	33,5	186	2,86	1830	141	6,50	26,2	7,10	7,22
280	135	48,6	38,2	2,06	477	41,8	231	3,13	2380	170	7,00	31,0	7,67	7,80
300	145	56,3	44,2	2,21	630	51,2	285	3,35	3150	210	7,49	42,6	8,20	8,34
320	155	62,2	48,8	2,41	808	61,7	335	3,60	3490	233	7,49	54,0	8,32	8,47
340	165	66,7	52,4	2,64	1020	73,5	387	3,91	3720	248	7,46	63,6	8,43	8,62
360	175	71,4	56,0	2,87	1270	86,7	442	4,22	3940	263	7,43	74,4	8,54	8,77
400	195	79,5	62,4	3,39	1890	118	559	4,88	4280	285	7,34	94,5	8,81	9,14
450	220	89,0	69,9	3,94	2820	156	715	5,62	4730	316	7,29	122	9,21	9,65
500	245	98,8	77,5	4,51	4020	201	891	6,38	5180	346	7,24	155	9,65	10,2
550	270	106	83,1	5,17	5530	253	1070	7,23	5410	361	7,15	176	10,2	10,9
600	295	113	88,9	5,87	7400	313	1260	8,08	5640	376	7,05	199	10,7	11,7
650	320	121	94,8	6,61	9670	381	1460	8,95	5860	391	6,97	224	11,3	12,5
700	345	130	102	7,50	12.740	472	1700	9,89	6090	406	6,84	257	12,0	13,5
800	395	143	112	9,06	19.330	635	2130	11,6	6320	421	6,65	298	13,4	15,4
900	445	160	126	10,8	28.710	851	2670	13,4	6770	452	6,50	368	14,9	17,5
1000	495	173	136	12,5	39.840	1080	3180	15,2	7000	467	6,35	411	16,4	19,8

Tafel 10.27 (Fortsetzung)

Kurz-zeichen					Für Biegung um die									
					y-Achse				z-Achse					
	h	A	G	$e_y{}^a$	I_y	$W_{yu}{}^b$	$W_{yo}{}^b$	i_y	I_z	W_z	i_z	I_T	$i_p{}^c$	$i_M{}^d$
	mm	cm²	kg/m	cm	cm⁴	cm³	cm³	cm	cm⁴	cm³	cm	cm⁴	cm	cm
1/2 HEB (1/2 IPB) – Halbierte breite I-Träger, nach DIN 1025-2														
140	70	21,5	16,9	1,29	53,5	9,36	41,6	1,58	275	39,3	3,58	10,0	3,91	3,97
160	80	27,1	21,3	1,48	91,3	14,0	61,9	1,83	445	55,6	4,05	15,6	4,44	4,52
180	90	32,6	25,6	1,62	139	18,9	86,0	2,07	681	75,7	4,57	21,1	5,02	5,10
200	100	39,0	30,6	1,77	204	24,8	115	2,29	1000	100	5,07	29,6	5,56	5,65
220	110	45,5	35,7	1,92	289	31,8	151	2,52	1420	129	5,59	38,3	6,13	6,23
240	120	53,0	41,6	2,06	397	40,0	193	2,74	1960	163	6,08	51,3	6,67	6,78
260	130	59,2	46,5	2,17	512	47,3	236	2,94	2570	197	6,58	61,9	7,21	7,33
280	140	65,7	51,6	2,32	673	57,7	290	3,20	3300	236	7,09	71,9	7,78	7,90
300	150	74,5	58,5	2,47	871	69,5	353	3,42	4280	285	7,58	92,5	8,31	8,45
320	160	80,7	63,3	2,68	1100	82,3	409	3,69	4620	308	7,57	113	8,42	8,58
340	170	85,4	67,1	2,91	1360	96,7	468	3,99	4840	323	7,53	129	8,52	8,72
360	180	90,3	70,9	3,15	1670	113	531	4,30	5070	338	7,49	146	8,64	8,87
400	200	98,9	77,6	3,66	2440	149	666	4,96	5410	361	7,40	178	8,91	9,24
450	225	109	85,6	4,23	3570	195	843	5,72	5860	391	7,33	220	9,30	9,75
500	250	119	93,7	4,82	5020	249	1040	6,49	6310	421	7,27	269	9,75	10,3
550	275	127	99,7	5,49	6830	311	1240	7,33	6540	436	7,17	300	10,3	11,0
600	300	135	106	6,20	9060	381	1460	8,19	6770	451	7,08	334	10,8	11,8
650	325	143	112	6,94	11.750	459	1690	9,06	6990	466	6,99	370	11,4	12,6
700	350	153	120	7,82	15.280	562	1950	9,99	7220	481	6,87	415	12,1	13,6
800	400	167	131	9,39	23.000	751	2450	11,7	7450	497	6,68	473	13,5	15,6
900	450	186	146	11,1	33.770	996	3040	13,5	7910	527	6,53	569	15,0	17,7
1000	500	200	157	12,9	46.560	1250	3620	15,3	8140	543	6,38	627	16,5	19,9
1/2 HEM (1/2 IPBv) – Halbierte breite I-Träger, verstärkte Ausführung, nach DIN 1025-4														
140	80	40,3	31,6	1,87	132	21,5	70,6	1,81	572	78,4	3,77	59,7	4,18	4,25
160	90	48,5	38,1	2,05	205	29,5	99,9	2,05	879	106	4,26	80,8	4,73	4,81
180	100	56,6	44,5	2,20	296	37,9	134	2,29	1290	139	4,77	101	5,29	5,39
200	110	65,6	51,5	2,35	413	47,8	176	2,51	1830	177	5,27	129	5,84	5,94
220	120	74,7	58,7	2,50	561	59,1	224	2,74	2510	222	5,79	157	6,41	6,52
240	135	99,8	78,3	2,89	918	86,5	317	3,03	4080	329	6,39	313	7,07	7,19
260	145	110	86,2	3,01	1160	101	384	3,24	5220	390	6,90	358	7,62	7,75
280	155	120	94,3	3,15	1460	119	464	3,49	6580	457	7,40	402	8,18	8,32
300	170	152	119	3,55	2170	161	612	3,78	9700	626	8,00	702	8,85	8,99
320/305	160	113	88,3	3,00	1450	111	483	3,59	6870	450	7,81	299	8,60	8,73
320	179,5	156	122	3,74	2550	179	682	4,04	9850	638	7,95	748	8,92	9,08
340	188,5	158	124	3,91	2950	198	755	4,32	9860	638	7,90	751	9,01	9,21
360	197,5	159	125	4,10	3390	217	827	4,61	9760	634	7,83	752	9,08	9,32
400	216	163	128	4,50	4430	259	985	5,22	9670	630	7,70	755	9,30	9,63
450	239	168	132	5,03	6000	318	1190	5,98	9670	630	7,59	762	9,66	10,1
500	262	172	135	5,59	7880	382	1410	6,76	9580	626	7,46	767	10,1	10,7
550	286	177	139	6,22	10.210	456	1640	7,59	9580	626	7,35	775	10,6	11,4
600	310	182	143	6,88	12.920	536	1880	8,43	9490	622	7,22	780	11,1	12,1
650	334	187	147	7,56	16.070	622	2130	9,27	9490	622	7,13	787	11,7	13,0
700	358	192	150	8,28	19.650	714	2370	10,1	9400	618	7,01	793	12,3	13,8
800	407	202	159	9,81	28.430	920	2900	11,9	9310	615	6,79	821	13,7	15,7
900	455	212	166	11,4	39.050	1150	3420	13,6	9230	611	6,60	833	15,1	17,8
1000	504	222	174	13,1	52.170	1400	3980	15,3	9230	611	6,45	849	16,6	20,0

Tafel 10.28 Warmgewalzter rundkantiger Z-Stahl nach DIN 1027 (04.04)

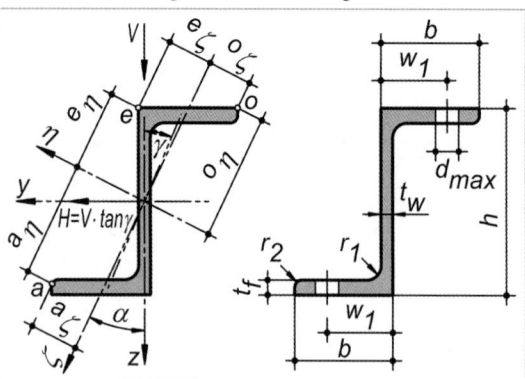

Bezeichnung eines rundkantigen Z-Stahls mit $h = 100\,\text{mm}$ aus einem Stahl mit dem Kurznamen S235JR bzw. der Werkstoffnummer 1.0038 nach DIN 10025:
Z-Profil DIN 1027 – Z 100 – S235JR oder Z-Profil DIN 1027 – Z 100 – 1.0038
Z-Stahl nach dieser Norm wird vorzugsweise aus Stahlsorten nach DIN EN 10025 hergestellt. Die Stahlsorte ist bei der Bestellung anzugeben.
Bei Bestellung ohne Längenangabe (nach Gewicht) darf die Länge zwischen 3000 und 15.000 mm schwanken.
Zulässige Maßabweichungen bei Längen $\leq 15.000\,\text{mm}$:
Bei Bestellung in Festlänge: $\pm 100\,\text{mm}$; bei Bestellung in Genaulänge: unter $\pm 100\,\text{mm}$ bis $\pm 5\,\text{mm}$, zu bevorzugen sind $\pm 50\,\text{mm}$, $\pm 25\,\text{mm}$, $\pm 10\,\text{mm}$ und $\pm 5\,\text{mm}$.

Kurz-zeichen	Maße in mm					A	G	U	Achslage $\tan\alpha$	Abstände der Punkte o, e und a						Maße nach [93]	
	h	b	t_w	$t_\text{f} = r_1$	r_2					o_η	o_ζ	e_η	e_ζ	a_η	a_ζ	d_max	w_1
						cm²	kg/m	m²/m		cm	cm	cm	cm	cm	cm	mm	mm
Z																	
30	30	38	4	4,5	2,5	4,32	3,39	0,198	1,655	3,86	0,58	0,60	1,39	3,54	0,87	–	–
40	40	40	4,5	5	2,5	5,43	4,26	0,225	1,181	4,17	0,91	1,12	1,67	3,82	1,19	–	–
50	50	43	5	5,5	3	6,77	5,32	0,255	0,939	4,60	1,24	1,65	1,89	4,21	1,49	–	–
60	60	45	5	6	3	7,92	6,21	0,282	0,779	4,98	1,51	2,21	2,04	4,56	1,76	–	–
80	80	50	6	7	3,5	11,1	8,73	0,339	0,588	5,83	2,02	3,30	2,29	5,35	2,25	11	36
100	100	55	6,5	8	4	14,5	11,4	0,397	0,492	6,77	2,43	4,34	2,50	6,24	2,65	13	37
120	120	60	7	9	4,5	18,2	14,3	0,454	0,433	7,75	2,80	5,37	2,70	7,16	3,02	13	37
140	140	65	8	10	5	22,9	18,0	0,511	0,385	8,72	3,18	6,39	2,89	8,08	3,39	17	43
160	160	70	8,5	11	5,5	27,5	21,6	0,569	0,357	9,74	3,51	7,39	3,09	9,04	3,72	17	44
180	*180*	*75*	*9,5*	*12*	*6*	*33,3*	*26,1*	*0,626*	*0,329*	*10,7*	*3,86*	*8,40*	*3,27*	*9,99*	*4,07*	*–*	*–*
200	*200*	*80*	*10*	*13*	*6,5*	*38,7*	*30,4*	*0,683*	*0,313*	*11,8*	*4,17*	*9,39*	*3,47*	*11,0*	*4,39*	*–*	*–*

Kurz-zeichen	Für Biegung um die												Zentri-fugal-moment	Bei lotrechter Belastung V und bei		Freier Ausbie-gung zur Seite
	y-Achse			z-Achse			η-Achse			ζ-Achse				Verhinderung seitlicher Ausbiegung durch H		
	I_y	W_y	i_y	I_z	W_z	i_z	I_η	W_η	i_η	I_ζ	W_ζ	i_ζ	I_yz	W_y	$H/V = \tan\gamma$	W
	cm⁴	cm³	cm	cm⁴	cm³	cm	cm⁴	cm³	cm	cm⁴	cm³	cm	cm⁴	cm³		cm³
Z																
30	5,97	3,98	1,18	13,7	3,80	1,78	18,1	4,70	2,05	1,54	1,11	0,60	7,33	3,98	1,227	1,26
40	13,5	6,74	1,58	17,6	4,66	1,80	28,0	6,72	2,27	3,05	1,83	0,75	12,3	6,74	0,913	2,26
50	26,3	10,5	1,97	23,8	5,88	1,88	44,9	9,76	2,57	5,23	2,76	0,88	19,8	10,5	0,752	3,64
60	44,7	14,9	2,38	30,1	7,08	1,95	67,2	13,5	2,91	7,60	3,72	0,98	28,9	14,9	0,647	5,24
80	109	27,3	3,14	47,5	10,1	2,07	142	24,4	3,58	14,7	6,45	1,15	55,7	27,3	0,509	10,1
100	222	44,4	3,92	72,4	14,0	2,24	270	39,8	4,32	24,5	9,26	1,30	97,2	44,4	0,438	16,8
120	401	66,9	4,70	106	18,8	2,41	469	60,6	5,08	37,9	12,6	1,44	157	66,9	0,392	25,6
140	676	96,6	5,43	148	24,3	2,54	768	88,0	5,79	56,4	16,6	1,57	238	96,6	0,353	38,0
160	1059	132	6,20	204	31,0	2,72	1184	121	6,56	79,5	21,4	1,70	349	132	0,330	52,9
180	*1558*	*178*	*6,93*	*272*	*38,7*	*2,86*	*1760*	*164*	*7,27*	*110*	*27,0*	*1,82*	*490*	*178*	*0,307*	*72,4*
200	*2297*	*230*	*7,70*	*358*	*47,7*	*3,04*	*2509*	*213*	*8,05*	*147*	*33,4*	*1,95*	*674*	*230*	*0,293*	*94,1*

Kursiv gedruckte Profile möglichst vermeiden, da geplant ist, sie bei der nächsten Ausgabe der Norm zu streichen.

Tafel 10.29   Warmgefertigte kreisförmige Hohlprofile für den Stahlbau nach DIN EN 10210-2 (07.06) (Auszug)

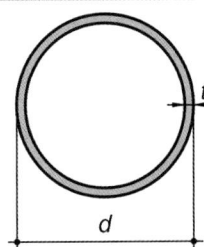

Bezeichnung eines warmgefertigten kreisförmigen Hohlprofils mit dem Außendurchmesser $d = 273$ mm und der Wanddicke $t = 10$ mm aus einem Stahl mit dem Kurznamen S355J2H bzw. der Werkstoffnummer 1.0576:
HFCHS – EN 10210 – S355J2H – 273 × 10 oder HFCHS – EN 10210 – 1.0576 – 273 × 10
Werkstoffe aus unlegierten Baustählen und aus Feinkornbaustählen nach DIN EN 10210-1. Der Werkstoff ist in der Bezeichnung anzugeben.
Längenart und Längenbereich bzw. Länge nach DIN EN 10210-2 sind bei Bestellung anzugeben. Grenzabmaße je nach Längenart entsprechend DIN EN 10210-2.

d	t	A	G	U	I	W_{el}	W_{pl}	i	I_T	$C_t = W_T$ [a]
mm	mm	cm²	kg/m	m²/m	cm⁴	cm³	cm³	cm	cm⁴	cm³
Warmgefertigte kreisförmige Hohlprofile, nahtlos oder geschweißt										
33,7	**3,2**	3,07	2,41	0,106	3,60	2,14	2,99	1,08	7,21	4,28
	4	3,73	2,93	0,106	4,19	2,49	3,55	1,06	8,38	4,97
42,4	**3,2**	3,94	3,09	0,133	7,62	3,59	4,93	1,39	15,2	7,19
	4	4,83	3,79	0,133	8,99	4,24	5,92	1,36	18,0	8,48
48,3	**3,2**	4,53	3,56	0,152	11,6	4,80	6,52	1,60	23,2	9,59
	4	5,57	4,37	0,152	13,8	5,70	7,87	1,57	27,5	11,4
	5	6,80	5,34	0,152	16,2	6,69	9,42	1,54	32,3	13,4
60,3	**3,2**	5,74	4,51	0,189	23,5	7,78	10,4	2,02	46,9	15,6
	4	7,07	5,55	0,189	28,2	9,34	12,7	2,00	56,3	18,7
	5	8,69	6,82	0,189	33,5	11,1	15,3	1,96	67,0	22,2
76,1	**3,2**	7,33	5,75	0,239	48,8	12,8	17,0	2,58	97,6	25,6
	4	9,06	7,11	0,239	59,1	15,5	20,8	2,55	118	31,0
	5	11,2	8,77	0,239	70,9	18,6	25,3	2,52	142	37,3
88,9	**4**	10,7	8,38	0,279	96,3	21,7	28,9	3,00	193	43,3
	5	13,2	10,3	0,279	116	26,2	35,2	2,97	233	52,4
	6,3	16,3	12,8	0,279	140	31,5	43,1	2,93	280	63,1
101,6	**4**	12,3	9,63	0,319	146	28,8	38,1	3,45	293	57,6
	5	15,2	11,9	0,319	177	34,9	46,7	3,42	355	69,9
	6,3	18,9	14,8	0,319	215	42,3	57,3	3,38	430	84,7
	8	23,5	18,5	0,319	260	51,1	70,3	3,32	519	102
	10	28,8	22,6	0,319	305	60,1	84,2	3,26	611	120
114,3	**4**	13,9	10,9	0,359	211	36,9	48,7	3,90	422	73,9
	5	17,2	13,5	0,359	257	45,0	59,8	3,87	514	89,9
	6,3	21,4	16,8	0,359	313	54,7	73,6	3,82	625	109
	8	26,7	21,0	0,359	379	66,4	90,6	3,77	759	133
	10	32,8	25,7	0,359	450	78,7	109	3,70	899	157
139,7	**5**	21,2	16,6	0,439	481	68,8	90,8	4,77	961	138
	6,3	26,4	20,7	0,439	589	84,3	112	4,72	1177	169
	8	33,1	26,0	0,439	720	103	139	4,66	1441	206
	10	40,7	32,0	0,439	862	123	169	4,60	1724	247
	12,5	50,0	39,2	0,439	1020	146	203	4,52	2040	292
168,3	**6,3**	32,1	25,2	0,529	1053	125	165	5,73	2107	250
	8	40,3	31,6	0,529	1297	154	206	5,67	2595	308
	10	49,7	39,0	0,529	1564	186	251	5,61	3128	372
	12,5	61,2	48,0	0,529	1868	222	304	5,53	3737	444
177,8	**6,3**	33,9	26,6	0,559	1250	141	185	6,07	2499	281
	8	42,7	33,5	0,559	1541	173	231	6,01	3083	347
	10	52,7	41,4	0,559	1862	209	282	5,94	3724	419
	12,5	64,9	51,0	0,559	2230	251	342	5,86	4460	502

Tafel 10.29 (Fortsetzung)

d	t	A	G	U	I	W_{el}	W_{pl}	i	I_T	$C_t = W_T{}^a$
mm	mm	cm²	kg/m	m²/m	cm⁴	cm³	cm³	cm	cm⁴	cm³
193,7	**6,3**	37,1	29,1	0,609	1630	168	221	6,63	3260	337
	8	46,7	36,6	0,609	2016	208	276	6,57	4031	416
	10	57,7	45,3	0,609	2442	252	338	6,50	4883	504
	12,5	71,2	55,9	0,609	2934	303	411	6,42	5869	606
	16	89,3	70,1	0,609	3554	367	507	6,31	7109	734
219,1	**8**	53,1	41,6	0,688	2960	270	357	7,47	5919	540
	10	65,7	51,6	0,688	3598	328	438	7,40	7197	657
	12,5	81,1	63,7	0,688	4345	397	534	7,32	8689	793
	16	102	80,1	0,688	5297	483	661	7,20	10.593	967
	20	125	98,2	0,688	6261	572	795	7,07	12.523	1143
244,5	**8**	59,4	46,7	0,768	4160	340	448	8,37	8321	681
	10	73,7	57,8	0,768	5073	415	550	8,30	10.146	830
	12,5	91,1	71,5	0,768	6147	503	673	8,21	12.295	1006
	16	115	90,2	0,768	7533	616	837	8,10	15.066	1232
	20	141	111	0,768	8957	733	1011	7,97	17.914	1465
273,0	**8**	66,6	52,3	0,858	5852	429	562	9,37	11.703	857
	10	82,6	64,9	0,858	7154	524	692	9,31	14.308	1048
	12,5	102	80,3	0,858	8697	637	849	9,22	17.395	1274
	16	129	101	0,858	10.707	784	1058	9,10	21.414	1569
	20	159	125	0,858	12.798	938	1283	8,97	25.597	1875
	25	195	153	0,858	15.127	1108	1543	8,81	30.254	2216
323,9	**8**	79,4	62,3	1,02	9910	612	799	11,2	19.820	1224
	10	98,6	77,4	1,02	12.158	751	986	11,1	24.317	1501
	12,5	122	96,0	1,02	14.847	917	1213	11,0	29.693	1833
	16	155	121	1,02	18.390	1136	1518	10,9	36.780	2271
	20	191	150	1,02	22.139	1367	1850	10,8	44.278	2734
	25	235	184	1,02	26.400	1630	2239	10,6	52.800	3260
355,6	**8**	87,4	68,6	1,12	13.201	742	967	12,3	26.403	1485
	10	109	85,2	1,12	16.223	912	1195	12,2	32.447	1825
	12,5	135	106	1,12	19.852	1117	1472	12,1	39.704	2233
	16	171	134	1,12	24.663	1387	1847	12,0	49.326	2774
	20	211	166	1,12	29.792	1676	2255	11,9	59.583	3351
	25	260	204	1,12	35.677	2007	2738	11,7	71.353	4013
406,4	**10**	125	97,8	1,28	24.476	1205	1572	14,0	48.952	2409
	12,5	155	121	1,28	30.031	1478	1940	13,9	60.061	2956
	16	196	154	1,28	37.449	1843	2440	13,8	74.898	3686
	20	243	191	1,28	45.432	2236	2989	13,7	90.864	4472
	25	300	235	1,28	54.702	2692	3642	13,5	109.404	5384
457,0	**10**	140	110	1,44	35.091	1536	1998	15,8	70.183	3071
	12,5	175	137	1,44	43.145	1888	2470	15,7	86.290	3776
	16	222	174	1,44	53.959	2361	3113	15,6	107.919	4723
	20	275	216	1,44	65.681	2874	3822	15,5	131.363	5749
	30	402	316	1,44	92.173	4034	5479	15,1	184.346	8068
	40	524	411	1,44	114.949	5031	6977	14,8	229.898	10.061
508,0	**12,5**	195	153	1,60	59.755	2353	3070	17,5	119.511	4705
	16	247	194	1,60	74.909	2949	3874	17,4	149.818	5898
	20	307	241	1,60	91.428	3600	4766	17,3	182.856	7199
	30	451	354	1,60	129.173	5086	6864	16,9	258.346	10.171
	40	588	462	1,60	162.188	6385	8782	16,6	324.376	12.771

[a] $C_t = W_T$ Torsionswiderstandsmoment.

Tafel 10.30 Kaltgefertigte kreisförmige Hohlprofile für den Stahlbau nach DIN EN 10219-2 (07.06) (Auszug)

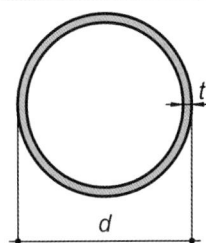

Bezeichnung eines kaltgefertigten kreisförmigen Hohlprofils mit dem Außendurchmesser $d = 273$ mm und der Wanddicke $t = 10$ mm aus einem Stahl mit dem Kurznamen S355J2H bzw. der Werkstoffnummer 1.0576: CFCHS – EN 10219 – S355J2H – 273 × 10 oder CFCHS – EN 10219 – 1.0576 – 273 × 10
Werkstoffe aus unlegierten Baustählen und aus Feinkornbaustählen nach DIN EN 10219-1. Der Werkstoff ist in der Bezeichnung anzugeben.
Längenart und Längenbereich bzw. Länge nach DIN EN 10219-2 sind bei Bestellung anzugeben. Grenzabmaße je nach Längenart entsprechend DIN EN 10219-2.

d	t	A	G	U	I	W_{el}	W_{pl}	i	I_T	$C_t = W_T{}^a$
mm	mm	cm^2	kg/m	m^2/m	cm^4	cm^3	cm^3	cm	cm^4	cm^3
Kaltgefertigte kreisförmige Hohlprofile, geschweißt										
33,7	3	2,89	2,27	0,106	3,44	2,04	2,84	1,09	6,88	4,08
42,4	3	3,71	2,91	0,133	7,25	3,42	4,67	1,40	14,5	6,84
	4	4,83	3,79	0,133	8,99	4,24	5,92	1,36	18,0	8,48
48,3	3	4,27	3,35	0,152	11,0	4,55	6,17	1,61	22,0	9,11
	4	5,57	4,37	0,152	13,8	5,70	7,87	1,57	27,5	11,4
	5	6,80	5,34	0,152	16,2	6,69	9,42	1,54	32,3	13,4
60,3	3	5,40	4,24	0,189	22,2	7,37	9,86	2,03	44,4	14,7
	4	7,07	5,55	0,189	28,2	9,34	12,7	2,00	56,3	18,7
	5	8,69	6,82	0,189	33,5	11,1	15,3	1,96	67,0	22,2
76,1	3	6,89	5,41	0,239	46,1	12,1	16,0	2,59	92,2	24,2
	4	9,06	7,11	0,239	59,1	15,5	20,8	2,55	118	31,0
	5	11,2	8,77	0,239	70,9	18,6	25,3	2,52	142	37,3
88,9	3	8,10	6,36	0,279	74,8	16,8	22,1	3,04	150	33,6
	4	10,7	8,38	0,279	96,3	21,7	28,9	3,00	193	43,3
	5	13,2	10,3	0,279	116	26,2	35,2	2,97	233	52,4
	6	15,6	12,3	0,279	135	30,4	41,3	2,94	270	60,7
101,6	3	9,29	7,29	0,319	113	22,3	29,2	3,49	226	44,5
	4	12,3	9,63	0,319	146	28,8	38,1	3,45	293	57,6
	5	15,2	11,9	0,319	177	34,9	46,7	3,42	355	69,9
	6	18,0	14,1	0,319	207	40,7	54,9	3,39	413	81,4
114,3	4	13,9	10,9	0,359	211	36,9	48,7	3,90	422	73,9
	5	17,2	13,5	0,359	257	45,0	59,8	3,87	514	89,9
	6	20,4	16,0	0,359	300	52,5	70,4	3,83	600	105
	8	26,7	21,0	0,359	379	66,4	90,6	3,77	759	133
139,7	4	17,1	13,4	0,439	393	56,2	73,7	4,80	786	112
	5	21,2	16,6	0,439	481	68,8	90,8	4,77	961	138
	6	25,2	19,8	0,439	564	80,8	107	4,73	1129	162
	8	33,1	26,0	0,439	720	103	139	4,66	1441	206
	10	40,7	32,0	0,439	862	123	169	4,60	1724	247
168,3	4	20,6	16,2	0,529	697	82,8	108	5,81	1394	166
	5	25,7	20,1	0,529	856	102	133	5,78	1712	203
	6	30,6	24,0	0,529	1009	120	158	5,74	2017	240
	8	40,3	31,6	0,529	1297	154	206	5,67	2595	308
	10	49,7	39,0	0,529	1564	186	251	5,61	3128	372
177,8	5	27,1	21,3	0,559	1014	114	149	6,11	2028	228
	6	32,4	25,4	0,559	1196	135	177	6,08	2392	269
	8	42,7	33,5	0,559	1541	173	231	6,01	3083	347
	10	52,7	41,4	0,559	1862	209	282	5,94	3724	419
	12	62,5	49,1	0,559	2159	243	330	5,88	4318	486

10

Tafel 10.30 (Fortsetzung)

d	t	A	G	U	I	W_{el}	W_{pl}	i	I_T	$C_t = W_T{}^a$
mm	mm	cm²	kg/m	m²/m	cm⁴	cm³	cm³	cm	cm⁴	cm³
193,7	5	29,6	23,3	0,609	1320	136	178	6,67	2640	273
	6	35,4	27,8	0,609	1560	161	211	6,64	3119	322
	8	46,7	36,6	0,609	2016	208	276	6,57	4031	416
	10	57,7	45,3	0,609	2442	252	338	6,50	4883	504
	12	68,5	53,8	0,609	2839	293	397	6,44	5678	586
219,1	5	33,6	26,4	0,688	1928	176	229	7,57	3856	352
	6	40,2	31,5	0,688	2282	208	273	7,54	4564	417
	8	53,1	41,6	0,688	2960	270	357	7,47	5919	540
	10	65,7	51,6	0,688	3598	328	438	7,40	7197	657
	12	78,1	61,3	0,688	4200	383	515	7,33	8400	767
244,5	5	37,6	29,5	0,768	2699	221	287	8,47	5397	441
	6	45,0	35,3	0,768	3199	262	341	8,43	6397	523
	8	59,4	46,7	0,768	4160	340	448	8,37	8321	681
	10	73,7	57,8	0,768	5073	415	550	8,30	10.146	830
	12	87,7	68,8	0,768	5938	486	649	8,23	11.877	972
273,0	5	42,1	33,0	0,858	3781	277	359	9,48	7562	554
	6	50,3	39,5	0,858	4487	329	428	9,44	8974	657
	8	66,6	52,3	0,858	5852	429	562	9,37	11.703	857
	10	82,6	64,9	0,858	7154	524	692	9,31	14.308	1048
	12	98,4	77,2	0,858	8396	615	818	9,24	16.792	1230
323,9	5	50,1	39,3	1,02	6369	393	509	11,3	12.739	787
	6	59,9	47,0	1,02	7572	468	606	11,2	15.145	935
	8	79,4	62,3	1,02	9910	612	799	11,2	19.820	1224
	10	98,6	77,4	1,02	12.158	751	986	11,1	24.317	1501
	12	118	92,3	1,02	14.320	884	1168	11,0	28.639	1768
355,6	6	65,9	51,7	1,12	10.071	566	733	12,4	20.141	1133
	8	87,4	68,6	1,12	13.201	742	967	12,3	26.403	1485
	10	109	85,2	1,12	16.223	912	1195	12,2	32.447	1825
	12	130	102	1,12	19.139	1076	1417	12,2	38.279	2153
	16	171	134	1,12	24.663	1387	1847	12,0	49.326	2774
	20	211	166	1,12	29.792	1676	2255	11,9	59.583	3351
406,4	8	100	78,6	1,28	19.874	978	1270	14,1	39.748	1956
	10	125	97,8	1,28	24.476	1205	1572	14,0	48.952	2409
	12	149	117	1,28	28.937	1424	1867	14,0	57.874	2848
	16	196	154	1,28	37.449	1843	2440	13,8	74.898	3686
	20	243	191	1,28	45.432	2236	2989	13,7	90.864	4472
	25	300	235	1,28	54.702	2692	3642	13,5	109.404	5384
457,0	8	113	88,6	1,44	28.446	1245	1613	15,9	56.893	2490
	10	140	110	1,44	35.091	1536	1998	15,8	70.183	3071
	12	168	132	1,44	41.556	1819	2377	15,7	83.113	3637
	16	222	174	1,44	53.959	2361	3113	15,6	107.919	4723
	20	275	216	1,44	65.681	2874	3822	15,5	131.363	5749
	30	402	316	1,44	92.173	4034	5479	15,1	184.346	8068
508,0	8	126	98,6	1,60	39.280	1546	2000	17,7	78.560	3093
	10	156	123	1,60	48.520	1910	2480	17,6	97.040	3820
	12	187	147	1,60	57.536	2265	2953	17,5	115.072	4530
	16	247	194	1,60	74.909	2949	3874	17,4	149.818	5898
	20	307	241	1,60	91.428	3600	4766	17,3	182.856	7199
	30	451	354	1,60	129.173	5086	6864	16,9	258.346	10.171

[a] $C_t = W_T$ Torsionswiderstandsmoment.

Tafel 10.31 Warmgefertigte quadratische Hohlprofile für den Stahlbau nach DIN EN 10210-2 (07.06) (Auszug)

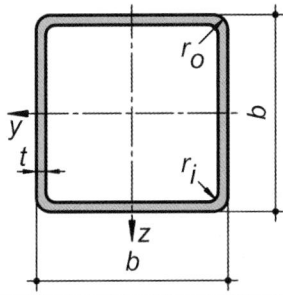

Bezeichnung eines warmgefertigten quadratischen Hohlprofils mit den Seitenlängen $b = 80\,\text{mm}$ und der Wanddicke $t = 5\,\text{mm}$ aus einem Stahl mit dem Kurznamen S355J0H bzw. der Werkstoffnummer 1.0547: HFRHS – EN 10210 – S355J0H – $80 \times 80 \times 5$ oder HFRHS – EN 10210 – 1.0547 – $80 \times 80 \times 5$
Werkstoffe aus unlegierten Baustählen und aus Feinkornbaustählen nach DIN EN 10210-1. Der Werkstoff ist in der Bezeichnung anzugeben.
Längenart und Längenbereich bzw. Länge nach DIN EN 10210-2 sind bei Bestellung anzugeben. Grenzabmaße je nach Längenart entsprechend DIN EN 10210-2.
Radien für Berechnungen:
äußerer Radius $r_\text{o} = 1{,}5t$
innerer Radius $r_\text{i} = 1{,}0t$

b	t	A	G	U	I	W_el	W_pl	i	I_T	$C_\text{t} = W_\text{T}{}^\text{a}$
mm	mm	cm²	kg/m	m²/m	cm⁴	cm³	cm³	cm	cm⁴	cm³
Warmgefertigte quadratische Hohlprofile, nahtlos oder geschweißt											
40	**3,2**	4,60	3,61	0,152	10,2	5,11	6,28	1,49	16,5	7,42
	4	5,59	4,39	0,150	11,8	5,91	7,44	1,45	19,5	8,54
	5	6,73	5,28	0,147	13,4	6,68	8,66	1,41	22,5	9,60
50	**3,2**	5,88	4,62	0,192	21,2	8,49	10,2	1,90	33,8	12,4
	4	7,19	5,64	0,190	25,0	9,99	12,3	1,86	40,4	14,5
	5	8,73	6,85	0,187	28,9	11,6	14,5	1,82	47,6	16,7
	6,3	10,6	8,31	0,184	32,8	13,1	17,0	1,76	55,2	18,8
60	**3,2**	7,16	5,62	0,232	38,2	12,7	15,2	2,31	60,2	18,6
	4	8,79	6,90	0,230	45,4	15,1	18,3	2,27	72,5	22,0
	5	10,7	8,42	0,227	53,3	17,8	21,9	2,23	86,4	25,7
	6,3	13,1	10,3	0,224	61,6	20,5	26,0	2,17	102	29,6
	8	16,0	12,5	0,219	69,7	23,2	30,4	2,09	118	33,4
70	**3,2**	8,44	6,63	0,272	62,3	17,8	21,0	2,72	97,6	26,1
	4	10,4	8,15	0,270	74,7	21,3	25,5	2,68	118	31,2
	5	12,7	9,99	0,267	88,5	25,3	30,8	2,64	142	36,8
	6,3	15,6	12,3	0,264	104	29,7	36,9	2,58	169	42,9
	8	19,2	15,0	0,259	120	34,2	43,8	2,50	200	49,2
80	**3,2**	9,72	7,63	0,312	95,0	23,7	27,9	3,13	148	34,9
	4	12,0	9,41	0,310	114	28,6	34,0	3,09	180	41,9
	5	14,7	11,6	0,307	137	34,2	41,1	3,05	217	49,8
	6,3	18,1	14,2	0,304	162	40,5	49,7	2,99	262	58,7
	8	22,4	17,5	0,299	189	47,3	59,5	2,91	312	68,3
90	**4**	13,6	10,7	0,350	166	37,0	43,6	3,50	260	54,2
	5	16,7	13,1	0,347	200	44,4	53,0	3,45	316	64,8
	6,3	20,7	16,2	0,344	238	53,0	64,3	3,40	382	77,0
	8	25,6	20,1	0,339	281	62,6	77,6	3,32	459	90,5
100	**4**	15,2	11,9	0,390	232	46,4	54,4	3,91	361	68,2
	5	18,7	14,7	0,387	279	55,9	66,4	3,86	439	81,8
	6,3	23,2	18,2	0,384	336	67,1	80,9	3,80	534	97,8
	8	28,8	22,6	0,379	400	79,9	98,2	3,73	646	116
	10	34,9	27,4	0,374	462	92,4	116	3,64	761	133
120	**5**	22,7	17,8	0,467	498	83,0	97,6	4,68	777	122
	6,3	28,2	22,2	0,464	603	100	120	4,62	950	147
	8	35,2	27,6	0,459	726	121	146	4,55	1160	176
	10	42,9	33,7	0,454	852	142	175	4,46	1382	206
	12,5	52,1	40,9	0,448	982	164	207	4,34	1623	236
140	**5**	26,7	21,0	0,547	807	115	135	5,50	1253	170
	6,3	33,3	26,1	0,544	984	141	166	5,44	1540	206
	8	41,6	32,6	0,539	1195	171	204	5,36	1892	249
	10	50,9	40,0	0,534	1416	202	246	5,27	2272	294
	12,5	62,1	48,7	0,528	1653	236	293	5,16	2696	342

Tafel 10.31 (Fortsetzung)

b	t	A	G	U	I	W_{el}	W_{pl}	i	I_T	$C_t = W_T$[a]
mm	mm	cm^2	kg/m	m^2/m	cm^4	cm^3	cm^3	cm	cm^4	cm^3
150	**5**	28,7	22,6	0,587	1002	134	156	5,90	1550	197
	6,3	35,8	28,1	0,584	1223	163	192	5,85	1909	240
	8	44,8	35,1	0,579	1491	199	237	5,77	2351	291
	10	54,9	43,1	0,574	1773	236	286	5,68	2832	344
	12,5	67,1	52,7	0,568	2080	277	342	5,57	3375	402
	16	83,0	65,2	0,559	2430	324	411	5,41	4026	467
160	**5**	30,7	24,1	0,627	1225	153	178	6,31	1892	226
	6,3	38,3	30,1	0,624	1499	187	220	6,26	2333	275
	8	48,0	37,6	0,619	1831	229	272	6,18	2880	335
	10	58,9	46,3	0,614	2186	273	329	6,09	3478	398
	12,5	72,1	56,6	0,608	2576	322	395	5,98	4158	467
	16	89,4	70,2	0,599	3028	379	476	5,82	4988	546
180	**6,3**	43,3	34,0	0,704	2168	241	281	7,07	3361	355
	8	54,4	42,7	0,699	2661	296	349	7,00	4162	434
	10	66,9	52,5	0,694	3193	355	424	6,91	5048	518
	12,5	82,1	64,4	0,688	3790	421	511	6,80	6070	613
	16	102	80,2	0,679	4504	500	621	6,64	7343	724
200	**6,3**	48,4	38,0	0,784	3011	301	350	7,89	4653	444
	8	60,8	47,7	0,779	3709	371	436	7,81	5778	545
	10	74,9	58,8	0,774	4471	447	531	7,72	7031	655
	12,5	92,1	72,3	0,768	5336	534	643	7,61	8491	778
	16	115	90,3	0,759	6394	639	785	7,46	10.340	927
220	**6,3**	53,4	41,9	0,864	4049	368	427	8,71	6240	544
	8	67,2	52,7	0,859	5002	455	532	8,63	7765	669
	10	82,9	65,1	0,854	6050	550	650	8,54	9473	807
	12,5	102	80,1	0,848	7254	659	789	8,43	11.481	963
	16	128	100	0,839	8749	795	969	8,27	14.054	1156
250	**8**	76,8	60,3	0,979	7455	596	694	9,86	11.525	880
	10	94,9	74,5	0,974	9055	724	851	9,77	14.106	1065
	12,5	117	91,9	0,968	10.915	873	1037	9,66	17.164	1279
	16	147	115	0,959	13.267	1061	1280	9,50	21.138	1546
260	**8**	80,0	62,8	1,02	8423	648	753	10,3	13.006	956
	10	98,9	77,7	1,01	10.242	788	924	10,2	15.932	1159
	12,5	122	95,8	1,01	12.365	951	1127	10,1	19.409	1394
	16	153	120	0,999	15.061	1159	1394	9,91	23.942	1689
300	**8**	92,8	72,8	1,18	13.128	875	1013	11,9	20.194	1294
	10	115	90,2	1,17	16.026	1068	1246	11,8	24.807	1575
	12,5	142	112	1,17	19.442	1296	1525	11,7	30.333	1904
	16	179	141	1,16	23.850	1590	1895	11,5	37.622	2325
350	**8**	109	85,4	1,38	21.129	1207	1392	13,9	32.384	1789
	10	135	106	1,37	25.884	1479	1715	13,9	39.886	2185
	12,5	167	131	1,37	31.541	1802	2107	13,7	48.934	2654
	16	211	166	1,36	38.942	2225	2630	13,6	60.990	3264
400	**10**	155	122	1,57	39.128	1956	2260	15,9	60.092	2895
	12,5	192	151	1,57	47.839	2392	2782	15,8	73.906	3530
	16	243	191	1,56	59.344	2967	3484	15,6	92.442	4362
	20	300	235	1,55	71.535	3577	4247	15,4	112.489	5237

[a] $C_t = W_T$ Torsionswiderstandsmoment.

Tafel 10.32 Kaltgefertigte quadratische Hohlprofile für den Stahlbau nach DIN EN 10219-2 (07.06) (Auszug)

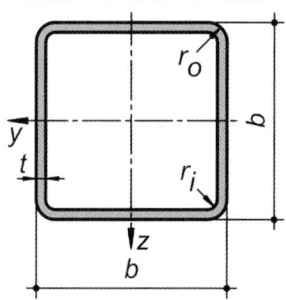

Bezeichnung eines kaltgefertigten quadratischen Hohlprofils mit den Seitenlängen $b = 80$ mm und der Wanddicke $t = 5$ mm aus einem Stahl mit dem Kurznamen S355J0H bzw. der Werkstoffnummer 1.0547: CFRHS – EN 10219 – S355J0H – $80 \times 80 \times 5$ oder CFRHS – EN 10219 – 1.0547 – $80 \times 80 \times 5$
Werkstoffe aus unlegierten Baustählen und aus Feinkornbaustählen nach DIN EN 10219-1. Der Werkstoff ist in der Bezeichnung anzugeben.
Längenart und Längenbereich bzw. Länge nach DIN EN 10219-2 sind bei Bestellung anzugeben. Grenzabmaße je nach Längenart entsprechend DIN EN 10219-2.
Radien für Berechnungen:

	$t \leq 6$ mm	6 mm $< t \leq 10$ mm	$t > 10$ mm
r_o	$2{,}0t$	$2{,}5t$	$3{,}0t$
r_i	$1{,}0t$	$1{,}5t$	$2{,}0t$

b	t	A	G	U	I	W_el	W_pl	i	I_T	$C_\mathrm{t} = W_\mathrm{T}$[a]
mm	mm	cm^2	kg/m	m^2/m	cm^4	cm^3	cm^3	cm	cm^4	cm^3

Kaltgefertigte quadratische Hohlprofile, geschweißt

b	t	A	G	U	I	W_el	W_pl	i	I_T	C_t
30	3	3,01	2,36	0,110	3,50	2,34	2,96	1,08	6,15	3,58
40	3	4,21	3,30	0,150	9,32	4,66	5,72	1,49	15,8	7,07
	4	5,35	4,20	0,146	11,1	5,54	7,01	1,44	19,4	8,48
50	3	5,41	4,25	0,190	19,5	7,79	9,39	1,90	32,1	11,8
	4	6,95	5,45	0,186	23,7	9,49	11,7	1,85	40,4	14,4
	5	8,36	6,56	0,183	27,0	10,8	13,7	1,80	47,5	16,6
60	3	6,61	5,19	0,230	35,1	11,7	14,0	2,31	57,1	17,7
	4	8,55	6,71	0,226	43,6	14,5	17,6	2,26	72,6	22,0
	5	10,4	8,13	0,223	50,5	16,8	20,9	2,21	86,4	25,6
	6	12,0	9,45	0,219	56,1	18,7	23,7	2,16	98,4	28,6
70	3	7,81	6,13	0,270	57,5	16,4	19,4	2,71	92,4	24,7
	4	10,1	7,97	0,266	72,1	20,6	24,8	2,67	119	31,1
	5	12,4	9,70	0,263	84,6	24,2	29,6	2,62	142	36,7
	6	14,4	11,3	0,259	95,2	27,2	33,8	2,57	163	41,4
80	3	9,01	7,07	0,310	87,8	22,0	25,8	3,12	140	33,0
	4	11,7	9,22	0,306	111	27,8	33,1	3,07	180	41,8
	5	14,4	11,3	0,303	131	32,9	39,7	3,03	218	49,7
	6	16,8	13,2	0,299	149	37,3	45,8	2,98	252	56,6
	8	20,8	16,4	0,286	168	42,1	53,9	2,84	307	66,6
90	3	10,2	8,01	0,350	127	28,3	33,0	3,53	201	42,5
	4	13,3	10,5	0,346	162	36,0	42,6	3,48	261	54,2
	5	16,4	12,8	0,343	193	42,9	51,4	3,43	316	64,7
	6	19,2	15,1	0,339	220	49,0	59,5	3,39	368	74,2
	8	24,0	18,9	0,326	255	56,6	71,3	3,25	456	88,8
100	3	11,4	8,96	0,390	177	35,4	41,2	3,94	279	53,2
	4	14,9	11,7	0,386	226	45,3	53,3	3,89	362	68,1
	5	18,4	14,4	0,383	271	54,2	64,6	3,84	441	81,7
	6	21,6	17,0	0,379	311	62,3	75,1	3,79	514	94,1
	8	27,2	21,4	0,366	366	73,2	91,1	3,67	645	114
120	4	18,1	14,2	0,466	402	67,0	78,3	4,71	637	101
	5	22,4	17,5	0,463	485	80,9	95,4	4,66	778	122
	6	26,4	20,7	0,459	562	93,7	112	4,61	913	141
	8	33,6	26,4	0,446	677	113	138	4,49	1163	175
	10	40,6	31,8	0,437	777	129	162	4,38	1376	203
140	4	21,3	16,8	0,546	652	93,1	108	5,52	1023	140
	5	26,4	20,7	0,543	791	113	132	5,48	1256	170
	6	31,2	24,5	0,539	920	131	155	5,43	1479	198
	8	40,0	31,4	0,526	1127	161	194	5,30	1901	248
	10	48,6	38,1	0,517	1312	187	230	5,20	2274	291

Tafel 10.32 (Fortsetzung)

b	t	A	G	U	I	W_{el}	W_{pl}	i	I_T	$C_t = W_T{}^a$
mm	mm	cm²	kg/m	m²/m	cm⁴	cm³	cm³	cm	cm⁴	cm³
150	4	22,9	18,0	0,586	808	108	125	5,93	1265	162
	5	28,4	22,3	0,583	982	131	153	5,89	1554	197
	6	33,6	26,4	0,579	1146	153	180	5,84	1833	230
	8	43,2	33,9	0,566	1412	188	226	5,71	2364	289
	10	52,6	41,3	0,557	1653	220	269	5,61	2839	341
160	4	24,5	19,3	0,626	987	123	143	6,34	1541	185
	5	30,4	23,8	0,623	1202	150	175	6,29	1896	226
	6	36,0	28,3	0,619	1405	176	206	6,25	2239	264
	8	46,4	36,5	0,606	1741	218	260	6,12	2897	334
	10	56,6	44,4	0,597	2048	256	311	6,02	3490	395
180	5	34,4	27,0	0,703	1737	193	224	7,11	2724	290
	6	40,8	32,1	0,699	2037	226	264	7,06	3223	340
	8	52,8	41,5	0,686	2546	283	336	6,94	4189	432
	10	64,6	50,7	0,677	3017	335	404	6,84	5074	515
	12	74,5	58,5	0,658	3322	369	454	6,68	5865	584
200	5	38,4	30,1	0,783	2410	241	279	7,93	3763	362
	6	45,6	35,8	0,779	2833	283	330	7,88	4459	426
	8	59,2	46,5	0,766	3566	357	421	7,76	5815	544
	10	72,6	57,0	0,757	4251	425	508	7,65	7072	651
	12	84,1	66,0	0,738	4730	473	576	7,50	8230	743
	16	107	83,8	0,718	5625	562	706	7,26	10.210	901
220	6	50,4	39,6	0,859	3813	347	402	8,70	5976	521
	8	65,6	51,5	0,846	4828	439	516	8,58	7815	668
	10	80,6	63,2	0,837	5782	526	625	8,47	9533	804
	12	93,7	73,5	0,818	6487	590	712	8,32	11.149	922
	16	120	93,9	0,798	7812	710	881	8,08	13.971	1129
250	6	57,6	45,2	0,979	5672	454	524	9,92	8843	681
	8	75,2	59,1	0,966	7229	578	676	9,80	11.598	878
	10	92,6	72,7	0,957	8707	697	822	9,70	14.197	1062
	12	108	84,8	0,938	9859	789	944	9,55	16.691	1226
	16	139	109	0,918	12.047	964	1180	9,32	21.146	1520
260	6	60,0	47,1	1,02	6405	493	569	10,3	9970	739
	8	78,4	61,6	1,01	8178	629	734	10,2	13.087	955
	10	96,6	75,8	0,997	9865	759	894	10,1	16.035	1156
	12	113	88,6	0,978	11.200	862	1028	9,96	18.878	1337
	16	145	114	0,958	13.739	1057	1289	9,73	23.986	1663
300	6	69,6	54,7	1,18	9964	664	764	12,0	15.434	997
	8	91,2	71,6	1,17	12.801	853	991	11,8	20.312	1293
	10	113	88,4	1,16	15.519	1035	1211	11,7	24.966	1572
	12	132	104	1,14	17.767	1184	1402	11,6	29.514	1829
	16	171	134	1,12	22.076	1472	1774	11,4	37.837	2299
350	8	107	84,2	1,37	20.681	1182	1366	13,9	32.557	1787
	10	133	104	1,36	25.189	1439	1675	13,8	40.127	2182
	12	156	123	1,34	29.054	1660	1949	13,6	47.598	2552
	16	203	159	1,32	36.511	2086	2488	13,4	61.481	3238
400	10	153	120	1,56	38.216	1911	2214	15,8	60.431	2892
	12	180	141	1,54	44.319	2216	2587	15,7	71.843	3395
	12	180	141	1,54	44.319	2216	2587	15,7	71.843	3395
	16	235	184	1,52	56.154	2808	3322	15,5	93.279	4336

^{a} $C_t = W_T$ Torsionswiderstandsmoment.

Tafel 10.33 Warmgefertigte rechteckige Hohlprofile für den Stahlbau nach DIN EN 10210-2 (07.06) (Auszug)

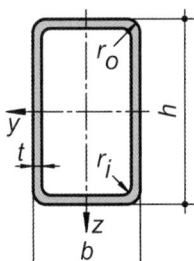

Bezeichnung eines warmgefertigten rechteckigen Hohlprofils mit den Seitenlängen $h = 100$ mm und $b = 60$ mm sowie der Wanddicke $t = 5$ mm aus einem Stahl mit dem Kurznamen S355NLH bzw. der Werkstoffnummer 1.0549:
HFRHS – EN 10210 – S355NLH – $100 \times 60 \times 5$ oder HFRHS – EN 10210 – 1.0549 – $100 \times 60 \times 5$
Werkstoffe aus unlegierten Baustählen und aus Feinkornbaustählen nach DIN EN 10210-1. Der Werkstoff ist in der Bezeichnung anzugeben.
Längenart und Längenbereich bzw. Länge nach DIN EN 10210-2 sind bei Bestellung anzugeben. Grenzabmaße je nach Längenart entsprechend DIN EN 10210-2.
Radien für Berechnungen:
äußerer Radius $r_\mathrm{o} = 1{,}5t$
innerer Radius $r_\mathrm{i} = 1{,}0t$

h	b	t	A	G	U	I_y	$W_\mathrm{el.y}$	$W_\mathrm{pl.y}$	i_y	I_z	$W_\mathrm{el.z}$	$W_\mathrm{pl.z}$	i_z	I_T	$C_\mathrm{t} = W_\mathrm{T}{}^a$
mm	mm	mm	cm²	kg/m	m²/m	cm⁴	cm³	cm³	cm	cm⁴	cm³	cm³	cm	cm⁴	cm³
Warmgefertigte rechteckige Hohlprofile, nahtlos oder geschweißt															
50	**30**	**3,2**	4,60	3,61	0,152	14,2	5,68	7,25	1,76	6,20	4,13	5,00	1,16	14,2	6,80
		4	5,59	4,39	0,150	16,5	6,60	8,59	1,72	7,08	4,72	5,88	1,13	16,6	7,77
		5	6,73	5,28	0,147	18,7	7,49	10,0	1,67	7,89	5,26	6,80	1,08	19,0	8,67
60	**40**	**3,2**	5,88	4,62	0,192	27,8	9,27	11,5	2,18	14,6	7,29	8,64	1,57	30,8	11,7
		4	7,19	5,64	0,190	32,8	10,9	13,8	2,14	17,0	8,52	10,3	1,54	36,7	13,7
		5	8,73	6,85	0,187	38,1	12,7	16,4	2,09	19,5	9,77	12,2	1,50	43,0	15,7
		6,3	10,6	8,31	0,184	43,4	14,5	19,2	2,02	21,9	11,0	14,2	1,44	49,5	17,6
80	**40**	**3,2**	7,16	5,62	0,232	57,2	14,3	18,0	2,83	18,9	9,46	11,0	1,63	46,2	16,1
		4	8,79	6,90	0,230	68,2	17,1	21,8	2,79	22,2	11,1	13,2	1,59	55,2	18,9
		5	10,7	8,42	0,227	80,3	20,1	26,1	2,74	25,7	12,9	15,7	1,55	65,1	21,9
		6,3	13,1	10,3	0,224	93,3	23,3	31,1	2,67	29,2	14,6	18,4	1,49	75,6	24,8
90	**50**	**3,2**	8,44	6,63	0,272	89,1	19,8	24,6	3,25	35,3	14,1	16,2	2,04	80,9	23,6
		4	10,4	8,15	0,270	107	23,8	29,8	3,21	41,9	16,8	19,6	2,01	97,5	28,0
		5	12,7	9,99	0,267	127	28,3	36,0	3,16	49,2	19,7	23,5	1,97	116	32,9
		6,3	15,6	12,3	0,264	150	33,3	43,2	3,10	57,0	22,8	28,0	1,91	138	38,1
		8	19,2	15,0	0,259	174	38,6	51,4	3,01	64,6	25,8	32,9	1,84	160	43,2
100	**50**	**4**	11,2	8,78	0,290	140	27,9	35,2	3,53	46,2	18,5	21,5	2,03	113	31,4
		5	13,7	10,8	0,287	167	33,3	42,6	3,48	54,3	21,7	25,8	1,99	135	36,9
		6,3	16,9	13,3	0,284	197	39,4	51,3	3,42	63,0	25,2	30,8	1,93	160	42,9
		8	20,8	16,3	0,279	230	46,0	61,4	3,33	71,7	28,7	36,3	1,86	186	48,9
	60	**4**	12,0	9,41	0,310	158	31,6	39,1	3,63	70,5	23,5	27,3	2,43	156	38,7
		5	14,7	11,6	0,307	189	37,8	47,4	3,58	83,6	27,9	32,9	2,38	188	45,9
		6,3	18,1	14,2	0,304	225	45,0	57,3	3,52	98,1	32,7	39,5	2,33	224	53,8
		8	22,4	17,5	0,299	264	52,8	68,7	3,44	113	37,8	47,1	2,25	265	62,2
120	**60**	**4**	13,6	10,7	0,350	249	41,5	51,9	4,28	83,1	27,7	31,7	2,47	201	47,1
		5	16,7	13,1	0,347	299	49,9	63,1	4,23	98,8	32,9	38,4	2,43	242	56,0
		6,3	20,7	16,2	0,344	358	59,7	76,7	4,16	116	38,8	46,3	2,37	290	65,9
		8	25,6	20,1	0,339	425	70,8	92,7	4,08	135	45,0	55,4	2,30	344	76,6
	80	**4**	15,2	11,9	0,390	303	50,4	61,2	4,46	161	40,2	46,1	3,25	330	65,0
		5	18,7	14,7	0,387	365	60,9	74,6	4,42	193	48,2	56,1	3,21	401	77,9
		6,3	23,2	18,2	0,384	440	73,3	91,0	4,36	230	57,6	68,2	3,15	487	92,9
		8	28,8	22,6	0,379	525	87,5	111	4,27	273	68,1	82,6	3,08	587	110
140	**80**	**4**	16,8	13,2	0,430	441	62,9	77,1	5,12	184	46,0	52,2	3,31	411	76,5
		5	20,7	16,3	0,427	534	76,3	94,3	5,08	221	55,3	63,6	3,27	499	91,9
		6,3	25,7	20,2	0,424	646	92,3	115	5,01	265	66,2	77,5	3,21	607	110
		8	32,0	25,1	0,419	776	111	141	4,93	314	78,5	94,1	3,14	733	130
150	**100**	**5**	23,7	18,6	0,487	739	98,5	119	5,58	392	78,5	90,1	4,07	807	127
		6,3	29,5	23,1	0,484	898	120	147	5,52	474	94,8	110	4,01	986	153
		8	36,8	28,9	0,479	1087	145	180	5,44	569	114	135	3,94	1203	183
		10	44,9	35,3	0,474	1282	171	216	5,34	665	133	161	3,85	1432	214
		12,5	54,6	42,8	0,468	1488	198	256	5,22	763	153	190	3,74	1679	246

Tafel 10.33 (Fortsetzung)

h	b	t	A	G	U	I_y	$W_{el,y}$	$W_{pl,y}$	i_y	I_z	$W_{el,z}$	$W_{pl,z}$	i_z	I_T	$C_t = W_T$ [a]
mm	mm	mm	cm²	kg/m	m²/m	cm⁴	cm³	cm³	cm	cm⁴	cm³	cm³	cm	cm⁴	cm³
160	**80**	**5**	22,7	17,8	0,467	744	93,0	116	5,72	249	62,3	71,1	3,31	600	106
		6,3	28,2	22,2	0,464	903	113	142	5,66	299	74,8	86,8	3,26	730	127
		8	35,2	27,6	0,459	1091	136	175	5,57	356	89,0	106	3,18	883	151
		10	42,9	33,7	0,454	1284	161	209	5,47	411	103	125	3,10	1041	175
		12,5	52,1	40,9	0,448	1485	186	247	5,34	465	116	146	2,99	1204	198
180	**100**	**5**	26,7	21,0	0,547	1153	128	157	6,57	460	92,0	104	4,15	1042	154
		6,3	33,3	26,1	0,544	1407	156	194	6,50	557	111	128	4,09	1277	186
		8	41,6	32,6	0,539	1713	190	239	6,42	671	134	157	4,02	1560	224
		10	50,9	40,0	0,534	2036	226	288	6,32	787	157	188	3,93	1862	263
		12,5	62,1	48,7	0,528	2385	265	344	6,20	908	182	223	3,82	2191	303
200	**100**	**6,3**	35,8	28,1	0,584	1829	183	228	7,15	613	123	140	4,14	1475	208
		8	44,8	35,1	0,579	2234	223	282	7,06	739	148	172	4,06	1804	251
		10	54,9	43,1	0,574	2664	266	341	6,96	869	174	206	3,98	2156	295
		12,5	67,1	52,7	0,568	3136	314	408	6,84	1004	201	245	3,87	2541	341
		16	83,0	65,2	0,559	3678	368	491	6,66	1147	229	290	3,72	2982	391
	120	**6,3**	38,3	30,1	0,624	2065	207	253	7,34	929	155	177	4,92	2028	255
		8	48,0	37,6	0,619	2529	253	313	7,26	1128	188	218	4,85	2495	310
		10	58,9	46,3	0,614	3026	303	379	7,17	1337	223	263	4,76	3001	367
		12,5	72,1	56,6	0,608	3576	358	455	7,04	1562	260	314	4,66	3569	428
250	**150**	**6,3**	48,4	38,0	0,784	4143	331	402	9,25	1874	250	283	6,22	4054	413
		8	60,8	47,7	0,779	5111	409	501	9,17	2298	306	350	6,15	5021	506
		10	74,9	58,8	0,774	6174	494	611	9,08	2755	367	426	6,06	6090	605
		12,5	92,1	72,3	0,768	7387	591	740	8,96	3265	435	514	5,96	7326	717
		16	115	90,3	0,759	8879	710	906	8,79	3873	516	625	5,80	8868	849
260	**180**	**6,3**	53,4	41,9	0,864	5166	397	475	9,83	2929	325	369	7,40	5810	524
		8	67,2	52,7	0,859	6390	492	592	9,75	3608	401	459	7,33	7221	644
		10	82,9	65,1	0,854	7741	595	724	9,66	4351	483	560	7,24	8798	775
		12,5	102	80,1	0,848	9299	715	879	9,54	5196	577	679	7,13	10.643	924
		16	128	100	0,839	11.245	865	1081	9,38	6231	692	831	6,98	12.993	1106
300	**200**	**8**	76,8	60,3	0,979	9717	648	779	11,3	5184	518	589	8,22	10.562	840
		10	94,9	74,5	0,974	11.819	788	956	11,2	6278	628	721	8,13	12.908	1015
		12,5	117	91,9	0,968	14.273	952	1165	11,0	7537	754	877	8,02	15.677	1217
		16	147	115	0,959	17.390	1159	1441	10,9	9109	911	1080	7,87	19.252	1468
350	**250**	**8**	92,8	72,8	1,18	16.449	940	1118	13,3	9798	784	888	10,3	19.027	1254
		10	115	90,2	1,17	20.102	1149	1375	13,2	11.937	955	1091	10,2	23.354	1525
		12,5	142	112	1,17	24.419	1395	1685	13,1	14.444	1156	1334	10,1	28.526	1842
		16	179	141	1,16	30.011	1715	2095	12,9	17.654	1412	1655	9,93	35.325	2246
400	**200**	**8**	92,8	72,8	1,18	19.562	978	1203	14,5	6660	666	743	8,47	15.735	1135
		10	115	90,2	1,17	23.914	1196	1480	14,4	8084	808	911	8,39	19.259	1376
		12,5	142	112	1,17	29.063	1453	1813	14,3	9738	974	1111	8,28	23.438	1656
		16	179	141	1,16	35.738	1787	2256	14,1	11.824	1182	1374	8,13	28.871	2010
450	**250**	**8**	109	85,4	1,38	30.082	1337	1622	16,6	12.142	971	1081	10,6	27.083	1629
		10	135	106	1,37	36.895	1640	2000	16,5	14.819	1185	1331	10,5	33.284	1986
		12,5	167	131	1,37	45.026	2001	2458	16,4	17.973	1438	1631	10,4	40.719	2406
		16	211	166	1,36	55.705	2476	3070	16,2	22.041	1763	2029	10,2	50.545	2947
500	**300**	**10**	155	122	1,57	53.762	2150	2595	18,6	24.439	1629	1826	12,6	52.450	2696
		12,5	192	151	1,57	65.813	2633	3196	18,5	29.780	1985	2244	12,5	64.389	3281
		16	243	191	1,56	81.783	3271	4005	18,3	36.768	2451	2804	12,3	80.329	4044
		20	300	235	1,55	98.777	3951	4885	18,2	44.078	2939	3408	12,1	97.447	4842

[a] $C_t = W_T$ Torsionswiderstandsmoment.

Tafel 10.34   Kaltgefertigte rechteckige Hohlprofile für den Stahlbau nach DIN EN 10219-2 (07.06) (Auszug)

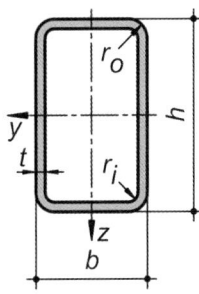

Bezeichnung eines kaltgefertigten rechteckigen Hohlprofils mit den Seitenlängen $h = 100\,\text{mm}$ und $b = 60\,\text{mm}$ sowie der Wanddicke $t = 5\,\text{mm}$ aus einem Stahl mit dem Kurznamen S355NLH bzw. der Werkstoffnummer 1.0549:
CFRHS – EN 10219 – S355NLH – $100 \times 60 \times 5$ oder CFRHS – EN 10219 – 1.0549 – $100 \times 60 \times 5$
Werkstoffe aus unlegierten Baustählen und aus Feinkornbaustählen nach DIN EN 10219-1. Der Werkstoff ist in der Bezeichnung anzugeben.
Längenart und Längenbereich bzw. Länge nach DIN EN 10219-2 sind bei Bestellung anzugeben. Grenzabmaße je nach Längenart entsprechend DIN EN 10219-2.
Radien für Berechnungen:

	$t \leq 6\,\text{mm}$	$6\,\text{mm} < t \leq 10\,\text{mm}$	$t > 10\,\text{mm}$
r_o	$2{,}0t$	$2{,}5t$	$3{,}0t$
r_i	$1{,}0t$	$1{,}5t$	$2{,}0t$

h	b	t	A	G	U	I_y	$W_{el,y}$	$W_{pl,y}$	i_y	I_z	$W_{el,z}$	$W_{pl,z}$	i_z	I_T	$C_t = W_T{}^a$
mm	mm	mm	cm²	kg/m	m²/m	cm⁴	cm³	cm³	cm	cm⁴	cm³	cm³	cm	cm⁴	cm³
Kaltgefertigte rechteckige Hohlprofile, geschweißt															
40	**20**	**3**	3,01	2,36	0,110	5,21	2,60	3,50	1,32	1,68	1,68	2,12	0,748	4,57	3,00
50	**30**	**3**	4,21	3,30	0,150	12,8	5,13	6,57	1,75	5,70	3,80	4,58	1,16	13,5	6,49
		4	5,35	4,20	0,146	15,3	6,10	8,05	1,69	6,69	4,46	5,58	1,12	16,5	7,71
60	**40**	**3**	5,41	4,25	0,190	25,4	8,46	10,5	2,17	13,4	6,72	7,94	1,58	29,3	11,2
		4	6,95	5,45	0,186	31,0	10,3	13,2	2,11	16,3	8,14	9,89	1,53	36,7	13,7
70	**50**	**3**	6,61	5,19	0,230	44,1	12,6	15,4	2,58	26,1	10,4	12,2	1,99	53,6	17,1
		4	8,55	6,71	0,226	54,7	15,6	19,5	2,53	32,2	12,9	15,4	1,94	68,1	21,2
80	**40**	**3**	6,61	5,19	0,230	52,3	13,1	16,5	2,81	17,6	8,78	10,2	1,63	43,9	15,3
		4	8,55	6,71	0,226	64,8	16,2	20,9	2,75	21,5	10,7	12,8	1,59	55,2	18,8
	60	**3**	7,81	6,13	0,270	70,0	17,5	21,2	3,00	44,9	15,0	17,4	2,40	88,3	24,1
		4	10,1	7,97	0,266	87,9	22,0	27,0	2,94	56,1	18,7	22,1	2,35	113	30,3
90	**50**	**3**	7,81	6,13	0,270	81,9	18,2	22,6	3,24	32,7	13,1	15,0	2,05	76,7	22,4
		4	10,1	7,97	0,266	103	22,8	28,8	3,18	40,7	16,3	19,1	2,00	97,7	28,0
		5	12,4	9,70	0,263	121	26,8	34,4	3,12	47,4	18,9	22,7	1,96	116	32,7
100	**40**	**3**	7,81	6,13	0,270	92,3	18,5	23,7	3,44	21,7	10,8	12,4	1,67	59,0	19,4
		4	10,1	7,97	0,266	116	23,1	30,3	3,38	26,7	13,3	15,7	1,62	74,5	24,0
		5	12,4	9,70	0,263	136	27,1	36,1	3,31	30,8	15,4	18,5	1,58	87,9	27,9
	50	**3**	8,41	6,60	0,290	106	21,3	26,7	3,56	36,1	14,4	16,4	2,07	88,6	25,0
		4	10,9	8,59	0,286	134	26,8	34,1	3,50	44,9	18,0	20,9	2,03	113	31,3
		5	13,4	10,5	0,283	158	31,6	40,8	3,44	52,5	21,0	25,0	1,98	135	36,8
		6	15,6	12,3	0,279	179	35,8	46,9	3,38	58,7	23,5	28,5	1,94	154	41,4
	60	**3**	9,01	7,07	0,310	121	24,1	29,6	3,66	54,6	18,2	20,8	2,46	122	30,6
		4	11,7	9,22	0,306	153	30,5	37,9	3,60	68,7	22,9	26,6	2,42	156	38,7
		5	14,4	11,3	0,303	181	36,2	45,6	3,55	80,8	26,9	31,9	2,37	188	45,8
		6	16,8	13,2	0,299	205	41,1	52,5	3,49	91,2	30,4	36,6	2,33	216	51,9
	80	**3**	10,2	8,01	0,350	149	29,8	35,4	3,82	106	26,4	30,4	3,22	196	41,9
		4	13,3	10,5	0,346	189	37,9	45,6	3,77	134	33,5	39,2	3,17	254	53,4
		5	16,4	12,8	0,343	226	45,2	55,1	3,72	160	39,9	47,2	3,12	308	63,7
		6	19,2	15,1	0,339	258	51,7	63,8	3,67	182	45,5	54,7	3,08	357	73,0
120	**60**	**4**	13,3	10,5	0,346	241	40,1	50,5	4,25	81,2	27,1	31,1	2,47	201	47,0
		5	16,4	12,8	0,343	287	47,8	60,9	4,19	96,0	32,0	37,4	2,42	242	55,8
		6	19,2	15,1	0,339	328	54,7	70,6	4,13	109	36,3	43,1	2,38	280	63,6
		8	24,0	18,9	0,326	375	62,6	84,1	3,95	124	41,3	51,3	2,27	340	75,0
	80	**4**	14,9	11,7	0,386	295	49,1	59,8	4,44	157	39,3	45,2	3,24	331	64,9
		5	18,4	14,4	0,383	353	58,9	72,4	4,39	188	46,9	54,7	3,20	402	77,8
		6	21,6	17,0	0,379	406	67,7	84,3	4,33	215	53,8	63,5	3,15	469	89,4
		8	27,2	21,4	0,366	476	79,3	102	4,18	252	62,9	76,9	3,04	584	108
140	**80**	**4**	16,5	13,0	0,426	430	61,4	75,5	5,10	180	45,1	51,3	3,30	412	76,5
		5	20,4	16,0	0,423	517	73,9	91,8	5,04	216	54,0	62,2	3,26	501	91,8
		6	24,0	18,9	0,419	597	85,3	107	4,98	248	62,0	72,4	3,21	584	106
		8	30,4	23,9	0,406	708	101	131	4,82	293	73,3	88,4	3,10	731	129

10

Tafel 10.34 (Fortsetzung)

h	b	t	A	G	U	I_y	$W_{el,y}$	$W_{pl,y}$	i_y	I_z	$W_{el,z}$	$W_{pl,z}$	i_z	I_T	$C_t = W_T$[a]
mm	mm	mm	cm²	kg/m	m²/m	cm⁴	cm³	cm³	cm	cm⁴	cm³	cm³	cm	cm⁴	cm³
150	**100**	5	23,4	18,3	0,483	719	95,9	117	5,55	384	76,8	88,3	4,05	809	127
		6	27,6	21,7	0,479	835	111	137	5,50	444	88,8	103	4,01	948	147
		8	35,2	27,7	0,466	1008	134	169	5,35	536	107	128	3,90	1206	182
		10	42,6	33,4	0,457	1162	155	199	5,22	614	123	150	3,80	1426	211
160	**80**	5	22,4	17,5	0,463	722	90,2	113	5,68	244	61,0	69,7	3,30	601	106
		6	26,4	20,7	0,459	836	105	132	5,62	281	70,2	81,3	3,26	702	122
		8	33,6	26,4	0,446	1001	125	163	5,46	335	83,7	100	3,16	882	150
		10	40,6	31,8	0,437	1146	143	191	5,32	380	95,0	117	3,06	1031	172
180	**100**	5	26,4	20,7	0,543	1124	125	154	6,53	452	90,4	103	4,14	1045	154
		6	31,2	24,5	0,539	1310	146	181	6,48	524	105	120	4,10	1227	179
		8	40,0	31,4	0,526	1598	178	226	6,32	637	127	150	3,99	1565	222
		10	48,6	38,1	0,517	1859	207	268	6,19	736	147	177	3,89	1859	260
200	**100**	5	28,4	22,3	0,583	1459	146	181	7,17	497	99,4	112	4,19	1206	172
		6	33,6	26,4	0,579	1703	170	213	7,12	577	115	132	4,14	1417	200
		8	43,2	33,9	0,566	2091	209	267	6,95	705	141	165	4,04	1811	250
		10	52,6	41,3	0,557	2444	244	318	6,82	818	164	195	3,94	2154	292
	120	5	30,4	23,8	0,623	1649	165	201	7,37	750	125	141	4,97	1652	210
		6	36,0	28,3	0,619	1929	193	237	7,32	874	146	166	4,93	1947	245
		8	46,4	36,5	0,606	2386	239	298	7,17	1079	180	209	4,82	2507	308
		10	56,6	44,4	0,597	2806	281	356	7,04	1262	210	250	4,72	3007	364
250	**150**	6	45,6	35,8	0,779	3886	311	378	9,23	1768	236	266	6,23	3886	396
		8	59,2	46,5	0,766	4886	391	482	9,08	2219	296	340	6,12	5050	504
		10	72,6	57,0	0,757	5825	466	582	8,96	2634	351	409	6,02	6121	602
		12	84,1	66,0	0,738	6458	517	658	8,77	2925	390	463	5,90	7088	684
260	**180**	8	65,6	51,5	0,846	6145	473	573	9,68	3493	388	446	7,29	7267	642
		10	80,6	63,2	0,837	7363	566	694	9,56	4174	464	540	7,20	8850	772
		12	93,7	73,5	0,818	8245	634	790	9,38	4679	520	615	7,07	10.328	884
		16	120	93,9	0,798	9923	763	977	9,11	5614	624	759	6,85	12.890	1079
300	**100**	8	59,2	46,5	0,766	5978	399	523	10,0	1045	209	238	4,20	3080	385
		10	72,6	57,0	0,757	7106	474	631	9,90	1224	245	285	4,11	3681	455
		12	84,1	66,0	0,738	7808	521	710	9,64	1343	269	321	4,00	4177	508
		16	107	83,8	0,718	9157	610	865	9,26	1543	309	386	3,80	4939	592
	150	8	67,2	52,8	0,866	7684	512	640	10,7	2623	350	396	6,25	6491	612
		10	82,6	64,8	0,857	9209	614	776	10,6	3125	417	479	6,15	7879	733
		12	96,1	75,4	0,838	10.298	687	883	10,4	3498	466	546	6,03	9153	837
		16	123	96,4	0,818	12.387	826	1092	10,0	4174	557	673	5,83	11.328	1015
	200	8	75,2	59,1	0,966	9389	626	757	11,2	5042	504	574	8,19	10.627	838
		10	92,6	72,7	0,957	11.313	754	921	11,1	6058	606	698	8,09	12.987	1012
		12	108	84,8	0,938	12.788	853	1056	10,9	6854	685	801	7,96	15.236	1167
		16	139	109	0,918	15.617	1041	1319	10,6	8340	834	1000	7,75	19.223	1442
350	**250**	8	91,2	71,6	1,17	16.001	914	1092	13,2	9573	766	869	10,2	19.136	1253
		10	113	88,4	1,16	19.407	1109	1335	13,1	11.588	927	1062	10,1	23.500	1522
		12	132	104	1,14	22.197	1268	1544	13,0	13.261	1061	1229	10,0	27.749	1770
		16	171	134	1,12	27.580	1576	1954	12,7	16.434	1315	1554	9,81	35.497	2220
400	**200**	8	91,2	71,6	1,17	18.974	949	1173	14,4	6517	652	728	8,45	15.820	1133
		12,5	137	108	1,14	27.100	1355	1714	14,1	9260	926	1062	8,22	23.594	1644
		16	171	134	1,12	32.547	1627	2093	13,8	11.056	1106	1294	8,05	28.928	1984
	300	8	107	84,2	1,37	25.122	1256	1487	15,3	16.212	1081	1224	12,3	31.179	1747
		10	133	104	1,36	30.609	1530	1824	15,2	19.726	1315	1501	12,2	38.407	2132
		12	156	123	1,34	35.284	1764	2122	15,0	22.747	1516	1747	12,1	45.527	2492
		16	203	159	1,32	44.350	2218	2708	14,8	28.535	1902	2228	11,9	58.730	3159

[a] $C_t = W_T$ Torsionswiderstandsmoment.

10.2   Grundlagen der Tragwerksplanung und -berechnung

10.2.1   Nachweisverfahren mit Teilsicherheitsbeiwerten

Beim Nachweisverfahren mit Teilsicherheitsbeiwerten ist zu zeigen, dass in allen maßgebenden Bemessungssituationen bei Ansatz der Bemessungswerte der Einwirkungen und Tragwiderstände keiner der maßgebenden Grenzzustände überschritten wird. Erforderliche Nachweise sind:

Nachweis der Lagesicherheit des Tragwerks (EQU)

- Gleiten, Abheben, Umkippen.

Nachweise für den Grenzzustand der Tragfähigkeit eines Querschnitts, Bauteils oder einer Verbindung (STR oder GEO)

- Beanspruchbarkeit der Querschnitte
- Stabilitätsnachweise des Tragwerkes und der einzelnen Bauteile
- Beulnachweise einzelner Querschnittsteile
- Tragfähigkeit von Anschlüssen und Verbindungen.

Nachweise für den Grenzzustand der Gebrauchstauglichkeit

- Verformungen, Schwingungen und Stegblechatmung.

Sicherstellung der Dauerhaftigkeit

- Korrosionsgerechte Gestaltung und Korrosionsschutz
- Gewährleistung der Bauwerksinspektion, Wartung und Instandsetzung
- Ermüdungsnachweise (FAT).

Teilsicherheiten zur Bestimmung der Bemessungswerte der Beanspruchbarkeiten von Bauteilen, Querschnitte und Verbindungen   Die Teilsicherheitsbeiwerte γ_M zur Abminderung der charakteristischen Werte der Beanspruchbarkeiten R_k auf ihre Bemessungswerte sind in den jeweiligen Teilen der Eurocodes und deren zugehörigen Nationalen Anhängen zum Teil unterschiedlich festgelegt. Die Tafeln 10.35 und 10.36 enthalten die Regelungen der Teile 1-1 und 1-8 von DIN EN 1993 und deren Anpassungen in den jeweiligen Nationalen Anhängen. Bei außergewöhnlichen Bemessungssituationen können die Teilsicherheiten nach Tafel 10.35 wie folgt abgemindert werden (siehe [13]):

$$\gamma_{M1} = 1{,}0; \quad \gamma_{M2} = 1{,}15.$$

10.2.2   Tragwerksberechnung

10.2.2.1   Elastische Tragwerksberechnung

Die elastische Tragwerksberechnung darf in allen Fällen angewendet werden. Dies gilt auch, wenn die Querschnittsbeanspruchbarkeiten plastisch ermittelt werden (QSK 1 und 2) oder durch lokales Beulen begrenzt sind (QSK 4). Die Auswirkungen ungleichförmiger Spannungsverteilungen infolge Schubverzerrungen und/oder Plattenbeulen (QSK 4) müssen berücksichtigt werden, wenn sie die Ergebnisse der Tragwerksberechnung wesentlich beeinflussen. Regelungen zur Bestimmung effektiver Breiten und Querschnittsgrößen sind aus Abschn. 10.5 und [15] zu entnehmen.

Tafel 10.35 Teilsicherheitsbeiwerte für den Nachweis der Tragfähigkeit nach DIN EN 1993-1-1 [12] und NA [13]	Beanspruchbarkeit von Querschnitten (unabhängig von der Querschnittsklasse)	$\gamma_{M0} = 1{,}0$
	Beanspruchbarkeit von Bauteilen bei Stabilitätsversagen (bei Anwendung von Bauteilnachweisen nach DIN EN 1993-1-1, Abschn. 6.3 und 6.4 und bei Querschnittsnachweisen mit Schnittgrößen nach Theorie II. Ordnung)	$\gamma_{M1} = 1{,}1$
	Beanspruchbarkeit von Querschnitten bei Bruchversagen infolge Zugbeanspruchung	$\gamma_{M2} = 1{,}25$

Tafel 10.36 Teilsicherheitsbeiwerte für den Nachweis von Anschlüssen nach DIN EN 1993-1-8 [17] und NA [18]	Beanspruchbarkeit von	Schrauben	$\gamma_{M2} = 1{,}25$
		Nieten	
		Bolzen	
		Schweißnähten[a]	
		Blechen auf Lochleibung	
	Gleitfestigkeit im	GZT (Kategorie C)	$\gamma_{M3} = 1{,}25$
		GZG (Kategorie B)	$\gamma_{M3,ser} = 1{,}1$
	Lochleibung von Injektionsschrauben (bauaufsichtlicher Verwendbarkeitsnachweis erforderlich)		$\gamma_{M4} = 1{,}0$
	Beanspruchbarkeit von Knotenanschlüssen in Fachwerken mit Hohlprofilen		$\gamma_{M5} = 1{,}0$
	Beanspruchbarkeit von Bolzen im GZG		$\gamma_{M6,ser} = 1{,}0$
	Vorspannung hochfester Schrauben		$\gamma_{M7} = 1{,}1$

[a] Unter Verwendung von $\beta_w = 0{,}88$ für Stähle S420 und $\beta_w = 0{,}85$ für Stähle S460.

10.2.2.2 Plastische Tragwerksberechnung

Die plastische Tragwerksberechnung darf dann durchgeführt werden, wenn an Stellen, an denen sich plastische Gelenke bilden, ausreichende Rotationskapazität vorliegt. Dies gilt sowohl für die Bauteile als auch deren Anschlüsse. Sofern notwendig, ist das Knicken oder Biegedrillknicken aus der Haupttragebene durch geeignete Maßnahmen zu verhindern (vgl. [12], Abschn. 6.3.5). Das nichtlineare Werkstoffverhalten kann vereinfacht bilinear oder durch genauere Beziehungen berücksichtigt werden. Für die Tragwerksberechnung stehen unterschiedliche Methoden zur Verfügung: das elastisch-plastische Fließgelenkverfahren, die Fließzonentheorie (Berücksichtigung von Teilplastizierungen der Bauteile) und das starrplastische Fließgelenkverfahren. Anwendungsvoraussetzungen hierfür sind in [12], Abschn. 5.4.3 definiert. Bei Stahlsorten über S460 bis S700 darf das elastisch-plastische und das starr-plastische Fließgelenkverfahren nicht angewendet werden (vgl. [23]).

10.2.3 Klassifizierung von Anschlüssen und Berechnungsansätze

10.2.3.1 Allgemeines

Die Klassifizierung von Anschlüssen erfolgt nach den wesentlichen Kenngrößen der Momenten-Rotations-Charakteristik (Abb. 10.3). Unterschieden wird nach der Rotationssteifigkeit, der Beanspruchbarkeit und der Rotationskapazität. Je nach Verfahren, dass zur Berechnung von Tragwerken herangezogen wird, erfolgt die Klassifizierung der Anschlüsse nach der Rotationssteifigkeit und/oder der Beanspruchbarkeit. Das jeweils zutreffende Anschlussmodell kann Tafel 10.37 entnommen werden.

Bei einer elastischen Tragwerksberechnung erfolgt die Klassifizierung der Anschlüsse nach der Rotationssteifigkeit (gelenkig, starr oder verformbar). Sind die Anschlüsse als verformbar einzustufen, kann im Allgemeinen vereinfachend eine Drehfeder mit konstanter Rotationssteifigkeit angenommen werden.

Liegt ausreichendes Rotationsvermögen vor, kann die Tragwerksberechnung elastisch-plastisch oder starr-plastisch erfolgen. Das starr-plastische Verfahren ist für Systeme zugelassen, deren Schnittgrößenverteilung im GZT nur von der Tragfähigkeit der Bauteile und Anschlüsse abhängt (z. B. bei Durchlaufträgern). Die Klassifizierung erfolgt dann nach der Beanspruchbarkeit der Anschlüsse (gelenkig, volltragfähig, teiltragfähig). Sind die Verformungen zu berücksichtigen (z. B. bei elastisch-plastischer Berechnung von Rahmen), erfolgt die Klassifizierung sowohl nach der Steifigkeit als auch nach der Tragfähigkeit, da die Schnittgrößenverteilung von beiden Einflüssen abhängt. Unter dem Begriff „nachgiebiger Anschluss" werden die

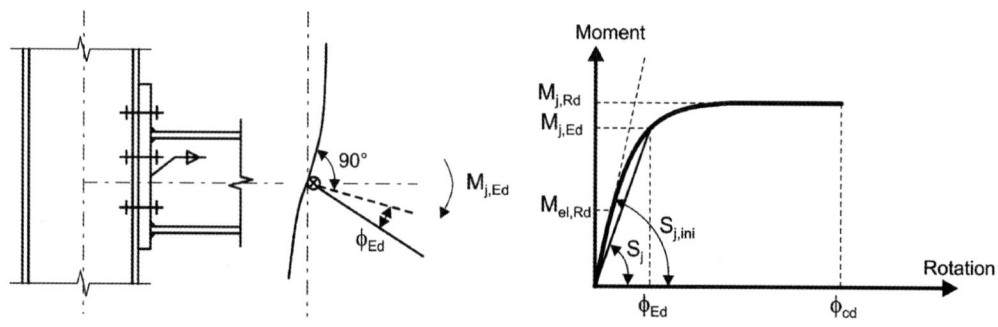

Abb. 10.3 Momenten-Rotations-Charakteristik eines Anschlusses

Tafel 10.37 Anschlussmodelle für die Tragwerksberechnung (vgl. [98])

Berechnungsverfahren	Klassifizierung der Anschlüsse nach	Klassifizierung der Anschlüsse		
Elastisch	Steifigkeit	Gelenkig	Starr	Verformbar
Starr-plastisch	Tragfähigkeit	Gelenkig	Volltragfähig	Teiltragfähig
Elastisch-plastisch	Steifigkeit und Tragfähigkeit	Gelenkig	Biegesteif = starr + volltragfähig	Nachgiebig = verformbar + volltragfähig verformbar + teiltragfähig starr + teiltragfähig
Anschlussmodell für die Tragwerksberechnung		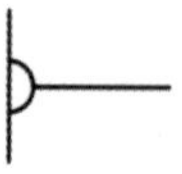		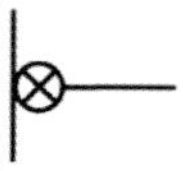
		$M = 0$ und $\phi \neq 0$	$M \neq 0$ und $\phi = 0$	$M \neq 0$ und $\phi \neq 0$
		Rotationswinkel ϕ siehe Abb. 10.3		

möglichen Kombinationen zusammengefasst, bei denen Anschlussverformungen zu berücksichtigen sind (siehe Tafel 10.37).

10.2.3.2 Klassifizierung nach der Steifigkeit

Je nach Rotationssteifigkeit wird der Anschluss als starr, gelenkig oder verformbar klassifiziert. Hierzu wird die Anfangssteifigkeit $S_{j,ini}$ mit den Grenzkriterien nach Tafel 10.38 verglichen.

Ein gelenkiger Anschluss muss in der Lage sein, die auftretenden Gelenkverdrehungen auszuführen, ohne dass dabei größere Momente entstehen. Bei starren Anschlüssen ist die Rotationssteifigkeit so groß, dass die Anschlussverformungen vernachlässigt werden können. Verformbare Anschlüsse liegen zwischen diesen beiden Grenzen (Abb. 10.4).

Tafel 10.38 Klassifizierung von Anschlüssen nach der Steifigkeit

Zone	Klassifizierung	Bedingung[a]
1	Starr	$\bar{S}_{j,ini} \geq \bar{S}_0$
2	Verformbar	Anschlüsse, die nicht der Zone 1 oder 3 zugeordnet werden können
3	Gelenkig	$\bar{S}_{j,ini} \leq 0,5$

[a] Die Bezeichnungen wurden abweichend von [17] gewählt, um Verwechslungen zu vermeiden.

$\bar{S}_0 = 8$ bei unverschieblichen Rahmentragwerken, bei denen zusätzliche Aussteifungen (Verbände, Scheiben) die Horizontalverschiebungen um mindestens 80 % verringern

$\bar{S}_0 = 25$ bei verschieblichen Rahmentragwerken, wenn in jedem Geschoss $K_b/K_c \geq 0,1$ gilt. Bei $K_b/K_c < 0,1$ sollten die Anschlüsse als verformbar eingestuft werden.

Formelzeichen

$S_{j,ini}$ Anfangssteifigkeit

$\bar{S}_{j,ini}$ Bezogene Anfangssteifigkeit $\bar{S}_{j,ini} = S_{j,ini} L_b / EI_b$

$\bar{S}_0$ Bezogene Grenzsteifigkeit

K_b Mittelwert L_b / I_b aller Rahmenriegel eines Geschosses

K_c Mittelwert L_c / I_c aller Rahmenstützen eines Stockwerks

I_b Flächenträgheitsmoment zweiter Ordnung eines Rahmenriegels

I_c Flächenträgheitsmoment zweiter Ordnung einer Rahmenstütze

L_b Spannweite eines Rahmenriegels von Stützenachse zu Stützenachse

L_c Geschosshöhe einer Stütze.

Stützenfußanschlüsse können als starr klassifiziert werden, wenn eine der folgenden Bedingungen erfüllt ist:

Bei unverschieblichen Rahmentragwerken, wenn

a) $\bar{\lambda}_0 \leq 0,5$,

b) $0,5 \leq \bar{\lambda}_0 < 3,93$ und $S_{j,ini} \geq 7 \cdot (2 \cdot \bar{\lambda}_0 - 1) \cdot EI_c / L_c$ oder

c) $\bar{\lambda}_0 \geq 3,93$ und $S_{j,ini} \geq 48 \cdot EI_c / L_c$ ist.

Dabei ist

$\bar{\lambda}_0$ Schlankheitsgrad der betrachteten Stütze, der unter der Annahme beidseitig gelenkiger Lagerung bestimmt wird.

Bei verschieblichen Rahmentragwerken, wenn

$$S_{j,ini} \geq 30 \cdot EI_c / L_c$$

ist.

10.2.3.3 Klassifizierung nach der Tragfähigkeit

Ein Anschluss kann als volltragfähig, gelenkig oder teiltragfähig klassifiziert werden, indem seine Momententragfähigkeit $M_{j,Rd}$ mit den Momententragfähigkeiten der angeschlossenen Bauteile verglichen wird. Dabei gelten die Momententragfähigkeiten der Bauteile direkt am Anschluss.

Ist die Momententragfähigkeit eines Anschlusses mindestens so groß wie die Momententragfähigkeiten der angeschlossenen Bauteile, gilt dieser als **volltragfähig** (Tafel 10.39). Beträgt der Wert nicht mehr als $1/4$ des volltragfähigen Anschlusses, so darf er als **gelenkig** eingestuft werden. Außerdem muss der Anschluss über eine ausreichende Rotationskapazität verfügen. Ein Anschluss ist als **teiltragfähig** einzustufen, wenn er weder die Bedingungen für gelenkige noch für volltragfähige Anschlüsse erfüllt.

Nach [17] wird bei Anschlüssen von I- und H-Profilen die Tragfähigkeit in der Regel nach Abschn. 6.2, die Rotationskapazität nach Abschn. 6.4 bestimmt. Die Berechnung von Anschlüssen mit Hohlprofilen erfolgt nach Abschn. 7.

10.2.3.4 Steifigkeitsansätze für die Tragwerksberechnung

Die **Anfangssteifigkeit** $S_{j,ini}$ kann für Anschlüsse von I- und H-Profilen nach [17], Abschn. 6.3 bestimmt werden. Steifigkeitswerte für Anschlüsse von Hohlprofilen sind der Fachliteratur (z. B. [71]) zu entnehmen. Rotationssteifigkeiten von Stützenfüßen sind in [17], Abschn. 6.4 angegeben.

Bei der **elastischen Tragwerksberechnung** ist für verformbare Anschlüsse in der Regel die zum jeweiligen Biegemoment $M_{j,Ed}$ gehörende Sekantensteifigkeit S_j anzusetzen (siehe Abb. 10.3). Ist $M_{j,Ed}$ nicht größer als $2/3 \cdot M_{j,Rd}$,

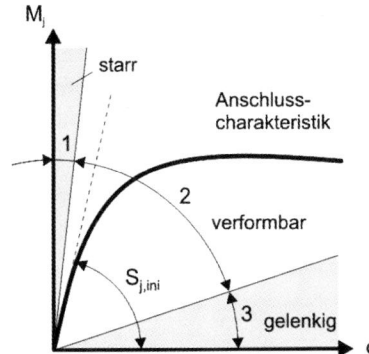

Abb. 10.4 Klassifizierung von Anschlüssen

Tafel 10.39 Grenzkriterien für einen volltragfähigen Anschluss

Stützenkopf	Zwischen zwei Geschossen
 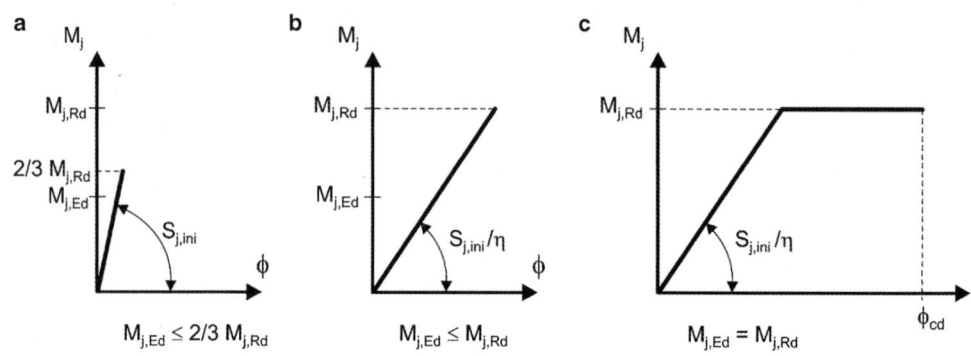	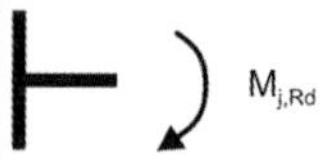
$M_{j,Rd} \geq M_{b,pl,Rd}$ oder $M_{j,Rd} \geq M_{c,pl,Rd}$	$M_{j,Rd} \geq M_{b,pl,Rd}$ oder $M_{j,Rd} \geq 2M_{c,pl,Rd}$

$M_{b,pl,Rd}$ plastische Momententragfähigkeit des Trägers
$M_{c,pl,Rd}$ plastische Momententragfähigkeit der Stütze.

Abb. 10.5 Rotationssteifigkeit für linear-elastische Tragwerksberechnungen (**a, b**) und bilineare Momenten-Rotations-Charakteristik (**c**)

Tafel 10.40 Anpassungsbeiwert η für die Steifigkeit

Anschlussausbildung	Träger-Stützen-Anschlüsse	Andere Anschlüsse[a]
Geschweißt	2	3
Geschraubtes Stirnblech	2	3
Geschraubter Flanschwinkel	2	3,5
Fußplatte	–	3

[a] Träger-Träger-Anschlüsse, Trägerstöße, Stützenfußanschlüsse.

kann vereinfacht die Anfangssteifigkeit $S_{j,ini}$ zugrunde gelegt werden (siehe Abb. 10.5a, b). Wird der Wert überschritten, ist die Anfangssteifigkeit abzumindern. Dies kann nach [17] vereinfacht und pauschal nach Abschn. 5.1.2 (4) mit dem Anpassungsbeiwert η (vgl. Abb. 10.5c und Tafel 10.40) oder differenziert nach Abschn. 6.3.1 mit dem Steifigkeitsverhältnis $\mu = S_{j,ini}/S_j$ erfolgen.

Bei der **elastisch-plastischen Tragwerksberechnung** darf vereinfachend die bilineare Momenten-Rotations-Charakteristik nach Abb. 10.5c verwendet werden.

10.2.4 Einflüsse der Tragwerksverformungen

Die Einflüsse der Tragwerksverformungen auf das Gleichgewicht (Einflüsse aus Theorie II. Ordnung) sind in der Regel zu berücksichtigen, wenn daraus resultierende Vergrößerungen der Schnittgrößen nicht mehr vernachlässigt werden können oder das Tragverhalten maßgeblich beeinflusst wird.

Eine elastische Berechnung nach Theorie I. Ordnung ist zulässig, wenn der Faktor α_{cr} bis zum Erreichen der idealen Verzweigungslast mindestens 10 beträgt (10.8).

$$\alpha_{cr} = \frac{F_{cr}}{F_{Ed}} \geq 10 \qquad (10.8)$$

F_{Ed} Bemessungswert der Einwirkungen
F_{cr} Ideale Verzweigungslast des Tragwerks.

Für die plastische Berechnung wird in [13], NDP zu 5.2.1 (3) abweichend zu [12] festgelegt, dass bei der Bestimmung von α_{cr} die Steifigkeit des Tragsystems unmittelbar vor Ausbildung des letzten Fließgelenks zugrunde zu legen oder jedes einzelne Teilsystem der Fließgelenkkette zu untersuchen ist. Gleichzeitig ist die Anforderung $\alpha_{cr} \geq 10$ beizubehalten. Der Steifigkeitsverlust durch die Fließgelenkbildung wird in vielen baupraktischen Fällen nicht durch eine pauschale Erhöhung auf $\alpha_{cr} \geq 15$ erfasst. (10.8) entspricht der bekannten 10 %-Regel aus [31].

Verschiebliche Hallen- und Stockwerksrahmen Bei Hallenrahmen mit geringer Dachneigung (max. 1 : 2 bzw. 26°) und bei Stockwerksrahmen darf der Faktor α_{cr} näherungsweise über die Seitensteifigkeit nach (10.9) bestimmt werden. Voraussetzung hierfür ist, dass der Einfluss der Riegelnormalkraft auf die Verzweigungslast vernachlässigbar klein ist. Dies ist der Fall, wenn die Stabkennzahlen ε_b der Riegel (10.10) erfüllen. Bei Stockwerksrahmen ist (10.8) für jedes Stockwerk zu überprüfen.

$$\alpha_{cr} = \frac{H_{Ed}}{V_{ED}} \cdot \frac{h}{\delta_{H,Ed}} \qquad (10.9)$$

$$\varepsilon_b = L_b \sqrt{N_{Ed}/EI_b} \leq 0,3\pi \qquad (10.10)$$

H_{Ed} Bemessungswert der gesamten Horizontalschubkraft an den unteren Stockwerksknoten

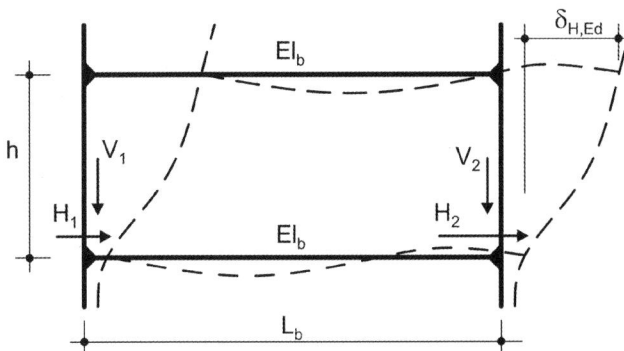

Abb. 10.6 Stockwerksrahmen mit Bezeichnungen

V_{Ed} gesamte (maximale) vertikale Bemessungslast des Tragwerks an den unteren Stockwerksknoten

$\delta_{H,Ed}$ Horizontalverschiebung der oberen gegenüber den unteren Stockwerksknoten infolge H_{Ed}, berechnet nach Theorie I. Ordnung

h Stockwerkshöhe

L_b Riegellänge (Abstand der Stützenachsen).

Sind Einflüsse aus Theorie II. Ordnung auf das Gleichgewicht zu berücksichtigen, kann dies bei einer elastischen Berechnung näherungsweise durch Vergrößerung der horizontalen Einwirkungen H_{Ed} und der Ersatzlasten infolge Anfangsschiefstellungen $V_{Ed} \cdot \phi$ mit dem Faktor α_H nach (10.11) geschehen. Voraussetzung hierfür ist, dass der kritische Lastfaktor $\alpha_{cr} \geq 3,0$ beträgt und bei den Riegeln die Bedingung (10.10) eingehalten ist. Bei mehrstöckigen Rahmen müssen alle Stockwerke eine ähnliche Verteilung der vertikalen und horizontalen Einwirkungen sowie der Rahmensteifigkeit in Bezug auf die Verteilung der Stockwerksschubkräfte haben.

$$\alpha_H = \frac{1}{1 - \frac{1}{\alpha_{cr}}} \qquad (10.11)$$

10.2.5 Methoden zur Stabilitätsberechnung von Tragwerken

Beim Stabilitätsnachweis von Stäben und Stabwerken sind die Einflüsse von Imperfektionen und Verformungen auf das Gleichgewicht (Theorie II. Ordnung) zu berücksichtigen. DIN EN 1993-1-1 [12] bietet verschiedene Nachweismöglichkeiten, die von der räumlichen nichtlinearen Berechnung imperfekter Stabsysteme über Zwischenstufen bis zur Anwendung von Ersatzstabnachweisen mit Schnittgrößen nach Theorie I. Ordnung reichen. Die Unterscheidung zwischen den verschiedenen Methoden liegt darin, in welcher Weise die genannten Einflüsse berücksichtigt werden. Nach [12], Abschn. 5.2.2, Absatz (3) sind folgende drei Grundmethoden vorgesehen (siehe auch [72]):

a) Beide Einflüsse werden vollständig im Rahmen der Berechnung des Gesamttragwerks berücksichtigt. Dabei werden die Imperfektionen unter Berücksichtigung der maßgebenden Knickeigenformen (Biegeknicken, Drillknicken oder Biegedrillknicken) in ungünstigster Richtung und Form angesetzt. Aus der nichtlinearen Tragwerksberechnung ergeben sich die Schnittgrößen, mit denen die Festigkeitsnachweise an den maßgebenden Stellen zu führen sind. Darüber hinaus sind keine weiteren Stabilitätsnachweise erforderlich.

b) Teilweise durch Berechnung des Gesamttragwerks und teilweise durch Stabilitätsnachweise der Einzelbauteile. In einem ersten Schritt wird das Gesamttragwerk unter Ansatz von Anfangsschiefstellungen und ggf. Vorkrümmungen (bei $\varepsilon > \pi/2$) nach Theorie II. Ordnung berechnet. Dies liefert die Stabendschnittgrößen als Eingangsgrößen für die Bauteilnachweise, die im Nachlauf in standardisierter Form nach dem Ersatzstabverfahren geführt werden. Da das globale Systemverhalten mit dem ersten Schritt bereits erfasst wird, dürfen dabei als Knicklängen die Stablängen angesetzt werden. Der Einfluss der Bauteilimperfektionen (im Allgemeinen als Vorkrümmungen angesetzt) wird in den Nachweisformaten berücksichtigt.

c) In einfachen Fällen durch die Anwendung von Ersatzstabnachweisen bei Ansatz der Schnittgrößen nach Theorie I. Ordnung. Dabei sind die Stabschlankheiten für das Biegeknicken unter Berücksichtigung der Knickfigur des Gesamttragwerks zu bestimmen. Imperfektionen und der Einfluss der Theorie II. Ordnung werden durch die zu führenden Nachweise näherungsweise erfasst.

Tafel 10.41 Methoden zur Stabilitätsberechnung

Methode A	Methode B	Methode C
Räumliche Stabwerksberechnung nach Theorie II. Ordnung	Ebene oder räumliche Stabwerksberechnung nach Theorie II. Ordnung	Ebene oder räumliche Stabwerksberechnung nach Theorie I. Ordnung
Ansatz globaler und lokaler Imperfektionen	Ansatz globaler Imperfektionen i. Allg. ausreichend	Keine gesonderten Imperfektionsansätze erforderlich
Festigkeitsnachweise für die Bauteile und Verbindungen	Ersatzstabnachweise mit den Stablängen als Knicklängen	Ersatzstabnachweise mit den Knicklängen aus der Berechnung des Gesamtsystems

10.2.6   Imperfektionen

10.2.6.1   Grundlagen und Unterscheidungen

Zur Berücksichtigung geometrischer und struktureller Imperfektionen werden bei Stabilitätsberechnungen im Allgemeinen geometrische Ersatzimperfektionen angesetzt. In [12] wird zwischen folgenden Fällen unterschieden:

a) Imperfektionen für die Tragwerksberechung,
b) Imperfektionen zur Berechnung aussteifender Systeme und
c) Bauteilimperfektionen.

Bei den Imperfektionsansätzen für die Tragwerksberechnung wird weiterhin zwischen globalen Anfangsschiefstellungen, Vorkrümmungen von Bauteilen und skalierten Knickeigenformen η_{init} als Vorverformungen differenziert.

Die Imperfektionen sind in Anlehnung an die Knickfigur festzulegen. Dabei sind in der Regel die ungünstigsten Eigenformen zu betrachten. Bei komplexen Tragwerken sind oft mehrere Eigenformen ($\alpha_{cr,i} < 10$) zu berücksichtigen, da sich die Imperfektionsansätze an unterschiedlichen Stellen auf die Bemessung auswirken können. Der Einfluss von Vorkrümmungen und Anfangsschiefstellungen darf durch wirkungsgleiche Ersatzlasten erfasst werden (Abb. 10.7).

10.2.6.2   Globale Anfangsschiefstellungen

Die Anfangsschiefstellungen ergeben sich aus dem Ausgangswert ϕ_0 sowie den Abminderungen für die Höhe α_h und die Anzahl der Stützen in einer Reihe α_m. Zur Bestimmung von α_m werden ausschließlich diejenigen Stützen berücksichtigt, deren Vertikalbelastung größer als 50 % der durchschnittlichen Stützenlast ist.

$$\phi = \phi_0 \cdot \alpha_h \cdot \alpha_m \qquad (10.12)$$

mit Ausgangswert

$$\phi_0 = 1/200$$

Abminderungsfaktor für die Höhe h [m]

$$\alpha_h = \frac{2}{\sqrt{h}}, \quad \text{jedoch } 2/3 \leq \alpha_h \leq 1{,}0$$

Abminderungsfaktor für die Anzahl der Stützen in einer Reihe

$$\alpha_m = \sqrt{\frac{1}{2} \cdot \left(1 + \frac{1}{m}\right)}$$

Bei Tragwerken des Hochbaus, die durch ausreichend große äußere Horizontallasten (10.13) beansprucht werden, dürfen die Anfangsschiefstellungen vernachlässigt werden.

$$H_{Ed} \geq 0{,}15 V_{Ed} \qquad (10.13)$$

10.2.6.3   Vorkrümmungen von Bauteilen

Die Vorkrümmungen sind in Abhängigkeit von der dem jeweiligen Profil, der Streckgrenze und Knickrichtungen zugeordneten Knicklinie sowie dem Nachweisverfahren (elastische oder plastische Querschnittsausnutzung) der Tafel 10.42 zu entnehmen. Die reduzierten Werte nach dem Nationalen Anhang [13] dürfen dann verwendet werden, wenn die Schnittgrößen des Gesamtsystems nach der Elastizitätstheorie bestimmt und die zulässigen Toleranzen der Produktnormen nicht unterschritten werden. Zu beachten ist, dass **alle** in Tafel 10.42 angegebenen Werte unter Zugrundelegung einer linearen Schnittgrößeninteraktion abgeleitet wurden [72], [78], [104]. Dies bedeutet, dass bei Ansatz dieser Vorkrümmungen formal auch die Querschnittsnachweise mit der linearen Interaktion nach Abschn. 10.3.1 geführt werden müssten. Dies wird nicht explizit in DIN EN 1993-1-1 [12], sondern lediglich im Nationalen Anhang [13] erwähnt (siehe hierzu [72]). Vergleichsrechnungen in [103] haben gezeigt, dass die Anwendung der Interaktionsgleichungen nach [12], Abschn. 6.2.9 in einigen Fällen zugelassen werden kann.

Abb. 10.7 Ersatz der Vorverformungen durch wirkungsgleiche Ersatzlasten

Abb. 10.8 Beispiele globaler Anfangsschiefstellungen

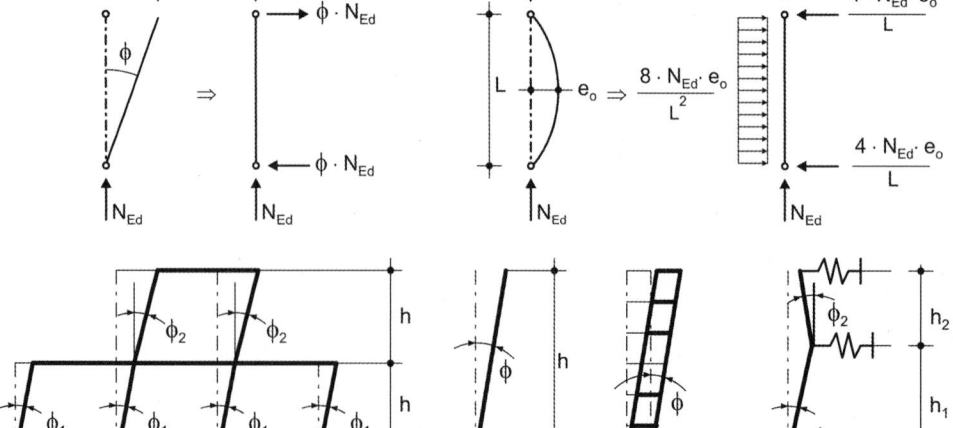

Tafel 10.42 Stich der Vorkrümmung e_0

Knicklinie	DIN EN 1993-1-1 [12]		DIN EN 1993-1-1/NA [13]	
	Querschnittsausnutzung			
	Elastisch	Plastisch	Elastisch	Plastisch
a_0	$L/350$	$L/300$	$L/600$	Wie elastisch, jedoch $\frac{M_{\mathrm{pl,k}}}{M_{\mathrm{el,k}}}$-fach
a	$L/300$	$L/250$	$L/550$	
b	$L/250$	$L/200$	$L/350$	
c	$L/200$	$L/150$	$L/250$	
d	$L/150$	$L/100$	$L/150$	

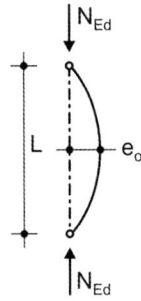

Abb. 10.9 Vorkrümmung

Bei **mehrteiligen Druckstäben** ist der Stich der Vorkrümmung senkrecht zur stofffreien Achse mit $e_0 = L/500$ anzunehmen. Für das Knicken senkrecht zur Stoffachse gelten die Regelungen von einteiligen Druckstäben.

10.2.6.4   Gleichzeitiger Ansatz von Anfangsschiefstellungen und Vorkrümmungen

DIN EN 1993-1-1 [12] regelt im Abschn. 5.3.2 (6) den gleichzeitigen Ansatz von Anfangsschiefstellungen und Vorkrümmungen von Bauteilen bei der Tragwerksberechnung. Dies ist bei Stäben erforderlich, die mindestens an einem Ende eingespannt bzw. biegesteif verbunden sind und deren Stabkennzahl $\varepsilon > \pi/2$ ist (10.14). Die Bedingung für die Stabkennzahl führt zum gleichen Ergebnis wie das Schlankheitskriterium für den beidseitig gelenkig gelagerten Stab (10.15).

$$\varepsilon = L\sqrt{\frac{N_{\mathrm{Ed}}}{EI}} > \pi/2 \qquad (10.14)$$

$$\bar{\lambda} = \frac{L}{\pi}\sqrt{\frac{A f_{\mathrm{y}}}{EI}} > 0.5\sqrt{\frac{A f_{\mathrm{y}}}{N_{\mathrm{Ed}}}} \qquad (10.15)$$

10.2.6.5   Skalierte Knickeigenform als Vorverformung

Alternativ dürfen anstelle des Ansatzes von Schiefstellungen und Vorkrümmungen der einzelnen Stäbe nach den vorangegangenen Abschnitten die skalierten Knickfiguren η_{init} der Tragwerke als Imperfektionsfiguren vorgegeben werden. Diese Alternative ist insbesondere bei komplexen Systemen und dem Einsatz geeigneter Berechnungssoftware hilfreich. Die Querschnittsnachweise sind wiederum mit der linearen Interaktionsbeziehung (siehe Abschn. 10.3.1) zu führen.

$$\eta_{\mathrm{init}} = e_0 \frac{N_{\mathrm{cr}}}{EI\,|\eta_{\mathrm{cr}}''|_{\mathrm{max}}}\eta_{\mathrm{cr}} = \frac{e_0}{\bar{\lambda}^2}\frac{N_{\mathrm{Rk}}}{EI\,|\eta_{\mathrm{cr}}''|_{\mathrm{max}}}\eta_{\mathrm{cr}} \qquad (10.16)$$

mit

$$e_0 = \alpha(\bar{\lambda} - 0.2)\frac{M_{\mathrm{Rk}}}{N_{\mathrm{Rk}}}\frac{1 - \frac{\chi \cdot \bar{\lambda}^2}{\gamma_{\mathrm{M1}}}}{1 - \chi \cdot \bar{\lambda}^2} \quad \text{für } \bar{\lambda} > 0.2$$

$$\bar{\lambda} = \sqrt{\frac{\alpha_{\mathrm{ult,k}}}{\alpha_{\mathrm{cr}}}} \quad \text{oder} \quad \bar{\lambda} = \sqrt{\frac{N_{\mathrm{Rk}}}{N_{\mathrm{cr}}}}$$

η_{init} Form der geometrischen Ersatzimperfektion aus der Eigenfunktion η_{cr}

η_{cr} Eigenfunktion für die Verschiebung η bei Erreichen der niedrigsten Verzweigungslast

e_0 Imperfektionsmaß, unter Ansatz der linearen Interaktionsbeziehung aus der maßgebenden Knicklinie rückgerechnet

$EI\,|\eta_{\mathrm{cr}}''|_{\mathrm{max}}$ Betrag des Biegemoments am kritischen Querschnitt infolge η_{cr}

α Imperfektionswert der maßgebenden Knicklinie

Abb. 10.10 Beispiele für den gleichzeitigen Ansatz von Anfangsschiefstellungen und Vorkrümmungen

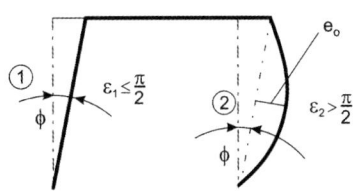
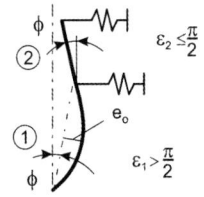

α_{cr}	Lastfaktor bis zum Erreichen der niedrigsten Verzweigungslast für das Biegeknicken
$\alpha_{ult,k}$	kleinster Lastfaktor der Normalkräfte N_{Ed} der Stäbe bis zum Erreichen des charakteristischen Widerstandes N_{Rk} des maximal beanspruchten Querschnitts, ohne Berücksichtigung des Knickens
N_{Rk}	charakteristische Normalkrafttragfähigkeit des kritischen Querschnitts
N_{cr}	Knicklast des kritischen Querschnitts.

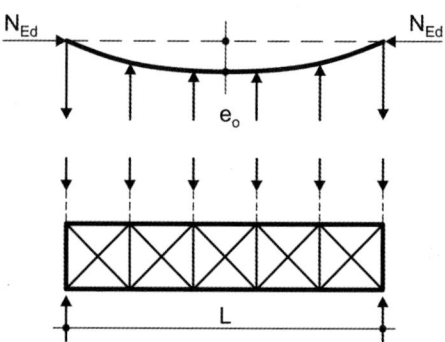

Abb. 10.11 Imperfektionsansätze und Ersatzlasten für Aussteifungssysteme

10.2.6.6 Imperfektionen für aussteifende Systeme

Bei der Berechnung aussteifender Systeme, die zur seitlichen Stabilisierung von Trägern oder druckbeanspruchten Bauteilen herangezogen werden, ist in der Regel der Einfluss der Imperfektionen der auszusteifenden Bauteile durch äquivalente geometrische Ersatzimperfektionen in Form von Vorkrümmungen zu berücksichtigen.

$$e_0 = \alpha_m \frac{L}{500} \qquad (10.17)$$

mit

$$\alpha_m = \sqrt{0{,}5\left(1 + \frac{1}{m}\right)}$$

L Spannweite des aussteifenden Systems
α_m Abminderungsfaktor
m Anzahl der auszusteifenden Bauteile.

Anstelle der Anwendung von [12], Abschn. 5.3.3, Absatz (2) und (3) wird empfohlen, eine Berechnung nach Theorie II. Ordnung unter Berücksichtigung der Vor- und Lastverformungen durchzuführen (siehe [73]).

10.2.6.7 Vorkrümmungen für den Biegedrillknicknachweis

Werden biegedrillknickgefährdete Stäbe mit I-Profilen durch eine Berechnung nach Theorie II. Ordnung nachgewiesen, genügt es, eine Vorkrümmung senkrecht zur schwachen Achse anzusetzen. Der Stich der Vorkrümmung darf bei biegebeanspruchten Bauteilen auf $k \cdot e_0$ der Grundwerte nach [12], Tabelle 5.1 (siehe Tafel 10.42) reduziert werden. Vergleichsrechnungen haben gezeigt, dass eine Reduzierung mit $k = 0{,}5$ im mittleren Schlankheitsbereich $0{,}7 \leq \bar{\lambda}_{LT} \leq 1{,}3$ auf der unsicheren Seite liegen kann. Daher sind die Werte e_0 des Nationalen Anhanges zu verwenden (siehe Tafel 10.43).

10.2.7 Klassifizierung von Querschnitten

Mit der Klassifizierung von Querschnitten wird die Begrenzung der Beanspruchbarkeit und der Rotationskapazität durch lokales Beulen von Querschnittsteilen festgestellt. Es wird zwischen 4 Querschnittsklassen (QSK) unterschieden (Tafel 10.44 und Abb. 10.12).

Tafel 10.43 Stich der Vorkrümmung e_0 für den Biegedrillknicknachweis von biegebeanspruchten Bauteilen nach DIN EN 1993-1-1/NA [13]

Querschnitte	Abmessungsverhältnis	Querschnittsausnutzung	
		Elastisch	Plastisch
Gewalzte I-Profile	$h/b \leq 2{,}0$	$L/500$	$L/400$
	$h/b > 2{,}0$	$L/400$	$L/300$
Geschweißte I-Profile	$h/b \leq 2{,}0$	$L/400$	$L/300$
	$h/b > 2{,}0$	$L/300$	$L/200$

Im Schlankheitsbereich $0{,}7 \leq \bar{\lambda}_{LT} \leq 1{,}3$ sind die Werte e_0 zu verdoppeln.

Tafel 10.44 Querschnittsklassen

QSK	Klassifizierungsmerkmale
1	Die Querschnitte können plastische Gelenke oder Fließzonen mit ausreichender plastischer Momententragfähigkeit und Rotationskapazität für die plastische Berechnung ausbilden.
2	Kompakte Querschnitte können die plastische Momententragfähigkeit entwickeln, haben aber aufgrund örtlichen Beulens nur eine begrenzte Rotationskapazität.
3	Halbkompakte Querschnitte erreichen für eine elastische Spannungsverteilung die Streckgrenze in der ungünstigsten Querschnittsfaser, können aber wegen örtlichen Beulens die plastische Momententragfähigkeit nicht entwickeln.
4	Bei schlanken Querschnitten tritt örtliches Beulen vor Erreichen der Streckgrenze in einem oder mehreren Teilen des Querschnitts auf.

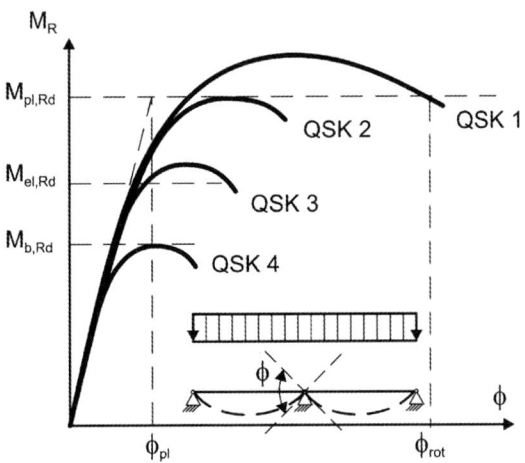

Abb. 10.12 Klassifizierung von Querschnitten

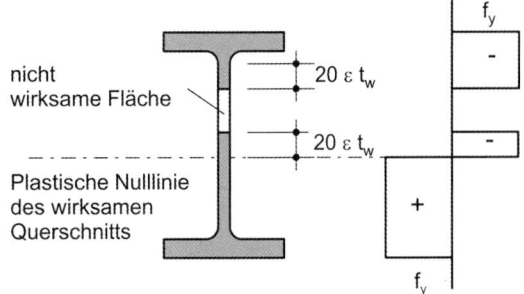

Abb. 10.13 Wirksame Stegfläche für die Zuordnung zu Klasse-2-Querschnitten

Die Klassifizierung ist vom c/t-Verhältnis der vollständig oder teilweise druckbeanspruchten Querschnittsteile abhängig (Tafeln 10.46 bis 10.49). Querschnittsteile, die die Anforderungen der QSK 3 nicht erfüllen, sind der QSK 4 zuzuordnen. Bei den verschiedenen Querschnittsteilen (z. B. Steg oder Flansch) ergeben sich u. U. unterschiedliche Zuordnungen. Ein Querschnitt wird im Allgemeinen durch die höchste (ungünstigste) Klasse seiner druckbeanspruchten Querschnittsteile klassifiziert.

Liegen die Längsspannungen eines Bauteils (Träger, Stütze etc.) unterhalb des Bemessungswertes der Streckgrenze, kann er dünnwandiger ausgeführt werden als bei voller Ausnutzung. Bei der Bestimmung der Spannungen sind ggf. auftretende Erhöhungen infolge globalen Stabilitätsversagens – wie Biegeknicken, Drillknicken und Biegedrillknicken – zu beachten. Sofern erforderlich, sind hierzu Berechnungen nach Theorie II. Ordnung (Gleichgewicht am verformten System) unter Ansatz geometrischer Ersatzimperfektionen durchzuführen, um diesen Einfluss zu erfassen.

Querschnitte der Klasse 4 können wie Querschnitte der Klasse 3 behandelt werden, wenn die um den Einfluss der geringeren Spannungsausnutzung erhöhten c/t-Verhältnisse eingehalten werden. Die Berechnung der c/t-Verhältnisse erfolgt mit den Gleichungen für die Querschnittsklasse 3 mit modifizierten Kennzahlen $\varepsilon_{\mathrm{mod}}$ nach (10.18). Dabei ist $\sigma_{\mathrm{com,Ed}}$ der größte Bemessungswert der einwirkenden Druckspannung im Querschnittsteil, der mit Schnittgrößen nach Theorie I. oder – sofern erforderlich – nach Theorie II. Ordnung bestimmt wird.

$$\varepsilon_{\mathrm{mod}} = \sqrt{\frac{235}{\sigma_{\mathrm{com,Ed}} \cdot \gamma_{M0}}} \qquad (10.18)$$

Bei Anwendung der Stabilitätsnachweise nach [12], Abschn. 6.3 ist wegen fehlender Kenntnis der tatsächlich auftretenden maximalen Längsdruckspannungen diese günstigere Zuordnung in die Querschnittsklasse 3 nicht zulässig.

Querschnitte mit Klasse-3-Stegen und Klasse-1- oder Klasse-2-Gurten dürfen als Klasse-2-Querschnitte eingestuft werden, wenn die Stege auf die wirksamen Flächen entsprechend Abb. 10.13 reduziert werden.

Tafel 10.45 Kennzahlen ε zur Berücksichtigung der Streckgrenze bei der Bestimmung der Querschnittsklasse

$\varepsilon = \sqrt{235/f_y}$	f_y [N/mm²]	235	275	355	420	460
	ε	1,00	0,92	0,81	0,75	0,71

Tafel 10.46 Maximales c/t-Verhältnis druckbeanspruchter zweiseitig gestützter Querschnittsteile

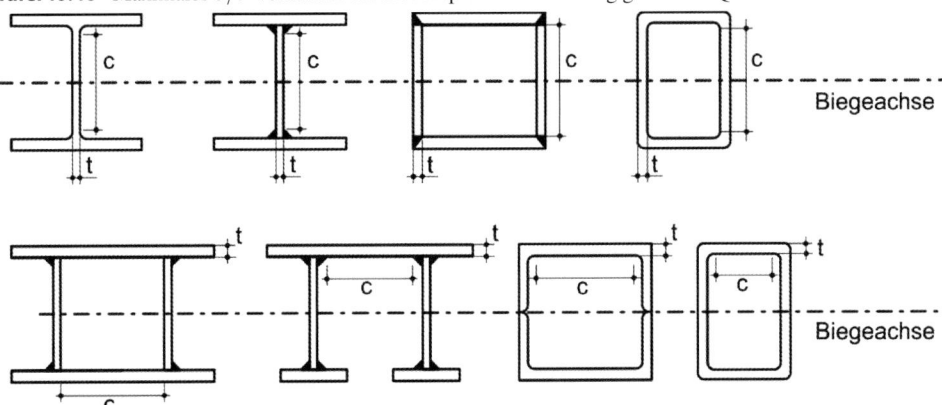

Tafel 10.46 (Fortsetzung)

QSK	Auf Biegung beanspruchte Querschnittsteile	Auf Druck beanspruchte Querschnittsteile	Auf Druck und Biegung beanspruchte Querschnittsteile
Spannungsverteilung über Querschnittsteile (Druck positiv)	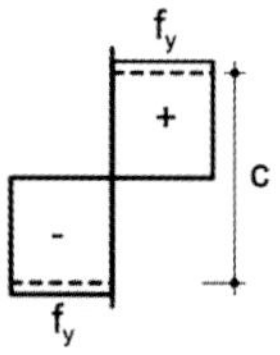	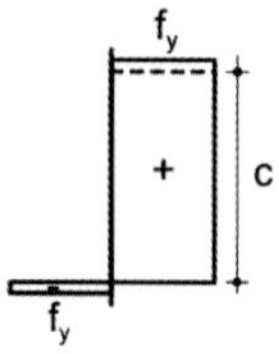	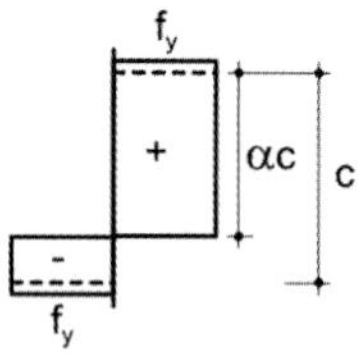
1	$c/t \leq 72 \cdot \varepsilon$	$c/t \leq 33 \cdot \varepsilon$	Für $\alpha > 0{,}5$: $c/t \leq \dfrac{396 \cdot \varepsilon}{13 \cdot \alpha - 1}$ Für $\alpha \leq 0{,}5$: $c/t \leq \dfrac{36 \cdot \varepsilon}{\alpha}$
2	$c/t \leq 83 \cdot \varepsilon$	$c/t \leq 38 \cdot \varepsilon$	Für $\alpha > 0{,}5$: $c/t \leq \dfrac{456 \cdot \varepsilon}{13 \cdot \alpha - 1}$ Für $\alpha \leq 0{,}5$: $c/t \leq \dfrac{41{,}5 \cdot \varepsilon}{\alpha}$
Spannungsverteilung über Querschnittsteile (Druck positiv)	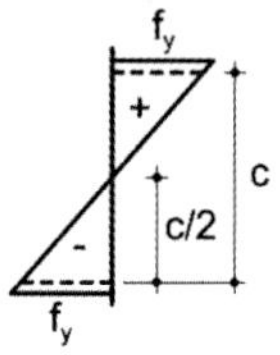	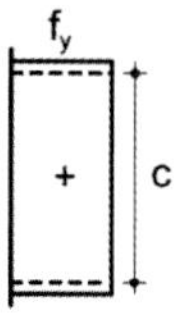	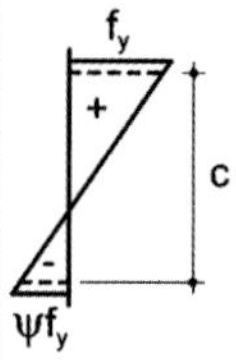
3	$c/t \leq 124 \cdot \varepsilon$	$c/t \leq 42 \cdot \varepsilon$	$\psi > -1$: $c/t \leq \dfrac{42 \cdot \varepsilon}{0{,}67 + 0{,}33 \cdot \psi}$ $\psi \leq -1$[a]: $c/t \leq 62 \cdot \varepsilon \cdot (1-\psi)\sqrt{-\psi}$

[a] Es gilt $\psi \leq -1$ falls entweder die Druckspannungen $\sigma \leq f_y$ oder die Dehnungen infolge Zug $\varepsilon_y > f_y/E$ sind.

Tafel 10.47 Maximales c/t-Verhältnis druckbeanspruchter einseitig gestützter Querschnittsteile

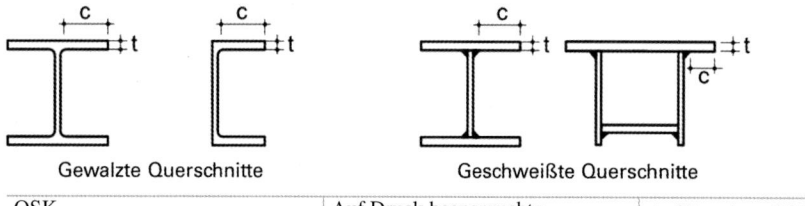

Gewalzte Querschnitte   Geschweißte Querschnitte

QSK	Auf Druck beanspruchte Querschnittsteile	Auf Druck und Biegung beanspruchte Querschnittsteile	
		Freier Rand im Druckbereich	Freier Rand im Zugbereich
Spannungsverteilung über Querschnittsteile (Druck positiv)	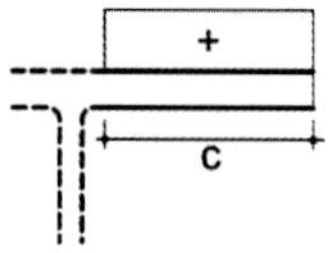	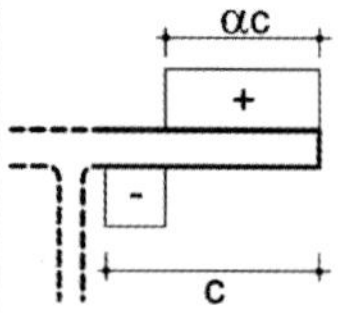	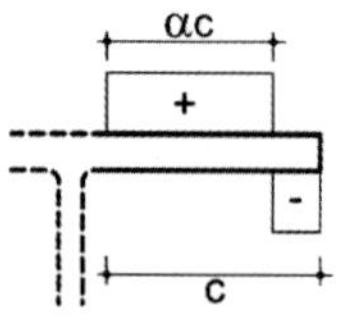
1	$c/t \leq 9 \cdot \varepsilon$	$c/t \leq \dfrac{9 \cdot \varepsilon}{\alpha}$	$c/t \leq \dfrac{9 \cdot \varepsilon}{\alpha\sqrt{\alpha}}$
2	$c/t \leq 10 \cdot \varepsilon$	$c/t \leq \dfrac{10 \cdot \varepsilon}{\alpha}$	$c/t \leq \dfrac{10 \cdot \varepsilon}{\alpha \cdot \sqrt{\alpha}}$
Spannungsverteilung über Querschnittsteile (Druck positiv)	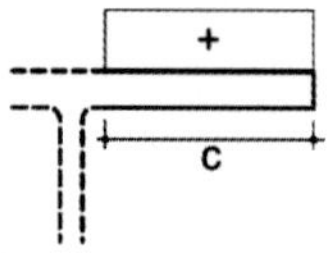	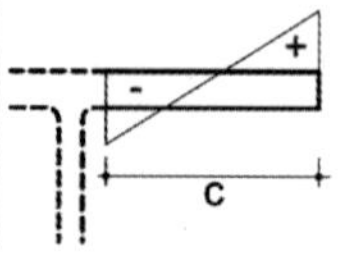	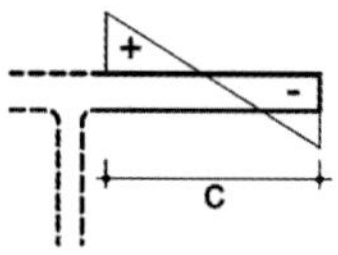
3	$c/t \leq 14 \cdot \varepsilon$	$c/t \leq 21 \cdot \varepsilon \cdot \sqrt{k_\sigma}$ [a]	

[a] Für k_σ siehe Tafel 10.124 bzw. [15].

Tafel 10.48 Maximales c/t-Verhältnis druckbeanspruchter Winkelprofile

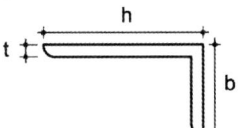

QSK	Auf Druck beanspruchte Querschnittsteile
Spannungsverteilung über Querschnittsteile (Druck positiv)	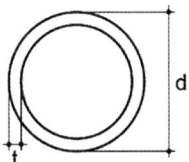
3	$h/t \leq 15 \cdot \varepsilon$ und $\dfrac{b+h}{2 \cdot t} \leq 11{,}5 \cdot \varepsilon$

– siehe auch einseitig gestützte Flansche nach Tafel 10.47
– gilt nicht für Winkel mit durchgehender Verbindung zu anderen Bauteilen.

Tafel 10.49 Maximales c/t-Verhältnis druckbeanspruchter Kreishohlprofile

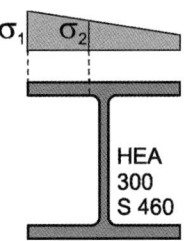

QSK	Auf Biegung und/oder Druck beanspruchte Querschnittsteile
1	$d/t \leq 50 \cdot \varepsilon^2$
2	$d/t \leq 70 \cdot \varepsilon^2$
3	$d/t \leq 90 \cdot \varepsilon^2$

Für $d/t > 90 \cdot \varepsilon^2$ siehe DIN EN 1993-1-6.

Beispiel

Nachweis ausreichender Bauteildicke für den Flansch einer Stütze HE300A – S460 mit den Bemessungsgrößen $N_{Ed} = 1890\,\text{kN}$, $M_{y,Ed} = 70\,\text{kNm}$, $M_{z,Ed} = 32\,\text{kNm}$

Spannung an der Flanschkante:

$$\sigma_1 = \sigma_{com,Ed} = 1890/113 + 7000/1260 + 3200/421$$
$$= 29{,}88\,\text{kN/cm}^2$$

Spannung am Beginn der Ausrundung:

$$\sigma_2 = 1890/113 + 7000/1260$$
$$+ 3200 \cdot (0{,}85/2 + 2{,}7)/6310$$
$$= 23{,}87\,\text{kN/cm}^2$$
$$\psi = 23{,}87/29{,}88 = 0{,}80$$
$$k_\sigma = 0{,}57 - 0{,}21 \cdot 0{,}80 + 0{,}07 \cdot 0{,}80^2$$
$$= 0{,}447 \quad \text{(s. Tafel 10.124)}$$
$$\varepsilon_{mod} = \sqrt{235/(298{,}8 \cdot 1{,}0)} = 0{,}887 \quad \text{(s. (10.18))}$$
$$\text{grenz}\,c/t = 21 \cdot 0{,}887 \cdot \sqrt{0{,}447}$$
$$= 12{,}45 \quad \text{(s. Tafel 10.47)}$$
$$\text{vorh}\,c/t = (30 - 0{,}85 - 2 \cdot 2{,}7)/(2 \cdot 1{,}4)$$
$$= 8{,}48 < 12{,}45$$

$\rightarrow$ Querschnittsklasse 3

10.3 Beanspruchbarkeit von Querschnitten

10.3.1 Allgemeines

Der Bemessungswert der Beanspruchung darf in der Regel in keinem Querschnitt den Bemessungswert der Beanspruchbarkeit überschreiten. Bei mehreren Beanspruchungsarten sind Interaktionsnachweise zu führen. Zur Bestimmung der Bemessungswerte der Beanspruchbarkeiten werden die charakteristischen Werte mit den Teilsicherheitsbeiwerten γ_M abgemindert (vgl. Abschn. 10.2.1, Tafel 10.35).

$$R_d = \frac{R_k}{\gamma_M} \tag{10.19}$$

$\gamma_M = \gamma_{M0}$ bei Querschnittsnachweisen von Bauteilen ohne globalem Stabilitätseinfluss (BK, DK, BDK),
$\gamma_M = \gamma_{M1}$ wenn Stabilitätsversagen zu berücksichtigen ist,
$\gamma_M = \gamma_{M2}$ bei Bruchversagen infolge Zugbeanspruchung.
In Übereinstimmung mit der formelmäßigen Darstellung in [12], Abschn. 6.2 werden im Abschn. 10.3 die Beanspruchbarkeiten und Tragsicherheitsnachweise ohne Berücksichtigung des globalen Stabilitätseinflusses angegeben. Es ist zu beachten, dass nach [13] bei Stabilitätsnachweisen in Form von Querschnittsnachweisen mit Schnittgrößen nach Theorie II. Ordnung bei der Ermittlung der Beanspruchbarkeiten anstelle von γ_{M0} der Wert für γ_{M1} anzusetzen ist.

Die Ermittlung der Beanspruchbarkeiten (elastisch oder plastisch) hängt von der Querschnittsklassifizierung ab (vgl. Abschn. 10.2.7). Der Ansatz der elastischen Beanspruchbarkeiten ist für alle Klassen möglich. Bei Querschnitten der Klasse 4 sind die effektiven Querschnittswerte zugrunde zu legen.

Die Tragsicherheitsnachweise können als Spannungsnachweise oder durch Vergleich der einwirkenden Schnittgrößen mit den Querschnittstragfähigkeiten (ggf. unter Berücksichtigung der Interaktionsbeziehungen) geführt werden.

Spannungsnachweise Die einwirkenden Spannungen werden den Grenzspannungen gegenüber gestellt. Bei ebenen oder räumlichen Spannungszuständen wird die Vergleichsspannung für zähe Werkstoffe nach der Gestaltänderungshypothese von Hencky, Huber und v. Mises bestimmt. Die nachfolgenden Gleichungen gelten für Querschnitte der Klassen 1 bis 3. Zu Querschnitten der Klasse 4 siehe [12], Abschn. 6.2.9.3.

Normalspannung infolge Biegung und Normalkraft

$$\sigma_{x,Ed} = \frac{N_{Ed}}{A} + \frac{M_{y,Ed}}{I_y} \cdot z - \frac{M_{z,Ed}}{I_z} \cdot y$$

Querkraftschubspannungen

$$\tau_{Ed} = \frac{V_{Ed} \cdot S}{I \cdot t}$$

Schubspannungen in Stegen von I- oder H-Querschnitten

$$\tau_{Ed} = \frac{V_{z,Ed}}{A_w}$$

wenn $A_f/A_w \geq 0{,}6$ ist, mit
A_f Fläche eines Flansches, $A_f = b \cdot t_f$
A_w Stegfläche, $A_w = h_w \cdot t_w$ (s. Abb. 10.15).

Vergleichsspannung

$$\sigma_{v,Ed} = \sqrt{\sigma_{x,Ed}^2 + \sigma_{z,Ed}^2 - \sigma_{x,Ed} \cdot \sigma_{z,Ed} + 3 \cdot \tau_{Ed}^2} \quad (10.20)$$

Spannungsnachweise

$$\sigma_{Ed} \leq \sigma_{Rd} = \frac{f_y}{\gamma_{M0}} \quad (10.21)$$

$$\tau_{Ed} \leq \tau_{Rd} = \frac{f_y}{\sqrt{3}\gamma_{M0}} \quad (10.22)$$

Auf Schnittgrößen bezogene Querschnittsnachweise Als konservative Näherung darf für alle Querschnittsklassen eine lineare Addition der Ausnutzungsgrade für alle Schnittgrößen angewendet werden. Für zweiachsige Biegung und Normalkraft führt dies bei Querschnitten der Klassen 1 bis 3 zur Nachweisgleichung (10.23).

$$\frac{N_{Ed}}{N_{Rd}} + \frac{M_{y,Ed}}{M_{y,Rd}} + \frac{M_{z,Ed}}{M_{z,Rd}} \leq 1 \quad (10.23)$$

Bei Querschnitten der Klassen 1 und 2 darf die plastische, bei Querschnitten der Klasse 3 die elastische Momententragfähigkeit angesetzt werden. Für Querschnitte der Klasse 4 müssen wirksame Querschnittswerte ermittelt und ggf. Zusatzmomente aus der Wirkung von Normalkräften und der Verschiebung der Querschnittsachsen berücksichtigt werden (siehe Tafel 10.50).

Tafel 10.50 Werte für $N_{Rk} = f_y \cdot A_i$, $M_{i,Rk} = f_y \cdot W_i$ und $\Delta M_{i,Ed}$

Querschnittsklasse	1	2	3	4
A_i	A	A	A	A_{eff}
W_y	$W_{pl,y}$	$W_{pl,y}$	$W_{el,y}$	$W_{eff,y}$
W_z	$W_{pl,z}$	$W_{pl,z}$	$W_{el,z}$	$W_{eff,z}$
$\Delta M_{y,Ed}$	0	0	0	$e_{N,y} \cdot N_{Ed}$
$\Delta M_{z,Ed}$	0	0	0	$e_{N,z} \cdot N_{Ed}$

10.3.2 Querschnittswerte

Bei der Bestimmung der Querschnittstragfähigkeiten sind, sofern erforderlich, die Einflüsse von Lochschwächungen, Schubverzerrungen, lokalem Beulen und Forminstabilität einschließlich des Knickens von Querschnittsteilen zu berücksichtigen.

Bruttoquerschnitte Die Bestimmung der Bruttoquerschnittswerte erfolgt in der Regel mit den Nennwerten der Querschnittsabmessungen. Löcher für Verbindungsmittel brauchen nicht abgezogen werden, jedoch sind andere größere Löcher zu berücksichtigen.

Nettoquerschnitte Die Nettofläche eines Querschnitts ist in der Regel aus der Bruttofläche durch geeigneten Abzug aller Löcher und anderer Öffnungen zu bestimmen.

Bei einem oder mehreren nicht versetzt angeordneten Löchern entspricht der Lochabzug der Summe der Lochflächen in den jeweils betrachteten Risslinien (10.24). Bei mehreren versetzt angeordneten Löchern sind neben Risslinien senkrecht zur Längsachse der betreffenden Querschnittsteile (Linien 1 und 2 in Abb. 10.14) auch versetzt verlaufende Risslinien zu untersuchen (Linien 3 und 4 in Abb. 10.14). Die Nettofläche wird hierfür mit (10.25) bestimmt.

Bei Winkeln und anderen Bauteilen mit Löchern in mehreren Ebenen ist der Lochabstand p entlang der Profilmittellinie zu ermitteln (Abb. 10.14, rechts).

$$\text{Risslinien 1, 2:} \quad A_{net} = A - t \cdot n \cdot d_0 \quad (10.24)$$

$$\text{Risslinien 3, 4:} \quad A_{net} = A - t \cdot \left[n \cdot d_0 - \sum \left(s^2/4p \right) \right] \quad (10.25)$$

mit
t Blechdicke
d_0 Lochdurchmesser
s, p Lochabstände nach Abb. 10.14
n Anzahl Löcher entlang der betrachteten Risslinie, die sich über den Querschnitt oder Querschnittsteile erstreckt.

Effektive Querschnittsgrößen Die Auswirkungen ungleichförmiger Spannungsverteilungen aus Schubverzerrungen von breiten Zug- und Druckgurten werden durch den

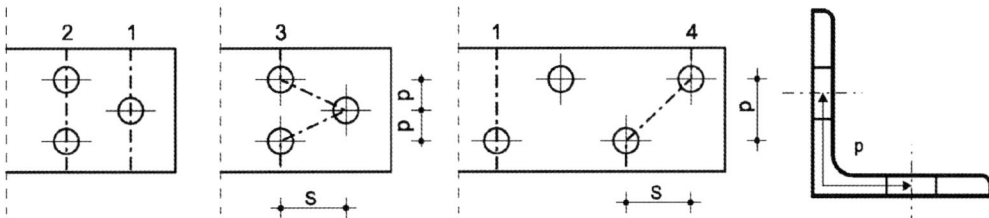

Abb. 10.14 Mögliche Risslinien und Lochabstände

Ansatz **mittragender Plattenbreiten** nach [15], Abschn. 3 berücksichtigt (siehe Abschn. 10.5).

Bei Querschnitten der Klasse 4 kann der Einfluss lokalen Beulens ebener gedrückter Querschnittsteile mit der Methode der **wirksamen Breiten** nach [15], Abschn. 4 erfasst werden (siehe Abschn. 10.5).

Die Interaktion zwischen den Einflüssen von Schubverzerrungen und lokalem Beulen wird durch den Ansatz **effektiver Breiten** bzw. Flächen nach [15], Abschn. 3.3 erfasst. In den Grenzfällen, in denen nur die Schubverzerrungen oder das Ausbeulen dünnwandiger Querschnittsteile von Bedeutung sind, entsprechen die effektiven Breiten den mittragenden (effektiv^s) bzw. den wirksamen (effektiv^p) Breiten (vgl. [15], Abschn. 1.3.4).

Die Beanspruchbarkeit von Blechträgern unter Längsspannungen darf mit **effektiven Querschnittsgrößen** (A_{eff}, I_{eff}, W_{eff}) ermittelt werden. Damit können die Querschnittsnachweise oder Bauteilnachweise für Knicken oder Biegedrillknicken nach [12] geführt werden.

Die Bemessung von **Bauteilen aus kaltgeformten dünnwandigen Blechen** (mit Ausnahme von Kreis- und Rechteckhohlprofilen nach [56]) erfolgt nach [14]. Dabei wird i. Allg. das Beulen dünnwandiger Querschnittsteile durch den Ansatz wirksamer Breiten und das Knicken von Rand- und Zwischensteifen durch die Abminderung der Blechdicken erfasst. Der Nachweis der Gesamtstabilität (Biegeknicken, Drillknicken oder Biegedrillknicken) der Bauteile erfolgt auf der Grundlage der so reduzierten wirksamen Querschnitte.

10.3.3 Beanspruchung auf Zug

Für Beanspruchungen durch Zugkräfte ist die Tragsicherheit der Bauteile nach (10.26) nachzuweisen. Bei der Bestimmung der Beanspruchbarkeit des Querschnitts sind ggf. vorhandene Lochschwächungen zu berücksichtigen (10.27).

$$\frac{N_{Ed}}{N_{t,Rd}} \le 1,0 \tag{10.26}$$

$$N_{t,Rd} = \min \begin{cases} N_{pl,Rd} = \dfrac{A \cdot f_y}{\gamma_{M0}} \\ N_{u,Rd} = \dfrac{0,9 \cdot A_{net} \cdot f_u}{\gamma_{M2}} \end{cases} \tag{10.27}$$

Einseitig mit einer Schraubenreihe angeschlossene Winkel dürfen wie zentrisch belastete Winkel bemessen werden, wenn die Zugtragfähigkeit des Nettoquerschnitts $N_{u,Rd}$ wie folgt berechnet wird:

$$N_{u,Rd} = \frac{2 \cdot (e_2 - 0,5d_0) \cdot t \cdot f_u}{\gamma_{M2}} \quad \text{für 1 Schraube}$$

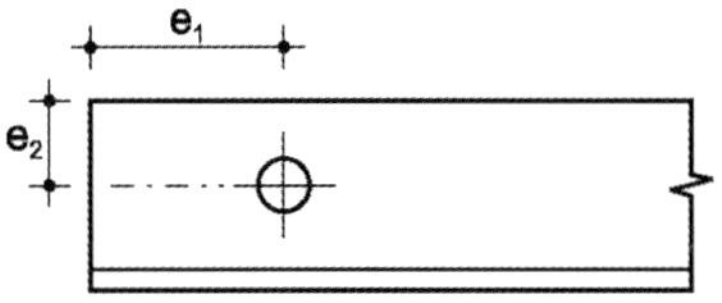

$$N_{u,Rd} = \frac{\beta_2 \cdot A_{net} \cdot f_u}{\gamma_{M2}} \quad \text{für 2 Schrauben}$$

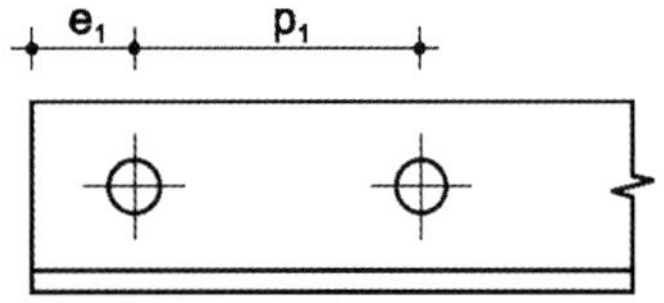

$$N_{u,Rd} = \frac{\beta_3 \cdot A_{net} \cdot f_u}{\gamma_{M2}} \quad \text{für 3 und mehr Schrauben}$$

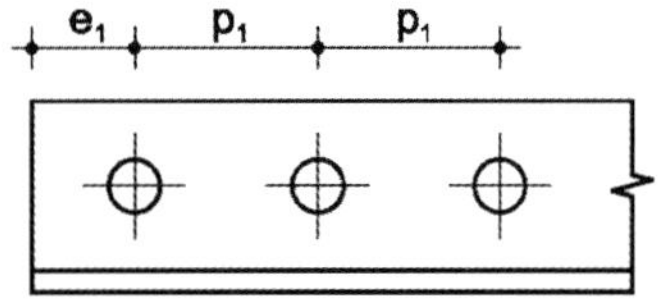

mit

A_{net} Nettoquerschnittsfläche des Winkels. Wird ein ungleichschenkliger Winkel am kleineren Schenkel angeschlossen, so ist A_{net} in der Regel für einen äquivalenten gleichschenkligen Winkel mit der kleineren Schenkelabmessung zu berechnen.

β_2, β_3 Abminderungsbeiwerte nach Tafel 10.51. Für Zwischenwerte von p_1 darf der Wert β interpoliert werden.

Tafel 10.51 Abminderungsbeiwerte β_2 und β_3

Lochabstand	p_1	$\le 2,5d_0$	$\ge 5,0d_0$
2 Schrauben	β_2	0,4	0,7
3 und mehr Schrauben	β_2	0,5	0,7

Bei gleitfest vorgespannten Schraubverbindungen der Kategorie C (siehe [17], Abschn. 3.4.1) wird die Zugbeanspruchbarkeit $N_{t,Rd}$ mit dem Nettoquerschnitt längs der kritischen Risslinie durch die Löcher $N_{net,Rd}$ bestimmt.

$$N_{t,Rd} = N_{net,Rd} = \frac{A_{net} \cdot f_y}{\gamma_{M0}} \qquad (10.28)$$

10.3.4 Beanspruchung auf Druck

Bei Beanspruchungen durch Druckkräfte ist die Tragsicherheit mit (10.29) nachzuweisen.

$$\frac{N_{Ed}}{N_{c,Rd}} \leq 1,0 \qquad (10.29)$$

$$N_{c,Rd} = \frac{A \cdot f_y}{\gamma_{M0}} \quad \text{für Querschnitte der Klassen 1 bis 3}$$

$$N_{c,Rd} = \frac{A_{eff} \cdot f_y}{\gamma_{M0}} \quad \text{für Querschnitte der Klasse 4}$$

Werden Löcher durch Verbindungsmittel ausgefüllt, müssen diese bei druckbeanspruchten Querschnittsteilen nicht abgezogen werden. Dagegen sind übergroße Löcher und Langlöcher nach [36], Tab. 11 von der rechnerischen Querschnittsfläche abzuziehen.

Bei unsymmetrischen Querschnitten der Klasse 4 sind Zusatzmomente ΔM_{Ed} infolge der Verschiebung der Hauptachsen des wirksamen gegenüber dem geometrisch vorhandenen Querschnitt zu berücksichtigen (vgl. [12], Abschn. 6.2.9.3).

10.3.5 Beanspruchung auf Biegung

Bei Beanspruchung durch einachsige Biegung ist die Tragsicherheit mit (10.30) nachzuweisen.

$$\frac{M_{Ed}}{M_{c,Rd}} \leq 1,0 \qquad (10.30)$$

$$M_{c,Rd} = \frac{W \cdot f_y}{\gamma_{M0}}$$

Die Bestimmung von W erfolgt in Abhängigkeit von der Querschnittsklasse (s. Tafel 10.50). Bei der Ermittlung von W_{pl} ist der plastische Formbeiwert α_{pl} nicht zu begrenzen. $W_{el,min}$ und $W_{eff,min}$ beziehen sich auf die Querschnittsfaser mit der maximalen Normalspannung.

Löcher in zugbeanspruchten Flanschen dürfen vernachlässigt werden, wenn die Bedingung (10.31) erfüllt ist. Entsprechendes gilt auch für Löcher in Stegblechen, wenn für die gesamte Zugzone Gleichung (10.31) sinngemäß erfüllt wird. Für Löcher in Druckzonen gelten die Regelungen des Abschn. 10.3.4.

$$\frac{0,9 \cdot A_{f,net} \cdot f_u}{\gamma_{M2}} \geq \frac{A_f \cdot f_y}{\gamma_{M0}} \qquad (10.31)$$

10.3.6 Beanspruchung durch Querkraft

Der Tragsicherheitsnachweis für Querkraftbeanspruchungen kann elastisch als Spannungsnachweis nach Abschn. 10.3.1 oder plastisch mit (10.32) geführt werden.

$$\frac{V_{Ed}}{V_{pl,Rd}} \leq 1,0 \qquad (10.32)$$

$$V_{pl,Rd} = \frac{A_v \cdot f_y}{\sqrt{3}\gamma_{M0}} \qquad (10.33)$$

A_v Schubfläche nach Tafel 10.52.

Zusätzlich ist der Nachweis gegen Schubbeulen zu führen, da diese Versagensform bei der Zuordnung zu den Querschnittsklassen nach Abschn. 10.2.7 nicht berücksichtigt wird. Für unausgesteifte Stegbleche kann der Nachweis entfallen, wenn die Bedingung (10.34) erfüllt ist ($\varepsilon = \sqrt{235/f_y}$).

$$\frac{h_w}{t_w} \leq 72\frac{\varepsilon}{\eta} \qquad (10.34)$$

Tafel 10.52 Wirksame Schubfläche A_v

Querschnitt		Lastrichtung	Wirksame Schubfläche A_v
Walzprofile			
I- und H-Querschnitte		‖ zum Steg	$A - 2bt_f + (t_w + 2r)t_f \geq \eta \cdot h_w t_w$
I- und H-Querschnitte		‖ zum Flansch	$2bt_f$
U-Querschnitte		‖ zum Steg	$A - 2bt_f + (t_w + r)t_f$
T-Querschnitte		‖ zum Steg	$A - bt_f + (t_w + 2r)t_f/2$
RHP mit gleichförmiger Blechdicke		‖ zur Trägerhöhe	$A \cdot h/(b + h)$
		‖ zur Trägerbreite	$A \cdot b/(b + h)$
Schweißprofile			
I-, H- und Kastenquerschnitte		‖ zum Steg	$\eta \cdot \sum(h_w t_w)$
I-, H-, U- u. Kastenquerschnitte		‖ zum Flansch	$A - \sum(h_w t_w)$
T-Querschnitte		‖ zum Steg	$t_w(h - t_f/2)$
KHP und Rohre mit gleichförmiger Blechdicke		Alle	$2A/\pi$

η darf auf der sicheren Seite mit 1,0 angenommen werden
$\eta = 1,2$ im Hochbau für Stahlsorten bis S460 [15], [16].

Abb. 10.15 Schubfläche A_{vz} für gewalzte und geschweißte I- und H- Querschnitte

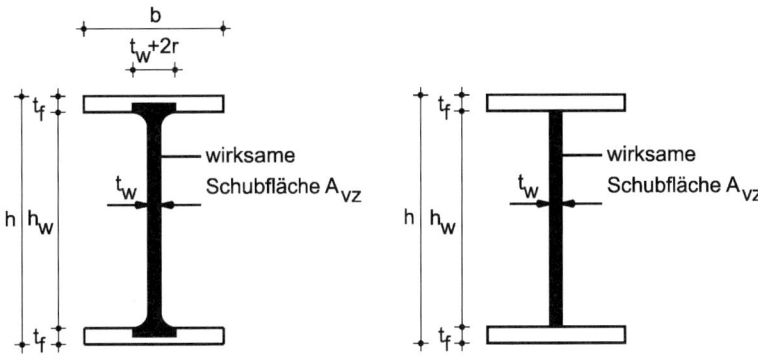

10.3.7 Beanspruchung auf Torsion

Bei Torsionsbeanspruchungen ist zwischen Stäben mit wölbfreien und nicht wölbfreien Querschnitten zu unterscheiden.

Bei **wölbfreien oder quasi wölbfreien Querschnitten** (z. B. L- und T-Profile, siehe Abb. 10.16) und geschlossenen Hohlprofilen erfolgt die Abtragung von Torsionsmomenten ausschließlich oder überwiegend über St. Venant'sche Torsionsschubspannungen $\tau_{t,Ed}$. Längsspannungen aus Torsion treten nicht auf oder sind vernachlässigbar klein.

Bei **nicht wölbfreien Querschnitten** (z. B. I-, H- und U-Profile, siehe Abb. 10.17) erfolgt die Abtragung von Torsionsmomenten über primären und sekundären Torsionsschubfluss $\tau_{t,Ed}$ und $\tau_{w,Ed}$. Darüber hinaus treten Wölbnormalspannungen $\sigma_{w,Ed}$ aus den Wölbmomenten $B_{w,Ed}$ auf. Diese sind ggf. mit Längsspannungen aus Biegung und Normalkraft zu überlagern. Die Berechnung der Schnittgrößen erfolgt nach der Theorie der Wölbkrafttorsion (siehe z. B. [74]). Die einwirkenden Schub- und Längsspannungen werden mit (10.35) bis (10.37) ermittelt.

$$\sigma_{w,Ed} = -\frac{B_{Ed}}{I_w} \cdot \overline{\omega}^M \qquad (10.35)$$

$$\tau_{w,Ed} = \frac{T_{w,Ed} \cdot S_w}{I_w \cdot t} \qquad (10.36)$$

$$\tau_{t,Ed} = \frac{T_{t,Ed} \cdot t}{I_T} \qquad (10.37)$$

mit

$$T_{Ed} = T_{t,Ed} + T_{w,Ed} = GI_T \cdot \vartheta' - EI_w \cdot \vartheta'''$$

$$\overline{\omega}^M(s) = -\int_{s=0}^{s} r_t^M(s) \cdot \mathrm{d}s + \omega_0^M$$

$$S_w(s) = \int_{s=0}^{s} \overline{\omega}^M(s) \cdot t \cdot \mathrm{d}s + S_{w,0}$$

$$I_w = \int_A \left(\overline{\omega}^M\right)^2 \cdot \mathrm{d}A$$

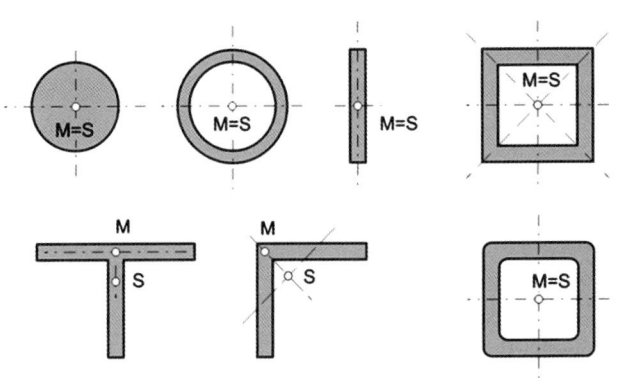

Abb. 10.16 Wölbfreie und quasi wölbfreie Querschnitte

Abb. 10.17 Nicht wölbfreie Querschnitte

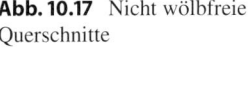

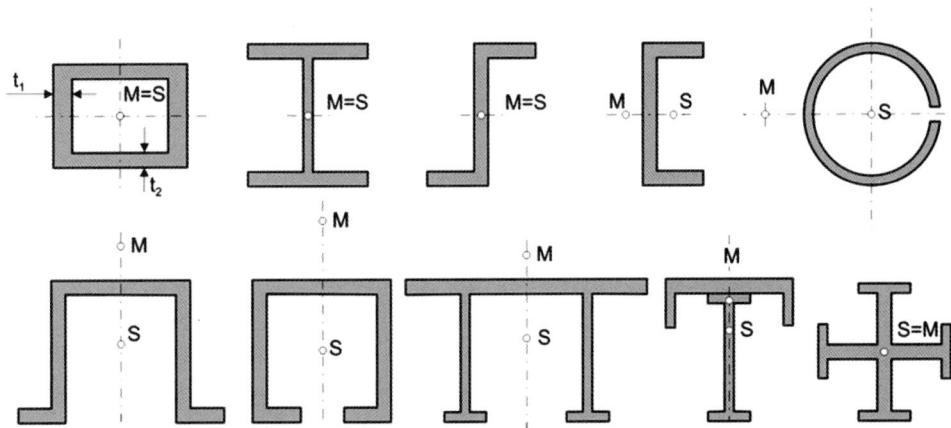

Abb. 10.18 Schub- und Längsspannungen eines doppeltsymmetrischen I-Tägers infolge Torsionseinwirkung. **a** Schubspannungen infolge St. Venant'scher Torsion (vereinfachte Darstellung); **b** Schubspannungen infolge des Wölbtorsionsmoments $T_{w,Ed}$; **c** Normalspannungen infolge des Wölbbimoments B_{Ed}

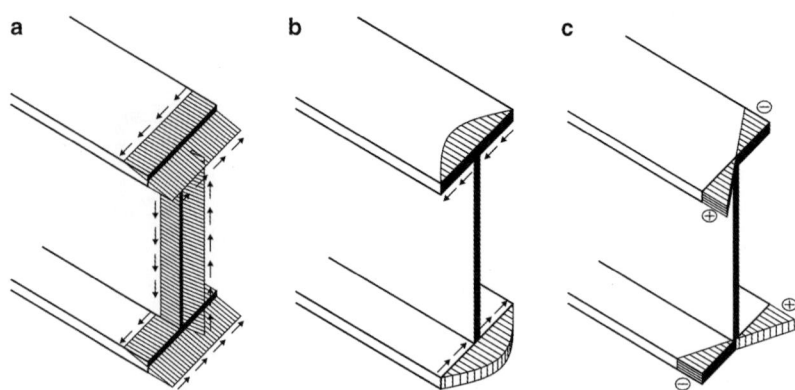

ϑ Verdrehung des Querschnitts

ϑ' Verdrillung des Querschnitts

B_{Ed} Bemessungswert des einwirkenden Wölbmoments (Bimoment)

T_{Ed} Bemessungswert des einwirkenden Torsionsmoments

$T_{w,Ed}$ Bemessungswert des einwirkenden Wölbtorsionsmoments

$T_{t,Ed}$ Bemessungswert des einwirkenden St. Venant'schen Torsionsmoments

$\sigma_{w,Ed}$ Wölbnormalspannung infolge des Wölbmoments B_{Ed}

$\tau_{w,Ed}$ Schubspannung infolge des Wölbtorsionsmoments $T_{w,Ed}$

$\tau_{t,Ed}$ Schubspannung infolge des St. Venant'schen Torsionsmoments $T_{t,Ed}$

$r_t^M(s)$ Drehradius (senkrechter Abstand der Profilmittellinie im betrachteten Punkt P zum Schubmittelpunkt M). Ist die Richtung des Integrationsweges s bezogen auf M entgegen dem Uhrzeigersinn, so ist das Vorzeichen des Drehradius positiv.

$\overline{\omega}^M$ Wölbordinate

s Integrationsweg (Laufkoordinate entlang der Profilmittellinie)

$S_w(s)$ Flächenmoment 1. Ordnung bezogen auf die Wölbordinate $\overline{\omega}^M$

$S_{w,0}$ Integrationskonstante. Bei Integrationsbeginn ($s = 0$) von den Querschnittsenden ist $S_{w,0} = 0$.

I_w Wölbflächenmoment 2. Grades

Die Ermittlung der Torsionsschnittgrößen erfolgt in Abhängigkeit des Einflusses der geometrischen Nichtlinearität nach Theorie I., II. oder III. Ordnung. Ist dieser Einfluss vernachlässigbar, kann bei einfachen Stabsystemen die Differentialgleichungsmethode für die Wölbkrafttorsion angewendet werden. Für einen Träger mit konstantem Querschnitt und konstanter Torsionsgleichlast m_T (EI_w, GI_T und m_T sind konstant über die Stablänge) kann das Gleichgewicht nach Theorie I. Ordnung an einem Abschnitt dx mithilfe (10.38) beschrieben werden.

$$EI_w \cdot \vartheta'''' - GI_T \cdot \vartheta'' = m_T \qquad (10.38)$$

Die Zustandsgrößen (Verformungen, Schnittgrößen) können mithilfe der Anfangswertlösung in Abhängigkeit von der normierten Längskoordinate $\xi = x/l$ berechnet werden. Dabei sind die Anfangswerte die Zustandsgrößen an der Stelle $\xi = 0$. Unter Verwendung normierter Belastungen $\overline{m}_T$ und Zustandsgrößen $\overline{\vartheta}, \overline{T}, \overline{B}$ kann aus der Lösung der Differentialgleichung (10.38) das Matrizengleichungssystem (10.39) abgeleitet werden.

Die normierte Darstellung (10.39) hat Vorteile wegen ihrer dimensionslosen Zustandsgrößen und der geringeren Bandbreiten der Zahlenwerte. Die Ableitung der dimensionsgebundenen absoluten Zustandsgrößen erfolgt durch Umformung der Gleichungen für die Normierung.

$$
\begin{bmatrix}
\overline{\vartheta}(\xi) \\
\overline{\vartheta}'(\xi) \\
\overline{T}_{Ed}(\xi) \\
\overline{T}_{t,Ed}(\xi) \\
\overline{T}_{w,Ed}(\xi) \\
\overline{B}_{Ed}(\xi)
\end{bmatrix}
=
\begin{bmatrix}
1 & \sinh(\varepsilon \cdot \xi) & \varepsilon \cdot \xi - \sinh(\varepsilon \cdot \xi) & 1 - \cosh(\varepsilon \cdot \xi) & -1 + \cosh(\varepsilon \cdot \xi) - 0{,}5 \cdot (\varepsilon \cdot \xi)^2 \\
0 & \cosh(\varepsilon \cdot \xi) & 1 - \cosh(\varepsilon \cdot \xi) & -\sinh(\varepsilon \cdot \xi) & \sinh(\varepsilon \cdot \xi) - \varepsilon \cdot \xi \\
0 & 0 & 1 & 0 & -\varepsilon \cdot \xi \\
0 & \cosh(\varepsilon \cdot \xi) & 1 - \cosh(\varepsilon \cdot \xi) & -\sinh(\varepsilon \cdot \xi) & \sinh(\varepsilon \cdot \xi) - \varepsilon \cdot \xi \\
0 & -\cosh(\varepsilon \cdot \xi) & \cosh(\varepsilon \cdot \xi) & \sinh(\varepsilon \cdot \xi) & -\sinh(\varepsilon \cdot \xi) \\
0 & -\sinh(\varepsilon \cdot \xi) & \sinh(\varepsilon \cdot \xi) & \cosh(\varepsilon \cdot \xi) & -\cosh(\varepsilon \cdot \xi) + 1
\end{bmatrix}
\cdot
\begin{bmatrix}
\overline{\vartheta}(0) \\
\overline{\vartheta}'(0) \\
\overline{T}_{Ed}(0) \\
\overline{B}_{Ed}(0) \\
\overline{m}_T
\end{bmatrix}
\quad (10.39)
$$

mit $\xi = \dfrac{x}{L}$ $\overline{\vartheta} = \vartheta$ $\overline{T}_{Ed} = \dfrac{T_{Ed}}{GI_T} \cdot \dfrac{L}{\varepsilon}$ $\overline{m}_T = \dfrac{m_T}{GI_T} \cdot \left(\dfrac{L}{\varepsilon}\right)^2$ $\varepsilon =$ Stabkennzahl für die Wölbkrafttorsion

         $\xi' = 1 - \xi$ $\overline{\vartheta}' = \vartheta' \cdot L/\varepsilon$ $\overline{B}_{Ed} = \dfrac{B_{Ed}}{GI_T}$ $\varepsilon = L \cdot \lambda = L \cdot \sqrt{\dfrac{GI_T}{EI_w}}$ $\lambda =$ Abklingfaktor

Tafel 10.53 Lagerungsbedingungen in normierter Darstellung

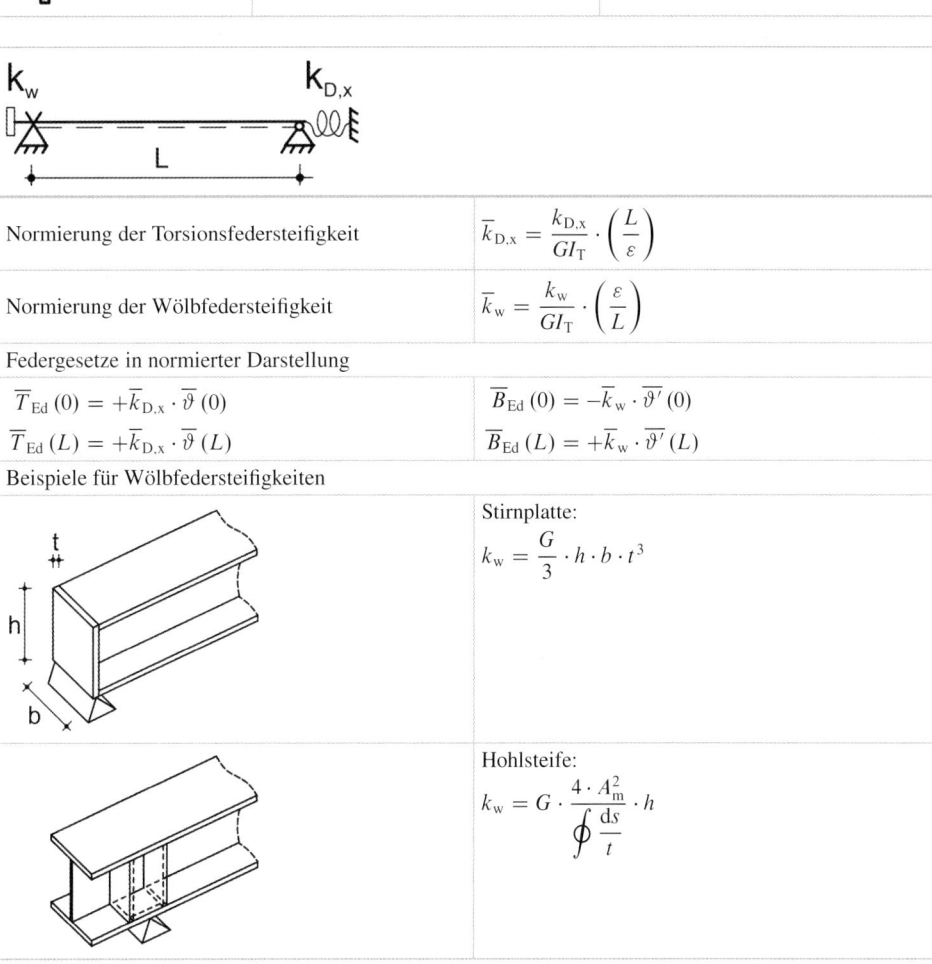

	starre Einspannung	$\overline{\vartheta}\,(0) = 0;\quad \overline{\vartheta}'\,(0) = 0$
	Gabellager	$\overline{\vartheta}\,(0) = 0;\quad \overline{B}_{Ed}\,(0) = 0$
	freies Stabende	$\overline{T}_{Ed}\,(0) = 0;\quad \overline{B}_{Ed}\,(0) = 0$
	starre Kopfplatte	$\overline{\vartheta}'\,(0) = 0;\quad \overline{T}_{Ed}\,(0) = 0$

Tafel 10.54 Berücksichtigung elastischer Lagerungsbedingungen durch Federgesetze

Normierung der Torsionsfedersteifigkeit	$\overline{k}_{D,x} = \dfrac{k_{D,x}}{GI_T} \cdot \left(\dfrac{L}{\varepsilon}\right)$
Normierung der Wölbfedersteifigkeit	$\overline{k}_w = \dfrac{k_w}{GI_T} \cdot \left(\dfrac{\varepsilon}{L}\right)$

Federgesetze in normierter Darstellung

$\overline{T}_{Ed}\,(0) = +\overline{k}_{D,x} \cdot \overline{\vartheta}\,(0)$	$\overline{B}_{Ed}\,(0) = -\overline{k}_w \cdot \overline{\vartheta}'\,(0)$
$\overline{T}_{Ed}\,(L) = +\overline{k}_{D,x} \cdot \overline{\vartheta}\,(L)$	$\overline{B}_{Ed}\,(L) = +\overline{k}_w \cdot \overline{\vartheta}'\,(L)$

Beispiele für Wölbfedersteifigkeiten

	Stirnplatte: $k_w = \dfrac{G}{3} \cdot h \cdot b \cdot t^3$
	Hohlsteife: $k_w = G \cdot \dfrac{4 \cdot A_m^2}{\oint \dfrac{ds}{t}} \cdot h$

Das Matrizengleichungssystem (10.39) lässt sich auf konkrete Fälle von Belastungen und Lagerungsbedingungen (Tafeln 10.53 und 10.54) anpassen, indem die jeweiligen normierten Anfangswerte und $\overline{m}_T$ (sofern vorhanden) bestimmt und eingesetzt werden. Die Anfangswerte werden aus den Lagerungsbedingungen der Systeme am Stabanfang und -ende abgeleitet. Mit den Lagerungsbedingungen am Stabende ($\xi = 1$) werden unter Anwendung des Matrizengleichungssystems (10.39) die noch unbekannten Anfangswerte bestimmt. Sofern Einzellasten (Torsions- oder Wölbmomente) zwischen den Lagern wirken, entstehen Un-

stetigkeitsstellen, die nicht durch die Funktionen des Matrizengleichungssystems (10.39) beschrieben werden können. Für diese Fälle ist die Differentialgleichung (10.38) abschnittsweise zu lösen. An den Unstetigkeitsstellen sind Gleichgewichts- und Übergangsbedingungen zu formulieren. Entsprechendes gilt für die Innenlager von Durchlaufsystemen. Elastische Lagerungsbedingungen können durch entsprechende Federgesetze erfasst werden (Tafel 10.54).

Nachfolgend werden für ausgewählte Systeme Lösungsfunktionen für die Zustandsgrößen angegeben.

System 1: Kragarm mit Wölbbehinderung an der Einspannstelle

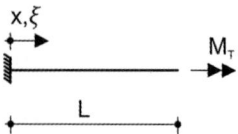

Beanspruchung

$$T_{\mathrm{Ed}}(\xi) = M_{\mathrm{T}} = T_{\mathrm{t,Ed}}(\xi) + T_{\mathrm{w,Ed}}(\xi)$$

St. Venant'sches Torsionsmoment

$$T_{\mathrm{t,Ed}}(\xi) = M_{\mathrm{T}} \cdot \left[1 - \frac{\cosh(\varepsilon \cdot \xi')}{\cosh(\varepsilon)}\right]$$

$$T_{\mathrm{t,Ed}}(0) = 0$$

Wölbtorsionsmoment

$$T_{\mathrm{w,Ed}}(\xi) = M_{\mathrm{T}} \cdot \frac{\cosh(\varepsilon \cdot \xi')}{\cosh(\varepsilon)}$$

$$T_{\mathrm{w,Ed}}(0) = M_{\mathrm{T}}$$

Wölbbimoment

$$B_{\mathrm{Ed}}(\xi) = -M_{\mathrm{T}} \cdot \frac{L}{\varepsilon} \cdot \frac{\sinh(\varepsilon \cdot \xi')}{\cosh(\varepsilon)}$$

$$B_{\mathrm{Ed}}(0) = -M_{\mathrm{T}} \cdot \frac{L}{\varepsilon} \cdot \tanh(\varepsilon)$$

Verdrehung

$$\vartheta(\xi) = \frac{M_{\mathrm{T}}}{GI_{\mathrm{T}}} \cdot \frac{L}{\varepsilon} \cdot \left[\varepsilon \cdot \xi + \frac{\sinh(\varepsilon \cdot \xi') - \sinh(\varepsilon)}{\cosh(\varepsilon)}\right]$$

$$\vartheta(1) = \frac{M_{\mathrm{T}}}{GI_{\mathrm{T}}} \cdot \frac{L}{\varepsilon} \cdot [\varepsilon - \tanh(\varepsilon)]$$

System 2: Einfeldträger mit Gabellagerung an den Auflagern und Einzeltorsionsmoment in Feldmitte

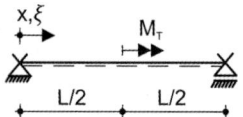

Beanspruchung

$$T_{\mathrm{Ed}}(\xi) = M_{\mathrm{T}}/2 = T_{\mathrm{t,Ed}}(\xi) + T_{\mathrm{w,Ed}}(\xi); \quad 0 < \xi < 0{,}5$$

St. Venant'sches Torsionsmoment

$$T_{\mathrm{t,Ed}}(\xi) = \frac{M_{\mathrm{T}}}{2} \cdot \left[1 - \frac{\cosh(\varepsilon \cdot \xi)}{\cosh(\varepsilon/2)}\right]$$

$$T_{\mathrm{t,Ed}}(0) = \frac{M_{\mathrm{T}}}{2} \cdot \left[1 - \frac{1}{\cosh(\varepsilon/2)}\right]$$

Wölbtorsionsmoment

$$T_{\mathrm{w,Ed}}(\xi) = \frac{M_{\mathrm{T}}}{2} \cdot \frac{\cosh(\varepsilon \cdot \xi)}{\cosh(\varepsilon/2)}$$

$$T_{\mathrm{w,Ed}}(0{,}5) = \frac{M_{\mathrm{T}}}{2}$$

Wölbbimoment

$$B_{\mathrm{Ed}}(\xi) = \frac{M_{\mathrm{T}}}{2} \cdot \frac{L}{\varepsilon} \cdot \frac{\sinh(\varepsilon \cdot \xi)}{\cosh(\varepsilon/2)}$$

$$B_{\mathrm{Ed}}(0{,}5) = \frac{M_{\mathrm{T}}}{2} \cdot \frac{L}{\varepsilon} \cdot \tanh(\varepsilon/2)$$

Verdrehung

$$\vartheta(\xi) = \frac{M_{\mathrm{T}}}{2 \cdot GI_{\mathrm{T}}} \cdot \frac{L}{\varepsilon} \cdot \left[\varepsilon \cdot \xi - \frac{\sinh(\varepsilon \cdot \xi)}{\cosh(\varepsilon/2)}\right]$$

$$\vartheta(0{,}5) = \frac{M_{\mathrm{T}}}{2 \cdot GI_{\mathrm{T}}} \cdot \frac{L}{\varepsilon} \cdot [\varepsilon/2 - \tanh(\varepsilon/2)]$$

System 3: Einfeldträger mit Gabellagerung an den Auflagern und Torsionsgleichlast m_{T}

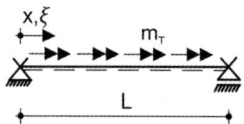

Beanspruchung

$$T_{\mathrm{Ed}}(\xi) = m_{\mathrm{T}} \cdot L \cdot (0{,}5 - \xi) = T_{\mathrm{t,Ed}}(\xi) + T_{\mathrm{w,Ed}}(\xi)$$

St. Venant'sches Torsionsmoment

$$T_{\mathrm{t,Ed}}(\xi) = m_{\mathrm{T}} \cdot \left(\frac{L}{\varepsilon}\right) \cdot \left[\varepsilon \cdot (0{,}5 - \xi) + \frac{\cosh(\varepsilon \cdot \xi) - \cosh(\varepsilon \cdot \xi')}{\sinh(\varepsilon)}\right]$$

$$T_{\mathrm{t,Ed}}(0) = m_{\mathrm{T}} \cdot \left(\frac{L}{\varepsilon}\right) \cdot \left[\frac{\varepsilon}{2} + \frac{1 - \cosh(\varepsilon)}{\sinh(\varepsilon)}\right]$$

Sekundäres Torsionsmoment

$$T_{\mathrm{w,Ed}}(\xi) = -m_{\mathrm{T}} \cdot \left(\frac{L}{\varepsilon}\right) \cdot \left[\frac{\cosh(\varepsilon \cdot \xi) - \cosh(\varepsilon \cdot \xi')}{\sinh(\varepsilon)}\right]$$

$$T_{\mathrm{w,Ed}}(0) = -m_{\mathrm{T}} \cdot \left(\frac{L}{\varepsilon}\right) \cdot \frac{1 - \cosh(\varepsilon)}{\sinh(\varepsilon)}$$

Wölbtorsionsmoment

$$B_{\mathrm{Ed}}(\xi) = m_{\mathrm{T}} \cdot \left(\frac{L}{\varepsilon}\right)^2 \cdot \left[1 - \frac{\sinh(\varepsilon \cdot \xi) + \sinh(\varepsilon \cdot \xi')}{\sinh(\varepsilon)}\right]$$

$$B_{\mathrm{Ed}}(0{,}5) = m_{\mathrm{T}} \cdot \left(\frac{L}{\varepsilon}\right)^2 \cdot \left[1 - \frac{2 \cdot \sinh(\varepsilon/2)}{\sinh(\varepsilon)}\right]$$

Verdrehung

$$\vartheta(\xi) = \frac{m_T}{GI_T} \cdot \left(\frac{L}{\varepsilon}\right)^2$$
$$\cdot \left[\frac{\varepsilon^2}{2} \cdot \xi' \cdot \xi - 1 + \frac{\sinh(\varepsilon \cdot \xi) + \sinh(\varepsilon \cdot \xi')}{\sinh(\varepsilon)}\right]$$

$$\vartheta(0,5) = \frac{m_T}{GI_T} \cdot \left(\frac{L}{\varepsilon}\right)^2 \cdot \left[\frac{\varepsilon^2}{8} - 1 + \frac{2 \cdot \sinh(\varepsilon/2)}{\sinh(\varepsilon)}\right]$$

Bei geschlossenen Hohlquerschnitten darf vereinfacht angenommen werden, dass der Einfluss aus Wölbkrafttorsion vernachlässigt werden kann. Für einzellige Querschnitte werden die St. Venant'schen Torsionsschubspannungen mit (10.40) bestimmt. Dabei ist A_m die von der Profilmittellinie eingeschlossene Querschnittsfläche.

$$\tau_{t,Ed} = \frac{T_{t,Ed}}{2A_m \cdot t} \qquad (10.40)$$

Der Tragsicherheitsnachweis für Torsionsbeanspruchungen kann elastisch als Spannungsnachweis nach Abschn. 10.3.1 oder plastisch unter Verwendung geeigneter Gleichungen für die Querschnittstragfähigkeit (siehe (10.45)) und ggf. Interaktionsbeziehungen geführt werden. Zum elastischen Querschnittsnachweis für Spannungen nach (10.35) bis (10.37) und (10.40) gelten die Grenzbedingungen (10.41) bis (10.43). Bei der Auswertung der Gleichungen und der Überlagerung der Spannungsanteile ist zu beachten, dass die Maximalwerte der Spannungen nach (10.35) bis (10.37) und (10.40) i. Allg. an unterschiedlichen Stellen des Querschnitts und entlang der Bauteillängsachse auftreten.

$$\tau_{t,Ed} + \tau_{w,Ed} \leq \frac{f_y}{\sqrt{3} \cdot \gamma_{M0}} \qquad (10.41)$$

$$\sigma_{w,Ed} \leq \frac{f_y}{\gamma_{M0}} \qquad (10.42)$$

$$\sigma_{v,Ed} = \sqrt{\sigma_{w,Ed}^2 + 3 \cdot (\tau_{t,Ed} + \tau_{w,Ed})^2} \leq \frac{f_y}{\gamma_{M0}} \qquad (10.43)$$

Die Grenzbedingungen für kombinierte Beanspruchungen sind mit einander zugeordneten Spannungen auszuwerten, wenn nicht konservative Ansätze getroffen werden.

Ferner sind Vorzeichen und Richtung der Spannungen zu beachten. Dies gilt umso mehr, wenn weitere Schnittgrößen mit einbezogen werden (siehe z. B. (10.44)).

$$\sigma_{x,Ed}(x, y, z) = \frac{N_{Ed}(x)}{A} + \frac{M_{y,Ed}(x)}{I_y} \cdot z - \frac{M_{z,Ed}(x)}{I_z} \cdot y$$
$$- \frac{B_{Ed}(x)}{I_w} \cdot \overline{\omega}^M(y, z)$$
$$\leq \frac{f_y}{\gamma_{M0}} \qquad (10.44)$$

10.3.8 Beanspruchung auf Querkraft und Torsion

Werden Querschnitte durch Querkraft und Torsion beansprucht, sind bei Anwendung elastischer Querschnittsnachweise die Schubspannungen aus beiden Schnittgrößen unter Beachtung von Ort und Richtung zu überlagern. Für dünnwandige offene Querschnitte gilt (10.45), für einzellige Hohlprofile (10.46).

$$\tau_{Ed}(x, s, r) = \frac{V_{z,Ed}(x) \cdot S_y(s)}{I_y \cdot t(s)} + \frac{V_{y,Ed}(x) \cdot S_z(s)}{I_z \cdot t(s)}$$
$$+ \frac{T_{w,Ed}(x) \cdot S_w(s)}{I_w \cdot t(s)} \pm \frac{T_{t,Ed}(x) \cdot 2r}{I_T}$$
$$\leq \frac{f_y}{\sqrt{3} \cdot \gamma_{M0}} \qquad (10.45)$$

$$\tau_{Ed}(x, s) = \frac{V_{z,Ed}(x) \cdot S_y(s)}{I_y \cdot t(s)} + \frac{V_{y,Ed}(x) \cdot S_z(s)}{I_z \cdot t(s)}$$
$$\pm \frac{T_{t,Ed}(x)}{2A_m \cdot t(s)}$$
$$\leq \frac{f_y}{\sqrt{3} \cdot \gamma_{M0}} \qquad (10.46)$$

mit
s Integrationsweg (Laufkoordinate entlang der Profilmittellinie)
r Koordinate senkrecht zur Profilmittellinie
$S_y(s)$ Flächenmoment 1. Ordnung bezogen auf die y-Achse
$S_z(s)$ Flächenmoment 1. Ordnung bezogen auf die z-Achse.
Weitere Definitionen siehe Abschn. 10.3.9. Bezüglich der Bestimmung von $S_y(s)$ und $S_z(s)$ siehe [74].

Der plastische Tragsicherheitsnachweis kann nach [12], Abschn. 6.2.7(9) vereinfacht in der Form erfolgen, dass zunächst die Querkrafttragfähigkeit nach (10.33) um den Einfluss der Torsion reduziert und dann die einwirkende Querkraft mit der abgeminderten Tragfähigkeit $V_{pl,T,Rd}$ nach Tafel 10.55 verglichen wird (10.47).

$$\frac{V_{Ed}}{V_{pl,T,Rd}} \leq 1,0 \qquad (10.47)$$

Tafel 10.55 Abgeminderte plastische Querkrafttragfähigkeit $V_{pl,T,Rd}$

Querschnitt	$V_{pl,T,Rd}$
I oder H	$\sqrt{1 - \frac{\tau_{t,Ed}}{1,25\tau_{Rd}}}\, V_{pl,Rd}$
U	$\left[\sqrt{1 - \frac{\tau_{t,Ed}}{1,25\tau_{Rd}}} - \frac{\tau_{w,Ed}}{\tau_{Rd}}\right] V_{pl,Rd}$
Hohlprofil	$\left[1 - \frac{\tau_{t,Ed}}{\tau_{Rd}}\right] V_{pl,Rd}$

$\tau_{t,Ed}$ Schubspannung infolge St. Venan'tscher Torsion $T_{t,Ed}$
$\tau_{w,Ed}$ Schubspannung infolge Wölbkrafttorsion $T_{w,Ed}$
τ_{Rd} Grenzschubspannung $\tau_{Rd} = \frac{f_y}{\sqrt{3}\gamma_{M0}}$.

10.3.9 Beanspruchung auf Biegung und Querkraft

Bei gleichzeitiger Wirkung von Biegung und Querkraft ist ggf. die Interaktion zu berücksichtigen. Bei elastischen Querschnittsnachweisen erfolgt dies über die Bestimmung der Vergleichsspannungen (siehe Abschn. 10.3.1).

Sofern die Querschnittstragfähigkeit nicht durch Schubbeulen reduziert wird, kann der Einfluss der Querkraft auf die plastische Momentenbeanspruchbarkeit vernachlässigt werden, wenn sie die Hälfte der plastischen Querschnittstragfähigkeit nicht überschreitet (10.48).

$$\frac{V_{\text{Ed}}}{V_{\text{pl,Rd}}} \leq 0,5 \qquad (10.48)$$

Andernfalls ist zur Bestimmung der Momentenbeanspruchbarkeit bei den betreffenden Querschnittsteilen die Streckgrenze oder die rechnerische Blechdicke mit dem Faktor $(1 - \rho)$ zu reduzieren ((10.49) bis (10.51)).

$$\rho = \left(\frac{2V_{\text{Ed}}}{V_{\text{pl,Rd}}} - 1\right)^2 \quad \text{bzw.} \quad \rho = \left(\frac{2V_{\text{Ed}}}{V_{\text{pl,T,Rd}}} - 1\right)^2$$
$$(10.49)$$

$$f_{\text{y,red}} = (1 - \rho) \cdot f_{\text{y}} \quad \text{oder} \qquad (10.50)$$
$$t_{\text{red}} = (1 - \rho) \cdot t \qquad (10.51)$$

Bei doppeltsymmetrischen I-Querschnitten kann die um den Querkrafteinfluss reduzierte plastische Momententragfähigkeit $M_{\text{V,y,Rd}}$ mit (10.52) bestimmt werden.

$$M_{\text{V,y,Rd}} = \left(W_{\text{pl,y}} - \rho_z \cdot \frac{h_{\text{w}}^2 t_{\text{w}}}{4}\right) \frac{f_{\text{y}}}{\gamma_{\text{M0}}} \leq M_{\text{y,c,Rd}} \quad (10.52)$$

ρ_z Abminderungsfaktor nach (10.49) infolge Querkraft $V_{z,\text{Ed}}$

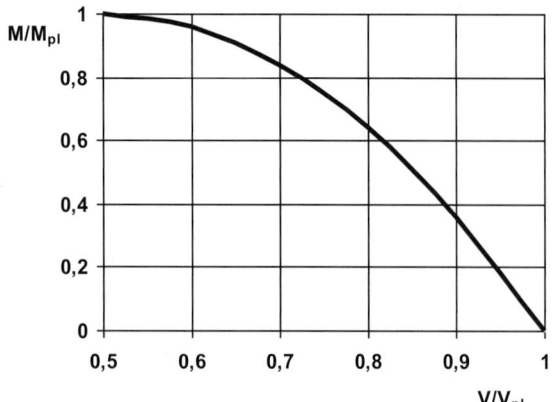

Abb. 10.19 M-V-Interaktion bei einem Rechteckquerschnitt

Zweifeldträger mit je $L = 5,0$ m und $EI = $ konst; gleichmäßig verteilte Streckenlast $g_{\text{Ed}} = 150$ kN/m, $q_{\text{Ed}} = 80$ kN/m, $g_{\text{Ed}} + q_{\text{Ed}} = 230$ kN/m

HE300B, S355 (QSK 1), keine Biegedrillknickgefährdung

1. Berechnung der Biegemomente und Querkräfte

$$\max M_{\text{F}} = (0,070 \cdot 150 + 0,096 \cdot 80) \cdot 5,0^2$$
$$= 454,5 \text{ kNm}$$
$$\min M_{\text{B}} = -0,125 \cdot 230 \cdot 5,0^2 = -718,8 \text{ kNm}$$
$$\min V_{\text{Bl}} = -0,625 \cdot 230 \cdot 5,0 = -718,8 \text{ kN}$$

2. Spannungsnachweis nach Abschn. 10.3.1

$$\sigma_{\text{x,Ed}} = 718,8 \cdot 100/25.170 \cdot 30/2 = 42,8 \text{ kN/cm}^2$$
$$> \sigma_{\text{Rd}} = 35,5/1,0 = 35,5 \text{ kN/cm}^2$$
$$h_{\text{w}} = 30 - 2 \cdot 1,9 = 26,2 \text{ cm}$$
$$\tau_{\text{Ed}} = 718,8/(26,2 \cdot 1,1) = 24,9 \text{ kN/cm}^2$$
$$> \tau_{\text{Rd}} = 35,5/(\sqrt{3} \cdot 1,0) = 20,5 \text{ kN/cm}^2$$
$$\sigma_{\text{v,Ed}} = \sqrt{42,8^2 + 3 \cdot 24,9^2} = 60,8 \text{ kN/cm}^2$$
$$> \sigma_{\text{Rd}} = 35,5/1,0 = 35,5 \text{ kN/cm}^2 \quad \text{(s. (10.20))}$$

3. Momentenumlagerung um 15 % (DIN EN 1993-1-1, Abschn. 5.4)

$$M_{\text{B}} = 0,85 \cdot (-718,8) = 611,0 \text{ kNm}$$
$$V_{\text{A}} = 230 \cdot 5,0/2 - 611,0/5,0 = 452,8 \text{ kN}$$
$$M_{\text{F}} = 452,8^2/(2 \cdot 230) = 445,7 \text{ kNm}$$
$$V_{\text{Bl}} = 452,8 - 230 \cdot 5,0 = -697,2 \text{ kN}$$

4. M-V-Interaktion nach Abschn. 10.3.9

$$V_{\text{pl,Rd}} = 972,1 \text{ kN} \quad \text{nach Tafel 10.63}$$
$$V_{\text{Ed}}/V_{\text{pl,Rd}} = 697,2/972,1 = 0,72 > 0,5$$
$$\rho_z = (2 \cdot 0,72 - 1)^2 = 0,19 \quad \text{nach (10.49)}$$
$$M_{\text{V,y,Rd}} = \left(1869 - 0,19 \cdot 26,2^2 \cdot 1,1/4\right)$$
$$\cdot (35,5/1,0)/100$$
$$= 650,8 \text{ kNm} \quad \text{nach (10.52)}$$
$$M_{\text{Ed}}/M_{\text{V,y,Rd}} = 611,0/650,8 = 0,94 < 1$$

10.3.10 Beanspruchung auf Biegung und Normalkraft

Querschnitte der Klassen 1 und 2 Bei gleichzeitiger Wirkung von Biegung und Normalkraft ist in der Regel der

Tafel 10.56 Momententragfähigkeit $M_{N,Rd}$ für doppeltsymmetrische gewalzte und geschweißte I- oder H-Profile

Hilfsgrößen	$n = N_{Ed}/N_{pl,Rd}$; $a = (A - 2bt_f)/A$ jedoch $a \leq 0{,}5$
Biegung M_y	
Normalkrafteinfluss vernachlässigbar bei	$N_{Ed} \leq 0{,}25 N_{pl,Rd}$ und $N_{Ed} \leq 0{,}5 h_w t_w f_y / \gamma_{M0}$
Reduzierte Momententragfähigkeit	$M_{N,y,Rd} = M_{pl,y,Rd} \dfrac{1-n}{1-0{,}5a}$, jedoch $M_{N,y,Rd} \leq M_{pl,y,Rd}$
Biegung M_z	
Normalkrafteinfluss vernachlässigbar bei	$N_{Ed} \leq h_w t_w f_y / \gamma_{M0}$
Reduzierte Momententragfähigkeit	für $n \leq a$: $M_{N,z,Rd} = M_{pl,z,Rd}$
	für $n > a$: $M_{N,z,Rd} = M_{pl,z,Rd} \left[1 - \left(\dfrac{n-a}{1-a}\right)^2\right]$

Tafel 10.57 Momententragfähigkeit $M_{N,Rd}$ für Rechteck- und Quadrathohlprofile mit konstanten Blechdicken und geschweißte Kastenquerschnitte mit gleichen Flanschen und gleichen Stegen

Hilfsgrößen	$n = N_{Ed}/N_{pl,Rd}$		
	RHP und QHP	$a_w = (A - 2bt)/A$	$a_w \leq 0{,}5$
		$a_f = (A - 2ht)/A$	$a_f \leq 0{,}5$
	Kastenquerschnitte	$a_w = (A - 2bt_f)/A$	$a_w \leq 0{,}5$
		$a_f = (A - 2ht_w)/A$	$a_f \leq 0{,}5$
Biegung M_y			
Normalkrafteinfluss vernachlässigbar bei	$N_{Ed} \leq 0{,}25 N_{pl,Rd}$	und $N_{Ed} \leq 0{,}5 \cdot (2(h-2t)t) f_y / \gamma_{M0}$ bzw. $N_{Ed} \leq 0{,}5 \cdot (2(h-2t_f)t_w) f_y / \gamma_{M0}$	
Reduzierte Momententragfähigkeit	$M_{N,y,Rd} = M_{pl,y,Rd} \dfrac{1-n}{1-0{,}5a_w}$, jedoch $M_{N,y,Rd} \leq M_{pl,y,Rd}$		
Biegung M_z			
Normalkrafteinfluss vernachlässigbar bei	$N_{Ed} \leq 0{,}25 N_{pl,Rd}$	und $N_{Ed} \leq 0{,}5 \cdot (2(b-2t)t) f_y / \gamma_{M0}$ bzw. $N_{Ed} \leq 0{,}5 \cdot (2(b-2t_w)t_f) f_y / \gamma_{M0}$	
Reduzierte Momententragfähigkeit	$M_{N,z,Rd} = M_{pl,z,Rd} \dfrac{1-n}{1-0{,}5a_f}$, jedoch $M_{N,z,Rd} \leq M_{pl,z,Rd}$		

Einfluss der Normalkraft auf die Momentenbeanspruchbarkeit zu berücksichtigen. Für Querschnitte der Klassen 1 und 2 ist die Bedingung (10.53) einzuhalten.

$$\frac{M_{Ed}}{M_{N,Rd}} \leq 1{,}0 \qquad (10.53)$$

$M_{N,Rd}$ durch den Einfluss von N_{Ed} abgeminderte plastische Momentenbeanspruchbarkeit.

Die Bestimmung von $M_{N,Rd}$ kann in Abhängigkeit der Querschnittsform und der Richtung des Momentenvektors nach den Ziffern a bis d erfolgen, sofern keine Schraubenlöcher zu berücksichtigen sind. Wirkt zusätzlich eine Querkraft, ist Abschn. 10.3.9 zu beachten.

a) Doppeltsymmetrische gewalzte und geschweißte I- oder H- Querschnitte, s. Tafel 10.56

b) Rechteck- und Quadrathohlprofile mit konstanter Blechdicke und geschweißte Kastenquerschnitte mit gleichen Flanschen und gleichen Stegen. Sofern die Anwendungsgrenzen für a_w und a_f nicht eingehalten sind, können geeignete Interaktionsbeziehungen aus der Literatur (z. B. [75], [76]) angewendet werden, s. Tafel 10.57

c) Kreishohlprofile

$$M_{N,y,Rd} = M_{N,z,Rd} = M_{pl,Rd}(1 - n^{1{,}7})$$

d) Rechteckige Vollquerschnitte

$$M_{N,Rd} = M_{pl,Rd}[1 - (N_{Ed}/N_{pl,Rd})^2]$$

Querschnitte der Klasse 3 Der Tragsicherheitsnachweis wird als Spannungsnachweis nach Abschn. 10.3.1 geführt. Sofern keine Schraubenlöcher zu berücksichtigen sind, kann der Nachweis mit Gleichung (10.54) geführt werden.

$$\sigma_{x,Ed} = \frac{N_{Ed}}{A} + \frac{M_{y,Ed}}{I_y} \cdot z - \frac{M_{z,Ed}}{I_z} \cdot y \leq \frac{f_y}{\gamma_{M0}} \qquad (10.54)$$

Querschnitte der Klasse 4 Die Beanspruchbarkeit von Blechträgern mit Längsspannungen darf nach dem Verfahren der wirksamen Flächen für druckbeanspruchte Querschnittsteile mit den Querschnittswerten A_{eff} und W_{eff} ermittelt werden. Dabei wird die wirksame Querschnittsfläche A_{eff} unter der Annahme reiner Druckspannungen infolge N_{Ed} berechnet. Bei unsymmetrischen Querschnitten erzeugt die Verschiebung der Schwerelinie e_N gegenüber derjenigen des

Abb. 10.20 Bruttoquerschnitte
und wirksame Querschnitte

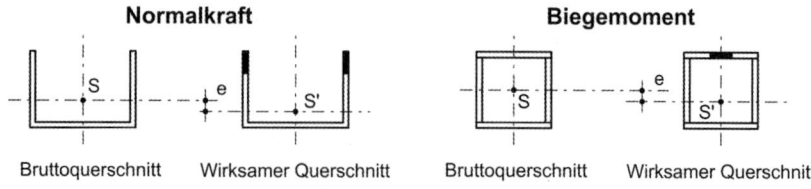

Bruttoquerschnitts ein zusätzliches Moment ΔM, das beim Querschnittsnachweis zu berücksichtigen ist (Abb. 10.20 und (10.55)). Das wirksame Widerstandsmoment W_{eff} darf unter der Annahme reiner Biegelängsspannungen infolge M_{Ed} bestimmt werden (Abb. 10.20). Bei zweiachsiger Biegung sind beide Hauptachsen zu untersuchen. Eine genauere Berechnung kann nach [14], Abschnitte 6.1.8 bis 6.1.10 erfolgen.

$$\sigma_{x,Ed} = \frac{N_{Ed}}{A_{eff}} + \frac{M_{y,Ed} + N_{Ed} \cdot e_{N,y}}{W_{eff,y,\,min}} + \frac{M_{z,Ed} + N_{Ed} \cdot e_{N,z}}{W_{eff,z,\,min}}$$

$$\leq \frac{f_y}{\gamma_{M0}} \qquad\qquad\qquad (10.55)$$

mit

A_{eff} \quad wirksame Querschnittsfläche bei gleichmäßiger Druckbeanspruchung

$W_{eff,min}$ \quad wirksames Widerstandsmoment eines ausschließlich auf Biegung um die maßgebende Achse beanspruchten Querschnitts

e_N \quad Verschiebung der maßgebenden Hauptachse eines unter reinen Druck beanspruchten Querschnitts.

10.3.11 Beanspruchung von Querschnitten der Klassen 1 und 2 durch zweiachsige Biegung und Normalkraft

Der Nachweis der Tragsicherheit darf mit der Interaktionsbeziehung (10.56) geführt werden. Dabei können die Exponenten α und β konservativ mit 1 oder nach Tafel 10.58 angenommen werden.

$$\left[\frac{M_{y,Ed}}{M_{N,y,Rd}}\right]^\alpha + \left[\frac{M_{z,Ed}}{M_{N,z,Rd}}\right]^\beta \leq 1,0 \qquad (10.56)$$

10.3.12 Beanspruchung von Querschnitten der Klassen 1 und 2 durch Biegung, Querkraft und Normalkraft

Bei gleichzeitiger Beanspruchung durch Biegung, Querkraft und Normalkraft ist in der Regel der Einfluss der Querkraft und Normalkraft auf die plastische Momentenbeanspruchbarkeit zu berücksichtigen. Wenn die einwirkende Querkraft V_{Ed} die Hälfte der Querkrafttragfähigkeit V_{Rd} nicht überschreitet (10.48), braucht keine Abminderung der Beanspruchbarkeit durchgeführt werden. Andernfalls ist die Momenten- und Normalkrafttragfähigkeit mit einer abgeminderten Streckgrenze oder Blechdicke der betreffenden Querschnittsteile zu ermitteln (vgl. Abschn. 10.3.9). Die Reduzierung der Streckgrenze der schubbeanspruchten Querschnittsfläche kann gedanklich auch als Abminderung der Querschnittsfläche um den Anteil, der von der Querkraft in Anspruch genommen wird, interpretiert werden. Der „Restquerschnitt" steht dann zur Aufnahme der Biegung und Normalkraft zur Verfügung.

$$A_{red} = (A - 2bt_f) \cdot (1 - \rho_z) + 2bt_f \cdot (1 - \rho_y) \quad (10.57)$$

$$N_{V,Rd} = A_{red} \cdot f_y / \gamma_{M0} \qquad\qquad\qquad (10.58)$$

ρ_z Abminderungsfaktor nach (10.49) infolge Querkraft $V_{z,Ed}$
ρ_y Abminderungsfaktor nach (10.49) infolge Querkraft $V_{y,Ed}$

Für Querschnitte der Klassen 1 und 2, beansprucht durch einachsige Biegung, Querkraft und Normalkraft, ist (10.59) einzuhalten. Bei zweiachsiger Biegung, Querkraft und Normalkraft ist (10.60) zu erfüllen.

$$\frac{M_{Ed}}{M_{NV,Rd}} \leq 1,0 \qquad\qquad (10.59)$$

$$\left[\frac{M_{y,Ed}}{M_{NV,y,Rd}}\right]^\alpha + \left[\frac{M_{z,Ed}}{M_{NV,z,Rd}}\right]^\beta \leq 1,0 \qquad (10.60)$$

α, β Exponenten siehe Abschn. 10.3.11.

Tafel 10.58 Exponenten α und β für den Nachweis der zweiachsigen Biegung

Querschnitt	α	β
I- und H-Querschnitte	2	$5n$, jedoch $\beta \geq 1$
RHP und QHP	$\dfrac{1,66}{1 - 1,13n^2}$, jedoch $\alpha \leq 6$	$\dfrac{1,66}{1 - 1,13n^2}$, jedoch $\beta \leq 6$
Kreishohlprofile	2	2

mit $n = N_{Ed}/N_{pl,Rd}$

Tafel 10.59 Momententragfähigkeit $M_{NV,Rd}$ für doppeltsymmetrische gewalzte und geschweißte I- oder H-Profile	Hilfsgrößen	$n = \dfrac{N_{Ed}}{N_{V,Rd}}$; $a = \dfrac{A_{red} - 2bt_f\left(1 - \rho_y\right)}{A_{red}}$, jedoch $a \leq 0,5$; für $M_{V,y,Rd}$, $M_{V,z,Rd}$ siehe Abschn. 10.3.9
	Biegung M_y	
	Normalkrafteinfluss vernachlässigbar bei	$N_{Ed} \leq 0,25 N_{V,Rd}$ und $N_{Ed} \leq 0,5 h_w t_w \cdot (1 - \rho_z) \cdot f_y/\gamma_{M0}$
	Reduzierte Momententragfähigkeit	$M_{NV,y,Rd} = M_{V,y,Rd} \cdot \dfrac{1-n}{1-0,5a}$, jedoch $M_{NV,y,Rd} \leq M_{V,y,Rd}$
	Biegung M_z	
	Normalkrafteinfluss vernachlässigbar bei	$N_{Ed} \leq h_w t_w \cdot (1 - \rho_z) \cdot f_y/\gamma_{M0}$
	Reduzierte Momententragfähigkeit	für $n \leq a$: $M_{NV,z,Rd} = M_{V,z,Rd}$
		für $n > a$: $M_{NV,z,Rd} = M_{V,z,Rd}\left[1 - \left(\dfrac{n-a}{1-a}\right)^2\right]$

Die reduzierte Momententragfähigkeit $M_{NV,Rd}$ kann für doppeltsymmetrische gewalzte und geschweißte I- oder H-Profile nach Tafel 10.59 ermittelt werden. Geeignete Interaktionsbeziehungen für Hohlprofile enthalten [75] und [94].

10.3.13 Tragfähigkeitstabellen

In den Tafeln 10.60 bis 10.66 sind die charakteristischen Werte der Tragfähigkeit von doppeltsymmetrischen I- und H-Profilen sowie warmgefertigten Hohlprofilen aus S235, S355 und S460 für Beanspruchungen durch Biegung, Normalkraft und Querkraft aufgeführt. Auf die Angabe des Index „Rk" wurde dort aus Platzgründen verzichtet. Bei der Bestimmung der Werte wurden die Zuordnung zu den Querschnittsklassen und der Einfluss des Stegbeulens unter Querkraftbeanspruchungen V_z berücksichtigt.

Unter reiner Biegung M_y bzw. M_z sind die aufgeführten Querschnitte mit Ausnahme einiger Profile der Reihen HEAA, QHP und RHP den Klassen 1, 2 oder 3 zuzuordnen. Bei zentrischem Druck sind insbesondere hohe I- und H-Profile sowie dünnwandige Hohlprofile auch den QSK 3 und 4 zuzuordnen. Bei I- und H-Profilen ist für die Zuordnung das Verhältnis d/t_w der Stege maßgebend. Dabei entspricht d der Breite des ebenen Stegblechbereichs (Abstand der Ausrundungen).

Bei kombinierter Beanspruchung durch Drucknormalkraft und Biegung M_y ist die Zuordnung zur QSK von der Größe der Normalkraft abhängig. Liegt die plastische Nulllinie außerhalb des Steges, erfolgt die Einordnung des Gesamtquerschnitts, die durch das ungünstigste Querschnittsteil bestimmt wird, wie bei zentrischem Druck (siehe auch Abschn. 10.2.7). In den Tafeln 10.60 bis 10.66 werden neben den plastischen auch die elastischen Momententragfähigkeiten aufgeführt. Letztere werden unter anderem dann benötigt, wenn die Querschnitte aufgrund der gleichzeitigen Wirkung von Drucknormalkräften in die Klassen 3 oder 4 einzuordnen sind.

- Die Verhältniswerte c/t bzw. d/t werden für die Zuordnung der Querschnitte zu den Querschnittsklassen, der Hilfswert a für die Momenten-Normalkraft-Interaktion benötigt.

Die Ermittlung der maßgebenden Breiten c_w und c_f von rechteckigen und quadratischen Hohlprofilen erfolgt einheitlich nach DIN EN 1993-1-5, Abschn. 4.4 [15] (s. a. [105], [106]), da DIN EN 1993-1-1 [12] keine eindeutige Definition hierzu liefert. Diese Breiten werden auch zur Berechnung der effektiven Querschnittswerte von Hohlprofilen mit Klasse-4-Querschnitten verwendet.

- I- und H-Querschnitte:

$$\frac{d}{t_w} = \frac{h - 2\left(t_f + r\right)}{t_w}$$

$$\frac{c}{t_f} = \frac{b - 2r - t_w}{2t_f}$$

$$a = \frac{A - 2bt_f}{A} \leq 0,5$$

- warmgefertigte quadratische Hohlprofile:

$$\frac{c}{t} = \frac{b - 3t}{t}$$

$$a = \frac{A - 2bt}{A} \leq 0,5$$

- warmgefertigte rechteckige Hohlprofile:

$$\frac{c_w}{t} = \frac{h - 3t}{t}$$

$$a_w = \frac{A - 2bt}{A} \leq 0,5$$

$$\frac{c_f}{t} = \frac{b - 3t}{t}$$

$$a_f = \frac{A - 2ht}{A} \leq 0,5$$

- Charakteristische Werte der Beanspruchbarkeit für Drucknormalkräfte $N_{c,Rk}$:
  - Querschnitte der Klassen 1 bis 3: $N_{c,Rk} = A \cdot f_y$
  - Querschnitte der Klasse 4: $N_{c,Rk} = A_{eff} \cdot f_y$

  Die in der Tabelle kursiv dargestellten Zahlenwerte entsprechen den Tragfähigkeitswerten von Querschnitten der Klasse 4.
- Charakteristische Werte der Beanspruchbarkeit für Biegemomente:
  - elastisch: $M_{el,y,Rk} = W_y \cdot f_y$, $M_{el,z,Rk} = W_z \cdot f_y$
  - plastisch: $M_{pl,y,Rk} = W_{pl,y} \cdot f_y$, $M_{pl,z,Rk} = W_{pl,z} \cdot f_y$
  - Klasse 4: $M_{el,y,Rk} = W_{y,eff} \cdot f_y$, $M_{el,z,Rk} = W_{z,eff} \cdot f_y$

Bei Beanspruchungen durch Querkräfte ist zu beachten, dass die in [12], Abschn. 6.2.6 angegebenen Schubflächen (siehe Tafel 10.52) für die plastische Beanspruchbarkeit gelten. Die Berechnungen zu den Tafeln 10.60 bis 10.66 wurden auf der sicheren Seite liegend mit $\eta = 1{,}0$ durchgeführt. Bei elastischer Berechnung unter Einbeziehung des Schubbeulens ist die Stegfläche von doppeltsymmetrischen I- und H-Querschnitten für die Ermittlung von $V_{z,Rk}$ mit $A_w = h_w t_w = (h - 2 t_f) \cdot t_w$, bei quadratischen und rechteckigen Hohlprofilen mit $A_w = 2 h_w t = 2 \cdot (h - 2t) \cdot t$ anzusetzen ([15], siehe auch Abb. 10.15).

- Charakteristischer Wert der plastischen Beanspruchbarkeit für Querkräfte V_y:

$$V_{y,Rk} = A_{vy} \cdot f_y / \sqrt{3}$$

- Charakteristischer Wert der Beanspruchbarkeit für Querkräfte V_z:
  - plastisch:

$$V_{z,Rk} = A_{vz} \cdot f_y / \sqrt{3}$$

  - elastisch für Schubbeulen, wenn $h_w / t_w > 72\varepsilon/\eta$ (siehe Abschn. 10.3.6 und [15]):

$$V_{z,Rk} = \chi_w \cdot A_w \cdot f_y / \sqrt{3}$$
$$\overline{\lambda}_w \leq 0{,}83: \quad \chi_w = 1{,}0$$
$$\overline{\lambda}_w > 0{,}83: \quad \chi_w = 0{,}83/\overline{\lambda}_w \quad \begin{pmatrix} \text{verformbare} \\ \text{Auflagersteife} \end{pmatrix}$$

mit $\eta = 1{,}0$ und $\overline{\lambda}_w = h_w / (86{,}4 \cdot t_w \cdot \varepsilon)$.

Die Tafeln 10.60 bis 10.66 enthalten die charakteristischen Werte der Querkraftbeanspruchbarkeiten. Die kursiv dargestellten Zahlenwerte bedeuten, dass Schubbeulen maßgebend ist.

Beispiel

Interaktion für den Querschnitt HE300B, S460 (QSK 1) mit den Schnittgrößen $N_{Ed} = 3000\,\text{kN}$, $M_{y,Ed} = 380\,\text{kNm}$, $M_{z,Ed} = 200\,\text{kNm}$, $V_{z,Ed} = 180\,\text{kN}$, $V_{y,Ed} = 100\,\text{kN}$

Plastische Querschnittstragfähigkeiten nach Tafel 10.63

$$N_{Ed}/N_{pl,Rd} = 3000/6858 = 0{,}44 > 0{,}25$$
$$\rightarrow \text{Interaktion erforderlich}$$
$$M_{y,Ed}/M_{pl,y,Rd} = 380/859{,}6 = 0{,}44$$
$$M_{z,Ed}/M_{pl,z,Rd} = 200/400{,}3 = 0{,}50$$
$$V_{y,Ed}/V_{pl,y,Rd} = 100/3028 = 0{,}03 < 0{,}5$$
$$V_{z,Ed}/V_{pl,z,Rd} = 180/1260 = 0{,}14 < 0{,}5$$

Hilfsgrößen (Tafel 10.56)

$$n = 0{,}44;$$
$$a = (149 - 2 \cdot 30 \cdot 1{,}9)/149 = 0{,}235 < 0{,}5$$

Biegung M_y (Tafel 10.56)

$$0{,}5 \cdot (30 - 2 \cdot 1{,}9) \cdot 1{,}1 \cdot 46/1{,}0 = 662{,}9\,\text{kN} < N_{Ed}$$
$$\rightarrow \text{Interaktion erforderlich}$$
$$M_{N,y,Rd} = 859{,}6 \cdot (1 - 0{,}44)/(1 - 0{,}5 \cdot 0{,}235)$$
$$= 545{,}5\,\text{kNm} < M_{pl,y,Rd}$$
$$M_{y,Ed}/M_{N,y,Rd} = 380/545{,}5 = 0{,}70 < 1$$

Biegung M_z (Tafel 10.56)

$$(30 - 2 \cdot 1{,}9) \cdot 1{,}1 \cdot 46/1{,}0 = 1325{,}7\,\text{kN} < N_{Ed}$$
$$\rightarrow \text{Interaktion erforderlich mit } n > a$$
$$M_{N,z,Rd} = 400{,}3 \cdot \left[1 - ((0{,}44 - 0{,}235)/(1 - 0{,}235))^2\right]$$
$$= 371{,}6\,\text{kNm}$$
$$M_{z,Ed}/M_{N,z,Rd} = 200/371{,}6 = 0{,}54 < 1$$

Zweiachsige Biegung und Normalkraft (Abschn. 10.3.11)

$$\alpha = 2; \quad \beta = 5 \cdot 0{,}44 = 2{,}2 > 1{,}0 \quad \text{(Tafel 10.58)}$$
$$0{,}70^2 + 0{,}54^{2,2} = 0{,}75 < 1{,}0 \quad \text{(s. (10.56))}$$

Tafel 10.60 Charakteristische Tragfähigkeiten für die I-Profilreihe

	Querschnittswerte								S235								
	A	A_{vy}	A_{vz}	$W_{pl.y}$	$W_{pl.z}$	a	d/t_w	c/t_f	V_y	V_z	QSK		N_c	$M_{el.y}$	$M_{pl.y}$	$M_{el.z}$	$M_{pl.z}$
	cm²	cm²	cm²	cm³	cm³	–	–	–	kN	kN	N	M	kN	kNm	kNm	kNm	kNm
I																	
80	7,57	4,96	3,30	22,8	5,00	0,345	15,1	2,57	67,24	44,83	1	1	177,9	4,583	5,358	0,705	1,175
100	10,6	6,80	4,72	39,8	8,10	0,358	16,8	2,68	92,26	64,01	1	1	249,1	8,037	9,353	1,147	1,904
120	14,2	8,93	6,45	63,6	12,4	0,371	18,1	2,77	121,2	87,46	1	1	333,7	12,85	14,95	1,741	2,914
140	18,2	11,4	8,32	95,4	17,9	0,376	19,1	2,84	154,0	112,9	1	1	427,7	19,25	22,42	2,515	4,207
160	22,8	14,1	10,5	136	24,9	0,383	20,0	2,90	190,8	142,9	1	1	535,8	27,50	31,96	3,478	5,852
180	27,9	17,1	13,0	187	33,2	0,389	20,6	2,95	231,4	176,3	1	1	655,7	37,84	43,90	4,653	7,802
200	33,4	20,3	15,6	250	43,5	0,391	21,2	2,99	276,0	211,7	1	1	784,9	50,29	58,75	6,110	10,22
220	39,5	23,9	18,6	324	55,7	0,395	21,7	3,02	324,4	251,7	1	1	928,3	65,33	76,14	7,779	13,09
240	46,1	27,8	21,7	412	70,0	0,398	22,1	3,05	376,8	295,1	1	1	1083	83,19	96,82	9,800	16,45
260	53,3	31,9	25,4	514	85,9	0,402	22,2	3,01	432,3	344,8	1	1	1253	103,9	120,8	11,99	20,19
280	61,0	36,2	29,4	632	103	0,407	22,3	2,92	490,8	399,3	1	1	1434	127,4	148,5	14,38	24,21
300	69,0	40,5	33,7	762	121	0,413	22,4	2,86	549,5	457,9	1	1	1622	153,5	179,1	16,97	28,44
320	77,7	45,3	38,3	914	143	0,417	22,4	2,79	615,0	520,2	1	1	1826	183,8	214,8	19,90	33,61
340	86,7	50,1	43,3	1080	166	0,422	22,5	2,74	680,3	586,9	1	1	2037	216,9	253,8	23,12	39,01
360	97,0	55,8	48,8	1276	194	0,425	22,3	2,67	756,7	662,6	1	1	2280	256,2	299,9	26,79	45,59
380	107	61,1	54,3	1482	221	0,429	22,4	2,63	828,9	737,2	1	1	2515	296,1	348,3	30,79	51,94
400	118	67,0	60,4	1714	253	0,433	22,4	2,59	908,5	819,1	1	1	2773	343,1	402,8	35,02	59,46
450	147	82,6	76,2	2400	345	0,438	22,4	2,50	1121	1034	1	1	3455	479,4	564,0	47,71	81,08
500	179	99,9	93,7	3240	456	0,442	22,5	2,43	1355	1271	1	1	4207	646,3	761,4	62,98	107,2
550	212	120	109	4240	592	0,434	23,5	2,38	1628	1480	1	1	4982	848,4	996,4	82,02	139,1

	S355									S460								
	V_y	V_z	QSK		N_c	$M_{el.y}$	$M_{pl.y}$	$M_{el.z}$	$M_{pl.z}$	V_y	V_z	QSK		N_c	$M_{el.y}$	$M_{pl.y}$	$M_{el.z}$	$M_{pl.z}$
	kN	kN	N	M	kN	kNm	kNm	kNm	kNm	kN	kN	N	M	kN	kNm	kNm	kNm	kNm
I																		
80	101,6	67,72	1	1	268,7	6,923	8,094	1,065	1,775	131,6	87,76	1	1	348,2	8,970	10,49	1,380	2,300
100	139,4	96,70	1	1	376,3	12,14	14,13	1,732	2,876	180,6	125,3	1	1	487,6	15,73	18,31	2,245	3,726
120	183,1	132,1	1	1	504,1	19,42	22,58	2,631	4,402	237,2	171,2	1	1	653,2	25,16	29,26	3,409	5,704
140	232,7	170,5	1	1	646,1	29,07	33,87	3,799	6,355	301,5	220,9	1	1	837,2	37,67	43,88	4,922	8,234
160	288,2	215,9	1	1	809,4	41,54	48,28	5,254	8,840	373,4	279,8	1	1	1049	53,82	62,56	6,808	11,45
180	349,6	266,4	1	1	990,5	57,16	66,31	7,029	11,79	453,0	345,2	1	1	1283	74,06	85,93	9,108	15,27
200	416,9	319,8	1	1	1186	75,97	88,75	9,230	15,44	540,2	414,4	1	1	1536	98,44	115,0	11,96	20,01
220	490,1	380,3	1	1	1402	98,69	115,0	11,75	19,77	635,1	492,7	1	1	1817	127,9	149,0	15,23	25,62
240	569,2	445,7	1	1	1637	125,7	146,3	14,80	24,85	737,6	577,6	1	1	2121	162,8	189,5	19,18	32,20
260	653,1	520,8	1	1	1892	156,9	182,5	18,11	30,49	846,3	674,8	1	1	2452	203,3	236,4	23,46	39,51
280	741,5	603,2	1	1	2166	192,4	224,4	21,73	36,57	960,8	781,6	1	1	2806	249,3	290,7	28,15	47,38
300	830,1	691,7	1	1	2450	231,8	270,5	25,63	42,96	1076	896,3	1	1	3174	300,4	350,5	33,21	55,66
320	929,0	785,9	1	1	2758	277,6	324,5	30,07	50,77	1204	1018	1	1	3574	359,7	420,4	38,96	65,78
340	1028	886,6	1	1	3078	327,7	383,4	34,93	58,93	1332	1149	1	1	3988	424,6	496,8	45,26	76,36
360	1143	1001	1	1	3444	387,0	453,0	40,47	68,87	1481	1297	1	1	4462	501,4	587,0	52,44	89,24
380	1252	1114	1	1	3799	447,3	526,1	46,51	78,46	1622	1443	1	1	4922	579,6	681,7	60,26	101,7
400	1372	1237	1	1	4189	518,3	608,5	52,90	89,82	1778	1603	1	1	5428	671,6	788,4	68,54	116,4
450	1693	1562	1	1	5219	724,2	852,0	72,07	122,5	2194	2023	1	1	6762	938,4	1104	93,38	158,7
500	2048	1920	1	1	6355	976,3	1150	95,14	161,9	2653	2488	1	1	8234	1265	1490	123,3	209,8
550	2460	2236	1	1	7526	1282	1505	123,9	210,2	3187	2897	1	1	9752	1661	1950	160,5	272,3

10

Tafel 10.61 Charakteristische Tragfähigkeiten für die Profilreihen IPEa, IPE, IPEo und IPEv

	Querschnittswerte								S235								
	A	A_{vy}	A_{vz}	$W_{pl,y}$	$W_{pl,z}$	a	d/t_w	c/t_f	V_y	V_z	QSK		N_c	$M_{el,y}$	$M_{pl,y}$	$M_{el,z}$	$M_{pl,z}$
	cm²	cm²	cm²	cm³	cm³	–	–	–	kN	kN	N	M	kN	kNm	kNm	kNm	kNm
IPEa																	
80	6,38	3,86	3,07	19,0	4,69	0,394	18,1	3,89	52,43	41,65	1	1	149,8	3,879	4,460	0,700	1,103
100	8,78	5,17	4,44	33,0	7,54	0,411	20,7	3,98	70,15	60,21	1	1	206,3	6,770	7,750	1,121	1,771
120	11,0	6,53	5,41	49,9	11,0	0,408	24,6	4,53	88,57	73,40	1	1	259,2	10,29	11,72	1,644	2,580
140	13,4	8,18	6,21	71,6	15,5	0,389	29,5	4,93	110,9	84,30	1	1	314,7	14,88	16,83	2,345	3,648
160	16,2	9,68	7,80	99,1	20,7	0,402	31,8	5,08	131,3	105,8	1	1	380,2	20,63	23,29	3,120	4,863
180	19,6	11,8	9,20	135	28,0	0,396	34,0	5,28	160,5	124,8	2	1	460,1	28,22	31,80	4,229	6,571
200	23,5	14,0	11,5	182	36,5	0,404	35,3	5,11	189,9	155,6	2	1	551,6	37,97	42,69	5,507	8,586
220	28,3	16,9	13,5	240	48,5	0,400	35,5	5,26	229,8	183,8	2	1	664,0	50,17	56,45	7,324	11,39
240	33,3	19,9	16,3	312	62,4	0,402	36,6	5,11	270,3	221,3	2	1	782,8	65,25	73,22	9,405	14,66
270	39,1	23,5	18,7	412	82,3	0,400	39,9	5,72	318,7	254,4	3	1	920,0	86,56	96,94	12,46	19,35
300	46,5	27,6	22,2	542	107	0,407	40,8	6,19	374,5	301,8	3	1	1093	113,5	127,3	16,26	25,22
330	54,7	32,0	27,0	702	133	0,415	41,7	5,88	434,2	366,1	3	1	1286	147,0	165,0	20,13	31,32
360	64,0	39,1	29,8	907	172	0,389	45,2	5,54	530,5	403,8	4	1	*1458*	190,8	213,1	26,11	40,39
400	73,1	43,2	35,8	1144	202	0,409	47,3	5,46	586,1	485,4	4	1	*1650*	240,2	268,8	30,57	47,49
450	85,5	49,8	42,3	1494	246	0,418	49,8	5,36	675,4	573,4	4	1	*1906*	312,9	351,2	37,16	57,75
500	101	58,0	50,4	1946	302	0,426	50,7	5,16	786,9	683,9	4	1	*2238*	406,0	457,3	45,57	70,88
550	117	65,9	60,3	2475	362	0,438	52,0	4,87	894,7	818,1	4	1	*2580*	515,4	581,5	54,44	84,95
600	137	77,0	70,1	3141	442	0,438	52,4	4,63	1045	951,6	4	1	*3003*	652,8	738,2	66,58	103,9
IPE																	
80	7,64	4,78	3,58	23,2	5,82	0,374	15,7	3,10	64,91	48,53	1	1	179,6	4,708	5,456	0,867	1,367
100	10,3	6,27	5,08	39,4	9,15	0,393	18,2	3,24	85,07	68,99	1	1	242,6	8,038	9,261	1,360	2,149
120	13,2	8,06	6,31	60,7	13,6	0,390	21,2	3,62	109,4	85,55	1	1	310,4	12,45	14,27	2,032	3,191
140	16,4	10,1	7,64	88,3	19,2	0,387	23,9	3,93	136,7	103,7	1	1	386,0	18,17	20,76	2,892	4,523
160	20,1	12,1	9,66	124	26,1	0,396	25,4	3,99	164,7	131,0	1	1	472,1	25,54	29,11	3,916	6,133
180	23,9	14,6	11,3	166	34,6	0,392	27,5	4,23	197,5	152,7	1	1	562,8	34,39	39,11	5,209	8,131
200	28,5	17,0	14,0	221	44,6	0,403	28,4	4,14	230,7	189,9	1	1	669,4	45,66	51,85	6,691	10,48
220	33,4	20,2	15,9	285	58,1	0,393	30,1	4,35	274,6	215,5	1	1	784,2	59,22	67,07	8,754	13,66
240	39,1	23,5	19,1	367	73,9	0,399	30,7	4,28	319,1	259,7	1	1	919,2	76,21	86,16	11,11	17,37
270	45,9	27,5	22,1	484	97,0	0,401	33,3	4,82	373,7	300,4	2	1	1080	100,8	113,7	14,62	22,78
300	53,8	32,1	25,7	628	125	0,403	35,0	5,28	435,5	348,4	2	1	1265	130,9	147,7	18,92	29,43
330	62,6	36,8	30,8	804	154	0,412	36,1	5,07	499,3	418,0	2	1	1471	167,6	189,0	23,15	36,11
360	72,7	43,2	35,1	1019	191	0,406	37,3	4,96	585,9	476,7	2	1	1709	212,4	239,5	28,85	44,91
400	84,5	48,6	42,7	1307	229	0,425	38,5	4,79	659,4	579,3	3	1	1985	271,8	307,2	34,41	53,82
450	98,8	55,5	50,8	1702	276	0,439	40,3	4,75	752,7	689,9	3	1	2322	352,4	399,9	41,46	64,95
500	116	64,0	59,9	2194	336	0,446	41,8	4,62	868,3	812,3	3	1	2715	453,1	515,6	50,33	78,93
550	134	72,2	72,3	2787	401	0,463	42,1	4,39	980,1	981,5	4	1	*3096*	573,5	654,9	59,70	94,13
600	156	83,6	83,8	3512	486	0,464	42,8	4,21	1134	1137	4	1	*3578*	721,3	825,4	72,37	114,1
IPEo																	
180	27,1	16,6	12,7	189	39,9	0,389	24,3	3,78	224,7	172,2	1	1	636,7	38,87	44,45	5,992	9,379
200	32,0	19,4	15,5	249	51,9	0,394	25,6	3,78	262,9	209,6	1	1	751,1	51,45	58,61	7,781	12,19
220	37,4	22,8	17,7	321	66,9	0,389	26,9	3,99	310,0	239,6	1	1	878,7	66,35	75,47	10,06	15,72
240	43,7	26,4	21,4	410	84,4	0,397	27,2	3,94	357,5	289,7	1	1	1027	84,86	96,41	12,66	19,83
270	53,8	33,2	25,2	575	118	0,384	29,3	4,04	450,2	342,3	1	1	1265	119,2	135,0	17,75	27,66
300	62,8	38,6	29,0	744	153	0,385	31,1	4,49	523,8	394,1	1	1	1476	154,5	174,8	23,06	35,86
330	72,6	43,7	34,9	943	185	0,398	31,9	4,35	593,5	473,3	1	1	1706	195,7	221,6	27,86	43,47
360	84,1	50,6	40,2	1186	227	0,399	32,5	4,31	686,1	545,5	1	1	1977	245,9	278,7	34,19	53,27
400	96,4	56,4	48,0	1502	269	0,415	34,1	4,20	765,5	651,0	2	1	2265	311,2	353,0	40,40	63,24
450	118	67,6	59,4	2046	341	0,426	34,4	3,95	917,0	805,9	2	1	2765	421,8	480,9	51,05	80,13
500	137	76,8	70,2	2613	409	0,439	35,5	3,89	1041	952,5	2	1	3213	536,7	614,1	61,00	96,01
550	156	85,6	82,7	3263	481	0,451	36,8	3,75	1162	1122	2	1	3668	669,1	766,9	71,48	112,9
600	197	108	104	4471	640	0,454	34,3	3,35	1459	1416	2	1	4624	911,5	1051	94,86	150,4
IPEv																	
400	107	63,7	52,5	1681	304	0,405	31,2	3,70	864,3	712,7	1	1	2515	347,2	395,1	45,62	71,46
450	132	76,0	66,6	2301	389	0,424	30,5	3,56	1032	904,0	1	1	3102	472,0	540,8	58,07	91,45
500	164	93,8	83,2	3168	507	0,428	30,0	3,21	1273	1128	1	1	3856	646,7	744,5	75,37	119,1
550	202	109	110	4205	632	0,461	27,3	2,99	1477	1486	1	1	4746	849,8	988,2	92,80	148,6
600	234	128	125	5324	780	0,454	28,6	2,89	1732	1690	1	1	5494	1077	1251	114,8	183,4

Tafel 10.61 (Fortsetzung)

S355									S460									
V_y	V_z	QSK		N_c	$M_{el.y}$	$M_{pl.y}$	$M_{el.z}$	$M_{pl.z}$	V_y	V_z	QSK		N_c	$M_{el.y}$	$M_{pl.y}$	$M_{el.z}$	$M_{pl.z}$	
kN	kN	N	M	kN	kNm	kNm	kNm	kNm	kN	kN	N	M	kN	kNm	kNm	kNm	kNm	
																		IPEa
79,20	62,92	1	1	226,3	5,860	6,737	1,058	1,666	102,6	81,53	1	1	293,3	7,593	8,730	1,371	2,159	**80**
106,0	90,95	1	1	311,7	10,23	11,71	1,694	2,676	137,3	117,8	1	1	403,9	13,25	15,17	2,195	3,467	**100**
133,8	110,9	1	1	391,6	15,54	17,70	2,484	3,897	173,4	143,7	2	1	507,4	20,13	22,94	3,218	5,050	**120**
167,6	127,3	2	1	475,4	22,47	25,42	3,543	5,510	217,1	165,0	3	1	616,0	29,12	32,94	4,590	7,140	**140**
198,3	159,9	3	1	574,4	31,17	35,18	4,713	7,347	257,0	207,2	4	1	725,2	40,39	45,58	6,106	9,520	**160**
242,5	188,5	3	1	695,0	42,63	48,04	6,389	9,926	314,2	244,2	4	1	866,3	55,24	62,25	8,279	12,86	**180**
286,9	235,0	4	1	815,9	57,36	64,49	8,319	12,97	371,8	304,5	4	1	1033	74,32	83,56	10,78	16,81	**200**
347,2	277,7	4	1	980,7	75,79	85,27	11,06	17,21	449,9	359,8	4	1	1241	98,21	110,5	14,34	22,30	**220**
408,3	334,4	4	1	1152	98,57	110,6	14,21	22,15	529,0	433,3	4	1	1459	127,7	143,3	18,41	28,70	**240**
481,4	384,3	4	1	1331	130,8	146,4	18,83	29,23	623,9	497,9	4	1	1684	169,4	189,7	24,40	37,88	**270**
565,7	456,0	4	1	1572	171,5	192,3	24,56	38,10	733,0	590,8	4	1	1985	222,2	249,2	31,83	49,37	**300**
655,9	553,1	4	1	1842	222,1	249,2	30,40	47,31	849,9	716,7	4	1	2328	287,8	322,9	39,40	61,30	**330**
801,4	610,0	4	1	2125	288,2	321,9	39,44	61,01	1038	790,5	4	1	2689	373,4	417,1	51,10	79,05	**360**
885,4	733,3	4	1	2404	362,9	406,1	46,17	71,73	1147	667,1	4	1	3039	470,3	526,2	59,83	92,95	**400**
1020	866,2	4	1	2770	472,7	530,5	56,14	87,24	1322	786,4	4	1	3497	612,5	687,4	72,75	113,0	**450**
1189	1033	4	1	3245	613,3	690,8	68,84	107,1	1540	960,6	4	1	4091	794,7	895,2	89,20	138,7	**500**
1352	1236	4	1	3739	778,5	878,5	82,23	128,3	1751	1103	4	2	4713	1009	1138	106,6	166,3	**550**
1578	1437	4	1	4347	986,1	1115	100,6	156,9	2045	1308	4	2	5475	1278	1445	130,3	203,4	**600**
																		IPE
98,05	73,31	1	1	271,3	7,112	8,242	1,310	2,065	127,1	95,00	1	1	351,6	9,216	10,68	1,698	2,676	**80**
128,5	104,2	1	1	366,5	12,14	13,99	2,055	3,247	166,5	135,0	1	1	474,9	15,73	18,13	2,663	4,207	**100**
165,3	129,2	1	1	469,0	18,80	21,56	3,069	4,821	214,2	167,5	1	1	607,7	24,36	27,93	3,977	6,247	**120**
206,5	156,6	1	1	583,1	27,45	31,36	4,369	6,833	267,5	203,0	2	1	755,6	35,57	40,64	5,661	8,853	**140**
248,7	197,9	1	1	713,2	38,57	43,97	5,915	9,265	322,3	256,5	2	1	924,2	49,98	56,98	7,665	12,01	**160**
298,4	230,6	2	1	850,1	51,95	59,08	7,869	12,28	386,7	298,8	3	1	1102	67,31	76,55	10,20	15,92	**180**
348,4	286,9	2	1	1011	68,98	78,33	10,11	15,84	451,5	371,8	3	1	1310	89,39	101,5	13,10	20,52	**200**
414,8	325,5	2	1	1185	89,45	101,3	13,22	20,63	537,5	421,8	4	1	1510	115,9	131,3	17,14	26,73	**220**
482,1	392,4	2	1	1389	115,1	130,2	16,78	26,24	624,6	508,4	4	1	1766	149,2	168,7	21,75	34,00	**240**
564,5	453,7	3	1	1631	152,2	171,8	22,08	34,42	731,4	587,9	4	1	2042	197,3	222,6	28,61	44,60	**270**
657,9	526,4	4	1	1871	197,8	223,1	28,58	44,45	852,5	682,1	4	1	2365	256,3	289,0	37,03	57,60	**300**
754,3	631,5	4	1	2164	253,2	285,5	34,97	54,56	977,3	818,2	4	1	2736	328,0	370,0	45,32	70,69	**330**
885,0	720,2	4	1	2498	320,8	361,8	43,58	67,84	1147	933,2	4	1	3156	415,7	468,8	56,47	87,91	**360**
996,1	875,1	4	1	2881	410,5	464,0	51,98	81,30	1291	1134	4	1	3637	532,0	601,3	67,36	105,3	**400**
1137	1042	4	1	3328	532,4	604,1	62,62	98,12	1473	1350	4	1	4193	689,9	782,8	81,15	127,1	**450**
1312	1227	4	1	3850	684,4	778,9	76,03	119,2	1700	1590	4	1	4843	886,9	1009	98,52	154,5	**500**
1481	1483	4	1	4463	866,4	989,4	90,19	142,2	1919	1921	4	1	5610	1123	1282	116,9	184,2	**550**
1713	1717	4	1	5150	1090	1247	109,3	172,4	2220	2225	4	1	6468	1412	1616	141,7	223,4	**600**
																		IPEo
339,4	260,2	1	1	961,9	58,72	67,15	9,052	14,17	439,8	337,2	2	1	1246	76,09	87,01	11,73	18,36	**180**
397,2	316,7	1	1	1135	77,72	88,54	11,75	18,42	514,7	410,4	2	1	1470	100,7	114,7	15,23	23,87	**200**
468,3	362,0	2	1	1327	100,2	114,0	15,20	23,75	606,8	469,1	2	1	1720	129,9	147,7	19,70	30,78	**220**
540,1	437,7	2	1	1552	128,2	145,6	19,12	29,96	699,9	567,2	3	1	2011	166,1	188,7	24,78	38,82	**240**
680,1	517,0	2	1	1911	180,0	204,0	26,81	41,79	881,3	670,0	3	1	2476	233,3	264,3	34,74	54,15	**270**
791,3	595,3	3	1	2230	233,4	264,1	34,83	54,17	1025	771,4	4	1	2827	302,5	342,2	45,14	70,19	**300**
896,5	715,0	3	1	2578	295,7	334,7	42,09	65,67	1162	926,4	4	1	3252	383,2	433,7	54,54	85,10	**330**
1036	824,1	3	1	2987	371,5	421,1	51,65	80,56	1343	1068	4	1	3753	481,4	545,6	66,93	104,4	**360**
1156	983,4	3	1	3422	470,1	533,3	61,02	95,53	1498	1274	4	1	4255	609,1	691,0	79,07	123,8	**400**
1385	1217	4	1	4097	637,2	726,4	77,12	121,1	1795	1578	4	1	5170	825,6	941,3	99,92	156,9	**450**
1573	1439	4	1	4725	810,7	927,6	92,15	145,0	2039	1865	4	1	5950	1050	1202	119,4	187,9	**500**
1755	1695	4	1	5349	1011	1158	108,0	170,6	2275	2196	4	1	6730	1310	1501	139,9	221,0	**550**
2204	2139	4	1	6845	1377	1587	143,3	227,2	2856	2772	4	1	8613	1784	2057	185,7	294,4	**600**
																		IPEv
1306	1077	3	1	3799	524,4	596,8	68,91	108,0	1692	1395	4	1	4808	679,5	773,4	89,29	139,9	**400**
1559	1366	2	1	4686	713,1	817,0	87,72	138,1	2020	1769	4	1	5945	924,0	1059	113,7	179,0	**450**
1923	1705	2	1	5825	976,9	1125	113,9	179,9	2492	2209	3	1	7548	1266	1457	147,5	233,1	**500**
2231	2245	2	1	7170	1284	1493	140,2	224,5	2891	2909	3	1	9291	1663	1934	181,6	290,9	**550**
2617	2553	2	1	8299	1627	1890	173,4	277,0	3391	3309	3	1	10.754	2108	2449	224,7	359,0	**600**

10

Tafel 10.62 Charakteristische Tragfähigkeiten für die Profilreihen HEAA und HEA

	Querschnittswerte								S235								
	A	A_{vy}	A_{vz}	$W_{pl.y}$	$W_{pl.z}$	a	d/t_w	c/t_f	V_y	V_z	QSK		N_c	$M_{el.y}$	$M_{pl.y}$	$M_{el.z}$	$M_{pl.z}$
	cm²	cm²	cm²	cm³	cm³	–	–	–	kN	kN	N	M	kN	kNm	kNm	kNm	kNm
HEAA																	
100	15,6	11,0	6,15	58,4	28,4	0,295	13,3	6,53	149,2	83,40	1	1	366,5	12,22	13,71	4,327	6,684
120	18,6	13,2	6,90	84,1	40,6	0,288	17,6	8,35	179,1	93,66	1	1	436,0	17,82	19,77	6,220	9,546
140	23,0	16,8	7,92	124	59,9	0,270	21,4	9,31	227,9	107,5	2	2	541,1	26,42	29,09	9,226	14,08
160	30,4	22,4	10,4	190	91,4	0,262	23,1	8,96	303,9	140,8	1	1	713,5	40,74	44,75	14,06	21,47
180	36,5	27,0	12,2	258	124	0,261	24,4	9,67	366,3	164,9	2	2	858,5	55,36	60,69	19,06	29,04
200	44,1	32,0	15,5	347	163	0,275	24,4	9,91	434,2	209,6	2	2	1037	74,40	81,56	25,11	38,34
220	51,5	37,4	17,6	445	209	0,273	25,3	10,5	507,4	239,2	3	3	1209	95,61	–	32,27	–
240	60,4	43,2	21,5	571	264	0,284	25,2	10,6	586,1	292,3	3	3	1419	122,4	–	40,68	–
260	69,0	49,4	24,7	714	328	0,284	27,2	10,8	670,2	335,8	3	3	1621	153,7	–	50,40	–
280	78,0	56,0	27,5	873	399	0,282	28,0	11,3	759,8	373,4	3	3	1834	188,0	–	61,51	–
300	88,9	63,0	32,4	1065	482	0,291	27,7	11,4	854,8	439,1	3	3	2089	229,3	–	74,16	–
320	94,6	66,0	35,4	1196	506	0,302	28,1	10,8	895,5	480,3	3	3	2223	256,8	–	77,69	–
340	101	69,0	38,7	1341	529	0,313	28,6	10,3	936,2	524,9	3	3	2362	287,2	–	81,23	–
360	107	72,0	42,2	1495	553	0,325	29,0	9,88	976,9	572,1	2	2	2505	319,4	351,4	84,76	129,9
400	118	78,0	48,0	1824	600	0,337	31,4	9,10	1058	650,6	2	2	2766	388,6	428,7	91,83	140,9
450	127	81,0	54,7	2183	624	0,362	34,4	8,74	1099	742,1	2	1	2986	463,2	513,1	95,37	146,7
500	137	84,0	61,9	2576	649	0,386	37,1	8,41	1140	839,9	2	1	3217	544,1	605,4	98,92	152,6
550	153	90,0	72,7	3128	699	0,411	38,1	7,82	1221	985,9	3	1	3592	656,1	735,0	106,0	164,2
600	164	93,0	81,3	3623	724	0,433	40,5	7,55	1262	1103	3	1	3855	756,2	851,4	109,6	170,3
650	176	96,0	90,4	4160	751	0,454	42,7	7,30	1303	1226	4	1	*4038*	863,8	977,6	113,1	176,4
700	191	102	100	4840	800	0,466	44,8	6,85	1384	1361	4	1	*4336*	1001	1137	120,2	187,9
800	218	108	124	6225	857	0,500	48,1	6,28	1465	1680	4	1	*4855*	1275	1463	127,4	201,3
900	252	120	147	7999	958	0,500	51,3	5,63	1628	1998	4	1	*5486*	1627	1880	141,6	225,0
1000	282	126	172	9777	1016	0,500	54,3	5,33	1710	2336	4	1	*5999*	1969	2298	148,8	238,7
HEA																	
100	21,2	16,0	7,56	83,0	41,1	0,247	11,2	4,44	217,1	102,5	1	1	499,0	17,10	19,51	6,289	9,668
120	25,3	19,2	8,46	119	58,9	0,242	14,8	5,69	260,5	114,7	1	1	595,4	24,99	28,08	9,043	13,83
140	31,4	23,8	10,1	173	84,8	0,242	16,7	6,50	322,9	137,4	1	1	738,3	36,51	40,77	13,07	19,94
160	38,8	28,8	13,2	245	118	0,257	17,3	6,89	390,8	179,2	1	1	911,1	51,73	57,61	18,08	27,64
180	45,3	34,2	14,5	325	156	0,244	20,3	7,58	464,0	196,3	1	1	1063	69,00	76,34	24,14	36,78
200	53,8	40,0	18,1	429	204	0,257	20,6	7,88	542,7	245,3	1	1	1265	91,33	100,9	31,38	47,90
220	64,3	48,4	20,7	568	271	0,248	21,7	8,05	656,7	280,5	1	1	1512	121,1	133,6	41,76	63,59
240	76,8	57,6	25,2	745	352	0,250	21,9	7,94	781,5	341,6	1	1	1806	158,6	175,0	54,22	82,65
260	86,8	65,0	28,8	920	430	0,251	23,6	8,18	881,9	390,2	1	1	2040	196,6	216,1	66,30	101,1
280	97,3	72,8	31,7	1112	518	0,252	24,5	8,62	987,7	430,7	1	1	2286	238,0	261,4	79,94	121,8
300	113	84,0	37,3	1383	641	0,254	24,5	8,48	1140	505,8	1	1	2644	296,0	325,1	98,85	150,7
320	124	93,0	41,1	1628	710	0,252	25,0	7,65	1262	558,1	1	1	2923	347,6	382,6	109,4	166,8
340	133	99,0	45,0	1850	756	0,258	25,6	7,17	1343	609,9	1	1	3137	394,4	434,9	116,5	177,6
360	143	105	49,0	2088	802	0,264	26,1	6,74	1425	664,2	1	1	3355	444,3	490,8	123,6	188,5
400	159	114	57,3	2562	873	0,283	27,1	6,18	1547	777,8	1	1	3736	543,1	602,0	134,2	205,1
450	178	126	65,8	3216	966	0,292	29,9	5,58	1710	892,5	1	1	4184	680,7	755,7	148,3	226,9
500	198	138	74,7	3949	1059	0,301	32,5	5,09	1872	1014	1	1	4642	834,2	928,0	162,4	248,8
550	212	144	83,7	4622	1107	0,320	35,0	4,86	1954	1136	2	1	4976	974,2	1086	169,5	260,1
600	226	150	93,2	5350	1156	0,338	37,4	4,66	2035	1265	2	1	5322	1125	1257	176,6	271,6
650	242	156	103	6136	1205	0,354	39,6	4,47	2117	1400	3	1	5678	1286	1442	183,7	283,1
700	260	162	117	7032	1257	0,378	40,1	4,29	2198	1587	3	1	6121	1467	1652	190,8	295,3
800	286	168	139	8699	1312	0,412	44,9	4,02	2279	1884	4	1	*6510*	1805	2044	198,0	308,4
900	321	180	163	10.811	1414	0,438	48,1	3,73	2442	2216	4	1	*7168*	2229	2541	212,2	332,4
1000	347	186	185	12.824	1470	0,464	52,6	3,60	2524	2504	4	1	*7557*	2629	3014	219,4	345,4

Tafel 10.62 (Fortsetzung)

V_y	V_z	QSK		N_c	$M_{el,y}$	$M_{pl,y}$	$M_{el,z}$	$M_{pl,z}$	V_y	V_z	QSK		N_c	$M_{el,y}$	$M_{pl,y}$	$M_{el,z}$	$M_{pl,z}$	
kN	kN	N	M	kN	kNm	kNm	kNm	kNm	kN	kN	N	M	kN	kNm	kNm	kNm	kNm	
																		HEAA
225,5	126,0	1	1	553,7	18,45	20,72	6,536	10,10	292,1	163,3	2	2	717,4	23,91	26,84	8,470	13,08	**100**
270,5	141,5	3	3	658,6	26,93	–	9,396	–	350,6	183,3	3	3	853,4	34,89	–	12,18	–	**120**
344,3	162,4	3	3	817,4	39,91	–	13,94	–	446,2	210,4	3	3	1059	51,71	–	18,06	–	**140**
459,1	212,7	3	3	1078	61,54	–	21,24	–	594,9	275,6	3	3	1397	79,75	–	27,53	–	**160**
553,4	249,2	3	3	1297	83,62	–	28,79	–	717,1	322,9	3	3	1680	108,4	–	37,31	–	**180**
655,9	316,7	3	3	1567	112,4	–	37,93	–	849,9	410,4	3	3	2030	145,6	–	49,15	–	**200**
766,5	361,4	3	3	1827	144,4	–	48,75	–	993,3	468,3	4	4	2367	183,4	–	63,17	–	**220**
885,4	441,5	3	3	2143	185,0	–	61,45	–	1147	572,1	4	4	2777	233,4	–	79,62	–	**240**
1012	507,2	3	3	2448	232,2	–	76,14	–	1312	657,2	4	4	3173	291,1	–	98,65	–	**260**
1148	564,1	3	3	2770	283,9	–	92,91	–	1487	731,0	4	4	3581	349,7	–	118,7	–	**280**
1291	663,4	3	3	3156	346,3	–	112,0	–	1673	859,6	4	4	4085	425,3	–	141,6	–	**300**
1353	725,5	3	3	3358	388,0	–	117,4	–	1753	940,1	4	4	4339	486,4	–	152,1	–	**320**
1414	793,0	3	3	3568	433,8	–	122,7	–	1833	1028	4	4	4601	554,5	–	159,0	–	**340**
1476	864,3	3	3	3785	482,5	–	128,0	–	1912	1120	3	3	4904	625,2	–	165,9	–	**360**
1599	982,8	3	3	4178	587,0	–	138,7	–	2072	1274	4	3	5318	760,6	–	179,7	–	**400**
1660	1121	4	3	4446	699,8	–	144,1	–	2151	1453	4	3	5645	906,7	–	186,7	–	**450**
1722	1269	4	3	4720	822,0	–	149,4	–	2231	1644	4	3	5977	1065	–	193,6	–	**500**
1845	1489	4	2	5229	991,2	1110	160,1	248,0	2390	1930	4	3	6605	1284	–	207,5	–	**550**
1906	1666	4	2	5524	1142	1286	165,5	257,2	2470	2159	4	3	6961	1480	–	214,5	–	**600**
1968	1853	4	1	5824	1305	1477	170,9	266,5	2550	2401	4	3	7323	1691	–	221,4	–	**650**
2091	2056	4	1	6236	1512	1718	181,6	283,9	2709	2665	4	2	7831	1960	2226	235,3	367,9	**700**
2214	2538	4	1	6944	1926	2210	192,5	304,1	2868	2668	4	1	8693	2496	2863	249,4	394,0	**800**
2460	3018	4	1	7815	2458	2840	214,0	340,0	3187	3063	4	1	9762	3185	3679	277,3	440,5	**900**
2582	3529	4	1	8503	2975	3471	224,9	360,6	3346	3485	4	2	10.589	3855	4497	291,4	467,2	**1000**
																		HEA
327,9	154,9	1	1	753,9	25,83	29,47	9,501	14,60	424,9	200,7	1	1	976,9	33,47	38,19	12,31	18,92	**100**
393,5	173,3	1	1	899,4	37,75	42,42	13,66	20,89	509,9	224,6	1	1	1165	48,92	54,97	17,70	27,07	**120**
487,8	207,5	1	1	1115	55,15	61,59	19,74	30,12	632,1	268,9	2	2	1445	71,46	79,81	25,58	39,03	**140**
590,3	270,8	1	1	1376	78,15	87,03	27,32	41,76	764,9	350,9	2	2	1783	101,3	112,8	35,40	54,11	**160**
701,0	296,6	2	2	1606	104,2	115,3	36,47	55,56	908,3	384,3	3	3	2082	135,1	–	47,26	–	**180**
819,8	370,6	2	2	1911	138,0	152,5	47,41	72,36	1062	480,2	3	3	2476	178,8	–	61,43	–	**200**
992,0	423,7	2	2	2284	182,9	201,8	63,08	96,06	1285	549,0	3	3	2960	237,0	–	81,74	–	**220**
1181	516,0	2	2	2728	239,6	264,3	81,91	124,9	1530	668,6	3	3	3534	310,5	–	106,1	–	**240**
1332	589,4	3	3	3082	296,9	–	100,2	–	1726	763,7	3	3	3994	384,7	–	129,8	–	**260**
1492	650,6	3	3	3453	359,6	–	120,8	–	1933	843,1	3	3	4474	465,9	–	156,5	–	**280**
1722	764,0	3	3	3995	447,1	–	149,3	–	2231	990,0	3	3	5176	579,4	–	193,5	–	**300**
1906	843,1	2	2	4415	525,1	578,0	165,3	252,0	2470	1092	3	3	5721	680,5	–	214,2	–	**320**
2029	921,3	1	1	4738	595,8	656,9	176,0	268,4	2629	1194	3	3	6140	772,1	–	228,0	–	**340**
2152	1003	1	1	5068	671,3	741,4	186,7	284,8	2789	1300	2	2	6567	869,8	960,7	241,9	369,0	**360**
2337	1175	2	1	5644	820,5	909,4	202,7	309,9	3028	1523	2	1	7313	1063	1178	262,6	401,5	**400**
2582	1348	2	1	6320	1028	1142	224,0	342,8	3346	1747	3	1	8189	1332	1479	290,3	444,1	**450**
2828	1531	3	1	7013	1260	1402	245,4	375,8	3665	1984	4	1	8885	1633	1816	317,9	486,9	**500**
2951	1716	4	1	7394	1472	1641	256,1	393,0	3824	2223	4	1	9398	1907	2126	331,8	509,2	**550**
3074	1910	4	1	7816	1699	1899	266,8	410,3	3984	2475	4	1	9914	2202	2461	345,7	531,6	**600**
3197	2115	4	1	8241	1943	2178	277,5	427,7	4143	2740	4	1	10.435	2518	2823	359,5	554,2	**650**
3320	2397	4	1	8828	2215	2496	288,2	446,1	4302	3107	4	1	11.154	2871	3235	373,5	578,1	**700**
3443	2845	4	1	9415	2727	3088	299,1	465,9	4462	3687	4	1	11.866	3534	4002	387,6	603,6	**800**
3689	3348	4	1	10.319	3367	3838	320,6	502,1	4780	3485	4	1	12.973	4363	4973	415,5	650,7	**900**
3812	3783	4	1	10.834	3972	4553	331,4	521,7	4940	3707	4	2	13.590	5147	5899	429,5	676,1	**1000**

S355 | S460

10

Tafel 10.63 Charakteristische Tragfähigkeiten für die Profilreihen HEB und HEM

	Querschnittswerte								S235								
	A	A_{vy}	A_{vz}	$W_{pl,y}$	$W_{pl,z}$	a	d/t_w	c/t_f	V_y	V_z	QSK		N_c	$M_{el,y}$	$M_{pl,y}$	$M_{el,z}$	$M_{pl,z}$
	cm^2	cm^2	cm^2	cm^3	cm^3	–	–	–	kN	kN	N	M	kN	kNm	kNm	kNm	kNm
HEB																	
100	26,0	20,0	9,04	104	51,4	0,232	9,33	3,50	271,4	122,6	1	1	611,8	21,13	24,49	7,862	12,08
120	34,0	26,4	11,0	165	81,0	0,224	11,4	4,07	358,2	148,7	1	1	799,1	33,85	38,82	12,44	19,03
140	43,0	33,6	13,1	245	120	0,218	13,1	4,54	455,9	177,4	1	1	1009	50,67	57,68	18,45	28,15
160	54,3	41,6	17,6	354	170	0,233	13,0	4,69	564,4	238,7	1	1	1275	73,20	83,18	26,12	39,94
180	65,3	50,4	20,2	481	231	0,228	14,4	5,05	683,8	274,6	1	1	1533	100,0	113,1	35,59	54,29
200	78,1	60,0	24,8	643	306	0,232	14,9	5,17	814,1	336,9	1	1	1835	133,9	151,0	47,08	71,87
220	91,0	70,4	27,9	827	394	0,227	16,0	5,45	955,2	378,8	1	1	2139	172,9	194,4	60,74	92,56
240	106	81,6	33,2	1053	498	0,230	16,4	5,53	1107	450,8	1	1	2491	220,5	247,5	76,82	117,1
260	118	91,0	37,6	1283	602	0,232	17,7	5,77	1235	510,1	1	1	2783	269,7	301,5	92,82	141,5
280	131	101	41,1	1534	718	0,233	18,7	6,15	1368	557,6	1	1	3087	323,5	360,6	110,7	168,6
300	149	114	47,4	1869	870	0,235	18,9	6,18	1547	643,5	1	1	3503	394,3	439,1	134,2	204,5
320	161	123	51,8	2149	939	0,238	19,6	5,72	1669	702,4	1	1	3792	452,7	505,1	144,7	220,7
340	171	129	56,1	2408	986	0,245	20,3	5,44	1750	761,0	1	1	4016	506,7	565,9	151,8	231,6
360	181	135	60,6	2683	1032	0,253	20,9	5,19	1832	822,1	1	1	4245	563,9	630,5	158,9	242,6
400	198	144	70,0	3232	1104	0,272	22,1	4,84	1954	949,4	1	1	4648	677,7	759,5	169,5	259,4
450	218	156	79,7	3982	1198	0,284	24,6	4,46	2117	1081	1	1	5122	834,4	935,9	183,6	281,4
500	239	168	89,8	4815	1292	0,296	26,9	4,13	2279	1219	1	1	5608	1007	1131	197,8	303,5
550	254	174	100	5591	1341	0,315	29,2	3,98	2361	1358	1	1	5970	1168	1314	204,9	315,2
600	270	180	111	6425	1391	0,333	31,4	3,84	2442	1503	1	1	6344	1340	1510	212,0	326,9
650	286	186	122	7320	1441	0,350	33,4	3,71	2524	1656	2	1	6729	1523	1720	219,1	338,7
700	306	192	137	8327	1495	0,373	34,2	3,58	2605	1860	2	1	7200	1725	1957	226,2	351,3
800	334	198	162	10.229	1553	0,407	38,5	3,37	2686	2195	3	1	7853	2110	2404	233,5	365,0
900	371	210	189	12.584	1658	0,434	41,6	3,16	2849	2561	3	1	8725	2580	2957	247,8	389,7
1000	400	216	212	14.855	1716	0,460	45,7	3,07	2931	2883	4	1	*9028*	3030	3491	255,0	403,3
HEM																	
100	53,2	42,4	18,0	236	116	0,204	4,67	1,75	575,3	244,7	1	1	1251	44,75	55,42	17,70	27,33
120	66,4	52,9	21,2	351	172	0,203	5,92	2,13	718,0	287,0	1	1	1561	67,73	82,39	26,21	40,33
140	80,6	64,2	24,5	494	241	0,203	7,08	2,48	871,6	331,8	1	1	1893	96,68	116,0	36,84	56,52
160	97,1	76,4	30,8	675	325	0,213	7,43	2,65	1036	418,0	1	1	2281	133,1	158,5	49,80	76,48
180	113	89,3	34,7	883	425	0,212	8,41	2,95	1211	470,1	1	1	2661	175,9	207,6	65,20	99,92
200	131	103	41,0	1135	543	0,215	8,93	3,10	1397	556,7	1	1	3085	227,3	266,8	83,30	127,7
220	149	118	45,3	1419	679	0,214	9,81	3,36	1594	614,8	1	1	3512	286,0	333,6	104,2	159,5
240	200	159	60,1	2117	1006	0,205	9,11	2,94	2153	815,0	1	1	4690	422,8	497,5	154,5	236,4
260	220	174	66,9	2524	1192	0,207	9,83	3,11	2363	907,6	1	1	5162	507,4	593,0	183,2	280,2
280	240	190	72,0	2966	1397	0,209	10,6	3,36	2579	977,3	1	1	5644	599,6	696,9	214,8	328,2
300	303	242	90,5	4078	1913	0,202	9,90	3,01	3281	1228	1	1	7122	818,4	958,3	294,2	449,6
320	312	247	94,8	4435	1951	0,208	10,7	2,93	3354	1287	1	1	7333	892,0	1042	299,8	458,4
340	316	247	98,6	4718	1953	0,217	11,6	2,93	3354	1338	1	1	7422	952,1	1109	299,8	458,9
360	319	246	102	4989	1942	0,227	12,4	2,91	3343	1389	1	1	7492	1010	1172	297,9	456,5
400	326	246	110	5571	1934	0,246	14,2	2,90	3332	1495	1	1	7656	1133	1309	296,0	454,5
450	335	246	120	6331	1939	0,268	16,4	2,90	3332	1626	1	1	7883	1293	1488	296,1	455,7
500	344	245	129	7094	1932	0,289	18,6	2,89	3321	1757	1	1	8091	1452	1667	294,2	454,0
550	354	245	140	7933	1937	0,309	20,9	2,89	3321	1894	1	1	8328	1627	1864	294,3	455,3
600	364	244	150	8772	1930	0,329	23,1	2,88	3311	2031	1	1	8546	1800	2061	292,4	453,6
650	374	244	160	9657	1936	0,347	25,4	2,88	3311	2167	1	1	8783	1982	2269	292,5	454,9
700	383	243	170	10.539	1929	0,365	27,7	2,86	3300	2304	1	1	9001	2161	2477	290,6	453,3
800	404	242	194	12.488	1930	0,400	32,1	2,78	3289	2636	1	1	9500	2556	2935	288,9	453,6
900	424	242	214	14.442	1929	0,430	36,7	2,76	3278	2909	2	1	9955	2946	3394	287,2	453,3
1000	444	242	235	16.568	1940	0,456	41,3	2,76	3278	3188	3	1	10.439	3368	3893	287,3	455,8

Tafel 10.63 (Fortsetzung)

S355									S460									
V_y	V_z	QSK		N_c	$M_{el,y}$	$M_{pl,y}$	$M_{el,z}$	$M_{pl,z}$	V_y	V_z	QSK		N_c	$M_{el,y}$	$M_{pl,y}$	$M_{el,z}$	$M_{pl,z}$	
kN	kN	N	M	kN	kNm	kNm	kNm	kNm	kN	kN	N	M	kN	kNm	kNm	kNm	kNm	
																		HEB
409,9	185,2	1	1	924,3	31,92	37,00	11,88	18,25	531,2	240,0	1	1	1198	41,36	47,94	15,39	23,65	**100**
541,1	224,7	1	1	1207	51,14	58,65	18,79	28,74	701,1	291,1	1	1	1564	66,27	76,00	24,34	37,25	**120**
688,7	268,0	1	1	1525	76,54	87,13	27,88	42,52	892,4	347,3	1	1	1976	99,18	112,9	36,12	55,10	**140**
852,6	360,6	1	1	1926	110,6	125,7	39,46	60,34	1105	467,2	1	1	2496	143,3	162,8	51,13	78,18	**160**
1033	414,9	1	1	2316	151,1	170,9	53,76	82,01	1339	537,6	1	1	3002	195,8	221,5	69,66	106,3	**180**
1230	508,9	1	1	2772	202,2	228,1	71,12	108,6	1593	659,5	1	1	3592	262,0	295,6	92,15	140,7	**200**
1443	572,3	1	1	3232	261,1	293,6	91,76	139,8	1870	741,5	1	1	4188	338,3	380,4	118,9	181,2	**220**
1672	681,0	1	1	3762	333,1	373,9	116,0	176,9	2167	882,4	1	1	4875	431,6	484,4	150,4	229,3	**240**
1865	770,5	1	1	4205	407,4	455,4	140,2	213,8	2417	998,4	1	1	5448	527,9	590,1	181,7	277,0	**260**
2066	842,3	1	1	4663	488,6	544,7	167,2	254,7	2677	1091	1	1	6043	633,2	705,8	216,7	330,1	**280**
2337	972,1	1	1	5292	595,6	663,4	202,7	308,9	3028	1260	1	1	6858	771,7	859,6	262,6	400,3	**300**
2521	1061	1	1	5728	683,9	763,0	218,7	333,4	3267	1375	1	1	7422	886,2	988,7	283,3	432,0	**320**
2644	1150	1	1	6067	765,5	854,9	229,3	349,9	3426	1490	1	1	7861	991,9	1108	297,2	453,4	**340**
2767	1242	1	1	6412	851,9	952,5	240,0	366,5	3585	1609	1	1	8309	1104	1234	311,0	474,9	**360**
2951	1434	1	1	7021	1024	1147	256,1	391,9	3824	1858	1	1	9098	1327	1487	331,8	507,9	**400**
3197	1633	1	1	7738	1260	1414	277,4	425,2	4143	2116	2	1	10.027	1633	1832	359,5	550,9	**450**
3443	1841	2	1	8472	1522	1709	298,8	458,5	4462	2385	2	1	10.977	1972	2215	387,1	594,2	**500**
3566	2051	2	1	9019	1765	1985	309,5	476,1	4621	2658	3	1	11.687	2286	2572	401,0	616,9	**550**
3689	2271	3	1	9584	2024	2281	320,2	493,8	4780	2943	4	1	*12.163*	2623	2956	414,9	639,9	**600**
3812	2501	3	1	10.165	2301	2599	331,0	511,7	4940	3241	4	1	*12.744*	2981	3367	428,8	663,0	**650**
3935	2810	4	1	*10.699*	2606	2956	341,8	530,7	5099	3641	4	1	*13.533*	3376	3830	442,9	687,7	**700**
4058	3315	4	1	*11.376*	3187	3631	352,7	551,4	5259	4296	4	1	*14.341*	4129	4705	457,0	714,4	**800**
4304	3869	4	1	*12.369*	3898	4467	374,3	588,7	5577	5013	4	1	*15.548*	5050	5789	485,0	762,8	**900**
4427	4355	4	1	*12.954*	4578	5274	385,2	609,3	5737	5643	4	1	*16.242*	5932	6833	499,1	789,5	**1000**
																		HEM
869,0	369,7	1	1	1890	67,60	83,71	26,74	41,29	1126	479,0	1	1	2449	87,60	108,5	34,64	53,50	**100**
1085	433,5	1	1	2357	102,3	124,5	39,60	60,93	1405	561,7	1	1	3055	132,6	161,3	51,31	78,95	**120**
1317	501,3	1	1	2860	146,1	175,3	55,65	85,38	1706	649,5	1	1	3706	189,3	227,2	72,11	110,6	**140**
1565	631,5	1	1	3445	201,1	239,5	75,22	115,5	2028	818,3	1	1	4464	260,6	310,3	97,47	149,7	**160**
1830	710,2	1	1	4020	265,7	313,6	98,49	150,9	2371	920,3	1	1	5210	344,2	406,4	127,6	195,6	**180**
2111	841,0	1	1	4660	343,4	403,0	125,8	192,8	2735	1090	1	1	6039	445,0	522,2	163,1	249,9	**200**
2409	928,7	1	1	5305	432,1	503,9	157,5	240,9	3121	1203	1	1	6874	559,9	652,9	204,0	312,1	**220**
3253	1231	1	1	7085	638,7	751,5	233,4	357,1	4215	1595	1	1	9181	827,6	973,8	302,4	462,7	**240**
3570	1371	1	1	7797	766,5	895,9	276,8	423,3	4626	1777	1	1	10.104	993,2	1161	358,7	548,5	**260**
3896	1476	1	1	8526	905,8	1053	324,5	495,8	5048	1913	1	1	11.048	1174	1364	420,5	642,5	**280**
4956	1855	1	1	10.759	1236	1448	444,4	679,2	6422	2404	1	1	13.942	1602	1876	575,8	880,1	**300**
5067	1944	1	1	11.078	1348	1574	452,9	692,5	6565	2519	1	1	14.354	1746	2040	586,8	897,3	**320**
5067	2021	1	1	11.212	1438	1675	452,9	693,2	6565	2619	1	1	14.528	1864	2170	586,9	898,2	**340**
5050	2099	1	1	11.318	1525	1771	450,0	689,5	6544	2720	1	1	14.665	1977	2295	583,1	893,5	**360**
5034	2258	1	1	11.565	1711	1978	447,2	686,6	6523	2926	1	1	14.986	2217	2562	579,4	889,7	**400**
5034	2456	1	1	11.908	1953	2248	447,3	688,4	6523	3183	1	1	15.430	2531	2912	579,5	892,0	**450**
5017	2654	1	1	12.223	2194	2518	444,4	685,9	6501	3439	1	1	15.838	2843	3263	575,9	888,7	**500**
5017	2861	1	1	12.580	2457	2816	444,5	687,7	6501	3707	1	1	16.301	3184	3649	576,0	891,2	**550**
5001	3067	1	1	12.910	2719	3114	441,7	685,3	6480	3975	1	1	16.728	3523	4035	572,4	888,0	**600**
5001	3274	1	1	13.268	2994	3428	441,8	687,2	6480	4242	2	1	17.192	3879	4442	572,5	890,4	**650**
4985	3481	2	1	13.597	3265	3741	439,0	684,7	6459	4510	3	1	17.619	4231	4848	568,9	887,2	**700**
4968	3982	3	1	14.351	3860	4433	436,5	685,3	6438	5159	4	1	*18.032*	5002	5744	565,6	888,0	**800**
4952	4395	4	1	*14.529*	4451	5127	433,8	684,8	6416	5695	4	1	*18.281*	5767	6643	562,1	887,3	**900**
4952	4817	4	1	*14.756*	5088	5882	434,0	688,6	6416	6241	4	1	*18.508*	6592	7621	562,3	892,3	**1000**

Tafel 10.64 Charakteristische Tragfähigkeiten für warmgefertigte kreisförmige Hohlprofile

d	t	A	A_v	W_{pl}	d/t	S235					S355					S460				
						V	QSK	N_c	M_{el}	M_{pl}	V	QSK	N_c	M_{el}	M_{pl}	V	QSK	N_c	M_{el}	M_{pl}
mm	mm	cm²	cm²	cm³	–	kN	–	kN	kNm	kNm	kN	–	kN	kNm	kNm	kN	–	kN	kNm	kNm
Warmgefertigte kreisförmige Hohlprofile, nahtlos oder geschweißt																				
33,7	3,2	3,07	1,95	2,99	10,5	26,48	1	72,06	0,503	0,702	40,01	1	108,8	0,759	1,061	51,84	1	141,0	0,984	1,374
	4	3,73	2,38	3,55	8,43	32,24	1	87,71	0,584	0,834	48,70	1	132,5	0,883	1,260	63,10	1	171,7	1,144	1,633
42,4	3,2	3,94	2,51	4,93	13,3	34,04	1	92,61	0,845	1,158	51,42	1	139,9	1,276	1,750	66,63	1	181,3	1,653	2,267
	4	4,83	3,07	5,92	10,6	41,68	1	113,4	0,997	1,391	62,96	1	171,3	1,506	2,101	81,59	1	222,0	1,951	2,723
48,3	3,2	4,53	2,89	6,52	15,1	39,16	1	106,5	1,127	1,532	59,16	1	161,0	1,703	2,315	76,66	1	208,6	2,207	2,999
	4	5,57	3,54	7,87	12,1	48,08	1	130,8	1,340	1,850	72,64	1	197,6	2,024	2,794	94,12	1	256,1	2,622	3,621
	5	6,80	4,33	9,42	9,66	58,75	1	159,8	1,572	2,213	88,75	1	241,5	2,374	3,343	115,0	1	312,9	3,077	4,331
60,3	3,2	5,74	3,65	10,4	18,8	49,58	1	134,9	1,829	2,454	74,90	1	203,8	2,763	3,708	97,05	1	264,1	3,581	4,804
	4	7,07	4,50	12,7	15,1	61,11	1	166,3	2,196	2,985	92,31	1	251,2	3,317	4,509	119,6	1	325,4	4,298	5,842
	5	8,69	5,53	15,3	12,1	75,03	1	204,1	2,609	3,603	113,3	1	308,4	3,942	5,443	146,9	1	399,6	5,108	7,053
76,1	3,2	7,33	4,67	17,0	23,8	63,30	1	172,2	3,013	3,999	95,63	1	260,2	4,551	6,041	123,9	1	337,1	5,897	7,828
	4	9,06	5,77	20,8	19,0	78,26	1	212,9	3,647	4,892	118,2	1	321,6	5,510	7,389	153,2	1	416,8	7,139	9,575
	5	11,2	7,11	25,3	15,2	96,47	1	262,5	4,380	5,950	145,7	1	396,5	6,617	8,988	188,8	1	513,7	8,574	11,65
88,9	4	10,7	6,79	28,9	22,2	92,15	1	250,7	5,093	6,781	139,2	1	378,7	7,694	10,24	180,4	1	490,8	9,970	13,27
	5	13,2	8,39	35,2	17,8	113,8	1	309,7	6,152	8,281	172,0	1	467,9	9,294	12,51	222,8	1	606,2	12,04	16,21
	6,3	16,3	10,4	43,1	14,1	141,2	1	384,2	7,414	10,12	213,3	1	580,4	11,20	15,29	276,4	1	752,0	14,51	19,81
101,6	4	12,3	7,81	38,1	25,4	105,9	1	288,2	6,767	8,959	160,0	1	435,4	10,22	13,53	207,4	1	564,2	13,25	17,54
	5	15,2	9,66	46,7	20,3	131,1	1	356,6	8,210	10,97	198,0	1	538,7	12,40	16,58	256,6	1	698,0	16,07	21,48
	6,3	18,9	12,0	57,3	16,1	162,9	1	443,3	9,949	13,47	246,1	1	669,6	15,03	20,34	318,9	1	867,6	19,47	26,36
	8	23,5	15,0	70,3	12,7	203,2	1	552,8	12,00	16,51	306,9	1	835,1	18,13	24,94	397,7	1	1082	23,50	32,32
	10	28,8	18,3	84,2	10,2	248,6	1	676,3	14,13	19,80	375,5	1	1022	21,34	29,90	486,5	1	1324	27,66	38,75
114,3	4	13,9	8,82	48,7	28,6	119,7	1	325,7	8,679	11,44	180,9	1	492,1	13,11	17,28	234,3	2	637,6	16,99	22,40
	5	17,2	10,9	59,8	22,9	148,3	1	403,5	10,56	14,05	224,0	1	609,5	15,96	21,22	290,3	1	789,8	20,68	27,50
	6,3	21,4	13,6	73,6	18,1	184,6	1	502,3	12,86	17,29	278,9	1	758,8	19,42	26,12	361,4	1	983,3	25,17	33,84
	8	26,7	17,0	90,6	14,3	230,8	1	627,8	15,60	21,28	348,6	1	948,4	23,57	32,15	451,7	1	1229	30,55	41,66
	10	32,8	20,9	109	11,4	283,0	1	770,0	18,49	25,64	427,5	1	1163	27,93	38,74	554,0	1	1507	36,19	50,19
139,7	5	21,2	13,5	90,8	27,9	182,8	1	497,2	16,17	21,33	276,1	1	751,1	24,42	32,22	357,7	2	973,3	31,65	41,75
	6,3	26,4	16,8	112	22,2	228,1	1	620,5	19,80	26,37	344,5	1	937,3	29,92	39,83	446,4	1	1215	38,76	51,61
	8	33,1	21,1	139	17,5	285,9	1	777,8	24,23	32,65	431,9	1	1175	36,61	49,32	559,6	1	1523	47,43	63,91
	10	40,7	25,9	169	14,0	351,9	1	957,5	29,00	39,61	531,7	1	1446	43,80	59,84	688,9	1	1874	56,76	77,53
	12,5	50,0	31,8	203	11,2	431,5	1	1174	34,32	47,68	651,8	1	1773	51,84	72,03	844,5	1	2298	67,17	93,33
168,3	6,3	32,1	20,4	165	26,7	276,9	1	753,5	29,42	38,87	418,4	1	1138	44,44	58,72	542,1	2	1475	57,58	76,09
	8	40,3	25,6	206	21,0	348,0	1	946,8	36,23	48,35	525,7	1	1430	54,73	73,04	681,2	1	1853	70,91	94,64
	10	49,7	31,7	251	16,8	429,6	1	1169	43,68	58,97	648,9	1	1765	65,98	89,08	840,8	1	2288	85,49	115,4
	12,5	61,2	39,0	304	13,5	528,5	1	1438	52,18	71,46	798,3	1	2172	78,82	107,9	1034	1	2814	102,1	139,9
177,8	6,3	33,9	21,6	185	28,2	293,2	1	797,7	33,03	43,56	442,9	1	1205	49,90	65,81	573,9	2	1561	64,66	85,28
	8	42,7	27,2	231	22,2	368,6	1	1003	40,75	54,24	556,8	1	1515	61,55	81,94	721,5	1	1963	79,76	106,2
	10	52,7	33,6	282	17,8	455,3	1	1239	49,22	66,25	687,8	1	1871	74,35	100,1	891,3	1	2425	96,35	129,7
	12,5	64,9	41,3	342	14,2	560,7	1	1525	58,94	80,42	847,0	1	2304	89,04	121,5	1098	1	2986	115,4	157,4
193,7	6,3	37,1	23,6	221	30,7	320,4	1	871,6	39,55	52,01	484,0	1	1317	59,75	78,57	627,1	2	1706	77,42	101,8
	8	46,7	29,7	276	24,2	403,1	1	1097	48,91	64,87	609,0	1	1657	73,88	98,00	789,1	1	2147	95,73	127,0
	10	57,7	36,7	338	19,4	498,5	1	1356	59,24	79,38	753,0	1	2049	89,50	119,9	975,7	1	2655	116,0	155,4
	12,5	71,2	45,3	411	15,5	614,6	1	1672	71,20	96,60	928,5	1	2526	107,6	145,9	1203	1	3273	139,4	189,1
	16	89,3	56,9	507	12,1	771,5	1	2099	86,24	119,1	1165	1	3171	130,3	179,8	1510	1	4109	168,8	233,0

Tafel 10.64 (Fortsetzung)

d	t	A	A_v	W_{pl}	d/t	S235					S355					S460				
						V	QSK	N_c	M_{el}	M_{pl}	V	QSK	N_c	M_{el}	M_{pl}	V	QSK	N_c	M_{el}	M_{pl}
mm	mm	cm²	cm²	cm³	–	kN	–	kN	kNm	kNm	kN	–	kN	kNm	kNm	kN	–	kN	kNm	kNm

Warmgefertigte kreisförmige Hohlprofile, nahtlos oder geschweißt

d	t	A	A_v	W_{pl}	d/t	V	QSK	N_c	M_{el}	M_{pl}	V	QSK	N_c	M_{el}	M_{pl}	V	QSK	N_c	M_{el}	M_{pl}
219,1	8	53,1	33,8	357	27,4	458,3	1	1247	63,49	83,82	692,3	1	1883	95,91	126,6	897,0	2	2441	124,3	164,1
	10	65,7	41,8	438	21,9	567,4	1	1544	77,19	102,8	857,1	1	2332	116,6	155,3	1111	1	3022	151,1	201,3
	12,5	81,1	51,7	534	17,5	700,8	1	1907	93,20	125,5	1059	1	2880	140,8	189,6	1372	1	3732	182,4	245,7
	16	102	65,0	661	13,7	881,8	1	2399	113,6	155,4	1332	1	3624	171,6	234,8	1726	1	4696	222,4	304,2
	20	125	79,6	795	11,0	1081	1	2940	134,3	186,9	1632	1	4441	202,9	282,4	2115	1	5755	262,9	365,9
244,5	8	59,4	37,8	448	30,6	513,4	1	1397	79,98	105,2	775,6	1	2110	120,8	158,9	1005	2	2734	156,5	205,9
	10	73,7	46,9	550	24,5	636,3	1	1731	97,52	129,3	961,3	1	2615	147,3	195,3	1246	1	3389	190,9	253,1
	12,5	91,1	58,0	673	19,6	786,9	1	2141	118,2	158,3	1189	1	3234	178,5	239,1	1540	1	4191	231,3	309,8
	16	115	73,1	837	15,3	992,1	1	2699	144,8	196,6	1499	1	4077	218,7	297,1	1942	1	5283	283,4	384,9
	20	141	89,8	1011	12,2	1218	1	3315	172,2	237,5	1841	1	5008	260,1	358,8	2385	1	6489	337,0	464,9
273,0	8	66,6	42,4	562	34,1	575,3	1	1565	100,7	132,1	869,0	2	2364	152,2	199,5	1126	2	3064	197,2	258,5
	10	82,6	52,6	692	27,3	713,7	1	1942	123,2	162,6	1078	1	2933	186,1	245,7	1397	2	3801	241,1	318,3
	12,5	102	65,1	849	21,8	883,6	1	2404	149,7	199,5	1335	1	3632	226,2	301,4	1730	1	4706	293,1	390,5
	16	129	82,2	1058	17,1	1116	1	3036	184,3	248,7	1686	1	4586	278,5	375,6	2184	1	5942	360,8	486,7
	20	159	101	1283	13,7	1373	1	3736	220,3	301,5	2074	1	5643	332,9	455,4	2688	1	7312	431,3	590,1
	25	195	124	1543	10,9	1682	1	4577	260,4	362,6	2541	1	6915	393,4	547,7	3293	1	8960	509,8	709,7
323,9	8	79,4	50,5	799	40,5	685,8	1	1866	143,8	187,7	1036	2	2818	217,2	283,5	1342	3	3652	281,5	–
	10	98,6	62,8	986	32,4	851,8	1	2317	176,4	231,6	1287	1	3501	266,5	349,9	1667	2	4536	345,3	453,4
	12,5	122	77,9	1213	25,9	1056	1	2874	215,4	285,0	1596	1	4341	325,4	430,5	2068	2	5625	421,7	557,9
	16	155	98,5	1518	20,2	1337	1	3637	266,8	356,8	2019	1	5494	403,1	539,0	2617	1	7119	522,3	698,4
	20	191	121	1850	16,2	1649	1	4487	321,3	434,7	2491	1	6779	485,3	656,7	3228	1	8784	628,8	850,9
	25	235	149	2239	13,0	2028	1	5517	383,1	526,1	3063	1	8334	578,7	794,8	3969	1	10.799	749,9	1030
355,6	8	87,4	55,6	967	44,5	754,6	1	2053	174,5	227,2	1140	2	3101	263,6	343,2	1477	3	4019	341,5	–
	10	109	69,1	1195	35,6	937,8	1	2552	214,4	280,8	1417	2	3854	323,9	424,1	1836	2	4994	419,7	549,6
	12,5	135	85,8	1472	28,4	1164	1	3166	262,4	345,9	1758	1	4783	396,4	522,6	2278	2	6198	513,6	677,2
	16	171	109	1847	22,2	1474	1	4012	326,0	434,0	2227	1	6060	492,4	655,5	2886	1	7852	638,1	849,4
	20	211	134	2255	17,8	1821	1	4955	393,8	530,0	2751	1	7486	594,8	800,6	3565	1	9700	770,8	1037
	25	260	165	2738	14,2	2243	1	6102	471,5	643,3	3388	1	9218	712,3	971,9	4390	1	11.944	923,0	1259
406,4	10	125	79,3	1572	40,6	1076	1	2927	283,1	369,3	1625	2	4421	427,6	557,9	2106	3	5729	554,1	–
	12,5	155	98,5	1940	32,5	1336	1	3635	347,3	455,9	2018	1	5491	524,6	688,7	2615	2	7115	679,8	892,5
	16	196	125	2440	25,4	1695	1	4612	433,1	573,4	2561	1	6966	654,2	866,2	3318	1	9027	847,8	1122
	20	243	155	2989	20,3	2097	1	5705	525,4	702,4	3168	1	8619	793,7	1061	4105	1	11.168	1028	1375
	25	300	191	3642	16,3	2587	1	7039	632,6	855,8	3909	1	10.634	955,7	1293	5065	1	13.779	1238	1675
457,0	10	140	89,4	1998	45,7	1213	1	3300	360,9	469,6	1832	2	4985	545,2	709,4	2374	3	6460	706,4	–
	12,5	175	111	2470	36,6	1508	1	4102	443,7	580,5	2278	2	6197	670,3	877,0	2951	3	8030	868,6	–
	16	222	141	3113	28,6	1915	1	5209	554,9	731,6	2892	1	7869	838,3	1105	3748	2	10.197	1086	1432
	20	275	175	3822	22,9	2372	1	6453	675,5	898,2	3583	1	9747	1020	1357	4642	1	12.630	1322	1758
	30	402	256	5479	15,2	3476	1	9457	947,9	1288	5251	1	14.287	1432	1945	6804	1	18.512	1856	2520
	40	524	334	6977	11,4	4526	1	12.314	1182	1640	6837	1	18.603	1786	2477	8860	1	24.105	2314	3209
508,0	12,5	195	124	3070	40,6	1681	1	4573	552,9	721,4	2539	2	6908	835,2	1090	3290	3	8951	1082	–
	16	247	157	3874	31,8	2136	1	5812	693,1	910,5	3227	1	8779	1047	1375	4181	2	11.376	1357	1782
	20	307	195	4766	25,4	2648	1	7205	845,9	1120	4001	1	10.885	1278	1692	5184	1	14.104	1656	2192
	30	451	287	6864	16,9	3891	1	10.587	1195	1613	5878	1	15.993	1805	2437	7617	1	20.723	2339	3157
	40	588	374	8782	12,7	5080	1	13.820	1501	2064	7674	1	20.878	2267	3118	9943	1	27.053	2937	4040

10

Tafel 10.65 Charakteristische Tragfähigkeiten für warmgefertigte quadratische Hohlprofile

b	t	A	A_v	W_pl	a	c/t	S235					S355					S460				
							V	QSK	N_c	M_{el}	M_{pl}	V	QSK	N_c	M_{el}	M_{pl}	V	QSK	N_c	M_{el}	M_{pl}
mm	mm	cm²	cm²	cm³	–	–	kN	–	kN	kNm	kNm	kN	–	kN	kNm	kNm	kN	–	kN	kNm	kNm
Warmgefertigte quadratische Hohlprofile, nahtlos oder geschweißt																					
40	**3,2**	4,60	2,30	6,28	0,444	9,50	31,21	1	108,1	1,202	1,477	47,15	1	163,3	1,816	2,231	47,15	1	211,6	2,353	2,891
	4	5,59	2,79	7,44	0,427	7,00	37,91	1	131,3	1,390	1,748	57,27	1	198,4	2,100	2,641	57,27	1	257,1	2,721	3,422
	5	6,73	3,37	8,66	0,406	5,00	45,67	1	158,2	1,571	2,036	68,99	1	239,0	2,373	3,075	68,99	1	309,7	3,075	3,985
50	**3,2**	5,88	2,94	10,2	0,456	12,6	39,89	1	138,2	1,995	2,407	60,26	1	208,8	3,014	3,636	60,26	1	270,5	3,906	4,711
	4	7,19	3,59	12,3	0,444	9,50	48,76	1	168,9	2,348	2,884	73,67	1	255,2	3,546	4,357	73,67	1	330,7	4,595	5,646
	5	8,73	4,37	14,5	0,427	7,00	59,24	1	205,2	2,715	3,414	89,48	1	310,0	4,101	5,158	89,48	1	401,7	5,314	6,683
	6,3	10,6	5,29	17,0	0,405	4,94	71,82	1	248,8	3,080	3,996	108,5	1	375,8	4,652	6,037	108,5	1	487,0	6,028	7,823
60	**3,2**	7,16	3,58	15,2	0,464	15,8	48,58	1	168,3	2,989	3,562	73,38	1	254,2	4,516	5,382	73,38	1	329,4	5,851	6,973
	4	8,79	4,39	18,3	0,454	12,0	59,62	1	206,5	3,556	4,302	90,06	1	312,0	5,372	6,499	90,06	1	404,3	6,960	8,421
	5	10,7	5,37	21,9	0,441	9,00	72,80	1	252,2	4,172	5,145	110,0	1	381,0	6,302	7,773	110,0	1	493,7	8,166	10,07
	6,3	13,1	6,55	26,0	0,423	6,52	88,91	1	308,0	4,829	6,109	134,3	1	465,3	7,295	9,229	134,3	1	602,9	9,452	11,96
	8	16,0	7,98	30,4	0,398	4,50	108,2	1	374,9	5,463	7,153	163,5	1	566,3	8,252	10,81	163,5	1	733,9	10,69	14,00
70	**3,2**	8,44	4,22	21,0	0,469	18,9	57,26	1	198,4	4,183	4,944	86,50	1	299,6	6,320	7,468	86,50	1	388,3	8,189	9,677
	4	10,4	5,19	25,5	0,461	14,5	70,47	1	244,1	5,015	6,002	106,5	1	368,8	7,575	9,067	106,5	1	477,9	9,816	11,75
	5	12,7	6,37	30,8	0,450	11,0	86,37	1	299,2	5,942	7,229	130,5	1	452,0	8,977	10,92	130,5	1	585,7	11,63	14,15
	6,3	15,6	7,81	36,9	0,436	8,11	106,0	1	367,2	6,973	8,667	160,1	1	554,7	10,53	13,09	160,1	1	718,8	13,65	16,96
	8	19,2	9,58	43,8	0,415	5,75	129,9	1	450,1	8,041	10,29	196,3	1	679,9	12,15	15,54	196,3	1	881,1	15,74	20,14
80	**3,2**	9,72	4,86	27,9	0,473	22,0	65,94	1	228,4	5,578	6,551	99,62	1	345,1	8,427	9,896	99,62	1	447,1	10,92	12,82
	4	12,0	5,99	34,0	0,466	17,0	81,33	1	281,7	6,724	7,984	122,9	1	425,6	10,16	12,06	122,9	1	551,5	13,16	15,63
	5	14,7	7,37	41,1	0,457	13,0	99,94	1	346,2	8,026	9,665	151,0	1	523,0	12,12	14,60	151,0	1	677,7	15,71	18,92
	6,3	18,1	9,07	49,7	0,445	9,70	123,1	1	426,4	9,511	11,67	186,0	1	644,2	14,37	17,63	186,0	1	834,7	18,62	22,84
	8	22,4	11,2	59,5	0,427	7,00	151,6	1	525,3	11,12	13,99	229,1	1	793,5	16,80	21,13	229,1	1	1028	21,77	27,37
90	**4**	13,6	6,79	43,6	0,470	19,5	92,18	1	319,3	8,684	10,25	139,3	1	482,4	13,12	15,48	139,3	1	625,1	17,00	20,06
	5	16,7	8,37	53,0	0,462	15,0	113,5	1	393,2	10,42	12,45	171,5	1	594,0	15,75	18,81	171,5	1	769,7	20,40	24,38
	6,3	20,7	10,3	64,3	0,451	11,3	140,2	1	485,7	12,44	15,11	211,8	1	733,7	18,80	22,83	211,8	1	950,7	24,36	29,58
	8	25,6	12,8	77,6	0,436	8,25	173,3	1	600,5	14,70	18,25	261,9	1	907,1	22,21	27,56	261,9	1	1175	28,77	35,72
100	**4**	15,2	7,59	54,4	0,473	22,0	103,0	1	356,9	10,90	12,79	155,6	1	539,2	16,46	19,33	155,6	1	698,7	21,33	25,04
	5	18,7	9,37	66,4	0,466	17,0	127,1	1	440,2	13,13	15,59	192,0	1	665,0	19,84	23,56	192,0	1	861,7	25,71	30,52
	6,3	23,2	11,6	80,9	0,457	12,9	157,3	1	544,9	15,77	19,00	237,6	1	823,1	23,83	28,71	237,6	1	1067	30,87	37,20
	8	28,8	14,4	98,2	0,444	9,50	195,1	1	675,7	18,78	23,07	294,7	1	1021	28,37	34,86	294,7	1	1323	36,76	45,16
	10	34,9	17,5	116	0,427	7,00	236,9	1	820,8	21,72	27,31	357,9	1	1240	32,81	41,26	357,9	1	1607	42,51	53,47
120	**5**	22,7	11,4	97,6	0,472	21,0	154,2	1	534,2	19,49	22,93	233,0	1	807,0	29,45	34,64	233,0	1	1046	38,16	44,89
	6,3	28,2	14,1	120	0,464	16,0	191,5	1	663,3	23,61	28,11	289,3	1	1002	35,67	42,47	289,3	1	1298	46,22	55,03
	8	35,2	17,6	146	0,454	12,0	238,5	1	826,1	28,45	34,42	360,2	1	1248	42,97	51,99	360,2	1	1617	55,68	67,37
	10	42,9	21,5	175	0,441	9,00	291,2	1	1009	33,38	41,16	439,9	1	1524	50,42	62,18	439,9	1	1975	65,33	80,57
	12,5	52,1	26,0	207	0,424	6,60	353,3	1	1224	38,45	48,60	533,6	1	1849	58,09	73,42	533,6	1	2395	75,27	95,13
140	**5**	26,7	13,4	135	0,476	25,0	181,3	1	628,2	27,11	31,68	273,9	1	949,0	40,95	47,86	273,9	2	1230	53,06	62,02
	6,3	33,3	16,6	166	0,470	19,2	225,7	1	781,8	33,03	39,00	340,9	1	1181	49,90	58,92	340,9	1	1530	64,66	76,35
	8	41,6	20,8	204	0,461	14,5	281,9	1	976,5	40,12	48,02	425,8	1	1475	60,60	72,54	425,8	1	1911	78,53	93,99
	10	50,9	25,5	246	0,450	11,0	345,5	1	1197	47,54	57,83	521,9	1	1808	71,81	87,36	521,9	1	2343	93,06	113,2
	12,5	62,1	31,0	293	0,436	8,20	421,1	1	1459	55,49	68,92	636,1	1	2204	83,83	104,1	636,1	1	2855	108,6	134,9
150	**5**	28,7	14,4	156	0,478	27,0	194,9	1	675,2	31,38	36,59	294,4	2	1020	47,41	55,27	294,4	2	1322	61,43	71,62
	6,3	35,8	17,9	192	0,472	20,8	242,8	1	841,0	38,33	45,11	366,7	1	1270	57,91	68,15	366,7	1	1646	75,03	88,31
	8	44,8	22,4	237	0,464	15,8	303,6	1	1052	46,71	55,66	458,6	1	1589	70,55	84,09	458,6	1	2059	91,42	109,0
	10	54,9	27,5	286	0,454	12,0	372,6	1	1291	55,56	67,22	562,9	1	1950	83,93	101,5	562,9	1	2527	108,8	131,6
	12,5	67,1	33,5	342	0,441	9,00	455,0	1	1576	65,19	80,40	687,4	1	2381	98,47	121,4	687,4	1	3085	127,6	157,4
	16	83,0	41,5	411	0,422	6,38	563,1	1	1951	76,14	96,52	850,7	1	2947	115,0	145,8	850,7	1	3819	149,0	188,9

Tafel 10.65   (Fortsetzung)

b	t	A	A_v	W_{pl}	a	c/t	S235					S355					S460				
							V	QSK	N_c	M_{el}	M_{pl}	V	QSK	N_c	M_{el}	M_{pl}	V	QSK	N_c	M_{el}	M_{pl}
mm	mm	cm²	cm²	cm³	–	–	kN	–	kN	kNm	kNm	kN	–	kN	kNm	kNm	kN	–	kN	kNm	kNm
Warmgefertigte quadratische Hohlprofile, nahtlos oder geschweißt																					
160	**5**	30,7	15,4	178	0,479	29,0	208,5	1	722,2	35,97	41,84	314,9	2	1091	54,34	63,21	314,9	3	1414	70,42	–
	6,3	38,3	19,2	220	0,474	22,4	259,9	1	900,2	44,03	51,67	392,6	1	1360	66,51	78,05	392,6	1	1762	86,18	101,1
	8	48,0	24,0	272	0,466	17,0	325,3	1	1127	53,79	63,87	491,4	1	1702	81,26	96,49	491,4	1	2206	105,3	125,0
	10	58,9	29,5	329	0,457	13,0	399,8	1	1385	64,21	77,32	603,9	1	2092	97,00	116,8	603,9	1	2711	125,7	151,3
	12,5	72,1	36,0	395	0,445	9,80	488,9	1	1694	75,66	92,76	738,6	1	2559	114,3	140,1	738,6	1	3315	148,1	181,6
	16	89,4	44,7	476	0,427	7,00	606,6	1	2101	88,96	111,9	916,3	1	3174	134,4	169,0	916,3	1	4113	174,1	219,0
180	**6,3**	43,3	21,7	281	0,477	25,6	294,1	1	1019	56,61	66,11	444,2	1	1539	85,51	99,87	444,2	2	1994	110,8	129,4
	8	54,4	27,2	349	0,470	19,5	368,7	1	1277	69,48	81,99	557,0	1	1930	105,0	123,9	557,0	1	2500	136,0	160,5
	10	66,9	33,5	424	0,462	15,0	454,0	1	1573	83,38	99,63	685,9	1	2376	126,0	150,5	685,9	1	3079	163,2	195,0
	12,5	82,1	41,0	511	0,452	11,4	556,8	1	1929	98,97	120,1	841,1	1	2914	149,5	181,5	841,1	1	3775	193,7	235,1
	16	102	51,1	621	0,436	8,25	693,4	1	2402	117,6	146,0	1047	1	3629	177,6	220,5	1047	1	4702	230,2	285,7
200	**6,3**	48,4	24,2	350	0,479	28,7	328,2	1	1137	70,76	82,33	495,9	2	1718	106,9	124,4	495,9	3	2226	138,5	–
	8	60,8	30,4	436	0,473	22,0	412,1	1	1428	87,16	102,4	622,6	1	2157	131,7	154,6	622,6	1	2795	170,6	200,4
	10	74,9	37,5	531	0,466	17,0	508,3	1	1761	105,1	124,8	767,8	1	2660	158,7	188,5	767,8	1	3447	205,7	244,2
	12,5	92,1	46,0	643	0,457	13,0	624,6	1	2164	125,4	151,0	943,6	1	3269	189,4	228,1	943,6	1	4235	245,5	295,6
	16	115	57,5	785	0,444	9,50	780,2	1	2703	150,2	184,6	1179	1	4083	227,0	278,8	1179	1	5291	294,1	361,3
220	**6,3**	53,4	26,7	427	0,481	31,9	362,4	1	1256	86,50	100,3	547,5	3	1897	130,7	–	547,5	4	2263	161,0	–
	8	67,2	33,6	532	0,476	24,5	455,6	1	1578	106,9	125,0	688,2	1	2384	161,4	188,8	688,2	2	3089	209,2	244,6
	10	82,9	41,5	650	0,469	19,0	562,6	1	1949	129,3	152,7	849,8	1	2944	195,3	230,7	849,8	1	3815	253,0	298,9
	12,5	102	51,0	789	0,461	14,6	692,5	1	2399	155,0	185,4	1046	1	3624	234,1	280,1	1046	1	4695	303,4	363,0
	16	128	63,9	969	0,449	10,8	867,1	1	3004	186,9	227,7	1310	1	4537	282,3	344,0	1310	1	5879	365,9	445,7
250	**8**	76,8	38,4	694	0,479	28,3	520,7	1	1804	140,2	163,1	786,6	2	2725	211,7	246,5	786,6	3	3531	274,3	–
	10	94,9	47,5	851	0,473	22,0	644,0	1	2231	170,2	199,9	972,8	1	3370	257,2	302,0	972,8	1	4367	333,2	391,3
	12,5	117	58,5	1037	0,466	17,0	794,2	1	2751	205,2	243,7	1200	1	4156	310,0	368,1	1200	1	5385	401,7	477,0
	16	147	73,5	1280	0,456	12,6	997,3	1	3455	249,4	300,8	1507	1	5219	376,8	454,5	1507	1	6763	488,2	588,9
260	**8**	80,0	40,0	753	0,480	29,5	542,4	1	1879	152,3	177,0	819,4	2	2838	230,0	267,4	819,4	3	3678	298,0	–
	10	98,9	49,5	924	0,474	23,0	671,1	1	2325	185,2	217,1	1014	1	3512	279,7	327,9	1014	1	4551	362,4	424,9
	12,5	122	61,0	1127	0,468	17,8	828,1	1	2869	223,5	264,8	1251	1	4334	337,7	400,1	1251	1	5615	437,5	518,4
	16	153	76,7	1394	0,458	13,3	1041	1	3605	272,3	327,5	1572	1	5446	411,3	494,7	1572	1	7057	532,9	641,0
300	**8**	92,8	46,4	1013	0,482	34,5	629,2	2	2180	205,7	238,0	950,5	4	3121	300,6	–	950,5	4	3749	372,3	–
	10	115	57,5	1246	0,478	27,0	779,6	1	2701	251,1	292,7	1178	1	4080	379,3	442,2	1178	2	5287	491,5	572,9
	12,5	142	71,0	1525	0,472	21,0	963,8	1	3339	304,6	358,3	1456	1	5044	460,1	541,3	1456	1	6535	596,2	701,4
	16	179	89,5	1895	0,464	15,8	1214	1	4207	373,6	445,3	1835	1	6355	564,4	672,7	1835	1	8235	731,4	871,7
350	**8**	109	54,4	1392	0,485	40,8	737,8	3	2556	283,7	–	1114	4	3311	390,7	–	1114	4	3939	482,0	–
	10	135	67,5	1715	0,481	32,0	915,3	1	3171	347,6	403,1	1383	3	4790	525,1	–	1383	4	5706	646,3	–
	12,5	167	83,5	2107	0,476	25,0	1133	1	3926	423,6	495,0	1712	1	5931	639,8	747,8	1712	2	7685	829,1	969,0
	16	211	106	2630	0,469	18,9	1431	1	4959	522,9	618,0	2162	1	7491	790,0	933,5	2162	1	9707	1024	1210
400	**10**	155	77,5	2260	0,484	37,0	1051	2	3641	459,7	531,1	1588	4	5007	655,9	–	1588	4	5988	810,7	–
	12,5	192	96,0	2782	0,479	29,0	1303	1	4514	562,1	653,8	1968	2	6819	849,1	987,6	1968	3	8835	1100	–
	16	243	122	3484	0,473	22,0	1649	1	5711	697,3	818,8	2490	1	8627	1053	1237	2490	1	11.179	1365	1603
	20	300	150	4247	0,466	17,0	2033	1	7043	840,5	998,0	3071	1	10.640	1270	1508	3071	1	13.787	1645	1954

10

Tafel 10.66 Charakteristische Tragfähigkeiten für warmgefertigte rechteckige Hohlprofile

h	b	t	A	A_{vy}	A_{vz}	$W_{pl,y}$	$W_{pl,z}$	a_w	a_f	c_w/t	c_f/t	S235								
												V_y	V_z	QSK			N_c	$M_{el,y}$	$M_{pl,y}$	$M_{el,z}$	$M_{pl,z}$
														N	M_y	M_z					
mm	mm	mm	cm²	cm²	cm²	cm³	cm³	–	–	–	–	kN	kN	N	M_y	M_z	kN	kNm	kNm	kNm	kNm
Warmgefertigte rechteckige Hohlprofile, nahtlos oder geschweißt																					
50	**30**	**3,2**	4,60	1,73	2,88	7,25	5,00	0,500	0,304	12,6	6,38	23,41	39,01	1	1	1	108,1	1,335	1,703	0,971	1,175
		4	5,59	2,10	3,49	8,59	5,88	0,500	0,284	9,50	4,50	28,43	47,39	1	1	1	131,3	1,550	2,019	1,110	1,383
		5	6,73	2,52	4,21	10,0	6,80	0,500	0,257	7,00	3,00	34,25	57,08	1	1	1	158,2	1,759	2,357	1,236	1,597
60	**40**	**3,2**	5,88	2,35	3,53	11,5	8,64	0,500	0,347	15,8	9,50	31,91	47,87	1	1	1	138,2	2,180	2,708	1,712	2,030
		4	7,19	2,88	4,31	13,8	10,3	0,500	0,332	12,0	7,00	39,01	58,52	1	1	1	168,9	2,572	3,249	2,002	2,425
		5	8,73	3,49	5,24	16,4	12,2	0,500	0,313	9,00	5,00	47,39	71,08	1	1	1	205,2	2,984	3,853	2,295	2,858
		6,3	10,6	4,23	6,35	19,2	14,2	0,500	0,286	6,52	3,35	57,45	86,18	1	1	1	248,8	3,399	4,519	2,575	3,325
80	**40**	**3,2**	7,16	2,39	4,77	18,0	11,0	0,500	0,285	22,0	9,50	32,38	64,77	1	1	1	168,3	3,359	4,241	2,223	2,584
		4	8,79	2,93	5,86	21,8	13,2	0,500	0,272	17,0	7,00	39,75	79,49	1	1	1	206,5	4,007	5,127	2,613	3,102
		5	10,7	3,58	7,15	26,1	15,7	0,500	0,255	13,0	5,00	48,54	97,07	1	1	1	252,2	4,716	6,140	3,020	3,681
		6,3	13,1	4,37	8,74	31,1	18,4	0,500	0,231	9,70	3,35	59,28	118,6	1	1	1	308,0	5,480	7,303	3,426	4,323
90	**50**	**3,2**	8,44	3,01	5,43	24,6	16,2	0,500	0,318	25,1	12,6	40,90	73,62	1	1	1	198,4	4,655	5,772	3,315	3,815
		4	10,4	3,71	6,68	29,8	19,6	0,500	0,307	19,5	9,50	50,34	90,61	1	1	1	244,1	5,592	7,015	3,943	4,614
		5	12,7	4,55	8,18	36,0	23,5	0,500	0,293	15,0	7,00	61,69	111,0	1	1	1	299,2	6,646	8,458	4,626	5,529
		6,3	15,6	5,58	10,0	43,2	28,0	0,500	0,274	11,3	4,94	75,72	136,3	1	1	1	367,2	7,826	10,16	5,357	6,584
		8	19,2	6,84	12,3	51,4	32,9	0,500	0,248	8,25	3,25	92,81	167,1	1	1	1	450,1	9,064	12,08	6,070	7,741
100	**50**	**4**	11,2	3,73	7,46	35,2	21,5	0,500	0,285	22,0	9,50	50,60	101,2	1	1	1	262,9	6,561	8,282	4,342	5,046
		5	13,7	4,58	9,15	42,6	25,8	0,500	0,272	17,0	7,00	62,10	124,2	1	1	1	322,7	7,826	10,01	5,104	6,058
		6,3	16,9	5,63	11,3	51,3	30,8	0,500	0,254	12,9	4,94	76,37	152,7	1	1	1	396,8	9,263	12,07	5,927	7,231
		8	20,8	6,92	13,8	61,4	36,3	0,500	0,229	9,50	3,25	93,86	187,7	1	1	1	487,7	10,80	14,43	6,741	8,531
	60	**4**	12,0	4,50	7,49	39,1	27,3	0,500	0,333	22,0	12,0	61,00	101,7	1	1	1	281,7	7,428	9,185	5,524	6,408
		5	14,7	5,52	9,21	47,4	32,9	0,500	0,321	17,0	9,00	74,95	124,9	1	1	1	346,2	8,888	11,13	6,548	7,730
		6,3	18,1	6,80	11,3	57,3	39,5	0,500	0,306	12,9	6,52	92,33	153,9	1	1	1	426,4	10,56	13,45	7,688	9,290
		8	22,4	8,38	14,0	68,7	47,1	0,500	0,284	9,50	4,50	113,7	189,6	1	1	1	525,3	12,40	16,15	8,878	11,06
120	**60**	**4**	13,6	4,53	9,06	51,9	31,7	0,500	0,294	27,0	12,0	61,45	122,9	1	1	1	319,3	9,742	12,19	6,509	7,461
		5	16,7	5,58	11,2	63,1	38,4	0,500	0,283	21,0	9,00	75,67	151,3	1	1	1	393,2	11,72	14,83	7,736	9,023
		6,3	20,7	6,89	13,8	76,7	46,3	0,500	0,268	16,0	6,52	93,47	186,9	1	1	1	485,7	14,03	18,01	9,118	10,88
		8	25,6	8,52	17,0	92,7	55,4	0,500	0,249	12,0	4,50	115,6	231,1	1	1	1	600,5	16,64	21,78	10,59	13,02
	80	**4**	15,2	6,08	9,11	61,2	46,1	0,500	0,368	27,0	17,0	82,43	123,6	1	1	1	356,9	11,85	14,37	9,441	10,84
		5	18,7	7,49	11,2	74,6	56,1	0,500	0,359	21,0	13,0	101,7	152,5	1	1	1	440,2	14,31	17,53	11,34	13,19
		6,3	23,2	9,27	13,9	91,0	68,2	0,500	0,348	16,0	9,70	125,8	188,8	1	1	1	544,9	17,23	21,38	13,54	16,03
		8	28,8	11,5	17,3	111	82,6	0,500	0,332	12,0	7,00	156,0	234,1	1	1	1	675,7	20,57	26,00	16,01	19,40
140	**80**	**4**	16,8	6,10	10,7	77,1	52,2	0,500	0,333	32,0	17,0	82,83	145,0	1	1	1	394,5	14,79	18,13	10,80	12,27
		5	20,7	7,54	13,2	94,3	63,6	0,500	0,325	25,0	13,0	102,3	179,0	1	1	1	487,2	17,93	22,17	12,99	14,95
		6,3	25,7	9,35	16,4	115	77,5	0,500	0,314	19,2	9,70	126,8	222,0	1	1	1	604,1	21,68	27,13	15,56	18,21
		8	32,0	11,6	20,3	141	94,1	0,500	0,299	14,5	7,00	157,6	275,9	1	1	1	750,9	26,06	33,13	18,46	22,11
150	**100**	**5**	23,7	9,49	14,2	119	90,1	0,500	0,368	27,0	17,0	128,8	193,2	1	1	1	557,7	23,15	28,07	18,44	21,18
		6,3	29,5	11,8	17,7	147	110	0,500	0,359	20,8	12,9	160,0	240,0	1	1	1	692,9	28,14	34,48	22,28	25,94
		8	36,8	14,7	22,1	180	135	0,500	0,347	15,8	9,50	199,5	299,2	1	1	1	863,7	34,06	42,32	26,76	31,72
		10	44,9	18,0	27,0	216	161	0,500	0,332	12,0	7,00	243,8	365,7	1	1	1	1056	40,18	50,77	31,27	37,89
		12,5	54,6	21,8	32,7	256	190	0,500	0,313	9,00	5,00	296,2	444,3	1	1	1	1282	46,62	60,20	35,86	44,66
160	**80**	**5**	22,7	7,58	15,2	116	71,1	0,500	0,296	29,0	13,0	102,8	205,6	1	1	1	534,2	21,86	27,27	14,65	16,71
		6,3	28,2	9,41	18,8	142	86,8	0,500	0,286	22,4	9,70	127,7	255,3	1	1	1	663,3	26,53	33,46	17,57	20,40
		8	35,2	11,7	23,4	175	106	0,500	0,272	17,0	7,00	159,0	318,0	1	1	1	826,1	32,06	41,01	20,91	24,81
		10	42,9	14,3	28,6	209	125	0,500	0,255	13,0	5,00	194,1	388,3	1	1	1	1009	37,73	49,12	24,16	29,45
		12,5	52,1	17,4	34,7	247	146	0,500	0,232	9,80	3,40	235,5	471,0	1	1	1	1224	43,63	58,09	27,30	34,41

Tafel 10.66 (Fortsetzung)

Warmgefertigte rechteckige Hohlprofile, nahtlos oder geschweißt

S355										S460										t	b	h
V_y	V_z	QSK			N_c	$M_{el.y}$	$M_{pl.y}$	$M_{el.z}$	$M_{pl.z}$	V_y	V_z	QSK			N_c	$M_{el.y}$	$M_{pl.y}$	$M_{el.z}$	$M_{pl.z}$			
kN	kN	N	M_y	M_z	kN	kNm	kNm	kNm	kNm	kN	kN	N	M_y	M_z	kN	kNm	kNm	kNm	kNm	mm	mm	mm
35,36	58,93	1	1	1	163,3	2,017	2,572	1,467	1,775	45,82	76,36	1	1	1	211,6	2,614	3,333	1,901	2,301	**3,2**	**30**	**50**
42,95	71,59	1	1	1	198,4	2,341	3,051	1,676	2,089	55,66	92,76	1	1	1	257,1	3,034	3,953	2,172	2,707	**4**		
51,74	86,23	1	1	1	239,0	2,657	3,560	1,867	2,413	67,04	111,7	1	1	1	309,7	3,443	4,613	2,419	3,127	**5**		
48,21	72,32	1	1	1	208,8	3,293	4,091	2,587	3,067	62,47	93,71	1	1	1	270,5	4,266	5,301	3,352	3,974	**3,2**	**40**	**60**
58,93	88,40	1	1	1	255,2	3,885	4,909	3,024	3,663	76,36	114,5	1	1	1	330,7	5,034	6,360	3,918	4,747	**4**		
71,59	107,4	1	1	1	310,0	4,508	5,820	3,467	4,318	92,76	139,1	1	1	1	401,7	5,841	7,542	4,493	5,595	**5**		
86,79	130,2	1	1	1	375,8	5,135	6,827	3,890	5,024	112,5	168,7	1	1	1	487,0	6,654	8,846	5,041	6,509	**6,3**		
48,92	97,84	1	1	1	254,2	5,075	6,406	3,358	3,903	63,39	126,8	1	1	1	329,4	6,576	8,301	4,351	5,057	**3,2**	**40**	**80**
60,04	120,1	1	1	1	312,0	6,053	7,744	3,948	4,686	77,80	155,6	1	1	1	404,3	7,844	10,04	5,115	6,071	**4**		
73,32	146,6	1	1	1	381,0	7,125	9,275	4,562	5,560	95,00	190,0	1	1	1	493,7	9,232	12,02	5,911	7,205	**5**		
89,54	179,1	1	1	1	465,3	8,279	11,03	5,175	6,531	116,0	232,1	1	1	1	602,9	10,73	14,30	6,706	8,463	**6,3**		
61,78	111,2	1	1	1	299,6	7,031	8,720	5,008	5,762	80,06	144,1	2	1	2	388,3	9,111	11,30	6,489	7,467	**3,2**	**50**	**90**
76,04	136,9	1	1	1	368,8	8,448	10,60	5,956	6,970	98,53	177,4	1	1	1	477,9	10,95	13,73	7,718	9,031	**4**		
93,20	167,8	1	1	1	452,0	10,04	12,78	6,988	8,353	120,8	217,4	1	1	1	585,7	13,01	16,56	9,055	10,82	**5**		
114,4	205,9	1	1	1	554,7	11,82	15,34	8,093	9,947	148,2	266,8	1	1	1	718,8	15,32	19,88	10,49	12,89	**6,3**		
140,2	252,4	1	1	1	679,9	13,69	18,25	9,170	11,69	181,7	327,0	1	1	1	881,1	17,74	23,65	11,88	15,15	**8**		
76,44	152,9	1	1	1	397,2	9,912	12,51	6,559	7,623	99,05	198,1	1	1	1	514,7	12,84	16,21	8,499	9,878	**4**	**50**	**100**
93,82	187,6	1	1	1	487,5	11,82	15,13	7,710	9,152	121,6	243,1	1	1	1	631,7	15,32	19,60	9,991	11,86	**5**		
115,4	230,7	1	1	1	599,5	13,99	18,23	8,953	10,92	149,5	299,0	1	1	1	776,8	18,13	23,62	11,60	14,15	**6,3**		
141,8	283,6	1	1	1	736,7	16,32	21,79	10,18	12,89	183,7	367,4	1	1	1	954,7	21,15	28,24	13,20	16,70	**8**		
92,14	153,6	1	1	1	425,6	11,22	13,87	8,345	9,680	119,4	199,0	1	1	1	551,5	14,54	17,98	10,81	12,54	**4**	**60**	
113,2	188,7	1	1	1	523,0	13,43	16,81	9,892	11,68	146,7	244,5	1	1	1	677,7	17,40	21,78	12,82	15,13	**5**		
139,5	232,5	1	1	1	644,2	15,96	20,32	11,61	14,03	180,7	301,2	1	1	1	834,7	20,68	26,34	15,05	18,18	**6,3**		
171,8	286,3	1	1	1	793,5	18,73	24,40	13,41	16,71	222,6	371,0	1	1	1	1028	24,27	31,62	17,38	21,66	**8**		
92,84	185,7	2	1	2	482,4	14,72	18,41	9,832	11,27	120,3	240,6	2	1	2	625,1	19,07	23,86	12,74	14,60	**4**	**60**	**120**
114,3	228,6	1	1	1	594,0	17,70	22,40	11,69	13,63	148,1	296,2	1	1	1	769,7	22,94	29,02	15,14	17,66	**5**		
141,2	282,4	1	1	1	733,7	21,20	27,21	13,77	16,44	183,0	365,9	1	1	1	950,7	27,47	35,26	17,85	21,30	**6,3**		
174,6	349,2	1	1	1	907,1	25,13	32,91	15,99	19,67	226,2	452,4	1	1	1	1175	32,56	42,64	20,72	25,48	**8**		
124,5	186,8	2	1	2	539,2	17,90	21,71	14,26	16,38	161,3	242,0	2	1	2	698,7	23,20	28,13	18,48	21,22	**4**	**80**	
153,6	230,4	1	1	1	665,0	21,62	26,48	17,12	19,92	199,0	298,5	1	1	1	861,7	28,01	34,31	22,19	25,82	**5**		
190,1	285,1	1	1	1	823,1	26,02	32,30	20,46	24,22	246,3	369,5	1	1	1	1067	33,72	41,85	26,51	31,38	**6,3**		
235,7	353,6	1	1	1	1021	31,08	39,27	24,19	29,31	305,5	458,2	1	1	1	1323	40,27	50,88	31,34	37,97	**8**		
125,1	219,0	3	1	3	596,0	22,34	27,38	16,32	–	162,1	283,7	4	1	4	*732,2*	28,95	35,48	*19,89*	–	**4**	**80**	**140**
154,5	270,4	1	1	1	736,0	27,08	33,48	19,62	22,59	200,2	350,4	2	1	2	953,7	35,09	43,39	25,43	29,27	**5**		
191,6	335,3	1	1	1	912,6	32,75	40,98	23,50	27,52	248,3	434,5	1	1	1	1183	42,44	53,10	30,45	35,65	**6,3**		
238,1	416,8	1	1	1	1134	39,37	50,04	27,89	33,40	308,6	540,0	1	1	1	1470	51,02	64,85	36,13	43,27	**8**		
194,6	291,8	2	1	2	842,5	34,97	42,40	27,86	31,99	252,1	378,2	2	1	2	1092	45,31	54,94	36,10	41,45	**5**	**100**	**150**
241,7	362,6	1	1	1	1047	42,50	52,08	33,66	39,18	313,2	469,9	1	1	1	1356	55,07	67,48	43,61	50,77	**6,3**		
301,3	452,0	1	1	1	1305	51,45	63,92	40,42	47,92	390,4	585,7	1	1	1	1691	66,66	82,83	52,38	62,09	**8**		
368,3	552,5	1	1	1	1595	60,70	76,70	47,25	57,24	477,3	715,9	1	1	1	2067	78,65	99,38	61,22	74,17	**10**		
447,4	671,1	1	1	1	1937	70,43	90,94	54,18	67,47	579,7	869,6	1	1	1	2510	91,26	117,8	70,20	87,42	**12,5**		
155,3	310,6	2	1	2	807,0	33,02	41,20	22,12	25,25	201,2	402,5	3	1	3	1046	42,78	53,38	28,67	–	**5**	**80**	**160**
192,8	385,7	1	1	1	1002	40,08	50,55	26,55	30,81	249,9	499,8	1	1	1	1298	51,93	65,50	34,40	39,93	**6,3**		
240,2	480,3	1	1	1	1248	48,43	61,96	31,58	37,48	311,2	622,4	1	1	1	1617	62,75	80,28	40,92	48,57	**8**		
293,3	586,6	1	1	1	1524	57,00	74,20	36,50	44,48	380,0	760,0	1	1	1	1975	73,86	96,15	47,29	57,64	**10**		
355,8	711,5	1	1	1	1849	65,91	87,76	41,24	51,98	461,0	922,0	1	1	1	2395	85,41	113,7	53,44	67,35	**12,5**		

Tafel 10.66 (Fortsetzung)

h	b	t	A	A_{vy}	A_{vz}	$W_{pl,y}$	$W_{pl,z}$	a_w	a_f	c_w/t	c_f/t	S235								
												V_y	V_z	QSK			N_c	$M_{el,y}$	$M_{pl,y}$	$M_{el,z}$	$M_{pl,z}$
														N	M_y	M_z					
mm	mm	mm	cm²	cm²	cm²	cm³	cm³	–	–	–	–	kN	kN				kN	kNm	kNm	kNm	kNm

Warmgefertigte rechteckige Hohlprofile, nahtlos oder geschweißt

h	b	t	A	A_{vy}	A_{vz}	$W_{pl,y}$	$W_{pl,z}$	a_w	a_f	c_w/t	c_f/t	V_y	V_z	N	M_y	M_z	N_c	$M_{el,y}$	$M_{pl,y}$	$M_{el,z}$	$M_{pl,z}$
180	100	5	26,7	9,55	17,2	157	104	0,500	0,327	33,0	17,0	129,5	233,2	1	1	1	628,2	30,10	36,96	21,62	24,52
		6,3	33,3	11,9	21,4	194	128	0,500	0,318	25,6	12,9	161,2	290,2	1	1	1	781,8	36,74	45,54	26,19	30,10
		8	41,6	14,8	26,7	239	157	0,500	0,307	19,5	9,50	201,4	362,4	1	1	1	976,5	44,74	56,12	31,54	36,91
		10	50,9	18,2	32,7	288	188	0,500	0,293	15,0	7,00	246,8	444,2	1	1	1	1197	53,17	67,67	37,01	44,23
		12,5	62,1	22,2	39,9	344	223	0,500	0,275	11,4	5,00	300,8	541,4	1	1	1	1459	62,27	80,76	42,66	52,37
200	100	6,3	35,8	11,9	23,9	228	140	0,500	0,296	28,7	12,9	161,8	323,7	1	1	1	841,0	42,98	53,65	28,79	32,88
		8	44,8	14,9	29,8	282	172	0,500	0,285	22,0	9,50	202,4	404,8	1	1	1	1052	52,49	66,26	34,73	40,37
		10	54,9	18,3	36,6	341	206	0,500	0,272	17,0	7,00	248,4	496,8	1	1	1	1291	62,61	80,10	40,83	48,46
		12,5	67,1	22,4	44,7	408	245	0,500	0,255	13,0	5,00	303,3	606,7	1	1	1	1576	73,70	95,93	47,19	57,51
		16	83,0	27,7	55,3	491	290	0,500	0,229	9,50	3,25	375,4	750,9	1	1	1	1951	86,44	115,4	53,93	68,25
	120	6,3	38,3	14,4	23,9	253	177	0,500	0,342	28,7	16,0	194,9	324,8	1	1	1	900,2	48,54	59,38	36,38	41,58
		8	48,0	18,0	30,0	313	218	0,500	0,333	22,0	12,0	244,0	406,6	1	1	1	1127	59,42	73,48	44,20	51,26
		10	58,9	22,1	36,8	379	263	0,500	0,321	17,0	9,00	299,8	499,7	1	1	1	1385	71,10	89,03	52,38	61,84
		12,5	72,1	27,0	45,0	455	314	0,500	0,306	13,0	6,60	366,7	611,2	1	1	1	1694	84,04	106,9	61,18	73,86
250	150	6,3	48,4	18,1	30,2	402	283	0,500	0,349	36,7	20,8	246,2	410,3	2	1	2	1137	77,88	94,56	58,73	66,39
		8	60,8	22,8	38,0	501	351	0,500	0,342	28,3	15,8	309,1	515,2	1	1	1	1428	96,09	117,6	72,00	82,36
		10	74,9	28,1	46,8	611	426	0,500	0,333	22,0	12,0	381,2	635,4	1	1	1	1761	116,1	143,5	86,32	100,1
		12,5	92,1	34,5	57,5	740	514	0,500	0,321	17,0	9,00	468,5	780,8	1	1	1	2164	138,9	173,9	102,3	120,8
		16	115	43,1	71,9	906	625	0,500	0,304	12,6	6,38	585,2	975,3	1	1	1	2703	166,9	212,9	121,4	146,9
260	180	6,3	53,4	21,9	31,6	475	369	0,500	0,387	38,3	25,6	296,5	428,3	3	1	3	1256	93,38	111,6	76,47	–
		8	67,2	27,5	39,7	592	459	0,500	0,381	29,5	19,5	372,7	538,4	1	1	1	1578	115,5	139,1	94,21	107,9
		10	82,9	33,9	49,0	724	560	0,500	0,373	23,0	15,0	460,3	664,9	1	1	1	1949	139,9	170,1	113,6	131,6
		12,5	102	41,8	60,3	879	679	0,500	0,363	17,8	11,4	566,6	818,4	1	1	1	2399	168,1	206,7	135,7	159,5
		16	128	52,3	75,5	1081	831	0,500	0,349	13,3	8,25	709,4	1025	1	1	1	3004	203,3	254,1	162,7	195,3
300	200	8	76,8	30,7	46,1	779	589	0,500	0,375	34,5	22,0	416,5	624,8	2	1	2	1804	152,2	183,1	121,8	138,5
		10	94,9	38,0	57,0	956	721	0,500	0,368	27,0	17,0	515,2	772,8	1	1	1	2231	185,2	224,5	147,5	169,4
		12,5	117	46,8	70,2	1165	877	0,500	0,359	21,0	13,0	635,4	953,1	1	1	1	2751	223,6	273,9	177,1	206,1
		16	147	58,8	88,2	1441	1080	0,500	0,347	15,8	9,50	797,9	1197	1	1	1	3455	272,4	338,5	214,1	253,8
350	250	8	92,8	38,6	54,1	1118	888	0,500	0,396	40,8	28,3	524,4	734,1	3	1	3	2180	220,9	262,7	184,2	–
		10	115	47,9	67,0	1375	1091	0,500	0,391	32,0	22,0	649,7	909,6	1	1	1	2701	269,9	323,2	224,4	256,3
		12,5	142	59,2	82,9	1685	1334	0,500	0,384	25,0	17,0	803,2	1124	1	1	1	3339	327,9	395,9	271,5	313,4
		16	179	74,6	104	2095	1655	0,500	0,374	18,9	12,6	1012	1417	1	1	1	4207	403,0	492,4	331,9	388,8
400	200	8	92,8	30,9	61,8	1203	743	0,500	0,310	47,0	22,0	419,5	839,0	4	1	4	*2021*	229,9	282,7	*143,7*	–
		10	115	38,3	76,6	1480	911	0,500	0,304	37,0	17,0	519,8	1040	2	1	2	2701	281,0	347,8	190,0	214,1
		12,5	142	47,4	94,7	1813	1111	0,500	0,296	29,0	13,0	642,5	1285	1	1	1	3339	341,5	426,1	228,8	261,2
		16	179	59,7	119	2256	1374	0,500	0,285	22,0	9,50	809,6	1619	1	1	1	4207	419,9	530,1	277,9	323,0
450	250	8	109	38,8	69,9	1622	1081	0,500	0,338	53,3	28,3	527,0	948,6	4	1	4	*2262*	314,2	381,1	*198,3*	–
		10	135	48,2	86,7	2000	1331	0,500	0,333	42,0	22,0	653,8	1177	3	1	3	3171	385,3	470,0	278,6	–
		12,5	167	59,7	107	2458	1631	0,500	0,327	33,0	17,0	809,6	1457	1	1	1	3926	470,3	577,5	337,9	383,2
		16	211	75,4	136	3070	2029	0,500	0,318	25,1	12,6	1022	1840	1	1	1	4959	581,8	721,5	414,4	476,8
500	300	10	155	58,1	96,8	2595	1826	0,500	0,355	47,0	27,0	788,3	1314	4	1	4	*3392*	505,4	609,8	*352,8*	–
		12,5	192	72,0	120	3196	2244	0,500	0,349	37,0	21,0	977,3	1629	2	1	2	4514	618,6	751,0	466,6	527,2
		16	243	91,1	152	4005	2804	0,500	0,342	28,3	15,8	1236	2061	1	1	1	5711	768,8	941,2	576,0	658,9
		20	300	112	187	4885	3408	0,500	0,333	22,0	12,0	1525	2541	1	1	1	7043	928,5	1148	690,6	801,0

Tafel 10.66 (Fortsetzung)

S355											S460											t	b	h
V_y	V_z	QSK			N_c	$M_{el,y}$	$M_{pl,y}$	$M_{el,z}$	$M_{pl,z}$		V_y	V_z	QSK			N_c	$M_{el,y}$	$M_{pl,y}$	$M_{el,z}$	$M_{pl,z}$				
		N	M_y	M_z									N	M_y	M_z									
kN	kN	N			kN	kNm	kNm	kNm	kNm		kN	kN	N			kN	kNm	kNm	kNm	kNm		mm	mm	mm

Warmgefertigte rechteckige Hohlprofile, nahtlos oder geschweißt

V_y	V_z	N	M_y	M_z	N_c	$M_{el,y}$	$M_{pl,y}$	$M_{el,z}$	$M_{pl,z}$	V_y	V_z	N	M_y	M_z	N_c	$M_{el,y}$	$M_{pl,y}$	$M_{el,z}$	$M_{pl,z}$	t	b	h
195,7	352,2	3	1	3	949,0	45,47	55,84	32,67	–	253,6	456,4	4	1	4	*1152*	58,91	72,35	*39,30*	–	**5**	**100**	**180**
243,5	438,3	1	1	1	1181	55,51	68,79	39,56	45,47	315,5	568,0	2	1	2	1530	71,92	89,13	51,26	58,92	**6,3**		
304,2	547,5	1	1	1	1475	67,58	84,77	47,65	55,76	394,1	709,4	1	1	1	1911	87,57	109,8	61,74	72,25	**8**		
372,8	671,0	1	1	1	1808	80,31	102,2	55,91	66,82	483,0	869,5	1	1	1	2343	104,1	132,5	72,44	86,59	**10**		
454,4	817,9	1	1	1	2204	94,07	122,0	64,44	79,12	588,8	1060	1	1	1	2855	121,9	158,1	83,50	102,5	**12,5**		
244,5	489,0	2	1	2	1270	64,92	81,04	43,49	49,66	316,8	633,6	3	1	3	1646	84,13	105,0	56,35	–	**6,3**	**100**	**200**
305,8	611,5	1	1	1	1589	79,29	100,1	52,47	60,98	396,2	792,4	1	1	1	2059	102,7	129,7	67,99	79,02	**8**		
375,3	750,5	1	1	1	1950	94,58	121,0	61,68	73,21	486,3	972,5	1	1	1	2527	122,6	156,8	79,93	94,87	**10**		
458,2	916,5	1	1	1	2381	111,3	144,9	71,28	86,88	593,8	1188	1	1	1	3085	144,3	187,8	92,36	112,6	**12,5**		
567,1	1134	1	1	1	2947	130,6	174,3	81,47	103,1	734,9	1470	1	1	1	3819	169,2	225,9	105,6	133,6	**16**		
294,4	490,7	2	1	2	1360	73,32	89,71	54,96	62,81	381,5	635,8	3	1	3	1762	95,00	116,2	71,22	–	**6,3**	**120**	
368,6	614,3	1	1	1	1702	89,77	111,0	66,76	77,44	477,6	796,0	1	1	1	2206	116,3	143,8	86,51	100,3	**8**		
452,9	754,9	1	1	1	2092	107,4	134,5	79,13	93,42	586,9	978,1	1	1	1	2711	139,2	174,3	102,5	121,1	**10**		
554,0	923,3	1	1	1	2559	127,0	161,6	92,43	111,6	717,8	1196	1	1	1	3315	164,5	209,3	119,8	144,6	**12,5**		
371,9	619,8	4	1	4	*1626*	117,7	142,9	*83,27*	–	481,9	803,2	4	1	4	*2008*	152,5	185,1	*102,1*	–	**6,3**	**150**	**250**
466,9	778,2	2	1	2	2157	145,2	177,7	108,8	124,4	605,1	1008	3	1	3	2795	188,1	230,3	140,9	–	**8**		
575,9	959,8	1	1	1	2660	175,3	216,8	130,4	151,2	746,2	1244	1	1	1	3447	227,2	280,9	169,0	196,0	**10**		
707,7	1179	1	1	1	3269	209,8	262,7	154,6	182,5	917,0	1528	1	1	1	4235	271,8	340,4	200,3	236,4	**12,5**		
884,0	1473	1	1	1	4083	252,2	321,6	183,3	221,9	1145	1909	1	1	1	5291	326,8	416,7	237,6	287,6	**16**		
448,0	647,1	4	1	4	*1775*	141,1	168,6	*106,8*	–	580,5	838,4	4	2	4	*2197*	182,8	218,4	*131,1*	–	**6,3**	**180**	**260**
563,1	813,3	2	1	2	2384	174,5	210,1	142,3	162,9	729,6	1054	3	1	3	3089	226,1	272,3	184,4	–	**8**		
695,3	1004	1	1	1	2944	211,4	256,9	171,6	198,8	901,0	1301	1	1	1	3815	273,9	332,9	222,4	257,6	**10**		
855,9	1236	1	1	1	3624	253,9	312,2	204,9	240,9	1109	1602	1	1	1	4695	329,1	404,5	265,6	312,2	**12,5**		
1072	1548	1	1	1	4537	307,1	383,8	245,8	295,0	1389	2006	1	1	1	5879	397,9	497,4	318,5	382,3	**16**		
629,3	943,9	4	1	4	*2639*	230,0	276,7	*177,3*	–	815,4	1223	4	1	4	*3272*	298,0	358,5	*218,1*	–	**8**	**200**	**300**
778,2	1167	1	1	1	3370	279,7	339,2	222,9	255,9	1008	1513	2	1	2	4367	362,5	439,5	288,8	331,6	**10**		
959,8	1440	1	1	1	4156	337,8	413,7	267,6	311,3	1244	1866	1	1	1	5385	437,7	536,1	346,7	403,4	**12,5**		
1205	1808	1	1	1	5219	411,6	511,4	323,4	383,4	1562	2343	1	1	1	6763	533,3	662,6	419,0	496,7	**16**		
792,1	1109	4	2	4	*3018*	333,7	396,9	*250,9*	–	1026	1437	4	3	4	*3735*	432,4	–	*307,5*	–	**8**	**250**	**350**
981,5	1374	3	1	3	4080	407,8	488,2	339,0	–	1272	1780	4	1	4	*5036*	528,4	632,6	*414,8*	–	**10**		
1213	1699	1	1	1	5044	495,4	598,1	410,2	473,5	1572	2201	2	1	2	6535	641,9	775,0	531,5	613,5	**12,5**		
1529	2140	1	1	1	6355	608,8	743,8	501,4	587,4	1981	2773	1	1	1	8235	788,9	963,8	649,7	761,1	**16**		
633,7	1267	4	1	4	*2804*	347,2	427,1	*196,9*	–	821,1	1642	4	1	4	*3436*	449,9	553,4	*239,2*	–	**8**	**200**	**400**
785,2	1570	4	1	4	*3833*	424,5	525,4	*267,6*	–	1017	2035	4	1	4	*4717*	550,0	680,9	*327,0*	–	**10**		
970,6	1941	2	1	2	5044	515,9	643,7	345,7	394,5	1258	2515	3	1	3	6535	668,4	834,1	447,9	–	**12,5**		
1223	2446	1	1	1	6355	634,3	800,7	419,8	487,9	1585	3169	1	1	1	8235	822,0	1038	543,9	632,2	**16**		
796,1	1433	4	2	4	*3141*	474,6	575,7	*271,3*	–	1032	*1743*	4	3	4	*3858*	615,0	–	*329,8*	–	**8**	**250**	**450**
987,7	1778	4	1	4	*4296*	582,1	710,0	*371,4*	–	1280	2304	4	1	4	*5285*	754,3	920,0	*453,0*	–	**10**		
1223	2201	3	1	3	5931	710,4	872,4	510,4	–	1585	2852	4	1	4	*7200*	920,5	1130	*614,1*	–	**12,5**		
1545	2780	1	1	1	7491	878,9	1090	626,0	720,3	2001	3603	2	1	2	9707	1139	1412	811,1	933,3	**16**		
1191	1985	4	2	4	*4736*	763,4	921,1	*485,7*	–	1543	2572	4	2	4	*5829*	989,2	1194	*592,1*	–	**10**	**300**	**500**
1476	2460	4	1	4	*6434*	934,5	1134	*659,1*	–	1913	3188	4	1	4	*7946*	1211	1470	*807,7*	–	**12,5**		
1868	3113	2	1	2	8627	1161	1422	870,2	995,3	2420	4034	3	1	3	11.179	1505	1842	1128	–	**16**		
2304	3839	1	1	1	10.640	1403	1734	1043	1210	2985	4975	1	1	1	13.787	1817	2247	1352	1568	**20**		

10.4 Stabilitätsnachweise für Stäbe und Stabwerke

10.4.1 Allgemeines

Die Berücksichtigung der Tragwerksverformungen auf das Gleichgewicht (Stabilität von druckbeanspruchten Bauteilen und Tragsystemen) ist i. Allg. bei einer elastischen Tragwerksberechnung dann erforderlich, wenn der Faktor α_{cr} bis zum Erreichen der idealen Verzweigungslast unter 10 liegt (siehe Abschn. 10.2.4). Der Stabilitätsnachweis für Stäbe und Stabwerke kann nach den Methoden A, B und C des Abschn. 10.2.5 erfolgen (siehe Tafel 10.41). Bezüglich der Eignung der Methoden für bestimmte Tragwerksformen und Querschnittstypen siehe auch [72].

Bei den **Methoden A und B** wird eine Berechnung nach Theorie II. Ordnung unter Ansatz von Imperfektionen durchgeführt, die im Allgemeinen als geometrische Ersatzimperfektionen angesetzt oder durch wirkungsgleiche Ersatzlasten berücksichtigt werden (siehe Abschn. 10.2.6). Die Schnittgrößenberechnung kann mit vereinfachten Verfahren (siehe Abschn. 10.2.4), geeigneten Stabwerksprogrammen oder Handrechnungsverfahren (z. B. DGL-Methode, Weggrößenverfahren Theorie II. Ordnung) erfolgen.

Die Anwendung von **Methode A** beschränkt sich, wegen i. Allg. fehlender Möglichkeit, den Einfluss der Biegetorsionstheorie II. Ordnung bei räumlichen Stabwerken und polygonal verlaufenden Stabzügen im Rahmen eine Stabwerksberechnung zu berücksichtigen, auf Tragkonstruktionen ohne Biegedrillknickgefährdung (z. B. Stahlhohlprofilkonstruktionen und Tragwerke mit ausreichend gegen Verdrehen um die Längsachse gesicherten Stäben).

Bei der **Methode B** werden im Rahmen einer Stabwerksberechnung die Stabendschnittgrößen nach Theorie II. Ordnung ermittelt. Der Einfluss von Bauteilimperfektionen (i. Allg. als Vorkrümmungen angesetzt) und Lastverformungen zwischen den Knoten des Stabwerks wird im Rahmen nachgelagerter Ersatzstabnachweise für die Einzelstäbe berücksichtigt. Als Knicklängen werden dabei i. Allg. die Stablängen angesetzt. In Bezug auf die gleichzeitige Berücksichtigung von Anfangsschiefstellungen und Vorkrümmungen bei der Stabwerksberechnung ($\varepsilon > \pi/2$) gilt Abschn. 10.2.6.4.

Bei der **Methode C**, die für einfache Tragsysteme wie Einzelstäbe, Durchlaufträger und einfache ebene Rahmensysteme geeignet ist, werden Ersatzstabnachweise mit den Schnittgrößen nach Theorie I. Ordnung geführt. Die zugrunde zu legenden Knicklängen bzw. Knicklasten werden im Rahmen einer Stabilitätsberechnung (Eigenwertanalyse) des Gesamtsystems ermittelt. Je nach Tragstruktur (verschieblich, unverschieblich) und Steifigkeitsverteilung können die Knicklängen über oder unter den jeweiligen Stablängen liegen. Zu beachten ist, dass ggf. vorhandene Anschlüsse und Verbindungen unter Berücksichtigung der angenommenen Lagerungsbedingungen in geeigneter Weise auszulegen sind, da der Schnittgrößenzuwachs aus den Einflüssen von Imperfektionen und Theorie II. Ordnung nicht bekannt ist. Bei biegesteifen Anschlüssen von Stäben mit Querschnitten der Klasse 1 oder 2 sind i. Allg. die plastischen Momententragfähigkeiten anzuschließen.

Das Auftreten der Stabilitätsfälle Biegeknicken (BK), Drillknicken (DK) und Biegedrillknicken (BDK) ist abhängig von der Querschnittsform, den Lagerungsbedingungen und den planmäßigen Schnittgrößen. Tafel 10.67 gibt eine Übersicht über mögliche Stabilitätsfälle von Stäben mit dünnwandigen offenen Querschnitten und die Ersatzstabnachweise nach [12]. Bei Stäben aus geschlossenen Hohlprofilen mit üblichen Abmessungsverhältnissen ist wegen der hohen Torsionssteifigkeit als globale Versagensform nur das Biegeknicken von Relevanz. Die Stabilitätsnachweise für Bauteile mit kaltgeformten Querschnitten aus Blechen oder Band sind, mit Ausnahme von Stahlhohlprofilen nach [56], in [14] geregelt.

Tafel 10.67 Stabilitätsfälle und Ersatzstabnachweise

Schnittgrößen	Drucknormalkraft	Biegung um die Hauptachse	Biegung und Normalkraft
Mögliche Stabilitätsfälle	Biegeknicken Drillknicken Biegedrillknicken	Biegedrillknicken	Biegeknicken Biegedrillknicken
Nachweis nach DIN EN 1993-1-1 [12]	Abschnitt 6.3.1	Abschnitt 6.3.2.1 (allgemeiner Nachweis) Abschnitt 6.3.2.4 (vereinfachter Nachweis)	Abschnitt 6.3.3 Verfahren 1 (B/F) mit k_{ij} nach Anhang A Verfahren 2 (D/A) mit k_{ij} nach Anhang B

10.4.2 Gleichförmige Bauteile mit planmäßig zentrischem Druck

10.4.2.1 Anwendungsbedingungen und Abgrenzungskriterien

Der Tragsicherheitsnachweis nach Abschn. 10.4.2 gilt für Bauteile mit konstantem Querschnitt über die Länge. Der Knicknachweis kann entfallen, wenn Bedingung (10.61) oder (10.62) eingehalten ist.

$$\bar{\lambda} \leq \bar{\lambda}_0 = 0,2 \qquad (10.61)$$

oder

$$\frac{N_{\mathrm{Ed}}}{N_{\mathrm{cr}}} \leq 0,04 \qquad (10.62)$$

Bei Bauteilen mit veränderlichem Querschnitt und/oder ungleichförmiger Druckbelastung kann die Berechnung nach Theorie II. Ordnung erfolgen. Der Nachweis aus der Ebene kann auch nach dem Allgemeinen Verfahren nach [12], Abschn. 6.3.4 erfolgen (siehe Abschn. 10.4.5).

Bei einfach- und unsymmetrischen Querschnitten der Klasse 4 sind in der Regel Zusatzmomente ΔM durch das Verschieben der Hauptachsen der wirksamen gegenüber den geometrisch vorhandenen Querschnittsflächen zu berücksichtigen. Der Nachweis erfolgt dann für ein- oder zweiachsige Biegung und Normalkraft.

10.4.2.2 Ersatzstabnachweis

Der Tragsicherheitsnachweis erfolgt nach Gleichung (10.63). Bei der Bestimmung der Beanspruchbarkeit wird die Verzweigungslast N_{cr} für den maßgebenden Knickfall (Biegeknicken, Drillknicken oder Biegedrillknicken) zugrunde gelegt.

$$\frac{N_{\mathrm{Ed}}}{N_{\mathrm{b,Rd}}} \leq 1 \qquad (10.63)$$

Knickbeanspruchbarkeit $N_{\mathrm{b,Rd}}$ für druckbeanspruchte Bauteile:

$$N_{\mathrm{b,Rd}} = \frac{\chi A f_{\mathrm{y}}}{\gamma_{\mathrm{M1}}} \quad \text{für Querschnitte der Klassen 1 bis 3}$$

$$N_{\mathrm{b,Rd}} = \frac{\chi A_{\mathrm{eff}} f_{\mathrm{y}}}{\gamma_{\mathrm{M1}}} \quad \text{für Querschnitte der Klasse 4}$$

χ \quad Abminderungsfaktor für die maßgebende Versagensform nach Abb. 10.22, Tafel 10.71 und (10.64)

Tafel 10.68 Imperfektionsbeiwerte α der Knicklinien

Knicklinie	a_0	a	b	c	d
α	0,13	0,21	0,34	0,49	0,76

Tafel 10.69 Bezugsschlankheiten λ_1

Stahlsorte ($t \leq 40$ mm)	λ_1
S235	93,9
S275	86,8
S355	76,4
S420	70,2
S460	67,1

A, A_{eff} Querschnittsfläche, wirksame Querschnittsfläche

Löcher für Verbindungsmittel an den Stützenenden können vernachlässigt werden

$$\chi = \frac{1}{\Phi + \sqrt{\Phi^2 - \bar{\lambda}^2}} \leq 1,0 \qquad (10.64)$$

$\Phi = 0,5[1 + \alpha(\bar{\lambda} - \bar{\lambda}_0) + \beta \bar{\lambda}^2]$ mit $\bar{\lambda}_0 = 0,2$ und $\beta = 1,0$.

In Tafel 10.68 sind die Imperfektionsbeiwerte α für die Knicklinien a_0 bis d angegeben. Die Zuordnung erfolgt gemäß Tafel 10.70 nach Querschnittstyp, Herstellungsart, Blechdicke, Streckgrenze und Knickrichtung. Nicht ausgewiesene Knickfälle sind sinngemäß einzuordnen. Bei den Stabilitätsfällen Biegedrillknicken und Drillknicken wird die Knicklinie für das Ausweichen senkrecht zur z-Achse zugrunde gelegt. Tafel 10.71 enthält die Auswertung der Abminderungsfaktoren χ nach (10.64).

Die Bestimmung der Bauteilschlankheiten $\bar{\lambda}$ kann mit den Knicklasten N_{cr} oder, für den Stabilitätsfall Biegeknicken, mit den Knicklängen L_{cr} von Stäben erfolgen.

$$\bar{\lambda} = \sqrt{\frac{A f_{\mathrm{y}}}{N_{\mathrm{cr}}}} \qquad \bar{\lambda} = \frac{L_{\mathrm{cr}}}{i \cdot \lambda_1} \qquad \text{für QSK 1 bis 3}$$

$$\bar{\lambda} = \sqrt{\frac{A_{\mathrm{eff}} f_{\mathrm{y}}}{N_{\mathrm{cr}}}} \qquad \bar{\lambda} = \frac{L_{\mathrm{cr}}}{i \cdot \lambda_1} \sqrt{\frac{A_{\mathrm{eff}}}{A}} \qquad \text{für QSK 4}$$

Für die Bezugsschlankheit λ_1 gilt (siehe Tafel 10.69):

$$\lambda_1 = \pi \sqrt{\frac{E}{f_{\mathrm{y}}}} = 93,9\varepsilon \quad \text{mit } \varepsilon = \sqrt{\frac{235}{f_{\mathrm{y}}}}$$

Stäbe mit Winkelquerschnitten Bei Stäben mit Winkelquerschnitten, die an den Enden mit nur einem Schenkel angeschlossen sind, können die Exzentrizitäten ggf. vernachlässigt und die Endeinspannungen bei der Bemessung berücksichtigt werden. Voraussetzung hierfür sind ausreichend steife Anschlüsse und angrenzende Bauteile (Gurte

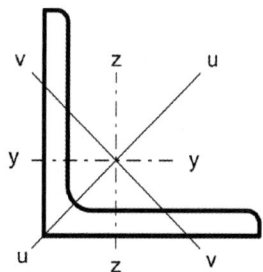

Abb. 10.21 Winkel mit Achsbezeichnungen

von Verbänden und Fachwerkträgern). Die Verbindungen müssen mit mindestens zwei in Kraftrichtung hintereinander liegenden Schrauben oder mit Schweißnähten, deren Länge an den Flanken mindestens der Schenkellänge entspricht, angeschlossen sein. Die effektiven Schlankheitsgrade $\bar{\lambda}_{\mathrm{eff}}$ für die jeweiligen Knickrichtungen dürfen unter diesen Voraussetzungen mit (10.65) bestimmt werden. Eingangsgrößen sind die Schlankheitsgrade, die sich unter der Annahme einer beidseitig gelenkigen Lagerung an den Stabenden ergeben.

$$\bar{\lambda}_{\mathrm{eff,v}} = 0{,}35 + 0{,}7\bar{\lambda}_{\mathrm{v}}$$

    für Biegeknicken senkrecht zur v-Achse

$$\bar{\lambda}_{\mathrm{eff,y}} = 0{,}50 + 0{,}7\bar{\lambda}_{\mathrm{y}}$$

    für Biegeknicken senkrecht zur y-Achse   (10.65)

$$\bar{\lambda}_{\mathrm{eff,z}} = 0{,}50 + 0{,}7\bar{\lambda}_{\mathrm{z}}$$

    für Biegeknicken senkrecht zur z-Achse

Wird nur je eine Schraube für die Endverbindungen verwendet, sollte die Exzentrizität berücksichtigt und als Knicklänge L_{cr} die Systemlänge L angesetzt werden.

Beispiel

Profil: HE200A, S355 (QSK 1)

$N_{\mathrm{Ed}} = 650$ kN

Beanspruchung: $N_{\mathrm{Ed}} = 650$ kN

Maßgebend ist Knicken senkrecht zur z-Achse

$$L_{\mathrm{cr}} = 1{,}0 \cdot 500 = 500 \,\mathrm{cm}$$

$$\lambda_1 = 76{,}4 \rightarrow \bar{\lambda} = \frac{L_{\mathrm{cr}}}{i_{\mathrm{z}}}\frac{1}{\lambda_1} = \frac{500}{4{,}98}\cdot\frac{1}{76{,}4} = 1{,}31$$

$$\frac{h}{b} = \frac{190}{200} < 1{,}2 \quad \text{und} \quad t_{\mathrm{f}} < 100\,\mathrm{mm}$$

Knicklinie $c \rightarrow \chi = 0{,}38$ (nach Tafel 10.71)

$$N_{\mathrm{b,Rd}} = \frac{0{,}38 \cdot 53{,}8 \cdot 35{,}5}{1{,}1} = 660\,\mathrm{kN}$$

Biegeknicknachweis: $650/660 = 0{,}98 < 1$
Der Nachweis ist erfüllt.

Abb. 10.22 Knicklinien für $\bar{\lambda}_0 = 0{,}2$ und $\beta = 1{,}0$

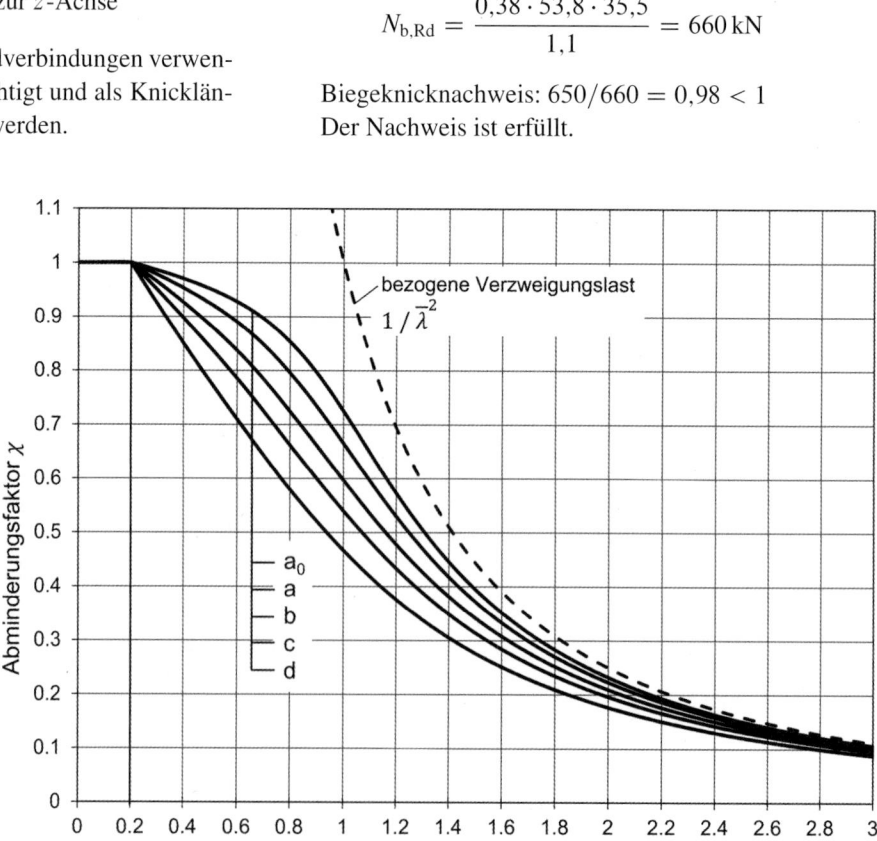

Tafel 10.70   Zuordnung der Knicklinien

Querschnitt		Begrenzungen		Ausweichen rechtwinklig zur Achse	Knicklinie	
					S235 S275 S355 S420	S460 bis S700
Gewalzte I-Querschnitte	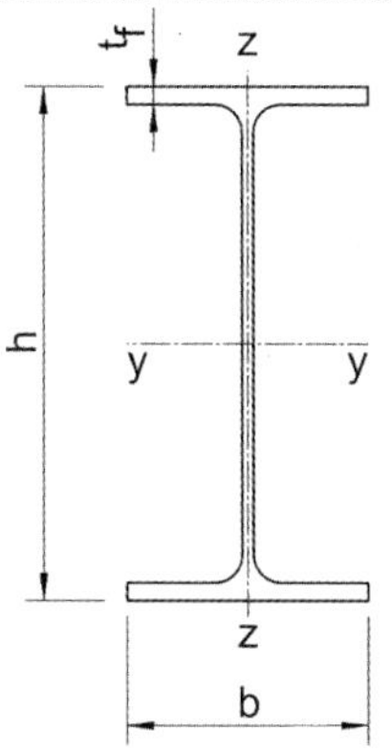	$h/b > 1{,}2$	$t_f \leq 40\,\text{mm}$	y–y	a	a_0
				z–z	b	a_0
			$40\,\text{mm} < t_f \leq 100\,\text{mm}$	y–y	b	a
				z–z	c	a
		$h/b \leq 1{,}2$	$t_f \leq 100\,\text{mm}$	y–y	b	a
				z–z	c	a
			$t_f > 100\,\text{mm}$	y–y	d	c
				z–z	d	c
Geschweißte I-Querschnitte	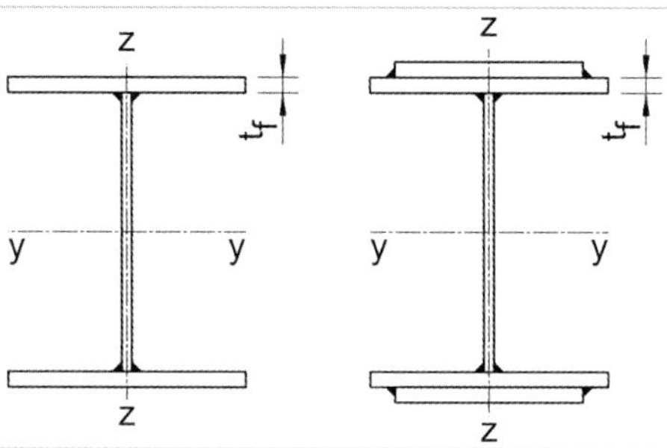	$t_f \leq 40\,\text{mm}$		y–y	b	b
				z–z	c	c
		$t_f > 40\,\text{mm}$		y–y	c	c
				z–z	d	d
Hohlquerschnitte		Warmgefertigte		Jede	a	a_0
		Kaltgefertigte		Jede	c	c
Geschweißte Kastenquerschnitte	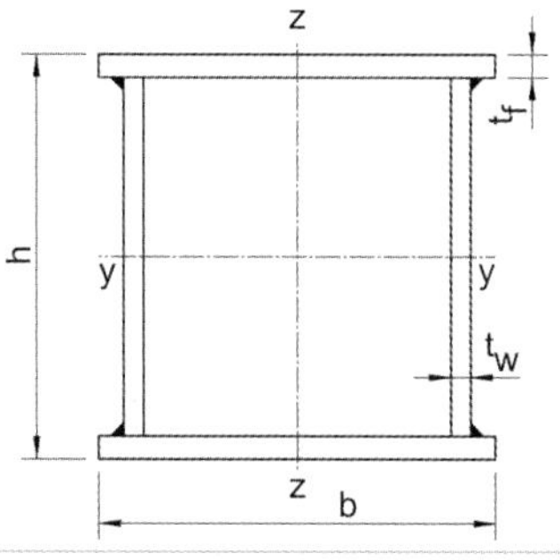	Allgemein (außer den Fällen der nächsten Zeile)		Jede	b	b
		Dicke Schweißnähte: $a > 0{,}5t_f$ $b/t_f < 30$ $h/t_w < 30$		Jede	c	c
U-, T- und Vollquerschnitte	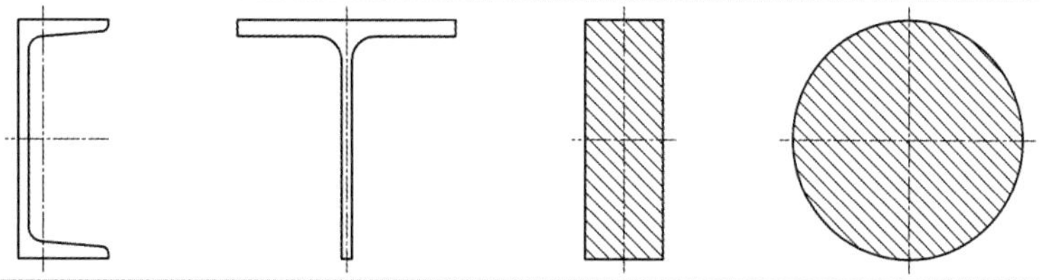			Jede	c	c
L-Querschnitte	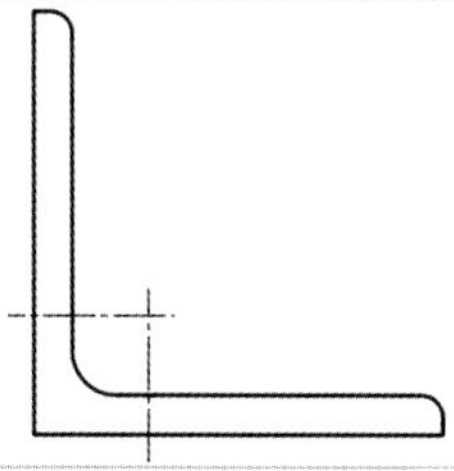			Jede	b	b

10

Tafel 10.71 Abminderungsfaktoren χ

$\bar{\lambda}$	Knicklinie					$\bar{\lambda}$	Knicklinie					$\bar{\lambda}$	Knicklinie				
	a_0	a	b	c	d		a_0	a	b	c	d		a_0	a	b	c	d
0,20	1,000	1,000	1,000	1,000	1,000	1,14	0,618	0,569	0,512	0,463	0,401	2,08	0,216	0,207	0,195	0,183	0,166
0,22	0,997	0,996	0,993	0,990	0,984	1,16	0,603	0,556	0,500	0,453	0,393	2,10	0,212	0,204	0,192	0,180	0,163
0,24	0,995	0,991	0,986	0,980	0,969	1,18	0,588	0,543	0,489	0,443	0,384	2,12	0,208	0,200	0,189	0,177	0,160
0,26	0,992	0,987	0,979	0,969	0,954	1,20	0,573	0,530	0,478	0,434	0,376	2,14	0,204	0,197	0,186	0,174	0,158
0,28	0,989	0,982	0,971	0,959	0,938	1,22	0,559	0,518	0,467	0,424	0,368	2,16	0,201	0,193	0,182	0,172	0,156
0,30	0,986	0,977	0,964	0,949	0,923	1,24	0,545	0,505	0,457	0,415	0,361	2,18	0,197	0,190	0,179	0,169	0,153
0,32	0,983	0,973	0,957	0,939	0,909	1,26	0,531	0,493	0,447	0,406	0,353	2,20	0,194	0,187	0,176	0,166	0,151
0,34	0,980	0,968	0,949	0,929	0,894	1,28	0,518	0,482	0,437	0,397	0,346	2,22	0,190	0,184	0,174	0,164	0,149
0,36	0,977	0,963	0,942	0,918	0,879	1,30	0,505	0,470	0,427	0,389	0,339	2,24	0,187	0,180	0,171	0,161	0,146
0,38	0,973	0,958	0,934	0,908	0,865	1,32	0,493	0,459	0,417	0,380	0,332	2,26	0,184	0,178	0,168	0,159	0,144
0,40	0,970	0,953	0,926	0,897	0,850	1,34	0,481	0,448	0,408	0,372	0,325	2,28	0,181	0,175	0,165	0,156	0,142
0,42	0,967	0,947	0,918	0,887	0,836	1,36	0,469	0,438	0,399	0,364	0,318	2,30	0,178	0,172	0,163	0,154	0,140
0,44	0,963	0,942	0,910	0,876	0,822	1,38	0,457	0,428	0,390	0,357	0,312	2,32	0,175	0,169	0,160	0,151	0,138
0,46	0,959	0,936	0,902	0,865	0,808	1,40	0,446	0,418	0,382	0,349	0,306	2,34	0,172	0,166	0,158	0,149	0,136
0,48	0,955	0,930	0,893	0,854	0,793	1,42	0,435	0,408	0,373	0,342	0,299	2,36	0,169	0,164	0,155	0,147	0,134
0,50	0,951	0,924	0,884	0,843	0,779	1,44	0,425	0,399	0,365	0,335	0,293	2,38	0,167	0,161	0,153	0,145	0,132
0,52	0,947	0,918	0,875	0,832	0,765	1,46	0,415	0,390	0,357	0,328	0,288	2,40	0,164	0,159	0,151	0,143	0,130
0,54	0,943	0,911	0,866	0,820	0,751	1,48	0,405	0,381	0,350	0,321	0,282	2,42	0,161	0,156	0,148	0,140	0,128
0,56	0,938	0,905	0,857	0,809	0,738	1,50	0,395	0,372	0,342	0,315	0,277	2,44	0,159	0,154	0,146	0,138	0,127
0,58	0,933	0,897	0,847	0,797	0,724	1,52	0,386	0,364	0,335	0,308	0,271	2,46	0,156	0,151	0,144	0,136	0,125
0,60	0,928	0,890	0,837	0,785	0,710	1,54	0,377	0,356	0,328	0,302	0,266	2,48	0,154	0,149	0,142	0,134	0,123
0,62	0,922	0,882	0,827	0,773	0,696	1,56	0,369	0,348	0,321	0,296	0,261	2,50	0,151	0,147	0,140	0,132	0,121
0,64	0,916	0,874	0,816	0,761	0,683	1,58	0,360	0,341	0,314	0,290	0,256	2,52	0,149	0,145	0,138	0,131	0,120
0,66	0,910	0,866	0,806	0,749	0,670	1,60	0,352	0,333	0,308	0,284	0,251	2,54	0,147	0,142	0,136	0,129	0,118
0,68	0,903	0,857	0,795	0,737	0,656	1,62	0,344	0,326	0,302	0,279	0,247	2,56	0,145	0,140	0,134	0,127	0,116
0,70	0,896	0,848	0,784	0,725	0,643	1,64	0,337	0,319	0,295	0,273	0,242	2,58	0,143	0,138	0,132	0,125	0,115
0,72	0,889	0,838	0,772	0,712	0,630	1,66	0,329	0,312	0,289	0,268	0,237	2,60	0,140	0,136	0,130	0,123	0,113
0,74	0,881	0,828	0,761	0,700	0,617	1,68	0,322	0,306	0,284	0,263	0,233	2,62	0,138	0,134	0,128	0,122	0,112
0,76	0,872	0,818	0,749	0,687	0,605	1,70	0,315	0,299	0,278	0,258	0,229	2,64	0,136	0,132	0,126	0,120	0,110
0,78	0,863	0,807	0,737	0,675	0,592	1,72	0,308	0,293	0,273	0,253	0,225	2,66	0,134	0,130	0,125	0,118	0,109
0,80	0,853	0,796	0,724	0,662	0,580	1,74	0,302	0,287	0,267	0,248	0,221	2,68	0,132	0,129	0,123	0,117	0,108
0,82	0,843	0,784	0,712	0,650	0,568	1,76	0,295	0,281	0,262	0,243	0,217	2,70	0,130	0,127	0,121	0,115	0,106
0,84	0,832	0,772	0,699	0,637	0,556	1,78	0,289	0,276	0,257	0,239	0,213	2,72	0,129	0,125	0,119	0,114	0,105
0,86	0,821	0,760	0,687	0,625	0,544	1,80	0,283	0,270	0,252	0,235	0,209	2,74	0,127	0,123	0,118	0,112	0,104
0,88	0,809	0,747	0,674	0,612	0,532	1,82	0,277	0,265	0,247	0,230	0,206	2,76	0,125	0,122	0,116	0,111	0,102
0,90	0,796	0,734	0,661	0,600	0,521	1,84	0,272	0,260	0,243	0,226	0,202	2,78	0,123	0,120	0,115	0,109	0,101
0,92	0,783	0,721	0,648	0,588	0,510	1,86	0,266	0,255	0,238	0,222	0,199	2,80	0,122	0,118	0,113	0,108	0,100
0,94	0,769	0,707	0,635	0,575	0,499	1,88	0,261	0,250	0,234	0,218	0,195	2,82	0,120	0,117	0,112	0,107	0,098
0,96	0,755	0,693	0,623	0,563	0,488	1,90	0,256	0,245	0,229	0,214	0,192	2,84	0,118	0,115	0,110	0,105	0,097
0,98	0,740	0,680	0,610	0,552	0,477	1,92	0,251	0,240	0,225	0,210	0,189	2,86	0,117	0,114	0,109	0,104	0,096
1,00	0,725	0,666	0,597	0,540	0,467	1,94	0,246	0,236	0,221	0,207	0,186	2,88	0,115	0,112	0,107	0,102	0,095
1,02	0,710	0,652	0,584	0,528	0,457	1,96	0,241	0,231	0,217	0,203	0,183	2,90	0,114	0,111	0,106	0,101	0,094
1,04	0,695	0,638	0,572	0,517	0,447	1,98	0,237	0,227	0,213	0,200	0,180	2,92	0,112	0,109	0,105	0,100	0,093
1,06	0,679	0,624	0,559	0,506	0,438	2,00	0,232	0,223	0,209	0,196	0,177	2,94	0,111	0,108	0,103	0,099	0,091
1,08	0,664	0,610	0,547	0,495	0,428	2,02	0,228	0,219	0,206	0,193	0,174	2,96	0,109	0,106	0,102	0,097	0,090
1,10	0,648	0,596	0,535	0,484	0,419	2,04	0,224	0,215	0,202	0,190	0,171	2,98	0,108	0,105	0,101	0,096	0,089
1,12	0,633	0,582	0,523	0,474	0,410	2,06	0,220	0,211	0,199	0,186	0,168	3,00	0,106	0,104	0,099	0,095	0,088

Tafel 10.72 Knicklängenbeiwerte β_{cr} für Druckstäbe mit gleichbleibendem Querschnitt und veränderlicher Normalkraft

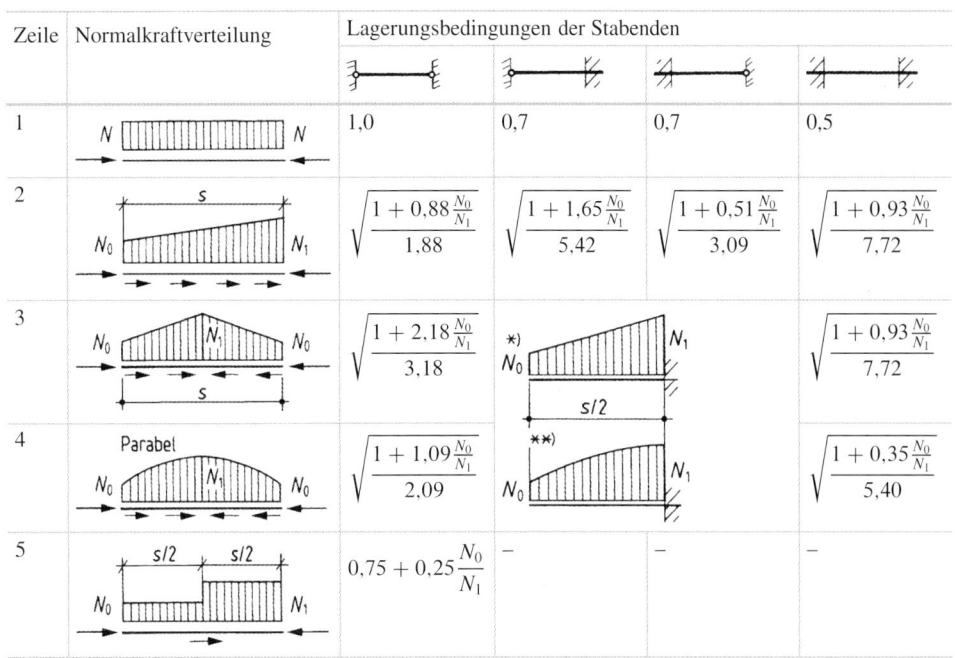

Zeile	Normalkraftverteilung	Lagerungsbedingungen der Stabenden			
1	$N \rightarrow$ ▭ $\leftarrow N$	1,0	0,7	0,7	0,5
2	N_0 ▱ N_1, s	$\sqrt{\dfrac{1+0{,}88\frac{N_0}{N_1}}{1{,}88}}$	$\sqrt{\dfrac{1+1{,}65\frac{N_0}{N_1}}{5{,}42}}$	$\sqrt{\dfrac{1+0{,}51\frac{N_0}{N_1}}{3{,}09}}$	$\sqrt{\dfrac{1+0{,}93\frac{N_0}{N_1}}{7{,}72}}$
3	N_0 △ N_1 N_0, s	$\sqrt{\dfrac{1+2{,}18\frac{N_0}{N_1}}{3{,}18}}$	*) N_0 ▱ N_1, $s/2$		$\sqrt{\dfrac{1+0{,}93\frac{N_0}{N_1}}{7{,}72}}$
4	Parabel N_0 ⌒ N_1 N_0	$\sqrt{\dfrac{1+1{,}09\frac{N_0}{N_1}}{2{,}09}}$	**) N_0 ⌒ N_1		$\sqrt{\dfrac{1+0{,}35\frac{N_0}{N_1}}{5{,}40}}$
5	$s/2$ $s/2$ N_0 ▭ ▭ N_1	$0{,}75+0{,}25\dfrac{N_0}{N_1}$	–	–	–

Die Zeilen 2, 3 und 4 gelten auch, wenn N_0 eine Zugkraft ist mit $N_0 \leq 0{,}2 \cdot |N_1|$; in den Formeln ist dann $+$ durch $-$ zu ersetzen. Die Formeln *) und **) gelten auch für den einseitig eingespannten Stab. Für s ist dann die doppelte Stablänge einzusetzen.

10.4.2.3   Knicklängen und -lasten von Stäben und Rahmenstützen

10.4.2.3.1   Allgemeines

Die Knicklängen ergeben sich aus den Produkten von Stablängen und Knicklängenbeiwerten. Mit den Biegesteifigkeiten der Stäbe werden die idealen Biegeknicklasten N_{cr} bestimmt.

$$L_{cr} = \beta_{cr} \cdot L \quad \text{mit } \beta_{cr} = \pi/\varepsilon_{cr} \tag{10.66}$$

$$N_{cr} = \frac{\pi^2 \cdot EI}{L_{cr}^2} \qquad N_{cr} = \left(\frac{\varepsilon_{cr}}{L}\right)^2 \cdot EI \tag{10.67}$$

Tafel 10.72 enthält Knicklängenbeiwerte β_{cr} für Stäbe mit veränderlicher Normalkraft und konstantem Querschnitt. Der Knicklängenbeiwert bezieht sich auf die größte Drucknormalkraft N_1.

10.4.2.3.2   Fachwerke

Die nachfolgenden Regelungen gelten als Näherung für den Fall, dass keine geringeren Knicklängen durch genauere Berechnungen nachgewiesen werden.

Bei **Gurtstäben mit I- oder H-Querschnitten** darf die Knicklänge L_{cr} zu $0{,}9L$ für das Biegeknicken in der Ebene und zu $1{,}0L$ für Biegeknicken aus der Ebene angenommen werden. Letzterer Wert gilt für den Fall, dass die Systemknoten aus der Ebene seitlich unverschieblich gehalten sind.

Bei den **Füllstäben von Fachwerken** kann für das Knicken senkrecht zur Ebene $1{,}0L$, für das Knicken in der Ebene $0{,}9L$ angenommen werden, wenn die Verbindungen zu den Gurten und die Gurte dieses aufgrund ihrer Steifigkeit und Tragfähigkeit zulassen (z. B. falls geschraubt Mindestanschluss mit 2 Schrauben).

Fachwerke aus Hohlprofilen Bei **Gurtstäben** darf die Knicklänge L_{cr} für das Biegeknicken in und aus der Ebene mit $0{,}9L$ angenommen werden, wobei L die Systemlänge für die betrachtete Fachwerkebene ist. Die Systemlänge in der Fachwerkebene entspricht dem Abstand der Anschlüsse. Die Systemlänge rechtwinklig zur Fachwerkebene entspricht dem Abstand der seitlichen Abstützpunkte.

Die Knicklänge L_{cr} von **Füllstäben** darf bei geschraubten Anschlüssen mit $1{,}0L$ für Biegeknicken in und aus der Ebene angenommen werden. Bei Hohlprofilstreben, die mit ihrem gesamten Umfang ohne Ausschnitte und Endkröpfungen an Hohlprofilgurte angeschweißt sind, darf die Knicklänge L_{cr} für das Biegeknicken in und aus der Ebene mit $0{,}75L$ angenommen werden [12]. Falls für die Streben ein Knicklängenbeiwert von 0,75 oder niedriger verwendet wird, dann darf in derselben Einwirkungskombination die Knicklänge für die Gurtstäbe nicht reduziert werden [13].

Für den Hochbau dürfen die Hinweise zu Knicklängen von Hohlprofilstäben in Fachwerkträgern nach [80] verwendet werden.

Sich kreuzende Fachwerkstäbe Für das Ausweichen in der Fachwerkebene sind als Knicklängen die Netzlängen bis zu den Knotenpunkten anzunehmen. Die Knicklängen für das Ausweichen rechtwinklig zur Fachwerkebene können in Abhängigkeit von der konstruktiven Ausbildung Tafel 10.73

Tafel 10.73 Knicklängen L_{cr} von Fachwerkstäben mit konstanten Querschnitten für das Ausweichen rechtwinklig zur Fachwerkebene

	1	2	3
1	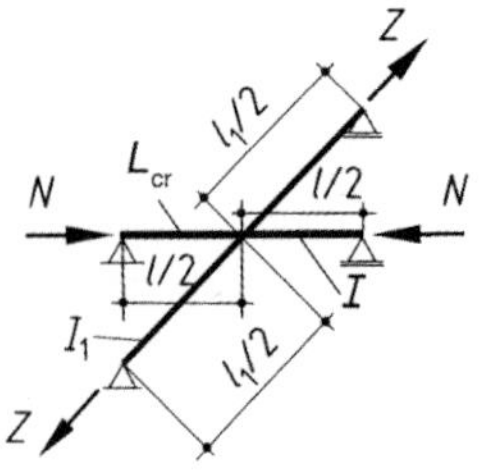	$L_{cr} = l \sqrt{\left(1 - \dfrac{3}{4} \dfrac{Z \cdot l}{N \cdot l_1}\right) \Big/ \left(1 + \dfrac{I_1 \cdot l^3}{I \cdot l_1^3}\right)}$, jedoch $L_{cr} \geq 0{,}5l$	
2	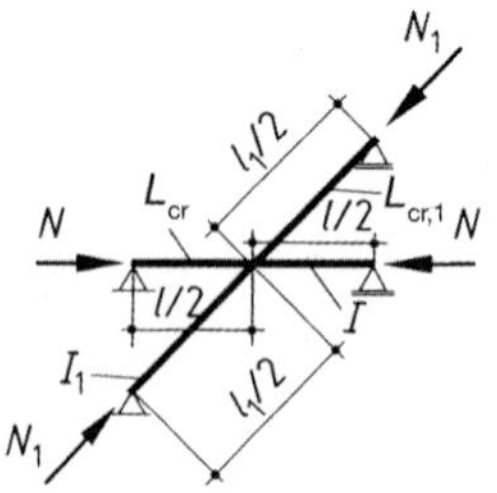	$L_{cr} = l \sqrt{\left(1 + \dfrac{N_1 \cdot l}{N \cdot l_1}\right) \Big/ \left(1 + \dfrac{I_1 \cdot l^3}{I \cdot l_1^3}\right)}$ jedoch $L_{cr} \geq 0{,}5l$	$L_{cr,1} = l_1 \sqrt{\left(1 + \dfrac{N \cdot l_1}{N_1 \cdot l}\right) \Big/ \left(1 + \dfrac{I \cdot l_1^3}{I_1 \cdot l^3}\right)}$ jedoch $L_{cr,1} \geq 0{,}5l_1$
3	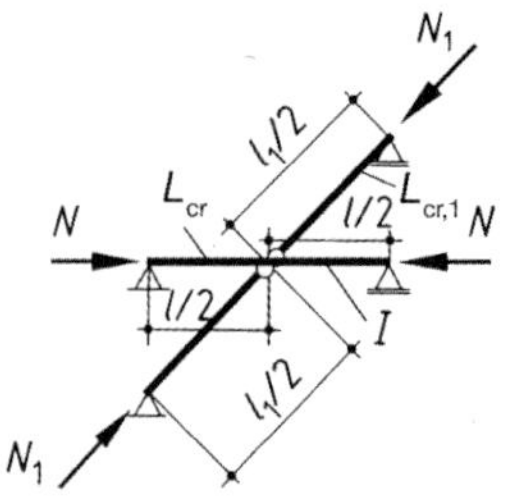	Durchlaufender Druckstab $L_{cr} = l \sqrt{1 + \dfrac{\pi^2}{12} \cdot \dfrac{N_1 \cdot l}{N \cdot l_1}}$	Gelenkig angeschlossener Druckstab $L_{cr,1} = 0{,}5l_1$, wenn $EI \geq \dfrac{N_1 \cdot l^3}{\pi^2 \cdot l_1} \left(\dfrac{\pi^2}{12} + \dfrac{N \cdot l_1}{N_1 \cdot l}\right)$
4	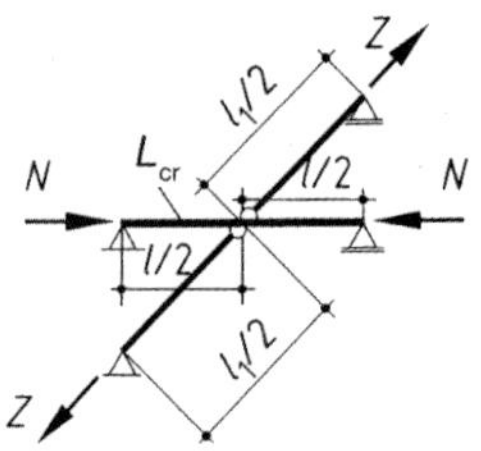	$L_{cr} = l \sqrt{1 - 0{,}75 \dfrac{Z \cdot l}{N \cdot l_1}}$, jedoch $L_{cr} \geq 0{,}5l$	
5	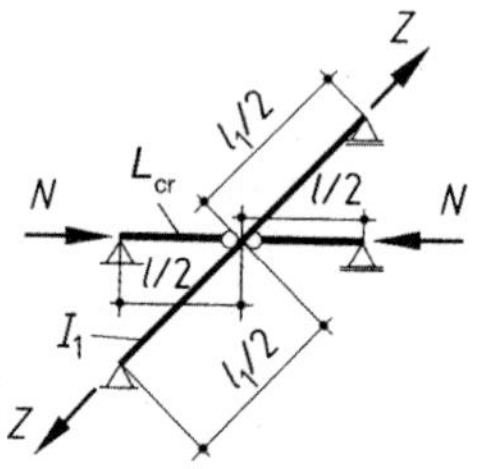	$L_{cr} = 0{,}5l$, wenn $\dfrac{N \cdot l_1}{Z \cdot l} \leq 1$ oder wenn gilt $EI_1 \geq \dfrac{3Z \cdot l_1^2}{4\pi^2} \left(\dfrac{N \cdot l_1}{Z \cdot l} - 1\right)$	
6	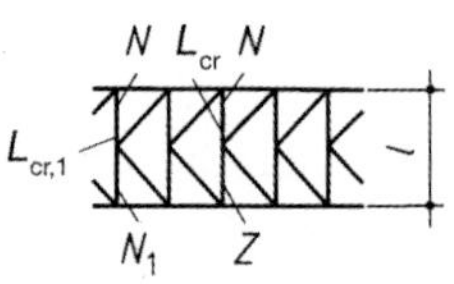	$L_{cr} = l \left(0{,}75 - 0{,}25 \left|\dfrac{Z}{N}\right|\right)$, jedoch $L_{cr} \geq 0{,}5l$	$L_{cr,1} = l \left(0{,}75 + 0{,}25 \dfrac{N_1}{N}\right)$, $N_1 < N$

entnommen werden. An den Kreuzungsstellen müssen die Stäbe unmittelbar oder über ein Knotenblech miteinander verbunden werden. Wenn beide Stäbe durchlaufen, ist deren Verbindung für eine Kraft, rechtwinklig zur Fachwerkebene wirkend, von 10 % der größeren Druckkraft zu bemessen (siehe [32], El. (506)).

10.4.2.3.3 Rahmen

a) Rahmen mit unverschieblichen Knotenpunkten Die Berechnung kann näherungsweise nach Abb. 10.23 erfolgen, wenn die Systeme unverschieblich und die Normalkraftverformungen vernachlässigbar sind. Der Systemeigenwert α_{cr} ist iterativ durch Aufteilung der Riegelsteifigkeiten auf Teilsysteme mit einer Stütze zu bestimmen (siehe Abb. 10.23 unten). Ist α_{cr} in allen Teilsystemen gleich, so ist der Eigenwert des Gesamtsystems gefunden. Damit können dann die Knicklasten der Stützen bestimmt werden.

$$N_{cr,i} = \alpha_{cr} \cdot N_i$$

Beispiel

Die Knicklängen der Stiele des unverschieblichen Rahmens sind mithilfe der Abb. 10.23 zu bestimmen.

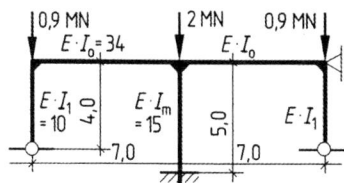

Das Rahmensystem wird in einstielige Teilsysteme zerlegt. Wegen der Symmetrie von System und Belastung genügt es, zwei Stiele zu betrachten. Die Steifigkeit des Riegels wird auf die beiden Teilsysteme aufgeteilt. Der Teilungsfaktor ξ wird so lange verändert, bis α_{cr} in beiden System annähernd gleich groß ist. Die iterative Berechnung folgt tabellarisch.

Teilsystem 1:

$$c_{o1} = \cfrac{1}{1 + \cfrac{1 \cdot 1 \cdot \xi \cdot 34/7,0}{10/4,0}} = \frac{1}{1 + 1,94\,\xi}$$

$$\text{Abb. 10.23} \rightarrow \beta_1 \rightarrow \alpha_{cr,1} = \left(\frac{\pi}{\beta_1}\right)^2 \cdot \frac{10/4,0}{0,9 \cdot 4,0} = \frac{6,85}{\beta_1^2}$$

Teilsystem 2:

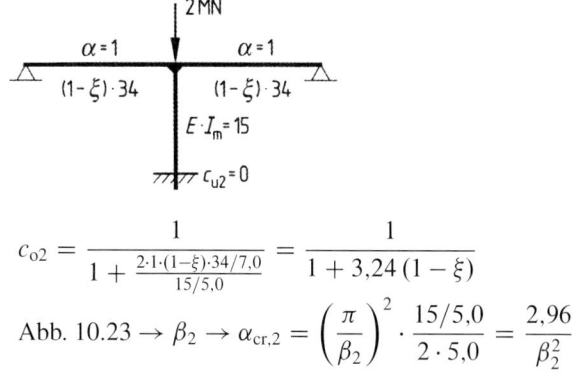

$$c_{o2} = \cfrac{1}{1 + \cfrac{2 \cdot 1 \cdot (1-\xi) \cdot 34/7,0}{15/5,0}} = \frac{1}{1 + 3,24\,(1 - \xi)}$$

$$\text{Abb. 10.23} \rightarrow \beta_2 \rightarrow \alpha_{cr,2} = \left(\frac{\pi}{\beta_2}\right)^2 \cdot \frac{15/5,0}{2 \cdot 5,0} = \frac{2,96}{\beta_2^2}$$

ξ	Teilsystem 1			Teilsystem 2		
	c_{o1}	β_1	$\alpha_{cr,1}$	c_{o2}	β_2	$\alpha_{cr,2}$
0,5	0,508	0,843	9,64	0,382	0,580	8,80
0,3	0,632	0,883	8,79	0,306	0,562	9,37
0,4	0,563	0,861	**9,24**	0,340	0,570	**9,11**

Der minimale Systemeigenwert $\min \alpha_{cr}$ gilt für alle Teilsysteme. Daher ist β für den Stiel j im Teilsystem r noch zu korrigieren:

$$\beta_j = \beta_r \cdot \sqrt{\alpha_{cr,r}/ \min \alpha_{cr}}$$

$$\beta_{cr,1} = 0,861 \cdot \sqrt{9,24/9,11} = 0,87$$

$$L_{cr,1} = 0,87 \cdot 4,0 = 3,48\,\text{m}$$

$$\beta_{cr,m} = 0,57 \rightarrow L_{cr,m} = 0,57 \cdot 5,0 = 2,85\,\text{m}$$

b) Rahmen mit verschieblichen Knotenpunkten In Tafel 10.74 sind Formeln zur Bestimmung des Knicklängenbeiwerts β_{cr} von Rahmen mit gelenkiger Lagerung und Einspannung der Stützenfüße angegeben. Zu beachten ist, dass sich β_{cr} auf die mit F belastete Stütze bezieht.

Mit Abb. 10.24 können nach dem c_o-c_u-Verfahren zunächst die Knicklängenbeiwerte β_{cr} für die gesamten Stützen eines Geschosses und anschließend für die Einzelstützen $\beta_{cr,j}$ bestimmt werden. Voraussetzung für die Anwendung ist, dass die Stützen eines Geschosses gleichhoch und gleichartig gelagert sind. Bei mehrgeschossigen Rahmen wird zunächst der Systemeigenwert α_{cr} iterativ durch Zuordnung der Riegelsteifigkeiten auf das jeweils obere und untere Geschoss bestimmt (siehe a)).

Vorhandene Pendelstützen können bei allen Verfahren näherungsweise wie folgt berücksichtigt werden:

- Ansatz von Horizontalkräften der Pendelstützen infolge ihrer Schiefstellung
- Bei der Ermittlung von α_{cr} und $\beta_{cr,j}$ nach Abb. 10.24 ist $\sum N_j$ durch $\sum N_j + \sum N_i \cdot l_s/l_i$ zu ersetzen.

N_i, l_i Druckkraft und Länge der einzelnen Pendelstützen

l_s Stockwerkhöhe.

Abb. 10.23 Bestimmung der
Knicklängenbeiwerte β_{cr} und
des Verzweigungslastfaktors α_{cr}
von Stützen unverschieblicher
Rahmen ($\varepsilon_{Riegel} \leq 0,3$)

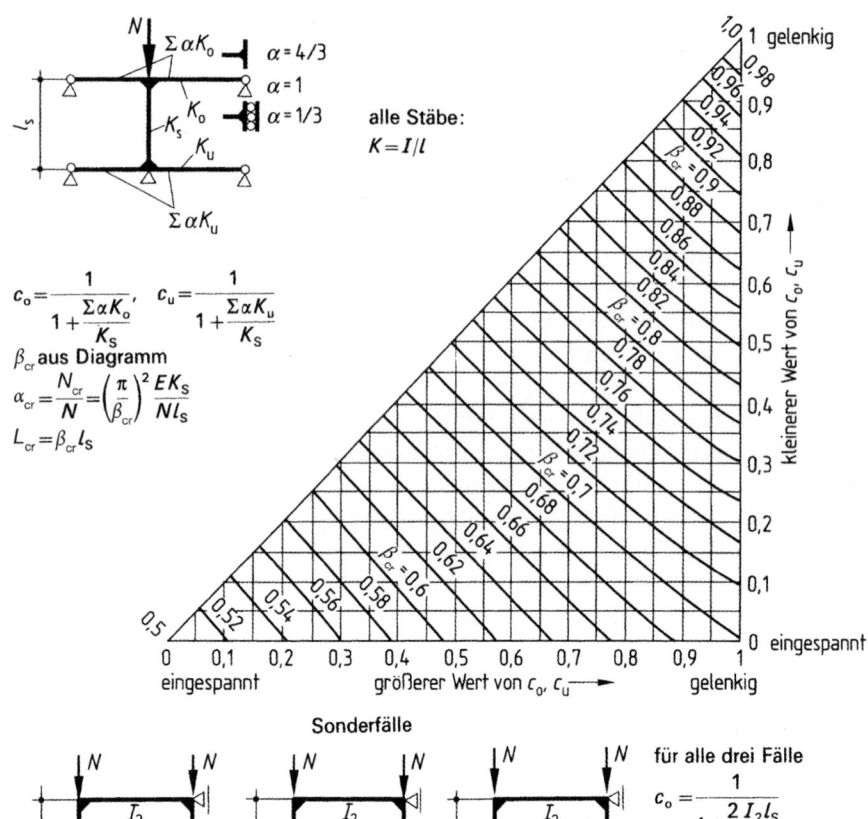

$$c_o = \frac{1}{1+\dfrac{\Sigma \alpha K_o}{K_s}}, \quad c_u = \frac{1}{1+\dfrac{\Sigma \alpha K_u}{K_s}}$$

β_{cr} aus Diagramm

$$\alpha_{cr} = \frac{N_{cr}}{N} = \left(\frac{\pi}{\beta_{cr}}\right)^2 \frac{E K_s}{N l_s}$$

$$L_{cr} = \beta_{cr} l_s$$

Sonderfälle

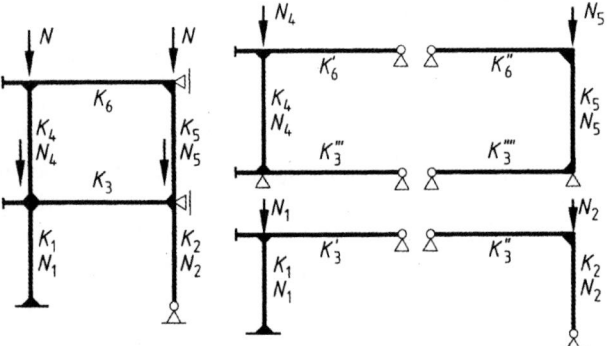

für alle drei Fälle

$$c_o = \frac{1}{1+\dfrac{2}{3}\dfrac{I_2 l_s}{I_s l_2}}$$

$$L_{cr} = \beta_{cr} l_s$$

$$\alpha_{cr} = \frac{\left(\dfrac{\pi}{\beta_{cr} l_s}\right)^2 E I_s}{N}$$

$$c_u = \frac{1}{1+\dfrac{2}{3}\dfrac{I_1 l_s}{I_s l_2}}$$

Zerlegung eines unverschieblichen Rahmens in einstielige
Teilrahmen, für die das Diagramm angewendet werden kann

$$K_6' + K_6'' = K_6$$
$$K_3' + K_3'' + K_3''' + K_3'''' = K_3$$
(Aufteilung von K_3 und K_6 beliebig)

Tafel 10.74 Knicklängenbeiwerte β_{cr} für Stützen verschieblicher Rahmen

$L_{cr} = \beta_{cr} \cdot h$. Der Knicklängenbeiwert β_{cr} ist von folgenden Hilfsgrößen abhängig:

$$c = \frac{I \cdot b}{I_0 \cdot h} \leq 10 \; (\leq 5) \qquad m = \frac{F_1}{F} \leq 1 \qquad n = \frac{F_2}{F} \leq 2$$

($n = 0$, wenn die Pendelstütze unbelastet oder nicht vorhanden ist).

$$p = \frac{F_m}{F} \qquad t = \frac{I_m}{I};$$

der Einfluss der Normalkräfte auf die Rahmenwirkung wird vernachlässigt ($\alpha = 0$).

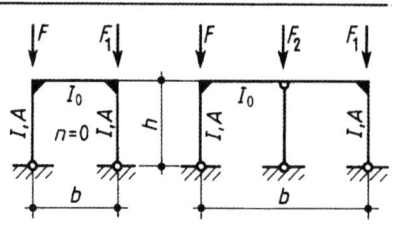

$$\beta_{cr} = \sqrt{1 + 0,48\,n} \cdot \sqrt{\tfrac{1}{2}(1 + m)}$$
$$\cdot \sqrt{4 + 1,4\,c + 0,02\,c^2}$$

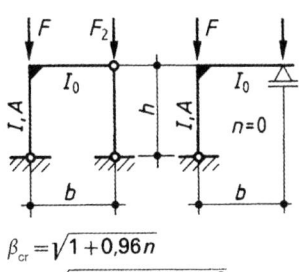

$$\beta_{cr} = \sqrt{1 + 0,96\,n}$$
$$\cdot \sqrt{4 + 2,8\,c + 0,08\,c^2}$$

(mit $c \leq 5$)

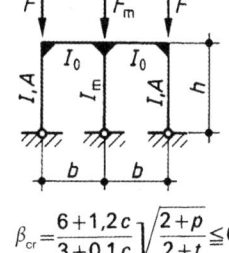

$$\beta_{cr} = \frac{6 + 1,2\,c}{3 + 0,1\,c} \sqrt{\frac{2 + p}{2 + t}} \leq 6$$

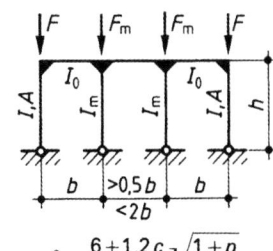

$$\beta_{cr} = \frac{6 + 1,2\,c}{3 + 0,1\,c} \sqrt{\frac{1 + p}{1 + t}} \leq 6$$

$$\beta_{cr,m} = \beta_{cr} \sqrt{t/p}$$

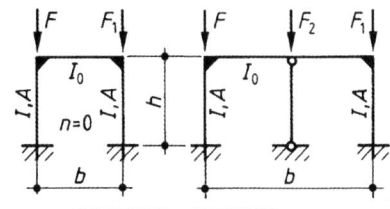

$$\beta_{cr} = \sqrt{1 + 0,43\,n} \cdot \sqrt{\tfrac{1}{2}(1 + m)}$$
$$\cdot \sqrt{1 + 0,35\,c - 0,017\,c^2}$$

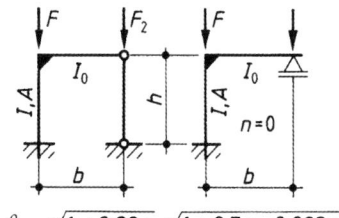

$$\beta_{cr} = \sqrt{1 + 0,86\,n} \cdot \sqrt{1 + 0,7\,c - 0,068\,c^2}$$

(mit $c \leq 5$)

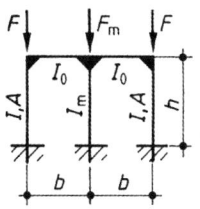

$$\beta_{cr} = \frac{1 + 0,4\,c}{1 + 0,2\,c} \sqrt{\frac{2 + p}{2 + t}} \leq 3$$

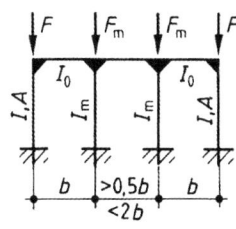

$$\beta_{cr} = \frac{1 + 0,4\,c}{1 + 0,2\,c} \sqrt{\frac{1 + p}{1 + t}} \leq 3$$

$$\beta_{cr,m} = \beta_{cr} \sqrt{t/p}$$

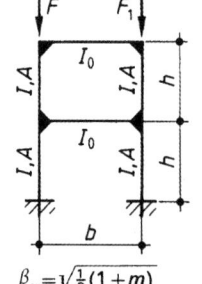

$$\beta_{cr} = \sqrt{\tfrac{1}{2}(1 + m)}$$
$$\cdot \sqrt{1 + 0,89\,c - 0,003\,c^3}$$

10

Abb. 10.24 Bestimmung der
Knicklängenbeiwerte β_{cr} und des
Verzweigungslastfaktors α_{cr} von
Stützen verschieblicher Rahmen
($\varepsilon_{Riegel} \leq 0{,}3$)

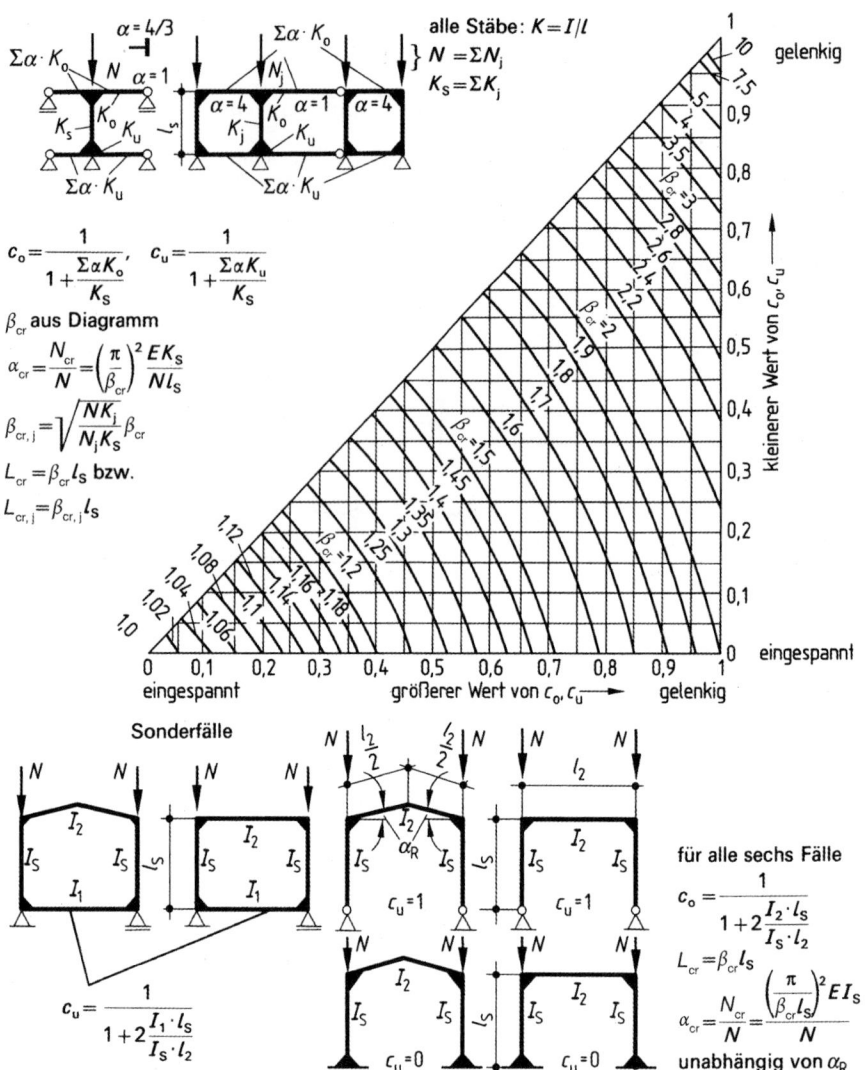

$$c_o = \frac{1}{1+\dfrac{\Sigma \alpha K_o}{K_s}}, \quad c_u = \frac{1}{1+\dfrac{\Sigma \alpha K_u}{K_s}}$$

β_{cr} aus Diagramm

$$\alpha_{cr} = \frac{N_{cr}}{N} = \left(\frac{\pi}{\beta_{cr}}\right)^2 \frac{EK_s}{Nl_s}$$

$$\beta_{cr,j} = \sqrt{\frac{NK_j}{N_jK_s}}\,\beta_{cr}$$

$$L_{cr} = \beta_{cr}l_s \text{ bzw.}$$

$$L_{cr,j} = \beta_{cr,j}\,l_s$$

Sonderfälle

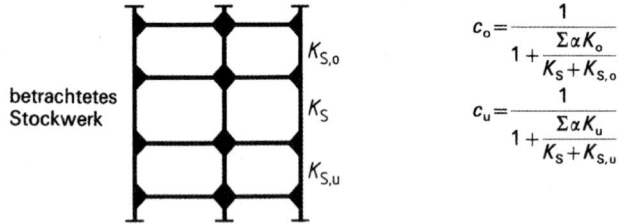

$$c_u = \frac{1}{1+2\dfrac{I_1 \cdot l_s}{I_s \cdot l_2}}$$

für alle sechs Fälle

$$c_o = \frac{1}{1+2\dfrac{I_2 \cdot l_s}{I_s \cdot l_2}}$$

$$L_{cr} = \beta_{cr}l_s$$

$$\alpha_{cr} = \frac{N_{cr}}{N} = \frac{\left(\dfrac{\pi}{\beta_{cr}\,l_s}\right)^2 EI_s}{N}$$

unabhängig von α_R

Mehrgeschossiger Rahmen: die Formeln für c_o, c_u sind zu ersetzen durch

betrachtetes
Stockwerk

$$c_o = \frac{1}{1+\dfrac{\Sigma \alpha K_o}{K_s+K_{s,o}}}$$

$$c_u = \frac{1}{1+\dfrac{\Sigma \alpha K_u}{K_s+K_{s,u}}}$$

Beispiel

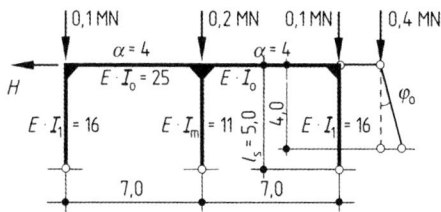

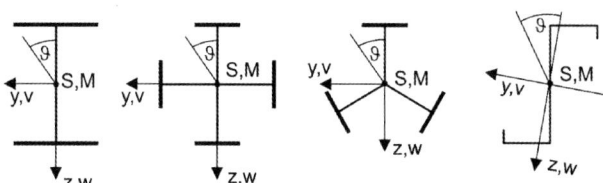

Abb. 10.25 Beispiele punkt- und doppeltsymmetrischer Querschnitte

Die Knicklasten und -längen der Stützen des verschieblichen Rahmens sind mithilfe von Abb. 10.24 zu bestimmen.

$$E \cdot K_S = (2 \cdot 16 + 11)/5,0 = 8,6 \, \text{MNm}$$

$$N = 2 \cdot 0,1 + 0,2 + 0,4 \cdot 5,0/4,0 = 0,9 \, \text{MN}$$

$$c_0 = \frac{1}{1 + \frac{2 \cdot 4 \cdot 25/7,0}{8,6}} = 0,231; \quad c_u = 1$$

aus Abb. 10.24: $\beta_{cr} = 2,2$

$$\alpha_{cr} = \left(\frac{\pi}{2,2}\right)^2 \cdot \frac{8,6}{0,9 \cdot 5,0} = 3,90$$

$$N_{cr,1} = 3,90 \cdot 0,1 = 0,39 \, \text{MN}$$

$$N_{cr,m} = 3,90 \cdot 0,2 = 0,78 \, \text{MN}$$

$$\beta_{cr,1} = 2,2 \cdot \sqrt{\frac{0,9 \cdot 16/5,0}{0,1 \cdot 8,6}} = 4,03$$

$$\beta_{cr,m} = 2,2 \cdot \sqrt{\frac{0,9 \cdot 11/5,0}{0,2 \cdot 8,6}} = 2,36$$

$$L_{cr,1} = 4,03 \cdot 5,0 = 20,1 \, \text{m}$$

$$L_{cr,m} = 2,36 \cdot 5,0 = 11,8 \, \text{m}$$

Die Ersatzlast aus der Schiefstellung der Pendelstütze ist zusätzlich zu den übrigen Einwirkungen anzusetzen.

10.4.2.4 Verzweigungslasten für das Drillknicken und Biegedrillknicken von Stäben unter Drucknormalkräften

Bei Bauteilen mit offenen Querschnitten kann der Widerstand gegen Drillknicken oder Biegedrillknicken kleiner als gegen Biegeknicken sein. Dies ist u. a. abhängig von der Querschnittsform und den Lagerungsbedingungen. Nachfolgend werden Formeln zur Bestimmung der Verzweigungslasten für einige Grundfälle von Stäben mit konstantem Querschnitt über die Länge aufgeführt.

10.4.2.4.1 Stäbe mit punkt- und doppeltsymmetrischem Querschnitt

Bei Stäben mit punkt- und doppeltsymmetrischen Querschnitten treten die Stabilitätsfälle Biegeknicken in den jeweiligen Richtungen der Hauptachsen und Drillknicken unabhängig voneinander auf. Typische Querschnittsformen sind in Abb. 10.25 angegeben. Die Verzweigungslast für das Drillknicken von Stäben mit wölbfreien und nicht wölbfreien Querschnitten kann in einfachen Fällen mit (10.68) bestimmt werden.

$$N_{cr,T} = \frac{1}{i_p^2} \cdot \left[EI_w \cdot \left(\frac{\pi}{\beta_w \cdot L}\right)^2 + GI_T \right] \quad (10.68)$$

Bei beidseitig gabelgelagerten Stäben wird Drillknicken gegenüber Biegeknicken maßgebend, wenn Bedingung (10.69) oder (10.70) erfüllt ist.

$$i_p > c = \sqrt{\frac{1}{EI_z} \cdot \left[EI_w + GI_T \cdot \left(\frac{L}{\pi}\right)^2 \right]} \quad (10.69)$$

$$L < \pi \cdot \sqrt{\frac{i_p^2 \cdot I_z - I_w}{I_T} \cdot \frac{E}{G}} \quad (10.70)$$

EI_w Wölbsteifigkeit
GI_T St. Venant'sche Torsionssteifigkeit
β_w Beiwert zur Berücksichtigung der Torsionseinspannung nach Tafel 10.75
i_p polarer Trägheitsradius ($i_p^2 = i_y^2 + i_z^2 = (I_y + I_z)/A$)
c Drehradius
L Stablänge.

Tafel 10.75 Beiwerte β_w zur Berücksichtigung der Torsionslagerung an den Stabenden

	Freies Stabende	Gabellager	Volleinspannung[a]
Freies Stabende	kinematisch	∞	2,0
Gabellager	∞	1,0	0,7
Volleinspannung[a]	2,0	0,7	0,5

[a] Bei der Volleinspannung sind die Verdrehung um die Längsachse und die Querschnittsverwölbung vollständig verhindert.

Beispiel

Stütze HE240B, S460 (QSK 1) mit $N_{Ed} = 2700\,\text{kN}$, $L_{cr,y} = 6{,}5\,\text{m}$, $L_{cr,z} = 3{,}5\,\text{m}$, $A = 106\,\text{cm}^2$, $h/b = 1$, $i_y = 10{,}3\,\text{cm}$, $i_z = 6{,}08\,\text{cm}$, $I_w = 486.900\,\text{cm}^6$, $I_T = 103\,\text{cm}^4$

Knicken $\perp$ zur y-Achse	Knicken $\perp$ zur z-Achse	Nach
$\bar{\lambda}_y = 650/(10{,}3 \cdot 67{,}1)$ $= 0{,}94$	$\bar{\lambda}_z = 350/(6{,}08 \cdot 67{,}1)$ $= 0{,}86$	Tafel 10.69
Knicklinie a $\rightarrow \chi_y = 0{,}707 = \chi_{min}$	Knicklinie a $\rightarrow \chi_z = 0{,}760$	Tafeln 10.70, 10.71
$N_{b,Rd} = 0{,}707 \cdot 106 \cdot 46/1{,}1 = 3134\,\text{kN}$		(10.63)
$2700/3134 = 0{,}86 < 1$		

Drillknicken:

$$i_p^2 = 10{,}3^2 + 6{,}08^2$$
$$= 143{,}1\,\text{cm}^2 \quad \text{(s. Abschn. 10.4.2.4.1)}$$

$$L_{cr,T} = 3{,}5\,\text{m}$$

$$N_{cr,T} = \frac{21.000 \cdot 486.900 \cdot (\pi/350)^2 + 8100 \cdot 103}{143{,}1}$$

$$= 11.587\,\text{kN} \quad \text{(s. (10.68))}$$

$$\bar{\lambda}_T = \sqrt{106 \cdot 46{,}0/11.587} = 0{,}65$$

$$< \bar{\lambda}_y = 0{,}94 \quad \text{(nach Abschn. 10.4.2.2)}$$

Das Drillknicken wird erst bei kürzeren Knicklängen maßgebend (s. (10.70)).

10.4.2.4.2 Stäbe mit einfachsymmetrischem Querschnitt

Bei Stäben mit einfachsymmetrischen Querschnitten treten die Stabilitätsfälle Biegeknicken in der Symmetrieebene und Biegedrillknicken unabhängig voneinander auf. Typische Querschnittsformen sind in Abb. 10.26 angegeben. Die Verzweigungslast für das Biegedrillknicken kann bei Stäben mit nicht wölbfreien Querschnitten in einfachen Fällen mit (10.71) bestimmt werden. Zu beachten ist, dass die Gültigkeit der Gleichung (10.72) für die Schlankheit λ_{TF} auf Beiwerte $0{,}5 \leq \beta_w \leq 1{,}0$ und $0{,}5 \leq \beta_z \leq 1{,}0$ beschränkt ist.

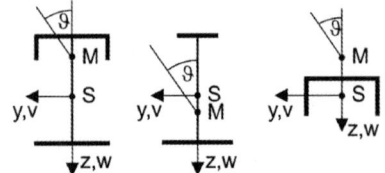

Abb. 10.26 Beispiele einfachsymmetrischer Querschnitte

$$N_{cr,TF} = \frac{\pi^2 EA}{\lambda_{TF}^2} \quad (10.71)$$

mit

$$\lambda_{TF} = \frac{\beta_z \cdot L}{i_z} \cdot \sqrt{\frac{c^2 + i_M^2}{2 \cdot c^2} \cdot \left\{ 1 + \sqrt{1 - \frac{4c^2[i_p^2 + 0{,}093 \cdot (\beta_z^2/\beta_w^2 - 1) \cdot z_M^2]}{(c^2 + i_M^2)^2}} \right\}}$$
$$(10.72)$$

$$c^2 = \frac{I_w}{I_z} \cdot \left(\frac{\beta_z}{\beta_w}\right)^2 + \frac{GI_T}{EI_z}\left(\frac{\beta_z \cdot L}{\pi}\right)^2$$

$$i_M^2 = i_y^2 + i_z^2 + z_M^2 = i_p^2 + z_M^2$$

$$\bar{\lambda}_{TF} = \frac{\lambda_{TF}}{\lambda_1}$$

$N_{cr,TF}$ Biegedrillknicklast unter Normalkraftbeanspruchung

λ_{TF} Schlankheit für das Biegedrillknicken unter Normalkraftbeanspruchung

z_M Abstand des Schubmittelpunkts vom Schwerpunkt

i_M Trägheitsradius bezogen auf den Schubmittelpunkt

β_w Beiwert zur Berücksichtigung der Torsionseinspannung ($0{,}5 \leq \beta_w \leq 1{,}0$)

β_z Knicklängenbeiwert für das Biegeknicken senkrecht zur z-Achse ($0{,}5 \leq \beta_z \leq 1{,}0$).

Die Berechnung der Wölbsteifigkeit erfolgt mit den Gleichungen nach Abschn. 10.3.7. Tafel 10.76 enthält Gleichungen zur Bestimmung von Torsionskenngrößen für ausgewählte Querschnitte.

Tafel 10.76 Torsionskenngrößen einfachsymmetrischer Profile

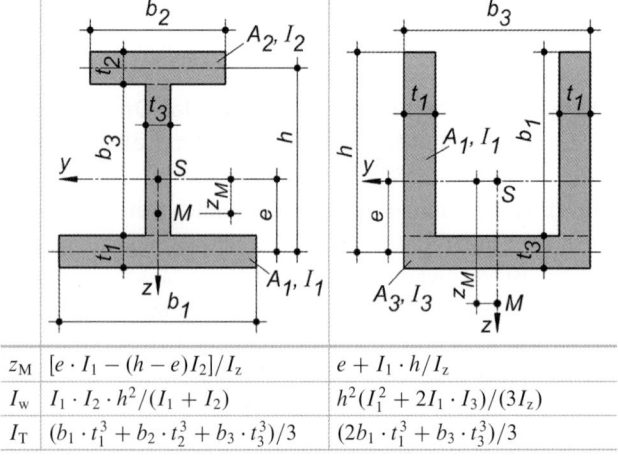

z_M	$[e \cdot I_1 - (h-e)I_2]/I_z$	$e + I_1 \cdot h/I_z$
I_w	$I_1 \cdot I_2 \cdot h^2/(I_1 + I_2)$	$h^2(I_1^2 + 2I_1 \cdot I_3)/(3I_z)$
I_T	$(b_1 \cdot t_1^3 + b_2 \cdot t_2^3 + b_3 \cdot t_3^3)/3$	$(2b_1 \cdot t_1^3 + b_3 \cdot t_3^3)/3$

I_1, I_2, I_3 Flächenmoment 2. Grades einer Teilfläche bezogen auf die Symmetrieachse (z-Achse).

Beispiel

L90 × 9, S275 mit $A = 15,5\,\text{cm}^2$, $N_{\text{Ed}} = 180\,\text{kN}$, Systemlänge $L = 180\,\text{cm}$

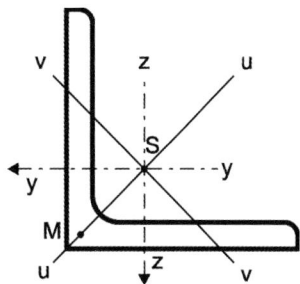

$$N_{\text{pl,Rk}} = 15,5 \cdot 27,5 = 426,3\,\text{kN}$$

$$z_{\text{M}} = y_{\text{M}} = 2,54 - 0,9/2 = 2,09\,\text{cm}$$

$$I_{\text{T}} = (2 \cdot 9 - 0,9) \cdot 0,9^3/3 = 4,16\,\text{cm}^4$$

$$I_{\text{w}} \cong 0$$

$$I_{\text{u}} = 184\,\text{cm}^4$$

$$i_{\text{u}} = 3,44\,\text{cm}$$

$$i_{\text{v}} = 1,76\,\text{cm} = \min i$$

$$i_{\text{p}}^2 = 3,44^2 + 1,76^2 = 14,93\,\text{cm}^2$$

$$i_{\text{M}}^2 = 14,93 + 2 \cdot 2,09^2 = 23,67\,\text{cm}^2$$

Biegeknicken $\perp$ zur v-Achse:

a) ohne Berücksichtigung von Einspanneffekten

$$\bar{\lambda}_{\text{v}} = 180/(1,76 \cdot 86,8) = 1,18$$

b) unter Berücksichtigung von Einspanneffekten

$$\bar{\lambda}_{\text{eff,v}} = 0,35 + 0,7 \cdot 1,18 = 1,176 \quad \text{nach (10.65)}$$

$$\bar{\lambda}_{\text{v}} \approx \bar{\lambda}_{\text{eff,v}} \approx 1,18$$

Knicklinie b, $\chi = 0,489$ nach Tafeln 10.70 und 10.71

$$N_{\text{b,Rd}} = 0,489 \cdot 426,3/1,1 = 189,5\,\text{kN}$$

Nachweis: $180/189,5 = 0,95 < 1$

Biegedrillknicken:

$$c^2 = 0 + \frac{8100 \cdot 4,16}{21.000 \cdot 184} \cdot \left(\frac{1,0 \cdot 180}{\pi}\right)^2 = 28,63\,\text{cm}^2$$

$$\bar{\lambda}_{\text{TF}} = \frac{1,0 \cdot 180}{3,44} \cdot \sqrt{\frac{28,63 + 23,67}{2 \cdot 28,63} \cdot \left(1 + \sqrt{1 - \frac{4 \cdot 28,63 \cdot 14,93}{(28,63 + 23,67)^2}}\right)} \cdot \frac{1}{86,8}$$

$$= 0,73 < 1,18 \quad \text{(s. (10.72))}$$

Biegeknicken ist maßgebend!

10.4.2.4.3   Stäbe mit doppeltsymmetrischem Querschnitt, gebundener Drehachse und drehelastischer Bettung

Fassadenstützen werden oft durch anschließende Fassadenelemente, Wandriegel und Ähnlichem kontinuierlich seitlich gestützt. Zusätzlich kann aufgrund der Anschlussausbildung und der Biegesteifigkeit der angrenzenden Bauteile eine drehelastische Torsionseinspannung (Drehbettung) vorhanden sein (siehe Abb. 10.27). Liegt aufgrund der Steifigkeit und Kontinuität der seitlichen Stützung eine feste Drehachse vor, sind zwei Versagensformen möglich: Biegeknicken in Richtung der z-Achse und Biegedrillknicken um die gebundene Drehachse. Die Verzweigungslast $N_{\text{cr,TF}}$ für das Biegedrillknicken kann bei Stäben mit doppeltsymmetrischen Querschnitten und Gabellagerung an den Stabenden mit (10.73) bestimmt werden.

$$N_{\text{cr,TF}} = \frac{1}{i_{\text{D}}^2} \cdot \left[EI_{\text{w,D}} \cdot \left(\frac{m \cdot \pi}{L}\right)^2 + GI_{\text{T}} + c_{\vartheta} \cdot \left(\frac{L}{m \cdot \pi}\right)^2\right] \tag{10.73}$$

mit

$$m = \frac{L}{\pi} \cdot \sqrt[4]{\frac{c_{\vartheta}}{EI_{\text{w,D}}}} \geq 1$$

$$I_{\text{w,D}} = I_{\text{w}} + I_{\text{z}} \cdot z_{\text{D}}^2$$

$$i_{\text{D}}^2 = i_{\text{y}}^2 + i_{\text{z}}^2 + z_{\text{D}}^2$$

$I_{\text{w,D}}$ auf D bezogene Wölbsteifigkeit

i_{D} auf D bezogener Trägheitsradius

c_{ϑ} Drehbettung je lfdm. um die Stablängsachse

m Kritische Halbwellenzahl, ganzzahlig! Bei i. Allg. ungeraden Halbwellenzahlen ist (10.73) jeweils mit der oberen und unteren angrenzenden Halbwellenzahl auszuwerten. Die kleinere Verzweigungslast ist maßgebend.

Abb. 10.27 Querschnitt mit kontinuierlicher seitlicher Stützung und Drehbettung

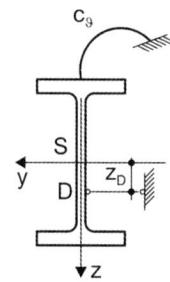

10.4.2.5   Tragfähigkeitstabellen

In den Tafeln 10.77 bis 10.106 sind Bemessungswerte der Biegeknickbeanspruchbarkeiten $N_{\text{b,Rd}}$ von planmäßig zentrisch gedrückten Stäben, für die $\bar{\lambda} > 0,2$ ist (s. Abschn. 10.4.2.1), tabelliert. Die kursiv dargestellten Werte wurden mit der effektiven Querschnittsfläche ermittelt, da der jeweilige Querschnitt der QSK 4 zuzuordnen ist (s. a. Abschn. 10.3.13).

Tafel 10.77 Bemessungswert der Beanspruchbarkeit $N_{b,Rd}$ [kN] druckbeanspruchter IPE-Profile aus S235 für Biegeknicken um die y-Achse

IPE	Knicklänge L_{cr} in m												
	1,50	2,00	2,50	3,00	3,50	4,00	4,50	5,00	5,50	6,00	6,50	7,00	8,00
80	151	142	128	110	91,7	75,4	62,2	51,9	43,7	37,3	32,2	28,0	21,7
100	211	202	191	177	160	140	120	103	88,1	76,0	66,0	57,8	45,2
120	274	266	257	245	231	213	192	171	151	132	116	103	81,3
140	345	337	328	318	305	290	272	251	229	206	185	165	133
160	425	417	408	399	387	374	358	339	318	294	270	246	203
180	510	502	493	483	472	460	446	429	410	388	364	339	288
200		601	592	582	571	559	546	531	513	493	471	446	392
220		708	698	688	678	666	653	639	622	604	583	560	507
240		833	823	813	802	790	777	763	748	730	711	689	638
270			974	963	952	940	928	915	900	885	867	848	803
300			1146	1135	1124	1112	1100	1087	1073	1058	1042	1024	983
330				1328	1316	1304	1292	1278	1265	1250	1234	1217	1179
360				1549	1537	1524	1511	1498	1484	1469	1453	1437	1400
400					1794	1781	1768	1755	1740	1726	1710	1694	1659
450		$\bar{\lambda}_y \leq 0,2$				2110	2097	2083	2069	2055	2041	2025	2010	1976
500							2463	2449	2435	2420	2405	2390	2374	2340
550								2807	2793	2778	2762	2747	2731	2698
600									3241	3225	3210	3194	3177	3143

Die kursiv dargestellten Werte sind mit der effektiven Querschnittsfläche ermittelt worden.

Tafel 10.78 Bemessungswert der Beanspruchbarkeit $N_{b,Rd}$ [kN] druckbeanspruchter IPE-Profile aus S235 für Biegeknicken um die z-Achse

IPE	Knicklänge L_{cr} in m												
	1,00	1,25	1,50	1,75	2,00	2,25	2,50	2,75	3,00	3,50	4,00	4,50	5,00
80	96,4	72,7	55,0	42,4	33,6	27,2	22,4	18,7	15,9	11,9	9,22	7,35	6,00
100	152	122	95,6	75,4	60,4	49,2	40,8	34,3	29,2	21,9	17,0	13,6	11,1
120	215	183	150	122	99,6	82,1	68,5	57,9	49,5	37,3	29,1	23,3	19,1
140	286	253	217	182	152	127	107	91,0	78,2	59,3	46,4	37,2	30,5
160	364	331	293	253	216	183	156	134	116	88,2	69,3	55,8	45,9
180	448	415	377	336	293	254	219	190	165	127	100	81,0	66,7
200	544	511	472	428	382	336	294	257	225	175	139	113	93,0
220	652	618	580	537	490	441	393	348	308	243	195	159	131
240	775	741	702	659	610	558	505	454	406	325	262	215	179
270	927	893	855	813	767	716	661	606	551	452	371	307	257
300	1101	1066	1028	987	941	891	837	779	720	607	507	424	358
330	1289	1252	1211	1167	1119	1067	1009	948	884	756	639	539	457
360	1509	1468	1425	1379	1329	1275	1215	1151	1084	944	809	690	589
400	1760	1715	1668	1618	1563	1504	1440	1371	1297	1143	989	850	730
450	2067	2017	1965	1910	1851	1786	1717	1641	1561	1389	1215	1052	909
500	2426	2371	2314	2253	2188	2118	2043	1962	1874	1686	1490	1302	1132
550	2778	2718	2656	2591	2522	2448	2368	2282	2190	1990	1777	1566	1372
600	3223	3157	3089	3019	2944	2865	2780	2688	2590	2376	2144	1909	1686

Die kursiv dargestellten Werte sind mit der effektiven Querschnittsfläche ermittelt worden.

Tafel 10.79 Bemessungswert der Beanspruchbarkeit $N_{b,Rd}$ [kN] druckbeanspruchter IPE-Profile aus S355 für Biegeknicken um die y-Achse

IPE	Knicklänge L_{cr} in m												
	1,50	2,00	2,50	3,00	3,50	4,00	4,50	5,00	5,50	6,00	6,50	7,00	8,00
80	219	195	162	129	101	80,7	65,4	53,9	45,2	38,3	32,9	28,6	22,1
100	310	291	264	230	193	159	132	110	92,9	79,3	68,4	59,6	46,3
120	406	389	368	339	303	264	226	193	165	142	123	108	84,2
140	513	497	478	453	422	385	343	302	263	230	202	177	140
160	634	618	600	578	551	517	478	434	389	346	307	273	218
180	762	746	728	707	683	653	618	576	530	483	436	393	319
200	912	895	877	857	833	806	774	735	692	643	593	542	449
220	1073	1056	1037	1017	995	969	939	904	863	817	766	713	606
240		1245	1226	1205	1182	1157	1128	1095	1057	1014	965	911	796
270		1472	1452	1432	1410	1386	1359	1329	1295	1257	1214	1166	1056
300		*1698*	*1678*	*1658*	*1636*	*1613*	*1589*	*1561*	*1531*	*1498*	*1461*	*1419*	*1322*
330			*1952*	*1931*	*1910*	*1887*	*1862*	*1836*	*1807*	*1776*	*1742*	*1704*	*1616*
360			*2263*	*2242*	*2219*	*2196*	*2171*	*2145*	*2117*	*2087*	*2055*	*2019*	*1937*
400			*2619*	*2600*	*2578*	*2554*	*2530*	*2504*	*2477*	*2448*	*2418*	*2385*	*2311*
450				*3021*	*2998*	*2975*	*2950*	*2925*	*2899*	*2872*	*2843*	*2813*	*2745*
500	$\bar{\lambda}_y \leq 0{,}2$				*3487*	*3463*	*3438*	*3413*	*3387*	*3360*	*3332*	*3302*	*3239*
550						*4034*	*4008*	*3982*	*3955*	*3928*	*3899*	*3870*	*3807*
600						*4674*	*4647*	*4620*	*4592*	*4564*	*4535*	*4505*	*4442*

Die kursiv dargestellten Werte sind mit der effektiven Querschnittsfläche ermittelt worden.

Tafel 10.80 Bemessungswert der Beanspruchbarkeit $N_{b,Rd}$ [kN] druckbeanspruchter IPE-Profile aus S355 für Biegeknicken um die z-Achse

IPE	Knicklänge L_{cr} in m												
	1,00	1,25	1,50	1,75	2,00	2,25	2,50	2,75	3,00	3,50	4,00	4,50	5,00
80	112	79,8	58,6	44,5	34,9	28,0	23,0	19,2	16,3	12,1	9,36	7,45	6,07
100	188	139	105	80,5	63,5	51,3	42,2	35,3	30,0	22,4	17,3	13,8	11,3
120	281	221	171	134	107	86,6	71,6	60,1	51,2	38,3	29,7	23,7	19,4
140	387	320	257	206	166	136	113	95,4	81,4	61,2	47,6	38,1	31,2
160	505	434	361	296	242	200	168	142	121	91,6	71,5	57,3	46,9
180	632	561	483	406	339	284	239	204	175	133	104	83,5	68,5
200	776	704	621	535	454	385	327	280	242	184	145	117	95,7
220	939	868	785	695	605	522	449	388	337	259	205	165	136
240	1124	1052	968	875	776	681	593	517	452	351	278	225	186
270	1353	1283	1203	1112	1013	910	809	717	634	499	399	325	269
300	*1584*	*1516*	*1441*	*1355*	*1260*	*1157*	*1052*	*948*	*851*	*684*	*554*	*455*	*378*
330	*1850*	*1778*	*1699*	*1610*	*1510*	*1402*	*1288*	*1173*	*1063*	*865*	*706*	*583*	*487*
360	*2156*	*2081*	*1998*	*1907*	*1806*	*1694*	*1575*	*1451*	*1328*	*1099*	*907*	*753*	*632*
400	*2501*	*2419*	*2331*	*2233*	*2125*	*2006*	*1878*	*1743*	*1607*	*1345*	*1119*	*934*	*787*
450	*2907*	*2818*	*2722*	*2618*	*2503*	*2377*	*2240*	*2095*	*1945*	*1650*	*1385*	*1164*	*984*
500	*3382*	*3285*	*3182*	*3071*	*2949*	*2816*	*2670*	*2514*	*2351*	*2022*	*1716*	*1452*	*1234*
550	*3936*	*3828*	*3715*	*3593*	*3460*	*3315*	*3156*	*2986*	*2806*	*2437*	*2085*	*1775*	*1514*
600	*4564*	*4447*	*4324*	*4193*	*4051*	*3897*	*3729*	*3548*	*3356*	*2951*	*2553*	*2191*	*1880*

Die kursiv dargestellten Werte sind mit der effektiven Querschnittsfläche ermittelt worden.

10

Tafel 10.81 Bemessungswert der Beanspruchbarkeit $N_{b,Rd}$ [kN] druckbeanspruchter IPE-Profile aus S460 für Biegeknicken um die y-Achse

IPE	Knicklänge L_{cr} in m												
	1,50	2,00	2,50	3,00	3,50	4,00	4,50	5,00	5,50	6,00	6,50	7,00	8,00
80	288	250	195	146	111	86,9	69,5	56,8	47,3	39,9	34,2	29,6	22,8
100	406	382	339	280	223	178	144	119	99,0	83,9	71,9	62,4	48,1
120	530	511	482	436	374	311	257	214	180	153	131	114	88,4
140	668	651	627	593	543	478	410	348	296	254	219	191	149
160	823	807	787	759	720	666	597	524	455	394	343	301	235
180	987	971	952	928	896	853	795	723	645	570	502	443	350
200	1179	1163	1145	1122	1094	1058	1009	947	871	789	707	631	504
220	*1365*	*1349*	*1331*	*1310*	*1285*	*1254*	*1215*	*1164*	*1100*	*1024*	*939*	*853*	*696*
240	*1600*	*1583*	*1565*	*1545*	*1521*	*1492*	*1457*	*1414*	*1359*	*1290*	*1210*	*1121*	*939*
270		*1841*	*1823*	*1804*	*1782*	*1757*	*1728*	*1694*	*1652*	*1600*	*1537*	*1462*	*1285*
300		*2140*	*2122*	*2103*	*2082*	*2059*	*2033*	*2003*	*1968*	*1926*	*1875*	*1815*	*1661*
330		*2483*	*2465*	*2446*	*2425*	*2403*	*2378*	*2350*	*2319*	*2282*	*2239*	*2189*	*2060*
360			*2853*	*2833*	*2812*	*2790*	*2766*	*2739*	*2710*	*2676*	*2638*	*2594*	*2484*
400			*3298*	*3278*	*3258*	*3236*	*3212*	*3187*	*3160*	*3129*	*3096*	*3058*	*2967*
450				*3795*	*3774*	*3753*	*3730*	*3706*	*3681*	*3653*	*3624*	*3591*	*3515*
500	$\bar{\lambda}_y \leq 0,2$			*4398*	*4377*	*4355*	*4332*	*4309*	*4284*	*4258*	*4230*	*4200*	*4132*
550					*5084*	*5062*	*5039*	*5015*	*4990*	*4964*	*4936*	*4907*	*4843*
600					*5877*	*5853*	*5829*	*5805*	*5779*	*5753*	*5725*	*5696*	*5634*

Die kursiv dargestellten Werte sind mit der effektiven Querschnittsfläche ermittelt worden.

Tafel 10.82 Bemessungswert der Beanspruchbarkeit $N_{b,Rd}$ [kN] druckbeanspruchter IPE-Profile aus S460 für Biegeknicken um die z-Achse

IPE	Knicklänge L_{cr} in m												
	1,00	1,25	1,50	1,75	2,00	2,25	2,50	2,75	3,00	3,50	4,00	4,50	5,00
80	140	93,7	66,4	49,4	38,1	30,3	24,7	20,5	17,2	12,7	9,77	7,74	6,28
100	248	171	122	91,4	70,8	56,4	45,9	38,1	32,1	23,7	18,3	14,5	11,7
120	388	284	207	156	121	96,9	79,1	65,8	55,5	41,0	31,6	25,0	20,3
140	546	431	325	248	194	156	127	106	89,5	66,3	51,0	40,5	32,9
160	714	603	474	368	290	234	192	160	135	100	77,2	61,3	49,9
180	888	792	658	525	419	339	279	233	198	147	113	90,1	73,3
200	1081	996	864	712	578	471	389	326	277	206	159	127	103
220	*1275*	*1206*	*1098*	*950*	*794*	*658*	*549*	*462*	*393*	*294*	*228*	*181*	*148*
240	*1510*	*1447*	*1352*	*1213*	*1045*	*883*	*743*	*629*	*538*	*404*	*313*	*250*	*204*
270	*1772*	*1719*	*1645*	*1537*	*1390*	*1218*	*1049*	*901*	*776*	*588*	*458*	*366*	*299*
300	*2073*	*2025*	*1962*	*1874*	*1753*	*1595*	*1416*	*1239*	*1081*	*829*	*649*	*521*	*426*
330	*2409*	*2360*	*2298*	*2214*	*2099*	*1946*	*1760*	*1564*	*1377*	*1066*	*840*	*675*	*553*
360	*2792*	*2743*	*2682*	*2603*	*2497*	*2356*	*2176*	*1970*	*1759*	*1384*	*1097*	*885*	*727*
400	*3227*	*3174*	*3111*	*3031*	*2925*	*2786*	*2605*	*2390*	*2157*	*1719*	*1372*	*1110*	*913*
450	*3731*	*3675*	*3609*	*3527*	*3423*	*3286*	*3109*	*2890*	*2641*	*2141*	*1722*	*1399*	*1154*
500	*4321*	*4262*	*4193*	*4110*	*4005*	*3871*	*3699*	*3481*	*3224*	*2666*	*2166*	*1769*	*1463*
550	*5014*	*4949*	*4874*	*4786*	*4676*	*4538*	*4361*	*4137*	*3866*	*3247*	*2662*	*2184*	*1810*
600	*5794*	*5724*	*5646*	*5554*	*5443*	*5305*	*5131*	*4911*	*4640*	*3983*	*3311*	*2736*	*2277*

Die kursiv dargestellten Werte sind mit der effektiven Querschnittsfläche ermittelt worden.

Tafel 10.83 Bemessungswert der Beanspruchbarkeit $N_{b,Rd}$ [kN] druckbeanspruchter HEA-Profile aus S235 für Biegeknicken um die y-Achse

HEA	Knicklänge L_{cr} in m												
	3,00	3,50	4,00	4,50	5,00	5,50	6,00	6,50	7,00	7,50	8,00	9,00	10,00
100	332	294	257	221	191	165	143	125	110	97,7	87,0	70,3	57,9
120	438	405	368	330	293	260	229	203	181	161	144	118	97,4
140	576	544	509	471	431	392	354	318	287	258	233	192	160
160	737	707	673	635	595	552	509	467	426	389	355	296	250
180	884	855	823	788	749	708	665	621	577	534	493	419	357
200	1071	1042	1010	975	937	897	853	808	760	713	666	577	499
220	1300	1269	1237	1201	1164	1123	1080	1033	985	934	883	782	687
240	1572	1539	1504	1468	1429	1388	1344	1297	1247	1195	1140	1029	919
260	1794	1761	1726	1690	1652	1612	1569	1523	1475	1424	1371	1258	1142
280	2026	1992	1957	1921	1883	1843	1801	1756	1709	1659	1607	1495	1376
300	2361	2324	2287	2249	2209	2168	2124	2078	2030	1979	1926	1811	1688
320	2624	2586	2548	2509	2469	2427	2383	2338	2290	2240	2187	2074	1951
340	2829	2792	2754	2715	2675	2633	2590	2546	2499	2450	2399	2290	2170
360	3039	3001	2963	2924	2884	2843	2800	2756	2711	2663	2613	2507	2391
400		3380	3356	3332	3307	3281	3254	3226	3197	3166	3133	3061	2980
450			3782	3758	3734	3709	3684	3657	3630	3601	3571	3508	3436
500			4217	4194	4170	4146	4121	4095	4069	4042	4014	3955	3891
550				4516	4492	4469	4445	4421	4396	4371	4345	4290	4231
600					4824	4801	4778	4755	4731	4706	4682	4630	4575
650						5142	5120	5097	5074	5050	5026	4977	4925
700			$\bar{\lambda}_y \leq 0{,}2$			5560	5538	5515	5492	5468	5444	5395	5345
800								5906	5885	5864	5843	5799	5755
900									6516	6495	6475	6433	6391
1000											6862	6823	6784

Die kursiv dargestellten Werte sind mit der effektiven Querschnittsfläche ermittelt worden.

Tafel 10.84 Bemessungswert der Beanspruchbarkeit $N_{b,Rd}$ [kN] druckbeanspruchter HEA-Profile aus S235 für Biegeknicken um die z-Achse

HEA	Knicklänge L_{cr} in m												
	3,00	3,50	4,00	4,50	5,00	5,50	6,00	6,50	7,00	7,50	8,00	9,00	10,00
100	182	145	117	96,4	80,4	68,0	58,2	50,3	44,0	38,7	34,3	27,6	22,6
120	274	226	187	156	131	112	96,3	83,7	73,3	64,7	57,6	46,4	38,1
140	400	340	288	244	208	179	155	136	119	106	94,3	76,2	62,9
160	548	479	415	358	310	269	235	206	182	162	145	118	97,3
180	697	625	555	489	430	378	333	295	262	234	210	171	142
200	875	799	722	647	576	512	456	406	363	326	293	241	201
220	1096	1016	934	851	770	693	624	561	505	456	413	341	286
240	1354	1269	1180	1089	998	910	827	750	680	618	562	468	394
260	1572	1486	1395	1301	1206	1111	1020	933	853	780	713	599	508
280	1802	1713	1621	1525	1427	1328	1230	1135	1045	962	884	750	639
300	2123	2030	1932	1831	1726	1619	1512	1406	1304	1208	1117	955	820
320	2347	2244	2136	2024	1908	1790	1672	1555	1443	1336	1236	1057	908
340	2516	2405	2289	2168	2043	1916	1788	1663	1542	1427	1320	1128	968
360	2688	2569	2444	2314	2179	2043	1906	1771	1642	1519	1404	1200	1029
400	3097	2991	2876	2750	2612	2465	2310	2152	1994	1842	1698	1441	1226
450	3464	3344	3214	3071	2915	2748	2573	2394	2217	2046	1885	1598	1359
500	3838	3704	3558	3397	3223	3035	2839	2640	2443	2253	2074	1756	1492
550	4103	3957	3796	3620	3428	3223	3009	2792	2579	2375	2183	1845	1566
600	4376	4216	4041	3848	3638	3414	3181	2947	2717	2498	2294	1934	1639
650	4657	4483	4291	4081	3852	3608	3356	3103	2856	2622	2405	2024	1713
700	5000	4806	4593	4359	4104	3834	3556	3279	3012	2759	2526	2120	1792
800	5303	5093	4861	4607	4330	4038	3738	3441	3155	2887	2640	2213	1868
900	5821	5585	5324	5036	4725	4397	4063	3732	3417	3122	2851	2385	2011
1000	6123	5870	5590	5282	4948	4598	4241	3891	3558	3247	2963	2476	2086

Die kursiv dargestellten Werte sind mit der effektiven Querschnittsfläche ermittelt worden.

Tafel 10.85 Bemessungswert der Beanspruchbarkeit $N_{b,Rd}$ [kN] druckbeanspruchter HEA-Profile aus S355 für Biegeknicken um die y-Achse

HEA	Knicklänge L_{cr} in m												
	3,00	3,50	4,00	4,50	5,00	5,50	6,00	6,50	7,00	7,50	8,00	9,00	10,00
100	423	355	296	247	208	177	152	132	115	102	90,2	72,4	59,4
120	591	521	452	389	334	289	250	219	192	170	152	122	101
140	803	735	662	588	518	455	400	353	313	279	249	203	167
160	1049	983	909	830	750	673	601	537	480	431	388	317	264
180	1273	1211	1142	1066	986	903	822	746	675	611	554	458	384
200	1556	1494	1426	1351	1269	1183	1095	1007	923	845	772	647	546
220	1899	1836	1768	1693	1611	1523	1431	1336	1241	1148	1060	902	769
240	2306	2240	2169	2093	2010	1921	1825	1725	1621	1518	1416	1224	1056
260	2641	2575	2506	2431	2351	2264	2171	2072	1969	1863	1755	1545	1351
280	2990	2924	2854	2780	2701	2616	2526	2429	2326	2220	2110	1887	1673
300	3490	3420	3347	3270	3189	3102	3010	2911	2807	2696	2582	2344	2106
320	3886	3814	3740	3662	3581	3494	3403	3305	3202	3093	2979	2737	2489
340	4196	4124	4051	3974	3894	3809	3720	3626	3526	3421	3310	3073	2824
360	4512	4440	4367	4291	4211	4128	4041	3949	3852	3750	3642	3412	3165
400	5093	5048	5002	4954	4904	4851	4794	4734	4669	4599	4523	4351	4148
450	5736	5692	5647	5601	5553	5503	5451	5396	5338	5276	5210	5063	4893
500		6349	6305	6260	6214	6166	6117	6065	6011	5954	5894	5764	5615
550			*6684*	*6641*	*6598*	*6554*	*6509*	*6462*	*6413*	*6362*	*6310*	*6196*	*6070*
600			*7095*	*7054*	*7013*	*6971*	*6929*	*6885*	*6839*	*6793*	*6744*	*6642*	*6530*
650				*7469*	*7429*	*7389*	*7348*	*7307*	*7264*	*7220*	*7175*	*7080*	*6978*
700				*8025*	*7986*	*7946*	*7906*	*7865*	*7823*	*7781*	*7737*	*7646*	*7549*
800		$\bar{\lambda}_y \leq 0{,}2$			*8535*	*8499*	*8462*	*8424*	*8386*	*8347*	*8268*	*8184*
900							*9369*	*9333*	*9297*	*9261*	*9225*	*9150*	*9073*
1000									*9816*	*9783*	*9749*	*9681*	*9611*

Die kursiv dargestellten Werte sind mit der effektiven Querschnittsfläche ermittelt worden.

Tafel 10.86 Bemessungswert der Beanspruchbarkeit $N_{b,Rd}$ [kN] druckbeanspruchter HEA-Profile aus S355 für Biegeknicken um die z-Achse

HEA	Knicklänge L_{cr} in m												
	3,00	3,50	4,00	4,50	5,00	5,50	6,00	6,50	7,00	7,50	8,00	9,00	10,00
100	202	157	125	102	84,2	70,8	60,3	52,0	45,3	39,8	35,2	28,2	23,1
120	318	253	204	167	140	118	101	87,2	76,1	67,0	59,4	47,7	39,1
140	483	394	323	268	225	191	164	143	125	110	98,0	78,8	64,7
160	686	574	479	403	341	292	252	219	192	170	152	122	101
180	904	777	663	566	485	418	363	318	280	248	222	180	148
200	1163	1021	888	768	665	578	506	444	393	350	313	254	210
220	1489	1334	1183	1041	913	802	706	625	555	496	445	363	302
240	1867	1699	1530	1366	1214	1077	956	850	759	681	613	503	419
260	2194	2022	1846	1670	1502	1346	1205	1079	969	872	788	650	543
280	2537	2362	2181	1997	1816	1643	1483	1338	1208	1093	991	822	690
300	3012	2827	2634	2435	2237	2044	1860	1690	1535	1396	1271	1060	894
320	3330	3126	2912	2693	2474	2261	2058	1870	1699	1544	1406	1174	990
340	3568	3348	3118	2882	2646	2416	2198	1997	1813	1648	1500	1251	1055
360	3810	3574	3326	3073	2819	2573	2340	2124	1928	1752	1594	1330	1121
400	4455	4232	3982	3709	3420	3126	2839	2570	2322	2100	1902	1572	1314
450	4980	4727	4444	4135	3808	3477	3155	2853	2577	2329	2108	1741	1455
500	5515	5231	4914	4567	4202	3832	3474	3138	2833	2559	2315	1911	1597
550	5807	*5504*	*5167*	4798	4410	4019	*3640*	*3286*	2965	2677	*2421*	1998	1669
600	6125	*5801*	*5439*	5045	4631	4215	*3814*	*3440*	3101	2798	*2530*	2086	1742
650	6445	*6099*	*5714*	5294	4853	4412	*3988*	*3594*	3238	2920	*2639*	2175	1815
700	6871	*6490*	*6066*	5606	5125	4647	*4191*	*3770*	3391	3055	*2758*	2270	1893
800	7296	*6881*	*6418*	5916	5395	4880	*4392*	*3945*	3544	3189	*2877*	2365	1971
900	7968	*7504*	*6986*	6427	5849	5281	*4745*	*4257*	3820	3435	*3097*	2543	2118
1000	8344	*7849*	*7299*	6705	6094	5495	*4932*	*4420*	3964	3562	*3211*	2635	2193

Die kursiv dargestellten Werte sind mit der effektiven Querschnittsfläche ermittelt worden.

Tafel 10.87 Bemessungswert der Beanspruchbarkeit $N_{b,Rd}$ [kN] druckbeanspruchter HEA-Profile aus S460 für Biegeknicken um die y-Achse

HEA	Knicklänge L_{cr} in m												
	3,00	3,50	4,00	4,50	5,00	5,50	6,00	6,50	7,00	7,50	8,00	9,00	10,00
100	528	425	342	279	231	194	165	142	123	108	95,7	76,3	62,2
120	768	656	549	458	385	326	279	241	210	184	163	130	107
140	1061	956	838	722	619	531	458	398	349	307	273	219	179
160	1389	1296	1182	1056	929	812	710	622	548	485	432	348	286
180	1684	1604	1506	1389	1259	1128	1003	890	791	705	630	511	422
200	2052	1977	1887	1779	1653	1515	1374	1237	1112	999	899	735	609
220	2497	2426	2341	2240	2122	1986	1838	1685	1536	1395	1266	1046	873
240	3022	2951	2868	2772	2659	2528	2381	2221	2054	1890	1732	1452	1221
260	3452	3383	3305	3216	3113	2994	2858	2706	2542	2370	2199	1875	1595
280	3900	3832	3756	3671	3575	3465	3339	3197	3039	2870	2693	2339	2015
300	4542	4472	4395	4310	4215	4107	3986	3848	3694	3524	3342	2959	2586
320	5048	4977	4900	4817	4725	4622	4506	4376	4231	4069	3892	3507	3110
340	5442	5372	5298	5217	5129	5031	4923	4802	4667	4517	4352	3982	3581
360	5844	5775	5701	5623	5537	5444	5342	5228	5102	4962	4808	4457	4063
400	6588	6545	6500	6452	6400	6343	6280	6210	6131	6041	5938	5685	5357
450	7408	7367	7323	7278	7230	7179	7124	7064	6998	6924	6843	6648	6399
500	8066	8026	7986	7944	7901	7855	7806	7754	7698	7638	7572	7419	7232
550		8517	8479	8440	8400	8358	8314	8268	8219	8167	8111	7985	7836
600		9008	8972	8936	8898	8859	8818	8776	8732	8686	8636	8528	8403
650			9468	9433	9397	9361	9323	9283	9243	9200	9156	9059	8950
700				10.106	10.070	10.034	9998	9960	9920	9880	9837	9747	9647
800	$\bar\lambda_y \leq 0,2$				10.762	10.730	10.697	10.663	10.629	10.594	10.558	10.482	10.400
900						11.774	11.743	11.712	11.679	11.647	11.613	11.544	11.471
1000							12.344	12.315	12.285	12.256	12.225	12.163	12.098

Die kursiv dargestellten Werte sind mit der effektiven Querschnittsfläche ermittelt worden.

Tafel 10.88 Bemessungswert der Beanspruchbarkeit $N_{b,Rd}$ [kN] druckbeanspruchter HEA-Profile aus S460 für Biegeknicken um die z-Achse

HEA	Knicklänge L_{cr} in m												
	3,00	3,50	4,00	4,50	5,00	5,50	6,00	6,50	7,00	7,50	8,00	9,00	10,00
100	245	185	144	115	93,9	78,2	66,1	56,6	49,0	42,8	37,7	30,0	24,4
120	403	308	242	194	159	133	113	96,5	83,6	73,1	64,5	51,3	41,7
140	641	500	396	320	264	221	187	161	139	122	108	85,8	69,9
160	942	755	607	495	409	343	292	251	218	191	169	135	110
180	1274	1060	871	718	599	505	431	371	323	284	251	200	164
200	1656	1425	1198	1003	843	714	612	529	461	405	359	287	234
220	2124	1892	1638	1399	1190	1017	876	760	664	585	519	416	340
240	2654	2424	2155	1878	1622	1399	1212	1056	926	817	726	583	478
260	3099	2884	2624	2337	2051	1790	1562	1368	1204	1066	949	764	628
280	3558	3358	3111	2826	2524	2231	1965	1732	1532	1360	1214	981	807
300	4194	3997	3756	3468	3149	2823	2513	2231	1983	1768	1583	1284	1059
320	4636	4419	4153	3836	3484	3124	2780	2469	2195	1957	1752	1421	1172
340	4970	4735	4446	4103	3723	3335	2967	2634	2340	2086	1867	1514	1249
360	5310	5057	4744	4374	3965	3548	3154	2798	2486	2215	1982	1607	1325
400	6150	5932	5633	5234	4747	4226	3726	3278	2891	2560	2278	1832	1502
450	6879	6630	6287	5831	5278	4690	4131	3632	3201	2833	2521	2026	1661
500	7470	7203	6838	6350	5756	5121	4514	3971	3501	3100	2759	2218	1818
550	7891	7603	7208	6681	6043	5368	4726	4154	3660	3240	2882	2317	1899
600	8315	8005	7579	7013	6331	5614	4937	4336	3819	3379	3006	2415	1979
650	8742	8410	7953	7345	6619	5861	5148	4519	3979	3519	3130	2514	2060
700	9318	8947	8434	7756	6958	6139	5380	4715	4147	3666	3258	2616	2143
800	9887	9477	8908	8161	7292	6415	5611	4912	4316	3813	3388	2719	2226
900	10.787	10.324	9681	8841	7876	6912	6037	5280	4637	4095	3637	2918	2388
1000	11.284	10.789	10.100	9203	8182	7170	6256	5468	4800	4238	3764	3018	2470

Die kursiv dargestellten Werte sind mit der effektiven Querschnittsfläche ermittelt worden.

Tafel 10.89 Bemessungswert der Beanspruchbarkeit $N_{b,Rd}$ [kN] druckbeanspruchter HEB-Profile aus S235 für Biegeknicken um die y-Achse

HEB	Knicklänge L_{cr} in m												
	3,00	3,50	4,00	4,50	5,00	5,50	6,00	6,50	7,00	7,50	8,00	9,00	10,00
100	414	369	323	280	243	210	183	160	141	125	111	90,1	74,2
120	596	553	506	457	408	363	322	286	254	227	204	166	138
140	795	755	709	660	608	555	503	455	411	371	336	278	232
160	1039	998	953	904	850	793	734	676	620	568	519	436	368
180	1282	1241	1197	1149	1097	1040	981	919	856	795	736	629	538
200	1562	1520	1476	1428	1376	1321	1261	1198	1132	1065	999	871	756
220	1847	1805	1760	1713	1662	1607	1548	1486	1420	1352	1281	1141	1007
240	2175	2131	2085	2037	1985	1931	1872	1810	1745	1675	1603	1454	1305
260	2454	2410	2364	2316	2266	2213	2156	2097	2033	1966	1896	1748	1594
280	2743	2698	2652	2604	2554	2502	2447	2389	2327	2262	2194	2048	1893
300	3133	3086	3038	2988	2937	2884	2828	2769	2707	2642	2574	2427	2269
320	3409	3361	3313	3263	3212	3159	3104	3047	2986	2923	2857	2714	2559
340	3628	3580	3532	3483	3433	3381	3328	3272	3214	3153	3089	2953	2805
360	3850	3803	3755	3706	3657	3606	3553	3499	3443	3384	3322	3191	3049
400		4208	4179	4149	4118	4087	4054	4020	3984	3947	3907	3820	3722
450			4634	4605	4576	4546	4515	4483	4450	4416	4380	4303	4218
500			5097	5069	5040	5011	4982	4951	4920	4888	4855	4785	4708
550				5420	5392	5364	5336	5307	5278	5248	5217	5152	5083
600					5753	5726	5698	5671	5643	5614	5585	5524	5459
650						6096	6069	6042	6015	5987	5959	5901	5840
700			$\bar{\lambda}_y \le 0{,}2$			6542	6516	6489	6462	6435	6407	6350	6291
800								7122	7096	7070	7044	6991	6937
900									7924	7899	7873	7821	7768
1000											*8193*	*8145*	*8098*

Die kursiv dargestellten Werte sind mit der effektiven Querschnittsfläche ermittelt worden.

Tafel 10.90 Bemessungswert der Beanspruchbarkeit $N_{b,Rd}$ [kN] druckbeanspruchter HEB-Profile aus S235 für Biegeknicken um die z-Achse

HEB	Knicklänge L_{cr} in m												
	3,00	3,50	4,00	4,50	5,00	5,50	6,00	6,50	7,00	7,50	8,00	9,00	10,00
100	226	180	146	120	100	84,8	72,6	62,8	54,9	48,3	42,9	34,4	28,2
120	373	308	255	213	180	153	132	115	101	88,8	79,0	63,7	52,3
140	554	474	402	342	292	251	218	191	168	149	133	107	88,5
160	775	681	592	512	443	385	337	296	262	233	208	169	140
180	1011	909	809	714	628	553	488	432	384	343	308	252	209
200	1280	1172	1062	954	852	759	677	604	540	485	438	360	300
220	1560	1449	1334	1218	1104	997	898	809	729	659	597	494	414
240	1877	1761	1641	1517	1393	1272	1158	1052	955	868	791	660	556
260	2154	2038	1916	1790	1662	1534	1410	1293	1183	1082	991	833	707
280	2442	2325	2202	2075	1944	1811	1680	1553	1432	1319	1214	1031	880
300	2821	2699	2572	2440	2303	2163	2023	1885	1750	1622	1502	1287	1106
320	3052	2920	2782	2639	2490	2339	2187	2037	1891	1753	1623	1390	1195
340	3229	3088	2941	2788	2630	2469	2307	2147	1993	1846	1708	1462	1256
360	3409	3259	3102	2940	2771	2600	2428	2259	2095	1940	1794	1535	1318
400	3859	3729	3587	3432	3264	3082	2892	2696	2502	2313	2134	1812	1544
450	4246	4101	3942	3769	3580	3378	3165	2948	2732	2523	2325	1973	1679
500	4640	4480	4304	4111	3902	3677	3441	3201	2964	2735	2518	2134	1814
550	4927	4752	4560	4350	4122	3877	3622	3363	3107	2863	2633	2226	1889
600	5221	5031	4823	4594	4346	4080	3804	3525	3252	2991	2747	2318	1965
650	5522	5317	5091	4843	4574	4286	3989	3689	3398	3121	2863	2410	2041
700	5886	5660	5411	5137	4840	4524	4199	3874	3559	3263	2988	2510	2122
800	6380	6122	5837	5524	5184	4826	4460	4099	3753	3430	3133	2622	2211
900	7050	6753	6423	6060	5669	5258	4842	4436	4050	3692	3366	2809	2364
1000	*7290*	*6981*	*6638*	*6261*	*5854*	*5428*	*4996*	*4575*	*4175*	*3806*	*3469*	*2894*	*2435*

Die kursiv dargestellten Werte sind mit der effektiven Querschnittsfläche ermittelt worden.

Tafel 10.91 Bemessungswert der Beanspruchbarkeit $N_{b,Rd}$ [kN] druckbeanspruchter HEB-Profile aus S355 für Biegeknicken um die y-Achse

HEB	Knicklänge L_{cr} in m												
	3,00	3,50	4,00	4,50	5,00	5,50	6,00	6,50	7,00	7,50	8,00	9,00	10,00
100	531	449	375	315	266	226	195	169	148	130	116	92,9	76,2
120	809	720	629	544	470	406	353	309	272	241	215	174	143
140	1115	1027	932	833	739	652	576	509	452	403	361	294	243
160	1484	1396	1298	1192	1084	977	877	786	705	634	571	469	390
180	1850	1765	1670	1566	1454	1339	1224	1114	1012	918	834	693	581
200	2272	2187	2093	1990	1878	1758	1635	1511	1390	1276	1170	984	833
220	2702	2616	2523	2422	2312	2194	2068	1938	1807	1678	1554	1328	1136
240	3193	3106	3012	2911	2802	2684	2557	2424	2286	2146	2008	1745	1511
260	3614	3528	3436	3337	3232	3118	2996	2867	2731	2590	2446	2163	1899
280	4049	3962	3871	3774	3671	3561	3443	3317	3184	3044	2900	2605	2319
300	4635	4544	4450	4351	4246	4135	4017	3890	3757	3616	3468	3161	2850
320	5050	4960	4866	4767	4664	4556	4440	4318	4188	4051	3907	3602	3286
340	5381	5291	5199	5103	5003	4897	4786	4669	4545	4414	4276	3981	3669
360	5718	5628	5537	5442	5344	5242	5134	5021	4902	4776	4643	4359	4054
400	6341	6286	6229	6171	6109	6045	5976	5903	5825	5740	5649	5441	5198
450	7027	6974	6920	6864	6806	6746	6684	6618	6548	6474	6395	6220	6017
500		7674	7621	7568	7512	7455	7396	7335	7271	7203	7132	6978	6802
550			8153	8101	8049	7995	7939	7882	7823	7761	7697	7558	7404
600			8697	8647	8596	8545	8492	8437	8382	8324	8264	8137	7998
650				9206	9157	9106	9055	9003	8950	8895	8838	8719	8590
700				9722	9674	9626	9577	9527	9476	9423	9370	9258	9139
800		$\bar\lambda_y \leq 0{,}2$			10.307	10.263	10.217	10.172	10.125	10.078	9980	9878
900							11.223	11.180	11.137	11.093	11.048	10.957	10.863
1000							11.770	11.730	11.689	11.648	11.565	11.480

Die kursiv dargestellten Werte sind mit der effektiven Querschnittsfläche ermittelt worden.

Tafel 10.92 Bemessungswert der Beanspruchbarkeit $N_{b,Rd}$ [kN] druckbeanspruchter HEB-Profile aus S355 für Biegeknicken um die z-Achse

HEB	Knicklänge L_{cr} in m												
	3,00	3,50	4,00	4,50	5,00	5,50	6,00	6,50	7,00	7,50	8,00	9,00	10,00
100	251	196	156	127	105	88,4	75,3	64,9	56,6	49,7	44,0	35,2	28,8
120	434	346	279	229	191	162	138	120	104	92,0	81,6	65,5	53,7
140	673	551	453	376	316	269	231	201	176	155	138	111	91,2
160	976	819	686	577	490	419	362	315	277	245	218	176	145
180	1316	1134	970	829	711	614	533	467	412	365	326	264	218
200	1708	1505	1312	1139	988	861	753	662	586	522	467	380	315
220	2125	1909	1697	1497	1316	1157	1020	903	803	718	644	526	437
240	2593	2366	2135	1911	1701	1511	1343	1197	1069	959	864	709	591
260	3010	2780	2543	2306	2078	1865	1672	1499	1347	1214	1097	906	758
280	3443	3211	2970	2724	2482	2250	2034	1838	1661	1504	1365	1133	952
300	4007	3766	3514	3255	2995	2740	2498	2273	2067	1881	1714	1432	1208
320	4334	4073	3800	3519	3237	2961	2699	2455	2232	2031	1850	1546	1305
340	4583	4304	4013	3714	3414	3121	2843	2585	2349	2136	1946	1625	1371
360	4835	4539	4229	3911	3593	3282	2988	2715	2466	2242	2042	1704	1437
400	5555	5280	4974	4639	4283	3920	3564	3229	2921	2643	2395	1981	1657
450	6107	5800	5458	5083	4686	4282	3889	3519	3180	2875	2604	2152	1800
500	6671	6329	5949	5533	5094	4649	4216	3811	3441	3109	2815	2324	1942
550	7073	6701	6286	5834	5357	4878	4415	3984	3593	3242	2932	2418	2019
600	7486	7081	6630	6139	5624	5109	4615	4158	3744	3376	3050	2513	2097
650	7908	7469	6979	6448	5894	5342	4817	4332	3896	3509	3169	2607	2174
700	8298	7828	7304	6737	6147	5563	5009	4500	4044	3639	3284	2700	2250
800	8781	8268	7696	7079	6442	5815	5224	4686	4205	3780	3408	2799	2331
900	9508	8939	8304	7621	6919	6233	5591	5007	4488	4032	3633	2981	2480
1000	9928	9322	8648	7924	7182	6461	5787	5179	4638	4164	3750	3075	2558

Die kursiv dargestellten Werte sind mit der effektiven Querschnittsfläche ermittelt worden.

Tafel 10.93 Bemessungswert der Beanspruchbarkeit $N_{b,Rd}$ [kN] druckbeanspruchter HEB-Profile aus S460 für Biegeknicken um die y-Achse

HEB	Knicklänge L_{cr} in m												
	3,00	3,50	4,00	4,50	5,00	5,50	6,00	6,50	7,00	7,50	8,00	9,00	10,00
100	667	540	437	358	296	249	212	182	159	139	123	98,0	79,9
120	1056	912	770	646	543	461	395	341	298	262	232	185	152
140	1475	1342	1189	1033	890	766	663	577	506	446	396	318	261
160	1965	1844	1696	1527	1354	1190	1043	917	809	717	639	516	424
180	2446	2338	2205	2047	1869	1684	1505	1340	1194	1066	955	776	641
200	2994	2893	2772	2626	2456	2266	2067	1871	1688	1521	1372	1125	934
220	3549	3453	3340	3207	3051	2870	2671	2462	2253	2054	1869	1550	1296
240	4183	4088	3980	3855	3709	3539	3347	3136	2914	2690	2474	2082	1757
260	4722	4631	4529	4413	4280	4127	3951	3754	3539	3312	3082	2642	2255
280	5278	5189	5091	4981	4857	4716	4555	4373	4170	3950	3718	3248	2809
300	6028	5938	5839	5731	5610	5474	5320	5146	4951	4736	4504	4010	3520
320	6558	6468	6372	6267	6152	6023	5879	5718	5537	5336	5116	4632	4124
340	6977	6889	6796	6696	6586	6466	6332	6183	6018	5833	5630	5172	4671
360	7403	7317	7226	7129	7024	6910	6784	6646	6492	6322	6134	5705	5220
400	8200	8148	8093	8034	7971	7902	7826	7742	7648	7540	7418	7118	6727
450	9074	9024	8972	8918	8860	8799	8732	8661	8582	8495	8398	8168	7874
500	9965	9916	9866	9815	9761	9704	9644	9579	9510	9435	9353	9164	8932
550		10.588	10.541	10.492	10.441	10.389	10.333	10.275	10.213	10.147	10.076	9916	9726
600		*11.050*	*11.005*	*10.960*	*10.913*	*10.865*	*10.815*	*10.763*	*10.708*	*10.650*	*10.589*	*10.454*	*10.298*
650			*11.560*	*11.517*	*11.473*	*11.428*	*11.381*	*11.332*	*11.282*	*11.229*	*11.174*	*11.054*	*10.919*
700			*12.300*	*12.258*	*12.214*	*12.170*	*12.125*	*12.079*	*12.030*	*11.980*	*11.928*	*11.817*	*11.693*
800				*13.003*	*12.964*	*12.923*	*12.882*	*12.840*	*12.797*	*12.753*	*12.659*	*12.559*
900		$\bar{\lambda}_y \leq 0,2$			*14.107*	*14.070*	*14.031*	*13.992*	*13.952*	*13.912*	*13.827*	*13.738*
1000					*14.747*	*14.712*	*14.676*	*14.640*	*14.603*	*14.528*	*14.449*

Die kursiv dargestellten Werte sind mit der effektiven Querschnittsfläche ermittelt worden.

Tafel 10.94 Bemessungswert der Beanspruchbarkeit $N_{b,Rd}$ [kN] druckbeanspruchter HEB-Profile aus S460 für Biegeknicken um die z-Achse

HEB	Knicklänge L_{cr} in m												
	3,00	3,50	4,00	4,50	5,00	5,50	6,00	6,50	7,00	7,50	8,00	9,00	10,00
100	305	230	179	144	117	97,7	82,5	70,7	61,2	53,5	47,1	37,4	30,4
120	553	423	332	267	219	183	155	133	115	100	88,7	70,5	57,4
140	898	702	558	451	372	311	264	227	197	172	152	121	98,6
160	1346	1083	872	712	589	495	421	362	314	276	244	194	158
180	1858	1551	1277	1055	880	743	634	546	476	418	369	295	241
200	2434	2106	1780	1493	1258	1067	915	791	690	607	537	430	351
220	3030	2710	2358	2019	1722	1474	1269	1102	964	849	753	604	494
240	3683	3375	3013	2636	2282	1972	1709	1490	1308	1155	1026	825	676
260	4247	3964	3619	3234	2847	2489	2176	1907	1680	1488	1325	1068	877
280	4823	4561	4238	3861	3459	3066	2705	2387	2113	1877	1676	1355	1116
300	5572	5320	5009	4638	4224	3797	3386	3011	2680	2391	2141	1738	1435
320	6029	5754	5416	5014	4564	4101	3657	3251	2893	2581	2311	1876	1548
340	6378	6084	5722	5291	4811	4318	3846	3418	3040	2711	2427	1969	1625
360	6733	6418	6031	5570	5059	4536	4037	3585	3187	2842	2543	2063	1702
400	7662	7397	7034	6549	5955	5311	4690	4131	3645	3229	2874	2312	1896
450	8432	8131	7720	7171	6503	5787	5102	4489	3958	3504	3118	2508	2055
500	9217	8880	8417	7801	7055	6265	5515	4848	4272	3781	3363	2703	2216
550	9787	9413	8897	8212	7396	6545	5748	5044	4440	3927	3492	2805	2298
600	*10.180*	9787	9245	8526	7671	*6784*	*5954*	*5224*	*4597*	*4066*	*3615*	*2903*	*2378*
650	*10.652*	*10.231*	9650	8881	7973	*7039*	*6171*	*5410*	*4759*	*4208*	*3740*	*3003*	*2460*
700	*11.279*	*10.812*	*10.165*	9315	8326	*7326*	*6409*	*5610*	*4931*	*4356*	*3871*	*3106*	*2543*
800	*11.918*	*11.403*	*10.687*	9751	8680	*7614*	*6648*	*5812*	*5104*	*4507*	*4003*	*3211*	*2628*
900	*12.891*	*12.313*	*11.508*	*10.463*	9284	*8124*	*7082*	*6186*	*5429*	*4792*	*4254*	*3411*	*2791*
1000	*13.443*	*12.824*	*11.962*	*10.849*	9604	*8391*	*7307*	*6378*	*5595*	*4937*	*4383*	*3513*	*2874*

Die kursiv dargestellten Werte sind mit der effektiven Querschnittsfläche ermittelt worden.

Tafel 10.95 Bemessungswert der Beanspruchbarkeit $N_{b,Rd}$ [kN] druckbeanspruchter HEM-Profile aus S235 für Biegeknicken um die y-Achse

HEM	Knicklänge L_{cr} in m												
	3,00	3,50	4,00	4,50	5,00	5,50	6,00	6,50	7,00	7,50	8,00	9,00	10,00
100	898	821	738	654	576	506	444	392	347	309	276	224	185
120	1202	1131	1051	966	878	792	711	637	571	513	463	380	316
140	1522	1455	1381	1299	1211	1120	1028	939	855	778	708	589	495
160	1886	1820	1748	1669	1584	1492	1396	1298	1201	1107	1019	863	734
180	2247	2183	2113	2038	1956	1868	1774	1675	1573	1471	1372	1185	1021
200	2647	2582	2513	2439	2360	2274	2183	2085	1983	1878	1771	1562	1368
220	3051	2985	2917	2844	2767	2685	2596	2502	2402	2297	2189	1968	1753
240	4127	4051	3972	3890	3803	3711	3613	3509	3399	3283	3161	2905	2640
260	4579	4503	4424	4343	4258	4169	4074	3975	3870	3758	3641	3392	3127
280	5041	4965	4886	4805	4721	4633	4542	4445	4343	4236	4124	3882	3622
300	6409	6321	6231	6139	6045	5947	5845	5739	5628	5511	5389	5126	4841
320	6628	6543	6456	6367	6277	6183	6087	5986	5881	5772	5658	5413	5146
340	6739	6688	6636	6582	6527	6470	6409	6346	6279	6208	6131	5963	5767
360		6768	6719	6668	6615	6561	6504	6445	6383	6317	6247	6094	5918
400		6947	6901	6854	6807	6758	6707	6655	6600	6543	6482	6352	6206
450			7142	7100	7056	7012	6966	6920	6871	6821	6769	6658	6536
500				7322	7281	7241	7199	7157	7113	7068	7022	6924	6819
550				7566	7529	7491	7452	7413	7373	7332	7290	7202	7109
600					7755	7719	7683	7646	7609	7571	7533	7452	7368
650						7961	7927	7892	7857	7822	7785	7711	7633
700			$\bar{\lambda}_y \leq 0{,}2$				8150	8118	8084	8051	8017	7946	7874
800								8619	8589	8558	8527	8463	8398
900									9044	9015	8986	8927	8867
1000											9466	9411	9355

Tafel 10.96 Bemessungswert der Beanspruchbarkeit $N_{b,Rd}$ [kN] druckbeanspruchter HEM-Profile aus S235 für Biegeknicken um die z-Achse

HEM	Knicklänge L_{cr} in m												
	3,00	3,50	4,00	4,50	5,00	5,50	6,00	6,50	7,00	7,50	8,00	9,00	10,00
100	512	414	338	279	234	199	170	148	129	114	101	81,3	66,7
120	781	653	546	459	389	333	287	250	220	194	173	139	115
140	1088	940	806	690	593	512	446	390	344	306	273	221	183
160	1437	1275	1119	976	851	743	652	574	509	454	406	331	274
180	1799	1631	1463	1301	1152	1019	902	801	715	640	576	471	392
200	2193	2021	1844	1668	1499	1343	1201	1076	966	869	785	647	541
220	2598	2424	2243	2059	1877	1703	1541	1392	1259	1140	1035	860	723
240	3595	3391	3178	2958	2735	2515	2303	2104	1920	1752	1600	1342	1136
260	4051	3849	3636	3416	3190	2963	2739	2524	2321	2132	1958	1657	1411
280	4518	4315	4104	3884	3657	3426	3195	2968	2750	2543	2350	2007	1721
300	5813	5581	5340	5090	4830	4564	4294	4024	3759	3503	3259	2816	2435
320	5975	5734	5484	5224	4955	4678	4398	4119	3845	3581	3329	2873	2483
340	6237	6049	5846	5626	5386	5127	4852	4565	4272	3982	3699	3178	2729
360	6285	6093	5885	5659	5412	5147	4865	4571	4273	3978	3692	3166	2716
400	6405	6204	5986	5748	5489	5211	4915	4609	4299	3995	3701	3166	2710
450	6577	6365	6136	5885	5611	5317	5006	4685	4362	4046	3743	3193	2728
500	6728	6505	6262	5996	5707	5396	5068	4731	4395	4067	3755	3194	2723
550	6906	6671	6415	6134	5829	5501	5156	4804	4454	4115	3794	3220	2741
600	7062	6814	6543	6246	5923	5577	5214	4846	4482	4132	3803	3218	2734
650	7237	6978	6693	6380	6040	5676	5297	4913	4536	4176	3838	3241	2750
700	7391	7117	6816	6486	6127	5744	5347	4948	4558	4187	3842	3236	2741
800	7747	7443	7108	6740	6340	5916	5481	5049	4632	4241	3880	3254	2748
900	8066	7732	7364	6958	6519	6057	5588	5126	4687	4278	3904	3262	2748
1000	8410	8046	7643	7200	6722	6223	5719	5230	4768	4342	3954	3295	2770

Tafel 10.97 Bemessungswert der Beanspruchbarkeit $N_{b,Rd}$ [kN] druckbeanspruchter HEM-Profile aus S355 für Biegeknicken um die y-Achse

HEM	Knicklänge L_{cr} in m												
	3,00	3,50	4,00	4,50	5,00	5,50	6,00	6,50	7,00	7,50	8,00	9,00	10,00
100	1194	1038	889	758	647	555	480	418	367	325	289	233	191
120	1665	1511	1348	1188	1040	909	796	700	619	550	492	399	329
140	2157	2013	1853	1683	1513	1351	1203	1072	957	857	770	629	522
160	2710	2570	2415	2245	2065	1884	1708	1543	1393	1258	1138	940	785
180	3259	3125	2976	2813	2636	2451	2261	2075	1898	1733	1581	1322	1114
200	3862	3730	3585	3427	3255	3071	2877	2679	2483	2293	2113	1792	1525
220	4472	4341	4200	4047	3881	3702	3511	3311	3106	2901	2701	2328	2004
240	6075	5926	5767	5597	5414	5216	5005	4780	4544	4301	4055	3573	3128
260	6758	6610	6454	6289	6112	5923	5721	5505	5276	5038	4792	4292	3810
280	7456	7308	7153	6991	6819	6636	6441	6233	6013	5781	5539	5035	4530
300	9498	9330	9156	8974	8784	8583	8370	8145	7905	7653	7387	6824	6238
320	9835	9672	9505	9332	9151	8962	8762	8551	8327	8092	7844	7314	6751
340	10.074	9976	9874	9768	9655	9534	9405	9265	9113	8947	8765	8349	7859
360	10.196	10.103	10.007	9906	9800	9688	9568	9440	9301	9151	8987	8614	8174
400	10.468	10.383	10.295	10.204	10.109	10.010	9906	9795	9676	9550	9413	9107	8749
450		10.751	10.670	10.588	10.503	10.416	10.324	10.228	10.127	10.020	9906	9655	9367
500		11.084	11.010	10.934	10.857	10.777	10.695	10.609	10.520	10.427	10.328	10.115	9874
550			11.383	11.312	11.241	11.167	11.092	11.014	10.934	10.850	10.763	10.577	10.370
600			11.724	11.657	11.590	11.522	11.452	11.380	11.307	11.231	11.152	10.985	10.803
650				12.023	11.959	11.895	11.829	11.762	11.693	11.623	11.550	11.398	11.233
700				12.359	12.298	12.237	12.174	12.111	12.047	11.981	11.913	11.772	11.621
800		$\bar{\lambda}_y \leq 0{,}2$				12.997	12.939	12.882	12.823	12.763	12.703	12.577	12.446
900							13.179	13.128	13.076	13.024	12.971	12.863	12.751
1000								13.403	13.356	13.310	13.263	13.167	13.069

Die kursiv dargestellten Werte sind mit der effektiven Querschnittsfläche ermittelt worden.

Tafel 10.98 Bemessungswert der Beanspruchbarkeit $N_{b,Rd}$ [kN] druckbeanspruchter HEM-Profile aus S355 für Biegeknicken um die z-Achse

HEM	Knicklänge L_{cr} in m												
	3,00	3,50	4,00	4,50	5,00	5,50	6,00	6,50	7,00	7,50	8,00	9,00	10,00
100	579	455	364	297	247	208	177	153	134	117	104	83,3	68,2
120	923	742	604	498	416	353	302	262	229	202	179	144	118
140	1342	1109	919	767	647	552	475	413	362	320	285	229	189
160	1836	1557	1315	1113	948	814	705	615	541	479	427	345	285
180	2368	2060	1776	1527	1316	1140	993	871	769	683	611	496	410
200	2953	2624	2306	2014	1757	1536	1348	1189	1054	939	842	686	569
220	3561	3221	2881	2557	2260	1996	1765	1567	1396	1249	1123	919	765
240	5004	4601	4188	3779	3389	3030	2707	2422	2171	1953	1763	1452	1213
260	5695	5293	4876	4454	4042	3651	3290	2964	2673	2416	2189	1813	1521
280	6401	6001	5583	5154	4726	4311	3918	3556	3226	2930	2666	2223	1873
300	8296	7840	7363	6869	6367	5869	5387	4931	4508	4120	3768	3167	2684
320	8523	8049	7554	7041	6521	6005	5508	5038	4602	4203	3842	3227	2733
340	9026	8634	8199	7720	7204	6666	6124	5598	5101	4644	4229	3522	2961
360	9090	8687	8241	7749	7221	6671	6120	5586	5085	4625	4208	3501	2941
400	9251	8829	8360	7844	7292	6719	6149	5601	5089	4622	4200	3489	2927
450	9489	9044	8548	8004	7422	6823	6230	5664	5138	4659	4230	3508	2940
500	9693	9222	8697	8121	7508	6882	6266	5683	5145	4659	4224	3496	2927
550	9937	9439	8885	8278	7635	6981	6343	5741	5190	4694	4252	3514	2939
600	10.145	9619	9032	8391	7715	7033	6373	5755	5193	4690	4243	3501	2925
650	10.384	9830	9213	8540	7833	7124	6442	5808	5233	4721	4267	3517	2936
700	10.586	10.001	9349	8641	7902	7165	6463	5815	5231	4712	4255	3502	2920
800	11.060	10.408	9681	8897	8089	7296	6551	5872	5267	4734	4267	3503	2916
900	11.156	10.483	9734	8927	8100	7293	6538	5853	5245	4711	4244	3481	2896
1000	11.301	10.608	9837	9009	8163	7340	6573	5880	5266	4727	4257	3489	2902

Die kursiv dargestellten Werte sind mit der effektiven Querschnittsfläche ermittelt worden.

Tafel 10.99 Bemessungswert der Beanspruchbarkeit $N_{\mathrm{b,Rd}}$ [kN] druckbeanspruchter HEM-Profile aus S460 für Biegeknicken um die y-Achse

HEM	Knicklänge L_{cr} in m												
	3,00	3,50	4,00	4,50	5,00	5,50	6,00	6,50	7,00	7,50	8,00	9,00	10,00
100	1536	1288	1064	881	736	621	530	457	398	350	309	247	202
120	2192	1952	1691	1444	1229	1050	904	784	685	604	536	429	351
140	2857	2650	2400	2127	1860	1619	1410	1234	1085	960	854	687	564
160	3586	3403	3177	2911	2623	2335	2067	1829	1621	1442	1289	1044	860
180	4301	4137	3939	3700	3424	3126	2824	2536	2273	2039	1833	1496	1239
200	5080	4928	4748	4534	4281	3993	3682	3365	3057	2771	2510	2070	1725
220	5865	5721	5555	5360	5132	4867	4569	4249	3920	3597	3290	2749	2309
240	7941	7783	7606	7404	7170	6900	6592	6246	5872	5480	5087	4343	3697
260	8812	8660	8492	8303	8089	7845	7566	7250	6899	6521	6125	5330	4598
280	9701	9552	9390	9211	9011	8786	8530	8241	7918	7562	7178	6370	5575
300	12.330	12.164	11.986	11.793	11.581	11.345	11.082	10.787	10.456	10.089	9686	8794	7852
320	12.748	12.590	12.422	12.241	12.044	11.828	11.589	11.323	11.027	10.698	10.334	9514	8611
340	13.046	12.951	12.850	12.741	12.621	12.488	12.338	12.167	11.971	11.744	11.480	10.823	9989
360	13.195	13.105	13.011	12.909	12.798	12.677	12.542	12.390	12.217	12.019	11.792	11.228	10.498
400	13.530	13.448	13.363	13.274	13.177	13.074	12.960	12.836	12.697	12.541	12.366	11.940	11.388
450	13.978	13.904	13.828	13.748	13.664	13.575	13.479	13.376	13.264	13.140	13.004	12.683	12.279
500	14.386	14.318	14.248	14.176	14.101	14.021	13.938	13.849	13.753	13.650	13.539	13.282	12.970
550		14.778	14.713	14.646	14.578	14.506	14.431	14.352	14.269	14.180	14.085	13.872	13.620
600		15.199	15.138	15.076	15.013	14.947	14.878	14.807	14.732	14.653	14.570	14.386	14.174
650			15.593	15.534	15.474	15.413	15.349	15.284	15.215	15.144	15.069	14.906	14.721
700			16.010	15.954	15.898	15.840	15.780	15.719	15.656	15.590	15.521	15.374	15.210
800					*16.344*	*16.294*	*16.243*	*16.190*	*16.137*	*16.082*	*16.025*	*15.906*	*15.777*
900			$\bar{\lambda}_{\mathrm{y}} \leq 0{,}2$				*16.582*	*16.537*	*16.492*	*16.445*	*16.398*	*16.349*	*16.249*	*16.142*
1000							*16.800*	*16.760*	*16.719*	*16.677*	*16.635*	*16.547*	*16.456*

Die kursiv dargestellten Werte sind mit der effektiven Querschnittsfläche ermittelt worden.

10

Tafel 10.100 Bemessungswert der Beanspruchbarkeit $N_{\mathrm{b,Rd}}$ [kN] druckbeanspruchter HEM-Profile aus S460 für Biegeknicken um die z-Achse

HEM	Knicklänge L_{cr} in m												
	3,00	3,50	4,00	4,50	5,00	5,50	6,00	6,50	7,00	7,50	8,00	9,00	10,00
100	716	543	424	340	278	232	196	168	145	127	112	89,0	72,4
120	1197	923	727	586	481	402	340	292	253	222	196	155	127
140	1816	1435	1146	930	768	643	546	469	407	357	315	251	205
160	2560	2088	1696	1390	1154	971	827	712	619	543	480	383	312
180	3361	2847	2369	1969	1648	1394	1191	1028	896	787	696	556	454
200	4213	3697	3160	2672	2261	1925	1653	1431	1250	1100	975	780	638
220	5071	4585	4033	3483	2988	2567	2216	1927	1688	1488	1321	1060	868
240	7078	6565	5945	5270	4608	4011	3494	3056	2687	2377	2115	1703	1398
260	7999	7531	6955	6293	5601	4938	4341	3821	3375	2995	2671	2157	1775
280	8924	8494	7963	7334	6641	5939	5276	4679	4155	3702	3311	2684	2213
300	11.471	11.018	10.465	9802	9040	8223	7406	6636	5937	5319	4777	3893	3221
320	11.793	11.319	10.741	10.047	9252	8403	7558	6766	6049	5416	4862	3961	3276
340	12.368	12.017	11.551	10.928	10.131	9205	8242	7329	6507	5789	5168	4173	3429
360	12.466	12.103	11.618	10.968	10.142	9189	8211	7289	6466	5748	5129	4139	3399
400	12.708	12.320	11.798	11.099	10.216	9216	8206	7268	6436	5716	5097	4109	3373
450	13.054	12.637	12.074	11.319	10.374	9320	8273	7312	6466	5737	5112	4118	3379
500	13.358	12.908	12.294	11.473	10.458	9350	8270	7291	6438	5706	5080	4089	3353
550	13.714	13.230	12.568	11.683	10.602	9442	8328	7330	6464	5725	5095	4097	3359
600	14.027	13.503	12.781	11.822	10.669	9458	8315	7303	6432	5691	5061	4067	3332
650	14.378	13.816	13.040	12.012	10.795	9537	8365	7336	6455	5707	5073	4075	3337
700	14.683	14.076	13.234	12.126	10.839	9537	8342	7303	6418	5671	5038	4044	3311
800	*14.975*	*14.321*	*13.411*	*12.225*	*10.873*	*9531*	*8318*	*7270*	*6383*	*5636*	*5005*	*4014*	*3285*
900	*15.143*	*14.455*	*13.496*	*12.255*	*10.861*	*9496*	*8274*	*7224*	*6339*	*5594*	*4966*	*3981*	*3258*
1000	*15.310*	*14.599*	*13.609*	*12.334*	*10.911*	*9528*	*8294*	*7239*	*6349*	*5602*	*4972*	*3986*	*3261*

Die kursiv dargestellten Werte sind mit der effektiven Querschnittsfläche ermittelt worden.

Tafel 10.101 Bemessungswert der Biegeknickbeanspruchbarkeit $N_{b,Rd}$ [kN] druckbeanspruchter, warmgefertigter KHP-Profile aus S235

d	t	Knicklänge L_{cr} in m												
mm	mm	1,50	2,00	2,50	3,00	3,50	4,00	4,50	5,00	5,50	6,00	6,50	7,00	7,50	8,00
33,7	3,2	25,2	15,1	9,95	7,02	5,22	4,03	3,20	2,61	2,16	1,82	1,56	1,35	1,17	1,03
	4	29,4	17,6	11,6	8,18	6,07	4,69	3,73	3,03	2,51	2,12	1,81	1,56	1,37	1,20
42,4	3,2	47,4	30,3	20,3	14,5	10,8	8,38	6,67	5,44	4,52	3,81	3,26	2,82	2,46	2,17
	4	56,6	35,9	24,1	17,1	12,8	9,90	7,88	6,43	5,34	4,50	3,85	3,33	2,91	2,56
48,3	3,2	64,5	43,8	30,1	21,6	16,2	12,6	10,0	8,20	6,82	5,76	4,93	4,26	3,72	3,28
	4	77,9	52,5	35,9	25,8	19,3	15,0	12,0	9,76	8,11	6,85	5,86	5,07	4,43	3,90
	5	93,0	62,0	42,3	30,3	22,7	17,6	14,0	11,5	9,53	8,04	6,88	5,95	5,20	4,58
60,3	3,2	98,3	77,1	56,6	41,8	31,7	24,8	19,9	16,3	13,6	11,5	9,85	8,53	7,46	6,58
	4	120	93,5	68,3	50,3	38,2	29,9	23,9	19,6	16,3	13,8	11,8	10,2	8,96	7,90
	5	146	113	81,7	60,0	45,5	35,6	28,5	23,3	19,4	16,4	14,1	12,2	10,7	9,40
76,1	3,2	138	122	101	79,3	62,1	49,4	40,0	32,9	27,6	23,4	20,1	17,4	15,3	13,5
	4	170	150	123	96,5	75,5	59,9	48,5	39,9	33,4	28,3	24,3	21,1	18,5	16,3
	5	209	183	149	117	91,0	72,2	58,4	48,0	40,2	34,1	29,3	25,4	22,2	19,6
88,9	4	208	192	169	142	115	93,3	76,4	63,4	53,3	45,4	39,0	33,9	29,8	26,3
	5	257	236	207	173	140	113	92,6	76,7	64,5	54,9	47,2	41,0	36,0	31,8
	6,3	318	292	254	210	170	137	112	92,7	77,9	66,2	57,0	49,5	43,4	38,4
101,6	4	245	232	213	188	160	133	111	93,1	78,8	67,4	58,2	50,7	44,5	39,4
	5	303	286	262	231	195	163	135	113	95,8	81,9	70,7	61,6	54,1	47,9
	6,3	376	354	323	283	239	198	165	138	116	99,5	85,8	74,8	65,7	58,1
114,3	4	281	269	253	232	206	178	152	129	110	94,8	82,2	71,8	63,3	56,1
	6,3	433	414	388	354	312	268	227	193	164	141	122	107	94,0	83,3
	8	540	515	482	438	384	329	278	235	200	172	149	130	114	101
139,7	5	438	425	409	389	364	334	299	264	231	203	178	157	139	124
	8	684	663	637	604	563	513	457	402	351	306	268	236	209	186
	10	841	814	782	740	687	624	554	485	423	368	322	284	251	223
168,3	6,3	673	658	640	620	596	566	531	490	446	401	360	322	289	259
	10	1042	1018	990	957	918	869	811	744	674	605	541	483	432	387
	12,5	1281	1250	1215	1174	1123	1061	987	903	815	730	651	580	518	465
177,8	6,3	715	700	683	664	641	614	581	543	500	456	412	371	335	302
	10	1109	1085	1058	1027	990	946	892	830	761	691	623	560	503	453
	12,5	1364	1334	1301	1262	1215	1158	1089	1010	924	836	752	675	606	545
193,7	6,3	785	771	755	737	716	692	663	629	590	547	503	459	418	379
	10	1220	1197	1172	1143	1110	1070	1023	968	905	836	765	697	632	573
	12,5	1504	1475	1443	1406	1364	1314	1254	1184	1104	1017	929	844	765	693
219,1	8	1130	1112	1093	1072	1048	1021	990	954	912	864	812	756	700	644
	12,5	1726	1698	1668	1634	1597	1554	1504	1446	1379	1302	1219	1131	1043	959
	16	2171	2134	2095	2052	2004	1948	1883	1807	1719	1619	1511	1399	1287	1180
244,5	8		1254	1236	1216	1194	1170	1143	1112	1076	1036	990	940	885	829
	12,5		1921	1891	1860	1826	1788	1744	1695	1638	1573	1500	1419	1333	1245
	16		2419	2382	2341	2297	2248	2192	2127	2053	1968	1872	1768	1657	1544
273,0	8		1414	1396	1377	1357	1334	1310	1283	1253	1218	1180	1136	1088	1036
	12,5		2171	2142	2112	2080	2045	2006	1963	1915	1860	1798	1728	1652	1569
	16		2739	2703	2664	2623	2578	2528	2472	2409	2337	2256	2166	2066	1960
323,9	8			1682	1664	1644	1624	1603	1580	1555	1527	1497	1463	1426	1385
	12,5			2588	2560	2530	2498	2465	2428	2388	2345	2296	2243	2183	2118
	16			3274	3237	3199	3158	3115	3068	3016	2960	2897	2828	2751	2665
355,6	8			1860	1842	1823	1804	1783	1762	1738	1713	1686	1657	1624	1588
	12,5			2866	2838	2809	2779	2746	2712	2676	2636	2593	2546	2495	2438
	16			3630	3593	3556	3517	3476	3432	3385	3334	3278	3217	3150	3077
406,4	10				2644	2622	2598	2574	2549	2522	2494	2464	2432	2397	2360
	20				5148	5103	5056	5007	4956	4903	4845	4784	4719	4647	4570
	25				6348	6291	6233	6172	6107	6040	5968	5890	5807	5717	5619
457,0	10	$\bar{\lambda} \leq 0,2$			2999	2976	2954	2930	2906	2881	2855	2828	2799	2768	2735
	20				5858	5813	5767	5720	5672	5621	5569	5513	5454	5391	5325
	30				8577	8510	8441	8370	8297	8221	8141	8056	7966	7871	7768
508,0	12,5				4145	4117	4089	4060	4030	3999	3966	3932	3897	3860
	20				6528	6483	6437	6390	6342	6292	6240	6185	6128	6068
	30				9582	9515	9446	9375	9302	9227	9148	9065	8978	8886

Tafel 10.102 Bemessungswert der Biegeknickbeanspruchbarkeit $N_{b,Rd}$ [kN] druckbeanspruchter, warmgefertigter KHP-Profile aus S355

d	t	Knicklänge L_{cr} in m													
mm	mm	1,50	2,00	2,50	3,00	3,50	4,00	4,50	5,00	5,50	6,00	6,50	7,00	7,50	8,00
33,7	3,2	26,5	15,5	10,1	7,13	5,28	4,07	3,23	2,63	2,18	1,83	1,57	1,35	1,18	1,04
	4	30,9	18,1	11,8	8,29	6,14	4,73	3,76	3,05	2,53	2,13	1,82	1,57	1,37	1,21
42,4	3,2	52,4	31,7	20,9	14,8	11,0	8,49	6,75	5,50	4,56	3,85	3,29	2,84	2,48	2,18
	4	62,3	37,5	24,7	17,5	13,0	10,0	7,98	6,49	5,39	4,54	3,88	3,35	2,93	2,58
48,3	3,2	75,0	46,8	31,2	22,2	16,5	12,8	10,2	8,30	6,89	5,82	4,97	4,30	3,75	3,31
	4	89,9	55,9	37,2	26,4	19,7	15,2	12,1	9,87	8,20	6,92	5,91	5,11	4,46	3,93
	5	107	65,8	43,8	31,1	23,1	17,9	14,2	11,6	9,63	8,12	6,94	6,00	5,24	4,61
60,3	3,2	127	87,7	60,5	43,6	32,7	25,4	20,3	16,6	13,8	11,6	9,97	8,62	7,54	6,64
	4	155	106	72,9	52,5	39,4	30,6	24,4	19,9	16,6	14,0	12,0	10,4	9,05	7,98
	5	187	127	86,9	62,5	46,9	36,4	29,0	23,7	19,7	16,6	14,2	12,3	10,8	9,48
76,1	3,2	193	155	116	85,9	65,5	51,3	41,2	33,8	28,2	23,8	20,4	17,7	15,5	13,6
	4	238	189	141	104	79,5	62,2	49,9	40,9	34,1	28,9	24,7	21,4	18,7	16,5
	5	291	230	170	126	95,7	74,9	60,1	49,2	41,0	34,7	29,7	25,8	22,5	19,9
88,9	4	299	259	208	161	125	98,7	79,7	65,5	54,8	46,4	39,9	34,6	30,3	26,7
	5	368	317	253	195	151	119	96,4	79,3	66,2	56,2	48,2	41,8	36,6	32,3
	6,3	454	389	308	236	183	144	116	95,7	80,0	67,8	58,1	50,4	44,1	39,0
101,6	4	357	324	278	226	180	145	118	97,4	81,7	69,5	59,7	51,9	45,5	40,2
	5	441	399	341	276	220	176	143	118	99,3	84,4	72,5	63,0	55,2	48,8
	6,3	546	493	418	337	268	214	174	144	121	102	88,0	76,4	67,0	59,2
114,3	4	413	385	346	296	245	200	165	137	116	98,6	85,0	73,9	64,9	57,4
	6,3	635	590	526	446	367	299	246	204	172	146	126	110	96,3	85,2
	8	791	733	651	549	449	365	299	249	209	178	153	133	117	103
139,7	5	648	620	583	534	473	408	347	295	251	216	187	164	144	128
	8	1012	966	905	824	724	621	525	445	379	326	282	246	217	192
	10	1243	1185	1108	1004	879	750	633	535	455	391	338	295	260	230
168,3	6,3	1001	970	932	884	824	750	669	588	513	448	392	345	306	272
	10	1550	1500	1438	1361	1261	1142	1012	885	770	671	586	516	456	406
	12,5	1904	1841	1763	1664	1538	1386	1224	1066	926	805	704	618	547	486
177,8	6,3	1065	1034	999	954	899	830	752	669	590	519	457	403	358	319
	10	1651	1602	1544	1472	1381	1270	1143	1013	890	780	685	605	536	478
	12,5	2030	1969	1896	1805	1689	1547	1387	1225	1074	940	825	727	644	574
193,7	6,3	1171	1142	1109	1069	1020	959	888	808	725	646	574	511	456	408
	10	1820	1773	1720	1655	1575	1477	1360	1232	1102	979	868	771	687	614
	12,5	2242	2183	2116	2034	1932	1807	1659	1498	1336	1184	1049	930	828	740
219,1	8	1688	1653	1614	1569	1515	1451	1374	1283	1183	1078	975	879	792	714
	12,5	2579	2523	2461	2389	2304	2200	2076	1932	1773	1609	1451	1304	1172	1056
	16	3241	3170	3090	2997	2886	2750	2588	2400	2195	1986	1786	1603	1438	1294
244,5	8	1904	1869	1832	1791	1743	1688	1623	1546	1457	1358	1254	1150	1050	956
	12,5	2915	2861	2803	2737	2662	2574	2469	2345	2203	2047	1884	1722	1568	1425
	16	3672	3603	3528	3443	3346	3230	3094	2932	2748	2546	2336	2131	1937	1758
273,0	8	2145	2111	2076	2037	1994	1945	1889	1824	1749	1662	1567	1465	1360	1256
	12,5	3292	3239	3184	3123	3055	2977	2888	2784	2663	2525	2373	2212	2049	1888
	16	4155	4087	4016	3937	3849	3749	3633	3497	3339	3161	2964	2757	2547	2344
323,9	8		2543	2509	2473	2435	2393	2346	2294	2235	2169	2093	2009	1916	1817
	12,5		3914	3861	3804	3744	3677	3604	3521	3428	3322	3202	3067	2920	2763
	16		4951	4882	4810	4732	4647	4552	4445	4323	4185	4029	3855	3664	3462
355,6	8		2811	2778	2743	2706	2667	2624	2577	2524	2466	2401	2327	2246	2156
	12,5		4333	4281	4226	4168	4106	4039	3964	3881	3789	3685	3568	3438	3296
	16		5488	5420	5350	5276	5196	5109	5013	4905	4785	4650	4499	4331	4147
406,4	10			3989	3947	3903	3857	3808	3755	3698	3635	3566	3491	3407	3314
	20			7767	7683	7594	7501	7401	7294	7177	7048	6907	6750	6577	6385
	25			9577	9471	9360	9243	9117	8982	8834	8672	8492	8293	8072	7829
457,0	10			4525	4484	4441	4397	4350	4301	4249	4193	4133	4068	3997	3919
	20			8839	8756	8670	8581	8487	8388	8282	8169	8046	7912	7766	7606
	30	$\bar{\lambda} \leq 0{,}2$		12.942	12.816	12.687	12.553	12.411	12.261	12.100	11.927	11.738	11.533	11.307	11.060
508,0	12,5				6247	6194	6140	6084	6026	5965	5901	5832	5759	5680	5595
	20				9836	9752	9665	9576	9482	9384	9280	9169	9050	8921	8783
	30				14.437	14.311	14.181	14.045	13.904	13.755	13.596	13.427	13.245	13.049	12.837

10

Tafel 10.103 Bemessungswert der Biegeknickbeanspruchbarkeit $N_{b,Rd}$ [kN] druckbeanspruchter, warmgefertigter KHP-Profile aus S460

d	t	Knicklänge L_{cr} in m													
mm	mm	1,50	2,00	2,50	3,00	3,50	4,00	4,50	5,00	5,50	6,00	6,50	7,00	7,50	8,00
33,7	3,2	28,1	16,2	10,5	7,31	5,40	4,15	3,29	2,67	2,21	1,86	1,58	1,37	1,19	1,05
	4	32,8	18,8	12,2	8,51	6,28	4,82	3,82	3,10	2,57	2,16	1,84	1,59	1,39	1,22
42,4	3,2	57,5	33,6	21,8	15,3	11,3	8,71	6,90	5,61	4,64	3,91	3,34	2,88	2,51	2,21
	4	68,1	39,7	25,8	18,1	13,4	10,3	8,15	6,62	5,48	4,61	3,94	3,40	2,97	2,61
48,3	3,2	84,8	50,3	32,9	23,1	17,1	13,2	10,5	8,49	7,04	5,93	5,06	4,37	3,81	3,35
	4	101	59,9	39,1	27,5	20,4	15,7	12,4	10,1	8,37	7,05	6,01	5,19	4,53	3,99
	5	119	70,4	46,0	32,3	23,9	18,4	14,6	11,9	9,82	8,27	7,06	6,10	5,32	4,68
60,3	3,2	155	97,9	65,1	46,1	34,2	26,4	21,0	17,1	14,2	11,9	10,2	8,80	7,68	6,76
	4	187	118	78,3	55,4	41,1	31,7	25,2	20,5	17,0	14,3	12,2	10,6	9,22	8,12
	5	225	141	93,2	65,9	48,9	37,7	30,0	24,4	20,2	17,0	14,5	12,6	11,0	9,65
76,1	3,2	250	186	130	93,2	69,8	54,1	43,1	35,1	29,1	24,6	21,0	18,2	15,9	14,0
	4	308	226	157	113	84,6	65,5	52,2	42,5	35,3	29,8	25,5	22,0	19,2	16,9
	5	376	274	190	136	102	78,8	62,7	51,1	42,4	35,8	30,6	26,4	23,1	20,3
88,9	4	392	326	243	179	135	105	84,1	68,7	57,1	48,2	41,2	35,7	31,2	27,5
	5	483	399	295	217	164	127	102	83,0	69,0	58,3	49,8	43,1	37,7	33,2
	6,3	595	487	358	262	198	154	123	100	83,3	70,3	60,1	52,0	45,4	40,0
101,6	4	469	420	341	261	200	157	126	103	85,9	72,6	62,2	53,8	47,0	41,5
	5	579	517	417	318	244	191	153	125	104	88,2	75,5	65,3	57,1	50,3
	6,3	717	637	510	387	296	232	186	152	127	107	91,5	79,2	69,2	61,0
114,3	4	542	505	440	356	280	222	179	147	123	104	89,1	77,2	67,5	59,5
	6,3	833	772	666	533	417	330	266	218	182	154	132	114	100	88,2
	8	1038	959	820	652	509	402	324	265	221	187	160	139	122	107
139,7	5	847	814	763	682	578	476	391	325	273	232	199	173	152	134
	8	1323	1269	1182	1047	878	720	590	489	410	349	300	260	228	201
	10	1626	1557	1446	1272	1060	866	709	587	492	418	359	311	273	241
168,3	6,3	1303	1270	1224	1157	1059	932	798	678	577	494	427	372	327	289
	10	2018	1964	1889	1778	1614	1408	1199	1014	861	737	636	554	487	430
	12,5	2480	2412	2316	2172	1961	1701	1442	1217	1032	883	762	663	582	515
177,8	6,3	1385	1353	1311	1252	1166	1049	915	786	673	579	502	438	385	341
	10	2147	2097	2028	1930	1786	1595	1382	1181	1010	867	751	655	576	510
	12,5	2642	2578	2491	2364	2179	1934	1669	1423	1214	1042	901	786	690	611
193,7	6,3	1521	1491	1454	1404	1334	1236	1112	977	850	738	643	563	496	440
	10	2363	2316	2256	2174	2057	1895	1694	1481	1283	1111	967	846	746	661
	12,5	2912	2852	2776	2671	2521	2313	2058	1793	1550	1341	1165	1019	898	796
219,1	8	2188	2153	2111	2059	1990	1896	1770	1614	1443	1277	1126	994	881	785
	12,5	3342	3287	3221	3137	3025	2871	2665	2415	2148	1893	1665	1468	1299	1156
	16	4203	4132	4046	3936	3787	3583	3311	2985	2645	2324	2040	1797	1589	1413
244,5	8	2463	2429	2391	2346	2289	2216	2119	1994	1841	1672	1502	1344	1201	1076
	12,5	3772	3720	3660	3587	3496	3377	3220	3016	2771	2505	2242	2000	1785	1597
	16	4752	4685	4608	4514	4395	4238	4029	3761	3441	3100	2768	2465	2197	1964
273,0	8	2771	2739	2703	2663	2614	2555	2480	2384	2262	2115	1950	1779	1613	1459
	12,5	4253	4203	4147	4083	4006	3911	3790	3634	3437	3200	2938	2671	2416	2182
	16	5368	5304	5232	5149	5049	4925	4765	4560	4300	3992	3654	3314	2992	2699
323,9	8	3320	3289	3257	3221	3181	3134	3080	3014	2933	2833	2712	2569	2408	2238
	12,5	5112	5064	5013	4956	4893	4819	4732	4626	4496	4335	4139	3910	3655	3388
	16	6468	6406	6340	6268	6186	6090	5977	5838	5668	5457	5200	4901	4571	4229
355,6	8		3632	3600	3566	3529	3487	3439	3383	3316	3236	3139	3023	2887	2733
	12,5		5599	5549	5496	5437	5371	5294	5205	5099	4970	4814	4628	4409	4163
	16		7091	7028	6959	6883	6797	6698	6582	6443	6275	6071	5827	5542	5223
406,4	10		5199	5160	5120	5077	5029	4977	4919	4852	4775	4684	4578	4452	4304
	20		10.128	10.051	9969	9882	9786	9679	9559	9420	9259	9069	8843	8577	8265
	25		12.492	12.395	12.293	12.183	12.062	11.927	11.774	11.598	11.392	11.148	10.859	10.516	10.115
457,0	10			5844	5805	5764	5720	5672	5621	5564	5500	5427	5344	5248	5137
	20			11.418	11.339	11.256	11.168	11.072	10.967	10.849	10.717	10.567	10.393	10.193	9959
	30	$\bar\lambda \le 0{,}2$		16.723	16.604	16.479	16.345	16.198	16.037	15.857	15.653	15.418	15.147	14.832	14.464
508,0	12,5			8123	8075	8026	7973	7918	7859	7794	7724	7646	7559	7460	7349
	20			12.795	12.718	12.638	12.554	12.465	12.369	12.264	12.150	12.023	11.880	11.719	11.536
	30			18.788	18.673	18.552	18.425	18.290	18.144	17.984	17.809	17.613	17.392	17.142	16.856

Tafel 10.104 Bemessungswert der Biegeknickbeanspruchbarkeit $N_{b,Rd}$ [kN] druckbeanspruchter, warmgefertigter QHP-Profile aus S235

b	t	Knicklänge L_{cr} in m												
mm	mm	1,50	2,00	2,50	3,00	3,50	4,00	4,50	5,00	5,50	6,00	6,50	7,00	7,50	8,00
40	3,2	60,5	39,7	27,0	19,3	14,4	11,2	8,92	7,27	6,04	5,10	4,36	3,78	3,30	2,91
	4	71,3	46,3	31,3	22,4	16,7	13,0	10,3	8,42	7,00	5,91	5,05	4,37	3,82	3,36
	5	82,5	52,9	35,6	25,4	19,0	14,7	11,7	9,54	7,92	6,69	5,72	4,94	4,32	3,80
50	3,2	96,9	73,1	52,4	38,4	29,0	22,6	18,1	14,8	12,3	10,4	8,94	7,74	6,77	5,97
	4	117	87,1	62,1	45,3	34,2	26,7	21,4	17,5	14,6	12,3	10,5	9,12	7,97	7,03
	5	140	102	72,4	52,7	39,8	31,0	24,8	20,2	16,9	14,2	12,2	10,6	9,23	8,14
60	3,2	130	110	85,7	65,2	50,2	39,5	31,8	26,1	21,8	18,5	15,9	13,8	12,0	10,6
	4	159	133	103	78,0	59,9	47,2	37,9	31,2	26,0	22,0	18,9	16,4	14,3	12,6
	5	193	160	122	92,1	70,6	55,5	44,6	36,6	30,6	25,9	22,2	19,2	16,8	14,9
70	3,2	161	145	123	98,4	77,9	62,3	50,6	41,7	35,0	29,7	25,5	22,2	19,4	17,2
	4	198	177	149	119	93,8	74,9	60,8	50,1	42,0	35,7	30,6	26,6	23,3	20,6
	5	241	215	179	142	112	89,1	72,2	59,6	49,9	42,3	36,4	31,6	27,7	24,4
80	4	235	218	194	164	135	110	90,1	74,9	63,0	53,7	46,2	40,2	35,3	31,2
	5	288	267	236	199	162	132	108	89,6	75,4	64,2	55,3	48,1	42,2	37,3
	6,3	354	326	287	239	194	157	129	107	89,6	76,3	65,7	57,1	50,1	44,2
90	4	272	257	237	211	180	151	126	105	89,3	76,4	66,0	57,5	50,6	44,8
	5	334	316	290	256	218	182	152	127	108	91,9	79,4	69,2	60,8	53,8
	6,3	412	388	355	312	264	219	182	152	129	110	95,0	82,8	72,7	64,4
100	4	308	295	278	255	226	196	167	142	121	104	90,2	78,9	69,5	61,6
	5	380	363	341	312	276	238	202	172	146	126	109	95,3	83,9	74,4
	6,3	469	448	420	383	337	289	245	207	176	152	131	115	101	89,5
120	5	470	455	438	416	387	353	315	277	242	211	185	163	144	129
	8	725	701	672	636	589	533	471	412	358	312	273	240	212	189
	10	884	854	817	770	710	638	562	489	424	368	322	283	250	222
140	5	559	546	531	512	490	462	430	393	354	316	282	251	224	201
	8	868	846	821	792	755	709	655	595	534	475	422	375	335	300
	10	1063	1036	1004	966	919	861	792	717	641	569	504	448	399	357
150	6,3	752	735	717	695	669	638	600	556	508	459	413	371	333	299
	10	1152	1126	1096	1061	1018	966	904	832	756	680	609	544	487	437
	12,5	1405	1372	1334	1289	1235	1168	1088	998	902	808	722	644	576	516
160	6,3	808	792	774	754	730	701	667	626	581	532	484	438	396	358
	10	1241	1216	1187	1154	1115	1068	1011	945	872	795	719	649	584	527
	12,5	1517	1484	1448	1406	1356	1296	1224	1140	1047	951	858	772	694	625
180	6,3	921	905	888	869	848	823	795	761	722	678	630	581	534	488
	10	1420	1395	1368	1338	1303	1263	1216	1161	1097	1026	950	873	798	728
	12,5	1740	1708	1674	1636	1593	1542	1482	1412	1330	1240	1144	1049	957	872
200	6,3	1033	1018	1001	984	964	942	917	888	855	817	774	728	679	630
	10	1598	1574	1548	1519	1488	1453	1412	1365	1311	1248	1179	1105	1028	951
	12,5	1963	1932	1899	1864	1824	1780	1728	1668	1599	1520	1432	1338	1242	1147
220	6,3		1130	1114	1097	1079	1059	1036	1011	982	949	911	870	825	777
	10		1752	1727	1700	1671	1638	1602	1561	1514	1460	1399	1332	1259	1183
	12,5		2155	2123	2090	2053	2012	1966	1914	1854	1786	1709	1623	1531	1435
250	8		1634	1614	1593	1572	1548	1522	1494	1463	1428	1388	1344	1295	1241
	10		2020	1995	1969	1942	1912	1880	1845	1805	1761	1711	1655	1593	1525
	16		3124	3084	3043	2999	2951	2899	2840	2775	2702	2619	2526	2424	2312
260	8		1705	1686	1665	1644	1621	1596	1569	1539	1505	1468	1426	1380	1329
	10		2109	2085	2059	2032	2003	1972	1938	1900	1858	1811	1758	1700	1635
	16		3267	3227	3186	3143	3096	3046	2990	2928	2859	2781	2693	2597	2490
300	8			1971	1951	1931	1909	1887	1862	1836	1808	1777	1743	1706	1665
	10			2442	2417	2391	2364	2336	2305	2272	2237	2198	2155	2108	2056
	16			3799	3759	3718	3674	3628	3579	3526	3468	3404	3334	3257	3171
350	8				2308	2289	2268	2247	2225	2201	2176	2150	2122	2091	2058
	10				2863	2838	2813	2786	2758	2729	2698	2664	2629	2590	2549
	16	$\bar{\lambda} \le 0,2$			4473	4433	4392	4349	4305	4257	4207	4153	4095	4033	3965
400	10				3309	3285	3260	3234	3208	3180	3152	3122	3090	3057	3021
	16				5187	5148	5108	5067	5024	4980	4934	4886	4835	4781	4723
	20				6393	6345	6295	6243	6190	6135	6078	6017	5952	5884	5811

Tafel 10.105 Bemessungswert der Biegeknickbeanspruchbarkeit $N_{b,Rd}$ [kN] druckbeanspruchter, warmgefertigter QHP-Profile aus S355

Knicklänge L_{cr} in m

b [mm]	t [mm]	1,50	2,00	2,50	3,00	3,50	4,00	4,50	5,00	5,50	6,00	6,50	7,00	7,50	8,00
40	3,2	68,5	42,0	27,9	19,7	14,7	11,4	9,03	7,36	6,11	5,15	4,40	3,80	3,32	2,92
	4	80,0	48,8	32,3	22,9	17,0	13,1	10,5	8,52	7,07	5,96	5,09	4,40	3,84	3,38
	5	91,5	55,5	36,7	25,9	19,3	14,9	11,8	9,64	8,00	6,74	5,76	4,98	4,35	3,83
50	3,2	122	81,4	55,5	39,8	29,8	23,1	18,5	15,1	12,5	10,6	9,04	7,82	6,83	6,02
	4	146	96,5	65,6	47,0	35,2	27,3	21,7	17,7	14,7	12,4	10,6	9,21	8,05	7,09
	5	172	113	76,2	54,5	40,8	31,6	25,2	20,5	17,1	14,4	12,3	10,7	9,31	8,21
60	3,2	177	132	94,6	69,1	52,3	40,8	32,6	26,7	22,2	18,8	16,1	13,9	12,2	10,7
	4	215	159	113	82,5	62,3	48,6	38,9	31,8	26,5	22,4	19,2	16,6	14,5	12,8
	5	258	189	134	97,2	73,3	57,1	45,7	37,4	31,1	26,3	22,5	19,5	17,0	15,0
70	3,2	228	188	144	108	82,8	65,0	52,3	42,9	35,8	30,3	26,0	22,5	19,7	17,4
	4	279	229	173	130	99,5	78,1	62,8	51,5	43,0	36,4	31,2	27,0	23,6	20,9
	5	339	276	207	155	118	92,8	74,6	61,1	51,0	43,2	37,0	32,1	28,0	24,7
80	4	339	297	242	188	147	117	94,2	77,6	64,9	55,0	47,2	41,0	35,9	31,7
	5	415	361	292	226	176	140	113	92,8	77,6	65,8	56,5	49,0	42,9	37,9
	6,3	508	439	351	271	210	166	134	110	92,1	78,1	67,0	58,1	50,9	44,9
90	4	396	361	312	255	204	164	134	111	92,7	78,8	67,8	58,9	51,6	45,6
	5	487	442	379	308	246	198	161	133	112	94,8	81,5	70,8	62,0	54,8
	6,3	599	542	461	372	296	237	193	159	133	113	97,5	84,6	74,2	65,5
100	4	453	422	379	325	268	220	181	151	127	108	93,3	81,2	71,2	63,0
	5	557	519	464	395	326	266	219	182	153	131	113	98,0	86,0	76,0
	6,3	688	639	568	481	395	322	264	219	185	157	136	118	103	91,4
120	5	695	664	622	567	499	428	363	307	262	225	195	170	150	133
	8	1071	1020	951	859	749	637	536	453	385	330	286	249	219	194
	10	1305	1239	1151	1034	895	756	635	535	454	389	336	293	258	229
140	5	831	804	769	725	669	603	531	462	401	349	304	268	236	210
	8	1289	1244	1188	1116	1024	915	801	694	600	520	454	398	352	312
	10	1578	1521	1450	1357	1240	1102	961	830	716	620	540	473	418	371
150	6,3	1119	1085	1045	994	930	851	763	673	590	516	453	399	354	315
	10	1713	1659	1593	1510	1404	1276	1135	995	867	757	662	583	516	459
	12,5	2089	2020	1937	1830	1694	1531	1354	1182	1027	894	782	687	608	541
160	6,3	1204	1172	1134	1087	1029	957	873	783	695	613	542	479	426	381
	10	1849	1797	1735	1659	1563	1445	1310	1167	1030	906	798	705	626	558
	12,5	2258	2192	2114	2017	1894	1744	1572	1395	1227	1077	946	835	741	660
180	6,3	1375	1344	1309	1268	1218	1158	1086	1003	914	824	739	662	593	533
	10	2119	2070	2014	1947	1867	1769	1651	1517	1374	1234	1103	985	881	790
	12,5	2596	2534	2463	2379	2277	2151	2001	1831	1653	1480	1320	1177	1051	942
200	6,3	1545	1515	1482	1444	1401	1349	1288	1216	1133	1044	954	866	785	711
	10	2389	2341	2289	2229	2158	2075	1974	1856	1723	1581	1439	1303	1178	1065
	12,5	2933	2873	2807	2732	2643	2536	2408	2258	2090	1912	1736	1569	1416	1278
220	6,3	1715	1685	1654	1619	1579	1534	1480	1418	1345	1263	1175	1084	995	911
	10	2659	2612	2562	2506	2442	2369	2282	2180	2062	1930	1789	1646	1506	1375
	12,5	3270	3212	3149	3079	2999	2905	2795	2665	2515	2348	2172	1993	1821	1661
250	8	$\bar\lambda \le 0{,}2$	2441	2402	2361	2316	2265	2207	2140	2063	1976	1877	1769	1656	1541
	10	3063	3017	2969	2917	2860	2796	2723	2639	2542	2431	2306	2170	2028	1885
	16	4738	4665	4587	4504	4411	4306	4186	4047	3886	3701	3496	3276	3047	2821
260	8		2549	2511	2470	2426	2377	2321	2258	2186	2103	2010	1906	1796	1681
	10		3152	3105	3054	2998	2936	2867	2787	2695	2591	2473	2342	2204	2060
	16		4880	4804	4722	4632	4531	4417	4285	4134	3961	3766	3553	3328	3099
300	8		2825	2790	2753	2714	2672	2627	2576	2520	2456	2385	2305	2216	2119
	10		3691	3645	3597	3546	3490	3430	3362	3287	3203	3108	3001	2883	2755
	16		5743	5669	5592	5509	5420	5321	5212	5089	4950	4793	4618	4423	4213
350	8			2998	2969	2939	2908	2875	2839	2802	2761	2717	2669	2616	2558
	10			4320	4273	4225	4174	4119	4061	3998	3928	3852	3767	3674	3570
	16	$\bar\lambda \le 0{,}2$		6749	6674	6596	6514	6427	6332	6229	6116	5991	5853	5699	5530
400	10				4516	4476	4434	4391	4345	4297	4246	4192	4133	4069	4000
	16			7827	7754	7679	7601	7519	7433	7341	7243	7136	7020	6894	6756
	20			9647	9556	9463	9365	9263	9155	9039	8915	8780	8634	8474	8299

Die kursiv dargestellten Werte sind mit der effektiven Querschnittsfläche ermittelt worden (s. a. Abschn. 10.3.13).

Tafel 10.106 Bemessungswert der Biegeknickbeanspruchbarkeit $N_{b,Rd}$ [kN] druckbeanspruchter, warmgefertigter QHP-Profile aus S460

b	t	Knicklänge L_{cr} in m													
mm	mm	1,50	2,00	2,50	3,00	3,50	4,00	4,50	5,00	5,50	6,00	6,50	7,00	7,50	8,00
40	3,2	76,2	44,8	29,2	20,5	15,2	11,7	9,25	7,51	6,23	5,24	4,47	3,86	3,37	2,96
	4	88,6	51,9	33,8	23,7	17,5	13,5	10,7	8,70	7,20	6,06	5,18	4,47	3,90	3,43
	5	101	58,8	38,3	26,8	19,9	15,3	12,1	9,83	8,15	6,86	5,85	5,05	4,41	3,88
50	3,2	145	89,8	59,3	41,9	31,1	24,0	19,0	15,5	12,8	10,8	9,23	7,97	6,96	6,12
	4	173	106	70,0	49,4	36,6	28,2	22,4	18,2	15,1	12,7	10,9	9,39	8,19	7,21
	5	202	123	81,1	57,2	42,4	32,7	25,9	21,1	17,5	14,7	12,6	10,9	9,47	8,34
60	3,2	224	153	104	74,0	55,1	42,6	33,9	27,6	22,9	19,3	16,5	14,3	12,4	11,0
	4	271	183	124	88,1	65,7	50,8	40,4	32,9	27,3	23,0	19,6	17,0	14,8	13,0
	5	324	216	146	104	77,2	59,6	47,4	38,6	32,0	27,0	23,1	19,9	17,4	15,3
70	3,2	297	230	163	118	88,7	68,8	54,8	44,7	37,1	31,3	26,8	23,2	20,2	17,8
	4	363	278	196	142	106	82,5	65,8	53,6	44,5	37,6	32,1	27,8	24,3	21,4
	5	441	333	234	169	126	97,9	78,0	63,6	52,8	44,6	38,1	32,9	28,8	25,3
80	4	445	377	285	211	160	125	99,7	81,5	67,7	57,2	48,9	42,3	37,0	32,6
	5	544	457	343	253	191	149	119	97,3	80,9	68,3	58,5	50,6	44,2	38,9
	6,3	666	552	410	301	228	177	141	115	96,0	81,1	69,3	60,0	52,4	46,1
90	4	521	469	384	295	227	178	143	117	97,6	82,5	70,6	61,2	53,5	47,1
	5	639	573	465	356	273	214	172	141	117	99,1	84,9	73,4	64,2	56,6
	6,3	787	700	562	428	328	257	206	168	140	118	101	87,8	76,7	67,6
100	4	594	553	483	390	307	244	197	161	135	114	97,8	84,7	74,1	65,3
	5	731	679	589	474	372	294	237	195	163	138	118	102	89,4	78,8
	6,3	903	835	719	574	449	355	286	234	196	166	142	123	107	94,7
120	5	909	872	813	721	606	497	407	338	283	241	207	180	157	139
	8	1401	1340	1240	1085	900	733	599	495	415	353	303	263	230	203
	10	1707	1628	1498	1298	1068	865	706	583	488	415	356	309	270	239
140	5	1083	1053	1011	946	853	738	625	527	447	382	330	287	252	223
	8	1681	1631	1561	1453	1296	1111	935	786	665	568	489	426	373	330
	10	2057	1995	1904	1763	1563	1331	1116	935	790	674	581	505	443	392
150	6,3	1456	1421	1372	1302	1199	1064	917	781	666	572	495	431	379	335
	10	2231	2173	2093	1975	1802	1580	1350	1145	973	834	720	627	551	487
	12,5	2721	2647	2544	2390	2165	1884	1600	1352	1148	982	847	738	648	573
160	6,3	1565	1532	1488	1427	1339	1218	1074	929	799	690	599	523	460	408
	10	2404	2350	2278	2176	2028	1827	1596	1372	1176	1013	877	766	674	597
	12,5	2937	2868	2776	2645	2452	2193	1904	1630	1394	1198	1037	905	796	704
180	6,3	1783	1752	1714	1665	1598	1506	1384	1241	1094	959	840	739	653	580
	10	2750	2700	2639	2558	2447	2293	2091	1861	1632	1425	1246	1094	966	858
	12,5	3369	3306	3229	3125	2982	2782	2524	2235	1953	1701	1485	1303	1150	1021
200	6,3	2000	1971	1936	1894	1840	1769	1673	1550	1408	1260	1120	995	885	790
	10	3094	3047	2992	2924	2835	2716	2557	2356	2127	1895	1679	1487	1321	1178
	12,5	3800	3741	3671	3585	3471	3318	3112	2855	2567	2280	2016	1783	1582	1410
220	6,3	*2044*	*2019*	*1992*	*1960*	*1922*	*1874*	*1812*	*1733*	*1633*	*1515*	*1386*	*1256*	*1133*	*1022*
	10	3438	3393	3342	3282	3207	3111	2985	2821	2620	2392	2158	1936	1735	1556
	12,5	4230	4174	4109	4033	3937	3814	3653	3443	3185	2898	2608	2335	2089	1872
250	8	3198	3163	3126	3083	3033	2973	2899	2805	2686	2540	2370	2185	1998	1818
	10	3954	3911	3864	3810	3747	3671	3577	3457	3306	3120	2905	2673	2440	2218
	16	6118	6049	5973	5885	5782	5655	5496	5294	5037	4724	4369	3996	3631	3290
260	8	3335	3301	3264	3223	3175	3118	3049	2964	2856	2723	2563	2384	2197	2012
	10	4126	4083	4037	3985	3925	3853	3766	3656	3519	3350	3148	2922	2688	2458
	16	6393	6325	6250	6165	6067	5948	5802	5618	5385	5098	4762	4395	4022	3664
300	8			*3392*	*3363*	*3333*	*3300*	*3263*	*3221*	*3173*	*3116*	*3049*	*2967*	*2870*	*2755*	*2623*
	10			*4771*	4727	4680	4627	4567	4498	4416	4318	4198	4052	3877	3675	3452
	16			*7426*	7355	7279	7193	7096	6982	6846	6681	6480	6235	5942	5608	5244
350	8				*3562*	*3538*	*3513*	*3486*	*3457*	*3425*	*3390*	*3350*	*3305*	*3253*	*3194*	*3125*
	10			*5183*	*5146*	*5107*	*5066*	*5021*	*4972*	*4917*	*4856*	*4785*	*4702*	*4606*	*4492*	*4359*
	16			*8801*	8733	8662	8585	8500	8407	8300	8178	8035	7866	7665	7428	7151
400	10				*5433*	*5400*	*5367*	*5331*	*5293*	*5253*	*5209*	*5161*	*5107*	*5047*	*4980*	*4903*
	16		$\bar{\lambda} \le 0{,}2$		10.109	10.040	9968	9891	9807	9716	9614	9500	9371	9222	9050	8850
	20				12.463	12.377	12.286	12.189	12.084	11.969	11.841	11.696	11.531	11.342	11.122	10.866

Die kursiv dargestellten Werte sind mit der effektiven Querschnittsfläche ermittelt worden (s. a. Abschn. 10.3.13).

10.4.3 Einachsige Biegung

10.4.3.1 Anwendungsbedingungen und Abgrenzungskriterien

Die Tragsicherheitsnachweise nach Abschn. 10.4.3 gelten für Bauteile mit konstantem, mindestens einfachsymmetrischem Querschnitt über die Länge und ohne planmäßige Torsionsbeanspruchung. Bei Bauteilen mit veränderlichen und/oder unsymmetrischen Querschnitten und/oder planmäßiger Torsionsbeanspruchung kann die Berechnung nach Theorie II. Ordnung unter Ansatz von Imperfektionen erfolgen. Der Nachweis für Stäbe mit mindestens einfachsymmetrischem Querschnitt, ggf. veränderlicher Bauhöhe (gevoutete Stützen und Riegel) und planmäßiger Beanspruchung in der Symmetrieebene kann nach dem Allgemeinen Verfahren nach [12], Abschn. 6.3.4 erfolgen (siehe Abschn. 10.4.5).

Beim Biegedrillknicken unter Momentenbeanspruchung wird zwischen dem sogenannten „Allgemeinen Fall" und dem Fall der „gewalzten oder gleichartigen geschweißten Querschnitte" unterschieden. Dem erstgenannten Fall werden die Knicklinien des Abschn. 10.4.2.2 mit dem Grenzschlankheitsgrad $\bar{\lambda}_{LT,0} = 0{,}2$ zugrunde gelegt. Hier sind alle Biegedrillknickfälle einzuordnen, die nicht dem zweiten Fall zugeordnet werden können. Der Einfluss von Imperfektionen auf die Tragfähigkeit wird wie beim Biegeknicken bewertet. Dem zweitgenannten Fall sind die höherliegenden Knicklinien gemäß Abb. 10.29 mit $\bar{\lambda}_{LT,0} = 0{,}4$ zugeordnet. Aus den Grenzschlankheitsgraden lassen sich die formalen Abgrenzungskriterien ableiten, nach denen kein Biegedrillknicknachweis erforderlich ist ((10.74) bis (10.77)).

Biegedrillknicken allgemeiner Fall ([12], Abschn. 6.3.2.2)

$$\bar{\lambda} \leq \bar{\lambda}_{LT,0} = 0{,}2 \qquad (10.74)$$

$$\text{oder} \quad M_{Ed}/M_{cr} \leq \bar{\lambda}_{LT,0}^2 = 0{,}04 \qquad (10.75)$$

Biegedrillknicken, gewalzte oder gleichartige geschweißte Träger ([12], Abschn. 6.3.2.3)

$$\bar{\lambda} \leq \bar{\lambda}_{LT,0} = 0{,}4 \qquad (10.76)$$

$$\text{oder} \quad M_{Ed}/M_{cr} \leq \bar{\lambda}_{LT,0}^2 = 0{,}16 \qquad (10.77)$$

Bei Trägern mit ausreichender seitlicher Halterung der Druckgurte oder ausreichender Torsionssteifigkeit, wie z. B. bei Hohlprofilen, ist der Biegedrillknicknachweis nicht erforderlich. Für gabelgelagerte Einfeldträger mit doppeltsymmetrischem I-Querschnitt und einer Gleichstreckenlast q_z trifft dies zu, wenn sie am Druckgurt durch ein Schubfeld seitlich ausgesteift werden, sodass die Mindeststeifigkeit S nach (10.78) erfüllt ist. Dieser Grenzwert wurde aus der Forderung abgeleitet, dass der bezogene Schlankheitsgrad für das Biegedrillknicken $\bar{\lambda}_{LT}$ den Wert 0,4 nicht überschreitet.

$$S \geq 10{,}18 \cdot \frac{M_{pl,y}}{h} - 4{,}31 \cdot \frac{EI_z}{L^2} \cdot \left(-1 + \sqrt{1 + 1{,}86 \cdot \frac{\bar{c}^2}{h^2}}\right) \tag{10.78}$$

mit

$$\bar{c}^2 = \frac{\pi^2 \cdot EI_w + GI_T \cdot L^2}{EI_z}$$

S Schubfeldsteifigkeit

h Profilhöhe.

Werden Träger mit wechselndem Momentenvorzeichen kontinuierlich seitlich durch ein Schubfeld ausgesteift, kann von einer starren seitlichen Lagerung ausgegangen werden, wenn Bedingung (10.79) erfüllt ist. Diese Steifigkeit wurde aus der Forderung abgeleitet, dass mindestens 95 % des idealen Biegedrillknickmoments erreicht wird, das bei einer starren Lagerung vorliegt. Die Anforderung an die Kontinuität gilt bei Trapezblechen als erfüllt, wenn jede anliegende Rippe mit dem Träger verbunden ist.

$$S \geq \left[EI_w \left(\frac{\pi}{L}\right)^2 + GI_T + EI_z \left(\frac{\pi}{2} \cdot \frac{h}{L}\right)^2\right] \cdot \frac{70}{h^2} \tag{10.79}$$

Die vorhandene Schubfeldsteifigkeit des Gesamtfeldes ergibt sich bei Schubfeldern aus Trapezprofilblechen aus den Beiwerten K_1, K_2 gemäß bauaufsichtlicher Zulassung, der Schubfeldlänge sowie der Steifigkeit und den Abständen der Verbindungsmittel zwischen den Profiltafeln und an den Schubfeldrändern (siehe (10.80), Abb. 10.28 und Tafel 10.107). Dieser Wert ist auf die auszusteifenden Bauteile (Träger, Stützen) anteilig anzusetzen.

$$S = \frac{L_S}{K_1/10^4 + K_2/(10^4 \cdot L_S) + s_s \cdot e_L/b_B + 2 \cdot s_p \cdot e_Q/L_S} \tag{10.80}$$

mit

S Steifigkeit des gesamten Schubfeldes [kN] bzw. [kNm/m]

L_S Schubfeldlänge [m]

K_1 Beiwert zur Berücksichtigung der Schubverzerrung der ebenen Querschnittsteile gemäß Typenzulassung (nach dem Verfahren Schardt/Strehl [100])

K_2 Beiwert zur Berücksichtigung der Querschnittsverformung und -verwölbung gemäß Typenzulassung (nach dem Verfahren Schardt/Strehl [100])

s_s Nachgiebigkeit der Verbindungen an den Längsstößen der Profilbleche (Tafel 10.107)

e_L Abstand der Verbindungen an den Längsstößen der Profilbleche (Abb. 10.28)

b_B Abstand der Längsstöße der Profilbleche (senkrecht zur Spannrichtung der Profilbleche, siehe Abb. 10.28)

Tafel 10.107 Nachgiebigkeiten s_s und s_p der Verbindungen [m/kN], vgl. [101], [102]

Nachgiebigkeit s_s der Verbindungen an Längsstößen von Profilblechen			Nachgiebigkeit s_p der Verbindungen zu den Schubfeldrändern		
Verbindungsmittel	Nenndurchmesser [mm]	s_s [m/kN]	Verbindungsmittel	Nenndurchmesser [mm]	s_p [m/kN]
Schraube	4,1 bis 4,8	$0{,}25 \cdot 10^{-3}$	Sechskantschraube	5,5 bis 6,3	$0{,}15 \cdot 10^{-3}$
Sechskantschraube mit Dichtungsring	4,8 bis 6,3	$0{,}15 \cdot 10^{-3}$	Sechskantschraube mit Dichtungsring	5,5 bis 6,3	$0{,}35 \cdot 10^{-3}$
Blindniet aus Stahl oder Monel	4,8	$0{,}30 \cdot 10^{-3}$	Setzbolzen	3,7 bis 4,8	$0{,}10 \cdot 10^{-3}$

Abb. 10.28 Bezeichnungen der Längen und Abstandsmaße der Verbindungen bei Schubfeldern (vgl. [37], [101])

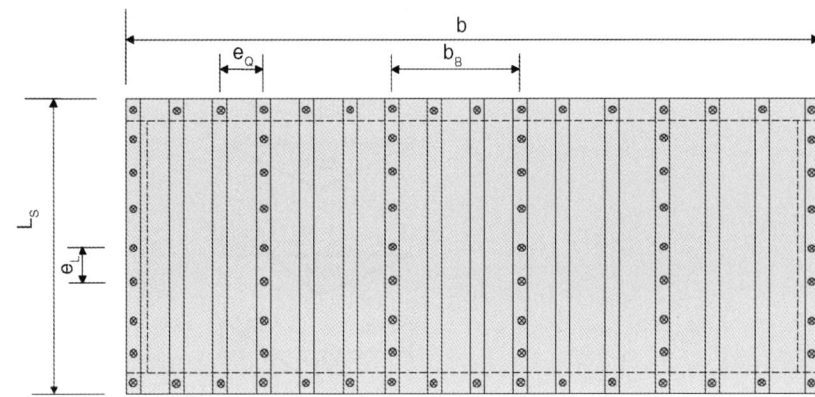

s_p Nachgiebigkeit der Verbindungen zu den Schubfeldrändern (Tafel 10.107)

e_Q Abstand der Verbindungen an den Querrändern des Schubfeldes (Abb. 10.28).

Bei Trägern mit kontinuierlicher Drehbettung kann der Biegedrillknicknachweis entfallen, wenn die Anforderung an die Mindestdrehbettung nach (10.81) eingehalten ist.

$$c_{\vartheta,k} > \frac{M_{pl,k}^2}{EI_z} K_\vartheta K_\upsilon \qquad (10.81)$$

$c_{\vartheta,k}$ Drehbettung, die durch das stabilisierende Bauteil und die Verbindung mit dem Träger wirksam wird (siehe auch [14])

K_ϑ Faktor zur Berücksichtigung des Momentenverlaufs, der Drehachse (frei oder gebunden) und der Zuordnung zur Biegedrillknicklinie. Für gewalzte oder gleichartige geschweißte Träger kann der Faktor K_ϑ Tafel 10.108 entnommen werden.

K_υ $= 0{,}35$ für die elastische Berechnung
$= 1{,}00$ für die plastische Berechnung

$M_{pl,k}$ Charakteristischer Wert der plastischen Momententragfähigkeit.

10.4.3.2 Allgemeiner Biegedrillknicknachweis

Der allgemeine Biegedrillknicknachweis nach [12], Abschn. 6.3.2.1 wird mit Hilfe des idealen Biegedrillknickmoments M_{cr} und den zugeordneten Knicklinien für das Biegedrillknicken geführt. Die Querschnittsklasse wird mit dem Widerstandsmoment W_y berücksichtigt, das sowohl im bezogenen Schlankheitsgrad λ_{LT} als auch in der Beanspruch-

barkeit $M_{b,Rd}$ eingeht.

$$\frac{M_{Ed}}{M_{b,Rd}} \leq 1{,}0 \qquad (10.82)$$

$$M_{b,Rd} = \frac{\chi_{LT} \cdot W_y \cdot f_y}{\gamma_{M1}} \qquad (10.83)$$

$M_{b,Rd}$ Bemessungswert der Biegedrillknickbeanspruchbarkeit

χ_{LT} Abminderungsfaktor für das Biegedrillknicken

W_y $= W_{pl,y}$ für Querschnitte der Klassen 1 und 2
$= W_{el,y}$ für Querschnitte der Klasse 3
$= W_{eff,y}$ für Querschnitte der Klasse 4.

Abminderungsfaktoren χ_{LT} für das Biegedrillknicken

Der Abminderungsfaktor wird mit (10.84) bestimmt. Die Parameter der Knicklinien $\bar{\lambda}_{LT,0}$, β und α_{LT} sind für den allgemeinen und den speziellen Fall des Biegedrillknickens in Tafel 10.109 angegeben. Abbildung 10.29 enthält die grafische Auswertung für den speziellen Fall.

$$\chi_{LT} = \frac{1}{\Phi_{LT} + \sqrt{\Phi_{LT}^2 - \beta \bar{\lambda}_{LT}^2}} \leq \begin{cases} 1{,}0 \\ 1/\bar{\lambda}_{LT}^2 \end{cases} \qquad (10.84)$$

mit

$$\Phi_{LT} = 0{,}5 \left[1 + \alpha_{LT}(\bar{\lambda}_{LT} - \bar{\lambda}_{LT,0}) + \beta \bar{\lambda}_{LT}^2 \right]$$

$$\bar{\lambda}_{LT} = \sqrt{(W_y \cdot f_y)/M_{cr}}$$

Nach [12] darf der Abminderungsfaktor χ_{LT} zur Berücksichtigung des Momentenverlaufs durch Multiplikation mit dem

Tafel 10.108 Faktor K_ϑ für gewalzte oder gleichartige geschweißte Träger (vgl. [13], [103])

Zeile	Momentenverlauf	Freie Drehachse			Gebundene Drehachse		
		Linie b	Linie c	Linie d	Linie b	Linie c	Linie d
1	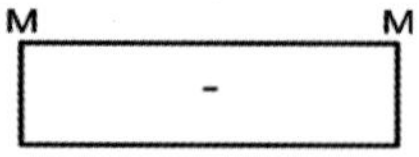 M — M	13,2	17,5	22,6	6,7	8,9	11,5
2	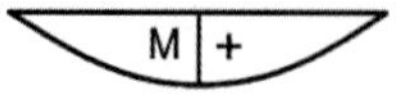 M +	6,8	10,0	14,2	0	0	0
3	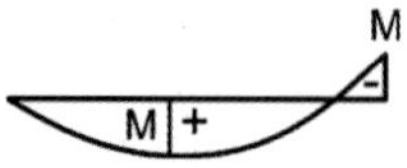 M + / M	4,8	7,3	10,9	0,04	0,11	0,40
4	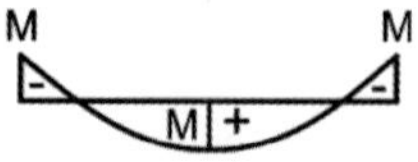 M … M +	4,2	6,4	9,7	0,22	0,40	0,66
5	 M +	2,8	4,4	7,1	0	0	0
6	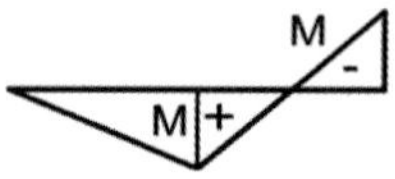 M + / M −	1,7	2,8	4,8	0,08	0,15	0,44
7	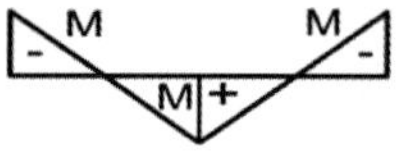 M − / M + / M	1,0	1,6	2,9	0,24	0,54	1,0
8	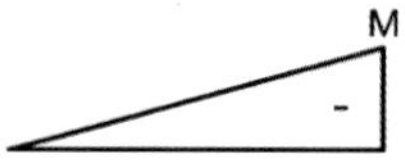 M −	0,89	1,4	2,6	0,33	0,71	1,6
9	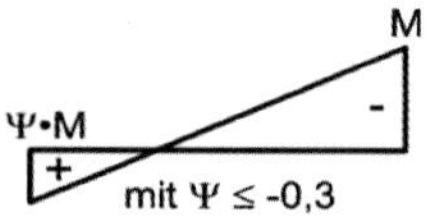 $\Psi\cdot M$ + / M − mit $\Psi \leq -0,3$	0,47	0,75	1,4	0,14	0,33	0,90
10	Wie Zeile 9, aber mit $\psi = +0,5$	2,6	4,1	6,7	1,6	2,5	4,1

Tafel 10.109 Zuordnung der Querschnitte und Parameter der Biegedrillknicklinien

Querschnitt	Grenzen	Allg. Fall des Biegedrillknickens $\beta = 1$ und $\bar{\lambda}_{LT,0} = 0,2$		Spezieller Fall des Biegedrillknickens $\beta = 0,75$ und $\bar{\lambda}_{LT,0} = 0,4$	
		Linie	α_{LT}	Linie	α_{LT}
Gewalztes I-Profil	$h/b \leq 2$	a	0,21	b	0,34
	$h/b > 2$	b	0,34	c	0,49
Geschweißtes I-Profil	$h/b \leq 2$	c	0,49	c	0,49
	$h/b > 2$	d	0,76	d	0,76
Andere Querschn.	–	d	0,76	–	–

Faktor $1/f$ modifiziert werden (10.85). Hierdurch wird berücksichtigt, dass bei Trägern, deren Momentenverteilungen vom konstanten Verlauf abweichen, sonst zu konservative Ergebnisse erzielt werden. Diese Modifizierung wurde für den Fall der gewalzten und gleichartigen geschweißten Träger erarbeitet und dann auf den sogenannten Allgemeinen Fall übertragen (siehe [13]).

$$\chi_{LT,\,mod} = \frac{\chi_{LT}}{f} \leq \begin{cases} 1,0 \\ 1/\bar{\lambda}_{LT}^2 \end{cases} \qquad (10.85)$$

$$f = 1 - 0,5(1 - k_c)[1 - 2,0(\bar{\lambda}_{LT} - 0,8)^2] \leq 1 \qquad (10.86)$$

k_c Korrekturbeiwert für die Momentenverteilung nach Tafel 10.110.

Tafel 10.110 Korrekturbeiwerte k_c

Momentenverteilung	k_c
$\psi = 1$	1,0
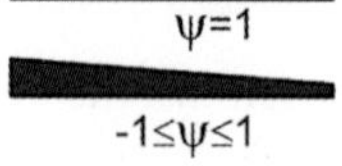 $-1 \leq \psi \leq 1$	$\dfrac{1}{1,33 - 0,33 \cdot \psi}$
	0,94
	0,90
	0,91
	0,86
	0,77
	0,82

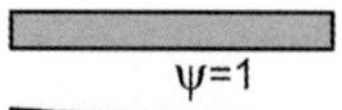

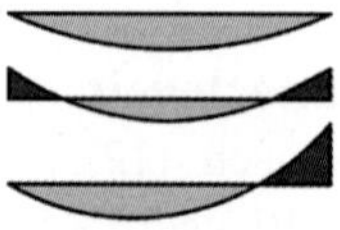

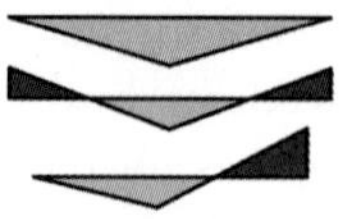

Abb. 10.29 Biegedrillknicklinien für $\bar{\lambda}_{LT,0} = 0{,}4$ und $\beta = 0{,}75$

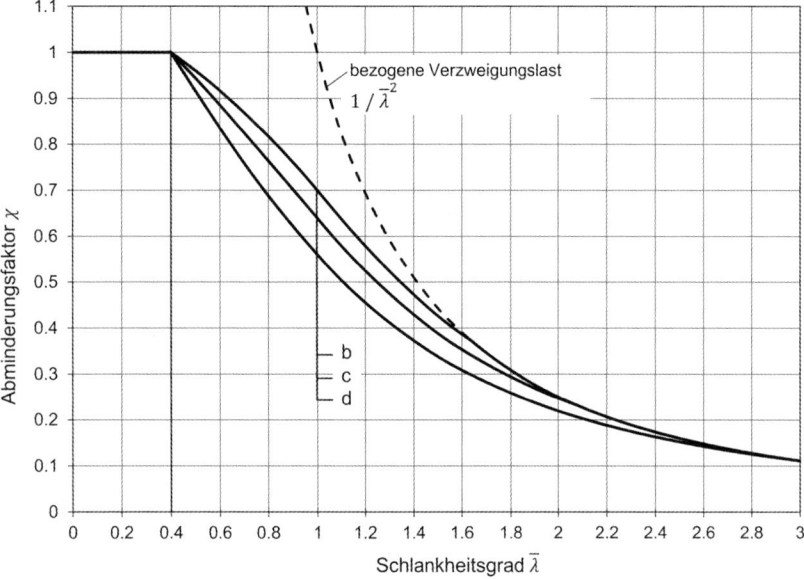

Für andere Momentenverteilungen kann k_c aus der Beziehung $k_c = \sqrt{1/C_1}$ bzw. $k_c = \sqrt{1/\zeta}$ bestimmt werden, wobei C_1 und ζ Beiwerte zur Bestimmung der idealen Biegedrillknickmomente sind (vgl. [77], [78], [32]). Die Tafeln 10.111 und 10.112 enthalten die Auswertung der Gleichungen (10.84) und (10.85).

Beispiel

Für einen gabelgelagerten I-Träger mit 6 m Spannweite, belastet durch eine Gleichstreckenlast $q_{z,Ed}$ am Obergurt, wird der Biegedrillknicknachweis nach [12], Abschn. 6.3.2.1 geführt.

Profil: IPE 400, S235

Belastung: $q_{z,Ed} = 28$ kN/m

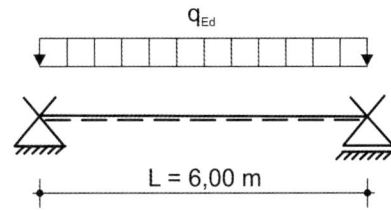

q_{Ed}

$L = 6{,}00$ m

$W_{pl,y} = 1307 \, \text{cm}^3$

$I_z = 1320 \, \text{cm}^4$

$I_w = 490.000 \, \text{cm}^6$

$I_T = 51{,}1 \, \text{cm}^4$

$$c^2 = \frac{490.000}{1320} + \frac{8100 \cdot 51{,}1}{21.000 \cdot 1320} \cdot \left(\frac{600}{\pi}\right)^2 = 915{,}9 \, \text{cm}^2$$

$$N_{cr,z} = \pi^2 \cdot 21.000 \cdot 1320/600^2 = 760 \, \text{kN}$$

Lastangriff am Obergurt: $z_q = -20$ cm

$$M_{cr} = 1{,}12 \cdot 760 \cdot (\sqrt{915{,}9 + 0{,}25 \cdot 20^2} - 0{,}5 \cdot 20)$$
$$= 18.618 \, \text{kNcm} \quad \text{(siehe (10.91))}$$

$$\text{QSK 1} \rightarrow \bar{\lambda}_{LT} = \sqrt{\frac{1307 \cdot 23{,}5}{18.618}} = 1{,}28$$

$h/b = 400/180 > 2$, spezieller Fall $\rightarrow$ Biegedrillknicklinie c

$k_c = 0{,}94 \rightarrow \chi_{LT,mod} = 0{,}492$ (aus Tafel 10.112)

$$M_{y,Ed} = 28 \cdot 6^2/8 = 126 \, \text{kNm}$$
$$M_{b,Rd} = 0{,}492 \cdot 1307 \cdot 23{,}5/(1{,}1 \cdot 100) = 137{,}4 \, \text{kNm}$$

Nachweis: $126/137{,}4 = 0{,}92 < 1$.

10.4.3.3 Nachweis des Druckgurts als Druckstab

Werden bei Biegeträgern die Druckgurte im Abstand L_c seitlich gestützt, gelten sie als nicht biegedrillknickgefährdet, wenn der bezogene Schlankheitsgrad des Druckgurts die Bedingung (10.87) erfüllt.

$$\bar{\lambda}_f = \frac{k_c L_c}{i_{f,z} \lambda_1} \leq \bar{\lambda}_{c0} \cdot \frac{M_{c,Rd}}{M_{y,Ed}} \tag{10.87}$$

mit $M_{c,Rd} = W_y \cdot f_y/\gamma_{M1}$ und $\bar{\lambda}_{c0} = \bar{\lambda}_{LT,0} + 0{,}1$

k_c Korrekturbeiwert, abhängig von der Momentenverteilung zwischen den seitlich gehaltenen Punkten, nach Tafel 10.110

L_c Abstand zwischen den seitlich gehaltenen Punkten

λ_1 Bezugsschlankheit $\lambda_1 = \pi \cdot \sqrt{E/f_y}$

$\bar{\lambda}_{c0}$ Grenzschlankheitsgrad des Druckgurts

$M_{y,Ed}$ Maximales Biegemoment zwischen den Stützpunkten

Tafel 10.111 Abminderungsfaktoren $\chi_{LT,mod}$ – Allgemeiner Fall

$\bar{\lambda}_{LT}$	$\chi_{LT} = \chi_{LT,mod}$ für $k_c = 1$				$\chi_{LT,mod}$ für $k_c = 0{,}94$				$\chi_{LT,mod}$ für $k_c = 0{,}86$			
M_y	Biegedrillknicklinie				Biegedrillknicklinie				Biegedrillknicklinie			
	a	b	c	d	a	b	c	d	a	b	c	d
0,20	1,000	1,000	1,000	1,000	1,000	1,000	1,000	1,000	1,000	1,000	1,000	1,000
0,25	0,989	0,982	0,975	0,961	1,000	0,994	0,986	0,973	1,000	1,000	1,000	0,988
0,30	0,977	0,964	0,949	0,923	0,992	0,979	0,964	0,938	1,000	0,999	0,984	0,957
0,35	0,966	0,945	0,923	0,887	0,983	0,963	0,940	0,903	1,000	0,987	0,964	0,925
0,40	0,953	0,926	0,897	0,850	0,973	0,945	0,916	0,868	1,000	0,972	0,942	0,893
0,45	0,939	0,906	0,871	0,815	0,961	0,927	0,891	0,834	0,992	0,956	0,919	0,860
0,50	0,924	0,884	0,843	0,779	0,948	0,907	0,864	0,799	0,981	0,938	0,894	0,827
0,55	0,908	0,861	0,815	0,744	0,932	0,885	0,837	0,764	0,967	0,918	0,868	0,793
0,60	0,890	0,837	0,785	0,710	0,915	0,861	0,808	0,730	0,951	0,895	0,839	0,759
0,65	0,870	0,811	0,755	0,676	0,896	0,835	0,778	0,696	0,932	0,869	0,809	0,725
0,70	0,848	0,784	0,725	0,643	0,873	0,807	0,747	0,663	0,910	0,841	0,778	0,691
0,75	0,823	0,755	0,694	0,611	0,848	0,778	0,715	0,630	0,885	0,811	0,745	0,657
0,80	0,796	0,724	0,662	0,580	0,820	0,747	0,683	0,598	0,856	0,779	0,712	0,623
0,85	0,766	0,693	0,631	0,550	0,789	0,714	0,650	0,567	0,823	0,745	0,678	0,591
0,90	0,734	0,661	0,600	0,521	0,756	0,681	0,618	0,537	0,788	0,710	0,644	0,559
0,95	0,700	0,629	0,569	0,493	0,721	0,648	0,586	0,508	0,750	0,674	0,610	0,529
1,00	0,666	0,597	0,540	0,467	0,684	0,614	0,555	0,480	0,711	0,638	0,577	0,499
1,05	0,631	0,566	0,511	0,442	0,648	0,581	0,525	0,454	0,672	0,603	0,545	0,471
1,10	0,596	0,535	0,484	0,419	0,611	0,549	0,496	0,429	0,632	0,568	0,514	0,444
1,15	0,562	0,506	0,458	0,397	0,575	0,518	0,469	0,406	0,594	0,534	0,484	0,419
1,20	0,530	0,478	0,434	0,376	0,541	0,488	0,443	0,384	0,556	0,502	0,455	0,395
1,25	0,499	0,452	0,411	0,357	0,508	0,460	0,418	0,363	0,521	0,471	0,428	0,372
1,30	0,470	0,427	0,389	0,339	0,478	0,433	0,395	0,344	0,487	0,442	0,403	0,351
1,35	0,443	0,404	0,368	0,321	0,449	0,408	0,373	0,325	0,456	0,415	0,379	0,331
1,40	0,418	0,382	0,349	0,306	0,421	0,385	0,352	0,308	0,426	0,389	0,356	0,312
1,45	0,394	0,361	0,331	0,291	0,396	0,363	0,333	0,292	0,399	0,365	0,335	0,294
1,50	0,372	0,342	0,315	0,277	0,373	0,342	0,315	0,277	0,373	0,343	0,315	0,277
1,55	0,352	0,324	0,299	0,263	Siehe $k_c = 1$, da $f = 1{,}0$							
1,60	0,333	0,308	0,284	0,251								
1,65	0,316	0,292	0,271	0,240								
1,70	0,299	0,278	0,258	0,229								
1,75	0,284	0,265	0,246	0,219								
1,80	0,270	0,252	0,235	0,209								
1,85	0,257	0,240	0,224	0,200								
1,90	0,245	0,229	0,214	0,192								
1,95	0,234	0,219	0,205	0,184								
2,00	0,223	0,209	0,196	0,177								
2,10	0,204	0,192	0,180	0,163								
2,20	0,187	0,176	0,166	0,151								
2,30	0,172	0,163	0,154	0,140								
2,40	0,159	0,151	0,143	0,130								
2,50	0,147	0,140	0,132	0,121								
2,60	0,136	0,130	0,123	0,113								
2,70	0,127	0,121	0,115	0,106								
2,80	0,118	0,113	0,108	0,100								
2,90	0,111	0,106	0,101	0,094								
3,00	0,104	0,099	0,095	0,088								

Tafel 10.112 Abminderungsfaktoren $\chi_{LT,mod}$ – Spezieller Fall

	$\chi_{LT} = \chi_{LT,mod}$ für $k_c = 1$			$\chi_{LT,mod}$ für $k_c = 0{,}94$			$\chi_{LT,mod}$ für $k_c = 0{,}86$		
M_y									
$\bar{\lambda}_{LT}$	Biegedrillknicklinie			Biegedrillknicklinie			Biegedrillknicklinie		
	b	c	d	b	c	d	b	c	d
0,40	1,000	1,000	1,000	1,000	1,000	1,000	1,000	1,000	1,000
0,45	0,980	0,972	0,957	1,000	0,995	0,980	1,000	1,000	1,000
0,50	0,960	0,944	0,916	0,984	0,968	0,939	1,000	1,000	0,972
0,55	0,939	0,915	0,875	0,964	0,940	0,899	1,000	0,975	0,933
0,60	0,917	0,886	0,836	0,943	0,911	0,860	0,980	0,947	0,893
0,65	0,894	0,856	0,797	0,920	0,881	0,821	0,958	0,917	0,854
0,70	0,870	0,826	0,760	0,896	0,851	0,783	0,934	0,887	0,816
0,75	0,844	0,795	0,723	0,870	0,819	0,745	0,907	0,854	0,777
0,80	0,817	0,764	0,688	0,842	0,787	0,709	0,879	0,821	0,740
0,85	0,789	0,732	0,654	0,813	0,755	0,674	0,848	0,787	0,703
0,90	0,760	0,701	0,621	0,783	0,722	0,640	0,816	0,753	0,667
0,95	0,730	0,670	0,590	0,752	0,690	0,607	0,782	0,718	0,632
1,00	0,700	0,639	0,560	0,720	0,657	0,576	0,748	0,683	0,598
1,05	0,669	0,609	0,532	0,687	0,626	0,546	0,713	0,649	0,566
1,10	0,639	0,580	0,505	0,655	0,595	0,517	0,677	0,615	0,535
1,15	0,609	0,552	0,479	0,623	0,565	0,490	0,642	0,583	0,506
1,20	0,579	0,525	0,455	0,591	0,536	0,465	0,608	0,551	0,478
1,25	0,551	0,499	0,433	0,561	0,508	0,441	0,575	0,521	0,452
1,30	0,524	0,475	0,412	0,532	0,482	0,418	0,543	0,492	0,426
1,35	0,498	0,451	0,392	0,504	0,457	0,396	0,512	0,464	0,403
1,40	0,473	0,429	0,373	0,477	0,433	0,376	0,482	0,438	0,380
1,45	0,449	0,409	0,355	0,451	0,411	0,357	0,454	0,413	0,359
1,50	0,427	0,389	0,339	0,428	0,389	0,339	0,428	0,390	0,339
1,55	0,406	0,371	0,323	Siehe $k_c = 1$, da $f = 1{,}0$					
1,60	0,387	0,353	0,309						
1,65	0,367	0,337	0,295						
1,70	0,346	0,322	0,282						
1,75	0,327	0,307	0,270						
1,80	0,309	0,294	0,259						
1,85	0,292	0,281	0,248						
1,90	0,277	0,269	0,238						
1,95	0,263	0,258	0,228						
2,00	0,250	0,247	0,219						
2,05	0,238	0,237	0,211						
2,10	0,227	0,227	0,203						
2,15	0,216	0,216	0,195						
2,20	0,207	0,207	0,188						
2,25	0,198	0,198	0,181						
2,30	0,189	0,189	0,175						
2,35	0,181	0,181	0,169						
2,40	0,174	0,174	0,163						
2,50	0,160	0,160	0,152						
2,60	0,148	0,148	0,142						
2,70	0,137	0,137	0,134						
2,80	0,128	0,128	0,126						
2,90	0,119	0,119	0,118						
3,00	0,111	0,111	0,111						

10

Tafel 10.113 Zulässig bezogene Abstände $L_c/i_{f,z}$ der seitlichen Halterung von Druckgurten

	Moment	k_c	S235	S275	S355	S420	S460
Gewalzte und gleichartig geschweißte Profile $\bar{\lambda}_{LT,0} = 0{,}4$ $\bar{\lambda}_{c0} = 0{,}5$	$+$ M	1,00	47,0	43,4	38,2	35,1	33,6
	$+M$	0,86	54,6	50,5	44,4	40,8	39,0
	$\Psi=0$ $+$ M	0,752	62,5	57,7	50,8	46,7	44,6
	M $+$ $-$ M	0,602	77,9	72,1	63,4	58,3	55,7
Allgemeiner Fall $\bar{\lambda}_{LT,0} = 0{,}2$ $\bar{\lambda}_{c0} = 0{,}3$	$+$ M	1,00	28,2	26,0	22,9	21,1	20,1
	$+M$	0,86	32,8	30,3	26,7	24,5	23,4
	$\Psi=0$ $+$ M	0,752	37,5	34,6	30,5	28,0	26,8
	M $+$ $-$ M	0,602	46,8	43,2	38,1	35,0	33,4

W_y maßgebendes Widerstandsmoment für die gedrückte Querschnittsfaser

$i_{f,z}$ Trägheitsradius des druckbeanspruchten Flansches um die schwache Querschnittsachse unter Berücksichtigung von 1/3 der auf Druck beanspruchten Fläche des Steges (siehe Profiltabellen im Abschn. 10.1.3). Bei Querschnitten der Klasse 4 werden die effektiven Querschnittswerte zugrunde gelegt.

QSK 1 bis 3:

$$i_{f,z} = \sqrt{\frac{I_f}{A_f + A_{w,c}/3}}$$

QSK 4:

$$i_{f,z} = \sqrt{\frac{I_{eff,f}}{A_{eff,f} + A_{eff,w,c}/3}}$$

Für doppeltsymmetrische I- und H-Profile unter reiner Biegebeanspruchung kann der Trägheitsradius bei Querschnitten der Klassen 1 bis 3 näherungsweise mit (10.88) bestimmt werden.

$$i_{f,z} = \sqrt{\frac{I_z}{A - h_w \cdot t_w \cdot 2/3}} \quad (10.88)$$

Der zulässige Maximalabstand der seitlichen Stützungen kann mit (10.89) bestimmt werden. Tafel 10.113 enthält die bei voller Bauteilausnutzung ($M_{y,Ed} = M_{c,Rd}$) zulässigen bezogenen Abstände $L_c/i_{f,z}$ der seitlichen Halterung für unterschiedliche Momentenverläufe.

$$L_c \leq \bar{\lambda}_{c0} \frac{M_{c,Rd}}{M_{y,Ed}} \cdot \frac{i_{f,z}\lambda_1}{k_c} \quad (10.89)$$

Ist die Bedingung (10.87) nicht eingehalten, kann die Grenztragfähigkeit vereinfacht mit (10.90) bestimmt werden.

$$M_{b,Rd} = k_{fl} \cdot \chi \cdot M_{c,Rd} \quad \text{jedoch} \quad M_{b,Rd} \leq M_{c,Rd} \quad (10.90)$$

$k_{fl} = 1{,}10$ Anpassungsfaktor nach [13]

χ mit $\bar{\lambda}_f$ ermittelter Abminderungsfaktor χ des äquivalenten druckbeanspruchten Flansches. Dabei erfolgt der Ansatz der Knicklinie d für geschweißte Querschnitte, wenn $h/t_f \leq 44\varepsilon$ ist, mit $h =$ Gesamthöhe des Querschnitts und $t_f =$ Dicke des druckbeanspruchten Flansches, und der Ansatz der Knicklinie c für alle anderen Querschnitte.

Beispiel

Ein querbelasteter I-Träger mit 10 m Spannweite wird in den Viertelspunkten am Obergurt seitlich gestützt. Die Biegedrillknicksicherheit wird mit dem vereinfachten Verfahren nach [12], Abschn. 6.3.2.4 nachgewiesen.

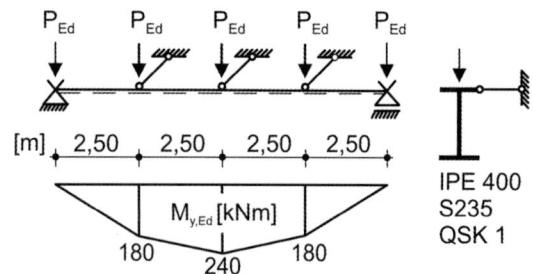

IPE 400
S235
QSK 1

$$\bar{\lambda}_f = \frac{k_c L_c}{i_{f,z}\lambda_1} \leq \bar{\lambda}_{c0} \cdot \frac{M_{c,Rd}}{M_{y,Ed}}$$

$$\lambda_1 = 93{,}9 \cdot \varepsilon = 93{,}9$$

$$\bar{\lambda}_{c0} = 0{,}4 + 0{,}1 = 0{,}5$$

$$M_{c,Rd} = W_{pl,y} \cdot \frac{f_y}{\gamma_{M1}} = 1307 \cdot \frac{23{,}5}{1{,}1 \cdot 100} = 279 \, \text{kNm}$$

$$i_{f,z} = 4{,}57 \, \text{cm}$$

$$\Psi = 180/240 = 0,75$$

$$k_{\mathrm{c}} = \frac{1}{1,33 - 0,33 \cdot 0,75} = 0,924$$

$$\bar{\lambda}_{\mathrm{f}} = \frac{0,924 \cdot 250}{4,57 \cdot 93,9} = 0,538 < 0,5 \cdot \frac{279}{240} = 0,581$$

10.4.3.4 Ideale Biegedrillknickmomente

Die Bestimmung der idealen Biegedrillknickmomente M_{cr} ist aufgrund der vielen Einflüsse und der komplexeren mechanischen Beschreibung (gekoppeltes DGL-System für die Schubmittelpunktverschiebung v_{M} und die Querschnittsverdrehung v) i. Allg. wesentlich aufwendiger als die Bestimmung von Biegeknicklasten. Zu den wesentlichen Einflüssen gehören

- das statische System einschließlich der Lagerungsbedingungen, deren Ansatzpunkte am Querschnitt, elastische Bettungen, Schubfeldaussteifungen, örtliche Dreh-, Translations- und Wölbfedern, Wechselwirkungen zu angrenzenden Bauteilen,
- die Querschnittsform und dessen Verlauf über die Stablängsachse,
- die Art der Belastung (Gleichstreckenlasten, Einzellasten, Einzelmomente), deren Lastangriffspunkte am Querschnitt und über die Stablänge, der Verlauf der Biegemomente, gegebenenfalls zu berücksichtigende Änderungen der Belastungsrichtung bei Auftreten von Verformungen (z. B. Drücke oder poltreue Kräfte).

In der Praxis erfolgt die Berechnung der idealen Biegedrillknickmomente mit Hilfe von Programmen oder mit in der Literatur aufbereiteten Lösungen. Dabei sind die Voraussetzungen für deren Anwendung zu beachten. Die Biegetorsionstheorie II. Ordnung setzt die Querschnittstreue (keine Forminstabilität oder Querschnittsverformungen, z. B. durch örtliche Gurteinspannungen) voraus. Eine Veränderung der Querschnittsform über die Stablängsachse, insbesondere wenn sie nicht stetig sondern unstetig verläuft (z. B. kurze Vouten, bereichsweise aufgeschweißte Lamellen), führt i. Allg. dazu, dass die Anwendungsvoraussetzungen nicht mehr eingehalten sind. Entsprechendes gilt für eine Vielzahl baupraktischer Lagerungsbedingungen, z. B. ein- oder beidseitig ausgeklinkte Träger, kurze Stirnplatten, die Drillkopplung über Rahmenecken. In solchen Fällen werden, sofern hierzu keine spezifischen Lösungen in der einschlägigen Fachliteratur vorliegen, aufwendige Berechnungen (z. B. nach [15], Anhang C) oder konservative Abschätzungen notwendig. Nachfolgend werden für einige Sonderfälle Formeln zur näherungsweisen Berechnung der idealen Biegedrillknickmomente angegeben.

10.4.3.4.1 Gabelgelagerte Einfeldträger mit doppeltsymmetrischem Querschnitt

Eine Gabellagerung kann angenommen werden, wenn an den Stabenden die seitliche Verschiebung und Verdrehung der Querschnitte um die Stablängsachse verhindert ist ($v = \vartheta = 0$). Querschnittsverformungen, z. B. durch Torsionseinspannung einzelner Gurte nicht ausgesteifter Querschnitte, treten nicht auf. Die Torsionsmomente können über primären (St. Venant'schen) und sekundären Schubfluss (Wölbkrafttorsion) abgetragen werden. Diese Voraussetzungen werden bei Trägern erfüllt, an deren Enden eine (dünne) Stirnplatte über die gesamte Querschnittsfläche anschließt, die entsprechend gelagert ist. Das Biegedrillknickmoment wird näherungsweise mit (10.91) bestimmt. Eine stärker differenzierte Berechnung von M_{cr} ist mit den Hilfsmitteln nach [77] und [79] möglich.

$$M_{\mathrm{cr}} = \zeta \cdot N_{\mathrm{cr,z}} \cdot \left(\sqrt{c^2 + 0,25 \cdot z_{\mathrm{q}}^2} + 0,5 \cdot z_{\mathrm{q}} \right) \qquad (10.91)$$

mit

$$c^2 = \frac{I_{\mathrm{w}}}{I_{\mathrm{z}}} + \frac{GI_{\mathrm{T}}}{EI_{\mathrm{z}}} \cdot \left(\frac{L}{\pi} \right)^2$$

und

$$N_{\mathrm{cr,z}} = \frac{\pi^2 \cdot EI_{\mathrm{z}}}{L^2}$$

L Stützweite (Abstand der Gabellager).

ζ Momentenbeiwert nach Tafel 10.114.

z_{q} Abstand des Lastangriffspunkts vom Schubmittelpunkt. Erzeugt die Querlast bei einer Verdrehung des Profils um den Schubmittelpunkt ein rückstellendes Moment, so ist z_{q} positiv (Abb. 10.30 links). Führt der Lastangriff dagegen zu einer zusätzlichen Torsionsbelastung und damit zu einer Vergrößerung der Verdrehung ϑ, so ist z_{q} negativ (Abb. 10.30 rechts).

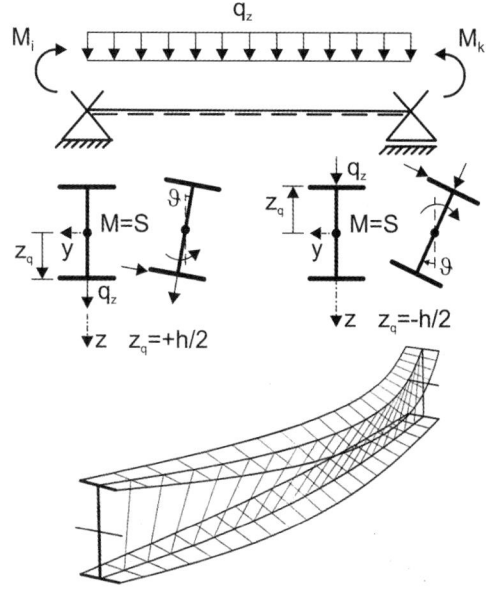

Abb. 10.30 Gabelgelagerter Einfeldträger

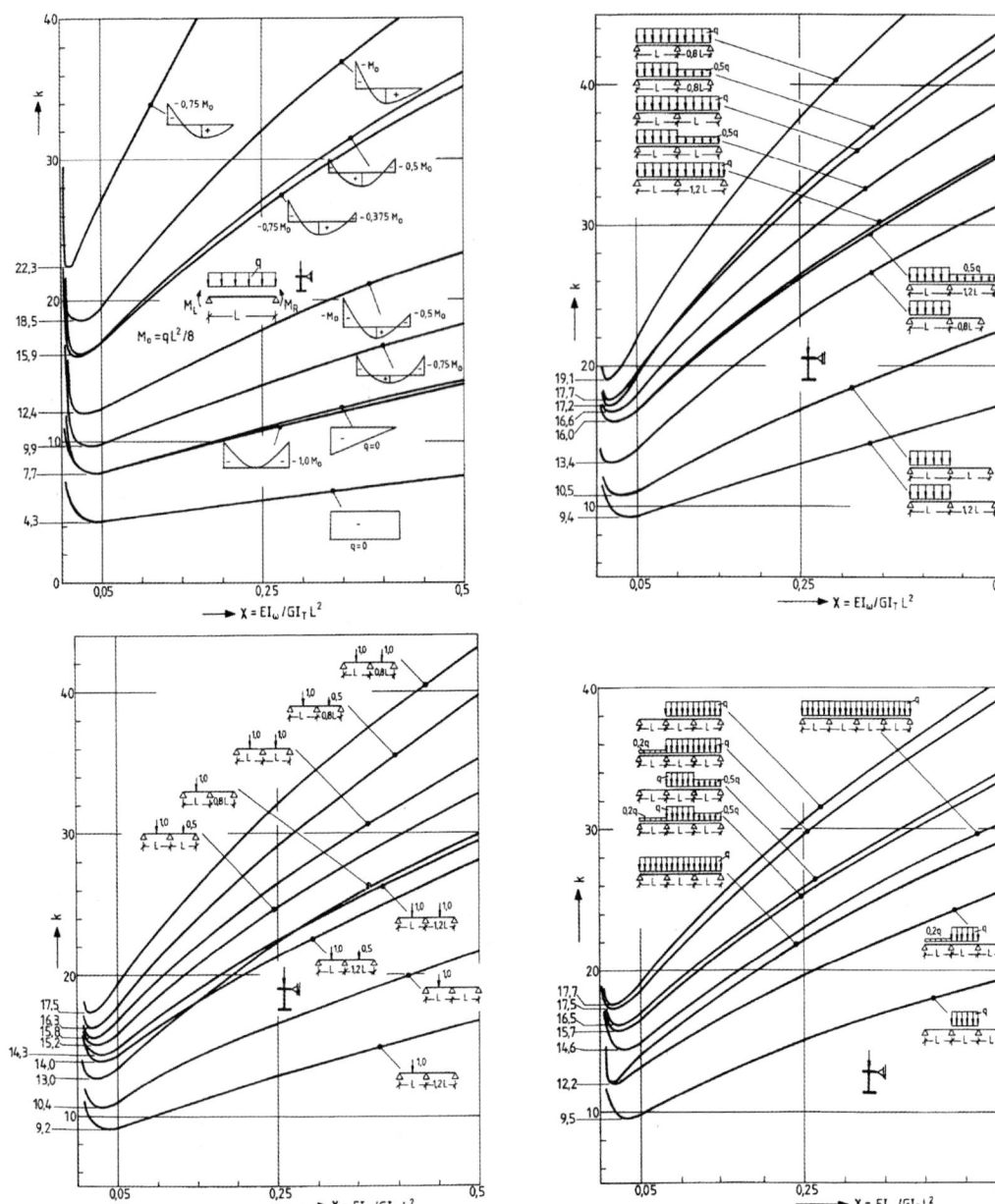

Abb. 10.31 Beiwerte k aus [81]

Tafel 10.114 Momentenbeiwerte ζ

Momentenverteilung	ζ
$\psi=1$	1,0
$-1\leq\psi\leq1$	$1{,}77-0{,}77\psi$
	1,35
	1,12
1/12 1/24	1,30

10.4.3.4.2 Gabelgelagerte Träger mit gebundener Drehachse

Zur Berechnung der Biegedrillknickmomente von doppelt-symmetrischen gewalzten I-Trägern mit gebundener Drehachse und Lastangriff am Obergurt sowie Gabellagerung an den Stabenden und Zwischenauflagern sind in [81] aufbereitete Lösungen angegeben.

$$M_{cr} = \frac{k}{L} \cdot \sqrt{GI_T \cdot EI_z} \qquad (10.92)$$

k Beiwert zur Berücksichtigung des statischen Systems und des Momentenverlaufs nach Abb. 10.31

χ Tafeleingangswert – Stabkennzahl für die Wölbkrafttorsion $\chi = EI_w/(GI_T \cdot L^2)$.

Abb. 10.32 I-Träger mit Ausklinkung und Stirnplattenanschluss

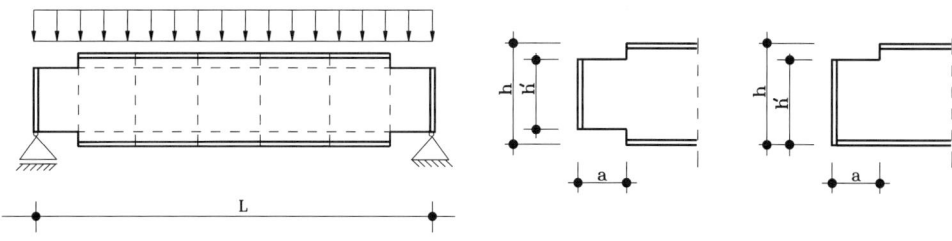

Tafel 10.115 Abminderungsfaktor V zur Berücksichtigung von Ausklinkungen

IPE-Profile: $V = 1 - \beta_1 \cdot \sqrt{\chi}/\zeta \geq 0$	HE-Profile: $V = 1 - \beta_1 \cdot \sqrt{\chi}/\zeta - \Delta V \geq 0$

Faktor β_1 für die Ausklinkungsgeometrie:

– beidseitige Ausklinkung	– einseitige Ausklinkung
$\beta_1 = \dfrac{h}{2h'} + \dfrac{4a}{h}$	$\beta_1 = \dfrac{h}{2h'} + \dfrac{2a}{h}$ für $h'/h \geq 0{,}85$ $\beta_1 = \dfrac{h}{1{,}5h'} + \dfrac{2a}{h}$ für $h'/h < 0{,}85$

ΔV zur Berücksichtigung der stärkeren Schwächung bei Breitflanschprofilen:

– HEA-Profile	– HEB-Profile	– HEM-Profile
$\Delta V = \min \begin{cases} \sqrt{\chi}/(3 \cdot \zeta) \\ 0{,}1 \end{cases}$	$\Delta V = \min \begin{cases} \sqrt{\chi}/(2 \cdot \zeta) \\ 0{,}15 \end{cases}$	$\Delta V = \min \begin{cases} \sqrt{\chi}/\zeta \\ 0{,}20 \end{cases}$

Momentenbeiwert ζ nach Tafel 10.114.

Sofern eine drehelastische Bettung c_ϑ vorliegt, kann diese näherungsweise dadurch berücksichtigt werden, dass bei der Bestimmung des Tafeleingangswerts χ und des Biegedrillknickmoments M_{cr} die ideelle Torsionssteifigkeit nach (10.93) zugrunde gelegt wird.

$$GI_{T,id} = GI_T + c_\vartheta \cdot \left(\frac{L}{\pi}\right)^2 \qquad (10.93)$$

Zu beachten ist, dass der Umrechnung mit (10.93) eine Sinushalbwelle für den Verlauf von ϑ in der Biegedrillknickfigur zugrunde liegt. Bei hohen Drehbettungswerten und stark abweichenden Verläufen für ϑ ist der Einfluss der Bettung entsprechend der zu erwartenden Verzweigungsfigur abzumindern. Bei sehr kleinen Tafeleingangswerten ($\chi < 0{,}05$) wird empfohlen, den Kleinstwert der betreffenden Kurve aus Abb. 10.31 für k zu verwenden.

10.4.3.4.3 Gewalzte I-Träger mit Ausklinkungen

Ausklinkungen an Auflagern können den Widerstand gegen Biegedrillknicken zum Teil erheblich herabsetzen. In Bezug auf die Abtragung von Torsionsmomenten werden drei Effekte hervorgerufen:

- Die St. Venant'sche Torsionssteifigkeit wird reduziert.
- Der Restquerschnitt ist quasi wölbfrei. Die Wölbsteifigkeit wird damit auf annähernd null heruntergesetzt.
- Die Torsionsschubspannungen werden wesentlich erhöht. Durch die Reduzierung der Steifigkeit im Anschlussbereich werden der Einfluss der Theorie II. Ordnung und damit auch die Torsionsmomente am Auflager vergrößert. Die Abtragung der Torsion erfolgt vorwiegend über St. Venant'sche Torsionsschubspannungen.

Besonders groß ist die Reduzierung der Tragfähigkeit bei wölbsteifen Trägern (Parameter $\chi = EI_w/(GI_T \cdot L^2)$), z. B. bei I-Profilen der Reihe HE mit kurzer und mittlerer sowie IPE-Profilen mit kurzer Spannweite. Bei Trägern mit beidseitiger Ausklinkung führen die hohen Torsionsschubspannungen teilweise zum vorzeitigen Versagen der Anschlüsse, bevor im Feld die Fließspannung erreicht wird. Auch der unvollständige Anschluss eines Querschnitts durch eine kurze Stirnplatte kann bereits zu Tragfähigkeitseinbußen führen.

Für Träger mit IPE- und HE-Profilen wurden in [82] Lösungen zur Berechnung der Biegedrillknickmomente und zum Nachweis der Tragsicherheit aufbereitet. Die Bemessungshilfen gelten für gelenkig gelagerte Einfeldträger. Es wurden Stirnplattenverbindungen bei ein- und beidseitiger Ausklinkung untersucht (Abb. 10.32). Der Angriff der Querlasten erfolgt am Obergurt oder im Schwerpunkt. Im Folgenden wird der Berechnungsablauf schematisch wiedergegeben.

1. Berechnung des Biegedrillknickmoments für einen gabelgelagerten Einfeldträger ($M_{cr,s}$ z. B. mit (10.91)).

$$M_{cr,s} = \zeta \cdot N_{cr,z} \cdot \left(\sqrt{c^2 + 0{,}25 \cdot z_q^2} + 0{,}5 \cdot z_q\right)$$

2. Bestimmung des Abminderungsfaktors V zur Berücksichtigung der Trägerausklinkung und Berechnung der Verzweigungslast des ausgeklinkten Trägers (Bezeichnungen für die Ausklinkungsgeometrie siehe Abb. 10.32).

$$M_{cr} = V \cdot M_{cr,s} \quad \text{mit} \quad V = f\left(a/h, h'/h, \sqrt{\chi}/\zeta\right)$$

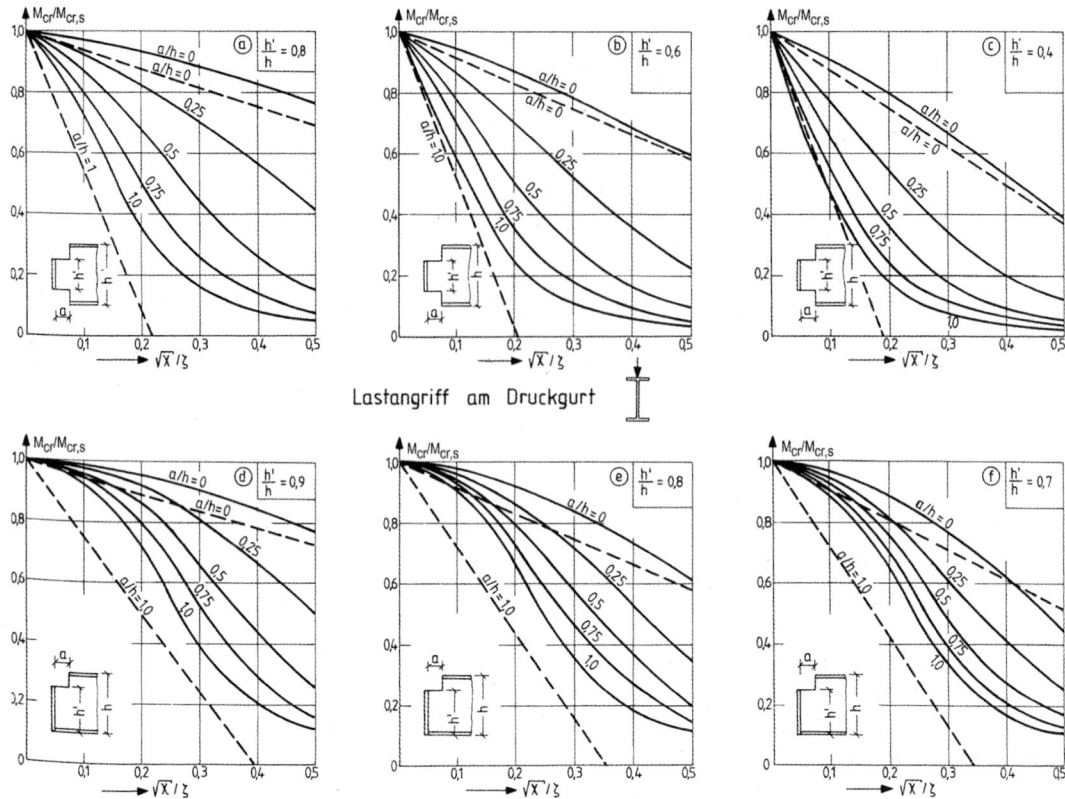

Abb. 10.33 Faktor $V = M_{cr}/M_{cr,s}$ zur Berücksichtigung der Ausklinkungsgeometrie – Lastangriff am Obergurt [82]

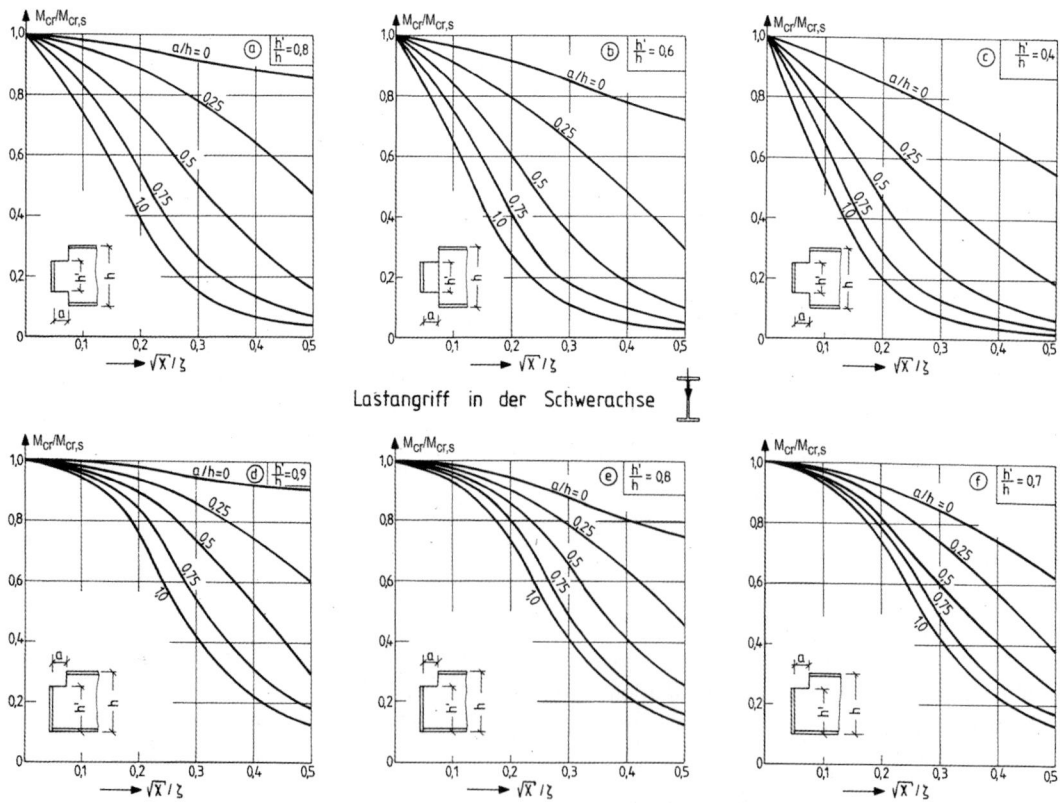

Abb. 10.34 Faktor $V = M_{cr}/M_{cr,s}$ zur Berücksichtigung der Ausklinkungsgeometrie – Lastangriff in der Schwerachse [82]

3. Bestimmung des Abminderungsfaktors χ_{LT}, des Bemessungswerts der Biegedrillknickbeanspruchbarkeit $M_{b,Rd}$ und Nachweis der Tragsicherheit (siehe (10.82) und (10.83)).

Auf der Basis von Traglastversuchen wurde der Trägerbeiwert für ausgeklinkte I-Profile in der nationalen Vorschrift DIN 18800-2 [32] von $n = 2,5$ auf $n = 2,0$ herabgesetzt. Dies entspricht in etwa dem Unterschied von zwei aufeinander folgenden Biegedrillknicklinien nach Abb. 10.29. DIN EN 1993-1-1 [12] und der zugehörige Nationale Anhang [13] enthalten keine gesonderten Regelungen für ausgeklinkte Träger. In Anlehnung an die Festlegungen in [32] wird vorgeschlagen, den Abminderungsfaktor χ_{LT} nach (10.84) zu bestimmen, dabei den „speziellen Fall" nach Tafel 10.109 zugrunde zu legen und eine Herabstufung um eine Knicklinie vorzunehmen ($h/b \leq 2,0 \rightarrow$ Biegedrillknicklinie c, $h/b > 2,0 \rightarrow$ Biegedrillknicklinie d).

Der Abminderungsfaktor V kann mit Hilfe der Formeln nach Tafel 10.115 oder mit den Diagrammen in den Abb. 10.33 und 10.34 (vgl. [82]) bestimmt werden. Dabei stellen die Formeln eine grobe Näherung dar (s. gestrichelte Linie in Abb. 10.33). Die Diagramme führen zu genaueren Ergebnissen.

10.4.3.4.4 Kragträger mit unterschiedlicher Lagerung des Kragarmes

Die Bestimmung des idealen Biegedrillknickmoments für Kragarme mit unterschiedlicher Lagerung und Belastung (Einzelmoment, Einzellast, Streckenlast) erfolgt mithilfe der Beiwerte k_i.

$$\chi = \frac{EI_z}{GI_T} \cdot \left(\frac{h - t_f}{2 \cdot L}\right)^2$$

$$M_{cr} = \frac{k_i}{L} \cdot \sqrt{GI_T \cdot EI_z}$$

Fall A: Kragarmende frei verformbar

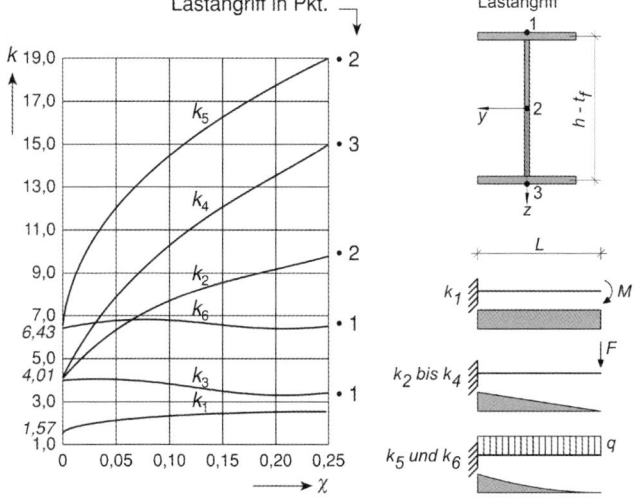

Abb. 10.35 Beiwerte k_i (χ)

Fall B: Kragarmende seitlich gehalten und gabelgelagert

$$k_1 \approx 4,5 \cdot [1 + 7,85 \cdot \chi \cdot (1 - \chi)]$$

$$k_2 \approx k_3 \approx k_4 \approx 11,12 \cdot [1 + 8,29 \cdot \chi \cdot (1 - 1,099 \cdot \chi)]$$

$$k_5 \approx 18,975 \cdot [1 + 10,39 \cdot \chi \cdot (1 - 1,234 \cdot \chi)]$$

gültig für $\chi \leq 0,3$.

10.4.4 Auf Biegung und Druck beanspruchte gleichförmige Bauteile

Die Stabilität wird mit Hilfe der Ersatzstabnachweise (10.94) und (10.95) nachgewiesen. Der Einfluss der Theorie II. Ordnung wird bei seitenverschieblichen Tragwerken (P-Δ-Effekte) entweder durch vergrößerte Randmomente (vgl. Tafel 10.41, Methode B) oder durch die Knicklängen im Gesamtsystem (vgl. Tafel 10.41, Methode C) erfasst. Die Gleichungen gelten für Stäbe mit gleichbleibenden doppeltsymmetrischen Querschnitten, deren Stabenden als gabelgelagert angenommen werden dürfen. Sie berücksichtigen den allgemeinen Fall der zweiachsigen Biegung mit Normalkraft. Querschnittsverformungen oder planmäßige Torsionsbeanspruchungen werden nicht erfasst.

Standardfälle, wie z. B. der häufig auftretende Fall der einachsigen Biegung mit Normalkraft für Querschnitte der Klassen 1 bis 3 lassen sich durch Streichen der betreffenden Teile der Interaktionsgleichungen und Verwendung entsprechender Abminderungsfaktoren und Interaktionsbeiwerte ableiten (siehe Tafel 10.116).

$$\frac{N_{Ed}}{\dfrac{\chi_y N_{Rk}}{\gamma_{M1}}} + k_{yy} \frac{M_{y,Ed} + \Delta M_{y,Ed}}{\dfrac{\chi_{LT} M_{y,Rk}}{\gamma_{M1}}}$$

$$+ k_{yz} \frac{M_{z,Ed} + \Delta M_{z,Ed}}{\dfrac{M_{z,Rk}}{\gamma_{M1}}} \leq 1,0 \qquad (10.94)$$

$$\frac{N_{Ed}}{\dfrac{\chi_z N_{Rk}}{\gamma_{M1}}} + k_{zy} \frac{M_{y,Ed} + \Delta M_{y,Ed}}{\dfrac{\chi_{LT} M_{y,Rk}}{\gamma_{M1}}}$$

$$+ k_{zz} \frac{M_{z,Ed} + \Delta M_{z,Ed}}{\dfrac{M_{z,Rk}}{\gamma_{M1}}} \leq 1,0 \qquad (10.95)$$

Tafel 10.116 Interaktionsformeln für Querschnitte der Klassen 1 bis 3

Normalkraft und Biegung M_y	Normalkraft und Biegung M_z
$\dfrac{N_{Ed}}{\frac{\chi_y N_{Rk}}{\gamma_{M1}}} + k_{yy} \dfrac{M_{y,Ed}}{\frac{\chi_{LT} M_{y,Rk}}{\gamma_{M1}}} \leq 1,0$	$\dfrac{N_{Ed}}{\frac{\chi_y N_{Rk}}{\gamma_{M1}}} + k_{yz} \dfrac{M_{z,Ed}}{\frac{M_{z,Rk}}{\gamma_{M1}}} \leq 1,0$
$\dfrac{N_{Ed}}{\frac{\chi_z N_{Rk}}{\gamma_{M1}}} + k_{zy} \dfrac{M_{y,Ed}}{\frac{\chi_{LT} M_{y,Rk}}{\gamma_{M1}}} \leq 1,0$	$\dfrac{N_{Ed}}{\frac{\chi_z N_{Rk}}{\gamma_{M1}}} + k_{zz} \dfrac{M_{z,Ed}}{\frac{M_{z,Rk}}{\gamma_{M1}}} \leq 1,0$

Tafel 10.117 Interaktionsbeiwerte k_{ij} nach [12], Anhang B (vgl. [72])

Querschnittstyp/Verdrehwiderstand	Querschnitte der Klassen 1 und 2		Querschnitte der Klassen 3 und 4	
I-Querschnitte, Quadrat- und Rechteckhohlprofile	$k_{yy} = C_{my} \cdot [1 + (\bar{\lambda}_y - 0{,}2) \cdot n_y]$	für $\bar{\lambda}_y \leq 1{,}0$	$k_{yy} = C_{my} \cdot (1 + 0{,}6 \cdot \bar{\lambda}_y \cdot n_y)$	für $\bar{\lambda}_y \leq 1{,}0$
	$k_{yy} = C_{my} \cdot (1 + 0{,}8 \cdot n_y)$	für $\bar{\lambda}_y \geq 1{,}0$	$k_{yy} = C_{my} \cdot (1 + 0{,}6 \cdot n_y)$	für $\bar{\lambda}_y \geq 1{,}0$
	$k_{yz} = 0{,}6 \cdot k_{zz}$		$k_{yz} = k_{zz}$	
Verdrehsteife Stäbe[a]	$k_{zy} = 0{,}6 \cdot k_{yy}$		$k_{zy} = 0{,}8 \cdot k_{yy}$	
Verdrehweiche Stäbe	$k_{zy} = 1 - \dfrac{0{,}1 \cdot \bar{\lambda}_z \cdot n_z}{C_{mLT} - 0{,}25}$	für $\bar{\lambda}_z \leq 1{,}0$	$k_{zy} = 1 - \dfrac{0{,}05 \cdot \bar{\lambda}_z \cdot n_z}{C_{mLT} - 0{,}25}$	für $\bar{\lambda}_z \leq 1{,}0$
	$k_{zy} \leq 0{,}6 + \bar{\lambda}_z$	für $\bar{\lambda}_z < 0{,}4$		
	$k_{zy} = 1 - \dfrac{0{,}1 \cdot n_z}{C_{mLT} - 0{,}25}$	für $\bar{\lambda}_z \geq 1{,}0$	$k_{zy} = 1 - \dfrac{0{,}05 \cdot n_z}{C_{mLT} - 0{,}25}$	für $\bar{\lambda}_z \geq 1{,}0$
I-Querschnitte	$k_{zz} = C_{mz} \cdot [1 + (2 \cdot \bar{\lambda}_z - 0{,}6) \cdot n_z]$	für $\bar{\lambda}_z \leq 1{,}0$	$k_{zz} = C_{mz} \cdot [1 + 0{,}6 \cdot \bar{\lambda}_z \cdot n_z]$	für $\bar{\lambda}_z \leq 1{,}0$
	$k_{zz} = C_{mz} \cdot (1 + 1{,}4 \cdot n_z)$	für $\bar{\lambda}_z \geq 1{,}0$	$k_{zz} = C_{mz} \cdot (1 + 0{,}6 \cdot n_z)$	für $\bar{\lambda}_z \geq 1{,}0$
Quadrat- und Rechteckhohlprofile	$k_{zz} = C_{mz} \cdot [1 + (\bar{\lambda}_z - 0{,}2) \cdot n_z]$	für $\bar{\lambda}_z \leq 1{,}0$		
	$k_{zz} = C_{mz} \cdot (1 + 0{,}8 \cdot n_z)$	für $\bar{\lambda}_z \geq 1{,}0$		

$$n_z = \frac{N_{Ed}}{\chi_z \cdot N_{Rk}/\gamma_{M1}} \qquad n_y = \frac{N_{Ed}}{\chi_y \cdot N_{Rk}/\gamma_{M1}}$$

C_{my}, C_{mz}, C_{mLT} Äquivalente Momentenbeiwerte nach Tafel 10.118 unter Berücksichtigung der maßgebenden Momentenverteilung zwischen seitlich gehaltenen Punkten.

[a] Für I- und H-Querschnitte sowie Rechteckhohlprofile, die auf Druck und einachsige Biegung $M_{y,Ed}$ beansprucht werden, darf der Beiwert $k_{zy} = 0$ angenommen werden.

Tafel 10.118 Äquivalente Momentenbeiwerte nach [12], Anhang B

Momentenverlauf	Bereich		C_{my} und C_{mz} und C_{mLT}	
			Gleichlast	Einzellast
	$-1 \leq \psi \leq 1$		$0{,}6 + 0{,}4 \cdot \psi \geq 0{,}4$	
	$0 \leq \alpha_s \leq 1$	$-1 \leq \psi \leq 1$	$0{,}2 + 0{,}8 \cdot \alpha_s \geq 0{,}4$	$0{,}2 + 0{,}8 \cdot \alpha_s \geq 0{,}4$
	$-1 \leq \alpha_s < 0$	$0 \leq \psi \leq 1$	$0{,}1 - 0{,}8 \cdot \alpha_s \geq 0{,}4$	$-0{,}8 \cdot \alpha_s \geq 0{,}4$
		$-1 \leq \psi < 0$	$0{,}1 \cdot (1 - \psi) - 0{,}8 \cdot \alpha_s \geq 0{,}4$	$0{,}2 \cdot (-\psi) - 0{,}8 \cdot \alpha_s \geq 0{,}4$
	$0 \leq \alpha_h \leq 1$	$-1 \leq \psi \leq 1$	$0{,}95 + 0{,}05 \cdot \alpha_h$	$0{,}90 + 0{,}10 \cdot \alpha_h$
	$-1 \leq \alpha_h < 0$	$0 \leq \psi \leq 1$	$0{,}95 + 0{,}05 \cdot \alpha_h$	$0{,}90 + 0{,}10 \cdot \alpha_h$
		$-1 \leq \psi < 0$	$0{,}95 + 0{,}05 \cdot \alpha_h (1 + 2 \cdot \psi)$	$0{,}90 + 0{,}10 \cdot \alpha_h (1 + 2 \cdot \psi)$

Bei Stäben von verschieblichen Systemen sollte $C_{my} = 0{,}9$ bzw. $C_{mz} = 0{,}9$ angenommen werden.

$N_{Ed}, M_{y,Ed}, M_{z,Ed}$	Bemessungswerte der einwirkenden Normalkraft und maximalen Biegemomente
$\Delta M_{y,Ed}, \Delta M_{z,Ed}$	Zusatzmomente aus der Verschiebung der Schwerachse des wirksamen gegenüber dem geometrisch vorhandenen Querschnitt (siehe Tafel 10.50)
$N_{Rk}, M_{y,Rk}, M_{z,Rk}$	Charakteristische Werte der Normalkraft- und Momententragfähigkeit des Querschnitts nach Tafel 10.50
χ_y, χ_z	Abminderungsfaktoren für das Biegeknicken senkrecht zur y-Achse bzw. senkrecht zur z-Achse
χ_{LT}	Abminderungsfaktor für das Biegedrillknicken unter M_y
$k_{yy}, k_{yz}, k_{zy}, k_{zz}$	Interaktionsbeiwerte nach Anhang A oder B von DIN EN 1993-1-1 [12], siehe Tafel 10.117.

Die Querschnittstragfähigkeiten sind in Abhängigkeit von der Querschnittsklasse für die plastische oder elastische Ausnutzung zu ermitteln (siehe Tafel 10.50). Zur Bestimmung der Interaktionsbeiwerte k_{ij} werden in [12] zwei Möglichkeiten angeboten, deren Berechnungsformeln in die informativen Anhänge A und B ausgelagert wurden. In Tafel 10.117 sind die Interaktionsbeiwerte k_{ij} der Tabellen B.1 und B.2 des Anhang B von [12] in komprimierter Form zusammengefasst. Es wird zwischen verdrehsteifen und verdrehweichen Stäben unterschieden. Mit verdrehsteif sind Stäbe gemeint, die unter Druck und Biegung in Form des Biegeknickens versagen, sich also nicht verdrehen ($\chi_{LT} = 1{,}0$). Hierzu gehören Hohlprofile wegen ihrer großen Torsionssteifigkeit, sowie offene Profile, die durch konstruktive Maßnahmen gegen Verdrehen um ihre Längsachse hinreichend gehindert sind. Als verdrehweich werden Stäbe bezeichnet, die in Form des Biegedrillknickens versagen können, wie z. B. I-Profile ohne

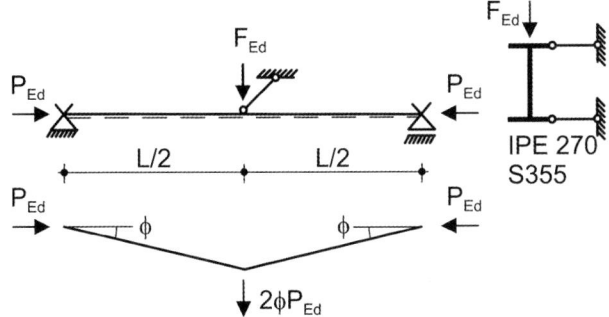

$\bar{\lambda}_y$ für $L_{cr} = L$ $C_{my} = 0,9$

$\bar{\lambda}_z$ für $L_{cr} = c$

$\bar{\lambda}_{LT}$ für $L_{cr} = c$ $C_{mLT} = 0,6$

Abb. 10.36 Ansätze für Träger mit Zwischenstützungen

ausreichende Stabilisierungsmaßnahmen. Die zur Auswertung erforderlichen äquivalenten Momentenbeiwerte sind in Tafel 10.118 angegeben.

Die äquivalenten Momentenbeiwerte C_{my}, C_{mz} und C_{mLT} sind unter Berücksichtigung der Momentenverteilung zwischen den maßgebenden seitlich gehaltenen Punkten zu ermitteln. Liegen seitliche Zwischenstützungen vor, sind ggf. unterschiedliche Momentenverteilungen bei der Bestimmung der jeweiligen Beiwerte zugrunde zu legen (Abb. 10.36).

Je nach Bauteilschlankheit und Momentenverteilung über die Stablänge können die Ersatzstabnachweise nach den Gleichungen (10.94), (10.95) und Tafel 10.116 unter Umständen für die Bemessung nicht maßgebend werden. Daher sind ergänzend hierzu an den Bauteilenden die Querschnittsnachweise nach Abschn. 10.3 zu führen.

Beispiel

IPE 270, S355 (QSK 2) mit $P_{Ed} = 440\,\text{kN}$, $F_{Ed} = 20\,\text{kN}$, $L = 6,0\,\text{m}$

Knicken $\perp$ zur y-Achse	Knicken $\perp$ zur z-Achse	Nach
$L_{cr,y} = 600\,\text{cm}$	$L_{cr,z} = 300\,\text{cm}$	
$\bar{\lambda}_y = \dfrac{600}{11,2 \cdot 76,4}$ $= 0,70$	$\bar{\lambda}_z = \dfrac{300}{3,02 \cdot 76,4}$ $= 1,30$	Tafel 10.69
$h/b = 270/135 = 2 > 1,2$		Tafel 10.70
Knicklinie a, $\chi_y = 0,848$	Knicklinie b, $\chi_z = 0,427$	Tafel 10.71
$N_{b,y,Rd} = \dfrac{0,848 \cdot 35,5 \cdot 45,9}{1,1}$ $= 1256\,\text{kN}$	$N_{b,z,Rd} = \dfrac{0,427 \cdot 35,5 \cdot 45,9}{1,1}$ $= 633\,\text{kN}$	
$n_y = 520/1256$ $= 0,414 < 1,0$	$n_z = 520/633$ $= 0,821 < 1,0$	

Biegedrillknicken:

$$c^2 = \frac{70.580}{420} + \frac{8100 \cdot 15,9}{21.000 \cdot 420} \cdot \left(\frac{300}{\pi}\right)^2 = 301,2\,\text{cm}^2$$

$$N_{cr,z} = \pi^2 \cdot 21.000 \cdot 420/300^2 = 967,2\,\text{kN}\quad \text{(s. (10.67))}$$

$$M_{cr} = 1,77 \cdot 967,2 \cdot \sqrt{301,2} = 29.711\,\text{kNcm}$$

$$\bar{\lambda}_{LT} = \sqrt{2 \cdot 242 \cdot 35,5/29.711} = 0,76$$

Biegedrillknicklinie b

$$\chi_{LT} = 0,839\quad \text{(Tafeln 10.109, 10.112)}$$

$$k_c = 1/1,33 = 0,752\quad \text{(Tafel 10.110)}$$

$$f = 1 - 0,5 \cdot (1 - 0,752) \cdot [1 - 2,0 \cdot (0,76 - 0,8)^2]$$
$$= 0,876 < 1$$

$$\chi_{LT,mod} = 0,839/0,876 = 0,958\quad \text{(s. (10.85))}$$

$$M_{b,Rd} = 0,958 \cdot 2 \cdot 242 \cdot 35,5/(1,1 \cdot 100)$$
$$= 149,6\,\text{kNm}\quad \text{(s. (10.83))}$$

Biegemoment M_y nach Theorie I. Ordnung:

$$M_{y,Ed}^I = 20 \cdot 6,0/4 = 30,0\,\text{kNm}$$

$$M_{y,Ed}^I/M_{b,Rd} = 30,0/149,6 = 0,201 < 1$$

Biegemoment M_y nach Theorie II. Ordnung unter Berücksichtigung einer Anfangsschiefstellung ϕ der Trägerabschnitte $L/2$ in Belastungsrichtung F_{Ed}:

$$\phi = 1/200$$

$$2 \cdot \phi \cdot P_{Ed} = 2 \cdot \frac{440}{200} = 4,4\,\text{kN}$$

$$N_{cr,y} = \pi^2 \cdot 21.000 \cdot 5790/600^2 = 3333\,\text{kN}$$

$$M_{y,Ed}^{II} = \frac{(20 + 4,4) \cdot 6,0}{4} \cdot \frac{1 - 0,189 \cdot \frac{440}{3333}}{1 - \frac{440}{3333}}$$
$$= 41,1\,\text{kNm}$$

$$M_{y,Ed}^{II}/M_{b,Rd} = 41,1/149,6 = 0,275 < 1$$

Interaktionsbeiwerte:

$$C_{my} = 0,9;\quad C_{mLT} = 0,6\quad \text{(Tafel 10.118)}$$

$$\bar{\lambda}_y < 1,0$$

$$k_{yy} = 0,9 \cdot (1 + (0,70 - 0,2) \cdot 0,414)$$
$$= 1,086\quad \text{(Tafel 10.117)}$$

$$\bar{\lambda}_z > 1,0$$

$$k_{zy} = 1 - \frac{0,1 \cdot 0,822}{0,6 - 0,25} = 0,765\quad \text{(Tafel 10.117)}$$

Nachweise

$$0,414 + 1,086 \cdot 0,201 = 0,632 < 1,0$$
$$\text{(Tafel 10.116)}$$
$$0,822 + 0,765 \cdot 0,275 = 1,030 > 1,0$$

Anmerkungen zum Beispiel Die Interaktionsformeln (6.61) und (6.62) in DIN EN 1993-1-1 [12] wurden für Stäbe ohne seitliche Zwischenstützung kalibriert. Da im vorliegenden Beispiel eine solche Zwischenstützung vorliegt, wurde der Tragsicherheitsnachweis in Anlehnung an Abschnitt 5.2.2 (3) b) nach [12] geführt. Mit dem Nachweis nach Gleichung (6.61) aus [12] wird über den Wert k_{yy} der Einfluss der Theorie II. Ordnung auf das Moment M_y erfasst. Der Ausnutzungsgrad n_y berücksichtigt das Biegeknicken in der x-z-Ebene unter zentrischem Druck einschließlich der Imperfektion. Da der 2. Term von Gleichung (6.62) aus [12] den Momentenzuwachs nach Theorie II. Ordnung in der Ebene nicht erfasst, wurde dieser analog zum Vorgehen bei Stützen von verschieblichen Rahmen mit einer Anfangsschiefstellung ϕ bestimmt. Die Ergebnisse zeigen, dass die 2. Nachweisgleichung (Gl. (6.62) aus [12]) den höheren Ausnutzungsgrad liefert. Die Interaktion von Biegeknicken senkrecht zur z-Achse und Biegedrillknicken wird maßgebend.

Alternativ kann der Nachweis mit Gleichung (6.61) aus [12] auch unter Ansatz des Moments nach Theorie II. Ordnung und der Knicklänge $L_{cr,y} = 3,0$ m geführt werden. Beim Nachweis nach Gl. (6.62) aus [12] ändert sich gegenüber der vorangegangenen Berechnung nichts.

$$\bar{\lambda}_y = \frac{300}{11,2 \cdot 76,4} = 0,35$$

Knicklinie a, $\chi_y = 0,966$

$$N_{b,y,Rd} = \frac{0,966 \cdot 35,5 \cdot 45,9}{1,1} = 1431 \, \text{kN}$$

$$n_y = 520/1431 = 0,363 < 1,0$$

$$C_{my} = 0,9 \quad \begin{pmatrix} \text{verschieblicher innerer} \\ \text{Systemknoten} \end{pmatrix}$$

$$C_{mLT} = 0,6$$

$$k_{yy} = 0,9 \cdot (1 + (0,35 - 0,2) \cdot 0,363)$$
$$= 0,949 \quad \text{(Tafel 10.117)}$$

$$0,363 + 0,949 \cdot 0,275 = 0,624$$
$$\cong 0,632 < 1 \quad (\Delta = -1,3\%)$$

10.4.5 Allgemeines Verfahren für Knick- und Biegedrillknicknachweise

Sind die Anwendungsgrenzen der Ersatzstabnachweise der vorangegangenen Abschnitte nicht eingehalten, bietet sich in bestimmten Fällen das Allgemeine Verfahren für Knick- und Biegedrillknicknachweise an. Die Anwendung ist nach [12], Abschn. 6.3.4 vorgesehen für

- Bauteile mit beliebigen einfachsymmetrischen Querschnitten veränderlicher Bauhöhe und beliebigen Randbedingungen, belastet in der Symmetrieebene
- und vollständige Tragwerke oder Tragwerksteile, die aus solchen Bauteilen bestehen,

die auf Druck- und/oder einachsige Biegung in der Hauptebene beansprucht sind, aber zwischen den Stützungen keine Fließgelenke bilden. Ein typisches Anwendungsgebiet für das Allgemeine Verfahren sind Rahmen mit gevouteten Stützen und Riegeln.

Der Nachweis gegen Knicken von Tragwerken und Tragwerksteilen wird mit der Bedingung (10.96) geführt. Die Vorgehensweise besteht darin, mit geeigneten Berechnungsprogrammen (z. B. geometrisch nichtlineare FEM) die Verzweigungslasten, ggf. für kombinierte Beanspruchungen, unter Einbeziehung der relevanten Versagensformen zu bestimmen. Über die globale Schlankheit $\bar{\lambda}_{op}$ für das Ausweichen des Tragwerks aus der Systemebene (Biegeknicken, Drillknicken, Biegedrillknicken) wird der Abminderungsbeiwert χ_{op} bestimmt und der Tragsicherheitsnachweis im Sinne eines Ersatzstabnachweises geführt. Da die Verifizierung der Nachweismethode bisher nur teilweise erfolgte, wurde der Anwendungsbereich im Nationalen Anhang zu DIN EN 1993-1-1 [13] auf Systeme aus I-Profilen beschränkt und festgelegt, dass bei Beanspruchung aus N und M_y der kleinere der beiden Werte χ (aus N) oder χ_{LT} (aus M_y) zu wählen ist.

$$\frac{\chi_{op} \cdot \alpha_{ult,k}}{\gamma_{M1}} \geq 1,0 \tag{10.96}$$

$$\bar{\lambda}_{op} = \sqrt{\frac{\alpha_{ult,k}}{\alpha_{cr,op}}} \tag{10.97}$$

$\alpha_{ult,k}$ Kleinster Vergrößerungsfaktor für die Bemessungswerte der Belastung, mit dem die charakteristische Tragfähigkeit der Bauteile mit Verformungen in der Tragwerksebene erreicht wird. Dabei werden, wo erforderlich, alle Effekte aus Imperfektionen und Theorie II. Ordnung in der Tragwerksebene berücksichtigt. In der Regel wird $\alpha_{ult,k}$ durch den Querschnittsnachweis am ungünstigsten Querschnitt des Tragwerks oder Teiltragwerks bestimmt.

χ_{op} Abminderungsfaktor für den Schlankheitsgrad $\bar{\lambda}_{op}$, mit dem Knicken oder Biegedrillknicken aus der Tragwerksebene berücksichtigt wird. Für χ_{op} ist
– bei Beanspruchungen ausschließlich durch Normalkräfte die Knicklinie nach Tafel 10.70,
– bei Beanspruchungen ausschließlich durch Biegemomente die Biegedrillknicklinie für den „Allgemeinen Fall" nach Tafel 10.109
– und bei kombinierten Beanspruchungen der kleinere der beiden Abminderungsfaktoren χ (aus N) oder χ_{LT} (aus M_y) anzusetzen.

$\alpha_{cr,op}$ Kleinster Vergrößerungsfaktor für die Bemessungswerte der Belastung, mit dem die ideale Verzweigungslast mit Verformungen aus der Haupttragwerksebene erreicht wird.

Bei kombinierter Beanspruchung und Addition der Ausnutzungsgrade aus N_{Ed} und $M_{y,Ed}$ (10.98) kann der Tragsicherheitsnachweis (10.96) in Form der Bedingung (10.99) geführt werden.

$$\frac{N_{Ed}}{N_{Rk}} + \frac{M_{y,Ed}}{M_{y,Rk}} = \frac{1}{\alpha_{ult,k}} \qquad (10.98)$$

$$\frac{N_{Ed}}{\dfrac{N_{Rk}}{\gamma_{M1}}} + \frac{M_{y,Ed}}{\dfrac{M_{y,Rk}}{\gamma_{M1}}} \leq \chi_{op} \qquad (10.99)$$

10.4.6 Mehrteilige Druckstäbe

10.4.6.1 Allgemeines

Mehrteilige Druckstäbe können als Gitter- oder Rahmenstäbe (mehrteilige Stäbe mit Bindeblechen) ausgebildet sein (Abb. 10.37). Bezüglich der Tragwirkung und der zu führenden Stabilitätsnachweise wird zwischen dem Knicken senkrecht zur Stoffachse und dem Knicken senkrecht zur stofffreien Achse unterschieden. Als Stoffachse wird die-

jenige Querschnittsachse bezeichnet, die durch sämtliche Einzelquerschnitte verläuft (Abb. 10.37). Die stofffreie Achse verläuft nicht durch die Einzelquerschnitte. Mehrteilige Druckstäbe haben mindestens eine stofffreie Achse.

Der Nachweis für das Knicken senkrecht zur Stoffachse erfolgt wie bei einteiligen Druckstäben (siehe Abschn. 10.4.2 und 10.4.4). Die Berechnung der Schnittgrößen nach Theorie II. Ordnung für das Ausweichen senkrecht zur stofffreien Achse kann unter anderem mit Hilfe von Stabwerksmodellen erfolgen, bei denen die einzelnen Elemente und deren Verbindungen modelliert werden.

Bilden die Gitterstäbe oder Bindebleche über die Länge der Druckstäbe gleichartige wiederkehrende Felder, kann die Berechnung nach der Theorie schubelastischer Stäbe (Timoshenko, Engesser, Bresse, siehe z. B. [83]) erfolgen. Verschiedene Berechnungsprogramme bieten diese Option.

In [12], Abschn. 6.4.1 wird die näherungsweise Berechnung der Schnittgrößen nach Theorie II. Ordnung für den Eulerstab-II über die Knicklast N_{cr} beschrieben. Sie ist dort auf mehrteilige Druckstäbe mit „zwei Tragebenen" beschränkt. Die Gurte können Vollquerschnitte oder selbst rechtwinklig zur betrachteten Ebene in mehrteilige Bauteile aufgelöst sein. Nachfolgend werden die Berechnungsformeln zur Bestimmung der Schnittgrößen wiedergegeben ((10.100) bis (10.103)). Dabei wird aus sachlichen Gründen eine gegenüber [12] in Teilen abweichende Darstellung gewählt. Die Berechnung gilt nach der Norm
- für gleichförmige mehrteilige druckbeanspruchte Stäbe, die an ihren Enden gelenkig gelagert und seitlich gehalten sind,
- wenn die Gitterstäbe und Bindebleche gleichartig wiederkehrende Felder bilden und die Gurtstäbe parallel angeordnet sind,
- eine Stütze in mind. 3 Felder unterteilt ist
- und die Gurtstäbe zwei Tragebenen bilden.

Abb. 10.37 Gitter- und Rahmenstäbe

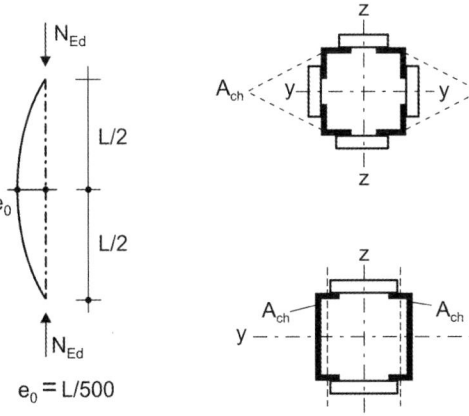
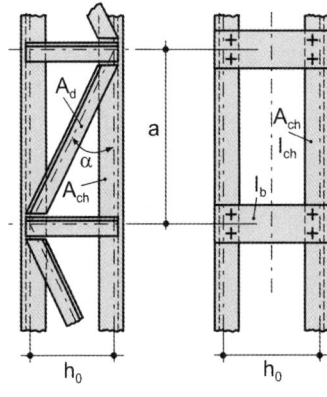

$$N_{\mathrm{ch,Ed}} = 0{,}5 N_{\mathrm{Ed}} + \frac{M_{\mathrm{Ed}} h_0 A_{\mathrm{ch}}}{2 I_{\mathrm{eff}}} \qquad (10.100)$$

$$M_{\mathrm{Ed}} = \frac{N_{\mathrm{Ed}} \cdot e_0 + M_{\mathrm{Ed}}^{\mathrm{I}}}{1 - N_{\mathrm{Ed}}/N_{\mathrm{cr}}} \qquad (10.101)$$

$$V_{\mathrm{Ed}} = \frac{\pi}{L} \cdot M_{\mathrm{Ed}} \qquad (10.102)$$

$$N_{\mathrm{cr}} = \frac{1}{L^2/(\pi^2 E I_{\mathrm{eff}}) + 1/S_{\mathrm{V}}} \qquad (10.103)$$

mit

$N_{\mathrm{ch,Ed}}$ Gurtstabkraft

N_{Ed} einwirkende Normalkraft

M_{Ed} einwirkendes Biegemoment in der Mitte des mehrteiligen Druckstabs unter Berücksichtigung der Vorkrümmung und des Einflusses der Theorie II. Ordnung

e_0 Stich der anzusetzenden Vorkrümmung $e_0 = L/500$

$M_{\mathrm{Ed}}^{\mathrm{I}}$ einwirkendes Biegemoment nach Theorie I. Ordnung

h_0 Abstand der Schwerachsen der Gurtstäbe

A_{ch} Querschnittsfläche eines Gurtstabs

I_{eff} effektives Flächenträgheitsmoment des mehrteiligen Druckstabs

S_{V} Schubsteifigkeit des mehrteiligen Druckstabs (siehe Tafeln 10.119 und 10.120)

N_{cr} Knicklast des mehrteiligen Druckstabs unter Berücksichtigung der Biege- und Schubsteifigkeit.

Bei der Bestimmung der Biegemomente und Querkräfte mit den Gleichungen (10.101) und (10.102) wird die Affinität von Biegelinie und Knickbiegelinie vorausgesetzt. Dies trifft bei einem Druckstab mit sinusförmiger Vorkrümmung zu. Bei Gleichstreckenlasten ist die Übereinstimmung annähernd gegeben. Bei stärkeren Abweichungen kann die Berechnung des Biegemoments M_{Ed} mit (10.104) und der Querkraft an den Stabenden näherungsweise mit (10.105) erfolgen.

$$M_{\mathrm{Ed}} = \frac{N_{\mathrm{Ed}} \cdot e_0}{1 - N_{\mathrm{Ed}}/N_{\mathrm{cr}}} + \alpha \cdot M_{\mathrm{Ed}}^{\mathrm{I}} \qquad (10.104)$$

$$\text{mit } \alpha = \frac{1 + \delta \cdot \frac{N_{\mathrm{Ed}}}{N_{\mathrm{cr}}}}{1 - \frac{N_{\mathrm{Ed}}}{N_{\mathrm{cr}}}}$$

$$V_{\mathrm{Ed}} = V_{\mathrm{Ed}}^{\mathrm{I}} + \frac{\pi}{L} \cdot \left(M_{\mathrm{Ed}} - M_{\mathrm{Ed}}^{\mathrm{I}} \right) \qquad (10.105)$$

δ Korrekturfaktor *(Dischingerfaktor)*, abhängig vom Momentenverlauf nach Abb. 10.38

$V_{\mathrm{Ed}}^{\mathrm{I}}$ Bemessungswert der an den Stabenden einwirkenden Querkraft nach Theorie I. Ordnung

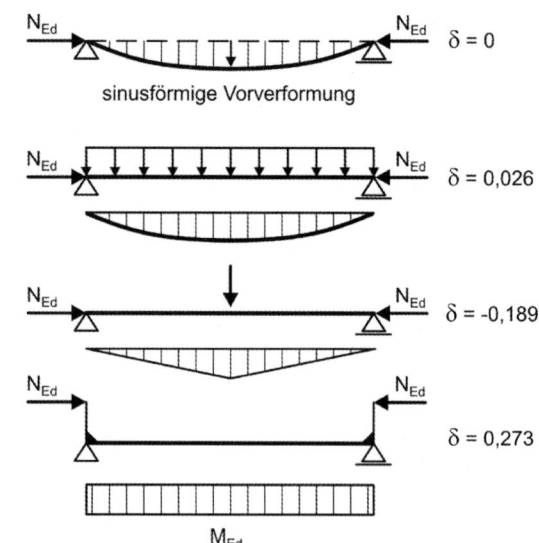

Abb. 10.38 Korrekturfaktoren δ

V_{Ed} wird der Bemessung der Diagonalen und Pfosten von Gitterstützen sowie der Bindebleche und der Bestimmung der Sekundärbiegung von Rahmenstäben zugrunde gelegt.

10.4.6.2 Gitterstützen

Bei Gitterstützen werden die Gurtstäbe durch eine fachwerkartige Vergitterung verbunden. Die Querverbindungen zwischen den Gurtstäben sind erforderlich:

- an den Enden der Gitterstützen,
- an Stellen, an denen die Vergitterung unterbrochen wird sowie
- an Anschlüssen zu anderen Bauteilen.

[12] empfiehlt für jeweils gegenüberliegende Ebenen die gleichläufige Ausführung der Vergitterungen. Bei gegenläufiger Ausführung sind zusätzliche Verformungen infolge Torsionsbeanspruchung zu berücksichtigen. Zur Bestimmung der rechnerischen Schubsteifigkeit S_{V} der Vergitterung sind in Tafel 10.119 drei Grundfälle angegeben. Die effektive Biegesteifigkeit $E I_{\mathrm{eff}}$ der Gitterstütze wird mit den *Steiner*anteilen der Gurtflächen bestimmt (Tafel 10.119). Der Knicknachweis der Gurtstäbe erfolgt mit (10.106).

$$\frac{N_{\mathrm{ch,Ed}}}{N_{\mathrm{b,Rd}}} \leq 1{,}0 \qquad (10.106)$$

$N_{\mathrm{b,Rd}}$ Knicktragfähigkeit eines Gurtstabs, abhängig von der Knicklänge L_{ch} (siehe Tafel 10.119).

Tafel 10.119 Steifigkeiten und Knicklängen L_{ch} der Gurtstäbe von Gitterstützen

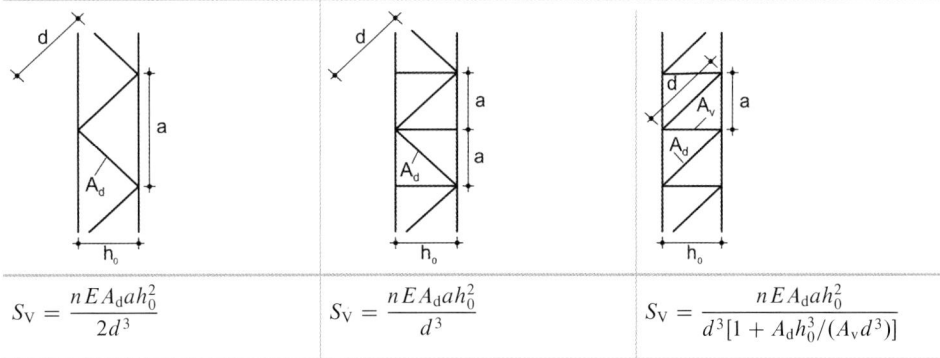

$S_V = \dfrac{n\,E\,A_d a\,h_0^2}{2d^3}$	$S_V = \dfrac{n\,E\,A_d a\,h_0^2}{d^3}$	$S_V = \dfrac{n\,E\,A_d a\,h_0^2}{d^3[1 + A_d h_0^3/(A_v d^3)]}$

$$EI_{eff} = E \cdot \left(\frac{h_0}{2}\right)^2 \cdot \sum A_{ch}$$

n ist die Anzahl paralleler Ebenen der Vergitterung
A_d und A_v sind die Querschnittsflächen der Gitterstäbe einer Ebene

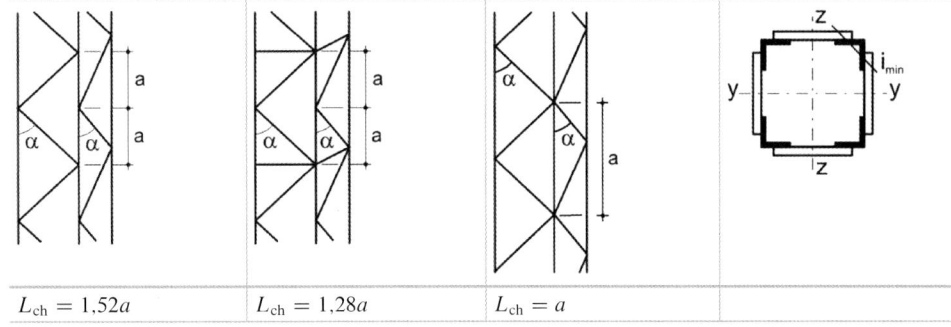

$L_{ch} = 1{,}52a$	$L_{ch} = 1{,}28a$	$L_{ch} = a$	

10.4.6.3 Rahmenstäbe

Bei Rahmenstäben sind für die Gurtstäbe, die Bindebleche und deren Anschlüsse die Tragsicherheitsnachweise mit den Schnittgrößen in Stabmitte und in den Endfeldern zu führen. Die Steifigkeitswerte zur Bestimmung von M_{Ed} und V_{Ed} (siehe Abschn. 10.4.6.1) sind in Tafel 10.120 angegeben.

Für die Gurtstäbe ist im Bereich max M_{Ed} der Knicknachweis nach (10.106) zu führen. Die Knicklänge L_{ch} entspricht dem Abstand a der Bindebleche. Ferner ist die Tragsicher-heit an den Stabenden unter Berücksichtigung der Momente aus der Sekundärbiegung nachzuweisen (siehe (10.107) bis (10.109)) und Abb. 10.39.

$$N_{ch,Ed} = 0{,}5N_{Ed} + \frac{V_{Ed} \cdot a}{2h_0} \tag{10.107}$$

$$M_{ch,Ed} = V_{Ed} \cdot \frac{a}{4} \tag{10.108}$$

$$V_{ch,Ed} = \frac{1}{2} \cdot V_{Ed} \tag{10.109}$$

Tafel 10.120 Steifigkeiten von Rahmenstäben

$EI_{eff} = E \cdot \left(0{,}5h_0^2 A_{ch} + 2_\mu I_{ch}\right)$	$I_1 = 0{,}5h_0^2 A_{ch} + 2I_{ch}$		
	$i_0 = \sqrt{I_1/(2A_{ch})}$		
$S_V = \dfrac{24EI_{ch}}{a^2\left[1 + \dfrac{2I_{ch}}{nI_b} \cdot \dfrac{h_0}{a}\right]} \le \dfrac{2\pi^2 EI_{ch}}{a^2}$	$\lambda = L/i_0$		
	$\lambda \ge 150$	$75 < \lambda < 150$	$\lambda \le 75$
	$\mu = 0$	$\mu = 2 - \dfrac{\lambda}{75}$	$\mu = 1{,}0$

n Anzahl paralleler Ebenen mit Bindeblechen.
μ Wirkungsgrad der Biegesteifigkeit der Gurtstäbe.
I_b Flächenträgheitsmoment des Bindeblechs in der Nachweisebene.
I_{ch} Flächenträgheitsmoment des Gurtstabs in der Nachweisebene.

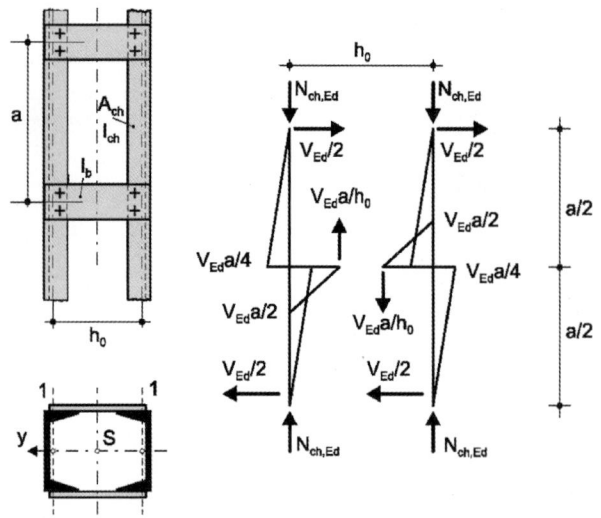

Abb. 10.39 Rahmenstab – Bezeichnungen und Sekundärbiegung infolge V_{Ed}

Vereinfacht darf die maximale Gurtstabkraft $N_{ch,Ed}$ nach (10.100) mit der maximalen Querkraft V_{Ed} kombiniert werden. Die Bindebleche und deren Anschlüsse sind für die Querkraft $V_{b,Ed}$ und das Biegemoment $M_{b,Ed}$ auszulegen (Abb. 10.39).

$$M_{b,Ed} = V_{Ed} \cdot \frac{a}{2} \qquad (10.110)$$

$$V_{b,Ed} = V_{Ed} \cdot \frac{a}{h_0} \qquad (10.111)$$

Konstruktive Durchbildung Bindebleche sind immer an den Stützenenden und mindestens in den Drittelspunkten (siehe Abschn. 10.4.6.1) vorzusehen. Bei Anordnung in mehreren parallelen Ebenen sollten diese gegenüberliegend

Tafel 10.121 Maximaler Abstand zwischen den Achsen von Bindeblechen

Art der mehrteiligen Druckstäbe	Maximaler Abstand
Querschnitte nach Abb. 10.40, die durch Schrauben oder Schweißnähte verbunden sind	$15i_{min}$
Querschnitte nach Abb. 10.41, die durch paarweise angeordnete Bindebleche verbunden sind	$70i_{min}$

i_{min} kleinster Trägheitsradius eines Gurtstabs oder Winkels.

angeordnet sein. Ferner sollten Bindebleche auch an Lasteinleitungsstellen und Punkten seitlicher Abstützung vorgesehen werden.

10.4.6.4 Mehrteilige Druckstäbe mit geringer Spreizung

Bei mehrteiligen Druckstäben nach Abb. 10.40, bei denen die Einzelstäbe Kontakt haben oder mit geringer Spreizung durch Futterstücke verbunden sind, darf das Knicken wie bei einteiligen Druckstäben nachgewiesen werden (siehe Abschn. 10.4.2 und 10.4.4). Voraussetzung hierfür ist, dass der maximale Abstand der Bindebleche nach Tafel 10.121 eingehalten ist. Die durch die Bindebleche zu übertragende Querkraft ist nach (10.111) zu bestimmen (siehe Abb. 10.39).

Bei Druckstäben mit über Eck gestellten ungleichschenkligen Winkelprofilen (Abb. 10.41, rechts) darf der Nachweis für das Biegeknicken senkrecht zur Stoffachse (y-Achse) mit dem Trägheitsradius i_y nach (10.112) geführt werden. Dabei ist i_0 der kleinste Trägheitsradius des mehrteiligen Druckstabs.

$$i_y = \frac{i_0}{1,15} \qquad (10.112)$$

Abb. 10.40 Mehrteilige Druckstäbe mit geringer Spreizung

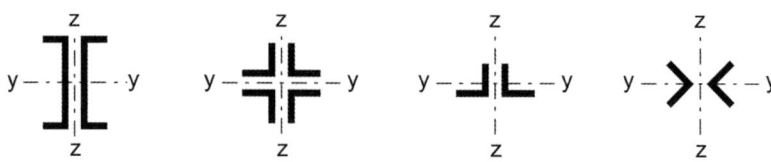

Abb. 10.41 Druckstäbe mit über Eck gestellten Winkelprofilen

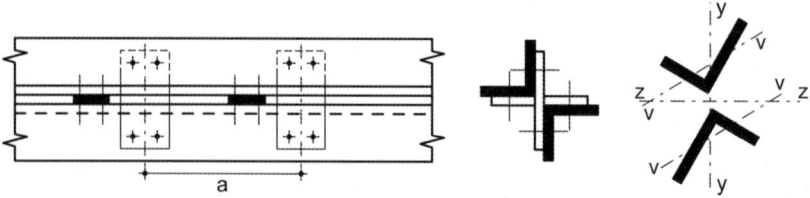

10.5 Plattenförmige Bauteile

10.5.1 Grundlagen

Bei aus ebenen Blechen zusammengesetzten Bauteilen können Schubverzerrungen und das Beulen unter Längs- und Schubspannungen zu ungleichmäßigen Spannungsverteilungen führen. Diese Einflüsse müssen berücksichtigt werden, wenn sie die Grenzzustände der Tragsicherheit, der Ermüdung und/oder der Gebrauchstauglichkeit wesentlich beeinflussen. Blechfelder dürfen näherungsweise als eben betrachtet werden, wenn der Krümmungsradius die Bedingung (10.113) erfüllt.

$$r \geq \frac{a^2}{t} \qquad (10.113)$$

a Blechfeldbreite
t Blechdicke.

Der Einfluss der Schubverzerrungen von breiten Zug- und Druckgurten wird durch den Ansatz mittragender Plattenbreiten berücksichtigt (siehe Abschn. 10.5.2). Zum Tragsicherheitsnachweis und zur Bestimmung der Spannungen unter dem Einfluss des Beulens stehen in [15] zwei unterschiedliche Verfahren zur Verfügung: die Methode der wirksamen Querschnitte und die Methode der reduzierten Spannungen.

Die **Methode der reduzierten Spannungen** entspricht dem aus [33] bekannten Vorgehen. Die Bestimmung der einwirkenden Spannungen erfolgt mit dem, ggf. um den Einfluss der Schubverzerrungen reduzierten, Ausgangsquerschnitt (mittragender Querschnitt). Überschreiten diese Spannungen und ggf. deren Kombination (Vergleichsspannung) die um den Beuleinfluss reduzierte Fließspannung nicht, so darf der Querschnitt in die Klasse 3 eingeordnet werden. Bei dem Verfahren kann die zulässige Grenzspannung des schwächsten Querschnittsteils die rechnerische Tragfähigkeit des gesamten Querschnitts bestimmen. Umlagerungen der Spannungen auf andere, weniger beulgefährdete Querschnittsteile werden nicht ausgenutzt.

Bei der **Methode der wirksamen Querschnitte** werden durch Längsdruckspannungen beanspruchte Querschnittsteile auf wirksame Breiten reduziert. Grundlage hierfür ist die Spannungsverteilung am Ausgangsquerschnitt. Sind zusätzlich Schubverzerrungen zu berücksichtigen, kann dies nach Abschn. 10.5.2.3 erfolgen. Wirken gleichzeitig mehrere druckspannungserzeugende Schnittgrößen, können die wirksamen Querschnitte vereinfacht getrennt für die jeweiligen Schnittgrößen oder iterativ für die kombinierte Beanspruchung bestimmt werden. Die Auswirkungen des Plattenbeulens bei der Berechnung eines Tragwerkes (Schnittgrößen, Verformungen) dürfen vernachlässigt werden, wenn die wirksamen Flächen der unter Druckbeanspruchung stehenden Querschnittsteile jeweils größer als die 0,5-fache

Bruttoquerschnittsflächen sind (10.114). Dies gilt ebenso für die Ermittlung der Spannungen bei Gebrauchstauglichkeits- und Ermüdungsnachweisen.

Grenzwert des Abminderungsfaktors ρ für das Plattenbeulen nach [15], Abschn. 2.2 und [16]:

$$\rho \leq \rho_{\mathrm{lim}} = 0{,}5 \qquad (10.114)$$

10.5.2 Berücksichtigung von Schubverzerrungen

10.5.2.1 Allgemeines

Bei der Bestimmung der mittragenden Breiten (effektive Breiten) zur Berücksichtigung von Schubverzerrungen wird zwischen elastischem und elastisch-plastischem Werkstoffverhalten unterschieden. Der Einfluss der Schubverzerrungen von Gurten darf vernachlässigt werden, wenn Bedingung (10.115) erfüllt ist.

$$b_0 \leq \frac{L_{\mathrm{e}}}{50} \qquad (10.115)$$

Darin ist

b_0 die Gurtbreite bei einseitig gestützten Gurten und die halbe Gurtbreite bei zweiseitig gestützten Gurten (siehe Abb. 10.42) sowie

L_{e} die effektive Länge nach Abschn. 10.5.2.2.

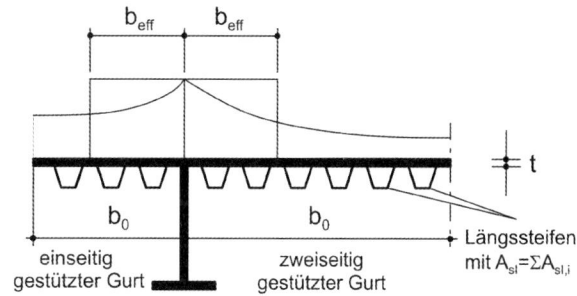

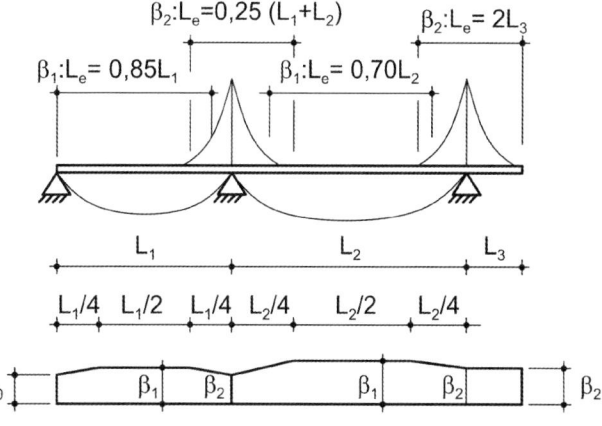

Abb. 10.42 Effektive Längen L_{e} und Breiten b_{eff} für Durchlaufträger

Sind Schubverzerrungen zu berücksichtigen, dürfen diese bei der elastischen Tragwerksberechnung (Schnittgrößen, Verformungen) durch den Ansatz einer über die gesamte Spannweite konstante mittragenden Breite erfasst werden. Bei Durchlaufträgern ist in jedem Feld als mittragende Breite je Stegseite das Minimum von geometrisch vorhandener Breite b_0 und einem Achtel der Stützweite anzusetzen. Bei Kragarmen ist für L die doppelte Kragarmlänge zugrunde zu legen.

$$b_{\mathrm{eff}} = \min(b_0; L/8) \qquad (10.116)$$

10.5.2.2 Mittragende Breiten bei elastischem Werkstoffverhalten

Den Grenzzuständen der Gebrauchstauglichkeit und der Ermüdung sind die mittragenden Breiten für elastisches Werkstoffverhalten zugrunde zu legen. Die Berechnung erfolgt unter Berücksichtigung der effektiven Längen L_{e} und, soweit vorhanden, dem Einfluss der Längssteifen mit (10.117) und Tafel 10.122.

$$b_{\mathrm{eff}} = \beta \cdot b_0 \qquad (10.117)$$

Unterscheiden sich bei Durchlaufträgern die angrenzenden Feldweiten um nicht mehr als 50 % und sind Kragarme nicht länger als 50 % der angrenzenden Feldweite, darf die effektive Länge nach Abb. 10.42 bestimmt werden. In anderen Fällen ist L_{e} als Abstand der Momentennullpunkte abzuschätzen.

10.5.2.3 Berücksichtigung von Schubverzerrungen im Grenzzustand der Tragfähigkeit

Im Grenzzustand der Tragfähigkeit dürfen Schubverzerrungen elastisch nach Abschn. 10.5.2.2 oder elastisch-plastisch unter Begrenzung plastischer Dehnungen berücksichtigt werden. Elastische Schubverzerrungen und die daraus resultierenden mittragenden Breiten sind bei Anwendung der Methode der reduzierten Spannungen zugrunde zu legen. Die elastisch-plastische Wirkung von Schubverzerrungen kann durch den Ansatz der mittragenden Plattenbreite nach (10.118) erfolgen.

$$b_{\mathrm{eff}} = \beta^{\kappa} \cdot b_0, \quad \text{jedoch} \quad b_{\mathrm{eff}} \geq \beta \cdot b_0 \qquad (10.118)$$

β, κ siehe Tafel 10.122.

Sind die Wirkungen des Plattenbeulens und der Schubverzerrungen bei Druckgurten gleichzeitig zu berücksichtigen, kann dies durch den Ansatz effektiver Querschnittsflächen erfolgen, die beide Einflüsse erfassen. Auch hier kann wahlweise elastisches oder elastisch-plastisches Werkstoffverhalten für die Schubverzerrungen zugrunde gelegt werden. Zu beachten ist, dass sich A_{eff} und $A_{\mathrm{c,eff}}$ in den Gleichungen (10.119) und (10.122) wie b_0 und κ auf den jeweiligen Gurtteil (siehe Abb. 10.42) beziehen, auch wenn dies nicht explizit in [15], Abschn. 3.3 erwähnt wird.

Effektive Querschnittsfläche unter Ansatz elastischer Schubverzerrungen:

$$A_{\mathrm{eff}} = A_{\mathrm{c,eff}} \cdot \beta_{\mathrm{ult}} \qquad (10.119)$$

$A_{\mathrm{c,eff}}$ wirksame (effektive^P) gedrückte Querschnittsfläche, sofern vorhanden mit Längssteifen, unter Berücksichtigung des Plattenbeulens

β_{ult} Abminderungsfaktor zur Berücksichtigung von Schubverzerrungen im Grenzzustand der Tragfähigkeit.

β_{ult} darf mit β nach Tafel 10.122 unter Verwendung von α_0^* nach (10.120) und κ nach (10.121) bestimmt werden. Dabei ist t_{f} die Gurtblechdicke.

$$\alpha_0^* = \sqrt{\frac{A_{\mathrm{c,eff}}}{b_0 \cdot t_{\mathrm{f}}}} \qquad (10.120)$$

$$\kappa = \alpha_0^* \cdot \frac{b_0}{L_{\mathrm{e}}} \qquad (10.121)$$

Tafel 10.122 Abminderungsfaktor β für die mittragende Breite

Nachweisort	κ	β
Feldmoment	$\kappa \leq 0,02$	$\beta = \beta_1 = 1,0$
	$0,02 < \kappa \leq 0,70$	$\beta = \beta_1 = \dfrac{1}{1 + 6,4\kappa^2}$
	$\kappa > 0,7$	$\beta = \beta_1 = \dfrac{1}{5,9\kappa}$
Stützmoment	$\kappa \leq 0,02$	$\beta = \beta_2 = 1,0$
	$0,02 < \kappa \leq 0,70$	$\beta = \beta_2 = \dfrac{1}{1 + 6,0\left(\kappa - \frac{1}{2500\kappa}\right) + 1,6\kappa^2}$
	$\kappa > 0,7$	$\beta = \beta_2 = \dfrac{1}{8,6\kappa}$
Endauflager	Alle κ	$\beta_0 = \left(0,55 + \dfrac{0,025}{\kappa}\right)\beta_1$, jedoch $\beta_0 < \beta_1$
Kragarm	Alle κ	$\beta = \beta_2$ am Auflager und Kragarmende

$\kappa = \alpha_0 b_0 / L_{\mathrm{e}}$ mit $\alpha_0 = \sqrt{1 + A_{\mathrm{sl}}/(b_0 \cdot t)}$.
A_{sl} ist die Fläche aller Längssteifen innerhalb von b_0.

Effektive Querschnittsfläche unter Ansatz elastisch-plastischer Schubverzerrungen:

$$A_{eff} = \beta^\kappa \cdot A_{c,eff}, \quad \text{jedoch} \quad A_{eff} \geq \beta \cdot A_{c,eff} \quad (10.122)$$

β, κ siehe Tafel 10.122

$A_{c,eff}$ siehe Definition zu (10.119).

10.5.3 Beulsicherheitsnachweise nach DIN EN 1993-1-5, Abschnitte 4 bis 7 [15]

10.5.3.1 Geltungsbereich, anzusetzende Schnittgrößen

Die Tragsicherheitsnachweise nach [15], Abschnitte 4 bis 7 gelten für rechteckige Plattenfelder mit parallel verlaufenden Gurten. Der Durchmesser nicht ausgesteifter Löcher oder Ausschnitte beträgt nicht mehr als 5 % der Beulfeldbreite.

Die Regeln dürfen für nicht rechteckige Beulfelder angewendet werden, wenn der Winkel α nach Abb. 10.43 nicht mehr als 10° beträgt. Ist $\alpha > 10°$, so darf das Beulfeld unter Ansatz eines rechteckigen Ersatzfeldes mit der größeren der beiden Abmessungen b_1 und b_2 nach Abb. 10.43 nachgewiesen werden.

Sind die Schnittgrößen über die Beulfeldlänge a veränderlich, ist der Beulnachweis in der Regel für den jeweiligen Größtwert zu führen. Treten die Größtwerte an den Querrändern auf, darf der Nachweis mit den Schnittgrößen geführt werden, die im Abstand $\min(0{,}4a; 0{,}5b)$ einwirken. Die verringerten Werte sollten jedoch nicht kleiner als die Mittelwerte der Schnittgrößen über die Beulfeldlänge sein. Werden die Beulnachweise mit reduzierten Schnittgrößen geführt, ist an den Querrändern mit den Größtwerten zusätzlich ein Querschnittsnachweis mit den Bruttoquerschnittswerten zu führen.

10.5.3.2 Plattenbeulen unter Längsspannungen

10.5.3.2.1 Allgemeines, Voraussetzungen

Bei Bauteilen mit Querschnitten der Klasse 4, die durch Längsspannungen beansprucht werden, darf das Verfahren der wirksamen Flächen angewendet werden. Die Einflüsse von Schubverzerrungen und Plattenbeulen werden durch effektive Breiten (siehe Abschn. 10.5.2) berücksichtigt. Die effektiven Querschnittwerte (A_{eff}, I_{eff}, W_{eff}) der

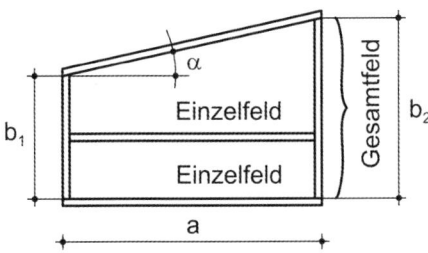

Abb. 10.43 Trapezförmiges Beulfeld

Bauteile werden aus den effektiven Flächen druckbeanspruchter Querschnittsteile und den mittragenden Flächen zugbeanspruchter Querschnittsteile bestimmt. Damit können die Querschnittsnachweise (siehe Abschn. 10.3.10) und Bauteilnachweise für Knicken oder Biegedrillknicken (siehe Abschn. 10.4) geführt werden. Ergänzend zu Abschn. 10.5.3.1 gelten folgende Voraussetzungen:

- die Bauteile sind gleichförmig;
- soweit Steifen vorhanden sind, laufen diese in Längs- und/oder Querrichtung;
- flanschinduziertes Stegbeulen (siehe Abschn. 10.5.4) ist ausgeschlossen.

Bezüglich des Vorgehens bei der Bestimmung der effektiven Querschnittwerte gelten die Erläuterungen in den Abschn. 10.5.2 und 10.3.10. Es wird zwischen Blechfeldern mit und ohne Längssteifen unterschieden (Abschn. 10.5.3.2.3 und 10.5.3.2.4).

10.5.3.2.2 Tragsicherheitsnachweis

Der Tragsicherheitsnachweis für Normalkraft und ein- oder zweiachsige Biegung wird, sofern die effektiven Querschnittsgrößen getrennt für die jeweiligen Schnittgrößen bestimmt werden, in Analogie zu Abschn. 10.3.10 mit (10.123) oder (10.124) geführt. Die Bezeichnungen entsprechen den Angaben in [12].

$$\eta_1 = \frac{N_{Ed}}{A_{eff} \cdot f_y / \gamma_{M0}} + \frac{M_{Ed} + N_{Ed} \cdot e_N}{W_{eff,min} \cdot f_y / \gamma_{M0}} \leq 1{,}0 \quad (10.123)$$

$$\eta_1 = \frac{N_{Ed}}{A_{eff} \cdot f_y / \gamma_{M0}} + \frac{M_{y,Ed} + N_{Ed} \cdot e_{y,N}}{W_{eff,y,min} \cdot f_y / \gamma_{M0}}$$
$$+ \frac{M_{z,Ed} + N_{Ed} \cdot e_{z,N}}{W_{eff,z,min} \cdot f_y / \gamma_{M0}} \leq 1{,}0 \quad (10.124)$$

mit

A_{eff} wirksame Querschnittsfläche bei gleichmäßiger Druckbeanspruchung

$W_{eff,min}$ kleinstes wirksames Widerstandsmoment eines ausschließlich auf Biegung um die maßgebende Achse beanspruchten Querschnitts

e_N Verschiebung der maßgebenden Hauptachse eines unter reinen Druck beanspruchten Querschnitts.

Die Schnittgrößen M_{Ed} und N_{Ed} sind gegebenenfalls nach Theorie II. Ordnung zu berechnen. In diesem Fall ist in (10.123) und (10.124) der Teilsicherheitsbeiwert γ_{M0} durch γ_{M1} zu ersetzen (vgl. [13]).

Sind bei I- oder Kastenquerschnitten zur Bestimmung von $W_{eff,min}$ sowohl für die Gurte als auch die Stege wirksame Flächen zu ermitteln, ist wie folgt vorzugehen:

1. Ermittlung der elastischen Spannungsverteilung mit dem, ggf. um den Einfluss der Schubverzerrungen reduzierten, Ausgangsquerschnitt (mittragender Querschnitt).

2. Bestimmung der effektiven Flächen des Druckgurtes mit den Spannungen aus 1.

3. Ermittlung der elastischen Spannungsverteilung mit den effektiven Gurtflächen und den Bruttoflächen der Stege.

4. Bestimmung der wirksamen Flächen der Stege mit den Spannungen aus 3.

5. Berechnung von $W_{\mathrm{eff,min}}$ mit den effektiven Gurt- und Stegflächen.

10.5.3.2.3 Wirksame Flächen von Blechfeldern ohne Längssteifen

Die nachfolgenden Regelungen gelten für Gesamtfelder ohne Längssteifen und für Einzelfelder unter Verwendung der jeweiligen Abmessungen. Die wirksamen Flächen ebener druckbeanspruchter Blechfelder werden, sofern kein knickstabähnliches Verhalten zu berücksichtigen ist, mit (10.125) bestimmt. Bei der Ermittlung des Abminderungsfaktors ρ wird zwischen einseitig und beidseitig gestützten Querschnittsteilen unterschieden (Tafel 10.123). Tafel 10.124 enthält die erforderlichen Beulwerte k_σ und die anteilige Zuordnung der wirksamen Breiten zu den Rändern.

$$A_{\mathrm{c,eff}} = \rho \cdot A_{\mathrm{c}} \qquad (10.125)$$

Die Berechnung des Randspannungsverhältnisses ψ erfolgt nach der in Abschn. 10.5.3.2.2 beschriebenen Vorgehensweise. Mit dem Schlankheitsgrad $\bar{\lambda}_{\mathrm{p}}$ für das Plattenbeulen (s. Tafel 10.123) wird die wirksame Fläche eines Blechfeldes unter der Voraussetzung ermittelt, dass die Randspannungen die Streckgrenze erreichen. Liegen die Spannungen darunter, können größere wirksame Breiten angesetzt werden. Dies ist beispielsweise bei Einzelfeldern in längsversteiften Gesamtfeldern von Relevanz, die nicht am höchstbelasteten Rand liegen. Wird die Streckgrenze nicht voll ausgenutzt, kann der Beulschlankheitsgrad mit (10.126) abgemindert werden (s. auch Abschn. 10.2.7).

$$\bar{\lambda}_{\mathrm{p,red}} = \bar{\lambda}_{\mathrm{p}} \cdot \sqrt{\frac{\sigma_{\mathrm{com,Ed}}}{f_{\mathrm{y}}/\gamma_{\mathrm{M0}}}} \qquad (10.126)$$

$\sigma_{\mathrm{com,Ed}}$ größter Bemessungswert der einwirkenden Druckbeanspruchung in dem Blechfeld, falls notwendig nach Theorie II. Ordnung berechnet.

Dieses Vorgehen erfordert i. Allg. eine iterative Berechnung, in der das Spannungsverhältnis ψ in jedem Schritt neu aus der Spannungsverteilung mit dem wirksamen Querschnitt des vorherigen Iterationsschritts ermittelt wird.

Alternativ dürfen die Abminderungsfaktoren ρ nach (10.127) und (10.128) berechnet werden (vgl. [15] Anhang E).

Einseitig gestützte druckbeanspruchte Querschnittsteile:

$$\rho = \frac{1 - 0{,}188/\bar{\lambda}_{\mathrm{p,red}}}{\bar{\lambda}_{\mathrm{p,red}}} + 0{,}18\frac{\bar{\lambda}_{\mathrm{p}} - \bar{\lambda}_{\mathrm{p,red}}}{\bar{\lambda}_{\mathrm{p}} - 0{,}6} \leq 1{,}0 \quad (10.127)$$

Beidseitig gestützte druckbeanspruchte Querschnittsteile:

$$\rho = \frac{1 - 0{,}055(3 + \psi)/\bar{\lambda}_{\mathrm{p,red}}}{\bar{\lambda}_{\mathrm{p,red}}} + 0{,}18\frac{\bar{\lambda}_{\mathrm{p}} - \bar{\lambda}_{\mathrm{p,red}}}{\bar{\lambda}_{\mathrm{p}} - 0{,}6} \leq 1{,}0$$
$$(10.128)$$

10.5.3.2.4 Wirksame Flächen von Blechfeldern mit Längssteifen

Bei längsversteiften Beulfeldern werden die wirksamen Flächen in zwei Schritten ermittelt. Dabei wird zunächst die wirksame Fläche $A_{\mathrm{c,eff,loc}}$ aus der Summe der wirksamen Flächen der unversteiften Einzelfelder und der Steifen selbst bestimmt ((10.129) und Abb. 10.44). Im zweiten Schritt wird der Abminderungsfaktor ρ_{c} für das Gesamtfeldbeulen berechnet, mit dem $A_{\mathrm{c,eff,loc}}$ nochmals reduziert wird. Die wirksame Fläche wird unter Einbeziehung der Randbereiche mit (10.130) bestimmt.

$$A_{\mathrm{c,eff,loc}} = A_{\mathrm{sl,eff}} + \sum_{\mathrm{c}} \rho_{\mathrm{loc}} \cdot b_{\mathrm{c,loc}} \cdot t \qquad (10.129)$$

$$A_{\mathrm{c,eff}} = \rho_{\mathrm{c}} \cdot A_{\mathrm{c,eff,loc}} + \sum b_{\mathrm{edge,eff}} \cdot t \qquad (10.130)$$

Dabei ist

$A_{\mathrm{sl,eff}}$ Summe der wirksamen Fläche aller Längssteifen in der Druckzone

$\displaystyle\sum_{\mathrm{c}}$ bezieht sich auf den im Druckbereich liegenden Teil des längsausgesteiften Blechfeldes mit Ausnahme der Randbereiche $\sum b_{\mathrm{edge,eff}} \cdot t$ (siehe Abb. 10.44)

ρ_{loc} Abminderungsfaktor für das Einzelfeldbeulen nach Tafel 10.123

Tafel 10.123 Abminderungsfaktoren ρ für das Plattenbeulen

Einseitig gestützte Querschnittsteile		$\bar{\lambda}_{\mathrm{p}} = \sqrt{\dfrac{f_{\mathrm{y}}}{\sigma_{\mathrm{cr}}}} = \dfrac{\bar{b}/t}{28{,}4\varepsilon\sqrt{k_\sigma}}$
$\bar{\lambda}_{\mathrm{p}} \leq 0{,}748$	$\rho = 1{,}0$	$\bar{b}$ maßgebende Breite nach Tafel 10.125
$\bar{\lambda}_{\mathrm{p}} > 0{,}748$	$\rho = \dfrac{\bar{\lambda}_{\mathrm{p}} - 0{,}188}{\bar{\lambda}_{\mathrm{p}}^2} \leq 1{,}0$	k_σ Beulwert nach Tafel 10.124
Beidseitig gestützte Querschnittsteile		$\varepsilon = \sqrt{235/f_{\mathrm{y}}}$
$\bar{\lambda}_{\mathrm{p}} \leq 0{,}5 + \sqrt{0{,}085 - 0{,}055\psi}$	$\rho = 1{,}0$	Randspannungsverhältnis:
$\bar{\lambda}_{\mathrm{p}} > 0{,}5 + \sqrt{0{,}085 - 0{,}055\psi}$	$\rho = \dfrac{\bar{\lambda}_{\mathrm{p}} - 0{,}055(3 + \psi)}{\bar{\lambda}_{\mathrm{p}}^2} \leq 1{,}0$	$\psi = \sigma_2/\sigma_1$

Tafel 10.124 Wirksame Breiten b_{eff} und Beulwerte k_σ

Spannungsverteilung	b_{eff}	$\psi = \sigma_2/\sigma_1$	k_σ
Beidseitig gestützte druckbeanspruchte Querschnittsteile			
$\psi = 1$; σ_1, σ_2; b_{e1}, b_{e2}; $\bar{b}$	$b_{\text{eff}} = \rho \cdot \bar{b}$ $b_{e1} = 0{,}5 \cdot b_{\text{eff}}$ $b_{e2} = 0{,}5 \cdot b_{\text{eff}}$	1	$4{,}0$
$1 > \psi \geqq 0$; σ_1, σ_2; b_{e1}, b_{e2}; $\bar{b}$	$b_{\text{eff}} = \rho \cdot \bar{b}$ $b_{e1} = \dfrac{2}{5-\psi} \cdot b_{\text{eff}}$ $b_{e2} = b_{\text{eff}} - b_{e1}$	$1 > \psi > 0$	$\dfrac{8{,}2}{1{,}05 + \psi}$
		0	$7{,}81$
$\psi < 0$; b_c, b_t; σ_1, σ_2; b_{e1}, b_{e2}; $\bar{b}$	$b_{\text{eff}} = \rho \cdot b_c$ $b_{\text{eff}} = \rho \cdot \dfrac{\bar{b}}{1-\psi}$ $b_{e1} = 0{,}4 \cdot b_{\text{eff}}$ $b_{e2} = 0{,}6 \cdot b_{\text{eff}}$	$0 > \psi > -1$	$7{,}81 - 6{,}29\psi + 9{,}78\psi^2$
		-1	$23{,}9$
		$-1 > \psi \geq -3$	$5{,}98(1 - \psi)^2$
Einseitig gestützte druckbeanspruchte Querschnittsteile			
$1 > \psi \geqq 0$; b_{eff}; σ_2, σ_1; c	$b_{\text{eff}} = \rho \cdot c$	1	$0{,}43$
		$1 \geq \psi \geq 0$	$0{,}57 - 0{,}21\psi + 0{,}07\psi^2$
		0	$0{,}57$
$\psi < 0$; b_t, b_c; σ_1; σ_2; b_{eff}	$b_{\text{eff}} = \rho \cdot b_c$ $b_{\text{eff}} = \rho \cdot \dfrac{c}{1-\psi}$	-1	$0{,}85$
		$0 \geq \psi \geq -3$	$0{,}57 - 0{,}21\psi + 0{,}07\psi^2$
$1 > \psi \geqq 0$; b_{eff}; σ_1, σ_2; c	$b_{\text{eff}} = \rho \cdot c$	1	$0{,}43$
		$1 > \psi > 0$	$\dfrac{0{,}578}{0{,}34 + \psi}$
		0	$1{,}7$
$\psi < 0$; b_{eff}; σ_1; σ_2; b_c, b_t	$b_{\text{eff}} = \rho \cdot b_c$ $b_{\text{eff}} = \rho \cdot \dfrac{c}{1-\psi}$	$0 > \psi > -1$	$1{,}7 - 5\psi + 17{,}1\psi^2$
		-1	$23{,}8$

$b_{\text{c,loc}}$　Breite der Druckzone in einem Einzelfeld

ρ_c　Abminderungsfaktor unter Berücksichtigung der Interaktion von Plattenbeulen und knickstabähnlichem Verhalten nach Abschn. 10.5.3.2.5.

Die Berechnung $A_{\text{c,eff}}$ mit (10.130) setzt voraus, dass Längssteifen mit ausreichend hoher Steifigkeit eingesetzt werden, sodass sie als Randlagerungen der Einzelfelder dienen und Einzelfeldbeulen vor dem Gesamtfeldbeulen hervorrufen. Nach [16] sind Längssteifen zu vernachlässigen, deren bezogene Steifigkeit $\gamma < 25$ ist.

$$\gamma = \frac{I_{\text{sl}}}{I_{\text{p}}} \geq 25 \quad \text{mit } I_{\text{p}} = \frac{bt^3}{12(1-\nu^2)} = \frac{bt^3}{10{,}92} \quad (10.131)$$

I_{sl}　Flächenträgheitsmoment des gesamten längsversteiften Blechfeldes

I_{p}　Flächenträgheitsmoment für Plattenbiegung.

Die Bestimmung von ρ_c erfolgt durch nichtlineare Interpolation zwischen den Abminderungsfaktoren ρ für plattenartiges Verhalten und χ_c für knickstabähnliches Verhalten

(siehe (10.133)). Der Abminderungsfaktor ρ für das Beulen des Gesamtfeldes wird nach Tafel 10.123 unter Ansatz der Schlankheit $\bar{\lambda}_{\text{p}}$ einer äquivalenten orthotropen Platte nach (10.132) ermittelt.

$$\bar{\lambda}_{\text{p}} = \sqrt{\frac{\beta_{\text{A,c}} f_{\text{y}}}{\sigma_{\text{cr,p}}}} \quad \text{mit } \beta_{\text{A,c}} = \frac{A_{\text{c,eff,loc}}}{A_{\text{c}}} \quad (10.132)$$

A_{c}　Bruttoquerschnittsfläche des längs ausgesteiften Blechfeldes ohne Ansatz der durch ein angrenzendes Plattenbauteil gestützten Randbleche (siehe Abb. 10.44). A_{c} ist ggf. unter Berücksichtigung der Schubverzerrungen zu bestimmen (siehe Abschn. 10.5.2).

$A_{\text{c,eff,loc}}$　effektive Querschnittsfläche nach (10.129), ggf. unter Berücksichtigung von Schubverzerrungen

$\sigma_{\text{cr,p}}$　elastische kritische Plattenbeulspannung $\sigma_{\text{cr,p}} = k_{\sigma,\text{p}}\sigma_{\text{E}}$ des längsversteiften Beulfeldes (s. Abschn. 10.5.6).

Tafel 10.125 Maß-
gebende Breiten

Stege	b_w	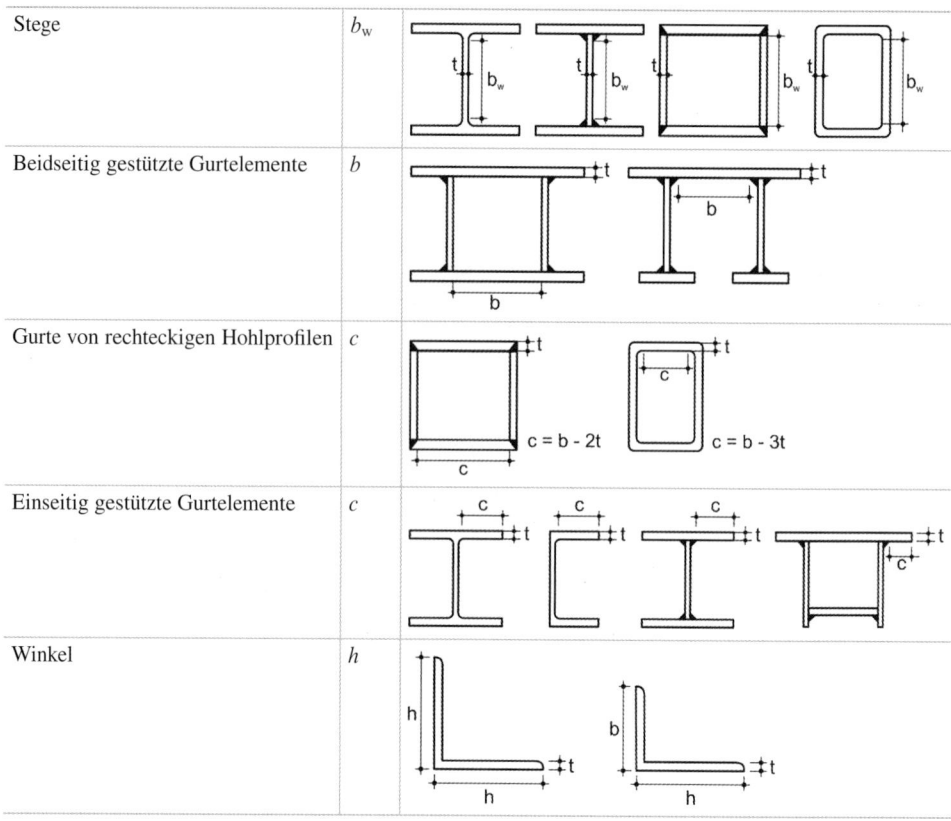
Beidseitig gestützte Gurtelemente	b	
Gurte von rechteckigen Hohlprofilen	c	
Einseitig gestützte Gurtelemente	c	
Winkel	h	

Abb. 10.44 Längsversteifte
Blechfelder

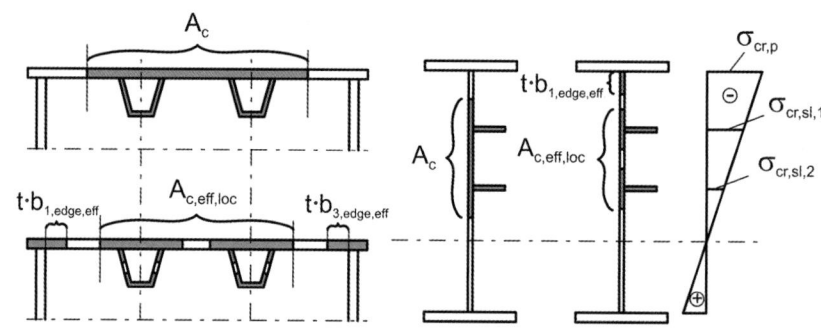

10.5.3.2.5 Beulen mit knickstabähnlichem Verhalten

Ist die Beulfläche vorwiegend in Beanspruchungsrichtung gekrümmt, verhält sich die Platte beim Ausbeulen den Knickstäben ähnlich. Tragreserven durch Spannungsumlagerungen zu den Rändern werden nicht oder nur in geringerem Maße aktiviert. Dies ist bei Spannungen σ_x der Fall, wenn Platten ein kleines Seitenverhältnis α, eine kräftige Längsversteifung oder beides haben (Abb. 10.45). Zur Bestimmung der wirksamen Flächen wird anstelle des Abminderungsfaktors ρ der Faktor ρ_c nach (10.133) verwendet.

$$\rho_c = (\rho - \chi_c) \cdot \xi \cdot (2 - \xi) + \chi_c \qquad (10.133)$$

mit $\xi = \sigma_{cr,p}/\sigma_{cr,c} - 1$, jedoch $0 \leq \xi \leq 1$ (siehe Abb. 10.46)
ρ Abminderungsfaktor für das Plattenbeulen
χ_c Abminderungsfaktor für knickstabähnliches Verhalten
$\sigma_{cr,p}$ elastische kritische Plattenbeulspannung
$\sigma_{cr,c}$ elastische kritische Knickspannung.

Der Abminderungsfaktor χ_c wird für **nicht ausgesteifte Beulfelder** mit dem Schlankheitsgrad $\bar{\lambda}_c$ nach (10.134) und der Knicklinie a nach Abschn. 10.4.2.2 bestimmt.

$$\bar{\lambda}_c = \sqrt{\frac{f_y}{\sigma_{cr,c}}} \qquad (10.134)$$

mit

$$\sigma_{cr,c} = \frac{\pi^2 E t^2}{12(1 - v^2)a^2} = 189.800 \left(\frac{t}{a}\right)^2 \left[\frac{N}{mm^2}\right] \qquad (10.135)$$

a Beulfeldlänge (s. Abb. 10.43).

Bei **ausgesteiften Blechfeldern** darf $\sigma_{cr,c}$ durch Extrapolation der Knickspannung $\sigma_{cr,sl}$ der am höchstbelasteten Druckrand liegenden Steife mit (10.136) ermittelt werden. Dabei sind b_c und $b_{sl,1}$ die für die Extrapolation benötigten Abstände aus der Spannungsverteilung. Der Schlankheitsgrad $\bar{\lambda}_c$ wird nach (10.137) bestimmt.

Abb. 10.45 Knickstabähnliches Verhalten. *Links*: Beulfeld mit kleinem Seitenverhältnis α; *rechts*: längs ausgesteiftes Beulfeld

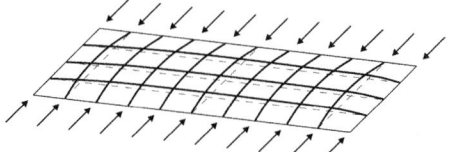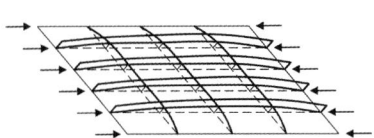

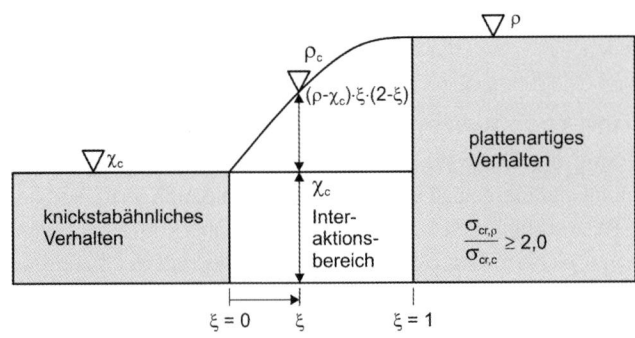

Abb. 10.46 Interaktion von plattenartigem und knickstabähnlichem Verhalten

$$\sigma_{cr,c} = \sigma_{cr,sl} \frac{b_c}{b_{sl,1}} \quad \text{mit } \sigma_{cr,sl} = \frac{EI_{sl,1}}{A_{sl,1}} \cdot \left(\frac{\pi}{a}\right)^2 \quad (10.136)$$

$$\bar{\lambda}_c = \sqrt{\frac{\beta_{A,c} f_y}{\sigma_{cr,c}}} \quad \text{mit } \beta_{A,c} = \frac{A_{sl,1,eff}}{A_{sl,1}} \quad (10.137)$$

$A_{sl,1}$ Bruttoquerschnittsfläche des Ersatzdruckstabes, die sich aus der Steife und den mittragenden Blechstreifen zusammensetzt

$I_{sl,1}$ Flächenträgheitsmoment unter Ansatz der Bruttoquerschnittsfläche der Steife und der angrenzenden mittragenden Blechstreifen bezogen auf das Knicken senkrecht zur Blechebene

$A_{sl,1,eff}$ wirksame Querschnittsfläche der Steife und der angrenzenden mittragenden Blechstreifen unter Berücksichtigung des Beulens.

Der Abminderungsfaktor χ_c wird unter Verwendung eines vergrößerten Imperfektionsbeiwertes α_e mit (10.138) bestimmt. Letzterer berücksichtigt das Anschweißen und die exzentrische Lage von Steifenquerschnitten gegenüber der Blechebene.

$$\chi_c = \frac{1}{\Phi + \sqrt{\Phi^2 - \bar{\lambda}_c^2}} \quad (10.138)$$

mit

$$\Phi = 0,5\left[1 + \alpha_e(\bar{\lambda}_c - 0,2) + \bar{\lambda}_c^2\right]$$

$$\alpha_e = \alpha + \frac{0,99}{i/e} \quad i = \sqrt{I_{sl,1}/A_{sl,1}}$$

Abb. 10.47 Ermittlung des Abstandes $e = \max(e_1, e_2)$.
1 Schwerelinie der Längssteifen,
2 Schwerelinie des Ersatzdruckstabes = Längssteife + mitwirkende Blechteile

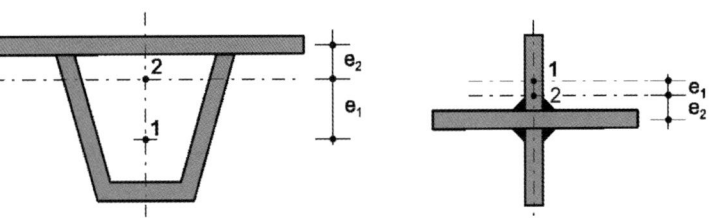

$\alpha = 0,34$ für geschlossene Steifenquerschnitte (Knicklinie b)

$\alpha = 0,49$ für offene Steifenquerschnitte (Knicklinie c)

$e = \max(e_1, e_2)$ bezogen auf die Schwereachse des Ersatzdruckstabes nach Abb. 10.47.

10.5.3.3 Schubbeulen

Der Einfluss des Schubbeulens von Stegen ist zu berücksichtigen, wenn das Verhältnis h_w/t_w die Grenze nach (10.139) oder (10.140) überschreitet.

$$\frac{h_w}{t_w} > \frac{72}{\eta}\varepsilon \quad \text{bei nicht ausgesteiften Blechfeldern} \quad (10.139)$$

und

$$\frac{h_w}{t_w} > \frac{31}{\eta}\varepsilon\sqrt{k_\tau} \quad \text{bei ausgesteiften Blechfeldern.} \quad (10.140)$$

Der Bemessungswert der Tragfähigkeit unter Berücksichtigung des Schubbeulens setzt sich i. Allg. aus einem Beitrag des Steges/der Stege und einem Beitrag der Gurte zusammen. Die Berechnung erfolgt für nicht ausgesteifte und ausgesteifte Stege mit (10.141). Der Tragsicherheitsnachweis wird mit Bedingung (10.142) geführt.

$$V_{b,Rd} = V_{bw,Rd} + V_{bf,Rd}, \quad \text{jedoch} \quad V_{b,Rd} \leq \frac{\eta f_{yw} h_w t}{\sqrt{3} \cdot \gamma_{M1}} \quad (10.141)$$

$$\eta_3 = \frac{V_{Ed}}{V_{b,Rd}} \leq 1,0 \quad (10.142)$$

Tafel 10.126 Beiwert η

Hochbau	S235 bis S460	$\eta = 1,20$
	Über S460	$\eta = 1,00$
Brückenbau und ähnliche Anwendungen		$\eta = 1,00$

Abb. 10.48 Unterscheidungen
zu Auflagersteifen.
a Keine Auflagersteife,
b starre Auflagersteife,
c verformbare Auflagersteife

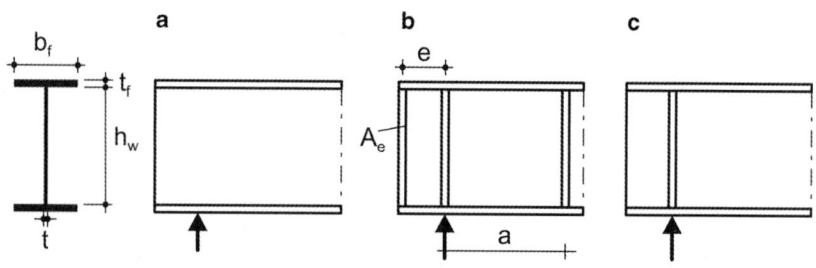

10.5.3.3.1 Beitrag des Steges

Der Beitrag des Steges an der Querkrafttragfähigkeit wird mit (10.143) bestimmt. Der darin enthaltene Abminderungsfaktor χ_w für das Schubbeulen ist in Abhängigkeit von der Steifenausbildung am Auflager (Abb. 10.48) in Tafel 10.127 angegeben.

$$V_{bw,Rd} = \frac{\chi_w f_{yw} h_w t}{\sqrt{3} \cdot \gamma_{M1}} \qquad (10.143)$$

Der Schlankheitsgrad $\bar{\lambda}_w$ wird mit der kritischen Beulspannung $\tau_{cr} = k_\tau \cdot \sigma_E$ und der Streckgrenze der Stegbleche mit (10.144) bestimmt.

$$\bar{\lambda}_w = \sqrt{\frac{f_{yw}}{\sqrt{3} \cdot \tau_{cr}}} = 0,76 \cdot \sqrt{\frac{f_{yw}}{\tau_{cr}}} \qquad (10.144)$$

Liegen nur Auflagersteifen vor, kann die Schlankheit $\bar{\lambda}_w$ auch mit (10.145) berechnet werden.

$$\bar{\lambda}_w = \frac{h_w}{86,4 t \varepsilon} \qquad (10.145)$$

Werden zusätzlich Längs- und/oder Quersteifen angeordnet, kann dies durch einen entsprechenden Beulwert k_τ berücksichtigt werden. Die Flächenträgheitsmomente I_{sl} werden mit einer mitwirkenden Breite $15 \cdot \varepsilon \cdot t$ beidseits zum Stegblechanschluss bestimmt (s. Abb. 10.50). Es ist zu beachten, dass keine kleinere Schlankheit, als die des ungünstigsten Einzelfeldes angesetzt wird.

$$\bar{\lambda}_w = \frac{h_w}{37,4 t \varepsilon \sqrt{k_\tau}}, \quad \text{jedoch} \quad \bar{\lambda}_w \geq \frac{h_{wi}}{37,4 t \varepsilon \sqrt{k_{\tau i}}} \qquad (10.146)$$

$h_{wi}, k_{\tau i}$ sind Höhe und Beulwert des Einzelfeldes mit der größten Schlankheit $\bar{\lambda}_w$.

Tafel 10.127 Abminderungsfaktor χ_w für das Schubbeulen

Schlankheitsbereich	Auflagersteife	
	Starr	Verformbar
$\bar{\lambda}_w < 0,83/\eta$	η	
$0,83/\eta \leq \bar{\lambda}_w < 1,08$	$0,83/\bar{\lambda}_w$	
$\bar{\lambda}_w \geq 1,08$	$1,37/(0,7 + \bar{\lambda}_w)$	$0,83/\bar{\lambda}_w$

10.5.3.3.2 Beitrag der Gurte

Sind die Gurte eines Trägers nicht vollständig durch Normalspannungen ausgenutzt (z. B. an Endauflagern), kann die Resttragfähigkeit zur Abtragung der Querkräfte herangezogen werden. Der Berechnung dieses Beitrags wird zugrunde gelegt, dass sich im Abstand c vier Fließgelenke in den Gurten ausbilden (Abb. 10.49).

$$V_{bf,Rd} = \frac{b_f t_f^2 f_{yf}}{c \gamma_{M1}} \left(1 - \left(\frac{M_{Ed}}{M_{f,Rd}} \right)^2 \right) \qquad (10.147)$$

mit

$$c = a \left(0,25 + \frac{1,6 b_f t_f^2 f_{yf}}{t h_w^2 f_{yw}} \right)$$

Dabei ist $M_{f,Rd} = M_{f,Rk}/\gamma_{M0}$ der Bemessungswert der Biegebeanspruchbarkeit unter alleiniger Berücksichtigung der effektiven Gurtflächen. Bei der Berechnung von M_f sollte an jeder Stegseite als Gurtbreite nicht mehr als $15 t_f \cdot \varepsilon$ angesetzt werden (siehe Abb. 10.50). Wirkt zusätzlich eine Normalkraft, ist die Biegebeanspruchbarkeit nach (10.148)

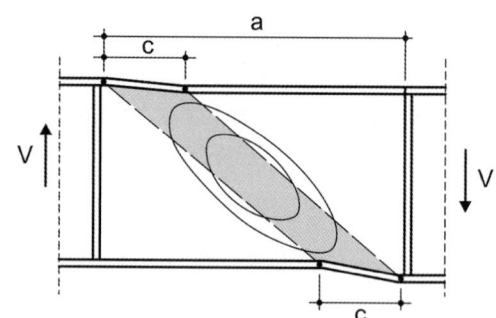

Abb. 10.49 Abtragung von Querkräften

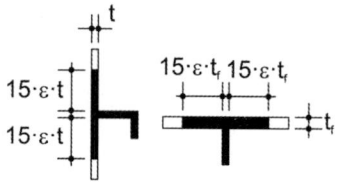

Abb. 10.50 Mitwirkende Blechbreite

zu reduzieren.

$$M_{\mathrm{N,f,Rd}} = M_{\mathrm{f,Rd}}\left(1 - \frac{N_{\mathrm{Ed}}}{N_{\mathrm{f,Rd}}}\right) \qquad (10.148)$$

mit

$$N_{\mathrm{f,Rd}} = (A_{\mathrm{f1}} + A_{\mathrm{f2}})\frac{f_{\mathrm{yf}}}{\gamma_{\mathrm{M0}}}$$

$A_{\mathrm{f1}}, A_{\mathrm{f2}}$ Flächen der Gurte.

10.5.3.4 Lasteinleitung quer zur Bauteilachse

Werden Querlasten über die Flansche in Stege eingeleitet, kann das Versagen in Form von plastischen Stauchungen des Stegbleches, örtliches Beulen (Stegkrüppeln) oder Beulen über einen Großteil der Stegfläche stattfinden. Bezüglich der Lasteinleitung wird in [15] in drei Fällen unterschieden (Tafel 10.128):

a) Einseitig eingeleitete Lasten, die im Gleichgewicht mit den Querkräften im Steg stehen,

b) beidseitig eingeleitete Lasten, die mit sich selbst im Gleichgewicht stehen,

c) einseitige Lasten in der Nähe eines Trägerendes ohne Quersteifen.

Die Beanspruchbarkeit wird für die zuvor genannten Versagensformen mit (10.149) bestimmt. Dabei wird vorausgesetzt, dass die Flansche aufgrund ihrer Steifigkeit und Lagerungsbedingungen nicht zur Seite ausweichen. Der Tragsicherheitsnachweis für die einwirkenden Querlasten F_{Ed} wird mit Bedingung (10.150) geführt.

$$F_{\mathrm{Rd}} = \chi_{\mathrm{F}} l_y t_{\mathrm{w}} \frac{f_{\mathrm{yw}}}{\gamma_{\mathrm{M1}}} \qquad (10.149)$$

$$\eta_2 = \frac{F_{\mathrm{Ed}}}{F_{\mathrm{Rd}}} \le 1{,}0 \qquad (10.150)$$

$$\chi_{\mathrm{F}} = \frac{0{,}5}{\bar{\lambda}_{\mathrm{F}}} \le 1{,}0 \qquad (10.151)$$

$$\bar{\lambda}_{\mathrm{F}} = \sqrt{\frac{l_y t_{\mathrm{w}} f_{\mathrm{yw}}}{F_{\mathrm{cr}}}} \qquad (10.152)$$

l_y wirksame Lastausbreitungslänge ohne Stegbeulen nach (10.157) bzw. (10.158)

χ_{F} Abminderungsfaktor für das Stegbeulen unter Querlasten

$\bar{\lambda}_{\mathrm{F}}$ Schlankheitsgrad.

Die **Verzweigungslast** F_{cr} wird für **Beulfelder ohne Längsaussteifung** unter Verwendung der Beulwerte nach Tafel 10.128 mit (10.153) bestimmt. Eine genauere Ermittlung der Werte k_{F}, z. B. aus der Literatur oder mit EDV-Programmen, ist nicht zulässig, da χ_{F} nach (10.151) für die Werte in Tafel 10.128 kalibriert wurde.

$$F_{\mathrm{cr}} = k_{\mathrm{F}} \cdot 18.980 \cdot \frac{t_{\mathrm{w}}^3}{h_{\mathrm{w}}} \quad [\mathrm{kN}] \qquad (10.153)$$

mit $t_{\mathrm{w}}, h_{\mathrm{w}}$ in [cm].

Für den Fall der einseitigen Lasteinleitung (Typ a) bei **Beulfeldern mit Längssteifen** wird in [16] die Berechnung einer Ersatzverzweigungslast F_{cr} mit (10.154) vorgeschlagen. Der Abminderungsfaktor χ_{F} wird mit (10.155) bestimmt.

$$F_{\mathrm{cr}} = \frac{F_{\mathrm{cr,1}} \cdot F_{\mathrm{cr,2}}}{F_{\mathrm{cr,1}} + F_{\mathrm{cr,2}}} \qquad (10.154)$$

$$\chi_{\mathrm{F}} = \frac{1}{\phi + \sqrt{\phi^2 - \bar{\lambda}_{\mathrm{F}}}} \le 1{,}0 \qquad (10.155)$$

mit $\phi = 0{,}5(1 + 0{,}21(\bar{\lambda}_{\mathrm{F}} - 0{,}8) + \bar{\lambda}_{\mathrm{F}})$.

Dabei ist

$$F_{\mathrm{cr,1}} = k_{\mathrm{F,1}} \cdot 18.980\frac{t_{\mathrm{w}}^3}{h_{\mathrm{w}}} \quad [\mathrm{kN}]$$

$$F_{\mathrm{cr,2}} = k_{\mathrm{F,2}} \cdot 18.980\frac{t_{\mathrm{w}}^3}{b_1} \quad [\mathrm{kN}]$$

mit $t_{\mathrm{w}}, h_{\mathrm{w}}$ in [cm].

$$k_{\mathrm{F,1}} = 6 + 2\left(\frac{h_{\mathrm{w}}}{a}\right)^2 + \left(5{,}44\frac{b_1}{a} - 0{,}21\right)\sqrt{\gamma_{\mathrm{s}}}$$

$$k_{\mathrm{F,2}} = \left[0{,}8 \cdot \left(\frac{s_{\mathrm{s}} + 2t_{\mathrm{f}}}{a}\right) + 0{,}6\right]\left(\frac{a}{b_1}\right)^{0{,}6 \cdot \left(\frac{s_{\mathrm{s}}+2t_{\mathrm{f}}}{a}\right) + 0{,}5}$$

$F_{\mathrm{cr,1}}$ Verzweigungslast des längs ausgesteiften Beulfeldes

$F_{\mathrm{cr,2}}$ Verzweigungslast des direkt belasteten Einzelfeldes

b_1 Höhe des belasteten Einzelfeldes als lichter Abstand zwischen dem belasteten Flansch und der ersten Steife

Tafel 10.128 Fälle von Lasteinleitungen und zugehörige Beulwerte k_{F}

Typ a	Typ b	Typ c
$k_{\mathrm{F}} = 6 + 2\left(\dfrac{h_{\mathrm{w}}}{a}\right)^2$	$k_{\mathrm{F}} = 3{,}5 + 2\left(\dfrac{h_{\mathrm{w}}}{a}\right)^2$	$k_{\mathrm{F}} = 2 + 6\left(\dfrac{s_{\mathrm{s}} + c}{h_{\mathrm{w}}}\right) \le 6$

Abb. 10.51 Länge der starren Lasteinleitung ($s_s \leq h_w$)

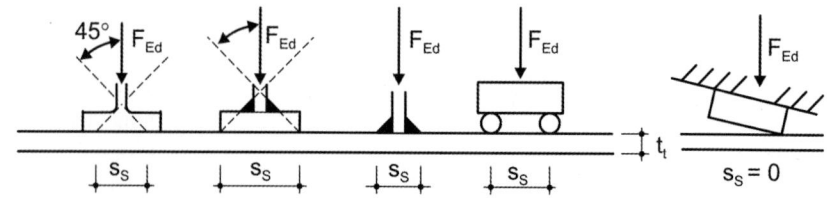

γ_s bezogene Steifigkeit der Längssteife nach (10.156)

$$\gamma_s = 10{,}9\frac{I_{sl,1}}{h_w t_w^3},\qquad (10.156)$$

jedoch

$$\gamma_s \leq 13\left(\frac{a}{h_w}\right)^3 + 210\left(0{,}3 - \frac{b_1}{a}\right)$$

Bei der Bestimmung von $F_{cr,1}$ wird nur die am nächsten der zur Lasteinleitungsstelle liegende Längssteife berücksichtigt. Weitere Längssteifen werden wegen ihres geringen Einflusses vernachlässigt. Das Flächenträgheitsmoment $I_{sl,1}$ wird unter Ansatz der mitwirkenden Breite $15 \cdot \varepsilon \cdot t$ beidseits zum Stegblechanschluss bestimmt.

Die wirksame Lastausbreitungslänge l_y ohne Beuleinfluss wird mit der Länge der starren Lasteinleitung s_s nach Abb. 10.51 und den dimensionslosen Parametern m_1 und m_2 bestimmt. Bei mehreren dicht nebeneinander wirkenden Einzellasten ist die Beanspruchbarkeit sowohl für jede Einzellast als auch für die Gesamtlast zu bestimmen. In letzterem Fall entspricht s_s dem Abstand der äußeren Lasten (Abb. 10.51).

$$m_1 = \frac{f_{yf} b_f}{f_{yw} t_w}$$

$$m_2 = 0{,}02\left(\frac{h_w}{t_f}\right)^2 \quad \text{für } \bar{\lambda}_F > 0{,}5$$

$$m_2 = 0 \quad \text{für } \bar{\lambda}_F \leq 0{,}5$$

Für Beulfelder mit Längssteifen ist unabhängig vom Schlankheitsgrad $\bar{\lambda}_F$ der Wert $m_2 = 0$ anzusetzen (siehe [16]).

- Lasteinleitungsfälle Typ a und Typ b nach Tafel 10.128

$$l_y = s_s + 2t_f(1 + \sqrt{m_1 + m_2}), \quad \text{jedoch} \quad l_y \leq a \tag{10.157}$$

- Lasteinleitungsfall Typ c nach Tafel 10.128

$$l_y = \min(l_{y,1}, l_{y,2}, l_y \text{ nach } (10.157)) \tag{10.158}$$

$$l_{y,1} = l_e + t_f\sqrt{\frac{m_1}{2} + \left(\frac{l_e}{t_f}\right)^2 + m_2}$$

$$l_{y,2} = l_e + t_f\sqrt{m_1 + m_2}$$

$$l_e = \frac{k_F \cdot E \cdot t_w^2}{2 \cdot f_{yw} \cdot h_w} \leq s_s + c$$

10.5.3.5 Interaktion

Die Interaktionsbeziehung zwischen **Biegung**, **Normalkraft** und **Schub** geht auf das Modell für die plastische Interaktion zurück. Der Schubeinfluss ist bei $\bar{\eta}_3 > 0{,}5$ zu berücksichtigen.

$$\bar{\eta}_1 + \left(1 - \frac{M_{f,Rd}}{M_{pl,Rd}}\right)(2\bar{\eta}_3 - 1)^2 \leq 1 \quad \text{mit } \bar{\eta}_1 \geq \frac{M_{f,Rd}}{M_{pl,Rd}} \tag{10.159}$$

dabei ist

$$\bar{\eta}_1 = \frac{M_{Ed}}{M_{pl,Rd}} \qquad \bar{\eta}_3 = \frac{V_{Ed}}{V_{bw,Rd}}$$

$M_{f,Rd}$ plastische Momentenbeanspruchbarkeit unter Ansatz der effektiven Gurtflächen (siehe (10.148) und zugehörige Erläuterungen)

$M_{pl,Rd}$ plastische Momentenbeanspruchbarkeit unter Ansatz der effektiven Gurtflächen und der vollen Querschnittsfläche des Steges. Wirkt zusätzlich eine Normalkraft, ist $M_{pl,Rd}$ nach [12], Abschn. 6.2.9 um diesen Einfluss zu reduzieren (siehe Abschn. 10.3.10)

$V_{bw,Rd}$ Beitrag des Steges an der Querkrafttragfähigkeit nach (10.143).

Ist $M_{Ed} < M_{f,Rd}$ können Biegung und Normalkraft alleine von den Gurten abgetragen und das Stegblech voll auf Schub ausgenutzt werden. Die Interaktion wird bereits bei der Bestimmung des Beitrags der Gurte an der Querkrafttragfähigkeit mit (10.147) und (10.148) berücksichtigt.

Die auf Schnittgrößen basierende Interaktionsbeziehung (10.159) hat den Nachteil, dass Einflüsse aus Montageabläufen (Belastungsgeschichte, Systeme veränderlicher Gliederung) und Ähnliches nicht unmittelbar berücksichtigt werden können. In [84] wird empfohlen, den spannungsbezogenen Ausnutzungsgrad η_1 (siehe (10.123)) anstelle von $\bar{\eta}_1$ in (10.159) zu verwenden.

Ist der Einfluss der Schubspannungen bei Gurten von Kastenträgern nicht vernachlässigbar ($\bar{\eta}_3 > 0{,}5$), wird die Interaktion mit Längsspannungen mit (10.160) nachgewiesen. Zur Bestimmung von $\bar{\eta}_3$ ist der Mittelwert τ_{Ed}, mindestens jedoch die Hälfte der maximalen Schubspannung zugrunde zu legen. Bei ausgesteiften Gurten ist der Nachweis für Gesamt- und Einzelfelder zu führen (vgl. [15], Abschn. 7.1 (5))

$$\bar{\eta}_1 + (2\bar{\eta}_3 - 1)^2 \leq 1 \tag{10.160}$$

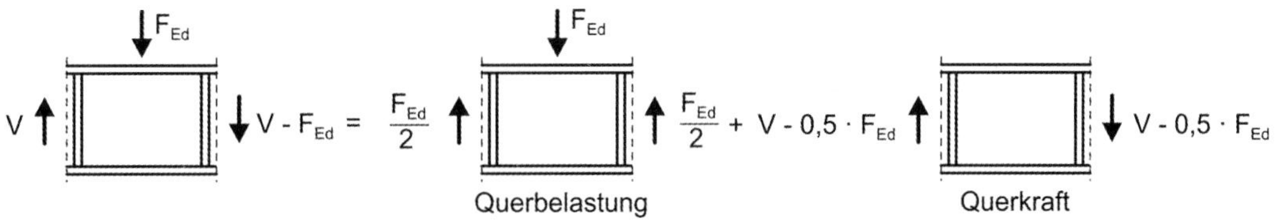

Abb. 10.52 Abspalten des Querlasteinflusses für Typ a nach Tafel 10.128

Bei Beanspruchung durch **Biegung, Normalkraft und Querlasten** an den Längsrändern ist die Interaktion mit der Beziehung (10.161) nachzuweisen.

$$\eta_2 + 0{,}8\eta_1 \leq 1{,}4 \qquad (10.161)$$

Wirken Querlasten auf Zuggurten, ist neben dem Nachweis nach (10.150) ein Vergleichsspannungsnachweis (siehe Abschn. 10.3.1) zu führen.

Die Interaktion zwischen der Wirkung von **Querlasten an den Längsrändern sowie Querkräften und/oder Biegemomenten** wird mit der Beziehung (10.162) berücksichtigt. Dabei ist der bereits mit η_2 erfasste Querkraftanteil nicht mehr in η_3 zu berücksichtigen (siehe Abb. 10.52).

$$\bar{\eta}_1^{3,6} + \left[\bar{\eta}_3 \cdot \left(1 - \frac{F_{\mathrm{Ed}}}{2 \cdot V_{\mathrm{Ed}}} \right) \right]^{1,6} + \eta_2 \leq 1{,}0 \qquad (10.162)$$

mit

$$\bar{\eta}_1 = \frac{M_{\mathrm{Ed}}}{M_{\mathrm{pl,Rd}}} \qquad \bar{\eta}_3 = \frac{V_{\mathrm{Ed}}}{V_{\mathrm{bw,Rd}}}$$

10.5.4 Flanschinduziertes Stegbeulen

Um das Einknicken des Druckflansches in den Steg zu vermeiden, ist das Verhältnis $h_{\mathrm{w}}/t_{\mathrm{w}}$ nach (10.163) zu begrenzen.

$$\frac{h_{\mathrm{w}}}{t_{\mathrm{w}}} \leq k \frac{E}{f_{\mathrm{yf}}} \sqrt{\frac{A_{\mathrm{w}}}{A_{\mathrm{fc}}}} \qquad (10.163)$$

A_{w} Stegfläche
A_{fc} effektive Querschnittsfläche des Druckgurtes
$k = 0{,}3$ bei Ausnutzung plastischer Rotationen
$k = 0{,}4$ bei Ausnutzung der plastischen Momentenbeanspruchbarkeit
$k = 0{,}55$ bei Ausnutzung der elastischen Momentenbeanspruchbarkeit.

10.5.5 Methode der reduzierten Spannungen

Die Methode der reduzierten Spannungen darf bei ausgesteiften und nicht ausgesteiften Beulfeldern, und bei Bauteilen mit veränderlichem Querschnitt, angewendet werden. Die Grenzspannung des schwächsten Querschnittsteils kann die Tragfähigkeit des gesamten Querschnitts bestimmen.

Für das gesamte einwirkende Spannungsfeld (Komponenten $\sigma_{\mathrm{x,Ed}}$, $\sigma_{\mathrm{z,Ed}}$, τ_{Ed}) wird ein einziger Systemschlankheitsgrad $\bar{\lambda}_{\mathrm{p}}$ bestimmt.

$$\bar{\lambda}_{\mathrm{p}} = \sqrt{\frac{\alpha_{\mathrm{ult,k}}}{\alpha_{\mathrm{cr}}}} \qquad (10.164)$$

$$\alpha_{\mathrm{ult,k}} = \frac{f_{\mathrm{y}}}{\sigma_{\mathrm{v,Ed}}} \qquad (10.165)$$

$$\alpha_{\mathrm{cr}} = \frac{\sigma_{\mathrm{v,cr}}}{\sigma_{\mathrm{v,Ed}}} \qquad (10.166)$$

mit

$$\sigma_{\mathrm{v,Ed}} = \sqrt{\sigma_{\mathrm{x,Ed}}^2 + \sigma_{\mathrm{z,Ed}}^2 - \sigma_{\mathrm{x,Ed}}\sigma_{\mathrm{z,Ed}} + 3 \cdot \tau_{\mathrm{Ed}}^2}$$

$\alpha_{\mathrm{ult,k}}$ kleinster Faktor, mit dem die Vergleichsspannung $\sigma_{\mathrm{v,Ed}}$ im kritischen Punkt des Blechfeldes bis zum Erreichen der Streckgrenze gesteigert werden kann

α_{cr} kleinster Faktor, um den die Vergleichsspannung $\sigma_{\mathrm{v,Ed}}$ bis zum Erreichen der kritischen Beulvergleichsspannung gesteigert werden kann (s. Abschn. 10.5.6.4).

Der Abminderungsfaktor ρ für das Plattenbeulen kann entweder als Kleinstwert der Beulkurven für die beteiligten Komponenten oder durch Interpolation über das Fließkriterium bestimmt werden. Dies führt zu den Nachweisformaten (10.167) und (10.168).

$$\sigma_{\mathrm{v,Ed}} \leq \frac{\rho \cdot f_{\mathrm{y}}}{\gamma_{\mathrm{M1}}} \quad \text{mit } \rho = \min(\rho_{\mathrm{x}}; \rho_{\mathrm{z}}; \chi_{\mathrm{w}}) \qquad (10.167)$$

oder

$$\sqrt{\left(\frac{\sigma_{\mathrm{x,Ed}}}{\rho_{\mathrm{x}}}\right)^2 + \left(\frac{\sigma_{\mathrm{z,Ed}}}{\rho_{\mathrm{z}}}\right)^2 - V\left(\frac{\sigma_{\mathrm{x,Ed}}}{\rho_{\mathrm{x}}}\right)\left(\frac{\sigma_{\mathrm{z,Ed}}}{\rho_{\mathrm{z}}}\right) + 3\left(\frac{\tau_{\mathrm{Ed}}}{\chi_{\mathrm{w}}}\right)^2} \leq \frac{f_{\mathrm{y}}}{\gamma_{\mathrm{M1}}} \qquad (10.168)$$

$\rho_{\mathrm{x}}, \rho_{\mathrm{z}}$ Abminderungsfaktoren für das Beulen unter Längs- bzw. Querspannungen, falls erforderlich unter Berücksichtigung knickstabähnlichen Verhaltens (siehe Abschn. 10.5.3.2.5)

χ_{w} Abminderungsfaktor für das Schubbeulen (siehe Abschn. 10.5.3.3, Beitrag des Steges)

$V = \rho_{\mathrm{x}} \cdot \rho_{\mathrm{z}}$ falls $\sigma_{\mathrm{x,Ed}}$ und $\sigma_{\mathrm{z,Ed}}$ Druckspannungen sind; sonst $V = 1{,}0$.

Wirken die Querspannungen $\sigma_{\mathrm{z,Ed}}$ nicht über die gesamte Beulfeldlänge, ist die Übertragung des Abminderungsfaktors ρ_{x} auf die z-Richtung nicht zutreffend. In diesem Fall ist ρ_{z} für das plattenartige Verhalten mit $\alpha_{\mathrm{p}} = 0{,}34$ und $\bar{\lambda}_{\mathrm{p0}} = 0{,}8$ nach (10.169) zu bestimmen (vgl. [85] und [16]).

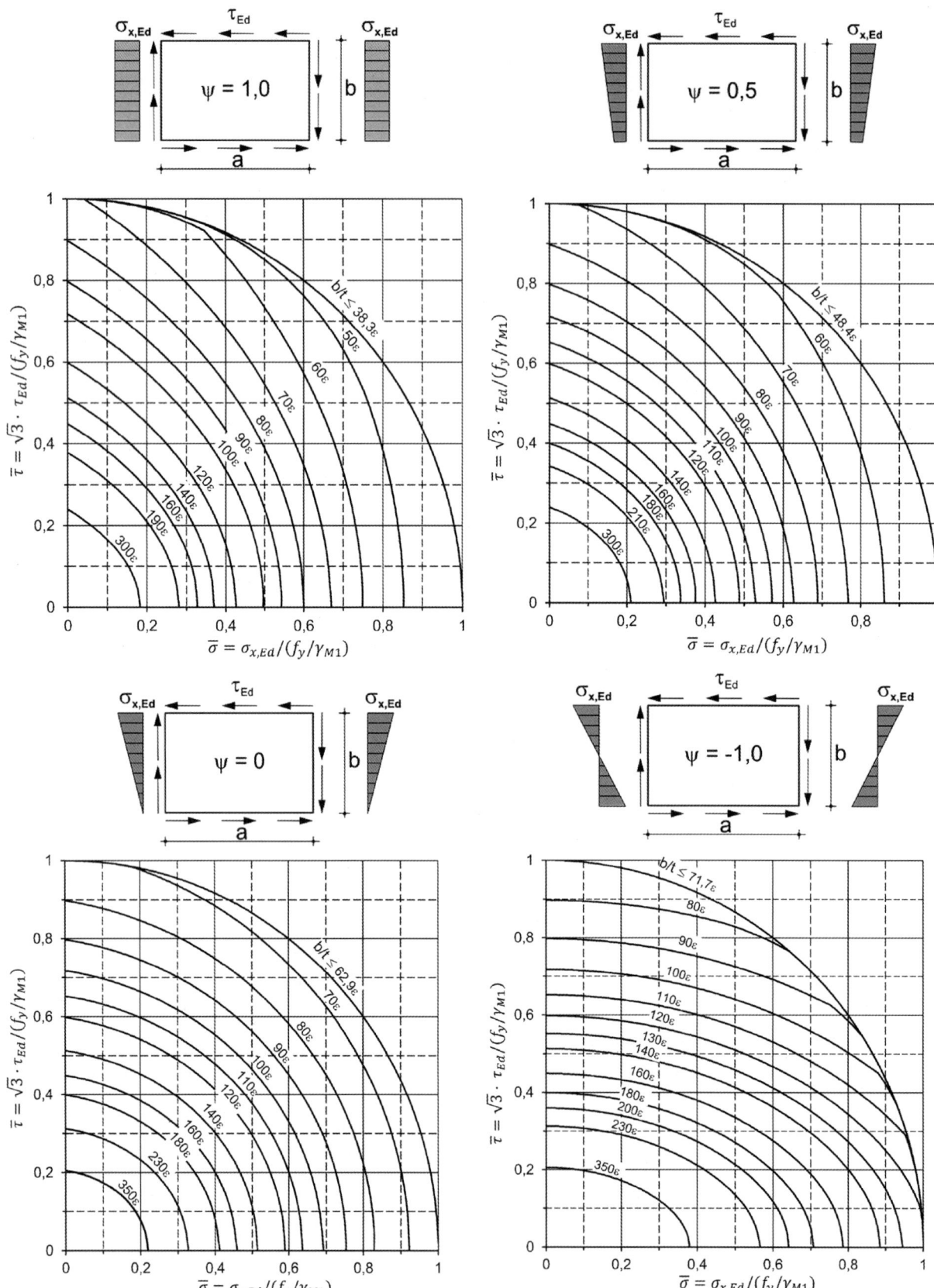

Abb. 10.53 Interaktionsdiagramme zum Beulsicherheitsnachweis nach Abschn. 10.5.5 für allseitig gelagerte Platten unter Beanspruchung $\sigma_{x,Ed}$ und τ_{Ed}. $\alpha = \frac{a}{b} \rightarrow \infty$, $t =$ Blechdicke, $\varepsilon = \sqrt{235/f_y}$ siehe Tafel 10.45

Tafel 10.129 Werte α_p und $\bar{\lambda}_{p0}$

Produkt	Vorherrschende Beulform	α_p	$\bar{\lambda}_{p0}$
Warmgewalzt	Längsspannungen mit $\psi \geq 0$	0,13	0,7
	Längsspannungen mit $\psi < 0$ Schubspannungen Querlasten		0,8
Geschweißt oder kaltgeformt	Längsspannungen mit $\psi \geq 0$	0,34	0,7
	Längsspannungen mit $\psi < 0$ Schubspannungen Querlasten		0,8

$$\rho_z = \frac{1}{\phi + \sqrt{\phi^2 - \bar{\lambda}_p}} \leq 1 \qquad (10.169)$$

mit

$$\phi = 0,5\left(1 + \alpha_p(\bar{\lambda}_p - \bar{\lambda}_{p0}) + \bar{\lambda}_p\right)$$

Die Ermittlung des Abminderungsfaktors χ_c für knickstabähnliches Verhalten und die Interpolation erfolgen nach Abschn. 10.5.3.2.5.

Anstelle mit der Tafel 10.123 dürfen auch die verallgemeinerten Abminderungsfaktoren ρ für plattenartiges Verhalten mit (10.169) sowie α_p und $\bar{\lambda}_{p0}$ aus Tafel 10.129 bestimmt werden (vgl. [15], Anhang B).

Treten Druck- und Zugspannungen in einem Blechfeld auf, sind die Nachweisgleichungen (10.167) oder (10.168) lediglich auf die unter Druckbeanspruchung stehenden Querschnittteile anzuwenden. Sind die Kriterien eingehalten, darf QSK 3 angenommen werden.

10.5.6 Beulwerte, kritische Beulspannungen

10.5.6.1 Beulwerte für Längsspannungen

10.5.6.1.1 Blechfelder ohne Längssteifen
Die Beulwerte k_σ können der Tafel 10.124 entnommen werden. Die kritische Beulspannung wird mit den Gleichungen (10.170) und (10.171) ermittelt.

$$\sigma_{cr} = k_\sigma \cdot \sigma_E \qquad (10.170)$$

mit

$$\sigma_E = \frac{\pi^2 E}{12(1 - \nu^2)}\left(\frac{t}{b}\right)^2 = 189.800\left(\frac{t}{b}\right)^2 \left[\frac{N}{mm^2}\right] \qquad (10.171)$$

10.5.6.1.2 Blechfelder mit Längssteifen
Die Beulwerte können mit Beultafeln oder Programmen berechnet werden. DIN EN 1993-1-5 enthält im Anhang A (informativ) Näherungsformeln zur Berechnung der kritischen Beulspannungen längsausgesteifter Beulfelder. Das Einzelfeldbeulen ist gesondert durch den Ansatz lokaler wirksamer Breiten ($\rho_{loc}b_{c,loc}$, siehe Abschn. 10.5.3.2.4 und 10.5.3.2.3) oder bei der Methode der reduzierten Spannungen mit kritischen Beulspannungen nach Abschn. 10.5.6.1.1 zu berücksichtigen.

$$\sigma_{cr,p} = k_{\sigma,p} \cdot \sigma_E \qquad (10.172)$$

$k_{\sigma,p}$ Beulwert der längsausgesteiften Platte
$\sigma_{cr,p}$ kritische Beulspannung am Blechfeldrand mit der größten Druckspannung.

a) Blechfelder mit mindestens drei Längssteifen Für längsausgesteifte Blechfelder mit mindestens drei äquidistant verteilten Längssteifen darf unter Annahme einer äquivalenten orthotropen Platte der Beulwert $k_{\sigma,p}$ näherungsweise mit (10.173) bzw. (10.174) bestimmt werden. Voraussetzung hierfür ist, dass das Seitenverhältnis $\alpha = a/b \geq 0,5$ und das Randspannungsverhältnis $\psi = \sigma_2/\sigma_1 \geq 0,5$ beträgt.

$$k_{\sigma,p} = \frac{2[(1 + \alpha^2)^2 + \gamma - 1]}{\alpha^2(\psi + 1)(1 + \delta)} \quad \text{für } \alpha \leq \sqrt[4]{\gamma} \qquad (10.173)$$

$$k_{\sigma,p} = \frac{4(1 + \sqrt{\gamma})}{(\psi + 1)(1 + \delta)} \quad \text{für } \alpha > \sqrt[4]{\gamma} \qquad (10.174)$$

mit
$\gamma = I_{sl}/I_p$ bezogene Steifensteifigkeit (s. (10.131))
$\delta = A_{sl}/A_p$ bezogene Steifenfläche
A_{sl} Summe der Bruttoquerschnittsflächen aller Längsstreifen ohne Anteil des Blechfeldes
$A_p = bt$ Bruttoquerschnittsfläche des Bleches.

b) Blechfelder mit einer Längssteife in der Druckzone
Die kritische Beulspannung am Blechfeldrand wird aus der Knickspannung und Lage der Steife und der Spannungsverteilung bestimmt (Abb. 10.54). Dabei wird die elastische Bettung aus der Plattenwirkung quer zur Längssteife berücksichtigt.

$$\sigma_{cr,p} = \sigma_{cr,1} = \sigma_1 \frac{\sigma_{cr,sl,1}}{\sigma_{sl,1}} \qquad (10.175)$$

mit

$$\sigma_{cr,sl,1} = \frac{1,05 \cdot E}{A_{sl,1}} \cdot \frac{\sqrt{I_{sl,1}t^3 b}}{b_1 b_2} \qquad \text{für } a \geq a_c$$

$$\sigma_{cr,sl,1} = \left(\frac{\pi}{a}\right)^2 \cdot \frac{EI_{sl,1}}{A_{sl,1}} + \frac{Et^3 ba^2}{35,93 A_{sl,1}b_1^2 b_2^2} \qquad \text{für } a < a_c$$

mit

$$a_c = 4,33 \sqrt[4]{\frac{I_{sl,1}b_1^2 b_2^2}{t^3 b}}$$

Abb. 10.54 Blechfeld mit einer Längssteife in der Druckzone

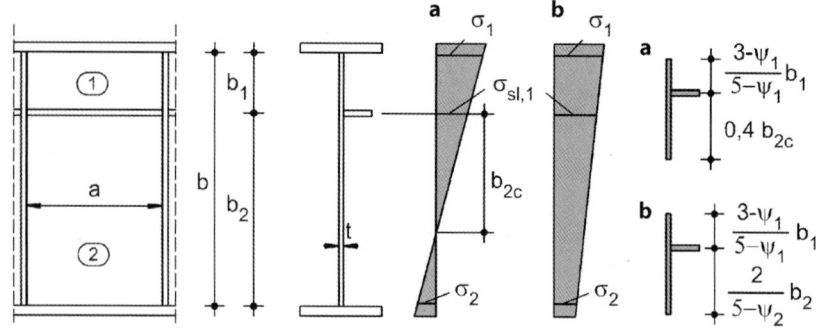

$A_{\mathrm{sl},1}$ Bruttoquerschnittsfläche des Ersatzdruckstabes
$I_{\mathrm{sl},1}$ Flächenträgheitsmoment des Bruttoquerschnitts des Ersatzdruckstabes für Knicken senkrecht zur Blechebene
b_1, b_2 siehe Abb. 10.54.

Der Bruttoquerschnitt des Ersatzdruckstabes setzt sich aus dem Bruttoquerschnitt der Steife und den anschließenden mittragenden Blechbreiten zusammen (Abb. 10.54).

c) Blechfelder mit zwei Längssteifen in der Druckzone Liegen zwei Längssteifen in der Druckzone, wird die kritische Beulspannung als niedrigster Wert aus drei Versagensformen bestimmt (siehe Abb. 10.55):

- Ausknicken von Steife 1,
- Ausknicken von Steife 2,
- gemeinsames Ausknicken von Steife 1 und 2.

Beim Ausknicken der einzelnen Steifen wird angenommen, dass die jeweils andere Steife unverformt bleibt. Das gemeinsame Ausknicken beider Steifen wird durch das Betrachten einer einzigen Ersatzsteife berücksichtigt, für die folgende Bedingungen gelten (siehe Abb. 10.55):

- Querschnittsfläche und Flächenträgheitsmoment ergeben sich aus der Summation der Werte der Einzelsteifen,
- die Lage der Ersatzsteife entspricht der Lage der Resultierenden aus den Druckkräften in den Einzelsteifen.

Liegen die Angriffspunkte der Druckkräfte der Einzelsteifen (einschließlich der mittragender Breiten) näherungsweise in Höhe der Steifenanschlüsse, kann die Lage der Resultierenden mit den Gleichungen (10.176) bestimmt werden (siehe Abb. 10.55).

$$b_1^* = \frac{A_{\mathrm{sl},1} \cdot \sigma_{\mathrm{sl},1} \cdot b_1 + A_{\mathrm{sl},2} \cdot \sigma_{\mathrm{sl},2} \cdot (b_1 + b_2)}{A_{\mathrm{sl},1} \cdot \sigma_{\mathrm{sl},1} + A_{\mathrm{sl},2} \cdot \sigma_{\mathrm{sl},2}}$$

$$b_2^* = b - b_1^*$$

$$b^* = b \tag{10.176}$$

$A_{\mathrm{sl},1}, A_{\mathrm{sl},2}$ Bruttoquerschnittsflächen der Ersatzdruckstäbe
$\sigma_{\mathrm{sl},1}, \sigma_{\mathrm{sl},2}$ mittlere Längsspannungen in den Ersatzdruckstäben.

Die Bestimmung der kritischen Beulspannungen erfolgt wie bei Blechfeldern mit einer Längssteife (s. Abschn. b), (10.175). Dabei sind die Maße b_1, b_2 und b durch die Maße b_1^*, b_2^* und b^* für die jeweiligen Versagensformen entsprechend Abb. 10.55 zu ersetzen. Längssteifen in der Zugzone werden vernachlässigt.

Die mitwirkenden Breiten $b_{i,\mathrm{inf}}$ und $b_{i,\mathrm{sup}}$ zur Bestimmung der Querschnittsflächen und Flächenträgheitsmomente der Steifen (Ansatz der Bruttoquerschnittsflächen) werden mit den Gleichungen in Tafel 10.130 bestimmt (siehe Abb. 10.56). Bei Abweichungen zu der in Abb. 10.56 dargestellten Spannungsverteilung ist sinngemäß zu verfahren.

10.5.6.2 Schubbeulwerte

Tafel 10.131 enthält Schubbeulwerte k_τ für Blechfelder, die durch starre Quersteifen begrenzt sind. Die Werte sind in Abhängigkeit der Steifenanzahl n und des Seitenverhältnisses $\alpha = a/h_\mathrm{w}$ zu bestimmen. Die Beulfeldlänge a entspricht dem Abstand der starren Quersteifen. Die kritische Schubbeulspannung wird mit (10.177) bestimmt.

$$\tau_{\mathrm{cr}} = k_\tau \cdot \sigma_\mathrm{E} \tag{10.177}$$

Abb. 10.55 Blechfeld mit zwei Längssteifen in der Druckzone – Bezeichnungen

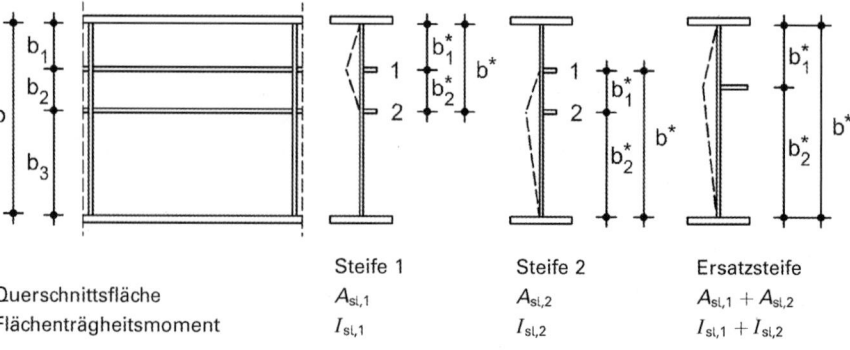

Abb. 10.56 Bruttoquerschnittsfläche der Steifen in der Druckzone

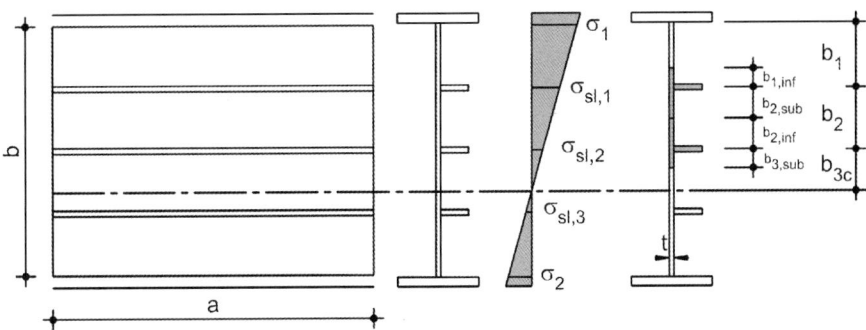

Tafel 10.130 Mitwirkende Breiten der Steifen 1 und 2

Mitwirkende Breite	Bedingung für ψ_i
$b_{1,\mathrm{inf}} = \dfrac{3 - \psi_1}{5 - \psi_1} b_1$	$\psi_1 = \dfrac{\sigma_{\mathrm{sl},1}}{\sigma_1} > 0$
$b_{2,\mathrm{sup}} = \dfrac{2}{5 - \psi_2} b_2$	$\psi_1 = \dfrac{\sigma_{\mathrm{sl},2}}{\sigma_{\mathrm{sl},1}} > 0$
$b_{2,\mathrm{inf}} = \dfrac{3 - \psi_2}{5 - \psi_2} b_2$	$\psi_2 > 0$
$b_{3,\mathrm{sup}} = 0{,}4 b_{3c}$	$\psi_3 = \dfrac{\sigma_{\mathrm{sl},3}}{\sigma_{\mathrm{sl},2}} > 0$

Bei versteiften Blechfeldern ist das Flächenträgheitsmoment I_{sl} unter Ansatz der mitwirkenden Plattenbreite entsprechend Abb. 10.50 zu bestimmen. Bei zwei oder mehr Steifen entspricht I_{sl} der Summe der Steifigkeiten der Einzelsteifen, unabhängig davon, ob sie gleichmäßig angeordnet sind oder nicht. Gegebenenfalls ist Einzelfeldbeulen in einer zusätzlichen Berechnung zu untersuchen.

In Tafel 10.131 ist in den Werten von k_τ eine Abminderung des Flächenträgheitsmoment I_{sl} auf 1/3 bereits berücksichtigt, die bei offenen torsionsweicher Längssteifen anzusetzen ist. Bei torsionssteifen Hohlsteifen ist diese Reduktion nicht erforderlich (vgl. [16], NCI zu Abschn. 5.3 (4)).

10.5.6.3 Beulwerte für Querlasten

In Verbindung mit der Methode der wirksamen Querschnitte wird die Verzweigungslast F_{cr} nach Abschn. 10.5.3.4 mit (10.153) bzw. (10.154) bestimmt. Bei der Methode der reduzierten Spannungen ist Abschn. 10.5.3.4 aus Kompatibilitätsgründen i. d. R. nicht anzuwenden (vgl. [15], Abschn. 10 (5)). Für Beulfelder ohne Längsaussteifungen, bei denen Einzellasten in der Mitte des oberen Blechfeldrandes angreifen, können die kritischen Spannungen $\sigma_{\mathrm{cr,z}}$ nach [88] mit Tafel 10.132 bestimmt werden.

10.5.6.4 Beulen unter kombinierter Beanspruchung

Der kritische Faktor α_{cr} bis zum Erreichen der Beullast kann für das gesamte einwirkende Spannungsfeld mit Hilfe numerische Methoden für komplexe Geometrien und Spannungszustände in einem Schritt bestimmt werden. In einfachen Fällen sind Handrechnungen und die Anwendung aufbereiteter Lösungen ([86], [87]) möglich. Liegen lediglich die Werte $\alpha_{\mathrm{cr,i}}$ der einzelnen Spannungskomponenten vor, darf der kritische Lastfaktor α_{cr} für kombinierte Beanspruchungen mit (10.178) bzw. (10.179) bestimmt werden. Diese Gleichungen gelten näherungsweise für unversteifte und symmetrisch längsversteifte Beulfelder mit $\psi \geq -1$ sowie beliebig versteifte Beulfelder mit $\psi = 1$.

Tafel 10.131 Schubbeulwerte k_τ

Anzahl der Längssteifen n	
$n = 0;\ n > 2$	$n = 1;\ n = 2$
Für $\alpha \geq 1$: $k_\tau = 5{,}34 + \dfrac{4{,}00}{\alpha^2} + k_{\tau\mathrm{sl}}$	Für $\alpha \geq 3$: $k_\tau = 5{,}34 + \dfrac{4{,}00}{\alpha^2} + k_{\tau\mathrm{sl}}$
Für $\alpha < 1$: $k_\tau = 4{,}00 + \dfrac{5{,}34}{\alpha^2} + k_{\tau\mathrm{sl}}$	Für $\alpha < 3$: $k_\tau = 4{,}1 + \left(6{,}3 + 0{,}18\dfrac{I_{\mathrm{sl}}}{t^3 h_{\mathrm{w}}}\right)\dfrac{1}{\alpha^2} + 2{,}2\left(\dfrac{I_{\mathrm{sl}}}{t^3 h_{\mathrm{w}}}\right)^{1/3}$

Eingangswerte: $\alpha = a/h_{\mathrm{w}}$, $k_{\tau\mathrm{sl}} = 9\left(\dfrac{h_{\mathrm{w}}}{a}\right)^2 \left(\dfrac{I_{\mathrm{sl}}}{t^3 h_{\mathrm{w}}}\right)^{3/4} > \dfrac{2{,}1}{t}\left(\dfrac{I_{\mathrm{sl}}}{h_{\mathrm{w}}}\right)^{1/3}$.

Tafel 10.132 Beulwerte $k_{\sigma,z}$ für eine Einzellast in der Mitte des Blechrandes [88]

c/a	Seitenverhältnis $\alpha = a/b_G$											
	0,7	0,8	0,9	1,0	1,25	1,50	1,75	2,00	2,5	3,0	3,5	4,0
0,0	6,42	4,91	3,92	3,23	2,23	1,70	1,39	1,17	0,90	0,73	0,61	0,52
0,2	6,65	5,09	4,06	3,35	2,32	1,79	1,48	1,27	1,02	0,86	0,76	0,68
0,4	7,28	5,57	4,45	3,67	2,55	1,99	1,66	1,45	1,21	1,06	0,97	0,91
0,6	8,35	6,40	5,11	4,22	2,94	2,30	1,94	1,72	1,47	1,33	1,25	1,19
0,8	9,93	7,61	6,07	5,02	3,50	2,75	2,34	2,08	1,80	1,65	1,57	1,51
1,0	12,10	9,23	7,36	6,08	4,25	3,35	2,85	2,55	2,21	2,03	1,92	1,84

Hierbei gilt $\sigma_z = \frac{F}{c \cdot t}$, $\sigma_{cr,z} = k_{\sigma,z} \cdot \sigma_E \cdot \left(\frac{a}{c}\right)$.

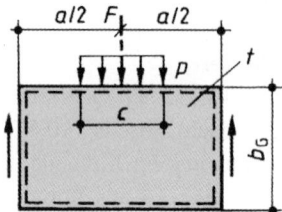

- für Komponenten $\sigma_{x,Ed}$ und τ_{Ed}

$$\frac{1}{\alpha_{cr}} = \frac{1 + \psi_x}{4\alpha_{cr,x}} + \left[\left(\frac{3 - \psi_x}{4\alpha_{cr,x}}\right)^2 + \frac{1}{\alpha_{cr,\tau}^2}\right]^{1/2} \quad (10.178)$$

- für Komponenten $\sigma_{x,Ed}$, $\sigma_{z,Ed}$ und τ_{Ed}

$$\frac{1}{\alpha_{cr}} = \frac{1 + \psi_x}{4\alpha_{cr,x}} + \frac{1 + \psi_z}{4\alpha_{cr,z}}$$
$$+ \left[\left(\frac{1 + \psi_x}{4\alpha_{cr,x}} + \frac{1 + \psi_z}{4\alpha_{cr,z}}\right)^2 + \frac{1 - \psi_x}{2\alpha_{cr,x}^2}\right.$$
$$\left. + \frac{1 - \psi_z}{2\alpha_{cr,z}^2} + \frac{1}{\alpha_{cr,\tau}^2}\right]^{1/2} \quad (10.179)$$

mit

$$\alpha_{cr,x} = \frac{\sigma_{cr,x}}{\sigma_{x,Ed}} \quad \alpha_{cr,z} = \frac{\sigma_{cr,z}}{\sigma_{x,Ed}} \quad \alpha_{cr,\tau} = \frac{\tau_{cr}}{\tau_{Ed}}$$

Die Bestimmung von α_{cr} erfolgt ohne Abminderung des Flächenträgheitsmoments von Längssteifen (vgl. [15], Abschn. 10(3)).

Beispiel

Für einen geschweißten Vollwandträger aus S355 ist die Beulsicherheit des Stegbleches nach der Methode der reduzierten Spannungen (s. Abschn. 10.5.5) nachzuweisen. Als Belastung wirken $P_{Ed} = 800\,\text{kN}$ und $q_{Ed} = 30\,\text{kN/m}$.

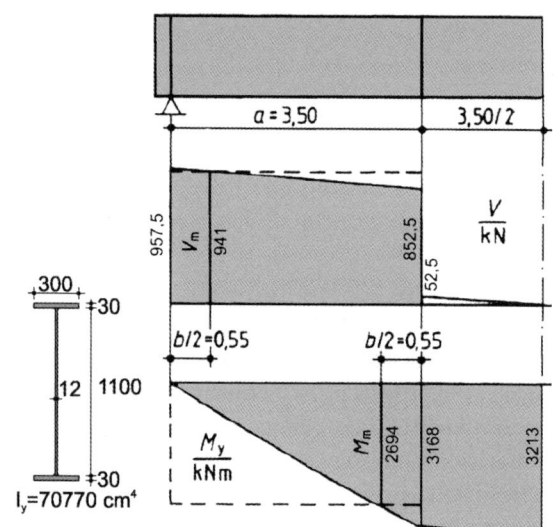

$$\sigma_{x,Ed} = 269.400 \cdot 55/707.700$$
$$\sigma_{x,Ed} = 20,94\,\text{kN/cm}^2$$
$$\tau_{Ed} = 941/(1,2 \cdot 110) = 7,13\,\text{kN/cm}^2$$
$$\sigma_{v,Ed} = \sqrt{20,94^2 + 3 \cdot 7,13^2}$$
$$\sigma_{v,Ed} = 24,31\,\text{kN/cm}^2$$
$$\alpha_{ult,k} = 35,5/24,31 = 1,46 \quad (\text{s. } (10.165))$$

kritische Beulspannungen, Beulwerte

$$\sigma_E = 18.980 \cdot (1,2/110)^2 = 2,26\,\text{kN/cm}^2 \quad (\text{s. } (10.171))$$
$$\psi = -1; \quad k_\sigma = 23,9 \quad (\text{Tafel } 10.124)$$
$$\sigma_{cr,x} = 23,9 \cdot 2,26 = 54,01\,\text{kN/cm}^2 \quad (\text{s. } (10.170))$$
$$\alpha_{cr,x} = 54,01/20,94 = 2,58 \quad (\text{Abschn. } 10.5.6.4)$$
$$\alpha = 350/110 = 3,18 > 1$$
$$k_\tau = 5,34 + 4/3,18^2 = 5,74 \quad (\text{Tafel } 10.131)$$
$$\tau_{cr} = 5,74 \cdot 2,26 = 12,97\,\text{kN/cm}^2 \quad (\text{s. } (10.177))$$
$$\alpha_{cr,\tau} = 12,97/7,13 = 1,82 \quad (\text{Abschn. } 10.5.6.4)$$

α_{cr} für kombinierte Beanspruchung $\sigma_{x,Ed}$ und τ_{Ed}

$$1/\alpha_{cr} = \frac{1 + (-1)}{4 \cdot 2{,}58} + \left[\left(\frac{3 - (-1)}{4 \cdot 2{,}58} \right)^2 + \left(\frac{1}{1{,}82^2} \right) \right]^{1/2}$$
$$= 0{,}67 \quad (s.\ (10.178))$$
$$\alpha_{cr} = 1/0{,}67 = 1{,}50$$

Schlankheitsgrad für kombinierte Beanspruchung:

$$\bar{\lambda}_p = \sqrt{1{,}46/1{,}50} = 0{,}99 \quad (s.\ (10.164))$$

Abminderungsbeiwerte für σ_x:

$$\bar{\lambda}_p > 0{,}5 + \sqrt{0{,}085 - 0{,}055 \cdot (-1)} \quad (\text{Tafel } 10.123)$$
$$0{,}99 > 0{,}87$$
$$\rho_x = (0{,}99 - 0{,}055 \cdot (3-1))/0{,}99^2 = 0{,}90$$

Abminderungsbeiwerte für τ:

$$0{,}83/1{,}2 = 0{,}69 < \bar{\lambda}_p = 0{,}99 < 1{,}08 \quad (\text{Tafel } 10.127)$$
$$\chi_w = 0{,}83/0{,}99 = 0{,}84$$

Tragsicherheitsnachweis:

$$\rho = \min(0{,}90;\, 0{,}84) = 0{,}84$$
$$\sigma_{v,Ed} \leq \rho \cdot f_y/\gamma_{M1}$$
$$\rightarrow 24{,}31/(0{,}84 \cdot 35{,}5/1{,}1) = 0{,}90 < 1{,}00 \quad (s.\ (10.167))$$

Alternativ mit Wichtung der Abminderungsfaktoren:

$$\sqrt{(\sigma_{x,Ed}/\rho_x)^2 + 3 \cdot (\tau_{Ed}/\chi_w)^2} \leq f_y/\gamma_{M1} \quad (s.\ (10.168))$$
$$\frac{\sqrt{(20{,}94/0{,}90)^2 + 3 \cdot (7{,}13/0{,}84)^2}}{35{,}5/1{,}1} = 0{,}85 < 1{,}00$$

10.6   Verbundtragwerke nach DIN EN 1994-1-1

10.6.1   Grundlagen

10.6.1.1   Werkstoffe

Beton Für Materialeigenschaften von Normal- und Leichtbeton gelten die Regelungen nach DIN EN 1992-1-1 [10], Abschn. 3.1 und 11.3. Betonfestigkeitsklassen kleiner als C20/25 bzw. LC20/22 und höher als C60/75 bzw. LC60/66 liegen außerhalb des Anwendungsbereiches der DIN EN 1994-1-1 [29]. Es ist zu beachten, dass sich die Definition für den Bemessungswert der Zylinderdruckfestigkeit des Betons $f_{cd} = f_{ck}/\gamma_C$ von derjenigen in DIN EN 1992-1-1 ($f_{cd} = \alpha_{cc} f_{ck}/\gamma_C$) unterscheidet, Nachfolgend wird die Definition aus DIN EN 1994-1-1 verwendet.

Betonstahl Für Verbundtragwerke darf anstelle des Rechenwertes des Elastizitätsmoduls E_s der Wert für Baustahl nach DIN EN 1993-1-1 [12], Abschn. 3.2.6 verwendet werden.

$$E_s \approx E_a = 210.000\,\text{N/mm}^2$$
$$f_{sk} = 500\,\text{N/mm}^2$$

Baustahl und Verbindungsmittel Die Bemessungsregeln nach [29] gelten für Baustähle, bei denen der Nennwert der Streckgrenze $460\,\text{N/mm}^2$ nicht überschreitet. Die mechanischen Eigenschaften der Stähle sind in den Tafeln 10.2 und 10.4 angegeben. Angaben zu Schrauben- und Schweißverbindungen sind Abschn. 10.7 zu entnehmen.

Kopfbolzendübel Es dürfen Kopfbolzendübel nach DIN EN ISO 13918 [63] mit den Durchmessern $d = 16, 19, 22$ und 25 mm sowie dem Verhältnis von Dübelhöhe zu Durchmesser $h_{sc}/d \geq 3$ eingesetzt werden. Als Zugfestigkeit des Bolzenmaterials wird vorzugsweise $f_u = 450\,\text{N/mm}^2$ (SD1 nach [63]) verwendet. Bei höheren Festigkeiten darf jedoch höchstens $f_u = 500\,\text{N/mm}^2$ in Rechnung gestellt werden (vgl. [29], Abschn. 6.6.3.1).

Profilbleche für Verbunddecken Es gelten die Regelungen nach DIN EN 1993-1-3 [14], Abschn. 3.1 und 3.2. DIN EN 1994-1-1 [29] gilt für Bleche aus Baustahl nach DIN EN 10025 [44], kaltverformte Bleche nach DIN EN 10149-2, DIN EN 10149-3 [53] oder verzinkte Bleche nach DIN EN 10346 [57]. Der Nennwert der Mindestdicke des Bleches beträgt 0,70 mm.

10.6.1.2   Grundlagen der Tragwerksplanung

Einwirkungen Bei Vorspannung durch planmäßig eingeprägte und kontrollierte Deformationen, z. B. Absenken von Auflagern, ist der Teilsicherheitsbeiwert γ_P im GZT wie folgt anzunehmen:
günstige Auswirkungen $\gamma_P = 1{,}0$
ungünstige Auswirkungen $\gamma_P = 1{,}1$.

Primärer und sekundärer Zwang infolge Schwinden ist mit dem Teilsicherheitsbeiwert $\gamma_{sh} = 1{,}0$ zu berücksichtigen (vgl. [11], Abschn. 2.4).

Bemessungswerte der Werkstofffestigkeiten Der Bemessungswert des Tragwiderstandes ist i. Allg. mit den Bemessungswerten der Werkstofffestigkeiten zu ermitteln (Ausnahme bei Verbundstützen siehe [30], NCI zu 6.7.2 (1)). Bei Baustahl und Profilblechen werden in Abhängigkeit davon, ob das Versagen ohne oder mit globalem Stabilitätseinfluss (Biegeknicken, Biegedrillknicken) stattfindet, die Teilsicherheiten γ_{M0} oder γ_{M1} verwendet. Sind Lochschwächungen zu berücksichtigen, ist auch der Nachweis für den Nettoquerschnitt mit γ_{M2} zu führen (vgl. Abschn. 10.3.3).

Tafel 10.133 Werkstoff Beton

Betonfestigkeitsklasse	C20/25	C25/30	C30/37	C35/45	C40/50	C45/55	C50/60	C55/67	C60/75
f_{ck} [N/mm^2]	20	25	30	35	40	45	50	55	60
f_{ctm} [N/mm^2]	2,2	2,6	2,9	3,2	3,5	3,8	4,1	4,2	4,4
E_{cm} [N/mm^2]	30.000	31.000	33.000	34.000	35.000	36.000	37.000	38.000	39.000
n_0	7,00	6,77	6,36	6,18	6,00	5,83	5,68	5,53	5,38
f_{cd}[a] [N/mm^2]	13,3	16,7	20,0	23,3	26,7	30,0	33,3	36,7	40,0
0,85 f_{cd} [N/mm^2]	11,3	14,2	17,0	19,8	22,7	25,5	28,3	31,2	34,0

[a] $f_{cd} = f_{ck}/\gamma_C$ mit $\gamma_C = 1,5$ für ständige und vorübergehende Bemessungssituationen.

Tafel 10.134 Teilsicherheitsbeiwerte

Bemessungssituation	Beton	Betonstahl Spannstahl	Baustahl		Profilblech	
	γ_C	γ_S	γ_{M0}	γ_{M1}	γ_{M0}	γ_{M1}
Ständig, vorübergehend	1,5	1,15	1,0	1,1	1,1	1,1
Außergewöhnlich	1,3	1,0	1,0	1,0	–	
Gebrauchstauglichkeit	1,0	1,0	1,0	1,0		

Baustahl

$$f_{yd} = f_y/\gamma_M \qquad (10.180)$$

Beton

$$f_{cd} = f_{ck}/\gamma_C \qquad (10.181)$$

Betonstahl

$$f_{sd} = f_{sk}/\gamma_S \qquad (10.182)$$

Profilblech

$$f_{yp,d} = f_{yp,k}/\gamma_M \qquad (10.183)$$

10.6.1.3 Berechnungsgrundlagen

Schnittgrößenermittlung Bei der Berechnung von Verbundtragwerken im Grenzzustand der Tragfähigkeit ist zwischen folgenden Verfahren zu unterscheiden:

a) linear elastische Tragwerksberechnung
b) nicht lineare Tragwerksberechnung unter Berücksichtigung von Plastizierungen
c) elastische Tragwerksberechnung mit begrenzter Schnittgrößenumlagerung
d) Fließgelenktheorie.

Die Schnittgrößen dürfen auch dann nach der Elastizitätstheorie ermittelt werden, wenn die Beanspruchbarkeit der Querschnitte vollplastisch oder nichtlinear ermittelt wird.

Einflüsse aus der Schubweichheit breiter Gurte (mittragende Breite) und des lokalen Beulens von Querschnittsteilen (wirksame Querschnitte bei QSK 4) müssen berücksichtigt werden, wenn sie die Schnittgrößen nennenswert beeinflussen.

Schlupf in der Verbundfuge kann vernachlässigt werden, wenn die Verdübelung nach [29], Abschn. 6.6 ausgeführt wird. Bei einer nichtlinearen Schnittgrößenermittlung sind Einflüsse der Schubnachgiebigkeit stets zu berücksichtigen.

Für die Grenzzustände der Gebrauchstauglichkeit und der Ermüdung sind die Schnittgrößen i. d. R. nach der Elastizitätstheorie zu bestimmen. Einflüsse aus nichtlinearem Verhalten (z. B. Rissbildung), der Belastungsgeschichte und dem Kriechen und Schwinden sind dabei zu berücksichtigen.

Querschnittsklassifizierung Die Zuordnung von Verbundquerschnitten zu Querschnittsklassen (QSK) erfolgt analog [12] (s. Abschn. 10.2.7). Dabei ergibt sich die maßgebende QSK i. d. R. aus der ungünstigsten Klasse der druckbeanspruchten Querschnittsteile.

Sind druckbeanspruchte Stahlquerschnittsteile mit dem Beton verbunden, dürfen sie in eine günstigere Klasse eingestuft werden, wenn der günstige Einfluss nachgewiesen wird.

Bei der Klassifizierung von Querschnitten der Klassen 1 und 2 ist von einer vollplastischen Spannungsverteilung auszugehen. Bei Querschnitten der Klassen 3 und 4 ist die elastische Spannungsverteilung unter Berücksichtigung der Belastungsgeschichte, Kriechen und Schwinden zugrunde zu legen. Die Klassifizierung erfolgt unter Ansatz der Bemessungswerte der Werkstofffestigkeiten. Die Zugfestigkeit des Betons darf nicht in Rechnung gestellt werden.

Querschnitte mit Stegen der Klasse 3 und Gurten der Klasse 1 oder 2 dürfen wie wirksame Querschnitte der Klasse 2 behandelt werden, wenn der wirksame Stegquerschnitt nach Abb. 10.13 ermittelt wird (s. Abschn. 10.2.7).

Bei Querschnitten der Klasse 4 mit beulgefährdeten Gurten und Stegen ist iterativ vorzugehen. Bei der Bestimmung der wirksamen Stegfläche ist die Spannungsverteilung unter Berücksichtigung der mittragenden Gurtbreiten und der vollen Stegfläche zu bestimmen (vgl. Abschn. 10.5.3.2.3).

Soll der Druckgurt eines Querschnitts aufgrund der Verdübelung mit dem Betongurt in die QSK 1 oder 2 eingestuft werden, sind die Grenzwerte für die Dübelabstände nach Tafel 10.136 einzuhalten.

Tafel 10.135 Ermittlung von Beanspruchung und Beanspruchbarkeit im GZT und zugehörige Mindestanforderung an die QSK

QSK	Berücksichtigung von Kriechen, Schwinden und der Belastungsgeschichte	Beanspruchung E_d	Beanspruchbarkeit R_d
1	Nein	Fließgelenktheorie[a]	Vollplastisch[b, d]
2	Nein	Elastisch mit Momentenumlagerung	Vollplastisch[b, d]
3	Ja	Elastisch	Elastisch[c, d]
4	Ja	Elastisch	Elastisch[c, e]

[a] Kann nicht bei Trägern mit Biegedrillknickgefährdung angewendet werden.
[b] Bei Biegedrillknickgefährdung Begrenzung des Biegemoments auf $M_{Rd} = \chi_{LT} \cdot M_{pl.Rd}$.
[c] Bei Biegedrillknickgefährdung ist die Spannung in der Achse des gedrückten Flansches auf $\sigma_x \leq \chi_{LT} \cdot f_{yd}$ zu begrenzen.
[d] Bei Schubbeulen des Steges ($\bar{\lambda}_w > 0{,}83$) ist die Querkrafttragfähigkeit zu überprüfen (siehe [15], Abschn. 5 und 7.1).
[e] Bei Beulgefährdung ist die Spannung zu begrenzen oder der Querschnitt ist auf die wirksamen Breiten zu reduzieren (vgl. [15]). Sofern Beulen und Biegedrillknicken zu berücksichtigen sind, kann der Nachweis nach den Grundsätzen in [12], Abschn. 6.3.2 geführt werden.

Tafel 10.136 Grenzwerte für Dübelabstände bei druckbeanspruchten Gurten von Verbundträgern zur Einstufung in die QSK 1 oder 2

	Abstand der Verbundmittel	Grenzwerte des Achsabstandes
	e_L bei Betongurten von Vollbetonplatten, die vollflächig auf dem Stahlobergurt aufliegen	$e_L \leq 22 t_f \cdot \varepsilon$
	e_L bei Betongurten mit senkrecht zur Trägerachse verlaufenden Profilblechen, die nicht vollflächig aufliegen	$e_L \leq 15 t_f \cdot \varepsilon$
	e_Q lichter Abstand zwischen Außenkante Druckgurt und äußerer Dübelreihe	$e_Q \leq 9 t_f \cdot \varepsilon$

$\varepsilon = \sqrt{235/f_{yk}}$

e_L Achsabstand der Verbindungsmittel in Richtung der Druckbeanspruchung.

Bei Querschnitten der Klassen 1 und 2 sind i. d. R. für innerhalb der mittragenden Breite angeordneten zugbeanspruchten Betonstahl die Duktilitätsanforderungen der Klasse B oder C nach [11], Tabelle C.1 einzuhalten. Wenn die Momententragfähigkeit unter Berücksichtigung von Plastizierungen ermittelt wird, ist i. d. R. zusätzlich innerhalb der mittragenden Breite eine Mindestbewehrung A_s erforderlich.

$$A_s \geq \rho_s \cdot A_c \qquad (10.184)$$

mit

$$\rho_s = \delta \cdot \frac{f_y}{235} \cdot \frac{f_{ctm}}{f_{sk}} \cdot \sqrt{k_c}$$

A_c Querschnittsfläche des Betongurtes innerhalb der mittragenden Breite

f_{ctm} mittlere Betonzugfestigkeit nach [10]

f_{sk} charakteristischer Wert der Streckgrenze des Betonstahls

k_c Beiwert zur Berücksichtigung der Spannungsverteilung im Betongurt unmittelbar vor der Erstrissbildung (s. (10.221))

δ Beiwert, der für QSK 2 mit 1,0 und für QSK 1 mit Rotationsanforderungen in Fließgelenken mit 1,1 anzunehmen ist.

Bei Verbundquerschnitten mit Kammerbeton dürfen die einseitig gestützten Gurte nach Tafel 10.137 klassifiziert werden. Stege der Klasse 3 dürfen wie Stege der Klasse 2 behandelt werden, wenn folgende Bedingungen erfüllt sind:

Tafel 10.137 Klassifizierung von druckbeanspruchten Gurten von Verbundträgern mit Kammerbeton

Querschnittsklasse	Querschnittstyp	Grenzwerte für c/t
1	Gewalzt oder geschweißt	$c/t \leq 9\varepsilon$
2		$c/t \leq 14\varepsilon$
3		$c/t \leq 20\varepsilon$

$0{,}8 \leq \dfrac{b_c}{b} \leq 1{,}0$

Spannungsverteilung (Druck positiv)

1. Der Kammerbeton ist in Längsrichtung mit Betonstabstahl und/oder Matten bewehrt und es wird eine zusätzliche Bügelbewehrung angeordnet.

2. Der Kammerbeton wird nach Abb. 10.64 mit Hilfe von an den Steg angeschweißten Bügeln oder von durch Stegöffnungen gesteckten Bügeln und/oder durch an den Steg geschweißte Kopfbolzendübel verankert (Bügeldurchmesser ≥ 6 mm, Schaftdurchmesser der Dübel > 10 mm).

3. Der Dübelabstand je Stegseite in Trägerlängsrichtung bzw. der Abstand der Steckbügel darf nicht größer als 400 mm, der Abstand zwischen der Gurtinnenseite und den im Kammerbeton angeordneten Verankerungselementen nicht größer als 200 mm sein. Für Stahlträger mit einer Querschnittshöhe von mindestens 400 mm, bei denen die Dübel bzw. Steckbügel mehrreihig angeordnet werden, ist eine versetzte Anordnung zulässig.

10

10.6.2 Verbundträger

10.6.2.1 Allgemeines

Für Verbundträger sind folgende Nachweise zu führen:

- Querschnittstragfähigkeit in kritischen Schnitten
- Biegedrillknicken
- Schubbeulen und ausreichende Tragfähigkeit von auf Querdruck beanspruchten Stegen
- Längsschubtragfähigkeit.

Kritische Schnitte sind:

- Stellen extremaler Biegemomente (Momententragfähigkeit im Bereich positiver und negativer Momente)
- Angriffspunkte von konzentrierten Einzellasten und Auflagerpunkte (Querkrafttragfähigkeit einschließlich Interaktion Biegung mit Querkraft)
- Stellen mit Querschnittssprüngen, die nicht durch Rissbildung des Betongurtes verursacht werden
- Querschnitte mit Stegöffnungen und Betongurtdurchbrüchen.

Beim Nachweis ausreichender Längsschubtragfähigkeit ergibt sich die maßgebende kritische Länge aus dem Abstand benachbarter kritischer Schnitte. Bei Trägern mit veränderlicher Bauhöhe sind benachbarte kritische Schnitte so zu wählen, dass das Verhältnis größerer zu kleinerer Momententragfähigkeit max. 1,5 beträgt.

10.6.2.2 Schnittgrößenermittlung von Durchlaufträgern im Hochbau

10.6.2.2.1 Elastische Tragwerksberechnung

Bei der Berechnung sind Einflüsse aus Rissbildung, Kriechen und Schwinden des Betons, Belastungsgeschichte und ggf. Schlupf in der Verbundfuge (bei nachgiebiger Verdübelung) ausreichend genau zu berücksichtigen. Für typische Querschnitte nach Abb. 10.57 sind die nachfolgenden Näherungsverfahren erlaubt.

Einflüsse aus der Rissbildung

Allgemeines Verfahren Die Einflüsse aus der Rissbildung von Verbundträgern mit Betongurten sind durch folgende Schritte zu berücksichtigen:

- Ermittlung der Schnittgrößen nach Zustand I (ungerissener Beton) für die charakteristische Kombination
- Ermittlung der gerissenen Trägerbereiche L_{cr}, in denen die Betonrandspannung den zweifachen Wert der Betonzugfestigkeit überschreitet ($\sigma_{c,grenz} > 2 f_{ctm}$).
- Ansatz von EI_2 (Zustand II = Gesamtstahlquerschnitt aus Baustahl und Betonstahl) in den gerissenen angenommenen Trägerbereichen
- erneute Schnittgrößenermittlung unter Berücksichtigung der Rissbildung.

Näherungsverfahren DIN EN 1994-1-1 [29], Abschn. 5.4.4 (5), s. Abb. 10.58a: Bei der Schnittgrößenermittlung wird über die gesamte Trägerlänge die Biegesteifigkeit EI_1 des ungerissenen Verbundquerschnitts zugrunde gelegt. Die so ermittelten Biegemomente dürfen bei Verbundträgern mit feldweise konstanter Bauhöhe im GZT in Abhängigkeit von der QSK und unter Beachtung der Gleichgewichtsbedingungen zwischen Belastung, Stütz- und Feldmomenten entsprechend Tafel 10.138 umgelagert werden.

DIN EN 1994-1-1 [29], Abschn. 5.4.2.3 (3), s. Abb. 10.58b): Der Einfluss der Rissbildung im Betongurt auf die Momentenverteilung wird näherungsweise dadurch berücksichtigt, dass beidseitig der Innenstützen gerissene Trägerbereiche mit einer Länge von 15 % der Stützweite der angrenzenden Felder und der Biegesteifigkeit EI_2 angesetzt werden. In den übrigen Bereichen wird der ungerissene Querschnitt angenommen. Dieses Vorgehen ist nur bei Trägern zulässig, deren Verhältnis benachbarter Stützweiten die Bedingung $L_{min}/L_{max} \geq 0,6$ erfüllen. Weitere Umlage-

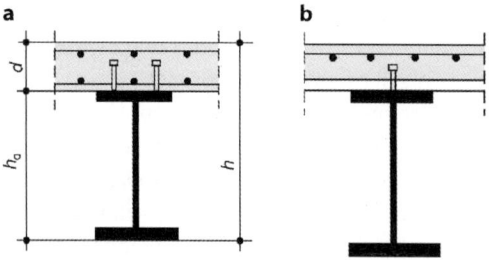

Abb. 10.57 Typische Verbundquerschnitte. **a** Vollbetonplatte, durchgehende Verbundfuge, **b** Platte mit Profilblechen, unterbrochene Verbundfuge, **c, d** mit Kammerbeton

Abb. 10.58 Anzusetzende Biegesteifigkeit bei Verbundträgern mit Rissbildung. **a** ohne Berücksichtigung der Rissbildung, **b** mit Berücksichtigung der Rissbildung

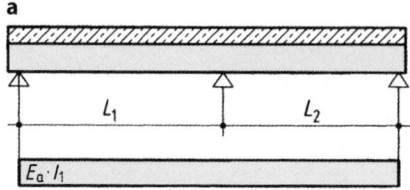
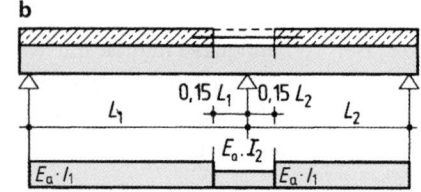

Tafel 10.138 Grenzwerte für die Umlagerung von negativen Biegemomenten an Innenstützen [%]

Schnittgrößenermittlung	Stahlsorten	Querschnittsklasse			
		1	2	3	4
Ohne Rissbildung	S235, S275, S355	40	30	20	10
	S420, S460	30		10	10
Mit Rissbildung	S235, S275, S355	25	15	10	0
	S420, S460	15		0	0

Die Momentenumlagerung ist bei Querschnitten der Klassen 3 und 4 nur für die auf den Verbundquerschnitt einwirkenden Biegemomente zulässig.

Abb. 10.59 Berücksichtigung der Rissbildung bei kammerbetonierten Trägern

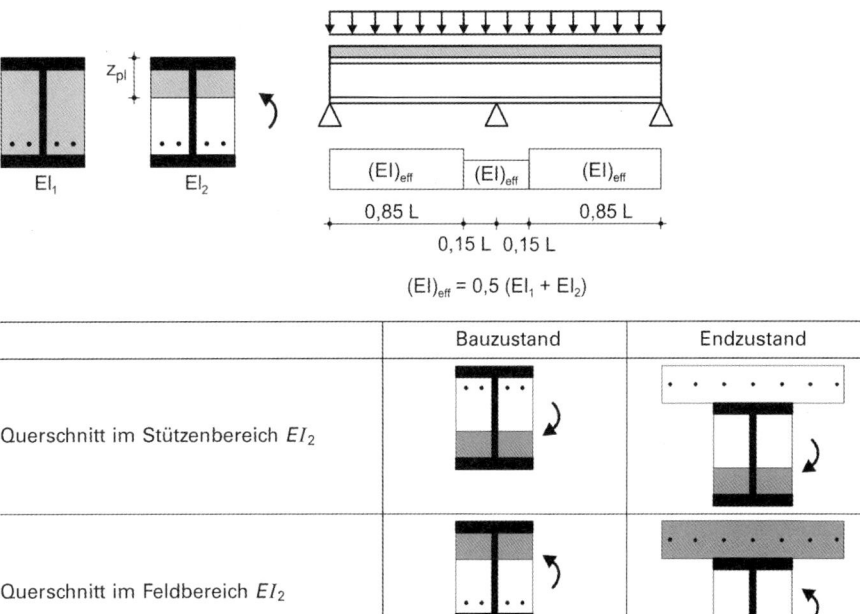

rungen zur Berücksichtigung des Plastizierens sind nach Tafel 10.138 möglich.

Bei Trägern mit Querschnitten der Klasse 1 und 2 dürfen die Biegemomente auch vom Feld zur Stütze umgelagert werden. Die maximal zulässige Vergrößerung der Stützmomente beträgt 20 %, wenn die Rissbildung bei der Schnittgrößenermittlung berücksichtigt wurde sowie 10 % bei Annahme ungerissener Querschnitte (vgl. [29], Abschn. 5.4.4 (5)).

Bei Tragwerken des Hochbaus mit kammerbetonierten Querschnitten darf der Einfluss der Rissbildung im Kammerbeton durch Ansatz des Mittelwertes der Biegesteifigkeiten des ungerissenen und gerissenen Kammerbetonquerschnitts berücksichtigt werden. (siehe Abb. 10.59).

Berücksichtigung von Kriechen und Schwinden Aus dem Kriechen und Schwinden des Betons resultieren bei Verbundbauteilen Eigenspannungen im Querschnitt sowie Krümmungen und Längsdehnungen. Die bei statisch bestimmten Systemen auftretenden Eigenspannungszustände werden als primäre Beanspruchungen bezeichnet. In sta-

tisch unbestimmten Systemen treten aufgrund der Verträglichkeitsbedingungen zusätzliche Zwängungen auf, die als sekundäre Beanspruchungen (Zwangsbeanspruchungen) bezeichnet werden. Die zugehörigen Einwirkungen, bei Durchlaufträgern i. Allg. Auflagerkräfte, werden als indirekte Einwirkungen behandelt [89].

Mit Ausnahme von Querschnitten mit Doppelverbund dürfen die Einflüsse aus dem Kriechen des Betons mit Hilfe von Reduktionszahlen n_L berücksichtigt werden. Bei der Anwendung des Gesamtquerschnittsverfahrens werden die Betonfläche $A_{c,L}$ und das Betonträgheitsmoment $I_{c,L}$ mit den lastfallabhängigen Werten n_L reduziert. Vereinfacht wird für beide Querschnittswerte die gleiche Reduktionszahl angesetzt. Die Anteile aus Profil- und Betonstahl sowie Beton werden zu einem ideellen Gesamtquerschnitt mit den Querschnittswerten $A_{i,L}$ und $I_{i,L}$ zusammengefasst. Als Bezugsgröße wird üblicherweise der Elastizitätsmodul von Stahl verwendet. Die Verformungen, Teilschnittgrößen und Spannungen können dann für die verschiedenen Beanspruchungsarten direkt an einem ideellen Gesamtquerschnitt berechnet werden.

Abb. 10.60 Teilschnittgrößen und Spannungen bei Momentenbeanspruchung

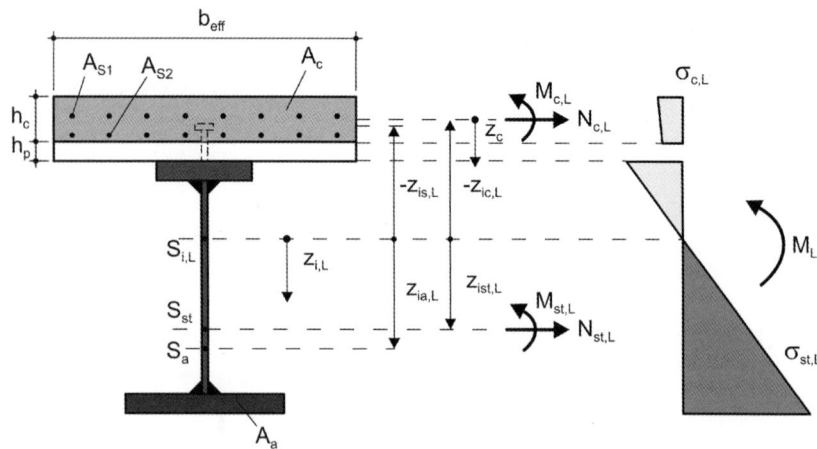

$$n_{\mathrm{L}} = n_0(1 + \psi_{\mathrm{L}}\varphi_{\mathrm{t}}) \quad \text{mit } n_0 = \frac{E_{\mathrm{a}}}{E_{\mathrm{cm}}} \qquad (10.185)$$

$$A_{\mathrm{c,L}} = A_{\mathrm{c}}/n_{\mathrm{L}} \qquad (10.186)$$

$$I_{\mathrm{c,L}} = I_{\mathrm{c}}/n_{\mathrm{L}} \qquad (10.187)$$

$$A_{\mathrm{st}} = A_{\mathrm{a}} + A_{\mathrm{s}} \qquad (10.188)$$

$$A_{\mathrm{i,L}} = A_{\mathrm{c,L}} + A_{\mathrm{a}} + A_{\mathrm{s}} \qquad (10.189)$$

$$
\begin{aligned}
I_{\mathrm{i,L}} = {}& I_{\mathrm{c,L}} + I_{\mathrm{a}} + I_{\mathrm{s}} \\
& + A_{\mathrm{c,L}} \cdot z_{\mathrm{ic,L}}^2 + A_{\mathrm{a}} \cdot z_{\mathrm{ia,L}}^2 + A_{\mathrm{s}} \cdot z_{\mathrm{is,L}}^2
\end{aligned} \qquad (10.190)
$$

n_0 Reduktionszahl für kurzzeitige Beanspruchungen bzw. für den Zeitpunkt t_0

φ_{t} Kriechzahl $\varphi(t, t_0)$ nach [10], Abschn. 3.1.4 oder 11.3.3 in Abhängigkeit vom betrachteten Betonalter t und vom Alter t_0 bei Belastungsbeginn

ψ_{L} von der Beanspruchungsart abhängiger Kriechbeiwert (s. Tafel 10.140)

$A_{\mathrm{i,L}}$ ideelle Querschnittsfläche für die Beanspruchungsart L

$I_{\mathrm{i,L}}$ ideelles Trägheitsmoment für die Beanspruchungsart L

$z_{\mathrm{ic,L}}$ Abstand der Schwerpunkte von Betonfläche und ideellem Gesamtquerschnitt für die Beanspruchungsart L ($z_{\mathrm{ia,L}}$ und $z_{\mathrm{is,L}}$ analog).

10.6.2.2.2 Berechnung nach Fließgelenktheorie

Bei der plastischen Berechnung ist i. Allg. ein Nachweis ausreichender Rotationskapazität in den Fließgelenken erforderlich. Die Bedingungen für die Anwendung der Fließgelenktheorie sind in [29], Abschn. 5.4.5 definiert. Für Verbundträger des Hochbaus darf eine ausreichende Rotationskapazität angenommen werden, wenn folgende Anforderungen erfüllt sind:

- Stähle mit Festigkeiten über S355 werden nicht verwendet.
- Im Bereich von Fließgelenken erfüllen die Querschnitte die Anforderungen an die QSK 1, in den übrigen Bereichen mindestens die Anforderungen an die QSK 2.
- Sofern vorhanden, werden der Kammerbeton und die im Kammerbeton im Druckbereich angeordnete Bewehrung bei der Ermittlung der Momententragfähigkeit vernachlässigt.
- Für jede Träger-Stützenverbindung wird nachgewiesen, dass eine ausreichende Rotationskapazität vorhanden ist oder dass der Anschluss so ausgebildet wird, dass seine Momententragfähigkeit nicht kleiner als der 1,2-fache

Tafel 10.139 Ermittlung der Teilschnittgrößen und Spannungen bei Momentenbeanspruchung (voller Verbund)

	Betonquerschnitt		Stahlquerschnitt	
Teilschnittgrößen	$M_{\mathrm{c,L}} = M_{\mathrm{L}} \cdot \dfrac{I_{\mathrm{c,L}}}{I_{\mathrm{i,L}}}$		$M_{\mathrm{st,L}} = M_{\mathrm{L}} \cdot \dfrac{I_{\mathrm{st}}}{I_{\mathrm{i,L}}}$	
	$N_{\mathrm{c,L}} = M_{\mathrm{L}} \cdot \dfrac{A_{\mathrm{c,L}}}{I_{\mathrm{i,L}}} \cdot z_{\mathrm{ic,L}}$		$N_{\mathrm{st,L}} = M_{\mathrm{L}} \cdot \dfrac{A_{\mathrm{st}}}{I_{\mathrm{i,L}}} \cdot z_{\mathrm{ist,L}}$	
Spannungen	$\sigma_{\mathrm{c,L}} = \dfrac{M_{\mathrm{L}}}{n_{\mathrm{L}} \cdot I_{\mathrm{i,L}}} \cdot (z_{\mathrm{ic,L}} + z_{\mathrm{c}})$		$\sigma_{\mathrm{st,L}} = \dfrac{M_{\mathrm{L}}}{I_{\mathrm{i,L}}} \cdot z_{\mathrm{i,L}}$	

Tafel 10.140 Kriechbeiwert ψ_{L} in Abhängigkeit von der Art der Belastung

Beanspruchungsart L	Bezeichnung	Wert
Ständige Beanspruchung	ψ_{P}	1,1
Primäre und sekundäre Beanspruchung aus Schwinden	ψ_{S}	0,55
Zeitabhängige sekundäre Beanspruchung aus Kriechen	ψ_{PT}	0,55
Vorspannung mittels planmäßig eingeprägter Deformation	ψ_{D}	1,5

Tafel 10.141 Erforderliche Momententragfähigkeit von Durchlaufträgern bei Anwendung der Fließgelenktheorie

$$\alpha = \frac{M_{pl,Rd}^{Stütze}}{M_{pl,Rd}^{Feld}}$$

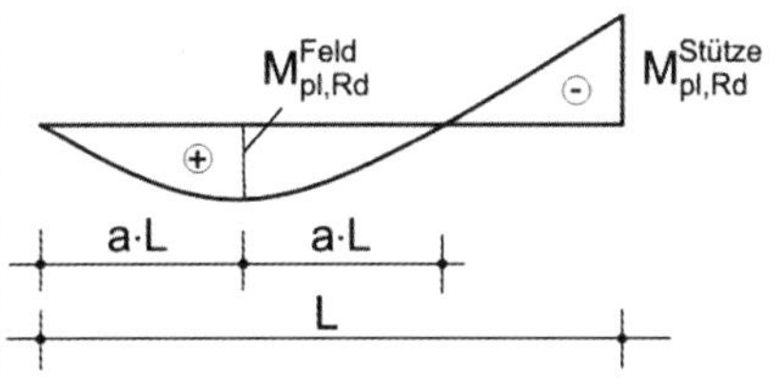

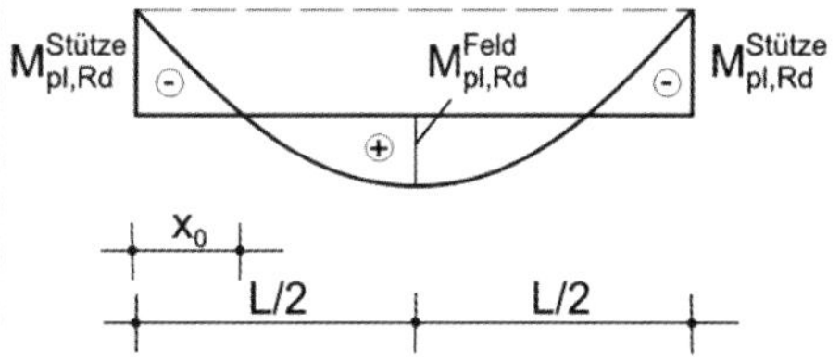

$$\text{erf } M_{pl,Rd}^{Feld} = \frac{q_d \cdot L^2}{\eta}$$

$$\text{erf } M_{pl,Rd}^{Stütze} = \alpha \cdot \frac{q_d \cdot L^2}{\eta}$$

α	η	a	η	a
0,0	8,000	0,500	8,0	0,000
0,1	8,395	0,488	8,8	0,023
0,2	8,782	0,477	9,6	0,044
0,3	9,161	0,467	10,4	0,061
0,4	9,533	0,458	11,2	0,077
0,5	9,899	0,450	12,0	0,092
0,6	10,26	0,442	12,8	0,105
0,7	10,62	0,434	13,6	0,117
0,8	10,97	0,427	14,4	0,127
0,9	11,31	0,421	15,2	0,137
1,0	11,66	0,414	16,0	0,146

Wert der vollplastischen Momententragfähigkeit des angeschlossenen Querschnitts ist.

- Die Längen benachbarter Felder von Durchlaufträgern unterscheiden sich bezogen auf die kleinere Stützweite um nicht mehr als 50 %.
- Die Stützweite des Endfeldes ist nicht größer als 115 % der Stützweite des Nachbarfeldes.
- Sofern in Feldbereichen mehr als die Hälfte der gesamten Bemessungslast auf einer Länge von 1/5 der Stützweite konzentriert ist, muss die Begrenzung von $z_{pl}/h \leq 0{,}15$ beachtet werden. Damit wird ein Versagen der Betondruckzone vermieden. Andernfalls ist nachzuweisen, dass für das Fließgelenk im Feld keine Rotationsanforderungen bestehen.
- Die Druckflansche sind an den Stellen von Fließgelenken seitlich gehalten und für die Träger besteht keine Biegedrillknickgefahr.

10.6.2.3 Mittragende Gurtbreiten

Der Einfluss der Schubverzerrung breiter Betongurte wird entweder durch eine genaue Berechnung oder durch den Ansatz der mittragenden Breite b_{eff} nach Tafel 10.142 berücksichtigt. b_{eff} wird in Abhängigkeit von der äquivalenten Stützweite L_e bestimmt. Hierfür ist i. Allg. der Abstand der Momentennullpunkte anzunehmen. Für typische durchlaufende Verbundträger kann L_e nach Abb. 10.61 angenommen werden.

Bei der Tragwerksberechnung darf von feldweise konstanten mittragenden Breiten ausgegangen werden. Diese

Tafel 10.142 Mittragende Gurtbreite b_{eff}

Feldbereich, innere Auflager	Endauflager
$b_{eff} = b_0 + \sum b_{ei}$	$b_{eff} = b_0 + \sum \beta_i b_{ei}$
Mit $b_{ei} = L_e/8 \leq b_i$ und $\beta_i = 0{,}55 + 0{,}025 L_e/b_{ei} \leq 1{,}0$	

b_{ei} mittragende Breite der Teilgurte beidseits des Trägersteges.
b_0 Achsabstand der äußeren Dübelreihen.
L_e äquivalente Stützweite.

ergeben sich für Träger mit beidseitiger Auflagerung aus dem Wert $b_{eff,1}$ bzw. $b_{eff,3}$ in Feldmitte und für Kragarme mit $b_{eff,4}$ (s. Abb. 10.61).

Bei der Schnittgrößenermittlung darf bei Tragwerken des Hochbaus $b_0 = 0$ angenommen werden. Die geometrische Breite b_i bezieht sich dann auf die Stegachse. Beim Nachweis der Querschnittstragfähigkeit darf näherungsweise für den gesamten Trägerbereich mit positiver Momentenbeanspruchung eine konstante mittragende Breite mit dem Wert b_{eff} in Feldmitte angenommen werden. Die gleiche Näherung gilt für den negativen Momentenbereich beidseits von Innenstützen.

10.6.2.4 Querschnittstragfähigkeit

In diesem Abschnitt werden nur die vollplastischen Querschnittstragfähigkeiten bei vollständiger und teilweiser Verdübelung behandelt. Zur Bestimmung der dehnungsbeschränkten und der elastischen Momententragfähigkeit siehe [29], Abschn. 6.2.1.4 und 6.2.1.5.

Abb. 10.61 Äquivalente Stützweiten L_e für typische durchlaufende Verbundträger.
$L_e^a = 0{,}85 \cdot L_1$,
$L_e^b = 0{,}25 \cdot (L_1 + L_2)$,
$L_e^c = 0{,}7 \cdot L_2$,
$L_e^d = 2 \cdot L_3$

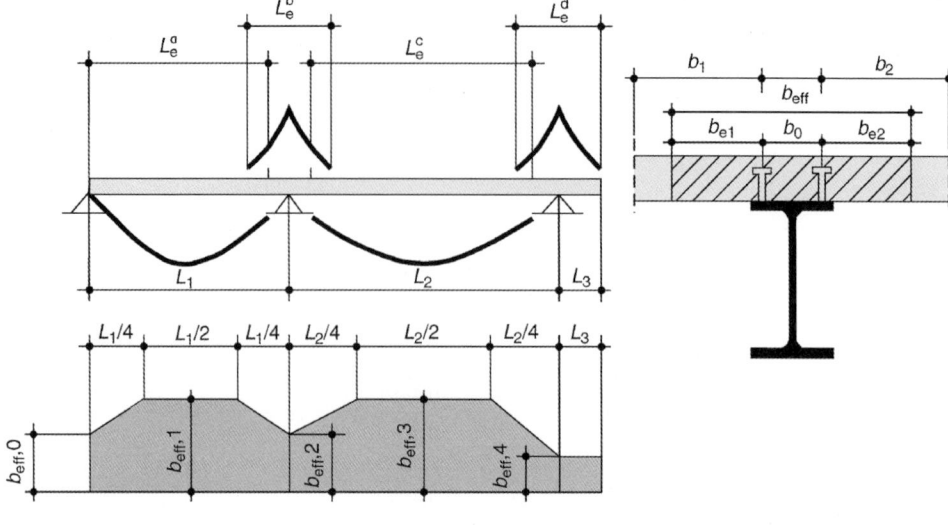

Abb. 10.62 Abminderungsfaktor β für $M_{pl,Rd}$ bei Baustählen S420 und S460

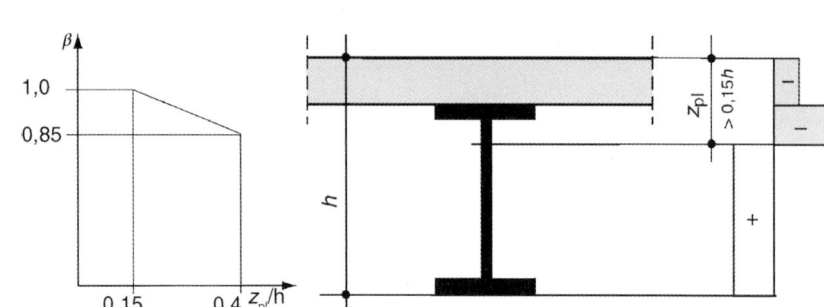

10.6.2.4.1 Plastische Momententragfähigkeit bei vollständiger Verdübelung

Annahmen und Voraussetzungen

- vollständiges Zusammenwirken von Baustahl, Bewehrung und Beton
- Baustahlquerschnitt mit Zug- und/oder Druckspannungen f_{yd}
- Betonstahlquerschnitt mit Zug- und/oder Druckspannungen f_{sd}
- Betonstahl in der Druckzone des Querschnitts darf vernachlässigt werden
- beim Beton wird in der Druckzone eine konstante Spannung $0{,}85 f_{cd}$ angenommen, die Zugfestigkeit wird nicht berücksichtigt.

Die Bestimmung der plastischen Momententragfähigkeit kann für Verbundträger ohne Kammerbeton unter positiver und negativer Momentenbeanspruchung bei gleichzeitiger Wirkung von Querkräften nach den Tafeln 10.143 und 10.144 erfolgen. Dabei kann der Querkrafteinfluss für $V_{Ed} \leq 0{,}5 V_{Rd}$ vernachlässigt werden ($\rho = 0$, s. Abschn. 10.3.9). Der Nachweis ausreichender Momententragfähigkeit erfolgt nach (10.191).

$$M_{Ed} \leq M_{pl,Rd} \qquad (10.191)$$

Wenn die plastische Nulllinie des Querschnitts zu weit in den Steg des Stahlträgers absinkt, wird die Momen-

tentragfähigkeit durch Erreichen der Grenzdehnungen im Betongurt beschränkt. Bei Verwendung der Stahlgüten S420 und S460 wird die vollplastische Momententragfähigkeit für Werte $z_{pl}/h > 0{,}15$ ($h =$ Gesamtquerschnittshöhe) mit dem Faktor β nach Abb. 10.62 abgemindert. Bei Werten $z_{pl}/h > 0{,}40$ ist die Momententragfähigkeit elastisch oder dehnungsbeschränkt zu berechnen.

10.6.2.4.2 Plastische Momententragfähigkeit bei teilweiser Verdübelung

Im Bereich positiver Momente kann eine Abminderung der Verdübelung erfolgen, sofern die Momententragfähigkeit $M_{pl,Rd}$ bei vollständiger Verdübelung die Momentenbeanspruchung M_{Ed} überschreitet. Voraussetzung hierfür ist der Einsatz duktiler Verbundmittel, wie z. B. Kopfbolzendübel. Bei teilweiser Verdübelung stellen sich nach der Teilverbundtheorie zwei plastische Nulllinien im Querschnitt ein, unter deren Ansatz die Momententragfähigkeit bestimmt wird.

M_{Rd} ist mit der reduzierten Betondruckkraft $N_c = \eta \cdot N_{cf}$ ($\eta =$ Verdübelungsgrad, $N_{cf} =$ Druckkraft im Betongurt, die zu $M_{pl,Rd}$ führt) zu bestimmen (vgl. Abb. 10.63b). Die reduzierte Druckkraft ergibt sich aus der Anzahl n der Dübel, die zwischen dem Momentennullpunkt und der Stelle max M_{Ed} angeordnet werden, und deren Tragfähigkeit P_{Rd} zu $N_c = n \cdot P_{Rd}$.

Tafel 10.143 Plastische Momententragfähigkeit bei positiven Momenten, vollständiger Verdübelung und Querkraftbeanspruchung

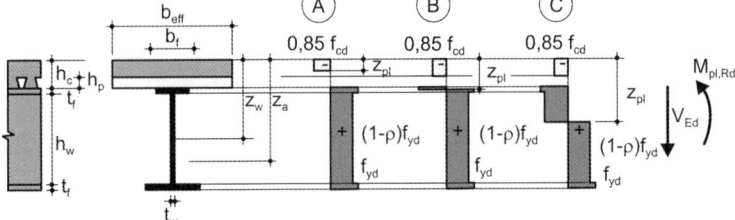

	$z_{pl} =$	$M_{pl,Rd} =$
A	Nulllinie in der Betonplatte: $= \dfrac{N_{pl,a,Rd} - \rho \cdot N_{pl,w}}{0{,}85 \cdot f_{cd} \cdot b_{eff}} \leq h_c - h_p$	$= N_{pl,a,Rd} \cdot (z_a - 0{,}5 z_{pl}) - \rho \cdot N_{pl,w} \cdot (z_w - 0{,}5 z_{pl})$
B	Nulllinie im Trägergurt: $= h_c + \dfrac{N_{pl,a,Rd} - \rho \cdot N_{pl,w} - N_{cd}}{2 f_{yd} \cdot b_f}$	$= N_{pl,a,Rd} \cdot \left(z_a - \dfrac{h_c - h_p}{2} \right) - \rho \cdot N_{pl,w} \cdot \left(z_w - \dfrac{h_c - h_p}{2} \right) - N_f \cdot \left(\dfrac{z_{pl} - h_c}{t_f} \right) \cdot \left(\dfrac{z_{pl} + h_p}{2} \right)$
C	Nulllinie im Trägersteg: $= h_c + t_f + \dfrac{N_{pl,a,Rd} - \rho \cdot N_{pl,w} - N_{cd} - N_f}{2 f_{yd}(1-\rho) \cdot t_w}$	$= N_{pl,a,Rd} \cdot \left(z_a - \dfrac{h_c - h_p}{2} \right) - \rho \cdot N_{pl,w} \cdot \left(z_w - \dfrac{h_c - h_p}{2} \right) - N_f \cdot \left(\dfrac{t_f + h_c + h_p}{2} \right) - N_w \cdot \left(\dfrac{z_{pl} + t_f + h_p}{2} \right)$

$N_{pl,a,Rd} = A_a \cdot f_{yd}$; $N_{pl,w} = f_{yd} \cdot t_w \cdot h_w$; $N_{cd} = 0{,}85 \cdot f_{cd} \cdot b_{eff} \cdot (h_c - h_p)$;
$N_w = 2 f_{yd} \cdot (1-\rho) \cdot t_w \cdot (z_{pl} - h_c - t_f)$; $N_f = 2 f_{yd} \cdot b_f \cdot t_f$; $\rho = \left(\dfrac{2 V_{Ed}}{V_{Rd}} - 1 \right)^2 \geq 0$.

Tafel 10.144 Vollplastische Momententragfähigkeit bei negativen Momenten, vollständiger Verdübelung und Querkraftbeanspruchung

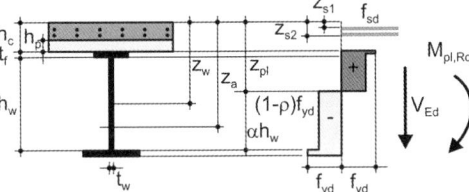

Nulllinie im Steg!

$z_{pl} =$	$M_{pl,Rd} =$
$= h_c + t_f + \dfrac{N_{pl,a,Rd} - \rho \cdot N_{pl,w} - \sum N_{si} - N_f}{2 f_{yd} \cdot (1-\rho) \, t_w}$	$= N_{pl,a,Rd} \cdot z_a - \rho \cdot N_{pl,w} \cdot z_w - \sum N_{si} \cdot z_{si} - N_f \cdot \left(h_c + \dfrac{t_f}{2} \right) - N_w \cdot \left(\dfrac{z_{pl} + t_f + h_c}{2} \right)$

$N_{pl,a,Rd} = A_a \cdot f_{yd}$; $N_f = 2 \cdot f_{yd} \cdot b_f \cdot t_f$; $N_{si} = A_{si} \cdot f_{sd}$ mit $i = 1, 2, \ldots$; $N_{pl,w} = f_{yd} \cdot h_w \cdot t_w$;
$\rho = \left(\dfrac{2 V_{Ed}}{V_{Rd}} - 1 \right)^2 \geq 0$; $N_w = 2 \cdot f_{yd}(1-\rho)(z_{pl} - h_c - t_f) t_w$.

Vereinfachend darf M_{Rd} auch über eine lineare Interpolation (Gerade A–C in Abb. 10.63a)) bestimmt werden (10.192). Der Tragsicherheitsnachweis erfolgt mit (10.193).

$$M_{Rd} = M_{pl,a,Rd} + \left(M_{pl,Rd} - M_{pl,a,Rd} \right) \cdot \frac{N_c}{N_{c,f}} \qquad (10.192)$$

$$M_{Ed} \leq M_{Rd} \qquad (10.193)$$

10.6.2.4.3 Plastische Querkrafttragfähigkeit

Auf die Berücksichtigung der Mitwirkung des Betongurtes bei der Bestimmung der Querkrafttragfähigkeit wird i. Allg. verzichtet. Bei **Verbundträgern ohne Kammerbeton** gilt für die plastische Querkrafttragfähigkeit nach [12]:

$$V_{Rd} = V_{pl,a,Rd} = A_v \cdot \tau_{Rd} \quad \text{mit } \tau_{Rd} = f_{yd}/\sqrt{3} \qquad (10.194)$$

$A_v = h_w \cdot t_w$ (geschweißte I-Querschnitte)
$A_v = A_a - 2 b_f \cdot t_f + (t_w + 2r) \cdot t_f$ (Walzprofile).

Der Nachweis gegen Schubbeulen kann entfallen, wenn für den Steg des Stahlträgers gilt: $h_w/t_w \leq 72\varepsilon/\eta$ (s. Abschn. 10.3.6). Andernfalls ist der Nachweis nach Abschn. 10.5.3.3 zu führen.

Wird bei **Verbundträgern mit Kammerbeton** der Beitrag des Kammerbetons bei der Querkrafttragfähigkeit angesetzt, ist eine Bügelbewehrung nach Abb. 10.64 anzuordnen und eine geeignete Sicherung des Kammerbetons vorzusehen (Verdübelung, durchgesteckte Bügel, S-Haken).

Als Näherung darf die einwirkende Querkraft V_{Ed} in die Anteile, die vom Stahlprofil ($V_{a,Ed}$) und vom Kammerbeton ($V_{c,Ed}$) aufgenommen werden, im Verhältnis der Beiträge des Baustahlquerschnitts und des bewehrten Kammerbetonquerschnitts zur Momententragfähigkeit $M_{pl,Rd}$ erfolgen.

Bei der Ermittlung der Querkrafttragfähigkeit des Kammerbetons ist die Rissbildung zu berücksichtigen. Sofern er vollständig in der Zugzone liegt, darf er zur Abtragung der Querkräfte nicht angesetzt werden.

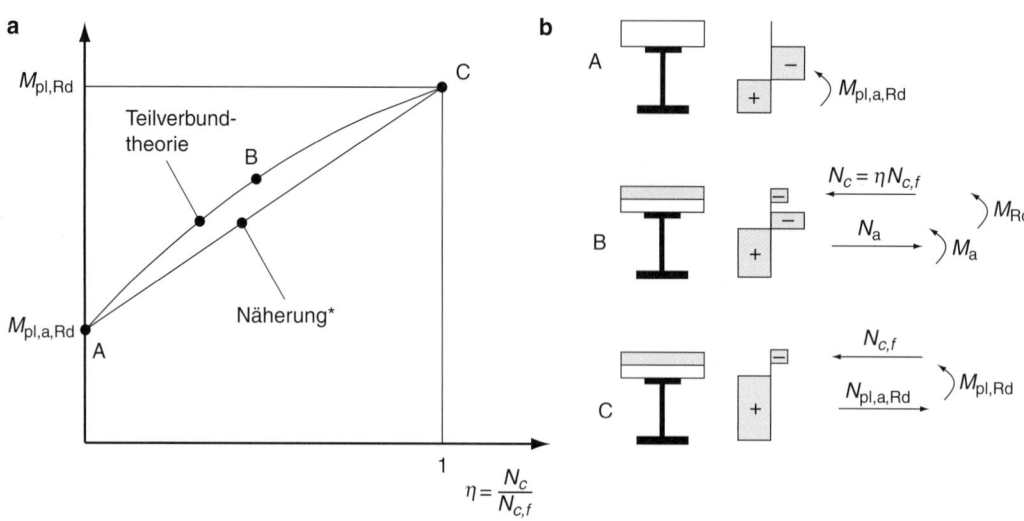

Abb. 10.63 Momententragfähigkeit in Abhängigkeit vom Verdübelungsgrad η. * siehe (10.192)

 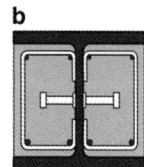 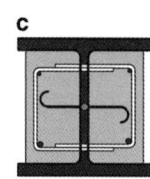

Abb. 10.64 Anordnung von Bügeln bei Trägern mit Kammerbeton. **a** Geschlossene Bügel, **b** Bügel am Steg angeschweißt, **c** durch Öffnungen im Steg gesteckte Bügel

10.6.2.4.4 Interaktion Biegung und Querkraft

Wenn $V_{Ed} > 0{,}5 \cdot V_{Rd}$ ist, muss die Querkraft berücksichtigt werden. Der Einfluss auf die Momententragfähigkeit darf bei Querschnitten der Klasse 1 und 2 durch eine Reduzierung der Streckgrenze der auf Querkraft beanspruchten Querschnittsteile berücksichtigt werden, siehe Tafeln 10.143 und 10.144.

Reduzierte Streckgrenze:

$$(1 - \rho) \cdot f_{yd} \qquad (10.195)$$

mit

$$\rho = (2V_{Ed}/V_{Rd} - 1)^2 \qquad (10.196)$$

10.6.2.5 Biegedrillknicken bei Durchlaufträgern

10.6.2.5.1 Allgemeines

Bei Druckgurten von Stahlträgern, die unmittelbar mit Betongurten im Verbund stehen, besteht keine Biegedrillknickgefahr, wenn der Betongurt selbst nicht seitlich ausweichen kann.

Für alle anderen druckbeanspruchten Gurte ist in der Regel ein Biegedrillknicknachweis erforderlich. Es dürfen die Nachweisverfahren nach [12], Abschn. 6.3.2.1 bis 6.3.2.3 und das allgemeine Nachweisverfahren nach [12],

Abschn. 6.3.4 verwendet werden. Dabei sind die Teilschnittgrößen des Baustahlquerschnitts unter Berücksichtigung der Belastungsgeschichte zugrunde zu legen. Beim Nachweis darf angenommen werden, dass der Obergurt des Stahlträgers durch die Betonplatte seitlich unverschieblich und drehelastisch gehalten ist.

10.6.2.5.2 Vereinfachter Nachweis von Durchlaufträgern mit Walzprofilen

Auf einen Nachweis des Biegedrillknickens darf verzichtet werden, wenn die bezogene Schlankheit $\bar{\lambda}_{LT}$ für das Biegedrillknicken nicht größer als 0,4 ist. In Tafel 10.145 sind Grenzhöhen für Walzprofile der Reihen IPE und HE angegeben, bei deren Einhaltung der Biegedrillknicknachweis entfallen darf. Die Anwendung der Tafel ist an folgende Bedingungen geknüpft (vgl. [29], Abschn. 6.4.3):

- Verhältnis der Stützweiten $0{,}8 \leq L/L_i \leq 1{,}25$ bzw. $L_k/L \leq 0{,}15$ (s. Abb. 10.65).
- Anteil der ständigen Last an der Gesamtlast

$$\frac{\gamma_G \cdot G_k}{\gamma_G \cdot G_k + \gamma_Q \cdot Q_k} \geq 0{,}4$$

Tafel 10.145 Maximale Profilhöhe h [mm] für den vereinfachten Nachweis[a]

Stahlprofil		Baustahl			
		S235	S275	S355	S420, S460
Träger **ohne** Kammerbeton	IPE	600	550	400	270
	HEA	790	690	640	490
	HEB	900	800	700	600
Träger **mit** Kammerbeton	IPE	600	600	600	400
	HEA	990	890	790	640
	HEB	1000	1000	900	700

[a] Die Grenzhöhen sind an die genormten Profilhöhen angepasst.

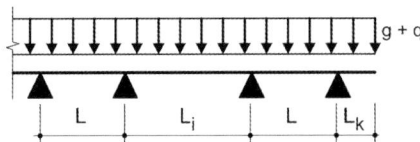

Abb. 10.65 Stützweiten

- Verdübelung nach [29], Abschn. 6.6.
- Parallel verlaufende Träger, sodass eine Einspannwirkung über die Betonplatte entsteht.
- Bei Verbunddecken ist die Spannrichtung der Profilbleche senkrecht zum Träger.
- An den Auflagern ist der Untergurt seitlich gehalten und der Steg ausgesteift.
- Die Biegeschlankheit des Betongurtes ist auf $L_i/d \leq 35$ begrenzt.

10.6.2.5.3 Allgemeiner Biegedrillknicknachweis

Für Verbundträger des Hochbaus mit konstanten Baustahlquerschnitten in Längsrichtung und Querschnitten der Klassen 1, 2 und 3 darf der Nachweis mit dem in [29], Abschn. 6.4.2 angegebenen Verfahren geführt werden.

Drehbettung

Durch die Betonplatte wird der Verbundträger seitlich gestützt und drehelastisch eingespannt (Abb. 10.66). Ein seitliches Ausweichen kann nur im Bereich negativer Momente stattfinden. Bei der Bestimmung der Drehbettungssteifigkeit wird der Verformungseinfluss der Stahlbetonplatte und des Trägersteges (Einfluss der Profilverformungen) berücksichtigt. Sofern der Verbundträger mit Kammerbeton ausgeführt wird, ergeben sich deutlich höhere Steifigkeitswerte. Die Drehbettung wird näherungsweise durch ein Fachwerkmodell erfasst, bei dem der Stahlträgersteg als Zugstrebe und die in Ausweichrichtung liegende Seite des Kammerbetons als Druckstrebe angesetzt wird. Die Dehnsteifigkeit dieser Betondruckstrebe wird zur Berücksichtigung des Kriechens mit der Reduktionszahl n_p für ständige Einwirkungen abgemindert.

Resultierende Drehbettung:

$$c_{\vartheta,k} = \frac{1}{\frac{1}{c_{\vartheta R,k}} + \frac{1}{c_{\vartheta D,k}}} \qquad (10.197)$$

Drehbettung aus der Verformung des Betonplatte:

$$c_{\vartheta R,k} = \alpha \cdot \frac{(EI)_2}{a} \qquad (10.198)$$

Drehbettung aus der Verformung des Trägersteges:

$$c_{\vartheta D,k} = \frac{E_a \cdot t_w^3}{4 \cdot (1 - v_a^2) \cdot h_s} \qquad (10.199)$$

Drehbettung aus der Verformung von Trägersteg und Kammerbeton:

$$c_{\vartheta D,k} = \frac{E_a \cdot t_w \cdot b_c^2}{16 h_s \cdot (1 - 4 n_p t_w / b_c)} \qquad (10.200)$$

$\alpha = 2$ für Randträger, 3 für Innenträger, 4 für Innenträger von Deckensystemen mit vier und mehr Innenträgern

$(EI)_2$ Biegesteifigkeit der Betonplatte oder Verbunddecke je Längeneinheit, die unter Berücksichtigung der Rissbildung ermittelt wird. Maßgebend ist der kleinere Wert für den Feld- und Stützbereich der Decke.

$$(EI)_2 \cong E_{cm} I_c \cdot 5{,}8 \cdot n_0 \cdot \rho_l$$

mit

$E_{cm} I_c$ Biegesteifigkeit im Zustand I,
$n_0 \quad = E_a/E_{cm}$,
$\rho_l \quad$ Bewehrungsgrad
$h_s \quad$ Steghöhe
$b_c \quad$ Breite des Kammerbetons
$v_a \quad$ Querdehnung des Stahls: $v_a = 0{,}3$
$n_p \quad$ Reduktionszahl für ständige Einwirkungen (siehe (10.185)).

Abb. 10.66 Querschnittsverformungen und Modell zur Bestimmung des idealen Biegedrillknickmoments

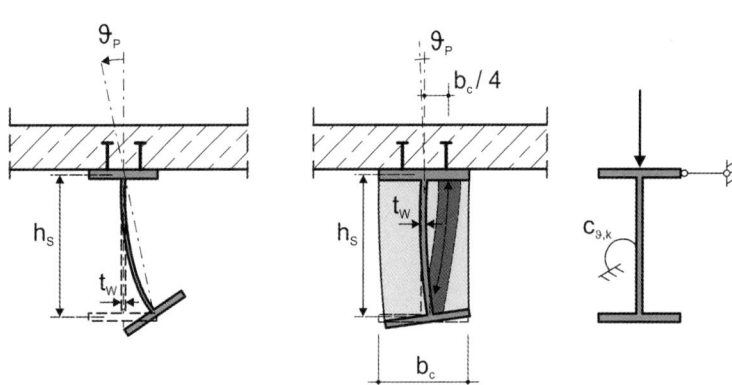

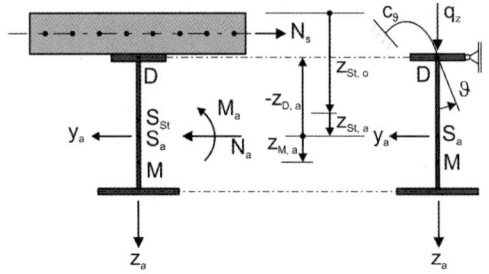

Abb. 10.67 Verbundquerschnitt mit Bezeichnung zur Bestimmung des idealen Biegedrillknickmoments

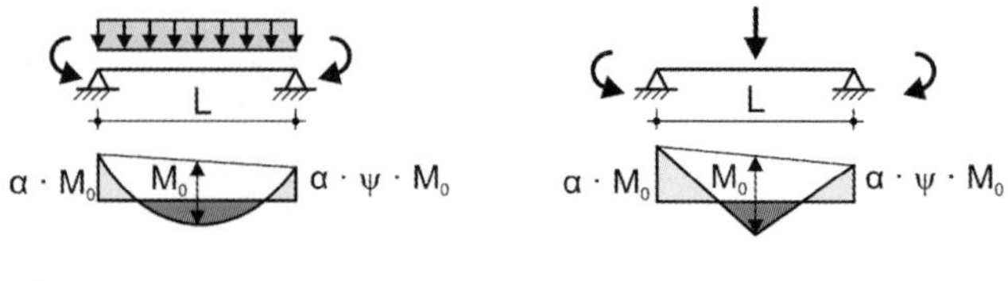

Abb. 10.68 Gabelgelagerte Träger mit Gleichstreckenlast und Einzellast

Ideales Biegedrillknickmoment Das ideale Biegedrillknickmoment M_{cr} kann für gabelgelagerte Träger mit konstantem Querschnitt, Gleichstrecken- oder Einzellasten sowie Randmomenten mit (10.201) bestimmt werden (vgl. [90] und Abschn. 10.4.2.4 und 10.4.3.4).

$$M_{cr} = \frac{1}{k_z} \cdot \left[\frac{\pi^2 EI_{D,a}}{(\beta_B L)^2} + (GI_{T,a})_{eff} \right] \quad (10.201)$$

$$\beta_B = \beta_{0B} \cdot \left(\frac{1}{(a \cdot \sqrt{\eta_B}/\pi)^{n_1}} \right)^{1/n_2}$$

$$(GI_{t,a})_{eff} = A \cdot (1,5 - 0,5 \cdot \psi) \cdot GI_{T,a}$$

$$\eta_B = \sqrt{\frac{c_{\vartheta,k} \cdot L^4}{EI_{D,a}}}$$

$$k_z = \left[2 \cdot (z_{D,a} - z_{M,a}) - r_{M,a} + \frac{i_{D,a}^2}{z_e} \right] \cdot I_a / I_{st}$$

β_B Knicklängenbeiwert zur Bestimmung des idealen Biegedrillknickmoments

η_B Bettungsparameter

$(GI_{T,a})_{eff}$ effektive St. Venant'sche Torsionssteifigkeit des Baustahlquerschnitts

k_z Drehradius für Biegemomente M_y des Verbundträgers im Zustand II

$EI_{D,a}$ Wölbsteifigkeit des Baustahlquerschnitts bezogen auf die feste Drehachse D

$a, n_1, n_2, A, \beta_{0B}$ Beiwerte in Abhängigkeit der Momentenverteilung nach Tafel 10.146 oder 10.147 und Abb. 10.68.

$$i_{D,a}^2 = i_{y,a}^2 + i_{z,a}^2 + z_{D,a}^2$$

$$z_e = \frac{M_a}{N_a} = -\frac{I_a}{z_{St,a} \cdot A_a}$$

$$r_{M,a} = \frac{1}{I_a} \int_{A_a} (y_a^2 + z_a^2) z_a \, dA_a - 2z_{M,a}$$

Tragsicherheitsnachweis Der Tragsicherheitsnachweis für das Biegedrillknicken wird nach [12], Abschn. 6.3.2.1 bis 6.3.2.3, geführt (s. Abschn. 10.4.3.2).

$$M_{b,Rd} = \chi_{LT} \cdot M_{Rd} \quad (10.202)$$

M_{Rd} Bemessungswert der Momententragfähigkeit für negative Momentenbeanspruchung am maßgebenden Auflager

χ_{LT} Abminderungsfaktor für das Biegedrillknicken, der vom Schlankheitsgrad $\bar{\lambda}_{LT} = \sqrt{M_{Rk}/M_{cr}}$ und der maßgebenden Knicklinie abhängt (s. Abschn. 10.4.3.2)

Tafel 10.146 Beiwerte für gabelgelagerte Träger mit Gleichstreckenlasten

$\alpha =$	1			0,5			0,25		
$A =$	1,25			1,50			1,75		
$\beta_{0B} =$	$0,037\psi^2 + 0,3\psi + 0,4$			$0,16\psi^2 + 0,05\psi + 0,24$			$0,07\psi^2 + 0,01\psi + 0,13$		
	a	n_1	n_2	a	n_1	n_2	a	n_1	n_2
$\psi = 1$	1,45	8,80	8,95	1,15	4,90	5,15	0,65	4,05	4,50
$\psi = 0,5$	1,37	5,95	6,70	0,95	4,50	5,90	0,55	4,00	5,70
$\psi = 0$	1,13	4,50	5,75	0,77	4,20	5,95	0,48	3,95	6,15

Tafel 10.147 Beiwerte für gabelgelagerte Träger mit Einzellasten

$\alpha =$	1			0,5			0,25		
$A =$	1,25			1,50			1,60		
$\beta_{0B} =$	$0,320\psi^2 + 0,35$			$0,075\psi^2 + 0,25\psi + 0,34$			$0,116\psi^2 + 0,06\psi + 0,21$		
	a	n_1	n_2	a	n_1	n_2	a	n_1	n_2
$\psi = 1$	1,46	9,85	9,55	1,35	7,10	6,85	0,95	4,90	4,50
$\psi = 0,5$	1,45	9,00	9,75	1,30	5,75	6,80	0,85	4,50	5,60
$\psi = 0$	1,35	5,95	7,75	1,05	4,60	6,30	0,70	4,15	6,10

M_{Rk} Momententragfähigkeit des Verbundquerschnitts, ermittelt mit den charakteristischen Werten der Werkstoffeigenschaften

M_{cr} Ideales Biegedrillknickmoment an der Innenstütze des maßgebenden Feldes mit dem größten negativen Moment (s. (10.201)).

Für Querschnitte der Klassen 1 und 2 wird M_{Rd} entweder vollplastisch oder elastisch-plastisch ermittelt. Für den Profilstahl ist der Teilsicherheitsbeiwert $\gamma_{M1} = 1{,}1$ zu berücksichtigen. Für Träger mit Kammerbeton gelten die Regelungen nach [29], Abschn. 6.3.2. Zu Querschnitten der Klasse 3 siehe [29], Abschn. 6.4.2.

10.6.2.6 Verbundsicherung bei Verbundträgern

10.6.2.6.1 Allgemeines

Die Verbundmittel sind in Trägerlängsrichtung so anzuordnen, dass die Längsschubkräfte $V_{L,Ed}$ zwischen der Betonplatte und dem Stahlträgerobergurt im GZT zwischen kritischen Schnitten übertragen werden können. $V_{L,Ed}$ wird aus der Normalkraftänderung im Stahl- bzw. Betonquerschnitt ermittelt. Es wird zwischen Nachweisverfahren ohne und mit plastischer Umlagerung der Längsschubkräfte unterschieden. Natürlicher Haftverbund darf nicht berücksichtigt werden.

10.6.2.6.2 Beanspruchbarkeit von Kopfbolzendübeln

Es werden hauptsächlich Kopfbolzendübel nach DIN EN ISO 13918 [63] verwendet, die mit automatischen Bolzenschweißverfahren nach DIN EN ISO 14555 [64] auf den Baustahlquerschnitt aufgeschweißt werden.

a) Kopfbolzendübel in Vollbetonplatten Die Schubtragfähigkeit eines Kopfbolzendübels ergibt sich aus dem kleineren Wert der Gleichungen (10.203) und (10.204). Der erhöhte Teilsicherheitsbeiwert γ_V für Betonversagen (10.204) wurde

in [30] zur Berücksichtigung der Tragfähigkeitsabminderung durch Kurzzeitrelaxation festgelegt.

Stahlversagen

$$P_{Rd} = \left(0{,}8 f_u \pi d^2 / 4\right)/\gamma_V, \quad \gamma_V = 1{,}25 \tag{10.203}$$

Betonversagen

$$P_{Rd} = \left(0{,}29\alpha d^2 \sqrt{f_{ck} E_{cm}}\right)/\gamma_V, \quad \gamma_V = 1{,}5 \tag{10.204}$$

$$\alpha = 0{,}2\left(\frac{h_{sc}}{d} + 1\right) \quad \text{für } 3 \le h_{sc}/d \le 4$$

$$\alpha = 1 \quad \text{für } h_{sc}/d > 4$$

d Nenndurchmesser des Dübelschaftes mit $16\,\text{mm} \le d \le 25\,\text{mm}$

f_u spezifizierte Zugfestigkeit des Bolzenmaterials ($f_u \le 500\,\text{N/mm}^2$)

f_{ck} im maßgebenden Alter vorhandene charakteristische Zylinderdruckfestigkeit des Betons mit einer Dichte nicht kleiner als $1750\,\text{kg/m}^3$

h_{sc} Nennwert der Gesamthöhe des Dübels.

b) Kopfbolzendübel in Kombination mit Profilblechen Bei Verwendung von Profilblechen (parallel oder senkrecht zur Verbundträgerachse) ist die Schubtragfähigkeit der Kopfbolzendübel P_{Rd} für Vollplatten mit dem Faktor k_l bzw. k_t abzumindern. Bei der Bestimmung von P_{Rd} darf für Stahlversagen nach (10.203) f_u mit maximal $450\,\text{N/mm}^2$ angesetzt werden.

Profilbleche mit Rippen parallel zur Trägerachse

$$k_l = 0{,}6\frac{b_0}{h_p}\left(\frac{h_{sc}}{h_p} - 1\right) \le 1{,}0 \tag{10.205}$$

$h_{sc} \le h_p + 75\,\text{mm}$
b_0 nach Abb. 10.69 (gestoßene Bleche) und 10.84.

Tafel 10.148 Schubtragfähigkeit P_{Rd} [kN] von Kopfbolzendübeln in Vollplatten ($\alpha = 1$, $f_u = 450\,\text{N/mm}^2$)

Dübel Ø	Dübelkopf Ø	C20/25	C25/30	C30/37	C35/45	C40/50	C45/55	C50/60	C55/67	C60/75
16 mm	32 mm	38,3	43,6	49,2	54,0	*57,9*				
19 mm	32 mm	54,1	61,4	69,4	76,1	*81,7*				
22 mm	35 mm	72,5	82,4	93,1	102,1	*109,5*				
25 mm	40 mm	93,6	106,4	120,2	131,8	*141,4*				

Berechnung Betonversagen mit E_{cm} nach Tafel 10.133.
kursiv dargestellte Werte: Stahlversagen ist maßgebend.

Abb. 10.69 Träger mit parallel zur Trägerachse verlaufenden Profilblechen

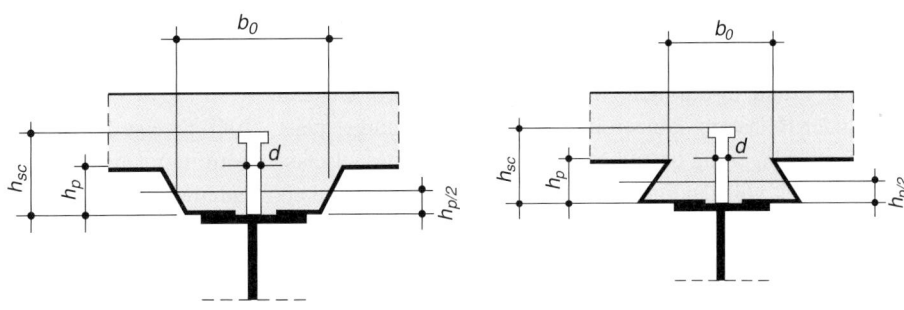

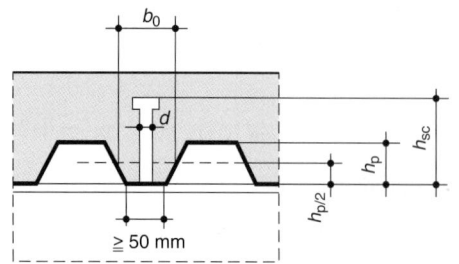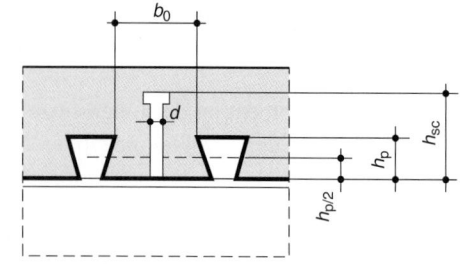

Abb. 10.70 Träger mit senkrecht zur Trägerachse verlaufenden Profilblechen

Tafel 10.149 Obere Grenzwerte $k_{t,max}$ für den Abminderungsbeiwert k_t

Anzahl der Dübel je Rippe n_r	Blechdicke des Profilblechs t [mm]	Durchgeschweißte Dübel mit $d < 20$ mm	Vorgelochte Profilbleche $d = 19$ und 22 mm
1	$\leq 1{,}0$	0,85	0,75
	$> 1{,}0$	1,00	0,75
2	$\leq 1{,}0$	0,70	0,60
	$> 1{,}0$	0,80	0,60

Profilbleche mit Rippen senkrecht zur Trägerachse Die Dübeltragfähigkeit P_{Rd} wird mit dem Faktor k_t nach (10.206) abgemindert. Der obere Grenzwert für k_t ist in Tafel 10.149 angegeben.

$$k_t = \frac{0{,}7}{\sqrt{n_r}} \frac{b_0}{h_p} \left(\frac{h_{sc}}{h_p} - 1 \right) \leq k_{t,max} \qquad (10.206)$$

mit

Anzahl der Kopfbolzendübel je Rippe $n_r \leq 2$

$h_p \leq 85$ mm

$b_0 \geq h_p$ nach Abb. 10.70

$d \; < 20$ mm bei Durchschweißtechnik

$d \leq 22$ mm bei vorgelochten Profilblechen.

10.6.2.6.3 Längsschubkräfte in der Verbundfuge

Die Ermittlung der Längsschubkräfte erfolgt bei Querschnitten der Klassen 3 und 4, nicht ausreichend duktilen Verbundmitteln oder bei nicht vorwiegend ruhender Beanspruchung elastisch. Die Schubkraft je Längeneinheit v_{Ed} kann bei positiver Momentenbeanspruchung mit der Betonplatte in der Druckzone aus der Summe der relevanten Beanspruchungsarten L (s. auch Abschn. 10.6.2.2.1) mit (10.207) bestimmt werden.

$$V_{Ed} = \sum_L V_{z,Ed,L} \cdot \frac{A_{c,L} \cdot z_{i,c,L} + A_s \cdot z_{is,L}}{I_{i,L}} \qquad (10.207)$$

Die Längsschubkräfte bei Trägern mit Querschnitten der Klasse 1 und 2, duktilen Verbundmitteln und vorwiegend ruhender Belastung können unter Ansatz planmäßiger plastischer Umlagerung bestimmt werden. Dabei wird zwischen Trägern mit vollständiger und teilweiser Verdübelung unterschieden. Ein Träger wird als vollständig verdübelt bezeichnet, wenn die Momententragfähigkeit nicht durch die Längsschubkrafttragfähigkeit der Verbundfuge begrenzt wird. Eine

teilweise Verdübelung liegt vor, wenn vor Erreichen des vollplastischen Moments ein Versagen der Verbundfuge eintritt. Die Längsschubkräfte zwischen zwei kritischen Schnitten ergeben sich aus der Differenz der Kräfte in der Betonplatte bzw. des Stahlträgers (Abb. 10.71).

a) Vollständige Verdübelung Längsschubkraft zwischen einem gelenkigen Endauflager und dem benachbarten Feldmoment (s. Abb. 10.71 sowie Tafeln 10.142 und 10.143):

$$V_{L,Ed} = N_{c,f} = \min \begin{cases} b_{eff} \cdot z_{pl} \cdot 0{,}85 \cdot f_{cd} \\ b_{eff} \cdot (h_c - h_p) \cdot 0{,}85 \cdot f_{cd} \end{cases}$$
$$(10.208)$$

Längsschubkraft zwischen dem maximalen Feldmoment und dem benachbarten Zwischenauflager (s. Abb. 10.71, Tafeln 10.142 und 10.143; $N_{c,f}$ nach (10.209)):

$$V_{L,Ed} = N_{c,f} + N_{s,f} \qquad (10.209)$$

mit

$$N_{s,f} = A_s \cdot f_{sd}$$

Anzahl der Dübel im betrachteten Trägerabschnitt für die vollständige Verdübelung:

$$n_f = V_{L,Ed} / P_{Rd} \qquad (10.210)$$

b) Teilweise Verdübelung Im Hochbau ist bei Verbundträgern in positiven Momentenbereichen eine teilweise Verdübelung zulässig (s. Abschn. 10.6.2.4.2). Dazu müssen duktile Verbundmittel eingesetzt und der Mindestverdübelungsgrad nach Tafel 10.150 eingehalten werden. Der statisch erforderliche Verdübelungsgrad η lässt sich bei Anwendung

Abb. 10.71 Längsschubkräfte $V_{L,Ed}$

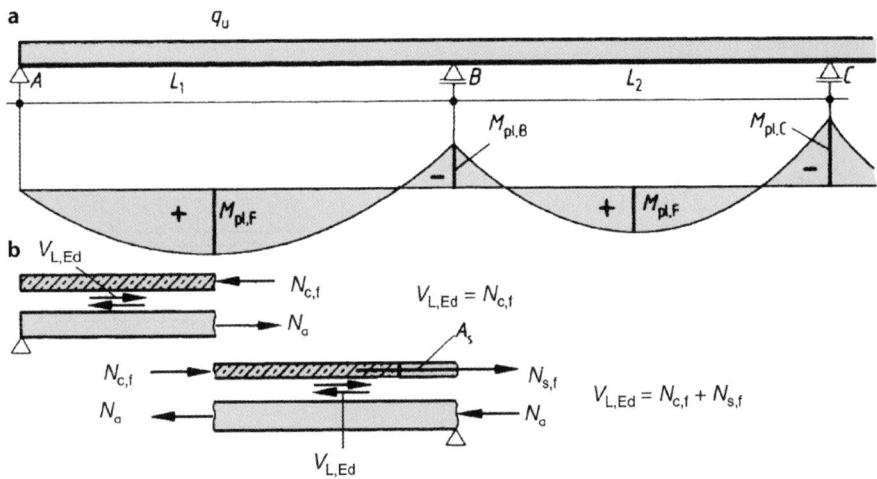

der linearen Interpolation der Momententragfähigkeit nach Abb. 10.63 aus (10.192) ableiten.

$$\text{erf } \eta = \frac{M_{Ed} - M_{pl,a,Rd}}{M_{pl,F,Rd} - M_{pl,a,Rd}} \qquad (10.211)$$

$$\text{erf } n = \eta \cdot n_f \qquad (10.212)$$

Bei einem Wechsel von positiven zu negativen Biegemomenten (s. Abb. 10.71) darf die zur Abdeckung von $N_{s,f}$ erforderliche Dübelzahl im Verhältnis von einwirkendem zu plastischem Moment abgemindert werden.

$$V_{L,Ed} = \text{erf } \eta \cdot N_{c,f} + \frac{M_{B,Ed}}{M_{pl,B,Rd}} \cdot N_{s,f} \qquad (10.213)$$

$$\text{erf } n = \frac{V_{L,Ed}}{P_{Rd}} \qquad (10.214)$$

10.6.2.6.4 Verteilung und Anordnung der Verbundmittel

Verteilung Verbundmittel sind in Trägerlängsrichtung nach dem Verlauf der Bemessungslängsschubkraft anzuordnen. Ein Abheben der Betonplatte vom Stahlträger ist zu vermeiden. Im Bereich von Kragarmen und negativen Momenten von Durchlaufträgern ist die Abstufung der Längsbewehrung unter Berücksichtigung der Dübelverteilung und der erforderlichen Verankerungslängen vorzunehmen.

Duktile Verbundmittel dürfen zwischen kritischen Schnitten äquidistant verteilt werden, wenn im betrachteten Trägerabschnitt

- Baustahlquerschnitte der Klassen 1 oder 2 vorliegen,
- der Verdübelungsgrad die Bedingungen nach Tafel 10.150 erfüllt und
- $M_{pl,Rd} \leq 2,5 \, M_{pl,a,Rd}$ beträgt.

Tafel 10.150 Grenzwerte für Dübelabmessungen und Verdübelungsgrad η

Kopfbolzendübel	Trägerquerschnitt	L_e [a] [m]	Mindestverdübelungsgrad
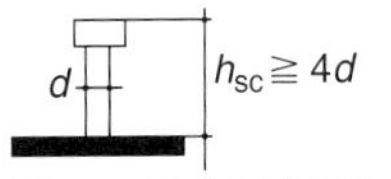 $h_{sc} \geq 4d$ $16\,\text{mm} \leq d \leq 25\,\text{mm}$	Doppelsymmetrisch	$L_e \leq 25\,\text{m}$	$\eta \geq 1 - \left(\dfrac{355}{f_y}\right) \cdot (0,75 - 0,03 \cdot L_e) \geq 0,4$
		$L_e > 25\,\text{m}$	$\eta \geq 1$
	Einfachsymmetrisch 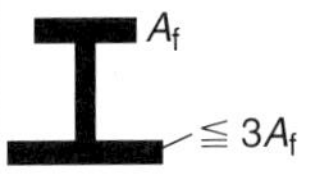 A_f $\leq 3 A_f$	$L_e \leq 20\,\text{m}$	$\eta \geq 1 - \left(\dfrac{355}{f_y}\right) \cdot (0,30 - 0,015 \cdot L_e) \geq 0,4$
		$L_e > 20\,\text{m}$	$\eta \geq 1$
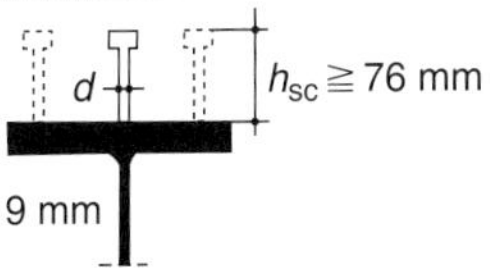 $h_{sc} \geq 76\,\text{mm}$ $d = 19\,\text{mm}$ – ein Kopfbolzendübel/Rippe – zentrisch oder alternierend rechts/links angeordnet	Profilblechverbunddecke[b] 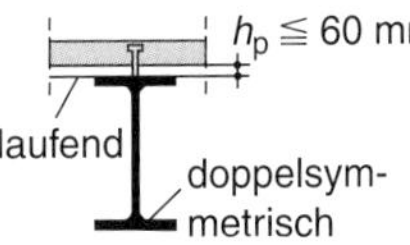 $h_p \leq 60\,\text{mm}$ durchlaufend doppelsymmetrisch gewalzt oder geschweißt	$L_e \leq 25\,\text{m}$	η[c] $\geq 1 - \left(\dfrac{355}{f_y}\right) \cdot (1,0 - 0,04 \cdot L_e) \geq 0,4$
		$L_e > 25\,\text{m}$	$\eta \geq 1$

[a] L_e Abstand der Momentennullpunkte, vereinfacht nach Abb. 10.61
[b] mit Rippen quer zur Trägerachse und $b_0/h_p \geq 2$ – siehe Abb. 10.70
[c] Verdübelungsgrad bestimmt mit Näherung nach (10.192) und Abb. 10.63.

Abb. 10.72 Grenzabmessungen und Abstände für Kopfbolzendübel.
[1]) Betondeckung nach [11], Tabelle NA.4.4 abzüglich 5 mm;
[2]) bei teilweiser Verdübelung und/oder äquidistanter Anordnung der Verbundmittel ist $h_{SC} \geq 4d$
* nach Tafel 10.151

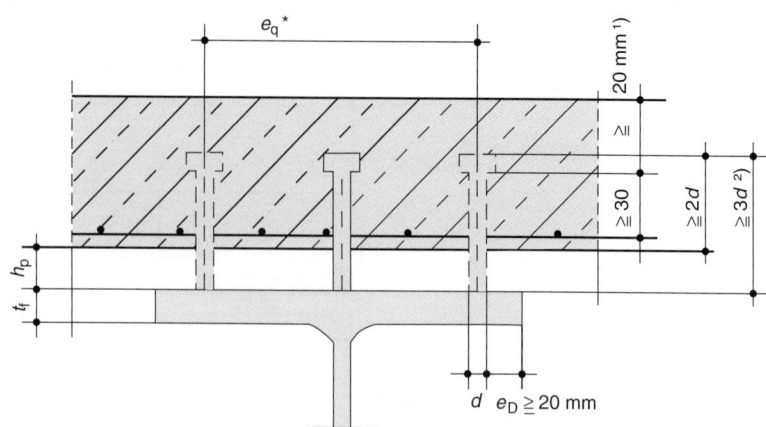

$t_f \geq d/2{,}5$ bei ruhender Beanspruchung
$t_f \geq d/1{,}5$ bei nicht ruhender Beanspruchung

Tafel 10.151 Achsabstände der Dübel, Grenzmaße

Achsabstände der Dübel, Grenzmaße	Allgemein	Bei Höherstufung von Druckflanschen in Klasse 1, 2	
In Längsrichtung, ununterbrochene Verbundfuge (Vollbetonplatte)	$5 \cdot d \leq e_L \leq 6 \cdot h_c$ $e_L \leq 800$ mm	$e_L \leq 22 \cdot t \cdot \varepsilon$	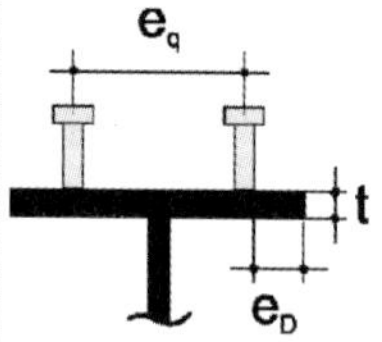 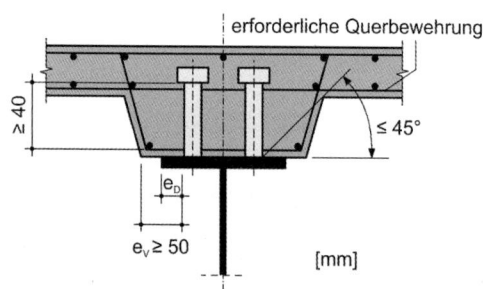
In Längsrichtung, unterbrochene Verbundfuge (Profilbleche)		$e_L \leq 15 \cdot t \cdot \varepsilon$	
Quer zur Kraftrichtung, ununterbrochene Verbundfuge (Vollbetonplatte)	$e_q \geq 2{,}5 \cdot d$	$e_D \leq 9 \cdot t \cdot \varepsilon$	
Quer zur Kraftrichtung, unterbrochene Verbundfuge (Profilbleche)	$e_q \geq 4 \cdot d$		$\varepsilon = \sqrt{\dfrac{235}{f_y}}$

d Dübeldurchmesser
h_c gesamte Plattendicke
f_y [N/mm²] Streckgrenze des Baustahles.

Ist die dritte Bedingung nicht eingehalten, sind zusätzliche Schnitte (z. B. in der Mitte zwischen benachbarten kritischen Schnitten) zu untersuchen.

Erfolgt die Verteilung nach dem elastisch ermittelten Längsschubkraftverlauf (10.207), darf auf zusätzliche Nachweise zwischen kritischen Schnitten verzichtet werden.

Anordnung und Grenzabmessungen Für die Grenzabstände der Dübel (längs und quer) gelten zunächst die Werte der Tafel 10.151, Spalte 2. Sofern beulgefährdete Druckflansche aufgrund begrenzter Dübelabstände in die QSK 1 oder 2 hochgestuft werden sollen, sind die Abstände nach Tafel 10.151, Spalte 3 einzuhalten. Weitere Grenzabmessungen siehe Abb. 10.72.

Bei der Ausbildung von Vouten zwischen dem Stahlträger und der Unterseite des Betongurtes ist zu beachten, dass die Außenseiten der Voute außerhalb der Linie liegen, die unter 45° von der Außenkante des Dübels zur oberen Kante der Voute verläuft. Dies und weitere Anforderungen sind in Abb. 10.73 dargestellt.

10.6.2.7 Längsschubbeanspruchung im Betongurt

Betongurt und Querbewehrung sind im GZT so zu bemessen, dass örtliches Versagen in der Dübelumrissfläche und am Plattenanschnitt vermieden werden. Der Bemessungs-

Abb. 10.73 Konstruktive Durchbildung für Vouten bei Trägern ohne Profilbleche

wert der Längsschubkraft je Längeneinheit $v_{L,Ed}$ ist aus der erforderlichen Dübelanzahl und -verteilung nach den Abschn. 10.6.2.6.3 und 10.6.2.6.4 zu bestimmen. Die zu untersuchenden Schnitte (a–a für den Plattenanschluss, b–b bis d–d für die Dübelumrissfläche) gehen aus Abb. 10.74 hervor.

Die Nachweise des Betongurtes in den kritischen Schnitten a–a sind entsprechend [10], Abschn. 6.2.4 und [11] zu führen.

$$A_{sf} \cdot f_{sd}/s_f \geq v_{Ed} \cdot h_f/\cot\theta \qquad (10.215)$$

Der Nachweis für das Versagen der Druckstreben im Betongurt erfolgt unter Verwendung der Definition $f_{cd} = f_{ck}/\gamma_C$ aus [29] mit (10.216).

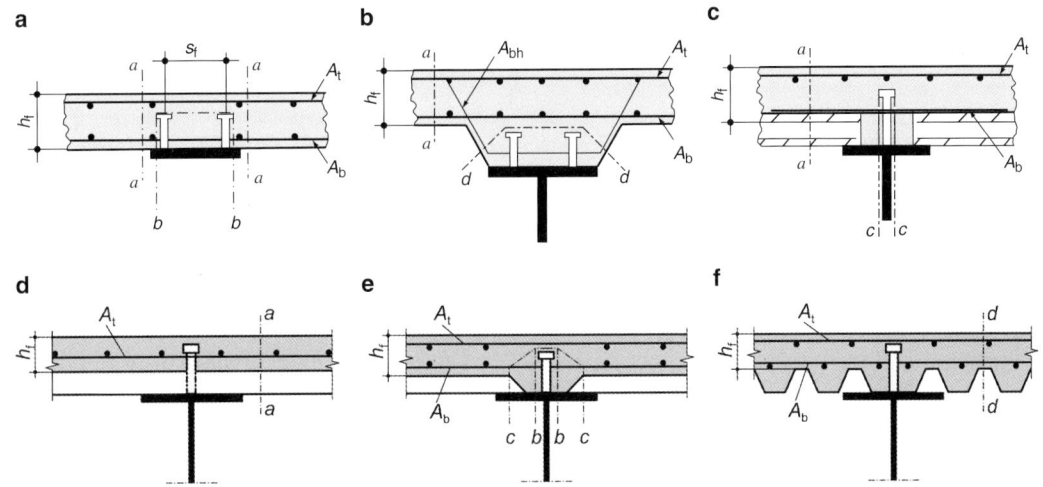

Abb. 10.74 Kritische Schnitte **a** bis **c** bei Vollbetonplatten, **d** bis **f** bei Decken mit Profilblechen

Tafel 10.152 Anrechenbare Bewehrung in kritischen Schnitten nach Abb. 10.74

Schnitt	Vollbetonplatte	Betongurt mit Profilblechen
a–a	$A_b + A_t$	A_t
b–b	$2A_b$	$2A_b$
c–c	$2A_b$	$2A_b$
d–d	$2A_{bh}$	$A_b + A_t$

A_b, A_t, A_{bh} Querschnittsfläche der Querbewehrung des Betongurtes (s. Abb. 10.74).

$$v_{Ed} \leq v \cdot 0{,}85 \cdot f_{cd}/(\cot\theta + 1/\cot\theta) \qquad (10.216)$$

v_{Ed} Längsschubkraft je Flächeneinheit in den kritischen Schnitten

v Abminderungsfaktor für die Druckstrebenfestigkeit, $v = 0{,}75$ für Normalbeton $\leq$ C50/60

θ Betondruckstrebenneigung; vereinfachend darf nach [11] für den Zuggurt $\cot\theta = 1{,}0$ und für den Druckgurt $\cot\theta = 1{,}2$ angesetzt werden.

Werden Teilfertigteile in Kombination mit Ortbeton verwendet (s. Abb. 10.74c), ist die Längsschubtragfähigkeit in Fugen nach [10] Abschn. 6.2.5 zu ermitteln.

Verlaufen die Profilbleche senkrecht zur Trägerachse, ist ein Nachweis im Schnitt b–b nicht erforderlich, wenn die Tragfähigkeit der Dübel mit dem Faktor k_t nach (10.206) abgemindert wird.

Senkrecht zur Trägerachse angeordnete durchlaufende **Profilbleche mit mechanischem Verbund oder Reibungsverbund** dürfen beim Nachweis der Längsschubtragfähigkeit im Schnitt a–a angerechnet werden. Statt (10.215) ist (10.217) zu verwenden.

$$A_{sf} \cdot f_{yd}/s_f + A_{pe} \cdot f_{yp,d} \geq v_{Ed} \cdot h_f/\cot\theta \qquad (10.217)$$

A_{pe} wirksame Querschnittsfläche des Profilbleches je Längeneinheit quer zur Trägerrichtung, wobei bei vorge-

lochten Blechen die Nettoquerschnittsfläche maßgebend ist

$f_{yp,d}$ Bemessungswert der Streckgrenze des Profilbleches.

Für senkrecht zur Trägerachse angeordnete und **über dem Träger gestoßene Profilbleche** mit durchgeschweißten Dübeln gilt:

$$A_{sf} \cdot f_{yd}/s_f + P_{pb,Rd}/s > v_{Ed} \cdot h_f/\cot\theta, \qquad (10.218)$$

jedoch

$$P_{pb,Rd}/s \leq A_{pe} \cdot f_{yp,d} \qquad (10.219)$$

$P_{pb,Rd}$ Tragfähigkeit der Endverdübelung mit durchgeschweißten Kopfbolzendübeln nach [29], Abschn. 9.7.4 (s. (10.253))

s Achsabstand der Endverdübelung in Trägerlängsrichtung.

Beispiel

Für einen Zweifeld-Verbundträger erfolgt die Bemessung nach der Fließgelenktheorie. Es werden die Nachweise der Querschnittstragfähigkeit, der Verdübelung, des Schulterschubs, der Duktilitätsbewehrung und der Rissbreitenbeschränkung geführt.

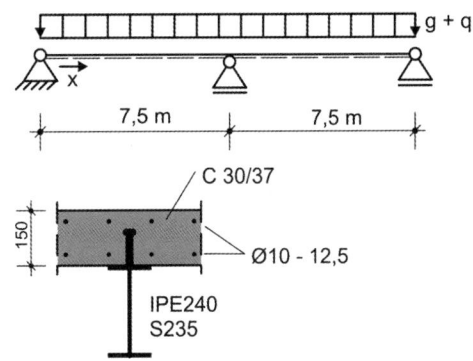

Lastermittlung (Trägerabstand $a = 3,00$ m):
- Eigengewicht von Träger, Stahlbeton und Ausbaulasten

$$g_k = 0,307 + (25,0 \cdot 0,15 + 1,9) \cdot 3,00$$
$$= 17,26\,\text{kN/m}$$

- Verkehrslast

$$p_k = 3,8 \cdot 3,00 = 11,4\,\text{kN/m}$$

- Bemessungslast

$$q_{Ed} = 1,35 \cdot 17,26 + 1,5 \cdot 11,4 = 40,4\,\text{kN/m}$$

Mittragende Gurtbreiten:
- Feldbereich

$$L_e = 0,85 \cdot 7,5 = 6,375\,\text{m} \quad \text{(Abb. 10.61)}$$
$$b_{eff} = 2 \cdot 6,375/8 = 1,59\,\text{m} < 3,00\,\text{m} \quad \text{(Tafel 10.142)}$$

- Stützbereich

$$L_e = 0,25 \cdot 2 \cdot 7,5 = 3,75\,\text{m} \quad \text{(Abb. 10.61)}$$
$$b_{eff} = 2 \cdot 3,75/8 = 0,94\,\text{m} < 3,00\,\text{m} \quad \text{(Tafel 10.142)}$$

Vorbemessung des Verbundträgers unter Ausnutzung der plastischen Momentenumlagerung:

$$\alpha = M_{pl,Rd}^{Stütze} / M_{pl,Rd}^{Feld} \approx 0,6 \quad \text{(geschätzt)}$$
$$\eta = 10,26 \quad \text{(Tafel 10.141)}$$
$$\text{erf } M_{pl,Rd}^{Feld} \approx 40,4 \cdot 7,5^2/10,26 = 221,5\,\text{kNm}$$
$$\text{erf } A_a \approx \frac{22.150}{\left(\frac{24,0}{2} + 15,0 \cdot \frac{5}{6}\right) \cdot \frac{23,5}{1,0}}$$
$$= 38,47\,\text{cm}^2 \quad \text{gewählt IPE 240, S235}$$
$$N_{pl,a,Rd} = 919,3\,\text{kN}, \quad M_{pl,y,Rd} = 86,15\,\text{kNm}$$
$$V_{pl,z,Rd} = 259,8\,\text{kN}, \quad a = 0,399 \quad \text{(Tafel 10.61)}$$

Ermittlung der vollplastischen Querschnittstragfähigkeit:
- Feldbereich

$$z_{pl} = 919,3/(159 \cdot 1,7) = 3,40\,\text{cm} \quad \text{(Tafel 10.143)}$$
$$M_{pl,Rd}^{Feld} = \frac{919,3}{100} \cdot \left(\frac{24,0}{2} + 15,0 - \frac{3,40}{2}\right)$$
$$= 232,6\,\text{kNm}$$

- Stützbereich

$$N_s = 2 \cdot 0,785 \cdot \frac{0,94}{0,125} \cdot \frac{50}{1,15} = 11,81 \cdot \frac{50}{1,15}$$
$$= 514\,\text{kN}$$
$$n = \frac{514}{919,3} = 0,559 > a = 0,399$$

$$M_{N,y,Rd} = 86,15 \cdot \frac{1 - 0,559}{1 - 0,5 \cdot 0,399}$$
$$= 47,46\,\text{kNm} \quad \text{(Tafel 10.56)}$$
$$M_{pl,Rd}^{Stütze} = 47,46 + 514 \cdot \frac{24,0 + 15,0}{2 \cdot 100} = 147,7\,\text{kNm}$$
$$\frac{V_{Ed}}{V_{pl,z,Rd}} = \frac{147,7/7,5 + 40,4 \cdot 7,5/2}{259,8} = \frac{171,2}{259,8}$$
$$= 0,659 > 0,5$$

Der Einfluss der M-V-Interaktion ist zu berücksichtigen. Die Momententragfähigkeit wird um diesen Einfluss reduziert. Zur Bestimmung des Abminderungsbetrags wird die Schubfläche A_{vz} des I-Profils herangezogen, über die auch $V_{pl,z,Rd}$ bestimmt wird. Da der Steg zur Aufnahme der Normalkraft N_s nicht mehr vollständig zur Verfügung steht, wird als innerer Hebelarm der halbe Gurtabstand zugrunde gelegt.

$$\rho = (2 \cdot 0,659 - 1)^2 = 0,101 \quad \text{(s. (10.49))}$$
$$M_{V,Rd}^{Stütze} \cong 147,7 - 0,101 \cdot 19,1 \cdot 23,5 \cdot \frac{24,0 - 0,98}{2 \cdot 100}$$
$$= 142,5\,\text{kNm}$$

Der Nachweis der Querschnittstragfähigkeit im Feld wird unter Ausnutzung der plastischen Momententragfähigkeit über der Stütze geführt.

$$M_{Ed}^{Feld} = \frac{(40,4 \cdot 7,5/2 - 142,5/7,5)^2}{2 \cdot 40,4}$$
$$= \frac{132,5^2}{2 \cdot 40,4} = 217,3\,\text{kNm}$$
$$\frac{M_{Ed}^{Feld}}{M_{pl,Rd}^{Feld}} = \frac{217,3}{232,6} = 0,934 < 1,00$$

Die Anwendungsvoraussetzungen für die Berechnung nach der Fließgelenktheorie sind im Abschn. 10.6.2.2.2 aufgeführt. Der Querschnitt IPE240 in S235 erfüllt mit der Spannungsverteilung im Bereich negativer Momente die Voraussetzungen an die Querschnittsklasse 1 (s. Tafel 10.61). Eine Biegedrillknickgefährdung besteht nicht ($h_a = 200 < 600$ mm (s. Tafel 10.145)).

Die erforderliche Verdübelung wird im Feldbereich unter Ansatz des Teilverbundes, im Stützbereich für die Übertragung von N_s ausgelegt.

Kopfbolzendübel $\varnothing$ 19 mm, $h_{SC} = 100$ mm,

$$f_{uk} = 450\,\text{N/mm}^2: P_{Rd} = 69,4\,\text{kN} \quad \text{(Tafel 10.148)}$$

$$\frac{M_{pl,Rd}^{Feld}}{M_{pl,a,Rd}} = \frac{232,6}{86,15} = 2,70 > 2,50$$

Bei Ausbildung einer äquidistanten Verdübelung ist der Nachweis ausreichender Momentendeckung in zusätzlichen Schnitten erforderlich (s. Abschn. 10.6.2.6.4). Hierauf wird in diesem Beispiel verzichtet.

- Bereich Endauflager bis maximales Feldmoment

$$n_{\mathrm{f}} = 919{,}3/69{,}4 = 13{,}25$$

$$\mathrm{erf}\, n_{\mathrm{c}} = \frac{217{,}3 - 86{,}15}{232{,}6 - 86{,}15} \cdot 13{,}25$$

$$= 0{,}896 \cdot 13{,}25 = 11{,}9 \quad (\mathrm{s.}\ (10.212))$$

$$x_{\mathrm{max\,M}} = 132{,}5/40{,}4 = 3{,}28\,\mathrm{m}$$

$$e_{\mathrm{L}} \leq 328/11{,}9 = 27{,}6\,\mathrm{cm}$$

gew. $e_{\mathrm{L}} = 25\,\mathrm{cm}$ im Bereich $0 \leq x \leq 3{,}28\,\mathrm{m}$.

- Bereich maximales Feldmoment bis mittleres Auflager

$$n_{\mathrm{c}} + n_{\mathrm{s}} = 11{,}9 + 514/69{,}4 = 19{,}31$$

$$L - x_{\mathrm{max\,M}} = 7{,}50 - 3{,}28 = 4{,}22\,\mathrm{m}$$

$$e_{\mathrm{L}} \leq 422/19{,}31 = 21{,}9\,\mathrm{cm}$$

gew. $e_{\mathrm{L}} = 20\,\mathrm{cm}$ im Bereich $3{,}28\,\mathrm{m} \leq x \leq 7{,}50\,\mathrm{m}$.

Der Nachweis des Schulterschubs (Betondruckstrebenversagen) wird im Bereich zwischen dem maximalen Feldmoment und dem mittleren Auflager mit der aus der gewählten Verdübelung übertragbaren Kraft geführt. Der Nachweis der Querbewehrung ist nicht Gegenstand dieses Beispiels.

$$v_{\mathrm{L,Ed}} = 69{,}4/(20{,}0 \cdot (2 \cdot 10{,}0 + 3{,}2))$$

$$= 0{,}150\,\mathrm{kN/cm}^2$$

$$v_{\mathrm{L,Rd}} = 0{,}75 \cdot 1{,}7/(1{,}0 + 1/1{,}0)$$

$$= 0{,}638\,\mathrm{kN/cm}^2$$

$$(\text{Bereich Zugzone}) \quad (\mathrm{s.}\ (10.216))$$

$$0{,}150/0{,}638 = 0{,}235 < 1$$

Erforderliche Duktilitätsbewehrung im Bereich negativer Momente:

$$n_0 = 21.000/3300 = 6{,}36$$

$$A_{\mathrm{c,0}} = 15{,}0 \cdot 94{,}0/6{,}36 = 221{,}7\,\mathrm{cm}^2$$

$$a_{\mathrm{St}} = (24{,}0 + 15{,}0)/2 = 19{,}5\,\mathrm{cm}$$

$$z_{\mathrm{i,0}} = \frac{39{,}1 \cdot 19{,}5}{39{,}1 + 221{,}7} = 2{,}92\,\mathrm{cm}$$

$$k_{\mathrm{c}} = 1/(1 + 15{,}0/(2 \cdot 2{,}92)) + 0{,}3$$

$$= 0{,}58 \leq 1 \quad (\mathrm{s.}\ (10.221))$$

$$\rho_{\mathrm{s}} = 1{,}1 \cdot \frac{235}{235} \cdot \frac{2{,}9}{500} \cdot \sqrt{0{,}58}$$

$$= 0{,}00486 \cong 0{,}486\,\% \quad (\mathrm{s.}\ (10.184))$$

$$\mathrm{erf}\, A_{\mathrm{s}} = 15{,}0 \cdot 94{,}0 \cdot 0{,}00486 = 6{,}85\,\mathrm{cm}^2 < 11{,}81\,\mathrm{cm}^2$$

Mindestbewehrung zur Rissbreitenbeschränkung:

$$\sigma_{\mathrm{s}} = 360\,\frac{\mathrm{N}}{\mathrm{mm}^2}$$

für $\phi^* = 10\,\mathrm{mm}$ und $w_{\mathrm{k}} = 0{,}4\,\mathrm{mm}$ (Tafel 10.153)

$$\mathrm{erf}\, A_{\mathrm{s}} = 0{,}9 \cdot 0{,}58 \cdot 0{,}8 \cdot \frac{2{,}90}{360} \cdot 15{,}0 \cdot 94{,}0$$

$$= 4{,}74\,\mathrm{cm}^2 < 11{,}81\,\mathrm{cm}^2 \quad (\mathrm{s.}\ (10.221))$$

10.6.2.8 Nachweise im Grenzzustand der Gebrauchstauglichkeit

10.6.2.8.1 Allgemeines

Im GZG sind, sofern maßgebend, die folgenden Einflüsse zu berücksichtigen:

- Schubverformungen bei breiten Gurten (mittragende Breite)
- Kriechen und Schwinden des Betons
- Rissbildung im Betongurt, Mitwirkung des Betons zwischen den Rissen
- Montageablauf und Belastungsgeschichte
- Nachgiebigkeit der Verbundfuge bei signifikantem Schlupf der Verbundmittel
- nichtlineares Verhalten bei Bau- und Betonstahl
- Verwölbungen und Profilverformungen der Querschnitte.

Nachweise für den GZG werden i. Allg. unter charakteristischen Einwirkungen und je nach Kriterium für seltene, häufige oder quasi-ständige Einwirkungskombinationen bestimmt. DIN EN 1990 [1] enthält im Anhang A1 Kombinationsbeiwerte für veränderliche Einwirkungen im Hochbau. Gebrauchstauglichkeitskriterien sind u. A. Verformungen, Rissbildungen und Schwingungen.

$$E_{\mathrm{d}} \leq C_{\mathrm{d}} \tag{10.220}$$

E_{d} Bemessungswert der Auswirkung von Einwirkungen in der Dimension des Gebrauchstauglichkeitskriteriums unter der maßgebenden Einwirkungskombination

C_{d} Bemessungswert der Grenze für das maßgebende Gebrauchstauglichkeitskriterium.

10.6.2.8.2 Begrenzung der Verformungen (Durchbiegungen)

Verformungen werden in Abhängigkeit von der Belastungsgeschichte (z. B. Träger ohne oder mit Eigengewichtsverbund) für Stahlbauteile nach [12] und für Verbundbauteile nach DIN EN 1994-1-1 [29], Abschn. 5 ermittelt (s. Abschn. 10.6.2.2.1). Nach DIN 18800-5 [34] sind Verbundträger in der Regel für die ständigen Einwirkungen einschließlich der Verformungen aus dem Kriechen und Schwinden des Betons zu überhöhen. Eventuell zu berücksichtigende Überhöhungen für veränderliche Einwirkungen sind im Einzelfall festzulegen. [29] enthält hierzu keine Regelungen.

Als Bezugsebene für die maximale Durchbiegung δ_{max} ist bei Trägern ohne Eigengewichtsverbund die Trägeroberseite zu verwenden. Die Trägerunterseite ist nur dann zu verwenden, wenn die Durchbiegung das Erscheinungsbild des Gebäudes beeinträchtigt. In DIN EN 1992-1-1 [10], Abschn. 7.4.1 sind folgende Richtwerte zur Begrenzung von Verformungen angegeben:

- $l/250$ für Balken, Platten oder Kragbalken zur Wahrung des Erscheinungsbildes. Bei Kragarmen ist für l die 2,5-fache Kragarmlänge anzusetzen.
- $l/500$ zur Vermeidung von Schäden an Bauteilen, die an dem Tragwerk anschließen (z. B. Trennwände, Fassaden etc.).

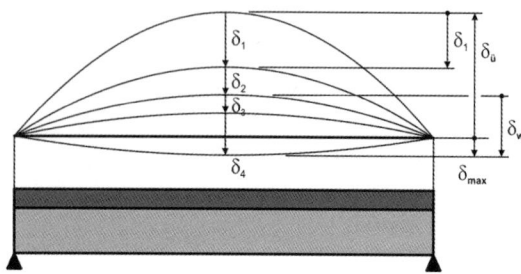

Abb. 10.75 Verformungen und Überhöhung von Verbundträgern (vgl. [89]). δ_1 Eigengewicht, δ_2 Ausbaulasten, δ_3 Kriechen, Schwinden, δ_4 Verkehr, Temperatur, $\delta_{ü}$ Überhöhung, δ_{max} Durchhang, δ_w für Ausbauteile wirksame Verformung

Die Nachgiebigkeit der Verdübelung darf vernachlässigt werden, wenn

- die Verdübelung nach [29], Abschn. 6.6 erfolgt (s. Abschn. 10.6.2.6),
- entweder nicht weniger als die Hälfte der Anzahl an Verbundmitteln angeordnet wird, die für die vollständige Verdübelung erforderlich ist **oder** die Längsschubkraft je Dübel (nach Elastizitätstheorie im GZG) P_{Rd} nicht überschritten und
- bei Verwendung von senkrecht zur Trägerachse verlaufenden Profilblechen $h_p \leq 80$ mm ist.

Näherungsweise Berücksichtigung der Rissbildung Bei Durchlaufträgern mit QSK 1, 2 oder 3 in kritischen Schnitten darf der Einfluss der Rissbildung auf die Momentenverteilung näherungsweise durch Abminderung der Stützmomente mit dem Faktor f_1 nach Abb. 10.76 und Umlagerung auf die Feldbereiche berücksichtigt werden. Dies gilt an allen Innenstützen, an denen die Betonrandspannung σ_{ct} den Wert $1{,}5f_{ctm}$ bzw. $1{,}5f_{lctm}$ überschreitet.

Einfluss des örtlichen Plastizierens im Baustahlquerschnitt Bei Trägern ohne Eigengewichtsverbund darf der Einfluss des örtlichen Plastizierens an Innenstützen mit einem zusätzlichen Reduktionsfaktor f_2 für die Stützmomente berücksichtigt werden. Diese Regelung gilt für die Abschät-

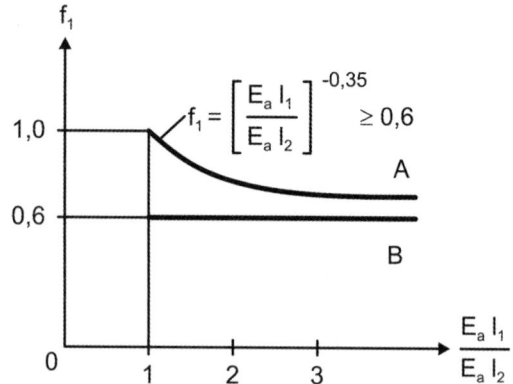

Abb. 10.76 Abminderungsfaktor für Stützenmomente. *Kurve A* gilt für Innenfelder von Durchlaufträgern mit konstanter Gleichstreckenlast und $0{,}75 \leq L/L_i \leq 1{,}33$, *Gerade B* gilt für alle anderen Fälle. Steifigkeit des Verbundträgers: $E_a I_1$ für Zustand 1, $E_a I_2$ für Zustand 2

zung der max. Verformungen und nicht zur Festlegung von Trägerüberhöhungen.

- $f_2 = 0{,}5$ wenn f_y vor Herstellung des Verbundes erreicht wird
- $f_2 = 0{,}7$ wenn f_y nach Herstellung des Verbundes erreicht wird.

Einfluss des Schwindens Wenn seitens des Auftraggebers keine genaueren Anforderungen bestehen, darf bei Verwendung von Normalbeton der Einfluss des Schwindens vernachlässigt werden, wenn das Verhältnis von Stützweite zu Bauhöhe des Verbundquerschnitts den Wert 20 nicht überschreitet.

10.6.2.8.3 Mindestbewehrung

Zur Beschränkung der Rissbreite ist ein Minimum an Bewehrung in Bereichen nötig, in denen Zug erwartet wird. Dies gilt für alle Betonquerschnittsteile, die durch Zwangsbeanspruchungen (z. B. primäre und sekundäre Beanspruchungen aus Schwinden) und/oder direkte Beanspruchungen aus äußeren Einwirkungen auf Zug beansprucht werden. Die Mindestbewehrung darf aus dem Gleichgewicht zwischen der Betonzugkraft unmittelbar vor der Rissbildung und der Zugkraft in der Bewehrung unter Ansatz der Streckgrenze oder einer niedrigeren Spannung, falls dies zur Rissbreitenbeschränkung erforderlich ist, ermittelt werden. Sofern keine genauere Ermittlung nach [10], Abschn. 7.3 erfolgt, darf bei Verbundträgern ohne Spanngliedvorspannung die erforderliche Mindestbewehrung A_s mit (10.221) bestimmt werden.

$$A_s = k_s k_c k f_{ct,eff} A_{ct}/\sigma_s \qquad (10.221)$$

$k = 0{,}8$ Beiwert zur Berücksichtigung von nichtlinear verteilten Eigenspannungen

$k_s = 0{,}9$ Beiwert, der die Abminderung der Normalkraft des Betongurtes infolge Erstrissbildung und Nachgiebigkeit der Verdübelung erfasst.

$f_{ct,eff}$ Mittelwert der wirksamen Betonzugfestigkeit zum erwarteten Zeitpunkt der Erstrissbildung. Es dürfen die Werte $f_{ct,m}$ bzw. $f_{lct,m}$ nach [10] der maßgebenden Betonfestigkeitsklasse angenommen werden. Wenn nicht zuverlässig vorhergesagt werden kann, dass die Rissbildung vor Ablauf von 28 Tagen eintritt, ist i. d. R. mindestens von $3\,\text{N/mm}^2$ auszugehen.

k_c Beiwert zur Berücksichtigung der Spannungsverteilung im Betongurt unmittelbar vor der Erstrissbildung

$$k_c = \frac{1}{1 + h_c/(2z_0)} + 0{,}3 \leq 1{,}0$$

$k_c = 0{,}6$ für Kammerbeton

h_c Dicke des Betongurtes ohne Berücksichtigung von Vouten und Rippen

z_0 Abstand zwischen Schwerachse des Betons und der ideellen Schwerachse des Verbundquerschnitts (Ermittlung am ungerissenen Querschnitt mit n_0, s. Abschn. 10.6.2.2.1, (10.185))

A_{ct} Fläche der Betonzugzone unmittelbar vor Erstrissbildung unter Berücksichtigung der Zugbeanspruchungen aus direkten Einwirkungen und Zwangsbeanspruchungen aus dem Schwinden. Näherungsweise darf die Fläche des mittragenden Betonquerschnitts angenommen werden.

Die Mindestbewehrung ist über die Gurtdicke so vorzunehmen, dass mindestens die Hälfte an der Plattenseite mit der größten Zugspannung liegt. Bei Betongurten mit veränderlicher Dicke in Querrichtung ist i. d. R. bei der Ermittlung der Mindestbewehrung die lokale Gurtdicke zugrunde zu legen.

10.6.2.8.4 Begrenzung der Rissbreite

Der Nachweis der Rissbreitenbegrenzung darf durch Begrenzung der Stabdurchmesser oder der Stababstände erfolgen.

Durch das Mitwirken des Betons zwischen den Rissen ergeben sich gegenüber einer Berechnung unter Vernachlässigung dieses Effektes vergrößerte Betonstahlspannungen. Für Verbundträger ohne Spanngliedvorspannungen ergibt sich die Betonstahlspannung wie folgt:

$$\sigma_s = \sigma_{s,0} + \Delta\sigma_s \qquad (10.222)$$

mit

$$\Delta\sigma_s = \frac{0{,}4 f_{ctm}}{\alpha_{st}\rho_s}, \qquad \alpha_{st} = \frac{A \cdot I}{A_a \cdot I_a}$$

$\sigma_{s,0}$ Betonstahlspannung infolge von auf den Verbundquerschnitt einwirkenden Schnittgrößen unter Vernachlässigung von zugbeanspruchten Betonquerschnittsteilen

ρ_s Bewehrungsgrad $\rho_s = A_s/A_{ct}$ in der Betonzugzone (A_{ct} siehe (10.221))

A, I Fläche und Flächenträgheitsmoment für den Verbundquerschnitt unter Vernachlässigung der zugbeanspruchten Betonquerschnittsteile und ohne Berücksichtigung von Profilblechen, falls vorhanden

A_a, I_a Fläche und Flächenträgheitsmoment des Baustahlquerschnitts.

Rissbreitenbegrenzung durch Begrenzung des Stabdurchmessers

$$\phi = \phi^* \frac{f_{ct,eff}}{f_{ct,0}}$$

mit

ϕ^* Grenzdurchmesser nach Tafel 10.153

$f_{ct,0} = 2{,}9\,\text{N/mm}^2$ Bezugswert für die Betonzugfestigkeit.

Rissbreitenbegrenzung durch Begrenzung der Stababstände   Siehe Tafel 10.153.

Tafel 10.153 Grenzdurchmesser für Betonrippenstähle und Höchstwerte der Stababstände zur Rissbreitenbeschränkung[a]

Stahlspannung σ_s [N/mm²]	Grenzdurchmesser ϕ^* [mm]			Höchstwerte der Stababstände in mm		
	Für die maximal zulässige Rissbreite w_k					
	0,4 mm	0,3 mm	0,2 mm	0,4 mm	0,3 mm	0,2 mm
160	40	32	25	300	300	200
200	32	25	16	300	250	150
240	20	16	12	250	200	100
280	16	12	8	200	150	50
320	12	10	6	150	100	–
360	10	8	5	100	50	–
400	8	6	4	–	–	–
450	6	5	–	–	–	–

[a] Die Zahlenwerte entsprechen den Angaben in DIN EN 1994-1-1 [29], Abschn. 7.4.
DIN EN 1992-1-1/NA [11] enthält in Tabelle NA.7.2 abweichende Grenzdurchmesser.

Abb. 10.77 Typische Querschnitte von Verbundstützen. **a** Vollständig einbetoniertes offenes Stahlprofil, **b, c** ausbetoniertes offenes Stahlprofil, **d, e** ausbetoniertes Stahlhohlprofil, **f** ausbetoniertes Stahlhohlprofil mit eingestelltem offenen Profil

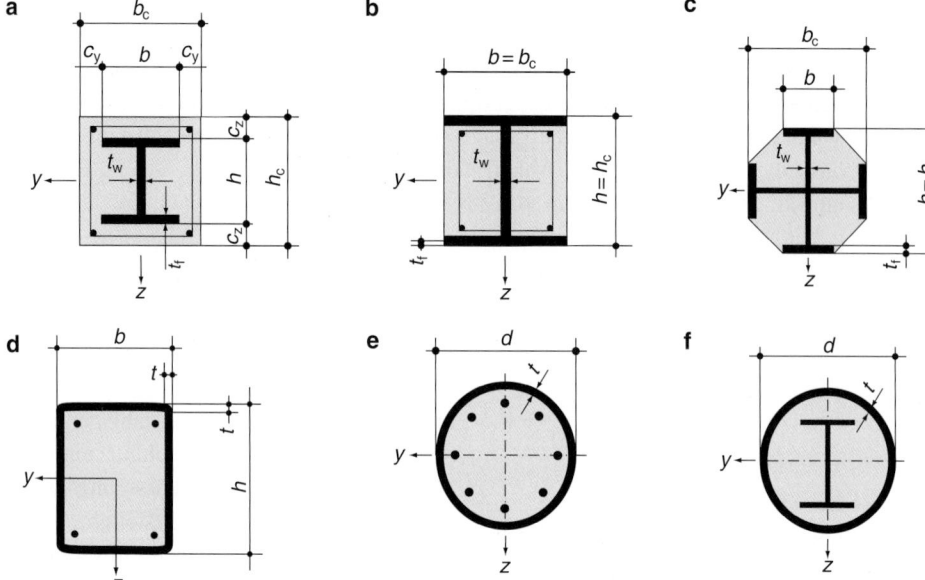

10.6.3 Verbundstützen

10.6.3.1 Allgemeines, Anwendungsbereich

Die nachfolgenden Regelungen gelten für Verbundstützen, die aus einbetonierten Stahlprofilen, ausbetonierten Hohlprofilen oder kammerbetonierten offenen Profilen bestehen (s. Abb. 10.77 und [29], Abschn. 6.7). Hierfür sind ausreichende Querschnitts- und Bauteiltragfähigkeit (Nachweis der Gesamtstabilität bei $\alpha_{cr} < 10$), örtliches Beulen, die Lastein- und -ausleitung sowie bei planmäßigen Querlasten und/oder Randmomenten die Längsschubtragfähigkeit zwischen Stahl und Beton nachzuweisen.

Der Nachweis der Gesamtstabilität kann mit zwei Verfahren erfolgen: Ein Allgemeines, mit dem die Tragfähigkeit von Stützen mit beliebigem Querschnitt und über die Stützenlange veränderlichen Querschnitten ermittelt werden kann sowie ein Vereinfachtes für Stützen mit doppeltsymmetrischem und über die Stützenlänge konstantem Querschnitt. Stützen aus ausbetonierten Hohlprofilen mit zusätzlichen Einstellprofilen aus runden oder quadratischen Vollkernprofilen sind ungeachtet der doppelten Symmetrie nach dem Allgemeinen Verfahren nachzuweisen. Weitere Voraussetzungen zur Anwendung des vereinfachten Verfahrens sind Folgende:

- Baustähle S235 bis S460
- Normalbetone der Festigkeitsklassen C20/25 bis C50/60
- Seitenverhältnis $0,2 \leq h/b \leq 5$ bzw. $0,2 \leq h_c/b_c \leq 5$
- Querschnittsparameter $\delta \rightarrow 0,2 \leq \delta \leq 0,9$ mit $\delta = \frac{A_a \cdot f_{yd}}{N_{pl,Rd}}$
- Schlankheitsgrad $\bar{\lambda} = \sqrt{\frac{N_{pl,Rk}}{N_{cr}}} \leq 2,0$
- Die vorhandene Längsbewehrung darf rechnerisch mit maximal 6 % der Betonfläche angesetzt werden.

10.6.3.2 Nachweis gegen örtliches Beulen

Der Nachweis gegen örtliches Beulen darf bei vollständig einbetonierten Stahlprofilen mit Betondeckungen von $c_z \geq 40\,\text{mm}$ bzw. $c_z \geq 1/6b$ (s. Abb. 10.77a) entfallen. Für andere Querschnitte darf der Nachweis entfallen, wenn die Grenzabmessungen nach Tafel 10.154 eingehalten sind.

Tafel 10.154 Grenzabmessungen für Stahlprofile ohne Beulgefährdung

Querschnitt	$\max(d/t), \max(h/t), \max(b/t)$	
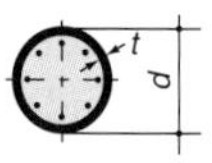	$\max(d/t) = 90 \cdot \varepsilon^2$	$\varepsilon = \sqrt{\dfrac{235}{f_{yk}}}$ f_{yk} in N/mm^2
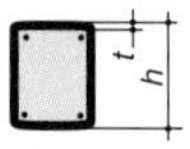	$\max(h/t) = 52 \cdot \varepsilon$	
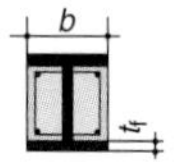	$\max(b/t) = 44 \cdot \varepsilon$	

10.6.3.3 Querschnittstragfähigkeit

Vollplastische Normalkrafttragfähigkeit Die Tragfähigkeit des Verbundquerschnitts ergibt sich aus der Addition der Bemessungswerte der einzelnen Querschnittsteile.

- teilweise und vollständig einbetonierte Stahlprofile

$$N_{pl,Rd} = A_a f_{yd} + 0,85 A_c f_{cd} + A_s f_{sd} \qquad (10.223)$$

- betongefüllte Hohlprofile

$$N_{pl,Rd} = A_a f_{yd} + 1,0 A_c f_{cd} + A_s f_{sd} \qquad (10.224)$$

Umschnürungseffekt bei betongefüllten kreisrunden Hohlprofilen Wegen des Umschnürungseffektes durch das Stahlrohr können erhöhte Betondruckfestigkeiten angesetzt werden. Hierzu sind folgende Bedingungen einzuhalten:

bezogener Schlankheitsgrad

$$\bar{\lambda} = \sqrt{N_{pl,Rk}/N_{cr}} \leq 0,5$$

auf den Außendurchmesser bezogene Lastausmitte

$$\frac{e}{d} = \frac{M_{Ed}}{N_{Ed} \cdot d} < 0,1$$

Die vollplastische Normalkrafttragfähigkeit ergibt sich dann zu:

$$N_{pl,Rd} = \eta_a A_a f_{yd} + A_c f_{cd} \left(1 + \eta_c \frac{t}{d} \frac{f_y}{f_{ck}}\right) + A_s f_{sd}$$
$$(10.225)$$

Tafel 10.155 Beiwerte η_a und η_c

Für Druckglieder mit		
$e = 0$	$0 < e/d \leq 0,1$	$e/d > 0,1$
$\eta_a = \eta_{ao}$	$\eta_a = \eta_{ao} + (1 - \eta_{ao})(10e/d)$	$\eta_a = 1,0$
$\eta_c = \eta_{co}$	$\eta_c = \eta_{co}(1 - 10e/d)$	$\eta_c = 0$

$\eta_{ao} = 0,25(3 + 2\bar{\lambda}) \leq 1,0$ und $\eta_{co} = 4,9 - 18,5\bar{\lambda} + 17\bar{\lambda}^2 \geq 0$.

Druck und Biegung In Abb. 10.78 ist die vollplastische Interaktionskurve für auf Biegung und Druck beanspruchte Verbundquerschnitte dargestellt. Diese darf näherungsweise durch den Polygonzug A bis D beschrieben werden. Der Einfluss zusätzlich wirkender Querkräfte ist zu berücksichtigen, wenn $V_{a,Ed} > 0,5 \cdot V_{pl,a,Rd}$ ist (s. Abschn. 10.6.2.4.4). Sofern kein genauerer Nachweis geführt wird, darf die Aufteilung der Querkraft auf den Profilstahl- und Stahlbetonquerschnitt entsprechend der Momententragfähigkeit nach den Gleichungen (10.226) und (10.227) erfolgen.

$$V_{a,Ed} = V_{Ed} \frac{M_{pl,a,Rd}}{M_{pl,Rd}} \qquad (10.226)$$

$$V_{c,Ed} = V_{Ed} - V_{a,Ed} \qquad (10.227)$$

$M_{pl,a,Rd}$ vollplastische Momententragfähigkeit des Baustahlquerschnitts

$M_{pl,Rd}$ vollplastische Momententragfähigkeit des Verbundquerschnitts.

Vereinfacht darf auch angenommen werden, dass V_{Ed} nur vom Baustahlquerschnitt übertragen wird.

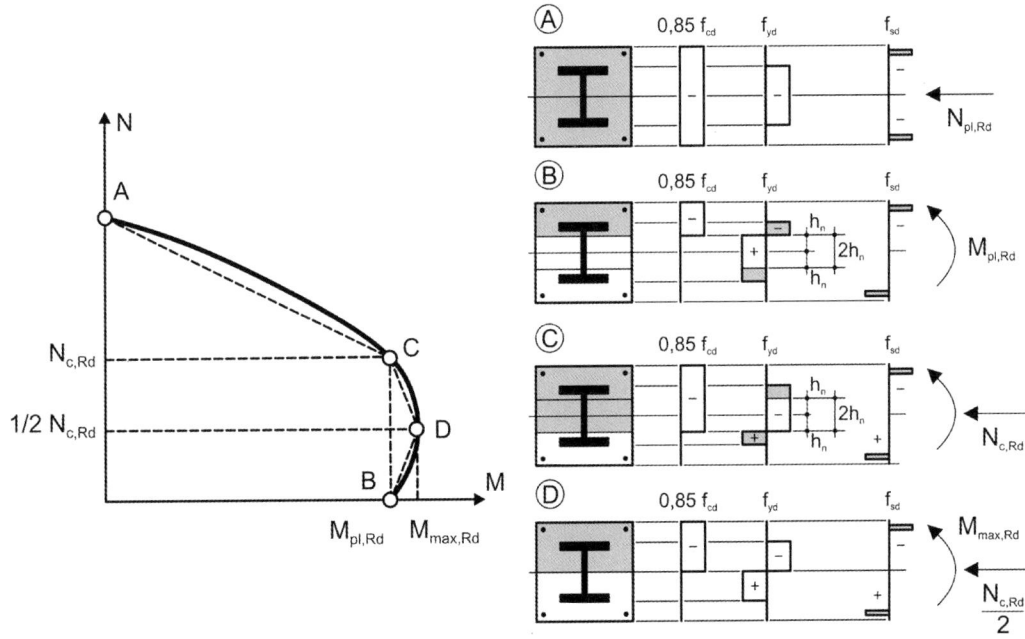

Abb. 10.78 Vollplastische Interaktion für Druck und einachsige Biegung, siehe auch Tafel 10.156
1. Punkt A: $M = 0$, $N = N_{pl,Rd}$ nach (10.223); 2. Punkt D: $M = M_{max,Rd}$, $N = N_{c,Rd}/2 = A_c \cdot \alpha_c \cdot f_{cd}/2$;
3. Punkt B: $M = M_{pl,Rd} = M_{max,Rd} - M_{n,Rd}$, $N = 0$; 4. Punkt C: $M = M_{pl,Rd} = M_{max,Rd} - M_{n,Rd}$, $N = N_{c,Rd}$

Tafel 10.156 Ergänzung zu Abb. 10.78

$$M_{\text{max,Rd}} = W_{\text{pl,a}} \cdot f_{\text{yd}} + \frac{1}{2} W_{\text{pl,c}} \cdot \alpha_{\text{c}} \cdot f_{\text{cd}} + W_{\text{pl,s}} \cdot f_{\text{sd}}, \quad M_{\text{n,Rd}} = W_{\text{pl,an}} \cdot f_{\text{yd}} + \frac{1}{2} W_{\text{pl,cn}} \cdot \alpha_{\text{c}} \cdot f_{\text{cd}} + W_{\text{pl,sn}} \cdot f_{\text{sd}},$$

$$M_{\text{pl,Rd}} = M_{\text{max,Rd}} - M_{\text{n,Rd}}$$

Ausbetonierte Rechteckhohlprofile $\quad \alpha_{\text{c}} = 1{,}0$

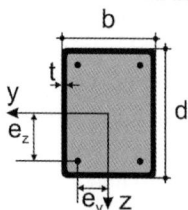

$$W_{\text{pl,cn}} = (b - 2t) \cdot h_{\text{n}}^2 - W_{\text{pl,sn}} \qquad W_{\text{pl,sn}} = \sum_{i=1}^{n} A_{\text{sn,i}} \cdot e_{\text{z,i}}$$

$$h_{\text{n}} = \frac{A_{\text{c}} \cdot \alpha_{\text{c}} \cdot f_{\text{cd}} - A_{\text{sn}} \cdot (2f_{\text{sd}} - \alpha_{\text{c}} \cdot f_{\text{cd}})}{2b \cdot \alpha_{\text{c}} \cdot f_{\text{cd}} + 4t \cdot (2f_{\text{yd}} - \alpha_{\text{c}} \cdot f_{\text{cd}})} \qquad W_{\text{pl,an}} = 2t \cdot h_{\text{n}}^2$$

Ausbetonierte Kreishohlprofile $\quad \alpha_{\text{c}} = 1{,}0$

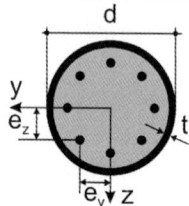

$$W_{\text{pl,cn}} = (d - 2t) \cdot h_{\text{n}}^2 - W_{\text{pl,sn}} \qquad W_{\text{pl,sn}} = \sum_{i=1}^{n} A_{\text{sn,i}} \cdot e_{\text{z,i}}$$

$$h_{\text{n}} = \frac{A_{\text{c}} \cdot \alpha_{\text{c}} \cdot f_{\text{cd}} - A_{\text{sn}} \cdot (2f_{\text{sd}} - \alpha_{\text{c}} \cdot f_{\text{cd}})}{2d \cdot \alpha_{\text{c}} \cdot f_{\text{cd}} + 4t \cdot (2f_{\text{yd}} - \alpha_{\text{c}} \cdot f_{\text{cd}})} \qquad W_{\text{pl,an}} = 2t \cdot h_{\text{n}}^2$$

Vollständig einbetonierte sowie kammerbetonierte I- und H-Profile (starke Achse) $\quad \alpha_{\text{c}} = 0{,}85$

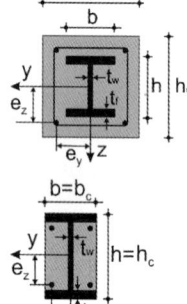

$$W_{\text{pl,cn}} = b_{\text{c}} \cdot h_{\text{n}}^2 - W_{\text{pl,an}} - W_{\text{pl,sn}} \qquad W_{\text{pl,sn}} = \sum_{i=1}^{n} A_{\text{sn,i}} \cdot e_{\text{z,i}}$$

Nulllinie liegt außerhalb des Profils: $\quad h/2 \leq h_{\text{n}} < h_{\text{c}}/2$

$$W_{\text{pl,an}} = W_{\text{pl,a}}$$

$$h_{\text{n}} = \frac{A_{\text{c}} \cdot \alpha_{\text{c}} \cdot f_{\text{cd}} - A_{\text{a}} \cdot (2f_{\text{yd}} - \alpha_{\text{c}} \cdot f_{\text{cd}}) - A_{\text{sn}} \cdot (2f_{\text{sd}} - \alpha_{\text{c}} \cdot f_{\text{cd}})}{2b_{\text{c}} \cdot \alpha_{\text{c}} \cdot f_{\text{cd}}}$$

Nulllinie liegt im Stegbereich: $\quad h_{\text{n}} \leq h/2 - t_{\text{f}}$

$$W_{\text{pl,an}} = t_{\text{w}} \cdot h_{\text{n}}^2$$

$$h_{\text{n}} = \frac{A_{\text{c}} \cdot \alpha_{\text{c}} \cdot f_{\text{cd}} - A_{\text{sn}} \cdot (2f_{\text{sd}} - \alpha_{\text{c}} \cdot f_{\text{cd}})}{2b_{\text{c}} \cdot \alpha_{\text{c}} \cdot f_{\text{cd}} + 2t_{\text{w}} \cdot (2f_{\text{yd}} - \alpha_{\text{c}} \cdot f_{\text{cd}})}$$

Nulllinie liegt im Flanschbereich: $\quad h/2 - t_{\text{f}} \leq h_{\text{n}} < h/2$

$$W_{\text{pl,an}} = W_{\text{pl,a}} - \frac{b}{4} \cdot (h^2 - 4h_{\text{n}}^2)$$

$$h_{\text{n}} = \frac{A_{\text{c}} \cdot \alpha_{\text{c}} \cdot f_{\text{cd}} - (A_{\text{a}} - b \cdot h) \cdot (2f_{\text{yd}} - \alpha_{\text{c}} \cdot f_{\text{cd}}) - A_{\text{sn}} \cdot (2f_{\text{sd}} - \alpha_{\text{c}} \cdot f_{\text{cd}})}{2b_{\text{c}} \cdot \alpha_{\text{c}} \cdot f_{\text{cd}} + 2b \cdot (2f_{\text{yd}} - \alpha_{\text{c}} \cdot f_{\text{cd}})}$$

Vollständig einbetonierte sowie kammerbetonierte I- und H-Profile (schwache Achse) $\quad \alpha_{\text{c}} = 0{,}85$

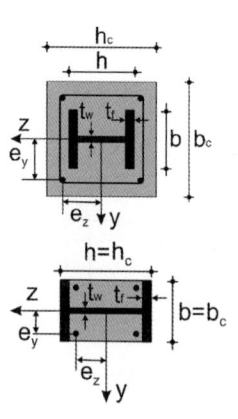

$$W_{\text{pl,cn}} = h_{\text{c}} \cdot h_{\text{n}}^2 - W_{\text{pl,an}} - W_{\text{pl,sn}} \qquad W_{\text{pl,sn}} = \sum_{i=1}^{n} A_{\text{sn,i}} \cdot e_{\text{y,i}}$$

Nulllinie liegt außerhalb des Profils: $\quad b/2 \leq h_{\text{n}} < b_{\text{c}}/2$

$$W_{\text{pl,an}} = W_{\text{pl,a}}$$

$$h_{\text{n}} = \frac{A_{\text{c}} \cdot \alpha_{\text{c}} \cdot f_{\text{cd}} - A_{\text{a}} \cdot (2f_{\text{yd}} - \alpha_{\text{c}} \cdot f_{\text{cd}}) - A_{\text{sn}} \cdot (2f_{\text{sd}} - \alpha_{\text{c}} \cdot f_{\text{cd}})}{2h_{\text{c}} \cdot \alpha_{\text{c}} \cdot f_{\text{cd}}}$$

Nulllinie liegt im Stegbereich: $\quad h_{\text{n}} \leq t_{\text{w}}/2$

$$W_{\text{pl,an}} = h \cdot h_{\text{n}}^2$$

$$h_{\text{n}} = \frac{A_{\text{c}} \cdot \alpha_{\text{c}} \cdot f_{\text{cd}} - A_{\text{sn}} \cdot (2f_{\text{sd}} - \alpha_{\text{c}} \cdot f_{\text{cd}})}{2h_{\text{c}} \cdot \alpha_{\text{c}} \cdot f_{\text{cd}} + 2h \cdot (2f_{\text{yd}} - \alpha_{\text{c}} \cdot f_{\text{cd}})}$$

Nulllinie liegt im Flanschbereich: $\quad t_{\text{w}}/2 \leq h_{\text{n}} < b/2$

$$W_{\text{pl,an}} = W_{\text{pl,a}} - \frac{t_{\text{f}}}{2} \cdot (b^2 - 4h_{\text{n}}^2)$$

$$h_{\text{n}} = \frac{A_{\text{c}} \cdot \alpha_{\text{c}} \cdot f_{\text{cd}} - (A_{\text{a}} - 2t_{\text{f}} \cdot b) \cdot (2f_{\text{yd}} - \alpha_{\text{c}} \cdot f_{\text{cd}}) - A_{\text{sn}} \cdot (2f_{\text{sd}} - \alpha_{\text{c}} \cdot f_{\text{cd}})}{2h_{\text{c}} \cdot \alpha_{\text{c}} \cdot f_{\text{cd}} + 4t_{\text{f}} \cdot (2f_{\text{yd}} - \alpha_{\text{c}} \cdot f_{\text{cd}})}$$

Für die Ermittlung der plastischen Widerstandsmomente $W_{\text{pl,an}}$ und $W_{\text{pl,cn}}$ des Kreishohlprofiles wird näherungsweise eine gerade Außenwandung angenommen.

Es ist nur die Bewehrung anzusetzen, die sich im Bereich von h_{n} befindet.

Die Formeln für die vollständig einbetonierten I- und H-Profile gelten auch für kammerbetonierte I- und H-Profile. In diesem Fall ist $b_{\text{c}} = b$ und $h_{\text{c}} = h$.

Tafel 10.157 Wirksame Körperdicke von Verbundstützen

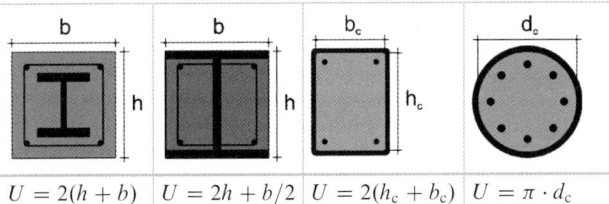

$U = 2(h + b)$	$U = 2h + b/2$	$U = 2(h_c + b_c)$	$U = \pi \cdot d_c$

Wirksame Körperdicke: $d_{\text{eff}} = \frac{2A_c}{U}$
Kriechzahl bei Hohlprofilen: $\varphi_{t,\text{eff}} = \frac{\varphi_t}{4}$

10.6.3.4   Kriechen des Betons

Das Kriechen des Betons wird durch Abminderung des Elastizitätsmoduls auf einen effektiven Wert $E_{c,\text{eff}}$ berücksichtigt, der der Ermittlung der Schnittgrößen und Bauteilschlankheiten zugrunde gelegt wird.

$$E_{c,\text{eff}} = E_{\text{cm}} \frac{1}{1 + \left(\frac{N_{G,\text{Ed}}}{N_{\text{Ed}}}\right) \cdot \varphi_t} \qquad (10.228)$$

φ_t Kriechzahl nach [10]. Bei betongefüllten Hohlprofilen beträgt φ_t 25 % des Wertes, der sich ohne Berücksichtigung der Austrocknungsbehinderung durch das Hohlprofil ergibt ([30], s. a. Tafel 10.157).
$N_{G,\text{Ed}}$ ständig wirkender Anteil der Normalkraft
N_{Ed} einwirkende Normalkraft.

10.6.3.5   Tragsicherheitsnachweis bei planmäßig zentrischem Druck

Für Verbundstützen unter planmäßig zentrischem Druck kann der Biegeknicknachweis entweder durch einen Nachweis nach Theorie II. Ordnung unter Ansatz geometrischer Ersatzimperfektionen oder als Ersatzstabnachweis nach (10.229) unter Anwendung der Europäischen Knicklinien (s. Abschn. 10.4.2.2) geführt werden. Tafel 10.158 enthält die Zuordnung der Knickfälle.

$$\frac{N_{\text{Ed}}}{\chi \cdot N_{\text{pl,Rd}}} \leq 1,0 \qquad (10.229)$$

$N_{\text{pl,Rd}}$ Bemessungswert der plastischen Querschnittstragfähigkeit unter Ansatz von $\gamma_{\text{M1}} = 1,1$ für die Streckgrenze des Baustahls (s. (10.223), (10.224))
χ Abminderungsfaktor für das Biegeknicken nach den Tafeln 10.158 und 10.71.

Der Berechnung der Knicklast N_{cr} wird die wirksame Biegesteifigkeit $(EI)_{\text{eff}}$ nach (10.230) zugrunde gelegt. Der bezogene Schlankheitsgrad $\bar{\lambda}$ wird mit der plastischen Querschnittstragfähigkeit $N_{\text{pl,Rk}}$ bestimmt, die sich unter Ansatz der charakteristischen Werkstofffestigkeiten ergibt.

$$(EI)_{\text{eff}} = E_a I_a + E_s I_s + K_e E_{c,\text{eff}} I_c \qquad (10.230)$$

mit $K_e = 0,6$.
I_a, I_s, I_c Flächenträgheitsmomente für Baustahl-, Betonstahl- und den ungerissenen Betonquerschnitt.

Tafel 10.158 Knicklinien und geom. Ersatzimperfektionen für Verbundstützen

	1		2	3	4
	Querschnitt		Ausweichen rechtwinklig zur Achse	Knicklinie	Maximaler Stich der Vorkrümmung
1	Vollständig einbetonierte gewalzte oder geschweißte I-Querschnitte 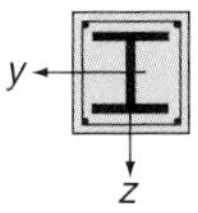		$y–y$	b	$L/200$
2			$z–z$	c	$L/150$
3	Teilweise einbetonierte gewalzte oder geschweißte I-Querschnitte 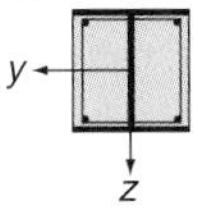		$y–y$	b	$L/200$
4			$z–z$	c	$L/150$
5	Kreisförmige und rechteckige Hohlprofile 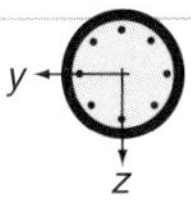		$\rho_s \leq 3\%$ $y–y$ und $z–z$	a	$L/300$
6			$3\% < \rho_s \leq 6\%$ $y–y$ und $z–z$	b	$L/200$
7	a) geschweißte Kastenquerschnitte b) ausbetonierte Rohre mit gewalzten oder geschweißten I-Profilen als Einstellprofil c) teilweise einbetonierte Profile aus gewalzten oder geschweißten gekreuzten I-Profilen 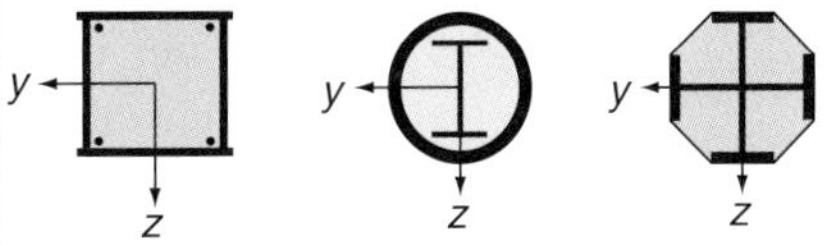		$y–y$ und $z–z$	b	$L/200$

$$N_{\text{cr}} = \frac{\pi^2 \cdot (EI)_{\text{eff}}}{L_{\text{cr}}^2} \qquad (10.231)$$

$$\bar{\lambda} = \sqrt{\frac{N_{\text{pl,Rk}}}{N_{\text{cr}}}} \qquad (10.232)$$

Beispiel

Für eine Verbundstütze aus einem betongefüllten Kreishohlprofil S355 wird der Nachweis für zentrischen Druck nach Abschn. 10.6.3.5 geführt. Die Kriechzahl $\varphi_t = 2,5$ für die Betonstütze wird wegen der Stahlummantelung auf 25 % abgemindert (vgl. Tafel 10.157).

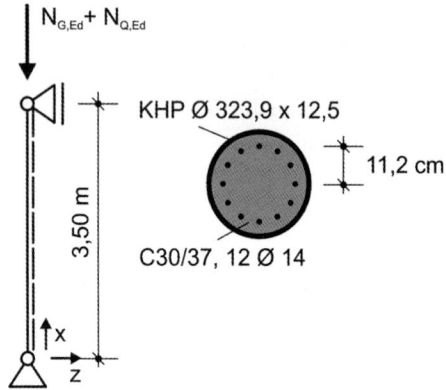

Belastung:

$$N_{\text{G,Ed}} = 1,35 \cdot 2100 = 2835 \, \text{kN}$$
$$N_{\text{Q,Ed}} = 1,5 \cdot 1400 = 2100 \, \text{kN}$$
$$N_{\text{Ed}} = 2835 + 2100 = 4935 \, \text{kN}$$

Querschnittswerte:

$$A_{\text{a}} = 122 \, \text{cm}^2$$
$$I_{\text{a}} = 14.850 \, \text{cm}^4$$
$$A_{\text{s}} = 12 \cdot 1,4^2 \cdot \pi/4 = 18,5 \, \text{cm}^2$$
$$I_{\text{s}} = 1,54 \cdot (2 \cdot 11,2^2 + 4 \cdot 9,7^2 + 4 \cdot 5,6^2) = 1159 \, \text{cm}^4$$
$$A_{\text{c}} = (32,39 - 2 \cdot 1,25)^2 \cdot \pi/4 - 18,5 = 683 \, \text{cm}^2$$
$$I_{\text{c}} = (0,5 \cdot 29,89)^4 \cdot \pi/4 - 1159 = 38.020 \, \text{cm}^4$$

Anwendungsbereiche:
- Bewehrungsanteil des Stahlbetons:

$$\rho_{\text{s}} = 18,5/683 = 0,027 \,\hat{=}\, 2,7 \, \% < 6 \, \%$$

- Stahlanteil an der Querschnittstragfähigkeit:

$$N_{\text{pl,a,Rd}} = 122 \cdot 35,5/1,1 = 3937 \, \text{kN}$$
$$N_{\text{pl,Rd}} = 3937 + 683 \cdot 3,0/1,5 + 18,5 \cdot 50,0/1,15$$
$$= 6107 \, \text{kN} \quad (\text{s. } (10.224))$$
$$\delta = 3937/6107 = 0,645 \begin{cases} > 0,2 \\ < 0,9 \end{cases}$$

Bezogene Schlankheit:

$$N_{\text{pl,Rk}} = 122 \cdot 35,5 + 683 \cdot 3,0 + 18,5 \cdot 50,0$$
$$= 7305 \, \text{kN}$$
$$\varphi_{\text{t,eff}} = 2,5/4 = 0,625$$
$$E_{\text{c,eff}} = 3300/(1 + 0,625 \cdot 2835/4935)$$
$$= 2428 \, \text{kN/cm}^2 \quad (\text{s. } (10.228))$$
$$EI_{\text{eff}} = 21.000 \cdot 14.850 + 20.000 \cdot 1159$$
$$+ 0,6 \cdot 2428 \cdot 38.020$$
$$EI_{\text{eff}} = 3,90 \cdot 10^8 \, \text{kNcm}^2 \quad (\text{s. } (10.230))$$
$$N_{\text{cr}} = \pi^2 \cdot 3,90 \cdot 10^8/350^2 = 31.420 \, \text{kN} \quad (\text{s. } (10.231))$$
$$\bar{\lambda} = \sqrt{7305/31.420} = 0,48 < 0,5 \quad (\text{s. } (10.232))$$

Der Umschnürungseffekt ist vernachlässigbar klein!
Nachweis:

$$N_{\text{pl,Rd}} = 6107 \, \text{kN}$$

Knicklinie a: $\chi = 0,93$ (Tafeln 10.158, 10.71)

$$N_{\text{Ed}}/(\chi \cdot N_{\text{pl,Rd}}) = 4935/(0,93 \cdot 6107)$$
$$= 0,87 < 1 \quad (\text{s. } (10.229))$$

10.6.3.6 Tragsicherheitsnachweis bei Druck und einachsiger Biegung

Bei Druck und planmäßiger Biegung sind die Biegemomente bei $\alpha_{\text{cr}} < 10$ nach Theorie II. Ordnung unter Ansatz geometrischer Ersatzimperfektionen zu bestimmen. Dabei ist für die Verbundstützen die Biegesteifigkeit $(EI)_{\text{eff,II}}$ zugrunde zu legen.

$$(EI)_{\text{eff,II}} = K_0 \cdot (E_{\text{a}} I_{\text{a}} + E_{\text{s}} I_{\text{s}} + K_{\text{e,II}} E_{\text{c,eff}} I_{\text{c}}) \qquad (10.233)$$

Korrekturbeiwerte: $K_0 = 0,9$; $K_{\text{e,II}} = 0,5$.

Der Tragsicherheitsnachweis ist unter Verwendung der Interaktionskurve nach Abb. 10.78 mit (10.234) zu führen:

$$\frac{M_{\text{Ed}}}{M_{\text{pl,N,Rd}}} = \frac{M_{\text{Ed}}}{\mu_{\text{d}} M_{\text{pl,Rd}}} \leq \alpha_{\text{M}} \qquad (10.234)$$

$M_{\text{pl,Rd}}$ Vollplastische Momententragfähigkeit des Querschnitts bei reiner Momentenbeanspruchung (Punkt B nach Abb. 10.78)

α_{M} Beiwert für S235, S275, S355: $\alpha_{\text{M}} = 0,9$ für S420, S460: $\alpha_{\text{M}} = 0,8$

μ_{d} Beiwert zur Berücksichtigung des Einflusses der Normalkraft auf die Biegetragfähigkeit in Abhängigkeit von der Beanspruchungsrichtung $y-y$ bzw. $z-z$ (siehe μ_{dy} bzw. μ_{dz} nach Abb. 10.78). Werte $\mu_{\text{d}} > 1,0$ dürfen nur dann angesetzt werden, wenn M_{Ed} und N_{Ed} nicht unabhängig voneinander wirken können. Andernfalls ist ein zusätzlicher Nachweis nach [29], Abschn. 6.7.1 (7) erforderlich.

Beispiel

Für die kammerbetonierte Verbundstütze wird unter Anwendung der Interaktionsbeziehung nach Abb. 10.78 und Tafel 10.156 der Tragsicherheitsnachweis für Druck und einachsige Biegung nach (10.234) geführt.

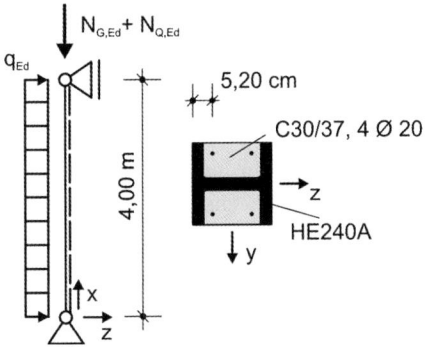

Belastung:

$$N_{\text{G,Ed}} = 1500 \, \text{kN}$$
$$N_{\text{Q,Ed}} = 1200 \, \text{kN}$$
$$N_{\text{Ed}} = 1500 + 1200 = 2700 \, \text{kN}$$
$$q_{\text{Ed}} = 7.0 \, \text{kN/m}$$
$$M_{\text{y,Ed}}^{\text{I}} = 7.0 \cdot 4.0^2/8 = 14 \, \text{kNm}$$

Stahlgüte: S355JR
Querschnittswerte:

$$A_{\text{a}} = 76.8 \, \text{cm}^2$$
$$I_{\text{a}} = 7760 \, \text{cm}^4$$
$$c_{\text{nom}} + d_{\text{s}}/2 + t_{\text{f}} = 3.0 + 2.0/2 + 1.2 = 5.2 \, \text{cm}$$
$$A_{\text{s}} = 4 \cdot 2.0^2 \cdot \pi/4 = 12.6 \, \text{cm}^2$$
$$I_{\text{s}} = 12.6 \cdot (23.0/2 - 5.2)^2 = 499 \, \text{cm}^4$$
$$A_{\text{c}} = 23 \cdot 24 - 76.8 - 12.6 = 463 \, \text{cm}^2$$
$$I_{\text{c}} = 24 \cdot 23^3/12 - 7760 - 499$$
$$= 16.075 \, \text{cm}^4$$

Überprüfung der Anwendungsvoraussetzungen (Abschn. 10.6.3.1):

- Bewehrungsprozentsatz

$$\rho_{\text{s}} = 12.6/463 = 0.027 \,\hat{=}\, 2.7 \, \% < 6 \, \%$$

- Stahlanteil an der Querschnittstragfähigkeit

$$N_{\text{pl,a,Rd}} = 76.8 \cdot 35.5/1.1 = 2479 \, \text{kN}$$
$$N_{\text{pl,Rd}} = 2479 + 463 \cdot 0.85 \cdot 3.0/1.5 + 12.6 \cdot 50.0/1.15$$
$$= 3814 \, \text{kN} \quad (\text{s. } (10.223))$$
$$\delta = 2479/3814 = 0.65 \begin{cases} > 0.2 \\ < 0.9 \end{cases}$$

Berechnung des maximalen Biegemoments nach Theorie II. Ordnung:

$$\varphi_{\text{t}} = 2.5$$
$$E_{\text{c,eff}} = 3300/(1 + 2.5 \cdot 1500/2700)$$
$$= 1381 \, \text{kN/cm}^2 \quad (\text{s. } (10.228))$$
$$(EI)_{\text{eff,II}} = 0.9 \cdot (21.000 \cdot 7760 + 20.000 \cdot 499$$
$$+ 0.5 \cdot 1381 \cdot 16.075)$$
$$(EI)_{\text{eff,II}} = 1.656 \cdot 10^8 \, \text{kNcm}^2 \quad (\text{s. } (10.233))$$
$$N_{\text{cr}} = \pi^2 \cdot 1.656 \cdot 10^8/400^2$$
$$= 10.215 \, \text{kN} \quad (\text{s. } (10.231))$$
$$\alpha_{\text{cr}} = 10.215/2700 = 3.78 < 10$$

Knicklinie b: $w_{\text{o}} = 4.00/200 = 0.02 \, \text{m}$ (Tafel 10.158)

$$M_{\text{y,Ed}}^{\text{II}} \cong (14.0 + 2700 \cdot 0.02) \cdot 1/(1 - 1/3.78)$$
$$= 92.5 \, \text{kNm}$$

M-N-Interaktion (Abb. 10.78):

- Punkt A:

$$N_{\text{A}} = N_{\text{pl,Rd}} = 3814 \, \text{kN} > 2700 \, \text{kN}$$

- Punkt C:

$$N_{\text{C}} = N_{\text{pl,c,Rd}} = 463 \cdot 0.85 \cdot 3.0/1.5 = 787 \, \text{kN} < 2700 \, \text{kN}$$
$$M_{\text{pl,a,Rd}} = 2 \cdot 372 \cdot 35.5/1.1 = 24.000 \, \text{kNcm}$$
$$M_{\text{pl,s,Rd}} = 6.3 \cdot 12.6 \cdot 50/1.15 = 3500 \, \text{kNcm}$$
$$M_{\text{pl,c,Rd}} = \left(24 \cdot 23^2/4 - 2 \cdot 372 - 12.6 \cdot 6.3\right) \cdot 1.7$$
$$= 4000 \, \text{kNcm}$$
$$h_{\text{n}} = \frac{787}{(2 \cdot 24 \cdot 1.7 + 2 \cdot 0.75 \cdot (2 \cdot 32.27 - 1.7))}$$
$$= 4.48 \, \text{cm}$$
$$W_{\text{pl,an}} = 0.75 \cdot 4.48^2 = 15 \, \text{cm}^3$$
$$W_{\text{pl,sn}} = 0 \, \text{cm}^3 \quad (\text{keine Bewehrung}$$
$$\text{innerhalb von } h_{\text{n}})$$
$$W_{\text{pl,cn}} = 24.0 \cdot 4.48^2 - 15 = 467 \, \text{cm}^3$$
$$M_{\text{C}} = (24.000 + 3500 + 0.5 \cdot 4000$$
$$- 15 \cdot 32.27 - 0.5 \cdot 467 \cdot 1.7)/100$$
$$= 286 \, \text{kNm}$$

Tragsicherheitsnachweis:

$$N_{\text{A}} > N_{\text{Ed}} > N_{\text{C}}$$
$$N_{\text{pl,c,Rd}}/N_{\text{pl,Rd}} = 787/3814 = 0.206$$
$$N_{\text{Ed}}/N_{\text{pl,Rd}} = 2700/3814 = 0.708$$
$$\mu_{\text{d}} = (1 - 0.708)/(1 - 0.206) = 0.368$$
$$\frac{M_{\text{y,Ed}}^{\text{II}}}{\mu_{\text{d}} \cdot M_{\text{pl,y,Rd}}} = \frac{92.5}{0.368 \cdot 286} = 0.88 < 0.9 \quad (\text{s. } (10.234))$$

Momenten-Normalkraft-Interaktionsdiagramm:

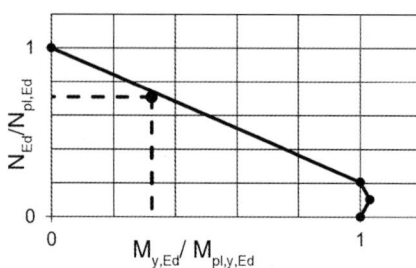

10.6.3.7 Tragsicherheitsnachweis bei Druck und zweiachsiger Biegung

Für Verbundstützen und Druckglieder in Verbundbauweise mit Druck und zweiachsiger Biegung dürfen die Beiwerte μ_{dy} und μ_{dz} für jede Biegeachse getrennt entsprechend Abb. 10.79 ermittelt werden. Der Einfluss der Imperfektionen ist bei der stärker versagensgefährdeten Achse zu berücksichtigen. Die Tragsicherheitsnachweise werden mit den Schnittgrößen nach Theorie II. Ordnung zunächst getrennt für die jeweilige Beanspruchungsrichtung sowie mit einer linearen Interaktion geführt (s. (10.235) bis (10.237)). Zu α_M und μ_d siehe Abschn. 10.6.3.6.

$$\frac{M_{y,Ed}}{\mu_{dy} M_{pl,y,Rd}} \leq \alpha_{M,y} \qquad (10.235)$$

$$\frac{M_{z,Ed}}{\mu_{dz} M_{pl,z,Rd}} \leq \alpha_{M,z} \qquad (10.236)$$

$$\frac{M_{y,Ed}}{\mu_{dy} M_{pl,y,Rd}} + \frac{M_{z,Ed}}{\mu_{dz} M_{pl,z,Rd}} \leq 1,0 \qquad (10.237)$$

10.6.3.8 Verbundsicherung

Die Verbundsicherung in den Krafteinleitungsbereichen und in den restlichen Bereichen ist so auszubilden, dass kein nennenswerter Schlupf in der Verbundfuge zwischen Stahlprofil und dem Betonquerschnitt entsteht. Die Krafteinleitungsbereiche sind so gedrungen wie möglich auszubilden. Bei planmäßig zentrisch gedrückten Stützen ist in den übrigen Bereichen keine Verbundsicherung erforderlich. Werden Querkräfte aus Querlasten und/oder Randmomenten übertragen, sind die Verbundspannungen zu überprüfen und ggf. Verbundmittel anzuordnen.

Tafel 10.159 Bemessungswert der Verbundspannung τ_{Rd}

Querschnitt	τ_{Rd} in N/mm^2
Vollständig einbetonierte Stahlprofile[a]	0,30
Ausbetonierte kreisförmige Hohlprofile	0,55
Ausbetonierte rechteckige Hohlprofile	0,40
Flansche teilweise einbetonierter Profile	0,20
Stege teilweise einbetonierter Profile	0

[a] τ_{Rd} gilt hier für $c_z = 40$ mm. Bei größerer Betondeckung c_z darf τ_{Rd} erhöht werden.

Krafteinleitungsbereiche In den Krafteinleitungsbereichen und an Stellen mit Querschnittsänderungen sind Verbundmittel anzuordnen, wenn τ_{Rd} nach Tafel 10.159 überschritten wird. Die Längsschubkräfte werden aus der Differenz der Teilschnittgrößen des Stahl- oder Stahlbetonquerschnitts im Bereich der Lasteinleitungslänge L_E bestimmt. Wenn kein genauerer Nachweis geführt wird, darf L_E wie folgt angenommen werden:

$$\text{Lasteinleitungslänge } L_E \leq \begin{cases} 2d \\ L/3 \end{cases}$$

mit

d kleinste Außenabmessung
L Stützenlänge.

Bei einer Lasteinleitung nur über den Betonquerschnitt erfolgt die Ermittlung der Teilschnittgrößen über eine elastische Berechnung unter Berücksichtigung von Schwinden und Kriechen. In allen anderen Fällen sind die Teilschnittgrößen elastisch oder vollplastisch zu ermitteln. Der ungünstigere Fall ist maßgebend.

Lasteinleitung über Endkopfplatten Kann nachgewiesen werden, dass die Fuge zwischen Endkopfplatte und Betonquerschnitt unter Berücksichtigung von Kriechen und Schwinden ständig überdrückt ist, sind keine Verbundmittel im Krafteinleitungsbereich erforderlich. Andernfalls ist wie folgt vorzugehen:

Ist die Lasteinleitungsfläche kleiner als der Stützenquerschnitt, darf die Last über die Kopfplattendicke t_e im Verhältnis 1 : 2,5 verteilt werden (s. Abb. 10.80). Die Betonspannung im Bereich der wirksamen Lasteinleitungsfläche

Abb. 10.79 Beiwert μ_d

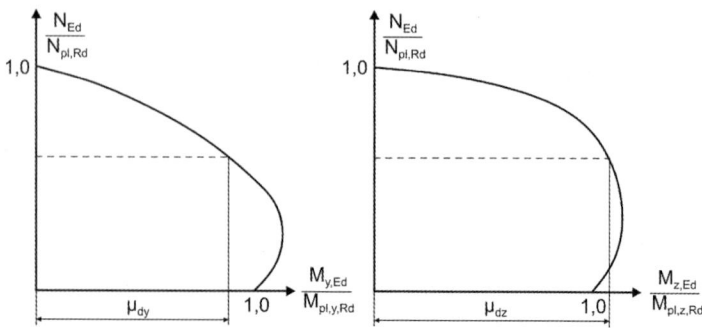

Abb. 10.80 Teilflächenpressung bei ausbetonierten Hohlprofilen

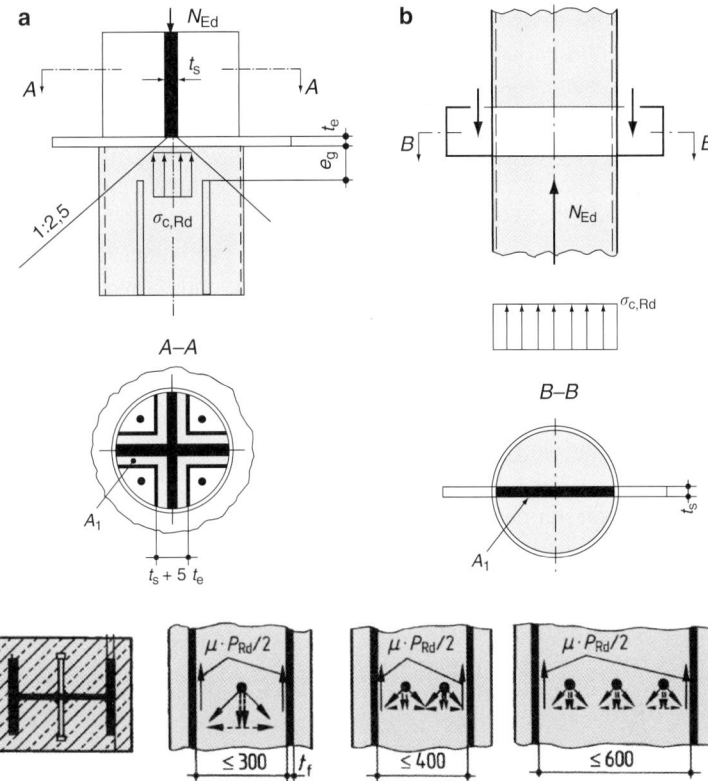

Abb. 10.81 Aktivierung von Reibungskräften bei Kopfbolzendübeln

ist bei betongefüllten Kreis- oder Quadrathohlprofilen auf $\sigma_{\mathrm{c,Rd}}$ nach (10.238), für alle anderen Querschnitte nach [10], Abschn. 6.7 (Teilflächenbelastung) zu begrenzen.

Lasteinleitung nur über das Stahlprofil In den Krafteinleitungsbereichen sind die anteiligen Kräfte über Verbundmittel in den Betonquerschnitt einzuleiten. Werden bei ein- oder kammerbetonierten I-Profilen an den Stegen Kopfbolzendübel aufgeschweißt, dürfen Reibungskräfte an den Innenseiten der Flansche zusätzlich zur Tragfähigkeit der Dübel berücksichtigt werden, sofern die Kammermaße nach Abb. 10.81 eingehalten sind.

Für jede horizontale Dübelreihe und Flanschinnenseite darf $\mu \cdot P_{\mathrm{Rd}}/2$ angesetzt werden ($\mu = 0{,}5$ bei walzrauen, unbeschichteten Profilen; Dübeltragfähigkeit P_{Rd} nach Tafel 10.148).

Lasteinleitung bei ausbetonierten Kreis- und Quadrathohlprofilen Wird bei betongefüllten, kreisförmigen (KHP) oder quadratischen Hohlprofilen (QHP) der Beton nur über eine Teilfläche beansprucht (z. B. durchgesteckte Knotenbleche oder Steifen siehe Abb. 10.80), so darf die aus der Teilschnittgröße des Betonquerschnitts resultierende örtliche Betonpressung unter dem Knotenblech bzw. der Steife die Grenzspannung $\sigma_{\mathrm{c,Rd}}$ nach (10.238) nicht überschreiten:

$$\sigma_{\mathrm{c,Rd}} = f_{\mathrm{cd}} \left(1 + n_{\mathrm{cL}} \frac{t}{a} \frac{f_{\mathrm{y}}}{f_{\mathrm{ck}}} \right) \sqrt{\frac{A_{\mathrm{c}}}{A_1}} \le \frac{A_{\mathrm{c}} f_{\mathrm{cd}}}{A_1} \le f_{\mathrm{yd}}$$

$$(10.238)$$

t Wanddicke des Hohlprofils

a Durchmesser bei Rohren und Seitenlänge bei Quadrathohlprofilen

A_{c} Betonquerschnittsfläche der Stütze

A_1 Belastungsfläche unter dem Knotenblech bzw. unter den Steifen (s. Abb. 10.80). Das Flächenverhältnis A_{c}/A_1 darf rechnerisch mit max. 20 berücksichtigt werden

η_{cL} Beiwert zur Erfassung der Umschnürungswirkung

    $\eta_{\mathrm{cL}} = 4{,}9$ für Rohre

    $\eta_{\mathrm{cL}} = 3{,}5$ für QHP.

Bei betongefüllten Kreishohlprofilen dürfen die Beiwerte η_{a} und η_{c} nach Abschn. 10.6.3.3 beim Nachweis der Lasteinleitung für $\bar{\lambda} = 0$ bestimmt werden. Die Längsbewehrung darf auch dann angerechnet werden, wenn sie nicht unmittelbar mithilfe von Schweißnähten oder über Kontakt an die Endkopfplatten angeschlossen ist. Voraussetzung hierfür ist, dass

- kein Nachweis der Ermüdung erforderlich ist und
- der lichte Abstand zur Kopfplatte $e_{\mathrm{g}} \le 30\,\mathrm{mm}$ beträgt (siehe Abb. 10.80).

10.6.3.9 Bauliche Durchbildung

Betondeckung von Stahlprofilen und Bewehrung Für vollständig einbetonierte Stahlprofile (s. Abb. 10.77) gilt:

$$c_{\mathrm{z}} \ge \begin{cases} 40\,\mathrm{mm} \\ b/6 \end{cases}$$

Für die Betondeckung der Bewehrung gilt DIN EN 1992-1-1 [10], Abschn. 4.

Längs- und Bügelbewehrung Bei vollständig einbetonierten Stahlprofilen ist eine Anrechnung der Längsbewehrung zulässig, wenn eine Mindestbewehrung von 0,3 % der Betonfläche vorhanden ist.

Bei betongefüllten Hohlprofilen ist eine Ausführung ohne Längsbewehrung zulässig, wenn keine Brandschutzbemessung erforderlich ist.

Für die Bemessung und bauliche Durchbildung der Längs- und Bügelbewehrung von vollständig und teilweise einbetonierten Stahlprofilen gilt [10], Abschn. 9.5.

Mindestanforderungen an die Bügelbewehrung
(DIN EN 1992-1-1 [10], Abschn. 9.5.3)

Anordung der Bügel außerhalb des Krafteinleitungsbereiches:
- Durchmesser der Bügel $d_{s,B} \geq \frac{1}{4} d_{s,L} \geq 6$ mm
- Abstand der Bügel

$$e_B \leq \begin{cases} 12 d_{s,L} \\ \min(b_c, h_c) \quad \text{bzw.} \quad d \\ 300 \text{ mm} \end{cases}$$

- alternativ Stabdurchmesser von Betonstahlmatten $d_{s,M} \geq 5$ mm

Anordnung der Bügel innerhalb des Krafteinleitungsbereiches:
- Die Bügelabstände e_B sind mit dem Faktor 0,6 abzumindern.

Mindestanforderungen an die Längsbewehrung
(DIN EN 1992-1-1 [10], Abschn. 9.5.2;
DIN EN 1992-1-1/NA [11];
DIN EN 1994-1-1 [29], Abschn. 6.7.5)
- Durchmesser der Längsbewehrung $d_{s,L} \geq 12$ mm
- Abstand der Längsbewehrung $e_L \leq 300$ mm
- Gesamtquerschnittsfläche der Längsbewehrung

$$A_{s,min} = 0,15 \cdot \frac{N_{Ed}}{f_{sd}}$$

$$A_{s,max} = 0,09 \cdot A_c, \text{ auch im Bereich von Übergreifungsstößen}$$

- Bei polygonalem Querschnitt ($b \leq 400$ mm und $h \leq b$) muss mindestens in jeder Ecke ein Stab angeordnet sein.
- Wird die Längsbewehrung bei vollständig einbetonierten Stahlprofilen beim Tragfähigkeitsnachweis angerechnet, so ist eine Mindestbewehrung von 0,3 % erforderlich.
- Wenn bei betongefüllten Hohlprofilen keine Brandschutzbemessung erforderlich ist, ist eine Ausführung ohne Längsbewehrung zulässig.

Wird bei vollständig oder teilweise einbetonierten Stahlprofilen auf die Anrechnung der Längsbewehrung beim Tragsicherheitsnachweis verzichtet und kann eine Einstufung in

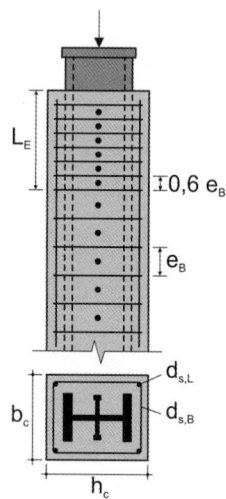

Abb. 10.82 Mindestanforderungen an Bügel- und Längsbewehrung

Expositionsklasse X0 nach [10], Tabelle 4-1 erfolgen, so ist folgende konstruktive Ausbildung der Bewehrung zulässig:
- Durchmesser der Längsbewehrung $d_{s,L} \geq 8$ mm
- Abstand der Längsbewehrung $e_L \leq 250$ mm
- Durchmesser der Bügel $d_{s,B} \geq 6$ mm
- Abstand der Bügel $e_b \leq 200$ mm
- alternativ Stabdurchmesser von Betonstahlmatten $d_{s,M} \geq 4$ mm

10.6.4 Verbunddecken

10.6.4.1 Allgemeines

10.6.4.1.1 Anwendungsbereich
Verbunddecken werden nach DIN EN 1994-1-1 [29], Abschn. 9 und den Produktzulassungen für die Profilbleche bemessen. Der Anwendungsbereich ist auf einachsig gespannte Decken, vorwiegend ruhend beanspruchte Tragwerke des Hochbaus sowie Industriebauten, deren Decken zusätzlich durch Fahrzeuge beansprucht werden können, beschränkt. Bei Gabelstaplerbetrieb ist eine Zulassung der Profilbleche für dynamische Lasten erforderlich. Im Rahmen der Bemessung und konstruktiven Ausbildung ist darauf zu achten, dass während der Nutzung keine Verminderung der Verbundwirkung eintritt. Es sind Profilbleche mit gedrungener Rippengeometrie ($b_r/b_s \leq 0,6$ s. Abb. 10.84) zu verwenden. Während des Bauzustandes dürfen die Bleche zur seitlichen Stabilisierung der Träger sowie als aussteifende Scheiben für Horizontallasten herangezogen werden. Dabei sind die Bemessungsregeln nach DIN EN 1993-1-3 [14] zu beachten.

10.6.4.1.2 Verbundwirkung
Die planmäßige Verbundwirkung zwischen Profilblech und Beton ist durch eine oder mehrere der in Abb. 10.83 dargestellten Maßnahmen sicherzustellen.

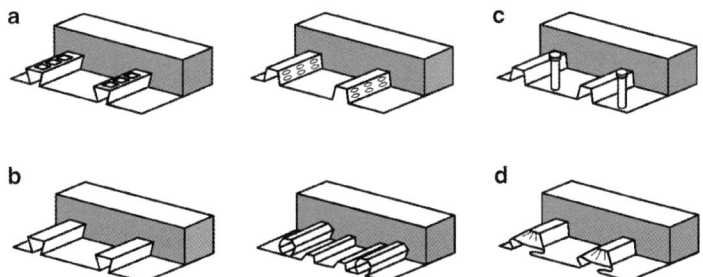

Abb. 10.83 Sicherung der Verbundwirkung bei Verbunddecken. **a** Mechanischer Verbund infolge planmäßig in das Blech eingeprägter Deformationen (Sicken und Noppen), **b** Reibungsverbund bei Blechen mit hinterschnittener Profilblechgeometrie, **c** Endverankerung mittels aufgeschweißter Kopfbolzendübel oder anderer örtlicher Verankerungen, jedoch nur in Kombination mit **a** oder **b**, **d** Endverankerung mit Blechverformungsankern am Blechende, jedoch nur in Kombination mit **b**

Abb. 10.84 Profilblech und Deckenabmessungen.
a Hinterschnittene Profilblechgeometrie,
b offene Profilblechgeometrie

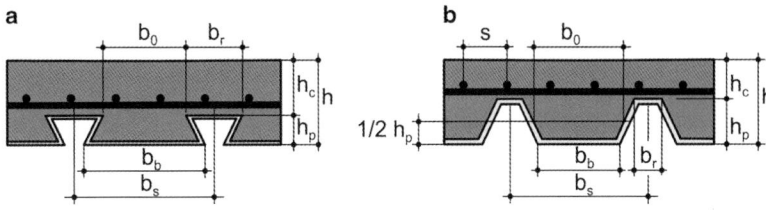

Tafel 10.160 Anforderungen an die Dicke von Verbunddecken

Die Decke ist gleichzeitig Gurt eines Verbundträgers und/oder dient als Scheibe zur Gebäudeaussteifung	Die Decke muss keine zusätzlichen Tragfunktionen übernehmen
$h \geq 90$ mm	$h \geq 80$ mm
$h_c \geq 50$ mm	$h_c \geq 40$ mm

Tafel 10.161 Erforderliche Auflagertiefen für Verbunddecken

Auflagerung auf	l_{bc} [mm]	l_{bs} [mm]
Stahl oder Beton	75	50
anderen Werkstoffen	100	70

10.6.4.1.3 Verdübelung

Eine Verbunddecke gilt als vollständig verdübelt, wenn eine Vergrößerung der Längsschubtragfähigkeit zu keiner Vergrößerung der Momententragfähigkeit führt. Andernfalls liegt eine teilweise Verdübelung vor.

10.6.4.2 Konstruktive Anforderungen

Deckendicke, Bewehrung und Größtkorndurchmesser
Die Mindestdicken von Verbunddecken sind in Tafel 10.160 angegeben. Im Aufbeton ist in beiden Richtungen eine konstruktive Mindestbewehrung von $0,8\,\text{cm}^2/\text{m}$ anzuordnen. Diese darf auf die statisch erforderliche Bewehrung angerechnet werden. Für die Stababstände gelten in beiden Richtungen als Höchstwerte $2h$ und 350 mm. Der kleinere Wert ist maßgebend. Der Größtkorndurchmesser der Zuschlagstoffe darf $0,4h_c$, $b_0/3$ und 31,5 mm nicht überschreiten. Bei offener Profilblechgeometrie ist b_0 die mittlere Rippenbreite und bei hinterschnittener Geometrie die kleinste Breite (s. Abb. 10.84).

Auflagerung der Bleche Durch eine ausreichende Auflagertiefe ist sicherzustellen, dass ein Versagen der Bleche und der Unterkonstruktion verhindert wird. Die Anforderungen

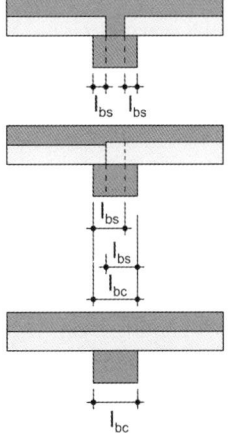

Abb. 10.85 Erforderliche Auflagertiefen für Verbunddecken

sind Tafel 10.161, die Bezeichnungen Abb. 10.85 zu entnehmen. Eine Überlappung ist nicht bei allen Profilblechen möglich.

Die Mindestwerte dürfen auch bei Hilfsunterstützungen im Bauzustand nicht unterschritten werden. Zu beachten ist, dass in Abhängigkeit von der Profilblechgeometrie und der Blechdicken im Bauzustand (ohne erhärtetem Beton) auch größere Auflagerbreiten notwendig werden können.

10.6.4.3 Bemessungssituation und Einwirkungen

Verbunddecken sind für den Bauzustand und den Endzustand nachzuweisen. Im Bauzustand wirken die Profilbleche als Schalung. Die nachfolgenden Einwirkungen und Bemessungssituationen sind zu berücksichtigen.

Profilblech als Schalung

- Berücksichtigung von eventuell vorhandenen Hilfsunterstützungen
- Eigengewicht von Frischbeton und Profilblech (Frischbetonzuschlag $1\,\text{kN/m}^3$)
- Montage- und Ersatzlasten beim Betonieren ([4], Abschn. 4.11.2)
- Einwirkungen aus gelagerten Materialien (sofern vorhanden)
- Mehrgewicht des Betons infolge der Durchbiegung des Bleches unter dem Eigen- und Frischbetongewicht, sofern diese im GZG $h/10$ (h = Deckendicke) überschreitet. Dabei kann näherungsweise eine um die 0,7-fache Durchbiegung vergrößerte Nenndicke des Betons über die gesamte Spannweite zugrunde gelegt werden.
- äußere Horizontallasten, Stabilisierungskräfte und -momente, sofern die Profilbleche zur Aussteifung herangezogen werden.

Verbunddecke Die Einwirkungen sind nach DIN EN 1991 in Kombination mit DIN EN 1990 [1] zu bestimmen. Dabei ist das Entfernen eventuell vorhandener Hilfsunterstützungen zu beachten. Es darf bei den Nachweisen im GZT angenommen werden, dass die gesamte Belastung auf die Verbunddecke wirkt, wenn dies auch beim Nachweis der Längsschubtragfähigkeit berücksichtigt wird.

10.6.4.4 Schnittgrößenermittlung

Profilblech als Schalung Die Bemessung erfolgt nach DIN EN 1993-1-3 [14] und der entsprechenden Produktzulassung. Bei der Verwendung von Hilfsunterstützungen ist i. d. R. eine plastische Umlagerung der Momente nicht zulässig.

Verbunddecke Im GZT sind folgende Verfahren zulässig:
- Linear-elastische Berechnung mit und ohne Momentenumlagerung. Die maximale Umlagerung ist in [10], Abschn. 5.5 und [11] festgelegt. Für Betonfestigkeiten $f_{ck} \leq 50\,\text{N/mm}^2$ muss das Verhältnis δ des umgelagerten Moments zum Ausgangsmoment folgende Bedingungen erfüllen:

$\delta \geq 0{,}64 + 0{,}8 \cdot z_{pl}/d \geq 0{,}7$ für hochduktilen Betonstahl

$\delta \geq 0{,}64 + 0{,}8 \cdot z_{pl}/d \geq 0{,}85$ für normalduktilen Betonstahl (Klasse A)

z_{pl} ist die Druckzonenhöhe im GZT nach der Momentenumlagerung

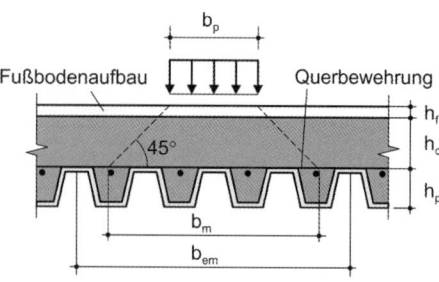

Abb. 10.86 Verteilung von konzentriert angreifenden Lasten

- Fließgelenktheorie mit Nachweis ausreichender Rotationskapazität in den Fließgelenken. Wenn die Deckenstützweite max. 3 m ist und Betonstahl der Klasse C nach [10], Anhang C verwendet wird, ist auch eine Berechnung ohne direkte Kontrolle der Rotationskapazität möglich.
- Fließzonentheorie unter Berücksichtigung des nichtlinearen Verhaltens der Werkstoffe.

Wird der Einfluss der Rissbildung bei der Schnittgrößenermittlung nicht berücksichtigt, dürfen die Biegemomente im GZT an den Innenstützen unter Beachtung der Gleichgewichtsbedingungen bis zu 30 % abgemindert werden.

Durchlaufend ausgeführte Decken dürfen als eine Kette von Einfeldträgern bemessen werden, wenn an den Innenstützen eine ausreichende Bewehrung zur Rissbreitenbeschränkung angeordnet wird (vgl. Abschn. 10.6.4.5.3).

Im GZG sind die Schnittgrößen mit dem linear-elastischen Berechnungsverfahren zu ermitteln.

Mittragende Breite bei konzentrierten Einzel- und Linienlasten Bei Einzel- und Linienlasten parallel zur Spannrichtung darf die Lasteintragungsbreite b_m unter einem Winkel von 45° bis zur Oberseite des Profilbleches angenommen werden (siehe Tafel 10.162 und Abb. 10.86). Für konzentrierte Linienlasten senkrecht zur Spannrichtung wird für b_p die Länge der Linienlast angesetzt. Die mittragenden Breiten b_e für die Schnittgrößenermittlung und die Tragfähigkeitsnachweise dürfen für Decken mit $h_p/h \leq 0{,}6$ vereinfachend nach Tafel 10.162 bestimmt werden.

Überschreiten die charakteristischen Werte konzentrierter Lasten bei Flächenlasten $5{,}0\,\text{kN/m}^2$ und bei Einzellasten 7,5 kN nicht, darf ohne rechnerischen Nachweis eine konstruktive Querbewehrung von mindestens 0,2 % der Betonfläche oberhalb des Profilbleches angeordnet werden. Diese Bewehrung ist über die Breite b_{em} zuzüglich der Verankerungslänge direkt oberhalb des Profilbleches anzuordnen. Bei größeren Lasten müssen die Querbiegemomente nachgewiesen werden.

10.6.4.5 Nachweise

10.6.4.5.1 Nachweis des Profilbleches als Schalung

Im GZT gelten die Regelungen nach DIN EN 1993-1-3 [14] mit Beachtung der Einflüsse durch Sicken, Noppen

Tafel 10.162 Mittragende Breiten bei konzentrierten Einzel- und Linienlasten

		Einfeldplatten und Endfelder von Durchlaufplatten	$b_{\text{em}} = b_{\text{m}} + 2L_{\text{p}}\left(1 - \dfrac{L_{\text{p}}}{L}\right) \leq b$
Biegung und Längsschub		Innenfelder von Durchlaufplatten	$b_{\text{em}} = b_{\text{m}} + 1{,}33L_{\text{p}}\left(1 - \dfrac{L_{\text{p}}}{L}\right) \leq b$
Querkräfte			$b_{\text{ev}} = b_{\text{m}} + L_{\text{p}}\left(1 - \dfrac{L_{\text{p}}}{L}\right) \leq b$

b_{m} Lasteintragungsbreite $b_{\text{m}} = b_{\text{p}} + 2(h_{\text{c}} + h_{\text{f}})$, siehe Abb. 10.86.
L_{p} Abstand des Schwerpunktes der Last zum nächsten Auflager.
L Spannweite.
b Plattenbreite.

und anderen Profilierungen des Bleches. Im GZG darf die Durchbiegung des Profilbleches δ_{s} infolge des Blecheigengewichtes und des Frischbetongewichtes (ohne Montagelasten und Lasten aus Arbeitsbetrieb) den Grenzwert nach (10.239) nicht überschreiten. Darin ist L die maßgebende Stützweite unter Berücksichtigung ggf. vorgesehener Hilfsunterstützungen.

$$\delta_{\text{s}} \leq L/180 \qquad (10.239)$$

10.6.4.5.2 Nachweis der Verbunddecke im Grenzzustand der Tragfähigkeit

Biegung Bei der Ermittlung der wirksamen Querschnittsfläche des Profilbleches A_{pe} sind Sicken, Noppen und vergleichbare Profilierungen zu vernachlässigen. Bei negativer Momentenbeanspruchung darf das Profilblech nur berücksichtigt werden, wenn es durchlaufend ausgebildet ist und im Bauzustand keine plastischen Momentenumlagerungen ausgenutzt werden.

Der Einfluss des örtlichen Beulens druckbeanspruchter Bereiche des Profilbleches darf nach der Methode der wirksamen Breiten (vgl. Abschn. 10.5.3.2.3) berücksichtigt werden. Diese dürfen den zweifachen Grenzwert für Stege der Klasse 1 nach [12], Tabelle 5.2 nicht überschreiten (siehe Tafel 10.46).

a) Positive Momente, plastische Nulllinie im Aufbeton (s. Abb. 10.87)

Lage der plastischen Nulllinie:

$$z_{\text{pl}} = \frac{A_{\text{pe}} f_{\text{yp,d}} + A_{\text{s}} f_{\text{sd}}}{b \cdot 0{,}85 f_{\text{cd}}} \qquad (10.240)$$

Vollplastische Momententragfähigkeit:

$$M_{\text{pl,Rd}} = A_{\text{pe}} f_{\text{yp,d}}\left(d_{\text{p}} - \frac{z_{\text{pl}}}{2}\right) + A_{\text{s}} f_{\text{sd}}\left(d_{\text{s}} - \frac{z_{\text{pl}}}{2}\right) \qquad (10.241)$$

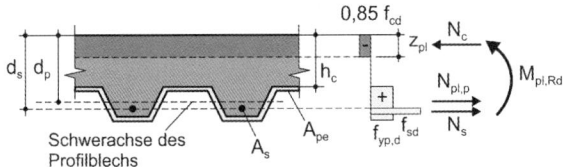

Abb. 10.87 Spannungsverteilung im vollplastischen Zustand, Nulllinie im Aufbeton

b) Positive Momente, plastische Nulllinie im Profilblech (s. Abb. 10.88)

Das Profilblech nimmt neben der Normalkraft $N_{\text{p}} = N_{\text{p,t}} - N_{\text{p,c}}$ noch ein Teil des Biegemoments M_{pr} auf. Die Lage der plastischen Nulllinie z_{pl} ist unter Beachtung der Gleichgewichtsbedingung (10.242) iterativ zu bestimmen. Hieraus lassen sich die inneren Kräfte N_{i} und Hebelarme z_{i} für die Momentenermittlung $M_{\text{pl,Rd}}$ ableiten.

$$\begin{aligned}-(N_{\text{cf}} + N_{\text{p,c}}) + N_{\text{p,t}} + N_{\text{s}} \\ = -(0{,}85 f_{\text{cd}} A_{\text{c}} + A_{\text{p,c}} f_{\text{yp,d}}) + A_{\text{p,t}} f_{\text{yp,d}} + A_{\text{s}} f_{\text{sd}} \\ = 0 \qquad (10.242)\end{aligned}$$

$$M_{\text{pl,Rd}} = N_{\text{p,t}} z_{\text{p,t}} + N_{\text{s}} z_{\text{s}} - N_{\text{p,c}} z_{\text{p,c}} - N_{\text{cf}} z_{\text{c}} \qquad (10.243)$$

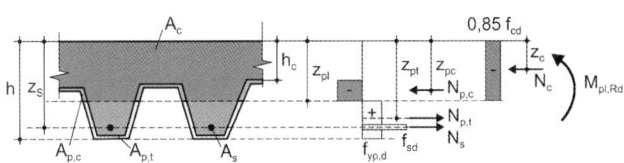

Abb. 10.88 Spannungsverteilung im vollplastischen Zustand, Nulllinie im Profilblech

c) Negative Momentenbeanspruchung (s. Abb. 10.89)

Bei Vernachlässigung des Mitwirkens des Profilblechs wird die Lage der plastischen Nulllinie z_{pl} unter Beachtung der Gleichgewichtsbedingung (10.244) iterativ bestimmt.

$$-N_{\text{c}} + N_{\text{s}} = -0{,}85 f_{\text{cd}} A_{\text{c}} + A_{\text{s}} f_{\text{sd}} = 0 \qquad (10.244)$$

$$M_{\text{pl,Rd}} = N_{\text{c}} z_{\text{c}} - N_{\text{s}} z_{\text{s}} \qquad (10.245)$$

Längsschub bei Decken ohne Endverankerung Die nachfolgenden Regelungen gelten für Verbunddecken mit mechanischem Verbund und/oder Reibungsverbund (s. Abb. 10.83). Die Längsschubtragfähigkeit kann nach dem $m + k$-Verfahren oder dem Teilverbundverfahren nachgewiesen werden. Die Anwendung des Teilverbundverfahrens ist nur bei duktilem Verbundverhalten zulässig. Dies darf vorausgesetzt werden, wenn die Versagenslast mindestens 10 % größer als diejenige Last ist, bei der 0,1 mm Endschlupf zwischen Profilblech und Beton auftritt.

Abb. 10.89 Spannungsverteilung im vollplastischen Zustand, negative Momente

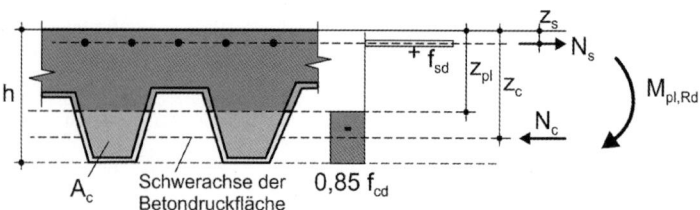

Schwerachse der Betondruckfläche $0{,}85\,f_{cd}$

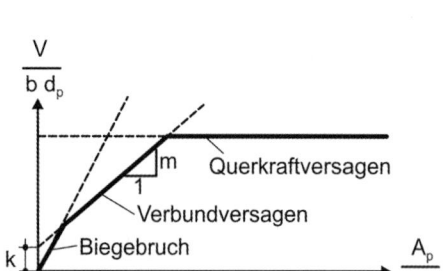

Abb. 10.90 $m+k$-Verfahren

a) $m+k$-Verfahren Beim $m+k$-Verfahren werden durch mindestens je drei Versuche an Decken mit kurzer und langer Schublänge L_s die Ordinate k und der Neigungswinkel m im normierten Tragfähigkeitsdiagramm bestimmt (Abb. 10.90).

Die Tragsicherheit in Bezug auf das Längsschubversagen wird mit (10.246) nachgewiesen.

$$\frac{V_{Ed}}{V_{l,Rd}} \le 1{,}0 \qquad (10.246)$$

mit

$$V_{l,Rd} = \frac{b \cdot d_p}{\gamma_{VS}}\left(\frac{m \cdot A_p}{b \cdot L_s} + k\right)$$

b, d_p Plattenbreite und Abstand der Schwereachse des Profilbleches bis zur Randfaser der Betondruckzone in mm

A_p Nennwert der Querschnittsfläche des Profilbleches in mm^2

m, k Bemessungswerte in N/mm^2 aus Versuchen (s. [29], Anhang B)

L_s Schublänge in mm nach Tafel 10.163

γ_{VS} Teilsicherheitsbeiwert für die Längsschubtragfähigkeit. Sofern in den Zulassungen der Profilbleche keine abweichenden Angaben enthalten sind, kann $\gamma_{VS} = 1{,}25$ angenommen werden.

Bei durchlaufenden Verbunddecken darf der Nachweis der Längsschubtragfähigkeit für äquivalente Einfelddecken mit den folgenden Stützweiten geführt werden.

Endfelder:

$$L_{eff} = 0{,}9L$$

Innenfelder:

$$L_{eff} = 0{,}8L$$

b) Teilverbundverfahren Beim Teilverbundverfahren werden aus dem Sachverhalt, dass vom Auflager bis zum betrachteten Querschnitt über die Länge L_x nur eine begrenzte Schubkraft übertragen wird, die Normalkräfte im Profilblech und Beton bestimmt. Unterschreitet die Normalkraft N_p die plastische Normalkrafttragfähigkeit des Profilbleches, steht noch ein Teil des Blechquerschnitts zur Aufnahme von Biegemomenten zur Verfügung. Beim Teilverbundverfahren wird nachgewiesen, dass das einwirkende Biegemoment über die Deckenlänge an keiner Stelle die Momententragfähigkeit überschreitet. Damit ist zugleich eine ausreichende Längsschubtragfähigkeit nachgewiesen. Eine zusätzliche untere Längsbewehrung darf dabei berücksichtigt werden.

$$\frac{M_{Ed}(x)}{M_{Rd}(x)} \le 1{,}0 \qquad (10.247)$$

$$\eta = \frac{N_p}{N_{pl,p,Rd}} = \frac{\tau_{u,Rd}\cdot b\cdot L_x}{A_{pe}\,f_{yp,d}} \le 1{,}0 \qquad (10.248)$$

$$M_{pl,r} = 1{,}25\,M_{pl,p,Rd}\left(1 - \frac{N_p}{N_{pl,p,Rd}}\right)$$

$$= 1{,}25\,M_{pl,p,Rd}\,(1 - \eta) \le M_{pl,p,Rd} \qquad (10.249)$$

$$z_{pl,c} = \frac{\eta \cdot A_{pe}\,f_{yp,d} + A_s\,f_{sd}}{b \cdot 0{,}85 f_{cd}} \qquad (10.250)$$

$$M_{Rd} = M_{pl,r} + \eta \cdot A_{pe}\,f_{yp,d}\left(d_p - \frac{z_{pl,c}}{2}\right)$$
$$+ A_s\,f_{sd}\left(d_s - \frac{z_{pl,c}}{2}\right) \qquad (10.251)$$

Beim Nachweis ausreichender Momentendeckung darf die Momententragfähigkeit M_{Rd} vereinfacht durch lineare Interpolation über den Verdübelungsgrad η bestimmt werden (s. Abb. 10.92).

$$M_{Rd} = M_{pl,p,Rd} + \eta \cdot \left(M_{pl,Rd} - M_{pl,p,Rd}\right) \qquad (10.252)$$

Längsschub bei Decken mit Endverankerung Die Längsschubtragfähigkeit von Verbunddecken mit Endverankerungen des Typs c) und d) nach Abb. 10.83 darf mit der Teilverbundtheorie ermittelt werden. Zur übertragbaren Verbundkraft zwischen Profilblech und Beton wird die Verankerungskraft am Ende hinzuaddiert (z. B. bei (10.248)).

Tafel 10.163 Schublänge L_s	Belastung	Gleichstreckenlast	Zwei gleiche symmetrische Einzellasten	Andere Belastungsanordnung
	Schublänge	$L_s = L/4$	Abstand zwischen Last und benachbartem Auflager	Aus Versuchen oder $L_s = \max M / \max Q$

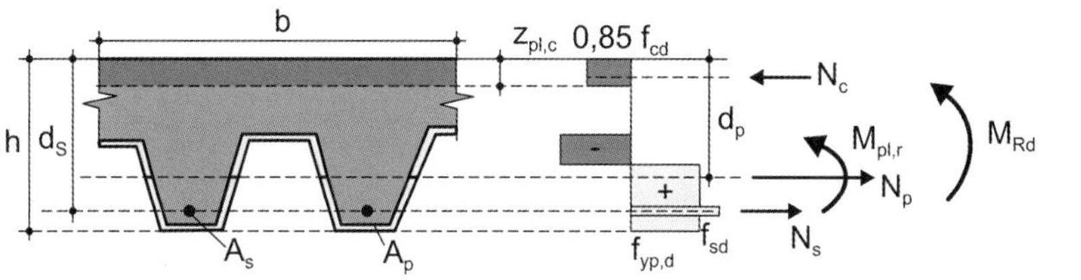

Abb. 10.91 Spannungsverteilung im vollplastischen Zustand bei Teilverbund

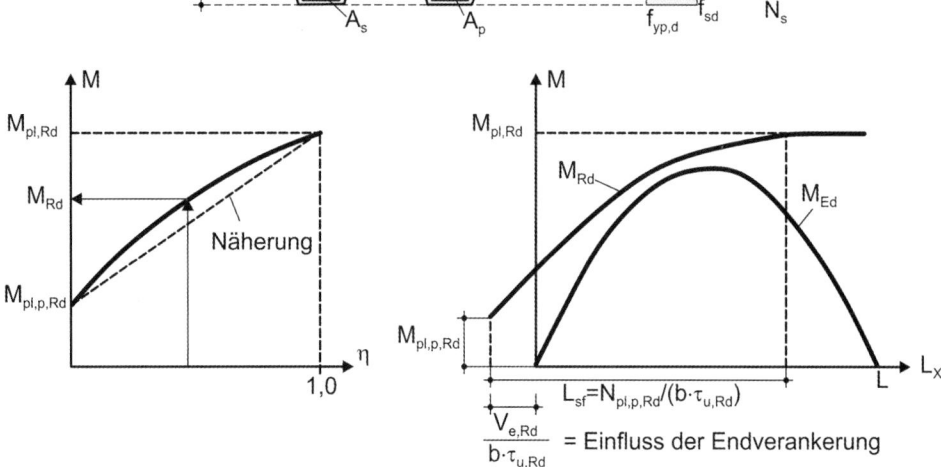

Abb. 10.92 Teilverbunddiagramm und Momentendeckung bei Verbunddecken

Die durch Blechverformungsanker (Abb. 10.83d), Setzbolzen oder gewindefurchende Schrauben übertragbare Kraft ist den Zulassungsdokumenten der Profilbleche zu entnehmen. Die Schubtragfähigkeit eines durch das Profilblech geschweißten Kopfbolzens kann mit (10.253) bestimmt werden. Dieser Wert darf die Tragfähigkeit des Kopfbolzens selbst nicht überschreiten (siehe Abschn. 10.6.2.6.2).

$$P_{\mathrm{pb,Rd}} = \min \begin{cases} k_{\mathrm{t}} \cdot P_{\mathrm{Rd}} \\ k_{\varphi} \cdot d_{\mathrm{d0}} \cdot t \cdot f_{\mathrm{y,pd}} \end{cases} \qquad (10.253)$$

mit

$$k_{\varphi} = 1 + a/d_{\mathrm{d0}} \le 6{,}0$$

k_{t} nach (10.206)
P_{Rd} Minimalwert aus (10.203) und (10.204)
d_{d0} Durchmesser vom Schweißwulst des Dübels (1,1-fache Wert des Schaftdurchmessers)
a Abstand zwischen Dübelachse und Blechende ($a \ge 1{,}5d_{\mathrm{d0}}$)
t Dicke des Profilbleches.

Querkrafttragfähigkeit Der Bemessungswert des Querkraftwiderstandes für Bauteile ohne rechnerisch erforderliche Querkraftbewehrung wird nach [10], Abschn. 6.2.2 (1) sowie dem Nationalen Anhang [11] hierzu bestimmt. Dabei darf der Anteil des Profilblechs, der durch Endverankerung, Reibung und Flächenverbund bis zum maßgebenden Nachweisquerschnitt aktiviert wird, im Verhältnis der Bemessungswerte der Streckgrenzen von Profilblech zu Betonstahl auf den Bewehrungsgrad ρ_{l} angerechnet werden.

10.6.4.5.3 Grenzzustand der Gebrauchstauglichkeit

Rissbreitenbeschränkung Für die Rissbreitenbeschränkung in negativen Momentenbereichen ist [10], Abschn. 7.3 in Verbindung mit dem Nationalen Anhang anzuwenden. Werden durchlaufende Decken als eine Kette von Einfeldträgern bemessen, ist zur Verhinderung einer unkontrollierten Rissbildung im Aufbeton die folgende konstruktive Mindestbewehrung anzuordnen:

- 0,2 % der Betonquerschnittsfläche oberhalb des Profibleches bei Decken, die im Bauzustand ohne Hilfsunterstützung hergestellt werden,
- 0,4 % der Betonquerschnittsfläche oberhalb des Profibleches bei Decken, die im Bauzustand mit Hilfsunterstützung hergestellt werden.

Durchbiegung Auf den Nachweis der Verformungen darf verzichtet werden, wenn die Biegeschlankheit die Grenzwerte nach [11] (NCI zu Abschn. 7.4.2 (2)) nicht überschreitet ($l_{\mathrm{i}}/d \le 35$ bzw. $l_{\mathrm{i}}/d \le 150/l_{\mathrm{i}}$) und der Endschlupf vernachlässigt werden kann (siehe Zulassung für die jeweiligen Profilbleche).

Erfolgt der Nachweis der Verformungen nicht indirekt durch Begrenzung der Plattenschlankheit, sollte als effektive Biegesteifigkeit der Mittelwert der Biegesteifigkeiten des gerissenen und ungerissenen Querschnitts verwendet werden. Der Einfluss des Kriechens kann vereinfacht durch eine reduzierte Biegesteifigkeit berücksichtigt werden, die mit dem Mittelwert der Reduktionszahlen für kurzzeitige und ständige Beanspruchungen bestimmt wird. Einflüsse aus dem Schwinden dürfen vernachlässigt werden.

In Bezug auf die Ermittlung von Verformungen aus Lasten, die nur auf das Profilblech wirken, gilt [14], Abschn. 7.

10.7 Anschlüsse

10.7.1 Allgemeines

Die Bemessung von Anschlüssen ist in DIN EN 1993-1-8 [17] in Kombination mit den Teilen 1-1 [12] und 1-12 [23] sowie weiteren Teilen des Eurocode 3 geregelt. In Bezug auf spezielle Anschlüsse für den Verbundbau s. DIN EN 1994-1-1, Abschn. 6 [29]. Die **Teilsicherheitsbeiwerte** für den mechanischen Widerstand sind in Tafel 10.36 zusammengestellt.

Die Beanspruchbarkeit einer Verbindung wird aus den Beanspruchbarkeiten ihrer Grundkomponenten bestimmt. Es dürfen linear-elastische oder elastisch-plastische Berechnungsverfahren angewendet werden.

Berechnungsannahmen Zur Klassifizierung von Anschlüssen und den Modellen für die Stabwerksberechnung siehe Abschn. 10.2.3. Für die Verteilung von Kräften und Momenten sind i. d. R. folgende Voraussetzungen zu beachten:

- Die angenommene Verteilung steht im Gleichgewicht mit den äußeren Schnittgrößen und entspricht den Steifigkeitsverhältnissen im Anschluss.
- Die zugewiesenen Kräfte und Momente können von den Verbindungsmitteln übertragen werden.
- Das Verformungsvermögen der Verbindungsmittel und der angeschlossenen Bauteile wird nicht überschritten.

- Die bei elastisch-plastischen Berechnungsmodellen auftretenden Verformungen sind physikalisch möglich.
- Die Berechnungsmodelle stehen nicht im Widerspruch zu Versuchsergebnissen.

Angaben zur Kräfteverteilung in Stirnplattenverbindungen, Träger-Stützen-Verbindungen und Stützenfüßen enthält [17] im Abschn. 6.2.

Werden bei Scherbeanspruchungen unterschiedlich steife Verbindungsmittel eingesetzt, so ist i. d. R. dem Verbindungsmittel mit der höchsten Steifigkeit (z. B. den Schweißnähten) die gesamte Belastung zuzuordnen. Bei Hybridverbindungen mit Schweißnähten und gleitfest vorgespannten Schraubenverbindungen der Kategorie C (Gleitsicherheit im GZT, s. Tafel 10.164) dürfen die Tragfähigkeiten überlagert werden, wenn das Anziehen der Schrauben nach der Ausführung der Schweißarbeiten erfolgt.

Exzentrizitäten Bauteile und deren Anschlüsse sind i. d. R. für die Schnittgrößen aus Exzentrizitäten in den Knotenpunkten zu bemessen. Ausnahmen für Fachwerke sind in [17], Abschn. 5.1.5 geregelt. Die Exzentrizitäten in und aus der Anschlussebene sind unter Berücksichtigung der Schwereachsen der Bauteile und der Bezugsachsen der Verbindungsmittel zu bestimmen. Für Anschlüsse von Winkeln mit einer Schraubenreihe sind die Abschn. 10.3.3 und 10.4.2.2 zu beachten.

Tafel 10.164 Kategorien von Schraubenverbindungen und Tragsicherheitsnachweise

Kategorie		Nachweis	Anmerkung
Scherverbindungen			
A	Scher-/Lochleibungsverbindung	$F_{v,Ed} \leq F_{v,Rd}$ $F_{v,Ed} \leq F_{b,Rd}$	– keine Vorspannung erforderlich – Schraubenfestigkeitsklassen 4.6 bis 10.9
B	Gleitfeste Verbindung im GZG	$F_{v,Ed,ser} \leq F_{s,Rd,ser}$ $F_{v,Ed} \leq F_{v,Rd}$ $F_{v,Ed} \leq F_{b,Rd}$	– Vorspannung erforderlich – Schraubenfestigkeitsklassen i. d. R. 8.8 und 10.9
C	Gleitfeste Verbindung im GZT	$F_{v,Ed} \leq F_{s,Rd}$ $F_{v,Ed} \leq F_{b,Rd}$ $\sum F_{v,Ed} \leq N_{net,Rd}$	– Vorspannung erforderlich – Schraubenfestigkeitsklassen i. d. R. 8.8 und 10.9
Zugverbindungen			
D	Nicht vorgespannt	$F_{t,Ed} \leq F_{t,Rd}$ $F_{t,Ed} \leq B_{p,Rd}$	– Schraubenfestigkeitsklassen 4.6 bis 10.9
E	Vorgespannt	$F_{t,Ed} \leq F_{t,Rd}$ $F_{t,Ed} \leq B_{p,Rd}$	– Schraubenfestigkeitsklassen i. d. R. 8.8 und 10.9

$F_{v,Ed}$ einwirkende Abscherkraft,
$F_{v,Rd}$ Abschertragfähigkeit,
$F_{b,Ed}$ einwirkende Lochleibungskraft,
$F_{b,Rd}$ Lochleibungstragfähigkeit,
$F_{t,Ed}$ einwirkende Zugkraft,
$F_{t,Rd}$ Zugtragfähigkeit,
$F_{v,Ed,ser}$ einw. Abscherkraft im GZG,
$N_{net,Rd}$ plastischer Widerstand des Nettoquerschnitts im kritischen Schnitt,
$F_{s,Rd}$ Gleitwiderstand im GZT,
$F_{s,Rd,ser}$ Gleitwiderstand im GZG,
$B_{p,Rd}$ Durchstanzwiderstand des Schraubenkopfes oder der Mutter.

Schubbeanspruchte Anschlüsse mit dynamischen Belastungen oder Lastumkehr Bei Stoßbelastung, erheblicher Schwingungsbelastung und Lastumkehr sollten folgende Anschlussmittel verwendet werden:

- Schweißnähte,
- vorgespannte Schrauben und Schrauben mit Sicherung gegen unbeabsichtigtes Lösen der Muttern,
- Injektionsschrauben und andere Schrauben, die Verschiebungen der angeschlossenen Bauteile wirksam verhindern
- Niete.

Darf in einem Anschluss, z. B. wegen Lastumkehr, kein Schlupf auftreten, sind entweder Schweißnähte, gleitfeste Schraubverbindungen der Kategorie B oder C (s. Tafel 10.164), Passschrauben oder Niete zu verwenden.

Bei Wind- und Stabilisierungsverbänden dürfen Scher-Lochleibungsverbindungen (Kategorie A nach Tafel 10.164) eingesetzt werden.

10.7.2 Verbindungen mit Schrauben und Nieten

10.7.2.1 Schraubenkategorien, Festigkeitsklassen und Nachweise

Tafel 10.164 enthält die Einteilung der Schraubenverbindungen in Kategorien nach [17], die erforderlichen Tragsicherheitsnachweise sowie die zulässigen Festigkeitsklassen und Angaben zur Vorspannung. Gemäß Nationalem Anhang [18] sind für Deutschland die Festigkeitsklassen nach Tafel 10.165 zugelassen.

10.7.2.2 Schraubenarten, -abmessungen und Produktnormen

In Bezug auf die Produktnormen ist zwischen hochfesten planmäßig vorspannbaren Schraubenverbindungen nach DIN EN 14399 [66] und Garnituren für nicht planmäßig vorgespannte Schraubenverbindungen nach DIN EN 15048 [67] zu unterscheiden.

Bei **Verbindungen mit planmäßig vorgespannten Schrauben** können die Systeme HR oder HV eingesetzt werden, die sich durch ihre Versagensform und den geregelten Festigkeitsklassen unterscheiden. Darüber hinaus steht das System HRC nach DIN EN 14399-10 [66] mit kalibrierter Vorspannung zur Verfügung, bei dem am Gewinde der Schrauben ein Abscherende anschließt, das beim Anspannvorgang kontrolliert bricht.

Bei **nicht planmäßig vorgespannten Schraubenverbindungen** sind künftig Garnituren nach [67] zu verwenden, sofern nicht auch hier Schraubengarnituren nach [66] zum Einsatz kommen. Teil 1 regelt die Allgemeinen Anforderungen, Teil 2 die Eignungsprüfung. Es können Schrauben der Festigkeitsklassen 4.6 bis 10.9 mit CE-Zeichen eingesetzt werden, die von einem Hersteller zu liefern sind und mit der Abkürzung „SB" (Structural Bolt) auf Schraube und Mutter gekennzeichnet werden. Die Scheiben sind nicht Bestandteil der Garnitur. Sie müssen nicht vom Hersteller bereitgestellt werden.

Es ist derzeit nicht geplant, die Geometrie niederfester Schrauben europäisch zu regeln. Die darunter fallenden deutschen Produktnormen bleiben voraussichtlich als nationale Normen erhalten. Die Schrauben erhalten künftig das Kennzeichen „SB" und werden mit einem Konformitätsnachweis zu DIN EN 15048-1 [67] geliefert.

Tafel 10.165 Nennwerte der Streckgrenze f_{yb} und der Zugfestigkeit f_{ub} von Schrauben

Schraubenfestigkeitsklasse	4.6	5.6	8.8	10.9
f_{yb} (N/mm^2)	240	300	640	900
f_{ub} (N/mm^2)	400	500	800	1000

Tafel 10.166 Hochfeste planmäßig vorspannbare Schraubenverbindungen

System	Versagensformen	Festigkeitsklassen	Garnituren aus Schrauben und Muttern	Normen für Unterlegscheiben
HR	Bruch des Schraubenschaftes	8.8 und 10.9	Sechskantschrauben DIN EN 14399-3 Senkschrauben DIN EN 14399-7	Flache Scheiben (nur unter der Mutter zulässig) DIN EN 14399-5
HV	Abstreifen des Gewindes	10.9	Sechskantschrauben DIN EN 14399-4[a] Passschrauben DIN EN 14399-8	Flache Scheiben mit Fase DIN EN 14399-6

[a] Garnituren mit Schrauben und Muttern nach DIN EN 14399-4 müssen mit Scheiben nach DIN EN 14399-6 verbaut werden.

Tafel 10.167 Schrauben, Muttern und Scheiben verschiedener Produktnormen

Festigkeitsklasse	Passschrauben	Schraubennorm	Muttern		Scheiben	
			Norm	Festigkeit	Norm	Härte
4.6	Nein	DIN 7990	DIN EN ISO 4034, 4032	4/5	DIN 7989 T1, T2 DIN 434, 435	100
5.6	Nein	DIN 7990		5		
	Ja	DIN 7968				
8.8	Nein	DIN EN ISO 4014, 4017	DIN EN ISO 4032	8	DIN EN ISO 7089 bis 7091 DIN 434, 435	100 bis 300

Festigkeitsklassen für Schrauben nach DIN EN ISO 898-1, für Muttern nach DIN EN ISO 898-2 [61].

Tafel 10.168 Sechskantschrauben für Stahlkonstruktionen (Festigkeitsklassen nach DIN EN ISO 898-1 (05.13))

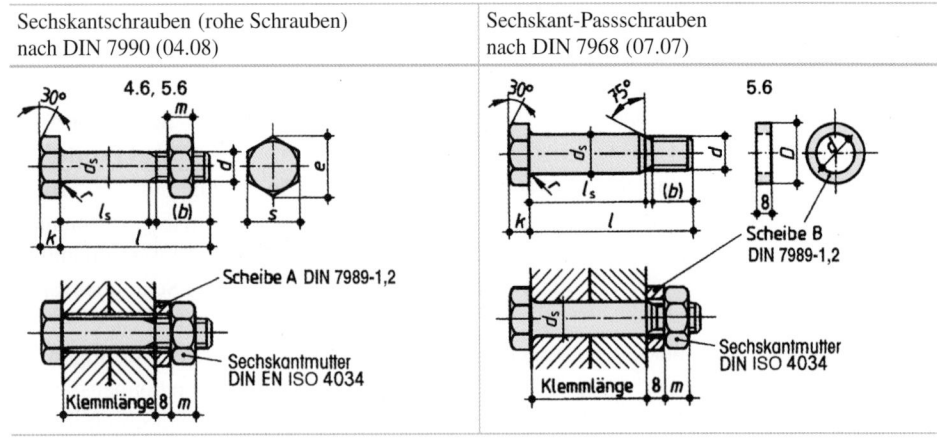

Gewinde	Schaft	Querschnitt					e		Länge l		Scheiben DIN 7989	
d	d_s	A_sp [a]	Schaft	b	k	m	min	s	von	bis	d	D
M 12	12 (13)	0,843	1,13 (1,33)	20,5	8	10	19,85	18	30 (35)	120	13,5	24
M 16	16 (17)	1,57	2,01 (2,27)	24,5	10	13	26,17	24	35 (40)	150	17,5	30
M 20	20 (21)	2,45	3,14 (3,46)	28,5	13	16	32,95	30	40 (45)	180	21,5	37
M 22	*22 (23)*	*3,03*	*3,80 (4,15)*	*25,5*	*14*	*18*	*37,29*	*34*	*40*	*200*	*24*	*40* [b]
M 24	24 (25)	3,53	4,52 (4,91)	33,0	15	19	39,55	36	45 (55)	200	26	44
M 27	27 (28)	4,59	5,73 (6,16)	35,5	17	22	45,20	41	50 (60)	200	29	50
M 30	30 (31)	5,61	7,07 (7,55)	38,5	19	24	50,85	46	55 (65)	200	32	56

Längenmaße in mm, Querschnitte in cm², Klammerwerte für Passschrauben

[a] Spannungsquerschnitt nach DIN EN ISO 898-1 (05.13): $A_\mathrm{sp} = \frac{\pi}{4}\left(\frac{d_2+d_3}{2}\right)^2$ mit d_2 = Flanken- und d_3 = Kerndurchmesser des Gewindes.

[b] In den neuen Ausgaben der Schraubennormen nicht mehr enthalten.

10.7.2.3 Maße von Löchern, Rand- und Lochabständen

Das **Nennlochspiel** ist bei runden Löchern als die Differenz zwischen dem Nenndurchmesser und dem Schraubennenndurchmesser definiert. Bei Langlöchern entspricht das Lochspiel der Differenz zwischen der Lochlänge oder Lochbreite und dem Schraubennenndurchmesser.

Das Nennlochspiel bei Schrauben und Bolzen, die nicht in Passverbindungen eingesetzt werden, ist in Tafel 10.172 angegeben. Standardmäßig werden normale runde Löcher mit 1 bis 3 mm Lochspiel verwendet. Die Herstellungstoleranz beträgt $\pm 0,5$ mm. Dabei wird als Lochdurchmesser der Mittelwert von Eintritts- und Austrittsdurchmesser angenommen. Bei Passschrauben muss der Nennlochdurchmesser gleich dem Schaftdurchmesser der Schraube sein. Es ist die Toleranzklasse H11 nach DIN EN ISO 286-2 [60] einzuhalten.

Grenzwerte für Rand- und Lochabstände von Verbindungsmitteln in Stählen nach DIN EN 10025 [44] sind in Tafel 10.173 und Abb. 10.93 angegeben. Der Widerstand druckbeanspruchter Bauteile gegen das Beulen zwischen den Verbindungsmitteln wird nach DIN EN 1993-1-1 [12] mit der Knicklänge $L_\mathrm{cr} = 0,6 p_1$ berechnet. Bei $p_1/t < 9\varepsilon$ (ε siehe Tafel 10.45) ist kein Nachweis erforderlich. Für den Randabstand senkrecht zur Kraftrichtung darf der Nachweis des Beulens mit dem Modell des einseitig gestützten Flansches nach [12] geführt werden (s. Tafel 10.47).

10.7.2.4 Tragfähigkeit von Schraubenverbindungen

Die nachfolgenden Ausführungen gelten i. Allg. für Sechskantschrauben, die den Anforderungen der DIN EN 1090-2 [36] entsprechen. Für andere Schraubentypen, wie z. B. Senkschrauben oder Schrauben mit geschnittenen Gewinden, sind zusätzliche Regelungen nach [17] und zugehörigem NA [18] zu beachten.

10.7.2.4.1 Tragfähigkeit auf Abscheren

Die Tragfähigkeit $F_\mathrm{v,Rd}$ einer Schraube auf Abscheren wird in Abhängigkeit der Zugfestigkeit des Schraubenmaterials und des maßgebenden Querschnitts in der Scherfuge mit (10.254) bestimmt.

$$F_\mathrm{v,Rd} = \frac{\alpha_\mathrm{v} f_\mathrm{ub} A}{\gamma_\mathrm{M2}} \tag{10.254}$$

f_ub Zugfestigkeit der Schraube, s. Tafel 10.165.

Tafel 10.169   Garnituren aus Sechskantschrauben mit großen Schlüsselweiten nach DIN EN 14399-4 (04.15) – System HV

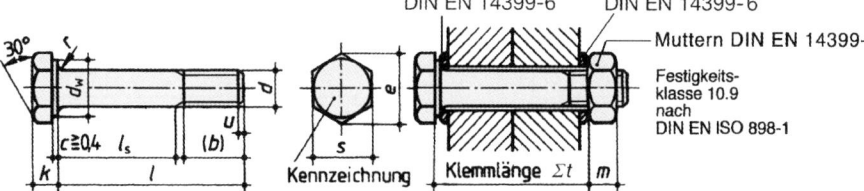

Gewinde d	A_{sp}	b	d_w		c	k	r	e	s	l		m	Scheiben		
			min	max			min	min	max	von	bis		t	d	D
M 12	0,843	23	20,1		0,6	8	1,2	23,91	22	35	95	10	3	13	24
M 16	1,57	28	24,9		0,6	10	1,2	29,56	27	40	130	13	4	17	30
M 20	2,45	33	29,5		0,8	13	1,5	35,03	32	45	155	16	4	21	37
M 22	3,03	34	33,3		0,8	14	1,5	39,55	36	50	165	18	4	23	39
M 24	3,53	39	38,0		0,8	15	1,5	45,20	41	60	195	20	4	25	44
M 27	4,59	41	42,8		0,8	17	2	50,85	46	70	200	22	5	28	50
M 30	5,61	44	46,6		0,8	19	2	55,37	50	75	200	24	5	31	56
M 36	8,17	52	55,9		0,8	23	2	66,44	60	85	200	29	6	37	66

Tafel 10.170   Garnituren aus Sechskant-Passschrauben, *hochfest*, mit großen Schlüsselweiten, nach DIN EN 14399-8 (03.08)

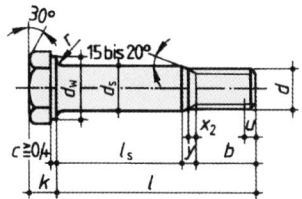

Sie sind für GVP- oder SLP-Verbindungen bestimmt. Sie dürfen nur mit Scheiben nach DIN EN 14399 Teil 5 (nur unter der Mutter) oder 6 verwendet werden.
Festigkeitsklasse 10.9 nach DIN EN ISO 898-1

Gewinde d		M 12	M 16	M 20	M 22	M 24	M 27	M 30	36	Bemerkung
d_s		13	17	21	23	25	28	31	37	Nennlängen l je nach
b		23	28	33	34	39	41	44	52	Durchmesser bis
r	min	1,2	1,2	1,5	1,5	1,5	2	2	2	200 mm. Übrige Maße
d_w	min	20,1	24,9	29,5	33,3	38,0	42,8	46,6	55,9	wie Schrauben nach
s	max	22	27	32	36	41	46	50	60	DIN EN 14399-4
e	min	23,91	29,56	35,03	39,55	45,20	50,85	55,37	66,44	

Tafel 10.171   Halbrundniete nach DIN 124 (03.11) und Senkniete nach DIN 302 (03.11)

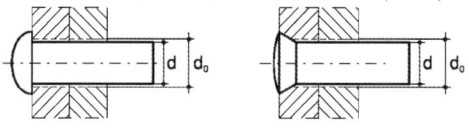

	M10	M12	M16	M20	M22	M24	M30	M36
Lochdurchmesser d_0 [mm]	10,5	13	17	21	23	25	31	37
Gewindedurchmesser d [mm]	10	12	16	20	22	24	30	36

Tafel 10.172   Maße für Löcher

Nenndurchmesser d der Schraube oder des Bolzens [mm]	12	14	16	18	20	22	24	≥ 27
Normale runde Löcher[a]	1[b, c]		2					3
Übergroße runde Löcher	3		4				6	8
Kurze Langlöcher (in der Länge)[d]	4		6				8	10
Lange Langlöcher (in der Länge)[d]	1,5d							

[a] Bei Türmen, Masten und ähnlichen Anwendungsfällen muss das Nennlochspiel für normale runde Löcher um 0,5 mm abgemindert werden, sofern nichts anderes festgelegt wird.
[b] Bei beschichteten Verbindungsmitteln kann das Nennlochspiel um die Überzugdicke erhöht werden.
[c] Unter Bedingungen nach [17], Abschn. 3.6.1 (5) dürfen Schrauben oder Senkschrauben auch mit 2 mm Lochspiel eingesetzt werden.
[d] Bei Schrauben in Langlöchern beträgt das Nennlochspiel in Querrichtung dem für normale runde Löcher.

Abb. 10.93 Rand- und Lochabstände von Verbindungsmitteln.
a Bezeichnungen der Lochabstände,
b Bezeichnungen bei versetzter Lochanordnung,
c versetzte Lochanordnung bei druckbeanspruchten Bauteilen,
d versetzte Lochanordnung bei zugbeanspruchten Bauteilen,
1 – äußere Lochreihe,
2 – innere Lochreihe

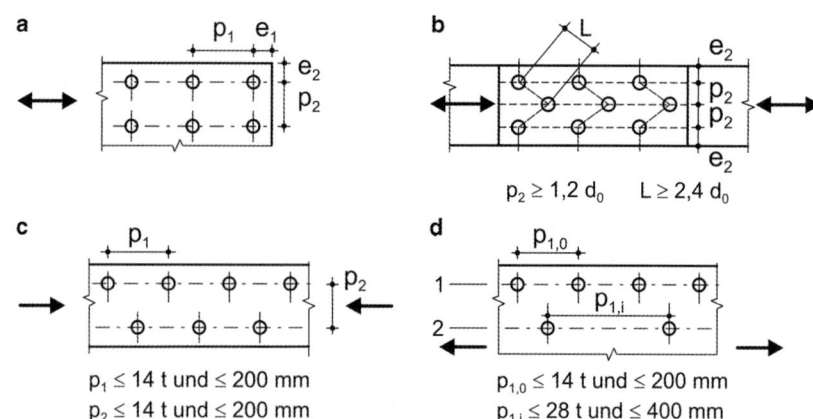

Tafel 10.173 Grenzwerte für Rand- und Lochabstände von Verbindungsmitteln

Randabstand			Lochabstand			
	Minimum	Maximum[a, b, c]		Minimum	Maximum[a, b, c]	
e_1	$1{,}2d_0$	$4t + 40\,\text{mm}$	p_1	$2{,}2d_0$	min $\begin{cases}14t\\200\,\text{mm}\end{cases}$	
e_2	$1{,}2d_0$	$4t + 40\,\text{mm}$	p_2 [d]	$2{,}4d_0$	min $\begin{cases}14t\\200\,\text{mm}\end{cases}$	

[a] Stahlkonstruktionen unter Verwendung von Stahlsorten nach DIN EN 10025 (außer DIN EN 10025-5).
[b] Die Beschränkungen der Maximalwerte sind bei Bauteilen mit korrosivem Angriff und/oder Beulgefährdung erforderlich.
[c] t ist die Dicke des dünnsten außenliegenden Bleches.
[d] Bei versetzter Lochanordnung kann der minimale Abstand auf $p_2 = 1{,}2d_0$ reduziert werden, sofern der Abstand zwischen den Verbindungsmitteln $L \geq 2{,}4d_0$ beträgt (s. Abb. 10.93).

Tafel 10.174 Abscherbeiwerte α_v und Querschnittsfläche A

Scherfuge	Festigkeitsklassen	α_v	Querschnittsfläche A
Schaft in Scherfuge	4.6, 5.6, 8.8, 10.9	0,6	Schaftquerschnitt A
Gewinde in Scherfuge	4.6, 5.6, 8.8	0,6	Spannungsquerschnitt A_s
	10.9	0,5	

In Tafel 10.175 sind die Abschertragfähigkeiten von Schrauben mit normalem Lochspiel nach Tafel 10.172 angegeben, die der Bezugsnormengruppe 4 nach [36] entsprechen (s. Abschn. 10.7.2.2). Für lange Anschlüsse (s. Abb. 10.94), Anschlüsse mit Futterblechen (s. Abb. 10.95) und weitere spezifizierte Fälle sind Abminderungen der Abschertragfähigkeit nach Tafel 10.176 zu berücksichtigen.

10.7.2.4.2 Tragfähigkeit auf Zug

Die Zugtragfähigkeit $F_{t,Rd}$ von Schrauben wird über das Versagen im Spannungsquerschnitt mit (10.255) berechnet.

$$F_{t,Rd} = \frac{k_2 f_{ub} A_s}{\gamma_{M2}} \qquad (10.255)$$

$k_2 = 0{,}9$ allgemein
$k_2 = 0{,}63$ für Senkschrauben
$F_{t,Rd}$ s. a. Tafel 10.177.

Tafel 10.175 Abschertragfähigkeiten $F_{v,Rd}$ in kN

		M12	M16	M20	M22	M24	M27	M30	M36
Schrauben mit normalem Lochspiel, Schaft in Scherfuge	4.6	21,71	38,60	60,32	72,99	86,86	109,9	135,7	195,4
	5.6	27,14	48,25	75,40	91,23	108,6	137,4	169,6	244,3
	8.8	43,43	77,21	120,6	146,0	173,7	219,9	271,4	390,9
	10.9	54,29	96,51	150,8	182,5	217,1	274,8	339,3	488,6
Schrauben mit normalem Lochspiel, Gewinde in Scherfuge	4.6	16,19	30,14	47,04	58,18	67,78	88,13	107,7	156,9
	5.6	20,23	37,68	58,80	72,72	84,72	110,2	134,6	196,1
	8.8	32,37	60,29	94,08	116,4	135,6	176,3	215,4	313,7
	10.9	33,72	62,80	98,00	121,2	141,2	183,6	224,4	326,8
Passschrauben, Schaft in Scherfuge	4.6	25,48	43,58	66,50	79,77	94,25	118,2	144,9	206,4
	5.6	31,86	54,48	83,13	99,71	117,8	147,8	181,1	258,1
	8.8	50,97	87,16	133,0	159,5	188,5	236,4	289,8	412,9
	10.9	63,71	109,0	166,3	199,4	235,6	295,6	362,3	516,1

Abb. 10.94 Anschlusslänge und Abminderungsbeiwert β_{Lf}

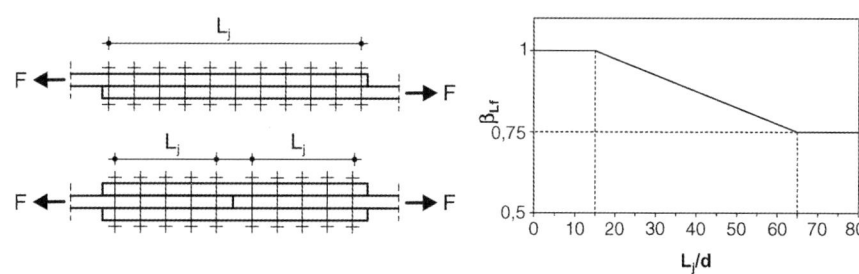

Tafel 10.176 Abminderung der Abschertragfähigkeit $F_{v,Rd}$

Abminderungsfaktor	Beschreibung
0,85	Für Schraubenverbindungen mit der Scherfuge im Gewinde, sofern geschnittene Gewinde (z. B. bei Ankerschrauben oder Zugstangen) aufgeführt werden, die nicht den Anforderungen nach DIN EN 1090 entsprechen.
0,85	Für Schraubenverbindungen M12 und M14 der Festigkeitsklassen 8.8 und 10.9, die mit einem Lochspiel von 2 mm ausgeführt werden. Dieses Lochspiel ist nach [17] zugelassen, sofern $F_{v,Rd} > F_{b,Rd}$ ist.
$\beta_p = \dfrac{9d}{8d + 3t_p}$ für $t_p > 1/3d$ s. Abb. 10.95, jedoch $\beta_p \leq 1$	Für Schrauben, die Scher- und Lochleibungskräfte über Futterbleche mit einer Dicke t_p größer als ein Drittel des Schraubendurchmessers d abtragen. Bei zweischnittigen Verbindungen mit Futterblechen auf beiden Seiten des Stoßes ist für t_p das dickere Futterblech anzusetzen.
$\beta_{Lf} = 1 - \dfrac{L_j - 15d}{200d}$ jedoch $0,75 \leq \beta_{Lf} \leq 1,0$	Für lange Anschlüsse mit $L_j > 15d$ (s. Abb. 10.94). Diese Abminderung ist nicht erforderlich, wenn eine gleichmäßige Kraftübertragung über die Länge des Anschlusses erfolgt.

Tafel 10.177 Zugtragfähigkeit $F_{t,Rd}$ in kN für Schrauben

Schrauben		M12	M16	M20	M22	M24	M27	M30	M36
Schraubenfestigkeitsklasse	4.6	24,28	45,22	70,56	87,26	101,7	132,2	161,6	235,3
	5.6	30,35	56,52	88,20	109,1	127,1	165,2	202,0	294,1
	8.8	48,56	90,43	141,1	174,5	203,3	264,4	323,1	470,6
	10.9	60,70	113,0	176,4	218,2	254,2	330,5	403,9	588,2

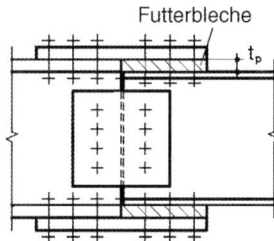

Abb. 10.95 Verbindungsmittel durch Futterbleche

10.7.2.4.3 Beanspruchung auf Zug und Abscheren

Bei kombinierter Beanspruchung auf Zug und Abscheren ist für $F_{v,Ed}/F_{v,Rd} > 0,29$ ein linearer Interaktionsnachweis nach (10.256) zu führen. Zu beachten ist, dass nach [17] die Zugtragfähigkeit $F_{t,Rd}$ unabhängig von der Lage der Scherfuge immer für den Spannungsquerschnitt bestimmt wird.

$$\frac{F_{v,Ed}}{F_{v,Rd}} + \frac{F_{t,Ed}}{1,4F_{t,Rd}} \leq 1,0 \qquad (10.256)$$

10.7.2.4.4 Tragfähigkeit für Beanspruchungen auf Lochleibung

Die Bestimmung der Lochleibungstragfähigkeit bei Schraubenverbindungen mit normalem Lochspiel erfolgt unter Berücksichtigung der Rand- und Lochabstände in und senkrecht zur Kraftrichtung mit (10.257). Dabei wird für Senkschrauben die Blechdicke t abzüglich der Hälfte der Senkung angesetzt.

$$F_{b,Rd} = \frac{k_1 \alpha_b f_u d t}{\gamma_{M2}} \qquad (10.257)$$

f_u Zugfestigkeit des Bleches
$\alpha_b; k_1$ siehe Tafel 10.178
d Schaftdurchmesser der Schraube
t maßgebliche Blechdicke(n).

Die maximale Tragfähigkeit wird bei folgenden Rand- und Lochabständen erreicht:

$$e_1 \geq 3d_0; \quad e_2 \geq 1,5d_0; \quad p_1 \geq 3,75d_0; \quad p_2 \geq 3,0d_0$$

Tafel 10.178 Beiwerte α_b und k_1 zur Ermittlung der Lochleibungstragfähigkeit

	In Kraftrichtung	Quer zur Kraftrichtung
Am Rand liegende Schrauben	$\alpha_b = \min \begin{cases} e_1/3d_0 \\ f_{ub}/f_u \\ 1{,}0 \end{cases}$	$k_1 = \min \begin{cases} 2{,}8e_2/d_0 - 1{,}7 \\ 1{,}4p_2/d_0 - 1{,}7 \\ 2{,}5 \end{cases}$
Innen liegende Schrauben	$\alpha_b = \min \begin{cases} p_1/3d_0 - 1/4 \\ f_{ub}/f_u \\ 1{,}0 \end{cases}$	$k_1 = \min \begin{cases} 1{,}4p_2/d_0 - 1{,}7 \\ 2{,}5 \end{cases}$

d_0 = Lochdurchmesser; Rand- und Lochabstände s. Abb. 10.93.

Tafel 10.179 Abminderung der Lochleibungstragfähigkeit $F_{b,Rd}$

Abminderungsfaktor	Bedingung
0,8	bei großem Lochspiel nach Tafel 10.172
0,6	bei Langlöchern mit Längsachse quer zur Kraftrichtung

Bei einschnittigen Verbindungen mit nur einer Schraubenreihe ist die Lochleibungstragfähigkeit auf den Wert nach (10.258) zu begrenzen.

$$F_{b,Rd} \leq \frac{1{,}5f_u dt}{\gamma_{M2}} \qquad (10.258)$$

Bei großem Lochspiel und bei Langlöchern ist die Lochleibungstragfähigkeit entsprechend Tafel 10.179 abzumindern.

Greift die resultierende Schraubenkraft schräg zu den Rändern an, darf die Lochleibungstragfähigkeit getrennt für die Kraftkomponenten parallel und senkrecht zum Rand bestimmt werden. Die Ausnutzungsgrade sind vektoriell zu addieren.

Die Lochleibungstragfähigkeit nach (10.257) kann unter der Voraussetzung, dass der Lochabstand quer zur Kraftrichtung zu keiner Abminderung führt ($k_1 = 2{,}5$), mit (10.259) und den Tafeln 10.180 bis 10.182 bestimmt werden.

$$F_{b,Rd} = f \cdot TW \cdot t \quad [\text{cm}] \qquad (10.259)$$

f Umrechnungsfaktor für die Werkstoffpaarung nach Tafel 10.180

TW Basiswert für S235 und 1 cm Blechdicke für rohe Schrauben nach Tafel 10.181 und für Passschrauben nach Tafel 10.182.

Tafel 10.180 Umrechnungsfaktor f zur Berücksichtigung der Werkstoffe

Stahlsorte	f_u [N/mm²]	Blechdicken [mm]	Schraubenfestigkeitsklasse				f
S235	360	$t \leq 80$	4.6	5.6	8.8	10.9	1,000
S275	430	$t \leq 40$	[a]	5.6	8.8	10.9	1,194
S275	410	$40 < t \leq 80$	[a]	5.6	8.8	10.9	1,139
S355	490	$t \leq 40$	[a]	5.6	8.8	10.9	1,361
S355	470	$40 < t \leq 80$	[a]	5.6	8.8	10.9	1,306
S420N/NL	520	$t \leq 80$	[a]	[a]	8.8	10.9	1,444
S420M/ML	520	$t \leq 40$	[a]	[a]	8.8	10.9	1,444
S460N/NL	540	$t \leq 80$	[a]	[a]	8.8	10.9	1,500
S460M/ML	540	$t \leq 40$	[a]	[a]	8.8	10.9	1,500
S500Q/QL/QL1	590	$t \leq 100$	[a]	[a]	8.8	10.9	1,693
S550Q/QL/QL1	640		[a]	[a]	8.8	10.9	1,778
S620Q/QL/QL1	700		[a]	[a]	8.8	10.9	1,944
S690Q/QL/QL1	770	$t \leq 50$	[a]	[a]	8.8	10.9	2,139

[a] Bei den Festigkeitsklassen 4.6 und 5.6 sind folgende Fälle zu unterscheiden:
$\alpha_d < f_{ub}/f_u < 1$: Bestimmung des Faktors f nach obenstehender Tabelle
$f_{ub}/f_u < 1 \leq \alpha_d$: Festigkeitsklasse 4.6: $f = 1{,}111$, Festigkeitsklasse 5.6: $f = 1{,}389$
$f_{ub}/f_u < \alpha_d < 1$: Berechnung der Lochleibungstragfähigkeit nach (10.257)
mit $\alpha_d = p_1/3d_0 - 1/4$ für innen liegende Schrauben und $\alpha_d = e_1/3d_0$ für am Rand liegende Schrauben.

Tafel 10.181 Lochleibungs-tragfähigkeit $F_{b,Rd}$ in kN für rohe Schrauben bezogen auf 10 mm Blechdicke, S235 mit $t \leq 80$ mm und alle Schrauben-festigkeitsklassen (Tafelwert TW für (10.259))

Rohe Schrauben	M12	M16	M20	M22	M24	M27	M30	M36
Lochdurchmesser d_0 [mm]	13	18	22	24	26	30	33	39
Lochabstand p_1 in Kraftrichtung, $p_2 = 3d_0$								
$p_1 = 30$ mm	44,86							
35	55,94							
40	67,02	56,53						
45	78,09	67,20						
50	86,40	77,87	73,09					
55	86,40	88,53	84,00	81,40				
60	↓	99,20	94,91	92,40	89,72			
65		109,9	105,8	103,4	100,8			
70		115,2	116,7	114,4	111,9	102,6		
75		115,2	127,6	125,4	123,0	113,4	109,6	
80		↓	138,5	136,4	134,0	124,2	120,5	
85			144,0	147,4	145,1	135,0	131,5	
90			144,0	158,4	156,2	145,8	142,4	134,6
95			↓	158,4	167,3	156,6	153,3	145,7
100				↓	172,8	167,4	164,2	156,7
105					172,8	178,2	175,1	167,8
110					↓	189,0	186,0	178,9
115						194,4	196,9	190,0
120						194,4	207,8	201,0
125						↓	216,0	212,1
130							216,0	223,2
135							↓	234,3
140								245,4
145								256,4
150								259,2
155								259,2
160								↓
Lochabstand e_1 in Kraftrichtung, $p_2 = 3d_0$ und $e_2 = 1,5d_0$								
$e_1 = 20$ mm	44,31							
25	55,38	53,33						
30	66,46	64,00	65,45	66,00				
35	77,54	74,67	76,36	77,00	77,54			
40	86,40	85,33	87,27	88,00	88,62	86,40	87,27	
45	86,40	96,00	98,18	99,00	99,69	97,20	98,18	
50	↓	106,7	109,1	110,0	110,8	108,0	109,1	110,8
55		115,2	120,0	121,0	121,8	118,8	120,0	121,8
60		115,2	130,9	132,0	132,9	129,6	130,9	132,9
65		↓	141,8	143,0	144,0	140,4	141,8	144,0
70			144,0	154,0	155,1	151,2	152,7	155,1
75			144,0	158,4	166,2	162,0	163,6	166,2
80			↓	158,4	172,8	172,8	174,5	177,2
85				↓	172,8	183,6	185,5	188,3
90					↓	194,4	196,4	199,4
95						194,4	207,3	210,5
100						↓	216,0	221,5
105							216,0	243,7
110							↓	254,8
115								259,2
120								259,2
125								↓

10

Tafel 10.182 Lochleibungstragfähigkeit $F_{b,Rd}$ in kN für
Passschrauben bezogen auf
10 mm Blechdicke, S235 mit
$t \leq 80$ mm und alle Schrauben-
festigkeitsklassen (Tafelwert TW
für (10.259))

Passschrauben	M12	M16	M20	M22	M24	M27	M30	M36
Lochabstand p_1 in Kraftrichtung, $p_2 \geq 3d_0$								
$p_1 = 30$ mm	48,60							
35	60,60							
40	72,60	65,40						
45	84,60	77,40						
50	93,60	89,40	82,20					
55	93,60	101,4	94,20	90,60	87,00			
60	↓	113,4	106,2	102,6	99,00			
65		122,4	118,2	114,6	111,0	105,6		
70		122,4	130,2	126,6	123,0	117,6	112,2	
75		↓	142,2	138,6	135,0	129,6	124,2	
80			151,2	150,6	147,0	141,6	136,2	
85			151,2	162,6	159,0	153,6	148,2	137,4
90			↓	165,6	171,0	165,6	160,2	149,4
95				165,6	180,0	177,6	172,2	161,4
100				↓	180,0	189,6	184,2	173,4
105					↓	201,6	196,2	185,4
110						201,6	208,2	197,4
115						↓	220,2	209,4
120							223,2	221,4
125							223,2	233,4
130							↓	245,4
135								257,4
140								266,4
145								266,4
150								↓
Lochabstand e_1 in Kraftrichtung, $p_2 \geq 3d_0$ und $e_2 \geq 1,5d_0$								
$e_1 = 20$ mm	48,00							
25	60,00	60,00						
30	72,00	72,00	72,00	72,00	72,00			
35	84,00	84,00	84,00	84,00	84,00	84,00		
40	93,60	96,00	96,00	96,00	96,00	96,00	96,00	
45	93,60	108,0	108,0	108,0	108,0	108,0	108,0	108,0
50	↓	120,0	120,0	120,0	120,0	120,0	120,0	120,0
55		122,4	132,0	132,0	132,0	132,0	132,0	132,0
60		122,4	144,0	144,0	144,0	144,0	144,0	144,0
65		↓	151,2	156,0	156,0	156,0	156,0	156,0
70			151,2	165,6	168,0	168,0	168,0	168,0
75			↓	165,6	180,0	180,0	180,0	180,0
80				↓	180,0	192,0	192,0	192,0
85					↓	201,6	204,0	204,0
90						201,6	216,0	216,0
95						↓	223,2	228,0
100							223,2	240,0
105							↓	264,0
110								266,4
115								266,4
120								↓

Beispiel

Stegblechstoß des Vollwandträgers vom Beispiel in Abschn. 10.5.

An der Stoßstelle ($x = 2{,}95$ m) unter Bemessungslasten vorhandene Schnittgrößen:

$$M_{y,Ed} = 2694 \text{ kNm}, \quad V_{z,Ed} = 869 \text{ kN}, \quad N_{Ed} = 0$$

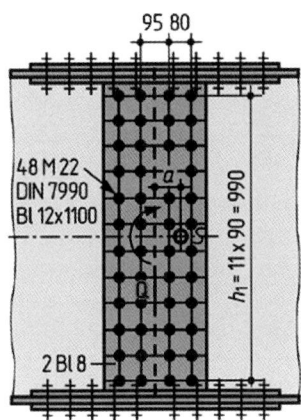

Stoß des Stegblechs 12×1100 mit Stoßdeckungslaschen 2 Bl 8 und $n = 2 \cdot 12 = 24$ Schrauben M 22 – 4.6 in SL-Verbindung; Lochdurchmesser $d_0 = 23$ mm

$$\sigma_u = -\sigma_o = 269.400 \cdot 55/707.700$$
$$= 20{,}94 \text{ kN/cm}^2$$
$$N_s = 0$$
$$M_s = 1{,}2 \cdot 110^2 \cdot 20{,}94/6 + 869 \cdot 8{,}75$$
$$= 58.279 \text{ kNcm}$$
$$I_p = [24 \cdot 4{,}0^2] + [4 \cdot (4{,}5^2 + 13{,}5^2 + 22{,}5^2$$
$$+ 31{,}5^2 + 40{,}5^2 + 49{,}5^2)]$$
$$= 23.550 \text{ cm}^2$$
$$F_{v,w}^x = 58.279 \cdot 49{,}5/23.550 = 122{,}5 \text{ kN}$$
$$F_{v,w}^z = 58.279 \cdot 4{,}0/23.550 + 869/24 = 46{,}11 \text{ kN}$$
$$\text{res } F_{v,w} = \sqrt{122{,}5^2 + 46{,}11^2} = 130{,}89 \text{ kN}$$

Für die 2-schnittige Schraube ist

$$F_{v,Ed} = 130{,}89/2 = 65{,}45 \text{ kN}$$

Nachweis gegen Abscheren:

$$F_{v,Rd} = 72{,}99 \text{ kN} \quad \text{(Tafel 10.175)}$$
$$F_{v,Ed}/F_{v,Rd} = 65{,}45/72{,}99 = 0{,}90 < 1$$

Nachweis gegen Lochleibungsversagen (Rand- und Lochabstände nach Tafel 10.173):

• Horizontale Kraftkomponente:

$$1{,}2 \cdot 23 = 27{,}6 \text{ mm}$$
$$< e_1 = e_2 = 45 \text{ mm}$$
$$< 4 \cdot 8 + 40 = 72 \text{ mm}$$
$$2{,}2 \cdot 23 = 50{,}6 \text{ mm}$$
$$< p_1 = 80 \text{ mm}$$
$$< \min(14 \cdot 8; 200) = 112 \text{ mm}$$
$$2{,}4 \cdot 23 = 55{,}2 \text{ mm}$$
$$< p_2 = 90 \text{ mm}$$
$$< \min(14 \cdot 8; 200) = 112 \text{ mm}$$
$$k_1 = \min\{(2{,}8 \cdot 45/23 - 1{,}7); (1{,}4 \cdot 90/23 - 1{,}7); 2{,}5\}$$
$$= 2{,}5 \quad \text{(Tafel 10.178)}$$
$$\alpha_b = \min\{45/(3 \cdot 23); 40/49; 1{,}0\} = 0{,}652$$
$$F_{b,Rd}^x = (2{,}5 \cdot 0{,}652 \cdot 49 \cdot 2{,}2 \cdot 1{,}2)/1{,}25$$
$$= 168{,}69 \text{ kN} \quad \text{(s. (10.257))}$$
$$F_{b,Ed}^x/F_{b,Rd}^x = 122{,}5/168{,}69 = 0{,}73 < 1$$

• Vertikale Kraftkomponente:

$$1{,}2 \cdot 23 = 27{,}6 \text{ mm}$$
$$< e_1 = e_2 = 45 \text{ mm}$$
$$< 4 \cdot 8 + 40 = 72 \text{ mm}$$
$$2{,}2 \cdot 23 = 50{,}6 \text{ mm}$$
$$< p_1 = 90 \text{ mm}$$
$$< \min(14 \cdot 8; 200) = 112 \text{ mm}$$
$$2{,}4 \cdot 23 = 55{,}2 \text{ mm}$$
$$< p_2 = 80 \text{ mm}$$
$$< \min(14 \cdot 8; 200) = 112 \text{ mm}$$
$$k_1 = \min\{(2{,}8 \cdot 45/23 - 1{,}7); (1{,}4 \cdot 80/23 - 1{,}7); 2{,}5\}$$
$$= 2{,}5 \quad \text{(Tafel 10.178)}$$
$$\alpha_b = \min\{45/(3 \cdot 23); 40/49; 1{,}0\} = 0{,}652$$
$$F_{b,Rd}^z = (2{,}5 \cdot 0{,}652 \cdot 49 \cdot 2{,}2 \cdot 1{,}2)/1{,}25$$
$$= 168{,}69 \text{ kN} \quad \text{(s. (10.257))}$$
$$F_{b,Ed}^z/F_{b,Rd}^z = 46{,}11/168{,}69 = 0{,}27 < 1$$

• Vektorielle Addition der Ausnutzungsgrade:

$$\sqrt{0{,}73^2 + 0{,}27^2} = 0{,}78 < 1 \quad \text{(Abschn. 10.7.2.4.4)}$$

10.7.2.4.5 Durchstanzen

Werden Schrauben auf Zug beansprucht, ist nach [17] ein Nachweis auf Durchstanzen der Schraubenköpfe und/oder -muttern durch die verbundenen Bleche zu führen. Dabei wird ein Durchstanzzylinder mit dem Durchmesser d_m angenommen. Der Nachweis kann bei geringen Blechdicken in Kombination mit hohen Schraubentragfähigkeiten maßgebend werden.

$$\frac{F_{t,Ed}}{B_{p,Rd}} \leq 1{,}0 \qquad (10.260)$$

mit

$$B_{p,Rd} = 0{,}6\pi d_\mathrm{m}\, t_\mathrm{p}\, f_\mathrm{u}/\gamma_{M2} \qquad (10.261)$$

$d_\mathrm{m} = (e+s)/2$ Mittelwert aus Eckmaß e und Schlüsselweite s des Schraubenkopfes bzw. der Schraubenmutter (Maße siehe Abschn. 10.7.2.2)

t_p Dicke des betrachteten Bleches

f_u Zugfestigkeit des Bleches.

10.7.2.4.6 Gleitfeste Verbindungen

Gleitfeste Scherverbindungen der Kategorie B werden im GZT genauso behandelt wie herkömmliche Verbindungen. Unter Gebrauchslasten darf kein Gleiten auftreten.

Bei Verbindungen der Kategorie C entfällt der Abschernachweis. Stattdessen ist im GZT nachzuweisen, dass die Grenzgleitkraft $F_{s,Rd}$ nicht überschritten wird. Darüber hinaus ist der Lochleibungsnachweis zu führen. Ferner ist bei den zu verbindenden Bauteilen zu überprüfen, dass im kritischen Schnitt der plastische Widerstand des Nettoquerschnitts $N_{net,Rd}$ nicht überschritten wird (s. auch Tafel 10.164).

Kategorie B

$$\frac{F_{v,Ed,ser}}{F_{s,Rd,ser}} \leq 1{,}0 \qquad (10.262)$$

mit

$$F_{s,Rd,ser} = \frac{k_s n \mu (F_{p,C} - 0{,}8 F_{t,Ed,ser})}{\gamma_{M3,ser}} \qquad (10.263)$$

Kategorie C

$$\frac{F_{v,Ed}}{F_{s,Rd}} \leq 1{,}0 \qquad (10.264)$$

mit

$$F_{s,Rd} = \frac{k_s n \mu (F_{p,C} - 0{,}8 F_{t,Ed})}{\gamma_{M3}} \qquad (10.265)$$

$$\frac{\sum F_{v,Ed}}{N_{net,Rd}} \leq 1{,}0 \qquad (10.266)$$

mit

$$N_{net,Rd} = \frac{A_{net} \cdot f_y}{\gamma_{M0}} \qquad (10.267)$$

$F_{s,Rd}$ Gleitwiderstand im GZT

$F_{s,Rd,ser}$ Gleitwiderstand im GZG

n Anzahl der Reiboberflächen

$\gamma_{M3} = 1{,}25$

$\gamma_{M3,ser} = 1{,}1$

$F_{p,C}$ Vorspannkraft, s. Tafel 10.186

μ Reibungszahl, s. Tafel 10.184

k_s Beiwert s. Tafel 10.183.

Tafel 10.183 Beiwert k_s [17]

Beschreibung	k_s
Schrauben in Löchern mit normalem Lochspiel	1,00
Schrauben mit übergroßen Löchern oder in kurzen Langlöchern, deren Längsachse quer zur Kraftrichtung liegt	0,85
Schrauben in großen Langlöchern, deren Längsachse quer zur Kraftrichtung liegt	0,70
Schrauben in kurzen Langlöchern, deren Längsachse parallel zur Kraftrichtung liegt	0,76
Schrauben in großen Langlöchern, deren Längsachse parallel zur Kraftrichtung liegt	0,63

Tafel 10.184 Reibungszahl für vorgespannte Schrauben [36]

Oberflächenbehandlung	Gleitflächenklasse	Haftreibungszahl μ
Oberflächen mit Kugeln oder Sand gestrahlt, loser Rost entfernt, nicht körnig	A	0,50
Oberflächen mit Kugeln oder Sand gestrahlt: a) spritzaluminiert oder mit einem zinkbasierten Produkt spritzverzinkt; b) mit Alkali-Zink-Silikat-Anstrich mit einer Dicke von 50 bis 80 µm	B	0,40
Oberflächen mittels Drahtbürsten oder Flammstrahlen gereinigt, loser Rost entfernt	C	0,30
Oberflächen im Walzzustand	D	0,20

10.7.2.4.7 Gruppen von Verbindungsmitteln

Ist die Abschertragfähigkeit $F_{v,Rd}$ der einzelnen Verbindungsmittel mindestens so groß wie die Lochleibungstragfähigkeit $F_{b,Rd}$, kann die Beanspruchbarkeit als Summe der Lochleibungstragfähigkeit $F_{b,Rd,i}$ der einzelnen Verbindungsmittel bestimmt werden (10.268). Andernfalls ist die Beanspruchbarkeit durch Multiplikation der Anzahl n an Verbindungsmitteln mit der kleinsten vorhanden Abscher- bzw. Lochleibungstragfähigkeit zu ermitteln (10.269).

$$F_{Rd} = \sum_{i=1}^{n} F_{b,Rd,i} \tag{10.268}$$

$$F_{Rd} = n \cdot \min(F_{b,Rd}; F_{v,Rd}) \tag{10.269}$$

Die Anzahl der Verbindungsmittel in Kraftrichtung wird in [17] nicht begrenzt. Die Abminderung der Abschertragfähigkeit bei langen Anschlüssen ist jedoch zu beachten (s. Tafel 10.176 und Abb. 10.94).

Ist bei einem Anschluss ein äußeres Moment aufzunehmen, kann die Verteilung der Kräfte auf die Verbindungsmittel entweder linear (d. h. proportional zum Abstand vom Rotationszentrum) oder plastisch (Gleichgewicht erfüllt, Tragfähigkeit und Duktilität der Komponenten werden nicht überschritten) ermittelt werden. Die lineare Verteilung ist i. d. R. in folgenden Fällen zu verwenden:

- Schrauben in gleitfesten Verbindungen der Kategorie C,
- Scher-/Lochleibungsverbindungen, bei denen die Abschertragfähigkeit kleiner als die Lochleibungstragfähigkeit ist,
- Verbindungen unter Stoßbelastung, Schwingbelastung oder mit Lastumkehr (außer Windlasten).

Bei einem durch zentrische Schubkraft beanspruchten Anschluss mit Verbindungsmitteln gleicher Größe und Klassifizierung kann eine gleichmäßige Lastverteilung angenommen werden.

Blockversagen Das Blockversagen im Bereich einer Schraubengruppe setzt sich zusammen aus dem Schubversagen an den Flanken und dem Zugversagen am Kopf des Blechs (Abb. 10.96). Für eine symmetrisch angeordnete Schraubengruppe unter zentrischer Belastung ergibt sich der Widerstand gegen Blockversagen $V_{eff,1,Rd}$ nach (10.270), bei Schraubengruppen unter exzentrischer Belastung mit $V_{eff,2,Rd}$ nach (10.271).

$$V_{eff,1,Rd} = \frac{f_u A_{nt}}{\gamma_{M2}} + \frac{f_y A_{nv}}{\sqrt{3} \cdot \gamma_{M0}} \tag{10.270}$$

$$V_{eff,2,Rd} = \frac{0,5 f_u A_{nt}}{\gamma_{M2}} + \frac{f_y A_{nv}}{\sqrt{3} \cdot \gamma_{M0}} \tag{10.271}$$

A_{nt} zugbeanspruchte Nettoquerschnittsfläche
A_{nv} schubbeanspruchte Nettoquerschnittsfläche.

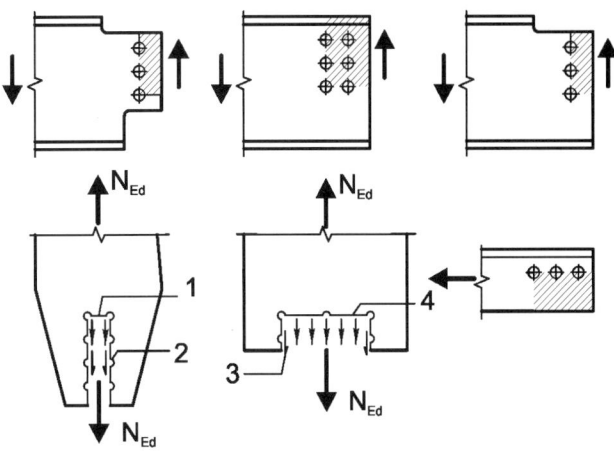

1 kleine Zugkraft   2 große Schubkraft
3 kleine Schubkraft   4 große Zugkraft

Abb. 10.96 Blockversagen von Schraubengruppen [17]

10.7.2.5 Vorspannen von Schrauben

Schrauben in Verbindungen der Kategorien B, C und E sind vorzuspannen. Sofern nichts anderes festgelegt wird und die Ausführung der Schrauben DIN EN 1090-2 [36] entspricht, sind als Mindestvorspannkräfte $F_{p,C}$ für die Festigkeitsklassen 8.8 und 10.9 die Nennwerte nach Tafel 10.186 aufzubringen (vgl. [36]). Andernfalls müssen die Garnituren, Anziehverfahren, Anziehparameter und Kontrollanforderungen ebenfalls festgelegt werden.

Der Bemessungswert der Vorspannkraft $F_{p,C,d}$ wird mit (10.272) bestimmt:

$$F_{p,C,d} = 0,7 f_{ub} A_s / \gamma_{M7} \quad \text{mit } \gamma_{M7} = 1,1. \tag{10.272}$$

10.7.2.6 Weitere Hinweise zur Ausführung von Schraubenverbindungen

Passschrauben werden wie normale Schrauben bemessen. Das Gewinde darf i. d. R. nicht in der Scherfuge liegen. Die Länge des Gewindes, das im auf Lochleibung beanspruchten Blech liegt, sollte nicht mehr als 1/3 der Blechdicke betragen.

In **einschnittigen Verbindungen mit nur einer Schraubenreihe** sollten Unterlegscheiben sowohl unter dem Schraubenkopf als auch unter der Mutter eingesetzt werden. Bei Schrauben der Festigkeitsklassen 8.8 und 10.9 sind i. d. R. gehärtete Unterlegscheiben einzusetzen.

In Bezug auf die **Schraubenlänge** ist nach [36] sicherzustellen, dass nach dem Anziehen die Länge des **Gewindeüberstandes**, gemessen von der Mutteraußenseite, mindestens einen Gewindegang beträgt. Bei planmäßig vorgespannten Schrauben müssen mindestens vier vollständige Gewindegänge (zusätzlich zum Gewindeauslauf) zwischen der Auflagerfläche der Mutter und dem gewindefreien Teil des Schraubenschaftes liegen. Bei nicht planmäßig vorge-

Tafel 10.185 Gleitwiderstände je Gleitfuge für Verbindungen mit planmäßiger Vorspannung nach Tafel 10.186, normalem Lochspiel ($k_s = 1$) und ohne Zugkräfte ($F_{t,Ed} = F_{t,Ed,ser} = 0$ kN)

Kat.	μ	FK	M12	M16	M20	M22	M24	M27	M30	M36
B	0,4	8.8	17,2	32,0	49,9	61,7	71,9	93,5	114	166
		10.9	21,5	40,0	62,4	77,1	89,9	117	143	208
	0,5	8.8	21,5	40,0	62,4	77,1	89,9	117	143	208
		10.9	26,8	50,0	78,0	96,4	112	146	179	260
C	0,4	8.8	15,1	28,1	43,9	54,3	63,3	82,3	101	146
		10.9	18,9	35,2	54,9	67,9	79,1	103	126	183
	0,5	8.8	18,9	35,2	54,9	67,9	79,1	103	126	183
		10.9	23,6	44,0	68,6	84,8	98,8	129	157	229

Tafel 10.186 Vorspannkraft $F_{p,C}$ in kN

Festigkeitsklasse	M12	M16	M20	M22	M24	M27	M30	M36
8.8	47	88	137	170	198	257	314	458
10.9	59	110	172	212	247	321	393	572

Abb. 10.97 Festlegung der Abmessungen von Augenstäben. **a** Festlegung der Randabstände bei vorgegebener Blechdicke, **b** Ermittlung der Blechdicke bei vorgegebenen Randabständen

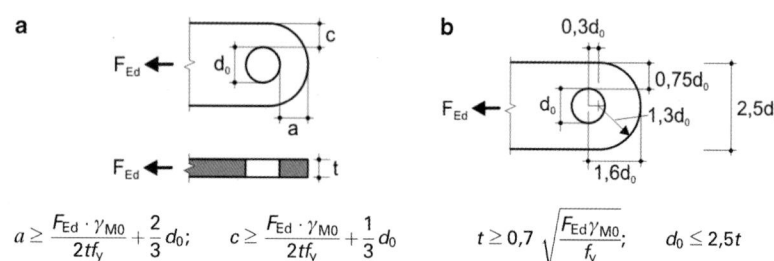

$$a \geq \frac{F_{Ed} \cdot \gamma_{M0}}{2tf_y} + \frac{2}{3}d_0; \qquad c \geq \frac{F_{Ed} \cdot \gamma_{M0}}{2tf_y} + \frac{1}{3}d_0 \qquad t \geq 0,7\sqrt{\frac{F_{Ed}\gamma_{M0}}{f_y}}; \qquad d_0 \leq 2,5t$$

spannten Verbindungen ist ein freier Gewindegang ausreichend.

Bei der **Festlegung der Schraubenlänge** ist des Weiteren zu beachten, dass die Klemmlänge für Schrauben nach [66], also für planmäßig vorspannbare Schrauben der Festigkeitsklassen 8.8 und 10.9, die Dicke der gegebenenfalls erforderlichen Scheiben beinhaltet.

Sind bei separaten Bauteilen einer Lage **Blechdickenunterschiede** vorhanden, sind diese nach [36] i. Allg. auf 2 mm und bei vorgespannten Verbindungen auf 1 mm zu begrenzen. Bei korrosiven Umgebungen sollten zur Vermeidung von Spaltkorrosion geringere Spaltmaße vorgesehen werden.

Futterbleche zum Ausgleich müssen mindestens 2 mm dick sein, mehr als drei Futterbleche sind nicht zulässig.

10.7.3 Verbindungen mit Bolzen

Bolzenverbindungen können als Einschraubenverbindungen bemessen werden, sofern nicht die Möglichkeit des Verdrehens in den Augen erforderlich und die Bolzenlänge kleiner als der dreifache Durchmesser ist. Andernfalls gelten die nachfolgenden Bemessungsregeln (vgl. [17], Abschn. 3.13).

Bei der Festlegung der Abmessungen der Augenstäbe gibt es die Möglichkeiten

1. bei vorgegebener Blechdicke die Randabstände festzulegen (s. Abb. 10.97a) und
2. bei vorgegebenen Randabständen die Blechdicke zu ermitteln (s. Abb. 10.97b).

Die Bemessungsregeln für Rundbolzen sind in Tafel 10.187 zusammengestellt. Die Biegemomente sind unter der Annahme, dass die Augenstäbe gelenkige Auflager bilden und die Kontaktpressung über die Blechdicken jeweils gleichmäßig verteilt ist, nach Abb. 10.98 zu bestimmen.

Soll der Bolzen austauschbar sein, ist die Hertz'sche Pressung zwischen Bolzen und Augenstab unter Gebrauchslasten nach (10.273) zu beschränken.

$$\sigma_{h,Ed} \leq f_{h,Rd} \qquad (10.273)$$

$$\sigma_{h,Ed} = 0,591\sqrt{\frac{F_{b,Ed,ser}(d_0 - d)}{d^2 t}}$$

$$f_{h,Rd} = 2,5f_y/\gamma_{M6,ser}$$

$$\gamma_{M6,ser} = 1,0$$

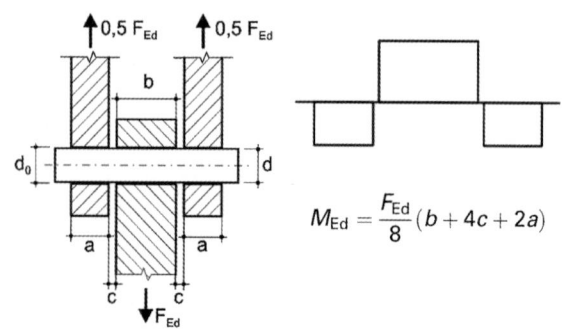

$$M_{Ed} = \frac{F_{Ed}}{8}(b + 4c + 2a)$$

Abb. 10.98 Ermittlung der Bolzenbiegung

Tafel 10.187 Bemessungsregeln für Bolzenverbindungen [17]

Versagenskriterium	Bemessungsregeln		
Abscheren des Bolzens	$F_{\mathrm{v,Rd}}$	$= 0{,}6A\,f_{\mathrm{ub}}/\gamma_{\mathrm{M2}}$	$\geq F_{\mathrm{v,Ed}}$
Lochleibung von Augenblech und Bolzen bei austauschbaren Bolzen zusätzlich	$F_{\mathrm{b,Rd}}$	$= 1{,}5t\,d\,f_{\mathrm{y}}/\gamma_{\mathrm{M0}}$	$\geq F_{\mathrm{b,Ed}}$
	$F_{\mathrm{b,Rd,ser}}$	$= 0{,}6t\,d\,f_{\mathrm{y}}/\gamma_{\mathrm{M6,ser}}$	$\geq F_{\mathrm{b,Ed,ser}}$
Biegung des Bolzens bei austauschbaren Bolzen zusätzlich	M_{Rd}	$= 1{,}5W_{\mathrm{el}}\,f_{\mathrm{yp}}/\gamma_{\mathrm{M0}}$	$\geq M_{\mathrm{Ed}}$
	$M_{\mathrm{Rd,ser}}$	$= 0{,}8W_{\mathrm{el}}\,f_{\mathrm{yp}}/\gamma_{\mathrm{M6,ser}}$	$\geq M_{\mathrm{Ed,ser}}$
Kombination von Abscheren und Biegung des Bolzens	$\left[\dfrac{M_{\mathrm{Ed}}}{M_{\mathrm{Rd}}}\right]^2 + \left[\dfrac{F_{\mathrm{v,Ed}}}{F_{\mathrm{v,Rd}}}\right]^2 \leq 1$		

f_{y} kleinerer Wert der Streckgrenze f_{yb} des Bolzenwerkstoffs und des Werkstoffs des Augenstabs
d Bolzendurchmesser
f_{up} Bruchfestigkeit des Bolzens
t Dicke des Augenstabblechs
f_{yp} Streckgrenze des Bolzens
A Querschnittsfläche des Bolzens

10.7.4 Schweißverbindungen

10.7.4.1 Allgemeines

Die folgenden Regelungen gelten für schweißbare Stähle nach DIN EN 1993-1-1 [12] mit $t \geq 4$ mm. Liegen dünnere Blechdicken vor, so ist DIN EN 1993-1-3 [14] hinzuzuziehen. Für Stahlhohlprofile ab 2,5 mm ist DIN EN 1993-1-8 [17], Abschn. 7, für ermüdungsbeanspruchte Schweißnähte DIN EN 1993-1-9 [19] zu beachten. Die für das Schweißgut verwendeten Werkstoffkennwerte (R_{eH}, R_{m}, Kerbschlagarbeit, Bruchdehnung) müssen mindestens den Werten des verschweißten Grundwerkstoffes entsprechen. Sofern nichts anderes festgelegt ist, sind die Anforderungen an die Bewertungsgruppe C nach DIN EN ISO 5817 [62] einzuhalten. Die Terrassenbruchgefahr ist bei Schrumpfverformungen der Schweißnähte in Dickenrichtung der Bleche während des Abkühlens (z. B. bei Eck-, T- oder Kreuzstößen) zu berücksichtigen (s. [21], Abschn. 3 und [54]). Unterbrochene Kehlnähte sind bei Korrosionsgefährdung nicht anzuwenden.

Im Bereich von $5t$ beidseits kaltverformter Bereiche darf geschweißt werden, wenn die kaltverformten Bereiche nach dem Kaltverformen und vor dem Schweißen normalisiert wurden oder das Verhältnis r/t nach Tafel 10.188 eingehalten wird (s. Abb. 10.99).

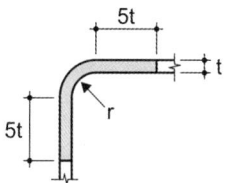

Abb. 10.99 Schweißen in kaltverformten Bereichen

10.7.4.2 Schweißnahtlängen und -dicken

Die **wirksame Dicke einer Kehlnaht** a entspricht i. d. R. der vom theoretischen Wurzelpunkt gemessenen Höhe des einschreibbaren Dreiecks. Sie sollte mindestens 3 mm betragen. Bei tiefem Einbrand kann eine vergrößerte Nahtdicke berücksichtigt werden, wenn dies durch Verfahrensprüfungen nachgewiesen wird. Zur Vermeidung von Missverhältnissen zwischen Nahtquerschnitten und Blechdicken gilt bei Flacherzeugnissen und offenen Profilen zusätzlich (10.274).

$$a \geq \sqrt{\max t} - 0{,}5 \qquad (10.274)$$

Bei geeigneten Schweißbedingungen darf auf die Einhaltung der Bedingung verzichtet werden. Für Blechdicken $t \geq 30$ mm sollte jedoch die Schweißnahtdicke mit $a \geq 5$ mm gewählt werden (vgl. [18]).

Tafel 10.188 Grenzwerte für das Schweißen in kaltverformten Bereichen [17]

min r/t	Max. Dehnungen infolge der Kaltverformung [%]	Maximale Dicken [mm]		Durch Aluminium vollberuhigter Stahl (Al $\geq 0{,}02\%$)
		Allgemeines		
		Überwiegend statische Last	Überwiegend ermüdungsbeansprucht	
25	2	Jede	Jede	Jede
10	5	Jede	16	Jede
3	14	24	12	24
2	20	12	10	12
1,5	25	8	8	10
1,0	33	4	4	6

Werden Kehlnähte einschließlich der Nahtenden mit voller Dicke ausgeführt (z. B. durch Einsatz von Auslaufblechen), entspricht die **wirksame Nahtlänge** l_{eff} der Gesamtlänge. Andernfalls ist der zweifache Wert der Kehlnahtdicke abzuziehen.

$$l_{eff} = L - 2 \cdot a \qquad (10.275)$$

Mindestlänge:

$$l_{eff} \geq \begin{cases} 30\,\text{mm} \\ 6a \end{cases}$$

Sofern die ungleichmäßige Verteilung der Schweißnahtspannungen nicht rechnerisch berücksichtigt wird, ist l_{eff} auf $150a$ bei Stählen bis S460 und auf $50a$ bei Stählen mit höherer Festigkeit zu begrenzen (siehe auch Abschn. 10.7.4.3.4 und [23]).

10.7.4.3   Nachweis von Schweißverbindungen

10.7.4.3.1   Allgemeines
Bei der Verteilung der einwirkenden Schnittgrößen innerhalb einer Schweißverbindung darf entweder elastisches oder plastisches Verhalten zugrunde gelegt und eine vereinfachte Verteilung angenommen werden. Es sind nur diejenigen Schweißnähte anzusetzen, die aufgrund ihrer Lage vorzugsweise im Stande sind, die jeweiligen Schnittgrößen in der Verbindung zu übertragen.

Eigenspannungen und Spannungen, die nicht zur Kräfteübertragung durch Schweißnähte erforderlich sind, können beim Schweißnahtnachweis vernachlässigt werden (z. B. Normalspannungen parallel zur Schweißnahtachse).

Schweißnahtanschlüsse sind so zu konstruieren, dass sie ein ausreichendes Verformungsvermögen aufweisen. In plastischen Gelenken müssen sie mindestens dieselbe Tragfähigkeit wie das schwächste angeschlossene Bauteil haben. Bei Rotationsanforderungen sind die Schweißnähte so auszulegen, dass ein Versagen der Nähte vor dem Fließen der angrenzenden Bauteile verhindert wird (vgl. [17], Abschn. 4.9). Beim Nachweis von Schweißnahtverbindungen ist zwischen Kehlnähten, durchgeschweißten und nicht durchgeschweißten Stumpfnähten zu unterscheiden (Abb. 10.100).

Die Tragfähigkeit **durchgeschweißter Stumpfnähte** ist bei Einsatz entsprechender Schweißwerkstoffe der Tragfähigkeit des schwächeren der verbundenen Bauteile gleichzusetzen. Die Tragfähigkeit **nicht durchgeschweißter**

Stumpfnähte ist wie bei Kehlnähten mit tiefem Einbrand zu bestimmen. Der **Tragsicherheitsnachweis von Kehlnähten** kann mit dem richtungsbezogenen oder dem vereinfachten Nachweisverfahren erfolgen.

10.7.4.3.2   Richtungsbezogenes Nachweisverfahren
Bei diesem Verfahren werden die Spannungen parallel und rechtwinklig zur Schweißnahtlängsachse sowie in und senkrecht zur Schweißnahtfläche bestimmt (s. Abb. 10.101). Spannungen $\sigma_\parallel$ werden vernachlässigt. Die Lage der wirksamen Flächen von Kehlnähten wird im Wurzelpunkt konzentriert angenommen. Die Bedingungen (10.276) und (10.277) sind einzuhalten.

$$\sigma_v = \sqrt{\sigma_\perp^2 + 3(\tau_\perp^2 + \tau_\parallel^2)} \leq \frac{f_u}{\beta_w \gamma_{M2}} \qquad (10.276)$$

$$\sigma_\perp \leq \frac{0{,}9 \cdot f_u}{\gamma_{M2}} \qquad (10.277)$$

σ_v Vergleichsspannung in der Schweißnaht

$\sigma_\perp$ Normalspannung senkrecht zur Schweißnahtachse

$\tau_\perp$ Schubspannung (in der Ebene der Kehlnahtfläche) senkrecht zur Schweißnahtachse

$\tau_\parallel$ Schubspannung in der Ebene der Kehlnahtfläche und parallel zur Schweißnahtachse

f_u Zugfestigkeit des schwächeren der angeschlossenen Bauteile

β_w Korrelationsbeiwert nach Tafel 10.189.

10.7.4.3.3   Vereinfachtes Nachweisverfahren
Beim vereinfachten Verfahren wird die Tragfähigkeit je Längeneinheit unabhängig von der Orientierung der einwirkenden Kräfte zur wirksamen Kehlnahtfläche ermittelt. Der Tragsicherheitsnachweis wird mit (10.278) geführt.

$$\frac{F_{w,Ed}}{F_{w,Rd}} \leq 1 \qquad (10.278)$$

$$F_{w,Rd} = f_{vw,d} \cdot a \qquad (10.279)$$

mit

$$f_{vw,d} = \frac{f_u}{\sqrt{3}\beta_w \gamma_{M2}}$$

$F_{w,Rd}$ Tragfähigkeit der Schweißnaht je Längeneinheit

$F_{w,Ed}$ Resultierende aller auf die Kehlnahtfläche einwirkenden Kräfte je Längeneinheit

$f_{vw,d}$ Scherfestigkeit der Schweißnaht (s. Tafel 10.189).

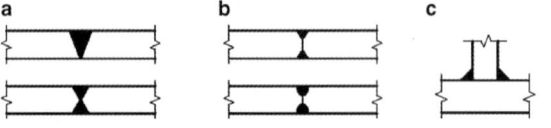

Abb. 10.100 Beispiele von Schweißnahtverbindungen; **a** durchgeschweißte Stumpfnähte, **b** nicht durchgeschweißte Stumpfnähte, **c** T-Stoß mit Kehlnähten

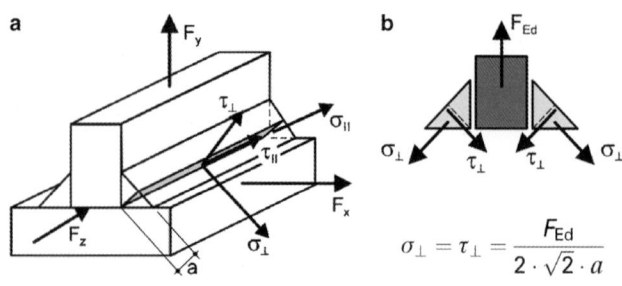

Abb. 10.101 Spannungskomponenten in Kehlnähten

Tafel 10.189 Korrelationsbeiwerte und Schweißnahtfestigkeiten [N/mm²]

Stahlsorte	S235	S275	S355	S420	S460	S500Q	S550Q	S620Q	S690Q
f_u [a]	360	430	490	520	540	590	640	700	770
β_w [b]	0,8	0,85	0,9	0,88	0,85	1,2	1,2	1,2	1,2
Schweißnahtfestigkeiten – richtungsbezogenes Verfahren									
$\dfrac{f_u}{\beta_w \cdot \gamma_{M2}}$	360	405	436	473	508	393	427	467	513
$\dfrac{0{,}9 \cdot f_u}{\gamma_{M2}}$	259	310	353	374	389	425	461	504	554
Scherfestigkeiten $f_{vw,d}$ der Schweißnähte – vereinfachtes Verfahren									
$\dfrac{f_u}{\sqrt{3} \cdot \beta_w \cdot \gamma_{M2}}$	208	234	251	273	293	227	246	269	296

[a] Für Stähle bis S460 gilt auch bei größeren Blechdicken die Zugfestigkeit für Erzeugnisdicken bis 40 mm (vgl. [18]). Die Zugfestigkeiten der Vergütungsstähle gelten bis S620Q für Erzeugnisdicken bis 100 mm und bei S690Q für Dicken bis 50 mm (siehe [23]).

[b] Die Korrelationsbeiwerte β_w für die Stähle S420 und S460 und die Vergütungsstähle S500Q bis S690Q sind in den Nationalen Anhängen zu Teil 1-8 [18] und Teil 1-12 [24] abweichend zu den jeweiligen Normenteilen festgelegt.

Tafel 10.190 Tragfähigkeit F_{Rd} [kN/cm] von symmetrisch angeordneten Kehlnähten bei T-Stößen nach dem richtungsbezogenen Verfahren (s. Abb. 10.101b)

Stahlsorte	Nahtdicke a [mm]									
	3	4	5	6	7	8	9	10	12	14
S235	15,27	20,36	25,46	30,55	35,64	40,73	45,82	50,91	61,09	71,28
S275	17,17	22,89	28,62	34,34	40,06	45,79	51,51	57,23	68,68	80,13
S355	18,48	24,64	30,80	36,96	43,12	49,28	55,44	61,60	73,92	86,24
S420M	20,06	26,74	33,43	40,11	46,80	53,48	60,17	66,85	80,22	93,60
S460M	21,56	28,75	35,94	43,13	50,31	57,50	64,69	71,88	86,25	100,6
S500Q	16,69	22,25	27,81	33,38	38,94	44,50	50,06	55,63	66,75	77,88
S550Q	18,10	24,14	30,17	36,20	42,24	48,27	54,31	60,34	72,41	84,48
S620Q	19,80	26,40	33,00	39,60	46,20	52,80	59,40	66,00	79,20	92,40
S690Q	21,78	29,04	36,30	43,56	50,82	58,08	65,34	72,60	87,12	101,6

Es sind Fußnoten a und b nach Tafel 10.189 zu beachten.

Tafel 10.191 Tragfähigkeiten $F_{w,Rd}$ [kN/cm] nach dem vereinfachten Verfahren

Stahlsorte	Nahtdicke a [mm]									
	3	4	5	6	7	8	9	10	12	14
S235	6,24	8,31	10,39	12,47	14,55	16,63	18,71	20,78	24,94	29,10
S275	7,01	9,35	11,68	14,02	16,36	18,69	21,03	23,37	28,04	32,71
S355	7,54	10,06	12,57	15,09	17,60	20,12	22,63	25,15	30,18	35,21
S420M	8,19	10,92	13,65	16,38	19,11	21,83	24,56	27,29	32,75	38,21
S460M	8,80	11,74	14,67	17,61	20,54	23,47	26,41	29,34	35,21	41,08
S500Q	6,81	9,08	11,35	13,63	15,90	18,17	20,44	22,71	27,25	31,79
S550Q	7,39	9,85	12,32	14,78	17,24	19,71	22,17	24,63	29,56	34,49
S620Q	8,08	10,78	13,47	16,17	18,86	21,55	24,25	26,94	32,33	37,72
S690Q	8,89	11,85	14,82	17,78	20,75	23,71	26,67	29,64	35,56	41,49

Es sind die Fußnoten a und b nach Tafel 10.189 zu beachten.

10

Beispiel

Nachweis der Schweißnähte einer biegesteifen Stirnplattenverbindung mit dem vereinfachten und dem richtungsbezogenen Bemessungsverfahren

IPE 300 – S355, $N_{\text{Ed}} = 40\,\text{kN}$, $V_{z,\text{Ed}} = 180\,\text{kN}$, $M_{y,\text{Ed}} = 70\,\text{kNm}$

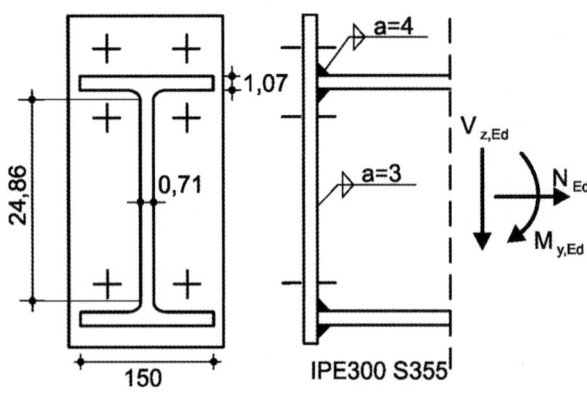

Vereinfachte Gurtkraftermittlung

$$N_{\text{OG,Ed}} = 40/2 + 7000/(30 - 1{,}07) = 262\,\text{kN}$$

a) vereinfachtes Verfahren

$$f_{\text{v,wd}} = 49/(\sqrt{3} \cdot 0{,}9 \cdot 1{,}25) = 25{,}15\,\text{kN/cm}^2$$

Obergurt:

$$F_{\text{w,Ed}} = 262/(2 \cdot 15{,}0) = 8{,}73\,\text{kN/cm}$$
$$F_{\text{w,Rd}} = 25{,}15 \cdot 0{,}4 = 10{,}06\,\text{kN/cm}$$
$$F_{\text{w,Ed}}/F_{\text{w,Rd}} = 8{,}73/10{,}06 = 0{,}87 < 1$$

Steg:

$$l_{\text{w,w}} = 2 \cdot 24{,}86 = 49{,}72\,\text{cm}$$
$$F_{\text{w,Ed}} = 180/49{,}72 = 3{,}62\,\text{kN/cm}$$
$$F_{\text{w,Rd}} = 25{,}15 \cdot 0{,}3 = 7{,}55\,\text{kN/cm}$$
$$F_{\text{w,Ed}}/F_{\text{w,Rd}} = 3{,}62/7{,}55 = 0{,}48 < 1$$

b) richtungsbezogenes Verfahren

Obergurt:

$$A_{\text{w,f}} = 2 \cdot 15{,}0 \cdot 0{,}4 = 12{,}00\,\text{cm}^2$$
$$\sigma_{\perp,\text{Ed}} = \tau_{\perp,\text{Ed}} = 262/(12{,}00 \cdot \sqrt{2}) = 15{,}44\,\text{kN/cm}^2$$
$$0{,}9 \cdot f_{\text{u}}/\gamma_{\text{M2}} = 0{,}9 \cdot 49/1{,}25 = 35{,}28\,\text{kN/cm}^2$$
$$15{,}44\,\text{kN/cm}^2 < 35{,}28\,\text{kN/cm}^2$$
$$\sigma_{\text{v,Ed}} = \sqrt{15{,}44^2 + 3 \cdot 15{,}44^2}$$
$$= 30{,}88\,\text{kN/cm}^2$$
$$\frac{f_{\text{u}}}{\beta_{\text{w}} \cdot \gamma_{\text{M2}}} = 49/0{,}9 \cdot 1{,}25 = 43{,}56\,\text{kN/cm}^2$$
$$30{,}88\,\text{kN/cm}^2 < 43{,}56\,\text{kN/cm}^2$$

Steg:

$$A_{\text{w,w}} = 49{,}72 \cdot 0{,}3 = 14{,}92\,\text{cm}^2$$
$$\tau_{\parallel,\text{Ed}} = 180/14{,}92 = 12{,}06\,\text{kN/cm}^2$$
$$\sigma_{\text{v,Ed}} = \sqrt{3 \cdot 12{,}06^2} = 20{,}89\,\text{kN/cm}^2$$
$$20{,}89\,\text{kN/cm}^2 < 43{,}56\,\text{kN/cm}^2$$

10.7.4.3.4 Lange Anschlüsse

Bei überlappten Stößen und Lasteinleitungen durch Steifen mit großen Schweißnahtlängen (s. Abb. 10.102) sind die Auswirkungen ungleichmäßiger Spannungsverteilungen über die Länge zu berücksichtigen. Die Tragfähigkeit von Kehlnähten ist mit dem Abminderungsfaktor β_{Lw} abzumindern. Für Stähle bis S460 gelten die Gleichungen (10.280) und (10.281).

Bei überlappenden Stößen mit $L_{\text{j}} > 150a$:

$$\beta_{\text{Lw,1}} = 1{,}2 - 0{,}2\frac{L_{\text{j}}}{150a} \quad \text{und} \quad \beta_{\text{Lw,1}} \le 1{,}0 \quad (10.280)$$

Bei Quersteifen in Blechträgern mit $L_{\text{w}} > 1{,}7\,\text{m}$:

$$\beta_{\text{Lw,2}} = 1{,}1 - \frac{L_{\text{w}}}{17} \quad \text{und} \quad 0{,}6 \le \beta_{\text{Lw,2}} \le 1{,}0 \quad (10.281)$$

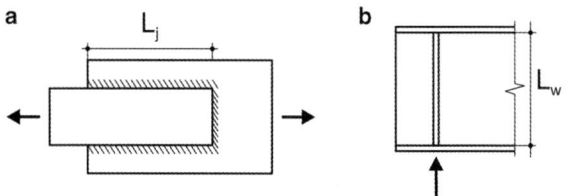

Abb. 10.102 Lange Anschlüsse. **a** Überlappender Stoß, **b** Lasteinleitung durch Steifen

10.7.4.3.5 Exzentrisch belastete einseitige Nähte

Lokale Exzentrizitäten sollten möglichst vermieden werden. Sofern sie dennoch ausgeführt werden, sind sie i. d. R. in folgenden Fällen zu berücksichtigen (vgl. [17] und Abb. 10.103):

• wenn Biegung um die Schweißnahtlängsachse Zug in der Wurzel erzeugt,

• wenn eine, bezogen auf die Schweißnahtfläche, exzentrisch angreifende Zugkraft Biegung und damit Zug in der Schweißnahtwurzel erzeugt.

Bei über den Umfang geschweißten Hohlprofilen brauchen die lokalen Exzentrizitäten nicht berücksichtigt werden.

10.7.4.3.6 Steifenlose Lasteinleitungen

Werden Bleche quer an unausgesteiften Flanschen angeschweißt und hierüber Lasten eingeleitet (s. Abb. 10.104), sind

• die angrenzenden Stege auf Querdruck oder Querzug nach [17], Abschn. 6.2.6.2 und 6.2.6.3,

• die Flansche mit (10.282) und

Tafel 10.192 Schweißnahtformen (Darstellung nach DIN EN 22553 [65] und Anmerkungen nach DIN EN 1993-1-8, s. a. DIN EN ISO 2553 [43])

	Nahtart, Symbol			Bild	Anmerkungen
Durch- oder gegengeschweißte Nähte					
1	V	Stumpfnaht (Beispiel V-Naht)			$a = t_1$ wenn $t_1 \leq t_2$
2	 K	D(oppel)-HV-Naht, K-Naht			
3	V	HV-Naht	Kapplage geschweißt	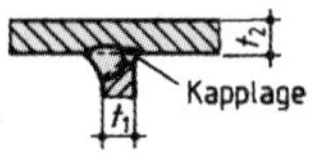	$a = t_1$
4			Wurzel durch- geschweißt		
Nicht durchgeschweißte Nähte					
5	 Y	HY-Naht mit Kehlnaht		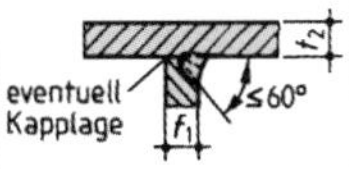	Die Schweißnähte sind wie Kehlnähte mit tiefem Einbrand zu berechnen.
6		HY-Naht		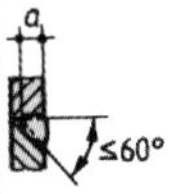	
7	 K	D(oppel)-HY-Naht		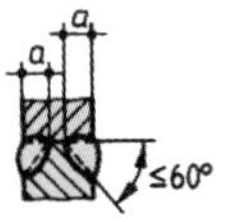	
8		D(oppel)-HY-Naht mit Doppel- kehlnaht		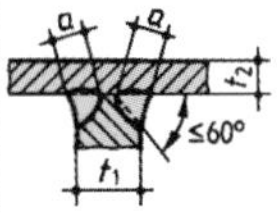	Die Naht ist wie eine durchgeschweißte Stumpfnaht zu behandeln, wenn $2a \geq t_1$ und $c \leq \min(t_1/5; 3\,\text{mm})$. Andernfalls ist sie wie zwei Kehlnähte mit tiefem Einbrand zu berechnen.
Kehlnähte					
9		Kehlnaht		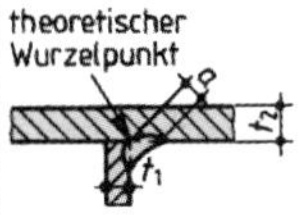	Die Nahtdicke a ist gleich der bis zum theoretischen Wurzelpunkt gemessenen Höhe des einschreibbaren Dreiecks. Behandlung bei Öffnungswinkeln α: $60° \leq \alpha \leq 120°$ wie Kehlnaht, bei $\alpha < 60°$ wie eine nicht durchgeschweißte Stumpfnaht, bei $\alpha > 120°$ Nachweis durch Versuche nach DIN EN 1990 Anhang D
10		Doppelkehlnaht		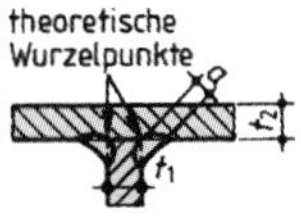	
11		Kehlnaht	Mit tiefem Einbrand	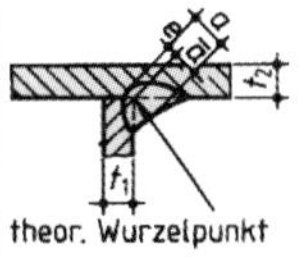	$a = \bar{a} + e$ $\bar{a}$ entspricht Nahtdicke a nach Zeile 9 und 10, e aus Verfahrensprüfung Behandlung bei Öffnungswinkeln α: $60° \leq \alpha \leq 120°$ wie Kehlnaht, bei $\alpha < 60°$ wie eine nicht durchgeschweißte Stumpfnaht, bei $\alpha > 120°$ Nachweis durch Versuche nach DIN EN 1990 Anhang D
12		Doppel- kehlnaht		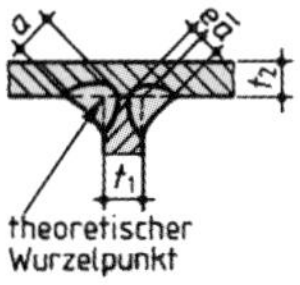	
13		Hohlkehlnaht	An Vollquer- schnitten	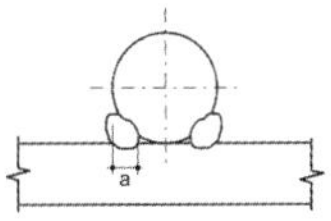	
14			An RHP	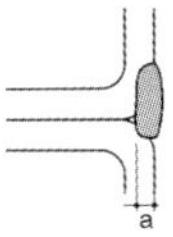	

10

Tafel 10.193 Symbolische Darstellung von Schweißnähten (Beispiele nach DIN EN 22553 [65], s. a. DIN EN ISO 2553 [43])

Benennung	Darstellung erläuternd / symbolisch	Benennung	Darstellung erläuternd / symbolisch
V-Naht mit Gegenlage Nahtlänge = Stoßlänge	Obere Werkstückfläche 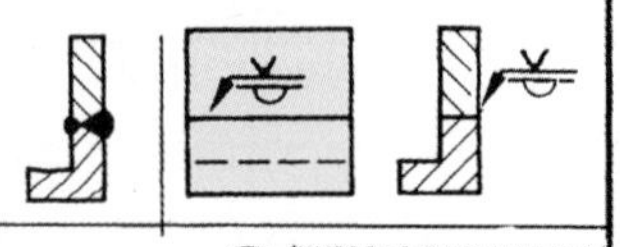	**Kehlnähte** einseitig, auf der Pfeilseite mit hoher Oberfläche $a = 4$ mm, auf der Gegenseite $a = 6$ mm Nahtlänge 60 mm	4 ⊿ 60 / 6 ⊽ 60
D(oppel)-V-Naht (X-Naht) Gewölbte Oberfläche, Nahtlänge = Stoßlänge; hergestellt durch Lichtbogenhandschweißen (Kennzahl 111) – gef. Bewertungsgruppe D nach ISO 5817 – Wannenposition PA nach ISO 6947 – umhüllte Stabelektrode ISO 2560–E512 RR22	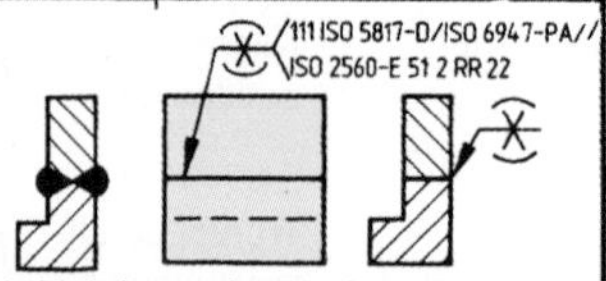 111 ISO 5817-D/ISO 6947-PA / ISO 2560-E 51 2 RR 22	**Doppel-Kehlnaht** mit verschiedenen Nahtdicken, $a_1 = 8$ mm, $a_2 = 5$ mm, Montagenähte; die Bezugsangabe für Gruppen gleicher Nähte kann nahe dem Schriftfeld unter dem angegebenen Buchstaben erläutert werden	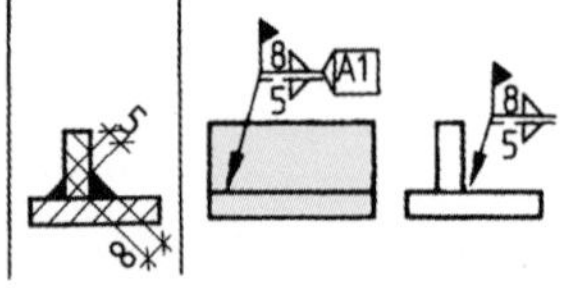 8 ⊿ (A1) / 5 ⊿
HV-Naht mit Gegennaht und beidseitig ebener Oberfläche, Nahtlänge = 800 mm ≠ Stoßlänge	⊿800 Bem.: Die Pfeillinie weist gegen die schräge Fugenflanke		erläuternd / symbolisch
D(oppel)-HV-Naht (K-Naht) Montagenaht, Nahtlänge = Stoßlänge	Bem.: Die Pfeillinie weist gegen die schräge Fugenflanke	**Doppelkehlnaht** unterbrochen, gegenüberliegend; $n = 3$ Nähte, Nahtdicke $a = 4$ mm, Nahtlänge je 70 mm, Zwischenraum $e = 50$ mm	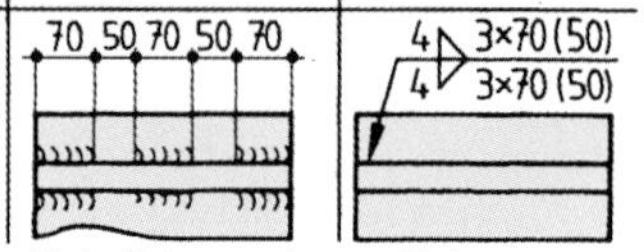 70 50 70 50 70 / 4 ⊿ 3×70 (50) / 4 ⊿ 3×70 (50)
U-Naht mit ebener Oberfläche auf der oberen Werkstückfläche; Nahtlänge = Stoßlänge		**Doppelkehlnaht** unterbrochen, versetzt mit Vormaß $v = 50$ mm, $a = 4$ mm	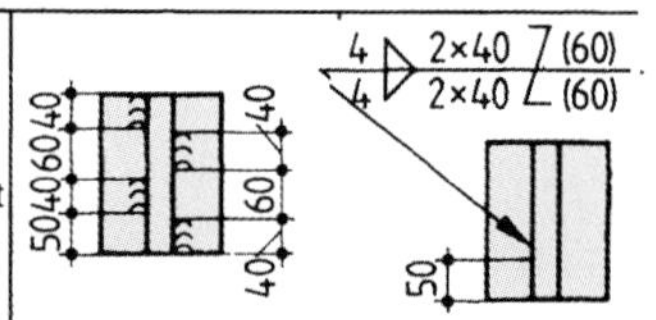 50 40 60 40 / 4 ⊿ 2×40 ⟋ (60) / 4 ⊿ 2×40 ⟍ (60)
Y-Naht Nahtdicke $s = 6$ mm, Nahtlänge = Stoßlänge	6 Y	**Kehlnaht** ringsumverlaufend $a = 5$ mm	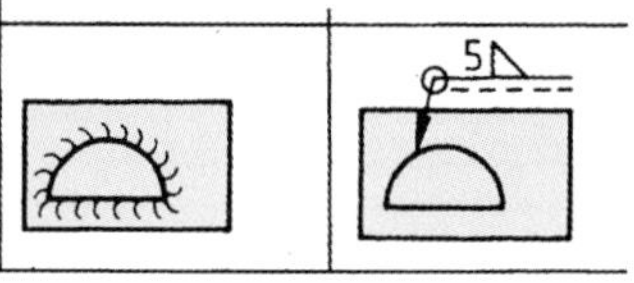 5 ⊿

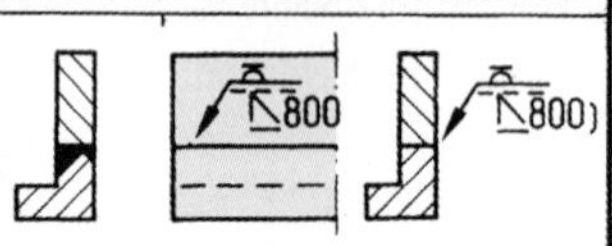

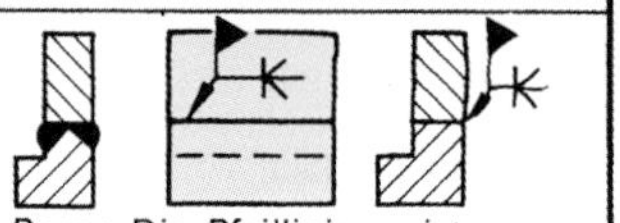

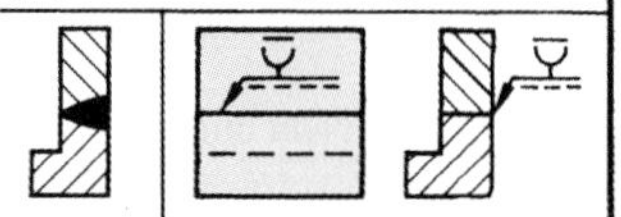

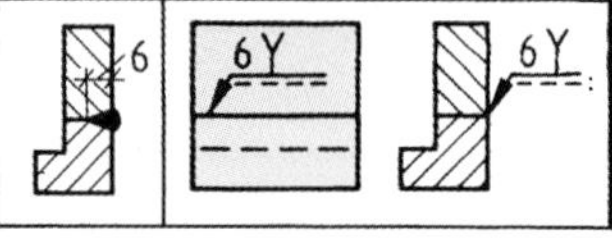

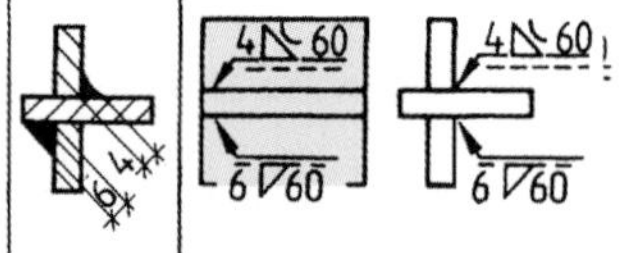

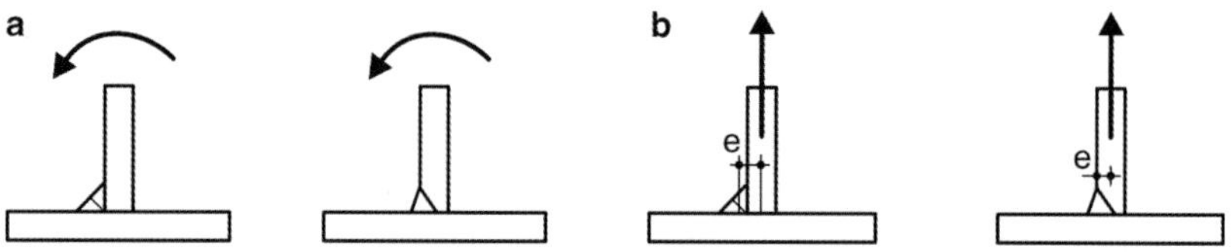

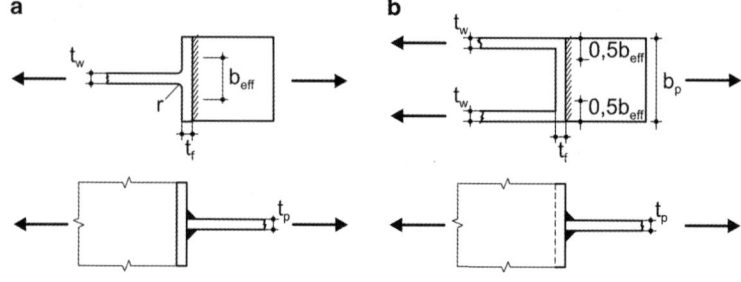

Abb. 10.103 Erzeugung von Zugspannungen in der Schweißnahtwurzel. **a** Beanspruchung durch Biegemomente, **b** Beanspruchung durch exzentrischen Zug

Abb. 10.104 Steifenlose Lasteinleitung über angeschweißte Bleche. **a** Einleitung in I- oder H-Profilen, **b** Einleitung in U- oder Kastenquerschnitten

- bei Rechteckhohlprofilen das Querblech nach [17], Tabelle 7.13 nachzuweisen.

$$F_{\mathrm{fc,Ed}} \leq F_{\mathrm{fc,Rd}} = b_{\mathrm{eff}} \cdot t_{\mathrm{fb}} \cdot f_{\mathrm{y,fb}}/\gamma_{\mathrm{M0}} \qquad (10.282)$$

Die Schweißnähte des angeschlossenen Blechs sind (auch bei $b_{\mathrm{eff}} < b_{\mathrm{p}}$) so zu bemessen, dass sie die Kraft $b_{\mathrm{p}} \cdot t_{\mathrm{p}} \cdot f_{\mathrm{y,p}}/\gamma_{\mathrm{M0}}$ übertragen können.

Die wirksame Breite in (10.282) ist bei I- und H-Profilen mit (10.283) zu bestimmen. Erfüllt b_{eff} nicht die Bedingung (10.284), ist der Anschluss auszusteifen.

$$b_{\mathrm{eff}} = t_{\mathrm{w}} + 2s + 7k\,t_{\mathrm{f}} \qquad (10.283)$$

mit

$$k = \frac{t_{\mathrm{f}}}{t_{\mathrm{p}}} \cdot \frac{f_{\mathrm{y,f}}}{f_{\mathrm{y,p}}}, \quad \text{jedoch} \quad k \leq 1{,}0$$

$$b_{\mathrm{eff}} \geq \frac{f_{\mathrm{y,p}}}{f_{\mathrm{u,p}}} \cdot b_{\mathrm{p}} \qquad (10.284)$$

$s = r$ für gewalzte I- oder H-Querschnitte
$s = a\sqrt{2}$ für geschweißte I- oder H-Querschnitte
$f_{\mathrm{y,f}}$ Streckgrenze des Flansches
$f_{\mathrm{y,p}}, f_{\mathrm{u,p}}$ Streckgrenze und Zugfestigkeit der Platte.
Bei anderen Querschnitten (z. B. U- oder geschweißte Kastenquerschnitte), bei denen die Breite des angeschweißten Blechs der Breite des Flansches entspricht (s. Abb. 10.104b), ist b_{eff} mit (10.285) zu bestimmen. Zu Anschlüssen an gewalzten Rechteckhohlprofilen siehe [17], Tabelle 7.13.

$$b_{\mathrm{eff}} = 2t_{\mathrm{w}} + 5t_{\mathrm{f}}, \quad \text{jedoch} \quad b_{\mathrm{eff}} \leq 2t_{\mathrm{w}} + 5k\,t_{\mathrm{f}} \quad (10.285)$$

Die Seite des Stoßes, auf die die Pfeillinie weist, ist die Pfeilseite, die andere Seite ist die Gegenseite. Bei unsymmetrischen Nähten muss der Pfeil auf das Teil zeigen, an dem die Nahtvorbereitung vorgenommen wird. Befindet sich die Naht (Nahtoberseite) auf der Pfeilseite des Stoßes, wird das Symbol auf der Seite der Bezugs-Volllinie angeordnet; befindet sich die Naht auf der Gegenseite, wird das Symbol auf der Seite der Bezugs-Strichlinie angeordnet, gleichgültig, ob die Strichlinie oberhalb oder unterhalb der Volllinie gezeichnet ist. Bei symmetrischen Nähten entfällt die Bezugs-Strichlinie.

Die Nahtdicke wird vor dem Symbol angegeben. Bei Kehlnähten wird der Nahtdicke der Buchstabe a vorangesetzt; bei Stumpfnähten ist die Nahtdicke nur dann anzugeben, wenn der Querschnitt nicht voll durchgeschweißt wird (z. B. Y-Naht). Die Nahtlänge (hinter dem Symbol) ist nur anzugeben, wenn die Naht nicht durchgehend über die gesamte Länge des Werkstücks verläuft.

10.7.5 Biegetragfähigkeit von geschraubten Träger-Stützenverbindungen und Trägerstößen von I- und H-Profilen

Die Tragfähigkeit einer Träger-Stützen-Verbindung wird in folgenden Schritten bestimmt:
1. Festlegung der Beanspruchbarkeiten der Grundkomponenten,
2. Ermittlung der Beanspruchbarkeit $F_{\mathrm{tr,Rd}}$ je zugbeanspruchter Schraubenreihe r als Minimum der Tragfähigkeiten der Grundkomponenten. Liegt eine Gruppe von Schraubenreihen in der Zugzone, ist zu überprüfen, dass die Summe der Einzeltragfähigkeiten $F_{\mathrm{tr,Rd}}$ dieser Gruppe nicht die Tragfähigkeit der Gruppe als Ganzes überschreitet.
3. Ggf. weitere Reduzierung von $F_{\mathrm{tr,Rd}}$ zur Berücksichtigung des Schub- oder Druckversagens des Stützensteges oder des Druckversagens von Trägergurt und -steg.
4. Bestimmung der Biegetragfähigkeit $M_{\mathrm{j,Rd}}$ mit (10.286).

Die Nummerierung beginnt mit der am weitesten vom Druckpunkt entfernt liegenden Schraubenreihe r (siehe Abb. 10.105).

$$M_{\mathrm{j,Rd}} = \sum_{r} h_r \cdot F_{\mathrm{tr,Rd}} \qquad (10.286)$$

$F_{\mathrm{tr,Rd}}$ wirksame Tragfähigkeit der Schraubenreihe r auf Zug
h_r Abstand der Schraubenreihe r vom Druckpunkt. Dieser sollte in der Achse des Druckgurtes angenommen werden. (Abb. 10.105)
r Nummer der Schraubenreihe.

Die Tragfähigkeit $F_{\mathrm{tr,Rd}}$ der einzelnen Schraubenreihen r ist bei Träger-Stützenverbindungen als Minimum der Tragfähigkeiten für folgende Grundkomponenten zu berechnen, soweit diese von Relevanz sind:
- Stirnplatte mit Biegebeanspruchung $F_{\mathrm{t,ep,Rd}}$
- Stützensteg mit Zugbeanspruchung $F_{\mathrm{t,wc,Rd}}$; siehe (10.288)
- Stützenflansch mit Biegebeanspruchung $F_{\mathrm{t,fc,Rd}}$
- Trägersteg mit Zugbeanspruchung $F_{\mathrm{t,wb,Rd}}$; siehe (10.289).

Die Beanspruchungen $F_{\mathrm{t,ep,Rd}}$ und $F_{\mathrm{t,fc,Rd}}$ werden aus dem kleinsten relevanten Wert $F_{\mathrm{t,Rd}}$ aus Tafel 10.196 unter Berücksichtigung der wirksamen Längen aus Tafel 10.197 bestimmt.

Die Summe der Tragfähigkeiten aller zugbeanspruchten Schraubenreihen $\sum F_{\mathrm{t,Rd}}$ ist wie folgt zu begrenzen:

$$\sum F_{\mathrm{t,Rd}} = \min(V_{\mathrm{wp,Rd}}/\beta;\, F_{\mathrm{c,wc,Rd}};\, F_{\mathrm{c,fb,Rd}}) \qquad (10.287)$$

Abb. 10.105 Träger-
Stützenverbindung und
Trägerstoß mit biegesteifer Stirn-
plattenverbindung

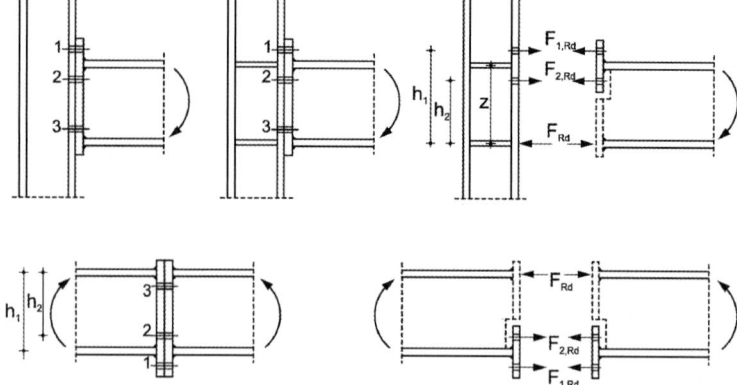

$V_{\mathrm{wp,Rd}}$ Schubtragfähigkeit des Stützenstegfeldes, siehe (10.290)

β Übertragungsparameter nach Tafel 10.194

$F_{\mathrm{c,wc,Rd}}$ Tragfähigkeit des Stützensteges für Druckbelastung, s. (10.291)

$F_{\mathrm{t,wb,Rd}}$ Tragfähigkeit des Trägerflansches und -steges für Zugbelastungen, siehe (10.289).

Werden die Stützenflansche durch ausreichend dimensionierte Rippen in Höhe der Gurte der anschließenden Träger ausgesteift und die Zuggurte mit maximal zwei Schraubenreihen angeschlossen, ist der Nachweis des Stützensteges für Zug- und Druckbelastung nicht erforderlich.

$$F_{\mathrm{t,wc,Rd}} = \frac{\omega \cdot b_{\mathrm{eff,t,wc}} \cdot t_{\mathrm{wc}} \cdot f_{\mathrm{y,wc}}}{\gamma_{\mathrm{M0}}} \qquad (10.288)$$

$$F_{\mathrm{t,wb,Rd}} = \frac{b_{\mathrm{eff,t,wb}} \cdot t_{\mathrm{wb}} \cdot f_{\mathrm{y,wb}}}{\gamma_{\mathrm{M0}}} \qquad (10.289)$$

$$V_{\mathrm{wp,Rd}} = 0{,}9 \cdot f_{\mathrm{y,wc}} \cdot \frac{A_{\mathrm{vc}}}{\sqrt{3} \cdot \gamma_{\mathrm{M0}}} \qquad (10.290)$$

$$F_{\mathrm{c,wc,Rd}} = \frac{\omega \cdot k_{\mathrm{wc}} \cdot b_{\mathrm{eff,c,wc}} \cdot t_{\mathrm{wc}} \cdot f_{\mathrm{y,wc}}}{\gamma_{\mathrm{M0}}}, \qquad (10.291)$$

jedoch

$$F_{\mathrm{c,wc,Rd}} \le \frac{\omega \cdot k_{\mathrm{wc}} \cdot \rho \cdot b_{\mathrm{eff,c,wc}} \cdot t_{\mathrm{wc}} \cdot f_{\mathrm{y,wc}}}{\gamma_{\mathrm{M1}}}$$

A_{vc} Schubfläche der Stütze

$f_{\mathrm{y,wc}}$ Streckgrenze des Stützensteges

$f_{\mathrm{y,wb}}$ Streckgrenze des Trägersteges

ω Abminderungsbeiwert zur Berücksichtigung der Interaktion mit der Schubbeanspruchung im Stützenstegfeld (s. Tafel 10.194)

$b_{\mathrm{eff,c,wc}}$ Effektive Breite des Stützensteges bei Querdruck (s. Abb. 10.107)

Abb. 10.106 Ein- (**a**) und beidseitige (**b**) Trägeranschlüsse zur Bestimmung des Übertragungsparameters β nach Tafel 10.194

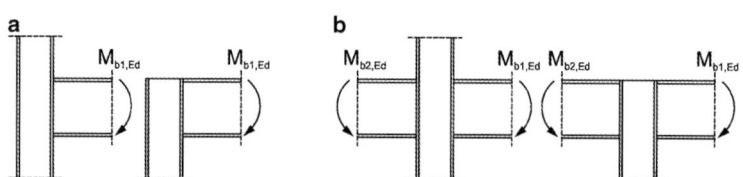

Tafel 10.194 Übertragungsparameter β und Abminderungsbeiwert ω

Nr.[a]	Einwirkung	β	ω
a	$M_{\mathrm{b1,Ed}}$	$\beta \approx 1$	$\omega = \dfrac{1}{\sqrt{1 + 1{,}3 \cdot (b_{\mathrm{eff,c,wc}} \cdot t_{\mathrm{wc}}/A_{\mathrm{vc}})^2}}$
b	$\dfrac{M_{\mathrm{b1,Ed}}}{M_{\mathrm{b2,Ed}}} > 0$	$\beta \approx 1$	
	$M_{\mathrm{b1,Ed}} = M_{\mathrm{b2,Ed}}$	$\beta = 0$	$\omega = 1$
	$\dfrac{M_{\mathrm{b1,Ed}}}{M_{\mathrm{b2,Ed}}} < 0$	$\beta \approx 2$	$\omega = \dfrac{1}{\sqrt{1 + 5{,}2 \cdot (b_{\mathrm{eff,c,wc}} \cdot t_{\mathrm{wc}}/A_{\mathrm{vc}})^2}}$
	$M_{\mathrm{b1,Ed}} + M_{\mathrm{b2,Ed}} = 0$	$\beta \approx 2$	
	Genauere Werte von β können wie folgt ermittelt werden: $\beta_1 = \left| 1 - \dfrac{M_{\mathrm{j,b2,Ed}}}{M_{\mathrm{j,b1,Ed}}} \right| \le 2$, $\beta_2 = \left| 1 - \dfrac{M_{\mathrm{j,b1,Ed}}}{M_{\mathrm{j,b2,Ed}}} \right| \le 2$		

Für den rechten Anschluss wird der Index 1 und für den linken Anschluss Index 2 verwendet. Für Zwischenwerte von β darf der Abminderungsbeiwert ω interpoliert werden.
[a] Die Nummerierung entspricht der Bezeichnung nach Abb. 10.106.

$b_{\text{eff,t,wc}}$ Effektive Breite des Stützensteges bei Querzug (s. Abb. 10.107)

$b_{\text{eff,t,wb}}$ Effektive Breite des Trägersteges mit Zug

k_{wc} Abminderungsbeiwert zur Berücksichtigung der Längsdruckspannungen im Stützensteg

für $\sigma_{\text{com,Ed}} \leq 0{,}7 \cdot f_{\text{y,wc}}$

$$k_{\text{wc}} = 1$$

für $\sigma_{\text{com,Ed}} > 0{,}7 \cdot f_{\text{y,wc}}$

$$k_{\text{wc}} = 1{,}7 - \frac{\sigma_{\text{com,Ed}}}{f_{\text{y,wc}}}$$

ρ Abminderungsfaktor für das Plattenbeulen (s. Tafel 10.195)

t_{wc} Blechdicke des Stützensteges

t_{wb} Blechdicke des Trägersteges.

Tafel 10.195 Plattenschlankheitsgrad und Abminderungsbeiwert für Plattenbeulen

$\bar{\lambda}_{\text{p}} \leq 0{,}72$	$\rho = 1{,}0$	
$\bar{\lambda}_{\text{p}} > 0{,}72$	$\rho = \dfrac{\bar{\lambda}_{\text{p}} - 0{,}2}{\bar{\lambda}_{\text{p}}^{2}}$	$\bar{\lambda}_{\text{p}} = 0{,}932 \cdot \sqrt{\dfrac{b_{\text{eff,c,wc}} \cdot d_{\text{wc}} \cdot f_{\text{y,wc}}}{E \cdot t_{\text{wc}}^{2}}}$

$d_{\text{wc}}, t_{\text{wc}}$ siehe Abb. 10.107.

Geschweißte Verbindung (Abb. 10.107a)

$$b_{\text{eff,c,wc}} = t_{\text{fb}} + 2 \cdot \sqrt{2} \cdot a_{\text{b}} + 5 \cdot (t_{\text{fc}} + s)$$
$$b_{\text{eff,t,wc}} = b_{\text{eff,c,wc}}$$

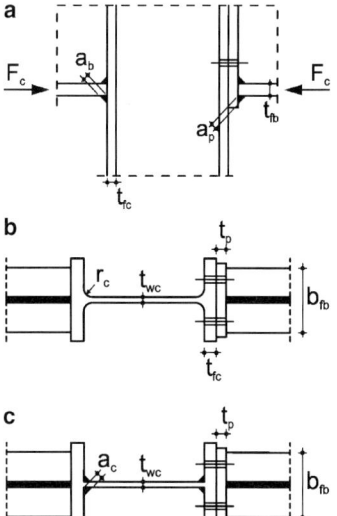

Abb. 10.107 Effektive Breiten des Stützensteges bei geschweißten und geschraubten Trägeranschlüssen.
a Geschweißte Verbindung/Geschraubte Stirnplattenverbindung,
b Stütze mit gewalztem I- oder H-Querschnitt,
c Stütze mit geschweißtem I- oder H-Querschnitt

Geschraubte Stirnplattenverbindung (Abb. 10.107a)

$$b_{\text{eff,c,wc}} = t_{\text{fb}} + 2 \cdot \sqrt{2} \cdot a_{\text{p}} + 5 \cdot (t_{\text{fc}} + s) + s_{\text{p}}$$
$$b_{\text{eff,t,wc}} = l_{\text{eff}} \quad \text{nach Tafel 10.197.}$$

s_{p} Länge, die mit der Annahme einer Ausbreitung von 45° durch die Stirnplatte ermittelt wird

$s_{\text{p}} \geq t_{\text{p}}$; $s_{\text{p}} \leq 2 \cdot t_{\text{p}}$, wenn der Überstand der Stirnplatte über den Flansch hinaus ausreichend groß ist.

Tafel 10.196 Tragfähigkeit $F_{\text{T,Rd}}$ eines T-Stummelflansches bei Zugbeanspruchung

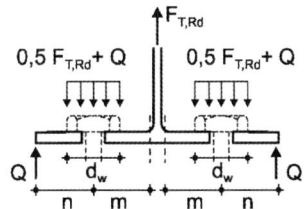

Modus	Abstützkräfte können auftreten, d. h. $L_{\text{b}} \leq L_{\text{b}}^{*}$	Keine Abstützkräfte
1 – vollständiges Fließen des Flansches		$F_{\text{T,1-2,Rd}} = \dfrac{2M_{\text{pl,1,Rd}}}{m}$
Ohne Futterplatten	$F_{\text{T,1,Rd}} = \dfrac{4M_{\text{pl,1,Rd}}}{m}$	
Mit Futterplatten	$F_{\text{T,1,Rd}} = \dfrac{4M_{\text{pl,1,Rd}} + 2M_{\text{bp,Rd}}}{m}$	
2 – Schraubenversagen gleichzeitig mit Fließen des Flansches	$F_{\text{T,2,Rd}} = \dfrac{2M_{\text{pl,2,Rd}} + n \sum F_{\text{t,Rd}}}{m + n}$	
3 – Schraubenversagen	$F_{\text{T,3,Rd}} = \sum F_{\text{t,Rd}}$	

L_{b} Dehnlänge der Schraube, angesetzt mit der gesamten Klemmlänge (Gesamtdicke des Blechpakets und der Unterlegscheiben), plus der halben Kopfhöhe und der halben Mutternhöhe oder

$L_{\text{b}}^{*} = 8{,}8 \cdot m^{3} \cdot A_{\text{s}} \cdot \dfrac{n_{\text{b}}}{\sum (l_{\text{eff,1}} \cdot t_{\text{f}}^{3})}$

n_{b} Anzahl der Schraubenreihen (mit 2 Schrauben je Reihe)

Q Abstützkraft

$M_{\text{pl,1,Rd}} = 0{,}25 \cdot \sum l_{\text{eff,1}} \cdot t_{\text{f}}^{2} \cdot \dfrac{f_{\text{y}}}{\gamma_{\text{M0}}}$

$M_{\text{pl,2,Rd}} = 0{,}25 \cdot \sum l_{\text{eff,2}} \cdot t_{\text{f}}^{2} \cdot \dfrac{f_{\text{y}}}{\gamma_{\text{M0}}}$

$M_{\text{bp,Rd}} = 0{,}25 \cdot \sum l_{\text{eff,1}} \cdot t_{\text{bp}}^{2} \cdot \dfrac{f_{\text{y,bp}}}{\gamma_{\text{M0}}}$

t_{bp} Blechdicke der Futterplatte

$n = e_{\text{min}}$, jedoch $n \leq 1{,}25\,m$.

Abb. 10.108 Versagensarten eines T-Stummelflansches

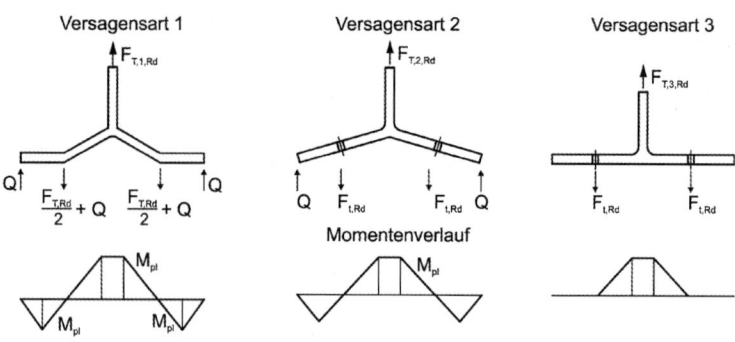

Tafel 10.197 Wirksame Längen l_{eff} für ausgesteifte, nicht ausgesteifte Stützenflansche und Stirnplatten

Nr.	Lage der Schraubenreihe	Schraubenreihe einzeln betrachtet		Schraubenreihe als Teil einer Gruppe von Schraubenreihen	
		Kreisförmiges Muster $l_{eff,cp}$	Nicht kreisförmiges Muster $l_{eff,nc}$	Kreisförmiges Muster $l_{eff,cp}$	Nicht kreisförmiges Muster $l_{eff,nc}$
I	Schraubenreihe am Ende mit Rand	$\min\begin{cases}2\pi m \\ \pi m + 2e_1\end{cases}$	$\min\begin{cases}4m + 1{,}25e \\ 2m + 0{,}625e + e_1\end{cases}$	$\min\begin{cases}\pi m + p \\ 2e_1 + p\end{cases}$	$\min\begin{cases}2m + 0{,}625e + 0{,}5p \\ e_1 + 0{,}5p\end{cases}$
II	Innere Schraubenreihe	$2\pi m$	$4m + 1{,}25e$	$2p$	p
III	Schraubenreihe am Ende	$2\pi m$	$4m + 1{,}25e$	$\pi m + p$	$2m + 0{,}625e + 0{,}5p$
IV	Schraubenreihe am Rand neben einer Steife	$\min\begin{cases}2\pi m \\ \pi m + 2e_1\end{cases}$	$e_1 + \alpha m - (2m + 0{,}625e)$	–	–
V	Schraubenreihe neben einer Steife	$2\pi m$	αm	$\pi m + p$	$0{,}5p + \alpha m - (2m + 0{,}625e)$
VI	Schraubenreihe oberhalb des Trägerzugflansches	$\min\begin{cases}2\pi m_x \\ \pi m_x + w \\ \pi m_x + 2e\end{cases}$	$\min\begin{cases}4m_x + 1{,}25e_x \\ e + 2m_x + 0{,}625e_x \\ 0{,}5b_p \\ 0{,}5w + 2m_x + 0{,}625e_x\end{cases}$	–	–
Modus 1		$l_{eff,1} = l_{eff,nc}$, jedoch $l_{eff,1} \leq l_{eff,cp}$		$\sum l_{eff,1} = \sum l_{eff,nc}$, jedoch $\sum l_{eff,1} \leq \sum l_{eff,cp}$	
Modus 2		$l_{eff,2} = l_{eff,nc}$		$\sum l_{eff,2} = \sum l_{eff,nc}$	

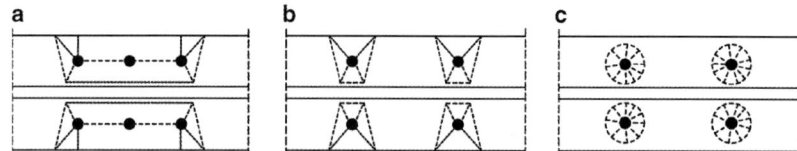

Abb. 10.109 Fließmuster für einen nicht ausgesteiften Stützenflansch. **a** Kombiniertes Fließmuster, das mehrere Schrauben erfasst, **b** einzelne Fließmuster um jede Schraube, **c** Fließkegel um Schraube

Abb. 10.110 Abmessungen eines äquivalenten T-Stummelflansches

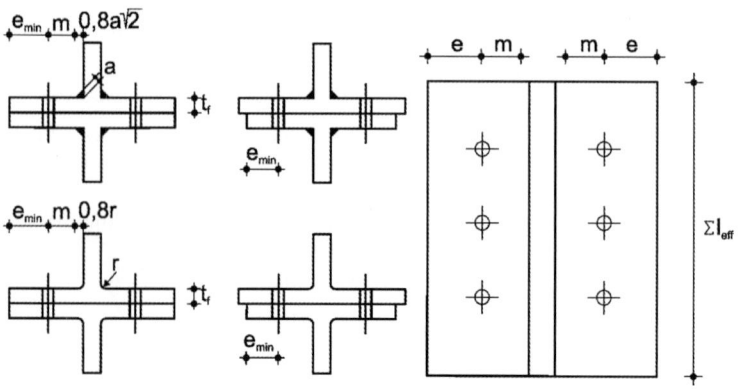

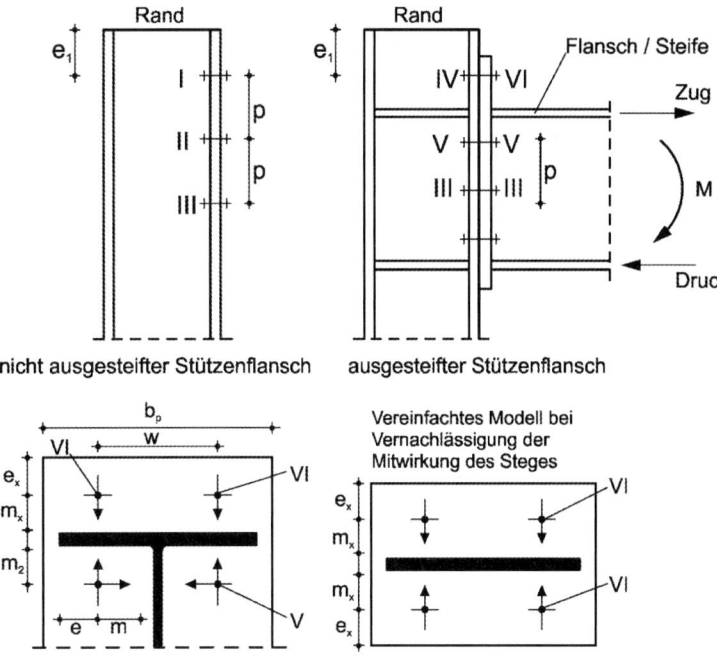

Abb. 10.111 Fallunterscheidung und Vereinfachung bei der Berechnung der wirksamen Längen von T-Stummeln

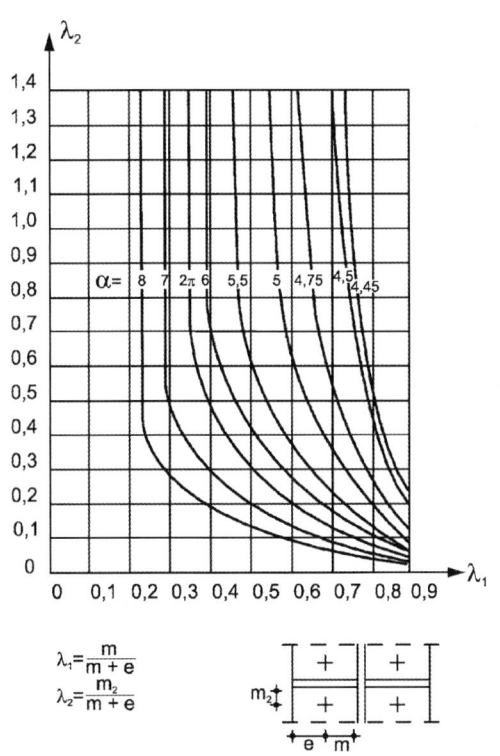

$$\lambda_1 = \frac{m}{m+e}$$
$$\lambda_2 = \frac{m_2}{m+e}$$

Abb. 10.112 α-Werte für ausgesteifte Stützenflansche

Stütze mit gewalztem I- oder H-Querschnitt (Abb. 10.107b)

$$s = r_c$$
$$d_{wc} = h_c - 2 \cdot (t_{fc} + r_c)$$

Stütze mit geschweißtem I- oder H-Querschnitt (Abb. 10.107c)

$$s = \sqrt{2} \cdot a_c$$
$$d_{wc} = h_c - 2 \cdot (t_{fc} + \sqrt{2} \cdot a_c)$$

10.8 Ermüdung

10.8.1 Anwendungsbereich

Die in DIN EN 1993-1-9 angegebenen Nachweisverfahren gelten für Baustähle, nichtrostende Stähle und ungeschützte wetterfeste Stähle, die die Zähigkeitsanforderungen nach DIN EN 1993-1-10 [21] erfüllen. Der Geltungsbereich beschränkt sich auf normale atmosphärische Bedingungen (kein Seewassereinfluss, $T < 150\,°\text{C}$) und ausreichenden Korrosionsschutz.

10.8.2 Bemessungskonzepte

Bei ermüdungsbeanspruchten Konstruktionen ist das Sicherheitsniveau eine Funktion der Zeit. Der Sicherheitsindex β nimmt mit zunehmender Nutzungsdauer ab. Für die Bemessung ist die Sicherheit am Ende der Nutzungsdauer maßgebend. Für einen Bezugszeitraum von 50 Jahren wird für die Zuverlässigkeitsklasse RC2 (verknüpft mit der mittleren Schadensfolgeklasse CC2) in DIN EN 1990, Anhang C [1] der Zielwert für β in Abhängigkeit der Zugänglichkeit, der Instandsetzbarkeit und der Schadenstoleranz mit 1,5 bis 3,8 angegeben.

Im Allgemeinen ist das Konzept der Schadenstoleranz anzuwenden und das Inspektionsprogramm danach auszurichten. In Sonderfällen, in denen regelmäßige Inspektionen unmöglich oder unzumutbar sind, ist das Konzept der ausreichenden Sicherheit gegen Ermüdungsversagen ohne Vorankündigung anzuwenden [20].

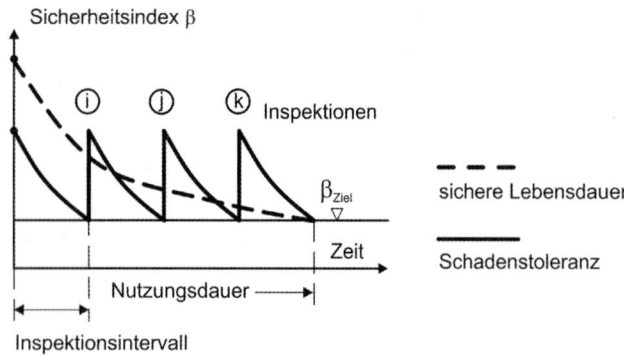

Abb. 10.113 Zeitlicher Verlauf des Sicherheitsindex β für die Bemessungskonzepte Schadenstoleranz und Sichere Lebensdauer (vgl. [91])

10.8.2.1 Konzept der Schadenstoleranz

Das Konzept der Schadenstoleranz setzt voraus, dass das Entstehen und Anwachsen von Ermüdungsrissen und deren Folgen durch ein verbindliches Inspektions- und ggf. Instandhaltungsprogramm begrenzt werden kann. Die Abnahme des Sicherheitsindex β ist innerhalb eines Inspektionsintervalls zu berücksichtigen (Abb. 10.113). Der Teilsicherheitsbeiwert γ_{Mf} kann entsprechend abgemindert werden. Damit schadenstolerantes Verhalten angenommen werden kann, sind folgende Bedingungen einzuhalten (vgl. [91]):

- Bei Rissbildung besteht die Möglichkeit zur Lastumlagerung innerhalb der Querschnitte bzw. Tragwerksteile.
- Die kritischen Konstruktionsdetails sind jederzeit einsehbar und zugänglich für Inspektionen.
- Ein erkennbares Risswachstum kann konstruktiv gestoppt (z. B. Bohrung an der Rissspitze) oder das betreffende Bauteil ausgetauscht werden.

Dabei erfolgt die Wahl der Stahlgütegruppe nach DIN EN 1993-1-10 [21] und die Anwendung der Kerbdetails nach DIN EN 1993-1-9, Tabelle 8.1 bis 8.10 [19]. Die Festlegungen zu Inspektionsprogrammen sind den jeweiligen Nationalen Anhängen der bauwerksspezifischen Normenteile (z. B. DIN EN 1993-2/NA [26] bis DIN EN 1993-6/NA [28]) zu entnehmen.

10.8.2.2 Konzept der ausreichenden Sicherheit gegen Ermüdungsversagen ohne Vorankündigung

Das Bemessungskonzept ist dann anzuwenden, wenn keine planmäßigen Inspektionen durchführbar sind und/oder Risse schnell zum Versagen der Konstruktion oder wesentlicher Tragwerksteile führen können. Ziel ist es, Ermüdungsrisse während der geplanten Nutzungsdauer zu verhindern. Sicherheitsindex β und – daraus resultierend – der Teilsicherheitsbeiwert γ_{Mf} sind so festzulegen, dass am Ende der Nutzungsdauer das erforderliche Sicherheitsniveau, vergleichbar dem bei Tragsicherheitsnachweisen, erreicht wird.

Tafel 10.198 Teilsicherheiten γ_{Mf} (nach DIN EN 1993-1-9, Tabelle 3.1 [19])

Bemessungskonzept	Schadensfolgen	
	Niedrig	Hoch
Schadenstoleranz	1,00	1,15
Sicherheit gegen Ermüdungsversagen ohne Vorankündigung	1,15	1,35

Tafel 10.199 Teilsicherheiten γ_{Mf} für Kranbahnen (nach DIN EN 1993-6/NA [28])

Anzahl Inspektionsintervalle	Teilsicherheitsbeiwert γ_{Mf}
4	1,00
3	1,15 (Standard)
2	1,35
1	1,60

10.8.2.3 Teilsicherheitsbeiwerte

Der Teilsicherheitsbeiwert auf der Einwirkungsseite beträgt bei Annahme der Ermüdungslasten nach DIN EN 1991 $\gamma_{Ff} = 1,0$. Für Straßen- und Eisenbahnbrücken wird eine Lebensdauer von 100 Jahren, für Kranbahnträger 25 Jahre zugrunde gelegt.

Der Teilsicherheitsbeiwert auf der Widerstandsseite γ_{Mf} muss Streuungen und Unsicherheiten, beispielsweise aus der Übertragbarkeit der Kerbdetails auf die realen Konstruktionen, aus der Kerbwirkung und dem Verlauf des Risswachstums, der Schadensakkumulationshypothese, Fehlstellen im Grundmaterial sowie in Verbindungen, aus der Ausführungsqualität und Fehlern bei der Herstellung der Konstruktionen, absichern. Festlegungen für γ_{Mf} sind den Nationalen Anhängen zu den bauwerksspezifischen Normenteilen zu entnehmen. Bei Kranbahnen ist als Standardfall von $\gamma_{Mf} = 1,15$ bei drei Inspektionsintervallen auszugehen. Sofern hiervon abgewichen wird, gelten die γ_{Mf}-Werte nach Tafel 10.199 [28]. Tafel 10.200 enthält die Werte für Straßen- und Eisenbahnbrücken. Für andere Fälle gilt Tafel 10.198. Empfehlungen zur Bewertung der Schadensfolge sind in Tafel 10.201 gegeben [91].

10.8.3 Ermüdungsbeanspruchung

10.8.3.1 Ermüdungslasten

Ermüdungslasten sind durch Ermüdungslastmodelle und Lastkollektive in DIN EN 1991 gegeben. Sie weisen die folgenden Formen auf:

- konstante Belastungen $Q_{E,n_{max}}$ mit Auftretenshäufigkeit n_{max}
- schadensäquivalente (konstante) Belastungen $Q_{E.2}$ (bezogen auf $N = 2 \cdot 10^6$)
- Lastkollektive mit Q_i und n_i.

Tafel 10.200 Teilsicherheiten γ_{Mf} für Straßen- und Eisenbahnbrücken [26], [30]

		γ_{Mf}
Straßenbrücken		
– Haupttragelemente		1,15
– Sekundäre Bauteile		1,00
Eisenbahnbrücken		
– Haupttragteile z. B. Haupt- und Versteifungsträger, Stabbogen, Hänger		1,25
– Sekundäre Bauteile wie Fahrbahnblech, Längsrippen, Querträger	Für direkte Schienenauflagerung	1,15
	Für Schotterfahrbahn bzw. feste Fahrbahn	1,00
Kopfbolzendübel allgemein und bei Brückenbauwerken ($\gamma_{Mf,s}$)		1,25

Tafel 10.201 Bewertung der Schadensfolge nach [91]

		Todesfälle von Personen durch Bauwerksversagen (Personen an, in, auf und unter dem Tragwerk)		
		Keine	Wenig	Viele
Soziale und ökonomische Bedeutung	Gering	Niedrig	Niedrig	Hoch
	Mittel	Niedrig	Niedrig	Hoch
	Hoch	Hoch	Hoch	Hoch

In der Regel unterscheiden sich die Ermüdungslastmodelle von den Modellen für Gebrauchstauglichkeits- und Tragsicherheitsnachweise. Die dynamischen Effekte sind entweder enthalten (Straßenverkehr) oder müssen durch Schwingbeiwerte φ_{fat} berücksichtigt werden (Eisenbahnverkehr, Krane). Einen Überblick über die tragwerkspezifischen Ermüdungslastmodelle gibt Tafel 10.202.

10.8.3.2   Dynamische Beiwerte für Ermüdungslasten

Für Ermüdungslasten aus Eisenbahnen sind keine gesonderten dynamischen Beiwerte zu berücksichtigen. Gemäß DIN EN 1991-2, Abschn. 6.4.5.2 [6] gelten für das Lastmodell 71 die dynamischen Beiwerte φ_2 und φ_3 in Abhängigkeit von der Instandhaltungsqualität der Gleise.

Wie die statischen Lastmodelle beinhalten auch die Ermüdungslastmodelle für Straßenbrücken die Lasterhöhung aus dynamischer Wirkung. Lediglich im Nahbereich von Fahrbahnübergängen (Abstand $D < 6,0\,\text{m}$) sind gemäß DIN EN 1991-2/NA [7] zu Abschn. 4.6.1 (6) mögliche Unebenheiten und Verdrehungen durch den zusätzlichen Vergrößerungsfaktor $\Delta\varphi_{fat}$ nach (10.292) abzudecken.

$$\Delta\varphi_{fat} = 1,0 + 0,3 \cdot \left(1 - \frac{D}{6}\right), \quad \text{jedoch} \quad \Delta\varphi_{fat} \geq 1,0$$
$$(10.292)$$

Die Kranlasten nach DIN EN 1991-3, Abschn. 2.12 (7) [8] sind für Ermüdungsnachweise mit dem dynamischen Faktor φ_{fat} zu vervielfachen (10.293). Für die Eigenlast der Kranbrücke gilt $\varphi_{fat,1}$, für die Hublasten $\varphi_{fat,2}$. Zu φ_i siehe Abschn. 10.9.

$$\varphi_{fat,i} = \frac{1 + \varphi_i}{2} \quad \text{mit } i = 1 \text{ oder } 2 \qquad (10.293)$$

10.8.3.3   Schadensäquivalenzfaktoren λ

Straßen- und Eisenbahnbrücken Für Straßen- und Eisenbahnbrücken wird λ aus vier Teilfaktoren gebildet, die Informationen zum Tragwerk und zur Verkehrscharakteristik enthalten. Rechnerisch darf für Straßenbrücken maximal eine Spannweite von 80 m angesetzt werden. Bei Eisenbahnbrücken gelten die Regelungen bis zu einer Spannweite von 100 m (vgl. [25], Abschn. 9.5).

$$\lambda = \lambda_1 \cdot \lambda_2 \cdot \lambda_3 \cdot \lambda_4 \leq \lambda_{max} \qquad (10.294)$$

Tafel 10.202 Ermüdungslastmodelle und zugehörige Lastnorm

Tragwerk	Einwirkung	Bemessungsnorm	Lastnorm	Anmerkung zu Lastmodellen (LM) und Schwingbeiwerten φ
Straßenbrücken	Straßenverkehr	DIN EN 1993-2 DIN EN 1994-2	DIN EN 1991-2	5 Ermüdungslastmodelle, i. Allg. **LM 3** für Elemente des Haupttragwerkes, nur mit λ anwendbar
Eisenbahnbrücken	Eisenbahnverkehr	DIN EN 1993-2 DIN EN 1994-2	DIN EN 1991-2	i. Allg. statisches **LM 71** mit φ_2 bzw. φ_3 und λ bezogen auf Regel-, Nah-, Güterverkehr
Kranbahnen	Kranverkehr	DIN EN 1993-6	DIN EN 1991-3	statisches Lastmodell, gesonderte Werte $\varphi_{fat,1}$, $\varphi_{fat,2}$
Maste, Türme, Schornsteine	Wind	DIN EN 1993-3-1	DIN EN 1991-4	Galloping, Flattern, Regen-Wind-induzierte Schwingungen, wirbelerregte Querschwingungen
Silos, Tanks	Lasten aus Befüllen u. Entleeren	DIN EN 1993-4-1 DIN EN 1993-4-2	DIN EN 1991-4	> 1 mal täglich vollständiges Leeren u. Befüllen, u. U. Vibrationen aus Entnahmevorrichtung beachten

Abb. 10.114 Beiwert λ_{max} für Biegemomente bei Straßenbrücken

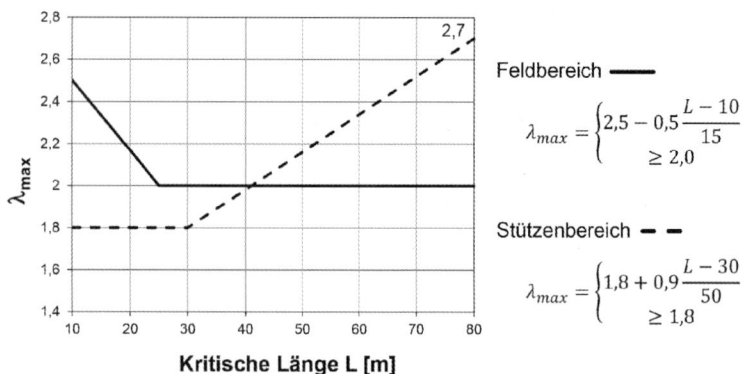

mit

λ_1 Spannweitenbeiwert, der neben dem Typ und der Länge der Einflusslinie auch den der Schädigungsberechnung zugrunde liegenden Verkehr berücksichtigt

λ_2 Verkehrsstärkenbeiwert, berücksichtigt die unterschiedliche Größe des Verkehrsaufkommens

λ_3 Nutzungsdauerbeiwert, berücksichtigt die unterschiedlichen Annahmen für die Nutzungszeit der Brücke

λ_4 Für Straßenbrücken: Fahrstreifenbeiwert, berücksichtigt die aus den Nebenfahrstreifen entstehenden Effekte
Für Eisenbahnbrücken: Beiwert für die Anzahl der Gleise auf der Brücke

λ_{max} obere Begrenzung des λ-Wertes.

Die Bestimmung der Schadensäquivalenzfaktoren λ_1 bis λ_4 sowie λ_{max} ist in DIN EN 1993-2 [25] für Straßenbrücken in Abschn. 9.5.2 und für Eisenbahnbrücken in Abschn. 9.5.3 der Norm geregelt. Der Nationale Anhang [26] hierzu ist zu beachten. Für Eisenbahnbrücken beträgt der Faktor $\lambda_{max} = 1,4$. Für Straßenbrücken darf der Beiwert λ_{max} nach Abb. 10.114 ermittelt werden, wenn anstelle der Spannweite L die kritische Länge der zutreffenden Einflusslinie als Eingangswert angesetzt wird.

Kranbahnen Für Kranbahnen wird eine Klassifizierung nach Lastkollektiv (λ_1) und Gesamtzahl der Lastspiele (λ_2) vorgenommen (Klassen S). Die daraus resultierenden Schadensäquivalenzfaktoren $\lambda = \lambda_1 \cdot \lambda_2$ können in Abhängigkeit der Beanspruchungsart (Normal- oder Schubspannung) und der Klassifizierung der Tafel 10.214 im Abschn. 10.9 entnommen werden. Für das Zusammenwirken mehrerer Kräne sind zusätzliche Regeln zu beachten.

10.8.4 Spannungen und Spannungsschwingbreiten

Die Spannungen sind in der Regel unter Gebrauchslastniveau ($\gamma_{Ff} = 1,0$) zu ermitteln. Bei Querschnitten der Klasse 4 ist ggf. das Blechatmen zu beachten (s. [25] und [27]). Die Richtung der maßgebenden Spannung für den Ermüdungsnachweis verläuft i. Allg. senkrecht zur Rissentstehung. Entscheidend ist die effektive Spannungsverteilung am Kerbdetail.

Die Zuordnung eines Kerbfalls zu einer Wöhlerlinie erfolgt unter bestimmten Voraussetzungen für die Vorgehensweise bei der Ermittlung der Spannung(en). Bezüglich der Art der Spannungsermittlung wird zwischen

- Nennspannungen,
- korrigierte Nennspannungen und
- Strukturspannungen

unterschieden. Nennspannungen werden i. d. R. an der potentiellen Rissspitze bestimmt. Zusätzliche Spannungskonzentrationen, die nicht in den Kerbfallkatalogen berücksichtigt sind, werden durch Korrektur der Nennspannungen erfasst. Strukturspannungen werden mit geeigneten Finite-Elemente-Berechnungen oder für den Anwendungsfall verfügbaren Spannungskonzentrationsfaktoren bestimmt.

Maßgebende Spannungen im Grundwerkstoff sind Längs- und Schubspannungen (σ, τ). Die Anwendung bestimmter Kerbfälle in DIN EN 1993-1-9, Tabelle 8 [19] erfordert die Verwendung von Hauptspannungsschwingbreiten. Maßgebende Spannungen in den Schweißnähten sind:

- Spannungen quer zur Nahtachse

$$\sigma_{wf} = \sqrt{\sigma_{\perp f}^2 + \tau_{\perp f}^2}$$

- und Schubspannungen längs zur Nahtachse

$$\tau_{wf} = \tau_{\|f}$$

10.8.4.1 Nennspannungen

Der Bemessungswert der Spannungsschwingbreiten für Nennspannungen (bezogen auf $N_c = 2 \cdot 10^6$ Schwingspiele) ergibt sich aus

$$\gamma_{Ff}\Delta\sigma_{E,2} = \lambda_1 \cdot \lambda_2 \cdot \lambda_i \cdot \ldots \cdot \lambda_n \cdot \Delta\sigma \left(\gamma_{Ff}Q_k\right) \quad (10.295)$$

$$\gamma_{Ff}\Delta\tau_{E,2} = \lambda_1 \cdot \lambda_2 \cdot \lambda_i \cdot \ldots \cdot \lambda_n \cdot \Delta\tau \left(\gamma_{Ff}Q_k\right) \quad (10.296)$$

mit

$\Delta\sigma_{E,2}, \Delta\tau_{E,2}$ Schadensäquivalente konstante Spannungsschwingbreiten bezogen auf $2 \cdot 10^6$ Schwingspiele

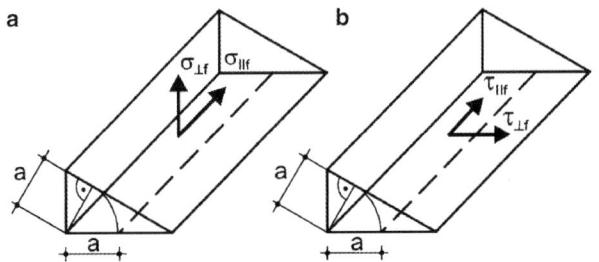

Abb. 10.115 Spannungen in Kehlnähten.
a Normalspannungen σ_{f},
b Schubspannungen τ_{f}

$\Delta\sigma(\gamma_{\mathrm{Ff}}Q_{\mathrm{k}})$, $\Delta\tau(\gamma_{\mathrm{Ff}}Q_{\mathrm{k}})$ Spannungsschwingbreiten aus den Ermüdungslasten

λ_{i} Schadensäquivalenzfaktoren (siehe Abschn. 10.8.3.3).

Die Spannungsschwingbreiten $\Delta\sigma$ und $\Delta\tau$ werden nach den üblichen baustatischen Methoden der Elastizitätstheorie (z. B. Querschnittsspannungen mit Stabschnittgrößen) bestimmt. Stehen keine λ_{i}-Werte für den betreffenden Anwendungsfall zur Verfügung, können die Bemessungswerte der Nennspannungen nach DIN EN 1993-1-9, Anhang A [19] bestimmt werden.

10.8.4.2 Korrigierte Nennspannungen

Spannungskonzentrationen aus makrogeometrischen Effekten, wie z. B.

- Ausschnitte in Blechen,
- zu große Herstellungsungenauigkeiten in Form von Winkel- und Kantenversatz bei Stumpf- und Kreuzstößen, sowie
- Struktureinflüsse bei geschweißten Hohlprofilkonstruktionen,

die nicht durch die Zuordnung zu den jeweiligen Kerbfällen abgedeckt sind, können durch Korrektur der Nennspannungen mit Spannungskonzentrationsfaktoren k_{f} erfasst werden. Diese sind der Literatur zu entnehmen (z. B. [91]) oder durch geeignete FE-Berechnungen zu ermitteln. Der Bemessungswert der Spannungsschwingbreite der korrigierten Nennspannungen ergibt sich damit zu

$$\gamma_{\mathrm{Ff}}\Delta\sigma_{\mathrm{E},2} = k_{\mathrm{f}} \cdot \lambda_1 \cdot \lambda_2 \cdot \lambda_{\mathrm{i}} \cdot \ldots \cdot \lambda_{\mathrm{n}} \cdot \Delta\sigma\,(\gamma_{\mathrm{Ff}}Q_{\mathrm{k}}) \quad (10.297)$$

$$\gamma_{\mathrm{Ff}}\Delta\tau_{\mathrm{E},2} = k_{\mathrm{f}} \cdot \lambda_1 \cdot \lambda_2 \cdot \lambda_{\mathrm{i}} \cdot \ldots \cdot \lambda_{\mathrm{n}} \cdot \Delta\tau\,(\gamma_{\mathrm{Ff}}Q_{\mathrm{k}}) \quad (10.298)$$

mit
k_{f} Spannungskonzentrationsfaktor.

10.8.4.3 Strukturspannungen

Das Strukturspannungskonzept wurde für Schweißkonstruktionen entwickelt. Die Vorteile liegen in der universellen Anwendbarkeit des Konzeptes. Nicht in Kerbfallkatalogen klassifizierte Konstruktionsdetails können mit FEM-Berechnungen, Spannungsmessungen und in der Literatur vorliegenden

Spannungskonzentrationsfaktoren (k_{f} bzw. SCF-Faktoren, siehe z. B. [92]) nachgewiesen werden. Dabei werden Strukturspannungswöhlerlinien zugrunde gelegt, die für spezielle Schweißdetails in DIN EN 1993-1-9, Anhang B [19] angegeben sind.

Die Strukturspannungen berücksichtigen strukturbedingte Spannungserhöhungen, nicht jedoch örtliche Effekte aus der Schweißnahtgeometrie. Sie werden an kritischen Stellen, sogenannten „Hot-Spots", bestimmt. Dies geschieht durch Extrapolation der Spannungen von einem definierten Abstand bis zum Schweißnahtfußpunkt, da dort die Spannungen schwierig rechnerisch oder messtechnisch zu bestimmen sind (vgl. [91]).

$$\gamma_{\mathrm{Ff}}\,\Delta\sigma_{\mathrm{E},2} = k_{\mathrm{f}} \cdot (\gamma_{\mathrm{Ff}}\,\Delta\sigma^{*}_{\mathrm{E},2}) \quad (10.299)$$

k_{f} Spannungskonzentrationsfaktor (in der Literatur auch mit SCF-Faktor = stress concentration factor bezeichnet)

$\gamma_{\mathrm{Ff}}\Delta\sigma^{*}_{\mathrm{E},2}$ vereinfacht ermittelte Spannungsschwingbreite (z. B. Nennspannungsschwingbreite), auf die sich der Spannungskonzentrationsfaktor bezieht.

10.8.4.4 Spannungsschwingbreiten für geschweißte Hohlprofilknoten

Zur Berechnung von Fachwerkträgern werden häufig Stabwerksmodelle mit durchgehenden Gurten und gelenkig angeschlossenen Füllstäben verwendet. Wandernde Lasten auf den Gurten führen bei geschweißten Hohlprofilknoten zu sekundären Anschlussmomenten aus der Steifigkeit der Verbindungen mit den Füllstäben. Diese dürfen durch Erhöhung der Spannungen mit k_1 nach (10.300) erfasst werden.

$$\gamma_{\mathrm{Ff}}\,\Delta\sigma_{\mathrm{E},2} = k_1 \cdot (\gamma_{\mathrm{Ff}}\,\Delta\sigma^{*}_{\mathrm{E},2}) \quad (10.300)$$

$\gamma_{\mathrm{Ff}}\Delta\sigma^{*}_{\mathrm{E},2}$ Bemessungswert der Spannungsschwingbreite gerechnet mit dem vereinfachten Fachwerkmodell mit gelenkigen Anschlüssen

k_1 Erhöhungsfaktor zur Berücksichtigung sekundärer Anschlussmomente in Fachwerken nach Tafel 10.203.

10.8.5 Ermüdungsfestigkeit

Die Ermüdungsfestigkeit wird durch Wöhlerlinien (S-N-Kurven) beschrieben, die in doppeltlogarithmischer Darstellung Polygonzügen aus drei bzw. zwei Geraden entsprechen (s. Abb. 10.116 und 10.117 und Tafel 10.204). Die Zuordnung der Kerbfälle zu den Wöhlerlinien erfolgt über die Bezugswerte $\Delta\sigma_{\mathrm{C}}$ und $\Delta\tau_{\mathrm{C}}$ für $N_{\mathrm{c}} = 2 \cdot 10^6$ Lastspiele in den Kerbfallkatalogen. Tafel 10.205 enthält eine Übersicht über die Struktur der Kataloge in DIN EN 1993-1-9 [19].

Tafel 10.203 Faktoren k_1 für Hohlprofile mit Belastung in Fachwerkebene

Knotenausbildung		Anschlüsse mit Spalt		Anschlüsse mit Überlappung	
		K-Knoten	N-Knoten KT-Knoten	K-Knoten	N-Knoten KT-Knoten
Kreisquerschnitt	Gurte	1,5			
	Pfosten	–	1,8	–	1,65
	Diagonalen	1,3	1,4	1,2	1,25
Rechteckquerschnitt	Gurte	1,5			
	Pfosten	–	2,2	–	2,0
	Diagonalen	1,5	1,6	1,3	1,4

Abb. 10.116 Ermüdungsfestigkeitskurve für Längsspannungsschwingbreiten

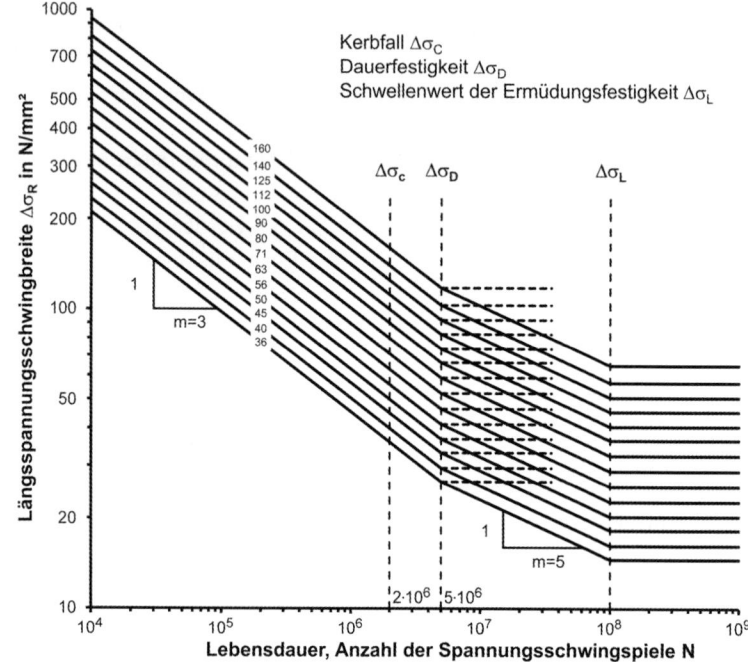

Abb. 10.117 Ermüdungsfestigkeitskurve für Schubspannungsschwingbreiten

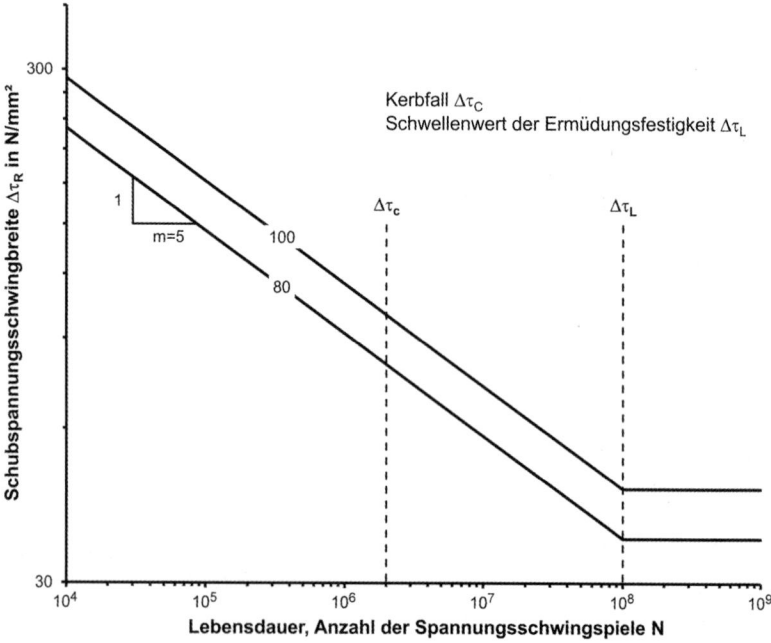

Tafel 10.204 Funktionale Beschreibung der Wöhlerlinien

Spannung	Bereich	m	Funktionale Beschreibung	
$\Delta\sigma_R$	$N_R \leq 5 \cdot 10^6$	3	$\Delta\sigma_R = \Delta\sigma_C \left(\dfrac{2 \cdot 10^6}{N_R}\right)^{1/m}$	$N_R = 2 \cdot 10^6 \cdot \left(\dfrac{\Delta\sigma_C}{\Delta\sigma_R}\right)^m$
	$5 \cdot 10^6 \leq N_R \leq 10^8$	5	$\Delta\sigma_R = \Delta\sigma_D \left(\dfrac{5 \cdot 10^6}{N_R}\right)^{1/m}$	$N_R = 5 \cdot 10^6 \cdot \left(\dfrac{\Delta\sigma_D}{\Delta\sigma_R}\right)^m$
$\Delta\tau_R$	$N_R \leq 10^8$	5	$\Delta\tau_R = \Delta\tau_C \left(\dfrac{2 \cdot 10^6}{N_R}\right)^{1/m}$	$N_R = 2 \cdot 10^6 \cdot \left(\dfrac{\Delta\tau_C}{\Delta\tau_R}\right)^m$

$\Delta\sigma_D = 0{,}737\Delta\sigma_C$, $\Delta\sigma_L = 0{,}405\Delta\sigma_C$, $\Delta\tau_L = 0{,}457\Delta\tau_C$.

$\Delta\sigma_R$, N_R Ermüdungsfestigkeit und Lebensdauer als Anzahl von Spannungsspielen mit konstanter Spannungsamplitude.

$\Delta\sigma_C$, $\Delta\tau_C$ Spannungsschwingbreiten bei $N_C = 2 \cdot 10^6$ Lastspielen (Kerbfälle).

$\Delta\sigma_D$ Dauerfestigkeit ($N_D = 5 \cdot 10^6$ Lastspiele).

$\Delta\sigma_L$, $\Delta\tau_L$ Schwellwerte der Ermüdungsfestigkeit ($N_L = 10^8$ Lastspiele).

m Neigung der Wöhlerlinie in doppeltlogarithmischer Darstellung.

Tafel 10.205 Kerbfallkataloge für Nennspannungen in DIN EN 1993-1-9 [19]

Tabelle	Beschreibung
8.1	Ungeschweißte Bauteile und Anschlüsse mit mechanischen Verbindungsmitteln
8.2	Geschweißte zusammengesetzte Querschnitte
8.3	Quer laufende Stumpfnähte
8.4	Angeschweißte Anschlüsse und Steifen
8.5	Geschweißte Stöße
8.6	Hohlprofile
8.7	Geschweißte Knoten von Fachwerkträgern
8.8	Orthotrope Platten mit Hohlrippen
8.9	Orthotrope Platten mit offenen Rippen
8.10	Für die Obergurt-Stegblech Anschlüsse von Kranbahnträgern

Mittelspannungseinfluss Bei geschweißten Bauteilen wird wegen der hohen Eigenspannung angenommen, dass die Ermüdungsfestigkeit lediglich von der Spannungsschwingbreite und nicht zusätzlich von der Mittelspannung abhängt. Bei nicht geschweißten und bei spannungsarm geglühten geschweißten Bauteilen darf der günstige Einfluss der Druckspannung durch Reduzierung des Druckanteils auf 60 % berücksichtigt werden.

$$\Delta\sigma_{Ed,red} = \sigma_{Ed,max} - 0{,}6\,\sigma_{Ed,min} \quad \text{für } \sigma_{Ed,min} < 0 \quad (10.301)$$

Größeneinfluss Der Größeneinfluss wird im Kerbfallkatalog (Tabelle 8 in [19]) in unterschiedlicher Weise berücksichtigt:

- Implizit durch Berücksichtigung von Versuchsergebnissen von bauteilähnlichen Versuchskörpern,
- durch die Abhängigkeit des Kerbfalls von den geometrischen Abmessungen,

- durch formelmäßige Anpassung des Kerbfalls an vorhandene Abmessungen, z. B. der Blechdicke oder dem Schraubendurchmesser. Die Ermüdungsfestigkeit wird dann unter Berücksichtigung des Größenfaktors k_s mit (10.302) bestimmt.

$$\Delta\sigma_{C,red} = k_s \cdot \Delta\sigma_C \quad (10.302)$$

k_s siehe Kerbfallkatalog in [19].

Mit Stern (*) gekennzeichnete Kerbfallkategorien Die Kerbfallkategorien, die in [19] Tabelle 8 mit Stern (*) sind, wurden wegen nicht eindeutiger Zuordnungsmöglichkeit eine Kategorie tiefer eingestuft, um die Dauerfestigkeit $\Delta\sigma_D$ den Versuchsergebnissen anzupassen. In diesen Fällen dürfen die Kerbfallkategorien $\Delta\sigma_C^*$ um eine Kategorie auf $\Delta\sigma_C$ angehoben werden, wenn die S-N-Kurve mit $m = 3$ bis zur Dauerfestigkeit bei $N_D^* = 10^7$ verlängert wird.

$$\Delta\sigma_R = \Delta\sigma_C \left(\frac{10^7}{N_R}\right)^{1/3} \quad (10.303)$$

und

$$N_R = 10^7 \cdot \left(\frac{\Delta\sigma_C}{\Delta\sigma_R}\right)^3 \quad \text{für } N_R \leq N_D^* = 10^7$$

10.8.6 Nachweis der Ermüdungssicherheit

Nach DIN EN 1993-1-9 [19] bestehen drei Möglichkeiten zum Nachweis der Ermüdungssicherheit:

- Nachweis mit der Dauerfestigkeit $\Delta\sigma_D$
- Nachweis mit äquivalenten Spannungsschwingbreiten $\Delta\sigma_E$
- Nachweis unter direkter Anwendung der Schadensakkumulation.

Welche Möglichkeit zweckmäßig angewendet werden kann, hängt u. a. von der Höhe der einwirkenden Spannungsschwingspiele, der Verfügbarkeit von Schadensäquivalenzfaktoren λ_i und Spektren der Spannungsschwingbreiten ab. Die Spannungsschwingbreiten infolge häufig auftretender Lasten $\psi_1 \cdot Q_k$ sind wie folgt zu begrenzen:

$$\Delta\sigma \leq 1{,}5 f_y \qquad (10.304)$$

$$\Delta\tau \leq 1{,}5 f_y / \sqrt{3} \qquad (10.305)$$

10.8.6.1 Nachweis mit der Dauerfestigkeit

Liegt die maximale Spannungsschwingbreite $\Delta\sigma_{max,Ed}$ des Beanspruchungskollektivs unter dem Bemessungswert der Dauerfestigkeit, kann von einer unendlichen Lebensdauer N_R ausgegangen werden. In diesem Fall kann der Nachweis mit (10.306) geführt werden.

$$\Delta\sigma_{max,Ed} \leq \frac{\Delta\sigma_D}{\gamma_{Mf}} \qquad (10.306)$$

Diese Nachweismöglichkeit kann dann zweckmäßig angewendet werden, wenn kleine Spannungsschwingbreiten vorliegen, die Nutzungsdauer und/oder das Beanspruchungskollektiv unbekannt sind.

10.8.6.2 Nachweis mit äquivalenten Spannungsschwingbreiten

Der Nachweis mit schadensäquivalenten Spannungsschwingbreiten $\Delta\sigma_{E,2}$ und $\Delta\tau_{E,2}$ für $N_C = 2 \cdot 10^6$ Lastspiele entspricht dem Standardverfahren in [19].

$$\frac{\gamma_{Ff}\Delta\sigma_{E,2}}{\Delta\sigma_C / \gamma_{Mf}} \leq 1{,}0 \qquad (10.307)$$

$$\frac{\gamma_{Ff}\Delta\tau_{E,2}}{\Delta\tau_C / \gamma_{Mf}} \leq 1{,}0 \qquad (10.308)$$

Bei gleichzeitiger Wirkung von Längs- und Schubspannung ist der Interaktionsnachweis nach (10.309) zu führen, sofern nicht in den Kerbfallkatalogen ein anderes Nachweisformat (z. B. Nachweis mit Hauptspannungsschwingbreiten) angegeben ist.

$$\left(\frac{\gamma_{Ff}\Delta\sigma_{E,2}}{\Delta\sigma_C / \gamma_{Mf}}\right)^3 + \left(\frac{\gamma_{Ff}\Delta\tau_{E,2}}{\Delta\tau_C / \gamma_{Mf}}\right)^5 \leq 1{,}0 \qquad (10.309)$$

10.8.6.3 Nachweis unter Anwendung der Schadensakkumulation

Liegen keine Ermüdungslastmodelle nach DIN EN 1991 vor, kann u. U. der Ermüdungsnachweis durch Anwendung der linearen Schadensakkumulationshypothese nach Palmgren und Miner (kurz Miner-Regel) erfolgen (Abb. 10.118). Hierzu sind i. Allg. zunächst aus den Einwirkungen Spannungs-Zeit-Verläufe für die nachzuweisenden Konstruktionsdetails zu bestimmen. Mit Hilfe von Zählverfahren, wie die Rainflow- oder Reservoir-Methode, sind anschließend Spektren der Spannungsschwingbreiten $(\Delta\sigma_i, n_{Ei})$ über die Lebensdauer der Konstruktion zu ermitteln. Mit der Wöhlerlinie für den zugehörigen Kerbfall $\Delta\sigma_C$ werden dann die den γ_{Ff}-fachen Schwingbreiten $\Delta\sigma_i$ zugeordneten ertragbaren Lastspielzahlen N_{Ri} bestimmt. Dabei ist die Ermüdungsfestigkeit $\Delta\sigma_C$ durch den Teilsicherheitsbeiwert γ_{Mf} zu dividieren und damit die Höhenlage der Wöhlerlinie insgesamt herabzusetzen. Spannungsspiele $\gamma_{Ff}\Delta\sigma_i < \Delta\sigma_L / \gamma_{Mf}$ dürfen wegen $N_{Ri} = \infty$ vernachlässigt werden. Die Schadenssumme D_d entspricht der Summe der Teilschädigungen n_{Ei}/N_{Ri}, die nach [19] maximal 1,0 betragen darf.

$$D_d = \sum_i^n \frac{n_{Ei}}{N_{Ri}} \leq 1{,}0 \qquad (10.310)$$

n_{Ei} Anzahl der Spannungsschwingspiele mit der Spannungsschwingbreite $\gamma_{Ff}\Delta\sigma_i$

N_{Ri} Lebensdauer als Anzahl der Schwingspiele, bezogen auf die Bemessungs-Wöhlerlinie $\Delta\sigma_C / \gamma_{Mf} - N_R$ für die Spannungsschwingbreite $\gamma_{Ff}\Delta\sigma_i$.

Abb. 10.118 Bestimmung der Spannungsschwingbreiten (Reservoir-Methode), Spektrum und Anzahl bis zum Versagen

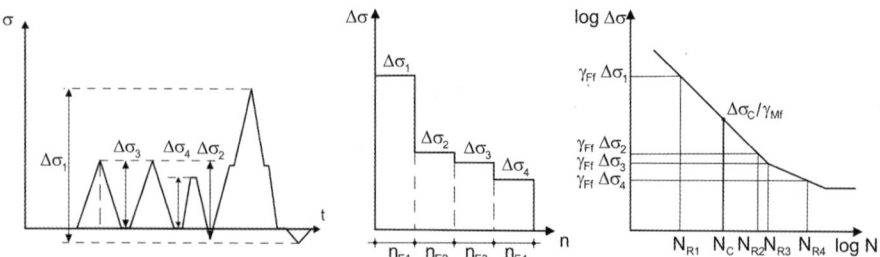

10.9   Kranbahnen

10.9.1   Allgemeines

Bei der Auslegung von Kranbahnanlagen sind u. a. folgende Vorschriften und Richtlinien zu beachten:

- Einwirkungen aus Kranen: DIN EN 1991-3 [8]
- Bemessung und Konstruktion von Kranbahnen: DIN EN 1993-6 [27]
- Bemessung und Konstruktion allgemein: DIN EN 1993-1-1, 1-5, 1-8, 1-10, ggf. 1-12
- Gebrauchstauglichkeit: DIN EN 1993-6 [27]
- Ermüdung: DIN EN 1993-1-9 [19]
- Planungsgrundlagen: VDI-Richtlinie 2388 [69]
- Unfallverhütungsvorschriften: BGV D6 [70].

Klassifizierung von Kranen, Fahr- und Führungssystemen   Für Kranbahnanlagen besteht ein Zusammenhang zwischen Verwendungszweck, Hubklasse und Beanspruchungsklasse. Für verschiedene Krantypen sind in DIN EN 1991-3, Anhang B [8] Empfehlungen zur Klassifizierung angegeben (s. Tafel 10.206).

- Hubklasse: **HC1 bis HC4**, je nach Größe und Stetigkeit der Hublastbeschleunigung. Die Hubklasse berücksichtigt die dynamische Wirkung beim Heben und Senken von Lasten
- Beanspruchungsklasse (BK): **S0** (leichter Betrieb) **bis S9** (schwerer Betrieb), je nach Anzahl der Lastwechsel und

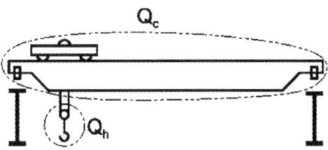

Abb. 10.119   Definition der Hublast und des Eigengewichtes eines Krans

dem Anteil der Belastungsvorgänge mit hoher Last an der Gesamtlastzahl der Lastwechsel

- Kranfahrwerksystem: IFF (Regelfall: Drehzahlkopplung, beide Räder in Achsrichtung gehalten), IFM, CFF, CFM siehe Tafel 10.213
- Die Seitenführung der Kranbrücke erfolgt über Spurkränze der Lauräder (meist bei leichten Kranen), oder über separate Seitenführungsrollen (meist bei schwerem Betrieb).

10.9.2   Einwirkungen

10.9.2.1   Allgemeines

Tafel 10.207 gibt eine Übersicht zu den Einwirkungen auf Kranbahnträgern.

Genormte Tragfähigkeiten der Krane in t sind 0,125; 0,16; 0,2; 0,25; 0,32; 0,4; 0,5; 0,63; 0,8; 1,0 sowie das 10-fache, 100-fache und 1000-fache dieser Werte.

Tafel 10.206   Hubklasse und Beanspruchungsklasse (BK) für ausgewählte Kranarten

Kranart	Hubklasse	BK
Montagekrane	HC1, HC2	S0, S1
Maschinenhauskrane	HC1	S1, S2
Lagerkrane, unterbrochener Betrieb	HC2	S4
Lager-, Traversen-, Schrottplatzkrane, im Dauerbetrieb	HC3, HC4	S6, S7
Werkstattkrane	HC2, HC3	S3, S4
Brücken-, Anschlagkrane im Greifer- oder Magnetbetrieb	HC3, HC4	S6, S7
Gießereikrane	HC2, HC3	S6, S7
Tiefofenkrane	HC3, HC4	S7, S8
Stripper-, Beschickungskrane	HC4	S8, S9
Schmiedekrane	HC4	S6, S7
Transportbrücken, Halbportal, Portalkrane mit Katz- oder Drehkran, im Hakenbetrieb	HC2	S4, S5
Wie vorherige Zeile, jedoch im Greifer- oder Magnetbetrieb	HC3, HC4	S6, S7

Tafel 10.207   Einwirkungen auf Kranbahnträger

Ständige Einwirkungen		Eigengewicht
Veränderliche Einwirkungen aus dem Kranbetrieb	Vertikal	– Radlasten
	Horizontal	– Massenkräfte aus Beschleunigen und Bremsen der Kranbrücke – Massenkräfte aus Beschleunigen und Bremsen der Laufkatze – Schräglaufkräfte
Außergewöhnliche Einwirkungen aus dem Kranbetrieb		– Pufferkräfte infolge Anprall des Krans (Endanschlag) – Kippkräfte, hervorgerufen durch Kollision der Hublast mit einem Hindernis

Tafel 10.208 Maximale Anzahl von Kranen in der ungünstigsten Position

	Krane je Kranbahn	Krane je Hallenschiff	Krane in mehrschiffigen Hallen	
Vertikale Kraneinwirkung	3	4	4	2
Horizontale Kraneinwirkung	2	2	2	2

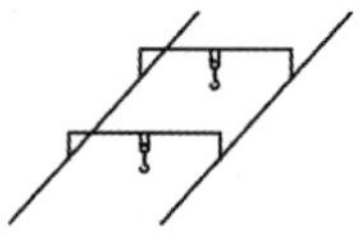

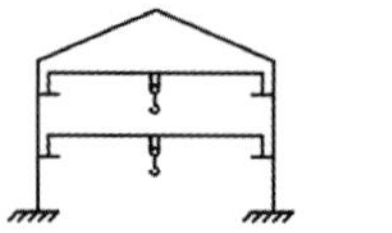

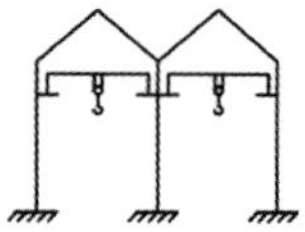

Einwirkungen aus mehreren Kranen Arbeiten zwei Krane zusammen, sind sie wie ein Kran zu behandeln. Arbeiten mehrere Krane unabhängig voneinander, ist die maximale Anzahl festzulegen, die gleichzeitig wirkend anzusetzen ist. Tafel 10.208 enthält Empfehlungen hierzu aus DIN EN 1991-3 [8].

Dynamische Effekte Dynamische Effekte werden durch Erhöhung der statischen Lasten mit Schwingbeiwerten erfasst (Tafel 10.209). Für den Nachweis der Unterstützungs- und Aufhängekonstruktionen dürfen die Schwingbeiwerte $\varphi > 1{,}1$ um $\Delta\varphi = 0{,}1$ abgemindert werden. Für die Fundamentbemessung braucht kein Schwingbeiwert berück-

Tafel 10.209 Dynamische Faktoren φ_i für vertikale und horizontale Lasten

φ_i	Einfluss	Bezug auf	Dynamischer Faktor
φ_1	Schwingungsanregung des Krantragwerks durch Anheben der Hublast	Eigengewicht des Krans	$0{,}9 < \varphi_1 < 1{,}1$ Die beiden Werte 1,1 und 0,9 decken die unteren und oberen Werte des Schwingungsimpulses ab
φ_2	Dynamische Wirkungen beim Anheben der Hublast	Hublast	$\varphi_2 = \varphi_{2,\min} + \beta_2 \cdot v_h$ v_h konstante Hubgeschwindigkeit [m/s] | Hubklasse	β_2	$\varphi_{2,\min}$
HC1	0,17	1,05
HC2	0,34	1,10
HC3	0,51	1,15
HC4	0,68	1,20	
φ_3	Dynamische Wirkung durch plötzliches Loslassen der Nutzlast, z. B. bei Verwendung von Greifern oder Magneten	Hublast	$\varphi_3 = 1 - \dfrac{\Delta m}{m}(1 + \beta_3)$ Δm losgelassener oder abgesetzter Teil der Masse der Hublast m Masse der gesamten Hublast $\beta_3 = 0{,}5$ bei Kranen mit Greifern oder ähnlichen Vorrichtungen für langsames Absetzen $\beta_3 = 1{,}0$ bei Kranen mit Magneten oder ähnlichen Vorrichtungen für schnelles Absetzen
φ_4	Dynamische Wirkung, hervorgerufen durch Fahren auf Schienen oder Fahrbahnen	Eigengewicht des Krans und Hublast	$\varphi_4 = 1{,}0$ vorausgesetzt, dass die in DIN EN 1993-6 [27] beschriebenen Toleranzen für Kranschienen eingehalten werden. Ansonsten siehe DIN EN 13001-2 [68]
φ_5	Dynamische Wirkung, verursacht durch Antriebskräfte	Antriebskräfte	$\varphi_5 = 1{,}0$ Fliehkräfte $1{,}0 \leq \varphi_5 \leq 1{,}5$ Systeme mit stetiger Veränderung der Kräfte $1{,}5 \leq \varphi_5 \leq 2{,}0$ Wenn plötzliche Veränderungen der Kräfte auftreten $\varphi_5 = 3{,}0$ Bei Antrieben mit beträchtlichem Spiel
φ_6	Dynamische Wirkung infolge einer Prüflast	Prüflast	$\varphi_6 = 0{,}5 \cdot (1{,}0 + \varphi_2)$ Die Prüflast sollte min. 110 % der Nennhublast betragen.
φ_7	Dynamische elastische Wirkung verursacht durch Pufferanprall	Pufferkräfte	$\varphi_7 = 1{,}25$ für $0 \leq \xi_b \leq 0{,}5$ $\varphi_7 = 1{,}25 + 0{,}7(\xi_b - 0{,}5)$ für $0{,}5 < \xi_b \leq 1$ $\xi_b = \dfrac{1}{\max F \cdot u} \displaystyle\int_0^u F(u) \cdot \delta u$

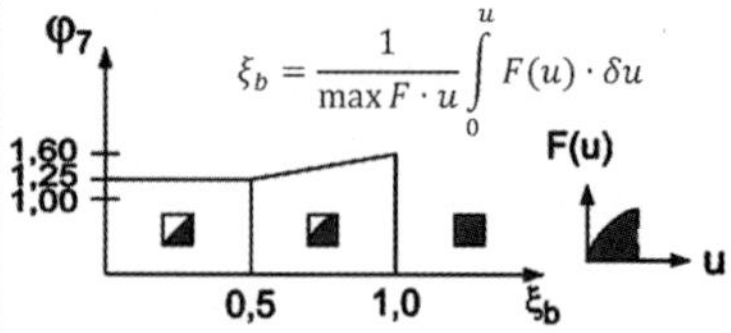

Tafel 10.210 Maßgebende vertikale Radlasten

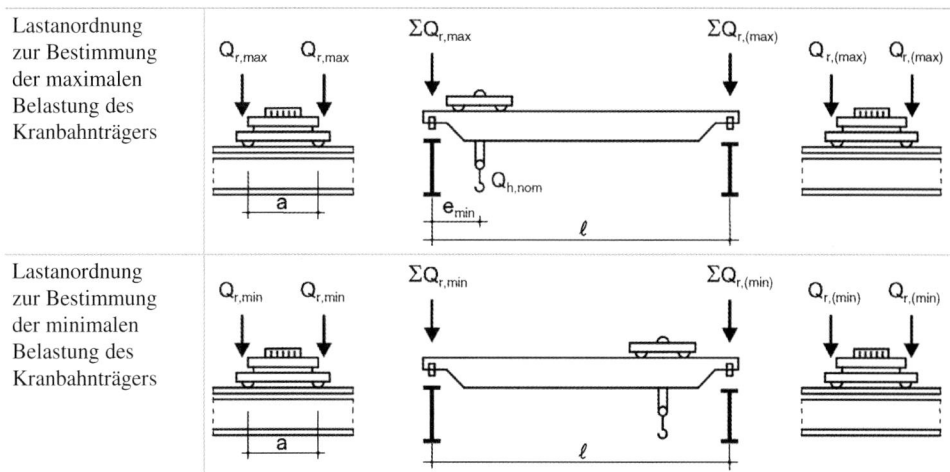

Lastanordnung zur Bestimmung der maximalen Belastung des Kranbahnträgers

Lastanordnung zur Bestimmung der minimalen Belastung des Kranbahnträgers

$Q_{\mathrm{r,max}}$ maximale Last je Rad des belasteten Krans.

$Q_{\mathrm{r,(max)}}$ zugehörige Last je Rad des belasteten Krans.

$\sum Q_{\mathrm{r,max}}$ Summe der maximalen Radlasten $Q_{\mathrm{r,max}}$ des belasteten Krans je Kranbahn.

$\sum Q_{\mathrm{r,(max)}}$ Summe der zugehörigen Radlasten $Q_{\mathrm{r,max}}$ des belasteten Krans je Kranbahn.

$Q_{\mathrm{h,nom}}$ Nennhublast.

$Q_{\mathrm{r,min}}$, $Q_{\mathrm{r,(min)}}$, $\sum Q_{\mathrm{r,min}}$ und $\sum Q_{\mathrm{r,(min)}}$ analog zu den maximale Radlasten.

sichtigt werden. Bei der Berechnung der Spannungen aus dem gleichzeitigem Betrieb mehrerer Krane ist für den Kran mit der größten Radlast der Schwingbeiwert φ_2, für die Übrigen der Schwingbeiwert der Hubklasse HC1 anzusetzen ([28], NCI zu Abschn. 2.3.1).

10.9.2.2   Vertikale Belastung der Kranbahnträger

Es sind das Eigengewicht der Kranbahnträger, Schienen und Befestigungen sowie die **vertikalen Radlasten Q_{r}**, resultierend aus dem Eigengewicht Q_{c} der Kranbrücke und der Hublast Q_{h} des Krans, zu berücksichtigen. Die maßgebenden vertikalen Radlasten für die Kranbahnträger werden unter Ansatz der ungünstigsten Lastanordnungen bestimmt (Tafel 10.210). Q_{r} ist aus dem Kranleistungsbeiblatt der Hersteller zu entnehmen, Tafel 10.212 enthält Anhaltswerte zur Vordimensionierung.

10.9.2.3   Horizontale Belastung der Kranbahnträger

Bei Brückenlaufkranen resultieren die Horizontalkräfte aus Bremsen und Beschleunigen der Kranbrücke und der Laufkatze, Schräglauf des Krans sowie aus Pufferanprall und ggf. Kippkräften. Die charakteristischen Werte dürfen vom Kranhersteller festgelegt oder nach den folgenden Abschnitten bestimmt werden.

10.9.2.3.1   Antriebskraft

Die Auslegung von Kranantrieben erfolgt so, dass ein Durchrutschen der Antriebsräder vermieden wird. Dadurch wird das Rad-Schiene-System vor übermäßigem Verschleiß bewahrt. Das Antriebsmoment der Laufräder ist kleiner als das

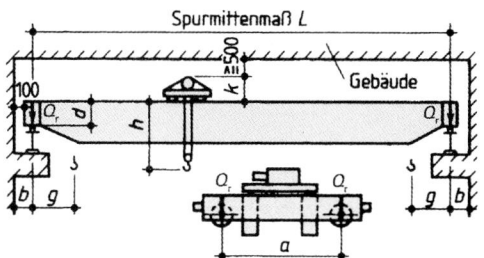

Abb. 10.120 Zweiträger-Brückenlaufkran

Tafel 10.211 Maße zu Abb. 10.120

Traglast in t	Maße in mm				
	b	g	h	k	d
5	200	750	300	550	300
10	250	800	400	700	350
16	260	900	600	900	400
20	300	1350	1000	1100	500

Weitere Maße und Anmerkung s. Tafel 10.212.

minimal übertragbare Moment aus dem Reibungsbeiwert μ zwischen Rad und Schiene. Die Summe der anzusetzenden kleinstmöglichen Radlasten $\sum Q_{\mathrm{r,min}}^{*}$ hängt vom Antriebssystem des Krans ab (s. Tafel 10.213).

$$K = K_1 + K_2 = \mu \cdot \sum Q_{\mathrm{r,min}}^{*} \qquad (10.311)$$

$\mu = 0{,}2$ für Stahl auf Stahl

$\mu = 0{,}5$ für Stahl auf Gummi.

Tafel 10.212 Radlasten Q_r und Radabstand a für Zweiträger-Brückenlaufkran mit Elektroseilzug, Hubklasse HC2, Beanspruchungsgruppe S3

Traglast in t		Spannweite L des Laufkrans in m								
		12	14	16	18	20	22	24	26	28
5	$Q_{r,max}$ in kN	36,0	37,0	38,0	40,5	42,5	48,0	50,5	54,2	59,8
	$Q_{r,(max)}$ in kN	8,5	11,0	12,5	14,0	15,5	19,8	22,3	24,9	30,1
	a in m	2,0	2,5	2,5	3,2	3,2	4,0	4,0	4,0	4,0
10	$Q_{r,max}$ in kN	62,0	65,0	66,0	71,4	73,4	80,0	82,1	85,8	90,4
	$Q_{r,(max)}$ in kN	14,0	15,0	15,5	20,1	21,6	25,4	27,1	30,5	34,2
	a in m	2,0	2,5	2,5	3,2	4,0	4,0	4,0	4,0	4,0
16	$Q_{r,max}$ in kN	95,0	98,0	100,2	103,4	106,3	111,2	114,4	117,9	127,2
	$Q_{r,(max)}$ in kN	20,0	21,5	22,2	24,1	26,2	28,7	31,2	34,3	41,9
	a in m	2,5	3,2	3,2	3,2	3,2	4,0	4,0	4,0	4,0
20	$Q_{r,max}$ in kN	115,0	118,0	122,0	129,0	132,0	137,0	142,0	147,0	153,0
	$Q_{r,(max)}$ in kN	23,0	24,0	25,5	27,0	30,0	32,0	36,0	40,0	49,0
	a in m	3,2	3,2	3,2	3,2	3,2	4,0	4,0	4,0	4,0

Tafel 10.213 Antriebsarten von Kranbahnträgern

	Antriebsart	
	Zentralantrieb (C)	Einzelradantrieb (I)
Seitliche Beweglichkeit der Räder	$\sum Q_{r,min}^{*} = Q_{r,min} + Q_{r,(min)}$	$\sum Q_{r,min}^{*} = m_w \cdot Q_{r,min}$
Fest/fest (FF)	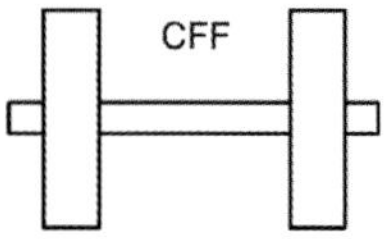 CFF	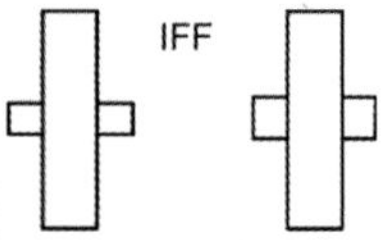 IFF
Fest/beweglich (FM)	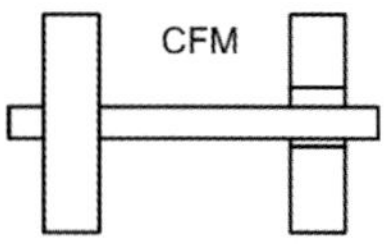 CFM	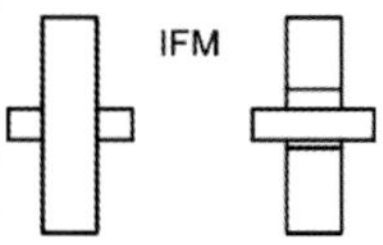 IFM

m_w Anzahl der einzeln angetriebenen Räder (i. d. R. $m_w = 2$).

10.9.2.3.2 Massenkräfte aus Anfahren und Bremsen der Kranbrücke

Beim Anfahren und Bremsen der Kranbrücke entstehen horizontale Kräfte längs und quer zur Kranbahn (s. Abb. 10.121, links). Die Längskräfte sind i. d. R. für die Kranbahnbemessung vernachlässigbar, werden aber für die Auslegung von Bremsverbänden herangezogen.

$$H_{L,i} = \varphi_5 \cdot K / n_r \qquad (10.312)$$

$$H_{T,1} = \varphi_5 \cdot \xi_2 \cdot M / a \qquad (10.313)$$

$$H_{T,2} = \varphi_5 \cdot \xi_1 \cdot M / a \qquad (10.314)$$

mit

$$M = K \cdot l_s$$

$$l_s = (\xi_1 - 0{,}5) \cdot l$$

$$\xi_1 = \sum Q_{r,max} / \sum Q_r$$

$$\xi_2 = 1 - \xi_1$$

$\sum Q_r = \sum Q_{r,max} + \sum Q_{r,(max)}$ siehe Tafel 10.210

φ_5 Schwingbeiwert nach Tafel 10.209

K Antriebskraft, vom Kranhersteller oder nach (10.311)

n_r Anzahl der Kranbahnträger

a Abstand der Spurkränze bzw. der Führungsrollen.

Abb. 10.121 Horizontalkräfte aus Anfahren und Bremsen sowie aus Schräglauf

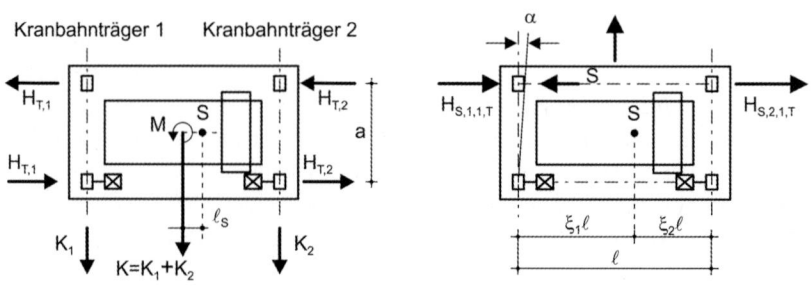

Tafel 10.214 Schadensäquivalente Beiwerte λ_i (zur Kranklassifizierung s. Tafel 10.206)

Klassen S	S_0	S_1	S_2	S_3	S_4	S_5	S_6	S_7	S_8	S_9
Normalspannung	0,198	0,250	0,315	0,397	0,500	0,630	0,794	1,000	1,260	1,587
Schubspannung	0,379	0,436	0,500	0,575	0,660	0,758	0,871	1,000	1,149	1,320

Bei der Bestimmung der λ-Werte sind genormte Spektren mit einer Gaußverteilung der Lasteinwirkungen, die Miner-Regel und Ermüdungsfestigkeitskurven $\sigma - N$ mit einer Neigung von $m = 3$ für Normalspannungen und $m = 5$ für Schubspannungen verwendet worden.

10.9.2.3.3 Schräglaufkräfte

Toleranzen, Spiel und Verschleiß führen zum Verkanten der Kranbahn. Die aus dem Schräglauf entstehende Führungskraft S und die horizontalen Reaktionskräfte $H_{S,i,j,T}$ in den Radaufstandsflächen sind abhängig vom Schräglaufwinkel α, dem Kraftschlussbeiwert f und dem systemabhängigen Gleitpolabstand h (s. DIN EN 1991-3, Abschn. 2.7.4 [8]).

Für das Standardfahrwerksystem IFF mit Spurkranzführung entstehen bei der in Fahrtrichtung hinteren Achse keine Lasten. An der vorderen Achse lassen sich die Kräfte vereinfachend mit (10.315) bis (10.317) abschätzen (s. Abb. 10.121, rechts)

$$S = 0,5 \cdot f \cdot \sum Q_r = H_{S,1,1,T} + H_{S,2,1,T} \quad (10.315)$$

$$H_{S,1,1,T} = 0,5 \cdot f \cdot \sum Q_{r,(max)} \quad (10.316)$$

$$H_{S,2,1,T} = 0,5 \cdot f \cdot \sum Q_{r,(max)} \quad (10.317)$$

$f = 0,3(1 - e^{-250\alpha}) \le 0,3$ Kraftschlussbeiwert

$a \le 0,015$ rad   Schräglaufwinkel (DIN EN 1991-3, Gl. 2-12)

$\sum Q_{r,max}, \sum Q_{r,(max)}$ siehe Tafel 10.210.

10.9.2.3.4 Außergewöhnliche Einwirkungen aus Pufferanprall

Pufferkräfte entstehen aus dem unbeabsichtigten Anprall eines Krans. Hierdurch wird die Längsaussteifung der Kranbahn bzw. der Halle beansprucht. Die Größe der Anprallkraft hängt von der kinetischen Energie der bewegten Masse und der Charakteristik der verwendeten Puffer ab [8]. Angaben zu Eigenschaften von Puffern können DIN EN 13001-2 [68] entnommen werden.

$$H_{B,1} = \varphi_7 \cdot v_1 \sqrt{m_c \cdot S_B} \quad (10.318)$$

$$F_{x,1} = \xi_2 \cdot H_{B,1} \quad (10.319)$$

$$F_{x,2} = \xi_1 \cdot H_{B,1} \quad (10.320)$$

φ_7 dynamischer Faktor in Abhängigkeit von der Pufferkennlinie nach Tafel 10.209

v_1 70 % der Nennfahrgeschwindigkeit [m/s]

m_c Masse von Kran und Hublast [kg]

S_B Federkonstante des Puffers [N/m], siehe DIN EN 1991-3 [8]

$F_{x,1}, F_{x,2}$ Aufteilung der Pufferkraft $H_{B,1}$ auf die Kranbahnträger (siehe Abb. 10.121)

ξ_1, ξ_2 relative Lage des Massenschwerpunkts (s. Abschn. 10.9.2.3.2).

Pufferkräfte $H_{B,2}$ aus dem Anprall von Laufkatzen (auch Unterflanschlaufkatzen) können mit einem Anteil von 10 % der Summe aus Hublast und Eigengewicht angesetzt werden, wenn die Hublast frei ausschwingen kann.

10.9.2.4 Ermüdungslasten

Liegen ausreichend Informationen zur Arbeitsweise eines Krans vor, können die Ermüdungslasten nach DIN EN 13001 und DIN EN 1993-1-9, Anhang A (s. Abschn. 10.8.6.3) bestimmt werden. Unter normalen Betriebsbedingungen dürfen mit Bezug auf $N_C = 2 \cdot 10^6$ Lastspielen schadensäquivalente Lasten nach (10.321) angesetzt werden. Dabei sind analog zum Tragsicherheitsnachweis für das Eigengewicht und die Hublast gesonderte Schwingbeiwerte zu berücksichtigen (s. Tafel 10.215).

$$Q_e = \varphi_{fat} \cdot \lambda_i \cdot Q_{max,i} \quad (10.321)$$

mit

$Q_{max,i}$ Maximalwert der charakteristischen vertikalen Radlast i

λ_i schadensäquivalenter Beiwert nach Tafel 10.214

φ_{fat} schadensäquivalenter dynamischer Faktor (φ_1, φ_2 siehe Tafel 10.209), Eigengewicht: $\varphi_{fat,1} = (1 + \varphi_1)/2$, Hublast: $\varphi_{fat,2} = (1 + \varphi_2)/2$.

10.9.2.5 Lastgruppen und Einwirkungskombinationen

Das gleichzeitige Auftreten von Lasten aus dem Kranbetrieb, erhöht um die jeweiligen Schwingbeiwerte, wird durch Bildung von Lastgruppen berücksichtigt (Tafel 10.215). Jede dieser Gruppen wird in Kombination mit anderen Einwirkungen als eine einzige veränderliche Einwirkung angesetzt.

Die Einwirkungskombinationen für Kranbahnträger sind für die jeweiligen Grenzzustände nach DIN EN 1990 [1] zu bilden. Die Teilsicherheits- und Kombinationsbeiwerte für Kranlasten sind in Tafel 10.216 zusammengestellt (vgl. [9]).

Werden Kranlasten und ständige Lasten mit anderen Einwirkungen kombiniert, ist zwischen Kranbahnen außerhalb und innerhalb von Gebäuden (ohne klimatische Einwirkungen) zu unterscheiden. Sind Kombinationen von Hublasten

10

Tafel 10.215 Lastgruppen

Belastung	Symbol	Siehe DIN EN 1991-3, Abschnitt	GZT							Prüf-last	Außer-gewöhnlich		GZG			Ermü-dung
Lastgruppen →			1	2	3	4	5	6	7	8	9	10	11	12	13	14
Eigengewicht des Krans	Q_c	2.6	φ_1	φ_1	1	φ_4	φ_4	φ_4	1	φ_1	1	1	1	1	1	$\varphi_{fat,1}$
Hublast	Q_h	2.6	φ_2	φ_3	–	φ_4	φ_4	φ_4	η^a	–	1	1	1	1		$\varphi_{fat,2}$
Beschleunigung der Brücke	H_L, H_T	2.7	φ_5	φ_5	φ_5	φ_5	–	–	–	φ_5	–	–	–	–	1	–
Schräglauf der Brücke	H_S	2.7	–	–	–	–	1	–	–	–	–	–	–	1	–	–
Beschleunigen oder Bremsen der Laufkatze oder Hubwerk	H_{T3}	2.7	–	–	–	–	–	–	1	–	–	–	–	–	–	–
Wind in Betrieb	F_w^*	Anh. A.1	1	1	1	1	1	–	–	1	–	–	–	1	1	–
Prüflast	Q_T	2.10	–	–	–	–	–	–	–	φ_6	–	–	–	–	–	–
Pufferkraft	H_B	2.11	–	–	–	–	–	–	–	–	φ_7	–	–	–	–	–
Kippkraft	H_{TA}	2.11	–	–	–	–	–	–	–	–	–	1	–	–	–	–

^{a} η ist der Anteil aus Hublast, der nach Entfernen der Nutzlast verbleibt, jedoch nicht im Eigengewicht des Krans enthalten ist.

Tafel 10.216 Teilsicherheits- und Kombinationsbeiwerte

Einwirkungen aus (ungünstig wirkend)	Teilsicherheitsbeiwerte γ	
	Ständige und vorübergehende Bemessungssituationen	Außergewöhnliche Bemessungssituationen
Kranlasten im GZT	$\gamma_Q = 1{,}35$	$\gamma_A = 1{,}0$
Kranprüflasten im GZT	$\gamma_{F,test} = 1{,}1$	$\gamma_A = 1{,}0$
Kranlasten im GZG	$\gamma_{Q,ser} = 1{,}0$	–
Kranlasten für GZE	$\gamma_{Ff} = 1{,}0$	–
Kombinationsbeiwerte ψ für Kranlasten aus Einzelkranen oder Krangruppen		
$\psi_0 = 1{,}0$	$\psi_1 = 0{,}9$	$\psi_2 = \dfrac{\text{Krangewicht}}{\text{Krangewicht} + \text{Hublast}}$

mit Windeinwirkungen zu berücksichtigen, sollte die Windkraft F_W^* mit einer Windgeschwindigkeit von $20\,\text{m/s}$ ermittelt werden (vgl. Tafel 10.215, Zeile 6 und DIN EN 1991-3, Anhang A).

10.9.3 Schnittgrößen und Spannungen

10.9.3.1 Schnittgrößen von ein- und zweifeldrigen Kranbahnträgern

Der Kranbahnträger wird neben den ständigen Einwirkungen durch das wandernde Lastenpaar der Kranlaufräder belastet. An der Stelle x_M im Feldbereich des Trägers tritt das größte Biegemoment $M(x)$ auf, wenn die größere der Einzellasten Q_{r1} über dieser Stelle steht.

Beim **Einfeldträger** ist die Funktion der Momentenhüllkurve (Abb. 10.122)

$$M(x) = A \cdot x$$
$$= (Q_{r1} + Q_{r2}) \cdot x \cdot [(1 - c/l) - x/l], \quad x \le l/2$$

mit

$$c = \frac{Q_{r2} \cdot a}{Q_{r1} + Q_{r2}}$$

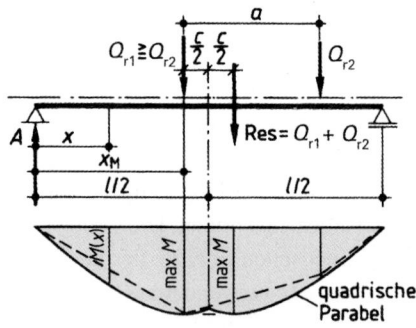

Abb. 10.122 Einfeldträger unter wanderndem Lastenpaar. Momentenhüllkurve und Laststellung für größtes Biegemoment

Rückt Q_{r1} bis x_M vor, tritt hier das größte Biegemoment im ganzen Träger auf:

$$\max M_p = \frac{(Q_{r1} + Q_{r2}) \cdot l}{4}\left(1 - \frac{c}{l}\right)^2, \qquad (10.322)$$

jedoch

$$\max M_p \ge \frac{Q_{r1} \cdot l}{4}$$

Tafel 10.217 Auflagerlasten und Biegemomente des 2-Feld-Trägers mit $E \cdot I = \mathrm{const}$ unter einem wandernden Paar gleich großer Lasten Q_r (Abb. 10.123)

a/l	$M_\mathrm{F}/(Q_\mathrm{r} \cdot l)$	x_F/l	$M_\mathrm{B}/(Q_\mathrm{r} \cdot l)$	x_B/l	max A/Q_r	min C/Q_r	$x_{\mathrm{min}\,c}/l$	max B/Q_r
0	0,4149	0,4323	−0,1925	0,5774	2,0000	−0,1925	0,5774	2,0000
0,1	0,3692	0,4119	−0,1903	0,5252	1,8753	−0,1903	0,5252	1,9926
0,2	0,3281	0,3934	−0,1839	0,4686	1,7520	−0,1839	0,4686	1,9710
0,3	0,2916	0,3772	−0,1733	0,4075	1,6317	−0,1733	0,4075	1,9359
0,4	0,2597	0,3637	−0,1589	0,3416	1,5160	−0,1589	0,3416	1,8880
0,4384	0,2487	0,3594	−0,1524	0,3149	1,4731	−0,1524	0,3149	1,8664
0,5	0,2325	0,3536	−0,1641	0,7500	1,4063	−0,1409	0,2704	1,8281
0,6	0,2100	0,3479	−0,1785	0,7000	1,3040	−0,1200	0,1933	1,7570
0,6132	0,2074	0,3476	−0,1800	0,6934	1,2911	−0,1171	0,1826	1,7468
0,7	0,2074	0,4323	−0,1877	0,6500	1,2107	−0,0968	0,1092	1,6754
0,7024	0,2074	0,4323	−0,1878	0,6488	1,2086	−0,0962	0,1070	1,6733
0,8	0,2074	0,4323	−0,1920	0,6000	1,1280	−0,0962	0,5774	1,5840
0,9	0,2074	0,4323	−0,1918	0,5500	1,0572	−0,0962	0,5774	1,4836
1	0,2074	0,4323	−0,1875	0,5000	1,0000	−0,0962	0,5774	1,3750

x ist der Abstand der maßgebenden Last des Lastenpaares vom linken Auflager.

Abb. 10.123 Zweifeldträger unter wanderndem gleichen Lastenpaar. Maßgebende Laststellungen für Auflagerlasten und Biegemomente

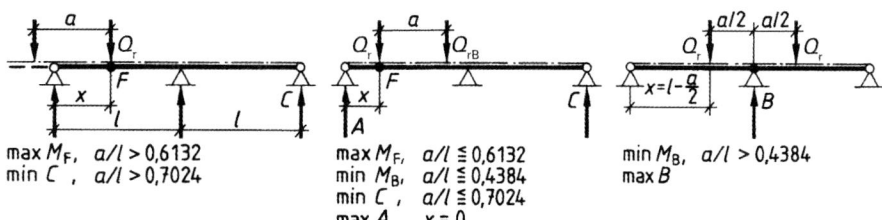

$$\text{max } M_\mathrm{F},\ a/l > 0{,}6132$$
$$\text{min } C,\ a/l > 0{,}7024$$

$$\text{max } M_\mathrm{F},\ a/l \leqq 0{,}6132$$
$$\text{min } M_\mathrm{B},\ a/l \leqq 0{,}4384$$
$$\text{min } C,\ a/l \leqq 0{,}7024$$
$$\text{max } A,\ x = 0$$

$$\text{min } M_\mathrm{B},\ a/l > 0{,}4384$$
$$\text{max } B$$

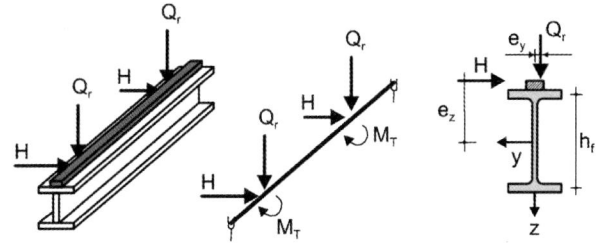

Abb. 10.124 Beanspruchungssituation für Kranbahnträger

Auflagerlasten und Biegemomente des 2-feldrigen **Durchlaufträgers** mit $E \cdot I = \mathrm{const}$ für ein Lastenpaar gleicher Größe ($Q_\mathrm{r1} = Q_\mathrm{r2}$) s. Tafel 10.217 mit den jeweils maßgebenden Laststellungen entsprechend Abb. 10.123.

Auflagerlasten und Biegemomente infolge eines Lastenpaares unterschiedlicher Größe s. [99].

Horizontal angreifende Lasten H verursachen nicht nur Querbiegung M_z sondern auch Torsion. Bei offenen I- und H-Querschnitten tritt durch außerhalb des Schubmittelpunktes angreifende Lasten Wölbkrafttorsion auf, siehe Abb. 10.124 und Abschn. 10.3.7.

10.9.3.2 Spannungen aus Radlasteinleitungen

Aus den konzentrierten Radlasten entstehen im Obergurt, am angrenzenden Stegblech und in den Schweißnähten von aufgeschweißten Flachstahlschienen Zusatzbeanspruchungen in Form von lokalen Druck- und Schubspannungen. Darüber hinaus treten infolge exzentrischer Lasteinleitung neben Torsion in Kranschiene und Obergurt insbesondere Biegespannungen im Stegblech auf, die rechnerisch verfolgt und beim Ermüdungsnachweis berücksichtigt werden.

10.9.3.2.1 Druckspannungen im Steg

Die lokalen vertikalen Druckspannungen infolge Radlasten werden mit (10.323) oder (10.324) bestimmt.

Schweißprofile:

$$\sigma_{\mathrm{oz,Ed}} = \frac{F_{\mathrm{z,Ed}}}{t_\mathrm{w} \cdot l_{\mathrm{eff}}} \tag{10.323}$$

Walzprofile:

$$\sigma_{\mathrm{oz,Ed}} = \frac{F_{\mathrm{z,Ed}}}{t_\mathrm{w} \cdot (l_{\mathrm{eff}} + 2 \cdot r)} \tag{10.324}$$

$F_{\mathrm{z,Ed}}$ Bemessungswert der Radlast
t_w Dicke des Stegblechs
l_{eff} Effektive Lastausbreitungslänge nach Tafel 10.218.

Wenn der Abstand x_w zwischen den Mittelpunkten benachbarter Kranräder kleiner als l_{eff} ist, sollten die Spannungen aus beiden Rädern überlagert werden.

Unterhalb der Lasteinleitung sollte die mit l_{eff} berechnete lokale vertikale Spannung $\sigma_{\mathrm{oz,Ed}}$ mit dem Reduktionsfaktor $[1 - (z/h_\mathrm{w})^2]$ multipliziert werden. Dabei ist h_w die Gesamt-

Tafel 10.218 Effektive Lastausbreitungslänge l_{eff}

Beschreibung	Effektive Lastausbreitungslänge l_{eff}
Kranschiene schubstarr am Flansch befestigt	$l_{\text{eff}} = 3{,}25 \left(\dfrac{I_{\text{rf}}}{t_{\text{w}}} \right)^{1/3}$
Kranschiene nicht schubstarr am Flansch befestigt	$l_{\text{eff}} = 3{,}25 \left(\dfrac{I_{\text{r}} + I_{\text{f,eff}}}{t_{\text{w}}} \right)^{1/3}$
Kranschiene auf einer mindestens 6 mm dicken nachgiebigen Elastomerunterlage	$l_{\text{eff}} = 4{,}25 \left(\dfrac{I_{\text{r}} + I_{\text{f,eff}}}{t_{\text{w}}} \right)^{1/3}$

I_{rf} Flächenmoment 2. Grades um die horizontale Schwerelinie des zusammengesetzten Querschnitts einschließlich der Schiene und des Flansches mit der effektiven Breite $b_{\text{eff}} = b_{\text{fr}} + h_{\text{r}} + t_{\text{f}}$, jedoch $b_{\text{eff}} \leq b$.

I_{r} Flächenmoment 2. Grades um die horizontale Schwerelinie der Schiene.

$I_{\text{f,eff}}$ Flächenmoment 2. Grades um die horizontale Schwerelinie des Flansches mit der effektiven Breite b_{eff}. Bei der Bestimmung von I_{r}, I_{rf} und h_{r} wird der Verschleiß der Kranschienen berücksichtigt.

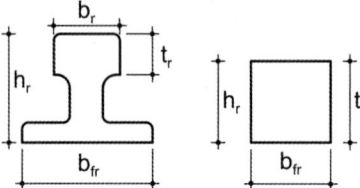

h_{r} Schienenhöhe unter Berücksichtigung des Verschleißes der Kranschiene (s. Tafel 10.219).

b_{r} Breite des Schienenkopfes.

b_{fr} Breite des Schienenfußes.

t_{r} Mindestdicke unterhalb der Abnutzungsfläche der Kranschiene.

Abmessungen von Kranschienen der Form A und F, siehe Abschn. 10.1.3.

Abb. 10.125 Einleitung von Radlasten

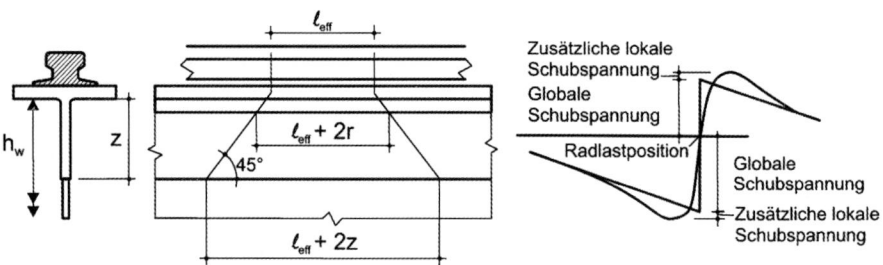

höhe des Steges und z der Abstand unterhalb der Unterkante des Oberflansches (s. Abb. 10.125).

10.9.3.2.2 Lokale Schubspannungen

Infolge der Radlasteinleitung entstehen versetzt zu den lokalen Druckspannungen auf beiden Seiten der Radlast lokale Schubspannungen $\tau_{\text{oxz,Ed}}$ (s. Abb. 10.125). Diese sind an der Flanschunterseite mit 20 % der Druckspannungen $\sigma_{\text{oz,Ed}}$ (10.325) anzunehmen, mit den globalen Schubspannungen zu überlagern und beim Ermüdungsnachweis zu berücksichtigen. Im Abstand $z = 0{,}2h_{\text{w}}$ von der Flanschunterseite kann $\tau_{\text{oxz,Ed}}$ vernachlässigt werden.

$$\tau_{\text{oxz,Ed}} = 0{,}20 \cdot \sigma_{\text{oz,Ed}} \qquad (10.325)$$

10.9.3.2.3 Lokale Biegespannungen aus exzentrischer Radlasteinleitung

Bei den Beanspruchungsklassen S3 bis S9 ist beim Betriebsfestigkeitsnachweis die Plattenbiegespannung im Steg $\sigma_{\text{T,Ed}}$ infolge einer exzentrischen Radlasteinleitung mit einem Viertel der Schienenkopfbreite zu berücksichtigen.

$$\sigma_{\text{T,Ed}} = \frac{6 T_{\text{Ed}}}{a \cdot t_{\text{w}}^2} \cdot \eta \cdot \tanh(\eta) \qquad (10.326)$$

mit

$$\eta = \sqrt{\frac{0{,}75 a t_{\text{w}}^3}{I_{\text{T}}} \cdot \frac{\sinh^2(\pi h_{\text{w}}/a)}{\sinh(2\pi h_{\text{w}}/a) - 2\pi h_{\text{w}}/a}}$$

$$T_{\text{Ed}} = F_{\text{z,Ed}} \cdot e_{\text{y}}$$

T_{Ed} Torsionsmoment aus exzentrischer Radlasteinleitung

e_{y} Exzentrizität der Radlasteinleitung
$e_{\text{y}} = 0{,}25 b_{\text{r}} \geq 0{,}5 t_{\text{w}}$

I_{T} Torsionsträgheitsmoment von Flansch und Schiene bei starrer Verbindung. Ist die Schiene aufgeschweißt, kann sie mit dem Flansch als zusammenwirkender Querschnitt betrachtet werden. Ist sie ohne elastische Unterlage aufgeklemmt, können die Trägheitsmomente aufaddiert werden: $I_{\text{T}} = I_{\text{T,ch}} + I_{\text{T,r}}$

a Abstand der Quersteifen im Steg

$h_{\text{w}}, t_{\text{w}}$ Höhe und Blechdicke des Steges.

Tafel 10.219 Querschnittswerte von Schienen mit 25 % Abnutzung nach [95]

Schiene	Schienenhöhe h_r [mm]	A_r [cm²]	e_a [mm]	$I_{y,r}$ [cm⁴]	$I_{z,r}$ [cm⁴]	$I_{T,r}$ [cm⁴]
A 45	50,0	26,0	30,8	67,4	165	30,8
A 55	58,7	37,1	35,9	132	327	68,5
A 65	67,5	50,3	41,0	235	590	133
A 75	76,2	65,2	46,0	388	979	237
A 100	85,0	85,1	48,0	629	1259	499
A 120	93,1	113,6	51,9	973	2173	954
A 150	137,5	174,4	71,9	3412	3301	2359
F 100	70,0	63,6	34,4	279	464	427
F 120	70,0	77,6	34,5	336	827	637

e_a Abstand des Schwerpunkts von der Oberkante des Schienenkopfes.

10.9.3.2.4 Unterflanschbiegung bei Katzträgern und Hängekranen

Die lokalen Biegespannungen aus der Radlasteinleitung $F_{z,Ed}$ können für parallele und geneigte Flansche mit den Gleichungen (10.327) und (10.328) sowie Tafel 10.220 an drei Stellen bestimmt werden (Abb. 10.126). Voraussetzung hierfür ist, dass die Einleitung in einem Abstand größer als b vom Trägerende erfolgt und der Abstand x_w zwischen den benachbarten Rädern nicht kleiner als $1{,}5b$ ist.

Längsbiegespannung:

$$\sigma_{ox,Ed} = c_x \frac{F_{z,Ed}}{t_l^2} \qquad (10.327)$$

Querbiegespannung:

$$\sigma_{oy,Ed} = c_y \frac{F_{z,Ed}}{t_l^2} \qquad (10.328)$$

c_x, c_y Faktoren zur Bestimmung der Biegespannungen nach Tafel 10.220. Die Werte sind positiv bei Zugspannungen an der Flanschunterseite.

t_l Blechdicke des Flansches in der Schwerelinie der Lasteinleitung.

An Trägerenden übersteigt die lokale Biegespannung die Werte $\sigma_{ox,Ed}$ und $\sigma_{oy,Ed}$ nicht, wenn diese durch ein aufgeschweißtes Blech entsprechend Abb. 10.126 verstärkt werden. Ist dies nicht der Fall, wird die lokale Biegespannung mit (10.329) bestimmt.

$$\sigma_{oy,end,Ed} = (5{,}6 - 3{,}225\mu - 2{,}8\mu^3) \frac{F_{z,Ed}}{t_f^2} \qquad (10.329)$$

mit

$$\mu = \frac{2n}{b - t_w}$$

Tafel 10.220 Koeffizienten c_{xi} und c_{yi} zur Bestimmung der Biegespannungen

μ	Parallele Flansche					Geneigte Flansche				
	c_{x0}	c_{x1}	c_{x2}	c_{y0}	c_{y1}	c_{x0}	c_{x1}	c_{x2}	c_{y0}	c_{y1}
0,10	0,192	2,303	2,169	−1,898	0,548	0,149	2,186	2,235	−0,881	0,447
0,15	0,196	2,095	1,676	−1,793	0,759	0,163	1,971	1,984	−0,854	0,585
0,20	0,204	1,968	1,290	−1,687	0,932	0,182	1,807	1,757	−0,819	0,676
0,25	0,219	1,872	0,984	−1,577	1,069	0,208	1,677	1,548	−0,779	0,725
0,30	0,242	1,789	0,737	−1,463	1,172	0,240	1,570	1,353	−0,736	0,737
0,35	0,272	1,711	0,533	−1,343	1,244	0,280	1,479	1,169	−0,689	0,718
0,40	0,312	1,635	0,362	−1,216	1,287	0,328	1,399	0,995	−0,641	0,671

Abb. 10.126 Stellen für die Spannungsermittlung; Verstärkung der Flanschenden. Zu untersuchende Stellen: *0* Übergang Steg/Flansch, *1* Schwerelinie der Lasteinleitung, *2* Äußere Flanschkante, *n* Abstand der Schwerelinie der Last zur äußeren Flanschkante, $\mu = \frac{2n}{b-t_w}$ relativer Abstand der Radlast vom Rand

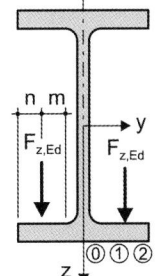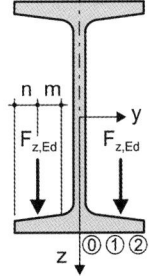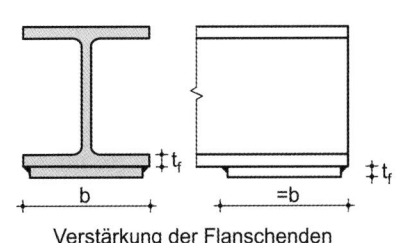

Verstärkung der Flanschenden

Bei der Überlagerung mit den Normalspannungen aus der globalen Tragwirkung dürfen die lokalen Biegespannungen auf 75 % reduziert werden. Dies gilt auch für den Ermüdungsnachweis ([28], NCI zu 5.8).

10.9.4 Nachweise im Grenzzustand der Tragfähigkeit

10.9.4.1 Allgemeines

Die Tragsicherheitsnachweise werden im Wesentlichen auf der Grundlage der Teile 1-1, 1-5, 1-8 und ggf. 1-12 der DIN EN 1993 geführt. Spezielle Regelungen für Kranbahnträger enthält DIN EN 1993-6 im Abschn. 6. Die im NA festgelegten Teilsicherheiten für die Beanspruchbarkeit entsprechen denen der NAs zu den allgemeinen Bemessungsregeln.

10.9.4.2 Biegedrillknicknachweise

Durch exzentrische Radlasteinleitungen und Horizontalkräfte, die am Kopf der Kranschienen angreifen, entsteht eine planmäßige Torsionsbeanspruchung der Kranbahnträger (s. Abb. 10.124). Die vereinfachten Tragsicherheitsnachweise nach DIN EN 1993-1-1, Abschn. 6.3 [12] können in diesem Fall nicht unmittelbar angewendet werden. In DIN EN 1993-6 [27] wird für Kranbahnträger, die als Einfeldträger gelagert sind, im Abschn. 6 ein modifizierter Nachweis des Druckgurts als Druckstab (vgl. Abschn. 10.4.3.3) und im Anhang A ein alternatives Nachweisverfahren für das Biegedrillknicken empfohlen.

Zum Ansatz des rechnerischen **Angriffspunktes von vertikalen Radlasten** werden drei Fälle unterschieden:

- Werden die Lasten über Kranschienen ohne elastische Unterlage eingeleitet, darf aufgrund der stabilisierenden Wirkung der Angriffspunkt im Schubmittelpunkt des Kranbahnträgers angenommen werden.
- Erfolgt die Lasteinleitung über Kranschienen mit elastischer Unterlage, sollte der Angriffspunkt in Höhe der Flanschoberkante angenommen werden.
- Bei Unterflanschlaufkatzen und Hängekranen sollte der Angriffspunkt der vertikalen Radlasten nicht unterhalb der Oberkante der Untergurte angesetzt werden.

Tragsicherheitsnachweis nach DIN EN 1993-1-1, Abschn. 5.2.2 (3) a) [12] Bei dem im Abschn. 10.2.5 mit Methode A bezeichneten Verfahren erfolgt für Kranbahnträger eine Berechnung nach der Biegetorsionstheorie II. Ordnung unter Ansatz von Imperfektionen. Der Ansatz der Vorkrümmung e_0 senkrecht zur Stegebene erfolgt in Richtung der angreifenden H-Lasten nach Tafel 10.43. Walzprofile mit aufgeschweißter Schiene sind wie Schweißprofile zu behandeln. Bei zweifeldrigen Kranbahnträgern mit einem durch Kranlasten beanspruchten Feld sind die Vorkrümmungen der jeweiligen Felder antimetrisch zum Mittelauflager anzusetzen. Bei Ansatz der elastischen Querschnittstragfähigkeit kann der Nachweis der Längsspannungen mit (10.330) geführt werden (s. auch Abschn. 10.3.7). Bei Hängekranen und Unterflanschlaufkatzen ist zusätzlich der Einfluss der örtlichen Flanschbiegung zu berücksichtigen. Die Schub- und Vergleichsspannungsnachweise werden analog zu den Gleichungen (10.45) und (10.20) unter Berücksichtigung der örtlichen Radlasteinleitung und dem Teilsicherheitsbeiwert γ_{M1} (vgl. [13], NDP zu 6.1 (1)) geführt.

$$\sigma_{x,Ed}(x, y, z) = \frac{M_{y,Ed}(x)}{I_y} \cdot z - \frac{M_{z,Ed}(x)}{I_z} \cdot y$$
$$- \frac{B_{Ed}(x)}{I_w} \cdot \overline{\omega}^M(y, z)$$
$$\leq \frac{f_y}{\gamma_{M1}} \tag{10.330}$$

Biegedrillknicknachweis nach DIN EN 1993-6, Anhang A [27] Der Nachweis gilt für an den Enden gabelgelagerte einfeldrige Kranbahnträger mit gleichbleibendem Querschnitt, die durch vertikale und quer gerichtete horizontale Einwirkungen mit exzentrischem Angriff zum Schubmittelpunkt beansprucht werden (s. engl. Originaltext zu EN 1993-6, Anhang A). Eingangsgrößen für den Nachweis sind die Schnittgrößen aus zweiachsiger Biegung und Wölbkrafttorsion nach Theorie I. Ordnung.

$$\frac{M_{y,Ed}}{\chi_{LT} M_{y,Rk}/\gamma_{M1}} + \frac{C_{mz} M_{z,Ed}}{M_{z,Rk}/\gamma_{M1}} + \frac{k_w k_{zw} k_\alpha B_{Ed}}{B_{Rk}/\gamma_{M1}} \leq 1,0 \tag{10.331}$$

mit

$$k_w = 0,7 - \frac{0,2 B_{Ed}}{B_{Rk}/\gamma_{M1}}$$

$$k_{zw} = 1 - \frac{M_{z,Ed}}{M_{z,Rk}/\gamma_{M1}}$$

$$k_\alpha = \frac{1}{1 - M_{y,Ed}/M_{y,cr}}$$

$M_{y,Ed}, M_{z,Ed}$ Maximalwerte der einwirkenden Biegemomente

B_{Ed} Maximalwert des einwirkenden Wölbbimoments

$M_{y,Rk}, M_{z,Rk}$ Momentenbeanspruchbarkeit des Querschnitts nach Tafel 10.50

B_{Rk} Wölbbimomentenbeanspruchbarkeit analog zu Tafel 10.50 (s. auch Abschn. 10.3.7)

$M_{y,cr}$ ideales Biegedrillknickmoment für Biegung M_y und Querlast Q_r

χ_{LT} Abminderungsfaktor für das Biegedrillknicken (s. Abschn. 10.4.3.2, (10.84)). Der Wert darf

Tafel 10.221 Interaktionsbeiwert k_{zz} für Gurte von I- und H-Profilen

Querschnitte der Klassen 1 und 2	Querschnitte der Klasse 3
$k_{zz} = C_{mz}[1 + (2\bar{\lambda}_z - 0{,}6)n_z]$ für $\bar{\lambda}_z \leq 1{,}0$	$k_{zz} = C_{mz}(1 + 0{,}6\bar{\lambda}_z n_z)$ für $\bar{\lambda}_z \leq 1{,}0$
$k_{zz} = C_{mz}(1 + 1{,}4n_z)$ für $\bar{\lambda}_z \geq 1{,}0$	$k_{zz} = C_{mz}(1 + 0{,}6n_z)$ für $\bar{\lambda}_z \geq 1{,}0$

$$n_z = \frac{N_{ch,Ed}}{\chi_z \cdot N_{ch,Rk}/\lambda_{M1}}, \ \bar{\lambda}_z = \frac{L_{cr}}{i_{z,ch} \cdot \lambda_1}, \ i_{z,ch} = \sqrt{\frac{I_{z,ch}}{A_{ch}}}, \ \lambda_1 = \pi \cdot \sqrt{\frac{E}{f_y}}, \ C_{mz} = 0{,}9.$$

für gewalzte oder gleichartige geschweißte Träger sowie bei Trägern mit ungleichen Flanschen mit $\bar{\lambda}_{LT,0} = 0{,}4$ und $\beta = 0{,}75$ bestimmt werden, sofern $I_{z,t}/I_{z,c} \geq 0{,}2$ ist und bei der Auswahl der Knicklinie die Breite b des Druckgurtes angesetzt wird.

$I_{z,t}$; $I_{z,c}$ Flächenträgheitsmoment um die z-Achse für den Zug- bzw. Druckgurt

C_{mz} äquivalenter Momentenbeiwert für Biegung M_z nach Tafel 10.118.

Vereinfachter Nachweis des Druckgurtes als Druckstab

In DIN EN 1993-6 [27] wird im Abschn. 6.3.2.3 der Nachweis des Druckgurtes als Druckstab für einfeldrige Kranbahnträger vorgeschlagen und dort beschrieben. Abweichend von Abschn. 10.4.3.3 besteht der Druckgurt aus dem Druckflansch und 1/5-tel des Steges. Die Normalkraft wird aus dem Biegemoment M_y und dem Schwerpunktabstand der Flansche berechnet. Biegemomente aus den horizontalen Seitenlasten sind zusammen mit den Torsionswirkungen zu berücksichtigen. Die Vorgehensweise hierzu wird in [27] nicht näher erläutert.

In [96] wird vorgeschlagen, die horizontalen Kranlasten dem Druckgurt zuzuordnen und den Tragsicherheitsnachweis für einachsige Biegung und Normalkraft auf der Grundlage von DIN EN 1993-1-1 [12], Abschn. 6.3.3 und Anhang B zu führen (s. Abschn. 10.4.4, Tafel 10.116). Für die Beanspruchungsgruppen S3–S9 kann das Torsionsmoment aus der exzentrischen Radlasteinleitung näherungsweise in ein horizontales Kräftepaar umgerechnet und zusätzlich in $M_{z,ch,Ed}$ berücksichtigt werden.

$$\frac{N_{ch,Ed}}{\chi_z N_{ch,Rk}/\gamma_{M1}} + k_{zz}\frac{M_{z,ch,Ed}}{M_{z,ch,Rk}/\gamma_{M1}} \leq 1{,}0 \qquad (10.332)$$

mit

$$N_{ch,Ed} = \frac{M_{y,Ed}}{h_w + (t_{f,c} + t_{f,t})/2}$$

$$N_{ch,Rk} = A_{ch} \cdot f_y = (A_{f,c} + A_w/5) \cdot f_y$$

$$M_{z,ch,Rk} = W_{z,ch} \cdot f_y$$

$N_{ch,Ed}$ einwirkende Normalkraft des Druckgurtes
$M_{z,ch,Ed}$ Biegung des Druckgurtes aus horizontalen Kranlasten und ggf. $Q_r \cdot e_y/h_f$

A_{ch} Querschnittsfläche des Druckgurtes (Druckflansch + 1/5 Stegfläche)

$W_{z,ch}$ Maßgebendes Widerstandsmoment des Druckgurtes, Gurte der QSK 1 und 2: $W_{z,ch} = W_{pl,z,ch}$; Gurte der QSK 3: $W_{z,ch} = W_{el,z,ch}$

χ_z Abminderungsbeiwert für Biegeknicken senkrecht zur z-Achse (Tafeln 10.70 und 10.71). Kranbahnträger aus Walzprofilen mit aufgeschweißten Schienen werden bei der Zuordnung der Knicklinie wie Schweißprofile behandelt.

k_{zz} Interaktionsbeiwert, für Gurte von I- und H-Profilen siehe Tafel 10.221

L_{cr} Knicklänge des Druckgurtes, bei Trägern ohne zusätzliche seitliche Stützung $L_{cr} = L$.

10.9.4.3 Nachweis des Steges für Beanspruchungen durch Radlasten

Bei Kranbahnträgern mit aufgesetzten Brückenkranen ist die Radlasteinleitung in den Steg nachzuweisen. Dabei dürfen seitliche Ausmitten (s. Abschn. 10.9.3.2.3) vernachlässigt werden. Die Beanspruchbarkeit des Querträgersteges wird nach Abschn. 10.5.3.4 bestimmt. Dabei wird die Länge der starren Lasteinleitung an der Oberkante des Obergurtes mit (10.333) angesetzt. Die Interaktion zwischen Querlasten, Momenten und ggf. vorhandenen Normalkräften wird mit dem Nachweis nach (10.161) erfasst.

$$s_S = l_{eff} - 2t_f \qquad (10.333)$$

l_{eff} eff. Lastausbreitungslänge an der Unterkante des Obergurtes (s. Tafel 10.218).

10.9.4.4 Plattenbeulen

Die Beulsicherheit von Kranbahnträgern, insbesondere deren Stege, darf nach der Methode der wirksamen Spannungen und der Methode der wirksamen Querschnitte nach DIN EN 1993-1-5 [15] nachgewiesen werden (siehe Abschn. 10.5).

10.9.4.5 Beanspruchbarkeit der Unterflansche bei Lasteinleitungen

Die Beanspruchbarkeit der Unterflansche von Katzträgern und Hängekranen bei Radlasteinleitungen $F_{z,Ed}$ wird mit (10.334) bestimmt, der Tragsicherheitsnachweis wird mit (10.335) geführt.

10

Tafel 10.222 Effektive Länge l_{eff}

Position Radlast	Effektive Länge l_{eff}	
Rad an einem ungestützten Flanschende	$l_{eff} = 2(m + n)$	
Rad außerhalb der Trägerendbereiche	für $x_w \geq 4\sqrt{2}(m + n)$	$l_{eff} = 4\sqrt{2}(m + n)$
	für $x_w < 4\sqrt{2}(m + n)$	$l_{eff} = 2\sqrt{2}(m + n) + 0,5x_w$
Rad im Abstand $x_e \leq 2\sqrt{2}(m + n)$ von einem Prellblock, am Trägerende	$l_{eff} = 2(m + n)\left[\dfrac{x_e}{m} + \sqrt{1 + \left(\dfrac{x_e}{m}\right)^2}\,\right]$, jedoch	
	für $x_w \geq 2\sqrt{2}(m + n) + x_e$	$l_{eff} \leq \sqrt{2}(m + n) + x_e$
	für $x_w < 2\sqrt{2}(m + n) + x_e$	$l_{eff} \leq \sqrt{2}(m + n) + \dfrac{x_w + x_e}{2}$
Rad im Abstand $x_e \leq 2\sqrt{2}(m + n)$ am gestützten Flanschende, das entweder von unten oder durch eine angeschweißte Stirnplatte gelagert ist	für $x_w \geq 2\sqrt{2}(m + n) + x_e + \dfrac{2(m + n)^2}{x_e}$	$l_{eff} = 2\sqrt{2}(m + n) + x_e + \dfrac{2(m + n)^2}{x_e}$
	für $x_w < 2\sqrt{2}(m + n) + x_e + \dfrac{2(m + n)^2}{x_e}$	$l_{eff} = \sqrt{2}(m + n) + \dfrac{x_e + x_w}{2} + \dfrac{(m + n)^2}{x_e}$

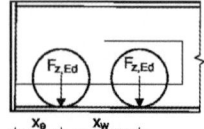

m Hebelarm der Radlast zum Übergang Flansch-Steg (s. Abb. 10.126)
– bei Walzprofilen $m = (b - t_w)/2 - 0,8r - n$
– bei Schweißprofilen $m = (b - t_w)/2 - 0,8\sqrt{2}a - n$
n Abstand der Last von der äußeren Flanschkante (s. Abb. 10.126)
x_e Abstand vom Trägerende zur Schwerelinie des Rades
x_w Radabstand

$$F_{f,Rd} = \frac{l_{eff} \cdot t_f^2}{4 \cdot m} \cdot \frac{f_y}{\gamma_{M0}} \cdot \left[1 - \left(\frac{\sigma_{f,Ed}}{f_y / \gamma_{M0}}\right)^2\right] \qquad (10.334)$$

$$\frac{F_{z,Ed}}{F_{f,Rd}} \leq 1,0 \qquad (10.335)$$

l_{eff} effektive Länge des Flansches nach Tafel 10.222
$\sigma_{f,Ed}$ Spannung in der Schwereachse des Flansches infolge Biegung M_y.

10.9.5 Nachweise im Grenzzustand der Gebrauchstauglichkeit

10.9.5.1 Begrenzung der Verformungen und Verschiebungen

Siehe Tafeln 10.223 und 10.224.

10.9.5.2 Begrenzung des Stegblechatmens

Nach DIN EN 1993-1-5 [15] können die Stege von Trägern weit über die kritische Beullast hinaus beansprucht werden. Daher kann es schon im GZG zu einem zyklischen Ausbeulen kommen, das zu Ermüdungsrissen am Schweißnahtanschluss zum Gurt führen kann. Wegen der konzentrierten Radlasten sind bei Kranbahnträgern die Stege i. Allg. nicht so schlank. Der Nachweis gegen übermäßiges Stegblechatmen kann entfallen, wenn $b/t_w \leq 120$ ist.

10.9.5.3 Sicherstellung des elastischen Tragverhaltens

Um elastisches Tragverhalten sicherzustellen sind die Normalspannungen in Längs- und Querrichtung, die Schub- und Vergleichsspannungen zu begrenzen. Die im Nachweis zu berücksichtigenden Spannungen sind in Tafel 10.225 zusammengestellt.

$$\sigma_{Ed,ser} \leq \frac{f_y}{\gamma_{M,ser}} \qquad \tau_{Ed,ser} \leq \frac{f_y}{\sqrt{3} \cdot \gamma_{M,ser}}$$

$$\sigma_{v,Ed,ser} \leq \frac{f_y}{\gamma_{M,ser}} \qquad \gamma_{M,ser} = 1,0$$

10.9.5.4 Schwingung des Unterflansches

Damit keine wahrnehmbaren Schwingungen des Untergurtes beim Kranbetrieb auftreten, ist dessen Schlankheit auf $L/i_z \leq 250$ zu begrenzen.

10.9.6 Ermüdung

10.9.6.1 Allgemeines

Der Ermüdungsnachweis wird nach DIN EN 1993-1-9 [19] für alle ermüdungskritischen Stellen geführt (s. Abschn. 10.8 und Abb. 10.127). Bei Kranbahnen betrifft dies diejenigen Bauteile, die Spannungsänderungen infolge vertikaler Radlasten ausgesetzt sind.

Tafel 10.223 Grenzwerte für horizontale Verformungen	Horizontale Durchbiegung δ_y eines Kranbahnträgers in Höhe der Oberkante Kranschiene $\delta_y \leq L/600$	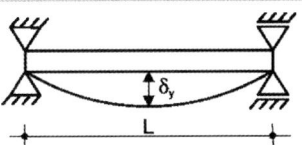

Horizontale Verschiebung δ_y eines Tragwerks (oder einer Stütze) in Höhe der Kranauflagerung:

Hubklasse	grenz δ_y
HC 1	$h_c/250$
HC 2	$h_c/300$
HC 3	$h_c/350$
HC 4	$h_c/400$

Es werden nur die Lasten aus Kranbetrieb berücksichtigt.
h_c Abstand zu der Ebene, in der der Kran gelagert ist (auf einer Kranschiene oder auf einem Flansch)

Differenz $\Delta\delta_y$ der horizontalen Verschiebungen benachbarter Tragwerke (oder Stützen), auf denen Träger einer innen liegenden Kranbahn lagern

$\Delta\delta_y \leq L/600$

Differenz $\Delta\delta_y$ der horizontalen Verschiebungen benachbarter Stützen (oder Tragkonstruktionen), auf denen Träger einer außen liegenden Kranbahn lagern:
– infolge der Lastkombination von seitlichen Krankräften und Windlast während des Betriebes:

$\Delta\delta_y \leq L/600$

– infolge Windlast außer Betrieb

$\Delta\delta_y \leq L/400$

Änderung des Abstandes Δs der Schwerelinien der Kranschienen, einschließlich der Auswirkungen von Temperaturänderungen:

$\Delta s \leq 10$ mm

Es werden nur die Lasten aus Kranbetrieb berücksichtigt. Größere Verformungsgrenzwerte können vereinbart werden.

Tafel 10.224 Grenzwerte für vertikale Verformungen	Vertikale Durchbiegung δ_z eines Kranbahnträgers: $\delta_z \leq L = 500$, jedoch $\delta_z \leq 25$ mm. Die vertikale Durchbiegung δ_z sollte als Gesamtdurchbiegung infolge vertikaler Lasten abzüglich möglicher Überhöhungen bestimmt werden.	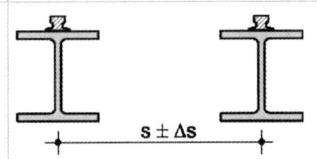

Differenz Δh_c der vertikalen Durchbiegung zweier benachbarter Träger, die eine Kranbahn bilden:

$\Delta h_c \leq s/600$

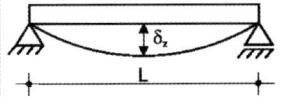

Vertikale Durchbiegung δ_{pay} infolge der Nutzlast eines Kranbahnträgers bei einer Unterflanschlaufkatze:

$\delta_{pay} \leq L/500$

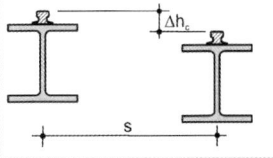
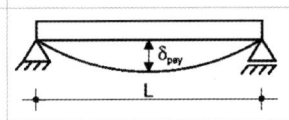

Tafel 10.225 Zu berücksichtigende Spannungen im GZG	Kran	Spannungen
	Brückenlaufkran	– lokale Spannungen $\sigma_{oz,Ed,ser}$ im Steg – globale Spannungen $\sigma_{x,Ed,ser}$ und $\tau_{Ed,ser}$ Zu vernachlässigen: Biegespannung $\sigma_{T,Ed}$ infolge der Exzentrizität von Radlasten
	Katzträger, Hängekrane	– lokale Spannungen $\sigma_{oz,Ed,ser}$ und $\sigma_{oy,Ed,ser}$ im Unterflansch – globale Spannungen $\sigma_{x,Ed,ser}$ und $\tau_{Ed,ser}$

Abb. 10.127 Kerbfälle an ermüdungskritischen Stellen von
Kranbahnträgern. Alle Angaben
sind ausschließlich für durchlaufende Schweißnähte gültig.
[a] Bleche und Flachstähle mit
gewalzten Kanten [b] brennge-
schnittene oder gescherte Bleche

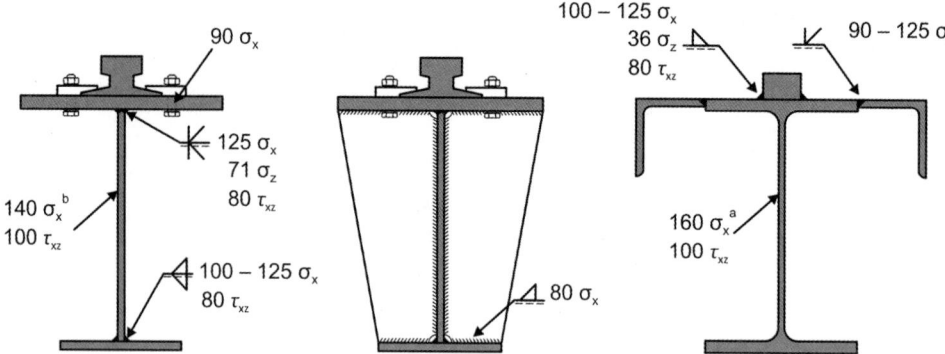

Spannungsänderungen infolge Seitenlasten können i. d. R. vernachlässigt werden. In einigen Fällen sind jedoch Verbindungen zur Übertragung von Seitenlasten einer sehr hohen Ermüdungsbeanspruchung ausgesetzt. Bei bestimmten Kranbahnen tritt eine Ermüdungsbeanspruchung durch häufig wiederkehrende Beschleunigungs- und Bremskräfte auf.

Der Ermüdungsnachweis kann entfallen, wenn die Anzahl der Lastwechsel mit mehr als 50 % der vollen Nutzlast die Anzahl $C_0 = 10^4$ nicht übersteigt.

10.9.6.2 Schwingbreiten und lokale Spannungen aus Radlasten

Die schadensäquivalenten Spannungsschwingbreiten bezogen auf $2 \cdot 10^6$ Lastwechsel werden mit den Gleichungen (10.336) und (10.337) bestimmt.

$$\Delta\sigma_{E,2} = \max\sigma(\gamma_{Ff} \cdot Q_e) - \min\sigma(\gamma_{Ff} \cdot Q_e) \quad (10.336)$$

$$\Delta\tau_{E,2} = \max\tau(\gamma_{Ff} \cdot Q_e) - \min\tau(\gamma_{Ff} \cdot Q_e) \quad (10.337)$$

Q_e schadensäquivalente Belastung für $N_C = 2 \cdot 10^6$ Lastspiele (siehe (10.321))

$\gamma_{Mf} = 1,0$ Teilsicherheitsbeiwert für Einwirkungen.

Ist die Anzahl der Spannungswechsel größer als die Anzahl der Kranspiele, so ist die Ermüdungslast Q_e mit dem schadensäquivalenten Beiwert λ_i zu bestimmen, der sich aus der S-Klasse für die höhere Anzahl ergibt (Tafel 10.226). Dies gilt z. B. für Spannungswechsel aus Radlasten bei Brückenlaufkranen mit mehreren Achsen.

- bei zwei Spannungsspitzen wird die Beanspruchungsklasse um eins erhöht
- bei vier Spannungsspitzen wird die Beanspruchungsklasse um zwei erhöht.

Lokale Spannungen aus Radlasten Im Steg sind die lokalen Spannungen aus Radlasten am Obergurt $\sigma_{z,Ed}$, $\tau_{xz,Ed}$ und bei Beanspruchungsklassen ab S3 Biegespannungen $\sigma_{T,Ed}$ zu berücksichtigen. $\sigma_{z,Ed}$ und $\sigma_{T,Ed}$ werden wegen der gleichen Beanspruchungsrichtung aufaddiert. Die lokalen Spannungen sind insbesondere bei der Bemessung der Schweißnahtanschlüsse zu den Obergurten zu berücksichtigen.

Bei angeschweißten Schienen sind die lokalen Spannungen in den Schweißnähten zu untersuchen. Bei Hängekranen und Katzträgern sind die Biegespannungen im Unterflansch zu beachten.

Tafel 10.226 Klassifizierung von Kranen

Klasse des Lastkollektivs		Q_0	Q_1	Q_2	Q_3	Q_4	Q_5
		kQ $\leq 0,0313$	$0,0313$ $< kQ \leq$ $0,0625$	$0,0625$ $< kQ \leq$ $0,125$	$0,125$ $< kQ \leq$ $0,25$	$0,25$ $< kQ \leq$ $0,5$	$0,5$ $< kQ \leq$ $1,0$
Klasse der Gesamtzahl von Arbeitsspielen							
U_0	$C \leq 1,6 \cdot 10^4$	S_0	S_0	S_0	S_0	S_0	S_0
U_1	$1,60 \cdot 10^4 < C \leq 3,15 \cdot 10^4$	S_0	S_0	S_0	S_0	S_0	S_1
U_2	$3,15 \cdot 10^4 < C \leq 6,30 \cdot 10^4$	S_0	S_0	S_0	S_0	S_1	S_2
U_3	$6,30 \cdot 10^4 < C \leq 1,25 \cdot 10^5$	S_0	S_0	S_0	S_1	S_2	S_3
U_4	$1,25 \cdot 10^5 < C \leq 2,50 \cdot 10^5$	S_0	S_0	S_1	S_2	S_3	S_4
U_5	$2,50 \cdot 10^5 < C \leq 5,00 \cdot 10^5$	S_0	S_1	S_2	S_3	S_4	S_5
U_6	$5,00 \cdot 10^5 < C \leq 1,00 \cdot 10^6$	S_1	S_2	S_3	S_4	S_5	S_6
U_7	$1,00 \cdot 10^6 < C \leq 2,00 \cdot 10^6$	S_2	S_3	S_4	S_5	S_6	S_7
U_8	$2,00 \cdot 10^6 < C \leq 4,00 \cdot 10^6$	S_3	S_4	S_5	S_6	S_7	S_8
U_9	$4,00 \cdot 10^6 < C \leq 8,00 \cdot 10^6$	S_4	S_5	S_6	S_7	S_8	S_9

kQ Lastkollektivbeiwert für alle Arbeitsvorgänge des Krans
C Gesamtzahl von Arbeitsspielen während der Nutzungsdauer des Krans.

10.9.6.3 Ermüdungsnachweis

Der Ermüdungsnachweis erfolgt nach DIN EN 1993-1-9 (s. Abschn. 10.8.6.2 und 10.8.6.3). Wirken zwei oder mehrere Krane zeitweise zusammen, so ist zusätzlich der Nachweis nach (10.338) zu führen.

$$D_d = \sum_i^n D_i + D_{dup} \leq 1 \qquad (10.338)$$

D_i Schädigung eines einzelnen unabhängig wirkenden Krans i nach (10.310)

D_{dup} Zusätzliche Schädigung infolge der Kombination von zwei oder mehr Kranen, die zeitweise zusammen wirken. In Abhängigkeit vom Konstruktionsdetail sollte die Schädigung mit der Längsspannung, der Schubspannung oder beidem bestimmt werden (s. auch Abschn. 10.8.6.2):

$$D_{dup} = \left(\frac{\gamma_{Ff} \cdot \Delta\sigma_{E,2,dup}}{\Delta\sigma_C / \gamma_{Mf}} \right)^3 + \left(\frac{\gamma_{Ff} \cdot \Delta\tau_{E,2,dup}}{\Delta\tau_C / \gamma_{Mf}} \right)^5$$

$\Delta\sigma_{E,2,dup}, \Delta\tau_{E,2,dup}$ schadensäquivalente Spannungsschwingbreiten zweier oder mehrerer zusammenwirkender Krane.

Zur Ermittlung von Spannungsschwingbreiten $\Delta\sigma_{E,2,dup}$, $\Delta\tau_{E,2,dup}$ dürfen die schadensäquivalenten Beiwerte λ_{dup} für zeitweises Zusammenwirken von Kranen wie folgt berechnet werden:

- Bei zwei Kranen:
  λ_{dup} wird für die Beanspruchungsklasse bestimmt, die zwei Klassen unter der niedrigsten der Einzelkrane liegt.
- Bei drei oder mehr Kranen:
  λ_{dup} wird für die Beanspruchungsklasse bestimmt, die drei Klassen unter der niedrigsten der Einzelkrane liegt.

Falls zwei Krane in erheblichem Ausmaß zusammen betrieben werden, sollten sie zusammen als ein Kran behandelt werden.

10.10 Ausführung von Stahlbauten

10.10.1 Ausführungsklassen

In DIN EN 1090-2 [36] wird zwischen vier Ausführungsklassen (Execution Classes) EXC 1 bis EXC 4 differenziert, mit denen die Anforderungen an die Ausführung festliegen. Dabei werden an Tragwerken und Bauteilen, die in die Ausführungsklasse EXC 4 eingeordnet werden, die höchsten Anforderungen gestellt. Die Bauteile eines Tragwerks können mehreren Ausführungsklassen zugeordnet werden.

Im Nationalen Anhang zu DIN EN 1993-1-1 [13] werden Merkmale zur Festlegung der Ausführungsklassen angegeben, die in Tafel 10.227 zusammengefasst sind.

Die Ausführung von Bauwerken und Bauteilen nach den festgelegten Ausführungsklassen darf nur durch Hersteller erfolgen, deren werkseigene Produktion hierfür nach DIN EN 1090-1 [35] zertifiziert ist.

10.10.2 Schweißverbindungen

10.10.2.1 Allgemeines

Mit der Ausführungsklasse sind bestimmte Qualitätsanforderungen an geschweißte Bauteile verbunden. Diese sind für das Schmelzschweißen in DIN EN ISO 3834 und für das Widerstandsschweißen in DIN EN ISO 14554 geregelt. Wesentliche Punkte sind:

- Schweißen nach qualifizierten Schweißanweisungen
- Einsatz von geprüften Schweißern nach DIN EN ISO 9606-1
- Einsatz von qualifiziertem Schweißaufsichtspersonal nach DIN EN ISO 14731
- Durchführung von zerstörungsfreien Schweißnahtprüfungen.

Nach DIN EN 1090-2 erfolgt die Zuordnung der Ausführungsklasse zu den Anforderungen nach DIN EN ISO 3834 wie in Tafel 10.228 beschrieben.

10.10.2.2 Schweißen nach qualifizierten Schweißanweisungen

Die Qualifizierung des Schweißverfahrens ist abhängig von der Ausführungsklasse, dem Grundwerkstoff und dem Mechanisierungsgrad nach Tafel 10.229.

10.10.2.3 Schweißaufsichtspersonal

Bei den Ausführungsklassen EXC 2 bis EXC 4 müssen die Schweißarbeiten durch ein ausreichend qualifiziertes Schweißaufsichtspersonal geprüft werden. Die Anforderungen sind in Tafel 10.230 zusammengestellt. Darin bedeuten:

- B Basiskenntnisse = Schweißfachmann IWS
- S Spezielle Kenntnisse = Schweißtechniker IWT
- C Umfassende Kenntnisse = Schweißfachingenieur IWE.

10.10.2.4 Zerstörungsfreie Schweißnahtprüfung

Nach DIN EN 1090-2 [36] muss über die gesamte Länge aller Schweißnähte eine Sichtprüfung durchgeführt werden. Diese erfolgt, bevor eine zerstörungsfreie Prüfung (ZfP) durchgeführt wird. Sie beinhaltet

- das Vorhandensein und die Stellen aller Schweißnähte,
- die Kontrolle der Schweißnähte nach DIN EN ISO 17637,
- Zündstellen und Bereiche mit Schweißspritzern.

Werden Oberflächenunregelmäßigkeiten festgestellt, muss an der kontrollierten Schweißnaht eine Oberflächenprüfung mittels Farbeindring- oder Magnetpulverprüfung durchgeführt werden. Bei EXC 1 ist i. Allg. keine ergänzende ZfP erforderlich. Für die Ausführungsklassen EXC 2, EXC 3

Tafel 10.227 Zuordnung zu den Ausführungsklassen nach [13]

Ausführungsklasse EXC 1	In diese Ausführungsklasse fallen vorwiegend ruhend beanspruchte Bauteile oder Tragwerke aus Stählen bis S275 und Werkstoffdicken bis max. 20 mm sowie Kopf- und Fußplatten bis max. 30 mm, für die einer der folgenden Punkte (a bis f) vollständig zutrifft:
	a) Tragkonstruktionen mit
	  – bis zu zwei Geschossen aus Walzprofilen ohne biegesteife Kopf-, Fuß- und Stirnplattenstöße mit einer maximalen Geschosshöhe von 3 m,
	  – druck- und biegebeanspruchten Stützen ohne Stoß,
	  – Biegeträgern mit bis zu 5 m Spannweite und Auskragungen bis 2 m,
	  – charakteristischen veränderlichen gleichmäßig verteilten Einwirkungen/Nutzlasten bis 2,5 kN/m^2 und charakteristischen veränderlichen Einzelnutzlasten bis 2,0 kN.
	b) Tragkonstruktionen mit max. 30° geneigten Belastungsebenen (z. B. Rampen) mit Beanspruchungen durch charakteristische Achslasten von max. 63 kN oder charakteristische veränderliche, gleichmäßig verteilte Einwirkungen/Nutzlasten von bis zu 17,5 kN/m^2 (Kategorie E2.4 nach DIN EN 1991-1-1/NA:2010-12, Tabelle 6.4DE) in einer Höhe von max. 1,25 m über festem Boden wirkend.
	c) Treppen, Geländer und Balkone in bzw. an Wohngebäuden bis zu einer Konstruktionshöhe von 12 m.
	d) Landwirtschaftliche Gebäude ohne regelmäßigen Personenverkehr (z. B. Scheunen, Gewächshäuser).
	e) Wintergärten an Wohngebäuden.
	f) Gebäude, die selten von Personen betreten werden, wenn der Abstand zu anderen Gebäuden oder Flächen mit häufiger Nutzung durch Personen mindestens das 1,5-fache der Gebäudehöhe beträgt.
	Die Ausführungsklasse EXC 1 gilt auch für andere vergleichbare Bauwerke, Tragwerke und Bauteile.

Ausführungsklasse EXC 2	In diese Ausführungsklasse fallen statisch, quasi-statisch und ermüdungsbeanspruchte Bauteile oder Tragwerke aus Stahl bis zur Festigkeitsklasse S700, die nicht den Ausführungsklassen EXC 1, EXC 3 und EXC 4 zuzuordnen sind.

Ausführungsklasse EXC 3	In diese Ausführungsklasse fallen statisch, quasi-statisch und ermüdungsbeanspruchte Bauteile oder Tragwerke aus Stahl bis zur Festigkeitsklasse S700, für die mindestens einer der folgenden Punkte zutrifft:
	a) Dachkonstruktionen von Versammlungsstätten/Stadien.
	b) Gebäude mit mehr als 15 Geschossen.
	c) Folgende Tragwerke oder deren Bauteile:
	  – Geh- und Radwegbrücken,
	  – Straßen- und Eisenbahnbrücken,
	  – Fliegende Bauten,
	  – Türme und Maste, wie z. B. Antennentragwerke,
	  – Kranbahnen,
	  – zylindrische Türme wie z. B. Tragrohre für Schornsteine.
	d) Bauteile für den Stahlwasserbau, wie Verschlüsse, Kanalbrücken und Schiffshebewerke.
	Die Ausführungsklasse EXC 3 gilt auch für andere vergleichbare Bauwerke, Tragwerke und Bauteile.

Ausführungsklasse EXC 4	In diese Ausführungsklasse fallen alle Bauteile oder Tragwerke der Ausführungsklasse EXC 3 mit extremen Versagensfolgen für Menschen und Umwelt, wie z. B.: a) Straßen- und Eisenbahnbrücken (s. DIN EN 1991-1-7 [5]) über dicht besiedeltem Gebiet oder über Industrieanlagen mit hohem Gefährdungspotenzial. b) Sicherheitsbehälter in Kernkraftwerken.

Tafel 10.228 Zuordnung der Ausführungsklassen zu Qualitätsanforderungen

Ausführungsklasse	DIN EN ISO 3834	Inhalt
EXC 1	Teil 4	Elementare Qualitätsanforderungen
EXC 2	Teil 3	Standard-Qualitätsanforderungen
EXC 3 und EXC 4	Teil 2	Umfassende Qualitätsanforderungen

Tafel 10.229 Methoden zur Qualifizierung des Schweißverfahrens

Methoden der Qualifizierung	DIN EN ISO	EXC 2	EXC 3	EXC 4
Schweißverfahrensprüfung	15614-1	×	×	×
Vorgezogene Arbeitsprüfung	15613	×	×	×
Standardschweißverfahren	15612	×^{a}	–	–
Vorliegende schweißtechnische Erfahrung	15611	×^{b}	–	–
Einsatz von geprüften Schweißzusätzen	15610			

× zulässig; – nicht zulässig.
^{a} nur bei Stahlsorten $\leq$ S355 und manuellem oder teilmechanischem Schweißen.
^{b} nur bei Stahlsorten $\leq$ S275 und manuellem oder teilmechanischem Schweißen.

Tafel 10.230 Technische Kenntnisse des Schweißaufsichtspersonals

Ausführungsklasse	Stahlsorte (S235 bis S700)	Materialdicke		
		$t \leq 25$ mm ($t \leq 50$ mm)[a]	25 mm $\leq t \leq 50$ mm (25 mm $\leq t \leq 75$ mm)[a]	$t > 50$ mm
EXC 2	$\leq$ S275	B	S	S
	S355	B	S	C
	$\geq$ S420	S	C[b]	C
EXC 3	$\leq$ S355	S	C	C
	$\geq$ S420	C	C	C
EXC 4	S235 bis S700	C	C	C

[a] Die größeren Blechdicken gelten für Stützenfußplatten und Stirnbleche.
[b] Bei Stahlsorten N, NL, M, ML sind spezielle Kenntnisse (S) ausreichend.

Tafel 10.231 Umfang der ergänzenden ZfP

Schweißnahtart	Werkstatt- und Baustellennähte		
	EXC 2	EXC 3	EXC 4
Zugbeanspruchte querverlaufende Stumpfnähte und teilweise durchgeschweißte Nähte in zugbeanspruchten Stumpfstößen			
$U \geq 0{,}5$	10 %	20 %	100 %
$U < 0{,}5$	0 %	10 %	50 %
Querverlaufende Stumpfnähte und teilweise durchgeschweißte Nähte			
in Kreuzstößen	10 %	20 %	100 %
in T-Stößen	5 %	10 %	50 %
Zug- oder scherbeanspruchte querverlaufende Kehlnähte			
mit $a > 12$ mm oder $t_{max} > 20$ mm	5 %	10 %	20 %
mit $a \leq 12$ mm oder $t_{max} \leq 20$ mm	0 %	5 %	10 %
Vollständig durchgeschweißte Längsnähte zwischen Steg und Obergurt bei Kranbahnträgern	10 %	20 %	100 %
Andere Längsnähte und Nähte angeschweißter Steifen	0 %	5 %	10 %

Tafel 10.232 Zuordnung der Bewertungsgruppen zu Ausführungsklassen

Ausführungsklasse	EXC 1	EXC 2	EXC 3	EXC 4
Bewertungsgruppe	D	C[a]	B	B+[b]

[a] Bewertungsgruppe D für „Einbrandkerbe (5011, 5012)", „Schweißgutüberlauf (506)", „Zündstelle (601)", „Offener Endkraterlunker (2025)".
[b] Bewertungsgruppe B mit Zusatzanforderungen der DIN EN 1090-2, Tab. 17 [36].

und EXC 4 sind ergänzende ZfP in Abhängigkeit von der statischen Ausnutzung der Schweißnähte im GZT nach Tafel 10.231 durchzuführen. Dort werden Nähte, die nicht parallel zur Längsachse verlaufen, als quer verlaufende Nähte betrachtet. $U = E_d/R_d$ ist der Ausnutzungsgrad unter quasi-statischen Einwirkungen.

10.10.2.5 Abnahmekriterien für Schweißnahtunregelmäßigkeiten

DIN EN ISO 5817 [62] regelt die Grenzwerte für Unregelmäßigkeiten der Schweißnähte für die Bewertungsgruppen B, C und D. Die Qualität einer Schweißung wird hinsichtlich der Art, Größe und Anzahl ausgesuchter Unregelmäßigkeiten bewertet. Mit der Gruppe B sind die höchsten Anforderungen verbunden. In Tafel 10.232 sind den Ausführungsklassen Bewertungsgruppen zugeordnet, deren Abnahmekriterien einzuhalten sind. Unregelmäßigkeiten aufgrund von Mikrobindefehlern (401) und schroffen Nahtübergängen (505) sind nicht zu berücksichtigen.

10.10.3   Schraubenverbindungen

10.10.3.1   Herstellen von Schraubenverbindungen

Die Herstellung von Schraubenverbindungen geschieht in folgenden Schritten:
- Herstellen der Löcher,
- ggf. Vorbereiten der Kontaktflächen
- Einsetzen der Schrauben und Unterlegscheiben,
- Aufschrauben, Anziehen und ggf. Vorspannen der Mutter.

Schraubenlöcher können unter Beachtung von DIN EN 1090-2, Abschn. 6.6.3 [36] auf unterschiedliche Weise hergestellt werden (Bohren, Stanzen, Laser-, Plasma- oder anderes thermisches Schneiden). Zu beachten sind
- die Anforderungen in Bezug auf lokale Härte und Qualität der Schnittflächen nach DIN EN 1090-2, Abschn. 6.4,
- das alle Löcher für Verbindungsmittel oder Bolzen so zueinander passen, dass die Verbindungsmittel ungehindert eingesetzt werden können.

Tafel 10.233 Anziehverfahren und k-Klassen

Anziehverfahren	k-Klassen
Drehmomentverfahren	K2
Kombiniertes Vorspannverfahren	K2 oder K1
HRC Anziehverfahren (DIN EN 14399-10)	K0 nur mit HRD-Muttern oder K2
Verfahren mit direkten Kraftanzeigern (DTI)	K2, K1 oder K0

Tafel 10.234 Vorspannkräfte und Anziehmomente für Garnituren der Festigkeitsklasse 8.8 nach DIN EN ISO 4014, 4017, 4032 und DIN 34820

Maße	Regelvorspann-kraft $F_{p,C}^*$ [kN]	Drehimpulsverfahren	Modifiziertes Drehmomentverfahren
		Einzustellende Vorspannkraft $F_{V,DI}$ [kN] zum Erreichen der Regelvorspannkraft $F_{p,C}^*$	Aufzubringendes Anziehmoment M_A [N m] zum Erreichen der Regelvorspannkraft $F_{p,C}^*$
		Oberflächenzustand: feuerverzinkt und geschmiert[a] oder wie hergestellt und geschmiert[a]	
M12	35	40	70
M16	70	80	170
M20	110	120	300
M22	130	145	450
M24	150	165	600
M27	200	220	900
M30	245	270	1200
M36	355	390	2100

[a] Muttern mit Molybdänsulfid oder gleichwertigem Schmierstoff behandelt.

Tafel 10.235 Vorspannkräfte und Anziehmomente für Garnituren der Festigkeitsklasse 10.9 nach DIN EN 14399-4, DIN EN 14399-6 u. DIN EN 14399-8

Maße	Regelvorspann-kraft $F_{p,C}^*$ [kN]	Drehimpulsverfahren	Modifiziertes Drehmomentverfahren	Modifiziertes kombiniertes Verfahren
		Einzustellende Vorspannkraft $F_{V,DI}$ [kN] zum Erreichen der Regelvorspannkraft $F_{p,C}^*$	Aufzubringendes Anziehmoment M_A [N m] zum Erreichen der Regelvorspannkraft $F_{p,C}^*$	Voranziehmoment $M_{A,MKV}$ [N m]
		Oberflächenzustand: feuerverzinkt und geschmiert[a] oder wie hergestellt und geschmiert[a]		
M12	50	60	100	75
M16	100	110	250	190
M20	160	175	450	340
M22	190	210	650	490
M24	220	240	800	600
M27	290	320	1250	940
M30	350	390	1650	1240
M36	510	560	2800	2100

[a] Muttern mit Molybdänsulfid oder gleichwertigem Schmierstoff behandelt.

Stanzen ist zulässig, sofern die Bauteildicke nicht größer ist als der Nenndurchmesser des Loches. In den Ausführungsklassen EXC 3 und EXC 4 müssen die Löcher bei Blechdicken > 3 mm mit einem Untermaß von mindestens 2 mm gestanzt und hinterher aufgerieben werden.

Löcher für Passschrauben und Passbolzen dürfen entweder passend gebohrt oder vor Ort aufgerieben werden. Löcher, die vor Ort aufgerieben werden, müssen zunächst mit mindestens 3 mm Untermaß durch Bohren oder Stanzen ausgeführt werden. **Lange Langlöcher** müssen entweder in einem Arbeitsgang gestanzt oder durch Bohren oder Stanzen zweier Löcher mit anschließenden manuellem Brennschneiden hergestellt werden, sofern nichts anderes festgelegt wird.

Grate an Löchern müssen vor dem Zusammenbau entfernt werden. Werden Löcher in einem Arbeitsgang durch zusammengeklemmte Teile gebohrt, die nach dem Bohren nicht getrennt werden, ist das Entgraten nur an den außenliegenden Lochrändern erforderlich.

10.10.3.2 Planmäßiges Vorspannen von Schraubenverbindungen

Zum Aufbringen der Mindestvorspannkraft $F_{p,C}$ können nach DIN EN 1090-2 [36] die Anziehverfahren in Tafel 10.233 eingesetzt werden, wenn keine Einschränkungen bzgl. der Anwendung vorliegen. Dabei muss die k-Klasse (Kalibrierung im Anlieferungszustand nach DIN EN 14399-1 [66]) der Tafel 10.233 entsprechen. Angaben zu den Anziehverfahren, den notwendigen Kontrollen und Prüfungen sind DIN EN 1090-2 [36] zu entnehmen. Die k-Klassen müssen vom Hersteller der Schraubengarnituren angegeben werden. Das Anziehen erfolgt schrittweise, ausgehend von dem Teil des Anschlusses mit der größten Steifigkeit hin zum nachgiebigsten Teil. Mehr als ein Anziehdurchgang kann notwendig sein, um gleichmäßige Vorspannkräfte zu erzielen.

Ergänzende Vorspannverfahren zu DIN EN 1090-2 [36]
In DIN EN 1993-1-8/NA [18] sind ergänzende Vorspannverfahren angegeben. Die wesentliche Besonderheit der ergänzenden Vorspannverfahren besteht im Aufbringen der im Vergleich zur Mindestvorspannkraft $F_{p,C}$ kleineren Regelvorspannkraft $F_{p,C}^*$. Dadurch kann die Ermittlung eines Referenz-Drehmoments nach DIN EN 1090-2, Abschn. 8.5.2 entfallen. Stattdessen können bei einer Schmierung nach k-Klasse K1 feste Werte für die Anziehmomente angegeben werden. Daraus folgen ein modifiziertes Drehmoment-Vorspannverfahren und ein modifiziertes kombiniertes Vorspannverfahren. Ferner ist es möglich, das traditionelle Drehimpuls-Vorspannverfahren beizubehalten, siehe Tafeln 10.234 und 10.235 [18].

Normen

1. DIN EN 1990 (12/2010), Grundlagen der Tragwerksplanung

DIN EN 1991, Eurocode 1: Einwirkungen auf Tragwerke

2. DIN EN 1991-1-1 (12/2010), Allgemeine Einwirkungen auf Tragwerke – Wichten, Eigengewicht und Nutzlasten im Hochbau

3. DIN EN 1991-1-5 (12/2010), Temperatureinwirkungen

4. DIN EN 1991-1-6 (12/2010), Allgemeine Einwirkungen, Einwirkungen während der Bauausführung

5. DIN EN 1991-1-7 (12/2010), Außergewöhnliche Einwirkungen

6. DIN EN 1991-2 (12/2010), Verkehrslasten auf Brücken

7. DIN EN 1991-2/NA (08/2012), Nationaler Anhang – Verkehrslasten auf Brücken

8. DIN EN 1991-3 (12/2010), Einwirkungen infolge von Kranen und Maschinen

9. DIN EN 1991-3/NA (12/2010), Nationaler Anhang – Einwirkungen infolge von Kranen und Maschinen

DIN EN 1992-1, Eurocode 2: Bemessung und Konstruktion von Stahlbeton- und Spannbetontragwerken

10. DIN EN 1992-1-1 (01/2011), Allgemeine Bemessungsregeln und Regeln für den Hochbau

11. DIN EN 1992-1-1/NA (04/2013), Nationaler Anhang – Allgemeine Bemessungsregeln und Regeln für den Hochbau

DIN EN 1993, Eurocode 3: Bemessung und Konstruktion von Stahlbauten

12. DIN EN 1993-1-1 (12/2010), Allgemeine Bemessungsregeln und Regeln für den Hochbau

13. DIN EN 1993-1-1/NA (08/2015), Nationaler Anhang – Allgemeine Bemessungsregeln und Regeln für den Hochbau

14. DIN EN 1993-1-3 (12/2010), Allgemeine Regeln – Ergänzende Regeln für kaltgeformte Bauteile und Bleche

15. DIN EN 1993-1-5 (07/2017), Plattenförmige Bauteile

16. DIN EN 1993-1-5/NA (04/2016), Nationaler Anhang – Plattenförmige Bauteile

17. DIN EN 1993-1-8 (12/2010), Bemessung von Anschlüssen

18. DIN EN 1993-1-8/NA (12/2010), Nationaler Anhang – Bemessung von Anschlüssen

19. DIN EN 1993-1-9 (12/2010), Ermüdung

20. DIN EN 1993-1-9/NA (12/2010), Nationaler Anhang – Ermüdung

21. DIN EN 1993-1-10 (12/2010), Stahlsortenauswahl im Hinblick auf Bruchzähigkeit und Eigenschaften in Dickenrichtung

22. DIN EN 1993-1-10/NA (04/2016), Nationaler Anhang – Stahlsortenauswahl im Hinblick auf Bruchzähigkeit und Eigenschaften in Dickenrichtung

23. DIN EN 1993-1-12 (12/2010), Zusätzliche Regeln zur Erweiterung von EN 1993 auf Stahlgüten bis S700

24. DIN EN 1993-1-12/NA (08/2011), Nationaler Anhang – Zusätzliche Regeln zur Erweiterung von EN 1993 auf Stahlgüten bis S700

25. DIN EN 1993-2 (12/2010), Stahlbrücken

26. DIN EN 1993-2/NA (10/2014), Nationaler Anhang – Stahlbrücken

27. DIN EN 1993-6 (12/2010), Kranbahnen

28. DIN EN 1993-6/NA (12/2010), Nationaler Anhang – Kranbahnen

DIN EN 1994-1, Eurocode 4: Bemessung und Konstruktion von Verbundtragwerken aus Stahl und Beton

29. DIN EN 1994-1-1 (12/2010), Allgemeine Bemessungsregeln und Anwendungsregeln für den Hochbau

30. DIN EN 1994-1-1/NA (12/2010), Nationaler Anhang – Allgemeine Bemessungsregeln und Anwendungsregeln für den Hochbau

DIN 18800, Stahlbauten

31. DIN 18800-1 (11/2008), Bemessung und Konstruktion

32. DIN 18800-2 (11/2008), Stabilitätsfälle – Knicken von Stäben und Stabwerken

33. DIN 18800-3 (11/2008), Stabilitätsfälle – Plattenbeulen

34. DIN 18800-5 (03/2007) Verbundtragwerke aus Stahl und Beton – Bemessung und Konstruktion

DIN EN 1090, Ausführung von Stahltragwerken und Aluminiumtragwerken

35. DIN EN 1090-1 (02/2012), Konformitätsnachweisverfahren für tragende Bauteile

36. DIN EN 1090-2 (10/2011), Technische Regeln für die Ausführung von Stahltragwerken

10

Weitere

37. DIN 18807 (06/1987), Stahltrapezprofile: T.1 – Allgemeine Anforderungen, Ermittlung der Tragfähigkeitswerte durch Berechnung; T.2 – Durchführung und Auswertung von Tragfähigkeitsversuchen; T.3 – Festigkeitsnachweis und konstruktive Ausbildung

38. DIN EN 10027-1 (01/2017), Bezeichnungssysteme für Stähle – Teil 1: Kurznamen

39. DIN EN 10027-2 (07/2015), Bezeichnungssysteme für Stähle – Teil 2: Nummernsystem

40. DIN ISO 5261 (04/1997), Technische Zeichnungen – Vereinfachte Angabe von Stäben und Profilen

41. DIN SPEC 18085 (08/2014), Anordnung von Schrauben in warmgewalzten Stahlprofilen

42. DIN EN 10279 (03/2000), Warmgewalzter U-Profilstahl – Grenzabmaße, Formtoleranzen und Grenzabweichungen der Masse

43. DIN EN ISO 2553 (04/2014), Schweißen und verwandte Prozesse – Symbolische Darstellung in Zeichnungen – Schweißverbindungen

44. DIN EN 10025, Warmgewalzte Erzeugnisse aus Baustählen, Teile 1 bis 6

45. DIN 536, Kranschienen – Maße, statische Werte, Stahlsorten

46. DIN 1025, Warmgewalzte I-Träger – Maße, Masse, statische Werte

47. DIN 1026, Warmgewalzter U-Profilstahl – Maße, Masse und statische Werte

48. DIN 1027 (04/2004), Stabstahl – Warmgewalzter rundkantiger Z-Stahl – Maße, Masse, Toleranzen, statische Werte

49. DIN 59200 (05/2001), Flacherzeugnisse aus Stahl – Warmgewalzter Breitflachstahl – Maße, Masse, Grenzabmaße, Formtoleranzen und Grenzabweichungen der Masse

50. DIN EN 10055 (12/1995), Warmgewalzter gleichschenkliger T-Stahl mit gerundeten Kanten und Übergängen – Maße, Grenzabmaße und Formtoleranzen

51. DIN EN 10056-1 (06/2017), Gleichschenklige und ungleichschenklige Winkel aus Stahl – Teil 1: Maße

52. DIN EN 10056-2 (03/1994), Gleichschenklige und ungleichschenklige Winkel aus Stahl – Teil 2: Grenzabmaße und Formtoleranzen

53. DIN EN 10149 (12/2013), Warmgewalzte Flacherzeugnisse aus Stählen mit hoher Streckgrenze zum Kaltumformen, Teil 2: Technische Lieferbedingungen für thermomechanisch gewalzte Stähle, Teil 3: Technische Lieferbedingungen für normalgeglühte oder normalisierend gewalzte Stähle

54. DIN EN 10164 (03/2005), Stahlerzeugnisse mit verbesserten Verformungseigenschaften senkrecht zur Erzeugnisoberfläche – Technische Lieferbedingungen

55. DIN EN 10210 (07/2006), Warmgefertigte Hohlprofile für den Stahlbau aus unlegierten Baustählen und aus Feinkornbaustählen

56. DIN EN 10219 (07/2006), Kaltgefertigte geschweißte Hohlprofile für den Stahlbau aus unlegierten Baustählen und aus Feinkornbaustählen

57. DIN EN 10346 (10/2015), Kontinuierlich schmelztauchveredelte Flacherzeugnisse aus Stahl – Technische Lieferbedingungen

58. DIN EN 10024 (05/1995), I-Profile mit geneigten inneren Flanschflächen – Grenzabnahme und Formtoleranzen

59. DIN EN 10034 (03/1994), I- und H-Profile aus Baustahl – Grenzabmaße und Formtoleranzen

60. DIN EN ISO 286-2 (11/2010), Geometrische Produktspezifikation (GPS) – ISO-Toleranzsystem für Längenmaße – Teil 2: Tabellen der Grundtoleranzgrade und Grenzabmaße für Bohrungen und Wellen

61. DIN EN ISO 898-1, 2 (05/2013, 08/2012), Mechanische Eigenschaften von Verbindungselementen aus Kohlenstoffstahl und legiertem Stahl – Teil 1: Schrauben mit festgelegten Festigkeitsklassen – Regelgewinde und Feingewinde, Teil 2: Muttern mit festgelegten Festigkeitsklassen – Regelgewinde und Feingewinde

62. DIN EN ISO 5817 (06/2014) Schweißen – Schmelzschweißverbindungen an Stahl, Nickel, Titan und deren Legierungen (ohne Strahlschweißen) – Bewertungsgruppen von Unregelmäßigkeiten

63. DIN EN ISO 13918 (10/2008), Schweißen – Bolzen und Keramikringe für das Lichtbogenbolzenschweißen

64. DIN EN ISO 14555 (08/2014), Schweißen – Lichtbogenbolzenschweißen von metallischen Werkstoffen

65. DIN EN 22553 (03/1997), Schweiß- und Lötnähte – Symbolische Darstellung in Zeichnungen

66. DIN EN 14399, Hochfeste vorspannbare Garnituren für Schraubverbindungen im Metallbau

67. DIN EN 15048 (09/2016), Garnituren für nicht vorgespannte Schraubverbindungen im Metallbau

68. DIN EN 13001-2 (12/2014), Kransicherheit – Konstruktion allgemein – Teil 2: Lasteinwirkungen

69. VDI 2388 (10/2007), Krane in Gebäuden – Planungsgrundlagen

70. BGV D6 (04/2001), Unfallverhütungsvorschrift Krane

Literatur

71. Wardenier, J., Y. Kurobane, J. A. Packer, G. J. van der Vegte, X.-L. Zhao. *Konstruieren mit Stahlhohlprofilen – Berechnung + Bemessung von Verbindungen aus Rundhohlprofilen unter vorwiegend ruhender Beanspruchung*. 2. Ausgabe. Herausgeber: CIDECT, 2011.

72. Stroetmann, R., J. Lindner. *Knicknachweise nach DIN EN 1993-1-1*. Verlag Ernst & Sohn, Stahlbau 79 (2010), Heft 11, S. 793–808.

73. Stroetmann, R., H. Friemann. *Zum Nachweis ausgesteifter biegedrillknickgefährdeter Träger*. Verlag Ernst & Sohn, Stahlbau 67 (1998), Heft 12, S. 936–955.

74. Francke, W., H. Friemann. *Schub und Torsion in geraden Stäben*. 3. Auflage. Wiesbaden: Vieweg + Teubner, 2005.

75. Dutta, D. *Hohlprofilkonstruktionen*. Berlin: Verlag Ernst & Sohn, 1999.

76. Verein Deutscher Eisenhüttenleute (Hrsg.). *Stahl im Hochbau*. 14. Auflage, Band I/Teil 2. Düsseldorf: Verlag Stahleisen, 1986.

77. Boissonnade, N., R. Greiner, J.-P. Jaspart, J. Lindner. *Rules for Member Stability in EN 1993-1-1, Background documentation and design guidelines*. ECCS publ. No. 119, Brüssel, 2006.

78. Lindner, J., S. Heyde. *Schlanke Stabtragwerke*. Stahlbau-Kalender 2009, S. 273–379. Berlin: Verlag Ernst & Sohn, 2009.

79. Roik, K., J. Carl, J. Lindner. *Biegetorsionsprobleme gerader dünnwandiger Stäbe*. Berlin: Verlag Ernst & Sohn, 1972.

80. Rondal, J., K.-G. Würker, D. Dutta, J. Wardenier, N. Yeomans. *Knick- und Beulverhalten von Hohlprofilen (rund und rechteckig)*. Herausgeber: CIDECT. Köln: Verlag TÜV Rheinland, 1992.

81. Lindner, J. *Stabilisierung von Trägern durch Trapezbleche.* Verlag Ernst & Sohn, Stahlbau 56 (1987), Heft 1, S. 9–15.

82. Lindner, J., R. Giezelt. *Zur Tragfähigkeit ausgeklinkter Träger.* Verlag Ernst & Sohn, Stahlbau 54 (1985), Heft 2, S. 39–45.

83. Rubin, H., U. Vogel. *Baustatik ebener Tragwerke.* In Stahlbau Handbuch 1, Teil A: Abschnitt 3. Köln: Stahlbau-Verlagsgesellschaft, 1993.

84. Feldmann, M., U. Kuhlmann, M. Mensinger. *Entwicklung und Aufbereitung wirtschaftlicher Bemessungsregeln für Stahl- und Verbundträger mit schlanken Stegblechen im Hoch- und Brückenbau.* AiF-Projekt 14771, Forschungsbericht. Düsseldorf: Stahlbau Verlags- und Service GmbH, 2008.

85. Braun, B., U. Kuhlmann. *Bemessung und Konstruktion von aus Blechen zusammengesetzten Bauteilen nach DIN EN 1993-1-5.* Stahlbau-Kalender 2009, S. 381–453. Berlin: Verlag Ernst & Sohn, 2009.

86. Klöppel, K., J. Scheer, K. H. Möller. *Beulwerte ausgesteifter Rechteckplatten*, Band I und II. Berlin: Verlag Ernst & Sohn, 1960 und 1968.

87. Petersen, C. *Statik und Stabilität der Baukonstruktionen.* 2. Auflage. Braunschweig/Wiesbaden: Friedr. Vieweg & Sohn Verlagsgesellschaft, 1982.

88. Protte, W. *Zum Scheiben- und Beulproblem längsversteifter Stegblechfelder bei örtlicher Lasteinleitung und bei Belastung aus Haupttragwirkung.* Verlag Ernst & Sohn, Stahlbau 45 (1976), Heft 8, S. 251–252.

89. Hanswille, G., M. Schäfer, M. Bergmann. *Stahlbaunormen – Verbundtragwerke aus Stahl und Beton, Bemessung und Konstruktion – Kommentar zu DIN 18800-5 Ausgabe März 2007.* Stahlbau-Kalender 2010, S. 243–422, Berlin: Verlag Ernst & Sohn, 2010.

90. Hanswille, G., J. Lindner, D. Münich. *Zum Biegedrillknicken von Verbundträgern.* Verlag Ernst & Sohn, Stahlbau 67 (1998), Heft 7, S. 525–535.

91. Nussbaumer, A., H.-P. Günther. *Grundlagen und Erläuterung der neuen Ermüdungsnachweise nach Eurocode 3.* Stahlbau-Kalender 2006, S. 381–484. Berlin: Verlag Ernst & Sohn, 2006.

92. Zhao, X.-L., S. Herion, J. A. Packer, R. S. Puthli, G. Sedlacek, J. Wardenier, K. Weynand, A. M. van Wingerde, N. F. Yeomans. *Konstruieren mit Stahlhohlprofilen – Geschweißte Anschlüsse von runden und rechteckigen Hohlprofilen unter Ermüdungsbelastung.* Herausgeber: CIDECT. Köln: TÜV-Verlag, 2002

93. Kindmann, R. (Hrsg.), M. Kraus, H. J. Niebuhr. *Stahlbau Kompakt.* 3. Auflage. Düsseldorf: Verlag Stahleisen GmbH, 2014.

94. Kindmann, R., D. Jonczyk, M. Knobloch. *Plastische Querschnittstragfähigkeit von kreisförmigen Hohlprofilen.* Verlag Ernst & Sohn, Stahlbau 85 (2016), Heft 12, S. 845–852.

95. Kraus, M., S. Mämpel. *Kennwerte neuer und abgenutzter Kranschienen für die Bemessung von Kranbahnträgern.* Verlag Ernst & Sohn, Stahlbau 86 (2017), Heft 1, S. 36–44.

96. Seeßelberg, C. *Kranbahnen – Bemessung und konstruktive Gestaltung nach Eurocode.* 5. Auflage. Berlin/Wien/Zürich: Beuth Verlag GmbH, 2016.

97. Bauministerkonferenz. *Muster-Liste der Technischen Baubestimmungen*, Fassung Juni 2015, www.bauministerkonferenz.de.

98. Schneider, S., D. Ungermann. *Geschraubte Anschlüsse und Verbindungen nach DIN EN 1993-1-8.* Verlag Ernst & Sohn, Stahlbau 79 (2010), Heft 11, S. 809–826.

99. Rose, G. *Ein Beitrag zur Berechnung von Kranbahnen.* Verlag Ernst & Sohn, Stahlbau 27 (1958), Heft 6, S. 154–158.

100. Schardt, R., C. Strehl. *Stand der Theorie zur Bemessung von Trapezblechscheiben.* Verlag Ernst & Sohn, Stahlbau 49 (1980), Heft 11, S. 325–334.

101. Kathage, K., J. Lindner, T. Misiek, S. Schilling. *A proposal to adjust the design approach for the diaphragm action of shear panels according to Schardt and Strehl in line with European regulations.* Verlag Ernst & Sohn, Steel Construction 6 (2013), Heft 2, S. 107–116.

102. ECCS TC 7. *European Recommendations for the Application of Metal Sheeting acting as a Diaphragm – Stressed Skin Design.* ECCS publ. No. 88, Brüssel, 1995.

103. Kuhlmann, U., M. Feldmann, J. Lindner, C. Müller, R. Stroetmann. *Eurocode 3 – Bemessung und Konstruktion von Stahlbauten – Band 1: Allgemeine Regeln und Hochbau. DIN EN 1993-1-1 mit Nationalem Anhang – Kommentar und Beispiele.* Berlin/Wien/Zürich: Beuth Verlag und Berlin: Verlag Ernst & Sohn, 2014.

104. Sedlacek, G. *Consistency of the equivalent geometric imperfections used in design and the tolerances for geometric imperfections used in execution.* ECCS TC 8 Report, Document No. TC8-2010-06-001. Oslo, 2010.

105. Greiner, R., M. Kettler, A. Lechner, B. Freytag, J. Linder, J.-P. Jaspart, N. Boissonnade, E. Bortolotti, K. Weynand, C. Ziller, R. Oerder. *SEMI-COMP: Plastic member capacity of semi-compact steel sections – a more economic design.* RFSR-CT-2004-00044, Final Report, Research Programme of the Research Fund for Coal and Steel – RTD, 2008.

106. Greiner, R., A. Lechner, M. Kettler, J.-P. Jaspart, K. Weynand, C. Ziller, R. Oerder, M. Herbrand, L. Simões da Silva, V. Dehan. *Background information to design guidelines for cross-section and member design according to Eurocode 3 with particular focus on semi-compact sections.* Valorisation Project SEMI-COMP+: "Valorisation action of plastic member capacity of semi-compact steel sections – a more economic design", RFS2-CT-2010-00023, 2012.

10

Broschüre „Technische Informationen KVH®, Duobalken®, Triobalker

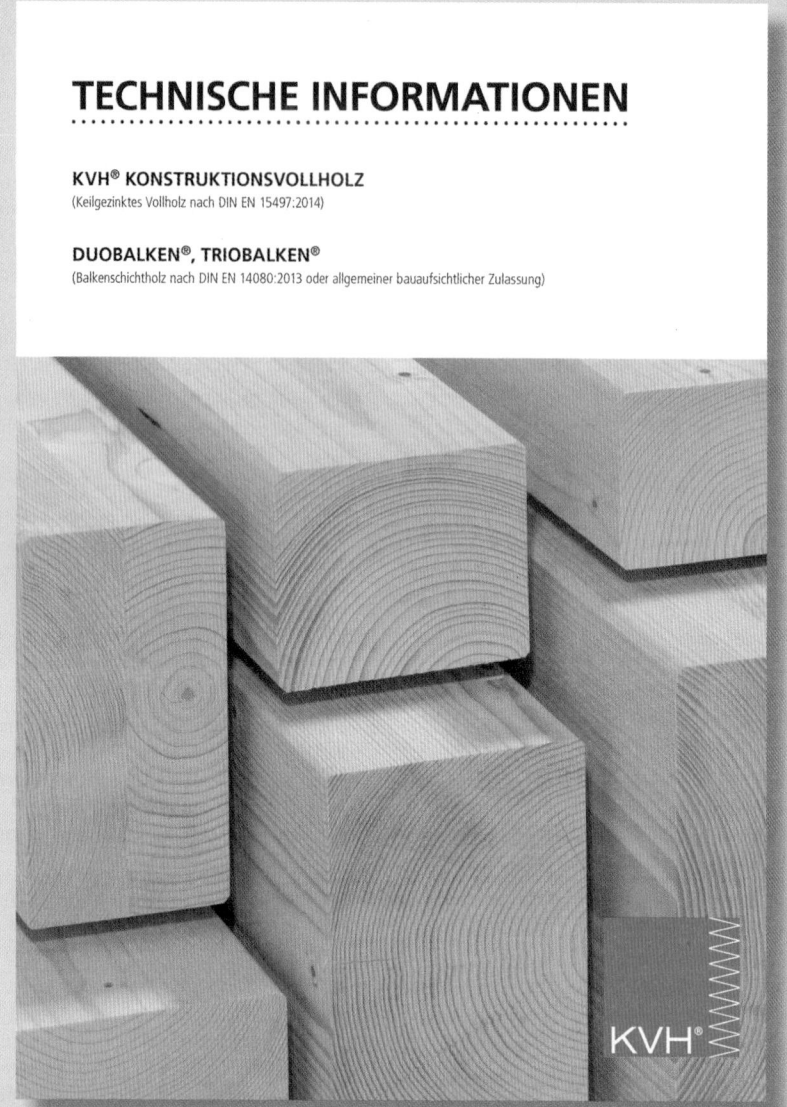

Konstruktionsvollholz KVH® und Balkenschichtholz (Duobalken®, Triobalken®) sind technisch getrocknete Vollholzholzprodukte nach europäischen Normen und dem Stand der Technik im modernen Holzbau.

Die neue Broschüre „Technische Informationen KVH®, Duobalken®, Triobalken®" informiert ausführlich über Herstellung, technische Eigenschaften, Anwendungsbereiche und Lieferprogramme von keilgezinktem Konstruktionsvollholz KVH® nach DIN EN 15497:2014 und Balkenschichtholz (Duobalken®, Triobalken®) gemäß DIN EN 14080:2013.

Die Broschüre steht ab sofort unter www.kvh.eu als Download bereit und kann unter info@kvh.de als Print angefordert werden.

Mehr Informationen über KVH®, Duobalken® und Triobalken® bei:
Überwachungsgemeinschaft Konstruktionsvollholz e.V.
Heinz-Fangman-Straße 2 • D-42287 Wuppertal – GERMANY
Email: info@kvh.de • Internet: www.kvh.eu

Holzbau

Prof. Dr.-Ing. Helmuth Neuhaus

Inhaltsverzeichnis

11.1 Technische Baubestimmungen 740
11.2 Formelzeichen 743
   11.2.1 Hauptsymbole (Hauptzeiger) (Auszug) 743
   11.2.2 Beispiele zusammengesetzter Formelzeichen . . . 744
11.3 Baustoffeigenschaften 745
   11.3.1 Festigkeits-, Steifigkeits- und Rohdichtekennwerte
        von Voll- und Brettschichtholz 745
   11.3.2 Modifikations- und Verformungsbeiwerte 749
   11.3.3 Nutzungsklassen, Lasteinwirkungsdauer 752
   11.3.4 Gleichgewichts-Holzfeuchten, Quell- und
        Schwindmaße 754
11.4 Grundlagen für Entwurf, Berechnung und Bemessung . . . 755
   11.4.1 Nachweise in den Grenzzuständen der Tragfähigkeit 755
   11.4.2 Bemessungswerte der Baustoffeigenschaften . . . 755
   11.4.3 Querschnittsmaße und -ermittlung 755
11.5 Nachweise der Querschnittstragfähigkeit für Stäbe in den
   Grenzzuständen der Tragfähigkeit 757
   11.5.1 Nachweise der Querschnittstragfähigkeit bei Zug 757
   11.5.2 Nachweise der Querschnittstragfähigkeit bei
        Druck 759
   11.5.3 Nachweise der Querschnittstragfähigkeit bei
        Biegung 760
   11.5.4 Nachweise der Querschnittstragfähigkeit bei
        Schub und Torsion 761
11.6 Nachweise für Stäbe mit den Ersatzstabverfahren in den
   Grenzzuständen der Tragfähigkeit 764
   11.6.1 Nachweise für Druckstäbe mit dem
        Ersatzstabverfahren 764
   11.6.2 Nachweise für Biegestäbe mit dem
        Ersatzstabverfahren 770
11.7 Nachweise für Pultdach-, Satteldach- und gekrümmte
   Träger in den Grenzzuständen der Tragfähigkeit 774
   11.7.1 Pultdachträger 774
   11.7.2 Gekrümmte Träger aus Brettschicht- und
        Furnierschichtholz 775
   11.7.3 Satteldachträger aus Brettschicht- und
        Furnierschichtholz 776
   11.7.4 Verstärkungen gekrümmter Träger und
        Satteldachträger aus Brettschicht- und
        Furnierschichtholz 778
11.8 Nachweise für Ausklinkungen, Durchbrüche sowie
   Schräg- und Queranschlüsse in den Grenzzuständen
   der Tragfähigkeit 780

11.8.1 Ausklinkungen 780
11.8.2 Durchbrüche 783
11.8.3 Schräg- und Queranschlüsse 786
11.9 Nachweise für zusammengesetzte Biegestäbe
   (Verbundbauteile) 791
   11.9.1 Steifigkeiten für Bauteile 791
   11.9.2 Zusammengesetzte Biegestäbe mit geklebtem
        Verbund 792
   11.9.3 Zusammengesetzte Biegestäbe mit nachgiebigem
        Verbund 794
11.10 Aussteifungen von Druck- und Biegeträgern sowie
   Fachwerksysteme 796
   11.10.1 Zwischenabstützungen (Einzelabstützungen) . . . 796
   11.10.2 Aussteifungskonstruktionen 796
   11.10.3 Gabellager 799
11.11 Nachweise mit Theorie II. Ordnung 799
11.12 Nachweise der Gebrauchstauglichkeit 801
   11.12.1 Berechnung und Nachweis der Verformungen
        (Durchbiegungen) von Biegeträgern 801
   11.12.2 Nachweis von Schwingungen auf Bauteile oder
        Tragwerke 803
11.13 Gelenk- und Koppelpfetten 805
11.14 Verbindungen, allgemeine Angaben 805
   11.14.1 Nachweise von Zug- und Druck-Verbindungen . . 805
   11.14.2 Nachweis von Verbindungen bei wechselnden
        Beanspruchungen 806
   11.14.3 Verschiebungsmodul K_{ser} und K_u 806
   11.14.4 Drehfederkonstanten 807
11.15 Verbindungen mit stiftförmigen metallischen
   Verbindungsmitteln 807
   11.15.1 Nachweise der Tragfähigkeit von Verbindungen
        mit stiftförmigen metallischen
        Verbindungsmitteln auf Abscheren 807
   11.15.2 Vereinfachte Ermittlung der Tragfähigkeit von
        Verbindungen mit stiftförmigen metallischen
        Verbindungsmitteln auf Abscheren 808
   11.15.3 Stabdübel- und Passbolzenverbindungen 810
   11.15.4 Bolzen- und Gewindestangenverbindungen 814
   11.15.5 Nagelverbindungen 816
   11.15.6 Holzschraubenverbindungen 826
11.16 Verbindungen mit Dübeln besonderer Bauart 829
   11.16.1 Verbindungen mit Ringdübeln Typ A und
        Scheibendübeln Typ B 829
   11.16.2 Verbindungen mit Scheibendübeln mit Zähnen
        Typ C 833
   11.16.3 Verbindungen mit Ringdübeln und
        Scheibendübeln mit Zähnen in Hirnholzflächen . . 837
11.17 Zimmermannsmäßige Verbindungen (Versätze) 839

H. Neuhaus ✉
Fachbereich Bauingenieurwesen, Fachhochschule Münster,
Corrensstraße 25, 48149 Münster, Deutschland

© Springer Fachmedien Wiesbaden GmbH 2018
U. Vismann (Hrsg.), *Wendehorst Bautechnische Zahlentafeln*, https://doi.org/10.1007/978-3-658-17936-6_11

11.18 Tafeln 840
11.19 Baustoffeigenschaften von Holzwerkstoffen 847
    11.19.1 Festigkeits-, Steifigkeits- und Rohdichtekennwerte
        von Holz- und Gipswerkstoffen 847
    11.19.2 Festigkeitskennwerte für Klebfugen bei
        Verstärkungen 853
11.20 Zulässige Maßabweichungen bei Voll- und Brettschichtholz 853
    11.20.1 Zulässige Maßabweichungen bei Vollholz 853
    11.20.2 Zulässige Maßabweichungen bei Brettschichtholz 854
11.21 Rahmenecken 856
    11.21.1 Rahmenecken aus Brettschichtholz mit
        Universal-Keilzinkenverbindungen 856
    11.21.2 Rahmenecken aus Brettschichtholz mit ein oder
        zwei Dübelkreisen 857

11.21.3 Rahmenecken aus Brettschichtholz mit gekrümmten
    Lamellen 858
11.22 Holzschutz 859
    11.22.1 Natürliche Dauerhaftigkeit von Bauhölzern 859
    11.22.2 Holz zerstörende und Holz verfärbende Organismen 860
    11.22.3 Holzschutz nach DIN 68800 862
    11.22.4 Beschichtungen (Oberflächenschutz) 869
11.23 Sortiermerkmale und -klassen von Nadel- und
    Laubschnittholz 870
11.24 Verbindungen mit Stahlblechformteilen 873
    11.24.1 NHT-Verbinder mit bauaufsichtlichem
        Verwendbarkeitsnachweis 873

11.1 Technische Baubestimmungen

DIN 976-1	2002-12	Gewindebolzen; Metrisches Gewinde
DIN 1052	2008-12	Entwurf, Berechnung und Bemessung von Holzbauwerken; Allgemeine Bemessungsregeln und Bemessungsregeln für den Hochbau
DIN 1052-10	2012-05	Herstellung und Ausführung von Holzbauwerken; Ergänzende Bestimmungen
DIN SPEC 1052-100	2013-08	Holzbauwerke; Bemessung und Konstruktion von Holzbauten; Mindestanforderungen an die Baustoffe oder den Korrosionsschutz von Verbindungsmitteln
DIN 4074-1	2008-12 2012-06	Sortierung von Holz nach der Tragfähigkeit; Nadelschnittholz
DIN 4074-5	2008-12	Sortierung von Holz nach der Tragfähigkeit; Laubschnittholz
DIN 18180	2007-01	Gipsplatten; Arten, Anforderungen
DIN 18334	2012-09	VOB Vergabe- und Vertragsordnung für Bauleistungen; Teil C: Allgemeine Technische Vertragsbedingungen für Bauleistungen (ATV); Zimmer- und Holzbauarbeiten
DIN 20000-1	2013-08	Anwendung von Bauprodukten in Bauwerken; Holzwerkstoffe
DIN 20000-3	2015-02	Anwendung von Bauprodukten in Bauwerken; Brettschichtholz und Balkenschichtholz nach DIN 14080
DIN 20000-5	2012-03	Anwendung von Bauprodukten in Bauwerken; Nach Festigkeit sortiertes Bauholz für tragende Zwecke mit rechteckigem Querschnitt
DIN 20000-6	2013-08	Anwendung von Bauprodukten in Bauwerken; Verbindungsmittel nach EN 14592: 2009-02 und EN 14545: 2009-02 (Anmerkung: Stiftförmige und Nicht-Stiftförmige Verbindungsmittel)
DIN 20000-7	2015-08	Anwendung von Bauprodukten in Bauwerken; Keilgezinktes Vollholz für tragende Zwecke nach DIN EN 15497
DIN 68800-1	2011-10	Holzschutz; Allgemeines
DIN 68800-2	2012-02	Holzschutz; Vorbeugende bauliche Maßnahmen im Hochbau
DIN 68800-3	2012-02	Holzschutz; Vorbeugender Schutz von Holz mit Holzschutzmitteln
DIN EN 300	2006-09	Platten aus langen, flachen, ausgerichteten Spänen (OSB); Definitionen, Klassifizierung und Anforderungen
DIN EN 312	2010-12	Spanplatten; Anforderungen
DIN EN 335	2013-06	Dauerhaftigkeit von Holz und Holzprodukten; Gebrauchsklassen: Definitionen, Anwendung bei Vollholz und Holzprodukten
DIN EN 336	2013-12	Bauholz für tragende Zwecke; Maße, zulässige Abweichungen
DIN EN 338	2010-02	Bauholz für tragende Zwecke; Festigkeitsklassen
DIN EN 350-2	1994-10	Dauerhaftigkeit von Holz und Holzprodukten; Natürliche Dauerhaftigkeit von Vollholz; Leitfaden für die natürliche Dauerhaftigkeit und Tränkbarkeit von ausgewählten Holzarten von besonderer Bedeutung in Europa
DIN EN 351-1	2007-10	Dauerhaftigkeit von Holz und Holzprodukten; Mit Holzschutzmitteln behandeltes Vollholz; Klassifizierung der Schutzmitteleindringung und -aufnahme
DIN EN 622-2	2004-07	Faserplatten; Anforderungen; Anforderungen an harte Platten
DIN EN 622-3	2004-07	Faserplatten; Anforderungen; Anforderungen an mittelharte Platten

DIN EN 634-2	2007-05	Zementgebundene Spanplatten; Anforderungen; Anforderungen an Portlandzement (PZ) gebundene Spanplatten zur Verwendung im Trocken-, Feucht- und Außenbereich
DIN EN 636	2003-11 2012-12 2015-05	Sperrholz; Anforderungen
DIN EN 912	2011-09	Holzverbindungsmittel; Spezifikationen für Dübel besonderer Bauart für Holz
DIN EN 1912	2013-10	Bauholz für tragende Zwecke; Festigkeitsklassen; Zuordnung von visuellen Sortierklassen und Holzarten
DIN EN 1990	2002-10 2010-12	Eurocode 0; Grundlagen der Tragwerksplanung
DIN EN 1995-1-1	2010-12	Eurocode 5; Bemessung und Konstruktion von Holzbauten; Allgemeines; Allgemeine Regeln und Regeln für den Hochbau
DIN EN 1995-1-1/A2	2014-07	Eurocode 5: Bemessung und Konstruktion von Holzbauten; Allgemeines; Allgemeine Regeln und Regeln für den Hochbau, Änderung A2
DIN EN 1995-1-1/NA	2010-12 2013-08	Nationaler Anhang; National festgelegte Parameter; Eurocode 5; Bemessung und Konstruktion von Holzbauten; Allgemeines; Allgemeine Regeln und Regeln für den Hochbau
DIN EN 1995-1-2	2010-12	Eurocode 5; Bemessung und Konstruktion von Holzbauten; Allgemeine Regeln; Tragwerksbemessung für den Brandfall
DIN EN 1995-1-2/NA	2010-12	Nationaler Anhang; National festgelegte Parameter; Eurocode 5; Bemessung und Konstruktion von Holzbauten; Allgemeine Regeln; Tragwerksbemessung für den Brandfall
DIN EN 1995-2	2010-12	Eurocode 5; Bemessung und Konstruktion von Holzbauten; Brücken
DIN EN 1995-2/NA	2011-08	Nationaler Anhang; National festgelegte Parameter; Eurocode 5; Bemessung und Konstruktion von Holzbauten; Brücken
DIN EN 10230-1	2000-01	Nägel aus Stahldraht; Lose Nägel für allgemeine Verwendungszwecke
DIN EN 12369-1	2001-04	Holzwerkstoffe; Charakteristische Werte für die Berechnung und Bemessung von Holzbauwerken; OSB, Spanplatten und Faserplatten
DIN EN 12369-2	2011-09	Holzwerkstoffe; Charakteristische Werte für die Berechnung und Bemessung von Holzbauwerken; Sperrholz
DIN EN 12369-3	2009-02	Holzwerkstoffe; Charakteristische Werte für die Berechnung und Bemessung von Holzbauwerken; Massivholzplatten
DIN EN 13271	2004-02	Holzverbindungsmittel; Charakteristische Tragfähigkeiten und Verschiebungsmoduln für Verbindungen mit Dübeln besonderer Bauart
DIN EN 13353	2011-07	Massivholzplatten (SWP); Anforderungen
DIN EN 13986	2005-03 2015-06	Holzwerkstoffe zur Verwendung im Bauwesen; Eigenschaften, Bewertung der Konformität und Kennzeichnung
DIN EN 14080	2013-09	Holzbauwerke; Brettschichtholz und Balkenschnittholz; Anforderungen
DIN EN 14081-1	2011-05	Holzbauwerke; Nach Festigkeit sortiertes Bauholz für tragende Zwecke mit rechteckigem Querschnitt; Allgemeine Anforderungen
DIN EN 14279	2009-07	Furnierschichtholz (LVL); Definitionen, Klassifizierung und Spezifikationen
DIN EN 14545	2009-02	Holzbauwerke; Nicht stiftförmige Verbindungselemente; Anforderungen
DIN EN 14592	2009-02 2012-07	Holzbauwerke; Stiftförmige Verbindungsmittel; Anforderungen
DIN EN 15283-2	2009-12	Faserverstärkte Gipsplatten; Begriffe, Anforderungen und Prüfverfahren; Gipsfaserplatten
DIN EN 15497	2014-07	Keilgezinktes Vollholz für tragende Zwecke; Leistungsanforderungen und Mindestanforderungen an die Herstellung

Wichtige Hinweise

Neue Regelung bei der Anwendung europäischer Produktnormen Da im Eurocode 5 (und sinngemäß in anderen Eurocodes) keine Produktregelungen wie Festigkeits- und Steifigkeitsangaben vorhanden sind, verweist Eurocode 5 auf bestimmte **europäische Produktnormen** (harmonisierte Normen) für ein Produkt wie z. B. Vollholz (DIN EN 14081-1), Brettschichtholz (DIN EN 14080), Holzwerkstoffe (DIN EN 12369 u. a.) und Verbindungsmittel (DIN EN 14545, DIN EN 14592). Die bisherigen nationalen Regelungen zur Anwendung europäischer (Produkt-)Normen, die in den Bauregel-, Muster- bzw. Länderlisten der Technischen Baubestimmungen angeführt sein und zusätzlich meist noch eine Anwendungsnorm besitzen müssen bzw. mussten, werden derzeit angepasst und in einer **„neuen" Verwaltungsvorschrift Technische Baubestimmungen (VV TB)** (bei Redaktionsschluss noch nicht veröffentlicht) zusammengefasst. Die „neue" VV TB wird nach bauaufsichtlicher Einführung maßgebend, dadurch soll die Musterliste der Technischen Baubestimmungen und die Bauregelliste für europäische Normen abgelöst werden. Darüber hinaus sind zukünftig weitere Neuausgaben bereits anwendbarer Produktnormen oder neue Produktnormen zu erwarten. In der Folgezeit ist deshalb bei der Bemessung nach DIN EN 1995-1-1 und DIN EN 1995-1-1/NA der jeweilige Stand der Anwendbarkeit der Produktnormen in der Verwaltungsvorschrift Technische Baubestimmungen (VV TB) zu kontrollieren. Gültig ist die neueste bauaufsichtlich eingeführte Baunorm bzw. Produktnorm.

Im Zeitraum bis zur bauaufsichtlichen Einführung der VV TB bzw. der betreffenden Normen sollten die bisherigen Regeln eingehalten werden. Danach sind derzeit (bei Redaktionsschluss) noch nicht alle in DIN EN 1995-1-1: 2010-12 und DIN EN 1995-1-1/NA: 2013-08 angeführten Produktnormen und deren Anwendungsnormen bauaufsichtlich eingeführt. Für diese Produkte, die im EC 5 (bei Redaktionsschluss) nur mit bauaufsichtlichem Verwendbarkeitsnachweis (allgemeiner bauaufsichtlicher Zulassung)

oder Zulassung im Einzelfall eingesetzt werden dürfen, kann, wie in [25] empfohlen, zwischenzeitlich auf die Produktnorm DIN 1052: 2008-12 zurückgegriffen werden (DIN 1052: 2008-12 ist nur als Bemessungsnorm zurückgezogen worden). Die bauaufsichtliche nationale Einführung dieser europäischen Produktnormen wird mit der neuen VV TB erwartet, so dass sie ab diesem Zeitpunkt voraussichtlich auch in Deutschland allgemein eingesetzt werden dürfen. Dies gilt sinngemäß ebenso für den neuen Nationale Anhang zum EC 5, DIN EN 1995-1-1/NA: 2013-08 und die Änderung der DIN EN 1995-1-1/A2: 2014-07, die wie einige der o. a. Produktnormen bereits in diesem Kapitel Holzbau verwendet werden. Bei Anwendung dieser Normen wird bis zu ihrer Einführung durch die „neue" VV TB empfohlen, dies mit dem Bauherrn, Prüfingenieur und der zuständigen Baubehörde abzusprechen und eine **schriftliche Vereinbarung** vorzunehmen.

Zum Inhalt dieses Kapitels Holzbau Der bautechnische Inhalt des vorliegenden Kapitels Holzbau ist nach den angeführten Baunormen, anderen relevanten technischen Regelungen, der Fachliteratur und nach bestem Wissen und Gewissen erstellt worden, jedoch kann **keine Gewähr, keine Garantie und keine Haftung** jeder Art für den bautechnischen Inhalt und darauf basierende Planungen, Berechnungen, Bemessungen, Konstruktionen und Ausführungen von (Holz-) Konstruktionen trotz sorgfältiger Bearbeitung, Prüfung und Korrektur übernommen werden. Deshalb wird davon ausgegangen, dass der Leser und Anwender dieses Kapitels den bautechnischen Inhalt bei der Nutzung am jeweils aktuellen Stand der Baunormen und anderen relevanten technischen Regelungen überprüft und eigenverantwortlich nur deren jeweils gültigen bzw. bauaufsichtlich eingeführten Stand verwendet. Ausdrücklich als Empfehlungen gekennzeichnete Angaben beziehen sich meist auf „alte" Baunormen, Literatur oder andere Vorgehensweisen und sind unverbindlich, so dass dafür ebenso keine Gewähr oder keine Haftung jeder Art übernommen werden kann; das Gleiche gilt für die Angaben in zitierter Literatur oder angeführten Internetquellen/-seiten.

11.2 Formelzeichen

DIN EN 1995-1-1: 2010-12, DIN EN 1995-1-1/NA: 2013-08 und DIN EN 1990: 2002-10

Formelzeichen bestehen überwiegend aus einem Hauptsymbol (Hauptzeiger) und einem oder mehreren Fußzeigern zur Kennzeichnung des Hauptsymbols.

11.2.1 Hauptsymbole (Hauptzeiger) (Auszug)

A außergewöhnliche Einwirkung; Querschnittsfläche; Anschlussfläche; Faktor

C Nadelholzbaum („conifer"); Gebrauchstauglichkeitskriterium

D Laubholzbaum („deciduous tree")

E Elastizitätsmodul; Auswirkung der Einwirkungen

F Einwirkung; Kraft; Einzellast; Tragfähigkeit

G Schubmodul; ständige Einwirkung

GL Brettschichtholz („glued", geklebt)

I Flächenmoment 2. Grades

K Verschiebungsmodul; Federsteifigkeit

M Moment; Biegemoment

N Normalkraft; Längskraft

Q veränderliche Einwirkung; Ersatzlast

R Widerstand; Tragwiderstand; Tragfähigkeit

S Sortierklasse

T Torsionsmoment; Schubkraft; Temperatur

V Querkraft; Volumen

W Widerstandsmoment

X Wert einer allgemeinen Baustoffeigenschaft

a Abstand, Überstand; Länge; allgemeine geometrische Größe

b Querschnittsbreite oder -dicke; Breite eines Bauteils; Trägerbreite

d Durchmesser stiftförmiger Verbindungsmittel, Dübel besonderer Bauart und von Stahlstäben; Lochdurchmesser; Platten- oder Scheibendicke

e Ausmitte; Mittenabstand

f Festigkeit; Frequenz

h Querschnittshöhe oder -dicke, Tragwerkshöhe; Einbindetiefe von Dübeln besonderer Bauart

i Trägheitsradius

k Beiwert; Systembeiwert; allgemeine Hilfsgröße

l Länge; Spannweite; Feldlänge; Einklebelänge; Eindringtiefe bei Verbindungsmitteln

m Anzahl (Hilfsgröße); bezogenes Moment; Masse; Potenzexponent

n Anzahl; bezogene Normalkraft

q Gleichstreckenlast; bezogene Querkraft

r Radius allgemein; Ausrundungsradius; Krümmungsradius

s Schneelast; Abstand von Verbindungsmitteln bei kontinuierlicher Verbindung

t Dicke allgemein; Lamellendicke im Brettschichtholz; Eindringtiefe bei Verbindungsmitteln; Einschnitttiefe; Schubfluss

u, v, w Verformung; Durchbiegung; Überhöhung in Richtung der Koordinaten

v Einheitsimpulsgeschwindigkeitsreaktion

w Windlast

x Abstand bei Ausklinkungen

x, y, z Koordinaten

α Winkel; Verhältniswert; Winkel Kraft- zur Faserrichtung

β Winkel; Verhältniswert; Knicklängenbeiwert; Imperfektionsbeiwert

γ Teilsicherheitsbeiwert; Winkel; Abminderungsbeiwert

δ Winkel

η Hilfsgröße; Beiwert

λ Schlankheitsgrad

μ Reibungskoeffizient; Beiwert

ρ Rohdichte

σ Normalspannung, Längsspannung

τ Schub-, Torsions- und Rollschubspannung

φ Winkel der Schrägstellung

Ψ Beiwert, Kombinationsbeiwert

ξ Dämpfungsgrad

ω Holzfeuchte

Fußzeiger (Indices, Auszug)

E   einwirkende Kraft

G   ständige Einwirkung

H   Hirnholz

M   Material; Baustoff; Biegemoment

Q   veränderliche Einwirkung

R   Tragwiderstand; Rollschub; Tragfähigkeit eines Verbindungsmittels

V   Querkraft

Z   Zapfen

b   Bolzen; Passbolzen

c   Druck; Knicken; Dübel besonderer Bauart

d   Bemessungswert; Durchbruch in Biegestäben

e   Einbindetiefe bei Dübeln bes. Bauart

f   Gurt

g   Gruppe (von Verbindungsmitteln)

h   Lochleibung; Höhe; Kopfdurchmesser bei Nägeln, Holzschrauben

i i-ter Querschnittsteil

j	Variable; Verbindung
k	charakteristischer Wert; Klebfuge; Kraglänge
m	Biegung; Beiwert bei Doppelbiegung
n	netto
o	oben
p	Querspannung; Nagelspitze
r	Rand
s	Spalte (bei Anschlussbildern); Schneelast; Nenndurchmesser bei Holzschrauben
t	Zug
u	Bruchzustand; unten
v	Schub; Verbindungsmittel; vertikal; Vorholz; Versatz
w	Steg; Windlast
y	Fließgrenze
x, y, z	Koordinaten
ad	Haftung; Verankerung
ap	First
ax	in Richtung der Stiftachse; Beanspruchung auf Herausziehen
creep	Kriechen
crit	Biegedrillknicken, Kippen; kritisch
def	Verformung
dst	destabilisierend
dis	Verteilung
ef	wirksam, effektiv
fin	Endwert
frequ	häufig
head	Kopf; Kopfdurchmesser bei Nägeln, Holzschrauben
in	innerer
ind	indirekt
inf	unterer Wert
inst	Anfangswert
lam	Lamelle
max	größter Wert
min	kleinster Wert
mean	mittlerer Wert
mod	Modifikation
net	netto
nom	Nennwert
perm	quasi-ständig
rare	selten (charakteristisch)
red	abgeminderter Wert; Abminderung
rel	bezogen
req	erforderlicher Wert
ser	Gebrauchszustand
stb	stabilisierend
sup	oberer Wert
tens	Zugwiderstand bei Holzschrauben
tor	Torsion

tot	gesamt
vol	Volumen
α	Winkel zur Faserrichtung
0	in Faserrichtung; Bezugswert; lastfreier Zustand
90	rechtwinklig zur Faserrichtung
05	5 %-Quantilwert
95, 98	95 %-, 98 %-Quantilwert

Geometrische Zeichen

$\parallel$	parallel; in Faserrichtung
$\perp$	rechtwinklig; rechtwinklig zur Faserrichtung
$\circ$	Winkel

11.2.2 Beispiele zusammengesetzter Formelzeichen

h_{ap}	Querschnittshöhe im First
$E_{0,mean}$	mittlerer Elastizitätsmodul in Faserrichtung
$F_{ax,Rk}$	charakteristische Tragfähigkeit eines Verbindungsmittels auf Herausziehen
$F_{ax,Rd}$	Bemessungswert eines Verbindungsmittels auf Herausziehen
$F_{t,k}$	charakteristischer Wert der Zugkraft
$F_{v,Ek}$	charakteristischer Wert einer einwirkenden Kraft (Abscheren)
$F_{v,Ed}$	Bemessungswert einer einwirkenden Kraft (Abscheren)
$F_{v,Rk}$	charakteristische Tragfähigkeit eines Verbindungsmittels auf Abscheren
$F_{v,Rd}$	Bemessungswert eines Verbindungsmittels auf Abscheren
k_{crit}	Kippbeiwert
k_v	Beiwert bei ausgeklinkten Biegestäben
k_{shape}	Beiwert bei Torsion in Abhängigkeit von der Querschnittsform
$K_{u,mean}$	Mittelwert des Verschiebungsmoduls im Grenzzustand der Tragfähigkeit
$t_{i,max,d}$	Bemessungswert des größten Schubflusses im i-ten Querschnittsteil
t_{req}	erforderliche Dicke
w_{inst}	Anfangsdurchbiegung
$f_{h,k}$	charakteristische Lochleibungsfestigkeit
$f_{t,90,d}$	Bemessungswert der Zugfestigkeit rechtwinklig zur Faserrichtung ($\alpha = 90°$)
$\lambda_{rel,m}$	bezogener Kippschlankheitsgrad
$\sigma_{c,\alpha,d}$	Bemessungswert der Druckspannung unter dem Winkel α zur Faserrichtung
$\sigma_{m,\alpha,d}$	Bemessungswert der Biegespannung unter einem Winkel α zur Faserrichtung

11.3 Baustoffeigenschaften

11.3.1 Festigkeits-, Steifigkeits- und Rohdichtekennwerte von Voll- und Brettschichtholz

Die Festigkeits-, Steifigkeits- und Rohdichtekennwerte von Nadelvollholz können Tafel 11.1, von Laubvollholz Tafel 11.2, von kombiniertem Brettschichtholz Tafel 11.3 und von homogenem Brettschichtholz Tafel 11.4 entnommen werden.

Tafel 11.1 Rechenwerte der charakteristischen Kennwerte für Nadelvollholz mit rechteckigem Querschnitt der DIN EN 1995-1-1: 2010-12, 3.2, nach DIN EN 338: 2010-02, Tab. 1[a]

Holzarten (Beispiele) nach DIN EN 1912: 2013-10: Fichte, Tanne, Kiefer, Lärche, Douglasie[c, f]					
Festigkeitsklasse[d, e]	**C18**	**C24**	**C30**	C35	C40
Sortierklasse nach DIN 4074-1: 2012-06[b, d]	**S7 TS, S7K TS**	**S10 TS, S10K TS**	**S13 TS, S13K TS**	S 13TS, S13K TS	
Festigkeitskennwerte in N/mm^2					
Biegung $f_{m,k}$[g]	**18**	**24**	**30**	35	40
Zug $\parallel$ Faser $f_{t,0,k}$[g]	**11**	**14**	**18**	21	24
Zug $\perp$ Faser $f_{t,90,k}$	**0,4**				
Druck $\parallel$ Faser $f_{c,0,k}$	**18**	**21**	**23**	25	26
Druck $\perp$ Faser $f_{c,90,k}$	**2,2**	**2,5**	**2,7**	2,8	2,9
Schub $f_{v,k}$[h, i]	**3,4[h]**	**4,0[h]**	**4,0[h]**	4,0[h]	4,0[h]
Rollschub $f_{R,k}$[j]	**0,8**				
Steifigkeitskennwerte in N/mm^2					
E-Modul $\parallel$ Faser $E_{0,mean}$	**9000**	**11.000**	**12.000**	13.000	14.000
E-Modul $\parallel$ Faser $E_{0,05}$	**6000**	**7400**	**8000**	8700	9400
E-Modul $\perp$ Faser $E_{90,mean}$	**300**	**370**	**400**	430	470
Schubmodul G_{mean}	**560**	**690**	**750**	810	880
Schubmodul G_{05}[k]	**375**	**460**	**500**	540	590
Rohdichtekennwerte in kg/m^3					
Rohdichte (charakterist.) ϱ_k	**320**	**350**	**380**	400	420
Rohdichte (Mittelwert) ϱ_{mean}	**380**	**420**	**460**	480	500

[a] Vollholz nach den Anforderungen der DIN EN 14081-1: 2011-05 und DIN 20000-5: 2012-03.

[b] Nadelholz ist gemäß DIN 20000-5: 2012-03 nach DIN 4074-1: 2012-06 zu sortieren, Festigkeitsklassen und Holzarten (Beispiele) in Deutschland nach DIN EN 1912: 2013-10: für C18: Fichte, Kiefer; für C24: Fichte, Tanne, Kiefer, Lärche, Douglasie; für C30: Fichte, Tanne, Kiefer, Lärche; für C35: Douglasie.

[c] botanische Namen s. DIN EN 1912: 2013-10, Tab. 3, sowie Tafel 11.131.

[d] Zuordnung der Sortierklassen zu den Festigkeitsklassen nach DIN EN 1912: 2013-10, über die Zuordnung der visuellen und maschinellen Sortierung zu den Festigkeitsklassen s. Tafel 11.141, weitere Festigkeitsklassen nach DIN EN 338: 2010-02, Tab. 1.

[e] diese Eigenschaften gelten für Holz mit einer Holzfeuchte von 20 % (trocken sortiertes Holz (TS)), nach DIN 20 000-5: 2012-3 darf nur trocken sortiertes Bauholz verwendet werden.

[f] ausgewählte Klassen von Nadelvollholz sind fett gesetzt nach *Studiengemeinschaft Holzleimbau* [24].

[g] für Vollholz mit Rechteckquerschnitt und einer charakteristischen Rohdichte von $\varrho_k \leq 700\,\mathrm{kg/m^3}$ dürfen nach DIN EN 1995-1-1: 2010-12, 3.2, die charakteristische Biegefestigkeit $f_{m,k}$ bei Querschnittshöhen $h < 150\,\mathrm{mm}$ und die charakteristische Zugfestigkeit $f_{t,0,k}$ bei Querschnittsbreiten $h < 150\,\mathrm{mm}$ mit dem Beiwert k_h erhöht werden: $k_h = \min\{(150/h)^{0,2}\ \text{oder}\ 1,3\}$ mit h in mm als Querschnittshöhe bei Biegung bzw. als größte Querschnittsabmessung $\max(h\ \text{oder}\ b)$ bei Zug (DIN EN 1995-1-1/NA: 2013-08, 3.2).

[h] bei biegebeanspruchten Bauteilen, die auf Schub beansprucht werden, muss nach DIN EN 1995-1-1: 2010-12, 6.1.7, der Einfluss von (Trocken-) Rissen mit der wirksamen Breite des Bauteils $b_{ef} = k_{cr} \cdot b$ mit $k_{cr} = 2,0/f_{v,k}$ für Nadelvollholz und für Balkenschichtholz aus Nadelholz mit $f_{v,k}$ in N/mm^2 (nach DIN EN 1995-1-1/NA: 2013-08, 6.1.7(2)) berücksichtigt werden, s. auch Abschn. 11.5.4.1.

[i] bei Stäben aus Nadelschnittholz dürfen die k_{cr}-Werte nach DIN EN 1995-1-1/NA: 2013-08, 6.1.7(2), s. Fußnote h, in Bereichen, die mindestens 1,50 m vom Hirnholzende des Holzes liegen, um 30 % erhöht werden.

[j] die Rollschubfestigkeit beträgt nach DIN EN 1995-1-1: 2010-12, 6.1.7, näherungsweise das Doppelte der Zugfestigkeit rechtwinklig zur Faser.

[k] der charakteristische Schubmodul G_{05} besitzt nach DIN EN 1995-1-1/NA: 2013-08, 3.2, den Rechenwert $G_{05} = 2 \cdot G_{mean}/3$.

Tafel 11.2 Rechenwerte der charakteristischen Kennwerte für Laubvollholz mit rechteckigem Querschnitt der DIN 1995-1-1: 2010-12, 3.2, nach DIN EN 338: 2010-02, Tab. 1[a, j]

Festigkeitsklasse[d, e]	D30	D35	D40	D60
Holzarten[c, j] (Handelsname)	Eiche	Buche	Buche	
Sortierklasse nach DIN 4074-5: 2008-12[b, d]	LS10 und besser	LS10 und besser	LS13	–
Festigkeitskennwerte in N/mm^2				
Biegung $f_{m,k}$[f]	30	35	40	60
Zug ∥ Faser $f_{t,0,k}$[f]	18	21	24	36
Zug ⊥ Faser $f_{t,90,k}$	0,6			
Druck ∥ Faser $f_{c,0,k}$	23	25	26	32
Druck ⊥ Faser $f_{c,90,k}$	8,0	8,1	8,3	10,5
Schub $f_{v,k}$[g]	4,0[g]	4,0[g]	4,0[g]	4,5[g]
Rollschub $f_{R,k}$[h]	1,2			
Steifigkeitskennwerte in N/mm^2				
E-Modul ∥ Faser $E_{0,mean}$	11.000	12.000	13.000	17.000
E-Modul ∥ Faser $E_{0,05}$	9200	10.100	10.900	14.300
E-Modul ⊥ Faser $E_{90,mean}$	730	800	860	1130
Schubmodul G_{mean}	690	750	810	1060
Schubmodul G_{05}[i]	460	500	540	710
Rohdichtekennwerte in kg/m^3				
Rohdichte (charakteristisch) ϱ_k	530	540	550	700
Rohdichte (Mittelwert) ϱ_{mean}	640	650	660	840

[a] Vollholz nach den Anforderungen der DIN EN 14081-1: 2011-05 und DIN 20000-5: 2012-03.

[b] Laubholz ist gemäß DIN 20 000-5: 2012-03 nach DIN 4074-5: 2008-12 zu sortieren.

[c] botanische Namen s. DIN EN 1912: 2013-10, Tab. 4, oder DIN 20000-5: 2012-03, Tab. A.1, sowie Tafel 11.131.

[d] Zuordnung der Sortierklassen zu den Festigkeitsklassen für Buche und Eiche nach DIN EN 1912: 2013-10, Tab. 4, über die Zuordnung der visuellen und maschinellen Sortierung zu den Festigkeitsklassen s. Tafel 11.141, Zuordnungen anderer Laubhölzer s. DIN EN 1912: 2013-10, Tab. 2.

[e] diese Eigenschaften gelten für Holz mit einer Holzfeuchte von 20 % (trocken sortiertes Holz (TS)), nach DIN 20 000-5: 2012-03 darf nur trocken sortiertes Bauholz verwendet werden.

[f] für Vollholz mit Rechteckquerschnitt und einer charakteristischen Rohdichte von $\varrho_k \leq 700$ kg/m^3 dürfen nach DIN EN 1995-1-1: 2010-12, 3.2, die charakteristische Biegefestigkeit $f_{m,k}$ bei Querschnittshöhen $h < 150$ mm und die charakteristische Zugfestigkeit $f_{t,0,k}$ bei Querschnittsbreiten $h < 150$ mm mit dem Beiwert k_h erhöht werden: $k_h = \min\{(150/h)^{0,2}$ oder $1,3\}$ mit h in mm als Querschnittshöhe bei Biegung bzw. als größte Querschnittsabmessung max$(h$ oder $b)$ bei Zug (DIN EN 1995-1-1/NA: 2013-08, 3.2).

[g] bei biegebeanspruchten Bauteilen, die auf Schub beansprucht werden, muss nach DIN EN 1995-1-1: 2010-12, 6.1.7, der Einfluss von (Trocken-) Rissen mit der wirksamen Breite des Bauteils $b_{ef} = k_{cr} \cdot b$ mit $k_{cr} = 0,67$ für Laubvollholz (auch nach DIN EN 1995-1-1/NA: 2013-08, 6.1.7(2)) berücksichtigt werden, s. auch Abschn. 11.5.4.1.

[h] die Rollschubfestigkeit beträgt nach DIN EN 1995-1-1: 2013-08, 6.1.7, näherungsweise das Doppelte der Zugfestigkeit rechtwinklig zur Faser.

[i] der charakteristische Schubmodul G_{05} besitzt nach DIN EN 1995-1-1/NA: 2013-08, 3.2, den Rechenwert $G_{05} = 2 \cdot G_{mean}/3$.

[j] nach DIN 20000-5: 2012-03 dürfen in Deutschland nur folgende Laubholzarten für tragende Zwecke verwendet werden: Buche, Eiche, Afzelia, Angélique (Basralocus), Azobé (Bongossi), Ipe, Keruing, Merbau und Teak, über botanische Namen s. Fußnote c.

Tafel 11.3 Rechenwerte der charakteristischen Kennwerte für kombiniertes Brettschichtholz (c) aus Nadelholz der DIN EN 1995-1-1: 2010-12, 3.3, nach DIN EN 14080: 2013-09, Tab. 4[a]

Brettschichtholz aus Nadelholz[f] z. B. Fichte, Tanne, Kiefer, Lärche, Douglasie[b, c]

Festigkeitsklasse	GL24c[g]	GL28c[g]	GL30c[g]	GL32c[h]
Festigkeitskennwerte in N/mm²				
Biegung $f_{m,k}$[d]	24	28	30	32
Zug ∥ Faser $f_{t,0,k}$[d]	17	19,5	19,5	19,5
Zug ⊥ Faser $f_{t,90,k}$	0,5	0,5	0,5	0,5
Druck ∥ Faser $f_{c,0,k}$	21,5	24	24,5	24,5
Druck ⊥ Faser $f_{c,90,k}$	2,5	2,5	2,5	2,5
Schub und Torsion $f_{v,k}$[e]	3,5[e]	3,5[e]	3,5[e]	3,5[e]
Rollschub $f_{r,k}$	1,2	1,2	1,2	1,2
Steifigkeitskennwerte in N/mm²				
E-Modul ∥ Faser $E_{0,mean}$	11.000	12.500	13.000	13.500
E-Modul ∥ Faser $E_{0,05}$	9100	10.400	10.800	11.200
E-Modul ⊥ Faser $E_{90,mean}$	300	300	300	300
E-Modul ⊥ Faser $E_{90,05}$	250	250	250	250
Schubmodul G_{mean}	650	650	650	650
Schubmodul G_{05}	540	540	540	540
Rollschubmodul $G_{r,mean}$	65	65	65	65
Rollschubmodul $G_{r,05}$	54	54	54	54
Rohdichtekennwerte in kg/m³				
Rohdichte (charakteristisch) ϱ_k	365	390	390	400
Rohdichte (Mittelwert) ϱ_{mean}	400	420	430	440

[a] kombiniertes Brettschichtholz nach den Anforderungen der DIN EN 14080: 2013-09 und der DIN 20000-3: 2015-02.

[b] Nadelholz ist nach DIN 4074-1 zu sortieren.

[c] botanische Namen s. DIN EN 1912: 2013-10, Tab. 3, sowie Tafel 11.131.

[d] für Brettschichtholz mit Rechteckquerschnitt dürfen nach DIN EN 1995-1-1: 2010-12, 3.3, die charakteristische Biegefestigkeit $f_{m,k}$ bei Querschnittshöhen $h < 600$ mm und die charakteristische Zugfestigkeit $f_{t,0,k}$ bei Querschnittsbreiten $b < 600$ mm mit dem Beiwert k_h erhöht werden: $k_h = \min\{(600/h)^{0,1}$ oder $1,1\}$ mit h in mm als Querschnittshöhe bei Biegung (nur bei Flachkantbiegung nach DIN EN 1995-1-1/NA:2013-08, 3.3, z. B. bei rechtwinklig zu den Klebfugen wirkenden Lasten) bzw. als größte Querschnittsabmessung max(h oder b) bei Zug (nach DIN EN 1995-1-1/NA: 2013-08, 3.3).

[e] bei biegebeanspruchten Bauteilen, die auf Schub beansprucht werden, muss nach DIN EN 1995-1-1: 2010-12, 6.1.7, der Einfluss von (Trocken-) Rissen mit der wirksamen Breite des Bauteils $b_{ef} = k_{cr} \cdot b$ mit $k_{cr} = 2,5/f_{v,k}$ für Brettschichtholz aus Nadelholz mit $f_{v,k}$ in N/mm² (nach DIN EN 1995-1-1/NA: 2013-08, 6.1.7(2)) berücksichtigt werden, s. auch Abschn. 11.5.4.1.

[f] nur aus Nadelholzarten und Pappel nach DIN EN 14080: 2013-09, 5.5.2.

[g] Vorzugsklassen von Brettschichtholz nach *Studiengemeinschaft Holzleimbau* [24] sind fett gesetzt.

[h] Brettschichtholz der Festigkeitsklasse GL32c steht nach *Studiengemeinschaft Holzleimbau* [25] in der Regel wirtschaftlich herstellbar kaum noch zur Verfügung.

Tafel 11.4 Rechenwerte der charakteristischen Kennwerte für homogenes Brettschichtholz (h) aus Nadelholz der DIN EN 1995-1-1: 2010-12, 3.3, nach DIN 14080: 2013-09, Tab. 5[a]

Brettschichtholz aus Nadelholz[g]: z. B. Fichte, Tanne, Kiefer, Lärche, Douglasie[b, c]

Festigkeitsklasse	GL24h[i]	GL28h[j]	GL30h[j]	GL32h[h]
Festigkeitskennwerte in N/mm^2				
Biegung $f_{m,k}$[d, e]	**24**	28	30	32
Zug ‖ Faser $f_{t,0,k}$[d]	**19,2**	22,3	24	25,6
Zug ⊥ Faser $f_{t,90,k}$	**0,5**	0,5	0,5	0,5
Druck ‖ Faser $f_{c,0,k}$	**24**	28	30	32
Druck ⊥ Faser $f_{c,90,k}$	**2,5**	2,5	2,5	2,5
Schub und Torsion $f_{v,k}$[f]	**3,5[f]**	3,5[f]	3,5[f]	3,5[f]
Rollschub $f_{r,k}$	**1,2**	1,2	1,2	1,2
Steifigkeitskennwerte in N/mm^2				
E-Modul ‖ Faser $E_{0,mean}$	**11.500**	12.600	13.600	14.200
E-Modul ‖ Faser $E_{0,05}$	**9600**	10.500	11.300	11.800
E-Modul ⊥ Faser $E_{90,mean}$	**300**	300	300	300
E-Modul ⊥ Faser $E_{90,05}$	**250**	250	250	250
Schubmodul G_{mean}	**650**	650	650	650
Schubmodul G_{05}	**540**	540	540	540
Rollschubmodul $G_{r,mean}$	**65**	65	65	65
Rollschubmodul $G_{r,05}$	**54**	54	54	54
Rohdichtekennwerte in kg/m^3				
Rohdichte (charakteristisch) ϱ_k	**385**	425	430	440
Rohdichte (Mittelwert) ϱ_{mean}	**420**	460	480	490

[a] homogenes Brettschichtholz nach den Anforderungen der DIN EN 14080: 2013-09 und der DIN 20000-3: 2015-02.

[b] Nadelholz ist nach DIN 4074-1 zu sortieren.

[c] botanische Namen s. DIN EN 1912: 2013-10, Tab. 3, sowie Tafel 11.131.

[d] für Brettschichtholz mit Rechteckquerschnitt dürfen nach DIN EN 1995-1-1: 2010-12, 3.3, die charakteristische Biegefestigkeit $f_{m,k}$ bei Querschnittshöhen $h < 600$ mm und die charakteristische Zugfestigkeit $f_{t,0,k}$ bei Querschnittsbreiten $b < 600$ mm mit dem Beiwert k_h erhöht werden: $k_h = \min\{(600/h)^{0,1}$ oder $1{,}1\}$ mit h in mm als Querschnittshöhe bei Biegung (nur bei Flachkantbiegung nach DIN EN 1995-1-1/NA:2013-08, 3.3, z. B. bei rechtwinklig zu den Klebfugen wirkenden Lasten) bzw. als größte Querschnittsabmessung $\max(h$ oder $b)$ bei Zug (nach DIN EN 1995-1-1/NA: 2013-08, 3.3).

[e] bei Hochkant-Biegebeanspruchung von homogenem Brettschichtholz (z. B. bei in Richtung der Klebfugen wirkenden Lasten) aus mind. vier nebeneinander liegenden Lamellen darf der charakteristische Wert der Biegefestigkeit $f_{m,k}$ um 20 % erhöht werden (nach DIN EN 1995-1-1/NA: 2013-08, 3.3).

[f] bei biegebeanspruchten Bauteilen, die auf Schub beansprucht werden, muss nach DIN EN 1995-1-1: 2010-12, 6.1.7, der Einfluss von (Trocken-) Rissen mit der wirksamen Breite des Bauteils $b_{ef} = k_{cr} \cdot b$ mit $k_{cr} = 2{,}5/f_{v,k}$ für Brettschichtholz mit $f_{v,k}$ in N/mm^2 (nach DIN EN 1995-1-1/NA: 2013-08, 6.1.7(2)) berücksichtigt werden, s. auch Abschn. 11.5.4.1.

[g] nur aus Nadelholzarten und Pappel nach DIN EN 14080: 2013-09, 5.5.2.

[h] Brettschichtholz der Festigkeitsklasse GL32h steht nach *Studiengemeinschaft Holzleimbau* [25] in der Regel wirtschaftlich herstellbar kaum noch zur Verfügung.

[i] Vorzugsklasse von homogenem Brettschichtholz nach *Studiengemeinschaft Holzleimbau* [24] ist fett gesetzt.

[j] größere Mengen von homogenem Brettschichtholz mit Festigkeitsklassen größer als GL24h sollten nach *Studiengemeinschaft Holzleimbau* [25] nicht bestellt werden.

11.3.2 Modifikations- und Verformungsbeiwerte

Die Modifikationsbeiwerte können Tafel 11.5 und die Verformungsbeiwerte Tafel 11.6 entnommen werden.

Tafel 11.5 Rechenwerte der Modifikationsbeiwerte k_{mod} für Holz, Holz- und Gipswerkstoffe nach DIN EN DIN 1995-1-1: 2010-12, Tab. 3.1 und DIN EN 1995-1-1/NA: 2013-08, 3.1.3, Tab. NA.4[a]

Baustoff/Klasse der Lasteinwirkungsdauer[g]	Nutzungsklasse[h]		
	1	2	3
Vollholz nach DIN EN 14081-1[b], s. Abschn. 11.3.1 Brettschichtholz nach DIN EN 14080, s. Abschn. 11.3.1 Furnierschichtholz nach DIN EN 14279, Typ LVL/3, im Trocken-, Feucht- und Außenbereich[e] Sperrholz nach DIN 636, TYP EN 636-3, im Trocken-, Feucht- und Außenbereich[e]			
ständig	0,60	0,60	0,50
lang	0,70	0,70	0,55
mittel	0,80	0,80	0,65
kurz	0,90	0,90	0,70
sehr kurz	1,10	1,10	0,90
Balkenschichtholz[c, f], Brettsperrholz[c, f], keilgezinktes Vollholz[b], Massivholzplatten nach DIN EN 13353, Klasse SWP/2 S und SWP/3 S, im Trocken- und Feuchtbereich[d, e] Furnierschichtholz nach DIN EN 14279, Typ LVL/2, im Trocken- und Feuchtbereich[e]			
ständig	0,60	0,60	–
lang	0,70	0,70	–
mittel	0,80	0,80	–
kurz	0,90	0,90	–
sehr kurz	1,10	1,10	–
Massivholzplatten nach DIN EN 13353, Klasse SWP/1 S, im Trockenbereich[d], Furnierschichtholz nach DIN EN 14279, Typ LVL/1, im Trockenbereich Sperrholz nach DIN 636, TYP EN 636-1, im Trockenbereich[e]			
ständig	0,60	–	–
lang	0,70	–	–
mittel	0,80	–	–
kurz	0,90	–	–
sehr kurz	1,10	–	–
Sperrholz nach DIN 636, TYP EN 636-2, im Trocken- und Feuchtbereich[e]			
ständig	0,60	0,60	–
lang	0,70	0,70	–
mittel	0,80	0,80	–
kurz	0,90	0,90	–
sehr kurz	1,10	1,10	–
OSB-Platten nach DIN EN 300, OSB/2, im Trockenbereich[e]			
ständig	0,30	–	–
lang	0,45	–	–
mittel	0,65	–	–
kurz	0,85	–	–
sehr kurz	1,10	–	–
OSB-Platten nach DIN EN 300, OSB/3 und OSB/4, im Trocken- und Feuchtbereich[e]			
ständig	0,40	0,30	–
lang	0,50	0,40	–
mittel	0,70	0,55	–
kurz	0,90	0,70	–
sehr kurz	1,10	0,90	–

11

Tafel 11.5 (Fortsetzung)

Baustoff/Klasse der Lasteinwirkungsdauer[g]	Nutzungsklasse[h]		
	1	2	3
Spanplatten nach DIN EN 312, TYP P6, im Trockenbereich[e]			
ständig	0,40	–	–
lang	0,50	–	–
mittel	0,70	–	–
kurz	0,90	–	–
sehr kurz	1,10	–	–
Spanplatten nach DIN EN 312, TYP P7, im Trocken- und Feuchtbereich[e]			
ständig	0,40	0,30	–
lang	0,50	0,40	–
mittel	0,70	0,55	–
kurz	0,90	0,70	–
sehr kurz	1,10	0,90	–
Spanplatten, zementgebunden, nach DIN EN 634 im Trocken- und Feuchtbereich[c, e] Holzfaserplatten nach DIN EN 622-2, HB.HLA2 (hart), im Trocken- und Feuchtbereich[e]			
ständig	0,30	0,20	–
lang	0,45	0,30	–
mittel	0,65	0,45	–
kurz	0,85	0,60	–
sehr kurz	1,10	0,80	–
Holzfaserplatten nach DIN EN 622-3, MBH.LA2 (mittelhart), im Trockenbereich Gipsplatten nach DIN 18180, Typ GKB und GKF, im Trockenbereich[e]			
ständig	0,20	–	–
lang	0,40	–	–
mittel	0,60	–	–
kurz	0,80	–	–
sehr kurz	1,10	–	–
Gipsplatten nach DIN 18180, Typ GKBI und GKFI, im Trocken- und Feuchtbereich Gipsfaserplatten nach DIN EN 15283-2, im Trocken- und Feuchtbereich[e]			
ständig	0,20	0,15	–
lang	0,40	0,30	–
mittel	0,60	0,45	–
kurz	0,80	0,60	–
sehr kurz	1,10	0,80	–

[a] bei Kombinationen aus Einwirkungen, die zu verschiedenen Klassen der Lasteinwirkungsdauer gehören, ist in der Regel k_{mod} für die Einwirkung mit der kürzesten Dauer maßgebend, z. B. für eine Kombination aus ständiger und kurzzeitiger Einwirkung ist k_{mod} für die kurzzeitige Einwirkungsdauer maßgebend.

[b] keilgezinktes Vollholz darf nach DIN EN 1995-1-1/NA: 2013-08, 3.2, nur in den Nutzungsklassen 1 und 2 verwendet werden.

[c] Balkenschichtholz, Brettsperrholz und zementgebundene Spanplatten dürfen nach DIN EN 1995-1-1/NA: 2013-08, NA.3.5 bzw. 3.8, nur in Nutzungsklassen 1 und 2 verwendet werden.

[d] tragende Massivholzplatten nach DIN EN 13353 und DIN EN 13986 dürfen nach DIN EN 1995-1-1/NA: 2013-08, NA.3.5, in folgenden Nutzungsklassen verwendet werden: Klasse SWP/1 S nur in Nutzungsklasse 1, Klasse SWP/2 S und SWP/3 S in Nutzungsklassen 1 und 2.

[e] Trockenbereich entspricht Nutzungsklasse 1, Feuchtbereich entspricht Nutzungsklasse 1 und 2, Außenbereich entspricht Nutzungsklasse 1, 2 und 3.

[f] mit bauaufsichtlichem Verwendbarkeitsnachweis.

[g] die Klassen der Lasteinwirkungsdauer sind in den Tafeln 11.8 und 11.9 dargestellt.

[h] die Nutzungsklassen sind in Tafel 11.7 angeführt.

Tafel 11.6 Rechenwerte der Verformungsbeiwerte k_{def} für Holz, Holz- und Gipswerkstoffe sowie Verbindungen bei ständiger Lasteinwirkung nach DIN EN 1995-1-1: 2010-12, Tab. 3.2 und DIN EN 1995-1-1/NA: 2013-08, Tab. NA.5

Baustoff	Nutzungsklasse[h]		
	1	2	3
Vollholz nach DIN EN 14081-1[a, b], s. Abschn. 11.3.1 Brettschichtholz nach DIN EN 14080	0,60	0,80	2,00
Balkenschichtholz[c, f], Brettsperrholz[c, f] keilgezinktes Vollholz[b]	0,60	0,80	–
Furnierschichtholz (LVL) nach DIN EN 14279[g]			
Typ LVL/1 im Trockenbereich[e]	0,60	–	–
Typ LVL/2 im Trocken- und Feuchtbereich[e]	0,60	0,80	–
Typ LVL/3 im Trocken-, Feucht- und Außenbereich[e]	0,60	0,80	2,00
Massivholzplatten nach DIN EN 13353[d]			
Typ Klasse SWP/1 S im Trockenbereich[e]	0,60	–	–
Typ SWP/2 S und SWP/3 S im Trocken- und Feuchtbereich[e]	0,60	0,80	–
Sperrholz nach DIN EN 636			
Typ EN 636-1 im Trockenbereich[e]	0,80	–	–
Typ EN 636-2 im Trocken- und Feuchtbereich[e]	0,80	1,00	–
Typ EN 636-3 im Trocken-, Feucht- und Außenbereich[e]	0,80	1,00	2,50
OSB-Platten nach DIN EN 300			
OSB/2 im Trockenbereich[e]	2,25	–	–
OSB/3, OSB/4 im Trocken- und Feuchtbereich[e]	1,50	2,25	–
Spanplatten, kunstharzgebundene, nach DIN EN 312			
Typ P6 im Trockenbereich[e]	1,50	–	–
Typ P7 im Trocken- und Feuchtbereich[e]	1,50	2,25	–
Spanplatten, zementgebundene, nach DIN EN 634, im Trocken- und Feuchtbereich[c, e]	2,25	3,00	–
Holzfaserplatten			
nach DIN EN 622-3, mittelhart, MBH.LA2 im Trockenbereich[e]	3,00	–	–
nach DIN EN 622-2, hart, HB.HLA2 im Trocken- oder Feuchtbereich[e]	2,25	3,00	–
Gipsplatten nach DIN 18180			
GKB, GKF im Trockenbereich[e]	3,00	–	–
GKBI und GKFI im Trocken- und Feuchtbereich[e]	3,00	4,00	–
Gipsfaserplatten nach DIN EN 15283-2 im Trocken- und Feuchtbereich[e]	3,00	4,00	–

[a] die k_{def}-Werte für Vollholz, dessen Holzfeuchte beim Einbau gleich oder nahe dem Fasersättigungspunkt liegt und voraussichtlich im eingebauten Zustand unter Belastung austrocknen kann, sind in der Regel um 1,0 zu erhöhen.

[b] keilgezinktes Vollholz darf nach DIN EN 1995-1-1/NA: 2013-08, 3.2, nur in den Nutzungsklassen 1 und 2 verwendet werden.

[c] Balkenschichtholz, Brettsperrholz und zementgebundene Spanplatten dürfen nach DIN EN 1995-1-1/NA: 2013-08, NA.3.5 bzw. 3.8, nur in Nutzungsklassen 1 und 2 verwendet werden.

[d] tragende Massivholzplatten nach DIN EN 13353 und DIN EN 13986 dürfen nach DIN EN 1995-1-1/NA: 2013-08, NA.3.5, in folgenden Nutzungsklassen verwendet werden: Klasse SWP/1 S nur in Nutzungsklasse 1, Klasse SWP/2 S und SWP/3 S in Nutzungsklassen 1 und 2.

[e] Trockenbereich entspricht Nutzungsklasse 1, Feuchtbereich entspricht Nutzungsklasse 2, Außenbereich entspricht Nutzungsklasse 3.

[f] mit bauaufsichtlichem Verwendbarkeitsnachweis.

[g] Furnierschichtholz mit Querlagen darf nach DIN EN 1995-1-1/NA: 2013-08, 3.1.4, wie Sperrholz behandelt werden.

[h] die Nutzungsklassen sind in Tafel 11.7 angeführt.

11.3.3 Nutzungsklassen, Lasteinwirkungsdauer

Die Nutzungsklassen sind in Tafel 11.7, die Klassen der Lasteinwirkungsdauer in Tafel 11.8 und die Einteilung der Einwirkungen in die Klassen der Lasteinwirkungsdauer in Tafel 11.9 dargestellt.

Tafel 11.7 Nutzungsklassen (NKL) nach DIN EN 1995-1-1: 2010-12, 2.3.1.3[a, b]

Nutzungsklasse	Feuchtegehalt in Holzbaustoffen, entspricht einem Umgebungsklima von	Holzfeuchte ω in Holzbaustoffen, die sich nach gewisser Zeit einstellt	Beispiele für Umgebungsklima
1	$T = 20\,°C$, $\varphi = 65\,\%$[c]	etwa bis 12 %[d]	Dauerhaft allseitig geschlossene und beheizte Bauwerke
2	$T = 20\,°C$, $\varphi = 85\,\%$[c]	etwa bis 20 %[d]	Überdachte, offene Bauwerke[e]
3	Klimabedingungen, die zu höheren Feuchtegehalten als Nutzungsklasse 2 führen	etwa > 20 %	Konstruktionen, frei der Witterung ausgesetzt

[a] über Gleichgewichtsfeuchten von Holzbaustoffen s. Tafel 11.10.
[b] über den Einsatz von Holz, Holz- und Gipswerkstoffen in den Nutzungsklassen s. Tafel 11.6 sinngemäß.
[c] relative Luftfeuchte, die nur für einige Wochen pro Jahr überschritten wird.
[d] in den meisten Nadelhölzern wird in dieser Nutzungsklasse die angegebene Holzfeuchte als mittlere Holzfeuchte nicht überschritten.
[e] Hinweis: In Ausnahmefällen sind auch überdachte Bauteile in Nutzungsklasse 3 einzustufen.

Tafel 11.8 Klassen der Lasteinwirkungsdauer nach DIN EN 1995-1-1: 2010-12, Tab. 2.1 und 2.2 sowie DIN EN 1995-1-1/NA: 2013-08, 2.3.1.2(2)P[a]

Klasse der Lasteinwirkungsdauer	Größenordnung der akkumulierenden Dauer der charakteristischen Lasteinwirkung	Beispiele für Lasteinwirkungen
Ständig	Länger als 10 Jahre	Eigenlasten (Eigengewicht), Einwirkungen aus ungleichmäßigen Setzungen
Lang	6 Monate bis 10 Jahre	Lagerstoffe, Nutzlasten für Decken in Lagerräumen, Werkstätten
Mittel	1 Woche bis 6 Monate	Nutzlasten für Wohnungs- und Bürodecken, Schnee- und Eislast[b], Einwirkungen aus Temperatur- und Feuchteänderungen
Kurz	Kürzer als 1 Woche	Schnee- und Eislast[c], Windlast[d]
Sehr kurz	Kürzer als eine Minute	Windlast[d], außergewöhnliche Einwirkungen wie Anpralllasten

[a] über die Einteilung der Einwirkungen in Klassen der Lasteinwirkungsdauer s. Tafel 11.9.
[b] Geländehöhe des Bauwerkstandortes über NN > 1000 m.
[c] Geländehöhe des Bauwerkstandortes über NN ≤ 1000 m.
[d] bei Wind darf nach DIN EN 1995-1-1/NA: 2013-08, Tab. NA.1, für k_{mod} das Mittel aus kurz und sehr kurz verwendet werden, die k_{mod}-Werte sind in Tafel 11.5 angegeben.

Tafel 11.9 Einteilung von Einwirkungen der DIN EN 1991-1-1, DIN EN 1991-1-3, DIN EN 1991-1-4, DIN EN 1991-1-7, DIN EN 1991-3 und den zugehörigen Nationalen Anhängen in Klassen der Lasteinwirkungsdauer (KLED) nach DIN EN 1995-1-1/NA: 2013-08, Tab. NA.1[a, b, c]

Einwirkungen		KLED
Wichten und Flächenlasten (Eigenlasten) nach DIN EN 1991-1-1		ständig
Lotrechte Nutzlasten nach DIN 1991-1		
A	Spitzböden, Wohn- und Aufenthaltsräume	mittel
B	Büroflächen, Arbeitsflächen, Flure	mittel
C	Räume, Versammlungsräume und Flächen, die der Ansammlung von Personen dienen können (mit Ausnahme von unter A, B, D und E festgelegten Kategorien)	kurz
D	Verkaufsräume	mittel
E1	Lager, Fabriken und Werkstätten, Ställe, Lagerräume und Zugänge	lang
E2	Flächen für den Betrieb mit Gegengewichtsstaplern	mittel
F	Verkehrs- und Parkflächen für leichte Fahrzeuge (Gesamtlast $\leq 30\,\mathrm{kN}$)	mittel
	– Zufahrtsrampen zu diesen Flächen	kurz
H	nicht begehbare Dächer, außer für übliche Erhaltungsmaßnahmen, Reparaturen	kurz
K	Hubschrauber Regellasten	kurz
T	Treppen und Treppenpodeste	kurz
Z	Zugänge, Balkone und Ähnliches	kurz
Horizontale Nutzlasten nach DIN 1991-1-1		
– Horizontale Nutzlasten infolge von Personen auf Brüstungen, Geländern und anderen Konstruktionen, die als Absperrung dienen		kurz
– Horizontallasten zur Erzielung einer ausreichenden Längs- und Quersteifigkeit		[d]
– Horizontallasten für Hubschrauberlandeplätze auf Dachdecken		
	für horizontale Nutzlasten	kurz
	für den Überrollschutz	sehr kurz
Windlasten nach DIN 1991-1-4		kurz/sehr kurz[e]
Schneelast und Eislast nach DIN 1991-1-3		
– Geländehöhe des Bauwerkstandortes über NN $\leq 1000\,\mathrm{m}$		kurz
– Geländehöhe des Bauwerkstandortes über NN $> 1000\,\mathrm{m}$		mittel
Anpralllasten nach DIN 1991-1-7		sehr kurz
Horizontallasten aus Kran- und Maschinenbetrieb nach DIN 1991-3		kurz

[a] über Klassen der Lasteinwirkungsdauer s. Tafel 11.8.
[b] Einwirkungen aus Temperatur- und Feuchteänderungen: KLED „mittel".
[c] Einwirkungen aus ungleichmäßigen Setzungen: KLED „ständig".
[d] entsprechend den zugehörigen Lasten.
[e] bei Wind darf für k_{mod} das Mittel aus kurz und sehr kurz verwendet werden, die k_{mod}-Werte sind in Tafel 11.5 angegeben.

Der **Einfluss von Temperaturänderungen** darf nach DIN EN 1995-1-1/NA: 2013-08, 2.3.1.2(2)P bei Holzbauteilen vernachlässigt werden.

11.3.4 Gleichgewichts-Holzfeuchten, Quell- und Schwindmaße

Querschnitts- und Längenänderungen infolge Quellens oder Schwindens können näherungsweise nach (11.1) berechnet werden, für den Nachweis der Tragfähig- und Gebrauchstauglichkeit ist der gewählte Querschnitt b/h (Nennmaße) zu verwenden.

Für einen Rechteckquerschnitt nach Abb. 11.1 gilt:

- über den Querschnitt (rechtwinklig zur Faser)

$$\Delta h = \alpha_\perp \cdot \Delta \omega \cdot h \qquad (11.1a)$$

$$\Delta b = \alpha_\perp \cdot \Delta \omega \cdot b \qquad (11.1b)$$

- in Bauteillängsrichtung l (parallel zur Faser)

$$\Delta l = \alpha_\parallel \cdot \Delta \omega \cdot l \qquad (11.1c)$$

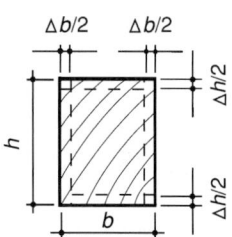

Abb. 11.1 Rechteckquerschnitt, etwa zu erwartende Querschnittsänderungen unter gleichmäßigem Schwinden

$\alpha_\perp, \alpha_\parallel$ Rechenwerte der Quell- und Schwindmaße in %/% nach Tafel 11.11

$\Delta \omega$ Holzfeuchtedifferenz zwischen Zustand 1 und Zustand 2 in %

h, b, l Querschnitts- bzw. Längenmaße des Bauteils.

Ein **Beispiel zur Berechnung einer Schwindverformung** ist in [11], Holzbau, Abschn. 2.1 angeführt.

Tafel 11.10 Gleichgewichtsfeuchten von Holzbaustoffen (Anhaltswerte) nach DIN EN 1995-1-1/NA: 2013-08, Tab. NA.6[a]

Nutzungsklasse[b]	1	2	3
Gleichgewichtsfeuchte ω	5 bis 15 %[c]	10 bis 20 %[d]	12 bis 24 %[e]

[a] als Gleichgewichtsfeuchte im Gebrauchszustand ist die im Mittel sich einstellende Holzfeuchte im Bauteil/Bauwerk anzusehen.
[b] Nutzungsklassen nach Tafel 11.7.
[c] in den meisten Nadelhölzern wird in Nutzungsklasse 1 eine mittlere Gleichgewichtsfeuchte von 12 % nicht überschritten.
[d] in den meisten Nadelhölzern wird in Nutzungsklasse 2 eine mittlere Gleichgewichtsfeuchte von 20 % nicht überschritten.
[e] die Nutzungsklasse 3 schließt auch Bauwerke/Bauteile ein, in denen sich höhere Gleichgewichtsfeuchten einstellen können.

Tafel 11.11 Rechenwerte für mittlere Schwind- und Quellmaße von Holzbaustoffen bei unbehindertem Quellen und Schwinden nach DIN EN 1995-1-1/NA: 2013-08, 3.1.6, Tab. NA.7[a]

Zeile	Holzbaustoff	Schwind- und Quellmaße in % für Änderung der Holzfeuchte um 1 % unterhalb der Fasersättigung
Schwind- und Quellmaße von Bauhölzern ⊥ zur Faserrichtung[b, c, d]		$\alpha_\perp$
1	Nadelholz, Balken- und Brettschichtholz aus Nadelholz	0,25
2	Laubholz	0,35
Schwind- und Quellmaße von Holzwerkstoffen in Plattenebene (PE) und rechtwinklig zur Plattenebene (PE)[c, f]		α in PE, $\alpha_\perp$ rechtwinklig zur PE
3a	Sperrholz in Plattenebene	0,02
3b	Sperrholz rechtwinklig zur Plattenebene	0,32
3c	Brettsperrholz, Massivholzplatten in Plattenebene	0,02
3d	Brettsperrholz, Massivholzplatten rechtwinklig zur Plattenebene	0,25
4a	Furnierschichtholz ohne Querfurniere[e]	
	in Faserrichtung der Deckfurniere	0,01
	rechtwinklig zur Faserrichtung der Deckfurniere (in Plattenebene)	0,32
4b	Furnierschichtholz mit Querfurnieren[e]	
	in Faserrichtung der Deckfurniere	0,01
	rechtwinklig zur Faserrichtung der Deckfurniere (in Plattenebene)	0,03
5	Kunstharzgebundene Spanplatten, Faserplatten[e]	0,035
6	Zementgebundene Spanplatten[e]	0,03
7a	OSB-Platten, Typen OSB/2, OSB/3[e]	0,03
7b	OSB-Platten, Typ OSB/4[e]	0,015

[a] Werte gelten für etwa gleichförmige Feuchteänderung über den Querschnitt.
[b] rechtwinklig zur Faserrichtung (bei Holz Mittel aus tangential/radial).
[c] bei behindertem Quellen infolge Zwang können geringere Quellmaße als die angegebenen wirksam werden.
[d] für Bauhölzer der Zeilen 1 und 2 gilt in Faserrichtung des Holzes (parallel zur Faser) ein Rechenwert von $\alpha_\parallel = 0,01$ %/%.
[e] rechtwinklig zur Plattenebene (über die Plattendicke) bei „kleinen" Dicken meist vernachlässigbar.
[f] für Holzwerkstoffe können bei behindertem Quellen und behindertem Schwinden infolge Zwang geringere Quell- und Schwindmaße als die angegebenen wirksam werden.

11.4 Grundlagen für Entwurf, Berechnung und Bemessung

Als Grundlagen für Bemessung und Konstruktion gelten die Anforderungen der DIN EN 1990: 2002-10 in Verbindung mit der Methode der Teilsicherheitsbeiwerte nach DIN EN 1990: 2002-10 und DIN EN 1991 für die Einwirkungen sowie die Anforderungen der DIN EN 1995-1-1 für die Widerstände und Tragfähig-, Gebrauchstauglich- und Dauerhaftigkeit. Charakteristische Werte der Einwirkungen, Teilsicherheitsbeiwerte für die Grenzzustände der Tragfähigkeit und Gebrauchstauglichkeit sowie Bemessungswerte der Einwirkungen (Beanspruchungen) können dem Abschn. Lastannahmen entnommen werden. Zusätzliche holzbauspezifische Festlegungen und Angaben sind im Folgenden dargestellt.

11.4.1 Nachweise in den Grenzzuständen der Tragfähigkeit

Die Nachweise im Grenzzustand der Tragfähigkeit, die bei Holzbauwerken/-teilen in der Regel zu führen sind, können dem Abschn. Lastannahmen entnommen werden.

11.4.2 Bemessungswerte der Baustoffeigenschaften

Charakteristische Werte X_k der Festigkeitseigenschaften von Voll- und Brettschichtholz sind im Abschn. 11.3.1 angeführt (und von Holz- und Gipswerkstoffen im Abschn. 11.19); Bemessungswerte X_d der Festigkeitseigenschaften sind nach (11.2) zu berechnen.

$$X_d = k_{mod} \cdot X_k / \gamma_M \qquad (11.2)$$

X_d Bemessungswert der Festigkeitseigenschaft in allgemeiner Schreibweise

X_k charakteristischer Wert der Festigkeitseigenschaft in allgemeiner Schreibweise nach Abschn. 11.3.1 (und Abschn. 11.19).

k_{mod} Modifikationsbeiwerte nach Tafel 11.5

γ_M Teilsicherheitsbeiwert für die Festigkeitseigenschaft in Grenzzuständen der Tragfähigkeit nach Tafel 11.12.

In den Grenzzuständen der Tragfähigkeit ist bei Kombinationen aus Einwirkungen, die zu verschiedenen Klassen der Lasteinwirkungsdauer gehören, in der Regel der Modifikationsbeiwert k_{mod} für die Einwirkung mit der kürzesten Dauer maßgebend, z. B. für eine Kombination aus ständigen und kurzzeitigen Einwirkungen ist der k_{mod}-Wert für eine kurzzeitige Einwirkung zu verwenden.

Einwirkungskombinationen, Besonderheiten bei Holzbaustoffen und Verbindungen Da der Tragwiderstand (Beanspruchbarkeit) von Holzbaustoffen oder Verbindungen auch vom k_{mod}-Wert (Lasteinwirkungsdauer, Holzfeuchte) abhängt, kann eine Einwirkungskombination mit einem geringeren als dem betragsmäßig größten Bemessungswert der Beanspruchung maßgebend werden. Deshalb sind grundsätzlich alle Einwirkungskombinationen zu überprüfen.

11.4.3 Querschnittsmaße und -ermittlung

11.4.3.1 Nennabmessungen, Mindestquerschnitte, Querschnittsschwächungen

Der wirksame Querschnitt eines tragenden Bauteils ist mit den Nennmaßen a_{nom} zu berechnen (dies sind i. d. R. die geplanten Maße). Die Mindest- und Maximal-Abmessungen tragender Einzelquerschnitte von Voll- und Brettschichtholz sind Tafel 11.13 zu entnehmen, einzuhaltende Mindestmaße von Querschnitten bei Verbindungsmitteln s. Abschn. 11.15 und 11.16. Bei Vollholz sind die Nennmaße nach DIN EN 336 auf eine Holzfeuchte von $\omega = 20\%$ bezogen, bei Brettschicht- und Balkenschichtholz nach DIN EN 14080: 2013-09, 5.11.2, auf $\omega = 12\%$, Bezugsholzfeuchten anderer Holzbaustoffe nach den jeweiligen Normen, bauaufsichtlichen Verwendbarkeitsnachweisen oder privatrechtlichen Vereinbarungen. Über zulässige Maßabweichungen bei Voll- und Brettschichtholz s. Abschn. 11.20.

Querschnittsschwächungen in tragenden Bauteilen sind rechnerisch zu berücksichtigen, Ausnahmen hiervon sind unten angeführt. Querschnittsschwächungen von Verbindungsmitteln können nach Tafel 11.14 ermittelt werden.

Tafel 11.12 Teilsicherheitsbeiwerte γ_M für Festigkeits- und Steifigkeitseigenschaften in ständigen und vorübergehenden Bemessungssituationen nach DIN EN 1995-1-1/NA: 2013-08, Tab. NA.2 und Tab. NA.3[a, b]

Grenzzustände der Tragfähigkeit	γ_M
Vollholz, Brettschichtholz, Furnierschichtholz, Sperrholz, Spanplatten, OSB-Platten, harte und mittelharte Faserplatten, MDF- und weiche Faserplatten	1,3
Balkenschichtholz, Brettsperrholz, Massivholzplatten, faserverstärkte Gipsplatten, Gipsplatten, zementgebundene Spanplatten	1,3
Stahl in Verbindungen[b]	
auf Biegung beanspruchte stiftförmige Verbindungsmittel nach DIN 1995-1-1: 2010-12, 8.2 (genauere Ermittlung)	1,3
auf Biegung beanspruchte stiftförmige Verbindungsmittel nach Abschn. 11.15.2 (vereinfachte Ermittlung)	1,1
auf Zug oder Scheren beanspruchte Teile beim Nachweis gegen die Streckgrenze im Nettoquerschnitt	1,3
Plattennachweis auf Tragfähigkeit für Nagelplatten	1,25

[a] für außergewöhnliche Bemessungssituationen sind die Teilsicherheitsbeiwerte $\gamma_M = 1,0$ anzusetzen.
[b] beim Nachweis von Stahlteilen sind die Teilsicherheitsbeiwerte der DIN EN 1993 bzw. DIN EN 1993/NA maßgebend.

Tafel 11.13 Mindest- und Maximal-Abmessungen für tragende einteilige Einzelquerschnitte aus Voll- und Brettschichtholz mit Rechteckquerschnitt[e]

	Mindest-Abmessungen Breite b_{min}, Dicke d_{min} oder Höhe h_{min}	Maximal-Abmessungen Breite b_{max}, Dicke d_{max} oder Höhe h_{max}
Vollholz nach DIN EN 14081-1: 2011-05 und DIN EN 336: 2013-12		
allgemein	$b_{min} = d_{min} = 6\,\text{mm}^a$, jedoch $= 22\,\text{mm}$ als Empfehlung[f]	$b_{max} = h_{max} = 300\,\text{mm}^f$
Dachlatten[c]	$b_{min} = d_{min} = 24\,\text{mm}^{b,\,c}$	
Brettschichtholz nach DIN EN 14080: 2013-09, Grenzwerte der Querschnittsabmessungen sind nicht festgelegt, üblich sind herstellungsbedingt etwa	$b_{min} = 50\,\text{mm}^a$, $h_{min} = 100\,\text{mm}^a$	$b_{max} = 300\,\text{mm}^d$, $h_{max} = 2500\,\text{mm}$

[a] soweit die Verbindungsmittel kein größeres Maß erfordern.
[b] über Mindestquerschnitte von Dachlatten s. Tafel 11.109.
[c] Mindestmaß nach DIN 18334: 2012-09, Tab. 1, bei Nadelholz der Sortierklasse S13.
[d] Die maximale Querschnittsbreite wird herstellungsbedingt durch die einzuhaltende Anzahl von höchstens zwei nebeneinander liegenden Brettern je Lamelle begrenzt.
[e] Tragende einteilige Einzelquerschnitte aus Holz sollten Mindestdicken besitzen, um ein Aufspalten der Bauteile zu verhindern.
[f] Empfehlung auf der Grundlage von DIN 1052: 2008-12.

Tafel 11.14 Querschnittsschwächungen durch Verbindungsmittel bei Holzbaustoffen sowie durch Universal-Keilzinkenverbindungen bei Brettschicht- und Balkenschichtholz nach DIN EN 1995-1-1: 2010-12, 5.2

Verbindungsmittel		Querschnittsschwächung, Fehlfläche	Erläuterungen
Stabdübel[a], Passbolzen[a], Klammern[a]		$d \cdot b$	
Bolzen[a], Gewindestangen[a, b]		$(d + 1\,\text{mm}) \cdot b$	
Nägel[a]	nicht vorgebohrt	$d \cdot b$, nur bei $d > 6\,\text{mm}$	
	vorgebohrt[f]	$d \cdot b$	
Holzschrauben[a, c]	nicht vorgebohrt	$d \cdot b$, nur bei $d > 6\,\text{mm}$	
	vorgebohrt[f]	$d \cdot b$	
Dübel besonderer Bauart[d, e]	Mittelholz	$2 \cdot \Delta A + (d + 1\,\text{mm}) \cdot (b_2 - 2 \cdot h_e)$	
	Seitenholz	$\Delta A + (d + 1\,\text{mm}) \cdot (b_1 - h_e)$	
Universal-Keilzinkenverbindung[g], Bruttoquerschnitt $b \cdot h$		$\Delta A = 0{,}20 \cdot b \cdot h^h$	

[a] bei stiftförmigen Verbindungsmitteln ist bei vorgebohrten Hölzern der Bohrlochdurchmesser und bei nicht vorgebohrten Hölzern der Nenndurchmesser zu verwenden.
[b] bei Gewindestangen ist nach DIN 1995-1-1/NA: 2013-08, 8.5.3, der Nenndurchmesser gleich dem Gewindeaußendurchmesser.
[c] bei Holzschrauben ist nach DIN 1995-1-1/NA: 2013-08, 8.7.1, der Nenndurchmesser gleich dem Außendurchmesser des Schraubengewindes.
[d] Dübelfehlflächen ΔA und zugehörige Bolzendurchmesser d nach Tafel 11.96, 11.98 und 11.99.
[e] die Länge der Bohrlöcher darf nach DIN 1995-1-1/NA: 2013-08, 8.9, rechnerisch um die Einbindetiefe (Einlass-/Einpresstiefe) h_e der Dübel verringert werden, über h_e s. Tafeln 11.96, 11.98 und 11.99.
[f] über Bohrlochdurchmesser bei Nägeln s. Tafel 11.77, bei Holzschrauben s. Tafel 11.90.
[g] Universal-Keilzinkenverbindungen (Vollstöße) bei Brettschichtholz und Balkenschichtholz nach den Anforderungen der DIN EN 14080.
[h] bei Berechnung der Normalspannungen dürfen nach DIN EN 1995-1-1/NA: 2013-08, 11.3, Querschnittsschwächungen durch Universal-Keilzinkenverbindungen ohne genaueren Nachweis zu 20 % der Bruttoquerschnittsfläche $b \cdot h$ angenommen werden.

Folgende **Querschnittsschwächungen dürfen unberücksichtigt bleiben**:

- Baumkanten, die nicht breiter sind als in DIN EN 14081-1: 2011-05 (oder DIN 4074-1: 2012-06 bzw. 4074-5: 2008-12) zugelassen,
- nicht vorgebohrte Nägel mit einem Durchmesser bis zu 6 mm,
- nicht vorgebohrte Holzschrauben mit einem Durchmesser bis zu 6 mm,
- Löcher und Aussparungen in der Druckzone von Holzbauteilen, wenn der ausfüllende Baustoff in den Löchern und Aussparungen (Einschnitt) eine größere Steifigkeit als das Holz oder der Holzwerkstoff besitzt.

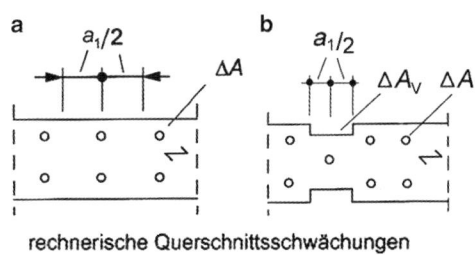

Abb. 11.2 Ermittlung von Querschnittsschwächungen; Beispiele. Mindestabstand der Verbindungsmittel a_1 in Faserrichtung, Querschnittsschwächung ΔA (Verbindungsmittel) und ΔA_V (Einschnitt)

Querschnittsschwächungen bei Verbindungen mit mehreren Verbindungsmitteln Der wirksame Querschnitt eines Bauteiles im Bereich von Verbindungen mit mehreren Verbindungsmitteln ist in der Regel so zu bestimmen, dass alle Querschnittsschwächungen als in diesem Querschnitt vorhanden anzunehmen sind, die um diesen Querschnitt mit einem Abstand von weniger als dem halben Mindestabstand der Verbindungsmittel in Faserrichtung des Holzes auftreten; Beispiele s. Abb. 11.2.

11.5 Nachweise der Querschnittstragfähigkeit für Stäbe in den Grenzzuständen der Tragfähigkeit

Die Querschnittstragfähigkeit berücksichtigt einzelne Bauteilquerschnitte ohne zusätzliche Einflüsse; dagegen sind z. B. Bauteile, die durch Biegedrillknicken oder Biegeknicken gefährdet sind, als Ganzes nach Abschn. 11.6 nachzuweisen.

11.5.1 Nachweise der Querschnittstragfähigkeit bei Zug

11.5.1.1 Zug in Faserrichtung des Holzes
nach DIN EN 1995-1-1: 2010-12, 6.1.2 (mittiger Zug)

$$\frac{\sigma_{t,0,d}}{f_{t,0,d}} = \frac{F_{t,d}/A_n}{f_{t,0,d}} \leq 1 \qquad (11.3)$$

$F_{t,d}$ Bemessungswert der mittigen Zugkraft
A_n wirksame Querschnittsfläche (Nettoquerschnitt)
$f_{t,0,d}$ Bemessungswert der Zugfestigkeit in Faserrichtung nach (11.2).

Erhöhen der charakteristischen Zugfestigkeit von Nadel- und Laubvollholz Für Nadel- und Laubvollholz mit Rechteckquerschnitt und einer charakteristischen Rohdichte von $\varrho_k \leq 700\,\mathrm{kg/m^3}$ darf nach DIN EN 1995-1-1: 2010-12, 3.2, die charakteristische Zugfestigkeit $f_{t,0,k}$ bei Querschnitts-

breiten $b < 150\,\mathrm{mm}$ mit dem Beiwert k_h nach (11.4) erhöht werden.

$$k_h = \min\{(150/h)^{0,2} \text{ oder } 1{,}3\} \qquad (11.4)$$

h in mm $< 150\,\mathrm{mm}$ als größte Querschnittsabmessung $\max(h \text{ oder } b)$ bei Zug.

Erhöhen der charakteristischen Zugfestigkeit von Brettschichtholz Für Brettschichtholz mit Rechteckquerschnitt darf nach DIN EN 1995-1-1: 2010-12, 3.3, die charakteristische Zugfestigkeit $f_{t,0,k}$ bei Querschnittsbreiten $b < 600\,\mathrm{mm}$ mit dem Beiwert k_h nach (11.5) erhöht werden.

$$k_h = \min\{(600/h)^{0,1} \text{ oder } 1{,}1\} \qquad (11.5)$$

h in mm $< 600\,\mathrm{mm}$ als größte Querschnittsabmessung $\max(h \text{ oder } b)$ bei Zug.

Ein **Beispiel** zur Bemessung eines Zugstabes ist in [11], Abschn. Holzbau, 2.2 angeführt.

11.5.1.2 Zug unter einem Winkel α ($0° < \alpha < 90°$)
nach DIN EN 1995-1-1/NA: 2013-08, 6.2.5

Für Sperrholz, Brettsperrholz, Massivholzplatten, OSB-Platten und Furnierschichtholz mit Querlagen (näher bezeichnet in Abschn. 11.3.2, s. auch Abschn. 11.19), die unter einem Winkel α nach Abb. 11.3 belastet werden, gilt:

$$\frac{\sigma_{t,\alpha,d}}{k_\alpha \cdot f_{t,0,d}} = \frac{F_{t,\alpha,d}/A_n}{k_\alpha \cdot f_{t,0,d}} \leq 1 \qquad (11.6)$$

$$k_\alpha = \frac{1}{\left(\frac{f_{t,0,d}}{f_{t,90,d}} \cdot \sin^2 \alpha + \frac{f_{t,0,d}}{f_{v,d}} \cdot \sin \alpha \cdot \cos \alpha + \cos^2 \alpha\right)} \qquad (11.7)$$

α Winkel zwischen Beanspruchungs- und Faserrichtung bzw. Spanrichtung der Decklagen ($0° < \alpha < 90°$) nach Abb. 11.3
k_α Beiwert nach (11.7)
$f_{t,0,d}$ Bemessungswert der Zugfestigkeit in Faserrichtung nach (11.2)
$f_{t,90,d}$ Bemessungswert der Zugfestigkeit rechtwinklig zur Faserrichtung nach (11.2)
$f_{v,d}$ Bemessungswert der Schubfestigkeit nach (11.2)
$F_{t,\alpha,d}$ Bemessungswert der Zugkraft unter dem Winkel α
A_n wirksame Querschnittsfläche (Nettoquerschnitt).

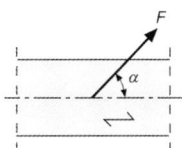

Abb. 11.3 Zugbeanspruchung unter einem Winkel α zwischen Beanspruchungsrichtung und Faserrichtung bzw. Spanrichtung der Decklagen bei Holzwerkstoffen

11.5.1.3 Zugverbindungen

nach DIN EN 1995-1-1/NA: 2013-08, 8.1.6

Zugverbindungen sind i. d. R. symmetrisch zu den Stabachsen auszuführen, Zusatzmomente in einseitig beanspruchten Bauteilen, s. Abb. 11.4, können vereinfacht nach Tafel 11.15 berücksichtigt werden.

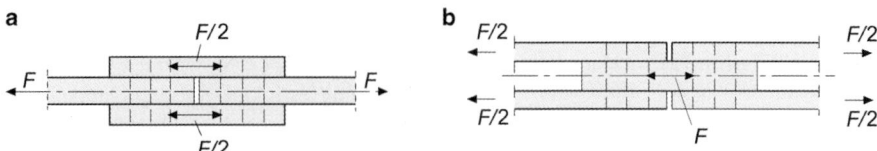

Abb. 11.4　Beispiele einseitig beanspruchter Bauteile in Zugverbindungen mit Laschen.
a außen liegende Laschen sind einseitig beanspruchte Bauteile,
b außen liegende Zugstäbe sind einseitig beanspruchte Bauteile

Tafel 11.15　Vereinfachte Berücksichtigung des Zusatzmomentes in einseitig beanspruchten Bauteilen symmetrischer Zugverbindungen nach DIN EN 1995-1-1/NA: 2013-08, 8.1.6

Vereinfachter Tragfähigkeitsnachweis einseitig beanspruchter Bauteile	
$\dfrac{F_\mathrm{d}/A_\mathrm{n}}{k_\mathrm{t,Ver} \cdot f_\mathrm{t,0,d}} \le 1$	A_n wirksame Querschnittsfläche (Nettoquerschnittsfläche) F_d Bemessungswert der anteiligen Zugkraft im einseitig beanspruchten Bauteil $f_\mathrm{t,0,d}$ Bemessungswert der Zugfestigkeit in Faserrichtung nach (11.2) $k_\mathrm{t,Ver}$ Beiwert für Zugverbindungen (nicht in DIN EN 1995-1-1/NA: 2013-08 enthalten)

Beiwert $k_\mathrm{t,Ver}$ für		
1	**Holzschrauben, Bolzen, Passbolzen und nicht vorgebohrte Nägel**	
	$k_\mathrm{t,Ver} = 2/3$	Abminderung des Bemessungswertes der Zugtragfähigkeit, ohne weitere Maßnahmen
2	**Stabdübel, vorgebohrte Nägel, Dübel besonderer Bauart** (andere Verbindungsmittel als in Zeile 1 angeführt)	
2.1	**Mit Maßnahmen zur Verhinderung der Verkrümmung** der einseitig beanspruchten Bauteile durch auf Herausziehen beanspruchbare Verbindungsmittel	
a)	$k_\mathrm{t,Ver} = 2/3$	Abminderung des Bemessungswertes der Zugtragfähigkeit mit weiteren Maßnahmen siehe b) oder c) und d)
b)	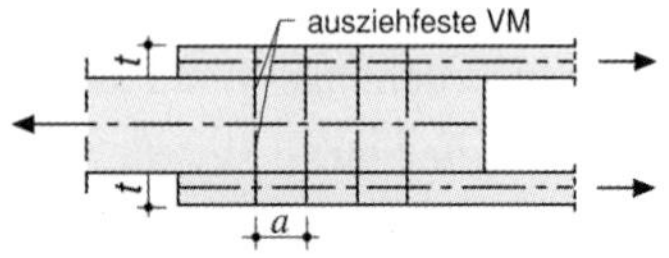 *(Abbildung: ausziehfeste VM, a)*	Zusätzlich zu a) bei stiftförmigen Verbindungsmitteln (Stabdübel, vorgebohrte Nägel) sind auf Herausziehen beanspruchbare Verbindungsmittel (ausziehfeste Verbindungsmittel) anzuordnen in der ersten bzw. letzten Verbindungsmittelreihe: im Beispiel: $n = 4$
c)	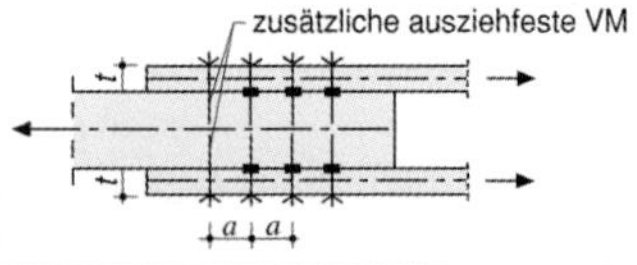 *(Abbildung: zusätzliche ausziehfeste VM, a, a)*	Zusätzlich zu a) bei anderen Verbindungsmitteln (Dübeln besonderer Bauart) sind auf Herausziehen beanspruchbare Verbindungsmittel (ausziehfeste Verbindungsmittel) anzuordnen zusätzlich vor bzw. hinter dem eigentlichen Anschluss: im Beispiel: $n = 3$
d)	Bemessung der ausziehfesten Verbindungsmittel für eine Zugkraft $F_\mathrm{t,d}$, die in Richtung der Stiftachse wirkt, nach Abschn. 11.15 $F_\mathrm{t,d} = \dfrac{F_\mathrm{d} \cdot t}{2 \cdot n \cdot a}$	F_d Normalkraft im einseitig beanspruchten Bauteil n Anzahl der zur Übertragung der Scherkraft in Richtung der Kraft F_d hintereinander angeordneten Verbindungsmittel, ohne die zusätzlichen ausziehfesten Verbindungsmittel t Dicke des einseitig beanspruchten Bauteils a Abstand der auf Herausziehen beanspruchten Verbindungsmittel von der nächsten Verbindungsmittelreihe
2.2	**Ohne Maßnahmen zur Verhinderung der Verkrümmung** der einseitig beanspruchten Bauteile	
	$k_\mathrm{t,Ver} = 0{,}4$	Abminderung des Bemessungswertes der Zugtragfähigkeit

11.5.2 Nachweise der Querschnittstragfähigkeit bei Druck

11.5.2.1 Druck in Faserrichtung des Holzes

nach DIN EN 1995-1-1: 2010-12, 6.1.4 (mittiger Druck, Biegeknicken nicht maßgebend)

$$\frac{\sigma_{c,0,d}}{f_{c,0,d}} = \frac{F_{c,d}/A_n}{f_{c,0,d}} \le 1 \qquad (11.8)$$

$F_{c,d}$ Bemessungswert der mittigen Druckkraft in Faserrichtung

A_n wirksame Querschnittsfläche (Nettoquerschnitt)

$f_{c,0,d}$ Bemessungswert der Druckfestigkeit in Faserrichtung nach (11.2).

Wird das Biegeknicken maßgebend, Knicknachweise nach Abschn. 11.6.1 führen.

11.5.2.2 Druck rechtwinklig zur Faserrichtung des Holzes

nach DIN EN 1995-1-1: 2010-12, 6.1.5

$$\frac{\sigma_{c,90,d}}{k_{c,90} \cdot f_{c,90,d}} = \frac{F_{c,90,d}/A_{ef}}{k_{c,90} \cdot f_{c,90,d}} \le 1 \qquad (11.9)$$

$F_{c,90,d}$ Bemessungswert der Druckkraft rechtwinklig zur Faserrichtung

A_{ef} wirksame Kontaktfläche (Querdruckfläche) nach Tafel 11.16

$k_{c,90}$ Querdruckbeiwert nach Tafel 11.16 in Verbindung mit Abb. 11.5

$f_{c,90,d}$ Bemessungswert der Druckfestigkeit rechtwinklig zur Faserrichtung nach (11.2).

Ein **Beispiel zur Bemessung einer Druckfläche rechtwinklig zur Faser** ist in [11], Abschn. Holzbau, 2.3 angeführt.

11.5.2.3 Druck unter einem Winkel α zur Faserrichtung

($0° < α < 90°$, „schräg" zur Faserrichtung) nach DIN EN 1995-1-1: 2010-12, 6.2.2 und DIN EN 1995-1-1/NA: 2013-08, 6.2.2

$$\frac{\sigma_{c,\alpha,d}}{f_{c,\alpha,d}} = \frac{F_{c,\alpha,d}/A_{ef}}{f_{c,\alpha,d}} \le 1 \qquad (11.10)$$

$$f_{c,\alpha,d} = \frac{f_{c,0,d}}{\frac{f_{c,0,d}}{k_{c,90} \cdot f_{c,90,d}} \cdot \sin^2 \alpha + \cos^2 \alpha} \qquad (11.11)$$

Abb. 11.5 Bauteil unter Druck rechtwinklig zur Faserrichtung des Holzes nach DIN EN 1995-1-1: 2010-12, 6.1.5, Bild 6.2. **a** Kontinuierliche Lagerung (Schwellendruck), **b** Einzellagerung (Auflagerdruck)

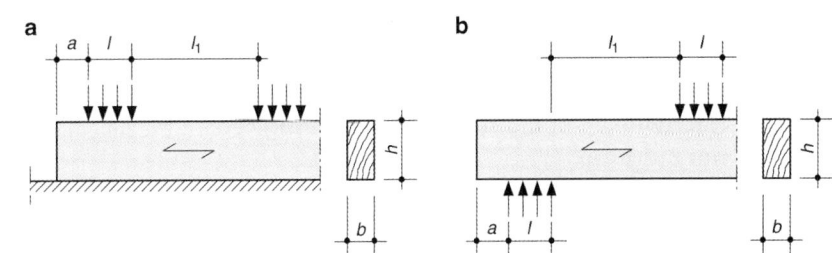

Tafel 11.16 Querdruckbeiwert $k_{c,90}$ und wirksame Kontaktfläche A_{ef} (Querdruckfläche) bei Druck rechtwinklig zur Faserrichtung des Holzes nach DIN EN 1995-1-1: 2010-12, 6.1.5[a]

Querdruckbeiwert $k_{c,90}$		
Holzbaustoff	$k_{c,90}$	Längen a, l, l_1 und Höhe h nach Abb. 11.5
Laubvollholz	1,0	–
Nadelvollholz	1,0	mit $l_1 < 2 \cdot h$
	1,25	mit $l_1 \ge 2 \cdot h$ bei kontinuierlicher Lagerung (Schwellendruck)
	1,5	mit $l_1 \ge 2 \cdot h$ und bei Einzellagerung (Auflagerdruck)
Brettschichtholz aus Nadelholz	1,0	mit $l_1 < 2 \cdot h$
	1,5	mit $l_1 \ge 2 \cdot h$ bei kontinuierlicher Lagerung (Schwellendruck)
	1,75	mit $l_1 \ge 2 \cdot h$ und bei Einzellagerung (Auflagerdruck)[b]

Wirksame Kontaktfläche (Querdruckfläche) A_{ef}

$A_{ef} = (\ddot{u}_{li} + l + \ddot{u}_{re}) \cdot b$

l tatsächliche Kontaktlänge (Aufstandslänge) in Faserrichtung des Holzes
$\ddot{u}_{li}, \ddot{u}_{re}$ rechnerische Überstände, rechts und links von der tatsächlichen Kontaktfläche,
$\ddot{u}_{li}, \ddot{u}_{re} \le 30$ mm und $\ddot{u}_{li}, \ddot{u}_{re} \le a$ oder l oder $l_1/2$ nach Abb. 11.5

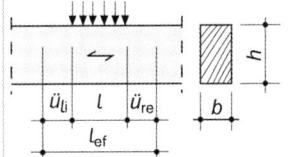

[a] bei Auflagerknoten von Stabwerken mit indirekten Verbindungen gilt nach DIN EN 1995-1-1/NA: 2013-08, 6.1.5, $k_{c,90} = 1,5$.
[b] bei Brettschichtholz aus Nadelholz gilt nach DIN EN 1995-1-1/NA: 2013-08, 6.1.5, $k_{c,90} = 1,75$ auch für Auflagerlängen $l > 400$ mm.

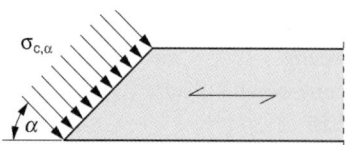

Abb. 11.6 Druckspannungen unter einem Winkel α zur Faserrichtung nach DIN EN 1995-1-1: 2010-12; 6.2.2, Bild 6.7

α Winkel zwischen Kraft- und Faserrichtung des Holzes bzw. Winkel zwischen Beanspruchungsrichtung und Faserrichtung bzw. Spanrichtung der Decklagen nach Abb. 11.6

A Querschnittsfläche unter dem Winkel α
$A_{\mathrm{ef}} = l_{\mathrm{ef}} \cdot b$, s. DIN EN 1995-1-1/NA: 2013-08, 6.2.2

$F_{\mathrm{c},\alpha,\mathrm{d}}$ Bemessungswert der Druckkraft in Abhängigkeit vom Winkel α

$f_{\mathrm{c},0,\mathrm{d}}$ Bemessungswert der Druckfestigkeit in Faserrichtung nach (11.2)

$f_{\mathrm{c},90,\mathrm{d}}$ Bemessungswert der Druckfestigkeit rechtwinklig zur Faserrichtung nach (11.2)

$f_{\mathrm{c},\alpha,\mathrm{d}}$ Bemessungswert der Druckfestigkeit in Abhängigkeit vom Winkel α nach (11.11)

$k_{\mathrm{c},90}$ Querdruckbeiwert nach Tafel 11.16, der den Einfluss der Spannungen rechtwinklig zur Faserrichtung berücksichtigt.

11.5.3 Nachweise der Querschnittstragfähigkeit bei Biegung

11.5.3.1 Einfache (einaxiale) Biegung
nach DIN EN 1995-1-1: 2010-12, 6.1.6 (Biegedrillknicken (Kippen) nicht maßgebend)

Biegebeanspruchung um die y-Achse:

$$\frac{\sigma_{\mathrm{m},\mathrm{y},\mathrm{d}}}{f_{\mathrm{m},\mathrm{y},\mathrm{d}}} = \frac{M_{\mathrm{y},\mathrm{d}}/W_{\mathrm{y},\mathrm{n}}}{f_{\mathrm{m},\mathrm{y},\mathrm{d}}} \le 1 \qquad (11.12)$$

Biegebeanspruchung um die z-Achse:

$$\frac{\sigma_{\mathrm{m},\mathrm{z},\mathrm{d}}}{f_{\mathrm{m},\mathrm{z},\mathrm{d}}} = \frac{M_{\mathrm{z},\mathrm{d}}/W_{\mathrm{z},\mathrm{n}}}{f_{\mathrm{m},\mathrm{z},\mathrm{d}}} \le 1 \qquad (11.13)$$

$\sigma_{\mathrm{m},\mathrm{y},\mathrm{d}}, \sigma_{\mathrm{m},\mathrm{z},\mathrm{d}}$ Bemessungswerte der Biegespannungen um die y- oder z-Achse

$f_{\mathrm{m},\mathrm{y},\mathrm{d}}, f_{\mathrm{m},\mathrm{z},\mathrm{d}}$ Bemessungswerte der Biegefestigkeit nach (11.2)

$M_{\mathrm{y},\mathrm{d}}, M_{\mathrm{z},\mathrm{d}}$ Biegemomente um die y- oder z-Achse

$W_{\mathrm{y},\mathrm{n}}, W_{\mathrm{z},\mathrm{n}}$ nutzbare Widerstandsmomente oder Widerstandsmomente des Nettoquerschnitts um die y- oder z-Achse.

Über die Erhöhung der charakteristischen Biegefestigkeit $f_{\mathrm{m},\mathrm{k}}$ von Voll- und Brettschichtholz s. Abschn. 11.5.3.2, bei

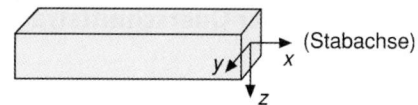

Abb. 11.7 Koordinatensystem der Stabstatik

Gefahr des Biegedrillknickens (Kippen) von Biegeträgern ist ein Nachweis nach Abschn. 11.6.2.1 zu führen.

Ein **Beispiel** zur Bemessung eines Biegeträgers aus Brettschichtholz, einaxiale Biegung, ist in [11], Abschn. Holzbau, 2.4 angeführt.

11.5.3.2 Erhöhung der charakteristischen Biegefestigkeiten bei Voll- und Brettschichtholz

Für **Nadel- und Laubvollholz mit Rechteckquerschnitt** unter Biegung und einer charakteristischen Rohdichte von $\varrho_{\mathrm{k}} \le 700\,\mathrm{kg/m^3}$ darf nach DIN EN 1995-1-1: 2010-12, 3.2, die charakteristische Biegefestigkeit $f_{\mathrm{m},\mathrm{k}}$ bei Querschnittshöhen $h < 150\,\mathrm{mm}$ mit dem Beiwert k_{h} nach (11.14) erhöht werden.

$$k_{\mathrm{h}} = \min\{(150/h)^{0,2} \text{ oder } 1{,}3\} \qquad (11.14)$$

h in mm als Querschnittshöhe bei Biegung
  $< 150\,\mathrm{mm}$.

Für **Brettschichtholz mit Rechteckquerschnitt** unter Biegung darf nach DIN EN 1995-1-1: 2010-12, 3.3, die charakteristische Biegefestigkeit $f_{\mathrm{m},\mathrm{k}}$ bei Querschnittshöhen $h < 600\,\mathrm{mm}$ mit dem Beiwert k_{h} nach (11.15) erhöht werden. Diese Regelung gilt nur für Flachkantbiegung der Lamellen (z. B. bei Lasten, die rechtwinklig zu den Klebfugen wirken, nach DIN EN 1995-1-1/NA: 2013-08, 3.3).

$$k_{\mathrm{h}} = \min\{(600/h)^{0,1} \text{ oder } 1{,}1\} \qquad (11.15)$$

h Querschnittshöhe des Brettschichtträgers in mm
  $< 600\,\mathrm{mm}$.

Bei **Hochkant-Biegebeanspruchung der Lamellen von homogenem Brettschichtholz** (z. B. bei Lasten, die in Richtung der Klebfugen wirken) aus mind. vier Lamellen darf nach DIN EN 1995-1-1/NA: 2013-08, 3.3, die charakteristische Biegefestigkeit $f_{\mathrm{m},\mathrm{k}}$ um 20 % erhöht werden.

11.5.3.3 Doppelbiegung (zweiaxiale) Biegung
nach DIN EN 1995-1-1: 2010-12, 6.1.6 (Biegedrillknicken (Kippen) nicht maßgebend)

$$\frac{\sigma_{\mathrm{m},\mathrm{y},\mathrm{d}}}{f_{\mathrm{m},\mathrm{y},\mathrm{d}}} + k_{\mathrm{m}} \cdot \frac{\sigma_{\mathrm{m},\mathrm{z},\mathrm{d}}}{f_{\mathrm{m},\mathrm{z},\mathrm{d}}} \le 1 \qquad (11.16)$$

$$k_{\mathrm{m}} \cdot \frac{\sigma_{\mathrm{m},\mathrm{y},\mathrm{d}}}{f_{\mathrm{m},\mathrm{y},\mathrm{d}}} + \frac{\sigma_{\mathrm{m},\mathrm{z},\mathrm{d}}}{f_{\mathrm{m},\mathrm{z},\mathrm{d}}} \le 1 \qquad (11.17)$$

$k_\mathrm{m} = 0{,}7$ für Rechteckquerschnitte aus Voll-, Brettschicht- und Furnierschichtholz

$= 1{,}0$ für andere Querschnitte aus Voll-, Brettschicht- und Furnierschichtholz

$= 1{,}0$ für alle Querschnitte anderer tragender Holzwerkstoffe.

Weitere Bezeichnungen s. Abschn. 11.5.3.1, (11.16) und (11.17) sind einzuhalten.

Über die Erhöhung der charakteristischen Biegefestigkeit $f_\mathrm{m,k}$ von Voll- und Brettschichtholz s. Abschn. 11.5.3.2, bei Gefahr des Biegedrillknickens (Kippen) von Biegeträgern ist ein Nachweis sinngemäß nach Abschn. 11.6.2.2 zu führen.

Ein **Beispiel** zur Bemessung einer Mittelpfette aus Brettschichtholz, zweiaxiale Biegung, ist in [11], Holzbau, Abschn. 2.5 angeführt.

11.5.3.4 Biegung und Zug (ausmittiger Zug)

nach DIN EN 1995-1-1: 2010-12, 6.2.3 (Biegedrillknicken (Kippen) nicht maßgebend)

$$\frac{\sigma_\mathrm{t,0,d}}{f_\mathrm{t,0,d}} + \frac{\sigma_\mathrm{m,y,d}}{f_\mathrm{m,y,d}} + k_\mathrm{m} \cdot \frac{\sigma_\mathrm{m,z,d}}{f_\mathrm{m,z,d}} \leq 1 \qquad (11.18)$$

$$\frac{\sigma_\mathrm{t,0,d}}{f_\mathrm{t,0,d}} + k_\mathrm{m} \cdot \frac{\sigma_\mathrm{m,y,d}}{f_\mathrm{m,y,d}} + \frac{\sigma_\mathrm{m,z,d}}{f_\mathrm{m,z,d}} \leq 1 \qquad (11.19)$$

k_m nach Abschn. 11.5.3.3

$\sigma_\mathrm{m,y,d}, \sigma_\mathrm{m,z,d}$ Bemessungswerte der Biegespannungen um die y- oder z-Achse

$\sigma_\mathrm{t,0,d}$ Bemessungswert der Zugspannung

$f_\mathrm{m,y,d}, f_\mathrm{m,z,d}$ Bemessungswerte der Biegefestigkeit nach (11.2)

$f_\mathrm{t,0,d}$ Bemessungswert der Zugfestigkeit nach (11.2).

Weitere Bezeichnungen s. Abschn. 11.5.3.1, (11.18) und (11.19) sind einzuhalten.

Wird in (11.18) und (11.19) eine der Biegespannungen um die y- oder z-Achse gleich null, ist $k_\mathrm{m} = 1{,}0$ zu setzen. Über die Erhöhung der charakteristischen Zug- und Biegefestigkeiten $f_\mathrm{t,0,k}$ und $f_\mathrm{m,k}$ von Voll- und Brettschichtholz s. Abschn. 11.5.1.1 und 11.5.3.2, bei Gefahr des Biegedrillknickens (Kippen) von Biegeträgern ist ein Nachweis sinngemäß nach Abschn. 11.6.2.2 zu führen.

11.5.3.5 Biegung und Druck (ausmittiger Druck)

nach DIN EN 1995-1-1: 2010-12, 6.2.4 (Biegeknicken und Biegedrillknicken (Kippen) nicht maßgebend)

$$\left(\frac{\sigma_\mathrm{c,0,d}}{f_\mathrm{c,0,d}}\right)^2 + \frac{\sigma_\mathrm{m,y,d}}{f_\mathrm{m,y,d}} + k_\mathrm{m} \cdot \frac{\sigma_\mathrm{m,z,d}}{f_\mathrm{m,z,d}} \leq 1 \qquad (11.20)$$

$$\left(\frac{\sigma_\mathrm{c,0,d}}{f_\mathrm{c,0,d}}\right)^2 + k_\mathrm{m} \cdot \frac{\sigma_\mathrm{m,y,d}}{f_\mathrm{m,y,d}} + \frac{\sigma_\mathrm{m,z,d}}{f_\mathrm{m,z,d}} \leq 1 \qquad (11.21)$$

k_m nach Abschn. 11.5.3.3

$\sigma_\mathrm{m,y,d}, \sigma_\mathrm{m,z,d}$ Bemessungswerte der Biegespannungen um die y- oder z-Achse

$\sigma_\mathrm{c,0,d}$ Bemessungswert der Druckspannung

$f_\mathrm{m,y,d}, f_\mathrm{m,z,d}$ Bemessungswerte der Biegefestigkeit nach (11.2)

$f_\mathrm{t,0,d}$ Bemessungswert der Druckfestigkeit nach (11.2).

Weitere Bezeichnungen s. Abschn. 11.5.3.1, (11.20) und (11.21) sind einzuhalten.

Wird in (11.20) und (11.21) eine der Biegespannungen um die y- oder z-Achse gleich null, ist $k_\mathrm{m} = 1{,}0$ zu setzen. Über die Erhöhung der charakteristischen Biegefestigkeit $f_\mathrm{m,k}$ von Voll- und Brettschichtholz s. Abschn. 11.5.3.2, bei Gefahr des Biegedrillknickens (Kippen) ist ein Nachweis sinngemäß nach Abschn. 11.6.2.2 zu führen, bei Gefahr des Biegeknickens ein Nachweis nach Abschn. 11.6.1.2.

11.5.4 Nachweise der Querschnittstragfähigkeit bei Schub und Torsion

11.5.4.1 Schub

nach DIN EN 1995-1-1: 2010-12, 6.1.7

Bei Schub mit Spannungskomponenten in Faserrichtung nach Abb. 11.8a sowie bei Schub mit beiden Spannungskomponenten rechtwinklig zur Faserrichtung (Rollschub) nach Abb. 11.8b muss (11.22) eingehalten werden. Der Einfluss von (Trocken-)Rissen in auf Schub beanspruchten Biegebauteilen muss mit der wirksamen Breite b_ef nach (11.25) berücksichtigt werden.

Die zu einer Querkraft V gehörenden Schubspannungen τ werden allgemein nach (11.23) berechnet, die größte Schubspannung τ in einem Rechteckquerschnitt kann nach (11.24) ermittelt werden. Muss der Einfluss von (Trocken-)Rissen in Bauteilen berücksichtigt werden, ist in diesen Gleichungen die Breite b durch die wirksame Breite b_ef nach (11.25) zu ersetzen.

$$\frac{\tau_\mathrm{d}}{f_\mathrm{v,d}} \leq 1 \qquad (11.22)$$

allgemein:

$$\tau = \frac{V \cdot S}{I \cdot b} \qquad (11.23)$$

für Rechteckquerschnitt:

$$\tau_\mathrm{max} = \frac{1{,}5 \cdot V}{b \cdot h} \qquad (11.24)$$

b Querschnittsbreite, s. wirksame Breite b_ef

b_ef wirksame Breite nach (11.25)

$f_\mathrm{v,d}$ Bemessungswert der Schubfestigkeit nach (11.2)

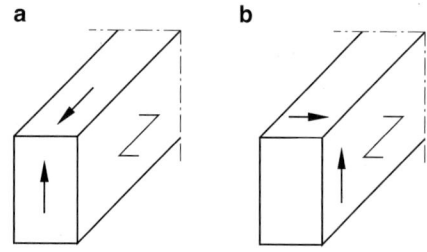

Abb. 11.8 Bauteile mit Schubspannungskomponenten nach DIN EN 1995-1-1: 2010-12, 6.1.7, Bild 6.5.
a eine Schubspannungskomponente in Faserrichtung,
b beide Schubspannungskomponenten rechtwinklig zur Faserrichtung (Rollschub)

h Querschnittshöhe
τ_d Bemessungswert der Schubspannungen
I Flächenmoment 2. Grades
S Flächenmoment 1. Grades
V maßgebende Querkraft.

Wirksame Breite b_{ef} in auf Schub beanspruchten Biegebauteilen nach DIN EN 1995-1-1: 2010-12, 6.1.7

Bei biegebeanspruchten Bauteilen, die auf Schub beansprucht werden, muss der Einfluss der (Trocken-)Risse für bestimmte Holzbaustoffe mit der wirksamen Breite nach (11.25) berücksichtigt werden.

$$b_{ef} = k_{cr} \cdot b \qquad (11.25)$$

b Breite des entsprechenden Querschnitts des Bauteils
k_{cr} Beiwert nach Tafel 11.17 zur Berücksichtigung von (Trocken-)Rissen bei auf Schub beanspruchten Biegebauteilen.

Tafel 11.17 Beiwert k_{cr} bei auf Schub beanspruchten Biegebauteilen zur Berechnung der wirksamen Breite b_{ef} der (11.25) (Berücksichtigung (von Trocken-)Rissen)[a]

Holzbaustoffe	k_{cr}[b, c]	$f_{v,k}$
– nach DIN EN 1995-1-1/NA: 2013-08; 6.1.7(2)		
für Nadelvollholz	$2,0/f_{v,k}$	in N/mm²
für Balkenschichtholz aus Nadelholz	$2,0/f_{v,k}$	in N/mm²
für Brettschichtholz	$2,5/f_{v,k}$	in N/mm²
für Brettsperrholz	1,0	
– nach DIN EN 1995-1-1: 2010-12; 6.1.7		
für Laubvollholz	0,67	
für Holzwerkstoffe (andere holzbasierte Produkte) nach DIN EN 13986 und DIN EN 14374	1,0	

[a] Hierin bedeuten:
$f_{v,k}$ charakteristische Schubfestigkeit nach Abschn. 11.3.1
[b] der k_{cr}-Beiwert kann nach DIN EN 1995-1-1/NA: 2013-08, 6.1.7(2) nicht mit einer zulässigen Risstiefe im Endzustand gleich gesetzt werden.
[c] der k_{cr}-Beiwert darf nach DIN EN 1995-1-1/NA: 2013-08, 6.1.7(2), bei Stäben aus Nadelschnittholz in Bereichen, die mindestens 1,50 m vom Hirnholzende des Holzes entfernt liegen, um 30 % erhöht werden.

Ein **Beispiel** zur Bemessung der Schubbeanspruchung aus Querkraft bei einem Biegeträger aus Brettschichtholz ist in [11], Holzbau, Abschn. 2.4 angeführt.

Schub bei Doppelbiegung in Rechteckquerschnitten nach DIN EN 1995-1-1/NA: 2013-08, 6.1.7

$$\left(\frac{\tau_{y,d}}{f_{v,d}}\right)^2 + \left(\frac{\tau_{z,d}}{f_{v,d}}\right)^2 \leq 1 \qquad (11.26)$$

$\tau_{y,d}, \tau_{z,d}$ Bemessungswert der Schubspannungen in Richtung der y- bzw. z-Achse
$f_{v,d}$ Bemessungswert der Schubfestigkeit nach (11.2).

Die wirksame Breite b_{ef} bzw. der k_{cr}-Beiwert nach (11.25) ist für Einwirkungen rechtwinklig zu möglichen Rissebenen anzusetzen.

Maßgebende Querkraft bei Biegeträgern an End- und Zwischenauflagern nach DIN EN 1995-1-1/NA: 2013-08, 6.1.7

Beim Nachweis der Schubspannungen oder ggf. Schubverbindungsmittel darf die Querkraft abgemindert und mit der maßgebenden Querkraft gerechnet werden, wenn (s. Abb. 11.9)
● die Auflagerung am unteren Trägerrand,
● der Lastangriff am oberen Trägerrand,
● keine Ausklinkungen und keine Durchbrüche im Auflagerbereich sind.
Als maßgebende Querkraft gilt dann:
● V_{red} im Abstand h vom Auflagerrand (mit h als Trägerhöhe über Auflagermitte)
● bei Trägern mit geneigtem Rand kann die Bauteilhöhe über der Symmetrieachse des Auflagers angesetzt werden.

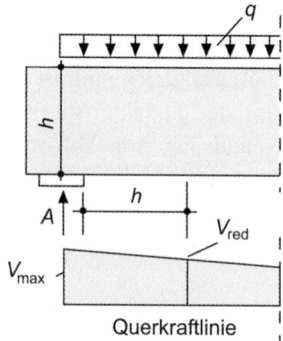

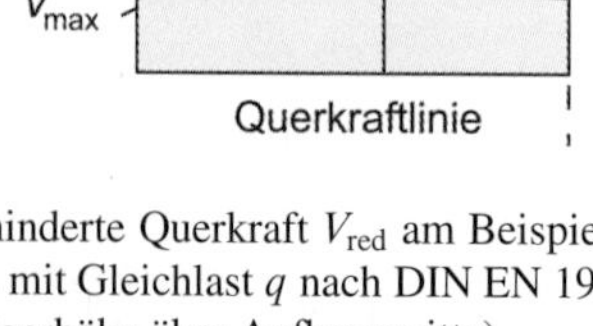

Abb. 11.9 Abgeminderte Querkraft V_{red} am Beispiel des Endauflagers eines Biegeträgers mit Gleichlast q nach DIN EN 1995-1-1/ NA: 2013-08, 6.1.7 (h = Trägerhöhe über Auflagermitte)

Reduzierte Querkraft an End- und Zwischenauflagern bei Trägern mit auflagernahen Einzellasten nach DIN EN 1995-1-1: 2010-12, 6.1.7

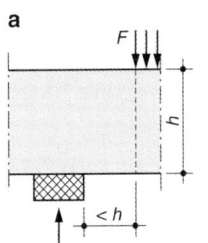
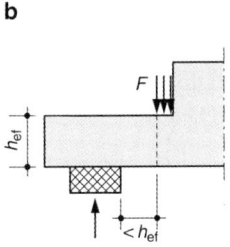

Abb. 11.10 Reduzierte Querkraft V_{red} an End- und Zwischenauflagern bei Trägern mit auflagernahen Einzellasten nach DIN EN 1995-1-1: 2010-12, Bild 6.6, Bedingungen am Auflager, bei denen die Einzellasten F bei der Berechnung der Schubkraft vernachlässigt werden dürfen

Bei Auflagern darf der Anteil an der gesamtem Querkraft einer Einzellast F, die auf der Oberseite des Biegestabes innerhalb eines Abstandes h oder h_{ef} vom Auflagerrand wirkt, unberücksichtigt bleiben, s. Abb. 11.10. Für Biegestäbe mit einer Ausklinkung am Auflager gilt diese Abminderung der Querkraft nur, wenn die Ausklinkung auf der Gegenseite des Auflagers liegt, s. Abb. 11.10b.

Reduzierte Querkraft an End- und Zwischenauflagern bei Trägern mit Linienlasten nach DIN EN 1995-1-1/NA: 2013-08, 6.1.7

Die Bestimmungen zur reduzierten Querkraft an End- und Zwischenauflagern bei Trägern mit auflagernahen Einzellasten gilt auch sinngemäß für Querkraft aus Linienlasten.

11.5.4.2 Torsion

nach DIN EN 1995-1-1: 2010-12, 6.1.8 und DIN EN 1995-1-1/A2: 2014-07

Bei Torsionsbeanspruchung muss (11.27) eingehalten werden. Der Beiwert k_{shape} nach (11.28) berücksichtigt den Einfluss der Querschnittsform. Bei der Berechnung der Torsionsspannungen braucht der Beiwert k_{cr} der (11.25) nach DIN EN 1995-1-1/NA: 2013-08, 6.1.8, nicht berücksichtigt zu werden.

$$\frac{\tau_{tor,d}}{k_{shape} \cdot f_{v,d}} \leq 1 \qquad (11.27)$$

für einen runden Querschnitt:

$$k_{shape} = 1{,}2 \qquad (11.28a)$$

für einen rechteckigen Querschnitt:

$$k_{shape} = \min\{(1 + 0{,}05 \cdot h/b) \text{ oder } 1{,}3\} \qquad (11.28b)$$

b die kleinere Querschnittsabmessung

Tafel 11.18 α_2-Werte zur Berechnung des Torsionswiderstandsmomentes für Rechteckquerschnitte mit $h \geq b$ nach (11.30)[a, b]

h/b	α_2	h/b	α_2	Rechteckquerschnitt
1,00	0,208	4,00	0,282	
1,25	0,221	6,00	0,299	
1,50	0,231	10,0	0,313	
2,00	0,246	∞	0,333	
3,00	0,267			

[a] Zwischenwerte können geradlinig einschaltet werden.
[b] Torsionsflächenmoment 2. Grades s. Abschn. 11.6.2.3, Tafel 11.26.

h die größere Querschnittsabmessung
$f_{v,d}$ Bemessungswert der Schubfestigkeit nach (11.2), der Beiwert k_{cr} der (11.25) braucht bei der Berechnung der Torsionsspannungen nicht berücksichtigt zu werden
$\tau_{tor,d}$ Bemessungswert der Torsionsspannung.

Die zu einem Torsionsmoment M_{tor} gehörenden Torsionsspannung (Tangentialspannung) τ_{tor} kann vereinfacht nach (11.29) berechnet werden, das Torsionswiderstandsmoment von Rechteckquerschnitten nach (11.30).

$$\tau_{tor} = M_{tor} / W_{tor} \qquad (11.29)$$

für Rechteckquerschnitte gilt:

$$W_{tor} = \alpha_2 \cdot b^2 \cdot h \qquad (11.30)$$

M_{tor} Torsionsmoment
W_{tor} Torsionswiderstandsmoment
α_2 Faktor für Rechteckquerschnitte mit $h \geq b$ nach Tafel 11.18.

11.5.4.3 Schub aus Querkraft und Torsion

nach DIN EN 1995-1-1/NA: 2013-08, 6.1.9

Bei gleichzeitiger Wirkung von Schub aus Querkraft und Torsion ist (11.31) einzuhalten. Die wirksame Breite b_{ef} bzw. der Beiwert k_{cr} nach (11.25) ist für Einwirkungen rechtwinklig zu möglichen Rissebenen anzusetzen.

$$\frac{\tau_{tor,d}}{k_{shape} \cdot f_{v,d}} + \left(\frac{\tau_{y,d}}{f_{v,d}}\right)^2 + \left(\frac{\tau_{z,d}}{f_{v,d}}\right)^2 \leq 1 \qquad (11.31)$$

$\tau_{tor,d}$ Bemessungswert der Torsionsbeanspruchung
$\tau_{y,d}$, $\tau_{z,d}$ Bemessungswert der Schubspannungen in Richtung der y- bzw. z-Achse
$f_{v,d}$ Bemessungswert der Schubfestigkeit nach (11.2), der Beiwert k_{cr} nach (11.25) ist für Einwirkungen rechtwinklig zu möglichen Rissebenen anzusetzen
k_{shape} Beiwert nach (11.28).

11.6 Nachweise für Stäbe mit den Ersatzstabverfahren in den Grenzzuständen der Tragfähigkeit

Nachweise mit den Ersatzstabverfahren berücksichtigen vereinfachend Bauteile, die über ihre gesamte Länge durch Stabilitätsverlust Biegeknicken und/oder Biegedrillknicken (Kippen) versagen können; zusätzlich sind ggf. Nachweise der Querschnittstragfähigkeit nach Abschn. 11.5 erforderlich. Nachweise mit Theorie II. Ordnung nach Abschn. 11.11 können alternativ geführt werden.

11.6.1 Nachweise für Druckstäbe mit dem Ersatzstabverfahren

(Nachweise des Biegeknickens und ggf. des Biegedrillknickens)

11.6.1.1 Druckstäbe, planmäßig mittiger Druck in Faserrichtung des Holzes

nach DIN EN 1995-1-1, 2010-12, 6.3.2 (Biegeknicken maßgebend)

Knicken um die y-Achse

$$\frac{\sigma_{c,0,d}}{k_{c,y} \cdot f_{c,0,d}} = \frac{F_{c,d}/A}{k_{c,y} \cdot f_{c,0,d}} \leq 1 \qquad (11.32)$$

Knicken um die z-Achse

$$\frac{\sigma_{c,0,d}}{k_{c,z} \cdot f_{c,0,d}} = \frac{F_{c,d}/A}{k_{c,z} \cdot f_{c,0,d}} \leq 1 \qquad (11.33)$$

A Querschnittsfläche

$f_{c,0,d}$ Bemessungswert der Druckfestigkeit in Faserrichtung nach (11.2)

$F_{c,d}$ Bemessungswert der Druckkraft

k_c Knickbeiwert nach Abschn. 11.6.1.4

$\sigma_{c,0,d}$ Bemessungswert der Druckspannungen in Faserrichtung.

Ist die Bedingung für den bezogenen Schlankheitsgrad $\lambda_{rel,y} \leq 0,3$ für Knicken um die y-Achse bzw. $\lambda_{rel,z} \leq 0,3$ für Knicken um die z-Achse nach Abschn. 11.6.1.4, Tafel 11.19, erfüllt, kann der Nachweis der Querschnittstragfähigkeit sinngemäß nach Abschn. 11.5.2.1 geführt werden.

Über die Berücksichtigung des Kriechens s. Abschn. 11.6.1.3 und über die Querschnittstragfähigkeit s. Abschn. 11.5.2.1.

Ein **Beispiel** zur Bemessung eines Druckstabes, mittiger Druck, ist in [11], Holzbau, Abschn. 2.6 angeführt.

11.6.1.2 Stäbe mit Druck und Biegung (ausmittiger Druck)

nach DIN EN 1995-1-1, 2010-12, 6.3.2 (nur Biegeknicken maßgebend)

$$\frac{\sigma_{c,0,d}}{k_{c,y} \cdot f_{c,0,d}} + \frac{\sigma_{m,y,d}}{f_{m,y,d}} + k_m \cdot \frac{\sigma_{m,z,d}}{f_{m,z,d}} \leq 1 \qquad (11.34)$$

$$\frac{\sigma_{c,0,d}}{k_{c,z} \cdot f_{c,0,d}} + k_m \cdot \frac{\sigma_{m,y,d}}{f_{m,y,d}} + \frac{\sigma_{m,z,d}}{f_{m,z,d}} \leq 1 \qquad (11.35)$$

mit

$$\sigma_{c,0,d} = \frac{F_{c,d}}{A} \qquad (11.36)$$

$$\sigma_{m,y,d} = \frac{M_{y,d}}{W_y} \qquad (11.37)$$

$$\sigma_{m,z,d} = \frac{M_{z,d}}{W_z} \qquad (11.38)$$

$\sigma_{c,0,d}$ Bemessungswert der Druckspannungen in Faserrichtung

$\sigma_{m,y,d}, \sigma_{m,z,d}$ Bemessungswerte der Biegespannungen um die y- bzw. z-Achse

$f_{c,0,d}$ Bemessungswert der Druckfestigkeit nach (11.2)

$f_{m,y,d}, f_{m,z,d}$ Bemessungswerte der Biegefestigkeit nach (11.2)

$k_{c,y}, k_{c,z}$ Knickbeiwerte für Knicken um die y- bzw. z-Achse nach Abschn. 11.6.1.4

k_m $= 0,7$ für Rechteckquerschnitte aus Voll-, Brettschicht- und Furnierschichtholz
$= 1,0$ für andere Querschnitte aus Voll-, Brettschicht- und Furnierschichtholz
$= 1,0$ für alle Querschnitte anderer Holzwerkstoffe

$M_{y,d}, M_{z,d}$ Bemessungswerte der Biegemomente um die y- bzw. z-Achse

W_y, W_z Widerstandsmomente um die y- bzw. z-Achse.

Gleichung (11.34) und (11.35) sind einzuhalten.

Wird in (11.34) und (11.35) eine der Biegespannungen um die y- oder z-Achse gleich null, ist $k_m = 1,0$ zu setzen. Sind die Bedingungen für den bezogenen Schlankheitsgrad $\lambda_{rel,y} \leq 0,3$ für Knicken um die y-Achse und auch $\lambda_{rel,z} \leq 0,3$ für Knicken um die z-Achse nach Abschn. 11.6.1.4, Tafel 11.19, erfüllt, kann der Nachweis der Querschnittstragfähigkeit sinngemäß nach Abschn. 11.5.3.5 geführt werden. Über die y-Achse und z-Achse beim Rechteckquerschnitt s. Abb. 11.11.

Tritt zusätzlich zum Biegeknicken noch das Biegedrillknicken (Kippen) auf, sind Nachweise sinngemäß nach Abschn. 11.6.2.2 zu führen. Über die Erhöhung der charakteristischen Biegefestigkeit $f_{\mathrm{m,k}}$ von Voll- und Brettschichtholz s. Abschn. 11.5.3.2, Berücksichtigung des Kriechens bei druckbeanspruchten Bauteilen nach Abschn. 11.6.1.3.

11.6.1.3 Berücksichtigung des Kriechens bei Druckstützen

nach DIN EN 1995-1-1/NA: 2013-08, 5.9

Bei druckbeanspruchten Bauteilen in den Nutzungsklassen 2 und 3, s. Abschn. 11.3.3, Tafel 11.7, ist der Einfluss des Kriechens vereinfacht durch Abminderung der Steifigkeit (E-Modul) mit $k_{\mathrm{red,S}}$ nach (11.39) zu berücksichtigen, wenn der Bemessungswert des ständigen und des quasiständigen Lastanteils 70 % des Bemessungswertes der Gesamtlast überschreitet.

$$k_{\mathrm{red,S}} = 1/(1 + k_{\mathrm{def}}) \qquad (11.39)$$

$k_{\mathrm{red,S}}$ Beiwert zur Abminderung der Steifigkeit bei druckbeanspruchten Bauteilen (nicht in DIN EN 1995-1-1/NA: 2013-08 enthalten)

k_{def} Verformungsbeiwert nach Abschn. 11.3.2, Tafel 11.6.

11.6.1.4 Knickbeiwerte k_{c}

Tafel 11.19 Berechnung der Knickbeiwerte k_{c}, der bezogenen Schlankheitsgrade λ_{rel} und der Schlankheitsgrade λ nach DIN EN 1995-1-1: 2010-12, 6.3.2[a, b]

	Knickbeiwerte k_{c}, s. auch Tafel 11.20 bis 11.22
1	$k_{\mathrm{c,y}} = \dfrac{1}{k_{\mathrm{y}} + \sqrt{k_{\mathrm{y}}^2 - \lambda_{\mathrm{rel,y}}^2}}$ mit $k_{\mathrm{y}} = 0{,}5 \cdot [1 + \beta_{\mathrm{c}} \cdot (\lambda_{\mathrm{rel,y}} - 0{,}3) + \lambda_{\mathrm{rel,y}}^2]$ $k_{\mathrm{c,z}} = \dfrac{1}{k_{\mathrm{z}} + \sqrt{k_{\mathrm{z}}^2 - \lambda_{\mathrm{rel,z}}^2}}$ mit $k_{\mathrm{z}} = 0{,}5 \cdot [1 + \beta_{\mathrm{c}} \cdot (\lambda_{\mathrm{rel,z}} - 0{,}3) + \lambda_{\mathrm{rel,z}}^2]$

	Bezogene Schlankheitsgrade λ_{rel}[b] und Schlankheitsgrade λ, kritische Spannung $\sigma_{\mathrm{c,crit}}$
2	$\lambda_{\mathrm{rel,y}} = \dfrac{\lambda_{\mathrm{y}}}{\pi} \cdot \sqrt{\dfrac{f_{\mathrm{c,0,k}}}{E_{0,05}}} = \sqrt{\dfrac{f_{\mathrm{c,0,k}}}{\sigma_{\mathrm{c,crit}}}}$ mit $\lambda_{\mathrm{y}} = l_{\mathrm{ef,y}}/i_{\mathrm{y}}$ allgemein: $\sigma_{\mathrm{c,crit}} = \dfrac{\pi^2 \cdot E_{0,05}}{\lambda^2}$ $\lambda_{\mathrm{rel,z}} = \dfrac{\lambda_{\mathrm{z}}}{\pi} \cdot \sqrt{\dfrac{f_{\mathrm{c,0,k}}}{E_{0,05}}} = \sqrt{\dfrac{f_{\mathrm{c,0,k}}}{\sigma_{\mathrm{c,crit}}}}$ mit $\lambda_{\mathrm{z}} = l_{\mathrm{ef,z}}/i_{\mathrm{z}}$

	Imperfektionsbeiwert β_{c}
3	$\beta_{\mathrm{c}} = 0{,}2$ für Vollholz $\beta_{\mathrm{c}} = 0{,}1$ für Brettschichtholz und Furnierholz

[a] Hierin bedeuten:

$E_{0,05}$ E-Modul in (parallel zur) Faserrichtung (5 %-Quantile) nach Abschn. 11.3.1

$f_{\mathrm{c,0,k}}$ charakteristische Druckfestigkeit in Faserrichtung nach Abschn. 11.3.1

$i_{\mathrm{y}}, i_{\mathrm{z}}$ Trägheitsradius, jeweils der y- bzw. z-Achse zugeordnet

$l_{\mathrm{ef,y}}, l_{\mathrm{ef,z}}$ Ersatzstablängen (Knicklängen) der Tragsysteme für das Ausknicken um die y- bzw. z-Achse, Beispiele s. Abschn. 11.6.1.5.

λ_{y} Schlankheitsgrad für Biegung um die y-Achse (oder Ausbiegung in z-Richtung)

λ_{z} Schlankheitsgrad für Biegung um die z-Achse (oder Ausbiegung in y-Richtung)

$\lambda_{\mathrm{rel,y}}$ bezogener Schlankheitsgrad für Biegung um die y-Achse (oder Ausbiegung in z-Richtung)

$\lambda_{\mathrm{rel,z}}$ bezogener Schlankheitsgrad für Biegung um die z-Achse (oder Ausbiegung in y-Richtung)

[b] über die Abminderung des E-Moduls $E_{0,05}$ in den Gleichungen für $\lambda_{\mathrm{rel,y}}$ und $\lambda_{\mathrm{rel,z}}$ bei hohen ständigen Drucklasten (Kriecheinfluss) in den Nutzungsklassen 2 und 3 s. Abschn. 11.6.1.3.

Tafel 11.20 Knickbeiwerte k_c für Vollholz aus Nadelhölzern der Tafel 11.1 nach DIN EN 1995-1-1: 2010-12, 6.3.2 bzw. Tafel 11.19[a, b]

Schlankheitsgrad	Festigkeitsklasse (Sortierklasse)				
λ	**C18** (S7)	**C24** (S10)	**C30** (S13)	**C35** (S13)	**C40**
10	1,000	1,000	1,000	1,000	1,000
20	0,989	0,991	0,991	0,991	0,992
30	0,943	0,948	0,947	0,947	0,950
40	0,878	0,887	0,885	0,885	0,890
50	0,781	0,796	0,793	0,793	0,803
60	0,655	0,676	0,671	0,672	0,686
70	0,531	0,554	0,548	0,549	0,564
80	0,429	0,450	0,445	0,445	0,459
90	0,351	0,368	0,364	0,364	0,376
100	0,290	0,305	0,302	0,302	0,312
110	0,244	0,256	0,253	0,253	0,263
120	0,207	0,218	0,216	0,216	0,223
130	0,178	0,188	0,185	0,185	0,192
140	0,155	0,163	0,161	0,161	0,167
150	0,136	0,143	0,141	0,141	0,147
160	0,120	0,126	0,125	0,125	0,130
170	0,107	0,112	0,111	0,111	0,115
180	0,095	0,101	0,099	0,100	0,103
190	0,086	0,091	0,090	0,090	0,093
200	0,078	0,082	0,081	0,081	0,084
210	0,071	0,075	0,074	0,074	0,077
220	0,065	0,068	0,067	0,067	0,070
230	0,059	0,063	0,062	0,062	0,064
240	0,055	0,058	0,057	0,057	0,059
250	0,050	0,053	0,053	0,053	0,055

[a] die genaue Berechnung der fehlenden Zwischenwerte der Knickbeiwerte k_c kann nach Tafel 11.19 vorgenommen werden, die Zwischenwerte können auch hinreichend genau geradlinig interpoliert werden.

[b] die Knickbeiwerte k_c gelten nicht für Druckstäbe mit hohen ständigen Lasten in den Nutzungsklassen 2 und 3, bei denen die Steifigkeit mit dem Beiwert $k_{red,S}$ nach (11.39) abgemindert werden muss, s. auch Tafel 11.19.

Tafel 11.21 Knickbeiwerte k_c für Vollholz aus Laubhölzern der Tafel 11.2 nach DIN EN 1995-1-1: 2010-12, 6.3.2 bzw. Tafel 11.19[a, b]

Schlankheitsgrad	Festigkeitsklasse (Sortierklasse)			
λ	**D30** (LS10)	**D35** (LS10)	**D40** (LS13)	**D60**
10	1,000	1,000	1,000	1,000
20	0,996	0,996	0,998	1,000
30	0,957	0,957	0,960	0,964
40	0,904	0,905	0,910	0,917
50	0,828	0,830	0,838	0,851
60	0,723	0,726	0,739	0,759
70	0,605	0,609	0,624	0,649
80	0,498	0,502	0,516	0,542
90	0,411	0,414	0,427	0,450
100	0,342	0,345	0,356	0,377
110	0,288	0,291	0,301	0,318
120	0,245	0,248	0,256	0,272
130	0,211	0,213	0,221	0,234
140	0,184	0,186	0,192	0,204
150	0,161	0,163	0,169	0,179
160	0,143	0,144	0,149	0,159
170	0,127	0,128	0,133	0,141
180	0,114	0,115	0,119	0,127
190	0,103	0,104	0,107	0,114
200	0,093	0,094	0,097	0,103
210	0,084	0,085	0,088	0,094
220	0,077	0,078	0,081	0,086
230	0,071	0,071	0,074	0,079
240	0,065	0,066	0,068	0,073
250	0,060	0,061	0,063	0,067

[a] die genaue Berechnung der fehlenden Zwischenwerte der Knickbeiwerte k_c kann nach Tafel 11.19 vorgenommen werden, die Zwischenwerte können auch hinreichend genau geradlinig interpoliert werden.

[b] die Knickbeiwerte k_c gelten nicht für Druckstäbe mit hohen ständigen Lasten in den Nutzungsklassen 2 und 3, bei denen die Steifigkeit mit dem Beiwert $k_{red,S}$ nach (11.39) abgemindert werden muss, s. auch Tafel 11.19.

Tafel 11.22 Knickbeiwerte k_c für kombiniertes (c) und homogenes (h) Brettschichtholz der Tafeln 11.3 und 11.4 nach DIN EN 1995-1-1: 2010-12, 6.3.2, bzw. Tafel 11.19[a, b]

Schlankheitsgrad λ	GL24		GL28		GL30		GL32	
	c	h	c	h	c	h	c	h
10	1,000	1,000	1,000	1,000	1,000	1,000	1,000	1,000
20	0,999	0,998	0,999	0,997	1,000	0,997	1,000	0,996
30	0,980	0,978	0,980	0,975	0,981	0,975	0,982	0,975
40	0,952	0,948	0,954	0,943	0,955	0,943	0,957	0,942
50	0,906	0,897	0,910	0,885	0,912	0,886	0,917	0,882
60	0,823	0,803	0,830	0,779	0,835	0,781	0,846	0,773
70	0,698	0,672	0,709	0,641	0,717	0,643	0,733	0,633
80	0,571	0,545	0,582	0,516	0,590	0,518	0,608	0,508
90	0,466	0,443	0,476	0,418	0,484	0,420	0,499	0,412
100	0,385	0,365	0,394	0,344	0,400	0,345	0,413	0,339
110	0,322	0,305	0,329	0,287	0,335	0,288	0,346	0,283
120	0,273	0,259	0,279	0,243	0,284	0,244	0,294	0,239
130	0,234	0,222	0,240	0,208	0,244	0,209	0,252	0,205
140	0,203	0,192	0,208	0,181	0,211	0,181	0,219	0,178
150	0,178	0,168	0,182	0,158	0,185	0,159	0,191	0,155
160	0,157	0,148	0,160	0,139	0,163	0,140	0,169	0,137
170	0,139	0,132	0,142	0,124	0,145	0,124	0,150	0,122
180	0,124	0,118	0,127	0,110	0,129	0,111	0,134	0,109
190	0,112	0,106	0,114	0,099	0,116	0,100	0,121	0,098
200	0,101	0,096	0,104	0,090	0,105	0,090	0,109	0,088
210	0,092	0,087	0,094	0,082	0,096	0,082	0,099	0,080
220	0,084	0,079	0,086	0,074	0,087	0,075	0,090	0,073
230	0,077	0,073	0,079	0,068	0,080	0,068	0,083	0,067
240	0,071	0,067	0,072	0,063	0,074	0,063	0,076	0,062
250	0,065	0,062	0,067	0,058	0,068	0,058	0,070	0,057

[a] die genaue Berechnung der fehlenden Zwischenwerte der Knickbeiwerte k_c kann nach Tafel 11.19 vorgenommen werden, die Zwischenwerte können auch hinreichend genau geradlinig interpoliert werden.

[b] die Knickbeiwerte k_c gelten nicht für Druckstäbe mit hohen ständigen Lasten in den Nutzungsklassen 2 und 3, bei denen die Steifigkeit mit dem Beiwert $k_{red,S}$ nach (11.39) abgemindert werden muss, s. auch Tafel 11.19.

11

11.6.1.5 Ersatzstablängen (Knicklängen)

Tafel 11.23 Ersatzstablängen l_{ef} (Knicklängen bei Biegeknicken) von Holztragwerken nach *Euler* und DIN EN 1995-1-1/NA: 2013-08, Tab. NA.24[a–d]

	Tragwerk und Knicklänge l_{ef}
1	**Eingespannter Stab**, *Euler*fall 1

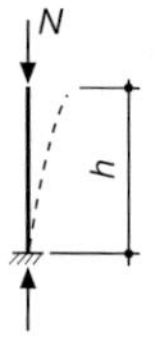

$$\beta = 2$$
$$l_{ef} = \beta \cdot h$$

2	**Pendelstab**, *Euler*fall 2

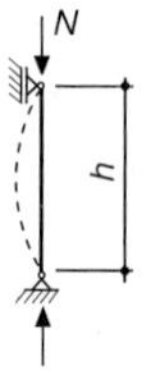

$$\beta = 1$$
$$l_{ef} = \beta \cdot h$$

3	**Unten eingespannter Stab mit gelenkiger Lagerung oben**, *Euler*fall 3

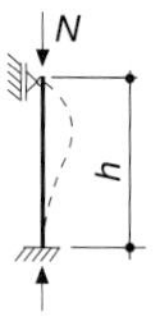

$$\beta = 0{,}707$$
$$l_{ef} = \beta \cdot h$$

4	**Beidseitig eingespannter Stab**, *Euler*fall 4

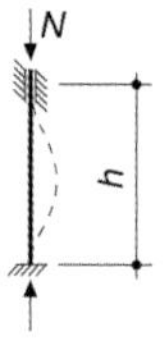

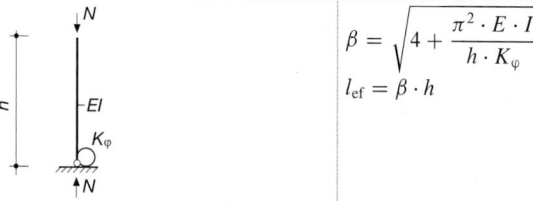

$$\beta = 0{,}5$$
$$l_{ef} = \beta \cdot h$$

5	**Nachgiebig eingespannter Stab**[e–g, m]

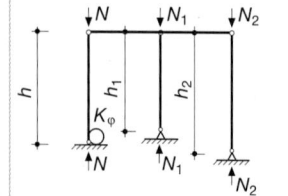

$$\beta = \sqrt{4 + \frac{\pi^2 \cdot E \cdot I}{h \cdot K_\varphi}}$$
$$l_{ef} = \beta \cdot h$$

6	**Stützenreihe mit nachgiebig eingespannter Stütze**[e–g, m]

für die eingespannte Stütze:

$$\beta = \sqrt{\left(4 + \frac{\pi^2 \cdot E \cdot I}{h \cdot K_\varphi}\right) \cdot (1 + \alpha)}$$

mit $\alpha = \dfrac{h}{N} \cdot \sum \dfrac{N_i}{h_i}$, $\quad l_{ef} = \beta \cdot h$

Tafel 11.23 (Fortsetzung)

Tragwerk und Knicklänge l_{ef}

7   **Zwei- und Dreigelenkbogen**

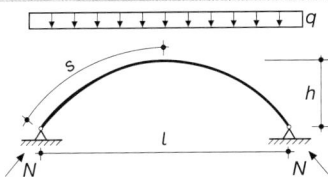

für $0{,}15 \leq h/l \leq 0{,}5$ und antimetrisches Knicken:
$$l_{ef} = 1{,}25 \cdot s$$

8   **Kehlbalkendach**, antimetrisches Knicken

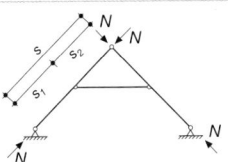

für $s_1 < 0{,}7 \cdot s$:
$$l_{ef} = 0{,}8 \cdot s$$
für $s_1 \geq 0{,}7 \cdot s$:
$$l_{ef} = 1{,}0 \cdot s$$

9   **Fachwerkbinder[h–j]**

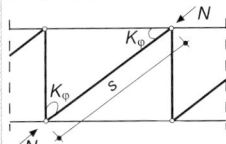

gelenkige Lagerung ($K_\varphi \approx 0$):
$$l_{ef} = 1{,}0 \cdot s$$
nachgiebige Einspannung ($K_\varphi \gg 0$):
$$l_{ef} = 0{,}8 \cdot s$$

10   **Zwei- und Dreigelenkrahmen mit nachgiebigen Rahmenecken[c, e–g, m]**, antimetrisches Knicken

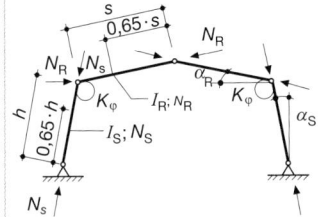

Riegel ($\alpha_R \leq 20°$):
$$\beta_R = \beta_S \cdot \sqrt{\frac{E \cdot I_R \cdot N_S}{E \cdot I_S \cdot N_R}} \cdot \frac{h}{s}$$
$$l_{ef} = \beta_R \cdot s$$
Stiel ($\alpha_s \leq 15°$):
$$\beta_s = \sqrt{4 + \frac{\pi^2 \cdot E \cdot I_S}{h} \cdot \left(\frac{1}{K_\varphi} + \frac{s}{3 \cdot E \cdot I_R}\right) + \frac{E \cdot I_S \cdot N_R \cdot s^2}{E \cdot I_R \cdot N_S \cdot h^2}}$$
$$l_{ef} = \beta_S \cdot h$$

11   **Fachwerkrahmen, Rahmenstiele**

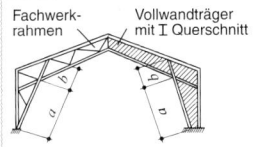

Knicken aus der Rahmenebene:
für die inneren gedrückten Stäbe der Rahmenstiele:
$$l_{ef} = a + b^{\,k}$$
wenn innerer Rahmenpunkt seitlich nicht gehalten

12   **Zusatzmoment der elastischen Feder**

bei den Systemen in Zeile 5, 6 und 10
$$M = N \cdot \frac{h}{6} \cdot \left(\frac{1}{k_c} - 1\right)$$

h Querschnittshöhe des an die Feder angeschlossenen Stabes
k_c Knickbeiwert des an die Feder angeschlossenen Stabes nach Tafel 11.19,
    bei System 10 ist das größere Moment aus Stiel und Riegel maßgebend

13   **Berücksichtigung der Schubsteifigkeit S bei der Bestimmung der Ersatzstablängen (Knicklängen)[e, f, l]**

$$l_{ef} = \beta \cdot s \cdot \sqrt{1 + \frac{E \cdot I \cdot \pi^2}{(\beta \cdot s)^2 \cdot S}} \quad \text{oder} \quad l_{ef} = \beta \cdot h \cdot \sqrt{1 + \frac{E \cdot I \cdot \pi^2}{(\beta \cdot h)^2 \cdot S}}$$

mit der Schubsteifigkeit S
für den Rechteckquerschnitt: $S = G \cdot A/1{,}2$
für den I-Träger: $S = G_w \cdot b_w \cdot h_{w,ef}$

Tafel 11.23 (Fortsetzung)

[a] Ersatzstablängen (Knicklängen) gelten für das Ausknicken in der Tragwerksebene (Zeichenebene).

[b] das Knicken aus der Tragwerksebene ist stets gesondert nachzuweisen; als Knicklänge l_{ef} gilt hier im Allg. der Abstand von Queraussteifungen, die Tragwerkspunkte seitlich unverschieblich halten, es sei denn, in dieser Tafel sind gesonderte Angaben angeführt.

[c] Stäbe mit linear veränderlichen Querschnitten sind in DIN EN 1995-1-1: 2010-12 nicht geregelt, als Empfehlung kann das Verfahren nach DIN 1052: 2008-12, 8.4.2 (3) angewendet werden: die Querschnittswerte dürfen im Abstand der 0,65-fachen Stablänge vom Stabende mit dem kleineren Stabquerschnitt berechnet werden, beim Nachweis ist der Größtwert der Normalkraft bzw. des Biegemomentes im Stab anzusetzen.

[d] weitere Ersatzstablängen (Knicklängen) können der Fachliteratur entnommen werden.

[e] für Querschnitts- und Verbindungssteifigkeiten gilt für die Moduln: $E = E_{mean}/\gamma_M$; $G = G_{mean}/\gamma_M$; $K = K_{u,mean}/\gamma_M$, dabei sind unterschiedliche Bemessungswerte der Moduln zu berücksichtigen: für Bauteile eines Tragwerks aus Baustoffen mit denselben oder verschiedenen zeitabhängigen Eigenschaften (bei Schnittkraftermittlung nach Theorie I. Ordnung) nach Abschn. 11.9.1, Tafel 11.48 und 11.49 und bei Schnittkraftermittlung nach Theorie II. Ordnung nach Abschn. 11.11.

[f] γ_M Teilsicherheitsbeiwert für Holz und Holzwerkstoffe nach Tafel 11.12.

[g] K_φ (Dreh-)Federkonstante der elastischen Einspannung (Kraft · Länge/Winkel), kann sinngemäß nach Tafel 11.64 berechnet werden, Zusatzmoment in der elastischen Feder nach Zeile 12.

[h] für Gurtstäbe gilt: als Knicklänge für Knicken in der Fachwerkebene ist die Länge der Systemlinien einzusetzen, falls kein genauerer Nachweis geführt wird.

[i] für Füllstäbe (Diagonalen, Pfosten) gilt: als gelenkige Lagerungen sind Anschlüsse mit Versatz, durch Dübel besonderer Bauart mit einem Bolzen und nur durch Bolzen anzunehmen.

[j] für Gurtstäbe gilt: als Knicklänge für Knicken aus der Fachwerkebene ist der Abstand der Queraussteifungen anzunehmen; für Füllstäbe (Diagonalen, Pfosten) gilt: als Knicklänge für Knicken aus der Fachwerkebene ist stets die Länge der Systemlinien anzunehmen.

[k] zusätzlich Ansatz einer Seitenkraft von 1/100 der größten im inneren Rahmeneckpunkt einlaufenden Stabkraft an dieser Stelle.

[l] für I-Träger bedeuten:

G_w Schubmodul des Steges für Scheibenbeanspruchung

b_w Gesamtbreite des Steges

$h_{w,ef}$ wirksame Höhe des Steges (Schwerpunktabstand der Gurte).

[m] Zusatzmoment in der elastischen Feder nach Zeile 12.

Tafel 11.24 Aussteifende Wirkung von Dachlatten und Brettschalung gegen Knicken nach DIN EN 1995-1-1/NA: 2013-08, NA.13.2

Nur bei Sparren und bei Gurten von Fachwerkbindern sowie jeweils vorhandenem Aussteifungsverband
(z. B. aus Windrispen und Sparren)

Folgende Bedingungen sind einzuhalten	
Spannweite des auszusteifenden Bauteils	$l \leq 15\,m$
Abstand der Aussteifungsverbände	$a \leq 10\,m$
Breite der Sparren und Gurte	$b \geq 40\,mm$
Höhe der Sparren und Gurte	$h \leq 4 \cdot b$
Sparren- bzw. Binderabstand	$e \leq 1,25\,m$
Versetzen der Stöße von Latten und Brettern	
Stoßbreite	$\leq 1\,m$
Abstand der Stöße	≥ 2 Sparren- oder Binderabstände

11.6.1.6 Aussteifende Wirkung von Dachlatten und Brettschalung gegen Knicken

Dachlatten und Brettschalung dürfen ohne genaueren Nachweis im Zusammenwirken mit einem Aussteifungsverband (z. B. aus Windrispen und Sparren) als in ihrer Ebene gegen Knicken aussteifend angenommen werden unter den Bedingungen der Tafel 11.24.

11.6.2 Nachweise für Biegestäbe mit dem Ersatzstabverfahren

Nachweise des Biegedrillknickens (bzw. Kippens) und ggf. Nachweise des Biegeknickens (Knicknachweise) maßgebend

Biegebeanspruchte Bauteile müssen an den Auflagern gegen Verdrehen z. B. durch Gabellagerung oder entsprechenden Verband, s. Abschn. 11.10.3, gesichert sein.

11.6.2.1 Biegestäbe unter einaxialer Biegung (ohne Druckkraft)

nach DIN EN 1995-1-1: 2010-12, 6.3.3 (Biegedrillknicken (Kippen) maßgebend)

Liegt nur ein Biegemoment M_y um die starke y-Achse vor, ist der Nachweis des Biegedrillknickens (Kippen) nach (11.40) zu führen, (11.40) kann auch sinngemäß für ein M_z um die z-Achse angewendet werden.

$$\frac{\sigma_{m,y,d}}{k_{crit} \cdot f_{m,y,d}} = \frac{M_{y,d}/W_{y,n}}{k_{crit} \cdot f_{m,y,d}} \leq 1 \qquad (11.40)$$

$\sigma_{m,y,d}$ Bemessungswert der Biegespannungen um die starke y-Achse, als Beispiel für die starke y-Achse s. Abb. 11.11

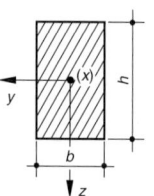

Abb. 11.11 Starke und schwache Achse am Beispiel eines Rechteckquerschnitts. Starke y-Achse mit größerem Widerstandsmoment W_y bei Biegung um die y-Achse. Schwache z-Achse mit kleinerem Widerstandsmoment W_z bei Biegung um die z-Achse

$f_{m,y,d}$ Bemessungswert der Biegefestigkeit um die y-Achse nach (11.2)

k_{crit} Kippbeiwert nach Abschn. 11.6.2.3.

Weitere Erläuterungen s. Abschn. 11.5.3.1.

Über die Erhöhung der charakteristischen Biegefestigkeit $f_{m,k}$ von Voll- und Brettschichtholz s. Abschn. 11.5.3.2.

Ein **Beispiel** zur Bemessung eines Biegeträgers aus Brettschichtholz, einaxiale Biegung und Biegedrillknicken (Kippen), ist in [11], Holzbau, Abschn. 2.4 angeführt.

11.6.2.2 Stäbe mit Biegung und Druck (ausmittiger Druck)

nach DIN EN 1995-1-1: 2010-12, 6.3.3 (Biegedrillknicken (Kippen) und Biegeknicken maßgebend)

Einaxiale Biegung und Druck Liegt eine Kombination eines Biegemomentes M_y um die starke Achse y und einer Druckkraft F_c vor, ist (11.41) einzuhalten. Über die starke y-Achse s. Abb. 11.11.

$$\left(\frac{\sigma_{m,y,d}}{k_{crit} \cdot f_{m,y,d}}\right)^2 + \frac{\sigma_{c,0,d}}{k_{c,z} \cdot f_{c,0,d}} \leq 1 \qquad (11.41)$$

k_{crit} Kippbeiwert für Biegedrillknicken (Kippen) um die starke y-Achse nach Abschn. 11.6.2.3, s. auch Abb. 11.11

$k_{c,z}$ Knickbeiwert für Knicken um die z-Achse nach Abschn. 11.6.1.4, Tafel 11.19.

Zweiaxiale Biegung und Druck nach DIN EN 1995-1-1/NA: 2013-08, 6.3.3, NA.7

Liegt eine Kombination eines Biegemomentes M_y um die starke Achse y und eines Biegemomentes M_z um die schwache Achse z mit einer Druckkraft F_c vor, darf für Querschnittsverhältnisse $h/b \leq 4$ der Nachweis nach (11.42) und (11.43) geführt werden, beide Gleichungen sind einzuhalten. Über die starke y-Achse und die schwache z-Achse, s. Abb. 11.11.

$$\frac{\sigma_{c,0,d}}{k_{c,y} \cdot f_{c,0,d}} + \frac{\sigma_{m,y,d}}{k_{crit} \cdot f_{m,y,d}} + \left(\frac{\sigma_{m,z,d}}{f_{m,z,d}}\right)^2 \leq 1 \qquad (11.42)$$

$$\frac{\sigma_{c,0,d}}{k_{c,z} \cdot f_{c,0,d}} + \left(\frac{\sigma_{m,y,d}}{k_{crit} \cdot f_{m,y,d}}\right)^2 + \frac{\sigma_{m,z,d}}{f_{m,z,d}} \leq 1 \qquad (11.43)$$

$$\sigma_{c,0,d} = \frac{F_{c,d}}{A_n} \qquad (11.44)$$

$$\sigma_{m,y,d} = \frac{M_{y,d}}{W_{y,n}} \qquad (11.45)$$

$$\sigma_{m,z,d} = \frac{M_{z,d}}{W_{z,n}} \qquad (11.46)$$

$\sigma_{c,0,d}$ Bemessungswert der Druckspannungen in Faserrichtung

$\sigma_{m,y,d}$, $\sigma_{m,z,d}$ Bemessungswerte der Biegespannungen um die y- bzw. z-Achse

$f_{c,0,d}$ Bemessungswert der Druckfestigkeit nach (11.2)

$f_{m,y,d}$, $f_{m,z,d}$ Bemessungswerte der Biegfestigkeiten nach (11.2)

k_{crit} Kippbeiwert nach Abschn. 11.6.2.3

$k_{c,y}$ Knickbeiwert für Knicken um die starke y-Achse nach Tafel 11.19, s. Abb. 11.11

$k_{c,z}$ Knickbeiwert für Knicken um die schwache z-Achse nach Tafel 11.19, s. Abb. 11.11

$M_{y,d}$, $M_{z,d}$ Bemessungswerte der Biegemomente um die y- bzw. z-Achse

$W_{y,n}$, $W_{z,n}$ nutzbare Widerstandsmomente oder Widerstandsmomente des Nettoquerschnitts um die y- oder z-Achse, s. auch Abb. 11.11

Gleichung (11.42) und (11.43) sind einzuhalten.

11.6.2.3 Kippbeiwerte (Biegedrillknicken) und Ersatzstablängen

Die Berechnungen des Kippbeiwertes und des bezogenen Kippschlankheitsgrades können nach Tafel 11.25 erfolgen.

Tafel 11.25 Berechnung des Kippbeiwertes k_{crit} und des bezogenen Kippschlankheitsgrades $\lambda_{rel,m}$ bei Biegebeanspruchung um die starke y-Achse nach DIN EN 1995-1-1; 2010-12, 6.3.3[a, b, c]

Kippbeiwert k_{crit} für Biegestäbe[b]

$$k_{crit} = \begin{cases} 1 & \text{für } \lambda_{rel,m} \leq 0{,}75 \\ 1{,}56 - 0{,}75 \cdot \lambda_{rel,m} & \text{für } 0{,}75 < \lambda_{rel,m} \leq 1{,}4 \\ 1/\lambda_{rel,m}^2 & \text{für } 1{,}4 < \lambda_{rel,m} \end{cases}$$

Bezogener Kippschlankheitsgrad $\lambda_{rel,m}$

für Biegebeanspruchung um die starke y-Achse[c]

$$\lambda_{rel,m} = \sqrt{\frac{f_{m,k}}{\sigma_{m,crit}}} = \sqrt{\frac{l_{ef}}{\pi \cdot i_m} \cdot \sqrt{\frac{f_{m,k}}{\sqrt{E_{0,05} \cdot G_{0,05}}}}}$$

$$\text{mit } \sigma_{m,crit} = \frac{M_{y,crit}}{W_y} = \frac{\pi \cdot \sqrt{E_{0,05} \cdot I_z \cdot G_{0,05} \cdot I_{tor}}}{l_{ef} \cdot W_y}$$

$$\text{und } i_m = \frac{\sqrt{I_z \cdot I_{tor}}}{W_y}$$

für Biegeträger aus Nadelholz mit vollem Rechteckquerschnitt der Breite b und Höhe h und Biegebeanspruchung um die starke y-Achse

$$\lambda_{rel,m} = \sqrt{\frac{l_{ef} \cdot h}{0{,}78 \cdot b^2} \cdot \sqrt{\frac{f_{m,k}}{E_{0,05}}}}$$

Kippbeiwert k_{crit} für Biegeträger mit besonderen Anforderungen

$k_{crit} = 1{,}0$

– für Biegeträger, bei denen eine seitliche Verschiebung des gedrückten Randes (Druckgurtes) über die gesamte Länge verhindert wird und an den Auflagern eine Gabellagerung besteht

Tafel 11.25 (Fortsetzung)

[a] Hierin bedeuten:

$\sigma_{m,crit}$ kritische Biegedruckspannung, berechnet mit den 5 %-Quantilen der Steifigkeitskennwerte, s. Fußnote c

$f_{m,k}$ charakteristische Biegefestigkeit nach Abschn. 11.3.1

b, h Querschnittsbreite, -höhe

l_{ef} wirksame Länge (Ersatzstablänge) des Biegeträgers (Biegedrill-knicken, Kippen), abhängig von den Auflagerbedingungen und der Art der Lasteinwirkung

– nach Tafel 11.28 gemäß DIN EN 1995-1-1: 2010-12, Tab. 6.1 oder

– nach Tafel 11.29 gemäß DIN EN 1995-1-1/NA: 2013-08, NA.13.3

$E_{0,05}$ Elastizitätsmodul in Faserrichtung, bezogen auf die 5 %-Quantile nach Abschn. 11.3.1

$G_{0,05}$ Schubmodul in Faserrichtung, bezogen auf die 5 %-Quantile nach Abschn. 11.3.1

I_z Flächenmoment 2. Grades um die schwache z-Achse, s. auch Abb. 11.11

I_{tor} Torsionsflächenmoment 2. Grades, für Rechteckquerschnitte nach (11.47)

W_y Widerstandsmoment um die starke y-Achse, s. auch Abb. 11.11.

[b] der Kippbeiwert k_{crit} (Biegedrillknicken) kann auch Tafel 11.27 ent-nommen werden, er berücksichtigt die zusätzlichen Spannungen infolge seitlichen Ausweichens.

[c] bei Biegestäben aus Brettschichtholz darf nach DIN EN 1995-1-1/NA: 2013-08, 6.3.3(2) das Produkt der 5 %-Quantilen der Steifigkeitskenn-werte mit dem Faktor 1,4 multipliziert werden.

Tafel 11.26 α_1-Werte zur Berechnung des Torsionsflächenmoment 2. Grades für Rechteckquerschnitte mit $h \geq b$ nach (11.47)[a, b]

h/b	α_1	h/b	α_1	Rechteckquerschnitt
1,00	0,140	4,00	0,281	
1,25	0,171	6,00	0,299	
1,50	0,196	10,0	0,313	
2,00	0,229	∞	0,333	
3,00	0,263			

[a] Zwischenwerte können geradlinig eingeschaltet werden.
[b] Torsionswiderstandsmomente s. Abschn. 11.5.4.2, Tafel 11.18.

Für Rechteckquerschnitte gilt:

$$I_{tor} = \alpha_1 \cdot b^3 \cdot h \qquad (11.47)$$

I_{tor} Torsionsflächenmoment 2. Grades

α_1 Faktor für Rechteckquerschnitte mit $h \geq b$ nach Ta-fel 11.26.

Tafel 11.27 Kippbeiwert k_{crit} (Biegedrillknicken) für Biegestäbe nach DIN EN 1995-1-1: 2010-12, 6.3.3, berechnet nach Tafel 11.25

$\lambda_{rel,m}$	Kippbeiwert k_{crit} bei einem Kippschlankheitsgrad $\lambda_{rel,m}$ von									
	0,00	0,01	0,02	0,03	0,04	0,05	0,06	0,07	0,08	0,09
$\leq 0,75$	1,000									
0,70	1,000	1,000	1,000	1,000	1,000	1,000	0,990	0,983	0,975	0,968
0,80	0,960	0,953	0,945	0,938	0,930	0,923	0,915	0,908	0,900	0,893
0,90	0,885	0,878	0,870	0,863	0,855	0,848	0,840	0,833	0,825	0,818
1,00	0,810	0,803	0,795	0,788	0,780	0,773	0,765	0,758	0,750	0,743
1,10	0,735	0,728	0,720	0,713	0,705	0,698	0,690	0,683	0,675	0,668
1,20	0,660	0,653	0,645	0,638	0,630	0,623	0,615	0,608	0,600	0,593
1,30	0,585	0,578	0,570	0,563	0,555	0,548	0,540	0,533	0,525	0,518
1,40	0,510	0,503	0,496	0,489	0,482	0,476	0,469	0,463	0,457	0,450
1,50	0,444	0,439	0,433	0,427	0,422	0,416	0,411	0,406	0,401	0,396
1,60	0,391	0,386	0,381	0,376	0,372	0,367	0,363	0,359	0,354	0,350
1,70	0,346	0,342	0,338	0,334	0,330	0,327	0,323	0,319	0,316	0,312
1,80	0,309	0,305	0,302	0,299	0,295	0,292	0,289	0,286	0,283	0,280
1,90	0,277	0,274	0,271	0,268	0,266	0,263	0,260	0,258	0,255	0,253
2,00	0,250	0,248	0,245	0,243	0,240	0,238	0,236	0,233	0,231	0,229

Wirksame Länge l_{ef} (Ersatzstablänge) für Biegestäbe (Biegedrillknicken, Kippen)

Die wirksame Länge l_{ef} (Ersatzstablänge) für Biegestäbe kann ermittelt werden

- nach Tafel 11.28 (entspricht den Angaben der DIN EN 1995-1-1: 2010-12, 6.3.3 und Tab. 6.1) oder
- nach Tafel 11.29 (entspricht den Angaben der DIN EN 1995-1-1: 2013-08/NA, 6.3.3(2) und NA.13.3).

Tafel 11.28 Berechnung der wirksamen Länge l_{ef} (Ersatzstablänge) für Biegestäbe (Biegedrillknicken, Kippen) nach dem (vereinfachten) Verfahren der DIN EN 1995-1-1: 2010-12, Tab. 6.1[a–c]

Art des Biegestabes	Art der Belastung	l_{ef}/l[a–c]
Einfach unterstützt	Konstantes Biegemoment	1,0
	Gleichmäßig verteilte Belastung	0,9
	Einzellast in Feldmitte	0,8
Auskragend	Gleichmäßig verteilte Belastung	0,5
	Einzellast am freien Kragende	0,8

[a] der Quotient aus wirksamer Länge l_{ef} und Stützweite l gilt für einen Biegestab, der an den Auflagern ausreichend gegen Verdrehen (z. B. durch ein Gabellager) gesichert ist, und Lasteintrag in der Schwerachse des Querschnitts.
[b] greift die Last am Druckrand des Biegestabes an, dann sollte l_{ef} um $2 \cdot h$ erhöht werden (mit h als Querschnittshöhe).
[c] greift die Last am Zugrand des Biegestabes an, dann darf l_{ef} um $0,5 \cdot h$ verringert werden (mit h als Querschnittshöhe).

Tafel 11.29 Berechnung der wirksamen Länge l_{ef} (Ersatzstablänge) für Biegestäbe (Biegedrillknicken, Kippen) nach dem (genaueren) Verfahren der DIN EN 1995-1-1/NA: 2013-08, 6.3.3(2) und NA.13.3[a]

Ersatzstablänge l_{ef} (Biegedrillknicken, Kippen)

$$l_{ef} = \frac{l}{a_1 \cdot \left[1 - a_2 \cdot \dfrac{a_z}{l} \cdot \sqrt{\dfrac{B}{T}} \right]}$$

Rechteckquerschnitt

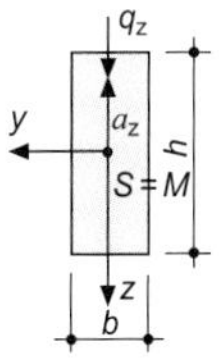

Biegesteifigkeit B um die z-Achse

für allgemeinen Querschnitt	für Rechteckquerschnitt
$B = E \cdot I_z$	$B = E \cdot b^3 \cdot h/12$

Torsionssteifigkeit T

für allgemeinen Querschnitt	für Rechteckquerschnitt
$T = G \cdot I_{tor}$	$T \cong G \cdot b^3 \cdot h/3$

[a] Hierin bedeuten:
a_1, a_2 Kipplängenbeiwerte nach Tafel 11.30
a_z Abstand des Lastangriffs vom Schubmittelpunkt, s. Bild oben
b, h, l Trägerbreite, -höhe, -länge
E $= E_{mean}/\gamma_M$ Elastizitätsmodul
G $= G_{mean}/\gamma_M$ Schubmodul
γ_M $= 1,3$, Teilsicherheitsbeiwert für Holz und Holzwerkstoffe nach Tafel 11.12
I_z Flächenmoment 2. Grades um die z-Achse, s. Bild oben
I_{tor} Torsionsflächenmoment 2. Grades, für Rechteckquerschnitte nach (11.47).

Tafel 11.30 Kipplängenbeiwerte a_1 und a_2 zur Berechnung der wirksamen Länge l_{ef} (Ersatzstablänge) für Biegestäbe (Biegedrillknicken, Kippen) nach dem (genaueren) Verfahren der DIN EN 1995-1-1: 2013-08/NA, Tab. NA.25

System	Momentenverlauf	a_1	a_2
Gabelgelagerter Einfeldträger Ansicht 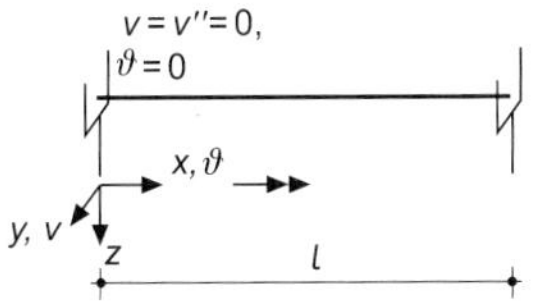 Draufsicht	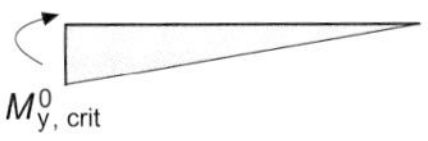	1,77	0
	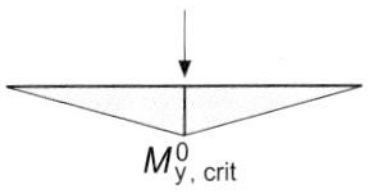	1,35	1,74
	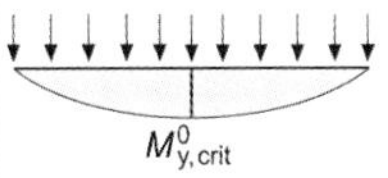	1,13	1,44
	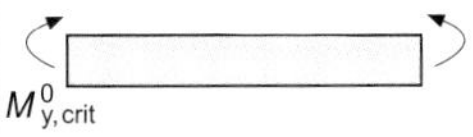	1	0
Kragarm 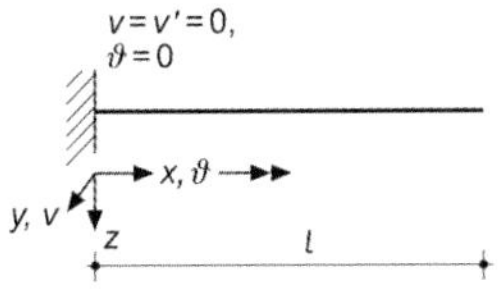		1,27	1,03
	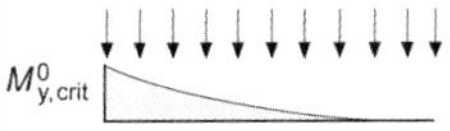	2,05	1,05
Beidseitig eingespannter Träger 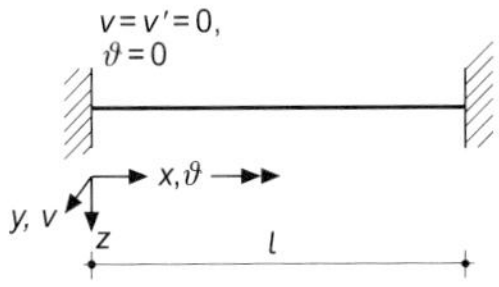 Draufsicht 	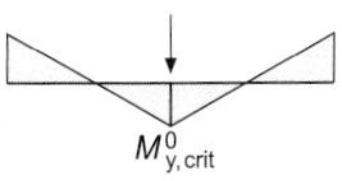	6,81	0,40
	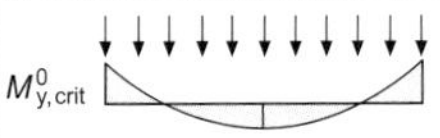	5,12	0,40

11

Tafel 11.30 (Fortsetzung)

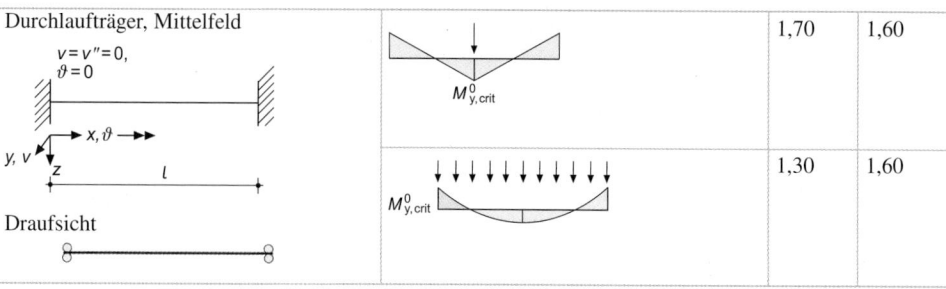

	1,70	1,60
	1,30	1,60

11.7 Nachweise für Pultdach-, Satteldach- und gekrümmte Träger in den Grenzzuständen der Tragfähigkeit

11.7.1 Pultdachträger

Tafel 11.31 Nachweis der Tragfähigkeit (Biegespannungen) von Pultdachträgern nach DIN EN 1995-1-1: 2010-12, 6.4.2[a, b, c]

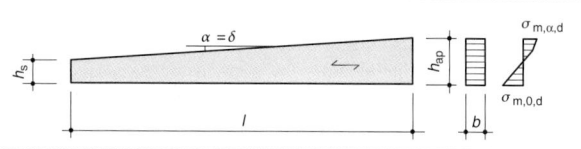

Faserparalleler Trägerrand

Nachweis der Tragfähigkeit	Biegerandspannungen
$\dfrac{\sigma_{m,0,d}}{f_{m,d}} \leq 1$	$\sigma_{m,0,d} = \dfrac{M_d}{W_y}$

Geneigter Trägerrand mit angeschnittenen Holzfasern
$a = \delta \leq 24°$[c]

Nachweis der Tragfähigkeit	Biegerandspannungen
$\dfrac{\sigma_{m,\alpha,d}}{k_{m,\alpha} \cdot f_{m,d}} \leq 1$	$\sigma_{m,\alpha,d} = \dfrac{M_d}{W_y}$

Zugspannungen (Biegezugbereich) am geneigten Rand

$$k_{m,\alpha} = 1 \left/ \sqrt{1 + \left(\frac{f_{m,d}}{0{,}75 \cdot f_{v,d}} \cdot \tan\alpha\right)^2 + \left(\frac{f_{m,d}}{f_{t,90,d}} \cdot \tan^2\alpha\right)^2}\right.$$

Druckspannungen (Biegedruckbereich) am geneigten Rand

$$k_{m,\alpha} = 1 \left/ \sqrt{1 + \left(\frac{f_{m,d}}{1{,}5 \cdot f_{v,d}} \cdot \tan\alpha\right)^2 + \left(\frac{f_{m,d}}{f_{c,90,d}} \cdot \tan^2\alpha\right)^2}\right.$$

Tafel 11.31 (Fortsetzung)

Beispiel: Pultdachträger mit Rechteckquerschnitt und konstanter Gleichlast q

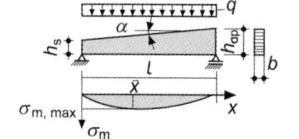

	Trägerstelle mit der größten Biegespannung:
	$\overline{x} = \dfrac{h_s}{h_s + h_{ap}} \cdot l$

[a] Hierin bedeuten:

$\sigma_{m,0,d}$ Bemessungswert der Biegespannungen an der faserparallelen Trägerkante

$\sigma_{m,\alpha,d}$ Bemessungswert der Biegespannungen an der geneigten Trägerkante

$\sigma_{m,max}$ größte Biegespannung an der Trägerstelle $\overline{x}$

$f_{m,d}$ Bemessungswert der Biegefestigkeit nach (11.2)

M_d Bemessungswert des Biegemomentes

W_y Widerstandsmoment um die y-Achse

b Querschnittsbreite

h_{ap}, h_s Querschnittshöhe am größten bzw. kleinsten Trägerende

α Neigungswinkel des Randes „schräg" zur Faserichtung $\alpha = \delta \leq 24°$.

[b] weitere Nachweise der Trägfähigkeit wie Schub, Biegedrillknicken (Kippen) und dgl. s. entsprechende Abschnitte.

[c] der Faseranschnittswinkel ist begrenzt auf Winkel $\alpha = \delta \leq 24°$, s. DIN EN 1995-1-1/NA: 2013-08, 6.4.2.

11.7.2 Gekrümmte Träger aus Brettschicht- und Furnierschichtholz

Tafel 11.32 Nachweis der Tragfähigkeit (Biege- und Querzugspannungen) von gekrümmten Trägern mit konstantem Rechteckquerschnitt aus Brettschicht- und Furnierschichtholz im querzugbeanspruchten Bereich (Firstbereich) nach DIN EN 1995-1-1: 2010-12, 6.4.3[a, b]

1 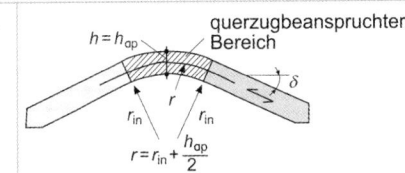	Innerer Radius r_{in} Radius $r = r_{in} + h_{ap}/2$ Lamellendicke t Winkel im Trägerscheitel (First) $\alpha_{ap} = 0°$ Faktor $k_{ap} = h_{ap}/r$ Dachneigungswinkel δ

Maximale Biegespannung (Längsrandspannung) im querzugbeanspruchten Bereich (gekrümmten Bereich)

2	Nachweis der Tragfähigkeit $\dfrac{\sigma_{m,d}}{k_r \cdot f_{m,d}} \leq 1$	Maximale Längsrandspannung $\sigma_{m,d} = (1 + 0{,}35 \cdot k_{ap} + 0{,}6 \cdot k_{ap}^2) \cdot \dfrac{M_{ap,d}}{W_{ap,y}}$

3	**Beiwert k_r** (berücksichtigt die Festigkeitsabnahme bei starken Krümmungen infolge Biegens der Lamellen bei der Herstellung) $k_r = 1$ für $r_{in}/t \geq 240$ $k_r = 0{,}76 + 0{,}001 \cdot r_{in}/t$ für $r_{in}/t < 240$

Maximale Zugspannung rechtwinklig zur Faser (Querzugspannung) infolge Momentenbeanspruchung im gekrümmten Bereich

4	Nachweis der Tragfähigkeit $\dfrac{\sigma_{t,90,d}}{k_{dis} \cdot k_{vol} \cdot f_{t,90,d}} \leq 1$	Maximale Querzugspannung[c] $\sigma_{t,90,d} = 0{,}25 \cdot k_{ap} \cdot \dfrac{M_{ap,d}}{W_{ap,y}}$

5	**Beiwert k_{dis}** (berücksichtigt die Spannungsverteilung im Firstbereich) $k_{dis} = 1{,}4$ für konzentrisch gekrümmte Träger mit gekrümmtem Untergurt

6	**Beiwert k_{vol}** (Volumenfaktor)
	
	$k_{vol} = (V_0/V)^{0,2}$ für Brettschichtholz und für Furnierschichtholz mit allen Furnieren in Richtung der Stabachse
	V querzugbeanspruchtes Volumen im Firstbereich in m³, s. Bild,
	  $\leq 2 \cdot V_b/3$
	V_b Gesamtvolumen des Biegestabes
	V_0 Bezugsvolumen
	  $= 0{,}01$ m³

Kombinierte Beanspruchung aus Querzug und Schub

7	Nachweis der kombinierten Beanspruchung $\dfrac{\tau_d}{f_{v,d}} + \dfrac{\sigma_{t,90,d}}{k_{dis} \cdot k_{vol} \cdot f_{t,90,d}} \leq 1$	Maximale Schubspannungen im Rechteckquerschnitt[e] $\tau_{max,d} = 1{,}5 \cdot V_d/(b \cdot h_{ap})$

Verstärkungen zur Aufnahme zusätzlicher klimabedingter Querzugspannungen im querzugbeanspruchten Bereich gekrümmter Träger[d, e] nach DIN EN 1995-1-1/NA: 2013-08, NA.6.8.5

8	Für Bauteile in den Nutzungsklassen 1 und 2: die Gleichungen in Zeile 4 und 7 dieser Tafel dürfen unbeachtet bleiben, wenn die max. Querzugspannung im Trägerscheitel (First-querschnitt) folgende Gleichung erfüllt: $\dfrac{\sigma_{t,90,d}}{1{,}15 \cdot (h_0/h_{ap})^{0,3} \cdot f_{t,90,d}} + \left(\dfrac{\tau_d}{f_{v,d}}\right)^2 \leq 1$ mit $h_0 = 600$ mm (Bezugshöhe) gleichzeitig sind die Angaben in Tafel 11.36 einzuhalten
9	Für Bauteile in der Nutzungsklasse 3 keine Verstärkung nach Tafel 11.36 erlaubt, stets vollständige Aufnahme der Querzugspannungen durch Verstärkungen erforderlich nach Tafel 11.37

Verstärkungen zur vollständigen Aufnahme der Querzugspannungen im querzugbeanspruchten Bereich gekrümmter Träger nach DIN EN 1995-1-1/NA: 2013-08, NA.6.8.6

10	Für Bauteile in der Nutzungsklassen 1 bis 3: – werden die Querzugspannungen vollständig durch Verstärkungselemente aufgenommen, dürfen die Gleichungen in Zeile 4 und 7 dieser Tafel unbeachtet bleiben – gleichzeitig sind die Angaben in Tafel 11.37 einzuhalten

11

Tafel 11.32 (Fortsetzung)

[a] Hierin bedeuten:

$f_{m,d}$ Bemessungswert der Biegefestigkeit nach (11.2)

$f_{t,90,d}$ Bemessungswert der Zugfestigkeit rechtwinklig zur Faser nach (11.2)

$f_{v,d}$ Bemessungswert der Schubfestigkeit nach (11.2)

$M_{ap,d}$ Bemessungswert des Biegemomentes im Trägerscheitel (Firstquerschnitt), das zu Querzugspannungen führt

V_d Bemessungswert der maßgebenden Querkraft

$W_{ap,y}$ Widerstandsmoment um die y-Achse im Trägerscheitel (Firstquerschnitt)

b, h_{ap} Querschnittsbreite, Querschnittshöhe im Trägerscheitel (Firstquerschnitt).

[b] weitere Nachweise der Tragfähigkeit wie Schub, Biegedrillknicken (Kippen) und dgl. s. entsprechende Abschnitte.

[c] nach DIN EN 1995-1-1/NA: 2013-08, 6.4.3(8) gilt hier die angeführte Gl. 6.54 der DIN EN 1995-1-1: 2010-12, 6.4.3.

[d] für gekrümmte Träger werden nach DIN EN 1995-1-1/NA: 2013-08, 6.4.3, im Hinblick auf zusätzliche klimabedingte Querzugspannungen immer Verstärkungen nach Tafel 11.36 empfohlen, in der Baupraxis werden in den querzugbeanspruchten Bereichen seit langem derartige Querzugverstärkungen mit Erfolg eingebaut.

[e] die wirksame Breite b_{ef} in auf Schub beanspruchten Biegebauteilen muss bei der Berechnung der Schubspannungen nach Abschn. 11.5.4.1 berücksichtigt werden.

Tafel 11.33 Empfohlene endgültige Dicke t der Lamellen von Brettschichtholz nach DIN EN 14080: 2013-09, Anhang I, Tab. I.2

Nutzungsklasse 1	Nutzungsklasse 2	Nutzungsklasse 3
in mm	in mm	in mm
$6 \leq t \leq 45$	$6 \leq t \leq 45$	$6 \leq t \leq 35$

Zusätzliche Anforderung bei gekrümmten Brettschichtholz-Bauteilen an die Höchstdicke t_{max}, die fertige Dicke t muss folgender Gleichung entsprechen:

$$t \leq \frac{r}{250} \cdot \left(1 + \frac{f_{m,j,dc,k}}{150}\right)$$

t endgültige Lamellendicke in mm

r Radius der Lamelle mit dem kleinsten Radius des Bauteils in mm

$f_{m,j,dc,k}$ charakteristische Biegefestigkeit der Keilzinkenverbindung in N/mm².

11.7.3 Satteldachträger aus Brettschicht- und Furnierschichtholz

Tafel 11.34 Nachweis der Tragfähigkeit (Biege- und Querzugspannungen) von Satteldachträgern aus Brettschicht- und Furnierschichtholz im Firstquerschnitt nach DIN EN 1995-1-1: 2010-12, 6.4.3[a, b, c, g]

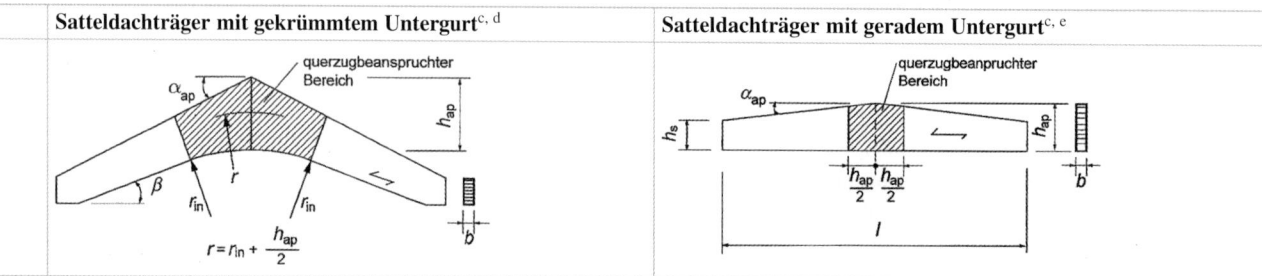

Satteldachträger mit gekrümmtem Untergurt[c, d]	Satteldachträger mit geradem Untergurt[c, e]
Maximale Biegespannungen (Längsrandspannungen) im Firstquerschnitt[c]	
1 Nachweis der Tragfähigkeit $$\frac{\sigma_{m,d}}{k_r \cdot f_{m,d}} \leq 1$$	Nachweis der Tragfähigkeit $$\frac{\sigma_{m,d}}{f_{m,d}} \leq 1$$
2 $$\sigma_{m,d} = k_\ell \cdot \frac{M_{ap,d}}{W_{ap,y}}$$	$$\sigma_{m,d} = (1 + 1{,}4 \cdot \tan\alpha_{ap} + 5{,}4 \cdot \tan^2\alpha_{ap}) \cdot \frac{M_{ap,d}}{W_{ap,y}}$$
Beiwert k_ℓ, berücksichtigt die erhöhten Biegespannungen im Firstquerschnitt	
3 $k_\ell = k_1 + k_2 \cdot k_{ap} + k_3 \cdot k_{ap}^2 + k_4 \cdot k_{ap}^3$ $k_1 = 1 + 1{,}4 \cdot \tan\alpha_{ap} + 5{,}4 \cdot \tan^2\alpha_{ap}$ $k_2 = 0{,}35 - 8 \cdot \tan\alpha_{ap}$ $k_3 = 0{,}6 + 8{,}3 \cdot \tan\alpha_{ap} - 7{,}8 \cdot \tan^2\alpha_{ap}$ $k_4 = 6 \cdot \tan^2\alpha_{ap}$	Faktor $k_{ap} = h_{ap}/r$ innerer Radius r_{in} Radius $r = r_{in} + h_{ap}/2$ Lamellendicke t Anschnittswinkel im Firstbereich α_{ap} Höhe im Firstquerschnitt h_{ap}
Beiwert k_r (berücksichtigt die Festigkeitsabnahme bei starken Krümmungen infolge Biegens der Lamellen bei der Herstellung)	
4 $k_r = 1$ $\qquad$ für $r_{in}/t \geq 240$ $k_r = 0{,}76 + 0{,}001 \cdot r_{in}/t$ für $r_{in}/t < 240$	

Tafel 11.34 (Fortsetzung)

Maximale Zugspannung rechtwinklig zur Faserrichtung (Querzugspannung) infolge Momentenbeanspruchung im Firstbereich[d, e]

5	Nachweis der Tragfähigkeit $\dfrac{\sigma_{t,90,d}}{k_{dis} \cdot k_{vol} \cdot f_{t,90,d}} \leq 1$	

6	Satteldachträger mit gekrümmtem Untergurt[d, f] maximale Querzugspannung $\sigma_{t,90,d} = k_p \cdot \dfrac{M_{ap,d}}{W_{ap,y}}$	Satteldachträger mit geradem Untergurt[e, f] maximale Querzugspannung $\sigma_{t,90,d} = 0{,}2 \cdot \tan \alpha_{ap} \cdot \dfrac{M_{ap,d}}{W_{ap,y}}$

Beiwert k_p, berücksichtigt die größten Querzugspannungen im Firstquerschnitt

7	$k_p = k_5 + k_6 \cdot k_{ap} + k_7 \cdot k_{ap}^2$ mit Faktor $k_{ap} = h_{ap}/r$ weitere s. Zeile 3	$k_5 = 0{,}2 \cdot \tan \alpha_{ap}$ $k_6 = 0{,}25 - 1{,}5 \cdot \tan \alpha_{ap} + 2{,}6 \cdot \tan^2 \alpha_{ap}$ $k_7 = 2{,}1 \cdot \tan \alpha_{ap} - 4 \cdot \tan^2 \alpha_{ap}$

Beiwert k_{dis} (berücksichtigt die Spannungsverteilung im Firstbereich)

8	$k_{dis} = 1{,}4$ für Satteldachträger mit geradem Untergurt $k_{dis} = 1{,}7$ für Satteldachträger mit gekrümmtem Untergurt

Beiwert k_{vol} (Volumenfaktor)

9	$k_{vol} = (V_0/V)^{0,2}$ für Brettschichtholz und für Furnierschichtholz mit allen Furnieren in Richtung der Stabachse V querzugbeanspruchtes Volumen im Firstbereich in m³, $\leq 2 \cdot V_b/3$, s. Bilder oben, V_b Gesamtvolumen des Biegestabes V_0 Bezugsvolumen $= 0{,}01$ m³

Kombinierte Beanspruchung aus Querzug und Schub

10	Nachweis der kombinierten Beanspruchung $\dfrac{\tau_d}{f_{v,d}} + \dfrac{\sigma_{t,90,d}}{k_{dis} \cdot k_{vol} \cdot f_{t,90,d}} \leq 1$	mit der maximalen Schubspannungen im Rechteckquerschnitt[h] $\tau_{max,d} = 1{,}5 \cdot V_d/(b \cdot h_{ap})$

Verstärkungen zur Aufnahme zusätzlicher klimabedingter Querzugspannungen im querzugbeanspruchten Bereich von Satteldachträgern mit geradem und gekrümmten Untergurt[d, e, h] nach DIN EN 1995-1-1/NA: 2013-08, NA.6.8.5

11	für Bauteile in den Nutzungsklassen 1 und 2: die Gleichungen in Zeile 5 und 10 dieser Tafel dürfen unbeachtet bleiben, wenn die max. Querzugspannung im Firstquerschnitt folgende Gleichung erfüllt: $\dfrac{\sigma_{t,90,d}}{1{,}3 \cdot (h_0/h_{ap})^{0,3} \cdot f_{t,90,d}} + \left(\dfrac{\tau_d}{f_{v,d}}\right)^2 \leq 1$ mit $h_0 = 600$ mm (Bezugshöhe) gleichzeitig sind die Angaben in Tafel 11.36 einzuhalten
12	für Bauteile in der Nutzungsklassen 3 keine Verstärkung nach Tafel 11.36 erlaubt, stets vollständige Aufnahme der Querzugspannungen durch Verstärkungen erforderlich nach Tafel 11.37

Verstärkungen zur vollständigen Aufnahme der Querzugspannungen im querzugbeanspruchten Bereich von Satteldachträgern mit geradem und gekrümmten Untergurt nach DIN EN 1995-1-1/NA: 2013-08, NA.6.8.6

13	für Bauteile in den Nutzungsklassen 1 bis 3: – werden die Querzugspannungen vollständig durch Verstärkungselemente aufgenommen, dürfen die Gleichungen in Zeile 5 und 10 dieser Tafel unbeachtet bleiben – gleichzeitig sind die Angaben in Tafel 11.37 einzuhalten

[a] Fußnote a der Tafel 11.32 gilt sinngemäß.

[b] weitere Nachweise der Tragfähigkeit wie Schub, Biegedrillknicken (Kippen) und dgl. s. entsprechende Abschnitte.

[c] bei Satteldachträgern mit unteren geraden und unteren gekrümmten Rändern sind die Nachweise für Ränder mit geneigtem Rand (angeschnittenen Holzfasern im „geraden bzw. nicht gekrümmten" Bereich) wie für Pultdachträger nach Tafel 11.31 zu führen.

[d] für Satteldachträger mit gekrümmtem Untergurt werden nach DIN EN 1995-1-1/NA: 2013-08, 6.4.3, im Hinblick auf zusätzliche klimabedingte Querzugspannungen immer Verstärkungen nach Tafel 11.36 empfohlen, in der Baupraxis werden in den querzugbeanspruchten Bereichen seit langem derartige Querzugverstärkungen mit Erfolg eingebaut.

[e] für Satteldachträger mit geradem Untergurt werden nach DIN EN 1995-1-1/NA: 2013-08, 6.4.3, im Hinblick auf zusätzliche klimabedingte Querzugspannungen Verstärkungen nach Tafel 11.36 empfohlen, wenn in den Nachweisen nach Zeile 5 und Zeile 10 dieser Tafel ein Ausnutzungsgrad $\eta \geq 0{,}8$ vorliegt, in der Baupraxis werden in den querzugbeanspruchten Bereichen seit langem derartige Querzugverstärkungen mit Erfolg eingebaut, unabhängig vom Ausnutzungsgrad.

[f] nach DIN EN 1995-1-1/NA: 2013-08, 6.4.3(8) gilt hier die angeführte Gl. 6.54 der DIN EN 1995-1-1: 2010-12, 6.4.3.

[g] über die Geometrie von Satteldachträgern s. Tafel 11.35.

[h] die wirksame Breite b_{ef} in auf Schub beanspruchten Biegebauteilen muss bei der Berechnung der Schubspannungen nach Abschn. 11.5.4.1 berücksichtigt werden.

Tafel 11.35 Geometrie von Satteldachträgern

Satteldachträger mit gekrümmtem Untergurt[a] 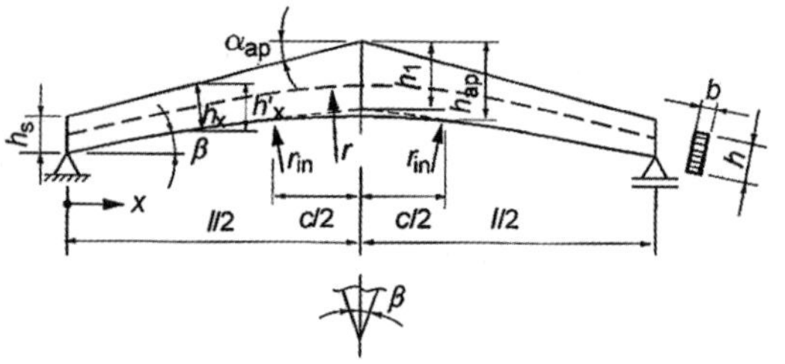	Satteldachträger mit geradem Untergurt 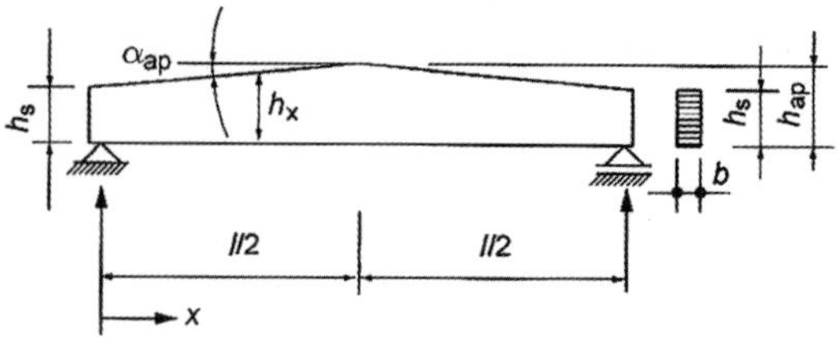

$$r_{in} = \frac{c}{2 \cdot \sin\beta}, \quad r = r_{in} + 0{,}5 \cdot h_{ap}$$

$$h_1 = h_s + \frac{l}{2} \cdot (\tan\alpha_{ap} - \tan\beta), \quad \alpha = \alpha_{ap} - \beta$$

$$h_{ap} = h_1 + \frac{c}{2} \cdot \tan\beta - r_{in} \cdot (1 - \cos\beta)$$

$$h'_x = h_s + x \cdot (\tan\alpha_{ap} - \tan\beta)$$

$$h_x \approx h'_x \cdot \cos\alpha, \quad \bar{x} = \frac{h_s}{2 \cdot h_1} \cdot l^{\,b}$$

$$h_{ap} = h_s + \frac{l}{2} \cdot \tan\alpha_{ap}$$

$$h_x = h_s + x \cdot \tan\alpha_{ap}$$

$$\bar{x} = \frac{h_s}{2 \cdot h_{ap}} \cdot l^{\,b}$$

[a] Trägerbereiche (außerhalb des Firstbereichs) mit abnehmender Höhe in Richtung der Auflager.

[b] Trägerstelle $\bar{x}$ mit der größten Biegespannung außerhalb des Firstquerschnittes.

11.7.4 Verstärkungen gekrümmter Träger und Satteldachträger aus Brettschicht- und Furnierschichtholz

Tafel 11.36 Verstärkungen zur Aufnahme zusätzlicher, klimabedingter Querzugspannungen durch Verstärkungselemente in gekrümmten Trägern und Satteldachträgern mit gekrümmtem und geradem Untergurt aus Brettschicht- und Furnierschichtholz in den querzugbeanspruchten Träger- bzw. Firstbereichen in den Nutzungsklassen 1 und 2 nach DIN EN 1995-1-1/NA: 2013-08, NA.6.8.5[a, b, c, d]

Bemessung der Verstärkung im querzugbeanspruchten Bereich für eine Zugkraft	Beispiel

$$F_{t,90,d} = \frac{\sigma_{t,90,d} \cdot b^2 \cdot a_1}{640 \cdot n}$$

a_1 Abstand der Verstärkungen in Trägerlängsrichtung in Höhe der Trägerachse in mm

b Trägerbreite in mm

n Anzahl der Verstärkungselemente im Bereich innerhalb der Länge a_1

$\sigma_{t,90,d}$ Bemessungswert der Zugspannung rechtwinklig zur Faserrichtung (Querzugspannungen) aus Tafel 11.32 bzw. 11.34

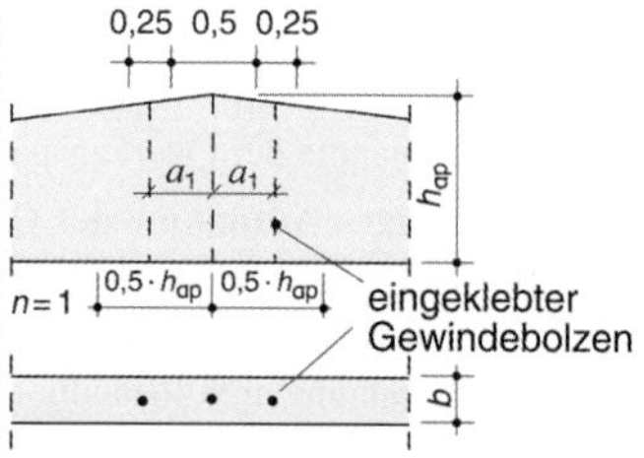

alternativ: mit eingeschraubten Vollgewindeschrauben

[a] gekrümmte Träger und Satteldachträger aus Brettschicht- und Furnierschichtholz in den Nutzungsklassen 1 und 2, bei denen die in den Tafeln 11.32 bzw. 11.34 angeführten Bedingungen erfüllt sind.

[b] Stahlstäbe sollten im querzugbeanspruchten Träger- bzw. Firstbereichen gleichmäßig verteilt werden.

[c] geeignete Verstärkungen s. Tafel 11.38.

[d] Bemessung der Verstärkungen sinngemäß nach Tafel 11.37 wie für eingeklebte Stahlstäbe, eingeschraubte Stäbe oder seitlich aufgeklebte Verstärkungen.

Tafel 11.37 Verstärkungen zur vollständigen Aufnahme der Querzugspannungen durch Verstärkungselemente in gekrümmten Trägern und Satteldachträgern mit gekrümmtem und geradem Untergurt aus Brettschicht- und Furnierschichtholz in den querzugbeanspruchten Träger- bzw. Firstbereichen in den Nutzungsklassen 1 bis 3 nach DIN EN 1995-1-1/NA: 2013-08, NA.6.8.6[a, b, c]

Zugkraft in der Verstärkung des querzugbeanspruchten Bereiches

in den beiden inneren Vierteln	in den äußeren Vierteln
$F_{t,90,d} = \dfrac{\sigma_{t,90,d} \cdot b \cdot a_1}{n}$	$F_{t,90,d} = \dfrac{2}{3} \cdot \dfrac{\sigma_{t,90,d} \cdot b \cdot a_1}{n}$

Aufnahme der Zugkraft $F_{t,90,d}$ durch eingeklebte Stahlstäbe oder durch eingeschraubte Stäbe mit Holzschraubengewinde
nach DIN 7998[d, e]

Beispiel:	
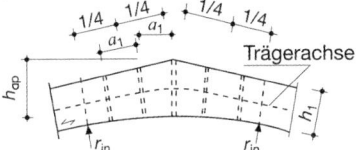	a_1 Abstand der Verstärkungen in Trägerlängsrichtung in Höhe der Trägerachse
	b Trägerbreite
	n Anzahl der Verstärkungselemente im Bereich innerhalb der Länge a_1
	$\sigma_{t,90,d}$ Bemessungswert der Zugspannungen rechtwinklig zur Faserrichtung (Querzugspannungen) nach den Tafeln 11.32 bzw. 11.34

Nachweis der Tragfähigkeit (Fugenspannung)	gleichmäßig verteilt angenommene Klebfugenspannung
$\dfrac{\tau_{ef,d}}{f_{k1,d}} \leq 1$	$\tau_{ef,d} = \dfrac{2 \cdot F_{t,90,d}}{\pi \cdot l_{ad} \cdot d_r}$

$F_{t,90,d}$ Bemessungswert der Zugkraft je Stahlstab
$f_{k1,d}$ Bemessungswert der Klebfugenfestigkeit für $l_{ad} \leq 250$ mm, $f_{k1,k}$ s. Abschn. 11.19.2 oder
$f_{k1,d}$ Bemessungswert des Ausziehparameters der Holzschrauben, berechnet mit dem charakteristischen Wert $f_{k1,k} = 22 \cdot 10^{-6} \cdot \varrho_k^2$
l_{ad} wirksame Verankerungslänge des Stahlstabes oberhalb oder unterhalb der Trägerachse
d_r Stahlstabaußendurchmesser
ϱ_k charakteristischer Wert der Rohdichte in kg/m^3 nach Abschn. 11.3.1

Abstand der Stahlstäbe a untereinander an der Trägeroberkante[b]

    Mindestabstand $a_{1,oben,min} \geq 250$ mm,
    maximaler Abstand $a_{1,oben,max} \leq 0,75 \cdot h_{ap}$

die Stahlstäbe müssen über die gesamte Trägerhöhe durchgehen mit Ausnahme einer Randlamelle

Aufnahme der Zugkraft $F_{t,90,d}$ durch seitlich beidseitig aufgeklebte Verstärkungen

Beispiel	
	a_1 Abstand der Verstärkungen in Trägerlängsrichtung in Höhe der Trägerachse
	b, h Trägerbreite, -höhe
	l_r Länge der Verstärkung in der Trägerachse
	t_r Dicke einer Verstärkung

Nachweis der Klebfuge

Nachweis der Tragfähigkeit	gleichmäßig verteilt angenommene Klebfugenspannung
$\dfrac{\tau_{ef,d}}{f_{k3,d}} \leq 1$	$\tau_{ef,d} = \dfrac{2 \cdot F_{t,90,d}}{l_r \cdot l_{ad}}$

Nachweis der Zugspannung in den aufgeklebten Verstärkungen

Nachweis der Tragfähigkeit	Zugspannung in den aufgeklebten Verstärkungen
$\dfrac{\sigma_{t,d}}{f_{t,d}} \leq 1$	$\sigma_{t,d} = \dfrac{F_{t,90,d}}{t_r \cdot l_r}$

$F_{t,90,d}$ Bemessungswert der Zugkraft je Verstärkungsplatte
$f_{k3,d}$ Bemessungswert der Klebfugenfestigkeit, $f_{k3,k}$ s. Abschn. 11.19.2
$f_{t,d}$ Bemessungswert der Zugfestigkeit des Werkstoffes der Verstärkung in Richtung der Zugkraft $F_{t,90}$
l_{ad} Höhe der aufgeklebten Verstärkung oberhalb und unterhalb der Trägerachse
l_r Länge der Verstärkung in der Trägerachse
t_r Dicke einer Verstärkung

[a] über geeignete Verstärkungen s. Tafel 11.38.
[b] Mindestabstände von Stahlstäben nach Tafel 11.38.
[c] verstärkte Träger- oder Firstbereiche in Nutzungsklasse 3 sollten im Sinne einer holzgerechten Konstruktion mind. auf der Oberseite beidseitig ausreichend abgedeckt werden, es wird jedoch empfohlen, eine direkte Bewitterung in Nutzungsklasse 3 möglichst auszuschließen.
[d] die Zugtragfähigkeit der Stahlstäbe im maßgebenden Querschnitt nachzuweisen, nach DIN 1052-10: 2012-05 ist die Zugtragfähigkeit für Stahlstäbe mit Holzschraubengewinde nach DIN 7998 mit dem Kernquerschnitt als maßgebenden Querschnitt zu bemessen, derartige Stahlstäbe mit Holzschraubengewinde werden i. d. R. als Verstärkungsmaßnahmen eingesetzt und wie Holzschrauben nachgewiesen.
[e] Verstärkungen mit Schrauben mit einem Gewinde über die gesamte Schaftlänge (Vollgewindeschrauben) sind sinngemäß wie Verstärkungen mit eingeklebten Stahlstäben nachzuweisen, s. auch bauaufsichtlichen Verwendungsnachweis der Vollgewindeschrauben.

Tafel 11.38 Geeignete Verstärkungselemente, die die Tragfähigkeit von Bauteilen rechtwinklig zur Faserrichtung des Holzes zur Aufnahme von Querzugbeanspruchungen erhöhen nach DIN EN 1995-1-1/NA: 2013-08, NA.6.8.1[a, b, c]

Innen liegende Verstärkungen durch folgende Stahlstäbe[d, e, f]	
– eingeklebte Gewindebolzen nach DIN 976-1 – eingeklebte Betonrippenstähle nach DIN 488-1 – Holzschrauben mit einem Gewinde über die gesamte Schaftlänge	Abstände der Stahlstäbe in Tafel 11.37 $a_2 \geq 3 \cdot d_r$ untereinander $a_{1,c} \geq 2,5 \cdot d_r$ Endabstände[g] $a_{2,c} \geq 2,5 \cdot d_r$ Randabstände d_r Stahlstabaußendurchmesser als Beispiel s. Bild in Tafel 11.40

Außen liegende Verstärkungen

– aufgeklebtes Sperrholz nach DIN EN 13986 in Verbindung mit DIN EN 636 und DIN 20000-1: 2013-08
– aufgeklebtes Furnierschichtholz nach DIN EN 14374 oder nach DIN EN 13986 in Verbindung mit DIN EN 14279 und DIN 20000-1: 2013-08 oder mit bauaufsichtlichem Verwendbarkeitsnachweis
– aufgeklebte Bretter
– eingepresste Nagelplatten

[a] zur Bemessung von Verstärkungen s. Tafel 11.36 und 11.37 sowie Abschn. 11.8.1 (Ausklinkungen), Abschn. 11.8.2 (Durchbrüche) und 11.8.3 (Schräg- und Queranschlüsse).

[b] die Zugfestigkeit des Holzes rechtwinklig zur Faserrichtung wird bei der Ermittlung der Beanspruchungen der Verstärkungen von Queranschlüssen, rechtwinkligen Ausklinkungen und Durchbrüchen sowie der Verstärkungen zur Aufnahme klimabedingter Querzugspannungen und zur vollständigen Aufnahme der Querzugspannungen nicht berücksichtigt.

[c] verstärkte Queranschlüsse, Ausklinkungen, Durchbrüche und Firstbereiche können auch in Nutzungsklasse 3 angeordnet werden, verstärkte Träger- oder Firstbereiche in Nutzungsklasse 3 sollten im Sinne einer holzgerechten Konstruktion mind. auf der Oberseite beidseitig ausreichend abgedeckt werden, es wird jedoch empfohlen, eine direkte Bewitterung in Nutzungsklasse 3 möglichst auszuschließen.

[d] die Querschnittsschwächung durch innen liegende Verstärkungen ist in den zugbeanspruchten Querschnittsteilen zu berücksichtigen.

[e] die Zugbeanspruchung der Stahlstäbe ist mit dem maßgebenden Querschnitt nachzuweisen, s. Fußnote d zu Tafel 11.37.

[f] Verstärkungen mit Schrauben mit einem Gewinde über die gesamte Schaftlänge (Vollgewindeschrauben) sind sinngemäß wie Verstärkungen mit eingeklebten Gewindebolzen nachzuweisen.

[g] sofern im Weiteren nichts anderes angegeben wird.

11.8 Nachweise für Ausklinkungen, Durchbrüche sowie Schräg- und Queranschlüsse in den Grenzzuständen der Tragfähigkeit

11.8.1 Ausklinkungen

nach DIN EN 1995-1-1: 2010-12, 6.5

Ausklinkungen an den Enden von Biegestäben mit Rechteckquerschnitt und einer im Wesentlichen parallel zur Längsachse verlaufenden Faserrichtung sind in der Regel für Schubspannungen nach (11.48) unter den Bedingungen der Tafel 11.39 nachzuweisen.

$$\frac{\tau_d}{k_v \cdot f_{v,d}} = \frac{1,5 \cdot V_d/(b \cdot h_{ef})}{k_v \cdot f_{v,d}} \qquad (11.48)$$

V_d Bemessungswert der Querkraft an der Ausklinkung am Endauflager

b Trägerbreite, s. auch wirksame Breite b_{ef} nach (11.25) und Tafel 11.17

h_{ef} wirksame (reduzierte) Trägerhöhe an der Ausklinkung, s. Tafel 11.39

k_v Beiwert je nach Ausklinkungsform, s. Tafel 11.39

$f_{v,d}$ Bemessungswert der Schubfestigkeit nach (11.2).

In (11.48) ist die wirksame Breite b_{ef} nach Abschn. 11.5.4.1 zu berücksichtigen. Kann (11.48) nicht eingehalten werden, sind Ausklinkungen nach Tafel 11.40 zu verstärken, in Nutzungsklasse 3 sind Ausklinkungen stets zu verstärken.

Tafel 11.39 Beiwert k_v der Gleichung (11.48) für Ausklinkungen an Enden von Biegestäben mit Rechteckquerschnitt nach DIN EN 1995-1-1: 2010-12, 6.5.2[a, b, d, e]

Ausklinkungsform	Beiwerte
Ausklinkung an der Auflagerseite[c]	
(Abminderungs-)Beiwert k_v	
Ausklinkung „unten schräg" 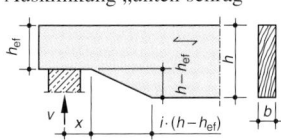	$k_v = \min \left\{ 1 \text{ oder } \dfrac{k_n \cdot (1 + 1{,}1 \cdot i^{1{,}5}/\sqrt{h})}{\sqrt{h} \cdot \left(\sqrt{\alpha \cdot (1 - \alpha)} + 0{,}8 \cdot \dfrac{x}{h} \cdot \sqrt{\dfrac{1}{\alpha} - \alpha^2} \right)} \right\}$ s. auch unten: Spannungskonzentration in der Ausklinkung
Ausklinkung „unten rechtwinklig" 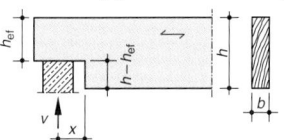	$k_v = \min \left\{ 1 \text{ oder } \dfrac{k_n}{\sqrt{h} \cdot \left(\sqrt{\alpha \cdot (1 - \alpha)} + 0{,}8 \cdot \dfrac{x}{h} \cdot \sqrt{\dfrac{1}{\alpha} - \alpha^2} \right)} \right\}$
Beiwert $k_n = 5$ für Vollholz $\quad\quad\quad\quad\ \ $ 6,5 für Brettschichtholz $\quad\quad\quad\quad\ \ $ 4,5 für Furnierschichtholz	
Ausklinkung auf der Gegenseite des Auflagers	
Ausklinkung „oben" 	Beiwert $k_v = 1{,}0$ nach DIN EN 1995-1-1/NA: 2013-08, 6.5.2 gilt: falls $x < h_{ef}$, darf k_v wie folgt bestimmt werden: $k_v = \left(\dfrac{h}{h_{ef}} \right) \cdot \left[1 - \dfrac{(h - h_{ef}) \cdot x}{h \cdot h_{ef}} \right]$
Spannungskonzentration in der Ausklinkung[c]	

der Einfluss der Spannungskonzentration ist beim Tragfähigkeitsnachweis zu berücksichtigen[c]

der Einfluss der Spannungskonzentration darf in folgenden Fällen vernachlässigt werden:
– Zug oder Druck in Faserrichtung
– Biegung mit Zugspannungen in der Ausklinkung, wenn der Faseranschnitt nicht steiler als $1/i = 1/10$, d. h. $i \geq 10$, s. Bild unten „Biegung mit Zugspannungen in der Ausklinkung",
– Biegung mit Druckspannungen in der Ausklinkung, s. Bild unten „Biegung mit Druckspannungen in der Ausklinkung"

– Biegung mit Zugspannungen in der Ausklinkung infolge positiven Momentes	– Biegung mit Druckpannungen in der Ausklinkung infolge negativen Momentes
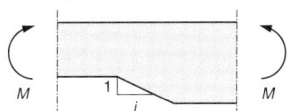	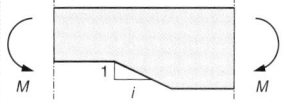

[a] Hierin bedeuten:
h Trägerhöhe außerhalb der Ausklinkung in mm
h_{ef} wirksame (reduzierte) Trägerhöhe der Ausklinkung in mm
i Neigung der Ausklinkung, s. Bilder oben, zur Festlegung von i s. oben „Spannungskonzentration in der Ausklinkung"
x Abstand zwischen der Wirkungslinie der Auflagerkraft und der Ausklinkungsecke in mm
$\alpha = h_{ef}/h$.
[b] die Lasten bei Ausklinkungen dieser Tafel sind auf der Oberseite der Biegestäbe einzuleiten.
[c] für Bauteile mit einer Voute sind nach DIN EN 1995-1-1/NA: 2013-08, 6.5.1, zusätzlich der kombinierte Spannungsnachweis am geneigten (angeschnittenen) Rand sinngemäß nach Tafel 11.31 und der Schubspannungsnachweis im Voutenquerschnitt mit der minimalen Höhe zu führen.
[d] es wird zusätzlich zu den Festlegungen der DIN EN 1995-1-1/NA: 2013-08, 6.5.2, empfohlen, bei unverstärkten Ausklinkungen an der Auflagerseite das Verhältnis $\alpha = h_{ef}/h$ im Sinne einer holzgerechten Konstruktion nicht zu klein zu wählen, bei Lasteinwirkungsdauer ständig, lang und mittel wird empfohlen, das Verhältnis $\alpha = h_{ef}/h \geq 0{,}5$ und $x/h \leq 0{,}4$ möglichst einzuhalten, in Anlehnung an DIN 1052: 2008-12, 11.2.
[e] Festlegungen der DIN EN 1995-1-1/NA: 2013-08, 6.5.1:
– unverstärkte Ausklinkungen nur in Nutzungsklasse 1 und 2 verwenden,
– Ausklinkungen in Nutzungsklasse 3 stets nach Tafel 11.40 verstärken und als Empfehlung im Sinne einer holzgerechten Konstruktion mind. auf der Oberseite beidseitig ausreichend überstehend abdecken, weiter wird jedoch empfohlen, eine direkte Bewitterung in Nutzungsklasse 3 möglichst auszuschließen
– Empfehlung: Ausklinkungen in allen Nutzungsklassen stets nach Tafel 11.40 verstärken, auch wenn dies rechnerisch nicht erforderlich ist.

Tafel 11.40 Verstärkung rechtwinkliger Ausklinkungen auf der Auflagerseite an den Enden von Biegestäben mit Rechteckquerschnitt nach DIN EN 1995-1-1/NA: 2013-08, NA.6.8.3[a, b, c]

Bemessungswert der Zugkraft $F_{t,90,d}$ für die Verstärkung rechtwinkliger Ausklinkungen

$$F_{t,90,d} = 1,3 \cdot V_d \cdot [3 \cdot (1 - \alpha)^2 - 2 \cdot (1 - \alpha)^3]$$

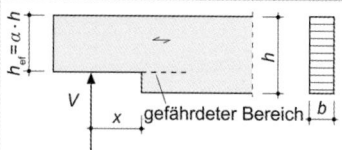

Verstärkung durch innen liegende, eingeklebte Stahlstäbe (Aufnahme der Zugkraft $F_{t,90,d}$)[b–d]

Nachweis der gleichmäßig verteilt angenommenen Klebfugenspannung

$$\frac{\tau_{ef,d}}{f_{k1,d}} \leq 1$$

$$\tau_{ef,d} = \frac{F_{t,90,d}}{n \cdot d_r \cdot \pi \cdot l_{ad}}$$

Stahlstäbe

Mindestlänge $l_{min} \geq 2 \cdot l_{ad}$

max. Durchmesser $d_{r,max} \leq 20\,mm$

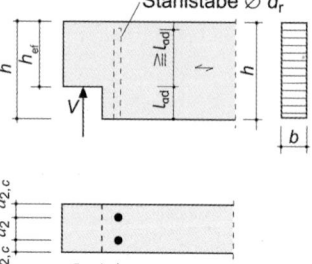

Seitlich aufgeklebte Verstärkungsplatten (Aufnahme der Zugkraft $F_{t,90,d}$)[b, c]

Nachweis der gleichmäßig verteilt angenommenen Klebfugenspannung

$$\frac{\tau_{ef,d}}{f_{k2,d}} \leq 1$$

$$\tau_{ef,d} = \frac{F_{t,90,d}}{2 \cdot (h - h_{ef}) \cdot l_r}$$

Zugspannung in den aufgeklebten Verstärkungsplatten

$$k_k \cdot \frac{\sigma_{t,d}}{f_{t,d}} < 1$$

$$\sigma_{t,d} = \frac{F_{t,90,d}}{2 \cdot t_r \cdot l_r}$$

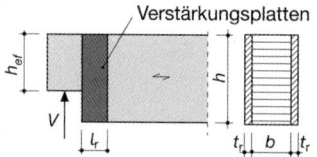

Aufkleben der seitlichen Verstärkungsplatten mit der Bedingung

$$0,25 \leq \frac{l_r}{h - h_{ef}} \leq 0,5$$

Verstärkung durch seitlich aufgebrachte Nagelplatten (Aufnahme der Zugkraft $F_{t,90,d}$)

sinngemäß wie aufgeklebte Verstärkungsplatten nachweisen und anordnen

[a] Hierin bedeuten:

V_d Bemessungskraft der Querkraft

α $= h_{ef}/h$

h Trägerhöhe außerhalb der Ausklinkung in mm

h_{ef} wirksame (reduzierte) Trägerhöhe der Ausklinkung in mm

n Anzahl der Stahlstäbe; dabei dürfen in Trägerlängsrichtung nur die im Abstand $a_{1,c}$ angeordneten Stäbe in Rechnung gestellt werden, z. B. nur ein Stab mit $n = 1$ oder eine Reihe von Stäben in Trägerquerrichtung z. B. mit $n = 2$

d_r Stahlstabaußendurchmesser ($\leq 20\,mm$)

l_{ad} wirksame Verankerungslänge, s. Bild oben ($l_{ad} \approx h - h_{ef}$ mit der Mindestlänge der Stahlstäbe $\geq 2 \cdot l_{ad}$)

l_r Breite einer Verstärkungsplatte, s. Bild oben

t_r Dicke einer Verstärkungsplatte, s. Bild oben

k_k Beiwert zur Berücksichtigung der ungleichförmigen Spannungsverteilung; $= 2,0$ ohne genaueren Nachweis

$f_{k1,d}$, $f_{k2,d}$ Bemessungswerte der Klebfugenfestigkeiten, charakterischer Werte $f_{k1,k}$ und $f_{k2,k}$ s. Abschn. 11.19.2

$f_{t,d}$ Bemessungswert der Zugfestigkeit des Plattenwerkstoffes in Richtung der Zugkraft $F_{t,90}$ nach (11.2).

[b] geeignete Verstärkungselemente und weitere Festlegungen s. Tafel 11.38.

[c] verstärkte, unten rechtwinklig ausgeklinkte Enden von Biegestäben nach (11.48) mit dem Beiwert $k_v = 1,0$ nachweisen.

[d] Verstärkungen mit Vollgewindeschrauben sind sinngemäß wie Verstärkungen mit eingeklebten Stahlstäben nachzuweisen, s. auch bauaufsichtlichen Verwendungsnachweis der Vollgewindeschrauben.

Tafel 11.41 Abmessungen unverstärkter Durchbrüche ($d > 50\,$mm) nach DIN EN 1995-1-1/NA: 2013-08, NA.6.7[a]

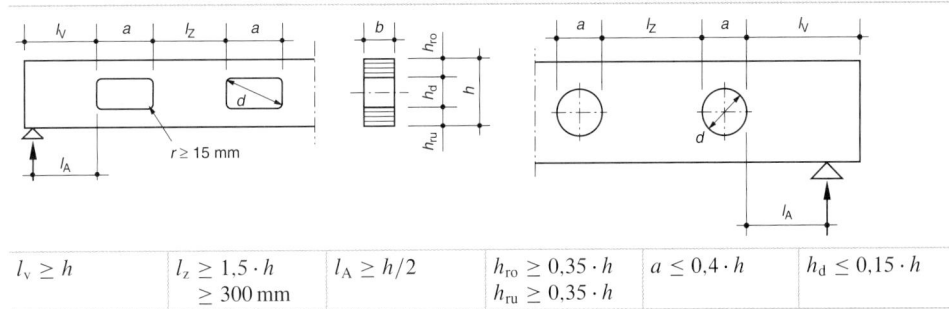

$l_v \geq h$	$l_z \geq 1{,}5 \cdot h$ $\geq 300\,$mm	$l_A \geq h/2$	$h_{ro} \geq 0{,}35 \cdot h$ $h_{ru} \geq 0{,}35 \cdot h$	$a \leq 0{,}4 \cdot h$	$h_d \leq 0{,}15 \cdot h$

[a] unverstärkte Durchbrüche dürfen nur in Nutzungsklasse 1 und 2 eingesetzt werden, in Nutzungsklasse 3 sind Durchbrüche nach Tafeln 11.42 und 11.43 zu verstärken.

11.8.2 Durchbrüche

nach DIN EN 1995-1-1/NA: 2013-08, NA.6.7

Durchbrüche in Trägern sind Öffnungen mit einer lichten Abmessung von $d > 50\,$mm, Öffnungen $d \leq 50\,$mm sind als Querschnittsschwächungen nach Abschn. 11.4.3.1 zu berücksichtigen. Durchbrüche dürfen nicht in unverstärkten Trägerbereichen mit planmäßiger Querzugbeanspruchung angeordnet werden.

11.8.2.1 Unverstärkte Durchbrüche in Brettschicht- und Furnierschichtholz

nach DIN EN 1995-1-1/NA: 2013-08, NA.6.7

Unverstärkte Durchbrüche dürfen nur in Nutzungsklasse 1 und 2 verwendet werden, sie müssen den Abmessungen nach Tafel 11.41 entsprechen. Der **Nachweis der erhöhten Querzugspannungen** kann mit (11.49) vorgenommen werden. Der **Nachweis der erhöhten Biegerandspannungen** im Durchbruchsbereich ist in DIN EN 1995-1-1/NA: 2013-08 nicht geregelt, sollte jedoch durchgeführt werden, *Erläut. zu DIN 1052: 2004-08* [3] gibt hierzu ein vereinfachtes Verfahren nach (11.53) an. Die Nachweise sind für jeden gefährdeten Bereich zu führen. Durchbrüche in Nutzungsklasse 3 sind stets nach Tafeln 11.42 und 11.43 zu verstärken.

Nachweis der erhöhten Querzugspannungen
nach DIN EN 1995-1-1/NA: 2013-08, NA.6.7:

$$\frac{F_{t,90,d}}{0{,}5 \cdot l_{t,90} \cdot b \cdot k_{90} \cdot f_{t,90,d}} \leq 1 \qquad (11.49)$$

mit

$$F_{t,90,d} = F_{t,V,d} + F_{t,M,d} \qquad (11.50)$$

$$F_{t,V,d} = \frac{V_d \cdot h_d}{4 \cdot h} \cdot \left(3 - \frac{h_d^2}{h^2}\right) \qquad (11.51)$$

$$F_{t,M,d} = 0{,}008 \cdot \frac{M_d}{h_r} \qquad (11.52)$$

In (11.51) darf bei runden Durchbrüchen anstelle von h_d der Wert $0{,}7 \cdot h_d$ eingesetzt werden.

b Trägerbreite am Durchbruch

V_d Betrag des Bemessungswertes der Querkraft am Durchbruchsrand

M_d Betrag des Bemessungswertes des Biegemomentes am Durchbruchsrand

$k_{t,90}$ $= \min\{1$ oder $(450/h)^{0{,}5}\}$ mit h in mm

$f_{t,90,d}$ Bemessungswert der Zugfestigkeit des Brettschicht- oder Furnierschichtholzes rechtwinklig zur Faserrichtung

$l_{t,90}$ $= 0{,}5 \cdot (h_d + h)$
für rechteckige Durchbrüche
$= 0{,}353 \cdot h_d + 0{,}5 \cdot h$
für kreisförmige Durchbrüche

h_r $= \min(h_{ro}$ oder $h_{ru})$
für rechteckige Durchbrüche
$= \min(h_{ro} + 0{,}15 \cdot h_d$ oder $h_{ru} + 0{,}15 \cdot h_d)$
für kreisförmige Durchbrüche

h Trägerhöhe außerhalb des Durchbruchs

h_d Durchbruchshöhe.

Nachweis der erhöhten Biegerandspannungen
nach *Erläut. zu DIN 1052: 2004-08* [3]:

$$\frac{\sigma_{m,d}}{f_{m,d}} = \frac{M_{D,d}/W_{D,n}}{f_{m,d}} + \frac{M_{R,d}/W_{R,n}}{f_{m,d}} \leq 1 \qquad (11.53)$$

Bei kreisförmigen Durchbrüchen reicht der Nachweis mit dem ersten Term der (11.53) aus.

Bei gleichen Querschnittshöhen der verbleibenden Restquerschnitte oben und unten gilt:

$$M_{R,d} = \frac{V_{D,d} \cdot a}{2 \cdot 2} \qquad (11.54)$$

a Durchbruchslänge bei rechteckigem Durchbruch, s. Tafel 11.41

$M_{D,d}$ Betrag des Bemessungswertes des Biegemomentes in Durchbruchsmitte

$M_{R,d}$ Bemessungswert des Biegemomentes aus dem Querkraftanteil, der anteilig aus $V_{D,d}$ (dies aufgeteilt entsprechend der Querschnittshöhen der verbleibenden

Tafel 11.42 Verstärkte Durchbrüche bei Biegestäben mit Rechteckquerschnitt aus Brettschicht- und Furnierschichtholz; Geometrische Randbedingungen und Bemessungswert der Zugkraft nach DIN EN 1995-1-1/NA: 2013-08, NA.6.8.4[a, b, f]

Geometrische Randbedingungen[c]

$l_v \geq h$	$l_z \geq h$ $\geq 300\,\text{mm}$	$l_A \geq h/2$	$h_{ro} \geq 0{,}25 \cdot h$	$a \leq h$	bei innen liegender Verstärkung $h_d \leq 0{,}3 \cdot h$
			$h_{ru} \geq 0{,}25 \cdot h$	$a/h_d \leq 2{,}5$	bei außen liegender Verstärkung $h_d \leq 0{,}4 \cdot h$

Bemessungswert der Zugkraft $F_{t,90,d}$ für die Verstärkung[d]

$F_{t,90,d} = F_{t,v,d} + F_{t,M,d}$

mit

$F_{t,V,d} = \dfrac{V_d \cdot h_d}{4 \cdot h} \cdot \left(3 - \dfrac{h_d^2}{h^2}\right)$ [e]

$F_{t,M,d} = 0{,}008 \cdot \dfrac{M_d}{h_r}$

Zugkraft annehmen:

bei rechteckigen Durchbrüchen:

   in Höhe der querzugbeanspruchten Durchbruchsecke, s. Bild rechts

bei kreisförmigen Durchbrüchen:

   in Höhe des querzugbeanspruchten Durchbruchsrandes unter 45° zur Trägerachse vom Kreismittelpunkt aus, s. Bild rechts

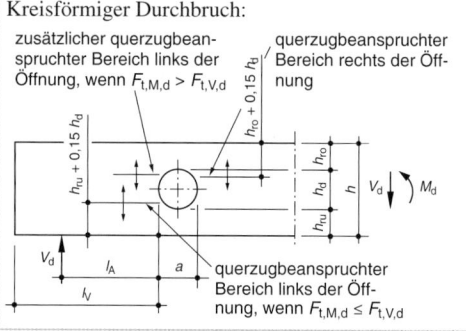

Rechteckiger Durchbruch:

Kreisförmiger Durchbruch:

---

[a] s. Erläuterungen zu (11.49).

[b] Bemessung von Verstärkungen s. Tafel 11.43.

[c] Abmessungen s. Bild in Tafel 11.41.

[d] die Nachweise sind für jeden gefährdeten Bereich zu führen.

[e] bei runden Durchbrüchen darf anstelle von h_d der Wert $0{,}7 \cdot h_d$ eingesetzt werden.

[f] es wird zusätzlich zu den Festlegungen der DIN EN 1995-1-1/NA: 2013-08, NA.6.8.4, empfohlen, Bauteile mit Durchbrüchen in Nutzungsklasse 3 im Sinne einer holzgerechten Konstruktion mind. auf der Oberseite beidseitig ausreichend überstehend abzudecken; weiter wird jedoch empfohlen, eine direkte Bewitterung in Nutzungsklasse 3 möglichst auszuschließen; weiter wird empfohlen, Durchbrüche stets in allen Nutzungsklassen nach Tafel 11.42 und 11.43 zu verstärken.

Restquerschnitte oben und unten) und dem Hebelarm $a/2$ gebildet wird, bei gleichen Querschnittshöhen der Restquerschnitte beträgt der Querkraftanteil $V_{D,d}/2$, s. (11.54)

$V_{D,d}$ Betrag des Bemessungswertes der Querkraft in Durchbruchsmitte

$W_{D,n}$ Netto-Widerstandsmoment des gesamten Querschnitts in Durchbruchsmitte

W_R Widerstandsmoment des Einzelquerschnitts (Restquerschnitts) ober- bzw. unterhalb des Durchbruchs

$f_{m,d}$ Bemessungswert der Biegefestigkeit nach (11.2).

11.8.2.2 Verstärkte Durchbrüche in Biegestäben mit Rechteckquerschnitt

nach DIN EN 1995-1-1/NA: 2013-08, NA.6.8.4

Verstärkte Durchbrüche dürfen in Nutzungsklasse 1 bis 3 verwendet werden, sie müssen den Abmessungen nach Ta-

fel 11.42 entsprechen. Durchbrüche in Nutzungsklasse 3 sind stets nach Tafeln 11.42 und 11.43 zu verstärken.

Der **Nachweis der Verstärkungen** ist nach Tafel 11.42 und 11.43 zu führen. Der **Nachweis der erhöhten Schubspannungen** in den Durchbruchsecken von rechteckigen Durchbrüchen mit innen liegenden Verstärkungselementen (Stahlstäbe, Vollgewindeschrauben) wird in DIN EN 1995-1-1/NA: 2013-08, NA.6.8.4, gefordert, aber nicht geregelt. *Erläut. zu DIN 1052: 2004-08* [3] gibt hierzu ein Verfahren nach (11.55) bis (11.57) an; danach wird empfohlen, diesen Nachweis auch bei kreisförmigen Durchbrüchen vorzunehmen. Der **Nachweis der erhöhten Biegerandspannungen** in Durchbruchsmitte wird in DIN EN 1995-1-1/NA: 2013-08, NA.6.8.4, nicht geregelt, sollte jedoch durchgeführt werden, *Erläut. zu DIN 1052: 2004-08* [3] gibt hierzu ein vereinfachtes Verfahren an, s. (11.53).

Tafel 11.43 Verstärkte Durchbrüche bei Biegestäben mit Rechteckquerschnitt aus Brettschicht- und Furnierschichtholz; Bemessung der Verstärkungen nach DIN EN 1995-1-1/NA: 2013-08, NA.6.8.4[a, b, c, d, e, g]

Verstärkung durch innen liegende, eingeklebte Stahlstäbe (Aufnahme der Zugkraft $F_{t,90,d}$)[e, f]

Nachweis der gleichmäßig verteilt angenommenen Klebfugenspannung[c]	Stahlstäbe
$$\frac{\tau_{ef,d}}{f_{k1,d}} \leq 1, \qquad \tau_{ef,d} = \frac{F_{t,90,d}}{n \cdot d_r \cdot \pi \cdot l_{ad}}$$	Mindestlänge $l_{min} \geq 2 \cdot l_{ad}$ Max. Durchmesser $d_{r,max} \leq 20$ mm

Beispiel:

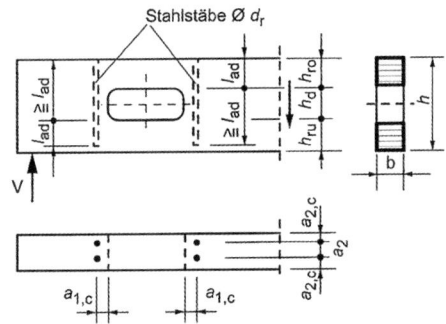

$2{,}5 \cdot d_r \leq a_{1,c} \leq 4 \cdot d_r$

Beispiel:

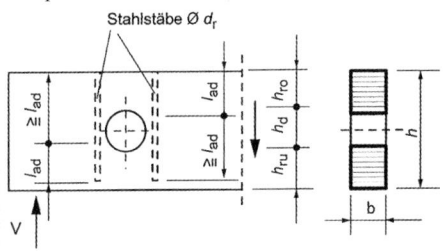

Stahlstababstände wie bei rechteckigen Durchbrüchen

Seitlich aufgeklebte, außen liegende Verstärkungsplatten (Aufnahme der Zugkraft $F_{t,90,d}$)

Nachweis der gleichmäßig verteilt angenommenen Klebfugenspannung[c]	Zugspannung in den aufgeklebten Verstärkungsplatten
$$\frac{\tau_{ef,d}}{f_{k2,d}} \leq 1, \qquad \tau_{ef,d} = \frac{F_{t,90,d}}{2 \cdot a_r \cdot h_{ad}}$$	$$k_k \cdot \frac{\sigma_{t,d}}{f_{t,d}} \leq 1, \qquad \sigma_{t,d} = \frac{F_{t,90,d}}{2 \cdot a_r \cdot t_r}$$

Aufkleben der seitlichen Verstärkungsplatten mit der Bedingung

$\qquad 0{,}25 \cdot a \leq a_r \leq 0{,}6 \cdot l_{t,90}$

mit $l_{t,90} = 0{,}5 \cdot (h_d + h)$ und $h_1 \geq 0{,}25 \cdot a$

Beispiel:

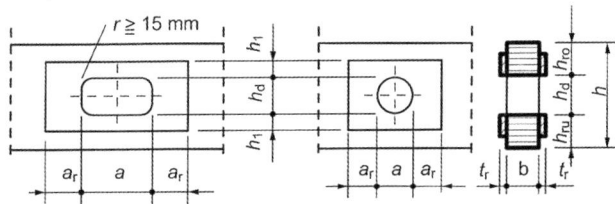

Verstärkung durch seitlich aufgebrachte Nagelplatten (Aufnahme der Zugkraft $F_{t,90,d}$)

sinngemäß wie aufgeklebte Verstärkungsplatten nachweisen und sinngemäß nach Tafel 11.42 anordnen

[a] Hierin bedeuten:

a Durchbruchsbreite in mm

a_r Breite der Verstärkungsplatte jeweils seitlich des Durchbruchs, s. Bild oben

d_r Stahlstabaußendurchmesser (≤ 20 mm)

h_d Durchbruchshöhe, s. Bild oben

h Trägerhöhe außerhalb des Durchbruchs

n Anzahl der Stahlstäbe; dabei dürfen je Durchbruchseite in Trägerlängsrichtung nur die im Abstand $a_{1,c}$ angeordneten Stäbe in Rechnung gestellt werden, z. B. nur ein Stab mit $n = 1$ oder eine Reihe von Stäben in Trägerquerrichtung z. B. mit $n = 2$

h_{ad} wirksame Klebfugenlänge, s. Bild oben (Verstärkungsplatten)
      $= h_1 + 0{,}15 \cdot h_d$ für kreisförmige Durchbrüche
      $= h_1$ für rechteckige Durchbrüche

l_{ad} wirksame Verankerungslänge, s. Bild oben (Stahlstäbe)
      $= h_{ru} + 0{,}15 \cdot h_d$ oder $h_{ro} + 0{,}15 \cdot h_d$ für kreisförmige Durchbrüche
      $= h_{ru}$ oder h_{ro} für rechteckige Durchbrüche

t_r Dicke einer Verstärkungsplatte, s. Bild oben

k_k Beiwert zur Berücksichtigung der ungleichförmigen Spannungsverteilung,
      $= 2{,}0$ ohne genaueren Nachweis

$f_{k1,d}, f_{k2,d}$ Bemessungswerte der Klebfugenfestigkeiten, charakteristische Werte $f_{k1,k}$ und $f_{k2,k}$ s. Abschn. 11.19.2

$f_{t,d}$ Bemessungswert der Zugfestigkeit des Plattenwerkstoffes in Richtung der Zugkraft $F_{t,90}$ nach (11.2).

Tafel 11.43 (Fortsetzung)

[b] Bemessungswert der Zugkraft und geometrische Randbedingungen s. Tafel 11.42.

[c] die Nachweise sind für jeden gefährdeten Bereich zu führen.

[d] über geeignete Verstärkungselemente und weitere Festlegungen s. Tafel 11.38.

[e] die Querschnittsschwächung durch innen liegende Verstärkungen wie Stahlstäbe und Vollgewindeschrauben ist in zugbeanspruchten Querschnittsteilen zu berücksichtigen, s. Abschn. 11.4.3.1.

[f] Verstärkungen mit Vollgewindeschrauben sind sinngemäß wie Verstärkungen mit eingeklebten Stahlstäben nachzuweisen, s. bauaufsichtlichen Verwendbarkeitsnachweis der Vollgewindeschrauben.

[g] Empfehlung: Durchbrüche in allen Nutzungsklassen stets nach dieser Tafel 11.43 verstärken, auch wenn dies rechnerisch nicht erforderlich ist, und in Nutzungsklasse 3 im Sinne einer holzgerechten Konstruktion mind. auf der Oberseite beidseitig ausreichend überstehend abdecken, weiter wird jedoch empfohlen, eine direkte Bewitterung in Nutzungsklasse 3 möglichst auszuschließen.

Nachweis der erhöhten Schubspannungen bei rechteckigen Durchbrüchen mit innen liegenden Verstärkungen

nach *Erläut. zu DIN 1052; 2004-08* [3]

Es wird empfohlen, diesen Nachweis auch bei kreisförmigen Durchbrüchen zu führen.

In (11.56) ist die wirksame Breite b_{ef} nach Abschn. 11.5.4.1 zu berücksichtigen.

$$\frac{\tau_{\max,d}}{f_{v,d}} \leq 1 \tag{11.55}$$

$$\tau_{\max,d} = k_{\kappa,\max} \cdot \frac{1,5 \cdot V_d}{b \cdot (h - h_d)} \tag{11.56}$$

$$k_{\kappa,\max} = 1,84 \cdot \left(1 + \frac{a}{h}\right) \cdot \left(\frac{h_d}{h}\right)^{0,2} \tag{11.57}$$

gilt für die geometrischen Verhältnisse: $0,1 \leq a/h \leq 1,0$ und $0,1 \leq h_d/h \leq 0,4$.

a, b, h, h_d Länge, Breite und Höhen bei Durchbrüchen nach Tafel 11.42 und 11.43, s. auch wirksame Breite b_{ef} nach (11.25) und Tafel 11.17

$k_{\kappa,\max}$ Beiwert zur Ermittlung der maximalen Schubspannungen in Durchbruchsecken bei innen liegenden Verstärkungen

V_d größte der beiden Querkräfte an den Trägerstellen der senkrechten Durchbruchsränder

$f_{v,d}$ Bemessungswert der Schubfestigkeiten nach (11.2) für Brettschicht- und Furnierschichtholz

$\tau_{\max,d}$ Bemessungswert der erhöhten Schubspannungen in Durchbruchsecken bei innen liegenden Verstärkungen.

11.8.3   Schräg- und Queranschlüsse

Schräganschlüsse sind Verbindungen in Bauteilen, in denen eine Kraft unter einem Winkel α zur Faserrichtung wirkt, Queranschlüsse, in denen eine Kraft unter einem Winkel $\alpha = 90°$ (rechtwinklig) zur Faserrichtung wirkt. In Schräg- und Queranschlüssen werden diese Bauteile rechtwinklig zur Faserrichtung durch eine Kraft oder Kraftkomponente beansprucht, diese verursachen in den Bauteilen Querzugspannungen.

11.8.3.1   Unverstärkte Quer- und Schräganschlüsse (Verbindungsmittelkräfte unter einen Winkel α zur Faserrichtung)

nach DIN EN 1995-1-1: 2010-12, 8.1.4

Unverstärkte Quer- und Schräganschlüsse sind mit (11.58) und den Festlegungen in Tafel 11.44 für eine Verbindungsmittelspalte und in Tafel 11.45 für mehrere Verbindungsmittelspalten unter Beachtung von Tafel 11.46 nachzuweisen.

$$\frac{F_{v,Ed}}{F_{90,Rd}} \leq 1 \tag{11.58}$$

$F_{90,Rd}$ Bemessungswert der Querzugtragfähigkeit, ermittelt aus der charakteristischen Querzugtragfähigkeit nach Tafel 11.44 und 11.45

$F_{v,Ed}$ Bemessungswert der Querkraftkomponente, die das Bauteil rechtwinklig zur Faserrichtung beansprucht, s. Tafel 11.44 und 11.45
$= \max\{F_{v,Ed,1}$ oder $F_{v,Ed,2}\}$.

Tafel 11.44 Unverstärkte Quer- und Schräganschlüsse mit einer Verbindungsmittelspalte bei Bauteilen aus Nadelholz mit Rechteckquerschnitt, Bezeichnungen und Berechnungsgrößen nach DIN EN 1995-1-1: 2010-12, 8.1.4[a, b]

Berechnungsgrößen für den Nachweis nach (11.58) **von Bauteilen aus Nadelholz mit Rechteckquerschnitt**

Charakteristische Querzugtragfähigkeit $F_{90,Rk}$ des Bauteils in N

$$F_{90,Rk} = 14 \cdot b \cdot w \cdot \sqrt{\frac{h_e}{(1 - h_e/h)}}$$

Bemessungswert der Querzugtragfähigkeit $F_{90,Rd}$ des Bauteils in N

$$F_{90,Rd} = k_{mod} \cdot F_{90,Rk}/\gamma_M$$

Modifikationsbeiwert w

für Nagelplatten	für alle anderen Verbindungen
$$w = \max\left\{\left(\frac{w_{pl}}{100}\right)^{0,35} \text{ oder } 1\right\}$$	$$w = 1$$

Schräganschluss (durch eine Verbindung übertragene schräg angreifende Kraft)
nach DIN EN 1995-1-1: 2010-12, 8.1.4, Bild 8.1

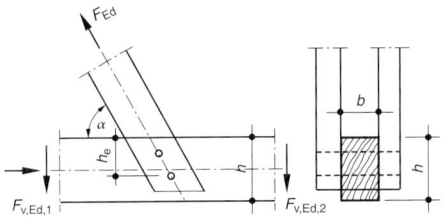
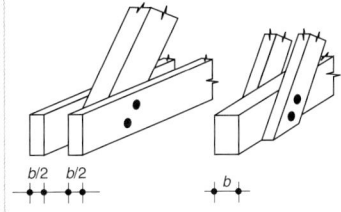

[a] Hierin bedeuten:

α Kraft in einer Verbindung unter einem Winkel zur Faserrichtung oder Winkel des Schräganschlusses (zwischen den zu verbindenden Bauteilen)

b Breite (Dicke) des lastaufnehmenden Bauteils in mm

$F_{v,Ed,1}$, $F_{v,Ed,2}$ Bemessungswerte der Querkraft auf beiden Seiten des Schräganschlusses (der Verbindung), s. Bild oben

$F_{v,Ed,i} = F_{Ed} \cdot \sin\alpha$

F_{Ed} Bemessungswert der Kraft im lastbringenden Bauteil

h Höhe des lastaufnehmenden Bauteils in mm

h_e Abstand des am entferntesten angeordneten Verbindungsmittels (oder Nagelplattenrandes) vom beanspruchten Holzrand in mm, s. Bild oben

w_{pl} Breite der Nagelplatte parallel zur Faserrichtung in mm.

[b] Über Anschlüsse mit mehreren Verbindungsmittelspalten s. Tafel 11.45.

[c] Empfehlung: unverstärkte Schräg- und Queranschlüsse sollten nur in Nutzungsklasse 1 und 2 eingesetzt werden, in Nutzungsklasse 3 Schräg- und Queranschlüsse stets sinngemäß nach Tafel 11.47 verstärken

[d] Empfehlung: Schräg- und Queranschlüsse in allen Nutzungsklassen stets verstärken, auch wenn dies rechnerisch nicht erforderlich ist, und in Nutzungsklasse 3 im Sinne einer holzgerechten Konstruktion mind. auf der Oberseite beidseitig ausreichend überstehend abdecken, weiter wird jedoch empfohlen, eine direkte Bewitterung in Nutzungsklasse 3 möglichst auszuschließen.

Tafel 11.45 Unverstärkte Schräg- und Queranschlüsse mit mehreren Verbindungsmittelspalten bei Bauteilen mit Rechteckquerschnitt, Bezeichnungen und Berechnungsgrößen für (11.58) nach DIN EN 1995-1-1/NA: 2013-08, 8.1.4 (NA.6) bis (NA.9)[a, b, c, e, f]

Schräg- und Queranschlüsse mit $h_e/h > 0{,}7$: kein Nachweis erforderlich	
Schräg- und Queranschlüsse mit $h_e/h < 0{,}2$: Nachweis nach (11.58), jedoch nur durch kurze Lasteinwirkungen (z. B. Windsogkräfte) beanspruchen	
Schräg- und Queranschlüsse mit $h_e/h \leq 0{,}7$: Nachweis nach (11.58)	

Berechnungsgrößen für $h_e/h \leq 0{,}7$ und den Nachweis nach (11.58)

Bemessungswert der Querzug-Tragfähigkeit $F_{90,\mathrm{Rd}}$ des Bauteils in N[b, c]

$$F_{90,\mathrm{Rd}} = k_s \cdot k_r \cdot \left(6{,}5 + \frac{18 \cdot h_e^2}{h^2}\right) \cdot (t_{\mathrm{ef}} \cdot h)^{0,8} \cdot f_{t,90,\mathrm{d}}$$

Beiwert k_s $k_s = \max\left\{1 \ \text{oder} \ 0{,}7 + \dfrac{1{,}4 \cdot a_r}{h}\right\}$	– zur Berücksichtigung mehrerer nebeneinander angeordneter Verbindungsmittel,
Beiwert k_r $k_r = \dfrac{n}{\sum\limits_{i=1}^{n}\left(\dfrac{h_1}{h_i}\right)^2}$	– zur Berücksichtigung mehrerer übereinander angeordneter Verbindungsmittel (für eingeklebte Stahlstäbe s. [d]), gilt sinngemäß auch für profilierte Stahlstäbe,

wirksame Anschlusstiefe t_{ef} in mm bei einseitigem Queranschluss

$t_{\mathrm{ef}} = \min\{b \ \text{oder} \ t_{\mathrm{pen}} \ \text{oder} \ 12 \cdot d\}$	für Holz-Holz- oder Holzwerkstoff-Holz-Verbindungen mit Nägeln oder Holzschrauben
$t_{\mathrm{ef}} = \min\{b \ \text{oder} \ t_{\mathrm{pen}} \ \text{oder} \ 15 \cdot d\}$	für Stahlblech-Holz-Nagelverbindungen
$t_{\mathrm{ef}} = \min\{b \ \text{oder} \ t_{\mathrm{pen}} \ \text{oder} \ 6 \cdot d\}$	für Stabdübel- und Bolzenverbindungen
$t_{\mathrm{ef}} = \min\{b \ \text{oder} \ 50\,\text{mm}\}$	für Verbindungen mit Dübeln besonderer Bauart

wirksame Anschlusstiefe t_{ef} in mm bei beidseitigem oder mittigem Queranschluss

$t_{\mathrm{ef}} = \min\{b \ \text{oder} \ 2 \cdot t_{\mathrm{pen}} \ \text{oder} \ 24 \cdot d\}$	für Holz-Holz- oder Holzwerkstoff-Holz-Verbindungen mit Nägeln oder Holzschrauben
$t_{\mathrm{ef}} = \min\{b \ \text{oder} \ 2 \cdot t_{\mathrm{pen}} \ \text{oder} \ 30 \cdot d\}$	für Stahlblech-Holz-Nagelverbindungen
$t_{\mathrm{ef}} = \min\{b \ \text{oder} \ 2 \cdot t_{\mathrm{pen}} \ \text{oder} \ 12 \cdot d\}$	für Stabdübel- und Bolzenverbindungen
$t_{\mathrm{ef}} = \min\{b \ \text{oder} \ 100\,\text{mm}\}$	für Verbindungen mit Dübeln besonderer Bauart
$t_{\mathrm{ef}} = \min\{b \ \text{oder} \ 6 \cdot d\}$	für Verbindungen mit innen liegenden, profiliertenStahlstäben

[a] Hierin bedeuten:

a_r Abstand der beiden äußersten Verbindungsmittel in mm; der Abstand der Verbindungsmittel untereinander in Faserrichtung des querzuggefährdeten Holzes darf $0{,}5 \cdot h$ nicht überschreiten, s. Bild oben

b Breite (Dicke) des Bauteils in mm

d Verbindungsmitteldurchmesser in mm

h Höhe des Bauteils in mm

h_e Abstand des („obersten") Verbindungsmittels, das am weitesten entfernt vom bespruchten Rand angeordnet ist, in mm, s. Bild oben

h_i Abstand der jeweiligen Verbindungsmittelreihe vom unbeanspruchten Bauteilrand in mm, s. Bild oben

n Anzahl der Verbindungsmittelreihen

t_{pen} Eindringtiefe der Verbindungsmittel in mm

t_{ef} wirksame Anschlusstiefe in mm

$f_{t,90,\mathrm{d}}$ Bemessungswert der Zugfestigkeit rechtwinklig zur Faser nach (11.2).

[b] hierzu gelten weitere Festlegungen nach Tafel 11.46. [c] Schräg- und Queranschlüsse mit $a_r/h > 1$ und $F_{v,\mathrm{Ed}} > 0{,}5 \cdot F_{90,\mathrm{Rd}}$ sind nach Abschn. 11.8.3.2 zu verstärken. [d] bei eingeklebten Stahlstäben für Queranschlüsse sind die durch die Kraftkomponente rechtwinklig zur Faserrichtung verursachten Querzugspannungen im Bauteil mit der Gl. für $F_{90,\mathrm{Rk}}$ nach Tafel 11.44 nachzuweisen, für h_e ist die projizierte Einklebelänge $l_{\mathrm{ad}} \cdot \sin\alpha$ zu verwenden, s. DIN EN 1995-1-1/NA: 2013-08, NA.11.2.3 (NA.7). [e] Empfehlung: unverstärkte Schräg- und Queranschlüsse sollten nur in Nutzungsklasse 1 und 2 eingesetzt werden, in Nutzungsklasse 3 Schräg- und Queranschlüsse stets nach Abschn. 11.8.3.2 verstärken. [f] Empfehlung: Schräg- und Queranschlüsse in allen Nutzungsklassen stets nach Abschn. 11.8.3.2 verstärken, auch wenn dies rechnerisch nicht erforderlich ist, und in Nutzungsklasse 3 im Sinne einer holzgerechten Konstruktion mind. auf der Oberseite beidseitig ausreichend überstehend abdecken, weiter wird jedoch empfohlen, eine direkte Bewitterung in Nutzungsklasse 3 möglichst auszuschließen.

Tafel 11.46 Schräg- und Queranschlüsse bei Bauteilen mit Rechteckquerschnitt, weitere Festlegungen für nebeneinander liegende Verbindungsmittelgruppen nach DIN EN 1995-1-1/NA: 2013-08, 8.1.4 (NA.10) bis (NA.13)[a, b, c]

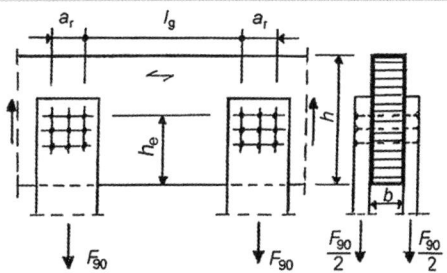

1 Lichter Abstand in Faserrichtung $l_g \geq 2 \cdot h$

liegen mehrere Verbindungsmittelgruppen nebeneinander, darf der Bemessungswert der Tragfähigkeit $F_{90,Rd}$ für eine Verbindungsmittelgruppe nach Tafel 11.45 (ohne Abminderung) ermittelt werden, wenn der lichte Abstand in Faserrichtung zwischen den Verbindungsmittelgruppen $l_g \geq 2 \cdot h$ beträgt

2 Lichter Abstand in Faserrichtung $l_g \leq 0,5 \cdot h$

ist der lichte Abstand in Faserrichtung zwischen mehreren, nebeneinander angeordneten Verbindungsmittelgruppen $l_g \leq 0,5 \cdot h$, sind die Verbindungsmittel dieser Gruppen als eine Verbindungsmittelgruppe zu betrachten

3 Lichter Abstand in Faserrichtung $0,5 \cdot h \leq l_g < 2 \cdot h$

ist der lichte Abstand in Faserrichtung von zwei nebeneinander angeordneten Verbindungsmittelgruppen $l_g \geq 0,5 \cdot h$ und $l_g < 2 \cdot h$, ist der Bemessungswert der Tragfähigkeit $F_{90,Rd}$ nach Tafel 11.45 pro Verbindungsmittelgruppe mit dem Beiwert k_g abzumindern:

$$k_g = \frac{l_g}{4 \cdot h} + 0,5$$

4 Lichter Abstand in Faserrichtung $l_g < 2 \cdot h$ und Kraftkomponente $F_{v,Ed} > 0,5 \cdot k_g \cdot F_{90,Rd}$

ist bei mehr als zwei nebeneinander angeordneten Verbindungsmittelgruppen mit $l_g < 2 \cdot h$ der Bemessungswert der Kraftkomponente rechtwinklig zur Faserrichtung $F_{v,Ed}$ größer als die Hälfte des mit dem Beiwert k_g reduzierten Bemessungswertes der Tragfähigkeit $F_{90,Rd}$ ($F_{v,Ed} > 0,5 \cdot k_g \cdot F_{90,Rd}$), sind die Querzugkräfte durch Verstärkungen nach Abschn. 11.8.3.2 aufzunehmen

[a] Hierin bedeuten
l_g lichter Abstand zwischen den Verbindungsmittelgruppen
h Bauteilhöhe
[b] weitere Festlegungen für die Nachweise nach Tafel 11.45.
[c] Bemessung unverstärkter Queranschlüsse nach Tafel 11.45, verstärkter nach Abschn. 11.8.3.2.

11.8.3.2 Verstärkte Quer- und Schräganschlüsse (Verbindungsmittelkräfte unter einen Winkel α zur Faserrichtung)

nach DIN EN 1995-1-1/NA: 2013-08, NA.6.8.2

Verstärkte Quer- und Schräganschlusse sind bei Stäben mit Rechteckquerschnitt für eine Zugkraft nach (11.59) und den Festlegungen in Tafel 11.47 zu bemessen.

$$F_{t,90,d} = (1 - 3 \cdot \alpha^2 + 2 \cdot \alpha^3) \cdot F_{Ed} \qquad (11.59)$$

F_{Ed} Bemessungswert der Anschlusskraft rechtwinklig zur Faserrichtung des Holzes
$\alpha = h_e / h$, s. Tafel 11.47

Verstärkte Queranschlüsse sind auch in Nutzungsklasse 3 zulässig.

Tafel 11.47 Verstärkungen von Queranschlüssen bei Trägern mit Rechteckquerschnitt, Beispiele nach DIN EN 1995-1-1/NA: 2013-08, NA.6.8.2[a–d]

Verstärkung durch innen liegende, eingeklebte Stahlstäbe (Aufnahme der Zugkraft $F_{t,90,d}$ nach (11.59))[a–c]

Nachweis der gleichmäßig verteilt angenommenen Klebfugenspannung

$$\frac{\tau_{ef,d}}{f_{k1,d}} \le 1$$

$$\tau_{ef,d} = \frac{F_{t,90,d}}{n \cdot d \cdot \pi \cdot l_{ad}}$$

d Stahlstabaußendurchmesser

l_{ad} wirksame Verankerungslänge
= min($l_{ad,c}$ oder $l_{ad,t}$), s. Bild rechts

n Anzahl der Stahlstäbe; dabei darf außerhalb des Queranschlusses in Trägerlängsrichtung nur jeweils ein Stab mit $n = 1$ oder eine Reihe von Stäben in
Trägerquerrichtung z. B. mit $n = 2$ in Rechnung gestellt werden

$f_{k1,d}$ Bemessungswert der Klebfugenfestigkeiten,
$f_{k1,k}$ s. Abschn. 11.19.2

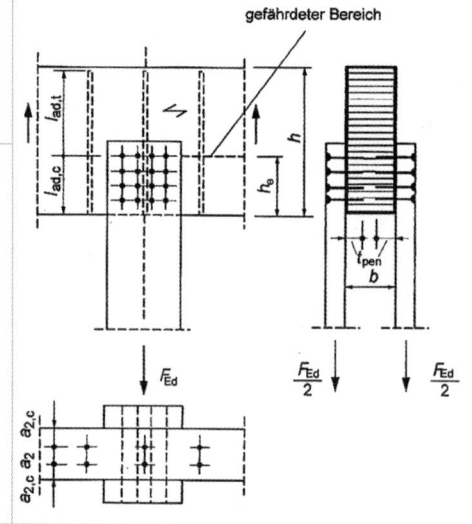

Seitlich aufgeklebte Verstärkungsplatten (Aufnahme der Zugkraft $F_{t,90,d}$ nach (11.59))[a]

Nachweis der gleichmäßig verteilt angenommenen Klebfugenspannung

$$\frac{\tau_{ef,d}}{f_{k2,d}} \le 1$$

$$\tau_{ef,d} = \frac{F_{t,90,d}}{4 \cdot l_{ad} \cdot l_r}$$

Zugspannung in den aufgeklebten Verstärkungsplatten

$$k_k \cdot \frac{\sigma_{t,d}}{f_{t,d}} \le 1$$

$$\sigma_{t,d} = \frac{F_{t,90,d}}{n_r \cdot t_r \cdot l_r}$$

l_{ad} wirksame Verankerungslänge
= min($l_{ad,c}$ oder $l_{ad,t}$), s. Bild rechts

l_r Breite der Verstärkungsplatte

t_r Dicke einer Verstärkungsplatte

k_k Beiwert zur Berücksichtigung der ungleichförmigen Spannungsverteilung
= 1,5 ohne genaueren Nachweis

n_r Anzahl der Verstärkungsplatten

$f_{k2,d}$ Bemessungswert der Klebfugenfestigkeit,
$f_{k2,k}$ s. Abschn. 11.19.2

$f_{t,d}$ Bemessungswert der Zugfestigkeit des Plattenwerkstoffes in Richtung der Zugkraft $F_{t,90}$

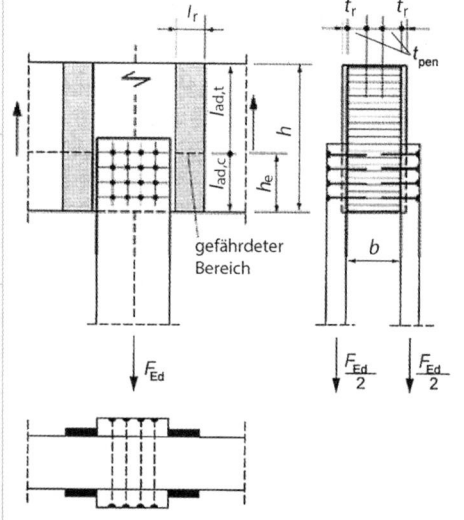

Aufkleben der seitlichen Verstärkungsplatten
mit der Bedingung

$$0,25 \le \frac{l_r}{l_{ad}} \le 0,5$$

Verstärkung durch seitlich aufgebrachte Nagelplatten (Aufnahme der Zugkraft $F_{t,90,d}$ nach (11.59))

sinngemäß wie aufgeklebte Verstärkungsplatten nachweisen und anordnen

[a] über geeignete Verstärkungselemente und weitere Festlegungen s. Tafel 11.38.

[b] die Querschnittsschwächung durch innen liegende Verstärkungen wie Stahlstäbe und Vollgewindeschrauben ist in zugbeanspruchten Querschnittsteilen zu berücksichtigen, s. Abschn. 11.4.3.1.

[c] Verstärkungen mit Vollgewindeschrauben sind sinngemäß wie Verstärkungen mit eingeklebten Stahlstäben nachzuweisen, s. bauaufsichtlichen
Verwendbarkeitsnachweis der Vollgewindeschrauben.

[d] es wird zusätzlich zu den Festlegungen der DIN EN 1995-1-1/NA: 2013-08, NA.6.8.2, empfohlen, Schräg- und Queranschlüsse in allen
Nutzungsklassen stets nach dieser Tafel 11.47 zu verstärken, auch wenn dies rechnerisch nicht erforderlich ist, Bauteile mit Schräg- oder Queranschlüssen in Nutzungsklasse 3 im Sinne einer holzgerechten Konstruktion mind. auf der Oberseite beidseitig ausreichend überstehend abzudecken,
weiter wird jedoch empfohlen, eine direkte Bewitterung in Nutzungsklasse 3 möglichst auszuschließen.

11.9 Nachweise für zusammengesetzte Biegestäbe (Verbundbauteile)

11.9.1 Steifigkeiten für Bauteile

nach DIN EN 1995-1-1: 2010-12, 2.2.2

Die Steifigkeiten von Bauteilen bei Tragwerken, die nach Theorie I. Ordnung (linear-elastische Spannungsverteilung) bemessen und bei denen die Schnittkräfte nicht durch unterschiedliche Steifigkeitsverteilungen beeinflusst werden (Bauteile mit denselben zeitabhängigen Eigenschaften), sind in Tafel 11.48 angeführt.

Tafel 11.48 Bemessungswerte der Elastizitäts-, Schub- und Verschiebungsmoduln (im Anfangszustand ohne Kriechverformung zur Zeit $t = 0$) für Tragwerke aus Bauteilen mit denselben zeitanhängigen Eigenschaften (nach Theorie I. Ordnung) nach DIN EN1995-1-1: 2010-12, 2.2.2, 2.2.3 und 2.4.1[a]

Steifigkeiten im Grenzzustand der Gebrauchstauglichkeit	Steifigkeiten im Grenzzustand der Tragfähigkeit
Bemessungswerte der Elastizitätsmodul E_{mean}	
$E_d = E_{mean}$	$E_d = E_{mean}/\gamma_M$
Bemessungswerte der Schubmodul G_{mean}	
$G_d = G_{mean}$	$G_d = G_{mean}/\gamma_M$
Bemessungswerte der Verschiebungsmodul K_{ser} und K_u	
$K_d = K_{ser}$	$K_d = K_u/\gamma_M = \frac{2}{3} \cdot K_{ser}/\gamma_M$

[a] Hierin bedeuten:

E_{mean} Mittelwert des Elastizitätsmoduls nach Abschn. 11.3.1
G_{mean} Mittelwert des Schubmoduls nach Abschn. 11.3.1
K_{ser} Verschiebungsmodul nach Tafel 11.63
γ_M Teilsicherheitsbeiwert für Holz und Holzwerkstoffe nach Tafel 11.12.

Einflüsse der Lasteinwirkungsdauer und der Feuchte auf die Verformungen Besteht ein Bauwerk aus Bauteilen oder Komponenten mit unterschiedlichen zeitabhängigen Eigenschaften, ist das unterschiedliche Verformungsverhalten bei der Ermittlung der Schnittgrößen im Grenzzustand der Tragfähigkeit und bei Nachweisen im Grenzzustand der Gebrauchstauglichkeit zu berücksichtigen, erforderlichenfalls für den Anfangs- und Endzustand; bei der Ermittlung des Endzustandes sind die Festlegungen der Tafel 11.49 zu beachten.

Tafel 11.49 Bemessungswerte der Elastizitäts-, Schub- und Verschiebungsmodul (im Endzustand mit Kriechverformung zur Zeit $t = \infty$) bei Tragwerken aus Bauteilen mit unterschiedlichen zeitabhängigen Eigenschaften (nach Theorie I. Ordnung) nach DIN 1995-1-1: 2010-12, 2.2.2, 2.2.3, 2.3.2.2, 2.4.1 sowie DIN 1995-1-1/A2: 2014-07[a, b, c]

Im Grenzzustand der Gebrauchstauglichkeit	Im Grenzzustand der Tragfähigkeit[d]
Bemessungswerte der Endwerte der Mittelwerte der Elastizitätsmodul $E_{mean,fin,d}$	
$E_{mean,fin,d} = E_{mean}/(1 + k_{def})$	$E_{mean,fin,d} =$ $E_{mean}/((1 + \psi_2 \cdot k_{def}) \cdot \gamma_M)$
Bemessungswerte der Endwerte der Mittelwerte der Schubmodul $G_{mean,fin,d}$	
$G_{mean,fin,d} = G_{mean}/(1 + k_{def})$	$G_{mean,fin,d} =$ $G_{mean}/((1 + \psi_2 \cdot k_{def}) \cdot \gamma_M)$
Bemessungswerte der Endwerte der Verschiebungsmodul $K_{fin,d}$	
$K_{ser,fin,d} = K_{ser}/(1 + k_{def})$	$K_{u,mean,fin,d} = \dfrac{2 \cdot K_{ser}/3}{(1 + \psi_2 \cdot k_{def}) \cdot \gamma_M}$

[a] Hierin bedeuten:

E_{mean} Mittelwert des Elastizitätsmoduls nach Abschn. 11.3.1
G_{mean} Mittelwert des Schubmoduls nach Abschn. 11.3.1
K_{ser} Verschiebungsmodul nach Tafel 11.63
k_{def} Verformungsbeiwert nach Tafel 11.6, berücksichtigt die Kriechverformung und die Nutzungsklasse
γ_M Teilsicherheitsbeiwert für Holz und Holzwerkstoffe nach Tafel 11.12
ψ_2 (Kombinations-)Beiwert für den quasi-ständigen Anteil der Einwirkung, die die größte Spannung im Verhältnis zur Festigkeit hervorruft, nach DIN EN 1990: 2002-10, s. Abschn. Lastannahmen
$= 1,0$ für eine ständige Einwirkung.

[b] besteht eine Verbindung aus Holzbauteilen mit dem gleichen zeithängigen Verhalten, sollte der k_{def}-Wert verdoppelt werden.
[c] besteht eine Verbindung aus zwei holzartigen Baustoffen mit unterschiedlichem zeitabhängigem Verhalten, sollte die Berechnung der Endverformung mit $k_{def} = 2 \cdot \sqrt{k_{def,1} \cdot k_{def,2}}$ vorgenommen werden.
[d] wenn die Verteilung der Schnittgrößen durch die Steifigkeitsverteilung im Tragwerk beeinflusst wird.

Teilquerschnitte aus Beton nach DIN EN 1995-1-1/NA: 2013-08, 9.1.3: Der Elastizitätsmodul E_{cm} darf nach DIN EN 1992-1-1 und DIN EN 1992-1-1/NA angesetzt werden. Das Kriechen des Betonteilquerschnitts darf beim Nachweis des Endzustandes vereinfachend durch Division des E-Moduls durch 3,5 berücksichtigt werden.

11.9.2 Zusammengesetzte Biegestäbe mit geklebtem Verbund

nach DIN EN 1995-1-1: 2010-12, 9.1.1
   Siehe Tafel 11.50.

Tafel 11.50 Nachweise für geklebte Biegestäbe mit schmalen (dünnen) Stegen (geklebte Verbundbauteile) nach DIN EN 1995-1-1: 2010-12, 9.1.1[a, b, f, g]

Dünnstegige geklebte Stegträger		
	M_d	Bemessungswert des Biegemomomentes, hier: positiv
	$I_{f(w)}$	Flächenmoment 2. Grades des Gurtes (Steges)
	V_d	Bemessungswert der Querkraft
	$h_w, h_{f,c}, h_{f,t}$	Steg- und Gurthöhen, s. Bild links

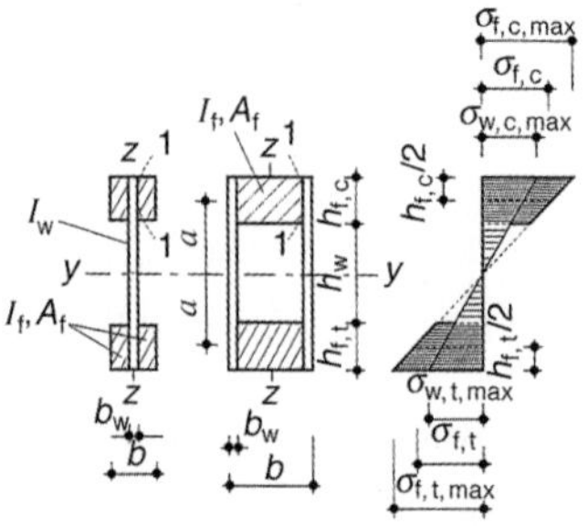

Biegesteifigkeit

$E \cdot I = E_w \cdot I_w + 2 \cdot E_f \cdot I_f + 2 \cdot E_f \cdot A_f \cdot a^2$ für symmetrische Querschnitte
Elastizitätsmodul E:
bei Bauteilen mit denselben zeitabhängigen oder mit unterschiedlichen zeitabhängigen Eigenschaften von Gurt (f)/Steg (w) s. Fußnote [b]

Nachweise für die Gurtquerschnitte

Biegerandspannungen im Druck- (c) bzw. Zuggurt (t)

$$\frac{\sigma_{f,c(t),max,d}}{f_{m,d}} \leq 1 \quad \text{mit } \sigma_{f,c(t),max,d} = \frac{M_d}{E \cdot I} \cdot (a + h_{f,c(t)}/2) \cdot E_f$$

Schwerpunktspannungen im Druckgurt mit k_c für $\lambda_z = l_c/(0,289 \cdot b)^c$

$$\frac{\sigma_{f,c,d}}{k_c \cdot f_{c,0,d}} \leq 1, \quad \sigma_{f,c,d} = \frac{M_d}{E \cdot I} \cdot a \cdot E_f$$

Schwerpunktspannungen im Zuggurt mit

$$\frac{\sigma_{f,t,d}}{f_{t,0,d}} \leq 1, \quad \sigma_{f,t,d} = \frac{M_d}{E \cdot I} \cdot a \cdot E_f$$

Nachweise für die Stegquerschnitte, s. auch Steck [17][d]

Biegerandspannungen im Druck- (c) bzw. Zuggurt (t)

$$\frac{\sigma_{w,c(t),max,d}}{f_{w,c(t),d}} \leq 1 \quad \text{mit } \sigma_{w,c(t),max,d} = \frac{M_d}{E \cdot I} \cdot (a + h_{f,c(t)}/2) \cdot E_w$$

Schubspannungen[e]

$$\frac{\tau_{w,d}}{f_{w,v,0,d}} \leq 1 \quad \text{mit } \tau_{w,d} = \frac{V_d \cdot (E_w \cdot n \cdot b_w \cdot h^2/8 + E_f \cdot A_f \cdot a)}{E \cdot I \cdot n \cdot b_w}$$

Nachweis des Stegbeulens (falls kein genauerer Nachweis geführt wird)

$h_w \leq 70 \cdot b_w$ und

$F_{v,w,Ed} \leq b_w \cdot h_w \cdot [1 + 0,5 \cdot (h_{f,t} + h_{f,c})/h_w] \cdot f_{v,0,d}$ für $h_w \leq 35 \cdot b_w$

$F_{v,w,Ed} \leq 35 \cdot b_w^2 \cdot [1 + 0,5 \cdot (h_{f,t} + h_{f,c})/h_w] \cdot f_{v,0,d}$ für $35 \cdot b_w < h_w \leq 70 \cdot b_w$

Nachweis der Klebfugenspannung (zwischen Steg und Gurt, Schnitt 1–1) für Stege aus Holzwerkstoffen

$\tau_{mean,d} \leq f_{v,90,d}$ für $h_f \leq 4 \cdot b_{ef}$

$\tau_{mean,d} \leq f_{v,90,d} \cdot (4 \cdot b_{ef}/h_f)^{0,8}$ für $h_f > 4 \cdot b_{ef}$

Nachweis des seitlichen Ausweichens des Druckgurtes (Biegedrillknicken, Kippen)
nach Abschn. 11.6.2

Nachweis der Gebrauchstauglichkeit (Durchbiegung)
nach Abschn. 11.12 (falls ein Nachweis geführt wird)

Tafel 11.50 (Fortsetzung)

[a] Hierin bedeuten:

b	Breite, s. Bild oben
b_{ef}	$= b_w$ für Kastenträger
	$= b_w/2$ für I-Träger
b_w	Dicke (Breite) eines Steges
$f_{m,d}$	Bemessungswert der Biegefestigkeiten der Gurte nach (11.2)
$f_{c,0,d}$, $f_{t,0,d}$	Bemessungswerte der Druck- und Zugfestigkeiten der Gurte nach (11.2)
$f_{w,c,d}$, $f_{w,t,d}$	Bemessungswerte der Biegedruck- und Biegezugfestigkeiten der Stege in Plattenebene (Scheibenbeanspruchung) nach (11.2), s. auch Fußnote [d]
$f_{w,v,0,d}$	Bemessungswert der Schubfestigkeit des Steges nach (11.2)
$f_{v,0,d}$	Bemessungswert der Schubfestigkeit des Steges bei Scheibenbeanspruchung nach (11.2)
$f_{v,90,d}$	Bemessungswert der Rollschubfestigkeit des Steges nach (11.2)
$F_{v,w,Ed}$	Bemessungswert der Schubbeanspruchung in jedem Steg
h_w	lichte Steghöhe
$h_{f,c}$	Druckgurthöhe
$h_{f,t}$	Zuggurthöhe
h_f	entweder $h_{f,c}$ oder $h_{f,t}$
h	$= h_w + h_{f,c} + h_{f,t}$
k_c	Knickbeiwert nach Abschn. 11.6.1.4 für $\lambda_z = l_c/(0,289 \cdot b)$
l_c	Abstand zwischen denjenigen Querschnittsstellen, an denen ein seitliches Ausweichen des Druckgurtes verhindert wird
M_d	Bemessungswert des Biegemomentes, hier: positiv, d. h. die Belastung wirkt in z-Richtung und erzeugt ein sinusförmig oder parabolisch veränderliches Biegemoment $M_y(x)$ und eine Querkraft $V_z(x)$
n	Anzahl der Stege mit der Stegdicke b_w
I	Flächenmoment 2. Grades
S	Flächenmoment 1. Grades
V_d	Bemessungswert der Querkraft (Schubkraft)
$\tau_{mean,d}$	Bemessungswert der Schubspannungen, die als gleichmäßig über die Breite des Schnittes 1-1 verteilt angenommen werden (in der Klebfuge Steg/Gurt)
$\tau_{w,d}$	Bemessungswert der Schubspannungen im Steg.

[b] werden Teilquerschnitte aus unterschiedlichen Baustoffen verwendet, sind die unterschiedlichen Steifigkeitseigenschaften zur Berücksichtigung der verschiedenen Kriechverformungen zu beachten, s. DIN EN 1995-1-1/NA: 2013-08, 9.1.3 (NA.5):
– bei Bauteilen mit denselben zeitanhängigen Eigenschaften nach Tafel 11.48 für den Anfangs- und Endzustand,
– bei Bauteilen mit unterschiedlichen zeitanhängigen Eigenschaften nach Tafel 11.48 für den Anfangszustand und nach Tafel 11.49 für den Endzustand, dieser wird oft infolge der geringeren Biegesteifigkeit bemessungsbestimmend

[c] wird hinsichtlich des seitlichen Ausknickens ein besonderer Nachweis für den Biegestab als Ganzes geführt, darf $k_c = 1{,}0$ angenommen werden.

[d] wenn andere Werte nicht bekannt sind, sind nach DIN EN 1995-1-1: 2010-12, 9.1.1(5) für die Bemessungswerte der Biegedruck- und Biegezugfestigkeiten der Stege die Bemessungswerte der Zug- oder Druckfestigkeiten anzunehmen.

[e] beim Schubnachweis ist die wirksame Breite b_{ef} nach Abschn. 11.5.4.1 zu berücksichtigen.

[f] bei der Bemessung zusammengesetzter Biegeträger sind die Angaben für die Verformungsbeiwerte k_{def} der Fußnoten [b] und [c] der Tafel 11.49 zu berücksichtigen

[g] besteht eine Verbindung aus Holzbauteilen mit unterschiedlichem zeitanhängigem Verhalten, ist in der Regel der Bemessungswert der Tragfähigkeit mit dem Modifikationsbeiwert $k_{mod} = \sqrt{k_{mod,1} \cdot k_{mod,2}}$ zu berechnen mit $k_{mod,1}$ und $k_{mod,2}$ als Modifikationsbeiwerte der beiden Holzbauteile mit unterschiedlichem zeitabhängigem Verhalten nach Tafel 11.5.

11

11.9.3 Zusammengesetzte Biegestäbe mit nachgiebigem Verbund

nach DIN EN 1995-1-1: 2010-12, 9.1.3 und Anhang B

Wenn die Verbindungsmittelabstände in Längsrichtung analog zum Schubkraftverlauf (zur Querkraftlinie) zwischen s_{min} und s_{max} angesetzt und die Bedingung der (11.60) ein-gehalten werden, darf in Tafel 11.51 bzw. 11.52 nach DIN EN 1995-1-1: 2010-12, 9.1.3 der wirksame Verbindungsmittelabstand s_{ef} nach (11.61) verwendet werden.

$$s_{max} \leq 4 \cdot s_{min} \tag{11.60}$$

$$s_{ef} = 0{,}75 \cdot s_{min} + 0{,}25 \cdot s_{max} \tag{11.61}$$

Tafel 11.51 Querschnittsformen von nachgiebig verbundenen Biegestäben nach DIN EN 1995-1-1: 2010-12, Anhang B.1, Bild B.1[a, b, c, d], der Abstand der Verbindungsmittel ist entweder konstant oder entsprechend der Querkraftlinie nach (11.60) und (11.61) abgestuft

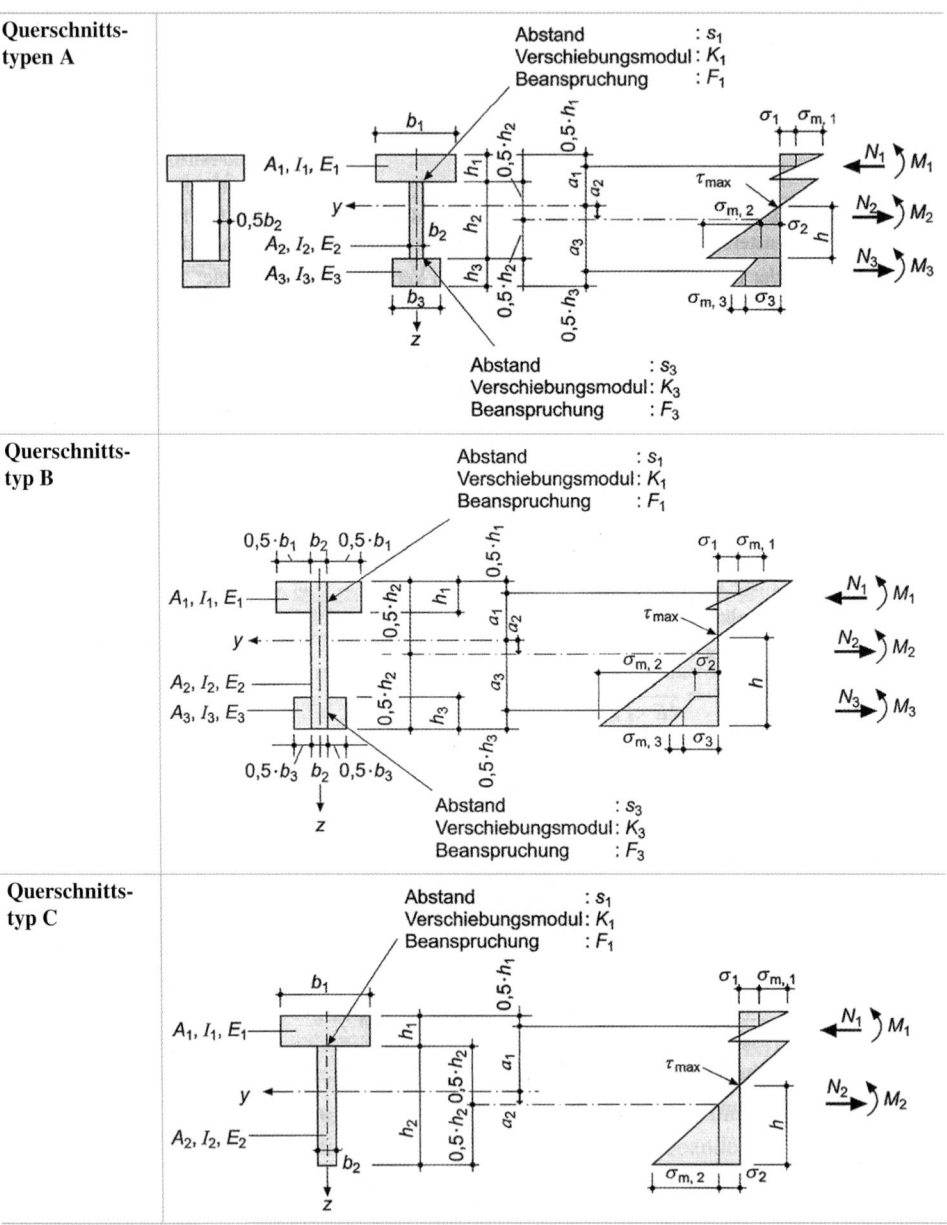

[a] die einzelnen Querschnittsteile sind miteinander durch mechanische Verbindungsmittel mit einem Verschiebungsmodul K verbunden.

[b] die einzelnen Querschnittsteile aus Holz oder Holzwerkstoffen sind ungestoßen oder mit geklebten Stößen ausgeführt.

[c] Tragfähigkeitsnachweise s. Tafel 11.52.

[d] alle Maße sind positiv, ausgenommen a_2, das in der dargestellten Richtung positiv ist.

Tafel 11.52 Nachweise von nachgiebig verbundenen Biegestäben im Grenzzustand der Tragfähigkeit nach DIN EN 1995-1-1: 2010-12, Anhang B und DIN EN 1995-1-1/A2: 2014-07[a, b, c, d, l]

Wirksame Biegesteifigkeit

$$(E \cdot I)_{\mathrm{ef}} = \sum_{i=1}^{3} (E_i \cdot I_i + \gamma_i \cdot E_i \cdot A_i \cdot a_i^2) \quad \text{mit } A_i = b_i \cdot h_i, \quad I_i = b_i \cdot h_i^3/12, \quad \gamma_2 = 1$$

Steifigkeiten E_i (Berücksichtigung der verschiedenen Kriechverformungen wie in nächster Zeile angegeben beachten)

bei Querschnittsteilen mit denselben zeitabhängigen Eigenschaften (aus den gleichen Baustoffen) für den Anfangs- und Endzustand Elastizitätsmoduln E_i nach Tafel 11.48	bei Querschnittsteilen mit unterschiedlichen zeitabhängigen Eigenschaften (aus unterschiedlichen Baustoffen) im Anfangszustand: Elastizitätsmoduln E_i nach Tafel 11.48, im Endzustand: Elastizitätsmoduln E_i nach Tafel 11.49

Abminderungswerte

$$\gamma_i = \frac{1}{1 + \dfrac{\pi^2 \cdot E_i \cdot A_i \cdot s_i}{K_i \cdot l^2}} \quad \text{für } i = 1, 3$$

$$\gamma_2 = 1$$

$l = l$ bei Einfeldträgern mit der Stützweite l
$\quad = 2 \cdot l_k$ bei Kragträgern mit Kraglänge l_k
$\quad = 0{,}8 \cdot l_i$ bei Durchlaufträgern im Feld i mit der Stützweite l_i, beim Nachweis über den Zwischenstützen ist der jeweils kleinere Wert der beiden anschließenden Felder maßgebend

$E_{1(3)} \cdot A_{1(3)}$ Dehnsteifigkeit des Querschnittsteils 1 (3), das an das Querschnittsteil 2 nachgiebig angeschlossen ist
$K_{1(3)}/s_{1(3)}$ Fugensteifigkeit der Fuge, über die das Querschnittsteil 1 (3) an das Querschnittsteil 2 nachgiebig angeschlossen ist

$s_{1(3)}$ [e, f] Abstand der in eine Reihe geschoben gedachten Verbindungsmittel der Fuge, über die das Querschnittsteil 1 (3) an das Querschnittsteil 2 angeschlossen ist

Beispiele:

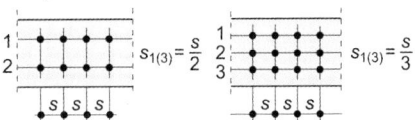

Lage der Spannungsnullebene (y-Achse)

$$a_2 = \frac{1}{2} \cdot \frac{\gamma_1 \cdot E_1 \cdot A_1 \cdot (h_1 + h_2) - \gamma_3 \cdot E_3 \cdot A_3 \cdot (h_2 + h_3)}{\displaystyle\sum_{i=1}^{3} \gamma_i \cdot E_i \cdot A_i}$$

mit $a_2 \geq 0$ und $a_2 \leq h_2/2$ [j]

bei Querschnittstyp B: h_1 und h_3 mit Minuszeichen einzusetzen[j]
bei Querschnittstyp C: $h_3 = 0$ und $A_3 = 0$[j]

Nachweis der Normalspannungen[g, h]

in den Schwerpunkten der Querschnittsteile 1 bis 3

$$\frac{\sigma_{i,d}}{f_{c(t),i,d}} \leq 1 \quad \text{mit } \sigma_{i,d} = \frac{M_d}{(E \cdot I)_{\mathrm{ef}}} \cdot \gamma_i \cdot a_i \cdot E_i$$

Nachweis der maximalen Randspannungen[g]

an den Rändern der Querschnittsteile 1 bis 3

$$\frac{\sigma_{m,i,d}}{f_{m,i,d}} \leq 1 \quad \text{mit } \sigma_{m,i,d} = \frac{M_d}{(E \cdot I)_{\mathrm{ef}}} \cdot E_i \cdot \left(\gamma_i \cdot a_i + \frac{h_i}{2}\right)$$

Nachweis der maximalen Schubspannungen[i]

$$\frac{\tau_{i,\max,d}}{f_{v,i,d}} \leq 1$$

für Querschnittsteil 2 in der neutralen Ebene gilt:

$$\tau_{2,\max,d} = \frac{V_{\max,d}}{(E \cdot I)_{\mathrm{ef}} \cdot b_2} \cdot (\gamma_3 \cdot E_3 \cdot A_3 \cdot a_3 + 0{,}5 \cdot E_2 \cdot b_2 \cdot h^2)$$

Nachweis der Verbindungsmittel in der Fuge $i = 1, 3$

$$\frac{F_{i,d}}{F_{v,i,Rd}} \leq 1$$

Bemessungswert der auf ein Verbindungsmittel entfallende Kraft $F_{i,d}$

$$F_{1(3),d} = \frac{V_{\max,d}}{(E \cdot I)_{\mathrm{ef}}} \cdot (\gamma_{1(3)} \cdot E_{1(3)} \cdot A_{1(3)} \cdot a_{1(3)} \cdot s_{1(3)})$$

Nachweis des Stegbeulens bei dünnwandigen Stegen (falls kein genauerer Nachweis geführt wird)

die Bedingungen des Nachweises des Stegbeulens nach Tafel 11.50 sind sinngemäß einzuhalten mit zusätzlicher folgender Bedingung:
$$h_w + 0{,}5 \cdot (h_{f,c} + h_{f,t}) \leq 70 \cdot b_w \text{ [k]}$$

Nachweis des seitlichen Ausweichens des Druckgurtes (Biegedrillknicken, Kippen) nach Abschn. 11.6.2

Nachweis der Gebrauchstauglichkeit (Durchbiegung) nach Abschn. 11.12 (falls ein Nachweis geführt wird)

Durchbiegungen werden mit der wirksamen Biegesteifigkeit $(E \cdot I)_{\mathrm{ef}}$ ermittelt, s. oben

Tafel 11.52 (Fortsetzung)

[a] Nachweise gelten für die Querschnittsformen nach Tafel 11.51 unter der Voraussetzung, dass die einzelnen Querschnittsteile (aus Holz und Holzwerkstoffen) ungestoßen oder mit geklebten Stößen ausgeführt sind.

[b] Hierin bedeuten:

A_i Querschnittsfläche des i-Querschnittsteiles nach Tafel 11.51

b_i Breite der einzelnen Querschnittsteile nach Tafel 11.51

$F_{i,d}$ Bemessungswert der Beanspruchung eines Verbindungsmittels in der Fuge i

$F_{v,i,Rd}$ Bemessungswert der Tragfähigkeit des Verbindungsmittels in der Fuge i

$f_{m,i,d}$ Bemessungswert der Biegefestigkeit der Querschnittsteile i nach (11.2)

$f_{c,i,d}$, $f_{t,i,d}$ Bemessungswert der Druck- bzw. Zugfestigkeit der Querschnittsteile i nach (11.2)

$f_{v,i,d}$ Bemessungswert der Schubfestigkeit der Querschnittsteile i nach (11.2)

I_i Flächenmoment 2. Grades des Querschnittsteiles i

h Maß bis zur Spannungsnullebene, s. jeweiliger Querschnittstyp nach Tafel 11.51

h_i Höhe der einzelnen Querschnittsteile nach Tafel 11.51

K_i Verschiebungsmodul

               $= K_{ser,i}$ nach Tafel 11.63 im Grenzzustand der Gebrauchstauglichkeit s. auch Fußnote [d]

               $= K_{u,i}$ nach (11.66) im Grenzzustand der Tragfähigkeit s. auch Fußnote [d]

M_d Bemessungswert des Biegemomentes, hier: positiv, s. auch Fußnote [c]

$M_{i,d}$ Bemessungswerte der Biegemomente in den Querschnittsteilen 1 bis 3

$N_{i,d}$ Bemessungswerte der Normalkräfte in den Querschnittsteilen 1 bis 3

V_d Bemessungswert der Querkraft (Schubkraft) s. auch Fußnote [c]

$\sigma_{i,d}$ Bemessungswert der Schwerpunktspannungen in den Querschnittsteilen 1 bis 3

$\sigma_{m,i,d}$ Bemessungswert der (Biege-)Randspannungen in den Querschnittsteilen 1 bis 3

$\tau_{i,max,d}$ Bemessungswert der Schubspannungen in den Querschnittsteilen 1 bis 3.

[c] die Belastung wirkt in z-Richtung und erzeugt ein sinusförmig oder parabolisch veränderliches Biegemoment $M_y(x)$ und eine Querkraft $V_z(x)$.

[d] werden Teilquerschnitte aus unterschiedlichen Baustoffen verwendet, sind die unterschiedlichen Steifigkeitseigenschaften zur Berücksichtigung der verschiedenen Kriechverformungen zu beachten:

– bei Bauteilen mit denselben zeitanhängigen Eigenschaften nach Tafel 11.48 für den Anfangs- und Endzustand,

– bei Bauteilen mit unterschiedlichen zeitanhängigen Eigenschaften nach Tafel 11.48 für den Anfangszustand und nach Tafel 11.49 für den Endzustand, dieser wird oft infolge der geringeren Biegesteifigkeit bemessungsbestimmend.

[e] der Abstand s der Verbindungsmittel ist entweder konstant oder entsprechend der Querkraftlinie zwischen s_{min} und s_{max} (mit $s_{max} \leq 4 \cdot s_{min}$) abgestuft, über wirksame Verbindungsmittelabstände s_{ef} s. (11.60) und (11.61).

[f] wenn ein Gurt aus zwei Teilen besteht, die an einen Steg angeschlossen sind, oder wenn ein Steg aus zwei Teilen besteht (wie z. B. in einem Kastenträger), dann wird der Abstand der Verbindungsmittel s_i aus der Summe der Verbindungsmittel je Längeneinheit in den beiden Anschlusshälften bestimmt.

[g] es wird empfohlen, die durch Querschnittsschwächungen entstehenden örtlichen Spannungserhöhungen näherungsweise durch Multiplikation der Schwerpunktspannungen σ_i mit $A_i/A_{i,n}$ und der Biegespannungen $\sigma_{m,i}$ mit $I_i/I_{i,n}$ zu berücksichtigen mit $A_{i,n}$ als Nettoquerschnittsfläche des Querschnittsteiles i und $I_{i,n}$ als Flächenmoment 2. Grades des geschwächten Querschnittsteiles i bezogen auf die Achse des ungeschwächten Querschnittsteiles i, Empfehlung in Anlehnung an DIN 1052: 2008-12, 10.5.2 (4).

[h] der Einzelnachweis der Schwerpunktspannungen für den Druckgurt ist sinngemäß nach Tafel 11.50 als vereinfachter Knicknachweis zu führen.

[i] beim Schubnachweis ist die wirksame Breite b_{ef} nach Abschn. 11.5.4.1 zu berücksichtigen.

[j] Empfehlung in Anlehnung nach DIN 1052: 2008-12, 8.6.2 (4).

[k] Empfehlung in Anlehnung DIN 1052: 2008-12, 10.5.2, (3), mit $h_{f,c(t)}$ als Druck- bzw. Zuggurthöhe nach Tafel 11.50.

[l] bei der Bemessung zusammengesetzter Biegeträger sind die Angaben für die Modifikationsbeiwerte k_{mod} nach der Fußnote [g] der Tafel 11.50 und für die Verformungsbeiwerte k_{def} nach den Fußnoten [b] und [c] der Tafel 11.49 zu berücksichtigen.

11.10 Aussteifungen von Druck- und Biegeträgern sowie Fachwerksystemen

11.10.1 Zwischenabstützungen (Einzelabstützungen)

nach DIN EN 1995-1-1: 2010-12, 9.2.5.2

Zwischenabstützungen sind Einzelabstützungen bei druckbeanspruchten Einzelbauteilen wie Druckstäben (zur seitlichen Abstützung/bewirken Verkleinerung der Knicklänge) oder wie Biegeträgern (zur seitlichen Abstützung/bewirken Verkleinerung des biegedrillknickgefährdeten (kippgefährdeten) Druckbereiches), s. Tafel 11.53, sie werden gegen Aussteifungskonstruktionen, s. Abschn. 11.10.2, oder gegen feste Punkte wie Stahlbetonrähme, Stützböcke u. dgl. abgestützt.

11.10.2 Aussteifungskonstruktionen

nach DIN EN 1995-1-1: 2010-12, 9.2.5.3

Aussteifungslasten (oder Aussteifungskräfte je Längeneinheit) für Aussteifungskonstruktionen wie Scheiben oder Verbände bei parallelen Druck-, Biege- und Fachwerkträgern können nach Tafel 11.55 ermittelt werden.

Ein **Beispiel** zur Berechnung der Aussteifungslasten für eine Aussteifungskonstruktion ist in [11], Abschn. Holzbau 2.7 angeführt.

Tafel 11.53 Mindeststeifigkeit und Stabilisierungskraft von Zwischenabstützungen (Einzelabstützungen) bei druckbeanspruchten Einzelbauteilen wie Druck- und Biegestäben(-trägern) nach DIN EN 1995-1-1: 2010-12, 9.2.5.2[a, b, c, d]

Mindeststeifigkeit C jeder Zwischenabstützung (Einzelabstützung)[e]	
$$C = k_s \cdot \frac{N_d}{a}$$	a Stablänge bzw. Abstand der Zwischenabstützungen (seitliche Abstützungen) von Druckstäben oder der Druckgurte von Biege- und Fachwerkträgern, s. Bilder unten k_s Modifikationsbeiwert nach Tafel 11.54 = 4 N_d Bemessungswert der mittleren Druckkraft im Bauteil (des abzustützenden Druckstabes oder des Druckgurtes von Biege- und Fachwerkträgern)
Bemessungswert der Stabilisierungskraft F_d für Zwischenabstützungen (Einzelabstützungen) bei druckbeanspruchten Einzelbauteilen[f]	Beispiel: Druckstab mit Zwischenabstützungen

Stabilisierungskraft F_d
 	
   für Vollholz
   $F_d = N_d / k_{f,1}$
 	
   für Brettschicht- und Furnierschichtholz LVL
   $F_d = N_d / k_{f,2}$
 	
 mit
 F_d Bemessungswert der Stabilisierungskraft
 N_d Bemessungswert der mittleren Druckkraft im Bauteil
     (druckbeanspruchtes Einzelbauteil)
 $k_{f,1}$ Modifikationsbeiwert nach Tafel 11.54
     = 50
 $k_{f,2}$ Modifikationsbeiwert nach Tafel 11.54
     = 80
	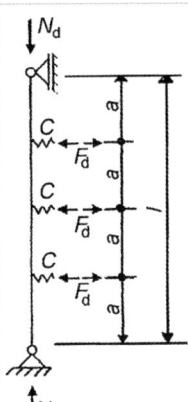

Bemessungswert der Stabilisierungskraft für Zwischenabstützungen (Einzelabstützungen) für den Druckgurt bei Biegestäben mit Rechtteckquerschnitt[f]	Beispiel: Druckgurt eines Biegeträgers mit Zwischenabstützungen

Stabilisierungskraft F_d
 	
   wie Stabilisierungskraft für Zwischenabstützungen bei druckbeanspruchten Einzelbauteilen (Druckstäben), s. oben, jedoch mit
   $N_d = (1 - k_{crit}) \cdot M_d / h$
 N_d Bemessungswert der mittleren Normalkraft im Druckgurt des Biegeträgers
 M_d Bemessungswert des größten Biegemomentes im Biegestab
 k_{crit} Kippbeiwert (Biegedrillknicken) für den nicht gestützten (nicht ausgesteiften) Biegeträger nach Abschn. 11.6.2.3
 h Höhe des Biegeträger-Querschnitts
	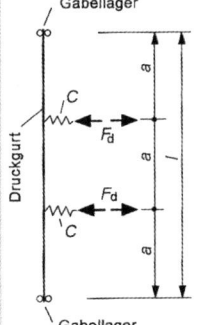

[a] Zwischenabstützungen (Einzelabstützungen) zur Begrenzung der seitlichen Verformungen des Druckstabes oder des Druckgurtes von Biege- und Fachwerkträgern.

[b] druckbeanspruchte Einzelbauteile (Druckstab oder Druckgurt von Biege- und Fachwerkträgern), die eine seitliche Abstützung in Abständen a (durch Zwischenabstützungen) erfordern, sollten eine anfängliche Imperfektion zwischen den Auflagern (Vorkrümmung) $a/500$ für Bauteile aus Brettschicht- und Furnierschichtholz und $a/300$ für andere Bauteile nicht überschreiten.

[c] werden mehrere Druckglieder durch Zwischenabstützungen seitlich gehalten, sind letztere für die jeweilige $\sum F_{d,i}$ zu bemessen.

[d] Anschlüsse der Zwischenabstützungen sind zug- und druckfest auszubilden.

[e] jede Zwischenabstützung (Einzelabstützung) muss die angeführte Mindeststeifigkeit C besitzen.

[f] Stabilisierungskräfte für die Einwirkungen, die durch Imperfektionen (seitliche Verformungen) des Druckstabes oder des Druckgurtes von Biege- und Fachwerkträgern verursacht werden, und die auf die Zwischenabstützungen wirken.

Tafel 11.54 Modifikationsbeiwerte k_s und $k_{f,i}$ für die Aussteifung von Druckstäben und der Druckgurte von Biege- und Fachwerkträgern nach DIN EN 1995-1-1/NA: 2013-08, 9.2.5.3, Tab. NA.21[a]

Modifikationsbeiwert	k_s	$k_{f,1}$	$k_{f,2}$	$k_{f,3}$
Wert	4	50	80	30

[a] für Gleichungen in Tafel 11.53 und 11.55.

Ein Beispiel für einen Aussteifungsverband bei einem Fachwerk- und Brettschichtträger kann Abb. 11.12 entnommen werden. Aus q_d können die Einzellasten $H_{i,d}$, aus diesen die Stabkräfte des Aussteifungsverbandes berechnet werden. Der Aussteifungsverband wird im Druckbereich des auszusteifenden Trägers (hier: im oben liegenden Druckgurt des Fachwerk- bzw. Brettschichtträgers) angeordnet.

Abb. 11.12 Aussteifungsverband für einen Fachwerk- bzw. Biegeträger, Beispiele.
a Ansicht eines Fachwerkträgers,
b Ansicht eines Brettschichtträgers,
c Draufsicht auf Aussteifungsverband, der horizontal zwischen den Obergurten zweier Einfeldträger mit Rechteckquerschnitt liegt

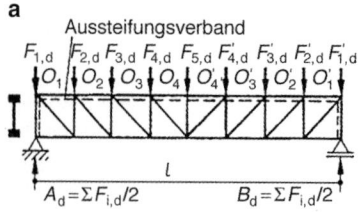

a

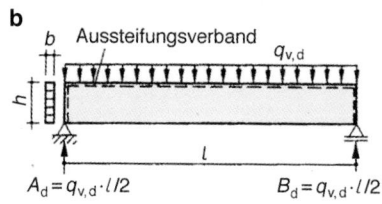

b

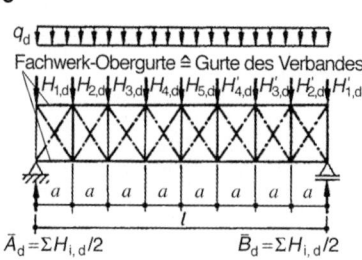

c

Tafel 11.55 Aussteifungslasten (Aussteifungskräfte je Längeneinheit) für Aussteifungskonstruktionen nach DIN EN 1995-1-1: 2010-12, 9.2.5.3[a]

Aussteifungslasten (Aussteifungskraft je Längeneinheit) q_d und Auflagerkräfte A_{qd} für Aussteifungskonstruktionen bei parallelen Druck-, Biege- und Fachwerkträgern[b, c]	
$$q_d = k_1 \cdot \frac{n \cdot N_d}{k_{f,3} \cdot l}$$ daraus folgende Auflagerkraft einer einfeldrigen Aussteifungskonstruktion: $$A_{qd} = q_d \cdot l/2$$ mit $k_1 = \min\{1 \text{ oder } \sqrt{15/l}\}$ k_1 Beiwert, berücksichtigt die Trägervorkrümmung $k_{f,3} = 30$ Modifikationsbeiwert nach Tafel 11.54 l Gesamtlänge der Aussteifungskonstruktion in m n Anzahl der auszusteifenden parallelen Druck-, Biege- oder Fachwerkträger	*für parallele Druck- oder Fachwerkträger:* N_d Bemessungswert der mittleren Druckkraft im Druckstab(-gurt) *für parallele Biegeträger:* N_d Bemessungswert der mittleren Druckkraft im Druckgurt des Biegeträgers mit Rechteckquerschnitt: $$N_d = (1 - k_{crit}) \cdot M_d / h$$ M_d Bemessungswert des größten Biegemomentes im Biegeträger k_{crit} Kippbeiwert (Biegedrillknicken) für den nicht gestützten (nicht ausgesteiften) Biegeträger nach Abschn. 11.6.2.3 h Höhe des Biegeträgers l Stützweite der Aussteifungskonstruktion
Rechnerische Ausbiegung u der Aussteifungskonstruktion (oft „horizontale" Ausbiegung)	Beispiel: Aussteifung von Druckstäben oder der Druckgurte von Biege- oder Fachwerkträgern
aus Aussteifungslast q_d und weiteren äußeren Einwirkungen (z. B. Wind)[d] $u \leq l/500$ mit l Gesamtlänge der Aussteifungskonstruktion a Abstand der Zwischenabstützungen (Einzelabstützungen)	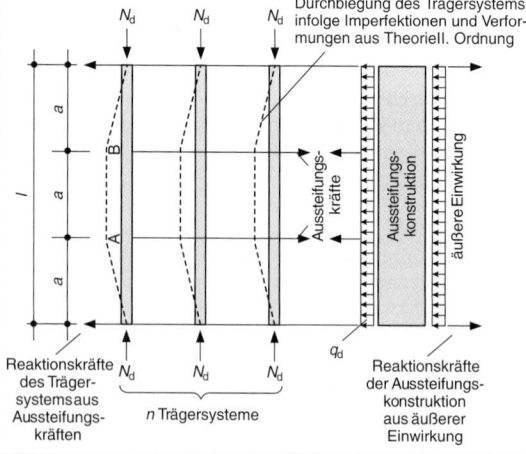

[a] seitliches Ausweichen (Verformungen) von Druckstäben oder der Druckgurte von Biege- und Fachwerkträgern zwischen den Auflagern (mit Gabellagern oder entsprechenden Verbänden) erforderlichenfalls durch Zwischenabstützungen des Druckstabes bzw. der Druckgurte im Abstand a begrenzen, s. Tafel 11.53.

[b] zusätzlich zu anderen horizontalen Einwirkungen wie z. B. Windlasten.

[c] über anfängliche Imperfektion (Vorkrümmung) der auszusteifenden Stäbe s. Tafel 11.53, Fußnote [b].

[d] bei der Berechnung der „horizontalen" Ausbiegung der Aussteifungskonstruktion sind nach DIN EN 1995-1-1/NA: 2013-08, 9.2.5.3, die Steifigkeiten E, G und die Verschiebungsmoduln K_u nach Tafel 11.48 im Grenzzustand der Tragfähigkeit für Bauteile mit denselben zeitabhängigen Eigenschaften zu berücksichtigen.

11.10.3 Gabellager

nach DIN EN 1995-1-1/NA: 2013-08, 9.2.5.3

Nachweis der Gabellager Die Auflager von Biegestäben sind als Gabellagerung oder entsprechenden Verband auszulegen, diese(r) ist für ein Gabelmoment (Torsionsmoment) $M_{tor} = M_x$ nach (11.62) zu bemessen.

$$M_{tor.d} = M_d/80 \qquad (11.62)$$

M_d Bemessungswert des größten Biegemomentes im Biegeträger.

Nachweis der Biegeträger an Auflagern Die Querschnittstragfähigkeit an den Auflagern der Biegeträger darf ohne Berücksichtigung der Torsionsspannungsanteile aus Gabelmoment nach (11.62) nachgewiesen werden, wenn die Bedingung (11.63) für die Kippschlankheit λ_{ef} (Biegedrillknicken) eingehalten und die Stabilisierungskräfte im Bereich der Gabellagerung (oder des entsprechenden Verbandes) abgeleitet werden. Die Nachweise der Querschnittstragfähigkeit für Schub und Torsion sollten bei $\lambda_{ef} > 225$ nach Abschn. 11.5.4.3 geführt werden.

$$\lambda_{ef} = l_{ef} \cdot h/b^2 \leq 225 \qquad (11.63)$$

b, h Breite und Höhe des Biegeträgers mit Rechteckquerschnitt

l_{ef} wirksame Länge oder Ersatzstablänge (Biegedrillknicken, Kippen) nach Abschn. 11.6.2.3

λ_{ef} Kippschlankheit als Bedingung der Nachweise an Auflagern ohne (≤ 225) Berücksichtigung der Torsionsspannungsanteile aus Gabelmoment nach (11.62).

Für andere Nachweisverfahren darf die spannungslose seitliche Verformung e nach (11.64) angenommen werden.

$$e = k_l \cdot l/400 \qquad (11.64)$$

mit k_l nach Tafel 11.55.

11.11 Nachweise mit Theorie II. Ordnung

Nachweise nach Theorie II. Ordnung können anstelle der Nachweise mit den Ersatzstabverfahren nach Abschn. 11.6 geführt werden, sinnvoll z. B. bei unbekannter Knicklänge. Bei vielen Holztragwerken liefern Nachweise mit den Ersatzstabverfahren ausreichende und vertretbar wirtschaftliche Ergebnisse.

Werden die Auswirkungen nach Theorie II. Ordnung beim Nachweis der Stabilität von Tragwerken berücksichtigt, muss für die ungünstigste Einwirkungskombination sichergestellt werden, dass

- im Grenzzustand der Tragfähigkeit der Verlust des statischen Gleichgewichts (örtlich oder für das Gesamttragwerk) nicht auftritt und
- der Grenzzustand der Tragfähigkeit einzelner Querschnitte oder Verbindungen, die durch Biegung und Längskräfte beansprucht werden, nicht überschritten wird.

Die Einflüsse eingeprägter Vorverformungen auf die Schnittgrößen dürfen nach DIN EN 1995-1-1: 2010-12, 5.4.4, durch eine linear-elastische Berechnung nach Theorie II. Ordnung mit folgenden Annahmen ermittelt werden:

- Annahme einer spannungslosen Vorverformung des Tragwerks, so dass sie folgender Anfangsverformung entspricht:
  - Annahme einer Schiefstellung des Tragwerks oder entsprechender Teile mit dem Winkel Φ,
  - zusammen mit einer anfänglichen sinusförmigen Krümmung zwischen den Knotenpunkten des Tragwerks mit einer größten Ausmitte e,
- spannungslose Vorverformungen (geometrische und strukturelle Imperfektionen aus baupraktisch unvermeidbaren Vorverformungen) nach Tafel 11.56 bestimmen.

Die Nachweise nach Theorie II. Ordnung können nach Tafel 11.57 und 11.58 vorgenommen werden.

Tafel 11.56 Spannungslose Vorverformungen (Ersatzimperfektionen) von Tragwerken für Nachweise nach Theorie II. Ordnung im Grenzzustand der Tragfähigkeit nach DIN EN 1995-1-1: 2010-12, 5.4.4[a]

Anfängliche Krümmung des unbelasteten Tragwerks oder Bauteils	
Ansetzen einer anfänglichen sinusförmigen Krümmung zwischen den Knotenpunkten des Tragwerks oder Bauteils (Stabachsen), z. B. bei – Druckstäben oder – Druckgurten von Biegestäben mit einer ungewollten, größten Ausmitte e – (meist) in Stab-(Feld-)mitte oder – zwischen Knotenpunkten von mind. $e = 0,0025 \cdot l$ e Rechenwert der größten Ausmitte l Stablänge oder Abstand der Knotenpunkte mit seitlich unverschieblichen Halterungen	**Beispiel**: angenommene spannungslose, anfängliche Krümmung eines Stabes 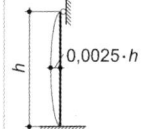 hier: mit $h = l$ als Stablänge
Vorverformung des unbelasteten Tragwerks	
Ansetzen einer ungewollten Schiefstellung des Tragwerks oder entsprechender Teile, zusammen mit einer anfänglichen sinusförmigen Krümmung zwischen den Knotenpunkten des Tragwerks, s. oben, ungewollte Schiefstellung als – Vorverformung der Bauteile mit dem – Winkel Φ	Wert für Winkel Φ mind. annehmen zu: $\Phi = 0,005 \qquad$ für $h \leq 5\,\mathrm{m}$ $\Phi = 0,005 \cdot \sqrt{\dfrac{5}{h}} \quad$ für $h > 5\,\mathrm{m}$ mit Φ Rechenwert des Schiefstellungswinkels im Bogenmaß $\quad h$ Höhe oder Länge des Tragwerks oder Bauteils in m

Tafel 11.56 (Fortsetzung)

Beispiele angenommener spannungsloser Vorverformungen

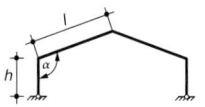

Rahmen, unverformt

Bogen, unverformt

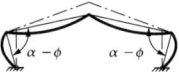

symmetrische Vorverformung

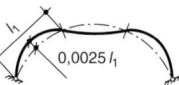

symmetrische Vorverformung

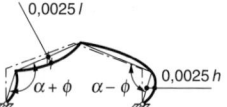

unsymmetrische Vorverformung

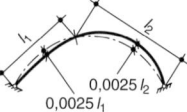

unsymmetrische Vorverformung

[a] Nachweise nach Theorie II. Ordnung nach Tafel 11.57 und 11.58.

Tafel 11.57 Nachweise nach Theorie II. Ordnung im Grenzzustand der Tragfähigkeit bei Einzelstäben oder Stäben von Tragwerken nach DIN EN 1995-1-1: 2010-12, 5.4.4, 6.2.4 und Fachliteratur[a, b]

Nachweise[c, d, e, f]

Normal- und Biegespannungen[h]

$$\left(\frac{\sigma_{c,0,d}^{II}}{f_{c,0,d}}\right)^2 + \frac{\sigma_{m,y,d}^{II}}{f_{m,y,d}} + k_m \cdot \frac{\sigma_{m,z,d}^{II}}{f_{m,z,d}} \leq 1 \quad \text{mit } \sigma_{c,0,d}^{II} = \frac{F_{c,d}^{II}}{A}$$

$$\left(\frac{\sigma_{c,0,d}^{II}}{f_{c,0,d}}\right)^2 + k_m \cdot \frac{\sigma_{m,y,d}^{II}}{f_{m,y,d}} + \frac{\sigma_{m,z,d}^{II}}{f_{m,z,d}} \leq 1 \quad \text{mit } \sigma_{m,y,d}^{II} = \frac{M_{y,d}^{II}}{W_y}, \quad \sigma_{m,z,d}^{II} = \frac{M_{z,d}^{II}}{W_z}$$

Schubspannungen[g]	Verbindungsmittel
$\dfrac{\tau_d^{II}}{f_{v,d}} \leq 1$	$\dfrac{F_{v,Ed}^{II}}{F_{v,Rd}} \leq 1$

[a] spannungslose Vorverformungen (Ersatzimperfektionen) nach Tafel 11.56.

[b] Hierin bedeuten:

A	Querschnittsfläche des Stabes
$F_{c,d}^{II}$	Bemessungswert der Normalkräfte nach Theorie II. Ordnung
$F_{v,Ed}^{II}$	Bemessungswert der Beanspruchung der Verbindungsmittel nach Theorie II. Ordnung
$F_{v,Rd}$	Bemessungswert der Tragfähigkeit der Verbindungsmittel
$M_{y,d}^{II}, M_{z,d}^{II}$	Bemessungswerte der Biegemomente nach Theorie II. Ordnung um die y- bzw. z-Achse
k_m	= 0,7 für Rechteckquerschnitte aus Voll-, Brettschicht- und Furnierschichtholz
	= 1,0 für andere Querschnitte aus Voll-, Brettschicht- und Furnierschichtholz
	= 1,0 für alle Querschnitte anderer tragenden Holzwerkstoffe
W_y, W_z	Widerstandsmomente des Stabes um die y- bzw. z-Achse
$f_{c,0,d}, f_{m,d}, f_{v,d}$	Bemessungswerte der Druck-, Biege- und Schubfestigkeiten nach (11.2)
τ_d^{II}	Bemessungswert der Schubbeanspruchung (-spannungen) nach Theorie II. Ordnung
$\sigma_{c,0,d}^{II}$	Bemessungswert der Druckspannungen in Faserrichtung nach Theorie II. Ordnung
$\sigma_{m,y,d}^{II}, \sigma_{m,z,d}^{II}$	Bemessungswerte der Biegespannungen nach Theorie II. Ordnung um die y- bzw. z-Achse.

[c] die Schnittkraftermittlung nach Theorie II. Ordnung kann z. B. nach Göggel/Werner [6], Scheer/Bauer, Bd. 2 [13], oder rechnergestützt mit geeigneter Software vorgenommen werden.

[d] die Tragfähigkeit muss für jede Richtung nachgewiesen werden, in der ein Versagen auftreten kann.

[e] über die Berücksichtigung des Kriechens bei druckbeanspruchten Bauteilen in den Nutzungsklassen 2 und 3 s. Abschn. 11.6.1.3.

[f] die Nachgiebigkeit von Verbindungen z. B. durch mechanische Verbindungsmittel sollte im Allgem. nach DIN EN 1995-1-1: 2010-12, 5.1, berücksichtigt werden, gegebenenfalls auch die Nachgiebigkeit von Gründungen und der Einfluss von Schubverformungen.

[g] beim Schubnachweis ist die wirksame Breite b_{ef} nach Abschn. 11.5.4.1 zu berücksichtigen.

[h] Wird in den beiden Gleichungen für Normal- und Biegespannungen eine der Biegespannungen gleich null, ist $k_m = 1,0$ zu setzen.

Bemessungswerte der Steifigkeiten im Grenzzustand der Tragfähigkeit sind nach DIN EN 1995-1-1: 2010-12, 2.2.2, für eine linear-elastische Spannungsberechnung nach Theorie II. Ordnung mit den Steifigkeitskennwerten ohne Berücksichtigung der Einflüsse der Lasteinwirkungsdauer zu ermitteln, s. Tafel 11.58.

Tafel 11.58 Bemessungswerte der Steifigkeiten für Nachweise nach Theorie II. Ordnung bei Bauteilen und Verbindungen im Grenzzustand der Tragfähigkeit und Gebrauchstauglichkeit nach DIN EN 1995-1-1: 2010-12, 2.2.2, 2.2.3 und 2.4.1 sowie DIN EN 1995-1-1/NA: 2013-08, NA.5.9[a]

Grenzzustand der		Bauteile		Verbindungen
		Elastizitätsmodul E	Schubmodul G	Verschiebungsmodul K
Steifigkeiten für Nachweise nach Theorie II. Ordnung				
Tragfähigkeit	Bauteile ohne Kriechen[b, d]	$E_d = E_{mean}/\gamma_M$	$G_d = G_{mean}/\gamma_M$	$K_d = K_{u,mean}/\gamma_M$
	Bauteile mit Kriechen[c, d]	$E_d = \dfrac{E_{mean}}{\gamma_M \cdot (1 + k_{def})}$	$G_d = \dfrac{G_{mean}}{\gamma_M \cdot (1 + k_{def})}$	$K_d = \dfrac{K_{u,mean}}{\gamma_M \cdot (1 + k_{def})}$
Gebrauchstauglichkeit	[e]	$E_d = E_{mean}$	$G_d = G_{mean}$	$K_d = K_{ser}$

[a] Hierin bedeuten:
E_{mean} Mittelwert des Elastizitätsmoduls, s. Abschn. 11.3
G_{mean} Mittelwert des Schubmoduls, s. Abschn. 11.3
$K_{u,mean}$ Verschiebungsmodul im Grenzzustand der Tragfähigkeit nach (11.66)
K_{ser} Verschiebungsmodul im Grenzzustand der Gebrauchstauglichkeit nach Tafel 11.63
k_{def} Verformungsbeiwert für ständige Lasteinwirkungsdauer nach Tafel 11.6, s. auch Abschn. 11.6.1.3
γ_M Teilsicherheitsbeiwert für Holz und Holzwerkstoffe nach Tafel 11.12.
[b] Steifigkeiten im Grenzzustand der Tragfähigkeit für alle Bauteile bei Nachweisen mit Theorie II. Ordnung mit Ausnahme druckbeanspruchter Bauteile (Kriecheinfluss) nach dieser Tafel 11.58, nächste Zeile, s. Fußnote [c].
[c] Steifigkeiten im Grenzzustand der Tragfähigkeit zur Berücksichtigung des Kriechens nach Abschn. 11.6.1.3 nur für druckbeanspruchte Bauteile (Druckstützen), wenn in Nutzungsklasse 2 und 3 der Bemessungswert des ständigen und quasi-ständigen Lastanteils größer als 70 % des Bemessungswertes der Gesamtlast ist.
[d] die Steifigkeiten bei Bauteilen aus Baustoffen mit unterschiedlichen Kriecheigenschaften (unterschiedlichen zeitabhängigen Eigenschaften) nach Tafel 11.49 gelten nicht für Nachweise nach Theorie II. Ordnung.
[e] Steifigkeiten im Grenzzustand der Gebrauchstauglichkeit für alle Bauteile sinngemäß nach EN 1995-1-1: 2010-12, 2.2.3.

11.12   Nachweise der Gebrauchstauglichkeit

Die Verformung einer Konstruktion infolge Beanspruchungen aus Normal- und Querkräften, Biegemoment und Nachgiebigkeit der Verbindungen sowie infolge Feuchte muss nach DIN EN 1995-1-1: 2010-12, 2.2.3, in angemessenen Grenzen bleiben. Dabei sind mögliche Schäden an nachgeordneten Bauteilen, Decken, Fußböden, Trennwänden und Oberflächen sowie die Anforderungen an das Erscheinungsbild und die Benutzbarkeit des Tragwerks zu berücksichtigen (z. B. Vermeiden zu großer Durchbiegungen).

Nachweise in den Grenzzuständen der Gebrauchstauglichkeit sind mit den charakteristischen Werten der Einwirkungen und den Mittelwerten der entsprechenden Elastizitäts-, Schub- und Verschiebungsmoduln führen (Teilsicherheitsbeiwerte für die Gebrauchstauglichkeit sind demnach gleich Eins).

11.12.1   Berechnung und Nachweis der Verformungen (Durchbiegungen) von Biegeträgern

nach DIN EN 1995-1-1: 2010-12, 2.2.3 und 7.2

Die Berechnung der Verformungen (Durchbiegungen) kann nach Tafel 11.59 mit empfohlenen Grenzwerten nach Tafel 11.60 erfolgen.

Tafel 11.59 Berechnen und Kombination der Anfangs- und Endverformungen (Anfangs- und Enddurchbiegungen) im Grenzzustand der Gebrauchstauglichkeit nach DIN 1995-1-1: 2010-12, 2.2.3, DIN EN 1995-1-1/A2: 2014-07, Änderung zu 2.2.3 und DIN EN 1995-1-1/NA: 2013-08, 2.2.3[a–g]

Elastische Anfangsdurchbiegungen w_{inst}[c, d, e] **am Beispiel eines Einfeldträgers mit Gleichlast q_k in Feldmitte**

Ständige Einwirkungen G	Veränderliche Einwirkungen Q	Beispiel:
$w_{inst,G} = \dfrac{5}{384} \cdot \dfrac{q_{G,k} \cdot l^4}{E_{0,mean} \cdot I}$	$w_{inst,Q} = \dfrac{5}{384} \cdot \dfrac{q_{Q,k} \cdot l^4}{E_{0,mean} \cdot I}$	

Kombination der Verformungsanteile (Durchbiegungsanteile)

Anfangsverformung (Anfangsdurchbiegung) w_{inst} in der charakteristischen (seltenen) Kombination
nach DIN EN 1995-1-1: 2010-12, 2.2.3(2)

Anfangsverformung $w_{inst,G}$ infolge ständiger Einwirkungen G

$$w_{inst,G} = \sum_{j \geq 1} w_{inst,G,j} \quad \text{für } j \geq 1 \text{ ständiger Einwirkungen}$$

Tafel 11.59 (Fortsetzung)

Anfangsverformung $w_{\text{inst,Q}}$ infolge veränderlicher Einwirkungen Q

maßgebende (vorherrschende) veränderliche Einwirkung, für $i = 1$	begleitende (weitere) veränderliche Einwirkungen, für $i > 1$
$w_{\text{inst,Q,1}} = w_{\text{inst,Q}}$	$w_{\text{inst,Q,i}} = \sum_{i>1} \psi_{0,i} \cdot w_{\text{inst,Q,i}}$

gesamte Anfangsverformung w_{inst}[b]

$w_{\text{inst}} = w_{\text{inst,G}} + w_{\text{inst,Q,1}} + w_{\text{inst,Q,i}}$

Endverformungen (Enddurchbiegungen) $w_{\textbf{fin}}$ nach DIN EN 1995-1-1: 2010-12, 2.2.3, und DIN EN 1995-1-1/NA: 2013-08, 2.2.3, berechnet aus der Anfangsverformung w_{inst} in der charakteristischen (seltenen) Kombination und dem Kriechanteil in der quasi-ständigen Kombination[f]

Endverformung $w_{\text{fin,G}}$ infolge ständiger Einwirkungen G

$$w_{\text{fin,G}} = \sum_{j\geq1} w_{\text{inst,G,j}} \cdot (1 + k_{\text{def,j}}) \text{ für } j \geq 1 \text{ ständiger Einwirkungen}$$

Endverformung $w_{\text{fin,Q}}$ infolge veränderlicher Einwirkungen Q

$$w_{\text{fin,Q}} = w_{\text{inst,Q,1}} \cdot (1 + \psi_{2,1} \cdot k_{\text{def,1}}) + \sum_{i>1} w_{\text{inst,Q,i}} \cdot (\psi_{0,i} + \psi_{2,i} \cdot k_{\text{def,i}})$$

Endverformung w_{fin}

$w_{\text{fin}} = w_{\text{fin,G}} + w_{\text{fin,Q}}$ [b]

Gesamte Endverformung $w_{\textbf{net,fin}}$ (optisches Erscheinungsbild), s. Abb. 11.13[b] nach DIN EN 1995-1-1/NA: 2013-08, 2.2.3, NA.8 für Tragwerke, die aus Bauteilen, Komponenten und Verbindungen mit dem gleichen Kriechverhalten bestehen

Endverformung $w_{\text{net,fin,G}}$ infolge ständiger Einwirkungen G

$$w_{\text{net,fin,G}} = \sum_{j\geq1} w_{\text{inst,G,j}} \cdot (1 + k_{\text{def,j}}) \text{ für } j \geq 1 \text{ ständiger Einwirkungen}$$

Endverformung $w_{\text{net,fin,Q}}$ infolge veränderlicher Einwirkungen Q

$$w_{\text{net,fin,Q}} = \psi_{2,1} \cdot w_{\text{inst,Q,1}} \cdot (1 + k_{\text{def,1}}) + \sum_{i>1} \psi_{2,i} \cdot w_{\text{inst,Q,i}} \cdot (1 + k_{\text{def,i}}) = \sum_{i\geq1} \psi_{2,i} \cdot w_{\text{inst,Q,i}} \cdot (1 + k_{\text{def,i}})$$

Endverformung $w_{\text{net,fin}}$

$w_{\text{net,fin}} = w_{\text{net,fin,G}} + w_{\text{net,fin,Q}} - w_{\text{c}}$ [b]

[a] Hierin bedeuten:

$E_{0,\text{mean}}$ Mittelwert des Elastizitätsmoduls in Faserrichtung nach Abschn. 11.3.1

I Flächenmoment 2. Grades des Stabes

k_{def} Verformungsbeiwert nach Tafel 11.6

l Stützweite oder Trägerlänge

q Linienlast

w_{c} Überhöhung im lastfreien Zustand, falls vorhanden und ausführbar, s. Abb. 11.13

w_{creep} Durchbiegung infolge Kriechens, s. Abb. 11.13

ψ_0 Kombinationsbeiwerte für veränderliche Einwirkungen nach DIN EN 1990/NA, s. Abschnitt Lastannahmen

ψ_2 Kombinationsbeiwerte für den quasi-ständigen Anteil veränderlicher Einwirkungen nach DIN EN 1990/NA, s. Abschnitt Lastannahmen.

[b] empfohlene Bereiche für Grenzwerte der Verformungen (Durchbiegungen) nach Tafel 11.60.

[c] Berechnungen mit den charakteristischen Werten der Einwirkungen (Teilsicherheitsbeiwerte für die Gebrauchstauglichkeit sind gleich Eins).

[d] Steifigkeiten mit den Mittelwerten der Elastizitäts- und Schubmoduln E_{mean} und G_{mean} nach Abschn. 11.3.1, Nachgiebigkeiten von Verbindungen mit den Verschiebungsmoduln K_{ser} nach Tafel 11.63, s. auch Tafel 11.48 für den Grenzzustand der Gebrauchstauglichkeit bei Bauteilen mit gleichen zeitabhängigen Eigenschaften.

[e] elastische Anfangsdurchbiegungen w_{inst} nach gebrauchsfertigen Tafeln, s. Abschnitt Statik (Einfeldträger und Durchlaufträger mit gleichen Stützweiten), mit dem Arbeitssatz oder geeigneter Software berechnen.

[f] über Endverformungen bei Bauteilen mit unterschiedlichen zeitabhängigen Eigenschaften s. Tafel 11.49.

[g] besteht eine Verbindung aus zwei holzartigen Baustoffen mit unterschiedlichem zeitabhängigem Verhalten, sollte die Berechnung der Endverformung mit dem Verformungsbeiwert k_{def} nach Fußnote [c] der Tafel 11.49 berechnet werden, bei einer Verbindung aus Holzbauteilen mit dem gleichen zeitabhängigen Verhalten der Verformungsbeiwert k_{def} nach Fußnote [b] der Tafel 11.49.

Bezeichnungen der Verformungsanteile (Durchbiegungsanteile) nach Abb. 11.13

w_{c} Überhöhung im lastfreien Zustand, falls vorhanden und ausführbar

w_{creep} Durchbiegung infolge Kriechens

w_{inst} Anfangsdurchbiegung

w_{fin} Enddurchbiegung

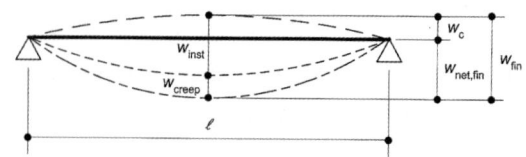

Abb. 11.13 Durchbiegungsanteile bei Tragwerken nach DIN EN 1995-1-1: 2010-12, 7.2, Bild 7.1

Tafel 11.60 Empfohlene Grenzwerte der Verformungen (Durchbiegungen) von Biegestäben im Grenzzustand der Gebrauchstauglichkeit nach DIN EN 1995-1-1: 2013-08, 7.2(2), Tab NA.13[a, b, c, d]

		w_{inst}	$w_{net,fin}$	w_{fin}
1	Bauteile (außer nach Zeile 2)	$l/300$ [b]	$l/300$ [b]	$l/200$ [b]
	– auskragende Bauteile	$l_k/150$	$l_k/150$	$l_k/100$
2	Überhöhte Bauteile, untergeordnete Bauteile wie Bauteile landwirtschaftlicher Gebäude, Sparren und Pfetten	$l/200$ [b]	$l/250$ [b]	$l/150$ [b]
	– auskragende Bauteile	$l_k/100$	$l_k/125$	$l_k/75$

[a] Hierin bedeuten:
l Stützweite des Biegeträgers
l_k Länge des auskragenden Biegeträgerteils.
[b] bei verformungsempfindlichen Konstruktionen können geringere Grenzwerte erforderlich werden.
[c] es wird empfohlen, andere als die empfohlenen Grenzwerte nach Fußnote [b, d] gegebenenfalls in Abstimmung mit dem Bauherrn festzulegen und zu vereinbaren.
[d] es können auch andere Anforderungen (größere oder kleinere Grenzwerte der Verformungen) vereinbart werden, je nach Anforderungen und Nutzung des Tragwerkes, soweit sie nicht in anderen Normen festgelegt sind.

$w_{net,fin}$ gesamte Enddurchbiegung (Enddurchbiegung abzüglich Überhöhung) bezogen auf eine Gerade, die die Auflager verbindet, s. Abb. 11.13.

Ein **Beispiel** zur Berechnung der Durchbiegungen eines Parallelträgers aus Brettschichtholz ist in [11], Holzbau, Abschn. 2.8 angeführt.

11.12.2 Nachweis von Schwingungen auf Bauteile oder Tragwerke

nach DIN EN 1995-1-1: 2010-12, 7.3

Häufig zu erwartende Einwirkungen auf Bauteile oder Tragwerke sollten keine Schwingungen verursachen, die die Funktion des Bauwerks beeinträchtigen oder Unbehagen bei den Nutzern hervorrufen. Das Schwingungsverhalten kann durch Messungen oder Berechnungen abgeschätzt werden.

11.12.2.1 Nachweis von Schwingungen bei Wohnungsdecken

Wohnungsdecken mit einer Eigenfrequenz $f_1 > 8\,Hz$
Die Anforderungen und Nachweise der Tafel 11.61 sind einzuhalten.

Wohnungsdecken mit einer Eigenfrequenz $f_1 \leq 8\,Hz$
Nach DIN EN 1995-1-1: 2010-12, 7.3.3, sollte für diese Decken eine besondere Untersuchung durchgeführt werden, jedoch werden keine Hinweise hierfür angeführt.

Tafel 11.61 Nachweise des Schwingungsverhaltens von Wohnungsdecken und Decken vergleichbarer Nutzung (Holzbalkendecken) mit einer Eigenfrequenz von $f_1 > 8\,Hz$ nach DIN EN 1995-1-1: 2010-12, 7.3.3[a, b]

1.) Steifigkeitsanforderungen: Nachweis der vertikalen Anfangsdurchbiegung w

$\dfrac{w}{F} \leq a$ in mm/kN

w größte vertikale Anfangsdurchbiegung infolge einer konzentrierten statischen Einzellast F
F statische Einzellast, an beliebiger Stelle wirkend und unter Berücksichtigung der Lastverteilung ermittelt
a Durchbiegung/Kraft in mm/kN, empfohlene Grenzwerte s. Diagramm rechts
Zahlenwerte für die Grenzwerte a und b s. unten

Empfohlener Bereich der Grenzwerte für a und b und Zusammenhang zwischen a und b[b]

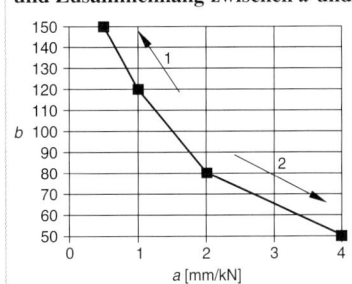

1 besseres Verhalten
2 schlechteres Verhalten

Zahlenwerte für die Grenzwerte a und b im oben stehenden Diagramm

a	0,5	0,6	0,7	0,8	0,9	1,0	1,1	1,2	1,3	1,4	1,5	1,6	1,7	1,8	1,9	2,0	2,1	2,2
b	150	144	138	132	126	120	116	112	108	104	100	96	92	88	84	80	78,5	77
a	2,3	2,4	2,5	2,6	2,7	2,8	2,9	3,0	3,1	3,2	3,3	3,4	3,5	3,6	3,7	3,8	3,9	4,0
b	75,5	74	72,5	71	69,5	68	66,5	65	63,5	62	60,5	59	57,5	56	54,5	53	51,5	50

Tafel 11.61 (Fortsetzung)

2.) Frequenzanforderung: Eigenfrequenz f_1 der Decke (näherungsweise) mit $f_1 > 8\,\text{Hz}$

für rechteckige, an allen Rändern gelenkig gelagerte Decke mit den Gesamtmaßen $l \cdot b$ und Holzbalken der Spannweite l

$$f_1 = \frac{\pi}{2 \cdot l^2} \sqrt{\frac{(E \cdot I)_1}{m}} \quad \text{in Hz}$$

$(E \cdot I)_1$ äquivalente Plattenbiegesteifigkeit der Decke um eine Achse rechtwinklig zur Balkenrichtung (in Längsrichtung) in Nm²/m, d. h. der Index l steht für die Biegesteifigkeit bei Biegung rechtwinklig zur Balken-(längs-)achse
  $= (E \cdot I)/e_1$ als Steifigkeit der Balken (Längsträger) bezogen auf ihren Abstand e_1 untereinander

E $E_{0,\text{mean}}$ als Mittelwert des Elastizitätsmodul in Faserrichtung in MN/m² (oder N/mm²) nach Abschn. 11.3.1

e_1 (Mitten-)Abstand der Balken (Längsträger) untereinander in m

f_1 1. Eigenfrequenz der Decke

I_1 Flächenmoment 2. Grades um die Balken-(quer-)achse, meist um die „starke" Achse des Trägers (Balkens), die y-Achse, in m⁴

l Spannweite der Decke in m

m Masse je Flächeneinheit in kg/m² bezogen auf das Eigengewicht der Decke und andere ständige Einwirkungen wie vorhandene Bauteilschichten z. B. Estrich, jedoch ohne Trennwandzuschlag, ohne Nutzlast und ohne quasi-ständigen Anteil

3.) Geschwindigkeitsreaktionsanforderung: Nachweis der Einheitsimpulsgeschwindigkeitsreaktion v für Decken

$$v \le b^{(f_1 \cdot \zeta - 1)} \quad \text{in m/(Ns}^2)$$

v Einheitsimpulsgeschwindigkeit, d. h. der maximale Anfangswert der vertikalen Schwingungsgeschwindigkeitsamplitude der Decke in m/s infolge eines idealen Einheitsimpulses von 1 Ns, der an derjenigen Stelle der Decke aufgebracht wird, an der die größte Eigenfrequenz erzeugt wird; Anteile über 40 Hz dürfen vernachlässigt werden

b Faktor, s. Diagramm oben „empfohlener Bereich der Grenzwerte für a und b" bzw. „Zahlenwerte für die Grenzwerte a und b", empfohlene Grenzwerte b für die Baupraxis: $100 \le b \le 150$ für empfohlene Grenzwerte $0,5\,\text{mm/kN} \le a \le 1,5\,\text{mm/kN}$, s. Steifigkeitsanforderung oben

f_1 Eigenfrequenz einer rechteckigen, an allen Rändern gelenkig gelagerten Decke mit den Gesamtmaßen $l \cdot b$, s. oben

ζ modaler Dämpfungsgrad,
  $= 0,01$ (d. h. 1 %), wenn für Decken keine genaueren Werte vorliegen

Einheitsimpulsgeschwindigkeitsreaktion v für Decken (näherungsweise)

für rechteckige, an allen Rändern gelenkig gelagerte Decke mit den Gesamtmaßen $l \cdot b$ und Holzbalken der Spannweite l

$$v = \frac{4 \cdot (0,4 + 0,6 \cdot n_{40})}{m \cdot b \cdot l + 200} \quad \text{in m/(Ns}^2)$$

b Deckenbreite in m

l Spannweite der Decke in m

m Masse je Flächeneinheit in kg/m² bezogen auf das Eigengewicht der Decke und andere ständige Einwirkungen wie vorhandene Bauteilschichten z. B. Estrich, jedoch ohne Trennwandzuschlag, ohne Nutzlast und ohne quasi-ständigen Anteil

n_{40} Anzahl der Schwingungen 1. Ordnung mit einer Resonanzfrequenz bis zu 40 Hz, s. unten

Anzahl der Schwingungen 1. Ordnung mit einer Resonanzfrequenz bis zu 40 Hz

$$n_{40} = \left\{ \left(\left(\frac{40}{f_1} \right)^2 - 1 \right) \cdot \left(\frac{b}{l} \right)^4 \cdot \frac{(E \cdot I)_1}{(E \cdot I)_b} \right\}^{0,25}$$

b Deckenbreite in m

$(E \cdot I)_b$ äquivalente Plattenbiegesteifigkeit der Decke um eine Achse in Richtung der Balken in Nm²/m (in Querrichtung), d. h. der Index b steht für die Biegesteifigkeit bei Biegung um die Balken-(längs-)achse, mit $(E \cdot I)_b < (E \cdot I)_1$

$(E \cdot I)_1$ äquivalente Plattenbiegesteifigkeit der Decke um eine Achse rechtwinklig zur Balkenrichtung in Nm²/m (in Längsrichtung), s. oben

I_b Flächenmoment 2. Grades um die Balken-(längs-)achse für eine Breite von 1,0 m in Balken-(längs-)richtung

f_1 Eigenfrequenz der Decke in Hz, s. oben

l Spannweite der Decke in m

[a] Berechnungen unter der Annahme führen, dass die Decke nur durch Eigengewicht und andere ständige Einwirkungen belastet wird.

[b] das Schwingverhalten von Decken und die Begrenzung von Durchbiegungen sollte nach DIN EN 1995-1-1/NA: 2013-08, 7.3.1 immer in Hinblick auf die vorgesehene Nutzung beurteilt und die Anforderungen, ggf. in Abstimmung mit dem Bauherrn, entsprechend festgelegt werden.

11.12.2.2 Nachweis von Deckenschwingungen, die durch Maschinen verursacht werden

Schwingungen, die durch rotierende Maschinen oder andere Betriebseinrichtungen ausgelöst werden, sind nach DIN EN 1995-1-1: 2010-12, 7.3.2, für die ungünstigsten zu erwartenden Kombinationen von ständigen und veränderlichen Lasten zu begrenzen. Ein zuverlässiges Niveau für andauernde Deckenschwingungen ist i. d. R. aus ISO 2631-2, Anhang A, Bild 5a, mit einem Multiplikationsfaktor von 1,0 zu entnehmen. Da nähere Angaben zu Nachweisen in der Norm fehlen, wird auf die Fachliteratur verwiesen.

11.13 Gelenk- und Koppelpfetten

Gelenkpfetten Biegemomente und Auflagerkräfte bei gleicher Stützweite und Gleichlast sind im Kapitel Statik mit günstiger Lage der Momentengelenke (Momentenausgleich, Stütz-, Feldmomente) angeführt, die Ausbildung einer kinematischen Kette ist zu vermeiden, im Bereich von Verbänden sollten keine Gelenke angeordnet werden.

Koppelpfetten sind Einfeldträger mit Kragarmen, die über den Zwischenunterstützungen (Zwischenauflagern wie Dachbindern) durch stiftförmige Verbindungsmittel wie Nägel oder Dübel besonderer Bauart biegesteif zu Durchlaufträgern verbunden werden, s. Abb. 11.14. Die Koppelkräfte F und Übergreifungslängen a können Tafel 11.62 entnommen werden, die Biegemomente, Auflagerkräfte und Durchbiegungen bei gleichen Stützweiten sind im Kapitel Statik angeführt.

11.14 Verbindungen, allgemeine Angaben

11.14.1 Nachweise von Zug- und Druck-Verbindungen

Die Zusatzmomente aus einseitiger Lasteinleitung bei der Bemessung von Bauteilen und deren Verbindungen sind zu berücksichtigen, Zugverbindungen können nach Abschn. 11.5.1.3 auslegt werden. Druckverbindungen sollten i. d. R. symmetrisch zu den Stabachsen ausführt werden, Änderungen des Verformungsverhaltens durch die Verbindungen (Stoß) sind bei der Berechnung der Stabbeanspruchungen berücksichtigen, s. Fachliteratur.

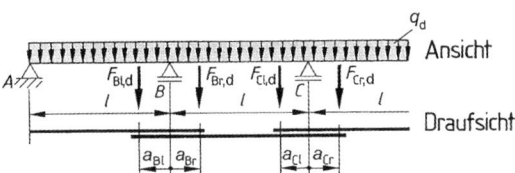

Abb. 11.14 Koppelpfette mit gleicher Stützweite und Gleichlast

Tafel 11.62 Koppelkräfte F und Übergreifungslängen a bei Koppelträgern mit gleicher Stützweite l und Gleichlast q

Felderanzahl	Statisches System Durchlaufträger, jeweils nur die Hälfte dargestellt	Koppelkräfte F = Tafelwert $\cdot q \cdot l$ Übergreifungslänge a = Tafelwert $\cdot l$				
		F_{Bl} a_{Bl}	F_{Br} a_{Br}	F_{Cl} a_{Cl}	F_{Cr} a_{Cr}	F_{Dl} a_{Dl}
2	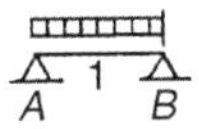	0,625 0,10	0,625 0,10			
3	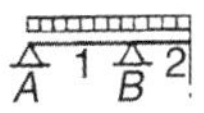	0,250 0,10	0,420 0,18			
4	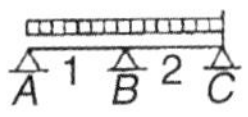	0,360 0,10	0,442 0,16	0,354 0,10	0,354 0,10	
5	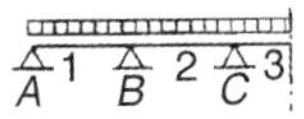	0,330 0,10	0,425 0,17	0,460 0,10	0,330 0,10	
6	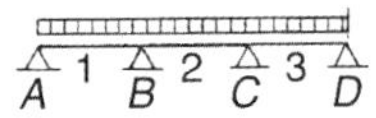	0,340 0,10	0,423 0,17	0,430 0,10	0,340 0,10	0,430 0,10
≧7	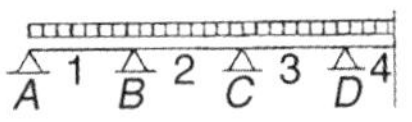	0,340 0,10	0,423 0,17	0,430 0,10	0,340 0,10	0,430 0,10

11

11.14.2 Nachweis von Verbindungen bei wechselnden Beanspruchungen

nach DIN EN 1995-1-1: 2010-12, 8.1.5

Die charakteristische Tragfähigkeit einer Verbindung in Bauteilen unter wechselnden Beanspruchungen (Vorzeichenwechsel von Zug/Druck) ist bei langer und mittlerer Einwirkungsdauer abzumindern, die Verbindung ist für beide Bemessungswerte nach (11.65) auszulegen; die Verbindungsmittel sind auch für die einzelnen Zug- und Druckkräfte $F_{t,Ed}$ und $F_{c,Ed}$ zu bemessen.

Nur bei langer und mittlerer Lasteinwirkungsdauer:

$$F_{Ed} = F_{t,Ed} + 0,5 \cdot F_{c,Ed}$$
$$= F_{c,Ed} + 0,5 \cdot F_{t,Ed} \qquad (11.65)$$

$F_{t,Ed}$ Bemessungswert der Zugkraft auf die Verbindung

$F_{c,Ed}$ Bemessungswert der Druckkraft auf die Verbindung.

11.14.3 Verschiebungsmoduln K_{ser} und K_u

nach DIN EN 1995-1-1: 2010-12, 7.1

Bei Nachweisen im Grenzzustand der Tragfähigkeit oder der Gebrauchstauglichkeit sind die Verschiebungsmoduln nach Abschn. 11.9.1 zu verwenden. Der Verschiebungsmodul $K_{u,mean}$ wird nach (11.66) ermittelt, der (Anfangs-)Verschiebungsmodul K_{ser} nach Tafel 11.63.

$$K_{u,mean} = \frac{2}{3} \cdot K_{ser} \qquad (11.66)$$

$K_{u,mean}$ Verschiebungsmodul (Mittelwert) einer Verbindung im Grenzzustand der Tragfähigkeit, s. auch Abschn. 11.9.1

K_{ser} (Anfangs-)Verschiebungsmodul im Grenzzustand der Gebrauchstauglichkeit nach Tafel 11.63.

Tafel 11.63 Rechenwerte (Mittelwerte) für Verschiebungsmoduln K_{ser} in N/mm unter Gebrauchslast je Scherfuge stiftförmiger Verbindungsmittel und Dübel besonderer Bauart für Holz-Holz- und Holzwerkstoff-Holz-Verbindungen nach DIN EN 1995-1-1: 2010-12, Tab. 7.1[a, b, c, d]

Verbindungsmittel	Verbindung Holz-Holz, Holz-Holzwerkstoff
Stiftförmige metallische Verbindungsmittel	
Stabdübel, Passbolzen, Bolzen, Gewindestangen[b]	$\varrho_m^{1,5} \cdot d/23$
Holzschrauben	
Nägel in vorgebohrten Löchern	
Nägel in nicht vorgebohrten Löchern	$\varrho_m^{1,5} \cdot d^{0,8}/30$
Klammern	$\varrho_m^{1,5} \cdot d^{0,8}/80$
Dübel besonderer Bauart nach DIN EN 912	
Ringdübel Typ A, Scheibendübel Typ B	$\varrho_m \cdot d_c/2$
Scheibendübel mit Zähnen Typ C1 bis C9	$1,5 \cdot \varrho_m \cdot d_c/4$
Scheibendübel mit Zähnen Typ C10, C11	$\varrho_m \cdot d_c/2$

[a] Hierin bedeuten:

$\varrho_m = \varrho_{mean}$ als Mittelwert der Rohdichte in kg/m³
$\quad = \sqrt{\varrho_{m,1} \cdot \varrho_{m,2}}$ bei unterschiedlichen mittleren Rohdichten $\varrho_{m,1}$ und $\varrho_{m,2}$ von zwei miteinander verbundenen Holzwerkstoffteilen

d Stiftdurchmesser in mm

d_c Dübeldurchmesser in mm
$\quad = \sqrt{a_1 \cdot a_2}$ bei Dübeltyp C3 und C4 nach DIN EN 13271: 2004-02, 6.2 und 6.4.

[b] bei mit Übermaß (Spiel) gebohrten Löchern im Holz von Bolzen- und Gewindestangen (nicht bei eingeklebten Gewindestangen und Passbolzen) ist mit einem zusätzlichen Schlupf von 1 mm zu rechnen, der zu den mit Hilfe des Verschiebungsmoduls ermittelten rechnerischen Verschiebungen jeweils hinzuzufügen ist.

[c] bei Stahlblech-Holz- oder Beton-Holz-Verbindungen sollte K_{ser} mit dem Faktor 2,0 multipliziert werden.

[d] für eingeklebte Stahlstäbe ist nach DIN EN 1995-1-1/NA: 2013-08, 7.1, der Verschiebungsmodul rechtwinklig zur Stabachse K_{ser} wie für Bolzen und Stabdübel anzunehmen.

11.14.4 Drehfederkonstanten

Tafel 11.64 Drehfederkonstanten K_φ (Drehfedersteifigkeiten) für verschiedene Anschlüsse nach *Heimeshoff* und *Franz/Scheer* [5][a]

Anschluss, allgemein	Binder-Stütze	Stütze-Fundament	Rahmenecke (Dübelkreis)

$$K_\varphi = \sum_{i=1}^{n} K_i \cdot r_i^2$$

$$r_i^2 = y_i^2 + z_i^2$$

Schwerpunkt S des Anschlusses:

$$y_s = \frac{\sum_{i=1}^{n} K_i \cdot y_{si}}{\sum_{i=1}^{n} K_i}$$

$$z_s = \frac{\sum_{i=1}^{n} K_i \cdot z_{si}}{\sum_{i=1}^{n} K_i}$$

$$K_\varphi = \frac{K_{\varphi 1} \cdot K_{\varphi 2}}{K_{\varphi 1} + K_{\varphi 2}}$$

$$K_{\varphi 1,2} = K \cdot \sum_{i=1}^{n} r_i^2$$

$$r_i^2 = \sum_{i=1}^{n}(y_i^2 + z_i^2)$$

$K_{\varphi 1}$ Drehfederkonstante
 Binder-Knotenplatte
$K_{\varphi 2}$ Drehfederkonstante
 Stütze-Knotenplatte

$$K_\varphi = K \cdot \sum_{i=1}^{n} r_i^2$$

$$r_i^2 = \sum_{i=1}^{n}(y_i^2 + z_i^2)$$

ein Dübelkreis:

$$K_{\varphi 1} = K \cdot n_1 \cdot r_1^2$$

zwei Dübelkreise:

$$K_{\varphi 2} = K \cdot (n_1 \cdot r_1^2 + n_2 \cdot r_2^2)$$

$n_{1,2}$ Anzahl der Dübel
 im jeweiligen Dübelkreis

Voraussetzungen: K = konstant, $y_s = 0$, $z_s = 0$, symmetrische Anordnung der Verbindungsmittel, beidseitig gleiche Ausführung

[a] Hierin bedeuten:
K_φ Drehfederkonstante (Drehfedersteifigkeit)
K Verschiebungsmoduln nach Abschn. 11.14.3
   $= K_d$ beim Nachweis der Tragfähigkeit nach Abschn. 11.9.1
   $= K_d$ beim Nachweis der Gebrauchstauglichkeit nach Abschn. 11.9.1
y, z Abstände der Verbindungsmittel vom Anschlussschwerpunkt (Schwerpunkt aller Verbindungsmittel im jeweiligen Stabteil)
r Radius vom Anschlussschwerpunkt zu den Verbindungsmitteln.

11.15 Verbindungen mit stiftförmigen metallischen Verbindungsmitteln

11.15.1 Nachweise der Tragfähigkeit von Verbindungen mit stiftförmigen metallischen Verbindungsmitteln auf Abscheren

Die Tragfähigkeit von Verbindungen kann nach den **Regeln der DIN EN 1995-1-1: 2010-12, 8.2**, ermittelt werden unter Beachtung der zusätzlichen Festlegungen dieser Norm für Nägel, Klammern, Bolzen, Stabdübel, Passbolzen und Holzschrauben. Alternativ dürfen die **vereinfachten Regeln nach DIN EN 1995-1-1/NA: 2013-08, 8.2**, angewendet werden, die in den folgenden Abschn. 11.15.2 bis 11.15.6 angeführt sind.

Effektive charakteristische Tragfähigkeit $F_{v,ef,Rk}$ einer Verbindungsmittelreihe nach DIN EN 1995-1-1: 2010-12, 8.1.2

Sind in einer Verbindungsmittelreihe **mehrere Verbindungsmittel in Faserrichtung hintereinander** angeordnet, ist die effektive charakteristische Tragfähigkeit $F_{v,ef,Rk}$ nach

(11.67) zu bestimmen, die wirksame Anzahl n_{ef} der Verbindungsmittel kann den einzelnen Abschn. 11.15.3 bis 11.15.6 und Abschn. 11.16 entnommen werden.

$$F_{v,ef,Rk} = n_{ef} \cdot F_{v,Rk} \tag{11.67}$$

$F_{v,ef,Rk}$ effektive charakteristische Tragfähigkeit parallel zu einer Verbindungsmittelreihe, deren Verbindungsmittel in Faserrichtung hintereinander liegend angeordnet sind

$F_{v,Rk}$ charakteristische Tragfähigkeit je Verbindungsmittel in Faserrichtung nach Abschn. 11.15.3 bis 11.15.6 und Abschn. 11.16

n_{ef} wirksame Anzahl der Verbindungsmittel, die in Faserrichtung hintereinander liegen, je Verbindungsmittel nach Abschn. 11.15.3 bis 11.15.6 und Abschn. 11.16.

Für eine **schräg zur Verbindungsmittelreihe wirkende Kraft** ist nachzuweisen, dass die Kraftkomponente in Richtung der Verbindungsmittelreihe kleiner gleich der rechnerischen Tragfähigkeit nach (11.67) ist. Der Nachweis von Bauteilen mit **Schräg- und Queranschlüssen** (Verbindungsmittelkräfte unter einen Winkel α zur Faserrichtung) kann nach Abschn. 11.8.3 erfolgen.

11.15.2 Vereinfachte Ermittlung der Tragfähigkeit von Verbindungen mit stiftförmigen metallischen Verbindungsmitteln auf Abscheren

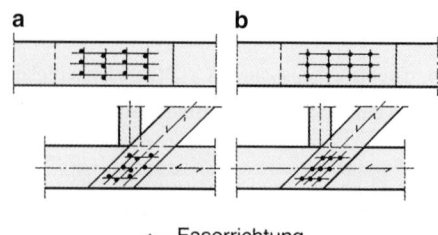

← Faserrichtung

Abb. 11.15 Anordnung stiftförmiger Verbindungsmittel gegenüber den Risslinien, versetzt und nicht versetzt, nach DIN EN 1995-1-1/NA: 2013-08, 8.2.1 (Beispiele). **a** versetzt, **b** nicht versetzt

nach DIN EN 1995-1-1/NA: 2013-08, NA.8.2.4 und NA.8.2.5

Stiftförmige Verbindungsmittel sind Stabdübel, Passbolzen, Bolzen, Gewindebolzen(-stangen), Nägel, Holzschrauben und Klammern, ihre Anordnung darf um $d/2$ versetzt oder nicht versetzt gegenüber den Risslinien bei Einhaltung der Mindestabstände vorgenommen werden, s. Abb. 11.15.

Die **vereinfachte Ermittlung** der Tragfähigkeit bei Beanspruchung rechtwinklig zur Stiftachse (Abscheren) darf wie in diesem Abschnitt dargestellt angewendet werden, sie gilt einheitlich für alle stiftförmigen metallischen Verbindungsmittel, falls keine **genauere (aufwändigere) Ermittlung** nach Abschn. 11.15.1 geführt wird.

Die **charakteristischen Werte der Tragfähigkeit** $F_{v,Rk}$ für Verbindungen von Bauteilen aus Holz und Holzwerkstoffen mit stiftförmigen metallischen Verbindungsmitteln nach Abschn. 11.15.3 bis 11.15.6 können bei Beanspruchung auf Abscheren nach Tafel 11.65, diejenigen von Stahlblech-Holz-Verbindungen nach Tafel 11.66 bestimmt werden. **Be-**

messungswerte der Tragfähigkeit $F_{v,Rd}$ nach (11.68) berechnen. Stahlteile sind nach DIN EN 1993 zu bemessen.

$$F_{v,Rd} = \frac{k_{mod} \cdot F_{v,Rk}}{\gamma_M} \qquad (11.68)$$

$F_{v,Rk}$ charakteristischer Wert der Tragfähigkeit bei Beanspruchung auf Abscheren nach

- Tafel 11.65 für Verbindungen aus Holz- und Holzwerkstoffbauteilen
- Tafel 11.66 für Stahlblech-Holz-Verbindungen

Tafel 11.65 Vereinfachte Ermittlung der charakteristischen Tragfähigkeit $F_{v,Rk}$ stiftförmiger metallischer Verbindungsmittel in ein- und zweischnittigen Holz-Holz- und Holzwerkstoff-Holz-Verbindungen pro Scherfuge und Verbindungsmittel bei Beanspruchung auf Abscheren nach DIN EN 1995-1-1/NA: 2013-08, NA.8.2.4[a, b, c, e, f]

Charakteristischer Wert der Tragfähigkeit $F_{v,Rk}$[b, e]
$F_{v,Rk} = \sqrt{\dfrac{2 \cdot \beta}{1 + \beta}} \cdot \sqrt{2 \cdot M_{y,Rk} \cdot f_{h,1,k} \cdot d}$

Mindestdicken bzw. Mindesteindringtiefen für Seitenhölzer und Mittelholz[b, d]	
Mindestdicke $t_{1,req}$ für das Seitenholz 1 $t_{1,req} = 1{,}15 \cdot \left(2 \cdot \sqrt{\dfrac{\beta}{1+\beta}} + 2 \right) \cdot \sqrt{\dfrac{M_{y,Rk}}{f_{h,1,k} \cdot d}}$	Holzdicken bzw. Eindringtiefen t_1 und t_2
Mindestdicke $t_{2,req}$ für das Seitenholz 2 einer einschnittigen Verbindung $t_{2,req} = 1{,}15 \cdot \left(2 \cdot \dfrac{1}{\sqrt{1+\beta}} + 2 \right) \cdot \sqrt{\dfrac{M_{y,Rk}}{f_{h,2,k} \cdot d}}$	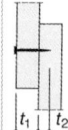 einschnittige Verbindung
Mindestdicke $t_{2,req}$ für Mittelhölzer einer zweischnittigen Verbindung $t_{2,req} = 1{,}15 \cdot \left(\dfrac{4}{\sqrt{1+\beta}} \right) \cdot \sqrt{\dfrac{M_{y,Rk}}{f_{h,2,k} \cdot d}}$	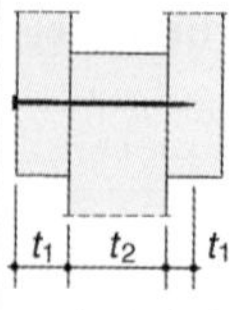 zweischnittige Verbindung

Reduzierter charakteristischer Wert der Tragfähigkeit $F_{v,Rk,red}$ bei Holzdicken bzw. Eindringtiefen t_1, t_2 kleiner als Mindestdicken bzw. Mindesteindringtiefen $t_{1,req}, t_{2,req}$[d]
$F_{v,Rk,red} = F_{v,Rk} \cdot t_1 / t_{1,req}$ oder $F_{v,Rk,red} = F_{v,Rk} \cdot t_2 / t_{2,req}$, der kleinere Wert ist maßgebend

Tafel 11.65 (Fortsetzung)

[a] Hierin bedeuten:

t_1, t_2 Holz- oder Holzwerkstoffdicken oder Eindringtiefe des Verbindungsmittels (kleinerer Wert ist maßgebend)

$f_{h,1,k}, f_{h,2,k}$ charakteristischer Wert der Lochleibungsfestigkeit im Holz 1 bzw. 2 je nach stiftförmigem Verbindungsmittel in Abschn. 11.15.3 bis 11.15.6

$\beta = f_{h,2,k}/f_{h,1,k}$

d Durchmesser des Verbindungsmittels

$M_{y,Rk}$ charakteristischer Wert des Fließmomentes des Verbindungsmittels je nach stiftförmigem Verbindungsmittel in Abschn. 11.15.3 bis 11.15.6.

[b] die Mindestholzdicken bzw. Mindesteindringtiefen $t_{1,req}$ bzw. $t_{2,req}$ sind bei Verwendung von $F_{v,Rk}$ einzuhalten; sind sie geringer. ist der reduzierte charakteristische Wert $F_{v,Rk,red}$ maßgebend.

[c] zusätzliche Festlegungen für stiftförmige Verbindungsmittel in den Abschn. 11.15.3 bis 11.15.6 bei Beanspruchung auf Abscheren einhalten.

[d] Mindestdicken und -abmessungen tragender einteiliger Einzelquerschnitte aus Voll- und Brettschichtholz nach Tafel 11.13 sowie tragender/aussteifender Holzwerk- und Gipswerkstoffplatten nach DIN EN 1995-1-1/NA: 2013-08, 3.4 und 3.5. stets einhalten.

[e] Bemessungswerte der Tragfähigkeit $R_{v,Rd}$ nach (11.68).

[f] Nachweis der effektiven charakteristischen Tragfähigkeit $F_{v,ef,Rk}$ einer Verbindungsmittelreihe, in der mehrere Verbindungsmittel in Faserrichtung hintereinander liegen, nach (11.67).

k_{mod} Modifikationsbeiwert für Holz bzw. Holzwerkstoffe nach Tafel 11.5,
  – für unterschiedliche k_{mod}-Werte der miteinander verbundenen Bauteile ($k_{mod,1}$ und $k_{mod,2}$) in Holzwerkstoff-Holz-Verbindungen darf angenommen werden:

$$k_{mod} = \sqrt{k_{mod,1} \cdot k_{mod,2}}$$

– bei Stahlblech-Holz-Verbindungen ist der k_{mod}-Wert für das Holz oder den Holzwerkstoff einzusetzen

γ_M Teilsicherheitsbeiwert für auf Biegung beanspruchte stiftförmige Verbindungsmittel aus Stahl nach Tafel 11.12 (vereinfachte Ermittlung)

$$\gamma_M = 1,1$$

Tafel 11.66 Vereinfachte Ermittlung der charakteristischen Tragfähigkeit $F_{v,Rk}$ stiftförmiger metallischer Verbindungsmittel in Stahlblech-Holz-Verbindungen pro Scherfuge und Verbindungsmittel bei Beanspruchung auf Abscheren nach DIN EN 1995-1-1/NA: 2013-08, NA.8.2.5[a, b, c, d, g, h]

Charakteristischer Wert der Tragfähigkeit $F_{v,Rk}$ für Verbindungen[b]	
mit innen liegenden Stahlblechen oder außen liegenden dicken Stahlblechen $$F_{v,Rk} = \sqrt{2} \cdot \sqrt{2 \cdot M_{y,Rk} \cdot f_{h,k} \cdot d}$$	mit außen liegenden dünnen Stahlblechen $$F_{v,Rk} = \sqrt{2 \cdot M_{y,Rk} \cdot f_{h,k} \cdot d}$$

Mindestholzdicken bzw. Eindringtiefen t_{req}[b, c]

für alle Hölzer $$t_{req} = 1,15 \cdot 4 \cdot \sqrt{\frac{M_{y,Rk}}{f_{h,k} \cdot d}}$$	für Mittelhölzer mit zweischnittig beanspruchten Verbindungsmitteln $$t_{req} = 1,15 \cdot (2 \cdot \sqrt{2}) \cdot \sqrt{\frac{M_{y,Rk}}{f_{h,k} \cdot d}}$$
	für alle anderen Fälle $$t_{req} = 1,15 \cdot (2 + \sqrt{2}) \cdot \sqrt{\frac{M_{y,Rk}}{f_{h,k} \cdot d}}$$

Reduzierter charakteristischer Wert der Tragfähigkeit $F_{v,Rk,red}$

$F_{v,Rk,red} = F_{v,Rk} \cdot t / t_{req}$ bei einer Holzdicke t kleiner als die Mindestholzdicke t_{req}[c]

Dicke und dünne Stahlbleche nach DIN EN 1995-1-1: 2010-12, 8.2.3[d]

„dicke" Stahlbleche liegen vor, wenn $t_s \geq d$ oder[e]
„dünne" Stahlbleche liegen vor, wenn $t_s \leq 0,5d$
für $0,5d < t_s < d$ darf geradlinig interpoliert werden[f]

Stahlblech-Holz-Verbindungen (Beispiele)

einschnittig, ein Stahlblech außen liegend	einschnittig, je ein Stahlblech außen liegend	zweischnittig, ein Stahlblech innen liegend	zweischnittig, je ein Stahlblech außen liegend
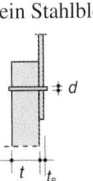		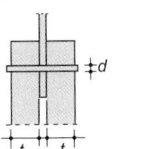	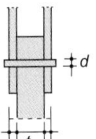

Tafel 11.66 (Fortsetzung)

[a] Hierin bedeuten:

t der kleinere Wert der Seitenholzdicke/Holzdicke oder der Eindringtiefe

t_s Stahlblechdicke

$f_{h,k}$ charakteristischer Wert der Lochleibungsfestigkeit im Holz je nach geeignetem stiftförmigen Verbindungsmittel der Abschn. 11.15.3 bis 11.15.6

d Durchmesser des Verbindungsmittels

$M_{y,Rk}$ charakteristischer Wert des Fließmomentes je nach geeignetem stiftförmigen Verbindungsmittel der Abschn. 11.15.3 bis 11.15.6.

[b] die Mindestholzdicken sind bei Verwendung von $F_{v,Rk}$ einzuhalten, sind sie geringer, ist der reduzierte charakteristische Wert $F_{v,Rk,red}$ maßgebend.

[c] Mindestdicken und -abmessungen tragender einteiliger Einzelquerschnitte aus Voll- und Brettschichtholz nach Tafel 11.13 stets einhalten.

[d] zusätzliche Festlegungen für geeignete stiftförmige Verbindungsmittel der Abschn. 11.15.3 bis 11.15.6 sind einzuhalten.

[e] die Annahme „dicker" Stahlbleche gilt nach DIN EN 1995-1-1/NA: 2013-08, 8.3.1.4 weiter als erfüllt für Stahlbleche mit einer Dicke $d \geq 2\,\text{mm}$, die mit profilierten Nägeln (Sondernägeln) der Tragfähigkeitsklasse 3 und mit Nageldurchmessern $d \leq 2 \cdot t_s$ angeschlossen sind.

[f] bei Stahlblechdicken $0,5d < t < d$ gilt: der $F_{v,Rk}$-Wert von Verbindungen mit Stahldicken zwischen einem dünnen und einem dicken Blech ist durch geradlinige Interpolation zwischen den Grenzwerten für dünne und dicke Bleche zu bestimmen, vereinfachend dürfen in diesen Fällen nach DIN EN 1995-1-1: 2013-08, NA.8.2.5 die Mindestholzdicken t_{req} nach den Gleichungen für außen liegende dicke Stahlbleche und außen liegende dünne Stahlbleche (Mittelholz) ermittelt und geradlinig interpoliert werden.

[g] Bemessungswerte der Tragfähigkeit $R_{v,Rd}$ nach (11.68).

[h] Nachweise der effektiven charakteristischen Tragfähigkeit $F_{v,ef,Rk}$ einer Verbindungsmittelreihe, in der mehrere Verbindungsmittel in Faserrichtung hintereinander liegen, nach (11.67).

Blockscherversagen (Scher- oder Zugversagen) bei Stahlblech-Holz-Verbindungen mit mehreren stiftförmigen Verbindungsmitteln, die nahe am Hirnholzende durch eine Kraftkomponente in Faserrichtung beansprucht werden, sollte nach DIN EN 1995-1-1: 2010-12, Anhang A und DIN EN 1995-1-1/A2: 2014-07 untersucht werden.

11.15.3   Stabdübel- und Passbolzenverbindungen

11.15.3.1   Stabdübelverbindungen bei Beanspruchung auf Abscheren (rechtwinklig zur Stabdübelachse)

Charakteristische Werte $F_{v,Rk}$ und Bemessungswerte $F_{v,Rd}$ der Tragfähigkeit von Stabdübelverbindungen sind bei Beanspruchung auf Abscheren nach Abschn. 11.15.2 zu ermitteln, für ausgesuchte Stabdübelverbindungen sind charakteristische Werte der Tragfähigkeit $F_{v,Rk}$ in Tafel 11.72 errechnet.

Tafel 11.67   Zulässige Durchmesser, Anzahl, Scherflächen, Bohrlöcher und Vorzugsmaße von Stabdübeln bei tragenden Stabdübelverbindungen nach DIN EN 1995-1-1: 2010-12, 8.6 und DIN EN 1995-1-1/NA: 2013-08, 8.6[a, c]

(Nenn-)Durchmesser d in mm		Anzahl[a]	Scherflächen	Bohrlochdurchmesser im Holz[b]
min	max	min	min	
$d \geq 6^d$	$d \leq 30$	$n \geq 2$	$n \geq 4$	d

Vorzugsmaße für Stabdübel nach DIN 1052: 2008-12. Anhang G.3.1

Durchmesser d in mm	8	10	12	16	20	24
Abfasung f in mm	1	1,5	2	2,5	3	3,5

[a] Verbindungen mit einem Stabdübel sind zulässig, wenn der charakteristische Wert der Tragfähigkeit $F_{v,Rk}$ nur zur Hälfte rechnerisch angesetzt wird.

[b] bei Stahlblech-Holzverbindungen dürfen die Löcher im Stahlteil bis zu $(d + 1)$ mm größer sein als der Nenndurchmesser des Stabdübels.

[c] bei außen liegenden Stahlblechen sind anstelle der Stabdübeln Passbolzen zu verwenden, dabei muss zur Aufnahme von Lochleibungskräften der volle Schaftquerschnitt (ohne Gewinde) des Passbolzens auf der erforderlichen Länge vorhanden sein.

[d] nach DIN EN 1995-1-1: 2010-12, 10.4.4 beträgt der kleinste Durchmesser der Stabdübel und Passbolzen $d = 6\,\text{mm}$.

Tafel 11.68 Charakteristische Werte der Lochleibungsfestigkeit für Holzbaustoffe sowie charakteristische Werte des Fließmomentes und der Stahlfestigkeiten für Stabdübel nach DIN EN 1995-1-1: 2010-12, 8.5.1.1, 8.5.1.2 und 8.6[a]

Charakteristische Werte $f_{h,k}$ der Lochleibungsfestigkeit in N/mm^2	
für Holz[b] und Furnierschichtholz LVL nach DIN EN 14374	
für Kraft-Faserwinkel $\alpha = 0°$	$f_{h,0,k} = 0,082 \cdot (1 - 0,01 \cdot d) \cdot \varrho_k$
für Kraft-Faserwinkel $0° < \alpha \leq 90°$	$f_{h,\alpha,k} = \dfrac{f_{h,0,k}}{k_{90} \cdot \sin^2 \alpha + \cos^2 \alpha}$
mit den Beiwerten k_{90}	
für Nadelhölzer	$k_{90} = 1,35 + 0,015 \cdot d$
für Laubhölzer	$k_{90} = 0,90 + 0,015 \cdot d$
für Furnierschichtholz LVL	$k_{90} = 1,30 + 0,015 \cdot d$
für Sperrholz[c]	
bei allen Winkeln α Kraft- zur Faserrichtung der Deckfurniere	$f_{h,k} = 0,11 \cdot (1 - 0,01 \cdot d) \cdot \varrho_k$
für OSB-Platten und Spanplatten[c]	
bei allen Winkeln α Kraft- zur Faserrichtung der Decklagen (OSB)	$f_{h,k} = 50 \cdot d^{-0,6} \cdot t^{0,2}$

Charakteristischer Wert $M_{y,Rk}$ des Fließmomentes in Nmm[d]			
für Stabdübel aus Stahl mit kreisförmigem Querschnitt	$M_{y,Rk} = 0,3 \cdot f_{u,k} \cdot d^{2,6}$		
Charakteristische Werte der Festigkeiten $f_{u,k}$ des Stahles für Stabdübel[f, g]			
Stahlsorte nach DIN EN 10 025-2: 2005-04	S235	S275	S355
charakteristische Zugfestigkeit $f_{u,k}$ in N/mm^2	360[e]	410[e]	470[e]

[a] Hierin bedeuten:

α Winkel zwischen Kraft- und Faserrichtung

d Stabdübeldurchmesser in mm

$f_{h,0,k}$ charakteristischer Wert der Lochleibungsfestigkeit in Faserrichtung des Holzes in N/mm^2

$f_{u,k}$ charakteristischer Wert der Zugfestigkeit des Stahles in N/mm^2

t Dicke der Platten in mm

ϱ_k charakteristischer Wert der Rohdichte in kg/m^3 nach Abschn. 11.3.1.

[b] für Hölzer nach Abschn. 11.3.1.

[c] für Holzwerkstoffe nach DIN EN 1995-1-1: 2010-12.

[d] bei Gewindestangen des Abschn. 11.15.4 sind nach DIN EN 1995-1-1/NA: 2013-08, 8.5, die charakteristischen Werte des Fließmomentes mit d als Mittelwert aus Kerndurchmesser und Gewindeaußendurchmesser zu bestimmen.

[e] Mindestzugfestigkeit für Nenndicken ≥ 3 mm bis ≤ 100 mm nach DIN EN 10 025-2: 2005-04, Tab. 7.

[f] Festlegung der Stahlsorten von Stabdübel nach DIN EN 14592: 2009-02.

[g] charakteristische Werte der Stahlfestigkeiten für Passbolzen s. Tafel 11.74.

Die **wirksame Anzahl** n_{ef} von n Stabdübel, die in Kraft- und Faserrichtung hintereinander liegen, kann nach Tafel 11.69 errechnet werden, die zusätzliche Angaben in Tafel 11.70 sollten beachtet werden. Der Nachweis der effektiven charakteristischen Tragfähigkeit $F_{v,ef,Rk}$ **einer Verbindungsmittelreihe**, in der mehrere Verbindungsmittel wie Stabdübel in Faserrichtung hintereinander liegen, kann nach (11.67) geführt werden.

Tafel 11.69 Wirksame Anzahl n_{ef} bei n in Faserrichtung des Holzes hintereinander liegenden Stabdübeln nach DIN EN 1995-1-1: 2010-12, 8.5.1.1 und 8.6[a]

Bei Kräften in Faserrichtung des Holzes $\alpha = 0°$		
1	$n_{ef} = \min\left\{n \text{ oder } n^{0,9} \cdot \sqrt[4]{\dfrac{a_1}{13 \cdot d}}\right\}$	n Anzahl der Stabdübel, die in einer Reihe in Faserrichtung hintereinander liegen d Durchmesser der stiftförmigen Verbindungsmittel
Bei Kräften rechtwinklig zur Faserrichtung des Holzes $\alpha = 90°$		
2	$n_{ef} = n$	a_1 Abstand der stiftförmigen Verbindungsmittel untereinander in Faserrichtung des Holzes[b, c]
Bei Kraft-Faser-Winkel $0° < \alpha < 90°$		
3	Zwischenwerte linear interpolieren zwischen den Werten nach Gleichungen in Zeile 1 und 2	α Winkel zwischen Kraft- und Faserrichtung

[a] die zusätzlichen Angaben in Tafel 11.70 sollten beachtet werden.

[b] bei Stabdübeln darf für a_1 nach DIN EN 1995-1-1/NA: 2013-08, 8.6, (NA.9), bei Winkeln $0° < \alpha < 90°$ auch der Mindestabstand a_1 für $\alpha = 0°$ nach Tafel 11.71 eingesetzt werden.

[c] bei Bolzen darf für a_1 nach DIN EN 1995-1-1/NA: 2013-08, 8.5, (NA.7), sinngemäß wie unter Fußnote [b] verfahren werden mit einem Mindestabstand a_1 für $\alpha = 0°$ nach Tafel 11.75.

Tafel 11.70 Wirksame Anzahl n_{ef}, zusätzliche Angaben für Stabdübel nach DIN EN 1995-1-1/NA: 2013-08, 8.6

Wirksame Anzahl $n_{ef} = n$ darf gesetzt werden	
1	(mit n als Anzahl der vorhandenen Stabdübel)
	– bei Verhinderung des Spaltens des Holzes durch eine Verstärkung rechtwinklig zur Faserrichtung[a]
	– in den Fugen nachgiebig verbundener Bauteile[a]
	– in Verbindungen zwischen Rippen und Beplankung aussteifender Scheiben[a]
	– in biegesteifen Verbindungen mit einem Stabdübelkreis
	– in biegesteifen Verbindungen mit mehreren Stabdübelkreisen (z. B. Rahmenecken), wenn das Spalten des Holzes durch eine Verstärkung rechtwinklig zur Faserrichtung verhindert wird
Wirksame Anzahl $n_{ef} = 0{,}85 \cdot n$ muss gesetzt werden	
2	– in biegesteifen Verbindungen mit mehreren Stabdübelkreisen (z. B. Rahmenecken) mit n als Gesamtanzahl der Stabdübel in den Stabdübelkreisen

[a] gilt auch für Bolzen und Gewindestangen nach DIN EN 1995-1-1/NA: 2013-08, 8.5.3.

Tafel 11.71 Mindestabstände von Stabdübeln nach DIN EN 1995-1-1/A2: 2014-07, 12, Tab. 8.5[a]

Bezeichnungen nach Abb. 11.16	Benennung der Bezeichnungen	Winkel α	Mindestabstände
a_1	untereinander in (parallel zur) Faserrichtung	$0° \le \alpha \le 360°$	$(3 + 2 \cdot |\cos\alpha|) \cdot d$
a_2	untereinander rechtwinklig zur Faserrichtung	$0° \le \alpha \le 360°$	$3 \cdot d$
$a_{3,t}$	vom beanspruchten Hirnholzende	$-90° \le \alpha \le 90°$	$\max(7 \cdot d \text{ oder } 80\,\text{mm})$
$a_{3,c}$	vom unbeanspruchten Hirnholzende	$90° \le \alpha \le 150°$	$a_{3,t} \cdot |\sin\alpha|$
		$150° \le \alpha \le 210°$	$\max(3{,}5 \cdot d \text{ oder } 40\,\text{mm})$
		$210° \le \alpha \le 270°$	$a_{3,t} \cdot |\sin\alpha|$
$a_{4,t}$	vom beanspruchten Rand	$0° \le \alpha \le 180°$	$\max[(2 + 2 \cdot \sin\alpha) \cdot d \text{ oder } 3 \cdot d]$
$a_{4,c}$	vom unbeanspruchten Rand	$180° \le \alpha \le 360°$	$3 \cdot d$

[a] Hierin bedeuten:
α Winkel zwischen Kraft- und Faserrichtung
d Nenndurchmesser des Stabdübels.

Abb. 11.16 Definition der Verbindungsmittelabstände nach DIN EN 1995-1-1: 2010-12, 8.3.1.2, Bild 8.7

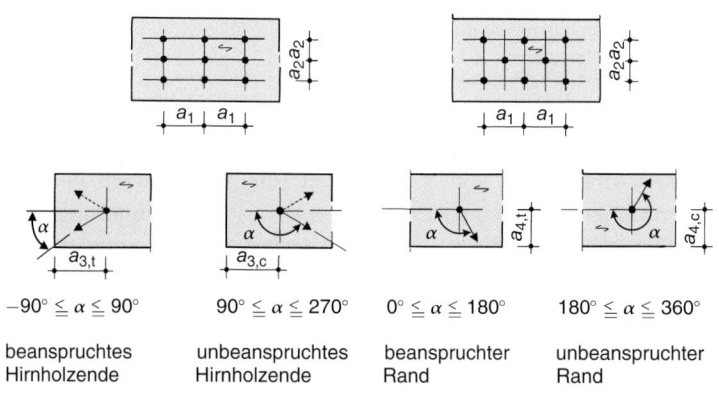

Bei außen liegenden Stahlblechen sind nach DIN EN 1995-1-1/NA: 2013-08, 8.6, Passbolzen anstelle von Stabdübeln zur Sicherung der Verbindung einsetzen, dabei muss der volle Schaftquerschnitt des Passbolzens (ohne Gewinde) auf der erforderlichen Länge vorhanden sein.

Bei der Bemessung von Bauteilen sind **Querschnittsschwächungen** durch Stabdübel nach Abschn. 11.4.3.1 zu ermitteln. Der Nachweis von Bauteilen mit **Schräg- und Queranschlüssen** (Verbindungsmittelkräfte unter einen Winkel α zur Faserrichtung) kann nach Abschn. 11.8.3 erfolgen.

Ein **Beispiel** zur Bemessung einer Verbindung mit Stabdübeln ist in [11], Holzbau, Abschn. 2.9, angeführt.

Tafel 11.72 Charakteristische Werte der Tragfähigkeit $F_{v,Rk}$ von Stabdübeln in Holz-Holz-Verbindungen pro Scherfuge und Verbindungsmittel bei Beanspruchung auf Abscheren für ausgesuchte Verhältnisse nach DIN EN 1995-1-1/NA: 2013-08, NA.8.2.4 und 8.6, errechnet nach Tafel 11.65 und 11.68[a–d, f]

| **Stabdübel S235** | Stahlfestigkeit $f_{uk} = 360\,\text{N/mm}^2$ |
| **Nadelvollholz C24[d]** | Rohdichte $\varrho_k = 350\,\text{kg/m}^3$ |

einschnittige Verbindung

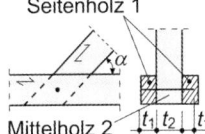

zweischnittige Verbindung

α_1 Winkel zwischen Kraft- und Faserrichtung des Seitenholzes 1
α_2 Winkel zwischen Kraft- und Faserrichtung des Seitenholzes 2 bzw. des Mittelholzes 2
$\quad = 0°$ für Seitenholz 2 bzw. Mittelholz 2 dieser Tafel

Winkel $\alpha = \alpha_1$	$F_{v,Rk}$[c, f]	$t_{1,req}$ Seitenholz 1[c]	$t_{2,req}$ Seitenholz 2[c]	$t_{2,req}$ Mittelholz[c, e]	$F_{v,Rk}$[c, f]	$t_{1,req}$ Seitenholz 1[c]	$t_{2,req}$ Seitenholz 2[c]	$t_{2,req}$ Mittelholz[c, e]
	in kN	in mm	in mm	in mm	in kN	in mm	in mm	in mm
	$d = 10\,\text{mm}$				**$d = 12\,\text{mm}$**			
0°	4.71	51	51	42	6.47	59	59	49
15°	4.67	52	51	42	6.41	61	59	49
30°	4.57	54	50	41	6.27	64	59	48
45°	4.44	58	49	40	6.08	68	58	46
60°	4.33	61	49	39	5.91	72	57	45
75°	4.24	64	49	38	5.79	75	57	44
90°	4.22	65	48	38	5.75	76	57	44
	$d = 16\,\text{mm}$				**$d = 20\,\text{mm}$**			
0°	10.61	76	76	63	15.47	94	94	78
15°	10.51	78	76	63	15.31	96	93	77
30°	10.24	83	75	61	14.88	102	92	75
45°	9.90	89	74	59	14.35	111	91	72
60°	9.60	95	73	57	13.87	119	90	69
75°	9.40	99	73	56	13.55	124	89	68
90°	9.32	101	73	56	13.44	126	88	67
	$d = 24\,\text{mm}$							
0°	20,94	111	111	92				
15°	20,69	114	111	91				
30°	20,07	123	109	88				
45°	19,30	133	107	85				
60°	18,61	143	106	82				
75°	18,15	150	105	80				
90°	17,99	153	105	79				

[a] Hierin bedeuten:
d Stabdübeldurchmesser in mm
α Winkel zwischen Kraft- und Faserrichtung
$t_{1,req}$, $t_{2,req}$ Mindestdicke der Seitenhölzer bzw. des Mittelholzes nach Tafel 11.65.
[b] für Hölzer nach Abschn. 11.3.1.
[c] für andere Holz-Festigkeitsklassen (mit Rohdichten $\varrho_k > 350\,\text{kg/m}^3$) und andere Stahlsorten (mit Stahlfestigkeiten $f_{u,k} > 360\,\text{N/mm}^2$) gilt:

$- F_{v,Rk}$ multiplizieren mit dem Beiwert $k_{v,Rk} = \sqrt{\dfrac{\varrho_k}{350} \cdot \dfrac{f_{u,k}}{360}}$

$- t_{req}$ multiplizieren mit dem Beiwert $k_{treq} = \sqrt{\dfrac{350}{\varrho_k} \cdot \dfrac{f_{u,k}}{360}}$.

[d] Werte gelten für gleiches Holz in beiden Seitenhölzer bzw. im Mittelholz.
[e] Angaben für $t_{2,req}$ gelten für Mittelholz (Stab 2) mit höherer Lochleibungsfestigkeit (gegenüber Seitenhölzer Stäbe 1), andernfalls gesonderte Berechnung für $t_{2,req}$ (Mittelholz) führen.
[f] Bemessungswerte der Tragfähigkeit nach (11.68).

11.15.3.2 Passbolzenverbindungen bei Beanspruchung auf Abscheren (rechtwinklig zur Passbolzenachse) und Herausziehen (in Richtung der Passbolzenachse)

Passbolzen sind Stabdübel mit Kopf, Mutter und zugehörigen Unterlegscheiben, sie unterliegen denselben Anforderungen wie Stabdübel bei Beanspruchung $F_{v,Rk}$ auf Abscheren nach Abschn. 11.15.3.1 mit Ausnahme der Stahlfestigkeiten, die wie für Bolzen nach Tafel 11.74 anzunehmen sind. Unterlegscheiben nach Tafel 11.76 können auch bei Passbolzen eingesetzt werden.

Darüber hinaus darf bei Passbolzen nach DIN EN 1995-1-1/NA: 2013-08, 8.6, die charakteristische Tragfähigkeit $F_{v,Rk}$ bei Beanspruchung auf Abscheren um den Anteil $\Delta F_{v,Rk} = \min\{0{,}25 \cdot F_{v,Rk} \text{ oder } 0{,}25 \cdot F_{ax,Rk}\}$ erhöht werden mit $F_{ax,Rk}$ als charakteristische Tragfähigkeit des Passbolzens in Richtung der Passbolzenachse sinngemäß nach Abschn. 11.15.4.2.

11.15.4 Bolzen- und Gewindestangenverbindungen

11.15.4.1 Bolzen- und Gewindestangenverbindungen bei Beanspruchung rechtwinklig zur Stiftachse (Abscheren)

Tragende Bolzen- und Gewindestangenverbindungen dürfen nach DIN EN 1995-1-1/NA: 2013-08, 8.5.3, nicht in Dauerbauten mit der Forderung nach Steifigkeit und Formbeständigkeit eingesetzt werden. **Gewindestangen** sind Gewindebolzen nach DIN 976-1.

Heftbolzen dienen nur zur Lagesicherung von Bauteilen, sie übertragen keine planmäßigen Beanspruchungen. Die Bestimmungen für Stabdübelverbindungen nach Abschn. 11.15.3.1 gelten sinngemäß, sofern im Folgenden nichts anderes festgelegt ist.

Tafel 11.73 Zulässige Durchmesser, Anzahl, Scherflächen und Bohrlochdurchmesser für Bolzen und Gewindestangen nach DIN EN 1995-1-1/NA: 2013-08, 8.5.3 und DIN EN 1995-1-1: 2010-12, 10.4.3[a]

	Durchmesser		Anzahl[b]	Scherflächen	Bohrlochdurchmesser
	min	max	min	min	im Holz[d, e]
Bolzen	$d \geq 6\,\text{mm}$	$d \leq 30\,\text{mm}$	$n \geq 2$	$n \geq 4$	$\geq d$
Gewindestangen[c, d]	$d \geq \text{M}\,6$	$d \leq \text{M}\,30$			$\leq (d + 1\,\text{mm})$

[a] Hierin bedeuten:

d Nenndurchmesser: bei Bolzen: Durchmesser des glatten Schaftes, bei Gewindestangen: Gewindeaußendurchmesser.

[b] Verbindungen mit einem Bolzen oder einer Gewindestange sind zulässig, wenn der charakteristische Wert der Tragfähigkeit $F_{v,Rk}$ nur zur Hälfte rechnerisch angesetzt wird.

[c] Gewindebolzen mit metrischem Gewinde nach DIN 976-1.

[d] bei Gewindestangen dürfen die Durchmesser der Löcher max. 1 mm größer sein als der Nenndurchmesser der Gewindestange.

[e] bei Stahlblech-Holzverbindungen sollten die Bolzenlöcher in Stahlblechen einen Durchmeser haben, der nicht mehr als $\max(d + 2\,\text{mm} \text{ oder } 0{,}1 \cdot d)$ größer sein darf als der Nenndurchmesser.

Tafel 11.74 Charakteristische Werte der Stahlfestigkeiten für Bolzen und Gewindestangen der DIN EN 1995-1-1: 2010-12, 8.5, DIN EN 1995-1-1/NA: 2013-08, 8.5 und DIN 1052-10: 2012-05, 4.3

Charakteristische Werte der Stahlfestigkeiten für Bolzen[a]				
Festigkeitsklasse nach DIN EN ISO 898-1: 2013-05	4.6	4.8	5.6	8.8
Charakteristische Festigkeit $f_{u,k}$ in N/mm^2	400	400	500	800
Charakteristische Streckgrenze $f_{y,k}$ in N/mm^2	240	320	300	640
Charakteristische Werte der Stahlfestigkeiten für Gewindestangen[b, c]				
Festigkeitsklasse nach DIN EN ISO 898-1: 2009-08	4.8	5.6	5.8	8.8
Charakteristische Festigkeit $f_{u,k}$ in N/mm^2	400	500	500	800
Charakteristische Streckgrenze $f_{y,k}$ in N/mm^2	320	300	400	640

[a] Festlegung der Stahlsorten von Bolzen nach DIN EN 14592: 2012-07, nach DIN EN ISO 4014: 2011-06, DIN EN ISO 4016: 2011-06, DIN EN ISO 4017: 2011-07, DIN EN ISO 4018: 2011-07 und nach DIN EN ISO 898-1: 2013-05.

[b] Gewindebolzen mit metrischem Gewinde nach DIN 976-1.

[c] Stahlfestigkeiten nach DIN 1052-10: 2012-05, Tab. 1.

Tafel 11.75 Mindestabstände von Bolzen nach DIN EN 1995-1-1: 2010-12, 8.5, Tab. 8.4[a, b]

Bezeichnungen nach Abb. 11.16	Benennung der Bezeichnungen	Winkel α	Mindestabstände
a_1	untereinander in (parallel zur) Faserrichtung	$0° \leq \alpha \leq 360°$	$(4 + \lvert\cos\alpha\rvert) \cdot d$
a_2	untereinander rechtwinklig zur Faserrichtung	$0° \leq \alpha \leq 360°$	$4 \cdot d$
$a_{3,t}$	vom beanspruchten Hirnholzende	$-90° \leq \alpha \leq 90°$	$\max(7 \cdot d \text{ oder } 80\,\text{mm})$
$a_{3,c}$	vom unbeanspruchten Hirnholzende	$90° \leq \alpha < 150°$	$(1 + 6 \cdot \sin\alpha) \cdot d$
		$150° \leq \alpha < 210°$	$4 \cdot d$
		$210° \leq \alpha \leq 270°$	$(1 + 6 \cdot \lvert\sin\alpha\rvert) \cdot d$
$a_{4,t}$	vom beanspruchten Rand	$0° \leq \alpha \leq 180°$	$\max[(2 + 2 \cdot \sin\alpha) \cdot d \text{ oder } 3 \cdot d]$
$a_{4,c}$	vom unbeanspruchten Rand	$180° \leq \alpha \leq 360°$	$3 \cdot d$

[a] Hierin bedeuten:

α Winkel zwischen Kraft- und Faserrichtung

d Nenndurchmesser: bei Bolzen: Durchmesser des glatten Schaftes, bei Gewindestangen: Gewindeaußendurchmesser.

[b] und für Gewindestangen nach DIN 976-1.

Charakteristische Werte $F_{v,Rk}$ und Bemessungswerte $F_{v,Rd}$ der Tragfähigkeit von Bolzen- und Gewindestangenverbindungen bei Beanspruchung auf Abscheren nach Abschn. 11.15.3.1 berechnen mit den Lochleibungsfestigkeiten für Stabdübel sowie dem Fließmoment für Bolzen und Gewindestangen sinngemäß nach Tafel 11.68 und den Stahlfestigkeiten nach Tafel 11.74, darüber hinaus darf $F_{v,Rk}$ um $\Delta F_{v,Rk} = \min(0{,}25 \cdot F_{v,Rk} \text{ oder } 0{,}25 \cdot F_{ax,Rk})$ mit $F_{ax,Rk}$ als charakteristischer Tragfähigkeit des Bolzens in Richtung der Bolzenachse nach DIN EN 1995-1-1/NA: 2013-08 erhöht werden.

Anziehen von Bolzen ist nach DIN EN 1995-1-1: 2010-12, 10.4.3, so vorzunehmen, dass die Bauteile eng aneinander liegen. **Nachziehen von Bolzen** sollte bei Bedarf durchgeführt werden, wenn die Ausgleichsfeuchte des Holzes erreicht ist, damit die Tragfähigkeit und Steifigkeit der Konstruktion gewährleistet sind.

11.15.4.2 Bolzen- und Gewindestangenverbindungen bei Beanspruchung auf Herausziehen (in Richtung der Bolzenachse)

Bolzen und Gewindestangen dürfen neben der Beanspruchung auf Abscheren zusätzlich in Richtung der Bolzenachse mit $F_{ax,Rk}$ belastet werden. Die **Tragfähigkeit $F_{ax,Rk}$ in Richtung der Bolzenachse** sollte nach DIN EN 1995-1-1: 2010-12, 8.5.2, als der kleinere Wert aus der Zugfestigkeit des Bolzens (Nachweis nach Eurocode 3) und aus der Tragfähigkeit der Unterlegscheibe oder (bei Stahlblech-Holz-Verbindungen) des Stahlblechs (Nachweis der Drucktragfähigkeit rechtwinklig zur Faserrichtung nach Abschn. 11.5.2.2 und ggf. der Unterlegscheibe nach Eurocode 3) bestimmt werden. Unterlegscheiben für Bolzen sind in Tafel 11.76 angeführt.

Die **Tragfähigkeit einer Unterlegscheibe** sollte für eine charakteristische (Quer-)Druckfestigkeit von $3{,}0 \cdot f_{c,90,k}$ in

Tafel 11.76 Mindestmaße und Vorzugsmaße für Unterlegscheiben von Bolzen, Passbolzen und Gewindestangen der DIN EN 1995-1-1: 2010-12 und DIN EN 1995-1-1/NA: 2013-08

Mindestmaße für Unterlegscheiben von Bolzen, Passbolzen und Gewindestangen nach DIN EN 1995-1-1: 2010-12, 10.4.3	
Außendurchmesser d_a[a]	$\geq 3 \cdot d$[b]
Scheibendicke s	$\geq 0{,}3 \cdot d$[b]

Vorzugsmaße für Unterlegscheiben von Bolzen, Passbolzen[c] und Gewindestangen nach DIN 1052: 2008-12, G.3.4

Schraubenbolzen	M12	M16	M20	M22	M24
Unterlegscheiben					
Scheibendicke s in mm	6		8		
Außendurchmesser d_a in mm	58	68	80	92	105
Innendurchmesser d_i in mm	14	18	22	25	27

[a] oder Seitenlänge bei quadratischen Unterlegscheiben.

[b] d Nenndurchmesser des Bolzens, Passbolzens oder der Gewindestange.

[c] „kleinere" Unterlegscheiben für Passbolzen nach DIN EN ISO 7094: 2000-12 als Empfehlung der *Erläut. zu DIN 1052: 2004-08* [3], E 12.4.

der Berührungsfläche mit dem Holzbauteil ausgelegt werden. Die **Tragfähigkeit eines Stahlblechs** sollte auf diejenige einer kreisrunden Unterlegscheibe mit einem Durchmesser begrenzt werden, der aus dem kleineren Wert von $12 \cdot t$ oder $4 \cdot d$ mit t als Stahlblechdicke und d als Bolzendurchmesser gebildet wird.

11.15.5 Nagelverbindungen

Tragende Nägel der DIN EN 1995-1-1: 2010-12, 8.3, und Sondernägel (profilierte Nägel mit Erstprüfung wie Schraub- und Rillennägel) besitzen Durchmesser $d \leq 8\,\mathrm{mm}$, sie dürfen planmäßig durch Kräfte in Nagelverbindungen beanspruchen werden. **Heftnägel** dienen nur zur Lagesicherung von Bauteilen und übertragen planmäßig keine Kräfte.

11.15.5.1 Nagelverbindungen bei Beanspruchung auf Abscheren (rechtwinklig zur Nagelachse)

Charakteristische Werte $F_{v,Rk}$ der Tragfähigkeit von Nagelverbindungen sind bei Beanspruchung auf Abscheren zu berechnen:

- in Holz-Holz-Verbindungen aus Nadelholzbauteilen, in Holzwerkstoff- oder Gipswerkstoff-Holz-Verbindungen sowie in Stahlblech-Holz-Verbindungen nach Tafel 11.79 (abweichend von Abschn. 11.15.2),

- ausgesuchte $F_{v,Rk}$-Werte nach Tafel 11.85,
- in Holzverbindungen aus Laubholz nach Abschn. 11.15.2.

Bemessungswerte $F_{v,Rd}$ können nach (11.68) berechnet werden.

Vorbohren von Nagellöchern Nagellöcher sind vorzubohren, wenn die Regeln in Tafel 11.77 und 11.81 zutreffen.

Die **wirksame Anzahl** n_{ef} von n Nägeln, die in Kraft- und Faserrichtung hintereinander liegen, sollte nach Tafel 11.78 errechnet werden. Der Nachweis der **effektiven charakteristischen Tragfähigkeit $F_{v,ef,Rk}$ einer Verbindungsmittelreihe**, in der mehrere Verbindungsmittel wie Nägel in Faserrichtung hintereinander liegen, kann nach (11.67) geführt werden.

Übergreifende Nägel bei Nägeln (Abscheren) sind im Mittelholz erlaubt, wenn die Bedingung (11.69) eingehalten wird, s. Abb. 11.19; andernfalls sollten von zwei Seiten eingeschlagene Nägel, die sich gegenüber liegen, mit Mindestabständen a_1 nach Tafel 11.83 angeordnet werden (neben den anderen Mindestabständen).

$$(t - t_2) > 4 \cdot d \qquad (11.69)$$

d Nageldurchmesser
t Dicke des Mittelholzes nach Abb. 11.19
t_2 Eindringtiefe des Nagels im Mittelholz nach Abb. 11.19

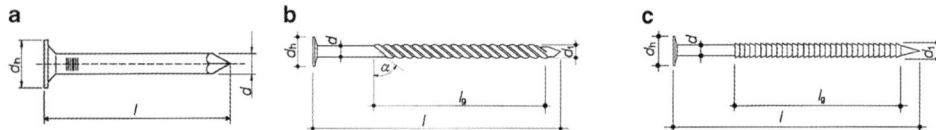

Abb. 11.17 Nägel für tragende Nagelverbindungen der DIN EN 1995-1-1: 2010-12, 8.3 und DIN EN 1995-1-1/NA: 2013-08 nach DIN EN 14592: 2012-07, Beispiele (Schraub- und Rillennägel werden als Sondernägel bezeichnet). **a** Glatter Schaft (runde Drahtstifte), **b** spiralisiert angerollter Schaft (Schraubnägel), **c** angerollter Schaft (Rillennägel)

Tafel 11.77 Zulässige Durchmesser, Anzahl, Bohrlochdurchmesser für tragende Nägel nach DIN EN 1995-1-1: 2010-12, 8.3.1.1 und 10.4.2[a, b, c, d]

Nägel	Durchmesser[c]	Anzahl pro Anschluss	Vorbohren bei[e, f, g]	Bohrlochdurchmesser[h]
	max.	min.		
nicht vorgebohrt	$d \leq 6\,\mathrm{mm}$	$n \geq 2$	–	–
vorgebohrt	$6\,\mathrm{mm} < d \leq 8\,\mathrm{mm}$		$\varrho_k \geq 500\,\mathrm{kg/m^3}$ und $d > 6\,\mathrm{mm}$	$\leq 0{,}8 \cdot d$

[a] Hierin bedeuten:

d bei runden glattschaftigen Drahtnägeln und Sondernägeln: Durchmesser des glatten Nagelschaftes, bei Nägeln mit annähernd quadratischem Querschnitt: kleinste Seitenlänge des Nagelquerschnitts

ϱ_k charakteristische Rohdichte in $\mathrm{kg/m^3}$ nach Abschn. 11.3.1.

[b] Nägel nach DIN EN 10230-1 oder profilierte Sondernägel mit Erstprüfung.

[c] Nägel nach den Anforderungen der DIN EN 14592: 2009-02 und DIN 20000-6: 2013-08.

[d] folgende Anschlüsse dürfen nach DIN EN 1995-1-1/NA: 2013-08, 8.3.1.2, mit einem Nagel erfolgen: Befestigung von Schalungen, von Trag- und Konterlatten, von Zwischenanschlüssen bei Windrispen, von Sparren und Pfetten auf Bindern und Rähmen, von Querriegeln auf Rahmenhölzern, wenn diese Bauteile insgesamt mit mind. 2 Nägeln angeschlossen sind.

[e] Vorbohren auch bei kleineren Holzdicken nach Tafel 11.81, Zeile 2, und bei besonders spaltgefährdeten Hölzern nach Tafel 11.81, Zeile 3 und 4.

[f] Vorbohren nach DIN EN 1995-1-1/NA: 2013-08, 8.3.1.3, stets über die ganze Nagellänge in Holz mit $\varrho_k > 500\,\mathrm{kg/m^3}$ und stets in Douglasienholz erforderlich; bei $\varrho_k < 500\,\mathrm{kg/m^3}$ (i. d. R. Nadel- und Pappelholz) darf für Nageldurchmesser $d \leq 6\,\mathrm{mm}$ vorgebohrt werden.

[g] zementgebundene Spanplatten sind nach DIN EN 1995-1-1/NA: 2013-08, 8.3.1.3, stets vorzubohren.

[h] der Bohrlochdurchmesser darf nach DIN EN 1995-1-1/NA: 2013-08, 8.3.1.3, zwischen $0{,}6 \cdot d$ und $0{,}8 \cdot d$ liegen.

Tafel 11.78 Wirksame Anzahl n_{ef} bei n in Faserrichtung des Holzes hintereinander liegenden Nägeln nach DIN EN 1995-1-1: 2010-12, 8.3.1.1[a, b]

Wirksame Anzahl n_{ef} für die Tragfähigkeit in Faserrichtung des Holzes, wenn die Nägel in dieser Reihe rechtwinklig zur Faserrichtung nicht um mind. $1 \cdot d$ gegeneinander versetzt angeordnet sind, s. Bild

$$n_{ef} = n^{k_{ef}}$$

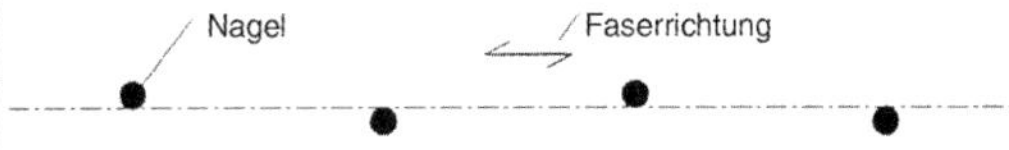

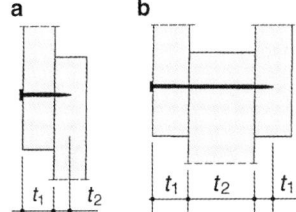

Werte für k_{ef}[c]		
Nagelabstand a_1[c] untereinander in Faserrichtung	k_{ef}[c]	
	nicht vorgebohrt	vorgebohrt
$a_1 \geq 14 \cdot d$	1,0	1,0
$a_1 = 10 \cdot d$	0,85	0,85
$a_1 = 7 \cdot d$	0,7	0,7
$a_1 = 4 \cdot d$	–	0,5

[a] Hierin bedeuten:
k_{ef} Beiwert nach dieser Tafel
n Nagelanzahl in der Reihe in Faserrichtung
n_{ef} wirksame Nagelanzahl in der Reihe.
[b] die effektive charakteristische Tragfähigkeit $F_{v,ef,Rk}$ einer Verbindungsmittelreihe kann nach (11.67) bestimmt werden.
[c] für Zwischenwerte der Nagelabstände darf linear interpoliert werden.

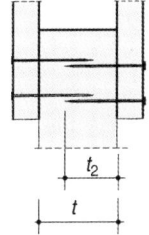

Abb. 11.18 Holzdicken und Eindringtiefen bei Nagelverbindungen nach DIN EN 1995-1-1: 2010-12, Bild 8.4, bei zweischnittigen Verbindungen ist t_1 der kleinere Wert aus Seitenholzdicke und Eindringtiefe des Nagels. **a** einschnittig, **b** zweischnittig

Abb. 11.19 Übergreifende Nägel nach DIN EN 1995-1-1: 2010-12, Bild 8.5

Tragende Nägel in Holz-Holz-Verbindungen (Abscheren): Einschlagrichtung im Holz sollte rechtwinklig zur Faserrichtung ausgeführt werden mit Ausnahme von Schrägnagelungen, s. unten; Einschlagtiefe ist so auszuführen, dass die Nagelköpfe bündig mit der Holzoberfläche abschließen. **Hirnholznagelungen** (Nägel in Faserrichtung des Holzes eingeschlagen) dürfen nach DIN EN 1995-1-1/NA: 2013-08, 8.3.1.2(4) in Deutschland nicht zur Kraftübertragung in Rechnung gestellt werden; **Querschnittsschwächungen** sind nach Abschn. 11.4.3.1 zu ermitteln.

Tragende Nägel in Holzwerkstoff-Holz-Verbindungen (Abscheren) nach DIN EN 1995-1-1/NA: 2013-08, 8.3.1.1:

Nägel dürfen ≤ 2 mm tief versenkt, jedoch mind. bündig mit der Oberfläche des Holzwerkstoffes eingeschlagen werden; ein bündiger Abschluss des Nagelkopfes mit der Plattenoberfläche gilt als nicht versenkt; bei versenkter Nagelanordnung muss die Mindestdicke des Holzwerkstoffes um 2 mm vergrößert werden.

Schrägnagelungen sind nach Abb. 11.20 auszuführen, der Abstand zum belasteten Hirnholzende sollte nach DIN EN 1995-1-1: 2010-12, 8.3.2, mind. $10 \cdot d$ betragen, es sind mind. zwei Schrägnägel in einer Verbindung anzuordnen. Bei kombinierter Beanspruchung (Abscheren und Herausziehen) ist Abschn. 11.15.5.3 zu beachten.

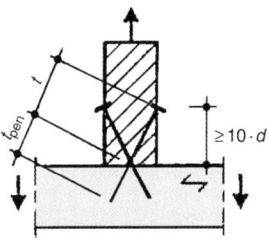

Abb. 11.20 Schräganschluss bei Nagelverbindungen nach DIN EN 1995-1-1: 2010-12, Bild 8.8b, mit folgenden Mindestgrößen nach Tafel 11.87. d Nageldurchmesser, t_{pen} Eindringtiefe auf der Seite der Nagelspitze oder Länge des profilierten Schaftteils im Bauteil mit der Nagelspitze, t Dicke des Bauteils auf der Seite des Nagelkopfes

Blockscherversagen von (Nagel-)Verbindungen Bei Stahlblech-Holz-Verbindungen mit mehreren stiftförmigen Verbindungsmitteln, die durch eine Kraftkomponente nahe am Hirnholzende beansprucht werden, sollte gemäß DIN EN 1995-1-1: 2010-12, 8.2.3, die charakteristische Tragfähigkeit infolge Scher- oder Zugversagens (Blockscheren) nach DIN 1995-1-1: 2010-12, Anhang A, untersucht werden.

Ein **Beispiel** zur Bemessung einer Verbindung mit Nägeln ist in [11], Holzbau, Abschn. 2.11, angeführt.

Tafel 11.79 Vereinfachte Ermittlung der charakteristischen Werte der Tragfähigkeit $F_{v,Rk}$ von Nägeln mit $d \leq 8\,\mathrm{mm}$ in Holz-Holz-, Holzwerkstoff-Holz-, Gipswerkstoff-Holz- und Stahlblech-Holz-Verbindungen aus Nadelholz und Holzwerkstoffbauteilen bei Beanspruchung auf Abscheren pro Scherfuge und Nagel nach DIN EN 1995-1-1/NA: 2013-08, 8.3.1.2 bis 8.3.1.4[a, b, n]

Charakteristische Werte der Tragfähigkeit $F_{v,Rk}$ für Nagelverbindungen[b]

1	für alle Nagelverbindungen außer einschnittigen Sondernägeln nach Zeile 2
	$F_{v,Rk} = A \cdot \sqrt{2 \cdot M_{y,Rk} \cdot f_{h,1,k} \cdot d}$ [c, d, e, g, h, n]
2	für Nagelverbindungen mit profilierten Nägeln (Sondernägeln) bei – einschnittigen Stahlblech-Holz-Verbindungen aus Nadelvoll-, Brettschicht-, Balkenschicht- und Furnierschichtholz sowie – einschnittigen Holzwerkstoff-Holz-Verbindungen[f] $F_{v,Rk} = A \cdot \sqrt{2 \cdot M_{y,Rk} \cdot f_{h,1,k} \cdot d} + \Delta F_{v,Rk}$ [c, d, e, g, h, n] mit $\Delta F_{v,Rk} = \min\{0{,}5 \cdot F_{v,Rk} \text{ oder } 0{,}25 \cdot R_{ax,Rk}\}$

Werte des Faktors A in Zeile 1 und 2

in Holz-Holz-Verbindungen aus Nadelholz	$A =$
– wie Nadelvoll-, Brettschicht-, Balkenschichtholz nach Abschn. 11.3.1 und Brettsperrholz (Massivholzplatten)[k]	1,0
in Holzwerkstoff-Holz-Verbindungen mit Nadelholz und folgenden Holzwerkstoffen	$A =$
– Sperrholz F20/10 E40/20 und F20/15 E30/25 mit $\varrho_k \geq 350\,\mathrm{kg/m^3}$ nach DIN EN 13986 und DIN EN 636: 2003-11, s. Abschn. 11.19 – zementgebundene Spanplatten Klasse 1 und 2 nach DIN EN 13986, s. Abschn. 11.19	0,9
– Sperrholz F40/30 E60/40, F50/25 E70/25 und F60/10 E90/10 mit $\rho_k \geq 600\,\mathrm{kg/m^3}$ nach DIN EN 13986 und DIN EN 636: 2003-11, s. Abschn. 11.19	0,8
– OSB-Platten OSB/2, OSB/3 und OSB/4 nach DIN EN 13986 und DIN EN 12369-1: 2001-04, s. Abschn. 11.19 – kunstharzgebundene Spanplatten P4, P5, P6 und P7 nach DIN EN 13986 und DIN EN 12369-1: 2001-04, s. auch Abschn. 11.19	0,8
– Faserplatten HB.HLA2 (harte Platten) nach DIN EN 13986, s. Abschn. 11.19	0,7
– Gipsplatten nach DIN 18180[i]	1,1
in Stahlblech-Holz-Verbindungen mit Stahlblechen und Bauteilen aus[c] Nadelholz wie Nadelvoll-, Brettschicht-, Balkenschichtholz nach Abschn. 11.3.1, Furnierschichtholz LVL und Brettsperrholz (Massivholzplatten)[k]	$A =$
– vorgebohrte Stahlbleche innen liegend oder dick und außen liegend[m]	1,4
– vorgebohrte Stahlbleche dünn und außen liegend[m]	1,0

Reduzierter charakteristischer Wert der Tragfähigkeit $F_{v,Rk,red}$[g, h, j, l] für Verbindungen bei Holzdicken t_1, t_2 kleiner als die Mindestdicken $t_{i,req}$

$F_{v,Rk,red} = F_{v,Rk} \cdot t_1/t_{1,req}$ oder $F_{v,Rk,red} = F_{v,Rk} \cdot t_2/t_{2,req}$, der kleinere Wert ist maßgebend

[a] Hierin bedeuten:

t_1, t_2 Holzdicken bzw. Eindringtiefe der Verbindungsmittel, der kleinere Wert ist maßgebend, s. Abb. 11.18, bei zweischnittigen Verbindungen ist t_1 der kleinere Wert aus Seitenholzdicke und Eindringtiefe des Nagels

$t_{i,req}$ Mindestholzdicken oder Mindesteindringtiefe nach Tafel 11.81 und 11.82

$f_{h,1,k}$ charakteristischer Wert der Lochleibungsfestigkeit nach Tafel 11.80
     – bei Holz-Holz-Nagelverbindungen: der größere $f_{h,i,k}$-Wert der miteinander verbundenen Bauteile 1 bzw. 2
     – bei Holzwerkstoff- oder Gipswerkstoff-Holz-Nagelverbindungen: der $f_{h,1,k}$-Wert des Holzwerk- oder Gipswerkstoffes
     – bei Stahlblech-Holz-Nagelverbindungen: der $f_{h,k}$-Wert des Holzes

d Nageldurchmesser
     – für runde glattschaftige Nägel und runde profilierte Sondernägel: Durchmesser des glatten Schaftteils in mm
     – für Nägel mit etwa quadratischem Querschnitt: kleinste Seitenlänge des Nagelquerschnitts in mm

$M_{y,Rk}$ charakteristischer Wert des Fließmomentes in Nmm nach Tafel 11.80

$F_{ax,Rk}$ charakteristischer Wert des Ausziehwiderstandes des profilierten Nagels (Sondernagels) nach Tafel 11.87

$\Delta F_{v,Rk}$ Erhöhung des $F_{v,Rk}$-Wertes von profilierten Nägeln (Sondernägeln) bei einschnittigen Holzwerkstoff-Holz-Nagelverbindungen (nicht bei Gipswerkstoff-Holz-Nagelverbindungen) und einschnittigen Stahlblech-Holz-Verbindungen.

[b] abweichend von den vereinfachten Nachweisverfahren nach Abschn. 11.15.2, gilt für Nagelverbindungen von Nadelholzbauteilen.

[c] bei Stahlblech-Holz-Verbindungen für $f_{h,k}$ den charakteristischen Wert der Lochleibungsfestigkeit des Holzes ansetzen.

[d] Mindestholzdicken bzw. Mindesteindringtiefen nach Tafel 11.81, Zeile 1 und 11.82 bei Verwendung von $F_{v,Rk}$ einhalten, ansonsten ist $F_{v,Rk,red}$ maßgebend, zusätzlich sind für spaltgefährdete Hölzer die Holzdicken nach Tafel 11.81, Zeile 2–4, zur Verhinderung der Spaltgefahr einzuhalten.

[e] charakteristische Werte der Lochleibungsfestigkeit und des Fließmomentes nach Tafel 11.80.

[f] jedoch nicht bei Gipsplatten-Holz-Verbindungen.

[g] Mindestholzdicken nach Tafeln 11.81 oder 11.82.

[h] bei Einschlagtiefen (Eindringtiefen) $< 4 \cdot d$ darf die Scherfuge, die der Nagelspitze nächst liegend ist, nicht in Rechnung gestellt werden.

[i] bei Gipsplatten-Holz-Verbindungen mit Gipsplatten nach DIN 18180 sind nach DIN 1052-10: 2012-05 nur Nägel nach DIN 18182-2 einzusetzen, bei faserverstärkten Gipsplatten sind nur Nägel mit bauaufsichtlichem Verwendbarkeitsnachweis zulässig.

[j] Mindestdicken und -abmessungen tragender einteiliger Einzelquerschnitte aus Voll- und Brettschichtholz nach Tafel 11.13 bzw. tragender/aussteifender Holzwerkstoff- und Gipsplatten nach DIN EN 1995-1-1/NA: 2013-08, 3.4 und 3.5, stets einhalten.

[k] mit bauaufsichtlichem Verwendbarkeitsnachweis.

[l] bei Stahlblech-Holz-Verbindungen gilt $F_{v,Rk,red}$ sinngemäß.

[m] zur Definition von dünnen und dicken Stahlblechen s. Tafel 11.66.

[n] Bemessungswerte der Tragfähigkeit $F_{v,Rd}$ nach (11.68).

Tafel 11.80 Charakteristische Werte der Lochleibungsfestigkeit für Hölzer, Holzwerkstoff- und Gipsplatten in Nagelverbindungen sowie charakteristische Werte des Fließmomentes für Nägel auf Abscheren mit Nageldurchmessern $d \leq 8\,\mathrm{mm}$ nach DIN EN 1995-1-1: 2010-12, 8.3.1.1, 8.3.1.3 und DIN EN 1995-1-1/NA: 2013-08, 8.3.1.3[a]

Charakteristische Werte $f_{\mathrm{h,k}}$ der Lochleibungsfestigkeit in $\mathrm{N/mm^2}$ für alle Winkel α zwischen Kraft- und Faserrichtung des Holzes[b]	
für Holz nach Abschn. 11.3.1 und Furnierschichtholz (LVL) nach DIN EN 14279	
ohne vorgebohrte Löcher	$f_{\mathrm{h,k}} = 0{,}082 \cdot \varrho_{\mathrm{k}} \cdot d^{-0{,}3}$
mit vorgebohrten Löchern	$f_{\mathrm{h,k}} = 0{,}082 \cdot (1 - 0{,}01 \cdot d) \cdot \varrho_{\mathrm{k}}$
für Sperrholz nach DIN EN 13986 und DIN EN 636, s. Abschn. 11.19	
nicht vorgebohrte Sperrhölzer	$f_{\mathrm{h,k}} = 0{,}11 \cdot \varrho_{\mathrm{k}} \cdot d^{-0{,}3}$
vorgebohrte Sperrhölzer	$f_{\mathrm{h,k}} = 0{,}11 \cdot (1 - 0{,}01 \cdot d) \cdot \varrho_{\mathrm{k}}$
für OSB-Platten nach DIN EN 13986 und DIN EN 300, s. Abschn. 11.19 für kunstharzgebundene Spanplatten nach DIN EN 13986 und DIN EN 312, s. Abschn. 11.19	
nicht vorgebohrte Platten	$f_{\mathrm{h,k}} = 65 \cdot d^{-0{,}7} \cdot t^{0{,}1}$
vorgebohrte Platten	$f_{\mathrm{h,k}} = 50 \cdot d^{-0{,}6} \cdot t^{0{,}2}$
für zementgebundene Spanplatten nach DIN EN 13986 und DIN EN 634-2, s. Abschn. 11.19	
zementgebundene Spanplatten	$f_{\mathrm{h,1,k}} = (75 + 1{,}9 \cdot d) \cdot d^{-0{,}5} + d/10$
für Faserplatten nach DIN EN 13986 und DIN EN 622-2, s. Abschn. 11.19	
harte Holzfaserplatten HB.HLA2	$f_{\mathrm{h,k}} = 30 \cdot d^{-0{,}3} \cdot t^{0{,}6}$
für Gipsplatten nach DIN 18180, s. Abschn. 11.19	
Gipsplatten[c]	$f_{\mathrm{h,k}} = 3{,}9 \cdot d^{-0{,}6} \cdot t^{0{,}7}$
Charakteristischer Wert $M_{\mathrm{y,Rk}}$ des Fließmomentes in $\mathrm{N\,mm}$, Mindestzugfestigkeit des Nageldrahtes $f_{\mathrm{u,k}} = 600\,\mathrm{N/mm^2}$	
glattschaftige Nägel mit rundem Querschnitt und Sondernägel	$M_{\mathrm{y,Rk}} = 0{,}3 \cdot f_{\mathrm{u,k}} \cdot d^{2{,}6}$
glattschaftige Nägel mit etwa quadratischem Querschnitt	$M_{\mathrm{y,Rk}} = 0{,}45 \cdot f_{\mathrm{u,k}} \cdot d^{2{,}6}$

[a] Hierin bedeuten: d Nageldurchmesser in mm, s. Fußnote [a] zur Tafel 11.79 t Plattendicke in mm
ϱ_{k} charakteristischer Wert der Rohdichte des Holzes oder Holzwerkstoffes in $\mathrm{kg/m^3}$ nach Abschn. 11.3.1 bzw. Abschn. 11.19.
[b] für rechtwinklig zur Faserrichtung des Holzes eingeschlagene Nägel.
[c] bei Gipsplatten-Holz-Verbindungen mit Gipsplatten nach DIN 18180 sind nach DIN 1052-10: 2012-05 nur Nägel nach DIN 18182-2 einzusetzen, bei faserverstärkten Gipsplatten sind nur Nägel mit bauaufsichtlichem Verwendbarkeitsnachweis zulässig.

Tafel 11.81 Holzdicken von Bauteilen in Holz-Holz-Nagelverbindungen

Mindestholzdicken oder Mindesteindringtiefen t für Bauteile aus Nadelholz nach DIN EN 1995-1-1/NA: 2013-08, 8.3.1.2[a–e]	
1	Mindestholzdicken t_{req} oder Mindesteindringtiefen, s. Abb. 11.18 $t_{\mathrm{req}} = 9 \cdot d$ für Nägel mit rundem Querschnitt
Holzdicken t, bei denen Bauteile aus Holz vorzubohren sind nach DIN EN 1995-1-1: 2010-12, 8.3.1.2[g, h]	
2	Holz ist in der Regel vorzubohren, wenn Holzdicken t kleiner sind als $$t = \max \left\{ 7 \cdot d \text{ oder } (13 \cdot d - 30) \cdot \frac{\varrho_{\mathrm{k}}}{400} \right\}$$
Holzdicken t, bei denen Bauteile aus besonders spaltgefährdetem Holz vorzubohren sind nach DIN EN 1995-1-1: 2010-12, 8.3.1.2[g]	
3	Besonders spaltgefährdetes Holz ist vorzubohren, wenn die Holzdicken t kleiner sind als $$t = \max \left\{ 14 \cdot d \text{ oder } (13 \cdot d - 30) \cdot \frac{\varrho_{\mathrm{k}}}{200} \right\}$$
4	Besonders spaltgefährdetes Holz darf nach der Regel in Zeile 2 vorgebohrt werden, wenn folgende Bedingungen eingehalten werden: Randabstände zum Rand rechtwinklig zur Faser:[f] $a_{4,\mathrm{t}}, a_{4,\mathrm{c}} \geq 10 \cdot d$ für $\varrho_{\mathrm{k}} \leq 420\,\mathrm{kg/m^3}$ $a_{4,\mathrm{t}}, a_{4,\mathrm{c}} \geq 14 \cdot d$ für $420\,\mathrm{kg/m^3} < \varrho_{\mathrm{k}} \leq 500\,\mathrm{kg/m^3}$
Besonders spaltgefährdete Hölzer sind nach DIN EN 1995-1-1/NA: 2013-08, 8.3.1.2	
5	alle Holzarten außer Kiefernholz (für Kiefernholz darf die Regel in Zeile 2 angewendet werden)

[a] Hierin bedeuten: t, t_{req} Holzdicken in mm d Nageldurchmesser in mm, s. Fußnote [a] zu Tafel 11.79
ϱ_{k} charakteristische Rohdichte des Holzes in $\mathrm{kg/m^3}$ nach Abschn. 11.3.1.
[b] Mindestdicken und -abmessungen tragender einteiliger Einzelquerschnitte aus Voll- und Brettschichtholz nach Tafel 11.13 stets einhalten.
[c] Mindestholzdicken in Holzwerkstoff- und Gipsplatten-Nagelverbindungen nach Tafel 11.82.
[d] werden die Mindestholzdicken nach Tafel 11.81, Zeile 1 unterschritten, sind die $F_{\mathrm{v,Rk}}$-Werte entsprechend den reduzierten charakteristischen Werten $F_{\mathrm{v,Rk,red}}$ nach Tafel 11.79 abzumindern.
[e] abweichend von dem vereinfachenden Nachweisverfahren nach Abschn. 11.15.2.
[f] Hölzer mit charakteristischen Rohdichten $\varrho_{\mathrm{k}} \leq 500\,\mathrm{kg/m^3}$ sind i. d. R. Nadel- und Pappelhölzer.
[g] über das Vorbohren von Nagellöchern s. auch Tafel 11.77.
[h] die Regel in Zeile 2 darf nach DIN EN 1995-1-1/NA: 2013-08, 8.3.1.2(7), bei allen Holzarten angewendet werden für Schalungen, Trag- oder Konterlatten und die Zwischenanschlüsse von Windrispen, sowie von Querriegeln auf Rahmenhölzern, wenn diese Bauteile insgesamt mit mind. 2 Nägeln angeschlossen sind.

Tafel 11.82 Mindestdicken t_{req} von Bauteilen in Holzwerkstoff- oder Gipsplatten-Holz- und Stahlblech-Holz-Nagelverbindungen[a, b, c, h]

Mindestdicken t_{req} von Holzwerkstoff- oder Gipswerkstoffplatten in Nagelverbindungen
nach DIN EN 1995-1-1/NA: 2013-08, 8.3.1.3, Tab. NA.14[d, e, h]

Holzwerkstoff- oder Gipsplatten	t_{req} für außen liegende Holzwerkstoff- oder Gipsplatten (einschnittig)	t_{req} für innen liegende Holzwerkstoff- oder Gipsplatten (zweischnittig)
Sperrholz F20/10 E40/20 und F20/15 E30/25 mit $\varrho_k \geq 350\,\mathrm{kg/m^3}$	$7 \cdot d$	$6 \cdot d$
Sperrholz F40/30 E60/40, F50/25 E70/25 und F60/10 E90/10 mit $\varrho_k \geq 600\,\mathrm{kg/m^3}$	$6 \cdot d$	$4 \cdot d$
OSB-Platten OSB/2, OSB/3 und OSB/4 Kunstharzgebundene Spanplatten P4, P5, P6 und P7	$7 \cdot d$	$6 \cdot d$
Zementgebundene Spanplatten der Klasse 1 und 2	$4 \cdot d$	$4 \cdot d$
Faserplatten HB.HLA2 (harte Platten)	$6 \cdot d$	$4 \cdot d$
Gipsplatten[f]	$10 \cdot d$	–

Mindestholzdicken t_{req} in Stahlblech-Holz-Nagelverbindungen nach DIN EN 1995-1-1/NA: 2013-08, 8.3.1.4, Tab. NA.15[c, d, e]

Stahlblech, vorgebohrt	t_{req} Mittelholzdicke (zweischnittig)	t_{req} Dicke in allen anderen Fällen
innen liegend oder dick und außen liegend[g]	$10 \cdot d$	$10 \cdot d$
dünn und außen liegend[g]	$7 \cdot d$	$9 \cdot d$

[a] Hierin bedeuten:
t_{req} Mindestholzdicken in mm
d Durchmesser des Nagels in mm, s. Fußnote [a] zu Tafel 11.79.
[b] Mindestdicken tragender einteiliger Einzelquerschnitte aus Voll- und Brettschichtholz nach Tafel 11.13 bzw. tragender/aussteifender Holzwerkstoff- und Gipsplatten nach DIN EN 1995-1-1/NA: 2013-08, 3.4 und 3.5, stets einhalten.
[c] Mindestholzdicken in Holz-Holz-Nagelverbindungen nach Tafel 11.81.
[d] abweichend von dem vereinfachenden Nachweisverfahren nach Abschn. 11.15.2.
[e] werden die Mindestholzdicken unterschritten, sind die $F_{v,Rk}$-Werte entsprechend den reduzierten charakteristischen Werten $F_{v,Rk,red}$ sinngemäß nach Tafel 11.79 abzumindern, bei Einschlagtiefen $< 4 \cdot d$ ist die Scherfuge, die der Nagelspitze nächstliegend ist, nicht in Rechnung zu stellen.
[f] bei Gipsplatten-Holz-Verbindungen mit Gipsplatten nach DIN 18180 dürfen nach DIN 1052-10: 2012-05 nur Nägel nach DIN 18182-2 eingesetzt werden, für faserverstärkte Gipsplatten sind nur Nägel mit bauaufsichtlichem Verwendbarkeitsnachweis zu verwenden.
[g] zur Definition von dünnen und dicken Stahlblechen s. Tafel 11.66.
[h] Holzwerkstoff- und Gipsplatten nach den jeweils in Tafel 11.80 angeführten Baunormen.

Tafel 11.83 Mindestabstände von Nägeln[a, b, f]

Mindestnagelabstände in Holz-Holz-Verbindungen nach DIN EN 1995-1-1: 2010-12, 8.3.1.2, Tab. 8.2[a, b, f]

Bezeichnungen nach Abb. 11.16		Winkel α	nicht vorgebohrt		vorgebohrt
			$\varrho_k \leq 420\,\mathrm{kg/m^3}$ [b, f]	$420 < \varrho_k \leq 500\,\mathrm{kg/m^3}$	
a_1	untereinander in Faserrichtung	$0° \leq \alpha \leq 360°$	$d < 5\,\mathrm{mm}$: $(5 + 5 \cdot \lvert\cos\alpha\rvert) \cdot d$ $d \geq 5\,\mathrm{mm}$: $(5 + 7 \cdot \lvert\cos\alpha\rvert) \cdot d$	$(7 + 8 \cdot \lvert\cos\alpha\rvert) \cdot d$	$(4 + \lvert\cos\alpha\rvert) \cdot d$
a_2	untereinander $\perp$ zur Faserrichtung	$0° \leq \alpha \leq 360°$	$5 \cdot d$	$7 \cdot d$	$(3 + \lvert\sin\alpha\rvert) \cdot d$
$a_{3,t}$	vom beanspruchten Hirnholzende	$-90° \leq \alpha \leq 90°$	$(10 + 5 \cdot \cos\alpha) \cdot d$	$(15 + 5 \cdot \cos\alpha) \cdot d$	$(7 + 5 \cdot \cos\alpha) \cdot d$
$a_{3,c}$	vom unbeanspruchten Hirnholzende	$90° \leq \alpha \leq 270°$	$10 \cdot d$	$15 \cdot d$	$7 \cdot d$
$a_{4,t}$	vom beanspruchten Rand	$0° \leq \alpha \leq 180°$	$d < 5\,\mathrm{mm}$: $(5 + 2 \cdot \sin\alpha) \cdot d$ $d \geq 5\,\mathrm{mm}$: $(5 + 5 \cdot \sin\alpha) \cdot d$	$d < 5\,\mathrm{mm}$: $(7 + 2 \cdot \sin\alpha) \cdot d$ $d \geq 5\,\mathrm{mm}$: $(7 + 5 \cdot \sin\alpha) \cdot d$	$d < 5\,\mathrm{mm}$: $(3 + 2 \cdot \sin\alpha) \cdot d$ $d \geq 5\,\mathrm{mm}$: $(3 + 4 \cdot \sin\alpha) \cdot d$
$a_{4,c}$	vom unbeanspruchten Rand	$180° \leq \alpha \leq 360°$	$5 \cdot d$	$7 \cdot d$	$3 \cdot d$

Tafel 11.83 (Fortsetzung)

Mindestnagelabstände in Holzwerkstoff-Holz-Verbindungen
nach DIN EN 1995-1-1: 2010-12, 8.3.1.3 und DIN EN 1995-1-1/NA: 2013-08, 8.3.1.3[a, b]

	a_1 und a_2 für alle genagelten Holzwerkstoff-Holz-Verbindungen (außer a_1 bei Gipsplatten-Holz-Verbindungen)[e]	
a_1	untereinander in Plattenrichtung	die 0,85-fachen Tafelwerte für Holz-Holz-Verbindungen
a_2	untereinander $\perp$ zur Plattenrichtung	
a_1	bei Gipsplatten-Holz-Verbindungen[e]	$20 \cdot d$

	a_3 und a_4 für genagelte Holzwerkstoff-Holz-Verbindungen	
$a_{3,t}$	vom beanspruchten Hirnholzende[c]	
	– Sperrholz	$(3 + 4 \cdot \sin \alpha) \cdot d$
	– OSB-Platten, kunstharzgebundene Spanplatten, zementgebundene Spanplatten, Faserplatten, Gipsplatten	Tafelwerte für Holz-Holz-Verbindungen
$a_{3,c}$	vom unbeanspruchten Hirnholzende[c]	
	– Sperrholz	$3 \cdot d$
	– OSB-Platten, kunstharzgebundene Spanplatten, zementgebundene Spanplatten, Faserplatten, Gipsplatten	Tafelwerte für Holz-Holz-Verbindungen
$a_{4,t}$	vom beanspruchten Plattenrand[c]	
	– Sperrholz	$(3 + 4 \cdot \sin \alpha) \cdot d$
	– OSB-Platten, kunstharzgebundene Spanplatten, Faserplatten	$7 \cdot d$
	– Gipsplatten[e]	$10 \cdot d$
	– zementgebundene Spanplatten	Tafelwerte für Holzwerkstoff-Holz-Verbindungen
$a_{4,c}$	vom unbeanspruchten Plattenrand[c]	
	– Sperrholz, OSB-Platten, kunstharzgebundene Spanplatten, Faserplatten HB.HLA2 (harte)	$3 \cdot d$
	– Gipsplatten[e]	$7 \cdot d$
	– zementgebundene Spanplatten	Tafelwerte für Holzwerkstoff-Holz-Verbindungen

Mindestnagelabstände in Stahlblech-Holz-Verbindungen nach DIN EN 1995-1-1: 2013-08, 8.3.1.4[d]

	a_1 und a_2 für alle genagelten Stahlblech-Holz-Verbindungen	
a_1	untereinander in Faserrichtung	die 0,70-fachen Tafelwerte für Holz-Holz-Verbindungen
a_2	untereinander $\perp$ zur Faserrichtung	

	a_3 und a_4 für alle genagelten Stahlblech-Holz-Verbindungen	
a_3	vom Hirnholzende	Tafelwerte für Holz-Holz-Verbindungen
a_4	vom Rand	

[a] Hierin bedeuten:
α Winkel zwischen Kraft- und Faserrichtung des Holzes bzw. zwischen der Kraftrichtung und dem beanspruchten Rand oder Hirnholzende
d Nageldurchmesser in mm, s. Fußnote [a] zu Tafel 11.79
ϱ_k charakteristischer Wert der Rohdichte in kg/m^3 nach Abschn. 11.3.1.
[b] Holz nach Abschn. 11.3.1, Holzwerkstoff- und Gipsplatten nach den jeweils in Tafel 11.80 angeführten Baunormen.
[c] soweit nicht die Nagelabstände im Holz maßgebend sind.
[d] Abstand der Nägel vom Blechrand sinngemäß nach DIN EN 1993.
[e] für faserverstärkte Gipsplatten gelten die Mindestabstände nach dem bauaufsichtlichen Verwendbarkeitsnachweis.
[f] für Brettschichtholz aus Nadelholz darf nach DIN EN 1995-1-1/NA: 2013-08 eine charakteristische Rohdichte $\varrho_k \leq 420 \, \text{kg/m}^3$ zugrunde gelegt werden.

Tafel 11.84 Maximale Abstände von tragenden Nägeln und Heftnägeln nach DIN EN 1995-1-1/NA: 2013-08, 8.3.1.2 und 8.3.1.3[a]

	Lage zur Faserrichtung	Nagelabstände bei	
		Holz	Holzwerkstoffplatten
untereinander	in	$40 \cdot d$	$40 \cdot d$[b, c]
untereinander	rechtwinklig	$20 \cdot d$	$40 \cdot d$[b, c]

[a] Hierin bedeuten:
d Nageldurchmesser in mm, s. Fußnote [a] zu Tafel 11.79.
[b] bei Holzwerkstoffplatten mit nur aussteifender Funktion: $80 \cdot d$ (außer bei Gipskartonplatten, s. Fußnote [c]), dies gilt auch für den Anschluss mittragender Beplankungen an Mittelrippen von Wandscheiben bzw. Wandtafeln.
[c] bei Gipsplatten-Holz-Verbindungen: größter Abstand $60 \cdot d$, jedoch $\leq 150 \, \text{mm}$.

Tafel 11.85 Charakteristische Tragfähigkeiten $F_{v,Rk}$ von Nägeln in Holz-Holz-Verbindungen aus Nadelholz pro Scherfuge und Nagel bei Beanspruchung auf Abscheren nach dem vereinfachten Nachweisverfahren der DIN EN 1995-1-1/NA: 2013-08, NCI zu 8.3.1.2 sowie DIN EN 1995-1-1: 2010-12, 8.3.1.1, errechnet nach Tafeln 11.79 bis 11.81

1	2	3	4	5	6	7	8	9
Nadelvollholz C24 **andere Nadelholz-Festigkeitsklassen**[n–p]			Stahlzugfestigkeit $f_{u,k} = 600\,\text{N/mm}^2$ Rohdichte $\varrho_k = 350\,\text{kg/m}^3$					
Nenndurchmesser	**Mindesteinschlagtiefe** (-eindringtiefe)[b–d]	**Mindestholzdicke**[b, k]	**nicht vorgebohrt**			**vorgebohrt**[q–s]		
			wenn Holzdicke t größer als das angegebene Maß		Charakteristische Tragfähigkeit[m, n]	wenn Holzdicke t kleiner als das angegebene Maß		Charakteristische Tragfähigkeit[m, n]
			bei Randabstand $a_{4,t(c)} < 10 \cdot d$, $a_{4,t(c)} < 14 \cdot d^f$ außer bei Kiefernholz[b, e, g, k]	bei Randabstand $a_{4,t(c)} \geq 10 \cdot d$, $a_{4,t(c)} \geq 14 \cdot d^f$ und bei Kiefernholz[b, e, h, k]		bei Randabstand $a_{4,t(c)} < 10 \cdot d$, $a_{4,t(c)} < 14 \cdot d^f$ außer bei Kiefernholz[b, e, i, k]	bei Randabstand $a_{4,t(c)} \geq 10 \cdot d$, $a_{4,t(c)} \geq 14 \cdot d^f$ und bei Kiefernholz[b, e, j, k]	
$d \times l$ (Länge)	t_{req}	t_{req}	t	t	$F_{v,Rk}$	t	t	$F_{v,Rk}$
in mm	in mm	in mm	in mm		in N	in mm		in N
Glattschaftige Nägel mit rundem Querschnitt nach DIN EN 14592: 2009-02 und DIN EN 10230-1: 2000-01[a]								
$2{,}0 \times 30/$ $\times 40/\times 45$	18	22^k	≥ 28	$\geq 22^k$	320	< 28	$= 22^k$	350
$2{,}2 \times 30/$ $\times 40/\times 50$	20	22^k	≥ 31	$\geq 22^k$	375	< 31	$= 22^k$	415
$2{,}4 \times 30/$ $\times 40/\times 50$	22	22^k	≥ 34	$\geq 22^k$	430	< 34	$= 22^k$	485
$2{,}7 \times 40/$ $\times 50/\times 60$	24	24	≥ 38	$\geq 22^k$	525	< 38	$= 22^k$	600
$3{,}0 \times 50/\times 60/$ $\times 70/\times 80$	27	27	> 42	$\geq 22^k$	625	< 42	$= 22^k$	725
$3{,}4 \times 60/\times 70/$ $\times 80/\times 90$	31	31	≥ 48	≥ 24	765	< 48	< 24	905
$3{,}8 \times 70/\times 80/$ $\times 90/\times 100$	34	34	≥ 53	≥ 27	920	< 53	< 27	1100
$4{,}2 \times 90/$ $\times 100/\times 110$	38	38	≥ 59	$\geq 29^p$	1090	< 59	$< 29^p$	1320
$4{,}6 \times 90/$ $\times 100/\times 120$	41	41	$\geq 64^o$	$\geq 32^p$	1260	$< 64^o$	$< 32^p$	1550
$5{,}0 \times 100/$ $\times 120/\times 140$	45	45	$\geq 70^o$	$\geq 35^p$	1450	$< 70^o$	$< 35^p$	1800
$5{,}5 \times 140$	50	50	$\geq 77^o$	$\geq 39^p$	1690	$< 77^o$	$< 39^p$	2130
$6{,}0 \times 150/$ $\times 160/\times 180$	54	54	$\geq 84^o$	$\geq 42^p$	1950	$< 84^o$	$< 42^p$	2480
$7{,}0 \times 200$	63	63	–	–	–	$< 107^o$	$< 53^p$	3250
$8{,}0 \times 280$	72	72	–	–	–	$< 130^o$	$< 65^p$	4120
Profilierte Nägel (Sondernägel) mit rundem Querschnitt der Tragfähigkeitsklasse 1, 2 und 3 mit Initial Type Testing (ITT) nach DIN EN 14592: 2009-02 (bisher Einstufungsnachweis)								
$2{,}5^l$	23	23	≥ 35	$\geq 22^k$	460	< 35	$= 22^k$	520
$2{,}9$	26	26	≥ 41	$\geq 22^k$	590	< 41	$= 22^k$	680
$3{,}1$	28	28	≥ 43	$\geq 22^k$	655	< 43	$= 22$	765
$4{,}0$	36	36	≥ 46	≥ 28	1000	< 56	< 28	1210
$5{,}1$	46	46	$\geq 71^o$	$\geq 36^p$	1490	$< 71^o$	$< 36^p$	1860
$6{,}0$	54	54	$\geq 84^o$	$\geq 42^p$	1950	$< 84^o$	$< 42^p$	2480

Tafel 11.85 (Fortsetzung)

[a] Nägel mit glattem Schaft, rundem Flachkopf, Senkkopf und Senkkopf mit Einsenkung; Holz nach Abschn. 11.3.1; für alle Winkel α Kraft- zur Faserrichtung des Holzes.

[b] über die Definition von Einschlag-/Eindringtiefen und Holzdicken s. Abb. 11.18.

[c] bei Eindringtiefen(-schlagtiefen) $< 4 \cdot d$ die Scherfuge, die der Nagelspitze nächst liegend ist, nicht in Rechnung stellen.

[d] liegen die vorhandenen Einschlagtiefen t unterhalb der Mindestschlagtiefen(-eindringtiefen) t_{req} im Bereich $4 \cdot d \leq t < 9 \cdot d$, sind die $F_{v,Rk}$-Werte entsprechend den $F_{v,Rk,red}$-Werten nach Tafel 11.79 abzumindern; sind Einschlagtiefen $t < 4 \cdot d$ vorhanden, ist die betreffende Scherfuge nicht in Rechnung zu stellen, d. h. für diese Scherfuge ist der $F_{v,Rk}$-Wert gleich null zu setzen.

[e] liegen die vorhandenen Holzdicken t unterhalb der Mindestholzdicken t_{req} nach Spalte 3, sind die $F_{v,Rk}$-Werte entsprechend den $F_{v,Rk,red}$-Werten nach Tafel 11.79 abzumindern.

[f] Randabstände $a_{4,t(c)} < 10 \cdot d$ (oder $a_{4,t(c)} \geq 10 \cdot d$) für $\varrho_k \leq 420\,\text{kg/m}^3$ und $a_{4,t(c)} < 14 \cdot d$ (oder $a_{4,t(c)} > 14 \cdot d$) für $420\,\text{kg/m}^3 < \varrho_k \leq 500\,\text{kg/m}^3$, s. auch Tafel 11.81, Zeile 4.

[g] diese Holzdicken t gelten für alle Nadelhölzer, wenn die Randabstände $a_{4,t(c)} < 10 \cdot d$ bzw. $a_{4,t(c)} < 14 \cdot d$ gewählt werden (bei Kiefernholz darf die Spalte 5 verwendet werden), Definition der Randabstände nach Tafel 11.83; werden die Holzdicken der Spalte 4 jedoch unterschritten, müssen die Hölzer nach Spalte 7 oder 8 vorgebohrt werden, s. Tafel 11.81, Zeile 3.

[h] diese Holzdicken t gelten für alle Nadelhölzer, wenn die Randabstände $a_{4,t(c)} \geq 10 \cdot d$ bzw. $a_{4,t(c)} \geq 14 \cdot d$ gewählt werden (bei Kiefernholz dürfen die Holzdicken der Spalte 5 ohne Einhaltung der besonderen Bedingung für die Randabstände verwendet werden, d. h. nur Einhaltung der Mindestabstände nach Tafel 11.83), Definition der Randabstände nach Tafel 11.83; werden die Holzdicken der Spalte 5 jedoch unterschritten, müssen die Hölzer nach Spalte 7 oder 8 vorgebohrt werden, s. Tafel 11.81, Zeilen 2 und 4.

[i] diese Holzdicken t gelten für alle Nadelhölzer, wenn die Randabstände $a_{4,t(c)} < 10 \cdot d$ bzw. $a_{4,t(c)} < 14 \cdot d$ gewählt werden (bei Kiefernholz darf die Spalte 8 verwendet werden), Definition der Randabstände nach Tafel 11.83.

[j] diese Holzdicken t gelten für alle Nadelhölzer, wenn die Randabstände $a_{4,t(c)} \geq 10 \cdot d$ bzw. $a_{4,t(c)} \geq 14 \cdot d$ gewählt werden (bei Kiefernholz dürfen die Holzdicken der Spalte 8 ohne Einhaltung der besonderen Bedingung für die Randabstände verwendet werden, d. h. nur Einhaltung der Mindestabstände nach Tafel 11.83).

[k] Empfohlene Mindestdicken tragender einteiliger Einzelquerschnitte aus Vollholz nach Tafel 11.13 $t_{min} = 22\,\text{mm}$ maßgebend bzw. nicht unterschreiten, für Brettschichtholz gilt der übliche herstellungsbedingte Grenzwert von etwa $t_{min} = 50\,\text{mm}$.

[l] Längen von profilierten Nägeln (Sondernägeln) je nach Hersteller.

[m] Bemessungswerte der Tragfähigkeit nach (11.68).

[n] für andere Nadelholz-Festigkeitsklassen (mit charakteristischen Rohdichten $\varrho_k > 350\,\text{kg/m}^3$) sowie Stahlzugfestigkeiten $f_{u,k} = 600\,\text{N/mm}^2$ kann die charakteristische Tragfähigkeit eines Nagels wie folgt erhöht werden: $F_{v,Rk}$ multiplizieren mit dem Beiwert $k_R = \sqrt{\varrho_k/350}$.

[o] für andere Nadelholz-Festigkeitsklassen (mit charakteristischen Rohdichten $\varrho_k > 350\,\text{kg/m}^3$) ist (bei den „größeren" Mindestholzdicken) die Holzdicke t als das Maximum aus dem vorhandenen Tafelwert oder aus $t = (13 \cdot d - 30) \cdot \varrho_k/200$ zu verwenden.

[p] für andere Nadelholz-Festigkeitsklassen (mit charakteristischen Rohdichten $\varrho_k > 350\,\text{kg/m}^3$) ist (bei den „kleineren" Mindestholzdicken) die Holzdicke t als das Maximum aus dem vorhandenen Tafelwert oder aus $t = (13 \cdot d - 30) \cdot \varrho_k/400$ zu verwenden.

[q] in Douglasienholz ist stets über die ganze Nagellänge vorzubohren.

[r] über Vorbohren von Nagellöchern s. auch Tafel 11.77.

[s] bei $\varrho_k < 500\,\text{kg/m}^3$ (i. d. R. Nadel- und Pappelholz) darf für Nageldurchmesser $d \leq 6\,\text{mm}$ vorgebohrt werden.

11.15.5.2 Nagelverbindungen bei Beanspruchung in Richtung der Nagelachse (Herausziehen)

nach DIN EN 1995-1-1: 2010-12, 8.3.2

Charakteristische Werte des Ausziehwiderstandes $F_{ax,Rk}$ von Nägeln bei Nagelung rechtwinklig zur Faserrichtung und bei Schrägnagelung nach Tafel 11.87, **Bemessungswerte** $F_{ax,Rd}$ **(Tragfähigkeit auf Herausziehen)** nach (11.70) berechnen.

$$F_{ax,Rd} = \frac{k_{mod} \cdot F_{ax,Rk}}{\gamma_M} \tag{11.70}$$

$F_{ax,Rk}$ charakteristischer Wert des Ausziehwiderstandes von Nägeln bei Beanspruchung auf Herausziehen nach Tafel 11.87

k_{mod} Modifikationsbeiwert für Holz nach Tafel 11.5

γ_M Teilsicherheitsbeiwert für Holz bzw. Holzwerkstoffe nach Tafel 11.12
= 1,3.

Mindestabstände bei Nägeln, die in Richtung der Nagelachse beansprucht werden (Herausziehen), sind wie die Mindestabstände rechtwinklig zur Nagelachse (Abscheren) beanspruchter Nägel nach Tab. 11.83 einzuhalten, bei Schrägnagelungen muss der Abstand zum beanspruchten Hirnholzende $a_{3,t} \geq 10 \cdot d$ betragen, s. Bilder in Tafel 11.87. Bei Schrägnagelungen mind. 2 Nägel verwenden.

Nägel, die in Hirnholz eingeschlagen und auf Herausziehen beansprucht werden, dürfen nicht zur Kraftübertragung herangezogen werden.

Glattschaftige Nägel in vorgebohrten Nagellöchern dürfen nach DIN EN 1995-1-1/ NA: 2013-08, 8.3.2, nicht auf Herausziehen beansprucht werden.

Profilierte Nägel (Sondernägel) in vorgebohrten Nagellöchern dürfen nach DIN EN 1995-1-1/NA: 2013-08, 8.3.2, nur mit 70 % ihres charakteristischen Ausziehparameters (Ausziehfestigkeit) $f_{ax,k}$ in Ansatz gebracht werden, s. Tafel 11.87, wenn der Bohrlochdurchmesser $\leq$ Kerndurchmesser des profilierten Nagels (Sondernagels) ist. Sind die Bohrlochdurchmesser > Kerndurchmesser, darf der profilierte Nagel (Sondernägel) nicht auf Herausziehen beansprucht werden.

Tafel 11.86 Beanspruchungsart, Lasteinwirkungsdauer, Eindringtiefen und Ausziehfestigkeiten(-parameter) von Nägeln auf Herausziehen nach DIN EN 1995-1-1: 2010-12, 8.3.2[a, b]

Nägel	Beanspruchungsart, Lasteinwirkungsdauer[d]	Eindringtiefen t_{pen}	Charakteristische Ausziehfestigkeiten[e] $f_{\text{ax,k}}$
Glattschaftige Nägel[b]	Nur sehr kurze, kurze und mittlere Lasteinwirkungsdauer, z. B. Windsogkräfte	$t_{\text{pen}} \geq 12 \cdot d$	$f_{\text{ax,k}}$
		$8 \cdot d \leq t_{\text{pen}} < 12 \cdot d$	$f_{\text{ax,k}} \cdot (t_{\text{pen}}/(4 \cdot d) - 2)$
		$t_{\text{pen}} < 8 \cdot d$	$f_{\text{ax,k}} = 0$
Profilierte Nägel (Sondernägel) der Tragfähigkeitsklassen 1, 2 und 3[b, c, f]	Sehr kurze bis ständige Lasteinwirkungsdauer	$t_{\text{pen}} \geq 8 \cdot d$	$f_{\text{ax,k}}$
		$6 \cdot d \leq t_{\text{pen}} < 8 \cdot d$	$f_{\text{ax,k}} \cdot (t_{\text{pen}}/(2 \cdot d) - 3)$
		$t_{\text{pen}} < 6 \cdot d$	$f_{\text{ax,k}} = 0$

[a] Hierin bedeuten:

d Nageldurchmesser,
  – für runde glattschaftige Nägel und runde profilierte Nägel (Sondernägel): Durchmesser des glatten Schaftteils in mm,
  – für Nägel mit etwa quadratischem Querschnitt: kleinste Seitenlänge des Nagelquerschnitts in mm

t_{pen} Eindringtiefe auf der Seite der Nagelspitze oder bei profilierten Nägeln (Sondernägeln) Länge l_g des profilierten Schaftteils im Bauteil mit der Nagelspitze, jedoch ohne Berücksichtigung der Länge der Nagelspitze, s. Bilder in Tafel 11.87.

[b] weitere Festlegungen s. Fußnoten zur Tafel 11.87.

[c] profilierte Nägel (Sondernägel) werden nach DIN EN 1995-1-1/NA: 2013-08, 8.3.2, Tab. NA.16, in die Tragfähigkeitsklassen 1, 2 und 3 (Widerstand gegen Ausziehen) und in die Tragfähigkeitsklassen A bis F (Widerstand gegen Kopfdurchziehen) eingeteilt, s. auch Tafel 11.87.

[d] über Klassen der Lasteinwirkungsdauer s. Tafeln 11.8 und 11.9.

[e] charakteristische Ausziehfestigkeit nach Tafel 11.87.

[f] bei profilierten Nägeln (Sondernägeln) sollte nur die Länge des profilierten Schaftteils zur Übertragung von Kräften in Richtung der Nagelachse in Rechnung gestellt werden bzw. die Länge des profilierten Schaftteils im Bauteil mit der Nagelspitze.

Tafel 11.87 Charakteristischer Wert des Ausziehwiderstandes $F_{\text{ax,Rk}}$, des Ausziehparameters (-festigkeit) $f_{\text{ax,k}}$, des Kopfdurchziehparameter (-festigkeit) $f_{\text{head,k}}$ für Nagelverbindungen bei Beanspruchung in Richtung der Nagelachse (Herausziehen)[a]

Charakteristischer Wert des Ausziehwiderstandes $F_{\text{ax,Rk}}$ von Nägeln bei Nagelung rechtwinklig zur Faserrichtung und bei Schrägnagelungen nach DIN EN 1995-1-1: 2010-12, 8.3.2

1	für glattschaftige Nägel
	$F_{\text{ax,Rk}} = \min\{f_{\text{ax,k}} \cdot d \cdot t_{\text{pen}} \text{ oder } f_{\text{ax,k}} \cdot d \cdot t + f_{\text{head,k}} \cdot d_\text{h}^2\}$ [d, f, g, j]
2	für profilierte Nägel (Sondernägel)
	$F_{\text{ax,Rk}} = \min\{f_{\text{ax,k}} \cdot d \cdot t_{\text{pen}} \text{ oder } f_{\text{head,k}} \cdot d_\text{h}^2\}$ [e, g, h, i, j]

Charakteristische Werte des Ausziehparameters (-festigkeit)[j]		**Charakteristische Werte des Kopfdurchziehparameters (-festigkeit)**	
Nageltyp	$f_{\text{ax,k}}$ in N/mm²	Nageltyp	$f_{\text{head,k}}$ in N/mm²
Glattschaftige Nägel nach DIN EN 1995-1-1: 2010-12, 8.3.2			
glattschaftig[d, f, g]	$20 \cdot 10^{-6} \cdot \varrho_\text{k}^2$	glattschaftig[d, f, g]	$70 \cdot 10^{-6} \cdot \varrho_\text{k}^2$
Profilierte Nägel (Sondernägel) nach DIN EN 1995-1-1/NA: 2013-08, 8.3.2, Tab. NA.16[b, h]			
Tragfähigkeitsklasse 1[c, e, f, g]	$30 \cdot 10^{-6} \cdot \varrho_\text{k}^2$	Tragfähigkeitsklasse A[c, e, f, g, h]	$60 \cdot 10^{-6} \cdot \varrho_\text{k}^2$
Tragfähigkeitsklasse 2[c, e, f, g]	$40 \cdot 10^{-6} \cdot \varrho_\text{k}^2$	Tragfähigkeitsklasse B[c, e, f, g, h]	$80 \cdot 10^{-6} \cdot \varrho_\text{k}^2$
Tragfähigkeitsklasse 3[c, e, f, g]	$50 \cdot 10^{-6} \cdot \varrho_\text{k}^2$	Tragfähigkeitsklasse C[c, e, f, g, h]	$100 \cdot 10^{-6} \cdot \varrho_\text{k}^2$
		Tragfähigkeitsklasse D[c, e, f, g, h]	$120 \cdot 10^{-6} \cdot \varrho_\text{k}^2$
		Tragfähigkeitsklasse E[c, e, f, g, h]	$140 \cdot 10^{-6} \cdot \varrho_\text{k}^2$
		Tragfähigkeitsklasse F[c, e, f, g, h]	$160 \cdot 10^{-6} \cdot \varrho_\text{k}^2$

Nagelung rechtwinklig zur Faserrichtung des Holzes und Schrägnagelung nach DIN EN 1995-1-1: 2010-12, 8.3.2, Bild 8.8

Nagelung rechtwinklig zur Faserrichtung	Schrägnagelung mit mind. 2 Nägeln in einer Verbindung
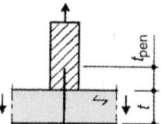	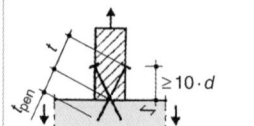

[a] Hierin bedeuten:

d Nenndurchmesser des Nagels in mm, s. Fußnote [a] der Tafel 11.86

d_h Kopfdurchmesser des Nagels, Beispiele in Tafel 11.88

$f_{\text{ax,k}}$ charakteristischer Wert des Ausziehparameters (-festigkeit) auf der Seite der Nagelspitze

$f_{\text{head,k}}$ charakteristischer Wert des Kopfdurchziehparameters (-festigkeit) auf der Seite des Nagelkopfes

t Dicke des Bauteils auf der Seite des Nagelkopfes, s. Bilder oben

t_{pen} Eindringtiefe auf der Seite der Nagelspitze oder bei profilierten Nägeln die Länge des profilierten Schaftteils l_g im Bauteil mit der Nagelspitze, jedoch ohne Berücksichtigung der Länge der Nagelspitze[i], s. Bilder oben

ϱ_k charakteristischer Wert der Rohdichte in kg/m³ nach Abschn. 11.3.1.

Tafel 11.87 (Fortsetzung)

[b] für Nägel nach DIN EN 14592: 2009-02, die nach DIN 20000-6: 2013-08 einer Tragfähigkeitsklasse zugeordnet worden sind.

[c] charakteristischer Wert ϱ_k der Rohdichte, jedoch $\varrho_k \leq 500\,\text{kg/m}^3$.

[d] glattschaftige Nägel in vorgebohrten Nagellöchern dürfen nicht auf Herausziehen beansprucht werden.

[e] profilierte Nägel (Sondernägel) in vorgebohrten Nagellöchern dürfen nur auf Herausziehen beansprucht werden, wenn der Bohrlochdurchmesser $\leq$ Kerndurchmesser des profilierten Nagels ist und der charakteristische Ausziehparameter (-festigkeit) $f_{ax,k}$ nur mit 70 % seines Wertes in Rechnung gestellt wird; ist der Bohrlochdurchmesser > Kerndurchmesser, dürfen die profilierten Nägel (Sondernägel) nicht auf Herausziehen belastet werden.

[f] glattschaftige Nägel und profilierte Nägel (Sondernägel) der Tragfähigkeitsklasse 1 dürfen im Anschluss von Koppelpfetten auf Herausziehen beansprucht werden, wenn sie infolge einer Dachneigung dauernd (ständig) auf Herausziehen beansprucht werden, die Dachneigung $\gamma \leq 30°$ beträgt und der charakteristische Wert des Ausziehparameters (-festigkeit) $f_{ax,k}$ nur zu 60 % rechnerisch angesetzt wird.

[g] bei Bauholz mit einer Einbauholzfeuchte von ca. $\omega \geq 30\,\%$ (Fasersättigung und diese übersteigende Holzfeuchte), das voraussichtlich unter Lasteinwirkung austrocknet (rücktrocknet), sind nach DIN EN 1995-1-1: 2010-12, 8.3.2, die charakteristischen Werte des Ausziehparameters (-festigkeit) $f_{ax,k}$ und des Kopfdurchziehparameters (-festigkeit) $f_{head,k}$ nur zu 2/3 rechnerisch zu berücksichtigen.

[h] der charakteristische Wert des Kopfdurchziehparameters (-festigkeit) $f_{head,k}$ für profilierte Nägel darf nach DIN EN 1995-1-1/NA: 2013-08, 8.3.2, beim Anschluss von Massivholz-, Sperrholz- und OSB-Platten sowie kunstharzgebundenen und zementgebundenen Spanplatten höchstens den Wert der Tragfähigkeitsklasse C erhalten, wenn diese Platten eine Dicke von mind. 20 mm besitzen, dabei ist für die charakteristische Rohdichte $\varrho_k = 380\,\text{kg/m}^3$ einzusetzen; für Platten mit einer Dicke zwischen 12 und 20 mm darf in allen Fällen nur mit $f_{head,k} = 8\,\text{N/mm}^2$ gerechnet werden, bei Plattendicken kleiner 12 mm nur mit $F_{ax,Rk} = 400\,\text{N}$.

[i] nach DIN EN 14592: 2012-07, Bild 1b bezieht sich der charakteristische Wert des Ausziehparameters für profilierte Nägel auf die profilierte Länge ohne Nagelspitze, deshalb ist zur Berechnung des Ausziehwiderstandes $F_{ax,Rk}$ bei profilierten Nägeln für die Eindringtiefe t_{pen} der profilierte Schaftteil im Bauteil ohne Berücksichtigung der Länge der Nagelspitze anzusetzen, die üblichen Nagelspitzen liegen zwischen $1,0 \cdot d$ und $1,5 \cdot d$, maximal möglich $2,5 \cdot d$.

[j] charakteristischer Ausziehparameter $f_{ax,k}$ gilt für Nadelvollholz, Brettschichtholz aus Nadelholz und Balkenschichtholz aus Nadelholz nach DIN 20000-6, 2013-08, 3.3.1.

Tafel 11.88 Charakteristische Werte des Ausziehwiderstandes (Tragfähigkeit) von glattschaftigen Nägeln bei Beanspruchung in Richtung der Nagelachse (Herausziehen), errechnet nach Tafel 11.86 und 11.87[a, f]

für Nadelvollholz C24	Stahlzugfestigkeit $f_{u,k} = 600\,\text{N/mm}^2$
	Rohdichte $\varrho_k = 350\,\text{kg/m}^3$

Glattschaftige Nägel nach DIN EN 14592: 2009-02, DIN 20000-6: 2013-08 und DIN EN 10230-1: 2000-01[b, d]
nur sehr kurze, kurze und mittlere Lasteinwirkungsdauer

Nageldurchmesser[c]	Nagelkopf-durchmesser	Eindringtiefe t_{pen}		Charakteristische Werte des Ausziehwiderstandes $F_{ax,Rk}$[c, e, g]		
		min $12 \cdot d$	für max d [h]	je mm Eindringtiefe t_{pen}	bei $t_{pen,min}$[d, e]	bei $t_{pen,max}$[d, e]
d	d_h	$t_{pen,min}$	$t_{pen,max\,d}$			
in mm		in mm		N/mm	in N	
$2,0 \times 30/\times 40/\times 45$	5,0	24	40	4,90	118	196
$2,2 \times 30/\times 40/\times 50$	5,5	26	44	5,39	142	237
$2,4 \times 30/\times 40/\times 50$	5,9	29	48	5,88	169	282
$2,7 \times 40/\times 50/\times 60$	6,1	32	54	6,62	214	357
$3,0 \times 50/\times 60/\times 70/\times 80$	6,8	36	60	7,35	265	441
$3,4 \times 60/\times 70/\times 80/\times 90$	7,6	41	68	8,33	340	566
$3,8 \times 70/\times 80/\times 90/\times 100$	7,7	46	76	9,31	425	708
$4,2 \times 90/\times 100/\times 110$	8,4	50	84	10,29	519	864
$4,6 \times 90/\times 100/\times 120$	9,2	55	92	11,27	622	1037
$5,0 \times 100/\times 120/\times 140$	10,0	60	100	12,25	735	1225
$5,5 \times 140$	11,0	66	110	13,48	889	1482
$6,0 \times 150/\times 160/\times 180$	12,0	72	120	14,70	1058	1764

[a] s. Fußnoten zur Tafel 11.87.

[b] Nägel mit glattem Schaft, rundem Flachkopf, Senkkopf und Senkkopf mit Einsenkung; Holz nach Abschn. 11.3.1; glattschaftige Nägel in vorgebohrten Löchern dürfen nicht auf Herausziehen beansprucht werden.

[c] charakteristische Werte $F_{ax,Rk}$ nach Tafel 11.87, (Gl.) in Zeile 1, für die Dicke t des Bauteiles auf der Seite des Nagelkopfes werden die Dicken für nicht vorgebohrtes Holz bei Randabständen $a_{4,t(c)} \geq 10 \cdot d$ bzw. $\geq 14d$ nach Tafel 11.85, Spalte 5, eingesetzt.

[d] die angegebenen $F_{ax,Rk}$-Werte gelten nur für Nägel nach DIN EN 10230-1 mit den angegebenen Abmessungen, bei anderen Nägeln können wesentlich ungünstigere Werte vorliegen.

[e] Bemessungswerte $F_{ax,Rd}$ nach (11.70).

[f] für andere Nadelholz-Festigkeitsklassen (mit charakteristischen Rohdichten $\varrho_k > 350\,\text{kg/m}^3$) sowie Stahlzugfestigkeiten $f_{u,k} = 600\,\text{N/mm}^2$ kann der charakteristische Ausziehwiderstand (Tragfähigkeit) eines Nagels wie folgt erhöht werden: $F_{ax,Rk}$ multiplizieren mit dem Beiwert $k_R = (\varrho_k/350)^2$.

[g] die Fußnoten [o] und [p] der Tafel 11.85 gelten sinngemäß.

[h] nach DIN EN 1995-1-1/NA: 2013-08, 8.3.2, ist bei glattschaftigen Nägeln die wirksame Länge l_{ef} auf der Seite der Nagelspitze auf $t_{pen} = 20 \cdot d$ zu begrenzen.

Tafel 11.89 Potenzexponenten m in (11.71) nach DIN EN 1995-1-1: 2010-12, 8.3.3

	Glattschaftige Nägel		Profilierte Nägel (Sondernägel)	Holzschrauben
	allgemein	in Koppelpfetten-anschlüssen[a]		
m	1	1,5	2	2

[a] glattschaftige Nägel auf Abscheren und Herausziehen in bestimmten Koppelpfettenanschlüssen nach DIN EN 1995-1-1/NA: 2013-08, 8.3.3, unter den Bedingungen der Fußnote [f] der Tafel 11.87.

11.15.5.3 Kombinierte Beanspruchung von Verbindungen mit Nägeln und Holzschrauben (Abscheren und Herausziehen)

Bei gleichzeitiger Beanspruchung von Verbindungen rechtwinklig zur Stiftachse (Abscheren) und in Richtung der Stiftachse (Herausziehen) ist der Interaktionsnachweis nach (11.71) zu führen.

$$\left(\frac{F_{ax,Ed}}{F_{ax,Rd}}\right)^m + \left(\frac{F_{v,Ed}}{F_{v,Rd}}\right)^m \leq 1 \qquad (11.71)$$

$F_{ax,Rd}$, $F_{ax,Ed}$ Bemessungswert der Tragfähigkeit der Verbindungen bzw. der Einwirkungen in Richtung der Stiftachse (Herausziehen)

$F_{v,Rd}$, $F_{v,Ed}$ Bemessungswert der Tragfähigkeit der Verbindungen bzw. der Einwirkungen rechtwinklig zur Stiftachse (Abscheren)

m Potenzexponent nach Tafel 11.89.

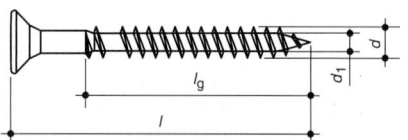

Abb. 11.21 Tragende Holzschrauben der DIN EN 1995-1-1: 2010-12, 8.7, DIN EN 1995-1-1/NA: 2013-08, 8.7 und DIN EN 14592: 2012-07, 6.3, Bild 3. d Nenndurchmesser (Gewinde-Außendurchmesser), d_1 Gewinde-Innendurchmesser mit $0.6 \cdot d \leq d_1 \leq 0.9 \cdot d$, l Schraubenlänge, l_g Gewindelänge (profilierter Schaftteil) $\geq 4 \cdot d$

11.15.6 Holzschraubenverbindungen

Holzschrauben nach DIN EN 14592, s. Abb. 11.21, oder nicht genormte, selbstbohrende Holzschrauben mit Teil- oder Vollgewinde (Vollgewindeschrauben), die nicht den Anforderungen der DIN EN 1995-1-1: 2010-12 entsprechen und deshalb einen bauaufsichtlichen Verwendbarkeitsnachweis besitzen müssen, können für tragende Zwecke eingesetzt werden. Holzschrauben sind stets einzudrehen (von Hand oder maschinell), in das Holz eingeschlagene Holzschrauben dürfen nicht als tragend in Rechnung gestellt werden.

11.15.6.1 Holzschraubenverbindungen bei Beanspruchung rechtwinklig zur Schraubenachse (Abscheren)

Charakteristische Werte $F_{v,Rk}$ und Bemessungswerte $F_{v,Rd}$ der Tragfähigkeit bei Beanspruchung rechtwinklig zur Schraubenachse sinngemäß wie folgt bestimmen: für

Tafel 11.90 Durchmesser, Anzahl, Abstände, Vorbohren und Bohrlochdurchmesser von Holzschrauben in tragenden Holzschraubenverbindungen nach DIN EN 1995-1-1: 2010-12, 10.4.5 und DIN EN 1995-1-1/NA: 2013-08, 8.7.1[a, i, j]

Nenndurchmesser[b] min./max.	Anzahl n pro Verbindung min.	Mindestabstände		Vorbohren der zu verbindenden Teile[e, f]		
		für $d \leq 6$ mm	für $d > 6$ mm	nicht erforderlich bei selbstbohrenden Schrauben in Nadelholz mit[e–g]	stets bei Schrauben in Nadelholz mit[f, g]	stets bei sämtlichen Schrauben in Laubholz[g]
				$d \leq 6$ mm	$d > 6$ mm	alle d
$d_{min} \geq 2.4$ mm $d_{max} \leq 24$ mm	$n \geq 2$[c]	wie Nägel n. Tafel 11.83	wie Bolzen n. Tafel 11.75		Bohrlochdurchmesser: glatter Schaft: d[h] Gewindeteil: ca. $0.7 \cdot d$	

[a] Hierin bedeuten:
d Nenndurchmesser: Gewinde-Außendurchmesser in mm,
d_s Durchmesser des glatten Schaftteiles in mm,
ϱ_k charakteristische Rohdichte in kg/m³ nach Abschn. 11.3.1.
[b] Mindest- und Maximaldurchmesser nach DIN EN 14592: 2012-07, 6.3.3.
[c] gilt nicht für Befestigung von Schalungen, von Trag- und Konterlatten, von Windrispen, von Sparren, Pfetten und dgl. auf Bindern und Rähmen, von Querträgern (Querriegeln) an Rahmenhölzern, wenn das Bauteil insgesamt mit mind. 2 Holzschrauben angeschlossen ist.
[d] bei Nadelholz (und Pappelholz mit $\varrho_k \leq 500$ kg/m³) und $d \leq 6$ mm darf vorgebohrt werden.
[e] Vorbohren stets bei Douglasienholz sowie zementgebundenen Spanplatten.
[f] über selbstbohrende Holzschrauben s. bauaufsichtlichen Verwendbarkeitsnachweis.
[g] beim Vorbohren von selbstbohrenden Holzschrauben muss der Durchmesser des Führungsloches $\leq$ Innendurchmesser des Gewindes d_1 sein.
[h] das Führungsloch für den Schaft mit dem Schaftdurchmesser und die gleiche Tiefe wie die Länge des glatten Schaftteils.
[i] für Gipsplatten-Holz-Verbindungen mit Gipsplatten nach DIN 18180 sind nach DIN 1052-10: 2012-05 nur Schnellbauschrauben nach DIN 18182-2 zulässig, für faserverstärkte Gipsplatten nur Schrauben mit bauaufsichtlichem Verwendbarkeitsnachweis.
[j] das charakteristische Fließmoment ist nach DIN 20000-6: 2013-08 mit einer charakteristischen Zugfestigkeit $f_{u,k} = 400$ N/mm² zu berechnen.

Holzschrauben mit teilweise glattem Schaft und $d \leq 6\,\text{mm}$ nach Abschn. 11.15.5.1 (Nagelverbindungen), für Holzschrauben mit teilweise glattem Schaft und $d > 6\,\text{mm}$ nach Abschn. 11.15.4.1 (Bolzenverbindungen) mit d als Nenndurchmesser der Holzschrauben und mit einer charakteristischen Zugfestigkeit $f_{\text{u,k}} = 400\,\text{N/mm}^2$ für das charakteristische Fließmoment $M_{\text{y,Rk}}$ nach DIN 20000-6: 2013-08.

Bei **einschnittigen Holzschraubenverbindungen** und Nenndurchmessern $d > 6\,\text{mm}$ darf im vereinfachten Nachweisverfahren die charakteristische Tragfähigkeit $F_{\text{v,Rk}}$ nach (11.72a) bzw. (11.72b) erhöht werden, s. DIN EN 1995-1-1/NA: 2013-08, 8.7.1.

$$\Delta F_{\text{v,Rk}} = \min\{F_{\text{v,Rk}} \quad \text{oder} \quad 0{,}25 \cdot F_{\text{ax,Rk}}\} \qquad (11.72\text{a})$$

$$F_{\text{v,Rk,tot}} = F_{\text{v,Rk}} + \Delta F_{\text{v,Rk}} \qquad (11.72\text{b})$$

$F_{\text{v,Rk,tot}}$ charakteristischer Wert der Gesamttragfähigkeit von einschnittigen Holzschraubenverbindungen

$F_{\text{v,Rk}}$ charakteristischer Wert der Tragfähigkeit von einschnittigen Holzschrauben für $d > 6\,\text{mm}$

$\Delta F_{\text{v,Rk}}$ Anteil, um den bei einschnittigen Holzschraubenverbindungen der charakteristische Wert $F_{\text{v,Rk}}$ erhöht werden darf

$F_{\text{ax,Rk}}$ charakteristischer Wert des Ausziehwiderstandes der Holzschraube nach Abschn. 11.15.6.2, bei Stahlblech-Holz-Schraubenverbindungen darf das Kopfdurchziehen entfallen

Kombinierte Beanspruchung von Holzschrauben Bei gleichzeitiger Beanspruchung von Verbindungen rechtwinklig zur Schraubenachse (Abscheren) und in Richtung der Schraubenachse (Herausziehen) ist der Interaktionsnachweis nach Abschn. 11.15.5.3, (11.71), zu führen.

Blockscherversagen von Holzschraubenverbindungen Bei Stahlblech-Holz-Verbindungen mit mehreren stiftförmigen Verbindungsmitteln, die durch eine Kraftkomponente nahe am Hirnholzende beansprucht werden, sollte die charakteristische Tragfähigkeit infolge Scher- oder Zugversagens (Blockscheren) nach DIN 1995-1-1: 2010-12, Anhang A, untersucht werden.

11.15.6.2 Holzschraubenverbindungen bei Beanspruchung in Richtung der Schraubenachse (Herausziehen)

Charakteristische Werte des Auszieh- und Durchziehwiderstandes $F_{\text{ax,}\alpha\text{,Rk}}$ sowie **der Zugfestigkeit** $F_{\text{t,Rk}}$ von Holzschrauben bei Beanspruchung in Richtung der Schraubenachse (Herausziehen) sind in Tafel 11.91 angeführt, **Bemessungswerte** $F_{\text{ax,}\alpha\text{,Rd}}$ (Tragfähigkeit auf Herausziehen) können sinngemäß nach Abschn. 11.15.5.2, (11.70), berechnet werden, **Mindestabstände** können Tafel 11.92 und Abb. 11.22 entnommen werden.

Kombinierte Beanspruchung von Holzschrauben Bei gleichzeitiger Beanspruchung von Verbindungen rechtwinklig zur Schraubenachse (Abscheren) und in Richtung der Schraubenachse (Herausziehen) ist der Interaktionsnachweis nach Abschn. 11.15.5.3, (11.71), zu führen.

Tafel 11.91 Charakteristische Werte des Auszieh- und Durchziehwiderstandes $F_{\text{ax,}\alpha\text{,Rk}}$, des Auszieh- und Durchziehparameters (-festigkeit) $f_{\text{ax,k}}$ und $f_{\text{head,k}}$ sowie der Zugfestigkeit $F_{\text{t,Rk}}$ für Holzschraubenverbindungen bei Beanspruchung in Richtung der Schraubenachse (Herausziehen) nach DIN EN 1995-1-1: 2010-12, 8.7.2 und DIN EN 1995-1-1/A2: 2014-07[a]

Charakteristischer Ausziehwiderstand $F_{\text{ax,}\alpha\text{,Rk}}$ einer Holzschraubenverbindung
bei Einschrauben unter einem Winkel $\alpha \geq 30°$ zwischen Schraubenachse und Faserrichtung
1   für Schraubendurchmesser $6\,\text{mm} \leq d \leq 12\,\text{mm}$ und $0{,}6 \leq d_1/d \leq 0{,}75$ bei Verbindungen von Nadelhölzern mit Holzschrauben $\displaystyle F_{\text{ax,}\alpha\text{,Rk}} = \frac{n_{\text{ef}} \cdot f_{\text{ax,k}} \cdot d \cdot l_{\text{ef}} \cdot k_{\text{d}}}{1{,}2 \cdot \cos^2\alpha + \sin^2\alpha} \quad \text{in N}^{[\text{b, c, d}]}$ mit $f_{\text{ax,k}}$ als charakteristische Ausziehfestigkeit (-parameter) rechtwinklig zur Faserrichtung für Nadelvollholz, Brettschichtholz aus Nadelholz und Balkenschichtholz aus Nadelholz[e]: $\quad f_{\text{ax,k}} = 0{,}52 \cdot d^{-0{,}5} \cdot l_{\text{ef}}^{-0{,}1} \cdot \varrho_{\text{k}}^{0{,}8} \quad \text{in N/mm}^2$ und $k_{\text{d}} = \min\{d/8 \text{ oder } 1\}$
2   für Schrauben, die die in Zeile 1 festgelegten Anforderungen an den Außen- und Innendurchmesser des Gewindes nicht erfüllen $\displaystyle F_{\text{ax,}\alpha\text{,Rk}} = \frac{n_{\text{ef}} \cdot f_{\text{ax,k}} \cdot d \cdot l_{\text{ef}}}{1{,}2 \cdot \cos^2\alpha + \sin^2\alpha} \cdot \left(\frac{\varrho_{\text{k}}}{\varrho_{\text{a}}}\right)^{0{,}8} \quad \text{in N}^{[\text{b, c, d}]} \text{ mit } \varrho_{\text{k}} \leq 500\,\text{kg/m}^3 \text{ nach }^{[\text{e}]}$ mit $f_{\text{ax,k}}$ in N/mm^2 als charakteristische Ausziehfestigkeit (-parameter) rechtwinklig zur Faserrichtung für die zugehörige Rohdichte $\varrho_{\text{a}}^{[\text{f}]}$, für Holzschrauben mit $d_1/d > 0{,}75$ gilt: $0{,}666 \cdot f_{\text{ax,k}}$ aus Zeile 1 nach $^{[\text{e}]}$

Tafel 11.91 (Fortsetzung)

Charakteristischer (Kopf-)Durchziehwiderstand $F_{ax,\alpha,Rk}$ einer Holzschraubenverbindung
bei Einschrauben unter einem Winkel $\alpha \geq 30°$ zwischen Schraubenachse und Faserrichtung

3	für Holzschrauben mit einem Verhältnis Kopfdurchmesser zu Nenndurchmesser $d_h/d \geq 1{,}7^e$

$$F_{ax,\alpha,Rk} = n_{ef} \cdot f_{head,k} \cdot d_h^2 \cdot \left(\frac{\varrho_k}{\varrho_a}\right)^{0,8} \quad \text{in N}^{b,\,d}$$

mit $f_{head,k}$ in N/mm² als charakteristischer Durchziehparameter (-festigkeit) der Schraube für die zugehörige Rohdichte $\varrho_a{}^f$, bestimmt nach DIN EN 14592 für eine charakteristische Rohdichte $\varrho_k \leq 500\,\text{kg/m}^3$ nach [e]

Charakteristische Zugfestigkeit $F_{t,Rk}$ einer Holzschraubenverbindung
(Abreißwiderstand des Schraubenkopfes oder Zugwiderstand des Schaftes)

4	$F_{t,Rk} = n_{ef} \cdot f_{tens,k}$

mit $f_{tens,k}$ als charakteristischer Zugwiderstand der Holzschraube:

$$f_{tens,k} = 300 \cdot \pi \cdot d_1^2 / 4 \quad \text{in N}$$

mit d_1 als Kerndurchmesser (Gewinde-Innendurchmesser) in mm nach [e]

Wirksame Anzahl n_{ef} einer Holzschraubengruppe, die durch eine Kraftkomponente in Schaftrichtung beansprucht wird

5	$n_{ef} = n^{0,9}$

mit n als Anzahl der Schrauben, die in einer Verbindung zusammenwirken

---

Einschrauben rechtwinklig $\alpha = 90°$ und unter Winkel $\alpha \geq 30°$

Einschrauben rechtwinklig, d. h. Winkel $\alpha = 90°$ zwischen Schraubenachse und Faserrichtung	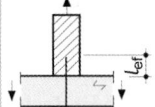	Einschrauben unter Winkel $\alpha \geq 30°$ zwischen Schraubenachse und Faserrichtung	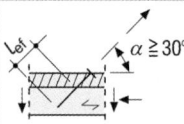

[a] Hierin bedeuten:

d Nenndurchmesser der Holzschraube in mm (Außendurchmesser des Schraubengewindes)

d_1 Innendurchmesser des Schraubengewindes in mm

d_h Durchmesser des Schraubenkopfes in mm

l_{ef} Eindringtiefe(-schraubtiefe) als Gewindelänge im Holzteil mit der Schraubenspitze
$\geq 6 \cdot d$

α Winkel zwischen Schraubenachse und Faserrichtung
$\geq 30°$

ϱ_k charakteristische Rohdichte in kg/m³ nach Abschn. 11.3.1

ϱ_a zugehöriger Wert der Rohdichte in kg/m³ (für $f_{ax,k}$), s. Fußnote [f].

[b] Mindestabstände von Holzschrauben, die in Richtung der Schraubenachse (Herausziehen) beansprucht werden, nach Tafel 11.92 und Abb. 11.22.

[c] die Einbindetiefe(-schraubtiefe) des Gewindeteils auf der Seite der Schraubenspitze sollte $l_{ef} \geq 6 \cdot d$ betragen.

[d] Bemessungswerte $F_{ax,\alpha,Rd}$ sinngemäß nach (11.70).

[e] nach DIN 20000-6: 2013-08.

[f] der Wert der Rohdichte ϱ_a ist in DIN EN 1995-1-1: 2010-12, 8.7.2 bzw. zugehöriger Baunormen bisher nicht angegeben, ϱ_a ist die Rohdichte, die bei den Versuchen zur Bestimmung der charakteristischen Ausziehfestigkeit (-parameter) $f_{ax,k}$ zugrunde gelegt wird.

Tafel 11.92 Mindestabstände von Holzschrauben, die in Richtung der Schraubenachse (Herausziehen) beansprucht werden nach DIN EN 1995-1-1: 2010-12, 8.7.2, Tab. 8.6[a, b]

a_1	a_2	$a_{1,CG}$	$a_{2,CG}$
in einer parallel zur Faserrichtung und Schraubenachse liegenden Ebene	rechtwinklig zu einer parallel zur Faserrichtung und Schraubenachse liegenden Ebene	vom Hirnholzende zum Schwerpunkt des Schraubengewindes im Bauteil	vom Rand zum Schwerpunkt des Schraubengewindes im Bauteil
$7 \cdot d$	$5 \cdot d$	$10 \cdot d$	$4 \cdot d$

Voraussetzung für alle Mindestabstände: Holzdicke $t \geq 12 \cdot d$

[a] Hierin bedeuten:

d Nenndurchmesser: Gewinde-Außendurchmesser.

[b] Erläuterungen zu den Mindestabständen s. Abb. 11.22.

Abb. 11.22 Mindestabstände untereinander sowie von Hirnholzenden und Rändern von Holzschrauben, die in Richtung der Schraubenachse (Herausziehen) beansprucht werden, nach DIN EN 1995-1-1: 2010-12, 8.7.2, Bild 8.11a

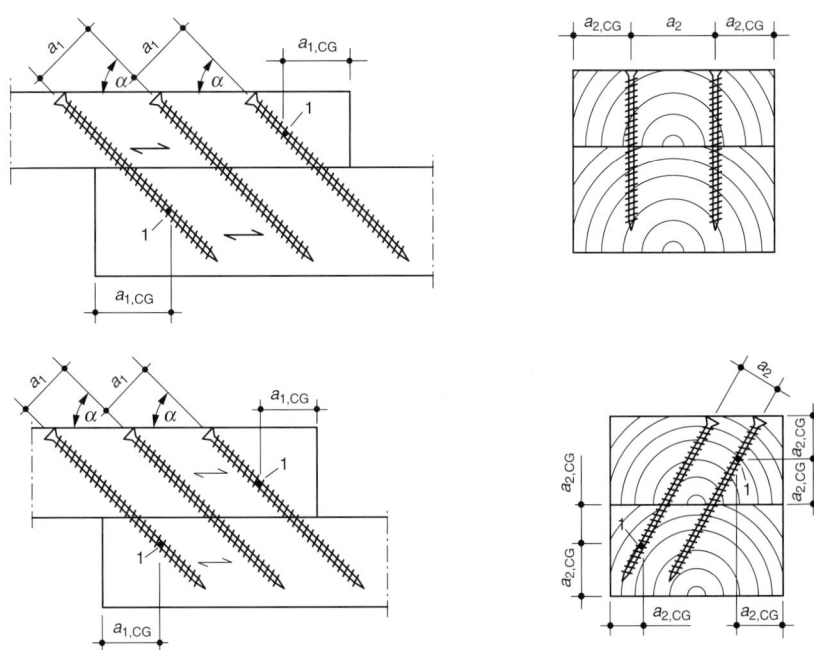

1 Schwerpunkt des Schraubengewindes im Bauteil

11.16 Verbindungen mit Dübeln besonderer Bauart

nach DIN EN 1995-1-1: 2010-12

Dübel besonderer Bauart nach den Anforderungen der DIN EN 1995-1-1: 2010-12 sind in Tafel 11.93 angeführt.

Dübelsicherung durch nachziehbare Bolzen aus Stahl (Schraubbolzen) in den Holzverbindungen vornehmen: jeder Dübel ist durch einen Bolzen einschl. beidseitiger Unterlegscheiben in seiner Lage zu halten.

Querschnittsschwächungen durch Dübel besonderer Bauart können nach Tafel 11.14 berechnet werden, die Dübelfehlflächen ΔA für jedes Einzelholz und die Einlass-/Einpresstiefe h_e sind in den Tafeln 11.96, 11.98 und 11.99 angeführt, die Bohrlochlänge darf nach DIN EN 1995-1-1/NA: 2013-08, 8.9, rechnerisch um die Einbindetiefe (Einlass-/Einpresstiefe) h_e der Dübel verringert werden.

Eine **Verbindungseinheit von Dübeln besonderer Bauart** ist nach DIN EN 13271: 2004-02, 3.1, ein zweiseitiger Dübel in einer Holz-Holz-Verbindung, zwei einseitige Dübel, Rückseite an Rückseite, in einer Holz-Holz-Verbindung und (sinngemäß) ein einseitiger Dübel in einer Stahlblech-Holz-Verbindung, jeweils mit zugehörigem Bolzen einschl. beidseitigen Unterlegscheiben.

11.16.1 Verbindungen mit Ringdübeln Typ A und Scheibendübeln Typ B

nach DIN EN 1995-1-1: 2010-12, 8.9

Die Tragfähigkeiten von Ringdübeln Typ A und Scheibendübeln Typ B sind vom Winkel α Kraft- zur Faserrichtung abhängig. Der zugehörige Bolzen dient der notwendigen Lagesicherung der Verbindungseinheit, er überträgt keine Kräfte.

Der **charakteristische Wert der Tragfähigkeit** $F_{v,\alpha,Rk}$ einer Verbindungseinheit mit Ringdübeln Typ A oder Schei-

Tafel 11.93 Bezeichnungen, Werkstoffe und Anwendungsbereiche von Dübeln besonderer Bauart nach DIN EN 1995-1-1: 2010-12, 8.9 und 8.10, DIN EN 912: 2011-09 und DIN EN 13271: 2004-02

Dübel-Typ[a] Beispiele[b]	Werkstoff[c]	Zweiseitiger Dübel	Einseitiger Dübel	Einseitiger Dübel
		Verbindung mit[d, e]		
		einem Dübel in Holz-Holz aus	zwei Dübeln[f] in Holz-Holz aus	einem Dübel in Stahl-Holz aus
Ringdübel (Einlassdübel)[h] eingelegt in vorbereitete, gefräste Vertiefungen des Holzes				
A1[j] zweiseitig	Alu-Gusslegierung	NH, LH, BSH, BalSH, FSH; in Hirnholz von NH, LH, BSH, BalSH[g]	–	–
Scheibendübel (Einlassdübel)[h] eingelegt wie Ringdübel				
B1[j] einseitig	Alu-Gusslegierung	–		NH, LH, BSH, BalSH, FSH

Tafel 11.93 (Fortsetzung)

Scheibendübel mit Zähnen[i] (Einpressdübel) eingepresst in die zu verbindenden Holzbauteile				
C1 zweiseitig	Stahl	NH, BSH, BalSH, FSH; in Hirnholz von NH, BSH, BalSH[g]	–	–
C2 einseitig		–	NH, BSH, BalSH, FSH	NH, BSH, BalSH, FSH
C3 zweiseitig		NH, BSH, BalSH, FSH	–	–
C4 einseitig		–	NH, BSH, BalSH, FSH	NH, BSH, BalSH, FSH
C5 zweiseitig		NH, BSH, BalSH, FSH	–	–
C10 zweiseitig	Temperguss	NH,BSH, BalSH, FSH; in Hirnholz von NH, BSH, BalSH[g]	–	–
C11 einseitig		–	NH, BSH, BalSH, FSH	NH, BSH, BalSH, FSH

[a] einseitiger Dübel zur Verbindung von Stahl-Holz, zweiseitiger Dübel zur Verbindung von Holz-Holz.
[b] es sind die in Deutschland überwiegend verwendeten Dübeltypen angeführt, weitere Dübeltypen nach DIN EN 912: 2011-09.
[c] genauere Werkstoffbezeichnungen s. DIN EN 912: 2011-09.
[d] NH: Nadelvollholz einschl. Bauhölzer mit $\varrho_k \leq 525\,\text{kg/m}^3$, LH: Laubvollholz einschl. Bauhölzer mit $\varrho_k \leq 612{,}5\,\text{kg/m}^3$, BSH: Brettschichtholz aus Nadelholz, BalSH: Balkenschichtholz aus Nadelholz, FSH: Furnierschichtholz (LVL).
[e] Berechnung der Tragfähigkeit s. Abschn. 11.16.1 bis 11.16.3.
[f] Rückseite an Rückseite je Scherfuge, z. B. für demontierbare Konstruktionen.
[g] in Hirnholzflächen zur Übertragung von Auflagerkräften nach DIN EN 1995-1-1/NA: 2013-08, NA.8.11, nur bei bestimmtem Dübeln besonderer Bauart, s. Abschn. 11.16.3
[h] in Verbindungen mit Holz bis zu einer charakteristischen Rohdichte von $\varrho_k \leq 612{,}5\,\text{kg/m}^3$(Nadel- und Laubholz).
[i] in Verbindungen mit Holz bis zu einer charakteristischen Rohdichte von $\varrho_k \leq 525\,\text{kg/m}^3$ (überwiegend nur Nadelholz).
[j] Dübel besonderer Bauart aus Aluminiumlegierung dürfen nach DIN EN 1995-1-1/NA: 2013-08, 8.9, nur in Nutzungsklasse 1 und 2 verwendet werden.

bendübeln Typ B je Dübel und Scherfuge unter einem Winkel α Kraft- zur Faserrichtung ist nach (11.73) zu berechnen, die **charakteristische Tragfähigkeit** $F_{v,0,Rk}$ für Kraft-Faserwinkel $\alpha = 0$ nach Tafel 11.94. Eine Zusammenstellung der Abmessungen und charakteristischen Tragfähigkeiten der Verbindungseinheiten mit den einzelnen Ringdübeln A1 und Scheibendübeln B1 ist für ausgesuchte Bedingungen in Tafel 11.96 angeführt. Der **Bemessungswert der Tragfähigkeit** $F_{v,\alpha,Rd}$ kann nach (11.75) ermittelt werden.

Charakteristische Tragfähigkeit unter Kraft-Faserwinkel $0° \leq \alpha \leq 90°$ (Ring- und Scheibendübel Typ A und B)

$$F_{v,\alpha,Rk} = \frac{F_{v,0,Rk}}{k_{90} \cdot \sin^2 \alpha + \cos^2 \alpha} \tag{11.73}$$

mit

$$k_{90} = 1{,}3 + 0{,}001 \cdot d_c \tag{11.74}$$

$F_{v,0,Rk}$ charakteristische Tragfähigkeit je Dübel und Scherfuge für Kraftrichtung in Faserrichtung (Kraft-Faserwinkel $\alpha = 0$) nach Tafel 11.94
d_c Dübeldurchmesser in mm nach Tafel 11.96, 11.98 oder 11.99
α Winkel zwischen Kraft- und Faserrichtung.

Bemessungswert der Tragfähigkeit unter Kraft-Faserwinkel $0° \leq \alpha \leq 90°$ (Ring- und Scheibendübel Typ A und B)

$$F_{v,\alpha,Rd} = \frac{k_{mod} \cdot F_{v,\alpha,Rk}}{\gamma_M} \tag{11.75}$$

$F_{v,\alpha,Rk}$ charakteristischer Wert der Tragfähigkeit je Dübel und Scherfuge unter einem Winkel Kraft- zur Faserrichtung $0° \leq \alpha \leq 90°$ nach (11.73)
k_{mod} Modifikationsbeiwert nach Tafel 11.5
γ_M Teilsicherheitsbeiwert für Holz nach Tafel 11.12 $= 1{,}3$

Bei **mehreren Verbindungseinheiten**, die in einer Verbindungsmittelreihe in Faserrichtung hintereinander liegen, ist der Bemessungswert der Tragfähigkeit $F_{v,ef,\alpha,Rd}$ nach (11.76) aus der Summe der Einzelbemessungswerte $F_{v,\alpha,Rd}$ zu bestimmen unter Berücksichtigung der wirksamen Dübelanzahl n_{ef} nach (11.77).

$$F_{v,ef,\alpha,Rd} = n_{ef} \cdot F_{v,\alpha,Rd} \tag{11.76}$$

$F_{v,\alpha,Rd}$ Bemessungswert der Tragfähigkeit je Dübel und Scherfuge unter einem Winkel α Kraft zur Faserrichtung nach (11.75)
n_{ef} wirksame Dübelanzahl nach (11.77).

Tafel 11.94 Charakteristische Werte der Tragfähigkeit $F_{v,0,Rk}$ einer Verbindungseinheit von Ringdübeln A und Scheibendübeln B sowie Modifikationsbeiwerte k_i nach DIN EN 1995-1-1: 2010-12, 8.9[a, b, c, e]

	Charakteristische Tragfähigkeit $F_{v,0,Rk}$ einer Verbindungseinheit in Faserrichtung (für $\alpha = 0$) je Dübel und Scherfuge[c]
1	$F_{v,0,Rk} = \min\{k_1 \cdot k_2 \cdot k_3 \cdot k_4 \cdot (35 \cdot d_c^{1{,}5})$ oder $k_1 \cdot k_3 \cdot (31{,}5 \cdot d_c \cdot h_e)\}$ in N mit d_c, h_e in mm
2	bei nur einer Verbindungseinheit je Scherfuge darf bei unbeanspruchtem Hirnholzende ($150° \leq \alpha \leq 210°$) $F_{v,0,Rk}$ abweichend ermittelt werden: $F_{v,0,Rk} = k_1 \cdot k_3 \cdot (31{,}5 \cdot d_c \cdot h_e)$ (erster Teil der Gleichung in Zeile 1 darf unberücksichtigt bleiben)

Tafel 11.94 (Fortsetzung)

Modifikationsbeiwerte für Gleichungen in Zeilen 1 und 2	

3	**Modifikationsbeiwert k_1** für Seiten- und Mittelholzdicken t_1 bzw. t_2[d]

$$k_1 = \min\{1 \text{ oder } t_1/(3 \cdot h_e) \text{ oder } t_2/(5 \cdot h_e)\}$$

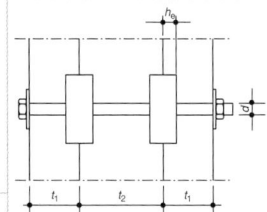

Seitenholzdicke $t_1 \geq 2{,}25 \cdot h_e$	Mittelholzdicke[d] $t_2 \geq 3{,}75 \cdot h_e$

4	**Modifikationsbeiwert k_2** für beanspruchte Hirnholzenden ($-30° \leq \alpha \leq 30°$)

$k_2 = \min\{k_a \text{ oder } a_{3,t}/(2 \cdot d_c)\}$ mit

$a_{3,t}$ nach Tafel 11.95

$k_a = 1{,}25$ für Verbindungen mit einem Dübel pro Scherfuge

$k_a = 1{,}0$ für Verbindungen mit mehr als einem Dübel pro Scherfuge

$k_2 = 1{,}0$ für andere Werte von α

5	**Modifikationsbeiwert k_3** für charakteristische Rohdichten ϱ_k in kg/m³

$k_3 = \min\{1{,}75 \text{ oder } \varrho_k/350\}$

6	**Modifikationsbeiwert k_4** für verbundene Baustoffe

$k_4 = 1{,}0$ für Holz-Holz-Verbindungen

$k_4 = 1{,}1$ für Stahlblech-Holz-Verbindungen

[a] Hierin bedeuten:

$a_{3,t}$ Mindestdübelabstand vom beanspruchten Hirnholzende nach Tafel 11.95
d_c Dübeldurchmesser in mm nach Tafel 11.96
h_e Einbindetiefe (Einlasstiefe) der Dübel im Holz in mm nach Tafel 11.96
t_1, t_2 Dicken des Seiten- und Mittelholzes nach Tafel 11.96
α Winkel zwischen Kraft- und Faserrichtung

[b] für Verbindungen zwischen Bauteilen aus Nadelvoll-, Laubvoll-, Brettschicht-, Balkenschicht- oder Furnierschichtholz (LVL) bis zu einer charakteristischen Rohdichte von $\varrho_k \leq 612{,}5$ kg/m³

[c] charakteristische Tragfähigkeiten $F_{v,0,Rk}$ für Durchmesser von Ringdübel A1 und Scheibendübel B1 sowie Modifikationsbeiwerte $k_i = 1{,}0$ (d. h. für Holz-Holz-Verbindungen, $\alpha = 0°$ und $\varrho_k = 350$ kg/m³) sind in Tafel 11.96 errechnet

[d] Mittelholz zwischen zwei und mehreren Scherfugen

[e] Bemessungswerte der Tragfähigkeiten nach (11.75) bzw. (11.76) sinngemäß für $\alpha = 0$ oder $\alpha \neq 0$

Tafel 11.95 Mindestabstände von Ringdübeln Typ A und Scheibendübeln Typ B nach DIN EN 1995-1-1/A2: 2014-07, Tab. 8.7[a, b]

Bezeichnungen nach Abb. 11.16	Benennung der Bezeichnungen	Winkel α	Mindestabstände
a_1	untereinander in (parallel zur) Faserrichtung	$0° \leq \alpha \leq 360°$	$(1{,}2 + 0{,}8 \cdot |\cos\alpha|) \cdot d_c$
a_2	untereinander rechtwinklig zur Faserrichtung	$0° \leq \alpha \leq 360°$	$1{,}2 \cdot d_c$
$a_{3,t}$	vom beanspruchten Hirnholzende	$-90° \leq \alpha \leq 90°$	$2{,}0 \cdot d_c$
$a_{3,c}$	vom unbeanspruchten Hirnholzende	$90° \leq \alpha \leq 150°$	$(0{,}4 + 1{,}6 \cdot |\sin\alpha|) \cdot d_c$
		$150° \leq \alpha \leq 210°$	$1{,}2 \cdot d_c$
		$210° \leq \alpha \leq 270°$	$(0{,}4 + 1{,}6 \cdot |\sin\alpha|) \cdot d_c$
$a_{4,t}$	vom beanspruchten Rand	$0° \leq \alpha \leq 180°$	$(0{,}6 + 0{,}2 \cdot |\sin\alpha|) \cdot d_c$
$a_{4,c}$	vom unbeanspruchten Rand	$180° \leq \alpha \leq 360°$	$0{,}6 \cdot d_c$

[a] Hierin bedeuten:

α Winkel zwischen Kraft- und Faserrichtung
d_c Nenndurchmesser des Ring- oder Scheibendübels nach Tafel 11.96.

[b] bei versetzter Anordnung von Ring- und Scheibendübeln (d. h. Dübelschwerpunkte liegen nicht auf der Risslinie, sondern sind gegenüber der Risslinie versetzt angeordnet) sollten die Bedingungen für die Mindestabstände nach DIN EN 1995-1-1: 2010-12, 8.9, berücksichtigt werden.

Eine **wirksame Dübelanzahl** n_{ef} für $n > 2$ in Faserrichtung hintereinander liegender Verbindungseinheiten ist bei der Berechnung der Tragfähigkeit in dieser Richtung nach (11.77) zu berücksichtigen, $n \geq 20$ Verbindungseinheiten hintereinander sollten nicht als tragend in Rechnung gestellt werden, $n > 10$ sind unwirtschaftlich.

$$n_{ef} = 2 + \left(1 - \frac{n}{20}\right) \cdot (n-2) \qquad (11.77)$$

n Anzahl der in Faserrichtung hintereinander liegenden Dübel $2 < n < 20$.

Der Nachweis von Bauteilen mit **Schräg- und Queranschlüssen** (Verbindungsmittelkräfte unter einen Winkel α zur Faserrichtung) kann nach Abschn. 11.8.3 erfolgen.

Ein **Beispiel** zur Bemessung einer Verbindung mit Ringdübeln A1 ist in [11], Holzbau, Abschn. 2.10 angeführt

Tafel 11.96 Abmessungen, Abstände und charakteristische Tragfähigkeiten $F_{v,0,Rk}$ von Ringdübeln A1 und Scheibendübeln B1 nach 1995-1-1: 2010-12, 8.9 und DIN EN 1995-1-1/A2: 2014-07, 8.9 für Holz-Holz-Verbindungen je Dübel und Scherfuge (Verbindungseinheit) sowie $\varrho_k = 350$ kg/m³ und Modifikationsbeiwerte $k_i = 1,0$, errechnet nach Tafel 11.94[k]

1	2	3	4	5	6	7	8	9	10	11	12	13	14	15	16	17
Dübeltyp	Dübelabmessungen			Bolzen und Unterlegscheiben				Mindestdicke der Hölzer[f]		Mindestdübelabstände[l] einzuhalten nach Tafel 11.95 für $\alpha = 0°$						Charakteristische Tragfähigkeit für eine Verbindungseinheit, nach Tafel 11.94, Zeile 3 (für $k_i = 1,0$) für $\alpha = 0°$ und $\varrho_k = 350$ kg/m³
	Dübel-durchmesser[a]	Einbinde-tiefe[a]	Dübel-fehlfläche[b]	Mindest- bzw. Maximalwerte		Vorschlag[e] für		Seitenholz $t_1 = 3 \cdot h_e^{g,h}$	Mittelholz $t_2 = 5 \cdot h_e^{g,h}$	$a_1 = 2,0 \cdot d_c$	$a_2 = 1,2 \cdot d_c$	$a_{3,t} = 2,0 \cdot d_c$	$a_{3,c} = 1,2 \cdot d_c$	$a_{4,t} = 0,6 \cdot d_c$	$a_{4,c} = 0,6 \cdot d_c$	
				Bolzen-durchmesser[c]	Unterlegscheibe[d] Durchmesser/Dicke	Bolzen	Unterlegscheibe									
	d_c	h_e	ΔA	$d_{b,min}/d_{b,max}$	$d_{a,min}/s_{min}$	d_b	d_a/s	t_1	t_2	a_1	a_2	$a_{3,t}$	$a_{3,c}$	$a_{4,t}$	$a_{4,c}$	$F_{v,0,Rk}$
	in mm	in mm	in cm²	in mm	in mm			in mm	in mm	in mm						in N
A1 zweiseitig[k]	65	15	9,8	12/24	36/3,6	M12	58/6	45	75	130	78	130	78	39	39	18.300
	80		12,0							160	96	160	96	48	48	25.000
	95		14,3							190	114	190	114	57	57	32.400
	126		18,9							252	151	252	151	76	76	49.500
	128	22,5	28,8					67,5	112,5	256	154	256	154	77	77	50.700
	160		36,0	16/24	48/4,8	M16	68/6			320	192	320	192	96	96	70.800
	190		42,8	19/24	57/5,7	M20	80/8			380	228	380	228	114	114	91.700
B1 einseitig[k]	65	15	9,8	12/13	36/3,6	M12	58/6	45	75	130	78	130	78	39	39	18.300
	80		12,0							160	96	160	96	48	48	25.000
	95		14,3							190	114	190	114	57	57	32.400
	128	22,5	28,8					67,5	112,5	256	154	256	154	77	77	50.700
	160		36,0	15,5/16,5	47/4,7	M16	68/6			320	192	320	192	96	96	70.800
	190		42,8							380	228	380	228	114	114	91.700

[a] nach DIN EN 912: 2011-09.
[b] nach DIN EN 1995-1-1/NA: 2013-08, 8.9, Tab. NA.17.
[c] nach DIN EN 1995-1-1: 2010-12, 10.4.3, Tab. 10.1.
[d] Mindestdurchmesser bzw. -dicke für $d_{b,min}$ nach Spalte 5.
[e] Vorzugmaße für Bolzenverbindungen nach Tafel 11.76.
[f] für $k_1 = 1,0$ nach Tafel 11.94, Zeile 3.
[g] Mindestdicken für Seiten- und Mittelhölzer nach Tafel 11.94, Zeile 3.
[h] Mindestdicke für Brettschichtholzbauteile von etwa $a_{min} = 50$ mm nach Tafel 11.13.
[i] charakteristische Tragfähigkeit $F_{v,\alpha,Rk}$ unter Kraft-Faserwinkel α nach (11.73).
[j] Bemessungswerte der Tragfähigkeit $F_{v,\alpha,Rd}$ nach (11.75) bzw. (11.76) sinngemäß für $\alpha = 0$ oder $\alpha \neq 0$.
[k] Dübel besonderer Bauart aus Aluminiumlegierung wie Ringdübel Typ A1 und Scheibendübel B1 dürfen nur in den Nutzungsklassen 1 und 2 verwendet werden, s. DIN EN 1995-1-1/NA: 2013-08, 8.9.
[l] Mindestabstände nach DIN EN 1995-1-1/A2: 2014-07, 8.9, Tab. 8.7.

11.16.2 Verbindungen mit Scheibendübeln mit Zähnen Typ C

nach DIN EN 1995-1-1: 2010-12, 8.10

Die Tragfähigkeiten von Scheibendübeln mit Zähnen Typ C sind als die Summe der charakteristischen Tragfähigkeiten der Scheibendübel mit Zähnen und der zugehörigen Bolzen zu ermitteln. Die Tragfähigkeit der Scheibendübel mit Zähnen ist vom Winkel α Kraft- zur Faserrichtung unabhängig, die zugehörigen Bolzen dagegen vom Winkel α abhängig. Der Bolzen überträgt demnach Kräfte und dient gleichzeitig zur notwendigen Lagesicherung der Verbindungseinheit.

Der **charakteristische Wert der Tragfähigkeit** $F_{v,\alpha,Rk}$ einer Verbindungseinheit mit Scheibendübeln mit Zähnen Typ C je Dübel und Scherfuge ist zusammen mit der charakteristischen Tragfähigkeit der zugehörigen Bolzen nach (11.78) zu berechnen. Der **charakteristische Wert der Tragfähigkeit** $F_{v,Rk}$ von Scheibendübeln mit Zähnen Typ C kann nach Tafel 11.97 ermittelt werden. Eine Zusammenstellung der Abmessungen und charakteristischen Tragfähigkeiten der Verbindungseinheiten mit einzelnen Scheibendübeln mit Zähnen Typ C ist für ausgesuchte Bedingungen in den Tafeln 11.98 und 11.99 angeführt. Der **Bemessungswert der Tragfähigkeit** $F_{v,\alpha,Rd}$ kann nach (11.79a) berechnet werden.

Tafel 11.97 Charakteristische Werte der Tragfähigkeit $F_{v,Rk}$ von Scheibendübeln mit Zähnen Typ C sowie Modifikationsbeiwerte k_i nach DIN EN 1995-1-1: 2010-12, 8.10[a, b, f]

Charakteristische Tragfähigkeit $F_{v,Rk}$ von Scheibendübeln mit Zähnen (für alle α) je Dübel und Scherfuge[c, d]	
1	für Dübeltyp C1 bis C9 $\quad$ für Dübeltyp C10 bis C11

<table>
<tr><td>1</td><td colspan="2">für Dübeltyp C1 bis C9

$F_{v,Rk} = k_1 \cdot k_2 \cdot k_3 \cdot (18 \cdot d_c^{1,5})$ in N</td><td colspan="2">für Dübeltyp C10 bis C11

$F_{v,Rk} = k_1 \cdot k_2 \cdot k_3 \cdot (25 \cdot d_c^{1,5})$ in N</td></tr>
<tr><td></td><td colspan="4">mit d_c in mm</td></tr>
</table>

Modifikationsbeiwerte für die Gleichungen in Zeile 1

3	**Modifikationsbeiwert k_1 für Seiten- und Mittelholzdicken t_1 bzw. t_2[e]**

$k_1 = \min\{1 \text{ oder } t_1/(3 \cdot h_e) \text{ oder } t_2/(5 \cdot h_e)\}$

Seitenholzdicke $t_1 \geq 2,25 \cdot h_e$	Mittelholzdicke[e] $t_2 \geq 3,75 \cdot h_e$

4	**Modifikationsbeiwert k_2 für beanspruchte Hirnholzenden**

für Dübeltyp C1 bis C9	für Dübeltyp C10 und C11
$k_2 = \min\{1 \text{ oder } a_{3,t}/(1,5 \cdot d_c)\}$	$k_2 = \min\{1 \text{ oder } a_{3,t}/(2,0 \cdot d_c)\}$
mit $a_{3,t} = \max\{1,1 \cdot d_c \text{ oder } 7 \cdot d \text{ oder } 80\,\text{mm}\}$	mit $a_{3,t} = \max\{1,5 \cdot d_c \text{ oder } 7 \cdot d \text{ oder } 80\,\text{mm}\}$

5	**Modifikationsbeiwert k_3 für charakteristische Rohdichten ϱ_k in kg/m³**

$k_3 = \min\{1,5 \text{ oder } \varrho_k/350\}$

[a] Hierin bedeuten

d Bolzendurchmesser in mm

d_c – Durchmesser der Scheibendübel mit Zähnen in mm für die Dübeltypen C1 und C2 (s. Tafel 11.98), C6, C7 sowie C10 und C11 (s. Tafel 11.99)
      – $\sqrt{a_1 \cdot a_2}$ mit a_1, a_2 als Seitenlängen der Scheibendübel mit Zähnen in mm für die Dübeltypen C3 und C4, s. Tafel 11.98
      – Seitenlänge der Scheibendübel mit Zähnen in mm für die Dübeltypen C5 (s. Tafel 11.98), C8 und C9

h_e Einbindetiefe (Einpresstiefe) der Dübel(-zähne) im Holz in mm nach Tafeln 11.98 bzw. 11.99

$a_{3,t}$ Mindestdübelabstände vom beanspruchten Hirnholzende nach Tafeln 11.100 bzw. 11.101

t_1, t_2 Dicken des Seiten- und Mittelholzes, s. Bild oben und auch Tafeln 11.98 bzw. 11.99

α Winkel zwischen Kraft- und Faserrichtung.

[b] für Verbindungen zwischen Bauteilen aus Nadelvoll-, Brettschicht-, Balkenschicht- oder Furnierschichtholz (LVL) bis zu einer charakteristischen Rohdichte von $\varrho_k \leq 525\,\text{kg/m}^3$.

[c] charakteristische Tragfähigkeiten $F_{v,Rk}$ für Durchmesser von Scheibendübeln mit Zähnen C1 bis C5 und C10 und C11, für Modifikationsbeiwerte $k_i = 1,0$ (d. h. Holz-Holz-Verbindungen mit $\varrho_k = 350\,\text{kg/m}^3$) und für zugehörige Bolzen ($\alpha = 0°$) sind in Tafel 11.98 und 11.99 errechnet.

[d] charakteristische Tragfähigkeit einer Verbindungseinheit aus Scheibendübel mit Zähnen und zugehöriger Bolzen s. (11.78).

[e] Mittelholz zwischen zwei- und mehreren Scherfugen.

[f] Bemessungswerte für Scheibendübel mit Zähnen und zugehöriger Bolzen nach (11.79).

Tafel 11.98 Abmessungen, Abstände und charakteristische Tragfähigkeiten $F_{v,Rk}$ von Scheibendübeln mit Zähnen C1 bis C5 nach 1995-1-1: 2010-12, 8.10 und DIN EN 1995-1-1/A2: 2014-07, 8.10, für Holz-Holz-Verbindungen mit $\varrho_k = 350\,kg/m^3$ und Scherfuge mit $\varrho_k = 350\,kg/m^3$ und Modifikationsbeiwerte $k_i = 1,0$ sowie für zugeordnete Bolzen, errechnet nach Tafel 11.97

1	2	3	4	5	6	7	8	9	9	10	10	11	12	13	14	15	16	17	18
Dübeltyp	Dübelabmessungen			Bolzen und Unterlegscheiben, Mindest- bzw. Maximalwerte		Vorschlag[e] für		Mindestdicke der Hölzer[j,k]				Mindestdübelabstände[n] einzuhalten nach Tafel 11.100, errechnet für $\alpha = 0°$						Charakteristische Tragfähigkeit für $\varrho_k = 350\,kg/m^3$ und $k_i = 1,0$[o,p]	
	Dübeldurchmesser[a]	Einpresstiefe[a]	Dübelfehlfläche[b]	Bolzendurchmesser[c]	Unterlegscheibe[d] Durchmesser/Dicke	Bolzen	Unterlegscheibe	Seitenholz[l,m]		Mittelholz[l,m]		$a_1 = 1,5 \cdot d_c$	$a_2 = 1,2 \cdot d_c$	$a_{3,t} = 1,5 \cdot d_c$	$a_{3,c} = 1,2 \cdot d_c$	$a_{4,t} = 0,6 \cdot d_c$	$a_{4,c} = 0,6 \cdot d_c$	Dübel nach Spalte 2	Bolzen 4.6[q] nach Spalte 7, für $\alpha = 0°$
	d_c	h_e	ΔA	$d_{b,min}/d_{b,max}$	$d_{a,min}/s_{min}$	d_b	d_a/s	Dübel $t_1 = 3 \cdot h_e$ / t_1	Bolzen $t_{1,req}$	Dübel $t_2 = 5 \cdot h_e$ / t_2	Bolzen $t_{2,req}$	a_1	a_2	$a_{3,t}$	$a_{3,c}$	$a_{4,t}$	$a_{4,c}$	$F_{v,Rk,Dü}$	$F_{v,Rk,Bo}$
	in mm		in cm²	in mm				in mm				in mm						in N	
C1 zweiseitig	50	6,0	1,7	10/17	30/3[h]	M12	58/6	22[i]	62	30	52	75	60	75	60	30	30	6360	6820
	62	7,4	3,0	10/21		M12	58/6	22[i]		37		93	74	93	74	37	37	8790	6820
	75	9,1	4,2	10/26	30/3[h] bis 90/9	M16	68/6	27	81	46	67	113	90	113	90	45	45	11.700	11.200
	95	11,3	6,7	10/30		M16	68/6	34		57		143	114	143	114	57	57	16.700	11.200
	117	14,3	10,0			M20	80/8	43	99	72	82	176	140	176	140	70	70	22.800	16.300
	140	14,5	12,4			M24	105/8	44	117	74	97	210	168	210	168	84	84	29.800	22.100
	165	15,5	14,9			M24	105/8	47		78		248	198	248	198	99	99	38.200	22.100
C2 einseitig	50	5,6	1,7	11,4[g]	34/4[h]	M12	58/6	22[i]	62	28	52	75	60	75	60	30	30	6360	6820
	62	7,5	3,0	11,4[g]		M12	58/6	23		38		93	74	93	74	37	37	8790	6820
	75	9,2	4,2	15,4[g]	46/5[h]	M16	68/6	28	81	46	67	113	90	113	90	45	45	11.700	11.200
	95	11,4	6,7	15,4[g]		M16	68/6	34		57		143	114	143	114	57	57	16.700	11.200
C3	117	14,5	10,0	19,4[g]	58/6[h]	M20	80/8	44	99	73	82	176	140	176	140	70	70	22.800	16.300
	73 × 130[f]	13,3	11,1	10/26	30/3[h]	M20	80/8	40	99	67	82	146	117	146	117	58	58	17.300	16.300
C4			11,1	19,4[g]	58/6[h]														
C5	100	7,3	4,3	10/30	30/3[h]	M20	80/8	22[i]	99	37	82	150	120	150	120	60	60	18.000	16.300
	130	9,3	6,9			M24	105/8	28	117	47	97	195	156	195	156	78	78	26.700	22.100

Fußnoten s. Tafel 11.99.

Tafel 11.99 Abmessungen, Abstände und charakteristische Tragfähigkeiten $F_{v,Rk}$ von Scheibendübeln mit Zähnen C10 und C11 nach 1995-1-1: 2010-12, 8.10, für Holz-Holz-Verbindungen je Dübel und Scherfuge mit $\varrho_k = 350\,kg/m^3$ und Modifikationsbeiwerte $k_i = 1$ sowie für zugeordnete Bolzen, errechnet nach Tafel 11.97

1	2	3	4	5	6	7	8	9		10		11	12	13	14	15	16	17	18
Dübeltyp	Dübelabmessungen			Bolzen und Unterlegscheiben				Mindestdicke der Hölzer[j, k]				Mindestdübelabstände[n]						Charakteristische Tragfähigkeit für $\varrho_k = 350\,kg/m^3$ und $k_i = 1.0$[o, p]	
				Mindest- bzw. Maximalwerte		Vorschlag[e] für		Seitenholz[l, m]		Mittelholz[l, m]		einzuhalten nach Tafel 11.101, errechnet für $\alpha = 0°$						Dübel nach Spalte 2	Bolzen 4.6[q] nach Spalte 7, für $\alpha = 0°$
	Dübeldurchmesser[a] d_c	Einpresstiefe[a] h_e	Dübelfehlfläche[b] ΔA	Bolzendurchmesser[c] $d_{b,min}/d_{b,max}$	Unterlegscheibe[d] Durchmesser/Dicke $d_{a,min}/s_{min}$	Bolzen d_b	Unterlegscheibe d_a/s	Dübel $t_1 = 3 \cdot h_e$ t_1	Bolzen $t_{1,req}$	Dübel $t_2 = 5 \cdot h_e$ t_2	Bolzen $t_{2,req}$	$a_1 = 2.0 \cdot d_c$ a_1	$a_2 = 1.2 \cdot d_c$ a_2	$a_{3,t} = 2.0 \cdot d_c$ $a_{3,t}$	$a_{3,c} = 1.2 \cdot d_c$ $a_{3,c}$	$a_{4,t} = 0.6 \cdot d_c$ $a_{4,t}$	$a_{4,c} = 0.6 \cdot d_c$ $a_{4,c}$	$F_{v,Rk,Dü}$	$F_{v,Rk,Bo}$
	in mm	in mm	in cm²	in mm	in mm			in mm				in mm						in N	
C10	50	12	4,6	10/30	30/3[h] bis 90/9	M12	58/6	36	62	60	52	100	60	100	60	30	30	8840	6820
	65		5,9			M16	68/6		81		67	130	78	130	78	39	39	13.100	11.200
	80		7,5			M20	80/8		99		82	160	96	160	96	48	48	17.900	16.300
	95		9,0			M24	105/8		117		97	190	114	190	114	57	57	23.100	22.100
	115		10,4									230	138	230	138	69	69	30.800	22.100
C11	50	12	5,4	11,5[g]	35/4[h]	M12	58/6	36	62	60	52	100	60	100	60	30	30	8840	6820
	65		7,1	15,5[g]	47/5[h]	M16	68/6		81		67	130	78	130	78	39	39	13.100	11.200
	80		8,7	19,5[g]	59/6[h]	M20	80/8		99		82	160	96	160	96	48	48	17.900	16.300
	95		10,7	23,5[g]	71/7[h]	M24	105/8		117		97	190	114	190	114	57	57	23.100	22.100
	115		12,4	23,5[g]								230	138	230	138	69	69	30.800	22.100

[a] nach DIN EN 912: 2011-09.

[b] nach DIN EN 1995-1-1/NA: 2013-08, 8.9, Tab. NA.17.

[c] nach DIN EN 912: 2011-09.

[d] Mindestdurchmesser bzw. -dicke für $d_{b,min}$ nach Spalte 5.

[e] Vorzugmaße für Bolzenverbindungen nach Tafel 11.76.

[f] für Dübeltypen C3 und C4 gilt: $d_c = \sqrt{a_1 \cdot a_2}$.

[g] Mindest-Bolzendurchmesser $d_{b,min}$, je nach Durchmesser des Mittelloches d_1 nach DIN EN 912: 2011-09, $d_{b,max} = d_{b,min} + 1\,mm$.

[h] für Mindestdurchmesser nach Spalte 5.

[i] empfohlene Holzdicke $a_{min} = 22\,mm$ für Vollholz- Einzelquerschnitte nach Tafel 11.13 nicht unterschreiten.

[j] für $k_1 = 1,0$ nach Tafel 11.97, Zeile 3.

[k] Mindestdicke für Brettschichtholzbauteile von etwa $a_{min} = 50\,mm$ nach Tafel 11.13.

[l] die größere der Mindestholzdicken aus Dübel bzw. Bolzen ist jeweils für die Bemessung maßgebend.

[m] Mindestdicken für Bolzen nach Spalte 7, Mindestdicken für Seiten- und Mittelhölzer nach Tafel 11.97, Zeile 3.

[n] die Mindestabstände für Bolzen nach Tafel 11.75 sind ebenfalls einzuhalten.

[o] charakteristische Tragfähigkeit $F_{v,\alpha,Rk}$ für Scheibendübel mit Zähnen und zugehörigem Bolzen nach (11.78).

[p] Bemessungswerte der Tragfähigkeit $F_{v,\alpha,Rd}$ für Scheibendübel mit Zähnen und Bolzen nach (11.79a).

[q] Bolzen nach Abschn. 11.15.4, Festigkeitsklasse 4.6 mit $f_{u,k} = 400\,N/mm^2$ nach Tafel 11.74, charakteristische Tragfähigkeit nach Tafel 11.65 und 11.68, charakteristische Rohdichte der zu verbindenden Hölzer $\varrho_k = 350\,kg/m^3$.

Tafel 11.100 Mindestabstände von Scheibendübeln mit Zähnen Typ C1 bis C9 nach DIN EN 1995-1-1/A2: 2014-07, 8.10, Tab. 8.8[a, b]

Bezeichnungen nach Abb. 11.16	Benennung der Bezeichnungen	Winkel α	Mindestabstände
a_1	untereinander in (parallel zur) Faserrichtung	$0° \leq \alpha \leq 360°$	$(1{,}2 + 0{,}3 \cdot |\cos\alpha|) \cdot d_c$
a_2	untereinander rechtwinklig zur Faserrichtung	$0° \leq \alpha \leq 360°$	$1{,}2 \cdot d_c$
$a_{3,t}$	vom beanspruchten Hirnholzende	$-90° \leq \alpha \leq 90°$	$1{,}5 \cdot d_c$
$a_{3,c}$	vom unbeanspruchten Hirnholzende	$90° \leq \alpha \leq 150°$	$(0{,}9 + 0{,}6 \cdot |\sin\alpha|) \cdot d_c$
		$150° \leq \alpha \leq 210°$	$1{,}2 \cdot d_c$
		$210° \leq \alpha \leq 270°$	$(0{,}9 + 0{,}6 \cdot |\sin\alpha|) \cdot d_c$
$a_{4,t}$	vom beanspruchten Rand	$0° \leq \alpha \leq 180°$	$(0{,}6 + 0{,}2 \cdot |\sin\alpha|) \cdot d_c$
$a_{4,c}$	vom unbeanspruchten Rand	$180° \leq \alpha \leq 360°$	$0{,}6 \cdot d_c$

[a]Hierin bedeuten

α Winkel zwischen Kraft- und Faserrichtung

d_c Nenndurchmesser des Scheibendübels mit Zähnen nach Tafel 11.98 (für C1 bis C5).

[b] bei versetzter Anordnung von Scheibendübeln mit Zähnen des Typs C1, C2, C6 und C7 mit kreisrunder Form (d. h. Dübelschwerpunkte liegen nicht auf der Risslinie, sondern sind gegenüber der Risslinie versetzt angeordnet) sollten die Bedingungen für die Mindestabstände nach DIN EN 1995-1-1: 2010-12, 8.9 (10) berücksichtigt werden.

Tafel 11.101 Mindestabstände von Scheibendübeln mit Zähnen Typ C10 und C11 nach DIN EN 1995-1-1: 2010-12, 8.10, Tab. 8.9[a]

Bezeichnungen nach Abb. 11.16	Benennung der Bezeichnungen	Winkel α	Mindestabstände
a_1	untereinander in (parallel zur) Faserrichtung	$0° \leq \alpha \leq 360°$	$(1{,}2 + 0{,}8 \cdot |\cos\alpha|) \cdot d_c$
a_2	untereinander rechtwinklig zur Faserrichtung	$0° \leq \alpha \leq 360°$	$1{,}2 \cdot d_c$
$a_{3,t}$	vom beanspruchten Hirnholzende	$-90° \leq \alpha \leq 90°$	$2{,}0 \cdot d_c$
$a_{3,c}$	vom unbeanspruchten Hirnholzende	$90° \leq \alpha < 150°$	$(0{,}4 + 1{,}6 \cdot |\sin\alpha|) \cdot d_c$
		$150° \leq \alpha < 210°$	$1{,}2 \cdot d_c$
		$210° \leq \alpha \leq 270°$	$(0{,}4 + 1{,}6 \cdot |\sin\alpha|) \cdot d_c$
$a_{4,t}$	vom beanspruchten Rand	$0° \leq \alpha \leq 180°$	$(0{,}6 + 0{,}2 \cdot |\sin\alpha|) \cdot d_c$
$a_{4,c}$	vom unbeanspruchten Rand	$180° \leq \alpha \leq 360°$	$0{,}6 \cdot d_c$

[a] Hierin bedeuten

α Winkel zwischen Kraft- und Faserrichtung

d_c Nenndurchmesser des Scheibendübels mit Zähnen nach Tafel 11.99.

Charakteristische Tragfähigkeit einer Verbindungseinheit mit Scheibendübeln mit Zähnen Typ C und Bolzen

$$F_{v,\alpha,Rk} = F_{v,Rk,Dü} + F_{v,\alpha,Rk,Bo} \qquad (11.78)$$

$F_{v,\alpha,Rk}$ charakteristischer Wert der Tragfähigkeit einer Verbindungseinheit mit Scheibendübel mit Zähnen Typ C (Überlagerung der Anteile von Scheibendübel und Bolzen)

$F_{v,Rk,Dü}$ charakteristischer Wert der Tragfähigkeit des Scheibendübels mit Zähnen nach Tafel 11.97, errechnet in Tafel 11.98 und 11.99

$F_{v,\alpha,Rk,Bo}$ charakteristischer Wert der Tragfähigkeit des Bolzens pro Scherfuge nach Abschn. 11.15.4.1; für $\alpha = 0°$ ist $F_{v,\alpha,Rk,Bo}$ in Tafel 11.98 bzw. 11.99 errechnet.

Bemessungswert der Tragfähigkeit einer Verbindungseinheit mit Scheibendübeln mit Zähnen Typ C und Bolzen

$$F_{v,\alpha,Rd} = F_{v,Rd,Dü} + F_{v,\alpha,Rd,Bo}$$
$$= \frac{k_{mod} \cdot F_{v,Rk,Dü}}{\gamma_{M,Ho}} + \frac{k_{mod} \cdot F_{v,\alpha,Rk,Bo}}{\gamma_{M,St}} \qquad (11.79a)$$

Bei **mehreren Verbindungseinheiten in einer Dübelverbindung** ist der Bemessungswert der Tragfähigkeit $F_{v,ef,\alpha,Rd}$ nach (11.79b) aus der Summe der Einzelbemessungswerte $F_{v,\alpha,Rd}$ nach (11.79a) zu bestimmen unter Berücksichtigung der wirksamen Dübelanzahl n_{ef} nach (11.77).

$$F_{v,ef,\alpha,Rd} = n_{ef} \cdot F_{v,\alpha,Rd} \qquad (11.79b)$$

$F_{v,ef,\alpha,Rd}$ Bemessungswert der Tragfähigkeit mehrerer Verbindungseinheiten aus Scheibendübeln Typ C (Überlagerung der Anteile von Scheibendübel und Bolzen), sinngemäß (11.76)

$F_{v,Rd,Dü}$ Bemessungswert der Tragfähigkeit eines Scheibendübels

$F_{v,\alpha,Rd,Bo}$ Bemessungswert der Tragfähigkeit eines Bolzens nach Abschn. 11.15.4.1

k_{mod} Modifikationsbeiwert nach Tafel 11.5

$\gamma_{M,Ho}$ = 1,3, Teilsicherheitsbeiwert für Holz nach Tafel 11.12

$\gamma_{M,St}$ = 1,1, Teilsicherheitsbeiwert für auf Biegung beanspruchte stiftförmige Verbindungsmittel (Bolzen, vereinfachtes Verfahren) sinngemäß nach Abschn. 11.15.2, (11.68).

Wirksame Dübelanzahl n_ef für $n > 2$ in Faserrichtung hintereinander liegender Verbindungseinheiten ist nach DIN EN 1995-1-1: 2010-12, 8.10, bei der Berechnung der Tragfähigkeit in dieser Richtung nach (11.77) zu berücksichtigen.

Der Nachweis von Bauteilen mit **Schräg- und Queranschlüssen** (Verbindungsmittelkräfte unter einen Winkel α zur Faserrichtung) kann nach Abschn. 11.8.3 erfolgen.

11.16.3 Verbindungen mit Ringdübeln und Scheibendübeln mit Zähnen in Hirnholzflächen

nach DIN EN 1995-1-1/NA: 2013-08, NA.8.11

Charakteristische Werte der Tragfähigkeit $F_\text{v,H,Rk}$ **beim Hirnholzanschluss** einer Verbindungseinheit nach Tafel 11.102 können je Dübelart zur Übertragung von Auflagerkräften mit (11.80) bzw. (11.81) errechnet werden, **Bemessungswerte** $F_\text{v,H,Rd}$ nach (11.82); die Werte für $F_\text{v,H,Rk}$ sind in Tafel 11.102 angeführt.

Vollholz muss bei Herstellung der Verbindung eine **Holzfeuchte** $\omega < 20\,\%$ besitzen. Der Nachweis des lastaufnehmenden Träges (Hauptträger) mit **Schräg- und Queranschlüssen** (Verbindungsmittelkräfte unter einen Winkel α zur Faserrichtung) kann nach Abschn. 11.8.3 erfolgen.

Die **charakteristische Tragfähigkeit einer Verbindungseinheit von Ringdübeln A1** nach Tafel 11.102 in Hirnholzflächen mit charakteristischen Rohdichten der miteinander verbundenen Bauteile $\varrho_\text{k} \geq 350\,\text{kg/m}^3$ (bei Voll-, Brettschicht- und Balkenschichtholz) kann nach (11.80) berechnet werden; dabei sind Bauteile mit $\varrho_\text{k} < 350\,\text{kg/m}^3$ ebenso unzulässig wie die Vergrößerung der charakteristischen Tragfähigkeit $F_\text{v,H,Rk}$ mit dem Modifikationsbeiwert k_3 nach Tafel 11.94 (bei Hirnholzanschlüssen ist stets $k_3 = 1,0$).

$$F_\text{v,H,Rk} = \frac{k_\text{H}}{(1,3 + 0,0001 \cdot d_\text{c})} \cdot F_\text{v,0,Rk} \qquad (11.80)$$

$F_\text{v,0,Rk}$ charakteristischer Wert der Tragfähigkeit einer Verbindungseinheit nach Abschn. 11.16.1, für Dübeltyp A1 nach Tafel 11.94, Zeile 1 (mit $k_3 = 1,0$) und Tafel 11.96

d_c Dübeldurchmesser in mm für Dübeltyp A1 nach Tafel 11.102

k_H Beiwert zur Berücksichtigung des Hirnholzeinflusses des anzuschließenden Trägers
= 0,65 bei $n = 1$ oder 2 Dübeln hintereinander
= 0,80 bei $n = 3$, 4 oder 5 Dübeln hintereinander
$n > 5$ Verbindungseinheiten nicht in Rechnung stellen.

Die **charakteristische Tragfähigkeit einer Verbindungseinheit von Scheibendübeln mit Zähnen C1 und**

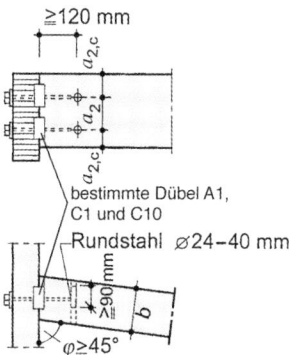

Abb. 11.23 Ausbildung einer Dübelverbindung in rechtwinklig oder schräg ($\varphi \geq 45°$) zur Faserrichtung verlaufenden Hirnholzflächen von Voll-, Brettschicht- und Balkenschichtholz nach DIN EN 1995-1-1/NA: 2013-08, NA.8.11, Bild NA.18, Dübel nach Tafel 11.102

C10 in Hirnholzflächen mit charakteristischen Rohdichten der miteinander verbundenen Bauteile $\varrho_\text{k} \geq 350\,\text{kg/m}^3$, jedoch $\varrho_\text{k} \leq 500\,\text{kg/m}^3$ (bei Nadelvoll-, Brettschicht- und Balkenschichtholz) kann nach (11.81) berechnet werden; dabei sind Bauteile mit $\varrho_\text{k} < 350\,\text{kg/m}^3$ ebenso unzulässig wie die Vergrößerung der charakteristischen Tragfähigkeit $F_\text{v,H,Rk}$ mit dem Modifikationsbeiwert k_3 nach Tafel 11.97 (bei Hirnholzanschlüssen ist stets $k_3 = 1,0$).

$$F_\text{v,H,Rk} = 14 \cdot d_\text{c}^{1,5} + 0,8 \cdot F_\text{b,90,Rk} \qquad (11.81)$$

$F_\text{b,90,Rk}$ charakteristischer Wert der Tragfähigkeit des verwendeten Bolzens oder der Gewindestange nach Abschn. 11.15.2 bzw. Tafel 11.66 ($F_\text{v,Rk}$ für außen liegende dünne Stahlbleche) und mit der charakteristischen Lochleibungsfestigkeit $f_\text{h,α,k}$ für $\alpha = 90°$ nach Tafel 11.68

d_c Dübeldurchmesser in mm für Dübeltyp C1 und C10 nach Tafel 11.102

$n > 5$ Verbindungseinheiten nicht in Rechnung stellen.

Bemessungswerte $F_\text{v,H,Rd}$ bei Hirnholzanschlüssen mit bestimmten Ringdübeln A1 und Scheibendübeln mit Zähnen C1 und C10 können nach (11.82) ermittelt werden.

$$F_\text{v,H,Rd} = n_\text{c} \cdot \frac{k_\text{mod} \cdot F_\text{v,H,Rk}}{\gamma_\text{M}} \qquad (11.82)$$

$F_\text{v,H,Rk}$ charakteristischer Wert der Tragfähigkeit einer Verbindungseinheit nach (11.80) oder (11.81) und nach Tafel 11.102

n_c Anzahl der Verbindungseinheiten in einem Hirnholzanschluss
$n_\text{c} \leq 5$

k_mod Modifikationsbeiwert für Holz nach Tafel 11.5

γ_M Teilsicherheitsbeiwert für Holz nach Tafel 11.12
= 1,3

Tafel 11.102 Dübeltypen, Mindestbreiten, Mindestdübelabstände und charakteristische Tragfähigkeiten von Verbindungen mit bestimmten Ringdübeln und Scheibendübeln mit Zähnen in rechtwinklig oder schräg ($\varphi \geq 45°$) zur Faserrichtung verlaufenden Hirnholzflächen von Voll-, Brettschicht- und Balkenschichtholz nach DIN EN 1995-1-1/NA: 2013-08, NA.8.11[a, m, n]

1	2	3	4	5	6	7	8	9	10	11	12	
		Bolzen und Unterlegscheiben		Vorschlag für[d]		Mindestbreite des anzuschließenden Trägers	Mindestdübelabstände nach Abb. 11.23[g]		Charakt. Rohdichte der miteinander verbundenen Bauteile[h,i]	Charakteristische Tragfähigkeit für eine Verbindungseinheit mit Ringdübel Typ A1[h-l]		
		Mindestwerte					Randabstand	Abstand der Dübel untereinander		bei 1 od. 2	bei 3, 4 od. 5	
Dübeltyp	Dübeldurchmesser[a]	Bolzendurchmesser[b]	Unterlegscheibe[c] Durchmesser/Dicke	Bolzen[e]	Unterlegscheibe Durchmesser/Dicke			Verbindungseinheiten hintereinander				
	d_c	$d_{b,min}/d_{b,max}$	$d_{a,min}/s_{min}$	d_b	d_a/s	b	$a_{2,c}$	a_2	ϱ_k	$F_{v,H,Rk}$	$F_{v,H,Rk}$	
	in mm	in mm	in mm	in mm	in mm	in mm	in mm	in mm	in kg/m³	in N		
A1 zweiseitig	65	12/24	36/3,6[f]	M12	58/6	110	55	80	≥350	8730	10.700	
	80					130	65	95		11.800	14.500	
	95					150	75	110		15.100	18.600	
	126					200	100	145		22.600	27.800	

1	2	3	4	5	6	7	8	9	10	11 Dübel	12 + Bolzen[j]	12 = $F_{v,H,Rk}$
										für eine Verbindungseinheit mit Scheibendübeln Typ C1 oder C10		
C1 zweiseitig	50	10/17	30/3[f]	M12	58/6	100	50	55	≥350, jedoch ≤500	4950	4410	9360
	62	10/21				115	55	70		6830	4410	11.200
	75	10/26	30/3[f] bis 90/9	M16	68/6	125	60	90		9100	7100	16.200
	95	10/30		M20	80/8	140	70	110		13.000	7100	20.100
	117			M24	105/8	170	85	130		17.700	10.200	27.900
	140					200	100	155		23.200	13.500	36.700
C10 zweiseitig	50	10/30	30/3[f] bis 90/9	M12	58/6	100	50	65	≥350, jedoch ≤500	4950	4410	9360
	65			M16	68/6	115	60	85		7350	7100	14.500
	80			M20	80/8	130	65	100		10.000	10.200	20.200
	95			M24	105/8	150	75	115		13.000	13.500	26.500
	115					170	85	130		17.250	13.500	30.800

a nach DIN EN 912: 2011-09 und DIN EN 1995-1-1/NA: 2013-08, Tab. NA.20.

b nach DIN EN 1995-1-1/NA: 2013-08, Tab. NA.18 und NA.19.

c Mindestdurchmesser bzw. -dicke für $d_{b,min}$ nach Tafel 11.76.

d Vorzugsmaße für Bolzenverbindungen nach Tafel 11.76.

e Bolzen mit Unterlegscheibe nach Spalte 6 unter dem Bolzenkopf einschl. Klemmvorrichtung am Bolzenende, aus z. B. Rundstahl ∅ 24–40 mm mit Querbohrung und Innengewinde, s. Abb. 11.23, oder einem entsprechenden Formstück oder einer Unterlegscheibe mit Mutter.

f für Mindestdurchmesser nach Spalte 3.

g Dübel mittig in die Hirnholzflächen des anzuschließenden Trägers (Nebenträger) einbauen.

h charakteristische Rohdichten der miteinander verbundenen Bauteile $\varrho_k < 350$ kg/m³ nicht zulässig.

i Vergrößerung der charakteristischen Tragfähigkeit mit dem Modifikationsbeiwert k_3 nach Tafel 11.94 bzw. 11.97 nicht zulässig (bei Hirnholzanschlüssen ist stets $k_3 = 1.0$).

j charakteristische Tragfähigkeit der Bolzen (Abscheren) nach Abschn. 11.15.2, Tafel 11.66 (für außen liegende dünne Stahlbleche) und 11.68 für Kraft-Faserwinkel $\alpha = 90°$ sowie nach (11.81), eine Erhöhung der charakteristischen Tragfähigkeit um $\Delta F_{v,Rk}$ nach Abschn. 11.15.3.2 ist bei Hirnholzanschlüssen unzulässig. Festigkeitsklasse 4.6 mit $f_{u,k} = 400$ N/mm² nach Tafel 11.74, charakteristische Rohdichte der zu verbindenden Hölzer $\varrho_k = 350$ kg/m³,

k charakteristische Tragfähigkeiten $F_{v,H,Rk}$ errechnet für Ringdübel Typ A1 nach (11.80) bzw. Scheibendübel mit Zähnen C1 und C10 nach (11.81) mit Bolzen nach Spalte 5.

l Bemessungswerte $F_{v,H,Rd}$ nach (11.82).

m Hirnholzverdübelung zur Übertragung von Auflagerkräften (Nebenträger an Hauptträger) nach Abb. 11.23.

n Vollholz muss bei Herstellung der Verbindung eine Holzfeuchte $\omega < 20$ % (trocken) besitzen (gilt auch für andere Hölzer).

11.17 Zimmermannsmäßige Verbindungen (Versätze)

Tafel 11.103 Bemessungswerte, Einschnitttiefen t_v, Vorholzlängen l_v und Ausmitten e von Versätzen nach DIN EN 1995-1-1/NA: 2013-08, NA.12.1[a, d, f]

Versätze	Bemessung für t_v und l_v	Tragfähigkeit, allgemein
Stirnversatz (S) 	$t_{v,S} = \dfrac{F_{c,S,d} \cdot \cos^2(\alpha/2)}{b \cdot f_{c,\alpha/2,d}}$ $l_{v,S} = \dfrac{F_{c,S,d} \cdot \cos\alpha}{b_{ef} \cdot f_{v,d}}$ [b, e] $e = 0,5 \cdot (h_D - t_{v,S})$	– Druckspannungen in der Stirnfläche des Versatzes (abweichend von Abschn. 11.5.2.3): $\dfrac{\sigma_{c,\alpha,d}}{f_{c,\alpha,d}} = \dfrac{F_{c,\alpha,Ed}/A}{f_{c,\alpha,d}} \leq 1$ – Scherspannungen im eingeschnittenen Holz (aus der zum eingeschnittenen Holz parallelen Druckkraftkomponente), darf gleichmäßig angenommen werden: $\dfrac{\tau_d}{f_{v,d}} = \dfrac{H_{c,0,d}/A_v}{f_{v,d}} \leq 1$ [e] $F_{c,\alpha,Ed}$ auf die Stirnfläche einwirkende Kraft $H_{c,0,d}$ Druckkraftkomponente im eingeschnittenen Holz parallel zur Längskante A Versatz-Stirnfläche A_v Vorholzfläche b_{ef} wirksame Breite nach Abschn. 11.5.4.1 $f_{c,\alpha,d}$ Druckfestigkeit unter dem Winkel α, s. unten $f_{v,d}$ Schubfestigkeit[d, e] α Winkel Kraft-Faserrichtung – Lagesicherung der Einzelteile, die durch den Versatz verbunden sind, z. B. mit Bolzen

(Brustversatz (B))

Brustversatz (B) 	$t_{v,B} = \dfrac{F_{c,B,d} \cdot \cos^2(\alpha/2)}{b \cdot f_{c,\alpha/2,d}}$ $l_{v,B} = \dfrac{F_{c,B,d} \cdot \cos\alpha}{b_{ef} \cdot f_{v,d}}$ [b, e] $e \cong 0$	

| **Fersenversatz (F)**
 | $t_{v,F} = \dfrac{F_{c,F,d} \cdot \cos\alpha}{b \cdot f_{c,\alpha,d}}$

 $l_{v,F} = \dfrac{F_{c,F,d} \cdot \cos\alpha}{b_{ef} \cdot f_{v,d}}$ [b, e]

 $e = 0,5 \cdot \left(h_D - \dfrac{t_{v,F}}{\cos\alpha}\right)$ | |

| **Stirn-Fersenversatz (SF)** (doppelter Versatz)
 | $F_{c,SF,d} = F_{c,S,d} + F_{c,F,d}$ [c]

 $l_{v,SF} = \dfrac{F_{c,SF,d} \cdot \cos\alpha}{b_{ef} \cdot f_{v,d}}$ [b, e]

 $t_{v,S} \leq 0,8 \cdot t_{v,F}$
 $\quad\quad \leq t_{v,F} - 1,0\,\text{cm}$ [c]

 $e \cong 0$ | |

| **Bemessungswert der Druckfestigkeit** der Stirnfläche unter dem Winkel α für Versätze (abweichend von Abschn. 11.5.2.3) | $f_{c,\alpha,d} = \dfrac{f_{c,0,d}}{\sqrt{\left(\dfrac{f_{c,0,d} \cdot \sin^2\alpha}{2 \cdot f_{c,90,d}}\right)^2 + \left(\dfrac{f_{c,0,d} \cdot \sin\alpha \cdot \cos\alpha}{2 \cdot f_{v,d}}\right)^2 + \cos^4\alpha}}$ | |

Zulässige Einschnitttiefen t_v

Einseitiger Versatz

α	$\leq 50°$	$51°$	$52°$	$53°$	$54°$	$55°$	$56°$	$57°$	$58°$	$59°$	$\geq 60°$
$t_{v,req}$	$0,25 \cdot h$	$0,242 \cdot h$	$0,233 \cdot h$	$0,225 \cdot h$	$0,217 \cdot h$	$0,208 \cdot h$	$0,200 \cdot h$	$0,192 \cdot h$	$0,183 \cdot h$	$0,175 \cdot h$	$0,167 \cdot h$

Zweiseitiger Versatz

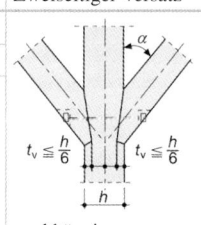

$t_v \leq \dfrac{h}{6} \quad t_v \leq \dfrac{h}{6}$

unabhängig vom Anschlusswinkel α

Hierin bedeuten
α Anschlusswinkel zwischen den beiden Stäben einer Versatzverbindung oder Kraft-Faser-Winkel
b_{ef} wirksame Breite nach Abschn. 11.5.4.1
$F_{c,S(B,F),d}$ Bemessungswert der zu übertragenden Druckkraft je Versatzart
h Höhe des eingeschnittenen Holzes bzw. des lastaufnehmenden Stabes
h_D Höhe des lastbringenden Druckstabes
t_v Einschnitttiefe
l_v Vorholzlänge

[a] Ausmitten nach *Heimeshoff*.
[b] rechnerische Vorholzlänge l_v: $20\,\text{cm} \leq l_v \leq 8 \cdot t_v$, 20 cm ist eine Empfehlung nach *Heimeshoff*.
[c] s. Stirn- und Fersenversatz.
[d] $f_{c,0,d}$, $f_{c,90,d}$, $f_{v,d}$ Bemessungswerte nach (11.2) mit charakteristischen Werten nach Abschn. 11.3.1.
[e] bei der Berechnung der Querschnittsfläche für den Scherspannungsnachweis im Vorholz ist die wirksame Breite $b_{ef} = k_{cr} \cdot b$ nach Abschn. 11.5.4.1 zu berücksichtigen.
[f] aus Voll-, Brettschicht- und Balkenschichtholz sowie aus Furnierschichtholz ohne Querlagen.

11.18 Tafeln

Tafel 11.104 Charakteristische Werte der Tragfähigkeit $F_{c,0,Rk}$ von einteiligen Rundholzstützen aus Nadelholz C24, mittiger Druck, beidseitig gelenkige Lagerung nach DIN EN 1995-1-1: 2010-12, 6.3.2, s. auch Abschn. 11.6.1.1[a, b]

d in cm	$F_{c,0,Rk,max}$ in kN bei einer Knicklänge l_{ef} in m											
	2,0	2,5	3,0	3,5	4,0	4,5	5,0	5,5	6,0	6,5	7,0	8,0
10	74,2	50,3	36,0	26,9	20,8	16,6	13,6	11,3	9,50	8,12	7,03	5,41
12	140,9	99,8	72,5	54,6	42,5	34,0	27,8	23,1	19,5	16,7	14,5	11,1
14	230	174	129	98,7	77,2	62,0	50,7	42,3	35,8	30,7	26,6	20,5
16	336	272	211	163	129	104	85,3	71,3	60,4	51,8	44,9	34,7
18	455	391	317	252	201	163	135	113	95,6	82,1	71,3	55,1
20	585	525	446	365	297	243	201	169	144	124	108	83,4
22	728	672	594	503	417	346	289	244	208	179	156	121
24	883	830	756	663	563	474	399	339	290	251	218	170
26	1052	1001	931	839	732	627	534	456	393	340	297	232
28	1234	1184	1118	1029	921	805	695	599	518	450	395	309
30	1430	1380	1316	1232	1126	1004	880	767	667	583	512	403

[a] Bemessungswerte der Tragfähigkeit $F_{c,0,Rd} = k_{mod} \cdot F_{c,0,Rk}/\gamma_M$, s. Beispielrechnung sinngemäß zur Fußnote [a] der Tafel 11.105.
[b] Fußnote [b] der Tafel 11.105 über evtl. Abminderungen von $F_{c,0,Rk}$ gelten sinngemäß.

Tafel 11.105 Charakteristische Werte der Tragfähigkeit $F_{c,0,Rk}$ von einteiligen quadratischen Holzstützen aus Nadelholz C24, mittiger Druck, beidseitig gelenkige Lagerung nach DIN EN 1995-1-1: 2010-12, 6.3.2, s. auch Abschn. 11.6.1.1[a, b]

$b = h$ in cm	$F_{c,0,Rk,max}$ in kN bei einer Knicklänge l_{ef} in m											
	2,0	2,5	3,0	3,5	4,0	4,5	5,0	5,5	6,0	6,5	7,0	8,0
10	118	82,6	59,8	44,9	34,9	27,9	22,8	19,0	16,0	13,7	11,9	9,1
12	213	160	119	90,6	70,9	56,8	46,5	38,8	32,8	28,1	24,4	18,8
14	330	269	209	162	128	103	84,8	70,8	60,0	51,5	44,7	34,5
16	463	403	330	264	212	172	142	119	101	86,8	75,4	58,3
18	611	555	480	398	326	268	222	187	159	137	119	92,6
20	775	723	650	562	472	394	330	280	239	206	180	140
22	955	906	838	749	649	553	469	400	343	297	260	202
24	1153	1105	1041	956	853	743	640	551	476	414	362	283
26	1368	1320	1259	1179	1077	961	843	734	639	558	491	386
28	1600	1552	1493	1417	1320	1203	1075	949	834	734	648	512
30	1850	1802	1743	1670	1578	1464	1332	1195	1062	941	835	664

[a] Bemessungswerte der Tragfähigkeit $F_{c,0,Rd} = k_{mod} \cdot F_{c,0,Rk}/\gamma_M$, Beispiel: Holzstütze C24, $b/h = 14/14$ cm, ständige Lasteinwirkungsdauer, Nutzungsklasse 1, Knicklänge $l_{ef} = 2,5$ m, Bemessungswert der Tragfähigkeit $F_{c,0,Rd} = 0,6 \cdot 269/1,3 = 124,2$ kN.
[b] die Tafelwerte $F_{c,0,Rk}$ gelten nicht für Holzstützen in den Nutzungsklassen 2 und 3, bei denen der Bemessungswert des ständigen und des quasi-ständigen Lastanteil 70 % des Bemessungswertes der Gesamtlast überschreitet; die Tragfähigkeit derartig beanspruchter Holzstützen muss abgemindert werden (Kriecheinfluss), hierüber s. Abschn. 11.6.1.3, Tafel 11.19 und Abschn. 11.6.1.1 sinngemäß.

Tafel 11.106 Kanthölzer und Balken aus Nadelholz, Querschnittsmaße und statische Werte nach DIN 4070-1:1958-01 und DIN 4070-2:1963-10

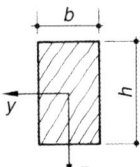

b/h	A	G^{a}	W_y	I_y	W_z	I_z	i_y	i_z
in cm/cm	in cm²	in N/m	in cm³	in cm⁴	in cm³	in cm⁴	in cm	in cm
6/6*	36	18,0	36	108	36	108	1,73	1,73
6/8*	48	24,0	64	256	48	144	2,31	1,73
6/10	60	30,0	100	500	60	180	2,89	1,73
6/12*	72	36,0	144	864	72	216	3,46	1,73
6/14	84	42,0	196	1372	84	252	4,04	1,73
6/16	96	48,0	256	2048	96	288	4,62	1,73
6/18	108	54,0	324	2916	108	324	5,20	1,73
6/20	120	60,0	400	4000	120	360	5,77	1,73
6/22	132	66,0	484	5324	132	396	6,35	1,73
6/24	144	72,0	576	6912	144	432	6,93	1,73
6/26	156	78,0	676	8788	156	468	7,51	1,73
7/12	84	42,0	168	1008	98	343	3,46	2,02
7/14	98	49,0	229	1601	114	400	4,04	2,02
7/16	112	56,0	299	2389	131	457	4,62	2,02
7/18	126	63,0	378	3402	147	515	5,20	2,02
7/20	140	70,0	467	4667	163	572	5,77	2,02
7/22	154	77,0	565	6211	180	629	6,35	2,02
7/24	168	84,0	672	8064	196	686	6,93	2,02
7/26	182	91,0	789	10.253	212	743	7,51	2,02
8/8*	64	32,0	85	341	85	341	2,31	2,31
8/10*	80	40,0	133	667	107	427	2,89	2,31
8/12*	96	48,0	192	1152	128	512	3,46	2,31
8/14	112	56,0	261	1829	149	597	4,04	2,31
8/16*	128	64,0	341	2731	171	683	4,62	2,31
8/18	144	72,0	432	3888	192	768	5,20	2,31
8/20	160	80,0	533	5333	213	853	5,77	2,31
8/22	176	88,0	645	7099	235	939	6,35	2,31
8/24	192	96,0	768	9216	256	1024	6,92	2,31
8/26	208	104,0	901	11.717	277	1109	7,51	2,31
9/9	81	40,5	121	547	121	547	2,60	2,60
9/10	90	45,0	150	750	135	608	2,89	2,60
9/16	144	72,0	384	3072	216	972	4,62	2,60
9/18	162	81,0	486	4374	243	1094	5,20	2,60
9/20	180	90,0	600	6000	270	1215	5,77	2,60
9/22	198	99,0	726	7986	297	1337	6,35	2,60
9/24	216	108	864	10.368	324	1458	6,93	2,60
9/26	234	117	1014	13.182	351	1580	7,51	2,60
10/10*	100	50,0	167	833	167	833	2,89	2,89
10/12*	120	60,0	240	1440	200	1000	3,46	2,89
10/14	140	70,0	327	2287	233	1167	4,04	2,89
10/16	160	80,0	427	3413	267	1333	4,62	2,89

Tafel 11.106 (Fortsetzung)

b/h	A	G^a	W_y	I_y	W_z	I_z	i_y	i_z
in cm/cm	in cm^2	in N/m	in cm^3	in cm^4	in cm^3	in cm^4	in cm	in cm
10/18	180	90,0	540	4860	300	1500	5,20	2,89
10/20*	200	100	667	6667	333	1667	5,77	2,89
10/22*	220	110	807	8873	367	1833	6,35	2,89
10/24	240	120	960	11.520	400	2000	6,93	2,89
10/26	260	130	1127	14.647	433	2167	7,51	2,89
12/12*	144	72,0	288	1728	288	1728	3,46	3,46
12/14*	168	84,0	392	2744	336	2016	4,04	3,46
12/16*	192	96,0	512	4096	384	2304	4,62	3,46
12/18	216	108	648	5832	432	2592	5,20	3,46
12/20*	240	120	800	8000	480	2880	5,77	3,46
12/22	264	132	968	10.648	528	3168	6,35	3,46
12/24	288	144	1152	13.824	576	3456	6,93	3,46
12/26	312	156	1352	17.576	624	3744	7,51	3,46
14/14*	196	98,0	457	3201	457	3201	4,04	4,04
14/16*	224	112	597	4779	523	3659	4,62	4,04
14/18	252	126	756	6804	588	4116	5,20	4,04
14/20	280	140	933	9333	653	4573	5,77	4,04
14/22	308	154	1129	12.423	719	5031	6,35	4,04
14/24	336	168	1344	16.128	784	5488	6,93	4,04
14/26	364	182	1577	20.505	849	5945	7,51	4,04
14/28	392	196	1829	25.611	915	6403	8,08	4,04
16/16*	256	128	683	5461	683	5461	4,62	4,62
16/18*	288	144	864	7776	768	6144	5,20	4,62
16/20*	320	160	1067	10.667	853	6827	5,77	4,62
16/22	352	176	1291	14.197	939	7509	6,35	4,62
16/24	384	192	1536	18.432	1024	8192	6,93	4,62
16/26	416	208	1803	23.435	1109	8875	7,51	4,62
16/28	448	224	2091	29.269	1195	9557	8,08	4,62
16/30	480	240	2400	36.000	1280	10.240	8,66	4,62
18/18	324	162	972	8748	972	8748	5,20	5,20
18/20	360	180	1200	12.000	1080	9720	5,77	5,20
18/22*	396	198	1452	15.972	1188	10.692	6,35	5,20
18/24	432	216	1728	20.736	1296	11.664	6,93	5,20
18/26	468	234	2028	26.364	1404	12.636	7,51	5,20
18/28	504	252	2352	32.928	1512	13.608	8,08	5,20
18/30	540	270	2700	40.500	1620	14.580	8,66	5,20
20/20*	400	200	1333	13.333	1333	13.333	5,77	5,77
20/22	440	220	1613	17.747	1467	14.667	6,35	5,77
20/24*	480	240	1920	23.040	1600	16.000	6,93	5,77
20/26	520	260	2253	29.293	1733	17.333	7,51	5,77
20/28	560	280	2613	36.587	1867	18.667	8,08	5,77
20/30	600	300	3000	45.000	2000	20.000	8,66	5,77
22/22	484	242	1775	19.521	1775	19.521	6,35	6,35
22/24	528	264	2112	25.344	1936	21.296	6,93	6,35
22/26	572	286	2479	32.223	2097	23.071	7,51	6,35
22/28	616	308	2875	40.245	2259	24.845	8,08	6,35
22/30	660	330	3300	49.500	2420	26.620	8,66	6,35

Tafel 11.106 (Fortsetzung)

b/h	A	G^a	W_y	I_y	W_z	I_z	i_y	i_z
in cm/cm	in cm²	in N/m	in cm³	in cm⁴	in cm³	in cm⁴	in cm	in cm
24/24	576	288	2304	27.648	2304	27.648	6,93	6,93
24/26	624	312	2704	35.152	2496	29.952	7,51	6,93
24/28	672	336	3136	43.904	2688	32.256	8,08	6,93
24/30	720	360	3600	54.000	2880	34.560	8,66	6,93
26/26	676	338	2929	38.081	2929	38.081	7,51	7,51
26/28	728	364	3397	47.563	3155	41.011	8,08	7,51
26/30	780	390	3900	58.500	3380	43.940	8,66	7,51
28/28	784	392	3659	51.221	3659	51.221	8,08	8,08
28/30	840	420	4200	63.000	3920	54.880	8,66	8,08
30/30	900	450	4500	67.500	4500	67.500	8,66	8,66

[a] das Gewicht pro lfdm G gilt für Nadelholz mit $\gamma = 5,0\,\text{kN/m}^3$, genauere Wichten nach Festigkeitsklassen für Vollholz C und D s. Tafel 11.113.

Tafel 11.107 Rechteckquerschnitte aus Brettschichtholz; Querschnittsmaße und statische Werte für $b = 10\,\text{cm}^{a,\,b}$

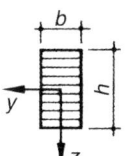

b/h	A	G^c	W_y	I_y	$i_y{}^d$	b/h	A	G^c	W_y	I_y	$i_y{}^d$
in cm/cm	in cm²	in kN/m	in cm³	in cm⁴	in cm	in cm/cm	in cm²	in kN/m	in cm³	in cm⁴	in cm
10/30	300	0,150	1500	22.500	8,66	10/58	580	0,290	5607	162.600	16,74
10/31	310	0,155	1602	24.830	8,95	10/59	590	0,295	5802	171.100	17,03
10/32	320	0,160	1707	27.310	9,24	10/60	600	0,300	6000	180.000	17,32
10/33	330	0,165	1815	29.950	9,53	10/61	610	0,305	6202	189.200	17,61
10/34	340	0,170	1927	32.750	9,81	10/62	620	0,310	6407	198.600	17,90
10/35	350	0,175	2042	35.730	10,10	10/63	630	0,315	6615	208.400	18,19
10/36	360	0,180	2160	38.880	10,39	10/64	640	0,320	6827	218.500	18,47
10/37	370	0,185	2282	42.210	10,68	10/65	650	0,325	7042	228.900	18,76
10/38	380	0,190	2407	45.730	10,97	10/66	660	0,330	7260	239.600	19,05
10/39	390	0,195	2535	49.430	11,26	10/67	670	0,335	7482	250.600	19,34
10/40	400	0,200	2667	53.330	11,55	10/68	680	0,340	7707	262.000	19,63
10/41	410	0,205	2802	57.430	11,84	10/69	690	0,345	7935	273.800	19,92
10/42	420	0,210	2940	61.740	12,12	10/70	700	0,350	8167	285.800	20,21
10/43	430	0,215	3082	66.260	12,41	10/71	710	0,355	8402	298.300	20,50
10/44	440	0,220	3227	70.990	12,70	10/72	720	0,360	8640	311.000	20,78
10/45	450	0,225	3375	75.940	12,99	10/73	730	0,365	8882	324.200	21,07
10/46	460	0,230	3527	81.110	13,28	10/74	740	0,370	9127	337.700	21,36
10/47	470	0,235	3682	86.520	13,57	10/75	750	0,375	9375	351.600	21,65
10/48	480	0,240	3840	92.160	13,86	10/76	760	0,380	9627	365.800	21,94
10/49	490	0,245	4002	98.040	14,14	10/77	770	0,385	9882	380.400	22,23
10/50	500	0,250	4167	104.200	14,43	10/78	780	0,390	10.140	395.500	22,52
10/51	510	0,255	4335	110.500	14,72	10/79	790	0,395	10.400	410.900	22,80
10/52	520	0,260	4507	117.200	15,01	10/80	800	0,400	10.670	426.700	23,09
10/53	530	0,265	4682	124.100	15,30	10/81	810	0,405	10.940	442.900	23,38
10/54	540	0,270	4860	131.200	15,59	10/82	820	0,410	11.210	459.500	23,67
10/55	550	0,275	5042	138.600	15,88	10/83	830	0,415	11.480	476.500	23,96
10/56	560	0,280	5227	146.300	16,17	10/84	840	0,420	11.760	493.900	24,25
10/57	570	0,285	5415	154.300	16,45	10/85	850	0,425	12.040	511.800	24,54

Tafel 11.107 (Fortsetzung)

b/h	A	G^c	W_y	I_y	$i_y{}^d$	b/h	A	G^c	W_y	I_y	$i_y{}^d$
in cm/cm	in cm²	in kN/m	in cm³	in cm⁴	in cm	in cm/cm	in cm²	in kN/m	in cm³	in cm⁴	in cm
10/86	860	0,430	12.330	530.000	24,83	10/108	1080	0,540	19.440	1.050.000	31,18
10/87	870	0,435	12.620	548.800	25,11	10/109	1090	0,545	19.800	1.079.000	31,47
10/88	880	0,440	12.910	567.900	25,40	10/110	1100	0,550	20.170	1.109.000	31,75
10/89	890	0,445	13.200	587.500	25,69	10/111	1110	0,555	20.540	1.140.000	32,04
10/90	900	0,450	13.500	607.500	25,98	10/112	1120	0,560	20.910	1.171.000	32,33
10/91	910	0,455	13.800	628.000	26,27	10/113	1130	0,565	21.280	1.202.000	32,62
10/92	920	0,460	14.110	648.900	26,56	10/114	1140	0,570	21.660	1.235.000	32,91
10/93	930	0,465	14.420	670.300	26,85	10/115	1150	0,575	22.040	1.267.000	33,20
10/94	940	0,470	14.730	692.200	27,13	10/116	1160	0,580	22.430	1.301.000	33,49
10/95	950	0,475	15.040	714.500	27,42	10/117	1170	0,585	22.820	1.335.000	33,77
10/96	960	0,480	15.360	737.300	27,71	10/118	1180	0,590	23.210	1.369.000	34,06
10/97	970	0,485	15.680	760.600	28,00	10/119	1190	0,595	23.600	1.404.000	34,35
10/98	980	0,490	16.010	784.300	28,29	10/120	1200	0,600	24.000	1.440.000	34,64
10/99	990	0,495	16.340	808.600	28,58	10/121	1210	0,605	24.400	1.476.000	34,93
10/100	1000	0,500	16.670	833.300	28,87	10/122	1220	0,610	24.810	1.513.000	35,22
10/101	1010	0,505	17.000	858.600	29,16	10/123	1230	0,615	25.220	1.551.000	35,51
10/102	1020	0,510	17.340	884.300	29,44	10/124	1240	0,620	25.630	1.589.000	35,80
10/103	1030	0,515	17.680	910.600	29,73	10/125	1250	0,625	26.040	1.628.000	36,08
10/104	1040	0,520	18.030	937.400	30,02	10/126	1260	0,630	26.460	1.667.000	36,37
10/105	1050	0,525	18.380	964.700	30,31	10/127	1270	0,635	26.880	1.707.000	36,66
10/106	1060	0,530	18.730	992.500	30,60	10/128	1280	0,640	27.310	1.748.000	36,95
10/107	1070	0,535	19.080	1.021.000	30,89	10/129	1290	0,645	27.740	1.789.000	37,24

[a] im Regelfall sollte $h/b \leq 10$ betragen.

[b] für andere Querschnittsbreiten $b \neq 10$ cm: $\eta = b/b_{\text{Tafel}}$; $A, G, W_y, I_y = \eta \cdot$ Tafelwert

Beispiel für $b/h = 14/80$ cm:

$\eta = 14/10 = 1,4$ $i_y =$ Tafelwert $A = 1,4 \cdot 800 = 1120$ cm² $W_y = 1,4 \cdot 10.670 = 14.940$ cm³ $G = 1,4 \cdot 0,400 = 0,56$ kN/m

$I_y = 1,4 \cdot 426.700 = 597.400$ cm⁴ $i_y = 23,09$ $i_z = 1,4 \cdot 0,28867 \cdot 10 = 4,04$ cm.

[c] Wichte $\gamma = 5,0$ kN/m³, genauere Wichten nach Festigkeitsklassen für Brettschichtholz GL s. Tafel 11.113.

[d] $i_z = 0,28867 \cdot 10 = 2,89$ cm.

Tafel 11.108 Rundhölzer, Querschnittsmaße und statische Werte, d ist in Stammmitte bei entrindetem Holz gemessen. Das Gewicht pro lfdm G gilt für Wichten $\gamma = 5,0$ kN/m³, genauere Wichten nach Festigkeitsklassen für Vollholz C und D s. Tafel 11.113

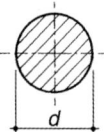

d	U	A	G	I	W	i
in cm	in cm	in cm²	in N/m	in cm⁴	in cm³	in cm
10	31,4	78,5	39,3	491	98,2	2,50
12	37,7	113	56,5	1018	170	3,00
14	44,0	154	77,0	1886	269	3,50
16	50,3	201	101	3217	402	4,00
18	56,5	254	127	5153	573	4,50
20	62,8	314	157	7854	785	5,00
22	69,1	380	190	11.500	1045	5,50
24	75,4	452	226	16.290	1357	6,00
26	81,7	531	265	22.430	1725	6,50
28	88,0	616	308	30.170	2155	7,00
30	94,2	707	353	39.760	2650	7,50

Tafel 11.109   Dachlatten aus Nadelholz, Querschnittsmaße und statische Werte[a] nach DIN 4070-1:1958-01

b/h	A	G[b]	W_y	I_y	W_z	I_z	i_y	i_z
in mm/mm	in cm^2	in N/m	in cm^3	in cm^4	in cm^3	in cm^4	in cm	in cm
24/48*	11,5	5,8	9,2	22,1	4,57	5,5	1,39	0,69
30/50* [a]	15,0	7,5	12,5	31,3	7,5	11,3	1,45	0,87
40/60*	24,0	12,0	24,0	72,0	16,0	32,0	1,73	1,16

[a] nach VOB DIN 18334: 2012-09, 3.8, sind Dachlatten mind. mit einem Querschnitt von 30 mm × 50 mm bei Verwendung von Sortierklasse S10 (Festigkeitsklasse C24) nach DIN 4074-1: 2012-06 herzustellen.
[b] mit der Wichte $\gamma = 5{,}0\,\text{kN/m}^3$, genauere Wichten nach Festigkeitsklassen für Vollholz C s. Tafel 11.113.

Tafel 11.110   Ungehobelte Bretter und Bohlen aus Nadelholz, Maße[a] nach DIN 4071-1: 1977-04

Dicken in mm	Bretter	16	18	22	24	28	38				
	Bohlen	44	48	50	63	70	75				
Breiten in mm	Bretter[b] und Bohlen[b]	75	80	100	115	120	125	140	150	160	175	180
		200	220	225	240	250	260	275	280	300		
Längen in mm	Bretter und Bohlen	von 1500 bis 6000, Stufung 250 und 300										

[a] gelten für eine Holzfeuchte von 14 bis 20 %.
[b] parallel besäumt.

Tafel 11.111   Vorzugsquerschnitte von Konstruktionsvollholz KVH NSi aus Fichte/Tanne nach Tafel 11.112[a, b]

Breite in cm	Höhe in cm							
	10	12	14	16	18	20	22	24
6	•	•	•	•	•	•	•	•
8		•		•	•	•	•	•
10	•			•		•		•
12		•		•		•		•
14			•					

[a] Orientierungshilfe, Vorzugsquerschnitte für andere Holzarten und in Sichtqualität auf Anfrage.
[b] lieferbare Längen s. Tafel 11.112, Fußnote [g], größere Längen (Sonderlängen) auf Anfrage.

Tafel 11.112   Konstruktionsvollholz (KVH) aus Nadelholz (Fichte, Tanne, auf Anfrage Kiefer, Lärche oder Douglasie) Stand: 09/2015[a, c–i]

Sortiermerkmale	KVH-Si (sichtbarer Bereich)	KVH-NSi (nicht sichtbarer Bereich)
Festigkeitsklasse	C24, C24M, Sortiernorm DIN 4074-1 bei visueller Sortierung	
Holzfeuchte	15 % ± 3 % technisch getrocknetes Holz, prozessgesteuert in einer geeigneten technischen Anlage bei $T \geq 55\,°\text{C}$, mind. 48 h auf eine Holzfeuchte $\omega \leq 20\,\%$	
Einschnittart	Markröhre (bei ideal gewachsenem Stamm) wird bei zweistieligem Einschnitt durchschnitten, auf Wunsch: Heraustrennen einer Herzbohle mit $d \geq 40$ mm	Markröhre (bei ideal gewachsenem Stamm) wird bei zweistieligem Einschnitt durchschnitten
Baumkante	nicht zulässig	$\leq 10\,\%$ der kleineren Querschnittseite
Maßhaltigkeit des Querschnitts	Maßhaltigkeitsklasse 2 nach DIN EN 336,[b] bei $b, d \leq 100$ mm: +1 mm bis −1 mm, bei 100 mm $< b, d \leq 300$ mm: +1,5 mm bis −1,5 mm	
Astigkeit	S10: A $\leq 2/5$ und ≤ 70 mm	
Astzustand	lose Äste und Durchfalläste nicht zulässig; vereinzelt angeschlagene Äste oder Astteile von Ästen bis max. 20 mm Ø sind zulässig	nach DIN 4074-1 Sortierklasse S10 TS
Rindeneinschluss	nicht zulässig	nach DIN 4074-1 Sortierklasse S10 TS
Risse, Schwindrisse (Trockenrisse)	Rissbreite $b \leq 3\,\%$, nicht mehr als 6 mm	Rissbreite $b \leq 5\,\%$
Risstiefe – Schwindrisse – Blitzrisse, Ringschäle	bis 1/2 nicht zulässig	

Tafel 11.112   (Fortsetzung)

Sortiermerkmale	KVH-Si (sichtbarer Bereich)	KVH-NSi (nicht sichtbarer Bereich)
Harzgallen	Breite $b \leq 5$ mm	
Verfärbungen	nicht zulässig	Bläue: zulässig Nagelfeste braune und rote Streifen: bis $2/5$ Braunfäule, Weißfäule: nicht zulässig
Insektenbefall	nicht zulässig	Fraßgänge bis 2 mm Durchmesser zulässig
Verdrehungen	1 mm je 25 mm Höhe	
Längskrümmung	≤ 8 mm/2 m bei herausgetrennter Herzbohle: ≤ 4 mm/2 m	≤ 8 mm/2 m
Bearbeitung der Enden	rechtwinklig gekappt (nach Vereinbarung)	
Oberflächenbeschaffenheit	gehobelt und gefast	egalisiert und gefast
Produktnorm	für nicht keilgezinktes KVH: DIN EN 14081-1, für keilgezinktes KVH: DIN EN 15497	

[a] entsprechend den Überwachungsbestimmungen und der Vereinbarung zwischen dem Bund Deutscher Zimmermeister (DBZ) und der Überwachungsgemeinschaft Konstruktionsvollholz e. V. vom September 2015.

[b] s. Tafel 11.124.

[c] auf Querschnitte mit einer Breite $b > 14$ cm wird aus Gründen der technischen Trocknung verzichtet, für größere Breiten $b > 14$ cm wird der Einsatz von Balkenschichtholz oder Brettschichtholz empfohlen.

[d] Querschnitte für andere Holzarten z. B. Kiefer, Douglasie, Lärche auf Anfrage.

[e] Querschnitte in Sichtqualität (Si) auf Anfrage.

[f] andere Festigkeitsklassen als C24/C24M auf Anfrage.

[g] geliefert in Paketen mit Systemlängen z. B. 6 m, 7 m, 7,5 m, 8 m, 8,5 m, 9 m in einheitlicher Dimension und Qualität, Vorzugs-/Lagerlängen für alle Querschnittsabmessungen sind 5 m und 13 m.

[h] verschiedene Standardquerschnitte in beliebigen Längen und beliebiger Qualität, fix genau gekappte Stücke.

[i] KVH ist keilgezinkt nur in Nutzungsklasse 1 und 2 einsetzbar, jedoch auch ohne Keilzinkung längenabhängig lieferbar (in allen 3 Nutzungsklassen zu verwenden).

Tafel 11.113   Wichten γ von Holz und Holzwerkstoffen nach DIN EN 1991-1-1: 2010-12, Anhang A, Tab. A.3[a, b]

Wichten γ in kN/m^3

Nadelholz

Klasse	C16	C18	C22	C24	C27	C30	C35	C40
Wichte	3,7	3,8	4,1	4,2	4,5	4,6	4,8	5,0

Laubholz

Klasse	D30	D35	D40	D50	D60	D70		
Wichte	6,4	6,7	7,0	7,8	8,4	10,8		

Brettschichtholz

Klasse	GL24c	GL24h	GL28c	GL28h	GL32c	GL32h		
Wichte	3,5	3,7	3,7	4,0	4,0	4,2		

Sperrholz

	Weichholz-Sperrholz	Birken-Sperrholz	Laminate und Tischlerplatten
Wichte	5,0	7,0	4,5

Spanplatten

	Spanplatten	Zementgebundene Spanplatten	Sandwichplatten
Wichte	7,0 bis 8,0	12,0	7,0

Holzfaserplatten

	Hartfaserplatten	Faserplatten mittlerer Dichte	Leichtfaserplatten
Wichte	10,0	8,0	4,0

[a] Klasse als Abkürzung für Festigkeitsklasse, für Nadelholz nach DIN EN 338: 2010-02, für Brettschichtholz nach DIN EN 14080: 2013-09.

[b] Holz und Holzwerkstoffe nach Abschn. 11.3.1 bzw. Abschn. 11.19.

11.19 Baustoffeigenschaften von Holzwerkstoffen

11.19.1 Festigkeits-, Steifigkeits- und Rohdichtekennwerte von Holz- und Gipswerkstoffen

Tafel 11.114 Rechenwerte der charakteristischen Kennwerte für Sperrholz der Biegefestigkeitsklassen (F) und Biege-Elastizitätsmodul-Klassen (E) F20/10 E40/20 und F20/15 E30/25 mit einer charakteristischen Rohdichte $\varrho_k \geq 350\,\text{kg/m}^3$ nach DIN EN 636: 2003-11 und DIN 20000-1: 2013-08[a, b]

Klasse		F20/10 E40/20		F20/15 E30/25	
Beanspruchung		Parallel	Rechtwinklig	Parallel	Rechtwinklig
		zur Faserrichtung der Deckfurniere			
Festigkeitskennwerte in N/mm^2					
Plattenbeanspruchung					
Biegung	$f_{m,k}$	20	10	20	15
Druck	$f_{c,90,k}$	4			
Schub	$f_{v,k}$	0,90	0,60	1,0	0,70
Scheibenbeanspruchung					
Biegung	$f_{m,k}$	9	7	8	7
Zug	$f_{t,k}$	9	7	8	7
Druck	$f_{c,k}$	15	10	13	13
Schub	$f_{v,k}$	3,5		4	
Steifigkeitskennwerte in N/mm^2					
Plattenbeanspruchung					
E-Modul	E_{mean}	4000	2000	3000	2500
E-Modul	E_{05}	3200	1600	2400	2000
Schubmodul	G_{mean}	35	25	35	25
Schubmodul	G_{05}	28	20	28	20
Scheibenbeanspruchung					
E-Modul	E_{mean}	4000	3000	4000	3000
E-Modul	E_{05}	3200	2400	3200	2400
Schubmodul	G_{mean}	350			
Schubmodul	G_{05}	280			
Rohdichtekennwerte in kg/m^3					
Rohdichte	ϱ_k	350			

[a] Sperrholz nach den Anforderungen der DIN EN 12369-2: 2011-09 und DIN EN 13986: 2005-03.
[b] Sperrholz der technischen Klasse „Trocken" darf nach DIN EN 1995-1-1/NA: 2013-08, 3.5, nur in Nutzungsklasse 1, der technischen Klasse „Feucht" nur in Nutzungsklasse 1 und 2 sowie der technischen Klasse „Außen" in Nutzungsklasse 1, 2 und 3 verwendet werden.

Tafel 11.115 Rechenwerte der charakteristischen Kennwerte für Sperrholz der Biegefestigkeits- (F) und Biege-Elastizitätsmodul-Klassen (E) F40/30 E60/40, F50/25 E70/25 und F60/10 E90/10 mit einer charakteristischen Rohdichte $\varrho_k \geq 600\,\text{kg/m}^3$ nach DIN EN 636: 2003-11 und DIN 20000-1: 2013-08[a, b]

Klasse		F40/30 E60/40		F50/25 E70/25		F60/10 E90/10	
Beanspruchung		Parallel	Rechtwinklig	Parallel	Rechtwinklig	Parallel	Rechtwinklig
		zur Faserrichtung der Deckfurniere					
Festigkeitskennwerte in N/mm²							
Plattenbeanspruchung							
Biegung	$f_{m,k}$	40	30	50	25	60	10
Druck	$f_{c,90,k}$	9		10			
Schub	$f_{v,k}$	2,2		2,5			
Scheibenbeanspruchung							
Biegung	$f_{m,k}$	29	31	36	24	36	24
Zug	$f_{t,k}$	29	31	36	24	36	24
Druck	$f_{c,k}$	21	22	36	17	26	18
Schub	$f_{v,k}$	9,5		11			
Steifigkeitskennwerte in N/mm²							
Plattenbeanspruchung							
E-Modul	E_{mean}	6000	4000	7000	2500	9000	1000
E-Modul	$E_{m,05}$	4800	3200	5600	2000	7200	800
G-Modul	G_{mean}	150		200			
G-Modul	G_{05}	120		160			
Scheibenbeanspruchung							
E-Modul	E_{mean}	4400	4700	5500	3650	5500	3700
E-Modul	E_{05}	3520	3760	4400	2920	4400	2960
G-modul	G_{mean}	600		700			
G-modul	G_{05}	480		560			
Rohdichtekennwerte in kg/m³							
Rohdichte	ϱ_k	600					

[a] Sperrholz nach den Anforderungen der DIN EN 12369-2: 2011-09 und DIN EN 13986: 2005-03.
[b] Sperrholz der technischen Klasse „Trocken" darf nach DIN EN 1995-1-1/NA: 2013-08, 3.5, nur in Nutzungsklasse 1, der technischen Klasse „Feucht" nur in Nutzungsklasse 1 und 2 sowie der technischen Klasse „Außen" in Nutzungsklasse 1, 2 und 3 verwendet werden.

Tafel 11.116 Rechenwerte der charakteristischen Kennwerte für kunstharzgebundene Spanplatten für tragende Zwecke zur Verwendung im Trockenbereich der technischen Klasse P6 nach DIN EN 12369-1: 2001-04, Tab. 6, s. auch DIN 1052: 2008-12, Tab. F.17[a, b]

Nenndicke der Platten in mm		> 6 bis 13	> 13 bis 20	> 20 bis 25	> 25 bis 32	> 32 bis 40	> 40 bis 50
Festigkeitskennwerte in N/mm²							
Plattenbeanspruchung							
Biegung	$f_{m,k}$	16,5	15,0	13,3	12,5	11,7	10,0
Druck	$f_{c,90,k}$	10,0	10,0	10,0	8,0	6,0	6,0
Schub	$f_{v,k}$	1,9	1,7				
Scheibenbeanspruchung							
Biegung	$f_{m,k}$	10,5	9,5	8,5	8,3	7,8	7,5
Zug	$f_{t,k}$	10,5	9,5	8,5	8,3	7,8	7,5
Druck	$f_{c,k}$	14,1	13,3	12,8	12,2	11,9	10,4
Schub	$f_{v,k}$	7,8	7,3	6,8	6,5	6,0	5,5

Tafel 11.116 (Fortsetzung)

Nenndicke der Platten in mm		> 6 bis 13	> 13 bis 20	> 20 bis 25	> 25 bis 32	> 32 bis 40	> 40 bis 50
Steifigkeitskennwerte in N/mm²							
Plattenbeanspruchung							
E-Modul	E_{mean}	4400	4100	3500	3300	3100	2800
E-Modul	E_{05}	3520	3280	2800	2640	2480	2240
Schubmodul	G_{mean}	200			100		
Schubmodul	G_{05}	160			80		
Scheibenbeanspruchung							
E-Modul	E_{mean}	2500	2400	2100	1900	1800	1700
E-Modul	E_{05}	2000	1920	1680	1520	1440	1360
Schubmodul	G_{mean}	1200	1150	1050	950	900	880
Schubmodul	G_{05}	960	920	840	760	720	705
Rohdichtekennwerte in kg/m³							
Rohdichte	ϱ_k	650	600	550	550	500	500

[a] kunstharzgebundene Spanplatten nach den Anforderungen der DIN EN 312: 2010-12, DIN EN 13986: 2005-03 und DIN 20000-1: 2013-08.
[b] kunstharzgebundene Spanplatten der technischen Klasse P6 dürfen nach DIN EN 1995-1-1/NA: 2013-08, 3.5, nur in Nutzungsklasse 1 verwendet werden.

Tafel 11.117 Rechenwerte der charakteristischen Kennwerte für kunstharzgebundene Spanplatten für tragende Zwecke zur Verwendung im Feuchtbereich der technischen Klasse P7 nach DIN EN 12369-1: 2001-04, Tab. 7, s. auch DIN 1052: 2008-12, Tab. F.18[a, b]

Nenndicke der Platten in mm		> 6 bis 13	> 13 bis 20	> 20 bis 25	> 25 bis 32	> 32 bis 40	> 40 bis 50
Festigkeitskennwerte in N/mm²							
Plattenbeanspruchung							
Biegung	$f_{m,k}$	18,3	16,7	15,4	14,2	13,3	12,5
Druck	$f_{c,90,k}$	10,0	10,0	10,0	8,0	6,0	6,0
Schub	$f_{v,k}$	2,4	2,2	2,0	1,9	1,9	1,8
Scheibenbeanspruchung							
Biegung	$f_{m,k}$	11,5	10,6	9,8	9,4	9,0	8,0
Zug	$f_{t,k}$	11,5	10,6	9,8	9,4	9,0	8,0
Druck	$f_{c,k}$	15,5	14,7	13,7	13,5	13,2	13,0
Schub	$f_{v,k}$	8,6	8,1	7,9	7,4	7,2	7,0
Steifigkeitskennwerte in N/mm²							
Plattenbeanspruchung							
E-Modul	E_{mean}	4600	4200	4000	3900	3500	3200
E-Modul	E_{05}	3680	3360	3200	3120	2800	2560
Schubmodul	G_{mean}	200			100		
Schubmodul	G_{05}	160			80		
Scheibenbeanspruchung							
E-Modul	E_{mean}	2600	2500	2400	2300	2100	2000
E-Modul	E_{05}	2080	2000	1920	1840	1680	1600
Schubmodul	G_{mean}	1250	1200	1150	1100	1050	1000
Schubmodul	G_{05}	1000	960	920	880	840	800
Rohdichtekennwerte in kg/m³							
Rohdichte	ϱ_k	650	600	550	550	500	500

[a] kunstharzgebundene Spanplatten nach den Anforderungen der DIN EN 312: 2010-12, DIN EN 13986: 2005-03 und DIN 20000-1: 2013-08.
[b] kunstharzgebundene Spanplatten der technischen Klasse P7 dürfen nach DIN EN 1995-1-1/NA: 2013-08, 3.5, nur in Nutzungsklasse 1 und 2 verwendet werden.

Tafel 11.118 Rechenwerte der charakteristischen Kennwerte für zementgebundene Spanplatten der technischen Klasse 1 und 2 nach DIN EN 1995-1-1/NA: 2013-08, Tab. NA.8[a, b]

Nenndicke der Platten in mm		Alle Dicken von 8 bis 40 mm
Festigkeitskennwerte in N/mm^2		
Plattenbeanspruchung		
Biegung	$f_{m,k}$	9
Druck	$f_{c,90,k}$	12
Schub	$f_{v,k}$	2
Scheibenbeanspruchung		
Biegung	$f_{m,k}$	8
Zug	$f_{t,k}$	2,5
Druck	$f_{c,k}$	11,5
Schub	$f_{v,k}$	6,5
Steifigkeitskennwerte in N/mm^2		
Plattenbeanspruchung		
E-Modul	E_{mean}	Klasse 1: 4500, Klasse 2: 4000
E-Modul	E_{05}	Klasse 1: 3600, Klasse 2: 3200
Scheibenbeanspruchung		
E-Modul	E_{mean}	4500
E-Modul	E_{05}	3600
Schubmodul	G_{mean}	1500
Schubmodul	G_{05}	1200
Rohdichtekennwerte in kg/m^3		
Rohdichte	ϱ_k	1000

[a] zementgebundene Spanplatten nach den Anforderungen der DIN EN 634-1: 1995-04, DIN EN 634-2: 2007-05, DIN EN 13986: 2005-03 und DIN 20000-1: 2013-08.
[b] zementgebundene Spanplatten dürfen nach DIN EN 1995-1-1/NA: 2013-08, 3.5, nur in Nutzungsklasse 1 und 2 verwendet werden.

Tafel 11.119 Rechenwerte der charakteristischen Kennwerte für OSB-Platten der technischen Klassen OSB/2 und OSB/3 nach DIN EN 12369-1: 2001-04, Tab. 2, s. auch DIN 1052: 2008-12, Tab. F.13[a, b]

Beanspruchung		Parallel			Rechtwinklig		
		zur Spanrichtung der Deckschicht					
Nenndicke der Platten in mm		> 6 bis 10	> 10 bis 18	> 18 bis 25	> 6 bis 10	> 10 bis 18	> 18 bis 25
Festigkeitskennwerte in N/mm^2							
Plattenbeanspruchung							
Biegung	$f_{m,k}$	18,0	16,4	14,8	9,0	8,2	7,4
Druck	$f_{c,90,k}$	10,0					
Schub	$f_{v,k}$	1,0					
Scheibenbeanspruchung							
Biegung	$f_{m,k}$	9,9	9,4	9,0	7,2	7,0	6,8
Zug	$f_{t,k}$	9,9	9,4	9,0	7,2	7,0	6,8
Druck	$f_{c,k}$	15,9	15,4	14,8	12,9	12,7	12,4
Schub	$f_{v,k}$	6,8					

Tafel 11.119 (Fortsetzung)

Beanspruchung		Parallel			Rechtwinklig		
		zur Spanrichtung der Deckschicht					
Nenndicke der Platten in mm		> 6 bis 10	> 10 bis 18	> 18 bis 25	> 6 bis 10	> 10 bis 18	> 18 bis 25
Steifigkeitskennwerte in N/mm²							
Plattenbeanspruchung							
E-Modul	E_{mean}	4930			1980		
E-Modul	E_{05}	4190			1680		
Schubmodul	G_{mean}	50					
Schubmodul	G_{05}	43					
Scheibenbeanspruchung							
E-Modul	E_{mean}	3800			3000		
E-Modul	E_{05}	3230			2550		
Schubmodul	G_{mean}	1080					
Schubmodul	G_{05}	920					
Rohdichtekennwerte in kg/m³							
Rohdichte	ϱ_k	550					

[a] OSB-Platten nach den Anforderungen der DIN EN 300: 2006-09, DIN EN 13986: 2005-03 und DIN 20000-1: 2013-08.
[b] OSB-Platten der technischen Klasse OSB/2 dürfen nach DIN EN 1995-1-1/NA: 2013-08, 3.5, nur in Nutzungsklasse 1, der technischen Klasse OSB/3 nur in Nutzungsklasse 1 und 2 verwendet werden.

Tafel 11.120 Rechenwerte der charakteristischen Kennwerte für OSB-Platten der technischen Klasse OSB/4 nach DIN EN 12369-1: 2001-04, Tab. 3, s. auch DIN 1052: 2008-12, Tab. F.14[a, b]

Beanspruchung		Parallel			Rechtwinklig		
		zur Spanrichtung der Deckschicht					
Nenndicke der Platten in mm		> 6 bis 10	> 10 bis 18	> 18 bis 25	> 6 bis 10	> 10 bis 18	> 18 bis 25
Festigkeitskennwerte in N/mm²							
Plattenbeanspruchung							
Biegung	$f_{m,k}$	24,5	23,0	21,0	13,0	12,2	11,4
Druck	$f_{c,90,k}$	10,0					
Schub	$f_{v,k}$	1,1					
Scheibenbeanspruchung							
Biegung	$f_{m,k}$	11,9	11,4	10,9	8,5	8,2	8,0
Zug	$f_{t,k}$	11,9	11,4	10,9	8,5	8,2	8,0
Druck	$f_{c,k}$	18,1	17,6	17,0	14,3	14,0	13,7
Schub	$f_{v,k}$	6,9					
Steifigkeitskennwerte in N/mm²							
Plattenbeanspruchung							
E-Modul	E_{mean}	6780			2680		
E-Modul	E_{05}	5760			2280		
Schubmodul	G_{mean}	60					
Schubmodul	G_{05}	51					
Scheibenbeanspruchung							
E-Modul	E_{mean}	4300			3200		
E-Modul	E_{05}	3660			2720		
Schubmodul	G_{mean}	1090					
Schubmodul	G_{05}	930					
Rohdichtekennwerte in kg/m³							
Rohdichte	ϱ_k	550					

[a] OSB-Platten nach den Anforderungen der DIN EN 300: 2006-09, DIN EN 13986: 2005-03 und DIN 20000-1: 2013-08.
[b] OSB-Platten der technischen Klasse OSB/4 dürfen nach DIN EN 1995-1-1/NA: 2013-08, 3.5, nur in Nutzungsklasse 1 und 2 verwendet werden.

Tafel 11.121 Rechenwerte der charakteristischen Kennwerte für Faserplatten der technischen Klassen HB.HLA2 und MBH.LA2 nach DIN EN 12369-1: 2001-04, Tab. 8 und 9 sowie DIN EN 1995-1-1/NA: 2013-08, Tab. NA.9[a, b]

Technische Klasse		HB.HLA2 (harte Platten)		MBH.LA2 (mittelharte Platten)	
Nenndicke der Platten in mm		> 3,5 bis 5,5	> 5,5	≤ 10	> 10
Festigkeitskennwerte in N/mm²					
Plattenbeanspruchung					
Biegung	$f_{m,k}$	35,0	32,0	17,0	15,0
Druck	$f_{c,90,k}$	12,0	12,0	8,0	8,0
Schub	$f_{v,k}$	3,0	2,5	0,3	0,25
Scheibenbeanspruchung					
Biegung	$f_{m,k}$	26,0	23,0	9,0	8,0
Zug	$f_{t,k}$	26,0	23,0	9,0	8,0
Druck	$f_{c,k}$	27,0	24,0	9,0	8,0
Schub	$f_{v,k}$	18,0	16,0	5,5	4,5
Steifigkeitskennwerte in N/mm²					
Plattenbeanspruchung					
E-Modul	E_{mean}	4800	4600	3100	2900
E-Modul	E_{05}	3840	3680	2480	2320
Schubmodul	G_{mean}	200	200	100	100
Schubmodul	G_{05}	160	160	80	80
Scheibenbeanspruchung					
E-Modul	E_{mean}	4800	4600	3100	2900
E-Modul	E_{05}	3840	3680	2480	2320
Schubmodul	G_{mean}	2000	1900	1300	1200
Schubmodul	G_{05}	1600	1520	1040	960
Rohdichtekennwerte in kg/m³					
Rohdichte	ϱ_k	850	800	650	600

[a] Holzfaserplatten nach den Anforderungen der DIN EN 622-2, DIN EN 622-3, DIN EN 13986: 2005-03 und DIN 20000-1: 2013-08.

[b] Faserplatten der technischen Klasse MBH.LA2 dürfen nach DIN EN 1995-1-1/NA: 2013-08, 3.5, nur in Nutzungsklasse 1, der technischen Klasse HB.HLA2 nur in Nutzungsklasse 1 und 2 verwendet werden.

Tafel 11.122 Rechenwerte der charakteristischen Kennwerte für Gipsplatten der DIN 18180: 2007-01 nach DIN EN 1995-1-1/NA: 2013-08, Tab. NA.10[a]

Beanspruchung		Parallel			Rechtwinklig		
		zur Herstellrichtung					
Nenndicke der Platten in mm		12,5	15,0	18,0[c]	12,5	15,0	18,0[c]
Festigkeitskennwerte in N/mm²							
Plattenbeanspruchung							
Biegung	$f_{m,k}$	6,5	5,4	4,2	2,0	1,8	1,5
Druck	$f_{c,90,k}$	3,5 (5,5)[b]					
Scheibenbeanspruchung							
Biegung	$f_{m,k}$	4,0	3,8	3,6	2,0	1,7	1,4
Zug	$f_{t,k}$	1,7	1,4	1,1	0,7		
Druck	$f_{c,k}$	3,5 (5,5)[b]			4,2 (4,8)[b]		
Schub	$f_{v,k}$	1,0					

Tafel 11.122 (Fortsetzung)

Beanspruchung		Parallel			Rechtwinklig		
		zur Herstellrichtung					
Nenndicke der Platten in mm		12,5	15,0	18,0[c]	12,5	15,0	18,0[c]
Steifigkeitskennwerte in N/mm²							
Plattenbeanspruchung							
E-Modul	E_{mean}	2800			2200		
E-Modul	E_{05}	2520			1980		
Scheibenbeanspruchung							
E-Modul	E_{mean}	1200			1000		
E-Modul	E_{05}	1080			900		
Schubmodul	G_{mean}	700					
Schubmodul	G_{05}	630					
Rohdichtekennwerte in kg/m³							
Rohdichte	ϱ_k	680 (800)[b]					

[a] Gipsplatten der Plattentypen GKB und GKF dürfen nach DIN EN 1995-1-1/NA: 2013-08, 3.5, nur in Nutzungsklasse 1, der Plattentypen GKBI und GKFI nur in Nutzungsklasse 1 und 2 verwendet werden.
[b] Werte in Klammern ( ) gelten für die Plattentypen GKF und GKFI.
[c] bei Bauteilen, die mit einer Gipsplatte der Nenndicke 18 mm bemessen sind, können im Rahmen der Ausführung alternativ zu Gipsplatten der Nenndicke 18 mm auch Gipsplatten der Nenndicke 20 mm bzw. 25 mm eingesetzt werden.

11.19.2   Festigkeitskennwerte für Klebfugen bei Verstärkungen

Tafel 11.123   Rechenwerte der charakteristischen Kennwerte für Klebfugen bei Verstärkungen nach DIN EN 1995-1-1/NA: 2013-08, Tab. NA.12[a]

		Wirksame Einkleblänge l_{ad} des Stahlstabes		
		≤ 250 mm	250 mm < l_{ad} ≤ 500 mm	500 mm < l_{ad} ≤ 1000 mm
Festigkeitskennwerte in N/mm²				
Klebfuge zwischen Stahlstab und Bohrlochwandung	$f_{k1,k}$	4,0	$5,25 - 0,005 \cdot l_{ad}$	$3,5 - 0,0015 \cdot l_{ad}$
Klebfuge zwischen Trägeroberfläche und Verstärkungsplatte	$f_{k2,k}$	0,75		
Klebfuge zwischen Trägeroberfläche und Verstärkungsplatte bei gleichmäßiger Einleitung der Schubspannung	$f_{k3,k}$	1,50		

[a] Tafelangaben dürfen nur angewendet werden, wenn die Eignung des Klebstoffsystems nachgewiesen ist.

11.20   Zulässige Maßabweichungen bei Voll- und Brettschichtholz

11.20.1   Zulässige Maßabweichungen bei Vollholz

Nennmaße sind i. d. R. die geplanten Maße.

Die Nennmaße a_{nom} eines **Vollholzbauteiles** der DIN EN 1995-1-1: 2010-12 sind auf eine Bezugsholzfeuchte von $\omega_{rel} = 20\,\%$ zu beziehen, zulässige Abweichungen von den Nennmaßen nach den Maßtoleranzklassen 1 oder 2 sind in Tafel 11.124 angeführt; Maßänderungen aus Holzfeuchteänderungen in Tafel 11.125.

Tafel 11.124 Zulässige Querschnittsabweichungen von den Sollmaßen eines Vollholzbauteiles nach den Maßtoleranzklassen 1 und 2 der DIN EN 336: 2013-12[a–e]

Zulässige Querschnittsabweichung eines Vollholzbauteiles		
	Vollholzbauteil als Schnittholz mit Rechteckquerschnitt[b] bei Schnittbreiten b und -dicken d von > 6 bis 300 mm, für Breiten/Dicken über 300 mm s. DIN EN 336: 2013-12, 4.3	
Querschnittsdicken und -breiten	$b, d \leq 100\,\text{mm}$	$100\,\text{mm} < b, d \leq 300\,\text{mm}$
Maßtoleranzklasse 1		
Zulässige Abweichungen der Istbreite und -dicke von den Sollmaßen (feuchtekorrigiert)	+3 bis −1 mm	+4 bis −2 mm
Maßtoleranzklasse 2		
Zulässige Abweichungen der Istbreite und -dicke von den Sollmaßen (feuchtekorrigiert)	+1 bis −1 mm	+1,5 bis −1,5 mm
Maßdefinitionen nach DIN EN 336		
Sollmaß b, h	Festgelegtes Maß (bei vorgegebener Bezugsholzfeuchte von $\omega_{rel} = 20\,\%$), auf das die Abweichungen, die im Idealfall Null betragen, zu beziehen sind	
Abweichung	Differenz zwischen dem Sollmaß und dem entsprechenden Istmaß unter Berücksichtigung der Maßänderung durch Holzfeuchteänderung	

[a] Vollholzbauteile der DIN EN 1995-1-1: 2010-12 nach DIN EN 14081-1: 2011-05.

[b] zulässig sind weitere Maßänderungen aus Holzfeuchteänderungen nach Tafel 11.125.

[c] die mittlere Istbreite und -dicke von rechteckigem Bauholz müssen feuchtekorrigiert den Sollmaßen entsprechen. Maßänderungen infolge Änderung der Holzfeuchte sind zulässig.

[d] negative Längenabweichungen sind nicht zulässig, sollten Überlängen ein Problem darstellen, sollte beim Kauf im Liefervertrag eine Toleranzgrenze vereinbart werden.

[e] die Maßtoleranzklasse sollte zwischen den Parteien vereinbart werden. Empfehlung: Bei Einhalten der „strengeren" Maßtoleranzklasse 2 entfallen spätere Streitigkeiten.

Tafel 11.125 Mittelwerte der Maßänderungen eines Vollholzbauteils der DIN EN 1995-1-1 bei Abweichung der Ist-Holzfeuchte von der Bezugsholzfeuchte $\omega_{rel} = 20\,\%$ nach DIN EN 336: 2013-12[a, b, c]

Bestimmung von Mittelwerten der Maßänderungen		
	Vollholzbauteil als Schnittholz mit Rechteckquerschnitt bei Schnittbreiten b und -dicken d von > 6 mm bis über 300 mm	
Ist-Holzfeuchte	$\omega_a \leq 20\,\%$	$20\,\% \leq \omega_a \leq 30\,\%$[d]
Maßänderung der Breite b und Dicke d	Um 0,25 % je 1 % Holzfeuchteabnahme, bei Nadelholz und Pappel Um 0,35 % je 1 % Holzfeuchteabnahme bei Laubholz	Um 0,25 % je 1 % Holzfeuchtezunahme, bei Nadelholz und Pappel Um 0,35 % je 1 % Holzfeuchtezunahme bei Laubholz
Auswirkung der Maßänderung	Verkleinerung der Querschnittsseiten	Vergrößerung der Querschnittsseiten

[a] Berechnungen der Maßänderungen nach Abschn. 11.3.4, (11.1) mit dem Rechenwert für $\alpha_\perp = 0,25\,\%$ je % Holzfeuchteänderungen bei Nadelholz und Pappel sowie $\alpha_\perp = 0,35\,\%$ je % Holzfeuchteänderungen bei Laubholz nach Abschn. 11.3.4, Tafel 11.11.

[b] wenn keine hiervon abweichenden Vereinbarungen wie z. B. bei Konstruktionsvollholz (KVH) mit anderer Bezugsholzfeuchte bestehen.

[c] über zulässige Querschnittsabweichungen in Maßtoleranzklassen 1 oder 2 s. Tafel 11.124.

[d] Holzfeuchten $\omega > 30\,\%$ (oberhalb des Fasersättigungsbereiches) brauchen rechnerisch nicht berücksichtigt zu werden.

11.20.2 Zulässige Maßabweichungen bei Brettschichtholz

Nennmaße sind i. d. R. die geplanten Maße.

Die Nennmaße a_{nom} eines **Brettschichtholzbauteiles** der DIN EN 1995-1-1: 2010-12 sind auf eine Bezugsholzfeuchte von $\omega_{ref} = 12\,\%$ zu beziehen, zulässige Abweichungen von den Nennmaßen sind in Tafel 11.126 angeführt; Maßänderungen aus Holzfeuchteänderungen in Tafel 11.127.

Tafel 11.126 Maximal zulässige Maß-Abweichungen von den Nennmaßen von Brettschichtholz, Brettschichtholz mit Universal-Keilzinkenverbindungen und Verbundbauteilen aus Brettschichtholz der DIN EN 1995-1-1: 2010-12 nach DIN EN 14080: 2013-09, 5.11.1 und Tab. 12[a]

Nennmaße für		Maximal zulässige Abweichungen	
		Gerade Bauteile	Gekrümmte Bauteile[b, c]
Querschnittsbreite	Für alle Breiten	± 2 mm	
Querschnittshöhe	$h \leq 400$ mm	$+4$ mm bis -2 mm	
	$h > 400$ mm	$+1\,\%$ bis $-0{,}5\,\%$	
Maximale Abweichung der Winkel des Querschnitts vom rechten Winkel		1 : 50	
Länge eines geraden Bauteils bzw. abgewickelte Länge eines gekrümmten Bauteils	$l \leq 2$ m	± 2 mm	
	$2\,\text{m} \leq l \leq 20\,\text{m}$	$\pm 0{,}1\,\%$	
	$l > 20$ m	± 20 mm	
Längskrümmung, gemessen als maximal zulässiger Stich über eine Länge von 2000 mm, ohne Berücksichtigung einer Überhöhung, s. DIN EN 14080: 2013-09, Bild 11		4 mm	–
Stich je m abgewickelter Länge, s. DIN EN 14080: 2013-09, Bild 12	≤ 6 Lamellen	–	± 4 mm
	> 6 Lamellen	–	± 2 mm

Maßdefinitionen nach DIN EN 14080: 2013-09, 3

Soll-Maß b, h, l	Vom Auftraggeber festgelegtes Bauteil-Maß bei der Messbezugsfeuchte (Bezugsholzfeuchte) $\omega = 12\,\%$, auf das Abweichungen zu beziehen sind
Ist-Bezugsmaß $b_{\text{cor}}, h_{\text{cor}}, l_{\text{cor}}$	Bauteil-Maß, korrigiert durch Berechnung vom Ist-Maß auf das Maß bei der Messbezugsfeuchte (Bezugsholzfeuchte)
Ist-Maß $b_{\text{a}}, h_{\text{a}}, l_{\text{a}}$	Gemessenes Bauteil-Maß bei einer gemessenen/abgeschätzten Holzfeuchte (tatsächliches Maß)
Abgewickelte Länge	Länge eines gekrümmten Bauteils, die an der Außenseite der Lamelle mit dem größten Radius gemessen wird
Längskrümmung	Maximale Abweichung (Stich) eines geraden Bauteils oder Bestandteils von der Geraden, gemessen über die Länge von 2000 mm

[a] Berechnung des Ist-Bezugsmaßes bei Abweichung der Ist-Holzfeuchte von der Messbezugsfeuchte (Bezugsholzfeuchte) nach Tafel 11.127.
[b] als gekrümmtes Bauteil aus Brettschichtholz, Brettschichtholz mit Universal-Keilzinkenverbindungen oder Verbundbauteil aus Brettschichtholz gilt ein Bauteil, das eine planmäßige Überhöhung (Stich) von mehr als 1 % seiner Spannweite besitzt, nach DIN EN 14080: 2013-09, 3.7.
[c] die maximal zulässigen Abweichungen für gekrümmte Bauteile gelten für auf zwei gegenüber liegende gehobelte Seiten mit einem Verhältnis des Krümmungsradius r zur Höhe h von $r/h \geq 20$, für $r/h < 20$ sollten die maximal zulässigen Abweichungen zwischen den Vertragspartnern vereinbart werden.

Tafel 11.127 Berechnung des Ist-Bezugsmaßes von geklebten Schichtholzbauteilen wie die o. a. Brettschichtholzprodukte der DIN EN 1995-1-1: 2010-12 bei Abweichung der Ist-Holzfeuchte von der Messbezugsfeuchte (Bezugsholzfeuchte) nach DIN EN 14080: 2013-09, 5.11.2[a]

Geklebte Schichtholzprodukte aus Brettschicht- und Balkenschnittholz

Berechnung des Ist-Bezugsmaßes l_{cor}

$$l_{\text{cor}} = l_{\text{a}} \cdot [1 + k \cdot (\omega_{\text{ref}} - \omega_{\text{a}})]$$

Quell- und Schwindmaß k für Nadelholz und Pappelholz (und Brettschicht- und Balkenschichtholz aus Nadelholz)[b] bei Änderung der Holzfeuchte um 1 % im Holzfeuchtebereich von $6\,\% \leq \omega \leq 25\,\%$

k	Rechtwinklig zur Faserrichtung	Parallel zur Faserrichtung
	0,0025	0,0001

Maß- und Holzfeuchte-Definitionen nach DIN EN 14080: 2013-09, 3 und 5.11

l_{cor}	Ist-Bezugsmaß in mm, Bauteil-Maß, korrigiert durch Berechnung vom Ist-Maß auf das Maß bei der Messbezugsfeuchte (Bezugsholzfeuchte) in mm
l_{a}	Ist-Maß in mm, gemessenes Bauteil-Maß bei einer gemessenen/abgeschätzten Holzfeuchte (tatsächliches Maß)
ω_{a}	Ist-Holzfeuchte in % (tatsächlicher Holzfeuchtegehalt)
ω_{ref}	Messbezugsholzfeuchte (Bezugsholzfeuchte) in % $= 12\%$ für alle geklebten Schichtholzbauteile wie die o. a. Brettschichtholzprodukte nach DIN EN 14080: 2013-09

[a] über maximal zulässige Maßabweichungen von den Nennmaßen und über weitere Begriffe s. Tafel 11.126.
[b] das Quell- und Schwindmaß k rechtwinklig zur Faserrichtung ist ein Mittelwert aus tangentialer und radialer Verformungsrichtung, er entspricht dem Quell- und Schwindmaß α für Nadelholz nach DIN EN 1995-1-1/NA: 2013-08, 3.1.6, Tabelle NA.7, s. auch Abschn. 11.3.4, Tafel 11.11.

11

11.21 Rahmenecken

Rahmenecken sind gegen seitliches Ausweichen (Kippen) aus der Binderebene auszusteifen.

11.21.1 Rahmenecken aus Brettschichtholz mit Universal-Keilzinkenverbindungen

Tafel 11.128 Rahmenecken aus Brettschichtholz mit Universal-Keilzinkenverbindungen nach DIN EN 1995-1-1/NA: 2013-08, NA.11.3[a, b, c, e]

Bemessung der Rahmenecken, folgende Bedingungen sind einzuhalten:

– Faserrichtung der zu verbindenden Brettschichtholzbauteile schließen einen Winkel von $2 \cdot \alpha$ ein, s. Bilder unten

– **Druckspannungen an der inneren Rahmenecke** (negatives Biegemoment)	– **Zugspannungen an der inneren Rahmenecke** (positives Biegemoment)
$$\frac{f_{c,0,d}}{f_{c,\alpha,d}} \cdot \left(\frac{\sigma_{c,0,d}}{k_c \cdot f_{c,0,d}} + \frac{\sigma_{m,d}}{f_{m,d}} \right) \leq 1$$	$$\frac{f_{c,0,d}}{f_{c,\alpha,d}} \cdot \left(\frac{\sigma_{c,0,d}}{k_c \cdot f_{c,0,d}} + \frac{\sigma_{m,d}}{f_{m,d}} \right) \leq 0,2$$
– die Universal-Keilzinkenverbindung wird somit über ihren Verlauf mit Querdruckspannungen beansprucht	– die Universal-Keilzinkenverbindung wird somit über ihren Verlauf mit Querzugspannungen beansprucht

k_c Knickbeiwert nach Tafel 11.19 bzw. Tafel 11.22
= 1 beim Nachweis nach Theorie II. Ordnung
$f_{c,\alpha,d}$ Druckfestigkeit unter dem Winkel α nach Tafel 11.103 (wie Versätze) mit den Festigkeitswerten der zu verbindenden Brettschichtholzkomponenten
σ, f andere Größen sinngemäß nach Abschn. 11.6.1.2

– **Ermitteln der Spannungen und Querschnittswerte**, s. Bilder unten

Spannungen:
– $\sigma_{c,0}$ und σ_m mit den Schnittgrößen an den Stellen 1 und 2 errechnen
Querschnittswerte:
– A und W mit den Querschnitten rechtwinklig zur Faserrichtung unmittelbar neben den Universal-Keilzinkenverbindungen (Schnitte 1–1 und 2–2)
Querschnittsschwächungen durch die Universal-Keilzinkenverbindung:[d]
– 20 % des Bruttoquerschnitts ansetzen bei der Berechnung der Normalspannungen
$$A_n = 0,8 \cdot b \cdot h \quad \text{und} \quad W_n = 0,8 \cdot b \cdot h^2 / 6$$

– **Abmindern der Bemessungswerte der Zug-, Druck- und Biegefestigkeiten**

Berücksichtigung des Äste-Einflusses im Bereich der Universal-Keilzinkungen:
– die Bemessungswerte der Zug-, Druck- und Biegefestigkeiten $f_{t,0,d}$, $f_{c,0,d}$ und $f_{m,d}$ sind bei den Brettschichtholz-Festigkeitsklassen GL28 und höher (wie GL30 und GL32) jeweils um 15 % abzumindern

Beispiele für Rahmenecken mit Universal-Keilzinkenverbindungen nach DIN EN 1995-1-1/NA: 2013-08, NA.11.3, Bild NA.21

Rahmenecke mit einer Zinkung $\alpha = \beta/2, \quad \beta = 90° - \gamma$ [a, b, c]	Rahmenecke mit zwei Zinkungen $\alpha = \beta/4, \quad \beta = 90° - \gamma$ [a, b, c]
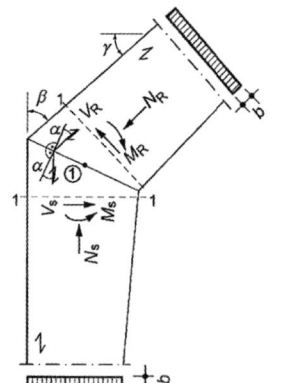	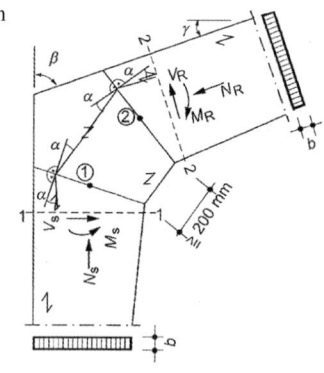

[a] Universal-Keilzinkenverbindungen von Brettschichtholz nach DIN EN 14080: 2013-09 müssen die Anforderungen nach DIN EN 14080: 2013-09 erfüllen.
[b] Universal-Keilzinkenverbindungen nur in Nutzungsklassen 1 und 2 verwenden.
[c] Rahmenecken gegen seitliches Ausweichen (Biegedrillknicken, Kippen) aus der Binderebene aussteifen; bei negativen Eckmomenten können Abstützungen des auf Druck beanspruchten Untergurtes (innere Rahmenecke) z. B. durch Kopfbänder erforderlich werden; eine geeignete, gabelgelagerte Rahmenfußkonstruktion ist eine weitere zusätzliche Stabilisierungsmaßnahme; bei positiven Eckmomenten (sollten nur in kleiner Größe auftreten, wenn möglich jedoch vermieden wegen auftretender Querzugspannungen) an der „äußeren", oberen Rahmenecke ein seitliches Ausweichen verhindern z. B. durch Anschluss an den meist „oben" liegenden Aussteifungsverband.
[d] wenn kein genauerer Nachweis geführt wird.
[e] beim Schubnachweis ist die wirksame Breite b_{ef} nach Abschn. 11.5.4.1 zu berücksichtigen.

11.21.2 Rahmenecken aus Brettschichtholz mit ein oder zwei Dübelkreisen

Tafel 11.129 Verdübelte Rahmenecken mit Stabdübeln in Brettschichtholzbauteilen und Rechteckquerschnitt mit ein oder zwei Dübelkreisen unter negativem Eckmoment, negativer Längskraft (Druckkraft) und Querkraft nach *Heimeshoff*[a–d, j, l]

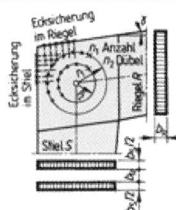

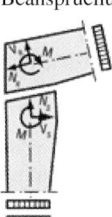

Beanspruchung von Stiel (S) und Riegel (R)

Bemessungswerte der Schnittgrößen von Stiel (S) und Riegel (R)

$N_{R,d} = N_{S,d} \cdot \sin\gamma + V_{S,d} \cdot \cos\gamma$ $V_{R,d} = V_{S,d} \cdot \sin\gamma - N_{S,d} \cdot \cos\gamma$

Nachweise der Dübeltragfähigkeiten

Bemessungswerte der Beanspruchungen $F_{M(N,V),Ed}$ eines Stabdübels

– Bei einem Dübelkreis:	– Bei zwei Dübelkreisen:
Aus Biegemoment M: $\|F_{M,Ed}\| = \dfrac{\|M_d\| \cdot r}{n \cdot r^2}$	$\|F_{M,Ed}\| = \dfrac{\|M_d\| \cdot r_1}{n_1 \cdot r_1^2 + n_2 \cdot r_2^2}$
Aus Längskraft $N_{R,d}$: $\|F_{N,R,Ed}\| = \|N_{R,d}\|/n$	$\|F_{N,R,Ed}\| = \|N_{R,d}\|/(n_1 + n_2)$
$N_{S,d}$: $\|F_{N,S,Ed}\| = \|N_{S,d}\|/n$	$\|F_{N,S,Ed}\| = \|N_{S,d}\|/(n_1 + n_2)$
Aus Querkraft $V_{R,d}$: $\|F_{V,R,Ed}\| = \|V_{R,d}\|/n$	$\|F_{V,R,Ed}\| = \|V_{R,d}\|/(n_1 + n_2)$
$V_{S,d}$: $\|F_{V,S,Ed}\| = \|V_{S,d}\|/n$	$\|F_{V,S,Ed}\| = \|V_{S,d}\|/(n_1 + n_2)$

Maßgebende Bemessungswerte der Beanspruchung $F_{R,Ed}$ und $F_{S,Ed}$ eines Stabdübels[e]

Riegel: $F_{R,Ed,max} = F_{M,Ed} + \sqrt{F_{V,R,Ed}^2 + F_{N,R,Ed}^2}$

Stiel: $F_{S,Ed,max} = F_{M,Ed} + \sqrt{F_{V,S,Ed}^2 + F_{N,S,Ed}^2}$

Bemessungswerte der Tragfähigkeit $F_{v,R(S),Rd}$ eines Stabdübels für eine Scherfläche[f, k]

– Bei einem Dübelkreis:	– Bei zwei Dübelkreisen:[g]
Riegel: $F_{v,R,Rd} = \dfrac{k_{mod} \cdot F_{v,R,Rk}}{\gamma_M}$	$F_{v,R,Rd} = n_{ef} \cdot \dfrac{k_{mod} \cdot F_{v,R,Rk}}{\gamma_M}$ mit $n_{ef} = 0{,}85$
Stiel: $F_{v,S,Rd} = \dfrac{k_{mod} \cdot F_{v,S,Rk}}{\gamma_M}$	$F_{v,S,Rd} = n_{ef} \cdot \dfrac{k_{mod} \cdot F_{v,S,Rk}}{\gamma_M}$

Bemessungswerte der Tragfähigkeit $F_{v,R(S),j,Rd}$ eines Stabdübels für m-Scherflächen[f]

Riegel: $F_{v,R,j,Rd} = m \cdot F_{v,R,Rd}$ Stiel: $F_{v,S,j,Rd} = m \cdot F_{v,S,Rd}$

Nachweise der Stabdübelverbindung der Dübelkreise für einen Stabdübel

Riegel: $\dfrac{F_{R,Ed,max}}{F_{v,R,j,Rd}} \leq 1$ Stiel: $\dfrac{F_{S,Ed,max}}{F_{v,S,j,Rd}} \leq 1$

Nachweise der Querkraft im Bereich der Dübelkreise

Bemessungswerte der Querkraftbeanspruchung $V_{M(Ri,St),d}$

– Bei einem Dübelkreis:	– Bei zwei Dübelkreisen:
Aus Biegemoment M: $V_{M,d} = \dfrac{M_d}{\pi \cdot r}$	$V_{M,d} = \dfrac{M_d}{\pi} \cdot \dfrac{n_1 \cdot r_1 + n_2 \cdot r_2}{n_1 \cdot r_1^2 + n_2 \cdot r_2^2}$
Riegel: $V_{Ri,d} = \|V_{M,d}\| - \|V_{R,d}/2\|$	Stiel: $V_{St,d} = \|V_{M,d}\| - \|V_{St,d}/2\|$

Bemessungswerte der maximalen Schubspannungen $\tau_{R(S),d}$ in Rechteckquerschnitten

Riegel: $\tau_{R,d} = \dfrac{1{,}5 \cdot V_{Ri,d}}{A_R}$ [m]   Stiel: $\tau_{S,d} = \dfrac{1{,}5 \cdot V_{St,d}}{A_S}$ [m]

Nachweis der Querkraft in den Dübelkreisen

Riegel: $\dfrac{\tau_{R,d}}{f_{v,d}} \leq 1$ [m]   Stiel: $\dfrac{\tau_{S,d}}{f_{v,d}} \leq 1$ [m]

Tafel 11.129 (Fortsetzung)

Ecksicherung (Querzugverstärkung) bei zwei Dübelkreisen[h], wenn keine Abminderung der Tragfähigkeit pro Stabdübel vorgenommen worden ist, s. oben

Bemessungswert der Beanspruchung $F_{ax,Ed}$ auf Herausziehen für die Ecksicherung[i] (Querzugverstärkung) $$F_{ax,Ed} = n_1 \cdot F_{M,Ed} \cdot 30°/360° = n_1 \cdot F_{M,Ed}/12$$	Nachweis der Ecksicherung auf Herausziehen (Querzugverstärkung) jeweils im Riegel und Stiel $$\frac{F_{ax,Ed}}{F_{ax,Rd}} \leq 1$$

[a] Hierin bedeuten:

$f_{v,d}$ Bemessungswert der Schubfestigkeit nach (11.2), beim Nachweis der Schubspannungen ist die wirksame Breite $b_{ef} = k_{cr} \cdot b$ nach Abschn. 11.5.4.1 zu berücksichtigen.

n_1 Anzahl der Stabdübel auf dem äußeren Stabdübelkreis.

n_2 Anzahl der Stabdübel auf dem inneren Stabdübelkreis.

r_1 Radius des äußeren Dübelkreises bezogen auf den Schwerpunkt aller Stabdübel.

r_2 Radius des inneren Dübelkreises bezogen auf den Schwerpunkt aller Stabdübel.

γ Riegelneigung bezogen auf die waagerechte Bezugsebene.

$A_{R(S)}$ Querschnittsfläche des Riegels (R) oder des Stiels (S) im Schwerpunkt aller Stabdübel.

M_d Bemessungswert des Biegemomentes, ermittelt für den Schwerpunkt aller Stabdübel.

$N_{R(S),d}$ Bemessungswert der Längskraft im Riegel (R) oder Stiel (S), ermittelt für den Schwerpunkt aller Stabdübel.

$F_{ax,Rd}$ Bemessungswert der Tragfähigkeit auf Herausziehen stiftförmiger Verbindungsmittel zur Ecksicherung z. B. durch Sondernägel oder Vollgewindeschrauben mit bauaufsichtlichem Verwendbarkeitsnachweis.

$V_{R(S),d}$ Bemessungswert der Querkraft im Riegel (R) oder Stiel (S), ermittelt für den Schwerpunkt aller Stabdübel.

[b] Rahmenecken mit Stabdübeln besitzen eine etwas höhere spezifische Tragfähigkeit als Rahmenecken mit Dübeln besonderer Bauart, bei letzteren ist sinngemäß zu verfahren.

[c] die Schnittgrößen M, N und V sind für den Schwerpunkt der Dübelkreise zu ermitteln.

[d] Rahmenecke mit einteiligem Riegel (Mittelholz) und zweiteiligem Stiel (Seitenhölzer).

[e] die maximalen Dübelbeanspruchungen $F_{R(S),Ed,max}$ liegen auf der sicheren Seite; es kann auch mit einer etwas geringeren Dübelbeanspruchung in Abhängigkeit vom Winkel α zwischen Kraft- und Faserrichtung gerechnet werden, wenn die Bedingungen nach *Heimeshoff* eingehalten werden.

[f] Bemessungswert der Tragfähigkeit $F_{v,Rd}$ eines Stabdübels auf Abscheren nach Abschn. 11.15.3.1.

[g] Abminderung der Tragfähigkeit bei zwei Dübelkreisen um 15 % je Stabdübel, wenn keine Ecksicherung gegen Aufspalten des Holzes vorgenommen wird.

[h] Ecksicherung im Riegel und Stiel jeweils durch z. B. Sondernägel oder Vollgewindeschrauben mit bauaufsichtlichem Verwendbarkeitsnachweis.

[i] Auslegung auf Herausziehen für die Verbindungsmittel der Ecksicherung nach *Erläut. zu DIN 1052: 2004-08* [3].

[j] Rahmenecken gegen seitliches Ausweichen (Biegedrillknicken, Kippen) aus der Binderebene aussteifen; bei negativen Eckmomenten können Abstützungen des auf Druck beanspruchten Untergurtes (innere Rahmenecke) z. B. durch Kopfbänder erforderlich werden; eine geeignete, gabelgelagerte Rahmenfußkonstruktion ist eine weitere zusätzliche Stabilisierungsmaßnahme.

[k] bei der Berechnung der Tragfähigkeit der Stabdübel ist der Kraft-Faserwinkel α zu beachten.

[l] positive Eckmomente bei Rahmenecken sollten wegen auftretender Querzugspannungen vermieden werden.

[m] beim Nachweis der Schubspannungen ist die wirksame Breite $b_{ef} = k_{cr} \cdot b$ nach Abschn. 11.5.4.1 zu berücksichtigen.

Tafel 11.130 Empfehlungen für Mindestabstände von Stabdübeln und Passbolzen in biegesteifen Verbindungen nach *Becker/Blaß* und *Racher* in [2][a, b]

Bezeichnungen	Benennung der Bezeichnungen	Mindestabstände
$a_{z,1}$	Untereinander innerhalb der Dübelkreise oder Dübelrechtecke	$6 \cdot d$
$a_{z,2}$	Untereinander zwischen den Dübelkreisen oder Dübelrechtecken	$5 \cdot d$
$a_{3,t}$	Vom beanspruchten Hirnholzende	$7 \cdot d$, ≥ 80 mm
$a_{4,t}$	Vom beanspruchten Holzrand	$3 \cdot d$
$a_{4,c}$	Vom unbeanspruchten Holzrand	$3 \cdot d$

[a] Hierin bedeuten:

d Nenndurchmesser des Stabdübels oder Passbolzens.

[b] weitere Angaben s. Abschn. 11.15.3.1, Tafel 11.71

11.21.3   Rahmenecken aus Brettschichtholz mit gekrümmten Lamellen

Bemessung kann sinngemäß wie für gekrümmte Träger nach Abschn. 11.7.2 je nach Ausbildung der Rahmenecke vorgenommen werden, jedoch werden Rahmenecken überwiegend durch negative Eckmomente (neben Längs- und Querkräften) beansprucht.

11.22 Holzschutz

Neben der Auswahl geeigneter Holzarten sind für einen wirksamen Holzschutz bauliche (konstruktive), in einigen Fällen chemische und gegebenenfalls Oberflächenbehandlungen notwendig. Von diesen drei Schutzmaßnahmen ist der bauliche Holzschutz der weitaus wichtigste; der Holzschutz mit Holzschutzmitteln sollte als Ergänzung zum baulichen Holzschutz angesehen werden. Konstruktionen, die vollständig oder teilweise ohne Holzschutzmittel ausführbar sind, sollten denen vorgezogen werden, die mit Holzschutzmitteln ausgeführt werden können, jedoch kann auf Holzschutzmittel in einigen Fällen als Ergänzung des baulichen Holzschutzes nicht verzichtet werden.

11.22.1 Natürliche Dauerhaftigkeit von Bauhölzern

Tafel 11.131 Natürliche Dauerhaftigkeit von Bauhölzern nach DIN EN 350-2: 1994-10[p]

Name/Handelsname	Wissenschaftlicher Name	Natürliche Dauerhaftigkeit[a] gegen				
		Pilze[b] (Holz zerstörende)	Hausbockkäfer[c] (*Hylotrupes*)	Klopfkäfer[c, r] (*Anobium*)	Termiten[d]	Holzschädlinge[d, e] im Meerwasser
Nadelhölzer						
Fichte	*Picea abies*	4	SH	SH	S	–
Tanne, Weißtanne	*Abies alba*	4	SH	SH	S	–
Kiefer, Föhre	*Pinus sylvestris*	3–4	S	S	S	–
Lärche	*Larix decidua* (*L. europea*)	3–4	S	S	S	–
Douglasie	*Pseudotsuga menziesii*	3–4 [f]	S	S	S	–
Western Hemlock	*Tsuga heterophylla*	4	S	SH	S	–
Southern Pine	*Pinus elliottii, -taeda*	4	S	S	S	–
Yellow Cedar	*Chamaecyparis nootkatensis*	2–3	S	S	S	–
Laubhölzer[q]						
Eiche	*Quercus robur L., -petraea Liebl*	2	[k, l]	S	M	–
Buche	*Fagus sylvatica L.*	5	[k]	S	S	–
Teak – aus Asien	*Tectona grandis*	1	[k]	n/a[j, s]	M	M
– andere Länder		1–3 [g]		n/a[j, s]	M–S	
Keruing	*Dipterocarpus alatus*	3v[i]	[k]	n/a[j]	S	–
Afzelia, Doussié	*Afzelia bipindensis, -pachyloba*	1	[k]	n/a[j, s]	D	–
Merbau	*Intsia bijuga*	1–2	[k]	n/a[j]	M	–
Angélique, Basralocus	*Dicorynia guianensis, -paraensis*	2v[i]	[k]	n/a[j]	M	D
Azobé, Bongossi	*Lophira alata*	2v[h, i]	[k]	n/a[j, s]	D	M
Ipe[m]	*Tabebuia heptaphylla, -serratifolia*	1[m]	[n]	[o]	–	–

Klassen der natürlichen Dauerhaftigkeit des Kernholzes gegen Holz zerstörende Pilze				
Dauerhaftigkeitsklasse	1	2	3	4	5
Beschreibung	Sehr dauerhaft	Dauerhaft	Mäßig dauerhaft	Wenig dauerhaft	Nicht dauerhaft

Klassen der natürlichen Dauerhaftigkeit des Splintholzes gegen Hausbockkäfer (*Hylotrupes bajulus*) und Klopfkäfer (*Anobium punctatum*)

Dauerhaftigkeitsklasse	D	SH	S
Beschreibung	Dauerhaft	auch Kernholz als anfällig bekannt	Anfällig

Klassen der natürlichen Dauerhaftigkeit des Kernholzes gegen Termiten sowie Holzschädlinge im Meerwasser wie Schiffsbohrwurm (*Teredo navalis*) und Bohrassel (*Limnoria lignorum*)

Dauerhaftigkeitsklasse	D	M	S
Beschreibung	Dauerhaft	Mäßig dauerhaft	Anfällig

Tafel 11.131 (Fortsetzung)

[a] die angegebenen Bewertungen zur Dauerhaftigkeit sind Mittelwerte, von denen die Hölzer abweichen können; die Bewertungen gelten nicht als Garantie für die Standdauer im Gebrauch.

[b] die angegebene Dauerhaftigkeit gilt nur für Kernholz im Erdkontakt, Splintholz ist stets als nicht dauerhaft gegen Holz zerstörende Pilze (Klasse 5) einzustufen, es sei denn, andere Daten liegen vor.

[c] die angegebene Dauerhaftigkeit gilt nur für Splintholz, Kernholz ist stets dauerhaft (Klasse D) gegen Hausbockkäfer (*Hylotrupes*) und Klopfkäfer (*Anobium*), es sei denn, es ist ein Hinweis angegeben.

[d] die angegebene Dauerhaftigkeit gilt nur für Kernholz, Splintholz ist stets als anfällig (Klasse S) gegen Termiten bzw. Holzschädlinge im Meerwasser einzustufen.

[e] die Angaben in dieser Spalte sind nicht vollständig, das Kernholz anderer Hölzer kann ebenfalls dauerhaft oder mäßig dauerhaft gegen Holzschädlinge im Meerwasser sein.

[f] Douglasie aus Europa besitzt die Klasse 3–4, aus Nordamerika die Klasse 3.

[g] Teak aus Plantagen besitzt eine sehr unterschiedliche Dauerhaftigkeit zwischen 1 und 3.

[h] Azobé (Bongossi) kann außergewöhnlich schwanken, die Dauerhaftigkeit gegen Holz zerstörende Pilze ist Klasse 2 zuzuordnen, im Wasserkontakt dagegen Klasse 1; das breite Zwischenholz zwischen Kern- und Splintholz gehört zur Klasse 3.

[i] „v" gibt eine ungewöhnlich hohe Schwankung der Dauerhaftigkeit an.

[j] „n/a" gibt an, dass nur unzureichende Daten verfügbar sind.

[k] Laubhölzer werden vom Hausbockkäfer (*Hylotrupes*) nicht angegriffen.

[l] Splintholz anfällig (Klasse S) gegen Splintholzkäfer (*Lyctus*).

[m] nicht in DIN EN 350-2 enthalten, Dauerhaftigkeitsklasse 1 nach DIN 68800-1: 2011-10.

[n] gegen Hausbockkäfer nach DIN 68800-1: 2011-10, Tab. 2, nicht anfällig.

[o] nur unzureichende Daten über *Anobien* nach DIN 68800-1:2011-10 verfügbar, ein Befall des Farbkernholzes in der Außenverwendung durch *Anobien* ist unwahrscheinlich.

[p] Informationen über Holz zerstörende und Holz verfärbende Organismen s. Tafel 11.132.

[q] angeführte Laubholzarten nach DIN 20000-5: 2012-03, Anhang A, Tab. A.1; andere Holzarten bedürfen eines bauaufsichtlichen Verwendbarkeitsnachweises.

[r] Klopfkäfer oder Pochkäfer oder Gemeiner Nagekäfer u. a., auch *Anobien* genannt.

[s] nach *Willeitner* liegen nur unzureichende Daten über *Anobien* vor, ein Befall des Farbkernholzes in der Außenverwendung durch *Anobien* ist unwahrscheinlich.

11.22.2 Holz zerstörende und Holz verfärbende Organismen

Tafel 11.132 Holz zerstörende und Holz verfärbende Organismen, Informationen nach DIN EN 335: 2013-06, Anhang C, DIN 68800-1: 2011-10 und DIN 68800-3: 2012-02[a]

Pilze	
Holz zerstörende Pilze, brauchen für ihre Entwicklung eine Holzfeuchte etwa ab der Fasersättigung, im Mittel etwa 28 % bis 30 %, bauen Zellwände ab, Entstehen von „Fäulnis", Zerstören des Holzes, längerer Befall führt mittelfristig zum Tragfähigkeitsverlust bis langfristig zur völligen Zerstörung von Holz (-Bauteilen)[g]	
Basidiomyceten	Erzeugen Braun- und Weißfäule, nicht jedoch Moderfäule, wichtigster Vertreter: Echter Hausschwamm (*Serpula lacrymans*)[e]
Moderfäulepilze	Erzeugen eine Fäulnisart, die ein Erweichen der Oberfläche des Holzes hervorruft, auch Holzfäulnis im Holzinnern, benötigen höhere Holzfeuchte als Basidiomyceten, besondere Bedeutung für Holz in Erdkontakt oder in Wasser
Holz verfärbende Pilze, erzeugen an Holz Bläue und Schimmel, bewirken eine Beeinträchtigung des ästhetischen Aussehens der Holzoberflächen („ästhetischer Mangel"), können dekorative Beschichtungen zerstören, jedoch keine Holzzerstörung	
Bläuepilze[b]	Verursachen insbesondere im Splintholz bestimmter Holzarten (sehr anfällig z. B. Kiefer) bleibende blaue bis schwarze Verfärbungen unterschiedlicher Intensität und Tiefe, führen nicht zur wesentlichen Veränderung der mechanischen Eigenschaften des Holzes, können jedoch die Durchlässigkeit und die Anfälligkeit für Holz zerstörende Pilze erhöhen, da Holz verfärbende Pilze stets auf eine höhere Holzfeuchte hinweisen[b]
Schimmelpilze[c, d]	Treten als verschiedenfarbige Flecken auf Oberflächen von feuchtem Holz auf, wenn nur die Holzoberfläche einen Feuchtegehalt von > 20 % erreicht (Näherungswert, können auch bei 18 % Feuchtegehalt wachsen), z. B. als Folge einer hohen relativen Luftfeuchte oder Wasserdampfkondensation, führen nicht zur wesentlichen Veränderung der mechanischen Eigenschaften des Holzes, treten nicht nur bei Holz, sondern an jedem Material mit hohem Feuchtegehalt auf[c, d]

Tafel 11.132   (Fortsetzung)

Insekten

Käfer (Coleoptera), fliegende Insekten, legen Eier in Poren und Risse des Holzes, ihre Larven greifen das Holz an (Bohrmehl), kommen in ganz Europa vor, Befallsrisiko schwankt stark von groß bis unbedeutend[f]

Hausbockkäfer (*Hylotrupes bajulus*)	Befällt viele Nadelholzarten, kann erhebliche Schäden verursachen, kommt bis zu einer Höhe von etwa 2000 m über N.N. vor, weniger in Nord- und Nordwesteuropa, Vitalität und Lebensdauer hängen wesentlich von der Umgebungstemperatur und Holzfeuchte ab
Nagekäfer: Gemeiner Nagekäfer (*Anobium punctatum*), Gekämmter Nagekäfer (*Ptilinus pectinicoris*), auch *Anobien*, Klopfkäfer, Pochkäfer benannt	befällt Splintholz der meisten Holzarten, bei einigen auch das Kernholz, kann erhebliche Schäden verursachen, kommt insbesondere im Küstenklima und unter feuchten Bedingungen vor
Splintholzkäfer (*Lyctus brunneus*)	Befällt das Splintholz bestimmter stärkehaltiger, europäischer und importierter Laubhölzer wie z. B. Eichensplintholz, kommt in ganz Europa vor
Gescheckter Nagekäfer (auch „Totenuhr" genannt) (*Xestobium rufovillosum*)	Befällt nur pilzbefallenes Holz, an Konstruktionshölzern aus Laubholz vorwiegend in alten Gebäuden, kann erhebliche Schäden verursachen, kommt in den meisten Gegenden von Europa vor

Termiten (Isoptera), soziale Insekten, eingeteilt in verschiedene Familien, nur vier Arten in Europa von Bedeutung, die gefährlichsten für Gebäude sind folgende Bodentermitenarten

Reticulitermes lucifugus und *Reticulitermes santonensis*	gefährliche Holzschädlinge, können Holz, zellulosehaltige Materialien und allgemein jede Art von Gebäuden oder andere Materialien befallen, die weich genug sind, um deren Zerstörung zu ermöglichen, auch wenn diese nicht als direkte Nahrungsquelle verwendet werden, nur in den Tropen und südlichen Ländern Europas, hier ist Holzschutz zusätzlich zu anderen Schutzmaßnahmen erforderlich, z. B. Schutz von Fußböden, Gründungen und Mauern, in Deutschland derzeit keine Befallswahrscheinlichkeit

Marine Organismen

Im Wesentlichen wirbellose Meerwasserorganismen, benötigen einen gewissen Salzgehalt des Wassers, höhlen durch ausgedehnte Gänge und Kavernen das Holz aus, nur Holz unter der Wasseroberfläche im Salz- und Brackwasser

Bohrassel (*Limnoria* spp.), Schiffsbohrwurm (*Teredo* spp.), Pholadidae	Befallen Holz unter Wasser, können erhebliche Schäden und Zerstörungen an festen und schwimmenden Holzbauwerken verursachen

[a] über die natürliche Dauerhaftigkeit von Bauhölzern s. Tafel 11.131.

[b] Bläuepilze brauchen nach DIN 68800-1: 2011-10 für ihre Entwicklung eine Holzfeuchte ab etwa der Fasersättigung, können innerhalb weniger Tage entstehen.

[c] die Sporen von Schimmelpilzen in der Luft können für Menschen gesundheitsschädlich sein, eine zügige Entfernung ist ratsam, am besten der Ursache ihres Auftretens.

[d] Schimmelpilze können sich nach DIN 68800-1: 2011-10 auch auf trockenem Holz entwickeln, wenn sich auf der Oberfläche aufgrund erhöhter Luftfeuchte bzw. Baufeuchte eine höhere Feuchte einstellt, Schimmelpilze sind nicht Gegenstand der Norm DIN 68800-1: 2011-10.

[e] der Echte Hausschwamm ist ein besonders gefährlicher, schwer zu bekämpfender Pilz, da er folgende Eigenschaften besitzt: Abbau des Holzes bereits bei vergleichsweise geringen Holzfeuchten im Bereich der Fasersättigung (stärkerer Abbau als durch andere Pilze), Fähigkeit des Wasser- und Nährstofftransportes von einer nahen Feuchtequelle und somit auch von Bewuchs von Holz mit Ausgangsfeuchten unterhalb der Fasersättigung, intensives Durchwachsen von Mauerwerk, Bodenschüttungen und anderen anorganischen Materialien mit der Fähigkeit des Befalls von anliegendem Holz.

[f] die in dieser Tafel angeführten Käfer sind Bauholzinsekten (Trockenholzinsekten), davon zu unterscheiden sind Frischholzinsekten wie Borkenkäfer (*Xyloterus* sp.) und Holzwespen (*Sirex* sp.), die nur frisches, noch nicht abgetrocknetes Holz, nicht jedoch einmal abgetrocknetes Holz befallen; verursachen beachtliche Schäden an frisch gefälltem Holz im Wald und auf Lagern; Holzwespen können ihre Entwicklung im Bauholz beenden, beim Ausschlüpfen (bis zu zwei Jahre nach dem Einbau) können mögliche Folgeschäden z. B. beim Durchgang durch Sperrschichten entstehen, Holzwespen befallen kein verbautes, einmal abgetrocknetes Holz.

[g] Faulholzinsekten wie Trotzkopf und Bunter Nagekäfer können sich nach DIN 68800-1: 2011-10, 4.3, in Holz, das durch Holz zerstörende Pilze geschädigt ist, entwickeln und weitere Schäden verursachen.

11.22.3 Holzschutz nach DIN 68800

DIN 68800-1: 2011-10 (Holzschutz, Allgemeines) und DIN 68800-2: 2012-02 (Holzschutz, Vorbeugende bauliche Maßnahmen im Hochbau) sind zwischenzeitlich in den Bundesländern bauaufsichtlich eingeführt worden und ergänzen Eurocode 5 (DIN EN 1995-1-1 und DIN EN 1995-2) mit ihren jeweiligen Nationalen Anhängen (NA) hinsichtlich der Standsicherheit, Gebrauchstauglichkeit und Dauerhaftigkeit. DIN 68800-3: 2012-02 (Vorbeugender Schutz von Holz mit Holzschutzmitteln) erhält wie DIN 68800-4: 2012-02 (Bekämpfungs- und Sanierungsmaßnahmen gegen Holz zerstörende Pilze und Insekten) keine bauaufsichtliche Zulassung. Holzschutzmittel bedürfen jedoch gesetzlich vorgeschriebener Zulassungen nach dem Chemikaliengesetz (Biozid-Zulassungen).

Bis zum Vorliegen der Biozid-Zulassungen nach dem Chemikaliengesetz muss jedes Holzschutzmittel für die Verwendung in tragenden Bauteilen eine allgemeine bauaufsichtliche Zulassung besitzen.

11.22.3.1 Allgemeine verbindliche Regelungen des Holzschutzes nach DIN 68800-1: 2011-10

Gebrauchsklassen (GK) von Holz sind in Tafel 11.133, Beispiele für die Zuordnung von Holzbauteilen zu einer Gebrauchsklasse (GK) in Tafel 11.134, **grundsätzliche und vorbeugende Holzschutzmaßnahmen** in den Gebrauchsklasse GK 1 bis GK 5 in Tafel 11.135, **Holzarten ohne zusätzliche Holzschutzmaßnahmen** in Gebrauchsklassen (GK) in Tafel 11.136 und Mindestanforderungen an die **Dauerhaftigkeit des splintfreien Farbkernholzes gegen Pilzbefall** in Gebrauchsklassen (GK) in Tafel 11.137 angeführt.

Durch **Maßnahmen des baulichen Holzschutzes** nach DIN 68800-2 kann ein Holzbauteil in eine niedrigere Gebrauchsklasse eingestuft werden, wenn die Holzfeuchte im Gebrauchszustand soweit abgesenkt wird, dass die Bedingungen dieser niedrigeren Gebrauchsklasse dauerhaft eingehalten werden, s. Abschn. 11.22.3.2. Kann jedoch bei **tragenden Holzbauteilen** durch bauliche Maßnahmen und/oder Einsatz der natürlichen Dauerhaftigkeit von Hölzern kein ausreichender Holzschutz sichergestellt werden, sind zusätzliche vorbeugende chemische Holzschutzmaßnahmen erforderlich. Dies gilt sinngemäß auch für **nicht tragende Holzbauteile**, bei denen die geplanten Maßnahmen vertraglich besonders zu vereinbaren und dann nach DIN 68800 auszuführen sind.

Bauteile aus **Brettschichtholz und Brettsperrholz** unterliegen nach DIN 68800-1: 2011-10, 4.1.3, in den Gebrauchsklassen 1 und 2 erfahrungsgemäß keiner Gefahr eines Bauschadens durch Holz zerstörende Insekten, bei anderen Hölzern, die mit Temperaturen $T \geq 55\,°C$ technisch getrocknet worden sind, ist die Gefahr als unbedeutend einzustufen.

In **Aufenthaltsräumen** ist nach DIN 68800-1: 2011-10, 8.1.3, auf den Einsatz von vorbeugend wirkenden Holzschutzmitteln oder von Bauteilen, die mit vorbeugend wirkenden Holzschutzmitteln behandelt sind, zu verzichten; für Arbeitsstätten und ähnliche Bereiche gilt dies nur, wenn es technisch möglich ist.

Tafel 11.133 Gebrauchsklassen (GK) von Holz nach DIN 68800-1: 2011-10, Tab. 1[h, i, j]

GK	Holzfeuchte/ Exposition[a, b]	Allgemeine Gebrauchsbedingungen	Gefährdung durch				Auswaschbeanspruchung
			Insekten	Pilze[c]	Moderfäule	Holzschädlinge im Meerwasser	
1	2	3	4	5	6	7	8
0	Trocken (ständig ≤ 20 %) mittlere relative Luftfeuchte bis 85 %[d, j]	Holz oder Holzprodukt unter Dach, nicht der Bewitterung und keiner Befeuchtung ausgesetzt, die Gefahr von Bauschäden durch Insekten kann nach Tafel 11.139 ausgeschlossen werden	Nein	Nein	Nein	Nein	Nein
1	Trocken (ständig ≤ 20 %) mittlere relative Luftfeuchte bis 85 %[d, j]	Holz oder Holzprodukt unter Dach, nicht der Bewitterung und keiner Befeuchtung ausgesetzt	Ja	Nein	Nein	Nein	Nein
2	Gelegentlich feucht (> 20 %) mittlere relative Luftfeuchte über 85 %[d] oder zeitweise Befeuchtung durch Kondensation[j]	Holz oder Holzprodukt unter Dach, nicht der Bewitterung ausgesetzt, eine hohe Umgebungsfeuchte kann zu gelegentlicher, aber nicht dauernder Befeuchtung führen	Ja	Ja	Nein	Nein	Nein

Tafel 11.133 (Fortsetzung)

GK	Holzfeuchte/ Exposition[a, b]	Allgemeine Gebrauchsbedingungen	Gefährdung durch				Auswasch-beanspruchung
			Insekten	Pilze[c]	Moderfäule	Holzschädlinge im Meerwasser	
1	2	3	4	5	6	7	8
3.1	Gelegentlich feucht (> 20 %) Anreicherung von Wasser im Holz, auch räumlich begrenzt, nicht zu erwarten[j]	Holz oder Holzprodukt nicht unter Dach, mit Bewitterung, aber ohne ständigen Erd- oder Wasserkontakt, Anreicherung von Wasser im Holz, auch räumlich begrenzt, ist aufgrund von rascher Rücktrocknung nicht zu erwarten	Ja	Ja	Nein	Nein	Ja
3.2	Häufig feucht (> 20 %) Anreicherung von Wasser im Holz, auch räumlich begrenzt, zu erwarten	Holz oder Holzprodukt nicht unter Dach, mit Bewitterung, aber ohne ständigen Erd- oder Wasserkontakt, Anreicherung von Wasser im Holz, auch räumlich begrenzt, ist zu erwarten[e]	Ja	Ja	Nein	Nein	Ja
4	Vorwiegend bis ständig feucht (> 20 %)	Holz oder Holzprodukt in Kontakt mit Erde oder Süßwasser und so bei mäßiger bis starker[f] Beanspruchung vorwiegend bis ständig einer Befeuchtung ausgesetzt	Ja	Ja	Ja	Nein	Ja
5	Ständig feucht (> 20 %)	Holz oder Holzprodukt, ständig Meerwasser ausgesetzt	Ja	Ja	Ja	Ja	Ja

[a] die Begriffe „gelegentlich", „häufig", „vorwiegend" und „ständig" zeigen eine zunehmende Beanspruchung an, ohne dass hierfür wegen der sehr unterschiedlichen Einflussgrößen genaue Zahlenangaben möglich sind.

[b] der Wert von 20 % enthält eine Sicherheitsmarge, s. Fußnote [g].

[c] Holz zerstörende Braun- und Weißfäulepilze (Basidiomyzeten), s. Tafel 11.132, sowie Holz verfärbende Pilze, s. Tafel 11.132.

[d] maßgebend für die Zuordnung von Holzbauteilen zu einer Gebrauchsklasse ist die jeweilige Holzfeuchte.

[e] Bauteile, bei denen über mehrere Monate Ablagerungen von Schmutz, Erde, Laub u. ä. zu erwarten sind sowie Bauteile mit besonderer Beanspruchung, z. B. durch Spritzwasser, sind in GK 4 einzustufen.

[f] „mäßige" bzw. „starke" Beanspruchung bezieht sich auf das Gefährdungspotential für einen Pilzbefall (Feuchteverhältnisse, Bodenbeschaffenheit) sowie die Intensität einer Auswaschbeanspruchung.

[g] unabhängig von dem tatsächlichen Feuchteanspruch Holz zerstörender Pilze sowie der Fasersättigungsfeuchte der verschiedenen Holzarten wird für die Zuordnung zu den Gebrauchsklassen im Sinne einer ausreichenden Sicherheit ein Wert von 20 % Holzfeuchte als Obergrenze für das Vermeiden eines Pilzbefalls angesetzt.

[h] ist ein Holzbauteil bestimmungsgemäß mehreren Gebrauchsklassen zuzuordnen, so ist für die Auswahl von Schutzmaßnahmen jeweils die höchste in Betracht kommende Gebrauchsklasse maßgebend, es sei denn, eine unterschiedliche Behandlung einzelner Hölzer bzw. Holzbereiche eines Bauteils ist möglich.

[i] Beispiele für die Zuordnung von Holzbauteilen zu einer Gebrauchsklasse sind in Tafel 11.134 angeführt.

[j] die Einbaufeuchte der Hölzer darf nach DIN 68800-2: 2012-02, 5.1.2, in den Gebrauchsklassen GK 0, GK 1, GK 2 und GK 3.1 nicht höher als 20 % sein.

Tafel 11.134 Beispiele der Zuordnung von Holzbauteilen zu einer Gebrauchsklasse (GK) nach DIN 68800-1: 2011-10, Anhang D, Tab. D.1[a]

GK	Beispiele
0	– sichtbar bleibende Hölzer im Wohnräumen – allseitig insektendicht abgedeckte Holzbauteile nach DIN 68800-2
1	– nicht insektendicht bekleidete Balken, soweit die Bedingungen für GK 0 nicht zutreffen[b] – Sparren/Pfetten in unbeheizten Dachstühlen, soweit die Bedingungen für GK 0 nicht zutreffen[b]
2	– unzureichend wärmegedämmte Balkenköpfe in Altbauten – Brückenträger überdachter Brücken über Wasser
3.1	– bewitterte Stützen mit ausreichendem Bodenabstand (Spritzwasserschutz[c]) – Zaunlatten
3.2	– bewitterte horizontale Handläufe – bewitterte Balkonbalken
4	– Hölzer für Uferbefestigungen – Palisaden
5	– Dalben – Kai- und Steganlagen

[a] Gebrauchsklassen nach DIN 68800-1: 2011-10, Tab. 1, s. Tafel 11.133.

[b] Bedingungen zur Vermeidung eines Bauschadens durch Holz zerstörende Insekten, um die Gebrauchsklasse (GK) 0 für tragenden Holzbauteile zu erreichen, sind in Tafel 11.139 angeführt.

[c] Bedingungen für einen Spritzwasserschutz nach DIN 68800-2: 2012-02, 5.2.1, s. Abschn. 11.22.3.2.

Tafel 11.135 Grundsätzliche Holzschutzmaßnahmen und vorbeugende Holzschutzmaßnahmen in den Gebrauchsklassen GK 1 bis GK 5 tragender Hölzer nach DIN 68800-1: 2011-10[a, b]

Grundsätzliche bauliche Holzschutzmaßnahmen nach DIN 68800: 2011-10, 8.1, detaillierte bauliche Holzschutzmaßnahmen sind in DIN 68800-2: 2012-02 angeführt, s. auch Abschn. 11.22.3.2,

Grundsätzliche bauliche Holzschutzmaßnahmen[b]
– rechtzeitige und sorgfältige Planung,
– Vermeiden aller Einflüsse, die bei Transport, Lagerung und Montage zu einer unzuträglichen Veränderung der Holzfeuchte der Holzbauteile insbesondere bei einem Einsatz in GK 0 bis GK 2 führen, z. B. aus Bodenfeuchte und Niederschlägen,
– Einbau von Holz und Holzwerkstoffen insbesondere in GK 0 bis GK 2 möglichst mit dem Feuchtegehalt, der während der Nutzung zu erwarten ist, um unzuträgliches Quellen und Schwinden zu vermeiden,
– Maßnahmen zur Vermeidung von Tauwasser bei Holzbauteilen in GK 0 bis GK 2,
– Verhindern einer unzuträglichen Feuchteerhöhung von Holz und Holzprodukten als Folge hoher Baufeuchte,
– Fernhalten oder schnelle Ableitung von Niederschlägen vom Holz und den Anschlussbereichen

Vorbeugende bauliche Holzschutzmaßnahmen in den Gebrauchsklassen GK 1 bis GK 5 nach DIN 68800-1: 2011-10, 8.2 bis 8.7, die zusätzlich zu den grundsätzlichen baulichen Holzschutzmaßnahmen alternativ möglich sind

GK[a]	Vorbeugende bauliche Holzschutzmaßnahmen
1	– bauliche Maßnahmen zur Vermeidung eines Bauschadens durch Insekten nach DIN 68800-2, oder – Einsatz von Farbkernhölzer mit einem Splintholzanteil von $\leq 10\,\%$, oder – Verwendung von Brettschichtholz, Brettsperrholz oder anderer Hölzer, die bei Temperaturen $\geq 55\,°C$ technisch getrocknet worden sind, oder – Verwendung von Holzprodukten mit CE-Kennzeichnung und ausgewiesener natürlicher Dauerhaftigkeit gegen Hausbock und *Anobien* nach DIN EN 350-2, oder – Anwendung geeigneter zugelassener Holzschutzmittel für GK 1 nach DIN 68800-3[c] – Einsatz von vorbeugend geschützten Holz- und Holzwerkstoffprodukten mit CE-Kennzeichnung und Nachweis der Verwendbarkeit in GK 1 nach DIN 68800-3
2	– bauliche Maßnahmen zur Vermeidung eines Bauschadens durch Insekten oder eines Befalls durch Pilze nach DIN 68800-2, oder – Einsatz von Farbkernholz natürlich dauerhafter Holzarten der Dauerhaftigkeitsklasse 1, 2 oder 3 und natürlicher Dauerhaftigkeit gegen Insekten unter Berücksichtigung von DIN 68800-1, 6.8, Beispiele s. Tafel 11.136 und 11.131, oder – Verwendung von Holzprodukten mit CE-Kennzeichnung und ausgewiesener natürlicher Dauerhaftigkeit gegen Holz zerstörende Pilze (Dauerhaftigkeitsklassen 1, 2 oder 3) und ausgewiesener natürlicher Dauerhaftigkeit gegen Insekten nach DIN EN 350-2, s. Tafel 11.136 und 11.131, oder – Anwendung geeigneter zugelassener Holzschutzmittel für GK 2 nach DIN 68800-3 oder von vorbeugend wirkenden Schutzsystemen, oder – Einsatz von vorbeugend geschützten Holz- und Holzwerkstoffprodukten mit CE-Kennzeichnung und Nachweis der Verwendbarkeit in GK 2 nach DIN 68800-3,
3.1	– bauliche Maßnahmen zur Vermeidung eines Bauschadens durch Insekten oder eines Befalls durch Pilze nach DIN 68800-2, oder – Einsatz von Farbkernholz natürlich dauerhafter Holzarten der Dauerhaftigkeitsklasse 1, 2 oder 3 und natürlicher Dauerhaftigkeit gegen Insekten unter Berücksichtigung von DIN 68800-1, 6.8, Beispiele s. Tafel 11.136 und 11.131, oder – Verwendung von Holzprodukten mit CE-Kennzeichnung und ausgewiesener natürlicher Dauerhaftigkeit gegen Holz zerstörende Pilze (Dauerhaftigkeitsklassen 1, 2 oder 3) und ausgewiesener natürlicher Dauerhaftigkeit gegen Insekten nach DIN EN 350-2, s. Tafel 11.136 und 11.131, oder – Anwendung geeigneter zugelassener Holzschutzmittel für GK 3 nach DIN 68800-3, oder – Einsatz von vorbeugend geschützten Holz- und Holzwerkstoffprodukten mit CE-Kennzeichnung und Nachweis der Verwendbarkeit in GK 3.1 nach DIN 68800-3, bei Holzwerkstoffprodukten muss ein bauaufsichtlicher Verwendbarkeitsnachweis für das Konstruktionssystem nach DIN 68800-1, Tab. C.1, Fußnote b, vorliegen,
3.2	– bauliche Maßnahmen zur Vermeidung eines Bauschadens durch Insekten oder eines Befalls durch Pilze nach DIN 68800-2, oder – Einsatz von Farbkernholz natürlich dauerhafter Holzarten der Dauerhaftigkeitsklasse 1 oder 2 und natürlicher Dauerhaftigkeit gegen Insekten unter Berücksichtigung von DIN 68800-1, 6.8, Beispiele s. Tafel 11.136 und 11.131, oder – Verwendung von Holzprodukten mit CE-Kennzeichnung und ausgewiesener natürlicher Dauerhaftigkeit gegen Holz zerstörende Pilze (Dauerhaftigkeitsklassen 1 oder 2) und ausgewiesener natürlicher Dauerhaftigkeit gegen Insekten nach DIN EN 350-2, s. Tafel 11.136 und 11.131, oder – Anwendung geeigneter zugelassener Holzschutzmittel für GK 3 nach DIN 68800-3, oder – Einsatz von vorbeugend geschützten Holz- und Holzwerkstoffprodukten mit CE-Kennzeichnung und Nachweis der Verwendbarkeit in GK 3.2 nach DIN 68800-3, bei Holzwerkstoffprodukten muss ein bauaufsichtlicher Verwendbarkeitsnachweis für das Konstruktionssystem nach DIN 68800-1, Tab. C.1, Fußnote b, vorliegen,
4	– Einsatz von Farbkernholz natürlich dauerhafter Holzarten der Dauerhaftigkeitsklasse 1 und natürlicher Dauerhaftigkeit gegen Insekten unter Berücksichtigung von DIN 68800-1, 6.8, Beispiele s. Tafel 11.136 und 11.131, oder – Verwendung von Holzprodukten mit CE-Kennzeichnung und ausgewiesener natürlicher Dauerhaftigkeit gegen Holz zerstörende Pilze (Dauerhaftigkeitsklasse 1) und ausgewiesener natürlicher Dauerhaftigkeit gegen Insekten nach DIN EN 350-2, s. Tafel 11.136 und 11.131, oder – Anwendung geeigneter zugelassener Holzschutzmittel für GK 4 nach DIN 68800-3, oder – Verwendung von vorbeugend geschützten Holzprodukten mit CE-Kennzeichnung und ausgewiesener Verwendbarkeit in GK 4 nach DIN 68800-3

Tafel 11.135 (Fortsetzung)

5	– Einsatz von Farbkernholz natürlich dauerhafter Holzarten mit ausgewiesener Dauerhaftigkeit, in der Regel nach DIN EN 350-2, für die vorgesehene Nutzungsdauer gegen Holzschädlinge im Meerwasser unter Berücksichtigung von DIN 68800-1, 6.8[d], Beispiele s. Tafel 11.131 und 11.136, oder – Verwendung von Holzprodukten mit CE-Kennzeichnung und ausgewiesener natürlicher Dauerhaftigkeit nach DIN EN 350-2 gegen Holzschädlinge im Meerwasser, oder – Anwendung geeigneter zugelassener Holzschutzmittel mit ausgewiesener Wirksamkeit gegen Holzschädlinge im Meerwasser nach DIN 68800-3, oder – Verwendung von vorbeugend geschützten Holzprodukten mit CE-Kennzeichnung und ausgewiesener Verwendbarkeit in GK 5 nach DIN 68800-3

[a] Gebrauchsklassen nach DIN 68800-1: 2011-10, Tab. 1, s. Tafel 11.133.

[b] in Aufenthaltsräumen ist auf die Verwendung von vorbeugend wirkenden Holzschutzmitteln oder von mit vorbeugenden Holzschutzmitteln behandelten Bauteilen zu verzichten, für Arbeitsstätten und ähnliche Bereiche gilt dies nur, soweit technisch möglich.

[c] bei Holzschutzmittel für GK 1 sind zusätzliche Fungizide nicht erforderlich.

[d] die Mehrzahl der in Dauerhaftigkeitsklasse 1 eingestuften Hölzer, s. Tafel 11.131, besitzt keine ausreichende Dauerhaftigkeit gegen Holzschädlinge im Meerwasser.

Tafel 11.136 Gebrauchsklassen (GK), in denen die verwendbaren Holzarten der DIN EN 1995-1-1/NA: 2013-08 ohne zusätzliche Holzschutzmaßnahmen verwendet werden dürfen nach DIN 68800-1: 2011-10, Tab. 5[a]

Holzart, Handelsname, wissenschaftlicher Name nach Tafel 11.131	Gebrauchsklasse nach Tafel 11.133	
	Splintholz[b]	Farbkernholz[c, d]
Nadelhölzer		
Fichte	0	0
Tanne	0	0
Kiefer[e]	0	0, 1, 2[e]
Lärche[f, g]	0	0, 1, 2, 3.1[f, g]
Douglasie[f]	0	0, 1, 2, 3.1[f]
Western Hemlock	0	0
Southern Pine	0	0, 1
Yellow Cedar	0	0, 1, 2, 3.1
Laubhölzer		
Eiche	0	0, 1, 2, 3.1, 3.2
Buche	0	0
Teak[h]	0, 1	0, 1, 2, 3.1, 3.2, 4[h]
Afzelia	0, 1	0, 1, 2, 3.1, 3.2, 4
Azobé/Bongossi	0, 1	0, 1, 2, 3.1, 3.2, 5
Ipe	0, 1	0, 1, 2, 3.1, 3.2, 4

[a] Holzprodukte mit CE-Kennzeichnung, die nach CE-Kennzeichnung eine ausreichende natürliche Dauerhaftigkeit gegen die jeweils vorliegende Gefährdung besitzen, können darüber hinaus in den betreffenden Gebrauchsklassen ohne zusätzliche Schutzmaßnahmen eingesetzt werden.

[b] Splintholz: Äußere Zone des Holzes, übernimmt im lebenden Baumstamm die Wasserleitung; Splintholz ist stets der Dauerhaftigkeitsklasse 5 zuzuordnen, s. Tafel 11.131.

[c] Kernholz: Innere Zone des Holzes mit abgestorbenen Zellen und mit Einlagerung von Farb-, Gerbstoffen, Harzen, Fetten, ist für die Wasserleitung blockiert; Farbkernholz ist häufig dunkler als Splintholz, ist nicht immer deutlich vom Splintholz zu unterscheiden; Farbkernhölzer besitzen ein unterschiedliches intensiv gefärbtes Kernholz, das gegenüber dem Splintholz in der Regel höhere Dauerhaftigkeit besitzt.

[d] Farbkernholz mit Splintholzanteil $\leq 5\,\%$ kann nach DIN 68800-1: 2011-10, 6.8.2.1, wie reines Kernholz eingestuft werden.

[e] das Farbkernholz von Kiefer kann ohne zusätzliche Holzschutzmaßnahmen in GK 2 eingesetzt werden, unabhängig davon, dass es nur in Dauerhaftigkeitsklasse 3–4, s. Tafel 11.131, eingestuft ist, da sich der Einsatz dieser Holzart in GK 2 seit der letzten Ausgabe von DIN 68800-3: 1990-04 in der Praxis bewährt hat.

[f] das Farbkernholz von Douglasie und Lärche kann ohne zusätzliche Holzschutzmaßnahmen in GK 2 und GK 3.1 eingesetzt werden, unabhängig davon, dass es nur in Dauerhaftigkeitsklasse 3–4, s. Tafel 11.131, eingestuft ist, da sich der Einsatz dieser beiden Holzarten in GK 2 und GK 3.1 seit der letzten Ausgabe von DIN 68800-3: 1990-04 in der Praxis bewährt hat.

[g] das Farbkernholz von sibirischer Lärche darf nach DIN 68800-1: 2011-10, 6.8.2.3, ohne zusätzliche Holzschutzmaßnahmen in GK 2 und GK 3.1 eingesetzt werden, unabhängig davon, dass es nur in Dauerhaftigkeitsklasse 3–4, s. Tafel 11.131, eingestuft ist, da hierfür eine ausreichende Dauerhaftigkeit anzunehmen ist; bei einer Rohdichte $> 700\ \mathrm{kg/m^3}$ darf es auch in GK 3.2 eingesetzt werden, unabhängig davon, dass es nur in Dauerhaftigkeitsklasse 3 eingestuft ist.

[h] Teak aus Plantagen ist für GK 4 nicht geeignet.

Tafel 11.137 Mindestanforderungen an die Dauerhaftigkeit des splintfreien Farbkernholzes gegen Pilzbefall für den Einsatz in Gebrauchsklasse GK 2 bis 4 nach DIN 68800-1: 2011-10, Tab. 4[a, b, c, d]

GK[d]	Dauerhaftigkeitsklasse nach DIN EN 350-2, s. Tafel 11.131			
	1	2	3	4
2	+	+	+	−
3.1	+	+	+	−
3.2	+	+	−	−
4	+	−	−	−

[a] Hierin bedeuten:
+ natürliche Dauerhaftigkeit ausreichend
− natürliche Dauerhaftigkeit nicht ausreichend.
[b] im Falle von Zwischenstufen (z. B. 1–2) ist für die geforderte Dauerhaftigkeit die Klasse mit der nächst niedrigeren Dauerhaftigkeit maßgebend.
[c] Splintholz ist stets der Dauerhaftigkeitsklasse 5 (nicht dauerhaft) zuzuordnen, s. Tafel 11.131.
[d] Gebrauchsklassen (GK) nach Tafel 11.133.

11.22.3.2 Vorbeugende bauliche Holzschutzmaßnahmen im Hochbau nach DIN 68800-2: 2012-02

Der **vorbeugende bauliche Holzschutz** nach DIN 68800-2 gewährleistet durch geeignete, vorbeugende bauliche Maßnahmen die Dauerhaftigkeit von Bauteilen aus Holz und Holzwerkstoffen, er ergänzt den Eurocode 5 (DIN EN 1995-1-1 und DIN EN 1995-2 mit ihren jeweiligen Nationalen Anhängen (NA) hinsichtlich der Sicherung der Gebrauchsdauer von Holzbauwerken in Verbindung mit DIN 68800-1: 2011-10.

Ziele des vorbeugenden baulichen Holzschutzes sind: Verhindern unzuträglicher (zu hoher) Feuchten, kein Bauschaden durch Holz zerstörende Pilze, keine übermäßigen Verformungen infolge zu großer Holzfeuchteänderungen, Quellens oder Schwindens z. B. durch Einbau trockenen Holzes (Holzfeuchten $\omega \leq 20\%$) und durch geeigneten Tauwasser- und Witterungsschutz, Vermeiden eines Bauschadens durch Holz zerstörende Insekten wie z. B. Einbau von technisch getrocknetem Holz (bei Temperaturen $T \geq 55\,°C$) oder Einbau von Farbkernhölzern natürlich dauerhafter Holzarten entsprechender Dauerhaftigkeit gegen Insekten oder Verhindern des Zutritts von Insekten zu verdeckt eingebautem Holz durch allseitig geschlossene Bekleidung, so dass kein unkontrollierbarer Insektenbefall möglich ist. Genaueres hierzu wird unten in diesem Abschn. angeführt. Das Eindringen von Feuchte in tropfbarer Form und stehende Feuchte sind zu verhindern, Tauwasserausfall zu begrenzen, schnelles Abfließen von Wasser und ungehinderte Luftzufuhr sicherzustellen; Beispiele in Tafel 11.138.

Grundsätzliche bauliche Maßnahmen sind nach DIN 68800-1: 2011-10, 8, in jedem Fall vorzunehmen, Beispiele s. Tafel 11.135, detaillierte Maßnahmen nach DIN 68800-2, 5. Kann die Dauerhaftigkeit für tragende Holzbauteile nicht durch bauliche Maßnahmen erreicht werden, sind **vorbeugende Holzschutzmaßnahmen mit Holzschutzmitteln** nach DIN 6800-3: 2012-02, 5, einzusetzen, s. Abschn. 11.22.3.3, Tafel 11.140.

Besondere bauliche Maßnahmen nach DIN 68800-2: 2012-02, 6, ermöglichen Bauteile aus Holz und Holzwerkstoffen **in die Gebrauchsklasse GK 0** einzustufen, wenn die grundsätzlichen baulichen Maßnahmen alleine dazu nicht ausreichen, s. Tafel 11.139. **Konstruktionsprinzipien für GK 0**, für die die Bedingungen der Gebrauchsklasse GK 0 erfüllt sind, werden **für Außenbauteile** (Außenwände, Dächer, Hallen) in DIN 68800-2: 2012-02, Abschn. 7, **für Innenbauteile** (Decken, Innenwände) in Abschn. 8, **für Nassbereiche, Balkenköpfe** in Abschn. 9 und **für Holzwerkstoffe** in Abschn. 10 sowie **Beispiele dieser Konstruktionen** im Anhang A dieser Norm angeführt.

Baulicher Holzschutz sollte nach DIN 68800-1: 2011-10, 8.1.3, gegenüber vorbeugenden Schutzmaßnahmen mit Holzschutzmitteln (chemischen Holzschutz nach DIN 68800-3) Vorrang haben.

Die **Einbaufeuchte** der Hölzer darf nach DIN 68800-2: 2012-02, 5.1.2, in den Gebrauchsklassen GK 0, GK 1, GK 2 und GK 3.1 nicht höher als 20 % sein. Wenn Holz in den Nutzungsklassen 1 und 2 nach DIN EN 1995-1-1 während der Bauphase eine Holzfeuchte > 20 % erreicht, ist nach DIN 68800-2: 2012-02, 5.1.2, nachzuweisen, dass die Holzfeuchte innerhalb von höchstens 3 Monaten ohne Beeinträchtigung der gesamten Konstruktion auf ≤ 20 % zurückgeht.

Direkt bewitterte Hölzer und Holzbauteile brauchen nach DIN 68800-2: 2012-02, 5.2.1, einen **Spritzwasserschutz**. Dazu muss zwischen Unterkante Holz/Holzbauteil und dem Erdreich bzw. umgebenden Bodenbelag ein Abstand von ≥ 30 cm vorhanden sein (Spritzwasserfreiheit). Dieser Abstand kann durch technische Maßnahmen zur Reduzierung der Spritzwasserbelastung auf 15 cm verringert werden wie z. B. durch eine Kiesschüttung mit einer Korngröße von mind. 16/32 mm, Breite ≥ 15 cm ab Außenkante Holzbauteil. **Weitere bauliche Maßnahmen** gegen Einwirkungen von Feuchte auf Außenbauteile sind im o. a. Abschnitt der Norm angeführt.

Tafel 11.138 Beispiele baulich (konstruktiven) Holzschutzes zur Vermeidung erhöhter Feuchtebeanspruchung witterungsbeanspruchter Holzkonstruktionen

Konstruktion	Bemerkungen
Waagerecht liegende Oberflächen (witterungsbeansprucht)	
1 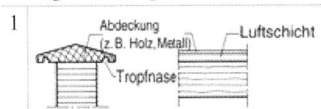 Brückenhauptträger Holzbalken	– Abdeckung mit Luftschicht und Tropfnase, – Niederschlagswasser fließt ab, – keine stehende Feuchte im zu schützenden Teil, – Abdeckung kann nach Jahren ausgewechselt werden
Hirnholzflächen von Stützen- oder Pfahlkopf (witterungsbeansprucht)	
2 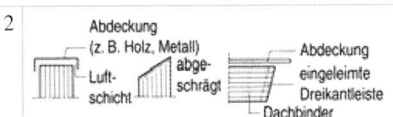	– mit Abdeckung wie Zeile 1, – abgeschrägt: mit porenfüllendem mehrmaligen geeigneten Anstrich
Stützenfüße von aufgeständerten Holzstützen (witterungsbeansprucht)	
3 	– spritzwassergeschützt, Genaueres s. oben in diesem Abschnitt – keine aufsteigende Feuchte, – Stahlteile, korrosionsbeständig, und Verbindungsmittel in das Holz einlassen und mit eingeklebten Holzpfropfen abdecken
Vorspringende Bauteile (witterungsbeansprucht)	
4 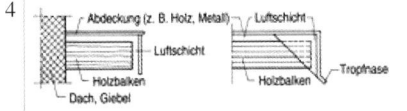	– waagerechte Oberfläche und Hirnholz abdecken, s. Zeile 1, – mit Luftschicht, mit Tropfnase, – evtl. mit seitlicher Abdeckung des Balkenkopfes
Schalungen (witterungsbeansprucht), Beispiele nach Schulze [16]	
5 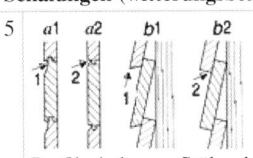 Profilschalung Stülpschalung	a1) geeignet, Wasser kann abgeleitet werden, a2) ungeeignet: Wasser kann in Spundung eindringen, b1) geeignet: abgeschrägte Kanten lassen Wasser ablaufen, b2) ungeeignet: Wasser kann zwischen Bretter gelangen
Balkenauflager auf Mauerwerk/Beton nach Schulze [16]	
6 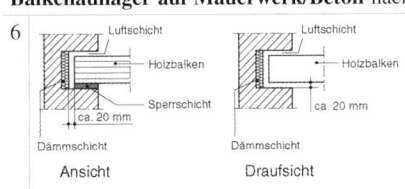 Ansicht Draufsicht	– Balkenkopf auf Sperrschicht lagern, verhindert aufsteigende Feuchte, – jede Berührung mit Mörtel, auch seitlich, vermeiden (Baufeuchte, Kapillarwirkung), – bei erforderlichem Kontakt einzelne Steine trocken gegen Balken legen, – besser: mehrseitige Luftschicht von ca. 20 mm, Abdichtung der Luftschicht durch geeignete Dichtungsbänder z. B. vorkomprimierte, wenn erforderlich – Schwächung des Wärmeschutzes im Außenwandbereich durch Anordnung einer Dämmung aufheben (tauwassergefährdeter Bereich)
Unterseitiges Auflager (witterungsbeansprucht)	
7 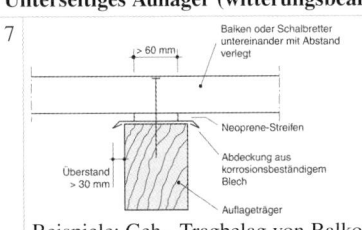 Beispiele: Geh-, Tragbelag von Balkon, Terrassen oder Brücke	– Auflagerbalken werden durch die Öffnungen zwischen den oben liegenden Balken oder Schalbrettern witterungsbeansprucht, – beidseitig überstehende Abdeckungen der Auflagerbalken verhindern stehende Feuchte auf der Oberseite und Veschmutzungen der beiden Seitenflächen durch abfließendes, abtropfendes Niederschlagswasser
Brettschichtholz (witterungsbeansprucht), Beispiele nach Sagot [14]	
8 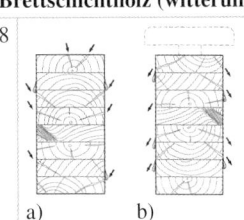 a) b)	Lamellenanordnung bei dauerhaftem oder chemisch behandeltem Holz: a) ungeeignet: Trockenriss-Anordnung lässt Wasser im Querschnitt verbleiben, Folge: stehende Feuchte, Pilzbefall und Holzzerstörung, b) geeignet: Trockenriss-Anordnung lässt Wasser aus dem Querschnitt abfließen, bei beiden Lamellenanordnungen ist eine obere Abdeckung mit ausreichendem beidseitigem Überstand und Luftschicht erforderlich zur Vermeidung stehender Feuchte in sich bildenden (Trocken-)Schwindrissen

Tafel 11.139 Besondere bauliche Maßnahmen, um die Gebrauchsklasse (GK) 0 für tragende Holzbauteile zu erreichen nach DIN 68800-2: 2012-02, 6[a, b]

Gebrauchsklasse GK 0

In Gebrauchsklasse (GK) 0 wird das Befalls- und Schadensrisiko vermieden oder vernachlässigbar oder durch bauliche Maßnahmen nach DIN 68800-2: 2012-02 besteht keine Notwendigkeit für einen chemischen Holzschutz DIN 68800-3: 2012-02. Besondere bauliche Maßnahmen in GK 0 zur Risikovermeidung von Bauschäden sind im Folgenden angeführt.[c]

Bauliche Maßnahmen zur Vermeidung eines Bauschadens durch Holz zerstörende Pilze

a) Bauteile unter Dach

– bei Bauten, die nach außen sichtbare tragende Holzkonstruktionen besitzen, ist durch ausreichende Dachüberstände [d] oder andere besondere bauliche Maßnahmen eine Aufnahme unzuträglicher (zu hoher) Feuchte[e] zu vermeiden,
– bei zu erwartenden relativen Luftfeuchten $\varphi > 85\%$ über längere Zeitspannen als eine Woche (z. B. in Eislaufhallen, Kompostierungshallen) sind besondere Maßnahmen vorzusehen, z. B. eine verstärkte Belüftung, die eine relative Luftfeuchte $\varphi < 85\%$ an den Holzbauteilen sicherstellt, ein lokal auftretender Tauwasserausfall von wenigen Stunden im Monat ist bei ausreichender Möglichkeit zur Rücktrocknung unkritisch,

b) bewitterte Bauteile ohne Erdkontakt
Die Holzfeuchte der Bauteile muss stets $\omega \leq 20\%$ betragen, eine kurzfristige Erhöhung der Holzfeuchte im Bereich der Oberflächen ist unkritisch. Maßnahmen zur Begrenzung der Holzfeuchte sind im Folgenden angeführt.

– Begrenzung der (Trocken-)Rissbildung durch Beschränkung der Querschnittsmaße und durch kerngetrennten Einschnitt bei Vollholz,
– Einsatz von Brettschichtholz und technisch getrocknetem Vollholz,[f]
– gehobelte Oberfläche,
– Stauwasser (stehende Feuchte) in den Anschlüssen muss verhindert werden,
– Hirnholz muss abgedeckt sein,
– Niederschlagswasser muss direkt abgeführt werden,
– nicht vertikal stehende Bauteile sind abzudecken[g]

c) direkt bewitterte, senkrecht stehende Dach- oder Balkonstützen

– bei Einhaltung der unter b) angeführten Vorgaben kann eine Einstufung bewitterter senkrecht stehender Dach- oder Balkonstützen in Gebrauchsklasse GK 0 erfolgen, wenn bei Ausführung aus Brettschichtholz die Querschnittsmaße $b/h \leq 20\,\mathrm{cm} \times 20\,\mathrm{cm}$ und aus Vollholz $b/h \leq 16\,\mathrm{cm} \times 16\,\mathrm{cm}$ eingehalten werden,

Bauliche Maßnahmen zur Vermeidung eines Bauschadens durch Holz zerstörende Insekten

d) Jede der folgenden genannten Maßnahmen alleine reicht aus, um einen Bauschaden durch Insekten in GK 0 zu vermeiden.

– Einsatz von Holz in Räumen mit üblichem Wohnklima[h] oder vergleichbaren Räumen unter entsprechenden Bedingungen[k], oder
– Einsatz von Brettschichtholz, Brettsperrholz, technisch getrocknetem Bauholz[f, l] oder Holzwerkstoffen mit einer Holzfeuchte $\omega \leq 20\%$ im Gebrauchszustand,
– Holz gegen Insektenbefall allseitig durch eine Insekten undurchlässige Bekleidung nach DIN 68800-2 abgedeckt[k], oder
– offene Anordnung des Holzes zum Raum hin, so dass es kontrollierbar bleibt und an sichtbar bleibender Stelle dauerhaft ein Hinweis auf die Notwendigkeit einer regelmäßigen Kontrolle angebracht wird[k, m], oder
– Einsatz von Farbkernhölzern[i], die einen Splintholzanteil $\leq 10\%$ [j] aufweisen

[a] Bedingungen für die Gebrauchsklasse GK 0 s. Tafel 11.133.

[b] maßgebend für die Zuordnung von Holzbauteilen zu einer Gebrauchsklasse ist die jeweilige Holzfeuchte.

[c] besondere bauliche Maßnahmen zur Einstufung in GK 0, wenn die grundsätzlichen baulichen Maßnahmen nach Tafel 11.135 und nach DIN 68800-2: 2012-02, 5, dies alleine nicht erlauben.

[d] ausreichende Dachüberstände liegen vor, wenn zwischen Vorderkante Dach und Unterkante Holz ein Winkel von höchstens 60° bezogen auf die Horizontale vorliegt.

[e] unzuträgliche Veränderung des Feuchtegehaltes liegt vor, wenn die Brauchbarkeit der Konstruktion durch Schwinden und Quellen beeinträchtigt wird, oder wenn die Voraussetzungen für einen Befall durch Holz zerstörende Pilze entstehen kann (für Pilze: Holzfeuchte $\omega > 20\%$).

[f] technisch getrocknetes Holz ist in einer dafür geeigneten technischen Anlage prozessgesteuert bei einer Temperatur $T \geq 55\,°C$ mind. 48 h auf eine Holzfeuchte $\omega \leq 20\%$ getrocknet worden.

[g] es wird empfohlen, die oberseitige Abdeckung mit beidseitig ausreichenden Überständen zu versehen.

[h] in Räumen mit üblichem Wohnklima ist nach DIN 68800-1: 2011-10, 5.2.1, nur für Splintholz von stärkereichen Laubhölzern wie z. B. Eichensplintholz eine Gefahr des Befalls durch Splintholzkäfer (Lyctus) vorhanden, s. Tafel 11.131.

[i] Farbkernholz s. Fußnote [c] in Tafel 11.136.

[j] Splintholz s. Fußnote [b] in Tafel 11.136.

[k] die Maßnahmen beziehen sich nach *Radović* auf Bauteile aus nicht technisch getrocknetem Holz, s. auch Fußnote [l].

[l] bei technisch getrocknetem Holz ist ein Befall Holz zerstörender Insekten erfahrungsgemäß nicht zu erwarten, andere Verfahren, durch das Holz auch technisch getrocknet werden kann wie luftgetrocknetes Holz, erfüllen diese Vorgaben nicht.

[m] dies ist nach *Willeitner* nur bei sichtbar zum Raum hin eingebautem Holz möglich, das mindestens dreiseitig einsehbar ist und dessen vierte Seite insektendicht abgedeckt ist, ein geringer Abstand z. B. zur Wand oder Decke von nur wenigen Millimetern gilt nicht als insektendicht.

[n] Zuordnung folgender Holzbauteile in GK 0: Latten hinter Vorhangfassaden, Dach- und Konterlatten, Traufbohlen und Dachschalungen. Dies gilt auch für im Freien befindliche Dachbauteile, wenn diese so abgedeckt sind, dass eine unzuträgliche (zu hohe) Veränderung des Feuchtegehaltes nicht vorkommen kann. Nach *Radović* sollten diese abgedeckten Dachbauteile aus technisch getrocknetem Holz bestehen.

11.22.3.3 Vorbeugender Holzschutz mit Holzschutzmitteln nach DIN 68800-3: 2012-02

DIN 68800-3: 2012-02 (Vorbeugender Schutz von Holz mit Holzschutzmitteln, auch „chemischer Holzschutz" genannt) erhält keine bauaufsichtliche Zulassung. Holzschutzmittel bedürfen jedoch nach dem Chemikaliengesetz gesetzlich vorgeschriebener Zulassungen (Biozid-Zulassungen). Bis zum Vorliegen der Biozid-Zulassungen nach dem Chemikaliengesetz muss jedes Holzschutzmittel für die Verwendung in tragenden Bauteilen eine allgemeine bauaufsichtliche Zulassung besitzen. Da DIN 68800-3 ohne bauaufsichtliche Zulassung verbleibt und Verweise in der bauaufsichtlich zugelassenen DIN 68800-1 auf DIN 68800-3 bestehen, wird für die Praxis eine schriftliche Vereinbarung zwischen den Bauparteien empfohlen.

Der vorbeugende Holzschutz nach DIN 68800-3 beinhaltet vorbeugende Schutzmaßnahmen für Holz und Holzwerkstoffe mit Holzschutzmitteln, er gilt in Verbindung mit DIN 68800-1. Holzarten, deren natürliche Dauerhaftigkeit für den jeweiligen Verwendungszweck nicht ausreichend ist, können nach DIN 68800-3: 2012-02, 5.1, durch Behandlung mit Holzschutzmitteln eine langfristige Gebrauchsdauer auch unter hoher Beanspruchung erhalten.

Die **Auswahl der Holzschutzmittel** in Abhängigkeit von der Gebrauchsklassen (GK) kann nach Tafel 11.140 vorgenommen werden. Die Ausschreibung von mit Schutzmitteln zu behandelndem Holz muss nach DIN 68800-3: 2012-02, 8.1.4, die vorgesehene **Gebrauchsklasse**, s. Tafel 11.133, und die entsprechende **Eindringtiefeklasse** nach DIN 68800-3: 2012-02, Tab. 2, 8.2 und Tab. 3 (tragende Holzbauteile), enthalten. Soll ein Befall von **Bläuepilze** verhindert werden, sind nach DIN 68800-3: 2012-02, 8.1.5, Holzschutzmittel mit zusätzlicher bläuewidriger Wirksamkeit einzusetzen.

Vorbeugender baulicher Holzschutz mit besonderen baulichen Holzschutzmaßnahmen sollte nach DIN 68800-1: 2011-10, 8.1.3, gegenüber dem vorbeugenden Holzschutz mit Holzschutzmitteln Vorrang haben, über den baulichen Holzschutz s. DIN 68800-2 und Abschn. 11.22.3.2. In **Aufenthaltsräumen** ist nach DIN 68800-1: 2011-10, 8.1.3, auf den Einsatz von vorbeugend wirkenden Holzschutzmitteln oder von Bauteilen, die mit vorbeugend wirkenden Holzschutzmitteln behandelt sind, zu verzichten; für Arbeitsstätten und ähnliche Bereiche gilt dies nur, wenn es technisch möglich ist.

11.22.4 Beschichtungen (Oberflächenschutz)

Beschichtungsmittel müssen nach DIN 68800-1: 2011-10, 6.6, den Anforderungen der DIN EN 927-2 entsprechen. Beschichtungen können einen zusätzlichen Beitrag zum Holzschutz erzielen, da sie die Wasseraufnahme des Holzes über die Holzoberfläche behindern. Dazu ist die dauerhafte Funktionstüchtigkeit der Beschichtungen durch regelmäßige Inspektion, Wartung und Instandhaltung zu gewährleisten. Die anderen Holzschutzfunktionen nach DIN 68800-1, -2 und -3 müssen für tragende Holzbauteile weiterhin sichergestellt sein. Besitzen die Beschichtungen jedoch keine ausreichende

Tafel 11.140 Auswahl der Holzschutzmittel in Abhängigkeit von der Gebrauchsklassen (GK) nach DIN 68800-3: 2012-02, Tab. 1[a, d, e]

Gebrauchsklasse (GK)	Anforderungen an das Holzschutzmittel und Prüfprädikate	Kurzzeichen
0	Keine Holzschutzmittel erforderlich	–
1	Insektenvorbeugend	Iv
2[b, c]	Insektenvorbeugend, pilzwidrig	Iv, P
3.1[c]	Insektenvorbeugend, pilzwidrig, witterungsbeständig	Iv, P, W
3.2[c]	Insektenvorbeugend, pilzwidrig, witterungsbeständig	Iv, P, W
4	Insektenvorbeugend, pilzwidrig, witterungsbeständig, moderfäulewidrig	Iv, P, W, E
5	Wie für GK 4, zusätzlich Wirksamkeit gegen Holzschädlinge im Meerwasser	

[a] für tragende Holzbauteile sind die Prüfprädikate dieser Tafel maßgebend.

[b] bei Holzbauteilen, für die keine Gefährdung durch Insektenbefall vorliegt, kann auf eine insektenvorbeugende Wirkung verzichtet werden.

[c] bei Gefährdung durch Bläuepilze an verbautem Holz in den Gebrauchsklassen 2 und 3 kann eine bläuewidrige Wirksamkeit (Kurzzeichen B) zweckmäßig sein; hierfür ist eine besondere Vereinbarung erforderlich.

[d] für das jeweilige Holzschutzmittel ist bei Verwendung in tragenden Bauteilen eine allgemeine bauaufsichtliche Zulassung erforderlich, dies gilt bis zum Vorliegen der zukünftigen Biozid-Zulassung nach dem Chemikaliengesetz.

[e] in den Gebrauchsklassen GK 2 bis GK 4 kann nach DIN 68800-1: 2011-10, 6.8.2.1, splintfreies Farbkernholz nach Tafel 11.137 mit den angegebenen Mindestanforderungen eingesetzt werden, um einen Pilzbefall zu vermeiden, wenn keine zusätzlichen Holzschutzmaßnahmen wie z. B. Einsatz geeigneter chemischer Holzschutzmittel vorgenommen werden.

Schutzfunktion, kann sich diese umkehren und zum Schaden führen, da über vorhandene Schadstellen flüssiges Wasser in das Holz eindringt und die Wasserdampf bremsende Wirkung der Beschichtungen eine Verdunstung weitgehend verhindert (Einkapselung der Feuchte).

Beschichtungen sind überwiegend Anstriche zur Oberflächenbehandlung wetterbeanspruchter Holzbauteile, aber auch Holzbauteile unter Dach, sie zielen neben dem angeführten zusätzlichen Beitrag zum Holzschutz (übermäßige Feuchte) auf dekorative Gestaltung und Schutz vor Verfärbung, Verschmutzung, und gegebenenfalls Bläue-/Schimmelbefall. Eine Oberflächenbehandlung sollte zwischen den Parteien schriftlich vereinbart werden. Wird ein chemischer Holzschutz erforderlich, sind Oberflächen- und chemischer Holzschutz aufeinander abzustimmen.

Die Oberflächenbehandlung besteht nach Willeitner [20] aus einem Grundier-, einem oder mehreren Zwischen- und einem Deckanstrich mit z. B. pigmentierten offenporigen Lasuren wie Dünn- bzw. Dickschichtlasuren oder anderen geeigneten Beschichtungen. Die Anstriche sind je nach Bewitterung nach ein, zwei oder mehreren Jahren und danach in weiteren Zeitabständen zu wiederholen, da die schützende Wirkung durch Abnutzung und/oder nachträgliche Beschädigungen der Anstriche verloren gehen. Bei Außenanstrichen eignen sich helle Anstriche wegen der stärkeren Reflektion besser als dunklere.

11.23 Sortiermerkmale und -klassen von Nadel- und Laubschnittholz

Die Anforderungen an Nadelholz und Laubholz (wie Buche, Eiche) der DIN EN 1995-1-1: 2010-12 sind gemäß DIN 20000-5: 2012-03 den Sortierklassen nach DIN 4074-1: 2012-06 und DIN 4074-5: 2008-12 zu entnehmen.

Diese unterscheiden visuelle und apparativ unterstützte visuelle Sortierung. Sortiermerkmale und -klassen von Nadelschnittholz (Kanthölzer) bei visueller Sortierung sind in Tafel 11.142 dargestellt. Es darf nur trocken sortiertes Bauholz verwendet werden, s. DIN 20000-5: 2012-03. Weitere Anforderungen für Nadel- und Laubschnittholzer nach DIN 4074-1, -5 sind:

- **Holzfeuchte:** Sortierkriterien sind auf mittlere Holzfeuchte von $\omega = 20\,\%$ bezogen
- **trocken sortiertes Holz (TS):** Schnittholz, bei einer mittleren Holzfeuchte von $\omega \leq 20\,\%$ sortiert
- **Maßhaltigkeit:** nach DIN EN 336, hierzu s. auch Abschn. 11.20
- **Toleranzen:** bei nachträglicher Inspektion einer Lieferung sortierten Holzes sind ungünstige Abweichungen von den geforderten Grenzwerten der Sortierkriterien zulassig bis 10 % bei 10 % der Menge
- **Kennzeichnung:** der sortierten Hölzer entsprechend DIN 4074-1, -5.

Tafel 11.141 Zuordnung von Sortierklassen der DIN 4074-1 und DIN 4074-5 zu den Festigkeitsklassen C bzw. D nach DIN EN 1912: 2013-10, Tab. 1 und 2[a, b, c]

Festigkeits-klasse	Visuelle Sortierung		Apparativ unterstützte visuelle Sortierung
		Zuordnung der Holzart[c]	Zuordnung der Holzart
Nadelschnittholz nach Sortierklassen der DIN 4074-1: 2012-06[d, e]			
C16	S7	Tanne, Lärche, Douglasie	Maschinell nach DIN EN 14081 sortiertes Holz darf direkt in die Festigkeitsklassen eingestuft werden
C18	S7	Fichte, Kiefer	
C24	S10	Fichte, Tanne, Kiefer, Lärche, Douglasie	
C30	S13	Fichte, Tanne, Kiefer, Lärche	
C35	S13	Douglasie	
C40	–	–	
Laubschnittholz nach Sortierklassen der DIN 4074-5: 2008-12[d, e]			
D30	LS10	Eiche	Maschinell nach DIN EN 14081 sortiertes Holz darf direkt in die Festigkeitsklassen eingestuft werden
D35	LS10	Buche	
D40	LS13	Buche	
D60	–	–	

[a] Zuordnung gilt für trocken sortiertes Holz (TS).
[b] vorwiegend hochkant biegebeanspruchte Bretter und Bohlen sind wie Kantholz zu sortieren und entsprechend zu kennzeichnen.
[c] Vollholz nach den Anforderungen der Produktnorm DIN EN 14081-1: 2011-05 und DIN 20000-5: 2012-03.
[d] botanische (wissenschaftliche) Namen für Nadel- und Laubhölzer s. Tafel 11.131.
[e] bei apparativ unterstützter visueller Sortierung sind die Sortierklassen S15 bzw. LS15 möglich.

Tafel 11.142 Sortierkriterien und -merkmale für Kanthölzer und vorwiegend hochkant (K) biegebeanspruchte Bretter und Bohlen aus Nadelholz bei visueller Sortierung nach DIN 4074-1: 2012-06[a, b]

Sortiermerkmale		Sortierklassen[c]		
		S7, S7K	S10, S10K	S13, S13K

Äste oder Astlöcher A (einschl. Astrinde)

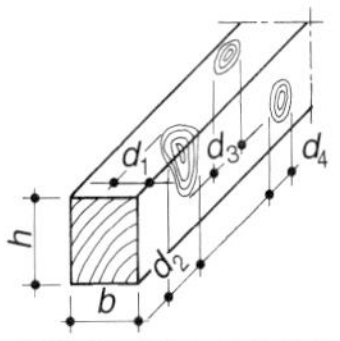

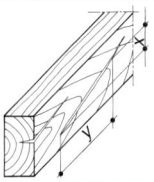

d kleinste sichtbare Durchmesser der Äste, bei Kantenästen gilt die Bogenhöhe d_1, wenn $d_1 < d$ A Ästigkeit, maßgebend ist die größte Ästigkeit Ausmaße < 5 mm bleiben unberücksichtigt		$A \leq 3/5$ $A = \max\left(\dfrac{d_1}{b}; \dfrac{d_2}{h}; \dfrac{d_3}{b}; \dfrac{d_4}{h}\right)$	$A \leq 2/5$	$A \leq 1/5$

Faserneigung F (als Abweichung der Fasern x bezogen auf die Messlänge y)

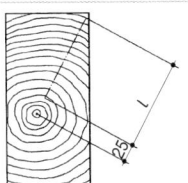

x Abweichung der Fasern y Messlänge – örtliche Faserabweichungen aus Ästen bleiben unberücksichtigt – gemessen wird nach Schwindrissen oder Jahrringverlauf (DIN EN 1310)		$F \leq 12\,\%$ $F = \dfrac{x}{y} \cdot 100$ in %	$F \leq 12\,\%$	$F \leq 7\,\%$

Jahrringbreite (als mittlere Jahrringbreite nach DIN EN 1310)

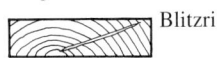

l Messstrecke im rechten Winkel zu den Jahrringen, vom marknächsten bis zum Jahrring in der von der Markröhre am weitesten entfernten Querschnittsecke – bei Schnitthölzern mit Markröhre bleibt ein Bereich von 25 mm, ausgehend von der Markröhre, außer Betracht		Allgemein:		
		$\leq 6\,mm$	$\leq 6\,mm$	$\leq 4\,mm$
		Bei Douglasie:		
		$\leq 8\,mm$	$\leq 8\,mm$	$\leq 6\,mm$

Blitzrisse, Ringschäle

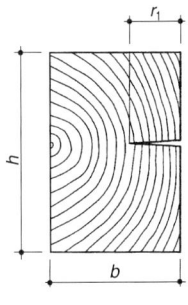

	Ringschäle (ein Riss längs der Jahrringe)	Nicht zulässig	Nicht zulässig	Nicht zulässig
	Blitzriss[d]			

Schwindrisse (Trockenrisse) mit dem Sortiermerkmahl R[e, f]

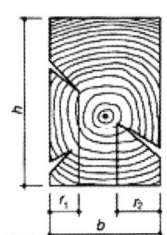

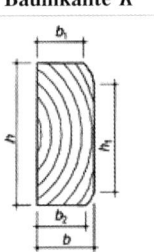

r_i Risstiefen in einem Querschnitt, projiziert auf die Querschnittsseiten, in der Projektion überlappende Rissmaße werden nur einfach berücksichtigt r Risstiefe eines Risses, bestimmt als Mittelwert dreier Messungen t_1, t_2, t_3 t_i Messungen in den Viertelpunkten der Risslänge – Risslängen bis 1/4 der Schnittholzlänge, max. 1 m, bleiben unberücksichtigt, – gemessen mit einer 0,1 mm dicken Fühlerlehre		$R \leq 1/2$	$R \leq 1/2$	$R \leq 2/5$
		R als Summe der Risstiefen geteilt durch das betreffende Querschnittsmaß: z. B.: $R = \dfrac{r_1}{b} \quad R = \dfrac{r_1 + r_2}{b}$ Risstiefe r eines Risses: $r = \dfrac{t_1 + t_2 + t_3}{3}$ Messpunkte zur Bestimmung der Risstiefe eines Risses: 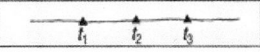		

Baumkante K

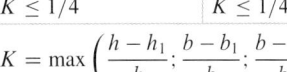

$h - h_1$ bzw. $b - b_1$	Breite der Baumkante, auf die jeweilige Querschnittsseite projiziert gemessen	$K \leq 1/4$ $K = \max\left(\dfrac{h - h_1}{h}; \dfrac{b - b_1}{b}; \dfrac{b - b_2}{b}\right)$	$K \leq 1/4$	$K \leq 1/5$

Tafel 11.142 (Fortsetzung)

Sortiermerkmale		Sortierklassen[c]		
		S7, S7K	S10, S10K	S13, S13K
Markröhre[g]				
– kleine Röhre in Stammmitte mit geringer Festigkeit, Durchmesser meist 1 bis 2 mm		Zulässig	Zulässig	Nicht zulässig[h]
Krümmung[i]				
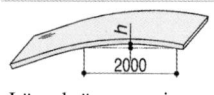 Längskrümmung in Richtung der Dicke[j] 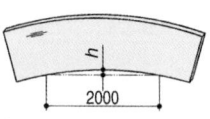 Längskrümmung in Richtung der Breite[j] 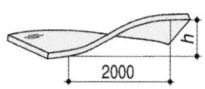 Verdrehung[j] 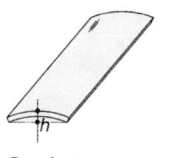 Querkrümmung (Schüsselung)[k]	Längskrümmung und Verdrehung: – Pfeilhöhe h an der Stelle der größten Verformung bezogen auf 2000 mm Messlänge Querkrümmung: – Pfeilhöhe h bezogen auf die Breite des Schnittholzes	Längskrümmung: $\leq 8\,\text{mm}$ Verdrehung: $\leq 1\,\text{mm}/25\,\text{mm Höhe}$	$\leq 8\,\text{mm}$ $\leq 1\,\text{mm}/25\,\text{mm Höhe}$	$\leq 8\,\text{mm}$ $\leq 1\,\text{mm}/25\,\text{mm Höhe}$
Druckholz V (maßgebend: Stelle der maximalen Ausdehnung)[l]				
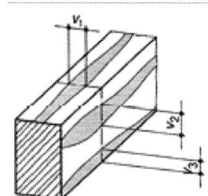	v_i max. Breiten verfärbter Streifen an der Oberfläche gemessen rechtwinklig zur Längsachse V Quotient aus der Summe der Breiten v_i aller verfärbten Streifen bezogen auf den Umfang des Querschnitts	$V \leq 2/5$ $V = \dfrac{v_1 + v_2 + v_3}{2 \cdot (b + h)}$	$V \leq 2/5$	$V \leq 1/5$
Verfärbungen[m], Fäule V (maßgebend: Stelle der maximalen Ausdehnung)				
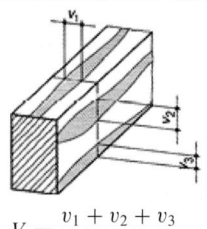 $V = \dfrac{v_1 + v_2 + v_3}{2 \cdot (b + h)}$	v_i max. Breiten von Verfärbungen an der Oberfläche gemessen rechtwinklig zur Längsachse V Quotient aus der Summe der Breiten v_i aller verfärbten Streifen bezogen auf den Umfang des Querschnitts	Bläue[n]		
		Zulässig	Zulässig	Zulässig
		Nagelfeste braune und rote Streifen[o]		
		$V \leq 2/5$	$V \leq 2/5$	$V \leq 1/5$
		Braunfäule, Weißfäule[p]		
		Nicht zulässig	Nicht zulässig	Nicht zulässig
Insektenfraß durch Frischholzinsekten (z. B. Borkenkäfer, Holzwespen)[q]				
– Stehende Bäume und frisches Rundholz können von Frischholzinsekten befallen werden – Befall ist an den Fraßgängen (Bohrlöchern) auf der Holzoberfläche erkennbar – Befall nur an frischem, noch nicht abgetrocknetem Holz, nicht jedoch an einmal abgetrocknetem Holz		– Fraßgänge bis 2 mm Durchmesser von Frischholzinsekten zulässig – maßgebend ist die Größe der an der Oberfläche erkennbaren Fraßgänge (Bohrlöcher)		
Sonstige Merkmale wie z. B.				
– Mechanische Schäden, Mistelbefall[r], Rindeneinschluss, überwallte Stammverletzungen, Wipfelbruch		In Anlehnung an die übrigen Sortiermerkmale sinngemäß berücksichtigen		

Tafel 11.142 (Fortsetzung)

^a die Sortierkriterien sind auf eine mittlere Holzfeuchte von $\omega = 20\,\%$ bezogen (Messbezugsfeuchte).

^b Sortierkriterien für Bretter, Bohlen und Latten sowie zusätzliche Sortierkriterien bei apparativ unterstützter visueller Sortierung s. DIN 4074-1, über Anforderungen an Sortiermaschinen s. DIN 4074-3 und -4.

^c Sortierklassen für apparativ unterstützte visuelle Sortierung s. Tafel 11.141.

^d Blitzrisse entstehen am stehenden Baum, sind radial gerichtet und an einer Nachdunkelung des angrenzenden Holzes zu erkennen (Frostrisse zusätzlich an einer örtlichen Krümmung der Jahrringe).

^e Schwind- oder Trockenrisse sind bei frischem Schnittholz im Allg. nicht zu erkennen, größtes Ausmaß bei getrocknetem Holz.

^f die Sortiermerkmale für Schwindrisse bleiben bei nicht trocken sortierten Hölzern unberücksichtigt.

^g Markröhre gilt als vorhanden, auch wenn sie nur teilweise im Schnittholz verläuft.

^h bei Kantholz mit einer Breite > 120 mm ist eine Markröhre zulässig.

ⁱ Krümmung ist vorwiegend von der Holzfeuchte abhängig, bei frischem Schnittholz im Allg. nicht zu erkennen, größtes Ausmaß bei getrocknetem Holz; die Sortiermerkmale für Krümmumg bleiben bei nicht trocken sortierten Hölzern unberücksichtigt.

^j Längskrümmung und Verdrehung können durch Drehwuchs und Druckholz entstehen.

^k Querkrümmung kann durch das unterschiedliche Schwindmaß in radialer und tangentialer Richtung entstehen.

^l Druckholz ist durch eine Struktur gekennzeichnet, die vom üblichen Holz verschieden ist, kann erhebliche Krümmung des Schnittholzes infolge des ausgeprägten Längsschwindverhaltens verursachen, entsteht im lebenden Baum als Reaktion auf äußere Beanspruchung, im mäßigen Umfang ohne wesentlichen Einfluss auf die Festigkeitseigenschaften.

^m als Veränderung der natürlichen Holzfarbe.

ⁿ Bläue entsteht durch Bläuepilze, diese leben von Inhaltsstoffen und nicht von Zellwänden, keine Festigkeitsminderungen, s. auch Tafel 11.132.

^o braune und rote Streifen entstehen durch Pilzbefall, keine Festigkeitsminderung, solange sie nagelfest sind, d. h. die Härte des Holzes nicht erkennbar vermindert ist, bei trockenem Holz keine weitere Ausdehnung des Pilzbefalls möglich.

^p Braun- und Weißfäule entstehen durch Holz zerstörende Pilze (fortgeschrittener Befall), erkennbar durch fleckige Verfärbung und reduzierte Oberflächenhärte, s. auch Tafel 11.132.

^q Bohrlöcher bis 2 mm Durchmesser vom holzbrütenden Borkenkäfer (*Trypodendron lineatum: Xyloterus lineatus*), größere Bohrlöcher bis zu 5 mm Durchmesser meist von Holzwespen (*Sirex* sp.) kommen i. d. R. nur vereinzelt vor, jeweils ohne praktischen Einfluss auf die Festigkeitseigenschaften, s. auch Tafel 11.132.

^r Misteln sind Halbschmarotzerpflanzen, die auf Bäumen wachsen, ihre Senkerwurzeln (Senkerlöcher, ca. 5 mm Durchmesser) verursachen meist eine enge Durchlöcherung des Holzes.

11.24 Verbindungen mit Stahlblechformteilen

Stahlblechformteile als kaltverformte Stahlbleche mit Blechdicken $t \le 4$ mm dürfen nur in Bauwerken mit vorwiegend ruhenden Lasten verwendet werden.

11.24.1 NHT-Verbinder mit bauaufsichtlichem Verwendbarkeitsnachweis

Die charakteristische Tragfähigkeit der NHT-Verbinder in Richtung der Symmetrieachse der NHT-Verbinder ist je nach Auswahl der eingedrehten Schrauben nach (11.83) zu berechnen, Bemessungswerte der Tragfähigkeit sinngemäß nach (11.75)

$$F_{\mathrm{Rk},\eta} = \eta \cdot F_{\mathrm{Rk,max}} \qquad (11.83)$$

mit

$F_{\mathrm{Rk,max}}$ max. charakteristische Tragfähigkeit der NHT-Verbinder bei voller Anzahl der eingedrehten Schrauben je nach Typ nach Tafel 11.143

η Abminderungsfaktor je nach Anzahl der eingedrehten Schrauben nach Tafel 11.144.

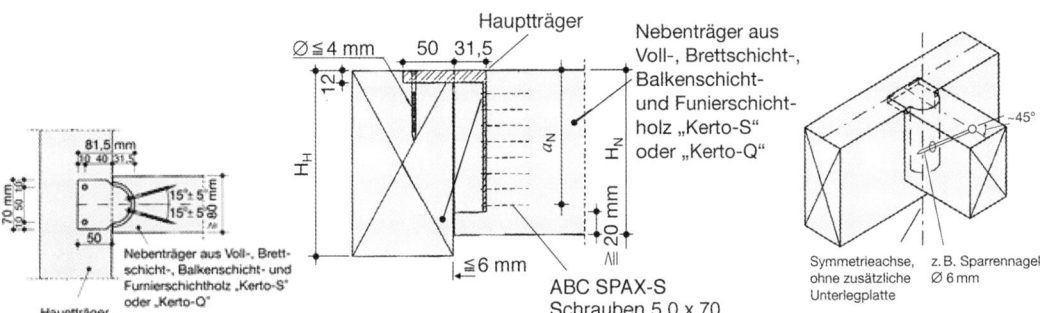

Abb. 11.24 Anordnung von NHT-Verbindern ohne zusätzliche Unterlegplatte, Beispiel

Tafel 11.143 Maximale charakteristische Werte der Tragfähigkeit F_{Rk} von NHT-Verbindern bei Auflageranschlüssen zur Verbindung von Nebenträger an Hautträger mit bauaufsichtlichem Verwendbarkeitsnachweis: Allgemeine bauaufsichtliche Zulassung Z-9.1-380, Geltungsdauer bis 09.11.2020[a–e, n–p]

| NHT-Verbinder Typ | Max. Schraubenanzahl im Nebenträger, ABC SPAX-S Schrauben $5{,}0 \times 70$ mm[f, g] | Abmessungen des Nebenträgers[h, i] | | Zusätzliche Unterlegplatte unter der Stahlplatte[j, k] | F_{Rk}[m] |
| | | Breite | Höhe | | |
		in cm			in N
120	10	≥ 8	$\geq 13{,}8$	Keine	12.500
140	12	≥ 8	$\geq 15{,}8$	Keine	14.800
160	14	≥ 8	$\geq 17{,}8$	Keine	17.000
180	16	≥ 8	$\geq 19{,}8$	Ohne	20.000
				Mit[l]	20.500
200	18	≥ 8	$\geq 21{,}8$	Ohne	20.000
				Mit[l]	25.000
220	20	≥ 8	$\geq 23{,}8$	Ohne	20.000
				Mit[l]	28.400
240	22	≥ 8	$\geq 25{,}8$	Ohne	20.000
				Mit[l]	31.800

[a] max. F_{Rk}-Wert bei voller Anzahl eingedrehter Schrauben nach Spalte 2.

[b] Anschluss von Nebenträgern aus Vollholz (Nadelholz mind. C24) und Brettschichtholz nach Abschn. 11.3.1 sowie Balkenschichtholz (Duo-, Triobalken) und Furnierschichtholz „Kerto-S" oder „Kerto-Q" (mit bauaufsichtlicher Zulassung Z-9.1-847) an Bauteile (Hauptträger), Beispiel s. Abb. 11.24.

[c] Holzfeuchte der Nebenträger bei der Herstellung der NHT-Verbindung $\omega \leq 18$ %.

[d] nur für Auflageranschlüsse, die in Richtung der Systemachse der Verbinder belastet sind.

[e] nur für Anschlüsse an Hauptträger, die verdrehungssteif und ausreichend gegen Verdrehen gesichert sind.

[f] SPAX-S Schrauben, $d = 5{,}0$ mm, $l = 70$ mm, Vollgewinde und aus Kohlenstoffstahl, mit der europäischen technischen Zulassung ETA-12/0114.

[g] Schraubenlöcher im Stahlhalbrohr mit SPAX-S Schrauben versehen, jeweils ab dem unteren Rand paarweise und aufeinander folgend bis zur erforderlichen Schraubenanzahl n_E, mind. 6 Schraunen anordnen (nicht in die Montagelöcher in der Symmetrieachse des Verbinders); SPAX-S Schrauben ohne Vorbohren unter Winkel $15° \pm 5°$ zur vertikalen Mittelebene des Nebenträgers eindrehen, s. Abb. 11.24.

[h] Abstand zwischen Stirnende des Nebenträgers und Hauptträger ≤ 6 mm; rechnerisch nicht zur Abtragung der Auflagerkräfte vorhandene Bauteile, z. B. nicht tragende Platten, sind hier als Zwischenraum anzurechnen.

[i] an der Unterkante des Nebenträgers muss eine Querschnitts-Resthöhe von mind. 20 mm verbleiben.

[j] Lagesicherung der Verbinder im Hauptträger erforderlich, dazu Löcher in der Stahlplatte mit Nägeln oder Schrauben $d = 4$ mm nach DIN EN 1995-1-1 versehen (Lagesicherung mit einem Sparrennagel nur mit Vorbohren $0{,}8 \cdot d$, s. Zulassung).

[k] Auflagerpressung unter Stahlplatte im Hauptträger aus Holz sinngemäß nach Abschn. 11.5.2.2 nachweisen, die Weiterleitung der Kräfte im lastaufnehmenden Bauteil ist nachzuweisen.

[l] zusätzliche Unterlegplatten (unter der Stahlplatte zur Vergrößerung der Auflagerfläche) mit Mindestdicke $t_{min} \geq 6$ mm nach statischen Erfordernissen bemessen und dauerhaft in ihrer Lage sichern, die Weiterleitung der Kräfte im lastaufnehmenden Bauteil ist nachzuweisen.

[m] Bemessungswerte der Tragfähigkeit sinngemäß nach (11.75).

[n] beim einseitigen Anschluss von NHT-Verbindern muss Versatzmoment $M_{v,d} = F_{Ed} \cdot B_H/2$, durch das der Hauptträger auf Torsion beansprucht wird (mit F_{Ed} als Bemessungswert der Auflagerkraft des Nebenträgers und B_H als Breite des Hauptträgers), bei der Hauptträger-Bemessung berücksichtigt werden, wenn nicht konstruktive Maßnahmen ein Verdrehen verhindern; gilt auch für zweiseitige Anschlüsse von einander gegenüberliegenden Nebenträgern mit Unterschied der Auflagerkräfte $F_{Ed} > 20$ %.

[o] wird Verdrehen des Hauptträgers durch konstruktive Maßnahmen verhindert, Kräfte aus Versatzmoment $M_{v,d}$ durch Aussteifungskonstruktion aufnehmen.

[p] Querzugbeanspruchung im Nebenträger: Verhältnis $a_N/H_N \geq 0{,}7$ einhalten (mit a_N als Abstand der untersten Schraube des NHT-Verbinders vom oberen beanspruchten Nebenträgerrand, H_N als Höhe des Nebenträgers), sofern nicht ein Aufspalten des Nebenträgers durch eine Querzugverstärkung durch selbstbohrende Vollgewindeschrauben mit bauaufsichtlichem Verwendbarkeitsnachweis verhindert wird, bei NHT-Verbinder Typ 120 ist bei Nebenträgerhöhen $H_N \leq 160$ mm keine Querzugverstärkung erforderlich.

[q] Für die Anwendung der NHT-Verbinder je nach Umweltbedingungen (Korrosionsschutz) gelten DIN EN 1995-1-1: 2010-12, Tabelle 4.1 mit DIN EN 1995-1-1/A2: 2014-07 sowie DIN 1995-1-1/NA: 2013-08 und DIN SPEC 1052-100: 2013-08, s. auch [10], Abschn. 5.3.

Tafel 11.144 Faktoren zur Abminderung der charakteristischen Tragfähigkeiten F_{Rk} von NHT-Verbindern je nach Ausschraubung für (11.83) nach bauaufsichtlichem Verwendbarkeitsnachweis: Allgemeine bauaufsichtliche Zulassung Z-9.1-380, Geltungsdauer bis 09.11.2020

NHT-Typ	120	140	160	180	200	220	240
Anzahl n_E[a] der eingedrehten Schrauben	Abminderungsfaktoren η						
22							1,00
20						1,00	0,91
18					1,00	0,89	0,81
16				1,00	0,88	0,79	0,72
14			1,00	0,87	0,77	0,68	0,62
12		1,00	0,86	0,75	0,65	0,58	0,53
10	1,00	0,84	0,72	0,62	0,53	0,47	0,43
8	0,80	0,67	0,58	0,50	0,42	0,37	0,34
6	0,60	0,51	0,44	0,37	0,30	0,26	0,24

[a] Anzahl der jeweils paarweise symmetrisch zur Symmetrieachse im Nebenträger eingedrehten Schrauben, die unteren 3 Paare (6 Schrauben) sind stets einzuhalten.

Literatur

1. *Becker, K., Rautenstrauch, K.:* Ingenieurholzbau nach Eurocode 5. Konstruktion, Berechnung, Ausführung. Reihe BiP. Berlin: Ernst, 2012

2. *Blaß, H.-J. (Hrsg.); Görlacher, R. (Hrsg.); Steck, G. (Hrsg.):* STEP 1, Holzbauwerke. Bemessung und Baustoffe nach Eurocode 5. In: Informationsdienst Holz. Arbeitsgemeinschaft Holz (Hrsg.): Düsseldorf: Fachverlag Holz, 1995

3. *Blaß, H.-J., Ehlbeck, J., Kreuzinger, H., Steck, G.:* Erläuterungen zu DIN 1052: 2004-08. Entwurf, Berechnung und Bemessung von Holzbauwerken. 2. Aufl. Deutsche Gesellschaft für Holzforschung. München und Karlsruhe: DGfH Innovations- und Service GmbH, Bruder, 2005

4. *Colling, F.:* Holzbau. Grundlagen und Bemessung nach EC 5. 5. Aufl. Wiesbaden: Springer Vieweg, 2016

5. *Franz, J., Scheer, C.:* Beitrag zur Berechnung von Holztragwerken nach Spannungstheorie II. Ordnung. In: *Ehlbeck, J. (Hrsg.), Steck, G. (Hrsg.):* Ingenieurholzbau in Forschung und Praxis, Karl Möhler gewidmet. Karlsruhe: Bruder, 1982

6. *Göggel, M., Werner, H.:* Nichtlineare elastische Berechnung von Holztragwerken (Theorie II. Ordnung). In: *Ehlbeck:, J. (Schriftl.):* Holzbau Kalender, 1. Jhrg., 2002. Karlsruhe: Bruder

7. *Hamm, P., Richter, A.:* Bemessungs- und Konstruktionsregeln zum Schwingungsnachweis von Holzdecken. In: Fachtagungen Holzbau 2009. Leinfelden-Echterdingen. Hrsg.: Landesbeirat Holz Baden-Württemberg e. V., Stuttgart: S. 15–29

8. *Lißner, K., Felkel, A., Hemmer, K., Kuhlenkamp, D., Radovic, B., Rug, W., Steinmetz, D.:* DIN 1052 Praxishandbuch Holzbau. 2. Aufl. Fördergesellschaft Holzbau und Ausbau (Hrsg.); DIN Deutsches Institut für Normung (Hrsg.). Berlin, Kissing: Beuth, WEKA, 2009

9. *Nebgen, N., Peterson, L.:* Holzbau kompakt nach Eurocode 5. 5. Aufl. Berlin: Bauwerk, Beuth 2015

10. *Neuhaus, H.:* Ingenieurholzbau. 4. Aufl. Wiesbaden: Springer Vieweg, 2017

11. *Neuhaus, H.:* Holzbau nach Eurocode 5. In: *Vismann, U. (Hrsg.): Wendehorst:* Beispiele aus der Baupraxis. 6. Aufl. Wiesbaden: Springer Vieweg, 2017

12. *Rug, W., Mönk, W.:* Holzbau. Bemessung und Konstruktion. 16. Aufl. Berlin: Beuth, 2015

13. *Scheer, C., Bauer, J.:* Theorie II Ordnung. In: *v. Halász, R. (Hrsg.), Scheer, C. (Hrsg.):* Holzbau-Taschenbuch. Bd. 2: Bemessungsverfahren und Bemessungshilfen. 8. Aufl. Berlin: Wilhelm Ernst & Sohn, 1989

14. *Sagot, G.:* Baulicher Holzschutz. In: STEP 1 [2], Abschn. A14

15. *Schmidt, P., Kempf, H., Gütelhöfer, D.:* Holzbau nach EC 5. Köln: Werner, Wolters Kluwer, 2012

16. *Schulze, H.:* Baulicher Holzschutz. In: holzbau handbuch, Reihe 3, Bauphysik. Informationsdienst Holz. Düsseldorf: Arbeitsgemeinschaft Holz, 1991

17. *Steck, G.:* Euro-Holzbau. Teil 1, Grundlagen. Düsseldorf: Werner, 1997

18. *Werner, G., Zimmer, K.-H., Lißner, K.:* Holzbau Teil 1. Grundlagen nach DIN 1052 (neu 2008) und Eurocode 5. 4. Aufl. Berlin, Heidelberg: Springer, 2009

19. *Werner, G., Zimmer, K.-H., Lißner, K.:* Holzbau Teil 2, Dach- und Hallentragwerke nach DIN 1052 (neu 2008) und Eurocode 5. 4. Aufl. Berlin, Heidelberg: Springer, 2010

20. *Willeitner, H.:* Holzschutz. In: *v. Halász, R. (Hrsg.); Scheer, C. (Hrsg.):* Holzbau-Taschenbuch. Bd. 1, 9. Aufl. Berlin: Wilhelm Ernst & Sohn, 1996

Hinweise zu Listen der Technischen Baubestimmungen (Auswahl)

21. *Musterliste der Technischen Baubestimmungen:* Bauministerkonferenz, FK Bautechnik, Mustervorschriften, Bauaufsicht/Bautechnik: www.is-argebau.de

22. *Länderliste der Technischen Baubestimmungen, in den einzelnen Bundesländern:* Bauministerium, Bautechnik, Technische Baubestimmungen. Unterschiedliche Aufrufe im *www*

23. *Bauregellisten:* Deutsches Institut für Bautechnik, Technische Baubestimmungen/Bauregellisten: www.dibt.de

24. Rechenwerte für die Bemessung nach DIN EN 1995-1-1 (EC 5): *Studiengemeinschaft Holzleimbau*, „Merkblatt zu ansetzbaren Rechenwerten für die Bemessung nach DIN EN 1995-1-1", August 2016, Publikationen: www.brettschichtholz.de

25. Anwendbarkeit von Brettschichtholz und Balkenschichtholz nach DIN EN 14080: 2013: Studiengemeinschaft Holzleimbau, Januar 2016, Publikationen: www.brettschichtholz.de

11

Glasbau

Prof. Dr.-Ing. Bernhard Weller und Dr.-Ing. Silke Tasche

Inhaltsverzeichnis

12.1 Allgemeines 877
    12.1.1 Einführung 877
12.2 Abkürzungen, Formelzeichen 877
    12.2.1 Abkürzungen 877
    12.2.2 Formelzeichen 879
12.3 Glas 880
    12.3.1 Materialeigenschaften 880
    12.3.2 Basisprodukte 880
12.4 Glasbearbeitung 881
    12.4.1 Glaskanten nach DIN EN 1863-1 und
             DIN EN 12150 881
    12.4.2 Glasoberflächen 881
12.5 Glasveredelung 881
    12.5.1 Vorgespannte Gläser 881
    12.5.2 Einscheiben-Sicherheitsglas (ESG) nach
             DIN EN 12150 881
    12.5.3 Teilvorgespanntes Glas (TVG) nach
             DIN EN 1863 881
    12.5.4 Chemisch vorgespanntes Glas (CVG) nach
             DIN EN 12337 882
12.6 Glasprodukte 882
    12.6.1 Verbundglas (VG) und Verbund-Sicherheitsglas
             (VSG) nach DIN EN 14449 882
    12.6.2 Mehrscheiben-Isolierglas (MIG) nach DIN EN 1279 883
12.7 Liefergrößen und Querschnittswerte 883
12.8 Arten der Scheibenlagerung 883
    12.8.1 Allgemeines 883
    12.8.2 Linienförmige Scheibenlagerung nach DIN 18008-2 885
    12.8.3 Punktförmige Scheibenlagerung nach
             DIN 18008-3 885
12.9 Konstruktion im Detail 886
    12.9.1 Allgemeines 887
    12.9.2 Bemessungsverfahren 888
    12.9.3 Vertikalverglasungen 891
    12.9.4 Horizontalverglasungen 892
    12.9.5 Absturzsichernde Verglasungen 892
    12.9.6 Begehbare Verglasungen 896
12.10 Structural-Sealant-Glazing (SSG) 897
12.11 Bauaufsichtliche Regelungen im Glasbau 898

12.1 Allgemeines

12.1.1 Einführung

Die nationale Normenreihe „DIN 18008: Glas im Bauwesen – Bemessungs- und Konstruktionsregeln" ist weitestgehend bauaufsichtlich eingeführt. Die Normenreihe setzt sich aus sieben Teilen zusammen:

Teil 1: Begriffe und allgemeine Grundlagen (12/2010),

Teil 2: Linienförmig gelagerte Verglasungen (12/2010),

Teil 3: Punktförmig gelagerte Verglasungen (07/2013),

Teil 4: Zusatzanforderungen an absturzsichernde Verglasungen (07/2013),

Teil 5: Zusatzanforderungen an begehbare Verglasungen (07/2013),

Teil 6: Zusatzanforderungen an zu Reinigungs- und Wartungsmaßnahmen betretbare Verglasungen,

Teil 7: Sonderkonstruktionen.

Die Teile 6 und 7 unterliegen noch der inhaltlichen Bearbeitung im Normenausschuss. Teil 6 liegt bereits im Entwurf vor.

Normen (siehe Tafel 12.1)

12.2 Abkürzungen, Formelzeichen

12.2.1 Abkürzungen

BRL	Bauregelliste
ESG	Einscheibensicherheitsglas
ESG-H	Heißgelagertes Einscheibensicherheitsglas
FG	Floatglas
MBO	Musterbauordnung
MIG	Mehrscheiben-Isolierglas

B. Weller ⊠ · S. Tasche
Institut für Baukonstruktion, Technische Universität Dresden, Dresden, Deutschland

© Springer Fachmedien Wiesbaden GmbH 2018
U. Vismann (Hrsg.), *Wendehorst Bautechnische Zahlentafeln*, https://doi.org/10.1007/978-3-658-17936-6_12

Tafel 12.1 Normen

Norm	Teil	Ausgabe	Titel
DIN 1259			Glas
	1	09.01	Begriffe für Glasarten und Glasgruppen
	2	09.01	Begriffe für Glaserzeugnisse
DIN 4426		01.17	Einrichtungen zur Instandsetzung baulicher Anlagen; Sicherheitstechnische Anforderungen an Arbeitsplätze und Verkehrswege; Planung und Ausführung
DIN 18008			Glas im Bauwesen – Bemessungs- und Konstruktionsregeln
	1	12.10	Begriffe und allgemeine Grundlagen
	2	12.10	Linienförmig gelagerte Verglasungen
	2/B1	04.11	Linienförmig gelagerte Verglasungen, Berichtigung der DIN 18008-2:2010-12
	3	07.13	Punktförmig gelagerte Verglasungen
	4	07.13	Zusatzanforderungen an absturzsichernde Verglasungen
	5	07.13	Zusatzanforderungen an begehbare Verglasungen
E DIN 18008	6	02.15	Zusatzanforderungen an zu Instandhaltungsmaßnahmen betretbare Verglasungen und an durchsturzsichere Verglasungen
DIN V 11535			Gewächshäuser
	1	02.98	Ausführung und Berechnung
DIN EN 356		02.00	Glas im Bauwesen – Sicherheitssonderverglasungen – Prüfverfahren und Klasseneinteilungen des Widerstandes gegen manuellen Angriff
DIN EN 572			Basiserzeugnisse aus Kalk-Natronsilicatglas
	1	06.16	Definitionen und allgemeine physikalische und mechanische Eigenschaften
	2	11.12	Floatglas
	3	11.12	Poliertes Drahtglas
	4	11.12	Gezogenes Flachglas
	5	11.12	Ornamentglas
	6	11.12	Drahtornamentglas
	7	11.12	Profilbauglas mit und ohne Drahteinlage
	8	06.16	Liefermaße und Festmaße
	9	01.05	Konformitätsbewertung/Produktnorm
E DIN EN 1051			Glas im Bauwesen – Glassteine und Betongläser
	1	04.03	Begriffe und Beschreibungen
	2	12.07	Konformitätsbewertung/Produktnorm
DIN EN 1063		01.00	Glas im Bauwesen – Sicherheitssonderverglasungen – Prüfverfahren und Klasseneinteilungen für den Widerstand gegen Beschuß
DIN EN 1096			Beschichtetes Glas
	1	04.12	Definitionen und Klasseneinteilungen
	2	04.12	Anforderungen an und Prüfverfahren für Beschichtungen der Klassen A, B und S
	3	04.12	Anforderungen an und Prüfverfahren für Beschichtungen der Klassen C und D
DIN EN 1279			Glas im Bauwesen – Mehrscheiben-Isolierglas
	1	08.04	Allgemeines, Maßtoleranzen und Vorschriften für die Systembeschreibung
	2	06.03	Langzeitprüfverfahren und Anforderungen bezüglich Feuchtigkeitsaufnahme
	2/B1	04.04	DIN EN 1279-2 Berichtigung 1
	3	05.03	Langzeitprüfverfahren und Anforderungen bezüglich Gasverlustrate und Grenzabweichungen für die Gaskonzentration
	4	10.02	Verfahren zur Prüfung der physikalischen Eigenschaften des Randverbundes
	5	11.10	Konformitätsbewertung
	6	10.02	Werkseigene Produktionskontrolle und Auditprüfungen
E DIN EN 1279			Glas im Bauwesen – Mehrscheiben-Isolierglas
	1	08.15	Allgemeines, Systembeschreibung, Austauschregeln, Toleranzen und visuelle Qualität
	2	08.15	Langzeitprüfverfahren und Anforderungen bezüglich Feuchtigkeitsaufnahme
	3	08.15	Langzeitprüfverfahren und Anforderungen bezüglich Gasverlustrate und Grenzabweichungen für die Gaskonzentration
	4	08.15	Verfahren zur Prüfung der physikalischen Eigenschaften des Randverbundes
	5	08.15	Konformitätsbewertung
	6	08.15	Werkseigene Produktionskontrolle und Auditprüfungen

Tafel 12.1   (Fortsetzung)

Norm	Teil	Ausgabe	Titel
DIN EN 1288			Glas im Bauwesen, Bestimmung der Biegefestigkeit von Glas
	1	09.00	Grundlagen
	2	09.00	Doppelring-Biegeversuch an plattenförmigen Proben mit großen Prüfflächen
	3	09.00	Prüfung von Proben bei zweiseitiger Auflagerung (Vierschneiden-Verfahren)
	4	09.00	Prüfung von Profilbauglas
	5	09.00	Doppelring-Biegeversuch an plattenförmigen Proben mit kleinen Prüfflächen
DIN EN 1748			Glas im Bauwesen – Spezielle Basiserzeugnisse
	1-1	12.04	Borosilicatgläser – Definitionen und allgemeine physikalische und mechanische Eigenschaften
	1-2	01.05	Borosilicatgläser – Konformitätsbewertung, Produktnorm
	2-1	12.04	Glaskeramik – Definitionen und allgemeine physikalische und mechanische Eigenschaften
	2-2	01.05	Glaskeramik – Konformitätsbewertung, Produktnorm
DIN EN 1863			Glas im Bauwesen – Teilvorgespanntes Kalknatronglas
	1	02.12	Definition und Beschreibung
	2	01.05	Konformitätsbewertung, Produktnorm
E DIN EN 1863-1/A1	1/A1	03.15	Glas im Bauwesen – Teilvorgespanntes Kalknatronglas; Teil 1; Definition und Beschreibung
DIN EN 1990		12.10	Eurocode: Grundlagen der Tragwerksplanung
	NA	12.10	Nationaler Anhang – National festgelegte Parameter – Eurocode: Grundlagen der Tragwerksplanung
	NA/A1	08.12	Nationaler Anhang; Änderung A1
DIN EN 1991			Eurocode 1: Einwirkungen auf Tragwerke
	1-1	12.10	Allgemeine Einwirkungen auf Tragwerke – Wichten, Eigengewicht und Nutzlasten im Hochbau
	1/NA	12.10	Nationaler Anhang
	1-3	12.10	Allgemeine Einwirkungen – Schneelasten
	3/NA	12.10	Nationaler Anhang
	1-4	12.10	Allgemeine Einwirkungen – Windlasten
	4/NA	12.10	Nationaler Anhang
DIN EN 12150			Glas im Bauwesen – Thermisch vorgespanntes Kalknatron-Einscheibensicherheitsglas
	1	12.15	Definition und Beschreibung
	2	01.05	Konformitätsbewertung, Produktnorm
DIN EN 12337			Chemisch vorgespanntes Kalknatronglas
	1	11.00	Definition und Beschreibung
	2	01.05	Konformitätsbewertung, Produktnorm
DIN EN 12600		4.03	Glas im Bauwesen – Pendelschlagversuch; Verfahren zur Stoßprüfung und Klassifizierung von Flachglas
DIN EN 13541		06.12	Glas im Bauwesen – Sicherheitssonderverglasungen – Prüfverfahren und Klasseneinteilungen des Widerstandes gegen Sprengwirkung
DIN EN 14449		07.05	Glas im Bauwesen – Verbundglas und Verbund-Sicherheitsglas – Konformitätsbewertung, Produktnorm
DIN EN ISO 12543			Verbund- und Verbund-Sicherheitsglas
	1	12.11	Definition und Beschreibung von Bestandteilen
	2	12.11	Verbund-Sicherheitsglas
	3	12.11	Verbundglas
	4	12.11	Verfahren zur Prüfung der Beständigkeit
	5	12.11	Maße und Kantenbearbeitung
	6	09.12	Aussehen

PVB-Folie	Polyvinyl-Butyral-Folie
SSG	Structural-Sealant-Glazing
SZR	Scheibenzwischenraum
TVG	Teilvorgespanntes Glas
VG	Verbundglas
VSG	Verbund-Sicherheitsglas

12.2.2   Formelzeichen

A	Fläche
B	Breite
D	Durchmesser Bohrloch
E	Elastizitätsmodul

Tafel 12.2 Eigenschaften von Kalk-Natronsilicatglas und Borosilicatglas

Eigenschaft	Einheit	Kalk-Natronsilicatglas DIN EN 572-1	Borosilicatglas DIN EN 1748-1
Dichte ρ	kg/m^3	$2{,}5 \cdot 10^3$	$2{,}2$ bis $2{,}5 \cdot 10^3$
Elastizitätsmodul E	N/mm^2	$7{,}0 \cdot 10^4$	$6{,}0$ bis $7{,}0 \cdot 10^4$
Poissonzahl μ	–	$0{,}20/0{,}23^a$	$0{,}20$
Charakteristische Biegezugfestigkeit $f_k{}^a$	N/mm^2	45	45
Druckfestigkeit[b]	N/mm^2	700–900	k. A.
Temperaturwechselbeständigkeit	K	40	80
Spezifische Wärmekapazität c_p	J/(kg K)	$0{,}72 \cdot 10^3$	$0{,}8 \cdot 10^3$
Mittlerer thermischer Ausdehnungskoeffizient α (20 °C bis 300 °C)	K^{-1}	$9{,}0 \cdot 10^{-6}$	$3{,}1$ bis $6{,}0 \cdot 10^{-6}$
Wärmeleitfähigkeit λ	W/(m K)	1,0	1,0

[a] nach DIN 18008-1.
[b] nach [6].

H	Scheibenlänge, Profilbauglaslänge
L	Länge
Q	Einzellast
R_d	Widerstandswert
T	Tellerdurchmesser
T_i/T_a	Innen-/Außentemperatur
α	Ausdehnungskoeffizient, Winkel
β	Stoßübertragungsfaktor
λ	Wärmeleitfähigkeit
μ	Poissonzahl
ρ	Dichte
ε_{zul}	zulässige Dehnung
σ_V	Vorspannung
σ_{zul}	zulässige Spannung
τ_{zul}	zulässige Schubspannung
ψ	Kombinationsbeiwert
γ_M	Teilsicherheitsbeiwert Material
a	Randabstand
a_1/a_2	Randabstände
b	Bohrlochabstand, Auflagertiefe
c	Randabstand, Stegdicke, Auflagerstärke
c_p	Spezifische Wärmekapazität
d	Scheibendicke, Flanschhöhe
d_o/d_u	Scheibendicke oben/unten
e	Exzentrizität
f_k	charakteristische Biegezugfestigkeit
g	Eigengewicht
k_c	Beiwert zur Berücksichtigung der Konstruktionsart
k_{mod}	Modifikationsbeiwert
$l_{Auflager}$	Auflagerlänge
l_0	Stützweite
m	Massepunkt
p	Verkehrslast
p_i/p_a	Innendruck/Außendruck
s	Glaseinstandstiefe
t_{Folie}	Folienstärke

12.3 Glas

12.3.1 Materialeigenschaften

Glas ist ein anorganischer nichtmetallischer Werkstoff, der durch kontrolliertes Abkühlen des geschmolzenen Rohmaterials entsteht, ohne eine Kristallgitterstruktur zu bilden. Das Fehlen der kristallinen Struktur ist für die Transparenz des amorphen Materials verantwortlich. Glasarten und Glasgruppen werden nach DIN 1259-1 in ihrer Zusammensetzung unterschieden. Entsprechend der Glasart ergeben sich die chemischen und physikalischen Eigenschaften. Bautechnisch relevante Glasarten sind Kalk-Natronsilicatglas und Borosilicatglas nach Tafel 12.2. Borosilicatglas wird aufgrund seiner hohen Temperaturwechselbeanspruchbarkeit vorwiegend als Brandschutzverglasung verwendet.

12.3.2 Basisprodukte

Tafel 12.3 Basisprodukte aus Kalk-Natron-Silicatglas nach DIN EN 572 Teile 1–7

Basisprodukt	Kennzeichen	Norm
Floatglas (FG)[a,d]	Plan, durchsichtig, klar/gefärbt, parallele/polierte Oberflächen	DIN EN 572-2
Poliertes Drahtglas[b,d]	Plan, durchsichtig, klar, parallele/polierte Oberflächen	DIN EN 572-3
Gezogenes Flachglas[c,d]	Plan, durchsichtig, klar/gefärbt	DIN EN 572-4
Ornamentglas[b,d]	Plan, durchscheinend, klar/gefärbt	DIN EN 572-5
Drahtornamentglas[b,d]		DIN EN 572-6
Profilbauglas mit und ohne Drahtnetz[c]	Profiliert, durchscheinend, klar/gefärbt	DIN EN 572-7

[a] Hergestellt im Floatverfahren.
[b] Hergestellt im Gussverfahren.
[c] Hergestellt im Ziehverfahren.
[d] Borosilicatglas nach DIN EN 1748-1-1.

12.4 Glasbearbeitung

12.4.1 Glaskanten nach DIN EN 1863-1 und DIN EN 12150

Das Schneiden von Glas erfolgt im einfachsten Fall durch Anritzen und anschließendes Brechen des Glases. Komplexe Zuschnitte erfolgen durch das Wasserstrahl- oder Laserschneidverfahren. Durch anschließendes Schleifen werden die Kanten bis zur gewünschten Form und Qualität weiterveredelt. Glaskanten können als gerade Kante (K), Gehrungs- (GK), Facetten- (FK) oder runde Kante (RK) ausgeführt werden. Die Genauigkeit und die Oberflächenqualität der geraden Kante steigen mit der qualitativen Ausführung der Glaskante entsprechend Abb. 12.1. Grundsätzlich wird in geschnittene (KG), gesäumte (KGS), maßgeschliffene (KMG), geschliffene (KGN) und polierte Kanten (KPO) unterschieden. Eine Bearbeitung der Glaskanten erfolgt grundsätzlich vor einer thermischen Behandlung. Lediglich chemisch verfestigtes Glas kann unter Verlust der Kantenfestigkeit nachträglich geschnitten werden. Freie Kanten an Glaselementen sollten als KGN oder KPO ausgeführt werden.

12.4.2 Glasoberflächen

Tafel 12.4 Ausgewählte Arten der Oberflächenbehandlung

Verfahren[a]	Beschreibung	Einfluss auf Festigkeit[b]
Beschichten	Aufbringen von metallischen oder metalloxidischen Dünnfilmschichten	Keine Festigkeitsminderung
Bedrucken	Einbrennen einer Emailleschicht	Festigkeitsminderung[c]
Ätzen	Mattieren des Glases durch Säure	Keine Festigkeitsminderung
Sandstrahlen	Mattieren des Glases durch Sandstrahlen	Festigkeitsminderung[d]

[a] Optische Gestaltung ist herstellerseitig zu erfragen.
[b] Charakteristische Festigkeiten sind den entsprechenden Produktnormen bzw. abZ zu entnehmen.
[c] Herabsetzung der charakteristischen Festigkeit an behandelter Oberfläche bis etwa 35 % gegenüber unbedruckten Flachgläsern.
[d] Sandgestrahlte Gläser sind ungeregelte Bauprodukte. Die Festigkeitsminderung ist nicht zahlenmäßig erfasst.

12.5 Glasveredelung

12.5.1 Vorgespannte Gläser

Beim thermischen Vorspannen werden Basisgläser nach DIN EN 572 auf eine festgelegte Temperatur erhitzt und dann kontrolliert schnell abgekühlt, so dass eine dauerhafte Spannungsverteilung im Glas entsteht. Die Oberflächen von Einscheiben-Sicherheitsglas und teilvorgespanntem Glas er-

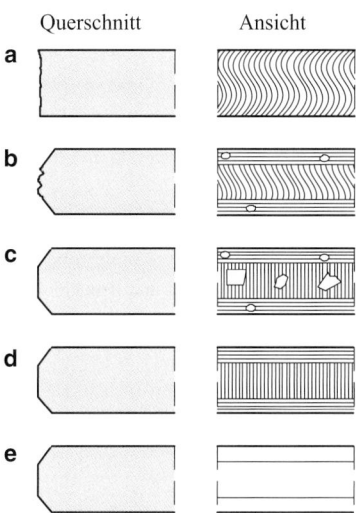

Abb. 12.1 Ausführungsarten von Glaskanten.
a Geschnittene Kante (KG): unbearbeitete Glaskante nach Glaszuschnitt,
b gesäumte Kante (KGS): Schnittkante mit gefasten (gesäumten) Rändern,
c maßgeschliffene Kante (KMG): durch Schleifen auf Maß gebracht, blanke Stellen oder Ausmuschelungen möglich, kaum noch verwendet zugunsten der KGN,
d geschliffene Kante (KGN): wie KMG jedoch mit schleifmattem Aussehen,
e polierte Kante (KPO): durch Überpolieren verfeinerte KGN

halten so eine wesentlich höhere Widerstandsfähigkeit gegen mechanische und thermische Beanspruchungen. Beim chemischen Vorspannen entsteht der Eigenspannungszustand durch Austausch kleiner Natrium-Ionen im Bereich der Glasoberfläche gegen größere Kalium-Ionen. Nicht vorgespanntes Glas (Floatglas) besitzt eine Biegezugfestigkeit von $f_k = 45\,\text{N/mm}^2$. Die charakteristische Biegezugfestigkeit vorgespannter Gläser setzt sich zusammen aus eingeprägter Oberflächendruckspannung und Eigenfestigkeit des Glases.

12.5.2 Einscheiben-Sicherheitsglas (ESG) nach DIN EN 12150

Die charakteristische Biegezugfestigkeit von ESG beträgt $f_k = 120\,\text{N/mm}^2$. Durch den hohen Vorspanngrad zerspringt ein ESG bei Bruch in kleine stumpfkantige krümelige Bruchstücke. Das Risiko von Spontanbrüchen durch Nickel-Sulfid-Einschluss wird durch Heißlagerungsprüfung (ESG-H) vermindert (siehe Abb. 12.2).

12.5.3 Teilvorgespanntes Glas (TVG) nach DIN EN 1863

Die charakteristische Biegezugfestigkeit von TVG beträgt $f_k = 70\,\text{N/mm}^2$. Kennzeichnend für die Bruchstruktur von

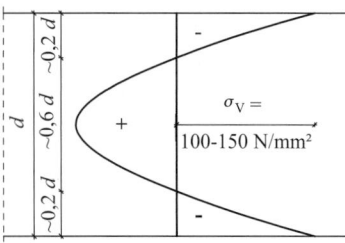
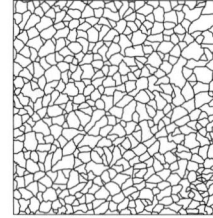

Abb. 12.2 Eigenspannungszustand und Bruchbild ESG

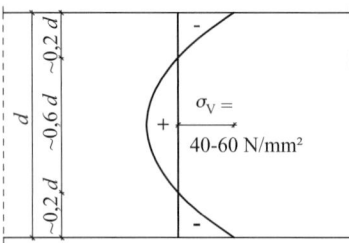
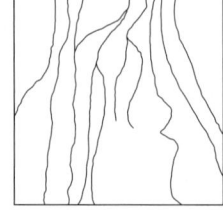

Abb. 12.3 Eigenspannungszustand und Bruchbild TVG

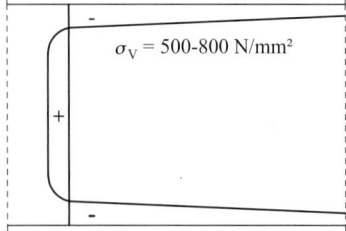
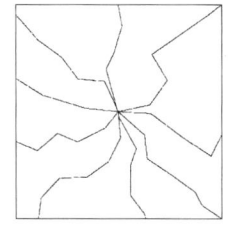

Abb. 12.4 Eigenspannungszustand und Bruchbild von CVG

TVG sind Radialbrüche von der Schädigungsstelle zur Kante oder von Kante zu Kante (siehe Abb. 12.3).

12.5.4 Chemisch vorgespanntes Glas (CVG) nach DIN EN 12337

Aufgrund des Vorspannprozesses im Tauchbad ist CVG allseitig vorgespannt. Die grobschollige Bruchstruktur ähnelt der des Floatglases. CVG weist eine charakteristische Biegezugfestigkeit von $f_k = 150\,\text{N/mm}^2$ auf (siehe Abb. 12.4).

12.6 Glasprodukte

12.6.1 Verbundglas (VG) und Verbund-Sicherheitsglas (VSG) nach DIN EN 14449

Verbundglas und Verbund-Sicherheitsglas werden nach DIN EN 14449 geregelt. Verbundglas besteht aus zwei oder mehreren Glasscheiben verbunden mit einer oder mehreren transparenten, transluzenten, opaken oder farbigen Zwischenschichten. Dabei kann der Glasaufbau symmetrisch oder

unsymmetrisch sein. Werden erhöhte Sicherheitsanforderungen gestellt, wird das geregelte Bauprodukt VSG verwendet. Im Fall eines Bruches hält die Zwischenschicht die Bruchstücke zusammen, begrenzt die Größe von Öffnungen, bietet je nach Glasart und Scheibenlagerung einen Restwiderstand gegen vollständiges Versagen und reduziert die Gefahr von Schnitt- und Stichverletzungen (vgl. Abb. 12.5).

Die Zwischenschichten wirken als Verbundwerkstoff zwischen den Glasscheiben. Sie können dem Fertigerzeugnis zusätzliche Eigenschaften verleihen (Widerstand gegen Stoß oder Feuer, Sonnenschutz, Schalldämmung). Übliche Zwischenschichten sind Folien.

VSG wird nach Bauregelliste A nur mit Zwischenschichten aus PVB-Folie als geregeltes Bauprodukt eingestuft. Weitere Verbund-Sicherheitsgläser mit alternativen Zwischenschichten (Ethylen-Vinylacetat-Folie (EVA), SentryGlas®) werden über eine allgemeine bauaufsichtliche Zulassung (abZ) geregelt.

In Abhängigkeit von den Materialeigenschaften des Verbundmaterials, Temperatur und Belastungsdauer stellt sich nach Abb. 12.6 eine entsprechende Verbundwirkung ein. Bei niedrigen Temperaturen und kurzer Belastungszeit kann von einer annähernd vollständigen Verbundwirkung ausgegangen werden. Gegenteilige Bedingungen bewirken aufgrund der viskoelastischen Eigenschaften der Zwischenschichten, dass die Verbundwirkung vollständig verloren geht. Bei der Bemessung der Glasscheiben darf nach eingeführten Technischen Regeln kein Schubverbund angesetzt werden. Es ist von freier Gleitung der Einzelscheiben untereinander auszugehen. Für Mehrscheibenisoliergläser aus VSG ist der Grenzzustand des vollen Schubverbundes des VSG zu be-

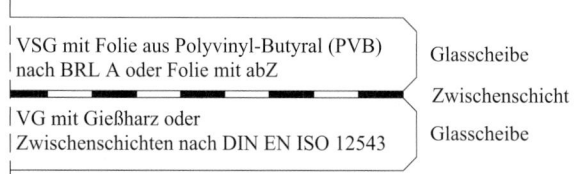

Abb. 12.5 Verbund- und Verbund-Sicherheitsglas

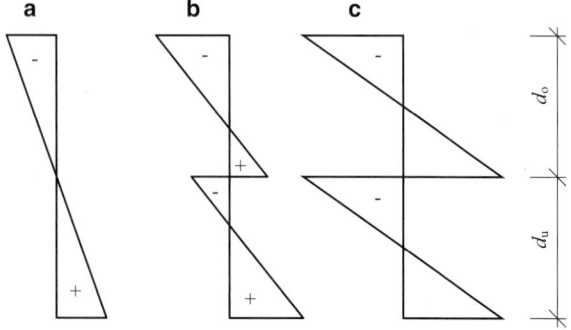

Abb. 12.6 Spannungsverteilung in zweischichtigem symmetrischen Verbundglas: **a** voller Verbund, **b** Teilverbund, **c** kein Verbund

rücksichtigen, da es dadurch zu höheren Klimalasten kommt, die maßgebend werden können. VSG wird darüber hinaus verwendet als durchwurf-, durchbruch-, durchschuss- und sprengwirkungshemmende Verglasung sowie in Konstruktionen mit erhöhten Sicherheitsanforderungen (Resttragfähigkeit, Splitterbindung). Verbundglas kann unter anderem mit in der Zwischenschicht eingebetteten Solarzellen versehen werden.

12.6.2 Mehrscheiben-Isolierglas (MIG) nach DIN EN 1279

Als Mehrscheiben-Isolierglas bezeichnet man nach DIN EN 1279 eine Verglasungseinheit, bestehend aus mindestens zwei Glasscheiben, die unter Anwendung verschiedener Randverbünde zusammengefügt wurden. Diese Scheiben werden durch einen oder mehrere hermetisch abgeschlossene Zwischenräume getrennt, in denen sich getrocknete Luft oder Edelgase befinden. Ausgangsprodukte für Mehrscheiben-Isolierglas sind die in den Abschn. 12.3.1 bis 12.6.1 beschriebenen Basisprodukte. Die Glasscheiben können oberflächenbehandelt sein. Häufig verwendete Randverbundarten sind Abb. 12.7 zu entnehmen.

Auf Grund der Steifigkeit des Randverbundes kann eine unverschieblich gelenkige Linienlagerung der Glasscheiben angenommen werden. Die Glasscheiben werden infolge der Klimalasten nach Abb. 12.8 als allseitig linienförmig gelagerte Platte beansprucht. Außerdem ist eine mechanische Kopplung der Einzelscheiben durch das eingeschlossene Luft- oder Gasvolumen gegeben. Die der Last zugewandte Einzelscheibe verformt sich in Abhängigkeit ihrer Steifigkeit. Die damit einhergehende Änderung des Drucks im SZR bewirkt eine Verformung der lastabgewandten Einzelscheibe.

Bei Isoliergläsern ist eine Klimabeanspruchung nach Abb. 12.8 zu beachten. Danach ergibt sich für das System eine Flächenlast (Klimalast), die aus isochoren Druckdifferenzen im Scheibenzwischenraum infolge Luftdruck- und Temperaturänderung entsteht. Bemessungshinweise für linienförmig gelagerte MIG sind der DIN 18008 zu entnehmen. Isoliergläser übernehmen auch zusätzliche bauphysikalische Funktionen, wie beispielsweise Anforderungen an Wärme-, Brand-, Sonnen- und Schallschutz.

12.7 Liefergrößen und Querschnittswerte

Übliche Liefergrößen von Basisprodukten aus Glas nach DIN EN 572, Teile 1–6, erhältliche Glasdicken verfestigter Gläser sowie Liefergrößen von Profilbauglas sind den Tafeln 12.5, 12.6 und 12.7 zu entnehmen.

Nach DIN EN ISO 12543-5 sind die Maße von Verbund- und Verbund-Sicherheitsglas stark vom verwendeten Glas, den Zwischenschichten sowie von der Produktionsanlage abhängig. Die Folienstärken von Polyvinyl-Butyral (PVB) betragen ein Vielfaches von 0,38 mm, üblicherweise bis maximal 2,28 mm. Gießharzverbunde sind etwa 1 bis 4 mm stark. Größere Abmessungen als die nach Tafel 12.5 sind bei dem jeweiligen Hersteller anzufragen. Herstellungsbedingte Kantenversätze bei Verbundglasscheiben sind in der Planung zu berücksichtigen. Die Maximal- und Minimalmaße von Mehrscheiben-Isolierglas sind ebenfalls herstellerabhängig.

12.8 Arten der Scheibenlagerung

12.8.1 Allgemeines

Die Lagerung von Glasscheiben kann linienförmig oder punktförmig erfolgen. Durch die Lagerung sind alle Einzelscheiben einer Verglasung zu halten. Geklemmte Scheibenbefestigungen sollen die Verglasung in ihrer gesamten Dicke umfassen. Die Wahl des Glaseinstandes muss die Standsicherheit der Verglasung langfristig gewährleisten. Grund-

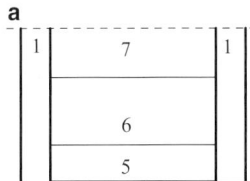

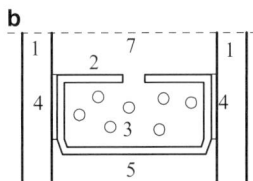

Abb. 12.7 Randverbundarten. **a** Einstufiges System, **b** zweistufiges System. *1* Glas, *2* perforierter Abstandhalterrahmen (Aluminium, verzinkter Stahl, Edelstahl), *3* Trockenstoff, *4* Primärdichtung, Polyisobutylen (Butyl), *5* Sekundärdichtung (Polysulfid, Polyurethan, Silikon), *6* Primärdichtung (Butyl- oder PIB-Masse mit eingelagertem Trocknungsmittel), *7* Scheibenzwischenraum (SZR)

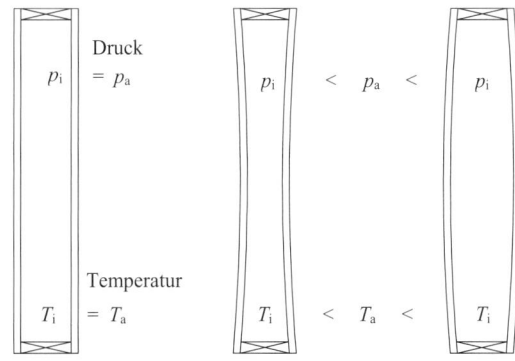

Abb. 12.8 Klimalasten

Tafel 12.5 Liefergrößen von Basisprodukten nach DIN EN 572 Teile 1 bis 6

Basisprodukte	Nennmaß der Breite B [m]	Nennmaß der Länge H [m]	Nennmaß der Dicke d [mm]
Floatglas	3,21	6,00	2, 3, 4, 5, 6, 8, 10, 12, 15, 19, 25
Poliertes Drahtglas	1,98 bis 2,54	1,65 bis 3,82	7, 10
Gezogenes Flachglas	2,44 bis 2,88	1,60 bis 2,16	2, 3, 4, 5, 6, 8, 10, 12
Ornamentglas	1,26 bis 2,52	2,10 bis 4,50	3, 4, 5, 6, 8, 10, 12, 14, 15, 19
Drahtornamentglas	1,50 bis 2,52	1,38 bis 4,50	6, 7, 8, 9

Tafel 12.6 Lieferbare Glasdicken d von ESG, TVG und CVG in mm

Veredelungsprodukt	Gezogenes Flachglas	Ornamentglas	Floatglas
ESG[a,d]	3, 4, 5, 6, 8, 10, 12	3, 4, 5, 6, 8, 10	3, 4, 5, 6, 8, 10, 12, 15, 19, 25
TVG[b,d]	3, 4, 5, 6, 8, 10, 12		
CVG[c,d]	2, 3, 4, 5, 6, 8, 10, 12	3, 4, 5, 6, 8, 10	1, 1.3, 1.6, 2, 3, 4, 5, 6, 8, 10, 12

[a] nach DIN EN 12150-1.
[b] nach DIN EN 1863-1.
[c] nach DIN EN 12337-1.
[d] Maximal- und Minimalmaße sind beim Hersteller zu erfragen.

Tafel 12.7 Liefergrößen von Profilbauglas nach DIN EN 572 Teil 7

Basisprodukt[a]	Länge H [m]	Breite B [mm]	Flanschhöhe d [mm]	Stegdicke c [mm]
Profilbauglas mit und ohne Drahteinlage 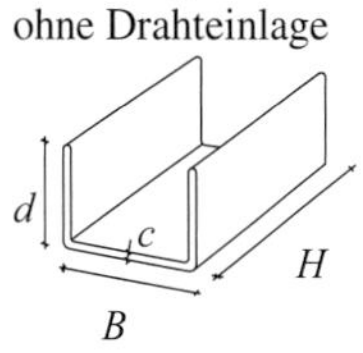	$n \times 0{,}25 \leq 7{,}00$	232 bis 498	41	6
		232 bis 331	60	7

[a] Die angeführte Norm ist nicht nach BRL geregelt. Es handelt sich um ein nicht zustimmungspflichtiges Bauprodukt nach Abschn. 12.8, wenn allgemeine bauaufsichtliche Zulassung vorliegt. Liefergrößen sind der jeweiligen Zulassung zu entnehmen.

Abb. 12.9 Anforderungen an Randabstände von Glashalterungen

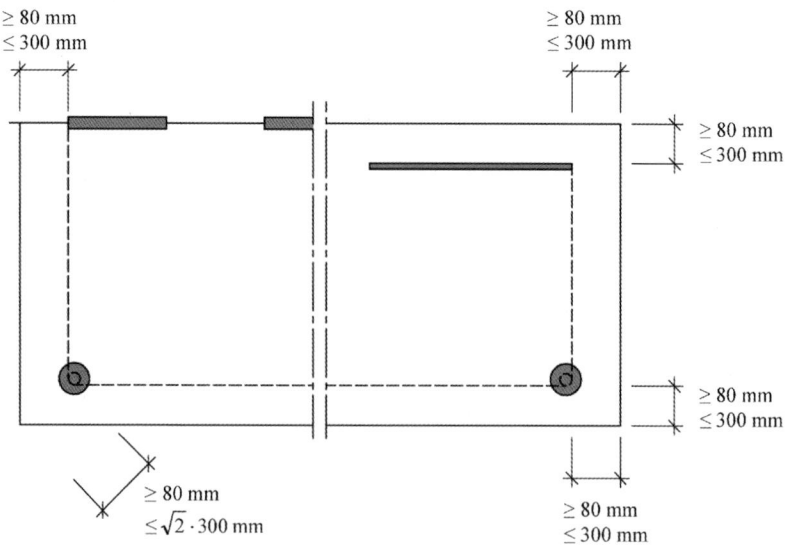

sätzlich darf an der Lagerungsstelle auch unter Last- und Temperatureinfluss kein Kontakt zwischen Glas und Glas beziehungsweise Glas und harten Materialien entstehen. Die Lagerung ist dauerhaft, witterungsbeständig und zwängungsarm auszuführen. Toleranzen zwischen Verglasung und Unterkonstruktion müssen durch die Lagerung ausgeglichen werden. Die Verglasungen dürfen nur ausfachend angeord-

net werden. Die verwendeten Glasscheiben müssen vor und nach dem Einbau eben sein. Ecken von Ausschnitten sind ausgerundet und nur bei thermisch vorgespannten Gläsern herzustellen.

In Abb. 12.9 sind die Anforderungen an die Randabstände von linienförmigen und punktförmigen Glashalterungen nach DIN 18008-2 und -3 angegeben.

Tafel 12.8 Anforderungen an geklemmte linienförmige Scheibenlagerung nach DIN 18008-2

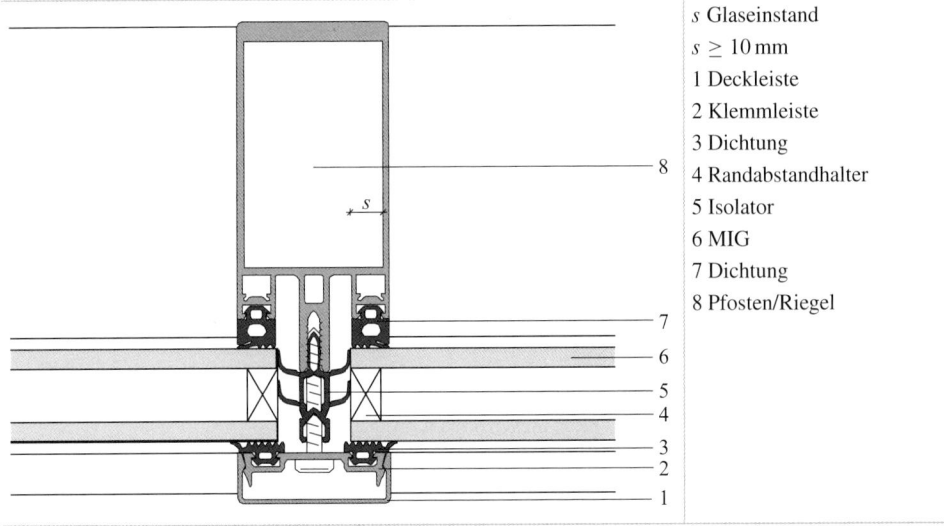

s Glaseinstand
$s \geq 10$ mm
1 Deckleiste
2 Klemmleiste
3 Dichtung
4 Randabstandhalter
5 Isolator
6 MIG
7 Dichtung
8 Pfosten/Riegel

[a] Die Scheiben sind über Distanzklötze gegen Verrutschen zu sichern.
[b] Bei Vertikalverglasungen mit freier unterer Kante muss auch der Eigenlastabtrag durch Klotzung der unteren Kante gesichert werden. Die Glasaufstandsfläche muss rechtwinklig sein und die Fläche $t \cdot d_{\text{Scheibe}}$ aufweisen.
[c] Bei Verwendung monolithischer Scheiben aus ESG, deren Oberkante mehr als 4 m über Verkehrsflächen liegt, ist eine Heißlagerungsprüfung vorzunehmen. Gleiches gilt für monolithisches ESG in Mehrscheiben-Isoliergläsern.
[d] Für Windsoglasten dürfen nach DIN 18008-3 auch punktförmige Randklemmhalter vorgesehen werden. Die Abstände der Randklemmhalter sind $\leq$ 300 mm, die Klemmfläche ≥ 1000 mm^2 und die Glaseinstandstiefe ≥ 25 mm.

Tafel 12.9 Anforderungen an punktförmige Scheibenlagerung nach DIN 18008-3 als Randklemmhalter

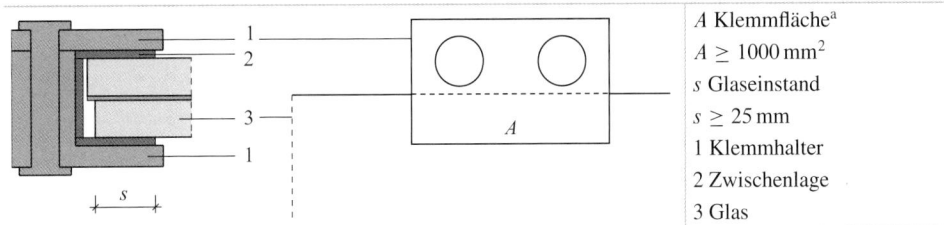

A Klemmfläche[a]
$A \geq 1000$ mm^2
s Glaseinstand
$s \geq 25$ mm
1 Klemmhalter
2 Zwischenlage
3 Glas

[a] Geringere Glaseinstände und kleinere Klemmflächen sind zulässig bei Nachweis einer Mindestglaseinstandstiefe von 8 mm unter Annahme ungünstigster Fertigungs- und Montagetoleranzen und unter Berücksichtigung der Sehnenverkürzung im verformten Zustand.

12.8.2 Linienförmige Scheibenlagerung nach DIN 18008-2

Die Verglasungen sind an mindestens zwei gegenüberliegenden Seiten mit mechanischen Verbindungsmitteln, beidseitig (sowohl in Druck- als auch Sogrichtung) durchgehend linienförmig zu lagern. Der Glaseinstand muss die langfristige Standsicherheit der Verglasung gewährleisten. Die Durchbiegung der Unterkonstruktion darf nicht größer als $l/200$ sein. Tafel 12.9 zeigt anschaulich die Anforderungen an eine linienförmig geklemmte Scheibenlagerung nach DIN 18008-2.

12.8.3 Punktförmige Scheibenlagerung nach DIN 18008-3

12.8.3.1 Punktförmige Scheibenlagerung ohne Durchdringung

Siehe Tafel 12.9.

12.8.3.2 Punktförmige Scheibenlagerung mit Durchdringung

Siehe Tafel 12.10.

Eine zwängungsfreie Lagerung der Scheibe in der Ebene nach Abb. 12.10 ist während der Ausführung anzustreben. Zwangsbeanspruchungen aus Temperaturänderungen oder Formänderungen der Unterkonstruktion sind im Tragsicherheitsnachweis zu berücksichtigen.

Die Lagerung von punktförmig gelagerten Verglasungen erfolgt durch mindestens drei Punkthalter. Der größte eingeschlossene Winkel des von drei Punkthaltern eingeschlossenen Dreiecks nach Abb. 12.11 ist kleiner 120°.

DIN EN 12150-1 $D \geq d$; $a_i \geq 2d$; $b \geq 2d$; $c \geq 6d$; $d =$ Nennglasdicke

DIN 18008-3 $a_1, a_2 \geq 80$ mm; $b \geq 80$ mm

DIN 18008-4 $a_1, a_2 \geq 80$ mm und ≤ 300 mm; $c \geq 80$ mm und $\leq \sqrt{2} \cdot 300$ mm.

Vergleiche hierzu Abb. 12.12.

Tafel 12.10 Anforderungen an punktförmige Scheibenlagerung nach DIN 18008-3[a] als Tellerhalter

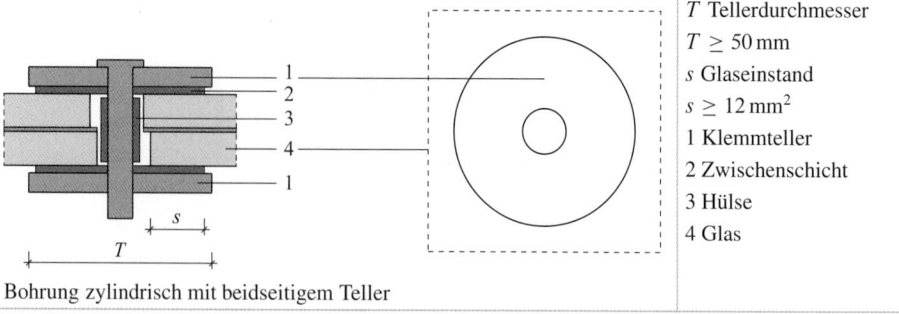

T	Tellerdurchmesser
	$T \geq 50\,mm$
s	Glaseinstand
	$s \geq 12\,mm^2$
1	Klemmteller
2	Zwischenschicht
3	Hülse
4	Glas

Bohrung zylindrisch mit beidseitigem Teller

[a] Der Kantenversatz infolge zweiseitiger Bohrung ist $\leq 0{,}5\,mm$, die Bohrungen sind mit einer geschliffenen Kante oder höherwertig und die Bohrlochränder mit einer Fase (45° Winkel, 0,5 mm bis 1 mm Fase) zu versehen.
[b]Auch im verformten Zustand.

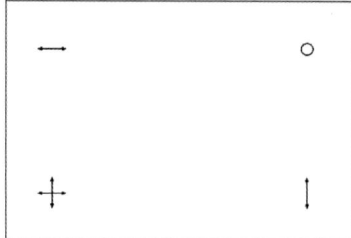

Abb. 12.10 Lagerung in Scheibenebene

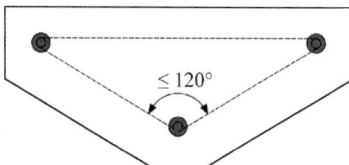

Abb. 12.11 Winkeldefinition

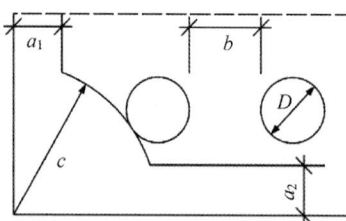

Abb. 12.12 Begrenzung der Lage der Bohrungen

Punkthalter werden je nach Hersteller ohne und mit Gelenk angeboten. Die Gelenke können sich nach Abb. 12.13 in der Glasebene, außerhalb der Glasebene oder an der Befestigung des Punkthalters an der Unterkonstruktion befinden. Aus der Lage des Gelenkes resultieren unterschiedliche Beanspruchungen der Glasscheibe. Die Tragsicherheit der Glasscheibe ist unter Berücksichtigung aller Einflüsse aus Geometrie des Punkthalters, statischem System, Materialeigenschaften der Zwischenschichten und Belastung mittels einer geeigneten Berechnung, zum Beispiel mit der Finite Elemente Methode, nachzuweisen. Konstruktiv sind Möglichkeiten zum Ausgleich des unvermeidbaren Versatzes bei VSG sowie allgemeiner Toleranzen vorzusehen.

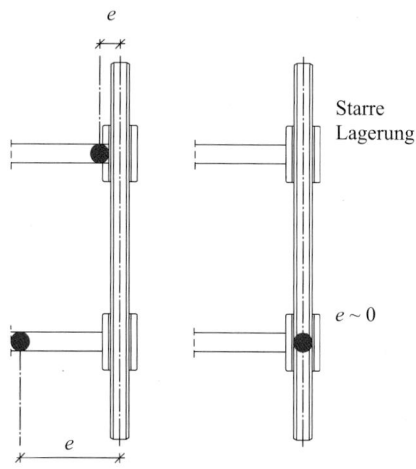

Abb. 12.13 Gelenklage bei Punkthaltern

12.9 Konstruktion im Detail

Die Pfosten-Riegel-Konstruktion hat sich als klassischer Fassadentyp herausgebildet. In dieser Konstruktionsart wird die Belastung der raumabschließenden Verglasung auf die Unterkonstruktion übertragen. Als Pfosten-Riegel-Konstruk-

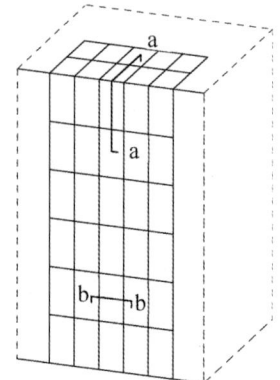

Abb. 12.14 Prinzip Pfosten-Riegel-Fassade: a–a Vertikalschnitt, b–b Horizontalschnitt

Abb. 12.15 Vertikalschnitt a–a
nach System Schüco FW 50+.
1 Pfostenprofil,
2 Riegelprofil,
3 Vertikalverglasung,
4 Überkopfverglasung,
5 Klotzbrücke,
6 Äußere Dichtung,
7 Innere Dichtung,
8 Pressleiste,
9 Deckschale,
10 Deckschale im Überkopfbereich,
11 Isolatorprofil,
12 Eckriegel,
13 Aluminiumpaneel,
14 Dampfdichte Folie

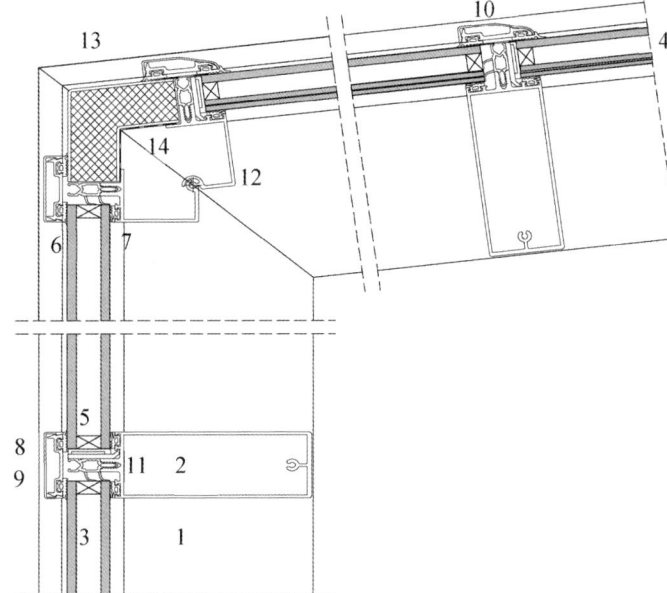

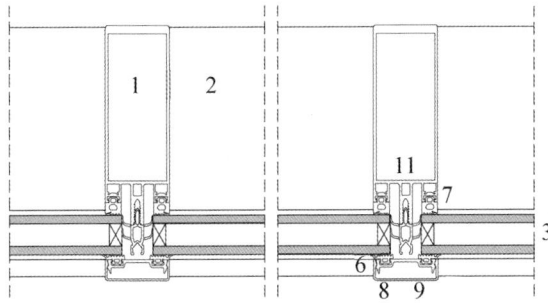

Abb. 12.16 Horizontalschnitt b–b nach System Schüco FW 50+.
1 Pfostenprofil, *2* Riegelprofil, *3* Vertikalverglasung,
4 Überkopfverglasung, *5* Klotzbrücke, *6* Äußere Dichtung,
7 Innere Dichtung, *8* Pressleiste, *9* Deckschale,
10 Deckschale im Überkopfbereich, *11* Isolatorprofil, *12* Eckriegel,
13 Aluminiumpaneel, *14* Dampfdichte Folie

tion bezeichnet man eine Sprossenkonstruktion im Sinne einer geschosshohen oder geschossübergreifenden Vorhangwand, die durch vertikale Pfosten und horizontale Riegel nach außen sichtbar gegliedert ist. Diese Grundkonstruktion kann mit Festverglasungen, Fensterflügeln oder Sandwich-Paneelen ausgefacht werden. Die Abb. 12.14 bis 12.16 zeigen beispielhaft den Aufbau einer Pfosten-Riegel-Konstruktion.

12.9.1 Allgemeines

Die Regelungen der DIN 18008 umfassen unterschiedliche Lagerungen und Beanspruchungen. Linienförmig gelagerte Verglasungen (Teil 2) sind für Verglasungen, die an mindestens zwei gegenüberliegenden Seiten durchgehend linienförmig gelagert sind. Nicht geregelt und zustimmungspflichtig

sind geklebte Konstruktionen ohne abZ, aussteifende Verglasungen sowie gekrümmte Verglasungen. Der Teil 3 Zusatzanforderungen für punktförmig gelagerte Verglasungen regelt mit Randklemmhaltern oder Tellerhaltern gestützte Verglasungen. Zusätzliche Anforderungen für absturzsichernde Verglasungen werden im Teil 4 und für begehbare Verglasungen im Teil 5 geregelt. Bis zur Fertigstellung von Teil 6 bleiben für Reinigungs- und Wartungszwecke bedingt betretbare Verglasungen nicht geregelte Bauarten, weshalb eine ZiE oder AbZ erforderlich wird.

Spezielle Anforderungen an Verglasungen nach DIN 18008-1
- Bohrungen und Ausschnitte müssen durchgängig sein und sind nur bei thermisch vorgespannten Verglasungen zulässig.

Spezielle Anforderungen an Vertikalverglasungen nach DIN 18008-2 (Vertikalverglasung nach Abb. 12.17)
- Monolithische Einfachverglasungen aus Floatglas, Ornamentglas und VG sind allseitig zu lagern, wenn deren Oberkante mehr als 4 m über einer Verkehrsfläche liegt.
- Monolithische ESG-Verglasungen und monolithisches ESG im MIG sind als heißgelagertes ESG-H nach Bauregelliste gemäß Tafel 12.37 auszuführen, wenn deren Oberkante mehr als 4 m über eine Verkehrsfläche liegt.

Spezielle Anforderungen an Horizontalverglasungen nach DIN 18008-2 (Horizontalverglasung nach Abb. 12.17)
- Für Einfachverglasungen oder für die untere Scheibe von Isolierglasverglasungen ist Drahtglas, VSG aus FG oder aus TVG zu verwenden.

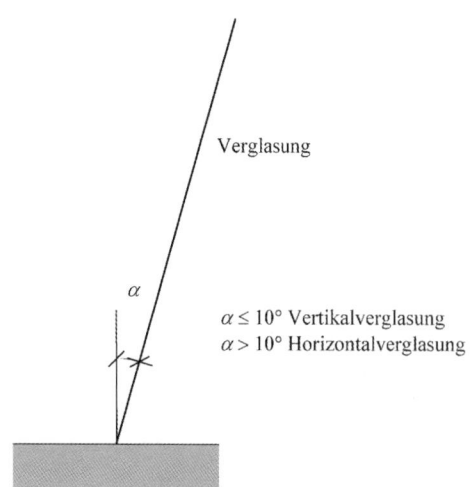

Abb. 12.17 Vertikal- und Horizontalverglasung

- VSG ist bei einer Stützweite $l_0 > 1{,}20$ m allseitig zu lagern.
- Für VSG als Einfachverglasung oder als untere Scheibe von Isolierglas ist eine Foliendicke von $t_{Folie} \geq 0{,}76$ mm zu wählen. Eine Foliendicke von $t_{Folie} = 0{,}38$ mm ist zulässig bei allseitiger Lagerung und $l_0 \leq 0{,}80$ m.
- Drahtglas darf verwendet werden, wenn $l_0 \leq 0{,}70$ m. Der Glaseinstand muss ≥ 15 mm sein.
- Abweichende Verglasungen sind zulässig, wenn bei Glasbruch das Herabfallen von Glasteilen durch geeignete Maßnahmen, z. B. Netze mit Maschenweite ≤ 40 mm, vermieden wird.
- Bohrungen und Ausschnitte sind zulässig, sofern sie die Resttragfähigkeit nicht beeinträchtigen.
- Auskragungen von VSG parallel und senkrecht zur linienförmigen Lagerung sind auf $\leq 0{,}3 \cdot l_{Auflager}$ beziehungsweise ≤ 300 mm beschränkt. Die Auskragung einer Scheibe eines VSG über den Verbundbereich hinaus muss ≤ 30 mm sein.

l_0 Stützweite
$l_{Auflager}$ Auflagerlänge.

Spezielle Anforderungen an Horizontalverglasungen nach DIN 18008-3

- Verglasungen sind als Einfachverglasungen mit VSG aus TVG mit Glasscheiben gleicher Dicke (mindestens 2×6 mm) und PVB-Folie mit einer Nenndicke $\geq 1{,}52$ mm auszuführen.
- Eine Schwächung des von äußeren Punkthaltern eingeschlossenen Innenbereichs mit Bohrungen, Öffnungen oder Ausschnitten ist nicht zulässig. Ausgenommen sind Bohrungen für innenliegende Punkthalter.

- Auskragungen von VSG sind auf ≤ 300 mm vom Bohrlochrand beschränkt.
- Kombinationen aus linienförmiger Lagerung nach DIN 18008-2 und Randklemmung sind zulässig. Die Verglasungen können zur Befestigung von Klemmleisten durchbohrt werden. Die Abstände der Randklemmhalter dürfen nicht größer als 300 mm, die Klemmfläche jeweils kleiner als 1000 mm² und die Glaseinstandstiefe nicht kleiner als $s = 25$ mm sein. Der Abstand zwischen den Bohrungen und zum Rand muss mindestens 80 mm betragen.

Spezielle Anforderungen an begehbare Verglasungen nach DIN 18008-5 mit nachgewiesener Stoßsicherheit und Resttragfähigkeit

- Die Verglasung besteht aus VSG mit mindestens drei Scheiben. Die oberste Scheibe muss aus ESG oder TVG, die unteren Scheiben aus FG oder TVG bestehen. Die Nenndicke der Zwischenfolie aus PVB beträgt $\geq 1{,}52$ mm.
- Die maximalen Abmessungen der Verglasung sind auf 2000 mm $\times 1400$ mm beschränkt.
- Die Verglasung ist allseitig und durchgehend linienförmig zu lagern und in Scheibenebene durch geeignete mechanische Halterungen in der Lage zu sichern.
- In Abhängigkeit der Scheibenabmessung muss der Glaseinstand ≥ 30 mm bzw. ≥ 35 mm sein. Die Auflager müssen aus Silikon, EPDM oder Gummi mit einer Shore-A-Härte von 60 bis 80 und 5 mm bis 10 mm Dicke bestehen. Die Kanten sind durch die Stützkonstruktion oder angrenzende Scheiben vor Stößen zu schützen.

12.9.2 Bemessungsverfahren

Die Bemessung von Glas im Bauwesen erfolgt durch die Nachweise der Tragfähigkeit und der Gebrauchstauglichkeit nach dem semi-probabilistischen Sicherheitskonzept, sowie dem Nachweis der Resttragfähigkeit. Für den Nachweis der Tragfähigkeit und der Gebrauchstauglichkeit werden die Bemessungswerte der Einwirkungen nach EN 1990 ermittelt. Der Tragfähigkeitsnachweis wird nur für die Hauptzugspannung im Glasbauteil geführt. Die DIN 18008-1 stellt zusätzliche, für den Glasbau erforderliche Kombinationsbeiwerte bereit (Tafel 12.11).

Der Bemessungswert des Widerstandes gegen Spannungsversagen für Basisgläser, zum Beispiel Floatglas, ermittelt sich aus der Biegezugfestigkeit von Floatglas, den konstruktions- und zeitabhängigen Beiwerten k_c und k_{mod} sowie dem Materialsicherheitsfaktor. Aufgrund des Zeitabhängigen Widerstandswertes müssen Lastfallkombinationen

Tafel 12.11 Kombinationsbeiwerte ψ nach DIN 18008-1, Tabelle 5

Einwirkung	ψ_0	ψ_1	ψ_2
Einwirkungen aus Klima (Änderung der Temperatur und Änderung des meteorologischen Luftdrucks) sowie temperaturinduzierte Zwängungen	0,6	0,5	0,0
Montagezwängungen	1,0	1,0	1,0
Holm- und Personenlasten	0,7	0,5	0,3

Tafel 12.12 Rechenwerte für den Modifikationsbeiwert k_{mod} nach DIN 18008-1

Einwirkungs-dauer	Beispiele	Modifikations-beiwert k_{mod}
Ständig	Eigengewicht, Ortshöhendifferenz	0,25
Mittel	Schnee, Temperaturänderung und Änderung des meteorologischen Luftdruckes	0,40
Kurz	Wind, Holmlast	0,70

unterschiedlicher Einwirkungsdauern gebildet werden. Werden Lastfälle unterschiedlicher Lasteinwirkungsdauern zu einer Lastfallkombination überlagert, wird der k_{mod}-Wert durch den Lastfall mit der kürzesten Lasteinwirkungsdauer definiert (Tafeln 12.12 bis 12.14).

Für vorgespannte Gläser entfällt der zeitabhängige Modifikationsbeiwert.

Bei planmäßig unter Zugbeanspruchung stehenden Kanten (z. B. zweiseitige Lagerung) von Scheiben ohne thermische Vorspannung dürfen nur 80 % der charakteristischen Biegezugfestigkeiten angesetzt werden. Bei der Verwendung von VSG oder VG dürfen die Bemessungswerte des Tragwiderstandes pauschal um 10 % erhöht werden.

Durch den Vergleich der Bemessungsgröße der Einwirkungen mit der Bemessungsgröße des Widerstandes werden die Nachweise der Tragfähigkeit (Hauptzugspannungen) und der Gebrauchstauglichkeit (Durchbiegungen) geführt.

Die maximalen Hauptzugspannungen und die maximalen Durchbiegungen können für zweiseitig und allseitig linienförmig gelagerte rechteckige Verglasungen sowie für punktförmig gelagerte rechteckige Verglasungen mit den Beiwerten aus den Tafeln 12.15 und 12.16 ermittelt werden. Die Beiwerte sind auf Grundlage der linearen Plattentheorie nach Kirchhoff unter Berücksichtigung der Querdehnzahl $\mu = 0,23$ von Glas angegeben. Die Angaben beziehen sich auf eine konstante Flächenlast, die den häufigsten Lastfällen Eigengewicht g, Verkehrslast p, Schneelast s, Windlast w und Klimalast k entspricht. Die Beiwerte ermitteln sich in Abhängigkeit vom Stützweitenverhältnis l_y/l_x, für zweiseitig linienförmig gelagerte Verglasungen wird das ideelle Stützweitenverhältnis $l_y/l_x = \infty$ angenommen. Die Berechnungsformeln der maximalen Hauptzugspannungen, der erforderlichen Glasdicke und der maximalen Durchbiegung sind unter den Gleichungen (12.1) und (12.2) angegeben.

Tafel 12.13 Bemessungsgröße Tragwiderstand

Basisglas	Thermisch vorgespanntes Glas
$R_d = \dfrac{k_{mod} \cdot k_c \cdot f_k}{\gamma_M}$	$R_d = \dfrac{k_c \cdot f_k}{\gamma_M}$
$k_c = 1,8$, $\gamma_M = 1,8$ für linienförmig gelagerte Verglasungen nach 18008-2	$k_c = 1,0$, $\gamma_M = 1,5$

Tafel 12.14 Charakteristische Biegezugfestigkeit

	f_k	Produktnorm
FG	45 N/mm^2	DIN EN 572-1
TVG	70 N/mm^2	DIN EN 1863-1
ESG	120 N/mm^2	DIN EN 12150-1
Emailliertes TVG	45 N/mm^2	DIN EN 1863-1
Emailliertes ESG	75 N/mm^2	DIN EN 12150-1

Maximale Hauptzugspannungen σ_{max}

$$\text{vorh. } \sigma_{max} = \frac{p \cdot l_x^2}{n \cdot d^2} \tag{12.1}$$

Maximale Durchbiegung w_{max}

$$\text{vorh. } w_{max} = \frac{k \cdot p \cdot l_x^4}{E \cdot d^3} \tag{12.2}$$

12.9.2.1 Vereinfachtes Verfahren für den Nachweis der Tragfähigkeit und der Gebrauchstauglichkeit von punktgestützten Verglasungen

Neben der Anwendung eines detaillierten numerischen Modells können für punktförmig gestützte Einfachverglasungen (monolithisch und VSG) mit Tellerhalten gemäß DIN 18003-3 Anhang C die Nachweise im Grenzzustand der Tragfähigkeit und Gebrauchstauglichkeit auch durch ein vereinfachtes Verfahren erbracht werden. Das Grundprinzip besteht darin, dass die Auflagerreaktionen von an FE-Knoten gehaltenen Platten durch entsprechende geometrische Beiwerte erhöht werden, um daraus die am Bohrlochrand entstehenden Hauptzugspannungen auf der sicheren Seite abzubilden. Durch das Verfahren werden keine Spannungskonzentrationen an Bohrlöchern, die nicht am Lastabtrag beteiligt sind, erfasst. Die Anwendung des Verfahrens setzt ein Mindestlochspiel bei der Tellerhaltern von mindestens 1 mm voraus.

12.9.2.2 Nachweis im Grenzzustand der Tragfähigkeit

Der Nachweis erfolgt mittels der Finite-Elemente-Methode an einer punktförmig, elastisch gelagerten Platte. Die Tellerhalter sind als Balkenelemente mit Ersatzfedern (Wegfedern in x-, y- und z-Richtung und Drehfedern um x- und y-Achse, z-Achse orthogonal zur Plattenebene) abzubilden,

Tafel 12.15 Beiwerte n und k für linienförmig gelagerte Verglasungen

l_y/l_x	1,0	1,1	1,2	1,3	1,4	1,5	1,6	1,7	1,8	1,9	2,0	∞
n	3,682	3,148	2,768	2,485	2,272	2,103	1,975	1,870	1,787	1,715	1,658	1,333
k	0,046	0,055	0,064	0,072	0,080	0,088	0,094	0,101	0,104	0,111	0,115	0,156

Tafel 12.16 Beiwerte n und k für punktförmig gelagerte Verglasungen[a]

l_y/l_x[b]	1,0	1,1	1,2	1,3	1,4	1,5	1,6	1,7	1,8	1,9	2,0
n	1,150	0,968	0,830	0,720	0,630	0,555	0,493	0,483	0,393	0,353	0,318
k	0,271	0,329	0,410	0,519	0,667	0,857	1,093	1,386	1,723	2,121	2,575

[a] Die Beiwerte sind für vier jeweils in den Eckbereichen angeordnete Punktlochhalter oder Randklemmhalter angegeben. Es handelt sich um Näherungswerte der Feldspannungen für eine überschlägige Bemessung. Möglicherweise maßgebende Hauptzugspannungen im Bohrlochrand werden nicht erfasst.

[b] Die Stützweiten l_x und l_y ergeben sich aus den Abständen der Punkthalter. Die Mindest- und Maximalrandabstände sind einzuhalten.

Tafel 12.17 Anhaltswerte der rechnerischen Materialsteifigkeiten von Trennmaterialien

Trenn-materialien	Elastomere	Thermo-plaste	Verguss	Reinalu-minium[a]
Rechnerischer E-Modul E [N/mm^2]	5–200	10–3000	1000–3000	69.000
Querdehnzahl μ [–]	0,45	0,3–0,4	0,3–0,4	0,3

[a] Werkstoff-Nr.: EN AW 1050A (Al 99,5), Zustand weich O/H111 nach DIN EN 573-3

um Exzentrizitäten und Haltersteifigkeiten zu berücksichtigen. Der Bemessungswert der Beanspruchung E_d an der Bohrung ergibt sich aus (12.3). Die Einwirkung errechnet sich aus drei lokalen und einem globalen Spannungsanteil.

$$E_d = \sigma_{F_z,d} + \sigma_{F_{res},d} + \sigma_{M_{res},d} + k \cdot \sigma_{g,d} \qquad (12.3)$$

$$\sigma_{F_z} = \frac{b_{F_z} \cdot t_{ref}^2 \cdot F_z}{d^2 \cdot t_i^2} \qquad (12.4)$$

$$\sigma_{res} = \frac{b_{F_{res}} \cdot t_{ref} \cdot F_{res}}{d^2 \cdot t_i} \qquad (12.5)$$

$$\sigma_{M_{res}} = \frac{b_M \cdot t_{ref}^2 \cdot M_{res}}{d^3 \cdot t_i^2} \qquad (12.6)$$

mit:

E_d Bemessungswert der Beanspruchung an der Bohrung [N mm^2]

σ_{F_z} lokale Spannungskomponente für die korrespondierende Auflagerkraft F_z [N/mm^2]

$\sigma_{F_{res}}$ lokale Spannungskomponente für die korrespondierende Auflagerkraft F_{res} [N/mm^2]

$\sigma_{M_{res}}$ lokale Spannungskomponente für das korrespondierende Moment M_{res} [N/mm^2]

k Spannungskonzentrationsfaktor [–]

σ_g globaler Spannungsanteil [N/mm^2]

b_{F_z} Spannungsfaktor für die Komponente F_z [–]

t_{ref} Referenzglasdicke (= 10) [mm]

F_i Auflagerkraft in Koordinatenrichtung i [N]

M_i Auflagermoment um die Koordinatenachse i [N mm]

d Bohrungsdurchmesser [mm]

t_i Glasdicke der Scheibe i [mm]

$b_{F_{res}}$ Spannungsfaktor für die Komponente F_{res} [–]

F_{res} resultierende Auflagerkraft in Plattenebene aus den Kräften F_x und F_y [N]

b_M Spannungsfaktor für die Komponente M_{res} [–]

M_{res} resultierendes Auflagermoment aus den Momenten M_x und M_y [N mm]

Die Auflagerreaktionen F_z, F_{res} und M_{res} werden mit Hilfe dimensionsloser Spannungsfaktoren in lokale Spannungskomponenten entsprechend der Gleichungen (12.4) bis (12.6) umgerechnet. Für Tellerhalter mit Trennmaterialien, deren Steifigkeiten im Bereich der Tafel 12.18 liegen, können die Spannungsfaktoren anhand der Tafel 12.19 verwendet werden.

Der globale Spannungsanteil $k \cdot \sigma_{g,d}$ basiert auf der in der FE-Plattenberechnung infolge der Belastung berechneten maximale Hauptzugspannung σ_g auf der kreisförmigen Begrenzung des „lokalen Bereichs" nach (12.7). Der „lokale Bereich" bezeichnet das kreisförmiges Gebiet ($R = 3 \cdot d$), dass jeden Tellerhalter umgibt. Der Mittelpunkt des lokalen Bereichs entspricht dem Bohrungsmittelpunkt und der Radius R des lokalen Bereichs entspricht dem Dreifachen des Bohrungsdurchmessers d.

$$\sigma_g = \max \sigma_1 \quad (R = 3 \cdot d) \qquad (12.7)$$

Die Beanspruchung im Feldbereich ist bei einer in Scheibenebene gelenkigen und statisch bestimmten Lagerung zu berechnen. Der Bemessungswert der Beanspruchung E_d im Feldbereich der Platte an den maßgebenden Stellen ist nach (12.8) zu ermitteln.

$$E_d = \max \sigma_{1,d} \qquad (12.8)$$

Zur Ermittlung der Auflagerreaktionen und Verformungen einer Verbundsicherheitsglasscheibe ohne Berücksichtigung der Verbundwirkung ist die Ersatzdicke t_e nach (12.9) anzusetzen. Der Bemessungswert der Beanspruchung E_d für

Tafel 12.18 Dimensionslose Spannungsfaktoren für eine Referenzscheibendicke $t_{ref} = 10\,mm$

Bohrungsdurchmesser d [mm]	20			25			30			35		
Tellerdurchmesser T [mm]	Spannungsfaktoren											
	b_{F_z}	$b_{F_{res}}$	b_M	b_{F_z}	$b_{F_{res}}$	b_M	b_{F_z}	$b_{F_{res}}$	b_M	b_{F_z}	$b_{F_{res}}$	b_M
50	10,10	3,13	2,77	15,80	3,92	6,17	–	–	–	–	–	–
55	10,10	3,13	2,36	15,80	3,92	5,32	22,75	4,70	10,10	–	–	–
60	10,10	3,13	2,02	15,80	3,92	4,63	22,75	4,70	8,88	30,98	5,48	15,12
65	10,10	3,13	1,75	15,80	3,92	4,06	22,75	4,70	7,85	30,98	5,48	13,47
70	10,10	3,13	1,52	15,80	3,92	3,57	22,75	4,70	6,98	30,98	5,48	12,09
75	10,10	3,13	1,35	15,80	3,92	3,16	22,75	4,70	6,24	30,98	5,48	10,90
80	10,10	3,13	1,23	15,80	3,92	2,81	22,75	4,70	5,59	30,98	5,48	9,85

Bohrungsdurchmesser d [mm]	40			45			50			55		
Tellerdurchmesser T [mm]	Spannungsfaktoren											
	b_{F_z}	$b_{F_{res}}$	b_M	b_{F_z}	$b_{F_{res}}$	b_M	b_{F_z}	$b_{F_{res}}$	b_M	b_{F_z}	$b_{F_{res}}$	b_M
50	–	–	–	–	–	–	–	–	–	–	–	–
55	–	–	–	–	–	–	–	–	–	–	–	–
60	–	–	–	–	–	–	–	–	–	–	–	–
65	40,47	6,26	21,26	–	–	–	–	–	–	–	–	–
70	40,47	6,26	19,18	51,22	7,05	28,54	–	–	–	–	–	–
75	40,47	6,26	17,37	51,22	7,05	25,99	63,24	7,83	36,97	–	–	–
80	40,47	6,26	15,78	51,22	7,05	23,74	63,24	7,83	33,93	76,53	8,61	46,56

Tafel 12.19 Spannungskonzentrationsfaktor k in Abhängigkeit von der Tellerhalterposition

Halter im Eckbereich	$B < L/10$, $k = 1{,}0$ $B \geq L/10$, k nach Tafel 12.21
Halter im Durchlaufbereich	k nach Tafel 12.21

Tafel 12.20 Spannungskonzentrationsfaktor k für zylindrische Bohrungen

Bohrungsdurchmesser d [mm]	15	20	25	30	35	40
Glasdicke t [mm]	Spannungskonzentrationsfaktor k					
6	1,6	1,6	1,6	1,6	1,5	1,5
8	1,6	1,6	1,6	1,6	1,6	1,6
10	1,6	1,6	1,6	1,6	1,6	1,6
12	1,7	1,7	1,7	1,7	1,6	1,6
15	1,9	1,8	1,7	1,7	1,7	1,7

Tafel 12.21 Lastverteilungsfaktoren δ_z, $\delta_{R_{res}}$, δ_M, δ_g

δ_z	δ_{Rres}	δ_M	δ_g
$\dfrac{t_i^3}{\sum_{i=1}^{n} t_i^3}$	$\dfrac{t_i}{\sum_{i=1}^{n} t_i}$	$\dfrac{t_i^3}{\sum_{i=1}^{n} t_i^3}$	$\dfrac{t_i}{t_e}$

den Nachweis der Tragfähigkeit der Glasschicht i im Punkthalterbereich ergibt sich für VSG aus (12.10). Die dazugehörigen Lastverteilungsfaktoren δ können nach Tafel 12.21 ermittelt werden. Ein Bohrungsversatz bzw. Toleranzausgleich durch die unterschiedlichen Bohrungsdurchmesser ist zu berücksichtigen und der Anteil aus F_{res} gegebenenfalls nur der maßgebenden Glasschicht zuzuweisen.

$$t_e = \sqrt[3]{\sum t_i^3} \tag{12.9}$$

$$E_d = \delta_z \cdot \sigma_{F_z,d} + \delta_{R_{res}} \cdot \sigma_{R_{res},d} + \delta_M \cdot \sigma_{M_{res},d} + k \cdot \delta_g \cdot \sigma_{g,d} \tag{12.10}$$

12.9.2.3 Nachweis im Grenzzustand der Gebrauchstauglichkeit

Für die Ermittlung der Verformungen ist von einer gelenkigen und statisch bestimmten Lagerung in Scheibenebene auszugehen. Als Bemessungswert des Gebrauchstauglichkeitskriteriums ist $1/100$ der maßgebenden Stützweite anzusetzen.

12.9.3 Vertikalverglasungen

Die DIN 18008-2 regelt die Verwendung ebener ausfachender Verglasungen, die mindestens an zwei gegenüberliegenden Seiten durchgehend linienförmig mit mechanischen Verbindungsmitteln, beispielsweise durch verschraubte Pressleisten, gehalten sind. Die Verglasung kann auch ergänzend über punktförmige Halterungen nach DIN 18008-3 gelagert werden, beispielsweise über Randklemmhalter oder in Bohrungen geführte Halter (siehe Tafel 12.22). Die Norm braucht nicht angewendet zu werden für Verglasungen von Kulturgewächshäusern nach DIN V 11535:1998-02 und Vertikalverglasungen wie beispielsweise Schaufensterverglasungen,

Tafel 12.22 Durchbiegungsbegrenzung für Vertikalverglasungen

Lagerung	Bemessungswert des Gebrauchstauglichkeitskriteriums
Linienförmig gelagert nach DIN 18008-2[a,b]	1/100 der Stützweite
Punktförmig gelagert nach DIN 18008-3	1/100 des maßgebenden Punktstützungsabstandes

[a] Die Durchbiegung der Unterkonstruktion darf nicht mehr als $l_0/200$ betragen.
[b] Dieser Nachweis ist nicht erforderlich, wenn durch die einseitig angesetzte vollständige Sehnenverkürzung eine Mindestauflagerbreite von 5 mm nicht unterschritten wird.

Tafel 12.23 Nachweiserleichterungen für vertikal gelagerte Isolierverglasungen bis 20 m Höhe nach DIN 18008-2

Glaserzeugnis	Floatglas[a], TVG, ESG/ESG-H oder VSG aus vorgenannten Glasarten
Fläche	$\leq 1,6\,\mathrm{m}^2$
Scheibendicke	$\geq 4\,\mathrm{mm}$
Differenz der Scheibendicken	$\leq 4\,\mathrm{mm}$
Scheibenzwischenraum	$\leq 16\,\mathrm{mm}$
Charakteristischer Wert der Windlast	$\leq 0,8\,\mathrm{kN/m}^2$

[a] Erhöhtes Risiko des Glasbruches infolge Klimaeinwirkungen für Floatglasscheiben in Zweischeiben-Isolierglas bei Kantenlänge < 0,50 m beziehungsweise < 0,70 m in Dreischeiben-Isolierglas.

deren Oberkante nicht mehr als 4 m über einer Verkehrsfläche liegt (MLTB A 2.6.9 bezogen auf TRLV).

Allseitig linienförmig gelagerte Verglasungen aus Zwei- oder Dreischeibenisolierglas, die nur durch Wind, Eigengewicht und klimatische Einwirkungen belastet sind, können für Einbauhöhen bis 20 m über Gelände bei normalen Produktions- und Einbaubedingungen ohne besonderen Nachweis verwendet werden, wenn die in Tafel 12.23 genannten Bedingungen eingehalten werden. Sonstige Isolierverglasungen können nach DIN 18008-2 Anhang A bemessen werden.

12.9.4 Horizontalverglasungen

Horizontalverglasungen, die der DIN 18008-2 oder einer allgemeinen bauaufsichtlichen Zulassung entsprechen, bedürfen keiner Zustimmung im Einzelfall. Nach aktueller Musterliste der Technischen Baubestimmungen sind Dachflächenfenster mit einer Fläche $\leq 1,6\,\mathrm{m}^2$ in Wohnungen und Räumen ähnlicher Nutzung von der Pflicht der Nachweisführung ausgenommen (MLTB A 2.6.9 bezogen auf TRLV).

An Horizontalverglasungen werden für die Tragfähigkeit bei Glasbruch (Resttragfähigkeit) und für den Splitterschutz im Hinblick auf die Sicherheit von Verkehrsflächen besondere Anforderungen gestellt. Die Glastafeln und die Halterungen sind rechnerisch nachzuweisen. Eine ausreichende

Tafel 12.24 Durchbiegungsbegrenzungen für Horizontalverglasungen

Lagerung	Durchbiegungsbegrenzung[a]
Vierseitig linienförmig	1/100 der Stützweite in Haupttragrichtung[c]
Zwei- und dreiseitig linienförmig	1/100 der Stützweite in Haupttragrichtung[b),c)]
Punktförmig gehalten nach DIN 18008-3	1/100 des maßgebenden Punktstützungsabstandes

[a] Ein Nachweis für die untere Isolierglasscheibe im Szenario „Versagen obere Scheibe" ist nicht notwendig.
[b] Für Einfachverglasungen.
[c] Die Durchbiegung der Auflagerprofile darf nicht mehr als $l_0/200$ oder höchstens 15 mm betragen.

Resttragfähigkeit nicht betretbarer Horizontalverglasungen bei Glasbruch unter Einwirkung planmäßiger Lasten ist bei Einhaltung der Regelungen nach DIN 18008-2 gegeben. Zustimmungspflichtig sind zu Reinigungs- und Wartungszwecken bedingt betretbare Horizontalverglasungen sowie planmäßig begehbare Horizontalverglasungen, die von den Regelungen nach DIN 18008-5 abweichen. An Horizontalverglasungen, die zu Reinigungs- und Wartungsarbeiten betretbar sind, werden zusätzliche Anforderungen entsprechend der jeweiligen Landesbaubestimmung, nach GS-Bau-18 und nach DIN 4426 gestellt, wenn die Verkehrsflächen darunter nicht abgesperrt sind. Bei gesperrten Verkehrsflächen sind die Vorschriften der Gewerbeaufsicht sowie der Berufsgenossenschaften zu berücksichtigen.

Nach DIN 18008-2 müssen Horizontalverglasungen als Einfachverglasungen bzw. die untere Scheibe von MIG aus VSG aus FG oder aus TVG bestehen. Die PVB-Folie muss mindestens 0,76 mm dick sein und darf nur bei allseitiger Lagerung mit maximal 0,80 m Hauptstützweite auf 0,38 mm reduziert werden. Überschreitet die Stützweite 1,20 m, so ist eine allseitige Lagerung notwendig. Drahtglas ist nur bis zu einer Spannweite von 70 cm zulässig. Die Verglasungen dürfen 30 % der Spannweite oder 300 mm über die Auflager auskragen. Bohrungen und Ausschnitte sind nur bei Sicherstellung einer ausreichenden Resttragfähigkeit zulässig.

Bei MIG ist für den Spannungsnachweis der Fall des Versagens der oberen Scheibe nachzuweisen. Dies stellt eine „außergewöhnliche" Bemessungssituation dar.

12.9.5 Absturzsichernde Verglasungen

Wenn Konstruktionen aus Glas gegen eine tiefer gelegene Ebene abgrenzen, übernehmen sie absturzsichernde Funktionen. Die Mindesthöhe einer Brüstung ist der jeweiligen Landesbauordnung zu entnehmen. Die DIN 18008-4 regelt die Zusatzanforderungen an absturzsichernde Verglasungen und ergänzt die Normteile 1, 2 und 3. Gegen Absturz sichern können Fenster, Zwischenwände, Verglasungen an Aufzugs-

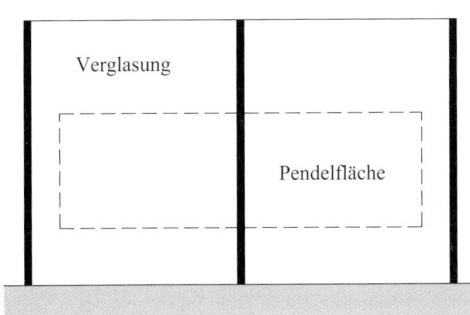

Abb. 12.18 Beispiel Kategorie A

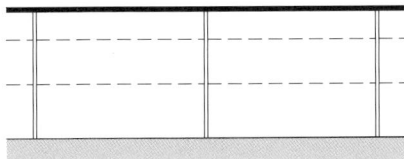

Abb. 12.19 Beispiel Kategorie B

schächten, Brüstungen und Fassaden. Hinsichtlich der an die Verglasung gestellten Anforderungen werden drei Kategorien A, B und C1 bis C3 unterschieden.

In den Geltungsbereich der Kategorie A (Abb. 12.18) fallen über die Holmhöhe gehende (raumhohe) absturzsichernde Verglasungen nach DIN 18008-4 ohne vorgesetzten Handlauf oder tragenden Brüstungsriegel mit linien- oder punktförmiger Lagerung. Die Kategorie B (Abb. 12.19) beschreibt am Fußpunkt linienförmig eingespannte tragende Ganzglasbrüstungen, die durch einen durchgehenden Metallhandlauf verbunden sind.

Absturzsichernde Verglasungen nach Kategorie C (Abb. 12.20) werden nicht zur Abtragung horizontal wirkender Nutzlasten (Holmlasten) herangezogen. Die Geländerausfachung der Kategorie C1 ist an mindestens zwei gegenüberliegenden Stellen linienförmig und/oder punktförmig gelagert. Merkmal der Kategorie C2 ist ein in Holmhöhe angeordneter, lastabtragender Querriegel. Die Verglasung

unterhalb des Holms ist entsprechend DIN 18008-4 gelagert. Eine Verglasung nach Kategorie C3 entspricht Kategorie A, wobei zusätzlich ein lastabtragender Holm in baurechtlich erforderlicher Höhe, in der Regel zwischen 85 cm und 115 cm, vorgesetzt wird, der nicht an der Verglasung befestigt ist.

Die erlaubten Bauprodukte unterscheiden sich für die einzelnen Kategorien (DIN 18008-4 4.3), wobei als Mindestanforderung der Einsatz eines VSG notwendig ist.

Neben dem Nachweis gegenüber statischen Beanspruchungen ist ebenso der Nachweis gegenüber stoßartiger Beanspruchung zu erbringen. Dieser Nachweis ist rechnerisch mit Hilfe eines vereinfachten oder eines volldynamisch-transienten Verfahrens, experimentell durch Pendelschlag oder durch den Einsatz eines auf Stoßsicherheit nachgewiesenen Verglasungsaufbaus zu erbringen. Tafel 12.25 zeigt Verglasungen mit versuchstechnisch nachgewiesener Stoßsicherheit nach DIN 18008-4 Anhang B, sofern die unter Anhang B.1, B.2 oder B.3 genannten konstruktiven Bedingungen eingehalten sind.

12.9.5.1 Verglasungen mit versuchstechnisch nachgewiesener Stoßsicherheit

Prinzipielle Glasaufbauten für Verglasungen mit versuchstechnisch nachgewiesener Stoßsicherheit zeigen die Tafeln 12.25 bis 12.27. Dazu gehörige konstruktive Vorgaben finden sich in Abb. 12.21. Bei linienförmig gelagerten Dreischeiben-Isolierverglasungen können die nachgewiesenen Verglasungsaufbauten von Zweischeiben-Isolierverglasungen mit einem VSG auf der stoßabgewandten Seiten verwendet werden, wenn die mittlere Glasscheibe aus ESG oder ESG-H besteht.

Außer dem Nachweis des planmäßigen Zustands ist für Glasbrüstungen der Kategorie B auch der Ausfall eines beliebigen Brüstungselementes zu führen. Es ist davon auszugehen, dass bei ungeschützten Kanten die gesamte VSG-Einheit ausfällt. Haben die einzelnen Scheiben in Längsrichtung der Brüstung einen Abstand ≤ 30 mm oder sind die Kanten mit einem Kantenschutzprofil versehen, so darf davon ausgegangen werden, dass nur die der zu sichernden Ver-

Abb. 12.20 Beispiele Kategorie C1 bis C3

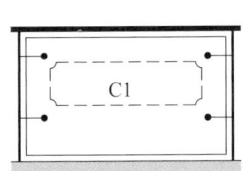

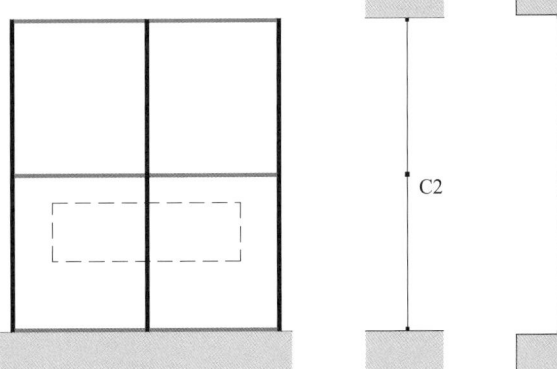

Tafel 12.25 Prinzipielle Glasaufbauten mit nachgewiesener Stoßsicherheit

Kategorie (Fallhöhe)[a]	Typ	Glasaufbau		Lagerung	Glasdicken
		Angriffsseite	Abgewandte Seite		
A (900 mm)	MIG	VSG aus FG bzw. TVG	ESG	Allseitig linienförmig	Tabelle B.1
		ESG	VSG aus FG bzw. TVG		
	VSG	VSG aus FG bzw. TVG		Allseitig linienförmig	
	VSG	VSG aus ESG/TVG		Punktförmig über Bohrungen gelagert	Tabelle B.2
B (700 mm)	VSG	VSG aus ESG/TVG		Unten eingespannt	Abschnitt B.3
C1 (450 mm)	VSG	VSG aus ESG/TVG		Punktförmig über Bohrungen gelagert	Tabelle B.2
C1/C2 (450 mm)	MIG	VSG aus FG bzw. TVG	ESG	Allseitig linienförmig	Tabelle B.1
		ESG	VSG aus FG bzw. TVG		
		ESG	VSG aus FG bzw. TVG	Zweiseitig linienförmig oben und unten	
	VSG	VSG aus FG bzw. TVG		Allseitig linienförmig	
		VSG aus FG/TVG/ESG		Zweiseitig linienförmig oben und unten	
				Zweiseitig linienförmig links und rechts	
C3 (450 mm)	MIG	VSG aus FG bzw. TVG	ESG	Allseitig linienförmig	
		ESG	VSG aus FG bzw. TVG		
	VSG	VSG aus FG bzw. TVG		Allseitig linienförmig	

[a] Pendelfallhöhe für Pendelschlagversuch nach DIN 18008-4 Anhang A

kehrsfläche zugewandte VSG-Schicht stoßbedingt ausfällt. Beim Komplettausfall der Verglasung muss der Holmlast die Horizontallasten auf Nachbarelemente, Endpfosten oder Verankerungen am Gebäude übertragen. Die Einwirkungen durch Holmlasten dürfen als außergewöhnliche Einwirkungen nach DIN EN 1990 behandelt werden.

Tafel 12.28 listet punktförmig gelagerte Verglasungen mit nachgewiesener Stoßsicherheit, Abb. 12.22 erläutert konstruktive Vorgaben für punktförmig über Bohrungen gelagerte Verglasungen der Kategorie C1 mit nachgewiesener Stoßsicherheit nach DIN 18008. Teile 3 und 4. Der Mindesttellerdurchmesser beträgt 50 mm. Sind die in x- oder

y-Richtung gemessenen Abstände benachbarter Tellerhalter größer als 1200 mm so müssen Tellerhalter mit einem Mindestdurchmesser von 70 mm verwendet werden.

Ein rechnerischer Nachweis ist für allseits linienförmig gelagerte Verglasungen bis zur maximalen Abmessung von 4,00 m × 2,00 m möglich. Bei dem Nachweis wird eine Basisenergie von 100 N m (entspricht 200 mm Pendelhöhe) auf die Verglasung aufgebracht, die zusammen mit dem Pendelkörper als Zweimasseschwinger wirkt. Bei VSG-Verglasungen wird eine Ersatzdicke durch Addition der Einzelscheiben berechnet. Bei MIG wird ohne Berücksichtigung des Koppeleffektes die stoßzugewandte Seite mit der vollen

Tafel 12.26 Linienförmig gelagerte Verglasungen mit nachgewiesener Stoßsicherheit der Kategorie A, C1, C2, C3[a–g]

Kat.	Typ	Breite B [mm]	Höhe H [mm]	Glasaufbau [mm][d]	Zeile
A	MIG (allseitig gelagert)[h]	$500 \leq B \leq 1300$	$1000 \leq H \leq 2500$	8 ESG/SZR/4 FG/0,76 mm PVB/4 FG	1
		$1000 \leq B \leq 2000$	$500 \leq H \leq 1300$	8 ESG/SZR/4 FG/0,76 mm PVB/4 FG	2
		$900 \leq B \leq 2000$	$1000 \leq H \leq 3000$	8 ESG/SZR/5 FG/0,76 mm PVB/5 FG	3
		$1000 \leq B \leq 2500$	$900 \leq H \leq 2000$	8 ESG/SZR/5 FG/0,76 mm PVB/5 FG	4
		$1100 \leq B \leq 1500$	$2100 \leq H \leq 2500$	5 FG/0,76 mm PVB/5 FG/SZR/8 ESG	5
		$2100 \leq B \leq 2500$	$1100 \leq H \leq 1500$	5 FG/0,76 mm PVB/5 FG/SZR/8 ESG	6
		$900 \leq B \leq 2500$	$1000 \leq H \leq 4000$	8 ESG/SZR/6 FG/0,76 mm PVB/6 FG	7
		$1000 \leq B \leq 4000$	$900 \leq H \leq 2500$	8 ESG/SZR/6 FG/0,76 mm PVB/6 FG	8
		$300 \leq B \leq 500$	$1000 \leq H \leq 4000$	4 ESG/SZR/4 FG/0,76 mm PVB/4 FG	9
		$300 \leq B \leq 500$	$1000 \leq H \leq 4000$	4 FG/0,76 mm PVB/4 FG/SZR/4 ESG	10
	Einfachglas (allseitig gelagert)[h]	$500 \leq B \leq 1200$	$1000 \leq H \leq 2000$	6 FG/0,76 mm PVB/6 FG	11
		$500 \leq B \leq 2000$	$1000 \leq H \leq 1200$	6 FG/0,76 mm PVB/6 FG	12
		$500 \leq B \leq 1500$	$1000 \leq H \leq 2500$	8 FG/0,76 mm PVB/8 FG	13
		$500 \leq B \leq 2500$	$1000 \leq H \leq 1500$	8 FG/0,76 mm PVB/8 FG	14
		$1000 \leq B \leq 2100$	$1000 \leq H \leq 3000$	10 FG/0,76 mm PVB/10 FG	15
		$1000 \leq B \leq 3000$	$1000 \leq H \leq 2100$	10 FG/0,76 mm PVB/10 FG	16
		$300 \leq B \leq 500$	$500 \leq H \leq 3000$	6 FG/0,76 mm PVB/6 FG	17

Tafel 12.26 (Fortsetzung)

Kat.	Typ	Breite B [mm]	Höhe H [mm]	Glasaufbau [mm][d]	Zeile
C1 und C2	MIG (allseitig)[h]	$500 \leq B \leq 2000$	$500 \leq H \leq 1100$	6 ESG/SZR/4 FG/0,76 mm PVB/4 FG	18
		$500 \leq B \leq 1500$	$500 \leq H \leq 1100$	4 FG/0,76 mm PVB/4 FG/SZR/6 ESG	19
	MIG (zweiseitig oben/unten)[i]	$1000 \leq B \leq$ bel.	$500 \leq H \leq 1100$	6 ESG/SZR/5 FG/0,76 mm PVB/5 FG	20
	Einfachglas (allseitig)[h]	$500 \leq B \leq 2000$	$500 \leq H \leq 1100$	5 FG/0,76 mm PVB/5 FG	21
	Einfachglas (zweiseitig oben/unten)[i]	$1000 \leq B \leq$ bel.	$500 \leq H \leq\ \ 800$	6 FG/0,76 mm PVB/6 FG	22
		$800 \leq B \leq$ bel.	$500 \leq H \leq 1100$	5 ESG/0,76 mm PVB/5 ESG	23
		$800 \leq B \leq$ bel.	$500 \leq H \leq 1100$	8 FG/1,52 mm PVB/8 FG	24
	Einfachglas (zweiseitig links/rechts)[i]	$500 \leq B \leq\ \ 800$	$500 \leq H \leq 1100$	6 FG/1,52 mm PVB/6 FG	25
		$500 \leq B \leq 1100$	$800 \leq H \leq 1100$	6 ESG/0,76 mm PVB/6 ESG	26
		$500 \leq B \leq 1100$	$800 \leq H \leq 1100$	8 FG/1,52 mm PVB/8 FG	27
C3	MIG (allseitig)[h]	$500 \leq B \leq 1500$	$1000 \leq H \leq 3000$	6 ESG/SZR/4 FG/0,76 mm PVB/4 FG	28
		$500 \leq B \leq 1300$	$1000 \leq H \leq 3000$	4 FG/0,76 mm PVB/4 FG/SZR/12 ESG	29
	Einfachglas (allseitig)[h]	$500 \leq B \leq 1500$	$1000 \leq H \leq 3000$	5 FG/0,76 mm PVB/5 FG	30

[a] Zulässig sind ebene Verglasungen ohne Bohrungen und Ausschnitte. Abweichungen von der Rechteckform sind zulässig und in Anhang B der DIN 18008-4 geregelt.

[b] Die aufgeführten Glas- und Foliendicken dürfen überschritten werden. Anstelle von VSG aus Floatglas kann VSG aus TVG gleicher Dicke verwendet werden.

[c] Die Einzelscheiben von VSG dürfen keine festigkeitsreduzierende Oberflächenbehandlung besitzen.

[d] Glasaufbau von innen nach außen. Die innere Seite entspricht der Angriffseite.

[e] SZR von MIG 12 mm $\leq$ SZR $\leq$ 20 mm.

[f] Wird die Verglasung in Stoßrichtung durch Klemmleisten gelagert, sind diese hinreichend steif und aus Metall auszubilden. Der Abstand der metallischen Verschraubung der Klemmleisten an der Tragkonstruktion darf höchstens 300 mm betragen. Der Nachweis der Stoßsicherheit ist nach Abschnitt D.1 der DIN 18008-4 für diese und andere Rahmensysteme zu erbringen.

[g] Die MIG der Zeilen 1–4, 7–9, 18, 20, 28 dürfen ohne weitere Prüfung als ausreichend stoßsicher angesehen werden, wenn sie im SZR um eine oder mehrere ESG oder ESG-H ergänzt werden.

[h] Allseitig linienförmige Lagerung, Glaseinstand $t \geq 12$ mm.

[i] Zweiseitig linienförmige Lagerung, Glaseinstand $t \geq 18$ mm.

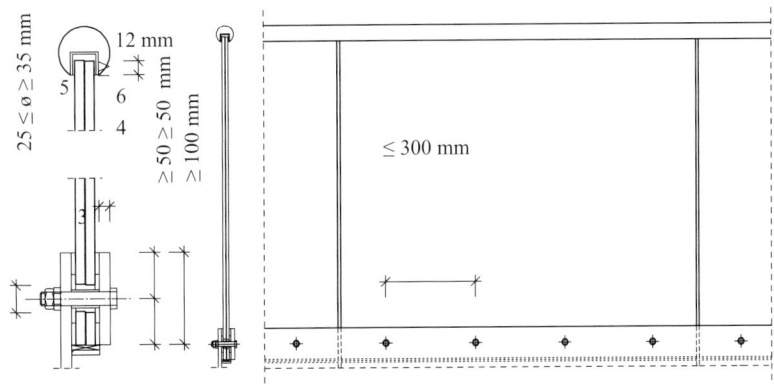

Abb. 12.21 Konstruktive Vorgaben für Brüstungen der Kategorie B mit nachgewiesener Stoßsicherheit. *1* Tragendes U-Profil mit beliebigem nichttragendem Aufsatz oder tragender metallischer Handlauf mit integriertem U-Profil, *2* druckfeste Elastomere zur Vermeidung des Glas-Metall-Kontaktes, Abstand ≤ 300 mm; Hohlräume sind mit Dichtstoffen nach DIN 18545-2 Gruppe E zu verfüllen, *3* Klotzung, *4* Kunststoffhülse, *5* durchgehende druckfeste Elastomere, *6* Stahlklemmblech. Hinreichend steife abweichende Klemmkonstruktionen sind zulässig

Basisenergie und die stoßabgewandte Seite mit der halben Basisenergie belastet. Weitere Scheiben im Scheibenzwischenraum brauchen nicht nachgewiesen zu werden Für eine volldynamisch transiente Berechnung ist ein dynamisches FE-Modell erforderlich, bei dem ein Pendel als Massepunkt m mit einer Geschwindigkeit v auf die Verglasung einwirkt. Das Modell wird nach Anhang C.3.2 verifiziert und zur Berechnung der Hauptzugspannungen im Glas verwendet. Das vereinfachte Verfahren (Anhang C.2) fungiert als statisches Modell zur Ermittlung der Glasspannungen. Die Berücksichtigung der mitschwingenden Masse der Verglasung erfolgt über einen Stoßübertragungsfaktor β.

Der Nachweis erfolgt gegen einen Widerstandswert R_d (Tafel 12.29) nach DIN 18008-4 Anhang C.1.3.

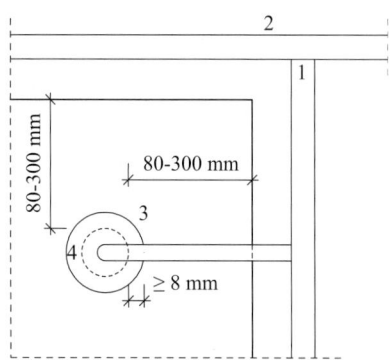

Abb. 12.22 Konstruktive Vorgaben für punktförmig über Bohrungen gelagerte Verglasungen der Kategorie C1 mit nachgewiesener Stoßsicherheit nach DIN 18008 Teile 3 und 4. *1* Geländerpfosten, *2* Handlauf, *3* durchgehende Verschraubung mit beidseitigen kreisförmigen Klemmtellern aus Stahl im Eckbereich der VSG-Scheibe, *4* Bohrloch

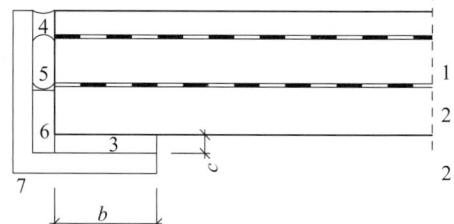

Abb. 12.23 Aufbau und Lagerung begehbarer Verglasung. *1* Verschleißscheibe aus ESG/TVG, *2* Tragscheiben aus FG/TVG, *3* Auflagematerial (Silikonprofil oder ähnliches mit Shore A-Härte 60 bis 80), *4* mit PVB-Folie verträgliche Versiegelung (meist Silikon), *5* Vorlegeband (Polyethylen), *6* Distanzklotz (Silikonprofil oder ähnliches mit Shore A-Härte 60 bis 80), *7* Rahmenprofil.
Anforderungen an begehbare Verglasungen nach DIN 18008-4 mit nachgewiesener Stoßsicherheit und Resttragfähigkeit: Auflagertiefe: $b \geq 30$ mm bzw. $b \geq 35$ mm in Abhängigkeit der Stützweite; Auflagerstärke: c konstruktiv

Tafel 12.27 Linienförmig gelagerte Verglasungen mit nachgewiesener Stoßsicherheit der Kategorie B[a,b,c]

Typ	Breite B [mm]	Höhe H [mm][d]	Glasaufbau [mm]
Einfach-glas	$500 \leq B \leq 2000$	$B \leq 1100$	$\geq$ (10 ESG/1,52 mm PVB-Folie/10 ESG)
	$500 \leq B \leq 2000$	$H \leq 1100$	$\geq$ (10 TVG/1,52 mm PVB-Folie/10 TVG)

[a] Zulässig sind ebene Verglasungen ohne zusätzliche Bohrungen und Ausschnitte.
[b] Abweichungen von der Rechteckform sind zulässig entsprechend Anhang B der DIN 18008-4.
[c] Die Einzelscheiben von VSG dürfen keine festigkeitsreduzierende Oberflächenbehandlung besitzen.
[d] H entspricht der freien Kragarmlänge.

12.9.6 Begehbare Verglasungen

Verglasungen, die planmäßig durch Personen im öffentlich zugänglichen Bereich begangen werden, bezeichnet man als begehbare Verglasungen (Abb. 12.23). Typische Anwendungen sind Treppen, Bodenflächen und Glasbrücken. In DIN 18008-5 werden die Zusatzanforderungen an begehbare Verglasungen geregelt. Der statische Nachweis erfolgt gemäß der Teile 1 bis 3 der Norm.

Die Stoßsicherheit und Resttragfähigkeit ist für ausgewählte, allseitig linienförmig gelagerte Glasaufbauten bereits nachgewiesen. Für abweichende Aufbauten oder Auflager wird ein experimenteller Nachweis unter Nutzung eines zylindrischen Stahlstoßkörpers geregelt.

Werden Verglasungen nur zeitweise zu Reinigungs- oder Wartungszwecken betreten und sind nicht öffentlich zugänglich, bezeichnet man sie als bedingt betretbare Verglasungen. Es gelten hierfür die Zusatzanforderungen der zukünftigen DIN 18008. Bis diese Norm baurechtlich eingeführt ist, sind bedingt betretbare Verglasungen nicht geregelt und erfordern eine Zustimmung im Einzelfall.

Tafel 12.28 Punktförmig gelagerte Verglasungen mit nachgewiesener Stoßsicherheit der Kategorie A und C

Typ	Abstand Punkthalter in x-Richtung[a] [mm]	Abstand Punkthalter in y-Richtung[a] [mm]	Glasaufbau [mm]
Kategorie A Einfachglas[b,c,d]	≤ 1200	≤ 1600	$\geq$ (10 TVG/1,52 mm PVB-Folie/10 TVG)
	≤ 1200	≤ 1600	$\geq$ (8 ESG/1,52 mm PVB-Folie/8 ESG)
	≤ 1600	≤ 1800	$\geq$ (10 ESG/1,52 mm PVB-Folie/10 ESG)
	≤ 800	≤ 2000	$\geq$ (10 ESG/1,52 mm PVB-Folie/10 ESG)
Kategorie C Einfachglas[b,c,d]	≤ 1200	≤ 700	$\geq$ (6 TVG/1,52 mm PVB-Folie/6 TVG)
	≤ 1600	≤ 800	$\geq$ (8 TVG /1,52 mm PVB-Folie/8 TVG)
	≤ 1200	≤ 700	$\geq$ (6 ESG/1,52 mm PVB-Folie/6 ESG)
	≤ 1600	≤ 800	$\geq$ (8 ESG/1,52 mm PVB-Folie/8 ESG)

[a] Maßgebender Abstand zwischen den Bohrungen der Tellerhalter.
[b] Die Scheiben müssen eben sein und dürfen nicht durch zusätzliche Bohrungen und Ausschnitte geschwächt werden. Abweichungen von der Rechteckform sind zulässig und in Anhang B der DIN18008-4 geregelt.
[c] Scheiben mit festigkeitsreduzierender Oberflächenbehandlung dürfen nicht verwendet werden.
[d] Der direkte Kontakt zwischen Klemmtellern, Verschraubung und Glas ist durch geeignete Zwischenlagen zu vermeiden. Jede Glashalterung muss für eine statische Last $\geq 2,8$ kN ausgelegt sein.

Tafel 12.29 Glasaufbauten mit nachgewiesener Stoßsicherheit

$R_\mathrm{d} = \dfrac{k_\mathrm{mod} \cdot f_\mathrm{k}}{\gamma_\mathrm{M}}; \gamma_\mathrm{M} = 1{,}0$	FG	TVG	ESG
f_k	45	70	120
k_mod	1,8	1,7	1,4

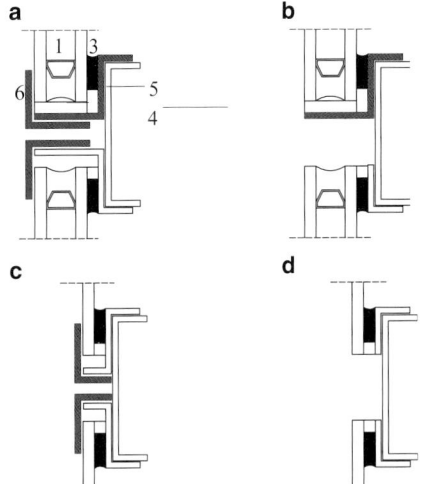

Abb. 12.24 SSG-Typen: **a** Typ I, **b** Typ II, **c** Typ III, **d** Typ IV

Begehbare Verglasungen müssen nach DIN 18008-5 aus VSG aus mindestens drei Einzelscheiben bestehen und zwängungsarm gelagert werden. Der statische Nachweis erfolgt für das intakte Scheibenpaket und – als außergewöhnliche Einwirkungskombination – auch für das VSG mit gebrochener oberster Verglasung. Neben der Flächenlast ist eine Einzellast mit einer Aufstellfläche von 50 mm × 50 mm in ungünstigster Laststellung zu berücksichtigen. Ein günstig wirkender Schubverbund zwischen den Einzelscheiben darf nicht berücksichtigt werden. Ein Aufbau aus Isolierglas ist möglich. Begehbare Gläser sind durch geeignete mechanische Halterungen gegen Verschieben und Abheben konstruktiv zu sichern.

Bei den Verglasungen mit nachgewiesener Stoßsicherheit und Resttragfähigkeit werden neben der allseitig linienförmigen Lagerung auch ein Mindestglaseinstand, eine Mindest-PVB-Foliendicke von 1,52 mm sowie Mindestglasaufbauten nach Tafel 12.30 gefordert. Die oberste Einzelscheibe darf neben TVG auch aus ESG bestehen und FG für die weiteren Einzelscheiben darf durch TVG ersetzt werden. Die Tafeln 12.31 und 12.32 erläutern rechnerische und experimentelle Nachweise begehbarer Verglasungen.

12.10   Structural-Sealant-Glazing (SSG)

Unter SSG versteht man einen Fassadentyp, bei dem die Gläser über eine lastabtragende Klebung aus Silikon mit der Unterkonstruktion verbunden sind. Verwendet werden Einfachverglasungen (monolithisch oder Verbundglas) oder Isoliergläser. Das Glas kann anorganisch beschichtet oder unbeschichtet sein. Die Unterkonstruktion besteht nach ETAG Nr. 002 aus anodisiertem oder pulverbeschichtetem Aluminium beziehungsweise nichtrostendem Stahl.

Tafel 12.30 Allseitig linienförmig gelagerte Verglasungen mit nachgewiesener Stoßsicherheit und Resttragfähigkeit nach DIN 18008-5 Anhang B

Länge [mm max.]	Breite [mm max.]	VSG-Aufbau von oben nach unten [mm]	Mindestauflagertiefe [mm]
1500	400	8 TVG/1,52 PVB/10 FG/1,52 PVB/10 FG	30
1500	750	8 TVG/1,52 PVB/12 FG/1,52 PVB/12 FG	30
1250	1250	8 TVG/1,52 PVB/10 TVG/1,52 PVB/10 TVG	35
1500	1500	8 TVG/1,52 PVB/12 TVG/1,52 PVB/12 TVG	35
2000	1400	8 TVG/1,52 PVB/15 FG/1,52 PVB/15 FG	35

Tafel 12.31 Rechnerische Nachweise begehbarer Verglasungen nach DIN 18008-5

Nachweise unter statischer Last[a,e]	$g + q^\mathrm{c}$; $g + Q^\mathrm{d}$; Klimalast bei Isolierglas
Nachweise unter statischer Last als außergewöhnliche Lastfallkombination[a,b,e]	$g + q^\mathrm{c}$; $g + Q^\mathrm{d}$; Klimalast bei Isolierglas

[a] Kein günstig wirkender Schubverbund.
[b] Oberste Scheibe trägt nicht mit.
[c] Verkehrslasten nach DIN EN 1991.
[d] Einzellast 1,5 kN in Bereichen mit $q \le 3{,}5\,\mathrm{kN/m^2}$ und 2,0 kN in Bereichen mit $q > 3{,}5\,\mathrm{kN/m^2}$ in ungünstigster Laststellung mit Aufstandsfläche 50 mm × 50 mm.
[e] Die zulässige Durchbiegung der vollständig intakten Verglasung beträgt $l_0/200$ in Haupttragrichtung.

Tafel 12.32 Experimentelle Nachweise begehbarer Verglasungen[a]

Stoßsicherheit, Resttragfähigkeit	Bauteilversuche nach DIN 18008-5 Anhang A

[a] Nicht erforderlich für begehbare Verglasungen mit nachgewiesener Stoßsicherheit und Resttragfähigkeit nach DIN 18008-5 Anhang B

Tafel 12.33 Zulässige Spannungen und Dehnungen von Silikon ELASTOSIL® SG 500

Dynamische Lasten	$\sigma_{zul} = 0,14\,\mathrm{N/mm}^2$, $\tau_{zul} = 0,105\,\mathrm{N/mm}^2$
Statische Lasten in ungestützten Systemen	$\sigma_{zul} = 0,014\,\mathrm{N/mm}^2$, $\tau_{zul} = 0,0105\,\mathrm{N/mm}^2$
Dehnung	$\varepsilon_{zul} = \pm 12,5\,\%$

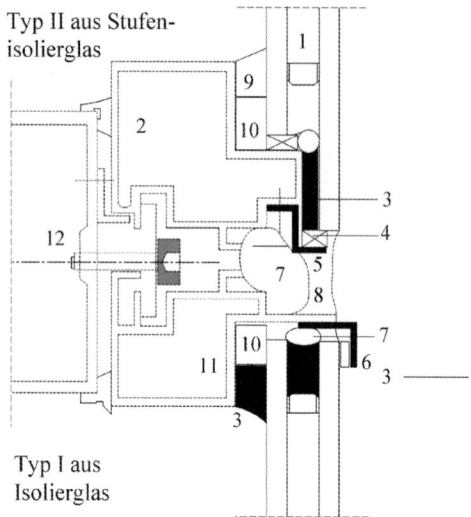

Abb. 12.25 Vertikalschnitt SSG-Fassade mit Isolierglas. *1* Isolierglas mit Randverbund, *2* Glashalterahmen, *3* Lastaufnehmende Klebung, *4* Tragklotz, *5* Mechanischer Träger Eigengewicht, *6* Mechanische Sicherung ab $h = 8\,\mathrm{m}$, *7* Hinterfüllmaterial, *8* Äußere Versiegelung, *9* Nachträgliche Versiegelung, *10* Abstandhalter, *11* Antihaftfolie, *12* Fassadenunterkonstruktion

SSG-Fassaden werden nach Art und Weise der Lastabtragung unterteilt in vier Kategorien (Abb. 12.24). Die Typen III und IV sind dadurch gekennzeichnet, dass sowohl die Windlasten als auch das Eigengewicht über die tragende Silikonklebung abgetragen werden. Zusätzlich können mechanische Sicherungen erforderlich sein, die ein Herausfallen der Scheiben bei Versagen der Klebung verhindern. Für die Varianten III und IV kann nur Einfachglas verwendet werden. In Deutschland sind nur die Kategorien I und II zulässig, bei denen das Eigengewicht der Verglasung nicht über die Klebung abgetragen wird (Abb. 12.25). Tafel 12.33 listet zulässige Spannungen und Dehnungen zur Bemessung der Klebfuge.

12.11 Bauaufsichtliche Regelungen im Glasbau

Rechtsgrundlage des Bauordnungsrechtes sind die Bauordnungen der Länder, die landesspezifisch auf der Grundlage der Musterbauordnung (MBO) der Bauministerkonferenz

Tafel 12.34 Bauprodukte und Bauarten nach MBO

	Definition
Bauprodukte § 2 (9) MBO	Bauprodukte sind Baustoffe, Bauteile und Anlagen, die hergestellt werden, um dauerhaft in bauliche Anlagen eingebaut zu werden beziehungsweise aus Baustoffen und Bauteilen vorgefertigte Anlagen, die hergestellt werden, um mit dem Erdboden verbunden zu werden …
	Zum Beispiel Basisprodukte wie Floatglas, Gussglas aus Kalk-Natronsilicatglas, Veredelungsprodukte wie Einscheiben-Sicherheitsglas (ESG) oder Verbund-Sicherheitsglas (VSG) sowie vorgefertigte absturzsichernde Verglasungen
Bauarten § 2 (10) MBO	Bauarten bezeichnen das Zusammenfügen von Bauprodukten zu baulichen Anlagen oder Teilen von baulichen Anlagen.
	Zum Beispiel linienförmig gelagerte Verglasungen

zur Vereinheitlichung des Bauordnungsrechtes verfasst wurden und sich daher im Detail unterscheiden können. Nach § 3 MBO sind bauliche Anlagen sowie ihre einzelnen Teile so anzuordnen, zu errichten und instand zu halten, dass die öffentliche Sicherheit und Ordnung, insbesondere Leben und Gesundheit nicht gefährdet werden. Bauprodukte und Bauarten nach MBO (Tafel 12.34) sind diesem Grundsatz folgend zu wählen. Die Kenntnis über deren aktuellen Regelungsstand ist gerade in der Planungsphase wichtig, da nicht alle Glasprodukte und Glaskonstruktionen bauaufsichtlich geregelt und damit bauaufsichtlich eingeführt sind. Nichtgeregelte Bauprodukte und Bauarten sind jedoch nicht von einer Nutzung ausgeschlossen, sofern ein entsprechender Verwendbarkeits- bzw. Anwendbarkeitsnachweis vorliegt.

Die Anwendbarkeit von Bauprodukten (§ 17 MBO) und in Ausnahmen auch die Verwendbarkeit von Bauarten (§ 21 MBO) wird dokumentiert in der Bauregelliste (BRL), die vom Deutschen Institut für Bautechnik (DIBt) herausgegeben und jährlich aktualisiert wird. Die BRL gibt über die Teile A, B und C Auskunft über Bauprodukte und Bauarten, an die aus baurechtlicher Sicht Anforderungen bezüglich der Anwendbarkeit beziehungsweise der Verwendbarkeit gestellt werden, sowie über die dazu geltenden technischen Regeln. Eine Übersicht über Bauprodukte und Bauarten und deren Einordnung in die BRL gibt Tafel 12.35.

Eine weitere Hilfestellung zur Unterscheidung der Bauprodukte nach MBO und insbesondere zur Vorgehensweise bei Verwendung nicht geregelter Bauprodukte zeigt Tafel 12.36.

Geregelte Bauprodukte nach BRL A Teil 1, die nicht oder nicht wesentlich von der Produktnorm abweichen, dürfen ohne Einschränkung bei Dokumentation über das Ü-Zeichen verwendet werden. Tafel 12.37 listet die aktuell in der BRL geführten geregelten Bauprodukte aus Glas.

Tafel 12.35 Einordnung von Bauprodukten und Bauarten

Musterbauordnung

Bauprodukte					Bauarten		
Bauprodukte nach BRL			Sonstige[e]	Nicht geregelte Bauprodukte	BRL A Teil 3[f]	Nach Technischen Baubestimmungen (DIN-Norm, Technische Regel) gemäß MLTB[g]	Nicht geregelte Bauart
BRL A		BRL B[c]	Liste C[d]				
Teil 1[a]	Teil 2[b]						

[a] BRL A Teil 1: Geregelte Bauprodukte;

[b] BRL A Teil 2: nicht geregelte Bauprodukte, anstelle einer allgemeinen bauaufsichtlichen Zulassung nur allgemeines bauaufsichtliches Prüfzeugnis erforderlich;

[c] BRL B: Bauprodukte mit CE-Kennzeichnung nach harmonisierten europäischen Normen, Überprüfung des Regelungsstandes anhand Technischer Baubestimmungen;

[d] Liste C: Bauprodukte ohne Technische Baubestimmungen oder allgemein anerkannte Regeln, Erfüllung bautechnischer Anforderungen untergeordnet, Verwendung wie geregelte Bauprodukte;

[e] Sonstige Bauprodukte: Bauprodukte mit allgemein anerkannte Regeln der Technik, nicht in BRL A Teil 1 geführt, Verwendung wie geregelte Bauprodukte;

[f] BRL A Teil 3: nicht geregelte Bauart, anstelle einer allgemeinen bauaufsichtlichen Zulassung nur allgemeines bauaufsichtliches Prüfzeugnis erforderlich;

[g] Bauart nach technischen Baubestimmungen: geregelte Bauart.

Tafel 12.36 Bauprodukte nach MBO

National					Europäisch
Geregelte Bauprodukte	Nicht geregelte Bauprodukte			Sonstige	Nach harmonisierten europäischen Normen oder mit ETA[e]
	Allgemein	Keine erheblichen Anforderungen oder allgemein anerkannte Prüfverfahren	Bauprodukte mit bauaufsichtlich untergeordneter Bedeutung		
BRL[a] A Teil 1	–	BRL A Teil 2	Liste C	Allgemein anerkannte Regeln der Technik	BRL B
Technische Regeln	ZiE[b] oder abZ[c]	abP[d]	kein Verwendbarkeitsnachweis		Technische Regeln und Verwendungsbeschränkung
Nachweis der Übereinstimmung (Ü-Zeichen)			Kein Nachweise der Übereinstimmung (kein Ü-Zeichen)		Nachweis der Konformität (CE-Zeichen)

[a] BRL: Bauregelliste,

[b] ZiE: Zustimmung im Einzelfall,

[c] abZ: allgemeine bauaufsichtliche Zulassung,

[d] abP: allgemeines bauaufsichtliches Prüfzeugnis,

[e] ETA: European Technical Approval (Europäische Technische Zulassung)

Tafel 12.37 Auszug aus der Bauregelliste A Teil 1

Lfd. Nr.	Bauprodukt	Technische Regel	Übereinstimmungsnachweis	Verwendbarkeitsnachweis[a]
1	2	3	4	5
11.1	Das Bauprodukt „Spiegelglas" ist in der Liste (2008/1) gestrichen			
11.2	Das Bauprodukt „Gussglas" ist in der Liste (Ausgabe 2008/1) gestrichen.			
11.3	Das Bauprodukt „Profilbauglas" ist in der Liste (Ausgabe 2003/2) gestrichen.			
11.4.1	Das Bauprodukt „Einscheiben-Sicherheitsglas (ESG)" ist in der Liste (Ausgabe 2008/1) gestrichen.			
11.4.2	Das Bauprodukt „Heißgelagertes Einscheiben-Sicherheitsglas (ESG-H)" ist in der Liste (Ausgabe 2007/1) gestrichen.			
11.5.1	Das Bauprodukt „Luftgefülltes Mehrscheiben-Isolierglas ohne Beschichtung, Typ 1" ist in der Liste (Ausgabe 2002/3) gestrichen.			
11.5.2	Das Bauprodukt „Luftgefülltes Mehrscheiben-Isolierglas ohne Beschichtung" ist in der Liste (Ausgabe 2008/1) gestrichen.			
11.6	Das Bauprodukt „Gasgefülltes Mehrscheiben-Isolierglas ohne und mit Beschichtung" ist in der Liste (Ausgabe 2008/1) gestrichen.			
11.7	Das Bauprodukt „Luftgefülltes Mehrschieben-Isolierglas mit Beschichtung" ist in der Liste (Ausgabe 2008/1) gestrichen.			
11.8	Das Bauprodukt „Verbund-Sicherheitsglas mit PVB-Folie" ist in der Liste (Ausgabe 2008/1) gestrichen.			
11.9	Vorgefertigte absturzsichernde Verglasung	DIN 18008-4:2013-07 mit Ausnahme Anhang A, Anhang D (bei versuchstechnisch ermittelter Tragfähigkeit) und Anhang E	ÜH[a]	Z[d]

Tafel 12.37 (Fortsetzung)

Lfd. Nr.	Bauprodukt	Technische Regel	Überein-stimmungs-nachweis	Verwend-barkeits-nachweis[a]
1	2	3	4	5
11.10	Basiserzeugnisse aus Kalk-Natronsilicatglas nach EN 572-9 – Floatglas – Poliertes Drahtglas – Gezogenes Flachglas – Ornamentglas – Drahtornamentglas – Profilbauglas für Verwendung nach der Normenreihe DIN 18008 sowie für Gewächshäuser nach Liste der Technischen Baubestimmungen, lfd. Nr. 2.7.7	Anlage 11.5 der BRL A	ÜH	Z
11.11	Beschichtetes Glas nach EN 1096-4 für Verwendung nach der Normenreihe DIN 18008 sowie für Gewächshäuser nach Liste der Technischen Baubestimmungen, lfd. Nr. 2.7.7	Anlage 11.6 der BRL A	ÜH	Z
11.12	Thermisch vorgespanntes Kalknatron-Einscheiben-Sicherheitsglas nach EN 12150-2 für Verwendung nach der Normenreihe DIN 18008 sowie für Gewächshäuser nach Liste der Technischen Baubestimmungen, lfd. Nr. 2.7.7	Anlage 11.7 der BRL A	ÜH	Z
11.13	Heißgelagertes Kalknatron-Einscheibensicherheitglas (ESG-H)	Anlage 11.11 der BRL A	ÜZ[c]	Z
11.14	Verbund-Sicherheitsglas mit PVB-Folie nach EN 14449 für Verwendung nach der Normenreihe DIN 18008 sowie für Gewächshäuser nach Liste der Technischen Baubestimmungen, lfd. Nr. 2.7.7	Anlage 11.8 der BRL A	ÜHP[b]	Z
11.15	Verbundglas nach EN 14449 für Verwendung nach der Normenreihe DIN 18008 sowie für Gewächshäuser nach Liste der Technischen Baubestimmungen, lfd. Nr. 2.7.7	Anlage 11.9 der BRL A	ÜH	Z
11.16	Mehrscheiben-Isolierglas nach EN 1279 für Verwendung nach der Normenreihe DIN 18008 sowie für Gewächshäuser nach Liste der Technischen Baubestimmungen, lfd. Nr. 2.7.7	Anlage 11.10 der BRL A	ÜH	Z
11.17	Vorgefertigte begehbare Verglasung	DIN 18008-5:2013-07, mit Ausnahme Anhang A	ÜH	Z

[a] Übereinstimmungserklärung des Herstellers (§ 23 MBO).
[b] Übereinstimmungserklärung des Herstellers nach Prüfung des Bauproduktes durch eine anerkannte Prüfstelle (§ 23 MBO).
[c] Übereinstimmungszertifikat durch eine anerkannte Prüfstelle (§ 24 MBO).
[d] Allgemeine bauaufsichtliche Zulassung (§ 18 MBO).

Tafel 12.38 Auszug aus der Bauregelliste A Teil 2

Lfd. Nr.	Bauprodukt	Verwendbarkeits-nachweis	Anerkanntes Prüfverfahren nach	Übereinstimmungs-nachweis
1	2	3	4	5
2.43.1	Vorgefertigte absturzsichernde Verglasung mit versuchstechnisch ermittelter Tragfähigkeit unter stoßartiger Einwirkung	P	DIN 18008-4:2013-07, nach Anhang A, Anhang D und Anhang E; zusätzlich gilt: Anlage 23	ÜH
2.43.2	Punkthalter ohne Kugelgelenk mit versuchstechnisch ermittelter Tragfähigkeit	P	DIN 18008-3:2013-07, Anhang D	ÜH
2.43.3	Vorgefertigte begehbare Verglasungen mit versuchstechnisch ermittelter Tragfähigkeit unter stoßartiger Einwirkung und Resttragfähigkeit	P	DIN 18008-5:2013-07, Anhang A	ÜH
2.43	Das Bauprodukt „Vorgefertigte absturzsichernde Verglasung" wird unter lfd. Nr. 2.43.1 aufgeführt.			

[a] Allgemeines bauaufsichtliches Prüfzeugnis (§ 19 MBO).
[b] Übereinstimmungserklärung des Herstellers (§ 23 MBO).

Tafel 12.39 Auszug aus der Bauregelliste B Teil 1

Lfd. Nr.	Bausatz	Zulassungsleitlinie	In Abhängigkeit vom Verwendungszweck erforderliche Stufen und Klassen
1	2	3	4
1.11.1	Basiserzeugnisse aus Kalk-Natronsilicatglas (Floatglas, Poliertes Drahtglas, gezogenes Flachglas Ornamentglas, Drahtornamentglas, Profilbauglas)	EN 572-9:2004 in Deutschland umgesetzt durch DIN EN 572-9:2005-01	Anlage 01 der BRL B
1.11.2	Beschichtetes Glas	EN 1096-4:2004 in Deutschland umgesetzt durch DIN EN 1096-4:2005-01	Anlagen 01 der BRL B
1.11.3	Das Bauprodukt „Borosilicatgläser" ist in der Liste (Ausgabe 2015/1) gestrichen		
1.11.4	Das Bauprodukt „Glaskeramik" ist in der Liste (Ausgabe 2015/1) gestrichen		
1.11.5	Teilvorgespanntes Kalknatronglas	EN 1863-2:2004 in Deutschland umgesetzt durch DIN EN 1863-2:2005-01	Anlage 01 der BRL B
1.11.6	Thermisch vorgespanntes Kalknatron-Einscheibensicherheitsglas	EN 12150-2:2004 in Deutschland umgesetzt durch DIN EN 12150-2:2005-01	Anlage 01 der BRL B
1.11.7	Das Bauprodukt „Chemisch vorgespanntes Kalknatronglas" ist in der Liste (Ausgabe 2015/1) gestrichen		
1.11.8	Das Bauprodukt „Thermisch vorgespanntes Borosilikat-Einscheibensicherheitsglas" ist in der Liste (Ausgabe 2015/1) gestrichen		
1.11.9	Das Bauprodukt „Erdalkali-Silicatglas" ist in der Liste (Ausgabe 2015/1) gestrichen		
1.11.10	Mehrscheiben-Isolierglas	EN 1279-5:2005+A2:2010 in Deutschland umgesetzt durch DIN EN 1279-5:2010-11	Anlagen 01 der BRL B
1.11.11	Verbundglas und Verbund-Sicherheitsglas	EN 14449:2005 in Deutschland umgesetzt durch DIN EN 14449:2005-07	Anlage 01 der BRL B
1.11.12	Heißgelagertes thermisch vorgespanntes Kalknatron-Einscheibensicherheitsglas	EN 14179-2:2005 in Deutschland umgesetzt durch DIN EN 14179-2:2005-08	Anlage 01 der BRL B
1.11.13	Das Bauprodukt „Thermisch vorgespanntes Erdalkali-Silicat-Einscheibensicherheitsglas" ist in der Liste (Ausgabe 2015/1) gestrichen		
1.11.14	Glassteine und Betongläser	EN 1051-2:2007 in Deutschland umgesetzt durch DIN EN 1051-2:2007-12	Anlage der BRL B
2.4.4.13	Silikonklebstoffe für geklebte Glaskonstruktionen	ETAG 002, Teil 1	Anlage 01 der BRL B
3.4.4.13	Geklebte Glaskonstruktionen	ETAG 002, Teile 1, 2 und 3	Anlage 01 der BRL B

Tafel 12.40 Auszug aus der Liste der Technischen Baubestimmungen

Lfd. Nr.	Bezeichnung	Titel	Ausgabe
1	2	3	4
2.6.6	DIN 18008	Glas im Bauwesen – Bemessungs- und Konstruktionsregeln	
	-1, Anlagen 2.6/7 E, 2.6/8	– Teil 1: Begriffe und allgemeine Grundlagen	2010-12
	-2, Anlagen 2.6/7 E, 2.6/8 und 2.6/9	– Teil 2: Linienförmig gelagerte Verglasungen	2010-12
	-3, Anlagen 2.6/7 E, 2.6/8	– Teil 3: Punktförmig gelagerte Verglasungen	2013-07
	-4, Anlagen 2.6/7 E, 2.6/8	– Teil 4: Zusatzanforderungen und absturzsichernde Verglasungen	2013-07
	-5, Anlagen 2.6/7 E, 2.6/8	– Teil 5: Zusatzanforderungen an begehbare Verglasungen	2013-07
2.7.7	DIN V 11535-1, Anlagen 2.6/7 E und 2.6/8	Gewächshäuser; Teil 1: Ausführung und Berechnung	1998-02

Tafel 12.41 Nachweise der Verwendbarkeit für nicht geregelte Bauprodukte und Bauarten

	Allgemeine bauaufsichtliche Zulassung § 18 MBO	Allgemeines bauaufsichtliches Prüfzeugnis § 19 MBO	Zustimmung im Einzelfall § 20 MBO
Zuständige Behörde	Deutsches Institut für Bautechnik (DIBt)	Durch Oberste Bauaufsichtsbehörde baurechtlich anerkannte Prüfstelle § 25 MBO	Oberste Bauaufsichtsbehörde
Antragsgegenstand	Nicht geregelte Bauprodukte und Bauarten mit Verwendbarkeitsnachweis nach § 3 MBO[a]	Nicht geregelte Bauprodukte und Bauarten mit Verwendbarkeitsnachweis nach § 3 MBO[a,b]	Nicht geregelte Bauprodukte und Bauarten mit Verwendbarkeitsnachweis nach § 3 MBO[a,c]
Dauer	In der Regel 5 Jahre	In der Regel 5 Jahre	Einmalig für beantragtes Bauvorhaben

[a] Vergleiche auch BRL A.

[b] Bauprodukte, deren Verwendung nicht der Erfüllung erheblicher Anforderungen an die Sicherheit baulicher Anlagen dienen oder Bauprodukte, die nach allgemein anerkannten Prüfverfahren beurteilt werden.

[c] Bauprodukte nach BauPG oder sonstigen Vorschriften der EU.

BRL A Teil 2 führt nicht geregelte Bauprodukte aus Glas, deren Verwendung ein allgemeines bauaufsichtliches Prüfzeugnis (abP) erfordert (Tafel 12.38). Die Übereinstimmung mit dem Prüfzeugnis zeigt ebenfalls das Ü-Zeichen.

In der BRL B Teil 1 (Tafel 12.39) werden Bauprodukte nach harmonisierten europäischen Normen aufgeführt, deren Übereinstimmung mit der Produktnorm über das CE-Zeichen dokumentiert wird. Dieser Nachweis bezieht sich allerdings nur auf die Zusammensetzung und die Eigenschaften des Produktes. Dessen geregelte Anwendung erfordert jedoch eine gelistete technische Baubestimmung in BRL, andernfalls ist das Produkt baurechtlich nicht geregelt und benötigt eine AbZ oder ZiE zur Anwendung.

Über die Musterliste der Technische Baubestimmungen (MLTB) werden geregelte Bauarten sowie die dazugehörigen technischen Regeln für Planung, Bemessung und Konstruktion baulicher Anlagen bekannt gemacht. Auf dieser Basis wird, je Bundesland, eine individuelle Liste der Technischen Baubestimmungen (LTB) erstellt, deren Umsetzung zeitlich und inhaltlich voneinander abweichen kann.

Tafel 12.41 erläutert in Kürze mögliche Nachweise der Verwendbarkeit für nicht geregelte Bauprodukte und Bauarten.

Literatur

1. Petzold, A.; Marusch, H.; Schramm, B.: Der Baustoff Glas: Grundlagen, Eigenschaften, Erzeugnisse, Glasbauelemente, Anwendungen. Berlin: Verlag für Bauwesen, 1990.

2. Schittich, C.; Staib, G.; Balkow, D.; Schuler, M.; Sobek, W.: Glasbau Atlas, 2. Auflage. Basel: Birkhäuser, 2006.

3. Schneider, J.; Kuntsche, J.; Schula, S.; Schneider, F.; Wörner, J.-D.: Glasbau. Grundlagen, Berechnung, Konstruktion. 2. Auflage. Berlin: Springer, 2016.

4. Sedlacek, G.; Blank, K.; Laufs, W.; Güsgen, J.: Glas im Konstruktiven Ingenieurbau. Berlin: Ernst & Sohn, 1999.

5. Siebert, G.; Maniatis, I.: Tragende Bauteile aus Glas: Grundlagen, Konstruktion, Bemessung, Beispiele. 2. Auflage. Berlin: Ernst & Sohn, 2012.

6. Wagner, E.: Glasschäden. 4. überarbeitete und erweiterte Auflage. Bad Wörishofen: Holzmann Medien, 2012.

7. Weller, B.; Härth, K.; Tasche, S.; Unnewehr, S.: Konstruktiver Glasbau. Grundlagen, Anwendung, Beispiele. München: Institut für internationale Architektur-Dokumentation, 2008.

8. Weller, B; Krampe, P.; Reich, S.: Glasbau-Praxis. Konstruktion und Bemessung. Band 1: Grundlagen. 3. Auflage. Berlin: Bauwerk Beuth, 2013.

9. Weller, B; Engelmann, M.; Nicklisch, F.; Weimar, T.: Glasbau-Praxis. Konstruktion und Bemessung. Band 2: Beispiele nach DIN 18008. 3. Auflage. Berlin: Bauwerk Beuth, 2013.

10. Wurm, J.: Glas als Tragwerk. Entwurf und Konstruktion selbsttragender Hüllen. Basel: Birkhäuser, 2007.

11. Bauregelliste A, Bauregelliste B und Liste C. Ausgabe 2015/2. DIBt Mitteilungen. Berlin: Ernst & Sohn 2015.

12. Musterbauordnung (MBO). Fassung November 2002. Berlin: Informationssystem Bauministerkonferenz 2002.

13. Muster-Liste der Technischen Baubestimmungen (MLTB). Fassung Juni 2015. Berlin: Informationssystem Bauministerkonferenz 2015.

14. Grundsätze für die Prüfung und Zertifizierung der bedingten Betretbarkeit oder Durchsturzsicherheit von Bauteilen bei Bau- oder Instandsetzungsarbeiten. Ausgabe Februar 2001. Frankfurt am Main: Hauptverband der gewerblichen Berufsgenossenschaften 2001.

Geotechnik

Prof. Dr.-Ing. Christian Moormann

Inhaltsverzeichnis

13.1 Technische Baubestimmungen 903
13.2 Geotechnische Kategorien 906
13.3 Geotechnische Untersuchungen 906
13.4 Geotechnische Kennwerte 911
13.5 Bodenklassifikation für bautechnische Zwecke
    nach DIN 18196 916
13.6 Sicherheitsnachweise im Erd- und Grundbau
    nach DIN EN 1997-1 (09.09)-„Eurocode 7" 922
    13.6.1 Einleitung 922
    13.6.2 Allgemeine Regelungen 922
    13.6.3 Bemessungssituation 923
    13.6.4 Bemessungswerte für Einwirkungen und Wider-
         stände 924
13.7 Flach- und Flächengründungen 926
    13.7.1 Abgrenzung und Schutzanforderungen 926
    13.7.2 Bemessungsgrundlagen 926
    13.7.3 Vereinfachter Sohldrucknachweis in Regelfällen . 926
    13.7.4 Nachweis der Tragfähigkeit 928
    13.7.5 Nachweis der Gebrauchstauglichkeit 934
13.8 Pfahlgründungen 939
    13.8.1 Abgrenzung, Schutzanforderungen und Untersu-
         chungen 939
    13.8.2 Bemessungsgrundlagen 939
    13.8.3 Nachweis der Tragfähigkeit
         (Belastung in Richtung der Pfahlachse) 940
    13.8.4 Nachweis der Tragfähigkeit
         (Belastung quer zur Pfahlachse) 944
    13.8.5 Nachweis der Gebrauchstauglichkeit 944
13.9 Erddruck 945
    13.9.1 Ermittlung des Erddruckes 945
    13.9.2 Zwischenwerte und Sonderfälle des Erddrucks . . 949
    13.9.3 Erddruckansatz in bautechnischen Berechnungen 950
13.10 Verankerungen mit Verpressankern 951
    13.10.1 Abgrenzung, Schutzanforderungen und Untersu-
         chungen 951
    13.10.2 Bemessungsgrundlagen 951
    13.10.3 Nachweis der Tragfähigkeit 952
    13.10.4 Nachweis der Gebrauchstauglichkeit 953
13.11 Baugruben 953
    13.11.1 Abgrenzung, Anforderungen und Untersuchungen 953
    13.11.2 Bemessungsgrundlagen 955
    13.11.3 Statische Berechnung 956
    13.11.4 Nachweise der Tragfähigkeit 964
    13.11.5 Nachweis der Gebrauchstauglichkeit 967
    13.11.6 Baugruben neben Bauwerken 967
13.12 Böschungen, Dämme und Stützbauwerke 970
    13.12.1 Abgrenzung, Anforderungen und Untersuchungen 970
    13.12.2 Bemessungsgrundlagen 970
    13.12.3 Nachweise der Tragfähigkeit 971
    13.12.4 Nachweis der Gebrauchstauglichkeit 974
13.13 Grundwasserhaltungen 975
    13.13.1 Abgrenzung, Entwurfskriterien und Untersuchun-
         gen 975
    13.13.2 Bemessungsgrundlagen 976
    13.13.3 Offene Wasserhaltung 978
    13.13.4 Brunnenabsenkung 978
    13.13.5 Grundwasserabsperrung 979
13.14 Dränung zum Schutz baulicher Anlagen 980
13.15 Erdbau 982
    13.15.1 Boden- und Felsklassen nach DIN 18300
         und ZTVE-StB 982
    13.15.2 Frostempfindlichkeitsklassen nach ZTVE-StB . . 985
    13.15.3 Klassifizierung kontaminierter Böden 985
    13.15.4 Verdichtung nach ZTVE-StB 985

C. Moormann ✉
Institut für Geotechnik, Universität Stuttgart, Pfaffenwaldring 35,
70569 Stuttgart, Deutschland

© Springer Fachmedien Wiesbaden GmbH 2018
U. Vismann (Hrsg.), *Wendehorst Bautechnische Zahlentafeln*, https://doi.org/10.1007/978-3-658-17936-6_13

13.1 Technische Baubestimmungen

Grundsätzliche Normen

DIN 1054	12.10	Baugrund; Sicherheitsnachweise im Erd- und Grundbau – Ergänzende Regelungen zu DIN EN 1997-1 mit DIN 1054/A1:08.12 und DIN 1054/A2:11.15
DIN EN 1990	12.10	Eurocode: Grundlagen der Tragwerksplanung
DIN EN 1991	12.10	Eurocode 1: Einwirkungen auf Tragwerke
DIN EN 1997-1	03.14	Eurocode 7: Entwurf, Berechnung und Bemessung in der Geotechnik, Teil 1: Allgemeine Regeln
DIN EN 1997-1/NA	12.10	Eurocode 7: Teil 1: Allgemeine Regeln – National festgelegte Parameter
DIN EN 1997-2	10.10	Eurocode 7: Entwurf, Berechnung und Bemessung in der Geotechnik, Teil 2: Erkundung und Untersuchung des Baugrundes
DIN EN 1997-2/NA	12.10	Eurocode 7: Teil 2: Untersuchung des Baugrundes – National festgelegte Parameter

Baugrunderkundung

DIN 4020	12.10	Geotechnische Untersuchungen für bautechnische Zwecke – Ergänzende Regelungen zu DIN EN 1997-2
DIN 4021	10.90	Baugrund; Aufschluss durch Schürfe und Bohrungen sowie Entnahme von Proben
DIN 4023	02.06	Zeichnerische Darstellung der Ergebnisse von Bohrungen und sonstigen direkten Aufschlüssen
DIN 4094-2	03.05	Baugrund, Felduntersuchungen, Teil 2: Bohrlochrammsondierung
DIN 4094-4	01.02	Baugrund, Felduntersuchungen, Teil 4: Flügelscherversuche
DIN EN ISO 14688-1	12.13	Benennung, Beschreibung und Klassifizierung von Boden – Teil 1: Benennung und Beschreibung
DIN EN ISO 14688-2	12.13	Benennung, Beschreibung und Klassifizierung von Boden – Teil 2: Grundlagen für Bodenklassifizierungen
DIN EN ISO 14689-1	06.11	Benennung, Beschreibung und Klassifizierung von Fels – Teil 1: Benennung und Beschreibung
DIN EN ISO 22475-1	01.07	Probenentnahmeverfahren und Grundwassermessungen – Teil 1: Technische Grundlagen der Ausführung
DIN EN ISO 22282-1	09.12	Geohydraulische Versuche – Teil 1: Allgemeine Regeln
DIN EN ISO 22282-1	09.12	Geohydraulische Versuche – Teil 2: Wasserdurchlässigkeitsversuche in einem Bohrloch unter Anwendung offener Systeme
DIN EN ISO 22282-3	09.12	Geohydraulische Versuche – Teil 3: Wasserdruckversuche in Fels
DIN EN ISO 22282-4	09.12	Geohydraulische Versuche – Teil 4: Pumpversuche
DIN EN ISO 22282-5	09.12	Geohydraulische Versuche – Teil 5: Infiltrometerversuche
DIN EN ISO 22282-6	04.08	Geohydraulische Versuche – Teil 6: Wasserdurchlässigkeitsversuche im Bohrloch unter Anwendung geschlossener Systeme
DIN EN ISO 22476-1	10.13	Felduntersuchungen – Teil 1: Drucksondierungen mit elektrischen Messwertaufnehmern und Messeinrichtungen für den Porenwasserdruck
DIN EN ISO 22476-2	03.12	Felduntersuchungen – Teil 2: Rammsondierungen
DIN EN ISO 22476-3	03.12	Felduntersuchungen – Teil 3: Standard Penetration Test
DIN EN ISO 22476-4	03.13	Felduntersuchungen – Teil 4: Pressiometerversuch nach Ménard
DIN EN ISO 22476-5	03.13	Felduntersuchungen – Teil 5: Versuch mit dem flexiblen Dilatometer
DIN EN ISO 22476-7	03.13	Felduntersuchungen – Teil 7: Seitendruckversuch
DIN EN ISO 22476-12	10.09	Felduntersuchungen – Teil 12: Drucksondierungen mit mechanischen Messwertaufnehmern
DIN ISO/TS 22476-10	08.05	Felduntersuchungen – Teil 10: Gewichtssondierung
DIN ISO/TS 22476-11	08.05	Felduntersuchungen – Teil 11: Flachdilatometerversuch
DIN 18196	05.11	Erd- und Grundbau; Bodenklassifikation für bautechnische Zwecke

Berechnungsnormen

DIN 4017	03.06	Baugrund-Berechnung des Grundbruchwiderstandes von Flachgründungen
DIN 4017 (Beiblatt 1)	11.06	Baugrund-Berechnung des Grundbruchwiderstands von Flachgründungen – Berechnungsbeispiele
DIN 4018	09.74	Berechnung des Sohldruckes unter Flachgründungen mit Beiblatt 1 (05.81)
DIN 4019	05.15	Setzungsberechnung
DIN 4084	01.09	Geländebruchberechnungen
DIN 4085	10.16	Berechnung des Erddruckes mit Beiblatt 1 (12.11)

Gründungselemente und Gründungsverfahren

DIN 4093	11.15	Bemessung von verfestigten Bodenkörpern – Hergestellt mit Düsenstrahl-, Deep-Mixing- oder Injektions-Verfahren
DIN EN ISO 18674-1	09.15	Geotechnische Erkundung und Untersuchung – Geotechnische Messungen – Teil 1: Allgemeine Regeln
DIN EN ISO 18674-2	03.17	– ; Teil 2: Verschiebungsmessungen entlang einer Messlinie: Extensometer
DIN 4107-3	03.11	Geotechnische Messungen – Teil 3: Inklinometer- und Deflektometermessungen
DIN 4107-4	02.12	– ; Teil 4: Druckkissenmessungen
DIN 4123	04.13	Ausschachtungen, Gründungen und Unterfangungen im Bereich bestehender Gebäude
DIN 4124	01.12	Baugruben und Gräben; Böschungen, Verbau, Arbeitsraumbreiten
DIN 4126	09.13	Ortbetonschlitzwände; Nachweis der Standsicherheit mit Beiblatt 1 (09.13)
DIN 4127	02.14	Prüfverfahren für Stützflüssigkeiten im Schlitzwandbau und für deren Ausgangsstoffe

Europäische Ausführungsnormen Spezialtiefbau

DIN EN 1536	10.12	Bohrpfähle mit DIN SPEC 18140 (02.12)
DIN EN 1537	07.14	Verpressanker
DIN EN 1538	10.15	Schlitzwände
DIN EN 12063	05.99	Spundwandkonstruktionen
DIN EN 12699	05.01	Verdrängungspfähle mit Berichtigung 1 (11.19) mit DIN SPEC 18538 (07.15)
DIN EN 12715	10.00	Injektionen mit DIN SPEC 18187 (08.15)
DIN EN 12716	12.01	Düsenstrahlverfahren
DIN EN 14199	01.12	Pfähle mit kleinen Durchmessern (Mikropfähle) mit DIN SPEC 18539 (02.12)
DIN EN 14475	04.06	Bewehrte Schüttkörper
DIN EN 14490	11.10	Bodenvernagelung
DIN EN 14679	07.05	Tiefreichende Bodenstabilisierung mit Berichtigung 1 (09.06)
DIN EN 14731	12.05	Baugrundverbesserung durch Tiefenrüttelverfahren
DIN EN 15237	06.07	Vertikaldräns

Schutz der Bauwerke gegen Wasserangriff

DIN 4030-1	06.08	Beurteilung betonangreifender Wässer, Böden und Gase; Grundlagen und Grenzwerte
DIN 4030-2	06.08	– ; Entnahme und Analyse von Wasser- und Bodenproben

DIN 4095	06.90	Dränung zum Schutz baulicher Anlagen; Planung, Bemessung, Ausführung
DIN 18195-1	12.11	Bauwerksabdichtungen – Teil 1: Grundsätze, Definitionen, Zuordnung der Abdichtungsarten
DIN 18195-2	04.09	– Teil 2: Stoffe
DIN 18195-3	12.11	– Teil 3: Anforderungen an den Untergrund und Verarbeitung der Stoffe
DIN 18195-4	12.11	– Teil 4: Abdichtungen gegen Bodenfeuchte und nicht stauendes Sickerwasser an Bodenplatten und Wänden
DIN 18195-5	12.11	– Teil 5: Abdichtungen gegen nicht drückendes Wasser auf Deckenflächen u. in Nassräumen
DIN 18195-6	12.11	– Teil 6: Abdichtungen gegen von außen drückendes Wasser und aufstauendes Sickerwasser
DIN 18195-7	07.09	Bauwerksabdichtungen: Abdichtung gegen von innen drückendes Wasser
DIN 18195-8	12.11	–; Abdichtungen über Bewegungsfugen
DIN 18195-9	05.10	–; Durchdringungen, Übergänge, Anschlüsse
DIN 18195-10	12.11	–; Schutzschichten und Schutzmaßnahmen

Schutz der Bauwerke gegen Erschütterungen/Erdbeben

DIN 4149	04.05	Bauten in deutschen Erdbebengebieten – Lastannahmen, Bemessung und Ausführung üblicher Hochbauten
DIN EN 1998-1	12.10	Eurocode 8: Auslegung von Bauwerken gegen Erdbeben – Teil 1: Grundlagen, Erdbebeneinwirkungen und Regeln für Hochbauten
DIN EN 1998-1/NA:2011-01	01.11	Nationaler Anhang zu Eurocode 8
DIN 4150-1	06.01	Erschütterungen im Bauwesen; Grundsätze, Vorermittlung und Messung von Schwingungsgrößen
DIN 4150-2	06.99	–; Einwirkungen auf Menschen in Gebäuden
DIN 4150-3	12.16	–; Einwirkungen auf bauliche Anlagen

Untersuchung von Bodenproben (Versuchsnormen)

DIN 18121-1	04.98	Wassergehalt, Bestimmung durch Ofentrocknung
DIN 18121-2	02.12	–; Bestimmung durch Schnellverfahren
DIN 18122-1	07.97	Zustandsgrenzen (Konsistenzgrenzen); Bestimmung der Fließ- und Ausrollgrenze
DIN 18122-2	09.00	–; Bestimmung der Schrumpfgrenze
DIN 18123	04.11	Bestimmung der Korngrößenverteilung
DIN 18124	04.11	Bestimmung der Korndichte
DIN 18125-1	07.10	Bestimmung der Dichte des Bodens, Laborversuche (durch DIN EN ISO 17892-2:03.15 ersetzt)
DIN 18125-2	03.11	–; Feldversuche
DIN 18126	11.96	Bestimmung der Dichte nicht bindiger Böden bei lockerster und dichtester Lagerung
DIN 18127	09.12	Proctor-Versuch
DIN 18128	12.02	Bestimmung des Glühverlustes
DIN 18129	07.11	Kalkgehaltsbestimmung
DIN 18130-1	05.98	Bestimmung des Wasserdurchlässigkeitsbeiwertes; Laborversuche

DIN 18130-2	08.15	Bestimmung des Wasserdurchlässigkeitsbeiwertes; Feldversuche
DIN 18132	12.95	Bestimmung des Wasseraufnahmevermögens
DIN 18134	09.01	Plattendruckversuch
DIN 18135	06.99	Eindimensionaler Kompressionsversuch
DIN 18136	11.03	Bestimmung der einaxialen Druckfestigkeit
DIN 18137-1	09.02	Bestimmung der Scherfestigkeit, Begriffe und grundsätzliche Versuchsbedingungen
DIN 18137-2	04.11	–, Dreiaxialversuch
DIN 18137-3	09.02	–, Direkter Scherversuch
DIN 18141-1	05.14	Untersuchung von Gesteinsproben, Bestimmung der einaxialen Druckfestigkeit
DIN EN ISO 17892-1	03.15	Geotechnische Erkundung und Untersuchung – Laborversuche an Bodenproben – Teil 1: Bestimmung des Wassergehalts
DIN EN ISO 17892-2	03.15	–; Laborversuche an Bodenproben – Teil 2: Bestimmung der Dichte des Bodens

VOB Teil C: Allgemeine Techn. Vertragsbedingungen (ATV)

DIN 18300	09.16	Erdarbeiten
DIN 18301	09.16	Bohrarbeiten
DIN 18303	09.16	Verbauarbeiten
DIN 18304	09.16	Ramm-, Rüttel- und Verpressarbeiten
DIN 18305	09.16	Wasserhaltungsarbeiten
DIN 18308	09.16	Drän- und Versickerarbeiten
DIN 18309	09.16	Einpressarbeiten
DIN 18311	09.16	Nassbaggerarbeiten
DIN 18312	09.16	Untertagebauarbeiten
DIN 18313	09.16	Schlitzwandarbeiten mit stützenden Flüssigkeiten
DIN 18319	09.16	Rohrvortriebsarbeiten
DIN 18320	09.16	Landschaftsbauarbeiten
DIN 18321	09.16	Düsenstrahlarbeiten
DIN 18324	09.16	Horizontalspülbohrarbeiten

Empfehlungen mit normativem Charakter, herausgegeben von der Deutschen Gesellschaft für Geotechnik (Auswahl)

EAB	Empfehlungen des Arbeitskreises „Baugruben", 5. Auflage Berlin: Wilhelm Ernst & Sohn, 2012
EAU	Empfehlungen des Arbeitsausschusses „Ufereinfassungen", 11. Auflage Berlin: Ernst & Sohn, 2012
EA-Pfähle	Empfehlungen des Arbeitskreises „Pfähle", 2. Auflage Berlin: Ernst & Sohn, 2012
GDA	Empfehlungen des Arbeitskreises Geotechnik der Deponien und Altlasten, 3. Auflage Berlin: Ernst & Sohn, 1997
ETB	Empfehlungen des Arbeitskreises Tunnelbau. Berlin: Ernst & Sohn, 1995
EVB	Empfehlungen, Verformung des Baugrundes bei baulichen Anlagen, 1. Auflage, Berlin: Ernst & Sohn, 1993
EANG	Empfehlungen des Arbeitskreises „Numerik in der Geotechnik", 1. Auflage, Berlin: Ernst & Sohn, 2014
EBGEO	Empfehlungen für den Entwurf und die Berechnung von Erdkörpern mit Bewehrungen aus Geokunststoffen, 2. Auflage, Berlin: Ernst & Sohn, 2010

13

Tafel 13.1 Einstufung von Erd- und Grundbauwerken bzw. geotechn. Baumaßnahmen in geotechnische Kategorien nach DIN 4020

Geotechn. Kategorie	Schwierig-keitsgrad	Einstufungskriterien und Klassifizierungsmerkmale	Einschaltung von geotechnischen Sach-verständigen
GK 1	gering	Standsicherheit und Gebrauchstauglichkeit sowie die geotechn. Auswirkungen können aufgrund gesicherter Erfahrungen beurteilt werden	im Zweifelsfall erforderlich
GK 2	mittel	Grenzzustände sind durch rechnerische Nachweise zu untersuchen	im Regelfall hinzuziehen
GK 3	hoch	Bauobjekte mit schwieriger Konstruktion und/oder schwierigem Baugrund, erfordern vertiefte geotechnische Kenntnisse und Erfahrungen	zwingend erforderlich

13.2 Geotechnische Kategorien

In der nationalen und der europäischen Normung werden geotechnische Aufgaben in Abhängigkeit von der Komplexität von Baugrundsituation und Bauvorhaben im Hinblick auf die Mindestanforderungen an Baugrunduntersuchung, die rechnerischen Nachweise und die Überwachung der Ausführung in drei Klassen (Kategorien) eingeteilt. Sie richten sich nach der zu erwartenden Reaktion des Baugrundes, nach dem geotechnischen Schwierigkeitsgrad des Tragwerks und seiner Einflüsse auf die Umgebung. DIN 4020 bzw. Handbuch EC7-1 und EC7-2 enthalten Vorgaben bezüglich Art und Umfang der geotechnischen Untersuchungen in Abhängigkeit von der geotechnischen Kategorie (siehe Tafel 13.1).

Die Einordnung in eine geotechnische Kategorie erfolgt zu Beginn der Arbeiten vorläufig. Eine Anpassung kann im Zuge des Projektes erforderlich werden.

13.3 Geotechnische Untersuchungen

Allgemeine Anforderungen Für jede Bauaufgabe müssen der Baugrundaufbau und die Kennwerte von Boden und Fels sowie die Grundwasserverhältnisse ausreichend bekannt sein.

Für die Planung und Ausschreibung müssen die bis dahin vorhandenen Untersuchungsergebnisse für eine zuverlässige Planung der Bauleistung ausreichen.

Art und Umfang der dafür erforderlichen geotechnischen Untersuchungen werden in DIN 4020 und Handbuch EC7-2 für GK1 bis 3 mit gegenüber Tafel 13.1 erweiterten Klassifizierungsmerkmalen festgelegt.

Maßgebend für die Einstufung in GK 1 bis 3 ist jeweils das Klassifizierungsmerkmal, das den größten Schwierigkeitsgrad beschreibt. Die Einstufung ist später aufgrund der Ergebnisse der geotechnischen Untersuchungen zu überprüfen. Tabelle AA.1 des Normenhandbuchs EC 7-1 enthält Klassifizierungsmerkmale für die Einordnung unterschiedlicher geotechnischer Strukturen in die drei geotechnischen Kategorien.

Geotechnische Kategorie 1 (GK 1) liegt vor

a) bei einfachen baulichen Anlagen

   Beispiel: Setzungsunempfindliche Bauwerke mit Stützenlasten bis 250 kN und Streifenlasten bis 100 kN/m, Stützmauern und Baugrubenwände $h \leq 2,0$ m ohne hohe Geländeauflasten, Gründungsplatten, die ohne Berechnung nach empirischen Regeln bemessen werden, Gräben $h \leq 2,0$ m über dem Grundwasser,

b) bei waagerechtem oder schwach geneigtem Gelände, wenn die Baugrundverhältnisse nach gesicherten örtlichen Erfahrungen und geologischen Bedingungen als tragfähig und setzungsarm bekannt sind,

c) wenn das Grundwasser unterhalb der Aushubsohle liegt,

d) wenn das Bauwerk gegen die örtliche Seismizität unempfindlich ist,

e) wenn die Umgebung (Nachbargebäude, Verkehrswege, Leitungen usw.) durch das Bauwerk selbst oder die dafür erforderlichen Bauarbeiten nicht beeinträchtigt oder gefährdet werden kann,

f) wenn schädliche oder erschwerende äußere Einflüsse, wie benachbarte offene Gewässer, Böschungen, Auslaugungen, Erdfälle nicht zu erwarten sind.

Mindestanforderungen an die Baugrunderkundung und -untersuchung bei GK 1

- Einholen von Informationen über die allgemeinen Baugrundverhältnisse und die örtlichen Bauerfahrungen der Nachbarschaft.
- Erkunden der Boden- bzw. Gesteinsarten und ihrer Schichtung, z. B. durch Schürfe, Kleinbohrungen und Sondierungen.
- Abschätzen der Grundwasserverhältnisse vor und während der Bauausführung.
- Besichtigung der ausgehobenen Baugrube.

Art und Umfang dieser geotechn. Untersuchungen müssen eine Bestätigung der Verhältnisse nach den Aufzählungen b) bis f) ermöglichen.

Geotechnische Kategorie 2 (GK 2) liegt vor, wenn die baulichen Anlagen und geotechnischen Gegebenheiten nicht in die geotechnische Kategorie 1 eingeordnet werden können und sie wegen ihres Schwierigkeitsgrades nicht in die Kategorie 3 eingeordnet werden müssen.

Tafel 13.2 Aufschlusstiefe z_a ab Bauwerksunterkante oder Aushubsohle in Böden, **Richtwerte** nach DIN 4020 in Abhängigkeit vom Bauwerkstyp

Hoch- und Ingenieurbauten:
  $z_a \geq 3{,}0 b_F$ oder $z_a \geq 6{,}0$ m
b_F kleinere Fundamentseitenlänge
	Plattengründungen sowie mehrere Gründungskörper
	mit Überschneidung des Einflusses:
	  $z_a \geq 1{,}5 b_B$
	b_B kleinere Bauwerksseitenlänge
		Dämme:
		  $0{,}8h < z_a < 1{,}2h^a$ oder $z_a \geq 6{,}0$ m
		Einschnitte:
		  $z_a \geq 2{,}0$ m oder $z_a \geq 0{,}4\,h$

Landverkehrswege:
  $z_a \geq 2{,}0$ m unter Aushubsohle
Kanäle u. Leitungen:
  $z_a \geq 2{,}0$ m unter Aushubsohle
  $z_a \geq 1{,}5$ m $b_{Ah}{}^b$
	Baugruben (z_a ab Baugrubensohle):
	  $z_a \geq 0{,}4\,h$ oder
	  $z_a \geq$ Einbindetiefe t des Verbaus + 2,0 m
	im Wasser:
	  $z_a \geq$ Baugrubentiefe $H + 2$ m bzw. $z_a \geq t + 5$ m
		Pfähle:
		  $z_a \geq 1{,}0 b_G{}^c$ oder $z_a \geq 3 \cdot D_F$
		D_F Pfahldurchmesser

^{a} h Dammhöhe bzw. Einschnitttiefe oder Baugrubentiefe.
^{b} b_{Ah} Aushubbreite.
^{c} b_G kleinere Seite des die Pfahlgründung umschließenden Rechteckes.

Mindestanforderungen an die Baugrunderkundung und -untersuchung bei GK 2

Es sind immer direkte Aufschlüsse erforderlich. Die für Beurteilung und Berechnungen notwendigen Bodenkenngrößen müssen versuchstechnisch bestimmt werden, hilfsweise dürfen Korrelationen herangezogen werden.

Direkte Aufschlüsse sind natürliche oder künstliche Aufschlüsse, in der Regel Bohrungen, die eine Besichtigung von Böden oder Fels, die Entnahme von Boden- oder Felsproben sowie die Durchführung von Feldversuchen ermöglichen, z. B. auch Schürfe.

Geotechnische Kategorie 3 (GK 3) liegt u. a. vor

a) bei baulichen Anlagen wie Bauwerke mit besonders hohen Lasten, tiefe Baugruben, Pfahlgründungen mit besonderen Beanspruchungen, Kombinierte Pfahl-Plattengründungen (KPP), Staudämme sowie Deiche und andere Bauwerke, die durch Wasserdrücke $\Delta h > 2$ m belastet werden, Einrichtungen zur vorübergehenden oder dauernden Grundwasserabsenkung, die damit ein Risiko für benachbarte Bauten bewirken, Flugplatzbefestigungen, Hohlraumbauten, weitgespannte Brücken, Schleusen und Siele, Maschinenfundamente mit hohen dynamischen Lasten, kerntechnische Anlagen, Offshore-Bauten, Chemiewerke und Anlagen mit gefährlichen chemischen Stoffen, Deponien aller Art mit Ausnahme nicht kontaminierter Boden- und Felsaushübe, hohe Türme, Antennen, Schornsteine, Großwindanlagen,

b) bei besonders schwierigen Baugrundverhältnissen, z. B. geologisch junge Ablagerungen mit regelloser Schichtung, rutschgefährdete Böschungen, geologisch wechselhafte Formationen, quell- und schrumpffähige Böden,

c) bei gespanntem oder artesischem Grundwasser, wenn beim Ausfall der Entlastungsanlagen hydraulischer Grundbruch möglich ist,

d) bei Konstruktionen in Gebieten mit hohem Erdbebenrisiko,

e) wenn von der baulichen Anlage oder der Bauausführung besondere Gefährdungen auf die Umgebung ausgehen oder die Bauwerke selbst durch sonstige Einflüsse einer besonderen Gefährdung hinsichtlich Standsicherheit und eventuell auch Betriebssicherheit unterliegen,

f) in Bergsenkungsgebieten, Gebieten mit Erdfällen, bei unkontrolliert geschütteten Geländeauffüllungen.

Mindestanforderungen an die Baugrunderkundung und -untersuchung bei GK 3

Es ist zu prüfen, ob über den für GK2 erforderlichen Umfang hinaus weitere Untersuchungen erforderlich sind, die sich aus den besonderen Abmessungen, Eigenschaften und Beanspruchungen des Objektes oder aus Sonderfragen des Baugrundes, des Grundwassers oder der Umgebung ergeben.

Die charakteristischen Rechenwerte für Einwirkungen, Beanspruchungen und Widerstände werden unter Einschaltung eines Sachverständigen festgelegt.

Anzahl, Abstände und Tiefe der Aufschlüsse nach DIN 4020 und Handbuch EC7-2

Die Anordnung erfolgt am besten in Schnitten, beginnend an den Eckpunkten des Bauwerks. Der Umfang richtet sich nach den Vorabinformationen aus den gängigen Archivunterlagen (Geol. Karten etc.).

Grundsätzlich sollten die Aufschlüsse alle Schichten erfassen, die durch das Bauwerk beansprucht werden. Richtwerte nach DIN 4020 zur Aufschlusstiefe in Abhängigkeit von der Aufgabenstellung finden sich in Tafel 13.2.

Aufschluss durch Schürfe und Bohrungen sowie Entnahme von Proben nach DIN 4021

Diese Norm regelt Bohrverfahren, Bohrwerkzeug, Durchführung der Baugrundaufschlüsse, Entnahme von Boden- und Wasserproben, Beobachtung des Grundwassers, Anlage von Grundwassermessstellen im Baugrund, Transport und Aufbewahren der Proben. Das Bohrverfahren richtet sich danach, ob damit Proben unter Beachtung der im Einzelfall erforderlichen Güteklasse entnommen werden können. Diese sind dadurch gekennzeichnet, dass sich an ihnen laborativ bestimmte Kenngrößen und Eigenschaften ermitteln lassen. Güteklasse 1 entspricht weitgehend ungestörten, Güteklasse 5 völlig gestörten Proben.

Eine entsprechende Übersicht gibt Tafel 13.3.

Tafel 13.3 Güteklassen für Bodenproben

Güteklasse	Feststellbare Kennwerte	Symbol
1	Konsistenzgrenzen, Konsistenz	w_L, w_p, I_c
	Grenzen der Lagerungsdichte	max n, min n
	Korndichte	ϱ_s
	Organische Bestandteile	V_{gl}
	Wassergehalt	w
	Natürliche Dichte	ϱ
	Porenanteil	n
	Wasserdurchlässigkeit	k
	Steifemodul	E_s
	Scherfestigkeit	c, φ
	Korngrößenverteilung	KV
2	Kennwertbezeichnungen siehe Güteklasse 1	w_L, w_p, I_c
		max n, min n
		ϱ_s, V_{gl}, w
		ϱ, n, k, KV
3	Kennwertbezeichnungen siehe Güteklasse 1	w_L, w_p, I_c
		max n, min n
		ϱ_s, V_{gl}, w, KV
4	Kennwertbezeichnungen siehe Güteklasse 1	w_L, w_p, I_c
		max n, min n
		ϱ_s, V_{gl}, KV
5	– nur Schichtenfolge ableitbar	

Berücksichtigung der Grundwasserstände Wenn das Bauwerk einschließlich seiner Hilfsmaßnahmen in das Grundwasser hineinreicht, ist die Höhenlage der Grundwasser-Oberfläche oder Grundwasser-Druckfläche der Grundwasserstockwerke und ihre zeitliche Schwankung festzustellen (Archivinformationen, Anfrage bei den zuständigen Wasserbehörden, Einrichtung von Messpegeln).

Hinweis: Bei Dauerbauwerken muss der Planverfasser die Schwankung des Grundwasserstandes berücksichtigen und unter Berücksichtigung der Wiederkehrhäufigkeit von Hochwasserständen einen Bemessungswasserstand festlegen. Hierzu sind langjährige Messreihen oder alternative Betrachtungen erforderlich.

Benennung und Beschreibung von Boden und Fels nach DIN 4022-1 bis -3 bzw. DIN EN ISO 14688-1 Direkte Baugrundaufschlüsse sind, in der Regel vom Geotechnischen Sachverständigen, insbesondere nach Haupt- und Nebenanteil, Beschaffenheit und Farbe mithilfe visueller und manueller Unterscheidungsmerkmale in einem Schichtenverzeichnis nach DIN 4021-1 zu beschreiben.

Hauptanteil ist entweder die Bodenart, die nach Massenanteilen am stärksten vertreten ist, oder jene, die die bestimmende Eigenschaft des Bodens prägt. Haupt- und Ne-

Tafel 13.4 Benennen von Böden nach dem Korndurchmesser d (nach DIN EN ISO 14688-1, Tab. 1 und DIN 4022-1)

	Bereich (DIN EN ISO 14688-1)	Benennung (DIN EN ISO 14688-1)	Kurzzeichen DIN EN ISO 14688-1	Kurzzeichen DIN 4022-1	Korngrößenbereich [mm]	manuelle Bestimmung
	sehr grobkörniger Boden	großer Block	LBo	[-]	> 630	
		Block	Bo	Y	> 200 – 630	Kopfgröße
		Stein	Co	X	> 63 – 200	größer als Hühnereier
nicht-bindige Böden	grobkörniger Boden	Kies	Gr	G	>2 – 63	
		Grobkies	CGr	gG	> 20 – 63	kleiner Hühnerei, größer Haselnuss
		Mittelkies	MGr	mG	> 6,3 – 20	kleiner Haselnuss, größer Erbsen
		Feinkies	FGr	fG	> 2,0 – 6,3	kleiner Erbsen, größer Streichholzköpfe
		Sand	Sa	S	>0,063 – 2,0	
		Grobsand	CSa	gS	> 0,02 – 2,0	kleiner Streichholzköpfe, größer Gries
		Mittelsand	MSa	mS	> 0,2 – 0,63	wie Gries
		Feinsand	FSa	fS	> 0,063 – 0,2	wie Mehl und kleiner, aber mit bloßem Auge noch erkennbar
bindige Böden	feinkörniger Boden	Schluff	Si	U	>0,002 – 0,063	gering plastisch *trocken:* gut zu Staub zerdrückbar;
		Grobschluff	CSi	gU	> 0,02 – 0,063	*feucht:* mehlig, stumpf, brockelt;
		Mittelschluff	MSi	mU	> 0,0063 – 0,02	*im Wasser:* wird leicht zu Brei, starke Trübung des Wassers
		Feinschluff	FSi	fU	> 0,002 – 0,0063	
		Ton	Cl	T	< 0,002	ausgeprägt plastisch *trocken:* nur zu zerbrechen; *feucht:* seifig, glänzig, knetbar, vom Finger nur abzuwaschen; *im Wasser:* schwer aufzuweichen, geringe Trübung des Wassers

Tafel 13.5 Bestimmung der Konsistenz im Feldversuch nach DIN 4022-1

Konsistenzzahl	Benennung	Verhalten des Bodens in der Hand
< 0,00	flüssig	fließt aus der Hand
0,00–0,50	breiig	quillt beim Pressen in der Faust zwischen den Fingern durch
0,50–0,75	weich	lässt sich kneten
0,75–1,00	steif	schwer knetbar; zu 3 mm dicken Walzen ausrollbar, ohne zu brechen
$1 < I_c \leq I_c(w_s)$	halbfest	bröckelt und reißt beim Versuch, ihn zu 3 mm dicken Walzen auszurollen, lässt sich aber erneut zu Klumpen formen
$I_c > I_c(w_s)$	fest	spröde und hart

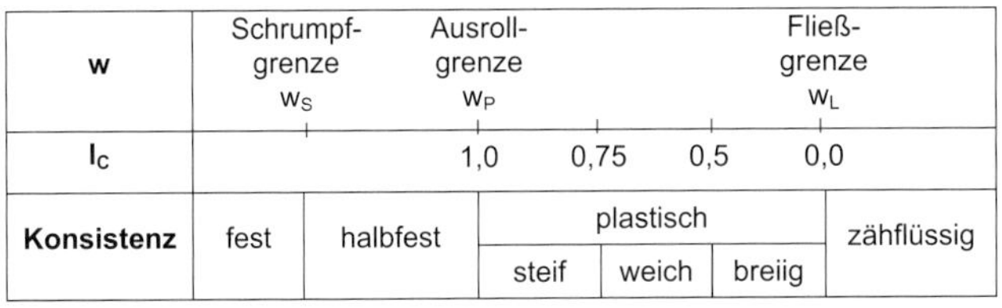

w	Schrumpf-grenze w_S	Ausroll-grenze w_P			Fließ-grenze w_L
I_c		1,0	0,75	0,5	0,0
Konsistenz	fest	halbfest	plastisch		zähflüssig
			steif	weich	breiig

Abb. 13.1 Konsistenzband zur Bestimmung der Konsistenz bindiger Böden in Abhängigkeit von der Konsistenzzahl I_C

benanteile werden nach Korngrößenunterbereichen als Kies, Sand und Schluff mit der jeweiligen Unterteilung grob, mittel, fein, sowie als Ton (Korn $\varnothing < 0{,}002\,\text{mm}$) benannt. Tafel 13.4 fasst die Regularien für das Benennen von Böden nach dem Korndurchmesser d nach DIN 4022-1 bzw. DIN EIN ISO 14688-1 zusammen.

Übergeordnet sind die Korngrößenbereiche Grobkorn (Kies und Sand) und Feinkorn (Schluff und Ton). Anstelle von grob- und feinkörnigen Böden wird auch der Begriff nichtbindige und bindige Böden benutzt.

Da bei feinkörnigen Böden das Einzelkorn nicht mehr mit bloßem Auge zu erkennen ist, können Schluff und Ton im Zuge der Feldansprache durch Reib- und Schneidversuche unterschieden werden. Tonige Böden fühlen sich im Reibversuch seifig, schluffige mehlig an. Beim Schneidversuch weisen glänzende Schnittflächen auf Ton, stumpfes Aussehen auf Schluff hin.

Bei feinkörnigen Nebenanteilen wird dem Adjektiv „tonig" oder „schluffig" das Beiwort „schwach" oder „stark" dann vorangestellt, wenn sie von besonders geringem oder besonders hohem Einfluss auf das Verhalten des Bodens sind, aber das Verhalten nicht vom Feinkornanteil geprägt wird.

Um entsprechende Unterteilungen „schwach" oder „stark" bei grobkörnigen Böden vorzunehmen, ist eine Körnungslinie (s. Abb. 13.7) erforderlich („schwach" bei weniger als 15 %, „stark" bei mehr als 30 % Massenanteil).

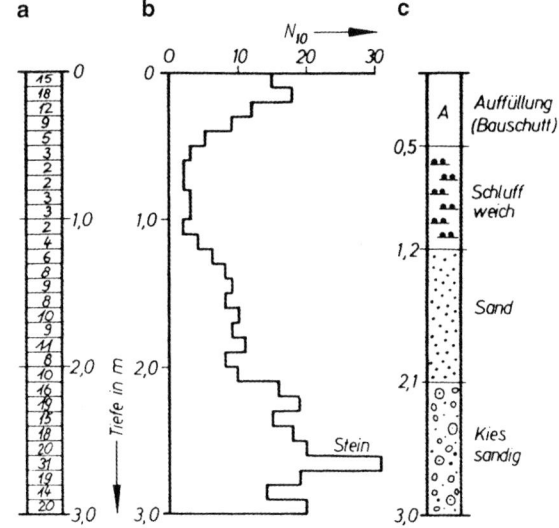

Abb. 13.2 Ergebnis einer Rammsondierung.
a Sondierprotokoll,
b Sondierdiagramm,
c zugehörige Schichtenfolge

Die Beschaffenheit feinkörniger Böden wird durch die im Labor, ersatzweise durch Handprüfung ermittelte Konsistenz nach Tafel 13.5 beschrieben (vgl. auch Abb. 13.1).

Bei der Beschreibung der Böden kann eine dunkle Färbung Hinweise auf organische Beimengungen liefern (Tafel 13.6).

Die zeichnerische Darstellung der Ergebnisse ist in DIN 4023 geregelt. Die Aufschlusspunkte sind in einem Lageplan, die Ergebnisse maßstäblich und höhengerecht in Schnitten (Säulen) mit Symbolen und Kurzzeichen der DIN 4023 darzustellen (vgl. Abb. 13.2) und ggf. durch Gruppensymbole nach DIN 18196 zu ergänzen.

Tafel 13.6 Humusgehalt bei Böden nach DIN 4022-1

Benennung	Sand und Kies		Ton und Schluff	
	Humusgehalt[a]	Farbe	Humusgehalt[a]	Farbe
schwach humos	1 bis 3	grau	2 bis 5	Mineralfarbe
humos	über 3 bis 5	dunkelgrau	über 5 bis 10	dunkelgrau
stark humos	über 5	schwarz	über 10	schwarz

[a] Massenanteil in %

Tafel 13.7 Bodenarten nach DIN 4022 und Darstellung nach DIN 4023

Benennung	Feinstkorn oder Ton	Schluff	Sand	Kies	Steine bzw. Blöcke
Korngrößenbereich in mm	< 0,002	0,002 bis 0,06	> 0,06 bis 2	> 2 bis 63	> 63 bzw. > 200
Kurzzeichen	T	U	S	G	X bzw. Y
Symbol	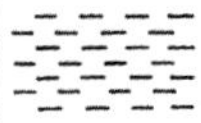				

Bei **gemischten Bodenarten** ist das Kurzzeichen des Hauptanteils in Großbuchstaben voranzustellen, die der Nebenanteile als Kleinbuchstaben in der Reihenfolge ihrer Bedeutung anzufügen. Darüber hinaus können die Nebenanteile eine zusätzliche massenbezogene Kennung erhalten (′ schwach, – oder * stark).

Beispiel

S, ū, t′: Sand, stark schluffig, schwach tonig

Erkundungen durch Sondierungen nach DIN 4094 bzw. DIN EN ISO 22476 Diese Normen regeln die indirekten Aufschlüsse des Bodens durch Rammsondierungen (DPL, DPM, DPH), Bohrlochrammsondierungen (BDP) und Drucksondierungen (CPT) (Einsatzmöglichkeiten, Durchführung der Sondierungen, Messung und Darstellung, Einflüsse auf Sondierergebnisse). Sie enthalten auch Hinweise zur Auswertung (s. Abb. 13.3 bis 13.6 als Auswahl sowie Tafel 13.9 als Beispiel).

Die Auftragung der Ergebnisse erfolgt in Sondierdiagrammen (vgl. Abb. 13.2). Sollen aus den Ergebnissen

Tafel 13.8 Umrechnungsfaktoren zwischen dem Sondierspitzendruck q_c in MN/m^2 der Drucksonde und der Schlagzahl N_{30} (Schlagzahl je 30 cm Eindringtiefe) bei Bohrlochrammsondierungen (BDP)

Bodenart	q_s/N_{30} in MN/m^2
Fein-, Mittelsand oder leicht schluffiger Sand	0,3 bis 0,4
Sand oder Sand mit etwas Kies	0,5 bis 0,6
weitgestufter Sand	0,5 bis 1,0
sandiger Kies oder Kies	0,8 bis 1,0

einer bestimmten Sondierung Kenngrößen des Baugrundes abgeleitet werden, so müssen ggf. die Ergebnisse eines Sondentyps mit denen eines anderen korreliert werden. Einen entsprechenden Zusammenhang zwischen den Ergebnissen einer Drucksondierung und einem Standard Penetration Test zeigt Tafel 13.8.

Die Schlagzahlen N_{10} einer Rammsondierung können ebenfalls in Schlagzahlen N_{30} der Bohrlochrammsondierung umgerechnet werden (vgl. bspw. Abb. 13.3).

Neben der Ableitung der Lagerungsdichte, des Reibungsverhaltens oder der Konsistenz kann aus dem Ergebnis einer Ramm- oder Standardsondierung auch der für Setzungsbe-

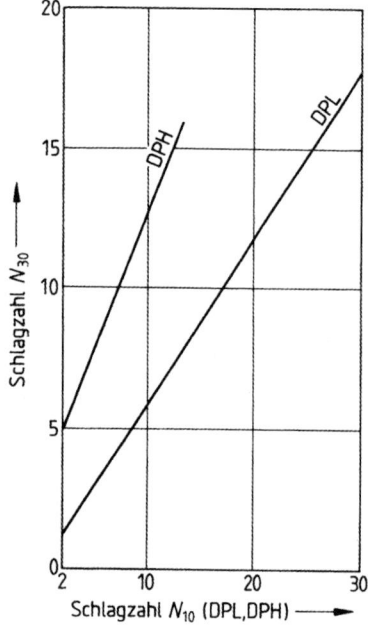

Abb. 13.3 Vergleich, zwischen den Schlagzahlen von Rammsondierungen in leicht plastischen und mittelplastischen Tonen (TL, TM)

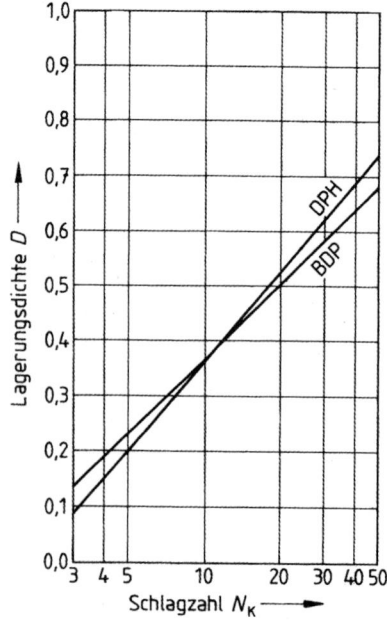

Abb. 13.4 Zusammenhang zwischen den Schlagzahlen und der Lagerungsdichte bei weitgespannten Sand-Kies-Gemischen (GW)

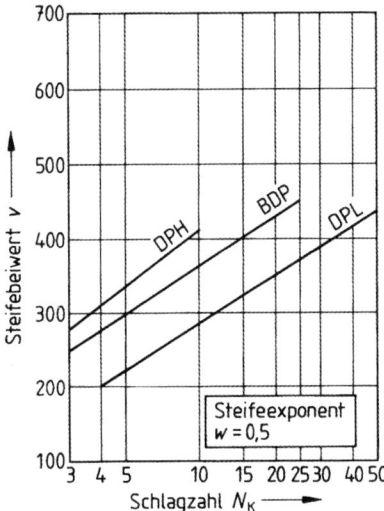

Abb. 13.5 Zusammenhang zwischen den Schlagzahlen und dem Steifebeiwert in enggestuften Sanden (SE) über Grundwasser

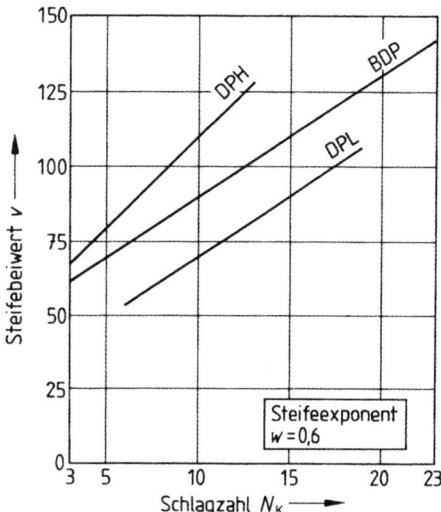

Abb. 13.6 Zusammenhang zwischen den Schlagzahlen und dem Steifebeiwert v in leicht plastischen und mittelplastischen Tonen (TL, TM) über Grundwasser

Tafel 13.9 Konsistenz I_c und Zylinderdruckfestigkeit q_u in Abhängigkeit von der Schlagzahl N_{30} (SPT)

N_{30}	Konsistenz	I_c	q_u in kN/m^2
0 bis 2	breiig	0 bis 0,50	< 25
2 bis 4	weich	0,50 bis 0,75	25 bis 50
4 bis 8	steif	0,75 bis 1,00	100 bis 200
8 bis 15			100 bis 200
15 bis 30	halbfest	> 1,00	200 bis 400
> 30	fest		> 400

rechnungen (Nachweis der Gebrauchstauglichkeit) maßgebende Steifemodul abgeleitet werden.

Berechnung des spannungsabhängigen Steifemoduls nach Ohde (s. DIN 4094, Beibl. 1) mit Steifebeiwerten v und Steifeexponenten w nach Abb. 13.5 und 13.6

$$E_s = v \cdot p_a \left(\frac{\sigma_{\ddot{u}} + 0{,}5\Delta\sigma_z}{p_a} \right)^w$$

v Steifebeiwert (dimensionslos) aus Abb. 13.5 u. 13.6

w Steifeexponent (dimensionslose, vom Boden abh. Konstante, s. Abb. 13.5 u. 13.6)

$\sigma_{\ddot{u}} = \gamma(d + z)$

$\Delta\sigma_z = i_1 \cdot \sigma_1$

p_a mittlerer Atmosphärendruck $(100\,\text{kN/m}^2)$

In Abb. 13.3 bis 13.6 bedeuten:

DPH   Schwere Rammsonde

DPL   Leichte Rammsonde

BDP   Bohrlochrammsondierung

N_K Schlagzahlen: nämlich

N_{30} bei SPT je 30 cm Eindringtiefe

N_{10} bei DPL oder DPH je 10 cm Eindringtiefe

13.4 Geotechnische Kennwerte

Die Baugrundeigenschaften einer Bodenschicht (Homogenbereich) werden durch charakteristische Bodenkenngrößen beschrieben.

Es sind entweder dimensionslose Kenngrößen, sog. Indexwerte, mit denen bautechnische Eigenschaften abgeschätzt werden können, oder Rechenwerte, die unmittelbar in Bemessungsgleichungen eingehen.

Die wichtigsten für die geotechnische Bemessung maßgebenden Kennwerte sind:

γ [kN/m^3]   Bodenwichte

c [kN/m^2]   Kohäsion

φ [°]   Reibungswinkel

E_s [MN/m^2] Steifemodul.

Bodenkenngrößen werden mit genormten Laborversuchen (s. Tafel 13.10) an gestörten oder ungestörten Bodenproben oder mit Feldversuchen an gewachsenen Böden ermittelt oder durch Korrelation mit anderen beschreibenden Kennzahlen abgeleitet.

Zu den sogenannten Klassifizierungsversuchen zählen die Ermittlung der Korngrößenverteilung, der Plastizitätsgrenzen w_L und w_p sowie der organischen Bestandteile, die bei Zuordnung des Wassergehaltes w zu den Plastizitätsgrenzen sowie der Dichte zu den Grenzen der Lagerungsdichte auch zustandsbeschreibende Versuche genannt werden. Für die rechnerische Untersuchung der Standsicherheit und der Gebrauchstauglichkeit sind Versuche zur Bestimmung der Scherfestigkeit und des spannungsabhängigen Steifemoduls

Tafel 13.10 Bodeneigenschaften, Bezeichnung, Formelzeichen und Einheiten der Bodenkenngrößen nach DIN 1080-6

	Bezeichnung	Formelz.	Einheit	Formelmäßiger Zusammenhang	Prüfnorm	Erklärung der Formelzeichen, Anwendung
1	Wassergehalt	w	[a]	$w = \dfrac{m_w}{m_d}$	DIN 18121 -1 (4.98) -2 (02.12)	m Masse in g oder t; m_w des Porenwassers; m_d der trockenen Probe
2	Konsistenzzahl	I_c	[a]	$I_c = \dfrac{w_L - w}{w_L - w_p}$	DIN 18122 -1 (07.97)	w_L Fließgrenze[a]; w_p Ausrollgrenze[a]; (s. Abb. 13.1) Klassifikation; Korrelationsgröße
3	Plastizitätszahl	I_p	[a]	$I_p = w_L - w_p$	Wie 2	Siehe 2
4	Ungleichförmig-keitszahl	C_U	[a]	$C_U = d_{60}/d_{10}$	DIN 18123 (04.11)	d_{60}, d_{10} Korngröße bei 60 % und 10 % Siebdurchgang in mm[b]
5	Krümmungszahl	C_c	[a]	$C_c = \dfrac{(d_{30})^2}{d_{10} \cdot d_{60}}$	Wie 4	d_{60}, d_{30}, d_{10} Korngröße bei 60, 30 und 10 % Siebdurchgang in mm[c]
6	Korndichte	ϱ_s	t/m³ g/cm³	$\varrho_s = \dfrac{m_d}{V_k}$	DIN 18124 (04.11)	m_d Masse der trockenen Probe in g; V_k Volumen der Einzelbestandteile in cm³
7	Dichte des feuchten Bodens	ϱ_s	t/m³ g/cm³	$\varrho = \dfrac{m}{V}$	DIN 18125-1 (07.10)	m Masse der feuchten Probe in t oder g; V Volumen der Probe in m³ oder cm³
8	Trockendichte	ϱ_d	t/m³	$\varrho_d = \dfrac{m_d}{V} = \dfrac{\varrho}{1 + w}$	Wie 7	Siehe 6, 7 und 1; Bezugsgröße für 12
9	Wichte des Bodens				Wie 7	γ_s Kornwichte (Hilfsgröße); γ_w Wichte des Wassers; $n = 1 - \varrho_d/\varrho_s$ Porenanteil (Porenvol., bez.auf Gesamtvol.); $n = n_w + n_a$; n_w vgl. 25; n_a Anteil luftgef. Poren[a]
	trocken	ϱ_d	kN/m³	$\varrho_d = (1 - n) \cdot \gamma_s$		
	feucht	γ		$\gamma = (1 - n) \cdot (1 + w)\gamma_s$		
	unter Auftrieb	γ'		$\gamma' = (1 - n) \cdot (\gamma_s - \gamma_w)$		
	wassergesättigt	γ_r		$\gamma_r = (1 - n) \cdot \gamma_s + n\gamma_w$		
10	Lagerungsdichte	D	[a]	$D = \dfrac{\max n - n}{\max n - \min n}$	DIN 18126 (11.96)	$\max n$ bei lockerster Lagerung[a] ; $\min n$ bei dichtester Lagerung[a] } nur für grobk. Böden
11	Bezogene Lage-rungsdichte	I_D	[a]	$I_D = \dfrac{\max e - e}{\max e - \min e}$ $e = \dfrac{n}{1 - n}$	Wie 10	$e = \dfrac{\varrho_s}{\varrho_d} - 1$ Porenzahl (Porenvol.), bez. auf Feststoffvolumen[a]; $\max e$ bei lockerster Lagerung[a] ; $\min e$ bei dichtester Lagerung[a] } nur für grobk. Böden
12	Verdichtungsgrad (Proctor-Dichte)	D_{Pr}	[a]	$D_{Pr} = \dfrac{\varrho_d}{\varrho_{Pr}}$	DIN 18127 (09.12)	ϱ_{Pr} einfache Proctor-Dichte in t/m³; Prüfung d. Verdichtung
13	Optimaler Wassergehalt	w_{Pr}	[a]	–	Wie 12	Wassergehalt bei ϱ_{Pr} nach dem einfachen Verdichtungsversuch
14	Verformungs-modul	E_v	MN/m²	$E_v = 1,5 \cdot r \dfrac{\Delta \sigma_0}{\Delta s}$	DIN 18134 (04.12)	r Radius der Lastplatte; Δ Differenzwerte[d]; $\Delta \sigma_0$ der Spannung; Δs der Setzung
15	Einaxiale Druck-festigkeit des un-gestörten Bodens	q_u	kN/m²	$q_u = \max \sigma$	DIN 18136 (11.03)	$\max \sigma$ Höchstwert der einachsigen Druckspannung bei unbehinderter Seitendehnung, Korrelationsgröße

relevant. Ferner gibt es spezielle Versuche für erdbautechnische Zwecke (Proctor-Dichte, Plattendruckversuch). In kohäsionslosen Böden werden die Festigkeits- und Verformungswerte häufig indirekt aus Sondierungen abgeleitet.

Die Bodenkenngrößen einer Schicht variieren räumlich bedingt durch ihre geologische Entstehung. Die Untersuchung einer einzelnen Probe ist daher nicht ausreichend, vielmehr bedarf es eines ausreichenden Probenumfangs [2]. Die nationale und europäische Normung trägt dem Rechnung, indem für rechnerische Nachweise vorsichtig geschätzte Mittelwerte als sog. charakteristische Werte zugrunde gelegt werden, alternativ können die Kennwerte in Bandbreiten angesetzt werden.

Eine Übersicht über die Bodenkenngrößen und die für ihre Ermittlung gebräuchlichen Laborversuche liefert Tafel 13.10.

In der Regel kann auf Laborversuche nicht verzichtet werden.

Tafel 13.10 (Fortsetzung)

	Bezeichnung	Formelz.	Einheit	Formelmäßiger Zusammenhang	Prüfnorm	Erklärung der Formelzeichen, Anwendung
16	Innerer Reibungswinkel des dränierten Bodens	φ'	°	–	DIN 18137 -1 (07.10) -2 (04.11) -3 (09.02)	φ', c' effektive Scherparameter (dränierte (End-) Zustände) $\tau_f = c' + \sigma' \cdot \tan\varphi'$ τ_f Maximalwert der Scherfestigkeit
17	des undränierten Bodens	φ_u	°	–	Wie 16	σ' effektive Spannung $\sigma' = \sigma - u$ σ totale Spannung
18	Kohäsion des dränierten Bodens	c'	kN/m^2	–	Wie 16	u Porenwasserdruck (neutrale Spannung) $\sigma' = \sigma$ bei $u = o$
19	des undränierten Bodens	c_u	kN/m^2	–	Wie 16	φ_u, c_u totale Scherparameter des undrainierten, bindigen Bodens (undrainierte Anfangszustände) $\tau_{fu} = c_u + \sigma \cdot \tan\varphi_u$
20	Steifemodul	E_s	MN/m^2	$E_s = \dfrac{d\sigma}{d\varepsilon}$	DIN 18135 (04.12)	$d\varepsilon$ auf die Höhe des Volumenelementes bezogene Zusammendrückung
21	Durchlässigkeitsbeiwert	k	m/s	$k = \dfrac{v}{i} = \dfrac{Q}{A \cdot t} \cdot \dfrac{\Delta l}{\Delta h_W}$	DIN 18130 -1 (05.98) -2 (08.15)	Filtergeschwindigkeit $v = k \cdot i$ in m/s i hydraulisches Gefälle[a] A = Querschnittsfläche d. Pr.
22	Bettungsmodul	k_s	MN/m^3	$k_s = \sigma_0 / s$	Wie 14	σ_0 Sohlnormalspannung s Setzung (Endwert)
23	Kapillare Steighöhe	h_k	m	–	ungenormt	$u = h_k \cdot \varrho_w$ Kapillardruck bei scheinbarer Kohäsion
24	Schrumpfgrenze	w_s	a	$w_s = \left(\dfrac{V_d}{m_d} - \dfrac{1}{\varrho_s}\right)\varrho_w$	DIN 18122-2 (09.00)	V_d Volumen des trockenen Probekörpers in cm^3 ϱ_w Dichte des Wassers in g/cm^3
25	Sättigungszahl	S_r	a	$S_r = \dfrac{n_w}{n} = \dfrac{e_w}{e}$	DIN 18132 (04.12)	n Porenvol.[a] bezogen auf Gesamtvolumen n_w Anteil der wassergefüllten Poren[a]
26	Glühverlust	V_{gl}	a	$V_{gl} = \dfrac{m_d - m_g}{m_d}$	DIN 18128 (12.02)	Verhältnis des Gewichtsverlustes beim Glühen (Org.-Substanz zur Trockenmasse m_d)
27	Aktivitätszahl	I_A	a	$I_A = \dfrac{I_p}{m_T / m_d}$	Wie 2 und 6	m_T Masse der Tonfraktion (tr.) m_d Gesamtmasse in g oder t
28	Liquiditätszahl	I_L	a	$I_L = \dfrac{w - w_p}{I_p} = 1 - I_c$	Wie 2	Siehe 2, wie 2 Maß für Zustandsform; im Ausland verwendet
29	Kalkgehalt	V_{Ca}	a	$V_{Ca} = \dfrac{m_{Ca}}{m_d}$	DIN 18129 (07.11)	m_{Ca} Massenanteil an Gesamt-Karbonaten in g oder t m_d Trockenmasse
30	Wasseraufnahmevermögen	w_A	a	$w_A = \dfrac{m_{wg}}{m_d}$	DIN 18132 (04.12)	m_{wg} Grenzwert der im Versuch aufgesaugten Masse des Wassers in g m_d Masse des getrockneten Bodens in g

[a] Verhältnisgröße
[b] Maß der Steilheit der Körnungslinie
[c] gibt Verlauf zwischen d_{10} und d_{60} an
[d] im Mittelbereich 0,3 bis 0,7 von max σ_0

Tafel 13.11 Rechnerische Beziehungen zwischen Bodenkenngrößen nach [2] (Auszug)

Gesucht	Vorgegeben: ϱ_s und ϱ_w sowie				
	n; n_w	e; e_w	ϱ_r	ϱ; w	ϱ_d; w
n	n	$\dfrac{e}{1+e}$	$\dfrac{\varrho_s - \varrho_r}{\varrho_r - \varrho_w}$	$1 - \dfrac{\varrho}{(1+w)\varrho_s}$	$1 - \dfrac{\varrho_d}{\varrho_s}$
ϱ_r	$(1-n)\varrho_s + n \cdot \varrho_w$	$\dfrac{\varrho_s + e \cdot \varrho_w}{1+e}$	ϱ_r	$\dfrac{\varrho_s - \varrho_w}{1+w}\dfrac{\varrho}{\varrho_s} + \varrho_w$	$\left(1 - \dfrac{\varrho_w}{\varrho_s}\right)\varrho_d + \varrho_w$
ϱ	$(1-n)\varrho_s + n_w \cdot \varrho_w$	$\dfrac{\varrho_s + e_w \cdot \varrho_w}{1+e}$	–	ϱ	$(1+w)\varrho_d$
ϱ_d	$(1-n)\varrho_s$	$\dfrac{\varrho_s}{1+e}$	$\varrho_s\dfrac{\varrho_r - \varrho_w}{\varrho_s - \varrho_w}$	$\dfrac{\varrho}{1+w}$	ϱ_d
S_r	$\dfrac{n_w}{n}$	$\dfrac{e_w}{e}$	1	$\dfrac{w \cdot \varrho \cdot \varrho_s}{\varrho_w((1+w)\varrho_s - \varrho)}$	$\dfrac{w \cdot \varrho_d \cdot \varrho_s}{\varrho_w(\varrho_s - \varrho_d)}$

13

Tafel 13.12 Lagerungsdichte nichtbindiger Böden

Lagerung	Sehr locker	Locker	Mitteldicht[a]	Dicht
gleichförmig $C_U \leq 3$	$D < 0,15$	$0,15 \leq D < 0,3$	$0,3 \leq D \leq 0,5$ $D_{pr} \geq 95\%$	$D > 0,5$ $D_{pr} \geq 98\%$
ungleichförmig $C_U > 3$	$D < 0,2$	$0,2 \leq D < 0,45$	$0,45 \leq D \leq 0,65$	$D > 0,65$
Spitzenwiderstand der Drucksonde in MN/m² in gleichförmigen nichtbindigen Böden	$q_s < 2,5$	2,5 bis 7,5	7,5 bis 15	15 bis 25

[a] Mindestlagerung für tragfähigen Boden nach DIN 1054

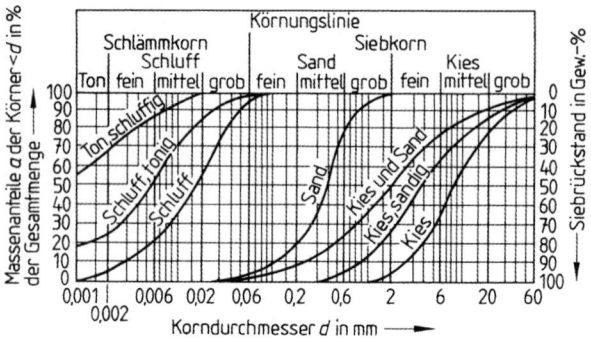

Abb. 13.7 Korngrößenverteilung bindiger und nichtbindiger Bodenarten mit Benennung nach DIN 4022

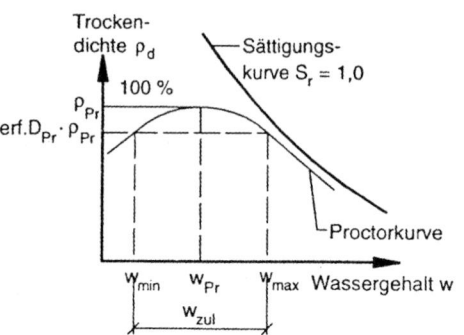

Abb. 13.8 Proctorkurve [21] (w_{min} bzw. w_{max} – minimaler bzw. maximaler Wassergehalt, um ein erf ϱ_d zu ermöglichen)

Richtwerte für den Ansatz der Rechenwerte für die Wichte und die Scherparameter (Nachweis der Tragsicherheit) sind in den Tafeln 13.14 und 13.15 zusammengestellt. Diese Richtwerte ersetzen nicht eine projektspezifische Baugrunderkundung. Die Rechenwerte (Vorsatz: cal) werden üblicherweise mit den charakteristischen Werten (Index: k) gleichgesetzt, wenn keine genaueren Laborergebnisse mit entsprechender statistischer Auswertung vorliegen. Weitere Richtwerte finden sich in [1].

Da neben dem Nachweis der Standsicherheit auch der Nachweis der Gebrauchstauglichkeit (Verformungen, Setzungen etc.) zu führen ist und darüber hinaus ggf. auch Strömungsaufgaben (Grundwasserabsenkung, Versickerung etc.) zu behandeln sind, sind neben der Wichte γ (kN/m³) und der Scherfestigkeit c (kN/m²) bzw. φ (°) auch der Steifemodul E_S (MN/m²) und der Wasserdurchlässigkeitsbeiwert k (m/s) eines Bodens von besonderer Bedeutung. Zu deren Bestimmung sind wegen der Bedeutung und Sensibilität der Ergebnisse daher in der Regel besondere Untersuchungen im Labor (z. B. Kompressionsversuch, Durchlässigkeitsversuch) und ggf. im Feld (z. B. Pumpversuch) erforderlich.

Tafel 13.13 Näherungsweiser Zusammenhang zwischen Scherfestigkeit c_u und Konsistenz I_c (unter Vernachlässigung Vorbelastung etc.)

c_u in MN/m²	0	0,025	0,1	0,2
I_c	$< 0,5$	0,5	1	> 1

Verformungsverhalten Das vom Spannungszustand und der Spannungsgeschichte abhängige Verformungsverhalten von Böden wird im Kompressionsversuch (Oedometer) ermittelt. Gemessen wird die Zeitsetzung $s(t)$ der Probe in mehreren Laststufen solange, bis jeweils die Endsetzung erreicht ist, d. h. die Probe in der jeweiligen Laststufe weitgehend konsolidiert ist.

Für den Endwert der Setzung jeder Laststufe Δh wird die auf die Anfangshöhe h_a der Probe bezogene Stauchung $\varepsilon = \Delta h / h_a$ berechnet und als Funktion der Spannung σ in einem Drucksetzungsdiagramm dargestellt (Abb. 13.9). Der über dem Spannungsbereich gemittelte Anstieg $\Delta \sigma_z / \Delta \varepsilon$ wird als

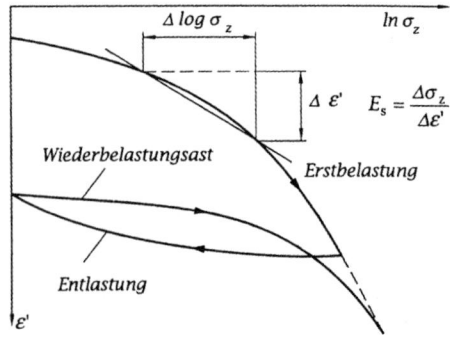

Abb. 13.9 Druckstauchungsdiagramm in halblogarithmischer Auftragung

Tafel 13.14 Erfahrungswerte für Bodenkenngrößen nichtbindiger Böden (nach DIN 1055-2, EAU und DIN 4017)

Bodenart	Kurzzeichen nach DIN 18196	Lagerung	DIN 1055-2		EAU 1990		DIN 4017 (8.79)
			Wichte feucht cal γ^a; $\gamma_K{}^b$ in kN/m^3	Reibungs-winkel^d cal φ' in °	Wichte feucht cal γ^a in kN/m^3	Reibungs-winkel^d cal φ' in °	Reibungs-winkel cal φ' in °
Sand, schwach schluffiger Sand, Kies-Sand, eng gestuft	SE sowie SU mit $U \leq 6$	Locker	17	30	18	30	32,5
		Mitteldicht	18	32,5	19	32,5	35
		Dicht	19	35	–	–	37,5
Kies, Geröll, Steine, mit geringem Sandanteil, eng gestuft	GE	Locker	17	32,5 (32)^c	16^e	37,5^e	–
		Mitteldicht	18	35 (36)			
		Dicht	19	37,5 (40)			
Sand, Kies-Sand, Kies, weit oder intermittierend gestuft	SW, SI, SU, GW, GI mit $6 < U \leq 15$	Locker	18	30	–	–	32,5
		Mitteldicht	19	32,5 (34)			35
		Dicht	20	35 (38)			37,5
Sand, Kies-Sand, schluffiger Kies, weit oder intermittierend gestuft	SW, SI, SU, GW, GI mit $U > 15$ sowie GU	Locker	18	30	–	–	–
		Mitteldicht	20	32,5 (34)			
		Dicht	22	35 (38)			

^{a} cal = Rechenwert s. DIN 1080-1.
^{b} γ_K Oberer charakteristischer Wert.
^{c} Die Klammerwerte sind untere Werte.
^{d} Für runde Kornform, bei eckiger Kornform 2,5° mehr.
^{e} Kies ohne Sand.

Tafel 13.15 Erfahrungswerte für Bodenkenngrößen bindiger Böden und organischer Böden (Rechenwerte nach DIN 1055-2)

Bodenart	Kurzzei-chen nach DIN 18196	Konsistenz-bereich	Wichte		Reibungs-winkel cal φ in °	Kohäsion	
			erdfeucht cal γ^a; $\gamma_k{}^b$ in kN/m^3	unter Auftrieb cal γ'^a; $\gamma_k'^b$ in kN/m^3		cal c'^a in kN/m^2	cal c'^a in kN/m^2
Anorganische bindige Böden mit ausgeprägt plastischen Eigenschaften ($w_L > 50\%$)	TA	Weich	18,0	8,0	17,5	0	15
		Steif	19,0	9,0	17,5	10	35
		Halbfest	20,0	10,0	17,5	25	75
Anorganische bindige Böden mit mittelplastischen Eigenschaften ($50\% \geq w_L \geq 35\%$)	TM und UM	Weich	19,0	9,0	22,5 (20)^c	0	5
		Steif	19,5	9,5	22,5 (20)	5	25
		Halbfest	20,5	10,5	22,5 (20)	10	60
Anorganische bindige Böden mit leicht plastischen Eigenschaften ($w_L < 35\%$)	TL und UL	Weich	20,0	10,0	27,5 (27)	0	0
		Steif	20,5	10,5	27,5 (27)	2	15
		Halbfest	21,0	11,0	27,5 (27)	5	40
Organischer Ton, organischer Schluff	OT und OU	Weich	14,0	4,0	15	0	10 (5)
		Steif	17,5	7,5	15	0	20 (15)
Torf ohne Vorbelastung, Torf unter mäßiger Vorbelastung	HN und HZ		11,0	1,0	15	2	10 (5)
			13,0	3,5	15	5	20

^{a} cal = Rechenwert s. DIN 1080-1.
^{b} γ_K Oberer charakteristischer Wert.
^{c} Die Klammerwerte sind untere Werte.
^{d} Für runde Kornform, bei eckiger Kornform 2,5° mehr.

Steifemodul E_s bezeichnet. An der gekrümmten Drucksetzungslinie erkennt man, dass keine lineare Abhängigkeit zwischen Spannungen und Verformungen besteht und der Boden keinen konstanten E_s-Modul besitzt. Der Steifemodul muss also für Setzungsberechnungen spannungsabhängig, d. h. unter Berücksichtigung der Ausgangsspannung und der geplanten Spannungsänderung ermittelt werden und kann dann bereichsweise linearisiert werden.

Die **einaxiale Druckfestigkeit** q_u ist der Höchstwert der einaxialen Druckspannung σ, der beim Abscheren von zylindrischen Probekörpern bei unbehinderter Seitendehnung im einaxialen Druckversuch nach DIN 18136 ermittelt wird (einaxiale Druckfestigkeit q_u siehe Abb. 13.10).

Scherfestigkeit Sie wird nach DIN 18137 als die Schubspannung definiert, bei der eine Scherfuge entsteht und der

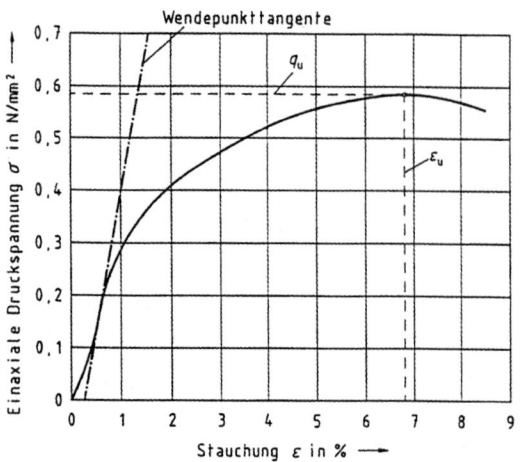

Abb. 13.10 Druckstauchungsdiagramm bei einaxialem Druckversuch

Boden „versagt". Sie ist also der Größtwert der übertragbaren Schubspannung max τ in einer bestimmten Scherfuge.

Die Scherfestigkeit setzt sich zusammen aus Reibung und Kohäsion (Tafel 13.10, Zeile 16 bis 19). Sie lässt sich nach Coulomb für Scherfugen im Grenzzustand vereinfachend durch die lineare Beziehung $\tau_f = \sigma' \cdot \tan \varphi' + c'$ erfassen und als Schergerade im τ / σ-Diagramm darstellen (Abb. 13.11 und 13.12).

Die Grenzbedingung kann auch durch die zugehörigen Hauptspannungen nach Mohr beschrieben werden, wobei

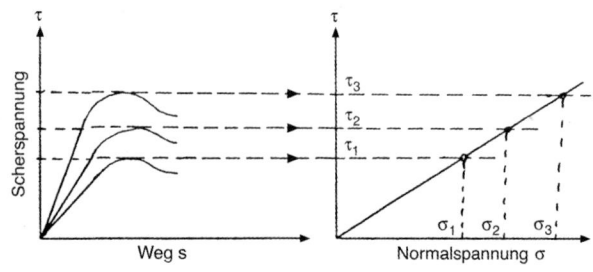

Abb. 13.11 Diagramm zum direkten Scherversuch

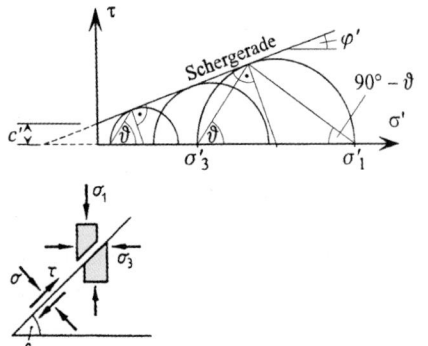

Abb. 13.12 Scherdiagramm für Reibung und Kohäsion eines Triaxialversuches (ϑ = Bruchwinkel)

das Verhältnis σ_1 und σ_3 im Grenzzustand durch Mohr'sche Spannungskreise im Bruchzustand wiedergegeben werden. Die gemeinsame Umhüllende (Grenzbedingung nach Mohr) wird entsprechend dem Bruchkriterium nach Coulomb vereinfachend als Gerade angenommen (Tangente an den für die effektiven Spannungen maßgebenden Hauptkreis, Abb. 13.12).

13.5 Bodenklassifikation für bautechnische Zwecke nach DIN 18196

Während die Ansätze zur Beschreibung und Benennung von Boden nach DIN 4022, DIN EN ISO 14688-1 etc. auf die bodenphysikalischen Eigenschaften ausgerichtet sind, regelt DIN 18196 die „Bodenklassifikation für bautechnische Zwecke" im Erd- und Grundbau. In diesem Kontext wurde eine unter baubetrieblichen Gesichtspunkten gewählte und an die Erfordernisse des Erd- und Grundbaus angepasste Klassifizierung mit 28 Bodengruppen festgelegt, die als Grundlage für viele weitere Zuordnungen und Klassifikationen hinsichtlich weiterer Eigenschaften, z. B. der Frostempfindlichkeit, genutzt wird.

Mit DIN 18196 werden die Bodenarten in Gruppen mit annähernd gleichem stofflichen Aufbau und ähnlichen bodenphysikalischen Eigenschaften zusammengefasst. Die Kennzeichnung erfolgt mithilfe von zwei Kennbuchstaben.

Der erste Kennbuchstabe gibt den Hauptbestandteil (vgl. Tafel 13.16), der zweite den Nebenanteil oder eine bezeichnende bodenphysikalische Eigenschaft an und zwar

- bei den grobkörnigen die Form der Körnungslinie (Tafel 13.17), z. B. GW;
- bei den gemischtkörnigen die Art der feinkörnigen Beimengung (Tafel 13.18), z. B. SU;
- bei den feinkörnigen den Grad der Plastizität (Tafel 13.19), z. B. TL.

Tafel 13.16 Hauptgruppen nach den Hauptbestandteilen

Hauptbestandteile	Kurzzeichen	Massenanteil des Korns ≤ 2 mm
Kieskorn	G	bis 60 %
Sandkorn	S	über 60 %
Schluffkorn	U	nach Plastizität (vgl. Abb. 13.13)
Ton	T	

Tafel 13.17 Unterteilung grobkörniger Beiden in Abhängigkeit von der Ungleichförmigkeitszahl C_U und der Krümmungszahl C_c

Benennung	Kurzzeichen	C_U	C_c
enggestuft	E	< 6	beliebig
weitgestuft	W	≥ 6	1 bis 3
intermittierend gestuft	I	≥ 6	< 1 oder > 3

Abb. 13.13 Klassifizierung feinkörniger Böden nach Casagrande
(aus DIN 18196).
[a] Die Plastizitätszahl von Böden mit niedriger Fließgrenze
ist versuchsmäßig nur ungenau
zu ermitteln. In den Zwischenbereich fallende Böden müssen
daher nach anderen Verfahren,
z. B. nach DIN 4022-1 (9.87),
Abschn. 8.5 bis 8.9, dem Ton-
und Schluffbereich zugeordnet
werden

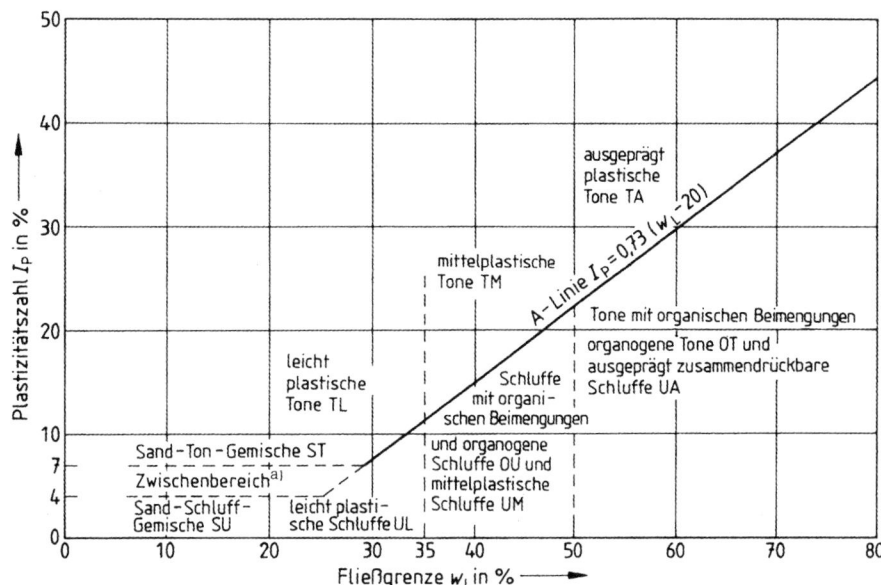

Tafel 13.18 Unterteilung gemischtkörniger Böden nach dem Massenanteil des Feinkorns

Benennung	Kurzzeichen	Massenanteil des Feinkorns $\leq 0,06$ mm
gering	U oder T	5 bis 15 %
hoch	U* oder T*	über 15 bis 40 %

Statt des nachgestellten *-Symbols wurde früher ein Querbalken über
$\bar{U}$ oder $\bar{T}$ benutzt.

Tafel 13.19 Einstufung feinkörniger Böden in Abhängigkeit vom Wassergehalt an der Fließgrenze w_L

Benennung	Kurzzeichen	w_L Massenanteil
leicht plastisch	L	kleiner 35 %
mittelplastisch	M	35 bis 50 %
ausgeprägt plastisch	A	über 50 %

Mit Hilfe der Kennbuchstaben werden die Bodenarten nach
Tafel 13.20 in 29 Gruppen eingeteilt. Die Spalten 10 bis 15
dieser Tafel enthalten Angaben über die bautechnischen Eigenschaften und die Spalten 16 bis 21 Angaben über die
bautechnische Eignung der jeweiligen Gruppe. Diese Angaben stellen keine Klassifizierungsmerkmale dar, sondern
dienen der Orientierung.

Wenn eine eindeutige Einordnung nach den Erkennungs-
merkmalen oder Beispielen der Spalten 8 und 9 in Tafel 13.20 nicht möglich ist, können zur genaueren Einordnung Laborversuche ausgeführt werden (Korngrößenverteilung, Wassergehalte w, w_L und w_p, Glühverluste und

Kalkgehalt) und auf dieser Grundlage die Kennbuchstaben
mit den Tafeln 13.16 bis 13.19 nach Abb. 13.7 bzw. 13.13
festgelegt werden:

a) Bei **grobkörnigen Böden** (95 % Massenanteil >0,06 mm)
ist der erste Kennbuchstabe (Hauptbestandteil) an Hand
der Kornverteilung aus Tafel 13.16, der zweite an Hand
der Ungleichförmigkeits- und Krümmungszahl aus Tafel 13.17 zu bestimmen (Beispiele: GW, SW, SE, GI, SI).

b) Bei **gemischtkörnigen Böden** (5 bis 40 % Massenanteil $\leq 0,06$ mm) ist der erste Kennbuchstabe wie unter a),
der zweite anhand der Kornverteilung aus Tafel 13.18 zu
bestimmen, wobei die endgültige Einordnung in die Un-
tergruppe an Hand der Zustandsgrenzen w_L und I_p nach
Abb. 13.13 erfolgt.

c) Bei **feinkörnigen Böden** (über 40 % Massenanteil
$\leq 0,06$ mm) werden die Hauptbestandteile Ton und
Schluff (erster Kennbuchstabe T oder U) anhand der
Fließgrenze w_L und Plastizitätszahl I_p in Abb. 13.13
über- oder unterhalb der A-Linie bestimmt, wobei der
zweite Kennbuchstabe an Hand der Fließgrenze aus Tafel 13.19 entnommen werden kann (Beispiele: TL, TM).

d) Bezüglich organischer und organogener Böden vgl. Tafel 13.20.

Anmerkung: DIN 18196 unterscheidet Schluff und Ton
nicht nach Korngrößen, sondern nach den plastischen Eigenschaften. Maßgebend ist die Einordnung im Plastizitätsdia-
gramm nach Casagrande gemäß Abb. 13.13.

Tafel 13.20 Bodenklassifikation für bautechnische Zwecke

Sp.	1	2	3	4	5	6	7	8			9	10	11	12	13	14	15	16	17	18	19	20	21
	Definition und Benennung							Erkennungsmerkmale unter anderem für Zeilen 15 bis 22:				Bautechnische Eigenschaften						Anmerkungen[a]					
	Hauptgruppen	Korngrößen-Massenanteil		Lage zur A-Linie	Gruppen		Kurzzeichen Gruppensymbol[b]	Trockenfestigkeit	Reaktion beim Schüttelversuch	Plastizität beim Knetversuch	Beispiele	Scherfestigkeit	Verdichtungsfähigkeit	Zusammendrückbarkeit	Durchlässigkeit	Witterungs- und Erosionsempfindlichkeit	Frostempfindlichkeit	Baugrund für Gründungen	Baustoff für Erd- und Baustraßen	Baustoff für Straßen- und Bahndämme	Baustoff für Erd-Staudämme Dichtung	Baustoff für Erd-Staudämme Stützkörper	Baustoff für Dränagen
		Korndurchmesser <0,06 mm	<2 mm																				
Zeile																							
1	Grobkörnige Böden	kleiner 5%	bis 60%	–	Kies (Grant)	enggestufte Kiese	GE	Steile Körnungslinie infolge Vorherrschens eines Korngrößenbereichs			Fluss- und Strandkies	+	+0	++	– –	++	++	+	–	+	–	+	++
2						weitgestufte Kies-Sand-Gemische	GW	über mehrere Korngrößenbereiche kontinuierlich verlaufende Körnungslinie			Terrassenschotter	++	++	++	– 0	+	++	++	++	++	– –	+	+0
3						intermittierend gestufte Kies-Sand-Gemische	GI	meist treppenartig verlaufende Körnungslinie infolge Fehlens eines oder mehrerer Korngrößenbereiche			vulkanische Schlacke	++	+	++	–	0	++	++	+	++	– –	++	+0
4			über 60%	–	Sand	enggestufte Sande	SE	steile Körnungslinie infolge Vorherrschens eines Korngrößenbereiches			Dünen- und Flugsand Fließsand Berliner Sand Beckensand Tertiärsand	+	+0	++	–	–	++	+	– –	+0	– –	0	+
5						weitgestufte Sand-Kies-Gemische	SW	über mehrere Korngrößenbereiche kontinuierlich verlaufende Körnungslinie			Moränensand Terrassensand	++	++	++	– 0	+0	++	++	+	+	– –	+	+0
6						intermittierend gestufte Sand-Kies-Gemische	SI	meist treppenartig verlaufende Körnungslinie infolge Fehlens eines oder mehrerer Korngrößenbereiche			Granitgrus	+	+	++	– 0	+0	++	++	0	+	– –	+	+0

Tafel 13.20 (Fortsetzung)

Sp.	1	2	3	4	5	6	7	8	9	10	11	12	13	14	15	16	17	18	19	20	21
	Hauptgruppen	\<0,06 mm	\<2 mm	Lage zur A-Linie (siehe*)	Gruppen	Gruppen	Kurzzeichen Gruppensymbol[b]	Erkennungsmerkmale	Beispiele	Scherfestigkeit	Verdichtungsfähigkeit	Zusammendrückbarkeit	Durchlässigkeit	Witterungs- und Erosionsempfindlichkeit	Frostempfindlichkeit	Baugrund für Gründungen	Baustoff für Erd- und Baustraßen	Baustoff für Straßen- und Bahndämme	Baustoff für Erd-Staudämme Dichtung	Baustoff für Erd-Staudämme Stützkörper	Baustoff für Dränagen
Zeile		Korndurchmesser	Korngrößen-Massenanteil																		
7	Gemischtkörnige Böden	5 bis 40%	bis 60%	–	Kies-Schluff-Gemische	5 bis 15%	GU	weit oder intermittierend gestufte Körnungslinie; Feinkornanteil ist schluffig	Moränenkies	++	+	++	0	+0	–0	++	++	+	–	+	–
8						über 15 bis 40%	GŪ*		Verwitterungskies	+	+0	+	+	–0	– –	+	+0	–0	+0	–	– –
9					Kies-Ton-Gemische	5 bis 15%	GT	weit oder intermittierend gestufte Körnungslinie; Feinkornanteil ist tonig	Hangschutt	+	+	+	+0	+0	–0	++	++	+	–0	+0	–
10						über 15 bis 40%	GT		Geschiebelehm	+0	0	+0	++	+0	–	+0	+0	+	+	– –	– –
11			über 60%		Sand-Schluff-Gemische	5 bis 15%	SU	weit oder intermittierend gestufte Körnungslinie; Feinkornanteil ist schluffig	Tertiärsand	++	+	+	0	0	0	++	0	+0	0	–0	–
12						über 15 bis 40%	SŪ*		Auelehm Sandfließ	+	0	+0	+	–	– –	0	–0	–0	+0	– –	– –
13					Sand-Ton-Gemische	5 bis 15%	ST	weit oder intermittierend gestufte Körnungslinie; Feinkornanteil ist tonig	Terrassensand Schleichsand	+	+0	+0	+0	–0	–0	+	+	+0	0	–	– –
14						über 15 bis 40%	ST*		Geschiebelehm Geschiebemergel	+0	–0	+0	++	0	–	0	0	0	+	– –	– –

Tafel 13.20 (Fortsetzung)

Sp.	1	2	3	4	5	6	7	8 Trockenfestigkeit	8 Reaktion beim Schüttelversuch	8 Plastizität beim Knetversuch	9 Beispiele	10	11	12	13	14	15	16	17	18	19	20	21
	Hauptgruppen	Korngrößen-Massenanteil, Korndurchmesser $\leq 0,06$ mm	≤ 2 mm	Lage zur A-Linie (siehe*)	Definition und Benennung	Gruppen	Kurzzeichen Gruppensymbol[b]	Erkennungsmerkmale (Zeilen 16 bis 21)				Scherfestigkeit	Verdichtungsfähigkeit	Zusammendrückbarkeit	Durchlässigkeit	Witterungs- und Erosionsempfindlichkeit	Frostempfindlichkeit	Baugrund für Gründungen	Baustoff für Erd- und Baustraßen	Baustoff für Straßen- und Bahndämme	Baustoff für Erd-Staudämme Dichtung	Baustoff für Erd-Staudämme Stützkörper	Baustoff für Dränagen
Zeile 15	Feinkörnige Böden	über 40 %	—	$I_p \leq 4\%$ oder unterhalb der A-Linie	Schluff	leicht plastische Schluffe $w_L < 35\%$	UL	niedrige	schnelle	keine bis leichte	Löss Hochflutlehm	-0	-0	+0	+0	-	-	+0	-	-0	0	-	-
16						mittelplastische Schluffe $35\% \leq w_L \leq 50\%$	UM	niedrige bis mittlere	langsame	leicht bis mittlere	Seeton, Beckenschluff	-0	-	-0	+	-	-	0	-	-0	+0	-	--
17						ausgeprägt zusammendrückbarer Schluff $w_L > 50\%$	UA	hohe	keine bis langsame	mittlere bis ausgeprägte	vulkanische Böden, Bimsböden	-	-	-	++	-0	-0	-0	-	-	-0	-	--
18				$I_p \geq 7\%$ und unterhalb der A-Linie	Ton	leicht plastische Tone $w_L < 35\%$	TL	mittlere bis hohe	keine bis langsame	leichte	Geschiebemergel	-0	-0	0	+	-	-	0	-	-0	++	-	-
19						mittelplastische Tone $35\% \leq w_L \leq 50\%$	TM	hohe	keine	mittlere	Lösslehm Beckenton Seeton	-	-	-0	++	-0	-0	0	-	-0	+	-	-
20						ausgeprägte plastische Tone $w_L > 50\%$	TA	sehr hohe	keine	keine geprägte	Tarras, Lauenburger Ton,	--	--	--	++	0	+0	-0	-	-	-	-	--
21	organogene[c] und Böden mit organischen Beimengungen	über 40 %	—	$I_p \geq 7\%$ und unterhalb der A-Linie	nicht brenn- oder nicht schwelbar	Schluffe mit organischen Beimengungen u. organogene[c] Schluffe $35\% \leq w_L \leq 50\%$	OU	mittlere	langsame bis sehr schnelle	mittlere	Seekreide Kieselgur Mutterboden	-0	-	-0	+0	--	--	--	-	-	-	-	-
22		über 40 %				Tone mit organischen Beimengungen u. organogene[c] Tone $w_L > 50\%$	OT	hohe	keine	ausgeprägte	Schlick Klei, tertiäre Kohlentone	--	--	--	++	-0	-0	-	-	-	-	-	-
23		bis 40 %	—	—		grob- bis gemischtkörnige Böden mit Beimengungen humoser Art	OH	Beimengungen pflanzlicher Art, meist dunkle Färbung, Modergeruch, Glühverlust bis etwa 20 % Massenanteil			Mutterboden Paläoboden	0	-0	-0	0	+0	-0	0	0	-	-	-	-
24		bis 40 %				grob- bis gemischtkörnige Böden mit kalkigen, kieseligen Bildungen	OK	Beimengungen nicht pflanzlicher Art, meist helle Färbung, leichtes Gewicht, große Porosität			Kalk-Tuffsand Wiesenkalk	+	0	-0	-0	+0	+0	-0	0	-0	-	-	-

Tafel 13.20 (Fortsetzung)

Sp.	1	2	3	4	5	6	7	8			9	10	11	12	13	14	15	16	17	18	19	20	21
		Definition und Benennung						Erkennungsmerkmale unter anderem für Zeilen 16 bis 21:				Bautechnische Eigenschaften						Bautechnische Eignung als					
	Hauptgruppen	Korngrößen-Massenanteil		Lage zur A-Linie (siehe Bild*)	Gruppen		Kurzzeichen Gruppensymbol[b]	Trockenfestigkeit	Reaktion beim Schüttelversuch	Plastizität beim Knetversuch	Beispiele	Scherfestigkeit	Verdichtungsfähigkeit	Zusammendrückbarkeit	Durchlässigkeit	Witterungs- und Erosionsempfindlichkeit	Frostempfindlichkeit	Baugrund für Gründungen	Baustoff für Erd- und Baustraßen	Baustoff für Straßen- und Bahndämme	Baustoff für Erd-Staudämme Dichtung	Baustoff für Erd-Staudämme Stützkörper	Baustoff für Dränagen
		Korndurchmesser < 0,06 mm	< 2 mm																				
Zeile																							
25	organische Böden				brenn- oder schwelbar	nicht bis mäßig zersetzte Torfe (Humus)	HN	an Ort und Stelle aufgewachsene Humusbildungen		Zersetzungsgrad 1 bis 5, faserig, holzreich, hellbraun bis braun	Niedermoortorf Hochmoortorf Bruchwaldtorf	--	--	--	0	+0	--	--	--	--	--	--	--
26				—		zersetzte Torfe	HZ			Zersetzungsgrad 6 bis 10, schwarzbraun bis schwarz		--	--	--	+0	--	--	--	--	--	--	--	--
27						Schlamme als Sammelbegriff für Faulschlamm, Mudde, Gyttja, Dy und Sapropel	F			unter Wasser abgesetzte (sedimentäre) Schlamme aus Pflanzenresten, Kot und Mikroorganismen, oft von Sand, Ton und Kalk durchsetzt, blauschwarz oder grünlich bis gelbbraun, gelegentich dunkelgraubraun bis blauschwarz, federnd, weichschwammig	Mudde Faulschlamm	--	--	--	+0	--	--	--	--	--	--	--	--
28	Auffüllung	—	—			Auffüllung aus natürlichen Böden; jeweiliges Gruppensymbol in eckigen Klammern [ ]	[ ]										—						
29						Auffüllung aus Fremdstoffen A	A		—		Müll, Schlacke, Bauschutt, Industrieabfall												

[a]) Die Spalten 10 bis 21 enthalten als grobe Leitlinie Hinweise auf bautechnische Eigenschaften und auf die bautechnische Eignung nebst Beispielen in Spalte 9. Diese Angaben sind keine normativen Festlegungen.

[b]) An den Kurzzeichen U und T darf anstelle des Sterns auch der Querbalken verwendet werden.

[c]) Unter Mitwirkung von Organismen gebildete Böden.

Spalte 10		Spalte 11		Spalten 12 bis 15		Spalten 16 bis 21	
--	sehr gering	--	sehr schlecht	--	sehr groß	--	ungeeignet
-	gering	-	schlecht	-	groß	-	weniger geeignet
-0	mäßig	-0	mäßig	-0	groß bis mittel	-0	mäßig geeignet
0	mittel	0	mittel	0	mittel	0	brauchbar
+0	groß bis klein	+0	gut bis mittel	+0	gering bis mittel	+0	geeignet
+	groß	+	gut	+	sehr gering	+	gut geeignet
++	sehr groß	++	sehr gut	++	vernachlässigbar klein	++	sehr gut geeignet

13.6 Sicherheitsnachweise im Erd- und Grundbau

13.6.1 Einleitung

Grundlage für die Bemessung in der Geotechnik ist das Normenhandbuch Eurocode 7, Band 1, der sich aus folgenden einzelnen Normen zusammensetzt:

DIN EN 1997-1 Eurocode 7: Entwurf, Berechnung und Bemessung in der Geotechnik – Teil 1: Allgemeine Regeln (12.10)

DIN EN 1997-1/NA Nationaler Anhang – National festgelegte Parameter zum EC 7-1 (12.10)

DIN 1054 Baugrund; Sicherheitsnachweise im Erd- und Grundbau – Ergänzende Regelungen zu DIN EN 1997-1 (12.10)

Die deutsche „Restnorm" DIN 1054 (12.10) enthält für Deutschland gültige ergänzende Regelungen zum Eurocode 7, Teil 1, der Nationale Anhang stellt die Verknüpfung zum EC 7-1 her. DIN 1054 (12.10) verweist auf weitere deutsche Berechnungsnormen und Empfehlungen.

13.6.2 Allgemeine Regelungen

Die Zuordnung einer geotechnischen Aufgabenstellung erfolgt je nach Komplexität bzw. „Schwierigkeitsgrad" von Baugrund und Bauwerk in drei geotechnische Kategorien (siehe Abschn. 13.2).

Mit den Standsicherheitsnachweisen werden primär die äußeren Abmessungen von Erd- und Grundbauwerken festgelegt (sog. „Äußere Standsicherheit" oder geotechnische Bemessung).

Durch diese Nachweise ist rechnerisch zu belegen, dass eine ausreichende Sicherheit gegen das Erreichen der Grenzzustände der Tragfähigkeit als auch der Grenzzustände der Gebrauchstauglichkeit eingehalten wird.

Grenzzustände der Tragfähigkeit (ULS – ultimate limit state) Beim Eintreten des ULS versagt der Baugrund oder das Bauwerk infolge Ausnutzung der Scherfestigkeit des Bodens bzw. der Materialfestigkeit der Bauteile oder infolge zu hoher Verformungen des Baugrundes.

DIN EN 1997-1 unterscheidet:

Grenzzustand der Lagesicherheit Verlust der Lagesicherheit durch Ungleichgewicht, Aufschwimmen oder Strömungskräfte:

EQU (*equilibrium*): Verlust der Lagesicherheit des als starrer Körper angesehenen Tragwerks oder des Baugrundes z. B. Kippen oder Abheben;

UPL (*uplift failure*): Verlust der Lagesicherheit des Bauwerks oder Baugrundes infolge von Auftrieb oder anderer vertikaler Einwirkungen, z. B. Nachweis gegen Aufschwimmen oder Abheben;

HYD (*hydraulic failure*): hydraulischer Grundbruch, innere Erosion oder „Piping" im Boden, verursacht durch Strömungsgradienten.

Mit der Untersuchung dieser Zustände wird das Versagen von Bauwerken und/oder des Bodens durch Verlust des Gleichgewichtes erfasst. In den Nachweisen werden die Bemessungswerte von stabilisierenden und destabilisierenden Einwirkungen gegenübergestellt. Widerstände treten in diesem Grenzzustand nicht auf. Bei allen drei vorgenannten Grenzzuständen ist die Festigkeit des Baugrundes und der Materialwiderstand der Bauteile daher nicht entscheidend.

Grenzzustand der Festigkeiten Grenzzustand des Versagens von Bauwerken, Bauteilen und Untergrund durch Erreichen der Festigkeitsgrenze oder sehr große Verformungen:

GEO-2 (*geotechnical failure*): Nachweis der äußeren, bodenmechanisch bedingten Abmessungen, z. B. Nachweis gegen Grundbruch und Gleiten, Nachweis von Pfählen, Ankern und Bewehrungselementen (Festigkeit des **Baugrundes** entscheidend);

STR (*structural failure*): Nachweis gegen inneres Versagen oder sehr große Verformungen des Tragwerks oder seiner Bauteile (Festigkeit des **Baustoffes** entscheidend).

Der Grenzzustand **STR** ist nach den jeweiligen baustoffspezifischen Normen (z. B. EC 2, EC 3, EC 5) zu führen.

Der Nachweis GEO-2 wird in Deutschland als sogenannter Nachweis GEO-2* geführt. Dabei werden die Widerstände, z. B. in Form des Grundbruchwiderstandes, unter Ansatz der charakteristischen Materialkennwerte und charakteristischen Einwirkungen ermittelt; die Faktorisierung mit Teilsicherheitsbeiwerten erfolgt erst nach Ermittlung des charakteristischen Gesamtwiderstandes. In den Nachweisen werden die Bemessungswerte der Beanspruchungen den Bemessungswerten der Widerstände gegenübergestellt, wobei sich die jeweiligen Bemessungswerte durch eine Erhöhung bzw. Reduzierung der charakteristischen Beanspruchung bzw. Widerstände ergeben.

Grenzzustand der Gesamtstandsicherheit durch Versagen des Baugrundes und ggfs. auf oder in ihm befindlicher Bauwerke durch Bruch im Boden oder Fels und ggfs. auch durch Bruch in mittragenden Bauteilen:

GEO-3 (*geotechnical failure*): Nachweis gegen Gelände- bzw. Böschungsbruch (Festigkeit des **Baugrundes** entscheidend).

Bei dem Nachweisformat GEO-3 werden in einem ersten Schritt die Bemessungswerte der Einwirkungen und Materialfestigkeiten ermittelt und mit den so faktorisierten Kennwerten die Beanspruchungen und Widerstände ermittelt.

Das Konzept mit Teilsicherheitsbeiwerten erlaubt für den Nachweis der Tragfähigkeit eine unterschiedliche Gewichtung der zu berücksichtigenden Einwirkungen und Widerstände. Die jeweiligen Nachweise werden mit Ungleichungen geführt, in denen die Bemessungswerte der Einwirkungen/Beanspruchungen und Widerstände gegenübergestellt werden. Allgemein ist nachzuweisen:

$$E_d \leq R_d$$

E_d Bemessungswert der Einwirkungen/Beanspruchungen, z. B. Schnittgrößen in der Gründungssohle, Pfahllast, Ankerkraft, Erddruck etc.

R_d Bemessungswert der Widerstände, z. B. Erdwiderstand, Sohlreibungskraft, Herausziehwiderstand von Ankern etc.

Die Bemessungswerte der **Einwirkungen/Beanspruchungen** werden durch **Multiplikation** und die Bemessungswerte der **Widerstände** durch **Division** der charakteristischen Werte mit Teilsicherheitsbeiwerten ermittelt. Die Sicherheit ist nachgewiesen, wenn die für die Grenzzustände mit Bemessungswerten ermittelten Ungleichungen erfüllt sind.

Für die Grenzzustände EQU, UPL und HYD gilt die Vorgehensweise sinngemäß. Da allerdings keine Widerstände mobilisiert werden, sind dort die Bemessungswerte stabilisierender mit denen destabilisierender Einwirkungen zu vergleichen:

$$E_{dst,d} \leq E_{stb,d}.$$

Grenzzustand der Gebrauchstauglichkeit (SLS – serviceability limit state) Mit der Untersuchung dieses Zustandes wird die Zulässigkeit der im Baugrund oder die Verträglichkeit der an einem Bauwerk zu erwartenden Verformungen oder Verschiebungen überprüft. Die Nachweise werden nicht mit den Bemessungswerten, sondern mit den charakteristischen Werten der Einwirkungen und Widerstände, d. h. in der Regel mit Teilsicherheitsbeiwerten $\gamma_i = 1{,}0$ geführt. Hierzu gehören insbesondere der Nachweis der Einhaltung zulässiger Setzungen und zur Beschränkung der Exzentrizität der resultierenden Einwirkungen in der Sohlfuge (Kippnachweis in Form der zulässigen Ausmitte).

Sämtliche Nachweise zur Tragfähigkeit und zur Gebrauchstauglichkeit sind jeweils für die ungünstigsten Einwirkungs- und Widerstandskombinationen unter Einhaltung der Gleichgewichtsbedingungen zu führen.

Für die Nachweisführung müssen geeignete Berechnungsmodelle zum Einsatz kommen, diese können grundsätzlich empirischer, analytischer oder numerischer Natur sein. Teil des Sicherheits- und Nachweiskonzeptes können auch weitere Elemente wie beispielsweise die Anwendung der Beobachtungsmethode sein.

Beobachtungsmethode In Fällen, in denen eine Vorhersage des Baugrundverhaltens allein aufgrund von vorab durchgeführten Baugrunduntersuchungen und von rechnerischen Nachweisen nicht mit ausreichender Zuverlässigkeit möglich ist, sollte die Beobachtungsmethode angewendet werden.

Anmerkung: Die Beobachtungsmethode ist eine Kombination der üblichen Untersuchungen und rechnerischen Nachweise (Prognosen) mit der laufenden messtechnischen Kontrolle des Bauwerkes während dessen Herstellung, wobei kritische Situationen durch die Anwendung vorab geplanter technischer Gegenmaßnahmen beherrscht werden. Die Unschärfe der Prognose wird dabei soweit wie möglich durch deren ständige Anpassung an die tatsächlichen Verhältnisse ausgeglichen.

Beobachtungen allein können die Prognose nicht ersetzen, da ohne diese beispielsweise die Festlegung von Schwellenwerten für die messtechnische Überwachung nicht möglich ist. Zustände, die weder ausreichend zuverlässig rechnerisch prognostiziert noch durch Messungen überwacht werden können, sind durch entsprechende planerische Konzepte und durch konstruktive Maßnahmen zu verhindern. Prognosen sind, so weit möglich, mit Erfahrungen aus vergleichbaren Baumaßnahmen abzugleichen.

Anmerkung: Die Anwendung der Beobachtungsmethode ist nicht zulässig bzw. hinreichend, wenn – z. B. beim hydraulischen Grundbruch oder Setzungsfließen – das Versagen nicht erkennbar ist bzw. sich nicht rechtzeitig ankündigt.

13.6.3 Bemessungssituation

Die für die jeweilige Erhöhung der repräsentativen bzw. die Faktorisierung der charakteristischen Einwirkungen/Beanspruchungen bzw. charakteristischen Widerstände maßgebenden Teilsicherheitsbeiwerte sind von der Bemessungssituation abhängig.

Im Normenhandbuch Eurocode 7, Teil 1, werden für den Nachweis des Grenzzustandes der Tragfähigkeit (ULS) vier verschiedene Bemessungssituationen unterschieden:

BS-P (*persistent*): Regelmäßige Bemessungssituation aus ständigen und regelmäßigen veränderlichen Einwirkungen **während** der Funktionszeit eines Bauwerkes;

BS-T (*transient*): Vorübergehende Bemessungssituation aus unregelmäßigen veränderlichen Einwirkungen **oder** während der Bauzeit eines Bauwerkes;

BS-A (*accidental*): Außergewöhnliche Bemessungssituation aus außergewöhnlichen veränderlichen Einwirkungen **oder** in Unfall- bzw. Katastrophenzuständen;

BS-E (*earthquake*): Erdbeben – Bemessungssituation gilt für den Fall eines Erdbebens.

Für den Nachweis der Gebrauchstauglichkeit (SLS) wird nicht nach Bemessungssituationen unterschieden.

13.6.4 Bemessungswerte für Einwirkungen und Widerstände

Einwirkungen und Beanspruchungen Die auch in EN 1990 und EN 1991 geregelten vielfältigen Einwirkungen werden in DIN EN 1997-1 im Hinblick auf die geotechnischen Aspekte nicht gesondert unterschieden, sondern einheitlich aufgelistet. Hierzu gehören nach wie vor insbesondere:

Gründungslasten Schnittgrößen am Gründungskörper aus der statischen Berechnung des mit dem Baugrund in Kontakt stehenden Bauteiles.

Grundbauspezifische Einwirkungen Bodeneigengewicht, Erddruck, Wasserdruck, Seitendruck und negative Mantelreibung (Pfähle), veränderliche statische Einwirkungen wie Wind, Schnee etc.

Zyklische, dynamische und stoßartige Einwirkungen Regellasten auf Verkehrsflächen oder aus dem Baubetrieb, Stoß-, Druckwellen-, Schwingungsbelastungen, Erdbeben.

Die vom Tragwerksplaner an den Geotechniker zu übergebenden Schnittgrößen dürfen keine Teilsicherheitsbeiwerte enthalten, müssen demnach als charakteristische Größen vorliegen. Dies führt im Regelfall nicht zu einem zusätzlichen Aufwand, da der Tragwerksplaner ohnehin den Nachweis der Gebrauchstauglichkeit mit charakteristischen Werten führen muss.

Wesentlich für die rechnerische Handhabung der genannten Einwirkungen ist die Unterscheidung in **ständige** (Gewicht, Erddruck, Wasserdruck etc.) und **veränderliche** (Verkehr, Wind, Schnee etc.) Einwirkungen. Bei veränderlichen Einwirkungen ist zu entscheiden, ob diese für den jeweils untersuchten Versagensmechanismus günstig oder ungünstig wirken. Günstig wirkende veränderliche Einwirkungen dürfen nicht angesetzt werden.

Im Hinblick auf die Regelungen der EN 1990 ist auch für geotechnische Fragestellungen zu prüfen, ob veränderliche Einwirkungen unabhängig oder in Kombination miteinander auftreten. Dies kann durch sogenannte Kombinationsbeiwerte berücksichtigt werden.

Generelle Vorgehensweise zur Ermittlung der Bemessungswerte Ermittlung der repräsentativen Einwirkungen F_{rep} aus Eigengewicht, Erddruck, Wasserdruck und Verkehr, in Form von Schnittgrößen (Auflager-, Querkräfte, Biegemomente), Spannungen (Normal-, Schubspannungen) oder Verformungen (Dehnungen, Verschiebungen, Durchbiegungen) in maßgebenden Schnitten und in Berührungsflächen Bauwerk/Baugrund.

Ermittlung der Bemessungswerte der Beanspruchungen E_d durch Multiplikation der repräsentativen Einwirkungen/Beanspruchungen mit den Teilsicherheitsbeiwerten für Einwirkungen und Beanspruchungen (s. Tafel 13.21).

Widerstände Neben der Materialfestigkeit der einzelnen Gründungsbauteile und Sicherungselemente (Festigkeit von Beton, Stahl, Holz etc.) wird in EN DIN 1997-1 nach der klassischen Scherfestigkeit des Baugrundes (GEO-3) und denjenigen Widerstandsgrößen unterschieden, die ein Bauteil (STR) oder der Baugrund (GEO-2) einer bestimmten Beanspruchung entgegensetzt.

Die Einhaltung der Materialfestigkeit (STR) ist anhand der jeweiligen Bauartnormen zu überprüfen.

Hinsichtlich des Ansatzes der Scherfestigkeit ist Folgendes geregelt:

Für die Nachweise in den Grenzzuständen EQU, STR und GEO-2 sind die charakteristischen Werte für Kohäsion und Reibungswinkel zugrunde zu legen, für den Nachweis im Grenzzustand GEO-3 die Bemessungswerte, also die durch Division mit dem entsprechenden Teilsicherheitsbeiwert reduzierten (charakteristischen) Scherparameter.

Typische Widerstandsgrößen für den Grenzzustand GEO-2 sind der Grundbruchwiderstand, der Gleitwiderstand, der Erdwiderstand, der Pfahlwiderstand (Eindring- bzw. Herausziehwiderstand) und der Verpressankerwiderstand (Verpresskörper).

Generelle Vorgehensweise zur Ermittlung der Bemessungswerte Ermittlung der charakteristischen Widerstände R_k durch Berechnung, Probebelastung oder aufgrund von Erfahrungswerten,

Ermittlung der Bemessungswerte der Widerstände R_d durch Division der charakteristischen Widerstände durch die Teilsicherheitsbeiwerte für Widerstände (s. Tafel 13.22).

Tafel 13.21 Teilsicherheitsbeiwerte für Einwirkungen und Beanspruchungen (Stand: 11.15)

Einwirkung bzw. Beanspruchung	Formelzeichen	Bemessungssituation		
		BS-P	BS-T	BS-A
HYD, UPL, EQU (Grundwasser, Lage)				
Stabilisierende ständige Einwirkungen	$\gamma_{G,stb}$	0,95 (0,90)	0,95 (0,90)	0,95
Stabilisierende veränderliche Einwirkungen	$\gamma_{Q,stb}$	0	0	0
Destabilisierende ständige Einwirkungen	$\gamma_{G,dst}$	1,05 (1,10)	1,05	1,00
Destabilisierende veränderliche Einwirkungen	$\gamma_{Q,dst}$	1,50	1,30 (1,25)	1,00
Strömungskraft bei günstigem Untergrund	γ_H	1,45	1,45	1,25
Strömungskraft bei ungünstigem Untergrund	γ_H	1,90	1,90	1,45
(Werte in Klammern gelten für EQU)				
STR, GEO-2 (Bauteilabmessungen)				
Ständige Einwirkungen allgemein[a]	γ_G	1,35	1,20	1,10
Ständige Einwirkungen aus Erdruhedruck	γ_{E0g}	1,20	1,10	1,00
Günstige ständige Einwirkungen	$\gamma_{G,inf}$	1,00	1,00	1,00
Ungünstige veränderliche Einwirkungen	γ_Q	1,50	1,30	1,10
GEO-3 (Gesamtsystem)				
Ständige Einwirkungen[a]	γ_G	1,00	1,00	1,00
Ungünstige veränderliche Einwirkungen	γ_Q	1,30	1,20	1,00
Günstige veränderliche Einwirkungen	γ_Q	0	0	0
SLS (Gebrauchstauglichkeit)				

$\gamma_G = 1,00$ für ständige Einwirkungen bzw. Beanspruchungen

$\gamma_Q = 1,00$ für veränderliche Einwirkungen bzw. Beanspruchungen

[a] einschließlich ständigem und veränderlichem Wasserdruck

Tafel 13.22 Teilsicherheitsbeiwerte für geotechnische Kenngrößen und Widerstände (Stand: 11.15)

Widerstand	Formelzeichen	Bemessungssituation		
		BS-P	BS-T	BS-A
STR, GEO-2 (Bauteilabmessungen) Bodenwiderstände				
Erdwiderstand und Grundbruchwiderstand	$\gamma_{R,e}, \gamma_{R,v}$	1,40	1,30	1,20
Gleitwiderstand	$\gamma_{R,h}$	1,10	1,10	1,10
Pfahlwiderstände				
Pfahldruckwiderstand bei Probebelastung	$\gamma_b = \gamma_s = \gamma_t$	1,10	1,10	1,10
Pfahlzugwiderstand bei Probebelastung	$\gamma_{s,t}$	1,15	1,15	1,15
Pfahlwiderstand auf Druck und (Zug) aufgrund von Erfahrungswerten	γ_P	1,40 (1,50)	1,40 (1,50)	1,40 (1,50)
Herausziehwiderstände				
Boden- bzw. Felsnagel	γ_a	1,40	1,30	1,20
Verpresskörper von Verpressankern	γ_a	1,10	1,10	1,10
Flexible Bewehrungselemente	γ_a	1,40	1,30	1,20
GEO-3 (Gesamtstandsicherheit)				
Scherfestigkeit				
Reibungsbeiwert $\tan \varphi'$ des dränierten Bodens	$\gamma_{\varphi U}$	1,25	1,15	1,10
Kohäsion c' des dränierten Bodens und Scherfestigkeit c_u des undränierten Bodens	γ_c, γ_{cu}	1,25	1,15	1,10
Herausziehwiderstände				
– siehe oben (STR, GEO-2)				

13

13.7 Flach- und Flächengründungen

13.7.1 Abgrenzung und Schutzanforderungen

Flach- und Flächengründungen sind Einzel- oder Streifenfundamente und Gründungsplatten oder Träger-(Gitter-)rostfundamente mit geringer Einbindetiefe, bei denen die Lasten in der Gründungssohle über Sohldruck in den Baugrund übertragen werden.

Die Gründungssohle muss frostfrei liegen, i. d. R. mindestens 80 cm unter Gelände, wenn nicht auf andere Weise eine hiervon abweichende, zulässige Tiefenlage nachgewiesen wird.

Der Baugrund muss gegen Auswaschen (Erosion und Suffosion), gegen eine Verringerung seiner Festigkeit durch strömendes Wasser sowie gegenüber Einwirkungen aus der Witterung und dem Baubetrieb geschützt werden.

13.7.2 Bemessungsgrundlagen

Der Aufwand für die rechnerische Bemessung von Flach- und Flächengründungen ergibt sich in der Regel aus der Zuordnung des Baugrundes und des Bauwerkes zu der entsprechenden Geotechnischen Kategorie (s. Abschn. 13.2).

Im Regelfall wird die Kategorie GK2, in besonderen Fällen (unterschiedliche Bauwerkssteifigkeit, Nachbarbebauung, gemischte Gründung, KPP) die Kategorie GK3 maßgebend sein. Bei einfachen Baugrundverhältnissen (Kategorie GK1) kann eine Gründungsbemessung unter Verwendung von Erfahrungswerten für den Bemessungswert des Sohlwiderstandes ausreichend sein (s. Abschn. 13.7.3).

Im Regelfall muss die Bemessung sowohl die Sicherheit gegen Kippen, Grundbruch, Gleiten und Materialversagen (Nachweise der Tragfähigkeit für die Grenzzustände EQU, GEO-2 und STR) als auch die Zulässigkeit der Ausmitte der Sohldruckresultierenden, der Verschiebungen, Setzungen und Verdrehungen (Nachweis der Gebrauchstauglichkeit SLS) nachweisen. Bei Auftriebsproblemen ist zusätzlich der Nachweis der Tragfähigkeit für den Grenzzustand UPL zu führen.

Im Allgemeinen wird der Baugrund durch **ständige** und **veränderliche** Einwirkungen beansprucht. Alle Einwirkungen sind einer dieser beiden Gruppen zuzuordnen, da für ständige und veränderliche Einwirkungen unterschiedliche Teilsicherheitsbeiwerte gelten. Für die Nachweise des Grenzzustandes der Tragfähigkeit dürfen günstig wirkende veränderliche Einwirkungen nicht in Ansatz gebracht werden. Das Zusammenwirken verschiedener veränderlicher Einwirkungen darf ggf. durch Kombinationsbeiwerte berücksichtigt werden.

In der Regel genügt es, Flachgründungen für die Gesamtbeanspruchung aus ständigen und veränderlichen Einwirkungen zu bemessen.

Beim Entwurf der Gründungskörper ist die Verteilung der Einwirkungen a) beim Nachweis des Bemessungswertes des Sohlwiderstandes mithilfe von Tabellenwerten sowie beim Grundbruchnachweis als gleichmäßig verteilt, b) bei der Ermittlung der Schnittkräfte sowie beim Setzungsnachweis als geradlinig verteilt sowie c) bei der Bemessung von biegeweichen Gründungsplatten und -balken nach DIN 4018 anzunehmen (Berechnungsverfahren s. u. a. [9], [10], [13]).

Bei der Bestimmung der resultierenden Beanspruchungen in der Gründungssohle sind im Regelfall auch die vertikal wirkenden Komponenten des Erddruckes zu berücksichtigen.

Der passive Erddruck darf nur dann als Widerstand angesetzt werden, wenn das Fundament verträglich eine Verschiebung erfahren kann, die ausreicht, um den erforderlichen Erdwiderstand auch voll zu mobilisieren. Anderenfalls ist der Erdwiderstand sinnvoll zu begrenzen oder sicherheitshalber zu vernachlässigen.

13.7.3 Vereinfachter Sohldrucknachweis in Regelfällen

Sofern die nachfolgend genannten Voraussetzungen erfüllt sind, dürfen gemäß Normenhandbuch Eurocode 7, Band 1, die Nachweise für die Grenzzustände Grundbruch und Gleiten sowie der Gebrauchstauglichkeitsnachweis (Nachweis der Setzugen) durch die Verwendung von Erfahrungswerten für den Bemessungswert $\sigma_{R,d}$ des Sohlwiderstandes ersetzt werden.

Anstelle der expliziten Nachweise dürfen dann vereinfachend die Bemessungswerte der Sohldruckbeanspruchung und des Sohlwiderstandes miteinander verglichen werden:

$$\sigma_{E,d} \leq \sigma_{R,d}$$

mit

$\sigma_{E,d}$ der Bemessungswert der Sohlbeanspruchung, ermittelt aus ständigen und ggf. unterschiedlichen veränderlichen Einwirkungen, dabei ggf. auf eine reduzierte Fundamentfläche bezogen;

$\sigma_{R,d}$ der Bemessungswert des Sohlwiderstandes (siehe Tafeln 13.23 und 13.24).

Diese vereinfachte Verfahrensweise ist allerdings nur dann zulässig, wenn

- Geländeoberfläche und Schichtgrenzen annähernd horizontal verlaufen,
- der Baugrund bis zum 2-fachen der kleineren Fundamentseite eine nachgewiesen ausreichende Festigkeit aufweist,
- das Fundament nicht überwiegend oder regelmäßig dynamisch beansprucht wird bzw. in bindigen Böden kein Porenwasserdruck entsteht,
- die resultierende charakteristische Sohlbeanspruchung relativ steil ($H_k / V_k \leq 0{,}2$) steht,
- die zulässige Ausmitte der resultierenden charakteristischen Sohlbeanspruchung eingehalten wird.

1) Bei **mittigem Lastangriff** auf die Fundamentsohle gilt (vgl. Abb. 13.14):

$$\sigma_{E,d} = V_d/A = V_d/(b_x \cdot b_y)$$

Tafel 13.23 Bemessungswert des Sohlwiderstandes in kN/m² für **Streifenfundamente** auf nichtbindigen und schwach feinkörnigen Böden (Bodengruppe GE, GW, GI, SE, SW, SI, GU, GT, SU (nach DIN 18196)

DIN 1054	Tabelle 1						Tabelle 2			
Bauwerk	setzungsempfindlich						setzungsunempfindlich			
Breite des Streifenfundaments b bzw. b' in m	0,5	1	1,5	2	2,5	3	0,5	1	1,5	2
Einbindetiefe t in m 0,5	280	420	460	390	350	310	280	420	560	700
1,0	380	520	500	430	380	340	380	520	660	800
1,5	480	620	550	480	410	360	480	620	760	900
2,0	560	700	590	500	430	390	560	700	840	980
Bei kleinen Bauwerken	210 (mit Breiten $\geq 0,3$ m und Gründungstiefen $0,3$ m $\leq t \leq 0,5$ m)									

Tafel 13.24 Bemessungswert des Sohlwiderstandes für **Streifenfundamente** bei bindigem und gemischtkörnigem Baugrund in kN/m²

DIN 1054	Tabelle 3	Tabelle 4			Tabelle 5			Tabelle 6		
Bodenart	Reiner Schluff	Gemischtkörniger Boden, der Korngrößen vom Ton- bis in den Sand-, Kies- oder Steinbereich enthält			Tonig-schluffiger Boden			Fetter Ton		
Bodengruppe	UL	SÜ, ST, ST̄, GÜ, GT̄			UM, TL, TM			TA		
Konsistenz	steif bis halbfest	steif	halbfest	fest	steif	halbfest	fest	steif	halbfest	fest
Einbindetiefe[a] in m 0,5	180	210	310	460	170	240	390	130	200	280
1,0	250	250	390	530	200	290	450	150	250	340
1,5	310	310	460	620	220	350	500	180	290	380
2,0	350	350	520	700	250	390	560	210	320	420

[a] Zwischenwerte können geradlinig eingeschaltet werden.

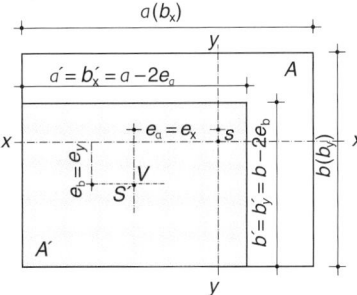

Abb. 13.14 Teilfläche A' für doppelte Ausmittigkeit von V

2) Bei **außermittigem Lastangriff** auf die Fundamentsohle wird nur eine Teilgrundfläche A' angesetzt, bei der die Resultierende der Einwirkungen im Schwerpunkt steht (Abb. 13.14), d. h.

$$A' = b'_x \cdot b'_y = (b_x - 2e_x)(b_y - 2e_y)$$

Als maßgebende Sohldruckbeanspruchung ist in diesem Fall die Spannung anzusetzen, die sich aus der Division der Vertikalbeanspruchung durch die reduzierter Sohlfläche A' ergibt. Eine Setzungsberechnung ist dann erforderlich, wenn der Einfluss benachbarter Fundamente zu berücksichtigen ist. Ist die Einbindetiefe auf allen Seiten des Gründungskörpers größer als 2 m, so darf der aufnehmbare Sohldruck um die Spannung erhöht werden, die sich aus der der Mehrtiefe entsprechenden Bodenentlastung ergibt.

Die oben aufgeführten Tabellenwerte (Tafeln 13.23 und 13.24) beruhen auf Grundbruch- und Setzungsberechnungen sowie auf Erfahrungen.

13.7.3.1 Bemessungswerte des Sohlwiderstandes für nichtbindigen Boden

Erforderliche Lagerungsdichte für den Ansatz der Tafelwerte: Vorausgesetzt wird mindestens mitteldicht gelagerter Baugrund, ein Verdichtungsgrad von mindestens 95 % oder ein Spitzendruck der Drucksonde von $q_c \geq 7,5$ MN/m².

Häufig sind gewachsene Sand- und Kiesablagerungen ausreichend dicht gelagert. Liegen diesbezüglich keine örtlichen Erfahrungen vor, kann der Nachweis durch Sondierungen erbracht werden.

Ähnlich wie bei nichtbindigem kann die Tragfähigkeit von gemischtkörnigem Boden mit geringem Feinkornanteil bis 15 % beurteilt werden (SU, GU, GT).

Setzungen Nach DIN 1054 kann ein Bemessungswert des Sohlwiderstandes nach Tabelle 1 der Tafel 13.23 zu Setzungen führen, die bei Fundamentbreiten bis 1,5 m ein Maß von 1 cm, bei breiteren Fundamenten ein Maß von 2 cm nicht übersteigen. Bei Anwendung der Tabelle 2 sind bis Fundamentbreiten von 1,50 m Setzungen von 2 cm, bei breiteren Fundamenten ungefähr proportional zur Fundamentbreite stärkere Setzungen zu erwarten.

Die Setzungsbeträge beziehen sich auf allein stehende Fundamente und können sich bei gegenseitiger Beeinflussung (Lichter Abstand % 3-fache Fundamentbreite) vergrößern.

Verkantungen außermittig belasteter Fundamente müssen erforderlichenfalls nachgewiesen werden.

Die angegebenen Bemessungswerte dürfen überschritten werden, wenn die Grenzzustände der Tragfähigkeit und der Gebrauchstauglichkeit rechnerisch nachgewiesen werden. Diese Nachweise sind auch dann zu führen, wenn die Voraussetzungen für die Anwendung der Tabellenwerte nicht gegeben sind.

Erhöhung der Werte von Tafel 13.23 bei Rechteckfundamenten und dichter Lagerung Wenn $b \geq 0{,}5$ m und $t \geq 0{,}5$ ist:

a) Um 20 % bei Rechteckfundamenten, wenn $a/b < 2$, sowie bei Kreisfundamenten; die auf der Grundlage des Grundbruchs ermittelten Werte jedoch nur dann, wenn die Einbindetiefe $t \geq 0{,}6 \cdot$ bzw. b' ist

b) Um 50 % bei nachgewiesener dichter Lagerung oder einem Spitzendruck der Drucksonde von $q_c \geq 15\,\mathrm{MN/m^2}$.

Abminderung der Werte von Tafel 13.23 bei Grundwasser Die angegebenen Bemessungswerte gelten nur für den Abstand zwischen Gründungssohle und Grundwasser d_w, der mindestens so groß ist wie b bzw. b' sonst gilt:

a) Liegt der Grundwasserspiegel in Höhe der Gründungssohle, ist der Tafelwert um 40 % zu vermindern ($d_w = 0$).

b) Ist der Abstand zur Gründungssohle $d_w < b$ bzw. b', darf zwischen dem um 40 % abgeminderten und dem vollen Tafelwert entsprechend dem tatsächlichen Abstand interpoliert werden.

c) Liegt der Grundwasserspiegel über der Gründungssohle, reicht die Abminderung um 40 % aus, wenn die Einbindetiefe $t > 0{,}8$ m und $b < t$ ist, sonst ist der Grundbruchnachweis nach DIN 4017 zu führen.

Abminderung der Werte von Tafel 13.23 bei waagerechten Einwirkungen Die Bemessungswerte sind bei Fundamenten, bei denen außer einer senkrechten Beanspruchung V_k auch eine waagerechte Komponente H_k angreift, abzumindern, wenn folgendes gilt:

a) mit dem Faktor $(1 - H_k/V_k)$, wenn H_k parallel zur langen Fundamentseite $a(b_x)$ wirkt und $a/b > 2$ ist,

b) mit dem Faktor $(1 - H_k/V_k)^2$ in allen anderen Fällen.

Die Werte nach Tabelle 1 von Tafel 13.23, dürfen unverändert verwendet werden, solange sie nicht größer sind als die herabgesetzten, auf der Grundlage einer ausreichenden Grundbruchsicherheit angegebenen Werte der Tabelle 2 der Tafel 13.23. Maßgebend ist stets der kleinere Wert.

13.7.3.2 Bemessungswerte des Sohlwiderstandes für bindigen Baugrund ($I_p \geq 10\,\%$)

Voraussetzungen für den Regelfall bei der Benutzung von Tafel 13.24

1. Bindiger Boden von mindestens steifem Zustand ($I_c > 0{,}75$).

2. Allmähliche Lastaufbringung bei steifer Konsistenz, bei schneller Belastung oder weicher Konsistenz Nachweis der zul. Bodenpressung mit Setzungs- und Grundbruchuntersuchungen.

3. Verträglichkeit der Setzungen von 2 bis 4 cm für das Bauwerk.

Erhöhung der Tafelwerte um 20 % bei Rechteckfundamenten mit einem Seitenverhältnis $a/b < 2$ und bei Kreisfundamenten.

Abminderung der Tafelwerte um 10 % je m zusätzlicher Fundamentbreite bei Fundamentbreiten zwischen 2 und 5 m.

13.7.3.3 Bemessungswerte des Sohlwiderstandes für Fels

DIN EN 1997-1 enthält für die vereinfachte Bemessung mehrere Diagramme, aus denen für quadratische Einzelfundamente der Bemessungssohldruck (zwischen $350\,\mathrm{kN/m^2}$ und $14\,\mathrm{MN/m^2}$) in Abhängigkeit von der Gesteinsart, der Druckfestigkeit und dem Trennflächengefüge abgelesen werden kann.

Dabei müssen Setzungen in der Größenordnung von 0,5 % der Fundamentbreite für das aufgehende Bauwerk verträglich sein.

13.7.3.4 Bemessungswerte des Sohlwiderstandes bei verdichteten Schüttungen

Wenn die für die nichtbindigen Böden genannten Voraussetzungen der Lagerungsdichte erfüllt sind und für bindige Schüttstoffe ein mittlerer Verdichtungsgrad von 100 % erreicht wird, was durch Sondierungen, Probebelastungen und Probenahme nachzuweisen ist, sowie ferner der Gehalt an organischen Stoffen < 3 % ist, dürfen die Werte der Tafel 13.23 bei der Bemessung der auf diesen Böden gegründeten Fundamente verwendet werden.

13.7.4 Nachweis der Tragfähigkeit

Wenn die Tabellenwerte nach Abschn. 13.7.3 überschritten werden oder die für ihre Anwendung erforderlichen Voraussetzungen als vereinfachter Fall nicht gegeben sind, sind die zulässige Beanspruchung des Baugrundes bzw. die erforderlichen Gründungsabmessungen mit dem Nachweis ausreichender Tragfähigkeit zu ermitteln.

Zusätzlich ist nachzuweisen, dass die Grenzwerte von Setzungsdifferenzen nicht überschritten werden, und ggf., dass die Lage der Resultierenden zulässig ist.

Die zulässige Beanspruchung des Baugrundes ist bei **lotrechter** Belastung begrenzt durch die für das Bauwerk verträglichen Setzungen und Setzungsunterschiede sowie durch die Grundbruchsicherheit. Bei **schräger** Belastung muss zusätzlich eine ausreichende Sicherheit gegen Kippen und Gleiten vorhanden sein. Darüber hinaus darf der Baustoff des konstruktiven Gründungsbauteiles nicht versagen (Sicherheit gegen Materialversagen, Grenzzustand STR).

Nach DIN EN 1997-1 ist die Sicherheit gegen Kippen nachgewiesen, wenn sowohl der Nachweis der Lagesicherheit er-

Tafel 13.25 Berechnung der gleichmäßig oder geradlinig verteilten Sohlnormalspannung σ_{vorh} von biegesteifen Fundamenten

Belastung	Lage von $V = R_{\mathrm{v}}$ (vgl. Abb. 13.14 bis 13.16)	Größe und Verteilung des rechnerischen Sohldruckes	
Mittig	$e_{\mathrm{x}} = 0,\ e_{\mathrm{y}} = 0,\ u = b/2$	$\sigma_{0\mathrm{m}} = \dfrac{F}{A} = \dfrac{V}{a \cdot b}$	Rechteckförmig (gleichmäßig)
Einfach außermittig (einachsige Momentenwirkung) 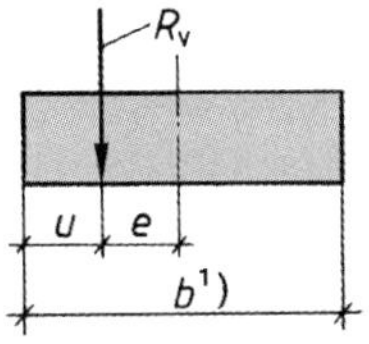 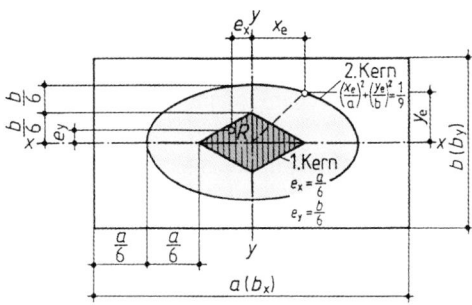	$e_{\mathrm{x}} \leq b/6,\ e_{\mathrm{y}} = 0$	$\genfrac{}{}{0pt}{}{\max}{\min}\ \sigma_0 = \dfrac{R_{\mathrm{v}}}{a \cdot b}\left(1 \pm \dfrac{6 \cdot e}{b}\right)$	Trapezförmig (geradlinig)
	$e_{\mathrm{x}} = b/6,\ e_{\mathrm{y}} = 0,\ u = b/3$	$\max \sigma_0 = \dfrac{2 \cdot R_{\mathrm{v}}}{a \cdot b}$	Dreieckförmig über volle Breite (geradlinig)
	$b/6 < e_{\mathrm{x}} \leq b/3,\ e_{\mathrm{y}} = 0$	$\max \sigma_0 = \dfrac{2 \cdot R_{\mathrm{v}}}{3 \cdot u \cdot a}$	Dreieckförmig, klaffende Fuge
	$e_{\mathrm{x}} = b/3,\ u = b/6$	$\max \sigma_0 = \dfrac{4 \cdot R_{\mathrm{v}}}{a \cdot b}$	Dreieckförmig, über halbe Breite
Doppelt außermittig (Einwirkung von Momenten um zwei Hauptachsen, s. Abb. 13.14)	$e_{\mathrm{x}} \neq 0,\ e_{\mathrm{y}} \neq 0$ innerhalb des 1. Kerns	$\max \sigma_0 = \dfrac{F}{A} \pm \dfrac{M_{\mathrm{x}}}{W_{\mathrm{x}}} \pm \dfrac{M_{\mathrm{y}}}{W_{\mathrm{y}}}$	
	$e_{\mathrm{x}} \neq 0,\ e_{\mathrm{x}} \neq 0$ innerhalb des 2. Kerns (Abb. 13.15)	$\max \sigma_0 = \mu\,\dfrac{R_{\mathrm{v}}}{a \cdot b}$	μ aus Nomogramm von Hülsdünker (Abb. 13.16)

[a] bzw. a, s. Abb. 13.15

füllt ist (EQU) als auch die Ausmittigkeit der maximalen, mit charakteristischen Werten ermittelten Sohldruckresultierenden innerhalb der zulässigen Kernweiten liegt (SLS).

Die Sicherheit gegen Grundbruch und ggf. Gleiten ist mit Teilsicherheitsbeiwerten für den Grenzzustand GEO-2 nachzuweisen.

Der Sicherheitsnachweis gegen Materialversagen ist nach den für den jeweils verwendeten Baustoff gültigen Bauartnormen zu führen.

13.7.4.1 Nachweis der Kippsicherheit

Der Nachweis der Sicherheit gegen Gleichgewichtsverlust durch Kippen erfolgt nach DIN EN 1997-1 zunächst durch den Nachweis eines ausreichenden „Kräfte"-Gleichgewichtes (Nachweis der Lagesicherheit, Grenzzustand EQU). Bei diesem Nachweis werden die Bemessungswerte der stabilisierenden Einwirkungen und der destabilisierenden Einwirkungen verglichen:

$$E_{\mathrm{dst,d}} \leq E_{\mathrm{stb,d}}.$$

Als in den Nachweis einfließende Einwirkungen sind die in der Gründungssohle auf eine fiktive Kippkante des Fundamentes bezogenen Drehmomente zu verstehen (früher als *Kippmoment* und als *Standmoment* bezeichnet). Die fiktive Kippkante ist sinnvollerweise an demjenigen Fundamentrand zu wählen, an dem das Kippmoment zu einem vollständigen Abheben des Fundamentes führen würde.

Da die tatsächliche Drehachse gegenüber der vorgenannten Annahme innerhalb der Fundamentgrundfläche zu erwarten ist, muss zusätzlich der Nachweis zur Beschränkung der Exzentrizität der Sohlduckresultierenden geführt werden. Dieser Nachweis wird nach DIN EN 1997-1 der Gebrauchstauglichkeit zugeordnet und ist in Abschn. 13.7.5.1 behandelt.

Zusätzlich zum Kippnachweis kann zur überschläglichen Bemessung des Gründungsbauteiles die vereinfacht als

Abb. 13.15 Kernflächen eines rechteckigen Fundamentes nach DIN 1054

linear veränderlich angenommene Verteilung der Sohlnormalspannungen innerhalb der Gründungssohle nach den in Tafel 13.25 aufgeführten Gleichungen ermittelt werden.

Solange die Ablesegerade die Grenzlinie nicht schneidet, ist mindestens die halbe Grundfläche an der Lastabtragung beteiligt. Bezüglich der Nulllinie des Sohldruckkörpers s. [1], T3.

13.7.4.2 Nachweis der Grundbruchsicherheit

Eine ausreichende Sicherheit gegen Grundbruch wird eingehalten, wenn nach DIN EN 1997-1 für den Grenzzustand GEO-2 folgende Bedingung erfüllt ist:

$$V_{\mathrm{d}} \leq R_{\mathrm{d}}$$

V_{d} Bemessungswert der rechtwinklig zur Sohlfläche gerichteten Komponente der resultierenden Beanspruchung, berechnet aus der ungünstigsten Kombination ständiger und veränderlicher Einwirkungen,

R_{d} Bemessungswert des Grundbruchwiderstandes, berechnet aus dem nach DIN 4017 ermittelten charakteristischen Grundbruchwiderstand.

Abb. 13.16 Maximale Sohlnormalspannung σ_{0E} unter der Ecke E bei doppelter Ausmittigkeit (nach *Hülsdünker*)

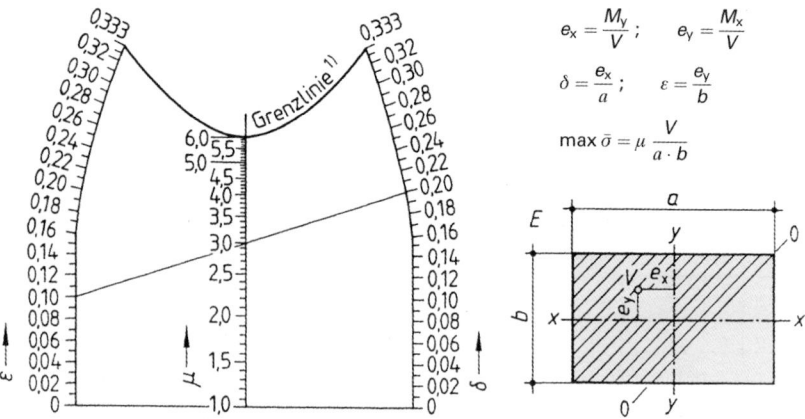

$$e_x = \frac{M_y}{V} ; \qquad e_y = \frac{M_x}{V}$$

$$\delta = \frac{e_x}{a} ; \qquad \varepsilon = \frac{e_y}{b}$$

$$\max \bar{\sigma} = \mu \cdot \frac{V}{a \cdot b}$$

Die mit charakteristischen Werten ermittelten Beanspruchungen werden getrennt für ständige und für veränderliche Einwirkungen in eine Komponente normal (N_k) und eine Komponente tangential zur Sohlfläche (T_k) aufgeteilt. Die einzelnen Komponenten werden anschließend durch Multiplikation mit den dazugehörigen Teilsicherheitsbeiwerten (vgl. Tafel 13.21) in Bemessungswerte umgewandelt und zum Bemessungswert der Gesamtbeanspruchung additiv zusammengesetzt:

z. B. für die Normalkomponente:

$$V_d = N_{G,k} \cdot \gamma_G + N_{Q,k} \cdot \gamma_Q.$$

Der Bemessungswert R_d des Grundbruchwiderstandes ergibt sich durch Division des charakteristischen Grundbruchwiderstandes $R_{n,k}$ mit dem entsprechenden Teilsicherheitsbeiwert $\gamma_{R,v}$ (vgl. Tafel 13.22).

Bei der Ermittlung der resultierenden charakteristischen Beanspruchung in der Sohlfläche darf eine Bodenreaktion B_k an der Stirnseite des Fundamentes wie eine charakteristische Einwirkung angesetzt werden. Sie darf jedoch höchstens so groß sein wie die parallel zur Sohlfläche angreifende charakteristische Beanspruchung. Außerdem muss gelten: ($B_k \leq 0.5 \cdot E_{p,k}$ ($\delta_p = 0$)), d.h. die Bodenreaktion darf mit Rücksicht auf die zur Mobilisierung des vollen Erdwiderstandes erforderlichen hohen Verschiebungen höchstens mit 50 % des charakteristischen Erdwiderstandes, der mit einem Erddruckneigungswinkel $\delta = 0$ zu ermitteln ist, angesetzt werden.

Der charakteristische Grundbruchwiderstand $R_{n,k}$ ergibt sich nach DIN 4017 unter Berücksichtigung der Neigung und Exzentrizität für die geotechnische Bemessung von Einzel- und Streifenfundamenten im Zustand GEO-2 aus (s. auch Abb. 13.17 bis 13.19)

$$R_{n,k} = a' \cdot b' \cdot \sigma_{0f}$$

$$\sigma_{0f} = \underbrace{c \cdot N_c}_{\text{Einfluss Kohäsion}} + \underbrace{\gamma_1 \cdot d \cdot N_d}_{\text{Gründungstiefe}} + \underbrace{\gamma_2 \cdot b' \cdot N_b}_{\text{Gründungsbreite}}$$

Zur Ermittlung des charakteristischen Grundbruchwiderstandes $R_{n,k}$ ist bei konsolidierten Verhältnissen mit den effektiven Scherparametern φ' und c' zu rechnen. Bei bin-

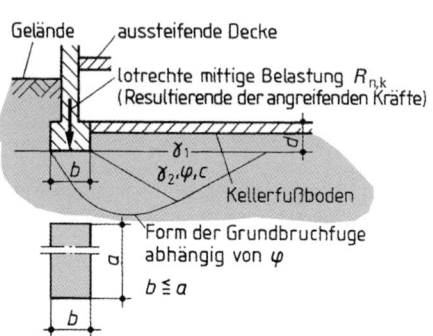

Abb. 13.17 Grundbruch unter einem lotrecht und mittig belasteten Gründungskörper bei einheitlicher Schichtung im Bereich des Gleitkörpers

digem Boden ist zu entscheiden, ob die Scherparameter des undränierten Bodens (φ_u, c_u) und/oder des dränierten Bodens (φ', c') zugrunde zu legen sind.

Außermittig belastete Streifen- und Einzelfundamente sind wie mittig belastete Fundamente mit einer reduzierten rechnerischen Breite b' bzw. rechnerischen Länge a' zu berechnen (bezüglich der Ermittlung von a' bzw. b' s. Abb. 13.19). Bei Streifenfundamenten wird mit Kraftgrößen pro laufendem Meter gerechnet bzw. $a \to \infty$ gesetzt.

Die Beiwerte N_c, N_d und N_b setzen sich als Produkt aus den Tragfähigkeitsbeiwerten, Formbeiwerten, Lastneigungsbeiwerten, Geländeneigungsbeiwerten und Sohlneigungsbeiwerten zusammen:

$$N_c = N_{c0} \cdot \nu_c \cdot i_c \cdot \lambda_c \cdot \xi_c$$

$$N_d = N_{d0} \cdot \nu_d \cdot i_d \cdot \lambda_d \cdot \xi_d$$

$$N_b = N_{b0} \cdot \nu_b \cdot i_b \cdot \lambda_b \cdot \xi_b$$

N_{c0}; N_{d0}; N_{b0} sind **Tragfähigkeitsbeiwerte** für den Einfluss der Kohäsion, der seitlichen Auflast und der Gründungsbreite. Sie hängen wie folgt vom Reibungswinkel φ' ab:

$$N_{d0} = \tan^2(45 + \varphi'/2) \cdot e^{\pi \cdot \tan \varphi'}$$

$$N_{b0} = (N_{d0} - 1) \cdot \tan \varphi'$$

$$N_{c0} = (N_{d0} - 1) \cdot \tan \varphi'$$

Abb. 13.18 Abmessungen des Grundbruchkörpers bei mittiger und lotrechter Einwirkung und einheitlicher Schichtung

$$d_s = b \cdot \sin\alpha \cdot e^{\alpha \cdot \tan\varphi'}$$

$$l_s = b/2 + b \cdot \tan\alpha \cdot e^{1,571 \cdot \tan\varphi'}$$

dabei gilt: $\alpha = 45° + \varphi'/2$

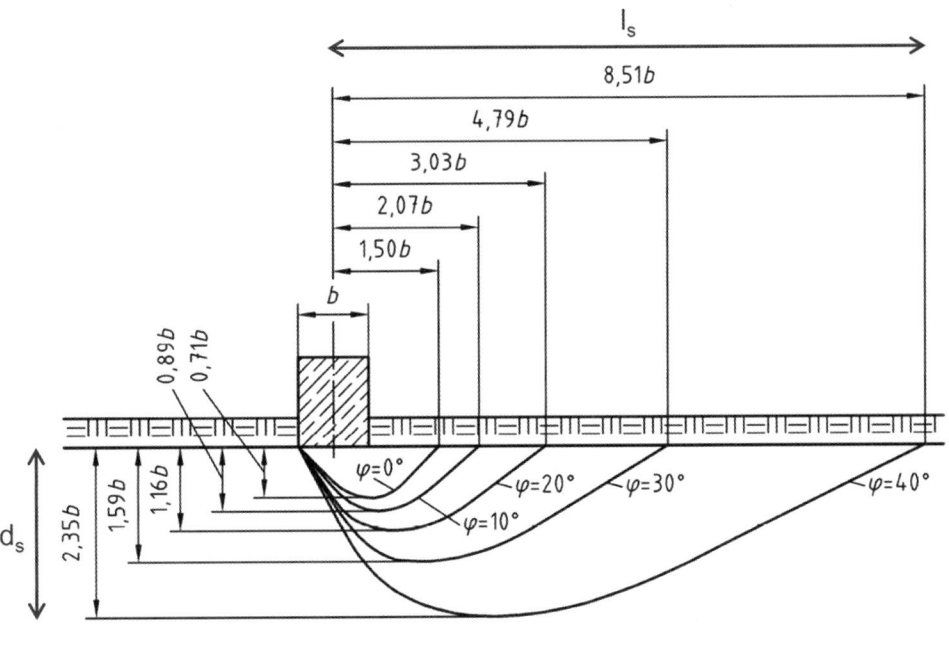

Abb. 13.19 Grundbruch unter einem schräg und außermittig belasteten Fundament

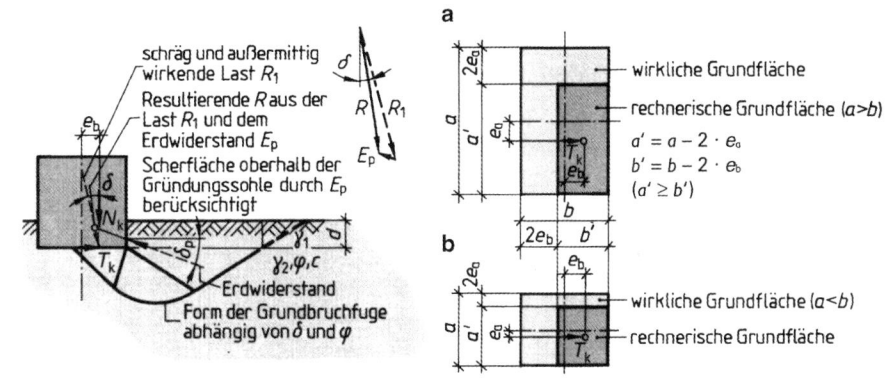

Tafel 13.26 Tragfähigkeitsbeiwerte N

φ	0°	5°	10°	15°	20°	22,5°	25°	27,5°	30°	32,5°	35°	37,5°	40°	42,5°
N_{c0}	5,0	6,5	8,5	11,0	15,0	17,5	20,5	25	30	37	46	58	75	99
N_{d0}	1,0	1,5	2,5	4,0	6,5	8,0	10,5	14	18	25	33	46	64	92
N_{b0}	0	0	0,5	1,0	2,0	3,0	4,5	7	10	15	23	34	53	83

Da der Rechenwert φ' ein charakteristischer Bodenkennwert ist, können die Tragfähigkeitsbeiwerte anstelle einer Berechnung auch aus Tafel 13.26 mit φ als Eingangswert entnommen werden.

Ferner sind:

ν_c; ν_d; ν_b Formbeiwert aus Tafel 13.27

i_c; i_d; i_b Lastneigungsbeiwerte aus Tafel 13.28 und für den Fall $\varphi_u = 0$, $c_u > 0$ aus Tafel 13.29

Hierin bedeuten

- $\tan\delta = \frac{T_k}{N_k}$ (Lastneigungswinkel, s. Abb. 13.19 bis 13.21) δ ist positiv, wenn die Tangentialkomponente T_K in Richtung auf die passive Rankine-Zone des Grundbruchkörpers weist (s. Abb. 13.19 links).

Tafel 13.27 Formbeiwerte[a]

	Streifen	Rechteck	Quadrat/Kreis
ν_c ($\varphi \neq 0$)	1,0	$\dfrac{\nu_d \cdot N_{d0} - 1}{N_{d0} - 1}$	$\dfrac{\nu_d \cdot N_{d0} - 1}{N_{d0} - 1}$
ν_c ($\varphi = 0$)	1,0	$1,0 + 0,2\dfrac{b}{a}$	1,2
ν_d	1,0	$1,0 + \dfrac{b}{a}\sin\varphi$	$1 + \sin\varphi$
ν_b	1,0	$1,0 - 0,3\dfrac{b}{a}$	0,7

[a] Bei außermittiger Belastung treten für die Ermittlung von ν_i an Stelle von a und b die reduzierten Seiten a' und b'

Tafel 13.28 Lastneigungsbeiwerte für den Fall $\varphi' > 0; c' \geq 0$ (Endzustand)

Lastneigungswinkel	i_b	i_d	i_c
$\delta > 0$	$(1 - \tan\delta)^{m+1}$	$(1 - \tan\delta)^m$	$\dfrac{i_d \cdot N_{d0} - 1}{N_{d0} - 1}$
$\delta < 0$	$\cos\delta \cdot (1 - 0{,}04 \cdot \delta)^{(0{,}64 + 0{,}028 \cdot \varphi)}$	$\cos\delta \cdot (1 - 0{,}0244 \cdot \delta)^{(0{,}03 + 0{,}04 \cdot \varphi)}$	

Tafel 13.29 Lastneigungsbeiwerte für den Fall $\varphi_u = 0; c_u > 0$ (Anfangszustand)

$i_c = 0{,}5 + 0{,}5\sqrt{1 - \dfrac{T_k}{A' c_u}}$	$i_d = 1{,}0$	i_b entfällt

Diese Werte gelten für die Anfangsstandsicherheit bindiger Böden, insbesondere Tone, mit sogenannter Nullreibung für T_k parallel b' und a'.

- $m = m_a \cdot \cos^2\omega + m_b \cdot \sin^2\omega$
- mit ω – der im Grundriss gemessene Winkel von T_k gegenüber der Richtung von a bzw. a'

$$m_a = (2 + a'/b')/(1 + a'/b')$$
$$m_b = (2 + b'/a')/(1 + b'/a')$$

$\lambda_c; \lambda_d; \lambda_b$ Geländeneigungsbeiwert aus Tafel 13.30
$\xi_c = \xi_d = \xi_b = e^{-0{,}045 \cdot \alpha \cdot \tan\varphi'}$ Sohlneigungsbeiwerte für $\varphi' > 0$, $c' \geq 0$ (α Neigungswinkel der Gründungssohle, s. Abb. 13.21).

Bei lotrechter Orientierung der resultierenden Last, bei waagerechter Geländeoberfläche und waagerechter Sohle werden:

$$i_c = i_d = i_b = 1 \quad \lambda_c = \lambda_d = \lambda_b = 1 \quad \xi_c = \xi_d = \xi_c = 1$$

Berücksichtigung einer Bermenbreite Der Tragfähigkeitsnachweis ist in diesem Falle mit einer Ersatzeinbindetiefe d' nach folgender Gleichung zu führen (s. Abb. 13.20):

$$d' = d + 0{,}8 \cdot s \cdot \tan\beta$$

Eine Vergleichsrechnung mit $\beta = 0$ und $d' = d$ ist erforderlich. Der kleinere Wert für den Grundbruchwiderstand ist maßgebend.

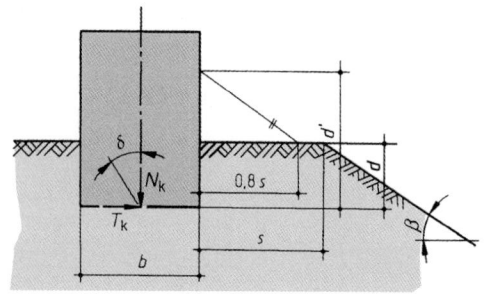

Abb. 13.20 Berücksichtigung einer Berme

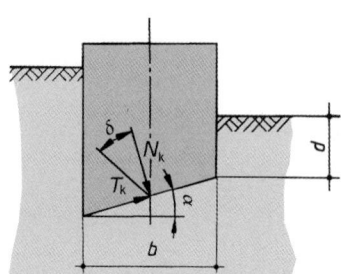

Abb. 13.21 Formelzeichen bei der Berücksichtigung einer geneigten Sohle

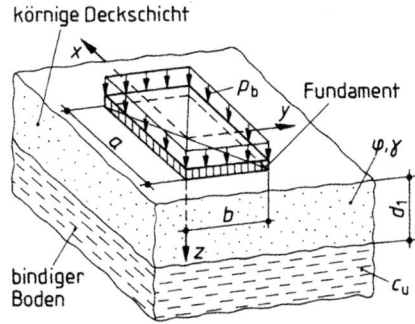

Abb. 13.22 Fundament auf geschichtetem Untergrund (Durchstanzen)

Durchstanzen Wenn der Baugrund aus gesättigtem bindigen Boden breiiger oder weicher Konsistenz und einer kohäsionslosen Deckschicht mit einem Reibungswinkel $\varphi > 25°$ besteht (Abb. 13.22), deren Dicke d_1 geringer ist als die zweifache Fundamentbreite b, dann muss der Bemessungswert des Grundbruchwiderstands nach der Durchstanzbedingung ermittelt werden. Dabei darf zur Ermittlung der Ersatzfundamentfläche auf der bindigen Schicht in der körnigen Deckschicht unter der Fundamentfläche ein Lastverteilungswinkel von 7° gegen die Lotrechte angesetzt werden. Mit dieser Ersatzfläche ist der Grundbruchnachweis unter Berücksichtigung des Gewichts der Deckschicht als Einwirkung und deren Dicke bei der Einbindetiefe mit den Bodenkenngrößen der unterlagernden Schicht zu führen.

13.7.4.3 Nachweis der Gleitsicherheit

Eine ausreichende Sicherheit gegen Gleiten wird eingehalten, wenn nach DIN EN 1997-1 für den Grenzzustand GEO-2 folgende Bedingung erfüllt ist:

$$H_d \leq R_d + R_{p;d}$$

(vgl. Abb. 13.23).

Tafel 13.30 Geländeneigungsbeiwerte

Fall	λ_b	λ_d	λ_c
$\varphi'_d > 0;\ c' \geq 0$	$(1 - 0,5\tan\beta)^6$	$(1 - \tan\beta)^{1,9}$	$(N_{d0} \cdot e^{-0,0349\beta \cdot \tan\varphi'} - 1)/(N_{d0} - 1)$
$\varphi'_d = 0;\ c_u > 0$	Entfällt	$1,0$	$1 - 0,4\tan\beta$

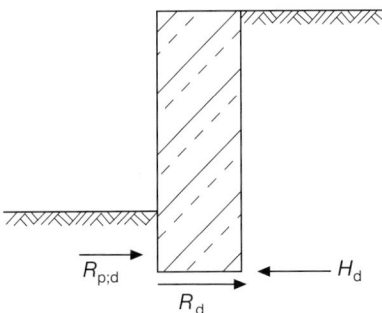

Abb. 13.23 Prinzip des Nachweises der Gleitsicherheit

H_d Bemessungswert der parallel zur Sohlfläche gerichteten Komponente der resultierenden Beanspruchung, berechnet aus der ungünstigsten Kombination ständiger und veränderlicher Einwirkungen

R_d Bemessungswert des in der Sohlfläche verfügbaren Gleitwiderstandes,

$R_{p;d}$ Bemessungswert der sohlflächenparallelen Komponente des Erdwiderstandes.

Die mit charakteristischen Werten ermittelten Beanspruchungen werden getrennt für ständige und für veränderliche Einwirkungen in eine Komponente normal (N_k) und eine Komponente tangential zur Sohlfläche (T_k) aufgeteilt. Die einzelnen Komponenten werden anschließend durch Multiplikation mit den dazugehörigen Teilsicherheitsbeiwerten in Bemessungswerte umgewandelt und zum Bemessungswert der Gesamtbeanspruchung additiv zusammengesetzt:

z. B. für die Tangentialkomponente:

$$H_d = T_{G,k} \cdot \gamma_G + T_{Q,k} \cdot \gamma_Q.$$

Der Bemessungswert R_d des Gleitwiderstandes errechnet sich durch Division des charakteristischen Gleitwiderstandes $R_{t,k}$ mit dem entsprechenden Teilsicherheitsbeiwert $\gamma_{R,h}$ (vgl. Tafel 13.22). Bei in Gleitrichtung ansteigender Sohlfläche und bei Fundamenten mit Sporn ist zusätzlich eine ausreichende Sicherheit gegen Gleiten in Bruchflächen nachzuweisen, die nicht in der Sohlfläche, sondern durch den Boden verlaufen.

Im Gegensatz zur erwünschten getrennten Behandlung von Einwirkungen und Widerständen ergibt sich beim Gleitwiderstand eine direkte Abhängigkeit des sohlflächenparallelen Widerstandes von der senkrecht zur Sohlfläche auftretenden Einwirkung.

Der charakteristische Gleitwiderstand $R_{t,k}$ in der Sohlfläche beträgt:

$A \cdot c_u$ bei unkonsolidierten Verhältnissen (Anfangszustand),

$N_k \cdot \tan\delta_{S,k}$ bei konsolidierten Verhältnissen (Endzustand),

$N_k \cdot \tan\varphi'_k + A \cdot c'_k$ bei konsolidierten Verhältnissen und einer Fundamentform, die eine Bruchfläche im Boden erzwingt (z. B. Fundamentsporn),

mit A – die für die Kraftübertragung maßgebende Sohlfläche, bei exzentrischer Resultierenden ggf. reduziert.

Der Sohlreibungswinkel $\delta_{S,k}$ darf in der Regel bei Ortbetonfundamenten mit dem Bodenreibungswinkel gleichgesetzt werden, bei Fertigteilen ist er auf $(2/3)\,\varphi'_k$ abzumindern.

Der Bemessungswert $R_{p;d}$ des Erdwiderstandes errechnet sich durch Division des charakteristischen Erdwiderstandes $E_{p,k}$ mit dem entsprechenden Teilsicherheitsbeiwert $\gamma_{R,e}$ (vgl. Tafel 13.22). Es empfiehlt sich, wegen der Verformungskompatibilität $E_{p,k}$ in der Regel nur mit 50 % anzusetzen.

13.7.4.4 Nachweis der Auftriebssicherheit

Das Aufschwimmen eines Gründungskörpers infolge Auftriebs oder das Abheben von Fundamenten infolge zu großer Zugkräfte ist ein Verlust der Lagesicherheit im Sinne des Grenzzustandes UPL. Beim Nachweis werden daher nur stabilisierende und destabilisierende Einwirkungen miteinander verglichen.

Erfolgt die Sicherung des Gründungskörpers durch Zugpfähle oder Verpressanker, so sind diese Elemente zusätzlich nach dem Grenzzustand GEO-2 zu bemessen.

Eine ausreichende Sicherheit gegen Aufschwimmen wird eingehalten, wenn nach DIN EN 1997-1 für den Grenzzustand UPL folgende Bedingung erfüllt ist:

$$V_{dst;d} \leq G_{stb;d} + R_d$$
$$\text{z. B.} \quad A_k \cdot \gamma_{G,dst} \leq G_{k,stb} \cdot \gamma_{G,stb} + F_{s,k} \cdot \gamma_{G,stb}$$

(vgl. Abb. 13.24 bei **nicht verankerter Konstruktion** ohne $F_{z,k}$).

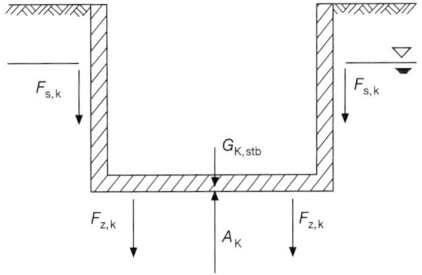

Abb. 13.24 Prinzip des Nachweises der Auftriebssicherheit

A_k Die an der Unterfläche des Gründungskörpers ein-wirkende charakteristische Auftriebskraft, sie ent-spricht der Gewichtskraft des verdrängten Grundwas-sers ($A = \gamma_w \cdot V$)

$G_{k,stb}$ Charakteristische günstige Einwirkung, i. d. R. Bau-werkseigengewicht,

$F_{s,k}$ Vertikalkomponente des aktiven Erddruckes (Anpas-sungsfaktor 0,80) unmittelbar an der Bauwerkswand oder einer anderen lotrechten Bodenfuge,

γ_i Teilsicherheitsbeiwerte für Einwirkungen im Zustand UPL (vgl. Abschn. 13.6.4).

Eine ausreichende Sicherheit gegen Aufschwimmen von **verankerten Konstruktionen** wird eingehalten, wenn nach DIN EN 1997-1 für den Grenzzustand UPL folgende Bedin-gung erfüllt ist:

$$A_k \cdot \gamma_{G,dst} \leq (G_{k,stb} + F_{s,k}) \cdot \gamma_{G,stb} + n \cdot F_{z,k} \cdot \gamma_{G,stb}$$

Zusätzlich zu den bereits erläuterten Größen bedeuten dabei:

$F_{z,k}$ Charakteristische Einwirkung auf ein Zugelement,

n Anzahl gleicher Zugelemente, (ggf. unter Berücksichti-gung einer Gruppenwirkung).

Der vorstehende Nachweis gilt im Wesentlichen für die Ermittlung und den Nachweis der Zugelemente (Versagen gegen Herausziehen). Für das Gesamtsystem ist zusätz-lich nachzuweisen, dass auch die Gewichtskraft des an der Zugpfahlgruppe angehängten Bodens eine ausreichende Si-cherheit gegen Aufschwimmen garantiert.

13.7.5 Nachweis der Gebrauchstauglichkeit

Die Nachweise, dass für das aufgehende Bauwerk verträgli-che Verschiebungen, Setzungen und Verdrehungen auftreten, sind dem Grenzzustand SLS zuzuordnen. Wie bisher werden diese Nachweise unter Ansatz der charakteristischen Kenn-größen, d. h. ohne erhöhte Partialsicherheitsbeiwerte (oder für alle Fälle: $\gamma_i = 1,0$) geführt.

13.7.5.1 Zulässige Lage der Sohldruckresultierenden

Bei außermittiger Belastung darf neben der Erfüllung des Nachweises der Lagesicherheit (EQU) die Exzentrizität der resultierenden Sohlbeanspruchung höchstens so groß wer-den, dass infolge der nur aus **ständigen** charakteristischen Einwirkungen ermittelten Beanspruchungen in der Grün-dungssohle des Fundamentes keine klaffende Fuge auftritt. Das bedeutet, dass diese Resultierende innerhalb der 1. Kernweite (vgl. Abb. 13.15) angreifen muss. Für Rechteck-fundamente gilt beispielsweise: $e_x \leq a/6$ bzw. $e_y \leq b/6$, für Kreisfundamente $e \leq 0,25r$.

Darüber hinaus ist nachzuweisen, dass die zulässige Ex-zentrizität infolge der Gesamtbeanspruchungen der Grün-dungssohle (**alle ständigen und veränderlichen** Lasten) zu

einer klaffenden Fuge führen darf, die höchstens bis zum Schwerpunkt der Fundamentgrundfläche reicht. Das bedeu-tet, dass diese Resultierende innerhalb der 2. Kernweite liegen muss (vgl. Abb. 13.15), die für Rechteckfundamen-te einer Ellipsengrundfläche entspricht. Für Kreisfundamente gilt $e \leq 0,59r$.

13.7.5.2 Verschiebungen in der Sohlfläche

Der Nachweis gegen unzuträgliche Verschiebungen in der Sohlfläche gilt als erbracht, wenn der Nachweis der Gleit-sicherheit (vgl. Abschn. 13.7.4.3) auch ohne Ansatz des Erd-widerstandes gelingt **oder** bei nachgewiesenermaßen tragfä-higen Böden maximal 30 % des charakteristischen Erdwider-standes für das Gleichgewicht der charakteristischen Kräfte parallel zur Sohlfläche ausreicht.

Anderenfalls sind gesonderte Berechnungen zu diesen Verschiebungen vorzunehmen.

13.7.5.3 Setzungen

Die rechnerischen Setzungen können nach DIN 4019 ermit-telt werden.

Berechnet wird in der Regel die **Gesamtsetzung**. Sie ist die Summe folgender Setzungsanteile, die in der Berechnung mit erfasst werden (vgl. Abb. 13.25):

Sofortsetzung ist der zeitunabhängige Setzungsanteil s_{01} durch Anfangsschubverformung (volumengetreue Gestalt-änderung) bei wassergesättigten bindigen Böden und/oder Sofortverdichtung s_{02} (Volumenverringerung) bei nicht was-sergesättigten Böden.

Konsolidationssetzung s_1 („Primärsetzung") ist der zeitab-hängige Setzungsanteil, der sich aus dem zeitlich verzöger-ten Abbau von Porenwasserdrücken und dem „Auspressen" von Porenwasser bei bindigen Böden ergibt. Der Konso-lidationsvorgang und damit der zeitliche Verlauf der Pri-märsetzungen wird in der Regel mit der eindimensionalen Konsolidierungstheorie nach Terzaghi beschrieben.

Kriechsetzungen s_2 („Sekundärsetzung") sind auf die vis-kosen Eigenschaften des Korngerüstes bindiger Böden (Um- und Neuordnung von Tonteilchen d. h. die mit adsorbiertem Wasser umgebenden Bodenteilchen gleiten langsam aufein-ander nach rheologischen Gesetzen) zurückzuführen und können bei konstanter Belastung – auch nach Abschluss der Konsolidation – zeitlich stark verzögert eintreten; sie sind insbesondere bei hochbelasteten Gründungen oder wei-chen wassergesättigten Böden von bautechnischer Bedeu-tung. Ihr Anteil an der Gesamtsetzung ist bei der Ermittlung der Setzungen unter Ansatz eines Steifemoduls in der Re-gel nicht enthalten, so dass die Kriechsetzungen gesondert zu ermitteln sind, ersatzweise kann ihr Einfluss im Zuge der Berechnung der Konsolidationssetzungen bei der Fest-legung des Steifemoduls berücksichtigt werden (s. EVB). Die Primär- und Sekundärsetzungen können in ihrer zeitli-

Abb. 13.25 Setzungsanteile (Setzungen infolge einer plötzlich auf nicht vorbelastetem Boden aufgebrachten Last) nach EVB. **a** nicht-logarithmische Darstellung, **b** halb-logarithmische Darstellung

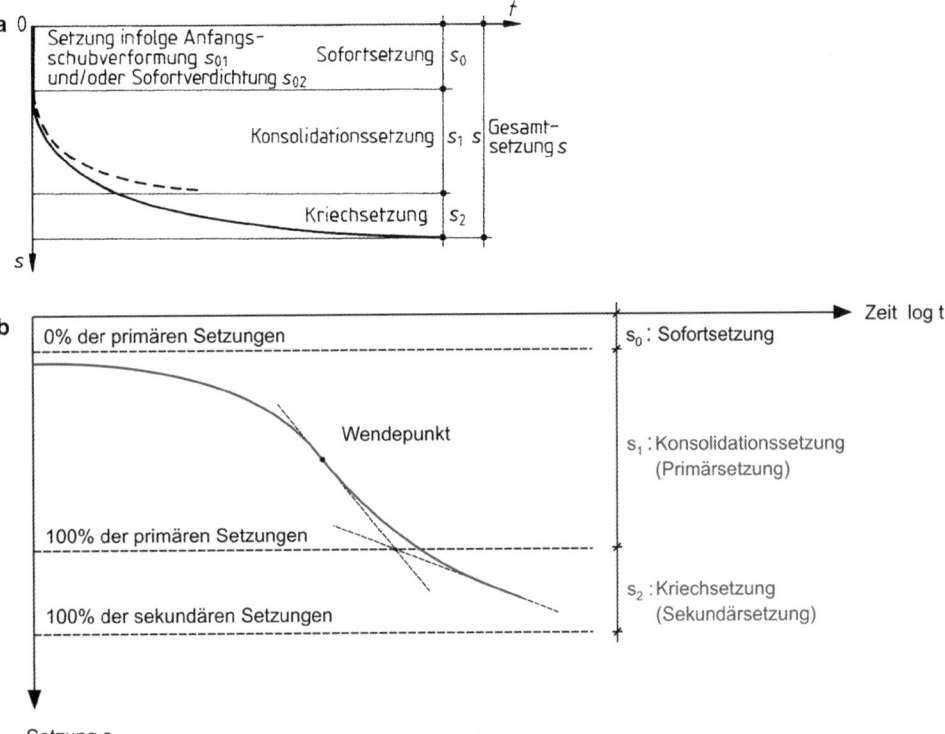

chen Entwicklung näherungsweise mit der in Abb. 13.25b dargestellten Konstruktion (Schnittpunkt von Wendetangente und Endtangente) getrennt betrachtet werden, tatsächlich können Kriechvorgänge auch schon während der Konsolidierung einsetzen.

Hinweis: Bei sehr weichen organischen oder teilweise organischen Böden können Kriechsetzungen nach Ablauf der Konsolidationssetzungen über Jahre und Jahrzehnte auftreten. Der zeitliche Verlauf der Kriechsetzungen und der Endwert der Kriechsetzungen kann auf der Basis von Oedometerversuchen mit entsprechend langen Beobachtungszeiten unter Ansatzes eines Kriechbeiwertes C_α prognostiziert werden.

Berechnungsmodell des Baugrundes ist ein auf der Grundlage von Aufschlüssen und Untersuchungen nach DIN 4020 abgeleitetes Baugrundmodell, unterteilt in Schichten, für die beim Rechenverfahren mit Setzungsformeln die Kenngröße für die Zusammendrückbarkeit ggf. durch Mittelbildung oder beim Rechenverfahren mit dem Druckstauchungsdiagramm eine kennzeichnende Drucksetzungslinie festgelegt wird.

Die Setzungen werden in der Regel für den kennzeichnenden Punkt K ermittelt, in dem sich für starre und schlaffe Fundamente die gleiche rechnerische Setzung ergibt (s. Abb. 13.26b).

Als **Grenztiefe** t_s (Setzungseinflusstiefe) wird die Tiefe bezeichnet, bis zu der die Setzungen zu ermitteln sind. Von den folgenden Kriterien ist die jeweils geringste Grenztiefe z_e anzusetzen.

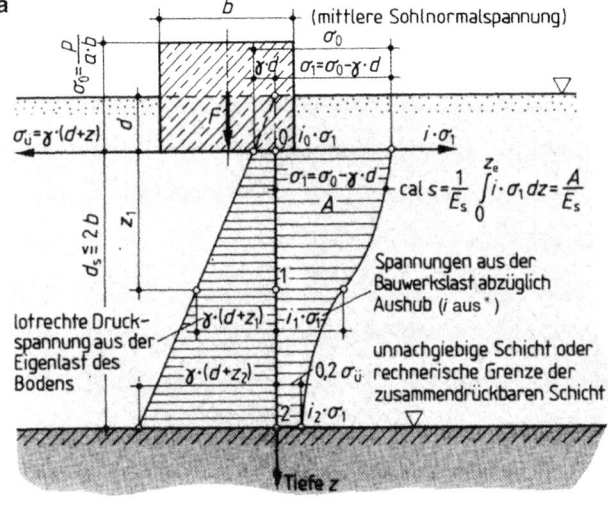

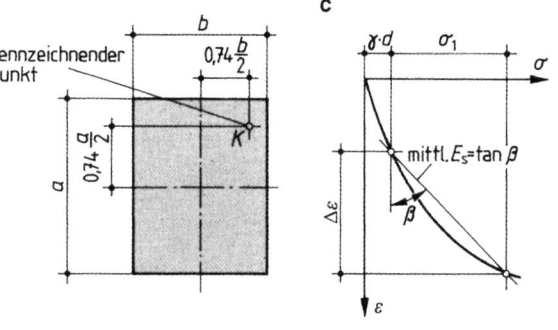

Abb. 13.26 Schema einer allgemeinen Setzungsberechnung für eine einheitliche Schicht. **a** Druckverteilung im Baugrund aus Eigenlast des Bodens und Bauwerkslast, **b** Lage des kennzeichnenden Punktes, **c** Spannungsdehnungslinie mit Bestimmung des mittleren Steifemoduls E_s

a) bei Unterlagerung einer „zusammendrückbaren" Schicht durch eine Schicht deutlich höherer Steifigkeit kann der Schichtwechsel als natürliche Grenztiefe angenommen werden;

b) die Tiefe, in der die im kennzeichnenden Punkt ermittelten, effektiven vertikalen Zusatzspannungen aus der mittleren setzungswirksamen Belastung 20 % der effektiven vertikalen Ausgangsspannung im Boden betragen (künstliche Grenztiefe für $i \cdot \sigma_1 / \sigma_{\ddot{u}} = 0,2$) (s. Abb. 13.26a).

c) Näherungsweise darf als Grenztiefe die zweifache Fundamentbreite b bei sich nicht beeinflussenden Einzelfundamenten angenommen werden.

Ansatz der Einwirkungen: Da im bindigen Baugrund kurzfristig wirkende Einwirkungen keine Konsolidierung hervorrufen, werden bei der Setzungsermittlung in der Regel nur die ständigen und ein regelmäßig wirkender Anteil (häufig 30 %) der veränderlichen Verkehrseinwirkungen angesetzt. Ferner sind mögliche zusätzliche Spannungsän-

derungen aus benachbarten Fundamenten, Bauwerken oder Schüttungen bei der Setzungsberechnung mit zu berücksichtigen.

Der Einfluss zyklischer und dynamischer Einwirkungen auf die langfristigen Setzungen und damit auf die dauerhafte Gebrauchstauglichkeit ist insbesondere in den Fällen gesondert zu untersuchen, in denen der Anteil der veränderlichen Einwirkungen erheblich ist (Flachgründungen von Maschinenfundamenten, Schornsteinen, Türmen, Windenergieanlagen etc.). In Abhängigkeit vom Lastregime (Verhältnis ständige/veränderliche Einwirkungen, Amplitude, Lastspielzahl) kann es bei zyklisch belasteten Fundamenten zu einer Zunahme der Setzungen kommen.

13.7.5.3.1 Berechnung der Gesamtsetzung mit Setzungsformeln („direkte Setzungsermittlung")

Lotrechte mittige Lasten:

$$s_m = \sigma_z \cdot b \cdot f / E_m$$

s_m Setzungsanteil aus mittiger Last

σ_z mittlere Erstbelastung des Baugrundes unter dem Gründungskörper (Setzungserzeugende Spannung: $\sigma_z = \sigma_0 - \gamma \cdot t$, d. h. abzüglich Aushub)

b kleinere Fundamentseite (Breite) des Gründungskörpers

f Setzungsbeiwert, für den kennzeichnenden Punkt K einer Rechtecklast f_K aus Tafel 13.31 bzw. für den Eckpunkt einer schlaffen Rechtecklast f aus Tafel 13.32

E_m mittlerer Zusammendrückungsmodul, für die ganze zusammendrückbare Schicht idealisiert als konstant angenommen.

Tafel 13.31 Setzungsbeiwert f_K für den kennzeichnenden Punkt K einer Rechtecklast nach Kany [9][a]

z/b	$a/b = 1,0$	$a/b = 1,5$	$a/b = 2,0$	$a/b = 3,0$	$a/b = 5,0$
0,2	0,1764	0,1816	0,1842	0,1865	0,1870
0,4	0,2891	0,3072	0,3203	0,3288	0,3340
0,6	0,3711	0,3997	0,4213	0,4401	0,4545
0,8	0,4361	0,4737	0,5023	0,5307	0,5563
1,0	0,4881	0,5347	0,5693	0,6066	0,6430
1,5	0,5796	0,6472	0,6963	0,7505	0,8073
2,0	0,6381	0,7242	0,7848	0,8530	0,9280
3,0	0,7031	0,8192	0,8948	0,9860	1,0890

[a] Weitere Tafeln und Tabellen sowie Literaturhinweise auf solche siehe EVB

Tafel 13.32 Einflusswerte f für die Setzungen des Eckpunkts einer schlaffen Rechtecklast (nach Kany)

z/b	$a/b = 1,0$	$a/b = 1,5$	$a/b = 2,0$	$a/b = 3,0$	$a/b = 5,0$	$a/b = 10,0$	$a/b = \infty$
0,000	0,0000	0,0000	0,0000	0,0000	0,0000	0,0000	0,0000
0,125	0,0313	0,0313	0,0313	0,0313	0,0313	0,0313	0,0313
0,375	0,0931	0,0933	0,0933	0,0934	0,0934	0,0934	0,0934
0,625	0,1512	0,1528	0,1531	0,1533	0,1533	0,1534	0,1534
0,875	0,2027	0,2073	0,2085	0,2096	0,2093	0,2094	0,2094
1,250	0,2684	0,2799	0,2835	0,2859	0,2858	0,2861	0,2861
1,750	0,3289	0,3525	0,3615	0,3678	0,3691	0,3696	0,3696
2,500	0,3919	0,4328	0,4517	0,4665	0,4713	0,4726	0,4726
3,500	0,4366	0,4940	0,5249	0,5525	0,5672	0,5713	0,5716
5,000	0,4771	0,5514	0,5961	0,6431	0,6740	0,6850	0,6862
7,000	0,5025	0,5884	0,6437	0,7077	0,7602	0,7862	0,7904
9,000	0,5171	0,6098	0,6717	0,7467	0,8168	0,8596	0,8692
11,000	0,5267	0,6238	0,6901	0,7725	0,8564	0,9154	0,9324
13,500	0,5350	0,6361	0,7064	0,7960	0,8926	0,9702	0,9984
16,500	0,5413	0,6454	0,7190	0,8143	0,9217	1,0176	1,0617
19,000	0,5450	0,6509	0,7263	0,8251	0,9390	1,0471	1,1060
20,000	0,5462	0,6537	0,7286	0,8286	0,9447	1,0570	1,1219

Tafel 13.33 Näherungsweise Beziehungen zwischen E, E_s und E_v nach EVB (Poisson-Zahl $0 \leq \nu \leq 0{,}5$) bei der Idealisierung des Bodens als linear-elastisches Material

		1 Elastizitätsmodul E	2 Steifemodul E_s	3 Verformungsmodul E_v
1	E	1	$E = \dfrac{1-\nu-2\nu^2}{1-\nu} \cdot E_\mathrm{s}$	$E = (1-\nu^2) \cdot E_\mathrm{v}$
2	E_s	$E_\mathrm{s} = \dfrac{1-\nu}{1-\nu-2\nu^2} \cdot E$	1	$E_\mathrm{s} = \dfrac{(1-\nu)(1-\nu^2)}{1-\nu-2\nu^2} \cdot E_\mathrm{v}$
3	E_v	$E_\mathrm{v} = \dfrac{1}{1-\nu^2} \cdot E$	$E_\mathrm{v} = \dfrac{1-\nu-2\nu^2}{(1-\nu)(1-\nu^2)} \cdot E_\mathrm{s}$	1

Für **starre Kreisplatten** auf unendlich ausgedehntem homogen elastisch-isotropen Halbraum mit konstanten Steifemoduln gilt:

$$s = 1{,}5 \cdot \sigma_\mathrm{z} \cdot r / E_\mathrm{m}$$

r Radius der Kreisplatte

Kenngrößen für die Zusammendrückbarkeit sind der

a) Zusammendrückungsmodul E_m, zurückgerechnet aus Setzungsbeobachtungen nach DIN 4107 vergleichbarer Gründungen auf vergleichbarem Baugrund,

b) Steifemodul E_s aus eindimensionalen Kompressionsversuchen an bindigen Böden nach DIN 18135, Ermittlung unter Berücksichtigung des Ausgangsspannungszustandes und der Spannungsänderung als Tangentenmodul (siehe Abb. 13.26c) oder als Sekantenmodul an die Spannungsdehnungskurve.

c) Elastizitätsmodul E aus Triaxialversuchen an bindigen Böden nach DIN 18137-2,

d) Verformungsmodul E_v aus Plattendruckversuchen nach DIN 18134, wenn zuverlässige Vergleiche mit anderen Versuchen gezogen werden können,

e) ferner, insbesondere bei nicht bindigen Böden, aus Sondierungen (DIN 4094) sowie Erfahrungswerten aus Tabellen, wenn keine Setzungsmessergebnisse, Sondierergebnisse und Bodenproben vorliegen (EVB).

Nur bei Vernachlässigung des Querdehnungsverhaltens durch den Ansatz $\nu = 0$ würde $E = E_\mathrm{s} = E_\mathrm{v}$ gelten. Tat-sächlich sind die Kennwerte jedoch unter Ansatz von $\nu \neq 0$ umzurechnen (siehe Tafel 13.33).

Bei geschichtetem Baugrund kann die Setzung aus folgender Gleichung ermittelt werden:

$$s = \sigma_\mathrm{z} \cdot b \left(\frac{f_1}{E_\mathrm{m1}} + \frac{f_2 - f_1}{E_\mathrm{m2}} + \frac{f_3 - f_2}{E_\mathrm{m3}} + \cdots + \frac{f_\mathrm{n} - f_\mathrm{n-1}}{E_\mathrm{mn}} \right)$$

mit

f_n Setzungsbeiwert für die Unterkante der betrachteten Bodenschicht,

$f_\mathrm{n-1}$ Setzungsbeiwert für die Oberkante der betrachteten Bodenschicht.

Lotrechte ausmittige Lasten Ermittlung der Schiefstellung eines rechteckigen Gründungskörpers:

$$s = s_\mathrm{m} \pm \Delta s_\mathrm{x} \pm \Delta s_\mathrm{y}$$

s Gesamtsetzung der Eck- oder Randpunkte

s_m Setzungsanteil aus mittiger Last (s. o.)

Δs Setzungsanteil der Eck- oder Randpunkte aus $V \cdot e_\mathrm{a} = M_\mathrm{y}$ oder $V \cdot e_\mathrm{b} = M_\mathrm{x}$

$\Delta s_\mathrm{x} = \dfrac{2 \cdot V \cdot e_\mathrm{a}}{a^2 \cdot E_\mathrm{m}} f_\mathrm{s}(s, \Delta s)$ für ein Moment um die y-Achse (Abb. 13.27)

$\Delta s_\mathrm{y} = \dfrac{2 \cdot V \cdot e_\mathrm{b}}{b^2 \cdot E_\mathrm{m}} f_\mathrm{s}(s, \Delta s)$ für ein Moment um die x-Achse (Abb. 13.28)

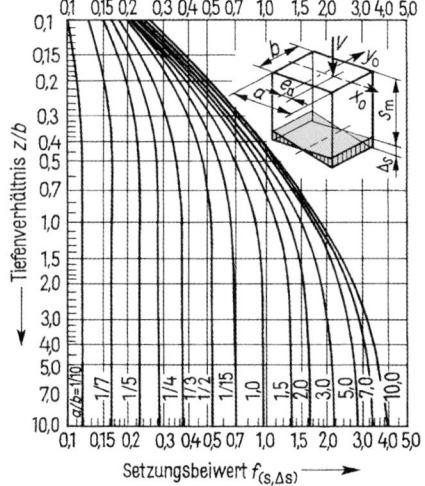

Abb. 13.27 Beiwerte $f(s, \Delta s)$ zur Berechnung der Verkantung $\pm \Delta s$ bei in x-Richtung ausmittiger Belastung des Fundamentes

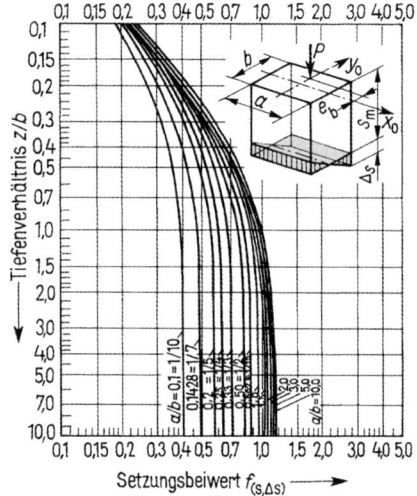

Abb. 13.28 Beiwerte $f(s, \Delta s)$ zur Berechnung der Verkantung $\pm \Delta s$ bei in y-Richtung ausmittiger Belastung des Fundamentes

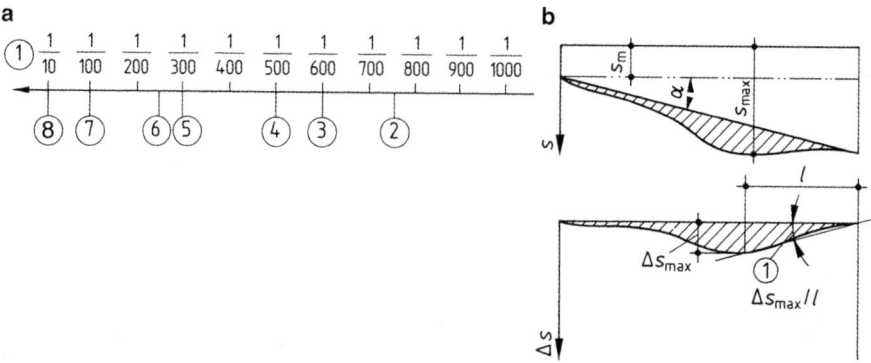

Abb. 13.29 Schadenskriterien für Winkelverdrehungen infolge lotrechter Verschiebungen bei Muldenlagerung nach DIN 4019 V-100. **a** Anhaltswerte, **b** Beispiel für eine Winkelverdrehung: ① Winkelverdrehung, ② Grenze für setzungsempfindliche Maschinen, ③ Schadensgrenze für Rahmen mit Ausfachung, ④ Sicherheitsgrenze für Vermeidung jeglicher Risse, ⑤ Grenze für erste Risse in tragenden Wänden, Schwierigkeiten bei ausladenden Kränen, ⑥ Augenscheinliche Schiefstellung hoher starrer Bauwerke, ⑦ Erhebliche Risse in tragenden Wänden; Sicherheitsgrenze für Ziegelwände $h/l < 1/4$, Schadensgrenze für Hochbauten allgemein, ⑧ Schiefer Turm von Pisa

Sonderfälle Ermittlung der Schiefstellung von Gründungsstreifen oder kreisförmigen Gründungskörpern mit geschlossenen Formeln:

$\tan \alpha = \frac{12 \cdot M}{\pi \cdot b^2 E_m}$ für Gründungsstreifen ($e \leq b/4$)

$\tan \alpha = \frac{9M}{16 \cdot r^3 \cdot E_m}$ für Kreisplatten und flächengleiche Quadrate ($e \leq \frac{r}{3}$)

Hinsichtlich der zulässigen Schiefstellung kann die Übersicht in Abb. 13.29 verwendet werden. Übliche Toleranzen liegen bei 1 : 500 bis 1 : 300.

13.7.5.3.2 Berechnung der Gesamtsetzung mithilfe der lotrechten vertikalen Spannungen („indirekte Setzungsermittlung")

Bei diesem Verfahren ist der maßgebende Steifemodul als vom Ausgangsspannungszustand und der Spannungsänderung abhängige Größe aus dem Kompressionsversuch zu ermitteln bzw. nach örtlicher Erfahrung oder aus Setzungsmessungen festzulegen.

Bei geschichtetem Baugrund, aber auch zu Berücksichtigung des vom Ausgangsspannungszustandes abhängigen und daher oft mit der Tiefe zunehmenden Steifemoduls sind die berücksichtigten Bodenschichten soweit in Teilschichten zu unterteilen.

Die für die Setzung einer Teilschicht maßgebende Spannungsänderung (Erstbelastung) ist die Differenz zwischen dem Ausgangsspannungszustand (Eigenlast des Bodens) und dem Spannungszustand nach Vollendung der Baumaßnahmen (s. Abb. 13.26a). Die Spannungsausbreitung unter dem Bauwerk kann dabei nach den Tafeln 13.34 bis 13.36 ermittelt werden.

Die Teilsetzung jeder Schicht ist gleich der zugehörigen Spannungsfläche ΔA (Integral der Spannungsänderung über die Tiefe) geteilt durch den mittleren Steifemodul E_s dieser Schicht. Die Summe der Teilsetzungen ergibt dann die gesamte rechnerische Setzung bzw. Konsolidationssetzung.

Tafel 13.34 Tabellenberechnung bei Verwendung von Drucksetzungslinien

Berechnung der Druckverteilung im Baugrund nach Abb. 13.26a

Ordinate	z	$\sigma_{\ddot{u}} = \gamma(d + z)$	z/b	i	$\sigma_1 = i \cdot \sigma_0'$	$\sigma_{\ddot{u}} + \sigma_1$
	[m]	[kN/m²]	[–]	[–]	[kN/m²]	[kN/m²]

i Einflusswerte für lotrechte Spannungen unter dem charakteristischen Punkt aus Tafel 13.35 oder 13.36.

Tafel 13.35 Einflusswerte i für die lotrechten Spannungen unter dem kennzeichnenden Punkt einer Rechtecklast nach Kany [9]

	a/b						
z/b	1,0	1,5	2,0	3,0	5,0	10,0	∞
0,05	0,9811	0,9819	0,9884	0,9894	0,9895	0,9897	0,9896
0,10	0,8984	0,9280	0,9372	0,9425	0,9443	0,9447	0,9447
0,15	0,7898	0,8351	0,8623	0,8755	0,8824	0,8830	0,8839
0,20	0,6947	0,7570	0,7883	0,8127	0,8335	0,8262	0,8264
0,30	0,5566	0,6213	0,6628	0,7053	0,7301	0,7376	0,7387
0,50	0,4088	0,4622	0,5032	0,5550	0,6032	0,6264	0,6299
0,70	0,3249	0,3706	0,4041	0,4527	0,5066	0,5473	0,5552
1,00	0,2342	0,2786	0,3078	0,3488	0,4008	0,4504	0,4674
1,50	0,1438	0,1830	0,2098	0,2387	0,2779	0,3303	0,3604
2,00	0,0939	0,1279	0,1475	0,1749	0,2057	0,2479	0,2883
3,00	0,0473	0,0672	0,0823	0,1043	0,1280	0,1575	0,2025

Zeitlicher Verlauf der Setzungen Ist t_1 die Setzungszeit eines Versuchskörpers von der Höhe h_1, so ergibt sich die Setzungszeit t_2 einer natürlichen Schicht von der Höhe h_2 unter einem Bauwerk zu $t_2 = t_1(h_2/h_1)^2$, sofern die Entwässerungsbedingungen im Versuch und in situ gleich sind. Die Größen h_1 und h_2 entsprechen hierbei jeweils dem maximal erforderlichen Sickerweg eines Wasserteilchens, d. h. bei beidseitiger Entwässerungsmöglichkeit der halben Schichtdicke, bei einseitiger Entwässerung der gesamten Schichtdicke.

Tafel 13.36 Einflusswerte i für die lotrechten Baugrundspannungen unter dem Eckpunkt einer schlaffen Rechtecklast (nach Steinbrenner)

z/b	a/b						
	1,0	1,5	2,0	3,0	5,0	10,0	∞
0,25	0,2473	0,2482	0,2483	0,2484	0,2485	0,2485	0,2485
0,50	0,2325	0,2378	0,2391	0,2397	0,2398	0,2399	0,2399
0,75	0,2060	0,2182	0,2217	0,2234	0,2239	0,2240	0,2240
1,00	0,1752	0,1936	0,1999	0,2034	0,2044	0,2046	0,2046
1,50	0,1210	0,1451	0,1561	0,1638	0,1665	0,1670	0,1670
2,00	0,0840	0,1071	0,1202	0,1316	0,1363	0,1374	0,1374
3,00	0,0447	0,0612	0,0732	0,0860	0,0959	0,0987	0,0990
4,00	0,0270	0,0383	0,0475	0,0604	0,0712	0,0758	0,0764
6,00	0,0127	0,0185	0,0238	0,0323	0,0431	0,0506	0,0521
8,00	0,0073	0,0107	0,0140	0,0195	0,0283	0,0367	0,0394
10,00	0,0048	0,0070	0,0092	0,0129	0,0198	0,0279	0,0316
12,00	0,0033	0,0049	0,0065	0,0094	0,0145	0,0219	0,0264
15,00	0,0021	0,0031	0,0042	0,0061	0,0097	0,0158	0,0211
18,00	0,0015	0,0022	0,0029	0,0043	0,0069	0,0118	0,0177

Besonderheiten bei Pfählen (siehe Abschn. 13.8) Die Setzungen eines Einzelpfahls werden i. d. R. mit Hilfe von Widerstands-Setzungslinien auf der Basis von statischen Probebelastungen oder von Erfahrungswerten bestimmt.

13.7.5.4 Verdrehungen

Der Nachweis gegen unzuträgliche Verdrehungen gilt i. d. R. als erbracht, wenn die Zulässigkeit der Lage der Resultierenden nach Abschn. 13.7.5.1 nachgewiesen ist. In besonderen Fällen sind besondere rechnerische Untersuchungen (siehe z. B. Abb. 13.27 und 13.28) vorzunehmen.

13.8 Pfahlgründungen

13.8.1 Abgrenzung, Schutzanforderungen und Untersuchungen

Bei Pfahlgründungen werden axiale bzw. laterale Einwirkungen über auf Normalkraft und/oder auf Querkraft und Biegung beanspruchte stab- oder schaftförmige Bauteile (Verhältnis Länge/Durchmesser i. d. R. ≥ 5) in tiefere Schichten des Baugrundes übertragen.

Der entsprechende Abschnitt 7 der DIN EN 1997-1 gilt für Bohrpfähle, Verdrängungspfähle und Mikropfähle (Bohrpfähle bzw. Verdrängungspfähle mit einem maximalen Durchmesser von 300 mm bzw. 150 mm). Die Vorgaben dieses Abschnitts gelten nicht unmittelbar für pfahlähnliche Gründungselemente, wie z. B. Betonrüttelsäulen, Schlitzwandelemente oder im Düsenstrahlverfahren.

Während die **Bemessung** von Pfählen in DIN EN 1997-1 geregelt ist, sind für die **Herstellung** sowie die **Qualitätssicherung** folgende europäischen Ausführungsnormen für den Spezialtiefbau maßgebend:

DIN EN 1536 Bohrpfähle,
DIN EN 12699 Verdrängungspfähle,
DIN EN 12794 Vorgefertigte Gründungspfähle aus Beton,
DIN EN 14199 Mikropfähle.

Ergänzende Festlegungen finden sich jeweils in den Normen DIN SPEC 18140 (Bohrpfähle), DIN SPEC 18538 (Verdrängungspfähle) und DIN SPEC 18539 (Mikropfähle).

Umfassende ergänzende Regelungen und Empfehlungen für die Berechnung, Bemessung, Ausführung und Qualitätssicherung von Pfählen enthalten die „Empfehlungen des Arbeitskreises Pfähle", kurz „EA-Pfähle" (2012). Bei der Wahl des Pfahltyps und damit des Herstellungsverfahrens sind u. a. die Verformungs- und Erschütterungsempfindlichkeit benachbarter baulicher Anlagen zu beachten. Es ist grundsätzlich ein Beweissicherungsverfahren zu empfehlen.

Neben den üblichen Anforderungen an die bei einer Pfahlgründung notwendigen Erkundungen sind folgende Untersuchungen erforderlich:

- Untersuchung des Grundwassers und des Bodens auf betonangreifende (DIN 4030) und/oder stahlkorrosionsfördernde Stoffe (DIN 50929-3) sowie des Bodens auf Ramm- und Bohrhindernisse,
- für mit Suspensionsstützung hergestellte Bohrpfähle die Untersuchung des Grundwassers und des Bodens auf Eigenschaften, welche die Stabilität einer stützenden Flüssigkeit beeinträchtigen können,
- für Verdrängungspfähle die Untersuchung, ob durch den Ramm- oder Vibrationsvorgang die Scherfestigkeit des Bodens beeinträchtigt wird (Porenwasserüberdruckentwicklung mit temporärer Herabsetzung der Scherfestigkeit bzw. bleibender Festigkeitsverlust in sensitiven bindigen Böden), insbesondere bei der Beurteilung der Auswirkung der Maßnahme auf benachbarte bauliche Anlagen; des weiteren, ob bei den gegebenen Baugrundverhältnissen die Pfähle überhaupt auf planmäßige Tiefe gebracht werden können,
- für Ortbetonpfähle die Untersuchung, ob die anstehenden Böden den Druck des Frischbetons aufnehmen können.

13.8.2 Bemessungsgrundlagen

Pfahlgründungen sind ausnahmslos den Geotechnischen Kategorien GK2 oder GK3 zuzuordnen (s. Abschn. 13.2).

In den meisten Fällen wird die Kategorie GK2 (Gründungen unter Berücksichtigung des Setzungsverhaltens, Pfahlwiderstände aus Erfahrungswerten, Pfähle mit aktiver Beanspruchung quer zur Pfahlachse, negative Mantelreibung o. Ä.) maßgebend sein, in etlichen Fällen die Kategorie GK3 (geneigte Zugpfähle mit einer Neigung flacher als 45°, Zugpfahlgruppen, Pfähle mit passiver Beanspruchung quer zur Pfahlachse, erhebliche zyklische, dynamische oder stoßartige Einwirkungen, hochausgelastete Gründungen mittels mantel- und fußverpresster Pfähle, KPP o. Ä.).

Für die Bemessung von Pfählen werden folgende Formelzeichen und Bezeichnungen verwendet:

R Pfahlwiderstand des Einzelpfahles ("resistance") [MN oder kN],

R_b Pfahl**fuß**widerstand des Einzelpfahles ("base resistance") [MN oder kN],

R_s Pfahl**mantel**widerstand des Einzelpfahles ("shaft resistance") [MN oder kN],

q_b Pfahl**spitze**ndruck [MN/m², kN/m²],

q_s Pfahl**mantel**reibung [MN/m², kN/m²],

q_c Spitzenwiderstand der Drucksonde ("cone resistance") [MN/m²],

τ_n negative Mantelreibung [MN/m², kN/m²],

s_1 Setzung im Grenzzustand der Tragfähigkeit [cm],

s_2 Setzung im Grenzzustand der Gebrauchstauglichkeit [cm],

s_g Grenzsetzung [cm],

s_{sg} Grenzsetzung beim Pfahlmantelwiderstand [cm],

D_b Pfahl**fuß**durchmesser [m],

D_s Pfahl**schaft**durchmesser [m],

A_b Nennwert der Pfahl**fuß**fläche [m²],

A_s Nennwert der Pfahl**mantel**fläche [m²].

Darüber hinaus werden für die Belastungsart eines Pfahles die Indizes c (Druck) und t (Zug) verwendet.

Für die jeweilige Bemessung ist die Größe und Neigung der resultierenden Beanspruchung der Pfähle mit charakteristischen Werten zu ermitteln. Im Allgemeinen werden die Pfähle durch ständige und veränderliche Beanspruchungen belastet. Alle Beanspruchungen sind insbesondere nach ihrer Dauer einer dieser beiden Gruppen zuzuordnen, da für ständige und veränderliche Beanspruchungen unterschiedliche Teilsicherheitsbeiwerte gelten.

Die ausreichende Tragfähigkeit (Widerstand) eines Einzelpfahles ist für den Grenzzustand GEO-2 nachzuweisen (Tragfähigkeitsverlust des Bodens in der Pfahlumgebung).

Zusätzlich ist der Sicherheitsnachweis gegen Materialversagen nach den für den jeweils verwendeten Baustoff gültigen Bauartnormen zu führen (Bauteilversagen).

Bei den einzelnen Nachweisen wird nach Belastungen in Achsrichtung des Pfahles ("axial") und Belastungen quer zur Pfahlachse ("lateral") unterschieden.

Die Nachweise der Gebrauchstauglichkeit erfolgen – wie gewohnt – sowohl für die Beanspruchungen als auch für die Widerstände mit charakteristischen Werten.

13.8.3 Nachweis der Tragfähigkeit (Belastung in Richtung der Pfahlachse)

13.8.3.1 Allgemeines

Eine ausreichende Tragfähigkeit für einen axial belasteten Einzelpfahl wird eingehalten, wenn nach DIN EN 1997-1 für den Grenzzustand GEO-2 folgende Bedingung erfüllt ist:

$$F_{c;d} \leq R_{c;d} \quad \text{(Druckpfahl)}$$

bzw.

$$F_{t;d} \leq R_{t;d} \quad \text{(Zugpfahl)}$$

$F_{c;d}$, $F_{t;d}$ Bemessungswert der resultierenden Druck- oder Zugbeanspruchung, berechnet aus der ungünstigsten Kombination axial wirkender Einwirkungen,

$R_{c;d}$, $R_{t;d}$ Bemessungswert des Pfahlwiderstandes.

Bei der Berechnung des Bemessungswertes der Pfahlbeanspruchung (Multiplikation der charakteristischen Beanspruchungen mit von der Bemessungssituation abhängigen Partialsicherheiten) sind ständige und veränderliche Einwirkungen zu berücksichtigen:

$$F_{c;d} = E_{G,k} \cdot \gamma_G + E_{Q,k} \cdot \gamma_Q$$

Bei zyklischen, dynamischen und stoßartigen Einwirkungen können besondere Betrachtungen und Nachweise erforderlich werden, u. a. kann eine zyklische Einwirkung in Form einer Wechselbeanspruchung zu einer deutlichen Reduktion des Pfahlwiderstandes führen; weitere Angaben hierzu siehe Abs. 13 in der „EA-Pfähle" (2012).

Der Bemessungswert R_d des Pfahlwiderstandes ergibt sich durch Division des charakteristischen Pfahlwiderstandes $R_{1,k}$ mit dem von der Belastungsart (Zug oder Druck) abhängigen Teilsicherheitsbeiwerten (vgl. Tafel 13.22, Abschn. 13.6.4). Der charakteristische Pfahlwiderstand eines Einzelpfahles ist dabei aufgrund von statischen oder unter bestimmten Voraussetzungen auch durchführbaren dynamischen Probebelastungen oder – ersatzweise – aufgrund von gesicherten Erfahrungswerten festzulegen. Bei auf Zug beanspruchten Pfählen ist die Durchführung von statischen Probebelastungen in der Regel zwingend.

Wird der charakteristische Pfahlwiderstand $R_{1,k}$ aus **statischen Probebelastungen** ermittelt, so ist der aus den Probebelastungen ermittelte Versuchswert des Pfahlwiderstandes R_m durch Streuungsfaktoren abzumindern, die von der Anzahl der Probebelastungen abhängig sind. Der charakteristische Pfahlwiderstand $R_{1,k}$ ergibt sich als kleinerer Wert des entsprechend faktorisierten Mittelwertes (Index mitt) und

Tafel 13.37 Streuungsfaktoren zur Ableitung charakteristischer Pfahlwiderstände aus statischen Probebelastungen

n	1	2	3	4	≥ 5
ξ_1	1,35	1,25	1,15	1,05	1,00
ξ_2	1,35	1,15	1,00	1,00	1,00

n – Anzahl der probebelasteten Pfähle.

des Kleinstwertes (Index min) der Probebelastungsergebnisse wie folgt:

$$R_{1,k} = \min(R_{\text{mitt}}/\xi_1;\ R_{\min}/\xi_2)$$

DIN 1054 (12.10) gibt hierzu die in Tafel 13.37 aufgeführten Zahlenwerte der Streuungsfaktoren ξ_1 und ξ_2 vor.

Soweit keine Pfahlprobebelastungen ausgeführt werden, kann bei auf Druck beanspruchten Pfählen ersatzweise der Pfahlwiderstand auf der Basis von Erfahrungswerten ermittelt werden. Für diese Bemessung finden sich in den EA-Pfähle (2012) aus der Auswertung von Pfahlprobebelastungen abgeleitete Erfahrungswerte zur Ermittlung des Pfahlwiderstandes sowie Angaben zur Ableitung von Widerstandssetzungslinien für nahezu alle Pfahltypen. Dabei wird für die Mantelreibung und den Spitzendruck stets eine Bandbreite angegeben, wobei der Wert an der unteren Grenze der Bandbreite dem 10 %-Fraktil, und der Wert an der oberen Grenze dem 50 %-Fraktil der statistischen Auswertung der Probebelastungsergebnisse entspricht.

Die für eine Pfahlbemessung verwendeten Erfahrungswerte sind nach DIN EN 1997-1 von einem geotechnischen Sachverständigen zu bestätigen.

13.8.3.2 Bohrpfähle

Die Bemessung von Bohrpfählen aufgrund von Erfahrungswerten für den charakteristischen Pfahlwiderstand basiert auf einer fiktiven Widerstands-Setzungs-Linie (Abb. 13.30), die das Ergebnis einer statischen Probebelastung (Abb. 13.31) idealisiert.

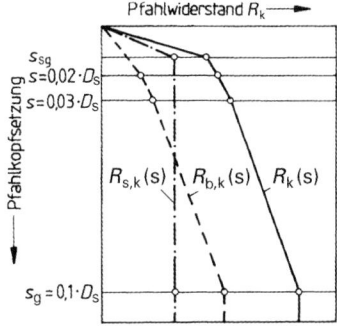

Abb. 13.30 Widerstands-Setzungs-Linie mit Tafelwerten (Erfahrungswerten) (EA-Pfähle 2012)

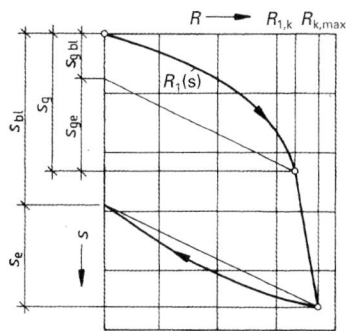

Abb. 13.31 Last-Setzungsdiagramm; Grenzlast $R_{1,k}$ und erreichte höchste Last $R_{k,\max}$ (Bsp. Probebelastung)

Bei der Konstruktion der Widerstandssetzungslinie (WSL) mit Erfahrungswerten (entsprechend EA-Pfähle (2012)) werden die Größen s_g und s_{sg} bzw. $R_{b,k}(s_g)$ und $R_{s,k}(s_{sg})$ verwendet, siehe Abb. 13.30. Für den Pfahlspitzenwiderstand gilt die Grenzsetzung:

$$s_g = 0{,}1D_s \quad \text{bzw.} \quad s_g = 0{,}1D_b$$

D_s Pfahlschaftdurchmesser
D_b Pfahlfußdurchmesser

Für die Mantelreibung gilt im Bruchzustand die Grenzsetzung:

$$s_{sg} = 0{,}5R_{s,k}(s_{sg})(\text{in MN}) + 0{,}5 \leq 3\,\text{cm}$$

Bis zur Grenzsetzung s_{sg} wird ein linearer Verlauf des Pfahlmantelwiderstandes angenommen. Die WSL wird mit Tabellenwerten wie folgt ermittelt:

$$R_k(s) = R_{b,k}(s) + R_{s,k}(s) = q_{b,k} \cdot A_b + \sum_i q_{s,k,i} \cdot A_{s,i}$$

$R_{b,k}(s)$ Pfahlfußwiderstand in Abhängigkeit von der Pfahlkopfsetzung s
$R_{s,k}(s)$ Pfahlmantelwiderstand in Abhängigkeit von der Pfahlkopfsetzung s
A_b Pfahlfußfläche
$q_{b,k}(s)$ Pfahlspitzendruck in Abhängigkeit von der Pfahlkopfsetzung s (aus Tafel 13.38)
$A_{s,i}$ Pfahlmantelfläche im Bereich der Bodenschicht
$q_{s,k,i}(s)$ Mantelreibung in Abhängigkeit von der Pfahlkopfsetzung s (aus Tafel 13.39)
i Nummer der Bodenschicht

Bei dieser Ermittlung darf die Eigenlast der Pfähle vernachlässigt werden.

Bei Bohrpfählen mit Fußverbreiterung sind die Werte auf 75 % abzumindern. Für Pfähle, die in eine Felsschicht einbinden, gilt analog Tafel 13.40.

Tafel 13.38 Bohrpfähle: Pfahl-spitzendruck $q_{b,k}(s)$ [MN/m^2] in Abhängigkeit vom Verhältnis s/D_{eq} (EA-Pfähle 2012)

		Für nichtbindigen Boden			Für bindigen Boden	
		q_c in MN/m^2 [a]			c_u in MN/m^2 [a]	
		7,5	15	25	0,10	0,25
Setzung	$0,02 \cdot D$	0,55–0,80	1,05–1,40	1,75–2,30	0,35–0,45	0,95–1,2
	$0,03 \cdot D$	0,70–1,05	1,35–1,80	2,25–2,95	0,45–0,55	1,2–1,45
	$0,10 \cdot D \ (\mathrel{\hat=} s_g)$	1,60–2,30	3,0–4,0	4,0–5,30	0,8–1,0	1,6–2,0

[a] q_c = Sondierwiderstand der Drucksonde; c_u = charakteristische Kohäsion des undränierten Bodens. Zwischenwerte linear einschalten. Die jeweils höheren Werte sind nur bei nachgewiesen höherer Baugrund-tragfähigkeit zulässig, die von einem Sachverständigen für Geotechnik zu bestätigen sind.

Tafel 13.39 Bohrpfähle: Bruchwert $q_{s,k}$ der Mantelreibung (EA-Pfähle 2012)

a) in nichtbindigem Boden

q_c in MN/m^2 [a]	$q_{s,k}$ in MN/m^2
7,5	0,055–0,080
15	0,105–0,140
≥ 25	0,130–0,170

b) in bindigem Boden

c_u in MN/m^2	$q_{s,k}$ in MN/m^2
0,060	0,030–0,040
0,150	0,050–0,065
$\geq 0,250$	0,065–0,085

[a] Zwischenwerte dürfen linear interpoliert werden. Die jeweils höheren Werte sind nur bei nachgewiesen höherer Baugrundtragfähigkeit zuläs-sig, die von einem Sachverständigen für Geotechnik zu bestätigen sind.

Tafel 13.40 Bohrpfähle: Bruchwerte für Pfahlspitzendruck $q_{b,k}$ und Pfahlmantelreibung $q_{s,k}$ in Fels in Abhängigkeit von der einaxialen Druckfestigkeit q_u

q_u in MN/m^2	$q_{b,k}$ in MN/m^2	$q_{s,k}$ in MN/m^2
0,5	1,5	0,07
5,0	5,0	0,5
20	10,0	0,5

Zwischenwerte dürfen geradlinig interpoliert werden.

Als Mindesteinbindetiefen der Pfähle werden gefordert: 2,5 m bei Druckpfählen im Lockergestein und im Fels mit $q_u \leq 0,5\,\text{MN/m}^2$ 0,5 m bei Druckpfählen in Fels mit $q_u \geq 5\,\text{MN/m}^2$ 5,0 m bei Zugpfählen. Weitere Voraussetzung ist, dass die Mächtigkeit der unter-halb des Pfahlfußes noch verbleibenden tragfähigen Schicht nicht weniger als $3D_b$, mindestens aber 1,5 m beträgt und in diesem Bereich $q_s \geq 10\,\text{MN/m}^2$ bzw. $c_u \geq 0,1\,\text{MN/m}^2$ nachgewiesen ist. Anderenfalls ist der Nachweis gegen Durchstanzen zu führen.

Ersatzweise darf der Spitzenwiderstand der Drucksonde q_c in MN/m^2 für den Eingang in die Tafeln 13.38 und 13.39 aus Sondierergebnissen der schweren Rammsonde nach DIN 4094 mit $q_c \approx N_{10}$ (N_{10} Schläge je 10 cm Eindringung) ab-geleitet werden. Für die Umrechnung des Spitzenwiderstan-des aus den Schlagzahlen N_{30} der Bohrlochrammsondierung gilt Tafel 13.8.

13.8.3.3 Gerammte Verdrängungspfähle

Für **Fertigrammpfähle** aus Beton oder Stahl finden sich in EA-Pfähle (2012) Angaben zu Erfahrungswerten für den charakteristischen Pfahlspitzen- und Pfahlmantelwiderstand. Hierbei kann wie für Bohrpfähle eine Widerstands-Setzungs-Linie (WSL) nach Abb. 13.32 konstruiert werden.

Für den gesamten Pfahlwiderstand gilt die übliche Grenz-setzung

$$s_g = 0,1\,D_{eq}$$

D_{eq} äquivalenter Pfahlfußdurchmesser, d. h. auf eine Kreis-fläche umgerechneter Ersatzdurchmesser, z. B. $D_{eq} = 1,13 \cdot a$ bei quadratischem Querschnitt mit der Seiten-länge a.

Vor Erreichen der Grenzsetzung wird für die beiden Anteile aus Spitzendruck und Mantelreibung jeweils ein Zwischen-wert eingeschaltet (vgl. Abb. 13.32). Diese liegen bei

$$s = 0,035 \cdot D_{eq} \quad \text{(Spitzendruck)} \quad \text{bzw.}$$

$$s_{sg}^* \,[\text{cm}] = 0,5 R_{s,k}(s_{sg}^*)\,[\text{MN}] \leq 1\,[\text{cm}] \quad \text{(Mantelreibung)}$$

Die **WSL** wird mit Tabellenwerten wie folgt ermittelt:

$$R_k(s) = R_{b,k}(s) + R_{s,k}(s)$$
$$= \eta_b \cdot q_{b,k} \cdot A_b + \sum_i \eta_s \cdot q_{s,k,i} \cdot A_{s,i}$$

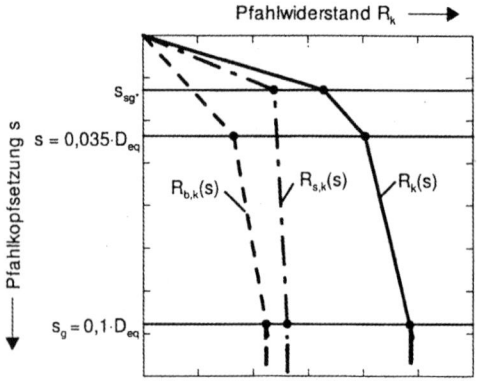

Abb. 13.32 Elemente der charakteristischen Widerstands-Setzungs-Linie für Fertigrammpfähle (EA-Pfähle 2012)

Tafel 13.41 Fertigrammpfähle aus Stahl- und Spannbeton: Pfahlspitzenwiderstand $q_{b,k}(s)$ [MN/m²] in Abhängigkeit vom Verhältnis s/D (EA-Pfähle 2012)

		Für nichtbindigen Boden			Für bindigen Boden		
		q_c in MN/m² [a]			c_u in MN/m² [a]		
		7,5	15	25	0,10	0,15	0,25
Setzung	$0{,}035 \cdot D_{eq}$	2,2–5,0	4,0–6,5	4,5–7,5	0,35–0,45	0,55–0,70	0,80–0,95
	$0{,}10 \cdot D_{eq}$	4,2–6,0	7,6–10,2	8,75–11,5	0,60–0,75	0,85–1,10	1,15–1,50

[a] q_c = Sondierwiderstand der Drucksonde; c_u = charakteristische Kohäsion des undränierten Bodens. Zwischenwerte linear einschalten. Die jeweils höheren Werte sind nur bei nachgewiesen höherer Baugrundtragfähigkeit zulässig, die von einem Sachverständigen für Geotechnik zu bestätigen sind.

$R_{b,k}$, $R_{s,k}$, A_b, $A_{s,i}$ s. Abschn. 13.8.3.2

$q_{b,k}$ Pfahlspitzenwiderstand (aus Tafel 13.41)

$q_{s,k}$ Pfahlmantelreibung (aus Tafel 13.42)

η_b, η_s Anpassungsfaktoren Pfahltyp (aus Tafel 13.43)

Die angegebenen Werte gelten für

- Stahlbeton- und Spannbeton-Rammpfähle $D_{eq} = 25{-}50$ cm,
- geschlossene Stahlrohrpfähle $D \leq 80$ cm sowie offene Stahlrohr- und Hohlkastenprofile mit einem Durchmesser von 30 cm bis 160 cm,
- Stahlträgerprofilpfähle Flanschbreite 30–50 cm, Profilhöhe 29–100 cm,
- Kastenpfähle,

Tafel 13.42 Fertigrammpfähle aus Stahl- und Spannbeton: Bruchwert $q_{s,k}$ der Mantelreibung [MN/m²] (EA-Pfähle 2012)

a) in nichtbindigem Boden

q_c [MN/m²][a]	$q_{s,k}(s_{sg}^*)$	$q_{s,k}(s_g)$
7,5	0,030–0,040	0,040–0,060
15	0,065–0,090	0,095–0,125
25	0,085–0,120	0,125–0,160

b) in bindigem Boden

c_u [MN/m²][a]	$q_{s,k}(s_{sg}^*)$	$q_{s,k}(s_g)$
0,060	0,020–0,030	0,020–0,035
0,150	0,035–0,050	0,040–0,060
0,250	0,045–0,065	0,055–0,080

[a] Zwischenwerte dürfen linear interpoliert werden. Die jeweils höheren Werte sind nur bei nachgewiesen höherer Baugrundtragfähigkeit zulässig, die von einem Sachverständigen für Geotechnik zu bestätigen sind.

- Mindesteinbindetiefe 2,50 m,
- Mächtigkeit der tragfähigen Schicht unter dem Pfahlfuß $\geq 5 \cdot D_{eq}$ bzw. $\geq 1{,}50$ m und $q_c \geq 7{,}5$ MN/m² bzw. $c_u \geq 0{,}1$ MN/m².

Die vorstehend erläuterte Vorgehensweise zur Ermittlung der WSL gilt für Fertigrammpfähle. EA-Pfähle (2012) enthält ebenso Widerstandswerte für Ortbetonrammpfähle wie Simplex- und Franki-Pfähle sowie für Schraubpfähle, z. B. Fundex.

13.8.3.4 Mikropfähle

Mikropfähle sind als Pfähle mit Durchmesser kleiner als 0,3 m definiert. Die Kraftübertragung zum umgebenden Baugrund wird durch Verpressen mit Beton oder Zementmörtel erreicht.

Ortbetonpfahl hat durchgehende Längsbewehrung nach Eurocode 2 aus Betonstahl (Mindestdurchmesser 150 mm), **Verbundpfahl** durchgehendes, vorgefertigtes Tragglied aus Stahl (runder Vollstab, Rohr oder Profilstahl).

Für Mikropfähle sind in der Regel Probebelastungen auszuführen. In Ausnahmefällen kann eine Bemessung aufgrund von Erfahrungswerten für die Pfahlmantelreibung erfolgen. Ein Pfahlfußwiderstand wird nicht in Ansatz gebracht.

Der in die entsprechende Bestimmungsgleichung

$$R_{1,k} = \sum_i q_{s1,k,i \cdot A_{s,i}}$$

einfließende charakteristische Wert für die Mantelreibung für verpresste Mikropfähle ist Tafel 13.44 für nichtbindige Böden und Tafel 13.45 für bindige Böden zu entnehmen, wobei die Datengrundlage für verpresste Mikropfähle in bindigen Böden gering ist. Bei Mikropfählen beeinflusst die

Tafel 13.43 Modellfaktoren für Spitzen- und Mantelwiderstand von Fertigrammpfählen (EA-Pfähle 2012)

Pfahltyp		η_b	η_s
Stahlbeton und Spannbeton		1,00	1,00
Stahlträgerprofil[a] ($h \leq 0{,}50$ m)	$s = 0{,}035 \cdot D_{eq}$	$0{,}61 - 0{,}30 \cdot h/b_F$	0,80
	$s = 0{,}10 \cdot D_{eq}$	$0{,}78 - 0{,}30 \cdot h/b_F$	
Doppeltes Stahlträgerprofil		0,25	0,80
Offenes Stahlrohr und Hohlkasten ($D_b \leq 0{,}80$ m)		$0{,}95 \cdot e^{-1{,}2 \cdot D_b}$	$1{,}1 \cdot e^{-0{,}63 \cdot D_b}$
Geschlossenes Stahlrohr ($D_b \leq 0{,}80$ m)		0,80	0,80

[a] h = Höhe des Stahlträgerprofils, b_F = Flanschbreite des Stahlträgerprofils.

Tafel 13.44 Erfahrungswerte für die charakteristische Pfahlmantelreibung $q_{s,k}$ für verpresste Mikropfähle in nichtbindigen Böden

Mittlerer Spitzenwiderstand q_c der Drucksonde [MN/m²]	Bruchwert $q_{s,k}$ der Pfahlmantelreibung [kN/m²]
7,5	135–175
15	215–280
≥ 25	255–315

Zwischenwerte dürfen geradlinig interpoliert werden.

Tafel 13.45 Erfahrungswerte für die charakteristische Pfahlmantelreibung $q_{s,k}$ für verpresste Mikropfähle in bindigen Böden

Scherfestigkeit $c_{u,k}$ des undränierten Bodens [kN/m²]	Bruchwert $q_{s,k}$ der Pfahlmantelreibung [kN/m²]
60	55–65
150	95–105
≥ 250	115–125

Zwischenwerte dürfen geradlinig interpoliert werden.

Ausführung (Verpressung, ggfs. mehrfaches Nachverpressen) maßgeblich die erreichbaren Mantelreibungswerte.

In EA-Pfähle (2012) finden sich Erfahrungswerte für die charakteristische Pfahlmantelreibung auch für Verpressmörtel-, Rüttelinjektions- und Rohrverpresspfähle.

13.8.4 Nachweis der Tragfähigkeit (Belastung quer zur Pfahlachse)

Der Nachweis der Tragfähigkeit im Grenzzustand GEO-2 ist nicht erforderlich, wenn eine vollständige Einbettung der Pfähle in den Boden vorliegt und die Beanspruchung quer zur Pfahlachse maximal 3 % (BS-P) bzw. 5 % (BS-T) der axialen Beanspruchung entspricht. In anderen Fällen kann vereinfachend ein Nachweis mithilfe der über den charakteristischen Querwiderstand (Bettungsmodul) ermittelten Schnittgrößen erfolgen. Die entsprechende Berechnung erfolgt nach [12] oder [13].

Der charakteristische Wert des Bettungsmoduls kann aus Probebelastungsergebnissen zurückgerechnet oder, wenn es nur auf die Ermittlung der Schnittgrößen ankommt, für die beteiligten Bodenschichten nach der Gleichung

$$k_{s,k} = E_{s,k}/D_s$$

$E_{s,k}$ Charakteristischer Wert des Steifemoduls
D_s Pfahldurchmesser, solange $D \leq 1$ m ist.
abgeschätzt werden. Es ist ergänzend nachzuweisen, dass die so ermittelten Bettungsspannungen an keiner Stelle den passiven Erddruck überschreiten und dass der Bemessungswert der bis zum Querkraftnullpunkt aufintegrierten Bettungsspannungen kleiner ist als der Bemessungswert des Erdwiderstandes bis in diese Tiefe; andernfalls ist der Bettungsmodul iterativ abzumindern.

Bei $D_s \geq 1$ m wird rechnerisch nur 1 m angesetzt.

Bei stoßartigen horizontalen Einwirkungen z. B. in Form von Anprall-Lasten darf k_s erhöht werden, häufig auf die dreifache Größe des bei statischen Einwirkungen verwendeten Wertes.

Der Anwendungsbereich der Bestimmungsgleichung für den Bettungsmodul ist durch eine rechnerische maximale Horizontalverschiebung von entweder 2 cm oder 0,03 D_s begrenzt (kleinerer Wert ist maßgebend). Die Einwirkung auf den Boden aus der Normalspannung zwischen Pfahl und Boden darf näherungsweise die ebene Erdwiderstandsspannung nicht überschreiten.

Bei in einer Gruppe angeordneten Pfählen wird das Pfahltragverhalten durch die Wechselwirkungen zwischen den Pfählen (Pfahlgruppenwirkung) beeinflusst. Zur Bemessung und zum Nachweis der Tragfähigkeit von **Pfahlgruppen** finden sich in DIN EN 1997-1 und EA-Pfähle weiterführende Angaben. Hierbei wird allgemein nach Druckpfahl- und Zugpfahlgruppen unterschieden. Bei Zugpfahlgruppen ist insbesondere auch eine ausreichende Sicherheit gegen Abheben (Grenzzustand UPL) nachzuweisen.

Abschließend wird darauf hingewiesen, dass der Nachweis der Tragfähigkeit für Kombinierte Pfahl-Platten-Gründungen (KPP) zwingend die Einschaltung eines in diesem Bereich erfahrenen geotechnischen Sachverständigen erfordert.

13.8.5 Nachweis der Gebrauchstauglichkeit

Bei Bauwerken, bei denen die Verformungen der Pfahlgründung für das Gesamttragwerk von Bedeutung sind, ist folgender Nachweis der Gebrauchstauglichkeit (SLS) zu führen:

$$E_{2,d} = E_{2,k} \leq R_{2,d} = R_{2,k}$$

$E_{2,k}$ Charakteristischer Wert der resultierenden Beanspruchung, berechnet aus der ungünstigsten Kombination axial bzw. quer zur Pfahlachse wirkender Einwirkungen,
$R_{2,k}$ Charakteristischer Wert des Pfahlwiderstandes.
Bei nur geringen Setzungsdifferenzen zwischen Einzel- oder Gruppenpfählen ist der charakteristische Pfahlwiderstand mit der Vorgabe einer aufnehmbaren Setzung aus der „mittleren" Widerstandssetzungslinie des jeweils betrachteten Pfahles (ermittelt aus mehreren Probebelastungen oder aufgrund von Erfahrungswerten) zu entnehmen.

Bei erheblichen Setzungsdifferenzen sind zusätzliche Untersuchungen über die Streuung einzelner Widerstandssetzungslinien vorzunehmen. Darüber hinaus ist zu prüfen, ob große Setzungsdifferenzen sowohl am betrachteten als auch an einem benachbarten Bauwerk wiederum einen Grenzzustand der Tragfähigkeit (GEO-2 bzw. STR) hervorrufen könnten.

Abb. 13.33 Grenzfälle des Erddrucks und Erdruhedruck.
a Aktiver Erddruck,
b Erdruhedruck,
c passiver Erddruck,
d Wandbewegung und Erddruck

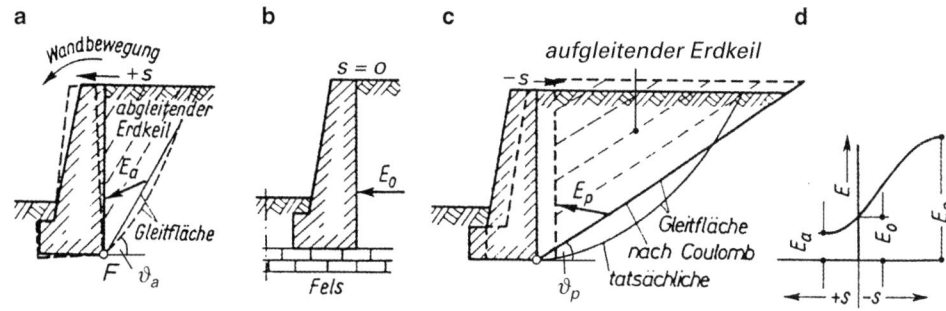

13.9 Erddruck

13.9.1 Ermittlung des Erddruckes

Als Erddruck werden die Spannungen zwischen dem Boden und einem Bauteil (Verbauwand, Stützwand, Bauwerkswände etc.) bezeichnet. Die Größe des Erddrucks ist abhängig von der Bewegung des Bauteils gegenüber dem Boden, wobei grundsätzlich die drei Grenzzustände Erdruhedruck E_0, aktiver Erddruck E_a und passiver Erddruck E_p unterschieden werden (Abb. 13.33d).

Aktiver Erddruck (unterer Grenzwert des Erddruckes) und Erdruhedruck sind in der Regel als Einwirkung auf ein Bauteil, passiver Erddruck (oberer Grenzwert des Erddruckes) überwiegend als Bodenwiderstand anzusehen (vgl. Abb. 13.33).

Die für den ebenen Fall maßgebenden einfachen Beziehungen für den Erddruck aus Bodeneigengewicht (lineares Anwachsen mit der Tiefe) gelten für folgende Wandverschiebungen:

Aktiver Erddruck: Drehung um den Wandfuß,

Passiver Erddruck: Parallelverschiebung der Wand.

Bei davon abweichenden Bewegungen (z. B. Drehung um den Wandkopf, Durchbiegung) ist der Ansatz einer anderen Verteilung sinnvoll (s. hierzu DIN 4085).

Die Ermittlung des Erddruckes erfolgt getrennt für die drei Einflüsse

Bodeneigengewicht (Reibung) Index g,

Kohäsion Index c,

Oberflächenlasten Index p (Flächenlast),

Index V (Linien- oder Punktlast).

Des Weiteren bedeuten folgende Fußzeiger bzw. Formelzeichen:

Indizes:

a	Aktiver Erddruck,
0	Ruhedruck,
p	Passiver Erddruck,
h	Horizontalkomponente,
v	Vertikalkomponente.

Symbole:

K [–]   Erddruckbeiwert,

e [kN/m²]   Erddruckspannung,

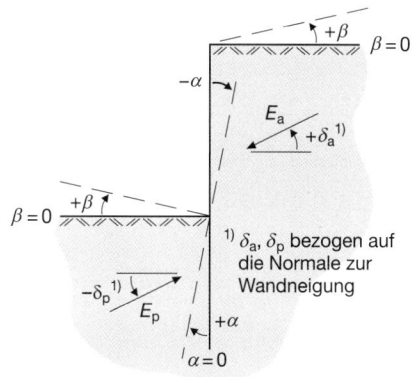

Abb. 13.34 Vorzeichenregeln für die Berechnung des aktiven und des passiven Erddruckes

E [kN/m]	Erddruckkraft,
z [m]	Tiefenlage der Erddruckspannung,
d [m]	Mächtigkeit einer Bodenschicht,
α [°]	Wandneigung,
β [°]	Geländeneigung,
ϑ [°]	Gleitflächenneigung,
δ [°]	Wandreibung bzw. Erddruckneigung,
γ [kN/m³]	charakteristischer Wert für die Bodenwichte,
φ [°]	charakteristischer Wert für die Bodenreibung (dräniert),
c [kN/m²]	charakteristischer Wert für die Kohäsion (dräniert),
c_u [kN/m²]	charakteristischer Wert für die Kohäsion (undräniert).

Zur Vorzeichenregelung von α, β und δ siehe Abb. 13.34. In der Regel ist $\delta_a \geq 0$ und $\delta_p \leq 0$.

13.9.1.1 Aktiver Erddruck (ebener Fall)

Erddruck aus Bodeneigengewicht

aktiver Erddruck

$$e_{agh} = \gamma \cdot z \cdot K_{agh} \quad [kN/m^2],$$

mit K_{agh} Beiwert aus Tafel 13.46 oder Bestimmungsgleichungen nach DIN 4085.

Tafel 13.46 Erddruckbeiwerte K_{agh} für ebene Gleitflächen nach Blum

α	β	17,5° (0)	17,5° (1/3φ)	17,5° (2/3φ)	20° (0)	20° (1/3φ)	20° (2/3φ)	22,5° (0)	22,5° (1/3φ)	22,5° (2/3φ)	25 (0)	25 (1/3φ)	25 (2/3φ)	27,5° (0)	27,5° (1/3φ)	27,5° (2/3φ)	30,0° (0)	30,0° (1/3φ)	30,0° (2/3φ)	32,5° (0)	32,5° (1/3φ)	32,5° (2/3φ)	35,0° (0)	35,0° (1/3φ)	35,0° (2/3φ)	40° (0)	40° (1/3φ)	40° (2/3φ)
20°	−20°	0,50	0,45	0,40	0,47	0,42	0,37	0,44	0,39	0,35	0,42	0,36	0,32	0,39	0,35	0,30	0,37	0,32	0,27	0,34	0,30	0,25	0,32	0,28	0,24	0,28	0,24	0,20
	−15°	0,53	0,48	0,43	0,50	0,45	0,40	0,47	0,42	0,37	0,44	0,39	0,34	0,42	0,37	0,32	0,39	0,34	0,30	0,37	0,32	0,27	0,34	0,29	0,25	0,30	0,26	0,21
	−10°	0,57	0,51	0,47	0,53	0,48	0,43	0,50	0,45	0,40	0,47	0,42	0,37	0,44	0,39	0,34	0,41	0,36	0,31	0,39	0,34	0,29	0,36	0,31	0,27	0,32	0,27	0,23
	−5°	0,60	0,55	0,51	0,57	0,51	0,47	0,53	0,48	0,43	0,50	0,45	0,40	0,47	0,41	0,37	0,44	0,39	0,33	0,41	0,36	0,31	0,38	0,33	0,29	0,33	0,29	0,24
	0°	0,65	0,60	0,55	0,61	0,56	0,51	0,57	0,52	0,47	0,53	0,48	0,43	0,50	0,44	0,40	0,47	0,41	0,36	0,44	0,38	0,34	0,41	0,36	0,31	0,35	0,31	0,26
	5°	0,70	0,65	0,61	0,66	0,61	0,56	0,61	0,56	0,52	0,57	0,52	0,47	0,54	0,47	0,43	0,50	0,45	0,39	0,47	0,41	0,36	0,43	0,38	0,33	0,37	0,32	0,28
	10°	0,78	0,73	0,69	0,72	0,67	0,63	0,67	0,62	0,57	0,62	0,57	0,52	0,58	0,50	0,46	0,54	0,48	0,42	0,50	0,45	0,40	0,46	0,41	0,36	0,40	0,35	0,30
	15°	0,90	0,87	0,84	0,82	0,77	0,74	0,75	0,70	0,66	0,69	0,64	0,59	0,63	0,55	0,53	0,58	0,53	0,46	0,54	0,49	0,44	0,50	0,44	0,40	0,42	0,37	0,33
	20°				1,13	1,13	1,13	0,88	0,84	0,81	0,78	0,74	0,70	0,71	0,64	0,61	0,65	0,59	0,53	0,59	0,54	0,49	0,54	0,49	0,44	0,45	0,40	0,36
10°	−20°	0,47	0,43	0,39	0,44	0,40	0,36	0,41	0,37	0,33	0,38	0,34	0,30	0,35	0,31	0,28	0,33	0,29	0,25	0,30	0,26	0,23	0,28	0,24	0,22	0,24	0,21	0,18
	−15°	0,50	0,45	0,42	0,46	0,42	0,38	0,43	0,39	0,35	0,40	0,36	0,32	0,37	0,33	0,29	0,34	0,30	0,26	0,31	0,27	0,24	0,29	0,26	0,23	0,25	0,22	0,19
	−10°	0,53	0,48	0,45	0,49	0,44	0,41	0,45	0,41	0,37	0,42	0,38	0,34	0,39	0,35	0,31	0,36	0,32	0,28	0,33	0,28	0,25	0,31	0,27	0,24	0,26	0,23	0,20
	−5°	0,56	0,51	0,48	0,52	0,47	0,44	0,48	0,44	0,40	0,44	0,40	0,36	0,41	0,37	0,33	0,38	0,34	0,29	0,34	0,29	0,26	0,32	0,29	0,25	0,27	0,24	0,21
	0°	0,59	0,55	0,52	0,55	0,51	0,47	0,51	0,47	0,43	0,47	0,43	0,38	0,43	0,39	0,35	0,40	0,36	0,31	0,36	0,31	0,27	0,34	0,30	0,27	0,28	0,25	0,22
	5°	0,64	0,60	0,57	0,59	0,55	0,51	0,55	0,50	0,47	0,50	0,46	0,41	0,46	0,41	0,38	0,42	0,39	0,33	0,38	0,33	0,29	0,36	0,32	0,29	0,30	0,26	0,24
	10°	0,70	0,67	0,64	0,64	0,61	0,57	0,59	0,55	0,52	0,54	0,50	0,45	0,50	0,44	0,41	0,45	0,42	0,36	0,40	0,35	0,31	0,38	0,34	0,31	0,31	0,28	0,25
	15°	0,81	0,79	0,76	0,73	0,69	0,66	0,65	0,62	0,58	0,59	0,55	0,51	0,54	0,48	0,45	0,49	0,45	0,39	0,42	0,38	0,34	0,41	0,37	0,33	0,33	0,30	0,27
	20°				1,00	1,00	1,00	0,77	0,74	0,71	0,67	0,64	0,59	0,60	0,55	0,52	0,54	0,50	0,46	0,45	0,41	0,37	0,41	0,37	0,33	0,35	0,32	0,29
0°	−20°	0,44	0,40	0,37	0,40	0,36	0,34	0,37	0,33	0,30	0,34	0,30	0,27	0,31	0,27	0,25	0,28	0,25	0,22	0,25	0,23	0,19	0,23	0,21	0,18	0,20	0,17	0,15
	−15°	0,46	0,42	0,39	0,42	0,38	0,35	0,38	0,35	0,32	0,35	0,32	0,28	0,32	0,28	0,26	0,29	0,26	0,23	0,26	0,24	0,20	0,24	0,21	0,18	0,21	0,17	0,16
	−10°	0,48	0,44	0,41	0,44	0,40	0,37	0,40	0,37	0,34	0,37	0,33	0,30	0,33	0,30	0,27	0,30	0,27	0,23	0,28	0,25	0,21	0,25	0,22	0,19	0,21	0,18	0,16
	−5°	0,51	0,47	0,44	0,46	0,43	0,40	0,42	0,39	0,36	0,39	0,35	0,31	0,35	0,31	0,28	0,32	0,29	0,25	0,29	0,27	0,22	0,26	0,23	0,20	0,22	0,19	0,17
	0°	0,54	0,50	0,47	0,49	0,45	0,43	0,45	0,41	0,38	0,41	0,37	0,33	0,37	0,33	0,30	0,33	0,30	0,26	0,30	0,28	0,23	0,27	0,25	0,21	0,23	0,20	0,18
	5°	0,58	0,54	0,52	0,52	0,49	0,46	0,48	0,44	0,41	0,43	0,40	0,36	0,39	0,35	0,32	0,35	0,32	0,28	0,32	0,30	0,24	0,28	0,26	0,23	0,24	0,21	0,19
	10°	0,63	0,60	0,58	0,57	0,54	0,51	0,51	0,48	0,45	0,46	0,43	0,38	0,42	0,38	0,34	0,37	0,34	0,30	0,34	0,31	0,26	0,30	0,27	0,24	0,25	0,22	0,20
	15°	0,73	0,71	0,69	0,64	0,61	0,59	0,57	0,54	0,51	0,50	0,47	0,42	0,45	0,41	0,38	0,40	0,37	0,32	0,36	0,33	0,28	0,32	0,29	0,26	0,26	0,23	0,21
	20°				0,88	0,88	0,88	0,66	0,64	0,62	0,57	0,55	0,51	0,50	0,46	0,44	0,44	0,41	0,37	0,39	0,36	0,31	0,34	0,32	0,30	0,30	0,26	0,23
−10°	−20°	0,39	0,36	0,34	0,35	0,33	0,31	0,32	0,29	0,27	0,29	0,27	0,24	0,26	0,24	0,22	0,23	0,21	0,19	0,18	0,17	0,15	0,18	0,16	0,15	0,14	0,13	0,12
	−15°	0,41	0,38	0,35	0,37	0,34	0,32	0,33	0,30	0,28	0,30	0,28	0,25	0,27	0,25	0,23	0,24	0,22	0,20	0,19	0,17	0,16	0,19	0,17	0,16	0,15	0,13	0,12
	−10°	0,43	0,40	0,37	0,39	0,36	0,33	0,35	0,32	0,30	0,31	0,28	0,25	0,28	0,25	0,24	0,25	0,22	0,20	0,19	0,18	0,16	0,19	0,17	0,16	0,15	0,13	0,12
	−5°	0,45	0,42	0,40	0,40	0,37	0,35	0,36	0,33	0,31	0,32	0,30	0,26	0,29	0,26	0,24	0,25	0,23	0,21	0,20	0,18	0,17	0,20	0,18	0,17	0,16	0,14	0,13
	0°	0,48	0,45	0,42	0,43	0,40	0,37	0,38	0,35	0,33	0,34	0,31	0,27	0,30	0,28	0,26	0,27	0,25	0,22	0,21	0,19	0,18	0,21	0,19	0,18	0,16	0,14	0,13
	5°	0,51	0,48	0,46	0,45	0,43	0,40	0,40	0,38	0,36	0,36	0,33	0,29	0,32	0,30	0,28	0,28	0,26	0,23	0,21	0,20	0,18	0,21	0,20	0,18	0,17	0,15	0,14
	10°	0,56	0,53	0,51	0,49	0,47	0,44	0,43	0,41	0,39	0,38	0,36	0,32	0,34	0,32	0,30	0,30	0,27	0,25	0,23	0,21	0,19	0,23	0,21	0,19	0,18	0,16	0,14
	15°	0,65	0,63	0,61	0,55	0,53	0,51	0,48	0,46	0,44	0,42	0,39	0,36	0,36	0,34	0,32	0,32	0,30	0,27	0,24	0,22	0,21	0,24	0,22	0,21	0,19	0,16	0,15
	20°				0,77	0,77	0,77	0,56	0,55	0,53	0,47	0,45	0,44	0,41	0,38	0,37	0,35	0,33	0,31	0,26	0,24	0,23	0,26	0,24	0,23	0,21	0,17	0,16
−20°	−20°	0,34	0,32	0,30	0,30	0,29	0,28	0,26	0,25	0,23	0,23	0,22	0,20	0,20	0,19	0,18	0,17	0,16	0,15	0,15	0,14	0,13	0,13	0,12	0,11	0,09	0,08	0,08
	−15°	0,36	0,33	0,31	0,31	0,30	0,28	0,27	0,25	0,24	0,24	0,22	0,21	0,21	0,19	0,18	0,18	0,17	0,16	0,15	0,14	0,13	0,13	0,12	0,11	0,09	0,09	0,08
	−10°	0,37	0,34	0,33	0,33	0,30	0,30	0,28	0,26	0,25	0,25	0,23	0,22	0,21	0,20	0,19	0,19	0,18	0,16	0,16	0,15	0,14	0,13	0,12	0,12	0,09	0,09	0,08
	−5°	0,39	0,36	0,34	0,34	0,32	0,31	0,30	0,28	0,26	0,26	0,24	0,22	0,22	0,21	0,19	0,19	0,18	0,17	0,16	0,15	0,14	0,14	0,13	0,12	0,10	0,09	0,09
	0°	0,41	0,38	0,37	0,36	0,33	0,32	0,31	0,29	0,27	0,27	0,25	0,24	0,23	0,22	0,20	0,20	0,19	0,18	0,17	0,16	0,15	0,14	0,13	0,13	0,10	0,10	0,09
	5°	0,44	0,41	0,40	0,38	0,36	0,34	0,33	0,31	0,29	0,28	0,27	0,25	0,24	0,23	0,22	0,21	0,20	0,19	0,18	0,16	0,16	0,15	0,14	0,13	0,10	0,10	0,09
	10°	0,48	0,48	0,44	0,41	0,39	0,37	0,35	0,33	0,32	0,30	0,29	0,27	0,26	0,24	0,23	0,22	0,21	0,19	0,19	0,17	0,16	0,16	0,15	0,14	0,11	0,10	0,09
	15°	0,56	0,54	0,53	0,46	0,45	0,43	0,39	0,37	0,36	0,33	0,31	0,30	0,28	0,26	0,25	0,24	0,22	0,21	0,20	0,19	0,18	0,16	0,15	0,15	0,11	0,10	0,10
	20°				0,66	0,66	0,66	0,46	0,45	0,44	0,38	0,37	0,35	0,31	0,30	0,28	0,26	0,24	0,23	0,21	0,20	0,19	0,18	0,16	0,16	0,12	0,11	0,10

Tafel 13.47 Gültigkeitsbereich der Beiwerte für aktiven Erddruck in Tafel 13.46

	Wandneigung α	Geländeneigung β	
$\delta_a \geq 0°$	$-10° \leq \alpha \leq \alpha_{max}$	$0° \leq \beta \leq \varphi'$	Grenzwinkel
	$-20° \leq \alpha < -10°$	$-\varphi \leq \beta \leq \varphi'$	$\alpha_{max} = \vartheta_{ag} - \varphi$
$\delta_a < 0°$	$-20° \leq \alpha \leq \alpha_{max}$	$-\varphi' \leq \beta \leq \frac{2}{3}\varphi'$	

Tafel 13.48 Maximale Wandreibungswinkel

Wandbeschaffenheit	δ_a, δ_p [a]
verzahnt	$(-)\varphi'$
rau	$(-)\frac{2}{3}\varphi'$
weniger rau	$(-)\frac{1}{2}\varphi'$
glatt	0

[a] Bei passivem Erddruck ist das Minuszeichen einzusetzen.

aktive Erddruckkraft

$$E_{agh} \quad [\text{kN/m}]$$

aus Integration des aktiven Erddrucks, ggfs. abschnittsweise je Bodenschicht.

$$E_{agv} = E_{agh} \cdot \tan(\delta_a + \alpha).$$

Zum Gültigkeitsbereich des Beiwertes für den aktiven Erddruck siehe Tafel 13.47.

Zum Ansatz des Wandreibungswinkels siehe Tafel 13.48.

Erddruck aus Kohäsion

aktiver Erddruck aus Kohäsion

$$e_{ach} = -c \cdot K_{ach} \quad [\text{kN/m}^2]$$

mit

$$K_{ach} = \frac{2 \cdot \cos(\alpha - \beta) \cdot \cos\varphi \cdot \cos(\alpha + \delta_a)}{1 + \sin(\varphi + \alpha + \delta_a - \beta)] \cdot \cos\alpha}.$$

aktive Erddruckkraft aus Kohäsion

$$E_{ach} = e_{ach} \cdot d \quad [\text{kN/m}].$$

Die Erddruckspannung aus Kohäsion ist innerhalb einer Bodenschicht (Mächtigkeit d) konstant und reduziert die Erddruckspannungen aus Bodeneigengewicht.

Erddruck aus flächiger Geländeauflast (vgl. Abb. 13.35)

aktiver Erddruck

$$e_{aph} = p \cdot K_{aph} \quad [\text{kN/m}^2]$$

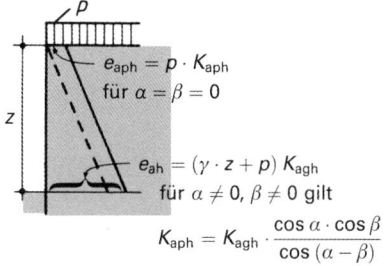

Abb. 13.35 Erddruckverteilung bei gleichmäßiger Geländeauflast

mit

$$K_{aph} = K_{agh} \frac{\cos\alpha \cdot \cos\beta}{\cos(\alpha - \beta)}.$$

aktive Erddruckkraft

$$E_{aph} = e_{aph} \cdot d \quad [\text{kN/m}].$$

Bei seitlich begrenzten oder im Abstand von der zu bemessenden Wand angreifenden Flächen- oder Linienlasten sind gesonderte Betrachtungen erforderlich (vgl. z. B. Abb. 13.36).

Bei kohäsiven Böden in Oberflächennähe ergeben sich für die Erddruckspannung häufig sehr kleine oder sogar negative Werte. In diesem Falle ist daher eine Vergleichsberechnung mit dem so genannten **Mindesterddruck** erforderlich (K_{agh} für einen „Ersatzboden" mit $\varphi = 40°$, c = 0). Der größere Wert ist für den Ansatz der resultierenden Belastung maßgebend (vgl. Abb. 13.37).

Die angegebenen Bestimmungsgleichungen gelten für den ebenen Fall. Im räumlichen Fall sind gesonderte Betrachtungen erforderlich (siehe DIN 4085).

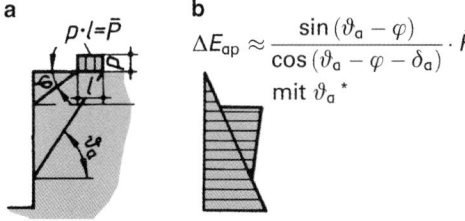

Abb. 13.36 Druckverteilung bei Streifen- und Linienlasten (Beispiel). **a** rechnerische Angriffshöhe der Last, **b** dreieckförmige Verteilung der Erddruckspannung; [*] s. Tafel 13.49

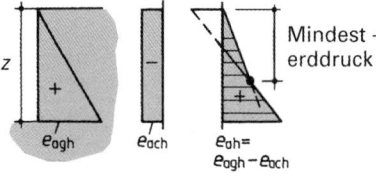

Abb. 13.37 Berücksichtigung der Kohäsion und Mindesterddruck

Tafel 13.49 Aktiver Gleitflächenwinkel ϑ_a für $\alpha = \beta = 0$

δ_a	$\varphi°$										
	15°	17,5°	20°	22,5°	25°	27,5°	30°	32,5°	35°	37,5°	40°
0	52,5	53,8	55,0	56,3	57,5	58,8	60,0	61,3	62,5	63,8	65,0
$+\frac{1}{3}\varphi$	49,4	50,8	52,5	53,6	55,0	56,4	57,8	59,2	60,6	62,0	63,3
$+\frac{2}{3}\varphi$	47,0	48,5	50,0	51,5	53,0	54,5	56,0	57,5	58,9	60,4	61,9

13.9.1.2 Erdruhedruck

Erdruhedruck aus Bodeneigengewicht

Erdruhedruck

$$e_{0gh} = \gamma \cdot z \cdot K_{0gh} \quad [\text{kN/m}^2]$$

Der Erdruhedruckbeiwert K_0 ist projektspezifisch unter Berücksichtigung der Spannungsgeschichte (Vorbelastung) und der Baugrundverhältnisse zu ermitteln. Für nichtbindige, nicht vorbelastete Böden kann als Näherung angesetzt werden:

$$K_{0gh} = 1 - \sin\varphi \quad \text{für } \alpha = \beta = \delta = 0$$

für andere Fälle siehe Tafel 13.50 oder Bestimmungsgleichungen nach DIN 4085.

Erdruhedruckkraft

$$E_{0gh} \quad [\text{kN/m}]$$

aus Integration der innerhalb einer Bodenschicht vorhandenen Verteilung der Erddruckspannung.

Erddruck aus Kohäsion wird im Ruhezustand nicht angesetzt.

Erdruhedruck aus Geländeauflast Bei flächiger Geländeauflast p [kN/m^2] gilt analog zum aktiven Erddruck:

Erdruhedruck

$$e_{0ph} = p \cdot K_{0ph} \quad [\text{kN/m}^2]$$

mit

$$K_{0ph} = K_{0gh} \cdot \frac{\cos\alpha \cdot \cos\beta}{\cos(\alpha - \beta)}$$

Tafel 13.50 Erdruhedruckbeiwerte K_{0gh} für $\alpha = 0$ sowie $0 \leq \beta \leq \varphi$

β	φ						
	20°	25°	27,5°	30°	32,5°	35°	37,5°
0	0,66	0,58	0,54	0,50	0,46	0,43	0,39
$\frac{1}{3}\varphi$	0,73	0,66	0,62	0,58	0,54	0,51	0,47
$\frac{1}{3}\varphi$	0,81	0,74	0,71	0,67	0,63	0,59	0,55
φ	0,88	0,82	0,79	0,75	0,71	0,67	0,63

Erdruhedruckkraft

$$E_{0ph} = e_{0ph} \cdot d \quad [\text{kN/m}].$$

Bei Punkt-, Linien- oder Streifenlasten V [kN, kN/m] darf die sich ergebende Erdruhedruckkraft durch proportionale Umrechnung der für den aktiven Zustand gültigen Kräfte wie folgt ermittelt werden:

$$E_{0Vh} = E_{aVh} \cdot K_{0gh}/K_{agh}.$$

13.9.1.3 Passiver Erddruck (ebener Fall)

Erdwiderstand aus Bodeneigengewicht

passiver Erddruck

$$e_{pgh} = \gamma \cdot z \cdot K_{pgh} \quad [\text{kN/m}^2]$$

mit K_{pgh} Beiwert aus Tafel 13.51 oder Abb. 13.38 oder Bestimmungsgleichungen nach DIN 4085 (10.07).

Passive Erddruckkraft E_{pgh} [kN/m] aus Integration der innerhalb einer Bodenschicht vorhandenen Verteilung der Erddruckspannung.

$$E_{pgv} = E_{pgh} \cdot \tan(\delta_p + \alpha).$$

Zum Ansatz des Wandreibungswinkels siehe Tafel 13.48.

Erdwiderstand aus Kohäsion

Passiver Erddruck infolge Kohäsion

$$e_{pch} = c \cdot K_{pch} \quad [\text{kN/m}^2]$$

mit K_{pch} Beiwert aus Abb. 13.39 oder Bestimmungsgleichungen nach DIN 4085 (10.07).

Passive Erddruckkraft

$$E_{pch} = e_{pch} \cdot d \quad [\text{kN/m}].$$

Der passive Erddruck aus Kohäsion ist innerhalb einer Bodenschicht (Mächtigkeit d) konstant und **erhöht** die Erddruckspannungen aus Bodeneigengewicht. Da der passive Erddruck einen Bodenwiderstand darstellt, ist stets zu prüfen, ob die kohäsive Wirkung im Boden auch langfristig erhalten bleibt. Für oberflächennahe Böden sollte man sicherheitshalber auf den Ansatz des Erdwiderstandes aus Kohäsion verzichten.

Tafel 13.51 Erdwiderstands-beiwerte K_{pgh} für gekrümmte Gleitflächen (nach Caquot-Kerisel) für $\alpha = \beta = 0$

φ°	10	12,5	15	17,5	20	22,5	25	27,5	30	32,5	35	37,5	40	42,5	45
$\delta_{\mathrm{p}}^\circ = -\varphi^\circ$	1,62	1,85	2,12	2,44	2,83	3,30	3,89	4,63	5,56	6,77	8,36	10,49	13,44	17,61	23,71
$\delta_{\mathrm{p}}^\circ = \frac{2}{3}\varphi^\circ$	1,59	1,80	2,05	2,36	2,71	3,15	3,68	4,35	5,17	6,22	7,59	9,36	11,74	15,03	19,66

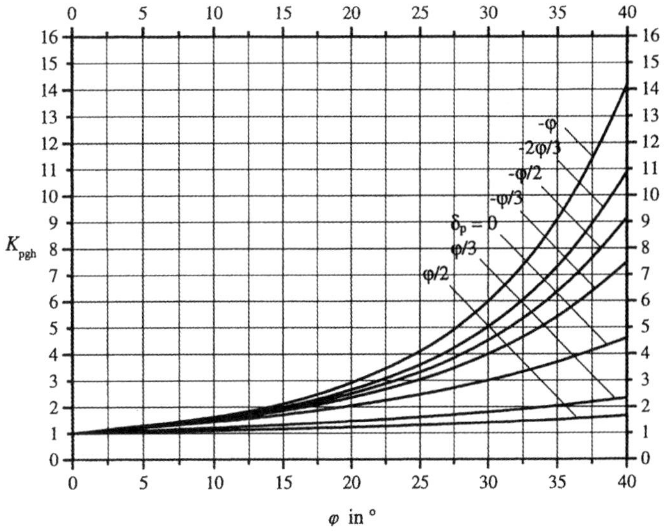

Abb. 13.38 Erddruckbeiwert K_{pgh} für gekrümmte Gleitflächen bei $\alpha = \beta = 0$ nach Sokolovsky/Pregl

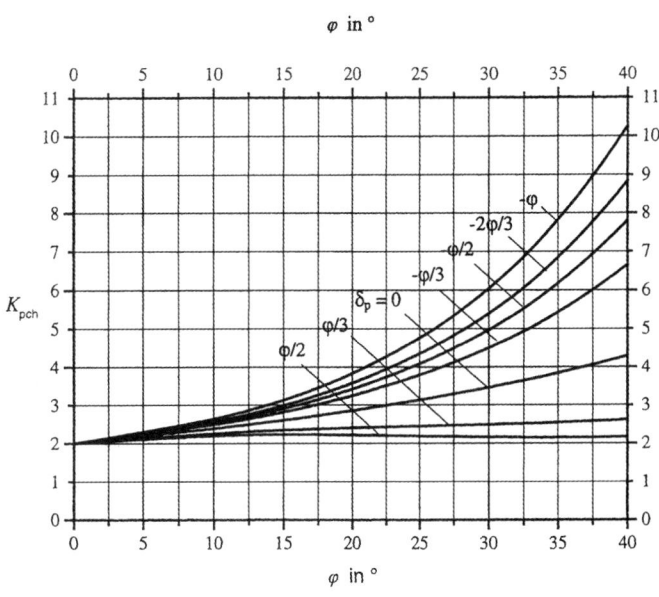

Abb. 13.39 Erddruckbeiwert K_{pch} für gekrümmte Gleitflächen bei $\alpha = \beta = 0$ nach Sokolovsky

Erdwiderstand aus einer Geländeauflast sollte aus ähnlichen Gründen nicht in Ansatz gebracht werden, da deren Vorhandensein nicht immer garantiert werden kann.

Die angegebenen Bestimmungsgleichungen gelten für den ebenen Fall. Im räumlichen Fall sind gesonderte Betrachtungen erforderlich (siehe DIN 4085).

13.9.2 Zwischenwerte und Sonderfälle des Erddrucks

13.9.2.1 Erhöhter aktiver Erddruck

Reichen die Bewegungen der Wand nicht aus, um den Grenzwert des aktiven Erddrucks voll zu mobilisieren, oder sollen die Verformungen im Hinblick auf sensible bauliche Einrichtungen im Umfeld reduziert werden, so ist ein **erhöhter aktiver Erddruck** anzusetzen, der größer als der aktive Erddruck, aber kleiner als der Erdruhedruck ist. Der übliche Ansatz lautet in diesem Fall:

$$E_{\mathrm{a}}' = E_{\mathrm{a}} \cdot \mu + E_0 \cdot (1 - \mu) \quad \text{mit } 0 \leq \mu \leq 1.$$

Die Größe μ hängt bei Dauerbauwerken von der Biegesteifigkeit der Stützkonstruktion ab, bei Baugruben neben der Wandsteifigkeit im wesentlichen von der Anzahl und dem Vorspanngrad der Steifen und Anker.

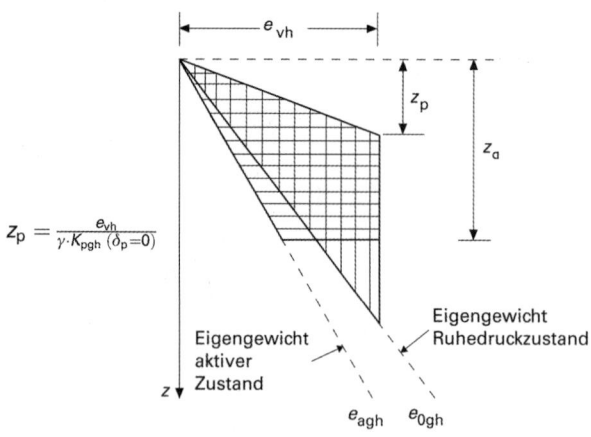

$$z_p = \frac{e_{vh}}{\gamma \cdot K_{pgh} \,(\delta_p = 0)}$$

Abb. 13.40 Verteilung des Verdichtungserddruckes im aktiven (▨) und im Ruhedruckzustand (▥)

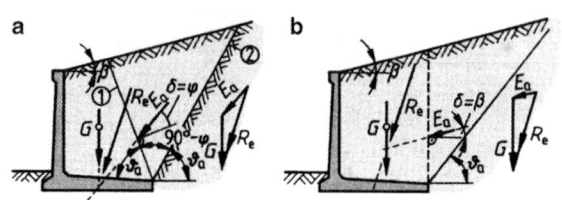

Abb. 13.41 Erddruck auf Winkelstützmauer.
a Tatsächlicher Gleitflächenverlauf,
b vereinfachter Ansatz.
Voraussetzung für **b**: keine gebrochene Geländeoberfläche, keine begrenzten Geländelasten, kein geschichteter Baugrund

13.9.2.2 Verminderter passiver Erddruck

Reichen die Wandbewegungen nicht aus, um den vollen Erdwiderstand zu mobilisieren, so ist **verminderter passiver Erddruck** anzusetzen, der kleiner als der passive Erddruck, aber größer als der Erdruhedruck ist. Er lässt sich in der Regel durch eine Interpolation in Abhängigkeit von der tatsächlichen Wandbewegung ermitteln. Ein gängiger Ansatz lautet:

$$E_p' = (E_p - E_0) \cdot \left[1 - \left(1 - \frac{s}{s_p} \right)^{1,6} \right]^{0,65} + E_0$$

s tatsächliche Wandverschiebung,
s_p maximale Wandverschiebung bei vollem Erdwiderstand.

Tafel 13.52 Ansatz des Verdichtungserddrucks

Wandeigenschaft	Breite des zu verfüllenden Raumes (B)	
	$B \leq 1,0\,\text{m}$	$B \geq 2,5\,\text{m}$
unnachgiebig	$e_{vh} = 40\,\text{kN/m}^2$	$e_{vh} = 25\,\text{kN/m}^2$
	Für $1,0\,\text{m} < B < 2,5\,\text{m}$ linear interpolieren	
nachgiebig	$e_{vh} = 25\,\text{kN/m}^2$, $z_a = 2,0\,\text{m}$	

13.9.2.3 Verdichtungserddruck

Bei starker Verdichtung des hinterfüllten Bodens kann es erforderlich sein, Verdichtungserddruck anzusetzen, der häufig größer ist als der Erdruhedruck. Die in DIN 4085 hierzu enthaltenen Ansätze sind als dreieckförmige Verteilung in Abb. 13.40 in Verbindung mit Tafel 13.52 dargestellt.

Für die Berechnung ist dabei insbesondere die Kenntnis der Einwirkungstiefe sowie die Größe und der Angriffspunkt der resultierenden Erddruckkraft von besonderem Interesse.

13.9.2.4 Erddruck auf Winkelstützwände

Für die Ermittlung der Erddrucklast im Rahmen von Standsicherheitsberechnungen im Grenzzustand GEO-2 (Gleit- und Grundbruchsicherheit) darf anstelle der tatsächlichen Verhältnisse (Abb. 13.41a) vereinfacht eine fiktive senkrechte Wandfläche durch die Hinterkante des waagerechten Schenkels angenommen werden (Abb. 13.41b). Die Neigung der Erddrucklast ist dabei parallel zur Neigung der Geländeoberfläche anzusetzen ($\delta_a = \beta$).

13.9.3 Erddruckansatz in bautechnischen Berechnungen

In den meisten Fällen liegen hinsichtlich der Verschiebungen nicht die Bedingungen vor, die zu einem der drei Fälle aktiver Erddruck, Erdruhedruck oder passiver Erddruck führen. Auf der Erdwiderstandsseite ist dies durch einen reduzierten Ansatz zu berücksichtigen.

Für die Seite der Einwirkungen (aktiver Erddruck bis Erdruhedruck) können folgende Beispiele genannt werden (Beispielskizzen vgl. Abb. 13.42 bis 13.44):

Abb. 13.42 In der Regel für aktiven Erddruck zu bemessende Bauwerke.
a Im Boden eingespannte Spund- oder Ortbetonwand,
b rückverankerte Spundwand oder Ortbetonwand,
c gegen eine Baugrubenwand betoniertes Bauwerk,
d Schwergewichtsmauer,
e Winkelstützmauer

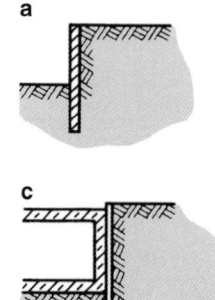
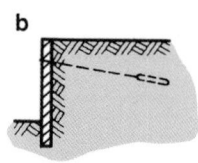
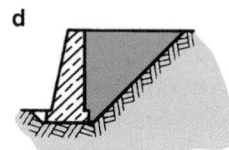
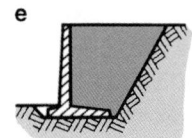

Abb. 13.43 In der Regel für erhöhten Erddruck zu bemessende Bauwerke.
a Unterfangungswand,
b Spundwand oder Ortbetonwand,
c in ein Bauwerk einbezogene Ortbetonwand

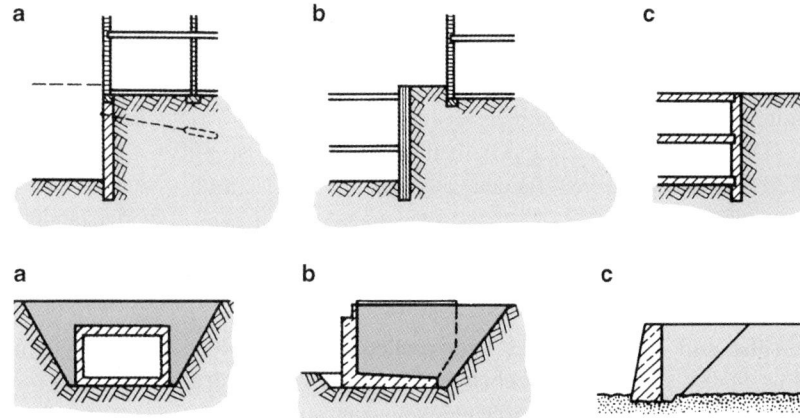

Abb. 13.44 In der Regel für Erdruhedruck zu bemessende Bauwerke.
a Tunnelbauwerk in abgeböschter Baugrube,
b Widerlagerbauwerk,
c Stützmauer auf Fels

Bemessung auf E_{ah}: Ungestützter Baugrubenverbau, Rückverankerter Verbau mit Festlegelasten um 80 %, auf Lockergestein gegründete Stützwände,

Bemessung auf $E_{ah} < E'_{ah} < E_{0h}$: Rückverankerter Verbau mit Festlegelasten um 100 %, mehrfach ausgesteifter Verbau, in Bauwerke einbezogene Verbauwände, Unterfangungswände,

Bemessung auf E_{0h}: Rückverankerter Verbau mit Verpressankern im Fels, Überschüttete Tunnelbauwerke, Widerlager mit biegesteif angeschlossenen Flügelmauern, auf Festgestein gegründete Stützwände.

13.10 Verankerungen mit Verpressankern

13.10.1 Abgrenzung, Schutzanforderungen und Untersuchungen

Verankerungen werden für die erdseitige Stützung von Baugruben und die dauerhafte Sicherung von Geländesprüngen eingesetzt. Verankerungen sind Bauteile, die die auftretenden Einwirkungen als Zugkraft aufnehmen und über Schubverbund oder Erdwiderstand in den Baugrund weiterleiten.

Hierzu zählen im Wesentlichen Verpressanker, Anker mit Ankertafeln oder aufgeweitetem Ankerfuß sowie „Ankerpfähle" als auf Zug beanspruchte Pfähle (vgl. Abschn. 13.8). Die nachfolgenden Ausführungen fokussieren sich auf **Verpressanker**.

Wie bei den Pfählen wird die **Bemessung** von Verpressankern in DIN EN 1997-1 geregelt, während für die **Herstellung** sowie die **Qualitätssicherung** DIN EN 1537 mit DIN SPEC 18537 als Ausführungsnorm maßgebend ist.

- Die Dauerhaftigkeit der Verpressanker ist durch sachgemäße Herstellung nach DIN EN 1537 sicherzustellen.
- Abstand und Zustand benachbarter baulicher Anlagen sind bei der Anordnung und Festlegung der Länge von Verankerungen und des Verpressdruckes zu beachten und dafür ihre Abmessungen, Konstruktion und die Festigkeit der Gründungskörper sowie die Sohldrücke im Einflussbereich der Verpresskörper zu erkunden.
- Über DIN 4020 hinausgehend sind Beton und Grundwasser auf betonangreifende nach DIN 4030 und/oder stahlkorrosionsfördernde Stoffe nach DIN 50 929-3 zu untersuchen.
- Die Eigentumsverhältnisse, die Lage schützenswerter Ver- und Entsorgungsleitungen sowie die Kampfmittelfrage sind zu klären.

Anmerkung: Eine Beweissicherung der Nachbarbebauung ist oft empfehlenswert.

13.10.2 Bemessungsgrundlagen

Verpressanker sind den Geotechnischen Kategorien GK2 (Kurzzeitanker) oder GK3 (Daueranker) zuzuordnen (s. Abschn. 13.2). Ein weiteres Zuordnungskriterium ist die Frage, ob hinsichtlich von Schwell- oder dynamischen Beanspruchungen bereits Erfahrungen vorliegen oder noch nicht.

Maßgebende Formelzeichen und Bezeichnungen:

$R_{a,k}$ Herausziehwiderstand des Ankers (R – resistance, a – außen) [MN oder kN],

$R_{i,k}$ Widerstand des Stahlzuggliedes (i – innen) [MN oder kN],

P_P Prüfkraft in der Eignungs-/Abnahmeprüfung [MN oder kN],

P_0 Festlegekraft des Ankers [MN oder kN],

$f_{t,k}$ Charakteristischer Wert der Zugfestigkeit des Ankerstahles [MN/m², N/mm²],

$f_{t,0,1,k}$ Charakteristischer Wert der Spannung im Ankerstahl bei 0,1 % bleibender Dehnung [MN/m², N/mm²],

A_t Querschnittsfläche des Stahlzuggliedes [m² oder cm²].

Für die Ankerbemessung ist die Größe der resultierenden Beanspruchung in Richtung der Ankerachse mit charakteristischen Werten zu ermitteln und dabei nach ständigen und veränderlichen Beanspruchungen zu unterscheiden. Alle Beanspruchungen sind einer dieser beiden Gruppen zuzuordnen, da für ständige und veränderliche Beanspruchungen unterschiedliche Teilsicherheitsbeiwerte gelten.

Die ausreichende Tragsicherheit eines Ankers ist mit Teilsicherheitsbeiwerten für den Grenzzustand GEO-2 nachzuweisen.

Der Nachweis der Gebrauchstauglichkeit erfolgt – wie gewohnt – mit charakteristischen Werten.

Größe und Verteilung des Erddruckes nach DIN 4085 Das in der statischen Berechnung durch den Anker idealisierte Auflager wird in Abhängigkeit vom so genannten Vorspanngrad (wenig oder nicht vorgespannt, Festlegekraft 80–100 %, $\geq 100\%$ oder $> 100\%$ der statisch erforderlichen Last) als nachgiebig, wenig nachgiebig, annähernd unnachgiebig bzw. unnachgiebig bezeichnet. Analog ist der Erddruckansatz an das Verformungsverhalten des Verbaus anzupassen (aktiver Erddruck, umgelagerter aktiver Erddruck, erhöhter aktiver Erddruck oder Erdruhedruck).

Hinsichtlich der Verteilung des Erddruckes insbesondere bei der Bemessung von Baugruben wird auf Abschn. 13.12 verwiesen.

Ermittlung der Ankerkräfte Allen Zuggliedern (Verankerungen) einer gleichartigen Gruppe bzw. Verankerungslage werden gleich große Einwirkungen zugewiesen. Für den darin enthaltenen Einzelanker ergibt sich die Ankerkraft als Auflagerreaktion aus dem in der Regel zweidimensional geführten statischen Nachweis des verankerten Bauwerkes (Baugrube, Stützwand etc.), also in kN/lfd. m. Anschließend ist der Ankerabstand so zu wählen, dass der Nachweis der Tragfähigkeit und der Gebrauchstauglichkeit für den einzelnen Anker erfüllt werden. Dabei ist die Ankerlänge, der Neigungswinkel der Anker (in der Regel 15°–30°, wenn die örtlichen Verhältnisse keine stärkere Neigung erfordern) sowie die Querschnittsfläche des Stahlzuggliedes festzulegen. Da der Herausziehwiderstand im Allgemeinen nur abgeschätzt werden kann, sollten Anker so angeordnet werden, dass der Einbau von Zusatzankern möglich ist.

13.10.3 Nachweis der Tragfähigkeit

Eine ausreichende Tragfähigkeit eines Einzelankers ist gegeben, wenn nach DIN EN 1997-1 für den Grenzzustand GEO-2 folgende Bedingung erfüllt ist:

$$P_d \leq R_{a;d}$$

P_d Bemessungswert der resultierenden Beanspruchung, berechnet aus der ungünstigsten Kombination der vorhandenen Einwirkungen,

$R_{a;d}$ Bemessungswert des Ankerwiderstandes.

Die Berechnung des Bemessungswertes der Ankerbeanspruchung P_d erfolgt wie üblich durch Multiplikation der charakteristischen Beanspruchungen mit lastfallabhängigen Partialsicherheiten.

Der Bemessungswert $R_{a;d}$ des Ankerwiderstandes ergibt sich als Mindestwert der Bemessungswerte des Herausziehwiderstandes. Zusätzlich ist die Zugfestigkeit des Stahlzuggliedes nachzuweisen (Materialwiderstand). Diese werden durch Division der charakteristischen Widerstände $R_{a,k}$ und $R_{i,k}$ mit dem vom Widerstandstyp abhängigen, aber vom Lastfall unabhängigen Teilsicherheitsbeiwert $\gamma_a = 1{,}10$ (vgl. Tafel 13.22, Abschn. 13.6.4) oder $\gamma_M = 1{,}15$ ermittelt.

Zur Festlegung der für eine Ankerbemessung notwendigen Bemessungsgrößen wird die Einschaltung eines geotechnischen Sachverständigen empfohlen. Im Einzelnen sind drei Nachweise zu führen:

1) Überprüfung der gewählten Ankerlänge mit dem **Nachweis der Standsicherheit in der tiefen Gleitfuge** (Nachweis im Grenzzustand GEO-2)

Dieser Nachweis erfolgt bei einfacher Verankerung nach dem Verfahren von Kranz, wobei nach EAU E 10 in der Mitte der rechnerischen Krafteintragungsstrecke eine Ersatzwand angesetzt wird (s. Abb. 13.45). Der untere Ansatzpunkt der tiefen Gleitfläche entspricht dem Fußpunkt des Verbaus (bei freier Auflagerung) bzw. dem Querkraftnullpunkt (bei Einspannung).

Aus dem geschlossenen Krafteck nach Abb. 13.45 ergibt sich der charakteristische Wert des Ankerwiderstandes für ständige bzw. ständige und veränderliche Lasten. Hiermit ist nachzuweisen:

$$R_{A,d} = \frac{R_{A(G)}}{\gamma_{Ep}} \geq E_d = A_G \cdot \gamma_G \quad \text{(ständige Lasten)}$$

bzw.

$$R_{A,d} = \frac{R_{A(G+P)}}{\gamma_{Ep}} \geq E_d = A_G \cdot \gamma_G + A_P \cdot \gamma_Q$$
$$\text{(ständige und veränderliche Lasten)}$$

Bei mehrfacher Verankerung wird die Standsicherheit nach [14] bestimmt.

Bei Wänden mit erhöhtem aktiven Erddruck oder Ruhedruck ist der Bruchzustand des Bodens zugrunde zu legen, d. h. die Erddruckkräfte und Ankerkräfte sind bei dem Nachweis in der tiefen Gleitfuge aus dem Grenzzustand des aktiven Erddruckes zu ermitteln.

Ferner ist der Nachweis der Gesamtstandsicherheit für den Grenzzustand GEO-3 zu führen (vgl. Abschn. 13.11).

2) **Nachweis eines ausreichenden Widerstandes des Stahlzuggliedes** (Tragfähigkeitsverlust durch Bauteilversagen des Ankermaterials)

Nach DIN 1054 (12.10) erfolgt die Ermittlung des charakteristischen Stahlzuggliedwiderstandes über die Querschnittsfläche des Stahlzuggliedes (A_t) und die Spannung bei

Abb. 13.45 Nachweis in der tiefen Gleitfuge bei rückwärtigen Verankerungen

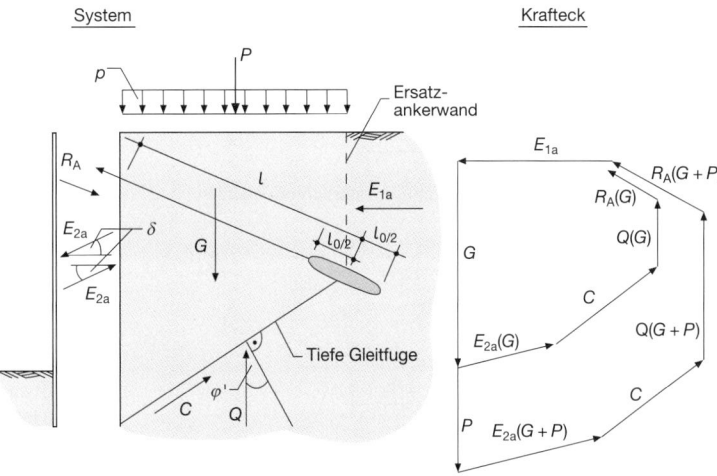

0,1 % bleibender Dehnung ($f_{t,0,1,k}$) im Stahl wie folgt:

$$R_{i,k} = A_t \cdot F_{t,0,1,k}.$$

Hieraus ist der Bemessungswert wie üblich durch Division des charakteristischen Wertes durch den Partialsicherheitsbeiwert von $\gamma_M = 1{,}15$ zu ermitteln und damit wie folgt nachzuweisen:

$$R_{i,d} = R_{i,k}/\gamma_M \geq P_d.$$

3) **Nachweis eines ausreichenden Herausziehwiderstandes aus Eignungsprüfungen** (Tragfähigkeitsverlust des Bodens in der Ankerumgebung)

Die Ermittlung des charakteristischen Herausziehwiderstandes soll nach DIN EN 1997-1 auf der Grundlage der Ergebnisse einer an mindestens drei Ankern durchgeführten **Eignungsprüfung** unter Aufsicht eines sachverständigen Institutes (Prüfstelle) erfolgen.

Die Prüfkraft wird in der Regel in Abhängigkeit vom in der Statik gewählten Erddruckansatz wie folgt festgelegt:

$$P_p = 1{,}10 \cdot P_d,$$

mit

P_d Bemessungswert der Ankerbeanspruchung.

Die Durchführung und Auswertung der Eignungsprüfungen ist in DIN EN 1537 und DIN SPEC 18537 festgelegt. Mit einer Eignungsprüfung werden folgende Größen ermittelt bzw. festgelegt:

Herausziehwiderstand $R_{a,k}$, Kriechmaß, freie Stahllänge, Festlegekraft.

Für eine Vorbemessung von Verpressankern können die in [1] enthaltenen Diagramme nach OSTERMAYER (nichtbindige Böden: Grenzlast, bindige Böden: Grenzmantelreibung) herangezogen werden.

Aus dem charakteristischen Wert ist der Bemessungswert wie üblich durch Division durch den entsprechenden Partialsicherheitsbeiwert (vgl. Tafel 13.22) zu ermitteln und damit

wie folgt nachzuweisen:

$$R_{a,d} = R_{a,k}/\gamma_a \geq P_d.$$

Der charakteristische Herausziehwiderstand ist diejenige Kraft, die im Zugversuch ein zeitabhängiges Kriechmaß $k_s \leq 2{,}0\,\text{mm}$ erzeugt.

Auf eine **Eignungsprüfung** darf bei Kurzzeitankern verzichtet werden, wenn eine solche schon in einem anderen vergleichbaren Baugrund ausgeführt worden ist. Ansonsten ist die Eignungsprüfung auf jeder Baustelle an mindestens drei Verpressankern dort auszuführen, wo die ungünstigsten Ergebnisse zu erwarten sind.

13.10.4 Nachweis der Gebrauchstauglichkeit

Die Gebrauchstauglichkeit eines Verpressankers wird mit der **Abnahmeprüfung** nachgewiesen. Jeder eingebaute Anker ist folglich dieser Prüfung zu unterziehen.

13.11 Baugruben

13.11.1 Abgrenzung, Anforderungen und Untersuchungen

Für die Sicherung von Baugruben und Gräben kommen grundsätzlich Böschungen und/oder Verbausysteme in Frage. Letztere müssen die aus dem Erd- und Wasserdruck resultierenden Biegebeanspruchungen aufnehmen und die Auflagerreaktionen zuverlässig in das angrenzende Erdreich ableiten.

Maßgebend für den Entwurf einer Baugrubensicherung sind im Wesentlichen die Platzverhältnisse, die Tiefe und Breite der Baugrube sowie die Boden- und Grundwasserverhältnisse. Häufig sind zusätzliche Entwurfskriterien zu

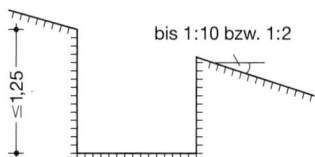

Abb. 13.46 Unverbauter Graben mit senkrechten Wänden

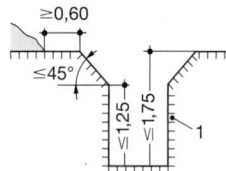

Abb. 13.47 Unverbauter Graben mit senkrechten Wänden und geböschten Kanten. *1* Mindestens steifiger bindender Boden

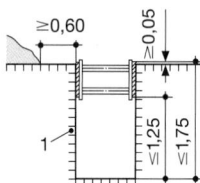

Abb. 13.48 Teilweise verbauter Graben. *1* Mindestens steifiger bindender Boden

beachten, wie benachbarte bauliche Einrichtungen, Möglichkeit einer temporären Wasserhaltung, Rückbau der Verbaukomponenten oder Einbindung des Verbaus in das herzustellende Bauwerk. Das Erkundungsprogramm mit direkten und indirekten Aufschlüssen ist auf die genannten Fragestellungen auszulegen und durch Laboruntersuchungen zu ergänzen.

DIN 4124 enthält allgemeine Hinweise zur Herstellung und Sicherung von Gräben und Baugruben. Die Bemessung erfolgt unter Anwendung des Partialsicherheitskonzeptes nach DIN EN 1997-1, insbesondere unter Beachtung der Empfehlungen des Arbeitskreises „Baugruben" (EAB) der DGGT.

Für einfache Fälle (Gräben, Baugruben mit relativ geringer Tiefe) sind entsprechend DIN 4124 folgende generellen Hinweise zu beachten:

In gemischtkörnigen und bindigen Böden bis zur Baugrubentiefe

$t < 1{,}25$ m ohne Verbau, falls die Neigung der anschließenden Geländeoberfläche bei gemischtkörnigen Böden $< 1 : 10$, bei bindigen Böden $< 1 : 2$ ist (vgl. Abb. 13.46).

$1{,}25 \leq t \leq 1{,}75$ abgeböschte oder teilweise gesicherte Gräben (vgl. Abb. 13.47 und 13.48).

$t > 1{,}75$ m geschlossener Verbau.

Als zulässige Böschungswinkel von maximal 5 m tiefen Baugruben können ohne rechnerische Nachweise der Standsicherheit bei homogenen Baugrundverhältnissen und bei der oben genannten begrenzten Geländeneigung sowie bei ei-

Tafel 13.53 Mindestabstand *a* in m von Verkehrslasten

	①	②	③	④
Nicht verbaute Wände	$\geq 1{,}0$	$\geq 2{,}0$	$\geq 1{,}0$	$\geq 2{,}0$
Waagerechter Normverbau	$\geq 0{,}6$	$\geq 1{,}0$	$\geq 0{,}6$	$\geq 1{,}0$
Senkrechter Normverbau	$\geq 0{,}6$	$\geq 0{,}6$	$\geq 0{,}0$	$\geq 1{,}0$

a lichter Abstand zwischen Böschungskante bzw. Hinterkante des Verbaus und Aufstandsfläche von
① nach StVZO allgemein zugelassenen Straßenfahrzeugen
② schweren Straßenfahrzeugen, z. B. Straßenrollern und Schwertransportfahrzeugen,
③ nach StVZO zugelassenen Baufahrzeugen sowie Baggern und Hebezeugen bis 12 t im Einsatz
④ von schweren Baufahrzeugen sowie Baggern und Hebezeugen von 12 bis 18 t im Einsatz

nem Mindestabstand der Verkehrslasten nach Tafel 13.53 folgende Werte angenommen werden, sofern kein Grund-/ Schichtwasser, keine zum Fließen neigenden Bodenschichten und keine ungünstig geneigten Bodenschichten anstehen:

a) nichtbindige oder weiche bindige Böden $\beta = 45°$
b) steife oder halbfeste bindige Böden $\beta = 60°$
c) Fels $\beta = 80°$.

Die angegebenen Winkel gelten als Richtwerte. Insbesondere bei Fels ist bei der Festlegung der Böschungswinkel die Raumstellung des Trennflächengefüges zu beachten.

Für Straßenfahrzeuge nach 1 und 2 ist kein Mindestabstand erforderlich, falls Maßnahmen nach DIN 4021, Ziffer 6 und 7, wie Verdoppelung der Bohlen und Verringerung der Stützweiten, getroffen werden.

Bei waagerechter Geländeoberfläche, nichtbindigem oder steifem bis halbfestem bindigem Boden, fehlenden Gebäudelasten und Regelabständen der Verkehrslasten nach Tafel 13.53 werden im Kanalgraben häufig Grabenverbaugeräte eingesetzt.

Diese bestehen aus mittig oder am Rand gestützten Verbauplatten (vgl. Abb. 13.49), die auch mit dem Aushub

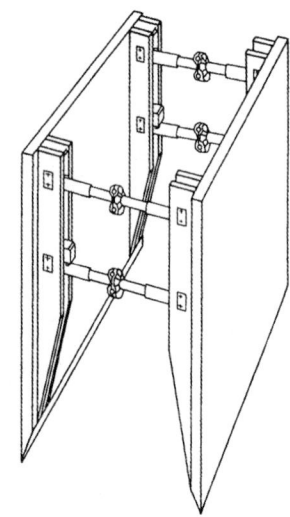

Abb. 13.49 Verbauplatte (Beispiel Randträger)

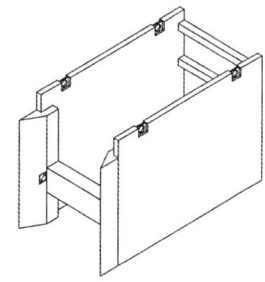

Abb. 13.50 Schleppbox

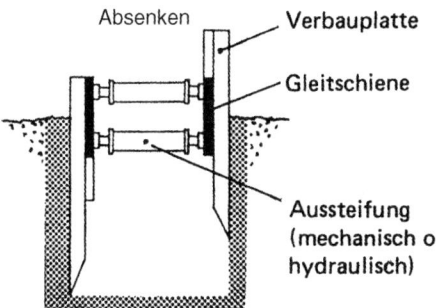

Abb. 13.51 Gleitschienenverbau (Prinzip)

fortschreitend waagerecht gezogen werden können (vgl. Abb. 13.50), aus Gleitschienensystemen (vgl. Abb. 13.51) oder aus Dielenkammersystemen (Gurtrahmen, die zur vertikalen Führung von Verbauprofilen dienen). In der Regel erfolgt die Bemessung und Auswahl eines geeigneten Systems herstellerseitig nach den anstehenden Baugrundverhältnissen.

Alternativen wie der Waagerechte und der Senkrechte Grabenverbau sind wegen der relativen hohen Lohnkostenanteile und der zunehmenden Mechanisierung der einzelnen Systeme etwas in den Hintergrund getreten.

Sofern die Abmessungen einer Baugrube, der erforderliche steifenfreie Raum, die Anforderungen an Wasserdichtheit oder geringe Verformungen, die ungünstigen Baugrundverhältnisse oder andere Gründe keine einfachen Systeme zulassen, kann eines der in Abb. 13.52 dargestellten Verbausysteme zur Anwendung kommen.

Die Verbausysteme sind in Abb. 13.52 unter dem Aspekt der Wasserdichtigkeit und der Biegesteifigkeit der Verbauwand gegliedert. Zu den wesentlichen Verbausystemen zählen danach Trägerverbauten mit Holz- und Spritzbetonaufachung (in seltenen Fällen auch mit Kanaldielen), Spundwände, Bohrpfahlwände (aufgelöst, tangierend oder überschnitten), Schlitzwände und eine Bodenvernagelung. Seltener in der Anwendung sind Elementwände, Injektionswände, Mixed-in-Place-Wände oder der Einsatz von Bodenvereisungsmaßnahmen.

Weitere allgemeine Regelungen enthält DIN 4124.

13.11.2 Bemessungsgrundlagen

Baugruben sind in der Regel der Geotechnischen Kategorie GK2, bei schwierigen Randbedingungen (z. B. mögliche Beeinflussung der Nachbarbebauung, schwierige Grundwasserverhältnisse, zeitabhängige Baugrundeigenschaften) auch der Kategorie GK3 zuzuordnen (s. Abschn. 13.2). Eine

Abb. 13.52 Überblick Verbausysteme für Baugruben

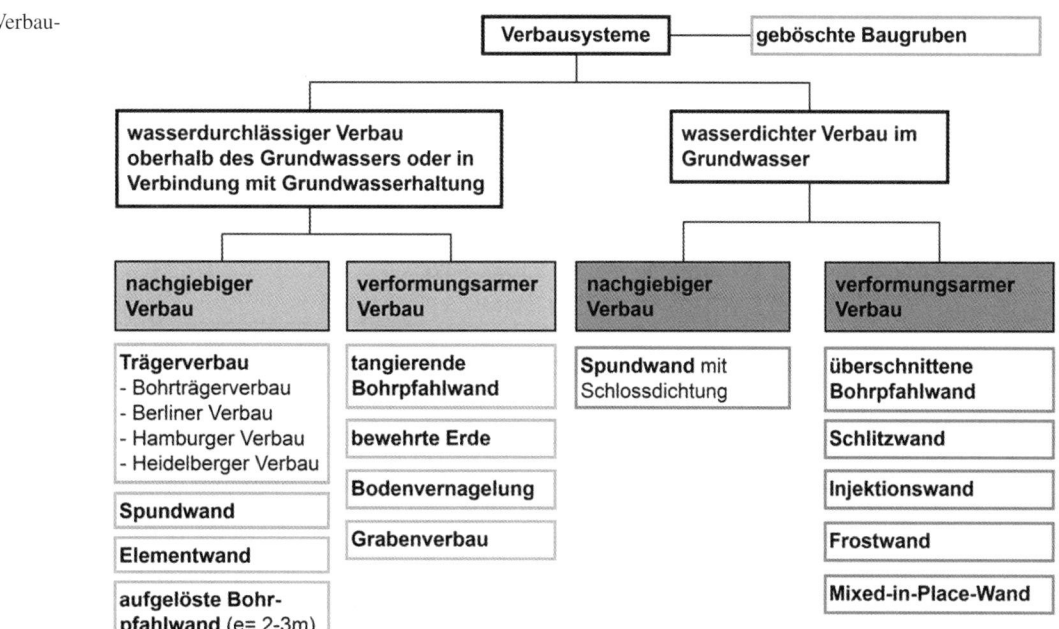

Abb. 13.53 Verbau, statisch bestimmte Systeme. **a** ungestützt, voll eingespannt, **b** einfach gestützt, frei aufgelagert

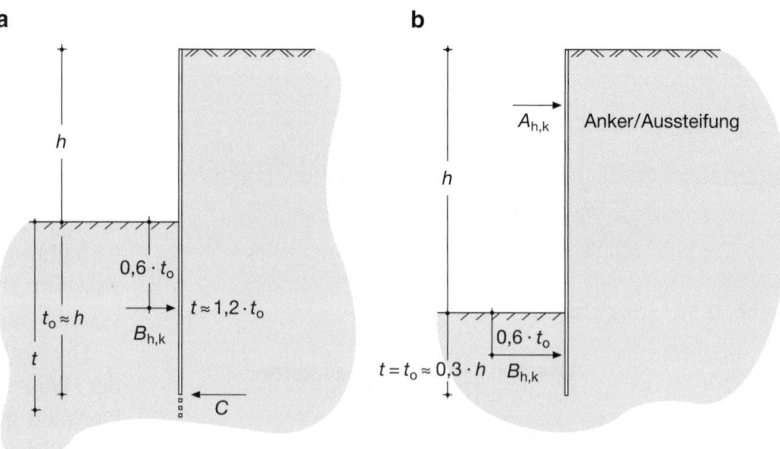

13.11.3 Statische Berechnung

Zuordnung zur Kategorie GK1 ist nur in besonders einfachen Fällen möglich (z. B. Baugrubentiefe höchstens 2,0 m, bei Verwendung von Verbausystemen oder Ausführung des Normverbaus für einen Grabenaushub).

Da es sich bei einer Baugrube um einen vorübergehenden Zustand handelt, ist in den meisten Fällen eine Bemessung unter Zugrundelegung der Bemessungssituation BS-T vorzunehmen. Lediglich für Aussteifungen und Verankerungen (im Vollaushub-Zustand) wird aus Sicherheitsgründen immer eine Bemessung unter Zugrundelegung der Bemessungssituation BS-P vorgeschrieben.

Für die Baugrubenbemessung ist die Größe der resultierenden Verbaubeanspruchung mit charakteristischen Werten zu ermitteln und dabei nach ständigen und veränderlichen Beanspruchungen zu unterscheiden. Alle Beanspruchungen sind einer dieser beiden Gruppen zuzuordnen, da für ständige und veränderliche Beanspruchungen unterschiedliche Teilsicherheitsbeiwerte gelten.

Die ausreichende Tragfähigkeit eines Verbaus und seiner Komponenten ist beim Sicherheitskonzept mit Teilsicherheitsbeiwerten für verschiedene Grenzzustände nachzuweisen. Für den Nachweis ausreichender Bauteilabmessungen (Einbindetiefe, Profilquerschnitt, Verankerungen/Aussteifungen und Gurtungen) ist der Grenzzustand **GEO-2 bzw. STR** zugrunde zu legen, für den Nachweis der Gesamtstandsicherheit der Grenzzustand **GEO-3** (vgl. Abschn. 13.12). Wird eine innerhalb der Baugrube betriebene Wasserhaltung oder eine Lösung nach dem Prinzip der Grundwasserabsperrung ausgeführt, so sind zusätzlich die Grenzzustände **HYD bzw. UPL** (Lagesicherheit) zu berücksichtigen.

Der Nachweis der Gebrauchstauglichkeit erfolgt – wie gewohnt – mit charakteristischen Werten, dabei häufig unter Einsatz numerischer Simulationsmodelle. Bei verformungsunempfindlichen Systemen erlaubt DIN EN 1997-1 auch eine vereinfachte Nachweisführung (vgl. Abschn. 13.11.5).

Für die statische Berechnung sind ein statisches System und eine Belastungsfigur zu wählen. Mit den damit ermittelten Auflagerkräften und Schnittgrößen (Charakteristische Werte) sind anschließend die verschiedenen Tragsicherheits- und ggf. Gebrauchstauglichkeitsnachweise zu führen.

13.11.3.1 Statisches System

Das statische System eines Baugrubenverbaus wird durch die Anzahl und Lage der im Aushubbereich angeordneten Steifen/Anker sowie die Einbindetiefe des Verbaus unterhalb der Baugrubensohle bestimmt. Ein ungestützter, im Boden voll eingespannter Verbau oder ein einfach gestützter, im Boden frei aufgelagerter Verbau können als statisch bestimmte Systeme betrachtet werden (vgl. Abb. 13.53).

In allen anderen Fällen (mehrfache Stützung im Aushubbereich/Volleinspannung und mindestens einfache Stützung im Aushubbereich) ist eine statisch unbestimmte Aufgabe zu lösen.

Zur Vorbemessung können für die Wahl des jeweils zutreffenden statischen Systems in erster Näherung die in Abb. 13.53 angegebenen Einbindetiefen angenommen werden. Bei einer oder mehreren im Aushubbereich angeordneten Stützen kann bereits dann im Baugrubensohlbereich von einer Volleinspannung ausgegangen werden, wenn die Einbindetiefe etwa der halben Baugrubentiefe ($t_0 \approx 0{,}5 \cdot h$) entspricht.

Die Auflager im Aushubbereich $A_{h,k,i}$ werden an der Stelle der jeweiligen Sicherungselemente (Anker/Steifen) angeordnet, das den Erdwiderstand idealisierende Auflager $B_{h,k}$ im Einbindebereich in der Regel bei 60 % der rechnerischen Einbindetiefe und die eine Volleinspannung ergänzende Auflagerkraft C am rechnerischen Fußpunkt der Wand. Tatsächliche und rechnerische Einbindetiefe unterscheiden sich bei

Abb. 13.54 Ermittlung der aktiven Erddrucklast bei teilweise bindigen Bodenschichten

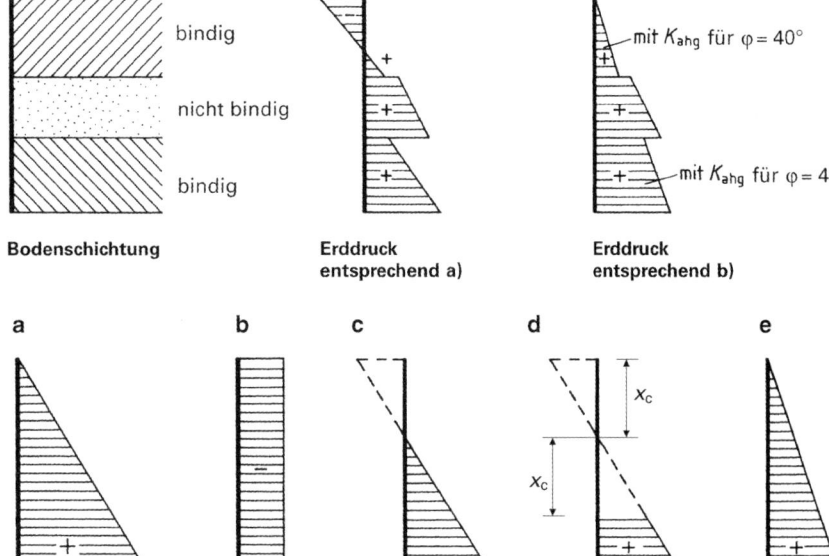

Abb. 13.55 Ermittlung der aktiven Erddrucklast bei durchgehend bindigem Boden.
a Erddruck aus Bodeneigengewicht,
b Erddruck infolge von Kohäsion,
c Erddrucklast bei nicht gestützten Baugrubenwänden,
d Erddrucklast bei gestützten Baugrubenwänden,
e Mindesterddrucklast

frei aufgelagerten Wänden nicht (in diesem Fall ist $C = 0$). Bei eingespannten Wänden ist zur Festlegung der tatsächlichen Einbindetiefe die rechnerische Einbindetiefe um ca. 20 % zu erhöhen. Näheres hierzu findet sich in der EAU.

13.11.3.2 Lastansätze (Einwirkungen)

Baugruben werden immer durch Erddruck (aus Eigengewicht und möglicherweise zusätzlich wirkende Verkehrs- oder Fundamentlasten) und ggf. zusätzlich durch Wasserdruck belastet. Die Größe und Verteilung des Erddruckes (aktiver, umgelagerter aktiver, erhöhter aktiver Erddruck oder Erdruhedruck) richten sich nach der Steifigkeit des Verbaus und der Lage und Anzahl der Anker/Steifen.

Bei Verbauarten, die nur oberhalb der Baugrubensohle eine flächige Sicherung aufweisen (insbesondere Trägerbohlwand, aufgelöste Bohrpfahlwand), endet der aktive Erddruck in Höhe der Baugrubensohle. Bei auch im Einbindebereich durchgehenden Verbausystemen (Spundwand, tangierende oder überschnittene Bohrpfahlwand, Schlitzwand) ist der Erddruck bis zum rechnerischen Fußpunkt des Verbaus anzusetzen.

Bei der Wahl der Lastfiguren sind die Empfehlungen der EAB zu beachten. Nachfolgend sind die wichtigsten Berechnungsansätze zusammengestellt.

Wahl der Bodenkenngrößen Das Baugrundmodell und die Bodenkennwerte sind auf der Basis der Erkundungsergebnisse (Feld- und Laborversuche) als Eingangsgrößen für die Ermittlung der Erddrücke und mögliche Bettungswerte festzulegen.

Kapillarkohäsion von Sandböden darf nur in Ausnahmefällen und bis $c' = 2\,kN/m^2$ berücksichtigt werden, sofern

sie nicht durch Austrocknung, Überfluten des Baugrundes (Ansteigen des Grundwassers oder Wasserzulauf von oben) während der Bauzeit verlorengehen kann.

Ansatz des Wandreibungswinkels [EB 4] Im Regelfall kann der Wandreibungswinkel auf der aktiven Seite mit $\delta_a = +2{,}3\varphi$, davon abweichend bei Schlitzwänden mit $\delta_a = +1/2\varphi$ angesetzt werden. Lässt sich $\sum V = 0$ nicht anders nachweisen, z. B. bei Hilfsbrücken und starker Neigung der Verankerung, so ist ein kleinerer, ggfs. auch negativer Wandreibungswinkel, höchstens jedoch $\delta_a = -2/3\varphi'$ bzw. $\delta_a = -1/2\varphi'$ bei Schlitzwänden anzunehmen.

Ansatz von Mindesterddruck bei Böden mit Kohäsion [EB 4] Bei durchgehend bindigen sowie bei wechselnden Bodenschichten ist die Erddrucklast a) mit den jeweils gewählten Scherfestigkeiten und b) mit den gewählten Scherfestigkeiten im Bereich der nichtbindigen und mit einem Mindesterddruckbeiwert (K_{agh} für $\varphi = 40°$) im Bereich der bindigen Schichten (Mindesterddruck s. Abb. 13.54 und 13.55) zu ermitteln. Der ungünstigste Lastansatz (größere Erddruckordinate) ist maßgebend.

Ansatz von erhöhtem Erddruck (EB 8) bei ausgesteiften Spund- und Trägerbohlwänden nur dann, wenn bei geringem Abstand der Unterstützung die Steifen der Spundwände mit mehr als 30 % und die Steifen der Trägerbohlwände mit mehr als 60 % vorgespannt werden. Bei ausgesteiften Ortbetonwänden ist generell erhöhter Erddruck anzusetzen.

Bei verankerten Baugruben richtet sich die Größe des Erddruckes danach, mit welcher Kraft die Anker festgelegt werden und in welchem Bodenhorizont die Verpresskörper

Abb. 13.56 Lastfiguren für gestützte Trägerbohlwände nach EB 69 (Auswahl).
a Stützung bei $h_k \leq 0.1 \cdot H$,
b Stützung bei $0.1 \cdot H < h_k \leq 0.2 \cdot H$,
c Stützung bei $0.2 \cdot H < h_k \leq 0.3 \cdot H$,
d mittlere Anordnung der Stützungen,
e tiefe Anordnung der Stützungen,
f dreimal gestützte Wand

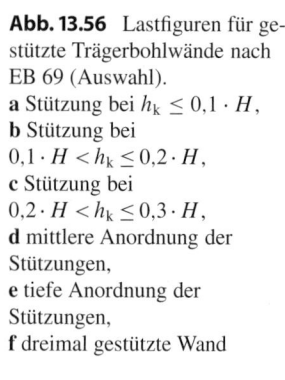

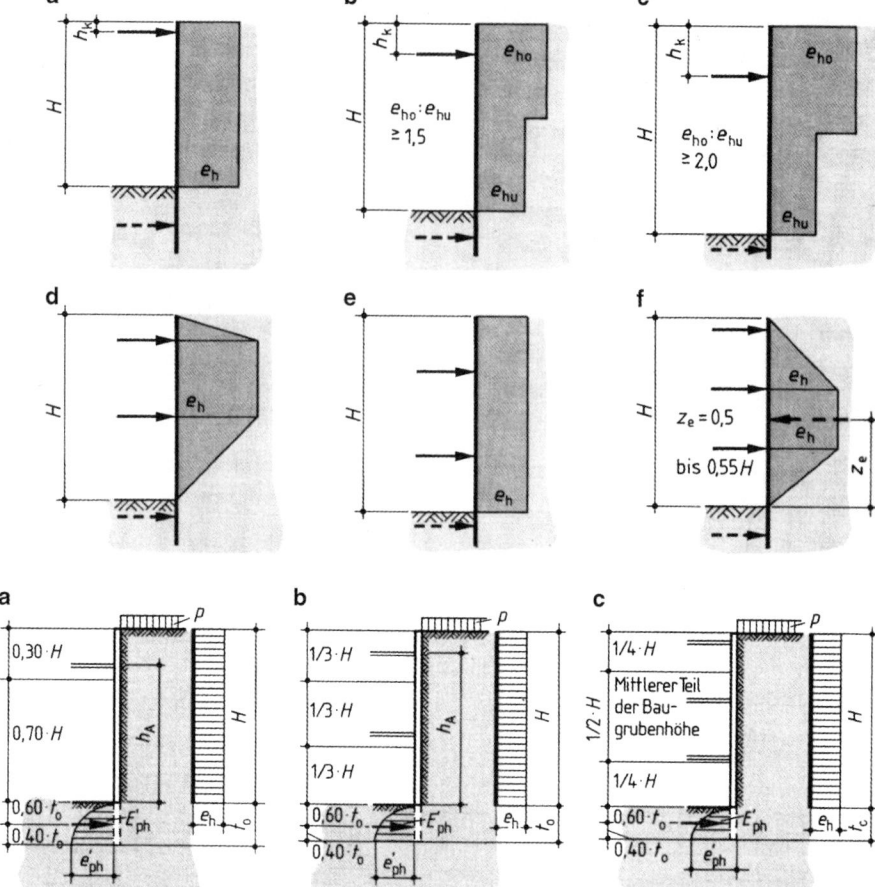

Abb. 13.57 Rechteckförmiger Erddruckansatz bei ausgesteiften Verbauwänden.
a Einmal ausgesteifte Wand,
b zweimal ausgesteifte Wand,
c dreimal ausgesteifte Wand

liegen (s. Abschn. 13.10). Auch bei geringem Abstand einer Baugrube zu bestehender Bebauung kann durch den Ansatz eines erhöhten aktiven Erddrucks ein „robusterer" Verbau und damit in der Konsequenz geringere Verformungsauswirkungen bewirkt werden (EB22).

Zutreffende Lastfiguren für gestützte Baugrubenwände nach EB 69 Wenn a) die Geländeoberfläche waagerecht, b) der Boden mindestens mitteldicht gelagert oder steife Konsistenz aufweist, c) die Steifen zumindestens kraftschlüssig verkeilt oder Verpressanker auf mindestens 80 % der für den nächsten Bauzustand errechneten Kraft vorgespannt werden und d) unter der einzubauenden Stutzung nicht tiefer als $1/3\,h$ der verbleibenden Restmächtigkeit h des Aushubs abgebaggert wird, können **bei Trägerbohlwänden** die in Abb. 13.56 dargestellten Lastfiguren verwendet werden.

Bei gestützten Spund- und Ortbetonwänden können für die Stützungsfälle a) bis c) von Abb. 13.56 die dort dargestellten Lastfiguren mit folgenden Änderungen verwendet werden:

Im Fall b) beträgt abweichend $e_{ho} : e_{hu} \geq 1.2$; im Fall c) $e_{ho} : e_{hu} \geq 1.5$.

Vereinfachte Lastfiguren für gestützte Baugrubenwände nach EB 13 und EB 17 Unter den bereits genannten Voraussetzungen kann als vereinfachte Belastung auch ein flächengleiches Rechteck mit $e_h = \sum E_{ah}/H$ angesetzt werden (Abb. 13.57).

Auflasten aus Linien- oder Streifenlasten sowie Wasserdruck dürfen nicht in das Lastbild für Bodeneigengewicht einbezogen, sondern müssen als zusätzliche Lastfiguren angesetzt werden. Die Eingruppierung in ständige oder veränderliche Einwirkungen ist dabei sinnvoll festzulegen.

Bei **ausgesteiften Wänden** ist der mit dem Ansatz des **vereinfachten Lastbildes** verbundene Fehler bei der Schnittkraftermittlung zu korrigieren, in dem die Stützenkräfte bspw. um den Faktor H/h_A erhöht und das Feldmoment um den Faktor h_A/H reduziert werden. Näheres findet sich in der EAB (EB 13 und EB 17).

Lastfiguren des Erdruhedruckes nach EAB (EB 23) Er ist dreieckförmig verteilt nach Abb. 13.58a anzusetzen. Falls sich die Wand bei mindestens zwei Abstützungen unten gegen das Erdreich stützt, darf die Ruhedruckspannung von der untersten Abstützung ab als konstant angesehen werden (s. Abb. 13.58b).

Abb. 13.58 Lastbilder für Spund- und Ortbetonwände bei Ansatz des Erdruhedruckes (EB 22).
a Erddruckverteilung bei unnachgiebiger Stützung des Wandfußes,
b Erddruckverteilung bei nachgiebiger Stützung des Wandfußes

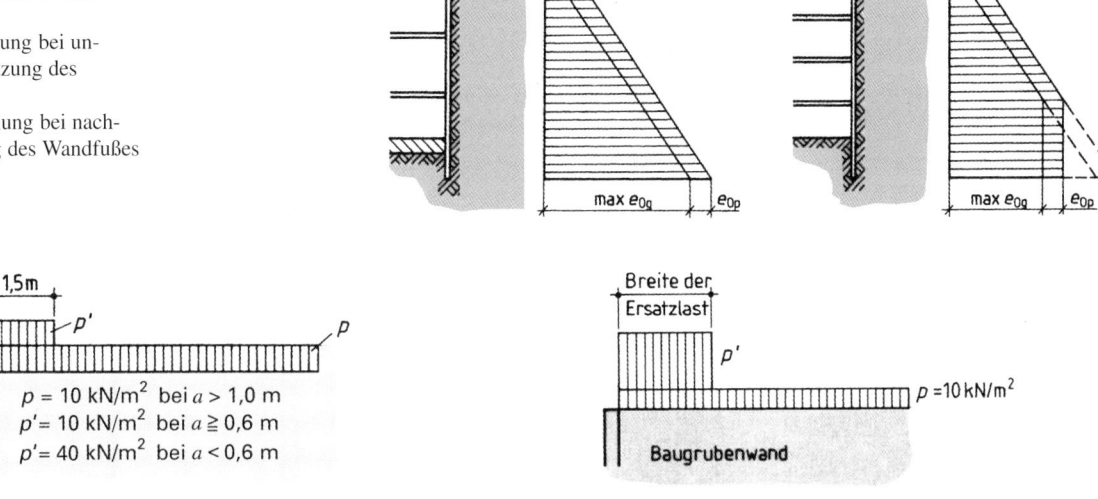

Abb. 13.59 Ersatzlast für Straßenverkehr

$p = 10\,\text{kN/m}^2$ bei $a > 1,0$ m
$p' = 10\,\text{kN/m}^2$ bei $a \geq 0,6$ m
$p' = 40\,\text{kN/m}^2$ bei $a < 0,6$ m

Abb. 13.60 Ersatzlast für Bagger und Hebezeuge

Ansatz von Nutzlasten in Form von Ersatzlasten

a) bei Straßenverkehr (EB 55) nach Abb. 13.59

Voraussetzung für den Ansatz der Ersatzlasten

a) bei Straßenverkehr gemäß Abb. 13.59: Fahrbahndecke $d > 15$ cm sowie Achslasten im zulässigen Bereich der Straßenverkehrszulassungsordnung.

Wird gegen die Baugrubenwand ein Schrammbord abgestützt, so ist darauf ein waagerechter Seitenstoß nach DIN FB 101 anzusetzen.

b) bei Schienenverkehr (EB 55)

Die Nutz- und Ersatzlasten sind nach den Vorschriften der jeweiligen Verkehrsbetriebe anzusetzen. Bei Straßenbahnen genügt eine unbegrenzte Flächenlast $p = 10\,\text{kN/m}^2$ entsprechend Abb. 13.59, wenn der Abstand zwischen Schwellenenden und Baugrubenwand $\geq 0,6$ m beträgt. Gegebenenfalls sind Fliehkräfte und Seitenstoß zu berücksichtigen.

c) bei Baustellenverkehr (EB 56)

Für Lasten im Rahmen der Straßenverkehrszulassung gilt Abb. 13.59 auch dann, wenn ein Straßenbelag fehlt.

d) bei Stapellasten (EB 56)

wird eine unbegrenzte Flächenlast $p = 10\,\text{kN/m}^2$, wie in Abb. 13.59 dargestellt, angesetzt.

e) bei Bagger und Hebezeugen (EB 57)

(a) Wenn die folgenden Abstände eingehalten werden, genügt der Ansatz einer unbegrenzten Flächenlast von $10\,\text{kN/m}^2$

1,5 m bei $G = 10$ t
2,5 m bei $G = 30$ t
3,5 m bei $G = 50$ t
4,5 m bei $G = 70$ t

(b) Sonst sind Ersatzlasten nach Abb. 13.60 in Verbindung mit Tafel 13.54 anzusetzen.

Tafel 13.54 Größe und Breite der Streifenlast p' in Abb. 13.60 in Abhängigkeit vom Gesamtgewicht G

Gesamtgewicht des Gerätes	Zusätzliche Streifenlast p'		Breite der Streifenlast p'
	Kein Abstand	Abstand 0,60 m	
10 t	$50\,\text{kN/m}^2$	$20\,\text{kN/m}^2$	1,50 m
30 t	$110\,\text{kN/m}^2$	$40\,\text{kN/m}^2$	2,00 m
50 t	$140\,\text{kN/m}^2$	$50\,\text{kN/m}^2$	2,50 m
70 t	$150\,\text{kN/m}^2$	$60\,\text{kN/m}^2$	3,00 m

Verteilung des aktiven Erddrucks aus Nutzlast (vgl. Abb. 13.61 und 13.62).

Lastfiguren des Wasserdrucks Ergeben sich außerhalb und innerhalb einer Baugrube unterschiedliche Grundwasserstände (z. B. wegen einer Grundwasserabsenkung), so darf die eintretende Umströmung der Verbauwand in einfachen Fällen durch den auf der sicheren Seite liegenden Ansatz des resultierenden **hydrostatischen Wasserdrucks** vereinfacht werden. Der Einfluss der Strömung auf den **Erddruck** (Erhöhung des aktiven, Reduzierung des passiven Erddrucks) ist allerdings in jedem Falle im Ansatz der Einwirkungen mit zu berücksichtigen, indem die Wichte des Bodens unter Auftrieb um die volumenbezogene Strömungskraft $i \cdot \gamma_W$ erhöht (aktive Seite) bzw. reduziert (passive Seite) wird. Hierbei ist der jeweilige Potentialabbau entlang der Verbauwand möglichst genau zu ermitteln. Ein linearer Abbau stellt immer nur eine grobe Näherungslösung dar.

Bei stark schwankendem Grundwasserspiegel ist der Wasserdruck aus niedrigstem Wasserspiegel als ständige Einwirkung zu behandeln, der darüber hinausgehende Wasserdruck bei höheren Wasserspiegeln als veränderliche Einwirkung.

Abb. 13.61 Ansatz des Erddruckes aus Nutzlasten bei nicht gestützten Wänden.
a Streifenlast bis zur Wand,
b Streifenlast mit Abstand von der Wand,
c Linienlast

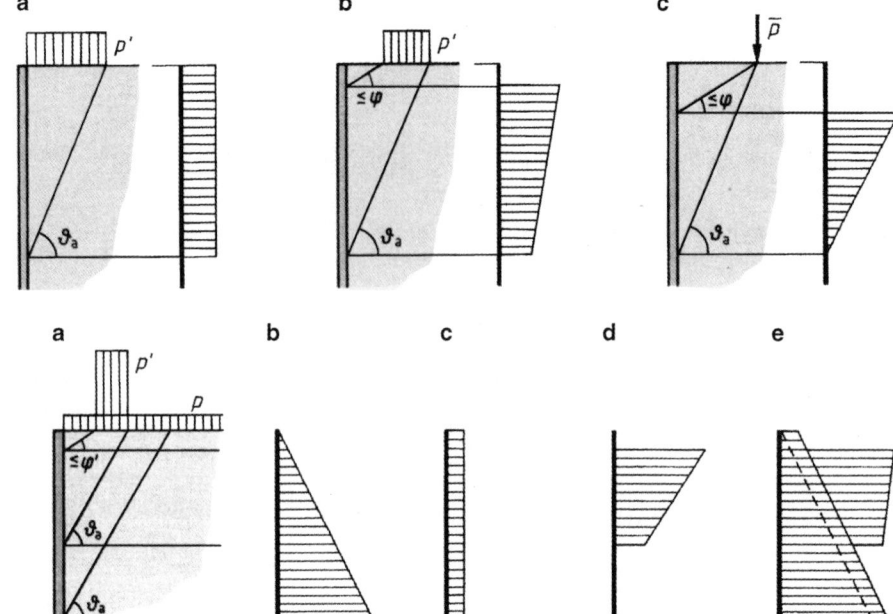

Abb. 13.62 Verteilung des Erddruckes auf eine nicht gestützte, im Boden eingespannte Baugrubenwand in nichtbindigem Boden bei Annahme von Gleitflächen unter dem Winkel ϑ_a (Beispiel).
a Belastung,
b Bodeneigenlast,
c Flächenlast p,
d Streifenlast p',
e Überlagerung

13.11.3.3 Widerstände

Die bei einem Baugrubenverbau anzusetzenden Widerstände entsprechen neben dem eigentlichen Materialwiderstand des Verbauprofiles den in der statischen Berechnung angenommenen Auflagern. Demzufolge wird zwischen dem Erdwiderstand im Einbindebereich des Verbaus und den so genannten Bauteilwiderständen (Anker, Steifen, Gurtung etc.) unterschieden.

Erdwiderstand Der unterhalb der Baugrubensohle wirkende Erdwiderstand ist bei durchgehend wandartigen Verbausystemen (Spundwand, tangierende oder überschnittene Bohrpfähle, Schlitzwand) als linienförmiger Widerstand in [kN/lfdm], bei nur oberhalb der Baugrubensohle wandartigen Systemen (Trägerbohlwand, aufgelöste Bohrpfahlwand) als räumlicher Widerstand in [kN] zu berücksichtigen. Entsprechend Abb. 13.53 wird die Resultierende des Erdwiderstandes in der Regel bei 60 % der rechnerischen Einbindetiefe, seltener im Drittelspunkt der Einbindetiefe (lineare Erddruckverteilung) angesetzt.

Da die volle Mobilisierung des Erdwiderstandes erst bei relativ großen horizontalen Verbaubewegungen eintritt, die möglicherweise die für die Gebrauchstauglichkeit des Verbaus zulässige Größe überschreiten, ist eine Reduzierung des charakteristischen Erdwiderstandes durch Berücksichtigung eines so genannten Anpassungsfaktors $\eta < 1$ erlaubt, der sinnvoll festzulegen ist.

Bei einer durch eine Wasserhaltung bedingten Umströmung des Verbaus ist der charakteristische Erdwiderstand unter Ansatz der maßgebenden Wichte ($\gamma' - i \cdot \gamma_w$) zu ermitteln.

Ansatz des Erdwiderstandes bei Trägerbohlwänden Bei einer Trägerbohlwand ist zunächst nachzuweisen, dass „der

hinter" dem Bohlträger auftretende räumliche Erdwiderstand vom angrenzenden Baugrund aufgenommen werden kann. Zur Veranschaulichung werden die nach DIN 1054 gültigen Fälle erläutert. Hierbei werden unterschieden:

a) **Falls die Wirkungen des Erdwiderstandes sich nicht überschneiden**, ist

$$E_{ph,k} = E_{pgh} + E_{pch} \quad \text{[kN]}$$

$$E_{pgh} = \frac{1}{2}\gamma \cdot \omega_R \cdot t_1^3 \quad \text{für Reibungsböden}$$

$$E_{pch} = 2 \cdot c \cdot \omega_k \cdot t_1^2 \quad \text{für Kohäsionsböden}$$

ω_R, ω_k aus Abb. 13.63 mit geschätzten Eingangswerten b_t/t_1 sowie mit φ.

b) **Falls die Wirkungen des Erdwiderstandes vor benachbarten Bohlträgern sich überschneiden**, gilt

$$E_{Ph,k}^* = \frac{1}{2} \cdot \gamma \cdot \omega_{ph} \cdot a_t \cdot t_1^2 \quad \text{[kN]}$$

mit

$$\omega_{ph} = \frac{b_t}{a_t} k_{ph}(\delta_p \neq 0) + \frac{a_t - b_t}{a_t} k_{ph}(\delta_p = 0)$$
$$+ \frac{4 \cdot c}{\gamma \cdot t_1}\sqrt{k_{ph}(\delta_p \neq 0)}$$

a_t Bohlträgerabstand

t_1 geschätzte rechnerische Einbindetiefe unter Baugrubensohle ($t_1 = t_0$, vgl. Abschn. 13.11.3.4)

b_t Bohlträgerbreite.

Bei Böden mit $\varphi \leq 30°$ ist $\delta_p = -(\varphi - 2{,}5°)$, mit $\varphi \geq 30°$ ist $\delta_p = -27{,}5°$ unter Verwendung von Erdwiderstandsbeiwerten nach dem Gleitschema von *Streck* (Tafel 13.55) anzusetzen.

Abb. 13.63 Erdwiderstands-
beiwerte ω_R und ω_K für
Einzelbruchfiguren nach *Weißenbach*; für φ-Werte $< 30°$ siehe
Weißenbach [3]

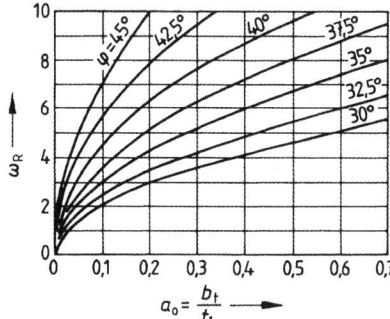
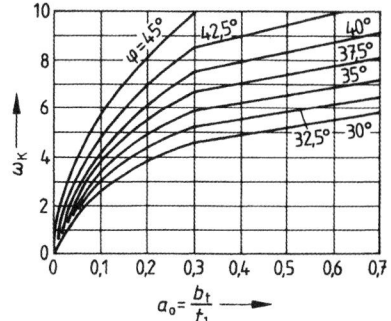

Tafel 13.55 Erdwiderstands-
beiwerte K_{ph} nach dem
Gleitschema von Streck

δ_p	φ											
	15°	17,5°	20°	22,5°	25°	27,5°	30°	32,5°	35°	37,5°	40°	42,5°
0°	1,70	1,86	2,04	2,24	2,46	2,72	3,00	3,32	3,69	4,11	4,60	5,16
−2,5°	1,79	1,95	2,17	2,39	2,63	2,90	3,23	3,60	4,00	4,48	5,04	5,69
−5°	1,87	2,05	2,28	2,51	2,79	3,08	3,45	3,86	4,31	4,85	5,48	6,22
−7,5°	1,94	2,14	2,38	2,64	2,94	3,26	3,66	4,11	4,61	5,22	5,92	6,75
−10°	2,01	2,22	2,48	2,75	3,08	3,43	3,87	4,35	4,91	5,59	6,36	7,28
−12,5°	2,11	2,30	2,58	2,87	3,22	3,60	4,07	4,59	5,21	5,95	6,80	7,82
−15°		2,38	2,67	2,98	3,35	3,76	4,27	4,83	5,50	6,31	7,24	8,38
−17,5°			2,77	3,09	3,48	3,92	4,46	5,07	5,80	6,67	7,69	8,95
−20°				3,23	3,62	4,08	4,66	5,31	6,10	7,03	8,15	9,53
−22,5°					3,81	4,27	4,86	5,56	6,41	7,41	8,62	10,10
−25°						4,51	5,11	5,84	6,72	7,82	9,12	10,70
−27,5°							5,46	6,15	7,12	8,27	9,64	11,40

Hinweis: Wenn im Grenzzustand eine überwiegend parallele Verschiebung erwartet wird, sind Erdwider-
standsbeiwerte K_{pt} bei Translation zu verwenden, s. [2], Teil 1.

Für die weitere Berechnung mit den nach a) und b) berechneten ideellen Erdwiderständen ist der kleinste Wert
maßgebend.

Darüber hinaus muss nachgewiesen werden, dass der bei
der Berechnung der Trägerbohlwände unterhalb der Baugrubensohle vernachlässigte Erddruck zusammen mit der
Auflagerkraft aus dem Bohlträger von dem gesamten zur
Verfügung stehenden Erdwiderstand aufgenommen wird.
Für diesen Nachweis ist unterhalb der Baugrubensohle eine
durchgehende Wand anzunehmen (vgl. Abschn. 13.11.4).

**Ansatz des Erdwiderstandes bei Spund- und Ortbeton-
wänden** Die Berechnung des charakteristischen Erdwiderstandes erfolgt hier konventionell unter Annahme einer linearen Verteilung der Erddruckspannungen. Hierbei gilt:

a) **Bei im Boden frei aufgelagerten Spund- und Pfahlwänden (EB 13)** kann, falls die Bedingung $V = 0$
   dies zulässt, der Wandreibungswinkel bei gekrümmten
   Gleitflächen mit $\delta_p = -\varphi$ angesetzt werden. Im Falle
   von Schlitzwänden sind die Wandreibungswinkel bei gekrümmten Gleitflächen auf $\delta_p = -1/2\varphi$ herabzusetzen.

b) **Bei Fußeinspannung von Spund- und Ortbetonwänden (EB 26)** Die rechnerische Einbindetiefe t_0 ist zur

Aufnahme der Ersatzkraft C um $\Delta t = 0{,}2 t_0$ zu vergrößern (vgl. Abb. 13.53a).

Bauteilwiderstände Die Bauteilwiderstände (Materialwiderstände) entsprechen dem Verbauprofil sowie den zusätzlichen Auflager- oder Lastverteilkomponenten des Verbaus.
Hierzu zählen die Anker, die Aussteifungen und die Gurtung
sowie die Ausfachung bei Trägerbohl- und aufgelösten Bohr-
pfahlwänden.

Der jeweilige Materialwiderstand ist als charakteristischer Wert in Abhängigkeit von der jeweiligen Beanspruchung zu ermitteln (z. B. Steifenbemessung auf Knicken,
Verbau- (Träger und Ausfachung) und Gurtungsbemessung
auf Biegung und Normalkraft) und damit kein geotechni-
sches, sondern ein konstruktives Problem. Lediglich für das
Materialversagen eines Verpressankers (Versagen des Stahlzuggliedes) ist der entsprechende Nachweis in DIN 1054
(10.12) geregelt.

Die Materialwiderstände von Bohlträgern und U-Trägern
bzw. deren Ausfachung finden sich in den Sachgebieten
Stahlbau und Holzbau (Kap. 10 und 11). Die Querschnittswerte häufig verwendeter Spundwandprofile und Kanaldielen sind in den Tafeln 13.56 bis 13.61 zusammengestellt.

Tafel 13.56 Tafel- und Leichtprofile, Kanaldielen der Hoesch-Hüttenwerke AG

Profil	Profilbreite b	Wandhöhe h	Rückendicke t	Stegdicke s	Eigenlast		Widerstands-moment W_y
	mm	mm	mm	mm	kg/m Einzelbohle	kg/m² Wand	cm³/m Wand
Hoesch							
Leichtprofil HL 3/6	700	148	6	6	46	**66**	**410**
Leichtprofil HL 3/8	700	150	8	8	61,5	88	540
Kanaldiele HKD VI/6	600	78	6	6	37,5	62	182
Kanaldiele HKD VI/8	600	80	8	8	50	**83**	242
Tafelprofil HT 45			4,5	4,5	45	**45**	**159**
Tafelprofil HT 50			5	5	50	**50**	**175**
Tafelprofil HT 60	1000	90	6	6	60	**60**	**208**
Tafelprofil HT 70			7	7	70	**70**	**240**

Tafel 13.57 Spundwandnormalprofile System Larssen und Hoesch, Union-Flachprofile

Profil	Widerstands-moment W_y	Eigenlast		Profilbreite b	Wandhöhe h	Rückendicke t	Stegdicke s
	cm³/m Wand	kg/m² Wand	kg/m Einzelbohle	mm	mm	mm	mm
Larssen							
22	**1250**	**122**	61	500	340	10	9
23	**2000**	**155**	77,5		420	11,5	10
24	**2500**	**175**	87,5		420	15,6	10
24/12	**2550**	**185**	92,7		420	15,6	12
25	**3040**	**206**	103		420	20	11,5
43	**1660**	**166**	83	500	420	12	12
430[a]	**6450**	**235**[b]	83	708	750	12	12
600	**510**	**94**	56,4	600	150	9,5	9,5
600 K	**540**	**99**	59,4		150	10	10
601	**745**	**77**	46,3		310	7,5	6,4
602	**830**	**89**	53,4		310	8,2	8
603	**1200**	**108**	64,8		310	9,7	8,2
603 K	**1240**	**113**	68,1		310	10	9
604	**1620**	**124**	74,5		380	10,5	9
605	**2020**	**139**	83,5		420	12,5	9
605 K	**2030**	**144**	86,7		420	12,5	10
606	**2500**	**157**	94,4		435	15,6	9,2
606 K	**2540**	**162**	97,5		435	15,6	10
607	**3200**	**191**	114,4		435	21,5	9,8
607 K	**3220**	**192**	115,2		435	21,5	10
703	**1210**	**96,5**	67,5	700	400	9,5	8
703 K	**1300**	**103**	72,1		400	10	9
Hoesch							
1200	**1140**	**107**	61,5	575	260	9,5	9,5
1700	**1720**	**116**	66,7		350	10	9
1700 K	**1700**	**117**	67,3		350	9,5	9,5
2500	**2480**	**152**	87,4		350	12,5	9,5
2500 K	**2540**	**155**	89,1		350	12,8	10
3600	**3580**	**192**	110,4		415	16	12
Union-Flachprofile							
FL 511	**500**	**88**	11	–	67,5	**135**	90
FL 512[a]			12	–	70,5	**141**	90
FL 512,7[a]			12,7	–	72,5	**145**	90

[a] Stahlsorte für kaltgeformte Spundbohlen nach DIN EN 10249-1.
[b] Stahlsorte für warmgewalzte Spundbohlen nach DIN EN 10248-1.

Tafel 13.58 U-Profile, ARBED, Vertrieb Krupp GfT

Profil	b E-Bohle	h Wand	t_1 Rücken	t_1 Steg	Umfang	Stahlquer-schnitt	Gewicht		Widerstands-moment	Trägheits-moment	Trägheitsradius $i = \sqrt{\frac{I}{F}}$
	mm	mm	mm	mm	cm je m Wand	cm² je m Wand	kg je m EB	kg je m² EB	cm³ je m Wand	cm⁴ je m Wand	cm
PU 6	600	226	7,5	6,4	237	97	45,6	76	600	6780	8,37
PU 8	600	280	8,0	8,0	250	116	54,5	91	830	11.620	10,02
PU 12	600	360	9,8	9,0	264	140	66,1	110	1200	21.600	12,41
PU 16	600	380	12,0	9,0	275	159	74,7	124	1600	30.400	13,85
PU 20	600	430	12,4	10,0	291	179	84,3	140	2000	43.000	15,50
PU 25	600	452	14,2	10,0	303	199	93,6	156	2500	56.490	16,86
PU 32	600	452	19,5	11,0	303	242	114,1	190	3200	72.320	17,28
L 2 S	500	340	12,3	9,0	292	177	69,7	139	1600	27.200	12,38
L 3 S	500	400	14,1	10,0	304	201	78,9	158	2000	40.010	14,11
L 4 S	500	440	15,5	10,0	322	219	86,2	172	2500	55.010	15,83
JSP 2	400	200	10,5	–	277	153	48,0	120	874	8740	7,56
JSP 3	400	250	13,0	–	298	191	60,0	150	1340	16.800	9,38

Tafel 13.59 AZ-Profile, ARBED, Vertrieb Krupp GfT

Profil	b E-Bohle	h Wand	t_1 Rücken	t_1 Steg	Umfang	Stahlquer-schnitt	Gewicht		Widerstands-moment	Trägheits-moment	Trägheitsradius $i = \sqrt{\frac{I}{F}}$
	mm	mm	mm	mm	cm je m Wand	cm² je m Wand	kg je m EB	kg je m² EB	cm³ je m Wand	cm⁴ je m Wand	cm
AZ 13	670	303	9,5	9,5	245	137	72,0	107	1300	19.700	11,99
AZ 18	630	380	9,5	9,5	270	150	74,4	118	1800	34.200	15,07
AZ 26	630	427	13,0	12,2	282	198	97,8	155	2600	55.510	16,75
AZ 36	630	460	18,0	14,0	293	247	122,2	194	3600	82.800	18,30
AZ 48	580	482	19,0	15,0	326	307	139,6	241	4800	115.670	19,43

Tafel 13.60 Leichtprofile Krupp

Profil	b E-Bohle	h Wand	t_1 Rücken	t_1 Steg	Umfang	Stahlquer-schnitt	Gewicht		Widerstands-moment	Trägheits-moment	Trägheitsradius $i = \sqrt{\frac{I}{F}}$
	mm	mm	mm	mm	cm je m Wand	cm² je m Wand	kg je m EB	kg je m² EB	cm³ je m Wand	cm⁴ je m Wand	cm
KL 3/6	700	148	6,0	6,0	243	84,0	46,2	66	410	3080	5,90
KL 3/8	700	150	8,0	8,0	243	111,9	61,5	88	540	4050	6,00

Tafel 13.61 Kanaldielen Krupp

KD VI/6	600	80	6,0	6,0	250	80,0	37,5	62	182	726	3,02
KD VI/8	600	80	8,0	8,0	250	106,0	50,0	83	242	968	3,02

13.11.3.4 Prinzip der statischen Berechnung

Die statische Berechnung eines Baugrubenverbaus dient als Grundlage für die Nachweise ausreichender Bauteilabmessungen der Verbaukomponenten. Da für diese Nachweise der Grenzzustand GEO-2 bzw. STR maßgebend ist, muss die statische Berechnung unter Ansatz der charakteristischen Einwirkungen geführt werden, d. h. die mit der Berechnung ermittelten Auflagerkräfte und Schnittgrößen stellen ebenfalls charakteristische Größen (Beanspruchungen) dar.

Abbildung 13.64 zeigt exemplarisch die statisch bestimmten Systeme und die charakteristischen Einwirkungen für eine Spundwand, Abb. 13.65 die entsprechenden Verhältnisse für eine Trägerbohlwand.

Aufgrund der unterschiedlichen Ausführung sind dabei für die Spundwandberechnung die Belastungsfiguren aus den charakteristischen Einwirkungen bis zum rechnerischen Fußpunkt ($h + t_0$) anzusetzen. Für die Trägerbohlwandberechnung sind zunächst nur die Einwirkungen bis zur Baugrubensohle (h) anzusetzen. Die Betrachtung der Verhältnisse unterhalb der Baugrubensohle erfolgt hier zusätzlich in einem gesonderten Nachweis (vgl. Abschn. 13.11.4).

Abb. 13.64 Statisch bestimmte
Systeme-Spundwand.
a Ungestützt, voll eingespannt,
b gestützt, frei aufgelagert

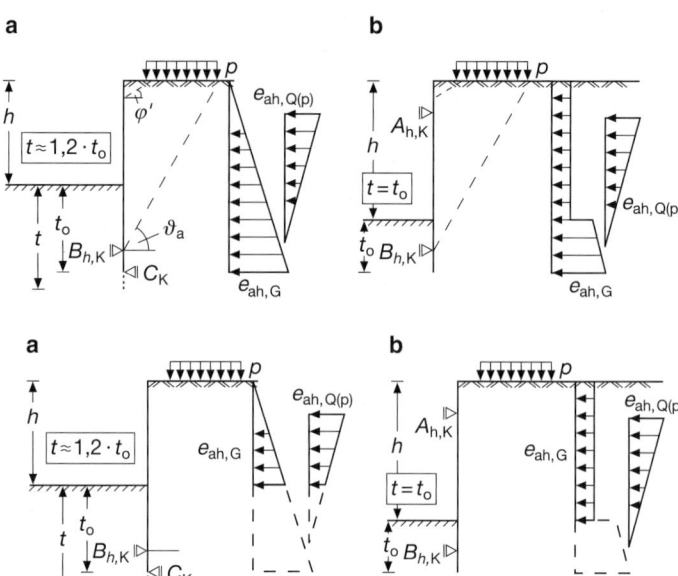

Abb. 13.65 Statisch bestimmte
Systeme-Trägerbohlwand.
a Ungestützt, voll eingespannt,
b gestützt, frei aufgelagert

Die statische Berechnung liefert die jeweiligen Auflager-kräfte getrennt für ständige (G) und veränderliche (Q) Ein-wirkungen, d. h. $A_{h,k,G}$, $B_{h,k,G}$, $C_{k,G}$ bzw. $A_{h,k,Q}$ $B_{h,k,Q}$, $C_{k,Q}$. Diese Auflagerkräfte stellen die charakteristischen Bean-spruchungen der sie jeweils idealisierenden Bauteile dar. Mit den so ermittelten Auflagerkräften sind anschließend die er-forderlichen Tragsicherheitsnachweise für diese Bauteile zu führen (vgl. Abschn. 13.11.4).

Die Festlegung und Optimierung der erforderlichen Ein-bindetiefe erfolgt entweder durch iterative Vorgabe und Überprüfung durch den Nachweis der Einbindetiefe oder durch direkte Optimierung, indem man die Größe t_0 in der Statik und dem anschließenden Tragsicherheitsnachweis als Unbekannte mitnimmt und abschließend danach auflöst.

13.11.4 Nachweise der Tragfähigkeit

Nach DIN EN 1997-1 sind für Baugrubenverbauten folgende Tragfähigkeitsnachweise zu führen:

Für den Grenzzustand GEO-2
- Gegen Versagen des Erdwiderlagers (Versagen durch Dre-hung)
- Gegen Versinken von Bauteilen (Versagen durch Vertikal-bewegung)
- Gegen Materialversagen von Bauteilen (STR)
- Gegen Aufbruch des Verankerungsbodens (bei Ankerta-feln oder -wänden)
- Gegen Versagen der Lastübertragung (bei Verpressan-kern)
- Gegen Versagen in der tiefen Gleitfuge (generell bei Ver-ankerungen).

Für den Grenzzustand GEO-3
- Nachweis der Gesamtstandsicherheit.

Für den Grenzzustand der Lagesicherheit
- Gegen hydraulischen Grundbruch (bei umströmtem Ver-bau – HYD)
- Gegen Aufschwimmen (bei Baugruben mit Grundwasser-absperrung – UPL).

Darüber hinaus ist nachzuweisen, dass der für die Berech-nung des Erdwiderstandes angenommene Wandreibungswin-kel mobilisiert werden kann.

Die genannten Nachweise werden nachfolgend im Detail erläutert.

13.11.4.1 Nachweis gegen Versagen des Erdwiderlagers (Drehung)

Mit dem Nachweis eines ausreichenden Erdwiderstandes wird die Einbindetiefe des Verbaus festgelegt.

Für auch **unterhalb der Baugrubensohle wandartig durchgehende Verbauarten** (Spundwand, tangierende oder überschnittene Bohrpfahlwand, Schlitzwand) erfolgt dieser Nachweis für den zweidimensionalen Fall [kN/m] wie folgt:

$$B_{h,d} = B_{h,k,G} \cdot \gamma_G + B_{h,k,Q} \cdot \gamma_Q \leq E_{ph,d} = \eta \cdot E_{ph,k} / \gamma_{R,e}.$$

$B_{h,d}$ Bemessungswert der resultierenden Beanspru-chung, berechnet aus der ungünstigsten Kombi-nation der vorhandenen ständigen und veränder-lichen Einwirkungen,

$E_{ph,d}$ Bemessungswert des Erdwiderstandes, ggf. um den Faktor η reduziert,

$\gamma_G, \gamma_Q \gamma_{R,e}$ Partialsicherheitsbeiwerte für die Situation BS-T nach den Tafeln 13.21 und 13.22.

Die Berechnung des Bemessungswertes der Beanspruchung $B_{h,d}$ erfolgt wie üblich durch Multiplikation der charakteristischen Beanspruchungen aus ständigen und veränderlichen Einwirkungen mit den für die Situation BS-T maßgebenden Partialsicherheiten.

Der Bemessungswert $E_{ph,d}$ des Erdwiderstandes ergibt sich durch Division des charakteristischen Widerstandes mit dem zugehörigen Teilsicherheitsbeiwert.

Für **nur oberhalb der Baugrubensohle flächig ausgefachte Verbauarten** (Trägerbohlwand, aufgelöste Bohrpfahlwand) sind folgende beiden Nachweise zu führen:

a) Nachweis am Einzelträger als Einzellast [kN]

$$B_{h,d} = B_{h,k,G} \cdot \gamma_G + B_{h,k,Q} \cdot \gamma_Q \le E_{ph,d} = E_{ph}/\gamma_{R,e}.$$

$B_{h,d}$ Bemessungswert der resultierenden Beanspruchung am Einzelträger (Bohlträger oder Bohrpfahl), also unter Berücksichtigung des Trägerabstandes,

$E_{ph,d}$ Bemessungswert des Erdwiderstandes hinter dem Einzelträger, berechnet aus dem Minimum der unter Verwendung von Abb. 13.63 bzw. Tafel 13.55 ermittelten charakteristischen Einzelwerte (vgl. Abschn. 13.11.3.3),

$\gamma_G, \gamma_Q, \gamma_{R,e}$ Partialsicherheitsbeiwerte für die Situation BS-T nach den Tafeln 13.21 und 13.22.

b) Nachweis an einer durchgehend angenommenen Wand als Linienlast [kN/m]

Dieser Nachweis entspricht dem früheren Nachweis des Differenzerddruckes:

$$B_{h,l,d} = (B_{h,k,l,G} + \Delta E_{ah,l,G}) \cdot \gamma_G + (B_{h,k,l,Q} + \Delta E_{ah,l,Q}) \cdot \gamma_Q$$
$$\le E_{ph,l,d} = E_{ph,l}/\gamma_{R,e}.$$

$B_{h,k,l}$ Charakteristischer Wert der in der statischen Berechnung in kN/m ermittelten Auflagerkraft,

$\Delta E_{ah,l}$ Charakteristischer Wert des unterhalb der Baugrubensohle vorhandenen aktiven Erddruckes in kN/m (vgl. gestrichelt dargestellter Bereich in Abb. 13.65),

$E_{ph,l}$ Charakteristischer Wert des im Einbindebereich linienförmig mobilisierbaren Erdwiderstandes in kN/m,

$\gamma_G, \gamma_Q, \gamma_{R,e}$ Partialsicherheitsbeiwerte für die Situation BS-T nach den Tafeln 13.21 und 13.22.

Die **für alle Verbauarten** zusätzlich erforderliche, oben genannte Überprüfung des für die Ermittlung des Erdwiderstandes angenommenen Wandreibungswinkels erfolgt für ein Linienbauwerk mit charakteristischen Werten wie folgt (vgl. Abb. 13.66):

$$V_k = \sum_i V_{ki} = P_k + \sum_i E_{ah,ki} \cdot \tan \delta_{ai} + \sum_i A_{v,ki}$$
$$\ge B_{v,k} = \sum_i B_{h,ki} \cdot \tan \delta_p$$

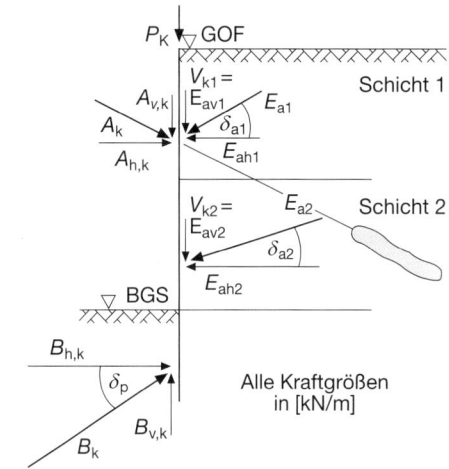

Abb. 13.66 Nachweis des für den passiven Erddruck angenommenen Wandreibungswinkels

P_k ggfs. vorhandene Vertikallast aus Auflast,

$E_{ah,ki} \cdot \tan \delta_{ai}$ Vertikalkomponenten der aktiven Erddruckkräfte, bei Trägerbohlwanden nur oberhalb der Baugrubensohle,

$A_{v,ki}$ Vertikalkomponenten von geneigten Verpressankern.

Gelingt der vorstehende Nachweis nicht, so ist für die Ermittlung des Erdwiderstandes ein passender (geringerer) Wandreibungswinkel anzunehmen.

13.11.4.2 Nachweis gegen Versinken der Wand (Vertikalbewegung)

Mit diesem Nachweis wird gewährleistet, dass die an einem Verbau angreifenden Vertikallasten zuverlässig in den im Einbindebereich anstehenden Baugrund eingeleitet werden können.

Eine ausreichende Sicherheit gegen Versinken ist nachgewiesen, wenn gilt (vgl. Abb. 13.67):

$$V_d = (G + P_G + A_{v,G} + E_{av,G}) \cdot \gamma_G$$
$$+ (P_Q + A_{v,Q} + E_{av,Q}) \cdot \gamma_Q$$
$$\le R_d = R_k/\gamma_t.$$

R_k Charakteristischer Wert des vertikalen Widerstandes (Mantelreibung und Spitzendruck) im Bereich der Einbindetiefe, in der Regel

$$R_k = q_{s,k} \cdot A_s + q_{b,k} \cdot A_b$$

$\gamma_G, \gamma_Q, \gamma_t$ Partialsicherheitsbeiwerte für die Situation BS-T nach den Tafeln 13.21 und 13.22.

13.11.4.3 Nachweis gegen Materialversagen von Bauteilen

Mit diesem Nachweis wird gewährleistet, dass sowohl der Verbau selbst als auch die in der statischen Berechnung durch Auflager idealisierten Bauteile die auftretenden Be-

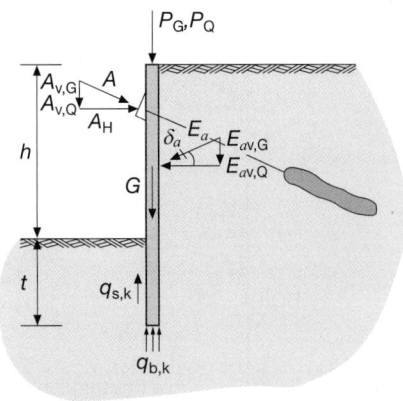

Abb. 13.67 Nachweis gegen Versinken der Wand

anspruchungen aufnehmen können. Der Nachweis erfolgt entsprechend den jeweiligen Bauartnormen durch Erfüllung der Ungleichung:

$$R_{M,d} = R_{M,k}/\gamma_M \geq E_d.$$

Die von der Beanspruchung abhängigen Nachweise sind keine geotechnischen Nachweise und können den für die verschiedenen Bauarten maßgebenden Abschnitten der Bautechnischen Zahlentafeln entnommen werden. Darin sind auch jeweils die bauartspezifischen Partialsicherheitsbeiwerte $\gamma_{M'}$ enthalten. Abschnitt 13.11.3.3 enthält die Querschnittswerte von Spundwandprofilen und Kanaldielen. Zur Bemessung von Verpressankern siehe Abschn. 13.10.

Hinsichtlich ihrer Beanspruchung ist in der Regel folgende Bemessung maßgebend:

Verbauprofil Bemessung auf Biegung (und Normalkraft)
Ausfachung Bemessung auf Biegung
Verpressanker Bemessung auf Normalkraft
Aussteifungen Bemessung auf Knicken
Gurtungen Bemessung auf Biegung und Normalkraft.

13.11.4.4 Nachweis gegen Aufbruch des Verankerungsbodens (Ankerplatten oder -wände)

Dieser Nachweis gewährleistet, dass vorgespannte Ankerplatten oder Ankertafeln den vor ihnen befindlichen Boden nicht aus dem Erdreich hinausschieben. Eine ausreichende Sicherheit ist gegeben, wenn folgende Ungleichung erfüllt wird (vgl. Abb. 13.68):

$$A_{h,k,G} \cdot \gamma_G + A_{h,k,Q} \cdot \gamma_Q + E_{ah,d} \leq E_{ph,d} = E_{ph,k}/\gamma_{R,e}.$$

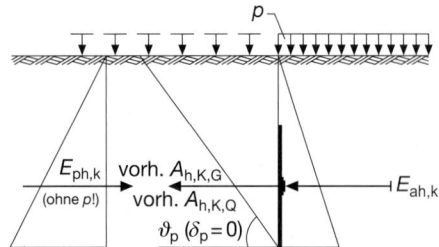

Abb. 13.68 Standsicherheitsnachweis bei Ankertafeln

γ_G, γ_Q, $\gamma_{R,e}$ Partialsicherheitsbeiwerte für den Lastfall 2 nach den Tafeln 13.21 und 13.22.

Bei Ankerwänden ist zusätzlich der Nachweis in der tiefen Gleitfuge zu führen.

13.11.4.5 Nachweis gegen Versagen einer Verankerung mit Verpressankern

Die bei Verpressankern zu führenden Nachweise konzentrieren sich auf

- Nachweis des Stahlzuggliedes,
- Nachweis gegen Herausziehen des Ankers entlang des Verpresskörpers,
- Nachweis in der tiefen Gleitfuge (siehe Abschn. 13.10.3).

13.11.4.6 Nachweis der Gesamtstandsicherheit (GEO-3)

Der Nachweis einer ausreichenden Standsicherheit des Gesamtsystems ist in Abschn. 13.12 behandelt.

13.11.4.7 Nachweis gegen hydraulischen Grundbruch (HYD)

Mit diesem Nachweis wird gewährleistet, dass bei einem wasserdichten Verbausystem durch eine infolge Wasserhaltung auf der Baugrubenseite von unten nach oben gerichtete Strömung kein Grundbruch auftritt. Da es sich bei diesem Nachweis um einen Lagesicherheitsnachweis handelt, werden abweichend von den übrigen Tragfähigkeitsnachweisen nur stabilisierende und destabilisierende Einwirkungen miteinander verglichen.

Eine ausreichende Sicherheit gegen hydraulischen Grundbruch ist nachgewiesen, wenn folgende Ungleichung erfüllt ist (vgl. Abb. 13.69):

$$G_k' \cdot \gamma_{G,stb} \geq S_k' \cdot \gamma_H$$

G_k' Wichte des betrachteten Bodenkörpers unter Auftrieb,

S_k' Strömungskraft ($i \cdot \gamma_W \cdot V$) innerhalb des betrachteten Bodenkörpers,

$\gamma_{G,stb}$, γ_H Partialsicherheitsbeiwerte für den Lastfall 2 nach den Tafeln 13.21 und 13.22.

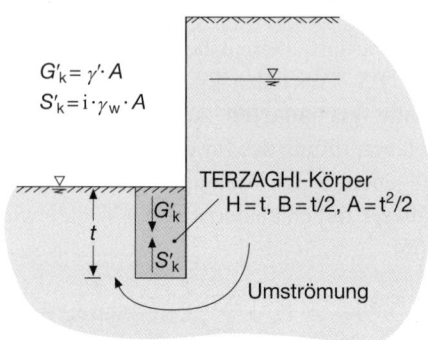

Abb. 13.69 Nachweis gegen hydraulischen Grundbruch

Tafel 13.62 Sicherungsmaßnahmen neben Bauwerken nach Weißenbach (Auszug)

	Zustand des Bauwerkes	Starke Vorspannung der Steifen	Anordnung einer Schlitz- oder Bohrpfahlwand	Unterfangung des Bauwerkes
	Bauwerke in gutem baulichem Zustand	$60° < \vartheta_F < 75°$	$\vartheta_F > 75°$	
	Bauwerke setzungsempfindlich oder in schlechtem baulichem Zustand	$45° < \vartheta_F < 60°$	$60° < \vartheta_F < 75°$	$\vartheta_F > 75°$

Die Strömungskraft ist in der Regel durch eine Auswertung eines Strömungsnetzes zu ermitteln. Für den dazugehörigen Partialsicherheitsbeiwert γ_H wird nach günstigem (Kies, Kiessand, mindestens mitteldicht gelagerter Sand, mindestens steifer bindiger Boden) und ungünstigem (locker gelagerter Sand, Feinsand, Schluff, weicher bindiger Boden) Baugrund unterschieden.

13.11.4.8 Nachweis gegen Aufschwimmen (UPL)

Dieser Nachweis gewährleistet, dass bei ins Grundwasser reichenden, aber vollständig (Verbauwände und Sohle) wasserdichten Verbausystemen ein Aufschwimmen der Gesamtkonstruktion verhindert wird. Da es sich um einen ähnlichen Fall wie bei einem wasserdichten Gründungskörper handelt, sind die Nachweise der Lagesicherheit entsprechend Abschn. 13.7.4.4 zu führen.

13.11.5 Nachweis der Gebrauchstauglichkeit

Die Notwendigkeit des Nachweises der Gebrauchstauglichkeit ist von verschiedenen Faktoren und Randbedingungen abhängig. Grundsätzlich sind diese Nachweise zu führen, wenn

- der Baugrube benachbarte Gebäude, Leitungen, bauliche Anlagen oder Verkehrsflächen durch Setzungen, Verschiebungen und Verkantungen gefährdet sein könnten,
- die Baugrube mit einem höheren als dem aktiven Erddruck bemessen wird.

Darüber hinaus wird nicht nur bei besonders sensiblen Verhältnissen (z. B. Baugruben in weichen bindigen Böden) die Anwendung der Beobachtungsmethode empfohlen.

Die an einem Baugrubenverbau auftretenden Verschiebungen sind von der Steifigkeit des Verbaus abhängig und damit insbesondere mit dem gewählten Belastungsansatz gekoppelt. Aus einer Forderung kleiner Verformungen ergeben sich daher auch Auswirkungen auf den Lastansatz. Damit beeinflussen sich der Nachweis der Tragsicherheit und der Nachweis der Gebrauchstauglichkeit gegenseitig.

Vor diesem Hintergrund wird in DIN EN 1997-1 eine vereinfachte Verfahrensweise für den Gebrauchstauglichkeitsnachweis empfohlen. Diese besagt, dass bei Baugruben in tragfähigen Böden (mindestens mitteldichte Lagerung bzw. steife Konsistenz) auf einen gesonderten Nachweis der Ge-

brauchstauglichkeit verzichtet werden kann, wenn die oben genannten Tragsicherheitsnachweise auch unter der Annahme der Partialsicherheitsbeiwerte für die Situation BS-P gelingen und ansonsten keine erhöhten Ansprüche an zulässige Verformungen gestellt werden.

13.11.6 Baugruben neben Bauwerken

Soll eine Baugrube im Einflussbereich eines bestehenden Bauwerkes ausgehoben werden, so sind die Auswirkungen der Baugrube auf die Standsicherheit und Gebrauchsfähigkeit des Bauwerkes zu untersuchen. Tafel 13.62 gibt Hinweise für den generellen Entwurf.

13.11.6.1 Berechnung der Baugrubenumschließung mit erhöhtem aktivem Erddruck (EB 22)

Nicht gestützte, im Boden eingespannte Wände sind im Ausstrahlungsbereich von Fundamenten nicht zulässig. Für gestützte oder verankerte Wände ist in der Regel ein erhöhter aktiver Erddruck wie folgt anzusetzen:

1. **Bei großem Abstand der Bebauung** (s. Abb. 13.70a) ist im Allgemeinen der Mittelwert $E_h = 0{,}50 \cdot (E_{oh} + E_{ah})$ ausreichend.
   In einfachen Fällen genügt $E_h = 0{,}25 E_{oh} + 0{,}75 E_{ah}$.
   In schwierigen Fällen ist $E_h = 0{,}75 E_{oh} + 0{,}25 E_{ah}$ anzusetzen.
2. **Bei kleinem Abstand der Bebauung** (s. Abb. 13.70b) gilt:
   a) $E_h = 0{,}25 E_{ogh} + 0{,}75 E_{ah} + E_{ap'h}$ in einfachen Fällen
   b) $E_h = 0{,}50 E_{ogh} + 0{,}50 E_{ah} + E_{ap'h}$ im Normalfall
   c) $E_h = 0{,}75 E_{ogh} + 0{,}25 E_{ah} + E_{ap'h}$ in schwierigen Fällen.
   Bezüglich der Ermittlung der aktiven Erddrucklast s. Abb. 13.71 und 13.72, der Erdruhedrucklast E_{ogh} s. Abb. 13.58.
3. Es kann angenommen werden, dass in ähnlicher Weise eine Erddruckumlagerung auftritt wie beim aktiven Erddruck. Der Bemessungserddruck darf daher ebenfalls in eine einfache Lastfigur umgewandelt werden, deren Knickpunkte oder Lastsprünge im Bereich der Auflagerpunkte liegen.
4. Zum Einfluss von Flächenlasten, zur Berechnung mit Erdruhedruck und Erfordernis zusätzlicher Nachweise s. EB 22 und EB 23 der EAB.

13

Abb. 13.70 Abstand zwischen Baugrubenwand und Bebauung.
a Großer Abstand der Bebauung,
b kleiner Abstand der Bebauung

Abb. 13.71 Verteilung eines erhöhten aktiven Erddruckes unter Berücksichtigung einer Bauwerkslast **bei großem Abstand** zwischen Baugrubenwand und Bauwerk (Beispiel für eine im Boden frei aufgelagerte Trägerbohlwand).
a Baugrube, Bauwerk und Lastausbreitung,
b aktiver Erddruck aus Bodeneigengewicht, Nutzlast und Bauwerkslast,
c Erdruhedruck aus Bodeneigengewicht, Nutzlast und Bauwerkslast,
d Erddruckverteilung bei Vorspannung aller Stützungen,
e Erddruckverteilung bei Vorspannung der beiden unteren Stützungen

Abb. 13.72 Verteilung des aktiven Erddruckes unter Berücksichtigung des Einflusses einer Bauwerkslast **bei geringem Abstand** zwischen Baugrubenwand und Bauwerk (Beispiel für eine im Boden frei aufgelagerte Spundwand oder Ortbetonwand).
a Baugrube, Bauwerk und Lastausbreitung,
b nicht umgelagerter Erddruck aus Bodeneigengewicht und Nutzlast,
c Erddruck aus der Bauwerkslast als Rechteck,
d Gesamterddruck in einer Lastfigur mit Lastsprung,
e Gesamterddruck in einer Lastfigur ohne Lastsprung

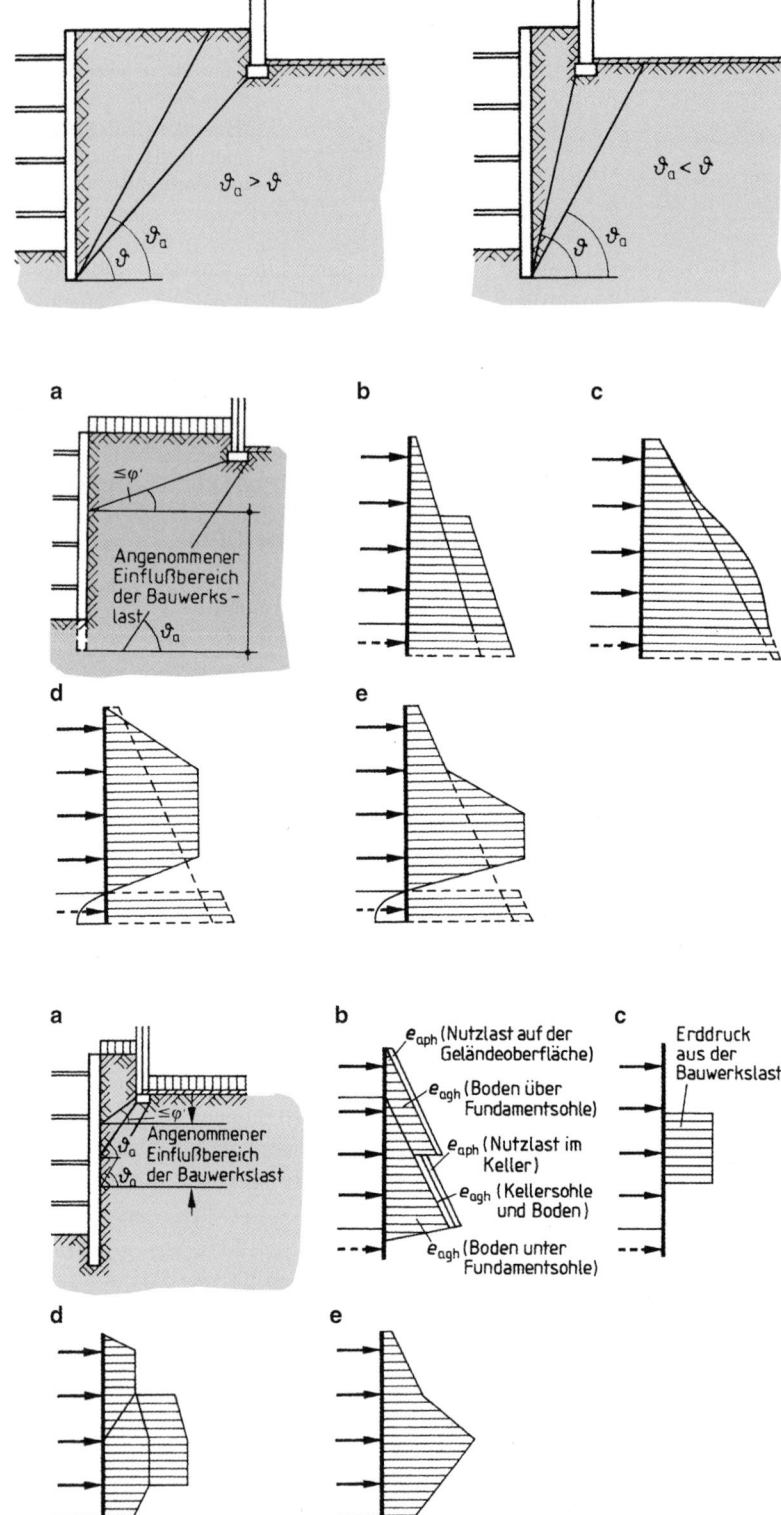

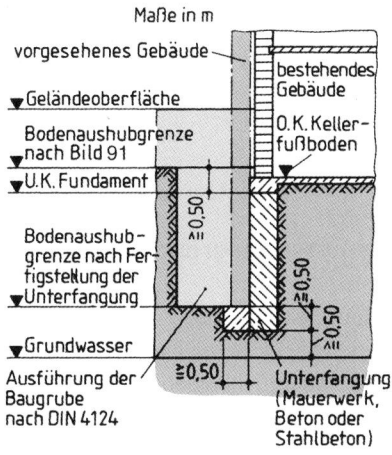

Abb. 13.73   Unterfangung

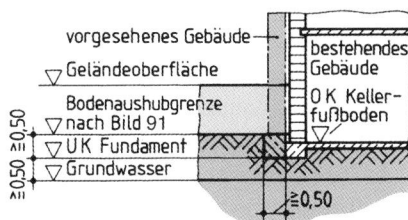

Abb. 13.74   Ausschachtung: Aushubgrenzen nach DIN 4123

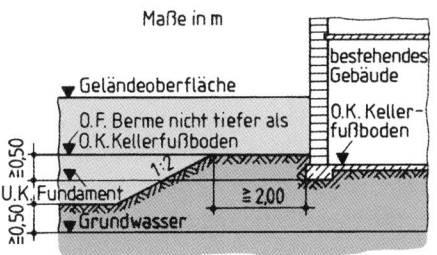

Abb. 13.75   Aushubabschnitte nach DIN 4123

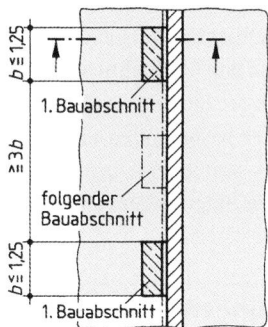

Abb. 13.76   Bodenaushubgrenzen

13.11.6.2 Gebäudesicherungen im Bereich von Ausschachtungen, Gründungen und Unterfangungen nach DIN 4123

Als „Unterfangung" wird das Umsetzen der Fundamentlast eines flach gegründeten Gebäudes von der bisherigen Gründungsebene auf ein neues Fundament in einer tieferen Gründungsebene verstanden (Abb. 13.73). Als „Ausschachtung" wir der Bodenaushub (wegen geplanter Gründung oder Unterfangung) neben einem bestehenden Gebäude verstanden, wenn dieser auszuhebende Boden als Auflast die Standsicherheit des bestehenden Gebäudes begünstigt, z. B. beim Nachweis von Grundbruch- oder Geländebruchsicherheit (Abb. 13.74). Im Vorfeld einer solchen Maßnahme ist der Baugrund bis an bestehende Fundamente durch schmale Schürfgruben – u. a. auch hinsichtlich Grund- und Schichtenwasserführung – zu erkunden. Ferner sind Art, Abmessung, Zustand und Gründungstiefe der bestehenden Fundamente zu klären und die von diesen eingeleiteten Kräfte, besonders waagerechte Kräfte festzustellen.

Ausschachtungen und Gründungsarbeiten neben bestehenden Gebäuden sowie Unterfangungen von Gebäudeteilen erfordern eine gründliche und sorgfältige Planung, Vorbereitung und Ausführung. Deshalb dürfen nur solche Fachleute und Unternehmen diese Arbeiten planen und ausführen, die über die notwendigen Kenntnisse und Erfahrungen verfügen und eine einwandfreie Ausführung sicherstellen. Vor Baubeginn werden Beweissicherungsverfahren empfohlen. Besonders bei ungenügendem Verbund von Wänden sind Sicherungsmaßnahmen erforderlich.

Abb. 13.75 und 13.76 dokumentieren die nach DIN 4123 bei einer Unterfangung einzuhaltenden Aushubgrenzen und Randbedingunge in Zwischenbauzuständen; hinzuweisen ist insbesondere auf die max. $b = 1{,}25\,\mathrm{m}$ breiten Stichgräben, die in einem minimalen Abstand $\geq 3b$ zeitgleich geöffnet werden dürfen. Abschnitte mit hoher Belastung (z. B. Querwände, Gebäudeecken) sollten zuerst unterfangen werden. Kraftschluss z. B. durch großflächige Stahldoppelkeile, hydraulische Anpressung und dgl. Die neuen Fundamente sind gleichzeitig mit der Unterfangung herzustellen.

Für **Zwischenbauzustände** sind bei Einhaltung der Ausführungsbedingungen (Aushubgrenzen, Aushubabschnitte, Unterfangung) nach DIN 4123 keine besonderen Nachweise für die Standsicherheit zu führen.

Für den **Endzustand** müssen für den Unterfangungskörper alle nach DIN EN 1997-1 erforderlichen Tragsicherheitsnachweise (Nachweis gegen Kippen, Gleiten, Grundbruch, Geländebruch, bei rückverankerten Unterfangungskörpern Sicherheit gegen Versagen in der tiefen Gleitfuge, Nachweis gegen Materialversagen des Unterfangungskörpers) geführt werden. Entscheidend ist insbesondere im Hinblick auf die Kipp- und Gleitsicherheit die rechnerische Berücksichtigung der Horizontallasten, infolge Erddruck aus Bodeneigengewicht und Bauwerkslasten und infolge von Auflasten aus dem zu unterfangenden Objekt. Hinsichtlich der Kippsicherheit muss das rückhaltende Moment aus der Auflast der

Unterfangung das antreibende Moment aus Erddruck kompensieren können. Besondere Vorsicht ist daher bei der Unterfangung von „leichten" Objekten (kleine Gebäude, Garagen, freistehende Wände) geboten, da hier das rückhaltende Moment klein ist. Auf den Unterfangungskörper darf, sofern keine Maßnahmen zur Verformungsbeschränkung (z. B. Anker) vorgesehen sind, grundsätzlich der aktive Erddruck angesetzt werden; der Ansatz des erhöhten aktiven Erddrucks führt als Ergebnis der Bemessung zu einer robusteren Unterfangungskonstruktion und damit in der Konsequenz zu einer Verformungsbeschränkung; dies hilft, Schäden am zu unterfangenden Objekt zu vermeiden.

Die Nachweise und Maßnahmen nach DIN 4123 schließen auch bei sorgfältiger Planung und Ausführung geringfügige Verformungen der bestehenden Gebäudeteile im Allgemeinen nicht aus. Als weitgehend unvermeidbar gelten Haarrisse und Setzungen der unterfangenen Gebäudeteile bis 5 mm.

13.12 Böschungen, Dämme und Stützbauwerke

13.12.1 Abgrenzung, Anforderungen und Untersuchungen

Für die dauerhafte Sicherung von Geländesprüngen kommen grundsätzlich Böschungen (Einschnitte oder Dämme) und/oder Stützkonstruktionen in Frage. Bei Böschungen und Dämmen wird die Standsicherheit in der Regel allein durch die Neigung der Oberfläche gewährleistet, die zusätzlich durch Begrünung oder sonstige Maßnahmen gegen Erosion zu schützen ist.

Als dauerhafte Stützkonstruktionen stehen in der Praxis zahlreiche Lösungen zur Verfügung, wie z. B. Stützmauern, massive Stützwände, Raumgitterwände, Gabionenwände, Elementwände, Bewehrte Erde, Geotextilbewehrte Sicherungen. Baugruben stellen in der Regel temporäre Stützkonstruktionen dar und sind ausführlich in Abschn. 13.11 behandelt.

Maßgebend für den Entwurf einer dauerhaften Geländesprungsicherung sind im Wesentlichen die Platzverhältnisse, die Höhe des Geländesprunges sowie die Boden- und Grundwasserverhältnisse. Häufig sind zusätzliche Entwurfskriterien zu beachten, wie bspw. zulässige Verformungen, Einbindung des Bauwerkes in die Umgebung, verfügbare Baumaterialien. Das Erkundungsprogramm aus üblicherweise vorgenommenen Bohrungen und Sondierungen ist auf die genannten Fragestellungen auszulegen und durch Laboruntersuchungen zu ergänzen. Insbesondere bei hohen Böschungen ist eine Erkundungstiefe bis deutlich unterhalb der Einschnittssohle zu empfehlen, bspw. bis zu 20–40 % der Einschnittstiefe.

Neben den bekannten Nachweisen zur Festlegung der einzelnen Bauteilabmessungen (für Baugruben s. Abschn. 13.11, für flächig aufgelagerte Stützbauwerke s. Abschn. 13.7) ist die Gesamtstandsicherheit nachzuweisen. Der dazugehörige Versagensmechanismus ist dem Grenzzustand GEO-3 zuzuordnen und wird in diesem Abschnitt maßgeblich behandelt.

13.12.2 Bemessungsgrundlagen

Bei Anwendung der DIN EN 1997-1 auf Geländesprungsicherungen sind bei der Berechnung zahlreiche Hinweise der DIN 4084 (Geländebruchberechnungen) zu beachten.

Geländesprungsicherungen sind in der Regel der Geotechnischen Kategorie GK2, bei schwierigen Randbedingungen (z. B. mögliche Beeinflussung einer empfindlichen Nachbarbebauung, schwierige Grundwasserverhältnisse, weicher bindiger Baugrund, Beeinflussung durch Erdbeben, Gefährdung durch Setzungsfließen oder rückschreitende Erosion) auch der Kategorie GK3 zuzuordnen (s. Abschn. 13.2). Eine Zuordnung zur Kategorie GK1 ist häufig nur in untergeordneten Fällen möglich (vgl. Abschn 13.11).

Da es sich bei den meisten Geländesprungsicherungen um einen dauerhaften Zustand handelt, ist in den meisten Fällen eine Bemessung unter Zugrundelegung der Situation BS-P vorzunehmen. Lediglich für Baugruben ist eine Bemessung unter Zugrundelegung der Situation BS-T zulässig.

Für den Nachweis der Gesamtstandsicherheit ist die Größe der resultierenden **Einwirkungen** von Anfang an mit Bemessungswerten der in diese Einwirkungen einfließenden Ausgangsgrößen zu ermitteln. Hierbei entsprechen allerdings für ständige Einwirkungen die Bemessungswerte dieser Einflussgrößen den charakteristischen Werten (vgl. γ_G in Tafel 13.21, GEO-3). Für ungünstige veränderliche Einwirkungen (z. B. eine ggf. vorhandene Strömungskraft) ist dagegen ein von der Bemessungssituation abhängiger Partialsicherheitsbeiwert zu berücksichtigen (vgl. γ_Q in Tafel 13.21, GEO-3).

Die Größe der in die Berechnung einfließenden **Widerstände** (im Wesentlichen die Scherfestigkeit des Bodens) ist ebenfalls von Anfang an mit Bemessungswerten zu ermitteln. Hierbei wird demnach mit einer gegenüber den tatsächlichen Verhältnissen reduzierten Kohäsion und einem reduzierten Reibungswinkel gerechnet, für die im Gegensatz zu früher ein gleiches Sicherheitsniveau gelten soll (vgl. γ_φ, γ_c in Tafel 13.22, GEO-3).

Da Einwirkungen und Widerstände von Anfang an aus mit Partialsicherheiten beaufschlagten Einflussgrößen berechnet werden, ist für den Nachweis der Tragsicherheit nur noch das Gleichgewicht der jeweiligen Bemessungswerte erforderlich.

Der Nachweis der Gebrauchstauglichkeit erfolgt mit charakteristischen Werten, erfordert aber in der Regel numerische Modellbildungen. Bei verformungsunempfindlichen Systemen erlaubt DIN EN 1997-1 auch eine vereinfachte Nachweisführung (vgl. Abschn 13.12.4).

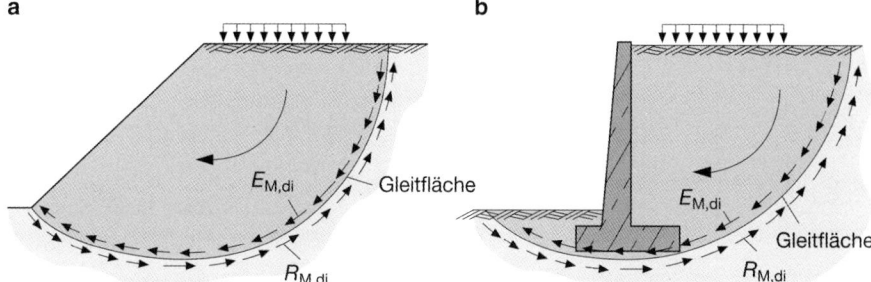

Abb. 13.77 Prinzip des Standsicherheitnachweises bei Geländesprüngen (GEO-3). **a** Böschungsbruch, **b** Geländebruch

13.12.3 Nachweise der Tragfähigkeit

Unter sinngemäßer Anwendung der DIN EN 1997-1 sind für Geländesprungsicherungen im Grenzzustand GEO-3 folgende Tragfähigkeitsnachweise zu führen:

- gegen Böschungsbruch,
- gegen Geländebruch.

Die beiden Nachweise sind vom Verfahren her identisch. Beim Nachweis gegen Böschungsbruch wird eine Böschung betrachtet, beim Nachweis gegen Geländebruch ein durch eine Stützkonstruktion gesicherter Geländesprung.

- Gegen Spreizversagen eines Dammes,
- gegen Dammfußgrundbruch,
- gegen Dammgleiten.

Die genannten Nachweise werden nachfolgend erläutert.

13.12.3.1 Nachweis gegen Böschungs- oder Geländebruch

Mit der Untersuchung auf Böschungs- oder Geländebruch wird die Standsicherheit des Gesamtsystems Geländesprung nachgewiesen. Dieser Nachweis ist daher unabhängig von den Abmessungen einer gewählten Stützkonstruktion (vgl. Abb. 13.77).

Eine ausreichende Sicherheit des Gesamtsystems ist nachgewiesen, wenn für den in der Regel zweidimensional betrachteten Fall [kN/m] gilt:

$$E_{M,d} = \sum E_{M,di} \leq R_{M,d} = \sum R_{M,di}.$$

$E_{M,d}$ Momentensumme der Bemessungswerte der resultierenden Einwirkungen, berechnet aus der ungünstigsten Kombination der vorhandenen ständigen und veränderlichen Einwirkungen,

$R_{M,d}$ Momentensumme der Bemessungswerte der resultierenden Widerstände, in einfachen Fällen berechnet aus der um die Partialsicherheit reduzierten Kohäsion und dem reduzierten Tangens des Reibungswinkels.

Gemäß DIN 4084 wird folglich die Sicherheit gegen Versagen eines aus dem Gesamtsystem „herausgeschnittenen", kinematisch möglichen Bruch- bzw. Gleitmechanismus untersucht. Die Form des dabei betrachteten Gleitkörpers entspricht oft einem Kreis. Es sind aber auch polygonartige, spiralförmige oder aus diesen Elementen zusammengesetzte Gleitflächen möglich, die dann eine entsprechende Betrachtung erfordern.

1) Berechnung der Böschungsbruchsicherheit nach dem Lamellenverfahren (Abb. 13.78 und 13.79) in Anlehnung an die vereinfachte Formel von Bishop (1954)

$$E_{M,d} = r \cdot \sum_i (G_{i,d} + P_{vi,d}) \cdot \sin \vartheta_i + \sum M_{s,d}$$

$$\leq R_{M,d}$$

$$= r \cdot \sum_i \frac{(G_{i,d} + P_{vi,d} - u_i \cdot b_i) \cdot \tan \varphi_{i,d} + c_{i,d} \cdot b_i}{\cos \vartheta_i + \tan \varphi_{i,d} \cdot \sin \vartheta_i}$$

$$+ \sum M_{R,d}$$

oder

$$\mu = \frac{E_{M,d}}{R_{M,d}} \leq 1.$$

r Radius des Gleitkreises [m]
ϑ_i Neigung der Lamellensohle [°]
b_i Lamellenbreite [m]
u_i Porenwasserdruck in der Lamellensohle [kN/m²]
$c_{i,d}$ Kohäsionsanteil $c_{i,k}/\gamma_c$ [kN/m²]
$\tan \varphi_{i,d}$ Reibungsanteil $\tan \varphi_{i,k}/\gamma_\varphi$
(Index d $\hat{=}$ Bemessungswert („design"))

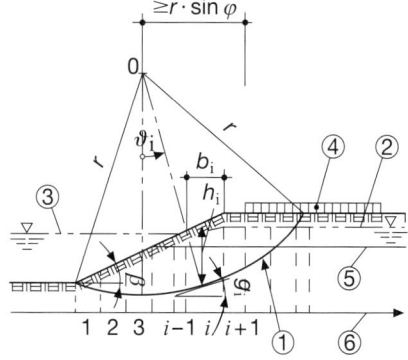

Abb. 13.78 Beispiel für kreisförmige Gleitlinie und Lamelleneinteilung bei einer Böschung. *1* Kreisförmige Gleitlinie mit Lamelleneinteilung, Breite der Lamellen der Schichtung und der Geometrie angepasst, *2* Grundwasseroberfläche, *3* Außenwasseroberfläche, *4* nicht ständige Flächenlast *p*, *5* Schichtgrenze, *6* Nummern der Lamellen

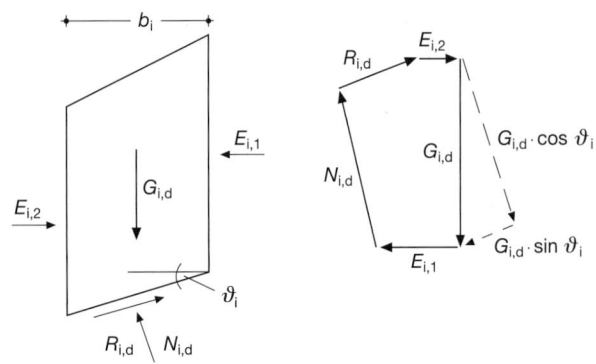

Abb. 13.79 An der Lamelle i angreifende Einwirkungen und Widerstände

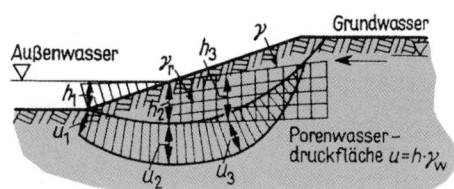

Abb. 13.80 Strömungsnetz, Wasser- und Porenwasserdruck nach DIN4084

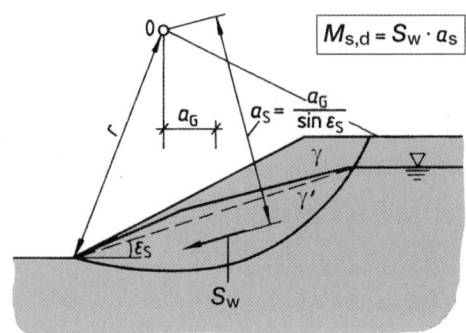

Abb. 13.81 Ansatz der Strömungskraft in $M_{s,d}$

$G_{i,d}$ Eigenlast der Lamelle [kN/m]

$P_{vi,d}$ Zusätzliche Vertikallast der Lamelle [kN/m]

$M_{s,d}$ Momente der in $G_{i,d}$ nicht enthaltenen Kräfte um 0 [kN m/m]

$M_{R,d}$ Momente von in $R_{i,d}$ nicht berücksichtigten Kräften [kN m/m]

Erklärungen Die Berechnung nach dem Lamellenverfahren geht davon aus, dass versuchsweise mehrere Gleitflächen durch den Boden gelegt werden und für jede einzelne die oben stehende Verhältnisgleichung gesondert überprüft wird. Der größte Verhältniswert μ (Ausnutzungsgrad des vorgegebenen Sicherheitsniveaus), welcher sich auf diese Weise ergibt, kennzeichnet das maßgebende Sicherheitsniveau und damit den maßgebenden Gleitkreis. Im Allgemeinen genügt es, für die Gleitlinie einen Kreis, d. h. eine vereinfachte geometrische Form mit höchstens drei freien Parametern anzunehmen. Wenn die gewählte Gleitlinienform in ihren Parametern ausreichend variiert wird, ist diese Vereinfachung von untergeordneter Bedeutung. Bei der Variation ist zu prüfen, ob die gewählte Form überhaupt möglich ist.

Die ungünstigste Gleitlinie geht in der Regel bei Böschungen in einheitlichem Boden mit $\varphi > 5°$ durch den Fußpunkt, bei massiven Stützbauwerken durch den hinteren Fußpunkt.

In den Sicherheitsnachweisen wird eine Scheibe von einem Meter Dicke des Gleitkörpers betrachtet. Dabei sind folgende **Einwirkungen** zu berücksichtigen:

a) Lasten in oder auf dem Gleitkörper, wobei Verkehrslasten nur insoweit angesetzt werden, als sie ungünstig wirken.

b) Eigenlast des Gleitkörpers, bei Geländebruchberechnungen einschließlich des Stützbauwerks, unter Berücksichtigung des Grund- und Außenwasserspiegels sowie eines der unter Punkt 2) gewählten Ansätze für die Wasserdrucklasten (Wichte γ, γ_r oder γ').

c) ggf. Scherkräfte in oder infolge von Konstruktionsteilen, die durch die Gleitfläche geschnitten werden.

In den meisten Fällen kann das Baugrundprofil durch gradlinige Schichtgrenzen wiedergegeben werden.

Die maßgebenden Scherkräfte sind nach zuverlässiger Ableitung oder aus Scherversuchen zu ermitteln. Bei bindigem Boden ist dem Nachweis der Sicherheit die Anfangs- und Endfestigkeit zugrunde zu legen. Die Scherfestigkeit, die zur geringsten Sicherheit führt, ist maßgebend. Im Rahmen der rechnerischen Nachweise sind die bei Laborversuchen festgestellten Bodenkennwerte für die Scherfestigkeit anzusetzen.

2) Ansatz der Wasserdrucklasten

a) Porenwasserdruck $u_i = \gamma_w \cdot h_i$ auf die Gleitfläche bei verfeinerten Berechnungen aus dem Strömungsnetz (vgl. Abb. 13.80) mit Wichte γ_r unterhalb der Sickerlinie

b) Ansatz der Strömungskraft S_w nach Abb. 13.81 mit Wichte γ' unterhalb der Sickerlinie

$$S_w = \gamma_w \cdot A_w \cdot \sin \varepsilon_s$$

A_w von der Strömung benetztes Volumen zwischen Sickerlinie und Gleitfläche.

3) Neben dem Lamellenverfahren enthält DIN 4084 auch ein lamellenfreies Verfahren (Borowicka), das allerdings nur dann anwendbar ist, wenn innerhalb der Böschung nur eine Bodenschicht vorhanden ist.

Darüber hinaus behandelt DIN 4084 auch eine Vielzahl besonderer Fälle, z. B. gerade Gleitlinien, zusammengesetzte Bruchmechanismen oder das Blockgleit-Verfahren.

4) Für **einfache Fälle** kann bei **Böden mit Reibung und Kohäsion** die Abhängigkeit der zulässigen Böschungshöhe (h) von der Böschungsneigung (β) auch nach dem Diagramm von Schultze und Janbu berechnet werden (Abb. 13.82).

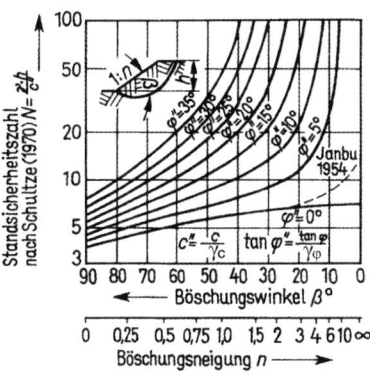

Abb. 13.82 Diagramm zur Bestimmung des zulässigen Böschungswinkels nach Janbu/Schultze

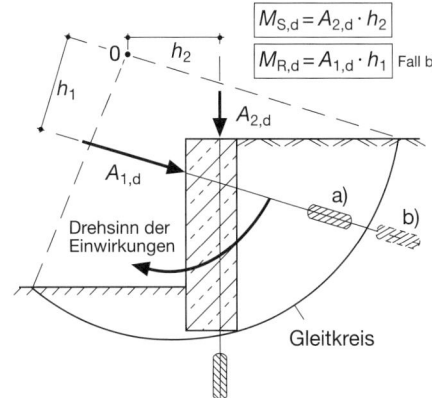

Abb. 13.83 Berücksichtigung von Sicherungsmitteln (Beispiel Verpressanker)

Für **Böden mit Reibung** ($c = 0$) gilt:
- nicht durchströmt:

$$\tan \beta \le \tan \varphi_d = \tan \varphi_k / \gamma_\varphi$$

- parallel zur Böschung durchströmt:

$$\tan \beta \le \frac{\gamma'}{\gamma_r} \cdot \tan \varphi_d$$

5) **Berechnung der Geländebruchsicherheit** nach DIN 4084 bei Stützbauwerken. Er wird als Sonderfall des Böschungsbruches wie dieser bei der Wahl der Gleitflächen und Berechnung der Standsicherheit behandelt, wobei der ungünstigste Gleitkreis i. d. R. den hangseitigen Fußpunkt der Stützwand schneidet.

6) **Berücksichtigung von Sicherungsmitteln**
Kann mit der Scherfestigkeit des Bodens allein keine ausreichende Gesamtstandsicherheit nachgewiesen werden, so können zusätzliche Sicherungsmittel (Pfähle, Dübel, Nägel, Vorspannanker etc.) gewählt werden. Hierbei ist zu prüfen, ob sich die Vorspannkraft von Zuggliedern je nach ihrer Geometrie so verändern kann, dass dies bereits bei der Festlegung eines Ankers berücksichtigt werden sollte. Darüber hinaus ist im Einzelfall zu untersuchen, ob diese Sicherungsmittel günstig oder ungünstig wirken.
Wie Abb. 13.83 an einem einfachen Beispiel zeigt, können Sicherungsmittel die Gesamtstandsicherheit erhöhen, reduzieren oder auch im Hinblick auf diesen Nachweis wirkungslos sein. Bei der durch Verpressanker zusätzlich gesicherten Schwergewichtsmauer wird die Gesamtstandsicherheit durch die Vorspannkraft A_{2d} wegen des gleichen Drehsinns des dazugehörigen Momentes wie bei den Einwirkungen reduziert. Die Vorspannkraft A_{1d} erhöht demgegenüber die Sicherheit, allerdings auch nur dann, wenn der Anker so lang ist, dass der Gleitkreis den Anker „vor" dem Verpresskörper schneidet (vgl. Fall b).

13.12.3.2 Zusätzliche Nachweise bei Dämmen
Für die Standsicherheit von Dämmen sind neben der Böschungsbruchsicherheit insbesondere Versagensmechanismen in unmittelbarer Nähe der Dammaufstandsfläche zu betrachten. Diese Nachweise sind i. d. R. dem Grenzzustand GEO-2 zuzuordnen. Für die entsprechende rechnerische Behandlung wird die nachfolgend beschriebene Methode empfohlen.

1) **Standsicherheit der Dammaufstandsfläche gegen Spreizversagen** Bei Dämmen auf weichem Untergrund kann es aufgrund der im Böschungsbereich geneigten Hauptspannungen zu einem Versagen kommen, das durch lokales oder globales Überschreiten der Scherfestigkeit in der Dammaufstandsfläche bedingt ist und zu einem Auseinandergleiten des Dammes in horizontaler Richtung führt. Auch bei geneigten Sohlflächen von geschütteten Böschungen mit oder ohne Dichtungs- oder Bewehrungslagen durch Geokunststoffe ist dies zu untersuchen.
Für den Nachweis wurde eine relativ aufwendige Methode durch ENGESSER/RENDULIC entwickelt. Eine einfache Näherungslösung zeigt Abb. 13.84.

2) **Dammfußgrundbruch** Neben dem Versagen nach 1) ist bei Böschungen von Schüttungen auf wenig scherfestem Untergrund stets die Sicherheit gegen Versagen auf tiefliegenden Gleitflächen zu untersuchen, wobei je nach Bo-

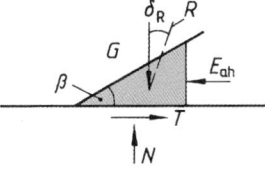

Abb. 13.84 Reaktionskräfte an der Sohle. $\tan \varphi_d = \tan \varphi_k / \gamma_\varphi \ge k_{ah} \cdot \tan \beta$

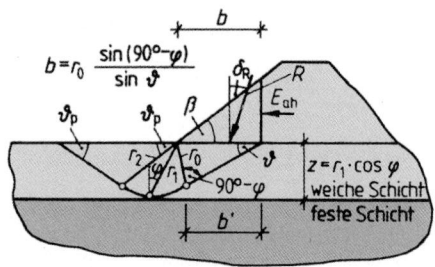

Abb. 13.85 Grundbruchgleitlinie unter einem Damm bei begrenzter Tiefe der weichen Schicht des Untergrundes

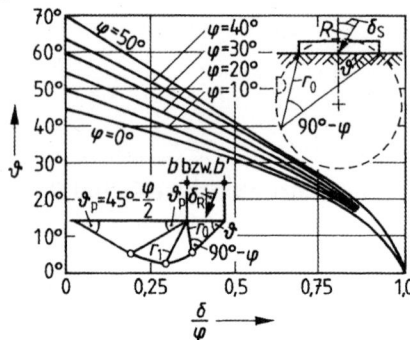

Abb. 13.86 Gleitliniendreieck und Diagramm zur Bestimmung des Abgangswinkels nach DIN 4017-2, Beibl. (8.79)

denschichtung und sonstigen Randbedingungen (z. B. Geokunststoffe in der Sohlfläche von Dämmen) nach DIN 4017 (Grundbruch) oder nach DIN 4084 (Böschungsbruch) zu verfahren ist.

Berechnung der Grundbruchsicherheit in Anlehnung an [4]

$$r_0 = b \frac{\sin \vartheta}{\sin(90° - \varphi)}$$

$$r_1 = r_0 \cdot e^{\vartheta \cdot \tan \varphi}$$

$$r_2 = r_0 \cdot e^{(\vartheta + \vartheta_p) \tan \varphi}$$

(ϑ bzw. $\vartheta + \vartheta_p$ im Bogenmaß)
Wirksame Breite:

$$b' = \frac{2}{3} b \left(1 + \tan \beta \cdot \tan \delta_R\right) \quad \text{(für mittige Resultierende)}$$

Breite:

$$b = r_0 \frac{\sin(90° - \varphi)}{\sin \vartheta}$$

Bruchspannung:

$$\sigma_{of} = c \cdot N_c \cdot \varkappa_c + 0 + \gamma \cdot b' \cdot N_b \cdot \varkappa_b$$

(N_c u. N_b aus Tafel 13.26, $\varkappa_c$ und $\varkappa_b$ aus Tafel 13.28 oder 13.31)

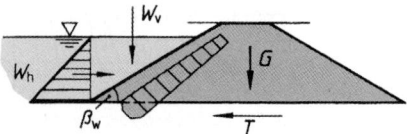

Abb. 13.87 Bei Oberflächenabdichtung

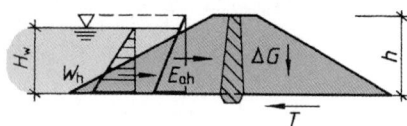

Abb. 13.88 Bei Kerndichtung. $R_d = \Delta G \cdot \tan \delta_s / \gamma_{R,h} \geq (W_h + E_{ah}) \cdot \gamma_G = E_d$. Hierbei ist δ_s der Sohlreibungswinkel in der Dammaufstandsfläche

Vorh. Sohlspannung:

$$\sigma_{or} = G/b'$$

Sicherheit:

$$R_d = \frac{\sigma_{of}}{\gamma_{R,v}} \geq \sigma_{or} \cdot \gamma_G = E_d$$

(Bemessungssituation BS-P)

3) Dammgleiten

$$R_d = (G + W_v) \cdot \tan \delta_s / \gamma_{Gl} \geq W_h \cdot \gamma_G = E_d$$

$$W_h = \gamma \cdot \frac{H_w^2}{2}$$

$$W_v = \gamma_w \cdot \frac{H_w^2}{2} \cot \beta_w$$

13.12.4 Nachweis der Gebrauchstauglichkeit

Ein detaillierter Nachweis der Gebrauchstauglichkeit (Grenzzustand SLS) wird in DIN EN 1997-1 für die Frage der Gesamtstandsicherheit nicht explizit gefordert.

Bei besonders sensiblen Verhältnissen (z. B. Geländesprüngen neben verformungsempfindlichen Gebäuden oder Verkehrsflächen) wird empfohlen, die in den Nachweis der Gesamtstandsicherheit GEO-3 einfließenden Bodenwiderstände durch einen nicht näher spezifizierten Anpassungsfaktor $\eta < 1$ weiter zu reduzieren, numerische Simulationen durchzuführen sowie die Beobachtungsmethode anzuwenden.

Darüber hinaus kann ähnlich der Vorgehensweise bei Baugruben (vgl. Abschn. 13.11.5) von einer ausreichenden Gebrauchstauglichkeit ausgegangen werden, wenn beim Vorliegen von tragfähigen Böden (mindestens mitteldichte Lagerung bzw. steife Konsistenz) die oben genannten Tragsicherheitsnachweise auch unter der Annahme der Partialsicherheitsbeiwerte für die Situation BS-P gelingen.

13.13 Grundwasserhaltungen

13.13.1 Abgrenzung, Entwurfskriterien und Untersuchungen

Grundwasserhaltungsmaßnahmen können im Zusammenhang mit der Herstellung von Baugruben, zur Stabilisierung von Böschungen und – in Ausnahmefällen – zum Feuchtigkeitsschutz von Bauwerken erforderlich werden. Im Allgemeinen versteht man unter Wasserhaltung das Absenken, Entspannen und Abpumpen von Grund-, Schicht- oder Oberflächenwasser. Es ist zu beachten, dass in der Regel jeder Eingriff in das Grundwasser genehmigungspflichtig ist.

Die maßgebenden Grundwasserhaltungsmaßnahmen lassen sich in die in Abb. 13.89 dargestellten Maßnahmen der offenen und der geschlossenen Grundwasserhaltung sowie in Maßnahmen zur horizontalen Wasserhaltung gliedern.

Unabhängig von der gewählten Lösung sind im Vorfeld eine Vielzahl von Untersuchungen vorzunehmen, insbesondere Ermittlung des GW-Schwankungsbereiches und der

Strömungsrichtung sowie Bestimmung der Bodendurchlässigkeit und der chemischen GW-Eigenschaften. Eine Grundwasserhaltung ist genehmigungspflichtig und daher rechtzeitig zu beantragen. Insbesondere bei Absenkungen ist eine Beweissicherung benachbarter Baukörper zu empfehlen. Während des Betriebes ist eine kontinuierliche Überwachung der Anlage erforderlich.

Soweit nach Abschluss der Wasserhaltungsmaßnahmen das erstellte Bauwerk zu einem dauerhaften Eingriff in die Strömungsverhältnisse führt, können Maßnahmen zur Gewährleistung der Umläufigkeit erforderlich werden, um einen möglichen Absunk bzw. Aufstau zu minimieren.

Maßgebend für den Entwurf einer Grundwasserhaltung im Zuge einer Baugrube sind neben dem Bodenaufbau im Wesentlichen die Lage der Baugrubensohle relativ zum GW-Spiegel, die Bodendurchlässigkeit, die Setzungsgefährdung benachbarter Baukörper, die Ein-/Ableitungsmöglichkeiten der geförderten Wassermenge und deren Kosten, eine mögliche Beeinträchtigung nahe liegender Wasserversorgungseinrichtungen oder auch die Änderung der Strömungsver-

Abb. 13.89
a Überblick über Verfahren der Grundwasserhaltung,
b Einsatzbereiche der Verfahren in Abhängigkeit von der Korngrößenverteilung des anstehenden Bodens

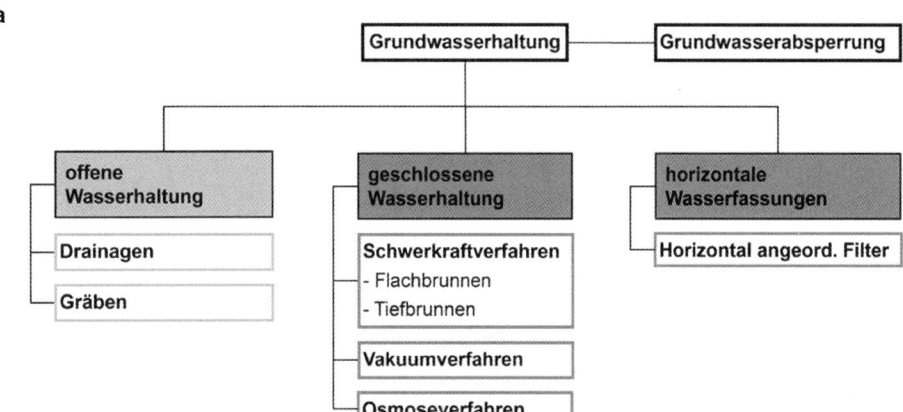

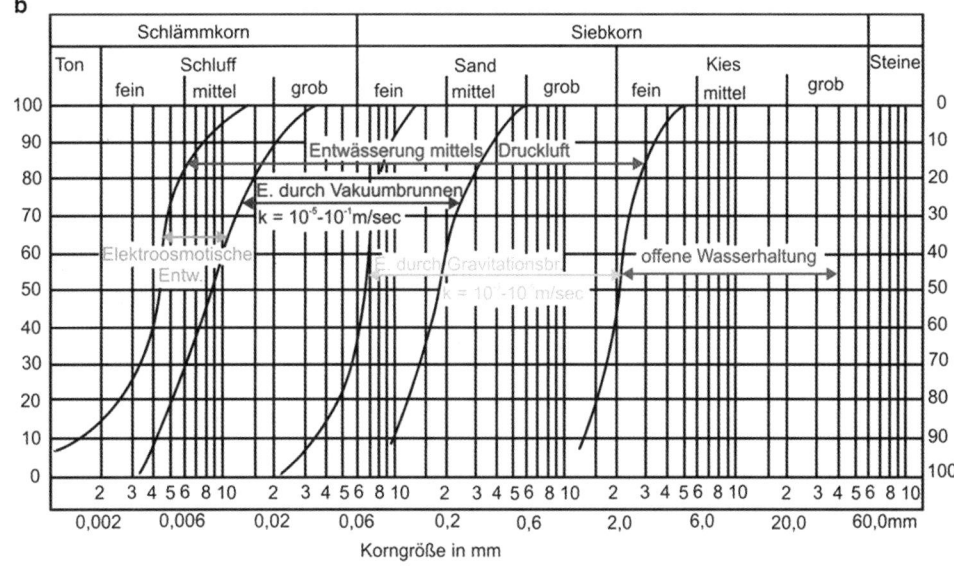

Abb. 13.90 Übliche Wasserhaltungsverfahren.
a Offene Wasserhaltung,
b Brunnenabsenkung

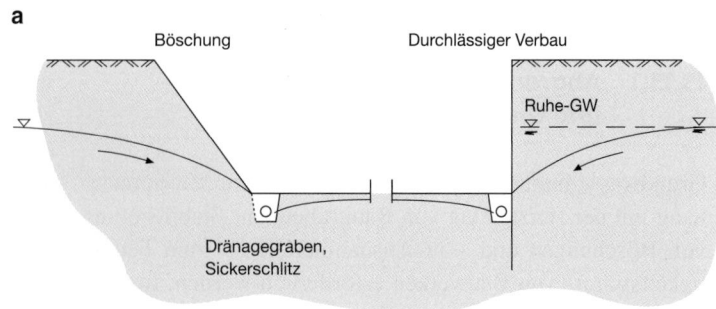

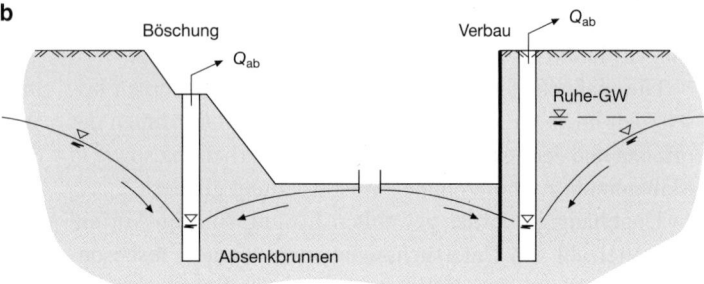

hältnisse bei einer in der näheren Umgebung festgestellten GW-Kontamination. Durch eine – gegebenenfalls auch nur teilweise – wasserdruckhaltende Ausführung der vertikalen Baugrubenumschließung (Verbauwand) bzw. eine künstliche oder natürliche gering wasserdurchlässige Sohle kann der Zustrom von Grundwasser und damit die Förderrate und die durch die Grundwasserhaltung bedingten Auswirkungen auf das Umfeld reduziert werden, zugleich ergeben sich aber deutlich höhere Anforderungen und Aufwendungen für die Baugrubenumschließung.

Das Erkundungsprogramm aus üblicherweise vorgenommenen Bohrungen und Sondierungen ist auf die genannten Fragestellungen auszulegen und insbesondere auf die zuverlässige Ermittlung des k-Wertes (Bodendurchlässigkeit) zu konzentrieren. Im Hinblick auf die Frage der Standsicherheit des Bauzustandes sind im Wesentlichen die Grenzzustände HYD und UPL (Hydraulischer Grundbruch, Aufschwimmen zu betrachten.

Zu den verschiedenen Nachweisen der Tragsicherheit wird auf die voran stehenden Kapitel verwiesen. Nachfolgend werden daher vorzugsweise Hinweise zur Bemessung einer GW-Absenkung aus hydraulischer Sicht und zur GW-Absperrung gegeben. Die Frage einer GW-Verdrängung wird nicht behandelt.

Übliche Verfahren zur Absenkung des Grundwassers sind die offene Wasserhaltung und die Brunnenabsenkung (vgl. Abb. 13.90).

Als Auswahlkriterien gelten insbesondere die Bodendurchlässigkeit und das Absenkziel. Abb. 13.89b zeigt typische Einsatzgebiete offener und geschlossener Wasserhaltungsarbeiten. Eine offene Wasserhaltung ist damit überwie-gend auf kiesige Böden beschränkt. Mit einer Schwerkraftentwässerung durch Brunnen können überwiegend sandig ausgeprägte Böden entwässert werden, während mit steigendem Schluffkornanteil eine Vakuumunterstützung erforderlich werden kann.

13.13.2 Bemessungsgrundlagen

a) Bodendurchlässigkeit (k-Wert)
- **Ermittlung durch Pumpversuch** (ein Förderbrunnen und mehrere Beobachtungspegel h_1, h_2, vgl. Abb. 13.91):

$$k \ [\mathrm{m/s}] = Q \cdot (\ln r_2 - \ln r_1)/[(h_2^2 - h_1^2) \cdot \pi]$$

mit Q – stationäre Förderwassermenge in $[\mathrm{m^3/s}]$ bei s [m] = const.

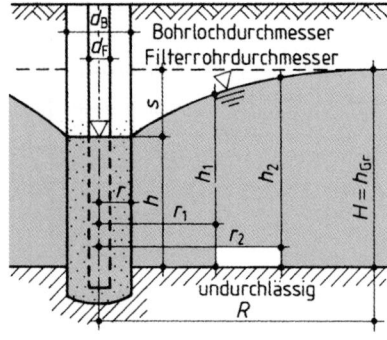

Abb. 13.91 Einzelbrunnen mit freiem Grundwasserspiegel

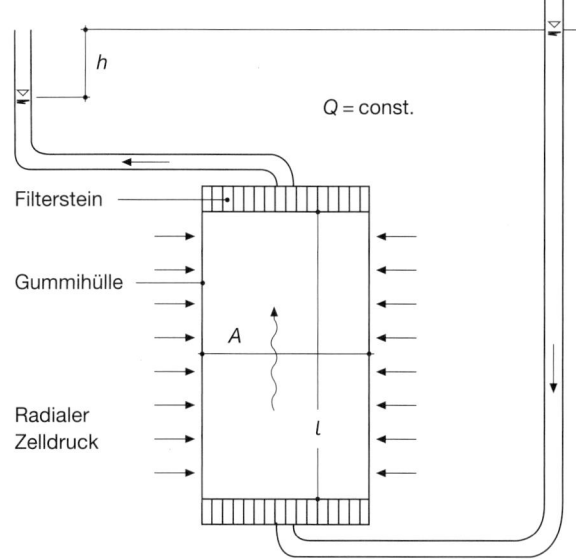

Abb. 13.92 Prinzip des Triaxialversuches (DIN 18130). Q stationärer Durchfluss [m^3/s], h Potentialdifferenz [m], A Probenquerschnitt [m^2], l Probenhöhe [m]

Aus der Beobachtung des Absenkvorganges und des Wiederanstieges können zusätzliche Informationen zur Durchlässigkeit gewonnen werden.

- **Ermittlung durch Versickerungsversuch**

  Mögliche Verfahren:

  Doppelringinfiltrometer (Oberfläche),

  Bohrlochtest (Sohle und Wandung eines Bohrloches),

  Bohrrohrtest (nur Sohle eines Bohrloches).

  Die Auswertung erfolgt für stationäre oder instationäre Verhältnisse nach zahlreichen verschiedenen Gleichungen.

- **Laborative Bestimmung in der Triaxialzelle**

  An ungestört entnommenen Proben kann die Bodendurchlässigkeit im Labor direkt ermittelt werden. Übliche Verfahren sind die Triaxialzelle (stationärer Versuch mit konstanter Druckhöhe, vgl. Abb. 13.92) sowie das Kompressionsgerät (Instationärer Versuch mit veränderlicher Druckhöhe).

  Triaxialzelle:

  $$k \ [\text{m/s}] = Q \cdot l / (A \cdot h)$$

  Die Auswertung des Versuches im Kompressionsgerät erfolgt mittels Differentialgleichung.

  Da die im Labor untersuchten Proben nur einen sehr kleinen Abschnitt aus dem insgesamt zu betrachtenden Baugrundkontinuum abbilden und zudem Einflüsse aus der Probengewinnung und Versuchsdurchführung zu berücksichtigen sind, besitzen hydraulische Feldversuche in der Regel eine deutlich höhere Zuverlässigkeit.

- **Ableitung aus der Korngrößenverteilung**

  Näherungsweise kann die Bodendurchlässigkeit auch aus der Korngrößenverteilung abgeleitet werden. Nach

Tafel 13.63 Grobe Anhaltswerte für k in m/s verschiedener nicht bindiger Bodenarten

Bodenart	k [m/s]
Kies 4 bis 8 mm ohne Beimengung	$3{,}5 \cdot 10^{-2}$
Kies 2 bis 4 mm ohne Beimengung	$2{,}5 \cdot 10^{-2}$
Diluvialterrasse, Donau b. Straubing	$1{,}5 \cdot 10^{-2}$
Grobkies mit Mittelkies u. Feinsand	$7{,}0 \cdot 10^{-3}$
Mittelsand, Langen, Ffm	$1{,}5 \cdot 10^{-3}$
Dünensand (Nordsee)	$2 \cdot 10^{-4}$
Teils feste Sande m. Feinkies	1 bis $1{,}5 \cdot 10^{-4}$
kiestonige Sande	$1 \cdot 10^{-4}$
Grobkies mit Sand	$5 \cdot 10^{-3}$
Grob-, Mittelsand, Feinkies	3 bis $4 \cdot 10^{-3}$

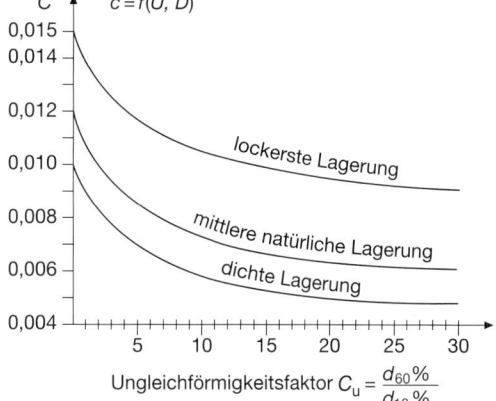

Abb. 13.93 Empirischer Beiwert für Sand (nach Beyer)

Grundsatzuntersuchungen von Beyer gilt **für Sande und ggf. kiesige Sande**:

$$k \ [\text{m/s}] = c \cdot d_{10}^2 \ [\text{mm}^2]$$

c Empirischer Beiwert nach Abb. 13.93

d_{10} Korndurchmesser bei 10 % Siebdurchgang.

- **Anhaltswerte für die Durchlässigkeit rolliger Böden** s. Tafel 13.63

b) Reichweite Die Reichweite R entspricht der horizontalen Entfernung, bis zu der sich eine Grundwasserabsenkung auswirkt (vgl. Abb. 13.91).

Empirisch nach Sichardt:

$$R \ [\text{m}] = 3000 \cdot s \cdot \sqrt{k}$$

Empirisch nach Kussakin:

$$R \ [\text{m}] = 575 \cdot s \cdot \sqrt{k \cdot H}$$

s [m]   Absenkung,

k [m/s] Bodendurchlässigkeit,

H [m]   Mächtigkeit des GW-Leiters.

Abb. 13.94 Zufluss zu einer offenen Wasserhaltung nach Davidenkoff

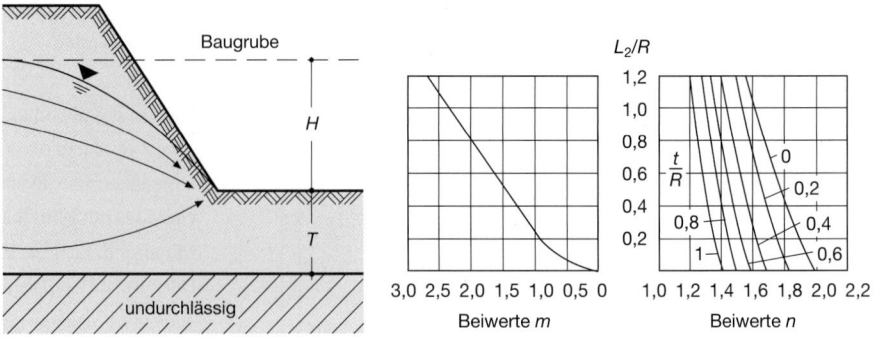

c) Unvollkommene Brunnen

Die üblichen Bestimmungsgleichungen zur Bemessung einer GW-Absenkung gehen davon aus, dass die für die Absenkung eingesetzte Anlage aus vollkommenen Brunnen (Zufluss nur von der Seite, vgl. Abb. 13.91) besteht. Bei unvollkommenen Brunnen (Zufluss von der Seite und von unten) sind genauere Untersuchungen erforderlich, ersatzweise ist eine Korrektur der ermittelten Wassermengen (z. B. Erhöhung um 10–30 %) vorzunehmen.

13.13.3 Offene Wasserhaltung

Zufluss des Grundwassers aus der durchlässigen Baugrubenwand sowie Sammlung und Ableitung in Dränagegräben.

Berechnung des Baugrubenzuflusses nach Davidenkoff (vgl. Abb. 13.94):

$$q = k \cdot H^2 \cdot \left[\left(1 + \frac{t}{H} \right) \cdot m + \frac{L_1}{R} \cdot \left(1 + \frac{t}{H} \cdot n \right) \right]$$

mit

q Baugrubenzufluss [m³/s]
k Durchlässigkeitsbeiwert des Bodens [m/s]
L_1 Länge der Baugrube [m]
L_2 Breite der Baugrube [m]
R Reichweite der Wasserhaltung [m]
H Abstand zwischen Grundwasserspiegel und Baugrubensohle [m]
t Abstand zwischen Baugrubensohle und Oberkante Wasserstauer [m]
     $t = H$ bei $T > H$
     $t = T$ bei $T < H$
     $t = 0$ bei $T = 0$
T Abstand zwischen Baugrubensohle und Oberkante Wasserstauer [m] (aktive Zone)
m, n Beiwerte [–] nach den beiden Diagrammen in Abb. 13.94.

13.13.4 Brunnenabsenkung

Zufluss des Grundwassers zu mehreren im Randbereich einer Baugrube angeordneten Brunnen.

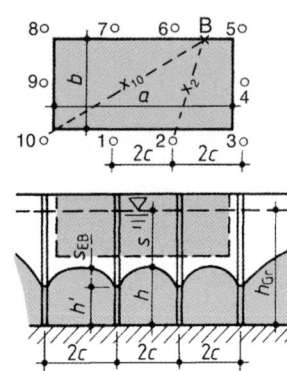

Abb. 13.95 Brunnenanordnung

13.13.4.1 Freier Grundwasserspiegel

Bei **Baugruben** tritt in der für einen Einzelbrunnen vorliegenden Gleichung für Q an die Stelle von r (Brunnenradius) der Ersatzradius A_{RE}. Dieser Ersatzradius repräsentiert einen Kreis, dessen Fläche der von den Brunnen eingeschlossenen Grundfläche entspricht. Für rechteckige Flächen (Länge a, Breite b) gilt $A_{RE} = \sqrt{a \cdot b / \pi}$, für Kanalstrecken gilt $A_{RE} \approx L/3$.

Wasserandrang

$$Q = \pi \cdot k (h_{Gr}^2 - h^2)/(\ln R - \ln A_{RE}) \quad \text{in m}^3/\text{s}$$

Die Absenktiefe s reicht bis 50 cm unter die Baugrubensohle. Der Einzelbrunnen leistet weniger, da $h' < h$ (vgl. Abb. 13.95). Es muss sein: Anzahl der Brunnen $n = Q/q'$.

Fassungsvermögen

$$q' = 2 \cdot r \cdot \pi \cdot h' \cdot \sqrt{k}/15; \quad \text{in m}^3/\text{s}$$

ferner $_{vorh}h' \geq h - s_{EB}$ mit

$$s_{EB} = h - \sqrt{h^2 - 1{,}5 \cdot q' [\ln(c/r)]/(\pi \cdot k)}.$$

Der Beiwert 1,5 gilt für Einzelbrunnenabstände $2c > 10 \cdot \pi \cdot r$. Sonst wird statt 1,5 der Wert 2 eingesetzt.

Bei Baugruben entsprechend Abb. 13.95 sind zunächst an den von der Mitte des Ersatzkreises entferntesten Stellen Brunnen anzuordnen und die übrigen Brunnen gleichmäßig um die Baugrube zu verteilen. Eine Nachrechnung der gewählten Anordnung erfolgt für den ungünstigsten Punkt B, der sich meist nahe einer außenliegenden Ecke zwischen zwei Brunnen oder in Baugrubenmitte befindet. Dort erreicht die Summe aller Abstände zwischen allen Brunnen und dem Punkt B und damit auch der Ausdruck $\frac{1}{n} \cdot \sum_{i=1}^{n} \ln x_i$ sein Maximum. Der wirkliche Wasserandrang für die gewählte Absenkung s errechnet sich zu

$$Q = \pi \cdot k_f \cdot (h_{gr}^2 - h^2) / \left(\ln R - \frac{1}{n} \cdot \sum_{i=1}^{n} \ln x_i \right)$$

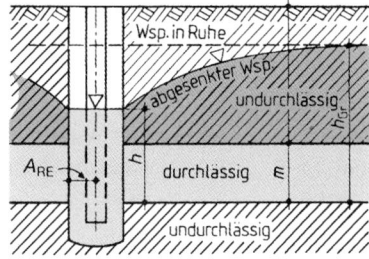

Abb. 13.96 Baugrube mit gespanntem Grundwasserspiegel

Abb. 13.97 Grundwasserabsperrung (Beispiele)

In der Regel wird aus der Zahl n der Einzelbrunnen q' und damit h' ermittelt. Hierbei ist dann, wenn $h_{Gr} > H = s + s_{EB} + h'$ ist (also unvollkommener Brunnen), bei zunehmender Brunnentiefe der Wasserandrang deutlich höher. Durch Proberechnung wird erreicht, dass einerseits Q klein bleibt und andererseits h' nicht zu klein bzw. h zu groß wird. Die vorstehenden Gleichungen gelten für vollkommene Brunnen und nur für $\ln(R/A_{RE}) \geq 1$.

13.13.4.2 Gespannter Grundwasserspiegel

Zulauf zur Baugrube (vgl. Abb. 13.96)

$$Q = 2\pi \cdot k \cdot m(h_{Gr} - h)/(\ln R - \ln A_{RE}) \quad \text{in m}^3/\text{s}$$

Fassungsvermögen des Brunnens

$$q = 2\pi \cdot r \cdot m \cdot \sqrt{k}/15 \quad \text{in m}^3/\text{s}$$

13.13.5 Grundwasserabsperrung

Bei einer funktionsfähigen GW-Absperrung ist keine oder nur eine Restwassermenge zu fördern. Eine hydraulische Berechnung ist daher in der Regel nicht erforderlich. Mögliche Lösungen zeigt Abb. 13.97.

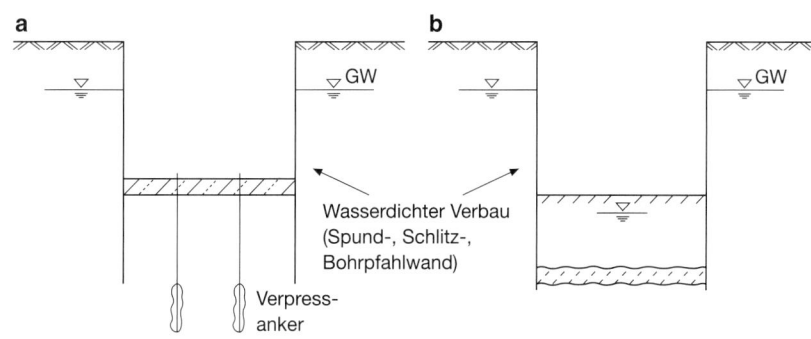

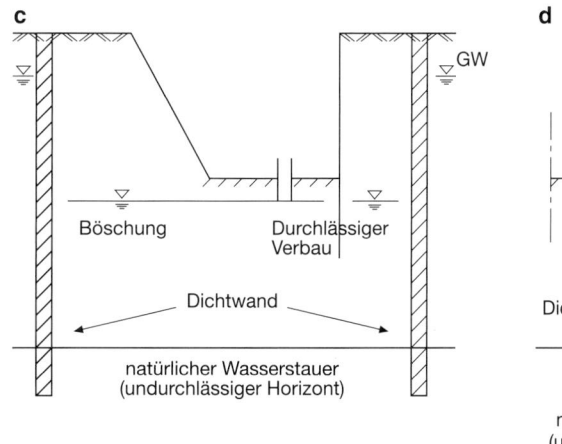

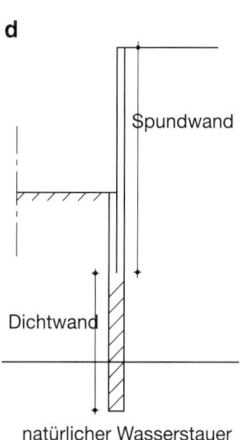

Der Nachweis der Lagesicherheit einer künstlich hergestellten Dichtungssohle (Injektionssohle im Baugrund oder Unterwasserbetonsohle in der Baugrube) erfolgt für den Grenzzustand UPL (Gleichgewicht der Bemessungswerte stabilisierender und destabilisierender Einwirkungen). Werden zusätzliche Bauteile für den Nachweis dieser Lagesicherheit erforderlich (z. B. eine mit Verpressankern gesicherte Baugrubensohlplatte), so sind diese im Hinblick auf deren ausreichende Abmessungen wie üblich nach den Grenzzuständen GEO-2 und STR zu bemessen.

13.14 Dränung zum Schutz baulicher Anlagen

Dränung ist die Entwässerung des Bodens durch Dränschicht und Dränleitung (Abb. 13.98), um das Entstehen von drückendem Wasser zu vermeiden.

Planung Die Dränanlage ist in den Entwässerungsplan aufzunehmen. Dränschicht ($k \geq 10^{-4}$ m/s) und Dränleitung müssen alle erdberührten Wände erfassen. Die Dränleitung ist entlang der Außenfundamente anzuordnen (Abb. 13.99). Die Auflagerung auf Fundamentvorsprüngen ist unzulässig. Bei unregelmäßigen Grundrissen ist ein größerer Abstand von den Streifenfundamenten zulässig. Zur Abschätzung der

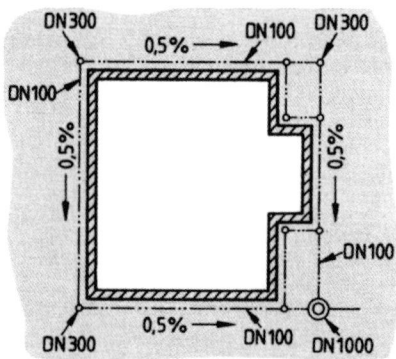

Abb. 13.98 Beispiel einer Anordnung von Dränleitungen, Kontroll- und Reinigungseinrichtungen bei einer Ringdränung (Mindestabmessungen)

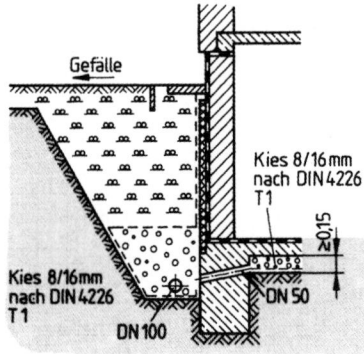

Abb. 13.99 Beispiel einer Dränanlage mit Dränelementen

Tafel 13.64 Angaben über Bauteile und Zeichen (Sinnbilder)

Bauteil	Art	Zeichen
Filterschicht	Sand Geotextil	
Sickerschicht	Kies Einzelelement (z. B. Dränstein, -platte)	
Dränschicht	Kiessand Verbundelement (z. B. Dränmatte)	
Trennschicht	z. B. Folie	
Abdichtung	z. B. Anstrich, Bahn	
Dränleitung	Rohr	
Spülrohr, Kontrollrohr	Rohr	
Spülschacht, Kontrollschacht, Übergabeschacht	Fertigteil	

Tafel 13.65 Einschätzung der Durchlässigkeit von Böden nach DIN 18130-1

$k < 10^{-8}$ m/s	sehr schwach durchlässig
$k = 10^{-8}$ bis 10^{-6} m/s	schwach durchlässig
$k > 10^{-6}$ bis 10^{-4} m/s	durchlässig
$k > 10^{-4}$ bis 10^{-2} m/s	stark durchlässig
$k > 10^{-2}$ m/s	sehr stark durchlässig

Notwendigkeit besonderer Vorkehrungen gegen Ablagerungen sollte die chemische Beschaffenheit des der Dränleitung zusickernden Wassers untersucht werden.

Die Rohrsohle ist am Hochpunkt mindestens 0,2 m unter Oberfläche Rohbodenplatte anzuordnen. Der Rohrgraben darf nicht unter die Fundamentsohlen geführt werden (notfalls Vertiefung der Fundamente oder Verlegung der Dränrohre außerhalb des Druckausbreitungsbereiches).

Kontrollschächte (DN 300) sind bei Richtungswechsel sowie im Abstand von höchstens 20 m, Spül-, Kontroll- und Sammelschächte (DN 1000) an Hoch und Tiefpunkten sowie im Abstand von höchstens 60 m anzuordnen. Die Darstellung erfolgt mit Sinnbildern der Tafel 13.64. Für die Bemessung unterscheidet DIN 4095 den Regelfall (Einstufung nach Tafel 13.66) für den kein besonderer Nachweis erforderlich ist (Ausführungsempfehlung mit Dicken s. Abb. 13.100), sowie den Einzelnachweis im Sonderfall.

Im Regelfall ist für den Wasserabfluss bei nichtmineralischen, verformbaren Dränelementen mit Abflussspenden nach Tafel 13.67 zu rechnen.

Im Sonderfall sind folgende Untersuchungen auszuführren: Geländeaufnahme, Bodenprofilaufnahme, Ermittlung des Wasseranfalls, statischer Nachweis der Dränschichten und Dränleitungen, hydraulische Bemessung aller Dränelemente, Bemessung der Sickeranlage, Auswirkung auf Bodenwasserhaushalt, Vorfluter, Nachbarbebauung.

Tafel 13.66 Bedingungen vor Wänden und unter Bodenplatten für die Einstufung als Regelfall

Einflussgröße	Richtwert
Richtwerte vor Wänden	
Gelände	Eben bis leicht geneigt
Durchlässigkeit des Bodens	Schwach durchlässig
Einbautiefe	Bis 3 m
Gebäudehöhe	Bis 15 m
Länge der Dränleitung zwischen Hochpunkt mit Tiefpunkt	Bis 60 m
Richtwerte unter Bodenplatten	
Durchlässigkeit des Bodens	Schwach durchlässig
Bebaute Fläche	Bis 200 m^2

Tafel 13.67 Abflussspende zu der Bemessung nichtmineralischer, verformbarer Dränelemente

Lage	Abflussspende
Vor Wänden	$0{,}30\,1/(s\,m)$
Auf Decken	$0{,}03\,1/(s\,m^2)$
Unter Bodenplatten	$0{,}005\,1/(s\,m^2)$

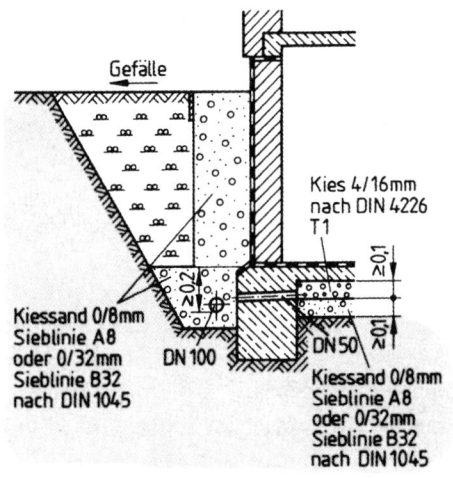

Abb. 13.100 Beispiel einer Dränanlage mit mineralischer Dränschicht

Tafel 13.68 Abflussspende vor Wänden

Bereich	Bodenart und Bodenwasser Beispiel	Abflussspende q in $1/(s\,m)$
Gering	Sehr schwach durchlässige Böden[a] ohne Stauwasser, kein Oberflächenwasser	Unter 0,05
Mittel	Schwach durchlässige Böden[a] mit Sickerwasser, kein Oberflächenwasser	Von 0,05 bis 0,10
Groß	Böden mit Schichtwasser oder Stauwasser, wenig Oberflächenwasser	Über 0,10 bis 0,30

[a] s. Einschätzung Tafel 13.65.

Tafel 13.69 Abflussspende unter Bodenplatten

Bereich	Bodenart Beispiel	Abflussspende q' in $1/(s\,m^2)$
Gering	Sehr schwach durchlässige Böden[a]	Unter 0,001
Mittel	Schwach durchlässige Böden[a]	Von 0,001 bis 0,005
Groß	Durchlässige Böden[a]	Über 0,005 bis 0,010

[a] s. Einschätzung Tafel 13.65.

Tafel 13.70 Beispiele für die Ausführung mit Geotextilien nach [7]

| Wirksame Öffnungsweite $D_w < 0{,}10\,mm$ |
| Naue SECUTEX 351-4 |
| Polyfelt TS 700 |
| Hoechst TREVIRA SPUNBOND 13/150, 11/360 |
| Rhone-Poulenc BIDIM B3, B4 |
| Heidelberger Vlies HV 7220 |

| Wirksame Öffnungsweite $0{,}10 \leq D_w \leq 0{,}12\,mm$ |
| Naue SECUTEX 151-1 |
| Polyfelt TS 500, TS 600 |
| Hoechst TREVIRA SPUNBOND 11/300 |
| Rhone-Poulenc BIDIM B1 |

| Wirksame Öffnungsweise $D_w \geq 0{,}13\,mm$ |
| Polyfelt TS 22 |
| Hoechst TREVIRA SPUNBOND 11/180 |
| Rhone-Poulenc BIDIM B2 |
| Heidelberger Vlies HV 7270 |

Die Abflussspende für die Bemessung der flächigen Dränelemente darf nach den Tafeln 13.67 und 13.68 geschätzt werden.

Für die hydraulische Bemessung gilt $q' = k \cdot i \cdot d$, wobei für die Bemessung vor der Wand $i = 1$ ist, bei Decken deren Gefällen. Die erforderliche Nennweite der Dränage ergibt sich aus Abb. 13.101.

Bauausführung Dränageleitungen werden i. d. R. am Tiefpunkt beginnend geradlinig zwischen den Kontrolleinrichtungen auf einem stabilen Rohrleitungsplanum verlegt. Sie sind gegen Lageveränderungen zu sichern, z. B. durch beidseitigen Einbau der Sickerschicht. Die erste Lage bis 0,15 m über Rohrscheitel ist von Hand leicht zu verdichten. Darüber darf ein Verdichtungsgerät eingesetzt werden.

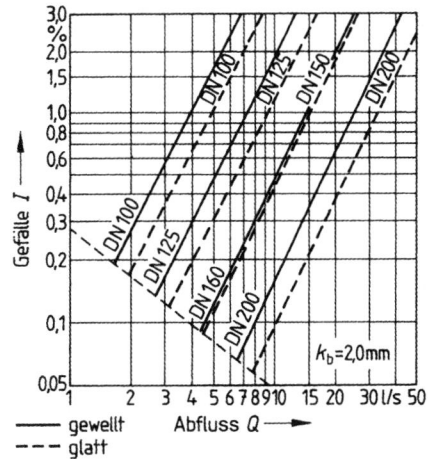

Abb. 13.101 Bemessungsbeispiele für Dränleitungen

Tafel 13.71 Beispiele von Baustoffen für Dränelemente

Bauteil	Art	Baustoff
Filterschicht	Schüttung	Mineralstoffe (Sand und Kiessand)
	Geotextilien	Filtervlies (z. B. Spinnvlies)
Sickerschicht	Schüttung	Mineralstoffe (Kiessand und Kies)
	Einzelelemente	Dränsteine (z. B. aus haufwerksporigem Beton), Dränplatten (z. B. aus Schaumkunststoff), Geotextilien (z. B. aus Spinnvlies)
Dränschicht	Schüttungen	Kornabgestufte Mineralstoffe Mineralstoffgemische (Kiessand, z. B. Kornung 0/8 mm, Sieblinie A2 nach DIN 1045 oder Körnung 0,32 mm Sieblinie B32 nach DIN 1045)
	Einzelelemente	Dränsteine (z. B. aus haufwerksporigen Beton ggf. ohne Filtervlies), Dränplatten (z. B. aus Schaumkunststoffe, ggf. ohne Filtervlies)
	Verbundelemente	Dränmatten aus Kunststoff z. B. aus Höckerprofilen mit Spinnvlies, Wirrgelege mit Nadelvlies, Gitterstrukturen mit Spinnvlies
Dränrohr	Gewellt oder glatt	Beton, Faserzement Kunststoff, Steinzeug, Ton mit Muffen
	Gelocht oder geschlitzt	Allseitig (Vollsickerrohr), seitlich und oben (Teilsickerrohr)
	Mit Filtereigenschaften	Kunststoffrohre mit Ummantelung, Rohre aus haufwerksporigem Beton

13.15 Erdbau

13.15.1 Boden- und Felsklassen nach DIN 18300 und ZTVE-StB

2016 wurden die im Zusammenhang mit Boden und Fels stehenden Normen der VOB/C maßgeblich überarbeitet, wobei eine Umstellung von den bisher bekannten Boden- und Felsklassen auf Homogenbereiche erfolgte.

Die Einteilung von Boden und Fels in Homogenbereiche erfolgt für alle Gewerke nach folgenden Prinzipien:

1. Boden und Fels sind entsprechend ihrem Zustand vor dem Lösen (bzw. vor der Ausführung des jeweiligen Gewerkes) in Homogenbereiche einzuteilen.

   Der Homogenbereich ist ein begrenzter Bereich bestehend aus einzelnen oder mehreren Boden- oder Felsschichten, der für das jeweilige Baugewerk bzw. Bauverfahren vergleichbare Eigenschaften aufweist.

2. Sind umweltrelevante Inhaltsstoffe zu beachten, so sind diese bei der Einteilung in Homogenbereiche zu berücksichtigen.

3. Für die Homogenbereiche sind Eigenschaften und Kennwerte sowie deren ermittelte Bandbreite anzugeben. Die Normen oder Empfehlungen, mit der diese Kennwerte ggf. zu überprüfen sind, werden in den ATV-Normen der VOB/C angegeben. Wenn mehrere Verfahren zur Bestimmung möglich sind, ist eine Norm oder Empfehlung bei der Ausschreibung festzulegen.

Die Beschreibung der Homogenbereiche erfolgt also über Bandbreiten der Kennwerte, die auf Grundlage von Feld-

und Laborversuchen und ggfs. Erfahrungen zu ermitteln sind.

Welche Eigenschaften bzw. Kennwerte für das jeweils einzusetzende Bauverfahren zu ermitteln und anzugeben sind, ergibt sich aus der jeweiligen VOB/C-Norm.

Tafel 13.72 zeigt eine Zusammenstellung der für Boden in Abhängigkeit von dem Bauverfahren zu ermittelnden Eigenschaften. In Tafel 13.73 sind die entsprechenden Eigenschaften für Fels zusammengestellt.

Die für die Ermittlung dieser Eigenschaften bzw. Kennwerte einzusetzenden Prüfverfahren sind gemäß VOB/C ebenfalls vorgegeben. In Tafel 13.74 sind die Normen oder Empfehlungen angegeben, mit der die Eigenschaften bzw. Kennwerte bei Maßnahmen im Boden für die Ausschreibung zu ermitteln und später bei der Ausführung gegebenenfalls zu überprüfen sind. Tafel 13.75 gibt einen Überblick über die Verfahren, mit denen die Eigenschaften von Fels zu ermitteln sind. Aufgenommen wurden in die Liste der Eigenschaften nach Möglichkeit überwiegend Parameter, die mit zahlenmäßigen Werten quantifiziert werden können.

Wenn mehrere Verfahren zur Bestimmung möglich sind (z. B. bei der Lagerungsdichte oder der undrainierten Scherfestigkeit), ist in der Ausschreibung ein Verfahren und die entsprechende Norm bzw. Empfehlung festzulegen und zu benennen. Dieses Verfahren ist dann auch bindend, wenn ein Auftragnehmer während der Ausführung abweichende Eigenschaften gelten machen will und dies nachweisen möchte.

Alternativ zur Bestimmung der Eigenschaften auf der Basis von Feld- und Laborversuchen (Regelfall) darf die Er-

Tafel 13.72 VOB/C, Kap. 2 „Stoffe, Bauteile", Kap. 2.3 „Einteilung von Boden und Fels in Homogenbereiche": in Abhängigkeit von dem Gewerk zu ermittelnde Eigenschaften für Boden (Lockergestein)

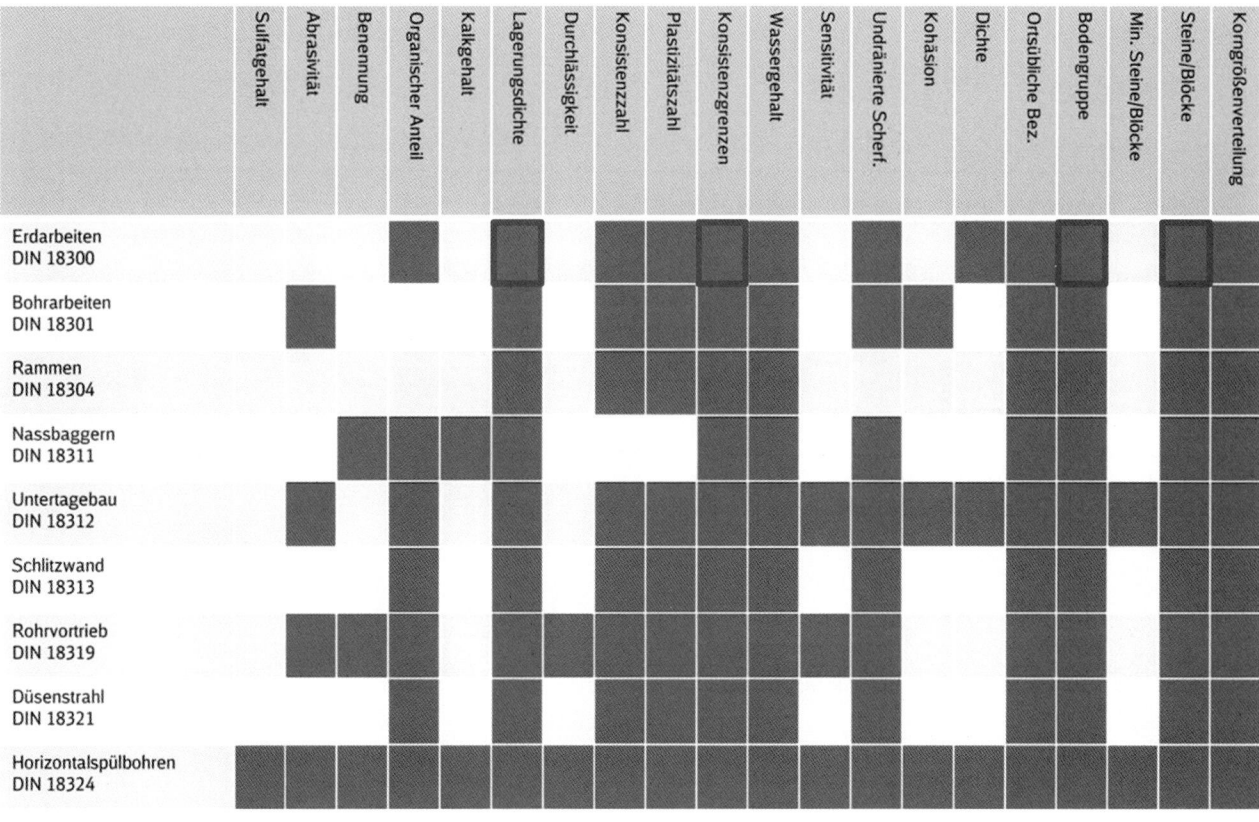

: reduzierter Parameterumfang bei Projekten der Geotechnischen Kategorie GK 1

mittlung der Bandbreite der Eigenschaften – ersatzweise – auch auf der Basis von Erfahrungswerten erfolgen.

Am Beispiel der „Erdarbeiten" sind gemäß DIN 18300 *für jeden Homogenbereich* folgende Angaben in einer Ausschreibung zu machen, wobei alle Kennwerte in einer *Bandbreite*, d. h. mit einem Kleinst- und Größtwert anzugeben sind:

- ortsübliche Bezeichnung,
- Korngrößenverteilung mit Körnungsbändern nach DIN 18123,
- Massenanteil Steine, Blöcke und große Blöcke nach DIN EN ISO 14688-1, Bestimmung durch Aussortieren, und Vermessen bzw. Sieben, anschließend Wiegen und dann auf die zugehörige Aushubmasse beziehen,
- Dichte nach DIN EN ISO 17892-2 oder DIN 18125-2,
- undränierte Scherfestigkeit nach DIN 4094-4 oder DIN 18136 oder DIN 18137-2,
- Wassergehalt nach DIN EN ISO 17892-1,
- Plastizitätszahl nach DIN 18122-1,

- Konsistenzzahl nach DIN 18122-1,
- Lagerungsdichte: Definition nach DIN EN ISO 14688-2, Bestimmung nach DIN 18126,
- organischer Anteil nach DIN 18128,
- Bodengruppe nach DIN 18196.

Für „Erdarbeiten" im Fels sind nach DIN 18300 folgende Angaben in einer Ausschreibung zu machen:

- ortsübliche Bezeichnung,
- Benennung von Fels nach DIN EN ISO 14689-1,
- Dichte nach DIN EN ISO 17892-2 oder DIN 18125-2,
- Verwitterung und Veränderung, Veränderlichkeit nach DIN EN 14689-1,
- Einaxiale Druckfestigkeit des Gesteins nach DIN 18141-1 bzw. DGGT-Empfehlung Nr. 1: „Einaxiale Druckfestigkeit an zylindrischen Gesteinsprüfkörpern" des AK 3.3 „Versuchstechnik im Fels",
- Trennflächenrichtung, Trennflächenabstand, Gesteinskörperform nach DIN EN ISO 14689-1.

Tafel 13.73 VOB/C, Kap. 2 „Stoffe, Bauteile", Kap. 2.3 „Einteilung von Boden und Fels in Homogenbereiche": in Abhängigkeit von dem Gewerk zu ermittelnde Kennwerte für Fels (Festgestein)

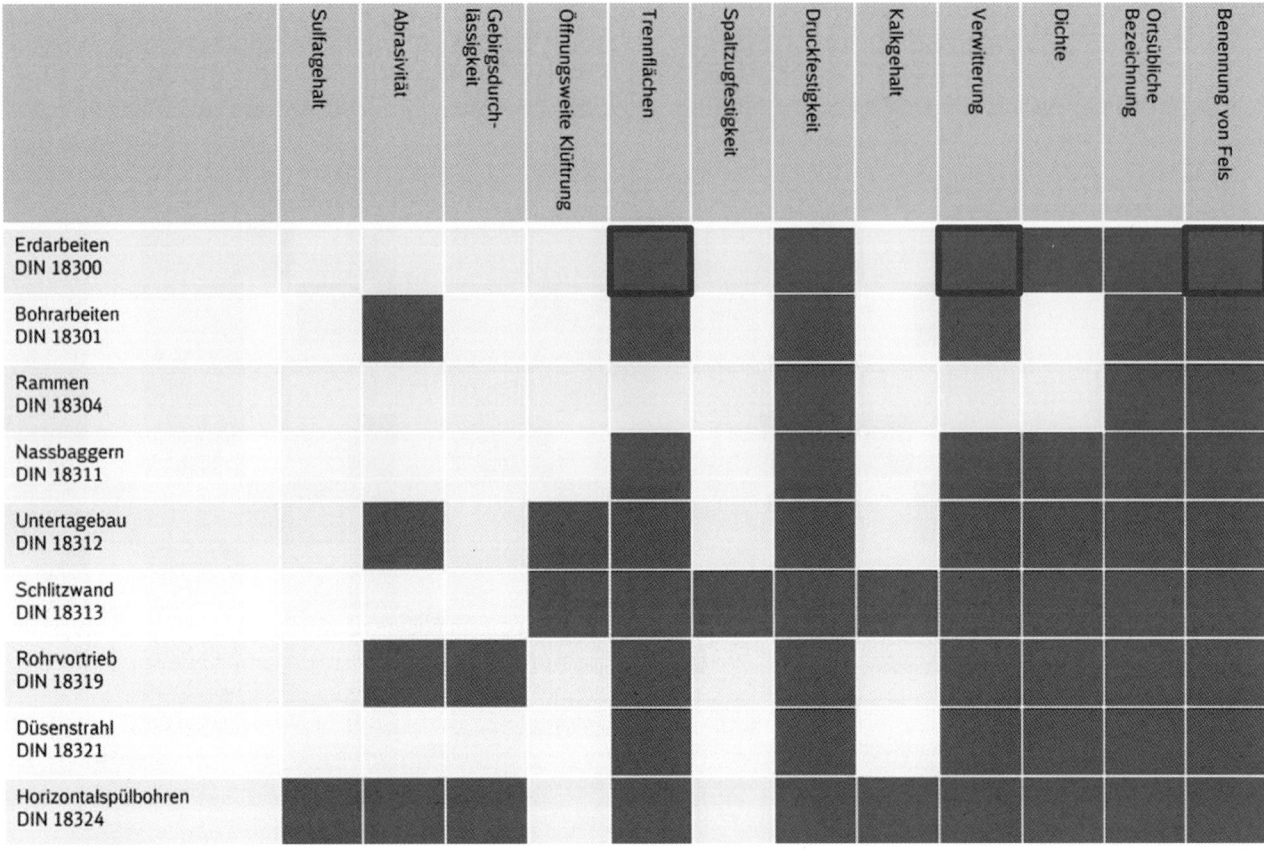

: reduzierter Parameterumfang bei Projekten der Geotechnischen Kategorie GK 1

Tafel 13.74 VOB/C, Kap. 2 „Stoffe, Bauteile", Kap. 2.3 „Einteilung von Boden und Fels in Homogenbereiche": Normen und Empfehlungen, mit denen gemäß VOB/C die Eigenschaften/Kennwerte von Boden zu bestimmen sind

a Bodenparameter: stoffliche Eigenschaften

Eigenschaften/Kennwerte	Bewertungs-/Prüfnorm
Bodengruppe	DIN 18196
Korngrößenverteilung	DIN 18123
Anteil an Steinen (> 63 mm) und Blöcken (> 200 mm)	DIN EN ISO 14688-1
Mineralogische Zusammensetzung Steine und Blöcke	DIN EN ISO 14689-1
Kalkgehalt	DIN 18129
Organischer Anteil	DIN 18128
Benennung und Beschreibung organischer Böden	DIN EN ISO 14688-1
Abrasivität	NF P18-579
Sulfatgehalt	DIN EN 1997-2
Konsistenzgrenzen	DIN 18122-1
Sensitivität	DIN 4094-4
Plastizitätszahl	DIN 18122-1

b Bodenparameter: natürlicher Zustand

Eigenschaften/Kennwerte	Bewertungs-/Prüfnorm
Ortsübliche Bezeichnung	–
Konsistenzzahl	DIN 18122-1
Durchlässigkeit	DIN 18130
Lagerungsdichte	Definition nach DIN EN ISO 14688-2, Bestimmung nach 18126
Dichte	DIN 18125, Teil 1 oder 2
Kohäsion	DIN 18137, Teil 1 bis 3
undränierte Scherfestigkeit	DIN 4094-4 od. DIN 18136 od. DIN 18137-2
Wassergehalt	DIN 18121-1

Tafel 13.75 VOB/C, Kap. 2 „Stoffe, Bauteile", Kap. 2.3 „Einteilung von Boden und Fels in Homogenbereiche": Normen und Empfehlungen, mit denen gemäß VOB/C die Eigenschaften/Kennwerte von Fels (Felsgestein) zu bestimmen sind

Felsparameter	
Eigenschaften/Kennwerte	Bewertungs-/Prüfnorm
Benennung von Fels	DIN EN ISO 14689-1
Dichte	DIN 18125, Teil 1 oder 2
Verwitterung inkl. Veränderungen, Veränderlichkeit	DIN EN ISO 14689-1
Kalkgehalt	DIN 18129
Druckfestigkeit	DGGT Nr. 1
Spaltzugfestigkeit	DGGT Nr. 10
Trennflächenrichtung, Trennflächenabstand, Gesteinskörperform	DIN EN ISO 14689-1
Öffnungsweite und Kluftfüllung von Trennflächen	DIN EN ISO 14689-1
Gebirgsdurchlässigkeit	DIN EN ISO 14689-1
Abrasivität	NF P94-430-1
ortsübliche Bezeichnung	–
Sulfatgehalt	DIN EN 1997-2

Bei Projekten der Geotechnischen Kategorie GK 1 nach DIN 4020 (Beurteilungskriterien siehe Anhang AA in Handbuch EC 7-1; z. B. Rohrgräben bis 2 m Tiefe, Einfamilienhaus in einfachen Baugrundverhältnissen) ist bei Erdarbeiten (DIN 18300) in Boden und Fels ein reduzierter Umfang an Eigenschaften ausreichend:

- im Boden:
  - Massenanteil Steine, Blöcke und große Blöcke nach DIN EN ISO 14688-1, Bestimmung durch Aussortieren, und Vermessen bzw. Sieben, anschließend Wiegen und dann auf die zugehörige Aushubmasse beziehen,
  - Plastizitätszahl nach DIN 18122-1,
  - Konsistenzzahl nach DIN 18122-1,
  - Lagerungsdichte: Definition nach DIN EN ISO 14688-2, Bestimmung nach DIN 18126,
  - Bodengruppe nach DIN 18196.
- im Fels:
  - Benennung von Fels nach DIN EN ISO 14689-1,
  - Verwitterung und Veränderung, Veränderlichkeit nach DIN EN 14689-1,
  - Trennflächenrichtung, Trennflächenabstand, Gesteinskörperform nach DIN EN ISO 14689-1.

Tafel 13.76 Klassifikation der Frostempfindlichkeit von Bodenarten (ZTVE-StB 97, Tabelle 1)

	Frostempfindlichkeit	Kurzzeichen nach DIN 18196
F1	nicht frostempfindlich	GW, GI, GE, SW, SI, SE
F2	gering bis mittel frostempfindlich	TA, OT, OH, OK [ST, GT, SU, GU][a]
F3	sehr frostempfindlich	TL, TM, UL, UM, UA, OU, S̄T̄, ḠT̄, SU, GŪ

[a] Zu F1, wenn Körnungskriterien nach Abschn. 2.3.3.1 der ZTVE-StB nicht erfüllt sind.

13.15.2 Frostempfindlichkeitsklassen nach ZTVE-StB

Siehe Tafel 13.76.

13.15.3 Klassifizierung kontaminierter Böden

Der Handlungsbedarf für eine Bodensanierung ist nach Abschn. Abfallwirtschaft einzuschätzen. Dabei werden u. a. die von einem chemischen Labor ermittelten chem. Inhaltsstoffe des Bodens mit den Werten eines Standard- oder Referenzbodens verglichen, bei dem noch keine Sanierung erforderlich ist.

13.15.4 Verdichtung nach ZTVE-StB

Lässt sich der erforderliche Verformungsmodul auf dem Planum durch Verdichten nicht erreichen, ist entweder der Untergrund bzw. Unterbau zu verbessern oder zu verfestigen oder die Dicke der ungebundenen Tragschicht zu vergrößern. Die Maßnahmen sind in der Leistungsbeschreibung anzugeben.

Bei Böden und Felsschüttungen, bei denen die Ermittlung der Dichte schwierig oder nicht möglich ist, kann als Hilfskriterium der Verformungsmodul E_{v2} oder E_{v1} für das Überprüfen der nach Tafel 13.77 und 13.78 vorgeschriebenen Verdichtungsanforderungen herangezogen werden (ZTVE-StB 94, Tabelle 8 und 9).

Tafel 13.77 Anforderungen an das 10 %-Mindestquantil[a] für den Verdichtungsgrad D_{Pr} bei grobkörnigen Böden

	Bereich	Bodengruppen	D_{Pr} in %
1	Planum bis 1,0 m Tiefe bei Dämmen und 0,5 m Tiefe bei Einschnitten	GW, GI, GE, SW, SI, SE	100
2	1,0 m unter Planum bis Dammsohle	GW, GI, GE, S, SI, SE	98

Tafel 13.78 Anforderungen an das 10 %-Mindestquantil[a] für den Verdichtungsgrad D_{pr} bei gemischt- und feinkörnigen Böden

	Bereich	Bodengruppen	D_{Pr} in %
1	Planum bis 0,5 m Tiefe	GU, GT, SU, ST	100
		GU[a], GT[a], SU[a], ST[a], U, T, OK, OU, OT	97
2	0,5 m unter Planum bis Dammsohle	GU, GT, SU, ST, OH, OK	97
		GU[a], GT[a], SU[a], ST[a], U, T, OU, OT	95

[a] Das Mindestquantil ist das kleinste zugelassene Quantil (früher: Fraktile), unter dem nicht mehr als der vorgegebene Anteil von Merkmalswerten (z. B. für den Verdichtungsgrad) der Verteilung zugelassen ist. Bei einigen der gemischt- und feinkörnigen Böden wird zusätzlich der Luftporenanteil begrenzt.

Tafel 13.79 Erforderlicher Verformungsmodul des Erdplanums als zusätzliche Anforderung zu den Werten der Tafeln 13.77 und 13.78, Zeile 1

Zeile	Untergrund bzw. Unterbau	Tragschicht	Bauklasse	erf E_{V2} [MN/m^2]
1	frostsicher	ohne	I bis IV, SV	120
2			V, VI	100
3	frostempfindlich	ungebunden (meist Frostschutzschicht) oder gebunden (ohne Frostschutzschicht)	I bis V	45

Tafel 13.80 Richtwerte für die Zuordnung von Verdichtungsgrad D_{pr} und Verformungsmodul E_{v2} bei grobkörnigen Bodenarten

Bodenart	GW–Gl			GE–SE–SW–Sl		
D_{Pr} in % $\geq$	100	98	97	100	98	97
E_{v2} in MN/m^2 $\geq$	100	80	70	80	70	60

Tafel 13.81 Richtwerte für den Verhältniswert E_{v2}/E_{v1} in Abhängigkeit vom Verdichtungsgrad

Verdichtungsgrad D_{Pr} in %	≥ 100	≥ 98	≥ 97
Verhältniswert E_{v2}/E_{v1}	$\leq 2{,}3$	$\leq 2{,}5$	$\leq 2{,}6$

Tafel 13.82 Wahl der Schütthöhen beim Verdichten von Leitungsgräben oder engen Baugruben

1	Ort	Geräte	Schütthöhe (in cm) bei den Bodengruppen		
			GW, GE, GI, SW, SE, Sl	GU, GT, SU, ST, GU*, GT*, SU*, ST*	U, T, OH, OU, OT, OK
2	Leitungszone und enge Baugrube	leichte Verdichtungsgeräte	20 bis 30	15 bis 25	10 bis 20
3	Oberhalb der Leitungszone	mittlere und schwere Verdichtungsgeräte	30 bis 50	20 bis 40	20 bis 30

Tafel 13.83 Auflockerungsfaktor beim Wiedereinbau der Böden in % nach [4]

Boden, Fels	Ton	Lehm, Sand	Kiessand	Kies	Tonstein, Mergelstein	Kalkstein, Sandstein, Granit u. a.
nach dem Lösen	+20 bis +30	+15 bis +25	+20 bis +25	+25 bis +30	+25 bis +30	+35 bis +60
nach dem Verdichten	+2 bis −10	−5 bis −15	−5 bis −15	+8 bis 0	+2 bis +15	+10 bis +35

Es bedeuten: + Auflockerung, − Überverdichtung

Tafel 13.84 Mindestanzahl der Eigenüberwachungsprüfungen

Zeile	Bereich	Mindestanzahl
1	Planum	3 je 4000 m^2
2	Unterbau	3 je 5000 m^2
3	Untergrund	3 je 5000 m^2
4	Bauwerkshinterfüllung	3 je 500 m^3
5	Bauwerksüberschüttung	3 innerhalb des ersten Meters der Überschüttung
6	Leitungsgraben	3 je 150 m Länge pro m Grabentiefe
7	Bei kommunalen Straßen und bei abschnittsweisem Bauen	1 je 2000 m^2 mindestens aber je 100 m

Tafel 13.85 Zusammenhang zwischen Radeinsenkungs- und Verformungsmodul E_{v2} bei einer statistischen Sicherheit von 95 % nach [6]

E_{v2}-Modul in MN/m^2	s in mm	s_{95} in mm
30	$3{,}0 \leq s \leq 22{,}2$	8,1
45	$2{,}0 \leq s \leq 14{,}7$	5,4
60	$1{,}3 \leq s \leq 9{,}7$	3,6
120	$0{,}2 \leq s \leq 1{,}9$	0,7

Literatur

1. Grundbautaschenbuch (GBT): 8. Aufl. Teil 1: 2017, Teil 2: 2017 und Teil 3: 2018, Berlin: Ernst & Sohn

2. Grundbautaschenbuch (GBT): 5. Aufl. Teil 1: Teil 2: 1991, Berlin: Ernst & Sohn

3. *Weissenbach, A.:* Baugruben, Teil 2. Berlin: Wilhelm Ernst & Sohn, 1975

4. *Türke, H.:* Statik im Erdbau, 3. Aufl., Berlin: Wilhelm Ernst & Sohn, 1998

5. *Simmer, K.:* Grundbau 1, 19. Aufl. 1994 Grundbau 2, 18. Aufl. Stuttgart: B. G. Teubner 1999

6. *Floss, R.:* ZTVE-StB 76, Kommentar, 2. Aufl. Bonn: Kirschbaum, 1997

7. *Hilmer, K.:* Dränung zum Schutz baulicher Anlagen: Planung, Bemessung und Ausführung; Kommentar zur DIN 4095, Geotechnik **13**, H. 4 (1990)

8. *Franke, E.:* Ruhedruck in kohäsionslosen Boden. Die Bautechnik **51** (1974)

9. *Kany, M.:* Berechnung von Flachengründungen, Bd. 1 u. 2, Berlin, München, Düsseldorf: Wilhelm Ernst & Sohn, 1974

10. *Wölfer, K.-H.:* Elastisch gebettete Balken und Platten, Zylinderschalen, 4. Aufl., Wiesbaden und Berlin: Bauverlag GmbH, 1978

11. *Smoltczyk, U.:* Die Einspannung im beliebig geschichteten Baugrund. Der Bauingenieur **38**, H. 10 (1963)

12. *Titze, E.:* Über den seitlichen Bodenwiderstand bei Pfahlgründungen, Bauingenieur-Praxis, H. 77. Berlin: Wilhelm Ernst & Sohn, 1970

13. *Sherif, G.:* Elastisch eingespannte Bauwerke, Tafeln zur Berechnung nach dem Bettungsmodulverfahren mit variablen Bettungsmoduln, Berlin, München, Düsseldorf: Wilhelm Ernst & Sohn, 1974

14. *Ranke, A., Ostermayer, H.:* Beitrag zur Stabilitätsuntersuchung mehrfach verankerter Baugrubenumschließungen. Die Bautechnik **45**, H. 10 (1968)

15. *Fischer, K.:* Beispiele zur Bodenmechanik, Berlin, München: Wilhelm Ernst & Sohn, 1965

16. *Franke, E.:* Pfähle, Abschn. 3.2 im Grundbautaschenbuch (GBT), Teil 3, 6. Aufl.: Berlin: Ernst & Sohn, 2001

17. *Ziegler, M.:* Geotechnische Nachweise nach DIN 1054, Einführung mit Beispielen – 3. Auflage, Ernst & Sohn, 2012

18. *Sadgorski, W., Smoltczyk, U.:* Sicherheitsnachweise im Erd- und Grundbau, Beuth-Kommentare, Berlin – Wien – Zürich: Beuth-Verlag, 1996

19. Geotechnik, Sonderheft: Beiträge zur Europäischen Normung, Essen: Verlag Glückauf, 1999

20. *Möller, G.:* Geotechnik Kompakt Bodenmechanik, Berlin: Bauwerk, 2001

21. Wissensspeicher Geotechnik, Bauhaus-Universität Weimar, 11. Auflage 1999

22. *Dörken, W., Dehne, E., Klisch, K.:* Grundbau in Beispielen – Teile 1–3, Werner Verlag Düsseldorf, 4. Auflage 2009

23. *Herth, Arndts:* Theorie und Praxis der Grundwasserabsenkung, Ernst & Sohn, Berlin 1985

13

Bauen im Bestand

14

Prof. Dr.-Ing. Uwe Weitkemper

Inhaltsverzeichnis

14.1 Einführung und Begriffe 989
14.2 Bauwerksüberwachung und Bauwerksprüfung 991
 14.2.1 Rechtliche Grundlagen und Regelwerke 991
 14.2.2 DIN 1076 und RI-EBW-PRÜF 992
 14.2.3 RBBau (Teil C) und RÜV 993
 14.2.4 Hinweise der ARGEBAU 996
 14.2.5 VDI-Richtlinie 6200 996
14.3 Tragwerksplanung im Bestand 1001
 14.3.1 Besonderheiten der Planung im Bestand 1001
 14.3.2 Bestandsschutz und Denkmalschutz 1002
 14.3.3 Bestandsaufnahme und baulicher Zustand 1004
 14.3.4 Schadstoffe bei der Bestandsaufnahme 1008
14.4 Bewertung von Massivtragwerken 1010
 14.4.1 Einführung und Hinweise 1010
 14.4.2 Werkstoffkennwerte für Beton und Betonstahl . . 1011
 14.4.3 Betondruckfestigkeit im Bestand 1017
 14.4.4 Modifikation von Teilsicherheitsbeiwerten 1021
 14.4.5 Bewertung der Tragfähigkeit 1022
 14.4.6 Bewertung von Gebrauchstauglichkeit und
     Dauerhaftigkeit 1023
 14.4.7 Belastungsversuche am Bauwerk 1023
14.5 Verstärkung von Massivtragwerken 1024
 14.5.1 Vorbemerkungen 1024
 14.5.2 Verstärkung mit Aufbeton 1024
 14.5.3 Spritzbetonverstärkung von Stahlbetonstützen . . 1026
 14.5.4 Verstärkung mit Kohlefaserlamellen 1027

14.1 Einführung und Begriffe

Als Nutzungsdauer von Bauwerken wird der vorgesehene Zeitraum bezeichnet, in dem Bauwerke, eine laufende Instandhaltung vorausgesetzt, ohne wesentliche Instandsetzungsmaßnahmen bestimmungsgemäß nutzbar sind. Dabei wird davon ausgegangen, dass bei richtiger Planung, Bemessung und Bauausführung sowie bestimmungsgemäßem Gebrauch alle Anforderungen an das Bauwerk hinsichtlich Tragfähigkeit, Gebrauchstauglichkeit und Dauerhaftigkeit mit einer ausreichenden Zuverlässigkeit über die geplante Nutzungsdauer erfüllt werden.

Gemäß DIN EN 1990 wird für Gebäude und andere gewöhnliche Tragwerke eine Nutzungsdauer von 50 Jahren, für monumentale Gebäude und Brücken von 100 Jahren vorausgesetzt. Den Unsicherheiten aus zeitlichen Veränderungen muss durch eine regelmäßige Bauwerksüberprüfung begegnet werden. Mit DIN 1076 [29] liegt für die Bauwerksprüfung von Ingenieurbauwerken im Zuge von Straßen und Wegen ein seit geraumer Zeit entwickeltes, technisches Regelwerk vor.

Für die Bauwerksüberprüfung von Bauwerken des Hochbaus sind entsprechende Regelwerke in der Entstehung. Die Entwicklung dieser Regelwerke hat durch einige Fälle von Tragwerksversagen im In- und Ausland an Bedeutung gewonnen. Von der Bauministerkonferenz der Länder (ARGEBAU) wurde im Jahr 2006 ein Grundlagenpapier mit Hinweisen für die regelmäßige Überprüfung üblicher Bauwerke des Hochbaus erarbeitet [1]. Als Anhang zur Musterbauordnung (MBO) [37] sind diese Hinweise den anerkannten Regeln der Technik zu zuordnen. Die Hinweise der Bauministerkonferenz werden ergänzt und konkretisiert durch die VDI-Richtlinie 6200 [43].

Unabhängig von den vorgestellten Regelwerken ergibt sich die Verpflichtung zu laufenden Überwachungsmaßnahmen im Zuge der Verkehrssicherungspflicht. Die MBO führt hierzu aus:

> Anlagen sind so anzuordnen, zu errichten, zu ändern und instand zu halten, dass die öffentliche Sicherheit und Ordnung, insbesondere Leben, Gesundheit und die natürlichen Lebensgrundlagen, nicht gefährdet werden. (MBO § 3-1)

Gegenüber der regelmäßigen Bauwerksprüfung zielen Baumaßnahmen im Bestand auf eine Instandsetzung, Ertüchtigung oder eine Nutzungsänderung von Bauwerken ab.

Bei der Instandsetzung werden Maßnahmen zur Wiederherstellung der ursprünglich geplanten Funktionsfähigkeit vorgenommen. In diesen Fällen greift unter Umständen der Bestandsschutz. Dieser gestattet, dass eine bauliche Anla-

U. Weitkemper ✉
Fachhochschule Bielefeld, Campus Minden, Artilleriestraße 9,
32427 Minden, Deutschland

© Springer Fachmedien Wiesbaden GmbH 2018
U. Vismann (Hrsg.), *Wendehorst Bautechnische Zahlentafeln*, https://doi.org/10.1007/978-3-658-17936-6_14

Tafel 14.1 Begriffe zum Bauen im Bestand nach [12, 43]

Begriff	Beschreibung	Beispiel
Änderung	Wesentliche Umgestaltung oder Erweiterung von baulichen Anlagen, wobei ein vom vorhandenen Zustand abweichender neuer Zustand erzeugt wird. Die Änderung wird insbesondere durch Nutzungsänderungen begründet. Aber auch der Ersatz oder die Ergänzung wesentlicher Bauteile, die aufgrund bauordnungsrechtlicher Regeln zum Zeitpunkt der Errichtung genehmigungspflichtig waren bzw. zum Zeitpunkt der Änderung genehmigungspflichtig sind, sind als Änderung aufzufassen.	Umnutzung u. Umbau eines Wohngebäudes zum Hotel
Bauen im Bestand	*Instandsetzung*, *Ertüchtigung* oder *Änderung* bestehender baulicher Anlagen	–
Bestandsaufnahme	Untersuchung, um Informationen und Daten über den Bestand zu beschaffen, z. B. durch Recherchen, Messungen, Prüfungen. Die Bestandsaufnahme ist Grundlage für die Bestandsbewertung und für alle Planungs- und Bauleistungen einschließlich der Formulierung der Bauaufgabe.	–
Bestandsbewertung	Verantwortliche Auswertung der Bestandsaufnahme als Grundlage für Planung und Bauausführung im Hinblick auf die im konkreten Fall gestellte Bauaufgabe	–
Dauerhaftigkeit	Dauerhaftigkeit ist die Eigenschaft eines Bauwerks oder einzelner Bauteile, die Tragfähigkeit und die Gebrauchstauglichkeit während der gesamten Nutzungsdauer bei angemessener Instandhaltung sicherzustellen.	–
Erstüberprüfung	Erstüberprüfung ist die erste Überprüfung der Standsicherheit eines Bestandsbauwerks. Sie erfolgt in der Regel durch eine besonders fachkundige Person.	–
Ertüchtigung	Maßnahmen am Bauwerk oder an Bauteilen mit Verbesserung der Eigenschaften über den Ursprungszustand hinaus. Hierzu gehören z. B. Vergrößerungen der Tragfähigkeit, der Feuerwiderstandsdauer, der Dauerhaftigkeit oder die Verbesserung von Gebrauchseigenschaften usw.	Erhöhung der Nutzlast in einem Gebäude
Instandhaltung	Maßnahmen während der Nutzungsdauer zur Aufrechterhaltung des Soll-Zustandes oder der vollen Gebrauchstauglichkeit eines Bauwerks oder Bauteils in einer Ausführung, die mindestens dem zum Zeitpunkt der Errichtung vorhandenen Stand der Technik entspricht, ohne wesentlich verbessernden Charakter. Diese Maßnahmen bedürfen keiner gesonderten Genehmigung. Hierzu gehören Wartung und Pflege, Konservierung, regelmäßige Überprüfungen (vergl. VDI-Richtlinie [43]), Erneuern von Verschleißteilen, Renovierung, Reinigung usw.	Erneuerung von Korrosionsschutzanstrichen
Instandsetzung	Wiederherstellen des Soll-Zustandes oder der vollen Gebrauchstauglichkeit eines Bauwerks oder Bauteils in einer Ausführung, die den ursprünglich bzw. aktuell anerkannten Regeln der Technik entspricht, also ohne verbessernden Charakter der Eigenschaften. Hierzu gehören Sanierung, Austausch schadhafter Bauteile oder Bauprodukte, Reparatur usw.	Austausch schadhafter Bauteile
Lebensdauer	Zeitraum, in dem ein Tragwerk standsicher und gebrauchstauglich ist	–
Mischungsverbot	Die Regeln der aktuell geltenden Technischen Baubestimmungen (neues Normenwerk) dürfen nicht mit älteren bzw. früher geltenden technischen Regeln (altes Normenwerk) kombiniert werden. Ausnahmen vom Mischungsverbot sind z. B. zulässig für die Bemessung einzelner Bauteile, wenn diese einzelnen Bauteile innerhalb des Tragwerks Teiltragwerke bilden, die nur Stützkräfte weiterleiten. Dazu gehören z. B. Fertigteile und vergleichbare Bauteile, wenn diese mit dem Gesamttragwerk nicht monolithisch verbunden sind und die Übertragung der Schnittgrößen innerhalb des Gesamttragwerks sowie die Gesamtstabilität nicht berührt werden.	–
Nutzungsdauer	Vorgesehener Zeitraum, in dem Bauwerke oder Bauteile bei regelmäßiger Instandhaltung, aber ohne nennenswerte Instandsetzung, bestimmungsgemäß genutzt werden können	–
Robustheit	Robustheit ist die Eigenschaft eines Tragwerks oder von Tragwerksteilen, nicht schlagartig zu versagen bzw. den Verlust eines ausreichenden Tragwiderstands durch große Verformungen oder Rissbildungen anzukündigen.	–
Regelmäßige Überprüfung	Regelmäßige Überprüfung ist die Kontrolle hinsichtlich der Standsicherheit eines Bauwerks in regelmäßigen Zeitintervallen. Die regelmäßige Überprüfung umfasst Begehungen durch den Eigentümer oder Verfügungsberechtigten, Inspektionen durch fachkundige Personen und eingehende Überprüfungen durch besonders fachkundige Personen einschließlich der Dokumentation im Bauwerksbuch Standsicherheit (siehe Abschn. 14.2).	–
Bestandsschutz	Grundsatz der besagt, dass ein Bauwerk oder eine Anlage, die zu irgendeinem Zeitpunkt mit dem geltenden Recht in Einklang stand, in ihrem bisherigen Bestand und ihrer bisherigen Funktion erhalten und genutzt werden kann, auch wenn die Konstruktion oder Teile davon nicht mehr dem aktuell geltenden Recht entsprechen (näheres siehe Abschn. 14.3.2).	–

ge, die zum Zeitpunkt der Errichtung dem geltenden Recht entsprochen hat, auch dann in ihrer aktuellen Form weiter bestehen und genutzt werden kann, wenn sich die Rechtslage in der Folgezeit geändert hat.

Bei der Ertüchtigung baulicher Anlagen werden Maßnahmen zur Erhöhung der Funktionsfähigkeit (z. B. Tragfähig-keit, Dauerhaftigkeit oder Feuerwiderstandsdauer) ergriffen. Wie bei der Nutzungsänderung besteht bei der Ertüchtigung kein Bestandsschutz. Die aktuell gültigen technischen Regelwerke sind dann ohne Einschränkung anzuwenden.

Der Anteil der Bauaufgaben im Bestand nimmt gegenüber dem Neubau in Bezug auf das Bauvolumen, die Vielfalt und die Komplexität der Aufgabenstellung stetig an Bedeutung zu. Nach [38] sind nur etwa 10 % des Wohnungsbestandes jünger als 15 Jahre und entsprechen damit etwa dem Neubaustandard, während weitere 60 % des Wohnungsbestandes aus der Zeit vor 1960 stammen. Bei den Nichtwohngebäuden zeigt sich ein ähnliches Bild. Cirka 25 % der Baumaßnahmen im Bestand wurden durch einen Instandsetzungsbedarf ausgelöst. In den übrigen 75 % waren die Umbaumaßnahmen durch eine Nutzungsänderung begründet. Die geänderten Anforderungen an die Funktionalität der Bauwerke standen häufig im Zusammenhang mit einem Wechsel des Eigentümers oder des Nutzungsberechtigten.

14.2 Bauwerksüberwachung und Bauwerksprüfung

Der Eigentümer einer baulichen Anlage trägt grundsätzlich die Verantwortung und die Haftungsrisiken für die Standsicherheit und die Verkehrssicherheit, sowie die damit verbundene ordnungsgemäße Instandhaltung. Dieses gilt für bauliche Anlagen von privaten Eigentümern, des Bundes, der Länder oder von kommunalen Körperschaften.

Bei der Ermittlung und Beurteilung des Wertes einer baulichen Anlage wird der gesamte Lebenszyklus betrachtet. Dieser umfasst Planung, Bau, Nutzung, Umbau, geänderte Nutzung, Außerbetriebnahme und Rückbau. Mit möglichst geringen Kosten soll die Bausubstanz während der gesamten geplanten Nutzungsdauer in dem geplanten und geforderten Zustand erhalten werden.

Die regelmäßige Bauwerksprüfung ermöglicht in diesem Zusammenhang über die rechtlichen und technischen Belange hinaus das rechtzeitige Ergreifen von Maßnahmen zum Substanzerhalt. Damit kommt der Bauwerksprüfung auch eine hohe wirtschaftliche Bedeutung zu.

Auf den Zusammenhang zwischen Bauwerksprüfung und qualifizierter Bestandsaufnahme zur Vorbereitung einer Baumaßnahme im Bestand wird in Abschn. 14.3.3 eingegangen.

14.2.1 Rechtliche Grundlagen und Regelwerke

Während die Überprüfung von Ingenieurbauwerken im Zuge von Straßen und Wegen mit DIN 1076 normativ geregelt ist, gibt es für den Hochbau in Deutschland keine vergleichbare bauaufsichtlich eingeführte Norm.

Gebäude Die Verpflichtung zu laufenden Überwachungsmaßnahmen an Bauwerken ergibt sich aus der MBO § 3-1 in Verbindung mit der im Bürgerlichen Gesetzbuch § 823, §§ 836 bis 838 BGB vorgeschriebenen Verkehrssicherungspflicht. Die Verkehrssicherungspflicht gilt für den Eigentümer bzw. Verfügungsberechtigten und dient der Gefahrenab-

wehr für Dritte. Der Eigentümer kann die Sicherungspflicht auf Dritte übertragen. Er behält jedoch weiterhin die Verantwortung für Auswahl und Kontrolle der durch ihn Beauftragten [17].

Im September 2006 wurden die *Hinweise für die Überprüfung der Standsicherheit von baulichen Anlagen durch den Eigentümer/Verfügungsberechtigten* [1] von der Bauministerkonferenz der für Städtebau, Bau- und Wohnungswesen zuständigen Minister und Senatoren der Länder (ARGEBAU) veröffentlicht. Sie werden ergänzt und konkretisiert durch die Richtlinie VDI 6200 *Standsicherheit von Bauwerken, regelmäßige Überprüfung* [43].

Ergänzend gelten für die Bauwerksüberwachung von baulichen Anlagen des Bundes die *Richtlinien für die Durchführung von Bauaufgaben des Bundes* (RBBau), Abschn. C [9] in Verbindung mit der *Richtlinie für die Überwachung der Verkehrssicherheit von baulichen Anlagen des Bundes* (RÜV) [10].

Eine vollständige und laufend aktualisierte Bestandsdokumentation bildet die Grundlage regelmäßiger Bauwerksprüfungen. Die nachfolgend beschriebenen Regelwerke geben hierzu Hinweise (s. u.). Für Gebäude sei insbesondere auf das DBV-Merkblatt *Bauwerksbuch, Empfehlungen zur Sicherheit und Erhaltung von Gebäuden* verwiesen [17].

Ingenieurbauwerke im Zuge von Straßen und Wegen Der Träger der Straßenbaulast trägt nach § 4 Bundesfernstraßengesetz (FStrG) die Verantwortung dafür, dass die Bauwerke in seiner Zuständigkeit allen Anforderungen der *Sicherheit und Ordnung* genügen. Hieraus leitet sich die rechtliche Verpflichtung zu regelmäßigen Bauwerksprüfungen ab [5].

Die Straßenbaulast von Bundesfernstraßen trägt grundsätzlich der Bund. Die Zuständigkeit von Ortsdurchfahrten im Zuge von Bundesfernstraßen kann abweichend hiervon bei der Gemeinde liegen (§ 5 FStrG). Die Länder haben DIN 1076 *Ingenieurbauwerke im Zuge von Straßen und Wegen* [29] auf Veranlassung des BMVBS für eigene und in Auftragsverwaltung verwaltete Straßen verbindlich eingeführt. Kommunale Straßenbaulastträger sind nicht unmittelbar an die Verwaltungsvorschriften der Länder gebunden, jedoch ist DIN 1076 den *allgemein anerkannten Regeln der Technik* zuzuordnen.

Die regelmäßige Prüfung und Überwachung stellt eine fortlaufende Erfassung des Zustands der Bauwerke sicher. DIN 1076 macht hierzu Vorgaben für die technische Durchführung von Bauwerksprüfungen, zu den Prüfzyklen, den Prüfarten und den Anforderungen an das Prüfpersonal.

Die *Richtlinie zu einheitlichen Erfassung, Bewertung, Aufzeichnung und Auswertung von Ergebnissen der Bauwerksprüfung nach DIN 1076* (RI-EBW-PRÜF) [6] und das Programm SIB-Bauwerke [45] dienen der Vereinheitlichung von Aufnahmen der an den Bauwerken festgestellten Schäden.

Tafel 14.2 Zyklen der Bauwerksprüfung und Bauwerksüberwachung nach DIN 1076 [5]

Prüfungsart[a]	Prüfung vor Abnahme der Leistung	Anzahl der Prüfungen bis zur Verjährung der Mängelansprüche					Anzahl der Prüfungen bis zum Ende der Nutzungsdauer						
						Prüfung vor Ablauf der Verjährungsfrist für Mängelansprüche							
Baujahr		1	2	3	4	5	6	7	8	9	10	11	weiterhin
LB[b]		2×	2×	2×	2×	2×	2×	2×	2×	2×	2×	2×	2×
B		1×	1×		1×		1×	1×		1×	1×		1×[c]
E				•					•				Alle 6 Jahre
H[d]	•					•						•	Alle 6 Jahre
S		Auf Anordnung oder nach größeren Unwettern, Hochwasser, Verkehrsunfällen oder sonstigen den Bestand der Bauwerke beeinflussenden Ereignissen												

[a] Prüfungsarten siehe Text unten
[b] Beobachtung laufend im Rahmen der Streckenkontrolle und zusätzlich 2×/Jahr Beobachtung aller Bauteile von der Verkehrsebene/Geländeebene aus
[c] außer in den Jahren, in denen eine Haupt- oder einfache Prüfung durchgeführt wird
[d] für Holzbrücken gelten abweichende Regelungen gemäß RI-EBW-PRÜF

Sonstige Bauwerke Darüber hinaus existieren verschiedene Regelwerke für die Überprüfung sonstiger Bauwerke. Bezüglich der Überprüfung von Verkehrsbauwerken im Bereich der Deutschen Bahn AG wird u. a. auf DB Richtlinien 804 und 805 [11] verwiesen.

14.2.2 DIN 1076 und RI-EBW-PRÜF

DIN 1076 fordert für Ingenieurbauwerke im Zuge von Straßen und Wegen die nachfolgend beschriebene Überwachung und die Prüfungsarten mit den zugehörigen Prüfzyklen nach Tafel 14.2.

Laufende Beobachtung (LB) Im Rahmen der allgemeinen Überwachung der Verkehrswege werden alle Ingenieurbauwerke im Zuge der Streckenkontrolle im Hinblick auf die Verkehrssicherheit beobachtet. Zweimal jährlich sind darüber hinaus alle Bauteile (insbesondere Einbauteile und Schutzeinrichtungen) von der Verkehrsebene und Geländeniveau aus auf offensichtliche Mängel/Schäden zu beobachten.

Besichtigung (B) Einmal jährlich sind alle Ingenieurbauwerke von der Verkehrsebene und dem Gelände aus unter Nutzung der am Bauwerk vorhandenen Besichtigungseinrichtungen auf offensichtliche Mängel oder Schäden zu besichtigen. Eine Besichtigung muss zudem nach besonderen Ereignissen wie Hochwasser, Eisgang oder nach schweren Unfällen erfolgen.

Einfache Prüfung (EP) Die einfache Prüfung wird als intensive, erweiterte Sichtprüfung in der Regel ohne Anwendung von Besichtigungsgeräten durchgeführt.

In die Prüfung sind Funktionsteile wie Lager, Gelenke und Übergangskonstruktionen sowie Verankerungen von Berührungsschutz, Lärmschutzwänden und Leitungen etc. einzubeziehen. Die Prüfung erfolgt als vergleichende Prüfung zur Hauptprüfung jeweils drei Jahre nach der jeweiligen Hauptprüfung.

Hauptprüfung (HP) Bei einer Hauptprüfung sind alle Bauteile (ggf. mit Hilfe von Rüstungen und Besichtigungseinrichtungen) zu prüfen. Hierzu sind Abdeckungen von Bauwerksteilen zu öffnen und einzelne Bauwerksteile wo nötig zu reinigen. Es sind insbesondere die Mängel/Schäden zu dokumentieren, die einzeln oder in der Summe die Standsicherheit, die Dauerhaftigkeit oder die Verkehrssicherheit beeinträchtigen können.

Je nach Bauwerkszustand können zerstörungsfreie Prüfungen angewendet oder wenn nötig auch zerstörende Prüfverfahren (z. B. zur Feststellung von Betondeckung, Karbonatisierungstiefe und Rostgrad der Bewehrung) zum Einsatz kommen.

Nach der ersten Hauptprüfung (vor Abnahme der Bauleistung) und der zweiten Hauptprüfung (vor Ablauf der Verjährungsfrist der Gewährleistung) finden die Hauptprüfungen alle 6 Jahre statt.

Prüfung aus besonderem Anlass (SP) Nach außergewöhnlichen Ereignissen wie z. B. Hochwasser oder Unfällen muss eine Sonderprüfung durchgeführt werden. Art und Umfang der Prüfung ergeben sich aus dem zugrunde liegenden Ereignis.

Prüfung nach besonderen Vorschriften Bei maschinellen und elektrischen Anlagen ist zu prüfen, ob Überwachungs-

oder Prüfzyklen nach anderen Vorschriften eingehalten oder bei Mängeln und Schäden einschlägige notwendige Maßnahmen zu deren Beseitigung ergriffen wurden.

Anforderungen an die Prüfenden
Nach DIN 1076, Abschn. 5.1 gilt für das bei der Bauwerksprüfung einzusetzende Personal [29]:

> Mit den Prüfungen ist ein sachkundiger Ingenieur zu betrauen, der auch die statischen und konstruktiven Verhältnisse der Bauwerke beurteilen kann.

Das Anforderungsprofil des Ingenieurs der Bauwerksprüfung ist in [5] wie folgt näher beschrieben:
- abgeschlossenes Hochschul- bzw. Fachhochschulstudium im Bauingenieurwesen, in der Regel in der Fachrichtung Konstruktiver Ingenieurbau oder in einer vergleichbaren Fachrichtung.
- Berufserfahrungen von etwa 5–10 Jahren im Brücken- bzw. konstruktiven Ingenieurbau erwünscht, insbesondere in den Bereichen der Entwurfsbearbeitung, Bauausführung, Standsicherheitsberechnung oder Bauwerksinstandsetzung.
- Kenntnisse der technischen Vorschriften, Gesetze, Verwaltungsvorschriften und der Regeln der Verkehrssicherung, des Arbeitsschutzes und der Unfallverhütung.
- Gute körperliche und gesundheitliche Verfassung. Neben der gewünschten körperlichen Fitness und guter Hör- und Sehfähigkeit ist insbesondere die Schwindelfreiheit unabdingbare Voraussetzung.

Um die oben beschriebenen Anforderungen an die Ingenieure der Bauwerksprüfung zu gewährleisten, wurde 2008 auf Bundesebene der „Verein zur Förderung der Qualitätssicherung und Zertifizierung der Aus- und Fortbildung von Ingenieurinnen/Ingenieuren der Bauwerksprüfung" (VFIB) gegründet. Ein mit Lehrgängen und schriftlicher Abschlussprüfung beim VFIB zu erwerbendes Zertifikat wird in der Regel von den Straßenbauverwaltungen bei der Vergabe von Bauwerksprüfungen als Nachweis der Sachkunde verlangt [5].

Bewertung und Dokumentation von Schäden und Mängeln
Die *Richtlinie zur bundeseinheitlichen Erfassung, Bewertung, Aufzeichnung und Auswertung von Bauwerksprüfungen nach DIN 1076*, RI-EBW-PRÜF [6] regelt bundeseinheitlich die EDV-gestützte Aufnahme und Bewertung von Schäden und Mängeln im Rahmen der Bauwerksprüfung von Ingenieurbauwerken im Zuge von Straßen und Wegen.

Die Bewertung der festgestellten Schäden und Mängel erfolgt getrennt nach den Bereichen
- Standsicherheit (S),
- Dauerhaftigkeit (D),
- Verkehrssicherheit (V).

Für jeden dieser Bereiche werden die Schäden und Mängel einer Ziffer von 1 bis 4 gemäß den Definitionen zur Schadensbewertung der RI-EBW-PRÜF (siehe Tafel 14.3) zugeordnet. Nach den Vorgaben der *Anweisung Straßeninformationsdatenbank, Teilsystem Bauwerksdaten* (ASB-ING) [8] erfolgt dann zunächst eine Verschlüsselung der Schäden.

Nach einem festgelegten Algorithmus wird anschließend eine zusammenfassende Zustandsnote für ein Bauwerk ermittelt. Der Algorithmus berücksichtigt alle Einzelschadensbewertungen, den Schadensumfang und die Anzahl der Einzelschäden. Für die EDV-gestützte bundeseinheitliche Verarbeitung der Daten aus den Bauwerksprüfungen wird das Programm SIB-Bauwerke [45] verwendet.

Mit dem Programm erfolgen Erfassung, Dokumentation, Verwaltung und Auswertung der Schäden. Es wird die Zustandsnote ermittelt und ein digitales Bauwerksbuch erstellt.

14.2.3   RBBau (Teil C) und RÜV

Die RÜV [10] regelt in Ergänzung zu Abschn. C, RBBau [9] verbindlich Art und Umfang der Überwachung der Standsicherheit und Verkehrssicherheit von baulichen Anlagen, die in der Unterhaltungslast des Bundes oder Dritter im Sinne der RBBau stehen. Sie dient neben wirtschaftlichen Erwägungen vorrangig der Abwehr von Gefahren, die von den Bauwerken ausgehen können.

Die Überwachung der baulichen Anlagen des Bundes besteht zuerst aus der jährlichen Baubegehung nach Abschn. C, RBBau, die für alle Bauwerke durchzuführen ist. Daran schließt sich ein in der Richtlinie beschriebenes Stufenverfahren an, das auf der Unterscheidung von *vorrangig* und *nachrangig* zu untersuchenden Gebäuden basiert.

Auch ohne weitere Bewertung werden Hallenbäder, Sporthallen und Versammlungsstätten den vorrangig zu untersuchenden Gebäuden (Klasse 1) zugeordnet. Bei der Ersteinschätzung sind mit Hilfe von Ausschlusskriterien diejenigen Bauwerke herauszufiltern, die in der Regel ein geringeres Gefährdungspotential aufweisen (Klasse 2). Näheres hierzu siehe RÜV, Abschn. 4.2.

Art, Umfang und Häufigkeit der Überwachung werden für jedes Bauwerk anhand einer individuellen Risikoeinschätzung festgelegt. Die Kriterien und Anhaltspunkte für die Erkennung risikobehafteter Gebäude und Bauteile definiert Anlage 2, RÜV wie folgt:
- Lage und Standortsituation des Gebäudes,
- Alter und Erhaltungszustand der baulichen Anlage (z. B. Schadensbilder, alte Schäden, aktuelle Schäden),
- Art der Konstruktion, sowie deren Durchbildung und Schadensanfälligkeit (z. B. weitgespannte Tragwerke, großflächige/leichte Dachkonstruktionen, Fassaden und Fassadenverankerungen, abgehängte Decken, Spannbetonkonstruktionen),

Tafel 14.3 Schadensbewertung nach RI-EBW-PRÜF [6]

Schadensbewertung *Standsicherheit (S)*

Bewertung	Beschreibung
0	Der Mangel/Schaden hat **keinen Einfluss** auf die Standsicherheit des **Bauteils/Bauwerks**
1	Der Mangel/Schaden **beeinträchtigt** die Standsicherheit des **Bauteils**, hat jedoch keinen Einfluss auf die Standsicherheit des **Bauwerks**. Einzelne geringfügige Abweichungen in Bauteilzustand, Baustoffqualität oder Bauteilabmessungen und geringfügige Abweichungen hinsichtlich der planmäßigen Beanspruchung liegen noch **deutlich im Rahmen der zulässigen Toleranzen**. **Schadensbeseitigung** im Rahmen der **Bauwerksunterhaltung**
2	Der Mangel/Schaden **beeinträchtigt** die Standsicherheit des **Bauteils**, hat jedoch nur **geringen Einfluss** auf die Standsicherheit des **Bauwerks**. Die Abweichungen in Bauteilzustand, Baustoffqualität oder Bauteilabmessungen oder hinsichtlich der planmäßigen Beanspruchung aus der Bauwerksnutzung **haben die Toleranzgrenzen erreicht** bzw. **in Einzelfällen überschritten**. **Schadensbeseitigung mittelfristig** erforderlich
3	Der Mangel/Schaden **beeinträchtigt** die Standsicherheit des **Bauteils** und des **Bauwerks**. Die Abweichungen in Bauteilzustand, Baustoffqualität oder Bauteilabmessungen oder hinsichtlich der planmäßigen Beanspruchung aus der Bauwerksnutzung **übersteigen die zulässigen Toleranzen**. Erforderliche Nutzungseinschränkungen sind nicht vorhanden oder unwirksam. Eine **Nutzungseinschränkung** ist **gegebenenfalls umgehend vorzunehmen**. **Schadensbeseitigung kurzfristig** erforderlich
4	Die Standsicherheit des **Bauteils** und des **Bauwerks** ist **nicht mehr gegeben**. Erforderliche Nutzungseinschränkungen sind nicht vorhanden oder unwirksam. **Sofortige Maßnahmen** sind während der Bauwerksprüfung erforderlich. Eine **Nutzungseinschränkung** ist **umgehend** vorzunehmen. Die **Instandsetzung** oder **Erneuerung** ist **einzuleiten**.

Schadensbewertung *Verkehrssicherheit (V)*

Bewertung	Beschreibung
0	Der Mangel/Schaden hat **keinen Einfluss** auf die Verkehrssicherheit
1	Der Mangel/Schaden hat **kaum Einfluss** auf die Verkehrssicherheit; die Verkehrssicherheit **ist gegeben**. **Schadensbeseitigung** im Rahmen der **Bauwerksunterhaltung**
2	Der Mangel/Schaden **beeinträchtigt geringfügig** die Verkehrssicherheit; die Verkehrssicherheit ist jedoch **noch gegeben**. **Schadensbeseitigung** oder **Warnhinweis erforderlich**
3	Der Mangel/Schaden **beeinträchtigt** die Verkehrssicherheit; die Verkehrssicherheit ist **nicht mehr voll gegeben**. **Schadensbeseitigung** oder **Warnhinweis kurzfristig erforderlich**
4	Durch den Mangel/Schaden ist die Verkehrssicherheit **nicht mehr gegeben**. **Sofortige Maßnahmen** sind während der Bauwerksprüfung erforderlich. Eine **Nutzungseinschränkung** ist **umgehend** vorzunehmen. Die **Instandsetzung** oder **Erneuerung** ist **einzuleiten**.

Schadensbewertung *Dauerhaftigkeit (D)*

Bewertung	Beschreibung
0	Der Mangel/Schaden hat **keinen Einfluss** auf die Dauerhaftigkeit des **Bauteils/Bauwerks**
1	Der Mangel/Schaden **beeinträchtigt** die Dauerhaftigkeit des **Bauteils**, hat jedoch **langfristig** nur **geringen Einfluss** auf die Dauerhaftigkeit des **Bauwerks**. Eine Schadensausbreitung oder Folgeschädigung anderer Bauteile ist nicht zu erwarten. **Schadensbeseitigung** im Rahmen der **Bauwerksunterhaltung**
2	Der Mangel/Schaden **beeinträchtigt** die Dauerhaftigkeit des **Bauteils** und kann **langfristig** auch zur Beeinträchtigung der Dauerhaftigkeit des **Bauwerks** führen. Die Schadensausbreitung oder Folgeschädigung anderer Bauteile kann nicht ausgeschlossen werden. **Schadensbeseitigung mittelfristig erforderlich**
3	Der Mangel/Schaden beeinträchtigt die Dauerhaftigkeit des Bauteils und führt mittelfristig zur Beeinträchtigung der Dauerhaftigkeit des Bauwerks. Eine Schadensausbreitung oder Folgeschädigung anderer Bauteile ist zu erwarten. **Schadensbeseitigung kurzfristig erforderlich**
4	Durch den Mangel/Schaden ist die Dauerhaftigkeit des **Bauteils** und des **Bauwerks nicht mehr gegeben**. Die Schadensausbreitung oder Folgeschädigung anderer Bauteile erfordert **umgehend** eine **Nutzungseinschränkung**, **Instandsetzung** oder **Bauwerkserneuerung**.

Tafel 14.4 Ermittlung von Zustandsnoten nach RI-EBW-PRÜF [6]

Notenbereich	Beschreibung
1,0–1,4	Sehr guter Zustand
	Die **Standsicherheit**, **Verkehrssicherheit** und **Dauerhaftigkeit** des Bauwerks **sind gegeben**. **Laufende Unterhaltung** erforderlich
1,5–1,9	Guter Zustand
	Die **Standsicherheit** und **Verkehrssicherheit** des Bauwerks sind **gegeben**. Die **Dauerhaftigkeit** mindestens einer **Bauteilgruppe** kann **beeinträchtigt** sein. Die **Dauerhaftigkeit** des Bauwerks kann **langfristig geringfügig beeinträchtigt** werden. **Laufende Unterhaltung** erforderlich
2,0–2,4	Befriedigender Zustand
	Die **Standsicherheit** und **Verkehrssicherheit** des Bauwerks sind **gegeben**. Die **Standsicherheit** und/oder **Dauerhaftigkeit** mindestens einer **Bauteilgruppe** können **beeinträchtigt** sein. Die **Dauerhaftigkeit** des Bauwerks kann **langfristig beeinträchtigt** werden. Eine **Schadensausbreitung** oder **Folgeschädigung** des Bauwerks, die **langfristig** zu erheblichen Standsicherheits- und/oder Verkehrssicherheitsbeeinträchtigungen oder erhöhtem Verschleiß führt, ist **möglich**. **Laufende Unterhaltung** erforderlich. **Mittelfristig Instandsetzung** erforderlich. Maßnahmen zur **Schadensbeseitigung** oder **Warnhinweise** zur Aufrechterhaltung der **Verkehrssicherheit** können **kurzfristig** erforderlich werden.
2,5–2,9	Ausreichender Zustand
	Die **Standsicherheit** des Bauwerks ist **gegeben**. Die **Verkehrssicherheit** des Bauwerks kann **beeinträchtigt** sein. Die **Standsicherheit** und/oder **Dauerhaftigkeit** mindestens einer **Bauteilgruppe** können **beeinträchtigt** sein. Die **Dauerhaftigkeit** des Bauwerks kann **beeinträchtigt** sein. Eine **Schadensausbreitung** oder **Folgeschädigung** des Bauwerks, die **mittelfristig** zu erheblichen Standsicherheits- und/oder Verkehrssicherheitsbeeinträchtigungen oder erhöhtem Verschleiß führt, ist dann **zu erwarten**. **Laufende Unterhaltung** erforderlich. **Kurzfristig Instandsetzung** erforderlich. Maßnahmen zur **Schadensbeseitigung** oder **Warnhinweise** zur Aufrechterhaltung der **Verkehrssicherheit** können **kurzfristig** erforderlich sein.
3,0–3,4	Nicht ausreichender Zustand
	Die **Standsicherheit** und/oder **Verkehrssicherheit** des Bauwerks sind **beeinträchtigt**. Die **Dauerhaftigkeit** des Bauwerks kann **nicht mehr gegeben** sein. Eine **Schadensausbreitung** oder **Folgeschädigung** kann **kurzfristig** dazu führen, dass die Standsicherheit und/oder Verkehrssicherheit nicht mehr gegeben sind. **Laufende Unterhaltung** erforderlich. **Umgehende Instandsetzung** erforderlich. Maßnahmen zur **Schadensbeseitigung** oder **Warnhinweise** zur Aufrechterhaltung der **Verkehrssicherheit** oder **Nutzungseinschränkungen** sind **umgehend** erforderlich.
3,5–4,0	Ungenügender Zustand
	Die **Standsicherheit** und/oder **Verkehrssicherheit** des Bauwerks sind **erheblich beeinträchtigt** oder **nicht mehr gegeben**. Die **Dauerhaftigkeit des Bauwerks** kann **nicht mehr gegeben** sein. Eine **Schadensausbreitung** oder **Folgeschädigung** kann **kurzfristig** dazu führen, dass die Standsicherheit und/oder Verkehrssicherheit nicht mehr gegeben sind oder dass sich ein irreparabler Bauwerksverfall einstellt. **Laufende Unterhaltung** erforderlich. **Umgehende Instandsetzung** bzw. **Erneuerung** erforderlich. Maßnahmen zur **Schadensbeseitigung** oder **Warnhinweise** zur Aufrechterhaltung der **Verkehrssicherheit** oder **Nutzungseinschränkungen** sind sofort erforderlich.

- Möglichkeit der Schadenserkennung, insbesondere die Zugänglichkeit von Konstruktionselementen (z. B. Einsehbarkeit von Tragkonstruktionen, Tragsystemen der Verankerung oder Befestigung, Verbindungen),
- Nutzungsbedingte bzw. geänderte Belastungssituationen (z. B. ständige Lasten, Verkehrslasten, dynamische Lasten, innere und äußere klimatische Einflüsse, hygroskopische Belastung, Schneelast, Schneesackbildungen, chemische Einwirkungen, systemverändernde Umbauten),

- mögliche Schadensfolgen (Gefährdungen von Personen) im Hinblick auf Nutzungsart, Besucherfrequenz, öffentliche Zugänglichkeit (z. B. Sonderbauten, Versammlungsstätten, Hörsäle, Sporthallen).

Die Überwachung nach RÜV gliedert sich in die *Begehung*, die *handnahe Untersuchung* und die *weiterführende Untersuchung* von Bauteilen und Bauelementen.

Begehung Regelmäßige Besichtigung der baulichen Anlage und Sichtkontrolle der sicherheitsrelevanten Bauteile ohne größere Hilfsmittel durch sachkundige Fachkräfte. Insbesondere zu prüfen:

- Schädliche Einflüsse auf die Standsicherheit zum Beispiel aus schadhaften Dachabdichtungen oder funktionsuntüchtigen Dachentwässerungen,
- Beeinträchtigung der Gebäudekonstruktion durch die bauphysikalischen Bedingungen,
- Belastungs- und Nutzungsänderung oder bauliche Veränderung.

Bei eindeutiger Schadensfeststellung oder vermuteten, gefahrensrelevanten Schäden ist eine handnahe Untersuchung oder gegebenenfalls eine weitergehende Untersuchung einzuleiten.

Handnahe Untersuchung Durch geeignete Stichproben an gefährdeten oder als gefährdet vermuteten Bauteilen durchzuführen. Sofern hierbei Schäden festgestellt werden, die die Standsicherheit oder Verkehrssicherheit beeinträchtigen, ist eine weitergehende Untersuchung zu veranlassen.

Weitergehende Untersuchung Umfasst die zerstörungsfreie oder zerstörungsarme Prüfung und Bewertung der Bauteile durch Sachverständige (z. B. Tragwerksplaner, Prüfingenieure, Baustoffkundler). Schwer zugängliche Bereiche sind einzubeziehen. Gegebenenfalls sind Materialuntersuchungen durchzuführen.

14.2.4 Hinweise der ARGEBAU

Ausgehend von den Erfahrungen in der Überwachung von Brückenbauwerken wurde von der Bauministerkonferenz der Länder (ARGEBAU) im September 2006 das Grundlagenpapier *Hinweise für die Überprüfung der Standsicherheit von baulichen Anlagen durch den Eigentümer/Verfügungsberechtigten* [1] erarbeitet. Als Anhang zur Musterbauordnung (MBO) 2002 ist es den anerkannten Regeln der Technik zuzurechnen.

Für die Bauwerksüberprüfung ist ein dreistufiges Verfahren mit den Prüfungen *Begehung*, *Sichtkontrolle* und *eingehende Überprüfung* vorgesehen. Den Prüfungen sind jeweils notwendige Qualifikationen des prüfenden Personals und Prüfintervalle zugeordnet. Die Bauwerke werden je nach Gefährdungspotential/Schadensfolgen in die Kategorien 1 und 2 unterteilt.

Die VDI-Richtlinie 6200 [43] stützt sich ausdrücklich auf die Hinweise der ARGEBAU [1] und gibt vertiefende und ergänzende Hinweise. Näheres siehe Abschn. 14.2.5.

14.2.5 VDI-Richtlinie 6200

Die VDI-Richtlinie 6200 [43] gibt Beurteilungs- und Bewertungskriterien, Handlungsanleitungen und Checklisten für die regelmäßige Überprüfung der Standsicherheit von Bauwerken aller Art (ohne Verkehrsbauwerke). Die Richtlinie stützt sich auf die Hinweise der ARGEBAU [1], geht jedoch deutlich darüber hinaus. Sie ermöglicht ein strukturiertes Vorgehen der Bauwerksprüfung und gibt zudem Empfehlungen für die Instandhaltung der Bauwerke.

Adressaten und Ziele Die Richtlinie richtet sich an Gebäudeeigentümer und Verfügungsberechtigte und darüber hinaus an mit der Thematik befasste Ingenieure, Architekten, Prüfingenieure/Prüfsachverständige für Standsicherheit und Verwalter von Immobilien aller Art.

Die Ziele regelmäßiger Überprüfungs- und Überwachungsmaßnahmen sind:

- die frühzeitige Feststellung eines Instandsetzungsbedarfs, um die Standsicherheit zu gewährleisten und den Instandsetzungsbedarf gering zu halten,
- die Vorbereitung von Instandsetzungsmaßnahmen bezüglich technischer Details und Kosten,
- die Feststellung von Schadensursachen zwecks Erfolgskontrolle durchgeführter Instandsetzungsmaßnahmen,
- die Beeinflussung des erforderlichen Sicherheitsindex β für Bemessungsaufgaben im Bestand durch eine kontinuierliche Überwachung (siehe Abschn. 14.4.4).

Einteilung der Bauwerke Für eine abgestufte Festlegung von Art und Umfang der Überprüfungen werden die Bauwerke zunächst hinsichtlich der möglichen Folgen für Leben und Gesundheit im Fall eines globalen oder partiellen Schadens in Anlehnung an die Kategorien der ARGEBAU und die Schadensfolgeklassen der Eurocodes (DIN EN 1990:2010) in drei Gruppen eingeteilt (Schadenfolgeklassen CC1–CC3). Zur Abstimmung des Überwachungsaufwands auf die Duktilität und die Robustheit der Konstruktion wird darüber hinaus die statisch-konstruktive Durchbildung bewertet. Anhand der statisch-konstruktiven Gegebenheiten, der Detailausbildungen und des Werkstoffverhaltens werden die Bauwerke einer Robustheitsklasse (RC1–RC4) zugeordnet (siehe auch Tafel 14.5).

Bei Bauwerken, die von den angegebenen Kriterien wie Personenzahl, Bauhöhe oder Stützweite abweichen, bei denen aber mit vergleichbaren Schadensfolgen zu rechnen ist, kann eine Einstufung nach Spalte 3 (Gebäudetypen und exponierte Bauteile) erfolgen. Kommen bei der Herstellung eines Bauwerks neue Werkstoffe und/oder neue Fertigungs- und Herstellverfahren zum Einsatz, ist das Bauwerk in Robustheitsklasse RC1 einzustufen. Bei bestehenden Bauwer-

Tafel 14.5 Schadensfolgeklassen für Bauwerke mit Beispielen nach VDI-Richtlinie 6200 [43]

Schadens-folgeklasse	Merkmale	Gebäudetypen und exponierte Bauteile	Beispielhafte Bauwerke
CC 3 **Kategorie 1** **gemäß** [1]	Hohe Folgen (Schäden an Leben und Gesundheit für sehr viele Menschen, große Umweltschäden)	Insbesondere: Versammlungsstätten für mehr als 5000 Personen	Stadien, Kongresshallen, Mehrzweckarenen
CC 2 **Kategorie 2** **gemäß** [1]	Mittlere Folgen (Schäden an Leben und Gesundheit für viele Menschen, spürbare Umwelt-schäden)	Bauliche Anlagen mit über 60 m Höhe, Ge-bäude und Gebäudeteile mit Stützweiten größer 12 m und/oder Auskragungen größer 6 m sowie großflächige Überdachungen Exponierte Bauteile von Gebäuden, soweit sie ein besonderes Gefährdungspotenzial beinhalten	Hochhäuser, Fernsehtürme, Bürogebäude, Industrie- und Gewerbebauten, Kraftwerke, Produktionsstätten, Bahnhofs- und Flugha-fengebäude, Hallenbäder, Einkaufsmärkte, Museen, Krankenhäuser, Kinos, Theater, Schulen, Diskotheken, Sporthallen aller Art, z. B. für Eislauf, Reiten, Tennis, Radfahren, Leichtathletik Große Vordächer, angehängte Balkone, vor-gehängte Fassaden, Kuppeln
CC 1	Geringe Folgen (Sach- u. Ver-mögensschäden, geringe Umwelt-schäden, Risiken für einzelne Menschen)	Robuste und erfahrungsgemäß unkritische Bauwerke mit Stützweiten kleiner 6 m Gebäude mit nur vorübergehendem Aufent-halt einzelner Menschen	Ein- und Mehrfamilienhäuser Landwirtschaftlich genutzte Gebäude

Tafel 14.6 Robustheitsklassen für Bauwerke mit Beispielen nach VDI-Richtlinie 6200 [43]

Robustheitsklasse	Bauwerk/Nutzung	Beispielhafte Tragwerke
RC 1	Statisch bestimmte Tragwerke ohne Systemreserven Fertigteilkonstruktionen ohne redundante Verbindungen imperfektionsempfindliche Systeme Tragwerke mit sprödem Verformungsverhalten	Einfeldträger stützenstabilisierte Hallentragwerke ohne Kopplungen schlanke Schalentragwerke Tragwerke aus Glas Tragwerke aus Gussbauteilen
RC 2	Statisch unbestimmte Tragwerke mit Systemreserven elastisch-plastisches Tragverhalten	Durchlaufträger eingeschossige Rahmenkonstruktionen Stahlkonstruktionen
RC 3	Konstruktionen mit großer Systemredundanz Tragwerksverhalten und/oder Konstruktionen mit großen plastischen Systemreserven fehlerunempfindliche Systeme	mehrgeschossige Rahmenkonstruktionen vielfach statisch unbestimmte Systeme seilverspannte Konstruktionen überschüttete Bogentragwerke
RC 4	Tragwerke, bei denen alternativ berücksichtigte Gefähr-dungsszenarien und Versagensanalysen ausreichende Robustheit zeigen	Bemessung für Stützenausfall Bemessung auf Lastfall Flugzeugabsturz

Tafel 14.7 Zeitintervalle für die Regelmäßigen Überprüfungen nach VDI-Richtlinie 6200 [43]

Schadensfolgeklasse	Begehung durch den Eigentümer/ Verfügungsberechtigten	Inspektion durch eine fachkundige Person	Inspektion durch eine besonders fach-kundige Person
CC 3	1 bis 2 Jahre	2 bis 3 Jahre	6 bis 9 Jahre
CC 2	2 bis 3 Jahre	4 bis 5 Jahre	12 bis 15 Jahre
CC 1	3 bis 5 Jahre	Nach Erfordernis	

Bei den angegebenen Werten handelt es sich um Anhaltswerte.

ken erfolgt die Einstufung im Rahmen der Erstüberprüfung (siehe Abschn. 14.1).

Art und Umfang der Überprüfungen Die Richtlinie sieht 3 Überprüfungsstufen mit den Zeitintervallen der Tafel 14.7 vor:

- Begehung durch den Eigentümer/Verfügungsberechtigten,
- Inspektion durch eine fachkundige Person,
- Eingehende Überprüfung durch eine besonders fachkun-dige Person.

Fallen Inspektion und eingehende Überprüfung zeitlich in das gleiche Jahr, kann die Inspektion entfallen. Nach Um-bauten, Umnutzungen und technischen Modernisierungen sollte eine Inspektion durch eine fachkundige Person durch-geführt werden, sofern in diesem Fall keine Standsicherheits-überprüfung durchgeführt wird. Nach außergewöhnlichen Einwirkungen (Erdbeben, Hochwasser, Brand, Bergsenkun-gen, ungewöhnlich hoher Schnee, extreme Sturmereignisse etc.) wird darüber hinaus eine außerplanmäßige Überprüfung empfohlen.

Tafel 14.8 Art der Überprüfungen u. Anforderungen an die Prüfenden nach VDI-Richtlinie 6200 [43]

	Art der Überprüfung	Überprüfende Personen/Anforderungen an die Überprüfenden
Stufe 1 Begehung	Besichtigung des Bauwerks auf offensichtliche Mängel oder Schädigungen und deren Dokumentation	**Eigentümer oder Verfügungsberechtigter**
Stufe 2 Inspektion	Inspektion in Form einer visuellen Überprüfung des Tragwerks im Allgemeinen ohne Verwendung technischer Prüfhilfsmittel	**Fachkundige Person** – Bauingenieure und Architekten, die mindestens fünf Jahre Tätigkeit mit der Aufstellung von Standsicherheitsnachweisen, mit technischer Bauleitung und mit vergleichbaren Tätigkeiten, davon mindestens drei Jahre mit der Aufstellung von Standsicherheitsnachweisen, nachweisen können
Stufe 3 Eigehende Überprüfung	Eingehende, handnahe Überprüfung aller maßgebenden Tragwerksteile (auch der schwer zugänglichen), Stichprobenartige Materialentnahmen, Feststellung von Restfestigkeiten und Reststeifigkeiten sofern erforderlich	**Besonders fachkundige Person** – Bauingenieure, die mindestens zehn Jahre Tätigkeit mit der Aufstellung von Standsicherheitsnachweisen, mit technischer Bauleitung und mit vergleichbaren Tätigkeiten, davon mindestens fünf Jahre mit der Aufstellung von Standsicherheitsnachweisen und mindestens ein Jahr mit technischer Bauleitung, nachweisen können. Sie sollen Erfahrung mit vergleichbaren Konstruktionen in der jeweiligen Fachrichtung nachweisen können. Die Fachrichtungen sind Massivbau, Metallbau und Holzbau. Prüfingenieure/Prüfsachverständige für die jeweilige Fachrichtung erfüllen ebenfalls die Voraussetzungen für eine besonders fachkundige Person

Bezüglich einer detaillierten Zusammenstellung der Untersuchungsgegenstände und Untersuchungsmethoden und der in Frage kommenden Überprüfungsverfahren wird auf die VDI-Richtlinie [43] verwiesen. In Tafel 14.9 ist die Checkliste für die Inspektion durch eine fachkundige Person wiedergegeben. Diese definiert die Mindestanforderungen bezüglich der Untersuchungsgegenstände.

Tafel 14.9 Checkliste und Dokumentation der Inspektion durch eine fachkundige Person nach VDI-Richtlinie [43]

	Schadensindiz	Ursache	Beispiele, Hinweise
1	**Einflüsse aus Veränderungen**		
1.1	Belastungsänderungen	Veränderte Nutzung	Umnutzung Büro- zu Lagerräumen; Verwendung von Gabelstaplern mit höherer Traglast
		Nachträglich aufgestellte oder angehängte Lasten	Schwerregale, Tresore, Maschinen, Krane, Förderanlagen
1.2	Bauliche Veränderungen	Raumbildende Maßnahmen	Nachträgliches Schließen von offen/teilweise offen geplanten Gebäuden, wie Dachdeckung auf Pergola, seitliches Schließen von Vordächern
		Neue Öffnungen, Durchdringungen, Aussparungen, Abhängungen, Konsolen	Installationsöffnungen, Türen, Tore, Schächte, Installationstrassen, Kernbohrungen, Bohrungen
1.3	Bauphysikalische Veränderungen	Änderung von Temperatur und Luftfeuchtigkeit, Kondenswasserbildung	Halle mit Wechselnutzung: Sommerbetrieb als Sporthalle, Winterbetrieb als Eislaufhalle
2	**Bauarten**		
2.1	**Betonkonstruktionen**		
2.1.1	Risse	Unzulässige Beanspruchung, Querschnittsschwächung, Setzungen, Verformungen, Zwang	Deutliche und unter Umständen sich vergrößernde Risse in Decken, Unterzügen, Bodenplatten, Stützen und Wänden
2.1.2	Abplatzungen	Mechanische Einwirkungen	Anfahrschäden an Wänden und Stützen, z. B. in Tiefgaragen oder Industriehallen; gegebenenfalls bei ungenügender Durchfahrtshöhe auch an Decken und Unterzügen
		Feuchtigkeit, Frosteinwirkung, Korrosion	Ungeschützte Bauteile im Außenbereich wie Fassadenplatten, Rampen von Parkdecks
2.1.3	Rostverfärbungen, Rostfahnen	Korrosion des Bewehrungsstahls infolge Durchfeuchtung	Bauteile mit unzureichender Betonüberdeckung bei feuchtem Raumklima, z. B. in Tiefgaragen
2.1.4	Feuchte Oberflächen, Ausblühungen, Stalaktiten	Durchfeuchtung, wasserführende Risse, Beton ohne Wassereindringwiderstand, Einwirkung von Tausalz	Hofkellerdecken, Tiefgaragendecke, wasserundurchlässige Konstruktionen (Weiße Wanne)

Tafel 14.9 (Fortsetzung)

	Schadensindiz	Ursache	Beispiele, Hinweise
2.2	**Mauerwerk**		
2.2.1	Risse in Mauersteinen und Fugen	Querschnittsschwächung, Setzungen, Verformungen, Frosteinwirkung	Nachträglich geschaffene Türöffnungen, unzureichende Gründung, Verformungen oder Verdrehungen aufliegender Decken und Träger
2.2.2	Rissige, abbröckelnde Mörtelfugen, Feuchtes Mauerwerk, Verfärbungen	Feuchtigkeit, Frosteinwirkung	Wände in feuchten Kellerräumen, ungeschützte Wände im Außenbereich, Einfriedungen, Stützmauern; möglicherweise reduzierte Mörtel- und/oder Steinfestigkeiten
2.2.3	Abplatzungen, Ausbauchungen	Mechanische Einwirkungen	Anfahrschäden z. B. in Hofdurchfahrten, Torbereichen
2.3	**Stahlkonstruktionen**		
2.3.1	Schadstellen an Beschichtungssystemen (Korrosionsschutz, Brandschutz)	Alterung, mechanische Einwirkung, Umbaumaßnahmen	Nachinstallation an beschichteten Trägern, Anfahrschäden
2.3.2	Korrosion	Feuchtigkeitseinwirkung, Schadstellen der Beschichtung	Witterungseinfluss auf unverkleidete Stahlkonstruktionen, z. B. Vordächer, Bühnen für technische Anlagen
2.3.3	Deformation	Mechanische Einwirkungen	Anfahrschäden an Stützen, z. B. in Industriehallen oder an Tankstellen; gegebenenfalls bei ungenügender Durchfahrtshöhe auch an Dachkonstruktionen und Unterzügen
2.3.4	Fehlende oder locker sitzende Schrauben/Niete, Schiefstellung	Unsachgemäße Montage	Fehler bei der Erstmontage oder mangelhaft ausgeführte Umbaumaßnahmen; z. B. Kopfplattenanschlüsse
		Demontage	Ausbau/Abbau störender Elemente durch Nutzer z. B. bei Nachinstallation
		Wechsellast, dynamische Lasten, Vibrationen	Anschlüsse an Kranbahnkonstruktionen, Unterkonstruktionen von Maschinen, Treppenstufen, Fassaden
2.3.5	Abgerissene Schrauben/Niete	Überbelastung	Kopfplattenanschlüsse, Anhänge-Konstruktionen
2.3.6	Gerissene Schweißnähte	Überbelastung	Kopfplattenanschlüsse, Anhänge-Konstruktionen, Konsolen, Rahmenecken, Fußpunkte
2.4	**Holzkonstruktionen**		
2.4.1	Feuchtigkeitseinwirkung	Niederschlag, Kondensfeuchtigkeit, undichte Installationen	Schadhafte Dachabdichtung, Oberlichter, Dachdurchführungen, Kältebrücken, fehlende Dampfsperren
2.4.2	Fäulepilze	Feuchtigkeitseinwirkung	Ungeschützte Auflagerung von Holzbalken auf Mauerwerk („Balkenköpfe")
2.4.3	Insektenbefall	Mangelnder Holzschutz	Ungeschützte Öffnungen bei Dachstühlen
2.4.4	Locker sitzende Verbindungsmittel	Schwinden des Holzes, Überlastung, Tragwerksverformungen	Anschlüsse Holz an Stahl, z. B. Balkenschuhe für Stützen, Rahmenecken mit Stahleinbauteilen
2.4.5	Austrockung	übermäßige Rissbildung, Versprödung	Ungenügend vorkonditioniertes Holz, Klimaveränderung, Luftabschluss
2.5	**Glaskonstruktionen**		
2.5.1	Risse, Abplatzungen, tiefe Kratzer	Mechanische Beschädigung, Spannungen, Überlastung	Gebrauchsspuren, ungeschützte Kanten, Steinschlag, unplanmäßige Lagerung
2.5.2	Direkter Kontakt Glas mit Stahl	übermäßige Verformungen, ungenaue Montage	Dachkonstruktion liegt unplanmäßig auf Glasfassade auf
2.6	**Seilkonstruktionen**		
2.6.1	Aufspleißen von Litzen	Mechanische Beschädigung, Überbelastung	Abgespannte Dächer
2.6.2	Austritt von Füllmittel	Mechanische Beschädigung, Einwirkung hoher Temperaturen	Abspannungen von Fassaden im Außenbereich

14

Tafel 14.9 (Fortsetzung)

	Schadensindiz	Ursache	Beispiele, Hinweise
3	**Baukonstruktionen**		
3.1	**Steildächer**		
3.1.1	Nässe, Feuchtigkeit	Beschädigte oder fehlende Dachziegel, Dacheindeckung	Ziegelgedeckte Dächer nach Starkwindeinwirkung, gealterte Ziegeldeckung, lockere Verbindungsmittel und Befestigungen
		Undichte Dachfenster, Dachaufbauten, Kamin und Abluftdurchführungen	Schadhafte Anschlüsse, Spenglerarbeiten und Abdichtungen
		Undichte oder verstopfte Regenabflüsse	Korrodierte Dachrinnen und Fallrohre, durch Laub und Schmutz belegte Einlaufgitter
3.2	**Flachdächer**		
3.2.1	Pfützenbildung, bemooste Stellen	Undichte oder verstopfte Regenabflüsse	Durch Laub und Schmutz abgedeckte Einlauftrichter
3.2.2	Eisbildung	Beheizung beschädigt, fehlend	Abläufe und Fallrohre frieren zu
3.2.3	Feuchte/Nässe an der Dachunterseite	Beschädigte Abdichtung	Häufiges direktes Begehen der Dachfläche, Lagern von Material bei Wartungsarbeiten
3.2.4	Neue Dichtbahnen auf vorh. alter Abdichtung	Erhöhtes Dachgewicht unter Umständen unzulässig für die Tragkonstruktion	Erhöhung der Dachlast wurde nicht überprüft
3.2.5	Nachträglich aufgebrachte Dachbegrünung	Tragkonstruktion nicht für die höheren Dachlasten ausgelegt	Erhöhung der Dachlast wurde nicht überprüft
3.2.6	Übermäßige Durchbiegung	Erhöhte Dachlasten	Wasserdurchtränkte Isolierung infolge beschädigter Dachdichtung, verstopfte Regenabläufe bzw. Notüberläufe
		Unzulässiges Entfernen von Stützungen	Entfernen der Mittelwand von Doppelgaragen
		Keine (funktionstüchtige) Notentwässerung	Keine Notentwässerung geplant/ausgeführt, Notentwässerung verstopft, Lage an falscher Stelle
3.3	**Geschossdecken**		
3.3.1	Nässe, Feuchtigkeit an der Deckenunterseite	Schadhafte Installationen	Undichte Heizrohre, Wasserrohre, Abflussrohre
3.3.2	Pfützen, feuchte Oberbeläge, Nässeschäden an Estrichen	übermäßiger Feuchtigkeitseintrag auf der Oberseite, beschädigte Abdichtung, mangelhaftes Abdichtungssystem	Nässende Maschinen auf Produktionsdecken ohne ausreichenden Dichtbelag, Schleppwassereintrag ohne Abdichtung, Chlorideintrag aus Magnesitestrich in Stahlbetondecken
3.4	**Hofkellerdecken, Parkdecks**		
3.4.1	Pfützenbildung, feuchte organische Rückstände im Bereich der Einläufe	Verstopfte Abläufe	Rückstände von Blüten, Blättern und Zweigen in Rinnen und Rohren
3.4.2	Spurrinnen, Risse und Abrasion auf Deck- und Schutzschichten	Witterungseinflüsse, mechanische Beanspruchungen	Besondere Beanspruchung bei frei bewitterten Flächen und Rampenbereichen, stark frequentierte Bereiche durch Fahrzeuge, Container oder Maschinen
3.4.3	Schadhafte Vergussfugen	Abnutzung, Witterungseinflüsse	Mangelnde Flankenhaftung oder Fugenverfüllung, Risse, Ausquetschungen
3.4.4	Schadhafte Abdichtungsanschlüsse	Abnutzung, Witterungseinflüsse, Wartungsfehler	Fehlende Schraubbolzen, mangelhafte obere Abspritzung
3.4.5	Fehlende Beschilderung		Beschränkung von Durchfahrtshöhe oder Fahrzeuggewicht
3.5	**Fugen**		
3.5.1	Tropfende Fugen, Nässespuren, übermäßige Verfärbung	Fugenprofil undicht, abgelöst, unterläufig	Fehlerhafte Ausführung, Versprödung des Fugenmaterials, Andichtung fehlerhaft
3.5.2	Dehnwege nicht möglich	Fuge zu klein, beschädigt	Fehlerhafte Ausführung/Planung, Verschmutzung (mangelhafte Wartung)

Tafel 14.9 (Fortsetzung)

	Schadensindiz	Ursache	Beispiele, Hinweise
3.6	**Kranbahnträger**		
3.6.1	Übermäßige Abtriebsrückstände neben der Kranschiene	Überlastung der Krane, gelöste Schienenbefestigungen, Verformung des Tragsystems	Mangelhafte Wartung, starke Verformungen des Kranbahnträgers im Betrieb, hohe Horizontalverformungen der unterstützenden Bauteile (z. B. Hallenstützen)
3.6.2	Fehlende oder locker sitzende Schrauben	Schraubensicherung fehlt	Schraubensicherung über Vorspannung in der Regel nicht ausreichend, chemische oder mechanische Schraubensicherung erforderlich
3.6.3	Schadhafte Auflagerstellen	dynamische Belastung	Verschobene bzw. herausgefallene Stahlfutterbleche, gebrochenes Mörtelbett
3.7	**Lager**		
3.7.1	Unplanmäßige Deformation, Risse, Abplatzungen	Lagerweg bzw. Verdrehung blockiert, unzureichend	Fehlerhafte Ausführung/Planung, Baugrundbewegung, Setzungen, Überlastung, Verschmutzung (mangelhafte Wartung)
3.7.2	Dehnwege nicht möglich	Lagerweg bzw. Verdrehung blockiert, unzureichend	Fehlerhafte Planung/Ausführung, Verschmutzung (mangelhafte Wartung)
3.8	**Verankerungen**		
3.8.1	Korrosion, Lockerungen	Feuchtigkeitseinwirkung, Montagefehler, Materialgüte	Fehlerhafte Planung/Ausführung, Korrosionsbeständigkeit
3.8.2	Abplatzungen, Rissbildung	Überlastung, Montagefehler, Verankerungstyp	Fehlerhafte Planung/Ausführung

Bei den Angaben handelt es sich um Mindestanforderungen.

14.3 Tragwerksplanung im Bestand

Der Anteil der Bauaufgaben im Bestand nimmt gegenüber dem Neubau in Bezug auf Bauvolumen, Vielfalt und Komplexität der Aufgabenstellungen stetig an Bedeutung zu. Grund hierfür sind neben anderen Faktoren die gestiegenen und weiter steigenden energetischen Anforderungen. Planungsaufgaben im Bestand erfordern ein breites Ingenieurwissen wie bei Neubauten. Es sind zudem genehmigungsrechtliche und sicherheitstheoretische Aspekte zu beachten und umfangreiche Kenntnisse historisch verwendeter Materialien, Konstruktionen und Normen erforderlich [34].

14.3.1 Besonderheiten der Planung im Bestand

Während sich der Planungsablauf von Baumaßnahmen im Bestand nicht grundsätzlich vom Planungsablauf bei Neubauten unterscheidet, sind in einzelnen Planungsschritten dagegen deutliche Unterschiede zu beachten. Diese beziehen sich im Wesentlichen auf die folgenden Punkte:

- Formulierung der Bauaufgabe,
- Klärung der für die Bestandsbauwerke anzuwendenden Regelwerke,
- Durchführung einer qualifizierten Bestandsaufnahme,
- Bewertung der Ergebnisse der Bestandsaufnahme und Schlussfolgerung auf die notwendigen Maßnahmen.

Formulierung der Bauaufgabe Im Vergleich zum Neubau muss die Bauaufgabe im Bestand differenzierter formuliert werden. Grundlage ist die Entscheidung eines Bauherrn auf Abriss und Neubau zu verzichten, das Bestandsbauwerk weiter zu nutzen und hierfür zu investieren. In die Investitionsentscheidung fließen u. a. Fragen zur Werthaltigkeit des Bauwerks, zum Nutzungskonzept, zu Komfort und Geschmack, technischem Zustand und behördlichen Anforderungen ein.

Anzuwendende Regelwerke (Bestandsschutz) Mit der Prüfung des Bestandsschutzes wird eine Abwägung vorgenommen, ob den Interessen des Eigentümers Vorrang vor denen des Gesetzgebers eingeräumt wird. Die Frage, ob nach dem Grundsatz des Bestandsschutzes verfahren werden darf, ist vor allem dann von Bedeutung, wenn sich die Anforderungen der aktuellen technischen Regelwerke gegenüber dem Zeitpunkt der Errichtung verschärft haben. Liegt Bestandsschutz vor, dürfen die bautechnischen Nachweise nach den Regelwerken geführt werden, die zum Zeitpunkt der Errichtung gültig waren. Näheres siehe Abschn. 14.3.2.

Qualifizierte Bestandsaufnahme Als belastbare Grundlage für die Tragwerksplanung im Bestand muss vor Baubeginn der Zustand des bestehenden Bauwerks hinsichtlich Konstruktion und baulichem Zustand festgestellt werden. Die Bestandsaufnahme ist einer der ersten und wichtigsten Schritte zur Beurteilung der bestehenden Bausubstanz. Fehler in der Bestandsaufnahme wirken sich über die gesamte Projektlaufzeit von der Planung bis zur Ausführung aus und können gravierende Folgen nach sich ziehen. Näheres zur Bestandsaufnahme siehe Abschn. 14.3.3.

Bestandsbewertung In der Bestandsbewertung werden die Schlussfolgerungen aus den Ergebnissen der Bestandsaufnahme gezogen und Vorschläge für die zu ergreifenden Maßnahmen entwickelt. Schwerpunkte sind die Tragfähigkeit, die Gebrauchstauglichkeit und die Dauerhaftigkeit der tragenden Bauteile.

Darüber hinaus ist u. a. der Brandschutz zu bewerten und es sind Aussagen über Ausbau, Fassaden und technische Gebäudeausrichtung zu machen.

14.3.2 Bestandsschutz und Denkmalschutz

Grundsätzlich sind die (aktuellen) Technischen Baubestimmungen gemäß § 3, Absatz 3 MBO [37] ohne Einschränkung für das Instandhalten, Ändern und Beseitigen baulicher Anlagen anzuwenden. Da die Musterbauordnung selbst kein Gesetz ist, folgt die Umsetzung dieses Grundsatzes in den Landesbauordnungen, die neben den Aufgaben im Bestand vor allem die Errichtung baulicher Anlagen regeln.

Liegt Bestandsschutz vor, darf eine bauliche Anlage in ihrem bisherigen Bestand und ihrer bisherigen Funktion er-

halten und genutzt werden, auch wenn sie nicht mehr dem aktuellen Bauordnungsrecht entspricht. Wenn Leben und Gesundheit der Nutzer durch erhebliche Gefahren bedroht sind, ist der Bestandsschutz nicht mehr gegeben.

Die Voraussetzungen, unter denen Bestandsschutz gegenüber den Bauaufsichtsbehörden geltend gemacht werden kann, sind:

- ursprüngliche Rechtmäßigkeit der baulichen Anlage,
- keine wesentliche Änderung der baulichen Anlage,
- ein technischer Zustand, der zum Zeitpunkt der Errichtung der baulichen Anlage vorgesehen war (unter Berücksichtigung des zeitlich bedingten Verschleißes bei üblichen Instandhaltungsmaßnahmen).

Bei der Auslegung des Bestandsschutzes gibt es einen erheblichen Ermessensspielraum. In jedem Einzelfall sollte eine frühzeitige Abstimmung zwischen den beteiligten Planern (und ggf. Sachverständigen) und der Bauaufsichtsbehörde erfolgen.

Wichtige Begriffe und Beispiele zum Bestandsschutz sind in Tafel 14.10 zusammengefasst.

Tafel 14.10 Begriffe und Beispiele zum Bestandsschutz nach [2, 12]

Begriff/Beispiel	Beschreibung
Bestandsschutz	Grundsatz der besagt, dass ein Bauwerk oder eine Anlage, die zu irgendeinem Zeitpunkt mit dem geltenden Recht in Einklang stand, in ihrem bisherigen Bestand und ihrer bisherigen Funktion erhalten und genutzt werden kann, auch wenn die Konstruktion oder Teile davon nicht mehr dem aktuell geltenden Recht entsprechen. Der Bestandsschutz beinhaltet auch das Recht, die baulichen Anlagen abweichend von den geltenden technischen Baubestimmungen oder anderen aktuellen Bauregeln instand zu setzen. Unabhängig davon muss die Standsicherheit zu jedem Zeitpunkt gegeben sein.
Anpassungsverlangen	Wenn eine konkrete Gefahr für Leben oder Gesundheit gegeben ist, kann durch die Bauaufsichtsbehörde verlangt werden, dass rechtmäßig bestehende oder nach genehmigten Bauvorlagen bereits begonnene Anlagen den neuen Vorschriften angepasst werden (vergl. § 85 Abs. 1 Nr. 5 MBO). Ein nachträgliches Anpassungsverlangen ist nur dann gerechtfertigt, wenn die für das Anpassungsverlangen erforderlichen Voraussetzungen nachweislich vorliegen. Die Beweislast trägt im Allgemeinen die Bauaufsichtsbehörde, auch gegenüber den Gerichten. Unabhängig davon ist ein grundsätzlicher Anpassungsbedarf im Rahmen der Verkehrssicherungspflicht des Eigentümers regelmäßig zu prüfen
Harmonisierungsverlangen	Sollen rechtmäßig bestehende Anlagen wesentlich geändert werden, so kann durch die Bauaufsichtsbehörde gefordert werden, dass auch die nicht durch den Eingriff unmittelbar berührten Teile der Anlage mit den auf Basis der Landesbauordnungen erlassenen Vorschriften in Einklang gebracht werden. Dies gilt, wenn die Bauteile, die diesen Vorschriften nicht mehr entsprechen, mit dem beabsichtigten Vorhaben in einem konstruktiven Zusammenhang stehen und die Einhaltung dieser Vorschriften bei den vom Vorhaben nicht berührten Teilen der Anlage keine unzumutbaren Mehrkosten verursacht.
Instandsetzungsmaßnahmen	Grundsätzlich dürfen bei Instandsetzungsmaßnahmen Teile baulicher Anlagen identisch ersetzt werden (z. B. Holzbalken in einer Dachkonstruktion). Dieser Grundsatz gilt nicht, wenn ein Schaden infolge einer mittlerweile als unzureichend erkannten, nicht mehr aktuellen Regelung aufgetreten ist oder wenn aufgrund neuer Erkenntnisse Bedenken hinsichtlich der Standsicherheit bestehen (z. B. bei Überkopfverglasungen: Einscheiben-Sicherheitsglas (ESG) wird durch Verbund-Sicherheitsglas (VSG) ersetzt). In diesen Fällen ist das aktuelle Regelwerk hinsichtlich Bemessung und Ausführung anzuwenden.
Wanddurchbrüche in einem bestehenden Gebäude	Falls Durchbrüche für die Standsicherheit nicht von untergeordneter Bedeutung sind, müssen diese durch geeignete Maßnahmen so kompensiert werden (z. B. durch einen Stahlbetonrahmen um den Durchbruch), dass die Standsicherheit des Gebäudes auch hinsichtlich der Aussteifung gewahrt bleibt. Ein Nachweis des Gesamtgebäudes mit den aktuellen Technischen Baubestimmungen ist in der Regel nicht erforderlich. Kompensationsmaßnahmen sind nach den aktuellen Bemessungsregeln nachzuweisen.
Aufstockungen	Bei Aufstockungen ist zu überprüfen, ob die nach den aktuellen Technischen Baubestimmungen anzusetzenden zusätzlichen Belastungen (z. B. Eigengewicht, Schnee, Wind, Erdbeben) sicher abgetragen werden können. Die Standsicherheit der unveränderten Teile der baulichen Anlage muss auch unter dieser Zusatzbelastung nach dem ursprünglichen Regelwerk nachweisbar sein. Werden in den unteren Geschossen infolge der Aufstockung wesentliche bauliche Änderungen erforderlich, so ist das gesamte Gebäude wie ein Neubau zu behandeln.

Tafel 14.10   (Fortsetzung)

Begriff/Beispiel	Beschreibung
Umbau eines mehrstöckigen Gebäudes	Eine auf der obersten Geschossdecke bestehende Dachkonstruktion wird auf einer Teilfläche durch eine Technikzentrale und im Übrigen durch eine geänderte Dachkonstruktion ersetzt. Die für die neue Technikzentrale nach aktuellen Technischen Baubestimmungen anzusetzenden Lasten (wie z. B. Eigengewicht, Windlasten und – in diesem Beispiel deutlich höhere – Schneelasten) werden ausschließlich über bestehende Wände abgetragen. Die restliche neue Dachkonstruktion ist unmittelbar auf die Geschossdecke aufgelagert. Der Nachweis der unveränderten Teile der baulichen Anlage kann hinsichtlich der zusätzlichen Belastung nach dem ursprünglichen Regelwerk erfolgen. Ist dieser Nachweis nur mit zusätzlichen Verstärkungsmaßnahmen möglich, sind diese nach den aktuellen Technischen Baubestimmungen zu bemessen. Werden infolge der Baumaßnahme wesentliche bauliche Veränderungen erforderlich, so ist das gesamte Gebäude wie ein Neubau zu behandeln.
Einbau eines Ladengeschosses (Nutzungsänderung)	Sollen zur Schaffung von Ladenflächen im Erdgeschoss eines Gebäudes tragende Wände durch Abfangeträger, Stützen und Rahmen ersetzt werden, so muss durch diese Maßnahme die Standsicherheit des Gebäudes gegenüber dem ursprünglichen Zustand gewahrt bleiben. Die Abtragung der Lasten der Geschossdecke und deren Unterstützungskonstruktion sind nach aktuellem Regelwerk nachzuweisen. In Erdbebengebieten ist darüber hinaus zu beachten, dass durch Änderungen des Schwingungsverhaltens (z. B. Änderungen der anzusetzenden spektralen Beschleunigungen) die Standsicherheit des Gebäudes – gegenüber dem Zustand vor der Umbaumaßnahme – nicht beeinträchtigt wird. Die über der Ladenebene liegenden unveränderten Geschosse genießen grundsätzlich Bestandsschutz.
Nur unter Ansatz der alten Lastnormen nachweisbare Belegung einer Dachhaut mit Photovoltaikelementen	Durch die Montage der Photovoltaikmodule wird die aufnehmbare Schneelast um das Gewicht der Module reduziert. Die Standsicherheit des Gebäudes wird also gegenüber dem bestandsgeschützten Zustand verändert. Von einer Ertüchtigung des Tragwerks kann dann abgesehen werden, wenn das vorhandene Tragwerk für die Zusatzlasten aus den Modulen immer noch ausreichend dimensioniert ist.
Umnutzung eines Wohngebäudes zum Hotel	Bei der Umnutzung eines Wohngebäudes zum Hotel liegt eine Änderung im Sinne der Definition aus Abschn. 14.1 und damit eine wesentliche Umgestaltung der baulichen Anlage vor. In der Folge ergeben sich erhöhte Brandschutzanforderungen im gesamten Gebäude, z. B. in Form zusätzlicher Fluchtwege. Unter Umständen sind darüber hinaus wegen höherer Nutz- und Ausbaulasten tragende Bauteile zu ertüchtigen oder zu ersetzen.
Umfassende bauliche Veränderungen, die einem Neubau gleichkommen	Der Bestandsschutz für ein Gebäude kann erlöschen, wenn die Baumaßnahme so weitgehend ist, dass sie einem Neubau gleichkommt. In diesem Fall ist das gesamte Gebäude nach den aktuellen Technischen Baubestimmungen nachzuweisen.
Austausch von Bauprodukten	Bei Bauprodukten, die sich als gesundheitsgefährdend herausgestellt haben (z. B. Asbest), kann von den Bauaufsichtsbehörden ein Austausch auch bei Bauteilen verlangt werden, die nicht von einer Änderung der baulichen Anlage betroffen sind (Anpassungsverlangen, siehe oben).

Zur Klärung und Erläuterung der Voraussetzungen und Beispiele für den Bestandsschutz werden in [34] in Anlehnung an [2] drei Stufen (A–C) der Umsetzung des Bestandsschutzes abgeleitet:

A. Bestandsschutz Instandsetzungsmaßnahmen an den nicht von einer Änderung betroffenen Teilen einer Anlage sind in folgenden Fällen vom Bestandsschutz gedeckt:

- Lediglich Erneuerung einzelner schadhafter Teile,
- Beibehaltung der bisherigen Funktion,
- Bauwerk oder Bauwerksteile nicht durch Verfall, Brand oder Zerstörung unbenutzbar geworden,
- Maßnahme nach §61 MBO verfahrensfrei.

Instandsetzungsmaßnahmen sind dagegen nicht vom Bestandsschutz gedeckt, wenn:

- die Maßnahmen Folge einer ursprünglich fehlerhaften Bemessung oder Ausführung sind,
- ein intensiver Eingriff in den Baubestand vorliegt und ein statischer Nachweis der Standsicherheit des Gesamtbauwerks erforderlich wird,
- ein wesentlicher Teil der Bausubstanz ausgetauscht wird,
- das Bauvolumen erweitert wird.

B. Anpassung im Bestand Bei Bauteilen, die nicht durch die Änderungen an einem Bauwerk betroffen sind, kann eine Anpassung an die aktuell gültigen Vorschriften verlangt werden (Anpassungsverlangen, s. Tafel 14.10), wenn von Ihnen Gefahr für Leib und Leben ausgeht.

C. Änderung Grundsätzlich müssen bei der Änderung baulicher Anlagen die aktuell gültigen Vorschriften angewendet werden. Dieses gilt zunächst aber nicht ausschließlich für die unmittelbar von der Änderung betroffenen Teile. Folgende Umstände sind zu beachten:

- Bei Bauteilen, die nicht unmittelbar betroffen sind, aber in einem konstruktiven Zusammenhang mit den geänderten Teilen stehen, kann die Harmonisierung an aktuelle Vorschriften verlangt werden (Harmonisierungsverlangen, s. Tafel 14.10).
- Bei Umbaumaßnahmen ist im Einzelfall zu prüfen, ob die Gesamtstandsicherheit beeinträchtigt ist. Insbesondere Eingriffe an aussteifenden Bauteilen sollten, wenn möglich, durch lokale Kompensationsmaßnahmen in ihrer Auswirkung begrenzt werden.

Abb. 14.1 Bestandsaufnahme
mit Bestandsunterlagen nach [12]

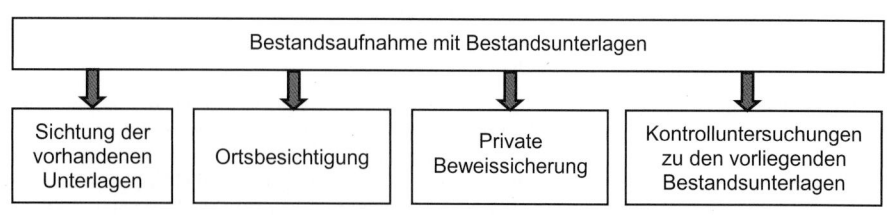

- Der Nachweis zusätzlicher Lasten aus neuen Bauwerksteilen kann nach den historischen Vorschriften erfolgen. Wenn eine Verstärkung des Bestands erforderlich ist, ist diese nach neuen Vorschriften nachzuweisen.
- Beim Nachweis nach historischen Vorschriften ist zu prüfen, ob diese infolge neuer Erkenntnisse an wichtigen Stellen in späteren Ausgaben geändert wurden.
- Für neu zu errichtende Bauwerksteile dürfen nur Bauprodukte verwendet werden, die den aktuellen Vorschriften genügen. Für Abweichungen hiervon sind die entsprechenden Genehmigungen einzuholen.

In der Vergangenheit bezog sich der baurechtliche Bestandsschutz in Literatur und Rechtsprechung auch auf den Neubau oder die Wiederherstellung beseitigter Gebäude und in begrenztem Umfang die Erweiterung bestehender Bauwerke. In der jüngeren Vergangenheit wird der Bestandsschutz in der Rechtsprechung zunehmend enger gefasst wird.

Denkmalschutz Nach [12] wird unter Denkmalschutz die Einstufung von Bauwerken oder Bauwerksteilen mit dem Ziel verstanden davon, deren ursprüngliche Bausubstanz und das historische Erscheinungsbild von Kulturdenkmalen möglichst weitgehend zu erhalten.

In Einzelfällen umfasst der Denkmalschutz auch die Restaurierung eines früheren kulturgeschichtlich wertvollen Zustandes. Die Rechtsgrundlage für den Denkmalschutz bilden die Denkmalschutzgesetze der Bundesländer. Alle Maßnahmen an einem Denkmal, die in die Substanz eingreifen oder das Erscheinungsbild beeinträchtigen können, müssen von der zuständigen Denkmalschutzbehörde genehmigt werden. Bei Denkmälern von besonderer Bedeutung gilt die Genehmigungspflicht auch für bauliche Maßnahmen in der Umgebung dieser Denkmäler.

Die Genehmigung ist bei der örtlich zuständigen Denkmalschutzbehörde zu beantragen. Bedarf die Maßnahme einer Baugenehmigung, muss die Denkmalschutzbehörde zustimmen.

14.3.3 Bestandsaufnahme und baulicher Zustand

Die Bestandsaufnahme bildet die Grundlage für jede erfolgreiche Planung, Ausschreibung und Ausführung von Arbeiten im Bestand. Darüber hinaus ist eine qualifizierte Bestandsaufnahme zwingend erforderlich für die eventuelle Anpassung von Teilsicherheitsbeiwerten und den Nachweis existierender Tragreserven (siehe Abschn. 14.4.4). Bei der Bestandsaufnahme wird der Ist-Zustand eines Bauwerks festgestellt. Es sind dabei alle relevanten technischen Daten für die weitere Planung zu erfassen. Für die Bereitstellung der Bestandsdaten ist der Bauherr verantwortlich. Mit der Durchführung der Bestandsaufnahme sollte ein Planer mit besonderer Sachkunde beauftragt werden.

Allgemeine Hinweise zur Durchführung einer qualifizierten Bestandsaufnahme geben [43] und [12]. Sie werden ergänzt in [17]. Wenn aussagekräftige Bestandsunterlagen vorliegen gliedert sich die Bestandsaufnahme in die Arbeitsschritte nach Abb. 14.1.

Sichtung der vorhandenen Unterlagen In Ergänzung zu den Unterlagen des Bauherrn können sich wertvolle Hinweise aus den Unterlagen von Bauaufsichtsbehörden sowie von früher beteiligten Planern und ausführenden Firmen ergeben. Eine Übersicht der zu sichtenden Unterlagen gibt Tafel 14.11.

Ortsbesichtigung Eine eingehende Besichtigung des bestehenden Bauwerks ist zwingender Teil der Bestandsaufnahme. Dabei sollten ebenfalls die Nachbarbebauung und Zuwegungen mit einbezogen werden. Alle im Anschluss an die Bestandsaufnahme tätig werdenden Planer und Ausführenden sollten eine Ortsbesichtigung durchführen.

Private Beweissicherung Zur Feststellung des aktuellen Zustands, von Vorschädigungen und um eine Zuordnung eventueller Schäden zu ermöglichen, ist eine private Beweissicherung am bestehenden Bauwerk zu empfehlen. Auch wenn benachbarte bauliche Anlagen betroffen sind, ist i. d. R. eine private Beweissicherung erforderlich. Die Beweissicherung sollte nach Möglichkeit im Einvernehmen mit allen Beteiligten durch unabhängige Sachverständige erfolgen. Mögliche Bestandteile sind:
- Fotodokumentation,
- Einmessen von Messpunkten,
- Rissaufnahme, ggf. Setzen von Messmarken an Nachbargebäuden,
- Dokumentation der Funktionsfähigkeit von technischen Anlagen, etc.

Tafel 14.11 Bestandsaufnahme – zu sichtende Unterlagen

Art der Unterlagen	Beispiele
Bauwerksbuch	Bestandsdokumentation
Eigentumsverhältnisse, Grundstücksgrenzen	Grundbuchauszug, Vermessungsplan
Genehmigungsunterlagen	Baugenehmigung, Lagepläne
Aktueller Stand der Ausführungs- und Bauunterlagen	Objektpläne, statische Berechnung mit Positionsplänen, Ausführungspläne Tragwerk, Werkpläne der TGA-Gewerke, Detailpläne Ausbau und Fassade, Abdichtung, Fachgutachten, etc.
Trassenpläne der Medienleitungen	Wasser, Abwasser, Elektro, Gas, Fernwärme, Kommunikation
Dokumentation der Instandhaltung, durchgeführte Untersuchungen	Gutachten, Messungen, Kampfmittel, Schadstoffe
veränderte Einwirkungen	Veränderte Grundwasserstände
Informationen über besondere Einwirkungen oder Ereignisse	Brand, Kriegseinwirkungen, Wasserschäden, Bergschäden
Unterlagen zu zwischenzeitlich erfolgten Umbauarbeiten	Änderungen, Instandhaltungsmaßnahmen, Instandsetzungsmaßnahmen und Nutzungsänderungen
Unterlagen über benachbarte Gebäude	Beeinflussung dieser Gebäude durch die geplante Maßnahme

Tafel 14.12 Kontrolluntersuchungen zu vorhandenen Unterlagen nach [12]

Art und Gegenstand der Untersuchung	Beispiele
Kontrolle der Bauteilabmessungen einschließlich verdeckter Bereiche	
Kontrolle der Lichtraumprofile und Durchgangshöhen	
Feststellung von Maßabweichungen	Achsmaße
Überprüfung der zu erhaltenden Bauteile und Einbauten auf Übereinstimmung mit den Unterlagen	Bauart, Festigkeiten
Überprüfung der bestimmungsgemäßen Nutzung	Nicht dokumentierte Einwirkungen, veränderte Brandlast
Überprüfung der Funktionsfähigkeit	
Veranlassung ggf. notwendiger weiterführender Untersuchungen	
Überprüfung des Instandhaltungszustandes	

Kontrolluntersuchungen zu den vorhandenen Unterlagen

Mit Hilfe von Kontrolluntersuchungen muss eine stichprobenartige Überprüfung der Übereinstimmung von Dokumentation und bestehenden baulichen Anlagen durchgeführt werden (siehe auch Tafel 14.12).

Bestandsaufnahme ohne Bestandsunterlagen

Wenn keine oder nur unzureichende Unterlagen über ein bestehendes Bauwerk vorliegen, reicht eine stichprobenartige Überprüfung zu erhaltender Bauteile und Einbauten nicht aus. Die fehlenden technischen Daten sind in einer umfassenden Bestandsaufnahme zu erheben und zerstörende Bauteiluntersuchungen sind i. d. R. nicht zu umgehen.

Aufbau, Umfang und Inhalt einer Bestandsaufnahme können sich in dem Fall, dass keine Bestandsunterlagen vorliegen, an DBV-Merkblatt „Bauwerksbuch" orientieren (Checkliste nach Anlage 1 [17] siehe Tafel 14.13). Die VDI-Richtlinie 6200 gibt in Anhang A darüber hinaus in kompakterer Form einen *Gliederungsvorschlag* für die *Bestandsdokumentation Standsicherheit* und in Anhang B ein

Tafel 14.13 Checkliste für die Bestandsdokumentation nach [17]

1	**Behördliche Genehmigungsbescheide/Protokolle/ Bescheinigungen**
1.1	Baugenehmigung mit geprüften Bauantragsunterlagen
1.2	Abbruchgenehmigung
1.3	Be- und Entwässerung
1.4	Haustechnische Anlagen
1.5	Schriftverkehr mit Genehmigungsbehörde
1.6	Vermessungsunterlagen/Einmessprotokoll
1.7	Behördliche Abnahmeprotokolle/-bescheinigungen
2	**Dokumentation durch Architekt/Fachingenieure/ Sonderfachleute**
2.1	Objektplanung
2.2	Tragwerksplanung/Standsicherheit
2.3	Technische Gebäudeausrüstung
2.4	Bauphysikalische Gutachten/Nachweise (Wärme, Energiepass, Schall, Akustik)
2.5	Brandschutzgutachten mit zeichnerischer Darstellung der Brandabschnitte und Brandwände
2.6	Zustimmungen im Einzelfall
2.7	Sonstiges
3	**Allgemeine projektspezifische Unterlagen**
3.1	Liste der am Bau Beteiligten
3.2	Liste der Verjährungsfristen
3.3	Schriftverkehr zwischen AG und AN(s)
3.4	Baustellendokumentation
3.5	Beweissicherungsgutachten
3.6	Bestands-/Revisionspläne
3.7	Bauteillisten
3.8	Flächen-/BRI-Berechnungen
3.9	Protokolle der Mängelbeseitigungen
3.10	Mess- und Zähleinrichtungen
4	**Rohbauspezifische Unterlagen**
4.1	Fachunternehmer-Bescheinigung
4.2	Konformitätserklärung nach DIN EN ISO/IEC 17050-1
4.3	Produktnachweise
4.4	Prüfungen und Abnahmeprotokolle
4.5	Anleitung und Protokolle zu Gebrauch, Wartung, Pflege
4.6	Gewerkespezifische Unterlagen

Tafel 14.13 (Fortsetzung)

5	**Ausbau/Fassade/Dach – spezifische Unterlagen**
5.1	Fachunternehmer-Bescheinigung
5.2	Konformitätserklärung nach DIN EN ISO/IEC 17050-1
5.3	Produktnachweise
5.4	Prüfungen und Abnahmeprotokolle
5.5	Anleitung und Protokolle zu Gebrauch, Wartung, Pflege
5.6	Gewerkespezifische Unterlagen
6	**Haustechnik – spezifische Unterlagen**
6.1	Fachunternehmer-Bescheinigung
6.2	Konformitätserklärung nach DIN EN ISO/IEC 17050-1
6.3	Produktnachweise
6.4	Prüfungen und Abnahmeprotokolle
6.5	Anleitung und Protokolle zu Gebrauch, Wartung, Pflege
6.6	Gewerkespezifische Unterlagen
7	**Außenanlagen – spezifische Unterlagen**
7.1	Fachunternehmer-Bescheinigung
7.2	Konformitätserklärung nach DIN EN ISO/IEC 17050-1
7.3	Produktnachweise
7.4	Prüfungen und Abnahmeprotokolle
7.5	Anleitung und Protokolle zu Gebrauch, Wartung, Pflege
7.6	Gewerkespezifische Unterlagen
8	**Änderungsmaßnahmen nach Fertigstellung**

Muster für das *Bauwerksbuch Standsicherheit* mit Gliederung und Inhalten.

Ein wichtiger Teil der Bestandsaufnahme besteht in der Aufnahme der äußeren Geometrie und der tragenden Struktur des Bauwerks. Im ersten Schritt werden die Hüllflächen aufgenommen. Nach der Demontage von Verkleidungen und nicht tragenden Bauteilen kann die tragende Struktur festgestellt und ihre Geometrie aufgenommen werden. Dies kann je nach Aufgabenstellung mit Hilfe einfacher Geräte (Zollstock, Bandmaß, Winkelprisma, Fluchtstäbe etc.) oder durch einen Vermessungsingenieur mit den Verfahren und Instrumenten der Geodäsie erfolgen.

Konstruktionsbedingt erfordern Fertigteilkonstruktionen eine besondere Sorgfalt bei der Bestandsaufnahme. Häufig liegen im Fertigteilbau statisch bestimmte Konstruktionen vor, die über keine oder nur geringe Umlagerungsmöglichkeiten beim Auftreten unplanmäßiger oder erhöhter Lasten verfügen. Lokale Schwachstellen, die häufig schwer zugänglich sind, bilden zudem die Auflager und Verbindungen (z. B. die Fassadenbefestigungen oder lagesichernde Maßnahmen an den Auflagern).

Die Feststellung der inneren Struktur von Fertigteilen (insbesondere von Deckenelementen) kann zusätzlichen Aufwand bedeuten (Vorspannungen, Hohlkörper etc.).

Feststellung des baulichen Zustands Unabhängig von der Vollständigkeit der Bestandsunterlagen werden i. d. R. über die Kontrolluntersuchungen zur Überprüfung der Übereinstimmung von Unterlagen und Bestand hinaus Untersuchungen zur Feststellung des Ist-Zustands erforderlich.

Die veröffentlichten Empfehlungen, die sich mit der Aufnahme des Bestands befassen [1, 12, 17, 43] sehen ein abgestuftes Vorgehen vor. Eine einheitliche Einteilung der Stufen mit Zuordnung der Gewerke, der Untersuchungsziele und der Untersuchungsmethoden liegt aktuell nicht vor und ist aufgrund der Vielfältigkeit der Bauaufgaben im Bestand auch kaum möglich.

Liegen Bestandsunterlagen vor, sind zumindest die oben beschriebenen *Kontrolluntersuchungen zu den vorhandenen Unterlagen* durchzuführen. Unabhängig von der Vollständigkeit der Bestandsunterlagen wird in der Regel eine Feststellung des Ist-Zustands, über das Maß der regelmäßigen Überprüfungen nach Abschn. 14.2 hinaus, erforderlich. Dabei werden die Funktion, die Eigenschaften und verwendete Baustoffe betrachtet. In jedem Fall sollte auf nicht dokumentierte Schadstoffe wie z. B. Asbest, PCB und Teer geachtet werden (Hinweise hierzu siehe Abschn. 14.3.4).

Die Feststellung des baulichen Zustands wird in Anlehnung an [12] für die Gewerke Rohbau und Ausbau beispielhaft wiedergegeben (Checkliste, siehe Tafel 14.14). Zu weiteren Gewerken (Gebäudehülle, Technische Gebäudeausrüstung) siehe [12].

Weitergehende Bestandsuntersuchungen Für die weitergehende Untersuchung insbesondere der tragenden Bauteile liegt eine Vielzahl an Methoden vor. Nach [16] lassen sich diese bezüglich des Eingriffs in den Bestand in zerstörungsfreie, zerstörungsarme und zerstörende Verfahren sowie bezüglich des Untersuchungsaufwands in einfache Verfahren (z. B. Aufstemmen), aufwendigere Verfahren (z. B. Radar) und sehr aufwendige Verfahren (z. B. Radiografie) unterteilen.

Eine Darstellung der vorliegenden Verfahren und der zugehörigen Einsatzgebiete würde den Rahmen eines Tabellenwerkes sprengen. Zu einer beispielhaften Zusammenstellung möglicher Untersuchungsmethoden für die verschiedenen Bauarten nach DBV Leitfaden [12] siehe Tafel 14.15. Eine tabellarische Zusammenfassung der Untersuchungsverfahren zur qualifizierten Bestandsaufnahme von Stahlbetontragwerken kann [16], Anhang B entnommen werden. Möglichkeiten und Grenzen zerstörungsfreier Prüfverfahren zur Durchführung von Prüfaufgaben im Beton- und Stahlbetonbau sowie angrenzender Konstruktionsweisen (z. B. Mauerwerksbau und Asphaltfahrbahnen) zeigt [18] auf.

Tafel 14.14 Checkliste zur Feststellung des baulichen Zustands nach [12]

Rohbau – Untersuchungsgegenstände	Beispiele/Hinweise
Verformungen, Schiefstellungen	–
Risse	Breite, Verlauf, Tiefe
Knoten und Auflager	Funktionsfähigkeit von Elastomerlagern
Einbauteile und Verbindungsmittel	Baupolizeiliche oder allgemeine bauaufsichtliche Zulassung vorhanden und Randbedingungen eingehalten?
Betondeckung, Karbonatisierungstiefen, Chlorideindringtiefen	–
Korrosion und Korrosionsschutzsysteme	Beschädigungen, Überprüfung auch nicht einsehbarer Bereiche
Tierischer und pflanzlicher Befall	Schimmel, Fäulnis, Holzfeuchte
Feuchteschäden	Ausblühungen, Pfützen, Nassstellen
Mauerwerksgefüge	Unter Putzschichten, Fugenzustand, Aussteifungsbauteile ggf. aus Holz
Schadstoffe in Rohmaterialien	Holzschutzmittel, Asbest, PCB, Teer

Ausbau – Untersuchungsgegenstände	Beispiele/Hinweise
Abdichtungen	Insbesondere Kellergeschosse
Wärmedämmung, Dampfsperre	–
Türen	Rauchdichtheit, Schallschutz, Beschläge
Fugen und Anschlüsse	–
Beläge	Verschleiß, Übergangsprofile, Risse, Farbveränderungen
Abgehängte Decken einschließlich Befestigungen	–
Trennwände	Verformungen, Fugen, Bauphysik
Anstriche und Korrosisonsschutzsysteme	–

Tafel 14.15 Methoden zur weitergehenden Bestandsuntersuchung nach [12]

Stahl- und Spannbeton	Beispiele/Hinweise
Bewehrungsaufnahme nach Abstand, Durchmesser u. Betondeckung	Zerstörungsfrei mit Induktionsmessung, zerstörend durch Freilegen
Messung der Karbonatisierungstiefe	Entnahme von Probekörpern, Indikatorlösung
Bestimmung der Chlorideindringtiefe	Entnahme von Proben, chemische Untersuchung
Bewehrungskorrosion	Zerstörungsfreie Potenzialfeldmessung
Bestimmung der Betonfestigkeit	Zerstörungsfrei mit Rückprallhammer, zerstörend mit Bohrkernentnahme (siehe Abschn. 14.4.3)
Rissbreite	Optisch mit Linienstärkenmaßstab oder Risslupe
Risstiefe	Zerstörend mit Bohrkernentnahme

Mauerwerk	Beispiele/Hinweise
Rissbreite	Optisch mit Linienstärkenmaßstab oder Risslupe
Risstiefe	Zerstörend mit Bohrkernentnahme
Feststellung von oberflächennahen Hohlstellen	Abklopfen
Subjektive Festigkeitsprüfung von Mauersteinen und Fugenmörtel	Ritzproben, Einschlagversuche von Nägeln
Bestimmung der Festigkeit der Mauersteine	In oberflächennahen Bereichen m. d. Rückprallhammer
Bestimmung von Rohdichte, Druckfestigkeit und Verformbarkeit der Mauersteine	Bohrkernentnahme und Prüfung im Labor
Ermittlung der Mauerwerksfestigkeit	Entnahme von Mauerwerkskörpern und Laborversuch
Überprüfung des inneren Mauerwerksgefüges	Visuelle Überprüfung durch Endoskopieren
Erfassung der allgemeinen Struktur und des Zustandes	Hohlräume, Einschaligkeit/Mehrschaligkeit, Schalendicken, Feuchtezonen, Feststellung durch Ultraschall, Seismik, Radar, Infrarotthermographie, elektrische Widerstandsmessungen
Haftung von Anstrichen	Bestimmung mittels Gitterschnittprüfungen
Feuchtemessung	Zerstörungsfrei mit elektronischen Geräten (Widerstandsmessung oder Dielektrizitätsmessung) oder zerstörend an Kleinproben mit dem CM Gerät oder Darrprobe im Trockenschrank
Ermittlung von Schadstoffen	Chloride, Sulfate, Nitrite durch nasschemische Analyse oder potentiometrische Tritration (siehe auch Abschn. 14.3.4)

14

Tafel 14.15 (Fortsetzung)

Holz	Beispiele/Hinweise
Holzfeuchte	Zerstörungsfreie Widerstandsmessung
Korrosion der Verbindungsmittel	Zerstörende Entnahme
Leim	Probenentnahme und Untersuchung im Labor
Rissbreite	Optisch mit Linienstärkenmaßstab oder Risslupe
Risstiefe	Bohrkernentnahme, Messfühler
Holzfestigkeit	Zerstörende Bauteilentnahme
Holzzustand	Bohrwiderstandsmessung
Holzschädlinge	Beurteilung durch Fachleute

Stahl	Beispiele/Hinweise
Werkstoffzusammensetzung	Entnahme von Proben, Untersuchung im Labor
Festigkeit	Entnahme von Proben aus Bauteilen, Prüfung im Labor
Schweißbarkeit	–
Beschichtung	Zerstörend im Labor
Legierungszusammensetzung der Beschichtung	Bei Bauteilen ab dem Jahr 2000
Schichtdicke	Zerstörungsfrei mit Ultraschallmessgerät, Schichtdickenmessgerät
Schadstoffe im Korrosionsschutzsystem	Blei, Asbest
Korrosionszustand	Visuell

14.3.4 Schadstoffe bei der Bestandsaufnahme

Bauordnungsrecht Es liegt in der Verantwortung des Bauherrn, Gefährdungen und Belästigungen durch Schadstoffe zu vermeiden. Neben §3–1, MBO (siehe Abschn. 14.1) ergibt sich diese Forderung aus §13, Satz 1, MBO.

> Bauliche Anlagen müssen so angeordnet, beschaffen und gebrauchstauglich sein, das durch Wasser, Feuchtigkeit, pflanzliche und tierische Schädlinge sowie andere chemische, physikalische oder biologische Einflüsse Gefahren oder unzumutbare Belästigungen nicht entstehen. (§13, MBO)

Die Erfüllung der Forderungen der MBO setzt voraus, dass Eigentümer/Verfügungsberechtigter umfassende Kenntnisse über das Bauwerk und seinen Zustand, insbesondere im Hinblick auf Schadstoffe, besitzen.

Nach VDI/GVSS Richtlinie 6202 Blatt 1 [44] ist ein **Schadstoff** als ein gefährlicher Stoff im Sinne der Gefahrstoffverordnung (*Verordnung zum Schutz vor Gefahren –* **GefStoffV**) oder als ein biologischer Arbeitsstoff im Sinne der Biostoffverordnung (*Verordnung über Sicherheit und Gesundheitsschutz bei Tätigkeiten mit biologischen Arbeitsstoffen –* **BiostoffV**) definiert.

Anerkannte Regeln der Technik Für den Umgang mit Schadstoffen sind unter anderem die folgenden Richtlinien zu beachten:

- Asbest-Richtline: „Richtlinie für die Bewertung und Sanierung schwach gebundener Asbestprodukte in Gebäuden (Asbest-Richtlinie)" (1996),

- PCB-Richtlinie: „Richtlinie für die Bewertung und Sanierung PCB-belasteter Baustoffe und Bauteile in Gebäuden (PCB-Richtlinie)" (1994),
- PCP-Richtlinie: „Richtlinie für die Bewertung und Sanierung Pentachlorphenol (PCP)-belasteter Baustoffe und Bauteile in Gebäuden" (1996).

Neben den technischen Baubestimmungen, die in fast allen Bundesländern eingeführt sind, beziehen sich viele Bundesländer auch auf die anerkannten Regeln der Technik. Diese betreffen unterschiedliche Sachgebiete und sie haben nicht in allen Rechtsbereichen die gleiche Bedeutung. Eine verbindliche Zusammenstellung der anerkannten Regeln der Technik existiert daher nicht. Dokumentiert sind die anerkannten Regeln der Technik nach [4] unter anderem in folgenden Regelwerken:

- DIN-Normen (z. B. VOB/C ATV DIN 18459 „Abbruch- und Rückbauarbeiten" (2015)),
- Unfallverhütungsvorschriften der Berufsgenossenschaften,
- VDI-Richtlinien (z. B. VDI/GVSS 6202 Blatt 1, [44]).

Erkennung von Risiken Neben den üblichen Planungs- und Ausführungsrisiken liegt beim Bauen im Bestand ein zusätzliches Risiko in der vorhandenen Bausubstanz.

Einen Überblick über die Herstellungs- und Verwendungszeit der wichtigsten Schadstoffe gibt Tafel 14.16.

Hinweis Künstliche Mineralfasern (KMF) und Blei sind keine Schadstoffe im Sinne der Bauordnung.

Tafel 14.16 Herstellungs- und Verwendungszeiträume wichtiger Schadstoffe (Übersicht nach [4])

Zeitraum	Schadstoff/Herstellungsart/Bauteile
Asbest	
bis 1969	Spritzasbest in der DDR
bis 1979	Spritzasbest in der Bundesrepublik
bis 1984	Schwach gebundene Asbestprodukte in der Bundesrepublik
bis 1992	Asbestzementplatten im Hochbau
ab 1995	Herstellungs- und Verwendungsverbot von Asbest und asbesthaltigen Materialien in der Bundesrepublik (mit wenigen Ausnahmen)
Künstliche Mineralfasern (KMF)	
ab 1996	Beginn der Herstellung neuer Mineralwolle
bis 31.5.2000	Verwendung alter Mineralwolle
Polychlorierte Biphenyle (PCB)	
1955 bis ca. 1975	Dichtstoffmassen in den alten Bundesländern (in Einzelfällen auch deutlich danach; Verwendungsmaximum 1964 bis 1972)
bis 1971	PCB-haltige Anstriche (Brandschutz) für Akustik-Deckenplatten (Holzfaserplatten) der Firma Wilhelmi
bis 1984	Kondensatoren und Transformatoren in den alten Bundesländern
Polycyclische aromatische Kohlenwasserstoffe (PAK)	
bis ca. 1965	Bauwerksabdichtungen (Dachbahnen, Anstriche), teergebundene Korkdämmplatten, Klebstoff für Mosaikparkett
bis Mitte 1960er Jahre	Teerasphaltestriche
bis späte 1970er Jahre	Klebstoff für Stabparkett (vereinzelt)
bis ca. 1984	Straßenbau (Beläge, Fugenvergussmassen)
bis ca. 1991	Holz- und Bautenschutz
bis 1995	Klebstoff für Holzpflaster (vereinzelt)
bis 2000	Korrosionsschutzanstriche (Stahlwasserbau, Druckrohrleitungen, Betonbeschichtungen)
Pentachlorphenol (PCP)	
1978	– Einführung Kennzeichnungspflicht für PCP-haltige Zubereitungen (alte Bundesländer) – Verbot der Anwendung PCP-haltiger Holzschutzmittel mit Prüfzeichen in Aufenthaltsräumen durch das DIBt (alte Bundesländer) – Ende der Zulassung PCP-haltiger Holzschutzmittel für Aufenthaltsräume in der DDR
1986	Verbot der Anwendung PCP-haltiger Holzschutzmittel in Innenräumen in den alten Bundesländern; PCP für Außenanwendungen noch bis 1989 erlaubt
1986	Ende der Zulassung PCP-haltiger Grundierungen im Bereich Fenster und Außentüren in der DDR
1989	Verbot des Inverkehrbringens und der Verwendung von PCP und PCP-haltigen Produkten mit einem PCP-Gehalt > 0,01 Masse-% und von Holzteilen mit einem PCP-Gehalt > 5 mg/kg
Blei	
bis 1973	Bleileitungen für die Hausinstallation
bis in 1980er Jahre	– Einsatz von Bleicarbonaten (Bleiweiß) und Bleisulfaten in Farben für Holz und Metalle – Einsatz von Blei(II)-chromat in Europa
ab 2015	Verzicht der europäischen PVC-Industrie auf den Einsatz von Bleistabilisatoren in PVC
bis heute	Kein Verbot der Herstellung und Verwendung von Bleimennige

Untersuchung und Dokumentation der Bausubstanz Der Untersuchungsumfang und die Untersuchungsstrategie sind durch einen Sachverständigen/Gutachter im Hinblick auf den Umfang und das Ziel der Baumaßnahme im Bestand festzulegen. Eine Untersuchung, die alle Schadstoffe aufdeckt, ist in der Regel weder technisch noch wirtschaftlich sinnvoll bzw. möglich. Ein Restrisiko in Folge unerwarteter Schadstoffvorkommen lässt sich im Regelfall nicht ausschließen.

Einheitliche und umfassende Standards zur Untersuchung von Gebäuden und zur Dokumentation für alle Schadstoffe liegen aktuell nicht vor. Mit der Richtlinie VDI/GVSS 6202 Blatt 1 [44] liegt seit Oktober 2013 eine gute Grundlage für die Untersuchung und Dokumente und Dokumentation der Bausubstanz vor. Die Richtlinie fordert zur Vorbereitung von Abbruch-, Sanierungs- oder Instandsetzungsarbeiten an baulichen oder technischen Anlagen die Ermittlung, ob stoffliche Belastungen vorhanden sind und nimmt dabei folgende Unterscheidung vor:

- **Primäre Belastungen** Diese resultieren aus verwendeten Baustoffen bzw. Bauprodukten, die bereits durch ihre

Tafel 14.17 Systematik des Vorgehens bei der Untersuchung auf Schadstoffe gemäß [44]

Leistungsstufe 1: Bestandsaufnahme und Erstbewertung		
– Klärung der Aufgabenstellung – Auswertung vorhandener Unterlagen – Ortsbegehung zur Aufnahme von Verdachtsmomenten – Bewertung und Dokumentation	$\Longrightarrow$ $\Longleftarrow$	Mitwirkung des Auftraggebers/Nutzers
Leistungsstufe 2: Technische Erkundung		
– Aufstellung des Untersuchungsprogramms – Erkundungsvorbereitung und Durchführung – Schadstoffkataster – Bewertung	$\Longrightarrow$ $\Longleftarrow$	Eingrenzung/vertiefende Untersuchung

Herstellung gefährliche Stoffe wie PCB oder Asbest (z. B. im Fall von Asbestzement) enthalten.

- **Sekundäre Belastungen** Diese resultieren aus ursprünglich unbelasteten Bauteilen oder Gegenständen, die durch eine anderweitige Schadstoffquelle belastet werden (z. B. von PCB-haltigen Fugen ausgehende sekundäre PCB-Belastungen von Betonwänden über die Raumluft).
- **Nutzungsbedingte Belastungen** Diese resultieren aus Einträgen infolge der aktuellen oder einer früheren Nutzung (z. B. Öl im Boden einer Werkstatt).

Die Systematik bei der Untersuchung auf Schadstoffe gemäß VDI/GVSS 6202 Blatt 1 [44] zeigt Tafel 14.17 (Darstellung nach [4]).

Schadstoffkataster Die Ergebnisse der historischen Erhebung, der Ortsbegehung und der technischen Erkundung sind in einem Schadstoffkataster zu dokumentieren. Aufbau und Inhalte eines Schadstoffkatasters nach VDI/GVSS 6202 Blatt 1 sind in Abb. 14.2 dargestellt.

Nach der Durchführung der Maßnahmen muss das Schadstoffkataster fortgeschrieben werden. Es wird Bestandteil der Unterlagen für spätere Arbeiten.

14.4 Bewertung von Massivtragwerken

14.4.1 Einführung und Hinweise

Die Bewertung bestehender Tragwerke erfolgt auf der Grundlage der in der Bestandsaufnahme erhobenen Daten. Die Bewertung muss im Hinblick auf die Anforderungen der zukünftig geplanten Nutzung erfolgen. Für die erforderlichen Bemessungsaufgaben sind **Baustoffkennwerte abzuleiten** und ggf. (kein Bestandsschutz) **Einstufungen in aktuelle Regelwerke** vorzunehmen.

Je nach Bauaufgabe sind nach [12] im Regelfall die nachfolgenden Themen in der Bestandsbewertung zu behandeln.
1. Tragfähigkeit,
2. Gebrauchstauglichkeit,
3. Dauerhaftigkeit,
4. Brandschutz,
5. Ausbau, Fassaden und Technische Gebäudeausrüstung,
6. Nachbarbebauung,
7. Lebensdauerprognose.

Die *Tragfähigkeit*, die *Gebrauchstauglichkeit* und die *Dauerhaftigkeit* bestehender Massivbauwerke werden nachfolgend näher behandelt. Eine ausführliche Behandlung des Themas Brandschutz bei Bestandsbauwerken kann dem DBV-Merkblatt *Bauen im Bestand – Brandschutz* [14] sowie [34] entnommen werden. Zur Gebrauchstauglichkeit und Dauerhaftigkeit siehe Abschn. 14.4.6.

Bei der Bewertung der Tragfähigkeit empfiehlt es sich gemäß DBV-Leitfaden in den folgenden Schritten vorzugehen:
- Zusammenstellung aller Defizite in Bezug auf den aktuellen Stand der Technik,
- Bewertung der Tragfähigkeit, ggf. in Form der Zuverlässigkeit oder Versagenswahrscheinlichkeit,
- Feststellung eventuell vorhandener Tragreserven und Darstellung möglicher Lastumlagerungen,
- Bewertung der Auswirkungen von Schäden (z. B. infolge Alterung) oder Mängel (z. B. zu geringe Abmessungen).

Abb. 14.2 Aufbau und Inhalt eines Schadstoffkatasters nach VDI/GVSS 6202 Blatt 1 (Übersicht nach [4])

Schadstoffkataster					
Objektbeschreibung	Nutzungsgeschichte	Pläne	Probenahmeprotokolle	Analysenergebnisse	Fotodokumentation
allgemeine Beschreibung des Objekts (u.a. Baujahr, Bauweise)	Angaben zu Nutzungen, Umbauten, besonderen Ereignissen, verwendeten Stoffen	Lagepläne mit Probenahmepunkten, Angaben zur räumlichen Verteilung der Stoffe	Beschreibung der Probenahmepunkte und Rahmenbedingungen	Dokumentation der Analysenergebnisse	Dokumentation aller Verdachts- und Probenahmepunkte

14.4.2 Werkstoffkennwerte für Beton und Betonstahl

Wenn bei einer Baumaßnahme im Bestand der Nachweis der Standsicherheit unter geänderten Randbedingungen zu führen ist und keine Grundlage für einen Bestandsschutz vorliegt (siehe Abschn. 14.3.2), sind die Nachweise nach den aktuellen Vorschriften zu führen.

Bei der Bestimmung der Eigenschaften und Kennwerte der verwendeten Baustoffe (Beton und Betonstahl) empfiehlt sich ein zweistufiges Vorgehen.

Stufe 1 Für die ersten Berechnungen können die Angaben aus den Bestandsplänen (sofern vorhanden) verwendet und die charakteristischen Baustoffkennwerte für das aktuelle Regelwerk mit Hilfe von entsprechenden Tabellen auf der Basis der historischen Vorschriften abgeleitet werden. Ggf. können mit Hilfe der Fachliteratur in Verbindung mit dem Baujahr auch ohne Bestandsunterlagen sinnvolle Annahmen getroffen werden. Zusammenstellungen für historische Betone und Betonstähle enthält u. a. das DBV-Merkblatt Beton und Betonstahl, [13].

Stufe 2 In der zweiten Stufe und für die Standsicherheitsnachweise der Ausführungsplanung sollten die Annahmen aus Stufe 1 in der Regel mit Probenentnahmen und Laboruntersuchungen verifiziert werden.

Beton Die Zuordnung von Betonfestigkeiten aus dem Erstellungszeitraum von 1904 bis 2016 zu den charakteristischen Zylinderdruckfestigkeiten f_{ck} für den Bemessungswert $f_{cd} = \alpha_{cc} \cdot f_{ck}/\gamma_c$ nach EUROCODE 2 [28] kann Tafel 14.18 entnommen werden. Bei derartigen Zuordnungen müssen die Unterschiede zwischen historischen und aktuellen Vorschriften bezüglich Sicherheitsniveau, Qualität von Betontechnik und Bauausführung, Definition der Betonfestigkeit sowie der Geometrie und Lagerung der Prüfkörper berücksichtigt werden. Die in Tafel 14.18 gegebenen Empfehlungen sind dem DBV-Merkblatt Beton und Betonstahl entnommen [13]. Sie wurden weitestgehend mit der Nachrechnungsrichtlinie für Straßenbrücken [7] und dem DAfStb-Sachstandsbericht abgeglichen [26]. Erfahrungswerte für Betonfestigkeiten aus der Literatur in Abhängigkeit der Betonmischung gibt darüber hinaus Tab. 2 des DBV-Merkblatts [13] (Stufe 1).

Die Bewertung der Betondruckfestigkeit an bestehenden Bauwerken wird in Abschn. 14.4.3 ausführlich behandelt (Stufe 2).

Betonstahl Zur Vorbemessung von Stahlbetontragwerken können die Materialkennwerte nach den Tafel 14.20 bis 14.22 verwendet werden, wenn die vorliegende Stahlsorte anhand der Rippung zugeordnet werden kann (Stufe 1).

Die Vorgaben für die Bestimmung der Betonstahlfestigkeiten mittels Probenentnahme definiert die Nachrechnungsrichtlinie (Stufe 2, siehe [7] bzw. [13]). Sollen die Betonstahlfestigkeiten zu Bemessungszwecken verwendet werden, müssen diese anhand von mindestens drei repräsentativen Materialproben überprüft werden. Die entnommenen Proben sind anhand von Zugversuchen (Arbeitslinie) und ggf. chemischen Analysen einer Stahlsorte zuzuordnen, um die in den Tabellen angegebenen charakteristischen Streckgrenzen f_{yk} der Betonstähle ansetzen zu können. Liegen über die in dem betreffenden Bauwerk verwendeten Betonstähle keinerlei Erkenntnisse vor oder sollen höhere Werte der charakteristischen Streckgrenzen f_{yk} als in den Tabellen von Kap. 11, Nachrechnungsrichtlinie [7] angegeben, eingesetzt werden, müssen für jeden Prüfbereich mindestens fünf repräsentative Betonstahlproben zur statistischen Auswertung entnommen und geprüft werden. Dabei ist darauf zu achten, dass jeder Prüfbereich nur Bewehrungsstahl einer Stahlsorte enthält.

Statische Nutzhöhe und Bewehrungsgehalt Zur Ermittlung der statischen Nutzhöhe d_{vorh} müssen Bauteilhöhe h, Betondeckung c_{vorh} und Stabdurchmesser $\varnothing_s$ ermittelt werden. Bei einlagiger Bewehrung gilt dann:

$$d_{vorh} = h - c_{vorh} - 0{,}5 \cdot \varnothing_s$$

Für die Messung der Betondeckung ist i. d. R. eine Kombination von zerstörungsfreien und zerstörenden Prüfmethoden erforderlich. Mit Hilfe zerstörungsfreier Prüfverfahren (Betondeckungsmessgeräte auf elektromagnetischer Basis oder Radarverfahren) können Betondeckung, Stabanzahl und Abstand der Betonstähle untereinander ermittelt werden. In bauteilverträglich angeordneten Sondieröffnungen kann zum einen die Betondeckungsmessung auf die jeweiligen Bauteileigenschaften kalibriert werden. Zudem können an den Sondieröffnungen der Bewehrungsstabdurchmesser und die Rippung der Stäbe festgestellt werden.

Zur Einordnung älterer Betone sowie zur zielsicheren Bestimmung von Werkstoffkennwerten älterer Betone ist eine ungefähre Kenntnis der zur Herstellzeit gültigen Vorschriften sehr hilfreich. Weitere Erläuterungen gibt [13] und ein Abdruck der historischen Bemessungsvorschriften kann [33] entnommen werden.

Beton im Zeitraum 1860–1943 Im Zeitraum ab 1860 beginnt die Entwicklung der Stahlbetonbauweise mit einer zunehmenden Standardisierung der Zusammensetzung (Zemente, Mindestzementgehalte, Zuschläge, Sieblinien, Größtkorn), der Herstellung (Konsistenz, Arbeitsfugen) und der Eigenschaften (Druckfestigkeiten und Mindestdruckfestigkeiten, Prüfkörperform, Prüfkörpergröße, zulässige Span-

14

nungen) der Betone. Die wesentlichen Vorschriften dieses Zeitraums sind (siehe auch [33]):

- *Vorläufige Leitsätze für die Vorbereitung, Ausführung und Prüfung von Eisenbetonbauten vom Verband Deutscher Architekten- und Ingenieurvereine (1904),*
- *Bestimmungen des Kgl. Preußischen Ministeriums der öffentlichen Arbeiten für die Ausführung von Konstruktionen aus Eisenbeton bei Hochbauten (24. Mai 1907),*
- *Bestimmungen des Deutschen Ausschuss für Eisenbeton – Bestimmungen für Ausführung von Bauwerken aus Eisenbeton (1916),*
- *Bestimmungen des Deutschen Ausschuss für Eisenbeton – Bestimmungen für Ausführung von Bauwerken aus Eisenbeton (1925),*
- *Bestimmungen des Deutschen Ausschuss für Eisenbeton – Bestimmungen für Ausführung von Bauwerken aus Eisenbeton (1932).*

Aus diesem Zeitraum liegen im Regelfall keine oder nur unvollständige Bestandsunterlagen vor. Für heutige Arbeiten bedeutet dieses, dass eine sichere Prognose der Betondruckfestigkeit nicht möglich ist und die Betoneigenschaften im Rahmen der Bestandsaufnahme durch Materialprüfungen ermittelt werden sollten.

Beton nach den Stahlbetonbestimmungen von 1943 1943 wurden die Bestimmungen des Deutschen Ausschuss für Eisenbeton in den Teilen A bis D als DIN-Normen 1045 bis 1048 veröffentlicht. Mit den darin enthaltenen Anforderungen bezüglich Zusammensetzung, Verarbeitung und Nachbehandlung wird ein Niveau verlangt, welches demjenigen bei heutigem Normbeton verlangten schon sehr nahe kommt.

Im Gegensatz zu vorhergehenden Bestimmungen erfolgt eine Einteilung in Güteklassen, die sich an den Mittelwerten der Druckfestigkeit von 20 cm-Würfeln W28 in kg/cm^2 orientieren. Für die Betrachtung von Bestandsbauwerken ist dieser Schritt von Bedeutung, da somit eine bis dahin mögliche und praktizierte stufenlose Wahl verschiedener Betonfestigkeiten innerhalb eines Bauwerkes nicht mehr möglich war. Die Güteklassen reichen von einem Beton B50, der nur für Streifenfundamente im Häuserbau verwendet durfte, bis hin zu einem B600 der vorwiegend ab den 1950er Jahren für Fertigteile, Spannbetonbauteile und im Massivbrückenbau Anwendung fand.

Die Bemessung der Stahlbetonbauteile erfolgte weiterhin und bis 1972 auf der Basis zulässiger Spannungen (n-Verfahren für Biegung mit Längskraft, siehe auch Abb. 14.3), die [13] oder [33] entnommen werden können. Die Orientierung an den Mittelwerten der Betonfestigkeiten hatte ebenfalls bis 1972 Bestand.

Beton nach den DDR-Standards von 1955 und 1964 Die DDR-Standards markieren insofern eine Zäsur, als dass mit

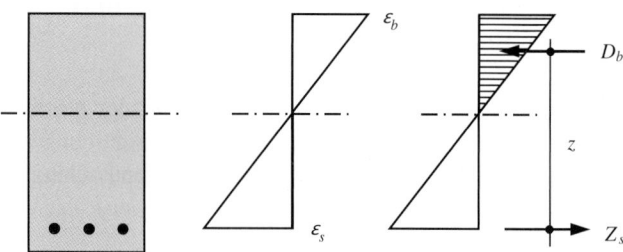

Abb. 14.3 Spannungsverteilung im Querschnitt nach dem n-Verfahren mit $\varepsilon_\mathrm{b} = \frac{\sigma_\mathrm{b}}{E_\mathrm{b}}, \varepsilon_\mathrm{s} = \frac{\sigma_\mathrm{s}}{E_\mathrm{s}} = \frac{\sigma_\mathrm{s}}{n \cdot E_\mathrm{b}}, M_\mathrm{zul} = D_\mathrm{b} \cdot z = Z_\mathrm{s} \cdot z$

der *Anordnung über die Anwendung des Traglastverfahrens für die Bemessung im Stahlbetonbau* am 11. März 1955 erstmalig ein n-freies Bemessungsverfahren in einem Teil Deutschlands zugelassen wurde. An Stelle der linearen Spannungs-Dehnungslinie konnte eine nichtlineare Arbeitslinie mit einer Völligkeit $> 0{,}5$ ausgenutzt werden. Die globalen Sicherheitsbeiwerte betrugen $v_\mathrm{s} = 1{,}70$ (Betonstahl I) bzw. $v_\mathrm{s} = 1{,}80$ (Betonstahl II bis IV).

1964 erfolgt eine weitere Anpassung mit einer Festlegung von Rechenwerten der Betonfestigkeit und den Sicherheitsbeiwerten $v_\mathrm{sg} = 1{,}5$ für Eigenlasten und $v_\mathrm{sp} = 1{,}7$ für Nutzlasten.

Beton nach DIN 1045 von 1972 Mit der Ausgabe der DIN 1045 von 1972 (DIN 1045: Beton- und Stahlbetonbau, Bemessung und Ausführung: 1972-01) wird der Begriff der Betongüte durch den Begriff der Betonfestigkeitsklasse ersetzt und die Nennfestigkeit wird als 5 %-Quantil der Grundgesamtheit (gesamter Beton einer Festigkeitsklasse) als Mindestbetonfestigkeit nach 28 Tagen festgelegt. Als Festigkeitsklassen werden Bn 50, Bn 100, Bn 150, Bn 250, Bn 350, Bn 450 und Bn 550 festgelegt. Bei der Nennfestigkeit wird zwischen dem Wert β_wN (Mindestwert für die Druckfestigkeit β_{28} jedes 20 cm-Würfels) und dem Wert β_wM (Mindestwert für die mittlere Druckfestigkeit β_wM jeder Würfelserie mit 3 aufeinanderfolgend entnommenen Proben) unterschieden.

Es werden die Betongruppen B I und B II eingeführt. Während Beton B I auf einfachen Baustellen mit geringen Anforderungen an Prüfumfang und Überwachung nach Rezept oder auf der Grundlage einer Eignungsprüfung verwendet wird, ist für Beton B II mit hohen Anforderungen an Ausführung, Prüfung und Überwachung in jedem Fall eine Eignungsprüfung durchzuführen. Darüber hinaus werden betontechnische Festlegungen für Betone mit besonderen Eigenschaften getroffen (wasserundurchlässiger Beton, Beton mit hohem Frostwiderstand, mit hohem Widerstand gegen chemische Angriffe, mit hohem Abnutzwiderstand, mit ausreichendem Widerstand gegen Hitze und Beton für Unterwasserschüttung), was zu einer Verbesserung im Hinblick auf die Dauerhaftigkeit führt.

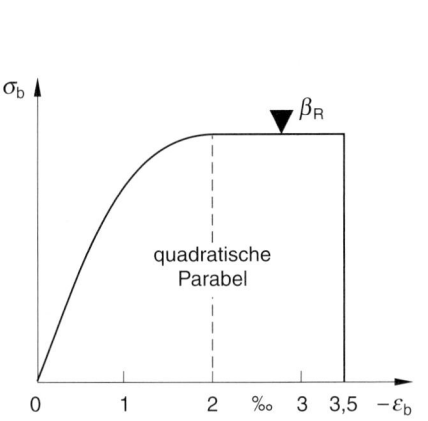
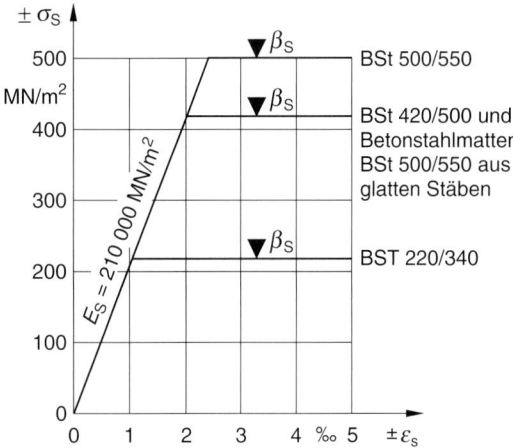

Abb. 14.4 Spannungs-Dehnungs-Linien für Beton und Betonstahl nach DIN 1045:1978

Bei der Bemessung werden die zulässigen Spannungen durch Rechenwerte der Betondruckfestigkeit β_R für die Nachweise im Bruchzustand ersetzt. Damit hat sich in ganz Deutschland die Bemessung mittels n-freier Verfahren durchgesetzt. Als Betonarbeitslinie wird das Parabel-Rechteck-Diagramm eingeführt und die Rechenwerte der Betondruckfestigkeit β_R ergeben sich aus den Nennfestigkeiten durch Multiplikation mit dem Abminderungsbeiwert $0{,}85 \cdot 0{,}82 = 0{,}70$. In den Abminderungsbeiwerten ist das Verhältnis der Prismenfestigkeit zur Würfelfestigkeit und die gegenüber der Festigkeit nach 28 Tagen verminderte Dauerstandfestigkeitstand berücksichtigt. Das Sicherheitskonzept der Norm basiert auf globalen Sicherheiten, die mit $\gamma = 1{,}75$ für Stahlversagen und $\gamma = 2{,}10$ für Betonversagen festgelegt sind. Die zugehörigen Spannungs-Dehnungslinien sind in Abb. 14.4 wiedergegeben.

Beton nach DIN 1045 von 1978 und 1988 Die Neuausgabe der DIN 1045 von 1978 bringt keine wesentlichen Änderungen der vorherigen Ausgabe von 1972 bezüglich der oben beschriebenen Grundlagen. Die Festigkeitsklassen werden auf die Einheit N/mm^2 umgestellt und die Betonfestigkeitsklassen werden wieder mit B bezeichnet. In der Ausgabe von 1988 werden bei den Betonen mit besonderen Eigenschaften Beton mit hohem Widerstand gegen Frost und Tausalz eingeführt und der Abschnitt für Beton mit hohen Gebrauchstemperaturen (bis 250 °C) überarbeitet.

Beton nach dem ETV der DDR ab 1981 Mit dem Einheitlichen Technischen Vorschriftenwerk des Betonbaus (ETV Beton) wird 1981 in der DDR ein semiprobabilistisches Bemessungsverfahren nach Grenzzuständen eingeführt. Die Festlegung der Betonklassen basiert auf dem 5 %-Quantilwert der Norm-Würfeldruckfestigkeit R_n, die sich auf den 15 cm-Würfel bezieht, aber auch an Würfeln der Kantenlänge $a = 100/150/200/300$ mm oder alternativ an quadratischen Prismen der Höhe $4 \cdot a$ ermittelt werden

kann. Die Prüfkörper sind vom 2.–7. Tag feucht und vom 8.–28. Tag trocken zu lagern. Zur Ermittlung des Rechenwerts der Betondruckfestigkeit R_b wird zunächst von einem Grundwert der R_0^b ausgegangen, der dem 0,56-fachen der Norm-Würfelfestigkeit entspricht. Hierin sind die Umrechnung vom Prüfkörper auf den Bauwerksbeton sowie ein Teilsicherheitsbeiwert von 1,30 enthalten. Der Rechenwert R_b ergibt sich dann durch Multiplikation von R_0^b mit Anpassungsfaktoren m_{bi}, die sowohl Einflüsse des Bauteils als auch der Einwirkung berücksichtigen. Auf der Seite der Einwirkungen waren ebenfalls Teilsicherheitsbeiwerte anzusetzen, die sowohl für die ständigen als auch für die veränderlichen Einwirkungen je nach Einwirkung unterschiedlich festgesetzt waren (z. B. 1,10 für das Eigengewicht von Normalbeton, 1,30 für das Eigenwicht von Dämmstoffen, 1,40 für Schnee und 1,20 für Wind auf normale Gebäude).

Zuordnung der Betonfestigkeiten nach DBV-Merkblatt [13] Für erste Berechnungen können die charakteristischen Baustoffkennwerte für den Beton und das aktuelle Regelwerk bei bekannter Festigkeitsklasse auf der Basis der Angaben im DBV-Merkblatt Beton und Betonstahl nach Tafel 14.18 ermittelt werden. Die charakteristischen Werte f_{ck} sind als Schätzwerte zu verstehen, die für Entwurf und Vorplanung verwendet werden können. Sie ersetzen keine Untersuchung am Bestandsbauwerk. Weitere Hinweise siehe Abschn. 14.4.1.

Zuordnung der Betonstähle Derartige Umrechnungen sind für Betonstähle nicht notwendig. Einen Sonderfall stellt die geforderte Dehnung bei Höchstlast A_g zur Beurteilung der Duktilität dar, weil frühere Normenwerte nur Regelungen bezüglich der Bruchdehnung enthielten. Charakteristische Werte für Eisenbahnbrücken gibt Tafel 14.19 und für sonstige Bauwerke Tafeln 14.20 bis 14.22.

Bemessungswerte der Verbundspannungen glatter Stäbe sind in Abschn. 14.4.5 gegeben.

Tafel 14.18 Zuordnung der Betonfestigkeiten 1906 bis 2016 nach [13]

	Zeitraum	$W^{[a]}$	Bezeichnung/Nennwert der Betondruckfestigkeit[b] und Zuordnung der charakteristischen Zylinderdruckfestigkeit f_{ck} [N/mm²]										
1	1904–1916[d]	300 M			**W_{28}**									
					180	**200**								
		f_{ck}			8	9								
2	1916–1925 DAfEb	200 M			**W_{28}[e]**									
					150	**180**	**210**							
		f_{ck}			8	9,5	11							
3	1925–1932 DIN	200 M	**W_{b28}**											
			100	**130**	**180**									
		f_{ck}	5	7	10									
4	1932–1943 DIN	200 M		**W_{b28}**										
				120	**160**	**210**								
		f_{ck}		6,5	8,5	12								
5	1943–1972 DIN (TGL bis 1980)	200 M	**B**[f] **80**	**B 120**	**B 160**		**B 225**		**B 300**		**B**[c] **450**		**B**[c] **600**
		f_{ck}	4	6,5	11		15		20		30		40
6	1972–1978 DIN	200 5 %	**Bn 50**		**Bn 100**	**Bn 150**			**Bn 250**	**Bn 350**		**Bn 450**	**Bn 550**
		f_{ck}	4		8	12			20	27,5		35,5	43,5
7	1980–1990 TGL	150 5 %	**Bk 5**	**Bk 7,5**	**Bk 10**	**Bk 15**	**Bk 20**	**Bk 25**	Bk 30	Bk 35	Bk 45	Bk 50	Bk 55
		f_{ck}	4	5,5	7,5	11,5	15	19	22,5	26,5	34	38	41,5
8	1978–2001 DIN	200 5 %	**B 5**		**B 10**	**B 15**			**B 25**	**B 35**		**B 45**	**B 55**
		f_{ck}	4		8	12			20	27,5		35,5	43,5
9	ab 2001 DIN / ab 2011 DIN EN	150 5 %			**C8/ 10**	**C12/15**	**C16/ 20**		**C20/ 25**	**C25/ 30**	**C30/ 37**	**C35/ 45**	**C40/ 50**
		f_{ck}			8	12	16		20	25	30	35	40

[a] W – Würfel: Kantenlänge in [mm], M – Mittelwert aus 3 Proben oder 5 %-Quantilwert
[b] Einheiten ca. 100 kg/cm² (bis 1972) = 100 kp/cm² (bis 1978) = 10 N/mm² (ab 1978) = 10 MN/m² = 10 MPa
[c] ab 1944 in DIN 4225: Fertigbauteile aus Stahlbeton [R14]
[d] gemäß Leitsätzen 1904 [R4] Zielwert 180–200 kg/cm², gemäß Preußischen Bestimmungen 1907 [R6] war die Druckfestigkeit mischungsbezogen an Würfeln zu bestimmen, ab Normen für vergleichende Druckversuche DAfEb 1908 [R7] vereinheitlichte Bestimmung der Würfelfestigkeiten im Labor und auf der Baustelle
[e] zusätzliche Anforderungen: W_{28} = 150 kg/cm² → W_{45} = 180 kg/cm² und W_{28} = 180 kg/cm² → W_{45} = 210 kg/cm²
Analogie: W_{45} = 245 kg/cm² (nachgewiesen gemäß [R8] § 18.2) entspricht etwa W_{28} = 210 kg/cm²
[f] in DIN 1047: Bestimmungen für die Ausführung von Bauwerken aus Beton [R11]
Hinweis Literaturangaben der Fußnoten siehe [13]

Tafel 14.19 Charakteristische Werte f_{yk} von Betonstählen nach [11]

Herstellungsjahre	Betonstahlgüte	f_{yk} [N/mm²]
Vor 1930	–	130
	Handelseisen	210
1930–1948	Hochwertiger Betonstahl	260
1948–1972	I	245
	II, III, IV	315
Ab 1972	Es gilt DIN 1045 (Anm. mit DIN 488)	

Tafel 14.20 Charakteristische Streckgrenzen und Duktilitätsklassen von Betonstab- und Betonformstählen verschiedener Zeitperioden (nach [13])

S	1	2	3	4	5	6
Z	Bezeichnung	Bild nach [3]	Stahlgüte	Verwendung	f_{yk} [N/mm²]	Duktilität
1	Glatte Rundstäbe (DIN 1000, DIN 1612, DIN 488, TGL 101-054, TGL 12530, TGL 33403)		Schweiß-/Flusseisen, Flussstahl (ab 1925: St 00.12)	1860–1937	180[a,b]	–
2			Flussstahl, Handelseisen (ab 1925: St 37, St 37.12)	1895–1943	220[a,b]	B
3			Betonstahl I (ab 1943)	1943–1972	220[b]	B
4			BSt 220/340 GU (DIN 488)	1972–1984	220[b]	B
5			Hochwertiger Stahl St 48	1925–1932	290[a,b]	B
6			Hochwertiger Stahl St 52	1932–1943	340[b,c]	B
7			Betonstahl IIa (ab 1943)	1943–1972	340[b,c]	B
8			St A-0 (DDR) Betonstahl I	1960–1985	220[b]	B
9			St A-I (DDR) Betonstahl I	1961–1990	240[b]	B
10			St B-IV/St B-IV S (DDR)	1970–1990	490[b]	–
11	Betonrippenstahl DIN 488	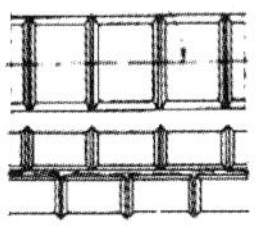	BSt 220/340 RU (I)	1972–1984	220	B
12		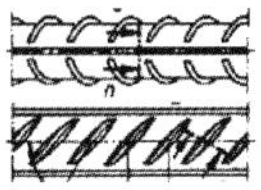	BSt 420/500 RU (III)		420	B
13			BSt 420/500 RK (III)			A
14		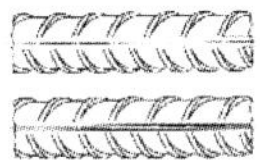	BSt 420 S (III)	1984–2009		B
15			BSt 420 S (III) verwunden			A
16		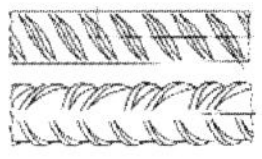	BSt 500 S (IV)	seit 1984	500	B
17			BSt 500 S (IV) verwunden	1984–2009		A
18	Betonrippenstahl (DDR) TGL 101-054 TGL 12530 TGL 33403	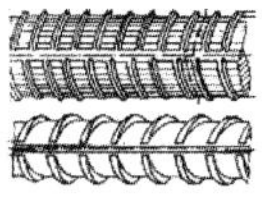	St A-III	1961–1990	390	B
19		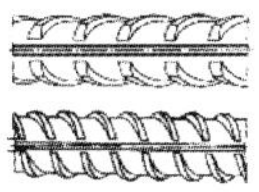	St T-III	1971–1985	400	B
20			St T-IV	1976–1990	490	B
21			St B- IV RDP ST B- IV S-RDP	1979–1990		–
22	Roxorstahl		St A-IIa (CSR → DDR)	1958–1980	390	–
23	Quergerippter Ovalstahl	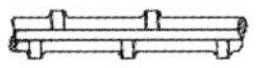	St 60/90 (IVa) (DDR)	1960–1980	490	–

[a] Erhöhung des Teilsicherheitsbeiwerts γ_s um 10 % (vor 1943)

[b] Bei glatten Betonstählen und Betonformstählen ist deren von DIN EN 1992 abweichendes Verbundverhalten beim Nachweis der Endverankerung zu berücksichtigen (siehe auch Tab. 5 [13] für glatte Stähle)

[c] Erhöhung auf 360 N/mm² bei Stabdurchmesser ≤ 18 mm

Tafel 14.21 Charakteristische Streckgrenzen und Duktilitätsklassen von Betonformstählen verschiedener Zeitperioden (nach [13])

S	1	2	3	4	5	6
Z	Bezeichnung	Bild nach [3]	Stahlgüte	Verwendung	f_{yk} [N/mm^2]	Duktilität
1	Istegstahl[d]		min St 37, durch Verwindung kaltverfestigt	1933–1942	340[a, b]	–
2	Drillwulststahl[d]	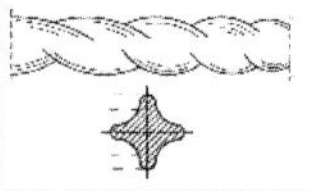	St 52	1937–1956	340[a, b]	B
3			Betonstahl IIIa	1943–1956		
4	Nockenstahl[d]	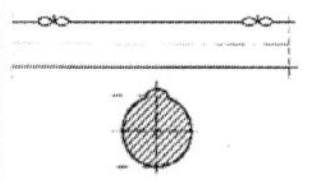	St 52	1937–1943	340[a, b]	B
5			BSt IIa, IIIa (naturhart)	1943–1954	400[a, c]	
6			BSt IVa (naturhart)	1943–1956	500[a]	
7	Torstahl[d]	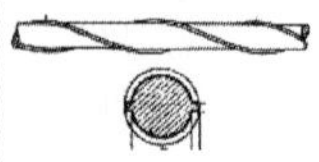	Torstahl 36/15	1938–1943	360[a]	–
8			Torstahl 40/10		400[a]	–
9			Betonstahl IIIb	1943–1959	400[a, c]	A
10	Quergerippter Betonformstahl (DAfStb-[12])		BSt I	1952–1963	220	B
11		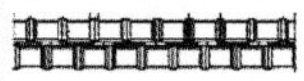	BSt IIa (naturhart)		340[a, b]	
12			BSt IIIa (naturhart)		400[a, c]	
13			BSt IVa (naturhart)		500[a]	
14	QUERI-Stahl		Betonstahl IVa	1952–1963	500[a]	B
15	NORI-Stahl		Betonstahl IIIa	1952–1963	400[a, c]	B
16			Betonstahl IVa		500[a]	
17	Kaltverformter schräggerippter Betonformstahl		Betonstahl IIIb	1956–1962	400[a, c]	A
18			Betonstahl IVb		500[a]	
19	Rippentorstahl		Betonstahl IIIb	1959–1972	400[a, c]	A
20	FILITON-Stahl		Betonstahl IIIb	1965–1969	400[a, c]	A
21	HI-BOND-A-Stahl	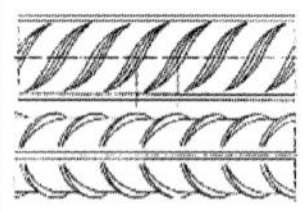	Betonstahl IIIa	1959–1972	400[a, c]	B
22	NORI-Stahl		Betonstahl IIIa	1960–1972	400[a, c]	B
23			Betonstahl IVa		500[a]	
24	NORECK-Stahl		Betonstahl IIIb	1960–1967	400[a, c]	A
25	Schräggerippter Betonformstahl[d]	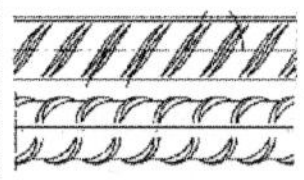	mit Einheitszulassung BSt IIIa	1964–1972	400[a, c]	B
26	DIROC-Stahl	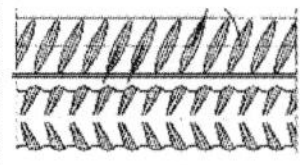	Betonstahl IIIa	1964–1969	400[a, c]	B
27	Stahl-Becker KG[d]	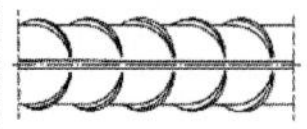	Betonstahl IIIa	1964–1969	400[a, c]	B
28	bi-Stahl[d]		St 70/90	1955–1970	700	B
29				1970–1984	650	
30	Neptun-Stahl[d]		St 80/120	1956–1965	800	B
31			St 50/80		500	

Tafel 14.21 (Fortsetzung)

S	1	2	3	4	5	6
Z	Bezeichnung	Bild nach [3]	Stahlgüte	Verwendung	f_{yk} [N/mm²]	Duktilität
32	GEWI-Stahl[d]	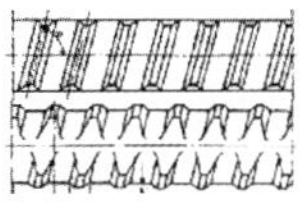	BSt 420/500 RU (III)	1974–1984	420	B
33			BSt 500 S (IV)	seit 1984	500	
34	Betonformstahl vom Ring[d]		BSt 500 WR (IV)	seit 1984	500	B
35			BSt 500 KR (IV)			A
36	Betonformstahl Kerntechnik[d]	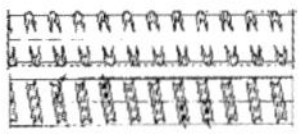	BSt 1100	1980–2001	500 (nur Zug 1100)	B
37	Betonformstahl[d]	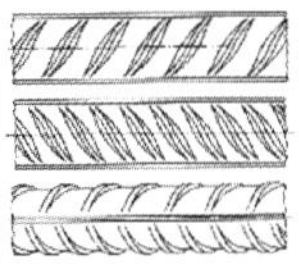	BSt 420/500 RUS BSt 420/500 RTS bzw. Tempcore-Stahl	1977–1984	420	B
38		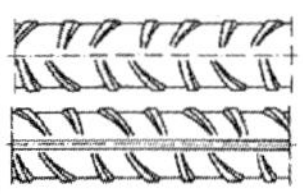	BSt 500/550 RU (IV)	1973–1984	500	B
39		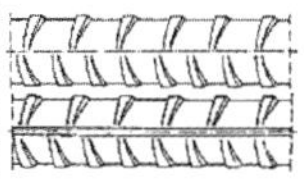	BSt 500/550 RK (IV)			A
40		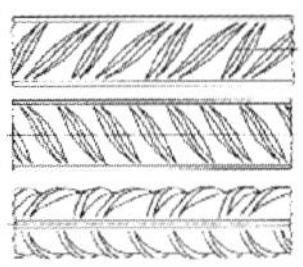	BSt 500/550 RUS BSt 500/550 RTS bzw. Tempcore-Stahl	1976–1984	500	B
41	Betonstahl in Ringen mit Sonderrippung[d]	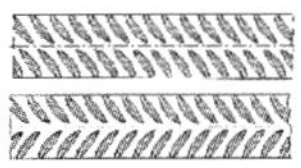	BSt 500 WR	seit 1991	500	A

[a] Bei glatten Betonstählen und Betonformstählen ist deren von DIN EN 1992 abweichendes Verbundverhalten beim Nachweis der Endverankerung zu berücksichtigen (siehe auch Tab. 5 [13] für glatte Stähle)
[b] Erhöhung auf 360 N/mm² bei Stabdurchmesser $\leq$ 18 mm
[c] Erhöhung auf 420 N/mm² bei Stabdurchmesser $\leq$ 18 mm
[d] nach Zulassung

14.4.3 Betondruckfestigkeit im Bestand

Allgemeines Ist der Bestand durch Unterlagen ausreichend dokumentiert, können die charakteristischen Baustoffkennwerte zumindest für Entwurfszwecke auf der Basis der historischen Vorschriften abgeleitet werden (s. Abschn. 14.4.2).

Liegen keine Angaben über den Beton mehr vor, muss die Betondruckfestigkeit in jedem Fall am Bauwerk „In-situ" bestimmt werden. Eine übersichtliche Zusammenstellung zur Bewertung der Druckfestigkeit von Beton gibt das DBV-Merkblatt „Bewertung der In-situ-Druckfestigkeit von Beton" [15]. Das Merkblatt gilt nicht für die Beurteilung der In-situ-Betondruckfestigkeit von bestehenden Ingenieurbauwerken (z. B. Straßenbrückenbrücken oder Wasserbauwerke). In diesen Fällen sind entsprechende besondere Bestimmungen (z. B. Nachrechnungslinien) zu beachten.

Die Prüfungen am Bauwerk sind geregelt in DIN EN 12504-1 bis 12504-4 (Teil 1: *Bohrkernproben*, Teil 2: *Zerstörungsfreie Prüfung*, Teil 3: *Bestimmung der Ausziehkraft*, Teil 4: *Bestimmung der Ultraschallgeschwindigkeit*). Die Zuordnung von Bauwerksbetonen zu den aktuellen Betonfestigkeitsklassen erfolgt mit einer Bewertung des Betons nach DIN EN 13791.

DIN EN 13791 [30] erlaubt die Bewertung der In-situ-Druckfestigkeit von Beton bei Neubauwerken (i. d. R. wenn die Konformität oder die Identität des eingebauten Betons nicht nachgewiesen werden kann oder wenn Zweifel an der ordnungsgemäßen Bauausführung bestehen) oder von bestehenden Bauwerken.

Die Bewertung nach DIN EN 13791 erfolgt für definierte Prüfbereiche. Ein Prüfbereich besteht aus einem oder mehreren Bauwerksteilen, von denen vermutet wird, dass

Tafel 14.22 Charakteristische Streckgrenzen und Duktilitätsklassen von Betonstahlmatten verschiedener Zeitperioden (nach [13])

S	1	2	3	4	5	6
Z	Betonstahlmatten[a]	Bild nach [3]	Stahlgüte	Verwendung	f_{yk} [N/mm^2]	Duktilität
1	Baustahlgewebe B.St.G. mit glatten Stäben[d]	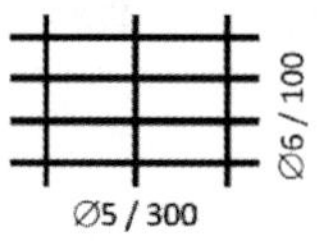 Ø6/100 Ø5/300	St 55 (IVb) Beispiel: B.St.G 100 × 300 × 6 × 5	1932–1955	500	A
2	– mit Profilierung N, Q, R-Matten[b]	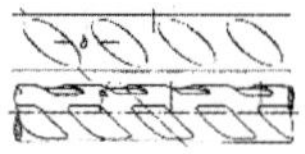	Betonstahl IVb	1957–1973	500	–
3	Verbundstahlmatte mit Kunststoffknoten[d]	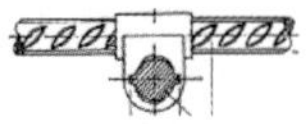		1964–1969		
4	– mit Sonderprofilierung[c]	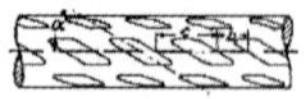		1968–1973		
5	– mit Rippung					
6	– mit glatten Stäben		BSt 500/550 GK (IVb) BSt 500 G (IV)	1972–1984 seit 1984	500	A
7	– mit profilierten Stäben	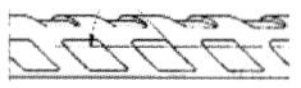	BSt 500/550 PK (IVb) BSt 500 P (IV)	1972–1984 seit 1984	500	A
8	– mit gerippten Stäben		BSt 500/550 RK (IV) BSt 500 M (IV)	1972–1984 seit 1984		–
9		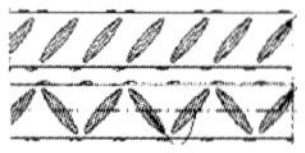	BSt 630/700 RK	1977	630	–
10			BSt 550 MW	1989	550	A

[a] Lagermattenbezeichnung nach Gewebegeometrie:
ab 1955: Q – quadratisch (Q 92 bis Q 377); R – rechteckig (R 92 bis R 884); N – nichtstatisch (N 47 bis N 141)
ab 1961: A 92, B 131 – Randmatten
ab 1972: Q – (Q 84 bis Q 513); R – (R 131 bis R 589); K – rechteckig (K 664 bis K 884); N – (N 94 bis N 141)
ab 1984: Q – (Q 131 bis Q 513); R – (R 131 bis R 589); K – (K 664 bis K 884); N – (N 94 bis N 141)
ab 1996: Q – (Q 131 bis Q 670); R – (R 188 bis R 589); K – (K 664 bis K 884)
[b] ab 1957 zwei Rippenreihen; ab 1962 drei Rippenreihen
[c] sechs Rippenreihen
[d] nach Zulassung

sie aus Beton hergestellt wurden, der derselben Grundgesamtheit entstammt. In der Praxis bedeutet dies, dass die Bauteile mit Beton zumindest ähnlicher Rezeptur und gleichen Ausgangsstoffen hergestellt wurden. Einzelheiten und Beispiele siehe [13]. Die Gewinnung der Prüfergebnisse und die Vorgehensweise bei der Bewertung der Druckfestigkeit sind sachkundig zu planen. Eine undifferenzierte Anwendung der statistischen Auswertungsverfahren kann ggf. (z. B. zu geringe Probenzahl, hohe Streuung der Prüfergebnisse, unzweckmäßige Verteilung der Prüfstellen) zu einer falschen Bewertung der Betondruckfestigkeit In-situ führen.

Für das Verhältnis der Mindestdruckfestigkeit des Bauwerksbetons $f_{ck,is,Würfel}$ zur Druckfestigkeit an Probekörpern $f_{ck,cube}$ gilt allgemein:

$$\frac{f_{ck,is,Würfel}}{f_{ck,cube}} \geq 0{,}85 \qquad (14.1)$$

Die charakteristischen Druckfestigkeiten des Bauwerksbetons für die Druckfestigkeitsklassen nach EN 206-1 müssen damit mindestens den Werten von Tafel 14.23 entsprechen.

Nachweismöglichkeiten Die Möglichkeiten der Bewertung der In-situ-Druckfestigkeit von Beton in bestehenden Bauwerken sind in Abb. 14.5 dargestellt. Es stehen danach die folgenden Prüfverfahren zur Verfügung:

- Direkte (zerstörende) Prüfung von Bohrkernen. Die Druckfestigkeit des Bauwerksbetons wird direkt ermittelt.
- Indirekte (zerstörungsfreie) Prüfung (z. B. Rückprallhammerprüfung oder Prüfung der Ultraschallgeschwindigkeit). Die Druckfestigkeit des Bauwerksbetons wird indirekt mittels vorab kalibrierten Messgrößen ermittelt.
- Kombination von direkten und indirekten Verfahren mit Kalibrierung.

Abb. 14.5 Nachweismöglichkeiten für die Betonfestigkeit nach [15]

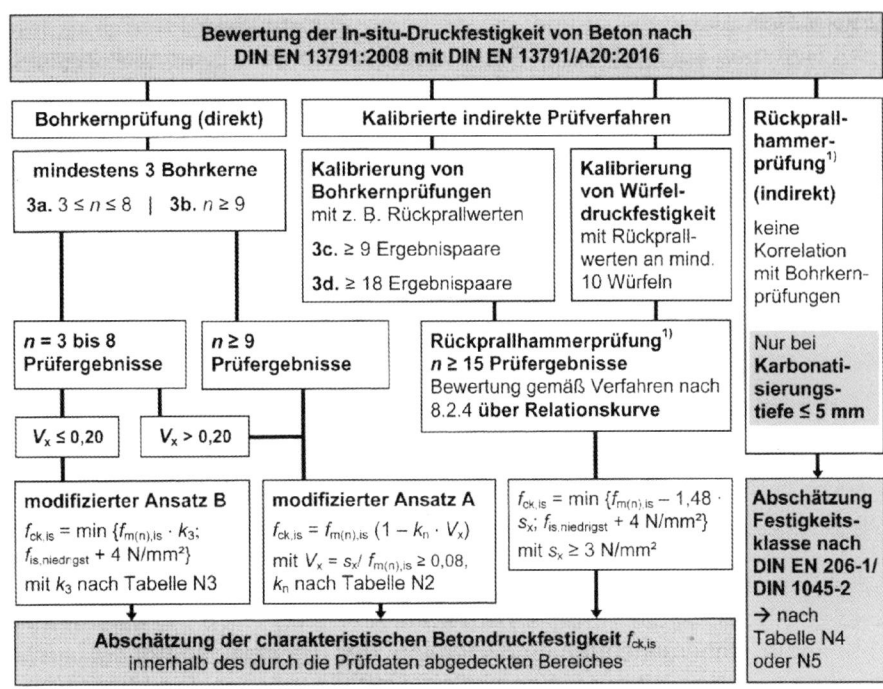

Tafel 14.23 Charakteristische Festigkeiten des Bauwerksbetons nach [15, 30]

S	1	2	3
Z	Druckfestigkeits-klasse nach DIN EN 206-1	Charakteristische Mindest-Druckfestigkeit von Bauwerksbeton [N/mm²]	
		$f_{ck,is,Zylinder}$	$f_{ck,is,Würfel}$
1	C8/10	7,0	9,0
2	C12/15	10,0	13,0
3	C16/20	14,0	17,0
4	C20/25	17,0	21,0
5	C25/30	21,0	26,0
6	C30/37	26,0	31,0
7	C35/45	30,0	38,0
8	C40/50	34,0	43,0
9	C45/55	38,0	47,0
10	C50/60	43,0	51,0

Bohrkernprüfungen Wegen der Schwächung des Bauteils bei Bohrkernentnahme ist diese oft nur in begrenztem Umfang möglich. Das DBV-Merkblatt [15] fasst die folgenden Vorgaben bezüglich der Mindestanzahl zu entnehmender Bohrkerne zusammen:

- Pro Betoniertag bzw. pro 100 Kubikmeter Beton ist mindestens ein Bohrkern zu entnehmen.
- Für eine Betonzusammensetzung müssen mindestens drei Bohrkerne vorliegen.
- Durchmesser von mindestens 100 mm unabhängig vom Größtkorn der Gesteinskörnung,
- die 1,5-fache Probekörperanzahl bei Bohrkernen mit Nenndurchmesser kleiner 100 mm (mindestens 50 mm)

und einem Größtkorn der Gesteinskörnung bis maximal 16 mm,
- die zweifache Probekörperanzahl bei Bohrkernen mit Nenndurchmesser kleiner 100 mm (mindestens 50 mm) und einem Größtkorn der Gesteinskörnung größer 16 mm.

Während sich die Druckfestigkeiten nach DIN EN 206-1/ DIN 1045-2 auf nasse Probekörper beziehen, sind die entnommenen Bohrkerne trocken. Nach dem Nationalen Anhang zu DIN EN 13791 können die Prüfergebnisse trocken gelagerter Bohrkerne mit Durchmesser und Länge von 50 mm, 100 mm oder 150 mm und die Prüfergebnisse nass gelagerter Würfel mit einer Kantenlänge 150 mm gleichgesetzt werden. Die Umrechnungsfaktoren für die Trockenlagerung und der Formbeiwert für die Prüfkörpergröße gleichen sich näherungsweise aus.

Für die Bohrkerne selbst gilt:
- In Längsrichtung darf keine Bewehrung enthalten sein.
- In Querrichtung liegende Bewehrung reduziert die Druckfestigkeit.
- Die Bohrkerne sollen trocken sein.
- Die Bohrkerne sollen frei von Fehlstellen sein.

Sollten dennoch Fehlstellen vorhanden sein, ist der Einfluss zu bewerten und zu berücksichtigen. Nach den nationalen Anwendungsregeln zu DIN EN 13791 [30] werden bei der Abschätzung der charakteristischen Betondruckfestigkeiten $f_{ck,is}$ anhand von Bohrkernen in Abhängigkeit von der zur Verfügung stehenden Anzahl der Prüfergebnisse und der Streuung der Stichprobe V_x die „modifizierten Ansätze" A und B verwendet.

Die Parameter einer normalverteilten Stichprobe sind in Tafel 14.24 gegeben.

14

Tafel 14.24 Parameter einer normalverteilten Stichprobe nach [36]

Parameter der Stichprobe	
Mittelwert:	$\overline{x} = \dfrac{1}{n} \sum\limits_{i=1}^{n} x_i$
Varianz:	$s_x^2 = \dfrac{1}{n-1} \sum\limits_{i=1}^{n} (x_i - \overline{x})^2$
Standardabweichung:	$s_x = \sqrt{s_x^2} = \sqrt{\dfrac{1}{n-1} \sum\limits_{i=1}^{n} (x_i - \overline{x})^2}$
Variationskoeffizient:	$V_x = \dfrac{\sqrt{s_x^2}}{\overline{x}}$

Tafel 14.25 Beiwert k_3 für eine kleine Anzahl von Prüfergebnissen nach [15, 36]

S	1	2
Z	n	k_3
1	3	0,70
2	4 bis 5	0,75
3	6 bis 8	0,80

Bewertung für einen Prüfbereich anhand von 3 bis 8 Bohrkernen („modifizierter Ansatz B") Der modifizierte Ansatz B darf verwendet werden, wenn der Variationskoeffizient der Stichprobe $V_x \leq 0{,}20$ ist. Ggf. sollten eine Neuzuordnung der Prüfbereiche oder eine höhere Probenzahl in Betracht gezogen werden. Für Prüfbereiche mit $V_x > 0{,}20$ kann die Bewertung auf der sicheren Seite nach dem modifizierten Ansatz A (siehe unten) erfolgen.

$$f_{ck,is} = \min \begin{cases} f_{m(n),is} \cdot k_3 \\ f_{is,niedrigst} + 4\,\text{N}/\text{mm}^2 \end{cases} \quad (14.2)$$

Darin sind:

V_x $= s_x/f_{m(n),is}$ Variationskoeffizient der Stichprobe mit dem Umfang $n = 3$ bis 8;

s_x Standardabweichung der Stichprobe mit dem Umfang $n = 3$ bis 8 in N/mm²

$f_{m(n),is}$ Mittelwert der Druckfestigkeit von $n = 3$ bis 8 Prüfergebnissen in N/mm²

k_3 Beiwert in Abhängigkeit der Probenzahl nach Tafel 14.25

$f_{is,niedrigst}$ niedrigstes Prüfergebnis im Prüfbereich in N/mm²

Bewertung für einen Prüfbereich mit im Regelfall mindestens 9 Bohrkernen („modifizierter Ansatz A") Der modifizierte Ansatz A wird in der Regel zur Bewertung der

Druckfestigkeit des Bauwerksbetons verwendet, wenn für den Prüfbereich mindestens 9 Prüfergebnisse aus Bohrkernen zur Verfügung stehen. Der Ansatz kommt ebenfalls bei $n = 3$ bis 8 Prüfergebnissen zur Anwendung, wenn der Variationskoeffizient der Stichprobe $V_x > 0{,}20$ ist.

Die charakteristische Druckfestigkeit des Prüfbereichs ergibt sich unter Ansatz einer Normalverteilung wie folgt:

$$f_{ck,is} = f_{m(n),is} \cdot (1 - k_n \cdot V_x) \quad (14.3)$$

Darin sind:

V_x $= s_x/f_{m(n),is}$ Variationskoeffizient der Stichprobe mit dem Umfang n, Mindestwert $V_{x,min} = 0{,}08$

s_x Standardabweichung der Stichprobe mit dem Umfang n in N/mm²

$f_{m(n),is}$ Mittelwert der Druckfestigkeit von n Prüfergebnissen in N/mm²

k_n Statistikbeiwert in Abhängigkeit der Anzahl der Prüfergebnisse nach Tafel 14.26, Zwischenwerte dürfen linear interpoliert werden.

Alternativ darf die Bewertung der In-situ-Betondruckfestigkeit auch mittels logarithmischer Normalverteilung nach DIN EN 1990, Anhang erfolgen (Mindestwert Streuung zu beachten). Näheres hierzu siehe [15].

Verfahren mit 2 Bohrkernen für eng begrenzte Bereiche Die Möglichkeit der Bewertung der Betondruckfestigkeit anhand von 2 Bohrkernen für „eng begrenzte Bereiche" von Bauwerken bzw. 2 Bohrkernen und zusätzlich mindestens 15 Ergebnissen aus indirekten Prüfungen bezieht sich nur auf Neubauten und ist bei Bestandsbauwerken nicht anwendbar.

Rückprallhammerprüfung ohne Kalibrierung DIN EN 13791 [30] berücksichtigt die folgenden zerstörungsfreien Prüfverfahren:

- Ermittlung der Rückprallzahl (Schmidtscher Hammer) nach DIN EN 12504-2,
- Bestimmung der Ausziehkraft nach DIN EN 12504-3,
- Bestimmung der Ultraschallgeschwindigkeit nach DIN EN 12504-4.

Die in Deutschland hauptsächlich verwendete Methode ist die Prüfung mit dem Rückprallhammer. Die Bewertung der Betonfestigkeit allein aufgrund von Rückprallwerten ohne Kalibrierung mit der Bohrkernfestigkeit ist nach DIN EN 13791 nur dann zulässig, wenn die Karbonatisierungstiefe maximal 5 mm beträgt. Bei älteren Bauwerken muss die Karbonatisierungstiefe vor der Rückprallhammerprüfung gemessen werden. Bei Karbonatisierungstiefen größer als

Tafel 14.26 Statistikbeiwerte k_n für charakteristische Werte (5 %-Fraktile) nach [30]

n	3	4	5	6	7	8	9	10	15	20	30	> 30
k_n	3,37	2,63	2,33	2,18	2,08	2,00	1,96	1,92	1,82	1,76	1,73	1,64

5 mm muss die karbonatisierte Schicht lokal abgeschliffen werden (in der Praxis nur schwierig umsetzbar).

Die Bewertung erfolgt nach Tab. NA.4 (*R*-Werte) und NA.5 (*Q*-Werte) von DIN EN 13791. Bei nicht waagerechter Prüfung (z. B. Prüfung über Kopf) ist das Ergebnis gemäß Tab. 5 [15] zu korrigieren. Da die Kalibrierung mittels Bohrkernentnahme entfällt, liegt die Einstufung in den meisten Fällen stark auf der sicheren Seite und es ergeben sich eher ungünstige Einstufungen. Trotz der Fehlermöglichkeiten und der konservativen Einstufung der Betonfestigkeit kann das Verfahren sinnvoll sein, z. B. wenn eine Bohrkernentnahme zu große Schädigungen des Bauteils bedeutet oder wenn deutlich abweichende Einzelmessergebnisse zu beurteilen sind.

Rückprallhammerprüfung mit Kalibrierung an der Betondruckfestigkeit Wenn für einen Beton eine Beziehung zwischen der Betondruckfestigkeit und der Rückprallhammerprüfung, das heißt eine sogenannte Ausgleichsgerade bzw. Bezugskurve, erstellt wird, kann die Anzahl erforderlicher Bohrkernprüfungen am Bauwerk deutlich reduziert werden.

Bei diesem Verfahren werden an den gleichen Messstellen eines Bauteils zuerst Rückprallwerte (*R*- oder *Q*-Werte) ermittelt und anschließend Bohrkerne entnommen und hinsichtlich der Druckfestigkeit geprüft. Aus den sich ergebenden Wertepaaren f_{is} und R wird eine Relation aufgestellt. DIN EN 13791 unterscheidet drei Verfahren zur Aufstellung dieser Relation:

- **Wahlmöglichkeit 1:** bei mindestens 18 Bohrkernergebnissen (Wertepaare f_{is} und R),
- **Wahlmöglichkeit 2:** bei mindestens 9 Bohrkernergebnissen (Wertepaare f_{is} und R),
- **Bezugsgerade W:** bei mindestens 10 Ergebnissen aus Würfeln (Wertepaare $f_{c,dry}$ und R).

Näheres zur Rückprallhammerprüfung mit Kalibrierung an der Betondruckfestigkeit siehe DBV-Merkblatt.

14.4.4   Modifikation von Teilsicherheitsbeiwerten

Vorbemerkungen Beim Nachweis von Bestandsbauten wird in Praxis häufig mit ingenieurmäßigen Herangehensweisen wie z. B. Lastvergleichen gearbeitet und in einem Teil der Fälle können damit auf der Basis der aktuellen Vorschriften Tragreserven nachgewiesen werden. Gelingt dieses nicht, besteht eine weitere Möglichkeit des Nachweises erhöhter Einwirkungen in der Verwendung modifizierter Teilsicherheitsbeiwerte. Eine Absenkung der Teilsicherheitsbeiwerte ist durch eine reduzierte Restnutzungsdauer sowie eine geringere Streuung der geometrischen Abmessungen gerechtfertigt. Da in keiner der bauaufsichtlich eingeführten Tech-

nischen Baubestimmungen verbindliche Vorgaben für eine bauartübergreifend gültige Absenkung der Teilsicherheitsbeiwerte gemacht werden, sollte grundsätzlich eine Abstimmung mit dem zuständigen Prüfingenieur bzw. der Bauaufsichtsbehörde erfolgen [12]. Für Entwurfsaufgaben sind die nachfolgenden Sicherheitsbeiwerte problemlos anwendbar.

Bei der Festlegung modifizierter Teilsicherheitsbeiwerte darf keine isolierte Betrachtung einzelner Werte (wie z. B. des Teilsicherheitsbeiwerts für die ständigen Einwirkungen) erfolgen, da das resultierende Sicherheitsniveau ansonsten ggf. signifikant abgesenkt wird. Vielmehr sind die folgenden Bereiche in einer Zusammenschau zu betrachten:

1. die Teilsicherheitsbeiwerte auf der Einwirkungsseite,
2. die Teilsicherheitsbeiwerte auf der Widerstandsseite,
3. Festlegung der charakteristischen Materialkennwerte,
4. der Umfang und die Genauigkeit der qualifizierten Bestandsaufnahme.

Einwirkungen und Widerstände sind für jede Versagensart in einer Grenzzustandsgleichung miteinander verknüpft. Dabei sind der Sicherheitsbeiwert für die ständigen Einwirkungen $\gamma_g = 1{,}35$ und die Sicherheitsbeiwerte auf der Materialseite zumindest bei geringen Variationskoeffizienten der Baustoffkennwerte tendenziell „zu hoch", wohingegen die Sicherheitsbeiwerte für die veränderlichen Einwirkungen zum Teil zu niedrig festgelegt sind. Für Neubauten ist dieses Vorgehen zum Erreichen eines bauartübergreifend und je nach Versagensart einigermaßen einheitlichen Sicherheitsniveaus zwar sinnvoll. Es verbietet sich jedoch eine isolierte Anpassung einzelner Teilsicherheitsbeiwerte.

Modifizierte Teilsicherheitsbeiwerte nach Belastungsrichtlinie DAfStb [20] Bei der vorbereitenden rechnerischen Bewertung der Tragfähigkeit bestehender Tragwerke und Bauteile dürfen die Teilsicherheitsbeiwerte für Einwirkungen und Widerstände nach [20] und [22] auf die Werte nach Tafel 14.27 reduziert werden, sofern in einer qualifizierten Bestandsaufnahme und Bauwerksuntersuchung die ständigen Einwirkungen sowie die charakteristischen Materialfestigkeiten ermittelt wurden und damit „bekannt" sind.

Bei Ansatz der reduzierten Teilsicherheitsbeiwerte sind die Anforderungen an die Gebrauchstauglichkeit in besonderer Sorgfalt zu beachten. Ebenfalls ist der Einhaltung von Konstruktionsregeln, die im Nachhinein nicht mehr zu erfüllen sind, besondere Aufmerksamkeit zu widmen.

Tafel 14.27 Modifizierte Teilsicherheitsbeiwerte nach [20, 36]

Art der Einwirkung	Teilsicherheitsbeiwert ursprünglich	Teilsicherheitsbeiwert modifiziert
Ständige Einwirkungen	$\gamma_G = 1{,}35$	$\gamma_G = 1{,}15$
Veränderliche Einwirkungen	$\gamma_Q = 1{,}50$	$\gamma_Q = 1{,}50$
Beton	$\gamma_C = 1{,}50$	$\gamma_C = 1{,}40$
Betonstahl	$\gamma_S = 1{,}15$	$\gamma_S = 1{,}10$

Modifizierte Teilsicherheitsbeiwerte nach DBV-Merkblatt [16] Genauere Hinweise für die Anwendung modifizierter Teilsicherheitsbeiwerte u. a. für die Ausführungsplanung von Stahlbetonbauteilen im Bestand gibt das DBV-Merkblatt *Modifizierte Teilsicherheitsbeiwerte für Stahlbetonbauteile* (Fassung März 2013).

Die folgenden Voraussetzungen müssen nach [28] bzw. [16] für den Ansatz modifizierter Teilsicherheitsbeiwerte bei der Nachrechnung bestehender Massivtragwerke erfüllt sein:

- Das Bauwerk ist für die Nutzungsdauer eines üblichen Hochbaus von 50 Jahren ausgelegt.
- Das Tragwerk wird seit der Erstellung mindestens fünf Jahre bestimmungsgemäß genutzt.
- In einer qualifizierten Bestandsaufnahme kann nachgewiesen werden, dass das Tragwerk in einem schadensfreien Zustand ist.
- Bei dem Bauwerk sind neben den Eigenlasten G_k und ggf. Wind und Schnee (üblicher Hochbau) nur vorwiegend ruhende Nutzlasten bis $Q_k \leq 5\,\text{kN/m}^2$ und Einzellasten bis maximal $(G_k + Q_k) \leq 7\,\text{kN}$ vorhanden.
- Die Lastverhältnisse liegen in einem Bereich $1{,}0 \geq G_k / (G_k + Q_k) \geq 0{,}50$.
- Es liegt ein Normalbeton vor, der sich den Festigkeitsklassen C12/15 bis C50/60 zuordnen lässt.
- Die zulässigen Grenzmaße von Querschnitten im Neubau nach DIN EN 13670:2011/DIN 1045-3:2012 sind am Bestandstragwerk eingehalten (alternativ werden aufgemessene Größen in jedem Bemessungsquerschnitt zugrunde gelegt).

Ausgehend von den Prüfergebnissen aus Werkstoffuntersuchungen am Tragwerk (in-situ) werden die Bemessungswerte wie folgt ermittelt:

Beton:

$$f_{cd,\text{mod}} = \alpha_{cc} \cdot f_{ck,is} / \gamma_{c,\text{mod}} \qquad (14.4)$$

mit $\alpha_{cc} = 0{,}85$ für Stahlbetonbauteile
$\alpha_{cc} = 0{,}70$ für unbewehrte Betonbauteile
Betonstahl:

$$f_{yd,\text{mod}} = f_{yk,is} / \gamma_{S,\text{mod}} \qquad (14.5)$$

Mit den Variationskoeffizienten aus den Werkstoffuntersuchungen am Tragwerk können die modifizierten Teilsicherheitsbeiwerte für Beton und Betonstahl nach Tafel 14.28 bestimmt werden.

Für eine Entwurfsplanung (nicht für die Ausführungsplanung) kann für Beton auch ohne Bauteilprüfung $V_{R,c} = 0{,}30$ und $\gamma_{C,\text{mod}} = 1{,}30$ angenommen werden. Für Betonstahl kann auch ohne Bauteilprüfung $V_{R,s} = 0{,}10$ und $\gamma_{S,\text{mod}} = 1{,}10$ angenommen werden. Berechnungsbeispiele siehe auch [16, 35].

Tafel 14.28 Modifizierte Teilsicherheitsbeiwerte für Beton und Betonstahl nach [16]

Bemessungssituation	Beton		Betonstahl	
	$V_{R,c}$	$\gamma_{C,\text{mod}}$	$V_{R,s}$	$\gamma_{S,\text{mod}}$
ständige und vorübergehende[a]	$\leq 0{,}20$	1,20	0,06	1,05
	0,25	1,25	0,08	1,10
	0,30	**1,30**[e]	**0,10**[e]	**1,10**[e]
	0,35	1,40[c, d]		
	0,40	1,50[c, d]		
Außergewöhnliche, für Schnee in der norddeutschen Tiefebene[b]	$\leq 0{,}20$	1,10	0,06	1,00
	0,25	1,15	0,08	1,00
	0,30	**1,20**[e]	**0,10**	**1,00**
	0,35	1,25[c, d]		
	0,40	1,30[c, d]		

[a] Nicht für vertikale Bauteile der Gebäudeaussteifung.
[b] Siehe Musterliste der Technischen Baubestimmungen (Dez. 2011), Anlage 1.2/2: Zu DIN EN 1991-1-3 mit NA „Schneelasten"
[c] Erhöhung von $\gamma_{C,\text{mod}}$ um
  20 % bei bewehrten Biegebauteilen für den Nachweis von $V_{Rd,max}$
  20 % bei unbewehrten Biegebauteilen für den Nachweis Biegung und Längskraft
  40 % bei unbewehrten Biegebauteilen für die Nachweise zentrischer Druck und Querkraft nach EC2-1-1, 12.6.3
[d] Für zentrisch gedrückte, nicht stabilitätsgefährdete Bauteile: Längsbewehrungsgrad $\rho_l > 0{,}01$.
[e] Annahmen für Grundlagenermittlung und Entwurfsplanung ohne Bauteilprüfung.

14.4.5 Bewertung der Tragfähigkeit

Allgemeines Bei einer ursprünglich ordnungsgemäßen Planung und Bauausführung kann nach [1] grundsätzlich davon ausgegangen werden, dass eine bauliche Anlage bei bestimmungsgemäßem Gebrauch für die übliche Lebensdauer den bauaufsichtlichen Anforderungen an die Tragfähigkeit entspricht. Nach [2] gilt darüber hinaus, dass unter Erhaltung des Bestandsschutzes einerseits nur solche Maßnahmen am Bestand durchgeführt werden dürfen, die die ursprüngliche Standsicherheit der baulichen Anlage nicht gefährden. Andererseits müssen bei der Änderung baulicher Anlagen die aktuellen Technischen Baubestimmungen beachtet werden.

Geänderte Einwirkungen Bei Lasterhöhungen und anderen Änderungen und Ergänzungen ist die Standsicherheit erneut nachzuweisen. Bei einer Erhöhung der Schnittgrößen in der maßgebenden Kombination um bis zu 3 % empfiehlt der DBV Leitfaden [12], anhand der Bauteilausnutzung zu prüfen, ob eine Neubemessung erforderlich ist. Bei einer Erhöhung um mehr als 10 % wird für Massivtragwerke grundsätzlich eine Neubemessung nach den aktuellen Technischen Regelwerken empfohlen.

Im Rahmen einer rechnerischen Tragfähigkeitsermittlung sind weitere Fragen zu klären. Bei den Einwirkungen sollten die ständigen Einwirkungen mit der in der Bestandsaufnahme ermittelten Bauteilgeometrie ermittelt werden. Werden

Maßnahmen zur Begrenzung der veränderlichen Einwirkungen getroffen, müssen diese im Bauwerksbuch dokumentiert werden.

Nachbarbebauung und Erdbebeneinwirkungen Darüber hinaus sind mögliche Einwirkungen auf die Nachbarbebauung zu beachten und der Bauherr ist auf derartige Folgen hinzuweisen. Bei Aufstockungen ist beispielsweise zu prüfen, ob hierdurch Einwirkungen auf benachbarte Bauwerke beeinflusst werden (z. B. Erddruck, Wind- oder Schneelasten). In Erdbebengebieten ist darüber hinaus zu beachten, dass durch Änderungen des Schwingungsverhaltens gegenüber dem Zustand vor der Umbaumaßnahme (z. B. Änderungen der anzusetzenden spektralen Beschleunigungen) die Standsicherheit des Gebäudes nicht beeinträchtigt wird [2].

Bauteilwiderstände Bezüglich der auf der Seite der Bauteilwiderstände anzusetzenden Werkstoffkennwerte siehe Abschn. 14.4.2 und 14.4.3. Bezüglich der Teilsicherheitsbeiwerte siehe Abschn. 14.4.4.

Konstruktive Regeln Zur Sicherstellung der Tragfähigkeit gehört neben der Bauteilbemessung auch die Einhaltung von Konstruktionsregeln. Im Stahlbau bestehen u. U. Probleme bezüglich der Niettypen und Nietrandabstände bei genieteten Bauteilen.

Eine Übersicht über konstruktive Probleme bei älteren Stahlbetonbauten geben u. a. [39] und [42]. Typische Probleme sind (Aufzählung unvollständig):

- Unregelmäßige Achsabstände und Schieflagen der Bewehrungsstäbe im Grundriss bei Platten.
- Fehlende Querbewehrung mit Trennrissen in Spannrichtung bei Platten. Wie beim vorhergehenden Punkt sind insbesondere Platten aus der Anfangszeit des Stahlbetonbaus betroffen (Stampfbeton).
- Zu geringer Anteil der Feldbewehrung von Platten, der über das Auflager gezogen wurde aufgrund von intensiv genutzten Querkraftaufbiegungen.
- Probleme bei der Querkraftdeckung und Querkraftbewehrung von Balken durch die intensive Verwendung von Querkraftaufbiegungen.
- Probleme bei der Bewehrungsführung von Konsolen.

Für die Nachweise der Verankerung glatter Stäbe können die Bemessungswerte f_{bd} nach Tafel 14.29 angesetzt werden.

Rückbaumaßnahmen und Zwischenzustände Sofern notwendig sind Rückbaumaßnahmen und Zwischenzustände durch statische Nachweise zu überprüfen. Ausführungen hierzu siehe [12].

Tafel 14.29 Bemessungswerte der Verbundspannung glatter Stäbe nach [7, 13]

1	2	3	4	5	6
f_{ck} [N/mm^2]	**8**	**12**	**16**	**20**	**25**
f_{bd}[a] [N/mm^2]	0,7	0,9	1,0	1,1	1,2

1	7	8	9	10	11
f_{ck} [N/mm^2]	**30**	**35**	**40**	**45**	**50**
f_{bd}[a] [N/mm^2]	1,3	1,4	1,5	1,6	1,7

[a] $f_{bd} = 0,36 \cdot \sqrt{f_{ck}}/\gamma_c$ mit $\gamma_c = 1,50$.

Bei mäßigen Verbundbedingungen sind die Werte mit dem Faktor 0,7 zu multiplizieren. Bei nicht vorwiegend ruhender Einwirkung dürfen die Werte nur mit ihrem 0,85-fachen Betrag in Rechnung gestellt werden; die Verbundbedingungen sind separat zu erfassen. Die günstige Wirkung von Endhaken darf für die Verankerung berücksichtigt werden.

Ausführliche Erläuterungen zur Verankerung bei glatten Betonstählen mit Haken siehe auch [34].

14.4.6 Bewertung von Gebrauchstauglichkeit und Dauerhaftigkeit

Weitere Hinweise zu der Problematik siehe DBV Leitfaden, Abschn. 6.6. In Bezug auf Stahlbetonbauteile ist zu beachten, dass in den älteren Ausgaben von DIN 1045 die zulässigen Stahldehnungen bei der Bemessung auf 5 ‰ begrenzt waren (siehe Abb. 14.4). Bei einem Nachweis nach aktueller DIN EN 1992-1-1 [28] sollte daher eine Überprüfung der Rissbreitenbegrenzung erfolgen. Bei verformungsempfindlichen Bauteilen empfiehlt sich u. U. eine genauere Durchbiegungsberechnung.

In Bezug auf die Dauerhaftigkeit sind ggf. nicht alle Kriterien der Vorschriften zu erfüllen. Im Gegensatz zur Tragfähigkeit resultiert hieraus nicht sofort und unmittelbar eine Gefahr. Bei der Festlegung von Dauerhaftigkeitskriterien für den Einzelfall dürfen gemäß DBV Leitfaden Erfahrungen aus dem langjährigen Verhalten der Bauteile „angemessen" berücksichtigt werden. Aspekte wie die beabsichtigte Restnutzungsdauer sowie Art und Umfang regelmäßiger Überprüfungen sollten ebenfalls einfließen.

14.4.7 Belastungsversuche am Bauwerk

Grundsätzlich kann die Tragfähigkeit eines Bauteils auch durch Probebelastungen nachgewiesen werden. Entsprechende Regelungen gibt die Richtlinie *Belastungsversuche an Betonbauwerken* des Deutschen Ausschuss für Stahlbeton [20]. Die Aufgabenstellung von Belastungsversuchen besteht darin, den Nachweis der Tragfähigkeit durch Versuche deutlich unterhalb des Traglastniveaus zu erbringen, um

14

das Tragwerk oder Bauteil beim Versuch nicht zu beschädigen.

Besondere Schwierigkeiten bestehen dann, wenn die Tragfähigkeitsgrenze durch eine Versagensart ohne Vorankündigung (z. B. Schubdruckbruch) festgelegt wird [39]. Belastungsversuche dürfen deshalb nur von besonders qualifizierten Stellen (Materialprüfanstalten, Hochschulinstituten) durchgeführt werden.

Eine vorlaufende rechnerische Tragfähigkeitsermittlung ist zwingend vorgeschrieben ([20], Abschn. 4.4 (1)). Darin kann vorab festgestellt werden, ob eine angestrebte Nutzlast in dem aufwändigen Belastungsversuch mit ausreichender Wahrscheinlichkeit nachgewiesen werden kann. Die Belastung muss in jedem Fall weggesteuert erfolgen.

14.5 Verstärkung von Massivtragwerken

14.5.1 Vorbemerkungen

Verstärkungsmaßnahmen werden ergriffen, wenn die Tragfähigkeit gegenüber dem Ursprungszustand zur Aufnahme erhöhter Lasten gesteigert werden soll oder wenn ein Instandsetzungsbedarf infolge von umfangreichen Schäden, Fehlbemessungen in der Bestandsstatik oder festgestellten Mängeln in den Technischen Vorschriften der Bestandsstatik besteht. Die rechnerischen Nachweise sind auf der Basis der aktuellen Regelwerke zu führen (siehe auch Abschn. 14.3.2).

Als Verstärkungsverfahren für Massivtragwerke kommen grundsätzlich Verfahren mit einer *Querschnittsergänzung*, einer *Vorspannung*, einer *Änderung des Tragsystems* oder *Injektionen* in Frage. Die Verfahren der Querschnittsergänzung

Tafel 14.30 Materialien und Komponenten für Verstärkungen im Stahlbetonbau

Material/Komponente
Beton, Spritzbeton, Betonstahl
Lamellen aus Stahl
Lamellen oder Sheets aus mit Kohlenstofffasern verstärkten Kunststoffen (CFK)
Lamellen oder Sheets aus mit Glasfasern verstärkten Kunststoffen (GFK)
Lamellen oder Sheets aus mit Aramidfasern verstärkten Kunststoffen (AFK)

sind in Tafel 14.31 in Anlehnung an [22] dargestellt. Verstärkungen werden im Stahlbetonbau überwiegend mit den Materialien und Komponenten nach Tafel 14.30 ausgeführt.

Durch die Verstärkung entsteht ein Verbundtragwerk oder -bauteil aus bestehendem Bauteil und der Verstärkung mit ähnlichen Effekten, wie sie aus dem Verbundbau bekannt sind. Bei Bemessung und Ausführung sind für das Zusammenwirken neben den Materialgesetzen der Einzelbaustoffe auch die Verbundgesetze zu beachten. Einer sorgfältigen Planung und Ausbildung der Fugen kommt besondere Bedeutung zu. Zusätzlich zu den Bereichen der höchsten Beanspruchung des Bauteils sind dann die am höchsten beanspruchten Fugenbereiche besonders zu beachten, meist die Enden der Verstärkungen (Gefahr von Ablösungen). Bei der Verstärkung von Stahlbetonbauteilen liegt durch die Rissbildung und das zeitabhängige Verhalten des Betons (Kriechen, Schwinden) eine besonders komplexe Situation vor.

Ebenfalls bei Planung und Ausführung zu beachten ist der Belastungszustand des Bauteils bei der Verstärkung. Ohne weitere Maßnahmen ist die Verstärkung zunächst nur für die Lastanteile wirksam, die nach der Verstärkungsmaßnahme aufgebracht werden. Nachfolgende Umlagerungen infolge des zeitabhängigen Betonverhaltens treten erst allmählich auf und ändern die Situation daher kaum. Hohe Wirkungsgrade der Verstärkung lassen sich durch eine teilweise Entlastung der Bauteile erreichen. Die Entlastung kann entweder passiv durch das Entfernen des Innenausbaus, von nichttragenden Bauteilen und Estrich erfolgen oder aktiv mit Hilfe von Druckpressen. Entlastungsmaßnahmen mit Hilfe von Druckpressen erfordern selbstverständlich gesonderte Nachweise unter Nachweis von Lasteinleitung und Lastweiterleitung im Bauwerk.

Weitere Hinweise zu Bauwerksverstärkungen geben u. a. [39] und [41].

14.5.2 Verstärkung mit Aufbeton

Vorbemerkungen Stahlbeton-Biegeträger (Platten oder Balken) können durch das Aufbringen einer zusätzlichen Schicht aus Normalbeton auf der Oberseite verstärkt werden. Die zusätzlich aufgebrachte Betonschicht kann dabei Bewehrung enthalten.

Wenn die Oberseite einer Decke gut zugänglich ist, ist das Verfahren in der Regel sehr wirtschaftlich, da kein weite-

Tafel 14.31 Querschnittsergänzung von Betonbauteilen nach [22]

Verstärkungsverfahren			Verstärkungstechnik		
Querschnitts-ergänzung	Kombination	Beton	Spritzbeton	mit/ohne Bewehrung	Querschnittsergänzung zur Verstärkung für Zug- oder Druckkräfte Voraussetzung für das Gesamttragverhalten: Verbund zwischen alten und neuen Teilen muss gewährleistet sein (Oberflächenvorbereitung/Verbundmittel)
			Ortbeton		
		Bewehrung	geklebt	Stahl/ Kunststoff	
			eingeschlitzt		

Zusammenstellung der Verfahren mit *Vorspannung*, *Tragsystemänderung* und *Injektion* siehe [22].

Tafel 14.32 Verstärkung von Stahlbeton-Biegeträgern durch Aufbeton

Querschnitt	Hinweise
	Die Dicke der Ortbetonergänzung muss mindestens 40 mm betragen. Wird die Verbindung in der Fuge durch Bewehrung sichergestellt, muss die Verbundbewehrung auf beiden Seiten der Verbundfuge nach den Bewehrungsregeln verankert werden.

Bauablauf (Abweichungen möglich)	Hinweise
Entfernen v. Aufbauten u. Belägen, Aufrauhen der Betonoberfläche	–
Verankerung der Verbundbewehrung in der vorhandenen Decke	Sofern erforderlich z. B. durch Kugelstrahlen
Aufbringen einer Haftbrücke	Falls kein Spritzbeton
Herstellung der Betonergänzung	Gegebenenfalls mit zusätzlicher Biegezugbewehrung

Nachweise in den Grenzzuständen (GZT und GZG)	Hinweise
Nachweis für **Biegung** im Grenzzustand der Tragfähigkeit	Der Nachweis wird am ergänzten Gesamtquerschnitt unter Annahme eines monolithischen Querschnitts geführt. Als Betonfestigkeit darf näherungsweise die geringere der Festigkeiten von bestehendem Bauteil und Aufbeton angesetzt werden.
Nachweis der **Schubkraftübertragung** in der Fuge zwischen Altbeton und Betonergänzung	Sofern statisch erforderlich ist eine Verbundbewehrung anzuordnen und inklusive der Verankerung im Altbeton nachzuweisen.
Nachweis für **Querkraft** im Grenzzustand der Tragfähigkeit	Zu führen am Gesamtquerschnitt
Nachweise in den Grenzzuständen der Tragfähigkeit und der Gebrauchstauglichkeit in den relevanten **Bauzuständen**	Alle relevanten Zwischenzustände sind zu beachten.

rer Aufwand für die Schalung anfällt. Durch das zusätzliche Eigengewicht des Betons wird ein Teil des Verstärkungseffekts wieder aufgezehrt. Bei den weiteren Ausführungen wird auf [41] Bezug genommen und auf Kap. 8 (*Stahl und Spannbetonbau nach Eurocode 2*) verwiesen.

Beschreibung des Verfahrens siehe Tafel 14.32.

Nachweis der Schubkraftübertragung nach DIN EN 1992-1-1 [28] Beim Nachweis der Schubübertragung ist zu zeigen, dass der Bemessungswert der in der Kontaktfläche zwischen Altbeton und Aufbetonergänzung einwirkenden Schubkraft je Längeneinheit v_{Ed} den Bemessungswert der aufnehmbaren Schubkraft v_{Rdi} nicht übersteigt. Für den Bemessungswert der einwirkenden Schubkraft gilt:

$$v_{Edi} = \frac{F_{cdi}}{F_{cd}} \cdot \frac{V_{Ed}}{z \cdot b_i} \tag{14.6}$$

F_{cdi} Bemessungswert des über die Fuge zu übertragenden Längskraftanteils,

F_{cd} Bemessungswert der Gurtlängskraft infolge Biegung im betrachteten Querschnitt mit $F_{cd} = M_{Ed}/z$.

Näheres zu dem Nachweis siehe Kap. 8 (*Stahl- und Spannbetonbau*), Abschn. 8.6.3.6. Nach [40] sollte das Modell nach DIN EN 1992-1-1 jedoch nur im „abgesicherten Bereich",

d. h. für Neubauten angewendet werden. Für die Verstärkung von Betonbauteilen im Bestand wird daher ein erweiterter Ansatz nach *fib Model Code 2010* empfohlen (siehe auch) [40] bzw. [35]. Danach gilt für die Tragfähigkeit der unbewehrten Verbundfuge τ_{Rdi} (starrer Verbund):

$$\tau_{Rdi} = [c_a \cdot f_{ctd} + \mu \cdot \sigma_n] \leq 0,5 \cdot v \cdot f_{cd} \tag{14.7}$$

Für den Fall bewehrter Verbundfugen mit lotrechter Verbundbewehrung gilt:

$$\tau_{Rdi} = c_r \cdot f_{ck}^{1/3} + \mu \cdot (\sigma_n + \rho \cdot \kappa_1 \cdot f_{yd})$$
$$+ \rho \cdot \kappa_2 \cdot (f_{yd} \cdot f_{cd})^{0,5} \leq \beta_c \cdot v \cdot f_{cd} \tag{14.8}$$

mit:
c_a Adhäsionsbeiwert
c_r Verzahnungsbeiwert
μ Reibungsbeiwert
$\rho = (A_s/A_i)$ Bewehrungsgrad der Verbundfuge
κ_1 Effizienzbeiwert für die Zugaktivierung der Bewehrung
κ_2 Beiwert zum Biegewiderstand der Bewehrung
β_c Beiwert zum Winkel der Druckstrebe
v Festigkeitsabminderungswert der schrägen Druckstrebe
$= 0,55 \cdot (30/f_{ck})^{1/3} \leq 0,55$

Tafel 14.33 Beiwerte für (14.8)

Oberfläche	$R_t{}^a$	c_a	c_r	κ_1	κ_2	β_c	μ	
							$f_{ck} \geq 20$	$f_{ck} \geq 30$
sehr rau	$\geq 3{,}0$ mm	0,50	0,2	0,5	0,9	0,5	0,8	1,0
rau	$\geq 1{,}5$ mm	0,40	0,1	0,5	0,9	0,5	0,7	0,7
glatt		0,20	0,0	0,5	1,1	0,4	0,6	0,6
sehr glatt		0,025	0,0	0,0	1,5	0,3	0,5	0,5

[a] Rautiefe nach Kaufmann; $R_t = 4V/(d_m^2 \cdot \pi)$ (s. Skizze)

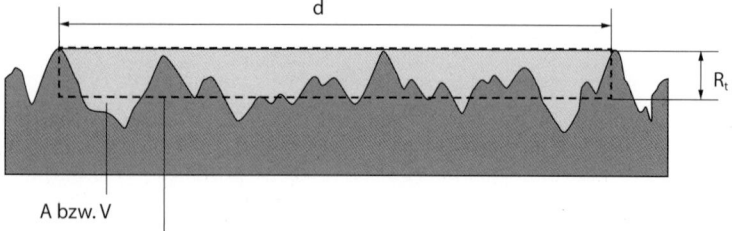

A bzw. V

Äquivalente Fläche (bzw. Volumen) konstanter Höhe R

Der Oberflächenbearbeitung, der Rauigkeit und der Sauberkeit der Fuge kommt eine besondere Bedeutung zu. Die Regelungen von DIN 1045-3, Abschn. 8.4 zur erforderlichen Fugenvorbereitung sollten beachtet werden.

Die vorhandene Fugenrauigkeit kann z. B. mit dem *Sandflächenverfahren nach Kaufmann* als *sehr glatt*, *glatt*, *rau* oder *sehr rau* eingestuft werden. Wegen der Ungenauigkeit des Verfahrens wird in [40] ein optisches Verfahren empfohlen. In Abhängigkeit der Fugenrauigkeit können die Parameter für die Berechnung von τ_{Rdi} nach Tafel 14.33 gewählt werden.

14.5.3 Spritzbetonverstärkung von Stahlbetonstützen

Vorbemerkungen und Bemessungsgrundlagen Die Verstärkung von Stahlbetonstützen im Fall von Lasterhöhungen durch Aufstockungen, Nutzungsänderungen etc. wird in der Regel mit Hilfe stahlbaumäßiger Ergänzungen oder durch Spritzbetonverstärkungen ausgeführt. Die Verstärkung mit Hilfe von Spritzbeton wird nachfolgend näher beschrieben. Der zugrunde liegende Bemessungsansatz und konstruktive Regeln sind in DIN 18551, Abschn. 9.5 [31, 32] beschrieben. Berechnungsmethode, nähere Erläuterungen und Hintergründe siehe Heft 467 DAfStb [22]. Eine übersichtliche Zusammenfassung und ein Bemessungsbeispiel enthält [41].

Durch eine sorgfältige Herstellung und Nachbehandlung der Spritzbetonverstärkung werden die Schwindverformungen reduziert, aber nicht gänzlich verhindert. Die Verbundwirkung zwischen Altbeton und Spritzbetonverstärkung ist beeinträchtigt. An den Stützenenden lässt sich kein dauerhafter Kraftschluss zwischen den anschließenden Bauteilen (Decke, Fundament) und der Spritzbetonschale herstellen.

Die Tragfähigkeit der Spritzbetonschale wird daher nicht direkt angesetzt, es ergibt sich jedoch eine Steigerung der

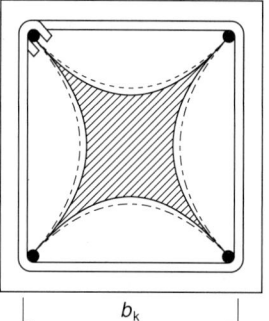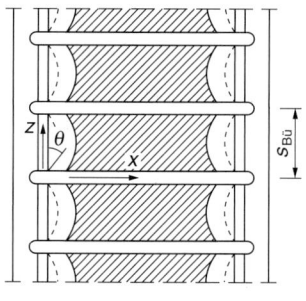

Abb. 14.6 Effektiv umschnürte Flächen bei nachträglich verstärkten Rechteckstützen

Tragfähigkeit durch eine erhöhte Druckfestigkeit des Betons infolge der Umschnürungsbewehrung (Wendelbewehrung bei Kreisquerschnitten, Bügelbewehrung bei rechteckigen oder quadratischen Querschnitten). Gegenüber Kreisquerschnitten ergibt sich bei rechteckigen Querschnitten unter der Annahme eines parabolischen Verlaufs und eines Anfangswinkels von 45° des Randes der umschnürte Bereich nach Abb. 14.6. Die effektiv umschnürte Fläche umschnürte Fläche ergibt sich zu:

$$A_{c,eff} = \lambda_q \cdot \lambda_l \cdot A_k \qquad (14.9)$$

mit:

$$A_k = b_k \cdot d_k \qquad (14.10)$$

$$\lambda_q = 1 - \frac{2 \cdot (b_k - d_s)^2 + 2 \cdot (d_k - d_s)^2}{5{,}5 \cdot A_k} \qquad (14.11)$$

$$\lambda_l = \left(1 - \frac{s_{bü}}{2 \cdot b_k}\right) \cdot \left(1 - \frac{s_{bü}}{2 \cdot d_k}\right) \qquad (14.12)$$

$s_{bü}$ Bügelabstand

d_s Durchmesser der Längsstäbe in den Ecken.

Bei nachträglich verstärkten Stützen dürfen die Umschnürungswirkungen der vorhandenen und der zusätzlichen Bügel addiert werden. Die zugehörigen Flächen $A_{\mathrm{eff,alt}}$ und $A_{\mathrm{eff,neu}}$ sind getrennt zu ermitteln. Für den Zuwachs der rechnerischen Tragfähigkeit gilt:

$$\Delta N_{\mathrm{Rd}} = 2{,}3 \cdot k_\beta \cdot \rho_{\mathrm{q}} \cdot f_{\mathrm{yd,bü}} \cdot A_{\mathrm{c,eff}} \qquad (14.13)$$

mit:

$$k_\beta = 1 + \frac{f_{\mathrm{ck}} - 20}{100} \geq 1 \qquad (14.14)$$

$$\rho_{\mathrm{q}} = \frac{A_{\mathrm{q}}}{A_{\mathrm{k}}} = \frac{2 \cdot (b_{\mathrm{k}} + d_{\mathrm{k}}) \cdot (A_{\mathrm{bü}}/s_{\mathrm{bü}})}{b_{\mathrm{k}} \cdot d_{\mathrm{k}}} \qquad (14.15)$$

Im Fall symmetrisch bewehrter Stützen mit quadratischem, rechteckigen oder kreisförmigem Querschnitt und symmetrisch umlaufender Bewehrung sind folgende Nachweise zu führen:

- Nachweis in den Lasteinleitungsbereichen an Stützenkopf und Stützenfuß im GZT (Ansatz der zugelegten Längsbewehrung nur bei Kraftschluss mit Decke/Fundament).
- Nachweis im Stützenmittelbereich für den Verbundquerschnitt aus Altbeton und neuer Betonschale.
- Nachweise der Lasteinleitung und Weiterleitung in die angrenzenden Bauteile.

Bemessung an Stützenkopf und Stützenfuß Die Tragfähigkeit ergibt sich aus der ursprünglichen Tragfähigkeit und den Umschnürungswirkungen aus „alten" ($\Delta N_{\mathrm{Rd,1}}$) und „neuen" Bügeln ($\Delta N_{\mathrm{Rd,2}}$) ohne Ansatz der Tragfähigkeit der Betonschale wegen des Schwindens.

$$N_{\mathrm{Rd}} = A_{\mathrm{c,alt}} \cdot f_{\mathrm{cd,alt}} + A_{\mathrm{s,alt}} \cdot f_{\mathrm{yd,alt}} + \Delta N_{\mathrm{Rd,1}} + \Delta N_{\mathrm{Rd,2}} \qquad (14.16)$$

Bemessung im Stützenmittelbereich Im Mittelbereich der Stütze können die Tragfähigkeiten des „alten" Querschnitts und der Betonschale addiert werden. Der Anteil der Betonschale erhält einen Abminderungsbeiwert von 0,80 zur Berücksichtigung des Schwindens.

$$N_{\mathrm{Rd}} = A_{\mathrm{c,alt}} \cdot f_{\mathrm{cd,alt}} + A_{\mathrm{s,alt}} \cdot f_{\mathrm{yd,alt}} \\ + 0{,}8 \cdot A_{\mathrm{b,neu}} \cdot f_{\mathrm{cd,neu}} + A_{\mathrm{s,neu}} \cdot f_{\mathrm{yd,neu}} \qquad (14.17)$$

Zur Berücksichtigung von Exzentrizitäten der Normalkraft auf die Umschnürungswirkung empfiehlt [41] einen vereinfachten Ansatz in Anlehnung an eine Regelung aus DIN 1045:1972 (siehe z. B. [33]).

$$\Delta N'_{\mathrm{Rd}} = \Delta N_{\mathrm{Rd}} \cdot \left(1 - \frac{8 \cdot M}{N \cdot d_{\mathrm{k}}}\right) \qquad (14.18)$$

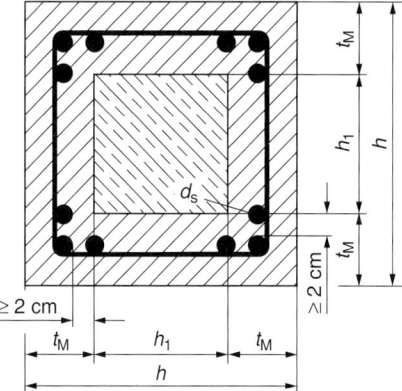

Abb. 14.7 Spritzbetonverstärkte Stütze mit quadratischem Querschnitt (DIN 18551 [31])

Konstruktive Regeln für die Spritzbetonverstärkung von Stützen Die Dicke der Spritzbetonschicht ist so festzulegen, dass die erforderlichen Abstände zwischen neuer Bewehrung und altem Beton eingehalten werden, die erforderlichen Maße der Betondeckung gesichert sind und die statischen Nachweise gelingen.

Im Lasteinleitungsbereich darf der Abstand der Bügel 80 mm nicht übersteigen. Die Länge des Lasteinleitungsbereichs ist nach DIN 18551 [31, 32] festgelegt mit

$$l_{\mathrm{c}} = 30 \cdot d_{\mathrm{s}} \qquad (14.19)$$

bzw. nach Heft 467, DAfStb [22] mit:

$$l_{\mathrm{c}} = 2 \cdot d_{\mathrm{k}} \qquad (14.20)$$

Weiterhin ist zu beachten:

- Die Bügel sind nach den Anforderungen für die Zugzone (Bilder NA.8.5g und NA.8.5h aus DIN EN 1992-1-1) oder durch geschweißte Stöße zu schließen.
- Die Längsbewehrung ist in den Bügelecken zu konzentrieren.
- Bei Stützen mit einem Seitenverhältnis $d = h/b > 1{,}5$ sind Zwischenverankerungen erforderlich (siehe Abb. 14.8).

14.5.4 Verstärkung mit Kohlefaserlamellen

Für die Verstärkung von Betonbauteilen kommen je nach vorliegendem Tragfähigkeitsdefizit im Wesentlichen Biege-Verstärkungen, Querkraft-Verstärkungen und Stützen-Verstärkungen zum Einsatz. Biege-Verstärkungen können mit CFK Lamellen, CF-Gelegen oder Stahllaschen ausgeführt werden. Für Querkraft-Verstärkungen eignen sich aufgeklebte CF-Gelege und Stahllaschen. Stützen können mittels Umschnürung mit CF-Gelegen verstärkt werden.

Abb. 14.8 Spritzbetonverstärkte Stütze mit rechteckigem Querschnitt (DIN 18551[31])

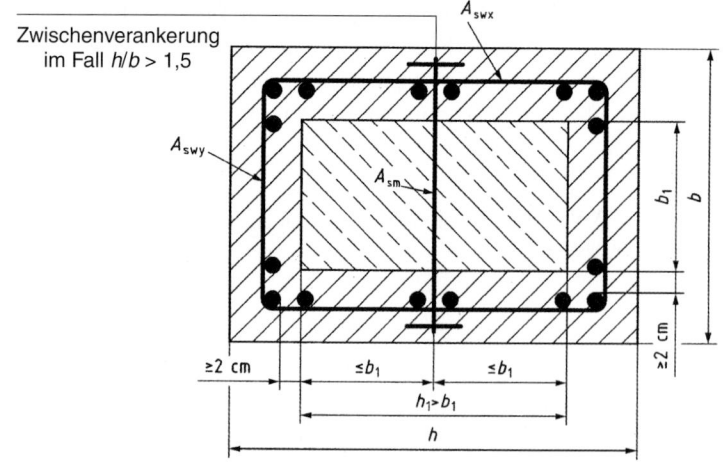

Während es sich bei den CF-Gelegen um Tücher mit parallel zueinander angeordneten Kohlefaserbündeln handelt, bei denen die Epoxidharzmatrix erst am Bauteil aufgebracht wird, sind die Lamellen inklusive Matrix (i. d. R. aus Epoxidharz) werksgefertigt. Nachfolgend wird nur die Biege-Verstärkung mit CFK-Lamellen behandelt. Die CFK-Lamellen werden entweder aufgeklebt oder in Schlitze verklebt. Zu den existierenden Lamellentypen siehe Tafel 14.34. Einen Überblick über die bauaufsichtlich zugelassenen Verstärkungssysteme mit Kohlefaserlamellen gibt Tafel 14.35.

Tafel 14.34 Kohlefaserlamellen für Biegeverstärkungen

Lamellentyp	Bruchdehnung ε_{Luk} [%]	Elastizitätsmodul E_{Lk} [N/mm²]	Elastizitätsmodul E_{Lm} [N/mm²]	Zugfestigkeit f_{Lk} [N/mm²]
CarboDur S	$\geq 1{,}6$	≥ 161.900	≥ 170.000	≥ 2800
CarboDur M	$\geq 1{,}3$	≥ 200.000	≥ 210.000	≥ 2500
MC-DUR 160/2400 Carboplus 160/2400	$\geq 1{,}6$	≥ 160.000	≥ 162.000	≥ 2800
MC-DUR 160/2800 Carboplus 160/2800	$\geq 1{,}8$	≥ 164.000	≥ 168.000	≥ 3200
MC-DUR 200/3000 Carboplus 200/3000	$\geq 1{,}5$	≥ 190.000	≥ 200.000	≥ 3200
S&P 150/2000	$\geq 1{,}5$	≥ 160.000	≥ 168.000	≥ 2350
S&P 200/2000	$\geq 1{,}3$	≥ 200.000	≥ 210.000	≥ 2500

Tafel 14.35 Systeme, Lamellen und bauaufsichtliche Zulassungen für Biegeverstärkungen

System	Art	Zulassung gültig bis	Bezeichnung der Lamellen	Abmessungen der Lamellen [mm]	Kleber
MC-DUR	aufgeklebt	Z-36.12-85 31.01.2020	MC-DUR 160/2400 MC-DUR 160/2800 MC-DUR 200/3000	Dicke t_L: 1,2 bis 3,0 Breite: b_L: 50 bis 150	MC-DUR 1280
MC-DUR	in Schlitze verklebt	Z-36.12-79 31.12.2015	MC-DUR Die Werkstoffangaben der Zulassung weichen von den Angaben in Tafel 14.34 ab.	Dicke t_L: 1,0 bis 3,0 Breite: b_L: 10 bis 30	MC-DUR 1280
Sto S&P	aufgeklebt	Z-36.12-86 01.01.2020	S&P 150/2000 S&P 200/2000	Dicke t_L: 1,2/1,4 Breite: b_L: 50/60/80/90/100/120/150	StoPox SK 41
Sto S&P	in Schlitze verklebt	Z-36.12-76 30.06.2017	S&P 150/2000 S&P 200/2000	Dicke t_L: 1,0/1,4/1,7 Breite: b_L: 10 bis 30	StoPox SK 41
Carbo Plus	aufgeklebt	Z-36.12-84 01.01.2020	Carboplus 160/2400 Carboplus 160/2800 Carboplus 200/3000	Dicke t_L: 1,2 bis 3,0 Breite: b_L: 50 bis 150	MC-DUR 1280 StoPox SK 41
Carbo Plus	in Schlitze verklebt	Z-36.12-73 31.12.2015	Carboplus Die Werkstoffangaben der Zulassung weichen von den Angaben in Tafel 14.34 ab	Dicke t_L: 1,0 bis 3,0 Breite: b_L: 10 bis 30	MC-DUR 1280 Sikadur 30 DUE

Tafel 14.36 Teilsicherheitsbeiwerte nach DAfStb-Richtlinie [23]

Bemessungssituation	Teilsicherheitsbeiwerte				
	CFK-Lamellen	CFK-Gelege	Verbund bei		
			aufgeklebter Bewehrung	eingeschlitzter Bewehrung	Verklebung Stahl auf Stahl oder CFK auf CFK
	γ_{LL}	γ_{LG}	γ_{BA}	γ_{BE}	γ_{BG}
Ständig und vorübergehend	1,20	1,35	1,50	1,30	1,30
außergewöhnlich	1,05	1,10	1,20	1,05	1,05

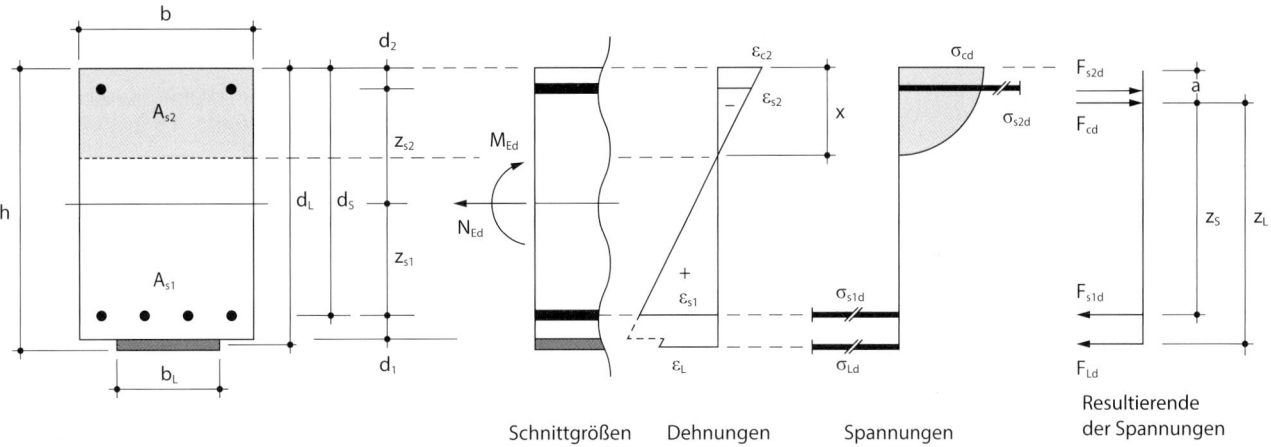

Abb. 14.9 Schnittgrößen, Dehnungen und Spannungen eines verstärkten Stahlbetonquerschnitts

Regelwerke Mit Einführung des Eurocode 2 wurden die bemessungsrelevanten Teile der Zulassungen auf die neuen Normenkonzepte umgestellt. Die allgemeinen Regeln für Verstärkungen mit geklebter Bewehrung wurden in einer Richtlinie des DAfStb [23] zusammengefasst. Da diese Richtlinie nicht allgemein bauaufsichtlich eingeführt wurde, gilt sie nur in Verbindung mit der jeweiligen Zulassung.

Bemessungsgrundlagen Bezüglich einer ausführlichen Darstellung der Bemessungsgrundlagen wird auf [23] bzw. [24] und [46] verwiesen. Nach DAfStb-Richtlinie sind die Teilsicherheitsbeiwerte nach Tafel 14.36 anzusetzen. Für Beton und Betonstahl gelten die üblichen mechanischen Eigenschaften (Materialfestigkeiten, Spannungs-Dehnungs-Linien) nach Eurocode 2.

Bei der Umlagerung der Schnittgrößen im Zuge der Schnittgrößenermittlung bei statisch unbestimmten Systemen ist die sehr begrenzte Rotationsfähigkeit von Querschnitten, die mit geklebter Bewehrung verstärkt wurden, zu beachten. Diese resultiert aus dem Verbundverhalten und dem linearelastischen Verhalten der CFK Lamellen. Nach Heft 595, DAfStb [24] darf eine Reduktion der Schnittgrößen nur in unverstärkten Bereichen erfolgen.

Nachweis der Biegetragfähigkeit Wie bei einer üblichen Bemessung im Stahlbetonbau ergeben sich die Bemessungsgleichungen aus dem Gleichgewicht von Einwirkungen und Widerständen. Hierbei gelten die von der Bemessung von Stahlbetonbauteilen bekannten Annahmen:

- Gleichgewicht der inneren Kräfte,
- Ebener Dehnungszustand (Bernoulli-Hypothese),
- Keine Mitwirkung des Betons auf Zug,
- Vollkommener Verbund.

Die Schnittgrößen, Dehnungen und Spannungen eines verstärkten Stahlbetonquerschnittes zeigt Abb. 14.9. Bei der Bemessung sind neben der Wirkung des Betonstahls auch die Anteile der Lamellen zu berücksichtigen. Hierzu sind die bekannten Gleichungen für Stahlbeton zu erweitern. Im Regelfall werden die äußeren Schnittgrößen auf die Lamellenachse bezogen.

Näheres hierzu siehe [23, 24] bzw. [46]. Für die Bemessung ist die Dehnungsebene des verstärkten Querschnitts iterativ zu bestimmen. Hierzu wurden von den Herstellern der Verstärkungssysteme eigene Bemessungsprogramme entwickelt.

Vollständige Nachweisführung Die vollständigen Nachweise sind in der DAfStb-Richtlinie [23] und den bauaufsichtlichen Zulassungen geregelt. Gefordert sind unter anderem:

- Begrenzung der Querkrafttragfähigkeit des verstärkten Querschnitts,
- Klebe-Verbund-Verankerung und Zugkraftdeckungslinie,
- Nachweis der Dauerhaftigkeit.

Literatur

1. Argebau: Hinweise für die Überprüfung der Standsicherheit von baulichen Anlagen durch den Eigentümer/Verfügungsberechtigten. Bauministerkonferenz/Konferenz der für Städtebau, Bau- und Wohnungswesen zuständigen Minister und Senatoren der Länder, Fassung September 2006.

2. Argebau: Hinweise und Beispiele zum Vorgehen beim Nachweis der Standsicherheit beim Bauen im Bestand. Fachkommission Bautechnik der Bauministerkonferenz, Stand 7. April 2008.

3. Bindseil, P. und Schmitt, M. Betonstähle vom Beginn des Stahlbetonbaus bis zur Gegenwart. CD 2002, Verlag für Bauwesen, Berlin.

4. Bossemeyer, H.-D., Dolata, S., Schubert, U. und Zwiener, G. Schadstoffe im Baubestand. Verlagsgesellschaft Rudolf Müller, 2016.

5. Bundesministerium für Verkehr, Bau und Stadtentwicklung: Bauwerksprüfung nach DIN 1076 – Bedeutung, Organisation, Kosten, Dokumentation 2013, Quelle: www.bmvi.de.

6. Bundesministerium für Verkehr, Bau und Stadtentwicklung: Richtlinie zur einheitlichen Erfassung, Bewertung, Aufzeichnung und Auswertung von Ergebnissen der Bauwerksprüfung nach DIN 1076. (RI-EBW-PRÜF), Ausgabe Februar 2017.

7. Bundesministerium für Verkehr, Bau und Stadtentwicklung: Richtlinie zur Nachrechnung von Straßenbrücken im Bestand. (Nachrechnungsrichtlinie), Ausgabe Mai 2011.

8. Bundesministerium für Verkehr, Bau und Wohnungswesen, Abteilung Straßenbau, Straßenverkehr, Sammlung Brücken- und Ingenieurbau, Erhaltung: Anweisung Straßeninformationsdatenbank, Teilsystem Bauwerksdaten (ASB-ING), Ausgabe Oktober 2013.

9. Bundesministerium für Umwelt, Naturschutz, Bau und Stadtentwicklung. Richtlinien für die Durchführung von Bauaufgaben des Bundes (RBBau). Ausgabe Januar 2015.

10. Bundesministerium für Verkehr, Bau- und Stadtentwicklung: Richtlinie für die Überwachung der Verkehrsicherheit von baulichen Anlagen des Bundes (RÜV), Ausgabe Juli 2008.

11. DB-Richtlinie 805: Tragsicherheit bestehender Eisenbahnbrücken. Deutsche Bahn. Fassung v. 01.09. 2002.

12. DBV-Merkblatt: Bauen im Bestand – Leitfaden. Deutscher Beton- und Bautechnik-Verein e. V. (DBV), Fassung Januar 2008.

13. DBV-Merkblatt: Bauen im Bestand – Beton- und Betonstahl. Deutscher Beton- und Bautechnik-Verein e. V. (DBV), Fassung März 2016.

14. DBV-Merkblatt: Bauen im Bestand – Brandschutz. Deutscher Beton- und Bautechnik-Verein e. V. (DBV), Fassung Januar 2008.

15. DBV-Merkblatt: Bauen im Bestand – Bewertung der In-Situ-Druckfestigkeit von Beton. Deutscher Beton- und Bautechnik-Verein e. V. (DBV), Fassung März 2016.

16. DBV-Merkblatt: Bauen im Bestand – Modifizierte Teilsicherheitsbeiwerte für Stahlbetonbauteile. Deutscher Beton- und Bautechnik-Verein e. V. (DBV), Fassung März 2013.

17. DBV-Merkblatt: Bauwerksbuch. Deutscher Beton- und Bautechnik-Verein e. V. (DBV), Fassung Juni 2007.

18. DBV-Merkblatt: Anwendung zerstörungsfreier Prüfverfahren im Bauwesen. Deutscher Beton- und Bautechnik-Verein e. V. (DBV), Fassung Juni 2007.

19. DBV-Merkblatt: Begrenzung der Rissbildung im Stahlbeton- und Spannbetonbau. Deutscher Beton- und Bautechnik-Verein e. V. (DBV), Fassung Mai 2016.

20. Deutscher Ausschuss für Stahlbeton (DAfStb): Richtlinie, Belastungsversuche an Betonbauwerken, 2000.

21. Deutscher Ausschuss für Stahlbeton (DAfStb): Richtlinie für Schutz und Instandsetzung von Betonbauteilen. Teil 1 bis 4, Ausgabe Oktober 2001 mit Berichtigungen.

22. Deutscher Ausschuss für Stahlbeton (DAfStb): Verstärken von Betonbauteilen – Sachstandsbericht. Heft 467, Berlin, 1996.

23. Deutscher Ausschuss für Stahlbeton (DAfStb): Richtlinie, Verstärken von Betonbauteilen mit geklebter Bewehrung, 2012.

24. Deutscher Ausschuss für Stahlbeton (DAfStb): Erläuterungen und Beispiele zur DAfStb-Richtlinie „Verstärken von Betonbauteilen mit geklebter Bewehrung" Heft 595, Berlin, 2013.

25. Deutscher Ausschuss für Stahlbeton (DAfStb): Erläuterungen zu DIN EN 1992 – 1 – 1 und DIN EN 1992 – 1 – 1/N A (Eurocode 2), Heft 600, 1. Auflage, Berlin, 2012.

26. Deutscher Ausschuss für Stahlbeton (DAfStb): Sachstandbericht Bauen im Bestand – Teil I: Mechanische Kennwerte historischer Betone, Betonstähle und Spannstähle für die Nachrechnung von bestehenden Bauwerken, 1. Auflage, Berlin, 2016.

27. DIN EN 206-1: Beton – Teil 1: Festlegung, Eigenschaften, Herstellung und Konformität. DIN Deutsches Institut für Normung e. V., Januar 2017.

28. DIN EN 1992-1-1, Eurocode 2: Bemessung und Konstruktion von Stahl- und Spannbetontragwerken, Teil 1-1: Allgemeine Bemessungsregeln und Regeln für den Hochbau, 01/2011 inkl. DIN EN 1992-1-1/A1, Entwurf 09/2013.

29. DIN 1076: Ingenieurbauwerke im Zuge von Straßen und Wegen – Überwachung und Überprüfung. DIN Deutsches Institut für Normung e. V., November 1999.

30. DIN EN 13791: Bewertung der Druckfestigkeit von Beton in Bauwerken oder Bauwerksteilen; Deutsche Fassung EN 13791:2007 mit E DIN EN 13971/A20:2016-03; Änderung A/20 (Nationaler Anhang NA – Nationale Anwendungsregeln), DIN Deutsches Institut für Normung e. V., Mai 2008.

31. DIN 18551: Spritzbeton – Nationale Anwendungsregeln zur Reihe DIN EN 14487 und Regeln für die Bemessung von Spritzbetonkonstruktionen. DIN Deutsches Institut für Normung e. V., August 2014.

32. DIN EN 14487: Spritzbeton – Teil 1: Begriffe, Festlegungen und Konformität- DIN Deutsches Institut für Normung e. V., März 2006.

33. Fingerloos, F. (Herausgeber): Historische technische Regelwerke für den Beton-, Stahlbeton- und Spannbetonbau – Bemessung und Ausführung. Verlag Ernst & Sohn, September 2008.

34. Fingerloos, F., Marx, S. und Schnell, J. Tragwerksplanung im Bestand – Bewertung bestehender Tragwerke. In: Betonkalender 2015, Teil 1, Verlag Ernst & Sohn.

35. Goris, A. und Voigt, J. Stahlbetonbau-Praxis, Band 3: Tragwerksplanung im Bestand. 1. Auflage, Beuth Verlag, GmbH, 2016.

36. Loch, M., Stauder, F. und Schnell, J. Bestimmung der charakteristischen Betonfestigkeiten in Bestandstragwerken – Anwendungsgrenzen von DIN EN 13791. In: Beton- und Stahlbetonbau 106, Heft 12, Verlag Ernst & Sohn, 2011.

37. Musterbauordnung (MBO). Fassung November 2002, zuletzt geändert durch Beschluss der Bauministerkonferenz vom 13.05.2016. www.is-argebau.de.

38. Schnell, J., Loch, M., Stauder, F. und Wolbring: Bauen im Bestand – Bewertung der Anwendbarkeit aktueller Bewehrungs- und Konstruktionsregeln im Stahlbetonbau. Abschlussbericht Forschungs-

programm ZukunftBau, Aktenzeichen Z 6 – 10.08 18.7-08.6/ II 2 – F20-08-014.

39. Schnell, J., Bindseil, P. und Loch, M.: Tragwerksplanung für das Bauen im Bestand. Stahlbetonbau aktuell 2011, Kapitel G, Bauwerk-Verlag.

40. Schnell, J., Zilch, K., Weber, M. und Mühlbauer, C.: Bauen im Bestand. Verstärken von Betonbauteilen. In: Hegger/Mark: Stahlbetonbau aktuell 2016, Beuth, Berlin, 2016.

41. Seim, W. Bewertung und Verstärkung von Stahlbetontragwerken. Verlag Ernst & Sohn, 2007.

42. Stauder, F., Wolbring, M. und Schnell, J. Bewehrungs- und Konstruktionsregeln des Stahlbetonbaus im Wandel der Zeit. In: Bautechnik 89, Heft 1, Verlag Ernst & Sohn, 2012.

43. Verein Deutscher Ingenieure (VDI): Standsicherheit von Bauwerken – Regelmäßige Überprüfung. Richtlinie VDI 6200, Februar 2010.

44. Verein Deutscher Ingenieure (VDI)/Gesamtverband Schadstoffsanierung (GVSS): Schadstoffbelastete bauliche und technische Anlagen – Abbruch-, Sanierungs- und Instandhaltungsarbeiten. Richtlinie VDI/GVSS 6202, Blatt 1, Oktober 2013.

45. WPM-Ingenieure: Programm SIB-Bauwerke, Ingenieurgesellschaft für Bauwesen und Datenverarbeitung mbH, 66540 Neunkirchen-Heinitz, www.wpm-ingenieure.de.

46. Zilch, K., Niedermeier, R. und Finkh, W: Verstärkung mit CFK-Lamellen und Stahllaschen. In: Betonkalender 2013, Teil 1, Verlag Ernst & Sohn.

14

Brandschutz

Prof. Dr.-Ing. Bernhard Weller und Prof. Dr.-Ing. Sylvia Heilmann

Inhaltsverzeichnis

15.1 Einführung 1034
15.2 Bauordnungsrechtliche Grundlagen 1034
    15.2.1 Bauordnungen der Länder mit Rechtsstatus April 2017 1034
    15.2.2 Struktur des Bauordnungsrechtes bezogen auf die Mustererlasse der ARGEBAU 1034
    15.2.3 Bauordnungsrechtliche Einordnung nach MBO . 1037
15.3 Bautechnische Grundlagen 1038
    15.3.1 Brandschutztechnische Klassifizierung nach DIN 4102 1038
    15.3.2 Europäische Klassifizierung 1041
15.4 Brandschutzanforderungen 1043
    15.4.1 Bauordnungsrechtliche Schutzziele 1043
    15.4.2 Bestandteile des Brandschutzes 1044
    15.4.3 Formen der Brandschutznachweise 1044
    15.4.4 Prüfung der Brandschutznachweise 1045
    15.4.5 Bauteilanforderungen für GKL1 bis GKL5 1046
    15.4.6 Konstruktiver Brandschutz 1052

Abkürzungsverzeichnis

ARGEBAU	Arbeitsgemeinschaft Bauaufsicht in der Bauministerkonferenz
BGI	Berufsgenossenschaftliche Informationen
BGR	Berufsgenossenschaftliche Regeln
BGV	Berufsgenossenschaftliche Vorschriften
DIBt	Deutsches Institut für Bautechnik
DIN	Deutsches Institut für Normung e.V.
DIN EN	Deutsche Ausgabe einer Europäischen Norm
DVGW	Deutscher Verband des Gas- und Wasserhandwerks
ETB	Eingeführte Technische Baubestimmung
ETK	Einheits-Temperatur-Kurve
GKL	Gebäudeklasse
GVBl	Gesetz- und Verordnungsblatt
hEN	harmonisierte Europäische Norm
MAutSchR	Muster-Richtlinie über automatische Schiebetüren in Rettungswegen
MBO	Musterbauordnung
MEltVTR	Muster-Richtlinie über elektrische Verriegelungssysteme von Türen in Rettungswegen
MFlBauVwV	Muster-Verwaltungsvorschriften über Ausführungsgenehmigungen für Fliegende Bauten mit deren Gebrauchsabnahme
MHAVO	Muster-Hersteller- und Anwender-Verordnung
M-HFHHolzR	Muster-Richtlinie über brandschutztechnische Anforderungen an hochfeuerhemmende Bauteile in Holzbauweise
MIndBauRL	Muster-Industriebaurichtlinie
MLAR	Muster-Leitungsanlagen-Richtlinie
MLöRüRL	Muster-Löschwasser-Rückhalte-Richtline
M-LüAR	Muster-Richtlinie über die brandschutztechnischen Anforderungen an Lüftungsanlagen
MRFlFw	Muster-Richtlinie für die Flächen der Feuerwehr
MWR	Muster-Wohnformen-Richtlinie
MSchulbauRL	Muster-Schulbaurichtlinie
MSysBöR	Muster-Systembödenrichtlinie
TRbF	Technische Regeln über brennbare Flüssigkeit
TRD	Technische Regeln für Dampfkessel
TRG	Technische Regeln für Druckgase
UVV	Unfallverhütungsvorschriften
VDE	Verband der Elektrotechnik, Elektronik und Informationstechnik
VDI	Verein Deutscher Ingenieure
VdS	Verband der Schadenversicherer e.V., Köln

B. Weller ✉
Institut für Baukonstruktion, Technische Universität Dresden, Dresden, Deutschland

S. Heilmann
Ingenieurbüro Heilmann, Burglehnstraße 13, 01796 Pirna, Deutschland

© Springer Fachmedien Wiesbaden GmbH 2018
U. Vismann (Hrsg.), *Wendehorst Bautechnische Zahlentafeln*, https://doi.org/10.1007/978-3-658-17936-6_15

Abb. 15.1 Herausforderungen in der Brandschutzplanung

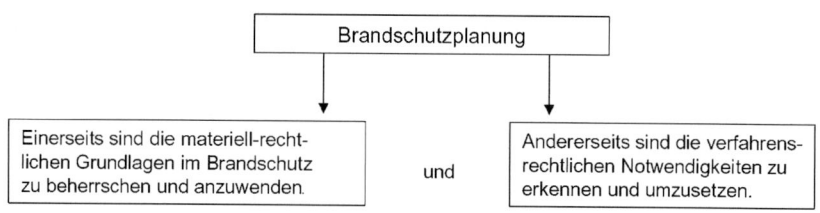

15.1 Einführung

Heutige Bauwerke sind komplex, die Nutzungen multifunktional und die Gebäudekonstruktionen werden immer filigraner. Die Superlative unserer heutigen, vermeintlich modernen Lebensansprüche finden sich in unseren Gesellschaftsbauwerken wieder. Gleichzeitig sind die gesellschaftlichen Erwartungen an die Verkehrssicherheit der Bauwerke sehr hoch.

Modernes Geschäfts- und Freizeitverhalten verlangt flexible Nutzungen und komplexe Raumgeometrien. Dies wird gesellschaftlich aber nur akzeptiert, wenn besondere und spezifisch ausgelegte Sicherheitskonzepte möglich sind und die gewohnten Sicherheitsstandards nicht eingeschränkt werden. Hinsichtlich des vorbeugenden Brandschutzes bedeutet dies eine große Herausforderung, da sicherheitstechnische Vorschriften und brandschutztechnische Regelwerke diesen Ansprüchen häufig nicht gerecht werden können. Sie veralten so schnell, wie der Zeitgeist voranschreitet, sie reglementieren den Pauschalfall, sie sind oft nicht zielführend und praktikabel und verlangen viel Interpretationsgabe.

Daher wird es immer schwieriger, mit konservativen und formalen Planungsansätzen, die wohl bewährten Maßnahmen in alternative Sicherheitskonzepte umzuwandeln. Daraus resultieren häufig Kompromisse, die im Brandschutz nicht immer eine Anhebung des Sicherheitsniveaus bedeuten, aber oft höhere Kosten nach sich ziehen.

Kaum ein Bauvorhaben kommt heute noch ohne Abweichungen, Erleichterungen, Befreiungen und Ausnahmen zur bauordnungs- bzw. bauplanungsrechtlichen Zulässigkeit aus, was von Seiten der Bauherrschaft, Behörden aber auch Planer häufig als Makel oder Unzulänglichkeit bewertet wird. Dass dabei oft auch verfahrensrechtliche Besonderheiten zu beachten sind, liegt in der Natur dieser „komplexen Rechtssache Brandschutz".

Die Herausforderungen in der Brandschutzplanung sind dabei zwei Komplexen zuzuordnen (siehe Abb. 15.1).

Aus einer Vielzahl von Regelwerken, Richtlinien, Verordnungen und Gesetzen, die oft zum gleichen Thema unterschiedliche Ansichten vermitteln, ergeben sich häufig differierende materielle Forderungen, die sich gegenseitig ausschließen oder in einem Zielkonflikt unlösbar enden.

Aber auch die Problematik des Bestandschutzes, die Argumentation zur „konkreten Gefahr" oder die Brandschutzanalysen zur bestehenden Bausubstanz bedürfen einer umfangreichen Erfahrung und eines ausgeprägten Spezialwissens. In diesem Zusammenhang ist ein eigenverantwortliches, planerisches Ermessen über zwingende Notwendigkeiten von materiell-rechtlichen Forderungen und möglichen konstruktiven oder nutzungsspezifischen Einschränkungen unverzichtbar.

Im Folgenden wird daher ein Überblick über die gesetzlichen Vorgaben und Bedingungen gegeben, es werden die bauordnungsrechtlichen und bautechnischen Grundlagen der Brandschutzplanung erläutert und die wesentlichen Brandschutzanforderungen in komplexen Übersichten zusammengefasst.

15.2 Bauordnungsrechtliche Grundlagen

Das Bauordnungsrecht ist Landesrecht.

Jedes Bundesland setzt eine eigene Landesbauordnung in Kraft, in der die bauordnungsrechtliche Zulässigkeit eines Gebäudes und dessen Nutzung, insbesondere hinsichtlich der brandschutztechnischen Verkehrssicherheit, umfassend geregelt wird.

In der jeweiligen Landesbauordnung werden die Maßnahmen zur Brandgefahrenabwehr und Brandgefahrenvermeidung festgelegt. Der vorbeugende Brandschutz beinhaltet dabei nicht nur bauliche Maßnahmen, sondern auch den Schutz durch Sicherheitstechnik (technischer Brandschutz) und Vorsorgemaßnahmen im Bereich der Ausbildung und Information (organisatorischer Brandschutz).

15.2.1 Bauordnungen der Länder mit Rechtsstatus April 2017

Siehe Tafel 15.1.

15.2.2 Struktur des Bauordnungsrechtes bezogen auf die Mustererlasse der ARGEBAU

In Bad Dürkheim wurde am 21. Januar 1955 zwischen den Ländern und dem Bund vereinbart, dass eine gemeinsame Ausarbeitung einer Musterbauordnung (MBO) erfolgen soll, von der die Länder „tunlichst nur insoweit abweichen

Tafel 15.1 Bauordnungen der Bundesländer

Bundesland	Bauordnung Kurzbezeichnung	Vom/in Kraft seit	Veröffentlicht im
Baden-Württemberg	Landesbauordnung für Baden-Württemberg -LBO-	05.03.2010 zuletzt geändert am 11.11.2014	GVBl. 2010, S. 358, ber. S. 419 GVBl. 2014, S. 501
Bayern	Bayerische Bauordnung -BayBO-	14.08.2007/01.01.2008 zuletzt geä. 09.05.2016	GVBl. S. 588. BayRS 2132-1-1 GVBl. 2016, S. 89
Berlin	Bauordnung für Berlin -BauO Bln-	29.09.2005/01.02.2006 zuletzt geä. 17.06.2016	GVBl. 2005, S. 495 GVBl. 2016, S. 361
Brandenburg	Brandenburgische Bauordnung -BbgBO-	19.05.2016/01.07.2016	GVBl. 2016, Nr. 14
Bremen	Bremische Landesbauordnung -BremLBO-	06.10.2009/01.05.2010 zuletzt geä. 27.05.2014	BremGBl. 2009, S. 401 BremGBl. 2014, S. 263
Hamburg	Hamburgische Bauordnung -HBauO-	14.12.2005/01.04.2006 zuletzt geä. 17.02.2016	HmbGVBl. 2005. S. 525 HmbGVBl. 2016, S. 63
Hessen	Hessische Bauordnung -HBO-	15.01.2011 zuletzt geä. 15.12.2016	GVBl. 2011, Nr. 4, S. 46 GVBl. 2016, Nr. 22, S. 294
Mecklenburg-Vorpommern	Landesbauordnung Mecklenburg-Vorpommern -LBauO M-V-	15.10.2015/31.10.2015 zuletzt geä. 21.12.2015, ber. 20.01.2016	GVOBl. M-V 2015, S. 344 GVOBl. M-V 2015, S. 590 GVOBl. M-V 2016, S. 28
Niedersachsen	Niedersächsische Bauordnung -NBauO-	03.04.2012 zuletzt geä. 23.07.2014	Nds. GVBl. 2012, Nr. 5, S. 46 Nds. GVBl. 2014, S. 206
Nordrhein-Westfalen	Bauordnung für das Land Nordrhein-Westfalen -BauO NRW-	01.03.2000/01.06.00 zuletzt geändert am 20.05.2014/28.05.2014	GVBl. 2000, Nr. 18, S. 256 GVBl. 2014, S. 294
Rheinland-Pfalz	Landesbauordnung Rheinland-Pfalz -LBauO-	24.11.1998 zuletzt geändert am 15.06.2015	GVBl. 1998, Nr. 22, S. 365 GVBl. 2015, S. 77
Saarland	Bauordnung für das Saarland -LBO-	10.09.2013 zuletzt geä. 28.09.2016	GVBl. LSA. 2013. 440 GVBl. LSA, 2016, S. 254
Sachsen	Sächsische Bauordnung -SächsBO-	18.02.2004/01.06.04 zuletzt geä. 15.07.15	Gesetz Nr. 1544 Amtsbl. I S. 632
Sachsen-Anhalt	Bauordnung Land Sachsen Anhalt -BauO LSA-	Neufassung vom 11.05.2016	Sächs. GVBl. 2016 Nr. 6, S. 186
Schleswig-Holstein	Landesbauordnung für das Land Schleswig-Holstein -LBO-	22.01.2009 zuletzt geändert am 08.06.2016	GVOBl. 2009, Nr. 2, S. 6 GVOBl. 2016. Nr. 9, S. 369
Thüringen	Thüringer Bauordnung -ThürBO-	13.03.2014 zuletzt geändert am 22.03.2016	GVBl. 2014, 49 GVBl. 2016, S. 153

[sollen], als dies durch örtliche Bedingtheiten geboten ist." (Dr. Preusker, Bundesminister für Wohnungsbau, 1955).

Die derzeit aktuelle Musterbauordnung – MBO – wurde im November 2002 durch die Bauministerkonferenz (ARGEBAU), Fachkommission Bauaufsicht in einer komplett überarbeiteten Fassung veröffentlicht und im Mai 2016 geändert. Sie und die von der Fachkommission der ARGEBAU veröffentlichten Muster-Erlasse sind die Grundlage der folgenden Erläuterungen, da so der allgemeine und länderunabhängige Charakter dieses Fachbeitrages bewahrt bleibt.

In der Hierarchie der „Brandschutz-Gesetze" gilt zunächst:

Ein Gesetz ... hat oberste Priorität. Die Bauordnung beispielsweise ist ein Landesgesetz, von dem nach § 67 MBO abgewichen werden darf, wenn die öffentliche Sicherheit und Ordnung nicht gefährdet werden. In Gesetzen wird der Erlass von Verordnungen durch die Verwaltung vorgesehen.

Eine Verordnung ... ist eine Rechtsnorm, die für jeden Bürger verbindlich ist. Es besteht ein Rechtsanspruch zum Beispiel auf Erleichterungen aber auch die Rechtspflicht, die besonderen Anforderungen zu erfüllen (siehe MBO § 51). Bei einer abweichenden Bauausführung ist ein Antrag auf Abweichung nach § 67 MBO zu stellen.

Eine Richtlinie ... dagegen ist ohne rechtsverbindlichen Charakter, solange sie nicht als Eingeführte Technische Baubestimmung (ETB) im jeweiligen Bundesland veröffentlicht wurde (z. B. IndBauRL).

Eine als ETB eingeführte Richtlinie gilt als rechtsverbindlich, von der nur abgewichen werden darf, wenn eine anderweitige Lösung zum selben Ziel führt, was nachweispflichtig, aber nicht genehmigungspflichtig ist (vgl. § 3 (3) MBO).

Von der ARGEBAU werden neue Muster-Richtlinien und Muster-Verordnungen veröffentlicht (www.is-argebau.de). Diese Mustervorschriften haben keinen rechtsverbind-

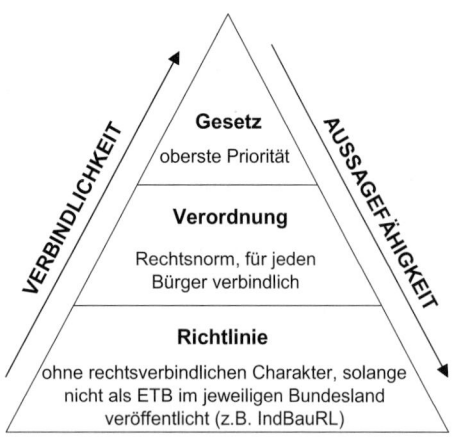

Abb. 15.2 Hierarchie der Brandschutzgesetze

lichen Status, da sie aufgrund der Länderhoheit in den jeweiligen Bundesländern bekannt gemacht und bauaufsichtlich eingeführt werden müssen.

Die Mustervorschriften spiegeln meist den aktuellen Stand der Technik wider. Daher dürfen sie im Sinne des § 3 (3) Satz 3 MBO als von den Technischen Baubestimmungen abweichende Lösungen gewertet werden, durch die

in gleichem Maße die allgemeinen Anforderungen des § 3 (1) MBO erfüllbar sind.

In den Mustervorschriften der ARGEBAU werden die brandschutztechnischen Mindestanforderungen definiert. Dies erfolgt in der Erfüllung der im Grundgesetz der BRD verankerten Fürsorgepflicht des Staates (siehe weiter Abschn. 15.4.1). Die brandschutztechnischen Mindestanforderungen in der MBO sowie den Musterverordnungen erstrecken sich dabei auf:

- die Bauteile, Baustoffe, Bauarten;
- die zulässigen Brandabschnittsgrößen und Nutzungseinheiten;
- die Art, Ausführung und Länge der Flucht- und Rettungswege;
- die Möglichkeiten für die Brandbekämpfung;
- die notwendige Sicherheitstechnik;
- die Maßnahmen für die Sicherheit der Technik;
- die Maßnahmen zum organisatorischen Brandschutz.

Darüber hinaus gibt es weitere technische Vorschriften und Regelwerke (wie zum Beispiel DIN, VDE, VDI, VdS, UVV, BGV, DVGW, TRG, TRbF usw.), die den Status von anerkannten Regeln der Technik haben bzw. als zivilrechtliche Empfehlung gelten.

Abb. 15.3 Darstellung der Mustererlasse

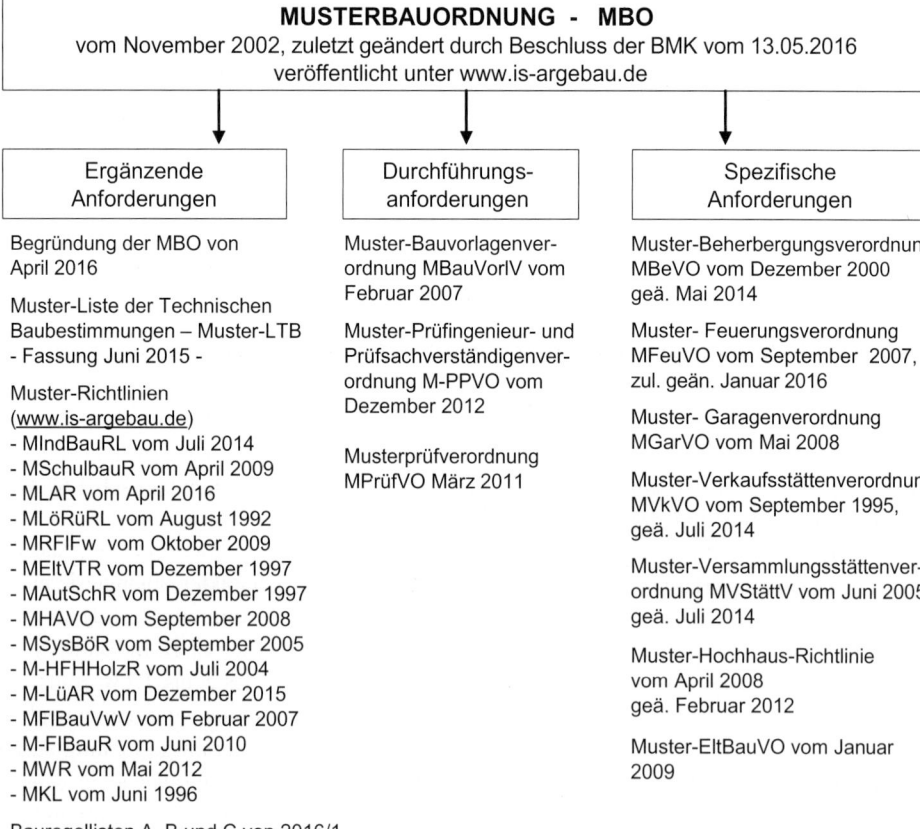

Abb. 15.4 Darstellung der Gebäudeklassen

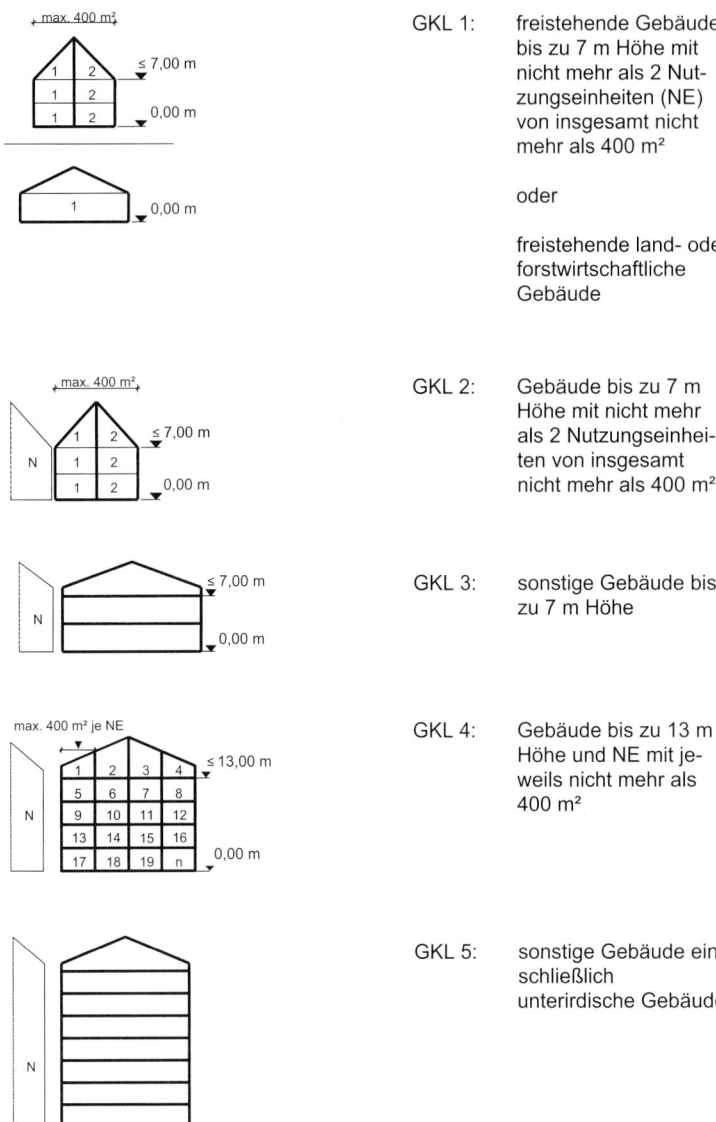

GKL 1:   freistehende Gebäude bis zu 7 m Höhe mit nicht mehr als 2 Nutzungseinheiten (NE) von insgesamt nicht mehr als 400 m²

oder

freistehende land- oder forstwirtschaftliche Gebäude

GKL 2:   Gebäude bis zu 7 m Höhe mit nicht mehr als 2 Nutzungseinheiten von insgesamt nicht mehr als 400 m²

GKL 3:   sonstige Gebäude bis zu 7 m Höhe

GKL 4:   Gebäude bis zu 13 m Höhe und NE mit jeweils nicht mehr als 400 m²

GKL 5:   sonstige Gebäude einschließlich unterirdische Gebäude

15.2.3   Bauordnungsrechtliche Einordnung nach MBO

Der Anwendungs- oder Geltungsbereich eines Gesetzes, einer Verordnung oder einer Richtlinie ist abschließend definiert. Außerhalb des definierten Geltungsbereiches kann die jeweilige Vorschrift nicht angewendet werden.

Die Vorschriften in der MBO gelten nach § 1 MBO für

- bauliche Anlagen: Bauliche Anlagen sind mit dem Erdboden verbundene, aus Bauprodukten hergestellte Anlagen; eine Verbindung mit dem Boden besteht auch dann, wenn die Anlage durch eigene Schwere auf dem Boden ruht oder auf ortsfesten Bahnen begrenzt beweglich ist oder wenn die Anlage nach ihrem Verwendungszweck dazu bestimmt ist, überwiegend ortsfest benutzt zu werden.
- Bauprodukte: Bauprodukte sind Baustoffe, Bauteile und Anlagen, die hergestellt oder vorgefertigt werden, um dauerhaft in oder als bauliche Anlagen gebaut zu werden.

- Gebäude: Gebäude sind selbstständig benutzbare, überdeckte bauliche Anlagen, die von Menschen betreten werden können und geeignet oder bestimmt sind, dem Schutz von Menschen, Tieren oder Sachen zu dienen.
- Nutzungseinheiten: Als Nutzungseinheit gilt eine in sich abgeschlossene Folge von Aufenthaltsräumen, die einer Person oder einem gemeinschaftlichen Personenkreis zur Benutzung zur Verfügung stehen, zum Beispiel abgeschlossene Wohnungen, Einliegerwohnungen, auch Ein-Zimmer-Appartements oder ein aus einem Raum bestehendes Büro (eine Folge von Aufenthaltsräumen ist nicht zwingend vorausgesetzt) sowie Praxen. Nutzungseinheiten sind räumlich definierte Abschnitte, die gegeneinander brandschutztechnisch geschützt sind und so die Brandbekämpfung begünstigen. Für sie wird jeweils ein eigenes Rettungswegsystem verlangt (vgl. § 33 (1) MBO).

Um die brandschutztechnischen Mindestforderungen für ein Gebäude und seine Nutzung festzulegen, muss eine Bewertung entsprechend der in Abb. 15.4 dargestellten Gebäudeklassen (GKL) gemäß § 2 (3) MBO erfolgen [22].

Entscheidend für die **Höhenlage** ist der Abstand des Fußbodens (oberflächenfertiger Fußboden) der höchstgelegenen und zum Aufenthalt geeigneten Räume über der im Mittel an das Gebäude angrenzenden Geländeoberfläche. Ursächlich entspricht diese Einstufung in die Gebäudeklassen dem zu erwartenden Gefahrenpotential, das insbesondere mit der Möglichkeit der Rettung von Menschen und Tieren sowie dem Einsatz der Feuerwehr zusammenhängt.

Die brandschutztechnischen Mindestanforderungen, die in der MBO definiert werden, gelten für ein normales Wohn- oder Bürogebäude. Die für dieses normale Gebäude mit der normalen Gebäudenutzung erwarteten Brandrisiken sollen mit den in der MBO definierten Maßnahmen so verringert werden, dass die allgemeinen Schutzziele nach § 14 MBO eingehalten werden und ein zulässiges Sicherheitsniveau erreicht wird.

Das normale Brandrisiko stellt das gesellschaftlich vereinbarte Risikopotential dar, dem ein Nutzer mit normalen Eigenschaften in einem Gebäude mit normaler Art und Nutzung ausgesetzt werden darf. Es wird gekennzeichnet durch:

- Belegungsdichte: gleichmäßig niedrig
- Nutzerqualität: Personen sind selbstständig und normal beweglich, nicht ständig aufmerksam, aber ortskundig (also mit den Rettungswegen vertraut)
- Belegungsdichte: ca. 5–8 Personen pro Nutzungseinheit
- Brandlast: hoch
  (30–$60\,\mathrm{kg\,Holz/m^2} = 200$–$250\,\mathrm{kW\,h/m^2}$
  $= 720$–$900\,\mathrm{MJ/m^2}$)
- Brandentstehungsrisiko: hoch.

Dieses Risiko wird im Sinne der MBO als „normal" angesehen.

Nutzungen mit höheren bzw. von diesen normalen Brandrisiken abweichenden Gefahren, werden als Sonderbauten in § 2 MBO aufgeführt.

Sonderbauten sind:
- Hochhäuser (Gebäude mit einer Höhe von mehr als 22 m);
- bauliche Anlagen mit einer Höhe von mehr als 30 m;
- Gebäude mit mehr als 1600 m² Grundfläche des Geschosses mit der größten Ausdehnung, ausgenommen Wohngebäude;
- Verkaufsstätten, deren Verkaufsräume und Ladenstraßen eine Grundfläche von insgesamt mehr als 800 m² haben;
- Gebäude mit Räumen, die einer Büro- oder Verwaltungsnutzung dienen und einzeln eine Grundfläche von mehr als 400 m² haben;
- Gebäude mit Räumen, die einzeln für die Nutzung durch mehr als 100 Personen bestimmt sind;
- Versammlungsstätten mit Versammlungsräumen, die insgesamt mehr als 200 Besucher fassen, wenn diese Versammlungsräume gemeinsame Rettungswege haben;

- Versammlungsstätten im Freien mit Szenenflächen und Freisportanlagen, deren Besucherbereich jeweils mehr als 1000 Besucher fasst und ganz oder teilweise aus baulichen Anlagen besteht;
- Schank- und Speisegaststätten mit mehr als 40 Gastplätzen in Gebäuden oder mehr als 1000 Gastplätzen im Freien, Beherbergungsstätten mit mehr als 12 Betten und Spielhallen mit mehr als 150 m² Grundfläche;
- Krankenhäuser
- Gebäude mit Nutzungseinheiten zum Zwecke der Pflege oder Betreuung von Personen mit Pflegebedürftigkeit oder Behinderung, deren Selbstrettungsfähigkeit eingeschränkt ist, wenn die Nutzungseinheit
  - einzeln für mehr als 6 Personen oder
  - für Personen mit Intensivpflegebedarf bestimmt sind, oder
  - einen gemeinsamen Rettungsweg haben und für mehr als 12 Personen bestimmt sind;
- Tageseinrichtungen für Kinder, behinderte und alte Menschen;
- Schulen, Hochschulen und ähnliche Einrichtungen;
- Justizvollzugsanstalten und bauliche Anlagen für den Maßregelvollzug;
- Camping- und Wochenendplätze;
- Freizeit- und Vergnügungsparks;
- Fliegende Bauten, soweit sie einer Ausführungsgenehmigung bedürfen;
- Regallager mit einer Oberkante Lagerguthöhe von mehr als 7,50 m;
- bauliche Anlagen, deren Nutzung durch Umgang oder Lagerung von Stoffen mit Explosions- oder erhöhter Brandgefahr verbunden ist;
- Anlagen und Räume, die vorgenannt nicht aufgeführt und deren Art oder Nutzung mit vergleichbaren Gefahren verbunden sind.

Die Einstufung in die Gebäudeklassen 1 bis 5 erfolgt **unabhängig** von der Einstufung als Sonderbau nach § 2 MBO.

Dem besonderen Risiko in Sonderbauten wird durch die Einhaltung der Sonderbauvorschriften (siehe Abb. 15.3) Rechnung getragen. Bei der Errichtung, Änderung oder Instandhaltung von Sonderbauten können Erleichterungen gestattet, aber auch besondere Anforderungen gestellt werden (siehe MBO § 51), die ausschließlich der Verwirklichung der allgemeinen Grundsätze nach § 3 (1) MBO dienen.

15.3 Bautechnische Grundlagen

15.3.1 Brandschutztechnische Klassifizierung nach DIN 4102

Die in der MBO bzw. in den Musterbauvorschriften (siehe Abb. 15.3) definierten bauordnungsrechtlichen Mindestforderungen im vorbeugenden Brandschutz werden durch

Tafel 15.2 Umwandlung der bauaufsichtlichen Bezeichnungen in Klassen nach DIN 4102-2

Bauaufsichtliche Anforderungen	Klassen nach DIN 4102-2	Kurzbezeichnung nach DIN 4102-2
Feuerhemmend	Feuerwiderstandsklasse F 30	F 30 – B1
Feuerhemmend und aus nicht-brennbaren Baustoffen	Feuerwiderstandsklasse F 30 und aus nichtbrennbaren Baustoffen	F 30 – A[a]
Hochfeuerhemmend	Feuerwiderstandsklasse F 60 und in den wesentlichen Teilen aus nichtbrennbaren Baustoffen	F 60 – AB[b]
	Feuerwiderstandsklasse F 60 und aus nichtbrennbaren Baustoffen	F 60 – A[b]
Feuerbeständig	Feuerwiderstandsklasse F 90 und in den wesentlichen Teilen aus nichtbrennbaren Baustoffen	F 90 – AB[c, d]
Feuerbeständig und aus nicht-brennbaren Baustoffen	Feuerwiderstandsklasse F 90 und aus nichtbrennbaren Baustoffen	F 90 – A[c, d]

[a] bei nichttragenden Außenwänden auch W 30 zulässig.
[b] bei nichttragenden Außenwänden auch W 60 zulässig.
[c] bei nichttragenden Außenwänden auch W 90 zulässig.
[d] nach bestimmten bauaufsichtlichen Verwendungsvorschriften einiger Länder auch F 120 gefordert.

technische Normen und Regelwerke klassifiziert und qualifiziert.

So müssen die in der MBO verwendeten unbestimmten Rechtsbegriffe feuerhemmend, hochfeuerhemmend oder feuerbeständig in der Bauregelliste A Teil 1, Anlage 0.1.1 in Klassen und dazugehörige Kurzbezeichnungen umgewandelt werden, s. Tafel 15.2.

Die in DIN 4102-2: 1977-09, Abschn. 8.8.2, Tabelle 2 angegebenen Bezeichnungen entsprechen den in Tafel 15.3 aufgeführten Anforderungen in bauaufsichtlichen Verwendungsvorschriften.

Um den Einsatz von Holz im Bauwesen zu ermöglichen und gleichzeitig die hohen nationalen Sicherheitsansprüche zu wahren, wurde in der Musterbauordnung (Fassung 2002)

Tafel 15.3 Umwandlung der bauaufsichtlichen Bezeichnungen in europäische Klassifizierungen (Auszug aus Bauregelliste 2013-1)

Anlagen zur Bauregelliste A Teil 1 – Ausgabe 2013/1

Tabelle 2: Feuerwiderstandsklassen von Sonderbauteilen nach DIN EN 13501-2, DIN EN 13501-3 und DIN EN 13501-4 und ihre Zuordnung zu den bauaufsichtlichen Anforderungen

Bauauf-sichtliche Anforde-rungen	Feuerschutzabschlüsse (auch in Förderanlagen)		Rauch-schutz-türen[1]	Kabel-ab-schot-tun-gen	Rohrab-schottungen	Lüftungsleitungen	Brandschutz-klappen in Lüf-tungsleitungen	Entrauchungsleitung	Entrauchungsklappe	Installations-schächte und -kanäle	elekt-rische Lei-tungs-anla-gen mit Funk-tions-erhalt	Abgasanlagen	Brand-schutz-verglasungen[2]	Fahr-schacht-türen in feuerwi-der-stands-fähigen Fahr-schacht-wänden[6]
	ohne Rauch-schutz	mit Rauchschutz												
Feuer-hemmend	EI₂30-C..[1]	EI₂30-C..Sₘ[1]	EI 30	EI 30	EI 30-U/U[3] EI 30-C/U[4]	EI 30(vₑhₒ i↔o)-S	EI 30(vₑhₒ i↔o)-S	EI 30 (vₑ - hₒ) S, *[7] multi	EI 30 (vₑ[8] - hₒ[9] i↔o) S *[7] Cₓₓ[10] MA[11] multi	EI 30(vₑhₒ i↔o)	P 30	EI 30(i↔o)-O oder EI 30 (i←o) und Gxx[5]	E 30	E 30
hochfeuer-hemmend	EI₂60-C..[1]	EI₂60-C..Sₘ[1]	EI 60	EI 60	EI 60-U/U[3] EI 60-C/U[4]	EI 60(vₑhₒ i↔o)-S	EI 60(vₑhₒ i↔o)-S	EI 60 (vₑ - hₒ) S, *[7] multi	EI 60 (vₑ[8] - hₒ[9] i↔o) S *[7] Cₓₓ[10] MA[11] multi	EI 60(vₑhₒ i↔o)	P 60	EI 60 (i↔o)-O oder EI 60 (i←o) und Gxx[5]	E 60	E 60
feuerbe-ständig	EI₂90-C..[1]	EI₂90-C..Sₘ[1]	EI 90	EI 90	EI 90-U/U[3] EI 90-C/U[4]	EI 90(vₑhₒ i↔o)-S	EI 90(vₑhₒ i↔o)-S	EI 90 (vₑ - hₒ) S, *[7] multi	EI 90 (vₑ[8] - hₒ[9] i↔o) S *[7] Cₓₓ[10] MA[11] multi	EI 90(vₑhₒ i↔o)	P 90	EI 90 (i↔o)-O oder EI 90 (i←o) und Gxx[5]	E 90	E 90
Feuerwi-derstands-fähigkeit 120 Minuten	--	--	EI 120	EI 120	EI 120-U/U[3] EI 120-C/U[4]	--	--	--	--	--	--	--	--	--
rauchdicht und selbst-schließend			Sₘ-C..[1]					--	--					--

[1] Festlegungen zur Lastspielzahl für die Dauerfunktionsprüfungen werden noch getroffen.
[2] Brandschutzverglasungen nach dieser Tabelle sind nicht als feuerhemmend, hochfeuerhemmend oder feuerbeständig zu verwenden; Brandschutzverglasungen, bei denen eine Übertragung von Feuer und Wärme über eine bestimmte Dauer (Feuerwiderstandsdauer) verhindert wird, werden nach Tabelle 1 klassifiziert.
[3] Für die Abschottung von brennbaren Rohren oder Rohren mit einem Schmelzpunkt < 1000°C; für Trinkwasser-, Heiz- und Kälteleitungen mit Durchmessern ≤ 110 mm ist auch die Klasse EI ...-U/C zulässig.
[4] Für die Abschottung mit nichtbrennbaren Rohren mit einem Schmelzpunkt ≥ 1000°C.
[5] Anwendung der Klasse in Verbindung mit G nur bei festen Brennstoffen; Rußbrandbeständigkeit G mit Angabe eines Abstandes in mm zu brennbaren Baustoffen (gemäß Prüfung).
[6] Fahrschachtabschlüsse nach dieser Tabelle zum Einbau in feuerhemmende, hochfeuerhemmende oder feuerbeständige Fahrschachtwände erfüllen die Anforderungen an den Raumabschluss und sind nach DIN EN 81-58 zu klassifizieren; eine Übertragung von Wärme wird nicht behindert; die konstruktiven Randbedingungen nach Bauregelliste A Teil 1, Anlage 6.1 sind sinngemäß zu beachten.
[7] je nach vorgesehener Verwendung: 500 Pa, 1000 Pa oder 1500 Pa
[8] je nach vorgesehener Verwendung: vₑw, veₔw, veₔ
[9] je nach vorgesehener Verwendung: hₒw, hoₔw, hoₔ
[10] je nach vorgesehener Verwendung: c₃₀₀, c₁₀₀₀₀
[11] Die Anwendung ist in Entrauchungsanlagen zulässig, die manuell ausgelöst oder entsprechend DIN EN 12101-8, Abschnitt 3.26 automatisch ausgelöst und manuell übersteuert werden.

Tafel 15.4 DIN 4102-2: 1977-09, Abs. 5.1, Tabelle 1 Feuerwiderstandsklassen

Feuerwiderstandsklasse	Feuerwiderstandsdauer in Minuten
F 30	≥ 30
F 60	≥ 60
F 90	≥ 90
F 120	≥ 120
F 180	≥ 180

die neue Feuerwiderstandsklasse **F60-BA** für die neue Gebäudeklasse 4 eingeführt. Die Verwendung von Holz für die wesentlichen Bauteile (Baustoffklasse B) ist bauordnungsrechtlich in bis zu 5-geschossigen Gebäuden zulässig, wenn eine brandschutztechnisch wirksame Bekleidung und ausschließlich nichtbrennbare Baustoffe mit einem Schmelzpunkt ≥ 1000 °C gemäß DIN 4102-17 (Baustoffklasse A)

vorgesehen werden. Eine brandschutztechnisch wirksame Bekleidung darf innerhalb der relevanten Branddauer von 60 Minuten die Entzündungstemperatur von 300 °C nicht erreichen.

Werden die Hinweise und konstruktiven Maßnahmen der Muster-Richtlinie über brandschutztechnische Anforderungen an hochfeuerhemmende Bauteile in Holzbauweise (**M-HFHHolzR**) eingehalten, kann der Holzbau die hohen Sicherheitsanforderungen hinsichtlich der Standsicherheit im Brandfall erreichen.

Eine wesentliche bautechnische Grundlage für den Brandschutz in Deutschland bildet die DIN 4102, in der die jeweiligen Feuerwiderstands- oder Baustoffklassen durch Prüfnormen in definierte Profile, Werkstoffe oder Qualitäten transformiert werden.

Die Norm DIN 4102 besteht im Einzelnen aus den in Tafel 15.6 aufgeführten Teilen.

Tafel 15.5 Tabelle 2 aus DIN 4102-2: 1977-09

Zeile	1 Feuerwider- standsklasse nach Tab. 1	2 Baustoffklasse nach DIN 4102-1 der in den geprüften Bauteilen verwendeten Baustoffe für	3	4 Benennung[b]	5 Kurz- bezeichnung
		Wesentliche Teile[a]	Übrige Bestandteile, die nicht unter den Begriff der Spalte 2 fallen	Bauteile der	
1	F 30	B	B	Feuerwiderstandsklasse F 30	F 30 – B
2		A	B	Feuerwiderstandsklasse F 30 und in den wesentlichen Teilen aus nichtbrennbaren Baustoffen[a]	F 30 – AB
3		A	A	Feuerwiderstandsklasse F 30 und aus nichtbrennbaren Baustoffen	F 30 – A
4	F 60	B	B	Feuerwiderstandsklasse F 60	F 60 – B
5		A	B	Feuerwiderstandsklasse F 60 und in den wesentlichen Teilen aus nichtbrennbaren Baustoffen[a]	F 60 – AB
6		A	A	Feuerwiderstandsklasse F 60 und aus nichtbrennbaren Baustoffen	F 60 – A
7	F 90	B	B	Feuerwiderstandsklasse F 90	F 90 – B
8		A	B	Feuerwiderstandsklasse F 90 und in den wesentlichen Teilen aus nichtbrennbaren Baustoffen[a]	F 90 – AB
9		A	A	Feuerwiderstandsklasse F 90 und aus nichtbrennbaren Baustoffen	F 90 – A
10	F 120	B	B	Feuerwiderstandsklasse F 120	F 120 – B
11		A	B	Feuerwiderstandsklasse F 120 und in den wesentlichen Teilen aus nichtbrennbaren Baustoffen[a]	F 120 – AB
12		A	A	Feuerwiderstandsklasse F 120 und aus nichtbrennbaren Baustoffen	F 120 – A
13	F 180	B	B	Feuerwiderstandsklasse F 180	F 180 – B
14		A	B	Feuerwiderstandsklasse F 180 und in den wesentlichen Teilen aus nichtbrennbaren Baustoffen[a]	F 180 – AB
15		A	A	Feuerwiderstandsklasse F 180 und aus nichtbrennbaren Baustoffen	F 180 – A

[a] Zu den wesentlichen Teilen gehören:
a) alle tragenden oder aussteifenden Teile, bei nichttragenden Bauteilen auch die Bauteile, die deren Standsicherheit bewirken (z. B. Rahmenkonstruktionen von nichttragenden Wänden),
b) bei raumabschließenden Bauteilen eine in Bauteilebene durchgehende Schicht, die bei der Prüfung nach dieser Norm nicht zerstört werden darf. Bei Decken muss diese Schicht eine Gesamtdicke von mindestens 50 mm besitzen; Hohlräume im Inneren dieser Schicht sind zulässig. Bei der Beurteilung des Brandverhaltens der Baustoffe können Oberflächen-Deckschichten oder andere Oberflächenbehandlungen außer Betracht bleiben.
[b] Diese Benennung betrifft nur die Feuerwiderstandsfähigkeit des Bauteils; die bauaufsichtlichen Anforderungen an Baustoffe für den Ausbau, die in Verbindung mit dem Bauteil stehen, werden hiervon nicht berührt.

Abb. 15.5 Aufbau DIN 4102

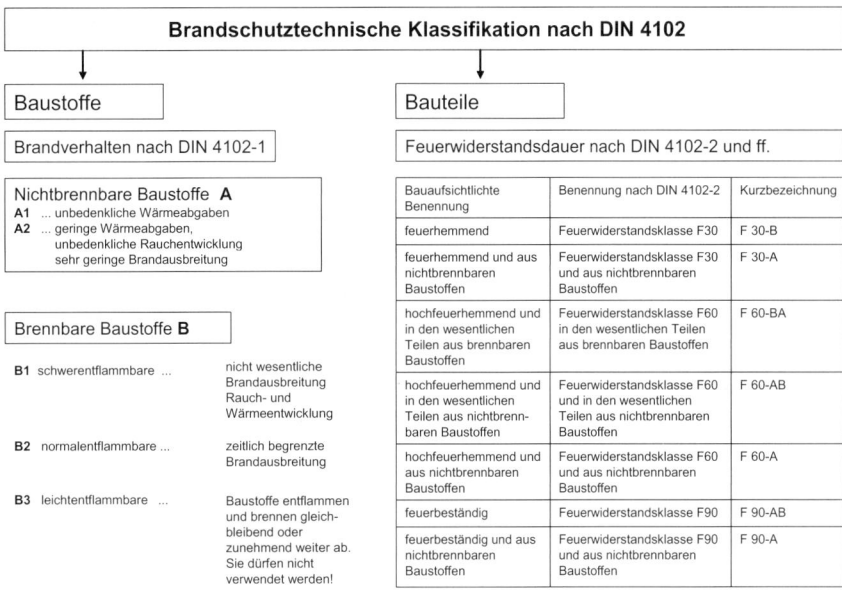

Brandschutztechnische Klassifikation nach DIN 4102		

Baustoffe

Brandverhalten nach DIN 4102-1

Nichtbrennbare Baustoffe A
A1 ... unbedenkliche Wärmeabgaben
A2 ... geringe Wärmeabgaben,
unbedenkliche Rauchentwicklung
sehr geringe Brandausbreitung

Brennbare Baustoffe B

B1 schwerentflammbare ... nicht wesentliche Brandausbreitung Rauch- und Wärmeentwicklung

B2 normalentflammbare ... zeitlich begrenzte Brandausbreitung

B3 leichtentflammbare ... Baustoffe entflammen und brennen gleichbleibend oder zunehmend weiter ab. Sie dürfen nicht verwendet werden!

Bauteile

Feuerwiderstandsdauer nach DIN 4102-2 und ff.

Bauaufsichtliche Benennung	Benennung nach DIN 4102-2	Kurzbezeichnung
feuerhemmend	Feuerwiderstandsklasse F30	F 30-B
feuerhemmend und aus nichtbrennbaren Baustoffen	Feuerwiderstandsklasse F30 und aus nichtbrennbaren Baustoffen	F 30-A
hochfeuerhemmend und in den wesentlichen Teilen aus brennbaren Baustoffen	Feuerwiderstandsklasse F60 in den wesentlichen Teilen aus brennbaren Baustoffen	F 60-BA
hochfeuerhemmend und in den wesentlichen Teilen aus nichtbrennbaren Baustoffen	Feuerwiderstandsklasse F60 und in den wesentlichen Teilen aus nichtbrennbaren Baustoffen	F 60-AB
hochfeuerhemmend und aus nichtbrennbaren Baustoffen	Feuerwiderstandsklasse F60 und aus nichtbrennbaren Baustoffen	F 60-A
feuerbeständig	Feuerwiderstandsklasse F90	F 90-AB
feuerbeständig und aus nichtbrennbaren Baustoffen	Feuerwiderstandsklasse F90 und aus nichtbrennbaren Baustoffen	F 90-A

Tafel 15.6 Teile der DIN 4102

Norm	Datum	Bezeichnung/Inhalt	Kurzbezeichnung
DIN 4102-1	1998-05	Baustoffe, Begriffe, Anforderungen und Prüfungen	A, B
DIN 4102-2	1977-09	Bauteile, Begriffe, Anforderungen und Prüfungen	F30 ... F180
DIN 4102-3	1977-09	Brandwände und nichttragende Wände	F90 W30 ... W180
DIN 4102-4	2016-05	Zusammenstellung und Anwendung klassifizierter Baustoffe, Bauteile und Sonderbauteile	F30 ... F180
DIN 4102-5	1977-09	Feuerschutzabschlüsse Abschlüsse in Fahrschachtwände	T30 ... T180
DIN 4102-6		Zurückgezogen	
DIN 4102-7	1998-06	Bedachungen	
DIN 4102-8	2003-10	Kleinprüfstand	
DIN 4102-9	1990-05	Kabelabschottungen	S30 ... S180
DIN 4102-10		Zurückgezogen	
DIN 4102-11	1985-12	Rohrummantelungen, Rohrabschottungen, Installationsschächte und -kanäle sowie Abschlüsse ihrer Revisionsöffnungen	R30 ... R120 I30 ... I120
DIN 4102-12	1998-11	Funktionserhalt von elektrischen Kabelanlagen	E30 ... E90
DIN 4102-13	1990-05	Brandschutzverglasungen	F30 ... F120 G30 ... G120
DIN 4102-14	1990-05	Bodenbeläge und Bodenbeschichtungen	
DIN 4102-15	1990-05	Brandschacht	
DIN 4102-16	2015-09	Durchführung von Brandschachtprüfungen	
DIN 4102-17	2016-03	Schmelzpunkt von Mineralfaserdämmstoffen	Entwurf
DIN 4102-18	1991-03	Feuerschutzabschlüsse und Feuerschutztüren	
DIN 4102-19		Zurückgezogen	
DIN 4102-20	2016-03	Außenwandbekleidungen	Entwurf
DIN 4102-21 -Vornorm-	2002-08	Beurteilung des Brandverhaltens von feuerwiderstandsfähigen Lüftungsleitungen	
DIN 4102-22	2004-11	Anwendungsnorm zur DIN 4102-4: 1994-03	

15.3.2 Europäische Klassifizierung

Um zukünftig den grenzüberschreitenden Baustoff- und Warenverkehr zwischen allen europäischen Mitgliedstaaten zu erleichtern, müssen die jeweiligen landesspezifischen, nicht miteinander vergleichbaren Brandschutzklassen durch das neue, einheitliche europäische Klassifizierungssystem ersetzt werden. Je nach dem gewünschten Sicherheits- und Schutzniveau in den einzelnen europäischen Mitgliedstaaten können die Anforderungsklassen und Leistungsstufen gewählt und eingeführt werden.

15

Tafel 15.7 Klassifizierung der Bauteile und Bauprodukte (Auszug aus der Bauregelliste 2015/2, veröffentlicht auf www.DIBt.de) Tabelle 3: Erläuterungen der Klassifizierungskriterien und der zusätzlichen Angaben zur Klassifizierung des Feuerwiderstands nach DIN EN 13501-2; DIN EN 13501-3 und DIN EN 13501-4

Herleitung des Kurzzeichens	Kriterium	Anwendungsbereich
R (Résistance)	Tragfähigkeit	Zur Beschreibung der Feuerwiderstandsfähigkeit
E (Étanchéité)	Raumabschluss	
I (Isolation)	Wärmedämmung (unter Brandeinwirkung)	
W (Radiation)	Begrenzung des Strahlungsdurchtritts	
M (Mechanical)	Mechanische Einwirkung auf Wände (Stoßbeanspruchung)	
S_m (Smoke$_{max\ leakage\ rate}$)	Begrenzung der Rauchdurchlässigkeit (Dichtheit, Leckrate), erfüllt die Anforderungen sowohl bei Umgebungstemperatur als auch bei 200 °C	Rauchschutztüren (als Zusatzanforderung auch bei Feuerschutzabschlüssen), Lüftungsanlagen einschließlich Klappen
S (Smoke)	Rauchdichtheit (Begrenzung der Rauchdurchlässigkeit)	Entrauchungsleitungen, Entrauchungsklappen, Brandschutzklappen
C (Closing)	Selbstschließende Eigenschaft (ggf. mit Anzahl der Lastspiele) einschl. Dauerfunktion	Rauchschutztüren, Feuerschutzabschlüsse (einschließlich Abschlüsse für Förderanlagen)
C_{xx}	Dauerhaftigkeit der Betriebssicherheit (Anzahl der Öffnungs- und Schließzyklen)	Entrauchungsklappen
P	Aufrechterhaltung der Energieversorgung und/oder Signalübermittlung	Elektrische Kabelanlagen allgemein
G	Rußbrandbeständigkeit	Schornsteine
K_1, K_2	Brandschutzvermögen	Wand- und Deckenbekleidungen (Brandschutzbekleidungen)
I_1, I_2	unterschiedliche Wärmedämmungskriterien	Feuerschutzabschlüsse (einschließlich Abschlüsse für Förderanlagen)
$i \rightarrow o, i \leftarrow o, i \leftrightarrow o$ (in – out)	Richtung der klassifizierten Feuerwiderstandsdauer	Nichttragende Außenwände, Installationsschächte/-kanäle, Lüftungsanlagen/-klappen
$a \leftrightarrow b$ (above – below)	Richtung der klassifizierten Feuerwiderstandsdauer	Unterdecken
v_e, h_o (vertical, horizontal)	für vertikalen/horizontalen Einbau klassifiziert	Lüftungsleitungen, Brandschutzklappen, Entrauchungsleitungen
v_{ew}, h_{ow}	für vertikalen/horizontalen Einbau in Wände klassifiziert	Entrauchungsklappen
v_{ed}, h_{od}	für vertikalen/horizontalen Einbau in Leitungen klassifiziert	Entrauchungsklappen
v_{edw}, h_{odw}	für vertikalen/horizontalen Einbau in Wände und Leitungen klassifiziert	Entrauchungsklappen
U/U (uncapped/uncapped)	Rohrende offen innerhalb des Prüfofens/Rohrende offen außerhalb des Prüfofens	Rohrabschottungen
C/U (capped/uncapped)	Rohrende geschlossen innerhalb des Prüfofens/Rohrende offen außerhalb des Prüfofens	Rohrabschottungen
U/C	Rohrende offen innerhalb des Prüfofens/Rohrende geschlossen außerhalb des Prüfofens	Rohrabschottungen
MA	Manuelle Auslösung (auch automatische Auslösung mit manueller Übersteuerung)	Entrauchungsklappen
multi	Eignung, einen oder mehrere feuerwiderstandsfähige Bauteile zu durchdringen bzw. darin einzubauen	Entrauchungsleitungen, Entrauchungsklappen

Parallel zum bisherigen deutschen Klassifizierungssystem nach DIN 4102 wurde das europäische Klassifizierungssystem

- zum Brandverhalten von Bauprodukten nach DIN EN 13501-1:2010-01
- zu Feuerwiderstandsprüfungen nach DIN EN 13501-2:2016-12
- zu haustechnischen Anlagen nach DIN 13501-3:2010-02
- zu Anlagen zur Rauchfreihaltung nach DIN 13501-4:2016-12

- zu Bedachungen nach DIN 13501-5:2016-12
- zu elektrischen Kabeln nach DIN 13501-6:2014-07

in deutsches Baurecht eingeführt. Die Nachweise der Produkte zum Brandverhalten und zum Feuerwiderstand können derzeit auf der Grundlage beider Normen erfolgen.

Als wesentliche Änderung werden im europäischen Klassifizierungssystem die Bauteile und Bauprodukte nach Kriterien wie Tragfähigkeit, Raumabschluss und Wärmedämmung unterschieden und mit einer definierten Leistungszeit (= Feuerwiderstandsdauer) kombiniert.

Tafel 15.8 Klassifizierung der Bauteile und Bauprodukte

Bauteil	Kriterien	Zusatz-kriterien	Feuerwiderstand [min]			
			30	60	90	120
Tragendes Bauteil ohne Raumabschluss	R		R 30	R 60	R 90	R 120
Tragendes Bauteil mit Raumabschluss	RE, REI		…30	…60	…90	…120
Nichttragendes Bauteil mit Raumabschluss und mechanischer Beanspruchbarkeit	EI-M		…30	…60	…90	…120
Tragende Decken/Dächer	RE, REI		…30	…60	…90	…120
Nichttragende Decken/Dächer	E, EI		…30	…60	…90	–
Innenwände	EW		…30	…60	–	–
Feuerschutzabschlüsse	E, EI$_1$	C	…30	…60	…90	…120
	EI$_2$	S	…30	…60	…90	…120
	EW		…30	…60	–	–
Installationsschächte	E, EI		…30	…60	…90	…120

Tafel 15.9 Klassifizierung der Bedachung (Auszug aus BRL 2015/2) Tabelle 1: Klassen von Bedachungen nach DIN EN 13501-5 und ihre Zuordnung zu den bauaufsichtlichen Anforderungen

Bauaufsichtliche Anforderung	Klasse nach DIN EN 13501-5
Widerstandsfähig gegen Flugfeuer und strahlende Wärme (harte Bedachung)	B$_{ROOF}$(t1)
Keine Leitung festgestellt (weiche Bedachung)	F$_{ROOF}$(tl)

Nach der aktuellen Bauregelliste A Teil 1 (2015/2) vom 6. Oktober 2015 (DIBt Mitteilungen) gelten die in Tafel 15.7 aufgeführten europäischen Synonyme.

Nach diesen Klassifizierungskriterien kann ein Bauteil oder ein Bauprodukt entsprechend der örtlichen Gegebenheit und dem spezifischen Anforderungsprofil verwendet werden.

Ein Bauteil mit der Klassifizierung RE 90 ist für 90 Minuten standsicher und wirkt für diese Zeit auch raumabschließend. Es ist darüber hinaus möglich, für ein Bauteil unterschiedliche Kriterien mit verschiedenen Versagenszeiten zu definieren, was die spezifische Einsatzfähigkeit und Funktion dieses Bauteils im Gebäude unterstützt.

Weiterhin kann durch Zusatzkennzeichnungen dem spezifischen Anforderungsprofil eines Bauproduktes Rechnung getragen werden (z. B. Rauchdichte: s1 bis s3, brennend abtropfend: d0 bis d3 oder Außenwände: (i → o) bis (o → i)).

15.4 Brandschutzanforderungen

Das Bauordnungsrecht ist Sicherheitsrecht.

Die Hauptgefahr für Leben, Gesundheit, Besitz und Eigentum ist die Brandgefahr.

Der vorbeugende bauliche Brandschutz ist ein wesentlicher Bestandteil der Gebäudesicherheit. Er liegt nicht allein in der Eigenverantwortung des Nutzers bzw. des Bauherrn, sondern insbesondere im öffentlich-rechtlichen Interesse. Die Brandschutzmaßnahmen, die in der MBO verankert sind, dienen der Herstellung eines gesellschaftlich vereinbarten

Sicherheitsniveaus, auf das jeder Bürger einen Rechtsanspruch hat.

15.4.1 Bauordnungsrechtliche Schutzziele

Abgeleitet aus dem Grundrecht der körperlichen Unversehrtheit (Art. 2 Abs. 2 Grundgesetz der BRD) wird im § 3 der MBO die Fürsorgepflicht des Staates zur Gefahrenabwehr und insbesondere zum Schutz von Leben und Gesundheit bei der Benutzung von baulichen Anlagen umgesetzt. Dazu werden im § 14 MBO die vier Grundsatzforderungen definiert, die in Deutschland als die vier allgemeinen Schutzziele bekannt sind.

Auch im europäischen Sicherheitskonzept werden im Anhang I der Richtlinie 89/106/EWG des Rates vom 21.12.1988 zur Angleichung der Rechts- und Verwaltungsvorschriften der Mitgliedsstaaten über Bauprodukte folgende Schutzziele definiert:

„Das Bauwerk muss derart entworfen und ausgeführt sein, dass bei einem Brand

- die Tragfähigkeit des Bauwerks während eines bestimmten Zeitraumes erhalten bleibt;
- die Entstehung und Ausbreitung von Feuer und Rauch innerhalb des Bauwerks begrenzt bleibt;
- die Ausbreitung von Feuer auf benachbarte Bauwerke begrenzt wird;
- die Bewohner das Gebäude unverletzt verlassen oder durch andere Maßnahmen gerettet werden können;
- die Sicherheit der Rettungsmannschaften berücksichtigt wird.“

Diese Grundsatzforderungen dienen primär dem Schutz von Menschenleben, das heißt dem **Personenschutz** und dem **Nachbarschutz**. Werden diese Grundsatzforderungen durch die Planung und Bauausführung eingehalten, gelten die allgemeinen Anforderungen nach Gewährleistung der öffentlichen Sicherheit und Ordnung, also nach dem Schutz von Leben und Gesundheit im Havariefall Brand, als erfüllt.

15

Abb. 15.6 Übersicht Bauordnungsrecht

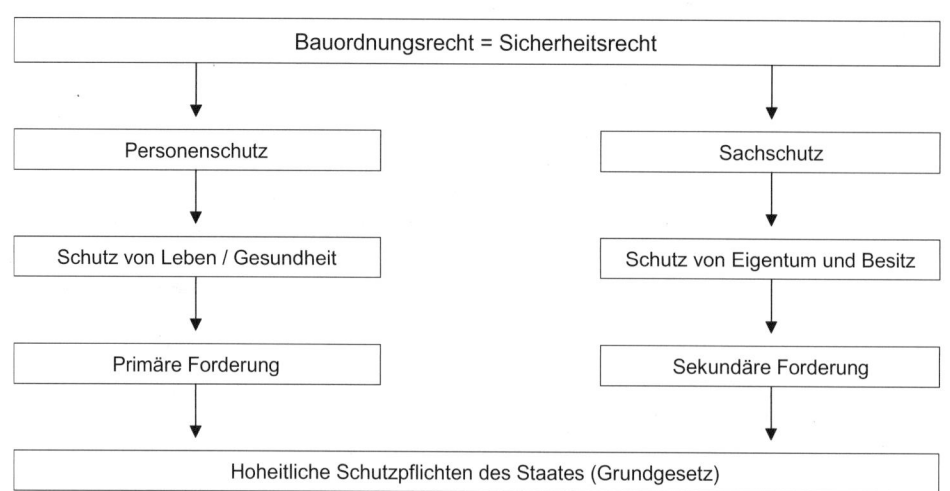

Weitere Schutzziele können notwendig sein, wenn Personen mit besonderen Eigenschaften oder auch die Feuerwehrrettungskräfte oder die Umwelt durch Freisetzung von Gefahrstoffen chemischer, biologischer oder radioaktiver Art gefährdet werden. Zusätzliche Schutzziele können auch die Minimierung von Restschäden oder die Minimierung von Betriebsunterbrechungen sein. Über die allgemeinen Grundsatzforderungen hinausgehende Schutzziele sind im Einzelfall festzulegen, zum Beispiel:

- Evakuierungsmöglichkeiten in Altenpflegeheime;
- Operationsbereiche in Krankenhäusern;
- Schutz von Kulturgütern;
- Schutz von Daten.

Der **Sachschutz** für Gebäude und Einrichtungen kann durch die allgemeinen Grundsatzforderungen nur teilweise garantiert werden. Der bauordnungsrechtliche Stellenwert des Sachschutzes ist erheblich niedriger als der des Personenschutzes. Notwendige oder zweckmäßige Brandschutzmaßnahmen zum Sachschutz liegen zum Teil im Ermessen des Bauherrn bzw. hängen stark von den Nutzeransprüchen ab. Sie werden im Allgemeinen mit dem Sachversicherer abgestimmt und geregelt (Rabattklassen).

Das Ziel der Brandschutzkonzeption muss sein, eine objektive, neutral wirtschaftliche Brandschutzlösung für das betrachtete Objekt zu finden und von allen Beteiligten (Nutzer, Betreiber, Architekt, Fachingenieure, Aufsichtsbehörden, Versicherer, Bauunternehmer) genehmigen zu lassen.

15.4.2 Bestandteile des Brandschutzes

Der Brandschutz im Allgemeinen stellt die Gesamtheit aller Mittel, Methoden und Maßnahmen dar, die zum Erreichen der vorgenannten Grundsatzforderungen notwendig sind.

In der Musterbauordnung werden primär Einzelschutzziele definiert. Die in der MBO aufgeführten materiellen Forderungen stellen **eine** Möglichkeit zur Erfüllung der definierten Schutzziele dar. Diese Forderungen sind hinsichtlich

der Risikosituation auf Wohn- und Bürohäuser ausgerichtet. In diesen normalen Gebäuden werden die definierten Schutzziele des vorbeugenden baulichen Brandschutzes ohne technische oder organisatorische Maßnahmen erreicht. Das heißt, im normalen Wohn- und Geschäftsgebäude (GKL5) können die allgemeinen Grundsatzforderungen allein mit den baulichen Maßnahmen, die im dritten Teil der MBO verankert sind, erreicht werden.

Weichen die spezifischen Gebäudeparameter von diesen normalen Bedingungen ab, muss im Rahmen eines Brandschutzkonzeptes durch zusätzliche oder alternative Maßnahmen das nach § 14 MBO definierte Sicherheitsniveau für das Gesamtgebäude erreicht werden.

Dafür stehen bauliche, technische oder organisatorische Lösungen zur Verfügung, die im Rahmen eines gesamtheitlichen Brandschutzkonzeptes aufeinander abgestimmt werden, sodass deren Zusammenwirken einen umfassenden und funktionierenden Schutz ergeben. Ein konsequenter Brandschutz beinhaltet immer die schlüssige Gesamtbewertung des vorbeugenden und des abwehrenden Brandschutzes.

15.4.3 Formen der Brandschutznachweise

Im Rahmen der bauordnungsrechtlichen Genehmigungsfähigkeit ist je nach landesrechtlichen Vorschriften unter Bezug auf § 66 (1) MBO die Einhaltung der bauordnungsrechtlichen Anforderungen nachzuweisen.

Grundsätzlich unterscheiden wir zwei Formen der brandschutztechnischen Nachweisführung:

Die klassischen Nachweisverfahren Für normale Gebäude und Nutzungen hat sich der einfache Soll-Ist-Vergleich bewährt. Für besondere Gebäude und Nutzungen sowie bei Abweichungen von bauordnungsrechtlichen Vorschriften wird ein schutzzielorientiertes Brandschutzkonzept erstellt.

Das schutzzielorientierte Brandschutzkonzept beschreibt verbal auf der Grundlage von definierten Ausgangsparmetern das sinnvolle Zusammenwirken von spezifischen Brand-

Abb. 15.7 Bestandteile des Brandschutzes

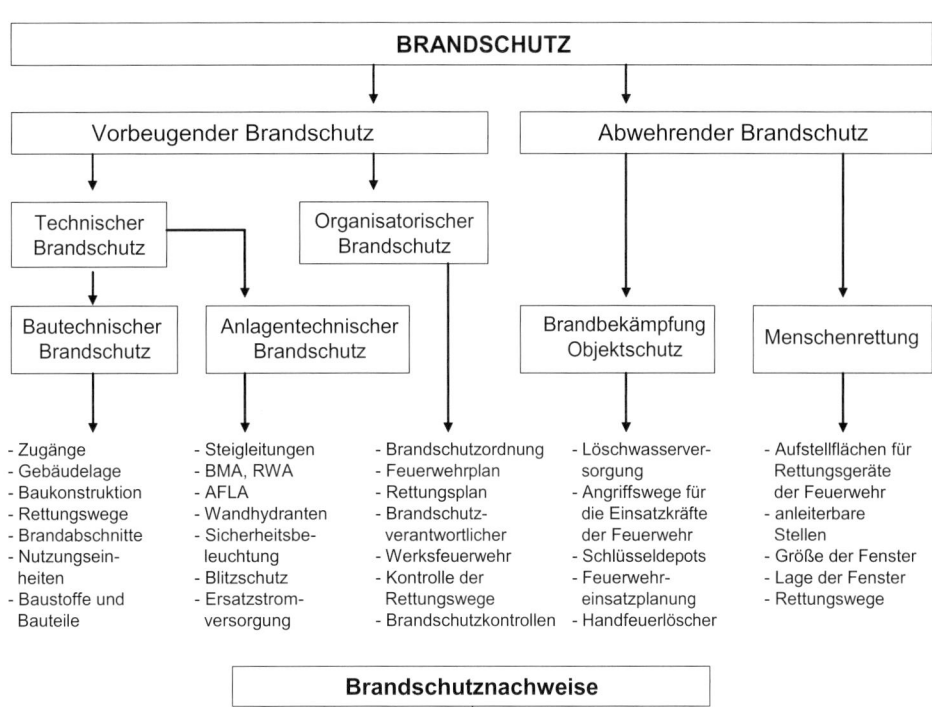

Abb. 15.8 Übersicht zu Formen der Brandschutznachweise im Bauordnungsrecht

schutzmaßnahmen für eine bestimmte bauliche Anlage mit dem Ziel, die Grundsatzforderungen des § 14 MBO einzuhalten. Ziel des schutzzielorientierten Brandschutzkonzeptes ist das Erreichen eines wirksamen, schlüssigen und langfristig praktikablen Sicherheitskonzeptes.

Die ingenieurmäßigen Nachweisverfahren In den letzten Jahren haben sich neben den klassischen Brandschutzkonzepten auch die Ingenieurmethoden etabliert, deren Anwendung und Auswertung ein umfangreiches Expertenwissen voraussetzen. Man versteht „unter Brandschutzingenieurmethoden [...] die Anwendung von ingenieurmäßigen Ansätzen, Prinzipien und Methoden, die auf wissenschaftlichen Erkenntnissen beruhen und demnach theoretische und empirisch gewonnene (aber durch Versuche wissenschaftlich bewiesene) Ansätze einschließen." [11] Für alle Ingenieurmethoden gilt, dass die bauaufsichtliche Akzeptanz gegeben ist, wenn die Ingenieurmethode validiert und im Einzelnen verifiziert ist. Die Anwendung der Ingenieurmethoden

im Rahmen eines Brandschutznachweises ist vorab mit den Prüfinstanzen abzustimmen [11].

Das gilt nicht für die Anwendung der Industriebaurichtlinie und dem Bemessungsverfahren nach DIN 18230-1 bzw. den Eurocodes 2 bis 6, 9. Diese **Verfahren** sind durch deren bauaufsichtliche Einführung anerkannt [22].

Die Qualifikation der Nachweisersteller Siehe Tafel 15.10.

15.4.4 Prüfung der Brandschutznachweise

Für die Feststellung der Genehmigungsfähigkeit eines Bauvorhabens wird der Brandschutznachweis in Abhängigkeit der landesspezifischen Prüfpflicht einer Gesamtbewertung durch die Prüfinstanzen (Bauaufsichtsämter, Prüfingenieure, Prüfsachverständige, Brandschutzdienststelle usw.) unterzogen (Vier-Augen-Prinzip).

Tafel 15.10 Qualifikation des Nachweiserstellers nach § 66 (1) MBO

Gebäudeklasse	Anforderungen an den Nachweisersteller	Grundlage
Gebäudeklasse 1	Bauvorlageberechtigter nach § 65 (2) MBO	§ 66 (1) MBO
Gebäudeklasse 2	Bauvorlageberechtigter nach § 65 (2) MBO	§ 66 (1) MBO
Gebäudeklasse 3	Bauvorlageberechtigter nach § 65 (2) MBO	§ 66 (1) MBO
Gebäudeklasse 4	Bauvorlageberechtigter, der die erforderlichen Brandschutzkenntnisse nachgewiesen hat oder Prüfingenieur/Prüfsachverständiger für Brandschutz ist und in einer Liste geführt wird	§ 66 (2) MBO
Gebäudeklasse 5 und Sonderbauten und Mitte-und Großgaragen	Bauvorlageberechtigter nach § 65 (2) MBO	§ 66 (1) MBO

Tafel 15.11 Bauaufsichtliche Prüfung des Brandschutznachweises nach § 66 (3) MBO

Gebäudeklasse	Prüfung des Brandchutznachweises	Grundlage
Gebäudeklasse 1	Keine Prüfung	§ 66 (3) MBO
Gebäudeklasse 2	Keine Prüfung	§ 66 (3) MBO
Gebäudeklasse 3	Keine Prüfung	§ 66 (3) MBO
Gebäudeklasse 4	Keine Prüfung	§ 66 (3) MBO
Gebäudeklasse 5 und Sonderbauten und Mittel- und Großgaragen	Bauaufsichtliche Prüfung oder Bescheinigung durch einen Prüfingenieur/Prüfsachverständigen	§ 66 (3) MBO

15.4.5 Bauteilanforderungen für GKL1 bis GKL5

Tafel 15.12 Bauteilanforderungen in Gebäuden der Gebäudeklasse 1

Bauteile in GKL 1	Bauteilanforderungen in GKL 1	Grundlage
Wände, Decken, Dächer		
Tragende, aussteifende Wände, Stützen		
– im KG	– feuerhemmend (F30-B)	§ 27 (2) MBO
– in Obergeschossen	– ohne Anforderung	§ 27 (1) MBO
– Balkone	– ohne Anforderung	§ 27 (1) MBO
Außenwände		
– Nichttragende Außenwände und nichttragende Teile tragender Außenwände	– ohne Anforderung	§ 28 (5) MBO
– Oberflächen von Außenwänden und Außenwandbekleidungen einschließlich Dämmstoffe und Unterkonstruktionen	– ohne Anforderung	§ 28 (5) MBO
– mit Hinterlüftung, Doppelfassaden	– Vorkehrungen gegen Brandausbreitung	§ 28 (4) MBO
Trennwände		
– in Wohngebäuden	– ohne Anforderung	§ 29 (6) MBO
– zwischen Nutzungseinheiten, zwischen Nutzungseinheiten und anders genutzten Räumen (außer notwendigen Fluren) sowie zwischen Aufenthaltsräumen und anders genutzten Räumen im KG	– wie tragende und aussteifende Bauteile im Geschoss, mindestens F30-B	§ 29 (3) MBO
– zum Abschluss von Räumen mit Explosions- und erhöhter Brandgefahr	– feuerbeständig (F90-AB)	§ 29 (3) MBO
	– bis zur Rohdecke, in Dachräumen bis zur Dachhaut führen	§ 29 (4) MBO
– Öffnungen in Trennwänden	– feuerhemmend (T30)	§ 29 (5) MBO
Brandwände	– hochfeuerhemmend und nichtbrennbar (F60-A),	§ 30 (3) MBO § 30 (7) MBO
	– Führung der Brandwände bis mindestens unter die Dachhaut, verbleibende Hohlräume sind vollständig mit nichtbrennbaren Baustoffen auszufüllen	§ 30 (5) MBO
	– alternativ: zwei gegenüberliegende Gebäudeabschlusswände, die jeweils von innen nach außen aus feuerhemmenden Bauteilen bestehen, und von außen nach innen die Feuerwiderstandsfähigkeit feuerbeständiger Bauteile haben	§ 30 (3) MBO

Tafel 15.12   (Fortsetzung)

Bauteile in GKL 1	Bauteilanforderungen in GKL 1	Grundlage
Decken		
– im KG	– feuerhemmend (F30-B)	§ 31 (2) MBO
– in den Obergeschossen	– ohne Anforderung	§ 31 (1) MBO
– unter/über Räumen mit Explosions- und erhöhter Brandgefahr	– außer in Wohngebäuden immer feuerbeständig (F90-AB)	§ 31 (2) MBO
– zwischen Aufenthaltsräumen und nicht ausgebauten Dachraum	– ohne Anforderung	§ 31 (1) MBO
– zwischen landwirtschaftlich genutztem Teil und Wohnteil	– feuerbeständig (F90-AB)	§ 31 (2) MBO
Fahrschachtwände	– ohne Anforderung	§ 39 (1) MBO
Dächer	– harte Bedachung, außer bei definierten Abstandsflächen	§ 32 (1) MBO § 32 (2) MBO
Rettungswege		
Notwendige Treppen – tragende Teile	ohne Anforderung	§ 34 (4) MBO
Notwendige Treppenräume	nicht erforderlich	§ 35 (1) MBO
Notwendige Flure		
– Flurwände im Wohngebäude	– ohne Anforderung	§ 36 (1) MBO
– Flurwände in Obergeschossen	– ohne Anforderung	§ 36 (1) MBO
– Flurwände im Kellergeschoss, wenn Wohnung oder NE > 200 m^2 oder Büros > 400 m^2 erschlossen werden	– feuerhemmend (F30-B)	§ 36 (4) MBO
– Türen in Flurwänden, die im KG zu Lagerbereichen führen	– feuerhemmend (T30)	§ 36 (4) MBO
– Öffnungen in Flurwänden	– dichtschließend	§ 36 (4) MBO

Tafel 15.13   Bauteilanforderungen in Gebäuden der Gebäudeklasse 2

Bauteile in GKL 2	Bauteilanforderungen in GKL 2	Grundlage
Wände, Decken, Dächer		
Tragende Wände, Stützen		
– in allen Geschossen	– feuerhemmend (F30-B)	§ 27 (1, 2) MBO § 27 (1) MBO
– im Dachraum	– feuerhemmend, wenn darüber Aufenthaltsräume möglich sind oder wenn Trennwände nicht bis unter die Dachhaut gehen	§ 29 (4) MBO
– Balkone	– ohne Anforderung	§ 27 (1) MBO
Außenwände		
– Nichttragende Außenwände und nichttragende Teile tragender Außenwände	– ohne Anforderung	§ 28 (5) MBO
– Oberflächen von Außenwänden und Außenwandbekleidungen einschließl. Dämmstoffe und Unterkonstruktionen	– ohne Anforderung	§ 28 (5) MBO
– mit Hinterlüftung, Doppelfassaden	– Vorkehrungen gegen Brandausbreitung	§ 28 (4) MBO
Trennwände		
– in Wohngebäuden	– ohne Anforderung	§ 29 (6) MBO
– zwischen Nutzungseinheiten, zwischen Nutzungseinheiten und anders genutzten Räumen (außer notwendigen Fluren) sowie zwischen Aufenthaltsräumen und anders genutzten Räumen im KG	– wie tragende und aussteifende Bauteile im Geschoss, mindestens F30-B	§ 29 (3) MBO
– zum Abschluss von Räumen mit Explosions- und erhöhter Brandgefahr	– feuerbeständig (F90-AB)	§ 29 (3) MBO
	– bis zur Rohdecke, in Dachräumen bis zur Dachhaut führen	§ 29 (4) MBO
– Öffnungen in Trennwänden	– feuerhemmend (T30)	§ 29 (5) MBO

15

Tafel 15.13   (Fortsetzung)

Bauteile in GKL 2	Bauteilanforderungen in GKL 2	Grundlage
Brandwände	– hochfeuerhemmend und nichtbrennbar (F 60-A)	§ 30 (3) MBO § 30 (7) MBO
	– Führung der Brandwände bis mindestens unter die Dachhaut, verbleibende Hohlräume sind vollständig mit nichtbrennbaren Baustoffen auszufüllen	§ 30 (5) MBO
	– alternativ: zwei gegenüberliegende Gebäudeabschlusswände, die jeweils von innen nach außen aus feuerhemmenden Bauteilen bestehen, und von außen nach innen die Feuerwiderstandsfähigkeit feuerbeständiger Bauteile haben	§ 30 (3) MBO
Decken		
– im KG	– feuerhemmend (F30-B)	§ 31 (2) MBO
– in den Obergeschossen	– feuerhemmend (F30-B)	§ 31 (1) MBO
– unter/über Räumen mit Explosions- und erhöhter Brandgefahr	– außer in Wohngebäuden immer feuerbeständig (F90-AB)	§ 31 (2) MBO
– für Geschoss im Dachraum	– ohne Anforderung in Wohngebäuden, feuerhemmend (F30-B), wenn darüber Aufenthaltsräume möglich sind oder wenn Trennwände nicht bis unter die Dachhaut gehen	§ 29 (6) MBO § 29 (4) MBO
– zwischen landwirtschaftlich genutztem Teil und Wohnteil	– feuerbeständig (F90-AB)	§ 31 (2) MBO
Fahrschachtwände	– ohne Anforderung	§ 39 (1) MBO
Dächer	– harte Bedachung, außer bei definierten Abstandsflächen	§ 32 (1) MBO § 32 (2) MBO
Rettungswege		
Notwendige Treppen – tragende Teile	ohne Anforderung	§ 34 (4) MBO
Notwendige Treppenräume	nicht erforderlich	§ 35 (1) MBO
Notwendige Flure		
– Flurwände im Wohngebäude	– ohne Anforderung	§ 36 (1) MBO
– Flurwände in Obergeschossen	– ohne Anforderung	§ 36 (1) MBO
– Flurwände im Kellergeschoss, wenn Wohnung oder NE > 200 m² oder Büros > 400 m² erschlossen werden	– feuerhemmend (F30-B)	§ 36 (4) MBO
– Türen in Flurwänden, die im KG zu Lagerbereichen führen	– feuerhemmend (T30)	§ 36 (4) MBO
– Öffnungen in Flurwänden	– dichtschließend	§ 36 (4) MBO

Tafel 15.14   Bauteilanforderungen in Gebäuden der Gebäudeklasse 3

Bauteile in GKL 3	Bauteilanforderungen in GKL 3	Grundlage
Wände, Decken, Dächer		
Tragende Wände, Stützen		
– im KG	– feuerbeständig (F90-AB)	§ 27 (2) MBO
– in den Obergeschossen	– feuerhemmend (F30B)	§ 27 (1) MBO
– im Dachraum	– feuerhemmend (F30B), wenn darüber Aufenthaltsräume möglich sind oder wenn Trennwände nicht bis unter die Dachhaut gehen	§ 27 (1) MBO § 29 (4) MBO
– Balkone	– ohne Anforderung	§ 27 (1) MBO
Außenwände		
– Nichttragende Außenwände und nichttragende Teile tragender Außenwände	– ohne Anforderung	§ 28 (5) MBO
– Oberflächen von Außenwänden und Außenwandbekleidungen einschließlich Dämmstoffe und Unterkonstruktionen	– ohne Anforderung	§ 28 (5) MBO
– mit Hinterlüftung, Doppelfassaden	– Vorkehrungen gegen Brandausbreitung	§ 28 (4) MBO

Tafel 15.14 (Fortsetzung)

Bauteile in GKL 3	Bauteilanforderungen in GKL 3	Grundlage
Trennwände		
– zwischen Nutzungseinheiten, zwischen Nutzungseinheiten und anders genutzten Räumen (außer notwendigen Fluren) sowie zwischen Aufenthaltsräumen und anders genutzten Räumen im KG	– wie tragende und aussteifende Bauteile im Geschoss, mindestens F30-B	§ 29 (3) MBO
– zum Abschluss von Räumen mit Explosions- und erhöhter Brandgefahr	– feuerbeständig (F90-AB)	§ 29 (3) MBO
	– bis zur Rohdecke, in Dachräumen bis zur Dachhaut führen	§ 29 (4) MBO
– Öffnungen in Trennwänden	– feuerhemmend (T30)	§ 29 (5) MBO
Brandwände	– hochfeuerhemmend und nichtbrennbar (F 60-A)	§ 30 (3) MBO § 30 (7) MBO
	– Führung der Brandwände bis mindestens unter die Dachhaut, verbleibende Hohlräume sind vollständig mit nichtbrennbaren Baustoffen auszufüllen	§ 30 (5) MBO
	– alternativ: zwei gegenüberliegende Gebäudeabschlusswände, die jeweils von innen nach außen die Feuerwiderstandsfähigkeit der tragenden und aussteifenden Teile des Gebäudes aufweisen, mindestens jedoch feuerhemmende Bauteile sind, und von außen nach innen die Feuerwiderstandsfähigkeit feuerbeständiger Bauteile haben	§ 30 (3) MBO
Decken		
– im KG	– feuerbeständig (F90-AB)	§ 31 (2) MBO
– in den Obergeschossen	– feuerhemmend (F30-B)	§ 31 (1) MBO
– unter/über Räumen mit Explosions- und erhöhter Brandgefahr	– feuerbeständig (F90-AB)	§ 31 (2) MBO
– für Geschosse im Dachraum	– feuerhemmend (F30-B), wenn darüber Aufenthaltsräume möglich sind oder wenn Trennwände nicht bis unter die Dachhaut gehen	§ 31 (1) MBO § 29 (4) MBO
– zwischen landwirtschaftlich genutztem Teil und Wohnteil	– feuerbeständig (F90-AB)	§ 31 (2) MBO
Fahrschachtwände	feuerhemmend (F30-B), außer	§ 39 (2) MBO
	– innerhalb eines notwendigen Treppenraumes in einem Gebäude bis 22 m Höhe,	§ 39 (1) MBO
	– innerhalb von Räumen, die Geschosse verbinden, oder	
	– in offen miteinander verbundenen Geschossen	
Dächer	– harte Bedachung, außer bei definierten Abstandsflächen	§ 32 (1) MBO § 32 (2) MBO
Rettungswege		
Notwendige Treppen – tragende Teile notwendiger Treppen	feuerhemmend (F30-B) oder aus nichtbrennbaren Baustoffen (A)	§ 34 (4) MBO
Notwendige Treppenräume	feuerhemmend F30-B	§ 35 (4) MBO
Notwendige Flure in Wohnungen und NE > 200 m² sowie Büros > 400 m²		
– Flurwände in Obergeschossen	– feuerhemmend (F30-B)	§ 36 (4) MBO
– Flurwände im Kellergeschoss	– feuerbeständig (F90-AB)	§ 36 (4) MBO
Türen darin zu Lagerräumen im KG	feuerhemmend (T30)	
– Öffnungen in Flurwänden	– dichtschließend	§ 36 (4) MBO

15

Tafel 15.15 Bauteilanforderungen in Gebäuden der Gebäudeklasse 4

Bauteile in GKL 4	Bauteilanforderungen in GKL 4	Grundlage
Wände, Decken, Dächer		
Tragende Wände, Stützen		
– im KG	– feuerbeständig (F90-AB)	§ 27 (2) MBO
– in den Obergeschossen	– hochfeuerhemmend (F60-BA)	§ 27 (1) MBO
– im Dachraum	– hochfeuerhemmend (F60-BA), wenn darüber Aufenthalts-räume möglich sind bzw. feuerhemmend (F30-B), wenn Trennwände nicht bis unter die Dachhaut gehen	§ 27 (1) MBO § 29 (4) MBO
– Balkone	– ohne Anforderung	§ 27 (2) MBO
Außenwände		
– Nichttragende Außenwände und nichttragende Teile tragender Außenwände	– nichtbrennbare Baustoffe (A1/2) oder feuerhemmend (F30-B)	§ 28 (2) MBO
– Oberflächen von Außenwänden und Außenwandbekleidun-gen einschließl. Dämmstoffe und Unterkonstruktionen	– schwerentflammbare Baustoffe (B1)	§ 28 (3) MBO
– Balkonbekleidungen, die löher als die notwendige Umweh-rung führen	– schwerentflammbare Baustoffe (B1)	§ 28 (3) MBO
– mit Hinterlüftung, Doppelfassaden	– Vorkehrungen gegen Brandausbreitung	§ 28 (4) MBO
Trennwände		
– zwischen Nutzungseinheiten, zwischen Nutzungseinheiten und anders genutzten Räumen (außer notwendigen Fluren) sowie zwischen Aufenthaltsräumen und anders genutzten Räumen im KG	– wie tragende und aussteifende Bauteile im Geschoss, mindestens F30-B	§ 29 (3) MBO
– zum Abschluss von Räumen mit Explosions- und erhöhter Brandgefahr	– feuerbeständig (F90-AB)	§ 29 (3) MBO
	– bis zur Rohdecke, in Dachräumen bis zur Dachhaut führen	§ 29 (4) MBO
– Öffnungen in Trennwänden	– feuerhemmend (T30)	§ 29 (5) MBO
Brandwände	– hochfeuerhemmend und nichtbrennbar (F60-A), auch unter zusätzlicher mechanischer Beanspruchung	§ 30 (3) MBO § 30 (7) MBO
	– Führung mindestens 0,30 m über Dach bzw. in Höhe der Dachhaut eine beiderseits 0,50 m auskragende hochfeuer-hemmende Platte aus nichtbrennbaren Baustoffen (F60-A)	§ 30 (5) MBO
Decken		
– im KG	– feuerbeständig (F90-AB)	§ 31 (2) MBO
– in den Obergeschossen	– hochfeuerhemmend (F60-BA)	§ 31 (1) MBO
– unter/über Räumen mit Explosions- und erhöhter Brandgefahr	– feuerbeständig (F90-AB)	§ 31 (2) MBO
– für Geschosse im Dachraum	– hochfeuerhemmend (F60-BA), wenn darüber Aufenthalts-räume möglich sind bzw. feuerhemmend (F30-B), wenn Trennwände nicht bis unter die Dachhaut gehen	§ 31 (1) MBO § 29 (4) MBO
– zwischen landwirtschaftlich genutzten Teil und Wohnteil	– feuerbeständig (F90-AB)	§ 31 (2) MBO
Fahrschachtwände	hochfeuerhemmend (F60-BA), außer	§ 39 (2) MBO
	– innerhalb eines notwendigen Treppen raumes in einem Gebäude bis 22 m Höhe,	§ 39 (1) MBO
	– innerhalb von Räumen, die Geschosse verbinden, oder	
	– in offen miteinander verbundenen Geschossen	
Dächer	Harte Bedachung	§ 32 (1) MBO
Rettungswege		
Notwendige Treppen – tragende Teile	aus nichtbrennbaren Baustoffen (A 1/2)	§ 34 (4) MBO
Notwendige Treppenräume	unter zusätzlicher mechanischen Beanspruchung hochfeuer-hemmend (F60-BA)	§ 35 (4) MBO
Notwendige Flure in Wohnungen und NE > 200 m² sowie Büros > 400 m²		
– Flurwände in Obergeschossen	– feuerhemmend (F30-B)	§ 36 (4) MBO
– Flurwände im Kellergeschoss	– feuerbeständig (F90-AB)	§ 36 (4) MBO
Türen darin zu Lagerräumen im KG	feuerhemmend (T30)	
– Öffnungen in Flurwänden	– dichtschließend	§ 36 (4) MBO

Tafel 15.16 Bauteilanforderungen in Gebäuden der Gebäudeklasse 5 [22]

Bauteile in GKL 5	Bauteilanforderungen in GKL 5	Grundlage
Wände, Decken, Dächer		
Tragende Wände, Stützen		
– im KG	– feuerbeständig (F90-AB)	§ 27 (2) MBO
– in den Obergeschossen	– feuerbeständig (F90-AB)	§ 27 (1) MBO
– im Dachraum	– feuerbeständig (F90-AB), wenn darüber Aufenthaltsräume möglich sind bzw. feuerhemmend (F30-B), wenn Trennwände nicht bis unter die Dachhaut gehen	§ 27 (1) MBO § 29 (4) MBO
– Balkone	– ohne Anforderung	§ 27 (2) MBO
Außenwände		
– Nichttragende Außenwände und nichttragende Teile tragender Außenwände	– nichtbrennbare Baustoffe (A1/2) oder feuerhemmend (F30-B)	§ 28 (2) MBO
– Oberflächen von Außenwänden und Außenwandbekleidungen einschließlich Dämmstoffe und Unterkonstruktionen	– schwerentflammbare Baustoffe (B1)	§ 28 (3) MBO
– Balkonbekleidungen, die höher als die notwendige Umwehrung führen	– schwerentflammbare Baustoffe (B1)	§ 28 (3) MBO
– mit Hinterlüftung, Doppelfassaden	– Vorkehrungen gegen Brandausbreitung	§ 28 (4) MBO
Trennwände		
– zwischen Nutzungseinheiten, zwischen Nutzungseinheiten und anders genutzten Räumen (außer notwendigen Fluren) sowie zwischen Aufenthaltsräumen und anders genutzten Räumen im KG	– wie tragende und aussteifende Bauteile im Geschoss, mindestens F30-B	§ 29 (3) MBO
– zum Abschluss von Räumen mit Explosions- und erhöhter Brandgefahr	– feuerbeständig (F90-AB)	§ 29 (3) MBO
	– bis zur Rohdecke, in Dachräumen bis zur Dachhaut führen	§ 29 (4) MBO
– Öffnungen in Trennwänden	– feuerhemmend (T30)	§ 29 (5) MBO
Brandwände	– feuerbeständig und nichtbrennbar (F90-A), auch unter zusätzlicher mechanischer Beanspruchung	§ 30 (3) MBO § 30 (7) MBO
	– Führung mindestens 0,30 m über Dach bzw. in Höhe der Dachhaut eine beiderseits 0,50 m auskragende feuerbeständige Platte aus nichtbrennbaren Baustoffen (F90-A)	§ 30 (5) MBO
Decken		
– im KG	– feuerbeständig (F90-AB)	§ 31 (2) MBO
– in den Obergeschossen	– feuerbeständig (F90-AB)	§ 31 (1) MBO
– unter/über Räumen mit Explosions- und erhöhter Brandgefahr	– feuerbeständig (F90-AB)	§ 31 (2) MBO
– für Geschosse im Dachraum	– feuerbeständig (F90-AB), wenn darüber Aufenthaltsräume möglich sind bzw. feuerhemmend (F30-B), wenn Trennwände nicht bis unter die Dachhaut gehen	§ 31 (1) MBO § 29 (4) MBO
– zwischen landwirtschaftlich genutzten Teil und Wohnteil	– feuerbeständig (F90-AB)	§ 31 (2) MBO
Fahrschachtwände	feuerbeständig (F90-AB), außer	§ 39 (2) MBO
	– innerhalb eines notwendigen Treppenraumes in einem Gebäude bis 22 m Höhe,	§ 39 (1) MBO
	– innerhalb von Räumen, die Geschosse verbinden, oder	
	– in offen miteinander verbundenen Geschossen	
Dächer	Harte Bedachung	§ 32 (1) MBO
Rettungswege		
Notwendige Treppen – tragende Teile	feuerhemmend und aus nichtbrennbaren Baustoffen (F30-A)	§ 34 (4) MBO
Notwendige Treppenräume	Wände in der Bauart von Brandwänden	§ 35 (4) MBO
Notwendige Flure in Wohnungen und NE > 200 m² sowie Büros > 400 m²		
– Flurwände in Obergeschossen	– feuerhemmend (F30-B)	§ 36 (4) MBO
– Flurwände im Kellergeschoss Türen darin zu Lagerräumen im KG	– feuerbeständig (F90-AB) feuerhemmend (T30)	§ 36 (4) MBO
– Öffnungen in Flurwänden	– dichtschließend	§ 36 (4) MBO

15

Tafel 15.17 Eurocodes zur Brandschutzbemessung für die Bauarten

DIN EN	NA	Titel
1991-1-2: 2010-12 1991-1-2 Berichtigung 1: 2013-03	1991-1-2/NA: 2015-09	**Eurocode 1** Einwirkungen auf Tragwerke – Teil 1-2: Allgemeine Einwirkungen – **Brandeinwirkungen** auf Tragwerke
1992-1-2: 2010-12	1992-1-2/NA: 2010-12 1992-1-2/NA/A1: 2015-09 Änderung A1	**Eurocode 2** Bemessung und Konstruktion von **Stahlbeton-** und **Spannbetontragwerken** – Teil 1-2: Allgemeine Regeln – Tragwerksbemessung für den Brandfall
1993-1-2: 2010-12	1993-1-2/NA: 2010-12	**Eurocode 3** Bemessung und Konstruktion von **Stahlbauten** – Teil 1-2: Allgemeine Regeln – Tragwerksbemessung für den Brandfall
1994-1-2: 2010-12 1994-1-2/A1: 2014-06 Änderung	1994-1-2/NA: 2010-12	**Eurocode 4** Bemessung und Konstruktion von **Verbundtragwerken** aus Beton und Stahl – Teil 1-2: Allgemeine Regeln – Tragwerksbemessung für den Brandfall
1995-1-2: 2010-12	1995-1-2/NA: 2010-12	**Eurocode 5** Bemessung und Konstruktion von **Holzbauten** – Teil 1-2: Allgemeine Regeln – Tragwerksbemessung für den Brandfall
1996-1-2: 2011-04	1996-1-2/NA: 2013-06	**Eurocode 6** Bemessung und Konstruktion von **Mauerwerksbauten** – Teil 1-2: Allge- meine Regeln – Tragwerksbemessung für den Brandfall
1999-1-2: 2010-12	1999-1-2/NA: 2011-04	**Eurocode 9** Bemessung und Konstruktion von **Aluminiumtragwerken** – Teil 1-2: Allge- meine Regeln – Tragwerksbemessung für den Brandfall

15.4.6 Konstruktiver Brandschutz

Im Brandschutznachweis wird die erforderliche Feuerwiderstandsklasse der tragenden, aussteifenden und raumabschließenden Bauteile festgelegt (siehe Tafeln 15.12 bis 15.16). Im Rahmen der Tragwerksplanung wird dann die Einhaltung dieser erforderlichen Feuerwiderstandsklasse durch die Konstruktion des Bauteils, durch die Profil- oder Baustoffwahl nachgewiesen. Es wird für die gewählte Konstruktion der Nachweis geführt, dass das Bauteil im Brandfall die ihm zugewiesene Funktion (Tragfunktion, aussteifende Funktion, Wärmedämmung, Raumabschluss) für eine definierte Zeitdauer erfüllt. Dieser Nachweis erfolgt nach dem Eurocode. In dem für die jeweiligen Bauarten zutreffenden Eurocode (siehe Tafel 15.17) wird die Bemessung im Gebrauchszustand ("**Kaltzustand**") nach dem Teil 1-1 und die Bemessung für den Brandfall nach dem Teil 1-2 ("**Heißbemessung**") geregelt.

Es sind in jedem Eurocode prinzipiell drei Nachweisstufen konzipiert, denen jeweils ein Bemessungsverfahren zugeordnet wird. Die Nachweisgenauigkeit steigt mit höherer Nachweisstufe.

Nachweisstufe 1: Bauteilbemessung mit Hilfe von Tabellen

Nachweisstufe 2: Bauteilbemessung mit rechnerischen Näherungsverfahren

Nachweisstufe 3: Bauteilbemessung mit exakten Rechenverfahren

Die **Nachweisstufe 1** erfolgt in Anlehnung an die einfachen Bemessungsverfahren nach DIN 4102-4 durch Bemessungstabellen.

Im vereinfachten Rechenverfahren (**Nachweisstufe 2**) wird nachgewiesen, dass nach Ablauf einer geforderten Feu-

erwiderstandsdauer die maßgebende Beanspruchung durch die Konstruktion aufgenommen werden kann. Bei diesem Rechenverfahren werden Vereinfachungen hinsichtlich der Temperaturermittlung für die Bauteilquerschnitte und bei der Beschreibung des Versagenszustandes im Havariefall Brand getroffen.

Beim exakten Rechenverfahren (**Nachweisstufe 3**) wird für eine vorgegebene Feuerwiderstandsdauer unter Verwendung von Rechenprogrammen und durch Brandsimulationen das tatsächliche Tragvermögen und unter Umständen das Verformungsverhalten der Bauteile ermittelt.

Die Brandschutzbemessung eines Bauteils nach dem Eurocode (Teil 1-2) setzt zwingend die Bemessung des Bauteils im „kalten Zustand" (Teil 1-1) voraus.

Welches Bemessungsverfahren anwendbar ist, ergibt sich aus folgendem Diagramm in Abb. 15.9 (aus DIN EN 1992-1-2: 2010-12, Bild 0.1 entnommen).

Derzeit stehen Nachweisverfahren für die in Tafel 15.18 aufgeführten Bauarten zur Anwendung bereit.

Tafel 15.18 Nachweisverfahren der Eurocodes für Brandschutzbemessung

Eurocode	Nachweisverfahren
Eurocode 2 Stahlbetonbau	Tabellarisches Verfahren Vereinfachtes Bemessungsverfahren Allgemeines Bemessungsverfahren
Eurocode 3 Stahlbau	Vereinfachtes Bemessungsverfahren Allgemeines Bemessungsverfahren
Eurocode 5 Holzbau	Vereinfachtes Bemessungsverfahren Allgemeines Bemessungsverfahren
Eurocode 6 Mauerwerksbau	Tabellarisches Verfahren Vereinfachtes Bemessungsverfahren Allgemeines Bemessungsverfahren

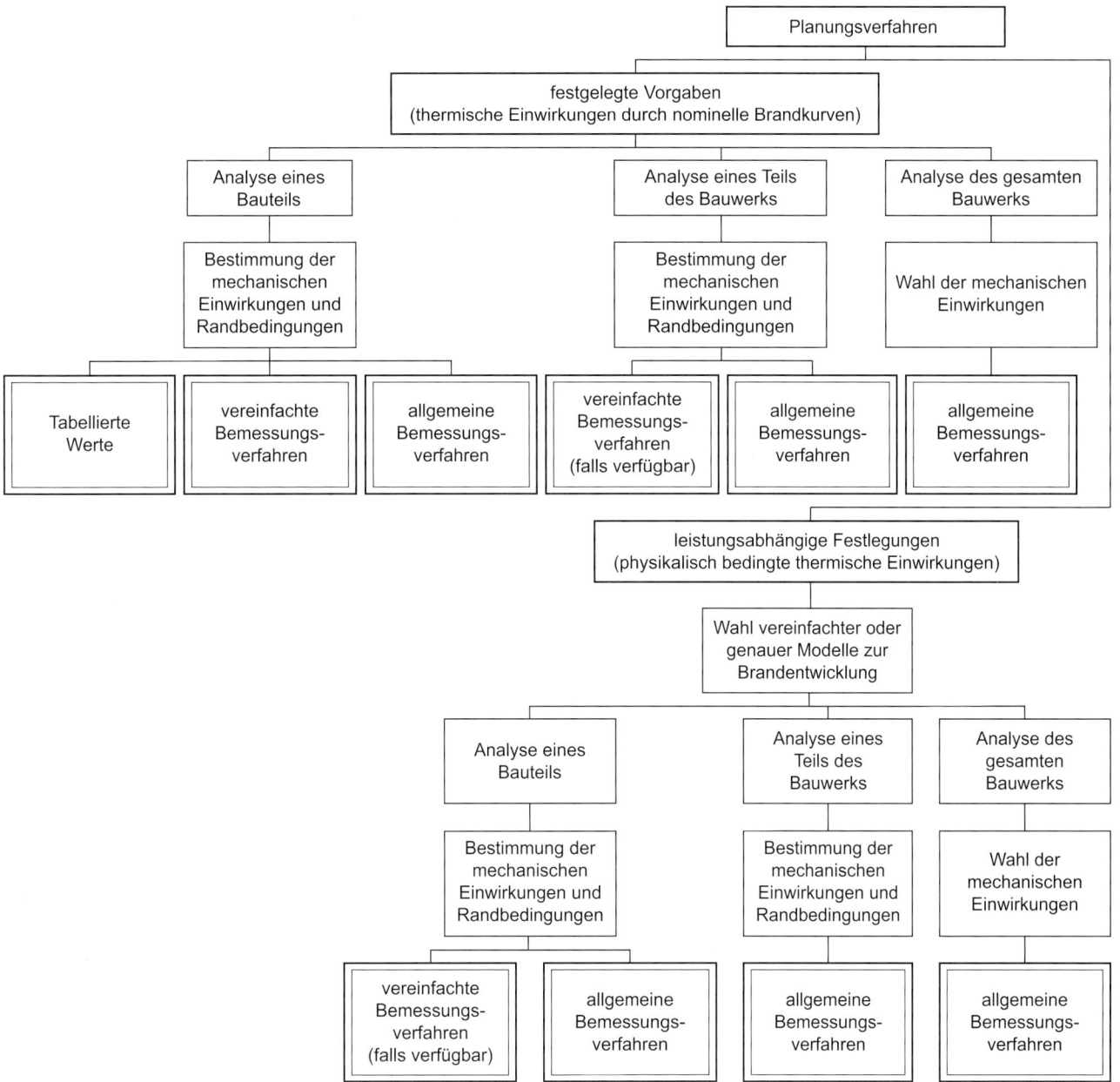

Abb. 15.9 Übersicht aus DIN EN 1992-1-2: 2010-12, Bild 0.1

15.4.6.1 Tabellarisches Bemessungsverfahren nach EC 2 für Stahlbeton

DIN EN 1992-1-2: 2010-12 in Verbindung mit DIN EN 1992-1-2/NA: 2010-12 und DIN EN 1992-1-2/NA/A1:2015-09

15.4.6.1.1 Stützen

Das Verfahren ist ausschließlich für ausgesteifte Bauwerke anwendbar. Es werden zwei Methoden des Nachweisverfahrens angeboten (Methode A und Methode B).

Methode A nach DIN EN 1992-1-2, 5.3.2

(A) **Randbedingungen**

(A.1) Ersatzlänge der Stütze im Brandfall $l_{0,\mathrm{fi}} \leq 3\,\mathrm{m}$ für Stützen mit Rechteckquerschnitt und $l_{0,\mathrm{fi}} \leq 2{,}5\,\mathrm{m}$ für Stützen mit Kreisquerschnitt (siehe Tafel 15.19).

(A.2) Für die Bewehrung gilt: $A_{\mathrm{s}} \leq 0{,}04 A_{\mathrm{c}}$

(A.3) Das Verfahren ist ausschließlich für **ausgesteifte Bauwerke** anwendbar.

Tafel 15.19 Ersatzlängen für Einzelstützen in der Brandschutzbemessung

$t \leq 30$ Minuten	$t > 30$ Minuten	
	Stützen in innen liegenden Geschossen	Stützen im obersten Geschoss
$l_{0,\mathrm{fi}} = l_0$ bei Normaltemperatur	$l_{0,\mathrm{fi}} = 0{,}5l$	$0{,}5l \leq l_{0,\mathrm{fi}} \leq 0{,}7l$

$l_0 = \beta l$

l Stützenlänge

β Knickbeiwert entsprechend der Eulerfälle 1–4 (siehe Abb. 15.10).

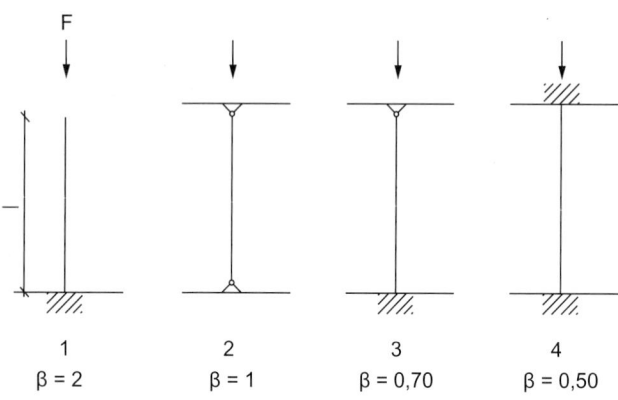

Abb. 15.10 Knickbeiwerte der Einzelstütze nach Bild 5-7 aus DIN EN 1992-1-1: 2010-12

(B) **Nachweis** (Siehe Tafel 15.20)

Alternativ ist die nachweisbare Branddauer nach DIN EN 1992-1-2: 2010-12, Abs. 5.3.2, Gl. 5.7 berechenbar, was hier zunächst nicht weiter verfolgt wird.

Methode B nach DIN EN 1992-1-2, 5.3.3 Nach Abschn. 4 der DIN EN 1992-1-2/NA/A1 vom September 2015 darf Methode B in Deutschland nicht angewendet werden und wird demnach nicht weiter verfolgt.

15.4.6.1.2 Wände

Nichttragende, raumabschließende Trennwände

(A) **Randbedingungen nach DIN EN 1992-1-2: 2010-12, Abs. 5.4.1**

(A.1) Die erforderliche Mindestdicke der Wände kann um $10\,\%$ vermindert werden, wenn **kalksteinhaltige Zuschläge** verwendet werden.

(A.2) Das Verhältnis von lichter Wandhöhe zu Wanddicke sollte nicht größer als 40 sein.

(B) **Nachweis nach DIN EN 1992-1-2: 2010-12, Abs. 5.4.1** (siehe Tafel 15.21)

Tafel 15.20 Mindestquerschnittsabmessungen und Achsabstände (siehe Tabelle 5.2.a aus DIN EN 1992-1-2: 2010-12, Abs. 5.3.2)

Feuerwiderstandsklasse	Mindestmaße [mm]			
	Stützenbreite $b_{\min}$/Achsabstand a			
	Brandbeansprucht auf mehr als einer Seite			Brandbeansprucht auf einer Seite
	$\mu_{\mathrm{fi}} = 0{,}2$	$\mu_{\mathrm{fi}} = 0{,}5$	$\mu_{\mathrm{fi}} = 0{,}7$	$\mu_{\mathrm{fi}} = 0{,}7$
1	2	3	4	5
R 30	200/25	200/25	200/32	155/25
			300/27	
R 60	200/25	200/36	250/46	155/25
		300/31	350/40	
R 90	200/31	300/45	350/53	155/25
	300/25	400/38	450/40^a	
R 120	250/40	350/45^a	350/57^a	175/35
	350/35	450/40^a	450/51^a	
R 180	350/45^a	350/63^a	450/70^a	230/55
R 240	350/61^a	450/75^a	–	295/70

^{a} Mindestens 8 Stäbe

Bei vorgespannten Stützen ist die Vergrößerung des Achsabstandes nach 5.2 (5) zu beachten.

Anmerkung Tabelle 5.2a berücksichtigt den Wert für $\alpha_{cc} = 1{,}0$

μ_{fi} Ausnutzungsgrad im Brandfall

$\mu_{\mathrm{fi}} = N_{\mathrm{Ed,fi}} / N_{\mathrm{Rd}}$ (DIN EN 1992-1-2: 2010-12, Abs. 5.3.2, Gl. 5.6)

$N_{\mathrm{Ed,fi}}$ Bemessungswert der Längskraft im Brandfall

N_{Rd} Bemessungswert der Tragfähigkeit der Stütze bei Normaltemperatur, siehe Kaltbemessung

Tafel 15.21 Mindestwanddicken nichttragender, raumabschließender Trennwände (siehe Tabelle 5.3 aus DIN EN 1992-1-2: 2010-12, Abs. 5.4.1)

Feuerwiderstandsklasse	Mindestwanddicke [mm]
1	2
El 30	60
El 60	80
El 90	100
El 120	120
El 180	150
El 240	175

Tragende Betonwände

(A) **Randbedingungen nach DIN EN 1992-1-2: 2010-12, Abs. 5.4.2**

(A.1) Die erforderliche Mindestdicke der Wände kann um $10\,\%$ vermindert werden, wenn **kalksteinhaltige Zuschläge** verwendet werden.

(A.2) Das Verhältnis von lichter Wandhöhe zu Wanddicke soll nicht größer als 40 sein.

Tafel 15.22 Mindestdicken und Achsabstände für tragende Betonwände (siehe Tabelle 5.4 aus DIN EN 1992-1-2: 2010-12, Abs. 5.4.2)

Feuerwider-standsklasse	Mindestmaße [mm]			
	Wanddicke/Achsabstand für			
	$\mu_{fi} = 0,35$		$\mu_{fi} = 0,7$	
	Brandbeansprucht auf einer Seite	Brandbeansprucht auf zwei Seiten	Brandbeansprucht auf einer Seite	Brandbeansprucht auf zwei Seiten
1	2	3	4	5
REI 30	100/10[a]	120/10[a]	120/10[a]	120/10[a]
REI 60	110/10[a]	120/10[a]	130/10[a]	140/10[a]
REI 90	120/20[a]	140/10[a]	140/25	170/25
REI 120	150/25	160/25	160/35	220/35
REI 180	180/40	200/45	210/50	270/55
REI 240	230/55	250/55	270/60	350/60

[a] Normalerweise reicht die nach EN 1992-1-1 erforderliche Betondeckung.
Anmerkung Für die Definition von μ_{fi} siehe 5.3.2 (3).

(B) **Nachweis nach DIN EN 1992-1-2: 2010-12, Abs. 5.4.2** (siehe Tafel 15.22)
Die Mindestwanddicken gelten ebenso für unbewehrte Betonwände.

Brandwände

(B) **Nachweis nach DIN EN 1992-1-2: 2010-12, Abs. 5.4.3**
  (B.1) Für Brandwände müssen die Nachweise nach Abschn. 4.6.1.2.1 (B) bzw. 6.6.1.2.2 (B) erbracht werden.

(B.2) Bei Ausführung in Normalbeton gelten für Brandwände folgende Mindestdicken:
  - 200 mm für unbewehrte Wände
  - 140 mm für bewehrte, tragende Wände
  - 120 mm für bewehrte, nichttragende Wände

(B.3) Der Achsabstand muss bei einer tragenden Wand mindestens 25 mm betragen.

15.4.6.1.3 Zugglieder

(A) **Randbedingungen nach DIN EN 1992-1-2: 2010-12, Abs. 5.5**
  (A.1) Für den Querschnitt der Zugglieder gilt: $A \geq 2b_{min}^2$
    b_{min} nach DIN EN 1992-1-2: 2010-12, Abs. 5.6.3. Tab. 5.5, siehe Tafel 15.23
  (A.2) Sofern eine übermäßige Verlängerung eines Zuggliedes die Tragfähigkeit des Tragwerks beeinträchtigt, ist die Stahltemperatur im Zugglied auf 400 °C zu begrenzen.

(B) **Nachweis** (siehe Tafel 15.23)

15.4.6.1.4 Balken

Allgemein
Siehe Abb. 15.11.

(A.1) Für die Mindeststegdicke b_w gilt die nach Klasse WC (siehe Nachweise im Folgenden).

(A.2) Die folgenden Nachweistabellen gelten ausschließlich für bis zu **dreiseitig beanspruchte Balken**.

Tafel 15.23 Mindestmaße und -achsabstände für statisch bestimmt gelagerte Balken (siehe Tabelle 5.5 aus DIN EN 1992-1-2: 2010-12, Abs. 5.6.3)

Feuerwider-standsklasse	Mindestmaße [mm]						
	Mögliche Kombinationen von a und b_{min}, dabei ist a der mittlere Achsabstand und b_{min} die Mindestbalkenbreite				Stegdicke b_w		
					Klasse WA	Klasse WB	Klasse WC
1	2	3	4	5	6	7	8
R 30	$b_{min} = 80$	120	160	200	80	80	80
	$a = 25$	20	15[a]	15[a]			
R 60	$b_{min} = 120$	160	200	300	100	80	100
	$a = 40$	35	30	25			
R 90	$b_{min} = 150$	200	300	400	110	100	100
	$a = 55$	45	40	35			
R 120	$b_{min} = 200$	240	300	500	130	120	120
	$a = 65$	60	55	50			
R 180	$b_{min} = 240$	300	400	600	150	150	140
	$a = 80$	70	65	60			
R 240	$b_{min} = 280$	350	500	700	170	170	160
	$a = 90$	80	75	70			

$a_{sd} = a + 10$ mm (siehe Anmerkung unten).
Bei Spannbetonbalken sollte der Achsabstand entsprechend 5.2(5) vergrößert werden.
a_{sd} ist der seitliche Achsabstand der Eckstäbe (bzw. des -spannglieds oder -drahts) in Balken mit nur einer Bewehrungslage. Für größere b_{min}-Werte als die nach Spalte 4 ist eine Vergrößerung von a_{sd} nicht erforderlich.
[a] Normalerweise reicht die nach EN 1992-1-1 erforderliche Betondeckung aus.

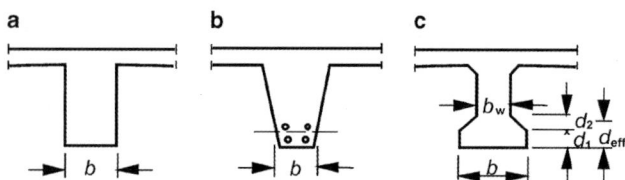

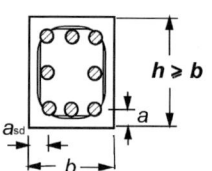

Abb. 15.11 Definition der Maße (siehe Bild 5-4 aus DIN EN 1992-1-2: 2010-12, Abs. 5.6.1). **a** Konstante Breite, **b** veränderliche Breite, **c** I-Querschnitt

Abb. 15.12 Definition der Maße (siehe Bild 5-2 aus DIN EN 1992-1-2: 2010-12, Abs. 5.2)

(A.3) Für Balken mit veränderlicher Breite ist der Mindestwert b in Höhe des Schwerpunktes der Zugbewehrung zu ermitteln.

(A.4) **Öffnungen in Balkenstegen** sind zulässig, sofern für die verbleibende Querschnittsfläche in der Zugzone nachgewiesen werden kann:

$$A_c = 2b_{min}^2$$

b_{min} nach DIN EN 1992-1-2, 5.6.3. Tab. 5.5, siehe 1.4.2 (B)

(A.5) Bei **Balken mit I-Querschnitt** gilt:

$$d_{eff} = d_1 + 0{,}50d_2 \geq b_{min}$$

Sofern $b > 1{,}4b_w$ und $b \geq d_{eff} < 2b_{min}^2$ ist der Achsabstand der Bewehrung auf folgenden Wert zu vergrößern:

$$a_{eff} = a\left(1{,}85 - \frac{d_{eff}}{b_{min}}\sqrt{\frac{b_w}{b}}\right) \geq a$$

Statisch bestimmt gelagerte Balken

(B) **Nachweis nach DIN EN 1992-1-2: 2010-12, Abs. 5.6.3** (siehe Tafel 15.24)

Bei Anwendung von Spalte 4 der Tafel 15.24 muss der Mindestachsabstand a im Bereich des seitlichen Achsabstandes a_{sd} bei 1-lagiger Bewehrung um 10 mm vergrößert werden (siehe Abb. 15.12).

Statisch unbestimmt gelagerte Balken (Durchlaufbalken)

(A) **Randbedingungen nach DIN EN 1992-1-2: 2010-12, Abs. 5.6.3**

(A.1) Die Tabelle nach Tafel 15.23 ist hier nur gültig, wenn die Momentenumlagerung bei der Bemessung für Normaltemperatur nicht mehr als 15 % beträgt. Zudem müssen die Bewehrungsregeln nach DIN EN 1992-1-1: 2010-12 eingehalten werden. Andernfalls ist jedes Feld des Durchlaufträgers wie ein statisch bestimmt gelagerter Balken zu betrachten.

Tafel 15.24 Mindestmaße und -achsabstände für statisch unbestimmt gelagerte Balken (Durchlaufbalken) (siehe Tabelle 5.6 aus DIN EN 1992-1-2: 2010-12, Abs. 5.6.3)

Feuerwider-standsklasse	Mindestmaße [mm]							
	Mögliche Kombinationen von a und b_{min}, dabei ist a der mittlere Achsabstand und b_{min} die Mindestbalkenbreite					Stegdicke b_w		
						Klasse WA	Klasse WB	Klasse WC
1	2	3	4	5		6	7	8
R 30	$b_{min} = 80$	160				80	80	80
	$a = 15^a$	12^a						
R 60	$b_{min} = 120$	200				100	80	100
	$a = 25$	12^a						
R 90	$b_{min} = 150$	200				110	100	100
	$a = 35$	25						
R 120	$b_{min} = 200$	300	450	500		130	120	120
	$a = 45$	35	35	30				
R 180	$b_{min} = 240$	400	550	600		150	150	140
	$a = 60$	50	50	40				
R 240	$b_{min} = 280$	500	650	700		170	170	160
	$a = 75$	60	60	50				

$a_{sd} = a + 10$ mm (siehe Anmerkung unten)

Für Spannbetonbalken sollte der Achsabstand entsprechend 5.2(5) vergrößert werden.

a_{sd} ist der seitliche Achsabstand der Eckstäbe (bzw. des -spannglieds oder -drahts) in Balken mit nur einer Bewehrungslage. Für größere b_{min}-Werte als die nach Spalte 3 ist eine Vergrößerung von a_{sd} nicht erforderlich.

[a] Normalerweise reicht die nach EN 1992-1-1 erforderliche Betondeckung aus.

(A.2) Bei Anwendung von Spalte 3 der Tafel 15.23 muss der Mindestachsabstand a im Bereich des seitlichen Achsabstands a_{sd} um 10 mm vergrößert werden. Dies gilt jedoch nur bei 1-lagiger Bewehrung bei Feuerwiderstandsklassen R90 und höher.

(A.3) Tafel 15.23 gilt für Durchlaufbalken mit Spanngliedern ohne Verbund nur, wenn über den Zwischenstützen eine zusätzliche obere im Verbund liegende Bewehrung vorgesehen wird.

(A.4) Für die Stegbreite b_w von **I-förmigen Durchlauflaufbalken** gilt:
Stegbreite $b_w \geq b_{min}$ nach (B), Spalte 2 auf einer Länge $2h$ von der Mittelstütze aus gemessen.

(B) **Nachweise**

(B.1) **Allgemein nach DIN EN 1992-1-1-2: 2010-12, Abs. 5.6.3**
Siehe dazu Tafel 15.23 Mindestmaße und -achsabstände für statisch unbestimmt gelagerte Balken (Durchlaufbalken). Hier nicht noch mal abgedruckt. Siehe Abschn. 15.4.6.1.3.

(B.2) **Feuerwiderstandsklassen ab R90**
Für den Querschnitt der oberen Bewehrung über jeder Zwischenstütze gilt auf einer Länge von $0{,}3l_{eff}$ folgender Mindestwert:

$$A_{s,req}(x) = A_{s,req}(0) \cdot (1 - 2{,}5x / l_{eff})$$

mit

x Entfernung des betrachteten Querschnitts von der Mittellinie der Unterstützung $x \leq 0{,}3l_{eff}$

$A_{s,req}(0)$ erforderliche Querschnitt der oberen Bewehrung über der Unterstützung nach DIN EN 1992-1-1: 2010-12

$A_{s,req}(x)$ erforderliche Querschnitt der oberen Bewehrung im betrachteten Schnitt (x), jedoch nicht kleiner als die erforderliche Bewehrung $A_s(x)$ nach DIN EN 1992-1-1: 2010-12

l_{eff} effektive Stützweite.

(B.3) **Feuerwiderstandsklassen ab R120**
Die Tabelle ist anzuwenden, wenn folgende Bedingungen zutreffen (siehe auch DIN EN 1992-1-1: 2010-12, Abs. 9.2.1.2 (1) und Abschn. 6):

I   Es ist kein Momentenwiderstand am Endauflager aufgrund einer Verbindung oder des Balkens vorhanden **und**

II   an der ersten Innenstütze ist $V_{Ed} > 2/3V_{Rd,max}$

mit

V_{Ed} Bemessungswert der aufzunehmenden Querkraft bei Normaltemperatur

$V_{Rd,max}$ Bemessungswert der Querkrafttragfähigkeit der Druckstrebe nach ist.

Tafel 15.25 Mindestmaße für Stahl- und Spannbetondurchlaufbalken (siehe Tabelle 5.7 aus DIN EN 1992-1-2: 2010-12, Abs. 5.6.3)

Feuerwiderstandsklasse	Mindestbalkenbreite b_{min} [mm] und Mindeststegdicke b_w [mm]
1	2
R 120	220
R 180	380
R 240	480

Vierseitig beanspruchte Balken

(A) **Randbedingungen nach DIN EN 1992-1-2: 2010-12, Abs. 5.6.4**

(A.1) die Höhe des Balkens muss mindestens der für die betreffende Feuerwiderstandsdauer erforderlichen Mindestbreite entsprechen.

(A.2) Für die Querschnittsfläche des Balkens gilt:

$$A_c \geq 2b_{min}^2$$

b_{min} entsprechend den Tafeln 15.23, 15.24 und 15.25.

(B) **Nachweis**
Der Nachweis für vierseitig beanspruchte Balken ist entsprechend der Tafeln 15.23, 15.24 und 15.25 zu führen. Die Randbedingungen nach (A) müssen dabei gesamtheitlich eingehalten werden.

15.4.6.1.5 Platten

Allgemein nach DIN EN 1992-1-2: 2010-12, Abs. 5.7.1

(A.1) Die Plattendicke zur Sicherstellung des Raumabschlusses (Kriterien E und I) wird wie folgt ermittelt:

$$h_s = h_1 + h_2$$

(siehe Abb. 15.13)

(A.2) Sofern nur der Nachweis der Tragfähigkeit der Decke geführt werden muss, erfolgt die Bemessung der erforderlichen Plattendicken nach DIN EN 1992-1-1: 2010-12 im Zuge der Kaltbemessung.

Statisch bestimmt gelagerte Platten

(B) **Nachweis nach DIN EN 1992-1-2: 2010-12, Abs. 5.7.2**
(siehe Tafel 15.26)
Bei **zweiachsig gespannten Platten** ist a der Achsabstand der Bewehrungsstäbe der unteren Lage.

Statisch unbestimmt gelagerte Platten (Durchlaufplatten)

(A) **Randbedingungen nach DIN EN 1992-1-2: 2010-12, Abs. 5.7.3**

(A.1) Die Bemessungstabelle nach Abschn. 4.6.1.5.2 gilt grundlegend auch für einachsig und zweiachsig gespannte statisch unbestimmt gelagerte Platten.

15

Abb. 15.13 Betonplatte mit Fußbodenbelag (siehe Bild 5-7 aus DIN EN 1992-1-2: 2010-12, Abs. 5.7.1)

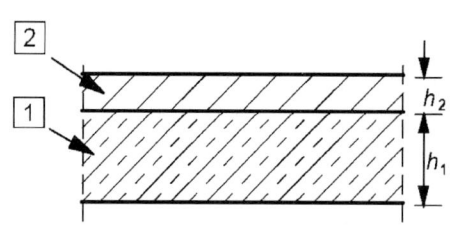 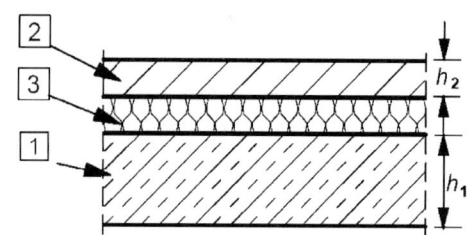

Legende

1 Betonplatte

2 Fußbodenbelag (nicht brennbar)

3 Schallisolierung (möglicherweise brennbar)

Tafel 15.26 Mindestmaße für statisch bestimmt gelagerte, ein- und zweiachsig gespannte Stahl- und Spannbetonplatten (siehe Tabelle 5.8 aus DIN EN 1992-1- 2: 2010-12, Abs. 5.7.2)

Feuer-widerstands-klasse	Mindestabmessungen [mm]			
	Plattendicke h_s [mm]	Achsabstand a		
		Einachsig	Zweiachsig	
			$l_y/l_x \leq 1,5$	$1,5 < l_y/l_x \leq 2$
1	2	3	4	5
REI 30	60	10[a]	10[a]	10[a]
REI 60	80	20	10[a]	15[a]
REI 90	100	30	15[a]	20
REI 120	120	40	20	25
REI 180	150	55	30	40
REI 240	175	65	40	50

l_x und l_y sind die Spannweiten einer zweiachsig gespannten Platte (beide Richtungen rechtwinklig zueinander), wobei l_y die längere Spannweite ist.

Bei Spannbetonplatten ist die Vergrößerung des Achsabstandes entsprechend 5.2 (5) zu beachten.

Der Achsabstand a in den Spalten 4 und 5 gilt für zweiachsig gespannte Platten, die an allen vier Rändern gestützt sind. Trifft das nicht zu, sind die Platten wie einachsig gespannte Platten zu behandeln.

[a] Normalerweise reicht die nach EN 1992-1-1 erforderliche Betondeckung aus.

(A.2) Die Bemessungstabelle nach Abschn. 4.6.1.5.2 gilt für Platten, bei denen die Momentenumlagerung bei Normaltemperatur nicht mehr als 15 % beträgt. Ansonsten ist jedes Feld der Platte wie eine statisch bestimmt gelagerte Platte zu betrachten.

(A.3) Über den Zwischenstützen ist eine **Mindestbewehrung von $A_s \geq 0{,}005 A_c$** erforderlich, wenn

- kaltverformter Betonstahl verwendet wird,
- bei Zweifeld-Durchlaufplatten an den Endauflagern aufgrund der Bemessungsvorgaben nach EN 1992-1-1: 2010-12 und bzw. aufgrund entsprechender Bewehrung nach EN 1992-1-1, Abschn. 9 keine Biegeeinspannung vorgesehen ist.
- Die Lastwirkungen quer zur Spannrichtung nicht umgelagert werden können, da vorhandene Zwischenwände oder andere Unterstützungen bei der Bemessung nicht in Rechnung gestellt wurden (siehe DIN EN 1992-1-2: 2010-12, Abs. 5.7.3) und Abb. 15.14.

Abb. 15.14 Plattensysteme, für die ein Mindestbewehrungsquerschnitt gilt (siehe Bild 5-8 aus DIN EN 1992-1-2: 2010-12, Abs. 5.7.3)

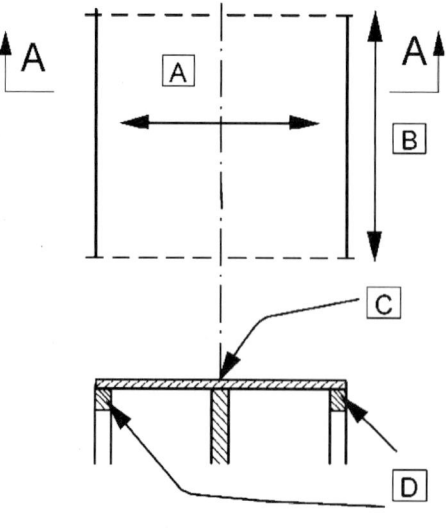

A Spannrichtung der Platte

B Breite des Systems ohne Querabstützung, > l

C Gefahr durch sprödes Versagen

D keine Biegeeinspannung

Schnitt A – A

Tafel 15.27 Mindestmaße für Flachdecken aus Stahl- und Spannbeton (siehe Tabelle 5.9 aus DIN EN 1992-1-2: 2010-12, Abs. 5.7.4)

Feuerwider-standsklasse	Mindestmaße [mm]	
	Plattendicke h_s	Achsabstand a
1	2	3
REI 30	150	10[a]
REI 60	180	15[a]
REI 90	200	25
REI 120	200	35
REI 180	200	45
REI 240	200	50

[a] Normalerweise reicht die nach EN 1992-1-1 erforderliche Betondeckung aus.

(B) Nachweis nach DIN EN 1992-1-2: 2010-12, Abs. 5.7.3 (1)

Die Bemessungstabelle nach Abschn. 4.6.1.5.2 gilt auch für einachsig und zweiachsig gespannte statisch unbestimmt gelagerte Platten, wenn die Randbedingungen nach (A) beachtet werden.

Flachdecken

(A) Randbedingungen nach DIN EN 1992-1-2: 2010-12, Abs. 5.7.4

(A.1) Die Bemessungstabelle nach (B) gilt für Platten, bei denen die Momentenumlagerung (nach DIN EN 1992-1-1: 2010-12, Abs. 5) bei Normaltemperatur nicht mehr als 15 % beträgt. Ansonsten ist jedes Feld wie eine einachsig gespannte Platte unter Verwendung der Tabelle nach Abschn. 1.5.2 (B), Spalte 3 zu betrachten. Die Mindestdicke der Platte ist dennoch nach (B) zu ermitteln.

(A.2) Bei erforderlichen Feuerwiderstandsklassen ab REI 90, sind in jede Richtung mindestens 20 % der nach DIN EN 1992-1-1 erforderlichen Bewehrung über den Zwischenauflagern über die ganze Spannweite durchzuführen.

(A.3) Der nach (B) angegebene Achsabstand a ist der Achsabstand der unteren Bewehrungslage.

(B) Nachweis nach DIN EN 1992-1-2: 2010-12, Abs. 5.7.4 (siehe Tafel 15.27)

Rippendecken

(A) Randbedingungen nach DIN EN 1992-1-2: 2010-12, Abs. 5.7.5

(A.1) Für den Nachweis der Feuerwiderstandsfähigkeit **einachsig gespannte** Stahlbeton- und Spannbetonrippendecken gelten die Anforderungen entsprechend den Abschn. 1.4.2, 1.4.3, 1.5.3 sowie der Tabelle nach Abschn. 1.5.2 (B), Spalten 2 und 5.

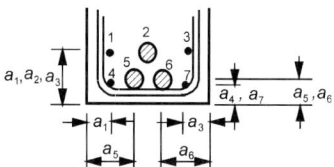

Abb. 15.15 Maße zur Berechnung des mittleren Achsabstandes a_m (siehe Bild 5-3 aus DIN EN 1992-1-2: 2010-12, Abs. 5.2)

(A.2) Die Tabellen nach (B) gelten für **zweiachsig gespannte** Stahlbeton- und Spannbetonrippendecken. Dabei sind die folgenden Randbedingungen (A.2) bis (A.5) einzuhalten.

(A.3) Wird die Bewehrung in **mehreren Lagen** angeordnet, so muss für den in den Tabellen angegebene **Achsabstand a** der mittlere Achsabstand a_m angesetzt werden (siehe auch DIN EN 1991-1-2: 2010-12, Abs. 5.2 (15)):

$$a_m = \frac{A_{s1}a_1 + A_{s2}a_2 + \ldots + A_{sn}a_n}{A_{s1} + A_{s2} + \ldots + A_{sn}} = \frac{\sum A_{si}a_i}{\sum A_{si}}$$

mit

A_{si} Querschnittsfläche des Bewehrungsstabs

a_i Achsabstand des Bewehrungsstabs zur nächsten brandbeanspruchten Bauteiloberfläche

(siehe Abb. 15.15).

(A.4) Die Zahlenwerte entsprechend der Tabellen nach (B) gelten für Rippendecken mit gleichmäßig verteilten Belastungen.

(A.5) In durchlaufenden Rippendecken ist die obere Bewehrung in der oberen Hälfte der Flansche anzuordnen.

(B) Nachweis nach DIN EN 1992-1-2: 2010-12, Abs. 5.7.5

(B.1) **Zweiachsig gespannte, statisch bestimmt gelagerte Stahlbeton- und Spannbetonrippendecken** (siehe Tafel 15.28)

(B.2) **Zweiachsig gespannte Stahlbeton- und Spannbetonrippendecken mit mindestens einem eingespannten Rand** (siehe Tafel 15.29)

Für den Querschnitt der oberen Bewehrung über jeder Zwischenstütze gilt auf einer Länge von $0{,}3 l_{eff}$ folgender Mindestwert:

$$A_{s,req}(x) = A_{s,req}(0) \cdot (1 - 2{,}5x/l_{eff})$$

mit

x Entfernung des betrachteten Querschnitts von der Mittellinie der Unterstützung $x \leq 0{,}3 l_{eff}$

Tafel 15.28 Mindestmaße für statisch bestimmt gelagerte, zweiachsig gespannte Stahlbetonrippendecken (siehe Tabelle 5.10 aus DIN EN 1992-1-2: 2010-12, Abs. 5.7.5)

Feuerwider-standsklasse	Mindestmaße [mm]			
	Mögliche Kombinationen zwischen Rippenbreite b_{min} und Achsabstand a			Plattendicke h_s und Achsabstand a in Spannrichtung
1	2	3	4	5
REI 30	$b_{min} = 80$			$h_s = 80$
	$a = 15$			$a = 10^a$
REI 60	$b_{min} = 100$	120	≥ 200	$h_s = 80$
	$a = 35$	25	15^a	$a = 10^a$
REI 90	$b_{min} = 120$	160	≥ 250	$h_s = 100$
	$a = 45$	40	30	$a = 15^a$
REI 120	$b_{min} = 160$	190	≥ 300	$h_s = 120$
	$a = 60$	55	40	$a = 20$
REI 180	$b_{min} = 220$	260	≥ 410	$h_s = 150$
	$a = 75$	70	60	$a = 30$
REI 240	$b_{min} = 280$	350	≥ 500	$h_s = 175$
	$a = 90$	75	70	$a = 40$

$a_{sd} = a + 10$
Bei Spannbetonrippendecken sollte der Achsabstand a entsprechend 5.2 (5) vergrößert werden.
a_{sd} bezeichnet den Abstand zwischen der Bewehrungsstabachse und der Seitenfläche der brandbeanspruchten Rippe.
[a] Normalerweise reicht die nach EN 1992-1-1 erforderliche Betondeckung aus.

Tafel 15.29 Mindestmaße für zweiachsig gespannte Stahlbetonrippendecken mit einem eingespannten Rand (siehe Tabelle 5.11 aus DIN EN 1992-1-2: 2010-12, Abs. 5.7.5)

Feuerwider-standsklasse	Mindestmaße [mm]			
	Mögliche Kombinationen zwischen Rippenbreite b_{min} und Achsabstand a			Plattendicke h_s und Achsabstand a in Spannrichtung
1	2	3	4	5
REI 30	$b_{min} = 80$			$h_s = 80$
	$a = 10^a$			$a = 10^a$
REI 60	$b_{min} = 100$	120	≥ 200	$h_s = 80$
	$a = 25$	15^a	10^a	$a = 10^a$
REI 90	$b_{min} = 120$	160	≥ 250	$h_s = 100$
	$a = 35$	25	15^a	$a = 15^a$
REI 120	$b_{min} = 160$	190	≥ 300	$h_s = 120$
	$a = 45$	40	30	$a = 20$
REI 180	$b_{min} = 310$	600		$h_s = 150$
	$a = 60$	50		$a = 30$
REI 240	$b_{min} = 450$	700		$h_s = 175$
	$a = 70$	60		$a = 40$

$a_{sd} = a + 10$
Bei Spannbetonrippendecken sollte der Achsabstand a entsprechend 5.2 (5) vergrößert werden.
a_{sd} bezeichnet den Abstand zwischen der Bewehrungsstabachse und der Seitenfläche der brandbeanspruchten Rippe.
[a] Normalerweise reicht die nach EN 1992-1-1 erforderliche Betondeckung aus.

$A_{s,req}(0)$ erforderliche Querschnitt der oberen Bewehrung über der Unterstützung nach DIN EN 1992-1-1

$A_{s,req}(x)$ erforderliche Querschnitt der oberen Bewehrung im betrachteten Schnitt (x), jedoch nicht kleiner als die erforderliche Bewehrung $A_s(x)$ nach DIN EN 1992-1-1

l_{eff} effektive Stützweite.

15.4.6.2 Vereinfachtes Rechenverfahren nach EC 3 für Stahlbau

DIN EN 1993-1-2: 2010-12 in Verbindung mit DIN EN 1993-1-2/NA: 2010-12

15.4.6.2.1 Nachweis über Bauteilwiderstand

Die Tragfähigkeitsnachweise bei der Heißbemessung sind identisch wie die bei normaler Temperatur. Die geringeren Bauteilwiderstände aufgrund der Brandeinwirkung werden durch entsprechende Reduktionsfaktoren berücksichtigt.

Bei dem Verfahren ist nach DIN EN 1993-1-2: 2010-12, Abs. 4.2.1 (1) der Nachweis zu führen, dass der Bemessungswert der maßgebenden Beanspruchung im Brandfall nicht größer als der Bemessungswert der Beanspruchbarkeit des Stahlbauteils im Brandfall zum Zeitpunkt t ist:

$$E_{fi,d} \leq R_{fi,d,t}$$

$E_{fi,d}$ Bemessungswert der maßgebenden Beanspruchung im Brandfall nach DIN EN 1991-1-2: 2010-12

$R_{fi,d,t}$ Bemessungswert der Beanspruchbarkeit des Stahlbauteils im Brandfall zum Zeitpunkt

Ermittlung des Bauteilwiderstandes für Zugglieder

$$N_{fi,\theta,RD} = k_{y,\theta} N_{RD} \left[\gamma_{M,0} / \gamma_{M,fi} \right]$$

(Gleichung 4.3 siehe DIN EN 1993-1-2: 2010-12, Abs. 4.2.3.1)

$k_{y,\theta}$ Abminderungsfaktor der Streckgrenze von Stahl bei der Stahltemperatur θ_a zum Zeitpunkt t (siehe DIN EN 1993-1-2: 2010-12, Abs. 3.2.1(3)) mit

$$k_{y,\theta} = f_{y,\theta} / f_y$$

f_y Streckgrenze von Stahl (siehe Tabelle 3.1 in DIN EN 1993-1-2: 2010-12, Abs. 3.2.1)
$f_y = 235 \, \text{N/mm}^2$ für S235
$f_y = 355 \, \text{N/mm}^2$ für S355.

Streckgrenzen weiterer Stahlsorten siehe Tabelle 3.1 der DIN EN 1993-1-1.

$f_{y,\theta}$ effektive Fließgrenze von Stahl bei erhöhter Temperatur θ_a (siehe Bild 3.2 in DIN EN 1993-1-2: 2010-12, Abschn. 3.2)

$\gamma_{M,fi} = 1,0$ DIN EN 1993-1-2, 2.3

$\gamma_{M,0} = 1,0$ DIN EN 1993-1-2, 2.3.

15.4.6.2.2 Nachweis über kritische Temperatur

Allgemein

Bei diesem Nachweisverfahren wird die kritische Stahltemperatur in Abhängigkeit des Ausnutzungsgrades des Bauteils bestimmt. Die **kritische Stahltemperatur** wird mit der **Temperatur im Querschnitt** zum Zeitpunkt t **verglichen**. Kann nachgewiesen werden, dass die Temperatur im Querschnitt unterhalb der kritischen Stahltemperatur liegt, ist der Nachweis erbracht.

$$\theta_d \leq \theta_{a,cr}$$

Bei dem vereinfachten Rechenverfahren wird nach DIN EN 1993-1-2: 2010-12, Abs. 4.2.1 (2) im Fall eines Brandszenarios eine konstante Temperatur über den gesamten Bauteilquerschnitt unterstellt. Dies ist damit begründet, dass Stahl über eine hohe Wärmeleitfähigkeit verfügt.

Der Nachweis auf Temperaturebene darf nach DIN EN 1993-1-2: 2010-12, Abs. 4.2.4 (2) *nur dann geführt werden, wenn* **Verformungskriterien** *und* **Einflüsse aus Stabilitätsproblemen** *nicht beachtet werden müssen.* In dem Fall bietet sich dieses Berechnungsverfahren aufgrund des geringeren Berechnungsaufwandes an.

Kritische Stahltemperatur

$$\theta_{a,cr} = 39,19 \ln\left[\frac{1}{0,9674 \mu_0^{3,833}} - 1\right] + 482$$

(Gleichung 4.22 siehe DIN EN 1993-1-2: 2010-12, Abs. 4.2.4) mit

μ_0 Ausnutzungsgrad

$$\mu_0 = E_{fi,d} / R_{fi,d,0} \quad \text{mit } \mu_0 \geq 0,013$$

$E_{fi,d}$ Bemessungswert der maßgebenden Beanspruchung im Brandfall nach DIN EN 1991-1-2

$R_{fi,d,0}$ Bemessungswert der Beanspruchbarkeit des Bauteils zum Zeitpunkt $t = 0$.

Bei **zugbeanspruchten Bauteilen** und Trägern kann der Ausnutzungsgrad μ_0 nach DIN EN 1993-1-2: 20101-12,

Abs. 4.2.4 (4) wie folgt bestimmt werden (= Bauteile, bei denen Biegedrillknicknachweis nicht maßgebend):

$$\mu_0 = \eta_{fi}[\gamma_{M,fi} / \gamma_{M0}]$$

η_{fi} kann auch genau ermittelt werden, siehe hierzu DIN EN 1993-1-2, 2.4.2 (3).

Vereinfachend dürfen für η_{fi} folgende Werte angenommen werden:

$\eta_{fi} = 0,65$

$\eta_{fi} = 0,70$ für aufgebrachte Lasten der Kategorie E (Kat. E siehe DIN EN 1993-1-1: 2010-12, Abs. 6.3.2.1, Tab. 6.3)

$\gamma_{M,fi} = 1,0$ (siehe DIN EN 1993-1-2: 2010-12, Abs. 2.3)

$\gamma_{M0} = 1,0$ (siehe DIN EN 1993-1-1: 2010-12, Abs. 6.1).

Bestimmung der Temperatur im Querschnitt

Ungeschützte Stahlkonstruktionen Näherungsformel zur Berechnung der Temperatur ungeschützter Stahlbauteile (BbauBl Heft 7/99, S.69 ff):

$$\theta_{a,t} = \frac{c_1 \cdot c_2 + c_3 \cdot t^{c_4}}{c_2 + t^{c_4}} \quad [°C]; \quad \text{mit } t \text{ in min}$$

$$c_1 = \theta_0 = 20\,°C$$

$$c_2 = 15.780(A_m/V)^{-1,13}$$

$$c_3 = 10.000/(0,30 + 1,896 \ln(A_m/V))$$

$$c_4 = 1,248 + 0,069 \ln(A_m/V)$$

Randbedingungen:

- Branddauer $t \leq 30$ Minuten
- Stahltemperatur $\theta_a \leq 700\,°C$
- Profilfaktor $25\,\text{m}^{-1} \leq A_m/V \leq 300\,\text{m}^{-1}$.

Nachweis: $\theta_{a,t} \leq \theta_{a,cr}$

Durch Brandschutzmaterialien geschützte Stahlkonstruktionen

Nachweis mit **Bemessungsnomogramm** (Abb. 15.16).

Feuerwiderstand von Bauteilen aus Stahl: Nomogramme für die Berechnung des Feuerwiderstandes von Stahlbauteilen siehe gemäß DIN EN 1993-1-2 (siehe www.bauforumstahl.de).

TP – Profilfaktor für geschützte Stahlkonstruktionen

$$TP = A_p/V \cdot \lambda_p/d_p \cdot 1/(1 + \Phi/3)$$

mit

$$\Phi = (\rho_p \cdot c_p)/(\rho_a \cdot c_a) \cdot d_p \cdot A_p/V$$

Vereinfachend kann $\Phi = 0$ angenommen werden.

15

Tafel 15.30 Profilfaktoren A_m/V für ungeschützte Bauteile (siehe Tabelle 4.2 aus DIN EN 1993-1-2: 2010-12, Abs. 4.2.5.1)

Offener Querschnitt mit allseitiger Brandeinwirkung: $$\frac{A_\mathrm{m}}{V} = \frac{\text{Umfang}}{\text{Querschnittsfläche}}$$ 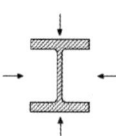	Rohr mit allseitiger Brandeinwirkung: $$A_\mathrm{m}/V = 1/t$$ 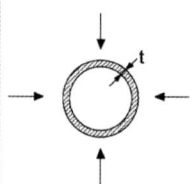
Offener Querschnitt mit dreiseitiger Brandeinwirkung: $$\frac{A_\mathrm{m}}{V} = \frac{\text{brandbeanspruchte Oberfläche}}{\text{Querschnittsfläche}}$$ 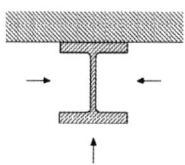	Hohlquerschnitt (oder geschweißter Kasten) mit allseitiger Brandeinwirkung: Wenn $t \ll b$: $A_\mathrm{m}/V \approx 1/t$ 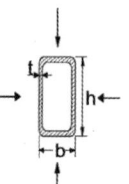
Flansch eines I-Querschnitts mit dreiseitiger Brandeinwirkung: $$A_\mathrm{m}/V = (b + 2t_\mathrm{f})/(bt_\mathrm{f})$$ Wenn $t \ll b$: $A_\mathrm{m}/V \approx 1/t_\mathrm{f}$ 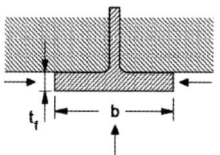	Geschweißter Kastenquerschnitt mit allseitiger Brandeinwirkung: $$\frac{A_\mathrm{m}}{V} = \frac{2(b + h)}{\text{Querschnittsfläche}}$$ Wenn $t \ll b$: $A_\mathrm{m}/V \approx 1/t$ 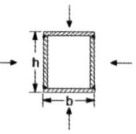
Winkel mit allseitiger Brandeinwirkung: $$A_\mathrm{m}/V = 2/t$$ 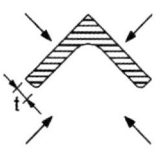	I-Querschnitt mit Kastenverstärkung und allseitiger Brandeinwirkung: $$\frac{A_\mathrm{m}}{V} = \frac{2(b + h)}{\text{Querschnittsfläche}}$$ 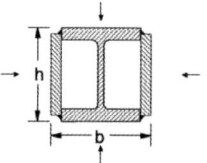
Flachstahl mit allseitiger Brandeinwirkung: $$A_\mathrm{m}/V = 2(b + t)/(bt)$$ Wenn $t \ll b$: $A_\mathrm{m}/V \approx 2/t$ 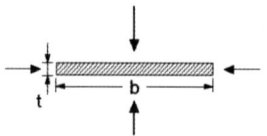	Flachstahl mit dreiseitiger Brandeinwirkung: $$A_\mathrm{m}/V = (b + 2t)/(bt)$$ Wenn $t \ll b$: $A_\mathrm{m}/V \approx 1/t$ 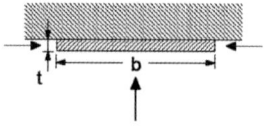

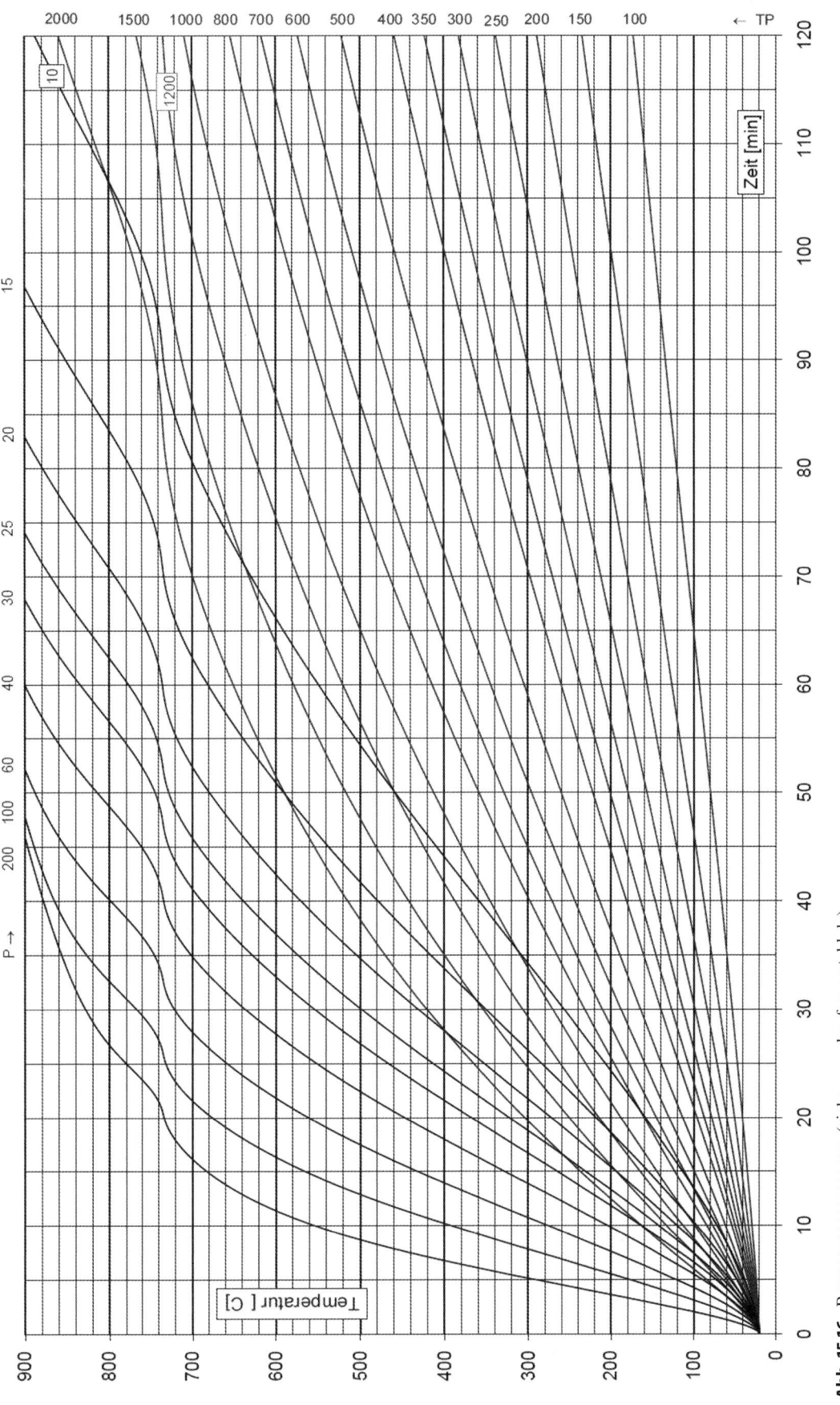

Abb. 15.16 Bemessungsnomogram (siehe www.bauforumstahl.de)

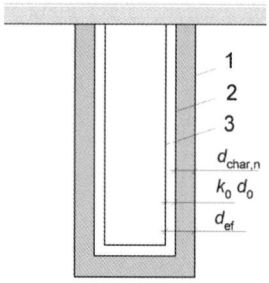

Abb. 15.17 Definition des verbleibenden Restquerschnitts (siehe Bild 4.1 in DIN EN 1995-1-2: 2010-12; Abs. 4.2.2). *1* Anfängliche Oberfläche des Bauteils, *2* Grenze des Restquerschnitts, *3* Grenze des ideellen Querschnitts

15.4.6.3 Vereinfachtes Rechenverfahren nach EC 5 für Holzbau

DIN EN 1995-1-2: 2010-12 in Verbindung mit DIN EN 1995-1-2/NA: 2010-12

15.4.6.3.1 Methode mit reduziertem Querschnitt

(A) **Ermittlung des reduzierten Querschnitts**

Der reduzierte Querschnitt ergibt sich nach DIN EN 1995-1-2: 2010-12; Abs. 4.2.2 aus dem Ausgangsquerschnitt abzüglich der ideellen Abbrandtiefe d_{ef} (siehe Abb. 15.17).

$$d_{ef} = d_{char,n} + k_0 d_0$$

mit

$$d_{char,n} = \beta_n t$$

(siehe DIN EN 1995-1-2: 2010-12, Abs. 3.4.2. (2))

β_n Abbrandrate

t Zeitdauer der Brandbeanspruchung

$d_0 = 7,0\,\text{mm}$

k_0 für ungeschützte Oberflächen und geschützte Oberflächen mit $t_{ch} \leq 20$ Minuten (siehe DIN EN 1995-1-2: 2010-12), siehe Tafel 15.31.

k_0 für geschützte Oberflächen mit $t_{ch} > 20$ Minuten (siehe DIN EN 1995-1-2: 2010-12, Bild 4.2), siehe Abb. 15.18.

t_{ch} Beginn des Abbrandes des geschütztes Bauteils mit

$$t_{ch} = \frac{h_p}{\beta_0}$$

(Gleichung siehe DIN EN 1995-1-2: 2010-12, Abs. 3.4.3.3) mit

h_p Dicke der Platte bzw. Gesamtdicke bei mehreren Lagen.

Tafel 15.31 Bestimmung k_0 (siehe Tabelle 4.1 aus DIN EN 1995-1-2: 2010-12, Abs. 4.2.2)

Zeit	k_0
$t < 20$ Minuten	$t/20$
$t \geq 20$ Minuten	$1,0$

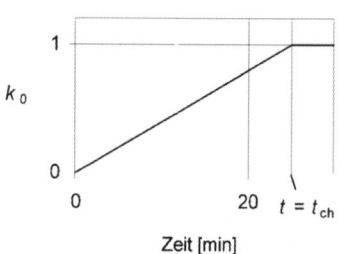

Abb. 15.18 Bestimmung k_0 (siehe Bild 4.2 in DIN EN 1995-1-2: 2010-12; Abs. 4.2.2)

Für Bekleidungen aus **einer Lage Gipsplatten** von Typ A, F oder H nach EN 520 außerhalb von Stößen oder im Bereich von verspachtelten Stößen oder offenen Stößen mit einer Breite von ≤ 2 mm ist anzunehmen

$$t_{ch} = 2,8\,h_p - 14$$

An Stellen im Bereich von offenen Stößen mit einer Breite von > 2 mm gilt

$$t_{ch} = 2,8\,h_p - 23$$

Für Bekleidungen aus **zwei Lagen Gipsplatten** von **Typ A oder H** ist für h_p die Dicke der äußeren Lage und 50 % der Dicke der inneren Lage anzunehmen.
Voraussetzung: Abstand der Verbindungsmittel der inneren Lage nicht größer als Abstand der Verbindungsmittel der äußeren Lage.

Für Bekleidungen aus **zwei Lagen Gipsplatten** von **Typ F** ist für h_p die Dicke der äußeren Lage und 80 % der Dicke der inneren Lage anzunehmen.
Voraussetzung: Abstand der Verbindungsmittel der inneren Lage nicht größer als Abstand der Verbindungsmittel der äußeren Lage.

Für **Balken und Stützen** die von Steinwolle (Mindestdicke 20 mm, einer Mindestrohdichte von 26 kg/m³, Schmelzpunkt $T \geq 1000\,°\text{C}$) geschützt werden gilt außerhalb von Stößen, im Bereich von verspachtelten Stößen oder offenen Stößen mit einer Breite von ≤ 2 mm

$$t_{ch} = 0,07\,(h_{ins} - 20)\,\sqrt{\rho_{ins}}$$

h_{ins} Dicke des Wärmedämmstoffs in mm
ρ_{ins} Rohdichte des Wärmedämmstoffs in kg/m³

(B) **Bestimmung der im Brandfall vorhandenen Spannungen**

Die Ermittlung der vorhandenen Spannungen erfolgt aus den Einwirkungen im Brandfall (außergewöhnliche Bemessungssituation) und dem ermittelten Restquerschnitt.

(C) **Bestimmung der im Brandfall anzusetzenden Festigkeiten und Steifigkeiten**

Die Festigkeits- und Steifigkeitseigenschaften für den Restquerschnitt entsprechen denen der Kaltbemessung (siehe DIN EN 1995-1-2: 2010-12, Abs. 4.2.2).

Tafel 15.32 Bemessungswerte der Abbrandraten (siehe Tabelle 3.1 aus DIN EN 1995-1-2: 2010-12, Abs. 3.4.2)

Material	β_0 [mm/min]	β_n [mm/min]
a) Nadelholz und Buche		
Brettschichtholz mit einer charakteristischen Rohdichte von $\geq 290\,\text{kg/m}^3$	0,65	0,7
Vollholz mit einer charakteristischen Rohdichte von $> 290\,\text{kg/m}^3$	0,65	0,8
b) Laubholz		
Vollholz oder Brettschichtholz mit einer charakteristischen Rohdichte von $\geq 290\,\text{kg/m}^3$	0,65	0,7
Vollholz oder Brettschichtholz mit einer charakteristischen Rohdichte von $\geq 450\,\text{kg/m}^3$	0,50	0,55
c) Furnierschichtholz		
Mit einer charakteristischen Rohdichte von $\geq 480\,\text{kg/m}^3$	0,65	0,7
d) Platten		
Holzbekleidungen	0,9[a]	–
Sperrholz	1,0[a]	–
Holzwerkstoffplatten außer Sperrholz	0,9[a]	–

[a] Die Werte gelten für eine charakteristische Rohdichte von $450\,\text{kg/m}^3$ und eine Werkstoffdicke von 20 mm, für andere Werkstoffdicken und Rohdichten, siehe 3.4.2 (9)

(D) **Bestimmung der Knick- und Kippbeiwerte**

Die Knick- und Kippbeiwerte sind entsprechend der Regeln der Kaltbemessung nach DIN EN 1995-1-1: 2010-12, Abs. 6.3 zu ermitteln. Dabei ist die Brandfall vorhandene Aussteifungskonstruktion zu berücksichtigen.

(E) **Nachweis für die vorhandene Feuerwiderstandsdauer**

Die erforderliche Nachweisführung entspricht die den Regeln der Kaltbemessung nach DIN EN 1995-1-1: 2010-12, Abs. 6.

Die Bemessungswerte der anzusetzenden Materialeigenschaften sind mit dem Modifikationsfaktor $k_{\text{mod,fi}} = 1,0$ zu ermitteln (siehe DIN EN 1995-1-2: 2010-12, Abs. 4.2.2 (5)).

15.4.6.3.2 Methode mit reduziertem Bauteileigenschaften

(A) **Ermittlung des Restquerschnitts**

A_r Fläche des Restquerschnittes in m²

p Umfang des dem Feuer ausgesetzten Restquerschnitts in m

Die Fläche sowie der Umfang des Restquerschnitts ist abhängig von der Anzahl der brandbeanspruchten Seiten des zu berechnenden Bauteils. Dabei ist der ursprüngliche Querschnitt mit dem Wert der ideellen Abbrandrate $d_{\text{char,n}}$ im Bereich der brandbeanspruchten Bereiche abzumindern.

$$d_{\text{char,n}} = \beta_n t$$

(Gleichung siehe DIN EN 1995-1-2: 2010-12, Abs. 3.4.2 (2))

β_n Abbrandrate

t Zeitdauer der Brandbeanspruchung

(siehe Tafel 15.32).

(B) **Bestimmung der im Brandfall vorhandenen Spannungen**

Die Ermittlung der vorhandenen Spannungen erfolgt aus den Einwirkungen im Brandfall (außergewöhnliche Bemessungssituation) und dem ermittelten Restquerschnitt.

(C) **Bestimmung des Modifikationsbeiwertes für den Brandfall**

für $t \geq 20$ Minuten gilt nach DIN EN 1995-1-2: 2010-12, Abs. 4.2.3 (3):

für die Biegefestigkeit:

$$k_{\text{mod,fi}} = 1,0 - \frac{1}{200}\frac{p}{A_r}$$

für die Druckfestigkeit:

$$k_{\text{mod,fi}} = 1,0 - \frac{1}{125}\frac{p}{A_r}$$

für die Zugfestigkeit und E-Modul:

$$k_{\text{mod,fi}} = 1,0 - \frac{1}{330}\frac{p}{A_r}$$

Weitere Berechnungsansätze nach DIN EN 1995-1-2, 4.2.3 werden hier nicht betrachtet, da bauordnungsrechtlich Feuerwiderstandsdauern von mindestens 30 Minuten gefordert werden.

(D) **Bestimmung der im Brandfall anzusetzenden Festigkeiten und Steifigkeiten**

Bemessungswert der Festigkeit im Brandfall nach DIN EN 1995-1-2: 2010-12, Abs. 2.3

$$f_{\text{d,fi}} = k_{\text{mod,fi}} \frac{f_{20}}{\gamma_{\text{m,fi}}}$$

15

Tafel 15.33 Werte für k_{fi} (siehe Tabelle 2.1 aus DIN EN 1995-1-2: 2010-12, Abs. 2.3)

Material	k_{fi}
Massivholz	1,25
Brettschichtholz	1,15
Holzwerkstoffe	1,15
Furnierschichtholz	1,1
Auf Abscheren beanspruchte Verbindungen mit Seitenteilen aus Holz oder Holzwerkstoffen	1,15
Auf Abscheren beanspruchte Verbindungen mit außen liegenden Stahlblechen	1,05
Auf Herausziehen beanspruchte Verbindungsmittel	1,05

$\gamma_{\text{M,fi}}$ Teilsicherheitsbeiwert für Holz im Brandfall ($=1,0$) (siehe DIN EN 1995-1-2: 2010-12, Abs. 2.3)

$$f_{20} = k_{\text{fi}} f_{\text{k}}$$

(Gleichung 2.4 nach DIN EN 1995-1-2: 2010-12) k_{fi} siehe Tafel 15.33.

Für die charakteristische Festigkeit f_{k} gilt der Wert aus der Kaltbemessung

- Vollholz nach DIN EN 338
- Brettschichtholz nach EN 1194

Bemessungswert der Steifigkeitseigenschaft (E-Modul und Schubmodul) im Brandfall

$$S_{\text{d,fi}} = k_{\text{mod,fi}} \frac{S_{20}}{\gamma_{\text{M,fi}}}$$

$$S_{20} = k_{\text{fi}} S_{05}$$

(Gleichung 2.5 nach DIN EN 1995-1-2: 2010-12) S_{05} 5 %-Fraktilwert einer Steifigkeitseigenschaft (E-Modul oder Schubmodul) bei Normaltemperatur

- Vollholz nach DIN EN 338
- Brettschichtholz nach EN 1194

(E) **Bestimmung der Knick- und Kippbeiwerte**

Die Knick- und Kippbeiwerte werden unter Berücksichtigung der nach (D) berechneten Festigkeiten und Steifigkeiten sowie der im Brandfall vorhandenen Aussteifungskonstruktionen ermittelt und entsprechen den Regeln der Kaltbemessung nach DIN EN 1995-1-1: 2010-12, Abs. 6.3.

(F) **Nachweis für die vorhandene Feuerwiderstandsdauer**

Die erforderliche Nachweisführung entspricht die den Regeln der Kaltbemessung nach DIN EN 1995-1-1: 2010-12, Abs. 6.

Literatur

1. *Mehl, F.:* Richtlinien für die Erstellung und Prüfung von Brandschutzkonzepten. In: Brandschutz bei Sonderbauten, Praxisseminar 2004. TU Braunschweig, IBMB, Heft 178, Seite 109–134.
2. *Klingsohr, K.; Messerer, J.:* Vorbeugender baulicher Brandschutz. 7. Auflage. Stuttgart: W. Kohlhammer, 2005.
3. *Schneider, U.; Lebeda, Ch.:* Baulicher Brandschutz. Stuttgart: Kohlhammer, 2000.
4. *Kordina, K.; Meyer-Ottens, C.:* Beton Brandschutz Handbuch. Düsseldorf: Bau+Technik, 1999.
5. *Hass, R.; Meyer-Ottens, C.; Richter, E.:* Stahlbau Brandschutz Handbuch. Berlin: Ernst & Sohn, 1994.
6. *Deutsche Gesellschaft für Holzforschung e. V. (Hrsg.):* Holz Brandschutz Handbuch. 3. Auflage. Berlin: Ernst & Sohn, 2009.
7. *Hass, R.; Meyer-Ottens, C.; Quast, U.:* Verbundbau Brandschutz Handbuch. Berlin: Ernst & Sohn, 2000.
8. *Mayr, J.; Battran, L.:* Brandschutzatlas. Köln: Feuertrutz, 2017.
9. *Gätdke, H.; Temme, H.-G.; Heintz, D.:* BauO, Kommentar 11. Auflage. Düsseldorf: Werner 2008.
10. *Hosser, D.:* Brandschutz in Europa – Bemessung nach Eurocodes. Berlin: Beuth, 2012.
11. *Mehl, F.:* Ingenieurmäßige Nachweise zum vorbeugenden baulichen Brandschutz. In: Der Prüfingenieur 23, Oktober 2003. Seite 29–37.
12. *Schneider, U.:* Ingenieurmethoden im Brandschutz. Düsseldorf: Werner, 2009.
13. *vfdb-Leitfaden (TB 04/01):* Ingenieurmethoden des Brandschutzes herausgegeben von Dietmar Hosser. 3. Auflage, November 2013.
14. *vfdb-Richtlinien 01/01:* Brandschutzkonzept. Ausgabe 2008–04.
15. *Prendke, K.:* Lexikon der Feuerwehr. 3. Auflage. Stuttgart: Kohlhammer, 2005.
16. *Tretzel, F.:* Handbuch der Feuerbeschau. 4. Auflage. Stuttgart: Kohlhammer, 2007.
17. *Kircher, F.:* Brandschutz im Bild. Kissing: WEKA, 2008.
18. *Löbbert, A; Pohl, K. D.; Thomas, K.-W.:* Brandschutzplanung für Architekten und Ingenieure. Köln: Rudolf Müller, 2007.
19. *Heilmann, S.:* Fehler in der Brandschutzplanung. In: Nabil A. Fouad (Hrsg.): Bauphysik Kalender 2016. Berlin: Ernst & Sohn, 2016.
20. DIN-Taschenbuch 300. Brandschutz, Teil 1 bis 6. Berlin: Beuth, 2017.
21. DIN Taschenbuch: Bauen in Europa, Brandschutzbemessung Eurocode 1 bis 6 und 9 (NAD). Berlin: Beuth, 2012.
22. *Weller, B.; Heilmann, S.: Brandschutz.* In: Wetzell, O. W. (Hrsg.): Wendehorst Beispiele aus der Baupraxis. Wiesbaden: B. G. Teubner, 2015.
23. *Heilmann, S.:* Praxishandbuch I – Brandschutz in Kindergärten, Schulen und Hochschulen. Pirna: Verlag für Brandschutzpraxis, 2012.
24. *Heilmann, S.:* Geschichte des Brandschutzes vom Späten Mittelalter bis zur Moderne. 2. Auflage. Pirna: vfbp, 2017.
25. *Heilmann, S.:* DBV-Merkblatt: Bauen im Bestand – Brandschutz. Berlin: Deutscher Beton- und Bautechnik Verein, 2008.

Bauphysik

Prof. Dr.-Ing. Martin Homann

16

Inhaltsverzeichnis

16.1 Wärmeschutz 1067
    16.1.1 Formelzeichen 1067
    16.1.2 Wärmeschutztechnische Größen (Zahlenwerte
         s. Abschn. 16.3) 1068
    16.1.3 Mindestwärmeschutz im Winter gemäß DIN 4108-2 1075
    16.1.4 Mindestanforderungen an den sommerlichen
         Wärmeschutz gemäß DIN 4108-2 1079
    16.1.5 Luftdichtheit von Gebäuden und Außenbauteilen 1085
    16.1.6 Energiesparender Wärmeschutz nach der
         Energieeinsparverordnung 1086
    16.1.7 Einsatz erneuerbarer Energien nach dem
         Erneuerbare-Energien-Wärmegesetz 1099
16.2 Feuchteschutz 1100
    16.2.1 Formelzeichen 1100
    16.2.2 Ziele des Feuchteschutzes 1100
    16.2.3 Feuchteschutztechnische Größen 1100
    16.2.4 Tauwasserausfall im Bauteilinneren 1105
    16.2.5 Tauwasserbildung auf Bauteiloberflächen 1109
    16.2.6 Schlagregenschutz 1110
16.3 Tafeln zum Wärme- und Feuchteschutz 1112
16.4 Schallschutz im Hochbau 1142
    16.4.1 Formelzeichen 1142
    16.4.2 Schalltechnische Größen und Begriffe 1145
    16.4.3 Grundsätzliches Verhalten ein- und zweischaliger
         Bauteile 1146
    16.4.4 Anforderungen an den Schallschutz nach
         DIN 4109-1 1148
    16.4.5 Luftschallübertragung zwischen Räumen 1159
    16.4.6 Trittschallübertragung 1165
    16.4.7 Luftschallübertragung von Außenlärm 1171
    16.4.8 Trinkwasserinstallation 1172

16.1 Wärmeschutz

16.1.1 Formelzeichen

A Fläche, in m^2

A_G Nettogrundfläche, in m^2

A_f Fläche von Fensterrahmen, in m^2

A_g Fläche von Verglasungen, in m^2

A_v Fläche von Lüftungsöffnungen, in m^2

A_w Fensterfläche, in m^2

B' charakteristisches Bodenplattenmaß, in m

C_{wirk} wirksame Wärmespeicherfähigkeit, in kJ/K bzw. W h/K

F_c Abminderungsfaktor für Sonnenschutzvorrichtungen, [–]

P Umfang der Bodenplatte, in m

R Wärmedurchlasswiderstand, in m^2 K/W

R_g Wärmedurchlasswiderstand von Luft, in m^2 K/W

R_{se} Wärmeübergangswiderstand innen, in m^2 K/W

R_{si} Wärmeübergangswiderstand außen, in m^2 K/W

R_T Wärmedurchgangswiderstand, in m^2 K/W

R_T' oberer Grenzwert des Wärmedurchgangswiderstandes, in m^2 K/W

R_T'' unterer Grenzwert des Wärmedurchgangswiderstandes, in m^2 K/W

S Sonneneintragskennwert, [–]

S_x anteiliger Sonneneintragskennwert, [–]

U Wärmedurchgangskoeffizient, in W/(m^2 K)

U_f Wärmedurchgangskoeffizient von Fensterrahmen, in W/(m^2 K)

U_g Wärmedurchgangskoeffizient von Verglasungen, in W/(m^2 K)

V Volumen, in m^3

$\dot{V}$ Volumenstrom, in m^3/h

c spezifische Wärmekapazität, in kJ/(kg K) bzw. W h/(kg K)

d Dicke, in m

f Flächenanteil, [–]

M. Homann ✉
Fachbereich Bauingenieurwesen, Fachhochschule Münster,
Corrensstraße 25, 48149 Münster, Deutschland

© Springer Fachmedien Wiesbaden GmbH 2018
U. Vismann (Hrsg.), *Wendehorst Bautechnische Zahlentafeln*, https://doi.org/10.1007/978-3-658-17936-6_16

f Entwässerungsfaktor, [–]

f_{Rsi} Temperaturfaktor, [–]

f_{WG} grundflächenbezogener Fensterflächenanteil, [–]

g Gesamtenergiedurchlassgrad, [–]

g_{total} Gesamtenergiedurchlassgrad einschließlich Sonnenschutzvorrichtungen, [–]

l Länge, in m

m' flächenbezogene Masse, in kg/m^2

n Luftwechselrate, in h^{-1}

n_f Anzahl von Befestigungselementen, [–]

p durchschnittliche örtliche Niederschlagsmenge, in mm/Tag

q Wärmestromdichte, in W/m^2

q gebäudehüllflächenbezogene Luftwechselrate, in m h^{-1}

u Feuchtegehalt, in % bzw. [–]

x Faktor für Wärmeverluste infolge von Regenwasser, [–]

Φ Wärmestrom, in W

θ Temperatur, in °C

$\theta_{b,op}$ operative Innentemperatur, in °C

θ_e Lufttemperatur außen, in °C

$\theta_{h,soll}$ Soll-Raumtemperatur für Heizzwecke, in °C

θ_i Lufttemperatur innen, in °C

θ_{se} Oberflächentemperatur außen, in °C

θ_{si} Oberflächentemperatur innen, in °C

α Koeffizient, [–]

λ Wärmeleitfähigkeit, in W/(m K)

ρ Rohdichte, in kg/m^3

τ Lichttransmissionsgrad, [–]

χ punktbezogener Wärmedurchgangskoeffizient, in W/K

Ψ längenbezogener Wärmedurchgangskoeffizient, in W/(m K).

16.1.2 Wärmeschutztechnische Größen (Zahlenwerte s. Abschn. 16.3)

16.1.2.1 Wärmeleitfähigkeit λ

Baustoffe Wärmeenergie wird in Stoffen unterschiedlich gut weitergeleitet. Diese Stoffeigenschaft wird als Wärmeleitfähigkeit λ bezeichnet. Sie hängt von der Temperatur, der Rohdichte und dem Wassergehalt des Stoffes ab. Wärmeleitfähigkeiten sind im Allgemeinen auf eine Temperatur von 10 °C und einen Ausgleichsfeuchtegehalt bezogen.

Wärmeleitfähigkeiten λ und weitere Stoffeigenschaften sind in den Tafeln 16.24 bis 16.26 zusammengefasst. Als Randbedingung wurde ein Feuchtegehalt bei 23 °C und 80 % relativer Luftfeuchte zugrunde gelegt. Werte für Ausgleichsfeuchtegehalte u können den Tafeln 16.27 und 16.28 entnommen werden.

Die Stoffwerte der DIN 4108-4 [3] oder der DIN EN ISO 10456 [23] sind für die Berechnung der wärmetechnischen Größen zu verwenden. Kenngrößen, die dort nicht enthalten sind, dürfen nur dann benutzt werden, wenn sie nach den Vorschriften der Bauregellisten bestimmt und im Bundesanzeiger bekannt gemacht worden sind.

Anwendungshinweise für Wärmedämmstoffe DIN 4108-10 [6] regelt die verschiedenen Anwendungsgebiete für Wärmedämmungen (Tafel 16.29). Im Einzelnen legt sie Mindestanforderungen für Anwendungsgebiete umfangreich fest. Die in der Norm geregelten Dämmstoffarten sind in Tafel 16.30 zusammengestellt. Die Produkteigenschaften werden gemäß Tafel 16.31 differenziert.

Dämmstoffe werden unter Angabe des Materials, der Wärmeleitfähigkeit λ und dem Anwendungstyp definiert, z. B. für eine Mineralwolleplatte für die Trittschalldämmung unter einem schwimmenden Estrich:

$$\text{MW 035 DES dg sg}$$

„MW" steht für „Mineralwolle", „035" für die Wärmeleitgruppe, „DES" für das Anwendungsgebiet „Innendämmung der Decke oder Bodenplatte (oberseitig) unter Estrich mit Schallschutzanforderungen" sowie „dg" für „geringe Druckbelastbarkeit" des Dämmstoffes und „sg" für „Trittschalldämmung, geringe Zusammendrückbarkeit".

Erdreich Folgende wärmetechnische und weitere Eigenschaften verschiedener Erdreicharten können den Tafeln 16.32 und 16.33 entnommen werden:

- Wärmeleitfähigkeit λ in W/(m K)
- volumenbezogene Wärmekapazität $\rho \cdot c$ in J/(m^3 K)
- Trockenrohdichte ρ in kg/m^3
- massebezogener Feuchtegehalt u in %
- Sättigungsgrad in %

16.1.2.2 Wärmedurchlasswiderstand R

16.1.2.2.1 Wärmedurchlasswiderstand R von Baustoffschichten

Im Allgemeinen ist der Wärmedurchlasswiderstand R einer homogenen Baustoffschicht der Quotient aus Schichtdicke d und der Wärmeleitfähigkeit λ:

$$R = \frac{d}{\lambda} \quad \text{in m}^2\,\text{K/W} \tag{16.1}$$

Für ein Bauteil mit n Schichten gilt:

$$R = \frac{d_1}{\lambda_1} + \frac{d_2}{2} + \cdots + \frac{d_n}{\lambda_n} \quad \text{in m}^2\,\text{K/W} \tag{16.2}$$

16.1.2.2.2 Wärmedurchlasswiderstand R von Decken

Der Wärmedurchlasswiderstand R von Decken mit nicht homogenem Schichtaufbau wird tabellarisch nach Tafel 16.34 ermittelt. Dort sind folgende Deckenarten berücksichtigt:

- Stahlbetonrippen- und Stahlbetonbalkendecken
- Stahlsteindecken aus Deckenziegeln
- Stahlbetonhohldielen.

16.1.2.2.3 Wärmedurchlasswiderstand R_u unbeheizter Dachräume

Für eine Dachkonstruktion mit ebener gedämmter Decke und einem Schrägdach kann der Dachraum so betrachtet werden, als wäre er eine wärmetechnisch homogene Schicht mit einem Wärmedurchlasswiderstand R_u gemäß Tafel 16.35. Die Werte beziehen sich auf Dachräume mit natürlicher Belüftung über einem beheizten Gebäudevolumen.

16.1.2.2.4 Wärmedurchlasswiderstand R_u anderer unbeheizter Räume

Grenzt ein unbeheizter Raum, z. B. eine Garage, ein Lagerraum oder ein Wintergarten, an ein beheiztes Gebäude an, kann der unbeheizte Raum zusammen mit seinen Außenbauteilkomponenten so behandelt werden, als wäre er eine zusätzliche homogene Schicht mit einem Wärmedurchlasswiderstand R_u, so dass er in die Ermittlung des Wärmedurchgangskoeffizienten U des Außenbauteils zwischen dem beheizten Innenraum und dem unbeheizten Raum mit einfließen kann.

$$R_u = \frac{A_i}{\sum_k (A_{e,k} \cdot U_{e,k}) + 0{,}33 \cdot n \cdot V} \quad \text{in W/(m}^2\text{ K)} \quad (16.3)$$

A_i Gesamtfläche aller Bauteile zwischen Innenraum und unbeheiztem Raum, in m^2

$A_{e,k}$ Fläche des Bauteiles k zwischen unbeheiztem Raum und Außenumgebung, in m^2

$U_{e,k}$ Wärmedurchgangskoeffizient des Bauteiles k zwischen unbeheiztem Raum und Außenumgebung, in W/(m^2 K)

n Luftwechselrate des unbeheizten Raums, in h^{-1}

V Volumen des unbeheizten Raums, in m^3.

Sofern die Einzelheiten der Bauweise der Außenbauteile des unbeheizten Raumes nicht bekannt sind, werden folgende Werte empfohlen: $U_{e,k} = 2$ W/(m^2 K) und $n = 3$ h^{-1}.

16.1.2.2.5 Wärmedurchlasswiderstand R_g von Luftschichten in Außenbauteilen

Die Wärmedurchlasswiderstände R_g gelten für den Fall, dass die Luftschichtdicke nicht mehr als das 0,1-fache der kleineren der beiden Flächenabmessungen ist, jedoch den Betrag von 0,3 m nicht übersteigt. Vorausgesetzt wird, dass beide Flächen parallel zueinander verlaufen, dass sie jeweils einen Emissionsgrad von 0,8 besitzen und dass der Wärmestrom senkrecht zu den Flächen gerichtet ist. Außerdem darf kein Luftaustausch zwischen der Luftschicht und dem Innenraum erfolgen. Bei der wärmetechnischen Beurteilung von Luftschichten in Außenbauteilen wird in Abhängigkeit von der Größe der Öffnungen A_v zur Außenumgebung nach ruhenden, schwach belüfteten und stark belüfteten Luftschichten unterschieden.

Ruhende Luftschichten

- $A_v \leq 500$ mm^2/m (bezogen auf die horizontale Kantenlänge des Bauteils) bei vertikalen Luftschichten
- $A_v \leq 500$ mm^2/m^2 (bezogen auf die Oberfläche des Bauteils) bei horizontalen Luftschichten.

Werte des Wärmedurchlasswiderstandes R_g sind in Tafel 16.36 enthalten. Zu ruhenden Luftschichten zählen auch die Luftschichten bei zweischaligem Mauerwerk, das über Entwässerungsöffnungen in Form von vertikalen Fugen in der Außenschale verfügt.

Schwach belüftete Luftschichten

- 500 mm^2/m $< A_v < 1500$ mm^2/m (bezogen auf die horizontale Kantenlänge des Bauteils) bei vertikalen Luftschichten
- 500 mm^2/m $< A_v < 1500$ mm^2/m^2 (bezogen auf die Oberfläche des Bauteils) bei horizontalen Luftschichten.

Als Näherungswert kann der Wärmedurchlasswiderstand R_g unter Berücksichtigung der Lüftungsöffnung A_v sowie den Wärmedurchlasswiderständen $R_{g,u}$ und $R_{g,v}$ einer ruhenden und stark belüfteten Luftschicht wie folgt berechnet werden:

$$R_g = \frac{1500 - A_v}{1000} \cdot R_{g,u} + \frac{A_v - 500}{1000} \cdot R_{g,v} \quad \text{in m}^2\text{ K/W}$$
$$(16.4)$$

Stark belüftete Luftschicht

- $A_v \geq 1500$ mm^2/m (bezogen auf die horizontale Kantenlänge des Bauteils) bei vertikalen Luftschichten
- $A_v \geq 1500$ mm^2/m^2 (bezogen auf die Oberfläche des Bauteils) bei horizontalen Luftschichten.

Der Wärmedurchgangswiderstand einer Bauteilkomponente mit einer stark belüfteten Luftschicht ist zu bestimmen, indem der Wärmedurchlasswiderstand der Luftschicht und aller anderen Schichten zwischen Luftschicht und Außenumgebung vernachlässigt wird und ein äußerer Wärmeübergangswiderstand verwendet wird, der dem bei ruhender Luft entspricht. Alternativ darf der entsprechende Wert R_{si} aus Tafel 16.37 verwendet werden.

16.1.2.3 Wärmeübergangswiderstände R_{si} und R_{se}

Die Wärmeübergangswiderstände R_{si} und R_{se} kennzeichnen den Widerstand beim Wärmetransport der Raumluft zur raumseitigen Bauteiloberfläche und von der außenseitigen Bauteiloberfläche an die Außenluft. Durch die Wärme-

Abb. 16.1 Abschnitte und Schichten einer thermisch inhomogenen Bauteilkomponente (DIN EN ISO 6946) [20]. *D*: Wärmestromrichtung, *a*, *b*, *c*, *d*: Abschnitte, *1*, *2*, *3*: Schichten

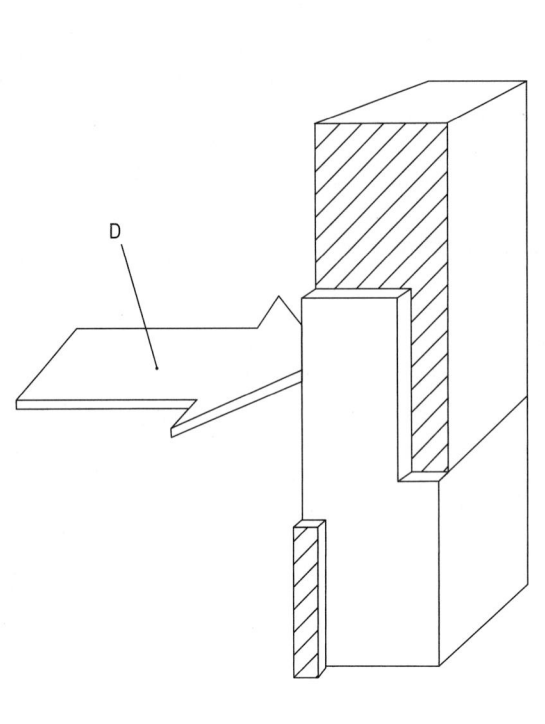

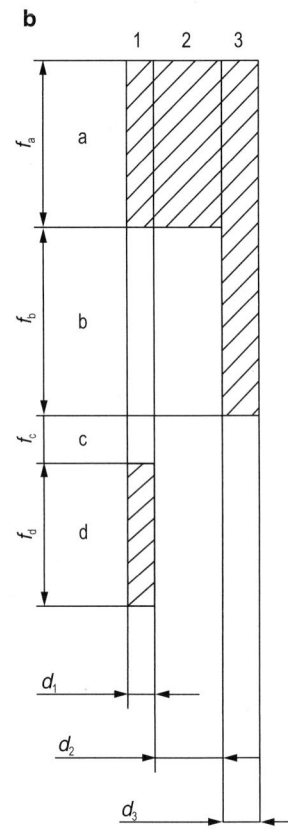

übergangswiderstände werden die Wärmetransportmechanismen Wärmekonvektion und Wärmestrahlung berücksichtigt. Werte für R_{si} und R_{se} in können Tafel 16.37 entnommen werden.

16.1.2.4 Wärmedurchgangswiderstand R_T

Er kennzeichnet den Wärmedurchgang durch das gesamte Bauteil und ergibt sich aus der Addition der Einzelwiderstände:

$$R_T = R_{si} + R + R_{se} \quad \text{in m}^2\,\text{K/W} \qquad (16.5)$$

16.1.2.5 Wärmedurchgangskoeffizient U

16.1.2.5.1 Wärmedurchgangskoeffizient U von Bauteilen aus homogenen Schichten

Der Wärmedurchgangskoeffizient U ist der Kehrwert des Wärmedurchgangswiderstandes R_T:

$$U = \frac{1}{R_T} \quad \text{in W/(m}^2\,\text{K)} \qquad (16.6)$$

Beispiele zur Berechnung von Wärmedurchgangskoeffizienten U von Bauteilen aus homogenen Schichten sind im Ergänzungsband „Wendehorst – Beispiele aus der Baupraxis", 6. Auflage, enthalten.

16.1.2.5.2 Wärmedurchgangskoeffizient U von Bauteilen aus homogenen und inhomogenen Schichten

Bei Anwendung der Gleichungen (16.5) und (16.6) wird vorausgesetzt, dass ein Bauteil in seiner gesamten Ausdehnung aus einer oder mehreren aufeinanderfolgenden, homogenen, senkrecht zum Wärmestrom angeordneten Schichten besteht. Liegen jedoch Abschnitte mit unterschiedlichem Materialaufbau in einer Schicht nebeneinander, muss bei der Berechnung des Wärmedurchgangskoeffizienten U der Wärmestrom, der in der inhomogenen Ebene zwischen den Stoffen mit unterschiedlichen wärmetechnischen Eigenschaften fließt, berücksichtigt werden. Das Bauteil wird vor Beginn der Berechnung in Abschnitte und Schichten aufgeteilt (Abb. 16.1). Mit nachfolgendem Rechenverfahren kann der Wärmedurchgangskoeffizient U eines Bauteils, das aus homogenen und inhomogenen Schichten besteht, mit ausreichender Genauigkeit berechnet werden. Dazu wird zunächst ein oberer Grenzwert R_T' des Wärmedurchgangswiderstandes und ein unterer Grenzwert R_T'' des Wärmedurchgangswiderstandes ermittelt. Der arithmetische Mittelwert aus diesen beiden Kenngrößen ist dann der Wärmedurchgangswiderstand R_T. Neben den unterschiedlichen Wärmeleitfähigkeiten der Baustoffe in einer Schicht werden auch die Flächenanteile f_i der Bauteilabschnitte benötigt, die sich aus den jeweiligen Flächen A_i und der gesamten Bauteilfläche A

berechnen lassen:

$$f_i = \frac{A_i}{A} \quad [-] \qquad (16.7)$$

Oberer Grenzwert R'_T des Wärmedurchgangswiderstandes Für jeden Abschnitt des Bauteils wird der Wärmedurchgangswiderstand R_T berechnet. Sind nebeneinanderliegende Abschnitte vorhanden, so ergibt sich der obere Grenzwert R'_T über die flächengewichteten Wärmedurchgangswiderstände R_T der Einzelabschnitte:

$$\frac{1}{R'_T} = \frac{f_a}{R_{Ta}} + \frac{f_b}{R_{Tb}} + \cdots + \frac{f_q}{R_{Tq}} \quad \text{in W/(m}^2\,\text{K)} \qquad (16.8)$$

Unterer Grenzwert R''_T des Wärmedurchgangswiderstandes Zunächst wird für jede thermisch inhomogene Schicht der Wärmedurchlasswiderstand R berechnet:

$$\frac{1}{R_j} = \frac{f_a}{R_{aj}} + \frac{f_b}{R_{bj}} + \cdots + \frac{f_q}{R_{qj}} \quad \text{in W/(m}^2\,\text{K)} \qquad (16.9)$$

Anschließend wird der untere Grenzwert R''_T bestimmt:

$$R''_T = R_{si} + R_1 + R_2 + \cdots + R_n + R_{se} \quad \text{in m}^2\,\text{K/W} \qquad (16.10)$$

Wärmedurchgangswiderstand R Der arithmetische Mittelwert aus oberem und unterem Grenzwert ergibt den Wärmedurchlasswiderstand R_T:

$$R_T = \frac{R'_T + R''_T}{2} \quad \text{in m}^2\,\text{K/W} \qquad (16.11)$$

Aus dessen Kehrwert wird gemäß (16.6) der Wärmedurchgangskoeffizient U gebildet.

Beispiele zur Berechnung von Wärmedurchgangskoeffizienten U von Bauteilen aus homogenen und inhomogenen Schichten sind im Ergänzungsband „Wendehorst – Beispiele aus der Baupraxis", 6. Auflage, enthalten.

16.1.2.5.3 Wärmedurchgangskoeffizient U von Bauteilen mit keilförmigen Schichten

Wenn eine Bauteilkomponente eine keilförmige Schicht besitzt, z. B. in äußeren Dachdämmschichten zur Herstellung einer Neigung, ändert sich der Wärmedurchlasswiderstand R über die Fläche der Bauteilkomponente. Der Wärmedurchgangskoeffizient U ist durch das Integral über die Fläche der betreffenden Bauteilkomponente definiert. Folgende Fälle sind zu unterscheiden:

Rechteckige Fläche (Abb. 16.2)

$$U = \frac{1}{R_2} \cdot \ln\left(1 + \frac{R_2}{R_0}\right) \quad \text{in W/(m}^2\,\text{K)} \qquad (16.12)$$

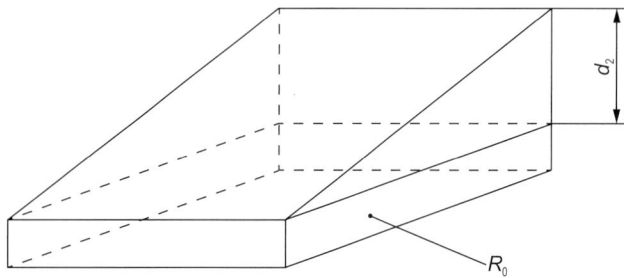

Abb. 16.2 Rechteckige Fläche (DIN EN ISO 6946) [20]. d_2: maximale Dicke der keilförmigen Schicht, R_0: Bemessungswert des Wärmedurchgangswiderstandes des restlichen Teiles, einschließlich der Wärmeübergangswiderstände auf beiden Seiten der Bauteilkomponente

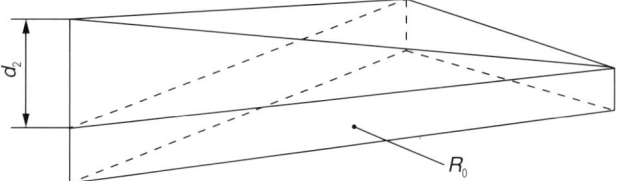

Abb. 16.3 Dreieckige Fläche, dickste Stelle am Scheitelpunkt (DIN EN ISO 6946) [20]. d_2: maximale Dicke der keilförmigen Schicht, R_0: Bemessungswert des Wärmedurchgangswiderstandes des restlichen Teiles, einschließlich der Wärmeübergangswiderstände auf beiden Seiten der Bauteilkomponente

Dreieckige Fläche, dickste Stelle am Scheitelpunkt (Abb. 16.3)

$$U = \frac{2}{R_2} \cdot \left[\left(1 + \frac{R_0}{R_2}\right) \cdot \ln\left(1 + \frac{R_2}{R_0}\right) - 1\right] \quad \text{in W/(m}^2\,\text{K)} \qquad (16.13)$$

Dreieckige Fläche, dünnste Stelle am Scheitelpunkt (Abb. 16.4)

$$U = \frac{2}{R_2} \cdot \left[1 - \frac{R_0}{R_2} \cdot \ln\left(1 + \frac{R_2}{R_0}\right)\right] \quad \text{in W/(m}^2\,\text{K)} \qquad (16.14)$$

Dreieckige Fläche, unterschiedliche Dicken an jedem Scheitelpunkt (Abb. 16.5)

$$U = 2 \cdot \left[\frac{\begin{array}{l}R_0 \cdot R_1 \cdot \ln\left(1 + \frac{R_2}{R_0}\right) - R_0 \cdot R_2 \cdot \ln\left(1 + \frac{R_1}{R_0}\right) \\ + R_1 \cdot R_2 \cdot \ln\left(1 + \frac{R_0 + R_2}{R_0 + R_1}\right)\end{array}}{R_1 \cdot R_2 \cdot (R_2 - R_1)}\right]$$
$$\text{in W/(m}^2\,\text{K)} \qquad (16.15)$$

Beispiele zur Berechnung von Wärmedurchgangskoeffizienten U von Bauteilen mit keilförmigen Schichten sind im Ergänzungsband „Wendehorst – Beispiele aus der Baupraxis", 6. Auflage, enthalten.

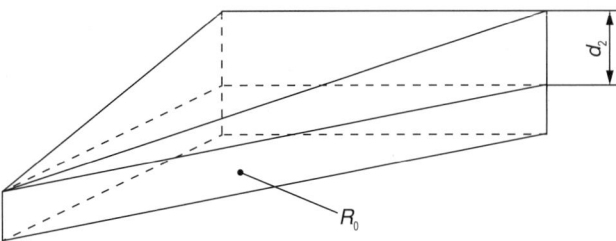

Abb. 16.4 Dreieckige Fläche, dünnste Stelle am Scheitelpunkt (DIN EN ISO 6946) [20]. d_2: maximale Dicke der keilförmigen Schicht, R_0: Bemessungswert des Wärmedurchgangswiderstandes des restlichen Teiles, einschließlich der Wärmeübergangswiderstände auf beiden Seiten der Bauteilkomponente

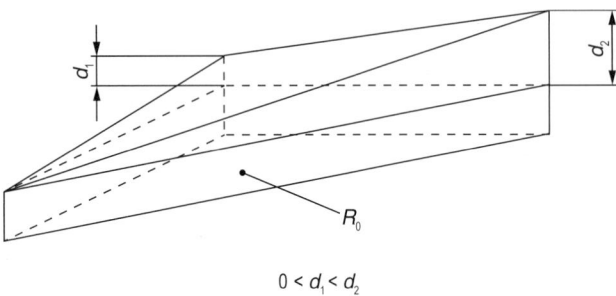

$$0 < d_1 < d_2$$

Abb. 16.5 Dreieckige Fläche, unterschiedliche Dicken an jedem Scheitelpunkt (DIN EN ISO 6946) [20]. d_1: mittlere Dicke der keilförmigen Schicht, d_2: maximale Dicke der keilförmigen Schicht, R_0: Bemessungswert des Wärmedurchgangswiderstandes des restlichen Teiles, einschließlich der Wärmeübergangswiderstände auf beiden Seiten der Bauteilkomponente

16.1.2.5.4   Wärmedurchgangskoeffizient U_w, Gesamtenergiedurchlassgrad g und Lichttransmissionsgrad τ von Fenstern, Fenstertüren und Dachflächenfenstern

Der Wärmedurchgangskoeffizient U_w wird rechnerisch gemäß DIN EN ISO 10077-1 [21] wie folgt ermittelt:

$$U_w = \frac{\sum A_g \cdot U_g + \sum A_f \cdot U_f + \sum l_g \cdot \Psi_g}{\sum A_g + \sum A_f} \quad \text{in W/(m}^2\,\text{K)}$$

(16.16)

U_g Flächenbezogener Wärmedurchgangskoeffizient der Verglasung, in $\text{W/(m}^2\,\text{K)}$

U_f Flächenbezogener Wärmedurchgangskoeffizient des Rahmens, in $\text{W/(m}^2\,\text{K)}$

Ψ_g Längenbezogener Wärmedurchgangskoeffizient infolge des kombinierten wärmetechnischen Einflusses von Verglasung, Abstandhalter und Rahmen, in W/(m K).

Bei Anwendung der Gleichung ist zu beachten, dass Fenster mit unterschiedlichen Abmessungen hinsichtlich der Verglasungsfläche, der Rahmenfläche und der Länge des Glasrandverbundes, aber mit gleichen Materialeigenschaften zu unterschiedlich hohen Wärmedurchgangskoeffizienten U_w führen. Zulässig ist auch die tabellarische Ermitt-

lung nach Tafel 16.38 bis Tafel 16.41. Bei Sprossenfenstern ist der Wärmedurchgangskoeffizient U_g von Mehrscheiben-Isolierverglasungen je nach Situation um einen Korrekturwert ΔU_g zu erhöhen (Tafel 16.42).

Gesamtenergiedurchlassgrade $g_\perp$ und Lichttransmissionsgrade τ können Tafel 16.43 entnommen werden.

Beispiele zur Berechnung des Wärmedurchgangskoeffizienten U_w von Fenstern sind im Ergänzungsband „Wendehorst – Beispiele aus der Baupraxis", 6. Auflage, enthalten.

16.1.2.5.5   Wärmedurchgangskoeffizient U_w, Gesamtenergiedurchlassgrad g und Lichttransmissionsgrad τ von Lichtkuppeln und Dachlichtbändern

Für Lichtkuppeln und Dachlichtbänder mit Verglasungen aus Kunststoffmaterialien bzw. Verglasungen in der Kombination von Kunststoffmaterialien und Glas können Wärmedurchgangskoeffizienten U, Gesamtenergiedurchlassgrade $g_\perp$ und Lichttransmissionsgrade τ_{D65} gemäß Tafel 16.44 angenommen werden.

16.1.2.5.6   Wärmedurchgangskoeffizient U_D von Außentüren und Toren

Der Wärmedurchgangskoeffizient U_D von Außentüren und Toren wird in Abhängigkeit von den konstruktiven Merkmalen ermittelt (Tafeln 16.45 und 16.46).

16.1.2.5.7   Wärmedurchgangskoeffizient U von Bauteilen gegen Erdreich und charakteristisches Bodenplattenmaß B'

Wärmeverluste über Bauteile, die an das Erdreich grenzen, werden u. a. von den Eigenschaften der verwendeten Baustoffe, von den Eigenschaften des Erdreichs und von geometrischen Parametern beeinflusst. Zur Berechnung der Wärmeübertragung über das Erdreich bietet DIN EN ISO 13370 [24] umfangreiche Ansätze. Im Zuge vereinfachter Berechnungen ist es möglich, in Abhängigkeit nur von der Geometrie und den wärmetechnischen Eigenschaften des erdreichberührenden Bauteils Temperaturkorrekturfaktoren zu ermitteln. Dabei wird das charakteristische Bodenplattenmaß B', das die Geometrie der Bodenplatte beschreibt, folgendermaßen ermittelt:

$$B' = \frac{A}{0,5 \cdot P} \quad \text{in m}$$

(16.17)

A Fläche der Bodenplatte, in m^2

P exponierter Umfang der Bodenplatte, in m.

16.1.2.5.8   Wärmedurchgangskoeffizient U von Bauteilen mit Abdichtung

Bei der Berechnung des Wärmedurchgangskoeffizienten U von Bauteilen mit Abdichtung sind die unter den Anfor-

Abb. 16.6 In eine Aussparung eingebaute Dachbefestigung (DIN EN ISO 6946) [20]. *1*: Kunststoffeinsatz, *2*: Verbindungselement, in eine Aussparung versenkt, *3*: Dämmschicht, *4*: Dachdecke, d_0 die Dicke der Dämmschicht, die das Befestigungselement enthält, d_1 die Dicke des Befestigungselementes, das die Dämmschicht durchdringt

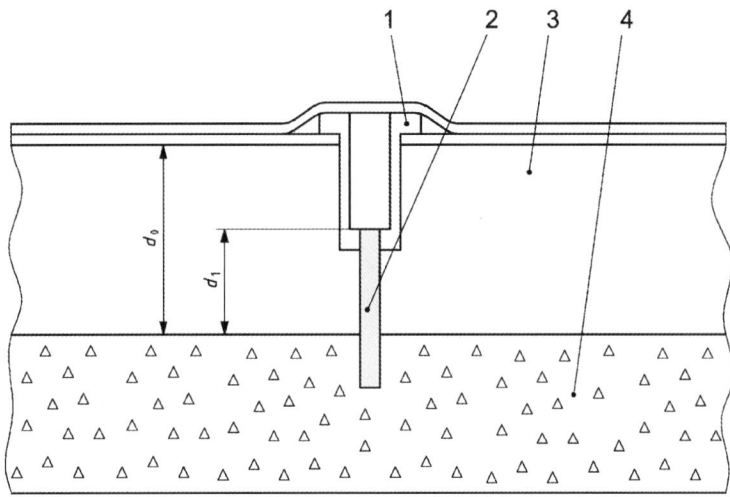

derungen des Mindestwärmeschutzes (Abschn. 16.1.3) genannten Regeln zu beachten. Für Umkehrdächer gelten die Zuschlagswerte ΔU gemäß Tafel 16.47.

16.1.2.5.9 Korrekturen ΔU von Wärmedurchgangskoeffizienten U

Korrekturen ΔU_g für Luftzwischenräume Die Korrektur ΔU_g für Luftzwischenräume wird wie folgt vorgenommen:

$$\Delta U_g = \Delta U'' \cdot \left(\frac{R_1}{R_{T,h}} \right) \quad \text{in W/(m}^2\text{K)} \qquad (16.18)$$

$\Delta U''$ Korrektur für Luftspalte gemäß Tafel 16.48, in W/(m²K)

R_1 Wärmedurchlasswiderstand der Schicht, die Luftspalte enthält, in m²K/W

$R_{T,h}$ Wärmedurchgangswiderstand des Bauteils ohne Berücksichtigung von Wärmebrücken, in m²K/W.

Korrektur ΔU_f für mechanische Befestigungselemente Die Korrektur ΔU_f des Wärmedurchgangskoeffizienten aufgrund der Wirkung von mechanischen Befestigungselementen kann unter Berücksichtigung des gemäß DIN EN ISO 10211 [22] ermittelten punktbezogenen Wärmedurchgangskoeffizienten χ in W/K und der Anzahl der Befestigungselemente n_f in m^{-2} detailliert berechnet werden:

$$\Delta U_f = n_f \cdot \chi \quad \text{in W/(m}^2\text{K)} \qquad (16.19)$$

ΔU_f kann alternativ in einem Näherungsverfahren bestimmt werden:

$$\Delta U_f = \alpha \cdot \frac{\lambda_f \cdot A_f \cdot n_f}{d_0} \cdot \left(\frac{R_1}{R_{T,h}} \right) \quad \text{in W/(m}^2\text{K)} \quad (16.20)$$

α Koeffizient [–]
– Befestigungselement durchdringt die Dämmschicht vollständig:

$$\alpha = 0,8$$

– Befestigungselement ist in eine Aussparung eingebaut (Abb. 16.6):

$$\alpha = 0,8 \cdot \frac{d_1}{d_0}$$

λ_f Wärmeleitfähigkeit des Befestigungselements, in W/(mK)

A_f Querschnittsfläche eines Befestigungselements, in m²

n_f Anzahl der Befestigungselemente, in m^{-2}

d_0 Dicke der Dämmschicht, die das Befestigungselement enthält, in m

R_1 Wärmedurchlasswiderstand der Dämmschicht, die von den Befestigungselementen durchdrungen wird, in m²K/W

$R_{T,h}$ Wärmedurchgangswiderstand des Bauteiles ohne Berücksichtigung von Wärmebrücken, in m²K/W.

Korrektur ΔU_r für Umkehrdächer mit Dämmungen aus Polystyrol-Extruderschaum (XPS) Der berechnete Wärmedurchgangskoeffizient U der Dachkonstruktion ist um das Maß ΔU_r zu korrigieren. Dadurch wird der zusätzliche Wärmeverlust berücksichtigt, der durch Wasser, das durch die im Dämmstoff befindlichen Fugen auf die Dachabdichtung strömt, verursacht wird:

$$\Delta U_r = p \cdot f \cdot x \cdot \left(\frac{R_1}{R_T} \right) \quad \text{in W/(m}^2\text{K)} \qquad (16.21)$$

p durchschnittliche örtliche Niederschlagsmenge während der Heizperiode, in mm/Tag

Abb. 16.7 Schematische Darstellung des Wärmedurchgangs
durch ein Außenbauteil

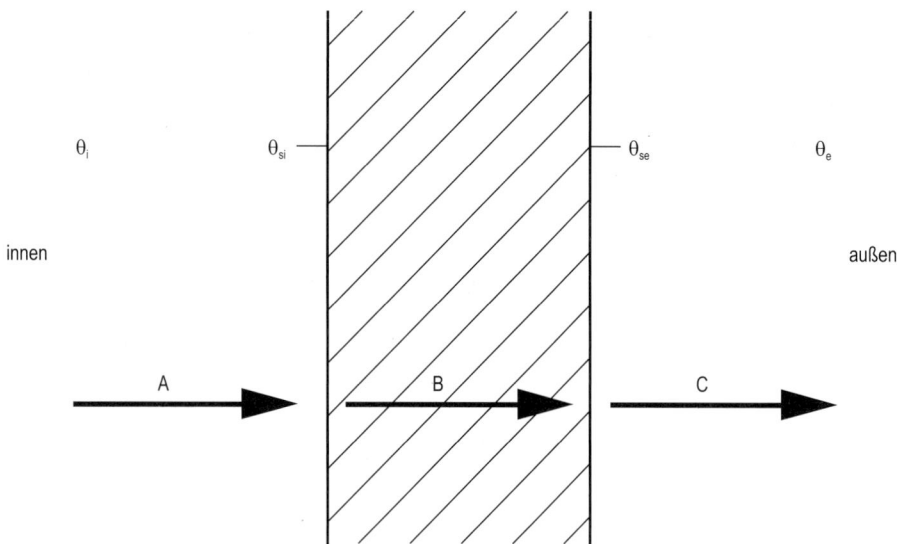

f Entwässerungsfaktor, der den Anteil an p, der die Dach-
dichtung erreicht, angibt [–]

x Faktor für den gestiegenen Wärmeverlust infolge von
Regenwasser, das auf die Dachabdichtung strömt [–]

R_1 Wärmedurchlasswiderstand der Dämmschicht, die auf
der Dachabdichtung liegt, in m^2 K/W

R_T Wärmedurchlasswiderstand der Konstruktion vor Anwendung der Korrektur, in m^2 K/W.

Im Falle von einlagigen Dämmschichten mit Stumpfstö-
ßen und offener Abdeckung, z. B. einer Kiesschüttung, auf
der Dachabdichtung ist $f \cdot x = 0{,}04$.

Gemäß DIN 4108-2 [1] kann der Korrekturwert ΔU_r für
Umkehrdächer auch nach Tafel 16.47 ermittelt werden.

16.1.2.6 Wärmestrom Φ, Wärmestromdichte q und Berechnung von Schichtgrenztemperaturen θ

Der Wärmestrom Φ bzw. die Wärmestromdichte q durch
ein Bauteil ergibt sich aus dem Wärmedurchgangskoeffizienten U, der Bauteilfläche A, der Temperatur θ_i innen und
der Temperatur θ_e außen:

$$\Phi = U \cdot A \cdot (\theta_i - \theta_e) \quad \text{in W} \tag{16.22}$$

$$q = U \cdot (\theta_i - \theta_e) \quad \text{in W/m}^2 \tag{16.23}$$

Der Wärmestrom ist instationär, wenn die Temperaturver-
änderungen zeitlich nicht konstant sind. Bei bautechnischen
Nachweisen zum Wärmeschutz im Hochbau werden in der
Regel stationäre Zustände und unendlich ausgedehnte, plattenförmige Bauteile betrachtet. Ecken und Anschlussberei-
che werden gesondert als Wärmebrücken berücksichtigt. Die
beschriebenen Berechnungsverfahren sind in Bereichen di-
vergierender oder konvergierender Wärmestromlinien nicht
anwendbar. Unter diesen Voraussetzungen wird der Wärme-

strom durch ein Bauteil in drei Einzelvorgänge aufgeteilt
(Abb. 16.7):

- Wärmestrom von der Innenraumluft zur raumseitigen
  Bauteiloberfläche (A)
- Wärmestrom durch das Bauteil (B)
- Wärmestrom von der außenseitigen Bauteiloberfläche zur
  Außenluft (C)

Da auf dem Weg von A über B nach C Wärme weder erzeugt noch vernichtet wird, ist die Wärmestromdichte q in
allen Bereichen gleich groß.

Im stationären Zustand ergeben sich folgende Bauteil-
Oberflächentemperaturen (Abb. 16.8):

$$\theta_{si} = \theta_i - q \cdot R_{si} \quad \text{in } °C \tag{16.24}$$

$$\theta_{se} = \theta_e + q \cdot R_{se} \quad \text{in } °C \tag{16.25}$$

Die Schichtgrenztemperaturen errechnen sich wie folgt:

$$\theta_1 = \theta_{si} - q \cdot R_1 \quad \text{in } °C \tag{16.26}$$

$$\theta_2 = \theta_1 - q \cdot R_2 \quad \text{in } °C \tag{16.27}$$

usw.

Beispiele zur Berechnung des Temperaturverlaufs in Außenbauteilen sind im Ergänzungsband „Wendehorst – Beispiele
aus der Baupraxis", 6. Auflage, enthalten.

16.1.2.7 Wirksame Wärmespeicherfähigkeit C_{wirk}

Die wirksame Wärmespeicherfähigkeit C_{wirk} (wirksame
Wärmekapazität) wird gemäß DIN EN ISO 13786 [25] unter Berücksichtigung der spezifischen Wärmekapazität c und
der Rohdichte ρ der verwendeten Baustoffe, der wirksamen
Schichtdicke d der Bauteile sowie der Bauteilflächen A er-

Abb. 16.8 Temperaturverlauf im mehrschichtigen Außenbauteil

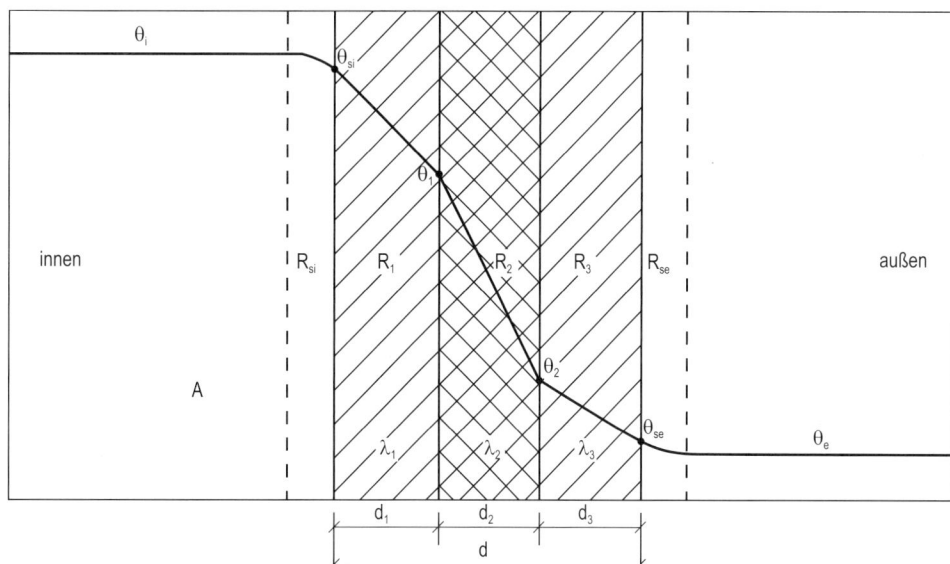

mittelt:

$$C_{\mathrm{wirk}} = \sum_i (c_i \cdot \rho_i \cdot d_i \cdot A_i) \quad \mathrm{in}\ \frac{\mathrm{kJ}}{\mathrm{K}}\ \mathrm{bzw.\ W\,h/K} \quad (16.28)$$

Die spezifische Wärmekapazität c kann Tafel 16.26 und Tafel 16.28 entnommen werden. Bei der vereinfachten Ermittlung der wirksamen Schichtdicke d sind folgende Regeln zu beachten:

- maximale Dicke 10 cm
- maximal halbe Bauteildicke, wenn beidseitig an Luft angrenzend
- maximal bis an eine Dämmschicht reichend (Dämmschicht: $\lambda < 0{,}1\ \mathrm{W/(m\,K)}$).

Beispiele zur Berechnung der wirksamen Wärmespeicherfähigkeit C_{wirk} sind im Ergänzungsband „Wendehorst – Beispiele aus der Baupraxis", 6. Auflage, enthalten.

16.1.3 Mindestwärmeschutz im Winter gemäß DIN 4108-2

16.1.3.1 Anwendungsbereich

Durch Einhaltung von Mindestanforderungen soll sich bei ausreichender Beheizung und Belüftung der Räume ein hygienisches Raumklima sowie ein dauerhafter Schutz der Baukonstruktion gegen klimabedingte Feuchteeinwirkungen sichergestellt werden. Dann ist auch zu erwarten, dass Tauwasser und Schimmelpilze nicht in schädlichem Maße entstehen. Der Mindestwärmeschutz muss an jeder Stelle vorhanden sein. Hierzu gehören auch Nischen u. a. Fenstern, Brüstungen von Fensterbauteilen, Fensterstürze, Wandbereiche auf der Außenseite von Heizkörpern und Rohrkanälen, insbesondere für ausnahmsweise in Außenwänden angeordnete wasserführende Leitungen.

Für die Wärmedämmung von flächigen Bauteilen und Wärmebrücken in der Gebäudehülle von Hochbauten werden Mindestanforderungen an die wärmetechnische Qualität festgelegt. Die Anforderungen gelten für Bauteile von Räumen, die auf übliche Innentemperaturen ($\theta \geq 19\,°\mathrm{C}$) und auf niedrige Innentemperaturen ($12\,°\mathrm{C} \leq \theta < 19\,°\mathrm{C}$) beheizt werden sowie für Räume, die über Raumverbund durch vorgenannte Räume beheizt werden. Die Anforderungen an Wärmebrücken gelten nicht für Räume, die niedrig beheizt werden.

16.1.3.2 Flächige Bauteile

16.1.3.2.1 Homogene Bauteile mit einer flächenbezogenen Masse von $m' \geq 100\ \mathrm{kg/m^2}$

Anforderungen an den Wärmedurchlasswiderstand R ein- und mehrschaliger Bauteile, die Räume gegen die Außenluft, gegen niedrig beheizte Bereiche, gegen Bereiche mit wesentlich niedrigeren Innentemperaturen oder gegen unbeheizte Bereiche abtrennen, können Tafel 16.1 entnommen werden.

16.1.3.2.2 Homogene Bauteile mit einer flächenbezogenen Masse von $m' < 100\ \mathrm{kg/m^2}$

Der Wärmedurchlasswiderstand ein- und mehrschaliger Bauteile muss mindestens $R = 1{,}75\ \mathrm{m^2\,K/W}$ betragen.

16.1.3.2.3 Inhomogene nichttransparente Bauteile

Bei thermisch inhomogenen Bauteilen, z. B. Skelett-, Rahmen- oder Holzständerbauweisen sowie Fassaden als Pfosten-Riegel-Konstruktionen, ist im Bereich des Gefachs ein Wärmedurchlasswiderstand von $R_{\mathrm{G}} \geq 1{,}75\ \mathrm{m^2\,K/W}$

Tafel 16.1 Mindestwerte für Wärmedurchlasswiderstände R (DIN 4108-2) [1]

Bauteil	Wärmedurchlasswiderstand[b] R [m^2 · K/W]
Wände beheizter Räume gegen Außenluft, Erdreich, Tiefgaragen, nicht beheizte Räume (auch nicht beheizte Dachräume oder nicht beheizte Kellerräume außerhalb der wärmeübertragenden Umfassungsfläche)	1,2[c]
Dachschrägen beheizter Räume gegen Außenluft	1,2
Decken beheizter Räume nach oben und Flachdächer	
gegen Außenluft	1,2
zu belüfteten Räumen zwischen Dachschrägen und Abseitenwänden bei ausgebauten Dachräumen	0,90
zu nicht beheizten Räumen, zu bekriechbaren oder noch niedrigeren Räumen	0,90
zu Räumen zwischen gedämmten Dachschrägen und Abseitenwänden bei ausgebauten Dachräumen	0,35
Decken beheizter Räume nach unten	
gegen Außenluft, gegen Tiefgarage, gegen Garagen (auch beheizte), Durchfahrten (auch verschließbare) und belüftete Kriechkeller[a]	1,75
gegen nicht beheizten Kellerraum	0,90
unterer Abschluss (z. B. Sohlplatte) von Aufenthaltsräumen unmittelbar an das Erdreich grenzend bis zu einer Raumtiefe von 5 m	
über einem nicht belüfteten Hohlraum, z. B. Kriechkeller, an das Erdreich grenzend	
Bauteile an Treppenräumen	
Wände zwischen beheiztem Raum und direkt beheiztem Treppenraum, Wände zwischen beheiztem Raum und indirekt beheiztem Treppenraum, sofern die anderen Bauteile des Treppenraums die Anforderungen dieser Tafel erfüllen	0,07
Wände zwischen beheiztem Raum und indirekt beheiztem Treppenraum, wenn nicht alle anderen Bauteile des Treppenraums die Anforderungen dieser Tafel erfüllen	0,25
oberer und unterer Abschluss eines beheizten oder indirekt beheizten Treppenraumes	wie Bauteile beheizter Räume
Bauteile zwischen beheizten Räumen	
Wohnungs- und Gebäudetrennwände zwischen beheizten Räumen	0,07
Wohnungstrenndecken, Decken zwischen Räumen unterschiedlicher Nutzung	0,35

[a] Vermeidung von Fußkälte
[b] bei erdberührten Bauteilen: konstruktiver Wärmedurchlasswiderstand
[c] bei niedrig beheizten Räumen 0,55 m^2 · K/W

einzuhalten. Zusätzlich gilt für das gesamte Bauteil im Mittel ein ein Anforderungswert von $R_\mathrm{m} \geq 1,0\,\mathrm{m^2\,K/W}$.

16.1.3.2.4 Transparente und teiltransparente Bauteile
Der Wärmedurchlasswiderstand opaker Ausfachungen von transparenten und teiltransparenten Bauteilen der wärmeübertragenden Umfassungsfläche, z. B. Vorhangfassaden, Pfosten-Riegel-Konstruktionen, Glasdächer, Fenster, Fenstertüren und Fensterwände, muss mindestens $R = 1,2\,\mathrm{m^2\,K/W}$ aufweisen (bzw. $U_\mathrm{p} \leq 0,73\,(\mathrm{W/m^2\,K})$). Die Rahmen sind mit $U_\mathrm{f} \leq 2,9\,(\mathrm{W/m^2\,K})$ gemäß DIN EN ISO 10077-1 [21] auszuführen. Transparente Teile sind mindestens mit Isolierglas oder zwei Glasscheiben, z. B. als Verbund- oder Kastenfenster, auszuführen.

16.1.3.2.5 Bauteile mit Abdichtungen
Wenn Bauteile gegen Wassereinwirkung zu schützen sind, dürfen bei der Berechnung des Wärmedurchlasswiderstandes R nur solche Schichten berücksichtigt werden, die zwi-

schen der raumseitigen Bauteiloberfläche und der Abdichtung angeordnet sind. Unter bestimmten Voraussetzungen sind Wärmedämmsysteme als Umkehrdach und als Perimeterdämmung von dieser Festlegung ausgenommen.

Wärmedämmsysteme als Umkehrdach unter Verwendung von Dämmstoffplatten aus extrudergeschäumtem Polystyrolschaumstoff nach DIN EN 13164 [12] in Verbindung mit DIN 4108-10 [6], die mit einer Kiesschicht oder mit einem Betonplattenbelag, z. B. Gehwegplatten, in Kiesbettung oder auf Abstandhaltern abgedeckt sind. Die Dachentwässerung ist so auszubilden, dass ein langfristiges Überstauen der Wärmedämmplatten ausgeschlossen ist. Ein kurzfristiges Überstauen (während intensiver Niederschläge) kann als unbedenklich angesehen werden. Bei der Berechnung des Wärmedurchgangskoeffizienten U eines Umkehrdachs ist ein Zuschlagswert ΔU in Abhängigkeit des prozentualen Anteils des Wärmedurchlasswiderstandes R unterhalb der Abdichtung am Gesamtwärmedurchlasswiderstand gemäß Tafel 16.47 zu berücksichtigen. Bei leichter Unterkonstruk-

Tafel 16.2 Randbedingungen für die Berechnung des Temperaturfaktors f_{Rsi} (DIN 4108-2) [1]

Kenngröße		Wert
Innenlufttemperatur		$\theta_i = 20\,°C$
Relative Luftfeuchte innen		$\varphi_i = 50\,\%$
Auf der sicheren Seite liegende, kritische, zugrunde gelegte Luftfeuchte gemäß DIN EN ISO 13788 [1-27] für Schimmelpilzbildung auf der Bauteiloberfläche		$\varphi_{si} = 80\,\%$
Außenlufttemperatur		$\theta_e = -5\,°C$
Wärmeübergangswiderstand	Raumseitig (beheizte Räume)	$R_{si} = 0{,}25\,m^2\,K/W$
	Auf der dem Raum abgewandten Seite	Gemäß Tafel 16.37
	Erdberührte Bauteile, Erdkörper an Außenluft	$R_{se} = 0{,}04\,m^2\,K/W$

tion mit einer flächenbezogenen Masse von $m' < 250\,kg/m^2$ muss der Wärmedurchlasswiderstand unterhalb der Abdichtung mindestens $R \leq 0{,}15\,m^2\,K/W$ betragen.

Wärmedämmsysteme als Perimeterdämmung (außen liegende Wärmedämmung erdberührter Gebäudeflächen, außer unter Gebäudegründungen) unter Verwendung von Dämmstoffplatten aus extrudergeschäumtem Polystyrolschaumstoff nach DIN EN 13164 [12] und Schaumglas nach DIN EN 13167 [15] in Verbindung mit DIN 4108-10 [6], wenn die Perimeterdämmung nicht ständig im Grundwasser liegt. Langanhaltendes Stauwasser oder drückendes Wasser ist im Bereich der Dämmschicht zu vermeiden. Die Dämmplatten müssen dicht gestoßen im Verband verlegt werden und eben auf dem Untergrund aufliegen. Platten aus Schaumglas sind miteinander vollfugig und an den Bauteilflächen großflächig mit einem Bitumenkleber zu verkleben. Die Oberfläche der verlegten, unbeschichteten Schaumglasplatten ist vollflächig mit einer bituminösen, frostbeständigen Deckbeschichtung zu versehen. Diese entfällt bei werkseitig beschichteten Platten, wenn es sich um eine mit Bitumen aufgebrachte Beschichtung handelt.

16.1.3.3 Wärmebrücken

Anforderungen und Nachweisverfahren An der ungünstigsten Stelle einer Wärmebrücke darf der Temperaturfaktor f_{Rsi} einen mindestens erforderlichen Temperaturfaktor von $f_{min} = 0{,}70$ nicht unterschreiten:

$$f_{Rsi} \geq f_{min} = 0{,}70 \quad [-] \qquad (16.29)$$

Der mindestens erforderlichen Temperaturfaktor von f_{min} ist gemäß DIN EN ISO 10211 [22] folgendermaßen definiert:

$$f_{Rsi} = \frac{\theta_{si} - \theta_e}{\theta_i - \theta_e} \quad [-] \qquad (16.30)$$

Unter den in Tafel 16.2 genannten Randbedingungen, die beim Nachweis für Wohn- oder wohnähnliche Nutzung anzuwenden sind, entspricht ein Temperaturfaktor von $f_{Rsi} = 0{,}7$ einer raumseitigen Bauteiloberflächentemperatur von

Tafel 16.3 Temperatur-Randbedingungen für die Berechnung der Oberflächentemperatur θ_{si} an Wärmebrücken (DIN 4108-2) [1]

Gebäudeteil bzw. Umgebung	Temperatur θ [°C]
Unbeheizter Keller	10
Erdreich, an der unteren Modellgrenze gemäß DIN EN ISO 10211 [22]	10
Unbeheizte Pufferzone	10
Unbeheizter Dachraum; Tiefgarage	−5

$\theta_{si} = 12{,}6\,°C$. Für Bauteile, die an das Erdreich oder an unbeheizte Räume und Pufferzonen angrenzen, sind Randbedingungen gemäß Tafel 16.3 anzusetzen. Für folgende Wärmebrücken entfällt der rechnerische Nachweis des Temperaturfaktors f_{Rsi} bzw. der raumseitigen Oberflächentemperatur θ_{si}:

- Bauteilanschlüsse, die in DIN 4108 Beiblatt 2 [7] enthalten sind.
- Kanten, die aus Bauteilen gebildet werden, die der Tafel 16.1 entsprechen und bei denen die Dämmebene durchgängig geführt wird.
- Alle linienförmigen Wärmebrücken, die beispielhaft in DIN 4108 Beiblatt 2 aufgeführt sind, oder deren Gleichwertigkeit zu DIN 4108 Beiblatt 2 gegeben ist.

Für Ecken, die aus oben beschriebenen Kanten gebildet werden, und bei denen keine darüber hinausgehende Störung der Dämmebene vorhanden ist, können als unbedenklich hinsichtlich Schimmelbildung angesehen werden und bedürfen hierzu keines Nachweises. Bei vereinzelt auftretenden dreidimensionalen Wärmebrücken, z. B. punktuelle Balkonauflager und Vordachabhängungen, kann der Wärmeverlust wegen der begrenzten Flächenwirkung in der Regel vernachlässigt werden.

Auskragende Balkonplatten, Attiken, freistehende Stützen sowie Wände aus Baustoffen mit einer Wärmeleitfähigkeit von $\lambda > 0{,}5\,W/(m\,K)$, die in den ungedämmten Dachbereich oder ins Freie ragen, sind ohne zusätzliche Wärmedämmmaßnahmen unzulässig.

Für übliche Verbindungsmittel, z. B. Nägel, Schrauben, Drahtanker oder Verbindungsmittel zum Anschluss von Fenstern an angrenzende Bauteile, sowie für Mörtelfugen von Mauerwerk braucht kein Nachweis der Einhaltung der

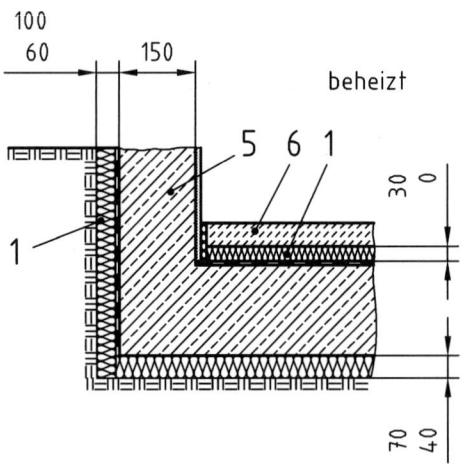

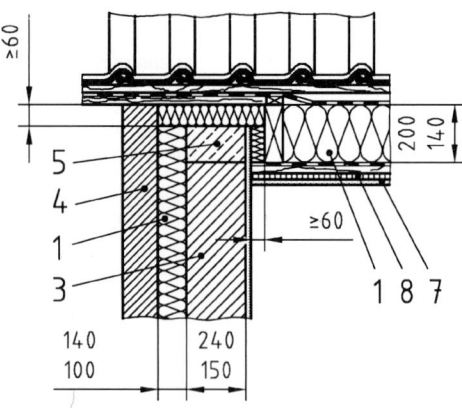

Abb. 16.9 Beispiel für die Ausführung des Bauteilanschlusses Kelleraußenwand/Bodenplatte eines beheizten Kellers (DIN 4108 Beiblatt 2) [7]. *1*: Wärmedämmung, Wärmeleitfähigkeit λ = 0,04 W/(m K), *5*: Stahlbeton, Wärmeleitfähigkeit λ = 2,3 W/(m K), *6*: Estrich

Abb. 16.11 Beispiel für die Ausführung des Bauteilanschlusses Ortgang (DIN 4108 Beiblatt 2) [7]. *1*: Wärmedämmung, Wärmeleitfähigkeit λ = 0,04 W/(m K), *3*: Mauerwerk, Wärmeleitfähigkeit 0,21 W/(m K) λ ≤ 1,1 W/(m K), *4*: Mauerwerk, Wärmeleitfähigkeit λ > 1,1 W/(m K), *5*: Stahlbeton, Wärmeleitfähigkeit λ = 2,3 W/(m K), *7*: Gipskartonplatte, *8*: Holzwerkstoffplatte

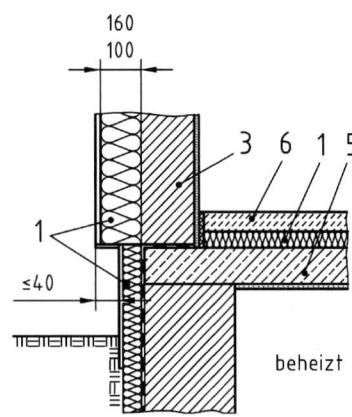

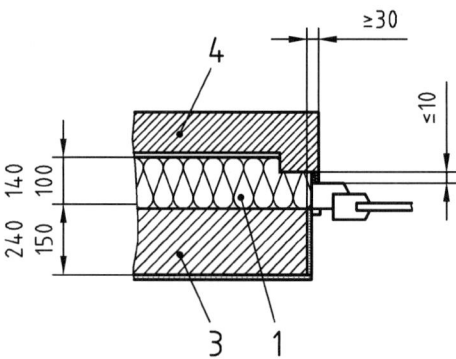

Abb. 16.10 Beispiel für die Ausführung des Bauteilanschlusses Außenwand/Kellerdecke eines beheizten Kellers (DIN 4108 Beiblatt 2) [7]. *1*: Wärmedämmung, Wärmeleitfähigkeit λ = 0,04 W/(m K), *3*: Mauerwerk, Wärmeleitfähigkeit 0,21 W/(m K) < λ ≤ 1,1 W/(m K), *5*: Stahlbeton, Wärmeleitfähigkeit λ = 2,3 W/(m K), *6*: Estrich

Abb. 16.12 Beispiel für die Ausführung des Bauteilanschlusses Fensterlaibung (DIN 4108 Beiblatt 2) [7]. *1*: Wärmedämmung, Wärmeleitfähigkeit λ = 0,04 W/(m K), *3*: Mauerwerk, Wärmeleitfähigkeit 0,21 W/(m K) λ ≤ 1,1 W/(m K), *4*: Mauerwerk, Wärmeleitfähigkeit λ > 1,1 W/(m K)

mindestens erforderlichen raumseitigen Oberflächentemperatur geführt zu werden. Wärmeverluste über Verbindungsmittel werden zum Teil bei der Berechnung des Wärmedurchgangskoeffizienten U gemäß DIN EN ISO 6946 [20] mit erfasst.

Tauwasserbildung ist vorübergehend und in kleinen Mengen an Fenstern sowie Pfosten-Riegel-Konstruktionen zulässig, falls die Oberfläche die Feuchtigkeit nicht absorbiert und entsprechende Vorkehrungen zur Vermeidung eines Kontaktes mit angrenzenden empfindlichen Materialien getroffen werden.

Wärmebrücken gemäß DIN 4108 Beiblatt 2 Beiblatt 2 zu DIN 4108 enthält 95 Planungs- und Ausführungsbeispiele

von Maßnahmen zur Verbesserung des Wärmeschutzes von Wärmebrücken, mit Angabe des längenbezogenen Wärmedurchgangskoeffizienten Ψ. Der Temperaturfaktor f_{Rsi} wird nicht angegeben, jedoch beträgt er bei allen gezeigten Details mindestens $f_{Rsi} = 0,7$. Abb. 16.9 bis 16.12 zeigen Beispiele ausreichend gedämmter Wärmebrücken gemäß DIN 4108 Beiblatt 2.

16.1.3.4 Rollladenkästen

Rollladenkästen können als flächige Bauteile oder als linienförmige Wärmebrücke betrachtet werden.

Bei der Betrachtung des Rollladenkastens als flächiges Bauteil gilt für Einbau- oder Aufsatzkästen (Abb. 16.13), dass für das gesamte Bauteil im Mittel $R_m \geq 1,0\,\mathrm{m^2\,K/W}$ einzuhalten ist. Im Bereich des Deckels muss darüber hinaus ein Wärmedurchlasswiderstand von mindestens $R = 0,55\,\mathrm{m^2\,K/W}$ vorhanden sein.

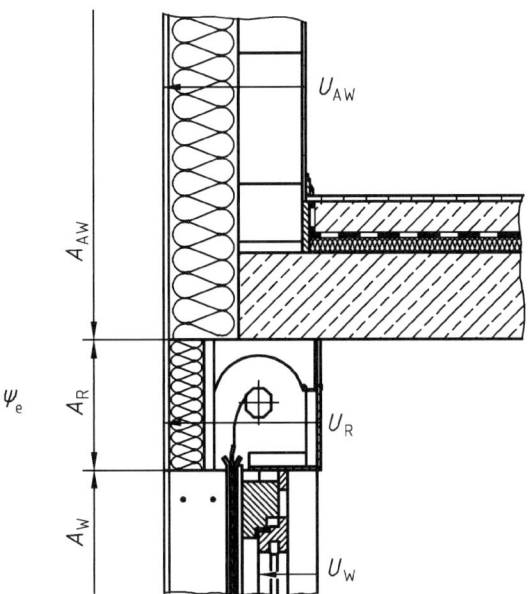

Abb. 16.13 Flächendefinition beim Rollladenkasten (Einbau- oder Aufsatzkasten) mit Fläche und eigenem Wärmedurchgangskoeffizienten U (DIN 4108-2) [1]

Wird der Einfluss des Rollladenkastens als Einbau- und Aufsatzkasten einschließlich der Einbausituation als linienförmige Wärmebrücke betrachtet, wird der Rollladenkasten beim wärmetechnischen Nachweis übermessen (Abb. 16.14). An den Schnittstellen zwischen Rollladenkasten (unabhängig vom Material) und Baukörper (oben und seitlich am Rollladenkasten) ist der Temperaturfaktor $f_{Rsi} \geq 0{,}7$ einzuhalten. Dies gilt auch an der Schnittstelle Rollladenkasten zu oberem Fensterprofil. Bei Vorsatz- und Miniaufsatzkäs-

ten ist der Temperaturfaktor $f_{Rsi} \geq 0{,}7$ an den Schnittstellen zwischen Fensterelement einschließlich Rollladenkasten und Baukörper einzuhalten.

Berechnungsbeispiele zum Nachweis des Mindestwärmeschutzes im Winter sind im Ergänzungsband „Wendehorst – Beispiele aus der Baupraxis", 6. Auflage, enthalten.

16.1.4 Mindestanforderungen an den sommerlichen Wärmeschutz gemäß DIN 4108-2

16.1.4.1 Anwendungsbereich und Verzicht auf einen Nachweis

Durch die Einhaltung von Mindestanforderungen soll die sommerliche thermische Behaglichkeit in Aufenthaltsräumen sichergestellt, eine hohe Erwärmung der Aufenthaltsräume vermieden und der Energieeinsatz für Kühlung vermindert werden.

Der Nachweis zur Einhaltung der Anforderungen an den sommerlichen Wärmeschutz ist mindestens für den Raum zu führen, der zu den höchsten Anforderungen des sommerlichen Wärmeschutzes führt. Die Anforderungen gelten für beheizte Räume und Gebäude, nicht jedoch für Räume hinter Schaufenstern und ähnlichen Einrichtungen. Auf einen Nachweis kann verzichtet werden, wenn folgende Kriterien zutreffen:

- Der grundflächenbezogene Fensterflächenanteil f_{WG} übersteigt nicht die in Tafel 16.4 angegebenen Werte.
- Bei Wohngebäuden sowie bei Gebäudeteilen zur Wohnnutzung, bei denen der kritische Raum einen grundflächenbezogenen Fensterflächenanteil von $f_{WG} = 35\,\%$

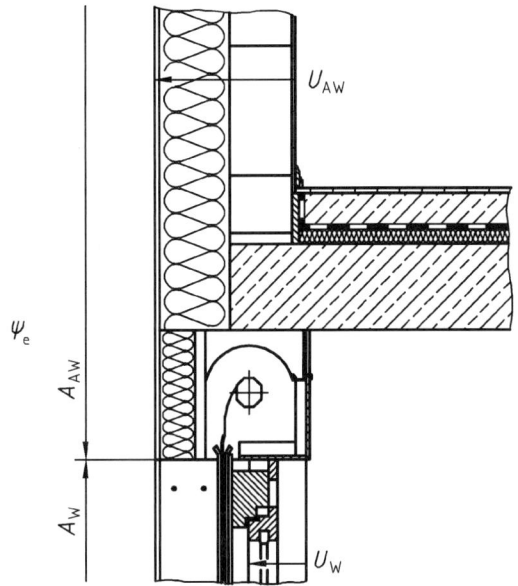

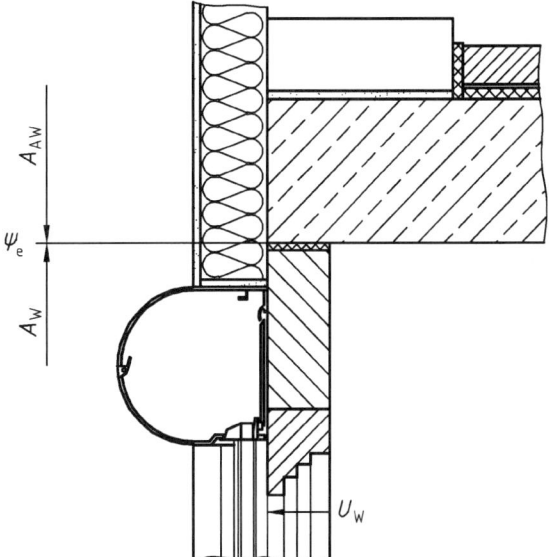

Abb. 16.14 Flächendefinition beim Übermessen des Rollladenkastens (*links*: beim Einbau- oder Aufsetzkasten, *rechts*: beim Vorsatz- oder Miniaufsatzkasten) (DIN 4108-2) [1]

Tafel 16.4 Zulässige Werte des grundflächenbezogenen Fensterflächenanteils f_{WG}, unterhalb dessen auf einen Nachweis des sommerlichen Wärmeschutzes verzichtet werden kann (DIN 4108-2) [1]

Neigung der Fenster gegenüber der Horizontalen	Orientierung der Fenster[a]	grundflächenbezogener Fensterflächenanteil[b] f_{WG} [%]
über 60° bis 90°	Nordwest- über Süd bis Nordost	10
	alle anderen Nordorientierungen	15
von 0° bis 60°	alle Orientierungen	7

[a] Sind beim betrachteten Raum mehrere Orientierungen mit Fenstern vorhanden, ist der kleinere Grenzwert für f_{WG} bestimmend.

[b] Der Fensterflächenanteil f_{WG} ergibt sich aus dem Verhältnis der Fensterfläche zu der Grundfläche des betrachteten Raumes oder der Raumgruppe. Sind beim betrachteten Raum bzw. der Raumgruppe mehrere Fassaden oder z. B. Erker vorhanden, ist f_{WG} aus der Summe aller Fensterflächen zur Grundfläche zu berechnen.

nicht überschreitet, und deren Fenster in Ost-, Süd- oder Westrichtung (einschließlich derer eines Glasvorbaus) mit außenliegenden Sonnenschutzvorrichtungen mit einem Abminderungsfaktor von $F_c \leq 0{,}30$ bei Glas mit $g > 0{,}40$ bzw. $F_c \leq 0{,}35$ bei Glas mit $g \leq 0{,}40$ ausgestattet sind.

Der Nachweis wird nach einem vereinfachten Verfahren oder alternativ durch thermische Gebäudesimulation geführt. Das vereinfachte Verfahren setzt voraus, dass der Rahmenanteil der Fenster 30 % beträgt. Näherungsweise kann dieses Verfahren auch angewendet werden bei Gebäuden mit Fenstern, die einen Rahmenanteil ungleich 30 % haben. Soll der Einfluss des Fensterrahmenanteils genauer berücksichtigt werden, ist eine thermische Gebäudesimulation erforderlich.

Für Räume oder Raumbereiche in Verbindung mit unbeheizten Glasvorbauten gelten folgende Regelungen:

- **Belüftung nur über den unbeheizten Glasvorbau:** Der Nachweis für den betrachteten Raum gilt als erfüllt, wenn der unbeheizte Glasvorbau einen Sonnenschutz mit einem Abminderungsfaktor $F_c \leq 0{,}35$ und Lüftungsöffnungen im obersten und untersten Glasbereich hat, die zusammen mindestens 10 % der Glasfläche ausmachen. Anderenfalls muss der Nachweis durch thermische Gebäudesimulation geführt werden, wobei die tatsächliche bauliche Ausführung einschließlich des unbeheizten Glasvorbaus in der Berechnung nachzubilden ist.
- **Belüftung nicht oder nicht nur über den unbeheizten Glasvorbau:** Der Nachweis kann vereinfacht geführt werden, wobei der unbeheizte Glasvorbau als nicht vorhanden angenommen wird. Wird der Nachweis mittels thermischer Gebäudesimulation geführt, ist die tatsächliche bauliche Ausführung einschließlich des unbeheizten Glasvorbaus in der Berechnung nachzubilden.

16.1.4.2 Vereinfachtes Nachweisverfahren

Anforderung Es ist nachzuweisen, dass für einen zu bewertenden Raum ein vorhandener Sonneneintragskennwert S_{vorh} nicht größer ist als ein zulässiger Sonneneintragskennwert S_{zul}

$$S_{vorh} \leq S_{zul} \quad [-] \qquad (16.31)$$

Für Räume mit Bauteilen als Doppelfassaden oder mit transparenten Wärmedämmsystemen kann dieser vereinfachte Nachweis nicht geführt werden.

Ermittlung des vorhandenen Sonneneintragskennwertes S_{vorh} Für den bezüglich sommerlicher Überhitzung zu untersuchenden Raum oder Raumbereich ist der Sonneneintragskennwert S_{vorh} nach folgender Gleichung zu ermitteln:

$$S_{vorh} = \frac{\sum_j A_{w,j} \cdot g_{tot,j}}{A_G} \quad [-] \qquad (16.32)$$

A_w Fensterfläche (lichtes Rohbaumaß), in m^2
Bei Fensterelementen mit opaken Anteilen ist nur der verglaste Teilbereich als Fensterfläche A_w zu berücksichtigen. Rahmen zwischen verglaster und opaker Fläche sind in diesem Fall dem verglasten Teilbereich der Fenster zuzurechnen.

$g_{tot,j}$ Gesamtenergiedurchlassgrad der Verglasung einschließlich Sonnenschutz [-]

A_G Nettogrundfläche des Raumes (lichte Rohbaumaße), in m^2.

Bei sehr tiefen Räumen ist die größte anzusetzende Raumtiefe mit der dreifachen lichten Raumhöhe zu bestimmen. Bei Räumen mit gegenüberliegenden Fensterfassaden ergibt sich keine Begrenzung der anzusetzenden Raumtiefe, wenn der Fassadenabstand kleiner/gleich der sechsfachen lichten Raumhöhe ist. Ist der Fassadenabstand größer als die sechsfache lichte Raumhöhe, muss der Nachweis für die beiden der jeweiligen sich ergebenden fassadenorientierten Raumbereiche durchgeführt werden.

$$g_{tot} = g \cdot F_C \quad [-] \qquad (16.33)$$

g Gesamtenergiedurchlassgrad der Verglasung [-]

F_C Abminderungsfaktor für Sonnenschutzvorrichtungen gemäß Tafel 16.5 [-].

Ermittlung des zulässigen Sonneneintragskennwertes S_{vorh} Der zulässige Sonneneintragskennwert S_{vorh} wird als Summe der anteiligen Sonneneintragskennwerte S_x gemäß Tafel 16.6 ermittelt:

$$S_{zul} = \sum S_x \quad [-] \qquad (16.34)$$

Tafel 16.5 Anhaltswerte für Abminderungsfaktoren F_C von fest installierten Sonnenschutzvorrichtungen in Abhängigkeit vom Glaserzeugnis (DIN 4108-2) [1]

Sonnenschutzvorrichtung[a]	F_C [–]		
	$g \leq 0{,}40$ (Sonnenschutzglas)		$g > 0{,}40$
	zweifach	dreifach	zweifach
ohne Sonnenschutzvorrichtung	1,00	1,00	1,00
innenliegend oder zwischen den Scheiben[b]			
weiß oder hoch reflektierende Oberflächen mit geringer Transparenz[c]	0,65	0,70	0,65
helle Farben oder geringe Transparenz[d]	0,75	0,80	0,75
dunkle Farben oder höhere Transparenz	0,90	0,90	0,85
außenliegend			
Fensterläden, Rollläden			
Fensterläden, Rollläden, 3/4 geschlossen	0,35	0,30	0,30
Fensterläden, Rollläden, geschlossen[e]	0,15[e]	0,10[e]	0,10[e]
Jalousie und Raffstore, drehbare Lamellen			
Jalousie und Raffstore, drehbare Lamellen, 45° Lamellenstellung	0,30	0,25	0,25
Jalousie und Raffstore, drehbare Lamellen, 10° Lamellenstellung[e]	0,20[e]	0,15[e]	0,15[e]
Markise, parallel zur Verglasung[d]	0,30	0,25	0,25
Vordächer, Markisen allgemein, freistehende Lamellen[f]	0,55	0,50	0,50

[a] Die Sonnenschutzvorrichtung muss fest installiert sein. Übliche dekorative Vorhänge gelten nicht als Sonnenschutzvorrichtung.

[b] Für innen- und zwischen den Scheiben liegende Sonnenschutzvorrichtungen ist eine genaue Ermittlung zu empfehlen.

[c] Hoch reflektierende Oberflächen mit geringer Transparenz, Transparenz $\leq 10\,\%$, Reflexion $\geq 60\,\%$.

[d] Geringe Transparenz, Transparenz $< 15\,\%$.

[e] F_C-Werte für geschlossenen Sonnenschutz dienen der Information und sollten für den Nachweis des sommerlichen Wärmeschutzes nicht verwendet werden. Ein geschlossener Sonnenschutz verdunkelt den dahinterliegenden Raum stark und kann zu einem erhöhten Energiebedarf für Kunstlicht führen, da nur ein sehr geringer bis kein Einfall des natürlichen Tageslichts vorhanden ist.

[f] Dabei muss sichergestellt sein, dass keine direkte Besonnung des Fensters erfolgt. Dies ist näherungsweise der Fall, wenn
– bei Südorientierung der Abdeckwinkel $\beta \geq 50°$ ist;
– bei Ost- und Westorientierung der Abdeckwinkel $\beta \geq 85°$ ist $\gamma \geq 115°$ ist.
Der F_C-Wert darf auch für beschattete Teilflächen des Fensters angesetzt werden. Dabei darf F_S nach DIN V 18599-2:2011-12, A.2, nicht angesetzt werden.
Zu den jeweiligen Orientierungen gehören Winkelbereiche von 22,5°. Bei Zwischenorientierungen ist der Abdeckwinkel $\beta \geq 80°$ erforderlich.

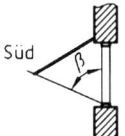
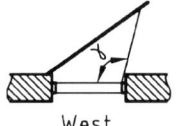

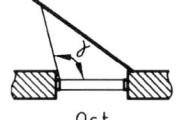

Vertikalschnitt durch Fassade   Horizontalschnitt durch Fassade

Die Größe des anteiligen Sonneneintragskennwertes S_1 für Nachtlüftung und Bauart ist von der Klimaregion gemäß Abb. 16.15 abhängig, in der sich das Gebäude befindet. Lässt sich anhand von Abb. 16.15 keine eindeutige Zuordnung zwischen den Sommer-Klimaregionen finden, ist zwischen A und B nach B, zwischen A und C sowie zwischen B und C nach C zuzuordnen.

Berechnungsbeispiele zum Nachweis des sommerlichen Wärmeschutzes sind im Ergänzungsband „Wendehorst – Beispiele aus der Baupraxis", 6. Auflage, enthalten.

16.1.4.3   Thermische Gebäudesimulation

Anforderung Unter Zugrundelegung des jeweiligen, von der Sommerklimaregion abhängigen Bezugswertes $\theta_{b,op}$ der operativen Innentemperatur ist durch dynamisch-thermische Simulationsrechnung nachzuweisen, dass im kritischen Raum der Übertemperaturgradstunden-Anforderungswert nicht überschritten wird (Tafel 16.7). Die operative Innentemperatur $\theta_{b,op}$ wird als Mittelwert aus der Raumlufttemperatur und der flächenanteilig gemittelten Oberflächentemperaturen der raumumschließenden Flächen gebildet.

Tafel 16.6 Anteilige Sonneneintragskennwerte S_x zur Bestimmung des zulässigen Sonneneintragskennwertes S_{zul} (DIN 4108-2) [1]

Kriterium		anteiliger Sonneneintragskennwert S_x [−]					
		Nutzung					
		Wohngebäude			Nichtwohngebäude		
		Klimaregion					
		A	B	C	A	B	C
S_1 **Nachtlüftung und Bauart**							
Nachtlüftung	Bauart[b]						
ohne	leicht	0,071	0,056	0,041	0,013	0,007	0
	mittel	0,080	0,067	0,054	0,020	0,013	0,006
	schwer	0,087	0,074	0,061	0,025	0,018	0,011
erhöht[c] mit $n \geq 2\,\mathrm{h}^{-1}$	leicht	0,098	0,088	0,078	0,071	0,060	0,048
	mittel	0,114	0,103	0,092	0,089	0,081	0,072
	schwer	0,125	0,113	0,101	0,101	0,092	0,083
hoch[d] mit $n \geq 5\,\mathrm{h}^{-1}$	leicht	0,128	0,117	0,105	0,090	0,082	0,074
	mittel	0,160	0,152	0,143	0,135	0,124	0,113
	schwer	0,181	0,171	0,160	0,170	0,158	0,145
S_2 **grundflächenbezogener Fensterflächenanteil f_{WG}[e]**							
$S_2 = a - (b \cdot f_{WG})$	a	0,060			0,030		
	b	0,231			0,115		
S_3 **Sonnenschutzglas[f,i]**							
Fenster mit Sonnenschutzglas mit $g \leq 0{,}4$		0,03					
S_4 **Fensterneigung[g,i]**							
$0° \leq$ Neigung $\leq 60°$ (gegenüber der Horizontalen)		$-0{,}035 \cdot f_{neig}$					
S_5 **Orientierung[h,i]**							
Nord-, Nordost- und Nordwest-orientierte Fenster soweit die Neigung gegenüber der Horizontalen $> 60°$ ist sowie Fenster, die dauernd vom Gebäude selbst verschattet sind		$+0{,}10 \cdot f_{nord}$					
S_6 **Einsatz passiver Kühlung**							
Bauart							
leicht		0,02					
mittel		0,04					
schwer		0,06					

Berechnungsrandbedingungen

- **Simulationsumgebung:** Das für den Nachweis verwendete Programm ist im Rahmen der Dokumentation zu nennen.
- **Nutzungszeiten:** Wohngebäude täglich von 0 Uhr bis 24 Uhr, Nichtwohngebäude montags bis freitags von 7 Uhr bis 18 Uhr.
- **Klimadaten:** Die vom Bundesinstitut für Bau-, Stadt- und Raumforschung zur Verfügung gestellten Testreferenzjahre (TRY) (2011) sind wie folgt zugrunde zu legen:
  - Klimaregion A: Normaljahr TRY-Zone 2
  - Klimaregion B: Normaljahr TRY-Zone 4
  - Klimaregion C: Normaljahr TRY-Zone 12
- **Beginn und Zeitraum:** Die Berechnungen sind für ein komplettes Jahr durchzuführen und beginnen am 1. Januar an einem Montag um 0 Uhr. Feiertage und Ferienzeiten werden nicht berücksichtigt.
- **Mittlerer interner Wärmeeintrag:** Wohngebäude $100\,\mathrm{W\,h/(m^2\,d)}$ und Nichtwohngebäude $144\,\mathrm{W\,h/(m^2\,d)}$.

Die als Tageswerte angegebenen Wärmeeinträge sind als konstante und konvektive Wärmeeinträge während der oben angegebenen Nutzungszeiten anzusetzen.

- **Soll-Raumtemperatur für Heizzwecke (ohne Nachtabsenkung):** Wohngebäude $\theta_{h,soll} \geq 20\,°\mathrm{C}$ und Nichtwohngebäude $\theta_{h,soll} \geq 21\,°\mathrm{C}$
- **Grundluftwechsel:**
  - Wohngebäude: $n = 0{,}5\,\mathrm{h}^{-1}$
    Der gegebene Luftwechsel ist im Tagesgang konstant anzusetzen, wenn weder die Bedingungen für erhöhte Taglüftung (s. u.) noch die Bedingungen für erhöhte Nachtlüftung (s. u.) erfüllt sind.
  - Nichtwohngebäude:
    * während der Nutzungszeit (7 Uhr bis 18 Uhr), ermittelt unter Berücksichtigung der Grundfläche A_G in $\mathrm{m^2}$ und des Nettoraumvolumens V in $\mathrm{m^3}$:

$$n = 4 \cdot \frac{A_G}{V} \quad [\mathrm{h}^{-1}] \qquad (16.35)$$

Tafel 16.6 (Fortsetzung)

[a] Ermittlung der Klimaregion nach Abb. 16.15.

[b] Ohne Nachweis der wirksamen Wärmekapazität ist von leichter Bauart auszugehen, wenn keine der im Folgenden genannten Eigenschaften für mittlere oder schwere Bauart nachgewiesen sind. Vereinfachend kann von mittlerer Bauart ausgegangen werden, wenn folgende Eigenschaften vorliegen:
– Stahlbetondecke;
– massive Innen- und Außenbauteile (flächenanteilig gemittelte Rohdichte $\geq 600\,\mathrm{kg/m^3}$);
– keine innenliegende Wärmedämmung an den Außenbauteilen;
– keine abgehängte oder thermisch abgedeckte Decke;
– keine hohen Räume ($> 4,5\,\mathrm{m}$) wie z. B. Turnhallen, Museen usw.
Von schwerer Bauart kann ausgegangen werden, wenn folgende Eigenschaften vorliegen:
– Stahlbetondecke;
– massive Innen- und Außenbauteile (flächenanteilig gemittelte Rohdichte $\geq 1600\,\mathrm{kg/m^3}$);
– keine innenliegende Wärmedämmung an den Außenbauteilen;
– keine abgehängte oder thermisch abgedeckte Decke;
– keine hohen Räume ($> 4,5\,\mathrm{m}$) wie z. B. Turnhallen, Museen usw.
Die wirksame Wärmekapazität darf auch nach DIN EN ISO 13786 (Periodendauer 1 d) für den betrachteten Raum bzw. Raumbereich bestimmt werden, um die Bauart einzuordnen; dabei ist folgende Einstufung vorzunehmen:
– leichte Bauart liegt vor, wenn $C_{\mathrm{wirk}}/A_{\mathrm{G}} < 50\,\mathrm{W \cdot h/(K \cdot m^2)}$;
Dabei ist C_{wirk} die wirksame Wärmekapazität; A_{G} die Nettogrundfläche.
– mittlere Bauart liegt vor, wenn $50\,\mathrm{W \cdot h/(K \cdot m^2)} \leq C_{\mathrm{wirk}}/A_{\mathrm{G}} \leq 130\mathrm{W \cdot h/(K \cdot m^2)}$;
– schwere Bauart liegt vor, wenn $C_{\mathrm{wirk}}/A_{\mathrm{G}} > 130\,\mathrm{W \cdot h/(K \cdot m^2)}$.

[c] Bei der Wohnnutzung kann in der Regel von der Möglichkeit zu erhöhter Nachtlüftung ausgegangen werden. Der Ansatz der erhöhten Nachtlüftung darf auch erfolgen, wenn eine Lüftungsanlage so ausgelegt wird, dass durch die Lüftungsanlage ein nächtlicher Luftwechsel von mindestens $n = 2\,\mathrm{h^{-1}}$ sichergestellt wird.

[d] Von hoher Nachtlüftung kann ausgegangen werden, wenn für den zu bewertenden Raum oder Raumbereich die Möglichkeit besteht, geschossübergreifende Nachtlüftung zu nutzen (z. B. über angeschlossenes Atrium, Treppenhaus oder Galerieebene).
Der Ansatz der hohen Nachtlüftung darf auch erfolgen, wenn eine Lüftungsanlage so ausgelegt wird, dass durch die Lüftungsanlage ein nächtlicher Luftwechsel von mindestens $n = 5\,\mathrm{h^{-1}}$ sichergestellt wird.

[e] $f_{\mathrm{WG}} = A_{\mathrm{W}}/A_{\mathrm{G}}$
Dabei ist A_{W} die Fensterfläche; A_{G} die Nettogrundfläche.
Hinweis Die durch S_1 vorgegebenen anteiligen Sonneneintragskennwerte gelten für grundflächenbezogene Fensterflächenanteile von etwa 25 %. Durch den anteiligen Sonneneintragskennwert S_2 erfolgt eine Korrektur des S_1-Wertes in Abhängigkeit vom Fensterflächenanteil, wodurch die Anwendbarkeit des Verfahrens auf Räume mit grundflächenbezogenen Fensterflächenanteilen abweichend von 25 % gewährleistet wird. Für Fensterflächenanteile kleiner 25 % wird S_2 positiv, für Fensterflächenanteile größer 25 % wird S_2 negativ.

[f] Als gleichwertige Maßnahme gilt eine Sonnenschutzvorrichtung, welche die diffuse Strahlung nutzerunabhängig permanent reduziert und hierdurch ein $g_{\mathrm{tot}} \leq 0,4$ erreicht wird. Bei Fensterflächen mit unterschiedlichem g_{tot} wird S_3 flächenanteilig gemittelt:
$S_3 = 0,03 \cdot A_{\mathrm{w,gtot} \leq 0,4}/A_{\mathrm{w,gesamt}}$
Dabei ist $A_{\mathrm{w,gtot} \leq 0,4}$ die Fensterfläche mit $g_{\mathrm{tot}} \leq 0,4$; $A_{\mathrm{w,gesamt}}$ die gesamte Fensterfläche.

[g] $f_{\mathrm{neig}} = A_{\mathrm{w,neig}}/A_{\mathrm{w,gesamt}}$
Dabei ist $A_{\mathrm{w,neig}}$ die geneigte Fensterfläche; $A_{\mathrm{w,gesamt}}$ die gesamte Fensterfläche.

[h] $f_{\mathrm{nord}} = A_{\mathrm{w,nord}}/A_{\mathrm{w,gesamt}}$
Dabei ist $A_{\mathrm{w,nord}}$ die Nord-, Nordost- und Nordwest-orientierte Fensterfläche soweit die Neigung gegenüber der Horizontalen $> 60°$ ist sowie Fensterflächen, die dauernd vom Gebäude selbst verschattet sind; $A_{\mathrm{w,gesamt}}$ die gesamte Fensterfläche.
Fenster, die dauernd vom Gebäude selbst verschattet werden: Werden für die Verschattung F_{s} Werte nach DIN V 18599-2:2011-12 verwendet, so ist für jene Fenster $S_5 = 0$ zu setzen.

[i] Gegebenenfalls flächenanteilig gemittelt zwischen der gesamten Fensterfläche und jener Fensterfläche, auf die diese Bedingung zutrifft.

Dieser Luftwechsel ist während der Nutzungszeit konstant anzusetzen, wenn die Bedingungen für erhöhte Taglüftung (s. u.) nicht erfüllt sind.

∗ außerhalb der Nutzungszeit (18 Uhr bis 7 Uhr):

$$n = 0{,}24\,\mathrm{h^{-1}}$$

Dieser Luftwechsel ist außerhalb der Nutzungszeit konstant anzusetzen, wenn die Bedingungen für erhöhte Nachtlüftung (s. u.) nicht erfüllt sind.

Der angesetzte Luftwechsel ist in Form von Tages- und Wochenprofilen zu dokumentieren.

- **Erhöhter Tagluftwechsel:** Überschreitet die Raumlufttemperatur 23 °C und liegt die Raumlufttemperatur über der Außenlufttemperatur, darf der mittlere Luftwechsel während der Aufenthaltszeit (Wohngebäude 6:00 Uhr bis 23:00 Uhr, Nichtwohngebäude 7 Uhr bis 18 Uhr) bis auf $n = 3\,\mathrm{h^{-1}}$ erhöht werden, um durch erhöhte Lüftung eine Überhitzung des Raumes zu vermeiden. Der gewählte Ansatz ist zu dokumentieren.

- **Nachtluftwechsel:** Außerhalb der Aufenthaltszeit (Wohngebäude 23 Uhr bis 6 Uhr, Nichtwohngebäude 18 Uhr bis 7 Uhr)
  - ist vom Grundluftwechsel (s. o.) auszugehen, wenn nicht die Möglichkeit zur Nachtlüftung besteht.
  - darf der Luftwechsel auf $n = 2\,\mathrm{h^{-1}}$ erhöht werden (erhöhte Nachtlüftung), wenn die Möglichkeit zur

Abb. 16.15 Sommer-Klimaregionen (DIN 4108-2) [1]

Tafel 16.7 Zugrunde gelegte Bezugswerte der operativen Innentemperatur $\theta_{b,op}$ für die Sommer-Klimaregionen und Übertemperaturgradstunden-Anforderungswerte (DIN 4108-2) [1]

Sommerklimaregion	Bezugswerte der operativen Innentemperatur $\theta_{b,op}$ [°C]	Anforderungswert Übertemperaturgradstunden [kh/a]	
		Wohngebäude	Nichtwohngebäude
A	25	1200	500
B	26		
C	27		

nächtlichen Fensterlüftung besteht. Bei der Wohnnutzung darf in der Regel von der Möglichkeit zu erhöhter Nachtlüftung ausgegangen werden, wenn im zu bewertenden Raum oder Raumbereich die Möglichkeit zur nächtlichen Fensterlüftung besteht.

- darf der Luftwechsel auf $n = 5\,\mathrm{h}^{-1}$ erhöht werden (hohe Nachtlüftung), wenn für den zu bewertenden Raum oder Raumbereich die Möglichkeit besteht, geschossübergreifende Lüftungsmöglichkeiten, z. B. Lüftung über angeschlossenes Atrium, zu nutzen, um den sich einstellenden Luftwechsel zu erhöhen.
- darf bei Einsatz einer Lüftungsanlage darf der erhöhte Nachtluftwechsel gemäß der Dimensionierung der Anlage angesetzt werden.

Der gewählte Ansatz ist zu dokumentieren. Für den Ansatz eines erhöhten oder hohen Nachtluftwechsels oder eines Nachluftwechsels gemäß der Dimensionierung der Lüftungsanlage müssen die im Folgenden genannten Temperaturrandbedingungen unter Beachtung der Innenlufttemperatur $\theta_{i,Luft}$, der Raum-Solltemperatur für Heizzwecke $\theta_{i,h,soll}$ und der Außenlufttemperatur θ_e in °C gegeben sein:

$$\theta_{i,Luft} > \theta_{i,h,soll} \quad \text{und} \quad \theta_{i,Luft} > \theta_e \qquad (16.36)$$

Wird in den Simulationsrechnungen die erhöhte oder hohe Nachtlüftung berücksichtigt, so ist ein Sonnenschutz vorzusehen, mit dem $g_{tot} \leq 0,4$ erreicht wird.

- **Steuerung Sonnenschutz:** Sind zur geplanten Betriebsweise einer Sonnenschutzvorrichtung keine Steuer- bzw. Regelparameter bekannt, so ist im Fall einer automatischen Sonnenschutzsteuerung von einer strahlungsabhängigen Steuerung für nord-, nordost- und nordwestorientierte Fenster mit einer Grenzbestrahlungsstärke von $200\,\mathrm{W/m^2}$ (Wohngebäude) bzw. $150\,\mathrm{W/m^2}$ (Nichtwohngebäude) und für alle anderen Orientierungen mit einer Grenzbestrahlungsstärke von $300\,\mathrm{W/m^2}$ (Wohngebäude) bzw. $200\,\mathrm{W/m^2}$ (Nichtwohngebäude) (Summe aus Direkt- und Diffusstrahlung, außen vor dem Fenster) pro Quadratmeter Fensterfläche auszugehen.

Bei nicht-automatischer Sonnenschutzsteuerung erfolgt bei Nichtwohngebäuden keine Aktivierung am Wochenende (Samstag und Sonntag). Grundsätzlich ist für die Berechnungen von einer windunabhängigen Betriebsweise auszugehen.

Wird planerisch eine hiervon abweichende Betriebsweise der Sonnenschutzvorrichtung vorgesehen, so darf diese in der Simulationsrechnung verwendet werden. Die Betriebsweise ist zu dokumentieren.

- **Wärmeübergangswiderstände:** Dürfen, wie für den Winterfall, konstant nach DIN EN ISO 6946 (Tafel 4-38) angesetzt werden. Davon abweichende Ansätze sind zu dokumentieren.
- **Bauliche Verschattung** darf berücksichtigt werden. Der gewählte Ansatz ist zu dokumentieren.
- **Passive Kühlung** darf berücksichtigt werden. Der gewählte Ansatz ist zu dokumentieren.

16.1.5 Luftdichtheit von Gebäuden und Außenbauteilen

Wärmeverluste infolge von Undichtheiten in der wärmeübertragenden Umfassungsfläche eines Gebäudes sind folgendermaßen zu begrenzen:

- **Fugen in der wärmeübertragenden Umfassungsfläche** des Gebäudes, insbesondere auch bei durchgehenden Fugen zwischen Fertigteilen oder zwischen Ausfachungen und dem Tragwerk, müssen nach dem Stand der Technik dauerhaft und luftundurchlässig abgedichtet sein. Eine dauerhafte Abdichtung von Undichtigkeiten erfolgt nach DIN 4108-7 [4].
- **Bauteile oder Bauteilschichten, die aus einzelnen Teilen zusammengesetzt sind**, z. B. Holzschalungen, müssen unter Beachtung von DIN 4108-7 luftdicht ausgeführt sein.
- **Funktionsfugen von Fenstern und Fenstertüren** müssen mindestens der Klasse 2 bei Gebäuden bis zu zwei Vollgeschossen bzw. der Klasse 3 bei Gebäuden mit mehr als zwei Vollgeschossen nach DIN EN 12207 [8] entsprechen.
- **Funktionsfugen von Außentüren** müssen der Luftdurchlässigkeit mindestens der Klasse 2 nach DIN EN 12207 entsprechen.

Die Luftdichtheit von Bauteilen kann nach DIN EN 12114 [9] und von Gebäuden nach DIN EN 13829 [27] bestimmt werden. Die aus Messergebnissen abgeleitete Luftdurchlässigkeit von Bauteilanschlussfugen muss kleiner als $0,1\,\mathrm{m^3/(m\,h\,(daPa^{2/3}))}$ sein.

Wird eine Überprüfung der Dichtheit des Gebäudes durchgeführt, so darf die nach DIN EN 13829 bei einer Druckdifferenz zwischen innen und außen von 50 Pa ermittelte Luftwechselrate n_{50}, die das Verhältnis aus gemessenem Luftvolumenstrom $\dot{V}$ in m^3/h und beheiztem Luftvolumen V in m^3 darstellt, gemäß Energieeinsparverordnung [29] folgende Werte nicht übersteigen:

- Gebäude ohne raumlufttechnische Anlage:

$$n_{50} \leq 3\,\mathrm{h}^{-1}$$

- Gebäude mit raumlufttechnischer Anlage:

$$n_{50} \leq 1{,}5\,\mathrm{h}^{-1}$$

Für Gebäude mit einem Volumen von mehr als 1500 m^3 darf der auf die Gebäudehüllfläche A in m^2 bezogene Luftvolumenstrom $\dot{V}$ in m^3/h den Wert q_{50} nicht überschreiten:

- Gebäude ohne raumlufttechnische Anlage:

$$q_{50} \leq 4{,}5\,\mathrm{m\,h}^{-1}$$

- Gebäude mit raumlufttechnischer Anlage:

$$q_{50} \leq 2{,}5\,\mathrm{m\,h}^{-1}$$

16.1.6 Energiesparender Wärmeschutz nach der Energieeinsparverordnung

16.1.6.1 Anwendungsbereich

Der Anwendungsbereich der Energiesparverordnung vom 18. November 2013 (EnEV 2014) [29], die am 01. Mai 2014 in Kraft getreten ist, erstreckt sich auf Gebäude, die unter Einsatz von Energie beheizt oder gekühlt werden. Außerdem gilt sie für Anlagen der Heizungs-, Kühl- und Raumluft- und Beleuchtungstechnik sowie der Warmwasserversorgung. Der Energieeinsatz für Produktionsprozesse sowie bestimmte Gebäude sind vom Anwendungsbereich der EnEV 2014 ausgenommen:

- Betriebsgebäude, die überwiegend zur Aufzucht oder zur Haltung von Tieren genutzt werden
- Betriebsgebäude, soweit sie nach ihrem Verwendungszweck großflächig und lang anhaltend offen gehalten werden müssen
- unterirdische Bauten
- Unterglasanlagen und Kulturräume für Aufzucht, Vermehrung und Verkauf von Pflanzen
- Traglufthallen und Zelte
- Gebäude, die dazu bestimmt sind, wiederholt aufgestellt und zerlegt zu werden, und provisorische Gebäude mit einer geplanten Nutzungsdauer von bis zu zwei Jahren
- Gebäude, die dem Gottesdienst oder anderen religiösen Zwecken gewidmet sind,

- Wohngebäude, die
  a) für eine Nutzungsdauer von weniger als vier Monaten jährlich bestimmt sind oder
  b) für eine begrenzte jährliche Nutzungsdauer bestimmt sind, wenn der zu erwartende Energieverbrauch der Wohngebäude weniger als 25 % des zu erwartenden Energieverbrauchs bei ganzjähriger Nutzung beträgt,
- sonstige handwerkliche, landwirtschaftliche, gewerbliche und industrielle Betriebsgebäude, die nach ihrer Zweckbestimmung auf eine Innentemperatur von weniger als 12 °C oder jährlich weniger als vier Monate beheizt sowie jährlich weniger als zwei Monate gekühlt werden.

Für Gebäude sind folgende Begriffsbestimmungen und Bezugsgrößen von Bedeutung:

- Wohngebäude sind Gebäude, die nach ihrer Zweckbestimmung überwiegend dem Wohnen dienen, einschließlich Wohn-, Alten- und Pflegeheimen sowie ähnlichen Einrichtungen.
- Nichtwohngebäude sind alle anderen Gebäude.
- Kleine Gebäude sind Gebäude mit nicht mehr als 50 Quadratmetern Nutzfläche.
- Baudenkmäler sind nach Landesrecht geschützte Gebäude oder Gebäudemehrheiten.
- Beheizte Räume sind solche Räume, die auf Grund bestimmungsgemäßer Nutzung direkt oder durch Raumverbund beheizt werden.
- Gekühlte Räume sind solche Räume, die auf Grund bestimmungsgemäßer Nutzung direkt oder durch Raumverbund gekühlt werden.
- Die wärmeübertragende Umfassungsfläche A [m^2] stellt die äußere Begrenzung einer abgeschlossenen beheizten oder gekühlten Zone dar. Wohngebäude sind immer als Ein-Zonen-Modell zu betrachten, das mindestens die beheizten oder gekühlten Räume einschließt.
- Das beheizte Gebäudevolumen V_e [m^3] ist das Volumen, das von der wärmeübertragenden Umfassungsfläche A [m^2] umschlossen wird.
- Das beheizte Luftvolumen V [m^3] kann vereinfacht aus dem beheizten Gebäudevolumen V_e [m^3] abgeleitet werden:
  – Wohngebäude bis zu drei Vollgeschossen:

$$V = 0{,}76 \cdot V_e$$

  – in den übrigen Fällen:

$$V = 0{,}80 \cdot V_e$$

- Die Wohnfläche ist die nach der Wohnflächenverordnung oder auf der Grundlage anderer Rechtsvorschriften oder anerkannter Regeln der Technik zur Berechnung von Wohnflächen ermittelte Fläche.
- Die Nutzfläche ist die Nutzfläche nach anerkannten Regeln der Technik, die beheizt oder gekühlt wird.

- Die Gebäudenutzfläche A_N ist bei Wohngebäuden die Gebäudenutzfläche, die aus dem beheizten Gebäudevolumen V_e ermittelt wird:
  - Durchschnittliche Geschosshöhe $2{,}50\,\text{m} \leq h_g \leq 3\,\text{m}$:

$$A_N = 0{,}32\,\text{m}^{-1} \cdot V_e \quad [\text{m}^3]$$

  - Durchschnittliche Geschosshöhe $h_g < 2{,}50\,\text{m}$ oder $h_g > 3{,}00\,\text{m}$:

$$A_N = (1/h_g - 0{,}04\,\text{m}^{-1}) \cdot V_e \quad [\text{m}^3]$$

- Die Nettogrundfläche A_{NGF} ist die Nettogrundfläche nach anerkannten Regeln der Technik, die beheizt oder gekühlt wird.
- Der spezifische, auf die wärmeübertragende Umfassungsfläche bezogene Transmissionswärmeverlust H'_T [W/(m² K)] ist der Quotient aus dem spezifischen Transmissionswärmeverlust H_T [W/K] und der wärmeübertragenden Umfassungsfläche A [m²].

Energetisch und anlagentechnisch sind folgende Begriffe bestimmt:

- Erneuerbare Energien sind solare Strahlungsenergie, Umweltwärme, Geothermie, Wasserkraft, Windenergie und Energie aus Biomasse.
- Ein Heizkessel ist der aus Kessel und Brenner bestehende Wärmeerzeuger, der zur Übertragung der durch die Verbrennung freigesetzten Wärme an den Wärmeträger Wasser dient.
- Geräte sind der mit einem Brenner auszurüstende Kessel und der zur Ausrüstung eines Kessels bestimmte Brenner.
- Die Nennleistung ist die vom Hersteller festgelegte und im Dauerbetrieb unter Beachtung des vom Hersteller angegebenen Wirkungsgrades als einhaltbar garantierte größte Wärme- oder Kälteleistung in Kilowatt.
- Ein Niedertemperatur-Heizkessel ist ein Heizkessel, der kontinuierlich mit einer Eintrittstemperatur von 35 bis 40 °C betrieben werden kann und in dem es unter bestimmten Umständen zur Kondensation des in den Abgasen enthaltenen Wasserdampfes kommen kann.
- Ein Brennwertkessel ist ein Heizkessel, der für die Kondensation eines Großteils des in den Abgasen enthaltenen Wasserdampfes konstruiert ist.
- Elektrische Speicherheizsysteme sind Heizsysteme mit vom Energielieferanten unterbrechbarem Strombezug, die nur in den Zeiten außerhalb des unterbrochenen Betriebes durch eine Widerstandsheizung Wärme in einem geeigneten Speichermedium speichern.

Anforderungen werden gestellt an

- zu errichtende Wohngebäude
- zu errichtende Nichtwohngebäude

- zu errichtende kleine Gebäude und Gebäude aus Raumzellen
- bestehende Gebäude und Anlagen
- Anlagen der Heizungs-, Kühl- und Raumlufttechnik sowie der Warmwasserversorgung

Für zu errichtende Wohngebäude sind als Hauptanforderungsgrößen der Jahres-Primärenergiebedarf Q''_p und der spezifische, gebäudehüllflächenbezogene Transmissionswärmeverlust H_T sowie für den sommerlichen Wärmeschutz der Sonneneintragskennwert S nachzuweisen. Bei zu errichtenden Nichtwohngebäuden gelten neben dem Jahres-Primärenergiebedarf Q''_p und dem Sonneneintragskennwert S Anforderungen an den mittleren Wärmedurchgangskoeffizienten $\bar{U}$ bestimmter Bauteile. Die Berechnung des Jahres-Primärenergiebedarfs erfolgt im sogenannten Monatsbilanzverfahren mittels geeigneter PC-Rechenprogramme. Nebenanforderungen erstrecken sich u. a. auf Luftdichtheit, Mindestluftwechsel, Wärmebrücken und den Mindestwärmeschutz.

Im Weiteren enthält die EnEV 2014 Regelungen zu Energieausweisen und zu den Empfehlungen für die Verbesserung der Energieeffizienz von Gebäuden. In dazugehörigen Anlagen finden sich Muster für Energieausweise und Modernisierungsempfehlungen sowie Anforderungen an die Inhalte der Fortbildung für Energieausweis-Aussteller für bestehende Gebäude.

16.1.6.2 Anforderungen an zu errichtende Wohngebäude

16.1.6.2.1 Höchstwert des Jahres-Primärenergiebedarfs Q_p und des spezifischen, auf die wärmeübertragende Umfassungsflächen bezogenen Transmissionswärmeverlusts H'_T

Zu errichtende Wohngebäude sind so auszuführen, dass der gebäudenutzflächenbezogene Jahres-Primärenergiebedarf Q''_p für Heizung, Warmwasserbereitung, Lüftung und Kühlung den Wert des Jahres-Primärenergiebedarfs eines Referenzgebäudes gleicher Geometrie, Gebäudenutzfläche und Ausrichtung mit der technischen Referenzausführung nach Tafel 16.8 nicht überschreitet. Bis Ende 2015 entsprach der Referenzwert dem Höchstwert des Jahres-Primärenergiebedarfs. Seit dem Jahr 2016 wird der Referenzwert mit dem Faktor 0,75 multipliziert.

Seit dem 1. Januar 2016 darf der spezifische, auf die wärmeübertragende Umfassungsfläche bezogene Transmissionswärmeverlust H'_T den entsprechenden Wert des jeweiligen Referenzgebäudes nicht überschreiten. Ergänzend gilt die Forderung, dass die jeweiligen Werte gemäß Tafel 16.9 nicht überschritten werden dürfen. Der vorhandene Wert für $H'_{T,vorh}$ wird aus den vorgesehenen bautechnischen Eigenschaften des Gebäudes ermittelt.

Tafel 16.8 Ausführung des Referenzgebäudes (Wohngebäude)

Zeile	Bauteil/System	Referenzausführung/Wert (Maßeinheit)	
		Eigenschaft (zu Zeilen 1.1 bis 3)	
1.0	Der nach einem der in Nummer 2.1 angegebenen Verfahren berechnete Jahres-Primärenergiebedarf des Referenzgebäudes nach den Zeilen 1.1 bis 8 ist für Neubauvorhaben ab dem 1. Januar 2016 mit dem Faktor 0.75 zu multiplizieren. § 28 bleibt unberührt		
1.1	Außenwand (einschließlich Einbauten wie Rollladenkästen), Geschossdecke gegen Außenluft	Wärmedurchgangskoeffizient	$U = 0{,}28\,\text{W}/(\text{m}^2\,\text{K})$
1.2	Außenwand gegen Erdreich, Bodenplatte, Wände und Decken zu unbeheizten Räumen	Wärmedurchgangskoeffizient	$U = 0{,}35\,\text{W}/(\text{m}^2\,\text{K})$
1.3	Dach, oberste Geschossdecke, Wände zu Abseiten	Wärmedurchgangskoeffizient	$U = 0{,}20\,\text{W}/(\text{m}^2\,\text{K})$
1.4	Fenster, Fenstertüren	Wärmedurchgangskoeffizient	$U_\text{w} = 1{,}3\,\text{W}/(\text{m}^2\,\text{K})$
		Gesamtenergiedurchlassgrad der Verglasung	$g_\perp = 0{,}60$
1.5	Dachflächenfenster	Wärmedurchgangskoeffizient	$U_\text{w} = 1{,}4\,\text{W}/(\text{m}^2\,\text{K})$
		Gesamtenergiedurchlassgrad der Verglasung	$g_\perp = 0{,}60$
1.6	Lichtkuppeln	Wärmedurchgangskoeffizient	$U_\text{w} = 2{,}7\,\text{W}/(\text{m}^2\,\text{K})$
		Gesamtenergiedurchlassgrad der Verglasung	$g_\perp = 0{,}64$
1.7	Außentüren	Wärmedurchgangskoeffizient	$U = 1{,}8\,\text{W}/(\text{m}^2\,\text{K})$
2	Bauteile nach den Zeilen 1.1 bis 1.7	Wärmebrückenzuschlag	$\Delta U_\text{WB} = 0{,}05\,\text{W}/(\text{m}^2\,\text{K})$
3	Luftdichtheit der Gebäudehülle	Bemessungswert n_{50}	Bei Berechnung nach – DIN V 4108-6: 2003-06: mit Dichtheitsprüfung – DIN V 18599-2: 2011-12: nach Kategorie I[a]
4	Sonnenschutzvorrichtung	Keine im Rahmen der Nachweise nach Nummer 2.1.1 oder 2.1.2 anzurechnende Sonnenschutzvorrichtung	
5	Heizungsanlage	• Wärmeerzeugung durch Brennwertkessel (verbessert), Heizöl EL, Aufstellung: – für Gebäude bis zu 500 mm² Gebäudenutzfläche innerhalb der thermischen Hülle – für Gebäude mit mehr als 500 mm² Gebäudenutzfläche außerhalb der thermischen Hülle • Auslegungstemperatur 55/45 °C, zentrales Verteilsystem innerhalb der wärmeübertragenden Umfassungsfläche, innen liegende Stränge und Anbindeleitungen, Standard-Leitungslängen nach DIN V 4701-10: 2003-08, Tab. 5.3-2, Pumpe auf Bedarf ausgelegt (geregelt, Δp konstant), Rohrnetz hydraulisch abgeglichen • Wärmeübergabe mit freien statischen Heizflächen, Anordnung an normaler Außenwand, Thermostatventile mit Proportionalbereich 1 K	
6	Anlage zur Warmwasserbereitung	• zentrale Warmwasserbereitung • gemeinsame Wärmebereitung mit Heizungsanlage nach Zeile 5 • bei Berechnung nach Nummer 2.1.1: Solaranlage mit Flachkollektor sowie Speicher ausgelegt gemäß DIN V 18599-8: 2011-12, Tab. 15 • bei Berechnung nach Nummer 2.1.2: Solaranlage mit Flachkollektor zur ausschließlichen Trinkwassererwärmung entsprechend den Vorgaben nach DIN V 4701-10: 2003-08, Tab. 5.1-10 mit Speicher, indirekt beheizt (stehend), gleiche Aufstellung wie Wärmeerzeuger, – kleine Solaranlage bei $A_\text{N} \leq 500\,\text{m}^2$ (bivalenter Solarspeicher) – große Solaranlage bei $A_\text{N} > 500\,\text{m}^2$ • Verteilsystem innerhalb der wärmeübertragenden Umfassungsfläche, innen liegende Stränge, gemeinsame Installationswand, Standard-Leitungslängen nach DIN V 4701-10:2003-08, Tab. 5.1-2, mit Zirkulation	
7	Kühlung	Keine Kühlung	
8	Lüftung	Zentrale Abluftanlage, bedarfsgeführt mit geregeltem DC-Ventilator	

[a] Die Angaben nach Anlage 4 zum Überprüfungsverfahren für die Dichtheit bleiben unberührt.

Tafel 16.9 Höchstwerte des spezifischen, auf die wärmeübertragende Umfassungsfläche bezogenen Transmissionswärmeverlusts H'_T (Wohngebäude)

Zeile	Gebäudetyp		Höchstwert des spezifischen Transmissionswärmeverlusts
1	Freistehendes Wohngebäude	$A_N < 350\,\text{m}^2$	$H'_T = 0,40\,\text{W/(m}^2\,\text{K)}$
		$A_N > 350\,\text{m}^2$	$H'_T = 0,50\,\text{W/(m}^2\,\text{K)}$
2	Einseitig angebautes Wohngebäude		$H'_T = 0,45\,\text{W/(m}^2\,\text{K)}$
3	Alle anderen Wohngebäude		$H'_T = 0,65\,\text{W/(m}^2\,\text{K)}$
4	Erweiterungen und Ausbauten von Wohngebäuden gemäß § 9 Abs. 5		$H'_T = 0,65\,\text{W/(m}^2\,\text{K)}$

16.1.6.2.2 Berechnungsverfahren für Wohngebäude

Berechnung des Jahres-Primärenergiebedarfs Q_p Der Jahres-Primärenergiebedarf kann für Wohngebäude nach DIN V 18599: 2011-12 [28] oder nach DIN V 4108-6: 2003-06 in Verbindung mit DIN V 4701-10: 2003-08 berechnet werden. Im Gegensatz zur älteren Berechnungsmethode nach DIN V 4108-6/DIN V 4701-10 erlaubt die aktuellere Methode nach DIN V 18599 u. a. eine integrierte Bilanzierung der Nutzenergie für Heizen und Kühlen unter Beachtung aller Wärmequellen und Wärmesenken. Hierzu zahlen z. B. auch ungeregelte Wärmeeinträge aus dem Heizsystem, die als interne Wärmequellen bewertet werden. Dies geschieht abhängig vom bestehenden Heizwärmebedarf und von der Systemauslastung. Die Bewertung dieser Rückkopplung, die im bisherigen Verfahren vermieden wurde, erlaubt eine genauere, bedarfsorientierte Bilanzierung der Wärmeeinträge.

Bei der Berechnung gemäß DIN V 18599 sind für das Referenzgebäude und das geplante Gebäude die Randbedingungen gemäß Tafel 16.10 zu verwenden.

Berücksichtigung der Trinkwarmwassererwärmung Der Energiebedarf für die Trinkwarmwassererwärmung ist in DIN V 18599-10 für Einfamilienhäuser mit $12\,\text{kW h/(m}^2\,\text{a)}$ und für Mehrfamilienhäuser mit $16\,\text{kW h/(m}^2\,\text{a)}$ festgelegt.

Aneinander gereihte Bebauung Bei der Berechnung von aneinander gereihten Gebäuden werden Gebäudetrennwände in Abhängigkeit von den Raumtemperaturen beiderseits der Wand betrachtet:

- Betragen die Innentemperaturen von Gebäuden mindestens 19 °C, wird die Gebäudetrennwand zwischen diesen Gebäuden als wärmeundurchlässig angenommen. Bei der Ermittlung der wärmeübertragende Umfassungsfläche wird sie nicht berücksichtigt.

- Befindet sich die Gebäudetrennwand zwischen Wohngebäuden und Gebäuden, die auf Innentemperaturen von mindestens 12 °C und weniger als 19 °C beheizt werden, wird sie bei der Berechnung des spezifischen Transmissionswärmeverlusts mit einem Temperatur-Korrekturfaktor F_{nb}, welcher nach DIN V 18599 oder DIN V 4108-6 berechnet wird, gewichtet.

- Befindet sich die Gebäudetrennwand zwischen Wohngebäuden und Gebäuden mit wesentlich niedrigeren Innentemperaturen, wird sie bei der Berechnung des spezifischen Transmissionswärmeverlusts mit einem Temperatur-Korrekturfaktor $F_{nb} = 0,5$ gewichtet.

Ist die Nachbarbebauung nicht gesichert, müssen die Gebäudetrennwände den Mindestwärmeschutz mit einem Wärmedurchlasswiderstand von $R_{min} \geq 1,2\,\text{m}^2\,\text{K/W}$ einhalten. Werden aneinander gereihte Gebäude gleichzeitig erstellt, dürfen sie hinsichtlich der Anforderungen wie ein Gebäude behandelt werden.

Verbleibender Einfluss der Wärmebrücken Zu errichtende Gebäude sind so auszuführen, dass der Wärmebrückeneinfluss so gering wie möglich gehalten wird. Der sogenannte verbleibende Einfluss konstruktiver Wärmebrücken auf den Energiebedarf wird gemäß EnEV 2014 angerechnet:

- Genauer Nachweis:

$$H_{T,WB} = \sum_i l_i \cdot \psi_i$$

Die Längen l_i [m] der einzelnen Wärmebrücken werden ermittelt und jeweils mit den längenbezogenen Wärme-

Tafel 16.10 Randbedingungen für die Berechnung des Jahres-Primärenergiebedarfs (Wohngebäude)

Zeile	Kenngröße	Randbedingungen
1	Verschattungsfaktor F_S	$F_S = 0,9$ soweit die baulichen Bedingungen nicht detailliert berücksichtigt werden
2	Solare Wärmegewinne über opake Bauteile	– Emissionsgrad der Außenfläche für Wärmestrahlung: $\varepsilon = 0,8$ – Strahlungsabsorptionsgrad an opaken Oberflächen: $\alpha = 0,5$ für dunkle Dächer kann abweichend $\alpha = 0,8$ angenommen werden.
3	Gebäudeautomation	– Summand $\Delta\theta_{EMS}$: Klasse C – Faktor adaptiver Betrieb f_{adapt}: Klasse C jeweils nach DIN V 18599-11: 2011-12
4	Teilbeheizung	Für den Faktor a_{TB} (Anteil mitbeheizter Flächen) sind ausschließlich die Standardwerte nach DIN V 18599-10: 2011-12, Tab. 4, zu verwenden

16

durchgangskoeffizienten ψ_i [W/(m K)] des betreffenden Wärmebrückendetails multipliziert. Diese Methode zur Ermittlung des spezifischen Transmissionswärmeverlusts $H_{T,WB}$ [W/K] ist sehr genau und kann immer angewendet werden.

- Pauschaler Ansatz unter Anwendung der Planungsbeispiele aus DIN 4108 Beiblatt 2:
  Durch Multiplikation eines Wärmebrückenzuschlagskoeffizienten von $\Delta U_{WB} = 0{,}05$ W/(m² K) mit der Gebäudehüllfläche A [m²] wird der spezifische Transmissionswärmeverlust $H_{T,WB}$ [W/K] ermittelt. Diese Methode liefert im Regelfall höhere Wärmeverluste als die genaue Berechnung, dafür ist sie wenig aufwendig.

- Pauschaler Ansatz ohne Bezug
  Im Unterschied zur vorgenannten Methode wird bei der Berechnung des spezifischen Transmissionswärmeverlusts $H_{T,WB}$ ein Wärmebrückenzuschlagskoeffizient von $\Delta U_{WB} = 0{,}10$ W/(m² K) zugrunde gelegt. Im Falle von zu errichtenden Gebäuden führt diese Methode zu hohen berechneten Transmissionswärmeverlusten. Bei der energetischen Bewertung bestehender Gebäude wird diese Methode wegen der Einfachheit häufig angewendet.

16.1.6.3 Anforderungen an zu errichtende Nichtwohngebäude

16.1.6.3.1 Höchstwert des Jahres-Primärenergiebedarfs Q_p und des mittleren Wärmedurchgangskoeffizienten $\bar{U}$

Der Höchstwert des Jahres-Primärenergiebedarfs Q_p'' eines zu errichtenden Nichtwohngebäudes ist der auf die Netto-grundfläche A_{NGF} bezogene Jahres-Primärenergiebedarf Q_p eines Referenzgebäudes gleicher Geometrie, Nettogrundfläche, Ausrichtung und Nutzung wie das zu errichtende Nichtwohngebäude, das hinsichtlich seiner Ausführung den Vorgaben der Tafel 16.11 entspricht. Die Unterteilung hinsichtlich der Nutzung sowie der verwendeten Berechnungsverfahren und Randbedingungen muss beim Referenzgebäude mit der des zu errichtenden Gebäudes übereinstimmen; bei der Unterteilung hinsichtlich der anlagentechnischen Ausstattung und der Tageslichtversorgung sind Unterschiede zulässig, die durch die technische Ausführung des zu errichtenden Gebäudes bedingt sind. Die Zeilen Nr. 1.13 bis 8 der Tafel 16.11 sind beim Referenzgebäude nur insoweit und in der Art zu berücksichtigen, wie sie beim Gebäude ausgeführt werden. Die dezentrale Ausführung des Warmwassersystems darf darüber hinaus nur für solche Gebäudezonen berücksichtigt werden, die einen Warmwasserbedarf von höchstens 200 W h/(m² d) aufweisen.

Die Höchstwerte der mittleren Wärmedurchgangskoeffizienten $\bar{U}$ der wärmeübertragenden Umfassungsfläche gemäß Tafel 16.12 dürfen nicht überschritten werden. Bei Bauteilen gegen Erdreich und gegen unbeheizte Räume sind sie mit dem Faktor 0,5 zu gewichten.

Bei der Berechnung des Mittelwerts des jeweiligen Bauteils gemäß Tafel 16.12 sind die Bauteile nach Maßgabe ihres Flächenanteils zu berücksichtigen. Die Wärmedurchgangskoeffizienten von Bauteilen gegen unbeheizte Räume oder Erdreich sind zusätzlich mit dem Faktor 0,5 zu gewichten. Bei der Berechnung des Mittelwerts der an das Erdreich angrenzenden Bodenplatten dürfen die Flachen unberücksichtigt bleiben, die mehr als 5 m vom äußeren Rand des Gebäudes entfernt sind.

Tafel 16.11 Ausführung des Referenzgebäudes (Nichtwohngebäude)

Zeile	Bauteil/Systeme	Eigenschaft (zu Zeilen 1.1 bis 1.13)	Referenzausführung/Wert (Maßeinheit)	
			Raum-Solltemperaturen im Heizfall $\geq 19\,°C$	Raum-Solltemperaturen im Heizfall von 12 bis $< 19\,°C$
1.0	Der nach einem der in Nummer 2.1 angegebenen Verfahren berechnete Jahres-Primärenergiebedarf des Referenzgebäudes nach den Zeilen 1.1 bis 8 ist für Neubauvorhaben ab dem 1. Januar 2016 mit dem Faktor 0,75 zu multiplizieren. § 28 bleibt unberührt			
1.1	Außenwand (einschließlich Einbauten wie Rollladenkästen), Geschossdecke gegen Außenluft	Wärmedurchgangskoeffizient	$U = 0{,}28$ W/(m² K)	$U = 0{,}35$ W/(m² K)
1.2	Vorhangfassade (siehe auch Zeile 1.14)	Wärmedurchgangskoeffizient	$U = 1{,}4$ W/(m² K)	$U = 1{,}9$ W/(m² K)
		Gesamtenergiedurchlassgrad der Verglasung	$g_\perp = 0{,}48$	$g_\perp = 0{,}60$
		Lichttransmissionsgrad der Verglasung	$\tau_{D65} = 0{,}72$	$\tau_{D65} = 0{,}78$
1.3	Wand gegen Erdreich, Bodenplatte, Wände und Decken zu unbeheizten Räumen (außer Bauteile nach Zeile 1.4)	Wärmedurchgangskoeffizient	$U = 0{,}35$ W/(m² K)	$U = 0{,}35$ W/(m² K)
1.4	Dach (soweit nicht unter Zeile 1.5), oberste Geschossdecke, Wände zu Abseiten	Wärmedurchgangskoeffizient	$U = 0{,}20$ W/(m² K)	$U = 0{,}35$ W/(m² K)

Tafel 16.11 (Fortsetzung)

Zeile	Bauteil/Systeme	Eigenschaft (zu Zeilen 1.1 bis 1.13)	Referenzausführung/Wert (Maßeinheit)	
			Raum-Solltemperaturen im Heizfall $\geq 19\,°\mathrm{C}$	Raum-Solltemperaturen im Heizfall von 12 bis $< 19\,°\mathrm{C}$
1.5	Glasdächer	Wärmedurchgangskoeffizient	$U_\mathrm{W} = 2{,}7\,\mathrm{W/(m^2\,K)}$	$U_\mathrm{W} = 2{,}7\,\mathrm{W/(m^2\,K)}$
		Gesamtenergiedurchlassgrad der Verglasung	$g_\perp = 0{,}63$	$g_\perp = 0{,}63$
		Lichttransmissionsgrad der Verglasung	$\tau_\mathrm{D65} = 0{,}76$	$\tau_\mathrm{D65} = 0{,}76$
1.6	Lichtbänder	Wärmedurchgangskoeffizient	$U_\mathrm{W} = 2{,}4\,\mathrm{W/(m^2\,K)}$	$U_\mathrm{W} = 2{,}4\,\mathrm{W/(m^2\,K)}$
		Gesamtenergiedurchlassgrad der Verglasung	$g_\perp = 0{,}55$	$g_\perp = 0{,}55$
		Lichttransmissionsgrad der Verglasung	$\tau_\mathrm{D65} = 0{,}48$	$\tau_\mathrm{D65} = 0{,}48$
1.7	Lichtkuppeln	Wärmedurchgangskoeffizient	$U_\mathrm{W} = 2{,}7\,\mathrm{W/(m^2\,K)}$	$U_\mathrm{W} = 2{,}7\,\mathrm{W/(m^2\,K)}$
		Gesamtenergiedurchlassgrad der Verglasung	$g_\perp = 0{,}64$	$g_\perp = 0{,}64$
		Lichttransmissionsgrad der Verglasung	$\tau_\mathrm{D65} = 0{,}59$	$\tau_\mathrm{D65} = 0{,}59$
1.8	Fenster, Fenstertüren (siehe auch Zeile 1.14)	Wärmedurchgangskoeffizient	$U_\mathrm{W} = 1{,}3\,\mathrm{W/(m^2\,K)}$	$U_\mathrm{W} = 1{,}9\,\mathrm{W/(m^2\,K)}$
		Gesamtenergiedurchlassgrad der Verglasung	$g_\perp = 0{,}60$	$g_\perp = 0{,}60$
		Lichttransmissionsgrad der Verglasung	$\tau_\mathrm{D65} = 0{,}78$	$\tau_\mathrm{D65} = 0{,}78$
1.9	Dachflächenfenster (siehe auch Zeile 1.14)	Wärmedurchgangskoeffizient	$U_\mathrm{W} = 1{,}4\,\mathrm{W/(m^2\,K)}$	$U_\mathrm{W} = 1{,}9\,\mathrm{W/(m^2\,K)}$
		Gesamtenergiedurchlassgrad der Verglasung	$g_\perp = 0{,}60$	$g_\perp = 0{,}60$
		Lichttransmissionsgrad der Verglasung	$\tau_\mathrm{D65} = 0{,}78$	$\tau_\mathrm{D65} = 0{,}78$
1.10	Außentüren	Wärmedurchgangskoeffizient	$U = 1{,}8\,\mathrm{W/(m^2\,K)}$	$U = 2{,}9\,\mathrm{W/(m^2\,K)}$
1.11	Bauteile in Zeilen 1.1 und 1.3 bis 1.10	Wärmebrückenzuschlag	$\Delta U_\mathrm{WB} = 0{,}05\,\mathrm{W/(m^2\,K)}$	$\Delta U_\mathrm{WB} = 0{,}1\,\mathrm{W/(m^2\,K)}$
1.12	Gebäudedichtheit	Kategorie nach DIN V 18599-4:2011-12, Tab. 6	Kategorie I[a]	
1.13	Tageslichtversorgung bei Sonnen- und Blendschutz oder bei Sonnen- oder Blendschutz	Tageslichtversorgungsfaktor $C_\mathrm{TL,Vers,SA}$ nach DIN V 18599-4: 2011-12	– kein Sonnen- oder Blendschutz vorhanden: 0,70 – Blendschutz vorhanden: 0,15	
1.14	Sonnenschutzvorrichtung	Für das Referenzgebäude ist die tatsächliche Sonnenschutzvorrichtung des zu errichtenden Gebäudes anzunehmen; sie ergibt sich gegebenenfalls aus den Anforderungen zum sommerlichen Wärmeschutz nach Nummer 4 oder aus Erfordernissen des Blendschutzes. Soweit hierfür Sonnenschutzverglasung zum Einsatz kommt, sind für diese Verglasung folgende Kennwerte anzusetzen: • anstelle der Werte der Zeile 1.2 – Gesamtenergiedurchlassgrad der Verglasung $g_\perp = 0{,}35$ – Lichttransmissionsgrad der Verglasung $\tau_\mathrm{D65} = 0{,}58$ • anstelle der Werte der Zeilen 1.8 und 1.9: – Gesamtenergiedurchlassgrad der Verglasung $g_\perp = 0{,}35$ – Lichttransmissionsgrad der Verglasung $\tau_\mathrm{D65} = 0{,}62$		
2.1	Beleuchtungsart	– in Zonen der Nutzungen 6 und 7[b]: wie beim ausgeführten Gebäude – im Übrigen: direkt/indirekt jeweils mit elektronischem Vorschaltgerät und stabförmiger Leuchtstofflampe		
2.2	Regelung der Beleuchtung	Präsenzkontrolle: – in Zonen der Nutzungen 4, 15 bis 19, 21 und 31[b]: mit Präsenzmelder – im Übrigen: manuell Konstantlichtkontrolle/tageslichtabhängige Kontrolle – in Zonen der Nutzungen 5, 9, 10, 14, 22.1 bis 22.3, 29, 37 bis 40[b]: Konstantlichtkontrolle gemäß DIN V 18599-4: 2011-12, Abschn. 5.4.6 – in Zonen der Nutzungen 1 bis 4, 8, 12, 28, 31 und 36[b]: tageslichtabhängige Kontrolle, Kontrollart „gedimmt, nicht ausschaltend" gemäß DIN V 18599-4: 2011-12, Abschn. 5.5.4 (einschließlich Konstantlichtkontrolle) – im Übrigen: manuell		

16

Tafel 16.11 (Fortsetzung)

Zeile	Bauteil/Systeme	Eigenschaft (zu Zeilen 1.1 bis 1.13)	Referenzausführung/Wert (Maßeinheit)	
			Raum-Solltemperaturen im Heizfall $\geq 19\,°C$	Raum-Solltemperaturen im Heizfall von 12 bis $< 19\,°C$
3.1	Heizung (Raumhöhen ≤ 4 m) – Wärmeerzeuger	Brennwertkessel „verbessert" nach DIN V 18599-5: 2011-12, Tab. 47, Fußnote a, Gebläsebrenner, Heizöl EL, Aufstellung außerhalb der thermischen Hülle, Wasserinhalt $> 0,15\,l/kW$		
3.2	Heizung (Raumhöhen ≤ 4 m) – Wärmeverteilung	– bei statischer Heizung und Umluftheizung (dezentrale Nachheizung in RLT-Anlage): Zweirohrnetz, außen liegende Verteilleitungen im unbeheizten Bereich, innen liegende Steigstränge, innen liegende Anbindeleitungen, Systemtemperatur 55/45 °C, hydraulisch abgeglichen, Δp konstant, Pumpe auf Bedarf ausgelegt, Pumpe mit intermittierendem Betrieb, keine Überstromventile, für den Referenzfall sind die Rohrleitungslängen und die Umgebungstemperaturen gemäß den Standardwerten nach DIN V 18599-5: 2011-12 zu ermitteln. – bei zentralem RLT-Gerät: Zweirohrnetz, Systemtemperatur 70/55 °C, hydraulisch abgeglichen, Δp konstant, Pumpe auf Bedarf ausgelegt, für den Referenzfall sind die Rohrleitungslänge und die Lage der Rohrleitungen wie beim zu errichtenden Gebäude anzunehmen		
3.3	Heizung (Raumhöhen ≤ 4 m) – Wärmeübergabe	– bei statischer Heizung: freie Heizflächen an der Außenwand (bei Anordnung vor Glasflächen mit Strahlungsschutz); P-Regler (1 K), keine Hilfsenergie. – bei Umluftheizung (dezentrale Nachheizung in RLT-Anlage): Regelgröße Raumtemperatur, hohe Regelgüte		
3.4	Heizung (Raumhöhen > 4 m)	Dezentrales Heizsystem: Wärmeerzeuger gemäß DIN V 18599-5: 2011-12, Tab. 50: – dezentraler Warmlufterzeuger – nicht kondensierender Betrieb – Leistung 25 bis 50 kW – Energieträger Erdgas – Leistungsregelung 1 (einstufig oder mehrstufig/modulierend ohne Anpassung der Verbrennungsluftmenge) Wärmeübergabe gemäß DIN V 18599-5: 2011-12, Tab. 13: – Radialventilator, seitlicher Luftauslass, ohne Warmluftrückführung Raumtemperaturregelung P-Regler		
4.1	Warmwasser – zentrales System	Wärmeerzeuger: Solaranlage mit Flachkollektor in Standardausführung nach DIN V 18599-8: 2011-12, berichtigt durch DIN V 18599-8, Berichtigung 1: 2013-05, jedoch abweichend auch für zentral warmwasserversorgte Nettogrundflächen über 3000 m² Restbedarf über den Wärmeerzeuger der Heizung Wärmespeicherung: bivalenter, außerhalb der thermischen Hülle aufgestellter Speicher nach DIN V 18599-8: 2011-12, Abschn. 6.3.1, berichtigt durch DIN V 18599-8, Berichtigung 1: 2013-05 Wärmeverteilung: mit Zirkulation, für den Referenzfall sind die Rohrleitungslänge und die Lage der Rohrleitungen wie beim zu errichtenden Gebäude anzunehmen		
4.2	Warmwasser – dezentrales System	elektrischer Durchlauferhitzer, eine Zapfstelle und 6 m Leitungslänge pro Gerät		
5.1	Raumlufttechnik – Abluftanlage	spezifische Leistungsaufnahme Ventilator $P_{SFP} = 1,0\,kW/(m^3/s)$		
5.2	Raumlufttechnik – Zu- und Abluftanlage ohne Nachheiz- und Kühlfunktion	Soweit für Zonen der Nutzungen 4, 8, 9, 12, 13, 23, 24, 35, 37 und 40[b] eine Zu- und Abluftanlage vorgesehen wird, ist diese mit bedarfsabhängiger Luftstromregelung gemäß DIN V 18599-7: 2011-12, Abschn. 5.8.1 auszulegen Spezifische Leistungsaufnahme – Zuluftventilator: $P_{SFP} = 1,5\,kW/(m^3/s)$ – Abluftventilator: $P_{SFP} = 1,0\,kW/(m^3/s)$ Zuschläge nach DIN EN 13779: 2007-04, Abschn. 6.5.2, können nur für den Fall von HEPA-Filtern, Gasfiltern oder Wärmerückführungsklassen H2 oder H1 angerechnet werden – Wärmerückgewinnung über Plattenwärmeüberträger (Kreuzgegenstrom) Rückwärmzahl: $\eta_t = 0,6$ Druckverhältniszahl: $f_p = 0,4$ Luftkanalführung: innerhalb des Gebäudes		

Tafel 16.11 (Fortsetzung)

Zeile	Bauteil/Systeme	Eigenschaft (zu Zeilen 1.1 bis 1.13)	Referenzausführung/Wert (Maßeinheit)	
			Raum-Solltemperaturen im Heizfall $\geq 19\,°C$	Raum-Solltemperaturen im Heizfall von 12 bis $< 19\,°C$
5.3	Raumlufttechnik – Zu- und Abluftanlage mit geregelter Luftkonditionierung	Soweit für Zonen der Nutzungen 4, 8, 9, 12, 13, 23, 24, 35, 37 und 40[b] eine Zu- und Abluftanlage vorgesehen wird, ist diese mit bedarfsabhängiger Luftstromregelung gemäß DIN V 18599-7: 2011-12, Abschn. 5.8.1 auszulegen. Spezifische Leistungsaufnahme – Zuluftventilator: $P_{SFP} = 1,5\,kW/(m^3/s)$ – Abluftventilator: $P_{SFP} = 1,0\,kW/(m^3/s)$ Zuschläge nach DIN EN 13779: 2007-04, Abschn. 6.5.2, können nur für den Fall von HEPA-Filtern, Gasfiltern oder Wärmerückführungsklassen H2 oder H1 angerechnet werden – Wärmerückgewinnung über Plattenwärmeüberträger (Kreuzgegenstrom) Rückwärmzahl: $\varPhi_{rec}$ bzw. $\eta_t = 0,6$ Zulufttemperatur: $18\,°C$ Druckverhältniszahl: $f_p = 0,4$ Luftkanalführung: innerhalb des Gebäudes		
5.4	Raumlufttechnik – Luftbefeuchtung	Für den Referenzfall ist die Einrichtung zur Luftbefeuchtung wie beim zu errichtenden Gebäude anzunehmen		
5.5	Raumlufttechnik – Nur-Luft-Klimaanlagen	Als Variabel-Volumenstrom-System ausgeführt: Druckverhältniszahl: $f_p = 0,4$ Luftkanalführung: innerhalb des Gebäudes		
6	Raumkühlung	– Kältesystem: Kaltwasser-Ventilatorkonvektor, Brüstungsgerät Kaltwassertemperatur: $14/18\,°C$; – Kaltwasserkreis Raumkühlung: Überströmung: 10 % spezifische elektrische Leistung der Verteilung $P_{d,spez} = 30\,W_{el}/kW_{Kälte}$ hydraulisch abgeglichen, geregelte Pumpe, Pumpe hydraulisch entkoppelt, saisonale sowie Nacht- und Wochenendabschaltung		
Zeile	Bauteil/Systeme	Eigenschaft (zu Zeilen 1.1 bis 1.13)	Referenzausführung/Wert (Maßeinheit)	
			Raum-Solltemperaturen im Heizfall $\geq 19\,°C$	Raum-Solltemperaturen im Heizfall von 12 bis $< 19\,°C$
7	Kälteerzeugung	Erzeuger: Kolben/Scrollverdichter mehrstufig schaltbar, R134a, luftgekühlt Kaltwassertemperatur – bei mehr als $5000\,m^2$ mittels Raumkühlung konditionierter Nettogrundfläche, für diesen Konditionierungsanteil: $14/18\,°C$ – im Übrigen: $6/12\,°C$ Kaltwasserkreis Erzeuger inklusive RLT-Kühlung: Überströmung: 30 % spezifische elektrische Leistung der Verteilung $P_{d,spez} = 20\,W_{el}/kW_{Kälte}$ hydraulisch abgeglichen, ungeregelte Pumpe, Pumpe hydraulisch entkoppelt, saisonale sowie Nacht- und Wochenendabschaltung, Verteilung außerhalb der konditionierten Zone. Der Primärenergiebedarf für das Kühlsystem und die Kühlfunktion der raumlufttechnischen Anlage darf für Zonen der Nutzungsarten 1 bis 3, 8, 10, 16 bis 20 und 31[a] nur zu 50 % angerechnet werden		
8	Gebäudeautomation	– Summand $\Delta\theta_{EMS}$: gemäß Klasse C - Faktor adaptiver Betrieb f_{adapt}: Klasse C jeweils nach DIN V 18599-11: 2011-12		

[a] Die Angaben nach Anlage 4 zum Überprüfungsverfahren für die Dichtheit bleiben unberührt.
[b] Nutzungen nach Tab. 5 der DIN V 18599-10: 2011-12.

16

Tafel 16.12 Höchstwerte der Wärmedurchgangskoeffizienten der wärmeübertragenden Umfassungsfläche (Nichtwohngebäude)

Zeile	Bauteile	Anforderungsniveau	Höchstwerte der nach Nummer 2.3 bestimmten Wärmedurchgangskoeffizienten	
			Zonen mit Raum-Solltemperaturen im Heizfall $\geq 19\,°C$	Zonen mit Raum-Solltemperaturen im Heizfall von 12 bis $< 19\,°C$
1a	Opake Außenbauteile, soweit nicht in Bauteilen der Zeilen 3 und 4 enthalten	Nach EnEV 2009[a]	$\bar{U} = 0{,}35\,\mathrm{W/(m^2\,K)}$	$\bar{U} = 0{,}50\,\mathrm{W/(m^2\,K)}$
1b		Für Neubauvorhaben bis zum 31. Dezember 2015[b]	$\bar{U} = 0{,}35\,\mathrm{W/(m^2\,K)}$	
1c		Für Neubauvorhaben ab dem 1. Januar 2016[b]	$\bar{U} = 0{,}28\,\mathrm{W/(m^2\,K)}$	
2a	Transparente Außenbauteile, soweit nicht in Bauteilen der Zeilen 3 und 4 enthalten	Nach EnEV 2009[a]	$\bar{U} = 1{,}9\,\mathrm{W/(m^2\,K)}$	$\bar{U} = 2{,}8\,\mathrm{W/(m^2\,K)}$
2b		Für Neubauvorhaben bis zum 31. Dezember 2015[b]	$\bar{U} = 1{,}9\,\mathrm{W/(m^2\,K)}$	
2c		Für Neubauvorhaben ab dem 1. Januar 2016[b]	$\bar{U} = 1{,}5\,\mathrm{W/(m^2\,K)}$	
3a	Vorhangfassade	Nach EnEV 2009[a]	$\bar{U} = 1{,}9\,\mathrm{W/(m^2\,K)}$	$\bar{U} = 3{,}0\,\mathrm{W/(m^2\,K)}$
3b		Für Neubauvorhaben bis zum 31. Dezember 2015[b]	$\bar{U} = 1{,}9\,\mathrm{W/(m^2\,K)}$	
3c		Für Neubauvorhaben ab dem 1. Januar 2016[b]	$\bar{U} = 1{,}5\,\mathrm{W/(m^2\,K)}$	
4a	Glasdächer, Lichtbänder, Lichtkuppeln	Nach EnEV 2009[a]	$\bar{U} = 3{,}1\,\mathrm{W/(m^2\,K)}$	$\bar{U} = 3{,}1\,\mathrm{W/(m^2\,K)}$
4b		Für Neubauvorhaben bis zum 31. Dezember 2015[b]	$\bar{U} = 3{,}1\,\mathrm{W/(m^2\,K)}$	
4c		Für Neubauvorhaben ab dem 1. Januar 2016[b]	$\bar{U} = 2{,}5\,\mathrm{W/(m^2\,K)}$	

[a] Energiesparverordnung vom 24. Juli 2007 (BGBl. I, S. 1519), die durch Artikel 1 der Verordnung vom 29. April 2009 (BGBl. I, S. 954) geändert worden ist.
[b] § 28 bleibt unberührt.

16.1.6.3.2 Berechnungsverfahren für Nichtwohngebäude

Der Jahres-Primärenergiebedarf Q_p für Nichtwohngebäude wird gemäß DIN V 18599: 2011-12 berechnet. Dabei ist das Gebäude gemäß DIN V 18599 in Zonen zu unterteilen, falls sich die Flächen hinsichtlich ihrer Nutzung, ihrer technischen Ausstattung, ihrer inneren Lasten oder ihrer Versorgung mit Tageslicht wesentlich unterscheiden. Nutzungen 1 und 2 gemäß DIN V 18599-10 dürfen zu Nutzung 1 zusammengefasst werden. Für Nutzungen, die nicht in Tab. 4 der DIN V 18599-10 enthalten sind, wird Nutzung 17 verwendet. Alternativ kann eine Nutzung unter Anwendung gesicherten allgemeinen Wissensstands individuell bestimmt und verwendet werden. Unter bestimmten Bedingungen erlaubt die EnEV 2014 die Betrachtung des Nichtwohngebäudes als Ein-Zonen-Modell und nennt die Voraussetzungen, Randbedingungen und rechnerischen Korrekturen für den Rechengang im Rahmen des sogenannten vereinfachten Verfahrens.

Die Randbedingungen für die Berechnung des Jahres-Primärenergiebedarfs und zu den Nutzungen sind in DIN V 18599-10: 2011-12 zu entnehmen. Zusätzlich zu den Vorgaben der DIN V 18599 sind Randbedingungen gemäß Tafel 16.13 zu verwenden.

16.1.6.4 Bestehende Gebäude und Anlagen

16.1.6.4.1 Anforderungen an kleine Gebäude und Gebäude aus Raumzellen sowie bei Änderung, Erweiterung und Ausbau von Gebäuden

Werden bei beheizten oder gekühlten Räumen Änderungen vorgenommen, die sich über mehr als 10 % der jeweiligen Bauteilfläche erstrecken, dürfen die Höchstwerte der Wärmedurchgangskoeffizienten U der betreffenden Bauteilflächen gemäß Tafel 16.14 nicht überschritten werden. Die Höchstwerte beziehen sich bei erstmaligem Einbau, Ersatz oder Erneuerung von Bauteilen auf folgende Situationen:

- Außenwände
  - Ersatz oder erstmaliger Einbau von Außenwänden (Tafel 16.14, Zeile 1)
  - Erneuerung
    * Anbringen von Platten, plattenartigen Bauteilen, Verschalungen oder Mauerwerks-Vorsatzschalen
    * Erneuerung des Außenputzes
    Anforderungen gelten nicht für Außenwände, die nach dem 31.12.1983 errichtet oder erneuert worden sind.
  - Dämmschichtdicken sind aus technischen Gründen begrenzt: Einbau von Wärmedämmstoffen mit $\lambda \leq 0{,}035\,\mathrm{W/(m\,K)}$

Tafel 16.13 Randbedingungen für die Berechnung des Jahres-Primärenergiebedarfs (Nichtwohngebäude)

Zeile	Kenngröße	Randbedingungen
1	Verschattungsfaktor F_S	$F_S = 0{,}9$ soweit die baulichen Bedingungen nicht detailliert berücksichtigt werden
2	Verbauungsindex I_V	$I_V = 0{,}9$ eine genaue Ermittlung nach DIN V 18599-4: 2011-12, Abschn. 5.5.2, ist zulässig

3	Heizunterbrechung	– Heizsysteme in Raumhöhen $\leq 4\,\mathrm{m}$:
		  Absenkbetrieb gemäß DIN V 18599-2: 2011-12, Gleichung (28)
		 – Heizsysteme in Raumhöhen $> 4\,\mathrm{m}$:
		  Abschaltbetrieb gemäß DIN V 18599-2: 2011-12, Gleichung (29)
		 jeweils mit Dauer gemäß den Nutzungsbedingungen in Tab. 5 der DIN V 18599-10: 2011-12

4	Solare Wärmegewinne über opake Bauteile	– Emissionsgrad der Außenfläche für Wärmestrahlung: $\varepsilon = 0{,}8$ – Strahlungsabsorptionsgrad an opaken Oberflächen: $\alpha = 0{,}5$ für dunkle Dächer kann abweichend $\alpha = 0{,}8$ angenommen werden
5	Wartungsfaktor der Beleuchtung	Der Wartungsfaktor WF ist wie folgt anzusetzen: – in Zonen der Nutzungen 14, 15 und 22[a]: mit 0,6 – im Übrigen: mit 0,8 Dementsprechend ist der Energiebedarf für einen Berechnungsbereich im Tab.nverfahren nach DIN V 18599-4: 2011-12, Abschn. 5.4.2, Gleichung (10), mit dem folgenden Faktor zu multiplizieren: – für die Nutzungen 14, 15 und 22[a]: mit 1,12 – im Übrigen: mit 0,84
6	Gebäudeautomation	– Klasse C – Klasse A oder B bei entsprechendem Ausstattungsniveau jeweils nach DIN 18599-11: 2011-12

[a] Nutzungen nach Tab. 5 der DIN V 18599-10: 2011-12.

– Bei Einblasen von Dämm-Materialien in Hohlräume oder bei Verwendung von Dämm-Materialien aus nachwachsenden Rohstoffen: Wärmedämmstoffe mit $\lambda \leq 0{,}045\,\mathrm{W/(m\,K)}$

- Fenster, Fenstertüren, Dachflächenfenster und Glasdächer (Tafel 16.14, Zeilen 2 und 3)
  – Ersatz des gesamten Bauteils oder erstmaliger Einbau Für Fenstertüren mit Klapp-, Falt-, Schiebe- oder Hebemechanismus gilt Zeile 2f.
  – Einbau zusätzlicher Vor- oder Innenfenster
  – Ersatz der Verglasung oder verglaster Flügelrahmen Anforderungen gelten nicht, wenn der Rahmen zur Aufnahme der vorgeschriebenen Verglasung ungeeignet ist. Ist die Glasdicke aus technischen Gründen begrenzt: Verwendung von Verglasungen mit $U_g \leq 1{,}30\,\mathrm{W/(m^2\,K)}$. Bei Kasten- oder Verbundfenstern gelten die Anforderungen als erfüllt, wenn eine Glastafel mit einer infrarotreflektierenden Beschichtung mit einer Emissivität von $\varepsilon_n \leq 0{,}2$ eingebaut wird.
- Außentüren
  Erneuerung: Wärmedurchgangskoeffizient der Türfläche $U \leq 1{,}8\,\mathrm{W/(m^2\,K)}$. Gilt nicht für rahmenlose Türanlagen aus Glas, Karusselltüren und kraftbetätigte Türen.
- Dachflächen und Dachgauben gegen Außenluft sowie Decken und Wände gegen unbeheizte Dachräume
  – Ersatz oder erstmaliger Einbau (Tafel 16.14, Zeile 4a)

– Erneuerung
  * Ersatz oder Neuaufbau der Dachdeckung einschließlich darunter liegender Lattungen und Verschalungen (Zeile 4a).
    Ausführung des Wärmeschutzes als Zwischensparrendämmung und begrenzte Dämmschichtdicke wegen einer innenseitigen Bekleidung oder der Sparrenhöhe: Einbau der höchstmöglichen Dämmstoffdicke mit $\lambda \leq 0{,}035\,\mathrm{W/(m\,K)}$
  * Ersatz einer flächigen Abdichtung durch eine neue Schicht gleicher Funktion (Zeile 4b)
  * Aufbringen oder Erneuern von Bekleidungen oder Verschalungen oder Einbau von Dämmschichten auf der kalten Seite von Wänden zum unbeheizten Dachraum (Zeile 4a)
  * Aufbringen oder Erneuern von Bekleidungen oder Verschalungen oder Einbau von Dämmschichten auf der kalten Seite von Decken zum unbeheizten Dachraum (Zeile 4a).
    Einblasen von Dämmschichten: Wärmedämmstoffen mit $\lambda \leq 0{,}045\,\mathrm{W/(m\,K)}$.

Anforderungen gelten nicht für Bauteile, die nach dem 31.12.1983 errichtet oder erneuert worden sind. Dämmschichtdicken sind aus technischen Gründen begrenzt: Einbau von Wärmedämmstoffen mit $\lambda \leq 0{,}035\,\mathrm{W/(m\,K)}$. Bei Einblasen von Dämm-Materialien in Hohlräume oder bei Verwendung von Dämm-

Tafel 16.14 Höchstwerte der Wärmedurchgangskoeffizienten bei erstmaligem Einabu, Ersatz und Erneuerung von Bauteilen

Zeile	Bauteil	Maßnahme durch	Wohngebäude und Zonen von Nichtwohngebäuden mit Innentemperaturen $\geq 19\,°C$	Zonen von Nichtwohngebäuden mit Innentemperaturen von 12 bis $< 19\,°C$
			Höchstwerte der Wärmedurchgangskoeffizienten U_{max} [a]	
1	Außenwände	Nummer 1, Satz 1 und 2	$0{,}24\,W/(m^2\,K)$	$0{,}35\,W/(m^2\,K)$
2a	Fenster, Fenstertüren	Nummer 2, Buchstabe a und b	$1{,}3\,W/(m^2\,K)$ [b]	$1{,}9\,W/(m^2\,K)$ [b]
2b	Dachflächenfenster	Nummer 2, Buchstabe a und b	$1{,}4\,W/(m^2\,K)$ [b]	$1{,}9\,W/(m^2\,K)$ [b]
2c	Verglasungen	Nummer 2, Buchstabe c	$1{,}1\,W/(m^2\,K)$ [c]	Keine Anforderung
2d	Vorhangfassaden	Nummer 6, Satz 1	$1{,}5\,W/(m^2\,K)$ [d]	$1{,}9\,W/(m^2\,K)$ [d]
2e	Glasdächer	Nummer 2, Buchstabe a und c	$2{,}0\,W/(m^2\,K)$ [e]	$2{,}7\,W/(m^2\,K)$ [e]
2f	Fenstertüren mit Klapp-, Falt-, Schiebe- oder Hebemechanismus	Nummer 2, Buchstabe a	$1{,}6\,W/(m^2\,K)$ [b]	$1{,}9\,W/(m^2\,K)$ [b]
3a	Fenster, Fenstertüren, Dachflächenfenster mit Sonderverglasungen	Nummer 2, Buchstabe a und b	$2{,}0\,W/(m^2\,K)$ [b]	$2{,}8\,W/(m^2\,K)$ [b]
3b	Sonderverglasungen	Nummer 2, Buchstabe c	$1{,}6\,W/(m^2\,K)$ [c]	Keine Anforderung
3c	Vorhangfassaden mit Sonderverglasungen	Nummer 6, Satz 2	$2{,}3\,W/(m^2\,K)$ [d]	$3{,}0\,W/(m^2\,K)$ [d]
4a	Dachflächen einschließlich Dachgauben, Wände gegen unbeheizten Dachraum (einschließlich Abseitenwänden), oberste Geschossdecken	Nummer 4, Satz 1 und 2, Buchstabe a und c	$0{,}24\,W/(m^2\,K)$	$0{,}35\,W/(m^2\,K)$
4b	Dachflächen mit Abdichtung	Nummer 4, Satz 2, Buchstabe b	$0{,}20\,W/(m^2\,K)$	$0{,}35\,W/(m^2\,K)$
5a	Wände gegen Erdreich oder unbeheizte Räume (mit Ausnahme von Dachräumen) sowie Decken nach unten gegen Erdreich oder unbeheizte Räume	Nummer 5, Satz 1 und 2, Buchstabe a und c	$0{,}30\,W/(m^2\,K)$	Keine Anforderung
5b	Fußbodenaufbauten	Nummer 5, Satz 2, Buchstabe b	$0{,}50\,W/(m^2\,K)$	Keine Anforderung
5c	Decken nach unten an Außenluft	Nummer 5, Satz 1 und 2, Buchstabe a und c	$0{,}24\,W/(m^2\,K)$	$0{,}35\,W/(m^2\,K)$

[a] Wärmedurchgangskoeffizient des Bauteils unter Berücksichtigung der neuen und der vorhandenen Bauteilschichten; für die Berechnung der Bauteile nach den Zeilen 5a und b ist DIN V 4108-6: 2003-06, Anhang E, und für die Berechnung sonstiger opaker Bauteile ist DIN EN ISO 6946: 2008-04 zu verwenden.

[b] Bemessungswert des Wärmedurchgangskoeffizienten des Fensters; der Bemessungswert des Wärmedurchgangskeffizienten des Fensters ist technischen Produkt-Spezifikationen zu entnehmen oder gemäß den nach den Landesbauordnungen bekannt gemachten energetischen Kennwerten für Bauprodukte zu bestimmen. Hierunter fallen insbesondere energetische Kennwerte aus Europäischen Technischen Bewertungen sowie energetische Kennwerte der Regelungen nach der Bauregelliste A, Teil 1, und auf Grund von Festlegungen in allgemeinen bauaufsichtlichen Zulassungen.

[c] Bemessungswert des Wärmedurchgangskoeffizienten der Verglasung; Fußnote b ist entsprechend anzuwenden.

[d] Wärmedurchgangskoeffizient der Vorhangfassade; er ist nach DIN EN 13947: 2007-07 zu ermitteln.

Materialien aus nachwachsenden Rohstoffen: Wärmedämmstoffe mit $\lambda \leq 0{,}045\,W/(m\,K)$

- Wände gegen Erdreich oder unbeheizte Räume (mit Ausnahme von Dachräumen) sowie Decken nach unten gegen Erdreich, Außenluft oder unbeheizte Räume (Tafel 16.14, Zeile 5)
  - Ersatz oder erstmaliger Einbau
  - Erneuerung
    * Anbringen oder Erneuern von außenseitigen Bekleidungen oder Verschalungen, Feuchtigkeitssperren oder Dränagen
    * Aufbau oder Erneuerung des Fußbodenaufbaus auf der beheizten Seite

* Anbringen von Deckenbekleidungen auf der Kaltseite

Anforderungen gelten nicht für Bauteile, die nach dem 31.12.1983 errichtet oder erneuert worden sind.

Dämmschichtdicken sind aus technischen Gründen begrenzt: Einbau von Wärmedämmstoffen mit $\lambda \leq 0{,}035\,W/(m\,K)$. Bei Einblasen von Dämm-Materialien in Hohlräume oder bei Verwendung von Dämm-Materialien aus nachwachsenden Rohstoffen: Wärmedämmstoffe mit $\lambda \leq 0{,}045\,W/(m\,K)$

- Vorhangfassaden (Tab. 5.17, Zeilen 2 d oder 3 c)
  - Ersatz oder erstmaliger Einbau des gesamten Bauteils.

Anstelle des Nachweises über die Wärmedurchgangskoeffizienten U der geänderten Bauteile kann auch eine Bilanzierung des Jahres-Primärenergiebedarfs Q_h'' des Gebäudes sowie des spezifischen, auf die wärmeübertragende Umfassungsfläche bezogenen Transmissionswärmeverlusts H_T' (Wohngebäude) bzw. der mittleren Wärmedurchgangskoeffizienten $\bar{U}$ der wärmeübertragenden Umfassungsfläche (Nichtwohngebäude) vorgenommen werden. Dabei gilt, dass die Anforderungen an das geänderte Gebäude um 40 % über dem Anforderungsniveau zu errichtender Gebäude liegen dürfen. Bei Ermittlung des zulässigen Jahres-Primärenergiebedarfs wird der Faktor 0,75, mit dem ab dem Jahr 2016 der zulässige Jahres-Primärenergiebedarf reduziert wird, nicht angesetzt. Die für die Energiebedarfsbilanzierung erforderlichen Berechnungen werden nach dem Monatsbilanzverfahren durchgeführt, weichen jedoch hinsichtlich einiger anzusetzender Randbedingungen von denen zu errichtender Gebäude ab.

Bestehende Wohngebäude werden wie zu errichtende Wohngebäude entweder nach DIN V 4108-6/DIN V 4701-10 oder nach DIN V 18599 energetisch bewertet. Für bestehende Nichtwohngebäude gilt wie für zu errichtende Nichtwohngebäude DIN V 18599.

Wird ein bestehendes Gebäude erweitert oder ausgebaut und kein eigener Wärmeerzeuger eingebaut, können die Anforderungen an den energiesparenden Wärmeschutz durch Nachweis des Wärmedurchgangskoeffizienten U der betreffenden Bauteile nachgewiesen werden (Tafel 16.14). Ist die hinzukommende Nutzfläche größer als $50\,\text{m}^2$, ist zusätzlich der sommerliche Wärmeschutz nachzuweisen. Wird bei einer Erweiterung um mehr als $50\,\text{m}^2$ ein neuer Wärmeerzeuger eingebaut, ist der ergänzte Gebäudeteil wie ein Neubau gesamtenergetisch zu bewerten. Bei Ermittlung des zulässigen Jahres-Primärenergiebedarfs wird der Faktor 0,75, mit dem ab dem Jahr 2016 der zulässige Jahres-Primärenergiebedarf reduziert wird, nicht angesetzt. Bei Anwendung des Referenzgebäudeverfahrens kann die Dichtheit des hinzukommenden Gebäudeteils rechnerisch angesetzt werden.

16.1.6.4.2 Randbedingungen und Maßgaben für die Bewertung bestehender Wohngebäude

Sind mehr als 50 % der Außenwandfläche mit einer innen liegenden Dämmschicht und einbindender Massivdecke versehen, sind Wärmebrücken bei pauschaler Berechnung mit einem Wärmebrückenzuschlagskoeffizienten von $\Delta U_{\text{WB}} = 0,15\,\text{W}/(\text{m}^2\,\text{K})$ für die gesamte wärmeübertragende Umfassungsfläche zu berücksichtigen.

Die Luftwechselrate ist bei offensichtlichen Undichtheiten, wie bei Fenstern ohne funktionstüchtiger Lippendichtung oder bei beheizten Dachgeschossen mit Dachflächen ohne luftdichte Ebene, mit $n = 1,0\,\text{h}^{-1}$ anzusetzen.

Bei der Ermittlung der solaren Wärmegewinne ist der Abminderungsfaktor für den Rahmenanteil von Fenstern mit $F_F = 0,6$ anzusetzen.

16.1.6.5 Nachrüstung bei Anlagen und Gebäuden

Eigentümer von Gebäuden dürfen Heizkessel, die mit flüssigen oder gasförmigen Brennstoffen beschickt werden und vor dem 1. Oktober 1978 eingebaut oder aufgestellt worden sind, nicht mehr betreiben. Eigentümer von Gebäuden dürfen Heizkessel, die mit flüssigen oder gasförmigen Brennstoffen beschickt werden und vor dem 1. Januar 1985 eingebaut oder aufgestellt worden sind, ab 2015 nicht mehr betreiben. Eigentümer von Gebäuden dürfen Heizkessel, die mit flüssigen oder gasförmigen Brennstoffen beschickt werden und nach dem 1. Januar 1985 eingebaut oder aufgestellt worden sind, nach Ablauf von 30 Jahren nicht mehr betreiben. Dies gilt nicht, wenn die vorhandenen Heizkessel Niedertemperatur-Heizkessel oder Brennwertkessel sind, sowie für heizungstechnische Anlagen, deren Nennleistung weniger als vier Kilowatt oder mehr als 400 Kilowatt beträgt, und weitere in EnEV 2014 definierte Heizkessel.

Eigentümer von Gebäuden müssen dafür sorgen, dass bei heizungstechnischen Anlagen bisher ungedämmte, zugängliche Wärmeverteilungs- und Warmwasserleitungen sowie Armaturen, die sich nicht in beheizten Räumen befinden, nach Tafel 16.15 zur Begrenzung der Wärmeabgabe gedämmt sind.

Eigentümer von Wohngebäuden sowie von Nichtwohngebäuden, die nach ihrer Zweckbestimmung jährlich mindestens vier Monate und auf Innentemperaturen von mindestens 19 °C beheizt werden, müssen dafür sorgen, dass zugängliche Decken beheizter Räume zum unbeheizten Dachraum (oberste Geschossdecken), die nicht die Anforderungen an den Mindestwärmeschutz nach DIN 4108-2: 2013-02 erfüllen, nach dem 31. Dezember 2015 so gedämmt sind, dass der Wärmedurchgangskoeffizient der obersten Geschossdecke $0,24\,\text{W}/(\text{m}^2\,\text{K})$ nicht überschreitet. Die Pflicht der Geschossdeckendämmung gilt als erfüllt, wenn anstelle der obersten Geschossdecke das darüber liegende Dach entsprechend gedämmt ist oder den Anforderungen an den Mindestwärmeschutz nach DIN 4108-2: 2013-02 genügt.

Bei Wohngebäuden mit nicht mehr als zwei Wohnungen, von denen der Eigentümer eine Wohnung am 1. Februar 2002 selbst bewohnt hat, sind die Nachrüstverpflichtungen erst im Falle eines Eigentümerwechsels nach dem 1. Februar 2002 von dem neuen Eigentümer zu erfüllen. Die Frist zur Pflichterfüllung beträgt zwei Jahre ab dem ersten Eigentumsübergang.

16.1.6.6 Begrenzung der Wärmeabgabe von Wärmeverteilungs- und Warmwasserleitungen sowie von Armaturen

Wärmeverteilungs- und Warmwasserleitungen sowie von Armaturen in Gebäuden sind gemäß Tafel 16.15 zu dämmen. Hat der verwendete Wärmedämmstoff abweichend von den

16

Tafel 16.15 Wärmedämmung von Wärmeverteilungs- und Warmwasserleitungen, Kälteverteilungs- und Kaltwasserleitungen sowie Armaturen

Zeile	Art der Leitungen/Armaturen	Mindestdicke der Dämmschicht, bezogen auf eine Wärmeleitfähigkeit von 0,035 W/(m² K)
1	Innendurchmesser bis 22 mm	20 mm
2	Innendurchmesser über 22 mm bis 35 mm	30 mm
3	Innendurchmesser über 35 mm bis 100 mm	gleich Innendurchmesser
4	Innendurchmesser über 100 mm	100 mm
5	Leitungen und Armaturen nach den Zeilen 1 bis 4 in Wand- und Deckendurchbrüchen, im Kreuzungsbereich von Leitungen, an Leitungsverbindungsstellen, bei zentralen Leitungsnetzverteilern	1/2 der Anforderungen der Zeilen 1 bis 4
6	Leitungen von Zentralheizungen nach den Zeilen 1 bis 4, die nach dem 31. Januar 2002 in Bauteilen zwischen beheizten Räumen verschiedener Nutzer verlegt werden	1/2 der Anforderungen der Zeilen 1 bis 4
7	Leitungen nach Zeile 6 im Fußbodenaufbau	6 mm
8	Kälteverteilungs- und Kaltwasserleitungen sowie Armaturen von Raumlufttechnik- und Klimakältesystemen	6 mm

Vorgaben in Tafel 16.15 eine andere Wärmeleitfähigkeit als $\lambda = 0{,}035\,\text{W}/(\text{m K})$, sind die Mindestdicken der Dämmstoffschicht entsprechend umzurechnen.

Die Anforderung an die Mindestdämmung gilt nicht, wenn sich Leitungen von Zentralheizungen in beheizten Räumen oder in Bauteilen zwischen beheizten Räumen eines Nutzers befinden und deren Wärmeabgabe durch freiliegende Absperreinrichtungen beeinflusst werden kann. Ebenso sind solche Warmwasserleitungen von der Dämmpflicht ausgenommen, die nicht länger als 4 m sind und die weder in den Zirkulationskreislauf einbezogen noch mit elektrischer Begleitheizung ausgestattet sind.

16.1.6.7 Energieausweise

Werden Gebäude neu errichtet, Bestandsgebäude wesentlich geändert oder wird die Nutzfläche um mehr als die Hälfte erweitert, ist ein Energieausweis auf Grundlage einer Energiebedarfsberechnung auszustellen und der Energieausweis oder eine Kopie hiervon zu übergeben.

Soll ein mit einem Gebäude bebautes Grundstück oder Wohnungs- oder Teileigentum verkauft werden, hat der Verkäufer dem potentiellen Käufer bzw. Mieter spätestens bei der Besichtigung einen Energieausweis oder eine Kopie hiervon vorzulegen. Ausnahmen gelten für kleine Gebäude und Baudenkmäler. Erfolgt die Ausstellung aus Anlass eines Verkaufs oder Vermietung, kann der Energieausweis auf Grundlage des Energiebedarfs oder des Energieverbrauchs erstellt werden. Lediglich dann, wenn Wohngebäude weniger als 5 Wohnungen haben und der Bauantrag vor dem 1. November 1977 gestellt worden ist, und diese Gebäude das Anforderungsniveau der Wärmeschutzverordnung vom 11. August 1977 nicht erfüllen, muss der Energieausweis auf Grundlage einer Bedarfsberechnung erstellt werden.

Bei der Ermittlung der energetischen Eigenschaften von bestehenden Gebäuden dürfen zwecks Erstellung eines Energiebedarfsausweises erforderliche Daten vereinfacht erhoben werden. In der

- Bekanntmachung der Regeln zur Datenaufnahme und Datenverwendung im Wohngebäudebestand vom 30. Juli 2009
- Bekanntmachung der Regeln zur Datenaufnahme und Datenverwendung im Nichtwohngebäudebestand vom 30. Juli 2009

sind Vereinfachungsmöglichkeiten hinsichtlich der Ermittlung der geometrischen Eigenschaften des Gebäudes sowie der bau- und anlagentechnischen Bewertung enthalten. Wird der Energieausweis auf Grundlage des Verbrauchs erstellt, ist die

- Bekanntmachung der Regeln für Energieverbrauchskennwerte im Wohngebäudebestand vom 30. Juli 2009
- Bekanntmachung der Regeln für Energieverbrauchskennwerte und der Vergleichswerte im Nichtwohngebäudebestand vom 30. Juli 2009

anzuwenden. Darin ist u. a. geregelt, wie ein Verbrauchskennwert aus Verbrauchen von mindestens drei aufeinanderfolgenden Jahren unter Beachtung von Leerständen und einer Witterungsbereinigung berechnet wird.

Für Gebäude mit mehr als 500 m² (ab 08.07.2015: 250 m²) Nutzfläche mit starkem Publikumsverkehr sind Energieausweise auszustellen, die an einer für die Öffentlichkeit gut sichtbaren Stelle auszuhängen sind.

Muster für Energieausweise (Energiebedarfsausweise und Energieverbrauchsausweise für Wohngebäude und Nichtwohngebäude) finden sich in den Anlagen 6 bis 10 der EnEV 2014.

Tafel 16.16 Deckungsanteil erneuerbarer Energien am Wärmeenergiebedarf

Art der erneuerbaren Energie	Anteil	Bemerkung
Solare Strahlungsenergie	$Q_{WE,solar} \geq 0{,}15 \cdot Q_{WE,ges}$	Gebäude mit ≤ 2 WE: $\geq 0{,}04$ m^2 A_{AP}/m^2 A_N Gebäude mit > 2 WE: $\geq 0{,}03$ m^2 A_{AP}/m^2 A_N Zertifizierung DIN EN 12975, Prüfzeichen „Solar Keymark"
Biomasse gasförmig	$Q_{WE,Bg} \geq 0{,}30 \cdot Q_{WE,ges}$	Nutzung in Anlagen mit Kraft-Wärme-Kopplung
Biomasse flüssig	$Q_{E,Bfl} \geq 0{,}50 \cdot Q_{WE,ges}$	Heizkessel mit bester verfügbarer Technik
Biomasse fest	$Q_{WE,Bfe} \geq 0{,}50 \cdot Q_{WE,ges}$	Nutzung in Anlagen nach BImSchV Anforderungen an Kesselwirkungsgrad für Biomassezentralheizungsanlagen: Leistung $Q \leq 50$ kW $\rightarrow \eta_k \geq 86\%$ Leistung $Q > 50$ kW $\rightarrow \eta_k \geq 88\%$
Geothermie und Umweltwärme	$Q_{WE,G/U} \geq 0{,}50 \cdot Q_{WE,ges}$	Elektrisch betriebene Wärmepumpen mit Wärmemengen- und Brennstoffzähler: – Luft/Wasser-WP und Luft/Luft-WP: Jahresarbeitszahl $\geq 3{,}5$ – Andere Wärmepumpen: Jahresarbeitszahl $\geq 4{,}0$ Fossil betriebene Wärmepumpen mit Wärmemengen- und Brennstoffzähler: Jahresarbeitszahl $\geq 1{,}2$
Kälte		– Technische Nutzbarmachung durch unmittelbare Kälteentnahme aus dem Erdboden oder aus Grund- oder Oberflächenwasser sowie durch thermische Kälteerzeugung mit Wärme aus Erneuerbaren Energien – Nutzung der Kälte zur Deckung des Kältebedarfs für Raumkühlung – Senkung des Energieverbrauchs für die Erzeugung der Kälte, die Rückkühlung und die Verteilung der Kälte nach der jeweils besten verfügbaren Technik

16.1.7 Einsatz erneuerbarer Energien nach dem Erneuerbare-Energien-Wärmegesetz

Das Erneuerbare-Energien-Wärmegesetz vom 07. August 2008 (EEWärmeG) [30] ist am 01. Januar 2009 in Kraft getreten und durch das Europarechtsanpassungsgesetz Erneuerbare Energien vom 12. April 2011 modifiziert worden. Es dient als Instrument zur Steuerung des Anteils der erneuerbaren Energien an der gesamten Wärme- und Kältebereitstellung für Raum-, Kühl- und Prozesswärme. Der Wärmeenergiebedarf von zu errichtenden Gebäuden ist anteilig mit erneuerbaren Energien abzudecken. Diese Forderung trifft auf nahezu alle zu errichtenden Gebäude zu, die auch in den Anforderungsbereich der Energieeinsparverordnung fallen. Der Wärmeenergiebedarf ist der nach technischen Regeln berechnete, jährliche benötigte Endenergiebedarf zur Erzeugung von Wärme in Gebäuden. Für die öffentliche Hand gilt die Deckung des Wärme- und Kältebedarfs innerhalb bestimmter Grenzen auch für bestehende Gebäude.

Bei der Verpflichtung, erneuerbare Energien anteilig für die Wärmeversorgung zu nutzen, richtet sich der einzusetzende Mindestdeckungsanteil nach der Art der eingesetzten Energiequelle gemäß Tafel 16.16. Bei Nutzung solarer Strahlungsenergie für die Unterstützung der Trinkwarmwasserbereitung in Wohngebäuden kann der erforderliche Anteil von 15 % am gesamten Wärmeenergiebedarf dadurch nachgewiesen werden, dass in Abhängigkeit von der Gebäudegröße bestimmte Aperturflächen der Solarkollektoren vorhanden sind. Bei Gebäuden mit maximal zwei Wohneinheiten werden 0,04 m^2 Aperturfläche je m^2 Gebäudenutzfläche gefordert, bei Gebäuden mit mehr als zwei Wohneinheiten sind es 0,03 m^2 Aperturfläche je m^2 Gebäudenutzfläche. Die Kollektoren müssen zertifiziert sein und das Prüfzeichen „Solar Keymark" tragen. Bei Verwendung von gasförmiger Biomasse beträgt der Deckungsanteil mindestens 30 % und darf nur in Anlagen mit Kraft-Wärme-Kopplung eingesetzt werden. Für flüssige Biomasse mit einem Deckungsanteil von mindestens 50 % müssen Heizkessel mit bester verfügbarer Technik vorhanden sein. Feste Biomasse muss mit einem Anteil am Wärmeenergiebedarf von mindestens 50 % verwendet werden. Bei Nutzung von Erd- oder Umweltwärme mit einem Deckungsanteil von mindestens 50 % gelten ergänzende technische Anforderungen. Für Wärmepumpen wird der Nachweis vorgeschriebener Jahresarbeitszahlen gefordert. Daher sind sie je nach Beschaffenheit mit Wärmemengen- und Brennstoffzählern auszustatten.

Anstelle des Einsatzes erneuerbarer Energien bietet das EEWärmeG die Möglichkeit, auf Ersatzmaßnahmen gemäß Tafel 16.17 zurückzugreifen. Sie umfassen die Nutzung von Abwärme, die Nutzung von Wärmeenergie aus Kraft-Wärme-Kopplungsanlagen sowie aus Nah- und Fernwärmenetzen. Als Ersatzmaßnahme zulässig sind auch Maßnahmen am Gebäude zur Unterschreitung des maximal zulässigen Jahres-Primärenergiebedarfs Q_p'' und des spezifischen, gebäudehüllflächenbezogenen Transmissionswärmeverlusts H_T' (Wohngebäude) bzw. des mittleren Wärmedurchgangskoeffizienten $\bar{U}$ (Nichtwohngebäude) um jeweils mindestens 15 %. Ersatzmaßnahmen und die Nutzung erneuerbarer Energiequellen können auch miteinander und untereinander kombiniert werden.

16

Tafel 16.17 Ersatzmaßnahmen

Ersatzmaßnahme	Anteil bzw. Bedingung
Abwärme Randbedingungen wie Umweltwärme	$Q_{\text{WE,Ersatz}} \geq 0{,}5 \cdot Q_{\text{WE,ges}}$
Abwärme aus Wärmerückgewinnung – Wärmerückgewinnungsgrad $\geq 70\,\%$ – Leistungszahl (Wärme WRG/Strom RLT) ≥ 10	
Hocheffiziente KWK-Anlagen	
Fernwärme oder Fernkälte – Wärme stammt zu einem wesentlichen Anteil aus erneu- erbaren Energiequellen oder – Wärme stammt zu $\geq 50\,\%$ aus Anlagen zur Nutzung von Abwärme oder – Wärme stammt zu $\geq 50\,\%$ aus KWK-Anlagen oder – Wärme stammt zu $\geq 50\,\%$ aus Kombination der vorge- nannten Maßnahmen	$Q_{\text{WE,Ersatz}} \geq 1{,}0 \cdot Q_{\text{WE,ges}}$
Maßnahmen zur Einsparung von Energie	$Q''_{\text{p,max}} = 0{,}85 \cdot Q''_{\text{p,EnEV}}$ $H'_{\text{T,max}} = 0{,}85 \cdot H'_{\text{T,EnEV}}$ (Wohngebäude) $\bar{U}_{\text{max}} = 0{,}85 \cdot \bar{U}_{\text{EnEV}}$ (Nichtwohngebäude) Weitere Regelungen für öffentliche Gebäude

16.2 Feuchteschutz

16.2.1 Formelzeichen

F_{m} Umrechnungsfaktor [–]

M_{c} Flächenbezogene Tauwassermasse, in kg/m^2

M_{ev} Flächenbezogene Verdunstungswassermasse, in kg/m^2

R Wärmedurchlasswiderstand, in $\text{m}^2\,\text{K}/\text{W}$

R_0 Gaskonstante des Wasserdampfs in Luft, in $\text{J}/(\text{kg}\,\text{K})$

R_{se} Wärmeübergangswiderstand außen, in $\text{m}^2\,\text{K}/\text{W}$

R_{si} Wärmeübergangswiderstand innen, in $\text{m}^2\,\text{K}/\text{W}$

W_{w} Wasseraufnahmekoeffizient, in $\text{kg}/(\text{m}^2\,\text{h}^{0,5})$

Z Wasserdampfdiffusionsdurchlasswiderstand,
in $\text{m}^2\,\text{h}\,\text{Pa}/\text{kg}$ oder $\text{m}^2\,\text{s}\,\text{Pa}/\text{kg}$

Z Zuschlagswert, in $\text{W}/(\text{m}\,\text{K})$

d Schichtdicke, in m

g Wasserdampfdiffusionsstromdichte, in $\text{kg}/(\text{m}^2\,\text{h})$ oder
$\text{kg}/(\text{m}^2\,\text{s})$

p Wasserdampfpartialdruck, in Pa

s_{d} wasserdampfdiffusionsäquivalente Luftschichtdicke,
in m

t Zeit, in h oder s

u massebezogener Feuchtegehalt, in %

Ψ volumenbezogener Feuchtegehalt, in %

θ Temperatur, in °C

λ Wärmeleitfähigkeit, in $\text{W}/(\text{m}\,\text{K})$

μ Wasserdampfdiffusionswiderstandszahl [–]

ν Wasserdampfkonzentration, in g/m^3

φ relative Luftfeuchte, in %.

16.2.2 Ziele des Feuchteschutzes

Mit welchen Maßnahmen den Gefahren oder unzumutbaren Belästigungen durch Wasser und Feuchtigkeit begegnet

werden soll, ist dem Bauherrn weitgehend freigestellt. Er
muss allerdings eine geregelte Bauweise (z. B. gemäß DIN-
Normen) oder eine generell oder für den Einzelfall zugelassene Bauweise wählen. Für Aufenthaltsräume jedoch fordert
der Staat zwingend die Einhaltung der DIN 4108-3. Dort
heißt es, dass bauliche Anlagen so anzuordnen, zu errichten, zu ändern und in Stand zu halten, dass insbesondere
Leben, Gesundheit oder die natürlichen Lebensgrundlagen
nicht gefährdet sind. Außerdem dürfen durch Wasser und
Feuchtigkeit keine Gefahren oder unzumutbare Belästigungen entstehen. Die Norm enthält Anforderungen an den
Tauwasserschutz von Bauteilen für Aufenthaltsräume, Empfehlungen für den Schlagregenschutz von Wänden sowie
feuchteschutztechnische Hinweise für Planung und Ausführung von Hochbauten.

Für die Besitzer und die Nutzer von Bauwerken ist ein
Feuchteschutz wegen der Nutzbarkeit der Räume, dem Wärmeschutz der Bauwerke und der Erhaltung der Bausubstanz
zusätzlich notwendig.

16.2.3 Feuchteschutztechnische Größen

16.2.3.1 Wasserdampfkonzentration ν und relative Luftfeuchte ϕ

Luft kann nur eine begrenzte Menge Wasser in Gasform
(Wasserdampf) aufnehmen, jedoch nur so viel, bis sie ge-
sättigt ist. Diese Menge ist sehr stark von der Temperatur
abhängig, wobei die Aufnahmefähigkeit mit der Temperatur
zunimmt (Tafel 16.18).

Anstelle von Tabellenwerten kann die maximal lösliche
Konzentration ν_{sat} der Luft mit folgender Gleichung abgeschätzt werden:

$$\nu_{\text{sat}} = \frac{p_{\text{sat}}}{R_0 \cdot (273{,}15 + \theta_{\text{L}})} \quad [\text{g}/\text{m}^3] \qquad (16.37)$$

Tafel 16.18 Sättigungsmenge v_{sat} der Luft in Abhängigkeit von der Temperatur θ (DIN 4108-3) [32]

θ in °C	v_{sat} in g/m³	θ in °C	v_{sat} in g/m³
−20	0,88	5	6,8
−19	0,96	6	7,3
−18	1,05	7	7,7
−17	1,15	8	8,3
−16	1,27	9	8,8
−15	1,38	10	9,4
−14	1,51	11	10,0
−13	1,65	12	10,6
−12	1,80	13	11,3
−11	1,96	14	12,0
−10	2,14	15	12,8
−9	2,33	16	13,6
−8	2,54	17	14,5
−7	2,76	18	15,3
−6	2,99	19	16,3
−5	3,24	20	17,3
−4	3,51	21	18,3
−3	3,81	22	19,4
−2	4,13	23	20,5
−1	4,47	24	21,7
0	4,84	25	23,0
1	5,2	26	24,3
2	5,6	27	25,8
3	5,9	28	27,2
4	6,4	29	28,7
5	6,8	30	30,3

Dabei beträgt die Gaskonstante des Wasserdampfs in Luft $R_0 = 0{,}4616\,\mathrm{J/(g\,K)}$. p_{sat} ist der Wasserdampfsättigungsdruck (Abschn. 16.2.3.2) und θ_{L} die Lufttemperatur.

Auch Luft, welche kälter als 0 °C ist, kann noch eine entsprechend kleine Menge Wasserdampf enthalten. Luft kann aber auch mit Wasserdampf übersättigt sein. Das bedeutet, die lösliche Menge Wasserdampf, welche unsichtbar ist wie die Luft selbst, wurde überschritten. Der Überschuss ist nicht mehr in der Luft als Wasserdampf gelöst, sondern bildet feine Tröpfchen, welche als Nebel oder Wolken in Erscheinung treten. Ist der Wasserdampf in der Luft in geringerer Konzentration vorhanden als bei der betreffenden Temperatur löslich wäre, so nennt man die Luft ungesättigt. Zur Kennzeichnung dieses Zustandes gibt man das Verhältnis der vorhandenen Wasserdampfkonzentration v zur maximal löslichen Konzentration v_{sat} bei der betreffenden Temperatur an und bezeichnet es als relative Luftfeuchte φ:

$$\phi = \frac{v}{v_{\mathrm{sat}}} \quad [\%], [-] \qquad (16.38)$$

Die relative Luftfeuchte wird entweder in Prozent oder als Zahl angegeben, z. B. 45 % oder 0,45.

16.2.3.2 Wasserdampfpartialdruck p und Wasserdampfpartialdruckgefälle Δp

Es ist in der Bauphysik üblich, die Wasserdampfmenge in Luft nicht als Konzentration v, sondern als Partialdruck p anzugeben. Der sogenannte Wasserdampfpartialdruck ist derjenige Druck, den man dem Wasserdampf entsprechend seinem Anteil am Gasgemisch Luft zuteilen müsste, damit zusammen mit den übrigen Gasbestandteilen der Luft, die ebenfalls einen ihrer Menge entsprechenden Partialdruck zugeteilt bekommen, ein Gesamtdruck von etwa 1 bar vorliegt, der für das Luftgemisch auf der Erdoberfläche kennzeichnend ist. Viele Missverständnisse beruhen darauf, dass man statt der korrekten, aber umständlichen Bezeichnung „Wasserdampfpartialdruck" oft kurz „Wasserdampfdruck" sagt. Daraus wird dann gelegentlich der irrige Schluss gezogen, der in der Luft vorhandene Wasserdampf könne einen mechanischen Druck ausüben, während tatsächlich nur das Gasgemisch „Luft" als Ganzes einen Druck auf Festkörper- und Flüssigkeitsoberflächen ausüben kann.

Der Wasserdampfkonzentration v entspricht der Wasserdampfpartialdruck p, der maximalen Wasserdampfkonzentration v_{sat} oder Sättigungsfeuchte entspricht ein maximaler Wasserdampfdruck p_{sat} oder Wasserdampfsättigungsdruck. Auf Tafel 16.19 ist der Sattdampfdruck als Funktion der Temperatur für ein Temperaturintervall von 0,1 K angegeben. Aus der Definition der relativen Luftfeuchte und der Proportionalität zwischen Partialdruck und Konzentration folgt, dass die relative Luftfeuchte als das Verhältnis von vorhandenem Wert zu maximalem Wert nicht nur der Wasserdampfkonzentration, sondern auch des Wasserdampfpartialdrucks angesehen werden kann:

$$\phi = \frac{v}{v_{\mathrm{sat}}} = \frac{p}{p_{\mathrm{sat}}} \quad [\%], [-] \qquad (16.39)$$

Der Wasserdampfpartialdruck im Sättigungszustand kann für die im folgenden angegebenen Temperaturbereiche nach einer Zahlenwertgleichung berechnet werden:

$$p_{\mathrm{sat}} = a \left(b + \frac{\theta}{100\,°\mathrm{C}} \right)^{\mathrm{n}} \quad [\mathrm{Pa}] \qquad (16.40)$$

p_{sat}	θ	a	b	n
Pa	°C	Pa	–	–

Den drei Parametern a, b und n sind folgende Werte zuzuteilen:

Größe	$0\,°\mathrm{C} \leq \theta \leq 30\,°\mathrm{C}$	$-20\,°\mathrm{C} \leq \theta \leq 0\,°\mathrm{C}$
a	288,68 Pa	4,689 Pa
b	1,098	1,486
n	8,02	12,30

Tafel 16.19 Wasserdampfpartialdruck p_{sat} im Sättigungszustand (DIN 4108-3) [32]

Temperatur θ_L in °C	Wasserdampfpartialdruck im Sättigungszustand p_{sat} über Wasser bzw. Eis in Pa									
	0,0	0,1	0,2	0,3	0,4	0,5	0,6	0,7	0,8	0,9
30	4241	4265	4289	4314	4339	4364	4389	4414	4439	4464
29	4003	4026	4050	4073	4097	4120	4144	4168	4192	4216
28	3778	3800	3822	3844	3867	3889	3912	3934	3957	3980
27	3563	3584	3605	3626	3648	3669	3691	3712	3734	3756
26	3359	3379	3399	3419	3440	3460	3480	3501	3522	3542
25	3166	3185	3204	3223	3242	3261	3281	3300	3320	3340
24	2982	3000	3018	3036	3055	3073	3091	3110	3126	3147
23	2808	2825	2842	2859	2876	2894	2911	2929	2947	2964
22	2642	2659	2675	2691	2708	2724	2741	2757	2774	2791
21	2486	2501	2516	2532	2547	2563	2579	2594	2610	2626
20	2337	2351	2366	2381	2395	2410	2425	2440	2455	2470
19	2196	2210	2224	2238	2252	2266	2280	2294	2308	2323
18	2063	2076	2089	2102	2115	2129	2142	2155	2169	2182
17	1937	1949	1961	1974	1986	1999	2012	2024	2037	2050
16	1817	1829	1841	1852	1864	1876	1888	1900	1912	1924
15	1704	1715	1726	1738	1749	1760	1771	1783	1794	1806
14	1598	1608	1619	1629	1640	1650	1661	1672	1683	1693
13	1497	1507	1517	1527	1537	1547	1557	1567	1577	1587
12	1402	1411	1420	1430	1439	1449	1458	1468	1477	1487
11	1312	1321	1330	1338	1347	1356	1365	1374	1383	1393
10	1227	1236	1244	1252	1261	1269	1278	1286	1295	1303
9	1147	1155	1163	1171	1179	1187	1195	1203	1211	1219
8	1072	1080	1087	1094	1102	1109	1117	1124	1132	1140
7	1001	1008	1015	1022	1029	1036	1043	1050	1058	1065
6	935	941	948	954	961	967	974	981	988	994
5	872	878	884	890	897	903	909	915	922	926
4	813	819	824	830	836	842	848	854	860	866
3	757	763	768	774	779	785	790	796	801	807
2	705	710	715	721	726	731	736	741	747	752
1	656	661	666	671	676	680	685	690	695	700
0	611	615	619	624	629	633	638	642	642	653
−0	611	605	601	596	591	586	581	576	571	567
−1	562	557	553	548	544	539	535	530	526	521
−2	517	514	509	505	501	496	492	489	484	480
−3	475	471	468	464	460	456	452	448	444	441
−4	437	433	430	426	422	419	415	412	408	405
−5	401	398	394	391	388	384	381	378	375	371
−6	368	365	362	359	356	353	350	347	344	341
−7	338	335	332	329	326	323	320	318	315	312
−8	309	307	304	301	299	296	294	291	288	286
−9	283	281	278	276	274	271	269	266	264	262
−10	259	257	255	252	250	248	246	244	241	239
−11	237	235	233	231	229	228	226	224	221	219
−12	217	215	213	211	209	208	206	204	202	200
−13	198	197	195	193	191	190	188	186	184	182
−14	181	180	178	177	175	173	172	170	168	167
−15	165	164	162	161	159	158	157	155	153	152
−16	150	149	148	146	145	144	142	141	139	138
−17	137	136	135	133	132	131	129	128	127	126
−18	125	124	123	122	121	120	118	117	116	115
−19	114	113	112	111	110	109	107	106	105	104
−20	103	102	101	100	99	98	97	96	95	94

Tafel 16.20 Taupunkttemperatur θ_s der Luft in Abhängigkeit von der Lufttemperatur θ_L und der relativen Luftfeuchtigkeit ϕ (DIN 4108-3) [32]

Lufttemp. θ_L in °C	Taupunkttemperatur θ_s^a in °C bei einer relativen Luftfeuchte ϕ (DIN 4108-3) von													
	30 %	35 %	40 %	45 %	50 %	55 %	60 %	65 %	70 %	75 %	80 %	85 %	90 %	95 %
30	10,5	12,9	14,9	16,8	18,4	20,0	21,4	22,7	23,9	25,1	26,2	27,2	28,2	29,1
29	9,7	12,0	14,0	15,9	17,5	19,0	20,4	21,7	23,0	24,1	25,2	26,2	27,2	28,1
28	8,8	11,1	13,1	15,0	16,6	18,1	19,5	20,8	22,0	23,2	24,2	25,2	26,2	27,1
27	8,0	10,2	12,2	14,1	15,7	17,2	18,6	19,9	21,1	22,2	23,3	24,3	25,2	26,1
26	7,1	9,4	11,4	13,2	14,8	16,3	17,6	18,9	20,1	21,2	22,3	23,3	24,2	25,1
25	6,2	8,5	10,5	12,2	13,9	15,3	16,7	18,0	19,1	20,3	21,3	22,3	23,2	24,1
24	5,4	7,6	9,6	11,3	12,9	14,4	15,8	17,0	18,2	19,3	20,3	21,3	22,3	23,1
23	4,5	6,7	8,7	10,4	12,0	13,5	14,8	16,1	17,2	18,3	19,4	20,3	21,3	22,2
22	3,6	5,9	7,8	9,5	11,1	12,5	13,9	15,1	16,3	17,4	18,4	19,4	20,3	21,2
21	2,8	5,0	6,9	8,6	10,2	11,6	12,9	14,2	15,3	16,4	17,4	18,4	19,3	20,2
20	1,9	4,1	6,0	7,7	9,3	10,7	12,0	13,2	14,4	15,4	16,4	17,4	18,3	19,2
19	1,0	3,2	5,1	6,8	8,3	9,8	11,1	12,3	13,4	14,5	15,5	16,4	17,3	18,2
18	0,2	2,3	4,2	5,9	7,4	8,8	10,1	11,3	12,5	13,5	14,5	15,4	16,3	17,2
17	−0,6	1,4	3,3	5,0	6,5	7,9	9,2	10,4	11,5	12,5	13,5	14,5	15,3	16,2
16	−1,4	0,5	2,4	4,1	5,6	7,0	8,2	9,4	10,5	11,6	12,6	13,5	14,4	15,2
15	−2,2	−0,3	1,5	3,2	4,7	6,1	7,3	8,5	9,6	10,6	11,6	12,5	13,4	14,2
14	−2,9	−1,0	0,6	2,3	3,7	5,1	6,4	7,5	8,6	9,6	10,6	11,5	12,4	13,2
13	−3,7	−1,9	−0,1	1,3	2,8	4,2	5,5	6,6	7,7	8,7	9,6	10,5	11,4	12,2
12	−4,5	−2,6	−0,1	0,4	1,9	3,2	4,5	5,7	6,7	7,7	8,7	9,6	10,4	11,2
11	−5,2	−3,4	−1,8	−0,4	1,0	2,3	3,5	4,7	5,8	6,7	7,7	8,6	9,4	10,2
10	−6,0	−4,2	−2,6	−1,2	0,1	1,4	2,6	3,7	4,8	5,8	6,7	7,6	8,4	9,2

^{a} Näherungsweise darf geradlinig interpoliert werden.

Die niedrigste zulässige volumenbezogene Sättigungsluftfeuchte v_{sat} oder der niedrigste zulässige Sättigungsdampfdruck p_{sat} mit der höchsten angenommenen relativen Luftfeuchte an der Oberfläche von $\phi_{si} = 0{,}8$ [–] zwecks Vermeidung von Schimmelbildung können nach (16.42) oder (16.43) berechnet werden.

16.2.3.3 Taupunkttemperatur θ_s

Wird feuchte Luft abgekühlt, so dass sie keinen Wasserdampf abgibt, erhöht sich die relative Luftfeuchte kontinuierlich, bis sie schließlich den Wert $\phi = 100\,\%$ erreicht. Dann besitzt die abgekühlte Luft den bei dieser Temperatur maximal möglichen Gehalt an Wasserdampf, d. h. sie ist wasserdampfgesättigt. Dann hat Luft ihren Taupunkt – besser ihre Taupunkttemperatur – erreicht. Bei weiterer Abkühlung fällt notwendigerweise Wasserdampf aus, der als Nebel oder Tau bezeichnet wird, und die relative Luftfeuchte bleibt bei 100 %. Die Tautemperatur θ_s von Luft bei vorgegebenen Werten der Lufttemperatur θ_L und der relativen Luftfeuchte φ_L kann tabellarisch Hilfe von Tafel 16.20 oder nach (16.41), einer aus (16.40) abgeleiteten Zahlenwertgleichung, ermittelt werden:

$$\theta_s = \phi_L^{1/8} \cdot (110\,°C + \theta_L) - 110\,°C \quad [°C] \qquad (16.41)$$

16.2.3.4 Niedrigste zulässige Oberflächentemperatur $\theta_{si,min}$ zur Verhinderung von Schimmelbildung an der raumseitigen Bauteiloberfläche

Zunächst ist die niedrigste zulässige volumenbezogene Sättigungsluftfeuchte v_{sat} oder der niedrigste zulässige Sättigungsdampfdruck p_{sat} mit der höchsten angenommenen relativen Luftfeuchte an der Oberfläche $\phi_{si} = 0{,}8$ [–] zu berechnen. Das Kriterium $\phi_{si} = 0{,}8$ [–] wird hinsichtlich des Risikos eines Schimmelbefalls gewählt. Falls erforderlich, können andere Kriterien, z. B. $\phi_{si} = 0{,}6$ [–] zur Vermeidung von Korrosion, angewendet werden.

$$v_{sat}(\phi_{si}) = \frac{v_i}{0{,}8} \quad [g/m^3] \qquad (16.42)$$

$$p_{sat}(\phi_{si}) = \frac{p_i}{0{,}8} \quad [Pa] \qquad (16.43)$$

Die niedrigste zulässige Oberflächentemperatur $\theta_{si,min}$ wird wie folgt ermittelt:

$$\theta_{si,min} = \frac{237{,}3 \cdot \log_e\left(\frac{p_{sat}}{610{,}5}\right)}{17{,}269 - \log_e\left(\frac{p_{sat}}{610{,}5}\right)} \quad [°C] \qquad (16.44)$$

16.2.3.5 Wasserdampfdiffusionswiderstandszahl μ

Die Wasserdampfdiffusionswiderstandszahl μ ist ein Maß für die Dichtigkeit eines Baustoffgefüges gegen diffundierende Wassermoleküle. Sie ist eine dimensionslose Größe, deren Zahlenwert angibt, wie viel Mal kleiner die Massenstromdichte ist, wenn die diffundierenden Wassermoleküle nicht durch ruhende Luft, sondern durch das Baustoffgefüge diffundieren (Tafeln 16.24 bis 16.26 und Tafel 16.28).

16.2.3.6 Wasserdampfdiffusionsäquivalente Luftschichtdicke s_d

Um die Dichtigkeit einer Baustoffschicht, nicht eines Baustoffes, gegen Wasserdampfdiffusion zu kennzeichnen, genügt die Angabe der Diffusionswiderstandszahl des verwendeten Baustoffes natürlich nicht, da sowohl die Art des Baustoffes als auch die Dicke einer Schicht für das Ausmaß des Widerstandes gegen Wasserdampfdiffusion entscheidend sind. Daher wird der Begriff „wasserdampfdiffusionsäquivalente" Luftschichtdicke s_d als das Produkt aus Diffusionswiderstandszahl μ und Schichtdicke d verwendet:

$$s_\mathrm{d} = \mu \cdot d \quad [\mathrm{m}] \qquad (16.45)$$

Für bestimmte Stoffe wie Folien wird normalerweise nicht die Dicke d und die Wasserdampfdiffusionswiderstandszahl μ angegeben, sondern die wasserdampfdiffusionsäquivalente Luftschichtdicke s_d (Tafel 16.49).

Baustoffschichten werden nach der Größe ihrer s_d-Werte folgendermaßen bezeichnet:
- Diffusionsoffene Schicht:

$$s_\mathrm{d} \leq 0,5\,\mathrm{m}$$

- Diffusionshemmende Schicht:

$$0,5 < s_\mathrm{d} < 1500\,\mathrm{m}$$

- Diffusionsdichte Schicht:

$$s_\mathrm{d} \geq 1500\,\mathrm{m}$$

16.2.3.7 Wasserdampfdiffusionsdurchlasswiderstand Z

Der Wasserdampfdiffusionsdurchlasswiderstand Z wird unter Berücksichtigung des Verhaltens der Wassermoleküle in Baustoffen und der äquivalenten Luftschichtdicke s_d folgendermaßen definiert:

$$Z = 1,5 \cdot 10^6 \cdot s_\mathrm{d} \qquad [\mathrm{m^2\,h\,Pa/kg}] \qquad (16.46\mathrm{a})$$

$$Z = 0,5 \cdot 10^{10} \cdot s_\mathrm{d} \qquad [\mathrm{m^2\,s\,Pa/kg}] \qquad (16.46\mathrm{b})$$

16.2.3.8 Wasserdampfdiffusionsstromdichte g

Die in einer bestimmten Zeit durch ein Bauteil hindurch diffundierende Wasserdampfmenge ist die Wasserdampfdiffusionsstromdichte g. Ihr Betrag hängt vom Wasserdampfpartialdruckgefälle Δp, d. h. der Differenz zwischen dem Wasserdampfpartialdruck innen p_i und dem der Außenluft p_e sowie vom Wasserdampfdiffusionsdurchlasswiderstand Z ab:

$$g = \frac{p_\mathrm{i} - p_\mathrm{e}}{Z} \quad [\mathrm{kg/(m^2\,h)}],\ [\mathrm{kg/(m^2\,s)}] \qquad (16.47)$$

16.2.3.9 Flächenbezogene Tauwassermasse M_c

Die Größe der Tauwassermasse M_c ergibt sich aus der Differenz der eindiffundierenden und ausdiffundierenden Wasserdampfmassen (Diffusionsstromdichten g_i und g_e) sowie der Dauer t_c der Tauperiode:

$$M_\mathrm{c} = t_\mathrm{c} \cdot (g_\mathrm{i} - g_\mathrm{e}) \quad [\mathrm{kg/m^2}] \qquad (16.48)$$

16.2.3.10 Flächenbezogene Verdunstungswassermasse M_ev

Die Ermittlung der durch Wasserdampfdiffusion an die Raum- und Außenluft aus den Tauwasserebenen bzw. dem Tauwasserbereich abführbaren Verdunstungsmassen M_ev erfolgt analog zur Berechnung der Tauwassermasse und der Dauer t_ev der Verdunstungsperiode. Ein Tauwasserausfall während der Verdunstungsperiode wird nicht berücksichtigt.

$$M_\mathrm{ev} = t_\mathrm{ev} \cdot (g_\mathrm{i} + g_\mathrm{e}) \quad [\mathrm{kg/m^2}] \qquad (16.49)$$

16.2.3.11 Wasseraufnahmekoeffizient W_w

Der Wasseraufnahmekoeffizient W_w ist eine Baustoffeigenschaft. Sein Zahlenwert ist die als Ergebnis eines Saugversuchs ermittelte, flächenbezogene Wassermasse für eine bestimmte Saugzeit, im Regelfall von einem Tag.

Die kapillare Saugfähigkeit von Baustoffen kann nach der Größe ihrer W_w-Werte wie folgt klassifiziert werden:
- Wassersaugende Schicht:

$$W_\mathrm{w} \geq 2\,\mathrm{kg/(m^2\,h^{0,5})}$$

- Wasserhemmende Schicht:

$$0,5\,\mathrm{kg/(m^2\,h^{0,5})} \leq W_\mathrm{w} < 2\,\mathrm{kg/(m^2\,h^{0,5})}$$

- Wasserabweisende Schicht:

$$0,001\,\mathrm{kg/(m^2\,h^{0,5})} \leq W_\mathrm{w} < 0,5\,\mathrm{kg/(m^2\,h^{0,5})}$$

- Wasserdichte Schicht:

$$W_\mathrm{w} < 0,001\,\mathrm{kg/(m^2\,h^{0,5})}$$

Abb. 16.16 Schematische Darstellung des Wasserdampfsättigungsdrucks p_{sat} und des Wasserdampfpartialdrucks p

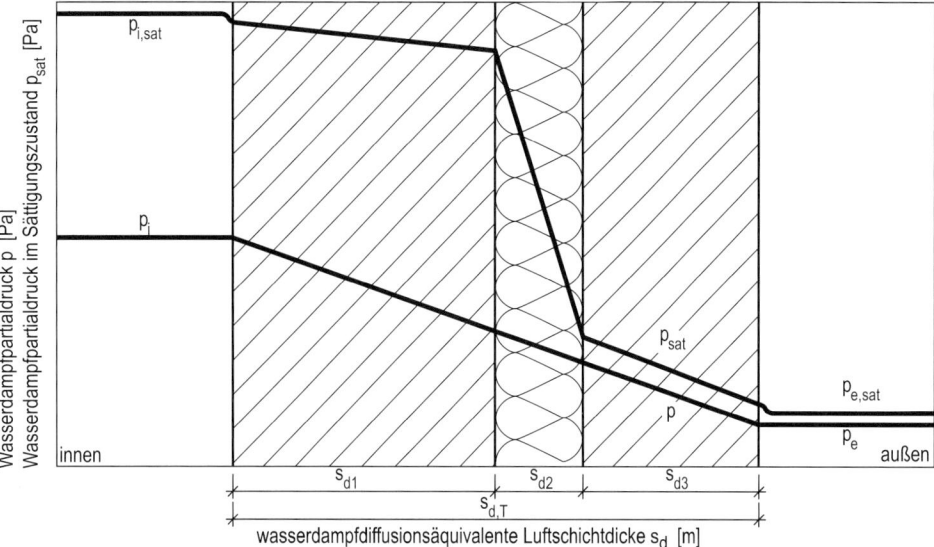

16.2.3.12 Ausgleichsfeuchtegehalt

Zur Festsetzung der Wärmeleitfähigkeit λ von Baustoffen wird der Begriff Ausgleichsfeuchtegehalt verwendet, welcher mit der Gleichgewichtsfeuchte zu 80 % Luftfeuchte bei einer Umgebungstemperatur von 23 °C identisch ist. Werte für massebezogene Ausgleichsfeuchtegehalte u oder volumenbezogene Ausgleichsfeuchtegehalte Ψ können den Tafeln 16.27 und 16.28, die Umrechnungsfaktoren F_m für den Feuchtegehalt Tafel 16.50 und die Zuschlagswerte Z für Wärmedämmstoffe Tafel 16.51 entnommen werden.

16.2.4 Tauwasserausfall im Bauteilinneren

16.2.4.1 Verfahren zur Feststellung von Tauwasserausfall

In beheizten Räumen herrscht im Winter aufgrund der höheren Lufttemperaturen θ bei üblichen Werten der relativen Luftfeuchte ein höherer Wasserdampfpartialdruck p als im Freien. Durch dieses Partialdruckgefälle Δp diffundieren die in der Raumluft vorhandenen Wasserdampfmoleküle durch die luftgefüllten Poren und Kapillaren des Baustoffs nach außen (Abb. 16.16).

Im Bauteilinneren nimmt der Wasserdampfpartialdruck p linear ab, es sei denn, es tritt eine Änderung des Aggregatzustandes des Wasserdampfes durch Tauwasserbildung oder Verdunstung im Bauteilinneren ein. Der Sättigungsdampfdruck p_{sat} lässt sich aus dem Temperaturverlauf bestimmen. Bei der Prüfung eines Bauteils auf innere Tauwasserausfälle werden die Kurven des Wasserdampfpartialdruckes p und des Sättigungsdampfdruckes p_{sat} miteinander verglichen. Wenn sich beide Kurven nicht berühren, bleibt der Querschnitt tauwasserfrei (Fall a in Abb. 16.17). Wenn jedoch der Wasserdampfpartialdruck p den Sättigungsdampfdruck p_{sat} erreicht, fällt Tauwasser aus.

Die Berechnungen werden nach dem Verfahren nach Glaser durchgeführt. Hierbei werden auf der Abszisse des Diagramms die im Maßstab der relativen wasserdampfdiffusionsäquivalenten Schichtdicken $s_{d,i}/s_{d,t}$ dargestellten Baustoffschichten dargestellt. Auf der Ordinate werden der vorhandene Wasserdampfpartialdruck p und der aufgrund des Temperaturverlaufs ermittelte Sättigungsdampfdruck p_{sat} aufgetragen. Der Verlauf des Wasserdampfpartialdrucks p im Bauteil ergibt sich im Diffusionsdiagramm für die Tauperiode als Verbindungsgerade der Partialdrücke p_i und p_e an der inneren und äußeren Bauteiloberfläche. Schneidet die Gerade den Kurvenzug des Sättigungsdampfdruckes p_{sat}, so wäre hier der Partialdruck höher als der Sättigungsdampfdruck. Dies ist jedoch aus physikalischen Gründen nicht möglich. Deshalb sind in das Diagramm von den Partialdrücken p_i und p_e ausgehend die Tangenten an die Kurve des Sättigungsdampfdruckes p_{sat} zu zeichnen. An den Berührungspunkten der beiden Kurven ist der Wasserdampfpartialdruck p gleich dem Sättigungsdampfdruck p_{sat} und wird mit p_c bezeichnet. Je nach Aufbau und Schichtenfolge kann ein Tauwasserausfall in Ebenen (Fälle b und c in Abb. 16.17) oder in einem Bereich (Fall d in Abb. 16.17) erfolgen. Nach dem Berechnungsverfahren von Glaser ist es möglich, mittels Diffusionsdiagrammen sowohl die im Winter ausfallende Tauwassermasse M_c als auch die im Sommer durch Verdunstung abführbare Wassermasse M_{ev} zu berechnen (siehe Abschn. 16.2.1).

16.2.4.2 Anforderungen nach DIN 4108-3

Eine Tauwasserbildung in Bauteilen ist unschädlich, wenn durch Erhöhung des Feuchtegehaltes der Bau- und Dämmstoffe der Wärmeschutz und die Standsicherheit der Bauteile nicht gefährdet werden. Dies ist der Fall, wenn folgende Bedingungen erfüllt sind:

16

Abb. 16.17 Diffusionsdia-
gramme für vier Fälle des
Tauwasserausfalls und der Tau-
wasserverdunstung (DIN 4108-3)
[32]

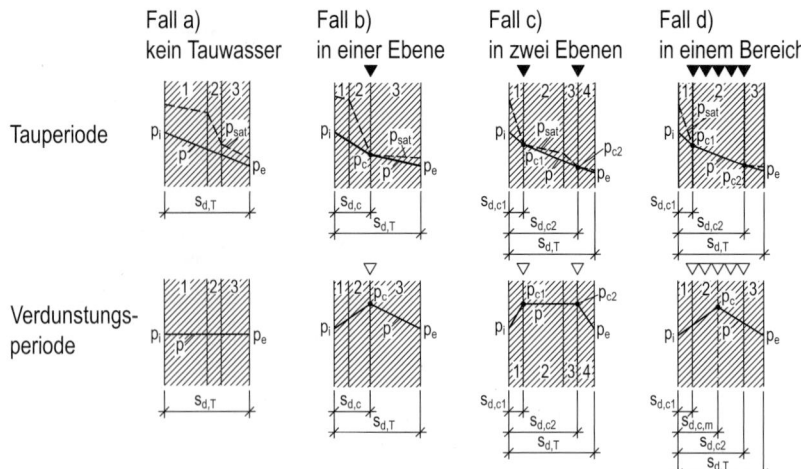

a) Die während der Tauperiode im Innern des Bauteils
anfallende Wassermasse M_c muss während der Verdunstungsperiode wieder an die Umgebung abgeführt werden
können ($M_c \leq M_{ev}$).
b) Die Baustoffe, die mit dem Tauwasser in Berührung
kommen, dürfen nicht beschädigt werden (z. B. durch
Korrosion, Pilzbefall).
c) Bei Dach- und Wandkonstruktionen darf eine Tauwassermasse von insgesamt $1{,}0 \, \text{kg/m}^2$ nicht überschritten
werden. Dies gilt nicht für die unter d) und e) ausgeführten Bedingungen.
d) Tritt Tauwasser an Berührungsflächen von kapillar nicht
wasseraufnahmefähigen Schichten auf, so darf zur Begrenzung des Ablaufens oder Abtropfens eine Tauwassermasse von $0{,}5 \, \text{kg/m}^2$ nicht überschritten werden
(z. B. Berührungsflächen von Luft- oder Faserdämmstoff-
schichten einerseits und Beton- oder Dampfsperrschich-
ten andererseits).
e) Bei Holz ist eine Erhöhung des massebezogenen Feuchtegehaltes um mehr als 5 %, bei Holzwerkstoffen um
mehr als 3 % unzulässig. (Holzwolle-Leichtbauplatten
und Mehrschicht-Leichtbauplatten nach DIN 1101 sind
hiervon ausgenommen.)
Weitere Festlegungen zum Holzschutz siehe DIN 68800-2.

16.2.4.3 Angaben zu den Berechnungen

16.2.4.3.1 Klimabedingungen und Wärmeübergangswiderstände

In nicht klimatisierten Wohn- und Bürogebäuden sowie vergleichbar genutzten Gebäuden werden den Berechnungen
folgende Annahmen zugrunde gelegt:

Tauperiode von Dezember bis Februar
- Klima innen: $\theta_i = 20 \, °\text{C}$, $\phi_i = 50 \, \%$, $p = 1168 \, \text{Pa}$
- Klima außen: $\theta_e = -5 \, °\text{C}$, $\phi_e = 80 \, \%$, $p = 321 \, \text{Pa}$
- Zeitdauer: $t = 90 \, \text{d} \, (2160 \, \text{h}, 7776 \cdot 10^3 \, \text{s})$

Verdunstungsperiode von Juni bis August
- Klima innen: $p = 1200 \, \text{Pa}$
- Klima außen: $p = 1200 \, \text{Pa}$
- Wasserdampfpartialdruck (Sättigungszustand) im Tau-
wasserbereich
  – Wände, die Aufenthaltsräume gegen Außenluft ab-
schließen: $p = 1700 \, \text{Pa}$
  – Dächer, die Aufenthaltsräume gegen Außenluft ab-
schließen: $p = 2000 \, \text{Pa}$
- Zeitdauer: $t = 90 \, \text{d} \, (2160 \, \text{h}, 7776 \cdot 10^3 \, \text{s})$

Wärmeübergangswiderstände
- innen: $R_{si} = 0{,}25 \, \text{m}^2\text{K/W}$
- außen: $R_{se} = 0{,}04 \, \text{m}^2\text{K/W}$

Bei schärferen Klimabedingungen (z. B. Schwimmbäder, kli-
matisierte Räume, extremes Außenklima) sind diese vereinfachten Annahmen nicht zulässig. Hier sind das tatsächliche
Raumklima und das Außenklima am Standort des Gebäudes
mit dem zeitlichen Verlauf zu berücksichtigen.

16.2.4.3.2 Berechnung der Tauwassermasse M_c und der Verdunstungswassermasse M_{ev} (Abb. 16.17)

Tauwasserausfall in einer Ebene (Fall b)
- Tauperiode
  – Diffusionsstromdichte g_c

$$g_c = g_{ci} - g_{ce} = \delta_0 \cdot \left(\frac{p_i - p_c}{s_{d,c}} - \frac{p_c - p_e}{s_{d,T} - s_{d,c}} \right)$$
$$(16.50)$$

  – Tauwassermasse M_c

$$M_c = g_c \cdot t_c \qquad (16.51)$$

- Verdunstungsperiode
  - Diffusionsstromdichte g_{ev}

$$g_{ev} = g_{ci} + g_{ce} = \delta_0 \cdot \left(\frac{p_i - p_c}{s_{d,c}} + \frac{p_c - p_e}{s_{d,T} - s_{d,c}} \right)$$

(16.52)

  - Verdunstungswassermasse M_{ev}

$$M_{ev} = g_{ev} \cdot t_{ev}$$

(16.53)

Tauwasserausfall in zwei Ebenen (Fall c)
- Tauperiode
  - Tauwasserebene c_1
    Diffusionsstromdichte g_{c1}

$$g_{c1} = \delta_0 \cdot \left(\frac{p_i - p_{c1}}{s_{d,c1}} - \frac{p_{c1} - p_{c2}}{s_{d,c2} - s_{d,c1}} \right)$$

(16.54)

    Tauwassermasse M_{c1}

$$M_{c1} = g_{c1} \cdot t_c$$

(16.55)

  - Tauwasserebene c_2
    Diffusionsstromdichte g_{c2}

$$g_{c2} = \delta_0 \cdot \left(\frac{p_{c1} - p_{c2}}{s_{d,c2} - s_{d,c1}} - \frac{p_{c2} - p_e}{s_{d,T} - s_{d,c2}} \right)$$

(16.56)

    Tauwassermasse M_{c2}

$$M_{c2} = g_{c2} \cdot t_c$$

(16.57)

  - gesamt
    Tauwassermasse M_c

$$M_c = M_{c1} + M_{c2}$$

(16.58)

- Verdunstungsperiode
  - Tauwasserebene c_1
    Diffusionsstromdichte g_{ev1}

$$g_{ev1} = \delta_0 \cdot \left(\frac{p_c - p_i}{s_{d,c1}} \right)$$

(16.59)

  - Tauwasserebene c_2
    Diffusionsstromdichte g_{ev2}

$$g_{ev2} = \delta_0 \cdot \left(\frac{p_c - p_e}{s_{d,T} - s_{d,c2}} \right)$$

(16.60)

  - Verdunstungszeiträume t_{ev}

$$t_{ev1} = \frac{M_{c1}}{g_{ev1}}$$

(16.61)

$$t_{ev2} = \frac{M_{c2}}{g_{ev2}}$$

(16.62)

  - Verdunstungswassermasse M_{ev}, falls $t_{ev1} > t_{ev}$ und $t_{ev2} > t_{ev}$

$$M_{ev1} = g_{ev1} \cdot t_{ev}$$

(16.63)

$$M_{ev2} = g_{ev2} \cdot t_{ev}$$

(16.64)

$$M_{ev} = M_{ev1} + M_{ev2}$$

(16.65)

  - Verdunstungswassermasse M_{ev}, falls $t_{ev1} < t_{ev2}$

$$M_{ev1} = g_{ev1} \cdot t_{ev1}$$

(16.66)

$$M_{ev2} = g_{ev2} \cdot t_{ev1} + \left(\delta_0 \cdot \frac{p_{c2} - p_i}{s_{d,c2}} + g_{ev,2} \right)$$
$$\cdot (t_{ev} - t_{ev1})$$

(16.67)

$$M_{ev} = M_{ev1} + M_{ev2}$$

(16.68)

  - Verdunstungswassermasse M_{ev}, falls $t_{ev2} < t_{ev1}$

$$M_{ev2} = g_{ev2} \cdot t_{ev2}$$

(16.69)

$$M_{ev1} = g_{ev1} \cdot t_{ev2} + \left(g_{ev,1} + \delta_0 \cdot \frac{p_{c1} - p_e}{s_{d,T} - s_{d,c1}} \right)$$
$$\cdot (t_{ev} - t_{ev2}),$$

(16.70)

$$M_{ev} = M_{ev1} + M_{ev2}$$

(16.71)

Tauwasserausfall in einem Bereich (Fall d)
- Tauperiode
  - Diffusionsstromdichte g_c

$$g_c = \delta_0 \cdot \left(\frac{p_i - p_{c1}}{s_{d,c1}} - \frac{p_{c2} - p_e}{s_{d,T} - s_{d,c2}} \right)$$

(16.72)

  - Tauwassermasse M_c

$$M_c = g_c \cdot t_c$$

(16.73)

- Verdunstungsperiode
  - Diffusionsstromdichte g_{ev}

$$g_{ev} = \delta_0 \cdot \left(\frac{p_c - p_i}{s_{d,c,m}} - \frac{p_c - p_e}{s_{d,T} - s_{d,c,m}} \right)$$

(16.74)

  mit

$$s_{d,c,m} = s_{d,c1} + 0,5 \cdot (s_{d,c2} - s_{d,c1})$$

(16.75)

  - Verdunstungswassermasse M_{ev}

$$M_{ev} = g_{ev} \cdot t_{ev}$$

(16.76)

Beispiele zur Berechnung des Tauwasserausfalls im Bauteilinneren sind im Ergänzungsband „Wendehorst – Beispiele aus der Baupraxis", 6. Auflage, enthalten.

16.2.4.4 Bauteile, für die nach DIN 4108-3 kein rechnerischer Tauwassernachweis erforderlich ist (Liste unbedenklicher Bauteile)

- **Ein- und zweischaliges Mauerwerk, Wände aus Normalbeton, Wände aus gefügedichtem Leichtbeton, Wände aus haufwerksporigem Leichtbeton**, jeweils mit Innenputz und folgenden Außenschichten:
  - wasserabweisender Außenputz
  - angemörtelte oder angemauerte Bekleidungen, Fugenanteil $\geq 5\%$
  - hinterlüftete Außenwandbekleidungen mit und ohne Wärmedämmung
  - einseitig belüftete Außenwandbekleidungen mit einer Lüftungsöffnung von $100\,\mathrm{cm}^2/\mathrm{m}$
  - kleinformatige luftdurchlässige Außenwandbekleidungen mit und ohne Belüftung
  - Außendämmungen oder wasserabweisender Wärmedämmputz oder WDVS
- **Wände mit Innendämmung**
  - Wände wie vor, jedoch ohne Schlagregenbeanspruchung
  - Innendämmung: $R \leq 0,5\,\mathrm{m}^2 \cdot \mathrm{K/W}$
  - falls Innendämmung $0,5\,\mathrm{m}^2 \cdot \mathrm{K/W} < R \leq 1\,\mathrm{m}^2 \cdot \mathrm{K/W}$: $s_{d,i} \geq 0,5\,\mathrm{m}$ der Innendämmung einschließlich raumseitiger Bekleidung
- **Wände in Holzbauart**
  - beidseitig bekleidete oder beplankte Wände in Holzbauart mit vorgehängten Außenwandbekleidungen, raumseitig $s_{d,i} \geq 2\,\mathrm{m}$, außenseitig $s_{d,e} \leq 0,3\,\mathrm{m}$ oder Holzfaserdämmplatte; dies gilt auch für nicht belüftete Außenwandbekleidungen aus kleinformatigen Elementen, wenn auf der äußeren Beplankung eine zusätzliche wasserableitende Schicht mit $s_{d,e} \leq 0,3\,\mathrm{m}$ aufgebracht ist
  - beidseitig bekleidete oder beplankte Wände in Holzbauart raumseitig $s_{d,i} \geq 2\,\mathrm{m}$ und mit WDVS aus mineralischem Faserdämmstoff oder Holzfaserdämmplatten und einem wasserabweisenden Putzsystem mit $s_d \leq 0,7\,\mathrm{m}$
  - beidseitig bekleidete oder beplankte Wände in Holzbauart raumseitig $s_{d,i} \geq 2\,\mathrm{m}$ sowie mit einer äußeren Beplankung $s_d \leq 0,3\,\mathrm{m}$ in Verbindung mit einem WDVS aus mineralischem Faserdämmstoff oder Holzfaserdämmplatten sowie einem wasserabweisenden Putzsystem mit $s_d \leq 0,7\,\mathrm{m}$
  - beidseitig bekleidete oder beplankte Elemente mit WDVS aus Polystyrol oder Mauerwerks-Vorsatzschalen
  - Massivholzbauart mit vorgehängten Außenwandbekleidungen oder WDVS

Tafel 16.21 Zuordnung für Werte der wasserdampfdiffusionsäquivalenten Luftschichtdicken s_d der außen- und raumseitig zur Wärmedämmschicht liegenden Schichten (DIN 4108-3) [32]

wasserdampfdiffusionsäquivalente Luftschichtdicke	
außen $s_{d,e}{}^a$ [m]	innen $s_{d,i}{}^b$ [m]
$\leq 0,1$	$\geq 1,0$
$0,1 < s_{d,e} \leq 0,3$	$\geq 2,0$
$0,3 < s_{d,e} \leq 2,0$	$\geq 6 \cdot s_{d,e}$
$> 2,0^c$	$\geq 6 \cdot s_{d,e}{}^c$

^{a} $s_{d,e}$ ist die Summe der Werte der wasserdampfdiffusionsäquivalenten Luftschichtdicken aller Schichten, die sich oberhalb der Wärmedämmschicht befinden bis zur ersten belüfteten Luftschicht.
^{b} $s_{d,i}$ ist die Summe der Werte der wasserdampfdiffusionsäquivalenten Luftschichtdicken aller Schichten, die sich unterhalb der Wärmedämmschicht befinden bis zur ersten belüfteten Luftschicht.
^{c} Gilt nur für den Fall, dass sich weder Holz noch Holzwerkstoffe zwischen $s_{d,e}$ und $s_{d,i}$ befinden.

- **Holzfachwerkwände mit raumseitiger Luftdichtheitsschicht und**
  - wärmedämmender Ausfachung (Sichtfachwerk) sowie Innenbekleidung mit $1\,\mathrm{m} \leq s_{d,i} \leq 2\,\mathrm{m}$
  - Innendämmung (über Fachwerk und Gefach) mit $R \leq 0,5\,\mathrm{m}^2 \cdot \mathrm{K/W}$, falls $0,5\,\mathrm{m}^2 \cdot \mathrm{K/W} < R \leq 1\,\mathrm{m}^2 \cdot \mathrm{K/W}$: Wärmedämmschicht einschließlich der raumseitigen Bekleidung $1\,\mathrm{m} \leq s_{d,i} \leq 2\,\mathrm{m}$
  - Außendämmung (über Fachwerk und Gefach) als zugelassenes bzw. genormtes WDVS oder Wärmedämmputz, äußere Konstruktionsschichten mit $s_{d,e} \leq 2\,\mathrm{m}$, oder mit hinterlüfteter Außenwandbekleidung
  - **Erdberührte Kelleraußenwände mit Abdichtungen** aus einschaligem Mauerwerk oder Beton, jeweils mit Perimeterdämmung
  - **Bodenplatten mit Perimeterdämmung und Abdichtungen**
    Der Wärmedurchlasswiderstand der raumseitigen Schichten darf höchstens 20 % des Gesamtwärmedurchlasswiderstandes der Bodenplattenkonstruktion betragen.
- **Nicht belüftete Dächer mit Dachdeckung**
  Der Wärmedurchlasswiderstand der Bauteilschichten unterhalb einer diffusionshemmenden oder diffusionsoffenen Schicht darf bei Dächern ohne rechnerischen Nachweis höchstens 20 % des Gesamtwärmedurchlasswiderstandes betragen.
  - **Variante 1**
    * nicht belüftete Dächer mit belüfteter Dachdeckung oder mit zusätzlicher belüfteter Luftschicht unter nicht belüfteter Dachdeckung
    * und mit nicht diffusionsdichter Wärmedämmung
    * und mit zusätzlicher regensichernder Schicht bei einer Zuordnung von s_d-Werten (Tafel 16.21)

– **Variante 2**
* nicht belüftete Dächer mit belüfteter Dachdeckung oder mit zusätzlicher belüfteter Luftschicht unter nicht belüfteter Dachdeckung
* und mit diffusionsdichter Wärmedämmschicht auf den Sparren
* und mit zusätzlicher diffusionshemmender, regensichernder Schicht
* und mit einer diffusionshemmenden Schicht $s_{d,i} \geq$ 10 m unter der Wärmedämmung bei $s_{d,e} \leq 0{,}5$ m, anderenfalls mit einer diffusionshemmenden Schicht $s_{d,i} \geq 100$ m; dies gilt nur für den Fall, dass sich weder Holz noch Holzwerkstoffe zwischen $s_{d,i}$ und $s_{d,e}$ befinden

– **Variante 3**
* nicht belüftete Dächer mit belüfteter Dachdeckung oder mit zusätzlicher belüfteter Luftschicht unter nicht belüfteter Dachdeckung
* und mit diffusionsdichter Wärmedämmschicht unter den Sparren
* und mit zusätzlicher diffusionshemmender, regensichernder Schicht
* und mit einer diffusionshemmenden Schicht $s_{d,i} \geq$ 10 m unter der Wärmedämmung bei $s_{d,e} \leq 0{,}5$ m

• **Nicht belüftete Dächer mit Dachabdichtung**
– nicht belüftete Dächer mit Dachabdichtung, innenseitig $s_{d,i} \geq 100$ m unterhalb der Wärmedämmschicht, wenn sich weder Holz noch Holzwerkstoffe zwischen Dachabdichtung und der inneren dampfdiffusionshemmenden Schicht befinden. Bei diffusionshemmenden Dämmstoffen mit $s_d \geq 100$ m bzw. bei diffusionsdichten Dämmstoffen auf Massivdecken kann gegebenenfalls auf eine zusätzliche diffusionshemmende Schicht verzichtet werden. Für Dächer in Holzbauweise, bei denen sich Holz oder Holzwerkstoffe oberhalb einer diffusionshemmenden Schicht $s_{d,i} \geq 100$ m befinden, gilt dies nicht.
– nicht belüftete Dächer aus Porenbeton mit Dachabdichtung und ohne diffusionshemmender Schicht an der Unterseite und ohne zusätzlicher Wärmedämmung
– nicht belüftete Dächer mit Dachabdichtung und Wärmedämmung oberhalb der Dachabdichtung, sogenannte „Umkehrdächer"
– nicht belüftete Dächer mit zusätzlicher belüfteter Luftschicht unter Abdichtung bei einer Zuordnung von s_d-Werten nach Tafel 16.21; weitere Anforderungen an die zusätzlich belüftete Luftschicht siehe unter „belüftete Dächer"

• **Belüftete Dächer**
– **Variante 1**
Belüftete Dächer mit einer Dachneigung $< 5°$ und einer diffusionshemmenden Schicht mit $s_{d,i} \geq 100$ m

unterhalb der Wärmedämmschicht, wobei der Wärmedurchlasswiderstand der Bauteilschichten unterhalb der diffusionshemmenden oder diffusionsdichten Schicht höchstens 20 % des Gesamtwärmedurchlasswiderstandes des Daches betragen darf. Die belüftete Luftschicht muss dabei folgende Bedingungen einhalten:
* maximale Länge des Lüftungsraumes $l \leq 10$ m
* die Höhe des freien Lüftungsquerschnitts innerhalb des Dachbereiches über der Wärmedämmschicht muss mindestens 2‰ der zugehörigen geneigten Dachfläche betragen, mindestens jedoch $h \geq 5$ cm
* die Mindestlüftungsquerschnitte an mindestens zwei gegenüberliegenden Dachrändern müssen jeweils mindestens 2‰ der zugehörigen geneigten Dachfläche betragen, mindestens jedoch 200 cm²/m

– **Variante 2**
Belüftete Dächer mit einer Dachneigung $\geq 5°$ unter folgenden Bedingungen:
* die Höhe des freien Lüftungsquerschnitts innerhalb des Dachbereichs über der Wärmedämmschicht muss mindestens 2 cm betragen. Bedingt durch Bautoleranzen oder Einbauten kann diese freie Lüftungshöhe lokal eingeschränkt sein. Insgesamt muss aber eine Belüftung gewährleistet werden. Zur Sicherstellung von Belüftungsquerschnitten können auch mechanische Vorrichtungen oder Hilfskonstruktionen eingesetzt werden.
* der freie Lüftungsquerschnitt an den Traufen bzw. an Traufe und Pultdachabschluss muss mindestens 2‰ der zugehörigen geneigten Dachfläche betragen, mindestens jedoch 200 cm²/m
* an Firsten und Graten sind Mindestlüftungsquerschnitte von 0,5‰ der zugehörigen geneigten Dachfläche erforderlich, mindestens jedoch 50 cm²/m
* der s_d-Wert der unterhalb der Belüftungsschicht angeordneten Bauteilschichten muss insgesamt mindestens 2 m betragen

16.2.5 Tauwasserbildung auf Bauteiloberflächen

Die Anforderungen zur Vermeidung von Schimmelpilzbildung werden in Abschn. 16.1 Wärmeschutz betrachtet.

Unterschreitet die Oberflächentemperatur θ_{si} die Taupunkttemperatur der Luft $\theta_{s'}$ erfolgt unter idealisierten Annahmen Tauwasserniederschlag auf der Bauteiloberfläche. Die Oberflächentemperatur des Bauteils θ_{si} ist umso höher, je größer der Wärmedurchlasswiderstand R bzw. je kleiner der Wärmedurchgangskoeffizient U des Bauteils ist. Der erforderliche Wärmedurchlasswiderstand R eines ebenen Bauteils ohne Wärmebrücken zur Vermeidung von Tauwas-

Abb. 16.18 Übersichtskarte zur Schlagregenbeanspruchung in der Bundesrepublik Deutschland (Datengrundlage Deutscher Wetterdienst) (DIN 4108-3) [32]

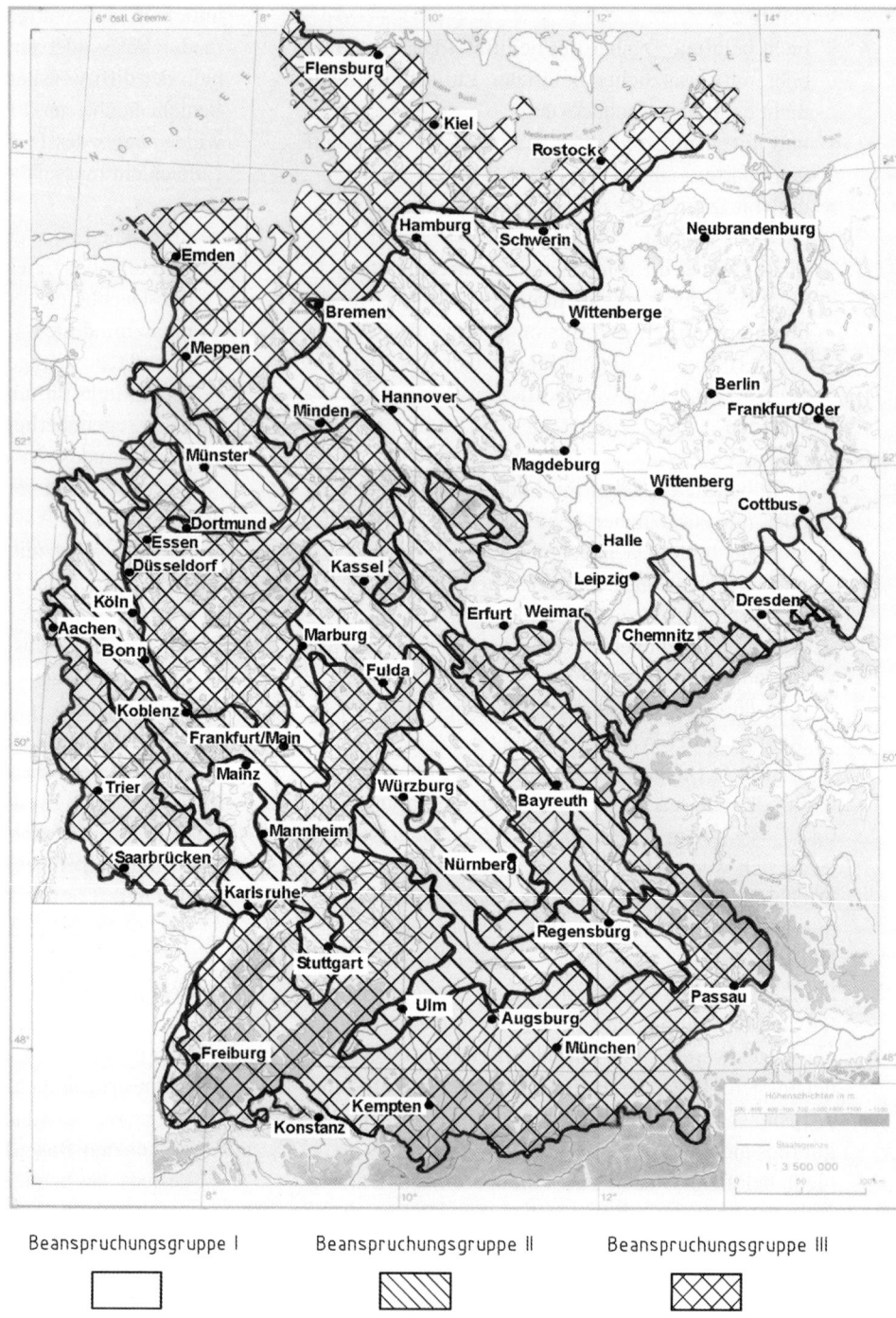

Beanspruchungsgruppe I   Beanspruchungsgruppe II   Beanspruchungsgruppe III

serbildung an der raumseitigen Bauteiloberfläche wird nach (16.77) ermittelt:

$$R_{\mathrm{erf}} \geq R_{\mathrm{si}} \frac{(\theta_{\mathrm{i}} - \theta_{\mathrm{e}})}{(\theta_{\mathrm{i}} - \theta_{\mathrm{s}})} - (R_{\mathrm{si}} + R_{\mathrm{se}}) \qquad (16.77)$$

Die Klimabedingungen für die Berechnungen entsprechen den Angaben in Abschn. 16.1.3.3 Wärmebrücken. Die Taupunkttemperatur θ_{s} ist gemäß Tafel 16.20 anzusetzen.

16.2.6 Schlagregenschutz

16.2.6.1 Allgemeines

Schlagregenbeanspruchungen von Wänden entstehen bei Regen und gleichzeitiger Windanströmung auf die Fassade. Das auftreffende Regenwasser kann durch kapillare Saugwirkung der Oberfläche in die Wand aufgenommen werden oder infolge des Staudrucks z. B. über Risse, Spalten oder fehlerhafte Abdichtungen in die Konstruktion eindringen. Die erforderliche Abgabe des aufgenommenen Wassers durch

Tafel 16.22 Kriterien für den Regenschutz von Putzen und Beschichtungen (DIN 4108-3) [32]

Kriterien für den Regenschutz	Wasseraufnahmekoeffizient W_w [kg/m² h^{0,5}]	Wasserdampf diffusionsäquivalente Luftschichtdicke s_d [m]	Produkt $W_w \cdot s_d$ [kg/m h^{0,5}]
Wasserhemmend	$0,5 < W_w \leq 2,0$	[a]	[a]
Wasserabweisend	$0,001 < W_w \leq 0,5$	$\leq 2,0$	$\leq 2,0$

[a] Keine Festlegung bei wasserhemmenden Putzen bzw. Beschichtungen; siehe hierzu auch DIN 18550-1

Tafel 16.23 Beispiele für die Zuordnung von Wandbauarten und Beanspruchungsgruppe (DIN 4108-3) [32]

Beanspruchungsgruppe I geringe Schlagregenbeanspruchung	Beanspruchungsgruppe II mittlere Schlagregenbeanspruchung	Beanspruchungsgruppe III starke Schlagregenbeanspruchung
Außenputz ohne besondere Anforderungen an den Schlagregenschutz auf	wasserabweisender Außenputz nach DIN 4108-3 Tab. 4 auf	
– Außenwänden auf Mauerwerk, Wandbauplatten, Beton u. ä.		
– sowie verputzten außenseitigen Wärmebrückendämmungen		
einschaliges Sichtmauerwerk mit einer Dicke von 31 cm (mit Innenputz)	einschaliges Sichtmauerwerk mit einer Dicke von 37,5 cm (mit Innenputz)	zweischaliges Verblendmauerwerk mit Luftschicht und Wärmedämmung oder mit Kerndämmung (mit Innenputz)
Außenwände mit im Dickbett oder Dünnbett angemörtelten Fliesen oder Platten		Außenwände mit im Dickbett oder Dünnbett angemörtelten Fliesen oder Platten (DIN 18515-1) mit wasserabweisendem Ansetzmörtel
Außenwände mit gefügedichter Betonaußenschicht		
Wände mit hinterlüfteten Außenwandbekleidungen[a]		
Wände mit Außendämmung durch ein WDPS oder durch ein bauaufsichtlich zugelassenes WDVS		
Außenwände in Holzbauart mit Wetterschutz (DIN 68800-2)		

[a] Offene Fugen zwischen den Bekleidungsplatten beeinträchtigen den Regenschutz nicht.

Verdunstung, z. B. über die Außenoberfläche, darf nicht unzulässig beeinträchtigt werden.

Der Schlagregenschutz einer Wand zur Begrenzung der kapillaren Wasseraufnahme und zur Sicherstellung der Verdunstungsmöglichkeiten kann durch konstruktive Maßnahmen (z. B. Außenwandbekleidung, Verblendmauerwerk, Schutzschichten im Inneren der Konstruktion) oder durch Putze bzw. Beschichtungen erzielt werden.

Die zu treffenden Maßnahmen richten sich nach der Intensität der Schlagregenbeanspruchung, die durch Wind und Niederschlag sowie durch die örtliche Lage und die Gebäudeart bestimmt wird.

16.2.6.2 Beanspruchungsgruppe

Die Belastung der Bauteile durch Schlagregen wird durch Beanspruchungsgruppen definiert. Die entsprechende Gruppe ist im Einzelfall unter Berücksichtigung der regionalen klimatischen Bedingungen, der örtlichen Lage und der Gebäudeart festzulegen (siehe Abb. 16.18).

Beanspruchungsgruppe I (Geringe Schlagregenbeanspruchung) Im allgemeinen Gebiete mit Jahresniederschlagsmengen unter 600 mm sowie besonders windgeschützte Lagen auch in Gebieten mit größerer Niederschlagsmenge.

Beanspruchungsgruppe II (Mittlere Schlagregenbeanspruchung) Im allgemeinen Gebiete mit Jahresnieder-

schlagsmengen von 600 bis 800 mm sowie windgeschützte Lagen auch in Gebieten mit größeren Niederschlagsmengen. Hochhäuser und Häuser in exponierter Lage in Gebieten, die sonst Gruppe I zuzuordnen waren.

Beanspruchungsgruppe III (Starke Schlagregenbeanspruchung) Im allgemeinen Gebiete mit Jahresniederschlagsmengen über 800 mm sowie windreiche Gebiete mit niedrigeren Niederschlagsmengen (z. B. Küstengebiete, Mittel- und Hochgebirgslagen, Alpenvorland). Hochhäuser und Häuser in exponierter Lage in Gebieten, die sonst Gruppe II zuzuordnen wären.

16.2.6.3 Regenschutz durch Außenputze und Beschichtungen

Die Regenschutzwirkung von Putzen und Beschichtungen wird durch deren Wasseraufnahmekoeffizienten W_w, deren wasserdampfdiffusionsäquivalenter Luftschichtdicke s_d und durch das Produkt aus beiden Größen $W_w \cdot s_d$ nach Tafel 16.22 bestimmt.

16.2.6.4 Beispiele für die Zuordnung von genormten Wandbauarten und Beanspruchungsgruppen

Beispiele für die Anwendung von Wandbauarten in Abhängigkeit von der Schlagregenbeanspruchung sind in Tafel 16.23 angegeben, die andere Bauausführungen entsprechend gesicherter praktischer Erfahrungen nicht ausschließt.

16.3 Tafeln zum Wärme- und Feuchteschutz

Die Zahlenwerte zu den wärmeschutztechnischen Größen (Abschn. 16.1) und feuchteschutztechnischen Größen (Abschn. 16.2) sind in folgenden Tafeln zusammengestellt:

Tafel	Überschrift
16.24	Bemessungswerte der Wärmeleitfähigkeit λ und Richtwerte der Wasserdampf-Diffusionswiderstandszahlen μ (DIN 4108-4)
16.25	Zeile 5 von Tafel 16.24 für Wärmedämmstoffe nach harmonisierten Europäischen Normen (DIN 4108-4)
16.26	Wärmeschutztechnische Bemessungswerte für Baustoffe, die gewöhnlich bei Gebäuden zur Anwendung kommen (DIN EN ISO 10456)
16.27	Ausgleichsfeuchtegehalte u von Baustoffen (DIN 4108-4)
16.28	Feuchteschutztechnische Eigenschaften und spezifische Wärmekapazität von Wärmedämm- und Mauerwerkstoffen (DIN EN ISO 10456)
16.29	Anwendungsgebiete von Wärmedämmstoffen (DIN 4108-10)
16.30	Dämmstoffarten (DIN 4108-10)
16.31	Differenzierung von Produkteigenschaften (DIN 4108-10)
16.32	Wärmetechnische Eigenschaften des Erdreichs (DIN EN ISO 13370)
16.33	Wärmeleitfähigkeit λ des Erdreichs (DIN EN ISO 13370)
16.34	Wärmedurchlasswiderstände R von Decken (DIN 4108-4)
16.35	Wärmedurchlasswiderstand R_u von Dachräumen (DIN EN ISO 6946)
16.36	Wärmedurchlasswiderstand R_g von ruhenden Luftschichten mit Oberflächen mit hohem Emissionsgrad (DIN EN ISO 6946)
16.37	Wärmeübergangswiderstände R_{si} und R_{se}
16.38	Wärmedurchgangskoeffizienten U_w für vertikale Fenster mit einem Flächenanteil des Rahmens von 30 % an der Gesamtfensterfläche und mit typischen Arten von Abstandhaltern (DIN EN 10077-1)
16.39	Wärmedurchgangskoeffizienten U_w für vertikale Fenster mit einem Flächenanteil des Rahmens von 20 % an der Gesamtfensterfläche und mit typischen Arten von Abstandhaltern (DIN EN 10077-1)
16.40	Wärmedurchgangskoeffizienten U_w für vertikale Fenster mit einem Flächenanteil des Rahmens von 30 % an der Gesamtfensterfläche und mit wärmetechnisch verbesserten Abstandhaltern (DIN EN 10077-1)
16.41	Wärmedurchgangskoeffizienten U_w für vertikale Fenster mit einem Flächenanteil des Rahmens von 20 % an der Gesamtfensterfläche und mit wärmetechnisch verbesserten Abstandhaltern (DIN EN 10077-1)
16.42	Korrekturwerte ΔU_g zur Berechnung der Bemessungswerte $U_{g,BW}$ (DIN 4108-4)
16.43	Gesamtenergiedurchlassgrad g und Lichttransmissionsgrad τ in Abhängigkeit von den Konstruktionsmerkmalen und vom Wärmedurchgangskoeffizienten U_g (DIN 4108-4)
16.44	Anhaltswerte für Wärmedurchgangskoeffizienten U Gesamtenergiedurchlassgrade $g_\perp$ und Lichttransmissionsgrade τ_{D65} von Lichtkuppeln und Lichtbändern (DIN 4108-4)
16.45	Bemessungswert des Wärmedurchgangskoeffizienten von Türen $U_{D,BW}$ in Abhängigkeit von den konstruktiven Merkmalen (DIN 4108-4)
16.46	Bemessungswert des Wärmedurchgangskoeffizienten von Toren $U_{D,BW}$ in Abhängigkeit von den konstruktiven Merkmalen (DIN 4108-4)
16.47	Zuschlagswerte ΔU für Umkehrdächer (DIN 4108-2)
16.48	Korrektur $\Delta U''$ für Luftspalte (DIN EN ISO 6946)
16.49	Wasserdampfdiffusionsäquivalente Luftschichtdicke s_d (DIN EN ISO 10456)
16.50	Klassen der Luftdurchlässigkeit von Fenstern, Fenstertüren und Außentüren in Abhängigkeit von den Konstruktionsmerkmalen (DIN 4108-4)
16.51	Bestimmung von Dämmstoffdicken bei Einhaltung der Mindestanforderungen der Energieeinsparverordnung (EnEV) – 100 %-Anforderung (DIN 4108-4)
16.52	Bestimmung von Dämmstoffdicken bei Einhaltung der Mindestanforderungen der Energieeinsparverordnung (EnEV) – 50 %-Anforderung (DIN 4108-4)

Tafel 16.24 Bemessungswerte der Wärmeleitfähigkeit λ und Richtwerte der Wasserdampf-Diffusionswiderstandszahlen μ (DIN 4108-4) [3]

Zeile	Stoff	Rohdichte[a,b] ρ [kg/m^3]	Bemessungswert der Wärmeleitfähigkeit λ [W/(m · K)]	Richtwert der Wasserdampf-Diffusionswiderstandszahl[c] μ [–]
1	**Putze, Mörtel und Estriche**			
1.1	**Putze**			
1.1.1	Putzmörtel aus Kalk, Kalkzement und hydraulischem Kalk	(1800)	1,0	15/35
1.1.2	Putzmörtel aus Kalkgips, Gips, Anhydrit und Kalkanhydrit	(1400)	0,70	10
1.1.3	Leichtputz	< 1300	0,56	15/20
1.1.4	Leichtputz	≤ 1000	0,38	
1.1.5	Leichtputz	≤ 700	0,25	
1.1.6	Gipsputz ohne Zuschlag	(1200)	0,51	10
1.1.7	Kunstharzputz	(1100)	0,70	50/200
1.2	**Mauermörtel**			
1.2.1	Zementmörtel	(2000)	1,6	15/35
1.2.2	Normalmörtel NM	(1800)	1,2	
1.2.3	Dünnbettmauermörtel	(1600)	1,0	
1.2.4	Leichtmauermörtel nach DIN EN 1996-1-1, DIN EN 1996-2	≤ 1000	0,36	
1.2.5	Leichtmauermörtel nach DIN EN 1996-1-1, DIN EN 1996-2	≤ 700	0,21	
1.2.6	Leichtmauermörtel	250	0,10	5/20
		400	0,14	
		700	0,25	
		1000	0,38	
		1500	0,69	
1.3	**Estriche**			
1.3.1	Gussasphaltestrich	(2300)	0,90	[d]
1.3.2	Zement-Estrich	(2000)	1,4	15/35
1.3.3	Anhydrit-Estrich	(2100)	1,2	
1.3.4	Magnesia-Estrich	1400	0,47	
		2300	0,70	
2	**Betonbauteile**			
2.1	Beton nach DIN EN 206-1	siehe DIN EN ISO 10456		
2.2	Leichtbeton und Stahlleichtbeton mit geschlossenem Gefüge nach DIN EN 206-1 und DIN 1045-2, hergestellt unter Verwendung von Zuschlägen mit porigem Gefüge nach DIN EN 13055-1, ohne Quarzsandzusatz[d]	800	0,39	70/150
		900	0,44	
		1000	0,49	
		1100	0,55	
		1200	0,62	
		1300	0,70	
		1400	0,79	
		1500	0,89	
		1600	1,0	
		1800	1,15	
		2000	1,35	

Tafel 16.24 (Fortsetzung)

Zeile	Stoff	Rohdichte[a,b] ρ [kg/m³]	Bemessungswert der Wärmeleit-fähigkeit λ [W/(m · K)]	Richtwert der Wasser-dampf-Diffusionswider-standszahl[c] μ [–]
2.3	Dampfgehärteter Porenbeton nach DIN EN 12602	350	0,11	5/10
		400	0,12	
		450	0,13	
		500	0,14	
		550	0,16	
		600	0,18	
		650	0,19	
		700	0,20	
		750	0,21	
		800	0,23	
		900	0,26	
		1000	0,29	
2.4	Leichtbeton mit haufwerkporigem Gefüge			
2.4.1	mit nichtporigen Zuschlägen nach DIN EN 12620, z. B. Kies	1600	0,81	3/10
		1800	1,1	
		2000	1,3	5/10
2.4.2	mit porigen Zuschlägen nach DIN EN 13055-1, ohne Quarzsandzusatz[e]	600	0,22	5/15
		700	0,26	
		800	0,28	
		1000	0,36	
		1200	0,46	
		1400	0,57	
		1600	0,75	
		1800	0,92	
		2000	1,2	
2.4.2.1	ausschließlich unter Verwendung von Naturbims	400	0,12	5/15
		450	0,13	
		500	0,15	
		550	0,16	
		600	0,18	
		650	0,19	
		700	0,20	
		750	0,22	
		800	0,24	
		900	0,27	
		1000	0,32	
		1100	0,37	
		1200	0,41	
		1300	0,47	

Tafel 16.24 (Fortsetzung)

Zeile	Stoff	Rohdichte[a,b] ρ [kg/m³]	Bemessungswert der Wärmeleit-fähigkeit λ [W/(m · K)]	Richtwert der Wasser-dampf-Diffusionswider-standszahl[c] μ [–]
2.4.2.2	ausschließlich unter Verwendung von Blähton	400	0,13	5/15
		450	0,15	
		500	0,16	
		550	0,18	
		600	0,19	
		650	0,21	
		700	0,23	
		800	0,26	
		900	0,30	
		1000	0,35	
		1100	0,39	
		1200	0,44	
		1300	0,50	
		1400	0,55	
		1500	0,60	
		1600	0,68	
		1700	0,76	
3	**Bauplatten**			
3.1	Porenbeton-Bauplatten und Porenbeton-Planbauplatten, unbewehrt, nach DIN 4166			
3.1.1	Porenbeton-Bauplatten (Ppl) mit normaler Fugendicke und Mauermörtel, nach DIN EN 1996-1-1, DIN EN 1996-2 verlegt	400	0,20	5/10
		500	0,22	
		600	0,24	
		700	0,27	
		800	0,29	
3.1.2	Porenbeton-Planbauplatten (Pppl), dünnfugig verlegt	350	0,11	5/10
		400	0,13	
		450	0,15	
		500	0,16	
		550	0,18	
		600	0,19	
		650	0,21	
		700	0,22	
		750	0,24	
		800	0,25	
3.2	Wandplatten aus Leichtbeton nach DIN 18162	800	0,29	5/10
		900	0,32	
		1000	0,37	
		1200	0,47	
		1400	0,58	
3.3	Wandbauplatten aus Gips nach DIN EN 12859, auch mit Poren, Hohlräumen, Füllstoffen oder Zuschlägen	750	0,35	5/10
		900	0,41	
		1000	0,47	
		1200	0,58	
3.4	Gipskartonplatten nach DIN 18180, DIN EN 520	800	0,25	4/10

16

Tafel 16.24 (Fortsetzung)

Zeile	Stoff	Rohdichte[a,b] ρ [kg/m^3]	Bemessungswert der Wärmeleit-fähigkeit λ [W/(m · K)]		Richtwert der Wasser-dampf-Diffusionswider-standszahl[c] μ [–]
4	**Mauerwerk, einschließlich Mörtelfugen**				
4.1	Mauerwerk aus Mauerziegeln nach DIN 105-100, DIN 105-5 und DIN 105-6 bzw. Mauerziegel nach DIN EN 771-1 in Verbindung mit DIN 20000-401				
			NM/DM[f]		
4.1.1	Vollklinker, Hochlochklinker, Keramikklinker	1800	0,81		50/100
		2000	0,96		
		2200	1,2		
		2400	1,4		
4.1.2	Vollziegel, Hochlochziegel, Füllziegel	1200	0,50		5/10
		1400	0,58		
		1600	0,68		
		1800	0,81		
		2000	0,96		
		2200	1,2		
		2400	1,4		
4.1.3	Hochlochziegel HLzA und HLzB nach DIN 105-100 bzw. LD-Ziegel nach DIN EN 771-1 in Verbindung mit DIN 20000-401		LM21/LM36[f]	NM/DM[f]	
		550	0,27	0,32	5/10
		600	0,28	0,33	
		650	0,30	0,35	
		700	0,31	0,36	
		750	0,33	0,38	
		800	0,34	0,39	
		850	0,36	0,41	
		900	0,37	0,42	
		950	0,38	0,44	
		1000	0,40	0,45	
4.1.4	Hochlochziegel HLzW und Wärmedämmziegel WDz nach DIN V 105-100, bzw. LD-Ziegel nach DIN EN 771-1 in Verbindung mit DIN 20000-401, Sollmaß $h = 238$ mm		LM21/LM36[f]	NM[f]	
		550	0,19	0,22	5/10
		600	0,20	0,23	
		650	0,20	0,23	
		700	0,21	0,24	
		750	0,22	0,25	
		800	0,23	0,26	
		850	0,23	0,26	
		900	0,24	0,27	
		950	0,25	0,28	
		1000	0,26	0,29	
4.2	Mauerwerk aus Kalksandsteinen nach DIN V 106 bzw. DIN EN 771-2 in Verbindung mit DIN V 20000-402	1000	0,50		5/10
		1200	0,56		
		1400	0,70		
		1600	0,79		15/25
		1800	0,99		
		2000	1,1		
		2200	1,3		
		2400	1,6		
		2600	1,8		

Tafel 16.24 (Fortsetzung)

Zeile	Stoff		Rohdichte[a,b] ρ [kg/m³]	Bemessungswert der Wärmeleit-fähigkeit λ [W/(m · K)]			Richtwert der Wasserdampf-Diffusionswider-standszahl[c] μ [–]
4.3	Mauerwerk aus Porenbeton-Plansteinen (PP) nach DIN V 4165-100 bzw. DIN EN 771-4 in Verbindung mit DIN V 20000-404		350	0,11			5/10
			400	0,13			
			450	0,15			
			500	0,16			
			550	0,18			
			600	0,19			
			650	0,21			
			700	0,22			
			750	0,24			
			800	0,25			
4.4	**Mauerwerk aus Betonsteinen**						
4.4.1	Hohlblöcke (Hbl) nach DIN V 18151-100, Gruppe 1[e]			LM21/DM[f,i]	LM36[f,i]	NM[f]	
	Steinbreite, in cm	Anzahl der Kammerreihen	450	0,20	0,21	0,24	5/10
			500	0,22	0,23	0,26	
			550	0,23	0,24	0,27	
			600	0,24	0,25	0,29	
	17,5	2	650	0,26	0,27	0,30	
	20	2	700	0,28	0,29	0,32	
	24	2–4	800	0,31	0,32	0,35	
	30	3–5	900	0,34	0,36	0,39	
	36,5	4–6	1000			0,45	
	42,5	6	1200			0,53	
	49	6	1400			0,65	
			1600			0,74	
4.4.2	Hohlblöcke (Hbl) nach DIN V 18151-100 und Hohlwandplatten nach DIN 18148, Gruppe 2			LM21/DM[f,i]	LM36[f,i]	NM[f]	
	Steinbreite, in cm	Anzahl der Kammerreihen	450	0,22	0,23	0,28	5/10
			500	0,24	0,25	0,29	
			550	0,26	0,27	0,31	
			600	0,27	0,28	0,32	
	11,5	1	650	0,29	0,30	0,34	
	15	1	700	0,30	0,32	0,36	
	17,5	1	800	0,34	0,36	0,41	
	30	2	900	0,37	0,40	0,46	
	36,5	3	1000			≤ 0,50	
	42,5	5	1200			≤ 0,56	
	49	5	1400			≤ 0,70	
			1600			0,76	
4.4.3	Vollblöcke (Vbl, S-W) nach DIN V 18152-100		450	0,14	0,16	0,18	5/10
			500	0,15	0,17	0,20	
			550	0,16	0,18	0,21	
			600	0,17	0,19	0,22	
			650	0,18	0,20	0,23	
			700	0,19	0,21	0,25	
			800	0,21	0,23	0,27	
			900	0,25	0,26	0,30	
			1000	0,28	0,29	0,32	

16

Tafel 16.24 (Fortsetzung)

Zeile	Stoff	Rohdichte[a,b] ρ [kg/m³]	Bemessungswert der Wärmeleitfähigkeit λ [W/(m · K)]			Richtwert der Wasserdampf-Diffusionswiderstandszahl[c] μ [–]
4.4.4	Vollblöcke (Vbl) und Vbl-S nach DIN V 18152-100 aus Leichtbeton mit anderen leichten Zuschlägen als Naturbims und Blähton	450	0,22	0,23	0,28	5/10
		500	0,23	0,24	0,29	
		550	0,24	0,25	0,30	
		600	0,25	0,26	0,31	
		650	0,26	0,27	0,32	
		700	0,27	0,28	0,33	
		800	0,29	0,30	0,36	
		900	0,32	0,32	0,39	
		1000	0,34	0,35	0,42	
		1200			0,49	
		1400			0,57	
		1600			0,62	10/15
		1800			0,68	
		2000			0,74	
4.4.5	Vollsteine (V) nach DIN V 18152-100	450	0,21	0,22	0,31	5/10
		500	0,22	0,23	0,32	
		550	0,23	0,25	0,33	
		600	0,24	0,26	0,34	
		650	0,25	0,27	0,35	
		700	0,27	0,29	0,37	
		800	0,30	0,32	0,40	
		900	0,33	0,35	0,43	
		1000	0,36	0,38	0,46	
		1200			0,54	
		1400			0,63	
		1600			0,74	10/15
		1800			0,87	
		2000			0,99	
4.4.6	Mauersteine nach DIN V 18153-100 aus Beton bzw. DIN EN 771-3 in Verbindung mit DIN V 20000-403	800	0,60			5/15
		900	0,65			
		1000	0,70			
		1200	0,80			
		1400	0,90			20/30
		1600	1,0			
		1800	1,1			
		2000	1,3			
		2200	1,6			
		2400	2,0			
5	**Wärmedämmstoffe – siehe Tafel 16.25**					
6	**Holz- und Holzwerkstoffe**	siehe DIN EN ISO 10456				
7	**Beläge, Abdichtstoffe und Abdichtungsbahnen**					
7.1	Fußbodenbeläge	siehe DIN EN ISO 10456				
7.2	Abdichtstoffe	siehe DIN EN ISO 10456				
7.2.1	Asphaltmastix, Dicke $d \geq 7$ mm	(2000)	0,70			[d]
7.3	Dachbahnen, Dachabdichtungsbahnen					
7.3.1	Bitumenbahnen nach DIN EN 13707	(1200)	0,17			20.000
7.3.2	Nackte Bitumenbahnen nach DIN 52129	(1200)	0,17			2000/20.000

Tafel 16.24   (Fortsetzung)

Zeile	Stoff	Rohdichte[a,b] ρ [kg/m^3]	Bemessungswert der Wärmeleitfähigkeit λ [W/(m · K)]	Richtwert der Wasserdampf-Diffusionswiderstandszahl[c] μ [−]
7.4	Folien	siehe DIN EN ISO 10456		
7.4.1	PTFE-Folien, Dicke $d \geq 0{,}05$ mm	−	−	10.000
7.4.2	PA-Folie, Dicke $d \geq 0{,}05$ mm	−	−	50.000
7.4.3	PP-Folie, Dicke $d \geq 0{,}05$ mm	−	−	1000
8	**Sonstige gebräuchliche Stoffe**[g]			
8.1	Lose Schüttungen, abgedeckt[h]			
8.1.1	aus porigen Stoffen:			
	Korkschrot, expandiert	(≤ 200)	0,055	3
	Hüttenbims	(≤ 600)	0,13	
	Blähschiefer	(≤ 400)	0,16	
	Bimskies	(≤ 1000)	0,19	
	Schaumlava	(≤ 1200)	0,22	
		(≤ 1500)	0,27	
8.1.2	aus Polystyrolschaumstoff-Partikeln	(15)	0,050	3
8.1.3	aus Sand, Kies, Splitt (trocken)	(1800)	0,70	3
8.2	Fliesen	siehe DIN EN ISO 10456		
8.3	Glas			
8.4	Natursteine			
8.5	Lehmbaustoffe	500	0,14	5/10
		600	0,17	
		700	0,21	
		800	0,25	
		900	0,30	
		1000	0,35	
		1200	0,47	
		1400	0,59	
		1600	0,73	
		1800	0,91	
		2000	1,1	
8.6	Böden, naturfeucht	siehe DIN EN ISO 10456		
8.7	Keramik und Glasmosaik			
8.8	Metalle			

Anmerkung Die in Klammern gesetzten Zahlenwerte dienen nur zur Abschätzung. Sie besitzen keine wissenschaftlich gesicherte Zuordnung.

[a] Die in Klammern angegebenen Rohdichtewerte dienen nur zur Ermittlung der flächenbezogenen Masse, z. B. für den Nachweis des sommerlichen Wärmeschutzes.

[b] Die bei den Steinen genannten Rohdichten entsprechen den Rohdichteklassen der zitierten Stoffnormen.

[c] Es ist jeweils der für die Baukonstruktion ungünstigere Wert einzusetzen. Bezüglich der Anwendung der μ-Werte siehe DIN 4108-3.

[d] praktisch dampfdicht; nach DIN EN 12086 oder DIN EN ISO 12572: $s_d \geq 1500$ m

[e] Bei Quarzsand erhöhen sich die Bemessungswerte der Wärmeleitfähigkeit um 20 % (bezogen auf alle Werte in Zeile 2.4.2).
Die Bemessungswerte der Wärmeleitfähigkeit sind bei Hohlblöcken mit Quarzsandzusatz für 2 K Hbl um 20 % und für 3 K Hbl bis 6 K Hbl um 15 % zu erhöhen (bezogen auf alle Werte in Zeile 4.4.1).

[f] Bezeichnung der Mörtelarten nach DIN EN 1996-1-1, DIN EN 1996-2:
  – NM – Normalmörtel;
  – LM21 – Leichtmörtel mit $\lambda = 0{,}21$ W/(m · K);
  – LM36 – Leichtmörtel mit $\lambda = 0{,}36$ W/(m · K);
  – DM – Dünnbettmörtel.

[g] Diese Stoffe sind hinsichtlich ihrer wärmeschutztechnischen Eigenschaften nicht genormt. Die angegebenen Wärmeleitfähigkeitswerte stellen obere Grenzwerte dar.

[h] Die Dichte wird bei losen Schüttungen als Schüttdichte angegeben.

[i] Wenn keine Werte angegeben sind, gelten die Werte der Spalte „NM".

Tafel 16.25 Zeile 5 von Tafel 16.24 Wärmedämmstoffe nach harmonisierten Europäischen Normen (DIN 4108-4) [3]

Zeile	Stoff	Nennwert λ_D [W/(m · K)]	Bemessungswert $\lambda_{Bemessung}$ [W/(m · K)]	Richtwert der Wasserdampf-Diffusionswiderstandszahl[f] μ [−]
5.1	Mineralwolle (MW) nach DIN EN 13162[a]	0,030	0,031	1
		0,031	0,032	
		…	…	
		0,049	0,050	
		0,050	0,052	
5.2	Expandierter Polystyrolschaum (EPS) nach DIN EN 13163[a]	0,030	0,031	20/100
		0,031	0,032	
		…	…	
		0,049	0,050	
		0,050	0,052	
5.3	Extrudierter Polystyrolschaum (XPS) nach DIN EN 13164[a]	0,022	0,023	80/250
		0,023	0,024	
		…	…	
		0,045	0,046	
5.4	Polyurethan-Hartschaum (PUR) nach DIN EN 13165[a]	0,020	0,021	40/200
		0,021	0,022	
		…	…	
		0,040	0,041	
5.5	Phenolharz-Hartschaum (PF) nach DIN EN 13166[a]	0,020	0,021	10/60
		0,021	0,022	
		…	…	
		0,035	0,036	
5.6	Schaumglas (CG) nach DIN EN 13167[a]	0,037	0,038	[f]
		0,038	0,039	
		…	…	
		0,049	0,050	
		0,050	0,052	
		…	…	
		0,055	0,057	
5.7	Holzwolle-Leichtbauplatten nach DIN EN 13168			
5.7.1	Holzwolle-Platten (WW)[b]	0,060	0,063	2/5
		0,061	0,064	
		…	…	
		0,069	0,072	
		0,070	0,074	
		…	…	
		0,089	0,093	
		0,090	0,095	
		…	…	
		0,10	0,105	

Tafel 16.25   (Fortsetzung)

Zeile	Stoff	Nennwert λ_D [W/(m · K)]	Bemessungswert $\lambda_{Bemessung}$ [W/(m · K)]	Richtwert der Wasserdampf-Diffusionswiderstandszahl[f] μ [–]
5.7.2	Holzwolle-Mehrschichtplatten nach DIN EN 13168 (WW-C) Für die Berechnung des Bemessungswertes des Wärmedurchlass-widerstandes müssen die einzelnen Bemessungswerte der Wärmedurchlasswiderstände der Schichten addiert werden			
	mit expandiertem Polystyrolschaum (EPS) nach DIN EN 13163[a]	0,030	0,031	20/50
		0,031	0,032	
		…	…	
		0,049	0,050	
		0,050	0,052	
	mit Mineralwolle (MW) nach DIN EN 13162[a]	0,030	0,031	1
		0,031	0,032	
		…	…	
		0,049	0,050	
		0,050	0,052	
	Holzwolledeckschicht(en) nach DIN EN 13168[d]	0,10	0,12	2/5
		0,11	0,13	
		0,12	0,14	
		0,13	0,16	
		0,14	0,17	
5.8	Blähperlit (EPB) nach DIN EN 13169[a]	0,045	0,046	5
		0,046	0,047	
		…	…	
		0,049	0,050	
		0,050	0,052	
		…	…	
		0,070	0,072	
5.9	Expandierter Kork (ICB) nach DIN EN 13170[e]	0,040	0,049	5/10
		0,041	0,050	
		0,042	0,052	
		…	…	
		0,045	0,055	
		0,046	0,057	
		…	…	
		0,049	0,060	
		0,050	0,062	
		…	…	
		0,054	0,066	
		0,055	0,068	
5.10	Holzfaserdämmstoff (WF) nach DIN EN 13171[b]	0,032	0,034	3/5
		0,033	0,035	
		…	…	
		0,049	0,051	
		0,050	0,053	
		…	…	
		0,060	0,063	
5.11	Wärmedämmputz nach DIN EN 998-1 der Kategorie T1	–	0,12	5/20
	Wärmedämmputz nach DIN EN 998-1 der Kategorie T2	–	0,24	

16

Tafel 16.25 (Fortsetzung)

Zeile	Stoff	Nennwert λ_D [W/(m · K)]	Bemessungswert $\lambda_{Bemessung}$ [W/(m · K)]	Richtwert der Wasserdampf-Diffusionswiderstandszahl[f] μ [–]
5.12	Wärmedämmstoff aus Polyurethan (PUR)- und Polyisocyanurat (PIR)-Spritzschaum nach DIN EN 14315-1[c]	0,020	0,023	–
		0,021	0,024	
		…	…	
		0,034	0,037	
		0,035	0,039	
		…	…	
		0,040	0,044	
5.13	Wärmedämmung aus Produkten mit expandiertem Perlite (EP) nach DIN EN 14316-1[a]	0,040	0,041	–
		0,041	0,042	
		…	…	
		0,049	0,050	
		0,050	0,052	
		…	…	
		0,060	0,062	
5.14	Selbsttragende Sandwich-Elemente mit beidseitigen Metalldeckschichten nach DIN EN 14509[a]	0,020	0,021	–
		0,021	0,022	
		…	…	
		0,047	0,048	
5.15	An der Verwendungsstelle hergestellte Wärmedämmung aus Blähton-Leichtzuschlagstoffen (LWA) nach DIN EN 14063-1[b]	0,090	0,095	–
		0,091	0,096	
		…	…	
		0,095	0,10	
		…	…	
		0,10	0,105	
		0,11	0,12	
		…	…	
		0,13	0,14	
5.16	An der Verwendungsstelle hergestellte Wärmedämmung mit Produkten aus expandiertem Vermiculit (EV) nach DIN EN 14317-1[d]	0,052	0,062	–
		0,053	0,064	
		…	…	
		0,057	0,068	
		0,058	0,070	
		…	…	
		0,062	0,074	
		0,063	0,076	
		…	…	
		0,067	0,080	
		0,068	0,082	
		…	…	
		0,072	0,086	
		0,073	0,088	
		…	…	
		0,077	0,092	
		0,078	0,094	
		0,079	0,095	
		0,080	0,096	

Tafel 16.25   (Fortsetzung)

Zeile	Stoff	Nennwert λ_D [W/(m · K)]	Bemessungswert $\lambda_{Bemessung}$ [W/(m · K)]	Richtwert der Wasserdampf-Diffusionswiderstandszahl[f] μ [–]
5.17	An der Verwendungsstelle hergestellte Wärmedämmung aus Mineralwolle (MW) nach DIN EN 14064-1[a]	0,032	0,033	–
		0,033	0,034	
		. . .	. . .	
		0,049	0,050	
		0,050	0,052	
5.18	Werkmäßig hergestellte Produkte aus Polyethylenschaum (PEF) nach DIN EN 16069[d]	0,035	0,042	–
		0,036	0,043	
		0,037	0,044	
		0,038	0,046	
		. . .	. . .	
		0,042	0,050	
		0,043	0,052	
		. . .	. . .	
		0,047	0,056	
		0,048	0,058	
		. . .	. . .	
		0,052	0,062	
		0,053	0,064	
		. . .	. . .	
		0,057	0,068	
		0,058	0,070	
		0,059	0,071	
		0,060	0,072	
5.19	An der Verwendungsstelle hergestellter Wärmedämmstoff aus dispensiertem Polyurethan (PUR)- und Polyisocyanurat (PIR)-Hartschaum nach DIN EN 14318-1[c]	0,020	0,023	–
		0,021	0,024	
		. . .	. . .	
		0,034	0,037	
		0,035	0,039	
		0,040	0,044	

Anmerkung Errechnete Bemessungswerte werden auf zwei wertanzeigende Ziffern gerundet.

[a] $\lambda_{Bemessung} = \lambda_D \cdot 1,03$; aber mindestens 1 mW/(m · K);
[b] $\lambda_{Bemessung} = \lambda_D \cdot 1,05$; aber mindestens 2 mW/(m · K);
[c] $\lambda_{Bemessung} = \lambda_D \cdot 1,10$; aber mindestens 3 mW/(m · K);
[d] $\lambda_{Bemessung} = \lambda_D \cdot 1,20$;
[e] $\lambda_{Bemessung} = \lambda_D \cdot 1,23$;
[f] Es ist jeweils der für die Baukonstruktion ungünstigere Wert einzusetzen.

Tafel 16.26 Wärmeschutztechnische Bemessungswerte für Baustoffe, die gewöhnlich bei Gebäuden zur Anwendung kommen (DIN EN ISO 10456) [23]

Stoffgruppe oder Anwendung	Rohdichte ρ [kg/m^3]	Bemessungs-Wärme-leitfähigkeit λ [W/(m · K)]	spezifische Wärme-speicherkapazität c_p [J/(kg · K)]	Richtwert der Wasserdampf-Diffusionswiderstandszahl[c] μ [–]	
				trocken	feucht
Asphalt	2100	0,70	1000	50.000	50.000
Bitumen					
als Stoff	1050	0,17	1000	50.000	50.000
Membran/Bahn	1100	0,23	1000	50.000	50.000
Beton[a]					
mittlere Rohdichte	1800	1,15	1000	100	60
	2000	1,35	1000	100	60
	2200	1,65	1000	120	70
hohe Rohdichte	2400	2,00	1000	130	80
armiert (mit 1 % Stahl)	2300	2,3	1000	130	80
armiert (mit 2 % Stahl)	2400	2,5	1000	130	80
Fußbodenbeläge					
Gummi	1200	0,17	1400	10.000	10.000
Kunststoff	1700	0,25	1400	10.000	10.000
Unterlagen, poröser Gummi oder Kunststoff	270	0,10	1400	10.000	10.000
Filzunterlage	120	0,05	1300	20	15
Wollunterlage	200	0,06	1300	20	15
Korkunterlage	< 200	0,05	1500	20	10
Korkfliesen	> 400	0,065	1500	40	20
Teppich/Teppichböden	200	0,06	1300	5	5
Linoleum	1200	0,17	1400	1000	800
Gase					
Luft	1,23	0,025	1008	1	1
Kohlendioxid	1,95	0,014	820	1	1
Argon	1,70	0,017	519	1	1
Schwefelhexafluorid	6,36	0,013	614	1	1
Krypton	3,56	0,0090	245	1	1
Xenon	5,68	0,0054	160	1	1
Glas					
Natronglas (einschließlich Floatglas)	2500	1,00	750	∞	∞
Quarzglas	2200	1,40	750	∞	∞
Glasmosaik	2000	1,20	750	∞	∞
Wasser					
Eis bei $-10\,°C$	920	2,30	2000		
Eis bei $0\,°C$	900	2,20	2000		
Schnee, frisch gefallen (< 30 mm)	100	0,05	2000		
Neuschnee, weich (30 mm bis 70 mm)	200	0,12	2000		
Schnee, leicht verharscht (70 mm bis 100 mm)	300	0,23	2000		
Schnee, verharscht (< 200 mm)	500	0,60	2000		
Wasser bei $10\,°C$	1000	0,60	4190		
Wasser bei $40\,°C$	990	0,63	4190		
Wasser bei $80\,°C$	970	0,67	4190		

Tafel 16.26 (Fortsetzung)

Stoffgruppe oder Anwendung	Rohdichte ρ [kg/m³]	Bemessungs-Wärmeleitfähigkeit λ [W/(m · K)]	spezifische Wärmespeicherkapazität c_p [J/(kg · K)]	Richtwert der Wasserdampf-Diffusionswiderstandszahl[c] μ [–]	
				trocken	feucht
Metalle					
Aluminiumlegierungen	2800	160	880	∞	∞
Bronze	8700	65	380	∞	∞
Messing	8400	120	380	∞	∞
Kupfer	8900	380	380	∞	∞
Gusseisen	7500	50	450	∞	∞
Blei	11.300	35	130	∞	∞
Stahl	7800	50	450	∞	∞
nichtrostender Stahl[b], austenitisch oder austenitisch-ferritisch	7900	17	500	∞	∞
nichtrostender Stahl[b], ferritisch oder martensitisch	7900	30	460	∞	∞
Zink	7200	110	380	∞	∞
Massive Kunststoffe					
Acrylkunststoffe	1050	0,20	1500	10.000	10.000
Polycarbonate	1200	0,20	1200	5000	5000
Polytetrafluorethylenkunststoffe (PTFE)	2200	0,25	1000	10.000	10.000
Polyvinylchlorid (PVC)	1390	0,17	900	50.000	50.000
Polymethylmethacrylat (PMMA)	1180	0,18	1500	50.000	50.000
Polyacetatkunststoffe	1410	0,30	1400	100.000	100.000
Polyamid (Nylon)	1150	0,25	1600	50.000	50.000
Polyamid 6.6 mit 25 % Glasfasern	1450	0,30	1600	50.000	50.000
Polyethylen/Polythen, hohe Rohdichte	980	0,50	1800	100.000	100.000
Polyethylen/Polythen, niedrige Rohdichte	920	0,33	2200	100.000	100.000
Polystyrol	1050	0,16	1300	100.000	100.000
Polypropylen	910	0,22	1800	10.000	10.000
Polypropylen mit 25 % Glasfasern	1200	0,25	1800	10.000	10.000
Polyurethan (PU)	1200	0,25	1800	6000	6000
Epoxydharz	1200	0,20	1400	10.000	10.000
Phenolharz	1300	0,30	1700	100.000	100.000
Polyesterharz	1400	0,19	1200	10.000	10.000
Gummi					
Naturkautschuk	910	0,13	1100	10.000	10.000
Neopren (Polychloropren)	1240	0,23	2140	10.000	10.000
Butylkautschuk (Isobutenkautschuk), hart/heiß geschmolzen	1200	0,24	1400	200.000	200.000
Schaumgummi	60–80	0,06	1500	7000	7000
Hartgummi (Ebonit), hart	1200	0,17	1400	∞	∞
Ethylen-Propylendien, Monomer (EPDM)	1150	0,25	1000	6000	6000
Polyisobutylenkautschuk	930	0,20	1100	10.000	10.000
Polysulfid	1700	0,40	1000	10.000	10.000
Butadien	980	0,25	1000	100.000	100.000

16

Tafel 16.26 (Fortsetzung)

Stoffgruppe oder Anwendung	Rohdichte ρ [kg/m³]	Bemessungs-Wärme- leitfähigkeit λ [W/(m · K)]	spezifische Wärme- speicherkapazität c_p [J/(kg · K)]	Richtwert der Wasserdampf- Diffusionswiderstandszahl[c] μ [–]	
				trocken	feucht
Dichtungsstoffe, Dichtungen und wärmetechnische Trennungen					
Silicagel (Trockenmittel)	720	0,13	1000	∞	∞
Silicon, ohne Füllstoff	1200	0,35	1000	5000	5000
Silicon, mit Füllstoff	1450	0,50	1000	5000	5000
Siliconschaum	750	0,12	1000	10.000	10.000
Urethan/Polyurethanschaum (als wärmetechnische Trennung)	1300	0,21	1800	60	60
Weichpolyvinylchlorid (PVC-P), mit 40 % Weichmacher	1200	0,14	1000	100.000	100.000
Elastomerschaum, flexibel	60–80	0,05	1500	10.000	10.000
Polyurethanschaum (PU)	70	0,05	1500	60	60
Polyethylenschaum	70	0,05	2300	100	100
Gips					
Gips	600	0,18	1000	10	4
	900	0,30	1000	10	4
	1200	0,43	1000	10	4
	1500	0,56	1000	10	4
Gipskartonplatte[c]	700	0,21	1000	10	4
	900	0,25	1000	10	4
Putze und Mörtel					
Gipsdämmputz	600	0,18	1000	10	6
Gipsputz	1000	0,40	1000	10	6
	1300	0,57	1000	10	6
Gips, Sand	1600	0,80	1000	10	6
Kalk, Sand	1600	0,80	1000	10	6
Zement, Sand	1800	1,00	1000	10	6
Erdreich					
Ton, Schlick oder Schlamm	1200–1800	1,5	1670–2500	50	50
Sand und Kies	1700–2200	2,0	910–1180	50	50
Gestein					
Kristalliner Naturstein	2800	3,5	1000	10.000	10.000
Sediment-Naturstein	2600	2,3	1000	250	200
leichter Sediment-Naturstein	1500	0,85	1000	30	20
poröses Gestein, z. B. Lava	1600	0,55	1000	20	15
Basalt	2700–3000	3,5	1000	10.000	10.000
Gneis	2400–2700	3,5	1000	10.000	10.000
Granit	2500–2700	2,8	1000	10.000	10.000
Marmor	2800	3,5	1000	10.000	10.000
Schiefer	2000–2800	2,2	1000	1000	800
Kalkstein, extra weich	1600	0,85	1000	30	20
Kalkstein, weich	1800	1,1	1000	40	25
Kalkstein, mittelhart	2000	1,4	1000	50	40
Kalkstein, hart	2200	1,7	1000	200	150
Kalkstein, extra hart	2600	2,3	1000	250	200
Sandstein (Quarzit)	2600	2,3	1000	40	30
Naturbims	400	0,12	1000	8	6
Kunststein	1750	1,3	1000	50	40

Tafel 16.26 (Fortsetzung)

Stoffgruppe oder Anwendung	Rohdichte ρ [kg/m³]	Bemessungs-Wärmeleitfähigkeit λ [W/(m · K)]	spezifische Wärmespeicherkapazität c_p [J/(kg · K)]	Richtwert der Wasserdampf-Diffusionswiderstandszahl[c] μ [–]	
				trocken	feucht
Dachziegelsteine					
Ton	2000	1,0	800	40	30
Beton	2100	1,5	1000	100	60
Platten					
Keramik/Porzellan	2300	1,3	840		∞
Kunststoff	1000	0,20	1000	10.000	10.000
Nutzholz[d]					
	450	0,12	1600	50	20
	500	0,13	1600	50	20
	700	0,18	1600	200	50
Holzwerkstoffe[d]					
Sperrholz[e]	300	0,09	1600	150	50
	500	0,13	1600	200	70
	700	0,17	1600	220	90
	1000	0,24	1600	250	110
zementgebundene Spanplatten	1200	0,23	1500	50	30
Spanplatten	300	0,10	1700	50	10
	600	0,14	1700	50	15
	900	0,18	1700	50	20
OSB-Platten	650	0,13	1700	50	30
Holzfaserplatten, einschließlich MDF[f]	250	0,07	1700	5	3
	400	0,10	1700	10	5
	600	0,14	1700	20	12
	800	0,18	1700	30	20

Anmerkung 1: Für Computerberechnungen kann der ∞-Wert durch einen beliebig großen Wert, wie z. B. 106 ersetzt werden.

Anmerkung 2: Wasserdampfdiffusionswiderstandszahlen sind als Werte für trockene und nasse Prüfgefäße angegeben, siehe 8.3.

[a] Die Rohdichte von Beton ist als Trockenrohdichte angegeben.

[b] Eine ausführliche Liste nichtrostender Stähle ist in EN 10088-1 enthalten. Sie kann verwendet werden, wenn die genaue Zusammensetzung des nichtrostenden Stahles bekannt ist.

[c] Die Wärmeleitfähigkeit schließt den Einfluss der Papierdeckschichten mit ein.

[d] Die Rohdichte von Nutzholz und Holzfaserplattenprodukten ist die Gleichgewichtsdichte bei 20 °C und einer relativen Luftfeuchte von 65 %.

[e] Als Interimsmaßnahme und bis zum Vorliegen hinreichend zuverlässiger Daten können für Hartfaserplatten (solid wood panels (SWP)) und Bauholz mit Furnierschichten (laminated veneer lumber (LVL)) die für Sperrholz angegebenen Werte angewendet werden.

[f] MDF bedeutet Medium Density fibreboard/mitteldichte Holzfaserplatte, die in sog. Trockenverfahren hergestellt worden ist.

Tafel 16.27 Ausgleichsfeuchtegehalte u von Baustoffen (DIN 4108-4) [3]

Baustoffe	massebezogener Feuchtegehalt u [kg/kg]
Beton mit geschlossenem Gefüge mit porigen Zuschlägen	0,13
Leichtbeton mit haufwerkporigem Gefüge mit dichten Zuschlägen nach DIN EN 12620	0,03
Leichtbeton mit haufwerkporigem Gefüge mit porigen Zuschlägen nach DIN EN 13055-1	0,045
Gips, Anhydrit	0,004
Gussasphalt, Asphaltmastix	0
Holz, Sperrholz, Spanplatten, Holzfaserplatten, Schilfrohrplatten und -matten, organische Faserdämmstoffe	0,15
Pflanzliche Faserdämmstoffe aus Seegras, Holz-, Torf- und Kokosfasern und sonstige Fasern	0,15

Tafel 16.28 Feuchteschutztechnische Eigenschaften und spezifische Wärmekapazität von Wärmedämm- und Mauerwerksstoffen (DIN EN ISO 10456) [23]

Werkstoff	Rohdichte [kg/m³]	Feuchtegehalt bei $\theta = 23\,°C$ und $\phi = 50\%$		Feuchtegehalt bei $\theta = 23\,°C$ und $\phi = 80\%$		Umrechnungsfaktor für den Feuchtegehalt[b]				Wasserdampf-Diffusionswiderstandszahl μ [–]		spezifische Wärmekapazität c [J/(kg·K)]
		u [kg/kg]	ψ [m³/m³]	u [kg/kg]	ψ [m³/m³]	u [kg/kg]	f_u [–]	ψ [m³/m³]	f_ψ [–]	trocken	feucht	
Expandierter Polystyrol-Hartschaum	10–50		0		0			< 0,10	4	60	60	1450
Extrudierter Polystyrol-Hartschaum	20–65		0		0			< 0,10	2,5	150	150	1450
Polyurethanschaum	28–55		0		0			< 0,15	6	60	60	1400
Mineralwolle	10–200		0		0			< 0,15	4[c]	1	1	1030
Phenolharz-Hartschaum	20–50		0		0			< 0,15	5	50	50	1400
Schaumglas	100–150	0		0		0	0			∞	∞	1000
Perliteplatten	140–240	0,02		0,03		0–0,03	0,8			5	5	900
Expandierter Kork	90–140		0,008		0,011			< 0,10	6	10	5	1560
Holzwolle-Leichtbauplatten	250–450		0,03		0,05			< 0,10	1,8	5	3	1470
Holzfaserdämmplatten	40–250	0,02		0,03				< 0,05	1,4	5	3	2000
Harnstoff-Formaldehydschaum	10–30	0,1		0,15		< 0,15	0,7			2	2	1400
Polyurethanschaum	30–50		0		0			< 0,015	6	60	60	1400
Lose Mineralwolle	15–60		0		0			< 0,015	4	1	1	1030
Lose Zellulosefasern	20–60	0,11		0,18		< 0,20	0,5			2	2	1600
Blähperlite-Schüttung	30–150	0,01		0,02		0–0,02	3			2	2	900
Schüttgut aus expandiertem Vermiculit	30–150	0,01		0,02		0–0,02	2			3	2	1080
Blähtonschüttung	200–400	0		0,001		0–0,02	4			2	2	1000
Polystyrol-Partikelschüttung	10–30		0		0	< 0,10	4		4	2	2	1400
Vollziegel (Gebrannter Ton)	1000–2400		0,007		0,012			0–0,25	10	16	10	1000
Kalksandstein	900–2200		0,012		0,024			0–0,25	10	20	15	1000
Beton mit Bimszuschlägen	500–1300		0,02		0,035			0–0,25	4	50	40	1000
Beton mit nichtporigen Zuschlägen und Kunststein	1600–2400		0,025		0,04			0–0,25	4	150	120	1000
Beton mit Polystyrolzuschlägen	500–800		0,015		0,025			0–0,25	5	120	60	1000
Beton mit Blähtonzuschlägen	400–700	0,02		0,03		0–0,25	2,6			6	4	1000
Beton mit überwiegend Blähtonzuschlägen	800–1700	0,02		0,03		0–0,25	4			8	6	1000
Beton mit mehr als 70 % geblähter Hochofenschlacke	1100–1700	0,02		0,04		0–0,25	4			30	20	1000
Beton mit vorwiegend aus hochtemperaturbehandeltem taubem Gestein aufbereitet	1100–1500	0,02		0,04		0–0,25	4			15	10	1000
Porenbeton	300–1000	0,026		0,045		0–0,25	4			10	6	1000
Beton mit weiteren Leichtzuschlägen	500–2000		0,03		0,05			0–0,25	4	15	10	1000
Mörtel (Mauermörtel und Putzmörtel)	250–2000		0,04		0,06			0–0,25	4	20	10	1000

In dieser Tabelle sind allgemeine Werte angegeben. Weitere, vom Werkstoff und der Anwendung abhängige Werte können in national gültigen Tabellen angegeben werden.

[a] Siehe DIN EN ISO 10456 Nr. 8.2.

[b] Die Auswirkungen der Masseübertragung über flüssiges Wasser und Wasserdampf sowie die Auswirkungen der Änderungen des Aggregatzustandes des Wassers sind durch diese Daten nicht abgedeckt. Der Feuchtegehalt ist der Bereich, für den die Koeffizienten gelten.

[c] Die Daten gelten nicht, wenn die warme Seite der Dämmung möglicherweise dauerhaft mit Feuchte versorgt wird.

Tafel 16.29 Anwendungsgebiete von Wärmedämmstoffen (DIN 4108-10) [6]

Anwendungsgebiet	Kurzzeichen	Anwendungsbeispiele
Decke, Dach	DAD	Außendämmung von Dach oder Decke, vor Bewitterung geschützt, Dämmung unter Deckungen
	DAA	Außendämmung von Dach oder Decke, vor Bewitterung geschützt, Dämmung unter Abdichtungen
	DUK	Außendämmung des Daches, der Bewitterung ausgesetzt (Umkehrdach)
	DZ	Zwischensparrendämmung, zweischaliges Dach, nicht begehbar, aber zugängliche oberste Geschossdecke
	DI	Innendämmungder Decke (unterseitig) oder des Daches, Dämmung unter den Sparren/Tragkonstruktion, abgehängte Decke usw.
	DEO	Innendämmung der Decke oder Bodenplatte (oberseitig) unter Estrich ohne Schallschutzanforderungen
	DES	Innendämmung der Decke oder Bodenplatte (oberseitig) unter Estrich mit Schallschutzanforderungen
Wand	WAB	Außendämmung der Wand hinter Bekleidung
	WAA	Außendämmung der Wand hinter Abdichtung
	WAP	Außendämmung der Wand unter Putz
	WZ	Dämmung von zweischaligen Wänden, Kerndämmung
	WH	Dämmung von Holzrahmen- und Holztafelbauweise
	WI	Innendämmung der Wand
	WTH	Dämmung zwischen Haustrennwänden mit Schallschutzanforderungen
	WTR	Dämmung von Raumtrennwänden
Perimeter	PW	Außen liegende Wärmedämmung von Wänden gegen Erdreich (außerhalb der Abdichtung)
	PB	Außen liegende Wärmedämmung unterhalb der Bodenplatte gegen Erdreich (außerhalb der Abdichtung)

Tafel 16.30 Dämmstoffarten (DIN 4108-10) [6]

Dämmstoff	Kurzbezeichnung	Stufen, Klassen und Grenzwerte nach DIN EN
Mineralwolle	MW	13162
Polystyrol – Hartschaum	EPS	13163
Polystyrol – Extruderschaum	XPS	13164
Polyurethan – Hartschaum	PU	13165
Phenolharz – Hartschaum	PF	13166
Schaumglas	CG	13167
Holzwolle – Platten	WW	13168
Holzwolle – Mehrschichtplatten	WW-C	13168
Expandiertes Perlite	EPB	13169
Expandierter Kork	ICB	13170
Holzfaser	WF	13171

16

Tafel 16.31 Differenzierung von Produkteigenschaften (DIN 4108-10) [6]

Produkteigenschaft	Kurzzeichen	Beschreibung	Beispiele
Druckbelastbarkeit	dk	Keine Druckbelastbarkeit	Hohlraumdämmung, Zwischensparrendämmung
	dg	Geringe Druckbelastbarkeit	Wohn- und Bürobereich unter Estrich
	dm	Mittlere Druckbelastbarkeit	Nicht genutztes Dach mit Abdichtung
	dh	Hohe Druckbelastbarkeit	Genutzte Dachflächen, Terrassen
	ds	Sehr hohe Druckbelastbarkeit	Industrieböden, Parkdeck
	dx	Extrem hohe Druckbelastbarkeit	Hochbelastete Industrieböden, Parkdeck
Wasseraufnahme	wk	Keine Anforderungen an die Wasseraufnahme	Innendämmung im Wohn- und Bürobereich
	wf	Wasseraufnahme durch flüssiges Wasser	Außendämmung von Außenwänden und Dächern
	wd	Wasseraufnahme durch flüssiges Wasser und/oder Diffusion	Perimeterdämmung, Umkehrdach
Zugfestigkeit	zk	Keine Anforderungen an die Zugfestigkeit	Hohlraumdämmung, Zwischensparrendämmung
	zg	Geringe Zugfestigkeit	Außendämmung der Wand hinter Bekleidung
	zh	Hohe Zugfestigkeit	Außendämmung der Wand unter Putz, Dach mit verklebter Abdichtung
Schalltechnische Eigenschaften	sk	Keine Anforderungen an schalltechnische Eigenschaften	Alle Anwendungen ohne schalltechnische Anforderungen
	sg	Trittschalldämmung, geringe Zusammendrückbarkeit	Schwimmender Estrich, Haustrennwände
	sm	Trittschalldämmung, mittlere Zusammendrückbarkeit	
	sh	Trittschalldämmung, erhöhte Zusammendrückbarkeit	
Verformung	tk	Keine Anforderungen an die Verformung	Innendämmung
	tf	Dimensionsstabilität unter Feuchte und Temperatur	Außendämmung der Wand unter Putz, Dach mit Abdichtung
	ti	Verformung unter Last und Temperatur	Dach mit Abdichtung

Tafel 16.32 Wärmetechnische Eigenschaften des Erdreichs (DIN EN ISO 13370) [24]

Kategorie	Beschreibung	Wärmeleitfähigkeit λ [W/(m K)]	Volumenbezogene Wärmekapazität $\varrho \cdot c$ [J/(m³ K)]
1	Ton oder Schluff	1,5	$3,0 \cdot 10^6$
2	Sand oder Kies	2,0	$2,0 \cdot 10^6$
3	Homogener Felsen	3,5	$2,0 \cdot 10^6$

Tafel 16.33 Wärmeleitfähigkeit λ des Erdreichs (DIN EN ISO 13370) [24]

Art des Erdreichs	Trockenrohdichte ϱ [kg/m³]	Massebezogner Feuchtegehalt u [kg/kg]	Sättigungsgrad [%]	Wärmeleitfähigkeit λ [W/(m K)]	Repräsentative Werte für λ [W/(m K)]
Schluff	1400 bis 1800	0,10 bis 0,30	70 bis 100	1,0 bis 2,0	1,5
Ton	1200 bis 1600	0,20 bis 0,40	80 bis 100	0,9 bis 1,4	1,5
Torf	400 bis 1100	0,05 bis 2,00	0 bis 100	0,2 bis 0,5	–
Trockener Sand	1700 bis 2000	0,04 bis 0,12	20 bis 60	1,1 bis 2,2	2,0
Nasser Sand	1700 bis 2100	0,10 bis 0,18	85 bis 100	1,5 bis 2,7	2,0
Felsen	2000 bis 3000	[a]	[a]	2,5 bis 4,5	3,5

[a] Üblicherweise sehr gering (massebezogener Feuchtegehalt $< 0,03$), mit Ausnahme von porösem Gestein.

Tafel 16.34 Wärmedurchlasswiderstände R von Decken (DIN V 4108-4) [3]

Zeile	Spalte			
	1	2	3	4
	Deckenart und Darstellung	Dicke s [mm]	Wärmedurchlasswiderstand R [m^2 K/W]	
			Im Mittel	An der ungünstigsten Stelle
1	Stahlbetonrippen und Stahlbetonbalkendecken nach DIN 1045-1, DIN 1045-2 mit Zwischenbauteilen nach DIN 4158			
1.1	Stahlbetonrippendecke (ohne Aufbeton, ohne Putz)	120	0,20	0,06
		140	0,21	0,07
		160	0,22	0,08
		180	0,23	0,09
		200	0,24	0,10
		220	0,25	0,11
		250	0,26	0,12
1.2	Stahlbetonbalkendecke (ohne Aufbeton, ohne Putz)	120	0,16	0,06
		140	0,18	0,07
		160	0,20	0,08
		180	0,22	0,09
		200	0,24	0,10
		220	0,26	0,11
		240	0,28	0,12
2.1	Ziegel als Zwischenbauteile nach DIN 4160 ohne Querstege (ohne Aufbeton, ohne Putz)	115	0,15	0,06
		140	0,16	0,07
		165	0,18	0,08
2.2	Ziegel als Zwischenbauteile nach DIN 4160 mit Querstegen (ohne Aufbeton, ohne Putz)	190	0,24	0,09
		225	0,26	0,10
		240	0,28	0,11
		265	0,30	0,12
		290	0,32	0,13
3	Stahlsteindecken nach DIN 1045-1, DIN 1045-2 aus Deckenziegeln nach DIN 4159			
3.1	Ziegel für teilvermörtelbare Stoßfugen nach DIN 4159	115	0,15	0,06
		140	0,18	0,07
		165	0,21	0,08
		190	0,24	0,09
		215	0,27	0,10
		240	0,30	0,11
		265	0,33	0,12
		290	0,36	0,13
3.2	Ziegel für vollvermörtelbare Stoßfugen nach DIN 4159	115	0,13	0,06
		140	0,16	0,07
		165	0,19	0,08
		190	0,22	0,09
		215	0,25	0,10
		240	0,28	0,11
		265	0,31	0,12
		290	0,34	0,13
4	Stahlbetonhohldielen nach DIN 1045-1, DIN 1045-2 (ohne Aufbeton, ohne Putz)			
		65	0,13	0,03
		80	0,14	0,04
		100	0,15	0,05

16

Tafel 16.35 Wärmedurchlasswiderstand R_u von Dachräumen (DIN EN ISO 6946) [20]

	Beschreibung des Daches	R_u [m² K/W]
1	Ziegeldach ohne Pappe, Schalung oder Ähnliches	0,06
2	Plattendach oder Ziegeldach mit Pappe oder Schalung oder Ähnlichem unter den Ziegeln	0,2
3	Wie 2, jedoch mit Aluminiumverkleidung oder einer anderen Oberfläche mit geringem Emissionsgrad an der Dachunterseite	0,3
4	Dach mit Schalung und Pappe	0,3

Anmerkung Die Werte in dieser Tabelle enthalten den Wärmedurchlasswiderstand des belüfteten Raums und der (Schräg)-Dachkonstruktion. Sie enthalten nicht den äußeren Wärmeübergangswiderstand R_{se}.

Tafel 16.36 Wärmedurchlasswiderstand R_g von ruhenden Luftschichten mit Oberflächen mit hohem Emissionsgrad (DIN EN ISO 6946) [20]

Dicke der Luftschicht (mm)	Richtung des Wärmestromes		
	Aufwärts	Horizontal	Abwärts
0	0,00	0,00	0,00
5	0,11	0,11	0,11
7	0,13	0,13	0,13
10	0,15	0,15	0,15
15	0,16	0,17	0,17
25	0,16	0,18	0,19
50	0,16	0,18	0,21
100	0,16	0,18	0,22
300	0,16	0,18	0,23

Anmerkung Zwischenwerte können linear interpoliert werden.

Tafel 16.37 Wärmeübergangswiderstände R_{si} und R_{se}

Situation	Wärmeübergangswiderstand	
	Innen	Außen
	R_{si} [m² K/W]	R_{se} [m² K/W]
Gemäß DIN EN 6946 [1-21][a] (Wärmeschutz)		
Wärmestromrichtung aufwärts	0,10	0,04
Wärmestromrichtung horizontal	0,13	
Wärmestromrichtung abwärts	0,17	
Gemäß DIN 4108-2 [1-1] (Oberflächentemperatur)		
Wärmebrücken (beheizte Räume)	0,25	0,04
Gemäß DIN 4108-3 [1-2][e] (Tauwasserausfall im Bauteilinneren)		
Wärmestromrichtung aufwärts und horizontal sowie für Dachschrägen	0,13	0,04[b]/0,08[c]/0[d]
Wärmestromrichtung abwärts	0,17	
Gemäß DIN 4108-8 [1-5] (Oberflächentemperatur)		
Bereiche hinter Einbauschränken	1,00	0,04
Bereiche hinter freistehenden Schränken	0,50	
Wand im Fensterlaibungsbereich	0,25	
Fenster, Fenstertüren und Türen	0,13	
Gemäß DIN EN ISO 13788 [1-27]		
Lichtundurchlässige Oberflächen (Wärmeübertragung)	0,25	0,04
Fenster und Türen, ungehinderte Luftzirkulation (Oberflächentemperaturen)		
– Wärmestromrichtung aufwärts	0,10	
– Wärmestromrichtung horizontal	0,13	
– Wärmestromrichtung abwärts	0,17	

[a] Die Wärmeübergangswiderstände beziehen sich auf Oberflächen, die mit der Luft in Berührung sind. Der Wärmeübergangswiderstand ist nicht anwendbar, wenn die Oberfläche ein anderes Material berührt.

[b] Für alle Wärmestromrichtungen, wenn die Außenoberfläche an Außenluft grenzt.

[c] Für alle Wärmestromrichtungen, wenn die Außenoberfläche an belüftete Luftschichten grenzt.

[d] Für alle Wärmestromrichtungen, wenn die Außenoberfläche an das Erdreich grenzt.

[e] Bei innen liegenden Bauteilen ist zu beiden Seiten mit demselben Wärmeübergangswiderstand zu rechnen.

Tafel 16.38 Wärmedurchgangskoeffizienten U_w für vertikale Fenster mit einem Flächenanteil des Rahmens von 30 % an der Gesamtfensterfläche und mit typischen Arten von Abstandhaltern (DIN EN 10077-1) [21]

Art der Verglasung	U_g [W/(m²·K)]	Wärmedurchgangskoeffizienten U_w [W/(m²·K)] für vertikale Fenster mit einem Flächenanteil des Rahmens von 30 % an der Gesamtfensterfläche und mit typischen Arten von Abstandhaltern und folgenden Werten für U_f												
		0,8	1,0	1,2	1,4	1,6	1,8	2,0	2,2	2,6	3,0	3,4	3,8	7,0
Einscheibenverglasung	5,7	4,2	4,3	4,3	4,4	4,5	4,5	4,6	4,6	4,8	4,9	5,0	5,1	6,1
Zweischeiben- oder Dreischeiben- Isolierverglasung	3,3	2,7	2,8	2,8	2,9	2,9	3,0	3,1	3,2	3,3	3,4	3,5	3,6	4,5
	3,2	2,6	2,7	2,7	2,8	2,9	2,9	3,0	3,1	3,2	3,3	3,5	3,6	4,4
	3,1	2,6	2,6	2,7	2,7	2,8	2,9	2,9	3,0	3,1	3,3	3,4	3,5	4,3
	3,0	2,5	2,5	2,6	2,7	2,7	2,8	2,8	3,0	3,1	3,2	3,3	3,4	4,2
	2,9	2,4	2,5	2,5	2,6	2,7	2,7	2,8	2,9	3,0	3,1	3,2	3,4	4,2
	2,8	2,3	2,4	2,5	2,5	2,6	2,6	2,7	2,8	2,9	3,1	3,2	3,3	4,1
	2,7	2,3	2,3	2,4	2,5	2,5	2,6	2,6	2,7	2,9	3,0	3,1	3,2	4,0
	2,6	2,2	2,3	2,3	2,4	2,4	2,5	2,6	2,7	2,6	2,9	3,0	3,2	4,0
	2,5	2,1	2,2	2,3	2,3	2,4	2,4	2,5	2,6	2,5	2,8	3,0	3,1	3,9
	2,4	2,1	2,1	2,2	2,2	2,3	2,4	2,4	2,5	2,5	2,8	2,9	3,0	3,8
	2,3	2,0	2,1	2,1	2,2	2,2	2,3	2,4	2,5	2,4	2,7	2,8	3,0	3,8
	2,2	1,9	2,0	2,0	2,1	2,2	2,2	2,3	2,4	2,3	2,6	2,8	2,9	3,7
	2,1	1,9	1,9	2,0	2,0	2,1	2,2	2,2	2,3	2,3	2,6	2,7	2,8	3,6
	2,0	1,8	1,9	2,0	2,0	2,1	2,1	2,2	2,3	2,5	2,6	2,7	2,8	3,6
	1,9	1,8	1,8	1,9	1,9	2,0	2,1	2,1	2,3	2,4	2,5	2,5	2,7	3,6
	1,8	1,7	1,8	1,8	1,9	1,9	2,0	2,1	2,2	2,3	2,4	2,6	2,7	3,5
	1,7	1,6	1,7	1,7	1,8	1,9	1,9	2,0	2,1	2,2	2,4	2,5	2,6	3,4
	1,6	1,6	1,6	1,7	1,7	1,8	1,9	1,9	2,1	2,2	2,3	2,4	2,5	3,3
	1,5	1,5	1,5	1,6	1,7	1,7	1,8	1,8	2,0	2,1	2,2	2,3	2,5	3,3
	1,4	1,4	1,5	1,5	1,6	1,7	1,7	1,8	1,9	2,0	2,2	2,3	2,4	3,2
	1,3	1,3	1,4	1,5	1,5	1,6	1,6	1,7	1,8	2,0	2,1	2,2	2,3	3,1
	1,2	1,3	1,3	1,4	1,5	1,5	1,6	1,6	1,8	1,9	2,0	2,1	2,3	3,1
	1,1	1,2	1,3	1,3	1,4	1,4	1,5	1,6	1,7	1,8	1,9	2,1	2,2	3,0
	1,0	1,1	1,2	1,3	1,3	1,4	1,4	1,5	1,6	1,8	1,9	2,0	2,1	2,9
	0,9	1,1	1,1	1,2	1,2	1,3	1,4	1,4	1,6	1,7	1,8	1,9	2,0	2,9
	0,8	1,0	1,1	1,1	1,2	1,2	1,3	1,4	1,5	1,6	1,7	1,9	2,0	2,8
	0,7	0,9	1,0	1,0	1,1	1,2	1,2	1,3	1,4	1,5	1,7	1,8	1,9	2,7
	0,6	0,9	0,9	1,0	1,0	1,1	1,2	1,2	1,4	1,5	1,6	1,7	1,8	2,7
	0,5	0,8	0,8	0,9	1,0	1,0	1,1	1,2	1,3	1,4	1,5	1,6	1,8	2,6

Tafel 16.39 Wärmedurchgangskoeffizienten U_w für vertikale Fenster mit einem Flächenanteil des Rahmens von 20 % an der Gesamtfensterfläche und mit typischen Arten von Abstandhaltern (DIN EN 10077-1) [21]

Art der Verglasung	U_g [W/(m²·K)]	Wärmedurchgangskoeffizienten U_w [W/(m² · K)] für vertikale Fenster mit einem Flächenanteil des Rahmens von 20 % an der Gesamtfensterfläche und mit typischen Arten von Abstandhaltern und folgenden Werten für U_f												
		0,8	1,0	1,2	1,4	1,6	1,8	2,0	2,2	2,6	3,0	3,4	3,8	7,0
Einscheibenverglasung	5,7	4,7	4,8	4,8	4,8	4,9	4,9	5,0	5,0	5,1	5,2	5,2	5,3	6,0
Zweischeiben- oder Dreischeiben- Isolierverglasung	3,3	3,0	3,0	3,0	3,1	3,1	3,2	3,2	3,3	3,4	3,5	3,5	3,6	4,1
	3,2	2,9	2,9	3,0	3,0	3,0	3,1	3,1	3,2	3,3	3,4	3,5	3,5	4,0
	3,1	2,8	2,8	2,9	2,9	3,0	3,0	3,0	3,1	3,2	3,3	3,4	3,5	3,9
	3,0	2,7	2,8	2,8	2,8	2,9	2,9	3,0	3,1	3,1	3,2	3,3	3,4	3,9
	2,9	2,6	2,7	2,7	2,8	2,8	2,8	2,9	3,0	3,1	3,1	3,2	3,3	3,8
	2,8	2,6	2,6	2,6	2,7	2,7	2,8	2,8	2,9	3,0	3,1	3,1	3,2	3,7
	2,7	2,5	2,5	2,6	2,6	2,6	2,7	2,7	2,8	2,9	3,0	3,1	3,1	3,6
	2,6	2,4	2,4	2,5	2,5	2,6	2,6	2,6	2,7	2,6	2,9	3,0	3,1	3,5
	2,5	2,3	2,4	2,4	2,4	2,5	2,5	2,6	2,7	2,5	2,8	2,9	3,0	3,5
	2,4	2,2	2,3	2,3	2,4	2,4	2,4	2,5	2,6	2,4	2,7	2,8	2,9	3,4
	2,3	2,2	2,2	2,2	2,3	2,3	2,4	2,4	2,5	2,4	2,7	2,7	2,8	3,3
	2,2	2,1	2,1	2,2	2,2	2,2	2,3	2,3	2,4	2,3	2,6	2,7	2,7	3,2
	2,1	2,0	2,0	2,1	2,1	2,2	2,2	2,2	2,3	2,2	2,5	2,6	2,7	3,1
	2,0	2,0	2,0	2,1	2,1	2,1	2,2	2,2	2,3	2,4	2,5	2,6	2,7	3,1
	1,9	1,9	1,9	2,0	2,0	2,1	2,1	2,1	2,3	2,3	2,4	2,5	2,6	3,1
	1,8	1,8	1,9	1,9	1,9	2,0	2,0	2,1	2,2	2,3	2,3	2,4	2,5	3,0
	1,7	1,7	1,8	1,8	1,9	1,9	1,9	2,0	2,1	2,2	2,3	2,3	2,4	2,9
	1,6	1,7	1,7	1,7	1,8	1,8	1,9	1,9	2,0	2,1	2,2	2,3	2,3	2,8
	1,5	1,6	1,6	1,7	1,7	1,7	1,8	1,8	1,9	2,0	2,1	2,2	2,3	2,7
	1,4	1,5	1,5	1,6	1,6	1,7	1,7	1,7	1,9	1,9	2,0	2,1	2,2	2,7
	1,3	1,4	1,5	1,5	1,5	1,6	1,6	1,7	1,8	1,9	1,9	2,0	2,1	2,6
	1,2	1,3	1,4	1,4	1,5	1,5	1,5	1,6	1,7	1,8	1,9	1,9	2,0	2,5
	1,1	1,3	1,3	1,3	1,4	1,4	1,5	1,5	1,6	1,7	1,8	1,9	1,9	2,4
	1,0	1,2	1,2	1,3	1,3	1,3	1,4	1,4	1,5	1,6	1,7	1,8	1,9	2,3
	0,9	1,1	1,1	1,2	1,2	1,3	1,3	1,3	1,5	1,5	1,6	1,7	1,8	2,3
	0,8	1,0	1,1	1,1	1,1	1,2	1,2	1,3	1,4	1,5	1,5	1,6	1,7	2,2
	0,7	0,9	1,0	1,0	1,1	1,1	1,1	1,2	1,3	1,4	1,5	1,5	1,6	2,1
	0,6	0,9	0,9	0,9	1,0	1,0	1,1	1,1	1,2	1,3	1,4	1,5	1,5	2,0
	0,5	0,8	0,8	0,9	0,9	0,9	1,0	1,0	1,1	1,2	1,3	1,4	1,5	1,9

Tafel 16.40 Wärmedurchgangskoeffizienten U_w für vertikale Fenster mit einem Flächenanteil des Rahmens von 30 % an der Gesamtfensterfläche und mit wärmetechnisch verbesserten Abstandhaltern (DIN EN 10077-1) [21]

Art der Verglasung	U_g [W/(m²·K)]	Wärmedurchgangskoeffizienten U_w [W/(m²·K)] für vertikale Fenster mit einem Flächenanteil des Rahmens von 30 % an der Gesamtfensterfläche und mit wärmetechnisch verbesserten Abstandhaltern und folgenden Werten für U_f												
		0,8	1,0	1,2	1,4	1,6	1,8	2,0	2,2	2,6	3,0	3,4	3,8	7,0
Einscheibenverglasung	5,7	4,2	4,3	4,4	4,4	4,5	4,5	4,6	4,7	4,8	4,9	5,0	5,1	6,1
Zweischeiben- oder Dreischeiben-Isolierverglasung	3,3	2,7	2,7	2,8	2,9	2,9	3,0	3,0	3,1	3,2	3,4	3,5	3,6	4,4
	3,2	2,6	2,7	2,7	2,8	2,8	2,9	3,0	3,0	3,2	3,3	3,4	3,5	4,4
	3,1	2,5	2,6	2,7	2,7	2,8	2,8	2,9	3,0	3,1	3,2	3,3	3,5	4,3
	3,0	2,5	2,5	2,6	2,6	2,7	2,8	2,8	2,9	3,0	3,1	3,3	3,4	4,2
	2,9	2,4	2,5	2,5	2,6	2,6	2,7	2,8	2,8	3,0	3,1	3,2	3,3	4,2
	2,8	2,3	2,4	2,4	2,5	2,6	2,6	2,7	2,8	2,9	3,0	3,1	3,2	4,1
	2,7	2,3	2,3	2,4	2,4	2,5	2,6	2,6	2,7	2,8	2,9	3,1	3,2	4,0
	2,6	2,2	2,2	2,3	2,4	2,4	2,5	2,5	2,6	2,6	2,9	3,0	3,1	3,9
	2,5	2,1	2,2	2,2	2,3	2,4	2,4	2,5	2,6	2,5	2,8	2,9	3,0	3,9
	2,4	2,0	2,1	2,2	2,2	2,3	2,3	2,4	2,5	2,5	2,7	2,8	3,0	3,8
	2,3	2,0	2,0	2,1	2,2	2,2	2,3	2,3	2,4	2,4	2,7	2,8	2,9	3,7
	2,2	1,9	2,0	2,0	2,1	2,1	2,2	2,3	2,3	2,3	2,6	2,7	2,8	3,7
	2,1	1,8	1,9	2,0	2,0	2,1	2,1	2,2	2,3	2,2	2,5	2,6	2,8	3,6
	2,0	1,8	1,8	1,9	2,0	2,0	2,1	2,1	2,3	2,4	2,5	2,6	2,7	3,6
	1,9	1,7	1,8	1,8	1,9	2,0	2,0	2,1	2,2	2,3	2,4	2,5	2,7	3,5
	1,8	1,6	1,7	1,8	1,8	1,9	1,9	2,0	2,1	2,2	2,4	2,5	2,6	3,5
	1,7	1,6	1,6	1,7	1,8	1,8	1,9	1,9	2,0	2,2	2,3	2,4	2,5	3,4
	1,6	1,5	1,6	1,6	1,7	1,7	1,8	1,9	2,0	2,1	2,2	2,3	2,5	3,3
	1,5	1,4	1,5	1,6	1,6	1,7	1,7	1,8	1,9	2,0	2,1	2,3	2,4	3,2
	1,4	1,4	1,4	1,5	1,5	1,6	1,7	1,7	1,8	2,0	2,1	2,2	2,3	3,2
	1,3	1,3	1,4	1,4	1,5	1,5	1,6	1,7	1,8	1,9	2,0	2,1	2,2	3,1
	1,2	1,2	1,3	1,3	1,4	1,5	1,5	1,6	1,7	1,8	1,9	2,1	2,2	3,0
	1,1	1,2	1,2	1,3	1,3	1,4	1,5	1,5	1,6	1,7	1,9	2,0	2,1	3,0
	1,0	1,1	1,1	1,2	1,3	1,3	1,4	1,4	1,6	1,7	1,8	1,9	2,0	2,9
	0,9	1,0	1,1	1,1	1,2	1,3	1,3	1,4	1,5	1,6	1,7	1,8	2,0	2,8
	0,8	0,9	1,0	1,1	1,1	1,2	1,2	1,3	1,4	1,5	1,7	1,8	1,9	2,8
	0,7	0,9	0,9	1,0	1,1	1,1	1,2	1,2	1,3	1,5	1,6	1,7	1,8	2,7
	0,6	0,8	0,9	0,9	1,0	1,0	1,1	1,2	1,3	1,4	1,5	1,6	1,8	2,6
	0,5	0,7	0,8	0,9	0,9	1,0	1,0	1,1	1,2	1,3	1,4	1,6	1,7	2,5

16

Tafel 16.41 Wärmedurchgangskoeffizienten U_w für vertikale Fenster mit einem Flächenanteil des Rahmens von 20 % an der Gesamtfensterfläche und mit wärmetechnisch verbesserten Abstandhaltern (DIN EN 10077-1) [21]

Art der Verglasung	U_g [W/(m² · K)]	Wärmedurchgangskoeffizienten U_w [W/(m² · K)] für vertikale Fenster mit einem Flächenanteil des Rahmens von 20 % an der Gesamtfensterfläche und mit wärmetechnisch verbesserten Abstandhaltern und folgenden Werten für U_f												
		0,8	1,0	1,2	1,4	1,6	1,8	2,0	2,2	2,6	3,0	3,4	3,8	7,0
Einscheibenverglasung	5,7	4,7	4,8	4,8	4,8	4,9	4,9	5,0	5,0	5,1	5,2	5,2	5,3	6,0
Zweischeiben- oder Dreischeiben-Isolierverglasung	3,3	2,9	3,0	3,0	3,1	3,1	3,1	3,2	3,2	3,3	3,4	3,5	3,6	4,1
	3,2	2,9	2,9	2,9	3,0	3,0	3,1	3,1	3,2	3,2	3,3	3,4	3,5	4,0
	3,1	2,8	2,8	2,9	2,9	2,9	3,0	3,0	3,1	3,2	3,2	3,3	3,4	3,9
	3,0	2,7	2,7	2,8	2,8	2,9	2,9	2,9	3,0	3,1	3,2	3,2	3,3	3,8
	2,9	2,6	2,7	2,7	2,7	2,8	2,8	2,9	2,9	3,0	3,1	3,2	3,2	3,7
	2,8	2,5	2,6	2,6	2,7	2,7	2,7	2,8	2,8	2,9	3,0	3,1	3,2	3,7
	2,7	2,5	2,5	2,5	2,6	2,6	2,7	2,7	2,8	2,8	2,9	3,0	3,1	3,6
	2,6	2,4	2,4	2,5	2,5	2,5	2,6	2,6	2,7	2,6	2,8	2,9	3,0	3,5
	2,5	2,3	2,3	2,4	2,4	2,5	2,5	2,5	2,6	2,5	2,8	2,8	2,9	3,4
	2,4	2,2	2,3	2,3	2,3	2,4	2,4	2,5	2,5	2,4	2,7	2,8	2,8	3,3
	2,3	2,1	2,2	2,2	2,3	2,3	2,3	2,4	2,4	2,4	2,6	2,7	2,8	3,3
	2,2	2,1	2,1	2,1	2,2	2,2	2,3	2,3	2,4	2,3	2,5	2,6	2,7	3,2
	2,1	2,0	2,0	2,1	2,1	2,1	2,2	2,2	2,3	2,2	2,4	2,5	2,6	3,1
	2,0	1,9	2,0	2,0	2,0	2,1	2,1	2,2	2,3	2,3	2,4	2,5	2,6	3,1
	1,9	1,8	1,9	1,9	2,0	2,0	2,0	2,1	2,2	2,3	2,3	2,5	2,5	3,0
	1,8	1,8	1,8	1,8	1,9	1,9	2,0	2,0	2,1	2,2	2,3	2,3	2,4	2,9
	1,7	1,7	1,7	1,8	1,8	1,8	1,9	1,9	2,0	2,1	2,2	2,3	2,3	2,9
	1,6	1,6	1,6	1,7	1,7	1,8	1,8	1,8	1,9	2,0	2,1	2,2	2,3	2,8
	1,5	1,5	1,6	1,6	1,6	1,7	1,7	1,8	1,9	1,9	2,0	2,1	2,2	2,7
	1,4	1,4	1,5	1,5	1,6	1,6	1,6	1,7	1,8	1,9	1,9	2,0	2,1	2,6
	1,3	1,4	1,4	1,4	1,5	1,5	1,6	1,6	1,7	1,8	1,9	1,9	2,0	2,5
	1,2	1,3	1,3	1,4	1,4	1,4	1,5	1,5	1,6	1,7	1,8	1,9	1,9	2,5
	1,1	1,2	1,2	1,3	1,3	1,4	1,4	1,4	1,5	1,6	1,7	1,8	1,9	2,4
	1,0	1,1	1,2	1,2	1,2	1,3	1,3	1,4	1,5	1,5	1,6	1,7	1,8	2,3
	0,9	1,0	1,1	1,1	1,2	1,2	1,2	1,3	1,4	1,5	1,5	1,6	1,7	2,2
	0,8	1,0	1,0	1,0	1,1	1,1	1,2	1,2	1,3	1,4	1,5	1,5	1,6	2,1
	0,7	0,9	0,9	1,0	1,0	1,0	1,1	1,1	1,2	1,3	1,4	1,5	1,5	2,1
	0,6	0,8	0,8	0,9	0,9	1,0	1,0	1,0	1,1	1,2	1,3	1,4	1,5	2,0
	0,5	0,7	0,8	0,8	0,8	0,9	0,9	1,0	1,1	1,1	1,2	1,3	1,4	1,9

Tafel 16.42 Korrekturwerte ΔU_g zur Berechnung der Bemessungswerte $U_{g,BW}$ (DIN 4108-4) [3]

Korrekturwert ΔU_g [W/(m² K)]	Grundlage
+0,1	Sprossen im Scheibenzwischenraum (einfaches Sprossenkreuz)
+0,2	Sprossen im Scheibenzwischenraum (mehrfache Sprossenkreuze)

Tafel 16.43 Gesamtenergiedurchlassgrad g und Lichttransmissionsgrad τ in Abhängigkeit von den Konstruktionsmerkmalen und vom Wärmedurchgangskoeffizienten U_g (DIN 4108-4) [3]

Konstruktionsmerkmale der Glastypen	Anhaltswerte für die Bemessung			
	U_g [W/(m² · K)]	$g_\perp$ [–]	τ_e [–]	τ_V [–]
Einfachglas	5,8	0,87	0,85	0,90
Zweifachglas mit Luftfüllung, ohne Beschichtung	2,9	0,78	0,73	0,82
Dreifachglas mit Luftfüllung, ohne Beschichtung	2,0	0,70	0,63	0,75
Wärmedämmglas zweifach mit Argonfüllung, eine Beschichtung	1,7	0,72	0,60	0,74
	1,4	0,67	0,58	0,78
	1,2	0,65	0,54	0,78
	1,1	0,60	0,52	0,80
Wärmedämmglas dreifach mit Argonfüllung, 2 Beschichtungen	0,8	0,60	0,50	0,72
	0,7	0,50	0,39	0,69
Sonnenschutzglas zweifach, mit Argonfüllung, eine Beschichtung	1,3	0,48	0,44	0,59
	1,2	0,37	0,34	0,67
	1,2	0,25	0,21	0,40
	1,1	0,36	0,33	0,66
	1,1	0,27	0,24	0,50
Sonnenschutzglas dreifach, mit Argonfüllung, 2 Beschichtungen	0,7	0,24	0,21	0,45
	0,7	0,34	0,29	0,63

16

Tafel 16.44 Anhaltswerte für Wärmedurchgangskoeffizienten U, Gesamtenergiedurchlassgrade $g_\perp$ und Lichttransmissionsgrade τ_{D65} von Lichtkuppeln und Lichtbändern (DIN 4108-4) [3]

Typ	Aufbau und Werkstoffe[a]	Einfärbung	U [W/(m$^2 \cdot$ K)]	$g_\perp$ [–]	τ_{D65} [–]
Lichtkuppel	PMMA-Massivplatte, einschalig	klar	5,4	0,85	0,92
	PMMA-Massivplatte, einschalig	opal	5,4	0,80	0,83
	PMMA-Massivplatte, doppelschalig	klar/klar	2,7	0,78	0,80
	PMMA-Massivplatte, doppelschalig	opal/klar	2,7	0,72	0,73
	PMMA-Massivplatte, doppelschalig	opal/opal	2,7	0,64	0,59
	PMMA-Massivplatte, doppelschalig	klar, IR[b]-reflektierend	2,7	0,32	0,47
	PMMA-Massivplatte, dreischalig	opal/opal/klar	1,8	0,64	0,60
	PC-/PETG-Massivplatte, einschalig	klar	5,4	0,75	0,88
Lichtband	PC-Stegdoppelplatte, 8 mm (PC-SDP8)	klar	3,3	0,81	0,81
	PC-Stegdoppelplatte, 8 mm (PC-SDP8)	opal	3,3	0,70	0,62
	PC-Stegdoppelplatte, 10 mm (PC-SDP10)	klar	3,1	0,85	0,80
	PC-Stegdoppelplatte, 10 mm (PC-SDP10)	opal	3,1	0,70	0,50
	PC-Stegvierfachplatte, 10 mm (PC-S4P10)	opal	2,5	0,59	0,50
	PC-Stegdreifachplatte, 16 mm (PC-S3P16)	klar	2,4	0,69	0,72
	PC-Stegdreifachplatte, 16 mm (PC-S3P16)	opal	2,4	0,55	0,48
	PC-Stegfünffachplatte, 16 mm (PC-S5P16)	opal	1,9	0,52	0,45
	PC-Stegsechsfachplatte, 16 mm (PC-S6P16)	opal	1,85	0,47	0,42
	PC-Stegfünffachplatte, 20 mm (PC-S5P20)	klar	1,8	0,70	0,64
	PC-Stegfünffachplatte, 20 mm (PC-S5P20)	opal	1,8	0,46	0,44
	PC-Stegsechsfachplatte, 25 mm (PC-S6P25)	klar	1,45	0,67	0,62
	PC-Stegsechsfachplatte, 25 mm (PC-S6P25)	opal	1,45	0,46	0,44
	PMMA-Stegdoppelplatte, 16 mm (PMMA-SDP16)	klar	2,5	0,82	0,86
	PMMA-Stegdoppelplatte, 16 mm (PMMA-SDP16)	opal	2,5	0,73	0,74
	PMMA-Stegdoppelplatte, 16 mm (PMMA-SDP16)	IR[b]-reflektierend	2,5	0,40	0,50
	PMMA-Stegvierfachplatte, 32 mm (PMMA-S4P32)	klar	1,6	0,71	0,76
	PMMA-Stegvierfachplatte, 32 mm PMMA-S4P32)	klar, IR[b]-reflektierend	1,6	0,50	0,45
	PMMA-Stegvierfachplatte, 32 mm (PMMA-S4P32)	opal	1,6	0,60	0,64
	PMMA-Stegvierfachplatte, 32 mm (PMMA-S4P32)	opal, IR[b]-reflektierend	1,6	0,30	0,40

[a] Werkstoffe und ihre Bezeichnungen:
PC = Polycarbonat
PETG = Polyethylenterephthalat, glykolisiert
PMMA = Polymethylmethacrylat
[b] IR = Infrarot

Tafel 16.45 Bemessungswert des Wärmedurchgangskoeffizienten von Türen $U_{D,BW}$ in Abhängigkeit der konstruktiven Merkmale (DIN 4108-4) [3]

Konstruktionsmerkmale	$U_{D,BW}$ [W/(m^2 K)]
Türen aus Holz, Holzwerkstoffen und Kunststoff	2,9
Türen aus Metallrahmen und metallenen Bekleidungen	4,0

Tafel 16.46 Bemessungswert des Wärmedurchgangskoeffizienten von Toren $U_{D,BW}$ in Abhängigkeit von den konstruktiven Merkmalen (DIN 4108-4) [3]

Toraufbau[a]	$U_{D,BW}$ [W/(m$^2 \cdot$ K)]
Tore mit einem Torblatt aus Metall (einschalig, ohne wärmetechnische Trennung)	6,5
Tore mit einem Torblatt aus Metall oder holzbeplankten Paneelen aus Dämmstoffen ($\lambda \leq 0,04$ W/(m $\cdot$ K) bzw. $R_D \geq 0,5$ W/(m$^2 \cdot$ K) bei 15 mm Schichtdicke)	2,9
Tore mit einem Torblatt aus Holz und Holzwerkstoffen, Dicke der Torfüllung ≥ 15 mm	4,0
Tore mit einem Torblatt aus Holz und Holzwerkstoffen, Dicke der Torfüllung ≥ 25 mm	3,2

[a] Unter Tore wird hier verstanden: Eine Einrichtung, um eine Öffnung zu schließen, die in der Regel für die Durchfahrt von Fahrzeugen vorgesehen ist. Der allgemeine Begriff für „Tore" ist in DIN EN 12433-1 definiert.

Tafel 16.47 Zuschlagswerte ΔU für Umkehrdächer (DIN 4108-2) [1]

Anteil des Wärmedurchlasswiderstandes raumseitig der Abdichtung am Gesamtwärmedurchlasswiderstand [%]	Zuschlagswert ΔU [W/(m² K)]
Unter 10	0,05
Von 10 bis 50	0,03
Über 50	0

Tafel 16.48 Korrektur $\Delta U''$ für Luftspalte (DIN EN ISO 6946) [20]

Stufe	Beschreibung	U'' [W/(m² · K)]
0	Keine Luftspalte in der Dämmschicht oder es sind nur kleine Luftspalte vorhanden, die keine wesentliche Wirkung auf den Wärmedurchgangs-koeffizienten haben	0,00
1	Luftzwischenräume, die die warme und kalte Seite der Dämmschicht verbinden, jedoch keine Luftzirkulation zwischen der warmen und kalten Seite der Dämmschicht verursachen	0,01
2	Luftzwischenräume, die die warme und kalte Seite der Dämmschicht verbinden, im Zusammenhang mit Hohlräumen, was zu einer Luftzirkulation zwischen der warmen und kalten Seite der Dämmschicht führt	0,04

Tafel 16.49 Wasserdampf-diffusionsäquivalente Luftschichtdicke s_d (DIN EN ISO 10456) [23]

Produkt/Stoff	Wasserdampfdiffusionsäquivalente Luftschichtdicke s_d [m]
Polyethylenfolie 0,15 mm	50
Polyethylenfolie 0,25 mm	100
Polyesterfolie 0,2 mm	50
PVC-Folie	30
Aluminium-Folie 0,05 mm	1500
PE-Folie (gestapelt) 0,15 mm	8
Bituminiertes Papier 0,1 mm	2
Aluminiumverbundfolie 0,4 mm	10
Unterdeck- und Unterspannbahn für Wände	0,2
Beschichtungsstoff	0,1
Glanzlack	3
Vinyltapete	2

Tafel 16.50 Klassen der Luft-durchlässigkeit von Fenstern, Fenstertüren und Außentüren in Abhängigkeit von den Konstruktionsmerkmalen (DIN 4108-4) [3]

Konstruktionsmerkmale	Klasse nach DIN EN 12207
Holzfenster (auch Doppelfenster) mit Profilen nach DIN 68121-1, ohne Dichtung	2
Alle Fensterkonstruktionen mit alterungsbeständiger, leicht auswechsel-barer, weichfedernder Dichtung, in einer Ebene umlaufend angeordnet	3
Alle Außentürkonstruktionen mit alterungsbeständiger, leicht auswechsel-barer, weichfedernder Dichtung, in einer Ebene umlaufend angeordnet	2

16

Tafel 16.51 Bestimmung von Dämmstoffdicken bei Einhaltung der Mindestanforderungen der Energieeinsparverordnung (EnEV) – 100 %-Anforderung (DIN 4108-4) [3]

Kupferrohre, Cu nach DIN EN 1057			Stahlrohre, Fe DIN EN 10255 (mittlere Reihe)				Mindestdicke nach EnEV bezogen auf eine Wärmeleitfähigkeit von λ = 0,035 W/(m·K) (100 %) [mm]	Wärmedurchgangskoeffizient[a] [W/(m²·K)]	Mindestdicke der Dämmschicht in mm, bezogen auf eine Wärmeleitfähigkeit von λ in W/(m·K)			
Nennweite DN	Rohraußendurchmesser [mm]	Rohrinnendurchmesser [mm]	Nennweite DN	Rohraußendurchmesser [mm]	Gewindegröße	Rohrinnendurchmesser max. [mm]			0,025	0,030	0,040	0,045
8	10	8					20	0,125	10	14	28	38
			6	10,2	1/8	6,2	20	0,126	10	14	28	38
10	12	10					20	0,137	10	15	27	37
			8	13,5	1/4	8,9	20	0,145	10	15	27	36
10	15	13					20	0,154	11	15	27	35
			10	17,2	3/8	12,6	20	0,165	11	15	26	34
15	18	16					20	0,170	11	15	26	34
			15	21,3	1/2	16,1	20	0,187	11	15	26	33
20[b]	22	19					20	0,191	12	16	26	33
			20	26,9	3/4	21,7	20	0,216	12	16	25	32
25	28	25					30	0,179	17	23	39	49
			25	33,7	1	27,3	30	0,200	18	23	38	48
32	35	32					30	0,205	18	23	38	47
			32	42,2	1 1/4	36	36	0,208	21	28	46	57
40	42	39					39	0,198	23	30	50	62
			40	48,3	1 1/2	41,9	41,9	0,207	25	33	53	66
50	54	50					50	0,201	29	39	63	79
			50	60,3	2	53,1	53,1	0,208	32	42	67	83
	64	60					60	0,201	35	47	76	94
65	76	72,1					72,1	0,201	43	56	91	113
			65	76,1	2 1/2	68,9	68,9	0,206	41	54	87	107
80	89	84,9					84,9	0,201	50	66	107	133
			80	88,9	3	80,9	80,9	0,206	48	63	102	126
100[b]	108[b,c]	103[b,c]					100	0,205	60	78	126	156
			100	114,3	4	105,3	100	0,213	60	79	125	154

[a] Wärmeübergangskoeffizient innen: nicht berücksichtigt; Wärmeübergangskoeffizient außen: 10 W/(m²·K)
[b] Nicht in DIN EN 1057 enthalten.
[c] Errechnete Werte.

Tafel 16.52 Bestimmung von Dämmstoffdicken bei Einhaltung der Mindestanforderungen der Energieeinsparverordnung (EnEV) – 50 %-Anforderung (DIN 4108-4) [3]

Kupferrohre, Cu nach DIN EN 1057			Stahlrohre, Fe DIN EN 10255 (mittlere Reihe)				Mindestdicke nach EnEV bezogen auf eine Wärmeleitfähigkeit von λ = 0,035 W/(m·K) (50 %) [mm]	Wärmedurchgangs-koeffizient [W/(m²·K)]	Mindestdicke der Dämmschicht in mm, bezogen auf eine Wärmeleitfähigkeit von λ in W/(m·K)				
Nennweite DN	Rohraußen-durchmesser [mm]	Rohrinnen-durchmesser [mm]	Nennweite DN	Rohraußen-durchmesser [mm]	Gewinde-größe	Rohrinnen-durchmesser max. [mm]			0,025	0,030	0,035	0,040	0,045
8	10	8					10	0,164	5	7	10	14	18
			6	10,2	1/8	6,2	10	0,166	5	7	10	14	18
10	12	10					10	0,182	5	8	10	13	17
			8	13,5	1/4	8,9	10	0,195	6	8	10	13	17
10	15	13					10	0,209	6	8	10	13	17
			10	17,2	3/8	12,6	10	0,228	6	8	10	13	16
15	18	16					10	0,235	6	8	10	13	16
			15	21,3	1/2	16,1	10	0,263	6	8	10	13	16
20[a]	22	19					10	0,269	6	8	10	13	16
			20	26,9	3/4	21,7	10	0,310	6	8	10	12	15
25	28	25					15	0,258	9	12	15	19	23
			25	33,7	1	27,3	15	0,294	9	12	15	19	23
32	35	32					15	0,302	9	12	15	19	22
40	42	39					17,2	0,320	11	14	17,2	21	25
			32	42,4	1 1/4	36	19,5	0,295	12	16	19,5	24	29
			40	48,3	1 1/2	41,9	20,2	0,320	13	16	20,2	25	30
50	54	50					25	0,304	16	20	25	31	37
			50	60,3	2	53,1	26,6	0,317	17	21	26,6	32	39
	64	60					30	0,306	19	24	30	37	44
65	76	72,1					36,1	0,307	23	29	36,1	44	53
			65	76,1	2 1/2	68,9	33,6	0,322	21	27	33,6	41	49
			80	88,9	3	80,9	42,5	0,309	27	34	42,5	52	62
80	89	84,9					39,5	0,324	25	32	39,5	48	57
100[a]	108	103					50	0,319	32	40	50	61	72
			100	114,3	4	105,3	50	0,332	32	41	50	61	72

16

16.4 Schallschutz im Hochbau

16.4.1 Formelzeichen

A äquivalente Schallabsorptionsfläche, in m^2

A_0 Bezugs-Absorptionsfläche, $A_0 = 10\,m^2$

C Spektrum-Anpassungswert für mittelfrequent betonte Geräuschspektren, in dB

C_I Spektrum-Anpassungswert für Trittschall, in dB

C_{tr} Spektrum-Anpassungswert für tieffrequent betonte Geräuschspektren, in dB

D Schallpegeldifferenz, in dB

$D_{n,f,w}$ bewertete Norm-Flankenschallpegeldifferenz, in dB

E_{dyn} dynamischer Elastizitätsmodul, in MN/m^2

K Korrekturwert zur Berücksichtigung flankierender Decken, in dB

K Korrekturwert für die Flankenschallübertragung im Massivbau (Trittschall), in dB

K_{AL} Korrekturwert Außenlärm für die Raumgeometrie, in dB

K_E Korrekturwert für entkoppelte Kanten, in dB

K_{ij} Stoßstellendämm-Maß, in dB

K_T Korrekturwert für die räumliche Zuordnung (Trittschall), in dB

K_1 Korrekturwert für die Flankenschallübertragung im Holzbau für den Übertragungsweg Df (Trittschall), in dB

K_2 Korrekturwert für die Flankenschallübertragung im Holzbau für den Übertragungsweg DFf (Trittschall), in dB

L Schallpegel, in dB

L_{AF} A-bewerteter Schalldruckpegel, in dB

L_{ap} Armaturengeräuschpegel, in dB

$L_{maß}$ maßgeblicher Außenlärmpegel, in dB

$L_{n,w}$ bewerteter Norm-Trittschallpegel ohne Flankenübertragung, in dB

$L'_{n,w}$ bewerteter Norm-Trittschallpegel mit Flankenübertragung, in dB

$L_{n,eq,0,w}$ äquivalenter bewerteter Norm-Trittschallpegel einer Rohdecke, in dB

ΔL_w bewertete Trittschallminderung, in dB

L_r Beurteilungspegel, in dB

M Hilfsgröße, [–]

R Schalldämm-Maß, in dB

R'_w bewertetes Schalldämm-Maß, in dB

$R'_{w,ges}$ gesamtes bewertetes Schalldämm-Maß, in dB

$R_{Dd,w}$ bewertetes Direkt-Schalldämm-Maß des trennenden Bauteils, in dB

$\Delta R_{Dd,w}$ gesamte bewertete Verbesserung des Schalldämm-Maßes des trennenden Bauteils durch Vorsatzkonstruktionen, in dB

$R_{e,i,w}$ bewertetes flächenbezogenes Schalldämm-Maß, in dB

$R_{Df,w}$ bewertetes Flankenschalldämm-Maß für den Übertragungsweg Df, in dB

$R_{Fd,w}$ bewertetes Flankenschalldämm-Maß für den Übertragungsweg Fd, in dB

$R_{Ff,w}$ bewertetes Flankenschalldämm-Maß für den Übertragungsweg Ff, in dB

$R_{ij,w}$ bewertetes Flankenschalldämm-Maß, in dB

$\Delta R_{ij,w}$ gesamte bewertete Verbesserung des Flankenschalldämm-Maßes durch Vorsatzkonstruktionen, in dB

$R_{s,w}$ bewertetes Schalldämm-Maß des trennenden massiven Bauteils, in dB

R_w bewertetes Schalldämm-Maß ohne Flankenübertragung, in dB

ΔR_w bewertete Verbesserung des Schalldämm-Maßes durch Vorsatzkonstruktionen, in dB

$\Delta R_{w,Tr}$ Zweischaligkeitszuschlag, in dB

S_G Grundfläche des Raums, in m^2

S_S Fläche des trennenden Bauteils, in m^2

S_i Bauteilfläche, in m^2

T Nachhallzeit, in s

V Volumen, in m^3

b Breite, in mm

d Bauteildicke, in m

f_0 Resonanzfrequenz, in Hz

f_g Koinzidenzgrenzfrequenz, in Hz

h Höhe, in mm

l_0 Bezugs-Kantenlänge, $l_0 = 1\,m$

l_f Kopplungslänge, in m

l_{lab} Bezugs-Kantenlänge, in m

m' flächenbezogene Masse, in kg/m^2

$m'_{f,m}$ mittlere flächenbezogene Masse der flankierenden Bauteile, in kg/m^2

m'_s flächenbezogene Masse der Rohdecke, in kg/m^2

p Schalldruck, in Pa

r längenspezifischer Strömungswiderstand, in $kPa \cdot s/m^2$

s Abstand, in mm

s Dicke, in mm

s' dynamische Steifigkeit, in MN/m^3

u_{prog} Prognoseunsicherheit, in dB

ρ Rohdichte, in kg/m^3

Schöck
Zuverlässigkeit trägt

Mit der Sicherheit der blauen Linie.

Trittschallschutz im Treppenhaus.

Optimaler Trittschallschutz funktioniert nur im System. Als durchgehende blaue Linie sorgt die Schöck Tronsole® für die akustische Entkopplung der Treppe. So werden die erhöhten Schallschutz-Anforderungen zum Standard. Für mehr Ruhe und damit mehr Wohnqualität. Jetzt Planungsunterlagen bestellen oder im Trittschallportal informieren. www.tronsole.de

Schöck Bauteile GmbH | Vimbucher Straße 2 | 76534 Baden-Baden | Telefon: 07223 967-0 | www.schoeck.de

16.4.2 Schalltechnische Größen und Begriffe

Schallpegel L (Schalldruckpegel L_p)
Zehnfacher dekadischer Logarithmus des Verhältnisses des zeitbewerteten Quadrats des frequenzbewerteten Schalldrucks p zum Quadrat des Bezugswertes p_0:

$$L = 10 \cdot \lg \frac{p^2}{p_0^2} = 20 \cdot \lg \frac{p}{p_0} \quad \text{in dB} \qquad (16.78)$$

mit $p_0 = 2 \cdot 10^{-5}\,\text{Pa}$

Dementsprechend ist das Dezibel mit der Abkürzung dB keine Einheit im Sinne der qualitativen und quantitativen Angaben physikalischer Größen, sondern dient zur Kennzeichnung von logarithmierten Verhältnisgrößen.

Schallpegeladdition
Bei mehreren zu addierenden Schallpegeln müssen die Quadrate der einzelnen Schalldrücke addiert werden. Für mehrere Pegel L_n gilt also:

$$p_{ges}^2 = p_1^2 + \ldots + p_n^2 \quad \text{in dB} \qquad (16.79)$$

und damit

$$L_{ges} = 10 \cdot \lg \left(10^{0,1 \cdot L_1} + 10^{0,1 \cdot L_2} + \ldots + 10^{0,1 \cdot L_n} \right)$$
$$= 10 \cdot \lg \sum_{i=1}^{n} 10^{0,1 \cdot L_n} \quad \text{in dB} \qquad (16.80)$$

Mittelungspegel L_m
(energieäquivalenter Dauerschallpegel L_{eq})
Schallpegel sind in manchen Situationen (z. B. Straßenverkehrslärm) zeitlich nicht konstant. Für die Beurteilung wird dann ein Mittelungspegel L_m herangezogen, welcher über den betreffenden Zeitraum T unter Beachtung der einzelnen, über einen bestimmten Teilzeitraum T_i gemessenen Schallpegel L_i der gemittelten Schallenergie entspricht:

$$L_{ges} = 10 \cdot \lg \left[\frac{1}{T} \cdot \sum_{i=1}^{T} \left(10^{0,1 \cdot L_i} \cdot T_i \right) \right] \quad \text{in dB} \qquad (16.81)$$

Schallpegeldifferenz D
Die frequenzabhängige Schallpegeldifferenz D stellt die Differenz zwischen einem Schallpegel L_1 in dB im Senderaum und dem Schallpegel L_2 in dB im Empfangsraum dar:

$$D = L_1 - L_2 \quad \text{in dB} \qquad (16.82)$$

Schalldämm-Maß R bzw. R'
Das frequenzabhängige Schalldämm-Maß R beschreibt die Luftschalldämmung eines Bauteils zwischen zwei Räumen

und wird aus der Schallpegeldifferenz D unter Berücksichtigung der Fläche S_S des Trennbauteils und der äquivalenten Schallabsorptionsfläche A im Empfangsraum ermittelt. R' ist das Schalldämm-Maß, bei dem der Einfluss der bauüblichen Nebenwege (Flankenübertragung) berücksichtigt wird:

$$R' = D + 10 \cdot \lg \left(\frac{S_S}{A} \right) \quad \text{in dB} \qquad (16.83)$$

Bewertetes Schalldämm-Maß R_w bzw. R'_w
Aus dem Verlauf der frequenzabhängigen Schalldämm-Maße R bzw. R' wird durch Vergleich mit einer normierten Bezugskurve das bewertete Schalldämm-Maß R_w bzw. R'_w als Einzahlangabe errechnet.

Resultierendes Schalldämm-Maß $R_{w,res}$
Besteht ein trennendes Bauteil der Gesamtfläche S_S aus mehreren Teilflächen S_i mit unterschiedlich bewerteten Schalldämm-Maßen $R_{w,i}$, so errechnet sich die Gesamtschalldämmung $R_{w,ges}$ nach folgender Gleichung:

$$R_{w,res} = -10 \cdot \lg \left[\frac{1}{S_S} \cdot \sum_{i=1}^{n} S_i \cdot 10^{-0,1 \cdot R_{i,w}} \right] \quad \text{in dB}$$
$$(16.84)$$

Bewertete Norm-Schallpegeldifferenz $D_{n,w}$
Statt des bewerteten Schalldämm-Maßes R'_w kann man, wenn die Trennfläche S_S zwischen Senderaum und Empfangsraum insbesondere bei versetzten Räumen kleiner als $10\,\text{m}^2$ ist, die bewertete Norm-Schallpegeldifferenz $D_{n,w}$ verwenden. Dabei wird die Bezugs-Absorptionsfläche für übliche Räume mit $A_0 = 10\,\text{m}^2$ eingesetzt:

$$D_{n,w} = R'_w - 10 \cdot \lg \left(\frac{S_S}{10\,\text{m}^2} \right) \quad \text{in dB} \qquad (16.85)$$

Bewertete Standard-Schallpegeldifferenz $D_{nT,w}$
Mit zunehmender Größe der Trennfläche zwischen zwei Räumen nehmen das Maß der übertragenen Schallenergie und die empfundene Lautstärke des Schalls zu. Bei großen Räumen verteilt sich die Schallenergie mehr als bei kleinen Räumen. Der Einfluss der Trennfläche S_S und des Volumens des Empfangsraums V_E wird bei der bewerteten Standard-Schallpegeldifferenz $D_{nT,w}$ berücksichtigt:

$$D_{nT,w} = R'_w + 10 \cdot \lg \left(\frac{0,32 \cdot V_E}{S_S} \right) \quad \text{in dB} \qquad (16.86)$$

Trittschallpegel L_T
Der Trittschallpegel L_T wird im Empfangsraum unter einer Trenndecke gemessen, die mit dem sogenannten Norm-Hammerwerk in Schwingung versetzt wurde.

16

Norm-Trittschallpegel L'_n

Der frequenzabhängige Norm-Trittschallpegel L'_n wird unter Berücksichtigung aller Schallübertragungswege und unter der Annahme ermittelt, dass die Bezugs-Schallabsorptionsfläche im Empfangsraum $A_0 = 10\,\text{m}^2$ beträgt:

$$L'_n = L_T + 10 \cdot \lg\left(\frac{A}{A_0}\right) \quad \text{in dB} \quad (16.87)$$

Bewerteter Norm-Trittschallpegel $L'_{n,w}$

Mit Hilfe einer Bezugskurve ermittelte Einzahlangabe zur Kennzeichnung des Trittschallschutzes von Decken mit Deckenauflage in Gebäuden.

Bewerteter Standard-Trittschallpegel $L'_{nT,w}$

Bei großen Räumen verteilt sich die Schallenergie mehr als bei kleinen Räumen. Der Einfluss des Volumens des Empfangsraums V_E wird beim bewerteten Standard-Trittschallpegel $L'_{nT,w}$ unter Annahme einer Bezugs-Schallabsorptionsfläche im Empfangsraum von $A_0 = 10\,\text{m}^2$ und einer Bezugs-Nachhallzeit von $T_0 = 0,5\,\text{s}$ berücksichtigt:

$$
\begin{aligned}
L'_{nT,w} &= L'_{n,w} - 10 \cdot \lg\left(\frac{A_0 \cdot T_0}{0,16 \cdot V_E}\right) \\
&= L'_{n,w} - 10 \cdot \lg(0{,}032 \cdot V_E) \quad \text{in dB}
\end{aligned}
\quad (16.88)
$$

Spektrum-Anpassungswerte C, C_{tr} und C_I

Bei der Ermittlung von Einzahlangaben durch die Bezugskurve wird auf den tatsächlich vorhandenen Frequenzverlauf der störenden Geräusche nicht ausreichend Rücksicht genommen. Zum Beispiel weisen innerstädtische Verkehrsgeräusche im tiefen Frequenzbereich die höchsten Energieanteile auf, während die Bezugskurve dort nur geringe Schalldämm-Maße verlangt. Dies hat zur Folge, dass die Schutzwirkung eines Bauteils gegen Straßenverkehrslärm durch das bewertete Schalldämm-Maß R'_w nur unzureichend wiedergegeben wird. Ähnlich verhält es sich mit üblichem Lärm aus einer Nachbarwohnung, bei dem gegenüber früheren Zeiten eine stärkere Verschiebung zu tiefen Frequenzen hin festzustellen ist, z. B. durch HiFi-Anlagen. Aus diesem Grund wurden zwei Spektrums-Anpassungswerte eingeführt, bei denen die Messwerte der Schalldämmung mit Bezugsspektren verglichen werden: Ein A-bewertetes Rosa Rauschen zur Anpassung des bewerteten Schalldämm-Maßes an üblichen Wohnungslärm (Spektrum-Anpassungswert C) und ein A-bewertetes Referenzspektrum für innerstädtischen Verkehrslärm (Spektrum-Anpassungswert C_{tr}). Die vollständige schalltechnische Klassifizierung eines Bauteils oder einer Konstruktion erfolgt damit durch ein Zahlentripel, z. B. in der Form $R_w(C, C_{tr}) = 54(-2, -4)\,\text{dB}$. Für den Trittschall wird der Spektrum-Anpassungswert C_I verwendet.

16.4.3 Grundsätzliches Verhalten ein- und zweischaliger Bauteile

Einschalige Bauteile

Die Schalldämmung einschaliger Bauteile hängt in erster Linie von ihrer flächenbezogenen Masse m' und in zweiter Linie von ihrem Elastizitätsmodul E_{dyn} und ihrem Verlustfaktor ab. Bei Luftschallanregung werden im Bauteil erzwungene Biegewellen angeregt. Aufgrund des unterschiedlichen Dispersionsverhaltens von Luftschallwellen und Biegewellen gibt es bei breitbandiger Anregung immer genau eine Frequenz, bei der bei streifendem Einfall die Wellenlänge des anregenden Luftschalls mit der Wellenlänge der erzwungenen Biegewellen übereinstimmt. In diesem Frequenzbereich wird die Luftschalldämmung des Bauteils minimal. Für das bewertete Schalldämm-Maß hat die Lage der Frequenz daher entscheidenden Einfluss. Die Koinzidenzgrenzfrequenz ergibt sich nach folgender Gleichung u. a. aus der Dicke d des Bauteils, der Rohdichte ρ und dem dynamischen Elastizitätsmodul E_{dyn}:

$$f_g = \frac{60}{d} \cdot \sqrt{\frac{\rho}{E_{dyn}}} \quad \text{in Hz} \quad (16.89)$$

Einschalige Bauteile mit einer Koinzidenzgrenzfrequenz $f_g < 200\,\text{Hz}$ werden als biegesteife Bauteile bezeichnet und Bauteile mit einer Koinzidenzgrenzfrequenz $f_g > 2000\,\text{Hz}$ als biegeweich.

Zweischalige Bauteile

Bei zweischaligen Bauteilen lässt sich eine bestimmte Luftschalldämmung mit einer geringeren flächenbezogenen Masse m' erreichen als bei einschaligen. Die bewerteten Schalldämm-Maße R'_w können zum Teil erheblich über denen für einschalige Bauteile liegen. Die Luftschalldämmung zweischaliger Bauteile ist nur für Frequenzen oberhalb ihrer Resonanzfrequenz f_0 besser als die von gleich schweren einschaligen Bauteilen. Im Bereich von f_0 ist die Luftschalldämmung geringer. f_0 soll deshalb unter $100\,\text{Hz}$ liegen. Sie wird aus der dynamischen Steifigkeit s' der Dämmschicht und der flächenbezogenen Massen m'_1 und m'_2 der Einzelschalen ermittelt:

$$f_0 = 160 \cdot \sqrt{s' \cdot \left(\frac{1}{m'_1} + \frac{1}{m'_2}\right)} \quad \text{in Hz} \quad (16.90)$$

Die dynamische Steifigkeit s' berechnet sich aus dem dynamischen Elastizitätsmodul E_{dyn} des Dämmstoffs bzw. der Luft und dem Abstand d zwischen den Schalen:

$$s' = \frac{E_{dyn}}{d} \quad \text{in MN/m}^3 \quad (16.91)$$

Tafel 16.53 enthält Zahlenwerte zum dynamischen Elastizitätsmodul E_{dyn}. Für viele Fälle kann die Resonanzfrequenz f_0 nach Tafel 16.54 vereinfacht ermittelt werden.

Tafel 16.53 Dynamischer Elastizitätsmodul E_{dyn} verschiedener Stoffe [47, 48]

Stoff	E_{dyn} [MN/m^2]	Literaturquelle
Mineralische Baustoffe		
Gipskartonplatten	$3,2 \cdot 10^3$	[48]
Kalksandstein	$3 \cdot 10^3 \ldots 12 \cdot 10^3$	[47]
Leichtbeton	$1,5 \cdot 10^3 \ldots 3 \cdot 10^3$	[48]
Porenbeton	$1,4 \cdot 10^3 \ldots 2 \cdot 10^3$	[48]
Stahlbeton ($\rho = 2300\,\mathrm{kg/m^3}$)	$36,5 \cdot 10^3$	[48]
Ziegelmauerwerk	$6 \cdot 10^3 \ldots 14 \cdot 10^3$	[48]
Holz und Holzwerkstoffe		
Hartfaserplatten	$3 \cdot 10^3 \ldots 4,5 \cdot 10^3$	[48]
Holzspanplatten	$2 \cdot 10^3 \ldots 5 \cdot 10^3$	[48]
Sperrholz	$5 \cdot 10^3 \ldots 12 \cdot 10^3$	[48]
Buche, Eiche (längs zur Faser)	$12,5 \cdot 10^3$	[47]
Buche, Eiche (quer zur Faser)	$6 \cdot 10^2$	[47]
Fichte, Tanne, Kiefer (längs zur Faser)	$10 \cdot 10^3$	[47]
Fichte, Tanne, Kiefer (quer zur Faser)	$3 \cdot 10^2$	[47]
Metalle		
Aluminium	$74 \cdot 10^3$	[48]
Blei	$18 \cdot 10^3$	[48]
Kupfer	$125 \cdot 10^3$	[48]
Messing	$69 \cdot 10^3$	[48]
Stahl	$200 \cdot 10^3$	[48]
Dämmstoffe		
Holzwolleleichtbauplatten	$100 \ldots 200$	[48]
Mineralfaserplatten	$0,15 \ldots 0,4$	[48]
Naturkork	$15 \ldots 25$	[48]
PS-Hartschaum	$0,17$	[47]
PS-Partikelschaum ($\rho = 9 \ldots 12\,\mathrm{kg/m^3}$)	$0,6 \ldots 0,12$	[48]
PS-Partikelschaum ($\rho = 12 \ldots 15\,\mathrm{kg/m^3}$)	$1,2 \ldots 2$	[48]
PS-Partikelschaum ($\rho = 15 \ldots 20\,\mathrm{kg/m^3}$)	$2 \ldots 4$	[48]
PS-Partikelschaum ($\rho = 20 \ldots 25\,\mathrm{kg/m^3}$)	$4 \ldots 8$	[48]
PS-Partikelschaum ($\rho = 25 \ldots 30\,\mathrm{kg/m^3}$)	$8 \ldots 30$	[48]
PS-Extruderschaum	30	[47]
Polyurethan-Hartschaum	$1 \ldots 6$	[47]
Schaumglas	$1,3 \cdot 10^3 \ldots 1,6 \cdot 10^3$	[48]
Teppichboden	$3,5 \ldots 11$	[48]
Weichfaserdämmplatten	$10 \ldots 16$	[48]
Weitere Stoffe		
Gummi (Shore A 65)	15	[48]
Gummi (Shore A 55)	10	[48]
Gummi (Shore A 40, Naturkautschuk)	5	[48]
Glas	$60 \cdot 10^3 \ldots 80 \cdot 10^3$	[48]
Luft (20 °C, frei, adiabatischer Zustand)	$0,145$	[48]

16

Tafel 16.54 Resonanzfrequenz f_0 zweischaliger Bauteile

Ausfüllung des Zwischenraums	Bauteilaufbau		
	Doppelwand aus zwei gleich schweren biegeweichen Einzelschalen	Doppelwand aus zwei gleich schweren biegesteifen Schalen	leichte biegeweiche Vorsatzschale vor schwerem Bauteil
Luftschicht mit schallschluckender Einlage	$f_0 = \dfrac{85}{\sqrt{d \cdot m'}}$ in Hz	$f_0 = \dfrac{340}{\sqrt{d \cdot m'}}$ in Hz	$f_0 = \dfrac{60}{\sqrt{d \cdot m'}}$ in Hz
Dämmschicht mit beiden Schalen vollflächig fest verbunden oder an diesen anliegend	$f_0 = 225 \cdot \sqrt{\dfrac{s'}{m'}}$ in Hz	$f_0 = 900 \cdot \sqrt{\dfrac{s'}{m'}}$ in Hz	$f_0 = 160 \cdot \sqrt{\dfrac{s'}{m'}}$ in Hz

16.4.4 Anforderungen an den Schallschutz nach DIN 4109-1

16.4.4.1 Festlegung des Anforderungsniveaus

Der bauordnungsrechtlich geforderte Schallschutz ist nach DIN 4109 „Schallschutz im Hochbau" nachzuweisen. Sie besteht aus vier Teilen, wobei Teil 3 aus 6 Unterteilen besteht:

- Teil 1 „Mindestanforderungen" [33]
- Teil 2 „Rechnerische Nachweise der Erfüllung der Anforderungen" [34]
- Teil 3 „Daten für die rechnerischen Nachweise des Schallschutzes (Bauteilkatalog)"
  - Teil 31 „Rahmendokument" [35]
  - Teil 32 „Massivbau" [36]
  - Teil 33 „Holz-, Leicht- und Trockenbau" [37]
  - Teil 34 „Vorsatzkonstruktionen vor massiven Bauteilen" [38]
  - Teil 35 „Elemente, Fenster, Türen, Vorhangfassaden" [39]
  - Teil 36 „Gebäudetechnische Anlagen" [40]
- Teil 4 „Bauakustische Prüfungen" [41]

Für schutzbedürftige Aufenthaltsräume sollen folgende Schutzziele erreicht werden:

- Gesundheitsschutz
- Vertraulichkeit bei normaler Sprechweise
- Schutz vor unzumutbaren Belästigungen

Zu den schutzbedürftigen Aufenthaltsräumen zählen:

- Wohnräume, einschließlich Wohndielen, Wohnküchen
- Schlafräume, einschließlich Übernachtungsräume in Beherbergungsstätten
- Bettenräume in Krankenhäusern und Sanatorien
- Unterrichtsräume in Schulen, Hochschulen und ähnlichen Einrichtungen
- Büroräume
- Praxisräume, Sitzungsräume und ähnliche Arbeitsräume

DIN 4109 beschreibt keine Anforderungsniveaus, die z. B. aus Gründen der Lebensqualität oder des Wohnkomforts erforderlich sein und mit gängigen Bauarten erreicht werden können. In Ergänzung zu den Mindestanforderungen an den Schallschutz nach DIN 4109-1 werden in VDI 4100 [46] Schallschutzstufen für die Planung und Bewertung des Schallschutzes von Gebäuden definiert. Mit Hilfe dieser Gütestufen kann der gewünschte Schallschutz zwischen den am Bau Beteiligten und Bauherren vereinbart werden.

16.4.4.2 Mindestanforderungen an den Schallschutz im Hochbau nach DIN 4109-1

Die bauordnungsrechtlich nachzuweisenden Mindestanforderungen an den **Schallschutz in Gebäuden** können den Tafeln 16.55 bis 16.59 entnommen werden.

Zur Ermittlung der Anforderungen an die Luftschalldämmung von Außenbauteilen ist zunächst das erforderliche gesamte bewertete Schalldämm-Maß $R'_{\text{w,ges,erf,0}}$ (ohne Berücksichtigung der Raumgeometrie) aus dem maßgeblichen Außenlärmpegel L_a und einem Korrekturwert K_{Raumart} zur Berücksichtigung unterschiedlicher Raumarten zu berechnen:

$$R'_{\text{w,ges,erf,0}} = L_\text{a} - K_{\text{Raumart}} \qquad (16.92)$$

- Bettenräume in Krankenanstalten und Sanatorien: $K_{\text{Raumart}} = 25\,\text{dB}$
- Aufenthaltsräume in Wohnungen, Übernachtungsräume in Beherbergungsstätten, Unterrichtsräume und Ähnliches: $K_{\text{Raumart}} = 30\,\text{dB}$
- Büroräume und Ähnliches: $K_{\text{Raumart}} = 35\,\text{dB}$

Tafel 16.55 Anforderungen an die Schalldämmung in Mehrfamilienhäusern, Bürogebäuden und in gemischt genutzten Gebäuden (DIN 4109-1 Tab. 2) [33]

Bauteil		Anforderungen		Bemerkungen
		R'_w	$L'_\mathrm{n,w}$	
		[dB]	[dB]	
Decken	Decken unter allgemein nutzbaren Dachräumen, z. B. Trockenböden, Abstellräumen und ihren Zugängen	≥ 53	≤ 52	–
	Wohnungstrenndecken (auch Treppen)	≥ 54	≤ 50	Wohnungstrenndecken sind Bauteile, die Wohnungen voneinander oder von fremden Arbeitsräumen trennen
	Trenndecken (auch Treppen) zwischen fremden Arbeitsräumen bzw. vergleichbaren Nutzungseinheiten	≥ 54	≤ 53	–
	Decken über Kellern, Hausfluren, Treppenräumen unter Aufenthaltsräumen	≥ 52	≤ 50	Die Anforderung an die Trittschalldämmung gilt für die Trittschallübertragung in fremde Aufenthaltsräume in alle Schallausbreitungsrichtungen
	Decken über Durchfahrten, Einfahrten von Sammelgaragen und ähnliches unter Aufenthaltsräumen	≥ 55	≤ 50	
	Decken unter/über Spiel- oder ähnlichen Gemeinschaftsräumen	≥ 55	≤ 46	Wegen der verstärkten Übertragung tiefer Frequenzen können zusätzliche Maßnahmen zur Schalldämmung erforderlich sein
	Decken unter Terrassen und Loggien über Aufenthaltsräumen	–	≤ 50	Bezüglich der Luftschalldämmung gegen Außenlärm siehe DIN 4109-1 Abschn. 7
	Decken unter Laubengängen	–	≤ 53	Die Anforderung an die Trittschalldämmung gilt für die Trittschallübertragung in fremde Aufenthaltsräume in alle Schallausbreitungsrichtungen
	Decken und Treppen innerhalb von Wohnungen, die sich über zwei Geschosse erstrecken	–	≤ 50	Die Anforderung an die Trittschalldämmung gilt für die Trittschallübertragung in fremde Aufenthaltsräume in alle Schallausbreitungsrichtungen
	Decken unter Bad und WC ohne/mit Bodenentwässerung	≥ 54	≤ 53	
	Decken unter Hausfluren	–	≤ 50	Die Anforderung an die Trittschalldämmung gilt für die Trittschallübertragung in fremde Aufenthaltsräume in alle Schallausbreitungsrichtungen
Treppen	Treppenläufe und -podeste	–	≤ 53	–
Wände	Wohnungstrennwände und Wände zwischen fremden Arbeitsräumen	≥ 53	–	Wohnungstrennwände sind Bauteile, die Wohnungen voneinander oder von fremden Arbeitsräumen trennen
	Treppenraumwände und Wände neben Hausfluren	≥ 53	–	Für Wände mit Türen gilt die Anforderung R'_w (Wand) $= R_\mathrm{w}$ (Tür) $+ 15\,$dB. Darin bedeutet R_w (Tür) die erforderliche Schalldämmung der Tür (s. u.). Wandbreiten $\leq 30\,$cm bleiben dabei unberücksichtigt
	Wände neben Durchfahrten, Sammelgaragen, einschließlich Einfahrten	≥ 55	–	–
	Wände von Spiel- oder ähnlichen Gemeinschaftsräumen	≥ 55	–	–
	Schachtwände von Aufzugsanlagen an Aufenthaltsräumen	≥ 57	–	–
Türen	Türen, die von Hausfluren oder Treppenräumen in geschlossene Flure und Dielen von Wohnungen und Wohnheimen oder von Arbeitsräumen führen	≥ 27	–	Bei Türen gilt R_w nach DIN 4109-1 Tab. 1 – siehe auch Tab. 1, Fußnote [c]
	Türen, die von Hausfluren oder Treppenräumen unmittelbar in Aufenthaltsräume – außer Flure und Dielen – von Wohnungen führen	≥ 37	–	

Für das erforderliche gesamte bewertete Schalldämm-Maß $R'_\mathrm{w,ges,erf,0}$ gelten folgende Mindestwerte:

- Bettenräume in Krankenanstalten und Sanatorien: $R'_\mathrm{w,ges,erf,0} = 35\,$dB
- Aufenthaltsräume in Wohnungen, Übernachtungsräume in Beherbergungsstätten, Unterrichtsräume, Büroräume und Ähnliches: $R'_\mathrm{w,ges,erf,0} = 30\,$dB

Tafel 16.60 zeigt die Zuordnung von Lärmpegelbereichen zu maßgeblichen Außenlärmpegeln.

Die rechnerische Ermittlung des maßgeblichen Außenlärmpegels L_a kann im Falle von Verkehrslärm durch Nomogramme aus DIN 18005-1 [42] erfolgen. Für die Tag- und Nachtsituation sind in Abhängigkeit von der Verkehrsbelastung, dem Abstand zwischen Fassade und Straßenmitte, der Straßenart, der Höchstgeschwindigkeit, der Straßenober-

Tafel 16.56 Anforderungen an die Luft- und Trittschalldämmung zwischen Einfamilien-Reihenhäusern und zwischen Doppelhäusern (DIN 4109-1 Tab. 3) [33]

Bauteil		Anforderungen		Bemerkungen
		R'_w	$L'_{n,w}$	
		[dB]	[dB]	
Decken	Decken	–	≤ 41	Die Anforderung an die Trittschalldämmung gilt nur für die Trittschallübertragung in fremde Aufenthaltsräume in waagerechter oder schräger Richtung
	Bodenplatte auf Erdreich bzw. Decke über Kellergeschoss	–	≤ 46	
Treppen	Treppenläufe und -podeste	–	≤ 46	Die Anforderung an die Trittschalldämmung gilt nur für die Trittschallübertragung in fremde Aufenthaltsräume in waagerechter oder schräger Richtung
Wände	Haustrennwände zu Aufenthaltsräumen, die im untersten Geschoss (erdberührt oder nicht) eines Gebäudes gelegen sind	≥ 59	–	–
	Haustrennwände zu Aufenthaltsräumen, unter denen mindestens ein Geschoss (erdberührt oder nicht) des Gebäudes vorhanden ist	≥ 62	–	–

Tafel 16.57 Anforderungen an die Luft- und Trittschalldämmung in Hotels und Beherbergungsstätten (DIN 4109-1 Tab. 4) [33]

Bauteil		Anforderungen		Bemerkungen
		R'_w	$L'_{n,w}$	
		[dB]	[dB]	
Decken	Decken, einschließlich Decken unter Fluren	≥ 54	≤ 50	Die Anforderung an die Trittschalldämmung gilt für die Trittschallübertragung in Aufenthaltsräume in alle Schallausbreitungsrichtungen
	Decken unter/über Schwimmbädern, Spiel- oder ähnlichen Gemeinschaftsräumen zum Schutz gegenüber Schlafräumen	≥ 55	≤ 46	Wegen verstärkten tieffrequenten Schalls können zusätzliche Maßnahmen zur Körperschalldämmung erforderlich sein
	Decken unter Bad und WC ohne/mit Bodenentwässerung	≥ 54	≤ 53	Die Anforderung an die Trittschalldämmung gilt für die Trittschallübertragung in Aufenthaltsräume in alle Schallausbreitungsrichtungen
Treppen	Treppenläufe und -podeste	–	≤ 58	Keine Anforderungen an Treppenläufe und Zwischenpodeste in Gebäuden mit Aufzug
Wände	Wände zwischen Übernachtungsräumen sowie Fluren und Übernachtungsräumen	≥ 47	–	Bei Trennwänden zwischen fremden Übernachtungsräumen mit Türen muss die resultierende Schalldämmung der Wand-Tür-Kombination $R'_{w,res} \geq 49$ dB betragen
Türen	Türen zwischen Fluren und Übernachtungsräumen	≥ 32	–	Bei Türen gilt R_w nach DIN 4109-1 Tab. 1 – siehe auch Tab. 1, Fußnote ^{c}

fläche, der Entfernung zur nächsten Lichtsignalanlage und der Art der Bebauung aus den Nomogrammen die Beurteilungspegel $L_{r,Tag}$ und $L_{r,Nacht}$ zu entnehmen (Tafeln 16.61 und 16.62). Der jeweilige Beurteilungspegel ist um 3 dB zu erhöhen:

$$L_a = L_r + 3\,\text{dB} \tag{16.93a}$$

Beträgt die Differenz zwischen den Beurteilungspegeln L_r für Tag und Nacht (Straßenverkehr) weniger als 10 dB, ist der maßgebliche Außenlärmpegel $L_{r,Nacht}$ zum Schutz des Nachtschlafes aus einem um 3 dB erhöhten Beurteilungspegel für die Nacht und einem Zuschlag von 10 dB zu erhöhen:

$$L_a = L_{r,Nacht} + 3\,\text{dB} + 10\,\text{dB} \tag{16.93b}$$

Das auf Basis des maßgeblichen Außenlärmpegels L_a ermittelte erforderliche gesamte bewertete Schalldämm-Maß $R'_{w,ges,erf,0}$ ist zur Berücksichtigung der Raumgeometrie, d. h. dem Verhältnis Schalldämm-Maß aus gesamter Außenbauteilfläche S_S zur Grundfläche S_G des Raumes, gemäß DIN 4109-2 um einen Korrekturwert K_{AL} zu korrigieren, woraus sich dann das erforderliche gesamte bewertete Schalldämm-Maß $R'_{w,ges,erf}$ ergibt:

$$R'_{w,ges,erf} = R'_{w,ges,erf,0} + K_{AL} \tag{16.94}$$

Grundlage für den Korrekturwert K_{AL} sind die vom Raum aus gesehene Fassadenfläche S_S und die Grundfläche S_G:

$$K_{AL} = 10 \cdot \lg\left(\frac{S_S}{0{,}8 \cdot S_G}\right) \tag{16.95}$$

Tafel 16.58 Anforderungen an die Luft- und Trittschalldämmung zwischen Räumen in Krankenhäusern und Sanatorien (DIN 4109-1 Tab. 5) [33]

Bauteil		Anforderungen		Bemerkungen
		R'_w [dB]	$L'_{n,w}$ [dB]	
Decken	Decken, einschließlich Decken unter Fluren	≥ 54	≤ 53	Die Anforderung an die Trittschalldämmung gilt für die Trittschallübertragung in fremde Aufenthaltsräume in alle Schallausbreitungsrichtungen
	Decken unter/über Schwimmbädern, Spiel- oder ähnlichen Gemeinschaftsräumen	≥ 55	≤ 46	Wegen verstärkten Entstehens tieffrequenten Schalls können zusätzliche Maßnahmen zur Körperschalldämmung erforderlich sein
	Decken unter Bädern und WCs ohne/mit Bodenentwässerung	≥ 54	≤ 53	Die Anforderung an die Trittschalldämmung gilt für die Trittschallübertragung in fremde Aufenthaltsräume in alle Schallausbreitungsrichtungen
Treppen	Treppenläufe und -podeste	–	≤ 58	Keine Anforderungen an Treppenläufe und Zwischenpodeste in Gebäuden mit Aufzug
Wände	Wände zwischen – Krankenräumen – Fluren und Krankenräumen – Untersuchungs- bzw. Sprechzimmern – Fluren und Untersuchungs- bzw. Sprechzimmern – Krankenräumen und Arbeits- und Pflegeräumen	≥ 47	–	–
	Wände zwischen Räumen mit Anforderungen an erhöhtes Ruhebedürfnis und besondere Vertraulichkeit (Diskretion)	≥ 52	–	–
	Wände zwischen – Operations- bzw. Behandlungsräumen – Fluren und Operations- bzw. Behandlungsräumen	≥ 42	–	–
	Wände zwischen – Räumen der Intensivpflege – Fluren und Räumen der Intensivpflege	≥ 37	–	–
Türen	Türen zwischen – Untersuchungs- bzw. Sprechzimmern, – Fluren und Untersuchungs- bzw. Sprechzimmern	≥ 37	–	Bei Türen gilt R_w nach DIN 4109-1 Tab. 1 – siehe auch Tab. 1, Fußnote [c]
	Türen zwischen Räumen mit Anforderungen an erhöhtes Ruhebedürfnis und besondere Vertraulichkeit (Diskretion)	≥ 37	–	
	Türen zwischen – Fluren und Krankenräumen – Operations- bzw. Behandlungsräumen – Fluren und Operations- bzw. Behandlungsräumen	≥ 32	–	

Tafel 16.63 enthält die Anforderungen an die Luft- und Trittschalldämmung von **Bauteilen zwischen „besonders lauten" und schutzbedürftigen Räumen**. „Besonders laute" Räume sind:

- Räume, in denen der Schalldruckpegel des Luftschalls $L_{AF,max,n}$ häufig mehr als 75 dB beträgt
- Räume, in denen häufigere und größere Körperschallanregungen stattfinden als in Wohnungen

Tafeln 16.64, 16.65, 16.66 und 16.67 geben die Anforderungen für **gebäudetechnische Anlagen und Betriebe, raumlufttechnische Anlagen im eigenen Wohn- und Arbeitsbereich, Armaturen und Geräte der Trinkwasserinstallation** sowie **Durchflussklassen**, wieder.

Ergänzend sind in Tafel 16.68 Empfehlungen für zulässige Schallpegel von **fest installierten heiztechnischen Anlagen im eigenen Wohnbereich** innerhalb eines Gebäudes mit mehreren Wohneinheiten enthalten.

16

Tafel 16.59 Anforderungen an die Luft- und Trittschalldämmung, Schalldämmung in Schulen und vergleichbaren Einrichtungen (DIN 4109-1 Tab. 6) [33]

Bauteil		Anforderungen		Bemerkungen
		R'_w [dB]	$L'_{n,w}$ [dB]	
Decken	Decken zwischen Unterrichtsräumen oder ähnlichen Räumen/Decken unter Fluren	≥ 55	≤ 53	Die Anforderung an die Trittschalldämmung gilt für die Trittschallübertragung in Aufenthaltsräumen in alle Schallausbreitungsrichtungen. Zu ähnlichen Räumen gehören auch solche Räume mit erhöhtem Ruhebedürfnis, z. B. Schlafräume
	Decken zwischen Unterrichtsräumen oder ähnlichen Räumen und „lauten" Räumen (z. B. Speiseräume, Cafeterien, Musikräume, Spielräume, Technikzentralen)	≥ 55	≤ 46	Wegen der verstärkten Übertragung tiefer Frequenzen können zusätzlich Maßnahmen zur Körperschalldämmung erforderlich sein
	Decken zwischen Unterrichtsräumen oder ähnlichen Räumen und z. B. Sporthallen, Werkräumen	≥ 60	≤ 46	–
Wände	Wände zwischen Unterrichtsräumen oder ähnlichen Räumen untereinander und zu Fluren	≥ 47	–	Zu ähnlichen Räumen gehören auch solche Räume mit erhöhtem Ruhebedürfnis, z. B. Schlafräume
	Wände zwischen Unterrichtsräumen oder ähnlichen Räumen und Treppenhäusern	≥ 52	–	
	Wände zwischen Unterrichtsräumen oder ähnlichen Räumen und „lauten" Räumen (z. B. wie in Zeile 2)	≥ 55	–	–
	Wände zwischen Unterrichtsräumen oder ähnlichen Räumen und z. B. Sporthallen, Werkräumen	≥ 60	–	–
Türen	Türen zwischen Unterrichtsräumen oder ähnlichen Räumen und Fluren	≥ 32	–	Bei Türen gilt R_w nach DIN 4109-1 Tab. 1 – siehe auch Tab. 1, Fußnote [c]
	Türen zwischen Unterrichtsräumen oder ähnlichen Räumen untereinander	≥ 37	–	

Anmerkung Zu den vergleichbaren Einrichtungen gehören beispielsweise öffentliche Kindertagesstätten.

Tafel 16.60 Zuordnung von Lärmpegelbereichen zu maßgeblichen Außenlärmpegeln L_a (DIN 4109-1) [33]

Lärmpegelbereich	maßgeblicher Außenlärmpegel L_a [dB]
I	≤ 55
II	60
III	65
IV	70
V	75
VI	80
VII	$> 80^{[a]}$

[a] Für maßgebliche Außenlärmpegel $L_a \geq 80$ dB sind die Anforderungen aufgrund der örtlichen Gegebenheiten festzulegen.

Tafel 16.61 Diagramm zur Abschätzung des Beurteilungspegels von Straßenverkehr, Tag (DIN 18005-1 Bild A.1) [42]

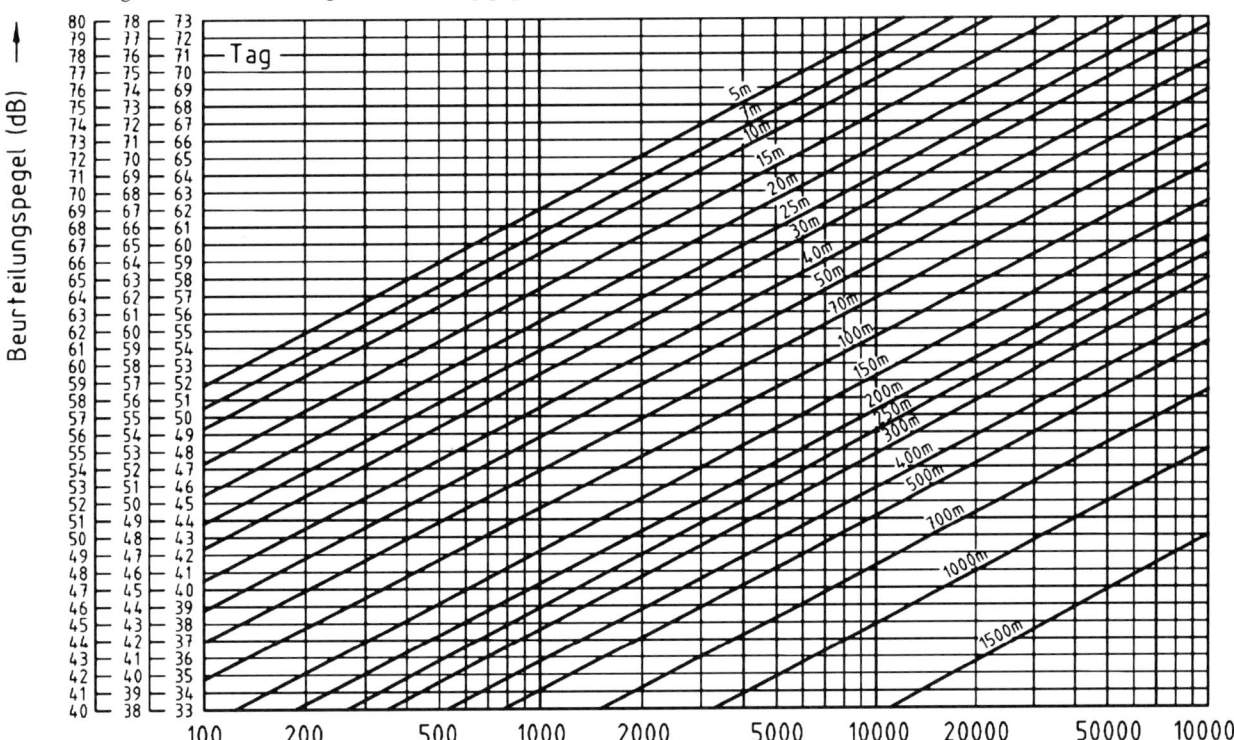

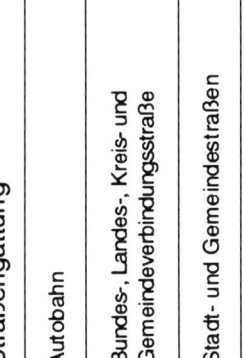

Korrekturen für Sonderfälle

Zulässige Höchstgeschwindigkeit
- auf Autobahnen 80 km/h oder
  auf Stadtstraßen 30 km/h: – 2,5 dB

Straßenoberfläche
- offenporiger Asphalt auf Außerortsstraßen mit zulässigen Höchstgeschwindigkeiten von mehr als 60 km/h: – 3 dB
- unebenes Pflaster auf Straßen mit zulässigen Höchstgeschwindigkeiten von 50 km/h und mehr: + 6 dB
- unebenes Pflaster auf Straßen mit zulässigen Höchstgeschwindigkeiten von 30 km/h und mehr: + 3 dB

Befindet sich ein Immissionsort in weniger als 100 m Entfernung von einer Lichtsignalanlage, sollte ein Zuschlag von 2 dB auf den Beurteilungspegel erfolgen. Auch die Beurteilungspegel für Immissionsorte in Straßenschluchten (beidseitige, mehrgeschossige und geschlossene Bebauung) sollten mit 2 dB beaufschlagt werden.

16

Tafel 16.62 Diagramm zur Abschätzung des Beurteilungspegels von Straßenverkehr, Nacht (DIN 18005-1 Bild A.2) [42]

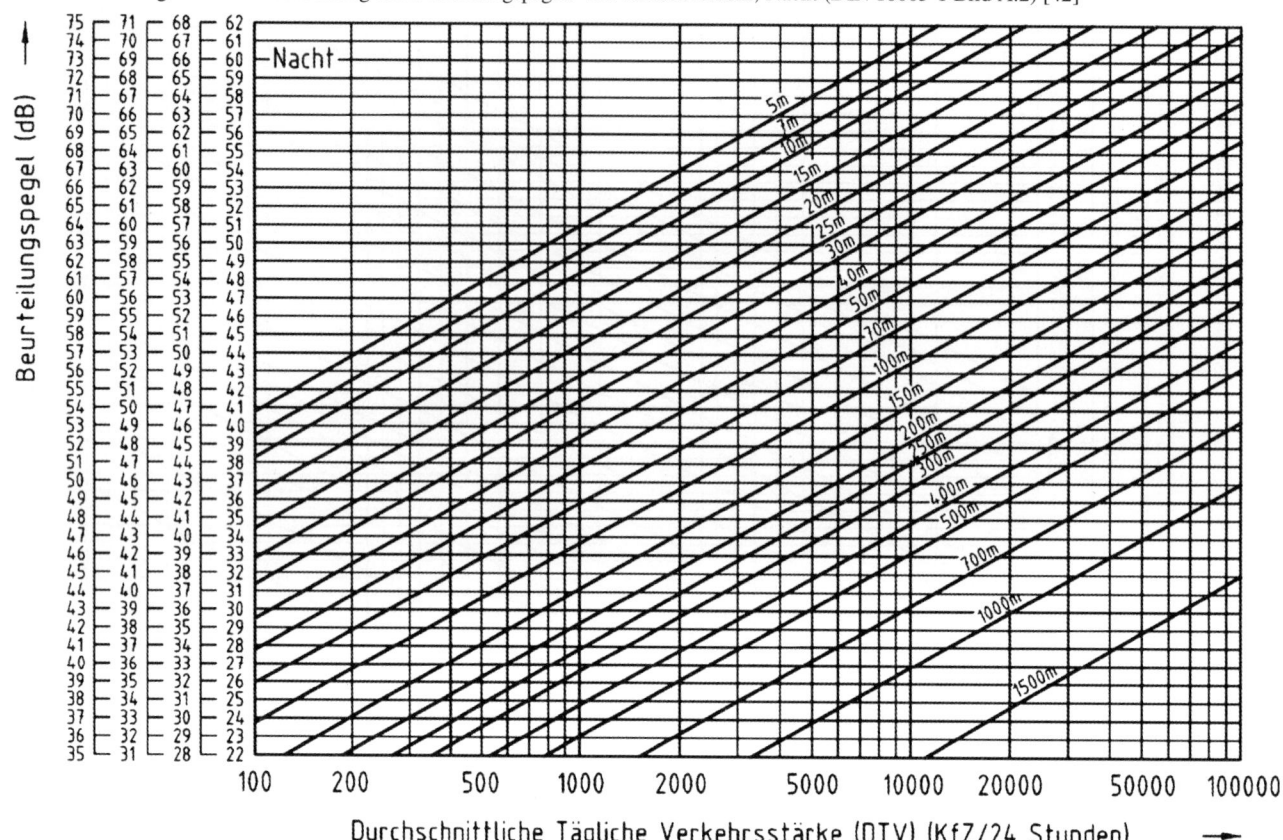

Korrekturen für Sonderfälle

Zulässige Höchstgeschwindigkeit
– auf Autobahnen 80 km/h oder
 auf Stadtstraßen 30 km/h: – 2,5 dB

Straßenoberfläche
– offenporiger Asphalt auf Außerortsstraßen mit zulässigen
 Höchstgeschwindigkeiten von mehr als 60 km/h: – 3 dB
– unebenes Pflaster auf Straßen mit zulässigen
 Höchstgeschwindigkeiten von 50 km/h und mehr: + 6 dB
– unebenes Pflaster auf Straßen mit zulässigen
 Höchstgeschwindigkeiten von 30 km/h und mehr: + 3 dB

Befindet sich ein Immissionsort in weniger als 100 m Entfernung von einer Lichtsignalanlage, sollte ein Zuschlag von 2 dB auf den Beurteilungspegel erfolgen. Auch die Beurteilungspegel für Immissionsorte in Straßenschluchten (beidseitige, mehrgeschossige und geschlossene Bebauung) sollten mit 2 dB beaufschlagt werden.

Tafel 16.63 Anforderungen an die Luft- und Trittschalldämmung von Bauteilen zwischen „besonders lauten" und schutzbedürftigen Räumen (DIN 4109-1 Tab. 8) [33]

Art der Räume	Bauteile	Bewertetes Schalldämm-Maß R'_w [dB]		Bewerteter Norm-Trittschallpegel $L'_{n,w}$[a,b] [dB]
		Schalldruckpegel $L_{AF,max}$ [dB]		
		75 bis 80	81 bis 85	
Räume mit „besonders lauten" gebäudetechnischen Anlagen oder Anlagenteilen	Decken, Wände	≥ 57	≥ 62	–
	Fußböden	–		≤ 43[c]
Betriebsräume von Handwerks- und Gewerbebetrieben, Verkaufsstätten	Decken, Wände	≥ 57	≥ 62	–
	Fußböden	–		≤ 43
Küchenräume der Küchenanlagen von Beherbergungsstätten, Krankenhäusern, Sanatorien, Gaststätten, Imbissstuben und dergleichen (bis 22:00 Uhr in Betrieb)	Decken, Wände	≥ 55		–
	Fußböden	–		≤ 43
Küchenräume wie Zeile 3.1/3.2, jedoch auch nach 22:00 Uhr in Betrieb	Decken, Wände	≥ 57[d]		–
	Fußböden	–		≤ 33
Gasträume (bis 22:00 Uhr in Betrieb)	Decken, Wände	≥ 55	≥ 57	—
	Fußböden	–		≤ 43
Gasträume $L_{AF,max} \leq 85$ dB (auch nach 22:00 Uhr in Betrieb)	Decken, Wände	≥ 62		–
	Fußböden	–		≤ 33
Räume von Kegelbahnen	Decken, Wände	≥ 67		—
	Fußböden			
	– Keglerstube	–		≤ 33
	– Bahn	–		≤ 13
Gasträume 85 dB $\leq L_{AF,max} \leq 95$ dB, z. B. mit elektroakustischen Anlagen	Decken, Wände	≥ 72		–
	Fußböden	–		≤ 28

[a] Jeweils in Richtung der Schallausbreitung.
[b] Die für Maschinen erforderliche Körperschalldämmung ist mit diesem Wert nicht erfasst; hierfür sind gegebenenfalls weitere Maßnahmen erforderlich. Ebenso kann je nach Art des Betriebes ein niedrigeres $L'_{n,w}$ notwendig sein; dies ist im Einzelfall zu überprüfen. Wegen der verstärkten Übertragung tiefer Frequenzen können zusätzliche Maßnahmen zur Schalldämmung erforderlich sein.
[c] Nicht erforderlich, wenn geräuscherzeugende Anlagen ausreichend körperschallgedämmt aufgestellt werden; eventuelle Anforderungen nach DIN 4109-1 Tab. 2 bis 6 bleiben hiervon unberührt.
[d] Handelt es sich um Großküchenanlagen und darüber liegende Wohnungen als schutzbedürftige Räume gilt $R'_w \geq 62$ dB.

Tafel 16.64 Maximal zulässige A-bewertete Schalldruckpegel in fremden schutzbedürftigen Räumen, erzeugt von gebäudetechnischen Anlagen und baulich mit dem Gebäude verbundenen Betrieben (DIN 4109-1 Tab. 9) [33]

Geräuschquellen		Maximal zulässige A-bewertete Schalldruckpegel [dB]	
		Wohn- und Schlafräume	Unterrichts- und Arbeitsräume
Sanitärtechnik/Wasserinstallationen (Wasserversorgungs- und Abwasser-anlagen gemeinsam)		$L_{AF,max,n} \leq 30$[a,b,c]	$L_{AF,max,n} \leq 35$[a,b,c]
Sonstige hausinterne, fest installierte technische Schallquellen der technischen Ausrüstung, Ver- und Entsorgung sowie Garagenanlagen		$L_{AF,max,n} \leq 30$[c]	$L_{AF,max,n} \leq 35$[c]
Gaststätten einschließlich Küchen, Verkaufsstätten, Betriebe u. Ä.	tags	$L_r \leq 35$	$L_r \leq 35$
	6 Uhr bis 22 Uhr	$L_{AF,max,n} \leq 45$	$L_{AF,max,n} \leq 45$
	nachts	$L_r \leq 25$	$L_r \leq 35$
	nach TA Lärm	$L_{AF,max,n} \leq 35$	$L_{AF,max,n} \leq 45$

[a] Einzelne kurzzeitige Geräuschspitzen, die beim Betätigen der Armaturen und Geräte nach DIN 4109-1 Tab. 11 (Öffnen, Schließen, Umstellen, Unterbrechen) entstehen, sind derzeit nicht zu berücksichtigen.
[b] Voraussetzungen zur Erfüllung des zulässigen Schalldruckpegels:
 – Die Ausführungsunterlagen müssen die Anforderungen des Schallschutzes berücksichtigen, d. h. zu den Bauteilen müssen die erforderlichen Schallschutznachweise vorliegen;
 – außerdem muss die verantwortliche Bauleitung benannt und zu einer Teilabnahme vor Verschließen bzw. Bekleiden der Installation hinzugezogen werden.
[c] Abweichend von DIN EN ISO 10052:2010-10, 6.3.3, wird auf Messung in der lautesten Raumecke verzichtet (siehe auch DIN 4109-4).

16

Tafel 16.65 Anforderungen an maximal zulässige A-bewertete Schalldruckpegel in schutzbedürftigen Räumen in der eigenen Wohnung, erzeugt von raumlufttechnischen Anlagen im eigenen Wohnbereich (DIN 4109-1 Tab. 10) [33]

Geräuschquellen	Maximal zulässige A-bewertete Schalldruckpegel [dB]	
	Wohn- und Schlafräume	Küchen
Fest installierte technische Schallquellen der Raumlufttechnik im eigenen Wohn- und Arbeitsbereich	$L_{AF,max,n} \leq 30^{a,b,c,d}$	$L_{AF,max,n} \leq 33^{a,b,c,d}$

[a] Einzelne, kurzzeitige Geräuschspitzen, die beim Ein- und Ausschalten der Anlagen auftreten, dürfen maximal 5 dB überschreiten.

[b] Voraussetzungen zur Erfüllung des zulässigen Schalldruckpegels:
  – Die Ausführungsunterlagen müssen die Anforderungen an den Schallschutz berücksichtigen, d. h. zu den Bauteilen müssen die erforderlichen Schallschutznachweise vorliegen;
  – außerdem muss die verantwortliche Bauleitung benannt und zu einer Teilabnahme vor Verschließen bzw. Bekleiden der Installation hinzugezogen werden.

[c] Abweichend von DIN EN ISO 10052:2010-10, 6.3.3, wird auf Messung in der lautesten Raumecke verzichtet (siehe auch DIN 4109-4).

[d] Es sind um 5 dB höhere Werte zulässig, sofern es sich um Dauergeräusche ohne auffällige Einzeltöne handelt.

Tafel 16.66 Anforderungen an Armaturen und Geräte der Trinkwasserinstallation (DIN 4109-1 Tab. 11) [33]

Armaturen	Armaturengeräuschpegel L_{ap}[a] für kennzeichnenden Fließdruck oder Durchfluss nach DIN EN ISO 3822-1 bis DIN EN ISO 3822-4[b] [dB]	Armaturen-gruppe
Auslaufarmaturen	$\leq 20^{c}$	I
Anschlussarmaturen – Geräte Anschlussarmaturen – Elektronisch gesteuerte Armaturen mit Magnetventil		
Druckspüler		
Spülkästen		
Durchflusswassererwärmer		
Durchgangsarmaturen, wie – Absperrventile – Eckventile – Rückflussverhinderer – Sicherheitsgruppen – Systemtrenner – Filter	$\leq 30^{c}$	II
Drosselarmaturen, wie – Vordrosseln – Eckventile		
Druckminderer		
Duschköpfe		
Auslaufvorrichtungen, die direkt an die Auslaufarmatur angeschlossen werden, wie – Strahlregler – Durchflussbegrenzer	≤ 15	I
– Kugelgelenke – Rohrbelüfter – Rückflussverhinderer	≤ 25	II

[a] Die Messungen von L_{ap} müssen bei 0,3 MPa und 0,5 MPa erfolgen.

[b] Dieser Wert darf bei dem in DIN EN ISO 3822-1 bis DIN EN ISO 3822-4 für die einzelnen Armaturen genannten oberen Fließdruck von 0,5 MPa oder Durchfluss Q 1 um bis zu 5 dB überschritten werden.

[c] Geräuschspitzen, die beim Betätigen der Armaturen entstehen (Öffnen, Schließen, Umstellen, Unterbrechen u. a.), werden bei der Prüfung nach DIN EN ISO 3822-1 bis DIN EN ISO 3822-4 im Allgemeinen nicht erfasst. Der A-bewertete Schallpegel dieser Geräusche, gemessen mit der Zeitbewertung FAST wird erst dann zur Bewertung herangezogen, wenn es die Messverfahren nach einer nationalen oder Europäischen Norm zulassen.

Tafel 16.67 Durchflussklassen (DIN 4109-1 Tab. 12) [33]

Durchflussklasse	Maximaler Durchfluss Q [l/s] (bei 0,3 MPa Fließdruck)
Z	0,15
A	0,25
S	0,33
B	0,42
C	0,50
D	0,63

Tafel 16.68 Empfehlungen für maximale A-bewertete Schalldruckpegel in der eigenen Wohnung, erzeugt von heiztechnischen Anlagen im eigenen Wohnbereich (DIN 4109-1 Tab. B.1) [33]

Geräuschquellen	Maximaler A-bewerteter Norm-Schalldruckpegel [dB]	
	Wohn- und Schlafräume	Küchen
Fest installierte technische Schallquellen von heiztechnischen Anlagen im eigenen Wohnbereich	$L_{AF,max,n} \leq 30^{a,b,c}$	$L_{AF,max,n} \leq 33^{a,b,c}$

[a] Einzelne, kurzzeitige Geräuschspitzen, die beim Ein- und Ausschalten der Anlagen auftreten (z. B. Zündgeräusche bei Heizanlagen) dürfen die genannten Empfehlungen um maximal 5 dB überschreiten.

[b] Voraussetzungen zur Erfüllung des zulässigen Schalldruckpegels:
  – Die Ausführungsunterlagen müssen die Empfehlungen des Schallschutzes berücksichtigen, d. h. zu den Bauteilen müssen die erforderlichen Schallschutznachweise vorliegen;
  – außerdem muss die verantwortliche Bauleitung benannt und zu einer Teilabnahme vor Verschließen bzw. Bekleiden der Installation hinzugezogen werden.

[c] Abweichend von DIN EN ISO 10052:2010-10, 6.3.3, wird auf Messung in der lautesten Raumecke verzichtet (siehe auch DIN 4109-4).

16.4.4.3 Empfohlene Schallschutzwerte nach VDI 4100

Nach VDI 4100 werden drei Schallschutzstufen SSt I, SSt II und SSt III unterschieden. Tafel 16.69 erläutert die Qualität des subjektiv empfundenen Schallschutzes der einzelnen Stufen. In Tafel 16.70 werden die empfohlenen Schallschutzwerte für **Mehrfamilienhäuser** und in Tafel 16.71 für **Einfamilien-Doppelhäuser** und **Einfamilien-Reihenhäuser** wiedergegeben. Höhere Anforderungen an den **Schallschutz im eigenen Bereich** werden mit den Schallschutzstufen SSt EB I und SSt EB II gekennzeichnet und können Tafel 16.72 entnommen werden.

Tafel 16.69 Wahrnehmung üblicher Geräusche aus Nachbarwohnungen und Zuordnung zu drei Schallschutzstufen (SSt) in Mehrfamilienhäusern (VDI 4100) [46]

Art der Geräuschemission	Wahrnehmung der Immission aus der Nachbarwohnung (abendlicher A-bewerteter Grundgeräuschpegel von 20 dB, üblich große Aufenthaltsräume)		
	SSt I	SSt II	SSt III
Laute Sprache	Undeutlich verstehbar	Kaum verstehbar	Im Allgemeinen nicht verstehbar
Sprache mit angehobener Sprechweise	Im Allgemeinen kaum verstehbar	Im Allgemeinen nicht verstehbar	Nicht verstehbar
Sprache in normaler Sprechweise	Im Allgemeinen nicht verstehbar	Nicht verstehbar	Nicht hörbar
Sehr laute Musikpartys	Sehr deutlich hörbar	Deutlich hörbar	Noch hörbar
Laute Musik, laut eingestellte Rundfunk- und Fernsehgeräte	Deutlich hörbar	Noch hörbar	Kaum hörbar
Musik in normaler Lautstärke	Noch hörbar	Kaum hörbar	Nicht hörbar
Spielende Kinder	Hörbar	Noch hörbar	Kaum hörbar
Gehgeräusche	Im Allgemeinen kaum störend	Im Allgemeinen nicht störend	Nicht störend
Nutzergeräusche	Hörbar	Noch hörbar	Im Allgemeinen nicht hörbar
Geräusche aus gebäudetechnischen Anlagen	Unzumutbare Belästigungen werden im Allgemeinen vermieden	Im Allgemeinen nicht störend	Nicht oder nur selten störend
Haushaltsgeräte	Noch hörbar	Kaum hörbar	Im Allgemeinen nicht hörbar

16

Tafel 16.70 Empfohlene Schallschutzwerte der Schallschutzstufen (SSt) in Mehrfamilienhäusern (VDI 4100) [46]

Schallschutzkriterium			Kennzeichnende akustische Größe [dB]	SSt I	SSt II	SSt III
Luftschallschutz	Mehrfamilienhaus		$D_{nT,w}$	≥ 56	≥ 59	≥ 64
Luftschallschutz	Mehrfamilienhaus	Treppenraumwand mit Tür	$D_{nT,w}$ [a]	≥ 45	≥ 50	≥ 55
Trittschallschutz	Mehrfamilienhaus	Vertikal, horizontal oder diagonal	$L'_{nT,w}$ [b]	≤ 51	≤ 44	≤ 37
Gebäudetechnische Anlagen (einschließlich Wasserversorgungs- und Abwasseranlagen gemeinsam)	Mehrfamilienhaus		$\bar{L}_{AFmax,nT}$ [c]	≤ 30	≤ 27	≤ 24
Luftschallschutz gegen Außenlärm in schutzbedürftigen Räumen	Mehrfamilienhaus		res. R'_w [f] (res. $D_{nT,w}$)[e]	[d]	[d]	[d] (+5 dB)

[a] Die Empfehlungen beziehen sich auf den Schallschutz vom Treppenraum zum nächsten Aufenthaltsraum; wohnungsinterne Türen dürfen im Falle eines dazwischen liegenden Raums mit einem pauschalen Normschallpegeldifferenz-Abschlag von 10 dB berücksichtigt werden.
[b] Gilt auch für die Trittschallübertragung von Balkonen, Loggien, Laubengängen und Terrassen in fremde schutzbedürftige Räume.
[c] Einzelne kurzzeitige Geräuschspitzen, die beim Betätigen (Öffnen; Schließen, Umstellen, Unterbrechen u. Ä.) der Armaturen und Geräte der Wasserinstallation entstehen, sollen die Kennwerte der SSt II und SSt III um nicht mehr als 10 dB übersteigen. Dabei wird eine bestimmungsgemäße Benutzung vorausgesetzt.
[d] Siehe Regelungen in DIN 4109:1989-11, Abschn. 5.
[e] Ohne Korrektur nach DIN 4109:1989-11, Abschn. 5.2, Tab. 9.
[f] Mit Bezug auf Außenbauteile, die aus mehreren Teilflächen unterschiedlicher Schalldämmung bestehen.

Tafel 16.71 Empfohlene Schallschutzwerte der Schallschutzstufen (SSt) in Einfamilien-Doppelhäusern und Einfamilien-Reihenhäusern (VDI 4100) [46]

Schallschutzkriterium	Kennzeichnende akustische Größe [dB]	SSt I	SSt II	SSt III
Luftschallschutz	$D_{nT,w}$	≥ 65	≥ 69	≥ 73
Trittschallschutz, horizontal oder diagonal	$L'_{nT,w}$ [a]	≤ 46	≤ 39	≤ 32
Gebäudetechnische Anlagen (einschließlich Wasserversorgungs- und Abwasseranlagen gemeinsam)	$\bar{L}_{AFmax,nT}$ [b]	≤ 30	≤ 25	≤ 22
Luftschallschutz gegen Außenlärm in schutzbedürftigen Räumen	res. R'_w [e] (res. $D_{nT,w}$)[d]	[c]	[c]	[c] (+5 dB)

[a] Gilt auch für die Trittschallübertragung von Balkonen, Loggien, Laubengängen und Terrassen in fremde schutzbedürftige Räume.
[b] Einzelne kurzzeitige Geräuschspitzen, die beim Betätigen (Öffnen; Schließen, Umstellen, Unterbrechen u. Ä.) der Armaturen und Geräte der Wasserinstallation entstehen, sollen die Kennwerte der SSt II und SSt III um nicht mehr als 10 dB übersteigen. Dabei wird eine bestimmungsgemäße Benutzung vorausgesetzt.
[c] Siehe Regelungen in DIN 4109:1989-11, Abschn. 5.
[d] Ohne Korrektur nach DIN 4109:1989-11, Abschn. 5.2, Tab. 9.
[e] Mit Bezug auf Außenbauteile, die aus mehreren Teilflächen unterschiedlicher Schalldämmung bestehen.

Tafel 16.72 Empfohlene Schallschutzwerte für höheren Schallschutz innerhalb von Wohnungen und Einfamilienhäusern (VDI 4100) [46]

Schallschutzkriterium		Kennzeichnende akustische Größe [dB]	SSt EB I	SSt EB II
Luftschallschutz	Horizontal (Wände ohne Türen) und vertikal	$D_{nT,w}$	48	52
Luftschallschutz	Bei offenen Grundrissen Wand mit Tür zum getrennten Raum	$D_{nT,w}$	26	31
Trittschallschutz	Decken, Treppen im abgetrennten Treppenraum[b]	$L'_{nT,w}$	53	46
Gebäudetechnische Anlagen einschließlich Wasserversorgungs- und Abwasseranlagen gemeinsam für die Ver- und Entsorgung des eigenen Bereichs		$\bar{L}_{AFmax,nT}$ [a, c]	35	30

[a] Dies gilt nicht für Geräusche von im eigenen Bereich fest installierten technischen Schallquellen (Heizungs-, Lüftungs- und Klimaanlagen), die – im üblichen Betrieb – vom Bewohner beeinflusst, das heißt selbst betätigt bzw. in Betrieb gesetzt werden. Bei offenen Grundrissen kann nicht sichergestellt werden, dass im schutzbedürftigen Raum $\bar{L}_{AFmax,nT} = 35$ dB eingehalten werden.
[b] Oben und unten abgeschlossen.
[c] Einzelne kurzzeitige Geräuschspitzen, die beim Betätigen (Öffnen; Schließen, Umstellen, Unterbrechen u. Ä.) der Armaturen und Geräte der Wasserinstallation entstehen, sollen die empfohlenen Schallschutzwerte der SSt EB I und SSt EB II um nicht mehr als 10 dB übersteigen. Dabei wird eine bestimmungsgemäße Benutzung vorausgesetzt.

Abb. 16.19 Kenngrößen zur Berechnung des bewerteten Schalldämm-Maßes R'_w

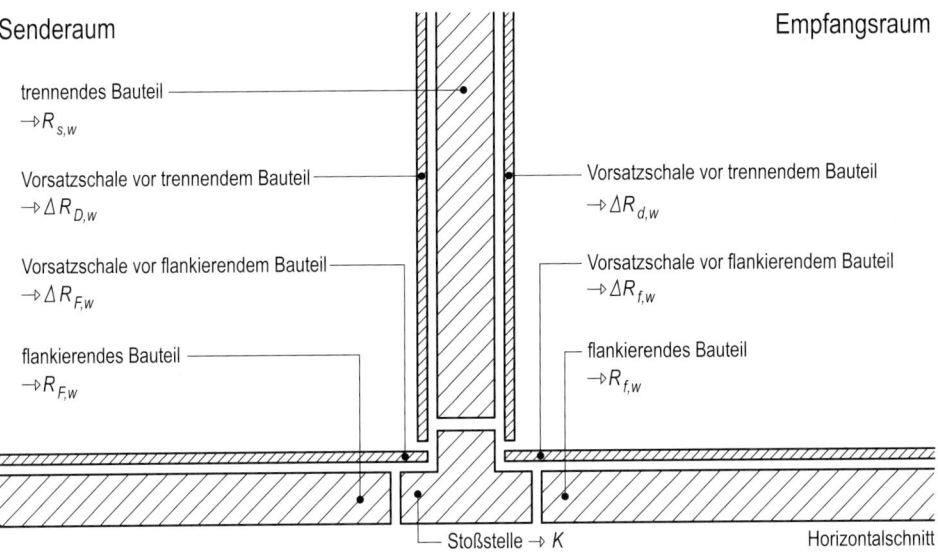

16.4.5   **Luftschallübertragung zwischen Räumen**

Das bewertete Schalldämm-Maß R'_w wird durch Berücksichtigung des Schalldämm-Maßes aus direkter Schallübertragung $R_{Dd,w}$ über das Trennbauteil und aus den Schalldämm-Maßen $R_{Ff,w}$, $R_{Df,w}$ und $R_{Fd,w}$ aus flankierender Schallübertragung ermittelt (DIN 4109-2):

$$R'_w = -10 \cdot \lg \left[10^{-0,1 \cdot R_{Dd,w}} + \sum_{F=f=1}^{n} 10^{-0,1 \cdot R_{Ff,w}} \right. $$
$$\left. + \sum_{f=1}^{n} 10^{-0,1 \cdot R_{Df,w}} + \sum_{F=1}^{n} 10^{-0,1 \cdot R_{Fd,w}} \right]$$

(16.96)

Abb. 16.19 gibt eine Übersicht über die zur Berechnung erforderlichen Kenngrößen.

Massivbau

Das bewertete Schalldämm-Maß $R_{Dd,w}$ für die direkte Schallübertragung wird aus dem bewerteten Schalldämm-Maß $R_{s,w}$ des trennenden massiven Bauteils, einem Korrekturwert K_E für entkoppelte Kanten und der gesamten bewerteten Verbesserung des Schalldämm-Maßes $\Delta R_{Dd,w}$ durch zusätzlich angebrachte Vorsatzkonstruktionen auf der Sende- und/oder Empfangsseite des trennenden Bauteils ermittelt (DIN 4109-2):

$$R_{Dd,w} = R_{s,w} - K_E + \Delta R_{Dd,w}$$

(16.97)

Das bewertete Schalldämm-Maß $R_{s,w}$ des trennenden massiven Bauteils ergibt sich aus der flächenbezogenen Masse m'_{ges} der Wand und dem unterschiedlichen Schalldämmverhalten der Baustoffe, welches durch die Werte a und b in die

Berechnung eingeht (DIN 4109-32):

$$R_{s,w} = a \cdot \lg \left(m'_{ges} \right) - b$$

(16.98)

- Beton, MW aus Betonsteinen, KS, MZ, Verfüllsteine $(65\,\mathrm{kg/m^2} \leq m'_{ges} \leq 720\,\mathrm{kg/m^2})$: $a = 30{,}9$; $b = 22{,}2$
- Mauerwerk aus Leichtbeton $(140\,\mathrm{kg/m^2} \leq m'_{ges} \leq 480\,\mathrm{kg/m^2})$: $a = 30{,}9$; $b = 20{,}2$
- Porenbeton $(50\,\mathrm{kg/m^2} \leq m'_{ges} \leq 150\,\mathrm{kg/m^2})$: $a = 32{,}6$; $b = 22{,}5$
- Porenbeton $(150\,\mathrm{kg/m^2} \leq m'_{ges} \leq 300\,\mathrm{kg/m^2})$: $a = 26{,}1$; $b = 8{,}4$

Sofern eine Wand verputzt ist, ergibt sich die flächenbezogene Masse m'_{ges} eines verputzten Bauteils wie folgt:

$$m'_{ges} = m'_{Wand} + m'_{Putz}$$

(16.99)

Bei Ermittlung der flächenbezogenen Masse m'_{Wand} eines nicht verputzten Bauteils sind die Wanddicke d_{Wand} und die Wandrohdichte ρ_w zugrunde zu legen:

$$m'_{Wand} = d_{Wand} \cdot \rho_w$$

(16.100)

Wandrohdichte ρ_w von Mauerwerk:
- Mauerwerk mit Normalmörtel:

$$\rho_w = 900 \cdot RDK + 100$$

(16.101)

- Mauerwerk mit Leichtmörtel:

$$\rho_w = 900 \cdot RDK + 50$$

(16.102)

- Mauerwerk mit Dünnbettmörtel
  - RDK > 1,0:

$$\rho_w = 1000 \cdot RDK - 100$$

(16.103)

– Klassenbreite der RDK $100\,\mathrm{kg/m^3}$ und RDK $\leq 1{,}0$:

$$\rho_\mathrm{w} = 1000 \cdot \mathrm{RDK} - 50 \qquad (16.104)$$

– Klassenbreite der RDK $50\,\mathrm{kg/m^3}$ und RDK $\leq 1{,}0$:

$$\rho_\mathrm{w} = 1000 \cdot \mathrm{RDK} - 25 \qquad (16.105)$$

Die resultierende Wandrohdichte $\rho_\mathrm{w,res}$ von Mauerwerk aus Füllsteinen berücksichtigt die Rohdichte ρ_Stein des unverfüllten Steins, die nach den vorgenannten Regeln bestimmt wird.

$$\rho_\mathrm{w,res} = \rho_\mathrm{Stein} \cdot V_\mathrm{Stege} + \rho_\mathrm{Beton} \cdot V_\mathrm{Füll} \qquad (16.106)$$

- ρ_Stein: wie vor
- $\rho_\mathrm{Beton} = 2350\,\mathrm{kg/m^3}$ (Verfüllung mit verdichtetem Normalbeton)
- ρ_Beton nach Baustoffnorm (Verfüllung mit Leichtbeton)

Resultierende flächenbezogene Masse m' von Mauerwerk aus Füllziegeln oder Wandbauarten mit Schalungsziegeln, verfüllt mit Normalbeton:

$$m' = m'_\mathrm{w} + A_\mathrm{Füll} \cdot \rho_\mathrm{Beton} \qquad (16.107)$$

m'_w nach allgemeiner bauaufsichtlicher Zulassung
$A_\mathrm{Füll}$ nach allgemeiner bauaufsichtlicher Zulassung
$\rho_\mathrm{Beton} = 2350\,\mathrm{kg/m^3}$ (Verfüllung mit verdichtetem Normalbeton)

Flächenbezogene Masse m'_Putz einer Putzschicht:

$$m'_\mathrm{Putz} = d_\mathrm{Putz} \cdot \rho_\mathrm{Putz} \qquad (16.108)$$

- Gips- und Dünnlagenputze: $\rho_\mathrm{Putz} = 1000\,\mathrm{kg/m^3}$
- Kalk- und Kalkzementputze: $\rho_\mathrm{Putz} = 1600\,\mathrm{kg/m^3}$
- Leichtputze: $\rho_\mathrm{Putz} = 900\,\mathrm{kg/m^3}$
- Wärmedämmputze: $\rho_\mathrm{Putz} = 250\,\mathrm{kg/m^3}$

Für Normalbeton ist eine Rohdichte von $2400\,\mathrm{kg/m^3}$ anzusetzen. Der Rechenwert der Rohdichte von Zementestrich ist mit $2000\,\mathrm{kg/m^3}$ anzusetzen.

Korrekturwert K_E für entkoppelte Kanten:
- $m'_\mathrm{w} \leq 150\,\mathrm{kg/m^2}$: Anzahl $n = 2$ bis $3 \rightarrow K_\mathrm{E} = 2\,\mathrm{dB}$, $n = 4 \rightarrow K_\mathrm{E} = 4\,\mathrm{dB}$
- $m'_\mathrm{w} > 150\,\mathrm{kg/m^2}$: Anzahl $n = 2$ bis $3 \rightarrow K_\mathrm{E} = 3\,\mathrm{dB}$, $n = 4 \rightarrow K_\mathrm{E} = 6\,\mathrm{dB}$

Die bewertete Verbesserung ΔR_w durch Vorsatzkonstruktionen beträgt für die Resonanzfrequenz f_0 im Bereich von 30 bis 160 Hz (DIN 4109-34):

$$\Delta R_\mathrm{w} = 74{,}4 - 20 \cdot \lg(f_0) - 0{,}5 \cdot R_\mathrm{w} \qquad (16.109)$$

Die Resonanzfrequenz f_0 ist nach folgendem Zusammenhang unter Berücksichtigung der dynamischen Steifigkeit s'

Tafel 16.73 Bewertete Verbesserung der Direktschalldämmung ΔR_w durch Vorsatzkonstruktionen (DIN 4109-34 Tab. 1) [38]

Resonanzfrequenz der Vorsatzkonstruktion f_0 [Hz]	Bewertete Verbesserung der Direktschalldämmung ΔR_w [dB]
$30 \leq f_0 \leq 160$	$\max \begin{cases} 74{,}4 - 20 \cdot \log(f_0) - 0{,}5 \cdot R_\mathrm{w} \\ 0 \end{cases}$
200	-1
250	-3
315	-5
400	-7
500	-9
630 bis 1600	-10
$1600 < f_0 \leq 5000$	-5

und den flächenbezogenen Massen m'_1 und m'_2 der Einzelschalen zu berechnen:

$$f_0 = 160 \cdot \sqrt{s' \cdot \left(\frac{1}{m'_1} + \frac{1}{m'_2}\right)} \qquad (16.110)$$

Die dynamische Steifigkeit s' ist das Verhältnis aus dem dynamischen Elastizitätsmodul E_dyn, für den einige Werte in Tafel 16.53 aufgelistet sind, und dem Abstand d zwischen den Schalen:

$$s' = \frac{E_\mathrm{dyn}}{d} \qquad (16.111)$$

Die bewertete Verbesserung ΔR_w für die Resonanzfrequenz f_0 im Bereich von 200 bis 5000 Hz kann Tafel 16.73 entnommen werden. Bei der Ermittlung der bewerteten Verbesserung des Schalldämm-Maßes $\Delta R_\mathrm{Dd,w}$ ist zu unterscheiden, ob es sich um einseitig oder zweiseitig angebrachte Konstruktionen handelt (DIN 4109-2):
- einseitig angebracht
  - senderaumseitig:

$$\Delta R_\mathrm{Dd,w} = \Delta R_\mathrm{D,w} \qquad (16.112)$$

  - empfangsraumseitig:

$$\Delta R_\mathrm{Dd,w} = \Delta R_\mathrm{d,w} \qquad (16.113)$$

- zweiseitig angebracht
  - falls $\Delta R_\mathrm{D,w} \geq \Delta R_\mathrm{d,w}$:

$$\Delta R_\mathrm{Dd,w} = \Delta R_\mathrm{D,w} + 0{,}5 \cdot \Delta R_\mathrm{d,w} \qquad (16.114)$$

  - falls $\Delta R_\mathrm{d,w} \geq \Delta R_\mathrm{D,w}$:

$$\Delta R_\mathrm{Dd,w} = \Delta R_\mathrm{d,w} + 0{,}5 \cdot \Delta R_\mathrm{D,w} \qquad (16.115)$$

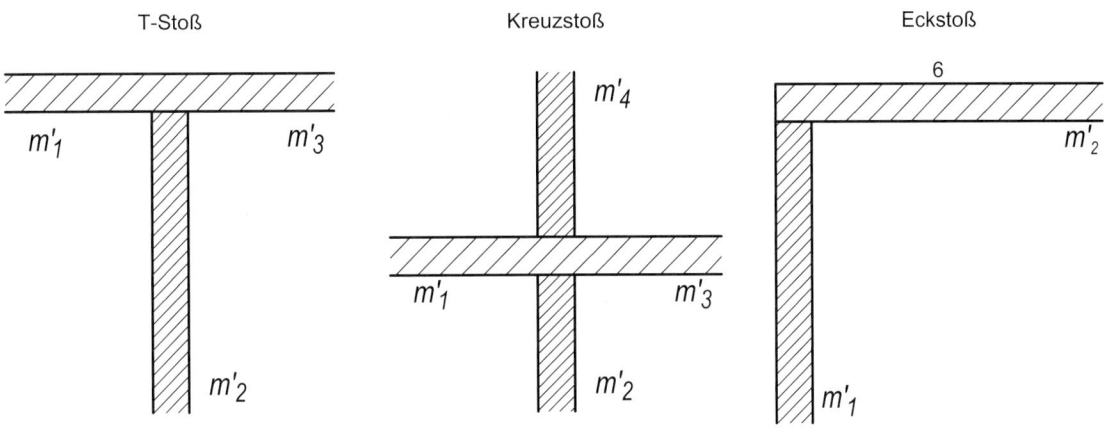

Das Bauteil besitzt nach der Stoßstelle dieselbe flächenbezogene Masse
wie vor der Stoßstelle:

$$m_3 = m_1 \qquad\qquad m_3 = m_1 \quad m_4 = m_2$$

Abb. 16.20 Arten von Stoßstellen (DIN 4109-32 Bilder 11, 12 und 13) [36]

Das bewertete Flankenschalldämm-Maß $R_{ij,w}$ berücksichtigt die bewerteten Schalldämm-Maße der schallaufnehmenden Bauteile im Senderaum $R_{i,w}$ und der schallabgebenden Bauteile im Empfangsraum $R_{j,w}$, die jeweils zur Hälfte berücksichtigt werden. Werden auf den flankierenden Bauteilen raumseitig Vorsatzkonstruktionen angebracht, ist die gesamte bewertete Verbesserung des Schalldämm-Maßes $\Delta R_{ij,w}$ des flankierenden Bauteils im Senderaum (i) und/oder im Empfangsraum (j) mit zu erfassen. Außerdem sind die akustischen Eigenschaften der Verbindung von trennendem und flankierendem Bauteil, ausgedrückt durch das Stoßstellendämm-Maß K_{ij} relevant. Als geometrische Größen gehen die Fläche S_S des trennenden Bauteils, die gemeinsame Kopplungslänge l_f (Kantenlänge) der Verbindungsstelle zwischen dem trennenden und dem flankierenden Bauteil sowie die Bezugs-Kopplungslänge von $l_0 = 1$ m in die Berechnung ein (DIN 4109-2):

$$R_{ij,w} = \frac{R_{i,w}}{2} + \frac{R_{j,w}}{2} + \Delta R_{ij,w} + K_{ij} + 10 \cdot \lg \frac{S_S}{l_0 \cdot l_f} \tag{16.116}$$

Beträgt die Trennfläche S_S weniger als 8 m², ist beim rechnerischen Nachweis eine Mindestfläche von $S_S = 8$ m² anzusetzen. Für die gesamte bewertete Verbesserung des Schalldämm-Maßes $\Delta R_{ij,w}$ durch eine zusätzlich angebrachte Vorsatzkonstruktion ist zu unterscheiden, ob sie auf der Sende- und/oder Empfangsseite des flankierenden Bauteils aufgebracht ist:

- Sende- **oder** Empfangsraumseite
  - senderaumseitig:

$$\Delta R_{ij,w} = \Delta R_{i,w} \tag{16.117}$$

  - empfangsraumseitig:

$$\Delta R_{ij,w} = \Delta R_{j,w} \tag{16.118}$$

- Sende- **und** Empfangsseite
  - falls $\Delta R_{i,w} \geq \Delta R_{j,w}$:

$$\Delta R_{ij,w} = \Delta R_{i,w} + \frac{\Delta R_{j,w}}{2} \tag{16.119}$$

  - falls $\Delta R_{j,w} \geq \Delta R_{i,w}$:

$$\Delta R_{ij,w} = \Delta R_{j,w} + \frac{\Delta R_{i,w}}{2} \tag{16.120}$$

Für massive, homogene und biegesteif miteinander verbundene Bauteile ist zur Ermittlung des Stoßstellendämm-Maßes K_{ij} der Verhältniswert M aus der flächenbezogenen Masse m_i' des angeregten Bauteils im Übertragungsweg und der flächenbezogenen Masse $m_{\perp i}'$ des anderen die Stoßstelle bildenden, senkrecht dazu befindlichen Bauteils zu ermitteln (DIN 4109-32):

$$M = \lg \left(\frac{m_{\perp i}'}{m_i'} \right) \tag{16.121}$$

In Abhängigkeit von der Art des Stoßes (T-Stoß, Kreuzstoß, Eckstoß) nach Abb. 16.20 und den Schallübertragungswegen 1-2 oder 1-3 lautet das Stoßstellendämm-Maß K_{ij}:

- Eckstoß:

$$K_{12} = 2{,}7 + 2{,}7 \cdot M^2 \left(= K_{ij} \right) \tag{16.122}$$

- Dickenwechsel:

$$K_{12} = 5 \cdot M^2 - 5 \left(= K_{ij} \right) \tag{16.123}$$

- T-Stoß, Weg 1–2:

$$K_{12} = 4{,}7 + 5{,}7 \cdot M^2 \left(= K_{Fd} = K_{Df} \right) \tag{16.124}$$

- T-Stoß, Weg 1–3, $M < 0{,}215$:

$$K_{13} = 5{,}7 + 14{,}1 \cdot M + 5{,}7 \cdot M^2 \ (= K_{\text{Ff}}) \quad (16.125)$$

- T-Stoß, Weg 1–3, $M \geq 0{,}215$:

$$K_{13} = 8 + 6{,}8 \cdot M \ (= K_{\text{Ff}}) \quad\quad (16.126)$$

- Kreuzstoß, Weg 1–2:

$$K_{12} = 5{,}7 + 15{,}4 \cdot M^2 \ (= K_{\text{Fd}} = K_{\text{Df}}) \quad (16.127)$$

- Kreuzstoß, Weg 1–3, $M < 0{,}182$:

$$K_{13} = 8{,}7 + 17{,}1 \cdot M + 5{,}7 \cdot M^2 \ (= K_{\text{Ff}}) \quad (16.128)$$

- Kreuzstoß, Weg 1–3, $M \geq 0{,}182$:

$$K_{13} = 9{,}6 + 11 \cdot M \ (= K_{\text{Ff}}) \quad\quad (16.129)$$

Das Stoßstellendämm-Maß K_{ij} darf unter Beachtung der Flächen des angeregten Bauteils S_{i} im Senderaum und des abstrahlenden Bauteils S_{j} im Empfangsraum folgenden Mindestwert nicht unterschreiten:

$$K_{\text{ij}} = 10 \cdot \lg \left[l_{\text{f}} \cdot l_0 \cdot \left(\frac{1}{S_{\text{i}}} + \frac{1}{S_{\text{j}}} \right) \right] \quad (16.130)$$

Einfamilien-Reihenhäuser und Einfamilien-Doppelhäuser

In einem vereinfachten Nachweisverfahren wird das bewertete Schalldämm-Maß $R'_{\text{w,2}}$ zweischaliger Trennwände massiver Doppel- und Reihenhäuser aus dem bewerteten Schalldämm-Maß $R'_{\text{w,1}}$ einer gleich schweren einschaligen Wand, einem Zuschlagswert $\Delta R_{\text{w,Tr}}$ für die Zweischaligkeit und einem Korrekturwert K zur Berücksichtigung flankierender Decken und Wände berechnet (DIN 4109-2):

$$R'_{\text{w,2}} = R'_{\text{w,1}} + \Delta R_{\text{w,Tr}} + K \quad\quad (16.131)$$

Das bewertete Schalldämm-Maß $R'_{\text{w,1}}$ hängt von der flächenbezogenen Masse $m'_{\text{Tr,ges}}$ beider Schalen ab:

$$R'_{\text{w,1}} = 28 \cdot \lg \left(m'_{\text{Tr,ges}} \right) - 18 \, \text{dB} \quad (16.132)$$

Der Zuschlagswert $\Delta R_{\text{w,Tr}}$ kann Tafel 16.74 entnommen werden.

Der Korrekturwert K zur Berücksichtigung der auch bei Trennung der Wandschalen erfolgenden, jedoch meist geringfügigen Flankenschallübertragung wird aus der flächenbezogenen Masse $m'_{\text{Tr,1}}$ der Trennwandeinzelschale auf der Empfangsraumseite und der mittleren flächenbezogenen

Masse $m'_{\text{f,m}}$ der flankierenden Bauteile auf der Empfangsraumseite folgendermaßen berechnet:

$$K = 0{,}6 + 5{,}5 \cdot \lg \left(\frac{m'_{\text{Tr,1}}}{m'_{\text{f,m}}} \right) \quad\quad (16.133)$$

Die mittlere flächenbezogene Masse $m'_{\text{f,m}}$ flankierender Bauteile wird unter Beachtung der flächenbezogenen Massen $m'_{\text{f,i}}$ der flankierenden massiven Bauteilen und deren Anzahl n wie folgt ermittelt:

$$m'_{\text{f,m}} = \frac{1}{n} \sum_{i=1}^{n} m'_{\text{f,i}} \quad\quad (16.134)$$

Holz-, Leicht- und Trockenbau

Das bewertete Bau-Schalldämm-Maß R'_{w} berechnet sich aus dem bewerteten Schalldämm-Maß $R_{\text{Dd,w}}$ des trennenden Bauteils und dem bewerteten Flankenschalldämm-Maß $R_{\text{Ff,w}}$ für den Übertragungsweg Ff (DIN 4109-2):

$$R'_{\text{w}} = -10 \cdot \lg \left[10^{-0{,}1 \cdot R_{\text{Dd,w}}} + \sum_{F=f=1}^{n} 10^{-0{,}1 \cdot R_{\text{Ff,w}}} \right] \quad (16.135)$$

Vereinfachend werden die Übertragungswege Df und Fd nicht berücksichtigt, da die Bauteile biegeweich miteinander verbunden sind. Die Fläche des trennenden Bauteils ist mit mindestens $S_{\text{S}} = 8 \, \text{m}^2$ anzunehmen, wenn in realen Grundriss-Situationen die gemeinsame Trennfläche zwischen zwei Räumen kleiner als $S_{\text{S}} = 8 \, \text{m}^2$ sein sollte. Bewertete Schalldämm-Maße R_{w} von Trennbauteilen sind enthalten in:

- DIN 4109-33 Tab. 2 bis 8 für Wände
- DIN 4109-33 Tab. 15 bis 25 für Decken

Tafel 16.75 zeigt beispielhaft die bewerteten Schalldämm-Maße R_{w} von Innenwänden in Holztafelbauweise ohne Vorsatzschalen.

Das bewertete Flankenschalldämm-Maß $R_{\text{Ff,w}}$ wird aus der bewerteten Norm-Schallpegeldifferenz $D_{\text{n,f,w}}$ und unter Berücksichtigung der gemeinsamen Kopplungslänge l_{f} der Verbindungsstelle zwischen dem trennenden Bauteil und den flankierenden Bauteilen sowie der Bezugskantenlänge l_{lab}, der Fläche des trennenden Bauteils S_{S} und der Bezugsabsorptionsfläche von $A_0 = 10 \, \text{m}^2$ ermittelt.

$$R_{\text{Ff,w}} = D_{\text{n,f,w}} + 10 \cdot \lg \frac{l_{\text{lab}}}{l_{\text{f}}} + 10 \cdot \lg \frac{S_{\text{S}}}{A_0} \quad (16.136)$$

- $l_{\text{lab}} = 2{,}8 \, \text{m}$ (Fassaden und Innenwände bei horizontaler Übertragung)
- $l_{\text{lab}} = 4{,}5 \, \text{m}$ (Decken, Unterdecken und Fußbodenaufbauten bei horizontaler Übertragung sowie bei Fassaden und Innenwänden bei vertikaler Übertragung)

Tafel 16.74 Zuschlagswerte $\Delta R_{w,Tr}$ unterschiedlicher Übertragungssituationen für zweischalige Haustrennwände (DIN 4109-2 Tab. 1) [34]

Situation (Vertikalschnitt)	Beschreibung	$\Delta R_{w,Tr}$ [dB]
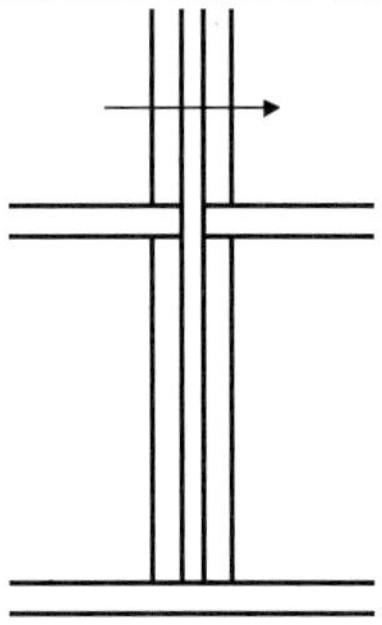	vollständige Trennung der Schalen und der flankierenden Bauteile ab Oberkante Bodenplatte, auch gültig für alle darüber liegenden Geschosse, unabhängig von der Ausbildung der Bodenplatte und der Fundamente	12
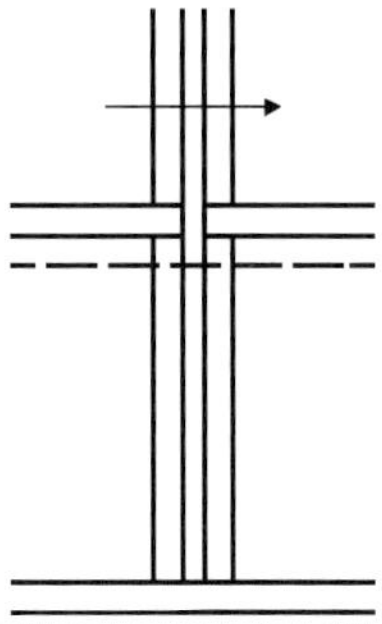	Außenwände durchgehend mit $m' \geq 575\,\mathrm{kg/m^2}$ (z. B. Kelleraußenwände als „weiße Wanne")	9
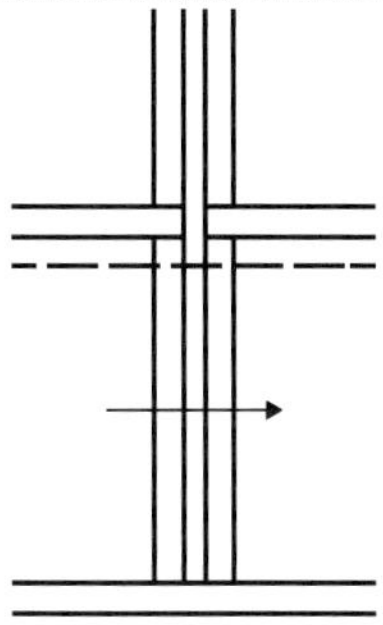	Außenwände durchgehend mit $m' \geq 575\,\mathrm{kg/m^2}$ (z. B. Kelleraußenwände als „weiße Wanne") Bodenplatte durchgehend mit $m' \geq 575\,\mathrm{kg/m^2}$	3
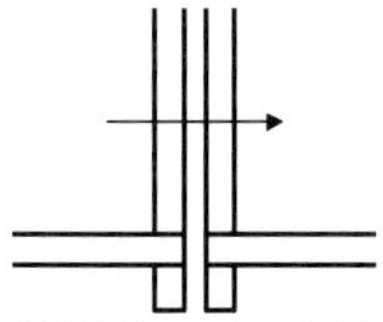	Außenwände getrennt Bodenplatte und Fundamente getrennt	9
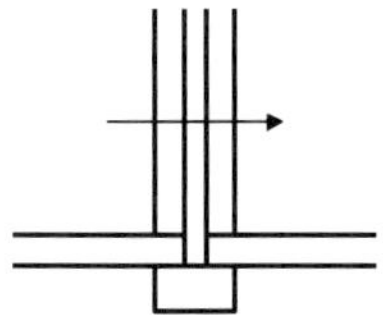	Außenwände getrennt Bodenplatte getrennt auf gemeinsamen Fundament	6[d]
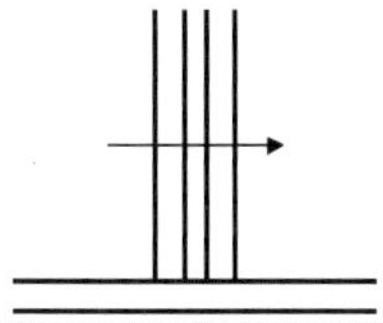	Außenwände getrennt Bodenplatte durchgehend mit $m' \geq 575\,\mathrm{kg/m^2}$	6[d]

[a] Falls die einzelnen Schalen nicht schwerer als $200\,\mathrm{kg/m^2}$ sind, können die Zuschlagswerte $\Delta R_{w,Tr}$ für zweischalige Haustrennwände aus Porenbeton für die Zeilen 1, 2, 3, und 4 um 3 dB und für die Zeilen 5 und 6 um 6 dB erhöht werden.

[b] Falls die einzelnen Schalen nicht schwerer als $250\,\mathrm{kg/m^2}$ sind, können die Zuschlagswerte $\Delta R_{w,Tr}$ für zweischalige Haustrennwände aus Leichtbeton um 2 dB erhöht werden, wenn die Steinrohdichte $\leq 800\,\mathrm{kg/m^3}$ ist.

[c] Falls der Schalenabstand mindestens 50 mm beträgt und der Fugenhohlraum mit Mineralwolledämmplatten nach DIN EN 13162, Anwendungskurzzeichen WTH nach DIN 4108-10, ausgefüllt wird, können die Zuschlagswerte $\Delta R_{w,Tr}$ bei allen Materialien in den Zeilen 1, 2, und 4 um 2 dB erhöht werden.

[d] Für eine Haustrennwand bestehend aus zwei Schalen je 17,5 cm Porenbeton der Rohdichteklasse 0,60 (oder größer) mit einem Schalenabstand von mindestens 50 mm, verfüllt mit Mineralwolledämmplatten nach DIN EN 13162, Anwendungskurzzeichen WTH nach DIN 4108-10, kann insgesamt ein $\Delta R_{w,Tr}$ von +14 dB angesetzt werden. Zuschläge nach Fußnote a sind in diesem Zuschlag bereits berücksichtigt.

Tafel 16.75 Bewertete Schalldämm-Maße R_w von Innenwänden in Holztafelbauweise ohne Vorsatzschalen (DIN 4109-33 Tab. 3) [37]

Horizontalschnitt	Konstruktionsdetails				$R_w(C;C_{tr})$ [dB]
	Mindestdämmschichtdicke[a] s_D [mm]	Abmessung Holzständer[b] b/h [mm]	Mindestschalenabstand s [mm]	Bekleidungsdicke[c] s_B [mm]	
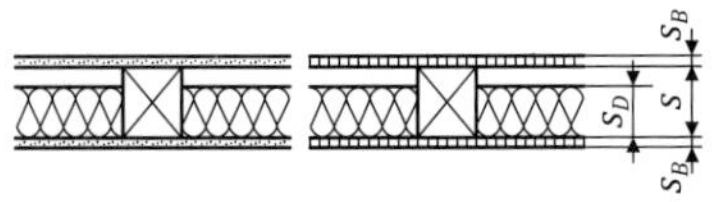	40	60/60	40	GK 12,5	38 (−3; −8)
				GF 12,5	42 (−1; −5)
				HW 15	34 (−2; −6)
				SP 13	40
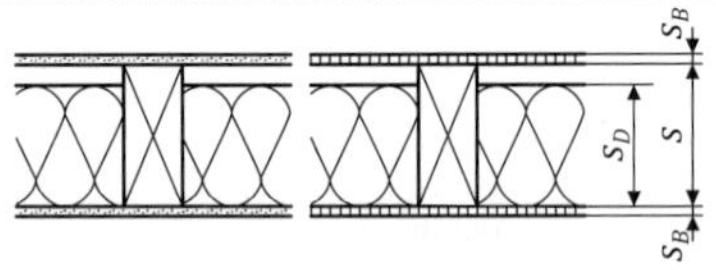	120	60/140	120	GK 12,5	41 (−2; −7)
				GF 12,5	44 (−2; −4)
				HW 15	36 (−2; −7)
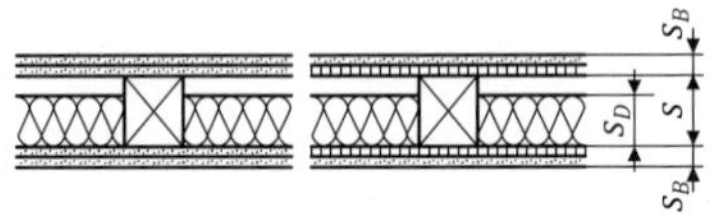	40	60/60	40	GK 12,5 + GK 12,5	43 (−1; −5)
				GF 12,5 + GF 10	47 (−2; −5)
				GK 9,5 + SP 13	48
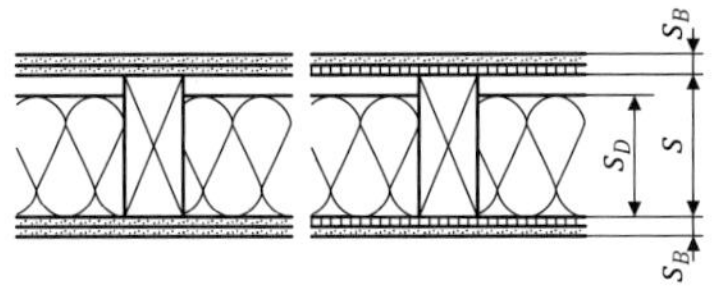	120	60/140	120	GF 10 + GF 12,5	47 (−2; −6)
				GF 10 + HW 15	47 (−2; −6)
				GK 9,5 + HW 15	43 (−2; −8)
	140	2 · 60/60[d]	140	GK 12,5 + HW 13	54 (−2; −5)
				GF 10 + GF 12,5	54 (−2; −5)
		2 · 60/60[e]		GF 10 + GF 12,5	66 (−3; −7)
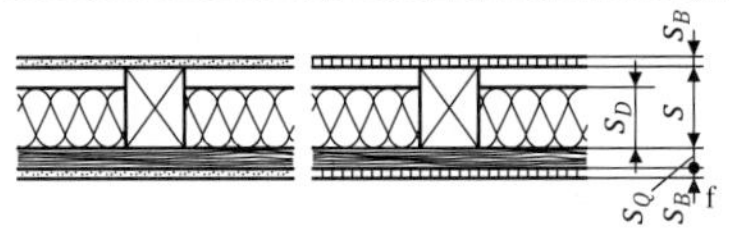	60	60/80	105	GK 12,5	43
				SP 13	45
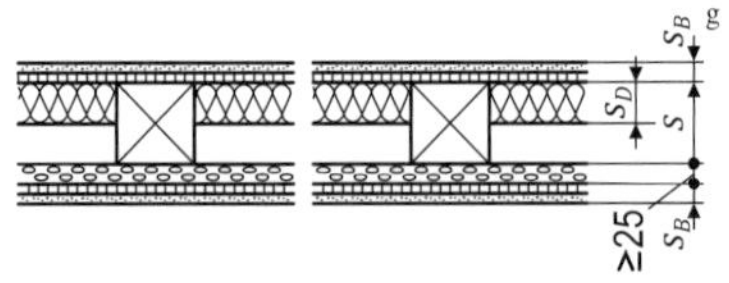	40	80/80	105	GK 12,5 + SP 13	58 (−4; −11)

[a] MW: Mineralwolle oder
WF: Holzfaser, Übermaß des Dämmstoffs ist zu vermeiden.

[b] Holzständer, Achsabstand ≥ 600 mm; der angegebene Wert für b ist ein Höchstwert, für h ein Mindestwert.

[c] GF: Gipsfaserplatte
GK: Gipsplatte
HW: Holzwerkstoffplatte, eine Erhöhung der Plattendicke bis 16 mm ist zulässig
SP: Spanplatte, eine Erhöhung der Plattendicke bis 16 mm ist zulässig.

[d] Rähm durchlaufend.

[e] Rähm und Schwelle getrennt.

[f] Querlattung mit s_Q ≥ 22 mm und mit Achsabstand ≥ 500 mm.

[g] Federschiene mit Achsabstand ≥ 500 mm.

Bewertete Norm-Schallpegeldifferenzen $D_{n,f,w}$ flankierender Bauteile sind enthalten in:

- DIN 4109-33 Tab. 26 bis 29 für Wände
- DIN 4109-33 Tab. 30 bis 35 für Dächer
- DIN 4109-33 Tab. 36 bis 41 für Decken

Beispielhaft können bewertete Norm-Flankenschallpegeldifferenzen $D_{n,f,w}$ von Holztafelwänden mit Vorsatzschale bei horizontaler Schallübertragung Tafel 16.76 entnommen werden.

Tafel 16.76 Bewertete Norm-Flankenschallpegeldifferenz $D_{n,f,w}$ von Holztafelwänden mit Vorsatzschale bei horizontaler Schallübertragung (DIN 4109-33 Tab. 28) [37]

Horizontalschnitt	Konstruktionsdetails					$D_{n,f,w}(C;C_{tr})$ [dB]
	Mindestdämm-schichtdicke[a] s_D [mm]	Abmessung Holzständer[b] b/h [mm]	Mindest-schalenabstand s [mm]	Bekleidungsdicke[c] $s_{B,n}$ [mm]		
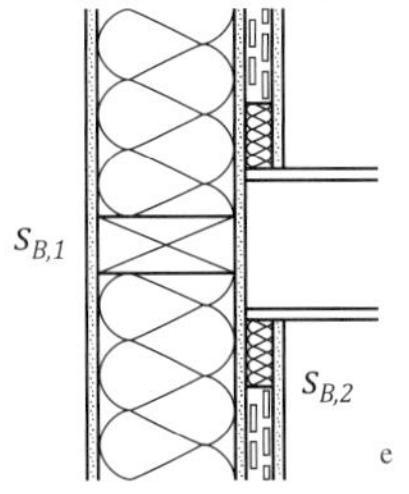	160	60/160	160	$s_{B,1}$	MDF 15	68 (−2; −8)
				$s_{B,2}$	HW 15 + GF 12,5	
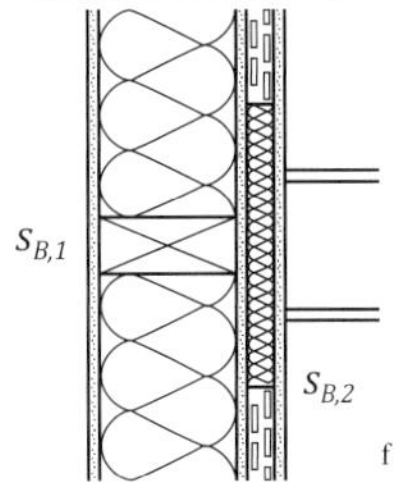	160	60/160	160	$s_{B,1}$	MDF 15	50 (−2; −3)
				$s_{B,2}$	HW 15 + GF 12,5	

[a] MW: Mineralwolle oder
WF: Holzfaser, Übermaß des Dämmstoffs ist zu vermeiden.
[b] Holzständer, Achsabstand ≥ 600 mm; der angegebene Wert für b ist ein Höchstwert, für h ein Mindestwert.
[c] GF: Gipsfaserplatte, $\rho \geq 1100$ kg/m^3,
HW: Holzwerkstoffplatte, OSB Verlegeplatte oder Spanplatte SP, Plattendicke ≤ 16 mm,
MDF: Mitteldichte Faserplatte.
[d] Für Trennwände nach DIN 4109-33 Tab. 2 bis 4.
[e] Vorsatzschale (27 mm auf Federschiene oder Holzlattung mit Dämmung) durch Trennwand unterbrochen, raumseitige Bekleidung ($s_{B,2}$), durchlaufend.
[f] Vorsatzschale (27 mm auf Federschiene oder Holzlattung mit Dämmung) durchlaufend raumseitige Bekleidung ($s_{B,2}$), durchlaufend.

Nachweis der Anforderungen an die Luftschalldämmung von trennenden Bauteilen

Das berechnete Schalldämm-Maß R'_w wird im Rahmen einer vereinfachten Ermittlung um einen Sicherheitsbeiwert, der sogenannten Prognoseunsicherheit u_{prog}, vermindert. Der Nachweis der Luftschalldämmung in Gebäuden ist erbracht, wenn der verminderte Wert den Anforderungswert mindestens erreicht (DIN 4109-2):

- Luftschalldämmung von Wänden und Decken:

$$R'_w - 2\,\text{dB} \geq R'_{w,erf} \qquad (16.137)$$

- Luftschalldämmung von Türen:

$$R_w - 5\,\text{dB} \geq R_{w,erf} \qquad (16.138)$$

Das bewertete Schalldämm-Maß R'_w ist auf 0,1 dB zu runden. In folgendem Beispiel ist die Anforderung an die Luftschalldämmung einer Wand nicht erfüllt:

$$R'_w - 2\,\text{dB} = 54{,}8 - 2 = 52{,}8\,\text{dB} < R'_{w,erf} = 53\,\text{dB}$$

16.4.6 Trittschallübertragung

Massivdecken

Der bewertete Norm-Trittschallpegel $L'_{n,w}$ von Massivdecken wird aus dem bewerteten äquivalenten Norm-Trittschallpegel $L_{n,eq,0,w}$ der Rohdecke, der bewerteten Trittschallminderung ΔL_w für die Deckenauflage (Verbesserungsmaß) und einem Korrekturzuschlag K für die Flankenübertragung bzw. einem Korrekturabzug K_T für unterschiedliche Ausbreitungsrichtungen berechnet (DIN 4109-2):

- übereinander liegende Decken:

$$L'_{n,w} = L_{n,eq,0,w} - \Delta L_w + K \qquad (16.139)$$

- unterschiedliche Raumanordnungen:

$$L'_{n,w} = L_{n,eq,0,w} - \Delta L_w - K_T \qquad (16.140)$$

Der bewertete äquivalente Norm-Trittschallpegel $L_{n,eq,0,w}$ der Rohdecke wird aus der flächenbezogenen Masse m' der Rohdecke ermittelt (DIN 4109-32):

$$L_{n,eq,0,w} = 164 - 35 \cdot \lg(m') \qquad (16.141)$$

für $100\,\text{kg/m}^2 \leq m' \leq 720\,\text{kg/m}^2$

Tafel 16.77 Korrekturwert K_T zur Ermittlung des bewerteten Norm-Trittschallpegels $L'_{n,w,R}$ (DIN 4109-2 Tab. 2) [34]

Lage der Empfangsräume (ER)		K_T [dB]
neben oder schräg unter der angeregten Decke	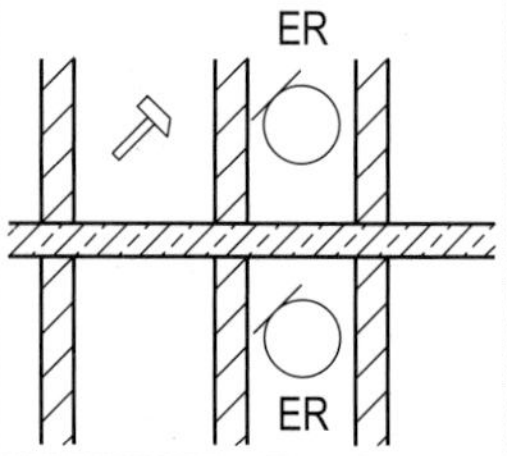 ER / ER	$+5^a$
wie oben, jedoch ein Raum dazwischenliegend	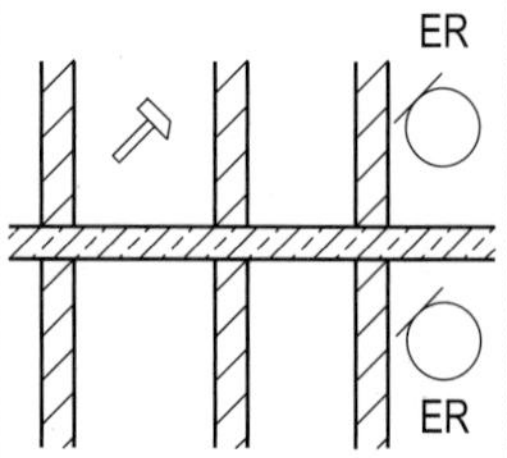 ER / ER	$+10^a$
über der angeregten Decke (Gebäude mit tragenden Wänden)	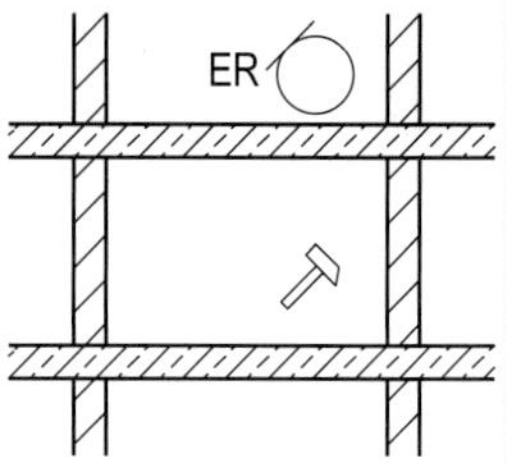 ER	$+10^b$
über der angeregten Decke (Skelettbau)	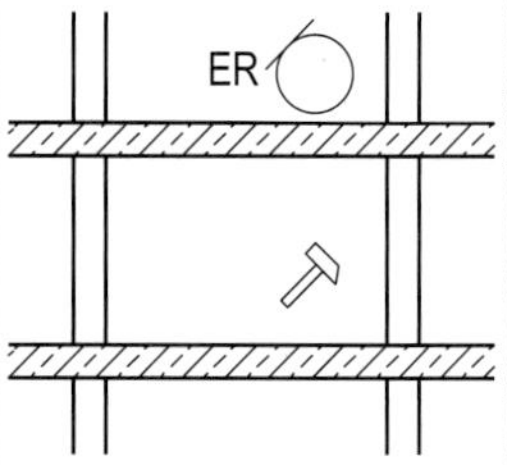 ER	$+20$

^{a} Voraussetzung: Zur Sicherstellung einer ausreichenden Stoßstellendämmung müssen die Wände zwischen angeregter Decke und Empfangsraum starr angebunden sein und eine flächenbezogene Masse $m' \geq 150 \, \text{kg/m}^2$ haben.

^{b} Dieser Korrekturwert gilt sinngemäß auch für Bodenplatten.

Die bewertete Trittschallminderung ΔL_w für schwimmende Estriche auf Massivdecken wird in Abhängigkeit von der dynamischen Steifigkeit s' der Dämmschicht und der flächenbezogenen Masse m' des Estrichs berechnet (DIN 4109-34):

- schwimmende Mörtelestriche

$$\Delta L_w = 13 \cdot \lg(m') - 14{,}2 \cdot \lg(s') + 20{,}8 \quad (16.142)$$

für $6 \, \text{MN/m}^3 \leq s' \leq 50 \, \text{MN/m}^3$ und $60 \, \text{kg/m}^2 \leq m' \leq 160 \, \text{kg/m}^2$

- schwimmende Gussasphalt- oder Fertigteilestriche

$$\Delta L_w = (-0{,}21 \cdot m' - 5{,}45) \cdot \lg(s') + 0{,}46 \cdot m' + 23{,}8 \quad (16.143)$$

- für $15 \, \text{MN/m}^3 \leq s' \leq 40 \, \text{MN/m}^3$ und $15 \, \text{kg/m}^2 \leq m' \leq 40 \, \text{kg/m}^2$ (Fertigteilestriche)
- für $15 \, \text{MN/m}^3 \leq s' \leq 50 \, \text{MN/m}^3$ und $58 \, \text{kg/m}^2 \leq m' \leq 87 \, \text{kg/m}^2$ (einlagige Gussasphaltestriche)

Bei Berechnung des Korrekturwertes K für die Flankenübertragung werden die flächenbezogene Masse der Rohdecke m'_s und die mittlere flächenbezogene Masse $m'_{f,m}$ der flankierenden Bauteile berücksichtigt (DIN 4109-2):

- Massivdecken ohne Unterdecke

$$K = 0{,}6 + 5{,}5 \cdot \lg\left(\frac{m'_s}{m'_{f,m}}\right) \quad (16.144)$$

- Massivdecken mit Unterdecke

$$K = -5{,}3 + 10{,}2 \cdot \lg\left(\frac{m'_s}{m'_{f,m}}\right) \quad (16.145)$$

Der Korrekturwert K_T für unterschiedliche Ausbreitungsrichtungen kann Tafel 16.77 entnommen werden. Bei Haustrennwänden mit zwei biegesteifen Schalen und Trennfuge nach Abb. 16.21 beträgt $K_T = 15 \, \text{dB}$.

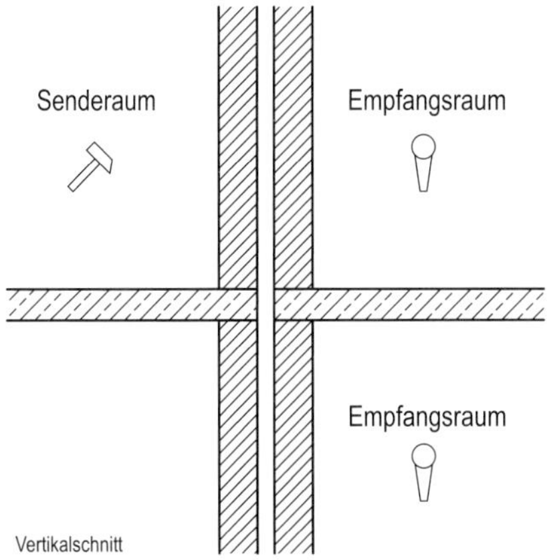

Abb. 16.21 Haustrennwand mit zwei biegesteifen Schalen und Trennfuge

Massivtreppen

Der bewertete Norm-Trittschallpegel $L'_{n,w}$ errechnet sich aus dem äquivalenten bewerteten Norm-Trittschallpegel $L_{n,eq,0,w}$ des Treppenlaufs oder des Treppenpodests und gegebenenfalls der bewerteten Trittschallminderung ΔL_w eines Bodenbelags oder eines schwimmenden Estrichs (DIN 4109-2):

$$L'_{n,w} = L_{n,eq,0,w} - \Delta L_w \qquad (16.146)$$

Tafel 16.78 enthält Angaben zum äquivalenten bewerteten Norm-Trittschallpegel $L_{n,eq,0,w}$ (DIN 4109-32). Der dort genannte $L'_{n,w}$-Wert wird angewendet, wenn kein zusätzlicher trittschalldämmender Gehbelag oder kein schwimmender Estrich aufgebracht wird. Die bewertete Trittschallminderung ΔL_w wird nach (16.142) oder (16.143) berechnet.

Holz-, Leicht- und Trockenbau

Beim Holz- und Leichtbau ist ein weiterer Flankenschall-Übertragungsweg DFf vorhanden, da auch über den Randanschluss des schwimmenden Estrichs Schallenergie übertragen wird. Im vereinfachten Nachweis ergibt sich der bewertete Norm-Trittschallpegel $L'_{n,w}$ aus dem bewerteten Norm-Trittschallpegel $L_{n,w}$ der Holzdecke ohne Flankenübertragung, dem Korrekturwert K_1 zur Berücksichtigung der Flankenübertragung auf dem Weg Df und dem Korrekturwert K_2 zur Berücksichtigung der Flankenübertragung auf dem Weg DFf (DIN 4109-2):

$$L'_{n,w} = L_{n,w} + K_1 + K_2 \qquad (16.147)$$

Der bewertete Norm-Trittschallpegel $L_{n,w}$ der Holzdecke ohne Flankenübertragung kann den Tab. 15 bis 25 der DIN 4109-33 entnommen werden. Tafel 16.79 zeigt beispielhaft die Größen für eine Holzbalkendecke mit Aufbauten aus mineralisch gebundenen Estrichen und Rohdeckenbeschwerung. Die Korrekturwerte K_1 und K_2 können den Tafeln 16.80 und 16.81 entnommen werden.

Nachweis der Anforderungen an die Trittschalldämmung

Der berechnete bewertete Norm-Trittschallpegel $L'_{n,w}$ wird im Rahmen einer vereinfachten Ermittlung um einen Sicherheitsbeiwert von 3 dB (Prognoseunsicherheit u_{prog}) erhöht. Der Nachweis der Trittschalldämmung in Gebäuden ist erbracht, wenn der erhöhte Wert den Anforderungswert $L'_{n,max}$ nicht überschreitet (DIN 4109-2):

$$L'_{n,w} + 3\,dB \leq L'_{n,w,max} \qquad (16.148)$$

Der bewertete Norm-Trittschallpegel $L'_{n,w}$ ist auf 0,1 dB zu runden. In folgendem Beispiel ist die Anforderung an die Trittschalldämmung nicht erfüllt:

$$L'_{n,w} + 3\,dB = 47,3 + 3 = 50,3\,dB > L'_{n,w,zul} = 50\,dB$$

Tafel 16.78 Äquivalenter bewerteter Norm-Trittschallpegel $L_{n,eq,0,w}$ und bewerteter Norm-Trittschallpegel $L'_{n,w}$ für verschiedene Ausführungen von massiven Treppenläufen und Treppenpodesten unter Berücksichtigung der Ausbildung der Treppenraumwand (DIN 4109-32 Tab. 6) [36]

Treppen und Treppenraumwand	$L_{n,eq,0,w}$ [dB]	$L'_{n,w}$ [dB]
Treppenpodest[a], fest verbunden mit einschaliger, biegesteifer Treppenraumwand (flächenbezogene Masse $\geq 380\,kg/m^2$)	63	67
Treppenlauf[a], fest verbunden mit einschaliger, biegesteifer Treppenraumwand (flächenbezogene Masse $\geq 380\,kg/m^2$)	63	67
Treppenlauf[a], abgesetzt von einschaliger biegesteifer Treppenraumwand	60	64
Treppenpodest[a], fest verbunden mit Treppenraumwand und durchgehender Gebäudetrennfuge nach DIN 4109-32 Nr. 4.3.3.2	≤ 50	≤ 47
Treppenlauf[a], abgesetzt von Treppenraumwand und durchgehender Gebäudetrennfuge nach DIN 4109-32 Nr. 4.3.3.2	≤ 43	≤ 40
Treppenlauf[a], abgesetzt von Treppenraumwand, und durchgehender Gebäudetrennfuge nach DIN 4109-32 Nr. 4.3.3.2, auf Treppenpodest elastisch gelagert	35	39

[a] Gilt für Stahlbetonpodest oder -treppenlauf mit einer Dicke $d \geq 120\,mm$.

16

Tafel 16.79 Bewertete Schalldämm-Maße R_w und bewertete Norm-Trittschallpegel $L_{n,w}$ von Holzbalkendecken mit Aufbauten aus mineralisch gebundenen Estrichen und Rohdeckenbeschwerung (DIN 4109-33 Tab. 21) [37]

Vertikalschnitt	Konstruktionsdetails		$L_{n,w}(C_I)$	$R_w(C;C_{tr})$
	Schicht	d [mm]		
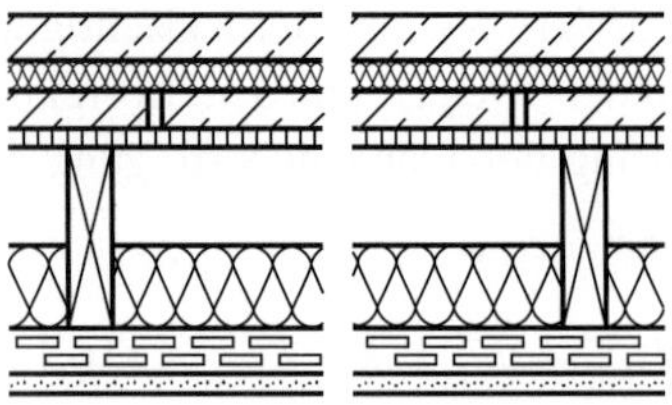	Estrich[a]	≥ 50	30 (0)	≥ 70
	Mineralwolledämmplatte MW ($s' \leq 6\,\text{MN/m}^3$; DES-sh)[b]	≥ 40		
	Betonsteinbeschwerung[c] ($m' \geq 100\,\text{kg/m}^2$)	≥ 40		
	Holzwerkstoffplatte HW[d]	22		
	Balken oder Stegträger[e]	220		
	Hohlraumbedämpfung[b]	100		
	Federschiene[f]	27		
	Gipsplatte GK[g]	12,5		
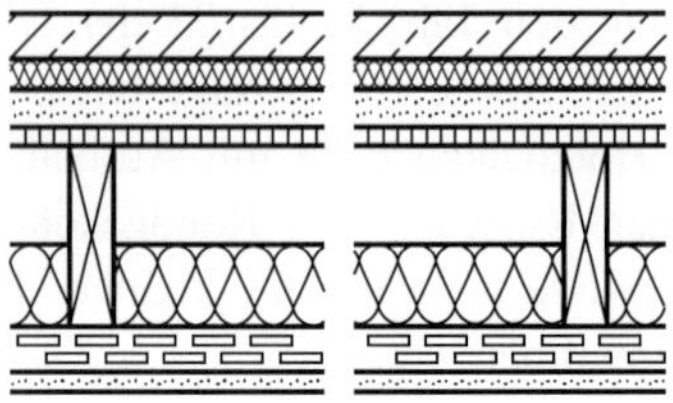	Estrich[a]	≥ 50	34 (12)	≥ 70
	Mineralwolledämmplatte MW ($s' \leq 6\,\text{MN/m}^3$; DES-sh)[b]	≥ 40		
	Schüttung[c] ($m' \geq 45\,\text{kg/m}^2$), Rieselschutz	≥ 30		
	Holzwerkstoffplatte HW[d]	22		
	Balken oder Stegträger[e]	220		
	Hohlraumbedämpfung[b]	100		
	Federschiene[f]	27		
	Gipsplatte GK[g]	12,5		
	Estrich[a]	≥ 50	36 (2)	68 (−3; −9)
	Mineralwolledämmplatte MW ($s' \leq 10\,\text{MN/m}^3$; DES-sh)[b]	≥ 15		
	Schüttung[c] ($m' \geq 45\,\text{kg/m}^2$), Rieselschutz	≥ 30		
	Holzwerkstoffplatte HW[d]	22		
	Balken oder Stegträger[e]	220		
	Hohlraumbedämpfung[b]	100		
	Federschiene[f]	27		
	Gipsplatte GK[g]	12,5		
	Estrich[a]	≥ 50	31 (0)	≥ 70
	Mineralwolledämmplatte MW ($s' \leq 8\,\text{MN/m}^3$; DES-sh)[b]	≥ 20		
	Schüttung[c] ($m' \geq 90\,\text{kg/m}^2$), Rieselschutz	≥ 60		
	Holzwerkstoffplatte HW[d]	22		
	Balken oder Stegträger[e]	220		
	Hohlraumbedämpfung[b]	100		
	Federschiene[f]	27		
	Gipsplatte GK[g]	12,5		
	Estrich[a]	≥ 50	40 (−1)	≥ 70
	Mineralwolledämmplatte MW ($s' \leq 20\,\text{MN/m}^3$; DES-sh)[b]	≥ 30		
	Schüttung[c], ($m' \geq 75\,\text{kg/m}^2$), Rieselschutz	≥ 50		
	Holzwerkstoffplatte HW[d]	22		
	Balken oder Stegträger[e]	220		
	Hohlraumbedämpfung[b]	100		
	Federschiene[f]	27		
	Gipsplatte GK[g]	12,5		

[a] Zement- Magnesia- oder Calciumsulfatestrich nach DIN 18560-2 mit flächenbezogener Masse $m' \geq 120\,\text{kg/m}^2$.

[b] Mineralwolle MW oder Holzfaser WF mit Anwendungsgebiet nach Einsatzbereich und der angegebenen dynamischen Steifigkeit s':
– für mineralisch gebundene Estriche: MW mit DES-sh; WF mit DES-sg;
– für Hohlraumdämpfung: MW oder WF mit DZ oder DAD-dk.

[c] Trockenes Schüttgut mit einer Schüttdichte $\rho \geq 1500\,\text{kg/m}^3$; Restfeuchte $\leq 1,8\,\%$; gegen Verrutschen gesichert mittels Pappwaben, Sandmatten, Lattengitter (Feldgröße etwa 800 mm · 800 mm) o. ä.

[d] Spanplatte SP, OSB Verlegeplatte oder BFU Platte der Dicken 18 mm bis 25 mm.

[e] Tragkonstruktion nach Statik je nach Deckentyp: Balken aus Vollholz oder Brettschichtholz; Mindestmaße 60 mm · 180 mm, alternativ auch Stegträger der Höhe 240 mm bis 406 mm; Achsabstand ≥ 625 mm.

[f] Federschiene mit Achsabstand ≥ 415 mm; Montage nach Anwendervorschrift.

[g] GK, alternativ GF der Dicke 10 mm.

Tafel 16.80 Korrekturwert K_1 zur Berücksichtigung der Flankenübertragung auf dem Weg Df (DIN 4109-2 Tab. 3) [34]

Wandaufbau im Empfangsraum		Deckenaufbau				
		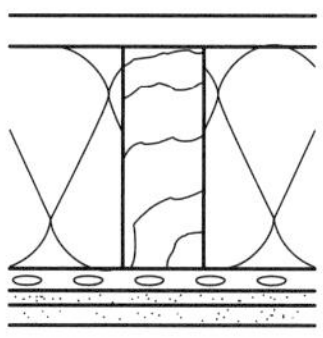	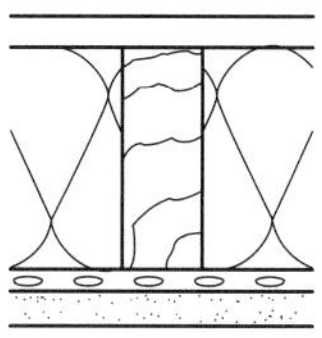	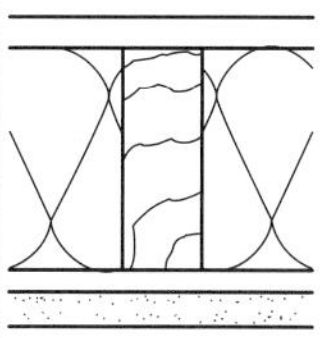	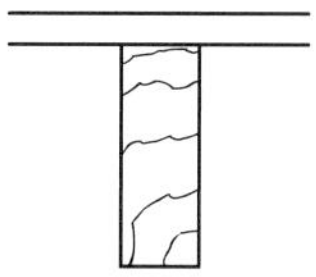	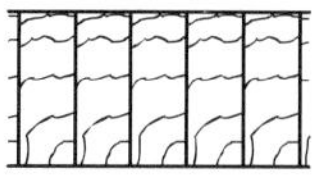
		$2 \times$ GK an FS	$1 \times$ GK an FS	GK-Lattung oder direkt	offene HBD	BSD oder HKD
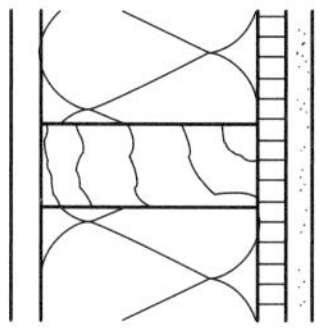	GK und HW	$K_1 = 6\,\mathrm{dB}$	$K_1 = 3\,\mathrm{dB}$	$K_1 = 1\,\mathrm{dB}$		
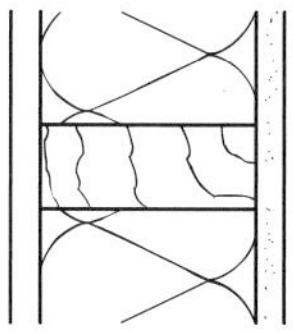	GF	$K_1 = 7\,\mathrm{dB}$	$K_1 = 4\,\mathrm{dB}$	$K_1 = 1\,\mathrm{dB}$		
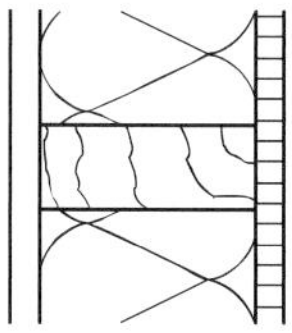	HW	$K_1 = 9\,\mathrm{dB}$	$K_1 = 5\,\mathrm{dB}$	$K_1 = 4\,\mathrm{dB}$		
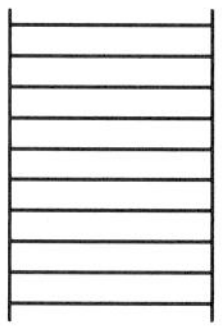	Holz- oder HW-Element					

GK: 9,5 mm bis 12,5 mm Gipsplatte nach DIN 18180/DIN EN 520, Rohdichte von $\rho \geq 680\,\mathrm{kg/m^3}$, mechanisch verbunden
GF: 12,5 mm bis 15 mm Gipsfaserplatte nach DIN EN 15283-2, Rohdichte von $\rho \geq 1100\,\mathrm{kg/m^3}$, mechanisch verbunden
HW: 13 mm bis 22 mm Holzwerkstoffplatte, Rohdichte von $\rho \geq 650\,\mathrm{kg/m^3}$, mechanisch verbunden
HBD: Holzbalkendecke
FS: Federschiene
Holz- oder HW-Element: Massivholzelemente oder 80 mm bis 100 mm-Holzwerkstoffplatte, $m' \geq 50\,\mathrm{kg/m^2}$
GK-Lattung oder direkt: HBD mit Unterdecke an Lattung oder GK und HW direkt montiert
Offene HBD: Holzbalkendecke mit sichtbarer Balkenlage
BSD oder HKD: Brettstapel-, Brettschichtholz- oder Hohlkastendecke

Tafel 16.81 Korrekturwert K_2 zur Berücksichtigung der Flankenübertragung auf dem Weg DFf (DIN 4109-2 Tab. 4) [34]

Wandaufbau im Sende- und Empfangsraum	Estrich-aufbau	Trittschallübertragung auf dem Weg Dd und Df: $L_{n,w} + K_1$ [dB]																						$L_{n,DFf,w}$ [dB]
		35	36	37	38	39	40	41	42	43	44	45	46	47	48	49	50	51	52	53	54	55	> 55	
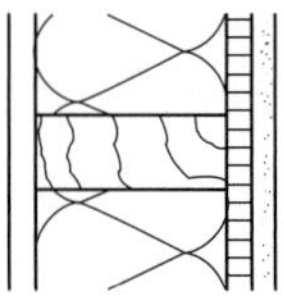 GK und HW	a)	10	9	8	7	6	5	5	4	4	3	3	2	2	1	1	1	1	1	1	0	0	0	44
	b)	6	5	5	4	4	3	3	2	2	1	1	1	1	1	1	0	0	0	0	0	0	0	40
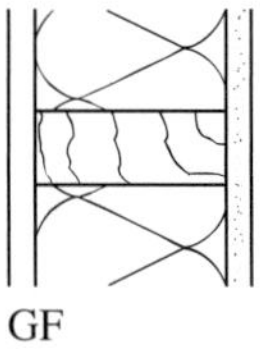 GF	c)	5	4	4	3	3	2	2	1	1	1	1	1	1	0	0	0	0	0	0	0	0	0	38
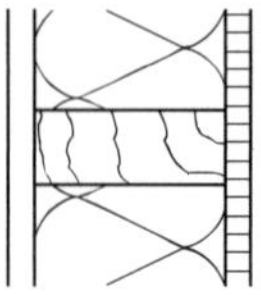 HW	a)	11	10	10	9	8	7	6	5	5	4	4	3	3	2	2	1	1	1	1	1	1	0	46
	b)	10	10	9	8	7	6	5	5	4	4	3	3	2	2	1	1	1	1	1	1	0	0	45
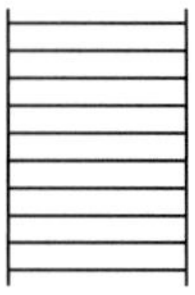 Holz- oder HW-Element	c)	8	7	6	5	5	4	4	3	3	2	2	1	1	1	1	1	1	0	0	0	0	0	42

GK: 9,5 mm bis 12,5 mm Gipsplatte nach DIN EN 520, Rohdichte von $\rho \geq 680\,kg/m^3$, mechanisch verbunden
GF: 12,5 mm bis 15 mm Gipsfaserplatte nach DIN EN 15283-2, Rohdichte von $\rho \geq 1100\,kg/m^3$, mechanisch verbunden
HW: 13 mm bis 22 mm Holzwerkstoffplatte, Rohdichte von $\rho \geq 650\,kg/m^3$, mechanisch verbunden
Holz- oder HW-Element: Massivholzelemente oder 80 mm bis 100 mm Holzwerkstoffplatte, $m' \geq 50\,kg/m^2$.
Estrichaufbau

a)	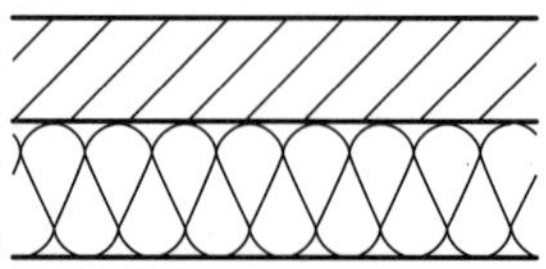	CT/WF	mineralisch gebundener Estrich auf Holzweichfaser-Trittschalldämmplatten, Randdämmstreifen: > 5 mm Mineralwolle- oder PE-Schaum-Randstreifen; AS/EPB-MW Gussasphaltestrich auf Blähperlit/Mineralwolle Mehrschicht-Trittschalldämmplatte, Randdämmstreifen: > 5 mm Mineralwolle-Randstreifen
b)	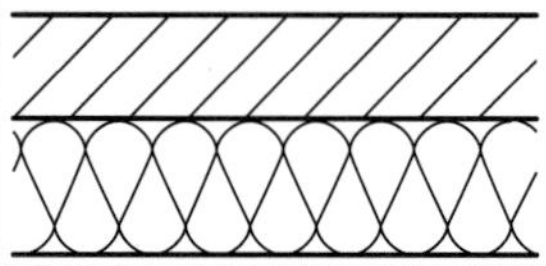	CT/MW	mineralisch gebundener Estrich auf Mineralwolle- oder EPS Trittschalldämmplatten, Randdämmstreifen: > 5 mm Mineralwolle- oder PE-Schaum-Randstreifen; AS/EPB-MW Gussasphaltestrich auf Blähperlit/Mineralwolle Mehrschicht-Trittschalldämmplatte, Randdämmstreifen: > 5 mm Mineralwolle-Randstreifen
c)	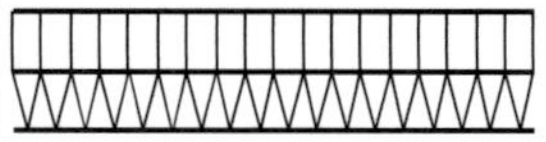	TE	Fertigteilestrich auf Mineralwolle-, EPS-, oder Holzfaser-Trittschalldämmplatten, Randdämmstreifen: > 5 mm Mineralwolle- oder PE-Schaum-Randstreifen

16.4.7 Luftschallübertragung von Außenlärm

Detaillierter Nachweis

Das gesamte bewertete Schalldämm-Maß $R'_{w,ges}$ eines Außenbauteils ergibt sich aus den Schalldämm-Maßen $R'_{e,i,w}$ der trennenden Außenbauteile und den Flankenschalldämm-Maßen $R_{ij,w}$:

$$R'_{w,ges} = -10 \cdot \lg \left[\sum_{i=1}^{m} 10^{-0,1 \cdot R_{e,i,w}} + \sum_{F=f=1}^{n} 10^{-0,1 \cdot R_{Ff,w}} \right.$$
$$\left. + \sum_{f=1}^{n} 10^{-0,1 \cdot R_{Df,w}} + \sum_{F=1}^{n} 10^{-0,1 \cdot R_{Fd,w}} \right]$$

$$(16.149)$$

Für die Berechnung des Schalldämm-Maßes $R'_{e,i,w}$ sind das bewertete Schalldämm-Maß $R_{i,w}$ und die Fläche des jeweiligen Bauteils S_i sowie die vom Raum aus gesehene gesamte Außenbauteilfläche S_S zu berücksichtigen:

$$R_{e,i,w} = R_{i,w} + 10 \cdot \lg \left(\frac{S_S}{S_i} \right) \qquad (16.150)$$

Bei zweischaligen Mauerwerkskonstruktionen mit Luftschicht oder mit Kerndämmung aus mineralischen Faserdämmstoffen wird das bewertete Schalldämm-Maß $R_{Dd,w}$ aus der Summe der flächenbezogenen Massen der beiden Schalen wie bei einschaligen biegesteifen Wänden ermittelt und um $\Delta R = 5\,\text{dB}$ erhöht. Wenn die flächenbezogene Masse der auf die Innenschale der Außenwand anschließenden Trennwände größer als 50 % der flächenbezogenen Masse der inneren Schale der Außenwand beträgt, wird $R_{Dd,w}$ um $\Delta R = 8\,\text{dB}$ erhöht.

Das bewertete Schalldämm-Maß $R_{Fenster,w}$ von Fenstern wird mit Hilfe der Angaben in Tafel 16.82 wie folgt ermittelt (DIN 4109-35):

$$R_{Fenster,w} = R_w + K_{AH} + K_{RA} + K_S + K_{FV}$$
$$+ K_{F,1,5} + K_{F,3} + K_{SP} \qquad (16.151)$$

mit

R_w: Schalldämmung des Fensters

K_{AH}: Korrekturwert für Aluminium-Holzfenster, $K_{AH} = -1\,\text{dB}$

K_{RA}: Korrekturwert für Rahmenanteil $\leq 30\%$

K_S: Korrekturwert für Stulpfenster

K_{FV}: Korrekturwert für Festverglasungen mit erhöhtem Scheibenanteil

$K_{F,1,5}$: Korrekturwert für Fenster mit einer Fläche $< 1,5\,\text{m}^2$

$K_{F,3}$: Korrekturwert für Fenster mit Einzelscheiben mit einer Fläche $> 3\,\text{m}^2$, $K_{F,3} = -2\,\text{dB}$

K_{SP}: Korrekturwert für glasteilende Sprossen

Vereinfachter Nachweis

Die Flankenschallübertragung kann vernachlässigt werden, wenn das gesamte bewertete Schalldämm-Maß $R'_{w,ges} \leq 40\,\text{dB}$ ist:

$$R'_{w,ges} = -10 \cdot \lg \left[\sum_{i=1}^{m} 10^{-0,1 \cdot R_{e,i,w}} \right] \qquad (16.152)$$

Nachweis der Anforderungen an die Luftschalldämmung von Außenbauteilen

Das berechnete, gesamte Schalldämm-Maß $R'_{w,ges}$ wird im Rahmen einer vereinfachten Ermittlung um einen Sicherheitsbeiwert, der sogenannten Prognoseunsicherheit u_{prog}, vermindert. Der Nachweis der Luftschalldämmung von Außenbauteilen ist erbracht, wenn der verminderte Wert den Anforderungswert mindestens erreicht (DIN 4109-2):

$$R'_{w,ges} - 2\,\text{dB} \geq R'_{w,ges,erf} \qquad (16.153)$$

Der Korrekturwert K_{AL} für die Raumgeometrie wurde bereits bei der Festlegung der Anforderungen in Abschn. 16.4.4.2 berücksichtigt.

Das bewertete Schalldämm-Maß $R'_{w,ges}$ ist auf 0,1 dB zu runden. In folgendem Beispiel ist die Anforderung an die Luftschalldämmung eines Bauteils nicht erfüllt:

$$R'_{w,ges} - 2\,\text{dB} = 46,7 - 2 = 44,7\,\text{dB} < R'_{w,erf} = 45\,\text{dB}$$

Tafel 16.82 Schalldämmung von Einfachfenstern mit Mehrscheiben-Isolierglas (DIN 4109-35 Tab. 1) [39]

R_w [dB]	C [dB]	C_{tr} [dB]	Konstruktionsmerkmale	Einfachfenster mit MIG	Korrekturwerte				
					K_{RA} [dB]	K_S [dB]	K_{FV} [dB]	$K_{F,1,5}$ [dB]	K_{SP} [dB]
25	–	–	d_{ges}, in mm SZR, in mm oder $R_{w,GLAS}$, in dB Falzdichtung	≥ 6 ≥ 8 ≥ 27 –	–	–	–	–	–
30	–	–	d_{ges}, in mm SZR, in mm oder $R_{w,GLAS}$, in dB Falzdichtung	≥ 6 ≥ 12 ≥ 30 1	–	–	–	–	–

Tafel 16.82 (Fortsetzung)

R_w [dB]	C [dB]	C_tr [dB]	Konstruktionsmerkmale	Einfachfenster mit MIG	Korrekturwerte				
					K_RA [dB]	K_S [dB]	K_FV [dB]	$K_\mathrm{F,1,5}$ [dB]	K_SP [dB]
33	−2	−5	d_ges, in mm SZR, in mm oder $R_\mathrm{w,GLAS}$, in dB Falzdichtung	$\geq 4 + 4$ ≥ 12 ≥ 30 1	−2	0	−1	0	0
34	−2	−6	d_ges, in mm SZR, in mm oder $R_\mathrm{w,GLAS}$, in dB Falzdichtung	$\geq 4 + 4$ ≥ 16 ≥ 30 1	−2	0	−1	0	0
35	−2	−4	d_ges, in mm SZR, in mm oder $R_\mathrm{w,GLAS}$, in dB Falzdichtung	$\geq 6 + 4$ ≥ 12 ≥ 32 1	−2	0	−1	0	0
36	−1	−4	d_ges, in mm SZR, in mm oder $R_\mathrm{w,GLAS}$, in dB Falzdichtung	$\geq 6 + 4$ ≥ 16 ≥ 33 1	−2	0	−1	0	0
37	−1	−4	d_ges, in mm SZR, in mm oder $R_\mathrm{w,GLAS}$, in dB Falzdichtung	$\geq 6 + 4$ ≥ 16 ≥ 35 1	−2	0	−1	0	0
38	−2	−5	d_ges, in mm SZR, in mm oder $R_\mathrm{w,GLAS}$, in dB Falzdichtung	$\geq 8 + 4$ ≥ 16 ≥ 38 2 (AD/MD+ID)	−2	0	0	0	0
39	−2	−5	d_ges, in mm SZR, in mm oder $R_\mathrm{w,GLAS}$, in dB Falzdichtung	$\geq 10 + 4$ ≥ 20 ≥ 39 2 (AD/MD+ID)	−2	0	0	0	0
40	−2	−5	$R_\mathrm{w,GLAS}$, in dB Falzdichtung	≥ 40 2 (AD/MD+ID)	−2	0	0	−1	−1
41	−2	−5	$R_\mathrm{w,GLAS}$, in dB Falzdichtung	≥ 41 2 (AD/MD+ID)	0	0	0	−1	−2
42	−2	−5	$R_\mathrm{w,GLAS}$, in dB Falzdichtung	≥ 44 2 (AD/MD+ID)	0	−1	0	−1	−2
43	−2	−4	$R_\mathrm{w,GLAS}$, in dB Falzdichtung	≥ 46 2 (AD/MD+ID)	0	−2	0	−1	−2
44	−1	−4	$R_\mathrm{w,GLAS}$, in dB Falzdichtung	≥ 49 2 (AD/MD+ID)	0	−2	+1	−1	−2
45	−1	−5	$R_\mathrm{w,GLAS}$, in dB Falzdichtung	≥ 51 2 (AD/MD+ID)	0	−2	+1	−1	−2
≥ 46	–	–	–	–	–	–	–	–	–

16.4.8 Trinkwasserinstallation

Beim Nachweis des Schallschutzes von Geräuschen aus der Trinkwasserinstallation ohne bauakustische Messung werden Armaturen mit einer bestimmten Armaturengruppe einer bestimmten räumlichen Bausituation zugeordnet (DIN 4109-36):

- Armaturengruppe I
  - Armatur: $L_\mathrm{ap} \leq 20\,\mathrm{dB}$
  - Auslaufvorrichtung: $L_\mathrm{ap} \leq 15\,\mathrm{dB}$

- Armaturengruppe II
  - Armatur: $L_\mathrm{ap} \leq 30\,\mathrm{dB}$
  - Auslaufvorrichtung: $L_\mathrm{ap} \leq 25\,\mathrm{dB}$
- günstige Raumanordnung
  - Installationswand grenzt nicht an einen fremden schutzwürdigen Aufenthaltsraum
  - Installationswand ist nicht am Trennbauteil befestigt
- ungünstige Raumanordnung
  - Installationswand grenzt an einen fremden schutzwürdigen Aufenthaltsraum
  - Installationswand ist am Trennbauteil befestigt

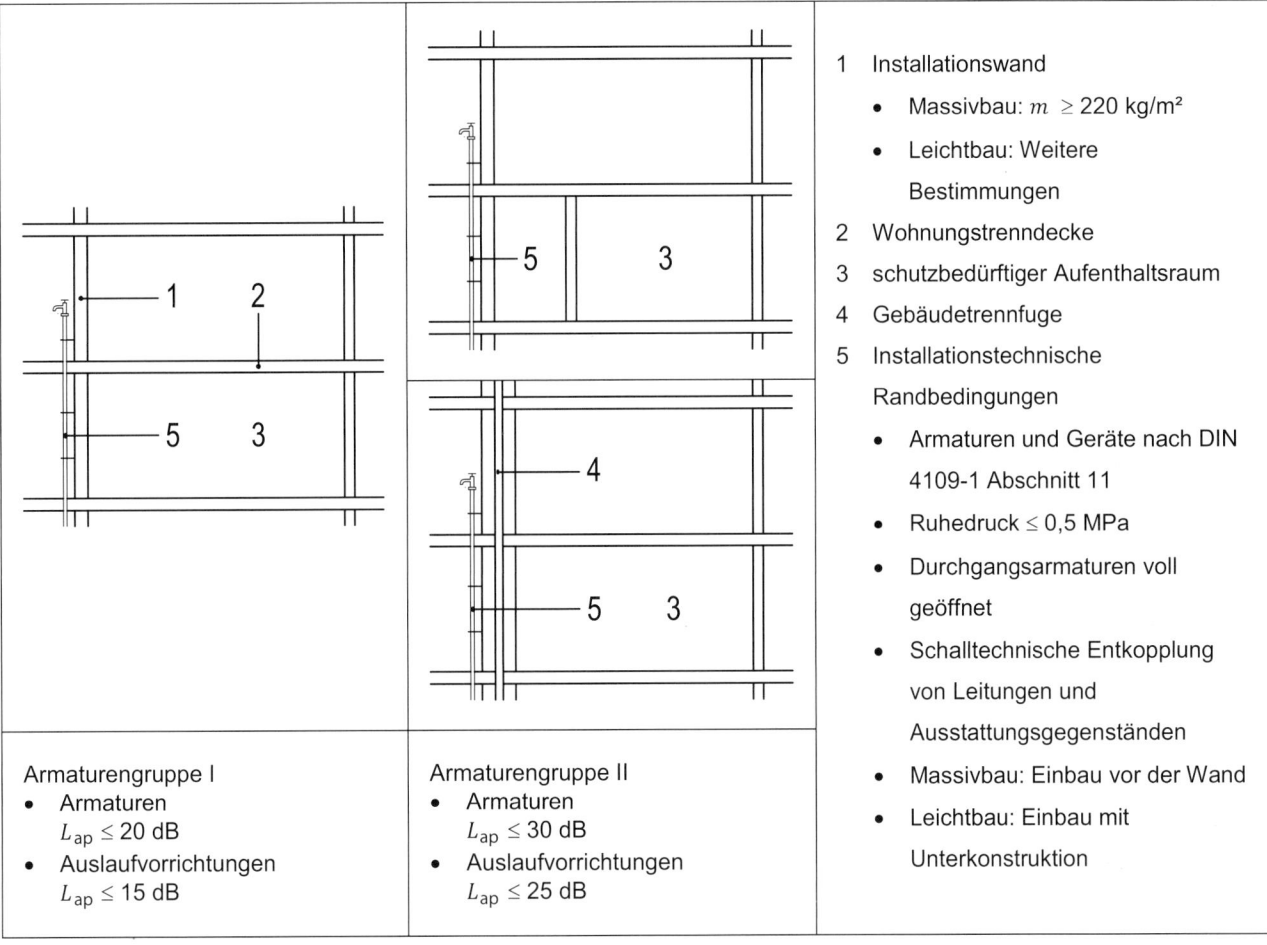

Abb. 16.22 Anordnung von Räumen mit Wasserinstallationen und schutzbedürftigen Räumen (DIN 4109-36 Bild 2) [40]

Die Anforderungen gelten beim Nachweis ohne bauakustische Messungen als erfüllt, wenn eine Armaturengruppe einer Raumsituation wie in Abb. 16.22 zugeordnet wird und weitere dort genannte Bedingungen eingehalten sind:

- Armaturengruppe I, grenzt an fremden schutzwürdigen Aufenthaltsraum, Trennbauteil ist eine Musterinstallationswand
- Armaturengruppe II, vom fremden schutzwürdigen Aufenthaltsraum durch eine zweischalige Haustrennwand oder einen nicht schutzbedürftigen Raum getrennt

Die Musterinstallationswand ist entweder eine einschalige Massivbau-Musterinstallationswand mit einer flächenbezogenen Masse von $m' \geq 220\,\mathrm{kg/m^2}$ oder eine Leichtbau-Musterinstallationswand als Einfachständerwand mit zusätzlicher Vorwandinstallation mit folgenden Eigenschaften:

- Einfachständerwand
  - Metall-Unterkonstruktion
  - Gipskartonplatten, $d = 12{,}5\,\mathrm{mm}$, je Seite doppelt beplankt, $m' \geq 11\,\mathrm{kg/m^2}$ je Plattenlage
  - Hohlraum, $d \geq 75\,\mathrm{mm}$
  - Faserdämmstoffeinlage, $d \geq 60\,\mathrm{mm}$, längenspezifischer Strömungswiderstand $r \geq 5\,\mathrm{kPa \cdot s/m^2}$
- zusätzliche Vorwandinstallation
  - Gipskartonplatten, $d = 12{,}5\,\mathrm{mm}$, doppelt beplankt, $m' \geq 11\,\mathrm{kg/m^2}$ je Plattenlage
  - Faserdämmstoffeinlage im Hohlraum, $d \geq 60\,\mathrm{mm}$, längenspezifischer Strömungswiderstand $r \geq 5\,\mathrm{kPa \cdot s/m^2}$

Beispiele zum Nachweis des baulichen Schallschutzes sind im Ergänzungsband „Wendehorst – Beispiele aus der Baupraxis", 6. Auflage, enthalten.

Literatur

Literatur zu Abschn. 16.1

1. DIN 4108-2: Wärmeschutz und Energie-Einsparung in Gebäuden – Teil 2: Mindestanforderungen an den Wärmeschutz. Ausgabe 2013-02

2. DIN 4108-3: Wärmeschutz und Energie-Einsparung in Gebäuden – Teil 3: Klimabedingter Feuchteschutz; Anforderungen, Berechnungsverfahren und Hinweise für Planung und Ausführung. Ausgabe 2014-11

3. DIN 4108-4: Wärmeschutz und Energie-Einsparung in Gebäuden – Teil 4: Wärme- und feuchteschutztechnische Bemessungswerte. Ausgabe 2017-03

4. DIN 4108-7: Wärmeschutz und Energie-Einsparung in Gebäuden – Teil 7: Luftdichtheit von Gebäuden – Anforderungen, Planungs- und Ausführungsempfehlungen sowie -beispiele. Ausgabe 2011-01

5. DIN-Fachbericht 4108-8: Wärmeschutz und Energie-Einsparung in Gebäuden – Teil 8: Vermeidung von Schimmelwachstum in Wohngebäuden. Ausgabe 2010-09

6. DIN 4108-10: Wärmeschutz und Energie-Einsparung in Gebäuden – Teil 10: Anwendungsbezogene Anforderungen an Wärmedämmstoffe – Werkmäßig hergestellte Wärmedämmstoffe. Ausgabe 2015-12

7. DIN 4108 Beiblatt 2: Wärmeschutz und Energie-Einsparung in Gebäuden – Wärmebrücken – Planungs- und Ausführungsbeispiele. Ausgabe 2006-03

8. DIN EN 12207: Fenster und Türen – Luftdurchlässigkeit – Klassifizierung. Ausgabe 2000-06

9. DIN EN 12114: Wärmetechnisches Verhalten von Gebäuden – Luftdurchlässigkeit von Bauteilen – Laborprüfverfahren. Ausgabe 2000-04

10. DIN EN 13162: Wärmedämmstoffe für Gebäude – Werkmäßig hergestellte Produkte aus Mineralwolle (MW) – Spezifikation. Ausgabe 2015-04

11. DIN EN 13163: Wärmedämmstoffe für Gebäude – Werkmäßig hergestellte Produkte aus expandiertem Polystyrol (EPS) – Spezifikation. Ausgabe 2016-08

12. DIN EN 13164: Wärmedämmstoffe für Gebäude – Werkmäßig hergestellte Produkte aus extrudiertem Polystyrolschaum (XPS) – Spezifikation. Ausgabe 2015-04

13. DIN EN 13165: Wärmedämmstoffe für Gebäude – Werkmäßig hergestellte Produkte aus Polyurethan-Hartschaum (PU) – Spezifikation. Ausgabe 2016-09

14. DIN EN 13166: Wärmedämmstoffe für Gebäude – Werkmäßig hergestellte Produkte aus Phenolharzschaum (PF) – Spezifikation. Ausgabe 2016-09

15. DIN EN 13167: Wärmedämmstoffe für Gebäude – Werkmäßig hergestellte Produkte aus Schaumglas (CG) – Spezifikation. Ausgabe 2015-04

16. DIN EN 13168: Wärmedämmstoffe für Gebäude – Werkmäßig hergestellte Produkte aus Holzwolle (WW) – Spezifikation. Ausgabe 2015-04

17. DIN EN 13169: Wärmedämmstoffe für Gebäude – Werkmäßig hergestellte Produkte aus Blähperlit (EPB) – Spezifikation. Ausgabe 2015-04

18. DIN EN 13170: Wärmedämmstoffe für Gebäude – Werkmäßig hergestellte Produkte aus expandiertem Kork (ICB) – Spezifikation. Ausgabe 2015-04

19. DIN EN 13171: Wärmedämmstoffe für Gebäude – Werkmäßig hergestellte Produkte aus Holzfasern (WF) – Spezifikation. Ausgabe 2015-04

20. DIN EN ISO 6946: Bauteile – Wärmedurchlasswiderstand und Wärmedurchgangskoeffizient – Berechnungsverfahren. Ausgabe 2008-04

21. DIN EN ISO 10077-1: Wärmetechnisches Verhalten von Fenstern, Türen und Abschlüssen – Berechnung des Wärmedurchgangskoeffizienten – Teil 1: Allgemeines. Ausgabe 2010-05

22. DIN EN ISO 10211: Wärmebrücken im Hochbau – Wärmeströme und Oberflächentemperaturen – Detaillierte Berechnungen. Ausgabe 2008-04

23. DIN EN ISO 10456: Baustoffe und Bauprodukte – Wärme- und feuchtetechnische Eigenschaften – Tabellierte Bemessungswerte und Verfahren zur Bestimmung der wärmeschutztechnischen Nenn- und Bemessungswerte. Ausgabe 2010-05

24. DIN EN ISO 13370: Wärmetechnisches Verhalten von Gebäuden – Wärmeübertragung über das Erdreich – Berechnungsverfahren. Ausgabe 2008-04

25. DIN EN ISO 13786: Wärmetechnisches Verhalten von Bauteilen – Dynamisch-thermische Kenngrößen – Berechnungsverfahren. Ausgabe 2008-04

26. DIN EN ISO 13788: Wärme- und feuchtetechnisches Verhalten von Bauteilen und Bauelementen – Raumseitige Oberflächentemperatur zur Vermeidung kritischer Oberflächenfeuchte und Tauwasserbildung im Bauteilinneren – Berechnungsverfahren. Ausgabe 2013-05

27. DIN EN ISO 9972: Wärmetechnisches Verhalten von Gebäuden – Bestimmung der Luftdurchlässigkeit von Gebäuden – Differenzdruckverfahren. Ausgabe 2015-12

28. DIN V 18599: Energetische Bewertung von Gebäuden – Berechnung des Nutz-, End- und Primärenergiebedarfs für Heizung, Kühlung, Lüftung, Trinkwarmwasser und Beleuchtung – Teile 1 bis 11. Ausgabe 2011-12

29. Verordnung über energiesparenden Wärmeschutz und energiesparende Anlagentechnik bei Gebäuden (Energieeinsparverordnung – EnEV) vom 18. November 2013

30. Gesetz zur Förderung Erneuerbarer Energien im Wärmebereich (Erneuerbare-Energien-Wärmegesetz – EEWärmeG) vom 22. Dezember 2011

Literatur zu Abschn. 16.2

31. DIN 4108-2: Wärmeschutz und Energie-Einsparung in Gebäuden – Teil 2: Mindestanforderungen an den Wärmeschutz. Ausgabe 2013-02

32. DIN 4108-3: Wärmeschutz und Energie-Einsparung in Gebäuden – Teil 3: Klimabedingter Feuchteschutz; Anforderungen, Berechnungsverfahren und Hinweise für Planung und Ausführung. Ausgabe 2014-11

Literatur zu Abschn. 16.4

33. DIN 4109-1: Schallschutz im Hochbau – Teil 1: Mindestanforderungen. Ausgabe 2016-07

34. DIN 4109-2: Schallschutz im Hochbau – Teil 2: Rechnerische Nachweise der Erfüllung der Anforderungen. Ausgabe 2016-07

35. DIN 4109-31: Schallschutz im Hochbau – Teil 31: Daten für die rechnerischen Nachweise des Schallschutzes (Bauteilkatalog) – Rahmendokument. Ausgabe 2016-07

36. DIN 4109-32: Schallschutz im Hochbau – Teil 32: Daten für die rechnerischen Nachweise des Schallschutzes (Bauteilkatalog) – Massivbau. Ausgabe 2016-07

37. DIN 4109-33: Schallschutz im Hochbau – Teil 33: Daten für die rechnerischen Nachweise des Schallschutzes (Bauteilkatalog) – Holz-, Leicht- und Trockenbau. Ausgabe 2016-07

38. DIN 4109-34: Schallschutz im Hochbau – Teil 34: Daten für die rechnerischen Nachweise des Schallschutzes (Bauteilkatalog) – Vorsatzkonstruktionen vor massiven Bauteilen. Ausgabe 2016-07

39. DIN 4109-35: Schallschutz im Hochbau – Teil 35: Daten für die rechnerischen Nachweise des Schallschutzes (Bauteilkatalog) – Elemente, Fenster, Türen, Vorhangfassaden. Ausgabe 2016-07

40. DIN 4109-36: Schallschutz im Hochbau – Teil 36: Daten für die rechnerischen Nachweise des Schallschutzes (Bauteilkatalog) – Gebäudetechnische Anlagen. Ausgabe 2016-07

41. DIN 4109-4: Schallschutz im Hochbau – Teil 4: Bauakustische Prüfungen. Ausgabe 2016-07

42. DIN 18005-1: Schallschutz im Städtebau – Teil 1: Grundlagen und Hinweise für die Planung. Ausgabe 2002-07

43. DIN EN 12354-1: Bauakustik – Berechnung der akustischen Eigenschaften von Gebäuden aus den Bauteileigenschaften – Teil 1: Luftschalldämmung zwischen Räumen. Ausgabe 2000-12

44. DIN EN 12354-2: Bauakustik – Berechnung der akustischen Eigenschaften von Gebäuden aus den Bauteileigenschaften – Teil 2: Trittschalldämmung zwischen Räumen. Ausgabe 2000-09

45. DIN ISO 9613-2: Akustik – Dämpfung des Schalls bei der Ausbreitung im Freien – Teil 2: Allgemeines Berechnungsverfahren. Ausgabe 1999-10

46. VDI 4100: Schallschutz im Hochbau – Wohnungen – Beurteilung und Vorschläge für erhöhten Schallschutz. Ausgabe 2012-10

47. Lohmeyer, G. C. O., Bergmann, H., Post, M.: Praktische Bauphysik, 5. Auflage. Teubner Verlag, Wiesbaden 2005

48. Schmidt, H.: Schalltechnisches Taschenbuch, 5. Auflage. Springer-Verlag, Berlin 1996

Schallimmissionsschutz

Prof. Dr.-Ing. Martin Homann

Inhaltsverzeichnis

17.1 Formelzeichen 1177
17.2 Straßen-, Parkplatz- und Schienenverkehrslärm 1179
   17.2.1 DIN 18005-1 Beiblatt 1: Schallschutz im Städtebau; Berechnungsverfahren; Schalltechnische Orientierungswerte für die städtebauliche Planung 1179
   17.2.2 Verkehrslärmschutzverordnung – 16. BImSchV . 1179
   17.2.3 Verkehrslärmschutzrichtlinien – VLärmSchR 97 . 1180
17.3 Straßenverkehrslärm gemäß den Richtlinien für den Lärmschutz an Straßen RLS-90 1180
   17.3.1 Beurteilungspegel L_r 1180
   17.3.2 Mittelungspegel L_m von Fahrstreifen 1181
   17.3.3 Mittelungspegel L_m für lange, gerade Fahrstreifen 1181
   17.3.4 Mittelungspegel L_m beim Teilstück-Verfahren . . 1185
17.4 Parkplatzlärm gemäß Parkplatzlärmstudie 1186
   17.4.1 Schallleistungspegel L_w 1186
   17.4.2 Flächenbezogener Schallleistungspegel L''_w 1186
17.5 Schienenverkehrslärm gemäß Schall 03 1187
   17.5.1 Beurteilungspegel L_r 1187
   17.5.2 Emissionspegel $L_{m,E}$ 1187
   17.5.3 Pegeldifferenzen D_i und Korrekturen für verschiedene Einflüsse 1189
17.6 Gewerbe- und Industrielärm, Technische Anleitung zum Schutz gegen Lärm – TA Lärm – 6. BImSchV 1191
   17.6.1 Anwendungsbereich und Festlegungen für Messungen der Schallimmissionen 1191
   17.6.2 Immissionsrichtwerte und Beurteilungszeiten . . . 1192
   17.6.3 Beurteilungspegel L_r 1193
   17.6.4 Berücksichtigung tieffrequenter Geräusche von Verkehrsgeräuschen und der Vorbelastung 1194
17.7 Schallübertragung von Räumen ins Freie gemäß DIN EN 12354-4 1195
   17.7.1 Schalldruckpegel L_p 1195
   17.7.2 Schallleistungspegel L_w 1195
   17.7.3 Richtwirkungskorrektur D_c 1196
   17.7.4 A-bewertete Schallleistungspegel L_{wA} bei der Verwendung von Einzahlangaben 1196
17.8 Dämpfung des Schalls bei der Ausbreitung im Freien gemäß DIN ISO 9613-2 1197
   17.8.1 Äquivalenter, A-bewerteter Dauerschalldruckpegel $L_{AT}(DW)$ 1197
   17.8.2 A-bewerteter Langzeit-Mittelungspegel $L_{AT}(LT)$ 1197
   17.8.3 Oktavband-Schalldruckpegel $L_{fT}(DW)$ 1197
   17.8.4 Immissionen von Spiegelschallquellen $L_{w,Im}$ . . . 1202
   17.8.5 Meteorologische Korrektur C_{met} 1203
17.9 Umgebungslärm und Lärmkartierung 1204

17.1 Formelzeichen

A	Abstand zwischen Emissionsort und erster Beugungskante
A	Oktavbanddämpfung
A_0	Bezugs-Absorptionsfläche
A_{atm}	Dämpfung aufgrund von Luftabsorption
A_{bar}	Dämpfung aufgrund von Abschirmung
A_{div}	Dämpfung aufgrund geometrischer Ausbreitung
A_f	Frequenzbewertung
A_{fol}	Dämpfung durch Bewuchs
A_{gr}	Dämpfung aufgrund des Bodeneffekts
A_{hous}	Dämpfung durch bebautes Gelände
A_m	Bodendämpfungsbeitrag (Mittelbereich)
A_{misc}	Dämpfung aufgrund verschiedener anderer Effekte
A_r	Bodendämpfungsbeitrag (Empfängerbereich)
A_{Site}	Dämpfung durch Industriegelände
A_s	Bodendämpfungsbeitrag (Quellbereich)
A_{tot}	Gesamtausbreitungs-Schalldämpfung
B	Abstand zwischen letzter wirksamer Beugungskante und Immissionsort
B	Bezugsgröße
B	Bebauungsdichte
B_0	Einheit der Bezugsgröße
C	Summe des Abstandes zwischen zwei bzw. Summe der Abstände zwischen mehreren Beugungskanten
C	Wert zur Berücksichtigung von Bodenreflexionen oder Beugungen
C_d	Diffusitätsterm
C_{met}	meteorologische Korrektur
C_s	Spektrum-Anpassungswert
D	Schallpegeldifferenz

M. Homann ✉
Fachbereich Bauingenieurwesen, Fachhochschule Münster, Corrensstraße 25, 48149 Münster, Deutschland

© Springer Fachmedien Wiesbaden GmbH 2018
U. Vismann (Hrsg.), *Wendehorst Bautechnische Zahlentafeln*, https://doi.org/10.1007/978-3-658-17936-6_17

D_{BM}	Pegelminderung für Boden- und Meteorologie-dämpfung (Bodenabsorption)	L	Schallpegel
D_{Br}	Einfluss von Brücken	L_{Aeq}	A-bewerteter Schallpegel, Mittelungspegel
$D_{B\ddot{u}}$	Einfluss von Bahnübergängen	$L_{AT}(DW)$	äquivalenter, A-bewerteter Dauerschalldruckpegel
D_C	Richtwirkungskorrektur für punktförmige Ersatzschallquellen	$L_{AT}(LT)$	A-bewerteter Langzeit-Mittelungspegel
D_D	Einfluss der Bremsbauart	L_{Ceq}	C-bewerteter Schallpegel
D_E	Korrektur für Spiegelschallquellen	L_{DEN}	Tag-Abend-Nacht-Schallpegel
D_e	Pegelminderung für Schallschirme	L_{day}	A-bewerteter äquivalenter Dauerschallpegel während des Tagzeitraums
D_{Fb}	Einfluss der Fahrbahnart	$L_{evening}$	A-bewerteter äquivalenter Dauerschallpegel während des Abendzeitraums
D_{Fz}	Einfluss der Fahrzeugart		
D_G	Pegelminderung für Gehölz	L_{night}	A-bewerteter äquivalenter Dauerschallpegel während des Nachtzeitraums
D_I	Richtwirkungsmaß		
D_{Ir}	Richtwirkungskorrektur	L_{fT}	Oktavband-Schalldruckpegel bei Mitwind am Immissionsort
D_i	Einfügungsdämpfungsmaß eines Schalldämpfers in einer Öffnung		
		L_m	Mittelungspegel
D_{Korr}	Summe der Pegeldifferenzen durch Einflüsse auf dem Ausbreitungsweg	$L_{m,E}$	Emissionspegel
		$L_{m,f}$	Mittelungspegel für den fernen äußeren Fahrstreifen
D_L	Pegeldifferenz durch Luftabsorption		
D_l	Einfluss der Zuglänge	$L_{m,n}$	Mittelungspegel für den nahen äußeren Fahrstreifen
D_l	Längenkorrektur		
$D_{n,e}$	Norm-Schallpegeldifferenz	L_p	Schalldruckpegel
D_{Ra}	Einfluss von Kurvenradien	L_r	Beurteilungspegel
D_R	Pegelminderung für Reflexionen	L_w	Schallleistungspegel
D_{refl}	Pegelerhöhung für Mehrfachreflexionen	L_{w0}	Ausgangsschallleistungspegel
D_s	Pegelminderung für Abstand (und Luftabsorption)	L_{wA}	A-bewerteter Schallleistungspegel
		L_{wAeq}	mittlerer A-bewerteter Schallleistungspegel
D_{Stg}	Korrektur für Steigungen und Gefälle	L_w''	flächenbezogener Schallleistungspegel
D_{StrO}	Korrektur für unterschiedliche Straßenoberflächen	M	maßgebliche Verkehrsstärke
		N	Bewegungshäufigkeit
D_v	Korrektur für Geschwindigkeit	R'	Bau-Schalldämm-Maß
D_z	Pegelminderung für Abschirmung	S	Fläche
D_Ω	Raumwinkelmaß	S	Korrekturwert zur Berücksichtigung der geringeren Störwirkung des Schienenverkehrs gegenüber Straßenverkehr
F	Integral		
G	Bodenfaktor		
H	Höhe des Immissionsortes		
K	Zuschlag für erhöhte Störwirkung von lichtzeichengeregelten Kreuzungen und Einmündungen	S_0	Bezugsfläche
		T	Teilzeit
		T_m	Häufigkeit der Mitwind-Wetterlage im Jahresmittel
K_0	Raumwinkelmaß		
K_D	Pegelerhöhung infolge Durchfahr- und Parksuchverkehrs	T_q	Häufigkeit der Querwind-Wetterlage im Jahresmittel
K_I	Zuschlag für Impulshaltigkeit	T_g	Häufigkeit der Gegenwind-Wetterlage im Jahresmittel
K_{met}	Korrekturfaktor für meteorologische Effekte		
K_m	Pegelminderung der Mitwind-Wetterlage	T_r	Beurteilungszeitraum
K_q	Pegelminderung der Querwind-Wetterlage	X_{As}'	Kenngröße für die A-bewertete Schallpegeldifferenz
K_g	Pegelminderung der Gegenwind-Wetterlage		
K_{PA}	Zuschlag für die Parkplatzart	a	Abstandskomponente
K_R	Zuschlag für Tageszeiten mit erhöhter Empfindlichkeit	a_A	Abstand zwischen Hindernisoberkante und Immissionsort
K_{StrO}	Zuschlag für unterschiedliche Fahrbahnoberflächen	a_B	Abstand zwischen Hinderniskanten
		a_Q	Abstand zwischen Emissionsort und Hindernisoberkante
K_T	Zuschlag für Ton- und Informationshaltigkeit		
K_w	Witterungskorrektur	c	Schallausbreitungsgeschwindigkeit

d	Abstand
d_0	Bezugsabstand
d_b	Länge eines Schallweges durch bebautes Gebiet
d_f	durch dichten Bewuchs verlaufende Weglänge
d_p	auf Bodenebene projizierter Abstand zwischen Schallquelle und Empfänger
d_s	über eine durch Installationen in Industrieanlagen verlaufende Weglänge
$d_{ü}$	Überstandslänge
e	Abstand zwischen Beugungskanten
f	Frequenz
f	Oktavband-Mittenfrequenz
f	Anzahl der Stellplätze je Einheit der Bezugsgröße
g	Gefälle der Fahrbahn
h	mittlere Gebäudehöhe
h_{Beb}	Höhe einer geschlossenen Randbebauung
h_{GE}	Höhe des Emissionsortes über Grund
h_{GI}	Höhe des Immissionsortes über Grund
h_m	mittlere Höhe
h_r	Höhe des Immissionsortes
h_s	Höhe der Schallquelle
h_T	Höhe zwischen Verbindungslinie (Emissionsort–Immissionsort) und Grund
k	Konstante
l	Länge
l	Länge aller Züge einer bestimmten Zugklasse
l_{Geb}	Länge einer Gebäudefront
l_z	Länge eines Fahrstreifens
p	maßgeblicher LKW-Anteil
p	Anteil scheibengebremster Fahrzeuge an der Länge eines Zuges
p	Faktor
p	Häufigkeit der Windverteilung
p_l	Längenfaktor
p_α	Winkelfaktor
r	Radius
s	Abstand
s_0	Bezugsabstand
s_G	Projektion der Horizontalebene von Weglängen durch Gehölz
s_m	Abstand zwischen Immissionsort und Zentrum der Schallquelle
$s_\perp$	Abstand zwischen Emissions- und Immissionsort
v	Geschwindigkeit
w	Abstand zwischen reflektierenden Flächen
z	Schirmwert
Ω	Raumwinkel
α	Abschirmwinkel
α	Luftdämpfungskoeffizient
β	Einfallswinkel
γ	Winkelkonstante

δ	Winkel zwischen Gleisachse und Immissionsort
ε	Winkel der Windrichtung gegenüber Mitwind
θ	Temperatur
λ	Wellenlänge
ρ	Reflexionsgrad
φ	relative Feuchte

17.2 Straßen-, Parkplatz- und Schienenverkehrslärm

17.2.1 DIN 18005-1 Beiblatt 1: Schallschutz im Städtebau; Berechnungsverfahren; Schalltechnische Orientierungswerte für die städtebauliche Planung

Schalltechnische Orientierungswerte für die städtebauliche Planung können DIN 18005-1 Beiblatt 1 [9] entnommen werden (Tafel 17.1). Die Orientierungswerte stellen keine Grenzwerte dar, aber ihre Einhaltung oder Unterschreitung ist anzustreben. Berechnete Beurteilungspegel von Geräuschen verschiedener Arten (Verkehr, Industrie und Gewerbe, Freizeitlärm) sollen mit den Orientierungswerten verglichen werden. Für die Beurteilung gelten die Zeiträume 6.00 bis 22.00 Uhr (tags) und 22.00 bis 6.00 Uhr (nachts). Orientierungswerte beziehen sich auf den äußeren Rand eines Bebauungsgebietes und gelten nicht für einzelne Bauvorhaben. In DIN 18005-1 Beiblatt 1 wird angemerkt, dass bei Beurteilungspegeln über 45 dB(A) selbst bei nur teilweise geöffnetem Fenster ungestörter Schlaf häufig nicht mehr möglich ist. Dieser Nacht-Mittelungspegel sowie die Orientierungswerte sind Planungsrichtwerte, um schädliche Umwelteinwirkungen durch Lärm beurteilen zu können, wie in § 50 des Bundes-Immissionsschutzgesetzes [14] gefordert wird.

17.2.2 Verkehrslärmschutzverordnung – 16. BImSchV

Beim Neubau oder einer wesentlichen Änderung öffentlicher Straßen sowie von Eisenbahnen, Magnetschwebebahnen und Straßenbahnen wird gemäß § 41 des Bundes-Immissionsschutzgesetzes [14] gefordert, dass hierdurch keine schädlichen Umwelteinwirkungen durch Verkehrsgeräusche hervorgerufen werden können, die nach dem Stand der Technik vermeidbar sind. Nach der Verkehrslärmschutzverordnung – 16. BImSchV [22] ist die Änderung wesentlich, wenn

- eine Straße um einen oder mehrere durchgehende Fahrstreifen für den Kraftfahrzeugverkehr oder ein Schienenweg um ein oder mehrere durchgehende Gleise baulich erweitert wird,

17

Tafel 17.1 Schalltechnische Orientierungswerte für die städtebauliche Planung (DIN 18005-1 Beiblatt 1) [9]

Schutzbedürftige Nutzung	Orientierungswert [dB(A)]	
	Tag	Nacht[a]
Reine Wohngebiete (WR), Wochenendhausgebiete, Ferienhausgebiete	50	40/35
Allgemeine Wohngebiete (WA), Kleinsiedlungsgebiete (WS), Campingplatzgebiete	55	45/40
Friedhöfe, Kleingartenanlagen, Parkanlagen	55	55
Besondere Wohngebiete (WB)	60	45/40
Dorfgebiete (MD), Mischgebiete (MI)	60	50/45
Kerngebiete (MK), Gewerbegebiete (GE)	65	55/50
Sonstige Sondergebiete, soweit sie schutzbedürftig sind, je nach Nutzungsart	45 bis 65	35 bis 65

[a] Bei zwei angegebenen Nachtwerten soll der niedrigere für Industrie-, Gewerbe- und Freizeitlärm sowie für Geräusche von vergleichbaren öffentlichen Betrieben gelten.

Tafel 17.2 Immissionsgrenzwerte gemäß Verkehrslärmschutzverordnung (16. BImSchV) [22]

Nutzung	Immissionsgrenzwert [dB(A)]	
	Tag	Nacht
Krankenhäuser, Schulen, Kur- und Altenheime	57	47
Reine und allgemeine Wohngebiete, Kleinsiedlungsgebiete	59	49
Kerngebiete, Dorfgebiete, Mischgebiete	64	54
Gewerbegebiete	69	59

- durch einen erheblichen baulichen Eingriff der Beurteilungspegel des von dem zu ändernden Verkehrsweg ausgehenden Verkehrslärms um mindestens 3 dB(A) oder auf mindestens 70 dB(A) am Tage oder mindestens 60 dB(A) in der Nacht erhöht wird,
- der Beurteilungspegel des von dem zu ändernden Verkehrsweg ausgehenden Verkehrslärms von mindestens 70 dB(A) am Tage oder 60 dB(A) in der Nacht durch einen erheblichen baulichen Eingriff erhöht wird; dies gilt nicht in Gewerbegebieten.

Beim Bau oder einer wesentlichen Änderung ist sicherzustellen, dass der Beurteilungspegel die Immissionsgrenzwerte für Neubau und wesentliche Änderungen nach Tafel 17.2 nicht überschreitet.

17.2.3 Verkehrslärmschutzrichtlinien – VLärmSchR 97

Lärmschutz an bestehenden Straßen (Lärmsanierung) wird als freiwillige Leistung auf der Grundlage haushaltsrechtlicher Regelungen gewährt. Er kann im Rahmen der vorhandenen Mittel durchgeführt werden. Für Straßen in der Bau-

Tafel 17.3 Auslösegrenzwerte gemäß Verkehrslärmschutzrichtlinien (VLärmSchR 97) [20], (Bundeshaushalt 2010) [6]

Nutzung	Auslösegrenzwert [dB(A)]	
	Tag	Nacht
Krankenhäuser, Schulen, Kur- und Altenheime, reine und allgemeine Wohngebiete, Kleinsiedlungsgebiete	67	57
Kerngebiete, Dorfgebiete, Mischgebiete	69	59
Gewerbegebiete	72	62

last des Bundes wurden gegenüber früheren Festlegungen in den Verkehrslärmschutzrichtlinien – VLärmSchR 97 [20] die Auslösegrenzwerte für die Lärmsanierung mit Verabschiedung des Bundeshaushaltes 2010 [6] gemäß Tafel 17.3 abgesenkt.

17.3 Straßenverkehrslärm gemäß den Richtlinien für den Lärmschutz an Straßen RLS-90

17.3.1 Beurteilungspegel L_r

Gemäß DIN 18005-1 [8] und TA Lärm [21] werden Beurteilungspegel im Einwirkungsbereich von Straßen nach den Richtlinien für den Lärmschutz an Straßen (RLS-90) [19] berechnet. Die RLS-90 enthalten ein Verfahren, mit dem der Beurteilungspegel an einer Straße ermittelt werden kann. Da Spitzenpegel nicht einzeln bewertet werden, handelt es sich um Mittelungspegel. Bei der Lärmvorsorge basieren die Berechnungen auf einer prognostizierten Verkehrsmenge und bei der Lärmsanierung auf einer vorhandenen Verkehrsbeanspruchung.

Folgende Faktoren wirken sich auf die Stärke der Schallemissionen von einer Straße aus:

- Durchschnittliche tägliche Verkehrsbelastung (DTV). Sie entspricht dem Mittelwert aller Kraftfahrzeuge, die über alle Tage des Jahres einen Straßenabschnitt befahren (Kfz/24 h).
- Verkehrszusammensetzung (PKW, LKW). Dabei wird nicht nach den Anteilen Busse und Motorräder differenziert.
- Zulässige Höchstgeschwindigkeit.
- Akustische Eigenschaften der Fahrbahnoberfläche.
- Gradiente der Straße (Steigung oder Gefälle).
- Straßengeometrie.

Weiterhin ergibt sich die Höhe des Schallpegels am Immissionsort durch folgende Einflüsse:

- Abstand zwischen Emissions- und Immissionsort.
- Topografie des Geländes (Höhe der Straße und des Immissionsortes).
- Reflexionen (z. B. an Hausfronten oder Stützmauern).

Abb. 17.1 Fahrstreifen für die
Berechnung des Mittelpegels
(RLS-90) [9]

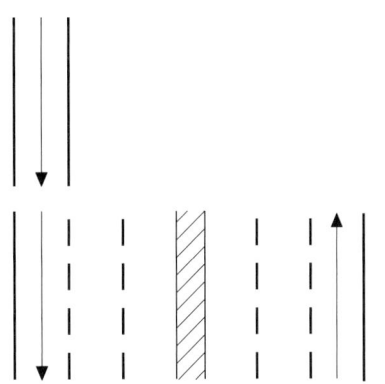

einstreifige Straße
(naher äußerer und ferner äußerer
Fahrstreifen fallen zusammen)

mehrstreifige Straße
(naher äußerer und ferner äußerer
Fahrstreifen werden getrennt
betrachtet)

Tafel 17.4 Zuschlag K für erhöhte Störwirkung von lichtzeichengeregelten Kreuzungen und Einmündungen (RLS-90) [19]

Abstand des Immissionsortes vom nächsten Schnittpunkt der Achse von sich kreuzenden oder zusammentreffenden Fahrstreifen	K [dB(A)]
Bis 40 m	3
Über 40 bis 70 m	2
Über 70 bis 100 m	1
Über 100 m	0

- Abschirmungen (z. B. durch Lärmschutzwände oder Gebäude).
- Luft-, Boden- und Witterungseinflüsse.
- Nähe zu einer lichtzeichengeregelten Kreuzung oder Einmündung.

Der Einfluss von Straßennässe wird nicht berücksichtigt.

Der Gesamtbeurteilungspegel L_r für einen Immissionsort im Einwirkungsbereich von mehr als einer Quelle berechnet sich unter Berücksichtigung der Beurteilungspegel $L_{r,j}$ aller Quellen nach

$$L_r = 10 \cdot \log \left[\sum_j 10^{0,1 \cdot L_{r,j}} \right] \quad \text{in dB(A).} \quad (17.1)$$

Der Beurteilungspegel L_r umfasst den Mittelungspegel L_m und die erhöhte Störwirkung von lichtzeichengeregelten Kreuzungen durch den Zuschlag K (Tafel 17.4):

$$L_r = L_m + K \quad \text{in dB(A).} \quad (17.2)$$

Befindet sich der Immissionsort in der Nähe mehrerer lichtzeichengeregelter Kreuzungen oder Einmündungen, so ist nur der Zuschlag für die nächstgelegene zu berücksichtigen. Der Beurteilungspegel L_r wird getrennt für Tag (6.00 bis 22.00 Uhr) und Nacht (22.00 bis 06.00 Uhr) berechnet.

17.3.2 Mittelungspegel L_m von Fahrstreifen

Bei mehrstreifigen Straßen (Abb. 17.1) ist für den nahen äußeren Fahrstreifen der Mittelungspegel $L_{m,n}$ und für den fernen äußeren Fahrstreifen der Mittelungspegel $L_{m,f}$ zu berechnen. Diese werden zum Mittelungspegel L_m zusammengefasst:

$$L_m = 10 \cdot \log[10^{0,1 \cdot L_{m,n}} + 10^{0,1 \cdot L_{m,f}}] \quad \text{in dB(A).} \quad (17.3)$$

Die durchschnittliche tägliche Verkehrsbelastung wird auf die beiden Fahrstreifen aufgeteilt, sofern sie nicht getrennt ermittelt wurde. Bei der Berechnung wird angenommen, dass der Emissionsort 0,5 m über den Mitten der beiden Fahrstreifen liegt. Bei einstreifigen Straßen ist davon auszugehen, dass naher und ferner Fahrstreifen zusammenfallen und die Mitte dieses Fahrstreifens den Emissionsort darstellt.

Bei der Berechnung des Mittelungspegels L_m wird zwischen langen und geraden Fahrstreifen (Verfahren für „lange, gerade Fahrstreifen") und Straßenabschnitten („Teilstück"-Verfahren) unterschieden. Eine Straße gilt dann als lang und gerade, wenn die Emission und die Bedingungen für die Schallausbreitung über die gesamte Länge annähernd konstant sind und wenn der Fahrstreifen vom Immissionsort aus nach beiden Seiten mindestens auf die Länge l_z eingesehen werden kann (Abb. 17.2 und 17.3). Dabei ist $s_\perp$ der Abstand zwischen Fahrstreifen und Immissionsort:

$$l_z = 48 \cdot \frac{s_\perp}{\sqrt{100 + s_\perp}} \quad \text{in m.} \quad (17.4)$$

17.3.3 Mittelungspegel L_m für lange, gerade Fahrstreifen

Der Mittelungspegel L_m errechnet sich für einen Emissionsort für jeden Fahrstreifen getrennt:

$$L_m = L_{m,E} + D_s + D_{BM} + D_{refl} - D_z \quad \text{in dB(A).} \quad (17.5)$$

$L_{m,E}$ Emissionspegel in dB(A)

$L_{m,E}$ Emissionspegel in dB(A)

D_s Pegelminderung für Abstand und Luftabsorption in dB(A)

D_{BM} Pegelminderung für Boden- und Meteorologiedämpfung in dB(A)

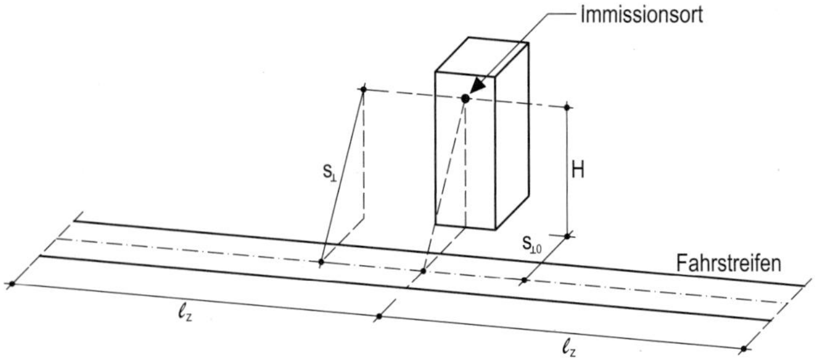

Abb. 17.2 Definition „langer,
gerader Fahrstreifen", Teil A
(RLS-90) [19]

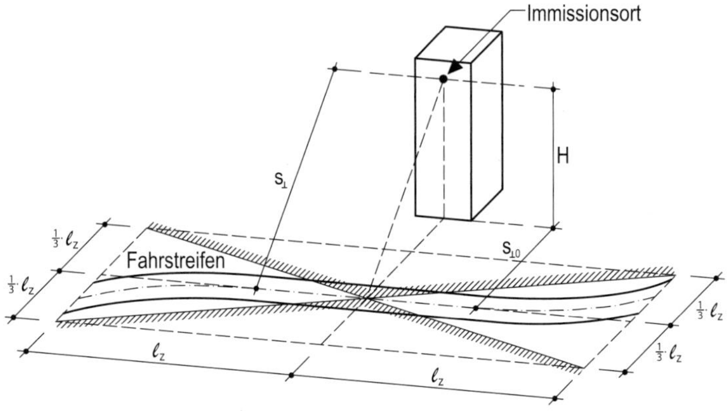

Abb. 17.3 Definition „langer,
gerader Fahrstreifen", Teil B
(RLS-90) [19]

D_{refl} Pegelerhöhung für Mehrfachreflexionen in dB(A)
D_{z} Pegelminderung für Abschirmung in dB(A)
Die einzelnen Einflussgrößen werden wie folgt ermittelt:

Emissionspegel $L_{\text{m,E}}$

$$L_{\text{m,E}} = L_{\text{m}}^{(25\,\text{m})} + D_{\text{v}} + D_{\text{StrO}} + D_{\text{Stg}} + D_{\text{E}} \quad \text{in dB(A)}. \tag{17.6}$$

Da es sich bei Straßen um Linienschallquellen handelt, wird als maßgebliche schalltechnische Größe der Emissionspegel $L_{\text{m,E}}$ eines sehr lang gedachten Straßenstückes in 25 m Abstand von der Fahrbahn betrachtet. Dieser Schallpegel wird für eine Geschwindigkeit von 100 km/h für PKWs und 80 km/h für LKWs berechnet. Als Straßenoberfläche wird geriffelter Gussasphalt vorausgesetzt. Die Gradiente beträgt 5 %. Als Variablen gehen die stündliche Verkehrsstärke M und der LKW-Anteil p ein. Weiterhin werden Korrekturen D_{v} für unterschiedliche zulässige Höchstgeschwindigkeiten, D_{StrO} für unterschiedliche Straßenoberflächen, D_{Stg} für Steigungen und Gefälle sowie D_{E} für Spiegelschallquellen berücksichtigt.

Mittelungspegel $L_{\text{m}}^{(25\,\text{m})}$ in 25 m Abstand

$$L_{\text{m}}^{(25\,\text{m})} = 37{,}3 + 10 \cdot \log[M \cdot (1 + 0{,}082 \cdot p)] \quad \text{in dB(A)}. \tag{17.7}$$

Die maßgebliche Verkehrsstärke M (Tafel 17.5) ergibt sich aus der durchschnittlichen täglichen Verkehrsbelastung

(DTV), die entweder durch Prognose oder durch Zählung ermittelt wird. Ebenso kann Tafel 17.5 der LKW-Anteil p entnommen werden.

Korrektur D_{v} für unterschiedlich zulässige Höchstgeschwindigkeiten

$$D_{\text{v}} = L_{\text{PKW}} - 37{,}3 + 10 \cdot \log\left[\frac{100 + (10^{0,1 \cdot D} - 1) \cdot p}{100 + 8{,}23 \cdot p}\right]$$

$$\text{in dB(A)}. \tag{17.8}$$

mit

$$D = L_{\text{LKW}} - L_{\text{PKW}} \text{ in dB(A)}. \tag{17.9}$$

$$L_{\text{PKW}} = 27{,}7 + 10 \cdot \log[1 + (0{,}02 \cdot v_{\text{PKW}})^3] \text{ in dB(A)}. \tag{17.10}$$

$$L_{\text{LKW}} = 23{,}1 + 12{,}5 \cdot \log[v_{\text{LKW}}] \text{ in dB(A)}. \tag{17.11}$$

Die Geschwindigkeit v_{PKW} der PKW darf von 30 bis 130 km/h und die Geschwindigkeit v_{LKW} der LKW darf von 30 bis 80 km/h variiert werden.

Korrektur D_{StrO} für unterschiedliche Straßenoberflächen Korrekturen D_{StrO} für unterschiedliche Straßenoberflächen können Tafel 17.6 entnommen werden.

Korrektur D_{Stg} für Steigungen und Gefälle Steigungen und Gefälle werden in Abhängigkeit vom Gefälle der Fahrbahn g folgendermaßen berücksichtigt:

Tafel 17.5 Maßgebliche Verkehrsstärke M und maßgeblicher LKW-Anteil p (über 2,8 t zulässiges Gesamtgewicht) (RLS-90) [19]

Straßengattung	Tags (6.00 bis 22.00 Uhr)		Nachts (22.00 bis 06.00 Uhr)	
	M [Kfz/h]	p [%]	M [Kfz/h]	p [%]
Bundesautobahnen	$0,06 \cdot$ DTV	25	$0,014 \cdot$ DTV	45
Bundesstraßen	$0,06 \cdot$ DTV	20	$0,011 \cdot$ DTV	20
Landes-, Kreis- und Gemeindeverbindungsstraße	$0,06 \cdot$ DTV	20	$0,008 \cdot$ DTV	10
Gemeindestraße	$0,06 \cdot$ DTV	10	$0,011 \cdot$ DTV	3

DTV = durchschnittliche tägliche Verkehrsbelastung

Tafel 17.6 Korrektur D_{StrO} für unterschiedliche Straßenoberflächen (RLS-90) [19]

Straßenoberfläche	D_{StrO}[a, b] [dB(A)]		
	Bei zulässiger Höchstgeschwindigkeit von		
	30 km/h	40 km/h	50 km/h
Nicht geriffelte Gussasphalte, Asphaltbetone oder Splittmastixasphalte	0	0	0
Betone oder geriffelte Gussasphalte	1,0	1,5	2,0
Pflaster mit ebener Oberfläche	2,0	2,5	3,0
Sonstige Pflaster	3,0	4,5	6,0

[a] Für lärmmindernde Straßenoberflächen, bei denen aufgrund neuer bautechnischer Entwicklungen eine dauerhafte Lärmminderung nachgewiesen ist, können auch andere Korrekturwerte D_{StrO} berücksichtigt werden, z. B. für offenporige Asphalte bei zulässigen Geschwindigkeiten > 60 km/h eine Minderung von -3 dB(A).
[b] Weitere Regelungen zur Korrektur finden sich in verschiedenen *Allgemeinen Rundschreiben Straßenbau* des Bundesministeriums für Verkehr, Bau- und Wohnungswesen, z. B. [5]

Tafel 17.7 Korrektur D_E zur Berücksichtigung der Absorptionseigenschaften reflektierender Flächen bei Spiegelschallquellen (RLS-90) [19]

Reflexionsart	D_E [dB(A)]
Glatte Gebäudefassade und reflektierende Lärmschutzwände	-1
Gegliederte Hausfassaden (z. B. Fassaden mit Erkern, Balkonen)	-2
Absorbierende Lärmschutzwände	-4
Hochabsorbierende Lärmschutzwände	-8

- falls $|g| \geq 5\,\%$

$$D_{Stg} = 0{,}6 \cdot |g| - 3 \text{ dB(A)}. \qquad (17.12)$$

- falls $|g| < 5\,\%$:

$$D_{Stg} = 0 \text{ dB(A)}. \qquad (17.13)$$

Korrektur D_E für Spiegelschallquellen Spiegelschallquellen sind zusätzlich zu den Originalschallquellen zu berücksichtigen. Da bei der Reflexion z. B. an einer langen, hohen Bebauung oder einem Lärmschutzwall Energieverluste auftreten, wird der Emissionspegel $L_{m,E}$ um den Summanden D_E gemäß Tafel 17.7 korrigiert.

Pegelminderung D_s für Abstand und Luftabsorption Abstand und Luftabsorption werden in Abhängigkeit vom Abstand $s_\perp$ zwischen Fahrstreifen und Immissionsort erfasst:

$$D_s = 15{,}8 - 10 \cdot \log(s_\perp) - 0{,}0142 \cdot (s_\perp)^{0{,}9} \quad \text{in dB(A).}$$
$$(17.14)$$

Pegelminderung D_{BM} für Boden- und Meteorologiedämpfung

$$D_{BM} = -4{,}8 \cdot \exp\left[-\left(\frac{h_m}{s_\perp} \cdot \left(8{,}5 + \frac{100}{s_\perp}\right)\right)^{1{,}3}\right] \text{ in dB(A).}$$
$$(17.15)$$

h_m stellt die mittlere Höhe aus der Höhe h_{GE} des Emissionsortes über Grund und der Höhe, h_{GI} des Immissionsortes über Grund dar (Abb. 17.4):

$$h_m = \frac{h_{GE} + h_{GI}}{2} \quad \text{in m.} \qquad (17.16)$$

Liegen zwischen Emissions- und Immissionsort Tallagen oder Senken, ist die größte Höhe h_T zwischen Verbindungslinie und Grund von Einfluss:

$$h_m = 0{,}25 \cdot (h_{GE} + 2 \cdot h_T + h_{GI}) \quad \text{in m.} \qquad (17.17)$$

Bei Bodenerhebungen ist h_T die kleinste Höhe zwischen Verbindungslinie und Boden.

Bei Abschirmung entfällt D_{BM}.

Pegelerhöhung D_{refl} für Mehrfachreflexionen Befindet sich ein Fahrstreifen bzw. ein Immissionsort z. B. innerhalb einer geschlossenen Bebauung oder zwischen Lärmschutzwänden wird je nach Ausgestaltung der reflektierenden Flächen bei der Ermittlung von D_{refl} die Höhe h_{Beb} der geschlossenen Randbebauung und der Abstand w der reflektierenden Flächen zueinander beachtet:

Abb. 17.4 Kenngrößen zur Berechnung der mittleren Höhe h_m (RLS-90) [19]

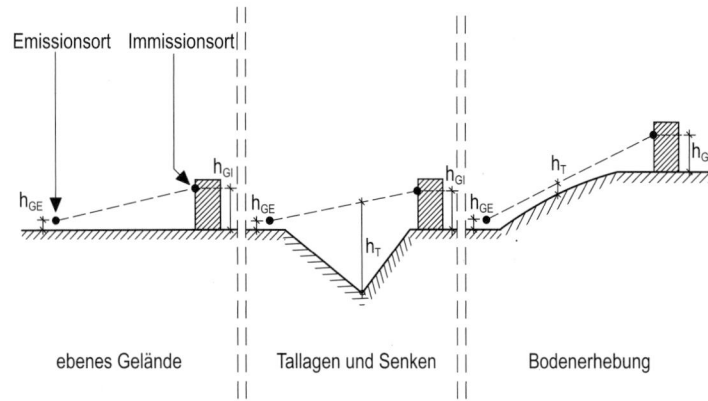

ebenes Gelände   Tallagen und Senken   Bodenerhebung

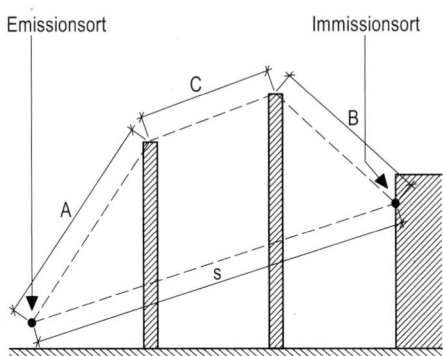

Abb. 17.5 Kenngrößen zur Berechnung des Schirmwertes z bei mehreren Beugungskanten (RLS-90) [19]

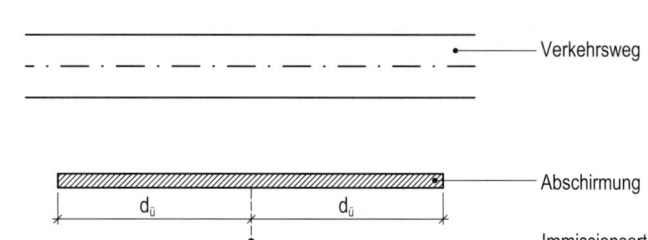

Abb. 17.6 Überstandslänge $d_\mathrm{ü}$ bei Abschirmung

- für reflektierende Flächen:

$$D_\mathrm{refl} = 4 \cdot \frac{h_\mathrm{Beb}}{w} \leq 3{,}2 \quad \text{in dB(A)}, \qquad (17.18)$$

- für absorbierende Flächen:

$$D_\mathrm{refl} = 2 \cdot \frac{h_\mathrm{Beb}}{w} \leq 1{,}6 \quad \text{in dB(A)}, \qquad (17.19)$$

- für hochabsorbierende Flächen:

$$D_\mathrm{refl} = 0 \, \text{dB(A)}. \qquad (17.20)$$

Pegelminderung D_z für Abschirmung Sobald ein Hindernis die Verbindungslinie zwischen Emissions- und Immissionsort tangiert, wird der Pegel durch Abschirmung gemindert. In die Berechnung der Pegelminderung D_z gehen der Abstand s zwischen Emissions- und Immissionsort, der Schirmwert z und die Witterungskorrektur $K_\mathrm{w\perp}$ ein:

$$D_\mathrm{z} = 7 \cdot \log \left[5 + \left(\frac{70 + 0{,}25 \cdot s}{1 + 0{,}2 \cdot z} \right) \cdot z \cdot (K_\mathrm{w\perp})^2 \right] \text{in dB(A).} \qquad (17.21)$$

Der Schirmwert z errechnet sich aus dem Schallumweg über das Hindernis hinweg (Abb. 17.5):

$$z = A + B + C - s \quad \text{in m.} \qquad (17.22)$$

Ist nur ein Schirm vorhanden, entfällt die Größe C.

Die Witterungskorrektur $K_\mathrm{w\perp}$ berücksichtigt die Strahlenkrümmung durch positive Wind- oder Temperaturgradienten:

$$K_\mathrm{w\perp} = \exp \left(-\frac{1}{2000} \cdot \sqrt{\frac{A \cdot B \cdot s}{2 \cdot z}} \right) \quad [\text{–}]. \qquad (17.23)$$

Das abschirmende Hindernis muss eine bestimmte Länge aufweisen, damit die Abschirmwirkung nicht durch nicht abgeschirmte Straßenbereiche wieder aufgehoben wird. Als Mindestmaß für die Überstandslänge $d_\mathrm{ü}$ (Abb. 17.6) gilt:

- im allgemeinen Fall:

$$d_\mathrm{ü} = \left(\frac{34 + 3 \cdot D_\mathrm{z}}{\sqrt{100 + s}} \right) \cdot B \quad \text{in m.} \qquad (17.24)$$

- bei zwei Fahrstreifen (nah und fern):

$$d_\mathrm{ü} = 0{,}5 \cdot (d_\mathrm{ü,n} + d_\mathrm{ü,f}) \quad \text{in m.} \qquad (17.25)$$

Kann die Überstandslänge $d_\mathrm{ü}$ nicht eingehalten werden oder ist der Fahrstreifen nicht lang genug, ist das Teilstück-Verfahren (Abschn. 17.3.4) anzuwenden.

Bei Abschirmung entfällt D_BM.

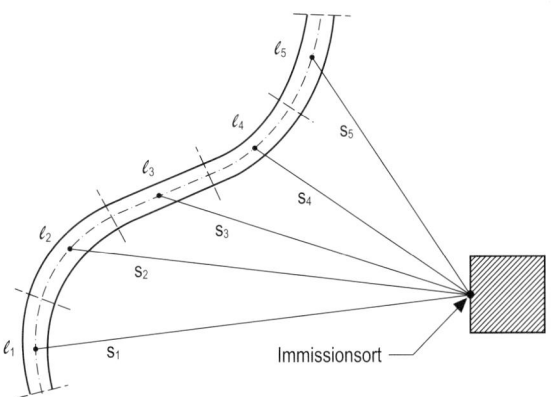

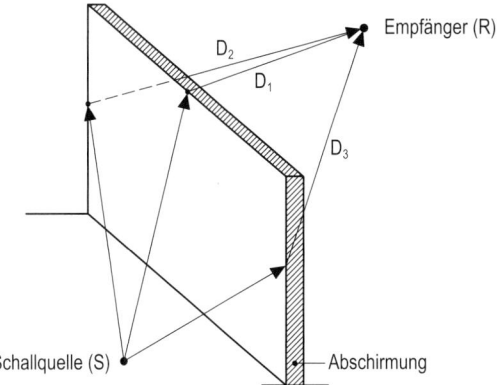

Abb. 17.7 Einteilung einer Straße in Straßenabschnitte (Teilstücke) (RLS-90) [19]

Abb. 17.8 Obere und seitliche Beugungen an einer Abschirmung

17.3.4 Mittelungspegel L_m beim Teilstück-Verfahren

Im Regelfall wird bei Berechnungen nicht von langen, geraden Straßen ausgegangen, sondern von Straßenabschnitten bzw. Teilstücken. Ein Teilstück liegt dann vor, wenn dessen Länge l_i kleiner ist als die halbe Entfernung s_i zwischen Emissionsort und Immissionsort (Abb. 17.7) und wenn auf diesem Teilstück die Emissionsbedingungen konstant sind. Der Gesamt-Mittelungspegel L_m ergibt sich aus den Mittelungspegeln $L_{m,i}$ der einzelnen Teilstücke:

$$L_m = 10 \cdot \log \sum_i 10^{0,1 \cdot L_{m,i}} \quad \text{in dB(A).} \quad (17.26)$$

$$L_{m,i} = L_{m,E,i} + D_{l,i} + D_{s,i} + D_{BM,i} + D_{refl,i} - D_{z,i} \quad \text{in dB(A).} \quad (17.27)$$

Maßgeblicher Emissionspegel $L_{m,E,i}$ Der maßgebliche Emissionspegel $L_{m,E,i}$ einschließlich aller Korrekturen wird in gleicher Weise berechnet wie bei langen, geraden Fahrstreifen. Die Unterschiede zwischen Teilstücken und langen, geraden Fahrstreifen ergeben sich bei der Längenkorrektur $D_{l,i}$, beim Abstandsmaß $D_{s,i}$ und bei der Bodenabsorption $D_{BM,i}$, also auf dem Ausbreitungsweg.

Längenkorrektur $D_{l,i}$ für einen Teilabschnitt mit der Länge l_i

$$D_{l,i} = 10 \cdot \log \left[\frac{l_i}{l_0} \right] \quad \text{in dB(A)} \quad (17.28)$$

mit $l_0 = 1$ m Bezugslänge.

Pegelminderung $D_{s,i}$ durch Abstand und Luftabsorption bei Teilstücken Bei Teilstücken wird von punktförmigen Schallquellen ausgegangen, d. h. dass die Schalldruckpegel

mit der Verdoppelung der Entfernung um 6 dB abnehmen. $D_{s,i}$ lautet daher:

$$D_{s,i} = 11,2 - 20 \cdot \log \left[\frac{s_i}{s_0} \right] - \frac{s_i}{200} \quad \text{in dB(A)} \quad (17.29)$$

mit $s_0 = 1$ m Bezugsabstand.

Pegelminderung $D_{BM,i}$ durch Boden- und Meteorologiedämpfung bei Teilstücken

$$D_{BM,i} = \frac{h_{m,i}}{s_i} \cdot \left(34 + \frac{600}{s_i} \right) - 4,8 \leq 0 \, \text{dB(A).} \quad (17.30)$$

Die mittlere Höhe $h_{m,i}$ wird wie bei langen, geraden Fahrstreifen ermittelt. Bei Abschirmung entfällt D_{BM}.

Pegelminderung $D_{z,i}$ für die Abschirmwirkung eines Teilstücks

$$D_{z,i} = 10 \cdot \log[3 + 80 \cdot z_i \cdot K_{w,i}] \quad \text{in dB(A).} \quad (17.31)$$

Der Schirmwert z und die Witterungskorrektur K_w werden wie bei langen, geraden Fahrstreifen berechnet.

Bei Teilstücken muss nicht nur die Beugung über die obere Schirmkante berücksichtigt werden, sondern auch die Beugung über die seitlichen Kanten. Werden die Abschirmmaße mit D_1 (obere Kante) sowie mit D_2 und D_3 (seitliche Kanten) bezeichnet, ergibt sich die gesamte Abschirmung zu (Abb. 17.8):

$$D_{ges} = -10 \cdot \log[10^{-D_1/10} + 10^{-D_2/10} + 10^{-D_3/10}] \quad \text{in dB(A).} \quad (17.32)$$

Im Gegensatz zur Abschirmung an der oberen Schirmkante werden bei der Beugung um die seitlichen Kanten die Bodendämpfungsmaße nicht abgezogen.

Beispiele zur Berechnung des Straßenverkehrslärms sind im Ergänzungsband „Wendehorst – Beispiele aus der Baupraxis", 5. Aufl., enthalten.

Tafel 17.8 Zuschlag K_{PA} für die Parkplatzart und Zuschlag K_I für die Impulshaltigkeit (Parkplatz-lärmstudie) [3]

Parkplatzart			Zuschläge [dB(A)]	
			K_{PA}	K_I
PKW-Parkplätze	P+R-Parkplätze		0	4
	Parkplätze an Wohnanlagen			
	Besucher- und Mitarbeiterparkplätze			
	Parkplätze am Rand der Innenstadt			
	Parkplätze an Einkaufszentren, Standard-Einkaufswagen auf Asphalt		3	4
	Parkplätze an Einkaufszentren, Standard-Einkaufswagen auf Pflaster		5	4
	Parkplätze an Einkaufszentren, lärmarme Einkaufswagen auf Asphalt		3	4
	Parkplätze an Einkaufszentren, lärmarme Einkaufswagen auf Pflaster			
	Parkplätze an Diskotheken (mit Nebengeräuschen von Gesprächen und Autoradios)		4	4
	Gaststätten		3	4
	Schnellgaststätten		4	4
Zentrale Omnibushaltestellen	Omnibusse mit Dieselmotor		10	4
	Omnibusse mit Erdgasantrieb		7	3
Abstellplätze bzw. Autohöfe für LKW			14	3
Motorradparkplätze			3	4

17.4 Parkplatzlärm gemäß Parkplatzlärmstudie

17.4.1 Schallleistungspegel L_w

Für die Ermittlung von Parkplatzlärm wird das Berechnungsverfahren der Bayerischen Parkplatzlärmstudie [3] angewendet. Die Methode zur Berechnung von Schallemissionen von Parkplätzen nach DIN 18005-1 [8] wird nicht angewendet, da sie sehr ungenau ist. Nach der Parkplatzlärmstudie wird ausgehend vom flächenbezogenen Schallleistungspegel L_w'' der Schallleistungspegel L_w eines ebenerdigen Parkplatzes errechnet:

$$L_w = L_w'' + 10 \cdot \log\left[\frac{S}{S_0}\right] \quad \text{in dB(A)}. \quad (17.33)$$

S Teilfläche in m²
S_0 Bezugsfläche in m², $S_0 = 1\,\text{m}^2$

17.4.2 Flächenbezogener Schallleistungspegel L_w''

Der flächenbezogene Schallleistungspegel L_w'' für Parkplätze mit bis zu 150 Stellplätzen ergibt sich aus einem Ausgangsschallleistungspegel L_{w0} und Zuschlägen K_i für verschiedene Einflüsse:

$$L_w'' = L_{w0} + K_{PA} + K_I + K_D + K_{StrO}$$
$$+ 10 \cdot \log[B \cdot N] - 10 \cdot \log\left[\frac{S}{1\,\text{m}^2}\right] \quad \text{in dB(A)}. \quad (17.34)$$

L_{w0} Ausgangsschallleistungspegel für eine Bewegung auf einem P+R-Parkplatz je Stunde in dB(A).
K_{PA} Zuschlag für die Parkplatzart in dB(A).
K_I Zuschlag für die Impulshaltigkeit in dB(A).
K_D Pegelerhöhung infolge des Durchfahr- und Parksuchverkehrs in dB(A).
K_{StrO} Zuschlag für unterschiedliche Fahrbahnoberflächen in dB(A).

Der Zuschlag K_{StrO} entfällt bei Parkplätzen an Einkaufsmärkten mit asphaltierter oder mit Betonsteinen gepflasterter Oberfläche, da die Pegelerhöhung durch klappernde Einkaufswagen pegelbestimmend ist und im Zuschlag K_{PA} für die Parkplatzart bereits berücksichtigt ist.

B Bezugsgröße
– Anzahl der Stellplätze [–],
– Netto-Verkaufsfläche in m²,
– Netto-Gastraumfläche in m²,
– Anzahl der Betten [–].
N Bewegungshäufigkeit = Anzahl der Bewegungen/(Bezugsgröße B_0/h).
$B \cdot N$ Alle Fahrzeugbewegungen auf der Parkplatzfläche je Stunde.

Ausgangsschallleistungspegel L_{w0} Der Ausgangsschallleistungspegel L_{w0} wird mit 63 dB angesetzt.

Zuschlag K_{PA} für die Parkplatzart Der Zuschlag K_{PA} für die Parkplatzart wird gemäß Tafel 17.8 ermittelt.

Zuschlag K_I für die Impulshaltigkeit Der Zuschlag K_I für die Impulshaltigkeit wird gemäß Tafel 17.8 ermittelt.

Tafel 17.9 Anzahl der Stellplätze f je Einheit der Bezugsgröße (Parkplatzlärmstudie) [3]

Bezugsgröße	f [–]
Stellplätze je m² Netto-Gastraumfläche bei Diskotheken	0,50
Stellplätze je m² Netto-Gastraumfläche bei Gaststätten	0,25
Stellplätze je m² Netto-Verkaufsfläche bei Verbrauchermärkten und Warenhäusern	0,07
Stellplätze je m² Netto-Verkaufsfläche bei Discountmärkten	0,11
Stellplätze je m² Netto-Verkaufsfläche bei Elektrofachmärkten	0,04
Stellplätze je m² Netto-Verkaufsfläche bei Bau- und Möbelfachmärkten	0,03
Stellplätze je Bett bei Hotels	0,50
Bei sonstigen Parkplätzen (P+R-Parkplätze, Mitarbeiterparkplätze u. Ä.)	1,00

Tafel 17.10 Zuschlag K_{StrO} für unterschiedliche Fahrbahnoberflächen (Parkplatzlärmstudie) [3]

Fahrbahnoberfläche	K_{StrO} [dB(A)]
Asphaltierte Fahrgassen	0
Betonsteinpflaster mit Fugen ≤ 3 mm	0,5
Betonsteinpflaster mit Fugen > 3 mm	1,0
Wassergebundene Decken (Kies)	2,5
Natursteinpflaster	3,0

Pegelerhöhung K_D infolge des Durchfahr- und Parksuchverkehrs Die Pegelerhöhung K_D infolge des Durchfahr- und Parksuchverkehrs wird folgendermaßen berechnet:

- falls $f \cdot B > 10$ Stellplätze:

$$K_D = 2,5 \cdot \log[f \cdot B - 9] \quad \text{in dB(A).} \qquad (17.35)$$

- falls $f \cdot B \leq 10$ Stellplätze:

$$K_D = 0 \, \text{dB.} \qquad (17.36)$$

f Anzahl der Stellplätze je Einheit der Bezugsgröße [–] gemäß Tafel 17.9.

Zuschlag K_{StrO} für unterschiedliche Fahrbahnoberflächen Der Zuschlag K_{StrO} für unterschiedliche Fahrbahnoberflächen wird gemäß Tafel 17.10 ermittelt.

Bewegungshäufigkeit N (Bewegungen je Einheit der Bezugsgröße und Stunde) Die Bewegungshäufigkeit N kann Tafel 17.11 entnommen werden.

Beispiele zur Berechnung des Parkplatzlärms sind im Ergänzungsband „Wendehorst – Beispiele aus der Baupraxis", 5. Aufl., enthalten.

17.5   Schienenverkehrslärm gemäß Schall 03

17.5.1   Beurteilungspegel L_r

Beurteilungspegel im Einwirkungsbereich von Schienenverkehrswegen werden nach der Richtlinie Schall 03 [18] ermittelt. Zur Berechnung werden Gleise bzw. Bereiche in Teilstücke k zerlegt. Die Teilstücklänge l_k wird wie folgt gewählt:

$$0,01 \cdot s_k \leq l_k \leq 0,5 \cdot s_k \quad \text{in m.} \qquad (17.37)$$

Darin ist s_k der Abstand vom Mittelpunkt der Teilstrecke k zum Immissionsort. Über die Länge der Teilstücke muss $L_{m,E,k}$ annähernd konstant sein. Bei der Berechnung des gesamten Beurteilungspegels $L_{r,ges}$ ist im unbebauten Gelände als Höhe des Immissionsortes 3,5 m über Gelände anzunehmen. Bei Gebäuden ist die Höhe mit 0,2 m über den Oberkanten der Fenster des betrachteten Geschosses anzunehmen. Ist die Geschosshöhe nicht bekannt, soll mit folgenden Werten gerechnet werden: 3,5 m über Gelände für das Erdgeschoss und zusätzlich 2,8 m für jedes weitere Geschoss.

Der Beurteilungspegel $L_{r,k}$ für jedes Teilstück (Streckenabschnitt) ergibt sich folgendermaßen:

$$L_{r,k} = L_{m,E,k} + 19,2 + 10 \cdot \log[l_k] + D_{I,k} + D_{s,k} + D_{L,k}$$
$$+ D_{BM,k} + D_{Korr,k} + S \quad \text{in dB(A).} \qquad (17.38)$$

$L_{m,E,k} + 19,2 + 10 \cdot \log[l_k]$ Schallleistungspegel der Teilstrecke mit der Länge l_k des Teilstücks in dB(A).

$D_{I,k}$ Pegeldifferenz durch Richtwirkung in dB(A).

$D_{s,k}$ Pegeldifferenz durch Abstand in dB(A).

$D_{L,k}$ Pegeldifferenz durch Luftabsorption in dB(A).

$D_{BM,k}$ Pegeldifferenz durch Boden- und Meteorologiedämpfung in dB(A).

$D_{Korr,k}$ Summe der Pegeldifferenzen durch Einflüsse auf dem Ausbreitungsweg in dB(A).

S Korrekturwert zur Berücksichtigung der geringeren Störwirkung des Schienenverkehrs gegenüber Straßenverkehr gemäß 16. BImSchV § 3 [22] in dB(A).

Die einzelnen Einflussgrößen werden entsprechend den nachfolgenden Regelungen ermittelt.

17.5.2   Emissionspegel $L_{m,E}$

Für jedes Teilstück (Streckenabschnitt) und für jedes Gleis wird der Emissionspegel $L_{m,E}$ berechnet. Dazu werden die auf einem betrachteten Abschnitt fahrenden Züge in einzelne Zugklassen i unterteilt. In den Zugklassen sind Züge zusammengefasst, die in folgenden Punkten gleichermaßen beschaffen sind:

17

Tafel 17.11 Anhaltswerte N der Bewegungshäufigkeit bei verschiedenen Parkplätzen (Parkplatzlärmstudie) [3]

Parkplatzart	Einheit B_0 der Bezugsgröße B	$N = \text{Bewegungen}/(B_0 \cdot h)$		
		Tag	Nacht	Ungünstigste Nachtstunde
P+R-Parkplatz				
Stadtnah, gebührenfrei	1 Stellplatz	0,30	0,06	0,16
Stadtfern, gebührenfrei	1 Stellplatz	0,30	0,10	0,50
Tank- und Rastanlage				
Bereich Tanken (keine Bezugsgröße, Angaben in Bewegungen je Stunde)				
PKW	–	40	15	30
LKW	–	10	6	15
Bereich Rasten				
PKW	1 Stellplatz	3,50	0,70	1,40
LKW	1 Stellplatz	1,50	0,50	1,20
Wohnanlage				
Tiefgarage	1 Stellplatz	0,15	0,02	0,09
Parkplatz (oberirdisch)	1 Stellplatz	0,40	0,05	0,15
Diskothek				
Diskothek	1 m^2 Netto-Gastraumfläche	0,02	0,30	0,60
Einkaufsmarkt				
Kleiner Verbrauchermarkt (Netto-Verkaufsfläche ≤ 5000 m^2)	1 m^2 Netto-Verkaufsfläche	0,10	–	–
Großer Verbrauchermarkt bzw. Warenhaus (Netto-Verkaufsfläche > 5000 m^2)	1 m^2 Netto-Verkaufsfläche	0,07	–	–
Discounter und Getränkemarkt	1 m^2 Netto-Verkaufsfläche	0,17	–	–
Elektrofachmarkt	1 m^2 Netto-Verkaufsfläche	0,07	–	–
Bau- und Möbelmarkt	1 m^2 Netto-Verkaufsfläche	0,04	–	–
Speisegaststätte				
Gaststätte in Großstadt	1 m^2 Netto-Gastraumfläche	0,07	0,02	0,09
Gaststätte im ländlichen Bereich	1 m^2 Netto-Gastraumfläche	0,12	0,03	0,12
Ausflugsgaststätte	1 m^2 Netto-Gastraumfläche	0,10	0,01	0,09
Schnellgaststätte (mit Selbstbedienung)	1 m^2 Netto-Gastraumfläche	0,40	0,15	0,60
Autoschalter an Schnellgaststätte (keine Bezugsgröße, sondern Angabe in Bewegungen je Stunde)				
Drive-In	–	40	6	36
Hotel				
≤ 100 Betten	1 Bett	0,11	0,02	0,09
> 100 Betten	1 Bett	0,07	0,01	0,06
Parkplatz oder Parkhaus in der Innenstadt, allgemein zugänglich				
Parkplatz, gebührenpflichtig	1 Stellplatz	1,00	0,03	0,16
Parkhaus, gebührenpflichtig	1 Stellplatz	0,50	0,01	0,04

- Fahrzeugart,
- gleicher Anteil scheibengebremster Fahrzeuge,
- gleiche Geschwindigkeit.

Die Emissionspegel der einzelnen Zugklassen werden logarithmisch addiert. Zusätzlich werden Einflüsse für besondere Emissionsbedingungen berücksichtigt.

$$L_{m,E} = 10 \cdot \log\left[\sum_i 10^{0,1\cdot(51+D_{FZ}+D_D+D_l+D_v)}\right] + D_{Fb} + D_{Br} + D_{Bü} + D_{Ra} \quad \text{in dB(A)}. \quad (17.39)$$

D_{FZ} Einfluss der Fahrzeugart in dB(A)

D_D Einfluss der Bremsbauart in dB(A)

D_l Einfluss der Zuglänge in dB(A)

D_v Einfluss der Geschwindigkeit in dB(A)

D_{Fb} Einfluss der Fahrbahnart in dB(A)

D_{Br} Einfluss von Brücken in dB(A)

$D_{Bü}$ Einfluss von Bahnübergängen in dB(A)

D_{Ra} Einfluss von Kurvenradien in dB(A)

Der Grundwert von 51 dB(A) bezieht sich auf einen „Normzug" mit folgenden Eigenschaften:

Tafel 17.12 Einfluss D_{Fz} der Fahrzeugart (Schall 03) [18]

Fahrzeugart	$D_{\mathrm{Fz}}{}^{\mathrm{a}}$ [dB(A)]
Fahrzeuge mit zulässigen Geschwindigkeiten $v > 100$ km/h mit Radabsorbern (Baureihe 401)	−4
Fahrzeuge mit Radscheibenbremsen (Baureihen 403, 420, 472)	−2
Fahrzeuge mit Radscheibenbremsen (Bx-Wagen unter Einbeziehung der Lok)	−1
U-Bahn	2
Straßenbahn	3
Alle übrigen Fahrzeugarten	0

[a] Für Fahrzeugarten, bei denen aufgrund besonderer Vorkehrungen eine weitergehende, dauerhafte Lärmminderung nachgewiesen ist, können die der Lärmminderung entsprechenden Korrekturwerte zusätzlich zu den Korrekturwerten D_{Fz} berücksichtigt werden.

- horizontaler Abstand von der Mitte des betrachteten Gleises zum Immissionsort von 25 m,
- Höhe des Immissionsortes in 25 m Entfernung von 3,50 m,
- Zuglänge von 100 m,
- Zuggeschwindigkeit von 100 km/h,
- Anteil der scheibengebremsten Fahrzeuge von 100 %.

Einfluss D_{FZ} der Fahrzeugart Der Einfluss D_{FZ} der Fahrzeugart kann Tafel 17.12 entnommen werden.

Einfluss D_{D} der Bremsbauart Der Einfluss D_{D} der Bremsbauart wird je nach prozentualem Anteil p scheibengebremster Fahrzeuge an der Länge des Zuges bestimmt, wobei die Länge der Lok mit 20 m und die Länge eines Reisezugwagens mit 26,4 m angesetzt wird:

$$D_{\mathrm{D}} = 10 \cdot \log[5 - 0{,}04 \cdot p] \quad \text{in dB(A).} \tag{17.40}$$

Einfluss D_{l} der Zuglänge Die Längen l_{k} aller Züge der jeweiligen Zugklasse (Anzahl k) werden zur Gesamtlänge l addiert, die in die Berechnung des Einflusses D_{l} der Zuglänge eingeht:

$$l = \sum l_{\mathrm{k}} \quad \text{in m} \tag{17.41}$$

$$D_{\mathrm{l}} = 10 \cdot \log[0{,}01 \cdot l] \quad \text{in dB(A).} \tag{17.42}$$

Einfluss D_{v} der Geschwindigkeit Durch D_{v} wird der Einfluss der Geschwindigkeit v berücksichtigt:

$$D_{\mathrm{v}} = 20 \cdot \log[0{,}01 \cdot v] \quad \text{in dB(A).} \tag{17.43}$$

Einfluss D_{Fb} der Fahrbahnart Der Einfluss D_{Fb} der Fahrbahnart kann aus Tafel 17.13 abgelesen werden.

Einfluss D_{Br} von Brücken Der Einfluss D_{Br} von Brücken wird mit $D_{\mathrm{Br}} = +3$ dB(A) berücksichtigt.

Tafel 17.13 Einfluss D_{Fb} der Fahrbahnart (Schall 03) [18]

Fahrbahnart	$D_{\mathrm{Fb}}{}^{\mathrm{a}}$ [dB(A)]
Rasenbahnkörper – Straßenbahn	−2
Schotterbett – Holzschwelle	0
Schotterbett – Betonschwelle	2
Schotterbett – Betonschwelle, besonders überwacht	[a]
Feste Fahrbahnen – nicht absorbierend	5

[a] Für Fahrbahnen, bei denen aufgrund besonderer Vorkehrungen eine weitergehende, dauerhafte Lärmminderung nachgewiesen ist, können die der Lärmminderung entsprechenden Korrekturwerte zusätzlich zu den Korrekturwerten D_{Fb} berücksichtigt werden.

Tafel 17.14 Einfluss D_{Ra} von Kurvenradien r (Schall 03) [18]

r [m]	D_{Ra} [dB(A)]
< 300	8
$300 \leq r < 500$	3
≥ 500	0

Einfluss $D_{\mathrm{Bü}}$ von Bahnübergängen Befindet sich in einem Teilstück ein Bahnübergang, so ist mit einem Wert von $D_{\mathrm{Bü}} = +5$ dB(A) zu rechnen. In diesem Fall entfällt der Einfluss D_{Fb} der Fahrbahnart.

Einfluss D_{Ra} von Kurvenradien Treten beim Befahren enger Kurvenradien Quietschgeräusche auf, so ist der Einfluss D_{Ra} für den gesamten Kurvenabschnitt gemäß Tafel 17.14 in Ansatz zu bringen.

17.5.3 Pegeldifferenzen D_{i} und Korrekturen für verschiedene Einflüsse

Pegeldifferenz $D_{\mathrm{I,k}}$ für Richtwirkung Die Pegeldifferenz $D_{\mathrm{I,k}}$ für Richtwirkung wird unter Einfluss des Winkels δ_{k} (Abb. 17.9) ermittelt:

$$D_{\mathrm{I,k}} = 10 \cdot \log[0{,}22 + 1{,}27 \cdot \sin^2(\delta_{\mathrm{k}})] \quad \text{in dB(A).} \tag{17.44}$$

Der Winkel δ_{k} ist als räumlicher Winkel zwischen der Gleisachse und dem Immissionsort anzusetzen. Ist der Streckenabschnitt gekrümmt, so ist der Winkel δ_{k} auf die Tangente an die Gleisachse zu beziehen.

Pegeldifferenz $D_{\mathrm{s,k}}$ für Abstand Bei Berechnung der Pegeldifferenz $D_{\mathrm{s,k}}$ für den Abstand wird das Teilstück k als Punktschallquelle angenommen:

$$D_{\mathrm{s,k}} = 10 \cdot \log\left[\frac{1}{2 \cdot \pi \cdot s_{\mathrm{k}}^2}\right] \quad \text{in dB(A).} \tag{17.45}$$

Pegeldifferenz $D_{\mathrm{L,k}}$ für Luftabsorption

$$D_{\mathrm{L,k}} = -\frac{s_{\mathrm{k}}}{200} \quad \text{in dB(A).} \tag{17.46}$$

17

Abb. 17.9 Winkel δ_k am Emissionsort zwischen s_k und Gleisachse (Schall 03) [18]

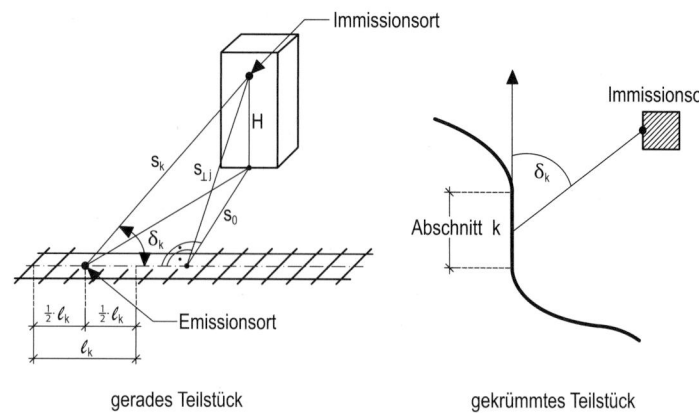

gerades Teilstück gekrümmtes Teilstück

Pegeldifferenz $D_{BM,k}$ für Boden- und Meteorologiedämpfung

$$D_{BM,k} = \frac{h_{m,k}}{s_k} \cdot \left(34 + \frac{600}{s_k}\right) - 4{,}8 \leq 0\,\text{dB(A)} \quad (17.47)$$

$h_{m,k}$ ist die mittlere Höhe der Verbindungslinie zwischen Emissions- und Immissionsort auf dem Teilstück k.

Summe der Pegeldifferenzen $D_{Korr,k}$ durch Einflüsse auf dem Ausbreitungsweg Die Summe der Pegeldifferenzen $D_{Korr,k}$ durch Einflüsse auf dem Ausbreitungsweg wird aus folgenden Größen gebildet:

Pegelminderung $D_{e,k}$ für Schallschirme Die Pegelminderung $D_{e,k}$ für einen Schallschirm wird unter Beachtung des Schirmwertes z_k, der Witterungskorrektur $K_{w,k}$ und der Pegelminderung durch Boden- und Meteorologieeinflüsse $D_{BM,k}$ gemäß Gleichung (17.48) berechnet:

$$D_{e,k} = -(10 \cdot \log[3 + 60 \cdot z_k \cdot K_{w,k}] + D_{BM,k}) \leq 0\,\text{dB(A)}. \quad (17.48)$$

Der Schirmwert beträgt mindestens $z_k \geq -0{,}033$ und wird für Schallschutzwände oder Schallschutzwälle über den Schallumweg ermittelt:

Schirmwert z_k für Schallschutzwände (Teilstückverfahren)

$$z_k = a_{Q,k} + a_{A,k} - s_k \quad \text{in m.} \quad (17.49)$$

$a_{Q,k}$ Abstand zwischen Emissionsort und Hindernisoberkante in m

$a_{A,k}$ Abstand zwischen Hindernisoberkante und Immissionsort in m

s_k Abstand zwischen Emissionsort und Immissionsort in m

Schirmwert z_k für Schallschutzwälle

$$z_k = a_{Q,k} + a_{A,k} + a_{B,k} - s_k \quad \text{in m} \quad (17.50)$$

$a_{B,k}$ ist der Abstand zwischen den Hinderniskanten, die z. B. einen Schallschutzwall am oberen Ende beidseitig begrenzen. Für die Witterungskorrektur $K_{w,k}$ wird $a_{B,k}$ zum kleineren der beiden Abstände $a_{Q,k}$ oder $a_{A,k}$ addiert.

Witterungskorrektur $K_{w,k}$ Die Witterungskorrektur $K_{w,k}$ berechnet sich nach:

$$K_{w,k} = \exp\left[-\frac{1}{2000} \cdot \sqrt{\frac{a_{Q,k} \cdot a_{A,k} \cdot s_k}{2 \cdot z_k}}\right] \quad \text{in dB(A).} \quad (17.51)$$

Für $z < 0$ ist $K_w = 1$ zu setzen. Auch für negative Schirmwerte bis $z \geq -0{,}033$ ergeben sich noch Abschirmwirkungen.

Pegelminderung $D_{B,k}$ für Gebäude Die Abschirmung durch lange, geschlossene Häuserzeilen wird wie bei Schallschutzwällen berechnet. Bei einer Bebauung mit Lücken wird nur die Abschirmung durch die der Bahn- oder Betriebsanlage nächste Gebäudereihe berücksichtigt und die Pegelminderung $D_{B,k}$ für Gebäude wie folgt berechnet (Abb. 17.10):

$$D_{B,k} = 10 \cdot \log[1 - \min(p_{l,k}; p_{\alpha,k}) + 10^{-0{,}1 \cdot D_{e,k}}]$$
$$\leq 0\,\text{dB(A).} \quad (17.52)$$

Das Verhältnis $p_{l,k}$ der wirksamen Gesamtlänge $\sum l_{Geb}$ der Gebäudefronten zur Länge des Teilstücks l_k beträgt:

$$p_{l,k} = \frac{\sum l_{Geb}}{l_k} \quad \text{in \%.} \quad (17.53)$$

Das Verhältnis $p_{\alpha,k}$ der Winkelbereiche mit der Summe $\sum \alpha_{Geb,k}$ der Winkelbereiche, in denen die Bahn- bzw. die

Abb. 17.10 Abschirmung durch nicht geschlossene Bebauung entlang eines Verkehrsweges (Schall 03) [18]

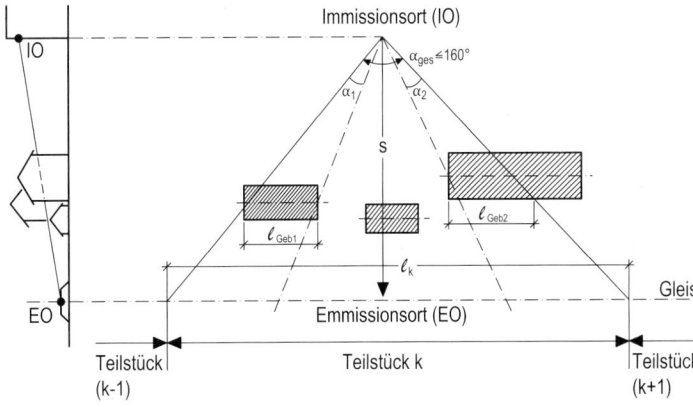

Abb. 17.11 Pegelminderung durch Gehölz (Schall 03) [18]

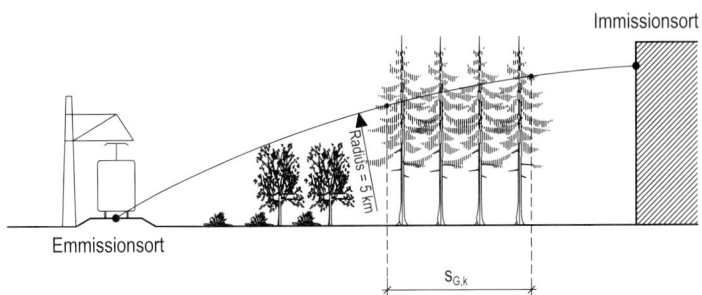

Betriebsanlage durch die Gebäudereihe verdeckt wird, und dem Winkel $\alpha_{\mathrm{ges,k}}$, unter dem das Teilstück k vom Immissionsort aus erscheint, wird wie folgt ermittelt:

$$p_{\alpha,k} = \frac{\sum \alpha_{\mathrm{Geb,k}}}{\alpha_{\mathrm{ges,k}}} \quad \text{in \%.} \tag{17.54}$$

Falls Bebauung und Abschirmung gleichzeitig wirksam sind, wird nur die größere von beiden Pegeldifferenzen angesetzt.

Pegelminderung $D_{\mathrm{G,k}}$ für Gehölz Die durch dichten Wald mit bleibender Unterholzausbildung verursachte Pegelminderung $D_{\mathrm{G,k}}$ wird wie folgt berechnet:

$$D_{\mathrm{G,k}} = -0{,}05 \cdot s_{\mathrm{G,k}} \ge -5\,\mathrm{dB(A)}. \tag{17.55}$$

$s_{\mathrm{G,k}}$ ist die Projektion der Horizontalebene derjenigen Weglängen, die der gekrümmte Schallstrahl mit einem Radius von $r = 5\,\mathrm{km}$ auf dem Weg Emissionsort-Immissionsort durch Gehölz zurücklegt (Abb. 17.11).

Pegelminderung $D_{\mathrm{R,k}}$ für Reflexionen Für Immissionsorte, die einer reflektierenden Fläche gegenüberliegen und die vom nächsten Gleis weiter entfernt sind als die reflektierende Fläche von diesem Gleis, wird der Beurteilungspegel $L_{\mathrm{r,k}}$ in diesem Bereich um $D_{\mathrm{R,1,k}} = 2\,\mathrm{dB(A)}$ erhöht, wenn keine Abschirmung vorhanden ist.

Liegt ein Gleis zwischen parallelen reflektierenden Stützmauern oder weitgehend geschlossenen Häuserzeilen, sind die Beurteilungspegel $L_{\mathrm{r,k}}$ in diesem Bereich um den Wert $D_{\mathrm{R,2,k}}$ zu erhöhen, der die mittlere Gebäudehöhe h und den mittleren Abstand w zwischen den Stützmauern bzw. Häuserzeilen einschließt:

$$D_{\mathrm{R,2,k}} = 4 \cdot \frac{h}{w} \le 3{,}2\,\mathrm{dB} \tag{17.56}$$

17.6 Gewerbe- und Industrielärm, Technische Anleitung zum Schutz gegen Lärm – TA Lärm – 6. BImSchV

17.6.1 Anwendungsbereich und Festlegungen für Messungen der Schallimmissionen

Die TA Lärm gilt für genehmigungsbedürftige und für nicht genehmigungsbedürftige Anlagen, die dem zweiten Teil des Bundesimmissionsschutzgesetzes [14] unterliegen. Diese werden nicht im Einzelnen benannt, sondern es werden folgende Ausnahmen aufgezählt, die nicht in den Geltungsbereich der TA Lärm fallen:

- Sportanlagen, die der Sportanlagenlärmschutzverordnung (18. BImSchV) [1] unterliegen,
- sonstige nicht genehmigungsbedürftige Freizeitanlagen sowie Freiluftgaststätten,
- nicht genehmigungsbedürftige landwirtschaftliche Anlagen,

- Schießplätze, auf denen mit Waffen ab Kaliber 20 mm geschossen wird,
- Tagebaue und die zum Betrieb eines Tagebaus erforderlichen Anlagen,
- Baustellen,
- Seehafenumschlagsanlagen,
- Anlagen für soziale Zwecke.

In Verbindung mit DIN ISO 9613-2 [11] und DIN EN ISO 12354-4 [12] gilt TA Lärm [21] schwerpunktmäßig für gewerbliche Anlagen.

Schallmessungen werden nicht anstelle von Prognoseberechnungen durchgeführt, sondern sie dienen folgenden Zwecken:

- Ermittlung der Vorbelastung durch andere Anlagen bzw. durch Fremdgeräusche (Beurteilung der berechneten Immissionen),
- Überwachungsmessung auf Anordnung der Genehmigungsbehörde.

Maßgeblicher Immissionsort Für die Festlegung des maßgeblichen Immissionsortes gelten folgende Regelungen:

- Bei bebauten Flächen liegt der maßgebliche Immissionsort 0,5 m außerhalb vor der Mitte des geöffneten Fensters des vom Geräusch am stärksten betroffenen Raumes.
- Bei unbebauten Flächen oder bebauten Flächen, die keine Gebäude mit schutzwürdigen Aufenthaltsräumen enthalten, an dem am stärksten betroffenen Rand der Fläche, wo nach dem Bau- und Planungsrecht Gebäude mit schutzwürdigen Räumen erstellt werden dürfen.
- Bei mit der zu beurteilenden Anlage baulich verbundenen schutzbedürftigen Räumen, bei Körperschallübertragung sowie bei der Einwirkung tieffrequenter Geräusche liegt der maßgebliche Immissionsort in dem am stärksten betroffenen schutzbedürftigen Raum.

Manchmal ist es nicht möglich, am maßgeblichen Immissionsort zuverlässige Messwerte zu erhalten, weil er z. B. in einer ausgesprochenen Gegenwindlage in größerer Entfernung liegt, oder weil andere Immissionen aus Verkehr die Anlagengeräusche überdecken. Dann kann die Genehmigungsbehörde Ersatzmesspunkte festlegen, für die nach dem Prognoseverfahren ebenfalls die Immissionen zu berechnen sind. Aufgrund der Messung und der Prognose kann dann der Messwert auf den maßgeblichen Immissionsort umgerechnet werden. Statt Ersatzmessung kann auch eine Rundum-Messung oder eine Bestimmung der gesamten Schallleistung der Anlage angeordnet werden.

Messabschlag bei Überwachungsmessungen Wird bei der Überwachung der Einhaltung der maßgeblichen Immissionsrichtwerte der Beurteilungspegel durch Messung ermittelt, so ist zum Vergleich mit den Immissionsrichtwerten gemäß

Tafel 17.15 Immissionsrichtwerte für Immissionsorte außerhalb von Gebäuden (TA Lärm) [21]

Ort	Immissionsrichtwert [dB(A)]	
	Tag	Nacht
Industriegebiete	70	70
Gewerbegebiete	65	50
Kerngebiete, Dorfgebiete, Mischgebiete	60	45
Allgemeine Wohngebiete, Kleinsiedlungsgebiete	55	40
Reine Wohngebiete	50	35
Kurgebiete, Krankenhäuser und Pflegeanstalten	45	35

Einzelne, kurzzeitige Geräuschspitzen dürfen die Immissionsrichtwerte am Tage um nicht mehr als 30 dB(A) und in der Nacht um nicht mehr als 20 dB(A) überschreiten.

Tafel 17.15 ein um 3 dB(A) verminderter Beurteilungspegel heranzuziehen.

17.6.2 Immissionsrichtwerte und Beurteilungszeiten

Immissionsrichtwerte für Immissionsorte außerhalb von Gebäuden können Tafel 17.15 entnommen werden.

Bei Geräuschübertragungen innerhalb von Gebäuden oder bei Körperschallübertragung betragen die Immissionsrichtwerte für den Beurteilungspegel für betriebsfremde schutzbedürftige Räume gemäß DIN 4109-1 [7] unabhängig von der Lage des Gebäudes in einem der in Tafel 17.15 aufgezählten Gebiete tagsüber 35 dB(A) und nachts 25 dB(A). Einzelne kurzzeitige Geräuschspitzen dürfen die Immissionsrichtwerte um nicht mehr als 10 dB(A) überschreiten.

Ist wegen voraussehbarer Besonderheiten beim Betrieb einer Anlage zu erwarten, dass in seltenen Fällen oder über eine begrenzte Zeitdauer, aber an nicht mehr als zehn Tagen oder Nächten eines Kalenderjahres und nicht an mehr als an jeweils zwei aufeinanderfolgenden Wochenenden, die o. g. Immissionsrichtwerte nicht eingehalten werden können, kann eine Überschreitung zugelassen werden (Immissionsrichtwerte für seltene Ereignisse). Dabei ist zu berücksichtigen:

- Dauer und Zeiten sowie Häufigkeit der Überschreitungen durch verschiedene Betreiber,
- Minderungsmöglichkeiten durch organisatorische und betriebliche Maßnahmen,
- ob und in welchem Umfang der Nachbarschaft eine höhere Belastung zugemutet werden kann.

In allen Gebieten betragen die Immissionsrichtwerte für den Beurteilungspegel für Immissionsorte außerhalb von Gebäuden tagsüber 70 dB(A) und nachts 55 dB(A). Einzelne kurzzeitige Geräuschspitzen dürfen die Werte in Gewerbegebieten am Tag um nicht mehr als 25 dB(A) und nachts um nicht mehr als 15 dB(A) überschreiten. Für die übrigen Gebiete gelten zulässige Überschreitungen von 20 dB(A) tagsüber und 10 dB(A) nachts.

Die Immissionsrichtwerte beziehen sich auf folgende Beurteilungszeiträume:

- tagsüber: 06.00 Uhr bis 22.00 Uhr
- nachts: 22.00 Uhr bis 06.00 Uhr.

Maßgebend für die Beurteilung der Nacht ist die volle Nachtstunde mit dem höchsten Beurteilungspegel.

Tafel 17.16 Normen und Richtlinien für die detaillierte Prognose (TA Lärm) [21]

Situation	Norm bzw. Richtlinie
Straßenverkehrslärm	RLS-90 [19]
Parkplatzlärm	DIN 18005-1 [8]
Schienenverkehrslärm	Schall 03 [18]
Schallabstrahlung von Industriebauten	DIN EN 12354-4 [12] (früher: VDI 2571 [23])
Dämpfung des Schalls bei der Ausbreitung im Freien	DIN ISO 9613-2 [11]
Innenschallpegel in Gebäuden	VDI 3760 [24]

17.6.3 Beurteilungspegel L_r

Der Beurteilungspegel L_r wird folgendermaßen ermittelt:

$$L_r = 10 \cdot \log\left[\frac{1}{T_r} \cdot \sum_{j=1}^{N} T_j \cdot 10^{0,1 \cdot (L_{Aeq,j} - C_{met} + K_{T,j} + K_{I,j} + K_{R,j})}\right]$$

in dB(A). (17.57)

T_r Beurteilungszeitraum in h, tagsüber 16 h, nachts 8 h
T_j Teilzeit in h
N Anzahl der gewählten Teilzeiten T_j [–]
$L_{Aeq,j}$ Mittelungspegel während der Teilzeit T_j in dB(A)
C_{met} meteorologische Korrektur in dB(A) gemäß Abschn. 17.8.2
$K_{T,j}$ Zuschlag für Ton- und Informationshaltigkeit während der Teilzeit T_j in dB(A)
$K_{I,j}$ Zuschlag für Impulshaltigkeit während der Teilzeit T_j in dB(A)
$K_{R,j}$ Zuschlag für Tageszeiten mit erhöhter Empfindlichkeit während der Teilzeit T_j in dB(A).

Mittelungspegel L_{Aeq} Hinsichtlich der Berechnung von Geräuschimmissionen unterscheidet TA Lärm [21] zwischen einer überschlägigen und einer detaillierten Prognose. Die überschlägige Prognose ist für die Vorplanung und in solchen Fällen ausreichend, in denen die nach ihr berechneten Beurteilungspegel zu keiner Überschreitung der Immissionsrichtwerte führen. In allen anderen Fällen ist eine detaillierte Prognose durchzuführen. Bei der überschlägigen Prognose wird grundsätzlich mit Einzahlangaben gerechnet.

Überschlägige Prognose Für jede Schallquelle wird der Mittelungspegel L_{Aeq} am Immissionsort für ihre Einwirkzeit T_E berechnet:

$$L_{Aeq}(s_m) = L_{WAeq} + D_I + K_0 - 20 \cdot \log(s_m) - 11 \text{ dB}.$$

(17.58)

L_{WAeq} mittlerer A-bewerteter Schallleistungspegel der jeweiligen Schallquelle in dB(A)
D_I Richtwirkungsmaß durch Eigenabschirmung durch das Gebäude in dB(A)
K_0 Raumwinkelmaß in dB(A) gemäß Abschn. 17.7.1
s_m Abstand zwischen Immissionsort und Zentrum der Quelle in m.

Wenn der Abstand des Immissionsortes vom Mittelpunkt der Anlage mehr als das Zweifache ihrer größten Ausdehnung beträgt, kann für alle Schallquellen einheitlich statt s_m der Abstand des Immissionsortes vom Mittelpunkt der Anlage eingesetzt werden.

Detaillierte Prognose Bei der detaillierten Prognose werden frequenzabhängige Ausbreitungsberechnungen in Oktaven von 63 Hz bis 4000 Hz, in Ausnahmefällen bis 8000 Hz durchgeführt. Die Rechenvorschriften für die jeweiligen Fälle können Tafel 17.16 entnommen werden.

Zuschlag $K_{T,j}$ für Ton- und Informationshaltigkeit Manche Immissionen zeichnen sich entweder durch eine ausgesprochene Tonhaltigkeit oder durch einen hohen, besonders störenden Informationsgehalt aus. Zum Letzteren zählen z. B. Lautsprecherdurchsagen oder Musikgeräusche. Der Zuschlag $K_{T,j}$ beträgt entweder +3 dB(A) oder +6 dB(A). Wann welcher Wert anzusetzen ist, regelt die TA Lärm nicht, sondern liegt im Ermessen des Gutachters. Falls Erfahrungswerte von vergleichbaren Anlagen und Anlagenteilen vorliegen, ist von diesen auszugehen.

Zuschlag $K_{I,j}$ für Impulshaltigkeit In der Prognose lässt sich Impulshaltigkeit äußerst schwer als eigener Zuschlag definieren. Daher ist es am einfachsten, bei den Innenschallpegeln bereits Pegel heranzuziehen, in denen ein Impulszuschlag enthalten ist. Werden Immissionen messtechnisch erfasst, so ergibt sich der Zuschlag $K_{I,j}$ als Differenz zwischen Messwert L_{AFTeq} nach dem Maximalpegelverfahren und Messwert L_{Aeq} als Mittelungspegel:

$$K_{I,j} = L_{AFTeq,j} - L_{Aeq,j} \quad \text{in dB(A).} \quad (17.59)$$

Zuschlag $K_{R,j}$ für Tageszeiten mit erhöhter Empfindlichkeit Für folgende Zeiten ist die erhöhte Störwirkung von Geräuschen zu berücksichtigen:

- Werktage
  - 06.00 Uhr bis 07.00 Uhr,
  - 20.00 Uhr bis 22.00 Uhr,
- Sonn- und Feiertage
  - 06.00 Uhr bis 09.00 Uhr,
  - 13.00 Uhr bis 15.00 Uhr,
  - 20.00 Uhr bis 22.00 Uhr.

In allgemeinen Wohngebieten, Kleinsiedlungsgebieten, reinen Wohngebieten, Kurgebieten sowie für Krankenhäuser und Pflegeanstalten beträgt der Zuschlag bei der Ermittlung des Beurteilungspegels $K_{R,j} = +6\,dB$. In Industriegebieten, Gewerbegebieten, Kerngebieten, Dorfgebieten und Mischgebieten wird der Zuschlag nicht angesetzt.

17.6.4 Berücksichtigung tieffrequenter Geräusche von Verkehrsgeräuschen und der Vorbelastung

17.6.4.1 Berücksichtigung tieffrequenter Geräusche

Tieffrequente Geräusche (unter 90 Hz) lassen sich in der Prognose kaum richtig erfassen, allenfalls in einer detaillierten Prognose. Messtechnisch wird folgendermaßen verfahren: Wenn am Immissionsort deutlich tieffrequente Geräusche wahrgenommen werden, so wird im Innern bei geschlossenen Fenstern die Differenz zwischen dem C-bewerteten Schallpegel L_{Ceq} und dem A-bewerteten Schallpegel L_{Aeq} gemessen. Falls diese Differenz $L_{Ceq} - L_{Aeq}$ einen Wert von 20 dB überschreitet, kann die Überschreitung als Zuschlag auf den A-bewerteten Beurteilungspegel verwendet werden.

Berücksichtigung von Verkehrsgeräuschen, die der Anlage zuzuordnen sind Beim Betrieb einer Anlage sind die Verkehrsgeräusche mit zu berücksichtigen, die durch Fahrzeuggeräusche auf dem Betriebsgrundstück selbst entstehen (Werksverkehr) oder durch Verkehr bei der Ein- und Ausfahrt (Transportverkehr, An- und Abfahrt von Werksangehörigen mit PKW oder Werksbus). Zudem sind Fahrzeuggeräusche des An- und Abfahrverkehrs auf öffentlichen Straßen in einem Abstand (Umkreis) von 500 m in allen Gebieten außer in Industrie- und Gewerbegebieten zu berücksichtigen, sofern

- sie den Beurteilungspegel der Verkehrsgeräusche für den Tag oder die Nacht rechnerisch um mindestens 3 dB(A) erhöhen,
- keine Vermischung mit dem übrigen Verkehr erfolgt ist und
- die Immissionsgrenzwerte der Verkehrslärmschutzverordnung (16. BImSchV) [22] erstmals oder weitgehend überschritten werden.

Berücksichtigung der Vorbelastung Die Immissionsrichtwerte der TA Lärm [21] sind im Gegensatz zu allen anderen Immissionsrichtwerten „akzeptorbezogen", d. h. sie sollen in der Summe aller Immissionen nicht überschritten werden. Daher sind insbesondere folgende Situationen zu klären:

- Eine bestehende Anlage schöpft die Immissionsrichtwerte bereits aus und es kommt eine neue Anlage hinzu:
  Die Genehmigung einer neuen Anlage kann nicht versagt werden, wenn der Immissionsbeitrag der neuen Anlage um mindestens 6 dB(A) unter dem Immissionsrichtwert liegt. Energetisch bedeutet dies, dass, wenn der Immissionsrichtwert gerade eingehalten ist, es zu einer Pegelerhöhung um 1 dB kommt. In der Regel ist dies nicht wahrnehmbar.
- Die Immissionsrichtwerte der TA Lärm werden am Immissionsort durch andere Schallereignisse wie Straßen- oder Schienenverkehrslärm erreicht oder deutlich überschritten:
  Dies ist sicherlich der brisanteste und gleichzeitig häufigste Fall, vor allem während der Nachtzeit. So beträgt der Immissionsrichtwert nach TA Lärm für ein allgemeines Wohngebiet 40 dB(A), ein Wert, der in fast allen Wohngebieten durch Verkehrslärm um 5 bis 10 dB(A) überschritten sein dürfte. Bei rein akzeptorbezogenen Immissionsrichtwerten dürften in solchen Fällen alle weiteren zu Schallimmissionen führenden Quellen nicht genehmigungsfähig sein. Die TA Lärm regelt diesen Fall wie folgt:
  - Sofern die neue Anlage den Immissionsrichtwert um mehr als 6 dB(A) unterschreitet, gibt es keine Einwände gegen die Genehmigung.
  - Sofern von der neuen Anlage keine zusätzlichen schädlichen Umwelteinwirkungen ausgehen, muss sie ebenfalls genehmigt werden. Keine schädlichen Umwelteinwirkungen liegen vor, wenn der Mittelungspegel der Anlage unter dem Grundgeräuschpegel des Fremdgeräuschs liegt, also unter dem Ruhepegel L_{95}, keine Ton-, Informations- und Impulshaltigkeit aufweist und auch nicht tieffrequent ist. Dann darf die neue Anlage auch den Immissionsrichtwert überschreiten.
- Einhaltung des Immissionsrichtwertes in der Nachbarschaft trotz einer Vielzahl unterschiedlicher Emittenten:
  In diesem Fall tritt Lärmkontingentierung auf. In der Regel kann man davon ausgehen, dass in der Nachbarschaft eines Industrie- oder Gewerbegebietes die Immissionsrichtwerte eingehalten werden, sofern auf den Gewerbeflächen folgende flächenbezogene Schallleistungspegel L_w'' nicht überschritten werden:
  - Industriegebiet: $L_w'' \leq 70\,dB(A)$,
  - Gewerbegebiet: $L_w'' \leq 65\,dB(A)$.

17.7   Schallübertragung von Räumen ins Freie gemäß DIN EN 12354-4

17.7.1   Schalldruckpegel L_p

Die Schallabstrahlung der Gebäudehülle wird gemäß DIN EN 12354-4 [12] durch die Abstrahlung einer oder mehrerer punktförmiger Ersatzschallquellen beschrieben. Dabei hängt die Anzahl der Punktschallquellen, die das Gebäude ausreichend gut nachbilden, von den Ausbreitungsbedingungen und dem Abstand zwischen Gebäude und Aufpunkt (Immissionsort) ab. Im Allgemeinen wird eine Gebäudehülle durch mindestens eine Punktschallquelle für jede Seite, d. h. Wände und Dachflächen, dargestellt. Häufig sind jedoch für jede Seite mehrere Punktschallquellen anzunehmen.

Der Schalldruckpegel L_p der punktförmigen Schallquelle am Aufpunkt außerhalb des Gebäudes wird nach folgender Gleichung bestimmt:

$$L_p = L_w + D_c - A_{tot} \quad \text{in dB} \qquad (17.60)$$

L_w Schallleistungspegel der punktförmigen Ersatzschallquelle in dB

D_c Richtwirkungskorrektur der punktförmigen Ersatzschallquelle in Richtung des Aufpunktes in dB

A_{tot} die im Verlauf der Schallausbreitung von der punktförmigen Ersatzschallquelle in Richtung des Aufpunktes auftretende Gesamtausbreitungsdämpfung in dB, zu ermitteln gemäß DIN ISO 9613-2 [11]

Die zur Schallabstrahlung beitragenden Bauteile werden in zwei Gruppen eingeteilt:

- ebene Strahler, wie Bauteile der Gebäudehülle (Wände, Dach, Fenster, Türen, einschließlich kleiner Bauteile mit einer Fläche von typischerweise weniger als 1 m² wie Gitter oder Öffnungen),
- größere Öffnungen mit einer Fläche von typischerweise 1 m² oder mehr (große Lüftungsöffnungen, offene Türen und offene Fenster).

Zur Berechnung der Schallausbreitung außerhalb des Gebäudes darf jedes Bauteil durch eine punktförmige Ersatzschallquelle dargestellt werden. Es ist jedoch auch zulässig, Bauteile oder Teile von Bauteilen zu größeren Segmenten zusammenzufassen, die jeweils durch eine punktförmige Ersatzschallquelle dargestellt werden. Für die Bildung der Segmente gelten folgende Regeln:

- Die Bedingungen für die Schallausbreitung bis zu den nächsten interessierenden Aufpunkten (A_{tot}) sind für alle Bauteile eines Segments gleich.
- Der Abstand zum nächsten interessierenden Aufpunkt ist größer als das Doppelte der größten Abmessung des betreffenden Segments.

- Für die Bauteile eines Segments ist derselbe Innenschalldruckpegel anzusetzen.
- Für die Bauteile eines Segments ist dieselbe Richtwirkung anzusetzen.

Ist mindestens eine dieser Bedingungen nicht erfüllt, sind andere Segmente zu wählen, z. B. durch Unterteilung in kleinere Segmente, bis alle Bedingungen erfüllt sind.

Soweit nicht durch das Schallausbreitungsmodell anderweitig vorgegeben, wird eine punktförmige Ersatzschallquelle, die ein vertikal angeordnetes Segment nachbildet, bei halber Breite und auf zwei Dritteln der Höhe des Segments angeordnet. In allen anderen Fällen ist sie im Mittelpunkt des Segments anzuordnen.

17.7.2   Schallleistungspegel L_w

Für ein Segment von Bauteilen der Gebäudehülle ergibt sich der Schallleistungspegel L_w der punktförmigen Ersatzschallquelle wie folgt:

$$L_w = L_{p,in} + C_d - R' + 10 \cdot \log\left[\frac{S}{S_0}\right] \quad \text{in dB.} \quad (17.61)$$

$L_{p,in}$ Schalldruckpegel im Inneren des Gebäudes, im Abstand von 1 bis 2 m von der Innenseite des Segments, in dB

C_d Diffusitätsterm für das Innenschallfeld am Segment in dB

R' Bau-Schalldämm-Maß des Segments in dB

S Fläche des Segments (abstrahlenden Bauteils) in m²

S_0 Bezugsfläche in m², $S_0 = 1$ m².

Zur Berechnung des Bau-Schalldämm-Maßes R' wird bei großen Bauteilen das Schalldämm-Maß R des Bauteils und bei kleinen Bauteilen die Norm-Schallpegeldifferenz $D_{n,e}$ verwendet:

$$R' = -10 \cdot \log\left[\sum_{i=1}^{m} \frac{S_i}{S} \cdot 10^{-R_i/10} + \sum_{i=m+1}^{m+n} \frac{A_0}{S} \cdot 10^{-D_{n,e,i}/10}\right]$$
$$\text{in dB.} \qquad (17.62)$$

S_i Bauteilfläche in m²

S Fläche des Segments in m²

R_i Schalldämm-Maß des Bauteils in dB

A_0 Bezugsabsorptionsfläche in m², $A_0 = 10$ m²

$D_{n,e,i}$ Norm-Schallpegeldifferenz (kleine Bauteile) in dB

Für ein Segment, das aus Öffnungen besteht, ergibt sich der Schallleistungspegel L_w zu

$$L_w = L_{p,in} + C_d + 10 \cdot \log\sum_{i=1}^{o} \frac{S_i}{S} \cdot 10^{-D_i/10} \quad \text{in dB.}$$
$$(17.63)$$

Tafel 17.17 Angaben zum Wert des Diffusitätsterms C_d für verschiedene Räume (DIN EN 12354-4) [12]

Situation	C_d [dB]
Relativ kleine, gleichförmige Räume (diffuses Feld) vor reflektierender Oberfläche	−6
Relativ kleine, gleichförmige Räume (diffuses Feld) vor absorbierender Oberfläche	−3
Große, flache oder lange Hallen, viele Schallquellen (durchschnittliches Industriegebäude) vor reflektierender Oberfläche	−5
Industriegebäude, wenige dominierende und gerichtet abstrahlende Schallquellen vor reflektierender Oberfläche	−3
Industriegebäude, wenige dominierende und gerichtet abstrahlende Schallquellen vor absorbierender Oberfläche	0

Tafel 17.18 Raumwinkelmaße D_Ω (DIN EN 12354-4) [12]

Abstrahlbedingung	D_Ω [dB]
Vollraum ($\Omega = 4 \cdot \pi$)	0
Halbraum ($\Omega = 2 \cdot \pi$)	+3
Viertelraum ($\Omega = \pi$)	+6
Achtelraum ($\Omega = 0,5 \cdot \pi$)	+9

schirmungseinflüsse benachbarter schallharter Oberflächen und enthält den Raumwinkel Ω.

17.7.4 A-bewertete Schallleistungspegel L_{wA} bei der Verwendung von Einzahlangaben

Häufig stehen für den Innenpegel im Gebäude und für die Schalldämmung der Außenbauteile nur Einzahlangaben zur Verfügung, d. h. A-bewertete Schalldruckpegel und bewertete Schalldämm-Maße. Der A-bewertete Schallleistungspegel L_{wA} eines Segments kann folgendermaßen abgeschätzt werden, wobei der Diffusitätsterm einheitlich mit −6 dB angesetzt wird:

$$L_{wA} = L_{pA,in} - 6 - X'_{As} + 10 \cdot \log\left[\frac{S}{S_0}\right] \quad \text{in dB} \quad (17.65)$$

$L_{pA,in}$ A-bewerteter Schalldruckpegel im Abstand von 1 bis 2 m von der Innenseite des Segments in dB

X'_{As} Kenngröße für die A-bewertete Schallpegeldifferenz beim Durchgang von innen nach außen durch das Segment in dB (Der Index s bezeichnet den zugrunde gelegten Spektrums-Anpassungswert.)

S Fläche des Segments in m²

S_0 Bezugsfläche in m², $S_0 = 1$ m².

Kenngröße X'_{As} für die A-bewertete Schallpegeldifferenz

$$X'_{As} = -10 \cdot \log\left[\sum_{i=1}^{m} \frac{S_i}{S} \cdot 10^{-(R_{w,i}+C_{s,i})/10}\right. \quad (17.66)$$
$$\left. + \sum_{i=1}^{m} \frac{A_0}{S} \cdot 10^{-(D_{n,e,w,i}+C_{s,i})/10}\right] \quad \text{in dB}$$

o Anzahl der Öffnungen [–]

D_i Einfügungsdämpfungsmaß des Schalldämpfers in der Öffnung i in dB (bei offenen Flächen wie Toren ist $D_i = 0$)

Der Diffusitätsterm C_d kennzeichnet den Übergang von einem mehr oder weniger diffusen Innenschallfeld im Inneren des Gebäudes zum Freifeld und berücksichtigt gleichzeitig zwei Faktoren:

- Wenn die Oberfläche der Gebäudehülle hoch absorbierend ist, fällt im diffusen Anteil die gesamte Reflexion weg, was einer Verringerung des Abstrahlpegels um 3 dB im Diffusitätsterm entspricht.
- Bei stark gerichteten Quellen im Raum zur Fassade hin mindert sich der Diffusitätsterm um 3 dB.

Angaben zum Wert des Diffusitätsterms C_d enthält Tafel 17.17. Für ein ideales diffuses Schallfeld und nichtabsorbierende Bauteile ist am Allgemeinen $C_d = -6$ dB. Für Räume mit nicht absorbierenden Segmenten an der Innenseite, wie sie im industriellen Umfeld üblich sind, wird der Diffusitätsterm den Wert $C_d = -5$ dB annehmen.

17.7.3 Richtwirkungskorrektur D_c

Die Richtwirkungskorrektur D_c setzt sich aus einem Richtwirkungsmaß D_I und einem Raumwinkelmaß D_Ω gemäß Tafel 17.18 zusammen:

$$D_c = D_I + D_\Omega = D_I + 10 \cdot \log\left[\frac{4 \cdot \pi}{\Omega}\right] \quad \text{in dB.} \quad (17.64)$$

D_I kennzeichnet eine echte Richtwirkung der abstrahlenden Fläche. Frühere Untersuchungen haben gezeigt, dass große, ebene Flächen in Frequenzbereichen oberhalb der Koinzidenzgrenzfrequenz eine ausgeprägte Richtwirkung senkrecht zur Flächennormalen haben können [2]. Normalerweise sind diese Flächen aber durch Fensterbänder, Tore usw. unterbrochen und gegliedert, sodass man den Term D_I in der Regel gleich Null setzen kann. D_Ω beschreibt Reflexions- und Ab-

S_i Fläche des Bauteils in m²

$R_{w,i}$ bewertetes Schalldämm-Maß des Bauteils in dB

$C_{s,i}$ Spektrum-Anpassungswert des Bauteils in dB

A_0 Bezugsabsorptionsfläche in dB, $A_0 = 10$ m²

$D_{n,e,w,i}$ bewertete Norm-Schallpegeldifferenz für kleine Bauteile in dB

Der Spektrums-Anpassungswert C_s bezieht sich auf Rosa Rauschen und wird verwendet, wenn in Betrieben mittel- und hochfrequente Geräusche vorherrschen (z. B. Flaschenabfüllhallen). In den meisten Industriegebäuden sind Innen-

Abb. 17.12 Näherungswerte für Richtwirkungsmaße D_I bei Abschirmwirkung durch das Gebäude selbst (VDI 2571) [23]

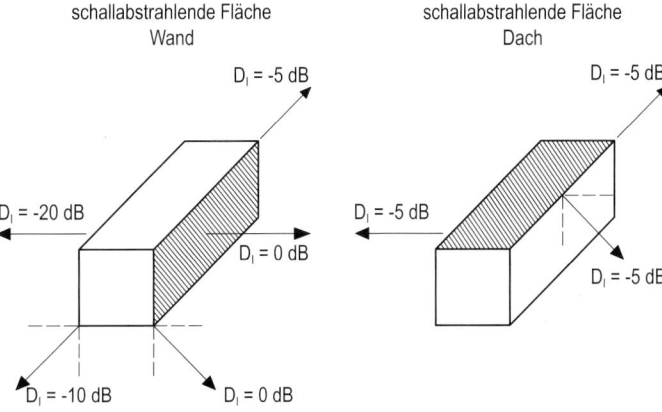

pegel durch tiefe Frequenzen unterhalb von 500 Hz dominiert. Dann wird wie bei Straßenverkehrslärm der Spektrum-Anpassungswert C_{tr} verwendet.

In den Fällen, in denen das Gebäude selbst zur Abschirmung beiträgt, hilft die zurückgezogene VDI 2571 [23] weiter. Dort ist die Abschirmung durch das Gebäude selbst im Richtwirkungsmaß D_I eingearbeitet (Abb. 17.12). Die dort gezeigten Werte beziehen sich auf Berechnungen mit A-bewerteten Schalldruckpegeln. Bei streifender Schallabstrahlung (Flachdächer) beträgt das Richtwirkungsmaß $D_I = -5$ dB. Liegt das Gebäude selbst zwischen abstrahlender Fläche und dem Immissionsort, ergibt sich ein Richtwirkungsmaß von -20 dB.

Beispiele zur Berechnung der Schallübertragung von Räumen ins Freie sind im Ergänzungsband „Wendehorst – Beispiele aus der Baupraxis", 5. Aufl., enthalten.

17.8 Dämpfung des Schalls bei der Ausbreitung im Freien gemäß DIN ISO 9613-2

17.8.1 Äquivalenter, A-bewerteter Dauerschalldruckpegel $L_{AT}(DW)$

Der äquivalente, A-bewertete Dauerschalldruckpegel $L_{AT}(DW)$ ist der Gesamtpegel am Immissionsort, der für die Beurteilung herangezogen wird. Er ergibt sich aus n Quellen und Ausbreitungswegen sowie $j = 8$ Oktavbandmittenfrequenzen:

$$L_{AT}(DW) = 10 \cdot \log \sum_{i=1}^{n} \left[\sum_{j=1}^{n} 10^{0,1 \cdot [L_{fT}(i,j) + A_f(j)]} \right] \quad \text{in dB.}$$

(17.67)

$L_{fT}(DW)$ Oktavband-Schalldruckpegel bei Mitwind am Immissionsort in dB

A_f A-Bewertung in dB gemäß Tafel 17.19.

Tafel 17.19 A-Bewertung (DIN EN 61672-1) [13]

Oktavbandmittenfrequenz f [Hz]	Frequenzbewertung A_f [dB(A)]
63	$-26,2$
125	$-16,1$
250	$-8,6$
500	$-3,2$
1000	$0,0$
2000	$+1,2$
4000	$+1,0$
8000	$-1,1$

17.8.2 A-bewerteter Langzeit-Mittelungspegel $L_{AT}(LT)$

Um auch Situationen zu berücksichtigen, in denen keine Mitwind-Mittelungspegel im langzeitlichen Mittel vorhanden sind, erhält man den sogenannten A-bewerteten Langzeit-Mittelungspegel $L_{AT}(LT)$, der eine meteorologische Korrektur C_{met} in dB enthält:

$$L_{AT}(LT) = L_{AT}(DW) - C_{met} \quad \text{in dB} \quad (17.68)$$

17.8.3 Oktavband-Schalldruckpegel $L_{fT}(DW)$

Der Oktavband-Schalldruckpegel $L_{fT}(DW)$ bei Mitwind am Immissionsort wird in acht Oktavbändern von 63 Hz bis 8000 Hz wie folgt ermittelt:

$$L_{fT}(DW) = L_w + D_C - A \quad \text{in dB} \quad (17.69)$$

L_w Oktavband-Schalleistungspegel der Punktschallquelle in dB

D_C Richtwirkungskorrektur der punktförmigen Ersatzschallquelle in Richtung des Aufpunktes in dB, D_C ist gleich dem Richtwirkungsmaß D_I der Punktschallquelle zuzüglich eines Richtwirkungsmaßes D_Ω, das die Schallausbreitung im Raumwinkel von weniger als $4 \cdot \pi$

Tafel 17.20 Luftdämpfungskoeffizient α für Oktavbänder (DIN ISO 9613-2) [11]

Temperatur θ [°C]	Rel. Feuchte ϕ [%]	Luftdämpfungskoeffizient α [dB/km]							
		Bandmittenfrequenz [Hz]							
		63	125	250	500	1000	2000	4000	8000
10	70	0,1	0,4	1,0	1,9	3,7	9,7	32,8	117
20	70	0,1	0,3	1,1	2,8	5,0	9,0	22,9	76,6
30	70	0,1	0,3	1,0	3,1	7,4	12,7	23,1	59,3
15	20	0,3	0,6	1,2	2,7	8,2	28,2	88,8	202
15	50	0,1	0,5	1,2	2,2	4,2	10,8	36,2	129
15	80	0,1	0,3	1,1	2,4	4,1	8,3	23,7	82,8

Sterad berücksichtigt; für eine ungerichtete, ins Freie abstrahlende Punktschallquelle ist $D_C = 0\,dB$

A Oktavbanddämpfung in dB (im Verlauf der Schallausbreitung von der Punktquelle zum Empfängerauftretende Gesamtausbreitungsdämpfung).

Folgende Mitwindausbreitungsbedingungen werden berücksichtigt:

- Es weht grundsätzlich Wind von der Anlage zum Immissionsort, wobei die Windrichtung innerhalb eines Winkels von $\pm 45°$ zur Verbindungslinie zwischen Anlage und Immissionsort liegt.

- Die Windgeschwindigkeit beträgt zwischen 1 m/s und 5 m/s, gemessen in einer Höhe von 3 m bis 11 m über dem Boden.

Oktavbanddämpfung A (gesamte Ausbreitungsdämpfung A_{tot}) Die gesamte Ausbreitungsdämpfung A_{tot} setzt sich folgendermaßen zusammen:

$$A = A_{div} + A_{atm} + A_{gr} + A_{bar} + A_{misc} \quad \text{in dB} \quad (17.70)$$

A_{div} Dämpfung aufgrund geometrischer Ausbreitung in dB
A_{atm} Dämpfung aufgrund von Luftabsorption in dB
A_{gr} Dämpfung aufgrund des Bodeneffekts in dB
A_{bar} Dämpfung aufgrund von Abschirmung in dB
A_{misc} Dämpfung aufgrund verschiedener anderer Effekte in dB (Bewuchs, Industriegelände, Bebauung)

Dämpfung A_{div} aufgrund geometrischer Ausbreitung Die geometrische Ausbreitung berücksichtigt die kugelförmige Schallausbreitung von einer Punktschallquelle im Freifeld:

$$A_{div} = 20 \cdot \log\left(\frac{d}{d_0}\right) + 11 \quad \text{in dB.} \quad (17.71)$$

d Abstand zwischen Schallquelle und Immissionsort in m
d_0 Bezugsabstand in m, $d_0 = 1$ m.

Dämpfung A_{atm} aufgrund von Luftabsorption Die Dämpfung aufgrund von Luftabsorption während der Ausbreitung ist proportional zu einem Luftdämpfungskoeffizienten α in dB/km gemäß Tafel 17.20 und dem zurückgelegten

Schallweg d in m:

$$A_{atm} = \frac{\alpha \cdot d}{1000} \quad \text{in dB.} \quad (17.72)$$

Bei der Ermittlung des Luftdämpfungskoeffizienten α geht man im Regelfall von einer Jahres-Durchschnittstemperatur von 10 °C und einer relativen Luftfeuchte von 70 % aus.

Dämpfung A_{gr} aufgrund des Bodeneffekts

Verfahren für A-bewertete Berechnungen Die Bodendämpfung A_{gr} kann unter folgenden Bedingungen vereinfacht ermittelt werden:

- Nur der A-bewertete Schalldruckpegel am Immissionsort soll berechnet werden.
- Der Schall breitet sich über porösem Boden oder gemischten, jedoch überwiegend porösen Böden aus.
- Der Schall ist kein reiner Ton.

$$A_{gr} = 4{,}8 - \left(\frac{2 \cdot h_m}{d}\right) \cdot \left[17 + \left(\frac{300}{d}\right)\right] \geq 0\,dB \quad (17.73)$$

h_m mittlere Höhe des Schallausbreitungsweges über dem Boden in m
d Abstand zwischen Schallquelle und Immissionsort in m.

Im einfachen Fall ist h_m das arithmetische Mittel aus der Höhe h_s der Schallquelle und der Höhe h_r am Immissionsort:

$$h_m = \frac{h_s + h_r}{2} \quad \text{in m.} \quad (17.74)$$

Bei komplizierteren Geländegeometrien errechnet sich h_m unter Berücksichtigung des Integrals F zwischen den Verbindungslinien Schallquelle-Immissionsort-Geländeoberfläche gemäß Abb. 17.13:

$$h_m = \frac{F}{d} \quad \text{in m} \quad (17.75)$$

Detailliertes, frequenzabhängiges Verfahren Die Strecke zwischen Schallquelle und Immissionsort wird in drei Bereiche aufgeteilt (Abb. 17.14):

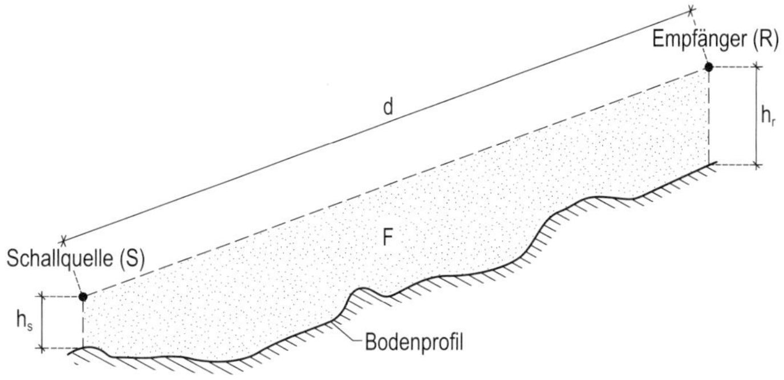

Abb. 17.13 Mittlere Höhe h_m zwischen Schallquelle und Empfänger bei komplizierten Geländegeometrien (DIN ISO 9613-2) [11]

Abb. 17.14 Bereiche für die Bestimmung der Bodendämpfung (DIN ISO 9613-2) [11]

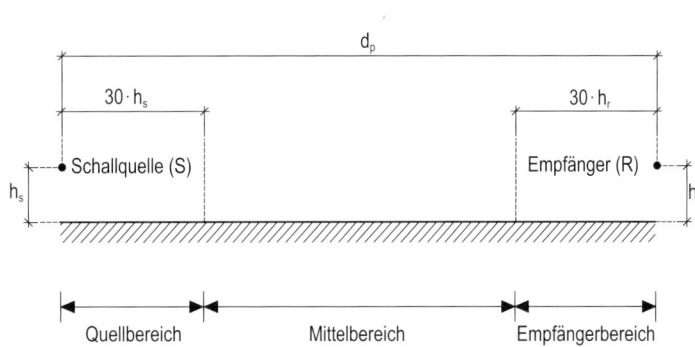

- quellnaher Bereich (Index s), der sich über $30 \cdot h_s$ erstreckt,
- Bereich am Immissionsort (Index r), der sich über $30 \cdot h_r$ erstreckt,
- Mittelbereich (Index m) zwischen quellnahem Bereich und Bereich am Immissionsort.

Falls sich Quellbereich und Bereich am Immissionsort überlappen, gibt es keinen Mittelbereich. Nach diesem Schema hängt die Bodendämpfung nicht von der Größe des Mittelbereiches, sondern von der Größe des Quellen- und Empfängerbereiches und deren Beschaffenheit ab. Wesentlich ist der Bodenfaktor G, der die akustischen Eigenschaften der Bereiche festlegt:

- Harter Boden ($G = 0$): Hierzu gehören Straßenpflaster, Wasser, Eis, Beton und jede andere Bodenoberfläche geringer Porosität.
- Poröser Boden ($G = 1$): Hierzu zählen von Gras, Bäumen oder anderem Bewuchs bedeckte Böden sowie jede andere Bodenoberfläche, die für Pflanzenwachstum geeignet ist.

Für jeden Bereich und für jedes Oktavband werden die Bodendämpfungen gemäß Tafel 17.21 berechnet und zur Gesamtdämpfung addiert:

$$A_{gr} = A_s + A_r + A_m \quad \text{in dB.} \tag{17.76}$$

Bei der Berechnung von A_s ist zu beachten: $G = G_s$ und $h = h_s$, entsprechendes gilt für A_r. G_m ist der Mittelwert der Faktoren für den Quellen- und Empfängerbereich.

Tafel 17.21 Zu verwendende Ausdrücke für die Berechnung der Bodendämpfungsbeiträge A_s, A_r und A_m (DIN ISO 9613-2) [11]

Bandmittenfrequenz f [Hz]	Dämpfungen A_s oder A_r [dB]	Dämpfung A_m [dB]
63	$-1{,}5$	$-3 \cdot q$
125	$-1{,}5 + G \cdot a'(h)$	
250	$-1{,}5 + G \cdot b'(h)$	
500	$-1{,}5 + G \cdot c'(h)$	
1000	$-1{,}5 + G \cdot d'(h)$	$-3 \cdot q \cdot (1 - G_m)$
2000	$-1{,}5 \cdot (1 - G)$	
4000	$-1{,}5 \cdot (1 - G)$	
8000	$-1{,}5 \cdot (1 - G)$	

Für die in Tafel 17.21 verwendete Funktion q gilt folgendes, wobei d_p der auf die Bodenebene projizierte Abstand zwischen Schallquelle und Empfänger ist:

- wenn $d_p \leq 30 \cdot (h_s + h_r)$:

$$q = 0, \tag{17.77}$$

- wenn $d_p > 30 \cdot (h_s + h_r)$:

$$q = 1 - \frac{30 \cdot (h_s + h_r)}{d_p}. \tag{17.78}$$

17

Abb. 17.15 Hindernisse zwischen Schallquelle und Empfänger (DIN ISO 9613-2) [11]

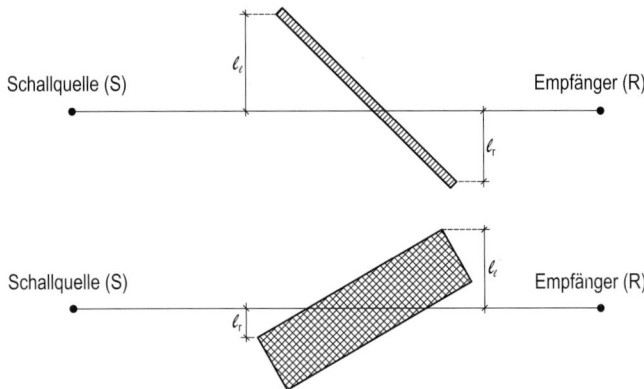

Die Funktionen $a'(h)$, $b'(h)$, $c'(h)$, und $d'(h)$ lauten:

$$a'(h) = 1{,}5 + 3{,}0 \cdot e^{-0{,}12 \cdot (h-5)^2} \cdot (1 - e^{-d_p/50})$$
$$+ 5{,}7 \cdot e^{-0{,}09 \cdot h^2} \cdot (1 - e^{-2{,}8 \cdot 10^{-6} \cdot d_p^2}) \quad (17.79)$$

$$b'(h) = 1{,}5 + 8{,}6 \cdot e^{-0{,}09 \cdot h^2} \cdot (1 - e^{-d_p/50}), \quad (17.80)$$

$$c'(h) = 1{,}5 + 14 \cdot e^{-0{,}46 \cdot h^2} \cdot (1 - e^{-d_p/50}), \quad (17.81)$$

$$d'(h) = 1{,}5 + 5 \cdot e^{-0{,}9 \cdot h^2} \cdot (1 - e^{-d_p/50}). \quad (17.82)$$

Dämpfung A_{bar} aufgrund von Abschirmung Ein Objekt wird nur dann als abschirmendes Hindernis betrachtet, wenn folgende Bedingungen erfüllt sind:

- die flächenbezogene Masse beträgt mindestens $10 \,\text{kg/m}^2$,
- die Oberfläche ist geschlossen,
- die Horizontalabmessung $l_1 + l_r$ in m senkrecht zur Verbindungslinie Quelle-Empfänger SR gemäß Abb. 17.15 ist größer als die betrachtete Wellenlänge λ in m.

Die Wellenlänge λ in m berechnet sich aus der Schallausbreitungsgeschwindigkeit c in m/s und der Frequenz f in Hz bzw. s^{-1}, wobei die Schallausbreitungsgeschwindigkeit in Luft mit $c = 340 \,\text{m/s}$ angenommen wird:

$$\lambda = \frac{c}{f} = \frac{340}{f} \quad \text{in m.} \quad (17.83)$$

Grundsätzlich ist die Abschirmung um alle drei Kanten hinweg zu berücksichtigen (Abb. 17.8). Je nach betrachteter Kante gilt für die Dämpfung durch Abschirmung A_{bar} in dB unter Beachtung des Abschirmmaßes D_z in dB und der Bodendämpfung A_{gr} in dB in Abwesenheit des Schirms:

- obere Kante:

$$A_{\text{bar}} = D_z - A_{\text{gr}} > 0 \,\text{dB}, \quad (17.84)$$

- seitliche Kanten:

$$A_{\text{bar}} = D_z > 0 \,\text{dB}. \quad (17.85)$$

Das Abschirmmaß D_z lautet:

$$D_z = 10 \cdot \log \left[3 + \frac{C_2}{\lambda} \cdot C_3 \cdot z \cdot K_{\text{met}} \right] \quad \text{in dB.} \quad (17.86)$$

C_2 Wert, der Bodenreflexionen einschließt, $C_2 = 20$

C_3 Wert für Einfachbeugung oder Mehrfachbeugung
- Einfachbeugung:

$$C_3 = 1$$

- Mehrfachbeugung:

$$C_3 = \left[1 + \frac{(5 \cdot \lambda / e)^2}{(1/3) + (5 \cdot \lambda / e)^2} \right] \quad (17.87)$$

λ Wellenlänge des Schalls bei der Nenn-Bandmittenfrequenz des Oktavbands in m

z Schirmwert (Differenz zwischen den Weglängen des gebeugten und des direkten Schalls bzw. Schallumweg über das Hindernis) in m (Abb. 17.16 und 17.17)
- Einfachbeugung:

$$z = [(d_{\text{ss}} + d_{\text{sr}})^2 + a^2]^{1/2} - d \quad \text{in m} \quad (17.88)$$

- Mehrfachbeugung:

$$z = [(d_{\text{ss}} + d_{\text{sr}} + e)^2 + a^2]^{1/2} - d \quad \text{in m} \quad (17.89)$$

K_{met} Korrekturfaktor für meteorologische Effekte

e Abstand zwischen den beiden Beugungskanten im Falle von Doppelbeugung

d_{ss} Abstand zwischen Schallquelle und erster Beugungskante in m

d_{sr} Abstand zwischen (zweiter) Beugungskante zum Empfänger in m

a Abstandskomponente parallel zur Schirmkante zwischen Schallquelle und Empfänger in m.

Die gesamte Abschirmungsdämpfung erhält man analog zum resultierenden Schalldämm-Maß nach der Gleichung:

$$A_{\text{bar,ges}} = -10 \cdot \log \left[\sum_{i=1}^{3} 10^{-A_{\text{bar,i}}/10} \right] \quad \text{in dB.} \quad (17.90)$$

Abb. 17.16 Geometrische Größen zur Bestimmung des Schirmwertes z bei Einfachbeugung (DIN ISO 9613-2) [11]

Abb. 17.17 Geometrische Größen zur Bestimmung des Schirmwertes z bei Doppelbeugung (DIN ISO 9613-2) [11]

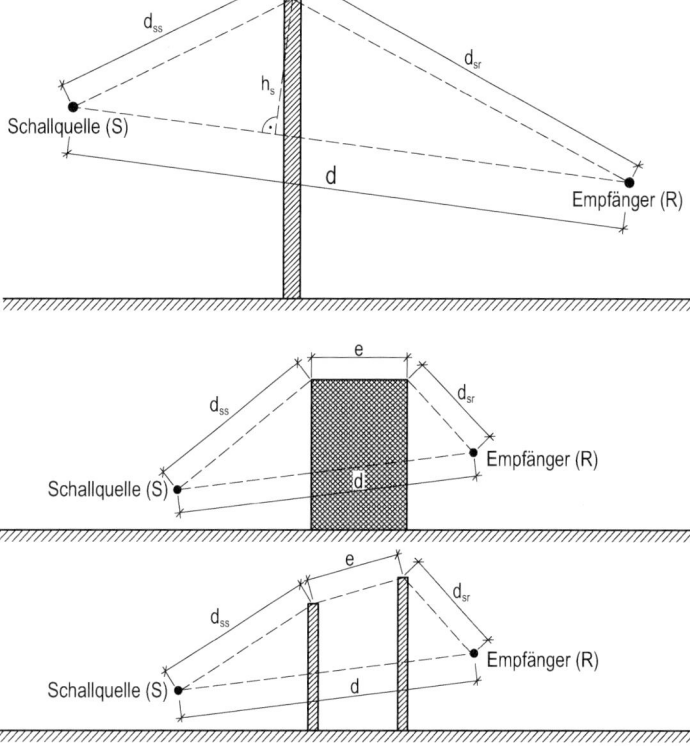

Der Meteorologiefaktor K_{met} wird wie folgt berechnet:

- für $z > 0$:

$$K_{met} = \exp\left\{ -\frac{1}{2000} \cdot \sqrt{\frac{d_{ss} \cdot d_{sr} \cdot d}{2 \cdot z}} \right\}, \qquad (17.91)$$

- für $z \leq 0$:

$$K_{met} = 1.$$

Auch für seitliche Beugung ist $K_{met} = 1$ anzusetzen. Der Krümmungsradius der Schallstrahlen beträgt ebenfalls 2000 m. Das Abschirmmaß D_z in einem beliebigen Oktavband sollte bei Einfachbeugung nicht größer als 20 dB und bei Mehrfachbeugung nicht größer als 25 dB angenommen werden.

Dämpfung A_{misc} aufgrund verschiedener anderer Effekte A_{misc} umfasst die Dämpfung von Schall während der Ausbreitung durch Bewuchs (A_{fol}), Industriegelände (A_{site}) und bebautes Gelände (A_{hous}). Bei der Berechnung kann ein gekrümmter Schallausbreitungsradius angenommen werden, der durch einen Kreisbogen mit einem Radius von 5 km dargestellt wird.

Dämpfung A_{fol} durch Bewuchs Die Dämpfung durch Bewuchs mit Bäumen oder Sträuchern ist gering und wirkt sich auch nur dann aus, wenn der Bewuchs so dicht ist, dass

Tafel 17.22 Dämpfungsterm A_{fol} eines Oktavbandgeräusches aufgrund von Schallausbreitung über eine durch dichten Bewuchs verlaufende Weglänge d_f (DIN ISO 9613-2) [11]

Bandmittenfrequenz f [Hz]	Dämpfungsterm A_{fol} [dB]	
	Weglänge d_f [m]	
	$10 \leq d_f \leq 20$	$20 \leq d_f \leq 200$
63	0	$0{,}02 \cdot d_f$
125	0	$0{,}03 \cdot d_f$
250	1	$0{,}04 \cdot d_f$
500	1	$0{,}05 \cdot d_f$
1000	1	$0{,}06 \cdot d_f$
2000	1	$0{,}08 \cdot d_f$
4000	2	$0{,}09 \cdot d_f$
8000	3	$0{,}12 \cdot d_f$

Bei Weglängen über 200 m sollte das Dämpfungsmaß für 200 m verwendet werden.

die Sicht entlang des Ausbreitungsweges vollständig blockiert ist. Ein Hindurchsehen darf über kurze Strecken nicht möglich sein. Tafel 17.22 zeigt Größen für den Dämpfungsterm A_{fol} in Abhängigkeit von der Weglänge d_f, die gemäß Abb. 17.18 aus zwei Teilstrecken ermittelt wird:

$$d_f = d_1 + d_2 \quad \text{in dB} \qquad (17.92)$$

Dämpfung A_{site} durch Industriegelände Auf Industriegeländen (Abb. 17.19) kann Dämpfung durch Streuung an Installationen auftreten, die als A_{site} beschrieben werden

Abb. 17.18 Dämpfung der Schallausbreitung durch Bewuchs

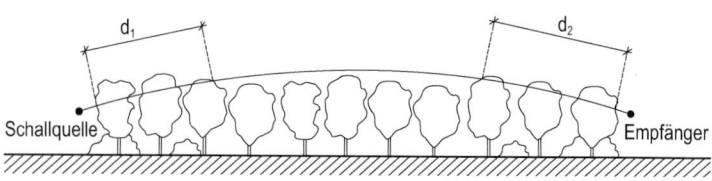

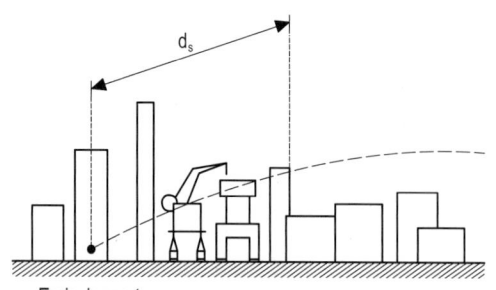

Abb. 17.19 Dämpfung der Schallausbreitung durch Industrieanlagen

Tafel 17.23 Dämpfungsterm A_{site} eines Oktavbandgeräusches aufgrund von Schallausbreitung über eine durch Installationen in Industrieanlagen verlaufende Weglänge d_s (DIN ISO 9613-2) [11]

Bandmittenfrequenz f [Hz]	Dämpfungsterm A_{site} [dB]
63	0
125	$0{,}015 \cdot d_s$
250	$0{,}025 \cdot d_s$
500	$0{,}025 \cdot d_s$
1000	$0{,}020 \cdot d_s$
2000	$0{,}020 \cdot d_s$
4000	$0{,}015 \cdot d_s$
8000	$0{,}015 \cdot d_s$

Der Höchstwert des Dämpfungsterms A_{site} beträgt 10 dB.

kann, sofern sie nicht in der Dämpfung A_{bar} aufgrund von Abschirmung bereits berücksichtigt wurde. Da der Wert von A_{site} stark von der Art des Geländes abhängt, sollte er durch Messungen ermittelt werden. Schätzwerte können Tafel 17.23 entnommen werden.

Dämpfung A_{hous} durch bebautes Gelände Ein Näherungswert für A_{hous}, der 10 dB nicht überschreiten sollte, kann nach folgender Gleichung abgeschätzt werden:

$$A_{hous} = A_{hous,1} + A_{hous,2} \quad \text{in dB} \qquad (17.93)$$

Der Dämpfungsterm $A_{hous,1}$ ergibt sich aus der Länge des Schallweges d_b in m durch das bebaute Gebiet und die Bebauungsdichte B (Gesamtgrundfläche der Häuser geteilt durch die gesamte Baugrundfläche) in % entlang des Weges:

$$A_{hous,1} = 0{,}1 \cdot B \cdot d_b \quad \text{in dB.} \qquad (17.94)$$

$A_{hous,2}$ kann angesetzt werden, wenn in der Nähe einer Straße, einer Eisenbahnbrücke oder eines ähnlichen Korridors

wohldefinierte Gebäudereihen vorhanden sind. Vorausgesetzt wird dabei, dass dieser Term kleiner als das Einfügungsdämpfungsmaß A_{bar} eines Schirms an derselben Stelle mit der mittleren Höhe der Gebäude ist:

$$A_{hous,2} = -10 \cdot \log\left[1 - \left(\frac{p}{100}\right)\right] \quad \text{in dB.} \qquad (17.95)$$

p in % ist das Verhältnis aus der Länge der Fassaden und der Gesamtlänge der Straße oder Eisenbahnstrecke und ist auf höchstens 90 % begrenzt.

17.8.4 Immissionen von Spiegelschallquellen $L_{w,Im}$

Spiegelschallquellen entstehen z. B. an Fassaden ausgedehnter Industrieanlagen, wodurch der Schalldruckpegel am Immissionsort ansteigen kann. Unter folgenden Bedingungen sind Reflexionen an einem Hindernis für alle Oktavbänder zu berechnen:

- Es kann eine geometrische/spiegelnde Reflexion gemäß Abb. 17.20 konstruiert werden.
- Der Reflexionsgrade der Oberfläche des Hindernisses beträgt $\rho > 0{,}2$.
- Das Hindernis ist so groß, das folgende Beziehung gilt:

$$\frac{1}{\lambda} > \left[\frac{2}{(l_{min} \cdot \cos\beta)^2}\right] \cdot \left[\frac{d_{s,o} \cdot d_{o,r}}{d_{s,o} + d_{o,r}}\right]. \qquad (17.96)$$

l_{min} die kleinste Abmessung (Länge oder Höhe) der reflektierenden Oberfläche

β Einfallswinkel (Radiant)

$d_{s,o}$ Abstand zwischen der Schallquelle und dem Reflexionspunkt auf dem Hindernis

$d_{o,r}$ Abstand zwischen dem Reflexionspunkt auf dem Hindernis und dem Empfänger

Die reale Quelle und die Spiegelquelle werden separat behandelt. Der Schallleistungspegel der Spiegelquelle $L_{w,Im}$ wird nach folgender Gleichung ermittelt:

$$L_{w,Im} = L_w + 10 \cdot \log[\rho]\,\text{dB} + D_{Ir} \quad \text{in dB.} \qquad (17.97)$$

Gegebenenfalls muss eine Richtwirkungskorrektur D_{Ir} für die Spiegelschallquelle angegeben werden. Mit ρ wird der Reflexionsgrad der Oberfläche des Hindernisses bezeichnet. Für ebene, harte Wände beträgt er $\rho = 1$, für Gebäudewände mit Fenstern und kleinen Anbauten oder Erkern $\rho = 0{,}8$, für

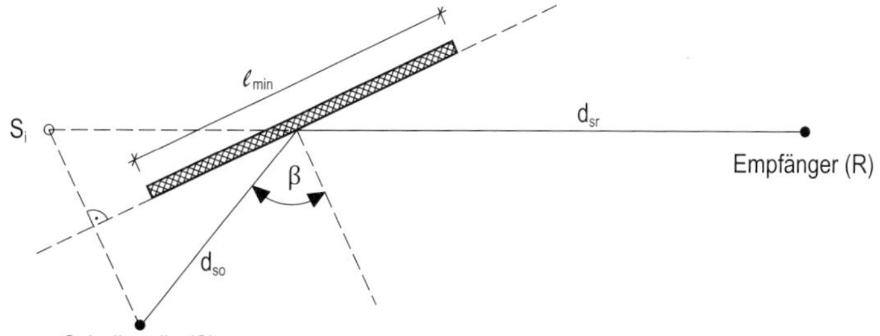

Abb. 17.20 Geometrische Spiegelreflexion an einem Hindernis

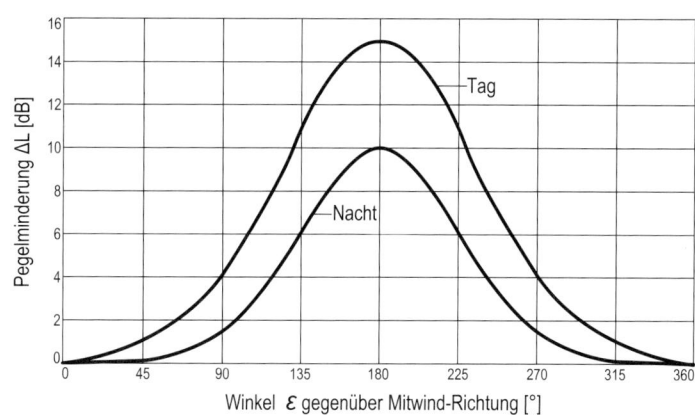

Abb. 17.21 Pegelminderung ΔL gegenüber Mitwind

Fabrikwände, bei denen 50 % der Oberfläche aus Öffnungen, Installationen oder Rohren bestehen, $\rho = 0{,}4$ und bei offenen Installationen $\rho = 0$.

17.8.5 Meteorologische Korrektur C_{met}

Gemäß DIN EN 9613-2 [11] werden die Immissionspegel als Mitwind-Mittelungspegel berechnet. Das zugrunde liegende Zeitintervall beträgt mehrere Monate oder ein Jahr. Durch eine meteorologische Korrektur C_{met} wird berücksichtigt, dass sich im Laufe eines längeren Betrachtungszeitraumes die Witterungsbedingungen ändern können:

- Falls $d_p \leq 10 \cdot (h_s + h_r)$:

$$C_{met} = 0 \quad \text{in dB} \qquad (17.98)$$

- Falls $d_p > 10 \cdot (h_s + h_r)$:

$$C_{met} = C_0 \cdot \left[1 - 10 \cdot \frac{(h_s + h_r)}{d_p} \right] \quad \text{in dB.} \qquad (17.99)$$

Der Faktor C_0 in dB hängt ab von der Statistik der Winde (Windgeschwindigkeit und -richtung) am betreffenden Ort und von der Pegeldifferenz zwischen Mitwindsituation und anderen Windsituationen, z. B. Windstille und umlaufende Winde [2]:

$$C_0 = -10 \cdot \log \left[\sum \frac{p_i}{100} \cdot 10^{-0,1 \cdot \Delta L_i} \right] \quad \text{in dB.} \qquad (17.100)$$

p_i Häufigkeit der Windverteilung in %
ΔL_i Pegeldämpfung gegenüber Mitwind in dB

Für die Pegeldämpfung ΔL_i gegenüber Mitwind gilt:

$$\Delta L_i = k \cdot (1 - \cos[\varepsilon_i - \gamma \cdot \sin(\varepsilon_i)]) \quad \text{in dB.} \qquad (17.101)$$

k Konstante für Tag- und Nachtzeit [–]
   Tag: $k = 7{,}5$, Nacht: $k = 5$
ε Winkel der Windrichtung gegenüber Mitwind in ° für Tag- und Nachtzeit
γ Konstante für Tag- und Nachtzeit [–]
   Tag: $\gamma = 25°$, Nacht: $\gamma = 45°$

Die maximale Pegeldämpfung gegenüber Mitwind kann am Tag 15 dB und in der Nacht 10 dB betragen. In Abb. 17.21 sind die Pegeldämpfungen ΔL gegenüber Mitwind als Funktion des Winkels ε für Tag und Nacht dargestellt. Aus der Grafik wird ersichtlich, dass es sinnvoll ist, für eine Mitwind-Situation einen Winkelbereich von $\pm 45°$ zu definieren. Am Tag beträgt die mittlere Pegelminderung ΔL:

- Mitwindsektor, Winkelbereich $0° \pm 45°$: $\Delta L = 0{,}4$ dB,
- Querwindsektor, Winkelbereich $90° \pm 45°$: $\Delta L = 5{,}1$ dB,
- Gegenwindsektor, Winkelbereich $180° \pm 45°$: $\Delta L = 13{,}2$ dB.

Es ist daher ausreichend, bei der Berechnung von C_0 diese drei Bereiche zu unterscheiden.

Die vereinfachte Berechnung von C_0 erfolgt nach:

$$C_0 = -10 \cdot \log \left[\frac{T_m}{100} \cdot 10^{-0,1 \cdot K_m} + \frac{T_q}{100} \cdot 10^{-0,1 \cdot K_q} \right.$$
$$\left. + \frac{T_g}{100} \cdot 10^{-0,1 \cdot K_g} \right] \quad \text{in dB.} \qquad (17.102)$$

17

T_m Häufigkeit der Mitwind-Wetterlage im Jahresmittel in %

T_q Häufigkeit der Querwind-Wetterlage im Jahresmittel in %

T_g Häufigkeit der Gegenwind-Wetterlage im Jahresmittel in %

K_m Pegelminderung der Mitwind-Wetterlage in dB

K_q Pegelminderung der Querwind-Wetterlage in dB

K_g Pegelminderung der Gegenwind-Wetterlage in dB

Die Häufigkeiten der Wetterlagen T_m, T_q und T_g müssen von den örtlichen Wetterstationen als Jahres-Mittelwerte oder langjährige Jahres-Mittelwerte erfragt werden.

Bei einer ausführlichen Berechnung wird der gesamte Winkelbereich von 360° in 12 Sektoren von jeweils 30° aufgeteilt. Die Häufigkeiten von Windstillen und von umlaufenden Winden sind zusammenzufassen. Tagsüber werden diese Häufigkeiten gleichmäßig auf alle 12 Windrichtungssektoren verteilt, in der Nacht werden sie ausschließlich dem Mitwindsektor zugeschlagen. Als Eingangsdaten liegen die Häufigkeitsverteilungen der Winde im langjährigen Mittel für 12 Winkelsektoren vor. Diese Daten sind dann in (17.100) einzusetzen.

Beispiele zur Berechnung des Schalls bei der Ausbreitung im Freien sind im Ergänzungsband „Wendehorst – Beispiele aus der Baupraxis", 5. Aufl., enthalten.

17.9 Umgebungslärm und Lärmkartierung

Umgebungslärmrichtlinie (Richtlinie 2002/49/EG des Europäischen Parlaments und des Rates über die Bewertung und Bekämpfung von Umgebungslärm) Umgebungslärm sind belästigende oder gesundheitsschädliche Geräusche im Freien, die durch Aktivitäten des Menschen verursacht werden, einschließlich des Lärms, der von Verkehrsmitteln, Straßenverkehr, Eisenbahnverkehr, Flugverkehr sowie Geländen für industrielle Tätigkeiten ausgeht. Mit Hilfe der Umgebungslärmrichtlinie [17] soll die Lärmbelastung der Bevölkerung bewertet und bekämpft werden. Die Umgebungslärmrichtlinie enthält keine Anforderungen hinsichtlich zulässiger Schallpegel. Gefordert wird die Kartierung der Immissionen durch Hauptverkehrsstraßen, Haupteisenbahnstrecken, Großflughäfen und Ballungsräume. In Ballungsräumen sind zusätzliche Lärmquellen im Bereich Straßenverkehr, Schienenverkehr, Luftverkehr sowie Industrie und Gewerbe zu erfassen. Dabei verlangt die Richtlinie eine zweistufige Vorgehensweise, das Aufstellen strategischer Lärmkarten und die Ausarbeitung von Aktionsplänen.

Gesetz zur Umsetzung der EG-Richtlinie über die Bewertung und Bekämpfung von Umgebungslärm Mit der Umsetzung der EG-Richtlinie in Deutschland durch das Umsetzungsgesetz [15] wurden Vorschriften über die strategische Lärmkartierung und Aktionsplanung in das Bundes-Immissionsschutzgesetz [26] aufgenommen. Das Gesetz schreibt vor, dass Lärmkarten für Hauptverkehrsstraßen, Haupteisenbahnstrecken, Großflughäfen und Ballungsräume auszuarbeiten sind und dass die Bevölkerung über die Lärmbelastung zu informieren ist. Auf Basis der Lärmkarten sind unter Mitwirkung der Öffentlichkeit Lärmaktionspläne aufzustellen. Ziel ist es, Umgebungslärm zu vermeiden bzw. zu verringern.

Verordnung über die Lärmkartierung (34. BImSchV) Zur Lärmkartierung dient die bundesweit gültige Verordnung über die Lärmkartierung [4]. Daraus ist zu entnehmen, dass folgende Lärmindizes als Schalldruckpegel anzugeben sind:

- L_{day} A-bewerteter äquivalenter Dauerschallpegel während des Tageszeitraums (von 06.00 Uhr bis 18.00 Uhr) Uhr in dB,
- $L_{evening}$ A-bewerteter äquivalenter Dauerschallpegel während des Abendzeitraums (von 18.00 Uhr bis 22.00 Uhr) in dB,
- L_{night} A-bewerteter äquivalenter Dauerschallpegel während des Nachtzeitraums (von 22.00 Uhr bis 06.00 Uhr) in dB.

Abweichend von den bisherigen nationalen Regelungen beträgt der Beurteilungszeitraum ein Jahr unter Berücksichtigung aller Kalendertage.

Aus diesen Dauerschallpegeln ist dann der Tag-Abend-Nacht-Pegel L_{DEN} zu bestimmen:

$$L_{DEN} = 10 \cdot \log\left[\frac{1}{24} \cdot (12 \cdot 10^{L_{day}/10} + 4 \cdot 10^{(L_{evening}+5)/10}\right.$$
$$\left. + 8 \cdot 10^{(L_{night}+10)/10})\right]. \quad (17.103)$$

Da nach der EG-Umgebungslärmrichtlinie noch keine europäisch harmonisierten Berechnungsverfahren für die Lärmindizes zur Verfügung stehen, wurden folgende vorläufige Berechnungsmethoden veröffentlicht:

- vorläufige Berechnungsmethode für den Umgebungslärm an Schienenwegen (VBUSch) [28],
- vorläufige Berechnungsmethode für den Umgebungslärm an Straßen (VBUS) [29],
- vorläufige Berechnungsmethode für den Umgebungslärm an Flugplätzen (VBUF) [27],
- vorläufige Berechnungsmethode für den Umgebungslärm durch Industrie und Gewerbe (VBUI) [30].

Darin werden u. a. die in Deutschland bereits angewendeten Regelwerke RLS-90 (Straße) [19] und Schall 03 (Schiene) [18] herangezogen, wobei die Regelungen jedoch an die Erfordernisse der EG-Richtlinie angepasst wurden.

In Lärmkarten wird die Lärmsituation grafisch wiedergegeben. Der berechnete Tag-Abend-Nacht-Pegel L_{DEN} und der Nachtpegel L_{night} werden entsprechend den Farben gemäß DIN 18005-2 [10] dargestellt. Kenntlich zu machen

Tafel 17.24 Richtwerte für die Lärmminderungsplanung (außer Flugverkehr)

Gebietsart gemäß BauNVO [30]	Schallpegel L [dB]						
	Straßen- und Schienenverkehr[a]		Industrie und Gewerbe[b] Wasserverkehr[c] Freizeitanlagen[d]		Sportanlagen[e]		
	Tags	Nachts	Tags	Nachts	Tags		Nachts
					Außerhalb Ruhezeit	Innerhalb Ruhezeit	
Dorf-, Kern- und Mischgebiete	64	54	60	45	60	55	45
Allgemeine Wohngebiete	59	49	55	40	55	50	40
Reine Wohngebiete, Kleinsiedlungsgebiete	59	49	50	35	50	45	35
Kurgebiete, Krankenhäuser, Altenheime, Schulen	57	47	45	35	45	45	35

[a] Immissionsgrenzwerte gemäß 16. BImSchV [22]
[b] Immissionsrichtwerte gemäß TA Lärm [21]
[c] Orientierungswerte gemäß DIN 18005-1 Beiblatt 1 [9]
[d] Immissionsrichtwerte gemäß Musterverwaltungsvorschrift Lärm [16]
[e] Immissionsrichtwerte gemäß 18. BImSchV [1]

ist auch die Überschreitung von Grenzwerten. Darüber hinaus ist in Lärmkarten die geschätzte Zahl der lärmbelasteten Menschen sowie der lärmbelasteten Wohnungen, Schulen und Krankenhäuser tabellarisch gemäß der vorläufigen Berechnungsmethode zur Ermittlung der Belastetenzahlen durch Umgebungslärm (VBEB) [31] zu benennen.

Bei Überschreitung der Richtwerte für die Lärmminderungsplanung (Tafel 17.24) sollen Lärmaktionspläne erstellt werden, die zum Ziel haben, durch geeignete Maßnahmen die Richtwerte einzuhalten. Zur Ausarbeitung von Aktionsplänen gibt es derzeit keine Ausführungsvorschriften.

Literatur

1. Achtzehnte Verordnung zur Durchführung des Bundes-Immissionsschutzgesetzes (Sportanlagenlärmschutzverordnung – 18. BImSchV) vom 09. Februar 2006

2. Baumgartner H: Schallimmissionsschutz an Straßen, Schienen- und Industrieanlagen. In: Wendehorst Bautechnische Zahlentafeln, 34. Aufl. Vieweg + Teubner Verlag, Wiesbaden 2012

3. Bayerisches Landesamt für Umwelt: Parkplatzlärmstudie, 6. Überarb. Aufl. Augsburg 2007

4. Bekanntmachung der vorläufigen Berechnungsverfahren für den Umgebungslärm nach § 5 Abs. 1 der Verordnung über die Lärmkartierung (34. BImSchV) vom 31.08.2015

5. Bundesministerium für Verkehr, Bau und Stadtentwicklung: Allgemeines Rundschreiben Straßenbau Nr. 3/2009 vom 31. März 2009

6. Deutscher Bundestag, 17. Wahlperiode, Verkehrslärmschutz an Bundesstraßen, Drucksache 17/5077 vom 16. März 2011

7. DIN 4109-2: Schallschutz im Hochbau; Mindestanforderungen. Ausgabe 2016-07

8. DIN 18005-1: Schallschutz im Städtebau; Grundlagen und Hinweise für die Planung. Ausgabe 2002-07

9. DIN 18005-1 Beiblatt 1: Schallschutz im Städtebau; Berechnungsverfahren; Schalltechnische Orientierungswerte für die städtebauliche Planung. Ausgabe 1987-05

10. DIN 18005-2: Schallschutz im Städtebau; Lärmkarten; Kartenmäßige Darstellung von Schallimmissionen. Ausgabe 1991-09

11. DIN ISO 9613-2: Akustik – Dämpfung des Schalls bei der Ausbreitung im Freien – Teil 2: Allgemeines Berechnungsverfahren. Ausgabe 1999-10

12. DIN EN 12354-4: Bauakustik – Berechnung der akustischen Eigenschaften von Gebäuden aus den Bauteileigenschaften – Teil 4: Schallübertragung von Räumen ins Freie. Ausgabe 2001-04

13. DIN EN 61672-1: Elektroakustik – Schallpegelmesser – Teil 1: Anforderungen. Ausgabe 2014-07

14. Gesetz zum Schutz vor schädlichen Umwelteinwirkungen durch Luftverunreinigungen, Geräusche, Erschütterungen und ähnliche Vorgänge (Bundes-Immissionsschutzgesetz – BImSchG) vom 26.07.2016

15. Gesetz zur Umsetzung der EG-Richtlinie über die Bewertung und Bekämpfung von Umgebungslärm vom 24. Juni 2005

16. Musterverwaltungsvorschrift Lärm, Musterverwaltungsvorschrift zur Ermittlung, Beurteilung und Verminderung von Geräuschimmissionen, Empfehlungen des Länderausschusses für Immissionsschutz, 1995

17. Richtlinie 2002/49/EG des Europäischen Parlaments und des Rates vom 25. Juni 2002 über die Bewertung und Bekämpfung von Umgebungslärm (Umgebungslärmrichtlinie)

18. Richtlinie zur Berechnung der Schallemissionen von Schienenwegen (Schall 03), Ausgabe 1990

19. Richtlinien für den Lärmschutz an Straßen (RLS-90), Ausgabe April 1990

20. Richtlinien für den Verkehrslärmschutz an Bundesfernstraßen in der Baulast des Bundes (VLärmSchR 97) vom 27. Mai 1997

21. Sechste Allgemeine Verwaltungsvorschrift zum Bundes-Immissionsschutzgesetz (Technische Anleitung zum Schutz gegen Lärm – TA Lärm) vom 26. August 1998

22. Sechzehnte Verordnung zur Durchführung des Bundes-Immissionsschutzgesetzes (Verkehrslärmschutzverordnung – 16. BImSchV) vom 18.12.2014

23. VDI 2571: Schallabstrahlung von Industriebauten. Ausgabe 1976-08

24. VDI 3760: Berechnung und Messung der Schallausbreitung in Arbeitsräumen. Ausgabe 1996-02

25. Verordnung über die bauliche Nutzung der Grundstücke (Baunutzungsverordnung – BauNVO) vom 11.06.2013

26. Vierunddreißigste Verordnung zur Durchführung des Bundes-Immissionsschutzgesetzes (Verordnung über die Lärmkartierung) (34. BImSchV) vom 31.08.2015

27. Vorläufige Berechnungsmethode für den Umgebungslärm an Flugplätzen (VBUF) vom 22. Mai 2006

28. Vorläufige Berechnungsmethode für den Umgebungslärm an Schienenwegen (VBUSch) vom 22. Mai 2006

29. Vorläufige Berechnungsmethode für den Umgebungslärm an Straßen (VBUS) vom 22. Mai 2006

30. Vorläufige Berechnungsmethode für den Umgebungslärm durch Industrie und Gewerbe (VBUI) vom 22. Mai 2006

31. Vorläufige Berechnungsmethode zur Ermittlung der Belastetenzahlen durch Umgebungslärm (VBEB) vom 09. Februar 2007

Verkehrswesen

18

Prof. Dr.-Ing. Dieter Maurmaier

Inhaltsverzeichnis

18.1 Verkehrsplanung 1209
   18.1.1 Methodik der Verkehrsplanung 1209
   18.1.2 Verkehrserhebungen 1210
   18.1.3 Verkehrsprognose 1211
18.2 Straßenentwurf 1213
   18.2.1 Straßennetzgestaltung 1213
   18.2.2 Straßenquerschnitte 1213
   18.2.3 Linienführung 1228
   18.2.4 Knotenpunkte 1235
   18.2.5 Anlagen für ruhenden Verkehr 1251
   18.2.6 Anlagen für Fußgängerverkehr 1253
   18.2.7 Anlagen für Radverkehr 1255
   18.2.8 Anlagen des Öffentlichen Personennahverkehrs . 1257
18.3 Straßenbau 1259
   18.3.1 Straßenbautechnik 1259
   18.3.2 Straßenentwässerung 1274
18.4 Straßenbetrieb 1283
   18.4.1 Bemessung von Straßenverkehrsanlagen 1283
   18.4.2 Straßenausstattung 1286
18.5 Bahnverkehr 1288
   18.5.1 Planungsgrundlagen 1288
   18.5.2 Querschnitte 1290
   18.5.3 Linienführung 1294
   18.5.4 Gleisverbindungen 1297
   18.5.5 Oberbau 1302
   18.5.6 Oberleitungsanlagen 1306
   18.5.7 Bahnübergänge (nach Richtlinie 815.0010 bis 815.0050) 1306
   18.5.8 Signal- und Sicherungswesen 1307

Technische Baubestimmungen

- Richtlinien für die integrierte Netzgestaltung (RIN)
- Richtlinien für die Anlage von Straßen
  - Teil: Entwässerung (RAS-Ew), 2005
  - Teil: Vermessung (RAS-Verm), 2001
- Richtlinien für die Anlage von Autobahnen (RAA), 2008
- Richtlinien für die Anlage von Landstraßen (RAL), 2012
- Richtlinien für die Anlage von Stadtstraßen (RASt 06), 2006

- Richtlinien für den ländlichen Wegebau (RLW), 2005
- Merkblatt für die Anlage von Kreisverkehren, 2006
- Empfehlungen für Fußgängerverkehrsanlagen (EFA), 2002
- Empfehlungen für Radverkehrsanlagen (ERA), 2010
- Empfehlungen für Anlagen des ruhenden Verkehrs (EAR 05), 2005
- Empfehlungen für Anlagen des öffentlichen Personennahverkehrs (EAÖ), 2013
- Handbuch für die Bemessung von Straßenverkehrsanlagen (HBS), Teil A, Autobahnen, Teil L Landstraßen, Teil S, Stadtstraßen, Ausgabe 2015
- Richtlinien für die Standardisierung des Oberbaus von Verkehrsflächen (RStO 12), 2012
- Zusätzliche Technische Vertragsbedingungen und Richtlinien von Schichten ohne Bindemittel im Straßenbau (ZTV SoB-StB 95), 2007
- Zusätzliche Technische Vertragsbedingungen und Richtlinien für den Bau von Fahrbahndecken aus Asphalt (ZTV Asphalt-StB 07), 2007
- Zusätzliche Technische Vertragsbedingungen und Richtlinien für den Bau von Fahrbahndecken aus Beton (ZTV Beton-StB 07), 2007
- Allgemeines Eisenbahngesetz (AEG), 1993/2005
- Eisenbahn-Bau- und Betriebsordnung (EBO), 1967/1993
- Eisenbahn-Signalordnung (ESO), 1959/1994
- Ril 800: Netzinfrastruktur – Technik entwerfen
- Ril 820: Grundlagen des Oberbaus
- TSI Technische Spezifikation Interoperabilität.

18.1 Verkehrsplanung

18.1.1 Methodik der Verkehrsplanung

Die Verkehrsplanung ist Bestandteil einer überfachlichen Gesamtplanung. Sie kann daher nur in Abstimmung mit anderen Fachplanungen durchgeführt werden. Aufgabe der Verkehrsplanung ist die vorausschauende systematische Vorbereitung und Durchführung von Entscheidungsprozessen

D. Maurmaier ✉
Hochschule für Technik Stuttgart, Schellingstraße 24, 70174 Stuttgart, Deutschland

© Springer Fachmedien Wiesbaden GmbH 2018
U. Vismann (Hrsg.), *Wendehorst Bautechnische Zahlentafeln*, https://doi.org/10.1007/978-3-658-17936-6_18

mit der Absicht, Verkehrsvorgänge im Sinne eines vorgegebenen Zielkonzeptes durch geeignete Maßnahmen zu ermöglichen bzw. zu ordnen.

Der Planungsablauf lässt sich gliedern in:

1. Bewertung des bestehenden Verkehrszustandes samt seiner bisherigen Entwicklung (Verkehrsanalyse, Mängelanalyse) und Definition von Zielvorstellungen.
2. Abschätzung der voraussichtlichen Verkehrsentwicklung (Verkehrsprognose)
3. Vorschläge zur Neuordnung des Verkehrs in Form von Planungskonzepten
4. Bewertung dieser Konzeptionen

18.1.2 Verkehrserhebungen

18.1.2.1 Begriffsbestimmungen

Weg Jede Ortsveränderung mit eigenständiger Mobilität und eindeutigem Zweck

Fahrt Ortsveränderung mit einem Verkehrsmittel

Verkehrsmittel Technische Hilfsmittel für die Ortsveränderung von Personen und Gütern. Personenwege werden unterschieden in Individualverkehr nicht motorisiert (zu Fuß, Fahrrad), Individualverkehr motorisiert (Kraftrad, Pkw als Fahrer oder als Mitfahrer) sowie Öffentlicher Verkehr (Taxi, Bus, Bahnen, Flugzeug)

Durchgangsverkehr Verkehr, der den Planungsraum ohne Halt durchfährt (ausgenommen verkehrsbedingte Halte).

Quellverkehr Verkehr, der im Planungsraum entsteht und ihn verlässt

Zielverkehr Verkehr, der in das Planungsgebiet einfährt und dort sein Ziel hat.

Binnenverkehr Verkehr, der Ausgang und Ziel im Planungsgebiet hat.

Fahrzeugart Verkehrsmittel im Straßenraum als Personenverkehr (Fahrrad, Kleinkraftrad, Motorrad, Personenkraftwagen, Omnibus, Straßenbahn/Stadtbahn) oder Güterverkehr (Lastkraftwagen, Lastzug/Sattelzug, Sonderfahrzeug)

Fahrtzweck Anlass für die Durchführung einer Ortsveränderung (Berufsverkehr, Ausbildungsverkehr, Einkaufsverkehr, Geschäftsverkehr, Freizeit- und Urlaubsverkehr, Privat- und Besuchsverkehr)

Planungsraum Bereich, für dessen (verkehrliche) Ordnung Handlungskonzepte erarbeitet werden sollen

Untersuchungsraum Umfasst den Planungsraum und dessen (verkehrlichen) Einflussbereich.

Verkehrsbezirke Siedlungsmäßig und strukturell zusammenhängende, möglichst homogene Gebiete werden unter Berücksichtigung natürlicher Begrenzungen und unter Beachtung von Verflechtungsmerkmalen und statistischen Raumeinheiten zu Verkehrsbezirken im Untersuchungsgebiet zusammengefasst.

18.1.2.2 Standorterhebungen

Standorterhebungen geben Aussagen zu den Verkehrsursachen. Es wird unterschieden nach:

- Einwohner- und Beschäftigtendaten
- Kfz-Bestandsdaten
- Verhaltensdaten

18.1.2.3 Verkehrstechnische Erhebungen

Mit verkehrstechnischen Erhebungen werden die Ortsveränderungen von Personen und Gütern auf den Verkehrswegen eines Untersuchungsraumes erfasst. Verkehrszählungen geben Aufschluss über die räumliche und zeitliche Verteilung von Verkehrsmengen und Verkehrsströmen. Der Untersuchungsraum muss so gegliedert sein, dass die Auswirkungen der verkehrserzeugenden Strukturen auf den Planungsraum ausreichend genau erfasst und quantifiziert werden können.

18.1.2.3.1 Der motorisierte individuelle Personenverkehr

Querschnittszählungen Durch Querschnittszählungen (manuell oder automatisch) werden Fahrzeuge, die in einem Zeitintervall einen Straßenabschnitt passieren, nach Menge, Richtung, Fahrstreifen und Fahrzeugart erfasst. Die Ergebnisse werden als Ganglinie (zeitlich geordnet) oder als Dauerlinie (nach Größe geordnet) dargestellt.

Verkehrsstromerhebungen Durch Verkehrsstromerhebungen werden Quelle und Ziel einer Fahrt erhoben, eventuell differenziert nach Fahrtroute, Fahrtzweck und Fahrzeugart.

Es gibt das Beobachten von Verkehrsströmen an überschaubaren Knotenpunkten (Knotenstromerhebung), die Registrierung und Vergleich der amtlichen Kennzeichen (Kennzeichenerfassungsmethode) und Kennzeichnung der Fahrzeuge durch Zettel (Bezettelungsmethode).

Befragungen Die Verkehrsteilnehmer werden an den Erhebungsstellen eines Zählkordons angehalten und nach Fahrtzweck, Quelle und Ziel ihrer Fahrt befragt.

18.1.2.3.2 Der öffentliche Personenverkehr

Durch Erhebungen im öffentlichen Personenverkehr kann die Netzbelastung an Haltestellen, auf Strecken und Linien sowie deren zeitlicher Verlauf über den Tag ermittelt werden. Daraus lassen sich Erkenntnisse über erforderliche Bedienungshäufigkeiten, die Ausnutzung des Platzangebotes, die mittlere Reiseweite und die Umsteigehäufigkeit ableiten.

Durch Zählungen an Haltestellen, in Fahrzeugen und an Strecken werden Daten über Fahrgastmengen ermittelt.

Durch Befragungen werden die Ein- und Aussteigehaltestellen, die Umsteigehaltestellen, die genutzten Verkehrslinien, der Fahrtzweck und die Fahrausweisart erfasst.

18.1.2.3.3 Der nichtmotorisierte Personenverkehr

Der Fahrradverkehr wird über Querschnittszählungen, Knotenstromerhebungen und Befragungen, insbesondere an Schulen erhoben.

Der Fußgängerverkehr wird durch Querschnittszählungen und gelegentlich mit Hilfe von Videogeräten ermittelt.

18.1.2.3.4 Der ruhende Kraftfahrzeugverkehr

Erhebungen zum ruhenden Verkehr erfassen das Parkraumangebot, das Parkverhalten einschließlich der Parkdauer sowie die Zusammenhänge zwischen Parkaufkommen und Strukturgrößen. Für die Erfassung der Parkraumnachfrage eignen sich:

- Zählung und Kennzeichenerfassung am Abstellort
- Zählung und Kennzeichenerfassung am Kordon
- Automatische Erfassung an Abfertigungsanlagen
- Luftbildaufnahmen
- Befragungen am Abstellort, in der Wohnung oder im Betrieb

18.1.2.3.5 Der Güterverkehr

Eine umfassende Erhebung des Güterverkehrs erfordert eine Kombination verschiedener Erhebungsmethoden wie

- Erhebungen am Straßenquerschnitt
- Erhebungen am Fahrzeug
- Erhebungen im Betrieb

mit Erfassung von Quelle und Ziel der Fahrt, dem Haupttransportgut, Art des Empfängers, Gewicht der Ladung, Art des Fahrzeugs und Güterverkehrsart.

18.1.2.3.6 Geschwindigkeitsmessungen

Für Geschwindigkeitsmessungen eignen sich

- Impulszähltechnik
  (Fahrzeit zwischen zwei Detektoren)
- Impulsmesstechnik, Doppler-Effekt, Interferometrie
  (Infrarot, Ultraschall, Laser, Radar)
- Bildaufzeichnungsverfahren
  (Film-/Videoaufzeichnung)
- Messung vom fahrenden Fahrzeug
  (Tachograph, Radar, Accelerometer)

18.1.2.4 Verkehrsverhaltensbezogene Erhebungen

Art und Maß der Verkehrsteilnahme werden wesentlich durch die Rahmenbedingungen unserer Gesellschaft geprägt und sind einem ständigen Wechsel unterworfen. Die Erfassung des Verkehrsverhaltens gelingt nur durch Beobachtung bzw. Befragung von Personen.

Bei der Beobachtung handelt es sich um ein planmäßiges Verfahren zur Erfassung der Straßenraumnutzung mit dem Ziel, Erkenntnisse über Aktivitätsmuster von Personen bzw.

Personenkollektiven und deren Interaktionsverhalten zu gewinnen.

Die mündliche Befragung (Interview) ist ein Verfahren, bei dem ein Interviewer die Auskunftsperson durch eine Reihe gezielter Fragen zu einer verkehrsverhaltensrelevanten Information bewegen soll.

Die schriftliche Befragung ist ein Verfahren, bei dem eine Menge von Auskunftspersonen zur Eintragung von verkehrsverhaltensrelevanten Informationen in einen Fragebogen bewegt werden soll. Im Regelfall wird mit standardisierten Fragebögen gearbeitet.

Telefonische Befragungen werden häufig anstelle von mündlichen Befragungen durchgeführt, da sie eine schnelle und kostengünstige Kontaktaufnahme mit den zu befragenden Personen ermöglichen.

18.1.3 Verkehrsprognose

18.1.3.1 Methodik

Da Verkehrsplanung vorausschauend sein muss, sind die künftigen Verkehrszustände zu beschreiben, um Planungsmaßnahmen richtig bewerten zu können. Die Prognose des künftigen Verkehrsverhaltens umfasst:

- die Prognose des Umfangs der Verkehrsbeziehungen
  (Verkehrsaufkommen)
- die Prognose der Art der Verkehrsbeziehungen
  (Verkehrsmittelwahl)
- die Prognose der Wege der Verkehrsbeziehungen
  (Verkehrsumlegung)

Die Prognose ist die modellmäßige Beschreibung des künftigen Verkehrsverhaltens auf der Grundlage des bekannten Verkehrsverhaltens und der vermuteten Veränderungen.

Das Ergebnis einer Verkehrsprognose wird verwendet, um

- Verkehrsbelastungen für eine Berechnung der Auswirkungen und für die Dimensionierung der Verkehrsinfrastruktur zu erhalten,
- erforderliche Einwirkungen auf die Verkehrsursachen und die Infrastruktur bei Vorgabe der Verkehrsbelastungen bestimmen zu können.

Prognosezeiträume einer Verkehrsprognose umfassen in der Regel einen Zeitraum von 10 bis 15 Jahren.

18.1.3.2 Grundlagen

Bevölkerung Eine wesentliche Verkehrsursache ist die natürliche Bevölkerungsentwicklung (generatives Verhalten) und die räumliche Bevölkerungsentwicklung (Wanderungsbewegungen): Zusätzlich sind die Veränderungen in der Altersverteilung und der Trend zu kleineren Haushalten zu berücksichtigen.

Beschäftigte Die Zahl der Beschäftigten hängt von den wirtschaftlichen Rahmenbedingungen ab und ist schwer zu schätzen. Der Trend geht hin zu Dienstleistungen, in der Produktion nehmen die Beschäftigtenzahlen ab.

Großflächiger Handel hat ein hohes Verkehrsaufkommen zur Folge. Bestimmend für das Verkehrsaufkommen ist die Verkaufsfläche, das Angebot. Die Branche, die Lage der Konkurrenz, Preise und Parkplatzangebot.

Motorisierung Der Kraftfahrzeugbestand und der Motorisierungsgrad haben stetig zugenommen und noch immer nicht die Sättigungsgrenze erreicht, wenn auch insbesondere in Innenstadtlagen ein Abflachen des Zuwachses erkennbar wird.

Fahrleistung Mit der Zunahme der Motorisierung nimmt die jährliche Fahrleistung je Fahrzeug ab. Die Gesamtfahrleistung in der Bundesrepublik steigt immer noch leicht an.

18.1.3.3 Prognoseverfahren

18.1.3.3.1 Trendprognose
Bei der Trendprognose wird unmittelbar von der bisherigen Verkehrsentwicklung auf die künftige Entwicklung geschlossen. Die Prognose der künftigen Verkehrsmengen orientiert sich an der Entwicklung der gesamten Jahresfahrleistungen aller Kfz.

18.1.3.3.2 Nachfragemodelle

Verkehrsstrommodelle Bei den Verkehrsstrommodellen werden die zukünftigen Fahrten zwischen den Verkehrszellen des Untersuchungsgebiets abgeschätzt. Zur Abbildung der bestehenden Verkehrsstrukturen werden mathematische Modelle verwendet, die unter Beachtung der Zusammenhänge der Merkmale des Verkehrssystems, der Attraktivität des Zielortes, den sozioökonomischen Merkmalen der getroffen Personen und ihrem Verkehrsverhalten entwickelt wurden. Man unterscheidet Raumaggregatmodelle, Personengruppenmodelle, Gravitationsmodelle und Zuwachsfaktorenmodelle.

Wegekettenmodelle Wegekettenmodelle gehen von der individuellen Aktivitätenfolge innerhalb eines Tages aus und ermitteln sequentiell für die einzelnen Wege der Kette jeweils das Ziel und das benutzte Verkehrsmittel. Auf diese Weise ist es möglich, die einzelne Ortsveränderung einer Person im Zusammenhang des gesamten Wegeablaufs eines Tages zu sehen und Abhängigkeiten hinsichtlich der Ziel- und Verkehrsmittelwahl zwischen den einzelnen Wegen zu berücksichtigen.

Gleichgewichtsmodelle Gleichgewichtsmodelle bestimmen die Verkehrsbelastungen der Verkehrsinfrastruktur, so dass eine vorgegebene Zielfunktion optimiert wird. Derartige Optimierungsmodelle werden dann eingesetzt, wenn die Strategie der Planung darin besteht, eine Verkehrsinfrastruktur mit möglichst geringer Kapazität anzubieten, die dann ausreicht, wenn sich die Verkehrsteilnehmer im Sinne eines vorgegebenen Kriteriums optimal verhalten.

Verkehrsnetzmodelle Ein Verkehrsnetzmodell umfasst die notwendigen Informationen über die Netzgeometrie und die Bewertung der Netzelemente mit Widerstandsmerkmalen (Zeitaufwand, Kosten). Es ist im Sinne der Netzwerktheorie ein Graph, bestehend aus einer Knotenmenge und einer Kantenmenge.

Der Widerstand kennzeichnet den Aufwand, den der Kraftfahrer zur Überwindung der Strecke aufbringen muss. Darin enthalten sollen möglichst alle Widerstandsmerkmale sein, die der einzelne Verkehrsteilnehmer bei seiner Wegeentscheidung bewusst oder unbewusst berücksichtigt.

Für die Wegewahl werden verschiedene Verfahren verwendet. Beim Bestwegverfahren nutzen alle Fahrer den (zeit) kürzesten Weg. Dieses Prinzip ergibt jedoch nur eine grobe Schätzung, da die Beurteilung eines Weges individuell sehr unterschiedlich ist. Mehrwegverfahren berücksichtigen diese unterschiedliche Einschätzung und ermitteln die auf die einzelnen Wege entfallenden Verkehrsanteile nach wahrscheinlichkeitstheoretischen Ansätzen. In belastungsabhängigen Modellen wird durch Widerstandsfunktionen die Abhängigkeit zwischen Verkehrsstärke, Leistungsfähigkeit und Fahrtdauer hergestellt.

18.1.3.4 Bewertungsverfahren

18.1.3.4.1 Methodische Grundlagen
Als abschließende Schritte einer Planung sind die Auswirkungen der geplanten Maßnahme abzuschätzen, zu bewerten und Empfehlungen für eine Entscheidung abzuleiten. Verfahren hierzu sind Kosten-Nutzen-Analyse, Kostenwirksamkeitsanalyse oder Nutzwertanalyse. Sie sind erforderlich bei der Beurteilung von Einzelmaßnahmen, beim Variantenvergleich und bei Dinglichkeitsreihungen. Allen Bewertungsverfahren gemeinsam ist das Bestreben, den mitunter sehr komplexen und dehnbaren Begriff „Vorteil" zahlenmäßig zu erfassen.

Grundsätzliche Voraussetzungen für Bewertungsverfahren sind:

- Definition eines Zielkonzepts
- Vollständiges Zielkonzept
- Geeignete Beurteilungskriterien
- Realistische Alternativen
- Abgrenzung des Untersuchungsraumes
- Bezugsfall

18.1.3.4.2 Kosten-Nutzen-Analyse
In der Kosten-Nutzen-Analyse erfolgt der Vergleich über den volkswirtschaftlichen Nettonutzen, der die Kosten übersteigende Nutzen.

Kosten und Nutzen wie Investitionskosten, U+I-Kosten, Betriebskosten werden monetarisiert, Umwelteinflüsse über Schattenpreise, Vermeidungskosten oder Willingness-to-pay-Konzepte abgeschätzt.

Mit der Preisfestlegung wird eine Bewertung und Gewichtung vollzogen. Ergebnis ist ein Kosten-Nutzen-Verhältnis.

18.1.3.4.3 Kosten-Wirksamkeits-Analyse

Kosten werden nur für Investitionen und den laufenden Betrieb ermittelt. Andere Wirkungen werden den Kosten gegenübergestellt. Dabei wird eine Mindestwirksamkeit definiert. Ermittelt wird die Variante mit den geringsten Kosten bei Erreichung der geforderten Mindestwirksamkeit.

18.1.3.4.4 Nutzwertanalyse

Mit der Nutzwertanalyse versucht man alle Kriterien, auch subjektive Momente, zu berücksichtigen. Verfahrensschritte sind:

- Ermittlung der Zielerträge
- Ermittlung der Zielerreichungsgrade über eine Zielfunktion
- Ermittlung der Teilnutzwerte
- Gewichtung der Teilnutzwerte
- Addition zum Gesamtnutzen
- Eventuell Sensitivitätsanalyse

18.2 Straßenentwurf

18.2.1 Straßennetzgestaltung

Straßen werden klassifiziert in Bundesfernstraßen (Bundesautobahnen, Bundesstraßen), Landesstraßen (Staatsstraßen), Kreisstraßen und kommunale Straßen. Überörtliche Straßen dienen der Verbindung von Siedlungen, Gewerbege-

bieten und wichtigen Infrastruktureinrichtungen. Gemeindliche Straßen verbinden Ortsteile und erschließen Wohn- und Gewerbegebiete. Das ländliche Wegenetz kennt Verbindungswege, land- und forstwirtschaftliche Wege, Wege in Rebanlagen und sonstige Wege. Öffentliche Straßen werden in *Kategoriengruppen* (AS, LS, VS, HS, ES) und nach *Verbindungsfunktionsstufen* (Stufen 0-V) eingeteilt.

Die Straßenkategorie und der Straßenquerschnitt (ein-/zweibahnig) bestimmen wichtige Entwurfsparameter.

18.2.2 Straßenquerschnitte

18.2.2.1 Querschnittselemente

Grundabmessungen

Kfz-Verkehr: $b = 1{,}90\,\text{m}$, $\quad h = 1{,}80\,\text{m}$, $\quad l = 4{,}90\,\text{m}$ (Pkw)

$b = 2{,}20\,\text{m}$, $\quad h = 2{,}70\,\text{m}$, $\quad l = 6{,}90\,\text{m}$ (Transporter)

$b = 2{,}50\,\text{m}$, $\quad h = 3{,}55\,\text{m}$, $\quad l = 9{,}90\,\text{m}$ (Müllfahrzeug, 3-achsig)

$b = 2{,}55\,\text{m}$, $\quad h = 4{,}00\,\text{m}$, $\quad l = 18{,}75\,\text{m}$ (Lastzug, Gelenkbus)

Radverkehr: $b = 0{,}60\,\text{m}$, $\quad h = 2{,}00\,\text{m}$, $\quad l = 1{,}85\,\text{m}$ (mit Fahrer)

Fußgänger: $b = 0{,}55\,\text{m}$, $\quad h = 2{,}00\,\text{m}$

Bewegungsspielraum zum Ausgleich der Fahr- und Lenkungsungenauigkeiten und als Sicherheitsabstand zwischen Fahrzeugen und festen Einbauten
Breite: 0,25 bis 1,25 m (je nach Regelquerschnitt)
Höhe: 0,25 m

Verkehrsraum = Grundabmessungen + Bewegungsspielraum

Tafel 18.1 Einteilung der Straßen in Kategorien (nach RIN)	Kategoriengruppe	Verbindungsfunktionsstufe	Straßenkategorie	Richtlinie
	AS Autobahnen	0 Kontinental	AS 0 Fernautobahn	RAA
		I Großräumig	AS I Autobahnähnliche Straße	
		II Überregional	AS II Überregionalautobahn	
	LS Landstraßen	I Großräumig	LS I Fernverkehrsstraße	RAL
		II Überregional	LS II Überregionale Straße	
		III Regional	LS III Regionale Straße	
		IV Nahräumig	LS IV Zwischengemeindliche Straße	
		V Kleinräumig	LS V Untergeordnete Straße	
	VS anbaufreie Hauptverkehrsstraßen	II Überregional	VS II Anbaufreie Hauptverkehrsstraße	RASt
		III Regional	VS III Anbaufreie Sammelstraße	
	HS angebaute Hauptverkehrsstraßen	III Regional	HS III Verbindungsstraße, Einfahrtstraße	
		IV Nahräumig	HS IV Hauptgeschäftsstraße	
	ES Erschließungsstraßen	IV Nahräumig	ES IV Sammelstraße, Quartierstraße	
		V Kleinräumig	ES V Wohnstraße, Wohnweg	

18

Abb. 18.1 Lichter Raum

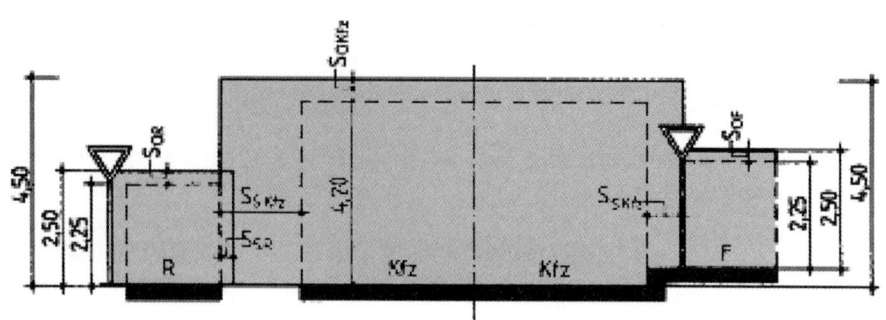

— Begrenzung des lichten Raumes
- - - Begrenzung des Verkehrsraumes

S_s = seitlicher Sicherheitsraum   F = Fußgänger   Kfz = Kraftfahrzeug
S_o = oberer Sicherheitsraum   R = Radfahrer

Lichter Raum = Verkehrsraum + seitliche und obere Sicherheitsräume. Er ist von Hindernissen frei zu halten.
   Kfz: Höhe: 4,50 m (4,70 m bei Neubau),
   Radfahrer und Fußgänger: Höhe: 2,50 m.

18.2.2.2 Autobahnen

Die folgenden Angaben beziehen sich auf die Richtlinien für die Anlagen für Autobahnen (RAA). Weitere Hinweise siehe dort.
Größen zur Bestimmung der Entwurfsklasse sind:
- Straßenkategorie,
- Lage zu bebauten Gebieten
- Widmung.
Von der Entwurfsklasse werden bestimmt:
- Regelquerschnitte
- Grenz- und Richtwerte der Entwurfselemente

- Grundformen und Abstände der Knotenpunkte
- Gegebenenfalls Anordnung einer zulässigen Höchstgeschwindigkeit.

Der Berechnung der Grenzwerte für die Entwurfselemente werden folgende Geschwindigkeiten bei Nässe zugrunde gelegt:
- für Fernautobahnen (EKA 1A) 130 km/h
- für Überregionalautobahnen (EKA 1B) 120 km/h
- für autobahnähnliche Straßen (EKA 2) 100 km/h
- für Stadtautobahnen (EKA 3) 80 km/h.

Den Entwurfsklassen sind folgende Regelquerschnitte zugeordnet:
- EKA 1: RQ 43,5, RQ 36, RQ 31
- EKA 2: RQ 28
- EKA 3: RQ 38,5, RQ 31,5, RQ 25

Tafel 18.2 Straßenkategorien und Entwurfsklassen

Straßenkategorie	AS 0/AS I		AS II		
Lage zu bebauten Gebieten	Außerhalb oder innerhalb		Außerhalb oder innerhalb	Außerhalb	Innerhalb
Straßenwidmung	BAB	Nicht BAB	BAB	Nicht BAB	Alle
Bezeichnung	Fernautobahn	Autobahnähnliche Straße	Überregionalautobahn	Autobahnähnliche Straße	Stadtautobahn
Entwurfsklasse	EKA 1A	EKA 2	EKA 1B	EKA 2	EKA 3

Tafel 18.3 Entwurfsklassen und Gestaltungsmerkmale

Entwurfsklasse	EKA 1A	EKA 1B	EKA 2	EKA 3
Bezeichnung	Fernautobahn	Überregionalautobahn	Autobahnähnliche Straße	Stadtautobahn
Beschilderung	Blau		Gelb	Blau, gelb
Zulässige Höchstgeschwindigkeit	Keine		Keine	≤ 100 km/h
Empfohlene Knotenpunktabstände	> 8000 m	> 5000 m	> 5000 m	Keine
Verkehrsführung in Arbeitsstellen vierstreifiger Straßen	4 + 0 in der Regel erforderlich		4 + 0 nicht zwingend erforderlich	

Regelquerschnitte Autobahnen nach RAA

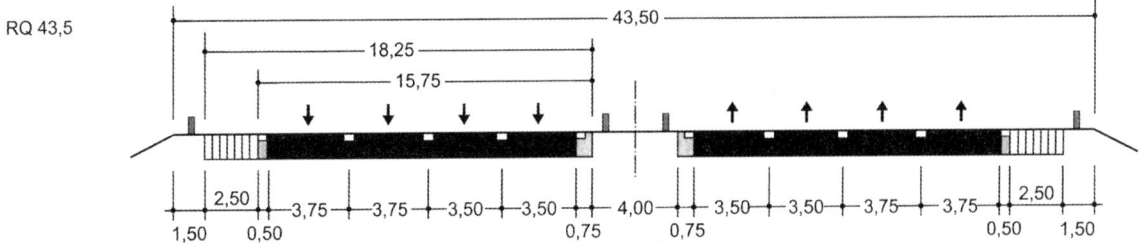

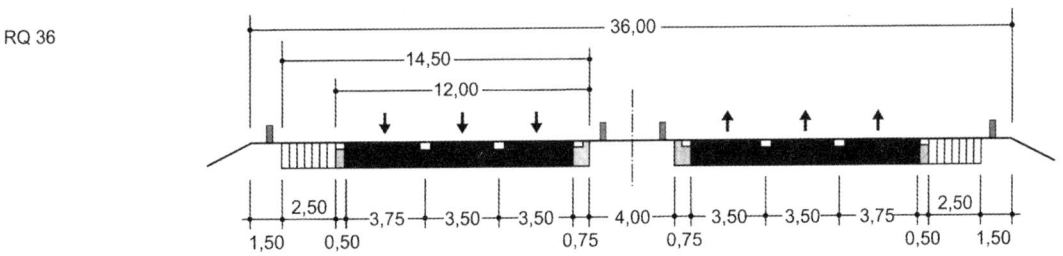

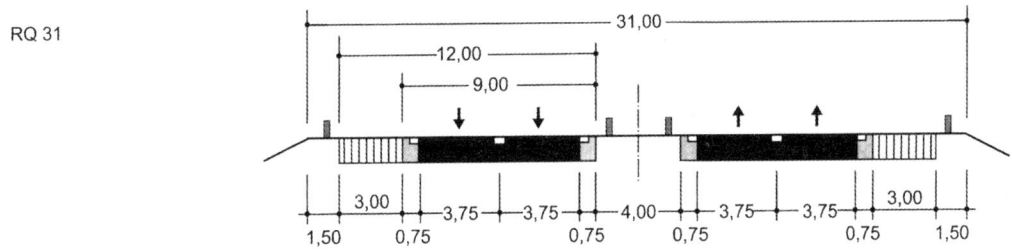

Abb. 18.2   Regelquerschnitte Entwurfsklasse EKA 1

Regelquerschnitt

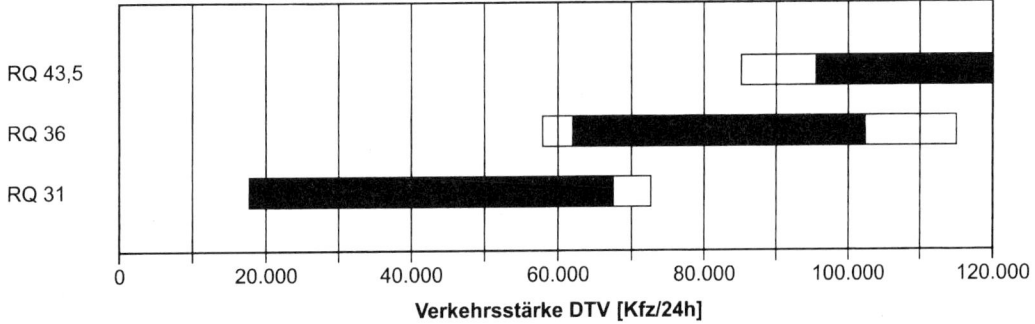

Abb. 18.3   Einsatzbereiche der Regelquerschnitte von Entwurfsklasse EKA 1

18

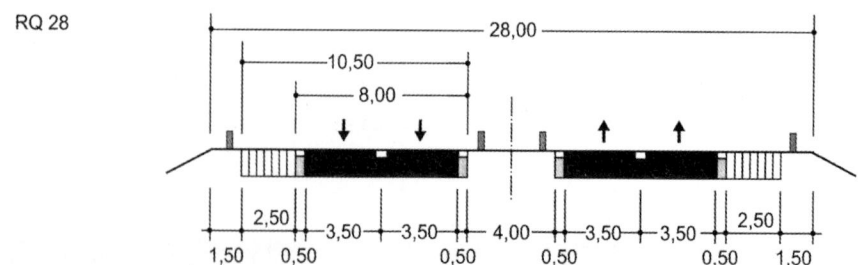

Abb. 18.4 Regelquerschnitte Entwurfsklasse EKA 2

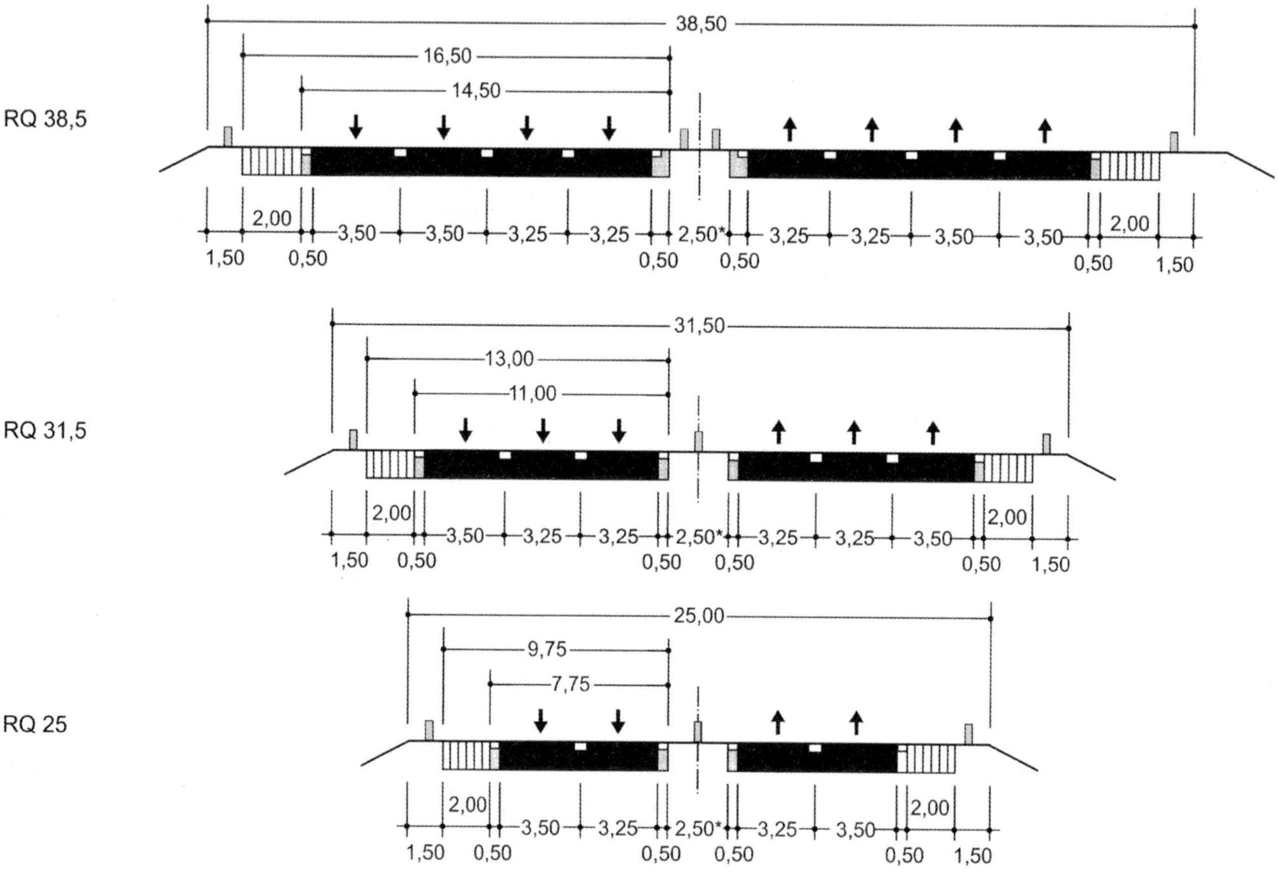

RQ 38,5

RQ 31,5

RQ 25

Abb. 18.5 Regelquerschnitte Entwurfsklasse EKA 3

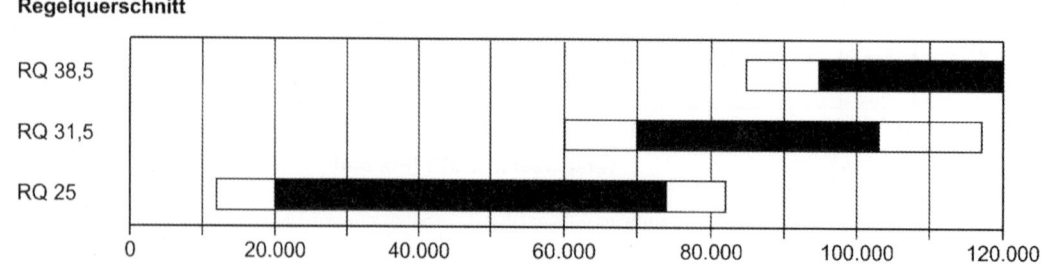

Abb. 18.6 Einsatzbereiche der Regelquerschnitte von Entwurfsklasse EKA 3

18.2.2.3 Landstraßen

Die folgenden Angaben beziehen sich auf die Richtlinien für die Anlage von Landstraßen (RAL). Nähere Hinweise siehe dort.

Tafel 18.4 Straßenkategorie – Entwurfsklassen und Gestaltungsmerkmale

Straßen-kategorie	Entwurfs-klasse	Entwurf-/Betriebsmerkmale				
		Planungsgeschwin-digkeit [km/h]	Betriebsform	Querschnitt	Gesicherte Überhol-abschnitte pro Richtung	Führung des Radverkehrs
LS I	EKL 1	110	Kraftfahrstraße	RQ 15,5	~ 40 %	Straßenunabhängig
LS II	EKL 2	100	Allg. Verkehr	RQ 11,5+	≥ 20 %	Straßenunabhängig oder fahrbahnbegleitend
LS III	EKL 3	90	Allg. Verkehr	RQ 11	Keine	Fahrbahnbegleitend oder auf der Fahrbahn
LS IV	EKL 4	70	Allg. Verkehr	RQ 9	Keine	Auf der Fahrbahn

Regelquerschnitte (RQ) Landstraßen nach RAL

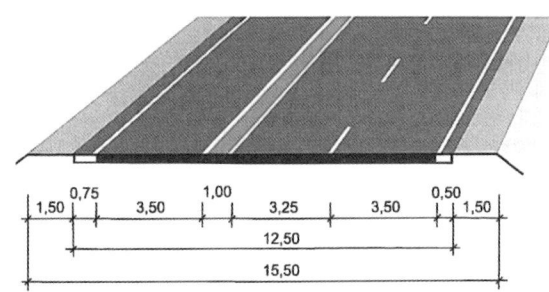

Abb. 18.7 RQ 15,5 für Straßen der EKL 1

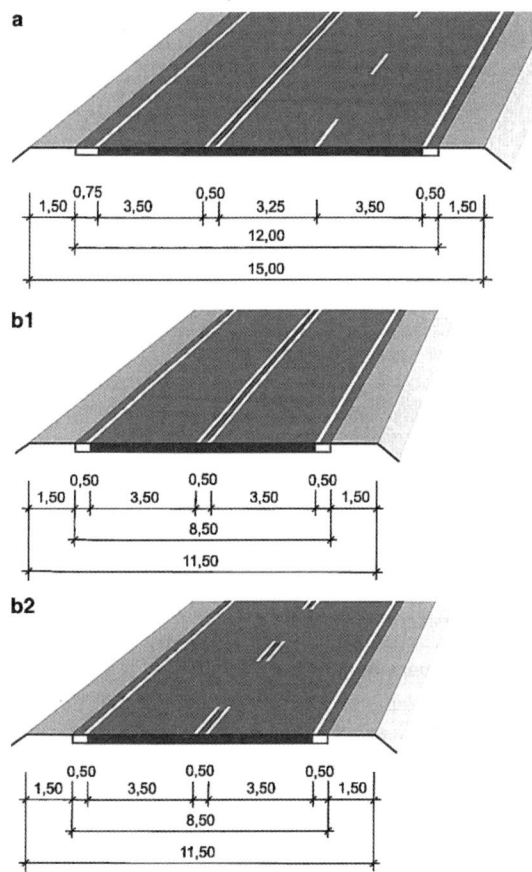

Abb. 18.8 RQ 11,5+ für Straßen der EKL 2. **a** mit Überholfahrstrei-fen, **b1** ohne Überholfahrstreifen mit Fahrstreifenbegrenzung, **b2** ohne Überholfahrstreifen mit Leitlinie

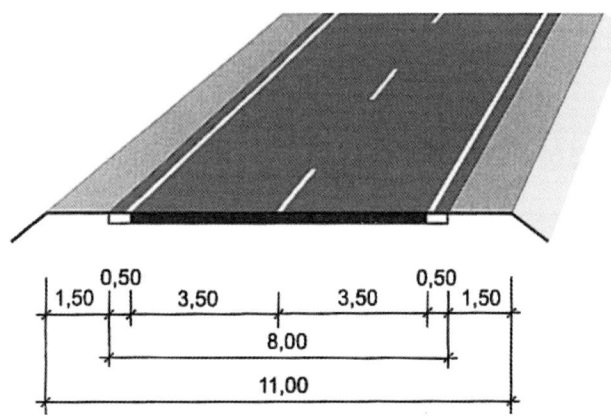

Abb. 18.9 RQ 11 für Straßen der EKL 3

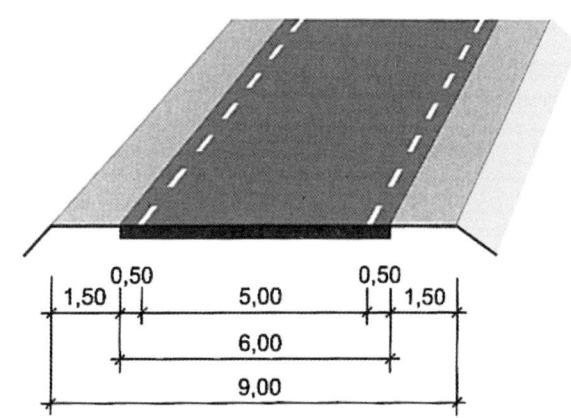

Abb. 18.10 RQ 9 für Straßen der EKL 4

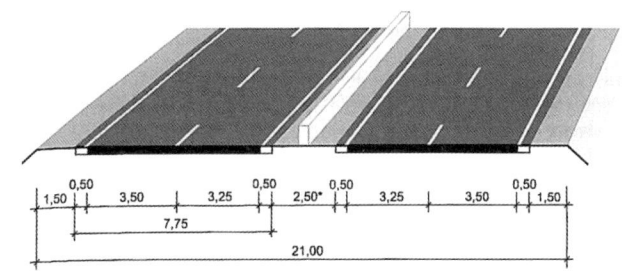

Abb. 18.11 RQ 21 für Straßen der EKL 1 bis EKL 3 mit sehr hoher Verkehrsnachfrage

18.2.2.4 Landwirtschaftliche Wege

Abb. 18.12 Querschnitte für landwirtschaftliche Wege

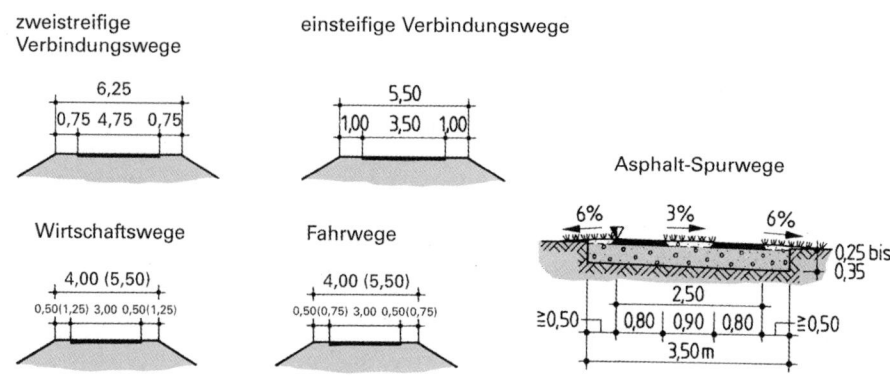

Klammerwerte sind Maximalwerte bei stärkerem Verkehr bzw. Begegnungsverkehr Lkw/Lkw

18.2.2.5 Geh- und Radwege an anbaufreien Straßen

Tafel 18.5 Einsatzgrenzen von Geh- und Radwege an anbaufreien Straßen

Kfz-Verkehr [Kfz/24 h]	Gemeinsame Geh- und Radwege Fußgänger- und Radverkehr [F + R/Spitzenstunde]	Gehwege Fußgängerverkehr [F/Spitzenstunde]	Radwege Radverkehr [R + Mofa/Spitzenstunde]
< 2500	75	60	90
2500–5000	25	20	30
5000–10.000	15	10	15
> 10.000	10	5	10

Abb. 18.13 Anordnung von Geh- und Radwegen an anbaufreien Straßen

Mit Seitentrennstreifen ≧ 1,75 m

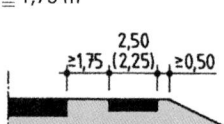

Mit Seitentrennstreifen < 1,75 m

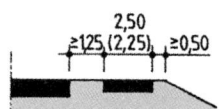

außerhalb des Entwässerungsbereichs

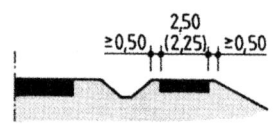

18.2.2.6   Innerörtliche Straßen

Abb. 18.14 Grundmaße der Verkehrsräume im Innerortsbereich

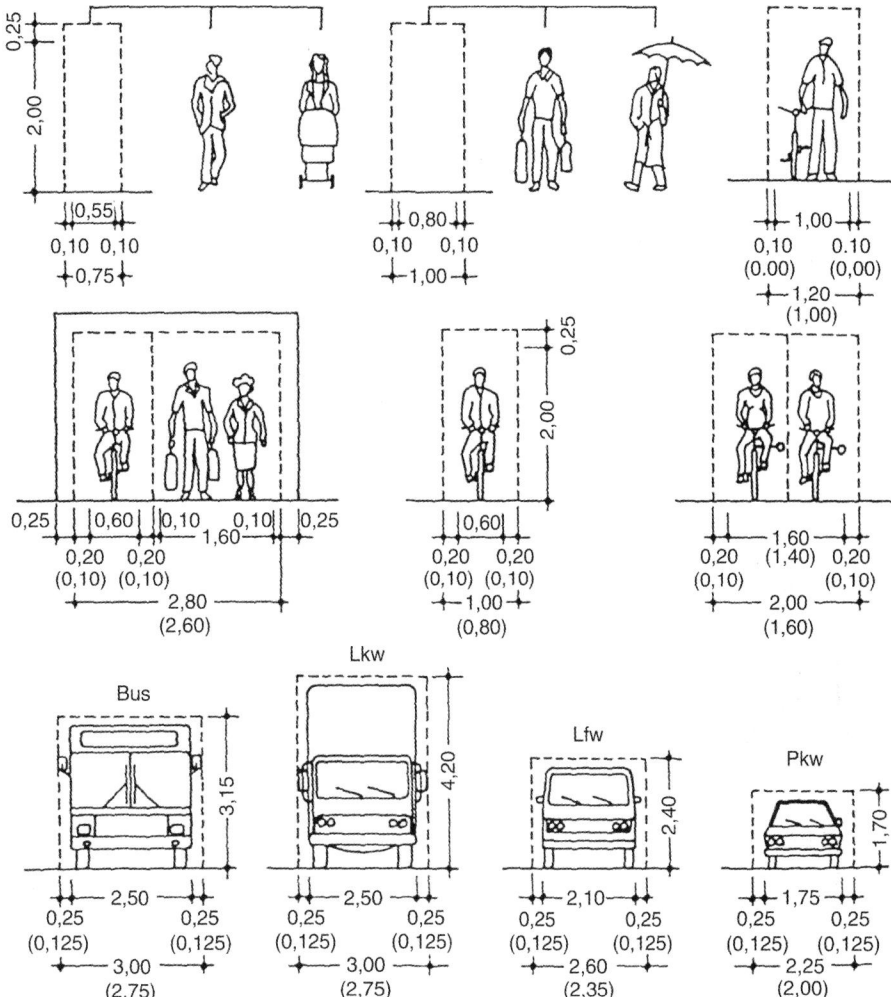

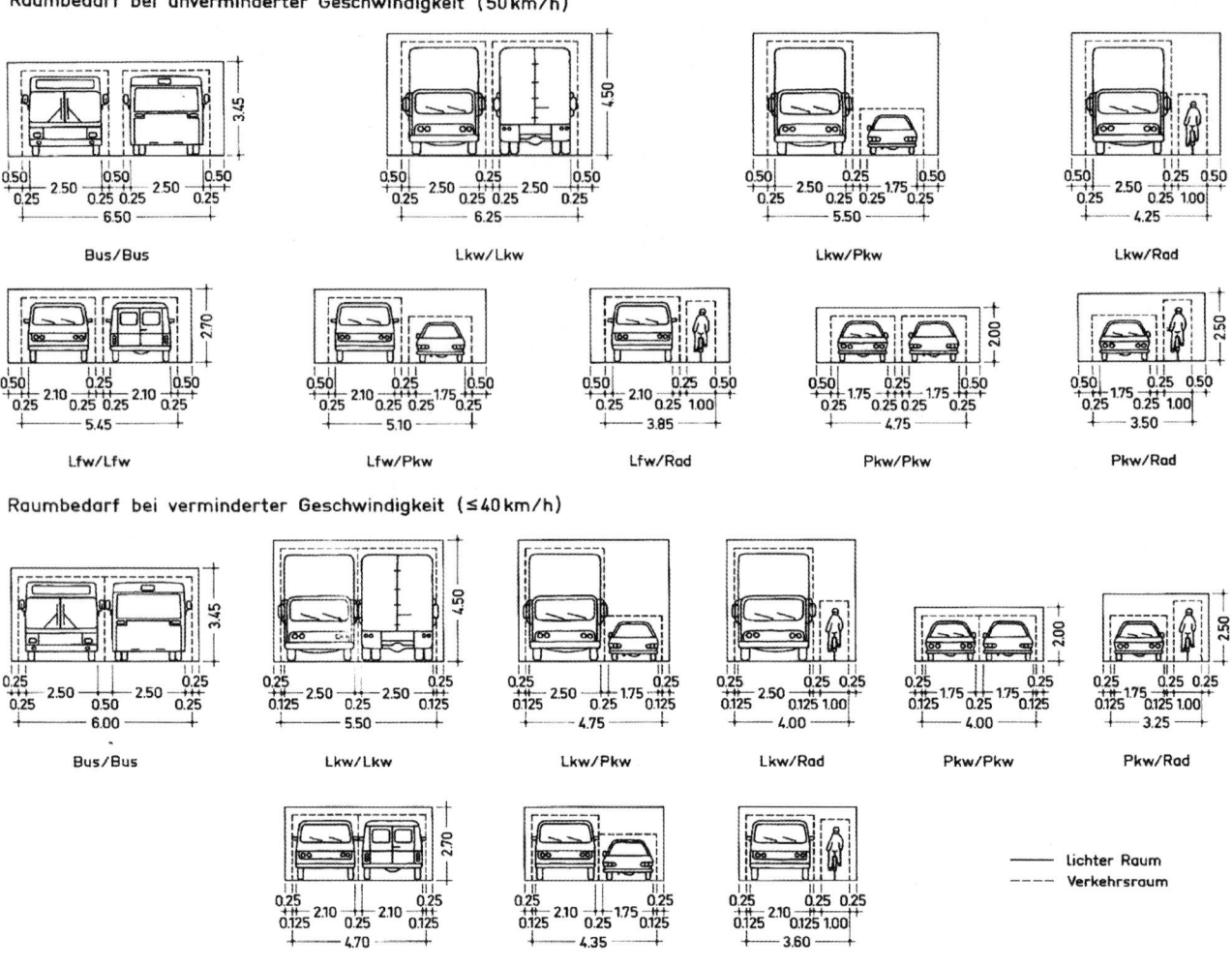

Abb. 18.15 Grundmaße für Verkehrsräume und lichte Räume bei Begegnungsfällen

Die Querschnittsabmessungen der Innerortsstraßen ergeben sich beim geführten Entwurfsvorgang aus der typischen Entwurfssituation, die sich aus den entwurfsprägenden Nutzungsansprüchen in den Bereichen Fußgängerlängsverkehr, Fußgängerquerverkehr, Radverkehr, Aufenthalt sowie Liefern, Laden und Parken, den Nutzungsansprüchen des ÖPNV (kein ÖPNV, Linienbusverkehr, Straßenbahn), den Nutzungsansprüchen des Kfz-Verkehrs (Verkehrsstärke) und der verfügbaren Straßenbreite zusammensetzt.

Die Entwurfsmethodik und die Entwurfselemente für Stadtstraßen sind in den Richtlinien für die Anlage von Stadtstraßen (RASt 06) beschrieben. Weitere Informationen siehe dort.

Querschnitte Innerortsstraßen nach RASt

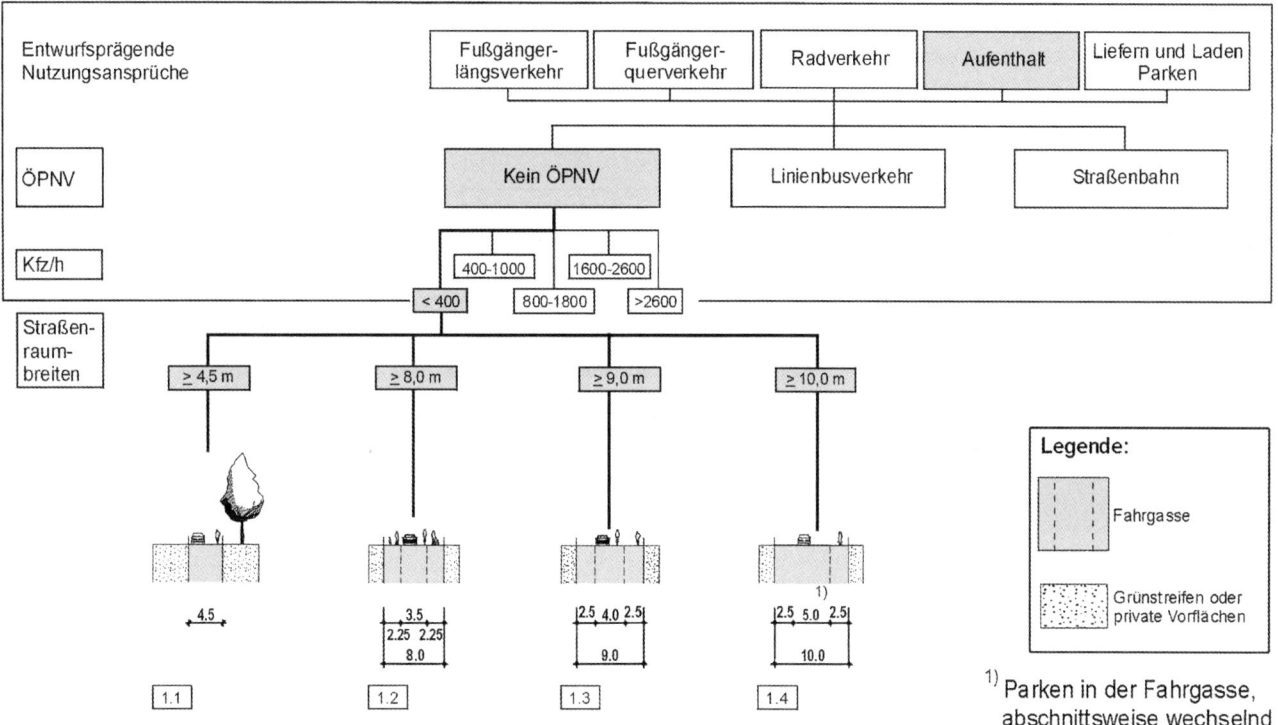

Abb. 18.16 Wohnweg (Erschließungsstraße ES V). Vorherrschende Bebauung mit Reihen- und Einzelhäusern; Ausschließlich Wohnen; Geringe Länge (bis ca. 100 m), Verkehrsstärke unter 150 Kfz/h

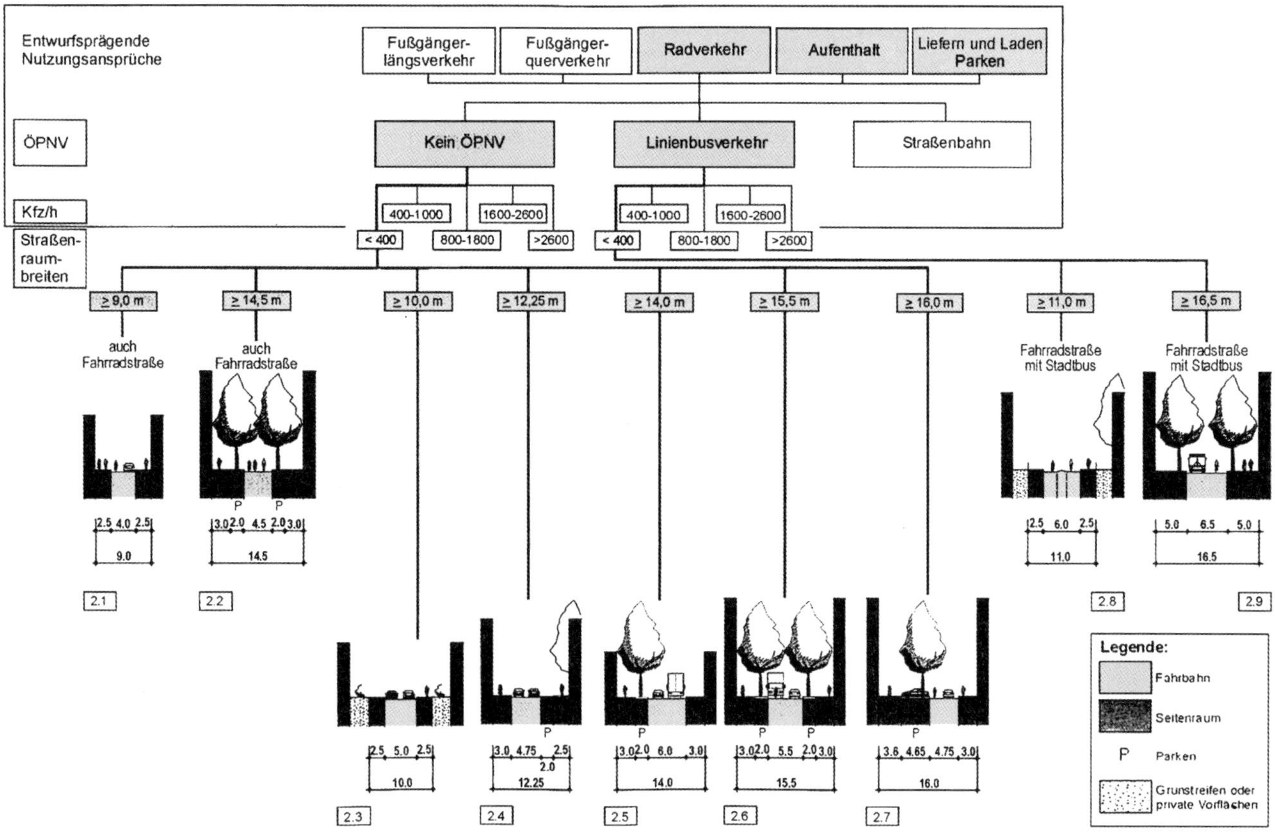

Abb. 18.17 Wohnstraße (Erschließungsstraße ES V). Unterschiedliche Bebauungsformen: Zeilenbebauung, Reihen-, Einzelhäuser; Ausschließlich Wohnen; Geringe Länge: bis 300 m, Verkehrsstärke unter 400 Kfz/h

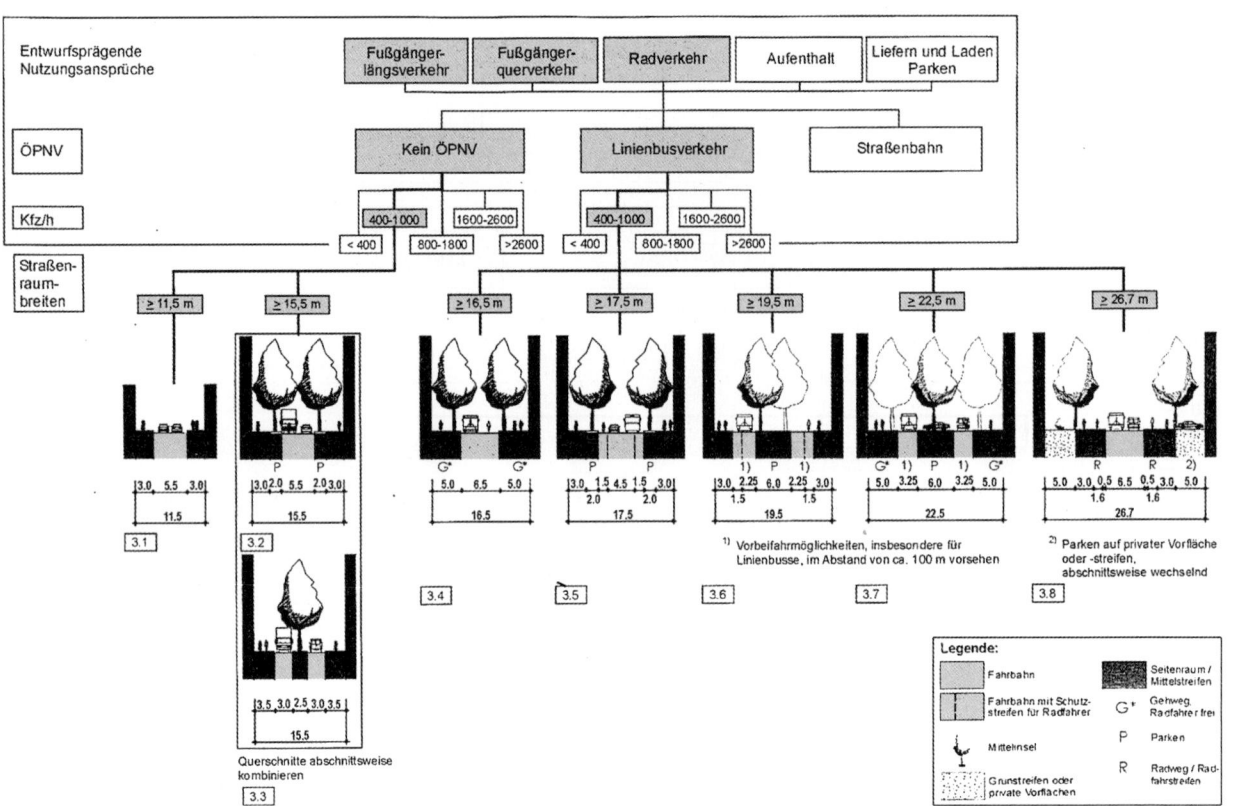

Abb. 18.18 **Sammelstraße** (Erschließungsstraße ES IV). Unterschiedliche Bebauungsformen, oft Zeilenbebauung, Punkthäuser; Überwiegend Wohnnutzung mit einzelnen Geschäften, Gemeinbedarfseinrichtungen; Länge 300–1000 m, Verkehrsstärke 400–800 Kfz/h

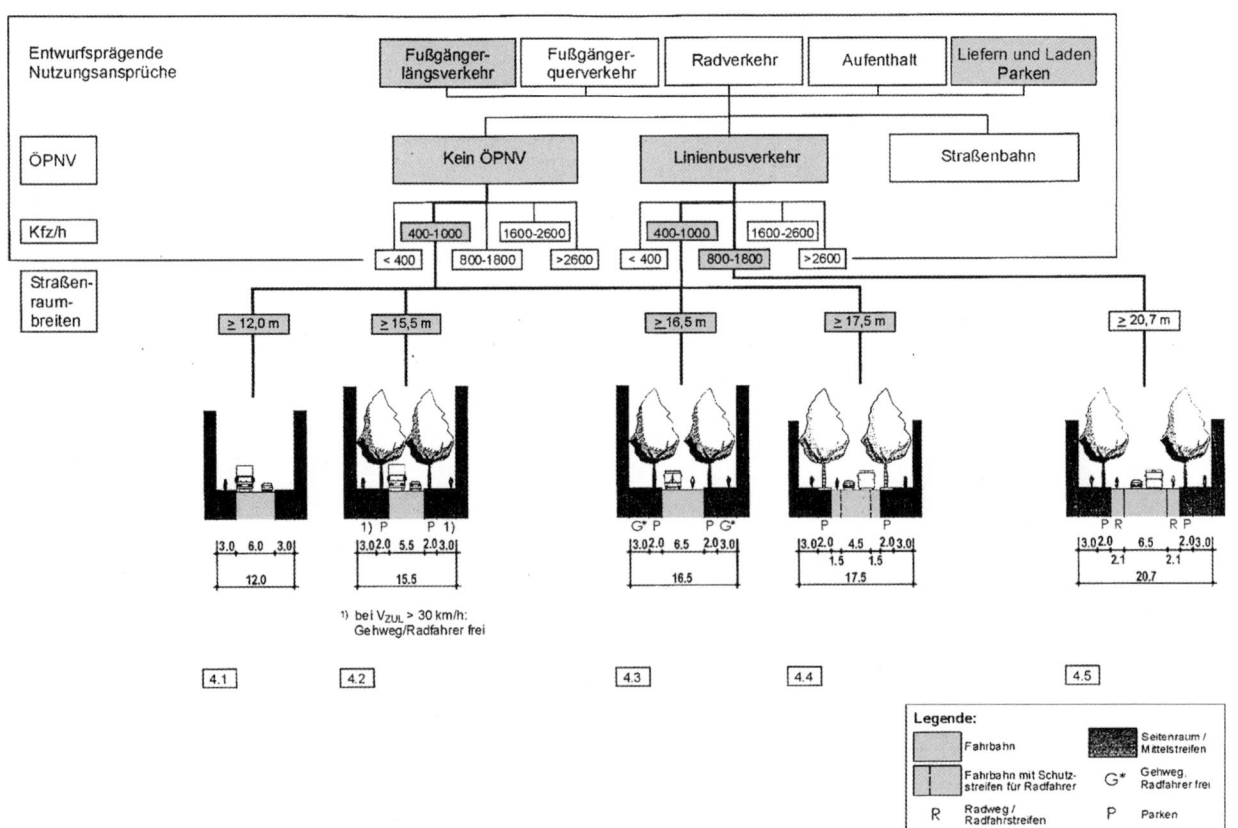

Abb. 18.19 **Quartiersstraße** (Erschließungsstraße/Hauptverkehrsstraße ES IV, HS IV). Geschlossene, dichte Bebauung, meist gründerzeitlich; Gemischte Nutzung aus Wohnen, Gewerbe und Dienstleistung; Abschnittslängen 100–300 m, Verkehrsstärke 400–1000 Kfz/h

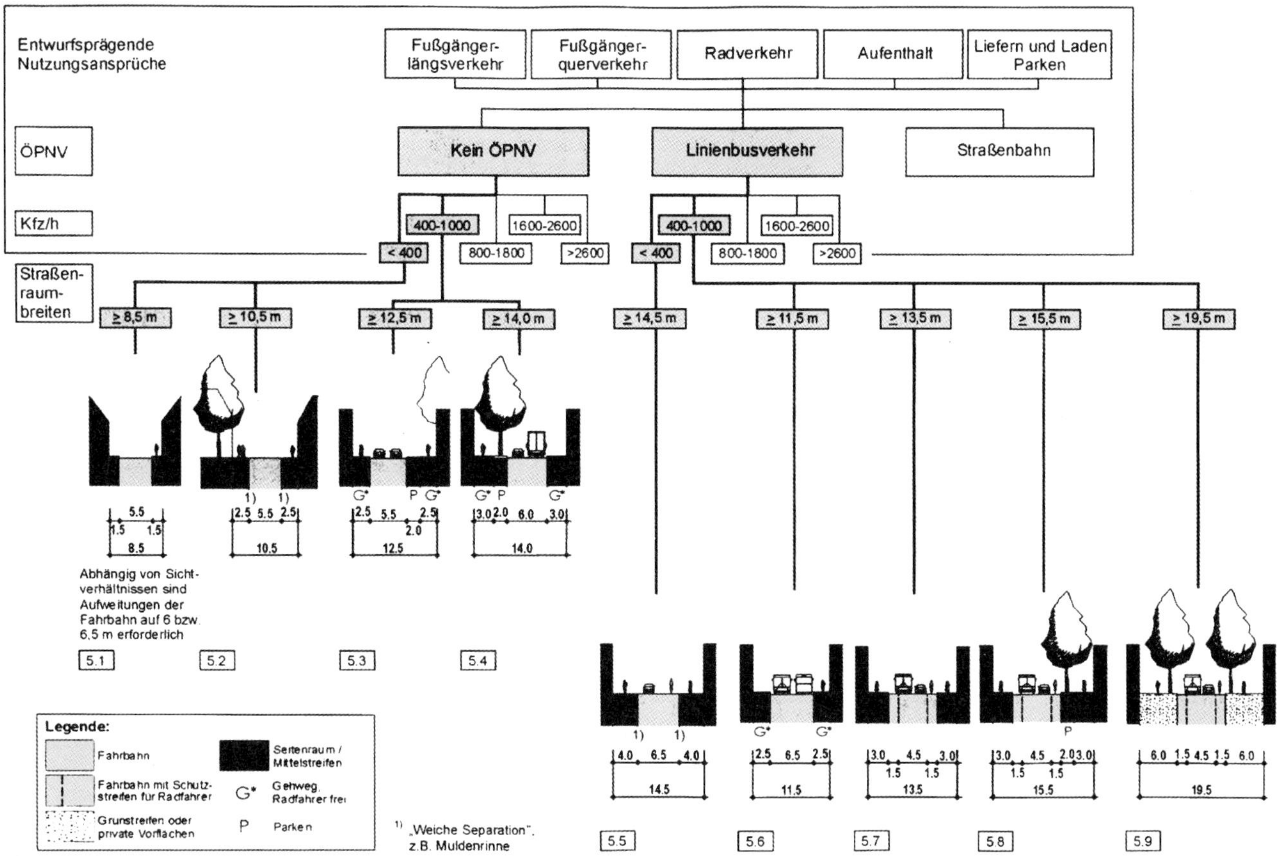

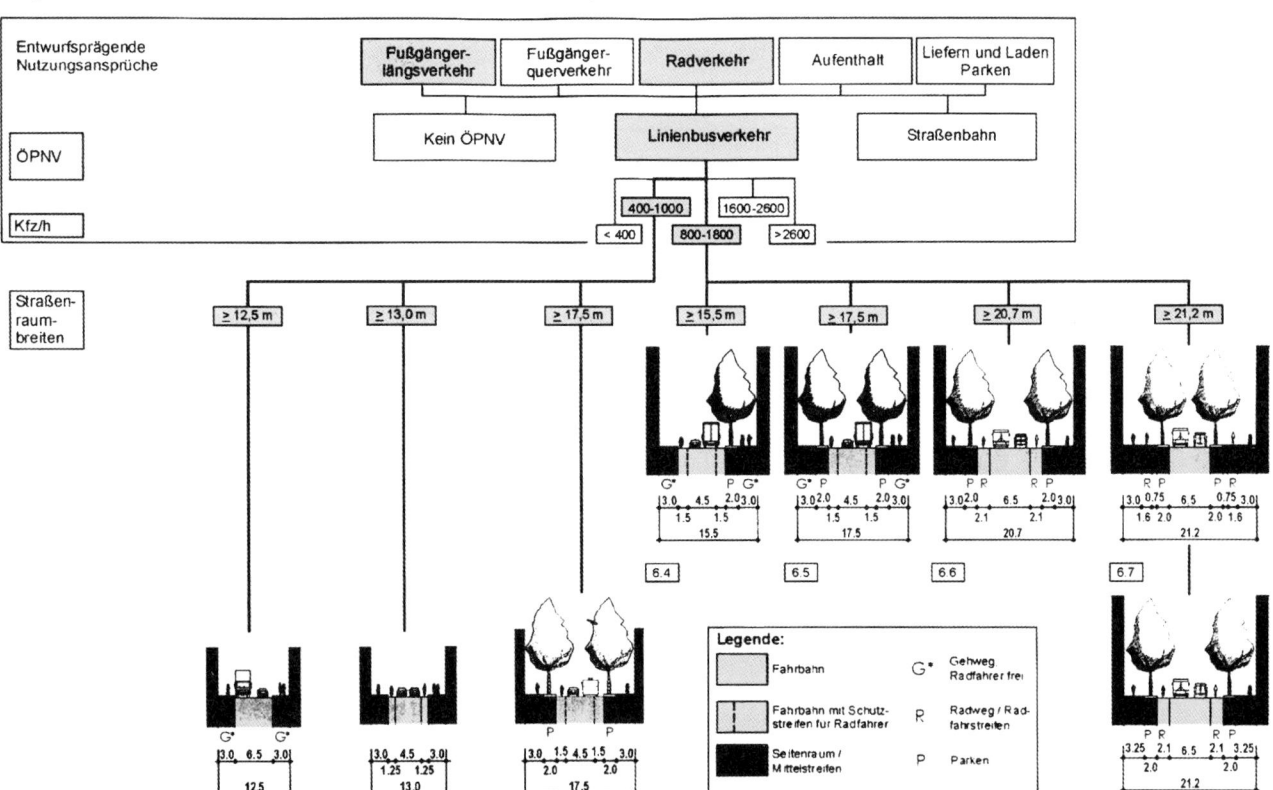

Abb. 18.20 Dörfliche Hauptstraße (Erschließungsstraße/Hauptverkehrsstraße ES IV, HS IV). Ländlich geprägte Bau- und Siedlungsstruktur; Länge: 100 m bis mehrere Kilometer, Verkehrsstärke 200–1000 Kfz/h

Abb. 18.21 Örtliche Einfahrtsstraße (Hauptverkehrsstraße HS IV, HS III). Geschlossene und halboffene Bauweise; Gemischte Nutzung, Gewerbe, Wohnen, kaum Geschäftsbesatz; Abschnittslängen 200–800 m, Verkehrsstärke 400–1800 Kfz/h

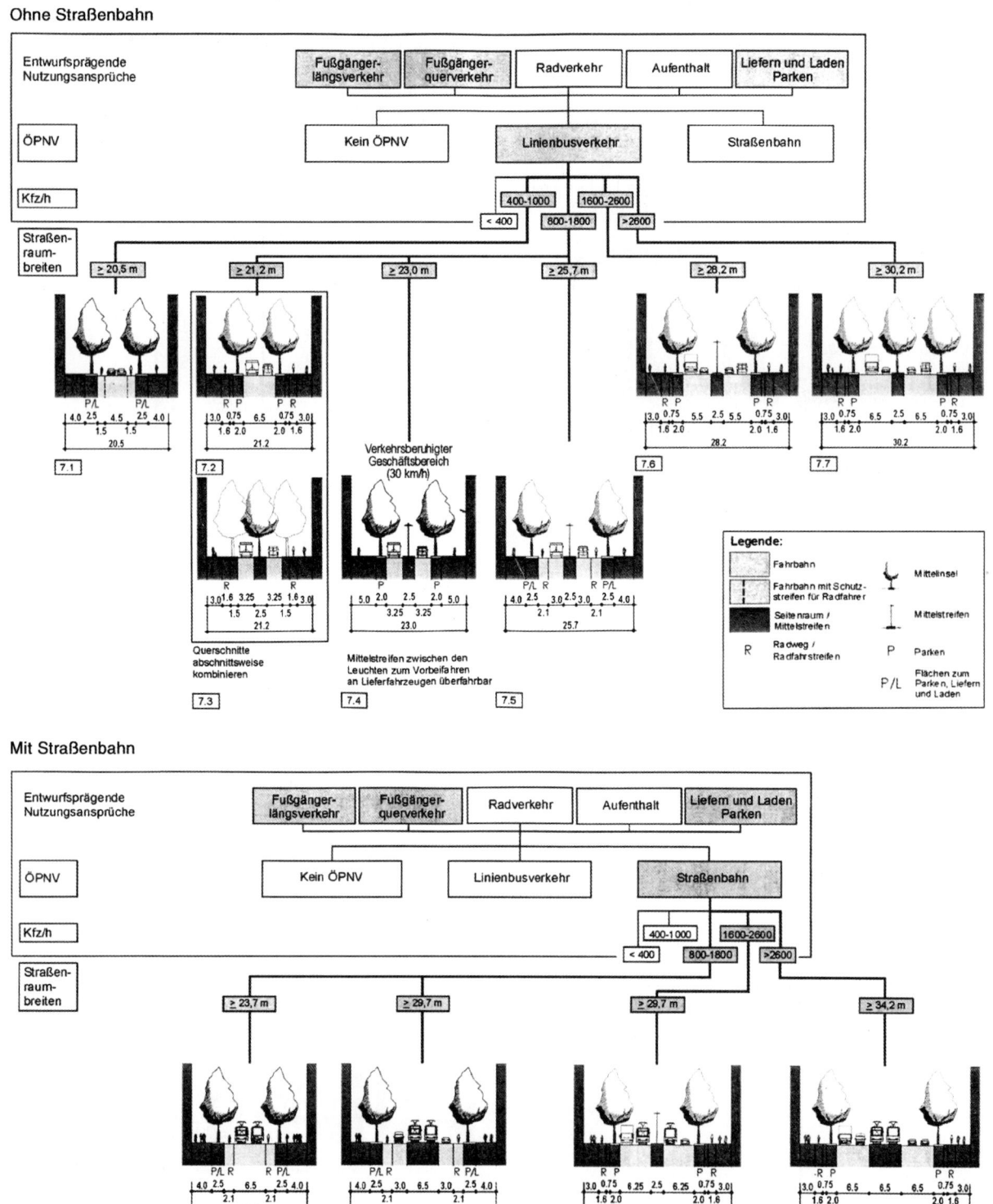

Abb. 18.22 Örtliche Geschäftsstraße (Erschließungsstraße/Hauptverkehrsstraße ES IV, HS IV). In Stadtteilzentren oder in Zentren von Klein-
und Mittelstädten; Geschlossene Bauweise bei durchgängigem Geschäftsbesatz; Länge 300–600 m, Verkehrsstärke 400 bis über 2600 Kfz/h

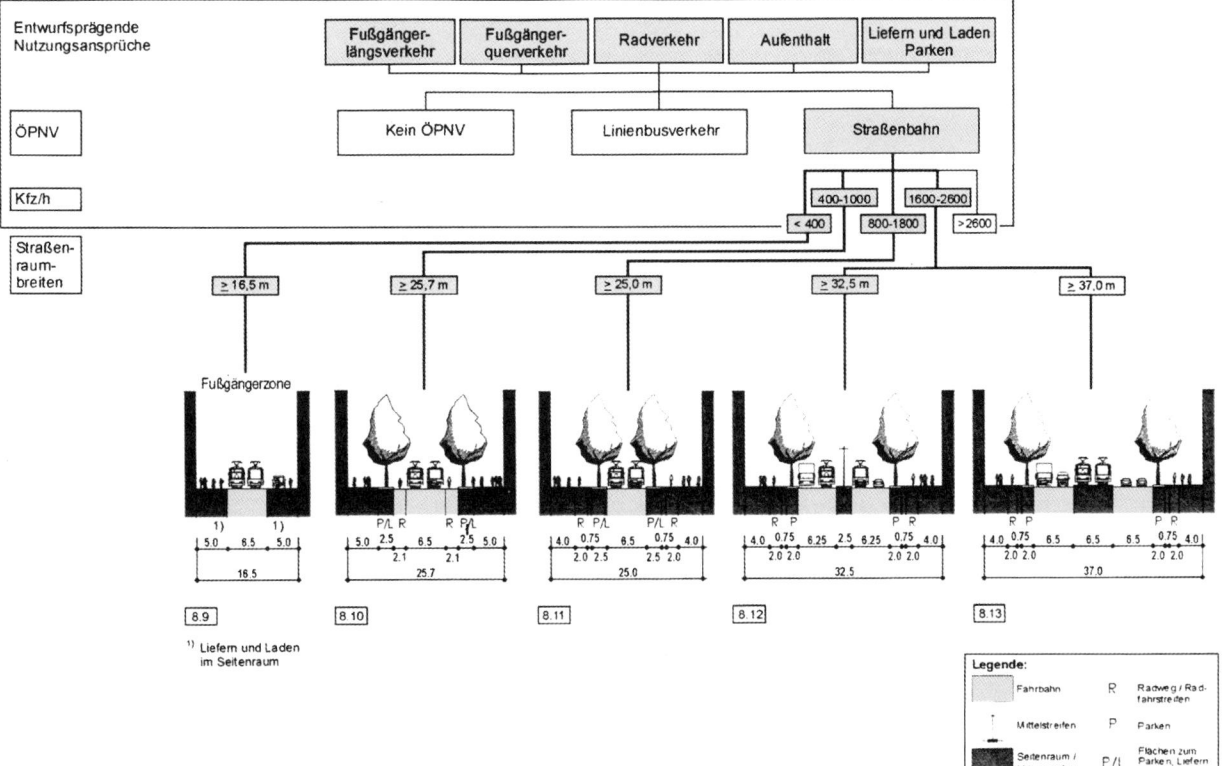

Abb. 18.23 Hauptgeschäftsstraße (Erschließungsstraße/Hauptverkehrsstraße ES IV, HS IV). In Zentren von Groß- und Mittelstädten; Dichter Geschäftsbesatz in geschlossener Bauweise, ausnahmsweise Wohnen; Länge 300–1000 m, Verkehrsstärke 800–2600 Kfz/h

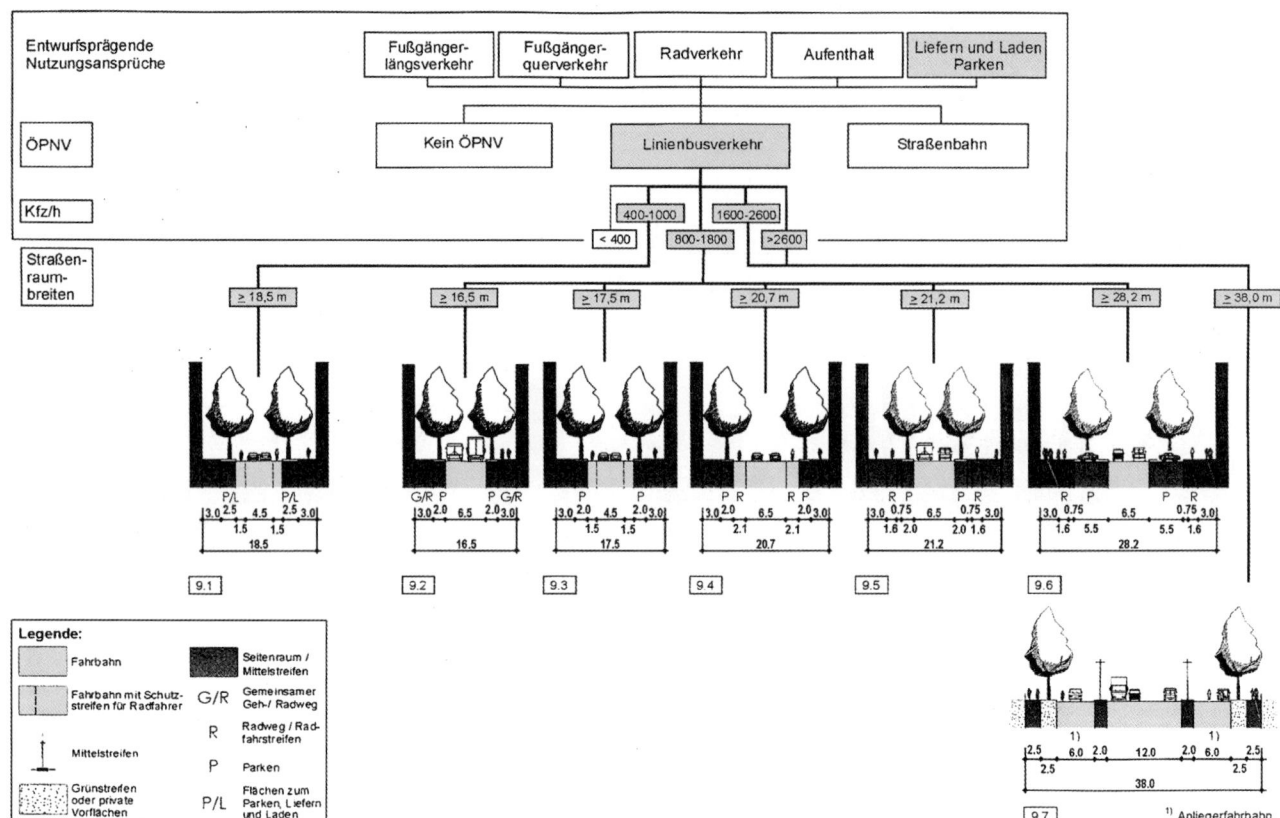

Abb. 18.24 Gewerbestraße (Erschließungsstraße/Hauptverkehrsstraße ES IV, ES V, HS IV). Meist große Grundstücke mit Einzelgebäuden und zugehörigen Parkierungsflächen; Gewerbliche Nutzungen, Handel, Büro, Freizeit; Abschnittslänge 200–1000 m, Verkehrsstärke 400 bis über 1800 Kfz/h

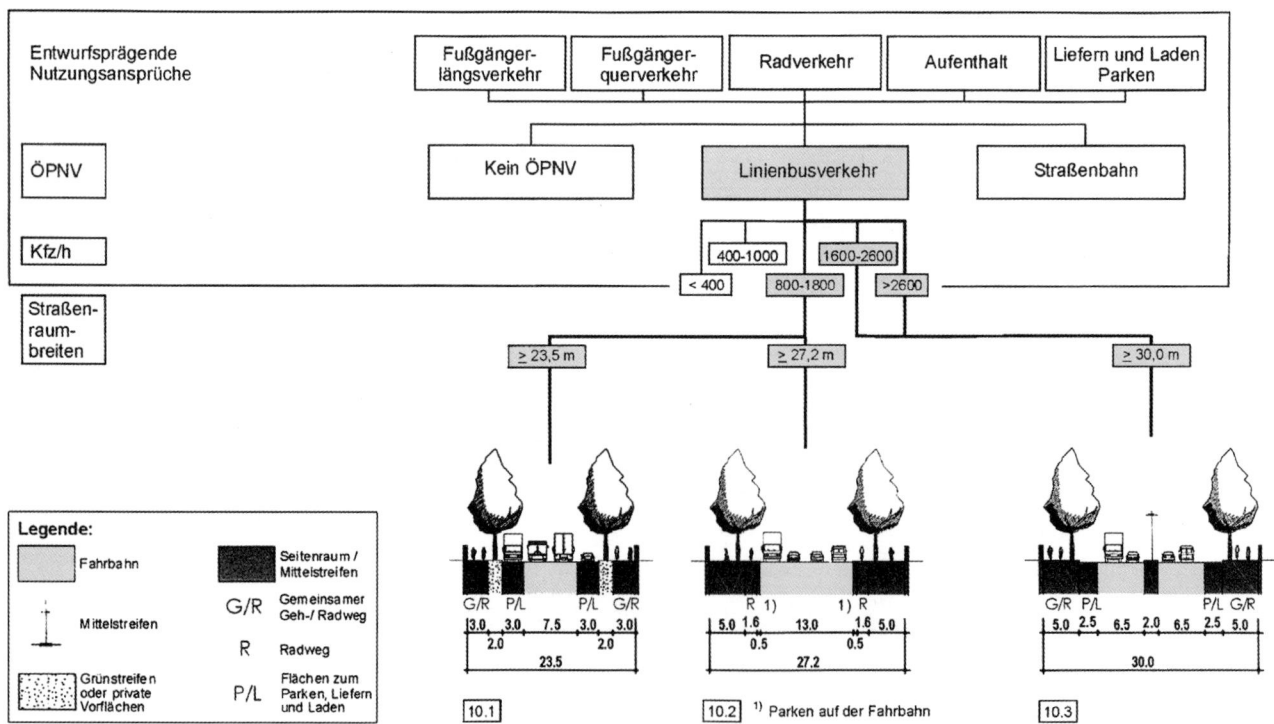

Abb. 18.25 Industriestraße (Erschließungsstraße/Hauptverkehrsstraße ES IV, ES V, HS IV). Gebäudekomplexe auf groß parzellierten Grundstücken; Produzierendes Gewerbe, Industrie; Länge 500–1000 m, Verkehrsstärke 800–2600 Kfz/h mit hohem Schwerverkehrsanteil

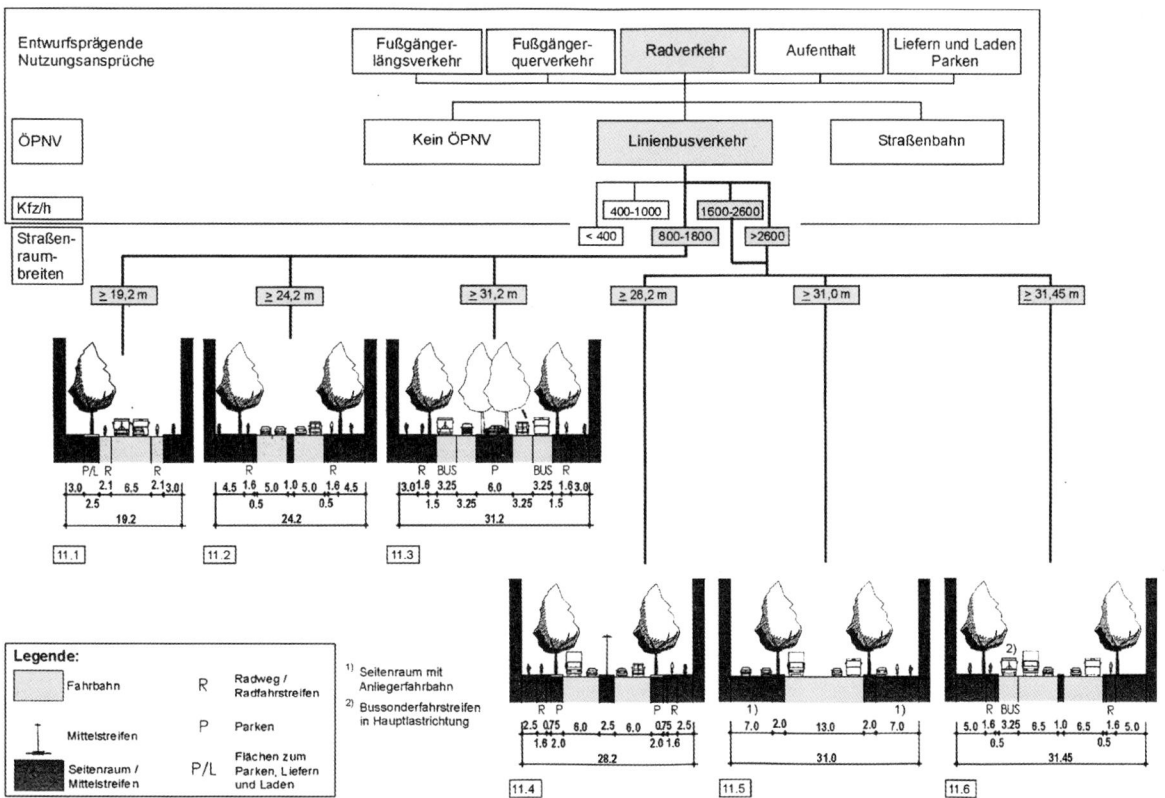

Abb. 18.26 Verbindungsstraße (Hauptverkehrsstraße HS III, HS IV). Gemischte Bebauungsformen mit mittlerer bis geringer Dichte; Wohnen und gewerbliche Nutzungen; Länge 500 bis über 1000 m, Verkehrsstärke 800 bis über 2600 Kfz/h

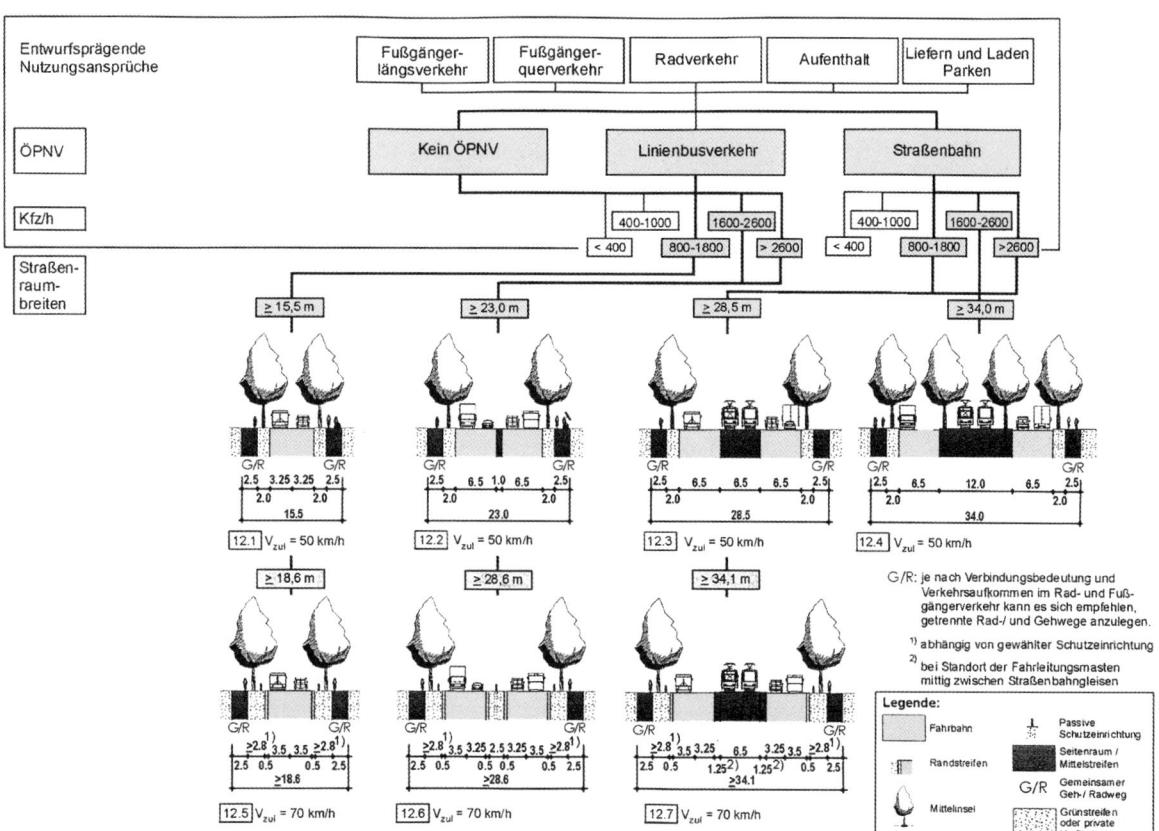

Abb. 18.27 Anbaufreie Straße (Hauptverkehrsstraße VS II, VS III). Straßenabgewandte Bebauung oder unbebaute Parzellen; Verkehrsstärke 800–2600 Kfz/h mit teilweise hohem Schwerverkehrsanteil

Abb. 18.28 Ausgestaltung der Böschungen

Böschungshöhe *h*	$h \geq 2{,}0$ m	$h < 2{,}0$ m
Damm	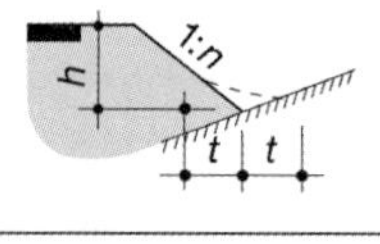	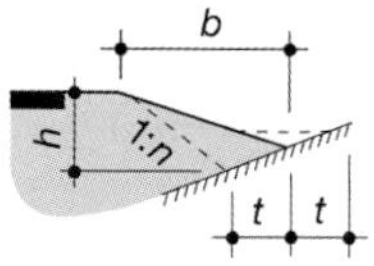
Einschnitt	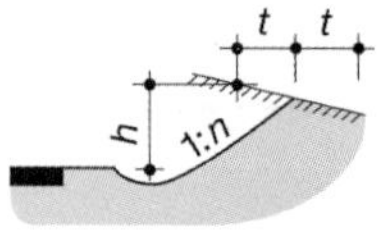	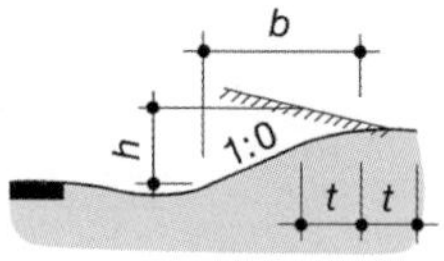
Regelböschung	1 : 1,5	b = 3,0 m
allgemeine Böschungsmaße	1 : *n*	b = 2*n*
Tangentenlänge der Ausrundung	3,0 m	1,5*h*

18.2.3 Linienführung

18.2.3.1 Entwurfsklassen und Geschwindigkeit

Straßenkategorie und Entwurfsklasse legen die Merkmale sowie die Grenz- und Richtwerte für die Entwurfs- und Betriebselemente fest.

Bei Autobahnen und Landstraßen werden die fahrdynamisch begründeten Grenz- und Mindestwerte für die Entwurfselemente abhängig von der Entwurfsklasse mit folgenden Geschwindigkeiten dimensioniert (siehe RAA und RAL).

Entwurfsklasse	Geschwindigkeit [km/h]
EKA 1A	130
EKA 1B	120
EKA 2	100
EKA 3	80
EKL 1	110
EKL 2	100
EKL 3	90
EKL 4	70

Für Innerortsstraßen werden keine Geschwindigkeiten als Ausgangsgröße für Entwurfsparameter definiert. Hier gelten vielmehr die Nutzungsansprüche, die sich aus den Zielfeldern Verkehr, Umfeld, Straßenraumgestalt und Wirtschaftlichkeit ergeben. Diese sind in den „Richtlinien für die Anlage von Stadtstraßen (RASt 06)" zusammengestellt.

18.2.3.2 Entwurfselemente im Lageplan

Gerade Lange Geraden sind zu vermeiden. Für die Kategoriengruppe AS (Autobahnen) sollte die Länge auf maximal 2000 m begrenzt werden. Kurze Zwischengeraden sind zu vermeiden, falls nicht möglich sollte die Mindestlänge 400 m betragen.

Kreisbogen Bei Straßen der Kategoriengruppen AS und LS sollten die Radien so groß gewählt werden, dass sie in Größe

und Abfolge mit der Topografie und den umfeldprägenden Elementen in Einklang stehen. Bei den Kategoriengruppen VS, HS und ES sind vor allem städtebauliche Randbedingungen zu beachten.

Tafel 18.6 Kurvenmindestradien und Mindestlängen von Kreisbögen bei Autobahnen

Entwurfsklasse	min *R* [m]	min *L* [m]
EKA 1A	900	75
EKA 1B	720	
EKA 2	470	55
EKA 3	280	

Im Anschluss an Geraden mit einer Länge > 500 m sollte ein Mindestradius von min *R* = 1300 m eingehalten werden.

Tafel 18.7 Empfohlene Radienbereiche und Mindestlängen von Kreisbögen bei Landstraßen

Entwurfsklasse	Radienbereiche *R* [m]	min *L* [m]
EKL 1	≥ 500	70
EKL 2	400–900	60
EKL 3	300–600	50
EKL 4	200–400	40

Tafel 18.8 Kurvenmindestradien in Anschluss an eine Gerade bei Landstraßen der EKL 1 bis EKL 3

Länge *L* [m] der Geraden	min *R* [m] des Kreisbogens
L = 300 m	min R > 450 m
L < 300 m	min R > 1,5 · L

Die Radien aufeinander folgender Kreisbogen (auch bei zwischenliegenden Übergangsbogen) sollen aus Gründen einer ausgewogenen, kontinuierlichen Linienführung in einem ausgewogenen Verhältnis zueinander stehen (Relationstrassierung).

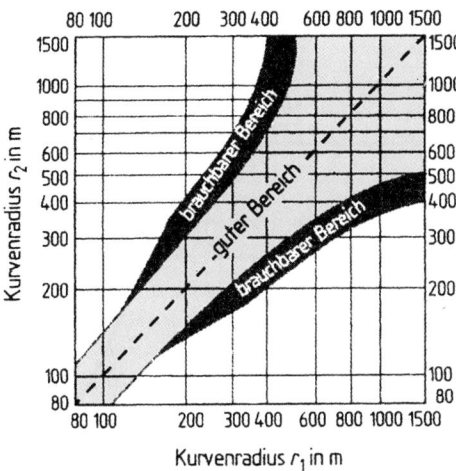

Abb. 18.29 Verhältnis aufeinander folgender Radien

Der **Übergangsbogen** wird als Klothoide ausgebildet, weil sich bei dieser Kurve die Krümmung linear mit der Bogenlänge ändert. Das Bildungsgesetz der Klothoide lautet

$$A^2 = R \cdot L \tag{18.1}$$

A Parameter der Klothoide in m
R Radius am Übergangsbogenende in m
L Länge der Klothoide in m

Alle Klothoiden sind geometrisch ähnlich, d. h. eine Veränderung des Klothoidenparameters A um einen bestimmten Faktor hat zur Folge, dass sich alle Längenwerte um denselben Faktor verändern, alle Winkel und Verhältniswerte jedoch gleich bleiben.

Tafel 18.9 Mindestklothoidenparameter

Entwurfsklasse	min A
EKA 1A	300
EKA 1B	240
EKA 2	160
EKA 3	90
EKL 1	170
EKL 2	120
EKL 3	90
EKL 4	50

Aus optischen Gründen sollte $\tau > 3{,}5\,\text{gon}$ oder $A \geq R/3$ sein. Aus Gründen der Sicherheit gilt $\tau < 32\,\text{gon}$ oder $A \leq R$.

Formen des Übergangsbogens

Einfache Klothoide: Gerade – Übergangsbogen – Kreisbogen

Gesamtbogen: Gerade – Übergangsbogen – Kreisbogen – Übergangsbogen – Gerade

Wendelinie: Kreisbogen – Übergangsbogen – Kreisbogen (gegensinnig)

Eilinie: Kreisbogen – Übergangsbogen – Kreisbogen (gleichsinnig)

Doppelte Eilinie: Kreisbogen – Übergangsbogen – Hüllkreis – Übergangsbogen – Kreisbogen (gleichsinnig)

Korbklothoide: Stoß zweier gleichsinnig gekrümmter Klothoiden im Radius R mit zunehmender Krümmung (zu vermeiden)

C-Klothoide: Stoß zweier gleichsinnig gekrümmter Klothoiden in ihrem Nullpunkt (zu vermeiden)

Scheitelklothoide: Stoß zweier gleichsinnig gekrümmter Klothoiden im Radius R mit abnehmender Krümmung

18.2.3.3 Entwurfselemente im Höhenplan

Die Längsneigungen sollen möglichst gering sein.

Tafel 18.10 Höchstlängsneigungen

Entwurfsklasse	max s [%]
EKA 1A	4,0
EKA 1B	4,5
EKA 2	4,5
EKA 3	6,0
EKL 1	4,5
EKL 2	5,5
EKL 3	6,5
EKL 4	8,0

In plangleichen Knotenpunkten sind Längsneigungen $> 4\,\%$ zu vermeiden.

Im Bereich von Tunnelstrecken soll die Längsneigung auf $4\,\%$ begrenzt werden, bei langen Tunnelstrecken auf $< 2{,}5\,\%$.

Die Kuppen- und Wannenausrundungen erfolgen mit quadratischen Parabeln. Zur Berechnung werden die Gleichungen (18.2) bis (18.6) verwendet.

$$t = \frac{H}{2} \cdot \frac{s_2 - s_1}{100} \tag{18.2}$$

$$f = \frac{t}{4} \cdot \frac{s_2 - s_1}{100} = \frac{t^2}{2H} \tag{18.3}$$

$$x_S = -\frac{s_1}{100} \cdot H \tag{18.4}$$

$$y_P = \frac{s_1}{100} \cdot x_P + \frac{x_P^2}{2H} \tag{18.5}$$

$$s_P = s_1 + \frac{x_P}{H} \cdot 100 \tag{18.6}$$

s_1, s_2 Längsneigungen (Steigung positiv, Gefälle negativ)
H Ausrundungshalbmesser (Wannen positiv, Kuppen negativ)

18

t Tangentenlänge
x_P, y_P Abszisse, Ordinate eines beliebigen Punktes
x_S Abszisse des Scheitelpunktes der Ausrundung
f Bogenstich am Tangentenschnittpunkt
s_P Längsneigung an einem beliebigen Punkt

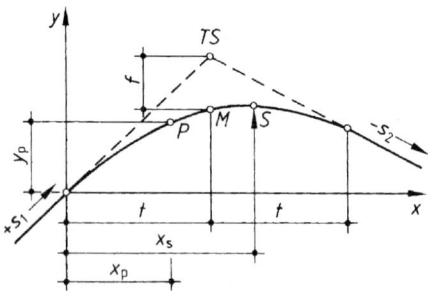

Abb. 18.30 Berechnung der Gradientenausrundung

Tafel 18.11 Mindestwerte für Kuppen- (H_k), Wannenhalbmesser (H_w) und Mindestlängen der Tangenten

Entwurfsklasse	min H_k [m]	min H_w [m]	min T [m]
EKA 1A	13.000	8800	150 (120°)
EKA 1B	10.000	5700	120
EKA 2	5000	4000	100
EKA 3	3000	2600	100
EKL 1	8000	4000	100
EKL 2	6000	3500	85
EKL 3	5000	3000	70
EKL 4	3000	2000	55

18.2.3.4 Entwurfselemente im Querschnitt

Die **Querneigung in der Geraden** ist zur Entwässerung erforderlich. Die Mindest- und Regelquerneigung beträgt

$$\min q = 2{,}5\,\%.$$

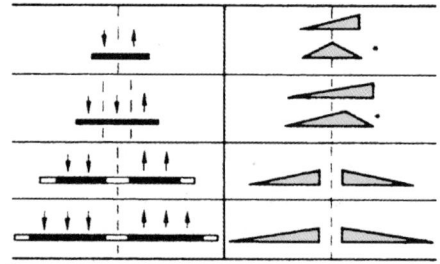

* Beim Ausbau bestehender Straßen in Ausnahmefällen

Abb. 18.31 Querneigungsformen in der Gerade

Die **Querneigung im Kreisbogen** ist aus fahrdynamischen Gründen zur Kurveninnenseite anzulegen. Sie beträgt

$$\min q = 2{,}5\,\% \quad \text{und} \quad \max q = 7\,\%.$$

Sie ist abhängig vom Radius und der Entwurfsklasse.

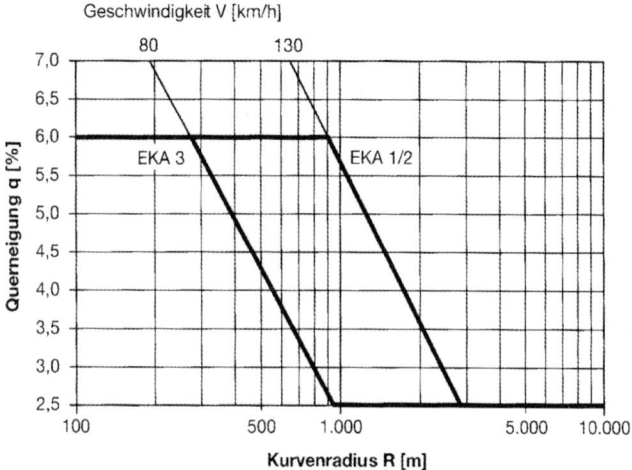

Abb. 18.32 Querneigungen im Kreisbogen bei den Entwurfsklassen EKA 1 bis EKA 3

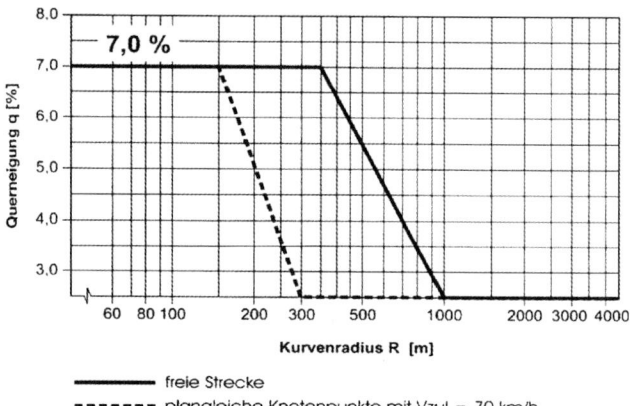

Abb. 18.33 Querneigung im Kreisbogen bei den Entwurfsklassen EKL 1 bis EKL 4

Zur Vermeidung von Verwindungsbereichen mit Querneigungsnulldurchgang kann bei zweibahnigen Straßen eine Querneigung zur Kurvenaußenseite zugelassen werden. Zur Gewährleistung des erforderlichen Kraftschlusses dürfen die folgenden Mindestradien nicht unterschritten werden.

Tafel 18.12 Mindestradien bei Querneigung zur Kurvenaußenseite

Entwurfsklasse	min R [m]	zul V_{nass} [km/h]
EKA 1A	4000	–
EKA 1B	3200	120
EKA 2	1900	100
EKA 3	1050	80

Es ist eine zulässige Höchstgeschwindigkeit bei Nässe anzuordnen.

Zusätzliche Fahrstreifen und befestigte Seitenstreifen erhalten in Kurven nach Richtung und Größe dieselbe Querneigung wie die Fahrbahn. Gehwege, Radwege sowie Parkstreifen werden einseitig mit 2 bis 3 %, in Ausnahmefällen mit 4 % geneigt.

Anrampung und Verwindung Die Querneigungsänderung erfolgt durch Drehung der Fahrbahnfläche um die Fahrbahnachse. Eine Drehung um eine andere Achse ist ausnahmsweise zulässig. Die Verwindung ist im Übergangsbogen zu vollziehen.

Die Anrampungsneigung Δs als Differenz zwischen der Längsneigung des Fahrbahnrandes und der Drehachse berechnet man mit:

$$\Delta s = \frac{q_e - q_a}{l_V} \cdot a \quad \text{in } \% \tag{18.7}$$

und die Mindestlänge der Verwindungsstrecke mit

$$\min l_V = \frac{q_e - q_a}{\max \Delta s} \cdot a \quad \text{in m} \tag{18.8}$$

q_e, q_a Querneigung am Ende bzw. am Anfang der Verwindungsstrecke in %

     q_a negativ einsetzen, wenn q_e entgegengesetzt gerichtet ist)

l_V Länge Verwindungsstrecke in m

a Abstand des Fahrbahnrandes von der Drehachse in m

$\max \Delta s$ Anrampungshöchstneigung in %.

Tafel 18.13 Grenzwerte der Anrampungsneigung

Entwurfsklasse	max Δs [%] bei		min Δs [%][a]
	$a < 4{,}00$ m	$a \geq 4{,}00$ m	
EKA 1, EKA 2	$0{,}225 \cdot a$	0,9	$0{,}10 \cdot a$ ($\leq$ max Δs)
EKA 3	$0{,}25 \cdot a$	1,0	
EKL 1, EKL 2	0,8		
EKL 3	1,0		
EKL 4	1,5		

a [m]: Abstand des Fahrbahnrandes von der Drehachse
[a] Nur bei $q \leq 2{,}5\%$

Tafel 18.14 Länge der Verziehungsstrecke

Fahrbahnverbreiterung i [m]	Länge der Verziehungsstrecke l_Z [m]		
	EKL 1, EKL 2	EKL 3	EKL 4
$\leq 1{,}5$	80	60	50
$\leq 2{,}5$	100	80	60
$\leq 3{,}5$	120	100	70
$> 3{,}5$	170	140	–

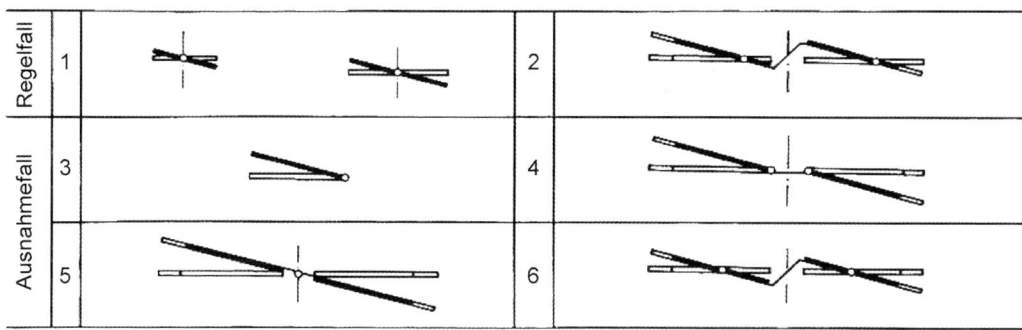

Abb. 18.34 Drehachsen der Fahrbahn

Abb. 18.35 Grundformen der Fahrbahnverwindung

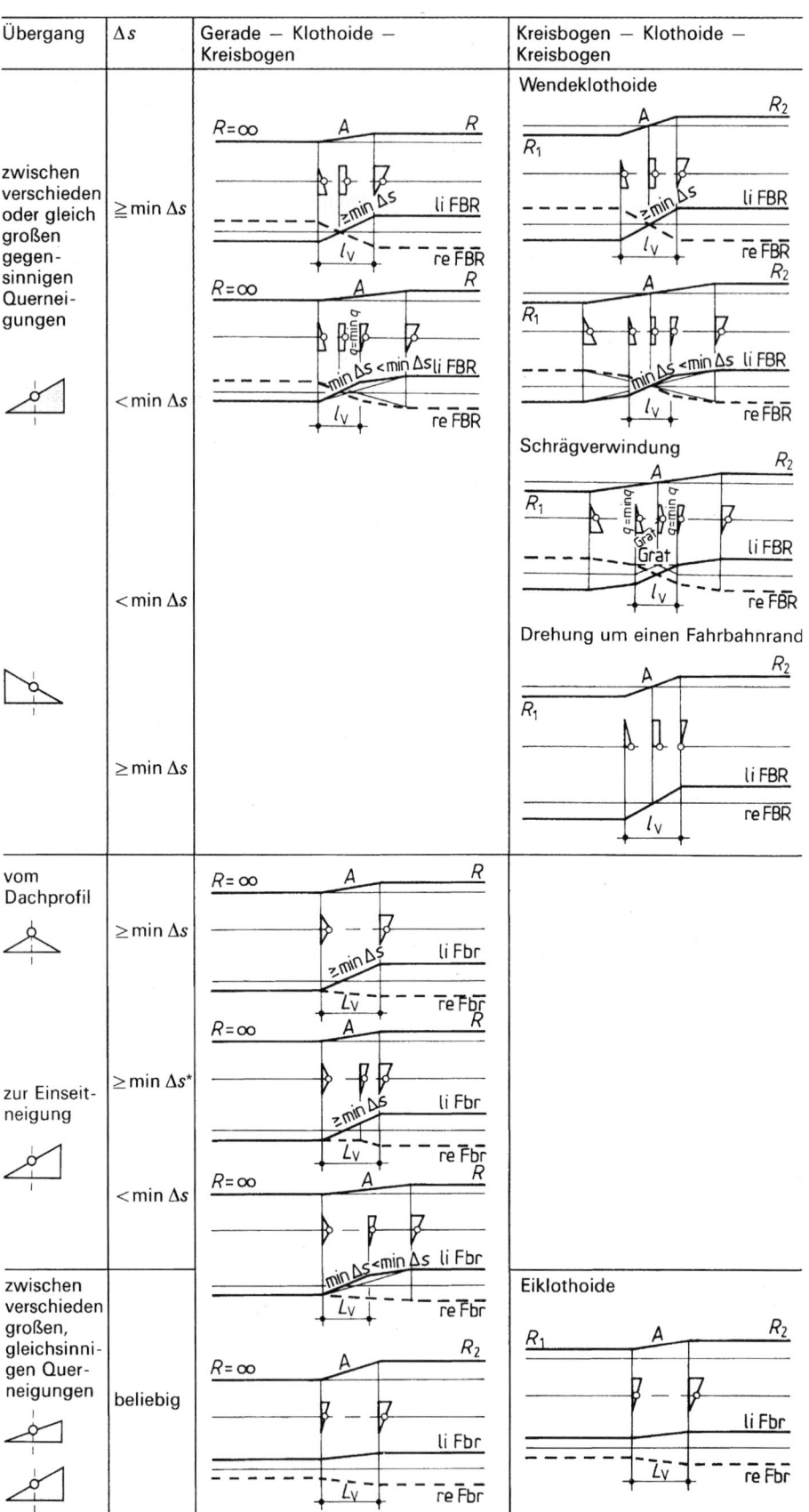

○ Drehachse   *bautechnische Vorteile — kürzerer Grat in der Fahrbahnachse, aber längerer Bereich mit min q im Übergangsbogen

Im Verwindungsbereich zwischen entgegen gesetzten Querneigungen soll die Mindestanrampungsneigung $\min \Delta s = 0{,}1 \cdot a$ so lange vorhanden sein bis die Querneigung der Fahrbahn der Mindestquerneigung entspricht. Zudem ist die Größe der Längsneigung im Verwindungsbereich zu überprüfen. Lässt sich für den Bereich des Klothoidenwendepunkts keine ausreichende Längsneigung sicherstellen, kann der Querneigungsnullpunkt bei Straßen der Kategoriengruppe AS um $L = 0{,}1 \cdot A$, bei Straßen der Kategoriengruppe LS um $L = 0{,}2 \cdot A$ gegenüber dem Klothoidenwendepunkt verschoben werden (A Klothoidenparameter).

Eine einwandfreie Entwässerung erreicht man, wenn die Wendepunkte im Höhenplan etwa an der gleichen Station liegen wie im Lageplan. Diese Anordnung der Tangentenschnittpunkte gewährleistet auch optisch eine gute Linienführung.

Fahrbahnaufweitung Beim Wechsel des Querschnitts, bei der Änderung der Mittelstreifenbreite, für die Anlage eines Fahrbahnteilers, eines Zusatzfahrstreifens, einer Aus- oder Einfädelungsspur müssen die durchgehenden Fahrstreifen entsprechend dem veränderten Querschnitt verzogen werden. Um eine optisch befriedigende Führung der durchgehenden Fahrstreifen zu erreichen, soll die Verziehung im Bereich kleiner Radien am Kurveninnenrand, im Bereich einer gestreckten Linienführung beiderseits der Straßenachse vorgenommen werden.

Die Fahrbahnränder sind nach Möglichkeit unabhängig von der Straßenachse selbstständig zu trassieren oder mit zwei als S-Bogen zusammengesetzten quadratischen Parabeln zu verziehen.

Fahrbahnverbreiterung in der Kurve Bei der Kurvenfahrt beschreiben die Hinterräder eines Fahrzeuges einen engeren Bogen als die Vorderräder. Dadurch wird in der Kurve eine um den Betrag i größere Fahrbahnbreite benötigt als in der Geraden.

In Kurven mit Radien $R < 200\,\text{m}$ muss die Fahrbahn um das Maß i verbreitert werden. Die Verbreiterung erfolgt auf der gesamten Länge des Kreisbogens am Kurveninnenrand.

$$i = 100/R \qquad (18.9)$$

i [m] Fahrbahnverbreiterung
R [m] Radius.

Die Verziehung auf den verbreiterten Querschnitt ist i. d. R. im Bereich der Klothoide linear abzutragen.

Bei sehr kurzen Klothoiden kann der lineare Verziehungsbereich länger als die Klothoide sein. In diesen Fällen ist die Verziehung mit einer annähernd gleichmäßigen Überlappung in die Gerade und den Kreisbogen zu gestalten. Eine separate Trassierung des Fahrbahninnenrandes mit Einhaltung des vollständigen Verbreiterungsmaßes auf einem parallelen Kreisbogen ist dann ggf. zweckmäßiger.

18.2.3.5 Entwurfselemente der Sicht

Haltesichtweite Strecke, die ein Kraftfahrer benötigt, um bei nasser Fahrbahn vor einem unerwartet auftretenden Hindernis anzuhalten.

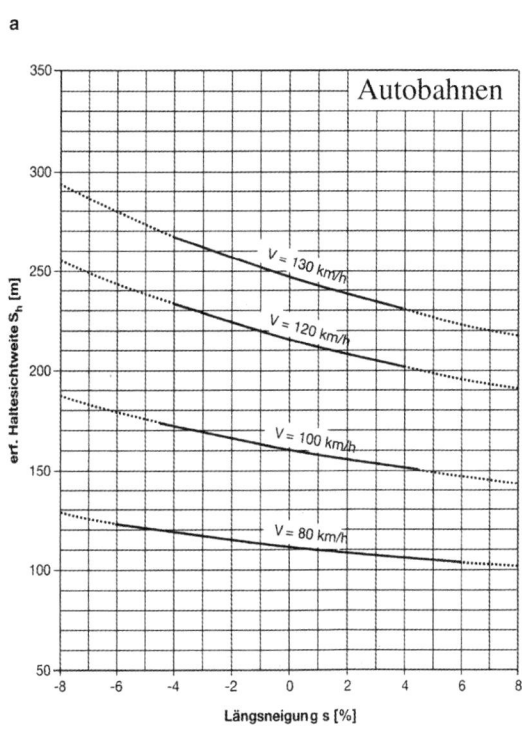

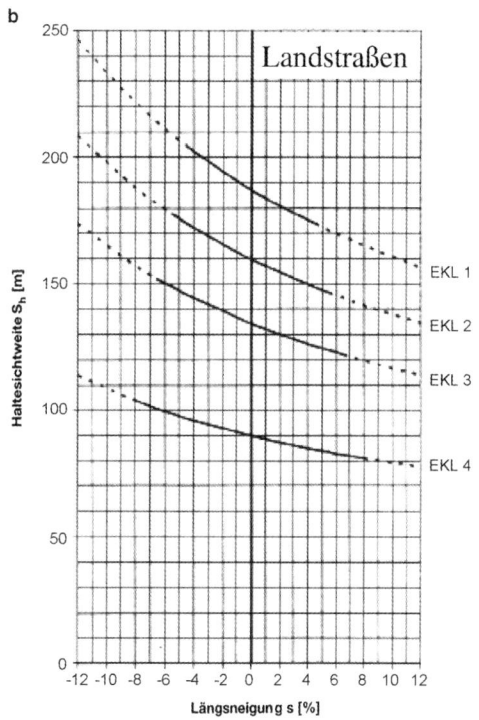

Abb. 18.36 Erforderliche Haltesichtweite. **a** Kategoriengruppe AS, **b** Kategoriengruppe LS

Vorhandene Sichtweite muss größer sein als die erforderliche Haltesichtweite. Die vorhandene Sichtweite ergibt sich aus dem Sichtstrahl zwischen dem Augpunkt und dem Zielpunkt. Die Höhe der Aug- und Zielpunkte beträgt 1,0 m und sie liegen jeweils in der Achse des eigenen Fahrstreifens.

18.2.3.6 Räumliche Linienführung

Obwohl die Linienführung einer Straße dreidimensional ist und daher stets räumlich gesehen werden muss, wird der Entwurf getrennt nach Lageplan, Höhenplan und Querschnitten erstellt. Er ist daher stets auf seine räumliche Wirkung hin zu überprüfen. Das Raumbild einer Straße entsteht durch Überlagerung der Einzelelemente zu einem Raumelement, in deren Folge der Charakter der Straße als Ganzes zu erfassen ist. Ein wesentliches Hilfsmittel zur Darstellung des Straßenraumes ist die Perspektive.

Eine gute räumliche Linienführung ist erreicht, wenn das Raumbild der Straße keine Unstetigkeiten aufweist und ihr Verlauf überschaubar, rechtzeitig erkennbar und eindeutig begreifbar ist. Eine optisch, entwässerungstechnisch und fahrdynamisch vorteilhafte Führung der Straße ist im allgemeinen dann gewährleistet, wenn die Wendepunkte der Krümmungen im Lage- und Höhenplan ungefähr an der gleichen Stelle liegen (lageplanverwandte Abbildung).

Beispiele für günstige und ungünstige Elementfolgen der räumlichen Linienführung sind:

- Eine kurze Zwischengerade zwischen zwei aufeinander folgenden Wannen im Höhenplan ergibt die so genannte "Brettwirkung" und kann durch eine großzügige Ausrundung vermieden werden (Abb. 18.38).
- Kurze Wannenausrundungen zwischen langen Strecken mit konstanten Längsneigungen ergeben optische Knickpunkte (Abb. 18.39).
- Liegen zwischen Kuppe und Wanne Strecken mit konstanter Längsneigung, so ist der Wendepunkt des Lageplanes in die Nähe der Wanne zu legen, um ihn besonders frühzeitig erkennbar zu machen.
- Folgt die Trasse kurzwelligen Bodenerhebungen, ohne dass dabei eine Sichtschattenstrecke auftritt, entsteht der Eindruck des "Flatterns" der Trasse. Treten gar Sichtschattenstrecken auf, entsteht der Eindruck des "Tauchens" der sich bis zum "Springen" der Trasse verstärken kann, wenn diese seitlich versetzt erscheint (Abb. 18.40).
- Übersichtlichkeit der Straße und Erkennbarkeit des Verkehrsablaufs sind insbesondere nachts erheblich beeinträchtigt. Abhilfe kann in der Regel nur durch Vergrößerung der gekrümmten Elemente in Grund- und Aufriss geschaffen werden.

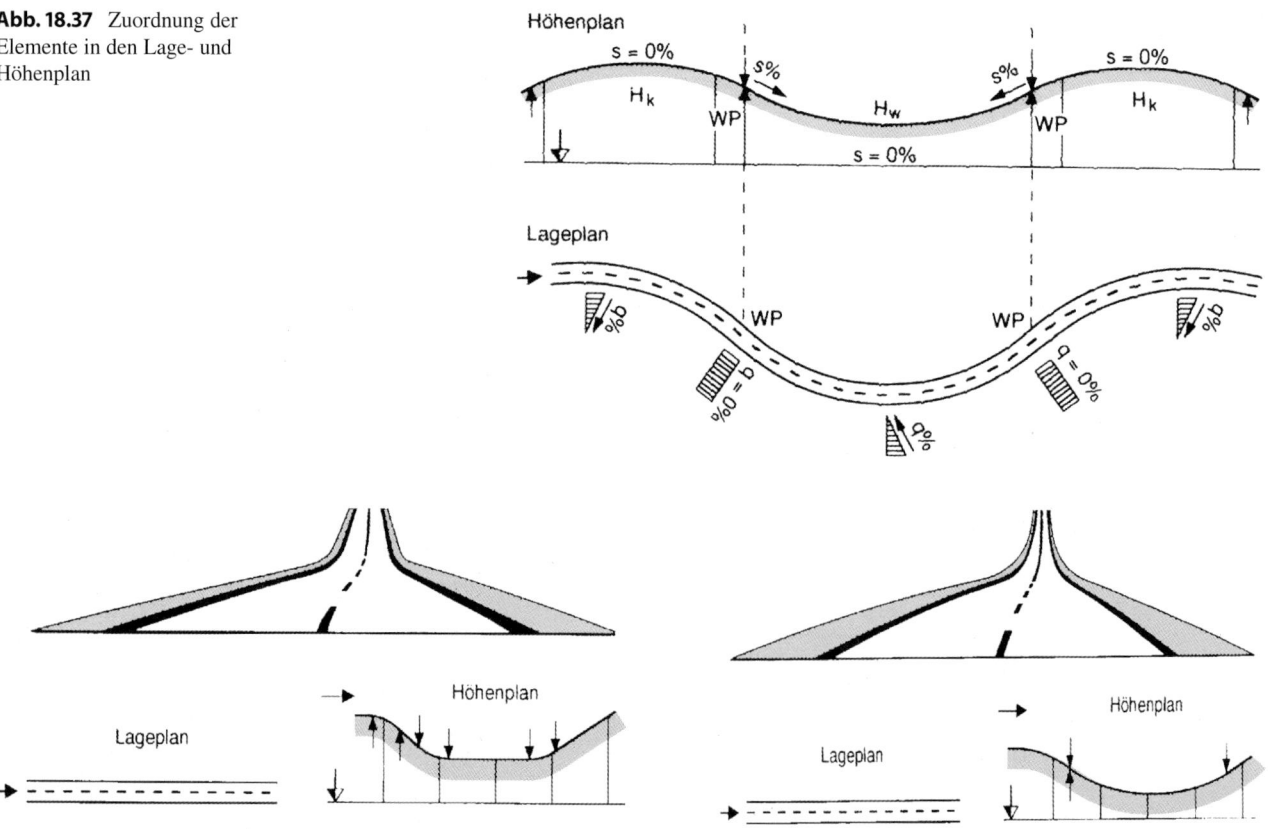

Abb. 18.37 Zuordnung der Elemente in den Lage- und Höhenplan

Abb. 18.38 Brettwirkung

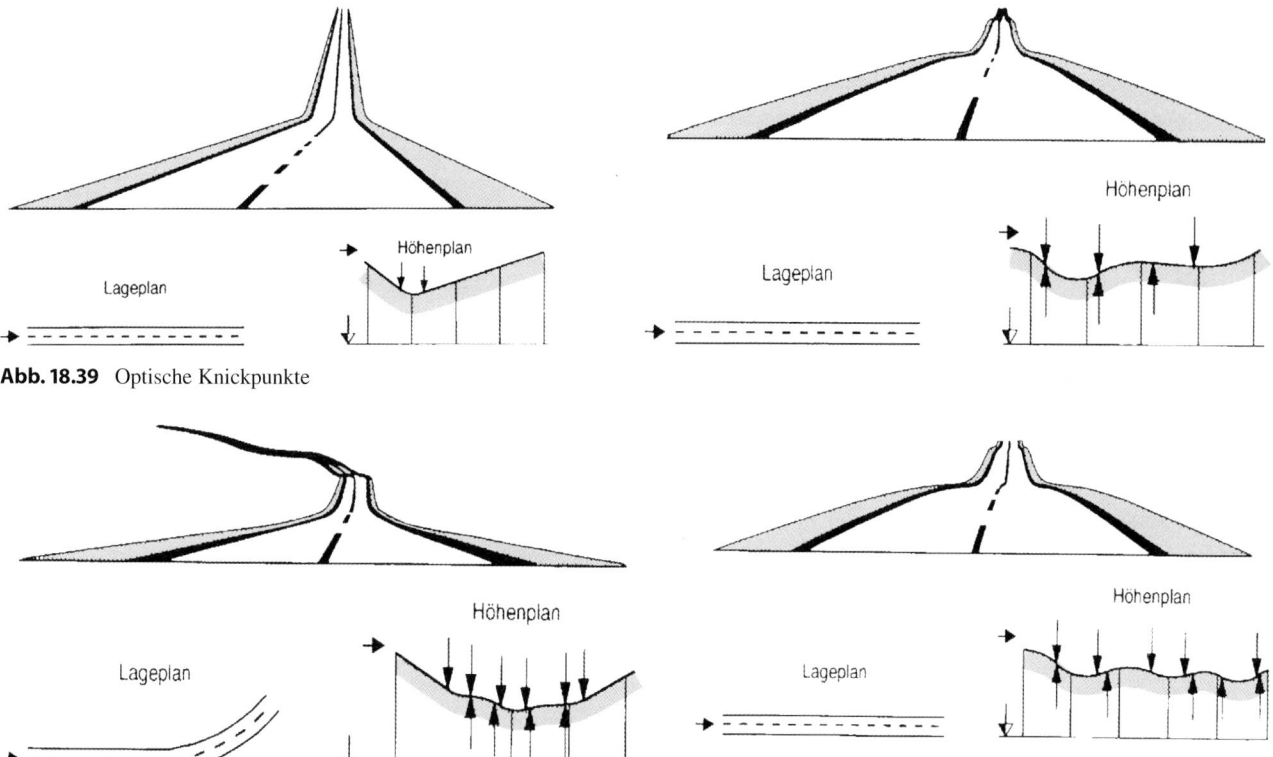

Abb. 18.39   Optische Knickpunkte

Abb. 18.40   Flattern, Tauchen und Springen

18.2.4   Knotenpunkte

Knotenpunkte sind bauliche Anlagen zur Verknüpfung von Straßen. Man unterscheidet Einmündungen, Kreuzungen, Gabelungen und Kreisverkehrsplätze. Wird der Verkehr in einer Ebene abgewickelt, spricht man von *plangleichen* Knotenpunkten. Werden Kreuzungsvorgänge zwischen Verkehrsströmen durch Über- oder Unterführungsbauwerke ganz oder teilweise vermieden, spricht man von *planfreien* Knotenpunkten.

Der Entwurf von Knotenpunkten ist an den Zielen Verkehrssicherheit, Verkehrsablauf, Umweltverträglichkeit und Wirtschaftlichkeit zu orientieren.

Ein Knotenpunkt gilt als verkehrssicher, wenn folgende Forderungen erfüllt sind:

Erkennbarkeit Sich dem Knotenpunkt nähernde Fahrer sollen rechtzeitig das Vorhandensein des Knotenpunkts wahrnehmen, um frühzeitig die erforderlichen Fahrbewegungen bei der Annäherung einleiten zu können.

Übersichtlichkeit Wartepflichtige und bevorrechtigte Verkehrsteilnehmer sollen sich bei Annäherung an die Konfliktflächen rechtzeitig sehen können.

Begreifbarkeit Die Fahrer sollen Klarheit darüber gewinnen, auf welche Weise sie den Knotenpunkt durchfahren müssen und welchen Fahrzeugen gegenüber sie wartepflichtig sind.

Befahrbarkeit Die bauliche Gestaltung soll den fahrgeometrischen und fahrdynamischen Eigenschaften aller Fahrzeuge angepasst sein, die den Knotenpunkt üblicherweise befahren.

Für die Gewährleistung ausreichender *Verkehrssicherheit* ist es wichtig,

- dem Kraftfahrer die aufgrund der möglichen Bewegungsvorgänge im Knotenpunkt angemessene Verhaltensweise – insbesondere die gewünschte Geschwindigkeit und die Wartepflicht – gestalterisch zu verdeutlichen,
- an schnell befahrenen Knotenpunkten von den Verkehrsteilnehmern keine Entscheidungen zwischen mehr als zwei Möglichkeiten gleichzeitig zu verlangen,
- innerhalb bebauter Gebiete auch durch den Knotenpunktentwurf geringe Geschwindigkeiten zu fördern,
- durch den Entwurf und die Gestaltung möglichst häufig eindeutige Sichtkontakte zwischen motorisierten und nicht motorisierten Verkehrsteilnehmern sicherzustellen,
- die Überquerbarkeit der Knotenpunktarme sicherzustellen und
- die Knotenpunkte innerhalb bebauter Gebiete unter Beachtung gestalterischer Gesichtspunkte angemessen zu beleuchten.

Angemessene *Verkehrsqualität* bedeutet eine ausreichende Leistungsfähigkeit, das heißt der Knotenpunkt soll die Fahrzeugströme bewältigen können und die Wartezeiten in zumutbaren Grenzen halten. Beides hängt von der Führung der kreuzenden Verkehrsströme ab. Planfreie Knotenpunk-

18

te weisen eine höhere Leistungsfähigkeit auf als plangleiche Knotenpunkte. Bei plangleichen Knotenpunkten kann die Leistungsfähigkeit in der Regel durch die Einrichtung einer Lichtsignalanlage gesteigert werden. Bei geringen Auslastungen kann eine Signalanlage die Wartezeiten allerdings auch erhöhen.

Die *Wirtschaftlichkeit* eines Knotenpunkts hängt wesentlich von den Baukosten ab, die für planfreie Knotenpunkte meist deutlich höher sind als für plangleiche. Allerdings dürfen die Betriebskosten nicht vernachlässigt werden, die insbesondere bei Signalanlagen bedeutsam sein können.

Zur Beurteilung der *Umfeldverträglichkeit* sind die Beeinträchtigung des Landschafts- und Stadtbildes, der Verkehrslärm, die Luftverunreinigung, der Flächenbedarf und die Trennwirkung zu berücksichtigen. Diese Anforderungen sind bei Knotenpunkten meist schwieriger zu erfüllen als auf der freien Strecke.

18.2.4.1 Knotenpunkte an Landstraßen

18.2.4.1.1 Knotenpunktarten

Knotenpunkte an Landstraßen werden entsprechend der verkehrlichen Bedeutung der zu verknüpfenden Straßen ausgebildet. Dabei werden die Knotenpunkte nach baulichen Grundformen und Betriebsformen unterschieden.

Tafel 18.15 Verkehrsführung im Knotenpunkt

Bauliche Grundform	Führung im Teilknotenpunkt/Knotenpunkt	
	Übergeordnete Straße	Untergeordnete Straße
Planfreier Knotenpunkt	Einfädeln/Ausfädeln	Einfädeln/Ausfädeln
Teilplanfreier Knotenpunkt	Einfädeln/Ausfädeln	Einbiegen/Abbiegen Kreisverkehr
Teilplangleicher Knotenpunkt	Einbiegen/Abbiegen	Einbiegen/Abbiegen Kreisverkehr
Plangleicher Knotenpunkt		
Einmündung	Einbiegen/Abbiegen	Einbiegen/Abbiegen
Kreuzung	Einbiegen/Abbiegen/ Kreuzen	Einbiegen/Abbiegen/ Kreuzen
Kreisverkehr	Kreisverkehr	

Die baulichen Grundformen ergeben sich aus der Verkehrsführung auf den zu verknüpfenden Straßen im Knotenpunktbereich. Für Straßen einer Entwurfsklasse sind für den Regelfall nur bestimmte Knotenpunktarten vorgesehen (Abb. 18.41 und 18.42).

Planfreie Knotenpunkte verbinden Straßen in zwei Ebenen. Sie werden angewandt, wenn eine Straße der EKL 1 mit einer Autobahn verbunden wird oder wenn Straßen der EKL 1 miteinander verbunden werden.

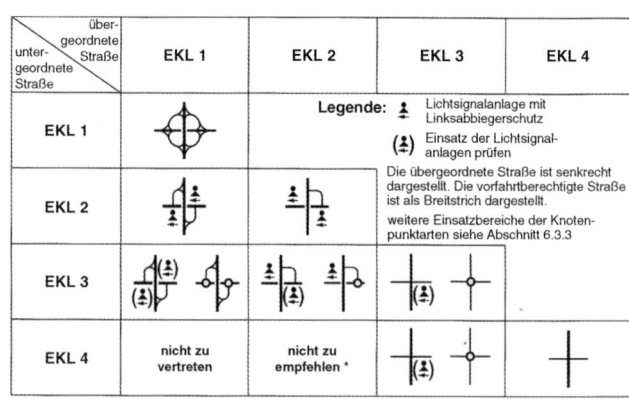

Abb. 18.41 Regeleinsatzbereiche von Knotenpunktarten bei vierarmigen Knotenpunkten (siehe RAL)

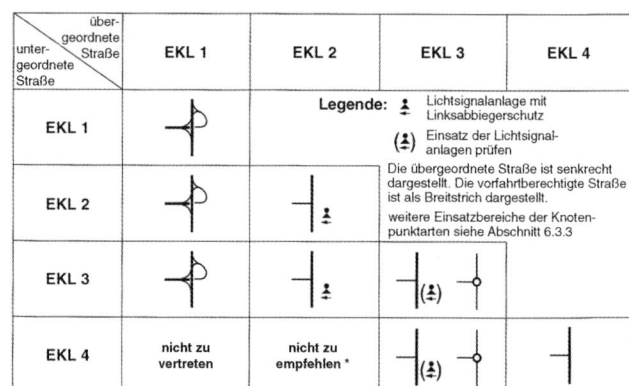

Abb. 18.42 Regeleinsatzbereiche von Knotenpunktarten bei dreiarmigen Knotenpunkten (siehe RAL)

Teilplanfreie Knotenpunkte bestehen aus Ein-/Ausfahrbereichen an der übergeordneten Straße und plangleichen Teilknotenpunkten an der untergeordneten Straße sowie dazwischen liegenden Verbindungsrampen. Sie werden angewandt, wenn eine Straße der EKL 1 oder eine Autobahn mit einer Straße der EKL 2 oder 3 verbunden wird. Die Standardlösung für einen vierarmigen Knotenpunkt ist das halbe Kleeblatt. Die Verbindungsrampen sollten dabei so angeordnet werden, dass die stärksten Eckströme nicht links einbiegen müssen. Eine weitere Lösung ist die Raute, die wegen des geringen Flächenbedarfs und der geringen Ausdehnung in der untergeordneten Straße besonders für stark belastete Anschlussstellen im Vorfeld bebauter Gebiete geeignet ist.

Teilplangleiche Knotenpunkte verbinden Straßen in zwei Ebenen. Sie bestehen aus zwei plangleichen Teilknotenpunkten und einer dazwischen liegenden Verbindungsrampe. Sie werden verwendet, wenn eine Straße der EKL 2 mit einer Straße der EKL 2 oder 3 verbunden wird. Die Rampe sollte so angeordnet werden, dass der stärkste Eckstrom nicht links einbiegen muss.

Plangleiche Einmündungen oder Kreuzungen mit Lichtsignalanlage an teilplanfreien oder teilplangleichen Knotenpunkten werden verwendet, wenn eine Straße der EKL 2 an eine gleich- oder höherrangige Straße angebunden wird bzw. eine Straße der EKL 2 oder 3 in eine Straße der EKL 2 einmündet.

Plangleiche Einmündungen oder Kreuzungen ohne Lichtsignalanlage können angewandt werden, wenn eine Straße der EKL 3 mit einer Straße der EKL 3 oder 4 oder eine Straße der EKL 4 mit einer Straße der EKL 4 verbunden wird.

Kreisverkehre werden angewandt, wenn eine Straße der EKL 3 mit einer Straße der EKL 3 oder 4 verbunden wird oder wenn eine Straße der EKL 3 mit einem teilplanfreien oder teilplangleichen Knotenpunkt an eine höherrangige Straße angebunden wird.

18.2.4.1.2 Entwurfselemente

Die Achsen zusammentreffender Straßen sollen sich unter einem Winkel $\alpha = 80$ bis 120 gon schneiden. Schneiden sich die Achsen nicht in diesem Winkelbereich, so ist zu überprüfen, ob die Achse der untergeordneten Straße abgekröpft oder als Versatz ausgebildet werden kann.

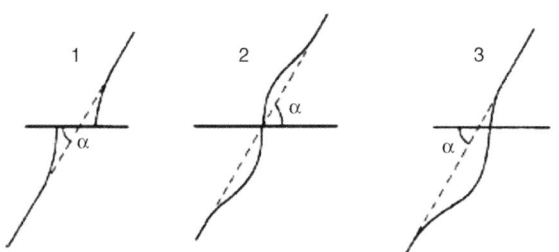

Abb. 18.43 Anschluss untergeordneter Knotenpunktzufahrten im Lageplan

Die Längsneigung der untergeordneten Straße soll aus Sicherheitsgründen auf einer Strecke von 25 m vom Rand der übergeordneten Straße nicht größer als 2,5 % sein. In der Regel ist ohne Knick anzuschließen, nur in Ausnahmefällen ist ein Knick zulässig, der bei einer Neigungsdifferenz $> 2,5\%$ auszurunden ist.

Querneigungen, Schrägneigungen und Neigungsübergänge sind auch in Knotenpunktsbereichen so auszubilden, dass das Oberflächenwasser auf möglichst kurzen Wegen abfließt. Die Konstruktion der Neigungsübergänge ist Grundlage für die Ermittlung von Deckenhöhenplänen und ggf. erforderlicher Höhenschichtlinienplänen.

Fahrbahnen bestehen im Knotenpunktbereich aus durchgehenden Fahrstreifen und Zusatzstreifen wie Linksabbiegestreifen, Rechtsabbiegestreifen und Einfädelungsstreifen

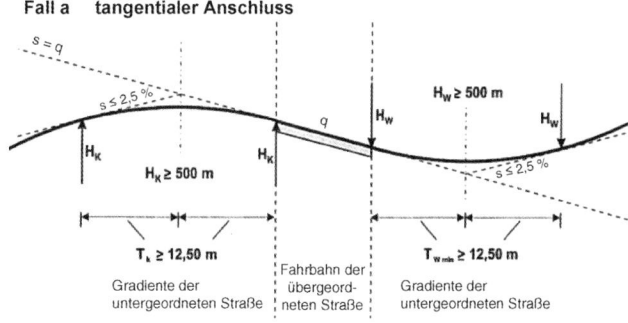

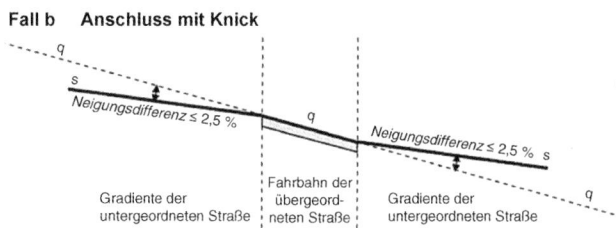

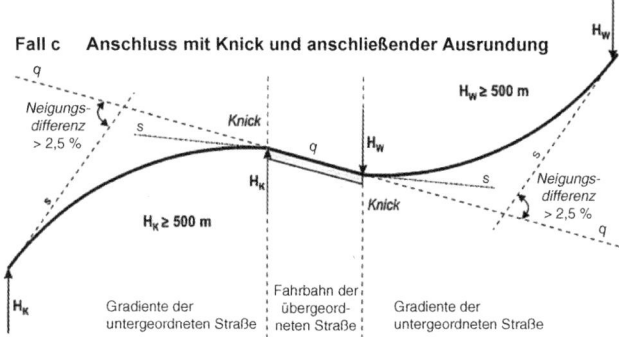

Abb. 18.44 Anschluss untergeordneter Knotenpunktzufahrten im Höhenplan

sowie Sonderstreifen wie Mehrzweckstreifen, Verflechtungsstreifen oder Fahrstreifen für den öffentlichen Personennahverkehr.

Die Anzahl der **durchgehenden Fahrstreifen** soll im Knotenpunktbereich bei Knoten ohne Lichtsignalanlage gegenüber der knotenpunktfreien Strecke unverändert bleiben. Ein durchgehender Fahrstreifen soll nicht plötzlich in einen Abbiegestreifen übergehen.

An Knotenpunkten mit Lichtsignalanlage kann es aus Gründen der Leistungsfähigkeit notwendig werden, die Anzahl der durchgehenden Fahrstreifen in der Knotenpunktszufahrt zu vergrößern und in ausreichender Länge hinter dem Knotenpunkt wieder zu vermindern. Dadurch lässt sich die Leistungsfähigkeit der Knotenpunkte an die der knotenpunktfreien Strecke annähern.

Linksabbiegestreifen tragen maßgeblich zur Verkehrssicherheit bei, da abbiegende Fahrzeuge außerhalb der durchgehenden Fahrstreifen warten können. Zusätzlich erhöhen Linksabbiegestreifen die Leistungsfähigkeit. Es werden vier Linksabbiegetypen unterschieden (siehe Abb. 18.45).

Abb. 18.45 Linksabbiegetypen (RAL)

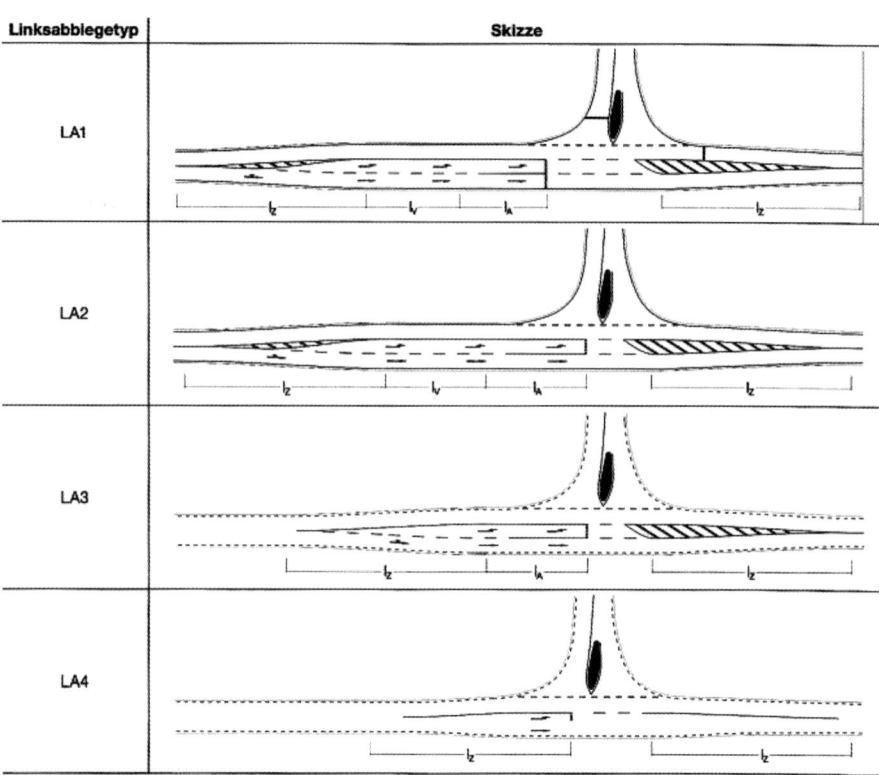

Der **Linksabbiegetyp LA1** kommt regelmäßig an Straßen der EKL 2 und EKL 3 bei Knotenpunkts mit Lichtsignalanlage zur Anwendung. Er besteht aus einem Linksabbiegestreifen, der sich aus einer Aufstellstrecke l_A, einer Verzögerungsstrecke l_V und einer Verziehungsstrecke l_Z zusammensetzt.

Der **Linksabbiegetyp LA2** kommt regelmäßig an Straßen der EKL 3 bei Knotenpunkts ohne Lichtsignalanlage zur Anwendung. Er besteht aus einem Linksabbiegestreifen, der sich aus einer Aufstellstrecke l_A, einer Verzögerungsstrecke l_V und einer Verziehungsstrecke l_Z zusammensetzt.

Der **Linksabbiegetyp LA3** kommt regelmäßig an Straßen der EKL 4 zur Anwendung, wenn Straßen der EKL 4 angeschlossen werden. Er besteht aus einem Linksabbiegestreifen, der sich aus einer Aufstellstrecke l_A und einer Verziehungsstrecke l_Z mit offener Einleitung zusammensetzt.

Der **Linksabbiegetyp LA4** kommt an Straßen der EKL 4 zur Anwendung, wenn Straßen der EKL 4, Straßen der LS V, Hauptwirtschaftswege oder Werkszufahrten angeschlossen werden und dabei kein nennenswerter Rückstau der Linksabbieger zu erwarten ist. Er besteht aus einem Aufstellbereich l_A und einer Verziehungsstrecke l_Z.

Rechtsabbiegen Es werden sechs Rechtsabbiegetypen unterschieden. Ihr Einsatz hängt ab von der EKL der Straße, aus der abgebogen wird, der Betriebsform des Knotenpunktes und der EKL der Straße, in die abgebogen wird.

Tafel 18.16 Einsatzbereiche für Linksabbiegetypen

EKL der Straße, aus der abgebogen wird	Betriebsform des Knotenpunkts	EKL der Straße, in die abgebogen wird	Linksabbiegetyp
EKL 2	Mit LSA	EKL 2, EKL 3	LA1
EKL 3	Mit LSA	EKL 3, EKL 4	LA1
	Ohne LSA	EKL 3, EKL 4	LA2
EKL 4	Ohne LSA	EKL 4	LA3
	Ohne LSA	EKL 4[a] LS V[b]	LA4

[a] Bei geringem Linksabbiegerverkehr.
[b] Auch Hauptwirtschaftswege, Werkszufahrten.

Der **Rechtsabbiegetyp RA1** wird regelmäßig an Straßen der EKL 2 angewendet. Er besteht aus einem zur übergeordneten Fahrbahn parallel geführten Rechtsabbiegestreifen, einer Dreiecksinsel und einem großen Tropfen.

Der **Rechtsabbiegetyp RA2** wird regelmäßig an Straßen der EKL 3 angewendet, wenn Straßen der EKL 3 mit einem signalisierten Knotenpunkt angeschlossen werden. Die Eckausrundung wird mit einer dreiteiligen Kreisbogenfolge und einem kleinen Tropfen ausgeführt. Falls erforderlich erhält der Typ RA2 einen zur übergeordneten Fahrbahn parallel geführten Rechtsabbiegestreifen.

Der **Rechtsabbiegetyp RA3** kommt an Straßen der EKL 3 in Betracht, wenn Straßen der EKL 3 mit einem

Abb. 18.46 Rechtsabbiegetypen (RAL)

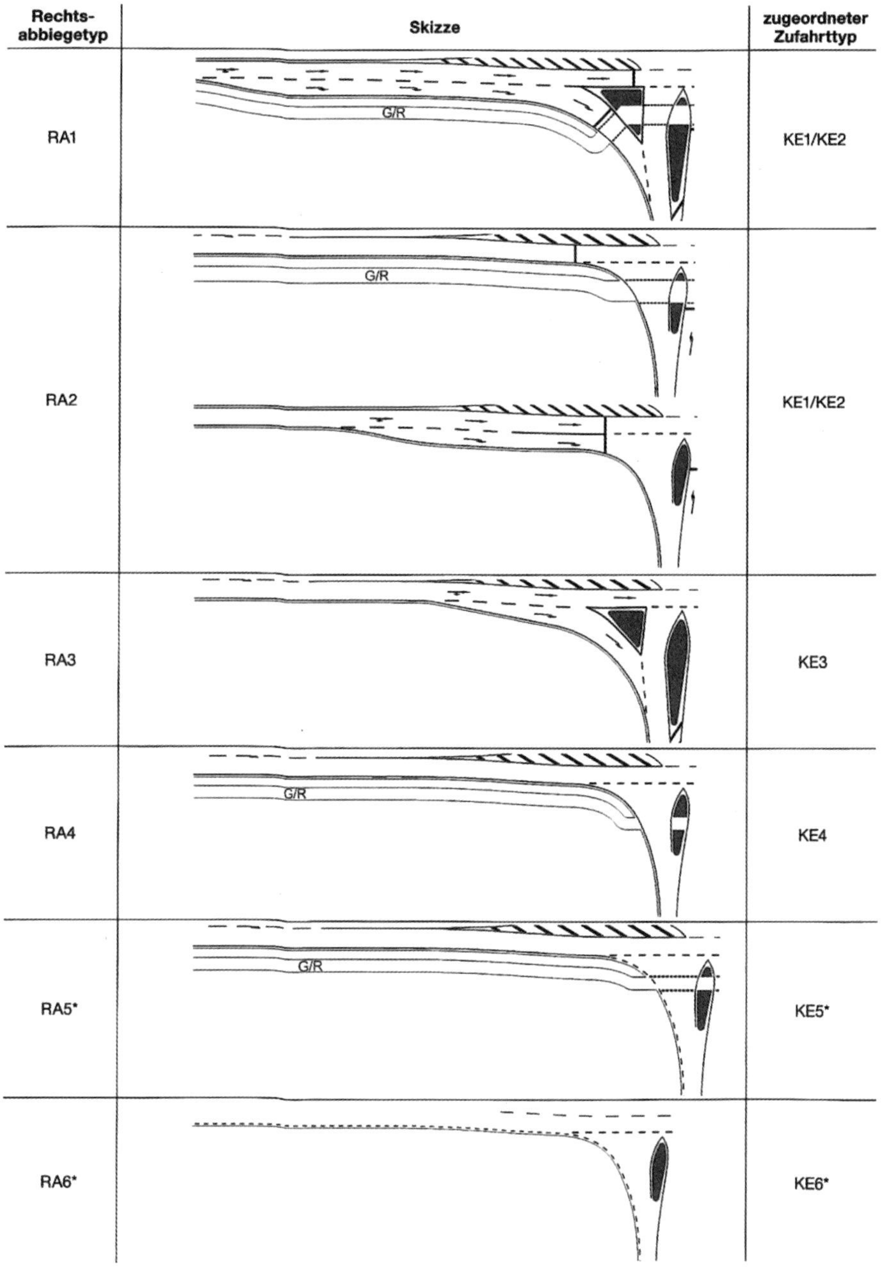

Rechts-abbiegetyp	Skizze	zugeordneter Zufahrttyp
RA1	G/R	KE1/KE2
RA2	G/R	KE1/KE2
RA3		KE3
RA4	G/R	KE4
RA5*	G/R	KE5*
RA6*		KE6*

Knotenpunkt ohne Lichtsignalanlage angeschlossen werden und der Rechtsabbieger wegen der hohen Verkehrsbelastung der übergeordneten Straße zügig geführt werden soll. Die Eckausrundung wird mit einem Kreisbogen, einer Dreiecksinsel und einem großen Tropfen ausgeführt.

Der **Rechtsabbiegetyp RA4** wird regelmäßig an Straßen der EKL 3 angewendet, wenn Straßen der EKL 3 mit einem Knotenpunkt ohne Lichtsignalanlage angeschlossen werden. Die Eckausrundung wird mit einer dreiteiligen Kreisbogenfolge und einem kleinen Tropfen ausgeführt.

Der **Rechtsabbiegetyp RA5** wird regelmäßig an Straßen der EKL 3 angewendet, wenn Straßen der EKL 4 mit einem Knotenpunkt ohne Lichtsignalanlage angeschlossen werden.

Die Eckausrundung wird mit einer dreiteiligen Kreisbogenfolge und einem kleinen Tropfen ausgeführt.

Der **Rechtsabbiegetyp RA6** wird regelmäßig an Straßen der EKL 4 angewendet, wenn Straßen der EKL 4, Straßen der LS V, Hauptwirtschaftswege oder Werkszufahrten angeschlossen werden. Die Eckausrundung wird mit einer dreiteiligen Kreisbogenfolge und einem kleinen Tropfen ausgeführt.

Fahrstreifen für **einbiegende und kreuzende Verkehrsströme** dienen als Stauraum für wartepflichtige Fahrzeuge. Zur Verdeutlichung der Wartepflicht sind in der Regel Fahrbahnteiler auszuführen. An plangleichen Knotenpunkten ohne Lichtsignalanlage ist der Aufstellbereich einstreifig

Tafel 18.17 Einsatzbereich für Rechtsabbiegetypen (RAL)

| EKL der Straße, aus der abgebogen wird | Betriebsform des Knotenpunkts | EKL der Straße, in die abgebogen wird | Gesonderte Führung von Fußgängern/Radfahrern | | Rechts-abbiegetyp | Zugehöriger Zufahrttyp für Kreuzen/Einbiegen |
			Parallel zur übergeordneten Straße über die untergeordnete Zufahrt	Quer zur übergeordneten Straße		
EKL 2	Mit LSA	EKL 2/EKL 3	Ja	Ja	RA1	KE1/KE2
(EKL 2)/EKL 3	Mit LSA	EKL 3/EKL 4	Ja	Ja	RA2	KE1/KE2
EKL 3	Ohne LSA	EKL 3	Nein	Nein	RA3/RA4	KE3/KE4
	Ohne LSA	EKL 3	Ja	Ja[a]	RA4	KE4
	Ohne LSA	EKL 4	Ja	Ja[a]	RA5	KE5
EKL 4	Ohne LSA	EKL 4	–	–	RA6	KE6

() Ausnahme.

[a] Nur bei Einmündungen anwendbar. Die Querung erfolgt über eine Querungshilfe im Bereich der Sperrfläche, die dem Linksabbiegestreifen gegenüber liegt.

auszubilden. Die Fahrbahnbreite neben dem Fahrbahnteiler beträgt 4,50 m (einschl. Randstreifen). An plangleichen Knotenpunkten mit Lichtsignalanlagen kann der Aufstellbereich auch mehrstreifig ausgebildet werden.

Es werden sechs Zufahrttypen für **Kreuzen und Einbiegen** unterschieden (Abb. 18.47).

Der **Zufahrttyp KE1** kommt in Kombination mit den Rechtsabbiegetypen RA1 oder RA2 an Straßen der EKL 2 und der EKL 3 zur Anwendung, wenn bei signalisierten Knotenpunkten eine hohe Kapazität erreicht werden soll. Er besteht bei Einmündungen aus gesonderten Fahrstreifen für Links- und Rechtseinbieger. Er umfasst bei Kreuzungen neben dem Fahrstreifen für den kreuzenden Verkehr zusätzliche Fahrstreifen für Links- und Rechtseinbieger. Als Fahrbahnteiler wird in Kombination mit dem Rechtsabbiegetyp RA1 ein großer Tropfen und in Kombination mit dem Rechtsabbiegetyp RA2 ein kleiner Tropfen ausgeführt.

Der **Zufahrttyp KE2** kommt in Kombination mit den Rechtsabbiegetypen RA1 oder RA2 an Straßen der EKL 2 und der EKL 3 zur Anwendung, wenn bei Knotenpunkten mit Lichtsignalanlage ein einstreifiger Aufstellbereich ausreichend ist. Als Fahrbahnteiler wird in Kombination mit dem Rechtsabbiegetyp RA1 ein großer Tropfen und in Kombination mit dem Rechtsabbiegetyp RA2 ein kleiner Tropfen ausgeführt.

Der **Zufahrttyp KE3** kommt nur in Kombination mit dem Rechtsabbiegetyp RA3 an Straßen der EKL 3 bei Knotenpunkten ohne Lichtsignalanlage zur Anwendung. Als Fahrbahnteiler wird ein großer Tropfen ausgeführt.

Der **Zufahrttyp KE4** kommt in Kombination mit dem Rechtsabbiegetyp RA4 regelmäßig zur Anwendung, wenn eine Straße der EKL 3 mit einem Knotenpunkt ohne Lichtsignalanlage an eine Straße der EKL 3 angeschlossen wird. Als Fahrbahnteiler wird ein kleiner Tropfen ausgeführt.

Der **Zufahrttyp KE5** kommt in Kombination mit dem Rechtsabbiegetyp RA5 regelmäßig zur Anwendung, wenn eine Straße der EKL 4 mit einem Knotenpunkt ohne Lichtsignalanlage an eine Straße der EKL 3 angeschlossen wird. Als Fahrbahnteiler wird ein kleiner Tropfen ausgebildet.

Der **Zufahrttyp KE6** kommt in Kombination mit dem Rechtsabbiegetyp RA6 regelmäßig zur Anwendung, wenn eine Straße der EKL 4 an eine Straße der EKL 4 angeschlossen wird. Als Fahrbahnteiler wird ein kleiner Tropfen ausgeführt.

Fahrbahnteiler In den untergeordneten Knotenpunktzufahrten sollen grundsätzlich Fahrbahnteiler vorgesehen werden, um die Kraftfahrer auf die Wartepflicht hinzuweisen.

Fahrbahnteiler werden mit Schrägborden ausgebildet. Die Querungsstellen für Radfahrer und Fußgänger sind gemäß den „Hinweisen für barrierefreie Verkehrsanlagen" (H BVA) zu gestalten.

Fahrbahnteiler an Einmündungen und Kreuzungen werden als großer und kleiner Tropfen ausgebildet. Der große Tropfen kommt bei den Rechtsabbiegetypen RA1 und RA3 zur Anwendung. In allen anderen Fällen wird der kleine Tropfen angewendet.

An Kreuzungen soll ein gleichzeitiges Linksabbiegen möglich sein, dabei dürfen sich die Bewegungsspielräume der Bemessungsfahrzeuge nicht überschneiden. Ob die Fahrbahnteiler weiter vom Fahrbahnrand der übergeordneten Straße abgerückt werden müssen, ist mit Schleppkurven nachzuprüfen.

Soll an Kreuzungen mit Lichtsignalanlage ein gleichzeitiges Linksabbiegen möglich sein, müssen separate Aufstellstreifen für Linkseinbieger ausgeführt werden. Die Bewegungsräume der Bemessungsfahrzeuge dürfen sich nicht überschneiden. Dies ist mit Schleppkurven nachzuweisen.

Abb. 18.47 Zufahrtstypen für Kreuzen und Einbiegen (RAL)

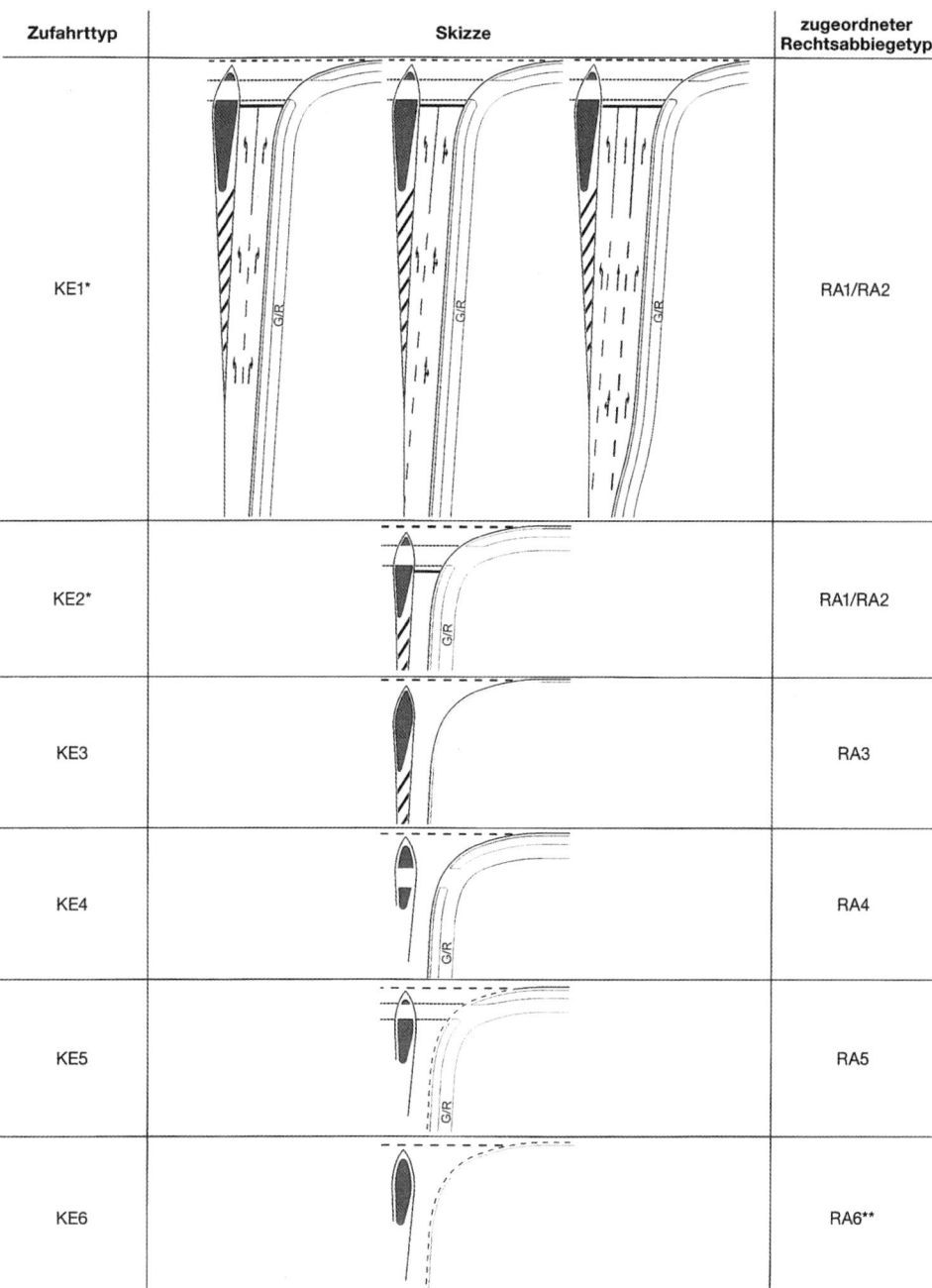

Zufahrttyp	Skizze	zugeordneter Rechtsabbiegetyp
KE1*		RA1/RA2
KE2*		RA1/RA2
KE3		RA3
KE4		RA4
KE5		RA5
KE6		RA6**

Dreiecksinseln Dreiecksinseln werden von der Außenkante des Fahrstreifens der durchgehenden Fahrbahn um 0,50 m parallel abgesetzt, sie werden mit Flachborden ausgebildet. Die Überquerungsstellen für Fußgänger und Radfahrer sind auf Fahrbahnniveau abzusenken.

Die Kanten von Dreiecksinseln werden in der Regel parallel zum jeweiligen Fahrstreifenrand ausgebildet. Bei geringer Länge können sie auch gerade geführt werden. Sie sollen nicht kürzer als 5,00 m und nicht länger als 20 m sein. Dadurch bleibt der Bereich, in dem Rechtsabbieger und Linksabbieger zusammentreffen, begrenzt und übersichtlich.

Eckausrundungen Die Fahrbahnränder der Knotenpunktarme sind durch eine Eckausrundung miteinander zu verbinden. Das gewählte Bemessungsfahrzeug soll die Eckausrundung zügig befahren können. Das größte nach StVZO zulässige Fahrzeug muss den Knotenpunkt zumindest mit geringer Geschwindigkeit und ggf. unter Mitbenutzung von Gegenfahrstreifen befahren können.

Eine Eckausrundung wird als einteiliger Kreisbogen oder als dreiteilige Kreisbogenfolge (Korbbogen) ausgebildet. Die dreiteilige Kreisbogenfolge ist der Schleppkurve der großen Fahrzeuge besser angepasst und nimmt bei vergleichbarer Qualität der Befahrbarkeit weniger Fläche in

18

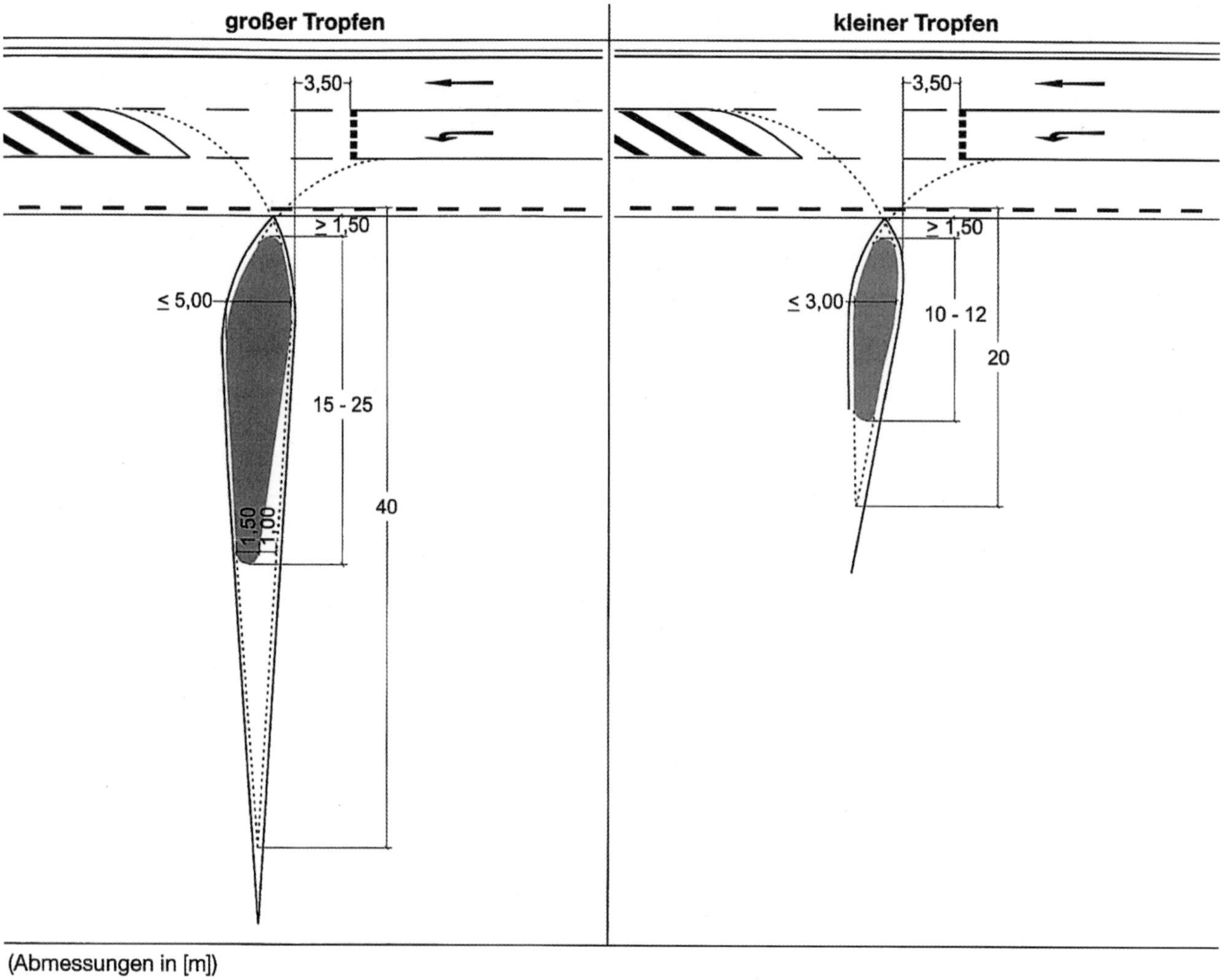

großer Tropfen   **kleiner Tropfen**

(Abmessungen in [m])

Abb. 18.48 Fahrbahnteiler an Einmündungen und Kreuzungen

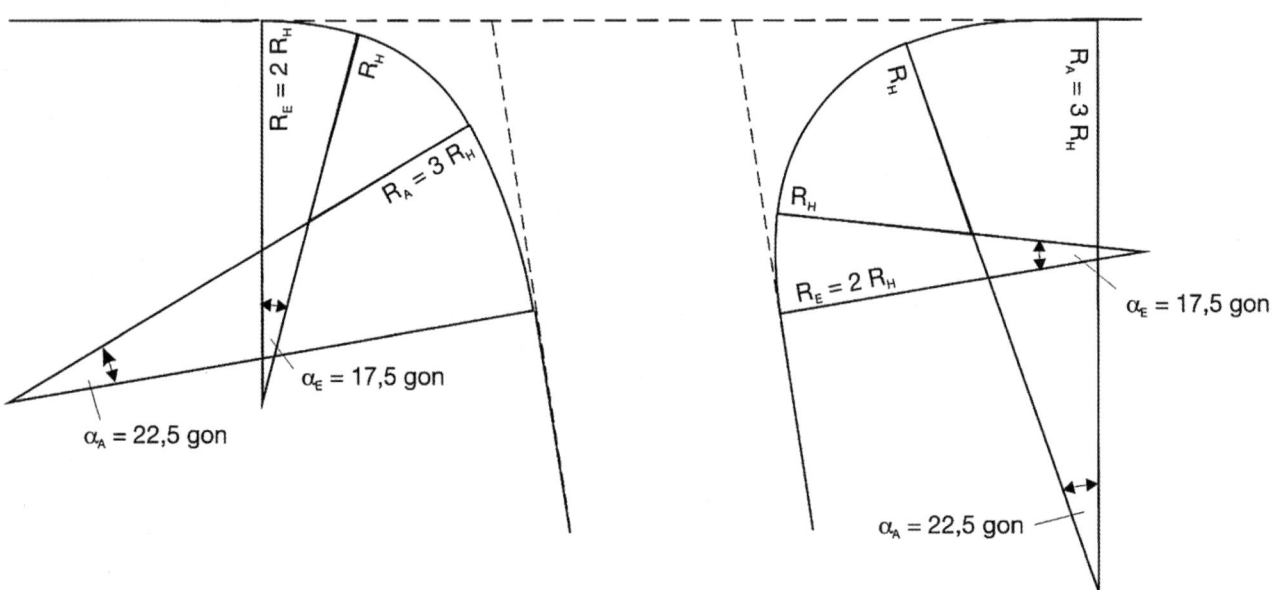

Abb. 18.49 Eckausrundung mit dreiteiligem Korbbogen

Anspruch. Die Radien sind so zu wählen, dass ab- und einbiegende Fahrzeuge den Gegenfahrstreifen in der Regel nicht mit benutzen müssen.

Die dreiteilige Kreisbogenfolge wird mit einem Radienverhältnis:

$$R_\mathrm{E} : R_\mathrm{H} : R_\mathrm{A} = 2 : 1 : 3$$

R_E [m] Einleitender Radius
R_H [m] Hauptbogenradius
R_A [m] ausleitender Radius.

ausgebildet. Dabei haben der einleitende Radius R_E und der ausleitende Radius R_A unabhängig vom gesamten Richtungsänderungswinkel immer konstante Zentriwinkel ($\alpha_\mathrm{E} = 17{,}5$ gon und $\alpha_\mathrm{A} = 22{,}5$ gon).

Für Knotenpunkte mit einem Kreuzungswinkel von 100 gon und einem Fahrbahnteiler sollte der Hauptbogenradius R_H für die Rechtsabbiegetypen RA2, RA4 und RA5 15 m und für die Zufahrttypen KE1, KE2, KE3, KE4 und KE5 12 m betragen. Für den Rechtsabbiegetyp RA6 sollte der Hauptbogenradius R_H 12 m und für den Zufahrttyp KE6 10 m betragen.

Sichtfelder Knotenpunkte müssen aus einer Entfernung erkennbar sein, die es den Kraftfahrern gestattet, ggf. vor kreuzenden bzw. ein- und abbiegenden Kraftfahrzeugen sowie Radfahrern und Fußgängern anzuhalten.

Zusätzlich müssen für wartepflichtige Kraftfahrer, Radfahrer und Fußgänger bestimmte Sichtfelder von ständigen Sichthindernissen (auch Wegweisern) und sichtbehinderndem Bewuchs freigehalten werden. In solchen Sichtfeldern sind nur notwendige verkehrstechnische Einrichtungen, wie Lichtmaste, Lichtsignalgeber, Pfosten von Signalgebern zulässig.

Die Ermittlung der freizuhaltenden Sichtfelder soll räumlich erfolgen. Folgende Parameter sind dabei zu berücksichtigen:

- Augpunkthöhe für Pkw-Fahrer: 1,00 m,
- Augpunkthöhe für Lkw-Fahrer: 2,50 m (nur bei Unterführungen, Wegweisern und Verkehrszeichen zu beachten) und
- Zielpunkthöhe auf der bevorrechtigten Fahrbahn: 1,00 m.

Die Größe der freizuhaltenden Sichtfelder richtet sich nach der Entwurfsklasse bzw. nach der zulässigen Höchstgeschwindigkeit im Knotenpunkt. Im Einzelnen sind die Sichtfelder für:

- die Haltesicht,
- die Anfahrsicht,
- die Annäherungssicht

nachzuweisen.

In allen Knotenpunktzufahrten müssen die erforderlichen Haltesichtweiten S_h eingehalten werden. Damit ist in der Regel auch sichergestellt, dass die Vorfahrtregelung rechtzeitig zu erkennen ist. Kann das zum Erkennen der Vorfahrtregelung erforderliche Sichtfeld nicht eingehalten werden, muss die Vorfahrtregelung vorangekündigt werden. Ggf. ist eine Beschränkung der zulässigen Höchstgeschwindigkeit erforderlich.

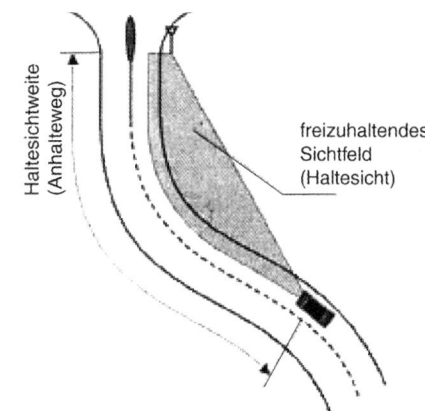

Abb. 18.50 Freizuhaltendes Sichtfeld für die Haltesicht

Als Annäherungssicht wird das Sichtfeld bezeichnet, das für einen Kraftfahrer auf der untergeordneten Straße in 15 m Entfernung (bei hoher Anzahl einbiegender Schwerlastfahrzeuge 20 m) vom Rand der bevorrechtigten Straße nach beiden Seiten einsehbar ist. Ist die Annäherungssicht hinreichend groß, kann der Kraftfahrer ggf. ohne Halten in die übergeordnete Straße einfahren. Aus Gründen der Verkehrssicherheit sollte diese Möglichkeit nur in Verbindung mit einer Beschränkung der zulässigen Höchstgeschwindigkeit auf 70 km/h in der bevorrechtigten Straße vorgesehen werden. Die erforderliche Schenkellänge des Annäherungssichtfeldes beträgt dann 110 m.

An Knotenpunkten, an denen das Annäherungssichtfeld nicht freigehalten werden kann oder an denen die zulässige Höchstgeschwindigkeit nicht auf 70 km/h beschränkt wird, ist das Anhalten mit Zeichen 206 StVO (Haltegebot) und einer Haltelinie anzuordnen.

Als Anfahrsicht wird das Sichtfeld bezeichnet, das für einen 3,00 m vor dem Rand der bevorrechtigten Straße wartenden Kraftfahrer nach beiden Seiten einsehbar ist.

Das Anfahrsichtfeld muss hinreichend breit sein, damit der Kraftfahrer mit einer zumutbaren Behinderung der bevorrechtigten Kraftfahrzeuge aus dem Stand in die übergeordnete Straße einfahren kann.

Abb. 18.51 Freizuhaltendes Sichtfeld für die Annäherungssicht

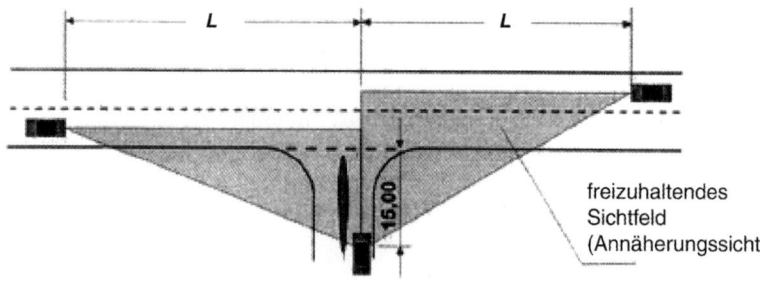

freizuhaltendes Sichtfeld (Annäherungssicht)

Abb. 18.52 Freizuhaltendes Sichtfeld für die Anfahrsicht

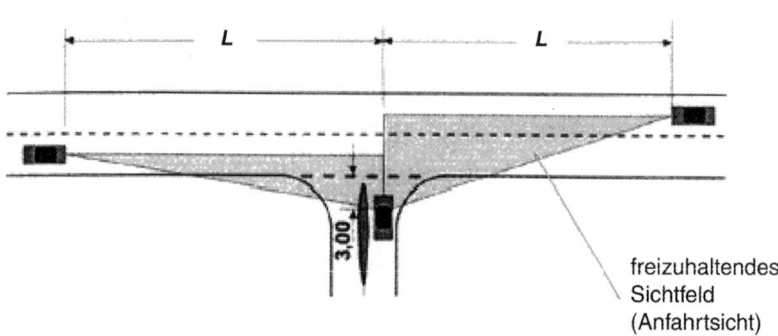

freizuhaltendes Sichtfeld (Anfahrtsicht)

Dies gilt sowohl für Einmündungen/Kreuzungen ohne Lichtsignalanlage als auch für Einmündungen/Kreuzungen mit Lichtsignalanlage.

Die erforderliche Schenkellänge L des Anfahrsichtfeldes beträgt bei einer Beschränkung der zulässigen Höchstgeschwindigkeit auf 70 km/h 110 m. An Einmündungen/Kreuzungen, an denen die zulässige Höchstgeschwindigkeit nicht auf 70 km/h beschränkt wird, beträgt die Schenkellänge L 200 m. An Knotenpunkten, an denen das jeweilige Anfahrsichtfeld aufgrund örtlicher Zwangsbedingungen nicht freigehalten werden kann, ist eine Beschränkung der zulässigen Höchstgeschwindigkeit erforderlich.

18.2.4.2 Kreisverkehrsplätze

Kreisverkehrsplätze werden verwendet, um die Leistungsfähigkeit zu steigern und die Sicherheit zu erhöhen.

Je nach Einsatzbereich und notwendiger Leistungsfähigkeit werden Minikreisverkehre, kleine Kreisverkehrsplatze und zweistreifig befahrbare Kreisverkehre unterschieden.

Weitere Hinweise zu Kreisverkehrsplätzen sind in den Richtlinien für die Anlage von Landstraßen (RAL) und Stadtstraßen (RASt 06) zu finden.

Minikreisverkehre weisen eine einstreifige Kreisfahrbahn mit einem Durchmesser von 13 bis 22 m auf. Die Mittelinsel ist überfahrbar, damit auch große Fahrzeuge den Kreisverkehr passieren können. Pkw müssen die Mittelinsel auf der Kreisfahrbahn umrunden. Minikreisverkehre sind nur innerhalb bebauter Gebiete anzulegen.

Tafel 18.18 Entwurfselemente Minikreisverkehr

Außendurchmesser (D)	13 m–22 m
Kreisinseldurchmesser (D_1)	≥ 4 m
Kreisfahrbahnbreite (B)	4 m–6 m
Fahrstreifenbreite	
– Knotenpunktszufahrt (B_Z)	3,25 m–3,75 m
– Knotenpunktsausfahrt (B_A)	3,50 m–4,00 m
Ausrundungsradius	
– Knotenpunktszufahrt (R_Z)	8 m–10 m
– Knotenpunktsausfahrt (R_A)	8 m–10 m

Kleine Kreisverkehrsplätze weisen einstreifige Zu- und Ausfahrten sowie eine einstreifige Kreisfahrbahn mit einem Durchmesser von 26 bis 35 m innerorts und 35 bis 45 m außerorts auf. Zur Begrenzung der Geschwindigkeit auf der Kreisfahrbahn soll die Kreisinsel für geradeaus fahrende Kfz eine ausreichende Ablenkung bewirken. Diese Ablenkung sollte das 2-fache der Fahrstreifenbreite der Knotenpunktszufahrt nicht unterschreiten.

Zweistreifig befahrbare Kreisverkehrsplätze weisen eine überbreite Kreisfahrbahn auf, die ein Nebeneinanderfahren von Pkw ermöglicht. Ihr Durchmesser beträgt 40 bis 60 m. Die Zufahrten in die Kreisfahrbahn können zweistreifig ausgebildet sein, die Ausfahrten sind dagegen stets einstreifig.

Tafel 18.19 Entwurfselemente kleiner Kreisverkehrsplatz innerhalb bebauter Gebiete

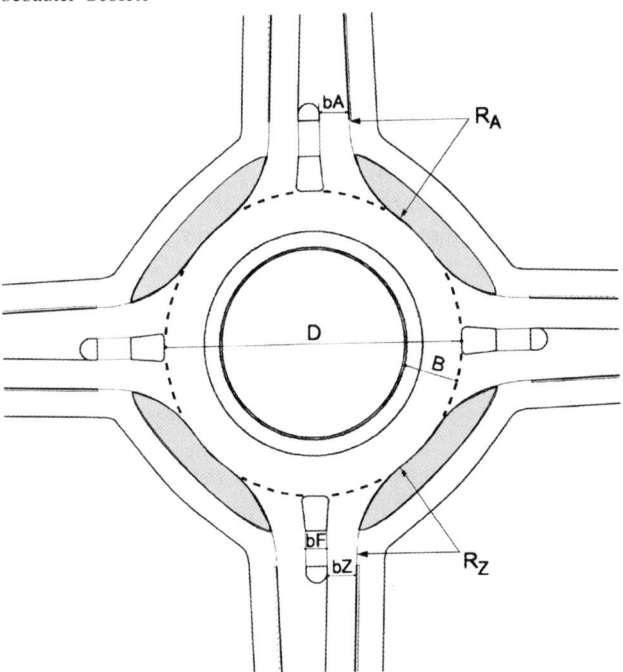

Tafel 18.20 Entwurfselemente kleiner Kreisverkehrsplatz außerhalb bebauter Gebiete

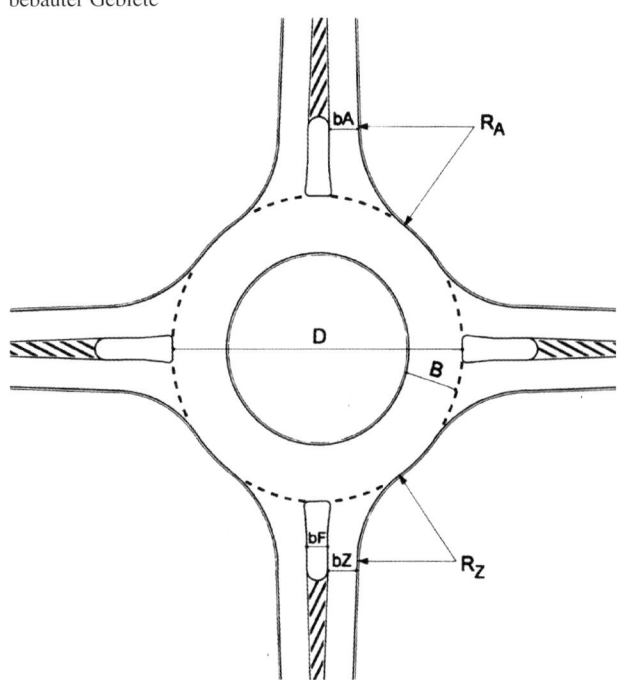

Außendurchmesser (D)	26 m–35 m
Kreisfahrbahnbreite (B)	8,00 m–6,50 m
Fahrstreifenbreite	
– Knotenpunktszufahrt (B_Z)	3,25 m–3,50 m
– Knotenpunktsausfahrt (B_A)	3,50 m–3,75 m
Ausrundungsradius	
– Knotenpunktszufahrt (R_Z)	10 m–12 m
– Knotenpunktsausfahrt (R_A)	12 m–14 m
Querneigung der Kreisfahrbahn	−2,5 %
Schrägneigung der Knotenpunktfläche	≤ 6 %
Breite der Fahrbahnteiler	
– mit Querungsmöglichkeit für Fußgänger	≥ 2,00 m
– mit Querungsmöglichkeit für Radfahrer	2,50 m

Außendurchmesser (D)	35 m–45 m
Kreisfahrbahnbreite (B)	6,50 m–5,75 m
Fahrstreifenbreite	
– Knotenpunktszufahrt (B_Z)	3,50 m–4,00 m
– Knotenpunktsausfahrt (B_A)	3,50 m–4,25 m
Ausrundungsradius	
– Knotenpunktszufahrt (R_Z)	12 m–14 m
– Knotenpunktsausfahrt (R_A)	14 m–16 m
Querneigung der Kreisfahrbahn	−2,5 %
Schrägneigung der Knotenpunktfläche	≤ 6 %
Breite der Fahrbahnteiler	
– ohne Querungsmöglichkeit	> 1,60 m
– mit Querungsmöglichkeit für Fußganger	≥ 2,00 m
– mit Querungsmöglichkeit für Radfahrer	2,50 m

Die Leistungsfähigkeit eines Kreisverkehrsplatzes kann durch die Anlage eines Bypasses erhöht werden. Er verbindet außerhalb der Kreisfahrbahn – als frei geführter Rechtsabbiegestreifen – direkt zwei nacheinander liegende Knotenpunktarme. Er gibt dem Verkehr die Möglichkeit direkt nach rechts abzubiegen, ohne in den Kreisverkehr hineinfahren zu müssen.

Tafel 18.21 Entwurfselemente zweistreifig befahrbarer Kreisverkehr

Außendurchmesser (D)	40 m–60 m
Kreisfahrbahnbreite (B)	8 m–10 m
Fahrstreifenbreite	
– Knotenpunktszufahrt (B_Z)	6,50 m–7,00 m
– Knotenpunktsausfahrt (B_A)	3,50 m–4,50 m
Ausrundungsradius	
– Knotenpunktszufahrt (R_Z)	12 m–16 m
– Knotenpunktsausfahrt (R_A)	12 m–18 m

18

18.2.4.3 Planfreie Knotenpunkte

Hinweise zum Entwurf planfreier Knotenpunkte sind in den Richtlinien für die Anlage von Autobahnen (RAA) zu finden.

Planfreie Knotenpunkte sind notwendig zur Verknüpfung von Autobahnen untereinander und zur Verknüpfung von Autobahnen mit anderen Straßen. Im ersten Fall spricht man von Autobahnknotenpunkten (Autobahndreieck, Autobahnkreuz), im zweiten von Anschlussstellen.

Die Forderungen nach Erkennbarkeit, Übersichtlichkeit, Begreifbarkeit und Befahrbarkeit gelten an planfreien Knotenpunkten in gleichem Maße wie an plangleichen. Weitere Entwurfsgrundsätze sind:

- Abbieger verlassen eine durchgehende Fahrbahn stets nach rechts und münden von rechts ein.
- Nur innerhalb von Verbindungsrampen sind links liegende Ein- und Ausfahrten zulässig.
- Alle Abbieger verlassen eine durchgehende Fahrbahn gemeinsam. Dicht aufeinanderfolgende Ausfahrten sind nach Möglichkeit zu vermeiden.
- Alle Einbieger münden in der Regel gemeinsam in die durchgehende Fahrbahn ein. In Sonderfällen können jedoch zwei dicht aufeinander folgende Einfahrten sinnvoll sein.
- In Fahrtrichtung gesehen, soll zuerst ausgefahren und dann eingefahren werden.
- Für rechts abbiegende Ströme ist die direkte Führung der Regelfall. Linksabbieger werden nach der Verkehrsbelastung halbdirekt oder indirekt geführt.
- Durchgehende Fahrbahnen sollen im Prinzip den stärksten Verkehrsströmen folgen.
- In bebauten Gebieten bestimmen Zwangspunkte häufig die Form des Knotenpunkts.

- Die wegweisende Beschilderung kann die Auswahl des zweckmäßigsten Knotenpunktsystems entscheidend beeinflussen.

Der planerisch erwünschte Knotenpunktsabstand ist von der Netzkonzeption abhängig. Folgende Achsabstände benachbarter Knotenpunkte sind anzustreben:

- 8,0 km für Autobahnen der EKA 1A,
- 5,0 km für Autobahnen der EKA 1B und EKA 2.

Können aufgrund von Zwangspunkten die empfohlenen Achsabstände nicht eingehalten werden, ist der effektive Knotenpunktsabstand zwischen Ende der letzten Einfahröffnung und Anfang der ersten Ausfahröffnung maßgebend. Er beträgt:

Tafel 18.22 Die Mindestwerte für den effektiven Knotenpunktsabstand

Art des in Fahrtrichtung folgenden Knotenpunktes	Mindestwert für Standardwegweisung	Mindestwert für Einzelwegweisung	Mindestwert für isolierte Knotenpunktplanung
Autobahnkreuz/-dreieck	3000 m	1600 m	600 m
Anschlussstelle	2000 m	1100 m	600 m

Bei Unterschreitung dieser Mindestwerte sind folgende prinzipielle Lösungen möglich:

- optimierte Rampenanordnung
- Halbanschlüsse
- Verflechtungsstreifen an der durchgehenden Fahrbahn
- Verteilerfahrbahn über zwei Anschlussstellen
- Verschränkte Rampen.

18.2.4.3.1 Knotenpunktsysteme

Autobahnknotenpunkt – Dreiarmige Knotenpunkte (Autobahndreiecke) Siehe Abb. 18.53.

Abb. 18.53 Einsatzempfehlungen für Autobahndreiecke (+ geeignet, • bedingt geeignet, − nicht geeignet)

Entwurfsklasse der durchgehenden Autobahn		EKA 1	EKA 1	EKA 1	EKA 2	EKA 2	EKA 3
Entwurfsklasse der stumpf angeschlossenen Autobahn („dritter Ast")		EKA 1	EKA 2	EKA 3	EKA 2	EKA 3	EKA 3
linksliegende Trompete		+	+	+	+	+	+
rechtliegende Trompete	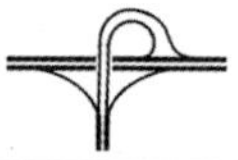	−	−	•	•	•	•
Birne	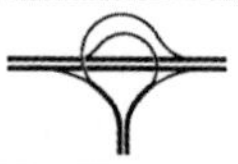	•	•	•	•	+	+
Dreieck mit einem Bauwerk	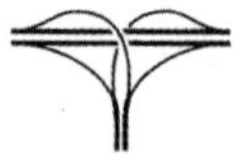	+	+	+	+	+	+
Dreieck mit drei Bauwerken	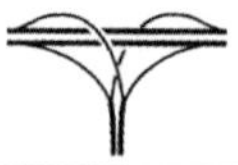	+	+	+	+	+	+
Dreieck ohne einheitliche Definition der Hauptfahrbahnen		−	−	−	−	−	−

Autobahnknotenpunkte – Vierarmige Knotenpunkte (Autobahnkreuze)

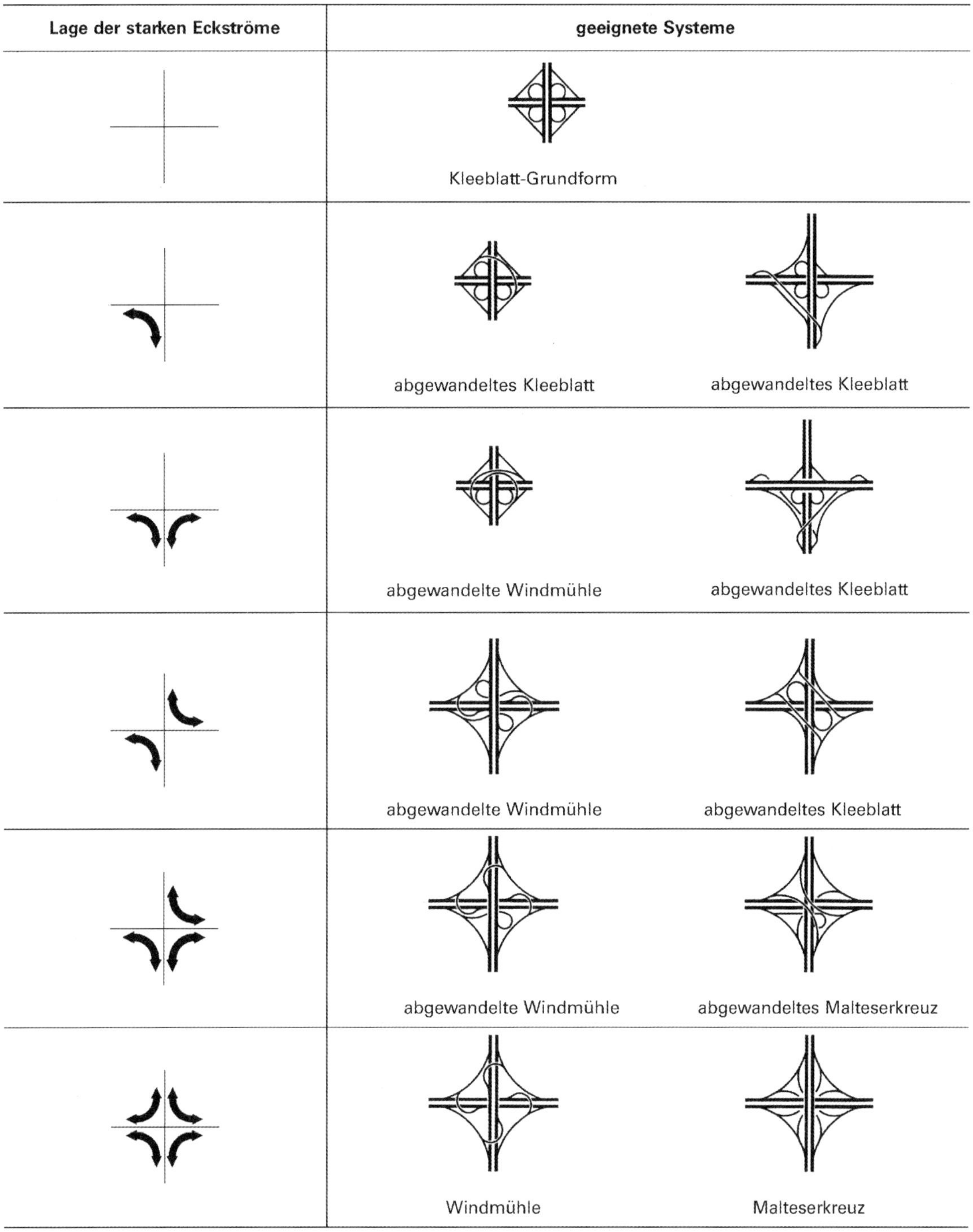

Lage der starken Eckströme	geeignete Systeme	
	Kleeblatt-Grundform	
	abgewandeltes Kleeblatt	abgewandeltes Kleeblatt
	abgewandelte Windmühle	abgewandeltes Kleeblatt
	abgewandelte Windmühle	abgewandeltes Kleeblatt
	abgewandelte Windmühle	abgewandeltes Malteserkreuz
	Windmühle	Malteserkreuz

Abb. 18.54 Einsatzempfehlungen für Autobahnkreuze

Systeme teilplanfreier Knotenpunkte (Anschlussstellen)

	Anschlussstellensystem		EKA 1	EKA 2	EKA 3
vierarmige Systeme	diagonales halbes Kleeblatt mit Ausfahrt vor Bauwerk	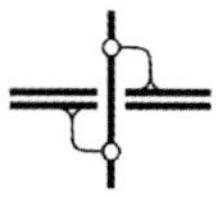	+	+	•
	diagonales halbes Kleeblatt mit Ausfahrt nach Bauwerk	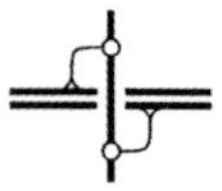	•	+	•
	symmetrisches halbes Kleeblatt	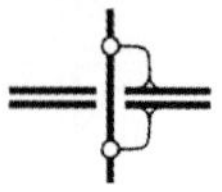	+	+	•
	Raute mit zwei Kreuzungen	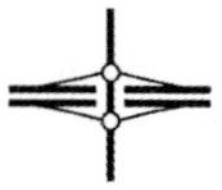	–	•	+
	Raute mit einer Kreuzung	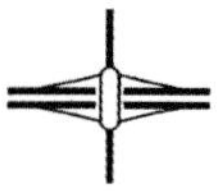	–	–	+
	Raute mit zweiachsig aufgeweiteter Kreuzung	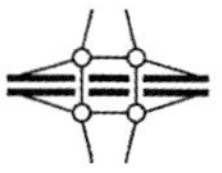	–	•	+
vierarmige Systeme	Raute mit Verteilerkreis	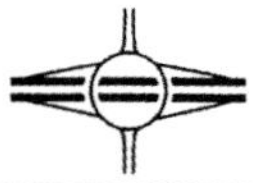	–	•	+
	Sondersysteme (Mischformen)		•	+	+
dreiarmige Systeme	AS in Trompetenform	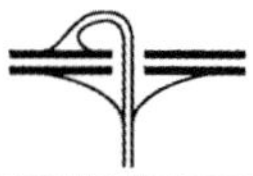	•	+	+
	halbes Kleeblatt (dreiarmig)	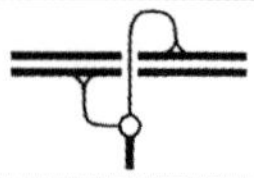	–	–	+ als Provisorium
	Raute (dreiarmig)	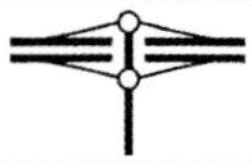	–	–	+ als Provisorium

Abb. 18.55 Einsatzempfehlungen für Anschlussstellen (○ plangleicher Teilknotenpunkt, + geeignet, • bedingt geeignet, – nicht geeignet)

18.2.4.3.2 Bemessung und Konstruktion

In Abhängigkeit vom Rampenquerschnitt beschreiben die Richtlinien für die Anlage von Autobahnen (RAA) an durchgehenden Fahrbahnen die Einfahrtypen E1 bis E5 oder die Typen EE1 bis EE3 bei hintereinanderliegenden Einfahrten und in Rampensystemen die Typen ER1 bis ER4.

Einfahrten sind immer mit parallelen Einfädelungsstreifen auszuführen. Die Länge des Einfädelungsstreifens beträgt in der Regel bei den E- und EE-Typen 250 m und bei den ER-Typen 150 m.

Die Ausfahrten sind ebenfalls vom Querschnitt der angeschlossenen Rampe abhängig. An durchgehenden Fahrbahnen unterscheidet man die Ausfahrtypen A1 bis A8 und in Rampensystemen die Ausfahrtypen AR1 bis AR4.

Ausfahrten sind mit parallelen Ausfädelungsstreifen auszuführen. Er ist bei den Typen A1 und A2 250 m lang, bei den Typen A3 (doppelter Ausfädelungsstreifen) sowie A4 und A5 (Ausfädelung mit Spursubtraktion) 500 m lang. Bei den Typen A6, A7 und A8 werden die Fahrstreifen ohne Ausfädelungsstreifen subtrahiert.

Für Verflechtungsbereiche werden die universell einsetzbarenTypen V1 und V2 oder die speziell für Rampensysteme geeigneten Typen VR1 und VR2 empfohlen.

Die Länge des Verflechtungsbereiches ist von der Existenz der Randströme und der Lage des Verflechtungsbereiches (an der durchgehenden Fahrbahn ober im Rampensystem) abhängig. Sie beträgt zwischen 180 m und 300 m.

Rampentyp	Rampengruppe I (planfrei – planfrei)	Rampengruppe II (planfrei – plangleich)
direkt	—— $60 \leq V_R \leq 80$ - - - - $50 \leq V_R \leq 60$ 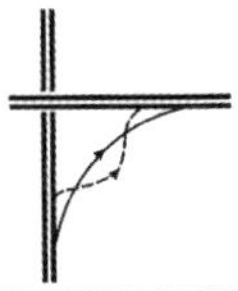	—— $V_R \geq 80$ - - - - $40 \leq V_R \leq 80$ 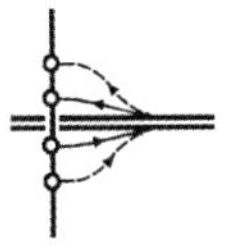
halbdirekt	—— $60 \leq V_R \leq 70$ - - - - $40 \leq V_R \leq 60$ 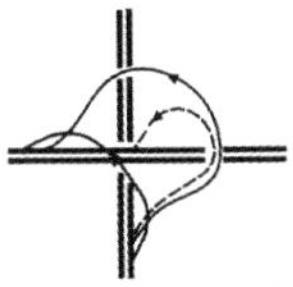	—— $40 \leq V_R \leq 60$ 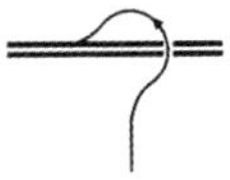
indirekt	—— $40 \leq V_R \leq 50$ - - - - $30 \leq V_R \leq 50$ (Einfahrt) - - - - $40 \leq V_R \leq 50$ (Ausfahrt) 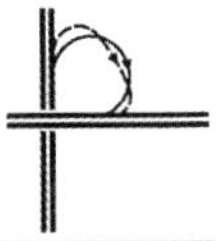	—— $V_R \geq 40$ - - - - $30 \leq V_R \leq 40$ 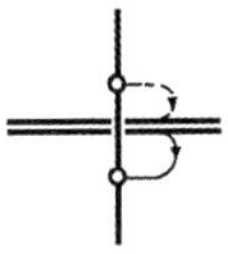

Legende: —— V_R bei nicht angepasster Führung (zügige Linienführung, EKA 1)
- - - - V_R bei angepasster Führung (nicht zügige Linienführung, EKA 2 und 3)

Abb. 18.56 Rampentypen und Rampengruppen mit empfohlenen Radiengeschwindigkeiten

Tafel 18.23 Entwurfselemente für Rampen

Rampengeschwindigkeit	V_R	[km/h]	30	40	50	60	70	80
Scheitelradius der Rampe	min R	[m]	30	50	80	125	180	250
Kuppenmindesthalbmesser	min H_k	[m]	1000	1500	2000	2800	3000	3500
Wannenmindesthalbmesser	min H_w	[m]	500	750	1000	1400	2000	2600
Haltesichtweite	S_h	[m]	30	40	55	75	100	115
Grenzwerte der Längsneigung	max s	[%]	+6,0					
	min s	[%]	−7,0					
Mindestquerneigung	min q	[%]	2,5					
Höchstquerneigung	max q	[%]	6,0					
Anrampungsmindestneigung	min Δs	[%]	$0{,}1 \cdot a$					
Höchstschrägneigung	max p	[%]	9,0					

18

Abb. 18.57 Querschnitte von Verbindungsrampen

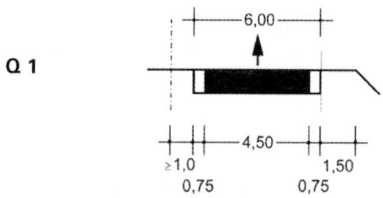

Einsatzbereiche

Q 1

in Rampengruppe I:
$q_{Rampe} \leqq 1350$ Kfz/h und $l_{Rampe} \leqq 500$ m

in Rampengruppe II:
getrennt trassierte Aus- und Einfahrrampen mit
$l_{Parallelführung} \leqq 125$ m

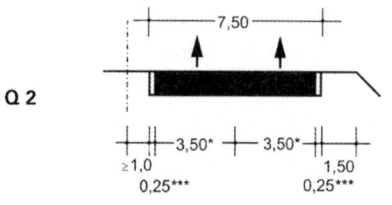

Q 2

in Rampengruppe I:
$q_{Rampe} \leqq 1350$ Kfz/h und $l_{Rampe} > 500$ m
ferner: zweistreifige Verflechtungsbereiche ohne
Seitenstreifen

in Rampengruppe II:
$q_{Rampe} > 1350$ Kfz/h

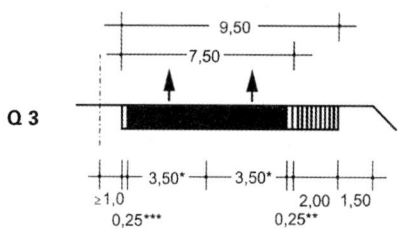

Q 3

nur in Rampengruppe I:
$q_{Rampe} > 1350$ Kfz/h
ferner: zweistreifige Verflechtungsbereiche mit
Seitenstreifen

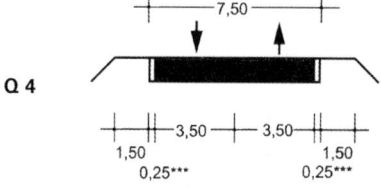

Q 4

nur in Rampengruppe II:
gemeinsam trassierte Aus- und Einfahrrampen
mit
$l_{Parallelführung} > 125$ m

*) Bei EKA 3 und gestreckter Linienführung Reduzierung der Fahrstreifenbreite auf 3,25 m zulässig.
**) Die Markierung (Breitstrich) geht zu Lasten des Seitenstreifens.
***) Im Zuge von Brückenbauwerken beträgt der Randstreifen 0,50 m.

Abb. 18.58 Querneigung in Verbindungsrampen

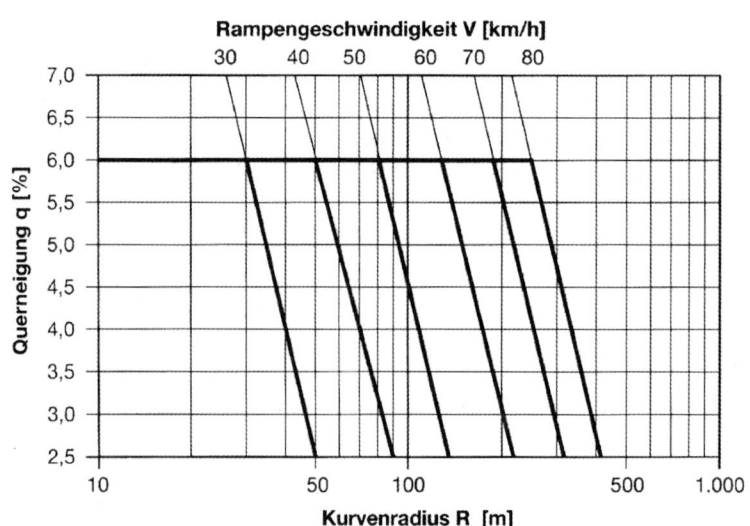

18.2.5 Anlagen für ruhenden Verkehr

Hinweise zum Entwurf von Anlagen für den ruhenden Verkehr finden sich in den Empfehlungen für Anlagen des ruhenden Verkehrs (EAR 05).

Der *Flächenbedarf* für ruhenden Kraftfahrzeugverkehr hängt ab von Art und Maß der baulichen Nutzung der Grundstücke, dem Bedarf der Anlieger, der Besucher, Kunden und Beschäftigten in einem bebauten Gebiet. Die Abstellflächen können auf öffentlichem oder privatem Grund liegen. Je nach Bauordnung sind 1,0 bis 1,5 Stellplätze je Wohnung auf privatem Grund gefordert. Für Besucher und Lieferanten ist für 3 bis 6 Wohnungen ein Stellplatz auf öffentlichen Grund zu planen. Davon sollen 3 % für Behinderte ausgewiesen werden.

Stellplätze sind Flächen, auf denen ein Kraftfahrzeug abgestellt werden kann einschließlich des notwendigen Manövrierraumes vor und hinter dem Fahrzeug. *Parkplätze* sind Flächen, auf denen eine Anzahl von Stellplätzen vereinigt sind einschließlich der notwendigen Fahrgassen. *Parkbauten* sind Parkplätze, die in konstruktiven Baulichkeiten als Hochbauten oder unterirdisch untergebracht sind. Ein Stellplatz kann offen, überdacht oder rundum geschlossen (Garage) ausgeführt werden.

Im öffentlichen Bereich am *Straßenrand* oder auf *Parkplätzen* wählt man dem Bedarf entsprechend entweder die *Längs-, Schräg-* oder *Senkrechtaufstellung.* Die Anordnung der Stellplätze und deren Abmessungen entnimmt man Tafel 18.24 und Abb. 18.59. Um ein angenehmes städtebauliches Bild zu erreichen, sollten die angeordneten Stellplätze durch Grünflächen unterbrochen werden (Abb. 18.60).

Tafel 18.24 Abmessungen von Parkständen für Pkw (Klammerwerte bei Pkw mit reduzierten Abmessungen)

Aufstellungsform	Qualität des Ein- und Ausparkens	Aufstellwinkel α in gon	Tiefe ab Fahrgassenrand $t-\ddot{u}$ in m	Überhangstreifen $\ddot{u}$ in m	Parkstandbreite b in m	Straßenfrontlänge l_f in m beim Einparken		Notwendige Fahrgassenbreite b_g in m beim Einparken	
						Vorwärts	Rückwärts	Vorwärts	Rückwärts
Längsaufstellung	Bequem	0			200		5,75		3,50
	Beengt				1,80		5,25		3,50
Schrägaufstellung	Bequem	50	4,15 (3,95)		2,50	3,54		2,40	
	Beengt				2,30	3,25		2,60 (2,50)	
	Bequem	60	4,45 (4,20)		2,50	3,09		2,90	
	Beengt				2,30	2,84		3,30 (3,00)	
	Bequem	70	4,60 (4,30)		2,50	2,81		3,60	
	Beengt				2,30	2,58		4,30 (3,50)	
	Bequem	80	4,60 (4,30)		2,50	2,63		4,20	
	Beengt				2,30	2,42		5,40 (4,10)	
	Bequem	90	4,30 (4,00)		2,50	2,53		5,00	
	Beengt			0,70 (0,50)	2,30	2,33		(4,80)	
Senkrechtaufstellung	Bequem	100	4,30 (4,00)		2,50	2,50	2,50	6,00	4,50
	Beengt				2,30	2,30	2,30	(5,50)	5,00 (4,50)
Blockaufstellung	Bequem	100	4,30 (4,00)		2,50	7,90	7,15	6,00	4,50
	Beengt				2,30	(6,65)	7,40	(5,50)	5,00 (4,50)

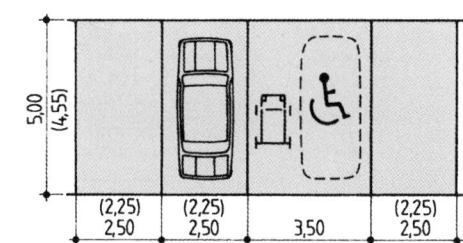
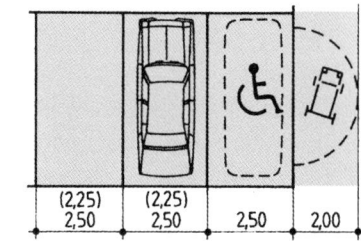

Abb. 18.59 Abmessung von Parkständen für Behinderten-Pkw

Abb. 18.60 Beispiele für das Anlegen von Parkflächen am Straßenrand

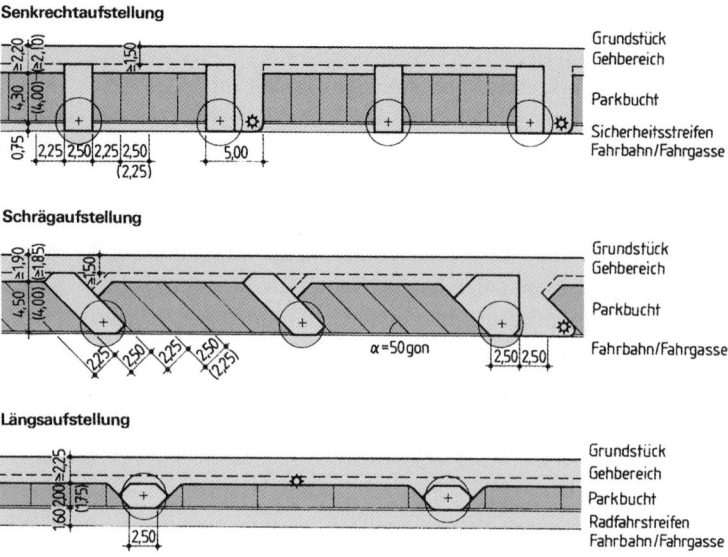

Auf Parkplätzen kann man die Stellplätze in Senkrechtstellung, im Parkett- oder Fischgrätenmuster anordnen. Je nach vorhandener Fläche sind Kombinationen möglich (Abb. 18.61). Für das Auftragen der Stellplatzmarkierung berechnet man die Einzelmaße nach Tafel 18.25.

Die einzelnen Geschosse mehrgeschossiger *Parkbauten* werden durch gerade oder Kreisbogenrampen miteinander verbunden. Die Längsneigung soll 15 % (im Freien 10 %) nicht überschreiten. Die Abmessungen entnimmt man der Tafel 18.25. Beim Übergang zur Geschossfläche sind Neigungen > 8,0 % auszurunden oder auf 1,50 m Länge bei Kuppen und 2,50 m bei Wannen nur mit halber Längsneigung auszuführen ($h_k = 15{,}00$ m, $h_w = 20{,}00$ m). Bei Neigungswechseln ist die lichte Geschosshöhe von mind. 2,10 m auf mind. 2,30 m zu vergrößern.

Tafel 18.25 Querschnittsabmessungen für Rampen in Parkbauten

Verkehrsart auf der Rampe	Radius r_i in m	Mindest-Fahrbahn-breite in m	Sicherheitsraum in m			Lichte Breite in m
			S_i	S_a	S_m	
Ein-richtungs-verkehr	∞	3,00	0,25	0,25		3,50
	5,00	4,00	1,00	0,50		5,50
Gegen-verkehr	∞	6,00	0,25	0,25	0,50	7,00
	5,00	7,10	0,50	0,50	0,50	8,60
	6,00	6,90				8,40
	7,00	6,70				8,20
	8,00	6,50				8,00
	9,00	6,30				7,80
	10,00	6,00				7,50

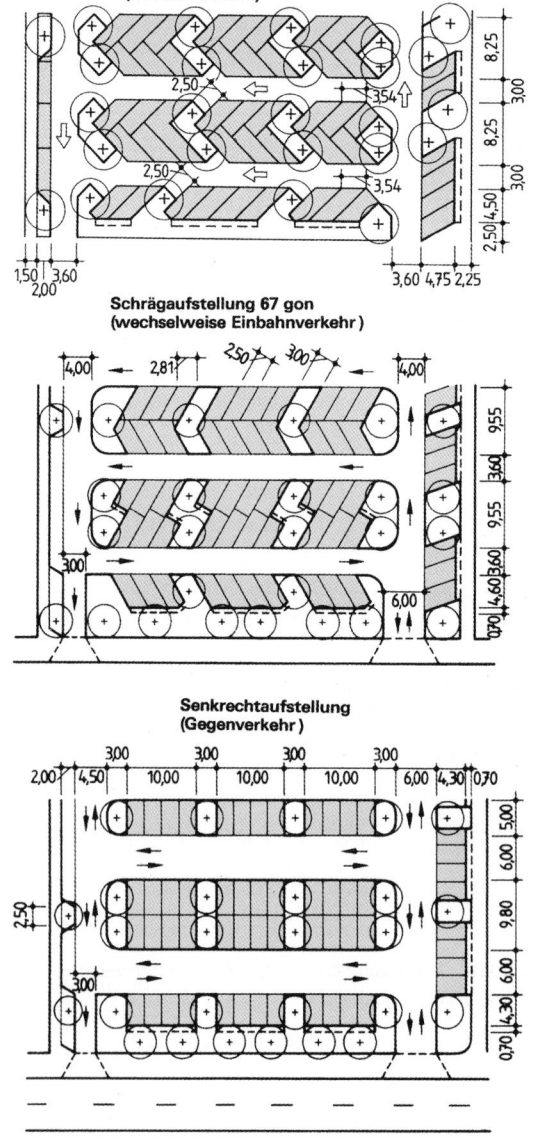

Abb. 18.61 Beispiele für Parkplatzgestaltung

Tafel 18.26 Absteckmaße für Parkett- und Fischgrätenmuster auf Parkplätzen

Absteckparameter	Winkel α in gon		
	50,00	66,67	83,33
$a = \dfrac{\cos \alpha}{4 \cdot \sin^2 \alpha}$	0,3536	0,3667	0,0693
$b = \cos \alpha \left(1 - \dfrac{1}{4 \cdot \sin^2 \alpha}\right)$	0,3536	0,3333	0,1895
$c = \sin \alpha \left(1 - \dfrac{1}{2 \cdot \sin^2 \alpha}\right)$	0,0000	0,2887	0,4483
$d = \dfrac{\cos^2 \alpha}{\sin \alpha}$	0,7071	0,2887	0,0693
$e = \dfrac{1}{2} \cdot \cos \alpha$	0,3536	0,2500	0,1294
$f = \dfrac{1}{2} \cdot \dfrac{\cos^2 \alpha}{\sin \alpha}$	0,3536	0,1444	0,0347
$h = \dfrac{1}{2} \cdot \sin \alpha$	0,3536	0,4330	0,4830

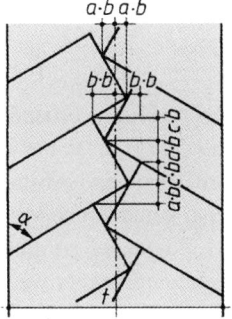 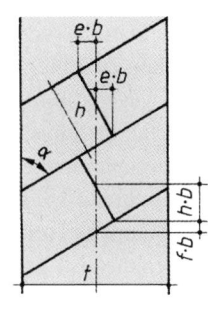

18.2.6 Anlagen für Fußgängerverkehr

Beim Entwurf von Anlagen für den Fußgängerverkehr ist zu beachten, dass

- die Bewegungsabläufe von Fußgängern spontan, ungleichmäßig, verschieden schnell und wenig zielbezogen sein können,
- Fußgänger häufig nebeneinander gehen,
- Fußgänger auch Kinderwagen, Regenschirme, Einkaufstaschen und Gepäck mit sich führen,
- Gehwege auch von Behinderten und von Kindern mit Fahrrädern mitbenutzt werden,
- Fußgänger sich aufhalten (Gespräche, Schaufenster betrachten, Spiele von Kindern),
- Gehbereiche häufig zur Lagerung von Material, Müllbehältern, Schnee und zum Aufstellen von Verkehrszeichen benutzt werden.

Fußgängerverkehr, Aufenthalt und Kinderspiel sind nur schwer gegeneinander abgrenzbar, weil diese Nutzungen oft ineinander übergehen und sich in der Nutzung des Raumes überschneiden. Maßgebend für den Entwurf sind daher nicht so sehr durchlaufende lineare Verkehrsräume konstanter Breite, sondern wechselnde, flexibel nutzbare Räume. Diese Räume können neben den öffentlichen Flächen auch halböffentliche Übergangsbereiche zwischen der Straße und der Bebauung wie Hauseingänge, Nischen oder sogar private Flächen einbeziehen.

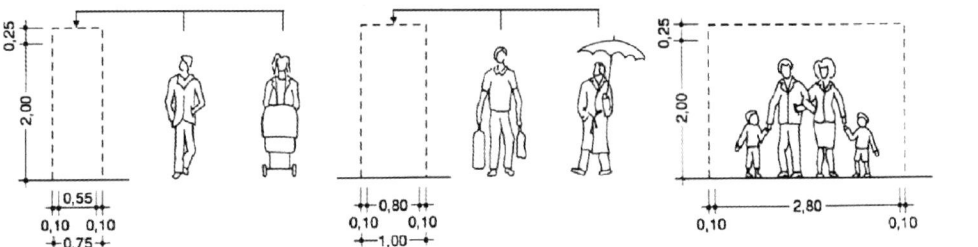 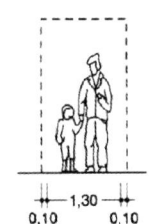

Die Abmessungen des Verkehrsraumes für Fußgänger betragen:

	Grundmaß [m]	Spielraum [m]	Gesamtbreite [m]
Ohne Gepäck	0,55	0,10	0,75
Mit Gepäck	0,80	0,10	1,00
Behinderte	0,80	0,10	1,00
Nebeneinandergehen	1,30	0,10	1,50

Abb. 18.62 Abmessungen des Verkehrsraumes für Fußgänger

18

Für sonstige Nutzungen im Bereich der Gehflächen sind folgende Breitenzuschläge anzuwenden:

- Abstand von Gebäuden, Mauern, Zäune 0,25 m
- Verkehrzeichen, Poller, Parkuhren, Bäume 0,25 m
- Fahrbahnrand mit starkem Kfz-Verkehr 0,50 m
- Überhangmaß bei Schräg- und Senkrechtparkstand 0,75 m

Weitere Zusatzbreiten können sich ergeben für:

- Verweilflächen vor Schaufenstern 1,00 m
- Abstände beim Begegnen 0,40 m
- Auslagestände vor Geschäften 1,50 m
- Schneelagerflächen 0,50 m
- Ruhebänke 1,00 m
- Bushaltestellen 1,50 m
- Stellflächen für Zweiräder 2,00 m

Möglichkeiten zur Fußgängerführung sind:

Fußgängerzonen Die gesamte Straße ist den Fußgängern vorbehalten und darf nur ausnahmsweise mit Sondererlaubnis oder allenfalls zeitweise mit Kfz befahren werden.

Autofreie Städte Autofreie Städte gibt es aus historischen Gründen, touristischen Erwägungen oder Überlastung von Stadtteilen.

Mischungsprinzip Beim Mischungsprinzip wird versucht, durch Entwurfs- und Gestaltungsmaßnahmen im gesamten Straßenraum mehrere Nutzungen weitgehend miteinander verträglich zu machen. Die Anwendung des Mischungsprinzips ist an Voraussetzungen wie Geschwindigkeiten deutlich unter 30 km/h und Verkehrsbelastung unter 200 Kfz/h gebunden.

Trennungsprinzip Beim Trennungsprinzip wird für den Fahrverkehr eine durch Borde oder Rinnen abgetrennte Fahrbahn geschaffen.

Straßenbegleitende Gehwege sollen mindestens 2,0 m und selbstständig geführte Gehwege mindestens als 1,50 m breit sein.

Zum Trennungsprinzip gehören untrennbar verbunden die **Fußgängerquerungshilfen**.

Nur solange die Verkehrsbelastung gering, die Geschwindigkeiten niedrig und die Querungsbreite zumutbar sind, können die Fußgänger ohne Querungshilfe die Straße überschreiten.

Querungshilfen sind

Einengungen der Fahrbahn zur Verkürzung der Querungsbreite und zur Verbesserung der Sichtbeziehung Fußgänger – Kraftfahrer.

Die Fahrbahnbreite in der Engstelle richtet sich nach dem Bemessungsfahrzeug. Wird als maßgebender Begegnungsfall die Begegnung Lkw/Lkw angesetzt, darf die Engstelle nicht schmaler als 5,5 m sein, die Pkw/Pkw-Begegnung erfordert 4,75 m Breite, im äußersten Fall ist sie auch bei 4,00 m Breite möglich. Geringere Breiten sind nur einspurig befahrbar. Solange einspurige Engstellen kurz und übersichtlich sind, können sie bis zu Belastungen von 500 Kfz/h verwendet werden.

Fahrbahnteiler erlauben das Queren der Fahrbahn auf zweimal, wobei jeweils nur eine Fahrtrichtung beobachtet werden muss. Fahrbahnteiler müssen für den Kraftfahrer gut erkennbar sein, u. a. sind sie gut zu beleuchten.

Der **Fußgängerüberweg** oder Zebrastreifen gibt dem Fußgänger gegenüber dem Kraftfahrer Vorrang, d. h. der Kraftfahrer hat bei querungsbereiten Fußgängern anzuhalten und ihm die Querung zu ermöglichen.

Fußgängerüberwege kommen infrage, wenn die Stelle übersichtlich ist, eine gut einsehbare Wartefläche vorhanden ist, die Geschwindigkeit nicht größer als 50 km/h ist, nur ein Fahrstreifen pro Richtung gequert wird, genügend Abstand zu einer Lichtsignalanlage vorhanden ist, keine Grüne Welle in der Straße geschaltet ist, genügend Fußgänger an dieser Stelle die Straße queren wollen, der Fahrzeugverkehr weder zu schwach noch zu stark ist (mind. 300 Kfz/h aber max. 600 Kfz/h).

Fußgängerüberwege werden auf der Fahrbahn markiert, mit dem Zeichen „Fußgängerüberweg" beschildert, sofern er nicht in einem Knotenpunkt liegt, und ausreichend beleuchtet.

Fußgängerfurten sind generell mit einer Lichtsignalanlage (LSA) verbunden. Sie sind sichere Querungshilfen. Nachteilig sind die mit der Signalanlage verbundenen Wartezeiten im Vergleich mit anderen Querungshilfen. Eine Begrenzung dieser Wartezeiten auf einen zumutbaren Wert ist erforderlich, um die Akzeptanz der Sperrzeit zu gewährleisten (maximal 60 s).

Bei Furten an Knotenpunkten mit LSA wird die Steuerung der Sperr- und Freigabezeiten in die gesamte Steuerung des Knotenpunkts einbezogen.

Tafel 18.27 Einsatzgrenzen von Fußgängerüberwegen

Fg/h	Kfz/h					
	0–200	200–300	300–450	450–600	600–750	über 750
0–50						
50–100		FGÜ möglich	FGÜ möglich	**FGÜ empfohlen**	FGÜ möglich	
100–150		FGÜ möglich	**FGÜ empfohlen**	**FGÜ empfohlen**		
Über 150		FGÜ möglich				

Abb. 18.63 Einsatzbereiche von Fußgängerüberquerungshilfen

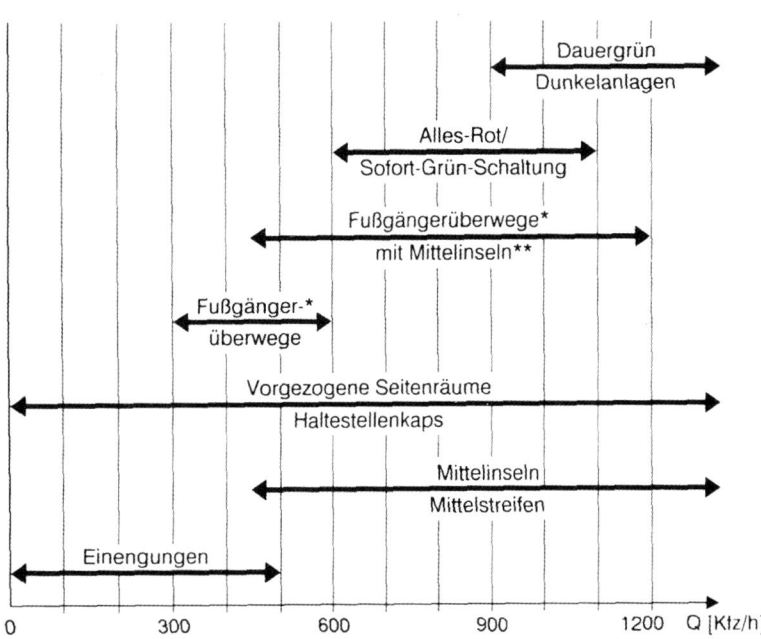

* ab 100 F/h (nach RFGÜ-84)[45]   ** ≤ 600 Kfz/h je Richtung (nach RFGÜ-84)

An Knotenpunkten ohne LSA sollten möglichst keine Furten angelegt werden. Besteht dennoch das Querungsbedürfnis am Knotenpunkt und ist kein Fußgängerüberweg möglich, sollte die Furt zumindest 20 m vom Knotenpunkt abgerückt werden.

An Überquerungsstellen außerhalb von Knotenpunkten sollen Furten in der Regel mit Anforderungssignalen (nach Bedarf) betrieben werden. Die Steuerung kann mit vollständiger Signalfolge, als Dunkelanlage oder mit einer Alles-Rot-/Sofort-Grün-Schaltung erfolgen.

Fußgängerunter- und -überführungen sind nur dann sicher, wenn sie auch benutzt werden.

Unterführungen erzeugen zumindest eine Unbehaglichkeit. Bei sehr starken Fußgängerströmen sind sie akzeptabel, wenn über Kioske oder Ladengeschäfte eine soziale Kontrolle möglich ist. Überführungen erfordern die Überwindung eines großen Höhenunterschieds (6 m). Ergibt sich diese Höhendifferenz aus der Umgebung ist diese Art der Querung sehr angenehm. Dennoch müssen Vorkehrungen getroffen werden, dass Behinderte und Personen mit Kinderwagen die Überführungen benutzen können.

Die **Einsatzbereiche** der Fußgängerquerungshilfen richten sich nach

- der erwünschten Qualität des Verkehrsablaufes,
- der Überquerungslänge und Spursituation,
- der erwünschten und notwendigen Sicherung beim Queren,
- der Kombination mit anderen Querungshilfen,
- der Ortsüblichkeit und der Gestaltung des Straßenraumes.

18.2.7 Anlagen für Radverkehr

Hinweise zum Entwurf von Radverkehrsanlagen finden sich in den Empfehlungen für Radverkehrsanlagen (ERA).

Die **Grundmaße** für die Verkehrsräume des Radfahrers lassen sich aus der Grundbreite und der Höhe eines Radfahrers sowie den Bewegungsspielräumen zusammensetzen.

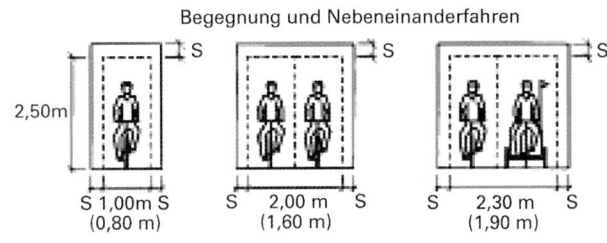

Abb. 18.64 Grundmaße der Verkehrsräume für Radfahrer

Breitenzuschläge ergeben sich entsprechend dem Fußgängerverkehr. Bei Radwegen ist zusätzlich neben Längsparkstreifen ein Breitenzuschlag von 0,75 m erforderlich. Aus dem Grundmaß und den Breitenzuschlägen ergibt sich die Breite von Radverkehrsanlagen, die bei einspurigem Ausbau 2,00 m (1,60 m bei geringer Radverkehrsstärke) und bei zweispurigem Ausbau 2,50 m (2,00 m bei geringer Radverkehrsstärke) nicht unterschreiten soll.

Die Führung des **Radverkehrs an Landstraßen** ist von deren Entwurfsklasse abhängig. Bei Straßen der EKL 1 und EKL 2 soll der Radverkehr generell nicht auf der Fahr-

18

bahn geführt werden. Bei Straßen der EKL 3 wird die Wahl der Führungsform im Wesentlichen von der Stärke und Geschwindigkeit des Kfz-Verkehrs bestimmt. Bei einem DTV > 2500 Kfz/24 h und $V_{zul} = 100$ km/h oder einem DTV > 4000 Kfz/24 h und $V_{zul} = 70$ km/h sind fahrbahnbegleitende Radwege sinnvoll. Straßen der EKL 4 erhalten in der Regel keine fahrbahnbegleitenden Radwege.

Straßenbegleitende Radverkehrsanlagen sind Radfahrstreifen, Radwege und gemeinsame Geh- und Radwege.

Radfahrstreifen sind für Radfahrer reservierte Fahrstreifen auf der Fahrbahn. Sie werden durch Markierung oder durch einen Parkstreifen vom fließenden Verkehr getrennt. Sie bieten eine gute Sichtbarkeit zwischen Radfahrer und Kfz-Fahrer, eine hohe Flexibilität in der Benutzbarkeit, keine Beeinträchtigung des Fußgängerverkehrs und eine kostengünstige Realisierbarkeit. Nachteilig ist die geringe Trennung vom fließenden Verkehr und eventuell die Beeinträchtigung durch den ruhenden Verkehr. Auf Radfahrstreifen ist in der Regel kein Zweirichtungsradverkehr möglich. Die Regelbreite von Radfahrstreifen beträgt 1,85 m, bei hohen Belastungen und einer zulässigen Höchstgeschwindigkeit von mehr als 50 km/h sollte die Breite mindestens 2,00 m betragen.

Radwege sind baulich von der Fahrbahn und eventuell durch Markierung vom Gehweg abgegrenzt. Die nachträgliche Verwirklichung im Straßenraum erfordert einen Umbau bisheriger Flächen des Kfz-Verkehrs oder die Nutzung bisheriger Flächen des Fußgängerverkehrs. Bei ausreichender Breite können Radwege im Zweirichtungsverkehr befahren werden.

Die Regelbreite von Radwegen beträgt 2,00 m, bei geringem Radverkehr 1,60 m. Zwischen Radweg und benachbarten Flächen müssen Sicherheitsräume gewährleistet sein.

Tafel 18.28 Sicherheitstrennstreifen bei Radwegen

Sicherheitstrennstreifen	Breite
Vom Fahrbahnrand mit festen Einbauten im Sicherheitstrennstreifen bzw. bei $V_{zul} > 50$ km/h	0,75 m
Vom Fahrbahnrand in sonstigen Fällen	0,50 m
Von parkenden Fahrzeugen in Längsaufstellung	0,75 m
Von parkenden Fahrzeugen in Schräg- und Senkrechtaufstellung	1,10 m

Gemeinsame Geh- und Radwege sind nur vertretbar, wenn das Fußgänger- und Radverkehrsaufkommen so gering ist, dass die Konfliktwahrscheinlichkeit gering ist (Außerortsbereiche, Randbereiche bebauter Gebiete, Ortsdurchfahrten mit geringer Nutzungsintensität).

Für gemeinsame Geh- und Radwege ist aus betriebstechnischen Gründen (Schneepflug, Kehrmaschine) eine Breite von 2,50 m zweckmäßig.

Das **Radwegende** ist aus Sicherheitsgründen sorgfältig auszubilden. Es sollte nicht vor Knotenpunkten oder unübersichtlichen Stellen angeordnet werden. Der Radfahrer muss schon vor dem Einfahren auf die Fahrbahn im Blickfeld der Fahrzeugführer sein. Der Radweg sollte ca. 10–20 m als Radfahrstreifen auf der Fahrbahn weitergeführt werden.

Bei der Ausbildung von Radverkehrsanlagen an **Kreuzungen und Einmündungen** sind folgende Probleme zu lösen:

- Konflikt zwischen abbiegenden Kraftfahrzeugen und gerade ausfahrenden Radfahrern
- Zweirichtungsradverkehr in Knotenpunktbereichen
- Linksabbiegen von Radfahrern
- Berücksichtigung des Radverkehrs bei der Lichtsignalregelung.

Grundsätzlich sollte die Art der Radverkehrsanlage der knotenpunktfreien Strecke auch über den Knotenpunkt beibehalten werden. Eventuell kann es sein, Radwege vor Knotenpunkten in einen Radfahrstreifen übergehen zu lassen.

Radfahrerfurten können von Rand der Fahrbahn entweder deutlich abgesetzt oder möglichst nahe herangerückt werden.

Nicht- oder geringfügig abgesetzte Radfahrerfurten schaffen gute Sichtverhältnisse auf Radfahrer und Radfahrerfurt, verdeutlichen die Vorfahrt des Radfahrers, verbessern Begreifbarkeit und Befahrbarkeit und haben einen geringen Flächenbedarf.

Abgesetzte Radfahrerfurten schaffen Aufstellmöglichkeit für abbiegende Kraftfahrzeuge vor der Radfahrerfurt sowie für einbiegende Kraftfahrzeuge zwischen Radfahrerfurt und bevorrechtigter Straße, verbessern Führungs- und Aufstellmöglichkeit für indirekt links abbiegende Radfahrer und verdeutlichen die Trennung des Radverkehrs vom Kfz-Verkehr.

Bei der Führung von links abbiegenden Radfahrern kann in eine direkte und in eine indirekte Führung unterschieden werden.

Abb. 18.65 Ausbildung des Radwegendes

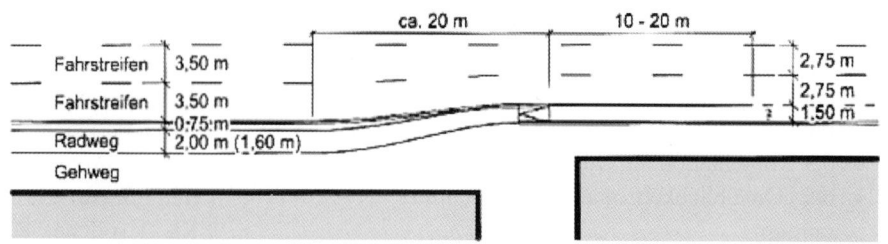

Bei der direkten Führung ordnen sich die Radfahrer in den Kfz-Verkehr ein und bleiben zum Linksabbiegen an der rechten Seite links abbiegender Kraftfahrzeuge. Diese Führung ist für Radfahrer die flüssigste und schnellste Art des Linksabbiegens. Konflikte ergeben sich beim Einordnen sowie beim Queren des entgegenkommenden Verkehrsstroms. Die direkte Führung eignet sich wenn im Kfz-Strom ausreichend Zeitlücken zur Verfügung stehen, nicht mehr als zwei Fahrstreifen überquert werden müssen und die gefahrenen Geschwindigkeiten im Mittel unter 50 km/h liegen.

Die indirekte Führung vermeidet für die Radfahrer die Konfliktmöglichkeiten der direkten Führung, da der Abbiegevorgang in zwei Kreuzungsvorgänge mit jeweils eindeutiger Verkehrsregelung aufgelöst wird. Die indirekte Führung gilt als sicherste Führung, ist für die Radfahrer jedoch wenig attraktiv. Die indirekte Führung ist überall da vorzusehen, wo eine direkte Führung aus Sicherheitsgründen nicht möglich ist. Sie kommt vor allem dann in Frage, wenn in den Knotenpunktzufahrten Radwege vorhanden sind.

18.2.8 Anlagen des Öffentlichen Personennahverkehrs

Anlagen des Öffentlichen Personennahverkehrs werden in den Empfehlungen für Anlagen des öffentlichen Personennahverkehrs (EAÖ) beschrieben.

Die Führung des ÖPNV ist in der Fahrbahn und auf ÖPNV-Fahrstreifen möglich. **ÖPNV-Fahrstreifen** werden in der Regel in Hauptverkehrsstraßen angelegt. Sie sind zeitlich unbeschränkt oder zeitlich beschränkt reservierte Fahrwege für Straßenbahnen oder Linienbusse in Mittel- oder Seitenlage.

Durchlaufende und partielle ÖPNV-Fahrstreifen können in ganzen Straßenzügen, an einzelnen Streckenabschnitten oder nur in Knotenpunktbereichen angelegt werden. An Streckenabschnitten sind ÖPNV-Fahrstreifen in räumlicher Trennung oder eine zeitliche Trennung der Verkehrsarten anwendbar.

ÖPNV-Fahrstreifen in Mittellage haben den Vorteil, dass Behinderungen durch widerrechtlich haltende Kraftfahrzeu-

ge nicht auftreten. Bei Anordnung eines reservierten Fahrstreifens in Seitenlage ist sicherzustellen, dass denkbare Störungen des Fahrtablaufs verhindert werden.

Bei gemeinsamer Führung von Straßenbahn und Kraftfahrzeugverkehr auf einem Fahrstreifen soll nachgewiesen werden, dass der störende Einfluss des Kraftfahrzeugverkehrs durch signaltechnische Maßnahmen weitgehend ausgeschlossen wird.

Bahnkörper für die Straßenbahn lassen sich straßenbündig ohne und mit räumlicher Trennung von den übrigen Verkehrsarten oder als besonderer Bahnkörper mit geschlossenem, geschottertem oder begrüntem Oberbau ausbilden.

Besondere Bahnkörper mit geschlossenem Oberbau werden in Beton, Asphalt oder Pflaster ausgeführt und mit Borden von den Fahrstreifen abgetrennt. Sie gewährleisten eine weitgehende Unabhängigkeit der Nahverkehrsfahrzeuge vom übrigen Verkehr und können auch von Linienbussen mitbenutzt werden.

Besondere Bahnkörper mit geschottertem Oberbau sind anwendbar, wenn die gestalterische Integration in den Straßenraum von nachrangiger Bedeutung ist, wenn die Mitbenutzung durch Linienbusse nicht erforderlich ist und wenn die Überquerung des Bahnkörpers durch Fußgänger auf definierte Überquerungsstellen gebündelt werden kann.

Besondere Bahnkörper mit begrüntem Oberbau sind vorteilhaft, wenn gestalterische und ökologische Defizite in Straßenräumen ausgeglichen werden sollen. Zudem sind sie lärmtechnisch als sehr günstig einzustufen.

Bussonderfahrstreifen können in Mittel- und Seitenlage angeordnet werden. In Mittellage haben sie den Vorteil, dass Behinderungen durch widerrechtlich haltende Kraftfahrzeuge nicht auftreten. Zeitlich unbegrenzte Bussonderfahrstreifen in Seitenlage können dort angewendet werden, wo kein Anliegerverkehr vorhanden ist oder das Be- und Entladen von besonderen Ladestraßen, Anliegerfahrgassen oder Innenhöfen aus erfolgen kann. Alternativ besteht die Möglichkeit, dass Bussonderfahrstreifen in Seitenlage zeitlich begrenzt angelegt werden.

Ein Bussonderfahrstreifen ist im Regelfall 3,50 m breit, bei eingeschränkter Flächenverfügbarkeit 3,25 m oder gar nur 3,00 m breit.

Abb. 18.66 Bussonderfahrstreifen in Mittellage

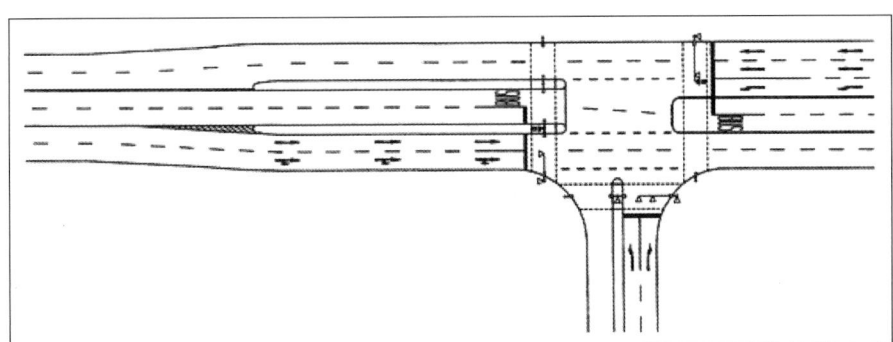

Abb. 18.67 Bussonderfahrstreifen in Seitenlage

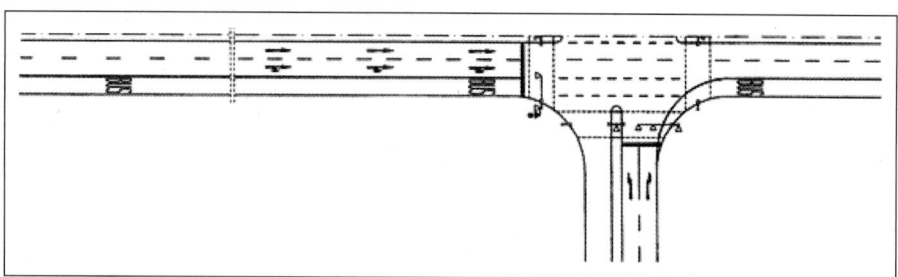

Die Lage von **Haltestellen** ist so zu wählen, dass die Fahrgäste die Nahverkehrsfahrzeuge bequem, sicher und auf kurzem Wege erreichen können. Gleiches gilt an Umsteigehaltestellen für die Wege zwischen den verschiedenen öffentlichen Verkehrsmitteln.

Haltestellen für Straßenbahnen können in Seitenlage als Haltestellenkaps sowie in Mittellage mit Seitenbahnsteigen, Mittelbahnsteigen, angehobenen Fahrbahnen oder Zeitinseln angelegt werden.

Bei Haltestellen für Straßenbahnen in Seitenlage sind Haltestellenkaps zweckmäßig, wenn die Bahnen im Haltestellenbereich mit dem Kraftfahrzeugverkehr auf der gleichen Fläche geführt werden.

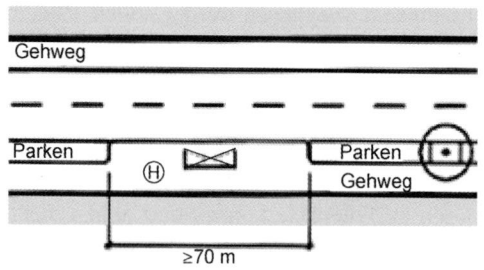

Abb. 18.68 Haltestellenkap

Abb. 18.69 Bushaltestelle am Fahrbahnrand

Haltestellen in Mittellage kommen vorzugsweise bei Straßenbahnen in Betracht. Für die Abwägung, ob Seiten-, Mittelbahnsteige, Zeitinseln oder angehobene Fahrbahnen vorzuziehen sind, sind Kriterien zu berücksichtigen wie Mitbenutzung durch Busse, Ausstattung der Bahnen mit beidseitigen Türen, Bodenhöhe der eingesetzten Bahnen, Verschwenkung der Schienentrasse, Haltestellenausstattung, Umsteiger, städtebauliche Einbindung und Platzbedarf.

Bushaltestellen können in Seitenlage oder Mittellage angeordnet werden. Bei Seitenlage können die Linienbusse für den Fahrgastwechsel an Haltestellenkaps, auf der Fahrbahn oder in Haltebuchten halten.

Haltestellenkaps ermöglichen den Linienbussen ein gerades und präzises Anfahren an den Bord, setzen den Bus an die Spitze des Fahrzeugpulks und erleichtern das Freihalten des Haltestellenbereichs von parkenden Fahrzeugen. Sie sind einsetzbar bis 750 Kfz/h pro Richtung, einer Busfolgezeit von ≥ 10 Minuten und einer mittleren Haltestellenaufenthaltszeit ≤ 16 Sekunden.

Bushaltestellen am Fahrbahnrand haben den Vorteil, dass sie mit geringen baulichen Maßnahmen angelegt werden können. Die Einsatzgrenzen entsprechen denjenigen der Haltestellenkaps.

Busbuchten können in besonderen Fällen wegen der Stärke des Kraftfahrzeugverkehrs oder wegen betrieblicher Belange erforderlich werden.

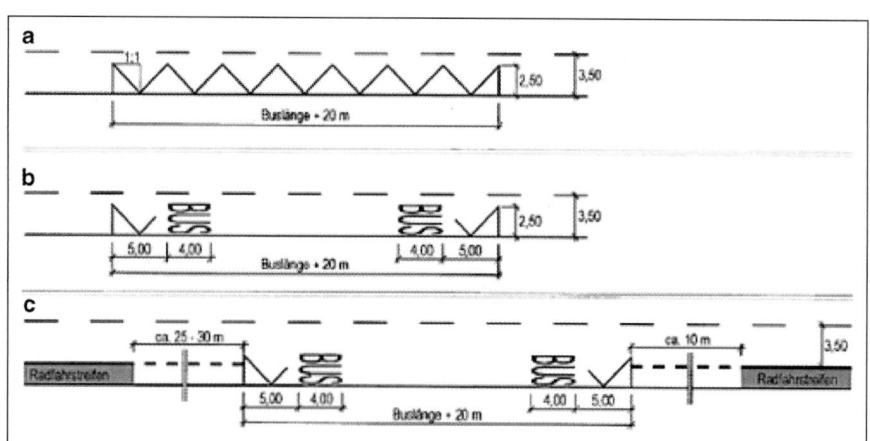

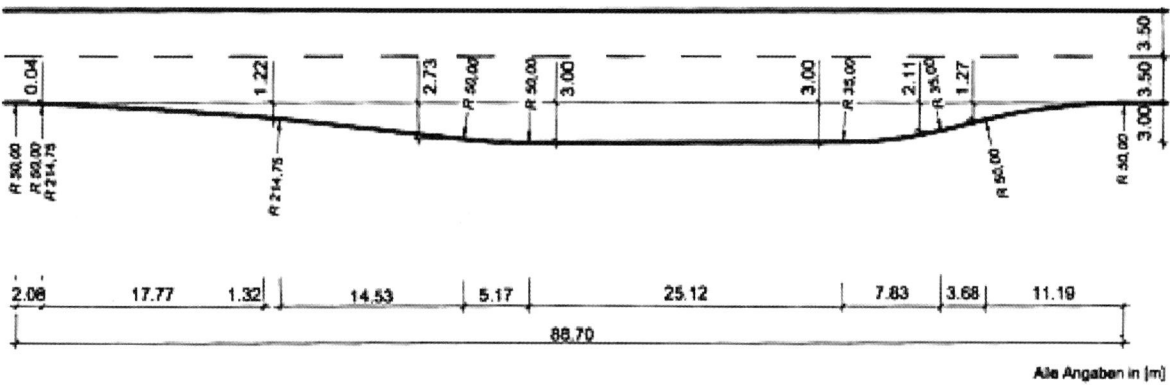

Abb. 18.70 Busbucht

18.3 Straßenbau

18.3.1 Straßenbautechnik

18.3.1.1 Standardisierung des Oberbaus von Verkehrsflächen

Im Folgenden wird das Verfahren aus den Richtlinien für die Standardisierung des Oberbaus von Verkehrsflächen (RStO 12) beschrieben. Nähere Hinweise siehe dort.

Es wird ein einheitlicher Befestigungsstandard aller Verkehrsflächen im öffentlichen Straßennetz angestrebt. Dies soll erreicht werden durch die Anwendung technisch geeigneter und wirtschaftlicher Bauweisen. Berücksichtigt werden

- die Funktion der Verkehrsfläche,
- die Verkehrsbelastung,
- die Lage im Gelände,
- die Bodenverhältnisse,
- die Bauweise und der Zustand zu erneuernder Verkehrsflächen,
- die Lage zur Umgebung.

Die RStO umfassen den Neubau und die Erneuerung von Straßenverkehrsflächen. Sie setzen eine funktionsfähi-

ge Entwässerung voraus. Die Gleichwertigkeit verschiedener Straßenkonstruktionen (bituminöse Decke, Betondecke, Pflasterdecke) wird angestrebt. Fahrbahnen und sonstige Verkehrsflächen (außer Rad- und Gehwege) werden entsprechend ihrer Beanspruchung in Belastungsklassen eingeteilt. Die Zuordnung zu den Belastungsklassen erfolgt nach der dimensionierungsrelevanten Beanspruchung B.

Wenn im angebauten Bereich keine dimensionierungsrelevanten Beanspruchungen vorliegen, erfolgt die Zuordnung nach Tafel 18.30.

Tafel 18.30 Belastungsklassen für die typischen Entwurfssituationen nach den RASt

Typische Entwurfssituation	Straßenkategorie	Belastungsklasse
Anbaufreie Straße	VS II, VS III	Bk10 bis Bk100
Verbindungsstraße	HS III, HS IV	Bk3,2/Bk10
Industriestraße	HS IV, ES IV, ES V	Bk3,2 bis Bk100
Gewerbestraße	HS IV, ES IV, ES V	Bk1,8 bis Bk100
Hauptgeschäftsstraße	HS IV, ES IV	Bk1,8 bis Bk10
Örtliche Geschäftsstraße	HS IV, ES IV	Bk1,8 bis Bk10
Örtliche Einfahrtsstraße	HS III, HS IV	Bk3,2/Bk10
Dörfliche Hauptstraße	HS IV, ES IV	Bk1,0 bis Bk3,2
Quartierstraße	HS IV, ES IV	Bk1,0 bis Bk3,2
Sammelstraße	ES IV	Bk1,0 bis Bk3,2
Wohnstraße	ES V	Bk0,3/Bk1,0
Wohnweg	ES V	Bk0,3

Tafel 18.29 Zuordnung der Belastungsklasse zur dimensionierungsrelevanten Beanspruchung B

Dimensionierungsrelevante Beanspruchung B Äquivalente 10-t-Achsübergänge in Mio.		Belastungsklasse
über 32		Bk100
über 10	bis 32	Bk32
über 3,2	bis 10	Bk10
über 1,8	bis 3,2	Bk3,2
über 1,0	bis 1,8	Bk1,8
über 0,3	bis 1,0	Bk1,0
	bis 0,3	Bk0,3

Tafel 18.31 Belastungsklassen für Busverkehrsflächen

Verkehrsbelastung		Belastungsklasse
> 1400 Busse/Tag		Bk100
> 425 Busse/Tag	≤ 1400 Busse/Tag	Bk32
> 130 Busse/Tag	≤ 425 Busse/Tag	Bk10
> 65 Busse/Tag	≤ 130 Busse/Tag	Bk3,2
	≤ 65 Busse/Tag	Bk1,8

Tafel 18.32 Belastungsklassen in Neben- und Rastanlagen

Verkehrsart	Belastungsklasse
Schwerverkehr	Bk3,2 bis Bk10
Pkw-Verkehr einschließlich geringem Schwerverkehrsanteil	Bk0,3 bis Bk1,8

Tafel 18.33 Belastungsklassen auf Abstellflächen

Verkehrsart	Belastungsklasse
Schwerverkehr	Bk3,2 bis Bk10
Nicht ständig vom Schwerverkehr genutzte Flächen	Bk1,0/Bk1,8
Pkw-Verkehr	Bk0,3

Ein- und Ausfädelungsstreifen sowie Seitenstreifen sind in der Regel in der gleichen Bauweise und Dicke wie die Fahrstreifen der durchgehenden Fahrbahn vorzusehen. Die Fahrstreifen in planfreien Knotenpunkten und in Anschlussstellen erhalten eine Bauweise nach Belastungsklasse Bk3,2, sofern nicht eine höhere dimensionierungsrelevante Beanspruchung nachgewiesen wird.

Die Dicke des frostsicheren Oberbaus soll schädliche Verformungen des Unterbaus und Untergrundes während der Frost- und Tauperioden verhindern. Sie hängt ab von der

- Frostempfindlichkeit des Untergrundes,
- Frosteinwirkung,
- Lage der Gradiente und Trasse,
- Lage des Grundwasserspiegels und sonstigen Wasserverhältnisse,
- Art der Randbereiche neben der Fahrbahn,
- Nutzungsdauer des Straßenoberbaus.

Mindestdicke Ausgangswerte für die Mindestdicke des frostsicheren Oberbaus sind die Werte der Tafel 18.34 in Abhängigkeit von der Frostempfindlichkeitsklasse nach ZTVE-StB. Liegt ein Boden der Frostempfindlichkeitsklasse F1 vor, der auf Boden der Klasse F2 oder F3 aufliegt, kann die Frostschutzschicht entfallen, wenn der Boden der Klasse F1 die

- Anforderungen an Frostschutzschichten hinsichtlich Verdichtungsgrad und Verformungsmodul erfüllt oder nach ZTVT-StB verfestigt wird,
- Mindestdicke aufweist, die für eine Frostschutzschicht auf F2- oder F3-Böden erforderlich ist.

Tafel 18.34 Ausgangswerte für die Bestimmung der Mindestdicke des frostsicheren Oberbaus

Frostempfindlich-keitsklasse	Dicke in cm bei Belastungsklasse		
	Bk100 bis Bk10	Bk3,2 bis Bk1,0	Bk0,3
F2	55	50	40
F3	65	60	50

Entsprechend den örtlichen Verhältnissen sind **Mehr- oder Minderdicken** nach Tafel 18.35 anzusetzen.

Die Gesamtdicke des frostsicheren Oberbaus ergibt sich aus der Mindestdicke entsprechend Tafel 18.34 unter Berücksichtigung der Mehr- und Minderdicken nach Tafel 18.35.

Die Standardbauweisen sind in den Tafeln 18.36 bis 18.38 für Bauweisen mit Asphaltdecken, Betondecken oder Pflasterdecken dargestellt. Bei abweichender Dicke des frostsicheren Oberbaus können Zwischenwerte durch Interpolation berücksichtigt werden.

Tafel 18.35 Mehr- oder Minderdicke infolge örtlicher Verhältnisse

Örtliche Verhältnisse		A	B	C	D	E
Frosteinwirkung	Zone I	±0 cm				
	Zone II	+5 cm				
	Zone III	+15 cm				
Kleinräumige Klimaunterschiede	Ungünstige Klimaeinflüsse		+5 cm			
	Keine besonderen Klimaeinflüsse		±0 cm			
	Günstige Klimaeinflüsse		−5 cm			
Wasserverhältnisse im Untergrund	Kein Grund- und Schichtwasser höher als 1,5 m unter Planum			±0 cm		
	Grund- und Schichtwasser höher als 1,5 m unter Planum			+5 cm		
Lage der Gradiente	Einschnitt, Anschnitt				+5 cm	
	Damm ≤ 2,0 m				±0 cm	
	Damm > 2,0 m				−5 cm	
Entwässerung der Fahrbahn/Ausführung der Randbereiche	Entwässerung der Fahrbahn über Mulden bzw. Böschungen					±0 cm
	Entwässerung der Fahrbahn und Randbereiche über Rinnen, Abläufe und Rohrleitungen					−5 cm

Karte der Frosteinwirkungszonen in Deutschland

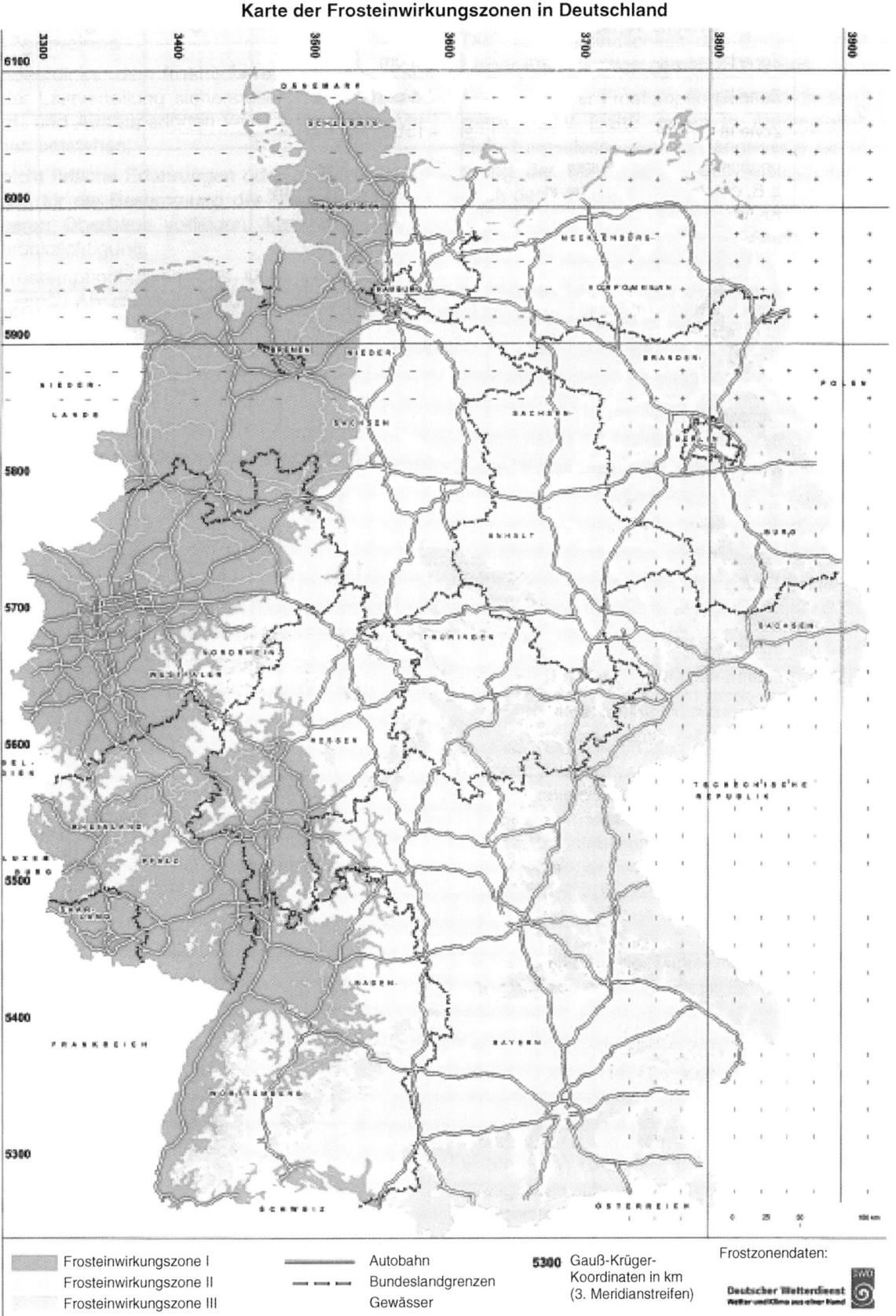

Frosteinwirkungszone I
Frosteinwirkungszone II
Frosteinwirkungszone III

Autobahn
Bundeslandgrenzen
Gewässer

5300 Gauß-Krüger-
Koordinaten in km
(3. Meridianstreifen)

Frostzonendaten:

Abb. 18.71 Frosteinwirkungszonen

Tafel 18.36 Bauweisen mit Asphaltdecke für Fahrbahnen auf F2- und F3-Untergrund/Unterbau

(Dickenangaben in cm; ▼ E_{v2}-Mindestwerte in MPa)

Zeile	Belastungsklasse	Bk100	Bk32	Bk10	Bk3,2	Bk1,8	Bk1,0	Bk0,3
	B [Mio.]	> 32	> 10 - 32	> 3,2 - 10	> 1,8 - 3,2	> 1,0 - 1,8	> 0,3 - 1,0	≤ 0,3
	Dicke des frostsich. Oberbaus[1]	55 / 65 / 75 / 85	55 / 65 / 75 / 85	55 / 65 / 75 / 85	45 / 55 / 65 / 75	45 / 55 / 65 / 75	45 / 55 / 65 / 75	35 / 45 / 55 / 65
	Asphalttragschicht auf Frostschutzschicht							
1	Asphaltdecke / Asphalttragschicht / Frostschutzschicht	12 / 22 / Σ34; ▼120, ▼45	12 / 18 / Σ30; ▼120, ▼45	12 / 14 / Σ26; ▼120, ▼45	10 / 12 / Σ22; ▼120, ▼45	4 / 16 / Σ20; ▼120, ▼45	4 / 14 / Σ18; ▼120, ▼45	4 / 10 }[6] / Σ14; ▼100, ▼45
	Dicke der Frostschutzschicht	- / 31[2] / 41 / 51	25[3] / 35 / 45 / 55	29[3] / 39 / 49 / 59	- / 33[2] / 43 / 53	25[3] / 35 / 45 / 55	27 / 37 / 47 / 57	21 / 31 / 41 / 51
	Asphalttragschicht und Tragschicht mit hydraulischen Bindemitteln auf Frostschutzschicht bzw. Schicht aus frostunempfindlichem Material							
2.1	Asphaltdecke / Asphalttragschicht / Hydraulisch gebundene Tragschicht (HGT) / Frostschutzschicht	12 / 14 / 15 / Σ41; ▼120, ▼45	12 / 10 / 15 / Σ37; ▼120, ▼45	12 / 8 / 15 / Σ35; ▼120, ▼45				
	Dicke der Frostschutzschicht	- / - / 34[2] / 44	- / 28[3] / 38 / 48	- / 30[2] / 40 / 50				
2.2	Asphaltdecke / Asphalttragschicht / Verfestigung / Schicht aus frostunempfindlichem Material -weit- oder intermittierend gestuft gemäß DIN 18196-	12 / 18 / 15 / Σ45; ▼45	12 / 14 / 15 / Σ41; ▼45	12 / 10 / 15 / Σ37; ▼45	10 / 10 / 15 / Σ35; ▼45	4 / 12 / 15 / Σ31; ▼45	4 / 10 / 15 / Σ29; ▼45	4 / 10 / 15 / Σ29; ▼45
	Dicke der Schicht aus frostunempfindlichem Material	10[4] / 20[4] / 30 / 40	14[4] / 24 / 34 / 44	18[4] / 28 / 38 / 48	10[4] / 20 / 30 / 40	14[4] / 24 / 34 / 44	16[4] / 26 / 36 / 46	6[4] / 16[4] / 26 / 36
2.3	Asphaltdecke / Asphalttragschicht / Verfestigung / Schicht aus frostunempfindlichem Material -enggestuft gemäß DIN 18196-	12 / 18 / 20 / Σ50; ▼45	12 / 14 / 20 / Σ46; ▼45	12 / 10 / 20 / Σ42; ▼45	10 / 10 / 20 / Σ40; ▼45	4 / 12 / 15 / Σ31; ▼45	4 / 10 / 15 / Σ29; ▼45	4 / 10 / 15 / Σ29; ▼45
	Dicke der Schicht aus frostunempfindlichem Material	5[4] / 15[4] / 25 / 35	9[4] / 19[4] / 29 / 39	13[4] / 23 / 33 / 43	5[4] / 15[4] / 25 / 35	14[4] / 24 / 34 / 44	16[4] / 26 / 36 / 46	6[4] / 16[4] / 26 / 36
	Asphalttragschicht und Schottertragschicht auf Frostschutzschicht							
3	Asphaltdecke / Asphalttragschicht / Schottertragschicht[7] E_{v2} ≥ 150(120) / Frostschutzschicht	12 / 18 / 15 / Σ45; ▼150, ▼120, ▼45	12 / 14 / 15 / Σ41; ▼150, ▼120, ▼45	12 / 10 / 15 / Σ37; ▼150, ▼120, ▼45	10 / 10 / 15 / Σ35; ▼150, ▼120, ▼45	4 / 12 / 15 / Σ31; ▼150, ▼120, ▼45	4 / 10 / 15 / Σ29; ▼150, ▼120, ▼45	4 / 8 }[6] / 15 / Σ27; ▼120, ▼100, ▼45
	Dicke der Frostschutzschicht	- / - / 30[2] / 40	- / - / 34[2] / 44	- / 28[3] / 38 / 48	- / - / 30[2] / 40	- / 24[3] / 34 / 44	16[3] / 26 / 36 / 46	- / 18[3] / 28 / 38
	Asphalttragschicht und Kiestragschicht auf Frostschutzschicht							
4	Asphaltdecke / Asphalttragschicht / Kiestragschicht E_{v2} ≥ 150(120) / Frostschutzschicht	12 / 18 / 20 / Σ50; ▼150, ▼120, ▼45	12 / 14 / 20 / Σ46; ▼150, ▼120, ▼45	12 / 10 / 20 / Σ42; ▼150, ▼120, ▼45	10 / 10 / 20 / Σ40; ▼150, ▼120, ▼45	4 / 12 / 20 / Σ36; ▼150, ▼120, ▼45	4 / 10 / 20 / Σ34; ▼150, ▼120, ▼45	4 / 8 }[6] / 20 / Σ32; ▼120, ▼100, ▼45
	Dicke der Frostschutzschicht	- / - / 25[3] / 35	- / - / 29[3] / 39	- / / 33[2] / 43	- / - / 25[3] / 35	- / - / 29[2] / 39	- / 31[2] / 41 / 51	- / - / 23[2] / 33
	Asphalttragschicht und Schotter- oder Kiestragschicht auf Schicht aus frostunempfindlichem Material							
5	Asphaltdecke / Asphalttragschicht / Schotter- oder Kiestragschicht / Schicht aus frostunempfindlichem Material	12 / 18 / 30[5] / Σ60; ▼150, ▼45	12 / 14 / 30[5] / Σ56; ▼150, ▼45	12 / 10 / 30[5] / Σ52; ▼150, ▼45	10 / 10 / 30[5] / Σ50; ▼150, ▼45	4 / 12 / 30[5] / Σ46; ▼150, ▼45	4 / 10 / 30[5] / Σ44; ▼150, ▼45	4 / 8 }[6] / 25[5] / Σ37; ▼120, ▼45
	Dicke der Schicht aus frostunempfindlichem Material	Ab 12 cm aus frostunempfindlichem Material, geringere Restdicke ist mit dem darüber liegenden Material auszugleichen						

1) Bei abweichenden Werten sind die Dicken der Frostschutzschicht bzw. des frostunempfindlichen Materials durch Differenzbildung zu bestimmen, siehe auch Tabelle 8
2) Mit rundkörnigen Gesteinskörnungen nur bei örtlicher Bewährung anwendbar
3) Nur mit gebrochenen Gesteinskörnungen und bei örtlicher Bewährung anwendbar
4) Nur auszuführen, wenn das frostunempfindliche Material und das zu verfestigende Material als eine Schicht eingebaut werden
5) Bei Kiestragschicht in Belastungsklassen Bk3,2 bis Bk100 in 40 cm Dicke, in Belastungsklassen Bk0,3 und Bk1,0 in 30 cm Dicke
6) Alternativ: unter Beachtung von Abschnitt 3.3.3 auch Asphalttragdeckschicht anwendbar
7) Alternativ: Abminderung der Asphalttragschicht um 2 cm bei 20 cm dicker Schottertragschicht und E_{v2} ≥ 180 MPa (in Belastungsklassen Bk1,8 bis Bk100) bzw. E_{v2} ≥ 150 MPa

Tafel 18.37 Bauweisen mit Betondecke für Fahrbahnen auf F2- und F3-Untergrund/Unterbau

(Dickenangaben in cm; ▼ E_{V2}-Mindestwerte in MPa)

Zeile	Belastungsklasse	Bk100	Bk32	Bk10	Bk3,2	Bk1,8	Bk1,0	Bk0,3
	B [Mio.]	> 32	> 10 - 32	> 3,2 - 10	> 1,8 - 3,2	> 1,0 - 1,8	> 0,3 - 1,0	≤ 0,3
	Dicke des frostsich. Oberbaus[1)]	55 65 75 85	55 65 75 85	55 65 75 85	45 55 65 75	45 55 65 75	45 55 65 75	35 45 55 65
	Tragschicht mit hydraulischen Bindemitteln auf Frostschutzschicht bzw. Schicht aus frostunempfindlichem Material							
1.1	Betondecke / Vliesstoff[8)] / Hydraulisch gebundene Tragschicht (HGT) / Frostschutzschicht	27 / 15 / Σ42; ▼120, ▼45	26 / 15 / Σ41; ▼120, ▼45	25 / 15 / Σ40; ▼120, ▼45	24 / 15 / Σ39; ▼120, ▼45	23 / 15 / Σ38; ▼120, ▼45		
	Dicke der Frostschutzschicht	- - 33[2)] 43	- 24[3)] 34 44	- 25[3)] 35 45	- - 26[3)] 36	- - 27[3)] 37		
1.2	Betondecke / Vliesstoff[8)] / Verfestigung / Schicht aus frostunempfindlichem Material -weit- oder intermittierend gestuft gemäß DIN 18196-	27 / 20 / Σ47; ▼45	26 / 15 / Σ41; ▼45	25 / 15 / Σ40; ▼45	24 / 15 / Σ39; ▼45	23 / 15 / Σ38; ▼45		
	Dicke der Schicht aus frostunempfindlichem Material	8[4)] 18[4)] 28 38	14[4)] 24 34 44	15[4)] 25 35 45	6[4)] 16 26 36	- - 27[3)] 37		
1.3	Betondecke / Vliesstoff[8)] / Verfestigung / Schicht aus frostunempfindlichem Material -enggestuft gemäß DIN 18196-	27 / 25 / Σ52; ▼45	26 / 20 / Σ46; ▼45	25 / 20 / Σ45; ▼45	24 / 20 / Σ44; ▼45	23 / 20 / Σ43; ▼45	20 / 15 / Σ35; ▼45	20 / 15 / Σ35; ▼45
	Dicke der Schicht aus frostunempfindlichem Material	3[4)] 13[4)] 23 33	9[4)] 19 29 39	10[4)] 20 30 40	1[4)] 11[4)] 21 31	2[4)] 12[4)] 22 32	10[4)] 20 30 40	- 10[4)] 20 30
	Asphalttragschicht auf Frostschutzschicht							
2	Betondecke / Asphalttragschicht / Frostschutzschicht	26 / 10 / Σ36; ▼120, ▼45	25 / 10 / Σ35; ▼120, ▼45	24 / 10 / Σ34; ▼120, ▼45	23 / 10 / Σ33; ▼120, ▼45	22 / 8 / Σ30; ▼120, ▼45		
	Dicke der Frostschutzschicht	- 29[3)] 39 49	- 30[2)] 40 50	- 31[2)] 41 51	- - 32[2)] 42	- 25[3)] 35 45		
	Schottertragschicht auf Schicht aus frostunempfindlichem Material							
3.1	Betondecke / Schottertragschicht / Schicht aus frostunempfindlichem Material	29 / 30[18)] / Σ59; ▼150, ▼45	28 / 30[18)] / Σ58; ▼150, ▼45	27 / 30[18)] / Σ57; ▼150, ▼45	26 / 30[18)] / Σ56; ▼150, ▼45	24 / 30[18)] / Σ54; ▼150, ▼45		
	Dicke der Schicht aus frostunempfindlichem Material	Ab 12 cm aus frostunempfindlichem Material, geringere Restdicke ist mit dem darüber liegenden Material auszugleichen						
	Schottertragschicht auf Frostschutzschicht							
3.2	Betondecke / Schottertragschicht / Frostschutzschicht	29 / 20 / Σ49; ▼150, ▼120, ▼45	28 / 20 / Σ48; ▼150, ▼120, ▼45	27 / 20 / Σ47; ▼150, ▼120, ▼45	26 / 20 / Σ46; ▼150, ▼120, ▼45	24 / 20 / Σ44; ▼150, ▼120, ▼45		
	Dicke der Frostschutzschicht	- - 26[1)] 36	- - 27[1)] 37	- - 28[1)] 38	- - 19[1)] 29	- - 21[1)] 31		
	Frostschutzschicht							
4	Betondecke / Frostschutzschicht						21 / Σ21; ▼120, ▼45	21 / Σ21; ▼100, ▼45
	Dicke der Frostschutzschicht						24[3)] 34 44 54	14[3)] 24 34 44

1) Bei abweichenden Werten sind die Dicken der Frostschutzschicht bzw. des frostunempfindlichen Materials durch Differenzbildung zu bestimmen, siehe auch Tabelle 8
2) Mit rundkörnigen Gesteinskörnungen nur bei örtlicher Bewährung anwendbar
3) Nur mit gebrochenen Gesteinskörnungen und bei örtlicher Bewährung anwendbar
4) Nur auszuführen, wenn das frostunempfindliche Material und das zu verfestigende Material als eine Schicht eingebaut werden
8) Anstelle des Vliesstoffes kann eine Asphaltzwischenschicht gewählt werden, siehe Abschnitt 3.3.4
18) Bei örtlicher Bewährung 25 cm

Tafel 18.38 Bauweisen mit Pflasterdecke für Fahrbahnen auf F2- und F3-Untergrund/Unterbau

(Dickenangaben in cm; ▼— E_{v2}-Mindestwerte in MPa)

Zeile	Belastungsklasse	Bk100	Bk32	Bk10	Bk3,2	Bk1,8	Bk1,0	Bk0,3
	B [Mio.]	> 32	> 10 - 32	> 3,2 - 10	> 1,8 - 3,2	> 1,0 - 1,8	> 0,3 - 1,0	≤ 0,3
	Dicke des frostsich. Oberbaus[1]	55 65 75 85	55 65 75 85	55 65 75 85	45 55 65 75	45 55 65 75	45 55 65 75	35 45 55 65

Zeile 1 — Schottertragschicht auf Frostschutzschicht [13]
Schichten: Pflasterdecke [9] / Schottertragschicht / Frostschutzschicht

	Bk3,2	Bk1,8	Bk1,0	Bk0,3
Aufbau	▼180[15]; 10/4/25 (Σ39); ▼120; ▼45	▼150; 10/4/25 (Σ39); ▼120; ▼45	▼150; 8/4/20 (Σ32); ▼120; ▼45	▼120; 8/4/15 (Σ27); ▼100; ▼45
Dicke der Frostschutzschicht	- - 26[3] 36	- - 26[3] 36	- - 33[2] 43	- 18[3] 28 38

Zeile 2 — Kiestragschicht auf Frostschutzschicht
Schichten: Pflasterdecke [9] / Kiestragschicht / Frostschutzschicht

	Bk1,8	Bk1,0	Bk0,3
Aufbau	▼150; 10/4/30 (Σ44); ▼120; ▼45	▼150; 8/4/25 (Σ37); ▼120; ▼45	▼120; 8/4/20 (Σ32); ▼100; ▼45
Dicke der Frostschutzschicht	- - - 31[2]	- - 28[3] 38	- - 23[2] 33

Zeile 3 — Schotter- oder Kiestragschicht auf Schicht aus frostunempfindlichem Material [13]
Schichten: Pflasterdecke [9] / Schotter- oder Kiestragschicht / Schicht aus frostunempfindlichem Material

	Bk3,2	Bk1,8	Bk1,0	Bk0,3
Aufbau	▼180[15]; 10/4/30[19] (Σ44); ▼45	▼150; 10/4/30[11] (Σ44); ▼45	▼150; 8/4/30[11] (Σ42); ▼45	▼120; 8/4/25[11] (Σ37); ▼45

Dicke der Schicht aus frostunempfindlichem Material: Ab 12 cm aus frostunempfindlichem Material, geringere Restdicke ist mit dem darüber liegenden Material auszugleichen

Zeile 4 — Asphalttragschicht auf Frostschutzschicht
Schichten: Pflasterdecke [9] / Wasserdurchlässige Asphalttragschicht [10] / Frostschutzschicht

	Bk3,2	Bk1,8	Bk1,0	Bk0,3
Aufbau	▼120; 10/4/14 (Σ28); ▼45	▼120; 10/4/14 (Σ28); ▼45	▼120; 8/4/12 (Σ24); ▼45	▼100; 8/4/10 (Σ22); ▼45
Dicke der Frostschutzschicht	- 27[3] 37 47	- 27[2] 37 47	- 31[2] 41 51	- 23[2] 33 43

Zeile 5 — Asphalttragschicht und Schottertragschicht auf Frostschutzschicht
Schichten: Pflasterdecke [9] / Wasserdurchlässige Asphalttragschicht [10] / Schottertragschicht / Frostschutzschicht

	Bk3,2	Bk1,8	Bk1,0	Bk0,3
Aufbau	▼150; 10/4/10/15 (Σ39); ▼120; ▼45	▼150; 10/4/10/15 (Σ39); ▼120; ▼45	▼150; 8/4/8/15 (Σ35); ▼120; ▼45	▼120; 8/4/8/15 (Σ35); ▼100; ▼45
Dicke der Frostschutzschicht	- - 26[3] 36	- - 26[2] 36	- 20[2] 30 40	- - 20[2] 30

Zeile 6 — Asphalttragschicht und Kiestragschicht auf Frostschutzschicht
Schichten: Pflasterdecke [9] / Wasserdurchlässige Asphalttragschicht [10] / Kiestragschicht / Frostschutzschicht

	Bk3,2	Bk1,8	Bk1,0	Bk0,3
Aufbau	▼150; 10/4/10/20 (Σ44); ▼120; ▼45	▼150; 10/4/10/20 (Σ44); ▼120; ▼45	▼150; 8/4/8/20 (Σ40); ▼120; ▼45	▼120; 8/4/8/20 (Σ40); ▼100; ▼45
Dicke der Frostschutzschicht	- - - 31[2]	- - - 31[2]	- 25[3] 35 45	- - 15[3] 25

Zeile 7 — Dränbetontragschicht auf Frostschutzschicht
Schichten: Pflasterdecke [9] / Dränbetontragschicht (DBT) [10] / Frostschutzschicht

	Bk3,2	Bk1,8	Bk1,0	Bk0,3
Aufbau	▼120; 10/4/20 (Σ34); ▼45	▼120; 10/4/20 (Σ34); ▼45	▼120; 8/4/15 (Σ27); ▼45	▼100; 8/4/15 (Σ27); ▼45
Dicke der Frostschutzschicht	- 31[2] 41	- 31[2] 41	18[3] 28 38 48	- 18[3] 28 38

1) Bei abweichenden Werten sind die Dicken der Frostschutzschicht bzw. des frostunempfindlichen Materials durch Differenzbildung zu bestimmen, siehe auch Tabelle 8
2) Mit rundkörnigen Gesteinskörnungen nur bei örtlicher Bewährung anwendbar
3) Nur mit gebrochenen Gesteinskörnungen und bei örtlicher Bewährung anwendbar
9) Abweichende Steindicke siehe Abschnitt 3.3.5
10) Siehe ZTV Pflaster-StB
11) Bei Kiestragschicht in Belastungsklassen Bk1,8 und Bk3,2 in 40 cm Dicke, in Belastungsklassen Bk0,3 und Bk1,0 in 30 cm Dicke
13) Anwendung in Bk3,2 nur bei örtlicher Bewährung
15) Mit $E_{v2} \geq 150$ MPa bei bewährten regionalen Bauweisen anwendbar
19) Nur Schottertragschicht

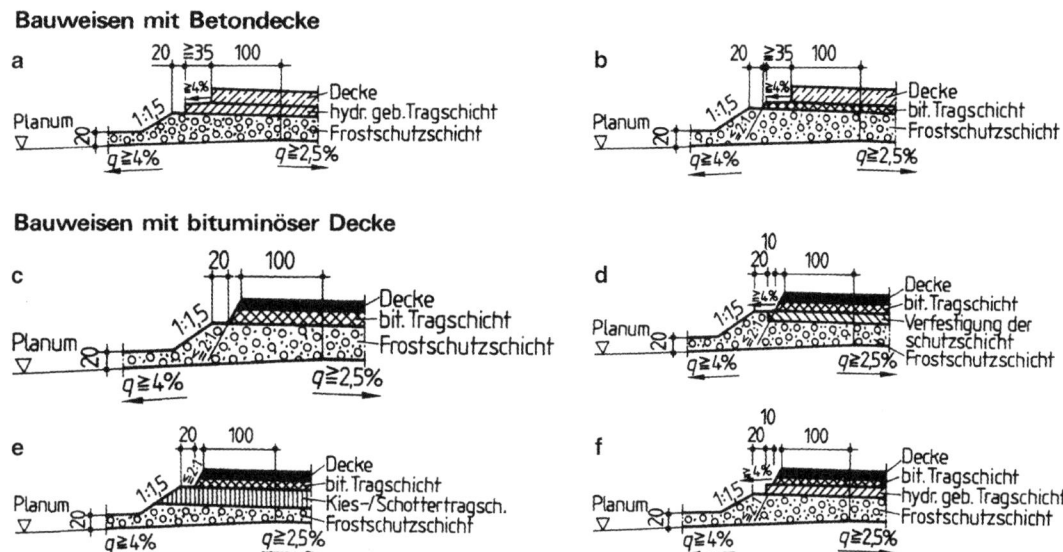

Abb. 18.72 Randausbildung von Oberbauschichten

Randausbildung Um eine einwandfreie Entwässerung des Planums zu gewährleisten, muss eine sorgfältige Randausbildung angeordnet werden. Die Querneigung des Planums soll mindestens $q = 2,5\%$ betragen. Auf der höheren Querprofilseite kann der Hochpunkt des Planums 1,00 m vom befestigten Fahrbahnrand zur Mitte hin verlegt und damit das Planum unsymmetrisch als Dachprofil ausgebildet werden.

Konstruktionselemente des Oberbaus Anwendung, Baugrundsätze und Ausführung für Tragschichten sind in den ZTVT-StB zusammengefasst. Tragschichten ohne Bindemit-

tel müssen mindestens in der Dicke ausgeführt werden, die in den Tafeln 18.36 bis 18.38 angegeben sind. Ist dafür keine Dicke angegeben, ist damit zu rechnen, dass der erforderliche Ev2-Wert wahrscheinlich nicht erreicht wird und deshalb eine größere Dicke des frostsicheren Oberbaus gewählt werden muss.

Erreichen die Ev2-Werte der Schottertragschicht unter der Asphalttragschicht den jeweils höheren Wert gegenüber dem in der Tafel 18.36 angegebenen, darf die Dicke der Asphalttragschicht um 0,02 m verringert werden. Entsteht dadurch eine Minderdicke des frostsicheren Oberbaus, muss dies

Tafel 18.39 Bauweisen mit vollgebundenem Oberbau für Fahrbahnen auf F2- und F3-Untergrund/Unterbau

(Dickenangaben in cm; ▼ Ev2-Mindestwerte in MPa)

Zeile	Belastungsklasse	Bk100	Bk32	Bk10	Bk3,2	Bk1,8	Bk1,0	Bk0,3
	B [Mio.]	> 32	> 10 - 32	> 3,2 - 10	> 1,8 - 3,2	> 1,0 - 1,8	> 0,3 - 1,0	≤ 0,3
1	**Asphaltdecke und <u>Asphalttragschicht</u> auf Planum** [12] Asphaltdecke · Asphalttragschicht	12 / 34 ▼45 Σ46	12 / 30 ▼45 Σ42	12 / 26 ▼45 Σ38	10 / 26 ▼45 Σ36	10 / 24 ▼45 Σ34	4 / 26 ▼45 Σ30	4 / 22 ▼45 Σ26
2	**Betondecke und <u>Tragschicht mit hydraulischen Bindemitteln</u> auf Planum** [12] Betondecke · Vliesstoff [8] · Tragschicht mit hydraulischen Bindemitteln	27 / 25 ▼45 Σ52	26 / 25 ▼45 Σ51	25 / 23 ▼45 Σ48				

durch die Mehrdicke beim frostsicheren Material ausgeglichen werden.

Tragschichten mit hydraulischem Bindemittel sind Verfestigungen, hydraulisch gebundene Tragschichten und Betontragschichten. Ihr Einsatz ist abhängig von der Art der darüber liegenden Schichten in Asphalt- oder Betonbauweise. Unter Pflasterdecken ist eine hydraulisch gebundene Drainbetontragschicht auszuführen. Asphalttragschichten sind Tragschichten mit bituminösem Bindemittel. Die Dicke darf vermindert werden, wenn die darüber liegende Asphaltbinderschicht um das gleiche Maß erhöht wird. Die Mindesteinbaudicke der Asphalttragschicht muss aber eingehalten werden.

Erneuerung von Fahrbahnen Unter Erneuerung von Fahrbahnen versteht man Maßnahmen, die die Wiederherstellung des Gebrauchswertes der Verkehrsfläche bei Anpassen an geänderte Belastungsbedingungen zum Ziel hat. Bei Asphaltbefestigungen ist davon mehr als die Deckschicht, bei Betonbauweise mindestens die Betondecke betroffen. Zur Bewertung der strukturellen Substanz der vorhandenen Befestigung sowie zur Festlegung einer technisch und wirtschaftlich zweckmäßigen Erneuerungsbauweise sind heranzuziehen:

- Ermittlung der bisherigen Verkehrsbelastung und des Alters der Befestigung,
- Oberflächenzustand,
- Tragfähigkeit (soweit sie bekannt ist),
- Art und Zustand der vorhandenen Befestigung einschließlich des Untergrundes/Unterbaus und ihre Eignung für die vorgesehene Funktion,
- Zustand der Entwässerungseinrichtungen.

Der Oberflächenzustand wird nach folgenden Merkmalen bewertet, die einzeln oder kombiniert auftreten können:

- Netzrisse, Risshäufung,
- Längsunebenheit,
- Verformungen infolge unzureichender Tragfähigkeit
- Ausmagerung, Splittverlust, Flickstellen bei Asphaltdecken,
- Längs- oder Querrisse, Eckabbrüche, Kantenschäden, Plattenversatz oder -bewegung bei Betondecken.

Die Bestimmung der Tragfähigkeit einer vorhandenen Befestigung kann ergänzend zur Bewertung des Zustandes der Befestigung herangezogen werden z. B.

- zur Ermittlung visuell nicht erkennbarer Schwachstellen,
- zur Festlegung von Erneuerungsabschnitten gleicher Tragfähigkeit
- in Kombination mit Georadarmessungen zur Ermittlung homogener Abschnitte für die Festlegung von Bohrkernentnahmestellen.

Für die Zuordnung der maßgebenden Zustandsmerkmale zur Festlegung einer Zweckmäßigen Erneuerungsart und -bauweise ist es unerlässlich, die Ursachen für einen angetroffenen Oberflächenzustand und die Eignung der vorhandenen Befestigung, einzelner Schichten und gegebenenfalls des Untergrunds/Unterbaus zu ermitteln. Insbesondere sind festzustellen:

- Art, Dicke und Eigenschaften der einzelnen Schichten
- Art des Untergrunds/Unterbaus (insbesondere Frostempfindlichkeitsklasse Wasserverhältnisse)
- Schichtenverbund.

Die Funktionseigenschaften der Entwässerungseinrichtungen sind zu überprüfen, gegebenenfalls sind diese zu erneuern.

Die Dicke des frostsicheren Oberbaus für die Erneuerung ist sinngemäß wie beim Neubau zu ermitteln. Frostschutzmaßnahmen sind nicht erforderlich, wenn die Gesamtdicke der gebundenen Schichten nach der Erneuerung der Dicke des vollgebundenen Oberbaus nach Tafel 18.39 entspricht.

In die Entscheidung, welche der Bauweisen technisch zweckmäßig und für den vorgesehenen Nutzungszeitraum wirtschaftlich ist, sind neben dem Gesichtspunkt der Wiederverwendung von Baustoffen auch die örtlichen Gegebenheiten sowie auch die Bauzeitvorgabe und die Länge des Erneuerungsabschnittes einzubeziehen.

Bei vollständigem Ersatz der Befestigung sind die Regelungen für den Neubau anzuwenden.

Sind tiefer greifende Schäden zu beseitigen, die einen Teilausbau der vorhandenen Befestigung erforderlich machen, so ist die Dicke der einzubauenden Schichten in Abhängigkeit von der Art und dem Zustand der Schicht, auf der neu aufzubauen ist, in Anlehnung an die Tafeln 18.36 bis 18.38 festzulegen.

Die Erneuerung auf der vorhandenen Befestigung hat auf Grundlage einer fundierten Untersuchung und Bewertung der strukturellen Substanz zu erfolgen. Dies sollte mit Berechnungen zur Nutzungsdauerermittlung bzw. Schichtdeckenfestlegung nach den RDO Asphalt bzw. der RDO Beton 09 kombiniert werden. Alternativ kann bei Asphaltbauweise in den Belastungsklassen Bk0,3 bis Bk3,2 eine Erneuerung mit Schichtdicken nach Tafel 18.40 erfolgen.

Sonstige Verkehrsflächen Die Belastungsklassen für *Busverkehrsflächen* entnimmt man Tafel 18.31. Die Bauweisen und Schichtdicken werden entsprechend den Tafeln 18.36 bis 18.38 ausgewählt. Je nach örtlichen Verhältnissen sind Mehr- oder Minderdicken nach Tafel 18.35 zu berücksichtigen.

Die Bauweisen für *Rad- und Gehwege* entnimmt man Tafel 18.41. Auf diesen Flächen können auch Fahrzeuge des Unterhaltungsdienstes fahren. Ebenheit und gute Entwässerung sind unbedingt notwendig. Bei Böden der Frostempfindlichkeitsklasse F1 sind keine Frostschutzmaßnahmen nötig. Bei Böden der Frostschutzempfindlichkeitsklasse F2 und F3 genügt eine Dicke des Oberbaus von 0,30 m, die in Ortslagen auf 0,20 m vermindert werden darf. Bei Überfahrten für Kraftfahrzeuge ist die Befestigung auf die Belastung abzustimmen. Außer den dargestellten Bauweisen sind auch dünnere Bauweisen oder ungebundene Deckschichten mög-

Tafel 18.40 Erneuerung in Asphaltbauweise auf vorhandener Befestigung

(Dickenangaben in cm)

Belastungsklasse	Bk100	Bk32	Bk10	Bk3,2	Bk1,8	Bk1,0	Bk0,3
B [Mio.]	> 32	> 10 - 32	> 3,2 - 10	> 1,8 - 3,2	> 1,0 - 1,8	> 0,3 - 1,0	≤ 0,3
Asphaltdecke Asphalttragschicht als Ausgleichschicht vorhandene Befestigung		Einzelfallbetrachtung		10 ≥8 ≥18	4 ≥10 ≥14	4 ≥8 ≥12	4 [6] ≥6 ≥10

Tafel 18.41 Bauweisen für Rad- und Gehwege auf F2- und F3-Untergrund/Unterbau

(Dickenangaben in cm; ——▼— E_{v2}-Mindestwerte in MPa)

Zeile	Bauweisen	Asphalt		Beton		Pflaster (Plattenbelag)		ohne Bindemittel	
	Dicke des frostsich. Oberbaus	30	40	30	40	30	40	30	40
	Schotter- oder Kiestragschicht auf Schicht aus frostunempfindlichem Material								
1	Decke Schotter- oder Kiestragschicht Schicht aus frostunempfindlichem Material	▼80[20] 10[6] 15 Σ25 ▼ 45		▼80[20] 12[17] 15 Σ27 ▼ 45		▼80[20] 8[14] 4 15 Σ27 ▼ 45		▼120 4 25 Σ29 ▼ 45	
	Dicke der Schicht aus frostunempfindlichem Material[16]	-	15	-	13	-	13	-	11
	ToB auf Planum								
2	Decke Schotter-, Kiestragschicht oder Frostschutzschicht	▼80[20] 10[6] Σ10 ▼ 45		▼80[20] 12[17] Σ12 ▼ 45		▼80[20] 8[14] 4 Σ12 ▼ 45		▼120 4 Σ 4 ▼ 45	
	Dicke der Schotter-, Kiestragschicht oder Frostschutzschicht	20	30	18	28	18	28	26	36

6) Asphalttragdeckschicht oder Asphalttrag- und Asphaltdeckschicht, siehe auch Abschnitt 3.3.3
14) Auch geringe Dicke möglich
16) Ab 12 cm aus frostunempfindlichem Material, geringere Restdicke ist mit dem darüber liegenden Material auszugleichen
17) Bei einer 12 cm dicken Betondecke ist keine Verdübelung bzw. Verankerung möglich
20) Bei Belastung durch Fahrzeuge (Wartung und Unterhaltung) E_{v2} ≥ 100 MPa

lich. Bei Rad- und Gehwegen am tieferen Rand der Straße ist es meist zweckmäßig, Planum und Frostschutzschicht der Fahrbahn unter diesen Verkehrsflächen weiter zu führen, um eine einwandfreie Entwässerung zu gewährleisten.

Die Zuordnung einer Verkehrsfläche in *Neben- und Rastanlagen* zu einer Belastungsklasse entnimmt man Tafel 18.32. Für Bauweisen und Schichtdicken gelten die Tafeln 18.36 bis 18.38. Im Bereich von Zapfstellen für Kraftstoffe ist eine gegen Kraftstoffe unempfindliche Befestigung zu wählen.

Die Belastungsklasse für *Abstellflächen* wählt man aus Tafel 18.33. Für die Bauweise wendet man die Tafeln 18.36 bis 18.38 sinngemäß an. Ebenso sind Mehr- oder Minderdicken nach Tafel 18.35 zu berücksichtigen. Fahrgassen und

Stellflächen können verschiedene Befestigungsarten erhalten. Hier sind auch gestalterische Elemente oder Häufigkeit der Nutzung von Einfluss.

Ermittlung der dimensionierungsrelevanten Beanspruchung B Je nach den zur Verfügung stehenden Daten erfolgt die Ermittlung der dimensionierungsrelevanten Beanspruchung B nach zwei Methoden:
1. Berechnung aus Angaben des DTV[SV]
2. Berechnung mittels Achslast-Angaben aus Achslastwägungen.

Beide Methoden können mit variablen oder konstanten Faktoren durchgeführt werden. Häufig wird die erste Methode zur Anwendung kommen, da Messstellen für Achslastdaten nur an besonders belasteten Streckenabschnitten vorhanden sind. Daten der Verkehrszählungen sind auf vielen Straßen vorhanden oder können relativ einfach gewonnen werden. Man ermittelt in diesem Fall die dimensionierungsrelevante Beanspruchung B mit (18.10) bei variablen Faktoren.

$$B = 365 \cdot q_{B_m} \cdot f_3 \cdot \sum_{i=1}^{N} \left[DTA_{i-1}^{(SV)} \cdot f_{1i} \cdot f_{2i} \cdot (1 + p_i) \right]$$

$$(18.10)$$

in äquivalenten Achsübergängen/Nutzungsdauer mit

$$DTA_{i-1}^{(SV)} = DTV_{i-1}^{(SV)} \cdot f_{A_{i-1}}$$

oder mit (18.11) bei konstanten Faktoren

$$B = N \cdot DTA^{(SV)} \cdot q_{B_m} \cdot f_1 \cdot f_2 \cdot f_3 \cdot f_Z \cdot 365 \quad (18.11)$$

in äquivalenten Achsübergängen/Nutzungsdauer mit

$$DTA^{(SV)} = DTV^{(SV)} \cdot f_A$$

B Summe der gewichteten äquivalenten 10-t-Achsübergänge im Nutzungszeitraum

N Anzahl der Jahre des Nutzungszeitraumes; in der Regel 30 Jahre

q_{B_m} Mittlerer Lastkollektivquotient einer Straßenklasse

f_3 Steigungsfaktor

$DTA_{i-1}^{(SV)}$ Durchschnittliche Anzahl der täglichen Achsübergänge des Schwerverkehrs

$DTV_{i-1}^{(SV)}$ Durchschnittliche tägliche Verkehrsstärke des Schwerverkehrs

$f_{A_{i-1}}$ Durchschnittliche Achszahl pro Fahrzeug des Schwerverkehrs

f_{1i} Fahrstreifenfaktor

f_{2i} Fahrstreifenbreitenfaktor

p_i Mittlere jährliche Zunahme des Schwerverkehrs

f_Z Mittlerer jährlicher Zuwachsfaktor des Schwerverkehrs mit

$$f_Z = \frac{(1 + p)^N - 1}{p \cdot N}$$

Die Faktoren für die Berechnung der dimensionierungsrelevanten Beanspruchung B entnimmt man den Tafeln 18.42 bis 18.48.

Tafel 18.42 Achszahlfaktor f_A

Straßenklasse	Faktor f_A
Bundesautobahnen kommunale Straßen mit SV-Anteil > 6 %	4,5
Bundesstraßen kommunale Straßen mit SV-Anteil > 3 % und ≤ 6 %	4,0
Landes- und Kreisstraßen kommunale Straßen mit SV-Anteil ≤ 3 %	3,3

Tafel 18.43 Lastkollektivquotient q_{B_m}

Straßenklasse	Quotient q_{B_m}
Bundesautobahnen kommunale Straßen mit SV-Anteil > 6 %	0,33
Bundesstraßen kommunale Straßen mit SV-Anteil > 3 % und ≤ 6 %	0,25
Landes- und Kreisstraßen kommunale Straßen mit SV-Anteil ≤ 3 %	0,23

Tafel 18.44 Fahrstreifenfaktor f_1 zur Ermittlung des DTV$^{(SV)}$

Zahl der Fahrstreifen im Querschnitt oder Fahrtrichtung	Faktor f_1 bei Erfassung der DTV	
	In beiden Fahrtrichtungen	Für jede Fahrtrichtung getrennt
1	–	1,0
2	0,50	0,90
3	0,50	0,80
4	0,45	0,80
5	0,45	0,80
6 und mehr	0,40	–

Tafel 18.45 Fahrstreifenbreitenfaktor f_2

Fahrstreifenbreite [m]	Faktor f_2
Unter 2,50	2,00
2,50 bis unter 2,75	1,80
2,75 bis unter 3,25	1,40
3,25 bis unter 3,75	1,10
3,75 und mehr	1,00

Tafel 18.46 Steigungsfaktor f_3

Höchstlängsneigung [%]	Faktor f_3
Unter 2	1,00
2 bis unter 4	1,02
4 bis unter 5	1,05
5 bis unter 6	1,09
6 bis unter 7	1,14
7 bis unter 8	1,20
8 bis unter 9	1,27
9 bis unter 10	1,35
10 und mehr	1,45

Tafel 18.47 Mittlere jährliche Zunahme des Schwerverkehrs p

Straßenklasse	p
Bundesautobahnen	0,03
Bundesstraßen	0,02
Landes- und Kreisstraßen	0,01

Tafel 18.48 Mittlerer jährlicher Zuwachsfaktor des Schwerverkehrs f_Z

N [a]	Mittlere jährliche Zunahme des Schwerverkehrs p		
	0,01	0,02	0,03
5	1,020	1,041	1,062
10	1,046	1,095	1,146
15	1,073	1,153	1,240
20	1,101	1,215	1,344
25	1,130	1,281	1,458
30	1,159	1,352	1,586

18.3.1.2 Anforderungen an die Baustoffgemische

Tragschichten sind Bestandteile des frostsicheren Oberbaus. Sie verteilen Lasten, die auf die Fahrbahnfläche wirken, auf die Unterlage.

Als Unterlage bezeichnet man die Fläche unter der jeweils herzustellenden Tragschicht. Die Mindestdicke richtet sich nach RStO und ZTVT-StB.

Tragschichten ohne Bindemittel werden eingesetzt als Frostschutzschichten oder Kies- und Schottertragschichten.

Tafel 18.49 Mindestdicken von Tragschichten ohne Bindemittel

Baustoffgemisch	0/32	0/45	0/56	0/63
Mindestschichtdicke (cm)	12	15	18	20

Frostschutzschichten bestehen aus frostunempfindlichen Mineralstoffgemischen, die auch im verdichteten Zustand ausreichend wasserdurchlässig sind und Frostschäden im Oberbau vermeiden sollen (Kornanteil unter 0,063 mm Durchmesser $< 5,0$ M.-% im Lieferzustand und $< 7,0$ M.-% im eingebauten Zustand).

Kiestragschichten bestehen aus Kies-Sand-Gemischen, denen auch gebrochene Mineralstoffe zugesetzt sein können.

Schottertragschichten bestehen aus Schotter-Splitt-Sand- oder Splitt-Sand-Gemischen.

Hydraulisch gebundene Tragschichten (HGT) bestehen aus Mineralstoffgemischen mit einer vorgeschriebenen Korngrößenverteilung und hydraulischen Bindemitteln.

Betontragschichten werden aus Beton gemäß der TL Beton-StB und ZTV Beton-StB hergestellt, wobei eine Druckfestigkeitsklasse von C 12/15 bis C 20/25 gefordert wird. Betontragschichten erhalten in der Regel Fugen. Querfugen sind im Abstand von maximal 5,00 m anzuordnen. Sie werden eingerüttelt oder eingeschnitten. Arbeitsfugen werden als Pressfugen ausgebildet. An Bauwerken sind Raumfugen erforderlich. Längsfugen sind bei Fahrbahnbreiten über 5,00 m vorzusehen. Bei Betondecken ist die Fugeneinteilung auf die Fugen in der Betondecke abzustimmen.

Als Bindemittel ist ein Zement CEM I der Festigkeitsklasse 32,5 R vorzusehen. Der Auftraggeber kann auch Zement CEM II oder CEM III der Festigkeitsklasse 42,5 oder 42,5 R zulassen. Frischbeton darf nur im Temperaturbereich zwischen $+5\,°C$ und $+30\,°C$ verarbeitet werden. Ein rasches Austrocknen ist zu verhindern, der Beton muss drei Tage feucht gehalten werden.

Tafel 18.50 Anforderungen an die Korngrößenverteilung von Baustoffgemischen von Frostschutzschichten

Baustoffgemisch	Durchgang in M.-% durch das Sieb (mm)									
	0,5	1	2	4	5,6	8	11,2	16	22,4	31,5
0/8	NR	15–75	NR	47–87						
0/11	NR	15–75	NR	NR	47–87					
0/16	NR	15–75	NR	NR	–	47–87				
0/22	NR	15–75	NR	–	NR	–	47–87			
0/32	NR	NR	15–75	NR	–	NR	–	47–87		
0/45	NR	NR	15–75	–	NR	–	NR	–	47–87	47–87
0/56	–	NR	NR	15–75	–	NR	–	NR	–	
0/63	–	NR	NR	15–75	–	NR	–	NR	–	47–87

NR keine Anforderungen

Tafel 18.51 Anforderungen an die Korngrößenverteilung von Kies- und Schottertragschichten

Baustoffgemisch		Durchgang in M.-% durch das Sieb (mm)								
		0,5	1	2	4	5,6	8	11,2	16	22,4	31,5
0/32	Allg.	5–35	9–40	16–47	22–60	–	35–68	–	55–85		
	SDV	10–30	14–35	23–40	30–52	–	43–60	–	63–77		
0/45	Allg.	5–35	9–40	16–47	–	22–60	–	35–68	–	55–85	
	SDV	10–30	14–35	23–40	–	30–52	–	43–60	–	63–77	
0/56	Allg.	–	5–35	9–40	16–47	–	22–60	–	35–68	–	55–85
	SDV	–	10–30	14–35	23–40	–	30–52	–	43–60	–	63–77

Allg. maximal zulässige Bandbreite des Siebdurchgangs
SDV Bandbreite des Siebdurchgangs, in der der lieferantentypische Siebdurchgang liegen muss

Tafel 18.52 Anforderungen an die Korngrößenverteilung bei hydraulisch gebundenen Tragschichten

Körnung	Siebdurchgang in M.-% durch das Sieb (mm)					Einbaudicke in cm
	0,063	2	22,4	31,5	45	
0/32	0 bis 15	16 bis 45	≤ 90	90 bis 100	–	≥ 12
0/45	0 bis 15	16 bis 45	–	≤ 90	90 bis 100	≥ 15

Tafel 18.53 Anforderungen an den Beton gemäß TL Beton-StB 07

Belastungsklasse		Expositionsklasse	Druckfestigkeitsklasse	Biegezugfestigkeitsklasse	Mind. erforderliche Korngruppen nach TL Gestein-StB
Bk100 bis Bk10	Oberbeton	XF4, XM2	C 30/37	F 4,5	0/2, 2/8, > 8 0/4, 4/8, > 8
	Unterbeton	XF4			0/2, ≤ 8
Bk3,2 bis Bk0,3	Oberbeton	XF4, XM1		F 3,5	0/4, > 4
	Unterbeton	XF4			

Tafel 18.54 Zweckmäßiges Asphaltmischgut

Belastungsklasse	Asphalt-Tragschicht	Asphalt-Binderschicht	Asphalt-Tragdeckschicht	Asphaltdeckschichten aus			
				Asphaltbeton	Splittmastixasphalt	Gussasphalt	Offenporiger Asphalt
Bk100/Bk32	AC 32 TS	AC 22 BS			SMA 11 S	MA 11 S	PA 11
Bk10	AC 22 TS	AC 16 BS			SMA 8 S	MA 8 S	PA 8
Bk3,2		AC 16 BS		AC 11 DS		MA 5 S	
Bk1,8	AC 32 TN	(AC 16 BN)		AC 11 DN	(SMA 8 N)	(MA 11 S)	
Bk1,0	AC 22 TN			AC 8 DN		(MA 8 S)	
Bk0,3			AC 16 TD	AC 8 DL	(SMA 8 N)	(MA 5 S)	
				AC 5 DL	(SMA 5 N)		
Geh- und Radwege						(MA 5 N)	

( ) nur in Ausnahmefällen

Betonfahrbahnen eignen sich für sehr große Belastungen. Sie haben eine lange Lebensdauer, die Oberfläche ist hell und griffig. Für den Bau gelten die ZTV Beton-StB, die DIN 18 299 und DIN 18 316. Die Dicke der Betondecke ergibt sich nach Tafel 18.37.

Zur Vermeidung von wilden Rissen und für den Ausgleich durch Längenänderungen werden in Betondecken Längs- und Querfugen angeordnet. Man unterscheidet:

Scheinfugen, die in den Beton geschnitten und mit Fugenvergussmasse ausgefüllt werden, um Sollbruchstellen in der Decke zu erzeugen.

Raumfugen, die Fahrbahnplatten von Bauwerken trennen, um Längsspannungen der Fahrbahndecke nicht auf das Bauwerk zu übertragen.

Pressfugen entstehen beim Anbetonieren gegen bereits erhärteten Beton.

Querfugen werden in der Regel alle 5,0 m quer zur Straßenachse angelegt.

Asphaltschichten bestehen aus Gesteinskörnungsgemischen und Bitumen als Bindemittel (Tafel 18.54).

Asphalttragschichten als unterster Teil der Asphaltbefestigung liegen auf ungebundenen oder gebundenen Unterlagen und tragen die Verkehrslasten nach unten ab. Als Bindemittel verwendet werden Bitumen 70/100 (Belastungsklassen Bk1,8–Bk0,3) und 50/70 (Belastungsklassen Bk100–Bk3,2) oder in Ausnahmefällen auch 30/45 (Tafel 18.55).

Asphaltbinderschichten verbinden die Tragschicht schubfest mit der oberhalb liegenden Deckschicht. Als Bindemittel dienen Bitumen 25/55-55, 30/45 oder 10/40-65 (Tafel 18.56).

Asphalttragdeckschichten übernehmen Aufgaben der Trag- und der Deckschichten und werden bei Straßen untergeordneter Bedeutung, ländlichen Wegen und für Rad- und Gehwege verwendet. Als Bindemittel verwendet werden Bitumen 70/100, aber auch 50/70 und 160/220 (Tafel 18.57).

Asphaltdeckschichten können aus den Mischgutarten und -sorten Asphaltbeton AC, Splittmastixasphalt SMA, Gussasphalt MA oder Offenporiger Asphalt PA hergestellt werden.

Asphaltbeton eignet sich aufgrund seiner mangelnden Standfestigkeit nur bis zur Belastungsklasse Bk10 (Tafel 18.58).

Durch hohen Splitt-, Bitumen- und Mörtelgehalt beim **Splittmastixasphalt** entsteht eine dauerhafte, widerstandsfähige und verkehrssichere Deckschicht, die sich insbesondere für hoch belastete Verkehrsflächen eignet (Tafel 18.59).

Der nahezu hohlraumfreie **Gussasphalt** bildet eine sehr dichte und dauerhafte Deckschicht für höchste Ansprüche. Er ist im heißen Zustand gieß- und streichbar und braucht keine Verdichtung. Die Oberfläche wird durch Einwalzen von Abstreusplitt abgestumpft (Tafel 18.60).

Offenporiger Asphalt besitzt einen hohen Hohlraumgehalt, der Wasser und Luft aufnimmt. Dies mildert das Aufwirbeln von Oberflächenwasser (Sprühfahnen), reduziert die Gefahr von Aquaplaning und verringert die Schallemission. Die Haltbarkeit dieser Deckschichten ist meist geringer als bei anderen Bauweisen (Tafel 18.61).

Tafel 18.55 Anforderungen an das Mischgut von Asphalttragschichten

Bezeichnung	AC 32 TS	AC 22 TS	AC 32 TN	AC 22 TN
Baustoffe				
Gesteinskörnungen				
Anteil gebrochener Kornoberflächen	$C_{50/30}$	$C_{50/30}$	C_{NR}	C_{NR}
Mindestanteil feiner Gesteinskörnungen mit E_{cs} 35	50	50		
Bindemittelart und -sorte	50/70 30/45	50/70 30/45	70/100 50/70	70/100 50/70
Zusammensetzung				
Gesteinskörnungsgemisch				
Siebdurchgang bei				
45 mm M.-%	100		100	
31,5 mm M.-%	90–100	100	90–100	100
22,4 mm M.-%	75–90	90–100	5–90	90–100
16 mm M.-%		75–90		75–90
11,2 mm M.-%				
2 mm M.-%	25–40	25–40	25–40	25–40
0,125 mm M.-%	4–14	4–14	4–14	4–14
0,063 mm M.-%	2–9	2–9	3–9	3–9
Mindest-Bindemittelgehalt	$B_{min\,3,8}$	$B_{min\,3,8}$	$B_{min\,4,0}$	$B_{min\,4,0}$
Asphaltmischgut				
Min. Hohlraumgehalt MPK	$V_{min\,5,0}$	$V_{min\,5,0}$	$V_{min\,4,0}$	$V_{min\,4,0}$
Max. Hohlraumgehalt MPK	$V_{max\,10,0}$	$V_{max\,10,0}$	$V_{max\,10,0}$	$V_{max\,10,0}$

Tafel 18.56 Anforderungen an Asphaltmischgut für Asphaltbinderschichten

Bezeichnung	AC 22 BS	AC 16 BS	AC 16 BN
Baustoffe			
Gesteinskörnungen			
Anteil gebrochener Kornoberflächen	$C_{100/0}$ $C_{95/1}$ $C_{90/1}$	$C_{100/0}$ $C_{95/1}$ $C_{90/1}$	$C_{90/1}$
Widerstand gegen Zertrümmerung	SZ_{18}/LA_{20}	SZ_{18}/LA_{20} SZ_{22}/LA_{25}	SZ_{22}/LA_{25}
Mindestanteil feiner Gesteinskörnungen mit E_{cs} 35	100	100	50
Bindemittelart und -sorte	25/55-55 30/45 10/40-65	25/55-55 30/45 10/40-65	50/70 30/45
Zusammensetzung			
Gesteinskörnungsgemisch			
Siebdurchgang bei			
31,5 mm M.-%	100		
22,4 mm M.-%	90–100	100	100
16 mm M.-%	65–80	90–100	90–100
11,2 mm M.-%		65–80	60–80
8 mm M.-%			
2 mm M.-%	25–33	25–30	25–40
0,125 mm M.-%	5–10	5–10	5–15
0,063 mm M.-%	3–7	3–7	3–8
Mindest-Bindemittelgehalt	$B_{min\,4,2}$	$B_{min\,4,4}$	$B_{min\,4,4}$
Asphaltmischgut			
Min. Hohlraumgehalt MPK	$V_{min\,3,5}$	$V_{min\,3,5}$	$V_{min\,2,5}$
Max. Hohlraumgehalt MPK	$V_{max\,6,5}$	$V_{max\,6,5}$	$V_{max\,5,5}$

18

Tafel 18.57 Anforderungen an Asphaltmischgut für Tragdeckschichten

Bezeichnung	AC 16 TD
Baustoffe	
Gesteinskörnungen	
Anteil gebrochener Kornoberflächen	C_{NR}
Bindemittelart und -sorte	70/100, 50/70, 160/220
Zusammensetzung	
Gesteinskörnungsgemisch	
Siebdurchgang bei	
22,4 mm M.-%	100
16 mm M.-%	90–100
11,2 mm M.-%	80–90
2 mm M.-%	30–50
0,125 mm M.-%	8–20
0,063 mm M.-%	6–11
Mindest-Bindemittelgehalt	$B_{min\,5,4}$
Asphaltmischgut	
Min. Hohlraumgehalt MPK	$V_{min\,1.0}$
Max. Hohlraumgehalt MPK	$V_{max\,3,0}$

Tafel 18.58 Anforderungen an Asphaltmischgut für Asphaltbeton

Bezeichnung	AC 11 DS	AC 11 DN	AC 8 DN	AC 8 DL	AC 5 DL
Baustoffe					
Gesteinskörnungen					
Anteil gebrochener Kornoberflächen	$C_{90/1}$	$C_{90/1}$	$C_{90/1}$	$C_{90/1}$	$C_{90/1}$
Widerstand gegen Zertrümmerung	SZ_{18}/LA_{20}	SZ_{22}/LA_{25}	SZ_{22}/LA_{25}	SZ_{26}/LA_{30}	SZ_{26}/LA_{30}
Mindestanteil feiner Gesteinskörnungen mit E_{cs} 35	50				
Bindemittelart und -sorte	25/55-55 50/70 70/100	50/70 70/100	50/70	70/100	70/100
Zusammensetzung					
Gesteinskörnungsgemisch					
Siebdurchgang bei					
22,4 mm M.-%					
16 mm M.-%	100	100			
11,2 mm M.-%	90–100	90–100	100	100	
8 mm M.-%	70–85	70–85	90–100	90–100	100
5,6 mm M.-%			70–85	70–90	90–100
2 mm M.-%	40–50	45–55	45–60	45–65	50–70
0,125 mm M.-%	7–17	8–22	8–20	8–20	9–24
0,063 mm M.-%	5–9	6–12	6–12	6–12	7–14
Mindest-Bindemittelgehalt	$B_{min\,6,0}$	$B_{min\,6,2}$	$B_{min\,6,4}$	$B_{min\,6,6}$	$B_{min\,7,0}$
Asphaltmischgut					
Min. Hohlraumgehalt MPK	$V_{min\,2,5}$	$V_{min\,1,5}$	$V_{min\,1,5}$	$V_{min\,1,0}$	$V_{min\,1,0}$
Max. Hohlraumgehalt MPK	$V_{max\,4,5}$	$V_{max\,3,5}$	$V_{max\,3,5}$	$V_{max\,2,5}$	$V_{max\,2,5}$

Tafel 18.59 Anforderungen an Asphaltmischgut für Splittmastixasphalt

Bezeichnung	SMA 11 S	SMA 8 S	SMA 8 N	SMA 5 N
Baustoffe				
Gesteinskörnungen				
Anteil gebrochener Kornoberflächen	$C_{100/0}$ $C_{95/1}$ $C_{90/1}$	$C_{100/0}$ $C_{95/1}$ $C_{90/1}$	$C_{100/0}$ $C_{95/1}$ $C_{90/1}$	$C_{90/1}$
Widerstand gegen Zertrümmerung	SZ_{18}/LA_{20}	SZ_{18}/LA_{20}	SZ_{18}/LA_{20}	SZ_{18}/LA_{20}
Mindestanteil feiner Gesteinskörnungen mit E_{cs} 35	100	100	50	50
Bindemittelart und -sorte	25/55-55 50/70	25/55-55 50/70	50/70 70/100 45/80-50	50/70 70/100
Zusammensetzung				
Gesteinskörnungsgemisch				
Siebdurchgang bei				
16 mm M.-%	100			
11,2 mm M.-%	90–100	100	100	
8 mm M.-%	50–65	90–100	90–100	100
5,6 mm M.-%	35–45	35–55	35–60	90–100
2 mm M.-%	20–30	20–30	20–30	30–40
0,063 mm M.-%	8–12	8–12	7–12	7–12
Mindest-Bindemittelgehalt	$B_{min\,6,6}$	$B_{min\,7,2}$	$B_{min\,7,2}$	$B_{min\,7,4}$
Bindemittelträger	0,3–1,5	0,3–1,5	0,3–1,5	0,3–1,5
Asphaltmischgut				
Min. Hohlraumgehalt MPK	$V_{min\,2,5}$	$V_{min\,2,5}$	$V_{min\,1,5}$	$V_{min\,1,5}$
Max. Hohlraumgehalt MPK	$V_{max\,3,0}$	$V_{max\,3,0}$	$V_{max\,3,0}$	$V_{max\,3,0}$

Tafel 18.60 Anforderungen an Asphaltmischgut für Gussasphalt

Bezeichnung	MA 11 S	MA 8 S	MA 5 S	MA 5 N
Baustoffe				
Gesteinskörnungen				
Anteil gebrochener Kornoberflächen	$C_{90/1}$	$C_{90/1}$	$C_{90/1}$	$C_{90/1}$
Widerstand gegen Zertrümmerung	SZ_{18}/LA_{20}	SZ_{18}/LA_{20}	SZ_{18}/LA_{20}	SZ_{22}/LA_{25}
Mindestanteil feiner Gesteinskörnungen mit E_{cs} 35	35	35	35	
Bindemittelart und -sorte	20/30 30/45 10/40-65 25/55-55	20/30 30/45 10/40-65 25/55-55	20/30 30/45 10/40-65 25/55-55	30/45 25/55-55
Zusammensetzung				
Gesteinskörnungsgemisch				
Siebdurchgang bei				
16 mm M.-%	100			
11,2 mm M.-%	90–100	100		
8 mm M.-%	70–85	90–100	100	100
5,6 mm M.-%		75–90	90–100	90–100
2 mm M.-%	45–55	50–60	55–65	55–65
0,063 mm M.-%	20–28	22–30	24–32	24–32
Mindest-Bindemittelgehalt	$B_{min\,6,8}$	$B_{min\,7,0}$	$B_{min\,7,0}$	$B_{min\,7,5}$

18

Tafel 18.61 Anforderungen an Asphaltmischgut für Offenporiger Asphalt

Bezeichnung	PA 11	PA 8
Baustoffe		
Gesteinskörnungen		
Anteil gebrochener Kornoberflächen	$C_{100/0}$	$C_{100/0}$
Widerstand gegen Zertrümmerung	SZ_{18}/LA_{20}	SZ_{18}/LA_{20}
Mindestanteil feiner Gesteinskörnungen mit E_{cs} 35	100	100
Bindemittelart und -sorte	40/100-65	40/100-65
Zusammensetzung		
Gesteinskörnungsgemisch		
Siebdurchgang bei		
16 mm M.-%	100	
11,2 mm M.-%	90–100	100
8 mm M.-%	5–15	90–100
5,6 mm M.-%	5–15	
2 mm M.-%	5–10	5–10
0,063 mm M.-%	3–5	3–5
Mindest-Bindemittelgehalt	$B_{min\,6,0}$	$B_{min\,6,5}$
Asphaltmischgut		
Min. Hohlraumgehalt MPK	$V_{min\,24}$	$V_{min\,24}$
Max. Hohlraungehalt MPK	$V_{max\,28}$	$V_{max\,28}$

18.3.2 Straßenentwässerung

18.3.2.1 Planungsgrundsätze

Wasser stellt eine Gefahr für die Lebensdauer der Straße und ihrer Bauwerke dar und beeinträchtigt die Sicherheit der Verkehrsteilnehmer. Bei der Planung von Straßen sind die Einwirkungen auf Gewässer und Grundwasser zu berücksichtigen. Ebenso sind die Auswirkungen des Wassers auf den Straßenbestand zu untersuchen. Flächen außerhalb der Fahrbahn sollen kein Wasser auf die Fahrbahn leiten. Ausnahmen bilden Rad- und Gehwege in bebauten Gebieten. Wasser muss schadlos zum Vorfluter abgeleitet werden.

Die Leistungsfähigkeit vorhandener Kanalleitungen ist zu überprüfen!

In Sonderfällen ist Versickerung möglich. Die Unterkante des Straßenaufbaus soll Grundwasser nicht anschneiden. Querneigungswechsel müssen in Bereichen ausreichender Längsneigung liegen. Die Schrägneigung soll $p \geq 2,0\,\%$ (Pflaster $\geq 3,0\,\%$) sein, in Verwindungsstrecken darf bis auf min $p = 0,5\,\%$ abgemindert werden. Im Kreuzungsbereich empfiehlt es sich, Höhenlinienpläne zur Beurteilung herzustellen. Entwässerungseinrichtungen sollen leicht zu warten sein. Oberirdische Ableitungen sind deshalb besser als unterirdische. Sind Verunreinigungen des Wassers zu erwarten, müssen diese durch Rückhalte- und Klärbecken aufgefangen werden. Auf eine landschaftsgerechte, naturnahe Ausgestaltung ist zu achten.

18.3.2.2 Bemessung

Die **Abfluss-Wassermenge** ist abhängig von Regenspende, Regenhäufigkeit und Abflussbeiwert. Als *Regenspende* ist die Regenmenge zugrunde zu legen, die sich nach Reinhold für den 15-min-Regen ergibt, der nicht mehr als einmal im Jahr auftritt (18.12).

$$r_{T(n)} = r_{15(n=1)} \cdot \varphi_{T(n)} \quad \text{in}\; l/(s\,ha) \qquad (18.12)$$

r_T Regenspende im Zeitraum T in min
n Anzahl der Häufigkeiten pro Jahr
φ_T Zeitbeiwert.

Den Zeitbeiwert φ_T entnimmt man Kap. 19. Die *Regenhäufigkeit* legt man fest nach dem Grad der gewünschten Sicherheit gegen Überschreitungen. Übliche Werte für die Entwässerung von Straßen entnimmt man Tafel 18.62.

Tafel 18.62 Regenhäufigkeit n

Lage	Entwässerungseinrichtung	Regenhäufigkeit n
Außerorts	Mulden, Gräben, Rohrleitungen	1,0
	Rohrleitungen in Mittelstreifen	0,3
	Straßentiefpunkte	0,2
	Trogstrecken	0,1 bis 0,05
Innerorts	Allgem. Bebauung	1,0 bis 0,5
	Innenstadt, Industriegebiete	1,0 bis 0,2

Das Ableitungsvermögen eines Gebietes erfasst man durch den Abflussbeiwert.

Der Spitzenabflussbeiwert ψ_S kann nach Tafel 18.63 festgelegt werden.

Tafel 18.63 Abflussbeiwert ψ_S

Fläche	Abflussbeiwert ψ_S
Fahrbahn	0,9
Unbefestigte Horizontalflächen	0,05 bis 0,1
Böschungen im Dammbereich	0,3
Böschungen im Einschnitt	0,3 bis 0,5
Entwässerung befestigter Flächen über unbefestigte Seitenstreifen, Mulden mit Muldenabläufen (Einschnitt)	0,7
Entwässerung befestigter Flächen über unbefestigte Seitenstreifen, Dammböschungen und Fußmulden	0,5

Die Berechnung des Regenabflusses erfolgt nach dem Zeitbeiwertverfahren oder Zeitabflussfaktorenverfahren (siehe Kap. 19). Die Abflussmenge berechnet man mit der Gleichung (18.13).

$$Q = r \cdot \varphi \cdot \sum_{i=1}^{n} A_E \cdot \psi_S \quad \text{in l/s} \qquad (18.13)$$

Q Oberflächenabfluss in l/s

r Regenspende in l/(s ha)

φ Zeitbeiwert

A_E Größe der Entwässerungsfläche in ha

ψ_S Spitzenabflusswert für A_E.

Die Bemessung der **Entwässerungseinrichtungen** erfolgt mit Hilfe der Abflussformel nach Manning-Strickler für offene Gerinne und nach Prandtl-Colebrook bei Rohrleitungen.

Offene Gerinne sind Entwässerungsmulden, Gräben und Rinnen. Die abführbare Wassermenge ist abhängig vom durchflossenen Querschnitt, dem benetzten Umfang, der Fließgeschwindigkeit und der Rauigkeit der Gerinnewandung.

Entwässerungsmulden werden als Kreissegmente ausgebildet. Ihr nutzbarer Querschnitt ergibt sich aus (18.14), den Radius der Mulden erhält man aus (18.15), den Mittelpunktswinkel aus (18.16) und den benetzten Umfang aus (18.17).

$$A = \frac{r^2}{2} \left(\frac{\pi \cdot \alpha}{200} - \sin \alpha \right) \quad \text{in m}^2 \qquad (18.14)$$

$$r = \left(\frac{s}{2} \right)^2 \cdot \frac{1}{2 \cdot p} + \frac{p}{2} \quad \text{in m} \qquad (18.15)$$

$$\sin \frac{\alpha}{2} = \frac{s}{2 \cdot r} \quad \text{in gon} \qquad (18.16)$$

$$l_u = \frac{\pi \cdot r \cdot \alpha}{200} \quad \text{in m} \qquad (18.17)$$

A Durchflussquerschnittsfläche in m²

r Ausrundungsradius der Mulde in m

s Sehnenlänge (Muldenbreite) in m

p Pfeilhöhe (Tiefe) der Mulde in m

α Mittelpunktswinkel zur Sehne in gon

l_u benetzter Umfang (Bogenlänge) in m.

Straßengräben können die Form von Rechteck-, Trapez- oder Dreiecksquerschnitten erhalten. Die notwendigen Werte entnimmt man Tafel 18.64.

Tafel 18.64 Bemessungswerte für Grabenprofile

Profilform	Flächeninhalt A in m	Benetzter Umfang l_u in m
Rechteck	$b \cdot h$	$2 \cdot h + b$
Trapez	$h \left(\dfrac{a+b}{2} \right)$	$b + 2 \sqrt{h^2 + \left(\dfrac{a-b}{2} \right)^2}$
Dreieck	$\dfrac{b \cdot h}{2}$	$2 \sqrt{h^2 + \left(\dfrac{b}{2} \right)^2}$

Aus den voranstehenden Werten berechnet man den hydraulischen Radius r_{hy} mit

$$r_{hy} = \frac{A}{l_u} \quad \text{in m} \qquad (18.18)$$

Die *mögliche Abflussmenge* ist abhängig vom benetzten Umfang, der Rauigkeit des Gerinnes und dem Energiegefälle. Letzteres kann im Straßenbau dem Sohlgefälle gleichgesetzt werden. Für die einzelnen Querschnittsformen ergeben sich die folgenden Gleichungen.

Für Entwässerungsmulden, Rechteck-, Trapez- oder Dreiecksgräben:

$$\max Q = A \cdot k_{St} \cdot r_{hy}^{2/3} \cdot I_E^{1/2} \quad \text{in m}^3/\text{s} \qquad (18.19)$$

für Bord- oder Spitzrinnen am Randstein

$$\max Q = k_{St} \cdot h^{8/3} \cdot I_E^{1/2} \cdot \frac{0{,}315}{q} \quad \text{in m}^3/\text{s} \qquad (18.20)$$

für Muldenrinnen am Randstein

$$\max Q = k_{St} \cdot h^{8/3} \cdot I_E^{1/2} \cdot \frac{b}{2 \cdot h} \quad \text{in m}^3/\text{s} \qquad (18.21)$$

k_{St} Rauigkeitsbeiwert nach Strickler in m$^{1/3}$/s (Tafel 18.65)

r_{hy} hydraulischer Radius in m

I_E Sohlgefälle des Gerinnes in %

h Wassertiefe am Randstein oder Muldenmitte in m

q Querneigung des Gerinnes in %.

Die Bemessung von Rohrleitungen erfolgt entsprechend Kap. 19, Abschn. 19.3. Für Vollfüllung gilt

$$Q = \frac{\pi \cdot d^2}{4} \left[-2 \cdot \lg \left(\frac{2{,}51 \cdot v}{d \sqrt{2 \cdot g \cdot I_r \cdot d}} + \frac{k_b}{3{,}71 \cdot d} \right) \right]$$
$$\cdot \sqrt{2 \cdot g \cdot I_r \cdot d} \qquad (18.22)$$

18

Tafel 18.65 Rauigkeitsbeiwerte k_{St} nach Strickler

Gerinneart	Wandbeschaffenheit	k_{St} in $m^{1/3}/s$
Mulden	Sohlschale je nach Ablagerung	30 bis 50
	Rasen	20 bis 30
	Schotter	25 bis 30
	Bruchsteinpflaster	40 bis 50

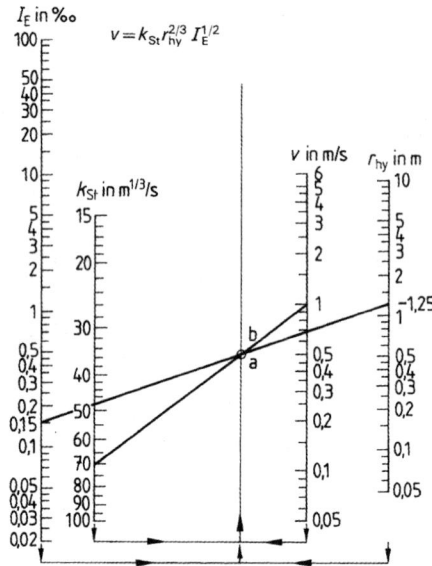

Abb. 18.73 Nomogramm zur Bestimmung der Fließgeschwindigkeit v nach Manning-Strickler (Beispiel: (a) $I_E = 0{,}15\,‰$, $r_{hy} = 1{,}25\,m$, (b) $k_{St} = 70\,m^{1/3}/s \rightarrow v = 1{,}00\,m/s$)

Q Durchflussmenge in m^3/s

d Rohrinnendurchmesser in m

v kinematische Viskosität in m^2/s

g Fallbeschleunigung in m/s^2

I_r Gefälle in %

k_b Betriebliche Rauigkeit in mm (s. Kap. 19).

Teilfüllung der Rohre berechnet man nach Kap. 19

Kreuzungsbauwerke mit Wasserläufen sind Brücken, Durchlässe und Düker. Diese sind in jedem Fall mit der Wasserwirtschaftsverwaltung abzustimmen. Die Abmessungen sind abhängig von

- Bemessungsdurchfluss,
- Durchflussquerschnitt,
- Fließgeschwindigkeit,
- zulässiger Aufstau.

Die lichte Weite von Brücken und Rechteckdurchlassen mit freiem Wasserspiegel und strömendem Abfluss bestimmt man mit (18.23).

$$l_w = \frac{Q}{h \cdot \sqrt{\dfrac{2 \cdot g \cdot \Delta h}{1{,}5 + 2 \cdot g \cdot l/(k_{St}^2 \cdot r_{hy}^{4/3})}}} \quad \text{in m} \quad (18.23)$$

l_w lichte Weite des Bauwerks in m

h Abflusstiefe im unverbauten Querschnitt in m

r_{hy} hydraulischer Radius im Bauwerk in m

l durchflossene Bauwerkslänge in m

k_{St} Rauigkeitsbeiwert in $m^{1/3}/s$ (meist 65 angenommen)

g Fallbeschleunigung in m/s^2

Δh Spiegeldifferenz zwischen Oberwasser einschl. Aufstau und Unterwasser (s. Abb. 18.74)

Q Durchflussmenge in m^3/s.

Die lichte Weite für Bauwerke ohne Aufstau ergibt sich vereinfacht aus (18.24) (Abb. 18.74)

$$l_w = \frac{A}{\mu \cdot h} \quad \text{in m} \quad (18.24)$$

Für Brücken über Wasserlaufe mit Trapezprofil gilt

$$l_w = \frac{(b + m \cdot h) \cdot h}{\mu \cdot h} \quad \text{in m} \quad (18.25)$$

(s. Kap. 19).

Tritt ein Aufstau auf, so kann man die lichte Weite vereinfacht nach (18.26) bestimmen.

$$l_w = \frac{Q}{\mu \cdot h \cdot \sqrt{2 \cdot g \cdot z + v_0^2}} \quad \text{in m} \quad (18.26)$$

Abb. 18.74 Bemessungsgrößen für Kreuzungsbauwerke:
a Brücken,
b Durchlass mit Rechteckprofil,
c Rohrdurchlass

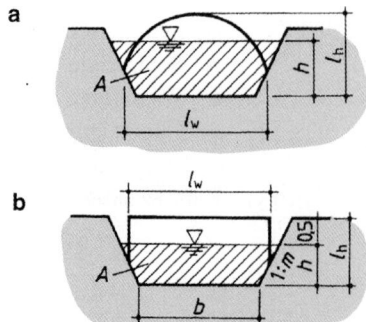

Durchlass mit Rechteckprofil

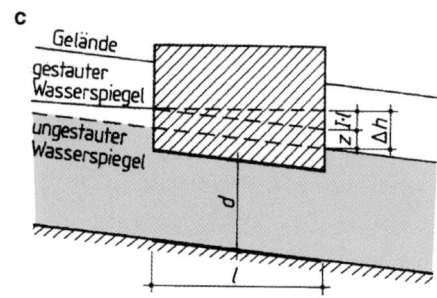

A Durchflossene Querschnittsfläche in m^2

h Abflusstiefe im Querschnitt in m

μ Einschnürungsbeiwert nach Tafel 18.66

g Fallbeschleunigung in m/s^2

z Aufstau in m

v_0 Fließgeschwindigkeit im unverbauten Querschnitt

I Gefälle des Rohrdurchlasses in %

Δh Spiegeldifferenz Oberwasser/Unterwasser einschließlich zulässigem Aufstau in m

d Rohrrinnendurchmesser in m

l Bauwerkslänge in m

k_{St} Rauigkeitsbeiwert ($= 65$) in m$^{1/3}$/s.

Tafel 18.66 Einschnürungsbeiwert

Widerlagerform	μ
Gerade (Regelfall)	0,80
Halbkreis	0,95
Stumpfwinklig	0,90
Gleichseitig eintauchende Kämpfer	0,70

Die lichte Höhe soll mindestens 0,50 m größer als die Abflusstiefe bei maximalem Abfluss sein, damit Schwemmgut nicht den Brückenquerschnitt einengt.

Für *Rohrdurchlässe* mit Kreisprofil müssen ebenfalls die Eintritts-, Wandreibungs- und Austrittsverluste berücksichtigt werden, die bei eingestautem Querschnitt zu einem Aufstau führen. Wendet man (18.27) an, so sind diese Verluste bereits berücksichtigt.

$$Q = \left[\frac{\Delta h}{\frac{8}{g \cdot \pi^2 \cdot d^4} \cdot \left(1,5 + 2 \cdot g \cdot l / (k_{St}^2 (d/4)^{4/3}) \right)} \right]^{1/2} \text{ in m}^3/\text{s}$$

(18.27)

mit $\Delta h = z + I \cdot l$.

Tafel 18.67 Mindestabmessungen für Durchlässe

Typ	Reinigung	
	Von Hand	Mechanisch
Rohrdurchlass	Bekriechbar	
In Wirtschaftswegen	LH > 0,80 m	DN 400
In Straßen und Rampen	LW > 0,60 m	DN 500
In Bundesfernstraßen	Begehbar	DN 800
Und bei größeren Längen	LH > 1,80	
Rechteckdurchlass (Rahmen)	LH > 2,00 m, LW > 1,00 m	

Die Bemessung von Dükern entspricht derjenigen der Rohrdurchlässe. Die Verluste durch Rohrkrümmer können vernachlässigt werden.

Regenrückhaltebecken bemisst man nach dem Kap. 19.

18.3.2.3 Darstellung im Entwurf

Die Entwässerung der Straße ist in allen drei Zeichenebenen darzustellen. Bei der Eintragung sind die Planzeichen der Tafel 18.68 zu verwenden. Im Regelquerschnitt sind außerdem Querneigung von Fahrbahn und Planum einzutragen. Für

Tafel 18.68 Planzeichen für Stadtentwässerung

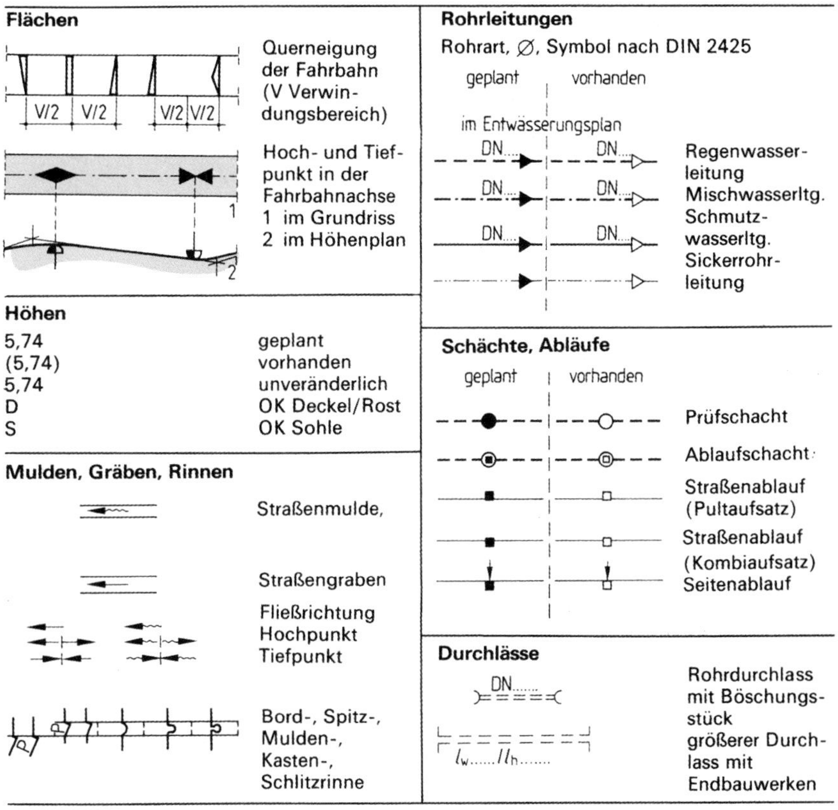

größere Knotenpunkte mit schwierigen Fließverhältnissen verwendet man Höhenschichtenpläne im Maßstab 1 : 250, um die Lage der Einlaufschächte festzulegen. Falls durch die Eintragungen die Entwurfspläne unübersichtlich werden, fertigt man besondere Entwässerungspläne.

18.3.2.4 Oberirdische Entwässerungsanlagen

Oberflächenwasser wird abgeleitet durch Straßenmulden, -gräben, -rinnen und -abläufe. Regelformen sind in Abb. 18.75 bis 18.80 dargestellt.

Tafel 18.69 Sohlbefestigung von Straßenmulden

Längsgefälle der Sohle I_S in %	Befestigung
0,3 bis 1,0	Glatt, z. B. Sohlschale, Platten
1,0 bis 4,0	Rasen
4,0 bis 10,0	Rauhe Sohle, z. B. Pflaster
> 10,0	Rauhbettmulde

Straßenmulden schließen beim Damm am Böschungsfuß, im Einschnitt am Kronenrand an. Die Breite beträgt 1,00 bis 2,50 m, die Tiefe min $h = 0,20$ m, max $h \leq b/5$ in m. Bei sehr geringem Längsgefälle wird die Sohle durch eine glatte Oberfläche befestigt, um besseren Abfluss zu erzielen, bei hohem Gefälle muss die Sohle durch rauhe Befestigung vor Erosion geschützt werden. Richtwerte entnimmt man Tafel 18.69.

Gräben werden dann ausgebildet, wenn die Querschnittsfläche von Straßenmulden nicht zur Wasserabführung ausreicht. Sie erhalten eine Sohlbreite von 0,50 m, die Tiefe soll 0,50 m nicht überschreiten. Die Sohle ist nach Tafel 18.69 auszubilden. Die Böschungsneigung wird meist an die der anschließenden Böschung angeglichen. Wenn aus dem Gelände viel Oberflächenwasser der Böschung zufließt, legt man am Durchstoßpunkt durch das Gelände einen Abfanggraben an. Bei ungünstigen Untergrundverhältnissen müssen Mulden und Gräben durch bindigen Boden oder Folien abgedichtet werden.

Straßenrinnen werden meist an Hochborden oder zwischen Verkehrsflächen angelegt. Sie leiten das Oberflächenwasser den Straßenabläufen zu. min $s = 0,5 \%$.

Man unterscheidet

- Bordrinne,
- Spitzrinne,
- Muldenrinne,
- Kastenrinne,
- Schlitzrinne.

Die Rinnenform entnimmt man Abb. 18.77.

Die Bordrinne wird aus der gleichen Befestigung wie die Fahrbahn hergestellt und durch einen Hochbord abgeschlossen. Sie erhält die gleiche Quer- und Längsneigung der Fahrbahn und eine Breite zwischen 0,15 m und 0,50 m.

Die Spitzrinne gehört nicht zur Fahrbahn. Sie wird deshalb mit einer anderen Befestigung als die Fahrbahn ver-

Rasenmulde

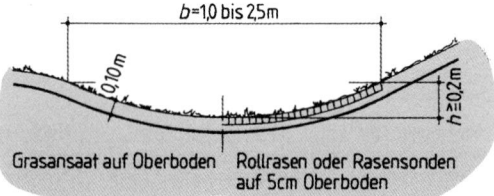

Mulde mit rauher Sohle

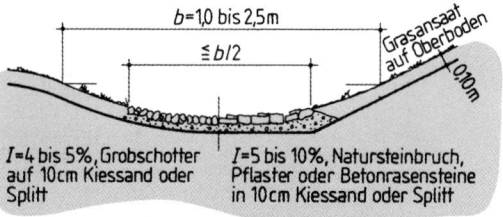

① Kiessand oder Splitt 15 cm (nur bei bindigem Boden)
② Steinsatz (Randsteine größer)
③ Holzpfahl ∅ 8 bis 10 cm, $l = 0,80$ bis 1,20 m
④ Grobschotter einstreuen bis zur halben Steinhöhe
⑤ Weidenrutenbündel (wuchsfähig) – Faschinen

Rauhbettmulde

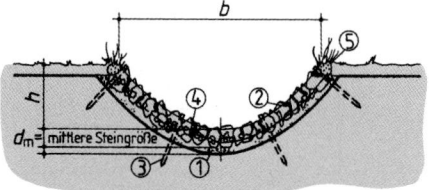

Abb. 18.75 Regelform von Straßenmulden

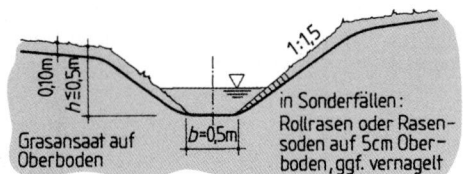

Abb. 18.76 Regelform des Straßengrabens

Abb. 18.77 Regelformen der Straßenrinnen:
a Bordrinne,
b Spitzrinne,
c Muldenrinne,
d Kastenrinne,
e Schlitzrinne,
f Schlitzrinne mit angeformtem Bordstein

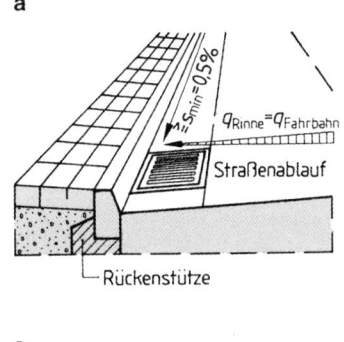
a

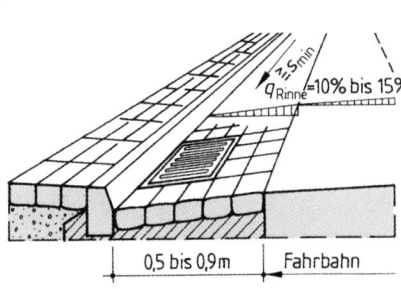
b

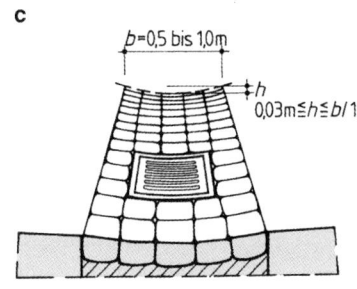
c

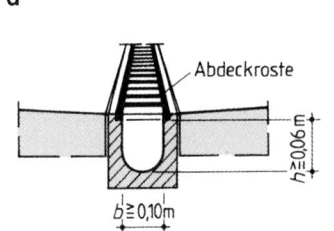
d

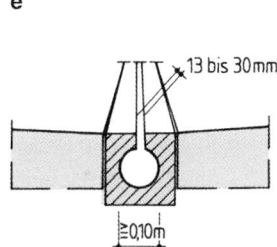
e

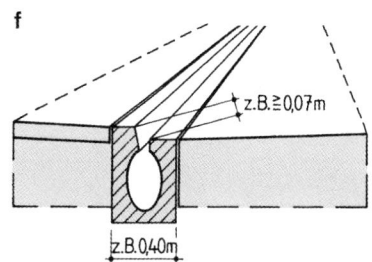
f

sehen. Sie erhält Breiten zwischen 0,30 m und 0,90 m. Die Querneigung beträgt je nach Befestigungsart 10,0 bis 15,0 %. Als Befestigung dienen Fertigteile oder in Beton versetztes Pflaster. In diesem Falle wird sie durch einen Hochbord abgeschlossen.

Eine Muldenrinne legt man zwischen unterschiedlichen Verkehrsflächen an. Sie wird zwischen 0,50 m und 1,00 m breit. Die Tiefe wird mit $b/15$ festgelegt, muss aber mindestens 3,0 cm betragen. Sie kann von Verkehrsteilnehmern überfahren werden und wird zur Verbesserung der Sichtbarkeit in Pflaster ausgeführt. Häufig wird sie auf Parkflächen und in verkehrsberuhigten Bereichen ausgeführt.

Kastenrinnen sind Straßenrinnen aus Fertigteilen, die mit Gitterrosten oder Lochplatten abgedeckt sind. Die lichte Weite soll $\geq 0,10$ m, die Mindesthöhe min $h = 0,06$ m betragen. Das Sohlgefälle ist in die Fertigteile meist eingearbeitet und unabhängig von der Straßenlängsneigung. Kastenrinnen werden meist überfahren und müssen statische und dynamische Kräfte aufnehmen. Außerdem müssen die Roste so gestaltet sein, dass für Zweiradfahrer keine Gefahren entstehen.

Schlitzrinnen sind ebenfalls Straßenrinnen aus Betonfertigteilen, die auf der Oberseite einen Eintrittsschlitz für das Wasser besitzen. Sie sind auf Verkehrsflächen, auf denen auch Radfahrer verkehren, nicht einzusetzen. Der Schlitz darf 13 mm bis 30 mm breit sein. Der Innenquerschnitt hat einen Durchmesser $d \geq 0,10$ m. Die Fertigteile werden auch mit vorgefertigtem Sohllängsgefälle geliefert. In Sonderfällen werden die Fertigteile mit einem angeformten Hochbord hergestellt.

Pendelrinnen sind eine Sonderform der Spitzrinne. Sie werden bei sehr geringem Gefälle $s < 0,5$ % eingesetzt. Ihre Gestaltung entspricht der Spitzrinne. Um das Rinnenlängsgefälle zu erhöhen, werden zwischen den Einläufen Hochpunkte angeordnet und die Rinnenquerneigung entsprechend verwunden. Die Bordsteinhöhe schwankt dabei zwischen 0,07 m und 0,14 m (Abb. 18.78).

Straßenabläufe führen das Oberflächenwasser den unterirdischen Entwässerungseinrichtungen zu. Sie bestehen aus Straßenablauf, Schaft und Boden. Im Ablauf wird ein Eimer mit Schlitzen eingehängt, damit kein Grobschmutz in das Leitungsnetz eingespült wird. Bei rechteckigen Einläufen sitzt der Aufsatz des Ablaufes auf einem Schachtkonus (Abb. 18.79). Nassschlammabläufe kommen nur selten zum Einsatz. Straßenabläufe werden als Fertigteile nach DIN 4052 geliefert. Der Abstand der Einläufe richtet sich

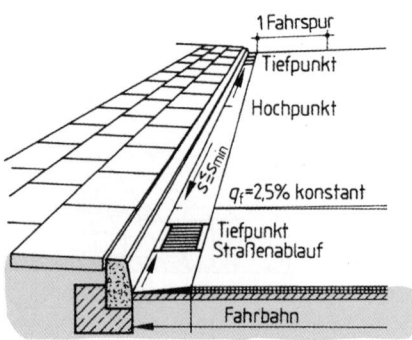

Abb. 18.78 Sonderform Pendelrinne

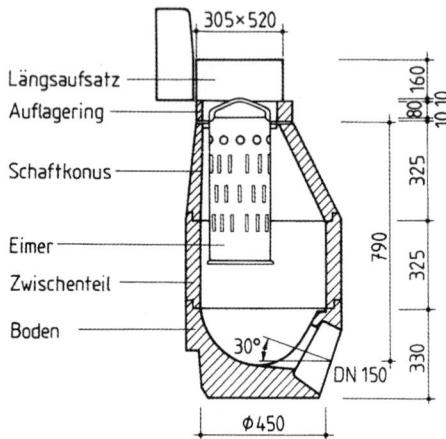

Abb. 18.79 Regelform eines rechteckigen Straßenablaufes

18.3.2.5 Unterirdische Entwässerungsanlagen

Sie sind als Rohrleitungen ausgebildet und führen das Oberflächenwasser zum Vorfluter ab. Es werden Beton-, Steinzeug- oder Kunststoffrohre verwendet, die zwischen den Schächten geradlinig verlegt werden. Der Mindestdurchmesser beträgt bei Steinzeug- oder Kunststoffrohren DN 250, bei Betonrohren DN 300, um eine mechanische Reinigung zu ermöglichen. Die Fließgeschwindigkeit v soll nicht weniger als 0,50 m/s betragen, um unerwünschtes Absetzen der Sinkstoffe bei Trockenwetter zu verhindern. Fließgeschwindigkeiten $v \geq 6,00$ m/s bedingen besonders abriebfestes Rohrmaterial. Bei $v \geq 8,00$ m/s ordnet man zur Energievernichtung Absturzschächte an.

Das *Leitungssystem* unterteilt man in Sammelleitungen, Huckepackleitungen und Teilsickerrohrleitungen. Die Regelausführungen sind in Abb. 18.81 dargestellt.

Sammelleitungen sind geschlossene Rohrleitungen zur Wasserabführung. Ihr Durchmesser soll aus Gründen leichter Reinigung nicht unter DN 300 gewählt werden.

Huckepackleitungen bestehen aus einer Sammelleitung, auf der eine mit Filtermaterial umhüllte Sickerleitung liegt. Diese nimmt in der Regel das Sickerwasser der Frostschutzschicht auf. Bei nichtbindigem Füllboden ist eine Kunststoff-Dichtungsbahn über der Sammelleitung einzubauen.

Teilsickerrohrleitungen vereinigen die Funktionen von Sammel- und Sickerleitungen. Hierbei verwendet man meist an der Oberfläche geschlitzte oder gelochte Rohre.

Schächte unterscheidet man als Ablauf-, Prüf- oder Absturzschächte. Sie werden meist aus Fertigteilen aufgebaut, in Sonderfällen gemauert oder betoniert. Manchmal wird der Schachtboden bis 0,15 m über Rohrscheitel betoniert und dann der Fertigteilschacht aufgesetzt.

Ablaufschächte bieten die Möglichkeit, Wasser durch einen Ablaufrost im Deckel der Rohrleitung zuzuführen. Gleichzeitig ermöglichen sie Wartung und Durchlüftung der Leitung. Der Ablaufrost sitzt mit einem Konus und Schlammfänger auf dem Schaft. Sie werden in Straßenmulden, Muldenrinnen und Ablaufbuchten verwendet. Der Einlauf wird durch eine Pflasterung umgeben und sitzt zur Verbesserung des Schluckvermögens 0,03 m bis 0,05 m tiefer als die Muldensohle.

nach der anfallenden Wassermenge, dem Straßenlängsgefälle und dem Schluckvermögen. Er kann nach den RAS-Ew bestimmt werden. In Wannen müssen Einläufe dichter gesetzt werden. Bei großen Wassermengen können Bergeinläufe eingesetzt werden, bei denen der Einlaufrost gegenüber dem Normaleinlauf vergrößert ist. Besondere Ablaufbüchten verbessern meist das Schluckvermögen. Abläufe liegen in der Regel in der Straßenrinne. Sie dürfen nicht auf Fußgänger- oder Radfahrüberwegen angeordnet werden. Verschiedene Einlaufformen sind in Abb. 18.80 dargestellt.

Abb. 18.80 Regelformen für Aufsätze der Straßenabläufe

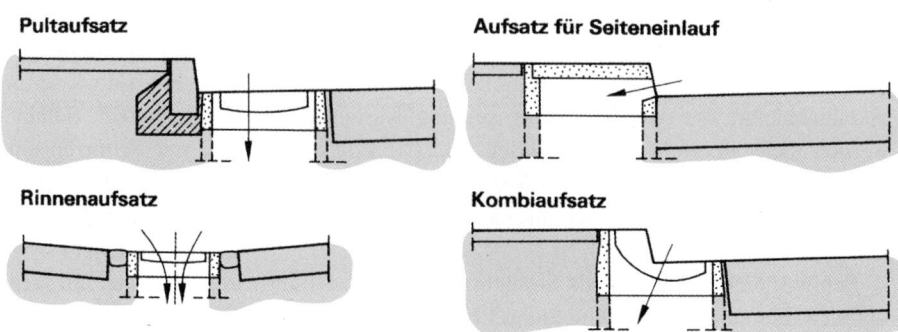

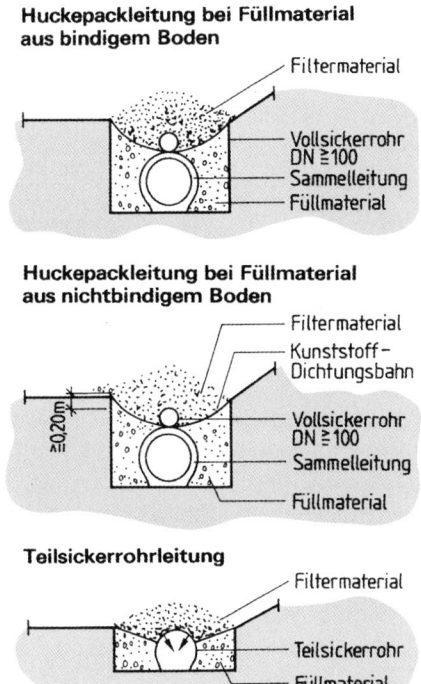

Huckepackleitung bei Füllmaterial aus bindigem Boden
- Filtermaterial
- Vollsickerrohr DN ≧ 100
- Sammelleitung
- Füllmaterial

Huckepackleitung bei Füllmaterial aus nichtbindigem Boden
- Filtermaterial
- Kunststoff-Dichtungsbahn
- Vollsickerrohr DN ≧ 100
- Sammelleitung
- Füllmaterial

Teilsickerrohrleitung
- Filtermaterial
- Teilsickerrohr
- Füllmaterial

Abb. 18.81 Regelausführung von Huckepack- und Teilsickerrohrleitungen

Prüfschächte erfüllen außer der Wasseraufnahme die gleichen Funktionen. Man ordnet sie bei Richtungsänderungen, Änderung des Rohrdurchmessers, Einführung von Sammelleitungen und vor querenden Bauwerken an. Der maximale Abstand soll 80,00 m nicht überschreiten.

Absturzschächte sind bei großem Sohlgefälle der Leitung zur Energievernichtung anzuordnen. Regelausführungen sind im Abb. 18.82 dargestellt.

18.3.2.6 Sickeranlagen

Sie fassen ungebundenes Wasser im Untergrund oder Straßenkörper und werden aus Filtermaterial hergestellt, das filterstabil, grobkörniger als der zu entwässernde Boden und so feinkörnig sein muss, dass die Feinteile des Bodens nicht eingeschwemmt werden.

Sickeranlagen sind anzuordnen, wenn der Untergrund bzw. Unterbau nicht aus grobkörnigem Material nach DIN 18196 besteht und das Erdplanum unterhalb des Geländes oder geländegleich liegt. Bei zweibahnigen Straßen gilt das auch für den Bereich unter dem Mittelstreifen. Um Sickerwasser im hochliegenden Seitenstreifen vom Oberbau fernzuhalten, wird das Erdplanum dort mit 4,0 % Querneigung nach außen verlegt. Der Hochpunkt liegt dabei unter der Fahrbahn im Abstand von 1,00 m vom Fahrbahnrand. Im Einschnitt sind Längsentwässerungen unter der Mulde anzuordnen. Der Rohrscheitel soll 0,20 m unter der zu entwässernden Schicht liegen.

Sickerstrang Er sammelt das im Boden vorhandene Wasser und leitet es weiter. Meist wird ein Sickerrohr DN 100 verwendet, das mit Filtermaterial umhüllt wird. Längere Stränge enden in Schächten des Leitungsnetzes, kurze können ins Freie geführt werden, erhalten am Auslauf aber eine Froschklappe. Das Sohlgefälle darf 0,3 % nicht unterschreiten. Zur Wartung sind Schächte anzuordnen.

Sickergraben Werden wasserführende Schichten angeschnitten, so ist ein Sickergraben technisch oft besser. Die Regelausführung ist in Abb. 18.83 dargestellt.

Sickerschicht Sie kann als Tragschicht, Planums-, Böschungs-, Tiefensickerschicht oder Sickerstützscheibe eingesetzt werden.

Abb. 18.82 Regelformen für Schächte

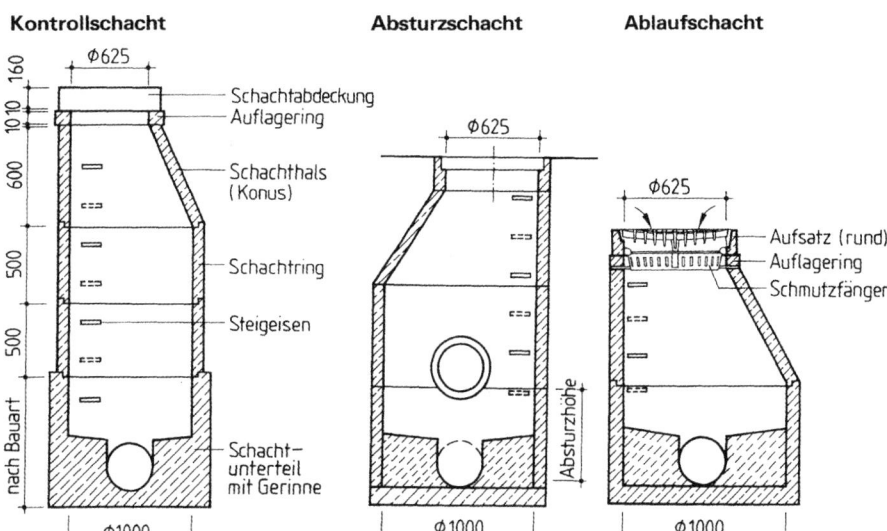

Kontrollschacht
- Schachtabdeckung
- Auflagering
- Schachthals (Konus)
- Schachtring
- Steigeisen
- Schachtunterteil mit Gerinne

Absturzschacht

Ablaufschacht
- Aufsatz (rund)
- Auflagering
- Schmutzfänger

18

Abb. 18.83 Sickereinrichtungen

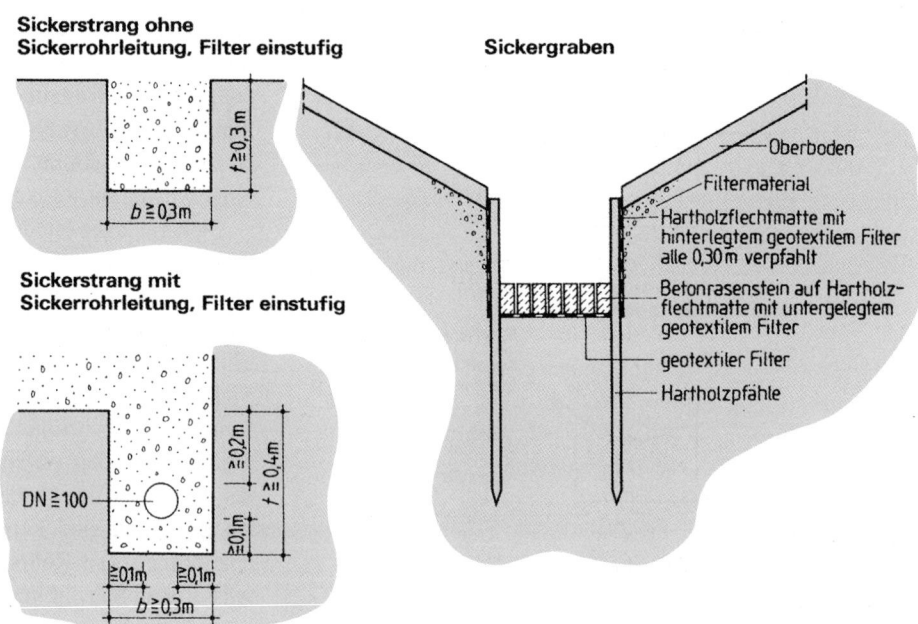

Sickerstrang ohne Sickerrohrleitung, Filter einstufig

$t \geqq 0,3$ m

$b \geqq 0,3$ m

Sickerstrang mit Sickerrohrleitung, Filter einstufig

$\geqq 0,2$ m

$t \geqq 0,4$ m

$\geqq 0,1$ m

DN $\geqq 100$

$\geqq 0,1$ m $\geqq 0,1$ m

$b \geqq 0,3$ m

Sickergraben

Oberboden

Filtermaterial

Hartholzflechtmatte mit hinterlegtem geotextilem Filter alle 0,30 m verpfahlt

Betonrasenstein auf Hartholz-flechtmatte mit untergelegtem geotextilem Filter

geotextiler Filter

Hartholzpfähle

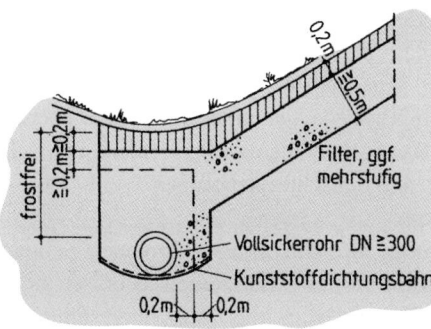

0,2 m

$\geqq 0,5$ m

frostfrei

$\geqq 0,2$ m $\geqq 0,2$ m

Filter, ggf. mehrstufig

Vollsickerrohr DN $\geqq 300$

Kunststoffdichtungsbahn

0,2 m   0,2 m

Abb. 18.84 Böschungssickerschicht

Ungebundene Tragschichten übernehmen bei entspre-chenden Kornaufbau die Funktion der Sickerschicht. Man bezeichnet sie dann als Frostschutzschicht.

Die Planumssickerschicht wird unter einer Frostschutz-schicht angeordnet, wenn das Erdplanum zeitweilig oder ständig unter dem Grundwasserspiegel liegt. Sie soll mindes-tens 0,50 m dick sein. Diese Dicke darf nicht auf die Dicke der Frostschutzschicht angerechnet werden.

Die Böschungssickerschicht leitet Schichtwasser in der Böschung ab. Sie soll 0,50 m dick sein und ist gegen Oberflä-chenwasser durch bindigen Boden abzudichten (Abb. 18.84).

Die Tiefensickerschicht sichert den Untergrund gegen seitlich andrängendes Wasser und entwässert vorwiegend tiefere Schichten. Die Mindestbreite beträgt bei mehrschich-tigem Filterkörper und Sickerstrang min $b = 1,00$ m. Gegen Oberflächenwasser ist sie mit 0,20 m dickem bindigen Boden zu sichern. Das Wasser wird durch ein Sickerrohr abgeführt. Die Sickerstützscheibe wird in Falllinie in die Böschung senkrecht eingebaut. Sie besteht entweder aus einer Schot-terschicht oder aus Einkornbeton. Sie stützt rutschgefährdete Böschungen durch Abbau des Wasserdrucks. Der Abstand der Scheiben untereinander beträgt 10,00 m bis 20,00 m, die Mindestbreite 1,20 m. Auch hier ist eine Abdichtung gegen Oberflächenwasser vorzusehen (Abb. 18.85).

In Wasserschutzgebieten sind die „Richtlinien für bau-technische Maßnahmen an Straßen in Wasserschutzgebie-ten – RiStWag – 2002" zu beachten.

Abb. 18.85 Sickerstützscheibe

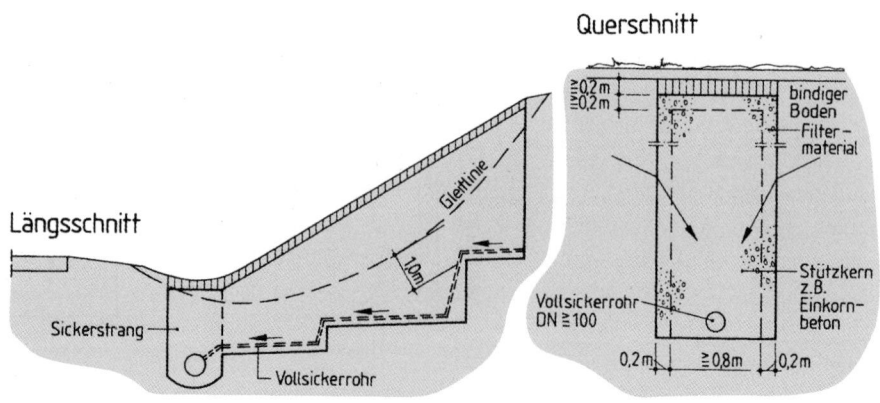

Querschnitt

$\geqq 0,2$ m
$\geqq 0,2$ m

bindiger Boden

Filter-material

Stützkern z.B. Einkorn-beton

Vollsickerrohr DN $\geqq 100$

0,2 m $\geqq 0,8$ m   0,2 m

Längsschnitt

Gleitlinie

1,0 m

Sickerstrang

Vollsickerrohr

18.3.2.7 Bauwerke

Oberflächenwasser wird durch *Regenrückhaltebecken*, große Graben- oder Rohrleitungsprofile gesammelt und gedrosselt zum Vorfluter weitergeleitet, um dessen hydraulische Überlastung zu verhindern. Die Bemessung der Regenrückhaltebecken erfolgt nach Kap. 19.

Rückhaltegräben und -kanäle sind nach den Grundsätzen für Entwässerungsgräben und Rohrleitungen zu entwerfen.

Absetzanlagen trennen die Sedimente vom Straßenwasser. Hierzu verwendet man Absetzbecken, Regenwasserklärbecken oder Absetzschächte bei Versickeranlagen. Sie werden wie Absetzbecken in der Abwassertechnik ausgebildet.

Abscheider für Leitflüssigkeiten reinigen Oberflächenwasser, das durch Leichtflüssigkeiten verunreinigt ist. Sie sind nach den Baugrundsätzen der DIN 1999 oder den „Richtlinien für bautechnische Maßnahmen in Wassergewinnungsgebieten" (RiStWag) zu gestalten.

Auf **Brücken** ist besonders sorgfältig zu entwässern, da im Winter erhöhte Glatteisgefahr besteht. Außerdem darf kein Wasser ins Bauwerk eindringen. Anfallendes Wasser ist durch Brückeneinläufe vor dem Überbauende zu sammeln. Um stauende Nässe hinter den Widerlagern zu vermeiden, ist hinter diesen eine Kiesschüttung von mindestens 1,00 m einzubauen. Das anfallende Sickerwasser ist abzuleiten.

Oberflächenwasser, das auf **Tunnel** oder **Trogstrecken** zuströmt, muss vorher abgefangen werden.

Mit **Erdbecken** gestaltet man Rückhaltebauwerke landschaftsgerecht. Im Uferbereich und bei geplanten Inseln wird das Gelände modelliert, so dass unregelmäßig geschwungene Linien entstehen. Ein Dauerstau ist in Flachwasser- und tiefe Zonen aufzuteilen. Standortgerechte Bepflanzung unterstützt das Entstehen von Biotopen. Zur Wartung sind begrünbare Zufahrten notwendig.

18.4 Straßenbetrieb

18.4.1 Bemessung von Straßenverkehrsanlagen

18.4.1.1 Allgemeines

Im Handbuch für die Bemessung von Straßenverkehrsanlagen (HBS) sind differenziert nach Autobahnen, Landstraßen und Stadtstraßen standardisierte Verfahren zur Bemessung beschrieben, mit denen in Abhängigkeit von infrastrukturellen und verkehrlichen Randbedingungen die Kapazität ermittelt und darauf aufbauend die Qualität des Verkehrsablaufs bewertet werden kann. Ein Vergleich der Kapazität mit der Bemessungsverkehrsstärke ermöglicht eine Überprüfung, ob eine Verkehrsanlage hinreichend leistungsfähig ist. Für eine verkehrstechnisch und wirtschaftlich zweckmäßige Bemessung müssen Qualitätsstufen des Verkehrs unterhalb der Kapazität definiert werden. Die Qualitätskriterien unterscheiden sich nach Art der Verkehrsanlage.

Tafel 18.70 Kriterien zur Beschreibung der Verkehrsqualität für verschiedene Einzelanlagen

Art der Verkehrsanlage	Kriterium
Autobahnstrecken	Auslastungsgrad
Autobahnknotenpunkte	Auslastungsgrad
Landstraßenstrecken	Verkehrsdichte
Planfreie Knotenpunkte	Verkehrsdichte
Plangleiche Knotenpunkte	Wartezeit
Hauptverkehrsstraßen	Verkehrsdichte
Radverkehrsanlagen	Störungsrate
Fußgängeranlagen	Verkehrsdichte
Abfertigung ruhender Verkehr	Ein-/Ausfahrzeit

Man unterscheidet sechs Qualitätsstufen des Verkehrsablaufs (QSV) von A bis F. Für den fließenden Verkehr lassen sich die einzelnen Qualitätsstufen des Verkehrsablaufs wie folgt beschreiben:

QSV A Die individuelle Bewegungsfreiheit der Verkehrsteilnehmer ist nahezu nicht beeinträchtigt. Der Verkehrsfluss ist frei.

QSA B Die individuelle Bewegungsfreiheit der Verkehrsteilnehmer ist nur in geringem Maß beeinträchtigt. Der Verkehrsfluss ist nahezu frei.

QSV C Die individuelle Bewegungsfreiheit der Verkehrsteilnehmer ist spürbar beeinträchtigt. Der Verkehrsfluss ist stabil.

QSV D Die individuelle Bewegungsfreiheit der Verkehrsteilnehmer ist deutlich beeinträchtigt. Der Verkehrsfluss ist noch stabil.

QSV E Die individuelle Bewegungsfreiheit der Verkehrsteilnehmer ist nahezu ständig beeinträchtigt. Der Verkehrsfluss ist instabil. Die Grenze der Funktionsfähigkeit wird erreicht.

QSV F Die individuelle Bewegungsfreiheit der Verkehrsteilnehmer ist ständig beeinträchtigt. Die Funktionsfähigkeit ist nicht mehr gegeben.

18.4.1.2 Autobahnen

Die Kapazität einer Autobahnteilstrecke ergibt sich getrennt nach Richtungsfahrbahnen in Abhängigkeit von der Fahrstreifenanzahl, der Längsneigung, der Geschwindigkeitsregelung, der Lage in Bezug zu Ballungsräumen und vom relevanten Schwerverkehrsanteil.

18

Tafel 18.71 Kapazität von Teilstrecken mit Längsneigungen $s \leq 2\%$

Fahrstreifen-anzahl	Geschwindigkeits-beschränkung	Kapazität C [Kfz/h]							
		außerhalb von Ballungsräumen				innerhalb von Ballungsräumen			
		SV-Anteil b_{sv}				SV-Anteil b_{sv}			
		<5%	10%	20%	30%	<5%	10%	20%	30%
2	ohne	3700	3600	3400	3200	3900	3800	3600	3400
	T120	3800	3700	3500	3300	3900	3800	3600	3400
	T100/T80/SBA	3800	3700	3500	3300	4000	3900	3700	3500
	Tunnel	3700	3600	3400	3200	3900	3800	3600	3400
3	ohne	5300	5200	4900	4600	5700	5500	5200	4900
	T120	5400	5300	5000	4700	5700	5500	5200	4900
	T100/T80/SBA	5400	5300	5000	4700	5800	5600	5300	5000
	Tunnel	5300	5200	4900	4600	5700	5500	5200	4900
4	ohne	7300	7100	6700	6300	7800	7600	7100	6600
	T120	7400	7200	6800	6400	7800	7600	7100	6600
	T100/T80/SBA	7400	7200	6800	6400	8000	7800	7300	6800
2 + TSF	T100/SBA	4700	4600	4400	4200	5200	5000	4700	4400
3 + TSF	T100/SBA	6300	6200	5900	5600	7000	6800	6400	6000

Die Einteilung in Qualitätsstufen des Verkehrsablaufs ergibt sich über den Auslastungsgrad

$$x = q/C$$

mit x = Auslastungsgrad

q = Verkehrsstärke

C = Kapazität

Tafel 18.72 Qualitätsstufen des Verkehrsablaufs (QSV) in Abhängigkeit vom Auslastungsgrad

QSV	Auslastungsgrad x [–]
A	$\leq 0,30$
B	$\leq 0,55$
C	$\leq 0,75$
D	$\leq 0,90$
E	$\leq 1,00$
F	$< 1,00$

Mittels der im Handbuch für die Bemessung von Straßenverkehrsanlagen (HBS) dargestellten q-V-Beziehungen können die mittleren Pkw-Fahrtgeschwindigkeit ermittelt und der

Festlegung der Straßenkategorie aus den Vorgaben der Straßennetzgestaltung gegenüber gestellt werden.

Für die verschiedenen Ein- und Ausfahrtypen an Autobahnen bietet das Handbuch für die Bemessung von Straßenverkehrsanlagen ein der freien Strecke ähnliches Bemessungsverfahren an (siehe HBS).

18.4.1.3 Landstraßen

Die Kapazität zweistreifiger Landstraßen wird differenziert nach Fahrtrichtung für einzelne Teilstrecken abhängig von Steigungsklasse, Kurvigkeit und Schwerverkehrsanteil ermittelt. Die Steigungsklasse ergibt sich aus der mittleren Längsneigung und der Länge der Teilstrecke nach Tafel 18.73.

Die Kurvigkeit KU ergibt sich zu:

$$KU = \frac{\sum_{j=1}^{n} |y_j|}{L}$$

KU Kurvigkeit der Teilstrecke

n Anzahl der Kurven j im Lageplan

y Winkeländerung im Lageplan in der Kurve j

L Länge der Teilstrecke

Tafel 18.73 Steigungsklassen in Abhängigkeit von der mittleren Längsneigung und der Länge der Teilstecke (Einstufung von Gefällstecken)

Länge [m]	Steigungsklasse						
	$s \leq 3\%$	$s \leq 4\%$	$s \leq 5\%$	$s \leq 6\%$	$s \leq 7\%$	$s \leq 8\%$	$s > 8\%$
$L \leq 600$	1 (1)	1 (1)	2 (1)	2 (1)	2 (1)	2 (2)	3 (3)
$600 < L \leq 1900$	1 (1)	2 (1)	2 (1)	2 (1)	2 (2)	3 (3)	3 (3)
$900 < L \leq 1800$	1 (1)	2 (1)	2 (1)	2 (2)	3 (3)	3 (3)	4 (3)
$L > 1800$	1 (1)	2 (1)	2 (2)	3 (3)	3 (3)	4 (3)	4 (4)

Tafel 18.74 Kurvigkeitsklasse in Abhängigkeit von der Summe der absoluten Richtungsänderungen je km

Kurvigkeit KU [gon/km]	Kurvigkeitsklasse
KU ≤ 50	1
50 < KU ≤ 100	2
100 < KU ≤ 150	3
KU > 150	4

Das Handbuch für die Bemessung von Straßenverkehrsanlagen (HBS) Teil L (Landstraßen) gibt für die verschiedenen Steigungs- und Kurvigkeitsklassen abhängig vom Schwerverkehrsanteil mittlere Pkw-Fahrgeschwindigkeiten an. Mittels der Beziehung

$$k_{FS} = \frac{q}{m \cdot V_F}$$

k_{FS} fahrstreifenbezogene Verkehrsdichte
q Verkehrsstärke
m Anzahl der Fahrstreifen der Richtung
V_F mittlere Pkw-Fahrtgeschwindigkeit
lässt sich die Verkehrsdichte als Qualitätskriterium ermitteln. Der Zusammenhang zwischen Verkehrsdichte und Qualitätsstufe des Verkehrsablaufs für einbahnige (2- und 3-streifig) Straßen zeigt Tafel 18.75.

Tafel 18.75 Qualitätsstufen des Verkehrsablaufs (QSV) in Abhängigkeit von der Verkehrsdichte

QSV	Fahrstreifenbezogene Verkehrsdichte k_{FS} [Kfz/km]
A	≤ 3
B	≤ 6
C	≤ 10
D	≤ 15
E	≤ 20
F	> 20

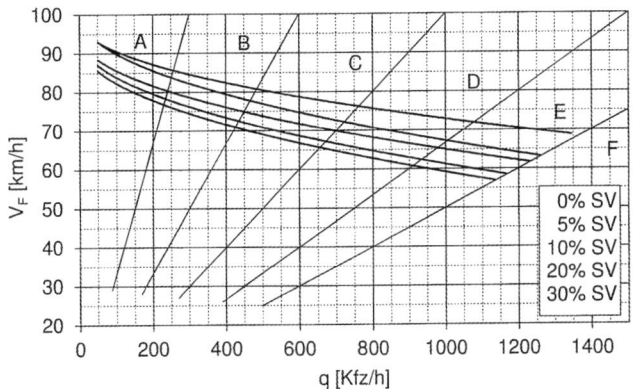

Abb. 18.86 Beispiel für die Ermittlung der mittleren Pkw-Fahrtgeschwindigkeit V_F für zweistreifige Teilstrecken einer zweistreifigen Straße

Für Knotenpunkte an Landstraßen bietet das Handbuch für die Bemessung von Straßenverkehrsanlagen (HBS) drei verschiedene Verfahren an:
- Knotenpunkte mit Lichtsignalanlage
- Knotenpunkte mit Vorfahrtsbeschilderung
- Kreisverkehre

Als Qualitätskriterien gelten mittlere bzw. maximale Wartezeiten.

Tafel 18.76 Grenzwerte für die Qualitätsstufen an Knotenpunkten mit Lichtsignalanlage

QSV	Kfz-Verkehr mittlere Wartezeit t_w [s]	Fußgänger- und Radverkehr maximale Wartezeit $t_{w,max}$ [s]
A	≤ 20	≤ 30
B	≤ 35	≤ 40
C	≤ 50	≤ 55
D	≤ 70	≤ 70
E	> 70	≤ 85
F	–	> 85

Maßgebend für die Beurteilung der Verkehrsqualität eines Knotenpunkts mit Lichtsignalanlage ist die schlechteste Qualitätsstufe, die sich für einen einzelnen Fahrstreifen im Kfz-Verkehr oder in einem Strom des Fußgängers- oder Radverkehrs ergibt.

Tafel 18.77 Grenzwerte für die Qualitätsstufen an Knotenpunkten ohne Lichtsignalanlage

QSV	mittlere Wartezeit t_w [s]
A	≤ 10
B	≤ 20
C	≤ 30
D	≤ 45
E	> 45
F	–

Bei Knotenpunkten mit Vorfahrtsbeschilderung und bei Kreisverkehren wird die mittlere Wartezeit für jeden einzelnen Nebenstrom bzw. für jede Zufahrt berechnet. Bei der Bewertung der Verkehrsqualität ist die schlechteste Qualitätsstufe der einzelnen Nebenströme oder Mischströme maßgebend.

Zur Berechnung der Kapazität und der Wartezeiten wird bei Knotenpunkten mit Lichtsignalanlage das Zeitbedarfsverfahren verwendet. Es ist in der RiLSA (2015) und im HBS beschrieben.

Bei Knotenpunkten ohne Lichtsignalanlage werden die Kapazität und die Wartezeiten nach dem Zeitlückenverfahren ermittelt, das im HBS beschrieben wird.

Bei Kreisverkehren wird die Kapazität mit Hilfe einer im HBS dargestellten Regressionskurve ermittelt.

18

18.4.1.4 Stadtstraßen

Die Kapazität von Stadtstraßen wird differenziert nach Fahrtrichtung für einzelne Teilstrecken abhängig vom Querschnitt, der zulässigen Geschwindigkeit und der Erschließungsintensität ermittelt. Die Erschließungsintensität ergibt sich aus der Zahl der Einparkvorgänge, der Halte- und Liefervorgänge sowie der Bushalte auf der Fahrbahn.

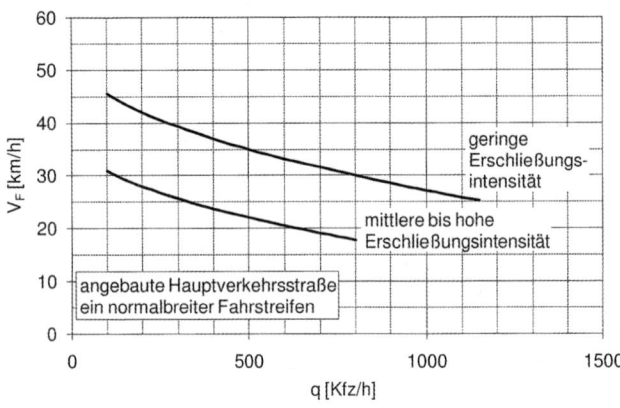

Abb. 18.87 Mittlere Fahrgeschwindigkeit V_F für eine angebaute Hauptverkehrsstraße mit einem normalbreiten Fahrstreifen

Zur Einteilung der Qualitätsstufen des Verkehrsablaufs gelten die Grenzwerte für die fahrstreifenbezogene Verkehrsdichte k_{FS} nach Tafel 18.78.

Die fahrstreifenbezogene Verkehrsdichte k_{FS} ergibt sich zu:

$$k_{FS} = \frac{q}{V_F} \cdot f_{FS}$$

q Verkehrsstärke

V_F mittlere Fahrgeschwindigkeit

f_{FS} Faktor zur Berücksichtigung der Aufteilung der Verkehrsdichte auf die Fahrstreifen

Tafel 18.78 Qualitätsstufen des Verkehrsablaufs (QSV) in Abhängigkeit der fahrstreifenbezogenen Verkehrsdichte je Richtung

QSV	Fahrstreifenbezogene Verkehrsdichte k_{FS} [Kfz/km]	
	$V_{zul} = 70\,km/h$	$V_{zul} = 50\,km/h$
A	≤ 6	≤ 7
B	≤ 12	≤ 14
C	≤ 20	≤ 23
D	≤ 30	≤ 34
E	≤ 40	≤ 45
F	> 40	> 45

Für Knotenpunkte an Stadtstraßen lehnen sich die Berechnungsverfahren für die Kapazität und die Kriterien für die Qualitätsstufen an die Knotenpunkte von Landstraßen an.

18.4.2 Straßenausstattung

18.4.2.1 Markierungen

Außerhalb bebauter Gebiete wie auch auf Straßen mit mehr als einer Spur je Richtung und an Knotenpunkten sind Fahrbahnmarkierungen für eine eindeutige, sichere Verkehrsführung unerlässlich. Jede Art von rechtlich bindender Fahrbahnmarkierung wird von den Straßenverkehrsbehörden gem. § 44 ff. StVO angeordnet.

Gute Sichtbarkeit bei Tag und Nacht, Ebenheit, Haltbarkeit, Griffigkeit, Alterungsbeständigkeit, Witterungsresistenz, sind wesentliche Eigenschaften der Fahrbahnmarkierungen. Die Regelmarkierung ist weiß. Nur im Bereich von Baustellen wird zur zeitweisen Aufhebung der weißen Markierung gelb markiert.

Tafel 18.79 zeigt die verschiedenen Formen der Längsmarkierung.

Die Strichbreite von Längsmarkierungen beträgt:

	Autobahnen	Andere Straßen
Schmalstrich (S)	0,15 m	0,12 m
Breitstrich (B)	0,30 m	0,25 m

Tafel 18.80 zeigt die verschiedenen Formen der Quermarkierung.

18.4.2.2 Wegweisung

Bei der wegweisenden Beschilderung sind folgende Regeln zu beachten:

Einheitsregel Im Gesamtnetz ist eine nach Aufbau und Inhalt einheitliche Beschilderung vorzunehmen.

Wahrnehmbarkeitsregel Die Beschilderung ist so aufzustellen, dass sie Tag und Nacht sichtbar und gut lesbar ist.

Lesbarkeitsregel Auf einem Wegweiser dürfen nicht mehr als 10 Ziele und pro Fahrtrichtung nicht mehr als 4 Ziele dargestellt werden.

Zielauswahlregel Die Zielorte sind als Fern- und Nahziele nach den Verkehrsbedürfnissen auszuwählen.

Umklappregel Die Wegweisung wird so konzipiert, dass sie umgeklappt die realen Verhältnisse wiedergibt.

Kontinuitätsregel Ein einmal aufgenommenes Ziel muss in den folgenden Wegweisern bis zum Erreichen des Ziels wiederholt werden.

Pfeilregel Ein senkrecht nach oben gerichteter Geradeauspfeil weist auf die in dieser Richtung zu erreichenden Ziele hin; vor oder unmittelbar nach einem waagrechten Querpfeil wird abgebogen. Ein Schrägpfeil und ein Pfeil mit gebogenem Schaft hat vorwegweisenden Charakter.

Tafel 18.79 Markierungszeichen – Längsmarkierungen

Benennung	Grundformen (m)	Markierungszeichen
durchgehender Schmalstrich (S)		Fahrstreifenbegrenzung Fahrbahnbegrenzung Radfahrstreifenbegrenzung Parkflächenbegrenzung
unterbrochener Schmalstrich 1 : 2 außerhalb von Knotenpunkten (S)	1 : 2 : 1	Leitlinie
unterbrochener Schmalstrich 1 : 1 innerhalb von Knotenpunkten (S)	1 : 1 : 1	Leitlinie
unterbrochener 2 : 1 Schmalstrich (S)	2 : 1 : 2	Warnlinie
durchgehender Breitstrich (B)		Fahrbahnbegrenzung Sonderfahrstreifen- begrenzung Radfahrstreifenbegrenzung
unterbrochener 1 : 1 Breitstrich (B)	1 : 1 : 1	unterbrochene Fahrbahnbegrenzung
unterbrochener 2 : 1 Breitstrich (B)	2 : 1 : 2	unterbrochene Sonderfahrstreifen- begrenzung
Doppelstrich aus einem durch- gehenden und einem unter- brochenen Schmalstrich 1:2 (S)	1 : 2 : 1 — 0,12/0,15	einseitige Fahrstreifenbegrenzung
Doppelstrich aus zwei durch- gehenden Schmalstrichen (S)	— 0,12/0,15	Fahrstreifenbegrenzung
Doppelstrich aus zwei unter- brochenen Schmalstrichen 2:1 (S)	2 : 1 : 2 — 0,12/0,15	Fahrstreifenmarkierung für den Richtungs- wechselbetrieb/ Wechselfahrstreifen

Tafel 18.80 Markierungszeichen – Quermarkierungen

Benennung	Grundformen (m)	Markierungszeichen
Querstrich	0,50	Haltlinie
unterbrochener Querstrich 2:1	0,25 0,50 / 0,50	Wartelinie
unterbrochener Querstrich 2,5:1	0,20 0,50 / 0,12	Fußgängerfurt
unterbrochener Querstrich 2,5:1	0,20 0,50 / 0,25	Radfahrerfurt
Zebrastreifen	≥ 3,00 0,50 ∣ 0,50 0,50	Fußgängerüberweg

18

Farbregeln Entsprechend dem überwiegend benutzten Fahrweg zur Erreichung eines überörtlichen Ziels bestimmt sich die Farbe der Wegweiser:

Autobahn blau
Bundes-, Landes-, Kreisstraßen gelb
Innerortsstraßen weiß

Man unterscheidet Pfeilwegweiser, Tabellenwegweiser, Portalwegweiser und Vorwegweiser.

18.4.2.3 Verkehrsbeschilderung

Art, Einsatzorte und farbliche Ausbildung der amtlichen verkehrsbindenden Beschilderung werden in der StVO und der Verwaltungsvorschrift zur StVO (VwV-StVO) festgelegt. Die Abmessungen ergeben sich nach dem Verkehrszeichenkatalog. Es gilt der Grundsatz: So wenig Verkehrszeichen wie möglich, so viel Verkehrszeichen wie nötig. Nach VwV-StVO gilt für die Anordnung von Verkehrszeichen:

- maximal 3 Schilder am gleichen Pfosten
- maximal 2 Vorschriftszeichen am gleichen Pfosten
- Geschwindigkeitsbeschränkung mit Überholverbot kombinieren
- Gefahrzeichen nur mit Verkehrsverboten
- Gefahrzeichen über Vorschriftszeichen
- Andreaskreuz Z. 201, Fußgängerüberweg Z. 350, Ende von Streckenverboten Z. 278 ff, müssen immer allein aufgestellt werden

Die Größe der Verkehrszeichen orientiert sich an der Geschwindigkeit. Man unterscheidet 3 Größen:

Tafel 18.81 Größe von Verkehrszeichen

Größe	Geschwindigkeitsbereiche	
	Ronden	Dreiecke Quadrate Rechtecke
1	0–20	20–< 50
2	> 20–80	50–100
3	> 80	> 100

18.4.2.4 Leiteinrichtungen

Die senkrechten Leiteinrichtungen unterstützen und ergänzen die horizontalen Leiteinrichtungen (Markierungen). Darunter zählen Leitpfosten, Leittafeln, Geländer, Leitwände, Schutzplanken, Betonschutzwände.

Leitpfosten (Zeichen 620 StVO) haben einen Abstand von 0,50 m vom Fahrbahnrand, in der Geraden beträgt der Pfostenabstand 50 m, in Kurven und Kuppen werden die Abstände verringert. An Knotenpunkten und Einmündungen erhält der letzte Pfosten gelbe Reflexstreifen. Leitpfosten haben am Fuß eine Sollbruchstelle zur Vermeidung von Schäden beim Aufprall von Fahrzeugen.

In den Richtlinien für passiven Schutz an Straßen durch Fahrzeug-Rückhaltesysteme (RPS) sind die Anforderungen an Leiteinrichtungen beschrieben.

18.5 Bahnverkehr

18.5.1 Planungsgrundlagen

18.5.1.1 Fahrdynamik

Widerstände W Spezifische Widerstände w

$$w = W \cdot 1000 / G_{zug} \quad [\text{‰}, \text{N/kN}]$$

- Rollwiderstand w_c
Entsteht durch Reibung zwischen Räder und Schiene sowie in den Achslagern

$$w_c = 1{,}5\text{–}2{,}0\,\text{‰}$$

- Neigungs-/Steigungswiderstand w_s
Gewichtskraftkomponente parallel zur geneigten Fahrbahn

$$w_s = l\,\text{‰}$$

l [‰] Längsneigung

- Krümmungs-/Bogenwiderstand w_r
Entsteht im Gleisbogen durch Reibung des Rades am Schienenkopf und durch Gleitreibung zwischen Rad und Schiene infolge unterschiedlicher Wege auf den Außen- und Innenschienen bei starren Radsätzen
Überschlagsformeln nach Röckl:

$$w_r = 650 / (r - 55)\,\text{‰} \quad \text{für } r \geq 300\,\text{m}$$
$$w_r = 500 / (r - 30)\,\text{‰} \quad \text{für } r < 300\,\text{m}$$

- Luftwiderstand w_{Luft}
Entsteht durch Staudruck und Reibung der umgebenden Luft an den Fahrzeugoberflächen

$$w_{Luft} = F \cdot c_w \cdot \varrho / 2 \cdot v_{rel}^2 / G_{zug}$$

F [m²] Querschnittsfläche
c_w Luftwiderstandsbeiwert
ϱ [kg/m³] Dichte der Luft
v_{rel} [m/s] Relativgeschwindigkeit Fahrzeug – Luft

- Beschleunigungswiderstand w_a
Erforderliche Kraft zur Beschleunigung einer Masse

$$w_a = a \cdot \varrho / g$$

a [m/s²] Beschleunigung
ϱ Massenfaktor zur Berücksichtigung drehender Massen $\varrho = 1{,}06\text{–}1{,}2$

Zugkräfte F Erforderlich zur Überwindung der Widerstände

- Zugkraft am Triebrad F_t

$$F_t = \eta \cdot P_\ddot{u}/v$$

$P_\ddot{u}$ [W] effektive Leistung
η Wirkungsgrad, $\eta = 0{,}75$ (Diesellok) bis $\eta = 0{,}95$ (Elektrolok)

- Reibungszugkraft F_r

$$F_r = \mu \cdot G_r$$

G_r [N] Reibungsgewicht der angetriebenen Achsen
μ Kraftschlussbeiwert anfahren, $\mu = 0{,}3\text{–}0{,}1$
Der Zugkraftverlauf wird im Zugkraft-Geschwindigkeits-Diagramm dargestellt.

Bremskräfte F_b Erforderlich zum Abbremsen von Fahrzeugen

$$F_b = \mu \cdot G_r$$

G_r [N] Reibungsgewicht der gebremsten Achsen
μ Kraftschlussbeiwert bremsen, $\mu = 0{,}15\text{–}0{,}1$
Übertragung der Bremskräfte auf

- Laufflächen der Räder (Klotzbremsen)
- Bremsscheiben auf den Achsen (Scheibenbremsen)
- Antriebsachse (dynamische Bremsen)
- Fahrschiene (Schienenbremsen).

Bremsbauarten:

- Pneumatische Bremse
- Elektro-pneumatische Bremse
- Elektrische Nützbremse
- Wirbelstrombremse
- Magnetschienenbremse.

Berechnung der Bremskraft über Bremsgewicht.

Gesamtbremsgewicht/Gesamtzuggewicht $\rightarrow$ Bremshundertstel.

18.5.1.2 Fahrzeugbewegung

Darstellung im Weg-Zeit-Diagramm oder in Fahrdiagrammen

Bewegungsphasen:

- Beschleunigung
  - $a =$ konstant (bei geringen Geschwindigkeiten)
  - $a \neq$ konstant (ΔV-Verfahren, Δt-Verfahren)
- Fahrt mit konstanter Geschwindigkeit
- Auslauf (Fahren ohne Zugkraft)
- Bremsen

18.5.1.3 Spurführung und Spurweite

- Fahrzeuglauf
- Radsatz = starre Achse + Räder
- Rad (Vollrad, bereiftes Rad) besteht aus Laufkranz, konische Aufstellfläche, Spurkranz
- Selbstzentrierung durch Sinuslauf.

Spurweite

Regelspur: Grundmaß 1435 mm, Mindestmaß 1430 mm, Größtmaß 1470 mm

Breitspur: Grundmaße 1524 mm, 1600 mm, 1668 mm

Schmalspur: Grundmaße 1000 mm, 750 mm.

Tafel 18.82 Spuraufweitung bei Regelspur im Gleisbogen

Bogenhalbmesser [m]	Mindestwert Spurweite [mm]
≥ 175	1430
175–150	1435
150–125	1440
125–100	1445

18.5.1.4 Geschwindigkeiten

Tafel 18.83 Zulässige Geschwindigkeiten

Zugart	Hauptbahnen [km/h]	Nebenbahnen [km/h]
Reisezüge mit durchgehender Bremse		
– mit Linienzugbeeinflussung	300	–
– mit Zugbeeinflussung	160	100
– ohne Zugbeeinflussung	100	80
Güterzüge mit durchgehender Bremse		
– mit Zugbeeinflussung	120	80
– ohne Zugbeeinflussung	100	80
Züge ohne durchgehende Bremse	50	50
Geschobene Züge (Rangierfahrten)	30	30

Entwurfsgeschwindigkeiten:

- Streckenneubau Personenverkehr 300 km/h
- Streckenneubau Mischbetrieb 230/250 km/h
- Streckenneubau Güterverkehr 160 km/h
- Streckenausbau 200/230 km/h
- S-Bahn-Strecken 120 km/h
- U-Bahn-Strecken 80 km/h
- Straßenbahnstrecken 70 km/h.

18

18.5.2 Querschnitte

Regellichtraum

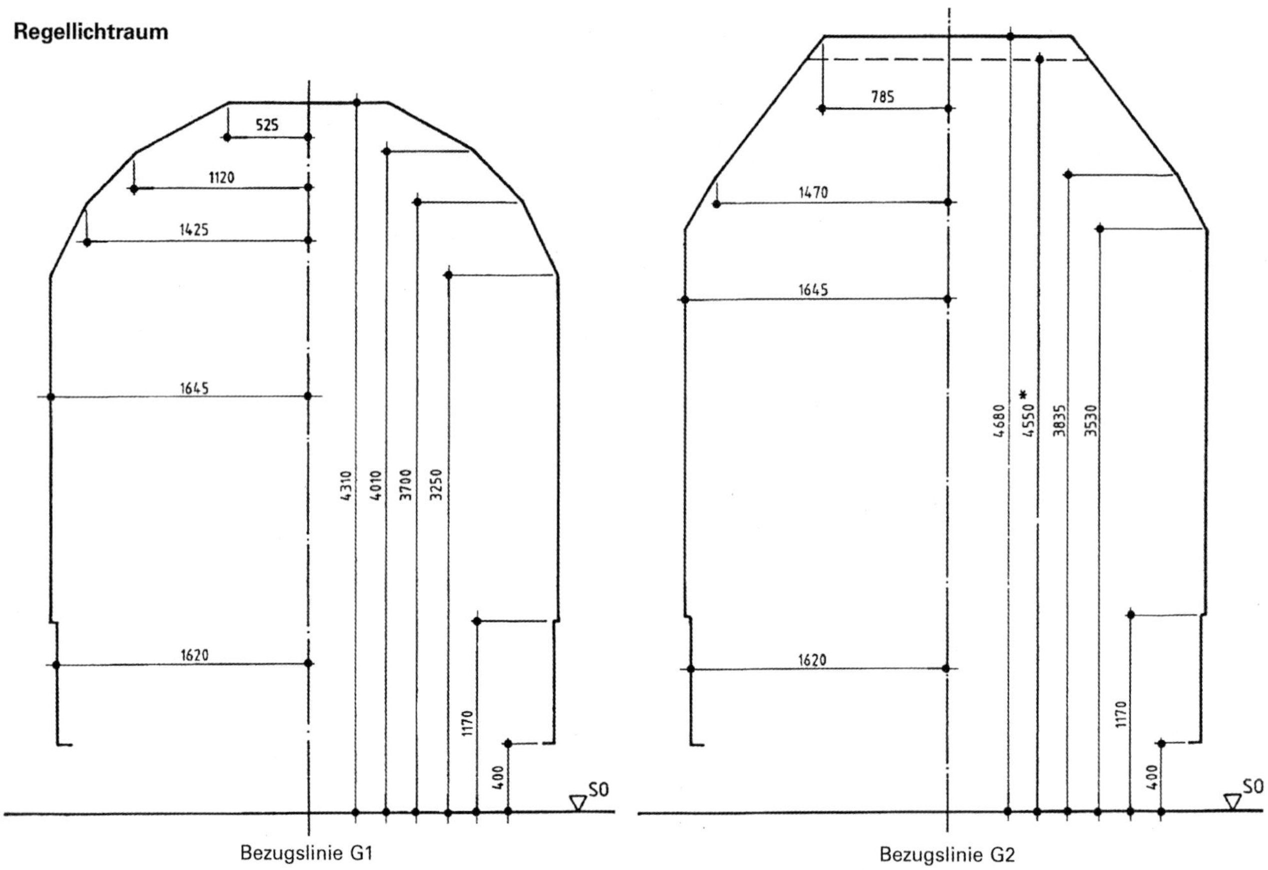

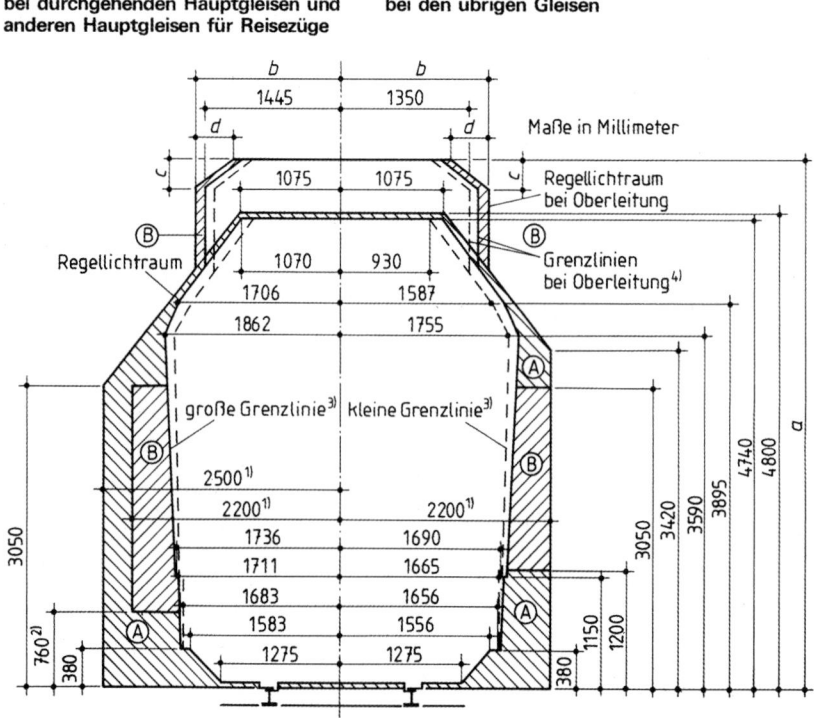

Bezugslinie G1

Bezugslinie G2

Abb. 18.88 Fahrzeugbegrenzung. Bezugslinie G1 für Fahrzeuge im grenzüberschreitenden Verkehr, Bezugslinie G2 für Fahrzeuge im Bereich der DB

Abb. 18.89 Regellichtraum nach EBO in Geraden und in Bogen bei Radien = 250 m. [1]) Verkehren nur Stadtschnellbahnen, dürfen die Maße um 100 mm verringert werden. [2]) Bei überwiegendem Stadtschnellbahn-Verkehr 960 mm. [3]) Der Grenzlinie liegt die Bezugslinie G2 zugrunde. [4]) Den Grenzlinien bei Oberleitungen liegt das halbe Breitenmaß eines Stromabnehmers zugrunde. Grenzlinie: von Fahrzeugen in Anspruch genommener Mindestlichtraum; Kleine Grenzlinie: $R = 8$, $u \leq 50$ mm, $u_f \leq 50$ mm; Große Grenzlinie: $R = 250$ m, $u = 160$ mm, $u_f = 150$ mm. Bereich A: zulässig sind bauliche Anlagen, wenn es der Bahnbetrieb erfordert; Bereich B: zulässig sind Einragungen, wenn Sicherheitsmaßnahmen getroffen sind

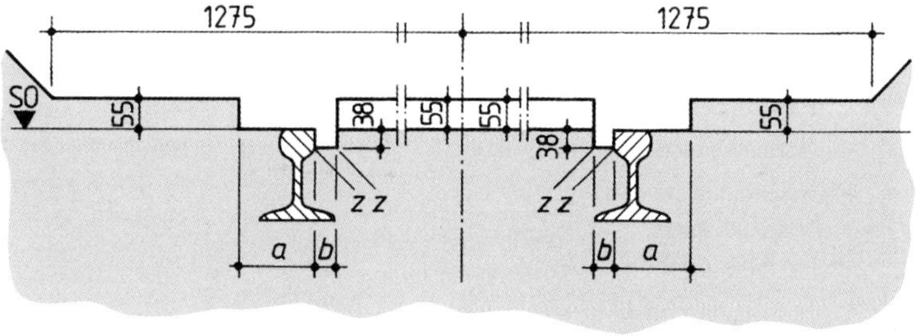

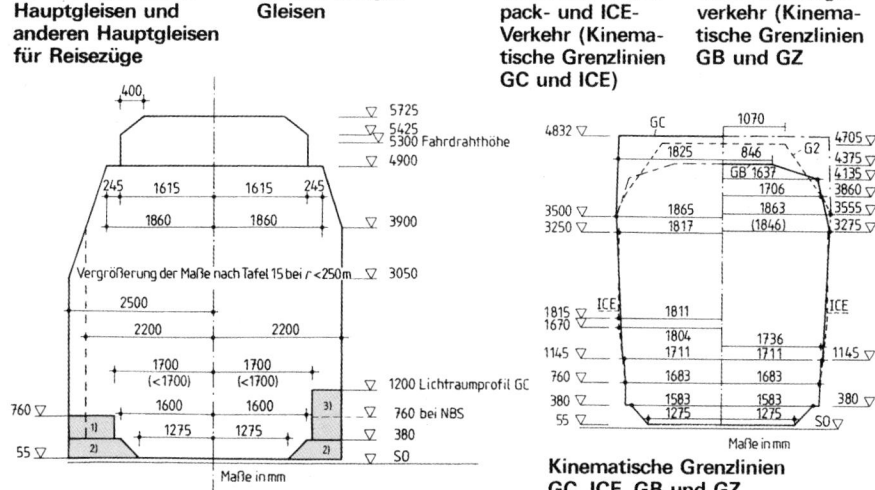

Abb. 18.90 Unterer Teil der Grenzlinie. $a \geq 150\,\text{mm}$ für unbewegliche Gegenstände, die nicht fest mit der Schiene verbunden sind. $a \geq 135\,\text{mm}$ für unbewegliche Gegenstände, die fest mit der Schiene verbunden sind. $b = 41\,\text{mm}$ für Einrichtungen, die das Rad an der inneren Stirnfläche führen. $b \geq 45\,\text{mm}$ an Bahnübergängen und sonstigen Übergangen bei vorhandenen Einläufen. $b \geq 61\,\text{mm} + 1435\,\text{mm}$ an Bahnübergängen und allen übrigen Fällen. z Ecken, die ausgerundet werden dürfen

Tafel 18.84 Regellichtraummaße bei Oberleitungen

Stromart	Nenn-spannung	Mindesthöhe	Halbe Mindestbreite b im Arbeitshöhenbereich des Stromabnehmers über SO				Abschrägung der Ecken	
		a	≤ 5300	> 5300 ≤ 5500	> 5500 ≤ 5900	> 5900 ≤ 6500	c	d
	kV	mm						
Wechselstrom	15	5200	1430	1440	1470	1510	300	400
	25	5340	1500	1510	1540	1580	335	447
Gleichstrom	$\leq 1{,}5$	5000	1315	1325	1355	1395	250	350
	3	5030	1330	1340	1370	1410	250	350

Tafel 18.85 Vergrößerung des Regellichtraums in Bögen mit $r < 250\,\text{m}$

Erforderliche Vergrößerung der halben Breitenmaße des Regellichtraumes in mm	Bogenradius r in m							
	100	120	150	180	190	200	225	250
An der Bogeninnenseite	530	335	135	80	65	50	25	0
An der Bogenaußenseite	570	365	170	100	80	65	30	0
Bei Oberleitung	110	80	50	30	25	20	10	0

Abb. 18.91 Umgrenzung des lichten Raumes bei Neubaustrecken. [1]) Raum für Bahnsteige, Rampen, Rangiereinrichtungen, Signalanlagen. [2]) Raum für bauliche Anlagen, soweit Bahnbetrieb dies erfordert. [3]) Bei überwiegendem Stadtschnellbahnverkehr Bahnsteighöhe 980 mm

Tafel 18.86 Lichte Höhen unter Bauwerken

Streckenbereich		Geschwindigkeit [km/h]	Lichte Höhe über SO [m]
Nicht elektrifiziert			$\geq 4{,}90$
Elektrifiziert		≤ 160	5,70
Normalbereich der Kettenwerke		$160 < V \leq 200$	5,90
Nachspannbereich		≤ 200	6,20
Normalbereich der Kettenwerke	Systemhöhe 1,8 m	$200 < V \leq 330$	7,40
	Systemhöhe 1,1 m		6,70
Nachspannbereich	Systemhöhe 1,8 m		7,90
	Systemhöhe 1,1 m		7,20

Abb. 18.92 Regellichtraum für S-Bahnen in der Geraden und in Bögen mit $r \geq 250\,\text{m}$ bei reinem S-Bahn-Betrieb.
[1]) Freizuhaltender Seitenraum an Bahnhofsgleisen bei sämtlichen Gegenständen, an Hauptgleisen der freien Strecke, bei Kunstbauten sowie bei Signalen, die zwischen Hauptgleisen der freien Strecke stehen. [2]) Freizuhaltender Seitenraum an Hauptgleisen der freien Strecke bei sämtlichen Gegenständen. [3]) Nur mit Ausnahmegenehmigung. [4]) Raum für bauliche Anlagen, soweit der Bahnbetrieb das erfordert

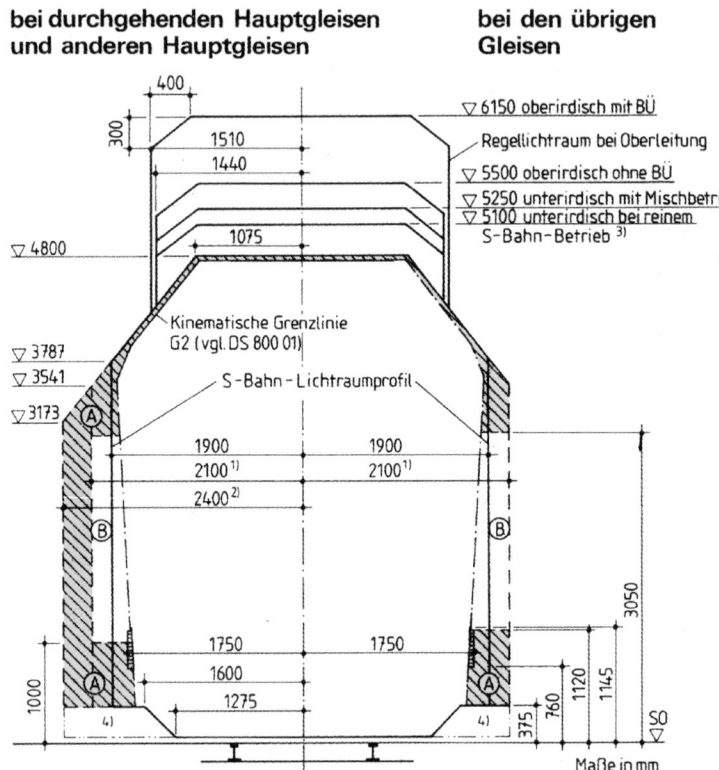

Gleisabstände   Gleisabstand = horizontale Entfernung der Mitten benachbarter Gleise.

Tafel 18.87 Mindestgleisabstand der freien Strecke

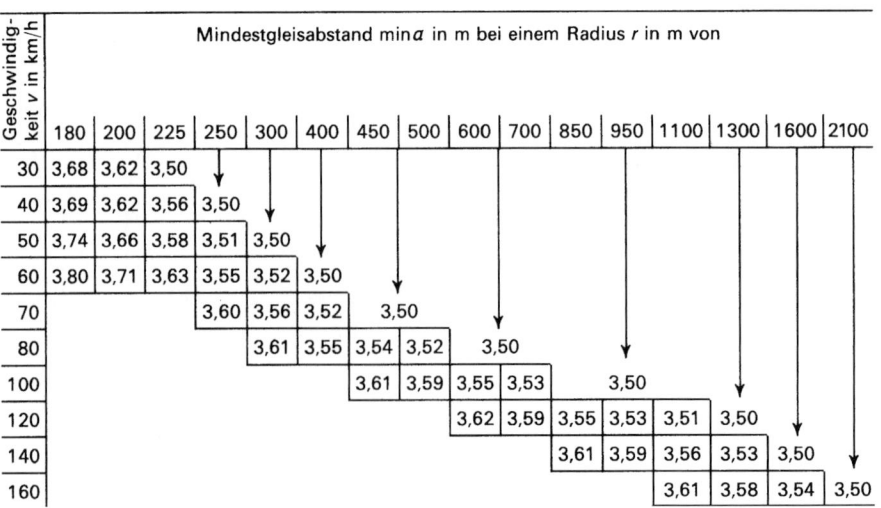

Geschwindigkeit v in km/h	\multicolumn{16}{l}{Mindestgleisabstand min$a$ in m bei einem Radius r in m von}

Tafel 18.88 Gleisabstände der freien Strecke

Gleisanlage	Abstand [m]
Kleinstwert bei bestehenden Anlagen	3,50
Neubauten und Umbauten	4,00
Neubaustrecken	
– Schotterbett	4,50
– Feste Fahrbahn	4,50
S-Bahn	
– oberirdisch	3,80
– unterirdisch	4,70
Gleiswechselbetrieb (Signal zwischen den Gleisen)	4,50
Zwischen Streckengleispaar und drittem Gleis	
– $V \leq 160\,\mathrm{km/h}$	5,80
– $160 < V \leq 200\,\mathrm{km/h}$	6,80
– $V \leq 300\,\mathrm{km/h}$	8,00

Tafel 18.90 Gleisabstände in Bahnhöfen

Gleisanlage	Abstand [m]
Mindestwert	4,00
Neubauten	4,50
Bei Anordnung von Zwischenwegen ohne Mastgasse zwischen Hauptgleisen	
– bei S-Bahnen $V = 120\,\mathrm{km/h}$	5,40
– bei $V \leq 160\,\mathrm{km/h}$	5,80
– bei $V > 160\,\mathrm{km/h}$ auf einen Gleis	6,30
– bei $V > 160\,\mathrm{km/h}$ auf beiden Gleisen	6,80
Zwischen Haupt- und Nebengleis	
– bei $V \leq 160\,\mathrm{km/h}$	5,30
– bei $V > 160\,\mathrm{km/h}$	5,80
Zwischen Nebengleisen	
– in der Regel	4,50
Bei Reinigungsgleisen, Rampengleisen, etc.	5,00

Tafel 18.89 Vergrößerung der Gleisabstände in Bogen mit $r < 250\,\mathrm{m}$

Radius r [m]	100	120	150	170	180	200	225	250
Vergrößerung [mm]	1100	700	305	215	180	120	50	0

Abb. 18.93 Regelquerschnitt eingleisiger Neubaustrecken im Bogen. [1]) Bei Abspannmasten aus Beton, bei Tragmasten 0,56 m (ohne Fundamentdarstellung). [2]) Bautoleranz 0,05 m. [3]) Ohne Kabeltrasse 3,50 m

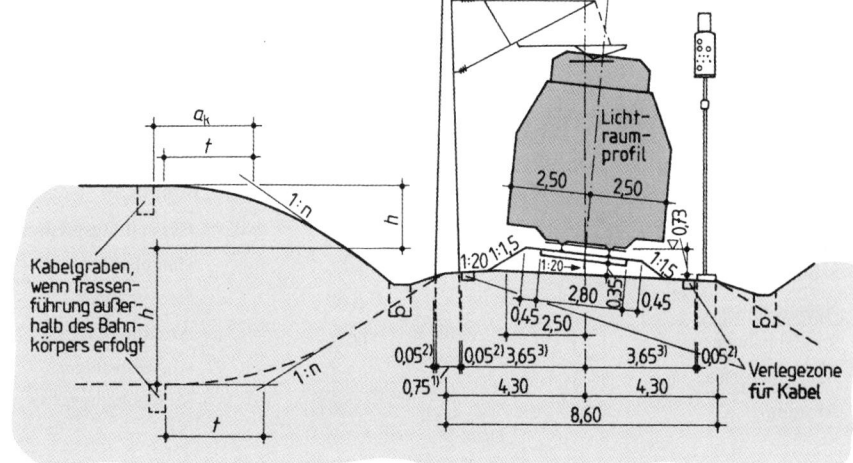

Abb. 18.94 Regelquerschnitt zweigleisiger Neubaustrecken. [1]) Bei Abspannmasten aus Beton, bei Tragmasten 0,56 m (ohne Fundamentdarstellung). [2]) Bautoleranz 0,05 m. [3]) Ohne Kabeltrasse 3,50 m. *Anmerkung*: Bei geneigtem Planum oder Überhöhung der Gleise müssen bei Neubaustrecken unter der Schiene, die dem Planum am nächsten liegt, mindestens 0,35 m Schotterbett

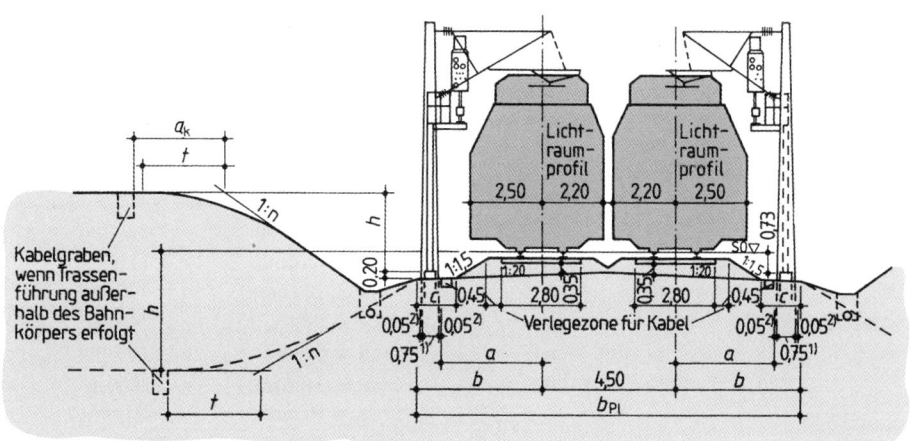

Bei Damm und Einschnitt $t = 3,00\,\mathrm{m}$ bei $h \geq 2,00\,\mathrm{m}$
                          $t = 1,5;\ h \geq 0,20\,\mathrm{m}$ bei $h < 2,00\,\mathrm{m}$
Bei Einschnitten: $a_\mathrm{K} = 3,00\,\mathrm{m}$ im nichtbindigen Boden
                          $a_\mathrm{K} = 5,00\,\mathrm{m}$ im bindigen Boden

18

18.5.3 Linienführung

Grundsätze Trassierungselemente sind abhängig von:
- der Entwurfsgeschwindigkeit V_e unterschieden nach Reisezügen, Güterzügen, Züge mit Neigetechnik,
- der zulässigen Längsneigung,
- den Zugarten (Reisezüge, Güterzüge),
- der Reisezug- und der Güterzugbelastung,
- der Lage und Art der Betriebsstellen,
- den Maßgaben zur Trassenführung und
- den künftigen Entwicklungen.

Tafel 18.91 Ermessens- und Genehmigungsbereich für Parameter der Linienführung

Ermessensbereich	Herstellungsgrenze	Mindestmaß aus wirtschaftlichen Gründen
	Regelwert	Empfohlener Wert
	Ermessensgrenzwert	Grenzwert nach EBO
Genehmigungs-bereich	Zustimmungswert	Zustimmung der DB-Zentrale erforderlich
	Ausnahmewert	Zustimmung des EBA erforderlich

Längsneigungen

Tafel 18.92 Empfohlene maximale Längsneigungen

Hauptbahnen	12,5 ‰
Neubaustrecken – reiner Personenverkehr	35 ‰
S-Bahn-Strecken	40 ‰
Nebenbahnen	40 ‰
Straßenbahnen	60 ‰
Bahnhofsgleise	2,5 ‰
Abstellgleise	1,6 ‰

Neigungswechsel Neigungswechsel von $\Delta l \geq 1\,‰$ werden mit einem Kreisbogen ausgerundet.

Länge des Ausrundungsbogens ≥ 20 m.

In der Ausrundung keine Weichen und keine Überhöhungsrampe.

Tafel 18.93 Ausrundungshalbmesser r_a in m

Herstellungsgrenze	≤ 25.000
Regelwert	$0{,}4 \cdot v_e^2$
Ermessungsgrenze	$0{,}25 \cdot v_e^2 \geq 2000$
Zustimmungswert	$0{,}16 \cdot v_e^2 \geq 2000^a$, $0{,}13 \cdot v_e^2 \geq 2000^b$
Ausnahmewert	–

[a] in Kuppen
[b] in Wannen

Trassierungselemente Lageplan Bestehen aus Gerade, Kreisbogen, Übergangsbogen.

Gerade Bevorzugtes Trassierungselement, Länge [m] $\geq 0{,}4 \cdot V$ [km/h].

Kreisbogen Beschränkung durch Fliehkraft und Entgleisungssicherheit, Länge [m] $\geq 0{,}4 \cdot V$ [km/h].

Tafel 18.94 Grenzwerte für Kreisbogenradien r in m

Herstellungsgrenze	≤ 30.000
Hauptbahnen	≥ 300
Nebenbahnen	≥ 180
Anschlussbahnen	≥ 140
An Bahnsteigen	≥ 500
Straßenbahnen	≥ 25

Tafel 18.95 Empfohlene Kreisbogenradien

Entwurfsgeschwindigkeit V_e [km/h]	Strecken mit Personen- und Güterzugverkehr Tägl. Gesamtlasten der Güterzüge [t]			Personenzugverkehr Incl. Güterzüge bis 10.000 [t/Tg]
	> 60.000	30.000–60.000	< 30.000	
100	$r = 600$ m $u = 120$ mm			
120	$r = 850$ m $u = 120$ mm			
140	$r = 1300$ m $u = 100$ mm	$r = 1150$ m $u = 120$ mm		
160	$r = 1850$ m $u = 80$ mm	$r = 1700$ m $u = 100$ mm	$r = 1500$ m $u = 120$ mm	
200	$r = 3400$ m $u = 60$ mm	$r = 3000$ m $u = 80$ mm	$r = 2600$ m $u = 100$ mm	$r = 2400$ m $u = 120$ mm

Überhöhung (Tafeln 18.96, 18.97 und 18.98) Anhebung der bogenäußeren Schiene, auf ganze 5 mm gerundet.

Ausgleichende Überhöhung:

$$u_0 \, [\text{mm}] = 11{,}8 \, V_e^2 \, [\text{km/h}] \, / \, r \, [\text{m}]$$

Regelüberhöhung:

$$\text{reg} \, u \, [\text{mm}] = 0{,}55 \cdot u_0 = 6{,}5 \, V_e^2 \, [\text{km/h}] \, / \, r \, [\text{m}]$$

Mindestüberhöhung:

$$\min u \, [\text{mm}] = u_0 - \text{zul} \, u_f$$

Tafel 18.96 Anwendung der Überhöhungen

Freie Strecke	Regelüberhöhung
Bahnhöfe und Strecken mit häufigem Halt	Zwischen Mindestüberhöhung und Regelüberhöhung
Strecken mit gleicher Geschwindigkeit	Zwischen Regelüberhöhung und ausgleichender Überhöhung

Überhöhungsfehlbetrag (Tafeln 18.99 und 18.100)
Beschreibt die verbleibende Seitenbeschleunigung.

Tafel 18.97 Planungswerte Überhöhung u

Bereich	Grenzwerte	Gleise	Weichen, Kreuzungen
Ermessensbereich	Herstellungsgrenze	20 mm	
	Regelüberhöhung	$\text{reg} \, u = 6{,}5 \cdot V_e^2 / r$	
	Regelwert	100 mm an Bahnsteigen: 60 mm	60 mm
	Ermessensgrenzwert	Schotterbett: 160 mm feste Fahrbahn: 170 mm an Bahnsteigen: 100 mm	120 mm ABW mit starrem Herzstück: 100 mm
Genehmigungsbereich	Zustimmungswert	Schotterbett: > 160 mm Feste Fahrbahn: > 170 mm	120 mm
	Ausnahmewert	= 180 mm	< 150 mm

Tafel 18.98 Planungswerte für die ausgleichende Überhöhung u_0

Bereich	Grenzwerte	Gleise	Weichen, Kreuzungen
Ermessensbereich	Herstellungsgrenze	$r = 25.000 \, \text{m}$	
	Regelwert	170 mm an Bahnsteigen: 130 mm	120 mm
	Ermessensgrenzwert	290 mm an Bahnsteigen: 230 mm	$\text{zul} \, u + \text{zul} \, u_f$
Genehmigungsbereich	Zustimmungswert	$\text{zul} \, u + \text{zul} \, u_f$	
	Ausnahmewert	$\text{zul} \, u + \text{zul} \, u_f$	

Tafel 18.99 Planungswerte für Überhöhungsfehlbeträge u_f

Bereich	Grenzwerte	Gleise	Weichen, Kreuzungen
Ermessensbereich	Herstellungsgrenze	–	
	Regelwert	70 mm	60 mm
	Ermessensgrenzwert	130 mm, 150 mm[a]	≤ 130 mm
Genehmigungsbereich	Zustimmungswert	170 mm	Eg + 20 %
	Ausnahmewert	> 180 mm	

[a] Bei Reisezügen in Radien ≥ 650 m außerhalb von Zwangspunkten

Tafel 18.100 Zulässiger Überhöhungsfehlbetrag zul u_f in Weichen, Kreuzungen und Schienenauszügen (Ermessensgrenzwerte)

Konstruktion	Zulässiger Überhöhungsfehlbetrag u_f in mm bei einer Entwurfsgeschwindigkeit v_e in km/h			
	≤ 160	> 160 bis 200	> 200 bis 230	> 230 bis 300
Weichenbogen mit feststehender Herzstückspitze im Innenstrang	≤ 110		Einzelfallregelung	–
Weichenbogen mit feststehender Herzstückspitze im Außenstrang	≤ 110	≤ 90	Einzelfallregelung	–
Bogenkreuzungen und Bogenkreuzungsweichen	≤ 100	–		
Weichenbogen mit beweglicher Herzstückspitze	≤ 130		–	
Schienenauszüge im Bogen	≤ 100		Einzelfallregelung	
für Züge mit Neigetechnik in den oben genannten Konstruktionen	≤ 150	–		

In Weichenbogen, die nur beim Rangieren befahren werden, darf zul u_f ≤ 130 mm angewendet werden.

Tafel 18.101 Länge der Überhöhungsrampe in m

Bereich	Grenzwerte	Gerade Rampe	S-förmige Rampe	Bloss-Rampe
Ermessensbereich	Herstellungsgrenze	$\max l_R = 3 \cdot \Delta u$	$\max l_{RS} = 3 \cdot \Delta u$	$\max l_{RB} = 2{,}25 \cdot \Delta u$
	Regelwert	$\min l_R = 10 \cdot v \cdot \Delta u / 1000$	$\min l_{RS} = 10 \cdot v \cdot \Delta u / 1000$	$\min l_{RB} = 7{,}5 \cdot v \cdot \Delta u / 1000$
	Ermessensgrenzwert	$\min l_R = 8 \cdot v \cdot \Delta u / 1000$	$\min l_{RS} = 8 \cdot v \cdot \Delta u / 1000$	$\min l_{RB} = 6 \cdot v \cdot \Delta u / 1000$
Genehmigungsbereich	Zustimmungswert	$\min l_R = 6 \cdot v \cdot \Delta u / 1000$	–	$\min l_{RB} = 5{,}5 \cdot v \cdot \Delta u / 1000$
	Ausnahmewert	$\min l_R = 5 \cdot v \cdot \Delta u / 1000$	–	–

Abb. 18.95 Ausbildung der Überhöhungsrampen

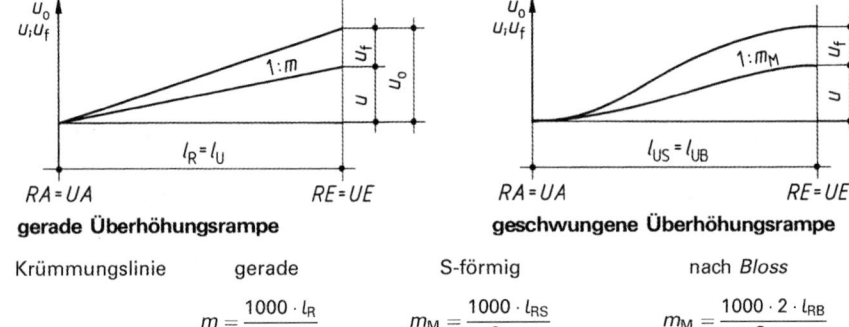

Krümmungslinie	gerade	S-förmig	nach *Bloss*
	$m = \dfrac{1000 \cdot l_R}{u}$	$m_M = \dfrac{1000 \cdot l_{RS}}{2 \cdot u}$	$m_M = \dfrac{1000 \cdot 2 \cdot l_{RB}}{3 \cdot u}$

Überhöhungsrampe Verbindet unterschiedliche überhöhte Gleise,

- gerade Überhöhungsrampe (Regelfall),
- S-förmig geschwungene Überhöhungsrampe,
- geschwungene Überhöhungsrampe nach Bloss.

Zwischen geraden Rampen ist ein mindestens $0{,}1 \cdot v$ langer Abschnitt mit konstanter Überhöhung einzuschalten.

Übergangsbogen Zur Vermeidung des Rucks bei einem Krümmungssprung Übergangsbogen

- mit gerader Krümmungslinie (Klothoide)
- mit parabolisch geschwungener Krümmungslinie (S-förmig)
- mit kubisch geschwungener Krümmungslinie (Bloss).

In durchgehenden Hauptgleisen sollen Übergangsbogen vorgesehen werden, wenn

- bei $V_e = 200\,\text{km/h}$: $\Delta u_f > 40\,\text{mm}$
- bei $V_e > 200\,\text{km/h}$: $\Delta u_f > 20\,\text{mm}$,

sie müssen in allen Gleisen vorgesehen werden, wenn bei

V_e [km/h]	100	130	200	280	300
Δu_f [mm]	≥ 106	≥ 83	≥ 47	≥ 31	≥ 27

$$\Delta u_f = u_{f1} - u_{f2}$$

mit

$$u_{f1} = 11{,}8 \cdot \frac{V_e^2}{r_1} - u_1$$

und

$$u_{f2} = 11{,}8 \cdot \frac{V_e^2}{r_2} - u_2$$

Länge Übergangsbogen in der Regel gleich Länge Überhöhungsrampe.

Gleisverziehung Veränderung des Gleisabstands zwischen parallel verlaufenden Gleisen.

Bei geraden, parallelen Gleisen ohne Überhöhung und Übergangsbogen mit $r = V_e^2 / 2$ und einer Zwischengerade $l_g = 0{,}4 \cdot V_e$ geplant.

Tafel 18.102 Berechnungsgleichungen für die Mindestlänge l_u und das Tangentenabrückmaß f

Krümmungslinie des Übergangsbogens	Mindestlänge $\min l_u$ in m	Tangentenabrückmaß f in mm
Gerade	$\min l_u = \dfrac{4 \cdot v_e \cdot \Delta u_f}{1000}$	$f = \dfrac{l_u^2 \cdot 1000}{24 \cdot r}$
S-förmig	$\min l_{uS} = \dfrac{6 \cdot v_e \cdot \Delta u_f}{1000}$	$f = \dfrac{l_{uS}^2 \cdot 1000}{48 \cdot r}$
Nach Bloss	$\min l_{uB} = \dfrac{4{,}5 \cdot v_e \cdot \Delta u_f}{1000}$	$f = \dfrac{l_{uB}^2 \cdot 1000}{40 \cdot r}$

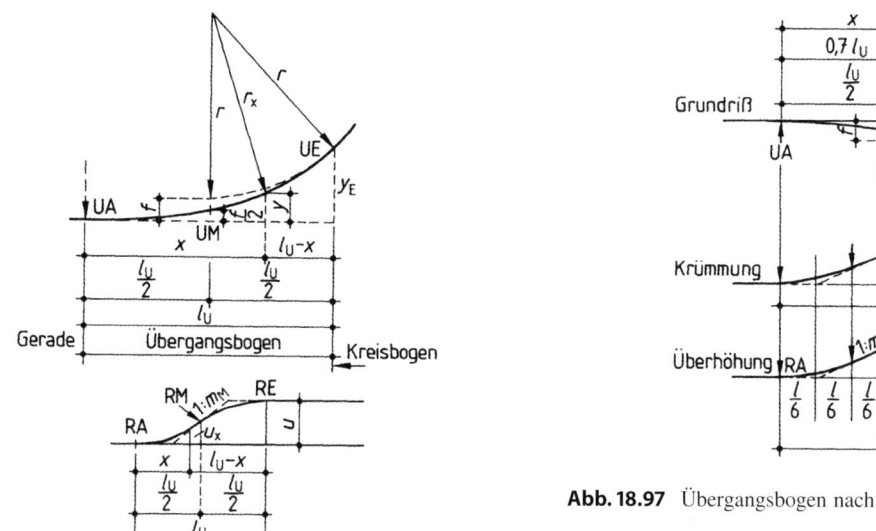

Abb. 18.96 Übergangsbogen mit geschwungener Rampe nach Schramm

Abb. 18.97 Übergangsbogen nach Bloss

Abb. 18.98 Konstruktion der Gleisverziehung.
a Parallelverziehung aus zwei Kreisbögen,
b Parallelverziehung aus zwei Kreisbögen mit einer Zwischengeraden

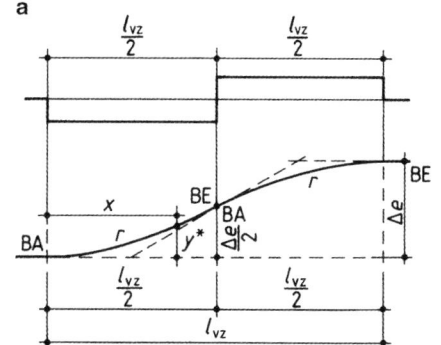

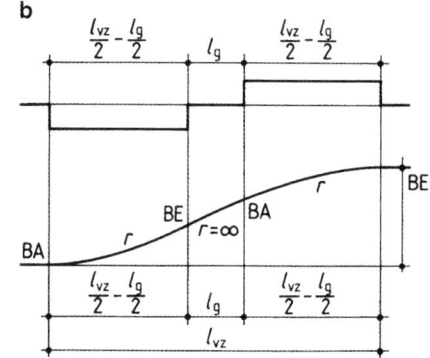

18.5.4 Gleisverbindungen

Einfache Weichen Bestehen aus Stammgleis (geradeaus) und Zweiggleis (Radius r_0). Sie weisen keine Überhöhung auf.

Man unterscheidet
- Weichen mit geradem Herzstück
- Weichen mit Bogenherzstück
- Weichen mit starrem Herzstück (Regelfall)
- Weichen mit beweglichem Herzstück ($V > 160$ km/h im Stammgleis).

Bezeichnung der Weichen:
- Weichenart (EW, DW, IBW, ABW)
- Schienenform (49 = S 49, 60 = UIC 60)
- Zweiggleisradius (190 = 190 m Radius)
- Weichenneigung ($\tan \alpha = 1:14$)
- Richtung des Zweiggleises (l = links, r = rechts)
- Schwellenart (H = Holz, B = Beton, St = Stahl).

18

Tafel 18.103 Zulässige Geschwindigkeit im Zweiggleis von Regelweichen bei einfachem Bogen

r_0 [m]	190	300	500	760	1200	2500
zul V [km/h]	40	50	60	80	100	130

Tafel 18.104 Zulässige Geschwindigkeit im Zweiggleis von Regelweichen bei Korbbogen* bzw. Übergangsbogen

r_0 [m]	6000/3700*	7000/6000*	3000/1500	4800/2450	10.000/4000	16.000/6100
zul V [km/h]	160	200	100	130	160	200

Tafel 18.105 Tangentenlängen l_t in m

Weiche	190 – 1 : 7,5	190 – 1 : 9	300 – 1 : 9	500 – 1 : 12	500 – 1 : 14	760 – 1 : 14	1200 – 1 : 18,5
Tangentenlänge l_t	12,61098	10,52302	16,61499	20,79699	17,83401	27,10801	332,40810

Tafel 18.106 Biegbarkeit von einfachen Weichen zu Innenbogenweichen

Radius der Weichengrundform r_0 in m	190	300	500	760	1200	2500
Kleinster Zweiggleisradius r_z in m	175	175	200	300	442	941
Zugehöriger Stammgleisradius r_s in m	220	420	333	500	700	1510

Bogenweichen Beide Gleise liegen im Gleisbogen. Bogenweichen können überhöht sein. Sie werden durch Biegen aus einfachen Weichen hergestellt.

Innenbogenweiche (IBW) → Beide Gleise sind in gleiche Richtung gekrümmt.

$$r_z = \frac{r_0 \cdot r_s - l_t^2}{r_0 + r_s}$$

Außenbogenweiche (ABW) → Gleise sind in unterschiedliche Richtungen gekrümmt.

$$r_z = \frac{r_0 \cdot r_s + l_t^2}{r_0 - r_s}$$

r_z Radius des Zweiggleises in m
r_s Radius des Stammgleises in m
r_0 Radius des Zweiggleises der Weichengrundform in m
l_t Tangente der Weiche in m

Tafel 18.107 Grundformen einfacher Weichen

Einfache Weichen mit geradem Herzstück

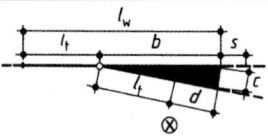

$\otimes$ = Ende des Zweiggleis-
bogens
s = Abstand der letzten durchgehenden Schwelle (ldS) vom
Weichenende bei Holzschwellen

Bezeichnung	l_t in m	b in m	d in m	l_w in m	c in m	s in m	v in km/h
$\frac{49}{54}$ – 190 – 1 : 9	10,523	16,615	6,092	27,138	1,838	4,010 3,900	40
49 – 300 – 1 : 14	10,701	24,537	13,837	35,238	1,749	6,550	50
$\frac{54}{60}$ – 300 – 1 : 14	10,701	27,108	16,408	37,809	1,933	5,100	50
49 – 500 – 1 : 14	17,834	24,537	6,702	42,371	1,749	6,600	60
$\frac{54}{60}$ – 500 – 1 : 14	17,834	27,108	9,274	44,942	1,933	5,100	60
$\frac{49}{54}$ – 760 – 1 : 18,5 60	20,526	32,409	11,883	52,934	1,750	9,210 9,900 9,900	80

Tafel 18.107 (Fortsetzung)

Einfache Weichen mit Bogenherzstück (Bogenende am Weichenende)

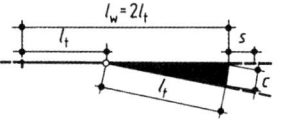

Bezeichnung	l_t in m	l_w in m	c in m	s in m	v in km/h
49 54 – 300 – 1 : 9 60	16,616	33,231	1,838	4,010 3,900 3,900	50
49 54 – 500 – 1 : 12 60	20,797	41,595	1,729	5,820 6,300 6,310	60
49 54 – 760 – 1 : 14 60	27,108	54,217	1,933	4,040 5,100 5,100	80
49 54 – 1200 – 1 : 18,5 60	32,409	64,818	1,750	9,210 9,900 9,900	100

symm. Außenbogenweiche

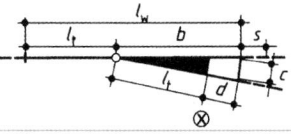

Bezeichnung	l_t in m	l_w in m	c in m	s in m	v in km/h
49 54 – 215 – 1 : 4,8	11,050	22,099	2,266		40

Einfache Weichen mit Bogenherzstück und gerader Verlängerung des Zweiggleises

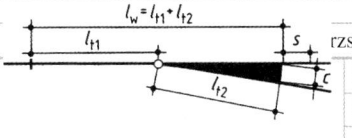

Bezeichnung	l_t in m	b in m	d in m	l_w in m	c in m	s in m	v in km/h
49 54 – 190 – 1 : 7,5	12,611 12,611	17,428 13,251	4,817 0,640	30,039 25,582	2,308 1,755	– 3,300	40

rzstückspitze

Bezeichnung	l_{t1} in m	l_{t2} in m	l_w in m	c in m	s in m	v in km/h
60 – 300 – 1 : 9 – gb	16,616	16,616	33,231	1,838	3,900	50
60 – 500 – 1 : 12 – gb	20,797	20,797	41,595	1,729	6,310	60
60 – 760 – 1 : 14 – gb und fb	27,108	27,108	54,217	1,933	5,100	80
60 – 1200 – 1 : 18,5 – gb	32,409	32,409	64,818	1,750	9,900	100
60 – 2500 – 1 : 26,5 – fb	47,153	47,153	94,306	1,778	13,500	130
60 – 6000/3700 – 1 : 32,5 – fb	64,569	57,684	122,253	1,774	16,500	160
60 – 7000/6000 – 1 : 42 – fb	80,104	74,162	154,266	1,765	19,500	200

Einfache Weichen mit Bogenherzstück und gerader Verlängerung des Zweiggleises

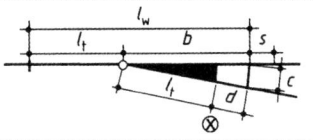

Bezeichnung	l_t in m	b in m	d in m	l_w in m	c in m	s in m	v in km/h
60 – 500 – 1 : 12 – fb	20,797	24,564	3,766	45,361	2,042	2,700	60
60 – 1200 – 1 : 18,5 – fb	32,409	34,207	1,798	66,615	1,847	8,100	100

Einfache Weichen mit geradem Herzstück

Bezeichnung	l_t in m	b in m	d in m	l_w in m	c in m	s in m	v in km/h
60 – 500 – 1 : 14 – fb	17,834	27,108	9,274	44,942	1,933	5,100	60
60 – 760 – 1 : 18,5 – fb	20,526	34,275	13,750	54,801	1,851	8,030	80

18

Tafel 18.107 (Fortsetzung)

Einfache Weichen mit Bogenherzstück und verkürztem Zweiggleisbogen

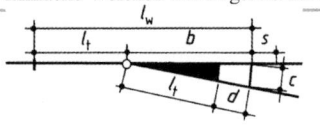

Bezeichnung	l_t in m	b in m	d in m	l_w in m	c in m	s in m	v in km/h
$60-300-1:9/1:9,4-gb$	15,913	17,319	1,406	33,231	1,835	3,900	50
$60-760-1:14/1:15-fb$	25,305	28,911	3,606	54,217	1,924	5,100	80
$60-1200-1:18,5/1:19,277-fb$	31,104	35,511	4,407	66,615	1,840	8,140	100
$60-2500-1:26,5/1:27,85-fb$	44,869	49,437	4,568	94,306	1,774	13,500	130

Von den Grundformen abgeleitete Weichen

Einfache Weichen mit Bogenherzstück und verkürztem Zweiggleisbogen

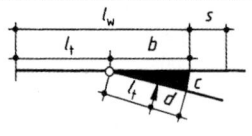

Bezeichnung	l_t in m	b in m	d in m	l_w in m	c in m	s in m	v in km/h
$\frac{54}{60}-300-1:9/1:9,4$	15,913	17,319	1,406	33,231	1,835	3,90 3,90	50
$\frac{49}{54}-760-1:14/1:15$ 60	25,305	28,911	3,606	54,217	1,924	4,037 5,100 5,100	80
$\frac{54}{60}-1200-1:18,5/1:19,277$	31,104	33,713	2,609	64,818	1,747	9,90 9,941	100

Einfache Weichen mit Bogenherzstück und verlängertem Zweiggleisbogen

Weiche 49 − 190 − 1:7,5/1:6,6 Weiche 54 − 190 − 1:7,5/1:6,6 Weiche 500 − 1:12/1:9

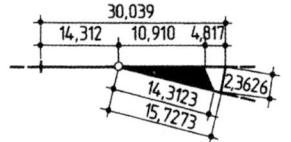 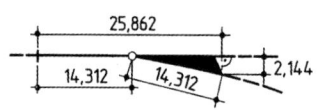 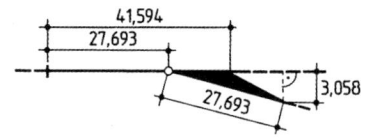

Klothoidenweichen für Abzweigstellen

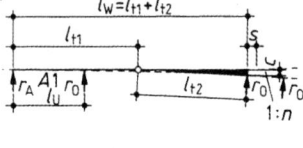

Bezeichnung	l_{t1} in m	l_{t2} in m	b in m	d in m	l_w in m	c in m	s in m	v in km/h
$60-3000/1500-1:18,132-fb$	47,624	41,792	89,416	27,000	284,605	2,302	3,300	100
$60-4800/2450-1:24,257-fb$	59,672	51,344	111,016	41,075	453,375	2,115	8,700	130
$60-10000/4000-1:32,050-fb$	73,018	63,008	136,026	37,500	500,000	1,965	14,713	160
$60-16000/6100-1:40,154-fb$	91,129	77,087	169,216	56,000	743,021	1,919	21,300	200

Doppelweichen Zwei ineinander geschobene einfache Weichen zur Platzeinsparung.

Kreuzungen Zum Kreuzen eines Gleises ohne Abbiegemöglichkeit.

Man unterscheidet:
- Regelkreuzung (1 : 9)
- Steilkreuzung (1 : 7,5 und steiler)
- Flachkreuzung (1 : 14, 1 : 18,5)

Kreuzungsweichen Zum Kreuzen eines Gleises mit Abbiegemöglichkeit auf das gekreuzte Gleis, platzsparend, aber unterhaltungsaufwendig.

Man unterscheidet
- einfache Kreuzungsweichen (EKW)
- doppelte Kreuzungsweichen (DKW)
- Kreuzungsweichen mit innenliegenden Zungen ($r_0 = 190$ m)
- Kreuzungsweichen mit außenliegenden Zungen ($r_0 = 500$ m)

Tafel 18.108 Grundformen der Kreuzungen

Kreuzungen mit starren Doppelherzstücken

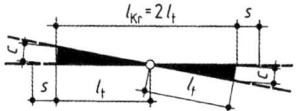

Bezeichnung	l_t	l_{Kr}	c	s
$\frac{49}{54}-1:9$	16,615	33,230	1,838 1,838	4,000 4,000
$49-1:7,5$	18,512	37,024	2,452	–
$54-1:7,5$	13,251	26,502	1,755	3,300
$49-1:6,6$	17,396	34,791	2,613	–
$54-1:6,964 \cong 2 \cdot 1:1:14$	12,690	25,380	1,808	3,300
$49-1:4,444 \cong 2 \cdot 1:9$	10,908	21,815	2,409	–
$54-1:4,444 \cong 2 \cdot 1:9$	10,904	21,807	2,408	–
$54-1:5,5$	10,700	21,400	1,923	1,500
$54-1:3,683 \cong 2 \cdot 1:7,5$	9,448	18,896	2,497	–
$49-1:3,224 \cong 2 \cdot 1:6,6$	7,920	15,840	2,373	–
$54-1:3,224 \cong 2 \cdot 1:6,6$	7,920	15,840	2,373	–
$49-1:2,9 \cong 2 \cdot 1:9$	6,904	13,808	2,282	–
$54-1:2,9 \cong 2 \cdot 1:9$	6,904	13,808	2,282	–

Flach-Kreuzungen mit beweglichen Doppelherzstückspitzen

Bezeichnung	l_t	l_{Kr}	c in m	s in m
49 54 $-1:14$ 60	24,537 27,108 27,108	49,074 54,217 54,217	1,749 1,933 1,933	6,570 5,100 5,100
49 54 $-1:18,5$ 60	32,409	64,818	1,750	9,190 9,900 9,900

Bogen-Flachkreuzung

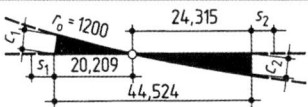

Bezeichnung	l_{t1} in m	l_{t2} in m	l_{Kr} in m	c_1 in m	c_2 in m	s_1 in m	s_2 in m	v in km/h
49 54 $\frac{1200}{\infty}-1:11,515$ 60	20,209	24,315	44,524	1,920	1,860	2,680 3,310 3,310	6,933	100

Kreuzungsweichen mit innenliegenden Zungenvorrichtungen der Grundform $190-1:9$

Einfache Kreuzungsweiche

Bezeichnung	l_t in m	b in m	d in m	l_{kw} in m	c in m	s in m	v in km/h
$\frac{49}{54}-190-1:9$	10,523	16,615	6,092	33,230	1,838	4,040 3,900	40

Doppelte Kreuzungsweiche

Bezeichnung	l_t in m	b in m	d in m	l_{kw} in m	c in m	s in m	v in km/h
$\frac{49}{54}-190-1:9$	10,523	16,615	6,092	33,230	1,838	4,040 3,900	40

Kreuzungsweichen mit außenliegenden Zungenvorrichtungen der Grundform $500-1:9$

Einfache Kreuzungsweiche

Bezeichnung	l_t in m	b in m	l_{kw} in m	c in m	s in m	v in km/h
$\frac{49}{54}-500-1:9$	27,693	16,615	44,308	3,058	3,190 3,400	60

Doppelte Kreuzungsweiche

Bezeichnung	l_t in m	b in m	l_{kw} in m	c in m	s in m	v in km/h
$\frac{49}{54}-500-1:9$	27,693		55,385	3,063	0	60

18

Tafel 18.109 Mindestanforderungen an Verformungsmodul und Verdichtungsgrad

Streckenbezeichnung	Planum		Erdplanum		Mindestdicke FSS einschl. PSS [m]
	E_{v2} [MN/m^2]	D_{Pr}	E_{v2} [MN/m^2]	D_{Pr}	
Durchg. Hauptgleise von Hauptbahnen außer S-Bahnen (Neubau)	120	1,03	80	1,00	0,70
Durchg. Hauptgleise von S-Bahnen und Nebenbahnen (Neubau)	100	1,00	60	0,97	0,60
Übrige Gleise (Neubau)	80	0,97	45	0,95	0,50
Maßnahmen an bestehenden Strecken	50	0,95	20	0,93	0,30

18.5.5 Oberbau

Zum Oberbau gehören

- Gleise, Weichen und Kreuzungen (Schienen, Schwellen, Kleineisenteile)
- Gleisbettung (Schotter, Tragschicht)
- Planumsschutzschicht (Mineralstoffgemisch, Dichtungsbahnen)

Zum Unterbau gehören

- Frostschutzschicht (Mineralstoffgemisch, Schaumstoffplatten)
- Dammschüttung (geschüttete und verdichtete Böden)
- Bodenverbesserungen (Korngemische)

Der Oberbau schließt mit dem Planum ab, zwischen Dammschüttung und Frostschutzschicht befindet sich das Erdplanum.

Planum und Erdplanum Siehe Tafel 18.109.

Entwässerung Vermeidet das Eindringen von Wasser in Untergrund und Unterbau

Man unterscheidet:

- unbefestigte Bahnmulden (Abb. 18.99)
- unbefestigte Böschungsgräben (Abb. 18.100)
- befestigte Bahngräben (Abb. 18.101)
- Tiefenentwässerung (Abb. 18.102).

Bei Längsgefälle $< 0,3\%$ und $> 3,0\%$ Verwendung von Sohlschalen.

Bei Längsgefälle $> 10\%$ Befestigung der Sohle mit rauhem Natursteinpflaster

Abb. 18.99 Unbefestigte Bahnmulde

Abb. 18.100 Unbefestigter Böschungsgraben

Abb. 18.101 Befestigter Bahngraben

Abb. 18.102 Tiefenentwässerung

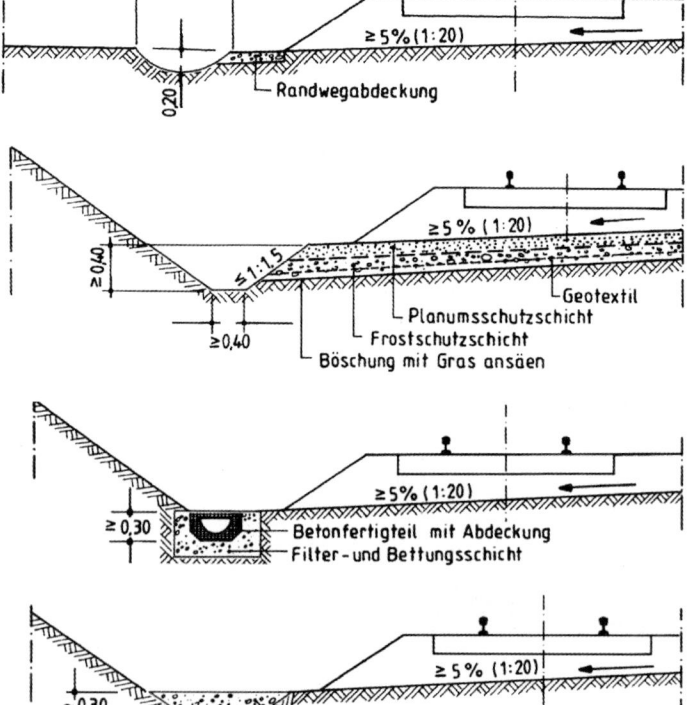

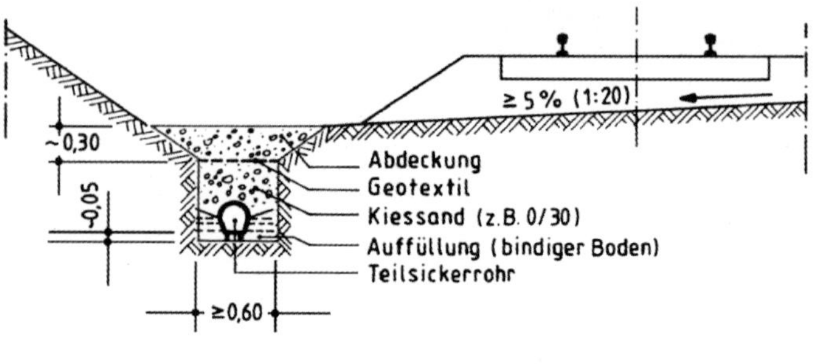

Tafel 18.110 Regelabmessungen von Entwässerungseinrichtungen

Anlage	Breite in m	Tiefe in m	Längsgefälle in %	Böschungsneigung
Graben	0,40	0,40	0,3 bis 3,0	1 : 1,5 bis 1 : 1,8
Mulde	0,8 bis 1,6	0,20	0,3 bis 3,0	1 : 1,5 bis 1 : 1,8

Abb. 18.103 Abmessungen der gebräuchlichsten Schienenformen in mm

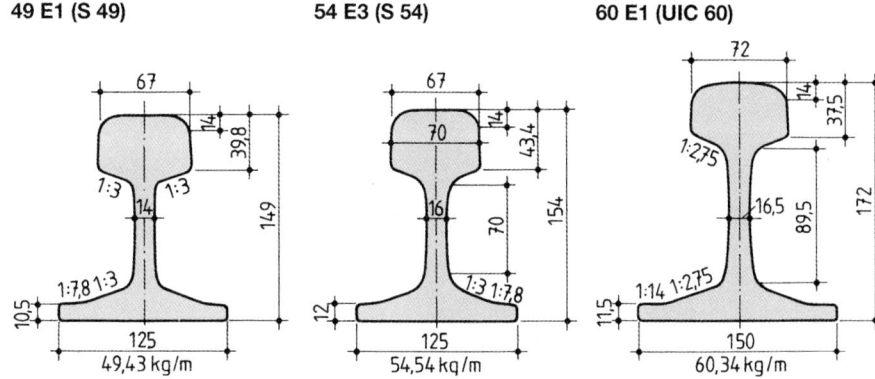

Schienen Einsatzbereiche verschiedener Schienenformen:

41E1 Straßenbahn auf eigenem Gleiskörper
49E1 U-Bahnen, Stadtbahnen
54E3 Regelprofil der DB auf Nebenstrecken
60E1 Regelprofil der DB auf Hauptstrecken
59R11 Straßenbahnen im Straßenraum

Schienenstöße werden verschweißt (Thermit-, Lichtbogen-, Press- oder Abbrennstumpfschweißung)

In Ausnahmefällen Stoßlückengleise (Bergsenkungsgebiete).

Isolierschienenstöße (Signaltechnik) werden häufig geklebt.

Schwellen Schwellenabstand:

• abhängig von Gleisbelastung und Tragfähigkeit des Unterbaus
• 0,60 m (stark belastete Strecken) bis 1,30 m (Baugleise)
• Mindestabstand 0,50 m.

Tafel 18.111 Abmessungen und Eigenschaften von Schwellen

Abmessungen Eigenschaften	Holzschwellen	Stahlschwellen	Betonschwellen
	Form 1	Y	B70
Länge l [m]	2,60	2,30	2,60
Breite b_o [m]	0,16	0,14/0,30	0,171
Breite b_u [m]	0,26	0,14/0,30	0,30
Höhe h [m]	0,16	0,095	0,235
Gewicht [kg]	ca. 100	20,8/m	304
Lebensdauer	23–40 a	ca. 60 a	ca. 60 a
Verlegeart	Mechanisierbar	Mechanisch	Mechanisch
Aufarbeitung	Gut	Gut	Nicht möglich
Witterungsbeständigkeit	Gut	Korrosionsgefahr	Sehr gut
Gleisunterhaltung	Gut	Bedingt gut	Bedingt gut
Entsorgung	Sondermüll	Gut	Bedingt gut
Besonderheit	Verschleißanfällig	Schlechte elektrische Isolierfähigkeit	Einzelanfertigung sehr aufwendig

18

Schienenbefestigungen

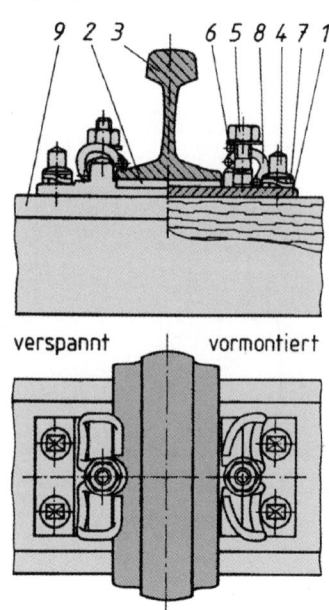

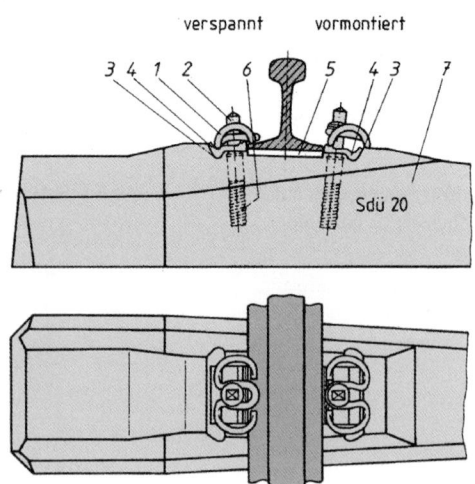

Abb. 18.105 Oberbau W (Betonschwelle B70W-60 für UIC60 und B70W-54 für S49/S54). *1* Spannklemme, *2* Schwellenschraube, *3* Isoliereinlage, *4* Winkelführungsplatte, *5* Zwischenlage, *6* Kunststoffschraubdübel, *7* Betonschwelle

Abb. 18.104 Oberbau KS (Holzschwellen für Schienen S49/54 und UIC60). *1* Rippenplatte, *2* Kunststoffzwischenlage, *3* Schiene, *4* Schwellenschraube, *5* Hakenschraube, *6* Unterlagsscheibe, *7* doppelter Federring, *8* Spannklemme, *9* Holzschwelle

Gleisbettung Bettungsstoffe: gebrochenes, wetterbeständiges, scharfkantiges Hartgestein

Mindestdruckfestigkeit 180 N/mm^2

Körnung 22,4–65 mm

Abb. 18.106 Bettungsquerschnitte.
a 1-gleisig gerade Strecke,
b 1-gleisig im Bogen,
c 2-gleisig gerade Strecke,
d 2-gleisig im Bogen.
e Gleisachsabstand, *l* Schwellenlänge, *c* Schotterbreite vor den Schwellenköpfen
($c = 0,40$ m bei $V = 160$ km/h,
$c = 0,50$ m bei $V > 160$ km/h),
b_a, b_i Abstand Gleisebene–Bettungsfußpunkt

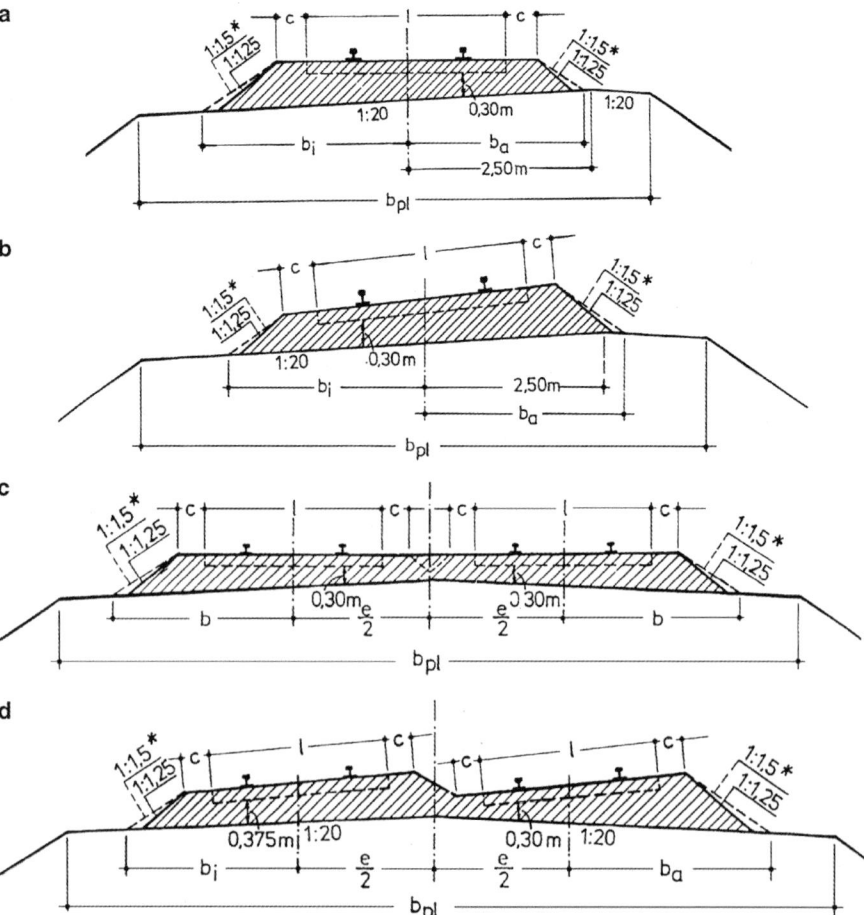

Feste Fahrbahn

Tafel 18.112 Einteilung der Bauarten der Festen Fahrbahn

Stützpunktlagerung				Kontinuierliche Lagerung	
Mit Schwelle		Ohne Schwelle		Schiene eingegossen	Schiene eingeklemmt
Eingelagert	Aufgelagert	Vorgefertigt	Monolithisch gefertigt		

Abb. 18.107 Schichtenaufbau der Festen Fahrbahn

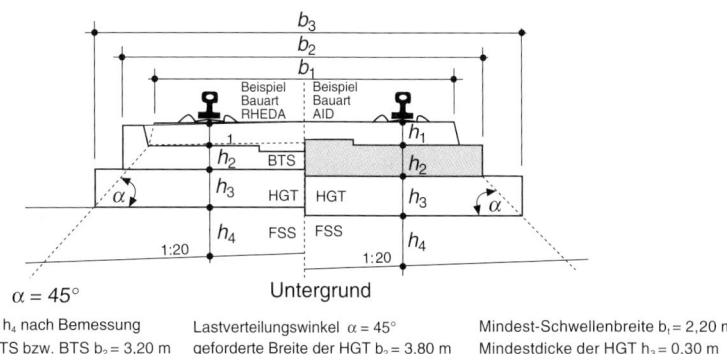

$\alpha = 45°$

Mindesthöhen h_1 bis h_4 nach Bemessung
Mindest-Breite der ATS bzw. BTS $b_2 = 3{,}20$ m

Lastverteilungswinkel $\alpha = 45°$
geforderte Breite der HGT $b_2 = 3{,}80$ m

Mindest-Schwellenbreite $b_1 = 2{,}20$ m
Mindestdicke der HGT $h_3 = 0{,}30$ m

Abb. 18.108 Beispiele für Systeme verschiedener Bauarten (Quelle: E. Darr, W. Fiebig, „Feste Fahrbahn", Schriftenreihe für Verkehr und Bahntechnik, Hrsg. VDEI, Tetzlaff Verlag, Hamburg, 1999)

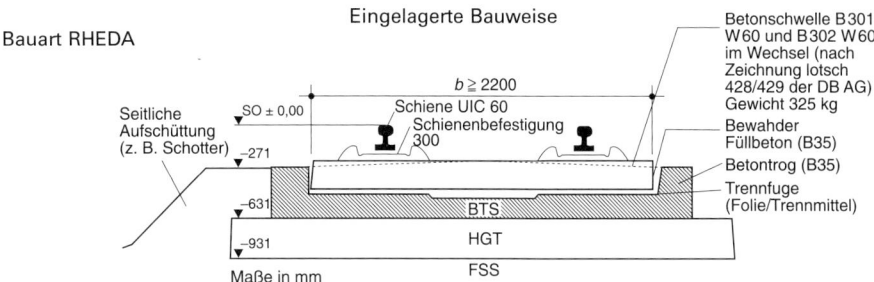

Oberbauarbeiten Instandhaltung:

- Entwässerung (Unterbau trocken halten, Wasserdurchlässigkeit der Bettung prüfen)
- Schwellen (hohlliegende Schwellen nachstopfen, schadhafte Schwellen austauschen)
- Schienenbefestigungen (kraftschlüssige Verbindung sicherstellen, schadhafte Teile austauschen)
- Schienen (Schienenbrüche beseitigen, Gleislage korrigieren).

Erneuerung vorhandener Gleise:

- Austausch von Schienen und Schwellen
- Reinigung und Ergänzung der Bettungsstoffe.

18

Tafel 18.113 Breiten der
Oberleitungsmast-Fundamente

Fundamentbreite in m für	Beton	Stahl
Abspannmaste	0,65 (0,75)	1,20 (1,40)
Tragmaste	0,45 (0,55)	0,95 (1,00)

Klammerwerte gelten für Neubaustrecken.

Tafel 18.114 Abstand der
Mastfundamente von Gleismitte

Abstand in m bei Gleisen	In der Geraden	Im Bogen auf der				
		Bogen-innenseite	Bogenaußenseite bei u in mm			
			0 bis 20	25 bis 50	55 bis 100	105 bis 160
Mit Kabeltrasse im Randweg	3,65	3,65	3,65	3,75	3,85 (3,90)	3,95 (4,05)
Ohne Kabeltrasse im Randweg	3,50	3,50	3,50	3,60	3,70 (3,75)	3,80 (3,90)

Klammerwerte gelten für Neubaustrecken.
Bei eingleisigen Strecken mit Planumsgefälle vom Fundament weg gelten für alle Fälle 3,65 m bzw. 3,50 m.

18.5.6 Oberleitungsanlagen

Bauarten:
- Kettenwerksoberleitung (Regel bei Eisenbahnen)
- Stromschiene (nur bei geschlossenen Bahnsystemen)
- Stromschienenoberleitung (bei beengten Verhältnissen)
- Einfacher Fahrdraht (nur bei geringen Geschwindigkeiten).

Merkmale von Kettenwerksoberleitungen:
- Höhe Fahrdraht: Mindesthöhe 4,95–5,07 m, Regelhöhe 5,3–5,75 m
- Regelsystemhöhe: 1,1–1,8 m
- Längsspannweite: max. 65–80 m
- Nachspannlänge: max. $2 \cdot 750$ m.

18.5.7 Bahnübergänge (nach Richtlinie 815.0010 bis 815.0050)

Höhengleiche Kreuzungen von Eisenbahnen mit Straßen, Wegen oder Plätzen bezeichnet man als Bahnübergänge. Übergänge für Reisende in Bahnhöfen oder Haltestellen sowie für den innerdienstlichen Verkehr zahlen nicht dazu. Nicht höhengleiche Kreuzungen sind als Überführungen zu planen. Die Baulast bei Brücken liegt bei dem Baulastträger des oben liegenden Verkehrsweges. Neue Bahnübergänge bedürfen einer Ausnahmegenehmigung des Bundesministers für Verkehr. Vorhandene Bahnübergänge sollen nach Möglichkeit durch Überführungen ersetzt werden.

Der Bahnverkehr hat auf Bahnübergängen Vorrang, der durch Aufstellen von Andreaskreuzen angezeigt wird. Übergänge des Schienenverkehrs im bebauten Bereich werden meist durch Lichtsignale geregelt.

Technische Sicherungen (Lichtzeichenanlagen) zeigen dem Verkehrsteilnehmer das Nahen des Schienenfahrzeugs. Als Sicherung dienen Blinklichter, Lichtzeichen, Lichtzeichen in Verbindung mit Halbschranken und Schranken. Bei Anschlussbahnen sind Blinklicht- und Lichtzeichenanlagen üblich. Man unterscheidet sie je nach Art der Einschaltung oder Überwachung.

Die Einschaltung kann entweder durch das Triebfahrzeug automatisch oder durch den Fahrdienstleiter während der Fahrt oder nach einem Betriebshalt erfolgen. Die Überwachung wird möglich durch ein ortsfestes Überwachungssignal, das im Abstand des erforderlichen Bremsweges vor dem Übergang steht. Eine weitere Möglichkeit besteht in der Fernüberwachung von einer Zentrale aus oder durch Handschaltung eines Bedieners (z. B. Schrankenwärter).

Tafel 18.115 Sicherungsarten von Bahnübergängen

Art des kreuzenden Verkehrsweges und Verkehrsbelastung in Kfz/24 Stunden	Art der Bahn und Zahl der Gleise		
	Hauptbahnen $V_e > 80$ km/h	Nebenbahnen, Nebengleise von Hauptbahnen	
		Mehrgleisig	Eingleisig
	Art der Sicherung		
> 2500	Technische Sicherung		
> 100 bis 2500	Technische Sicherung		Übersicht und Pfeifsignal
< 100	Technische Sicherung	Übersicht	Übersicht, sonst Pfeifsignale bei $v = 20$ km/h
Feld- und Waldwege	Technische Sicherung	Übersicht	Übersicht, sonst Pfeifsignale bei $v = 60$ km/h
Fuß- und Radwege	Übersicht $+ D$ oder Pfeifsignal $+ D$[a]	Übersicht oder Pfeifsignale	

[a] D Drehkreuze oder ähnlich wirkende Einrichtung

Bautechnische Ausbildung Der Straßenoberbau wird durch die kreuzenden Schienen und Spurrillen unterbrochen. Der Aufbau der Straßenbefestigung richtet sich nach der Verkehrsbelastung. Bei schwachem Verkehr reicht ein Asphaltoberbau wie in der durchgehenden Fahrbahn. Die Spurrillen für den Durchgang der Spurkränze werden in der Regel durch Beischienen freigehalten. Bei hoher Verkehrsbelastung werden Betonfertigteile neben und zwischen den Gleisen eingebaut. Bevorzugt werden hier Großflächenplatten der Systeme Bodan, Moselland oder Strail verwendet. Auf eine vollflächige Auflagerung ist besonderer Wert zu legen, um Plattenrisse oder Lärmbelästigungen zu verhindern. Bei sehr hohen Verkehrslasten werden die Gleise auf Tragplatten aus Ortbeton verlegt. Bei Gleisen mit Überhöhung ist der Fahrbahnverlauf der Straße in Längsrichtung entsprechend anzupassen, um Stoßbelastungen durch die Straßenfahrzeuge auf den Gleisbereich gering zu halten.

18.5.8 Signal- und Sicherungswesen

Im Bahnbetrieb muss wegen der Spurgebundenheit „auf Signal" gefahren werden, um die Betriebssicherheit zu gewährleisten. Die Zugsicherung dient der

- Abstandshaltung der Züge,
- Fahrwegsicherung.

Zur Abstandshaltung wird die Strecke in *Zugfolgeabschnitte* (Blockstrecken) unterteilt. In diesen darf sich nur jeweils ein Zug befinden. Die Blockstrecken werden durch entsprechende Hauptsignale gesichert. Freie Fahrt für die Blockstrecke wird erst erteilt, wenn der vorhergehende Zug diese geräumt hat.

Im Bahnhofsbereich ergeben sich durch Fahrwegüberschneidungen verschiedene Fahrwege. Ist der Fahrweg signaltechnisch gesichert, bezeichnet man ihn als Fahrstraße. Alle überfahrenen Weichen und die Flankenschutzeinrichtungen müssen einzeln verschlossen und gegeneinander verblockt sein.

Bei *elektrischem Streckenblock* werden die Signale vom Stellwerk aus von Hand gestellt. Beim *selbsttätigen Streckenblock* erfolgt die Signalverstellung durch den vorbeifahrenden Zug. Dies geschieht durch:

- Gleisstromkreise,
- Achszähler,
- isolierstoßlose Tonfrequenz-Gleisstromgleise.

Die *Flankensicherung* erfolgt durch Schutzweichen, Sperrsignale oder Gleissperren. Isolierte Streckenschutzabschnitt bewirken, dass die Verzweigungsweiche erst nach Räumen durch den eingefahrenen Zug gestellt werden kann.

Stellwerke *Mechanische* Stellwerke werden durch Umlegen von Hebeln bedient, die über Drahtgestänge auf Signale und Weichen wirken. Hier zeigt die Hebelstellung den Zu-

stand der Signale oder Weichenzungen an. Sie werden aus betriebstechnischen Gründen immer mehr ersetzt durch elektrisch betriebene Einrichtungen.

Elektromechanische Stellwerke besitzen Schalter, die Elektromotore in Gang setzen, um die Verstellung der Signale und Weichen durchzuführen.

Beim *Drucktastenstellwerk* wird die Fahrstraße durch gleichzeitigen Druck auf die Start- und die Zieltaste direkt eingestellt. Das Signal „Fahrt frei" wird erst aktiv, wenn alle sicherheitsrelevanten Faktoren überprüft sind. Die moderne Stellwerkausrüstung sind die *Spurplanstellwerke*, die dem Bediener den Gleisplan des Fahrweges optisch sichtbar machen.

In *elektronischen* Stellwerken werden die entsprechenden Befehle und Prüfungen mit Hilfe zweier Computer in Parallelschaltung den Fahrstraßen übermittelt.

Zugbeeinflussung Mit ihrer Hilfe kontrolliert man, ob der Triebfahrzeugführer die „Halt" gebietenden Signale beachtet. Die Nichtbeachtung kann auf schlechter Sicht, Signalverwechslung, Unachtsamkeit oder Unwohlsein beruhen. Die Zugbeeinflussung geschieht durch mechanische oder magnetische Fahrsperren, induktive Zugsicherung (Indusi) oder Linienzugbeeinflussung (LZB).

Bei *mechanischen Fahrsperren* wird ein am Fahrzeug befestigter Schwinghebel durch einen Anschlag am „Halt-Signal" bewegt. Er löst die Luftdruckbremse des Zuges aus. Die magnetische *Fahrsperre* bewirkt über einen zwischen den Schienen befindlichen und einem am Fahrzeug angebrachten Magnet die Auslösung der Zwangsbremsung.

Induktive Zugsicherung wird zur Steigerung der Streckenleistungsfähigkeit eingesetzt. Durch Gleismagnete werden die Wachsamkeit und an mehreren Stellen die Geschwindigkeit überprüft. Durch Drücken der Wachsamkeitstaste bestätigt der Fahrzeugführer seine Dienstbereitschaft. Werden die Geschwindigkeiten an den Gleismagneten überschritten, wird die Zwangsbremsung ausgelöst.

Die *Sicherheitsfahrschaltung* (Sifa) überprüft in regelmäßigen Abständen die Reaktion des Triebfahrzeugführers. Erfolgt auf das Licht- und Summersignal keine Tastenbetätigung, wird der Zug schnellgebremst.

Linienzugbeeinflussung Bei diesem System wird die Zugfahrt durch ständige Geschwindigkeitskontrolle gesichert und durch Anzeige im Führerraum des Triebfahrzeugs geführt. Bei Schnellfahrten mit LZB wird der Anzeige Vorrang vor den Signalen eingeräumt. Die Steuerung über Rechner erfolgt durch Datenaustausch induktiv über Linienschleifen zwischen Zentrale und Triebfahrzeug. Nach diesen Daten führt der Triebfahrzeugführer oder eine automatische Fahr- und Bremssteuerung (AFB) den Zug. Dadurch lässt sich die Abhängigkeit von einem festen Raumabstand umgehen, der von der Fahrgeschwindigkeit unabhängig ist. Züge können mit AFB bis auf den Sicherheitsabstand zum vorherfahrenden Zug aufschließen.

Hauptsignale zeigen an, ob der anschließende Gleisabschnitt frei ist und befahren werden kann. Sie sind aufgestellt als *Formsignale* oder *Lichtsignale*. Die Hauptsignale Hp 0, Hp 1 und Hp 2 gelten für Zugfahrten, aber nicht für Rangierfahrten.

Formsignale werden gebildet aus einem Signalträger mit einem oder zwei Flügeln. Bei Nacht zeigen sie die gleiche Anzahl Lichter als Nachtzeichen.

Lichtsignale zeigen in einem schwarzen Feld (Schirm) ein oder zwei Lichter bei Tag und bei Nacht.

Hauptsignale verwendet man als:

- Einfahrsignale
- Ausfahrsignale
- Zwischensignale
- Blocksignale
- Deckungssignale vor Gefahrenstellen.

Die Signale werden in der Regel rechts vom Gleis oder darüber aufgestellt. Beim Gegengleis stehen sie links.

Vorsignale zeigen an, welches Signalbild am zugehörigen Haupt- oder Schutzsignal zu erwarten ist. Sie sind entweder Form- oder Lichtsignale. Ihr Abstand vor dem Hauptsignal soll dem Bremsweg des Zuges entsprechen.

Bei S-Bahnen können Haupt- und Vorsignalverbindungen auf einem Signalschirm vereinigt sein. Dann entsprechen die linken Lichter dem Hauptsignalbild. Die rechten Lichter bilden das Lichtvorsignal für das folgende Hauptsignal.

Zusatzsignale werden eingesetzt als:

- Ersatzsignale bei gestörtem Hauptsignal
- Richtungsanzeiger für die Richtung der Fahrstraße
- Geschwindigkeitsanzeiger; die Ziffer bedeutet, dass der zehnfache Wert in km/h als Fahrgeschwindigkeit zugelassen ist
- Beschleunigungsanzeiger, um die Geschwindigkeitsgrenzen des Fahrplans auszunutzen
- Verzögerungsanzeiger, mit dem Auftrag, die Geschwindigkeit um ein Drittel zu ermäßigen

- Gleiswechselanzeiger bei Gleiswechselbetrieb
- Vorsichtsignal bei gestörtem Hauptsignal
- Falschfahrt-Auftragssignal für den signalisierten Falschfahrbetrieb auf dem falschen Gleis.

Die *Langsamfahrscheibe* wird eingesetzt bei vorübergehender Langsamfahrstrecke. Sie entspricht sinngemäß dem Geschwindigkeitsanzeiger.

Mit einem *Schutzsignal* wird ein Gleis abgeriegelt, ein Halt-Auftrag erteilt oder ein Fahrverbot aufgehoben.

Mit *Rangiersignalen* werden den Rangierabteilungen Aufträge zur Ausführung von Rangierbewegungen oder bestimmte Hinweise gegeben. Dazu gehören:

- Rangiersignale
- Abdrücksignale
- sonstige Signale für den Rangierdienst.

Weichensignale geben dem Triebfahrzeugführer an, für welchen Zweig der Weiche diese gestellt ist. Bei doppelten Kreuzungsweichen zeigen weiße Pfeile den Fahrweg an.

Literatur

1. Natzschka, Henning: Straßenbau – Entwurf und Bautechnik, 3. Aufl., 2011, Vieweg+Teubner, Wiesbaden

2. Richter, Dietrich; Heindel, Manfred: Straßen- und Tiefbau, 11. Aufl., 2011, Vieweg+Teubner, Wiesbaden

3. Der Elsner Handbuch für Straßenwesen, Otto Elsner Verlagsgesellschaft, Darmstadt

4. Pietzsch, Wolfgang; Wolf, Günter: Straßenplanung, 6. Aufl., 2000, Werner Verlag

5. Velke, Siegfried; Mentlein, Horst; Eymann, Peter: Straßenbau, Straßenbautechnik, 6. Aufl., 2009, Werner Verlag

6. Jochim, Halldor; Lademann, Frank: Planung von Bahnanlagen, Grundlagen – Planung – Berechnung, 2009, Fachbuchverlag Leipzig

7. Matthews, Volker: Bahnbau, 7. Aufl., 2007, Teubner

8. Schiemann, Wolfgang: Schienenverkehrstechnik, Grundlagen der Gleistrassierung, 2002, Teubner

Prof. Dr.-Ing. Ekkehard Heinemann

Inhaltsverzeichnis

19.1 Allgemeines 1309
19.2 Hydrostatik 1309
    19.2.1 Wasserdruck auf beliebig geneigte ebene Flächen 1310
    19.2.2 Wasserdruck auf einfach gekrümmte Flächen . . . 1312
    19.2.3 Wasserdruck auf doppelt gekrümmte Flächen . . . 1312
    19.2.4 Schwimmstabilität – Kentersicherheit 1313
19.3 Hydrodynamik 1314
    19.3.1 Grundlagen 1314
    19.3.2 Geschlossene Rohrleitungen 1317
    19.3.3 Stationärer Abfluss in offenen Gerinnen 1328
    19.3.4 Durchfluss an Wehren und Engstellen 1342
    19.3.5 Schleppwirkung in Wasserläufen 1350
    19.3.6 Grundwasserbewegung [6] 1352
19.4 Hydrologie – Hochwasserabflussspenden 1356
    19.4.1 Höchstabflussspende nach Wundt 1357
    19.4.2 Verfahren nach Lutz 1358
    19.4.3 Die rationale Methode 1359
19.5 Binnenwasserstraßen 1359

19.1 Allgemeines

Verdampfungswärme steigt annähernd linear von $2257\,\mathrm{kJ/kg}$ bei $100\,°\mathrm{C}$ auf $2500\,\mathrm{kJ/kg}$ bei $0\,°\mathrm{C}$ ($1\,\mathrm{kJ} \mathrel{\widehat{=}} 1000\,\mathrm{W\,s}$) Schmelzwärme $331\,\mathrm{kJ/kg}$ bei $0\,°\mathrm{C}$

Volumenänderung

- infolge Temperaturänderung: $\Delta V = \alpha \cdot V \cdot \Delta T$; $\alpha = 1{,}8 \cdot 10^{-4}/\mathrm{K}$; ($\mathrm{K} \mathrel{\widehat{=}} °\mathrm{C}$)
- infolge Druckveränderung: $\Delta V = (-1/E_{\mathrm{W}})V \cdot \Delta p$.

Druckwellenfortpflanzungsgeschwindigkeit a in m/s in Rohrleitungen $a = \sqrt{(1/\varrho_{\mathrm{W}})/[1/E_{\mathrm{W}} + d/(s \cdot E_{\mathrm{R}})]}$ im Wasser $a = \sqrt{E_{\mathrm{W}}/\varrho_{\mathrm{W}}}$

g $9{,}81\,\mathrm{m/s^2}$ Fallbeschleunigung
E_{R} E-Modul des Rohrmaterials in $\mathrm{kN/m^2}$

E. Heinemann ✉
Technische Hochschule Köln, Betzdorfer Straße 2, 50679 Köln, Deutschland

d Rohrdurchmesser
s Rohrwandstärke in m
E_{W}, γ_{W} und ϱ_{W} s. Tafel 19.1.

    Joukowski-Stoß: $\Delta p = a \cdot v_{\mathrm{o}} \cdot \varrho_{\mathrm{W}}$ in $\mathrm{N/m^2}$ bei Schließzeiten $T_{\mathrm{s}} < 2 \cdot l/a$

l Rohrleitungslänge in m
v in m/s vor Schließvorgang
Δp Druckanstieg bei schnellem Schließen der Leitung.

Kapillare Steighöhe s in mm zwischen Platten im Abstand a [mm]: $s \approx 15/a$; in Röhren mit d_{i} [mm]: $s \approx 30/d_{\mathrm{i}}$.

    Anhaltspunkte für den Kapillarsaum über dem Grundwasser enthält Tafel 19.2.

19.2 Hydrostatik

DIN 4044 (7.80) Hydromechanik im Wasserbau, Begriffe

Formelzeichen und Einheiten (s. a. Abb. 19.1)
A gedrückte Flächen in $\mathrm{m^2}$
D Kraftangriffspunkt
S Flächenschwerpunkt
I Flächenträgheitsmoment in Bezug auf die Schwerachse durch S in $\mathrm{m^4}$
p Wasserdruck in $\mathrm{N/m^2}$ oder $\mathrm{kN/m^2}$ es gilt $1\,\mathrm{bar} = 10\,\frac{\mathrm{N}}{\mathrm{cm^2}} = 100\,\frac{\mathrm{kN}}{\mathrm{m^2}}$
z Höhe der Wassersäule in m
In der Wassertiefe z wirkt der Wasserdruck

$$p_{\mathrm{i}} = \varrho_{\mathrm{W}} g \cdot z_{\mathrm{i}}$$

(ϱ_{W} s. Tafel 19.1).

    In der praktischen Anwendung wird teilweise mit $\varrho_{\mathrm{W}} \cdot g = 10\,\mathrm{kN/m^3}$ gerechnet. Der Wasserdruck ist stets senkrecht auf das gedrückte Flächenelement gerichtet; bei Mantelflächen von Kreiszylindern verläuft die Wirkungslinie der Resultierenden durch den Mittelpunkt bzw. die Mittellinie.

© Springer Fachmedien Wiesbaden GmbH 2018
U. Vismann (Hrsg.), *Wendehorst Bautechnische Zahlentafeln*, https://doi.org/10.1007/978-3-658-17936-6_19

Tafel 19.1 Physikalische Kennwerte des Wassers

Temperatur T [°C]	Dichte ϱ_W [kg/m³]	Wichte γ_W [kN/m³]	Kinem. Viskosität[c] ν_W [m²/s]	Spez. Wärmekapazität[a] c [kJ/(kg K)]	Wärmeleitfähigk. λ_W [W/(m K)]	Siededruck p_s [kN/m²]	Elastizität E_W[e] [kN/m²]
0	999,8[d]	9,8047[b]	$1,78 \cdot 10^{-6}$	4,2058	0,552	0,61	$1,9308 \cdot 10^6$
10	999,6	9,8027	$1,30 \cdot 10^{-6}$	4,1908	0,578	1,23	$2,0271 \cdot 10^6$
20	998,2	9,7890	$1,00 \cdot 10^{-6}$	4,1811	0,598	2,33	$2,0646 \cdot 10^6$
30	995,6	9,7635	$8,06 \cdot 10^{-7}$	4,1765	–	4,24	–
40	992,2	9,7302	$6,57 \cdot 10^{-7}$	4,1774	0,628	7,37	–
50	988,0	9,6890	$5,50 \cdot 10^{-7}$	4,1836	0,641	12,33	–
60	983,2	9,6419	$4,78 \cdot 10^{-7}$	–	0,651	19,91	–
80	971,8	9,5301	$3,66 \cdot 10^{-7}$	–	0,669	47,33	–
100	958,3	9,3977	$2,94 \cdot 10^{-7}$	–	0,682	101,30	–

[a] Bei atmosphärischem Druck
[b] Ostseewasser ca. 0,7 % und Nordseewasser ca. 2,6 % mehr
[c] dyn. Viskosität $\eta_W = \eta_W \cdot \varrho$ in kg/(m s)
[d] Eis 916,7 kg/m³
[e] gültig für $0,1 < p < 25\,\text{kN/m}^2$

Tafel 19.2 Höhe des Kapillarsaumes über dem Grundwasser in cm (praktische Werte)

Geröll	Kiesiger Sand	Sand	Lehmiger Sand	Sandiger Lehm	Schluff	Lehm	Ton
0 bis 1	5 bis 10	10 bis 20	40 bis 50	50 bis 60	50 bis 100	30 bis 50	> 500

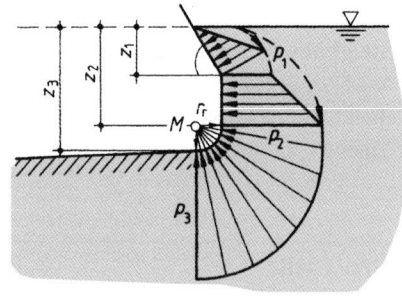

Abb. 19.1 Wasserdruck

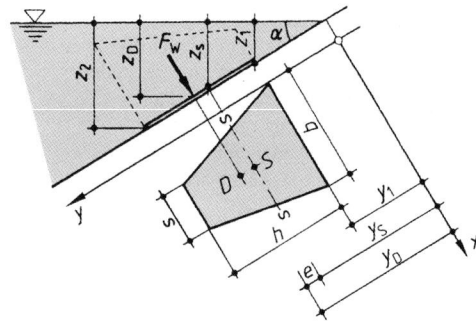

Abb. 19.2 Resultierender Wasserdruck auf eine ebene Fläche

19.2.1 Wasserdruck auf beliebig geneigte ebene Flächen

Die Größe der resultierenden Wasserdruckkraft F_W beträgt

$$F_W = p_s \cdot A = \varrho_W \cdot g \cdot z_s \cdot A = \varrho_W \cdot g \cdot V$$

p_s Wasserdruck im Flächenschwerpunkt
A Inhalt der gedrückten Fläche
z_s Wassertiefe über dem Flächenschwerpunkt
V Inhalt des Wasserkörpers über der gedrückten Fläche (gestrichelte Figur)

Der Angriffspunkt D der resultierenden Wasserdruckkraft heißt Druckmittelpunkt. Bei einfachsymmetrischen Drucksachen hat D vom Flächenschwerpunkt S den Abstand

$$e = \frac{I_s}{A \cdot y_s}$$

I_s Flächenmoment 2. Grades der gedrückten Fläche um die Schwerachse $s - s$
y_s in der Flächenebene gemessener Abstand des Flächenschwerpunktes von der Wasserlinie.

Entgegengerichtete Wasserdruckpressungen heben einander auf. F_W ergibt sich durch Subtraktion gegenüber liegender Wasserdruckfiguren. In Abb. 19.3 z. B. ergeben sich die folgenden wirksamen Wasserdruckkräfte.

$$F_{W1} = \varrho_W \cdot g (z_1^2 - z_2^2)/2 \text{ je m Breite}$$
$$a_1 = 1/3[(z_1^2 + z_1 \cdot z_2 + z_2^2)/(z_1 + z_2)]$$
$$F_{W2} = \varrho_W \cdot g (z_1 - z_2) \cdot l \text{ je m Breite}$$
$$a_2 = l/2 = (z_3 - z_2)/(2 \cdot \sin \alpha)$$

Geneigte ebene Stauflächen beliebiger Form und Neigung Bei ebenen Stauflächen, deren obere Begrenzung unter dem Wasserspiegel liegt oder welche nicht die in Abb. 19.2 oder in Tafel 19.3 vorausgesetzten Formen aufwei-

Tafel 19.3 Wasserdruckkräfte, Schwerpunktabstände, Kraftangriffspunkte

Gedrückte Fläche	F_W	y_S^a	e
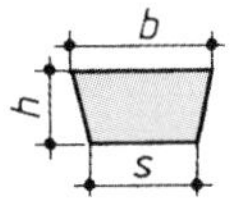 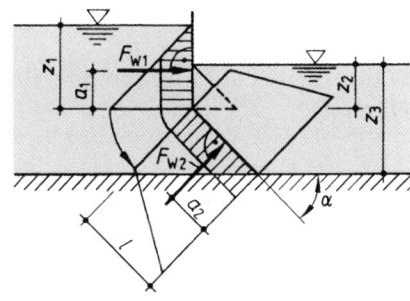	$\gamma_W \cdot \sin\alpha \cdot h \left[y_1 \left(\dfrac{b+s}{2} \right) + h \left(\dfrac{b+2s}{6} \right) \right]$	$y_1 + \dfrac{h}{3} \cdot \dfrac{b+2s}{b+s}$	$\dfrac{h^2}{18} \cdot \dfrac{(b+s)^2 + 2b\cdot s}{y_S(b+s)^2}$
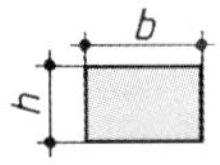	$\gamma_W \cdot \sin\alpha \cdot b \cdot h \left(y_1 + \dfrac{h}{2} \right)$	$y_1 + \dfrac{h}{2}$	$\dfrac{h^2}{12 \cdot y_S}$
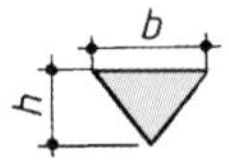	$\dfrac{1}{2}\gamma_W \cdot \sin\alpha \cdot b \cdot h \left(y_1 + \dfrac{h}{3} \right)$ [b]	$y_1 + \dfrac{h}{3}$ [b]	$\dfrac{h^2}{18 \cdot y_S}$
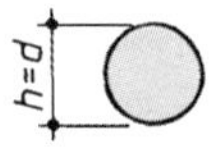	$\gamma_W \cdot \sin\alpha \cdot r^2 \cdot \pi (y_1 + r)$	$y_1 + r$	$\dfrac{r^2}{4 \cdot y_S}$
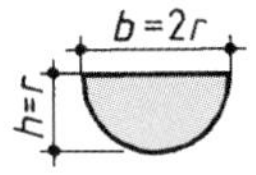	$\dfrac{1}{2}\gamma_W \cdot \sin\alpha \cdot r^2 \cdot \pi (y_1 + 0{,}4244r)$	$y_1 + 0{,}4244r$	$\dfrac{r^2}{14{,}3 \cdot y_S}$

[a] y_1 s. Abb. 19.2
[b] Beim Dreieck mit unten liegender Basis: $2/3\,h$ statt $h/3$

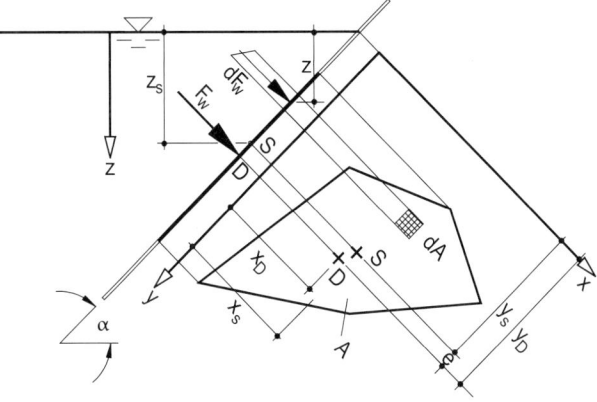

Abb. 19.3 Wirksame Wasserdruckdifferenzen

Abb. 19.4 Wasserdruck auf eine ebene Staufläche beliebiger Form und Neigung

sen, ist eine Flächenintegration unter Berücksichtigung der ungleichen Druckverteilung für die Bestimmung des Betrags und der Lage der Wasserdruckkraft notwendig. Abb. 19.4 zeigt die nachfolgend verwendeten Variablen.

Das Differential der Wasserdruckkraft dF_W, das auf die Fläche dA wirkt, ergibt sich zu

$$dF_W = p_{st} \cdot dA = \varrho \cdot g \cdot z \cdot dA$$

Die Wasserdruckkraft erhält man als Integral des vorstehenden Ausdrucks über die Fläche

$$F_W = \int_A dF_W = \varrho \cdot g \cdot \int_A z \cdot dA$$

Bei dem Ausdruck $\int_A z \cdot dA$ handelt es sich um das Flächenmoment 1. Grades oder das statische Flächenmoment, welches dem Produkt aus Gesamtfläche und Schwerpunktabstand entspricht. Zum Beispiel für das Moment bezogen auf

den Wasserspiegel gilt

$$\int_A z \cdot dA = z_s \cdot A.$$

Folglich entspricht die **Wasserdruckkraft** auf eine **ebene Staufläche** dem statischen Druck im Flächenschwerpunkt multipliziert mit der Flächengröße:

$$F_W = \varrho \cdot g \cdot z_s \cdot A.$$

Bei einer geneigten Fläche ist bei der Definition von dA zu berücksichtigen, dass die Länge der Fläche mit $z/(\sin\alpha)$ anstelle von z zunimmt. Die Lage der Wasserdruckkraft erhält

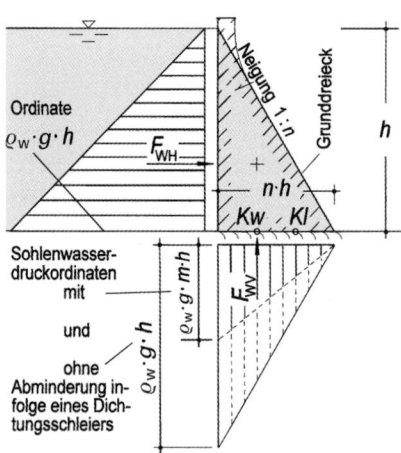

Abb. 19.5 Wasserdruckkräfte auf eine Gewichtsstaumauer als sogenanntes Grunddreieck mit wasser- und luftseitigen Kernpunkten K_W und K_l (Beispiel)

man aus der Bedingung, dass die Momente aus der Integration der Kraft über die Fläche denen aus der zusammengefassten Wasserdruckkraft entsprechen müssen. Bezogen auf die x-Achse (Abb. 19.4) gilt:

$$y_D \cdot F_W = \varrho \cdot g \int_A y \cdot z \cdot dA$$

Die statische Druckhöhe z_S am Flächenschwerpunkt S lässt sich durch $y_S \cdot \sin \alpha$ ersetzen. Nach Einsetzen des Ausdrucks für F_W ergibt sich

$$y_D \cdot \varrho \cdot g \cdot y_S \cdot \sin \alpha \cdot A = \varrho \cdot g \cdot \sin \alpha \int_A y^2 \cdot dA,$$

wobei der zu integrierende Teil dem Flächenmoment 2. Grades bezogen auf die in Abb. 19.4 dargestellte x-Achse I_x entspricht. Nach Kürzung von ϱ, g und $\sin \alpha$ erhält man durch Umstellung den Abstand y_D der Wasserdruckkraft F_W von der x-Achse

$$y_D = \frac{I_x}{y_S \cdot A}.$$

Die Exzentrizität e ergibt sich aus dem Flächenmoment 2. Grades oder das Flächenträgheitsmoment $I_{x,S}$, das auf eine parallel zur x-Achse durch den Flächenschwerpunkt S verlaufende Schwerachse bezogen ist. Bei Anwendung des steinerschen Satzes $I_{x,S} = I_x - y_S^2 \cdot A$ gilt

$$e = y_D - y_S = \frac{I_x}{y_S \cdot A} - \frac{y_S^2 \cdot A}{y_S \cdot A} = \frac{I_{x,S}}{y_S \cdot A} \qquad (19.1)$$

Bezogen auf die y-Achse ergibt sich das Moment zu

$$x_D \cdot F_W = \varrho \cdot g \cdot \int_A x \cdot z \cdot dA = \varrho \cdot g \cdot \sin \alpha \cdot \int_A x \cdot y \cdot dA$$

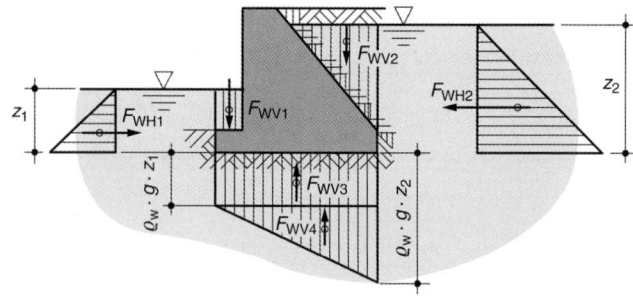

Abb. 19.6 Wasserdruckkräfte auf Stützmauer auf durchlässigem Untergrund (Beispiel)

Das Integral ergibt bezogen auf das Koordinatensystem der Abb. 19.4 das Flächenzentrifugal- oder Deviationsmoment I_{xy}. Der Abstand der Wasserdruckkraft F_W von der y-Achse ergibt sich zu

$$x_D = \frac{I_{xy}}{y_S \cdot A} = \frac{I_{xy,S} + x_S \cdot y_S \cdot A}{y_S \cdot A}$$

Wasserdrücke auf Bauwerke mit ebenen Begrenzungen sind beispielhaft in Abb. 19.5 und 19.6 dargestellt.

19.2.2 Wasserdruck auf einfach gekrümmte Flächen

Ermittlung durch Aufteilung in a) Horizontalkraft und b) Vertikalkraft

a) Horizontalkraft F_{WH} = Inhalt des Wasserdruckdreieckes. $F_{WH} \approx 5\, z_1^2$ kN/m Breite
b) Vertikalkraft F_{WV} = Inhalt des Wasserdruckkörpers begrenzt durch die benetzte Wandfläche, die Lotrechte durch den Fußpunkt und die Horizontale in Höhe des Wasserspiegels.

Wird Wasser abgeschnitten $\Rightarrow$ Auflast; wird „Körper" abgeschnitten $\Rightarrow$ Auftrieb.

19.2.3 Wasserdruck auf doppelt gekrümmte Flächen

Ermittlung durch Aufteilung in a) Horizontal- und b) Vertikalkraft

a) Horizontalkraft F_{WH} = Wasserdruckfigur auf die horizontale Projektion des Körpers (auf eine vertikale Wand)
b) Vertikalkraft kann Auftrieb und/oder Auflast sein.
   Auftrieb = Gewicht des verdrängten Wassers;
   Auflast = Gewicht desjenigen Wasserkörpers, der durch die benetzte Fläche und ihre vertikale Projektion auf den Wasserspiegel begrenzt wird.
   In beiden Fällen gilt $F = V \cdot \varrho_W \cdot g$.

Die zugehörigen Wasserdruckfiguren sind in den Tafeln 19.4 und 19.5 enthalten.

Tafel 19.4 Wasserdruckkräfte auf Walzenwehr und Segment je m Breite

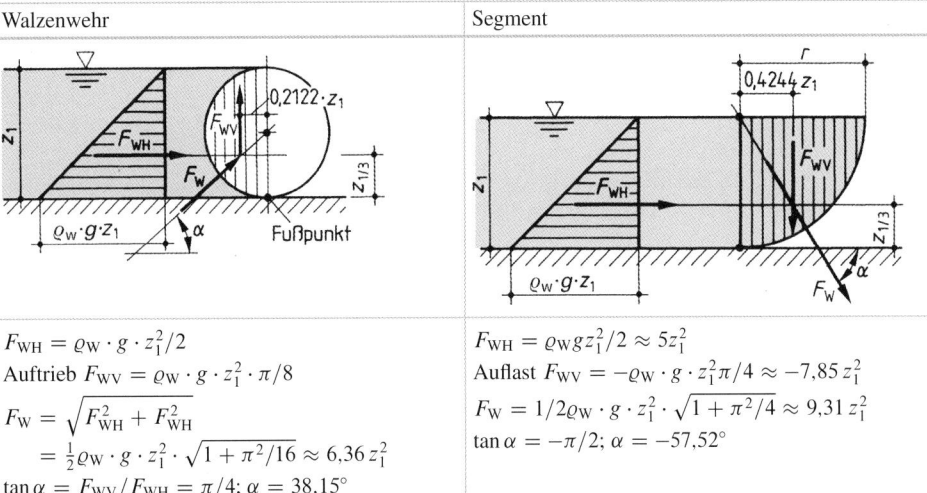

Walzenwehr	Segment
$F_{WH} = \varrho_W \cdot g \cdot z_1^2/2$	$F_{WH} = \varrho_W g z_1^2/2 \approx 5 z_1^2$
Auftrieb $F_{WV} = \varrho_W \cdot g \cdot z_1^2 \cdot \pi/8$	Auflast $F_{WV} = -\varrho_W \cdot g \cdot z_1^2 \pi/4 \approx -7{,}85 z_1^2$
$F_W = \sqrt{F_{WH}^2 + F_{WH}^2}$	$F_W = 1/2 \varrho_W \cdot g \cdot z_1^2 \cdot \sqrt{1 + \pi^2/4} \approx 9{,}31 z_1^2$
$\quad = \frac{1}{2}\varrho_W \cdot g \cdot z_1^2 \cdot \sqrt{1 + \pi^2/16} \approx 6{,}36 z_1^2$	$\tan\alpha = -\pi/2; \; \alpha = -57{,}52°$
$\tan\alpha = F_{WV}/F_{WH} = \pi/4; \; \alpha = 38{,}15°$	

Tafel 19.5 Wasserdruckkräfte auf Halbkugel und Halbrohr mit Viertelkugel

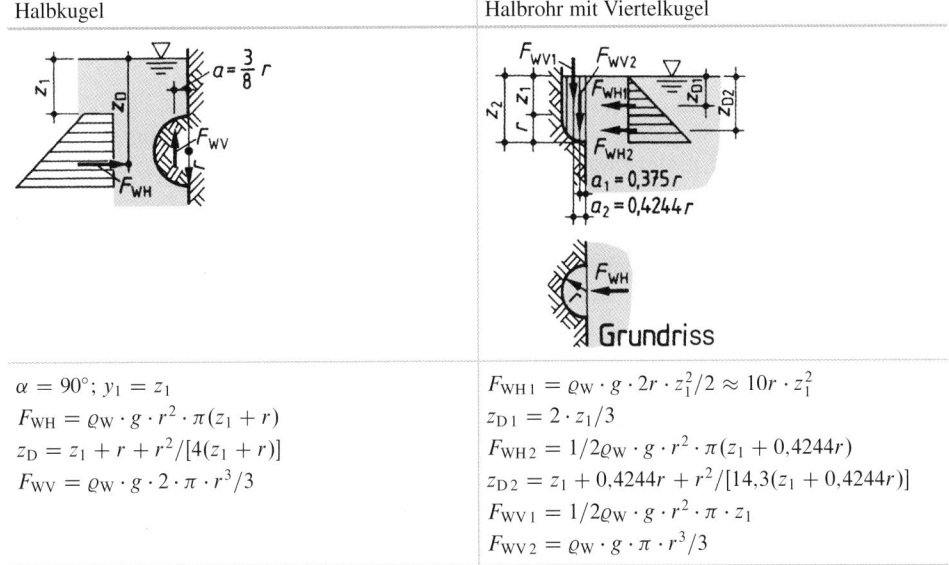

Halbkugel	Halbrohr mit Viertelkugel
$\alpha = 90°; \; y_1 = z_1$	$F_{WH1} = \varrho_W \cdot g \cdot 2r \cdot z_1^2/2 \approx 10 r \cdot z_1^2$
$F_{WH} = \varrho_W \cdot g \cdot r^2 \cdot \pi(z_1 + r)$	$z_{D1} = 2 \cdot z_1/3$
$z_D = z_1 + r + r^2/[4(z_1 + r)]$	$F_{WH2} = 1/2 \varrho_W \cdot g \cdot r^2 \cdot \pi(z_1 + 0{,}4244r)$
$F_{WV} = \varrho_W \cdot g \cdot 2 \cdot \pi \cdot r^3/3$	$z_{D2} = z_1 + 0{,}4244r + r^2/[14{,}3(z_1 + 0{,}4244r)]$
	$F_{WV1} = 1/2 \varrho_W \cdot g \cdot r^2 \cdot \pi \cdot z_1$
	$F_{WV2} = \varrho_W \cdot g \cdot \pi \cdot r^3/3$

19.2.4 Schwimmstabilität – Kentersicherheit

Ein Körper schwimmt, wenn sich Gleichgewicht einstellen kann zwischen den Vertikalkräften Eigenlast F_G und Auftrieb F_A.

Aus der Gleichung

$$F_G = F_A \quad \text{bzw.} \quad F_G = V \cdot \varrho_W \cdot g$$

lässt sich wegen $V = f(t_r)$ der Tiefgang t_r des schwimmenden Körpers ermitteln. Die verwendeten Bezeichnungen und wirkenden Kräfte sind in Abb. 19.7 enthalten.

Die Stabilität der Schwimmlage eines schwimmenden Körpers hängt davon ab, wie der Körperschwerpunkt S_K, der Schwerpunkt S_V des verdrängten Volumens (in Ruhelage) und das Metazentrum M zueinander liegen (im Metazentrum M schneidet die Wirkungslinie der Auftriebskraft F_A

im geneigten Zustand die Symmetrielinie des zugehörigen Schwimmkörper-Querschnittes):

- liegt S_K unter S_V, so ist der Körper schwimmstabil;
- liegt S_K nicht unter S_V, so ist der Körper nur schwimmstabil, wenn das Metazentrum M über S_K liegt.

Die Höhe des Metazentrums M über dem Körperschwerpunkt S_K, die metazentrische Höhe, beträgt

$$h_m = (I_{min}/V) - e \begin{cases} > 0: & \text{Schwimmlage ist stabil;} \\ = 0: & \text{Schwimmlage ist indifferent} \\ & \text{(z. B. Kugel, Walze);} \\ < 0: & \text{Schwimmlage ist labil.} \end{cases}$$

Hierbei ist

I_{min} das kleinste Flächenmoment 2. Grades des Wasserlinienrisses (Schnittfläche von Schwimmkörper und Wasserspiegel)

V das Volumen der verdrängten Flüssigkeit

Abb. 19.7 Kräfte und geometrische Elemente für die Schwimmstabilität

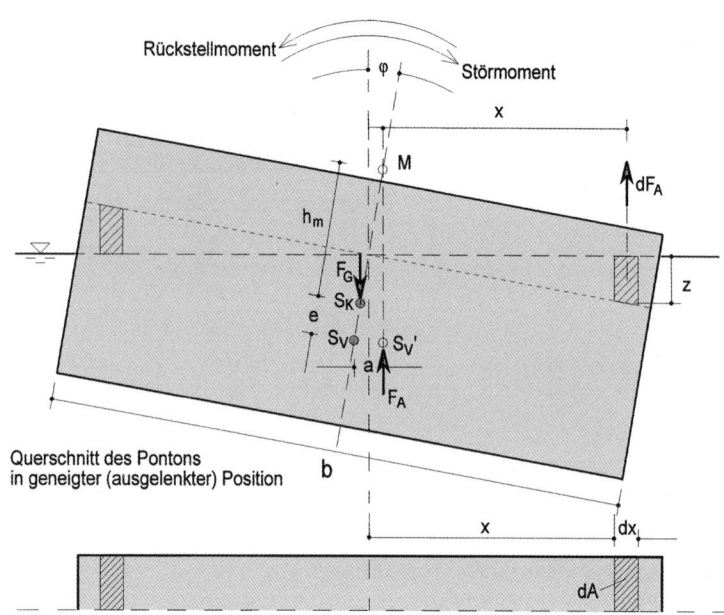

e die Höhe des Körperschwerpunktes S_K über dem Schwerpunkt S_V des Verdrängungsvolumens in Ruhelage (positiv, wenn S_K oberhalb von S_V).

Die Variablen sind in Abb. 19.7 wiedergegeben. Ein Zahlenbeispiel ist im Beispielband enthalten.

19.3 Hydrodynamik

Formelzeichen und Einheiten

Q	Abfluss, Durchfluss	m^3/s
	In Tafeln für Rohrleitungen	l/s
A	Fließquerschnitt, begrenzt	m^2
l_u	Benetzter Umfang (U)	m
$r_{hy} = A/l_u$	Hydraulischer Radius (R) (für Kreisprofile gilt $r_{hy} = d/4$)	m
v	Mittlere Fließgeschwindigkeit	m/s
C	Chezy-Beiwert	$m^{1/2}/s$
k_{St}	Rauheitsbeiwert nach Strickler, Tafel 19.25	$m^{1/3}/s$
$I_E = h_v/L$	Energiehöhengefälle	
p	Wasserdruck	kN/m^2
k/d	relative Rauheit	–
$h_d = p_d/(\varrho \cdot g)$	hydr. Druckhöhe	m
h_v	Verlusthöhe	m
L	Leitungs- bzw. Gerinnelänge	
λ	Widerstandsbeiwert	–
d bzw. d_{hy}	Rohrdurchmesser	m
$Re = v \cdot d/\nu_W$	Reynolds-Zahl	–
ν_W	Kinematische Viskosität (für Wasser von 10 °C und Abwasser von 12 °C $\nu_W = 1,31 \cdot 10^{-6}$) s. Tafel 19.1	m^2/s
k_i, k_b, k	Rauheit s. Tafeln 19.7 bis 19.9	mm

Vereinfachungen Wasser sei imkompressibel (gleichbleibende Dichte); keine temperaturbedingten Volumenänderungen.

19.3.1 Grundlagen

Erste Begriffe zu Wasserbewegung

Stationär Über die Zeit unveränderter Fließzustand, wird häufig für einfache Berechnungen vorausgesetzt.

Instationär Zeitliche Veränderung durch Hochwasserwellen, Tideeinfluss oder Änderung der Einstellung an Wehrverschlüssen oder Rohrarmaturen (Schwall, Sunk, Druckstoß)

Gleichförmig Keine Änderung von Durchfluss und Geschwindigkeit über den Fließweg

Ungleichförmig Änderung des Durchflusses oder der Geschwindigkeit über den Fließweg (seitliche Zuflüsse oder Entnahmen, Stau- und Senkungslinien, Rohraufweitungen bzw. -verengungen)

Laminar Wasserteilchen bewegen sich auf parallelen Bahnen (kommt im üblichen technischen Bereich nur in engen Spalten vor)

Turbulent Wasserteilchen bewegen sich auch quer zur Hauptfließrichtung, durch den Querimpulsaustausch ändern sich die Geschwindigkeitsverteilung und das Reibungsverhalten (Fließverluste)

Stromlinie Linie, die an jedem Ort tangential zu der dort herrschenden Geschwindigkeit verläuft

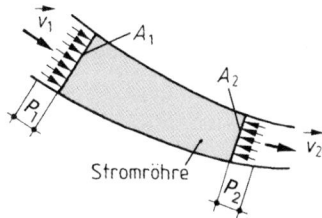

Abb. 19.8 Größen für Wasserdruck- und Impulskräfte an einer Stromröhre

Stromröhre geschlossenes Bündel aus Stromlinien; durch die Wandung der Stromröhre kann das Strömungsmedium nicht ein- oder austreten, der Volumenstrom (Durchfluss) bleibt über den Fließweg konstant.

Kontinuitätsbedingung Bei inkompressibler Strömung, die für Wasser außer für den Druckstoß in geschlossenen Leitungen vorausgesetzt wird, muss das während des Zeitintervalls Δt in eine Stromröhre eintretende Volumen V im gleichen Zeitraum auch wieder abfließen. Das je Zeiteinheit ein- bzw. austretende Volumen wird als Volumenstrom, Zufluss, Durchfluss oder Abfluss Q bezeichnet. Dabei herrscht am jeweiligen Fließquerschnitt A die Geschwindigkeit v. Das Produkt aus den beiden Größen ergibt $Q = A \cdot v$ und bleibt entsprechend Abb. 19.8 über den Fließweg konstant.

Energiehöhe Bei Fließvorgängen im Wasserbau werden vornehmlich drei Energieformen berücksichtigt:
- Energie durch die Geschwindigkeit des Strömungsmediums (kinetische Energie);
- Energie durch den Druck in einer Rohrleitung oder an der Gewässersohle (Druckenergie);
- Energie aus der Höhenlage über einem zu wählenden Bezugshorizont (potenzielle Energie).

Zurückgehend auf D. Bernoulli (1700–1782) wird die Summe dieser drei Energieformen für die ideale und damit reibungsfreie Flüssigkeit über den Fließweg als konstant vorausgesetzt. Sie lassen sich durch entsprechende Anteile der Energiehöhe beschreiben. Für reale Fließvorgänge in Rohrleitungen und offenen Gerinnen werden die Fließverluste durch eine Verlusthöhe h_v bzw. ein Energiehöhengefälle I_E berücksichtigt. Weitere Einzelheiten sind für geschlossen Rohrleitungen im Abschn. 19.3.2.2 und für offene Gerinne im Abschn. 19.3.3.2 enthalten.

Impulssatz Impuls = Masse · Geschwindigkeit = Kraft · Zeit; keine Reibkräfte zwischen Flüssigkeit und Wandung.

Bei stationärer Strömung ist der mit der Flüssigkeit in ein abgegrenztes Raumgebiet durch dessen Kontrollfläche A_1 in der Zeiteinheit eintretende Impuls (austretenden Impuls negativ rechnen) mit den auf das Gebiet wirkenden Kräften im Gleichgewicht.

Damit gilt z. B. für die gedachte Stromröhre von Abb. 19.8 die Vektorgleichung

$$\sum \boldsymbol{F}_I = \varrho \cdot Q \, (\boldsymbol{v}_1 - \boldsymbol{v}_2) \tag{19.2}$$

$$\sum \boldsymbol{F}_W = \boldsymbol{p}_1 \cdot A_1 - \boldsymbol{p}_2 \cdot A_2 \tag{19.3}$$

mit $p_i = \gamma_W \cdot z_i$ (normal zum Fließquerschnitt).

Bei der praktischen Anwendung des Impulssatzes werden nur kurze Abschnitte der Leitung betrachtet. Die Reibung wird vernachlässigt. Die Kräfte auf die Wandung werden aber wirksam.

Die an Krümmern, T-Stücken und Rohrenden von Muffenleitungen erforderlichen Betonwiderlager (Tafel 19.6, Abb. 19.9) müssen mit dem Prüfdruck als Innendruck und dem Rohraußendurchmesser so dimensioniert werden, dass der von ihnen infolge F_R auf den Boden ausgeübte Druck die zulässige Bodenpressung nicht übersteigt.

DVGW-Arbeitsblatt GW 310 (01/2008)

Tafel 19.6 Kraft auf Rohrwiderlager

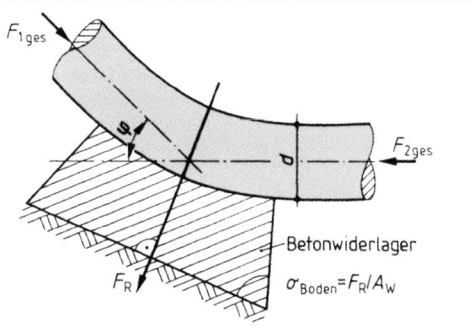

Anmerkung: In der Wasserversorgung gilt $v \approx 1$ m/s und $z_s \ll z_{wü}$. Dann können die dynamischen Kräfte gegenüber den statischen vernachlässigt werden und es gilt näherungsweise $F_{ges} \approx z_{wü} \cdot \varrho_W \cdot g \cdot A$; „Prüfdruck 15 bar" bedeutet $p_W = 1500$ kN/m².

Liegender Krümmer mit $\varphi = 45°$
geg. $Q = 15{,}00$ m³/s; $d = 1{,}50$ m;
$z_{wü} = 8{,}00$ m Wassersäule (Überdruck);
ges. result. Kraft F_R;

Rechnung

a) Wasserdruckkräfte
$F_{W1} = F_{W2} = F_W = p_{ws} \cdot A$
$\quad = (z_{wü} + z_s) \varrho_W \cdot g \cdot A$
liefert mit $z_s = d/2 = 0{,}75$ m
und $A = \pi d^2/4 = 1{,}77$ m²
die Druckkraft $F_W = 151{,}69$ kN;

b) Impulskräfte
$v_1 = v_2 = v = 15{,}00/1{,}77 = 8{,}49$ m/s;
$\varrho_W \cdot Q \cdot v = 127{,}32$ kN;

c) insgesamt
$F_{ges} = 151{,}69 + 127{,}32 = 279{,}01$ kN;
$F_R = 2 \cdot F_{ges} \cdot \sin \frac{\varphi}{2} = 213{,}55$ kN

19

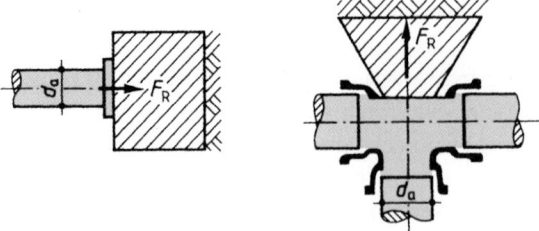

Abb. 19.9 Rohrwiderlager. $F_R = z_{wA} \cdot \varrho_W \cdot g \cdot d_a^2 \cdot \pi/4$ bzw. $F_R = p \cdot d_a^2 \cdot \pi/4$

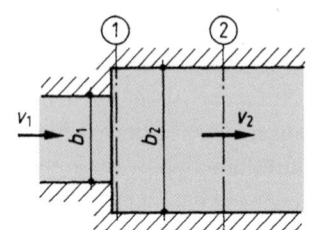

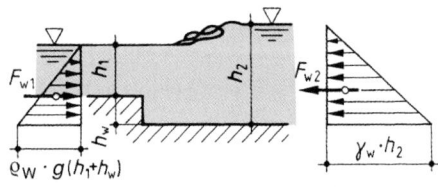

Abb. 19.10 Impulssatz

Im offenen Gerinne heißt die allgemeine Form des Impulssatzes **Stützkraftsatz**.

$$\text{Stützkraft } S = F_{W1} + \varrho_W \cdot Q \cdot v_1$$
$$= F_{W2} + \varrho_W \cdot Q \cdot v_2 = \text{const} \quad (19.4)$$

und mit den Abmessungen nach Abb. 19.10

$$\varrho_W \cdot g \cdot \frac{(h_1 + h_w)^2}{2} b_2 + \varrho_W \cdot Q \cdot v_1$$
$$= \varrho_W \cdot g \cdot \frac{h_2^2}{2} \cdot b_2 + \varrho_W \cdot Q \cdot v_2 \quad (19.5)$$

Beachte die Schnittführung ①: Der Druck auf die Stirnflächen geht mit ein, aber $v_1 = Q/(h_1 \cdot b_1)$.

Mit glatter Sohle ($h_w = 0$) und mit $b_1 = b_2$ ergeben sich die **konjugierten Wechselsprungtiefen** aus

$$h_1 = -\frac{h_2}{2} + \sqrt{\frac{h_2^2}{4} + \frac{2h_2 \cdot v_2^2}{g}} \quad (19.6)$$

Die Indizes 1 und 2 sind vertauschbar. Es ist $2h_2 \cdot v_2^2/g = 2h_{gr}^3/h_2 = 2h_2^2 \cdot Fr_2^2$ mit der Froude-Zahl

$$Fr = \frac{v}{\sqrt{gh}} = \frac{v}{\sqrt{g \cdot A/b}}$$

$$\frac{h_2}{h_1} = \frac{1}{2}\left(\sqrt{1 + 8Fr_1^2} - 1\right)$$

Im *teilgefüllten Kreisquerschnitt* ist $F_W = \varrho_W \cdot g \cdot z_s \cdot A$ bzw. mit den Werten des Abschn. 1.1 in Kap. 1

$$F_W = \varrho_W \cdot g \cdot e \cdot A$$

Die Lösung von (19.5) führt auf eine kubische Gleichung, die entweder mit den bekannten Standardverfahren oder iterativ nach Newton gelöst werden kann.

> **Beispiel**
>
> $b_1 = 40{,}0$ m: $b_2 = 55{,}0$ m; $h_2 = 4{,}5$ m; $Q = 500$ m³/s; $h_w = 0{,}5$ m; nach Abschn. 19.3.4.3 ist Durchfluss ohne Fließwechsel festgestellt worden.

Lösung Durch Umformen von (19.5) ergibt sich $f(h_1)$ wie folgt:

$$f(h_1) = h_1^3 + 2h_w \cdot h_1^2 + (h_w^2 - 2v_2^2 \cdot h_2/g - h_2^2) \cdot h_1$$
$$+ 2Q^2/(g \cdot b_1 \cdot b_2) = 0 \quad (19.7)$$

und

$$f'(h_1) = 3h_1^2 + 4 \cdot h_w \cdot h_1 + h_w^2 - 2v_2^2 \cdot h_2/g - h_2^2 \quad (19.8)$$

Nach Newton findet man aus dem geschätzten Wert h_1^* den verbesserten Wert h_1^{**} wie folgt:

$$h_1^{**} = h_1^* - f(h_1^*)/f'(h_1^*).$$

Erste Schätzung: $h_1^* = h_2 - 2h_w = 4{,}5 - 2 \cdot 0{,}5 = 3{,}5$ m; $v_2 = Q/A_2 = Q/b_2 \cdot h_2 = 500/(55{,}0 \cdot 4{,}5) = 2{,}02$ m/s; mit (19.7) und (19.8) wird:

$$f'(h^*) = 3 \cdot 3{,}5^2 + 4 \cdot 0{,}5 \cdot 3{,}50$$
$$+ (0{,}5^2 - 2 \cdot 2{,}02^2 \cdot 4{,}5/9{,}81 - 4{,}5^2) = 20{,}01$$
$$f(h^*) = 3{,}5^3 + 2 \cdot 0{,}5 \cdot 3{,}5^2 + (-23{,}743) \cdot 3{,}5$$
$$+ 2 \cdot 500^2/(9{,}81 \cdot 40 \cdot 55) = -4{,}81;$$
$$h^{**} = 3{,}5 - (-4{,}81/20{,}01) = 3{,}74 \text{ m};$$
$$h^{***} = 3{,}71 \text{ m}; v = 500/(3{,}71 \cdot 40) = 3{,}37 \text{ m/s}.$$

Abb. 19.11 Druck- und Energiehöhenlinie eines Rohrabschnitts

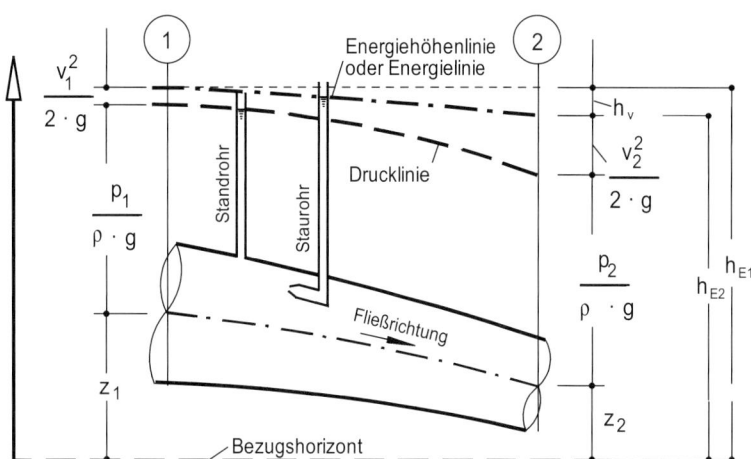

19.3.2 Geschlossene Rohrleitungen

19.3.2.1 Kontinuitätsgleichung

$Q = A \cdot v = \text{const}$ daraus $v_1 = v_2 \cdot A_2/A_1$; bei kreisförmigen
Rohren $v_1 = v_2 \cdot d_2^2/d_1^2$.

19.3.2.2 Bernoullische Energie- und Energiehöhengleichung

Für Fließvorgänge in Rohrleitungen und in offenen Gerinnen
werden folgende Energieformen berücksichtigt:

- kinetische Energie $m \cdot \frac{v^2}{2}$
- Druckenergie $\frac{m}{\varrho} \cdot p = V \cdot p$
- Potenzielle Energie $m \cdot g \cdot z$.

Die Summe wird als konstant betrachtet. Daraus folgt

$$m \cdot \frac{v^2}{2} + \frac{m}{\varrho} \cdot p + m \cdot g \cdot z = \text{const}$$

Dividiert man vorstehende Gleichung durch ($m \cdot g$), so erhält
man die so genannte Energiehöhengleichung

$$\frac{v^2}{2 \cdot g} + \frac{p}{\varrho \cdot g} + z = \text{const} = H \text{ oder } h_{\mathrm{E}}.$$

Zwischen zwei aufeinander folgenden Querschnitten stellt
sich durch Reibung und eventuell auch örtlich konzentrierte
Verluste eine Verlusthöhe h_v ein, wie Abb. 19.11 zu entnehmen ist.

Für die beiden Querschnitte 1 und 2 lässt sich die Beziehung aufstellen:

$$\frac{v_1^2}{2 \cdot g} + \frac{p_1}{\varrho \cdot g} + z_1 = \frac{v_2^2}{2 \cdot g} + \frac{p_2}{\varrho \cdot g} + z_2 + h_v.$$

In einem dünnen Standrohr steigt das Strömungsmedium bis
zur Drucklinie an, während in einem Staurohr, dessen untere Öffnung gegen die Fließrichtung zeigt, ein Anstieg bis
zur Energiehöhenlinie erfolgt. Die Geschwindigkeiten in einem Rohr mit wechselnden Durchmessern stehen durch die

in Abschn. 19.3.2.1 beschriebene Kontinuitätsbedingung in
einer Beziehung zu einander.

Zahlenbeispiel zur Rohrströmung

In diesem Zahlenbeispiel werden die nachfolgenden Bilder und Tafeln zur Bestimmung der Reibungsverluste
und örtlich konzentrierten Verluste mit verwendet. Die
in Abb. 19.12 dargestellte Stahlrohrleitung mit wechselnden Rohrdurchmessern (500 mm und 1000 mm) verbindet
zwei Wasserbehälter. Die Behälterwasserstände sind mit
120 m NHN und 95 m NHN gegeben. Kurz hinter dem
Rohreinlauf ist eine Absperrklappe und unmittelbar vor
dem Leitungsende ein Flachschieber angeordnet. Die nahe den Schnitten 1 und 2 befindlichen Übergänge zwischen den geänderten Rohrdurchmessern sind jeweils mit
einem Zentriwinkel >30° ausgeführt. Die Rohrkrümmer
sind so groß ausgerundet, dass die hierdurch bedingten
örtlichen Verluste vernachlässigt werden können.

Gesucht:

a) Größe des Durchflusses
b) Energie- und Druckhöhe in den Schnitten 1, 2 und 3
c) Überdruck in der Rohrleitung im Schnitt 3
d) Mindestüberdeckungshöhe des Rohrscheitels am Einlauf im oberen Behälter zur Vermeidung Luft eintra-
   gender Wirbel

Lösung Für derartige Berechnungen ist vorauszuschicken,
dass wegen der vielen Annahmen (zur Rohrrauheit und zu
Verlustbeiwerten für die örtlich konzentrierten Verluste) Ergebnisse mit einer Genauigkeit von etwa ±10 % erreicht
werden kann. Dies ist bei der weiteren Anlagenplanung zu
berücksichtigen.

Für die Abschätzung der Rohrrauheit werden geschweißte
Stahlrohre vorausgesetzt. Nach Tafel 19.9 liegt die Obergrenze bei $k = 0,2$ mm, wenn noch keine Verkrustungen
auftreten. Die kinematische Viskosität des Wassers wird üblicherweise für eine Temperatur von 10 °C angesetzt und ist
Tafel 19.1 mit $1,3 \cdot 10^{-6}$ m²/s zu entnehmen.

19

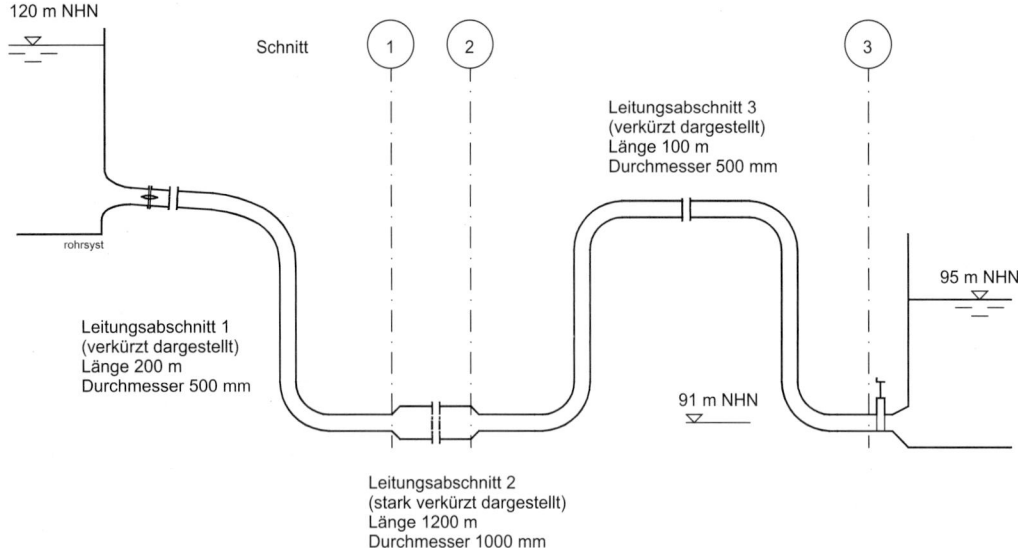

Abb. 19.12 Rohrleitung zwischen zwei Behältern mit wechselnden Durchmessern, unmaßstäblich überhöht

Zu a) Jeder Rohrabschnitt mit einem anderen Durchmesser muss getrennt betrachtet werden. Die Abschnitte 1 und 3 könnten zusammengefasst werden, was hier aus systematischen Gründen nicht erfolgt.

Rohrabschnitt 1 Örtlich konzentrierte Verluste:

$\zeta_{Ein} = 0{,}25$ Einlauf, gut ausgerundet nach Tafel 19.10

$\zeta_{Kl} = 0{,}35$ Absperrklappe nach Abschn. 19.3.2.3.9 $\zeta_{Kl} = 0{,}2$ bis 0,5; geschätzt

$\sum \zeta_1 = 0{,}60$ Summe der Verlustbeiwerte für Rohrabschnitt 1

Reibungsverlust: Da der Durchfluss nicht bekannt ist, können die Fließgeschwindigkeit und die Reynolds-Zahl nicht bestimmt werden. In diesem Fall wird zunächst ein vollkommen raues Reibungsverhalten angenommen. Diese Annahme ist aber später zu überprüfen. Der Widerstandsbeiwert λ lässt sich mit der in Abb. 19.13 für diesen Zustand aufgeführten Formel berechnen:

$$\lambda_1 = \left[2 \cdot \lg \frac{3{,}71 \cdot d_1}{k}\right]^{-2} = \left[2 \cdot \lg \frac{3{,}71 \cdot 500}{0{,}2}\right]^{-2} = 0{,}0159$$

oder aus dem Moody-Diagramm (Abb. 19.13) aus dem Bereich entnehmen, der als vollkommen rau gekennzeichnet ist (dort verlaufen die Linien nahezu horizontal).

Verlusthöhe aus örtlich konzentrierten Verlusten und aus dem Reibungsverlust: Die Verlusthöhe ergibt sich aus den Abschn. 19.3.2.3.1 und 19.3.2.3.2 zu $h_{v,1} = \left(\sum \zeta_1 + \lambda_1 \cdot \frac{l_1}{d_1}\right) \cdot \frac{v_1^2}{2 \cdot g}$; aus der Kontinuitätsgleichung (Abschn. 19.3.2.1) folgt $v = \frac{Q \cdot 4}{\pi \cdot d^2}$.

Durch Einsetzen erhält man

$$h_{v,1} = \left(\sum \zeta_1 + \lambda_1 \cdot \frac{l_1}{d_1}\right) \cdot \frac{Q^2 \cdot 4^2}{\pi^2 \cdot d_1^4 \cdot 2 \cdot g}$$

$$= \left(0{,}60 + 0{,}0159 \cdot \frac{200}{0{,}5}\right) \cdot \frac{Q^2 \cdot 4^2}{\pi^2 \cdot 0{,}5^4 \cdot 2 \cdot 9{,}81}$$

$$= Q^2 \cdot 9{,}201$$

Rohrabschnitt 2 Örtlich konzentrierte Verluste: Aufweitung mit einem Winkel $> 30°$, nach Tafel 19.11 unten

$$\zeta_{Aufw} = (1{,}0 \text{ bis } 1{,}2) \cdot \left(1 - \frac{A_2}{A_1}\right)^2 \approx 1{,}1 \cdot \left(1 - \frac{d_2^2}{d_1^2}\right)^2$$

$$= 1{,}1 \cdot \left(1 - \frac{1{,}00^2}{0{,}50^2}\right)^2 = 9{,}9$$

Summe der Verlustbeiwerte für Rohrabschnitt 2

$$\sum \zeta_2 = 9{,}90$$

Reibungsverlust: Aus analogem Vorgehen folgt:

$$\lambda_2 = \left[2 \cdot \lg \frac{3{,}71 \cdot d_2}{k}\right]^{-2} = \left[2 \cdot \lg \frac{3{,}71 \cdot 1000}{0{,}2}\right]^{-2} = 0{,}0137$$

Verlusthöhe aus örtlich konzentrierten Verlusten und aus dem Reibungsverlust

$$h_{v,2} = \left(\sum \zeta_2 + \lambda_2 \cdot \frac{l_2}{d_2}\right) \cdot \frac{Q^2 \cdot 4^2}{\pi^2 \cdot d_2^4 \cdot 2 \cdot g}$$

$$= \left(9{,}9 + 0{,}0137 \cdot \frac{1200}{1{,}00}\right) \cdot \frac{Q^2 \cdot 4^2}{\pi^2 \cdot 1{,}00^4 \cdot 2 \cdot 9{,}81}$$

$$= Q^2 \cdot 2{,}176$$

Rohrabschnitt 3 Örtlich konzentrierte Verluste: Verengung mit einem Winkel > 30°, nach Tafel 19.12

$$\zeta_{\text{Vereng}} = (0{,}4 \text{ bis } 0{,}5) \cdot \left(1 - \frac{A_3}{A_2}\right)^2 \approx 0{,}45 \cdot \left(1 - \frac{d_3^2}{d_2^2}\right)^2$$

$$= 0{,}45 \cdot \left(1 - \frac{0{,}50^2}{1{,}00^2}\right)^2 = 0{,}25$$

$\zeta_{\text{Sc}} = 0{,}09$ Flachschieber (oval) nach Tafel 19.17
$\zeta_{\text{Aus}} = 1{,}00$ Austrittsverlust nach Abschn. 19.3.2.3.10
$\sum \zeta_3 = 1{,}34$ Summe der Verlustbeiwerte für Rohrabschnitt 3

Reibungsverlust: Bei gleichem Rohrdurchmesser und gleicher Rauheit wie Rohrabschnitt 1 gilt

$$\lambda_3 = \lambda_1 = 0{,}0159$$

Verlusthöhe aus örtlich konzentrierten Verlusten und aus dem Reibungsverlust

$$h_{v,3} = \left(\sum \zeta_3 + \lambda_3 \cdot \frac{l_3}{d_3}\right) \cdot \frac{Q^2 \cdot 4^2}{\pi^2 \cdot d_3^4 \cdot 2 \cdot g}$$

$$= \left(1{,}34 + 0{,}0159 \cdot \frac{100}{0{,}50}\right) \cdot \frac{Q^2 \cdot 4^2}{\pi^2 \cdot 0{,}50^4 \cdot 19{,}62}$$

$$= Q^2 \cdot 5{,}976$$

Die Differenz der Behälterwasserstände entspricht der Summe der drei Verlusthöhen:

$$120 - 95 = h_{v,1} + h_{v,2} + h_{v,3}$$

$$25 = Q^2 \cdot (9{,}201 + 2{,}176 + 5{,}976) = Q^2 \cdot 17{,}353$$

$$\rightarrow Q = \sqrt{\frac{25}{17{,}353}} = 1{,}20 \, \text{m}^3/\text{s}$$

Überprüfung der Annahme des vollkommen rauen Reibungsverhaltens Berechnung der Geschwindigkeit, der Reynolds-Zahl und des Widerstandsbeiwerts für den Übergansbereich für die Rohrabschnitte 1 und 3

$$v_1 = v_3 = \frac{Q \cdot 4}{\pi \cdot d_1^2} = \frac{Q \cdot 4}{\pi \cdot 0{,}5^2} = 6{,}11 \, \text{m/s}$$

$$\rightarrow \text{Re}_1 = \text{Re}_3 = \frac{v_1 \cdot d_1}{v} = \frac{6{,}11 \cdot 0{,}50}{1{,}3 \cdot 10^{-6}} = 2{,}35 \cdot 10^6$$

$$\lambda_1 = \lambda_3 = \left[-2 \cdot \lg\left(\frac{2{,}51}{\text{Re}_1 \cdot \sqrt{\lambda_1}} + \frac{k}{3{,}71 \cdot d_1}\right)\right]^{-2}$$

Auf der rechten Seite wird für λ_1 der für den vollkommen rauen Zustand ermittelte Wert eingesetzt. Man erhält so

$$\lambda_1 = \lambda_3$$

$$= \left[-2 \cdot \lg\left(\frac{2{,}51}{2{,}35 \cdot 10^6 \cdot \sqrt{0{,}0159}} + \frac{0{,}2}{3{,}71 \cdot 500}\right)\right]^{-2}$$

$$= 0{,}0161$$

Berechnung der Geschwindigkeit, der Reynolds-Zahl und des Widerstandsbeiwerts für den Übergansbereich für den Rohrabschnitt 2

$$v_2 = \frac{Q \cdot 4}{\pi \cdot d_2^2} = \frac{Q \cdot 4}{\pi \cdot 1{,}0^2} = 1{,}53 \, \text{m/s}$$

$$\rightarrow \text{Re}_2 = \frac{v_2 \cdot d_2}{v} = \frac{1{,}53 \cdot 1{,}00}{1{,}3 \cdot 10^{-6}} = 1{,}18 \cdot 10^6$$

$$\lambda_2 = \left[-2 \cdot \lg\left(\frac{2{,}51}{1{,}18 \cdot 10^6 \cdot \sqrt{0{,}0137}} + \frac{0{,}2}{3{,}71 \cdot 1000}\right)\right]^{-2}$$

$$= 0{,}0146$$

Die einzelnen Verlusthöhen werden mit den neu bestimmten Widerstandsbeiwerten berechnet:

$$h_{v,1} = \left(0{,}60 + 0{,}0161 \cdot \frac{200}{0{,}5}\right) \cdot \frac{Q^2 \cdot 4^2}{\pi^2 \cdot 0{,}5^4 \cdot 2 \cdot 9{,}81}$$

$$= Q^2 \cdot 9{,}307$$

$$h_{v,2} = \left(9{,}9 + 0{,}0146 \cdot \frac{1200}{1{,}00}\right) \cdot \frac{Q^2 \cdot 4^2}{\pi^2 \cdot 1{,}00^4 \cdot 2 \cdot 9{,}81}$$

$$= Q^2 \cdot 2{,}266$$

$$h_{v,3} = \left(1{,}34 + 0{,}0161 \cdot \frac{100}{0{,}50}\right) \cdot \frac{Q^2 \cdot 4^2}{\pi^2 \cdot 0{,}50^4 \cdot 2 \cdot 9{,}81}$$

$$= Q^2 \cdot 6{,}028$$

Damit verändert sich der Durchfluss durch die Rohrleitung nur geringfügig

$$25 = Q^2 \cdot (9{,}307 + 2{,}266 + 6{,}028) = Q^2 \cdot 17{,}601$$

$$\rightarrow Q = \sqrt{\frac{25}{17{,}601}} = 1{,}19 \, \text{m}^3/\text{s}$$

Zu b)

Schnitt 1 Die Energiehöhe im oberen Behälter liegt auf Höhe des Wasserspiegels, da die Geschwindigkeit im Behälter und damit auch die dort vorhandene Geschwindigkeitshöhe vernachlässigbar gering sind. Als Bezugshorizont entsprechend Abb. 19.11 wird das Normalhöhennull (NHN) gewählt. Bis zum Schnitt 1 ergeben sich die mit h_{v1} berücksichtigten Energieverluste. Die Energiehöhe errechnet sich damit zu

$$h_{\text{E},1} = 120 - h_{v1} = 120 - Q^2 \cdot 9{,}307$$

$$= 120 - 1{,}19^2 \cdot 9{,}307 = 106{,}82 \, \text{m NHN}$$

Die Lage der Drucklinie ergibt sich aus der Summe der Druckhöhe und der geodätischen Höhe. Sie liegt um die Geschwindigkeitshöhe unter der Energielinie:

$$h_{\text{D}1} = z_1 = h_{\text{E}1} - \frac{v_1^2}{2 \cdot g} = 106{,}82 - \frac{1{,}19^2 \cdot 4^2}{\pi^2 \cdot 0{,}50^4 \cdot 2 \cdot 9{,}81}$$

$$= 106{,}82 - 1{,}87 = 104{,}95 \, \text{m NHN}$$

19

Schnitt 2 Bis zum Schnitt 2 tritt zusätzlich die Verlusthöhe h_{v2} auf. Die Höhen errechnen sich analog zu

$$h_{E,2} = 106{,}82 - h_{v2} = 106{,}82 - Q^2 \cdot 2{,}266$$
$$= 106{,}82 - 1{,}19^2 \cdot 2{,}266 = 103{,}61 \text{ m NHN}$$

$$h_{D2} + z_2 = 103{,}61 - \frac{v_2^2}{2 \cdot g} = 103{,}61 - \frac{Q^2 \cdot 4^2}{\pi^2 \cdot d_2^4 \cdot 2 \cdot g}$$
$$= 103{,}61 - \frac{1{,}19^2 \cdot 4^2}{\pi^2 \cdot 1{,}00^4 \cdot 19{,}62} = 103{,}61 - 0{,}12$$
$$= 103{,}49 \text{ m NHN}$$

Schnitt 3 Zwischen den Schnitten 2 und 3 treten zusätzlich der Verengungsverlust und der Reibungsverlust auf:

$$h_{E3} = h_{E2} - \left(\zeta_{\text{Vereng}} + \lambda_3 \cdot \frac{l_3}{d_3}\right) \cdot \frac{Q^2 \cdot 4^2}{\pi^2 \cdot d_3^4 \cdot 2 \cdot g}$$
$$= 103{,}61 - \left(0{,}25 + 0{,}0161 \cdot \frac{100}{0{,}50}\right) \cdot \frac{Q^2 \cdot 4^2}{\pi^2 \cdot 0{,}50^4 \cdot 2 \cdot 9{,}81}$$
$$= 97{,}11 \text{ m NHN}$$

Die Summe aus Druckhöhe und geodätischer Höhe berechnet sich durch Abzug der Geschwindigkeitshöhe zu

$$h_{D3} + z_3 = h_{E3} - \frac{Q^2 \cdot 4^2}{\pi^2 \cdot d_3^4 \cdot 2 \cdot g}$$
$$= 97{,}11 - \frac{1{,}19^2 \cdot 4^2}{\pi^2 \cdot 0{,}50^4 \cdot 2 \cdot 9{,}81} = 97{,}11 - 1{,}87$$
$$= 95{,}24 \text{ m NHN}$$

Zu c) Zur Berechnung des Überdrucks muss die Höhe der Rohrachse bekannt sein. Bei hoch liegenden Leitungen kann der Innendruck auch unter den Umgebungsdruck absinken. Dann ist darauf zu achten, dass der absolute Druck deutlich über dem Dampfdruck bleibt, um Kavitation zu vermeiden. Im vorliegenden Fall beträgt die Druckhöhe

$$h_{D3} = 95{,}24 - z_3 = 95{,}24 - 91{,}00 = 4{,}24 \text{ m} = \frac{p_3}{\varrho \cdot g}$$

Der Überdruck in der Leitung errechnet sich mit der Dichte $\varrho = 1000 \text{ kg/m}^3$ und der Fallbeschleunigung zu

$$p_3 = 4{,}24 \cdot \varrho \cdot g = 4{,}24 \cdot 1000 \cdot 9{,}81$$
$$= 41.594 \text{ N/m}^2 = 41{,}6 \text{ kN/m}^2$$

Eine Umrechnung in die für die Rohrauslegung noch übliche Druckeinheit „bar" erfolgt mit der Beziehung 1 bar $= 10^5$ N/m^2 und führt hier zu 0,42 bar.

Bei offenen Gerinnen beginnt man mit einer bekannten Energiehöhe (z. B. an einer Strecke mit stat. gleichförmigem Abfluss, s. Abschn. 19.3.3.2, wo h meist iterativ ermittelt

wird, oder an einer Engstelle mit Fließwechsel, s. Abschn. 19.3.3.1, wo sich h als h_{gr} einstellt) und ermittelt von dort aus bei strömendem Abfluss gegen und bei schießendem Abfluss mit der Fließrichtung die Energieverluste und damit das neue h_E. Die zugehörige Wassertiefe erhält man wieder iterativ. (Geg. $h_E = h + v^2/2g \pm$ Verluste $\Rightarrow$ neues h_E: Abzügl. $v^2/2g =$ neuer Wasserspiegel).

Zu d) Die Berechnung erfolgt entsprechend Abschn. 19.3.2.3.2. Die Fließgeschwindigkeit am Rohreinlauf errechnet sich zu

$$v_e = Q \cdot \frac{4}{\pi \cdot d_e^2} = 1{,}19 \cdot \frac{4}{\pi \cdot 0{,}50^2} = 6{,}06 \text{ m/s.}$$

Je nach günstiger oder ungünstiger Anströmung (Geschwindigkeitsverteilung, Ablösungszonen etc.) des Rohreinlaufs errechnet sich die Mindestüberdeckungshöhe des Rohrscheitels zu

$$s_e = (0{,}5 \text{ bis } 0{,}7) \cdot v_e \cdot d_e^{0{,}5} = (0{,}5 \text{ bis } 0{,}7) \cdot 6{,}06 \cdot 0{,}50^{0{,}5}$$
$$= 2{,}14 \text{ m bis } 3{,}00 \text{ m.}$$

19.3.2.3 Energieverluste

Energieverluste werden als Verlusthöhe $h_v = \zeta \cdot v^2/2g$ in m dargestellt.

19.3.2.3.1 Reibungsverlust

Nach de Chezy ist $v = C\sqrt{r_{hy} \cdot I}$ in m/s, mit $C = \sqrt{8g/\lambda}$ wird nach Weisbach **für Kreisrohre** $h_{vr} = (\lambda \cdot l/d)(v^2/2g)$ in m, $\zeta_r = \lambda \cdot l/d$, λ s. Abb. 19.13.

Fließformel für kreisförmige Rohre im turbulenten Bereich

$$v = \{-2 \lg[2{,}51 \cdot v/(d \cdot \sqrt{2g \cdot I \cdot d}) + k/(3{,}71 \cdot d)]\}$$
$$\cdot \sqrt{2g \cdot I \cdot d} \text{ in m/s}$$

Für integrale und betriebliche Rauheiten, die örtliche Verluste mit berücksichtigen, enthalten die Tafeln 19.7 und 19.8 Anhaltswerte. Reine Rohrrauheit sind in Tafel 19.9 gegeben.

Für nicht kreisförmige Rohre steht statt $d \Rightarrow 4r_{hy} = 4A/l_u$.

Bei Teilfüllung gilt $v_T/v_V = (r_{hyT}/r_{hyV})^{0{,}625}$, v s. Tafel 19.1.

Tafel 19.7 Integrale Rauheiten für Wasserleitungen nach DVGW Arb. Bl. W 302

	k_i in mm
Fern- u. Zubringerleitungen, gestreckte Linienführung, Stahl- oder Gussrohre mit Zementmörtel oder Bitu-Auskleidung oder Spannbeton oder AZ-Rohre	0,1
Hauptleitungen wie vor oder Stahl bzw. Guss-Rohre ohne Ablagerungen	0,4
Neue Netze	1,0

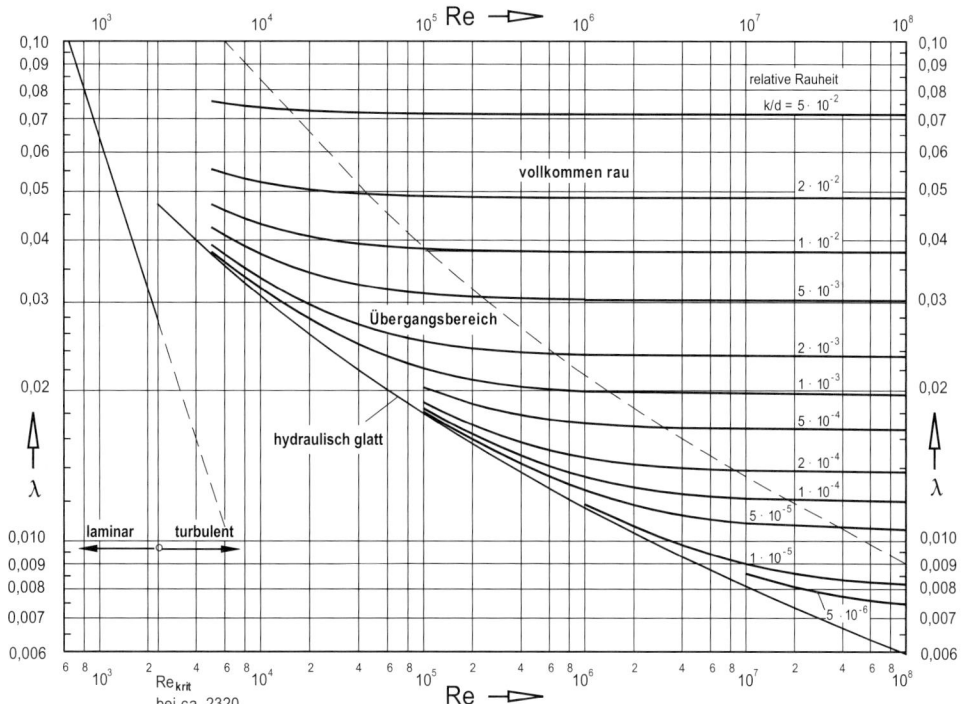

Abb. 19.13 Moody-Diagramm: Widerstandsbeiwerte λ nach Prandtl-Colebrook.

① hydraulisch glatt: $\lambda_0 = \left[2\lg\frac{\mathrm{Re}\cdot\sqrt{\lambda_0}}{2{,}51}\right]^{-2}$,

② rauer Bereich: $\lambda = \left[2\lg\frac{3{,}71\cdot d}{k}\right]^{-2}$,

③ Übergangsbereich: $\lambda = \left[-2\lg\left(\frac{2{,}51}{\mathrm{Re}\cdot\sqrt{\lambda}} + \frac{k}{3{,}71\cdot d}\right)\right]^{-2}$ bzw. $\lambda = \left\{-2\lg\left(\frac{2{,}51\cdot\nu}{\nu\cdot d} \cdot \left[-2\lg\left(\frac{k_b}{d\cdot 3{,}71}\right)\right] + \frac{k_b}{d\cdot 3{,}71}\right)\right\}^{-2}$ und $\mathrm{Re} = \frac{\nu\cdot d}{\nu}$

Tafel 19.8 Pauschal-Werte für die betriebliche Rauheit k_b in mm nach DWA-A110 [2]

k_b	Anwendung für	Bem.
0,25	Drosselstrecken[a], Druckrohrleitungen[a, b], Düker[a] und Reliningstrecken ohne Schächte	Alle DN
0,50	Transportkanäle mit Schächten gem. [c]	Alle DN
0,75	Sammelkanäle und -leitungen gem. [c]	Bis DN 1000
	Dito mit angeformten Schächten gem. [d]	Alle DN
	Transportkanäle gem. [e] bzw. mit angeformten Schächten[d]	Alle DN
1,50	Sammelkanäle und -leitungen gem. [e], Mauerwerkskanäle, Ortbetonkanäle, Kanäle aus nicht genormten Rohren ohne bes. Nachweis der Wandrauheit	Alle DN

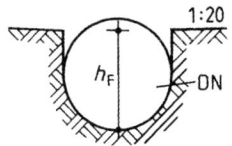

s. ATV-A-241, Abschn. 1.1.5
[a] Ohne Einlauf-, Auslauf und Krümmungsverluste
[b] Ohne Drucknetze
[c] DN $\leq$ 500: h_F = DN; DN > 500: $h_{2Q_t} \leq h_F \geq 500$
[d] Fertigteile, s. DWA-A241 8.1.2.3
[e] h_F ca. $\leq$ DN/2

Tafel 19.9 Rauheiten für verschiedene Rohrwandungen

	k in mm
Gezogene Rohre, Glas, Kupfer, Messing	0,001
Geschweißte Rohre, handelsüblich	0,05 bis 0,2
Mäßig verrostet	0,4
Starke Verkrustung	3,0
Genietete Blechrohre	1,0 bis 9,0
Rohre mit Zementmörtel-Auskleidung geschleudert	0,03 bis 0,4
Angerostete Rohre	0,15 bis 1,0
Stark verkrustete Leitungen	2,0 bis 4,0
Neue PVC- und PE-Rohre	0,002 bis 0,01
Steinzeug-Rohre und Leitungen	0,05 bis 0,16
Holzrohre	0,3 bis 1,0
Schleuderbeton-Rohre	0,1 bis 0,8
Spannbeton-Rohre	0,04 bis 0,25
Holzgeschalte Stollen, gehobelt oder rau	1,0 bis 10,0
Dränrohre aus Ton (DIN 1185-1 bis -5)	0,7
Gewellte Kunststoff-Dränrohre (DIN 1185-1 bis -5)	2,0

19

19.3.2.3.2   Eintrittsverluste $h_v = \zeta \cdot v^2/2g$

Siehe Tafel 19.10.

Um Luft eintragende Einlaufwirbel zu vermeiden, ist die Wasserüberdeckungshöhe s_e des Rohrscheitels am Einlauf nach J. L. Gordon wenigstens mit

$$s_e = (0,5 \text{ bis } 0,7) \cdot v_e \cdot d_e^{0,5}$$

zu wählen, wobei v_e der mittleren Fließgeschwindigkeit und d_e dem Rohrdurchmesser am Einlauf entspricht. Die untere Wert der angegebenen Spanne gilt für günstige und der obere Wert für ungünstige, z. B. asymmetrische Anströmungen des Rohreinlaufs.

19.3.2.3.3   Erweiterungsverluste $h_v = \zeta \cdot v_2^2/2g$

Siehe Tafel 19.11.

19.3.2.3.4   Einschnürungsverluste $h_v = \zeta \cdot v_2^2/2g$

Siehe Tafel 19.12.

19.3.2.3.5   Verlustbeiwerte von Durchflussmessgeräten $h_v = \zeta \cdot v_2^2/2g$

Siehe Tafel 19.13.

Tafel 19.10 Eintrittsverlustbeiwerte ζ

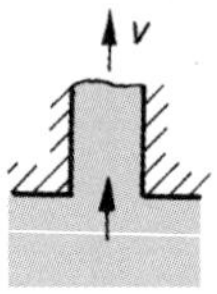

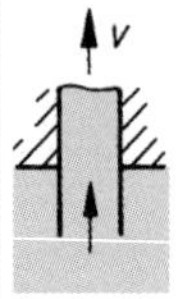

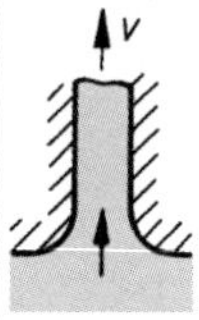

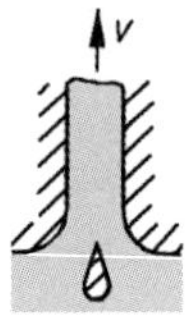

Einlauf-Kante						45°	60°	75°
	Scharf	0,5	1 bis 3	–	–	0,8	0,7	0,6
	Gebrochen	0,25	0,55	0,25	0,06 bis 0,1		–	

Tafel 19.11 Erweiterungsverlustbeiwerte ζ

d_1/d_2	8°	16°	20°	24°	$30° \leq \alpha \leq 90°$
0,5	1,3	2,7	3,6	5,3	9,0 bis 10,8
0,6	0,44	0,95	1,16	1,86	3,16 bis 3,79
0,7	0,15	0,33	0,43	0,64	1,08 bis 1,30
0,8	0,04	0,10	0,13	0,19	0,32 bis 0,38
0,9	0,01	0,02	0,02	0,03	0,06 bis 0,07

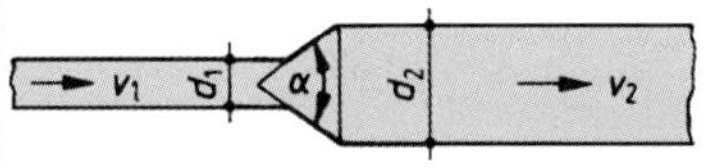

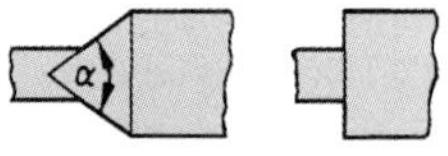

Für $\alpha > 30°$ gilt: $\zeta = (1,0 \text{ bis } 1,2)(1 - A_2/A_1)^2$

Tafel 19.12 Einschnürungsverlustbeiwert ζ

d_2/d_1	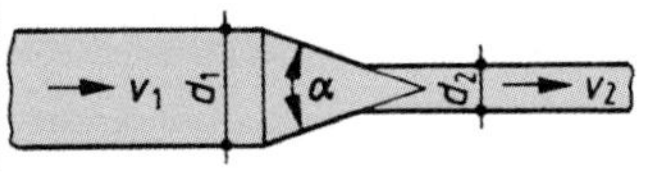 α		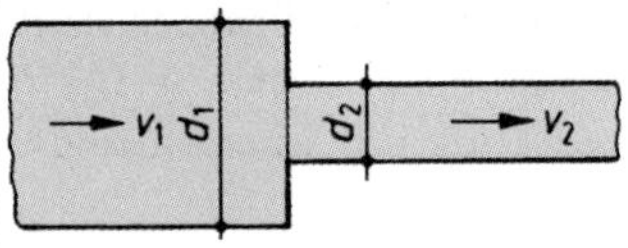
	8°	20°	
0,5	0	0,04	0,23 bis 0,28
0,6			0,16 bis 0,20
0,7			0,10 bis 0,13
0,8			0,05 bis 0,06
0,9			0,01 bis 0,02

allgemein: $\zeta = (0,4 \text{ bis } 0,5)(1 \cdot A_2 = A_1)^2$

Tafel 19.13 Verlustbeiwerte ζ bei Durchflussmessgeräten

d_1/d_2	Kurzventurirohr	Normblende
	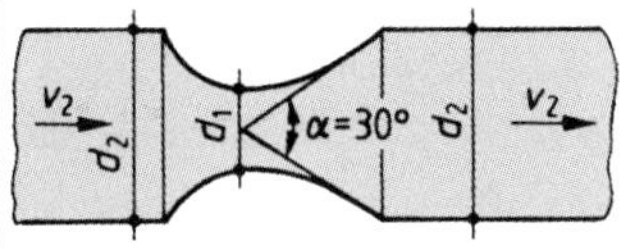	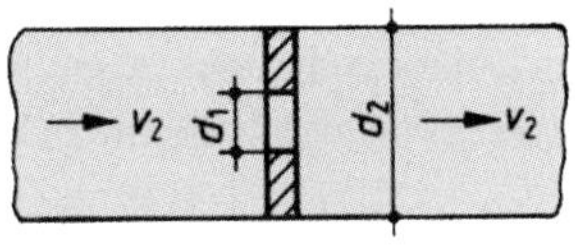
0,3	21	300
0,4	6	85
0,5	2	30
0,6	0,7	12
0,7	0,3	4,5
0,8	0,2	2

Normale Wasserzähler $\zeta \approx 10$

Tafel 19.14 Verlustbeiwerte ζ bei Rohrkrümmern

Im Krümmer wirkt zusätzlich der Reibungsverlust		Re $= 2 \cdot 10^5$, $\alpha = 90°$ hydraulisch		Re $> 2 \cdot 10^5$, $15° < \beta \le 180°$ und $1 < r/d \le 10$ nach [5]
		Glatt	Rau	
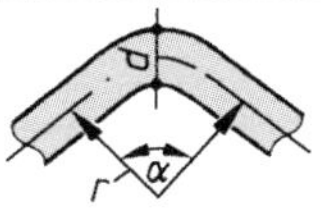	1	0,21	0,51	$\zeta = \left(0{,}051 + 0{,}12 \cdot \dfrac{d}{r}\right) \cdot \left(\dfrac{\alpha}{60°}\right)^{0{,}7}$
	2	0,14	0,30	
	4	0,10	0,23	
	6	0,08	0,17	
	10	0,10	0,19	

Tafel 19.15 Verlustbeiwerte ζ bei Kreisrohrkniestücken

Im Kniestück wirkt zusätzlich der Reibungsverlust				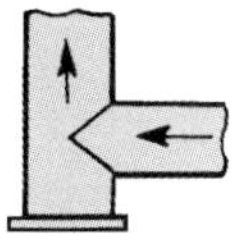	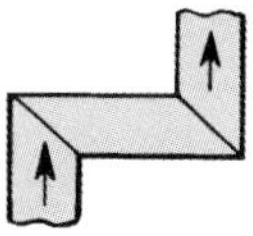	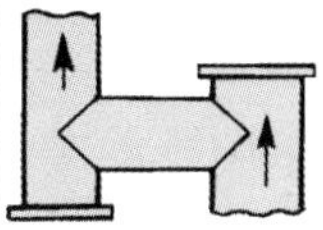
		Glatt	Rau			
α	15°	0,04	0,06	2,5	3,0	5
	22,5°	0,07	0,10			
	30°	0,10	0,15			
	45°	0,24	0,32			
	60°	0,45	0,55			
	90°	1,20	1,24			

19.3.2.3.6 Kreisrohrkrümmerverluste

$$h_v = \left(\zeta + \frac{\lambda \cdot l}{d}\right) \cdot v^2/2g$$

Für einfache Krümmer gelten die Anhaltswerte in Tafel 19.14. Bei zusammengesetzten Krümmern und Rohrbogen wird der ζ-Wert des einfachen Krümmers

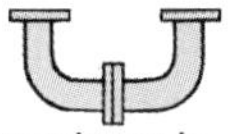 verdoppelt	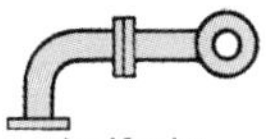 verdreifacht	 vervierfacht

Dehnungsausgleicher		ζ
Wellrohrausgleicher	Mit Leitrohr	0,3
	Ohne Leitrohr	2,0
Glattrohr-Lyrabogen		0,6 bis 0,8
Faltenrohr-Lyrabogen		1,3 bis 1,6
Wellrohr-Lyrabogen		3,2 bis 4,0

19.3.2.3.7 Kreisrohrkniestückverluste

$$h_v = \left(\zeta + \frac{\lambda \cdot l}{d}\right) \cdot v^2/2g$$

Siehe Tafel 19.15.

19.3.2.3.8 Stromtrennungs- und -vereinigungsverluste

Siehe Tafel 19.16.

Alle Durchmesser sind gleich

$$h_{va} = \zeta_a \cdot v^2/2g; \qquad h_{vd} = \zeta_d \cdot v^2/2g;$$
$$Q = Q_a + Q_d; \qquad v = Q/\left(\pi d^2/4\right)$$

19.3.2.3.9 Armaturenverluste $h_v = \zeta \cdot v^2/2g$

Siehe Tafeln 19.17, 19.18 und 19.19.

v gilt für den vollen Rohrquerschnitt (Nennweite DN)

Klappe, vollgeöffnet $\zeta = 0{,}2$ bis $0{,}5$

19

Tafel 19.16 Verlustbeiwerte ζ bei Stromtrennung und -vereinigung (Berechnung nach Gardel [5])

Q_a/Q	Stromtrennung				Stromvereinigung				Q_d/Q
	Verzweigungswinkel α				Verzweigungswinkel α				
	90°		45°		90°		45°		
	ζ_a	ζ_d	ζ_a	ζ_d	ζ_a	ζ_d	ζ_a	ζ_d	
0	0,95	0,03	0,95	0,03	−0,92	0,03	−0,92	0,03	1
0,2	0,78	0,00	0,68	0,00	−0,39	0,20	−0,42	0,16	0,8
0,4	0,70	0,02	0,49	0,02	0,06	0,31	−0,04	0,16	0,6
0,6	0,72	0,08	0,39	0,08	0,44	0,39	0,20	0,03	0,4
0,8	0,83	0,19	0,37	0,19	0,75	0,42	0,31	−0,22	0,2
1	1,04	0,35	0,43	0,35	0,98	0,40	0,29	−0,59	0

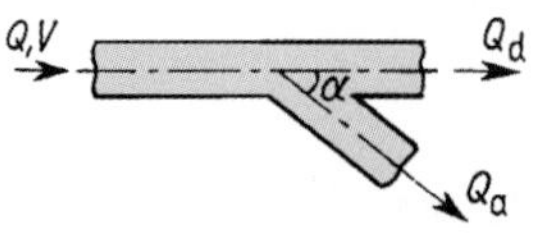

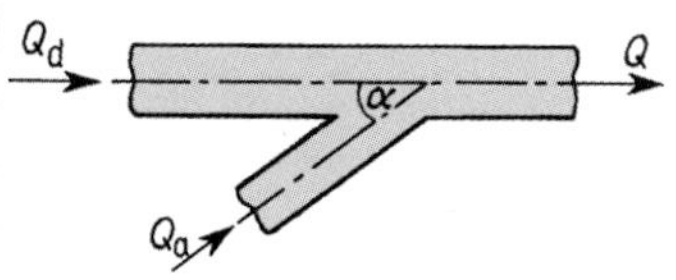

Die Durchdringungskanten sind mit $d/20$ ausgerundet.

Tafel 19.17 Verlustbeiwerte ζ für Stahl-, Oval- und Flachschieber

Nennweite DN	50	100	200	300	400	500	600 bis 1200
Stahlschieber nach Stradtmann	0,45	0,60					
Ovalschieber aus Guss (VAG)	–	0,2	0,15	0,12	0,10	0,09	0,08
Flachschieber aus Guss (VAG)	–	0,11	0,08	0,07	0,06	0,05	0,045

Tafel 19.18 Rückschlagklappen aus Guss, ohne Hebel und Gewicht nach VAG. Mit Hebel und Gewicht steigen die Werte auf ein Mehrfaches

DN		50	200	300	500	600	700	800	1000	1200
ζ bei	$v = 1\,\text{m/s}$	3,05	2,95	2,90	2,85	2,70	2,55	2,40	2,30	2,25
	$v = 2\,\text{m/s}$	1,35	1,30	1,20	1,15	1,05	0,95	0,85	0,80	0,75
	$v = 3\,\text{m/s}$	0,86	0,76	0,71	0,66	0,61	0,54	0,46	0,41	0,36

Tafel 19.19 Verlustbeiwert für Drosseln d = Durchmesser der Anschlussstutzen

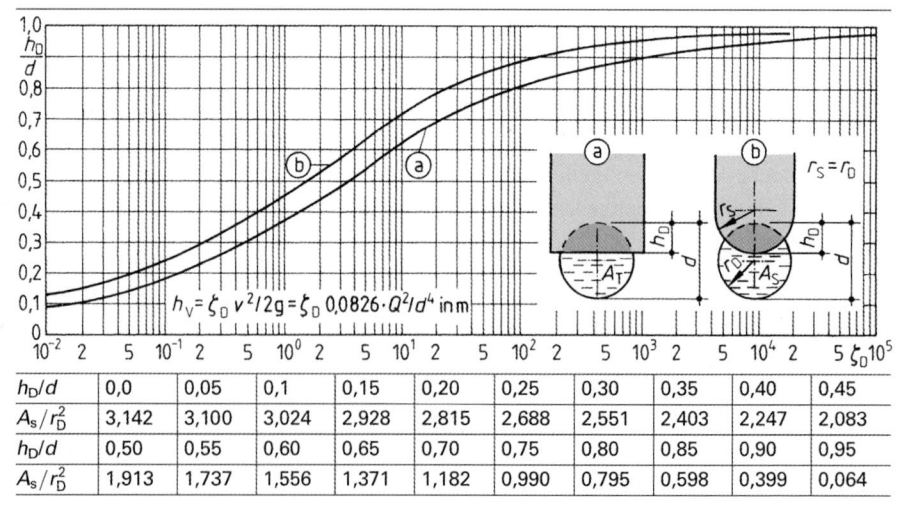

$$h_v = \zeta_D \, v^2/2g = \zeta_D \, 0{,}0826 \cdot Q^2/d^4 \text{ in m}$$

h_D/d	0,0	0,05	0,1	0,15	0,20	0,25	0,30	0,35	0,40	0,45
A_s/r_D^2	3,142	3,100	3,024	2,928	2,815	2,688	2,551	2,403	2,247	2,083
h_D/d	0,50	0,55	0,60	0,65	0,70	0,75	0,80	0,85	0,90	0,95
A_s/r_D^2	1,913	1,737	1,556	1,371	1,182	0,990	0,795	0,598	0,399	0,064

Ringschieber $\zeta = 0{,}75$ bis 2
Kegelstrahlschieber $\zeta = 0{,}38$ bis 0,50
Fußventile mit Saugkorb $\zeta = 1{,}1$ bis 2,5 je nach Bauart.

Abb. 19.14 Bemessung von Kreisprofilen mit voller Füllung für die Rauheiten $k = 0{,}25$ mm; 0,5 mm; 0,75 mm; 1,5 mm. Nach DVGW-Arb.-bl. W 302 und DWA-Arb.-bl. A 110 werden örtl. konzentrierte Verluste durch erhöhte Rauheit berücksichtigt ($k = k_\mathrm{i}$ bzw. $k = k_\mathrm{b}$)

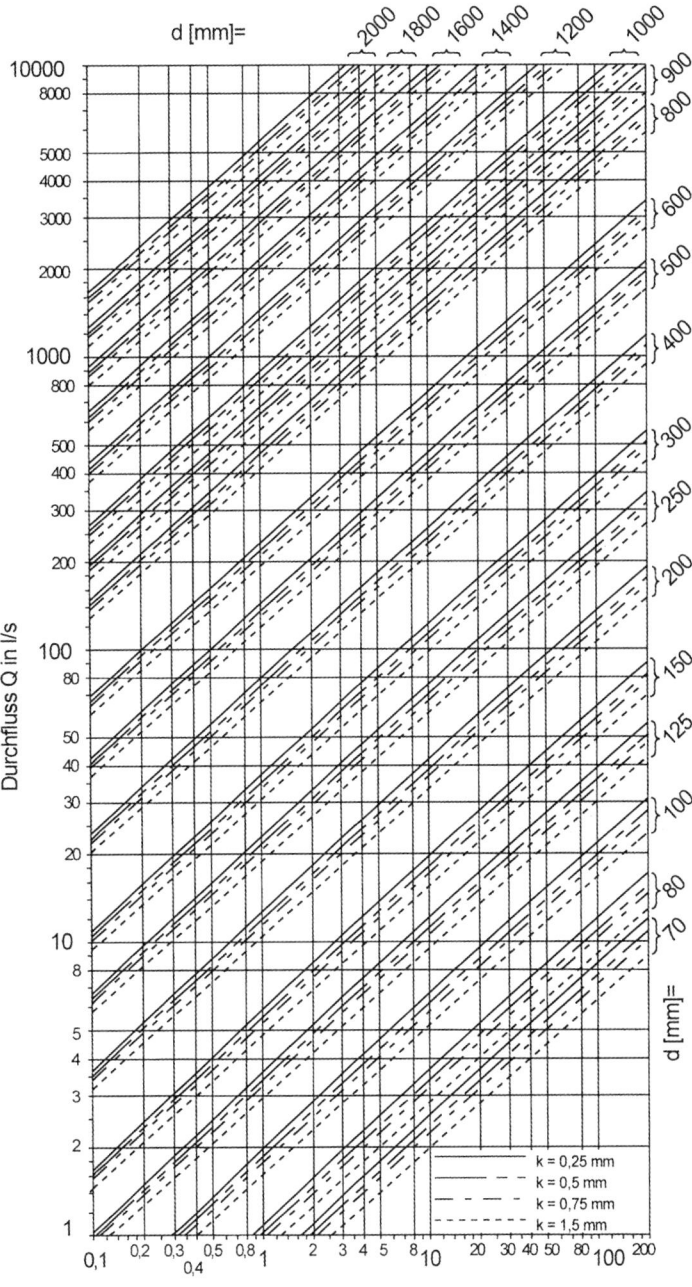

19.3.2.3.10 Austrittsverluste $h_\mathrm{v} = \zeta \cdot v^2/2g$

Austritt in ein großes Becken $\zeta = 1{,}0$. Beim Austritt in ein weiterführendes größeres Gerinne wird ζ wie ein Erweiterungsverlust berechnet. Beim Austritt ins Freie ist $\zeta = 0$, die Energielinie liegt $v^2/2g$ über der Rohrachse; so kommt z. B. beim Auftreffen auf eine Platte $v^2/2g$ voll zur Wirkung.

19.3.2.4 Tafeln zur Rohrleitungsberechnung nach Prandtl-Colebrook

Bei der hydraulischen Berechnung von Wasserversorgungs- und Abwasserkanalnetzen berücksichtigt man nur die Rei-

bungsverluste. Man benutzt Tafelwerke, z. B. von Lautrich für Rohre mit Innendurchmesser = Nennweite, auch von den Steinzeug- oder Betonrohrverbänden bzw., bei anderen Lichtweiten als die Nennweite, spezielle Tabellen für z. B. Kunststoffrohre oder duktile Gussrohre mit und ohne Zementmörtelauskleidung. Für gelegentliche Berechnungen genügen die Abb. 19.14 und 19.15. Sie gelten für den Übergangsbereich mit

$$Q = d^2\pi/4\{-2\lg[2{,}51v/(d \cdot \sqrt{2g \cdot I \cdot d}) + k/(3{,}71 \cdot d)]\} \cdot \sqrt{2g \cdot I \cdot d} \quad \text{in m}^3/\text{s}$$

Abb. 19.15 Bemessung von Kreisprofilen mit voller Füllung für die Rauheiten $k = 0,1$ mm; $0,4$ mm; $1,0$ mm. Nach DVGW-Arb.-bl. W 302 und DWA-Arb.-bl. A 110 werden örtl. konzentrierte Verluste durch erhöhte Rauheit berücksichtigt ($k = k_i$ bzw. $k = k_b$)

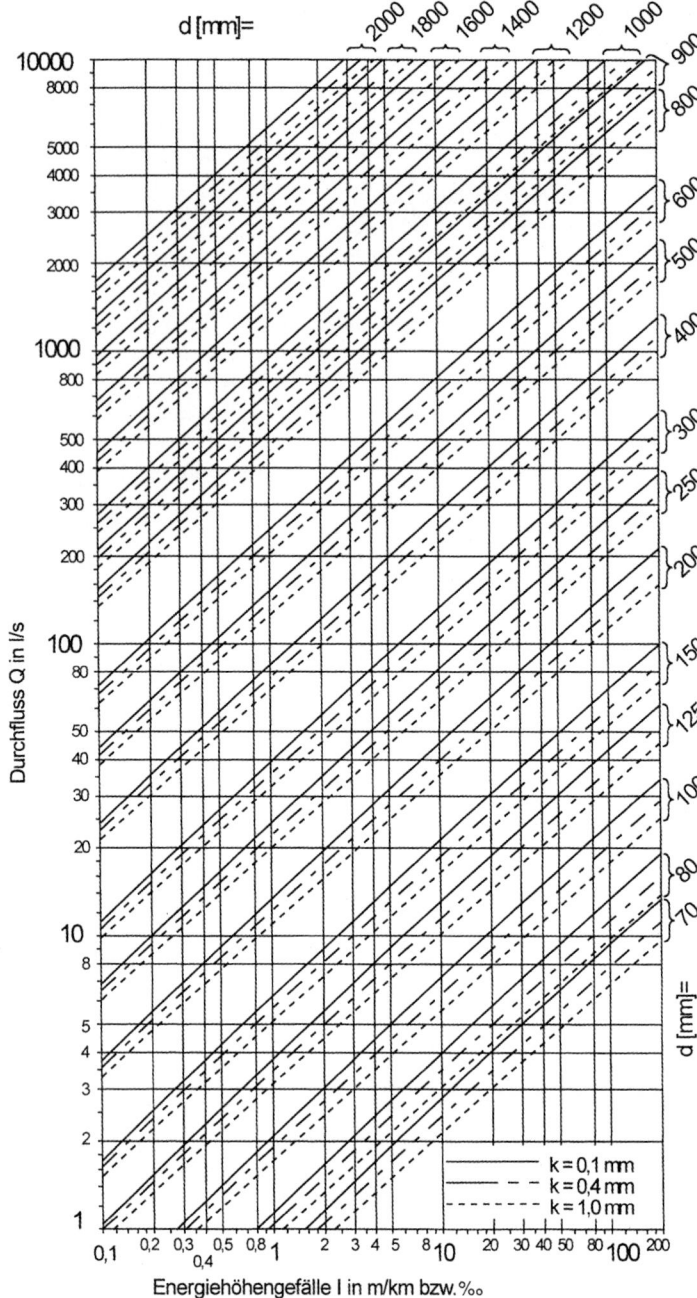

mit $v_{Ta} = 1,31 \cdot 10^{-6}$ m²/s; Gefälle I dimensionslos, k und d in m einsetzen; bei abweichendem v gilt mit Index Ta $\Rightarrow$ Tafel, mit den Werten aus den Tafeln 19.20, 19.21 und 19.22.

$$v = v_{Ta}(v/v_{Ta}); \quad Q = Q_{Ta}(v/v_{Ta}); \quad I = I_{Ta}(v/v_{Ta})^2;$$
bzw. $v_{Ta} = v(v_{Ta}/v)$ usw.

Durchfluss und Geschwindigkeiten von Eiprofilen mit $b : h = 2 : 3$ und Maulprofilen mit $b : h = 2 : 1,5$ nach DIN 4263 (4.91) können aus den Kreistafelwerten mit b als

Durchmesser wie folgt umgerechnet werden.

$$Q_{Ei} = 1,602\, Q_{Kreis}; \qquad v_{Ei} = 1,096\, v_{Kreis};$$
$$Q_{Maul} = 0,683\, Q_{Kreis}; \qquad v_{Maul} = 0,902\, v_{Kreis}$$

Teilfüllung – Füllungskurven Berechnung der rel. Füllhöhen mit

$$\frac{Q_T}{Q_v} = \frac{A_T}{A_v}\left(\frac{R_T}{R_v}\right)^{5/8} \quad \text{bzw.} \quad \frac{v_T}{v_v} = \left(\frac{R_T}{R_v}\right)^{5/8}$$

(Indizes für Teil- und Vollfüllung).

Tafel 19.20 Teilfüllung in Rohren mit Kreisprofil

Q_T/Q_v	h/d	V_T/V_v	Q_T/Q_v	h/d	V_T/V_v	Q_T/Q_v	h/d	V_T/V_v	Q_T/Q_v	h/d	V_T/V_v	Q_T/Q_v	h/d	V_T/V_v	Q_T/Q_v	h/d	V_T/V_v
0,001	0,023	0,17	0,060	0,163	0,57	0,17	0,276	0,76	0,44	0,464	0,97	0,74	0,643	1,09
0,002	0,032	0,21	0,065	0,170	0,58	0,18	0,285	0,77	0,46	0,476	0,98	0,76	0,655	1,10
0,004	0,044	0,26	0,070	0,176	0,59	0,19	0,293	0,78	0,48	0,488	0,99	0,78	0,667	1,10
0,006	0,053	0,29	0,075	0,182	0,60	0,20	0,301	0,79	0,50	0,500	1,00	0,80	0,680	1,11
0,008	0,061	0,32	0,080	0,188	0,61	0,22	0,316	0,81	0,52	0,512	1,01	0,82	0,693	1,11
0,010	0,068	0,34	0,085	0,194	0,62	0,24	0,331	0,83	0,54	0,524	1,02	0,84	0,706	1,11
0,015	0,083	0,38	0,090	0,200	0,63	0,26	0,346	0,85	0,56	0,536	1,03	0,86	0,719	1,12
0,020	0,085	0,41	0,095	0,205	0,64	0,28	0,360	0,86	0,58	0,547	1,04	0,88	0,733	1,12
0,025	0,106	0,44	0,100	0,211	0,65	0,30	0,374	0,88	0,60	0,559	1,04	0,90	0,747	1,12
0,030	0,116	0,46	0,110	0,221	0,67	0,32	0,387	0,89	0,62	0,571	1,05	0,92	0,761	1,13
0,035	0,125	0,48	0,120	0,231	0,69	0,34	0,401	0,91	0,64	0,583	1,06	0 94	0,776	1,13
0,040	0,134	0,50	0,130	0,241	0,70	0,36	0,414	0,92	0,66	0,595	1,07	0,96	0,792	1,13
0,045	0,141	0,52	0,140	0,250	0,72	0,38	0,426	0,93	0,68	0,607	1,07	0,98	0,809	1,13
0,050	0,149	0,54	0,150	0,259	0,73	0,40	0,439	0,95	0,70	0,619	1,08	1,00	0,827	1,13
0,055	0,156	0,55	0,160	0,268	0,74	0,42	0,451	0,96	0,72	0,631	1,08			

Beispiel 1 Ei 500/700, $Q_v = 480\,l/s$; $k_b = 0{,}25$; ges. I erf u. v: $Q_{Kr} = Q_{Ei}/1{,}602 = 480/1{,}602 = 300\,l/s$
$\rightarrow$ Tafel 22 DN 500 $I_{erf} = 4{,}15\,\%_0$, $v_{Kr} = 1{,}52\,m/s$
$\rightarrow v_{Ei} = 1{,}096\,v_{Kr} = 1{,}67\,m/s$; Teilfüllung bei 144 l/s: $Q_T/Q_v = 144/480 = 0{,}3$
$\rightarrow$ Tafel 19.21; $h/H = 0{,}41$
$\rightarrow h_T = 0{,}41 \cdot 0{,}70 = 0{,}29\,m$, $v_T/v_v = 0{,}89$, $v_T = 0{,}89 \cdot 1{,}67 = 1{,}49\,m/s$

Tafel 19.21 Teilfüllung in Rohren mit Eiprofil: $b : H = 2 : 3 = d : 1{,}5\,d$ Form s. Abschn. 20.2.3

Q_T/Q_v	h/H	V_T/V_v	Q_T/Q_v	h/H	V_T/V_v	Q_T/Q_v	h/H	V_T/V_v	Q_T/Q_v	h/H	V_T/V_v	Q_T/Q_v	h/H	V_T/V_v
0,001	0,023	0,20	0,060	0,177	0,61	0,17	0,306	0,78	0,44	0,511	0,96	0,74	0,693	1,07
0,002	0,032	0,24	0,065	0,185	0,62	0,18	0,315	0,79	0,46	0,524	0,97	0,76	0,705	1,07
0,004	0,044	0,30	0,070	0,192	0,63	0,19	0,324	0,80	0,48	0,536	0,98	0,78	0,717	1,08
0,006	0,054	0,33	0,075	0,199	0,64	0,20	0,333	0,81	0,50	0,549	0,99	0,80	0,729	1,08
0,006	0.062	0,36	0,080	0,206	0,65	0,22	0,350	0,83	0,52	0,562	1,00	0,82	0,741	1,09
0,010	0,070	0,38	0,085	0,212	0,66	0,24	0,367	0,84	0,54	0,574	1,01	0,84	0,753	1,09
0,015	0,086	0,43	0,090	0,219	0,67	0,26	0,383	0,86	0,56	0,586	1,01	0,86	0,766	1,09
0,020	0,100	0,46	0,095	0,225	0,68	0,28	0,399	0,87	0,58	0,598	1,02	0,88	0,779	1,10
0,025	0,112	0,49	0,100	0,231	0,69	0,30	0,414	0,89	0,60	0,610	1,03	0,90	0,792	1,10
0,030	0,123	0,51	0,110	0,243	0,70	0,32	0,428	0,90	0,62	0,622	1,03	0,92	0,805	1,10
0,035	0,134	0,53	0,120	0,255	0,72	0,34	0,443	0,91	0,64	0,634	1,04	0,94	0,819	1,11
0,040	0,143	0,55	0,130	0,265	0,73	0,36	0,457	0,92	0,66	0,546	1,05	0,96	0834	1,11
0,045	0,152	0,57	0,140	0,276	0,75	0,38	0,470	0,93	0,68	0,858	1,05	0,98	0,850	1,11
0050	0,161	0,58	0,150	0,286	0,76	0,40	0,484	0,94	0,70	0,670	1,06	1,00	0,867	1,11
0055	0,169	0,60	0,160	0,296	0,77	0,42	0,498	0,95	0,72	0,682	1,06			

Die Teilfüllungskurven werden nach A110 [2] bei $Q_T/Q_V = 1{,}0$ abgebrochen, um die Gefahr des „Vollschlagens" zu berücksichtigen. h senkrecht zur Rohrachse.

Über den Internet-Service Online Plus des Verlags ist das Programm HydroDim von M. Kluge zugänglich, welches eine genauere Berechnung unterschiedlichster Querschnittsformen auch mit Trockenwetterrinnen ermöglicht. Die ausführlich gestaltete Hilfe beschreibt die notwendigen Eingaben. Neben den Feldern für die Dimension, Rauheit,

Zähigkeit und Dichte erlauben Vario-Felder die Vorgabe von zwei Werten (z. B. Durchfluss und Gefälle oder Fließgeschwindigkeit und Wassertiefe). Falls mehr als zwei Werte vorgegeben sind, fordert das Programm zum Löschen der überzähligen Werte auf. Das Ablagerungsverhalten wird auf der Basis der Untersuchungen von Macke ermittelt, welche auch die Grundlage für die Angaben in DWA A 110 [2] bilden. Bei geringer Überströmung seitlicher Bermen erfolgt die Berechnung als gegliederter Querschnitt.

19

Tafel 19.22 Teilfüllung in Rohren mit Maulprofil: $b : H = 2 : 1{,}5 = d : 0.75\,d$

$Q_\mathrm{T}/Q_\mathrm{v}$	h/H	$V_\mathrm{T}/V_\mathrm{v}$	$Q_\mathrm{T}/Q_\mathrm{v}$	h/H	$V_\mathrm{T}/V_\mathrm{v}$	$Q_\mathrm{T}/Q_\mathrm{v}$	h/H	$V_\mathrm{T}/V_\mathrm{v}$	$Q_\mathrm{T}/Q_\mathrm{v}$	h/H	$V_\mathrm{T}/V_\mathrm{v}$	$Q_\mathrm{T}/Q_\mathrm{v}$	h/H	$V_\mathrm{T}/V_\mathrm{v}$
0,001	0,021	0,15	0,060	0,149	0,52	0,17	0,251	0,72	0,44	0,428	0,96	0,74	0,611	1,09
0,002	0,030	0,19	0,065	0,155	0,53	0,18	0,257	0,74	0,46	0,440	0,97	0,76	0,824	1,10
0,004	0,041	0,23	0,070	0,150	0,55	0,19	0,265	0,75	0,48	0,452	0,98	0,78	0,637	1,10
0,006	0,050	0,26	0,075	0,186	0,56	0,20	0,272	0,76	0,50	0,464	0,99	0,80	0,550	1,11
0,008	0,057	0,28	0,080	0,171	0,57	0,22	0,287	0,78	0,52	0,477	1,00	0,82	0,564	1,11
0,010	0,064	0,30	0,085	0,176	0,58	0,24	0,300	0,80	0,54	0,489	1,01	0,84	0,677	1,12
0,015	0,077	0,24	0,090	0,181	0,59	0,26	0,314	0,82	0,56	0,501	1,02	0,86	0,691	1,12
0,020	0,088	0,37	0,095	0,186	0,60	0,28	0,328	0,84	0,58	0,513	1,03	0,88	0,706	1,12
0,025	0,098	0,40	0,100	0,191	0,61	0,30	0,341	0,86	0,60	0,525	1,04	0,90	0,721	1,13
0,030	0,107	0,42	0,110	0,200	0,63	0,32	0,353	0,88	0,62	0,537	1,05	0,92	0,736	1,13
0,035	0,115	0,44	0,120	0,209	0,55	0,34	0,366	0,89	0,64	0,549	1,06	0,94	0,752	1,13
0,040	0,123	0,46	0,130	0,218	0,67	0,36	0,379	0,91	0,66	0,561	1,06	0,96	0,769	1,13
0,045	0,130	0,47	0,140	0,226	0,68	0,38	0,391	0,92	0,68	0,574	1,07	0,98	0,787	1,13
0,050	0,136	0,49	0,150	0,234	0,70	0,40	0,404	0,93,	0,70	0,586	1,08	1,00	0,807	1,13
0,055	0,143	0,51	0,160	0,242	0,71	0,42	0,416	0,95	0,72	0,598	1,08			

19.3.3 Stationärer Abfluss in offenen Gerinnen

Alle Betrachtungen gelten für einen zeitlich konstanten Abfluss $\mathrm{d}Q/\mathrm{d}t = 0$. Der Fließzustand wird durch die dimensionslose Froude-Zahl charakterisiert:

allgemein: $\qquad$ $\mathrm{Fr} = v/\sqrt{g \cdot A/b}$ $\qquad$ (19.9)

Rechteckquerschnitt: $\qquad$ $\mathrm{Fr} = v/\sqrt{g \cdot h}$

A Fließquerschnitt
b Spiegelbreite

19.3.3.1 Fließzustand und theoretische Grenztiefe

Man unterscheidet

a) **Wasserbewegung strömend** $v < v_\mathrm{gr};\ h > h_\mathrm{gr};\ \mathrm{Fr} < 1$
Alle störenden Einflüsse (Wehre, Verschlechterung der Rauheit k_st, geringeres Gefälle $\Rightarrow$ Staukurven: Abstürze, Verbesserung der Rauheit k_st, größeres Gefälle $\Rightarrow$ Senkungskurven) pflanzen sich gegen die Strömung (nach oberhalb) fort.
Größere Energiehöhe über der Gerinnesohle $H = h + v^2/2g$ ergibt eine größere Wassertiefe. Man rechnet von einer bekannten Energiehöhe ausgehend gegen die Strömungsrichtung. Nach DIN 4044: $H = h_\mathrm{E}$.

b) **Wasserbewegung schießend** $v > v_\mathrm{gr};\ h < h_\mathrm{gr};\ \mathrm{Fr} > 1$
Störungen pflanzen sich in Strömungsrichtung fort. Eine Abnahme der Energiehöhe ergibt eine größere Wassertiefe. Man rechnet in Strömungsrichtung.

c) **Fließwechsel** $h = h_\mathrm{gr};\ \mathrm{Fr} = 1$
Die Energiehöhe wird ein Minimum: $H = H_\mathrm{min}$; für geb. H wird $Q = Q_\mathrm{gr} = Q_\mathrm{max}$. Ein Fließwechsel tritt immer dort auf, wo sich die Energiehöhe frei einstellen kann (z. B. Absturzkanten ohne Rückstau), oder an Einschnürungen, wenn H_min für die am weitesten unterhalb liegende Engstelle eine höhere Lage der Energiehöhe ergibt als sie im nichteingeschnürten Querschnitt unterhalb vorhanden ist.

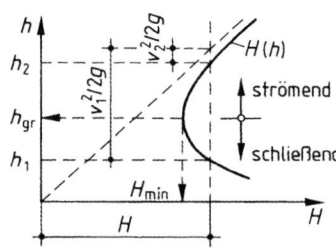

Abb. 19.16 H-Linie für $Q = \mathrm{const}$

Extremalprinzip Allgemein gilt mit $b = $ Spiegelbreite

$$Q_\mathrm{gr} = \sqrt{\frac{A^3 \cdot g}{\alpha \cdot b}} \qquad (19.10)$$

$$v_\mathrm{gr} = \sqrt{\frac{A \cdot g}{\alpha \cdot b}} \qquad (19.11)$$

$\alpha \geq 1$ berücksichtigt die Geschwindigkeitsverteilung. In allen offenen regelmäßigen Gerinnen ist $\alpha = 1{,}0$ bis $1{,}1$.

Es wird $Q_\mathrm{max} = Q_\mathrm{gr} \cdot \sqrt{1/\alpha}$. Im Folgenden wird $\alpha = 1{,}0$ gesetzt. In beliebig geformten Querschnitten ermittelt man h_gr für ein gegebenes Q, indem man entweder die Gleichung $H = h + Q^2/(A^2 \cdot 2g)$ für verschiedene Höhen h graphisch auswertet (s. Abb. 19.16 H-Linie), und h_gr bei H_min abgreift oder in (19.10) h variiert, bis $Q_\mathrm{gr} = Q$ gegeben (Zielwertsuche).

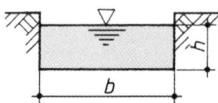

Abb. 19.17 Rechteck

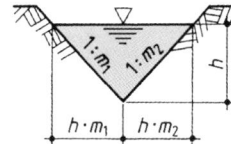

Abb. 19.18 Dreieck

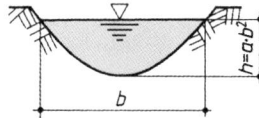

Abb. 19.19 Parabel

Grenztiefe und Abfluss Q_{max} für geometrisch geformte Querschnitte Rechteck (siehe Abb. 19.17):

$$h_{gr} = \sqrt[3]{Q^2/(b^2 \cdot g)}; \quad H_{min} = 3/2 h_{gr}$$

$$v_{gr} = \sqrt{g \cdot h_{gr}};$$

$$Q_{gr} = 1{,}705 b \cdot H_{min}^{1,5}$$

Dreieck (siehe Abb. 19.18):

$$h_{gr} = \sqrt[5]{\frac{2Q^2}{g \cdot m^2}}; \quad H_{min} = 5/4 h_{gr};$$

$$v_{gr} = \sqrt{g \cdot h_{gr}/2}$$

$$Q_{gr} = 1{,}268\, m \cdot H_{min}^{2,5}; \quad m = 0{,}5\,(m_1 + m_2)$$

Parabel (siehe Abb. 19.19):

$$h_{gr} = \sqrt[4]{\frac{27a \cdot Q^2}{8g}}; \quad H_{min} = 4/3 h_{gr};$$

$$v_{gr} = \sqrt{2g \cdot h_{gr}/3}; \quad a = h/b^2$$

$$Q_{gr} = 1{,}705 h_{gr}^2 / \sqrt{a}; \quad \alpha = 4ah$$

Für Kreis- und Trapezquerschnitte lassen sich die Extremwerte H_{min} und Q_{gr} nicht explizit angeben. Lösungshilfen bieten die Tafeln 19.23 und 19.24.

a) Für gegebenes Q ermittelt man mit den Querschnittswerten s und m bzw. d den Wert von β. Damit gilt Tafel 19.23: $h_{gr} = d \cdot \eta$ und $H_{min} = d\varrho$. Tafel 19.24 gibt $H_{min} = \eta \cdot s/m$ und $h_{gr} = H_{min} \cdot \varrho$.

b) Für gegebenes h_{gr} gibt η beim Kreis sofort ϱ und β, d. h. H_{min} und Q_{gr}. Beim Trapezprofil führen (19.10) und (19.11) von der Vorseite schneller zum Ziel. $H_{min} = h_{gr} + v_{gr}^2/2g$.

Tafel 19.23 h_{gr}, H_{min}, Q_{gr} für Kreisprofile; $\eta = h_{gr}/d$; $\varrho = H_{min}/d$; $\beta = Q_{gr}/d^{2,5}$

η	ϱ	$\Delta\varrho$	β	$\Delta\beta$
0,01	0,0133		0,00034	
0,02	0,0267	0,0134	0,00136	0,00102
0,03	0,0401	0,0134	0,00305	0,00169
0,04	0,0534	0,0133	0,00541	0,00236
0,05	0,0668	0,0134	0,00840	0,00299
0,06	0,0803	0,0135	0,01213	0,00373
0,08	0,1071	0,0268	0,02147	0,00934
0,10	0,1341	0,0270	0,03340	0,01193
0,12	0,1611	0,0270	0,04790	0,01450
0,14	0,1882	0,0271	0,06500	0,01710
0,16	0,2153	0,0271	0,0845	0,0195
0,20	0,2699	0,0546	0,1310	0,0465
0,25	0,3386	0,0687	0,2025	0,0715
0,30	0,4081	0,0695	0,2886	0,0861
0,35	0,4784	0,0703	0,3888	0,1002
0,40	0,5497	0,0713	0,5028	0,1140
0,50	0,6963	0,1466	0,7708	0,2680
0,60	0,8511	0,1548	1,0921	0,3213
0,70	1,0204	0,1693	1,4722	0,3801
0,80	1,2210	0,2006	1,9358	0,4636
0,85	1,3482	0,1272	2,2245	0,2887
0,90	1,5204	0,1722	2,5976	0,3731
0,95	1,8341	0,3137	3,2099	0,6123
0,97	2,1109	0,2768	3,6835	0,4736
0,98	2,3758	0,2649	4,0905	0,4070
0,99	2,9600	0,5843	4,8746	0,7841
0,995	3,7771	0,8171	5,7992	0,9246
0,996	4,1054	0,3283	6,1319	0,3327

c) Für gegebenes $H_{min}/d = \varrho$ geben η und β beim Kreis h_{gr} und $Q_{gr} = \beta d^{2,5}$, während beim Trapez $\eta = m \cdot H_{min}/s$ zu $h_{gr} = \varrho \cdot H_{min}$ und $Q_{gr} = \beta s(s/m)^{1,5}/0{,}2258$ führt.

Kreis (siehe Abb. 19.20):

Im Folgenden ist $\vartheta \cong \vartheta_{gr}$;

$$h \cong h_{gr} = d \cdot \sin^2(\vartheta/4); \quad b = d \cdot \sin(\vartheta/2);$$

$$\vartheta = 4 \arcsin \sqrt{h/d}; \quad A = (\text{arc } \vartheta - \sin \vartheta) d^2/8;$$

$$l_u = (\text{arc } \vartheta)\, d/2;$$

$$Q_{gr} = 0{,}1384(\text{arc } \vartheta - \sin \vartheta)^{1,5} \cdot d^{2,5}/[\sin(\vartheta/2)]^{0,5};$$

$$v_{gr} = (g \cdot A/b)^{0,5};$$

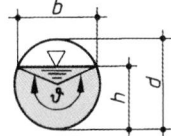

Abb. 19.20 Kreis

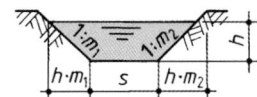

Abb. 19.21 Trapez

Tafel 19.24 h_gr, H_min, Q_gr im Trapezprofil nach Flierl; $\eta = m \cdot H_\mathrm{min}/s$; $\varrho = h_\mathrm{gr}/H_\mathrm{min}$; $\beta = 0{,}2258\,Q_\mathrm{gr}/[s(s/m)^{1,5}]$

η	ϱ	$\Delta\varrho$	β	$\Delta\beta$
0,00	0,6667		Rechteck	
0,05	0,6738	0,0071	0,0044	0,0044
0,075	0,6771	0,0033	0,0083	0,0039
0,10	0,6802	0,0031	0,0130	0,0047
0,15	0,6862	0,0060	0,0246	0,0116
0,20	0,6916	0,0054	0,0391	0,0145
0,25	0,6967	0,0051	0,0563	0,0172
0,30	0,7013	0,0046	0,0762	0,0199
0,40	0,7095	0,0082	0,1242	0,0480
0,50	0,7165	0,0070	0,1832	0,0590
0,60	0,7226	0,0061	0,2536	0,0704
0,70	0,7279	0,0053	0,3357	0,0821
0,80	0,7325	0,0046	0,4299	0,0942
0,90	0,7367	0,0042	0,5368	0,1069
1,00	0,7403	0,0036	0,6566	0,1198
1,10	0,7436	0,0033	0,7897	0,1331
1,20	0,7465	0,0029	0,9367	0,1470
1,30	0,7492	0,0027	1,0978	0,1611
1,40	0,7516	0,0024	1,2735	0,1757
1,70	0,7576	0,0060	1,8916	0,6181
2,0	0,7623	0,0047	2,6539	0,7623
2,5	0,7683	0,0068	4,2697	1,6158
3,0	0,7726	0,0043	6,3516	2,0819
3,5	0,7759	0,0033	8,9364	2,5848
4,0	0,7785	0,0026	12,0587	3,1223
5,0	0,7823	0,0038	20,0434	7,9847
6,0	0,7849	0,0026	30,5458	10,5024
8,0	0,7884	0,0035	59,9640	29,4182
10,0	0,7906	0,0022	101,8891	41,9251
12,5	0,7924	0,0018	173,9998	72,1107
15,0	0,7936	0,0012	270,2824	96,2826
17,0	0,7945	0,0009	392,9637	122,6813
20,0	0,7952	0,0007	544,0964	151,1327
⋮	⋮		⋮	
∞	0,8000		∞ (Dreieck)	

mit Excel gibt $4 \cdot \arcsin((h_\mathrm{gr}/d)^{0,5})$ sofort $\mathrm{arc}\,\vartheta \,\hat{=}\, \vartheta$;

$$H_\mathrm{min} = h_\mathrm{gr} + 0{,}5A/b$$
$$= h_\mathrm{gr} + d(\mathrm{arc}\,\vartheta - \sin\vartheta)/[16\sin(\vartheta/2)]$$

Trapez (siehe Abb. 19.21):

$$m = 0{,}5\,(m_1 + m_2); \quad A = s \cdot h + m \cdot h^2;$$

$$l_\mathrm{u} \simeq s + 2h\sqrt{1 + m^2}$$

$$H_\mathrm{min} = \frac{5m \cdot h_\mathrm{gr} + 3s}{4m \cdot h_\mathrm{gr} + 2s} \cdot h_\mathrm{gr};$$

$$Q_\mathrm{gr} = \sqrt{9{,}81 \cdot h_\mathrm{gr}^3 \cdot \frac{(m \cdot h_\mathrm{gr} + s)^3}{2m \cdot h_\mathrm{gr} + s}}$$

$$v_\mathrm{gr} = \sqrt{g \cdot h_\mathrm{gr}} \cdot \sqrt{\frac{m \cdot h_\mathrm{gr} + s}{2m \cdot h_\mathrm{gr} + s}}$$

Alternativ: h_gr als veränderbare Größe bei Excel – Zielwertsuche mit vorgegebenem $Q \,\hat{=}\, Q_\mathrm{gr}$ als Zielwert.

19.3.3.2 Stationär gleichförmiger Abfluss, Fließformel, s. auch Abschn. 19.3.2.2

Kriterien (siehe Abb. 19.22)

$$\mathrm{d}v/\mathrm{d}s = 0; \quad \mathrm{d.\,h.}\ v_1 = v_2;$$

$$h_1 = h_2 = h_\mathrm{n}; \quad I_\mathrm{s} = I_\mathrm{w} = I_\mathrm{E}$$

19.3.3.2.1 Fließformel nach Gauckler-Manning-Strickler

$$Q = A \cdot v \quad \text{in m}^3/\text{s} \tag{19.12}$$

$$v = k_\mathrm{St} \cdot r_\mathrm{hy}^{2/3} \cdot I_\mathrm{E}^{1/2} \quad \text{in m/s} \tag{19.13}$$

$$r_\mathrm{hy} = A/l_\mathrm{u} \quad (R = A/U) \tag{19.14}$$

$$I_\mathrm{s} = \Delta z/\Delta x = \tan\varepsilon \tag{19.15}$$

Bei Gefällen $> 20\,\%$ mit $I_\mathrm{s} = \sin\varepsilon$ rechnen. Rauheitsbeiwerte k_St enthält Tafel 19.25.

Für kompakte Profile mit unterschiedlichen Rauheiten ermittelt man eine **Durchschnittsrauheit $k_\mathrm{St\,m}$ nach Einstein**

$$k_\mathrm{St\,m} = \left[\sum_{(i)} \frac{l_\mathrm{u\,i}}{l_\mathrm{u\,ges} \cdot k_\mathrm{St\,i}^{1,5}}\right]^{-2/3} \quad \text{in m}^{1/3}/\text{s} \tag{19.16}$$

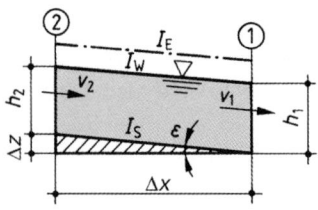

Abb. 19.22 Stationär gleichförmiger Abfluss

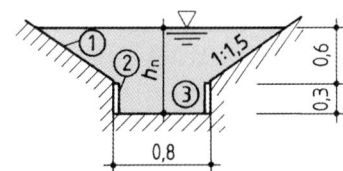

Abb. 19.23 Querprofil mit unterschiedlichen Rauheiten

Beispiel

Gegeben Profil s. Abb. 19.23; $I_s = 1\,‰$

① Rasen; $k_{St\,1} = 40$;

② Bongossiwand, $k_{St\,2} = 25$;

③ Kiessohle, $k_{St\,3} = 35$

Lösung

$$l_{u\,1} = 2 \cdot 0{,}6 \cdot \sqrt{1 + 1{,}5^2} = 2{,}16; \quad l_{u2} = 2 \cdot 0{,}3;$$

$$l_{u3} = 0{,}8; \quad l_{u\,ges} = 3{,}56\,\mathrm{m}$$

$$k_{St\,m} = \left[\frac{2{,}16}{3{,}56 \cdot 40^{1{,}5}} + \frac{0{,}6}{3{,}56 \cdot 25^{1{,}5}} + \frac{0{,}8}{3{,}56 \cdot 35^{1{,}5}} \right]^{-2/3}$$

$$= 35$$

$$A = 0{,}8(0{,}3 + 0{,}6) + 1{,}5 \cdot 0{,}6^2 = 1{,}26\,\mathrm{m}^2;$$

$$l_{u\,ges} = 3{,}56\,\mathrm{m}; \quad r_{hy} = 1{,}26/3{,}56 = 0{,}354\,\mathrm{m}$$

Abfluss:

$$Q = A \cdot v = 1{,}26 \cdot 35 \cdot 0{,}354^{2/3} \cdot 0{,}001^{1/2}$$

$$= 1{,}26 \cdot 0{,}554 = 0{,}698\,\mathrm{m}^3/\mathrm{s}$$

Stark gegliederte Profile werden in unabhängige Einzelquerschnitte aufgeteilt In der Regel wird die Trennfläche nur für den Flussschlauch zum Umfang gerechnet (d. h. $l_{u\,2,3} = 0$). Für $l_{u\,1,5}$ wird das k_{St} des Mittelwasserbettes (hier $k_{St\,1,2}$ bis $k_{St\,1,4}$) angesetzt.

$$Q = Q_1 + Q_2$$

$$= A_1 \cdot k_{St\,1} \cdot r_{hy\,1}^{2/3} \cdot I_1^{1/2} + A_2 \cdot k_{St\,2} \cdot r_{hy\,2}^{2/3} \cdot I_2^{1/2} \quad (19.17)$$

19.3.3.2.2 Fließformel nach dem universellen Fließgesetz

In zunehmendem Maße gewinnt heute, auch unter dem Aspekt verstärkten EDV-Einsatzes, dieses Rechenverfahren an Bedeutung [1, 5].

Tafel 19.25 Rauheitsbeiwert k_{St} (nach Strickler in $\mathrm{m}^{1/3}/\mathrm{s}$)

Art des Gerinnes	Wandbeschaffenheit	k_{St}
Natürliche Flussbetten	Feste, regelmäßige Sohle	40
	Mäßig Geschiebe oder verkrautet	15 bis 35
	Stark geschiebeführend	20 bis 30
Bewachsenes Vorland	Buschwerk bis Rasen	15 bis 25
Wildbäche	Grobes Geröll (kopfgroße Steine) in Ruhe	25 bis 28
	Grobes Geröll in Bewegung	19 bis 22
Erdkanäle	Fester Sand mit etwas Ton oder Schotter	50
	Sohle Sand u. Kies, Böschungen gepflastert	45 bis 50
	Grobkies etwa 50/100/150 mm	35
	Scholliger Lehm	30
	Sand, Lehm oder Kies, stark bewachsen	20 bis 25
Gemauerte Kanäle	Ziegelmauerwerk, auch Klinker, gut gefugt	75
	Mauerwerk normal	60
	Grobes Bruchsteinmauerwerk und Pflaster	50
Betonkanäle	Stahlschalung oder Zementglattstrich	90 bis 95
	Holzschalung, ohne Verputz	65 bis 70
	Alter Beton, saubere Flächen	60
	Ungleichmäßige Betonflächen	50
Einzelne Wandformen	Buschreihen parallel zur Strömung	25 bis 30
	Bongossi-Flechtzäune	25
	Stahlspundwände (nur grober Anhaltswert)	30 bis 50
	Wellblechwände (Armco-Thyssen)	50 bis 55

$k_{St} = 82/k_b^{1/6}$ in $\mathrm{m}^{1/3}/\mathrm{s}$; $k_b = 3{,}1 \cdot 10^{11}/k_{St}^6$ in mm
(*unterschiedliche Dimensionen beachten*)

An die Stelle von (19.12) tritt auf der Grundlage der Gleichung nach Darcy-Weisbach (19.18)

$$v_m = \sqrt{\frac{8 \cdot g \cdot r_{hy} \cdot I_E}{\lambda_w + \lambda_p}} \quad \text{in m/s} \quad (19.18)$$

mit dem Widerstandsbeiwert

$$\lambda_w = 1/\left[2{,}343 - 2 \lg\left(k_s/r_{hy} \right) \right]^2 \quad (19.19)$$

hierin ist die Kornrauheit nach [1]

$$k_s = d_{90} \quad \text{in m} \quad (19.20)$$

Abb. 19.24 Gegliedertes Profil

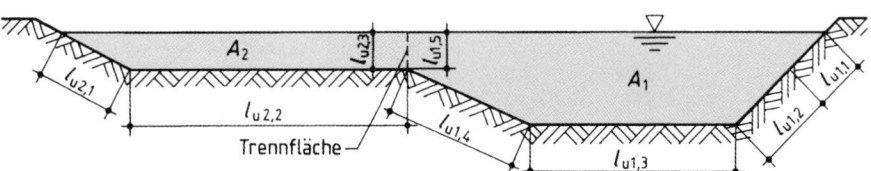

Tafel 19.26 Einzelrauheiten k_s nach dem universellen Fließgesetz in m

Bereich	Material	Einzelrauheit k_s
Hauptgerinne	Sand schlammig	0,015 bis 0,03
	Feinkies	0,035 bis 0,05
	Sand mit größeren Steinen	0,07 bis 0,11
	Kies	≈ 0,08
	Grobkies bis Schotter	0,06 bis 0,20
	Schwere Steinschüttung	0,20 bis 0,30
	Sohlpflasterung	0,03 bis 0,05
	Grobe Steine und Fels	0,50 bis 0,70
	Fels	≈ 0,8
Vorland	Asphalt	0,003
	Rasen	0,06
	Steinschütt. 80/450 mit Gras	0,3
	Gras	0,10 bis 0,35
	Gras und Stauden	0,13 bis 0,40
	Rasengittersteine	0,015 bis 0,03
	Ackerboden	0,02 bis 0,25
	Acker mit Kulturen	0,25 bis 0,8
	Waldboden	0,16 bis 0,32

Tafel 19.27 Fließgewässerrauheit k_s in m

Beschaffenheit	k_s
Ohne Unregelmäßigkeiten	0,05 bis 0,25
Mit Unregelmäßigkeiten in der Sohle	0,15 bis 0,35
Feste Sohle und Unregelmäßigkeiten in Sohle und Böschung	0,30 bis 0,70
Entwässerungsgräben und Bäche	0,10 bis 0,35

Die Gerinnesohlenunebenheit wird grob berücksichtigt nach Kamphuis und van Rijn durch

$$k_s = 2,5 \text{ bis } 3,0 d_{90} \quad \text{in m} \quad (19.21)$$

Die Tafel 19.27 bietet Erfahrungswerte für die Fließgewässerrauheit.

Eine genaue Bestimmung des Rauheitsmaßes erreicht man durch die Bestimmung der Riffeloder Dünenentwicklung (Transportkörper). Ihre Höhe wird als Formrauheit zusätzlich zur Kornrauheit angesetzt.

Kompakte Querschnitte ohne Großbewuchs Als kompakte Querschnitte werden Fließquerschnitte dann bezeichnet, wenn aufgrund der Querschnittsform nur eine mittlere Fließgeschwindigkeit anzusetzen ist. Das Gegenstück dazu

bildet der gegliederte Querschnitt, für den über den Vorländern andere Geschwindigkeiten als im Hauptgerinne angesetzt werden.

Gleiche Rauheit in kompakten Querschnitten Bei gleicher Rauheit wird nach Berechnung der geometrischen Parameter A, l_u und r_{hy} zunächst der Widerstandsbeiwert für die Sohle bzw. Wandung λ_w aus (19.19) und anschließend die mittlere Fließgeschwindigkeit v_m aus (19.18) bestimmt. Der Widerstandsbeiwert für den Großbewuchs λ_P wird für Querschnitte ohne Großbewuchs mit 0 angesetzt. Der Abfluss Q errechnet sich aus (19.12).

Unterschiedliche Rauheiten in kompakten Querschnitten Für kompakte Querschnitte wird auch bei unterschiedlichen Rauheiten beispielsweise für Böschungen und die Sohle (Abb. 19.25) nur eine querschnittsgemittelte Fließgeschwindigkeit angesetzt. Einer Annahme von Einstein (1934) und Horton (1933) [5] folgend wird der Gesamtquerschnitt in Teilflächen untergliedert, welche jeweils die gleiche mittlere Fließgeschwindigkeit v bei gleichem Energieliniengefälle I_E aufweisen.

Der in Abb. 19.25 dargestellte Fall führt beispielsweise zu drei Teilquerschnitten und für die mittlere Geschwindigkeit gilt $v_{Bö,li} = v_{So} = v_{Bö,re}$ für gleiches I_E. Die Grenzen zwischen den Teilquerschnitten verlaufen orthogonal zu den Isotachen (Linien gleicher Fließgeschwindigkeit).

Berechnungsablauf für das universelle Fließgesetz Der Gesamtwiderstandsbeiwert ergibt sich aus dem Ansatz

$$l_{u,ges} \cdot \lambda_{ges} = \sum (l_{u,i} \cdot \lambda_i). \quad (19.22)$$

Die Bestimmung des Widerstandsbeiwertes λ_i für jeden Teilquerschnitt i gestaltet sich schwierig, weil der hierzu benötigte Quotient $k_i / r_{hy,i}$ sich nur auf den hydraulischen Radius des Teilquerschnitts beziehen darf. Letzterer lässt sich noch nicht ermitteln, da die Größe A_i des Teilquerschnitts zunächst unbekannt ist. Erst aus der Annahme einer mittleren Fließgeschwindigkeit lässt sich iterativ ein Wert für den hydraulische Radius $r_{hy,i}$ ermitteln. Durch Umstellung der Gleichungen für den Rauheitsbeiwert und die mittlere Fließgeschwindigkeit erhält man:

$$r_{hy,i} = \frac{v^2 \cdot \lambda}{8 \cdot g \cdot I_E} = \frac{v^2}{8 \cdot g \cdot I_E \cdot \left[2,343 - 2 \cdot \log\left(\frac{k_i}{r_{hy,i}}\right)\right]^2}. \quad (19.23)$$

Abb. 19.25 Kompakter Querschnitt mit unterschiedlichen Rauheiten

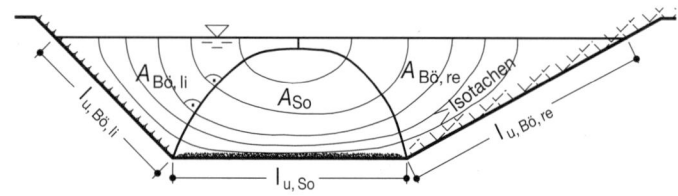

Die Flächen der Teilquerschnitte lassen sich aus den Produkten $A_i = r_{hy,i} l_{u,i}$ bestimmen. Die Summe dieser Teilflächen muss dem (bekannten) Fließquerschnitt des Gewässers entsprechen. Dies wird aufgrund der zunächst ungenau angenommenen Fließgeschwindigkeit nicht der Fall sein. Deshalb sind anschließend die Annahme der Fließgeschwindigkeit und alle anderen Rechenschritte iterativ zu verbessern, bis eine hinreichende Übereinstimmung der Summe der Teilflächen mit dem gesamten Fließquerschnitt erreicht ist:

$$\sum A_i = \sum \left(r_{hy,i} \cdot l_{u,i} \right) = A. \quad (19.24)$$

Um die Anzahl der notwendigen Verbesserungsschritte einzuschränken, wird folgender Berechnungsablauf vorgeschlagen:

a) Eine möglichst sinnvolle Annahme der mittleren Geschwindigkeit basiert auf folgender gewichteten Mittelung der vorliegenden Rauheiten:

$$k_{s,m} = \left(\frac{\sum k_{s,i}^{0,4} \cdot l_{u,i}}{\sum l_{u,i}} \right)^{1/0,4} = \left(\frac{\sum k_{s,i}^{0,4} \cdot l_{u,i}}{\sum l_{u,i}} \right)^{2,5}, \quad (19.25)$$

z. B. für den in Bild dargestellten Fall erhält man

$$k_{s,m} = \left(\frac{k_{s,Bö,li}^{0,4} \cdot l_{u,Bö,li} + k_{s,So}^{0,4} \cdot l_{u,So} + k_{s,Bö,re}^{0,4} \cdot l_{u,Bö,re}}{l_{u,Bö,li} + l_{u,So} + l_{u,Bö,re}} \right)^{2,5}.$$

Die erste Annahme v_a für die mittlere Fließgeschwindigkeit erhält man mit (19.23) zu

$$v_a = \sqrt{8 \cdot g \cdot r_{hy} \cdot I_E} \cdot \left[2{,}343 - 2 \cdot \log \left(\frac{k_{s,m}}{r_{hy}} \right) \right]$$

mit:

$$r_{hy} = \left(\frac{A}{\sum (l_{u,i})} \right).$$

b) Es schließt sich die iterative Ermittlung der hydraulischen Radien der Teilquerschnitte mit der umgestellten (19.23) an:

$$r_{hy,i,r} = \frac{v_a^2}{8 \cdot g \cdot I_E \cdot \left[2{,}343 - 2 \cdot \log \left(\frac{k_{s,i}}{r_{ht,i,a}} \right) \right]^2},$$

wobei als erste Annahme nach Indlekofer [7]

$$r_{hy,i,a} = \frac{k_{s,i}^{1/4}}{\sum k_{s,i}^{1/4} \cdot l_{u,i}} \cdot A \quad (19.26)$$

oder der hydraulische Radius des Gesamtquerschnitts angesetzt werden kann.

Bei größeren Differenzen ($>3\%$) zwischen dem angenommenen und dem rechnerischen Wert $r_{hy,i,r} - r_{hy,i,a}$ wird eine Verbesserung vorgenommen.

c) Die eingangs getroffene Annahme der mittleren Geschwindigkeit wird aufgrund des Flächenvergleichs überprüft und falls notwendig korrigiert:
- Die Geschwindigkeitsannahme kann beispielsweise mit dem Ansatz

$$v_{a,neu} = \left[\frac{2 \cdot A}{\sum \left(l_{u,i} \cdot r_{hy,i} \right)} + 1 \right] \cdot \frac{v_{a,alt}}{3}$$

verbessert werden.
- Ist die Bedingung für eine vorausgesetzte Genauigkeit erfüllt, z. B.

$$\frac{|v_{a,alt} - v_{a,neu}|}{v_{a,neu}} < \text{zulässige Toleranz}$$

kann der Abfluss entsprechend d) ermittelt werden. Als Toleranz können bei Berechnungen von Hand etwa 5 % und bei Programmanwendung 1 % zugelassen werden, da mit dem vorgeschlagenen Verbesserungsschritt eine gute Näherung an das Endergebnis erzielt wird. Andernfalls wiederholt sich der Berechnungsgang mit der neuen Annahme für die Geschwindigkeit v_a, neu ab Schritt b) mit der iterativen Ermittlung der hydraulischen Radien, wobei als erste Annahme für $r_{hy,i,a}$ das Ergebnis des vorhergehenden Rechengangs herangezogen wird.

d) Der Abfluss ergibt sich zu $Q = A \cdot v_{a, neu}$.
Bei Anwendung vorstehender Ansätze ist eine Wiederholung der Rechnung mit der neuen Annahme für die Geschwindigkeit allenfalls einmal erforderlich.

19.3.3.2.3 Fließgewässer mit Großbewuchs

Gerade hinsichtlich der Berücksichtigung von Bewuchs hat das universelle Fließgesetz gegenüber dem Reibungsansatz von Manning-Strickler Vorteile hinsichtlich der Übereinstimmung von Messdaten mit Berechnungsergebnissen sowie der Übertragbarkeit auf verschiedene Größenordnungen und Bewuchsverhältnisse gezeigt. Aus diesem Grunde werden nachfolgend nur die Berechnungsansätze für Bewuchs beschrieben, die in Verbindung mit dem universellen Fließgesetz Anwendung finden.

Bezüglich der Durch- oder Überströmung werden drei Arten von Bewuchs unterschieden:
- Kleinbewuchs: wird vornehmlich überströmt und rechnerisch durch die Rauheit ausgedrückt (z. B. Gras und Stauden). Die Höhe des Bewuchses h_p ist wesentlich geringer als die Wassertiefe $h (h_p \ll h)$.
- Mittelbewuchs: wird sowohl durch- als auch überströmt. Hierzu gibt es erst Ansätze, mit denen die Schubspannung an einzelnen Bewuchselementen (z. B. Wasserpflanzen) bestimmt werden können. Für die Fließgewässerberechnung ist zu prüfen, ob sich beispielsweise bei einem

Abb. 19.26 Berücksichtigung
des Einflusses von Bewuchs

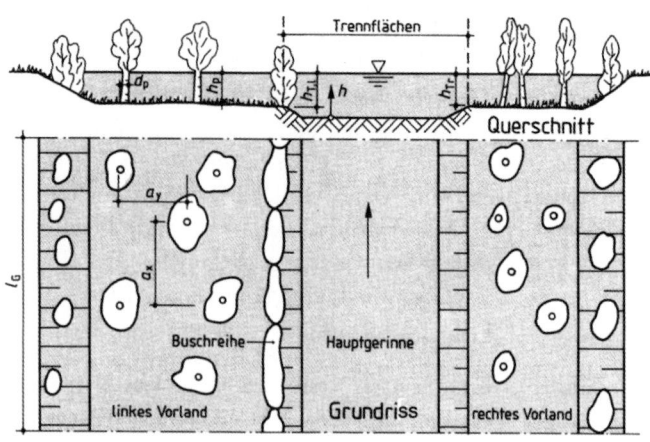

Hochwasserabfluss der Bewuchs weitgehend gelegt hat und wie eine entsprechend hohe Rauheit behandelt wird oder ob bei vornehmlicher Durchströmung die nachfolgenden Ansätze des Großbewuchses zu verwenden sind. Neuere Ansätze zur Bewuchssteifigkeit werden in Turbulenzmodellen verwendet.

• Großbewuchs: wird ausschließlich durchströmt ($h_p \geq h$). Die zugehörigen Berechnungsansätze setzen weitgehend starre Strömungshindernisse voraus und berücksichtigen die in Abb. 19.26 enthaltenen geometrischen Größen:

a_x Abstand der Bewuchselemente in Fließrichtung

a_y Abstand der Bewuchselemente quer zur Fließrichtung

d_P Durchmesser der Bewuchselemente

h_P eingestaute Höhe der Bewuchselemente, die sich für den Querschnittsteil i mit dem anteiligen Fließquerschnitt A_i und dem Anteil an der Spiegelbreite $b_{Sp,i}$ gegebenenfalls als mittlere Höhe mit dem Ansatz $h_{P,m,i} = \frac{A_i}{b_{Sp,i}}$ ergibt.

Mit den Bezeichnungen aus Abb. 19.26 und dem Querneigungswinkel α des betrachteten Querschnittsteils ergibt sich der Widerstandsbeiwert λ_P für den Großbewuchs zu

$$\lambda_P = c_w \cdot 4 \cdot \frac{h_{P,m} \cdot d_P}{a_x \cdot a_y} \cdot \cos\alpha. \qquad (19.27)$$

Dieses Verfahren wird in [20] in einem Zahlenbeispiel für Querschnittsanteile mit Großbewuchs angewendet.

Die **Widerstandszahl** c_{wi} wird angenähert **zu 1,5** angenommen [1].

In **kompakten Querschnitten** mit längslaufendem Bewuchs wird für l_{uB} bei λ ein $k_s = 0,4$ bis $1,0$ m eingesetzt.

Kompakte Querschnitte mit Großbewuchs Nach dem DVWK-Merkblatt 220 [1] wird der sohlenbezogene Widerstandsbeiwert λ_{So} bzw. λ_w auf der Basis eines sohlenbezogenen hydraulischen Radius $r_{hy,So}$ ermittelt. Dabei wird der bewuchsbestandene Fließquerschnittsbereich in einen sohlen- und einen bewuchsbezogenen Anteil in ähnlicher Weise gegliedert, wie dies bei einem kompakten Querschnitt mit unterschiedlichen Rauheiten erfolgt. Da zunächst sowohl

die Geschwindigkeit v als auch der hydraulische Radius $r_{hy,So}$ unbekannt sind, ist die Bestimmung nur iterativ möglich. Folgender Lösungsweg wird vorgeschlagen:

a) Der Widerstandsbeiwert des Bewuchses λ_P wird mit (19.22) berechnet.

b) Für den sohlenbezogenen hydraulischen Radius wird zunächst die Annahme $r_{hy,So,a} = r_{hy}$ als hydraulischer Radius des bewuchsbestandenen Querschnittsteils getroffen.

c) Der sohlenbezogene Widerstandsbeiwert λ_{So} bzw. λ_w und die Geschwindigkeit v werden mit $r_{ht,So,a}$ unter Verwendung von (19.18) und (19.19) abgeschätzt.

d) Der sohlenbezogene hydraulische Radius wird mit folgendem Ansatz berechnet:

$$r_{hy,So,r} = \frac{v^2 \cdot \lambda_{So}}{8 \cdot g \cdot I_E}. \qquad (19.28)$$

e) Der angenommene hydraulische Radius $r_{hy,So,a}$ wird z. B. mit dem Ansatz

$$r_{hy,So,a,neu} = \frac{\left(r_{hy,So,a,alt} + 6 \cdot r_{hy,So,r}\right)}{7}$$

verbessert und der Rechengang ab Schritt c) wiederholt, bis eine ausreichende Übereinstimmung von geschätztem und berechnetem Wert für den hydraulischen Radius $r_{hy,So}$ bzw. keine wesentliche Veränderung der in Schritt c) ermittelten Fließgeschwindigkeit v gegeben sind. Den Abfluss erhält man dann mit $Q = v \cdot A$.

Überschlägige Ermittlungen der Geschwindigkeit aus dem Quotienten $v/\sqrt{I_E}$ sind mit den in Abb. 19.27 wiedergegebenen Diagrammen möglich. Schumacher [17] empfiehlt allerdings, auch bei bewuchsbestandenen Querschnitten bzw. Teilquerschnitten zur Berechnung von λ_{So} grundsätzlich r_{hy} des Querschnitts anstelle von $r_{hy,So}$, heranzuziehen. Auch das Verfahren von Pasche [1] setzt diese Vorgehensweise voraus. Daraus resultieren aber nur geringe Unterschiede.

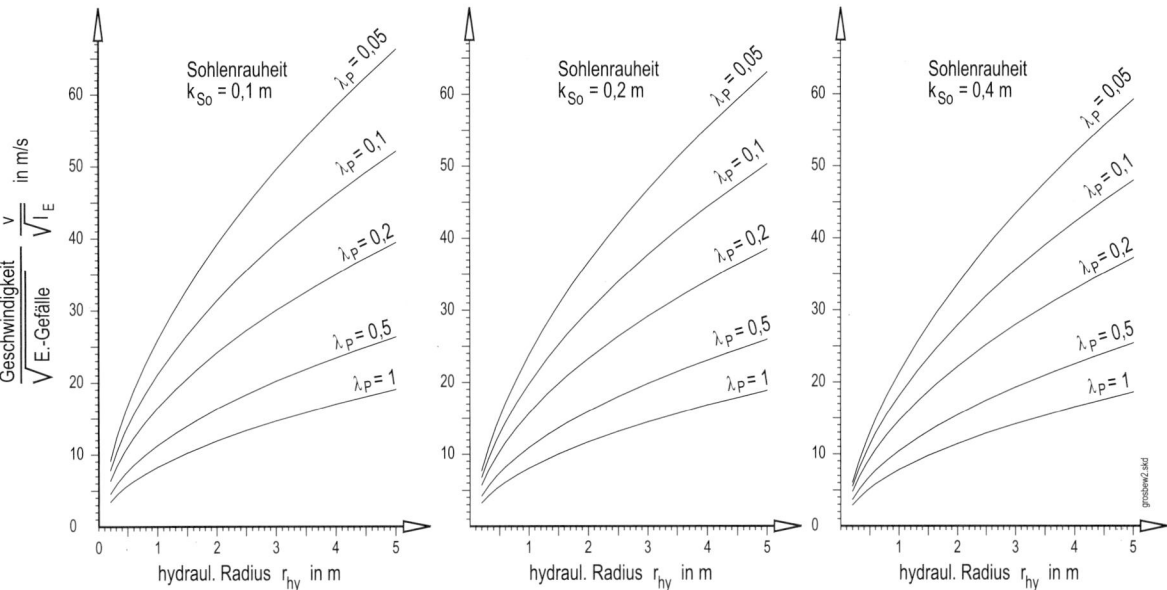

Abb. 19.27 Diagramm zur Ermittlung des Quotienten $v/\sqrt{I_E}$ bei Großbewuchs

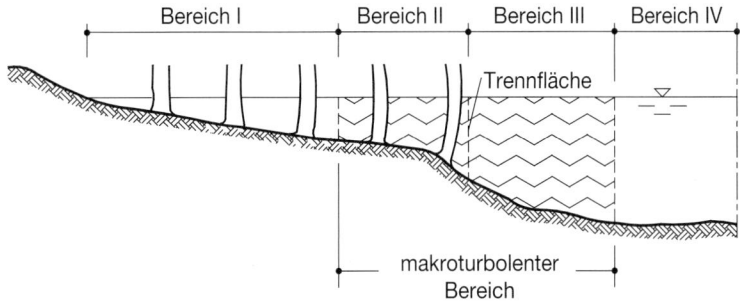

Abb. 19.28 Bereiche bei gegliederten Querschnitten mit Großbewuchs. Einfluss auf die Strömung durch I: Bewuchs und Sohle bzw. Wandung, II: Bewuchs, Sohle und Makroturbulenz (letztere mit gering- fügig beschleunigender Wirkung), III: Sohle und Makroturbulenz (hier mit stark verzögernder Wirkung auf die schnellere Strömung im bewuchsfreien Bereich), IV: Sohle

Gegliederte Querschnitte mit Großbewuchs Bei gegliederten Querschnitten mit Großbewuchs und bewuchsfreien Querschnittsanteilen sind an den Grenzen ebenfalls Trennflächen mit Rauheiten vorzusehen, deren Größe wesentlich über den üblichen Sohlenrauheiten liegt. Bezüglich der Einflüsse auf die Strömung unterscheidet man vier Bereiche (Abb. 19.28).

Für die Abgrenzung zwischen den Bereichen III und IV liegen allerdings noch keine Kriterien vor. Für kleinere Breiten wird der Bereich III über den gesamten bewuchsfreien Querschnittsanteil angesetzt (in der Regel das Hauptgerinne). Für Spiegelbreiten des Bereichs III, die das 25-fache der Wassertiefe im Vorland übersteigen, gibt Schumacher [17] eine zusätzliche Breitenumrechnung an.

Für die Ermittlung der in diesen Fallen besonders hohen Trennflächenrauheit werden in [1] zwei Verfahren vorgeschlagen:

- Verfahren nach Mertens für eher kompakte Querschnittsformen und
- Verfahren nach Pasche mit weitergehender Anwendungsmöglichkeit und einem wesentlich höheren Berechnungsaufwand.

Im Hinblick auf den extrem hohen Berechnungsaufwand durch überlagerte Iterationen ist das Verfahren von Pasche sinnvoller Weise nur mit Hilfe geeigneter Computerprogramme zu lösen. Die nachfolgende Darstellung beschränkt sich deshalb auf das Verfahren nach Mertens in der Fassung nach [1].

Verfahren nach Mertens Die zu berücksichtigenden geometrischen Größen sind in Abb. 19.29 wiedergegeben. Die Trennflächen grenzen die bewachsenen und bewuchsfreien Querschnittsbereiche ab.

Die Trennflächenrauheiten sind im Falle von beidseitigem Großbewuchs für jede Seite getrennt zu ermitteln ($k_{T,li}$ und

Abb. 19.29 Geometrische Elemente zur Bestimmung der Trennflächenrauheit nach Mertens

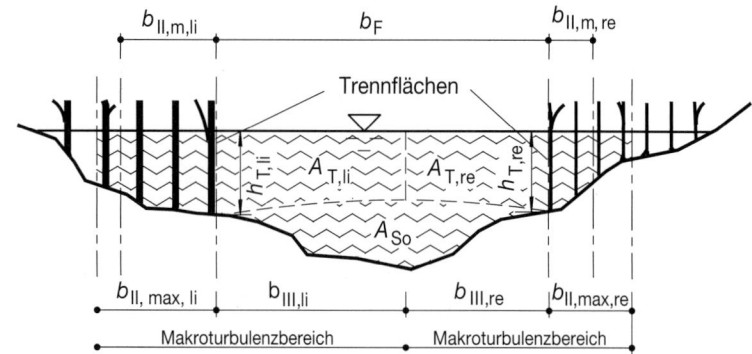

$k_{T,re}$). Die Trennflächenrauheit erhält man aus

$$k_T = c \cdot b_{II,m} + 1.5 \cdot d_p \qquad (19.29)$$

mit dem bewuchsabhängigen Beiwert

$$c = 1.2 - 0.3 \cdot \frac{B}{1000} + 0.06 \cdot \left(\frac{B}{1000}\right)^{1.5} \qquad (19.30)$$

und dem Bewuchsparameter

$$B = \left(\frac{a_x}{d_p} - 1\right)^2 \cdot \left(\frac{a_y}{d_p}\right) \qquad (19.31)$$

Übersteigt der Abstand a_y das 10-fache des Durchmessers d_P, dann wird das Verhältnis $a_y/d_p = 10$ gesetzt. Mit dieser Bedingung wird die seitlich begrenzte Störwirkung der Einzelelemente berücksichtigt.

Die darüber hinaus erforderliche mittlere Breite $b_{II,m}$ des Bereiches II ergibt sich mit der Querschnittsfläche A_{II} und der Trennflächenhöhe h_T zu

$$b_{II,m} = \frac{A_{II}}{h_T} \qquad (19.32)$$

Die Querschnittsfläche A_{II} erhält man aus den Begrenzungen durch Sohle, Wasserspiegel, Trennfläche und der maximalen Breite des Makroturbulenzbereichs $b_{II,max}$ aus den Ansätzen

$b_{II,max} = b_{III}$ für lichten Bewuchs ($B \geq 16$) oder

$b_{II,max} = 0.25 \cdot b_{III} \cdot \sqrt{B}$ für dichten Bewuchs ($B \leq 16$).

$$(19.33)$$

Darüber hinaus ist noch die Spiegelbreite des Bereiches II als Obergrenze für die Breite $b_{II,max}$ zu beachten. Bei den häufig asymmetrischen Fließquerschnitten naturnah gestalteter oder natürlicher Fließgewässer ist die Aufteilung der Breite des Hauptgerinnes b_F in eine für die linke oder rechte Seite anzusetzende Breite des Bereiches III ($b_{III,li}$ oder $b_{III,re}$) zunächst nicht bekannt. Hierzu sind die Bedingungen

$$b_F = b_{III,li} + b_{III,re} \quad \text{sowie}$$

$$\frac{b_{III,li}}{\lambda_{T,li}} = \frac{b_{III,re}}{\lambda_{T,re}} \rightarrow b_{III,li} = \frac{b_F \cdot \lambda_{T,li}}{\lambda_{T,li} + \lambda_{T,re}} \qquad (19.34)$$

heranzuziehen.

Die Widerstandsbeiwerte λ_T werden mit (19.27) und folgenden Variablen bestimmt:

$$\lambda_T = \frac{1}{\left[2{,}343 - 2 \cdot \log\left(\frac{k_T}{b_{III}}\right)\right]^2} \qquad (19.35)$$

Eine Lösung ist bei asymmetrischen Fließquerschnitten nur iterativ möglich, wobei sich als erste Annahme eine hälftige Aufteilung von b_F in $b_{III,li}$ und $b_{III,re}$ anbietet. Aufgrund der hiermit ermittelten Trennflächenrauheiten und Widerstandsbeiwerte erfolgt die Verbesserung der Breitenaufteilung mit (19.34).

Nach Ermittlung der Trennflächenrauheit(en) lässt sich der Abfluss im Hauptgerinne mit dem in Abschn. 19.3.3.2.2 beschriebenen Ablauf für kompakte Querschnitte mit unterschiedlichen Rauheiten berechnen. Der Abfluss durch bewuchsbestandene Querschnittsteile erfolgt mit (19.18) und dem in Verbindung mit (19.22) sowie (19.23) wiedergegebenen Berechnungsablauf.

Ein Zahlenbeispiel zu diesem Verfahren ist in [16], Abschn. 2.6 enthalten.

19.3.3.3 Stationär ungleichförmiger Abfluss

Stau- oder Senkungslinien Weichen bei gleichbleibendem Abfluss Q Sohl- und Energieliniengefälle voneinander ab, so spricht man von stationär ungleichförmigem Abfluss. Die Wassertiefe h ist verschieden von der Normalwassertiefe h_n, $h \neq h_n$. Ursache sind Abstürze, Ausflüsse unter Schützen, Aufstau vor Wehren, Wechsel von Sohlgefälle und Fließrichtung, Rauheit und Querschnittsform. Bei seitlichen Zuflüssen gehört zum größeren Q ein größeres h_n, das im oberhalb liegenden Gerinneabschnitt einen Aufstau erzeugt usw. Hydraulisch besteht das Bestreben, wieder h_n zu erreichen. Dessen Größe ermittelt man für ein vorgegebenes Q in m³/s iterativ (Zielwertabfrage) aus:

$$Q = A \cdot k_{St} \cdot r_{hy}^{2/3} \cdot I^{1/2}$$

((19.12) und (19.13)) oder

$$Q = A \cdot \left[78{,}45 \cdot r_{hy} \cdot I/(\lambda w + \lambda p)\right]^{0,5}$$

Tafel 19.28 Übergänge zwischen unterschiedlichen Wassertiefen durch Gefällewechsel

Fließzustand	Vergrößerung des Gefälles	Verminderung des Gefälles
Vor und hinter dem Gefällewechsel strömend	 Übergangsstrecke oberstrom des Gefällewechsels als Senkungslinie	 Übergangsstrecke oberstrom des Gefällewechsels als Staulinie
Vor und hinter dem Gefällewechsel schießend	 Übergangsstrecke unterstrom des Gefällewechsels als Beschleunigungsstrecke	 Übergangsstrecke unterstrom des Gefällewechsels als Verzögerungsstrecke
Vor dem Gefällewechsel strömend, dahinter schießend	 Übergangsstrecken oberstrom des Gefällewechsels als Senkungslinie und unterstrom als Beschleunigungsstrecke	Entfällt
Vor dem Gefällewechsel schießend, dahinter strömend	Entfällt	 Sprunghafter Übergang vom schießenden zum strömenden Fließzustand, Wechselsprung

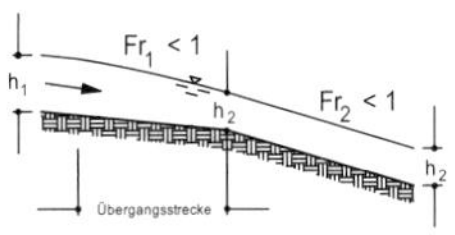

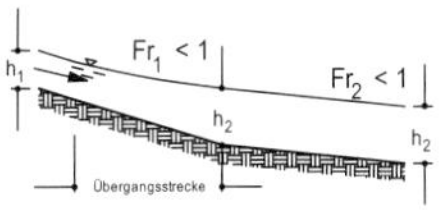

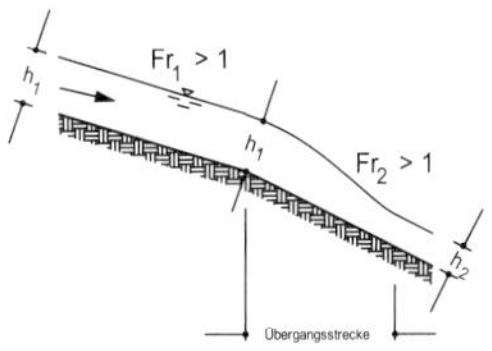

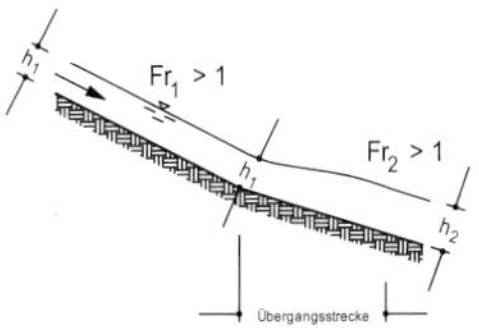

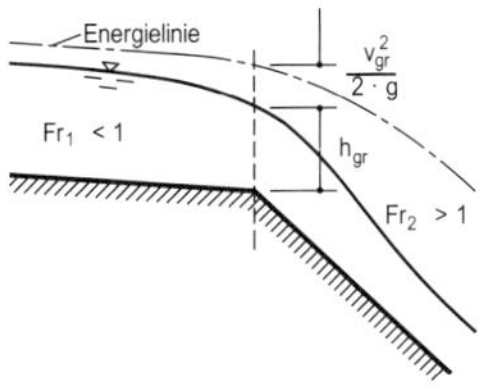

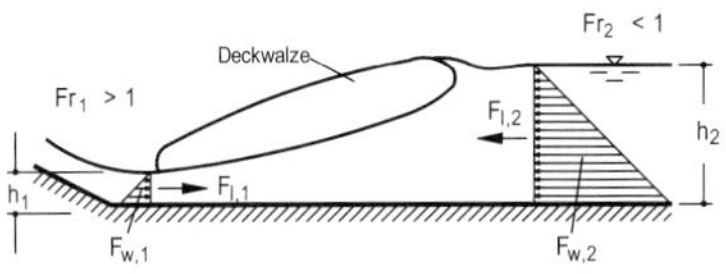

Fr – Froude-Zahl entsprechend (19.9)

((19.18), (19.19), (19.22)) oder für Rohrquerschnitte aus

$$Q = A \cdot \left\{ -2\lg\left[2{,}51 \cdot v/(4r_{\text{hy}} \cdot \sqrt{2g \cdot 4r_{\text{hy}} \cdot I_{\text{E}}}) + k_{\text{b}}/(3{,}71 \cdot 4r_{\text{hy}})\right] \cdot \sqrt{2g \cdot 4r_{\text{hy}} \cdot I_{\text{E}}} \right\}$$

(nach Abschn. 19.3.2.4) mit $d_{\text{hy}} = 4 \cdot r_{\text{hy}}$ und bei Kreisprofilen mit den Querschnittswerten zu Abb. 19.20, Abschn. 19.3.3.1.

Die auftretenden Spiegellinien sind vom Sohlgefälle abhängig. Ihre Berechnung beginnt mit der bekannten Wassertiefe am Kontrollquerschnitt und erfolgt bei strömendem Abfluss ($h_{\text{n}} > h_{\text{gr}}$) gegen und bei schießendem Abfluss ($h_{\text{n}} < h_{\text{gr}}$) mit der Fließrichtung.

Die Wasserspiegellage der Kontrollquerschnitte ermittelt sich bei Querschnittsänderungen im Aufriss entweder nach dem Extremalprinzip (s. Abschn. 19.3.4.2) oder mit dem Impulssatz (s. Abschn. 19.3.4.3) oder mit den Wehrformeln (s. Abschn. 19.3.4.5). Für Veränderungen im Grundriss gelten folgende **Einzelverluste für strömenden Abfluss.** Sie werden, insbesondere bei Profilen nach DIN 4263 zwischen die Streckenabschnitte der Berechnung nach Tafel 19.31 geschoben, wobei die Längen der angrenzenden Reibungsstrecken jeweils bis in die Mitte des Störabschnittes reichen.

Bei strömendem Fließzustand wird gegen die Fließrichtung gerechnet (Abb. 19.30) $h_{\text{o}} = h_{\text{u}} + \Delta h_{\text{w}} - \Delta z$.

Die Übergänge zwischen unterschiedlichen Wassertiefen durch Gefällewechsel zeigt Tafel 19.28.

19.3.3.3.1 Verlustbeiwerte für gekrümmte Rechteckgerinne

$$\text{Energieverlust} \quad h_{\text{v}} = \zeta \cdot v_{\text{u}}^2/2g \tag{19.36}$$

Anhaltswerte für ζ enthält Tafel 19.29.

Mit $I_{\text{E}} \approx I_{\text{s}}$ kann durch Probieren die Wasserspiegeldifferenz gefunden werden.

$$\Delta h_{\text{w}} = h_{\text{v}} + \left(1/A_{\text{u}}^2 - 1/A_{\text{o}}^2\right) \cdot Q^2/2g \tag{19.37}$$

Tafel 19.29 Verlustbeiwert ζ für gekrümmte Rechteckgerinne

	r/B	0,5	0,75	1,0	1,5	2,0
α	45°	0,15	0,1	0,05		
	90°	0,8	0,45	0,3	0,15	0,1
	135°	0,9	0,5	0,35	0,17	0,12
	180°	1,0	0,6	0,4	0,2	0,13

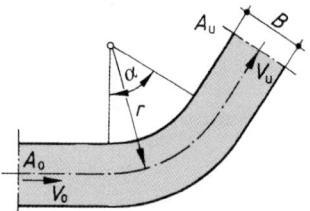

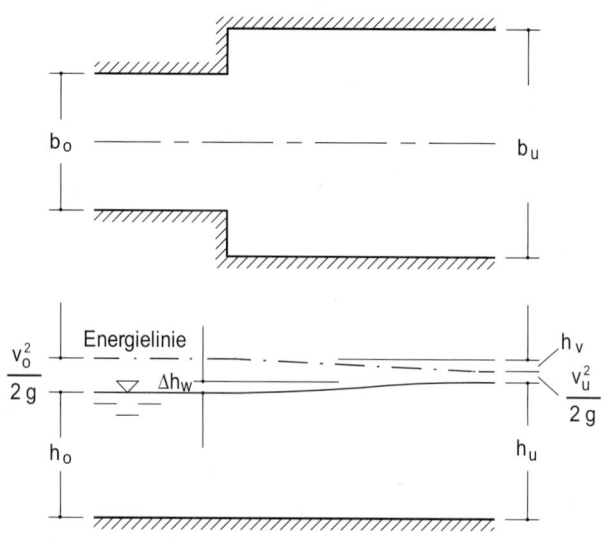

Beispiel

$B = 0,80\,\text{m}$; $Q = 0,50\,\text{m}^3/\text{s}$; $h_u = 0,50\,\text{m}$; $r = 0,80\,\text{m}$; $\beta = 90°$; $r/B = 0,8/0,8 = 1$; $\zeta = 0,3$;

$$h_v = 0,3 \cdot 0,5^2 / ((0,5 \cdot 0,8)^2 \cdot 19,62) = 0,024\,\text{m};$$

$$\Delta h_w = 0,024 + (1/(0,5 \cdot 0,8)^2 - 1/(0,524 \cdot 0,8)^2)$$
$$\cdot\, 0,5^2/19,62$$
$$= 0,024 + 0,007 = 0,031 > 0,024\,\text{m}$$

neue Schätzung:

$$\Delta h_w = 0,034\,\text{m}; \quad h_0 = 0,5 + 0,034 = 0,534\,\text{m};$$

$$\Delta h_w = 0,034 + (1/(0,50.8)^2 - 1/(0,534 \cdot 0,8)^2)$$
$$\cdot\, 0,5^2/19,62$$
$$= 0,0338 \approx 0,034\,\text{m}.$$

19.3.3.3.2 Verluste beim Eintritt und bei Änderung der Querschnittsgröße

Eintrittsverluste Eintrittsverluste lassen sich mit dem Ansatz und den Beiwerten für Rohreintritte abschätzen (Tafel 19.10).

Verluste durch Querschnittsänderungen Fließverluste bei geänderten Querschnittsgrößen lassen sich mit dem Stützkraftansatz analog zur Berechnung des Wechselsprungs ermitteln. Bei mit langen Übergangen gestalteten Verengungen sind die örtlich konzentrierten Verluste vernachlässigbar gering. Bei sprunghaft ausgeführten Verengungen und bei Aufweitungen mit Zentriwinkeln > 30° lassen sie sich ebenfalls mit den Ansätzen aus der Rohrhydraulik hinreichend genau bestimmen (Tafeln 19.11 und 19.12).

Zahlenbeispiel für ein Rechteckgerinne

Gegeben (siehe Skizze):

$$Q = 0,50\,\text{m}^3/\text{s}; \qquad b_0 = 0,60\,\text{m};$$
$$b_u = 1,00\,\text{m}; \qquad h_u = 0,60\,\text{m}$$

Lösung Wegen der Aufweitung und der entsprechenden Verminderung der Geschwindigkeitshöhe wird ein Anstieg des Wasserspiegels erwartet (wie skizziert). Der Aufweitungsverlust wird mit dem in Tafel 19.11 unten enthaltenen Ansatz bestimmt. Da die Wassertiefe h_0 und damit auch der Fließquerschnitt A_0 zunächst nicht bekannt sind, wird für h_0 zunächst eine Annahme getroffen.

1. Annahme für h_0: h_0 ist 5 cm kleiner als h_u: $h_0 = 0,55\,\text{m}$

$$\rightarrow \quad A_0 = 0,55 \cdot 0,60 = 0,33\,\text{m}^2;$$
$$A_u = b_u \cdot h_u = 1,00 \cdot 0,60 = 0,60\,\text{m}^2;$$
$$v_u = Q/A_u = 0,833\,\text{m/s};$$
$$v_u^2/(2 \cdot g) = 0,0354\,\text{m};$$

Verlustbeiwert entsprechend Tafel 19.11 unten

$$h_v = (1,0 \text{ bis } 1,2) \cdot \left(1 - \frac{A_u}{A_0}\right)^2 \cdot \frac{v_u^2}{2 \cdot g}$$

$$\approx 1,1 \cdot \left(1 - \frac{0,60}{0,33}\right)^2 \cdot 0,0354$$

$$= 0,026\,\text{m}$$

Die Wasserspiegeldifferenz Δh_w errechnet sich unter Berücksichtigung der Verlusthöhe entsprechend der Skizze zu

$$\Delta h_w = \frac{v_0^2}{2 \cdot g} - h_v - \frac{v_u^2}{2 \cdot g} = \frac{Q^2}{A_0^2 \cdot 2 \cdot g} - h_v - \frac{v_u^2}{2 \cdot g}$$

$$= \frac{0,5^2}{0,33^2 \cdot 19,62} - 0,026 - 0,0354$$

$$= 0,056\,\text{m}$$

2. Annahme für h_o: h_o ist 6 cm kleiner als h_u: $h_o = 0,54\,\text{m}$

$$\rightarrow \quad A_o = 0,54 \cdot 0,60 = 0,324\,\text{m}^2;$$

$$h_v = (1,0\ \text{bis}\ 1,2) \cdot \left(1 - \frac{A_u}{A_o}\right)^2 \cdot \frac{v_u^2}{2 \cdot g}$$

$$\approx 1,1 \cdot \left(1 - \frac{0,60}{0,324}\right)^2 \cdot 0,0354$$

$$= 0,028\,\text{m}$$

$$\Delta h_w = \frac{v_o^2}{2 \cdot g} - h_v - \frac{v_u^2}{2 \cdot g}$$

$$= \frac{Q^2}{A_o^2 \cdot 2 \cdot g} - h_v - \frac{v_u^2}{2 \cdot g}$$

$$= \frac{0,5^2}{0,324^2 \cdot 19,62} - 0,028 - 0,0354$$

$$= 0,06\,\text{m}$$

Die 2. Annahme stimmt hinreichend genau mit dem berechneten Wert überein. Damit beträgt die gesuchte Wassertiefe $h_o = 0,54\,\text{m}$.

19.3.3.3.3 Berechnung der Stau- oder Senkungskurve

Insbesondere bei natürlichen Gewässerquerschnitten erfolgt die Berechnung der Wasserspiegellagenänderung Δh_w mit vorgegebenen Schrittlängen l (Abb. 19.30) auf der Grundlage der Gleichungen (19.11) und (19.12) oder (19.18), (19.19) und (19.38). Nachstehend wird die Vorgehensweise, bezogen auf (19.11) und (19.12) dargestellt. Hierbei werden der Reibungsverlust und der Erweiterungsverlust ($C_A = 0,33$) berücksichtigt.

Staukurve $I_E > I_w$; $v_o > v_u \rightarrow \beta = 2/3$

Senkungskurve $I_E < I_w$; $v_o < v_u \rightarrow \beta = 1,0$

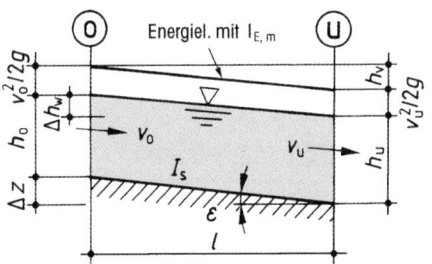

Abb. 19.30 Größen zur Berechnung der Wasserspiegeländerung

Wasserspiegeländerung

$$\Delta h_w = I_{E,m} \cdot l + \beta \frac{v_u^2 - v_o^2}{2g} = h_r + \beta \cdot \Delta k_v \qquad (19.38)$$

Energiehöhengefälle I_E aus Umstellung der Reibungsansätze (s. Abschn. 19.3.3.2), z. B. für Gauckler-Manning-Strickler:

$$I_E = \left(\frac{Q}{k_{St} \cdot A \cdot r_{hy}^{2/3}}\right)^2; \quad I_{E,m} = \frac{I_{E,o} + I_{E,u}}{2}; \quad v = Q/A$$

Die Berechnung der Wasserspiegellage erfolgt schrittweise (s. Tabellenkopf Tafel 19.30). Ausgehend von einer bekannten Höhe schätzt man Δh_w und prüft es mit der vorstehenden Gleichung. Ist der Rechenwert größer oder kleiner, wählt man Δh_w erneut, bei strömendem Abfluss größer oder kleiner (bei Schießen kleiner oder größer). Bei Übereinstimmung geht man zum nächsten Profil (bei Strömen flussaufwärts). Für natürliche Flüsse ist es zweckmäßig, für jedes Profil A und l_u als Kurve f (NHN-Höhe) darzustellen. (Vorzeichen Spalte 16 beachten)

Vor allem bei glatten prismatischen Gerinnen (Rechtecke, teilgefüllte Rohre) wird die universelle Fließformel verwendet. Man teilt z. B. die betrachtete Strecke L (Kanalhaltung) in 10 Abschnitte Δx und iteriert bei bekanntem h_1

Tafel 19.30 Berechnung der Wasserspiegellage (Beispiel m. Reibungsansatz n. Gauckler-Manning-Strickler)

1	2	3	4	5	6	7	8	9	10	11	12	13	14	15	16	17	18
Profil Nr.	Station	Abstand l zw. Profilen	Δh_w geschätzt	Wasserspiegel	Sohle	$h = ⑤ - ⑥$	A	l_u	$r_{hy}^{2/3} = \left(\dfrac{⑧}{⑨}\right)^{2/3}$	$I_E = \left(\dfrac{Q}{k_{St} \cdot ⑧ \cdot ⑩}\right)^2$	$I_{E,m} = (I_{E,o} + I_{E,u})/2$	$h_r = I_{E,m} \cdot l = ⑫ \cdot ③$	$\dfrac{v^2}{2g} = \dfrac{Q^2}{A^2 \cdot 2g}$	β	$\beta \cdot \Delta k_v = \beta \cdot \dfrac{v_u^2 - v_o^2}{2g}$	$\Delta h_w = h_r + \beta \cdot \Delta k_v$	gerechneter Wasserspiegel
-	km	m	m	m NHN	m NHN	m	m²	m	m²/³	-	-	m	m	-	m	m	m NHN

Für stark gegliederte Fließquerschnitte erfolgt eine Teilung durch Anordnung von Trennflächen [1, 5].

(z. B. $= h_\mathrm{u}$) durch Zielwertabfrage nach vorgegebenem Δx als Variable h_2 (z. B. h_o). Dabei werden folgende Algorithmen verwendet:

$$\vartheta_1 = 4 \cdot \arcsin(\sqrt{h_1/d}) = \mathrm{arc}\,\vartheta_1$$

$$v_1 = Q/A_1 = 8Q/(\mathrm{arc}\,\vartheta_1 - \sin\vartheta_1)/d^2$$

$$r_\mathrm{hy,i} = (\mathrm{arc}\,\vartheta_1 - \sin\vartheta_1) \cdot d/4/\mathrm{arc}\,\vartheta_1$$

$$I_\mathrm{E,m} = (\lambda_\mathrm{m} \cdot v_\mathrm{m}^2)/(4 \cdot r_\mathrm{hy,m} \cdot 2g)$$

$$v_\mathrm{m} = (v_1 + v_2)/2;$$

$$r_\mathrm{hy,m} = (r_\mathrm{hy,1} + r_\mathrm{hy,2})/2$$

$$\Delta x = (h_1 + v_1^2/2g - h_2 - v_2^2/2g)/(I_\mathrm{E,m} - I_\mathrm{s})$$

$$\lambda_\mathrm{m} = \{-2\lg[2{,}51 \cdot v/(v_\mathrm{m} \cdot 4 \cdot r_\mathrm{hy,m})$$
$$\cdot (-2\lg(k_\mathrm{b}/(4 \cdot r_\mathrm{hy,m} \cdot 3{,}71)))$$
$$+ k_\mathrm{b}/(4 \cdot r_\mathrm{hy,m} \cdot 3{,}71)]\}^{-2} \quad \text{(ist hier genau genug)}$$

Der unten stehende Tabellenkopf nach [19] gilt für eine Staulinie mit folgenden Ausgangswerten: DN 1000, $k_\mathrm{b} = 0{,}75$ mm, $I_\mathrm{s} = 3\,\text{‰}$, $Q = 0{,}95\,\mathrm{m^3/s}$, $h_\mathrm{n} = 0{,}607$ m, $h_\mathrm{gr} = 0{,}558$ m, $h_1 = 0{,}85$ m, $v_1 = 1{,}335$ m/s.

Berechnung von Stau- und Senkungskurven mithilfe von Funktionswerten

l Stauweite

h_n Wassertiefe bei Normalabfluss, d. h., ohne Aufstau oder Absenkung

Weitere Variable sind in Abb. 19.31 und 19.32 wiedergegeben.

Gleichung der Wasserspiegellinie

$$x = \frac{h_\mathrm{n}}{I_\mathrm{s}} \{\eta_\mathrm{R} - \eta_\mathrm{L} - (1-r)\left[\varphi(\eta_\mathrm{R}) - \varphi(\eta_\mathrm{L})\right]\} \quad \text{in m,}$$
(19.39)

Es ist für Rechteckgerinne

$$r = h_\mathrm{gr}^3/h_\mathrm{n}^3;$$

für Parabelgerinne

$$r = h_\mathrm{gr}^4/h_\mathrm{n}^4; \quad \eta_\mathrm{L} = h_\mathrm{L}/h_\mathrm{n}; \quad \eta_\mathrm{R} = h_\mathrm{R}/h_\mathrm{n};$$

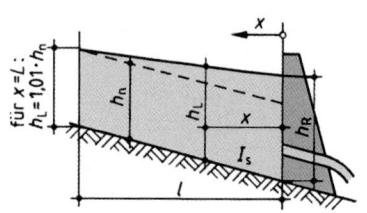

Abb. 19.31 Staukurve

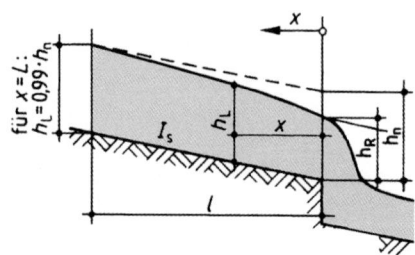

Abb. 19.32 Senkungskurve

Für Staukurven gilt bei Vernachlässigung der kinetischen Energie:

$$x = \frac{h_\mathrm{n}}{I_\mathrm{s}}\left[(\Phi_\mathrm{R}) - (\Phi_\mathrm{L})\right] \quad \text{in m} \quad (19.40)$$

Φ und φ s. Tafel 19.31.

Die **Stauweite** L ermittelt man mit:

- $\eta_\mathrm{L} = 1{,}01$ bei Staukurven;
- $\eta_\mathrm{L} = 0{,}99$ bei Senkungskurven.

Beispiele

Staukurve, Rechteckprofil: $h_\mathrm{n} = 2{,}00$ m, Aufstau $1{,}50$ m, $I_\mathrm{s} = 1\,\text{‰}$. Wie groß sind Stauweite und Wassertiefe im Abstand $x = 300$ m?

$$\eta_\mathrm{R} = (2{,}0 + 1{,}5)/2{,}0 = 1{,}75;$$

Tafel 19.31a:

$$\Phi_\mathrm{R} = 0{,}666;$$

für $\eta_\mathrm{L} = 1{,}01$:

$$\Phi_\mathrm{L} = -1{,}3161;$$
$$\Phi_\mathrm{L} = 0{,}666 - 300 \cdot 0{,}001/2{,}0 = 0{,}516 \rightarrow \eta_\mathrm{L} = 1{,}631;$$
$$h_\mathrm{L} = 1{,}631 \cdot 2{,}0 = 3{,}26\,\mathrm{m};$$
$$L = [0{,}666 - (-1{,}3161)] \cdot 2{,}0/0{,}001 = 3964\,\mathrm{m}$$

h_gr	h_n	$h_1 > h_\mathrm{n}$	$h_\mathrm{n} < h_2 < h_1$	$r_\mathrm{hy,m}$	v_m	λ_m	$I_\mathrm{E,m}$	$\mathrm{d}x$	$\sum \mathrm{d}x = L$
m	m	m	m	m	m/s	–	m	m	m
0,558	0,607	0,850	0,840	0,304	1,342	0,018	0,0014	5,0	5
0,558	0,607	0,850	0,830	0,304	1,356	0,018	0,0014	5,0	10

Tafel 19.31 Funktionswerte für die Berechnung der Wasserspiegellage

Staukurvenberechnung

Rechteckprofile (unendlich breit)						Parabelprofile					
η	φ	Φ	η	φ	Φ	η	φ	Φ	η	φ	Φ
10,00	0,9116	9,0884	1,39	1,2166	0,1734	10,0	0,7857	9,2143	1,39	0,9268	0,4632
9,00	0,9131	8,0869	1,38	1,2228	0,1572	9,0	0,7859	8,2141	1,38	0,9305	0,4495
8,00	0,9147	7,0853	1,37	1,2291	0,1409	8,0	0,7861	7,2139	1,37	0,9344	0,4356
7,00	0,9171	6,0829	1,36	1,2355	0,1245	7,0	0,7864	6,2136	1,36	0,9385	0,4215
6,00	0,9206	5,0794	1,35	1,2422	0,1078	6,0	0,7869	5,2131	1,35	0,9427	0,4073
5,00	0,9270	4,0730	1,34	1,2491	0,0909	5,0	0,7881	4,2119	1,34	0,9471	0,3929
4,50	0,9317	3,5683	1,33	1,2564	0,0736	4,5	0,7891	3,7109	1,33	0,9517	0,3783
4,00	0,9384	3,0616	1,32	1,2639	0,0561	4,0	0,7906	3,2094	1,32	0,9565	0,3635
3,50	0,9481	2,5519	1,31	1,2719	0,0382	3,5	0,7932	2,7068	1,31	0,9615	0,3485
3,00	0,9633	2,0367	1,30	1,2800	0,0200	3,0	0,7978	2,2022	1,30	0,9668	0,3332
2,90	0,9674	1,9326	1,29	1,2885	0,0015	2,9	0,7991	2,1009	1,29	0,9723	0,3177
2,80	0,9719	1,8281	1,28	1,2974	−0,0174	2,8	0,8007	1,9993	1,28	0,9781	0,3019
2,70	0,9769	1,7231	1,27	1,3067	−0,0367	2,7	0,8025	1,8975	1,27	0,9842	0,2858
2,60	0,9826	1,6174	1,26	1,3165	−0,0565	2,6	0,8045	1,7955	1,26	0,9906	0,2694
2,50	0,9890	1,5110	1,25	1,3267	−0,0767	2,5	0,8070	1,6930	1,25	0,9973	0,2527
2,40	0,9963	1,4037	1,24	1,3375	−0,0975	2,4	0,8098	1,5902	1,24	1,0045	0,2355
2,30	1,0047	1,2953	1,23	1,3488	−0,1188	2,3	0,8132	1,4868	1,23	1,0121	0,2179
2,20	1,0143	1,1857	1,22	1,3607	−0,1407	2,2	0,8173	1,3827	1,22	1,0200	0,2000
2,10	1,0255	1,0745	1,21	1,3733	−0,1633	2,1	0,8222	1,2778	1,21	1,0285	0,1815
2,00	1,0387	0,9613	1,20	1,3867	−0,1867	2,00	0,8282	1,1718	1,20	1,0375	0,1625
1,95	1,0462	0,9038	1,19	1,4009	−0,2109	1,95	0,8317	1,1138	1,19	1,0471	0,1429
1,90	1,0543	0,8457	1,18	1,4159	−0,2359	1,90	0,8357	1,0643	1,18	1,0574	0,1226
1,85	1,0634	0,7866	1,17	1,4320	−0,2620	1,85	0,8401	1,0099	1,17	1,0685	0,1015
1,80	1,0731	0,7269	1,16	1,4492	−0,2892	1,80	0,8450	0,9550	1,16	1,0803	0,0797
1,75	1,0840	0,6660	1,15	1,4677	−0,3177	1,75	0,8506	0,8994	1,15	1,0932	0,0568
1,70	1,0961	0,6039	1,14	1,4877	−0,3477	1,70	0,8570	0,8430	1,14	1,1071	0,0329
1,65	1,1096	0,5404	1,13	1,5093	−0,3793	1,65	0,8643	0,7857	1,13	1,1223	0,0077
1,60	1,1248	0,4752	1,12	1,5329	−0,4129	1,60	0,8727	0,7273	1,12	1,1389	−0,0189
1,55	1,1421	0,4079	1,11	1,5589	−0,4489	1,55	0,8824	0,6676	1,11	1,1571	−0,0471
1,50	1,1617	0,3383	1,10	1,5875	−0,4875	1,50	0,8938	0,6062	1,10	1,1776	−0,0776
1,49	1,1660	0,3240	1,09	1,6195	−0,5295	1,49	0,8963	0,5937	1,09	1,2005	−0,1105
1,48	1,1704	0,3096	1,08	1,6555	−0,5755	1,48	0,8988	0,5812	1,08	1,2264	−0,1464
1,47	1,1749	0,2951	1,07	1,6969	−0,6269	1,47	0,9015	0,5685	1,07	1,2563	−0,1863
1,46	1,1796	0,2804	1,06	1,7451	−0,6851	1,46	0,9043	0,5557	1,06	1,2913	−0,2313
1,45	1,1844	0,2656	1,05	1,8027	−0,7527	1,45	0,9072	0,5428	1,05	1,3333	−0,2833
1,44	1,1893	0,2507	1,04	1,8738	−0,8338	1,44	0,9101	0,5299	1,04	1,3855	−0,3455
1,43	1,1944	0,2356	1,035	1,9167	−0,8817	1,43	0,9132	0,5168	1,035	1,4170	−0,3820
1,42	1,1997	0,2203	1,03	1,9665	−0,9365	1,42	0,9164	0,5036	1,03	1,4537	−0,4237
1,41	1,2052	0,2048	1,02	2,0983	−1,0783	1,41	0,9198	0,4902	1,02	1,5514	−0,5314
1,40	1,2108	0,1892	1,01	2,3261	−1,3161	1,40	0,9232	0,4768	1,01	1,7210	−0,7110

Senkkurve

η	φ		η	φ	
	Rechteckprofil	Parabelprofil		Rechteckprofil	Parabelprofil
0,995	2,452	1,889	0,90	1,521	1,103
0,99	2,319	1,714	0,85	1,367	0,980
0,98	2,085	1,536	0,80	1,253	0,887
0,97	1,946	1,431	0,75	1,159	0,808
0,96	1,847	1,355	0,70	1,078	0,739
0,95	1,769	1,296	0,65	1,006	0,676
0,94	1,705	1,246	0,60	0,939	0,617
0,93	1,650	1,204	0,50	0,819	0,506
0,92	1,602	1,166	0,40	0,789	0,402
0,91	1,559	1,133			

19

Senkungskurve, Trapezprofil: $h_R = 1,6\,\text{m}$; $s = 20,0\,\text{m}$; $m = 2$, $I_s = 2\,‰$; $h_n = 2,4\,\text{m}$, $Q = 124\,\text{m}^3/\text{s}$

In welchem Abstand stellt sich die Wassertiefe $h_L = 1,90\,\text{m}$ ein?

Wassertiefe einer Parabel gleicher Fläche und gleicher Spiegelbreite b:

$$h_p = 3 \cdot A_{\text{TR}}/2 \cdot b, \text{ Parabelparameter } a = h_p/b^2;$$
$$h_{\text{P,R}} = 3 \cdot 37,12/2 \cdot 26,40 = 2,11\,\text{m},$$
$$a = 2,11/26,4^2 = 0,0033;$$
$$h_{\text{P,L}} = 2,46\,\text{m}; \quad h_{\text{P,n}} = 3,02\,\text{m};$$
$$h_{\text{PGr}} = \sqrt[4]{27 \cdot 0,003 \cdot 124,0^2/(8 \cdot 9,81)} = 2,00\,\text{m};$$

(Abb. 19.19);

$$\eta_R = h_{\text{P,R}}/h_{\text{P,n}} = 2,11/3,02 = 0,699;$$

Tafel 19.31b:

$$\varphi_R = 0,738; \eta_L = 0,815;$$
$$\varphi_L = 0,915;$$
$$r = (h_{\text{PGr}}/h_{\text{Pn}})^4 = (2,0/3,02)^4 = 0,193;$$
$$x = \frac{3,02}{0,002}[0,699 - 0,815 - (1 - 0,193)(0,738 - 0,915)]$$
$$= 40,53\,\text{m}.$$

19.3.3.4 Ungleichförmiger Abfluss in Ablaufrinnen von Klärbecken

Der Abfluss nimmt zu von Null auf Q (s. Abb. 19.33)

a) Horizontale Sohle und h_{gr} am Ablauf:

$$h_o = h_{\text{gr}} \cdot \sqrt{3}$$

b) Horizontale Sohle und vom Unterwasser her bestimmte Ablauftiefe h_u

$$h_o = h_u \cdot \sqrt{2\left(h_{\text{gr}}/h_u\right)^3 + 1}$$

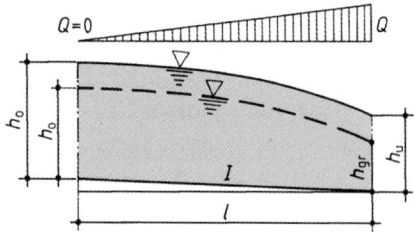

Abb. 19.33 Sammelrinnen an Klärbecken

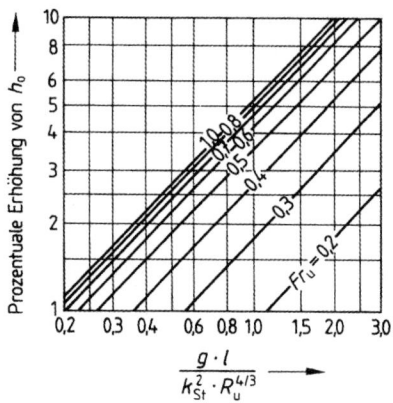

Abb. 19.34 Reibungseinfluss bei Sammelrinnen mit Rechteckquerschnitt ohne bzw. mit sehr geringem Gefälle

c) geneigte Sohle und beliebige Unterwassertiefe h_u, mit $h_u \geq h_{\text{gr}}$

$$h_o = h_u\left\{\sqrt{2(h_{\text{gr}}/h_u)^3 + [1 - I \cdot l/(3 \cdot h_u)]^2} - 2 \cdot I \cdot l/(3 \cdot h_u)\right\}$$

Eventuelle Reibungseinflüsse können mit Abb. 19.34 abgeschätzt werden.

Ein Verfahren zur genaueren schrittweisen Berechnung ist in [5] enthalten.

19.3.4 Durchfluss an Wehren und Engstellen

19.3.4.1 Pfeilerstau nach Rehbock (strömender Durchfluss)

$\sum_i a_i$ Querschnittsfläche der eintauchenden Verbauung im ungestauten Fluss mit $h = h_n$

A Durchflussquerschnitt des ungestauten Flusses ohne Einbauten (mit h_n)

$\alpha = \sum_i a_i/A$ Verbauungsverhältnis

$v = Q/A$ mittlere Geschwindigkeit im Fluss ohne Einbauten

Die Formel von Rehbock gibt nur bei **strömendem Durchfluss** und geradem Gewässerverlauf brauchbare Aufstauwerte. Strömender Abfluss herrscht bei

$$\alpha < [1/(0,97 + 21\,\omega)] - 0,13 \qquad (19.41)$$

mit $\omega = v^2/(2g \cdot h_n)$ und den Bezeichnungen entsprechend Abb. 19.35.

Der **Aufstau z** beträgt dann

$$z = \alpha[\beta - \alpha(\beta - 1)] \cdot (0,4 + \alpha + 9\alpha^3)(1 + 2\,\omega)v^2/2\,g$$

$$\text{in m} \qquad (19.42)$$

Abb. 19.35 Pfeilereinbauten

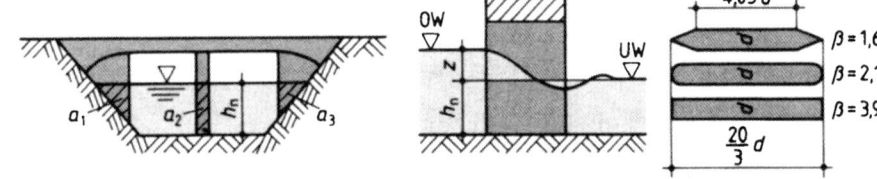

19.3.4.2 Durchfluss mit Fließwechsel (Extremalprinzip)

Bei Durchfluss ohne Fließwechsel steht h für h_{gr} s. Abschn. 19.3.4.3

Die Ermittlung der Wasserspiegellage vor dem Wehr entsprechend Abb. 19.36 und 19.37 geht davon aus, dass in der am weitesten unterhalb gelegenen Engstelle ein Fließwechsel mit der Energiehöhe $H_{min} = h_{gr} + v_{gr}^2/2g$ auftritt. Nach Böss gilt:

a) **Steiler Absturz**, d. h. $m < 4$: Ein Fließwechsel tritt auf bei

$$h_w \geq h_w^* = h_{gr}\left(-3,97 + \sqrt{(n + 5,47)^2 - 14,15}\right) \quad \text{in m} \tag{19.43}$$

Hierin ist

$$n_o = h_u/h_{gr}; \quad n = -1 + \sqrt{n_0^2 - 2 + 2/n_o}$$

b) **Flacher Absturz**, d. h. $m = 4$ bis 12. Fließwechsel bei

$$h_w \geq h_w^* = n \cdot h_{gr} \tag{19.44}$$

Überschlägige Abschätzung: Fließwechsel tritt auf bei

$$h_w + h_{gr} + v_{gr}^2/2g = h_w + H_{min}$$
$$\geq h_u + v_u^2/2g + (0,2 \text{ bis } 0,4)\, h_{gr} \tag{19.45}$$

Bei Einengungen ohne Absturz gilt mit dem **Extremalprinzip**: Fließwechsel wenn

$$H_{min} = h_{gr} + v_{gr}^2/2g > H_n = h_n + v_n^2/2g. \tag{19.46}$$

Beachte: In H_{min} geht nur die tatsächlich durchströmte Breite der Engstelle ein.

Die Oberwassertiefe h_o ermittelt man nach Bernoulli aus

$$h_o + 0,7Q^2/(A_0^2 \cdot 2g) = w + H_{min} - xI_s \tag{19.47}$$

in der Regel durch schrittweise Annäherung mit $x \approx 3$ bis $4h_o$ und $h_o \approx w + H_{min}$. Die Gleichung hat zwei positive Lösungen. Bei strömendem Zufluss, d. h. $h_n > h_{gr}$ ist $h_o > h_{gr}$. Bei Schießen umgekehrt, aber ggf. ist eine Untersuchung mit dem Stützkraftsatz, (19.4), oder (19.5), Abschn. 19.3, erforderlich.

Abb. 19.36 Durchfluss am Wehr

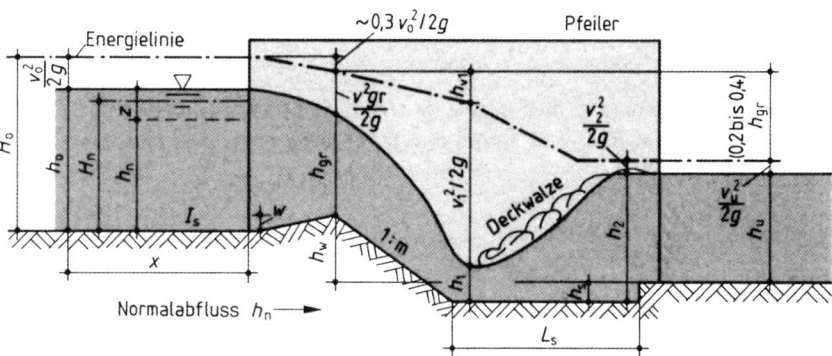

Abb. 19.37 Grundriss

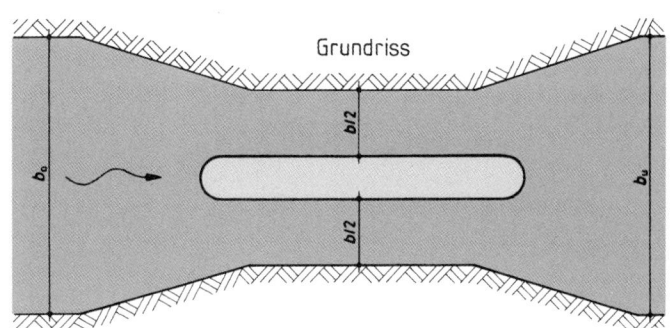

Der Aufstau ist

$$z = h_{\mathrm{o}} - h_{\mathrm{n}} \qquad (19.48)$$

19.3.4.3 Durchfluss ohne echten Fließwechsel

Fließwechsel tritt nicht auf bei

$$\alpha > \frac{1}{0{,}97 + 21\,\omega} - 0{,}13$$

(s. Abschn. 19.3.4.1)

$$h_{\mathrm{w}} < h_{\mathrm{w}}^{*}$$

(s. Abschn. 19.3.4.2).

Mit den Bezeichnungen von Abb. 19.36 lautet gemäß (19.5) die Bestimmungsgleichung für die **Wassertiefe h**, die sich **anstelle von h_{gr}** in Abb. 19.36 einstellt:

$$\varrho \cdot Q \cdot v + \varrho_{\mathrm{w}} \cdot g (h + h_{\mathrm{w}})^2 \cdot b_{\mathrm{u}}/2 \qquad (19.49)$$
$$= \varrho \cdot Q \cdot V_{\mathrm{u}} + \varrho_{\mathrm{w}} \cdot g \cdot h_{\mathrm{w}}^2 \cdot b_{\mathrm{u}}/2 \quad \text{(Impulssatz)}$$

Die Oberwassertiefe wird wie in (19.47) ermittelt.

$$h_0 + 0{,}7 Q^2 / \left(A_0^2 \cdot 2g \right) = w + h + v^2/2g - x \cdot I_{\mathrm{s}} \qquad (19.50)$$

Für den Aufstau gilt (19.48). Zur Lösung von (19.49), d. h. zur Ermittlung von h auf der Absturzkante, dienen (19.7) und (19.8), Abschn. 19.3.

Beispiel

OW = Trapez:

$$m = 3; \quad s_0 = 60\,\mathrm{m}; \quad w = 0{,}5\,\mathrm{m};$$

s. Abb. 19.42, Wehr:

$$b = 2 \cdot 20 = 40\,\mathrm{m}; \quad m = 5;$$

UW = Rechteck:

$$b_{\mathrm{u}} = 55\,\mathrm{m}; \qquad h_{\mathrm{u}} = 4{,}5\,\mathrm{m}; \quad Q = 500\,\mathrm{m}^3/\mathrm{s};$$
$$v_{\mathrm{u}} = 2{,}02\,\mathrm{m/s}; \qquad h_{\mathrm{w}} = 0{,}5\,\mathrm{m}$$

1. Mit (19.43) Abfrage: Fließwechsel?

$$h_{\mathrm{gr}} = \sqrt[3]{500^2/(40^2 \cdot 9{,}81)} = 2{,}52\,\mathrm{m};$$
$$n_0 = 4{,}5/2{,}52 = 1{,}79;$$
$$n = -1 + \sqrt{1{,}79^2 - 2 + 2/1{,}79} = 0{,}52;$$

Gleichung (19.44):

$$h_{\mathrm{w}}^{*} = 0{,}52 \cdot 2{,}52 = 1{,}32\,\mathrm{m}; \quad h_{\mathrm{w}} < h_{\mathrm{w}}^{*},$$

kein Fließwechsel.

2. Im Beispiel in Abschn. 19.3 wird mit den oben angegebenen Werten nach (19.7) und (19.8) die Wassertiefe h über der Wehrschwelle zu $h = 3{,}71\,\mathrm{m}$ mit $v = 3{,}37\,\mathrm{m/s}$ ermittelt.

3. Die Oberwassertiefe h_0 ermittelt sich mit $x \cdot I_{\mathrm{s}} \approx 0$ nach (19.50) wie folgt:

$$h_0 + 0{,}7 \cdot 500^2/(19{,}62 \cdot A_0^2) = h_0 + 8919/A_0^2$$
$$= 0{,}5 + 3{,}71 + 3{,}37^2/19{,}62 = 4{,}79\,\mathrm{m} = H_0$$

1. Näherung:

$$h_0^{*} = 4{,}79\,\mathrm{m}$$
$$A_0^{*} = 60 \cdot 4{,}79 + 3 \cdot 4{,}79^2 = 356{,}2\,\mathrm{m}.$$
$$H_0^{*} = 4{,}79 + 8919/356{,}2^2 = 4{,}86 > 4{,}79;$$

2. Näherung:

$$h_0^{**} = H_0^{*} - v_0^{*2}/2g = 4{,}79 - 0{,}07 = 4{,}72\,\mathrm{m}$$
$$A_0^{**} = 350\,\mathrm{m}^2;$$
$$H_0^{**} = 4{,}72 + 8919/350^2 = 4{,}792 \approx 4{,}79\,\mathrm{m}$$

also $h_0 = 4{,}72\,\mathrm{m}$.

4. Aufstau z: mit $h_{\mathrm{n}} = 4{,}50$ wäre

$$z = 4{,}72 - 4{,}50 = 0{,}22\,\mathrm{m}.$$

5. Zum Vergleich: Aufstau nach Rehbock nach Abschn. 19.3.4.1

$$\sum_{\mathrm{i}} a_{\mathrm{i}} = (60 - 40) \cdot 4{,}5 + 3 \cdot 4{,}5^2 + 40 \cdot 0{,}50$$
$$= 170{,}75\,\mathrm{m}^2;$$
$$A = 60 \cdot 4{,}5 + 3 \cdot 4{,}5^2 = 330{,}75\,\mathrm{m}^2$$
$$\alpha = 0{,}516;$$
$$\omega = 500^2/(330{,}75^2 \cdot 19{,}62 \cdot 4{,}5) = 0{,}026;$$
$$v^2/2g = \omega \cdot h_{\mathrm{n}} = 0{,}116;$$
$$\alpha = 0{,}516$$
$$< [1/(0{,}97 + 21 \cdot 0{,}026)] - 0{,}13 = 0{,}53$$

$\rightarrow$ strömender Durchfluss: Aufstau mit $\beta = 2{,}1$;

$$z = 0{,}516 \cdot [2{,}1 - 0{,}516(2{,}1 - 1)]$$
$$\cdot (0{,}4 + 0{,}516 + 9 \cdot 0{,}516^3)$$
$$\cdot (1 + 2 \cdot 0{,}026) \cdot 0{,}116 = 0{,}21\,\mathrm{m}$$

19.3.4.4 Tosbecken – Sturzbetten

DIN 19661-2 (09.2000)

Für eine Vordimensionierung genügen die nachstehenden Ansätze. In der Regel werden die Kosten für einen wasserbaulichen Modellversuch durch die Einsparungen bei der Ausführung bei weitem aufgewogen.

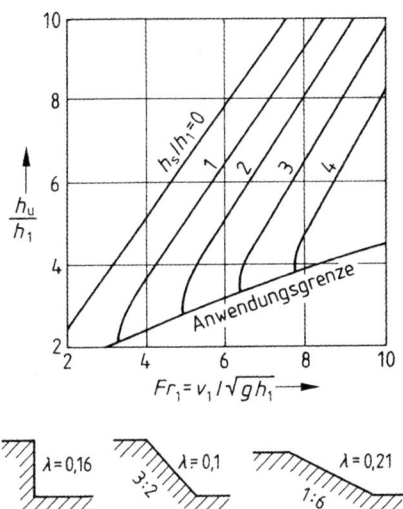

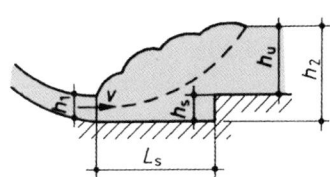

Abb. 19.38 Verlustbeiwerte für Schussböden

Funktionsbedingungen (s. Abb. 19.36)

1. Beim Absturz soll ein Fließwechsel auftreten $h \leq h_{gr}$ (s. Abschn. 19.3.4.2).
2. Es soll eine Wechselsprungwalze erzeugt werden, die im Tosbecken bleiben muss, das hierfür ausreichend lang und tief genug sein bzw. eine genügend hohe Endschwelle h_s haben muss. $h_2 =$ konjugierte **Wechselsprungtiefe** zu h_1, s. Abb. 19.10.

Alle Bemessungen gehen von h_1 und v_1 aus:

$$h_1 + v_1^2/2g + h_{v_1} = H_{\min} + h_w + h_s$$

mit $h_{v_1} = 1,1 \, \lambda \cdot v_1^2/2g$ nach Abb. 19.38.

Für die gegebenen Werte von h_u/h_1 und Fr_1 wählt man die erforderliche Tosbeckentiefe h_s.

Faustwert: $h_s = 1,05 \cdot h_2 - h_u$

Beispiel

$h_u/h_1 = 5$, $\mathrm{Fr}_1 = 4,5 \rightarrow h_s/h_1 = 0,63$

$$\text{Tosbeckenlänge } L_s = 6 \cdot (h_2 - h_1)$$

Bei Tosbecken nach Abb. 19.39 muss $\mathrm{Fr}_u < 1$ sein, d. h. im UW strömender Abfluss. Wenn man die UW-Tiefe beeinflussen kann, ist auch die Wahl anderer Verhältnisse h_s/h_1 möglich.

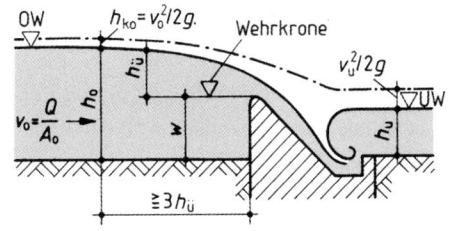

Abb. 19.39 Tosbecken mit Stufe h_s und gleichbleibender Gerinnebreite [16]

Die Seitenwände des Tosbeckens sind für ein Freibord von $f = h_2/3$ über dem Unterwasserstand auszubilden. Der Abschluss des Tosbeckens ist kolksicher zu gründen.

19.3.4.5 Wehre – Überfallwehr

19.3.4.5.1 Vollkommener Überfall

Kriterium Durchfluss mit Fließwechsel (Abb. 19.40), d. h. der UW-Stand beeinflusst den OW-Stand nicht. Das ist immer der Fall, wenn das Unterwasser tiefer als die Wehrkrone steht (s. a. Abschn. 19.3.6.2).

Bei rechteckigen Durchflussquerschnitten gilt (19.51) für $v_0 \leq 1,0\,\mathrm{m/s}$ bzw. (19.52).

$$Q = \frac{2}{3}\mu b \sqrt{2g}\, h_{\ddot{u}}^{3/2} \quad \text{in } \mathrm{m}^3/\mathrm{s} \qquad (19.51)$$

nach Poleni mit Anhaltswerten für μ in Abb. 19.41,

$$Q = \frac{2}{3}\mu b \sqrt{2g}\,[(h_{\ddot{u}} + h_{k0})^{3/2} - h_{k0}^{3/2}] \quad \text{in } \mathrm{m}^3/\mathrm{s} \quad (19.52)$$

für $v_0 > 1,0\,\mathrm{m/s}$ nach Weisbach,

$$\begin{aligned} Q &= \frac{2}{3}\mu b \sqrt{2g}\,(h_{\ddot{u}} + h_{k0})^{3/2} \\ &= \frac{2}{3}\mu b \sqrt{2g} \cdot H_{\ddot{u}}^{3/2} \quad \text{in } \mathrm{m}^3/\mathrm{s} \end{aligned} \qquad (19.53)$$

für $v_0 > 1,0\,\mathrm{m/s}$ nach du Buat. Überfallbeiwerte für (19.53) findet man in [5] und [15].

Wehr mit kreisförmiger oder elliptischer Krone nach Rehbock mit (19.54) entsprechend Abb. 19.42

$$\mu = 0,312 + \sqrt{0,3 - 0,01(5 - h_{\ddot{u}}/r)^2} + 0,09 h_{\ddot{u}}/w \qquad (19.54)$$

Voraussetzungen: Angeschmiegter Strahl, vollkommener Abfluss am Wehr,

$$0,02\,\mathrm{m} < r < w; \quad h_{\ddot{u}} < r\left(6 - \frac{20r}{w + 3r}\right)$$

wegen möglicher Strahlbelüftung $\mu \leq 0,75$.

Abb. 19.40 Vollkommener Überfall

19

Abb. 19.41 Kronenform und
Überfallbeiwerte μ für (19.51)

breit,
scharfkantig,
waagerecht
$\mu = 0{,}49$
bis 0,51

breit
waagerecht,
Kanten
abgerundet
$\mu = 0{,}50$ bis 0,55

scharfkantig,
schräg
(s. 3.3.5.4)
Überfallmes-
sung) $\mu = 0{,}64$

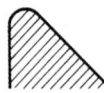

gut
abgerundeter
Querschnitt
$\mu = 0{,}73$
bis 0,75

dachförmig,
gut
abgerundet,
$\mu < 0{,}79$

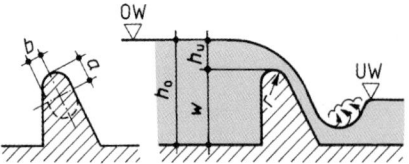

Abb. 19.42 Ersatzradien

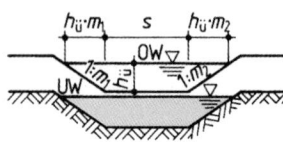

Abb. 19.43 Trapezwehr

Bei elliptischer Krone mit Ersatzradius rechnen:

$$r = b\left(\frac{4{,}57b}{2a+b} + \frac{a}{20b} - 0{,}573\right) \qquad (19.55)$$

mit $6 > \frac{a}{b} > 0{,}05$.

Trapezwehr Es gelten die vorstehenden Überfallbeiwerte. In (19.57) wird wie in (19.51) für $v_o \geq 1{,}0\,\mathrm{m/s}$ die kinetische Energie im Zulauf vernachlässigt.

$$m = 0{,}5(m_1 + m_2); \quad h_{k0} = v_o^2/2g \qquad (19.56)$$

$$Q = \frac{2}{3} \cdot \mu \cdot \sqrt{2g} \cdot h_{\ddot{u}}^{3/2}\,(s + 4 \cdot m \cdot h_{\ddot{u}}/5) \quad \text{in } \mathrm{m^3/s} \qquad (19.57)$$

$$Q = \frac{2}{3} \cdot \mu \cdot \sqrt{2g} \cdot \left\{ s[(h_{\ddot{u}} + h_{k0})^{3/2} - h_{k0}^{3/2}] \right.$$
$$\left. + \left(\frac{4}{5}\right) \cdot m\left[(h_{\ddot{u}} + h_{k0})^{5/2} - \left(\frac{5}{2}\right) \cdot h_{\ddot{u}} \cdot h_{k0}^{3/2} - h_{k0}^{5/2}\right] \right\}$$
$$\text{in } \mathrm{m^3/s} \qquad (19.58)$$

19.3.4.5.2 Unvollkommener Überfall – Grundwehr

Der Unterwasserspiegel steht höher als die Wehrkrone (Abb. 19.44). Eine Beeinflussung des Oberwasserspiegels erfolgt erst, wenn der Beiwert c nach Abb. 19.45 kleiner als 1,0 wird. μ-Werte wie Abschn. 19.3.4.5.1.

$$Q = c \cdot \frac{2}{3}\mu b \sqrt{2g} h_{\ddot{u}}^{3/2} \quad \text{in } \mathrm{m^3/s} \qquad (19.59)$$

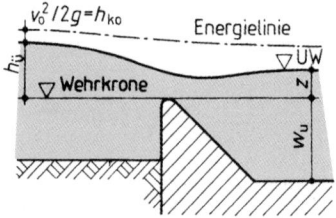

Abb. 19.44 Unvollkommener Überfall

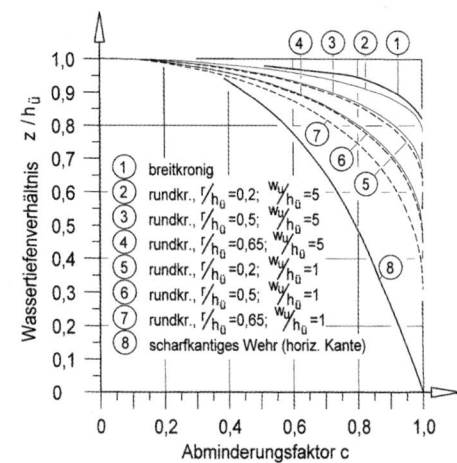

Abb. 19.45 C-Werte für den unvoll. Überfall nach [5]

Ermittlung von $h_{\ddot{u}}$ iterativ, indem für verschiedene $h_{\ddot{u}} \to Q$ ermittelt und mit dem Sollwert verglichen wird.

19.3.4.5.3 Streichwehr

$$Q = \mu^* (2/3) \cdot \sqrt{2g} \cdot L[(h_{\ddot{u}1} + h_{\ddot{u}2})/2]^{1{,}5} \qquad (19.60)$$

mit

$$\mu^* = 0{,}95\,\mu_{\text{normal}} \qquad (19.61)$$

(s. Abschn. 19.3.4.5.1), Bezeichnungen entsprechend Abb. 19.46

$$L = Q/[\mu^* \cdot 1{,}044(h_{\ddot{u}1} + h_{\ddot{u}2})^{1{,}5}] \qquad (19.62)$$

Die Gleichungen gelten nur für $v_o' = Q_o/(b_o \cdot h_o')$ bzw. bei nicht rechteckigen Querschnitten mit $v_0' = Q_o/A_o' <$

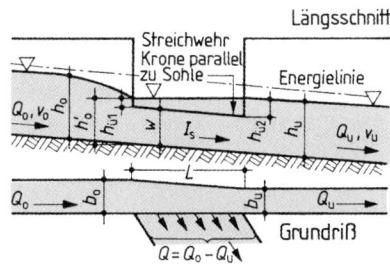

Abb. 19.46 Streichwehr

$0{,}75v_{\mathrm{gr}}$ d. h. sicher strömendem Zufluss an der Vorderkante der Wehrschwelle.

Q_{u} und damit $Q = Q_{\mathrm{o}} - Q_{\mathrm{u}}$ sowie h_{u} sind meist gegeben. Mit dem Q'_{u}, das noch voll, d. h. ohne Überschlag, weiterläuft, wird $w = h'_{\mathrm{u}}$.

Lösungsweg h_{u} aus den Profilkennwerten des UW (evtl. auch Staukurvenberechnung). h'_{o} aus:

$$h'^{3}_{\mathrm{o}} - [\zeta \cdot 1{,}1 \cdot Q^2_{\mathrm{u}} / (b^2_{\mathrm{u}} \cdot h^2_{\mathrm{u}} \cdot 2g) + h_{\mathrm{u}} + \zeta \cdot h_{\mathrm{v}} - I_{\mathrm{s}} \cdot L] \cdot h'^{2}_{\mathrm{o}}$$
$$+ \zeta \cdot 1{,}1 \cdot Q^2_{\mathrm{o}} / (b^2_{\mathrm{o}} \cdot 2g) = f(h'_{\mathrm{o}})$$

und

$$3h'^{2}_{\mathrm{o}} - 2[\zeta \cdot 1{,}1 \cdot Q^2_{\mathrm{u}} / (b^2_{\mathrm{u}} \cdot h^2_{\mathrm{u}} \cdot 2g) + h_{\mathrm{u}} + \zeta \cdot h_{\mathrm{v}} - I_{\mathrm{s}} \cdot L]h'_{\mathrm{o}}$$
$$= f'(h'_{\mathrm{o}})$$

(nach Newton, s. Abschn. 19.3); $\zeta \cdot h_{\mathrm{v}} \approx I_{\mathrm{s}} \cdot L$.

Erster Schätzwert für $h'_{\mathrm{o}} \approx h_{\mathrm{u}}$ bzw. w; ζ aus Abb. 19.47 mit $h_{\mathrm{m}} \approx h_{\ddot{\mathrm{u}}2}$.

Mit dem ersten Wert für h'_{o} Ermittlung von L aus (19.62) und $h_{\mathrm{v}} = I_{\mathrm{Em}} \cdot L$. Es muss ζ_{o} aus der Gleichung $\zeta_{\mathrm{o}} = (h_{\mathrm{u}} - h'_{\mathrm{o}})/(1{,}1v'^{2}_{\mathrm{o}}/2g - 1{,}1v^2_{\mathrm{u}}/2g - h_{\mathrm{v}} + I_{\mathrm{s}} \cdot L)$ mit ζ_{Tafel}

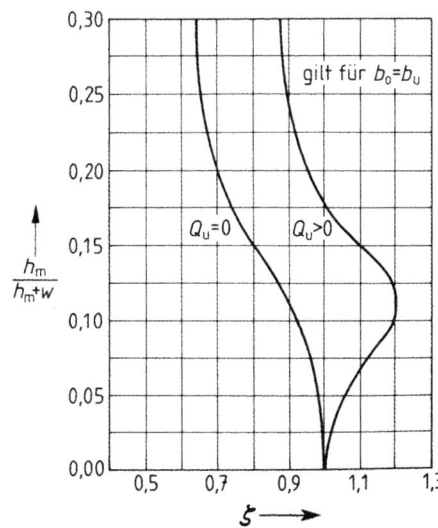

Abb. 19.47 Beiwert ζ

übereinstimmen. Wenn nicht, bei $(h_{\mathrm{u}} - h'_{\mathrm{o}})$ das h'_{o} so ändern, dass $\zeta_{\mathrm{o}} \approx \zeta_{\mathrm{Tafel}}$. Damit ermittelt man ggf. weitere Werte für h'_{o} usw. Meistens reicht $\zeta \cdot h_{\mathrm{v}} = I_{\mathrm{s}} \cdot L$ aus.

Bei $b_{\mathrm{o}} > b_{\mathrm{u}}$ ist $\zeta = 1$.

Überschlagsformel:

$$L = 0{,}8 Q / h^{1,5}_{\ddot{\mathrm{u}}2} \qquad (19.63)$$

(führt zu erhöhten Werten).

19.3.4.5.4 Messwehre und Venturikanal

Rechtecküberfall Nach Rehbock gilt:

a) *Ohne seitliche Einschnürung* des Überfalls $b = B$;

$$Q = (1{,}782 + 0{,}24 \cdot h_{\mathrm{e}}/w) \cdot b \cdot h^{1,5}_{\mathrm{e}} \quad \text{in } \mathrm{m}^3/\mathrm{s} \ (19.64)$$

mit $h_{\mathrm{e}} = h_{\ddot{\mathrm{u}}} + 0{,}0011$ m. Gültig für $w > 0{,}30$ m;

$$0{,}02 \le h_{\mathrm{e}} \le 1{,}25\,\mathrm{m}, \quad h_{\mathrm{e}}/w \le 0{,}65$$

b) *Mit seitlicher Einschnürung* des Überfalls $b < B$ nach Schweizer. Ing. und Architektenverein (Abb. 19.48)

$$Q = 2{,}95 \cdot b \cdot \left[0{,}578 + 0{,}037 \left(\frac{b}{B} \right)^2 + \frac{3{,}615 - 3 \left(\frac{b}{B} \right)^2}{1000 h_{\ddot{\mathrm{u}}} + 1{,}6} \right]$$
$$\cdot \left[1 + 0{,}5 \left(\frac{b}{B} \right)^4 \cdot \left(\frac{h_{\ddot{\mathrm{u}}}}{h_{\mathrm{o}}} \right)^2 \right] \cdot h^{1,5}_{\ddot{\mathrm{u}}}, \qquad (19.65)$$

gültig für

$$w \ge 0{,}30\,\mathrm{m}, \quad \frac{b}{w} \le 1; \quad 0{,}025 \cdot \frac{B}{b} \le h_{\ddot{\mathrm{u}}} \le 0{,}80\,\mathrm{m}.$$

Dreiecküberfall (Thomson-Messwehr)

$$Q = \frac{8}{15} \mu \tan \frac{\alpha}{2} \sqrt{2g} h^{2,5}_{\ddot{\mathrm{u}}} \quad \text{in } \mathrm{m}^3/\mathrm{s} \qquad (19.66)$$

mit $\mu = 0{,}565 + 0{,}0087/\sqrt{h_{\ddot{\mathrm{u}}}}$ nach Strickland für $B > 8h_{\ddot{\mathrm{u}}}$, $\alpha = 90°$, $w \ge 3h_{\ddot{\mathrm{u}}}$, Bezeichnungen enthält Abb. 19.49.

Für Abläufe aus breiten Becken mit $\alpha = 90°$

$$Q = 1{,}35 \cdot h^{2,48}_{\ddot{\mathrm{u}}} \quad \text{in } \mathrm{m}^3/\mathrm{s} \qquad (19.67)$$

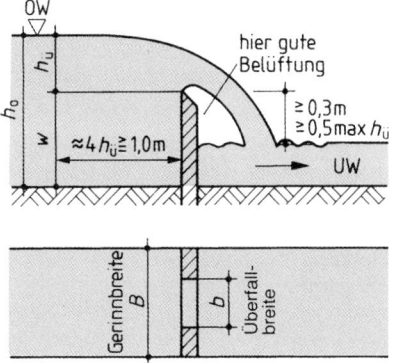

Abb. 19.48 Rechteckmesswehr

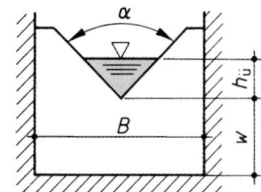

Abb. 19.49 Dreieckmesswehr

Venturikanal mit Fließwechsel

$$Q = \alpha \cdot \mu \cdot b \cdot h_o^{1,5} \quad \text{in m}^3/\text{s} \qquad (19.68)$$

mit den Bezeichnungen in Abb. 19.50.

Es **muss sein** $h_u \leq h_o \cdot (h_u/h_o)_{\text{Tafel}}$, sonst Sohlsprung von ① nach ② anordnen. Sinnvoller Bereich für die Einschnürung: $0{,}25 \leq b/B \leq 0{,}75$.

Es ist

$$\mu = \sqrt{g}\,[2 \cdot (B/b) \cdot \cos(60° + \psi/3)]^{1,5} \qquad (19.69)$$

mit

$$\psi = \arccos(b/B)\,; \qquad (19.70)$$

$$\frac{h_u}{h_o} = \frac{\cos(60° + \psi/3)}{2 \cdot \cos(60° - \psi/3)}$$
$$\cdot \left[-1 + \sqrt{1 + 64(B/b) \cdot \cos^3(60° - \psi/3)}\right] \quad (19.71)$$

Anhaltswerte enthält Tafel 19.32.

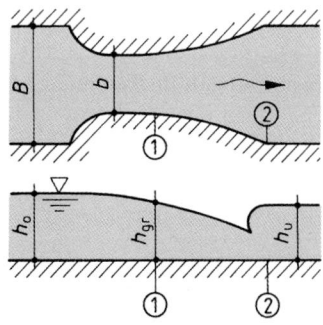

Abb. 19.50 Venturikanal

Abb. 19.51 Durchfluss an Schwellen:
a positive Schwellen,
b negative Schwellen

Tafel 19.32 [2]

b/B	μ	h_u/h_o	b/B	μ	h_u/h_o
0,25	1,729	0,561	0,50	1,813	0,754
0,30	1,740	0,607	0,55	1,840	0,784
0,35	1,754	0,649	0,60	1,872	0,812
0,40	1,770	0,687	0,65	1,909	0,839
0,45	1,790	0,722	0,70	1,954	0,865
0,50	1,813	0,754	0,75	2,009	0,889

$\alpha = 0{,}95$ bis $1{,}0$ je nach OW-seitiger Ausrundung i. M. $\alpha = 0{,}97$

19.3.4.5.5 Durchfluss an Schwellen

$$h_o^3 - \left(\frac{2Q^2}{h_u \cdot b^2 \cdot g} + h_u^2 + c(2 \cdot h_u + s) \cdot s\right) \cdot h_o + \frac{2Q^2}{b^2 \cdot g}$$
$$= h_o^3 - c_1 \cdot h_o + c_2 = 0 \Rightarrow f(h_o) \qquad (19.72)$$
$$3h_o^2 - c_1 = 0 = f'(h_o) \qquad (19.73)$$

Bezeichnungen enthält Abb. 19.51.

Iteration mit

$$h_{o1} = h_u + v_u^2/2g \pm s; \quad h_{o2} = h_{o1} - \frac{f(h_{o1})}{f'(h_{o1})}$$

oder Zielwertabfrage $f(h_o) = 0$; veränderlich: h_o.

Bei negativer Schwelle gilt das untenstehende $(-)$, für s steht w und in der Klammer:

$$(2 \cdot h_o + w)\,. \qquad (19.74)$$

Der Beiwert $c \approx 1$ bis $1{,}1$ berücksichtigt den dynamischen Anteil des Wasserdruckes auf die Schwelle. Zur Kontrolle: der Energieverlust $h_v = (v_o^2 - v_u^2)/2g + h_o - h_u - s$ (bzw. $+w$ bei negativer Schwelle) muss > 0 sein.

19.3.4.5.6 Ausfluss unter Schützen

$$Q = \varkappa \cdot \mu \cdot a \cdot b \cdot \sqrt{2gh_o} \quad \text{in m}^3/\text{s} \qquad (19.75)$$

$b = $ Öffnungsbreite

$$\mu = \delta/\sqrt{1 + \delta \cdot a/h_o}; \qquad (19.76)$$

$\delta = $ Einschnürungsbeiwert. Weitere Variable sind in Abb. 19.52 erläutert.

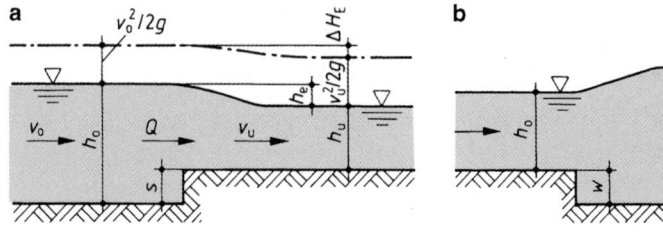

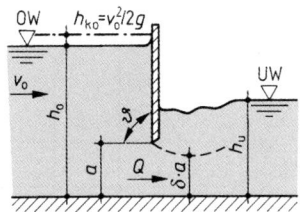

Abb. 19.52 Schütz

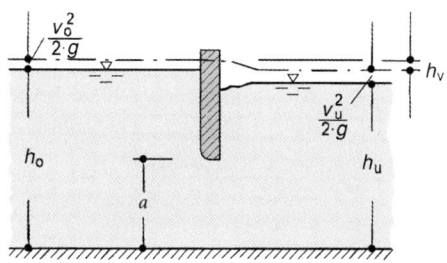

Abb. 19.54 Tauchwand

$\varkappa = 1$: vollkommener Ausfluss, z. B. bei $h_\mathrm{u}/a \leq 5{,}9$ und $h_\mathrm{o}/a = 15$

$\delta \approx 0{,}45$ bei scharfkantigen Holzbalkentafeln mit $\vartheta = 90°$ aus Großversuch

$\delta \approx 0{,}59$ bis $0{,}62$ bei senkrechten scharfkantigen Schützen mit $\vartheta = 90°$

$\delta \approx 0{,}75$ bei $\vartheta = 45°$

$\delta \approx 0{,}70$ bei $\vartheta = 60°$ und bei $\vartheta = 90°$ mit abgerundeter Ablösungskante

$\delta \approx 0{,}81$ bei $\vartheta = 30°$

Unvollkommener Ausfluss bei

$$\frac{h_\mathrm{u}}{a} \geq \frac{\delta}{2} \cdot \left[-1 + \sqrt{\frac{16 \cdot h_\mathrm{o}^2/a^2}{\delta \cdot (\delta + h_\mathrm{o}/a)} + 1} \right].$$

Dann wird $\varkappa = (m - (m^2 - 1 + h_\mathrm{u}^2/h_\mathrm{o}^2)^{0{,}5})^{0{,}5}$; mit:

$$m = 1 - 2 \cdot \delta \cdot a/h_\mathrm{o}/(1 + \delta \cdot a/h_\mathrm{o})$$
$$+ 2 \cdot \delta^2 \cdot a^2/h_\mathrm{o}/h_\mathrm{u}/(1 + \delta \cdot a/h_\mathrm{o}) \qquad (19.77)$$

Mit $c_\mathrm{a} = \varkappa \cdot \mu$ vereinfacht sich der unvollkommene Ausfluss zu $Q = c_\mathrm{a} \cdot a \cdot b \cdot \sqrt{2gh_0}$ Werte für c_a sind Abb. 19.53 zu entnehmen.

19.3.4.5.7 Tauchwandverluste

Energiehöhenverlust an der Tauchwand entsprechend Abb. 19.54.

$$h_\mathrm{v} = \zeta \cdot \frac{v_\mathrm{u}^2}{2 \cdot g}$$

$$\zeta = \frac{h_\mathrm{u}^2}{a^2} - 2 \cdot \frac{\sqrt{1 - 2\mathrm{Fr}_\mathrm{u}^2 \cdot (h_\mathrm{u}/a - 1)}}{\mathrm{Fr}_\mathrm{u}^2} - 1 \qquad (19.78)$$

$$\mathrm{Fr}_\mathrm{u} = \frac{v_\mathrm{u}}{\sqrt{g \cdot h_\mathrm{u}}}$$

Bei einer exakteren Berechnung durch Iteration setzt man den Erweiterungsverlust unter Berücksichtigung der Einschnürung an.

19.3.4.6 Freier Ausfluss aus einer Öffnung über UW

a) h_0/d bzw. $h_0/a \geq 4$

$$Q = \alpha A \cdot \sqrt{2g(h_0 + h_{k0})} \quad \text{in m}^3/\text{s} \qquad (19.79)$$

nach Torricelli.
Für Rechtecköffnungen ist $\alpha \mathrel{\widehat=} \mu$, siehe b).
Ausflusszahl α entsprechend Tafel 19.33, Variable wie in Abb. 19.55 und 19.56 dargestellt.

Tafel 19.33 Ausflusszahl α

Öffnung	Sehr schlecht	Scharfkantig	Abgeschrägt	Abgerundet
α	$< 0{,}6$	$0{,}59$ bis $0{,}65$	$0{,}85$ bis $0{,}90$	$0{,}90$ bis $0{,}99$

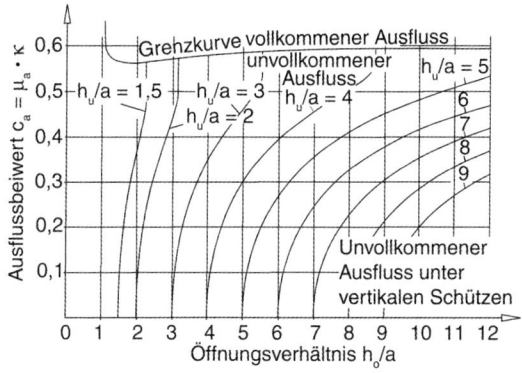

Abb. 19.53 c_a-Werte für unvollkommenen Ausfluss

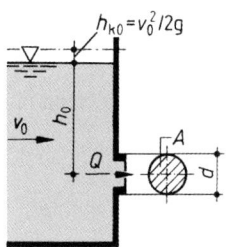

Abb. 19.55 Runde Ausflussöffnung

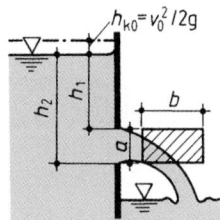

Abb. 19.56 Rechtecköffnung

b) $h_0/a < 4$, Rechtecköffnungen

$$Q = \frac{2}{3}\mu \cdot b \cdot \sqrt{2g}\left[(h_2 + h_{k0})^{1,5} - (h_1 + h_{k0})^{1,5}\right]$$
(19.80)

a/b	0	0,5	1	1,5	2
μ	0,67	0,64	0,58	0,50	0,44

19.3.4.7 Aufstau vor Rechen

$$z \approx 4(s/a) \cdot \delta \cdot \sin a \cdot v_0^2/2g \quad \text{in m} \quad (0{,}125 \le s/a \le 1{,}0)$$
(19.81)

a li. Stababstand,

s Stabdicke,

δ Formbeiwert: ▨ $\delta = 1$; ▱ $\delta = 0{,}5$;

α Rechenneigung gegen die Sohle;

v_0 Zulaufgeschwindigkeit bezogen auf die Projektion der Rechenfläche in Fließrichtung in m/s.

Bei Verlegung des Rechens, z. B. um 40 %, steigt s/a auf $s/(1-0{,}4)a$ an. Eventuell Einschnürungsverluste nach Abschn. 19.3.2.3.4 ansetzen, s. a. [4].

19.3.5 Schleppwirkung in Wasserläufen

19.3.5.1 Feststoffbewegung und Sohlabpflasterung

Die nachfolgende Zusammenstellung erleichtert den Einstieg in die Berechnung der transportierten Massen und die mit aufgeführten dimensionslosen Parameter vereinfachen die anzuwendenden Formeln:

Sohl- bzw. Wandschubspannung in N/m²:

$$\tau_0 = \varrho \cdot g \cdot r_{hy} \cdot I_E$$
(19.82)

Relativer Dichteunterschied (ϱ_F als Dichte des Feststoffs):

$$\varrho' = (\varrho_F - \varrho_w)/\varrho_w, \quad \text{für Sand in Wasser } \varrho' \approx 1{,}65$$

Schubspannungsgeschwindigkeit an der Sohle in m/s:

$$v^* = \sqrt{\tau_0/\varrho_w}$$

Maßgebender Korndurchmesser d_m lt. Abb. 19.57 (für die Formeln d_m in m).

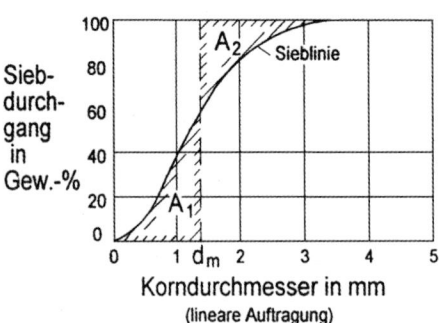

Abb. 19.57 Ermittlung von $d_m (A_1 = A_2)$

Relative Schubspannung (auch Feststoff-Froude-Zahl):

$$\theta = \frac{v^{*2}}{\varrho' \cdot g \cdot d_m} = \frac{\tau_0}{(\varrho_F - \varrho_w) \cdot g \cdot d_m}$$

Feststoff-Reynolds-Zahl

$$\text{Re}^* = \frac{v^* \cdot d_m}{\nu}$$

Dimensionslose Transportgröße (mit $\dot{m}$ als breitenbezogenem Massenstrom in kg/(m s)):

$$\phi = \frac{\dot{m}}{\varrho_F} \cdot \frac{1}{\sqrt{\varrho' \cdot g \cdot d_m^3}}$$

aus der benetzten Fläche herrührender Spannungsanteil:

$$\tau_0' = c_\tau \cdot \tau_0 \quad \text{und} \quad \theta' = c_\tau \cdot \theta \quad \text{mit } c_\tau = \left(\frac{k_{St,So}}{k_{St,r}}\right)^{1,5}$$

mit

$k_{St,So}$ Gesamtrauheitsbeiwert nach Strickler mit Unebenheiten (wie Riffel)

$k_{St,r}$ Rauheitsbeiwert des Korns; Überschlag $k_{St,r} = \frac{26}{\sqrt[6]{d_{90}}}$ mit dem Korndurchmesser d_{90} in m.

Normalfall nach Jäggi $c_\tau \approx 0{,}85$; bei ebener Sohle $c_\tau \approx 1$.

Dimensionslose Transportgrößen:

Geschiebe nach Meyer-Peter und Müller:

$$\phi_G = 8 \cdot (\theta' - \theta_{crit})^{3/2}$$

Geschiebe nach Zanke:

$$\phi_G = 0{,}04 \cdot \sqrt{\frac{8 \cdot \varrho' \cdot d_m}{\lambda \cdot h}} \cdot \frac{\theta^{2,5}}{\theta_{crit}^{1,5}} \cdot \frac{1}{1 + 10 \cdot (\theta_{crit}/\theta)^7}$$

mit θ_{crit} aus Abb. 19.58.

Der Geschiebetrieb als transportierte Masse je Zeit- und Breiteneinheit errechnet sich aus der dimensionslosen Transportgröße zu

$$\dot{m}_G = \varrho_F \cdot \sqrt{\varrho' \cdot g \cdot d_m^3} \cdot \phi_G.$$

Abb. 19.58 Kritischer Wert der relativen Schubspannung θ_{crit} nach Shields als Abhängige der Feststoff-Reynolds-Zahl für ebene Sohle

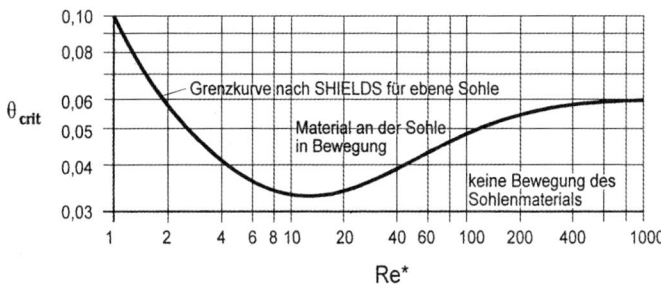

Feststoff nach Pernecker-Vollmers:

$$\phi_{\text{F}} = \frac{\theta^{1,5}}{0,04} \cdot (\theta - 0,04)$$

Feststoff nach Engelund-Hansen:

$$\phi_{\text{F}} = \frac{2}{5} \frac{\theta^{5/2}}{\lambda}$$

Erforderliche Korndurchmesser für eine *Abpflasterung der Sohle* (mit 1,55-facher Sicherheit).

$$d_{\text{m}} \approx d_{50} = 20 \cdot (b/l_{\text{u}}) \cdot h \cdot I_{\text{E}} \quad \text{in m} \qquad (19.83)$$

Schichtdicke s bei einheitlichem Korn,

$$s = (2 \text{ bis } 3)d_{\text{erf}} \quad 0,9\,d_{\text{m}} \leq d_{\text{erf}} \leq 1,1\,d_{\text{m}} \qquad (19.84)$$

Schichtdicke bei gemischtem Korn,

$$s = 1,6\,d_{\text{erf}} \quad 0,6\,d_{\text{m}} \leq d_{\text{erf}} \leq 1,6\,d_{\text{m}} \qquad (19.85)$$

Auf den Böschungen gerade verlaufender Kanäle beträgt einerseits die Schubspannung nur etwa 75% der Sohlschubspannung, andererseits muss die geringere Stabilität der Körnung berücksichtigt werden. Bei naturnah gestalteten Fließgewässern sollte wegen des mäandernden Verlaufs für die Böschungen zumindest die Sohlschubspannung angesetzt werden. Der Abminderungsfaktor K ist (nach Lane, ASCE, 1953) definiert zu

$$K = \cos\alpha \cdot \sqrt{1 - (\tan^2\alpha / \tan^2\varphi)} \qquad (19.86)$$

mit

α Böschungsneigung,
φ Winkel der inneren Reibung unter Wasser n. Abb. 19.59.
Mit K ist die zulässige Schubspannung abzumindern oder der Korndurchmesser mit dem Kehrwert zu vergrößern.
$\tau_{\text{zul,Bö}} = \tau_{\text{zul}} \cdot K; d_{\text{m,Bö}} = d_{\text{m}}/K$.

19.3.5.2 Grenzschleppspannung
Für den praktischen Gebrauch sind die Grenzschleppspannung τ_0 nach DIN 19661-2 (9.00), Sohlbauwerke in Tafel 19.34 sowie in Abb. 19.60 und 19.61 angegeben.

Die Porenzahl $e = (V - V_{\text{s}})/V_{\text{s}}$ ermittelt sich aus dem Gesamtvolumen V der bindigen Bodenprobe und V_{s} dem Feststoffvolumen derselben.

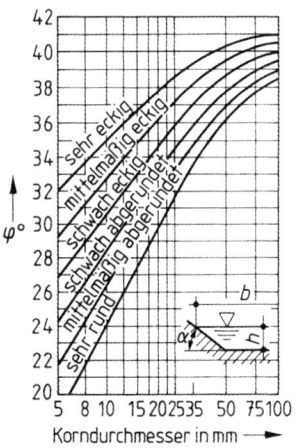

Abb. 19.59 Reibungswinkel φ in nichtbindigem Material

Tafel 19.34 Grenzwerte für Schleppspannung τ_0

	Sohlenbeschaffenheit	τ_0 in N/m^2
Einzel-korn-gefüge	Feinsand, Korngröße 0,063 bis 0,2 mm	1,0
	Mittelsand, Korngröße 0,2 bis 0,63 mm	2,0
	Grobsand, Korngröße 0,63 bis 1 mm	3,0
	Grobsand, Korngröße 1 bis 2 mm	4,0
	Grobsand, Korngröße 0,63 bis 2 mm	6,0
	Kies-Sand-Gemisch, Korngröße 0,63 bis 6,3 mm festgelagert, langanhaltend überströmt	9,0
	Kies-Sand-Gemisch, Korngröße 0,63 bis 6,3 mm, festgelagert, kurzzeitig überströmt	12,0
	Mittelkies, Korngröße 6,3 bis 20 mm	15,0
	Grobkies, Korngröße 20 bis 63 mm	45,0
	Plattiges Geschiebe, 1 bis 2 cm hoch, 4 bis 6 cm lang	50,0
Boden wenig kolloidal	Lehmiger Sand	2,0
	Lehmhaltige Ablagerungen	2,5
	Lockerer Schlamm	2,5
	Lehmiger Kies, langanhaltend überströmt	15,0
	Lehmiger Kies, kurzzeitig überströmt	20,0
Boden stark-kolloidal	Lockerer Lehm	3,5
	Festgelagerter Lehm	12,0
	Ton	12,0
	Festgelagerter Schlamm	12,0
	Rasen verwachsen, langanhaltend überströmt	15,0
	Rasen verwachsen, kurzzeitig überstromt	30,0

19

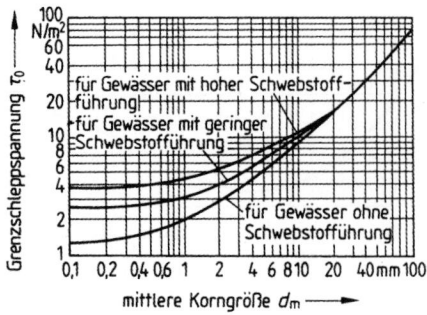

Abb. 19.60 Grenzschleppspannung für nichtbindige Sohlenmaterialien in Abhängigkeit von der mittleren Korngröße d_m

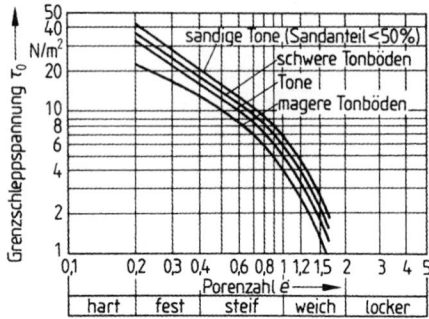

Abb. 19.61 Grenzschleppspannung für bindige Sohlenmaterialien in Abhängigkeit von der Porenzahl e

19.3.5.3 Bemessung von Schüttsteinen für Deckwerke

Das Deckwerk ist auf verschiedenste Einwirkungen (Fließgeschwindigkeit, Wellen, Schraubenstrahl) und geotechnische Anforderungen hin zu bemessen. Nachfolgend wird nur die Fließgeschwindigkeit bzw. das Gefälle berücksichtigt. Einen einfachen und erprobten Ansatz zur Bemessung des Schüttsteindurchmessers d_{50} bei 50 % Siebdurchgang für die Beanspruchung durch die Fließgeschwindigkeit wurde von S. V. Isbash definiert und in [15] weitergehend beschrieben:

$$d_{50} = \frac{v^2}{C^2 \cdot 2 \cdot g \cdot \left(\frac{\rho_S - \rho_W}{\rho_W}\right)}$$

mit

v [m/s] Fließgeschwindigkeit
C [–]   Beiwert,
      $C = 0{,}86$ für hochturbulente Zonen, z. B. Tosbecken, Rampen
      $C = 1{,}2$ für Gewässer mit geringem Gefälle
g [m/s²] Erdbeschleunigung
ρ_S [kg/m³] Dichte des Steinmaterials
ρ_W [kg/m³] Dichte des Wassers
Weitere Einzelheiten sind in [15] enthalten. Für Beanspruchungen durch Wellen wird auf [12] verwiesen.

Für die Ausbildung von Rampen mit Schüttsteinen wird der Ansatz von Whittaker und Jäggi für den kritischen Abfluss je Breiteneinheit q [m³/(s · m)] (spezifischer Abfluss oder Erguss) mit folgendem Ansatz beschrieben:

$$q_{\text{krit}} = 0{,}257 \cdot \left(g \cdot \frac{\rho_S - \rho_W}{\rho_W}\right)^{1/2} \cdot I_{\text{So}}^{-7/6} \cdot d_S^{3/2}$$

mit I_{So} [–] Sohlengefälle.

Für den zulässigen spezifischen Abfluss wird von Jäggi unter Berücksichtigung von Bau- und materialbedingten Unregelmäßigkeiten die Abminderung um 40 % empfohlen

$$q_{\text{zul}} = 0{,}6 \cdot q_{\text{krit}}.$$

Für die Abschätzung des Siebdurchgangs bei 50 % Gewichtsanteil gilt für diesen Ansatz

$$d_{50} = \frac{d_S}{1{,}25}.$$

Die Dicke des Deckwerks ist wenigstens mit $2 \cdot d_{50}$ bzw. $1{,}5 \cdot d_{100}$ auszuführen. Bezüglich des darunter befindlichen Bodens ist die Filterstabilität zu betrachten. In der Regel sind Kornfilter oder Geotextilfilter vorzusehen.

19.3.6 Grundwasserbewegung [6]

19.3.6.1 Freier Grundwasserspiegel

Zulauf zum Einzelbrunnen

$$Q = [\pi \cdot k_f(h_{\text{Gr}}^2 - h^2)]/(\ln R - \ln r) \quad \text{in m}^3/\text{s} \quad (19.87)$$

Verschiedentlich wird der Radius r abweichend von Abb. 19.62 mit $r = (d_F + d_B)/4$ angesetzt.

Fassungsvermögen eines Brunnens

$$q = 2 \cdot \pi \cdot r \cdot h \cdot \sqrt{k_f}/15 \quad \text{in m}^3/\text{s} \quad (19.88)$$

optimale Absenkung s_{opt} bei: $Q = q \stackrel{\wedge}{=} Q_{\max}$.

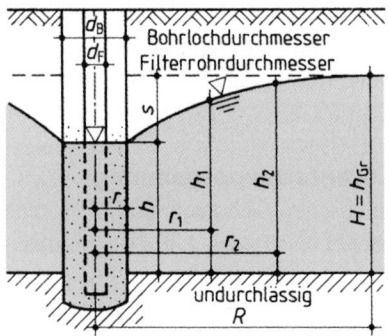

Abb. 19.62 Zulauf zum Einzelbrunnen

Tafel 19.35 Grobe Anhaltswerte für k_f in m/s verschiedener Bodenarten

Bodenart	k_f
Kies 4 bis 8 mm ohne Beimengung	$3{,}5 \cdot 10^{-2}$
Kies 2 bis 4 mm ohne Beimengung	$2{,}5 \cdot 10^{-2}$
Diluvialterrasse, Donau bei Straubing	$1{,}5 \cdot 10^{-2}$
Grobkies mit Mittelkies und Feinsand	$7{,}0 \cdot 10^{-3}$
Mittelsand, Langen, Ffm	$1{,}5 \cdot 10^{-3}$
Dünensand (Nordsee)	$2 \cdot 10^{-4}$
Teils feste Sande mit Feinkies	1 bis $1{,}5 \cdot 10^{-4}$
Tonige Sande	$1 \cdot 10^{-4}$
Grobkies mit Sand	$5 \cdot 10^{-3}$
Grob-, Mittelsand, Feinkies	3 bis $4 \cdot 10^{-3}$

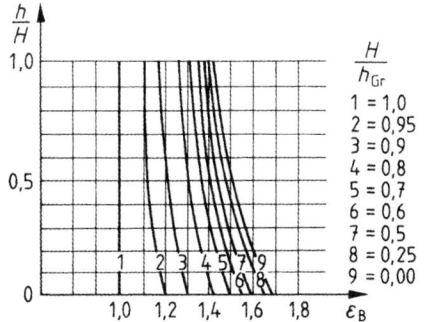

Abb. 19.63 Vergrößerungsfaktor ε_B für einen unvollkommenen Brunnen nach Breitenöder

Betriebsabsenkung bei der Wassergewinnung

$$s \le h_{Gr}/3 \quad \text{bzw.} \quad s \le 0{,}6 \text{ bis } 0{,}75\, s_{opt}$$

nach Sichardt:

$$R = 3000 \cdot s \cdot \sqrt{k_f} \quad \text{in m;} \qquad (19.89)$$

$k_f = $ Durchlässigkeitsbeiwert m/s aus Pumpversuch mit verschiedenen $Q = $ const bis $s = $ const. Ablesungen an mindestens zwei Pegelbrunnen mit Abstand r_1 und r_2, üblich 6 bis 12 Pegel:

$$k_f = Q \left(\ln r_2 - \ln r_1\right) / \left[\left(h_2^2 - h_1^2\right) \cdot \pi\right] \quad \text{in m/s.}$$

Ein besseres Bild von der Abhängigkeit von k_f von der Größe der Absenkung s, vor allem bei unterschiedlich geschichteten Boden, gibt die graphische raumzeitliche Auswertung [6].

Aus der Kornverteilungskurve gilt nach Hazen und Beyer [6] bei mittlerer natürlicher Lagerungsdichte $k_f \approx 0{,}0116 \cdot C_U^{-0{,}201} \cdot d_{10}^2$ [m/s]; für $1 \le C_U \le 30$ mit $C_U = d_{60}/d_{10}$; (d_{10} ist der Korndurchmesser in mm bei 10 % Siebdurchgang;) bei dichtester Lagerung reduziert sich k_f um 20 %; bis zur lockersten Lagerung steigt k_f um 20 % bei $C_U = 1$, um 40 % bei $C_U = 5$ und um 50 % bei $C_U = 15$ bis 30. Werte für k_f enthält Tafel 19.35.

Beachte bei Wasserversorgungsbrunnen Filtereintrittsmenge nach Truelsen wegen Verockerung $q_F \le 28{,}3/d_{WK}$ in m³/(m² · h) mit d_{WK} in mm = größtes Filterkorn direkt am Filterrohr.

Filterregel $d_F = (4 \text{ bis } 5)\, d_{80}$ für $C_U < 3$; $d_F = (4 \text{ bis } 5)\, d_{90}$ für $3 \le C_U \le 5$. Bei $C_U > 5$ wird aus der Probe so lange Grobkorn entfernt, bis $C_U \le 5$.

Ein Brunnen wird zum *unvollkommenen Brunnen* bei

$$h_{Gr} > H = h + s.$$

In die Gleichung für Q tritt H an die Stelle von h_{Gr} und die Leistung des Brunnens erhöht sich um den Faktor ε_B nach Abb. 19.63

$$Q_{unv} = \varepsilon_B \cdot Q_{vollk} \qquad (19.90)$$

Bei undurchlässiger Brunnensohle verringert sich der Zufluss um den Faktor

$$m_s = 2h/(2h + r) \qquad (19.91)$$

Hierbei gilt ein unten verschlossenes Filterrohr mit Kiesunterschüttung noch als durchlässig.

Zulauf bei horizontaler Wasserfassung Der Zufluss zu Gräben, Sickerschlitzen oder horizontalen Dränleitungen kann bei Vorliegen gleicher Voraussetzungen analog zum Brunnenzufluss mit dem Ansatz nach Dupuit-Thiem berechnet werden. Es wird ein unendlich langer Graben und damit ein ebener Strömungszustand vorausgesetzt. Betrachtet wird eine Grundwasserfassung in Form eines Grabens der Länge L (Abb. 19.64); L senkrecht zur Zeichenebene. Das Grundwasser fließt dem Graben in einer ebenen Strömung einseitig zu.

Im Abstand x vom Grabenrand beträgt die Grundwassereintrittsfläche $A_{Gw} = L \cdot y$. Die Filtergeschwindigkeit in

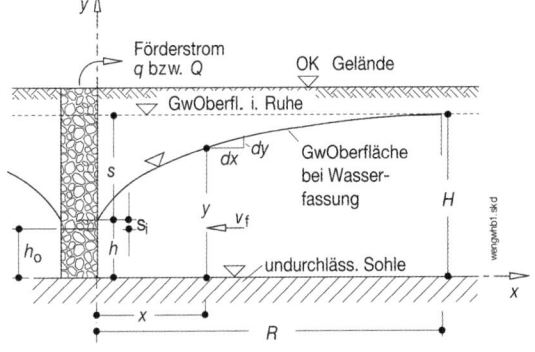

Abb. 19.64 Grabenzufluss für freies Grundwasser

dieser Fläche beträgt nach Darcy $v_f = k_f \cdot I = k_f \cdot \mathrm{d}y/\mathrm{d}x$. Aus der Kontinuitätsgleichung ergibt sich dann die Differentialgleichung für den **Wasserandrang Q** bei **einseitigem** Zustrom:

$$Q = L \cdot y \cdot k_f \cdot \frac{\mathrm{d}y}{\mathrm{d}x}. \qquad (19.92)$$

L [m] = Länge des Grabens.

Trennung der Variablen x und y, Integration und Verwendung der Randbedingung $y(x = 0) = h$ (Abb. 19.64) zur Bestimmung der Integrationskonstanten führt zur allgemein formulierten Gleichung für den Wasserandrang:

$$Q = L \cdot k_f \cdot \frac{(y^2 - h^2)}{2 \cdot x} \qquad (19.93)$$

bzw. für den Rand des Absenktrichters mit $y(x = R) = H$ zur Funktion für den Wasserandrang nach Dupuit-Thiem:

$$Q = L \cdot k_f \cdot \frac{H^2 - h^2}{2 \cdot R} \qquad (19.94)$$

Bei **beidseitigem** Zufluss verdoppelt sich der Wasserandrang.

Durch Umstellung der (19.93) ergibt sich bei bekanntem Förderstrom Q die Funktion der **Absenkkurve**:

$$y = \sqrt{h^2 + \frac{2 \cdot x \cdot Q}{L \cdot k_f}}.$$

In unmittelbarer Nähe des Grabens (Abb. 19.64) stellt sich eine Sickerstrecke s_i ein, die besonders bei feinkörnigen Böden eine nicht vernachlässigbare Größe erreichen kann. Die Werte für s_i nach Chapman können gem. [6] aus Abb. 19.65

entnommen werden und die Wassertiefe h_0 im Graben wird mit $h_0 = h - s_i$; angesetzt.

Die **Reichweite R** ist im ebenen Fall kleiner als beim axialsymmetrischen Brunnenzufluss und beträgt:

$$R = 1500 \ldots 2000 \cdot s \cdot \sqrt{k_f}. \qquad (19.95)$$

Das **Fassungsvermögen q** beträgt in Analogie zum Einzelbrunnen bei einseitiger Anströmung

$$q = L \cdot h \cdot \frac{\sqrt{k_f}}{15} \qquad (19.96)$$

und ist bei beidseitiger Anströmung zu verdoppeln.

19.3.6.2　Gespannter Grundwasserspiegel

Zulauf zum Einzelbrunnen

$$Q = 2\pi \cdot k_f \cdot m \, (h_{Gr} - h) \, / \, (\ln R - \ln r) \quad \text{in m}^3/\text{s} \qquad (19.97)$$

mit Bezeichnungen nach Abb. 19.66.

Fassungsvermögen des Brunnens

$$q = 2\pi \cdot r \cdot m \cdot \sqrt{k_f}/15 \quad \text{in m/s} \qquad (19.98)$$

aus Pumpversuchen:

$$k_f = Q(\ln r_2 - \ln r_1)/[2\pi \cdot m(h_2 - h_1)] \quad \text{in m/s} \qquad (19.99)$$

Zulauf zu einem **Sickerschlitz** je lfd. m von **einer** Seite her:

$$q = k_f \cdot m \, (h_{Gr} - h) \, / \, R' \quad \text{in m}^3/(\text{m s}) \qquad (19.100)$$

Zulauf bei horizontaler Fassung und gespanntem Grundwasser Betrachtet wird der in Abb. 19.67 dargestellte Grundwasserleiter mit der Mächtigkeit m. Es wird vorausgesetzt, dass die Absenkung innerhalb des Bereichs der undurchlässigen Schicht erfolgt ($h \geq m$).

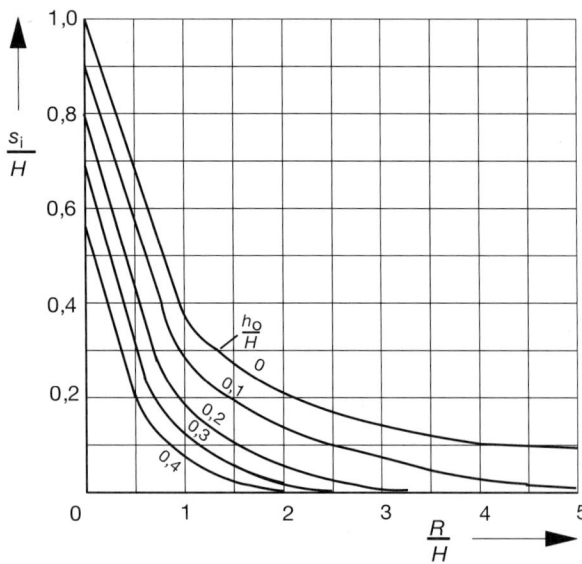

Abb. 19.65 s_i-Werte nach Chapman aus [6]

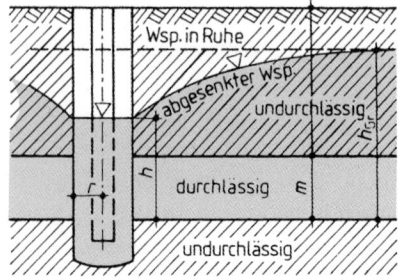

Abb. 19.66 Einzelbrunnen mit gespanntem Grundwasserspiegel

Abb. 19.67 Grabenzufluss für gespanntes Grundwasser

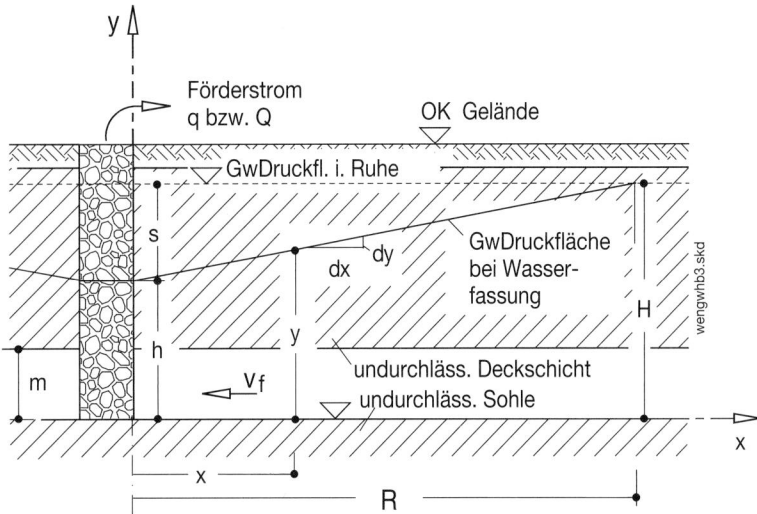

Für den in Abb. 19.67 dargestellten Zustand, d. h. bei einer Absenkung, die sich auf den Bereich der undurchlässigen Schicht beschränkt ($h \geq m$), beträgt der **Wasserandrang** bei **einseitigem** Grabenzufluss und einer Länge L des Grabens bzw. horizontalen Filters oder Filterrohres:

$$Q = L \cdot m \cdot k_{\mathrm f} \cdot \frac{(y-h)}{x} \quad \text{für } h \geq m, \qquad (19.101)$$

bzw. für den Rand des Absenktrichters ($y = H$ für $x = R$)

$$Q = L \cdot m \cdot k_{\mathrm f} \frac{(H-h)}{R} \quad \text{für } h \geq m. \qquad (19.102)$$

Die Umstellung von (19.101) ergibt bei bekanntem Förderstrom Q die Funktion der **Absenkkurve**:

$$y = h + \frac{Q}{L \cdot m \cdot k_{\mathrm f}} \cdot x \quad \text{für } h \geq m. \qquad (19.103)$$

Gleichung (19.103) verdeutlicht den linearen Verlauf der Grundwasserdruckfläche. Der vom Abstand x unabhängige (konstante) Durchflussquerschnitt ist die Ursache.

Sinkt der Wasserstand im Brunnen unter die Grundwasserdeckfläche ($h < m$), ergibt sich eine Kombination aus freiem und gespanntem Grundwasser. In diesem Fall beträgt der **Wasserandrang** bei **einseitigem** Zufluss:

$$Q = k_{\mathrm f} \cdot L \cdot \frac{(H^2 - h^2) - (H-m)^2}{2 \cdot R} \quad \text{für } h < m. \qquad (19.104)$$

Die **Reichweite R** aus (19.95) gilt sowohl für (19.102) als auch für (19.104).

Das **Fassungsvermögen q** errechnet sich für $h \geq m$ bzw. $h < m$ unterschiedlich:

$$q = L \cdot m \cdot \frac{\sqrt{k_{\mathrm f}}}{15} \qquad \text{für } h \geq m, \qquad (19.105)$$

$$q = L \cdot h \cdot \frac{\sqrt{k_{\mathrm f}}}{15} \qquad \text{für } h < m. \qquad (19.106)$$

19.3.6.3 Erforderliche Antriebsleistung für die Pumpe

$$P_{\mathrm m} = \varrho \cdot g \cdot h_{\mathrm{man}} \cdot Q / \eta' \quad \text{in kW} \qquad (19.107)$$

Damit für Grundwasserpumpen

$$\text{erf } P \approx 16 \cdot Q \cdot h_{\mathrm{man}} \quad \text{in kW} \qquad (19.108)$$

$$K_{\mathrm F} = K_{\mathrm E} \cdot P_{\mathrm m}/(3600 \cdot Q) \quad \text{in €/m}^3 \qquad (19.109)$$

erforderliche elektrische Arbeit für die Förderung eines Volumens V in m^3

$$\begin{aligned} W &= P_{\mathrm m} \cdot V/(3600 \cdot Q) \\ &= 10 \cdot h_{\mathrm{man}} \cdot V/(\eta' \cdot 3600) \quad \text{in kW h} \end{aligned} \qquad (19.110)$$

$\varrho \cdot g \quad \approx 10$

h_{man} Höhenunterschied der Wasserspiegel (bzw. zum Austritt) zuzüglich Energieverlust (nach Abschn. 19.3.2.3) in m

Q Förderstrom der Pumpe in m^3/s

η' Gesamtwirkungsgrad $= \eta_{\mathrm{Motor}} \cdot \eta_{\mathrm p}$

$\eta_{\mathrm{Motor}} \approx 0{,}85$ bis $0{,}90$

$\eta_{\mathrm p} = 0{,}60$ bis $0{,}80$, i. M. $0{,}70$ bei Reinwasserpumpen

$\eta_{\mathrm p} \approx 0{,}35$ bis $0{,}70$, i. M. $0{,}50$ bei Abwasserpumpen

$K_{\mathrm E}$ Strompreis in €/(kW h)

$K_{\mathrm F}$ Förderkosten in €/m^3.

Höhenmäßige Anordnung der Pumpe Die Pumpe benötigt an der Saugseite einen von der Bauform abhängigen Zulaufdruck, um Kavitationsschäden an der Strömungsmaschine zu vermeiden. Dieser Druck kann ober- oder unterhalb des Atmosphärendrucks liegen und wird in der Praxis durch die Nettoenergiehöhe als NPSH-Wert (*Net Positive Suction Head*) über dem Eintrittsquerschnitt des Pumpenlaufrades ausgedrückt (auch als Haltedruck bezeichnet). Gegenüber der sonst gebräuchlichen Energiehöhe unterscheidet

Abb. 19.68 Pumpenanordnung
zwischen einem offenen Behälter
und einem Druckkessel

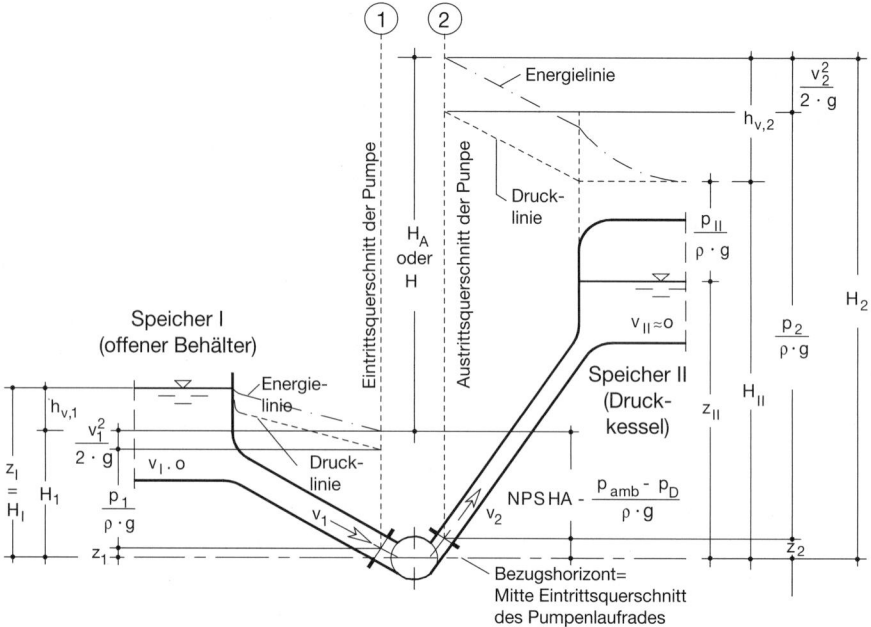

sich diese Größe dadurch, dass bei der Nettoenergiehöhe noch die Differenz zwischen Umgebungs- und Dampfdruckhöhe $(p_{amb} - p_D)/(\varrho \cdot g)$ addiert wird. Die Pumpenhersteller geben die erforderliche Nettoenergiehöhe NPSHR jeweils vor. Die vorhandene Nettoenergiehöhe NPSHA einer Anlage ergibt sich für das in Abb. 19.68 dargestellte Beispiel zu

$$
\begin{aligned}
\text{NPSHA} &= z_1 + \frac{p_1 + p_{amb} - p_D}{\varrho \cdot g} + \frac{v_1^2}{2 \cdot g} \\
&= z_1 + \frac{p_{amb} - p_D}{\varrho \cdot g} - h_{v,1}.
\end{aligned} \tag{19.111}
$$

Für den sicheren Betrieb einer Pumpe wird die Einhaltung der Bedingung NPSHA $\geq$ NPSHR $+ 0{,}5$ m angestrebt.

Neben der Bauform hat der Betriebspunkt Einfluss auf NPSHR. Mit zunehmendem Förderstrom Q (und Absinken der Förderhöhe H_P) wächst die erforderliche Netto-Energiehöhe NPSHR an.

19.4 Hydrologie – Hochwasserabflussspenden

DIN 4049-1 (12.92) Hydrologie, Grundbegriffe, quantitativ

Alle nachfolgend aufgeführten Ansatze zur Ermittlung von HHq ergeben bestenfalls Schätzwerte. Sie sollten nach Möglichkeit immer mithilfe der Daten benachbarter Einzugsgebiete „geeicht" werden. Die Formeln sollten vergleichend, d. h. parallel benutzt werden. Die Häufigkeit des Ereignisses n wird üblicherweise mit 0,01 bis 0,02 angesetzt.

Ab Einzugsgebietsgrößen A_E von 100 bis 200 km^2 sind meist Pegelaufzeichnungen vorhanden, die zur Eichung von Niederschlags-Abflussmodellen unerlässlich sind und aus denen mithilfe statistischer Methoden HHq ermittelt werden

kann. Hierbei werden in der Regel Ganglinien gewonnen, die für die Bemessung der Gewässer besser geeignet und für die der Rückhaltebecken unumgänglich sind.

Überschlägig gilt für die *Jährlichkeit des Hochwassers*:

$$
\text{HQ}_x = \text{HQ}_{100} \cdot f_x \quad \text{bzw.} \quad \text{HQ}_{100} = \text{HQ}_x / f_x \tag{19.112}
$$

mit $f_x = 10^{(0{,}2962 \cdot \lg x - 0{,}5924)}$.

Eine statistische Analyse von Datenreihen erlaubt eine genauere Zuordnung der Jährlichkeit $T_n = \Delta t / P_{ü}$ mit $P_{ü}$ als Überschreitungswahrscheinlichkeit aus einer geeigneten statistischen Verteilung. Bekannt ist die Gauss-Normalverteilung. Während Niederschlagsreihen meist der Normalverteilung entsprechen, sind für Abfluss- und Wasserstandsreihen nach Fechner logarithmierte Ereigniswerte in Verbindung mit der Normalverteilung zu verwenden. Werte der Überschreitungswahrscheinlichkeit lassen sich für die sogenannte normierte Gauss-Verteilung unmittelbar aus Tabellen als Abhängige von $z = (x - \bar{x})/s$ entnehmen (siehe: Kap. 1, Tafel 1.7), mit x als Einzelwert (Ereigniswert oder entsprechender Logarithmus), $\bar{x}$ als zugehöriger Mittelwert und s als Standardabweichung. Für eine Reihe von jährlichen Hochwasserereignissen (Wasserstände oder Abflüsse) werden beispielsweise für das 100-jährliche Ereignis einer Überschreitungswahrscheinlichkeit

$$
P_{ü} = \Delta t / T_n = 1/100 = 0{,}01
$$

und der zugehörige z-Wert aus Tafel 1.7 des Kap. 1 mit $z_{100} = 2{,}326$ (interpoliert) bestimmt. Der Einzelwert für das 100-jährliche Ereignis errechnet sich zu $x_{100} = \bar{x} + s \cdot z_{100}$. Je nach Verwendung logarithmierter Werte wäre noch die Umrechnung mit entsprechenden Basis (e oder 10) erforderlich.

Neben der Log-Normalverteilung werden in der Wasserwirtschaft vor allem die Pearson-III- und die Gumbel-Verteilung verwendet.

Die Verwendung der Log-Pearson-3-Verteilung wird empfohlen, wenn der Schiefekoeffizient c_{sy} der Logarithmen der Abflusswerte positiv ausfällt [2]. Folgende Beziehungen sind heranzuziehen:

$$y_i = \log(HQ_i); \qquad c_{sy} = \frac{n \cdot \sum_{i=1}^{n} (y_i - \bar{y})^3}{(n-1) \cdot (n-2) \cdot s_y^3};$$

$$s_y = \sqrt{\frac{\sum_{i=1}^{n} (y_i - \bar{y})^2}{n-1}}; \qquad \bar{y} = \frac{\sum_{i=1}^{n} y_i}{n}.$$

Methode der maximierten Schiefe Als Methode zur Ermittlung von Abflüssen niedriger Überschreitungswahrscheinlichkeit hat sich das Verfahren der maximierten Schiefe nach Kleeberg und Schumann [9, 10, 13] etabliert. Für die statistische Extrapolation wird durch eine regionale Analyse erreicht, die für alle regionstypischen Pegelstellen gilt und durch mehrere Zeitreihen abgesichert ist. Allerdings ist auch dieses Verfahren als Abschätzung einzustufen [18]. Zunächst wird auf der Basis einer Reihe jährlicher Hochwasserabflüsse der Mittelwert MHQ, die Standardabweichung s_{HQ} und der Schiefekoeffizient cs sowie mit einer entsprechend angepassten statistischen Verteilung der 100-jährlichen Abfluss ermittelt. Dazu wird z. B. der Ansatz

$$HQ_{100} = MHQ + s_{HQ} \cdot k_{100}$$

mit

MHQ [m³/s] Mittelwert der Jahreshöchstabflüsse
s_{HQ} [m³/s]   Standardabweichung der Jahrehöchstabflüsse
k_{100} Häufigkeitsfaktor für eine Jährlichkeit von 100
herangezogen. Die Gumbelverteilung lässt sich anwenden, wenn der Schiefekoeffizient nahe dem für diese Verteilung geltenden Wert von $c_s = 1,14$ liegt. Der entsprechende Wert $k_{100,Gu}$ kann mit dem Ansatz

$$k_{100,Gu} = -\frac{\sqrt{6}}{\pi} \cdot \left(0,577 + \ln\ln\frac{100}{100-1}\right) = 3,137$$

abgeschätzt werden. Andere Ansätze erfassen allerdings auch die von der Anzahl der Hochwasserwerte gegebene Abhängigkeit durch ein reduziertes Mittel und eine reduzierte Standardabweichung. Die Pearson-3-Verteilung berücksichtigt eine variable Schiefe und kann nach [15] für den Bereich $-1 < c_s \leq 1$ näherungsweise mit dem Ansatz

$$k_{100,P3} = \frac{2}{c_s} \cdot \left\{\left[1 + \left(z_{100} - \frac{c_s}{6}\right) \cdot \frac{c_s}{6}\right]^3 - 1\right\}$$

bestimmt werden, wobei die Abhängige z_{100} aus der normierten Normalverteilung für die Jährlichkeit von 100 bzw.

Tafel 19.36 Faktoren $f_{PÜ}$ für kleinere Überschreitungswahrscheinlichkeiten

Jährlichkeit	Überschr.-wahrsch.	Faktor $f_{PÜ}$
100	0,01	1,00
200	0,005	1,26
500	0,002	1,61
1000	0,001	1,89
2000	0,0005	2,17
5000	0,0002	2,54
10.000	0,0001	2,83

die Überschreitungswahrscheinlichkeit $P_Ü = 0,01$ mit $z_{100} = 2,326$ anzusetzen ist. Für andere Überschreitungswahrscheinlichkeiten wäre der z-Wert der Tafel 1.7 des Kap. 1 zu entnehmen.

Für größere Jährlichkeiten zw. kleinere Überschreitungswahrscheinlichkeiten $P_Ü$ wird der Wert k_{100} mit einem Faktor $f_{PÜ}$ multipliziert:

$$HQ_{PÜ} = MHQ + s_{HQ} \cdot k_{100} \cdot f_{PÜ}.$$

Die Werte $f_{PÜ}$ ergeben sich aus [9, 10] für einen maximierten Schiefekoeffizienten $c_s = 4,0$ und der Pearson-3-Verteilung mit Hilfe der in [14] enthaltenen Werte k für größere Jährlichkeiten und sind in Tafel 19.36 wiedergegeben.

19.4.1 Höchstabflussspende nach Wundt

Höchstabflussspende

$$HHq = c \cdot A_E^m \quad \text{in } l/(s\,km^2) \qquad (19.113)$$

A_E Einzugsgebiet in km², $c = 10^{\log c}$ und m aus Tafel 19.37.

100 % = absolute, weltweit gemessene Spitzenwerte, für die man nicht bemessen wird. Für Bergland scheinen Werte um 90 % in der Regel zutreffender zu sein.

Die Prozentzahlen geben die Wahrscheinlichkeit der Nichtüberschreitung an (nicht n).

Tafel 19.37 c- und m-Werte nach Wundt

	Ebene in ozeanischer Lage (I)		Bergland in kontinentaler Lage (II)	
	$\log c$	m	$\log c$	m
100 %	3,180	−0,178	5,699	−0,632
90 %	2,701	−0,118	4,140	−0,406
80 %	2,535	−0,096	3,933	−0,376
70 %	2,369	−0,074	3,726	−0,346
60 %	2,203	−0,052	3,519	−0,316
50 %	2,037	−0,031	3,312	−0,286

19

Abb. 19.69 Normierter HW-
Scheitelabfluss als Abhängige
der Niederschlagsdauer nach [11]

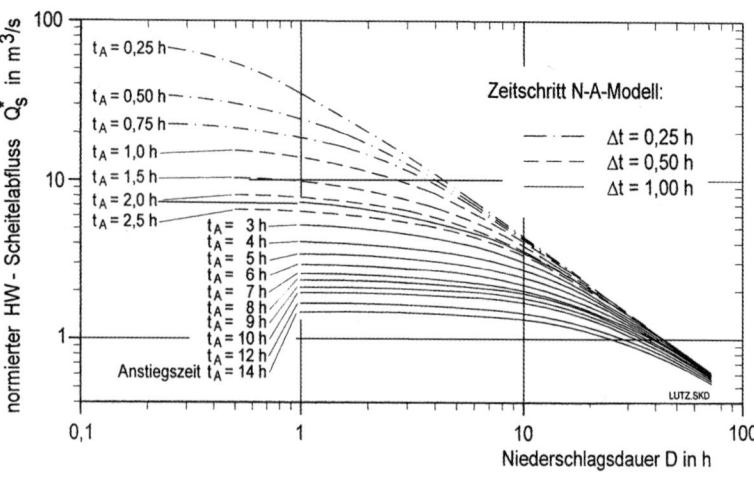

Abb. 19.69 Normierter HW-
Scheitelabfluss als Abhängige
der Niederschlagsdauer nach [11]

19.4.2 Verfahren nach Lutz

Mithilfe eines Niederschlag-Abfluss-Modells ermittelte Lutz [11] Kurven für einen normierten HW-Scheitelabfluss Q_S^*, der auf einen Effektivniederschlag von $N_{eff} = 10\,\text{mm}$ und ein Einzugsgebiet von $A_E = 10\,\text{km}^2$ bezieht. Der Zeitschritt Δt wurde je nach Anstiegszeit t_A zu 0,25 h, 0,50 h und 1,00 h gewählt. Abb. 19.69 gibt Q_S^* als Abhängige der Niederschlagsdauer D für unterschiedliche Anstiegszeiten t_A wieder.

Der Scheitelabfluss für eine Wiederholungszeitspanne T_n ergibt sich aus dem Ansatz

$$Q_S(T_n) = Q_S^*(t_A, D) \cdot \frac{A_E \cdot N_{eff}(T_n, D)}{100} + \text{Mq} \cdot A_E$$
$$(19.114)$$

mit folgenden Variablen

T_n Wiederholungszeitspanne in Jahren
t_A Anstiegszeit der Einheitsganglinie in h
D Niederschlagsdauer in h
A_E Einzugsgebiet in km^2
N_{eff} Effektiver (abflusswirksamer) Niederschlag in mm
Mq mittlere Abflussspende, hier in m^3/(s km^2).
Die Anstiegszeit t_A ergibt sich aus dem Ansatz

$$t_A = P_1 \cdot \left(\frac{L \cdot L_c}{I_G^{1,5}} \right)^{0,26} \cdot e^{-0,016 \cdot U} \cdot e^{0,004 \cdot W} \quad (19.115)$$

mit

P_1 Parameter, abhängig von der Gebietsbebauung und der Vorfluterrauheit:

0,25 natürl. unbebaute Einzugsgeb., Vorfluter nicht od. nur wenig ausgeb.

0,20 schwach bebaute Einzugsgeb., $U = 5$ bis 10 %, Vorfl. teilw. ausgebaut

0,15 stark bebaute Einzugsgeb. $U \approx 30$ %, Vorfluter teilweise ausgebaut

0,10 stark bebaute Einzugsgeb. $U > 30$ %, Vorfluter größtenteils naturfern;

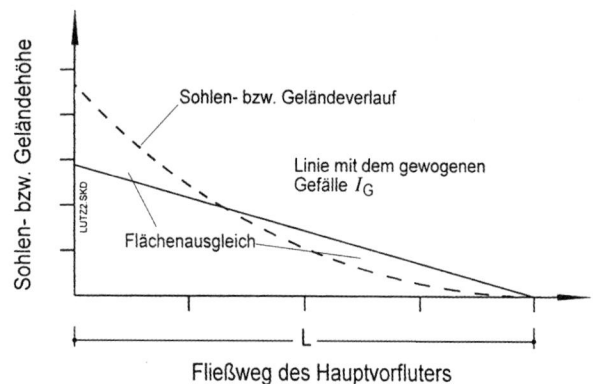

Abb. 19.70 Ermittlung des gewogenen Gefälles I_G nach [11]

P_1 kann auch durch Vergleiche mit bekannten Ganglinien bestimmt werden.

L Länge des Hauptvorfluters in km von der Wasserscheide bis zum Kontrollpunkt (z. B. Pegelstation)

L_c Länge des Hauptvorfluters in km vom A_E-Schwerpunkt bis z. Kontrollpkt., näherungsweise gilt $L_c \approx 0,5 \cdot L$

I Gefälle des Hauptvorfluters von der Wasserscheide bis zum Kontrollpunkt

I_G gewogenes Gefälle des Hauptvorfluters entsprechend Abb. 19.70

U bebauter Flächenanteil in %

W bewaldeter Flächenanteil in %.

Der Effektivniederschlag N_{eff} setzt sich aus Anteilen für die unversiegelten Flächen $N_{eff,u}$ und für die versiegelten Flächen $N_{eff,s}$ zusammen:

$$N_{eff,u} = \left[(N - A_v) \cdot c + \frac{c}{a} \cdot \left(e^{-a \cdot (N - A_v)} - 1 \right) \right] \cdot \frac{A_E - A_s}{A_E}$$
$$(19.116)$$

$$N_{eff,s} = (N - A_v') \cdot \varphi_s \cdot \frac{A_s}{A_E}; \quad N_{eff} = N_{eff,u} + N_{eff,s}$$
$$(19.117)$$

Tafel 19.38 Maximaler Abflussbeiwert bei sehr hohen Niederschlägen

Landnutzung	Max. Abflussbeiwert c			
	Bodentyp			
	A	B	C	D
Waldgebiet	0,17	0,48	0,62	0,70
Ödland	0,71	0,83	0,89	0,93
Reihenkultur/Hackfr./Weinbau etc.	0,62	0,75	0,84	0,88
Getreideanbau (Weizen, Roggen u. Ä.)	0,54	0,70	0,80	0,85
Leguminosen, Klee, Luzerne, Ackerfr.	0,51	0,68	0,79	0,84
Weideland	0,34	0,60	0,74	0,80
Dauerwiese	0,10	0,46	0,63	0,72
Haine, Obstanlagen etc.	0,17	0,48	0,66	0,77

Bodentyp:
A: Schotter, Kies, Sand (kleinster Abfluss aus dem Einzugsgebiet)
B: Feinsand, Löß, leicht tonige Sande
C: Bindige Böden mit Sand: lehmiger Sand, sandiger Lehm, tonig-lehmiger Sand
D: Ton, Lehm, wenig klüftiger Fels, stauender Untergrund (größter Abfluss aus dem Einzugsgebiet)

mit

$N(T_n, D)$ Gebietsniederschlag in mm, abhängig von T_n und D, z. B. aus [3]

N_{eff} abflusswirksamer Niederschlag in mm

$N_{eff,u}$ abflusswirksamer Niederschlag von unversiegelten Flächen in mm

$N_{eff,s}$ abflusswirksamer Niederschlag von versiegelten Flächen in mm

A_v Anfangsverlust für unversiegelte Flächen in mm

A_v' Anfangsverlust für versiegelte Flächen in mm (meist nur ca. 1 mm)

A_s versiegelte Fläche in km^2, etwa 30 % der bebauten Fläche

c maximaler Abflussbeiwert nach Tafel 19.38 nach sehr hohen Niederschlägen, bei Unterschieden im unversiegelten Bereich gilt als gewichtetes Mittel $c = \sum_i (A_i \cdot c_i) / \sum_i A_i$

a Proportionalitätsfaktor

$$a = C_1 \cdot e^{-C_2/\mathrm{WZ}} \cdot e^{-C_3/q_B} \qquad (19.118)$$

mit den Beiwerten

$C_1 \approx 0,02$ oder durch Kalibrierung mit verfügbaren Daten

$C_2 = 2,0$ für Weideland und Nadelwald
$ = 4,62$ für Laubwald und intensiv genutzte landw. Flächen

$C_3 = 2,0$

und der Wochenzahl WZ zur Beschreibung der Jahreszeit

Tafel 19.39 Abflussbeiwerte ψ für Hochwasserspitzen

Untergrund	Sand			Ton			Fels
Vegetation	Wald	Gras	Ohne	Wald	Gras	Ohne	
Gelände eben	0,10	0,15	0,20	0,25	0,35	0,50	0,60
Hügelig	0,15	0,22	0,30	0,40	0,55	0,65	0,70
Gebirgig	0,25	0,30	0,40	0,60	0,77	0,80	0,80

WZ $= 5$ im Sommer
$ = 15$ für Frühjahr und Herbst
$ = 23$ im Winter
in Verbindung mit der Basisabflussspende q_B in $l/(s\,km^2)$, z. B. aus einem Gewässerkundlichen Jahrbuch

φ_s Abflussbeiwert für den versiegelten Anteil (nach Abzug des Anfangsverlusts A_v' liegt φ_s nahe 1).

19.4.3 Die rationale Methode

Gilt für kleine A_E bis 50 ha

$$\mathrm{HHq} = \Psi \cdot 38(n^{-0,25} - 0,369) \cdot r/(T + 9) \quad \text{in } l/(s\,\mathrm{ha})$$
$$(19.119)$$

r = Regenspende des 15-Minuten-Regens mit $n = 1$. In der Klammer ist n = Häufigkeit des Ereignisses $1/a$.
T = Regendauer wird wie bei Abschn. 19.4.2 ermittelt;
ψ = Abflussbeiwert nach Tafel 19.39.

19.5 Binnenwasserstraßen

Die wesentlichen Querschnittsabmessungen für Binnenwasserstraßen enthält Abb. 19.71. Die Klassifizierung der europäischen Binnenwasserstraßen ist in Tafel 19.40 wiedergegeben. In Krümmungen muss die Fahrwasserbreite vergrößert werden. Dazu dienen die nachfolgenden Größen:
R_i Krümmungshalbmesser in m, innerer Fahrwasserrand
α Zentriwinkel der Fahrwasserkrümmung
l Schiffslänge in m
R Krümmungshalbmesser in Fahrwasserachse in m
a Gesamtverbreiterungsmaß in Fahrwasserkrümmungen nach der international festgelegten Verbreiterungsformel

$$a = \frac{l^2}{2R} \quad \text{in m} \qquad (19.120)$$

Nach Graewe, Die Bautechnik 1 (1971) können für Kanäle und staugeregelte Flüsse, ähnlich dem Main, die Richtwerte aus Abb. 19.72 nach Prüfung der jeweiligen Verhältnisse angewendet werden.

19

T-Profil

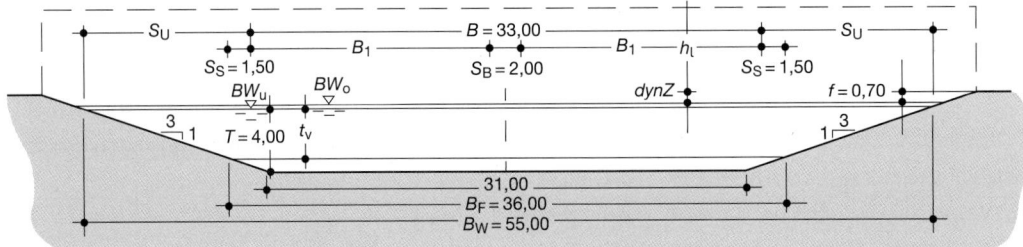

R-Profil

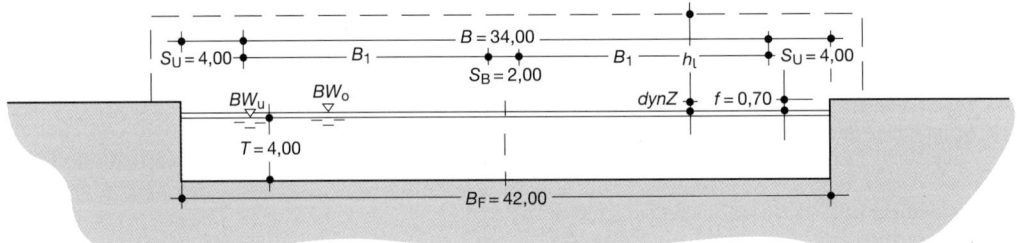

RT-Profil

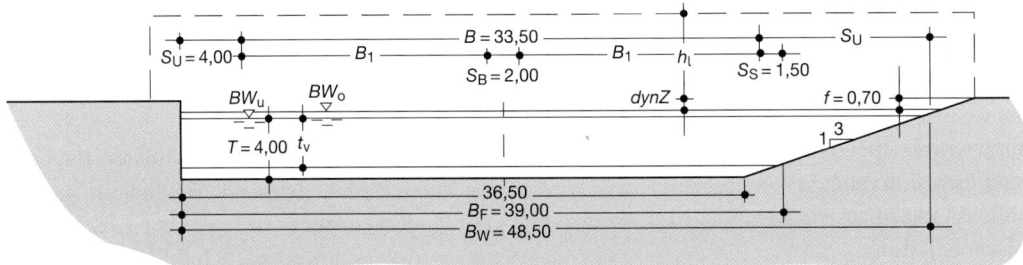

KRT-Profil

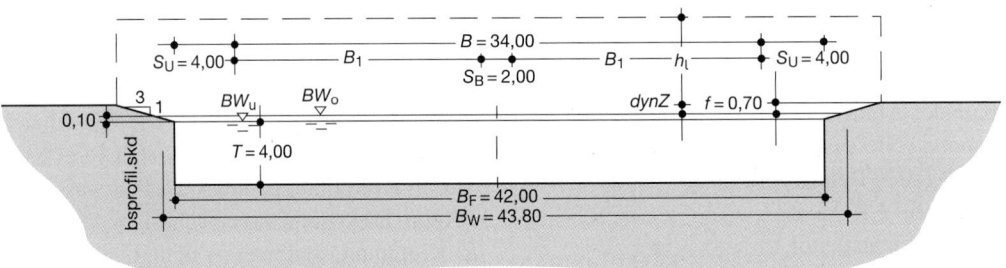

Abb. 19.71 Profile von Binnenschifffahrtskanälen für etwa gerade Strecken (Maßangaben in m) nach: Richtl. f. Regelquerschnitte von Schifffahrtskanälen, BMV 1994.

Bezeichnungen:

B – Raumbedarf bei Begegnung,

B_1 – Fahrspurbreite (15,5–16 m),

B_F – Fahrrinnenbreite,

B_W – Wasserspiegelbreite,

BW_u – Unterer Betriebswasserstand,

BW_o – Oberer Betriebswasserstand,

dyn Z – kurzzeitige Wasserspiegelschwankung,

S_B – Sicherheitsabstand zw. den Fahrspuren,

S_U – Sicherheits- u. Sichtabstand zum Ufer,

S_S – Sicherheitsabst. zur Böschung in Tiefe,

f – Freibord,

h_l – lichte Durchfahrtshöhe für Kanal (5,25 m),

T – Wassertiefe,

t_v – Tauchtiefe (3,15 m)

Tafel 19.40 Klassifizierung der Europäischen Binnenwasserstraßen (Auszug aus BMV-BW 20-Anl. zu TRANS/SC 3/R 153

Typ der Binnenwasserstraße	Klasse der Binnenwasserstraße	Motorschiffe und Schleppkähne				Schubverbände					Brückendurchfahrtshöhe[b]
		Max. Länge L [m]	Max. Breite B [m]	Tiefgang d [m][f]	Tonnage	Formation	Länge L [m]	Breite B [m]	Tiefgang d [m][f]	Tonnage T [t]	
1	2	4	5	6	7	8	9	10	11	12	13
Von regionaler Bedeutung	Westlich der Elbe I	38,5	5,05	1,8–2,2	250–400						4,0
	II	50–55	6,6	2,5	400–650						4,0–5,0
	III	67–80	8,2	2.5	650–1000						4,0–5,0
	Östlich der Elbe I	41	4,7	1,4	180						3,0
	II	57	7,5–9,0	1,6	500–630						3,0
	III	67–70	8,2–9,0	1,6–2,0	470–700		118–132[a]	8,2–9,0[a]	1,6–2,0	1000–1200	4,0
Von internationaler Bedeutung	IV	80–85	9,50	2,50	1000–1500	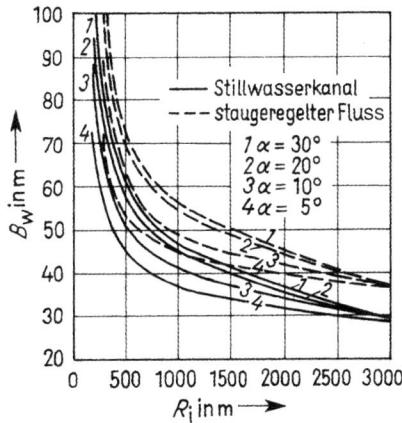	85	9,50[e]	2,50–2,80	1250–1450	5,25 od. 7,00[d]
	Va	95–110	11,40	2,50–2,80	1500–3000		95–110[a]	11,40	2,50–4,50	3200–6000	5,25 od. 7,00 od. 9,10[d]
	Vb						172–185[a]	11,40	2,50–4,50	3200–6000	
	VIa						95–110[a]	22,80	2,50–4,50	3200–6000	7,00 od. 9,10[d]
	VIb	140[c]	15,00[c]	3,90[c]			185–195[a]	22,80	2,50–4,50	6400–12.000	7,0 od. 9,10[d]
	VIc						270–280[a]	22,80	2,50–4,50	9600–18.000	9,10[d]
							195–200[a]	33,00–	2,50–4,50	9600–18.000	
	VII					[g]	285	33,00–34,20[a]	2,50–4,50	14.500–27.000	9,10[d]

[a] 1. Zahl ≙ aktuell geltender Wert; 2. Zahl ≙ zukünftig geltender Wert

[b] incl. Sicherheitsabstand von 0,3 m zwischen höchstem Punkt des Schiffes und Brücke

[c] incl. Fahrzeuge im Ro-Ro- und Containerverkehr

[d] 5,25 m ≙ 2 Lagen Container, 7,00 m ≙ 3 Lagen Container; 9,10 m ≙ 4 Lagen Container; bei > 50% Leercontainer, Ballastierung erforderlich

[e] Wegen max. zul. L im Enzelfall Zuordnung zu Kl. IV möglich obwohl $B = 11{,}4$ m und $d = 4{,}0$ m

[f] Tiefgangswert ggf. im Einzelfall nach örtlichen Gegebenheiten festlegen

[g] Im Einzelfall bei Mehrleichtern auch gröbere horizontale Abmessungen möglich

Abb. 19.72 Nutzbare Fahrwasserbreite B_W für verschiedene α

Hydraulische Bemessung der Steingröße für durchlässiges Deckwerk Die Steingröße richtet sich

- nach der Belastung durch Schiffswellen (genauer beschrieben in [12]),
- Belastung durch Windwellen,
- Strömungsangriff.

Nachfolgend wird nur auf die Belastung durch Windwellen und Strömungsangriff eingegangen.

Bemessung auf Windwellen nach [12] Als Bemessungswert wird der nominale Steindurchmesser D_{n50} [m] herangezogen. Dieser entspricht der Kantenlänge eines gewichtsgleichen Würfels. Der aus dem Quadratlochsieb ermittelte Durchmesser D hat dazu die Beziehung $D = D_n/0{,}866$.

Die zugehörige Steinmasse ergibt sich aus dem nominalen Durchmesser D_n und der Steindichte $G = \varrho_S \cdot D_n^3$.

$$D_{n50} \geq \frac{H_S \cdot \sqrt{\xi}}{2{,}25} \cdot \frac{\varrho_W}{\varrho_S - \varrho_W} \qquad (19.121)$$

mit

D_{n50} [m] erforderlicher mittlerer nominaler Steindurchmesser

H_S [m] signifikante Wellenhöhe (Bemessungswellenhöhe für Windwellen)

ϱ_W [kg/m^3] Dichte des Wassers

ϱ_S [kg/m^3] Dichte der Wasserbausteine

ξ [–] Brecherkennzahl.

Die Brecherkennzahl ξ ergibt sich abhängig von der Böschungsneigung und der Brecherart zu

$$\xi = \frac{\tan \beta}{\sqrt{H_{ein}/L_{ein}}} \qquad (19.122)$$

mit

β [°] Böschungswinkel;

H_{ein} [m] Höhe der einfallenden Welle;

L_{ein} [m] Länge der einfallenden Welle.

Übliche Werte für die Brecherkennzahl ξ sind in nachfolgender Tafel wiedergegeben:

Böschungsneigung	Brecherart	Brecherkennzahl
1:5 bis 1:20	Schwallbrecher	$\xi < 0{,}5$
	Sturzbrecher	$0{,}5 < \xi < 3{,}3$
	Reflexionsbrecher	$\xi > 3{,}3$
1:1,5 bis 1:4	Schwallbrecher	$\xi < 2{,}5$
	Sturzbrecher	$2{,}5 < \xi < 3{,}4$
	Reflexionsbrecher	$\xi > 3{,}4$

Bemessung auf Strömungsangriff In Anlehnung an die Isbash-Formel gilt nach [12] folgende Näherung für den Steindurchmesser D_{50} [m] bei 50 Gew.-% Siebdurchgang

$$D_{50} = C_{Isb} \cdot C_{Bö} \cdot \frac{V_{max}^2}{g} \cdot \frac{\varrho_W}{\varrho_S - \varrho_W}$$

mit

C_{Isb} [–] Faktor nach Isbash, $C_{Isb} \approx 0{,}7$;

$C_{Bö}$ [–] Böschungsfaktor (19.86) nach Lane

$$C_{Bö} = \cos \beta \cdot \sqrt{1 - \frac{\tan^2 \beta}{\tan^2 \varphi_D'}};$$

v_{max} [m/s] maximale Strömungsgeschwindigkeit.

Die bisher im Wasserbau üblichen Steinklassen werden durch geänderte Bezeichnungen entsprechend DIN EN 13383 abgelöst. Es gelten nun

- Größenklassen $CP_{x/y}$ (Coarse Particles) mit der unteren (x) und oberen (y) Korngröße [mm]
- leichte Gewichtsklassen LM (Light Mass)
- schwere Gewichtsklassen HM (Heavy Mass).

Die beiden Gewichtsklassen werden noch mit dem Zusatz A versehen, wenn ein zusätzlicher Wertebereich für das mittlere Steingewicht definiert ist (LMA, HMA). Bei Verzicht auf diese Definition wird der Zusatz B verwendet (LMB, HMB). Bei den Gewichtsklassenzeigen die Indices x und y jeweils die Gewichtsgrenzen an. Eine ungefähre Zuordnung zu den bisherigen Bezeichnungen enthält [8] für $2300\,\text{kg/m}^3 < \varrho_S < 3000\,\text{kg/m}^3$ mit

Alte Bezeichnung	Neue Bezeichnung
Klasse II	$CP_{90/250}$
Klasse III	$LMB_{5/40}$
Klasse IV	$LMB_{10/60}$

Die Dicke d_D der Deckschicht sollte aus hydraulischer Sicht

$$d_D = 1{,}5 \cdot d_{50} + 0{,}10 \text{ [m]}$$

betragen. Neben der hydraulischen Bemessung sind die geotechnische Standsicherheit und betriebliche Einflüsse wie Ankerwurf zu berücksichtigen. In den letzten Jahren wurden als Regelbauweise Wasserbausteine der Klasse IV bei einer Deckschichtdicke von $d_D = 60\,\text{cm}$ eingesetzt [9].

Literatur

1. DVWK Merkbl. 220/1991 Hydraulische Berechnung von Fließgewässern, Verlag Paul Parey

2. DWA-Regelwerke (früher ATV-Arbeits- und Merkblätter), GFA, Hennef

3. DWD: Starkniederschlagshöhen für Deutschland, KOSTRA, itwh Institut für technisch-wissenschaftliche Hydrologie GmbH, Hannover

4. Franke P.G.: Hydraulik für Bauingenieure, Berlin 1974

5. Heinemann E., Feldhaus R.: Hydraulik für Bauingenieure, B. G. Teubner, Stuttgart u. Leipzig, 2. Aufl. 2003

6. Herth W., Arndts E.: Theorie und Praxis der Grundwasserabsenkung, Ernst & Sohn, Berlin 1985

7. Indlekofer H. M. F.: Die Darcy-Weisbach-Formel bei extremer Rauheitsgliederung in Fließgewässern, Wasser u. Abfall Heft 12/2005, S. 47–51

8. Kayser J.: Zur Handhabung der neuen Norm DIN EN 13383 für Wasserbausteine und deren Umsetzung in eine Steinbemessung, Bundesanstalt für Wasserbau, Sonderinformationen Geotechnik 2005

9. Kleeberg H.-B., Schumann A. H.: Ableitung von Bemessungsabflüssen kleiner Überschreitungswahrscheinlichkeiten, Wasserwirtschaft 91 (2001), H. 2, S. 90–95

10. Kleeberg H.-B., Schumann A. H.: Zur Ableitung von Bemessungsabflüssen kleiner Überschreitungswahrscheinlichkeiten, Wasserwirtschaft 91 (2001), H. 12, S. 608

11. Lutz W.: Berechnungen von Hochwasserabflüssen unter Anwendung von Gebietskenngrößen, Diss. Univ. Karlsruhe (TH) 1984

12. N.N.: Mitteilungsblatt BAW Nr. 87: Grundlagen zur Bemessung von Böschungs- und Sohlensicherungen an Binnenwasserstraßen 2004

13. N.N: Ermittlung von Bemessungsabflüssen nach DIN 19700 in Nordrhein-Westfalen, MUNLV NRW Düsseldorf 2004

14. N.N: Guidelines for determining flood flow frequency, Bull. No. 17B (revised), Interagency Advisory Committee on Water Data, Reston, Virginia 1981

15. N.N.: Hydraulic design criteria, Bureau of Reclamation, US Army Engineer Waterways Experiment Station, Vicksburg, Miss.

16. Press H., Schröder R.: Hydromechanik im Wasserbau, W. Ernst &Sohn, Berlin u. München 1966

17. Schumacher F.: Zur Durchflussberechnung gegliederter, naturnah gestalteter Fließgewässer, Inst. f. Wasserbau u. Wasserwirtschaft TU Berlin, Mitt. 127, 1995

18. Schumann A.: Welche Jährlichkeit hat das extreme Hochwasser, wenn es als Vielfaches des HQ100 abgeschätzt wird?, Hydrologie und Wasserbewirtschaftung 56 (2012), S. 78–82

19. Timm J.: Hydromechanisches Berechnen, 2. Aufl., Stuttgart 1970 Quellenangaben

20. Vismann U. (Hrsg.): Wendehorst Beispiele aus der Baupraxis, Springer Vieweg, 6. Aufl. 2017

19

Siedlungswasserwirtschaft

20

Prof. Dr.-Ing. Andreas Strohmeier

Inhaltsverzeichnis

20.1 Wasserversorgung 1365
   20.1.1 Wasserbedarf 1365
   20.1.2 Anforderungen an die Wasserbeschaffenheit . . . 1368
   20.1.3 Wassergewinnung 1369
   20.1.4 Verfahren der Wasseraufbereitung 1370
   20.1.5 Versorgungsdruck 1373
   20.1.6 Wasserförderung 1373
   20.1.7 Wasserspeicherung 1375
   20.1.8 Wasserverteilung 1377
20.2 Siedlungsentwässerung 1379
   20.2.1 Maßgebliche Abflussgrößen 1380
   20.2.2 Hydraulische Dimensionierung und
       Leistungsnachweis von Abwasserleitungen 1384
   20.2.3 Rohre in der Kanalisation 1387
   20.2.4 Schächte in der Kanalisation 1390
   20.2.5 Bau der Kanalisation 1391
   20.2.6 Regenentlastungen in Mischwasserkanälen 1392
   20.2.7 Regenklärbecken 1397
   20.2.8 Regenrückhalteräume 1397
   20.2.9 Retentionsbodenfilter 1399
   20.2.10 Versickerung von Niederschlagswasser 1401
20.3 Abwasserreinigung 1406
   20.3.1 Gewässerschutz 1406
   20.3.2 Rechtliche Anforderungen 1407
   20.3.3 Belastungswerte 1407
   20.3.4 Mechanische Abwasserreinigung 1408
   20.3.5 Biologische Abwasserreinigung 1415
   20.3.6 Weitergehende Abwasserreinigung 1425
   20.3.7 Schlammbehandlung und -entsorgung 1430

20.1 Wasserversorgung

In den folgenden Abschnitten werden die wichtigsten Vorschriften wie das DVGW-Regelwerk mit den Arbeitsblättern (A), Merkblättern (M) und Hinweisen (H) und die fachspezifischen DIN-Vorschriften zu Beginn eines jeden Abschnitts aufgelistet.

DIN 2000 (10.00) Leitsätze für die zentrale Trinkwasserversorgung

A. Strohmeier ✉, Briandstr. 7, 52349 Düren, Deutschland

© Springer Fachmedien Wiesbaden GmbH 2018
U. Vismann (Hrsg.), *Wendehorst Bautechnische Zahlentafeln*, https://doi.org/10.1007/978-3-658-17936-6_20

DIN 2001 Trinkwasserversorgung aus Kleinanlagen und nicht ortsfesten Anlagen

DIN 2001 (05.07) Teil 1: Kleinanlagen

DIN 2001 (04.09) Teil 2: Nicht ortsfeste Anlagen

DIN 2001 (12.15) Teil 3: Nicht ortsfeste Anlagen zur Ersatz- und Notwasserversorgung

DIN 4046 (09.83) Wasserversorgung, Begriffe

DIN EN 805 (03.00) Wasserversorgung – Anforderungen an Wasserversorgungssysteme und deren Bauteile außerhalb von Gebäuden.

20.1.1 Wasserbedarf

W400-1 (02.15) Technische Regeln Wasserverteilungsanlagen (TRWW) – Teil 1: Planung (A)

W 410 (12.08) Wasserbedarfszahlen (A)

W 405 (02.08) Bereitstellung von Löschwasser durch die öffentliche Trinkwasserversorgung (A)

W 392 (05.03) Rohrnetzinspektion und Wasserverluste – Maßnahmen, Verfahren und Bewertungen (A).

Die Bemessung der einzelnen Versorgungsanlagen erfolgt auf der Grundlage der Spitzendurchflüsse, die je nach Anla-

Tafel 20.1 Begriffe zum Wasserbedarf nach DVGW W 410 (12.08)

Zeit	Einheit	Erläuterungen
Q_a	m³/a	Jährlicher Wasserverbrauch
Q_{dm}	m³/d	Mittlerer Tagesbedarf $= Q_a/365 = q_{dm} \cdot E$
$Q_{d\,max}$	m³/d	Höchster Tagesbedarf in Versorgungsgebieten von 0.00 bis 24.00 Uhr in einem Betrachtungszeitraum
Q_{hm}	m³/h	Durchschnittlicher Stundenbedarf am Tage des mittleren Wasserbedarfs, $Q_{hm} = Q_{dm}/24 = Q_a/(365 \cdot 24)$
$Q_{h\,max}$	m³/h	Höchster Stundenbedarf am Tage des höchsten Wasserbedarfs
$Q_{h\,max.\,dm}$		Höchster Stundenbedarf am Tage mit durchschnittlichem Wasserbedarf
q_{dm}	l/(d E)	Mittlerer einwohnerbezogener Tagesverbrauch

Tafel 20.1 (Fortsetzung)

Zeit	Einheit	Erläuterungen
f_d	–	Tagesspitzenfaktor = $Q_{d\,max}/Q_{dm}$, Bezug: Messzeitraum 1 Jahr
f_h	–	Stundenspitzenfaktor = $Q_{h\,max}/Q_{hm}$, Bezug: Messzeitraum 1 Jahr
t_B	s, min, h oder d	Bezugszeit, über den Tag kumulierte Zeit, auf die ein Spitzendurchfluss bezogen ist (siehe Tafel 20.2)
$Q_s(t_B)$	m³/h	Spitzendurchfluss, der nur über eine bestimmte Bezugszeit pro Tag überschritten wird (z. B. 10 s, 1 h), z. B. der 10-s-Wert aus der Tages-Dauerlinie
st_{max}	%	Maximaler Stundenprozentwert $st_{max} = Q_{h\,max}/Q_{d\,max} \cdot 100$
$\sum Q_R$	m³/h	Summendurchfluss in Anlehnung an DIN 1988 Teil 3
f_{GZ}	%	Gleichzeitigkeitsfaktor = $Q_s(t_B) \sum Q_R$

genart auf die Bezugszeiten gemäß Tafel 20.2 zu beziehen sind.

Tafel 20.2 Spitzendurchflüsse mit zugehörigen Bezugszeiten t_B nach DVGW W 410 (12.08)

Anlagenart	Maßgeblicher Durchfluss und Bezugszeit
Anschlussleitungen	Spitzendurchfluss mit $t_B = 10$ s
Zubringer-, Haupt- und Versorgungsleitungen	Spitzendurchfluss mit $t_B = 1$ h
Pumpen- und Druckerhöhungsanlagen	Spitzendurchfluss mit $t_B = 1$ h
Behälter	Nach Maßgabe von DVGW W 300 (A)

20.1.1.1 Einwohnerbezogener Bedarf

Der Wasserbedarf im häuslichen Bereich wird in erster Linie durch die Lebensgewohnheiten (sanitäre Ausstattung der Wohnungen, Zahl und Art der Wasser verbrauchenden Geräte, Ansprüche der Körperpflege) bestimmt. Die Tafel 20.3 zeigt die Zusammensetzung der Trinkwasserverwendung im Haushalt.

Bei Planungen sind im Normalfall 90 bis 140 l/(E d) zugrunde zu legen.

Tafel 20.3 Zusammensetzung des durchschnittlichen Tagesverbrauches nach DVGW W 410 (12.08)

Verbrauch für einzelne Zwecke	l/d	%
Baden, Duschen, Körperpflege	43	36
Toilettenspülung	32	27
Wäsche waschen	15	12
Geschirrspülen	7	6
Raumreinigung, Autopflege, Garten	7	6
Essen, Trinken	5	4
Kleingewerbe	11	9
Summe	120	100

Die einwohnerbezogenen Spitzenwerte für den Wasserbedarf werden im W 410 (12.08) in Abhängigkeit der Größe der Versorgungseinheiten angegeben.

Die Spitzenwerte für den Wasserbedarf bis 1000 Einwohner sind in Tafel 20.4 aufgelistet.

Tafel 20.4 Einwohnerbezogener stündlicher Spitzenwert für Versorgungseinheiten bis 10.000 Einwohnern nach DVGW W 410 (12.08)

Einwohner	Wohneinheiten	Spitzenbedarf		
		$q_{h\,max}$	$Q_{h\,max}$	$Q_{h\,max}$
E	WE	l/(S E)	l/s	m³/h
1		6,880	0,688	2,48
2	1	0,3587	0,717	2,58
4	2	0,1958	0,783	2,82
10	5	0,0943	0,943	3,40
20	10	0,0573	1,145	4,12
100	50	0,214	2,145	7,72
200	100	0,0152	3,033	10,92
400	200	0,0112	4,490	16,16
1000	500	0,0081	8,091	29,13

Für Versorgungseinheiten über 1000 Einwohner können in Abb. 20.1 die Spitzenfaktoren f_d und f_h und in Abb. 20.2 der maximale Stundenprozentwert st_{max} abgegriffen werden.

Die Wasserbedarfswerte für den öffentlichen Bedarf wie Krankenhäuser, Schulen, Verwaltungsgebäude, Hotels, land-

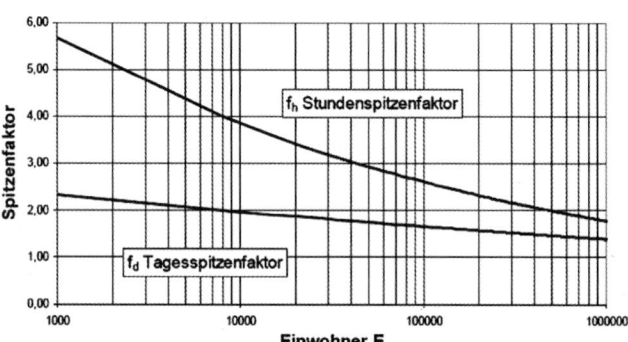

Abb. 20.1 Spitzenfaktoren in Abhängigkeit der Einwohnerzahl nach DVGW W 410 (12.08)

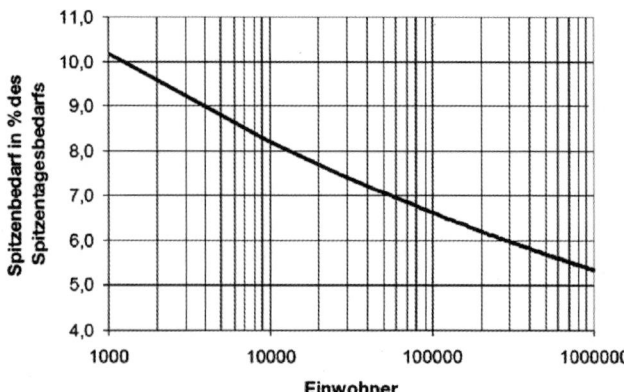

Abb. 20.2 Maximaler Stundenprozentwert st_{max} in % in Abhängigkeit von der Anzahl der Einwohnerzahl nach DVGW W 410 (12.08)

wirtschaftliche Anwesen und gemischte Gewerbegebiete sind in der Tafel 20.5 zusammengestellt.

Für besondere Verbrauchergruppen wie Sporthallen, Fitnessclubs, Schwimm- und Freizeitbäder, Stadien und Rennbahnen, Messe- und Kongresshallen sowie Einkaufszentren und Festplätzen werden im Arbeitsblatt W 410 (12.08) weitere ergänzende Hinweise zur Bestimmung des Wasserbedarfes angegeben.

20.1.1.2 Löschwasserbedarf

Der Löschwasserbedarf wird nach DVGW-W 405 (02.08) zur Dimensionierung neuer und zur Nachprüfung bestehender Wasserversorgungsnetze nach Tafel 20.6 angesetzt. Bei Löschwasserentnahme soll der Netzdruck an keiner Stelle des Netzes unter 1,5 bar sinken. Der Nachweis der Löschwassermenge gemäß Tafel 20.6 ist für eine Löschzeit von 2 Stunden zu führen. Soll die Leistungsfähigkeit eines Trinkwasserrohrnetzes für die Vorhaltung von Löschwasser beurteilt werden, ist in der Regel von einer Netzbelastung auszugehen, die der größten stündlichen Abgabe eines Tages mit mittlerem Verbrauch entspricht (Grundbelastung).

20.1.1.3 Eigenverbrauch der Wasserwerke

Wasserwerke benötigen Wasser z. B. für Rückspülungen bei Wasseraufbereitungsanlagen, Rohrnetzspülungen und Reinigen von Wasserkammern. Der Wasserverbrauch beträgt bei Aufbereitungsanlagen etwa 1,3 bis 1,5 % von Q_a, bei sonstigen Anlagen etwa 1 %.

Tafel 20.5 Verbrauchsgruppenbezogene Wasserbedarfswerte nach W 410 (12.08)

Verbrauchergruppe/ Gebäudeart	Verbraucher (V)/ Bezugsgröße	Mittelwerte	Spitzenfaktoren	
			f_d	f_h
Krankenhäuser	Patienten und Beschäftigte (PB)	$0,34 \, \mathrm{m^3/(PB\,d)}$	1,3	3,2
	Bettenanzahl (BZ)	$0,50 \, \mathrm{m^3/(BZ\,d)}$		
Schulen	Schüler und Lehrer (SL)	$0,006 \, \mathrm{m^3/(SL\,d)}$	1,7	7,5
Verwaltungs- und Bürogebäude	Beschäftigte (B)	$0,025 \, \mathrm{m^3/(B\,d)}$	1,8	5,6
Hotels	Hotelgast (G)	$0,29 \, \mathrm{m^3/(G\,d)}$	1,4	4,4
	Hotelzimmer (HZ)	$0,39 \, \mathrm{m^3/(HZ\,d)}$		
Landwirtschaftliche Anwesen	Großviehgleichwert (GVGW)	$0,052 \, \mathrm{m^3/(GVGW\,d)}$	1,5	7,6
Gemischte Gewerbegebiete	Fläche (F)	$2 \, \mathrm{m^3/(ha\,d)}$	1,8	5,6
	Arbeitsplätze (AP)	$50\,\mathrm{l/(AP\,d)}$		

Tafel 20.6 Richtwerte für den Löschwasserbedarf ($\mathrm{m^3/h}$) unter Berücksichtigung der baulichen Nutzung und Gefahr der Brandausbreitung nach W 405 (02.08)

Bauliche Nutzung nach § 17 der Baunutzungsverordnung	reine Wohngebiete (WR) allgem. Wohngebiete (WA) besondere Wohngebiete (WB) Mischgebiete (MI) Dorfgebiete (MD)[a]		Gewerbegebiete (GE)			Industriegebiete (GI)	
				Kerngebiete (MK)			
Zahl der Vollgeschosse (N)	$N \leq 3$	$N > 3$	$N \leq 3$	$N = 1$	$N > 1$	–	
Geschossflächenzahl[b] (GFZ)	$0,3 \leq \mathrm{GFZ} \leq 0,7$	$0,7 < \mathrm{GFZ} \leq 1,2$	$0,3 < \mathrm{GFZ} \leq 0,7$	$0,7 < \mathrm{GFZ} \leq 1$	$1 < \mathrm{GFZ} \leq 2,4$	–	
Baumassenzahl[c] (BMZ)	–	–	–	–	–	BMZ ≤ 9	
Löschwasserbedarf bei unterschiedlicher Gefahr der Brandausbreitung[e]	$\mathrm{m^3/h}$	$\mathrm{m^3/h}$	$\mathrm{m^3/h}$	$\mathrm{m^3/h}$	$\mathrm{m^3/h}$	$\mathrm{m^3/h}$	Überwiegende Bauart
klein	48	96	48	96	96		feuerbeständige[d], hochfeuerhemmende[d] oder feuerhemmende[d] Umfassungen, harte Bedachungen[d]
mittel	96	96	96	96	192		Umfassungen nicht feuerbeständig oder nicht feuerhemmend, harte Bedachungen oder Umfassungen feuerbeständig oder feuerhemmend, weiche Bedachungen[d]
groß	96	192	96	192	192		Umfassungen nicht feuerbeständig oder nicht feuerhemmend: weiche Bedachungen, Umfassungen aus Holzfachwerk (ausgemauert). Stark behinderte Zugänglichkeit, Häufung von Feuerbrücken usw.

[a] Soweit nicht unter kleinen ländlichen Ansiedlungen (siehe Abschnitt 5, 4. Absatz) fallend.
[b] Geschossflächenzahl = Verhältnis von Geschossfläche zu Grundstücksfläche.
[c] Baumassenzahl = Verhältnis vom gesamten umbauten Raum zu Grundstücksfläche.
[d] Die Begriffe „feuerhemmend", „hochfeuerhemmend" und „feuerbeständig" sowie „harte Bedachung" und „weiche Bedachung" sind baurechtlicher Art.
[e] Begriff nach DIN 14011 Teil 2: „Brandausbreitung ist die räumliche Ausdehnung eines Brandes über die Brandausbruchstelle hinaus in Abhängigkeit von der Zeit." Die Gefahr der Brandausbreitung wird umso größer, je brandempfindlicher sich die überwiegende Bauart eines Löschbereiches erweist.

20.1.1.4 Wasserverluste

Das in das Rohrnetz eingespeiste Wasser erreicht nicht zu 100 % den Kunden. Als Orientierungsrahmen sind in Tafel 20.7 Richtwerte nach W392 für spezifische reale Wasserverluste in Rohrnetzen unterschiedlicher Versorgungsstrukturen angegeben.

Tafel 20.7 Richtwerte für spezifische Wasserverluste q_{VR} in Rohrnetzen in $m^3/(km\,h)$ nach W 392 (05.03)

Wasserverlustbereich	Versorgungsstruktur		
	Bereich 1 (großstädtisch)	Bereich 2 (städtisch)	Bereich 3 (ländlich)
Geringe Wasserverluste	< 0,10	< 0,07	< 0,05
Mittlere Wasserverluste	0,10–0,20	0,07–0,15	0,05–0,10
Hohe Wasserverluste	> 0,20	> 0,15	> 0,10

20.1.2 Anforderungen an die Wasserbeschaffenheit

In den Tafeln 20.8 bis 20.14 sind die maßgebenden Parameter und Grenzwerte bzw. Anforderungen über die Qualität von Wasser für den menschlichen Gebrauch (TrinkwV 2001) in der Fassung vom 10.03.2016 aufgelistet.

Die Einhaltung der mikrobiologischen Parameter stellt sicher, dass keine Krankheiten auf den Verbraucher übertragen werden. Die chemischen Parameter umfassen weitgehend Inhaltsstoffe mit toxikologischer Relevanz. Die Indikatorparameter zeigen bei Überschreitung indirekt eingetretene Veränderungen der Wasserqualität an, die auf eine Belastung des Rohwassers, auf Versäumnisse bei der Aufbereitung oder eine Lösung von Materialien aus dem Leitungsnetz hinweisen können.

Tafel 20.8 Wichtige Parameter gemäß TrinkwV, Anlage 1: Mikrobiologische Parameter, Teil I: Allgemeine Anforderungen an Trinkwasser

Lfd. Nr.	Parameter	Grenzwert
1	Escherichia coli (E. coli)	0/100 ml
2	Enterokokken	0/100 ml

Tafel 20.9 Wichtige Parameter gemäß TrinkwV, Anlage 1: Mikrobiologische Parameter, Teil II: Anforderungen an Trinkwasser, das zur Abgabe in verschlossenen Behältnissen bestimmt ist

Lfd. Nr.	Parameter	Grenzwert
1	Escherichia coli (E.coli)	0/250 ml
2	Enterokokken	0/250 ml
3	Pseudomonas aeruginosa	0/250 ml

Tafel 20.10 Wichtige Parameter gemäß TrinkwV, Anlage 2: Chemische Parameter, Teil I: Chemische Parameter, deren Konzentration sich im Verteilnetz einschließlich der Trinkwasser-Installation in der Regel nicht mehr erhöht

Lfd. Nr.	Parameter	Grenzwert [mg/l]
1	Acrylamid	0,00010
2	Benzol	0,0010
3	Bor	1,0
4	Bromat	0,010
5	Chrom	0,050
6	Cyanid	0,050
7	1,2-Dichlorethan	0,0030
8	Fluorid	1,5
9	Nitrat	50
10	Pflanzenschutzmittel-Wirkstoffe und Biozidprodukt-Wirkstoffe	0,00010
11	Pflanzenschutzmittel-Wirkstoffe und Biozidprodukt-Wirkstoffe insgesamt	0,00050
12	Quecksilber	0,0010
13	Selen	0,010
14	Tetrachlorethen und Trichlorethen	0,010
15	Uran	0,010

Tafel 20.11 Wichtige Parameter gemäß TrinkwV, Anlage 2: Chemische Parameter, Teil II: Chemische Parameter, deren Konzentration im Verteilungsnetz einschließlich der Trinkwasser-Installation ansteigen kann

Lfd. Nr.	Parameter	Grenzwert [mg/l]
1	Antimon	0,0050
2	Arsen	0,010
3	Benzol-(a)-pyren	0,000010
4	Blei	0,010
5	Cadmium	0,0030
6	Epichlorhydrin	0,00010
7	Kupfer	2,0
8	Nickel	0,020
9	Nitrit	0,50
10	Polyzyklische aromatische Kohlenwasserstoffe	0,00010
11	Trihalogenmethane	0,050
12	Vinylchlorid	0,00050

Tafel 20.12 Wichtige Parameter gemäß TrinkwV, Anlage 3: Indikatorparameter, Teil I: Allgemeine Indikatorparameter

Lfd. Nr.	Parameter	Einheit als	Grenzwert/Anforderungen
1	Aluminium	mg/l	0,2
2	Ammonium	mg/l	0,5
3	Chlorid	mg/l	250
4	Clostridium perfringens (einschließlich Sporen)	Anzahl/100	0
5	Coliforme Bakterien	Anzahl/100	0
6	Eisen	mg/l	0,2
7	Färbung (spektraler Absorptionskoeffizient Hg 436 nm)	m^{-1}	0,5
8	Geruch (als TON)		3 bei 23 °C
9	Geschmack		Für den Verbraucher annehmbar und ohne anormale Veränderung
10	Kolonienzahl bei 22 °C		Ohne anormale Veränderung
11	Kolonienzahl bei 36 °C		Ohne anormale Veränderung
12	Elektrische Leitfähigkeit	µS/cm	2790 bei 25 °C
13	Mangan	mg/l	0,05
14	Natrium	mg/l	200
15	Organisch gebundener Kohlenstoff (TOC)		Ohne anormale Veränderung
16	Oxidierbarkeit	mg/l O_2	5
17	Sulfat	mg/l	250
18	Trübung	Nephelometrische Trübungseinheit (NTU)	1,0
19	Wasserstoffionen Konzentration	pH	$\geq 6,5$ und $\leq 9,5$
20	Calcitlösekapazität	mg/l	5

Tafel 20.13 Wichtige Parameter gemäß TrinkwV, Anlage 3: Indikatorparameter, Teil II: spezieller Indikatorparameter für Anlagen der Trinkwasser-Installation

Parameter	Technischer Maßnahmenwert
Legionella spec.	100/100 ml

Tafel 20.14 Wichtige Parameter gemäß TrinkwV, Anlage 3a: Indikatorparameter, Teil II: spezieller Indikatorparameter für Anlagen der Trinkwasser-Installation

Lfd. Nr.	Parameter	Parameterwert	Einheit
1	Radon-222	100	Bq/l
2	Tritium	100	Bq/l
3	Richtdosis	0,10	mSv/a

20.1.3 Wassergewinnung

In der Bundesrepublik ist **Grundwasser** mit einem Anteil von 61,1 % die überwiegend genutzte Ressource für die Wassergewinnung in der öffentlichen Wasserversorgung. **Oberflächenwasser** einschließlich angereichertes und uferfiltriertes Grundwasser wird mit einem Anteil von 30,4 % genutzt. **Quellwasser** ist zutage getretenes Grundwasser und trägt mit 8,5 % zur Bedarfsdeckung bei (Destatis, 2013).

20.1.3.1 Grundwassergewinnung

Nachfolgend sind einige ausgewählte Technische Regeln des DVGW für die Planung, Bau, und Betrieb von Grundwasserfassungen genannt:

W 111 (03.15) Pumpversuche bei der Wassererschließung (A)

W 113 (03.01) Bestimmung des Schüttkorndurchmessers und hydrogeologischer Parameter aus der Korngrößenverteilung für den Bau von Brunnen (M)

W 118 (07.05) Bemessung von Vertikalbrunnen (A)

W 122 (08.13) Abschlussbauwerke für Brunnen der Wassergewinnung (A)

W 128 (07.08) Bau und Ausbau von Horizontalbrunnen (A)

W 130 (10.07) Brunnenregenerierung (M).

Bei der Gewinnung von Grundwasser werden in der Praxis Vertikalbrunnen und Horizontalbrunnen eingesetzt. Wichtige Bemessungshinweise zur Grundwassergewinnung sind im Abschn. 19.3.6 des Kap. 19 zusammengestellt.

20.1.3.2 Oberflächenwassergewinnung

Bei Verwendung von Oberflächenwasser sind Entnahmen aus Trinkwassertalsperren und Seen dem Flusswasser und Bachwasser vorzuziehen.

Die Wasserentnahme bei Talsperren erfolgt über Entnahmetürme, die eine Entnahme in verschiedenen Tiefen ermöglichen.

Bei tiefen Seen sollte die Wasserentnahme unterhalb 30 m, besser 40–50 m Tiefe (unterhalb der Sprungschicht) erfolgen. Der Entnahmekopf wird etwa 5–10 m über Grund angeordnet.

Bei der Flusswassergewinnung ergeben sich die Möglichkeiten der Entnahme über einen Seitenkanal, über einen

Fassungsturm oder über eine Saugleitung an der Flusssohle (nur bei verlandungsfreier Flusssohle).

20.1.3.3 Quellwasser

W 127 (03.06) Quellwassergewinnungsanlage
    Planung, Bau, Betrieb, Sanierung und Rückbau (A)
Quellfassungen können in Form von in Graben, Sickergalerien (Abb. 20.3) oder im Stollen angeordnet werden. Technische Ausführungshinweise zum Bau von Quellfassungen sind im W 127 angegeben.

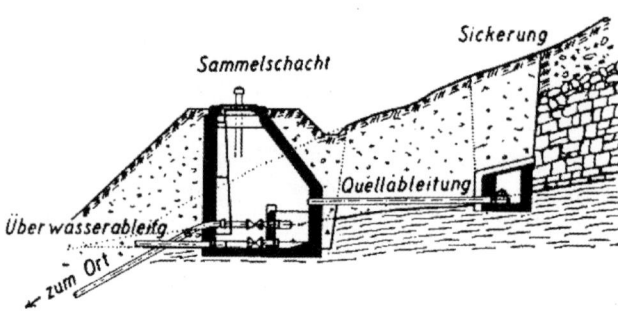

Abb. 20.3 Schichtquellenfassung, Querschnitt durch Sickergalerie und Sammelschacht nach Mutschmann et al. (2007)

20.1.4 Verfahren der Wasseraufbereitung

Zahl, Art und Kombination der erforderlichen Aufbereitungsschritte und- verfahren sind von der jeweiligen Rohwasserqualität abhängig und erfordern entsprechend individuelle Auswahl. Wertvolle Hilfe bieten hierbei die einschlägigen Merk- bzw. Arbeitsblättern des DVGW.

Eine Übersicht über die in Deutschland häufig angestrebten Aufbereitungsziele und die dafür angewendeten Verfahren zeigt die Tafel 20.15.

Tafel 20.15 Aufbereitungsziele und -verfahren nach R. Ließfeld (2004)

Aufbereitungsziel	Aufbereitungsverfahren
Entfernung von **Aluminium**	Fällung/Flockung
Entfernung von **Arsen**	Fällung/Flockung Adsorption – an Eisenoxid – Aluminiumoxid
Zugabe von **Calcium-** bzw. **Hydrogencarbonat** (Aufhärtung/Carbonisierung)	Reaktionsfiltration über Calciumcarbonat, ggf. vorher CO_2-Dosierung Dosierung von $Ca(OH)_2$
Abtötung bzw. Inaktivierung von Krankheitserregern (Desinfektion)	Dosierung von – Chlorgas – Hypochlorite – Chlordioxid – Ozon UV-Bestrahlung
Korrosionsinhibition	Dosierung von Phosphaten und Silicaten

Tafel 20.15 (Fortsetzung)

Entfernung von **Eisen** und **Mangan** (Enteisenung und Entmanganung)	Oxidation, Filtration (Eisen(II)-Mangan(II)-Filtration) Oxidation, Filtration (Eisen(III)-Mangan(IV)-Filtration) Unterirdische Aufbereitung (UEE)
Entfernung von **Calcium/Magnesium** (Enthärtung)	Ionenaustausch Nanofiltration Fällung
Entfernung von **Carbonat/Hydrogencarbonat** (Entcarbonisierung)	Dosierung von Säure Fällung
Entfernung von **Säuren** (Entsäuerung)	Reaktionsfiltration Dosierung von Laugen Gasaustausch
Entfernung von **Halogenkohlenwasserstoffen**	Gasaustausch (Strippen) Adsorption
Entfernung von **Huminstoffen**	Flockung und Filtration Biologischer Abbau (nach Ozonung) Adsorption
Entfernung von **Kohlenwasserstoffen**	Adsorption Gasaustausch Biologischer Abbau ggf. zusätzlich Ozonung
Entfernung von **Nickel**	Fällung Ionenaustausch Adsorption (an MnO_2)
Entfernung von **Nitrat**	Biologischer Abbau (Denitrifikation) Ionenaustausch Elektrodialyse Umkehrosmose
Entfernung von **Trübstoffen** (Partikelentfernung)	Ggf. Vorbehandlung: Flockung, Sedimentation, Flotation Schnellfiltration Langsamfiltration Untergrundpassage Mikrofiltration Ultrafiltration Feinfiltration
Entfernung von **Pestiziden**	Adsorption ggf. zusätzliche Adsorption
Anreicherung von **Sauerstoff**	Gasaustausch
Entfernung von **Sulfat**	Ionenaustausch Nanofiltration Umkehrosmose

Für einige Aufbereitungsverfahren werden nachfolgend einige wichtige Hinweise der zu berücksichtigenden technischen Regeln für Planung, Bemessung und Betrieb gemacht.

20.1.4.1 Filtration

W 213-1 (06.05) Filtrationsverfahren zur Partikelentfernung
    – Teil 1: Grundbegriffe und Grundsätze (A)
W 213-2 (09.15) Filtrationsverfahren zur Partikelentfernung
    – Teil 2: Beurteilung und Anwendung von gekörnten Filtermaterialien (A)
W 213-3 (06.05) Filtrationsverfahren zur Partikelentfernung
    – Teil 3: Schnellfiltration (A)

W 213-4 (10.13) Filtrationsverfahren zur Partikelentfernung – Teil 4: Langsamfiltration (A)

W 213-5 (06.05) Filtrationsverfahren zur Partikelentfernung – Teil 5: Membranfiltration (A)

W 213-6 (06.05) Filtrationsverfahren zur Partikelentfernung – Teil 6: Überwachung mittels Trübungs- und Partikelmessung (A).

In der Tafel 20.16 sind wichtige Bemessungs- und Betriebswerte für Langsam- und Schnellfilter zusammengestellt.

Die Membranfiltration wird seit längerem in Deutschland bei der Aufbereitung von Trinkwasser beispielsweise zur Trübstoffentfernung, Entsalzung, Enthärtung, Sulfat- und Nitratentfernung, Eliminierung von organischen Stoffen wie Pestizide und insbesondere zur Keimentfernung zunehmend eingesetzt.

Nach W 213-5 (10.13) ist der Prozess der Membranfiltration die Abtrennung von Partikeln aus dem Wasser mittels Passage durch eine poröse Membran. Die Verfahren unterscheiden sich gemäß Tafel 20.17 insbesondere bezüglich der Porosität und der Drücke. Es wird unterschieden zwischen Mikro-, Ultra- und Nanofiltration (MF, UF; NF) sowie Umkehrosmose. In der öffentlichen Trinkwasserversorgung werden die Mikro- und Ultrafiltration vor allem bei der Oberflächen- und Quellwasseraufbereitung eingesetzt.

Eine Übersicht über Einsatz- und Leistungsbereich unterschiedlicher Membrananlagen zeigt die Tafel 20.17.

20.1.4.2 Adsorption

W 239 (03.11) Entfernung organischer Stoffe bei der Trinkwasseraufbereitung durch Adsorption an Aktivkohle (A)

W 651 (04.13) Dosieranlagen für Pulveraktivkohle in der Trinkwasseraufbereitung (M)

DIN EN 12915-1 (07.09) Produkte zur Aufbereitung von Wasser für den menschlichen Gebrauch – Granulierte Aktivkohle – Teil 1: Frische granulierte Aktivkohle

DIN EN 12915-2 (07.09) Produkte zur Aufbereitung von Wasser für den menschlichen Gebrauch – Granulierte Aktivkohle – Teil 2: Reaktivierte granulierte Aktivkohle

DIN EN12903 (07.09) Produkte zur Aufbereitung von Wasser für den menschlichen Gebrauch – Pulver-Aktivkohle.

Zur Entfernung von organischen Spurenstoffen und zur Verbesserung von Geruch und Geschmack werden in der Wasseraufbereitung Aktivkohlefilter eingesetzt. Kornkohle wird aus Kohlen oder kohlenstoffhaltigen Materialien durch thermische Behandlung ($> 650\,°C$) aktiviert, so dass eine

Tafel 20.16 Bemessungs- und Betriebswerte für Langsam- und Schnellfilter

	Einheit	Filterart		
		Langsamfilter	Offene	Geschlossene
			Schnellfilter (= rückspülbare Filter)	
Höhe der Tragschicht	m	0,4 bis 0,6	0,3 bis 0,4	0,3 bis 0,4
Höhe der Filtersandschicht	m	0,6 bis 1,5	1,0 bis 2,0 (i. M. 1,5)	1,0 bis 4,0 (i. M. 2,0 bis 3,0)
Wasserhöhe über der Filterschicht	m	0,3 bis 1,0	0,3 bis 0,7	
Wirksamer Korndurchmesser d_w[a]	mm	0,3 bis 0,5	0,6 bis 1,2 (i. M. 1,0)	0,6 bis 4,0 (i. M. 1,0 bis 2,0)
Ungleichförmigkeitsgrad d_{60}/d_{10}[a]	Gew.-%/Gew.-%	1,5 bis 3,2	1,2	1,2
Filtergeschwindigkeit	m/h	0,1 bis 0,2 (selten > 0,2)	3 bis 15 (i. M. 4 bis 6)	5 bis 30 (i. M. 8 bis 15)
Filterleistung	$m^3/(m^2\,d)$	2,4 bis 3,0	i. M. 100 bis 150	i. M. 200 bis 360
Bakteriologische Wirkung	Keimzahl vor/nach Filtration	1000 : 1 bis 10.000 : 1	10 : 1 bis 20 : 1	10 : 1
Einarbeitungszeit		> 24 h	10 bis 30 min	10 bis 30 min
Art der Filterreinigung		Abheben der oberen 5 bis 30 mm des Filtersandes	Luft-/Wasserrückspülung	Luft-/Wasserrückspülung
Filterwiderstand	m	< 1	0,5 bis 4,5 (i. M. 2 bis 3)	bis 15

[a] DIN 19623.

Tafel 20.17 Betriebswerte von Membrananlagen nach Lipp, Baldauf, Kühn, gwf 2005

	MF	UF	NF	UO
Größe der abtrennbaren Stoffe in µm	> 0,1	> 0,01	> 0,001	> 0,0001
Druckbereich in bar	0,1–2	0,1–5	3–20	10–100
Einsatzbereich	Partikelentfernung	Partikelentfernung	Entfernung gelöster Stoffe (z. B. Calcium, Sulfat, gelöste organische Verbindungen)	Vollentsalzung, Entfernung gelöster organischer Substanzen
Flächenbelastung in l/(m² h)	100–150	50–90	20–30	15–20
Energiebedarf in Filtration kW h/m³	0,05–0,2	0,05–0,2	0,4	0,8
Energiebedarf für Spülung kW h/m³	0,4	0,4	–	–

große innere Oberfläche entsteht (1000–2000 m^2/g Aktivkohle). Durch diese Eigenschaften werden Stoffe adsorbiert. Einige Hinweise zum Einsatz und zur Bemessung von Aktivkohlefiltern sind in Tafel 20.18 aufgelistet.

Genauere Angaben sind in den o. g. Merkblättern enthalten.

Tafel 20.18 Beispiel zur Bemessung von Aktivkohlefilter nach Sontheimer in Mutschmann et al. (2007)

Aufbereitungsverfahren	Filtergeschwindigkeit [m/h]	Filterbetthöhe [m]	Regenerierung [m^3] Durchfluss je m^3 Aktivkohle
Entchlorung	25–35	2	> 1.000.000
Entfernung von Geruch	20–30	2–3	100.000
Entfernung von org. Inhaltsstoffen	10–15	2–3	25.000
Biologische Wirkung	8–12	2–4	100.000

20.1.4.3 Entsäuerung

W 214-1 (05.16) Entsäuerung von Wasser – Teil 1: Grundsätze und Verfahren (A)

W 214-2 (03.09) Entsäuerung von Wasser – Teil 2: Planung und Betrieb von Filteranlagen (A)

W 214-3 (10.07) Entsäuerung von Wasser – Teil 3: Planung und Betrieb von Anlagen zur Ausgasung von Kohlenstoffdioxid (A)

W 214-4 (07.07) Entsäuerung von Wasser – Teil 4: Planung und Betrieb von Dosieranlagen (A)

Zur Entsäuerung werden Gasaustauschverfahren, Dosierverfahren und Filtrationsverfahren eingesetzt.

Allgemeine Regeln und Auswahlkriterien sind in den o. g. Arbeitsblättern des DVGW aufgezeigt.

20.1.4.4 Enteisenung und Entmanganung

W 223-1 (02.05) Enteisenung und Entmanganung – Teil 1: Grundsätze und Verfahren (A)

W 223-2 (02.05) Enteisenung und Entmanganung – Teil 2: Planung und Betrieb von Filteranlagen (A)

W 223-3 (02.05) Enteisenung und Entmanganung – Teil 3: Planung und Betrieb von Anlagen zur unterirdischen Aufbereitung (A).

In den o. g. Arbeitsblättern sind die aktuellen Kenntnisse und die technischen Regeln zu den Verfahren der Enteisenung und Entmanganung zusammengestellt. Es werden die Verfahren der oberirdischen und unterirdischen Enteisenung und Entmanganung hinsichtlich der Planung, Bemessung und des Betriebes behandelt.

20.1.4.5 Desinfektion

W 290 (02.05) Trinkwasserdesinfektion – Einsatz- und Anforderungskriterien (A)

W 224 (02.10) Verfahren zur Desinfektion von Trinkwasser mit Chlordioxid (A)

W 623 (03.13) Dosieranlagen für Desinfektions- bzw. Oxidationsmittel; Dosieranlagen für Chlor und Hypochloride

W 624 (12.15) Dosieranlagen für Desinfektions- bzw. Oxidationsmittel; Dosieranlagen für Chlordioxid (M).

Im Rahmen der Trinkwasseraufbereitung dürfen für die Desinfektion nur die gemäß der Trinkwasserverordnung zugelassenen Chemikalien und Verfahren eingesetzt werden. Eine Übersicht über die bei den einzelnen Desinfektionsverfahren zu beachtenden Anwendungsbedingungen zeigt Tafel 20.19.

Tafel 20.19 Anwendungsbereiche und zu beachtende Randbedingungen für den Einsatz von Desinfektionsmitteln und -verfahren nach W 290 (02.05)

Desinfektionsmittel/-verfahren	Anwendungsbereich	Zulässige Zugabemenge	Höchstkonzentrationen nach Aufbereitung	Nebenprodukte	DVGW-Merk- bzw. Arbeitsblätter
Chlor und Chlorverbindungen	– pH < 8,0[e] – Ammonium < 0,1 mg/l[d] – DOC ≤ 2,5 mg/l[b]	– 1,2 mg/l Cl$_2$ (6,0 mg/l Cl$_2$)[a]	– max. 0,3 mg/l Cl$_2$ – min. 0,1 mg/l Cl$_2$ (max. 0,6 mg/l Cl$_2$)[a]	– THM und andere chlororganische Verbindungen – biologisch abbaubare Stoffe	W 203, W 295, W 296 und W 623
Chlordioxid	– gesamter pH-Bereich – DOC ≤ 2,5 mg/l[b]	– 0,4 mg/l ClO$_2$ – min. 0,05 mg/l ClO$_2$	– max. 0,2 mg/l ClO$_2$	– Chlorit – biologisch abbaubare Stoffe	W 224 und W 624
Ozon	– gesamter pH-Bereich – nicht als letzte Aufbereitungsstufe	– 10 mg/l O$_3$	– 0,05 mg/l O$_3$	– Bromat – erhöhte Bildung biologisch abbaubarer Stoffe	W 225 und W 625
UV-Bestrahlung	– entsprechend Zulassung (Prüfzeugnis) – biologisch stabile Wässer	–	–	–	W 293 und W 294
Abkochen[c]	– Notfallmaßnahme	–	–	–	

[a] zulässig, wenn die Desinfektion nicht anders gesichert werden kann, oder wenn die Desinfektion zeitweise durch Ammonium beeinträchtigt wird.

[b] Orientierungswert bedingt durch Grenzwerte für Trihalogenmethane bzw. Chlorit.

[c] sprudelndes Kochen.

[d] Orientierungswert bedingt durch mögliche Geruchsprobleme.

[e] Bei pH-Werten > 8,0 ist zu prüfen, ob noch eine ausreichende Desinfektionswirkung gegeben ist.

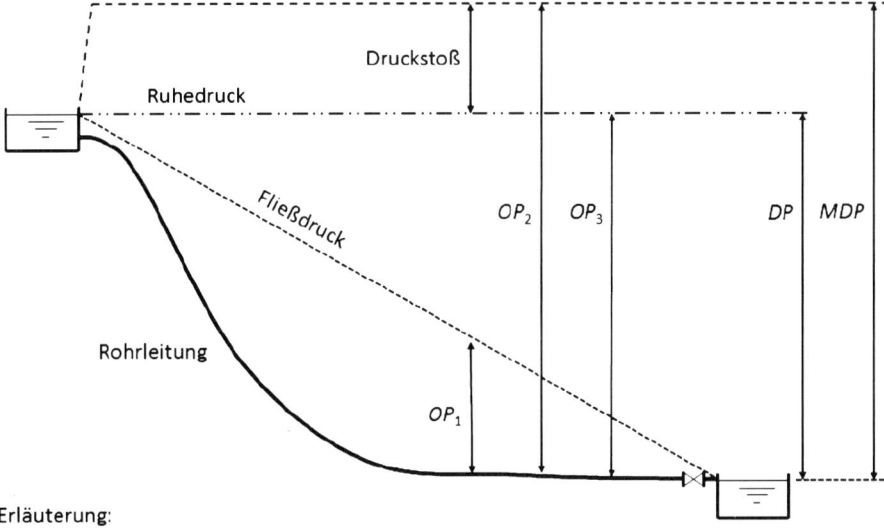

Abb. 20.4 Beispielhafte Darstellung von Systemdrücken in Wasserrohrnetzen nach W 400-1 (02.15)

Erläuterung:
Fasst man die Rohrleitung als Nulllinie
des Betriebsdrucks auf, so ist
OP_1 Betriebsdruck bei einem gewissen Durchfluss
OP_2 Betriebsdruck bei einem Druckstoß
OP_3 Betriebsdruck ohne Durchfluss (Ruhedruck)

20.1.5 Versorgungsdruck

W 400-1 (02.15) Technische Regeln Wasserverteilungsanlagen (TRWV) – Teil 1: Planung (A)

W 400-2 (09.04) Technische Regeln Wasserverteilunganlagen (TRWV) – Teil 2: Bau und Prüfung (A)

W 400-3 (09.06) Technische Regeln Wasserverteilungsanlagen (TRWV) – Teil 3: Betrieb und Instandhaltung (A).

Die in einem Ortsnetz auftretenden Systemdrücke sind in Abb. 20.4 dargestellt. Der höchste System-Betriebsdruck (MDP) ist planerisch mit 10 bar (1000 kPa) festgelegt. Der Systembetriebsdruck (DP) ohne Druckstöße sollte etwa 2 bar unter MDP liegen. Ortsnetze mit größeren Höhenunterschieden sind in Druckzonen zu unterteilen. Unabhängig vom MDP ist bei stationären Fließverhältnissen in den Zubringer-, Haupt- und Versorgungsleitungen ein Mindestdruck von 0,5 bar einzuhalten. Auch bei instationären Fließverhältnissen darf kein Unterdruck von mehr als 0,8 bar (0,2 bar absolut) auftreten.

Der erforderliche Versorgungsdruck (SP) im versorgungstechnischen Schwerpunkt einer Druckzone richtet sich nach der überwiegenden ortsüblichen Geschosszahl der Bebauung dieser Zone (siehe Tafel 20.20). Netze sind so zu bemessen, dass der in der Tafel 20.20 angegebene Versorgungsdruck (Innendruck bei Nulldurchfluss in der Anschlussleitung an der Übergabestelle zum Verbraucher) nicht unterschritten wird. Bei höheren Gebäuden ist im Bedarfsfall eine Hausdruckerhöhungsanlage für die oberen Stockwerke vorzusehen.

Am obersten Entnahmepunkt der Hausinstallation sollen noch mindestens 0,5 besser 1,0 bar vorhanden sein.

20.1.6 Wasserförderung

W 303 (07.05) Dynamische Druckänderung in Wasserversorgungsanlagen (A)

W 610 (03.10) Pumpensysteme in der Trinkwasserversorgung (A)

W 614 (02.01) Instandhaltung von Förderanlagen (M)

W 617 (11.06) Druckerhöhungsanlagen in der Trinkwasserversorgung (A).

Zur Sicherstellung eines ausreichenden Versorgungsdruckes ist in vielen Fällen die Anordnung von Förderanlagen erforderlich. Es wird in der Praxis unterschieden in

- Förderanlagen zur Gewinnung und Aufbereitung
  Einsatzzweck: z. B. Vermeidung Überlastung Brunnen, Entnahmerecht, Einhaltung, rechtliche Rahmenbedingungen
- Förderanlagen für Wassertransport und Wasserverteilung
  Einsatzzweck: z. B. Gewährleistung von ausreichendem Druck und Durchfluss
- Druckerhöhungsanlagen
  Einsatz: z. B. Sicherstellung des ausreichenden Druckes innerhalb eines Versorgungssystems

Im Pumpbetrieb können durch Anfahr-, Abstell- oder Abschaltvorgänge instationäre Strömungs-Vorgänge mit hohen Druckschwankungen oder Druckstößen ausgelöst werden. Sofern Maßnahmen zur Druckstoßvermeidung erforderlich sind, ist das Arbeitsblatt W 303 zu beachten.

Tafel 20.20 Versorgungsdrücke an der Abzweigstelle der Anschlussleitung von der Versorgungsleitung nach W 400-1 (02.15)

Gebäude mit	SP
EG	≥ 2,00 bar
EG und 1 OG	≥ 2,35 bar
EG und 2 OG	≥ 2,70 bar
EG und 3 OG	≥ 3,05 bar
EG und 4 OG	≥ 3,40 bar

20

20.1.6.1 Förderanlagen

Förderanlagen im Sinne von W 617 sind den Verteilungssystemen innerhalb der Trinkwasser-Versorgungsnetze vorgelagert. Sie fördern in größere offene Systeme, die von den ausgeprägten Bedarfsschwankungen im Tagesgang durch Behälter abgekoppelt sind. Daraus ergibt sich eine gleichmäßige Fahrweise mit geringem Steuerungsbedarf.

In der Wasserversorgung werden überwiegend Kreiselpumpen eingesetzt.

Die hydraulischen Daten einer Kreiselpumpe, also Förderstrom Q und Förderhöhe H, ändern sich mit der Drehzahl. Im Abb. 20.5 ist beispielhaft die Kennlinie einer Kreiselpumpe dargestellt.

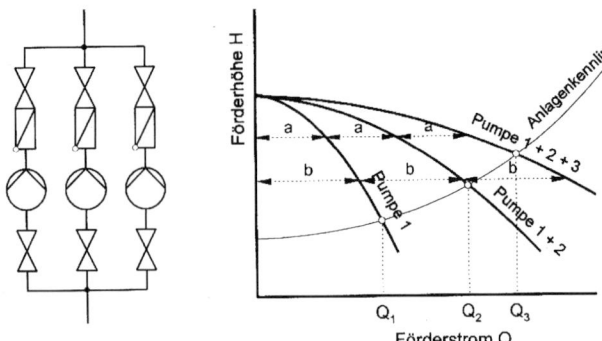

Abb. 20.6 $H(Q)$-Kennlinie für Parallelbetrieb von 3 Kreiselpumpen bei gleicher Leistung

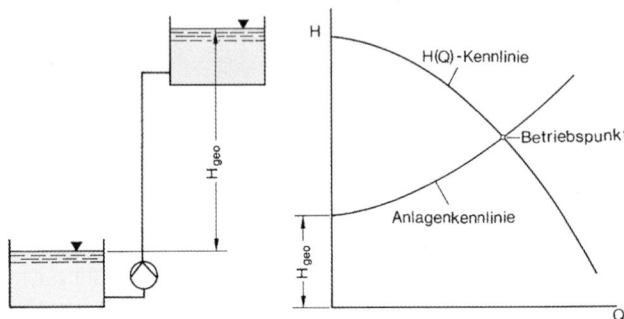

Abb. 20.5 Förderung aus einem offenen Behälter in einen offenen Behälter und zugehörige Anlagenkennlinie (Rohrnetzkennlinie) nach DVGW Handbuch für Wassermeister (1998)

Für jedes Rohrnetz existiert eine charakteristische Anlagenkennlinie (Rohrkennlinie), die den Förderdruck angibt, der erforderlich ist, um den gewünschten Förderstrom zu erreichen. Die Förderhöhe H_A errechnet sich

$$H = H_{geo} + h_{vS} + h_{vD} + (p_a - p_e)/\rho \cdot g + (v_a^2 - v_e^2)/2g$$

H_{geo} geodätischer Höhenunterschied, statischer Druckunterschied an der Pumpe
h_{vS}, h_{vD} Druckhöhenverluste auf der Saug- und Druckseite
p_a, p_e Druck im Eintritts- bzw. Austrittsbereich; zumeist bei Luftdruck p_b gilt $p_a = p_e$
ρ Dichte des Fördermediums
$v_{e,a}^2/2g$ Geschwindigkeitshöhe im Ein- und Auslauf; z. B. $v_e = 0$ und $v_a = 1\,\text{m/s}$ wird $v_a^2/2g = 0{,}05\,\text{m}$ (vernachlässigbar).

Unter diesen Bedingungen vereinfacht sich die Berechnung zu

$$H \approx H_{geo} + h_{vS} + h_{vD}$$

Der Betriebspunkt jeder Kreiselpumpe stellt sich dort ein, wo die Förderhöhe von Pumpe und Anlage gleich sind. Weitere

wichtige Berechnungshinweise zur Leistung und Kavitation von Pumpen sind im Abschn. 19.3.6.3 des Kap. 19 zusammengestellt.

Die Abb. 20.6 zeigt, wie sich durch die Anordnung von drei parallel geschalteter Kreiselpumpen der Betriebspunkt verschiebt. Die Konstruktion der neuen Parallelpumpenkennlinie ergibt sich durch die Addition der Förderströme der einzelnen Pumpen bei verschiedenen Förderhöhen.

20.1.6.2 Druckerhöhungsanlagen mit Druckbehälter

Druckbehälter in der Ausführung als Hydrophorkessel werden insbesondere in Versorgungsnetzen bis $2000\,\text{m}^3/\text{h}$ ohne Netzgegenbehälter eingesetzt. Im DEA-Gebäude sollte der Druckbehälter möglichst in der Nähe und auf gleicher Höhe wie die Pumpen aufgestellt werden. Druckbehälter können auf der Vordruck- (siehe Abb. 20.7) und auf der Nachdruckseite der Pumpen eingebaut werden. Auf der Vordruckseite werden durch einen Druckbehälter unzulässige Druckschwankungen in der Hauptleitung bzw. im vorgeschalteten Versorgungsgebiet vermieden.

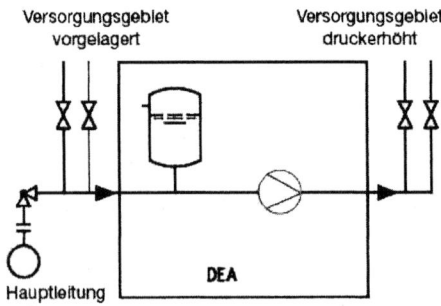

Abb. 20.7 DEA mit Druckbehälter auf Vorderdruckseite nach W 617 (11.06)

Das Volumen der Druckbehälter (Wasser- und Luftraum) wird ermittelt durch

$$V_K = 1/(1 - k_s) \cdot [Q_F/(4 \cdot Z)] \cdot [p_a/(p_a - p_e)]$$

V_K Gesamtinhalt des Druckbehälters in m^3

k_s minimales Wasservolumen (Mindestfüllung) im Druckbehälter, i. d. R. 0,25 (25 %)

Q_F Förderleistung der größten druckabhängig geschalteten Pumpe in m^3/h

p_a Ausschaltdruck in bar absolut (= Überdruck + atmosphärischer Druck ($\approx$ 1 bar))

p_e Einsschaltdruck in bar absolut (= Überdruck + atmosphärischer Druck ($\approx$ 1 bar))

Z Zahl der Schaltzahl/h (bis 7,5 kW Motorleistung: $n < 15$, bis 30 kW: $n < 12$ und > 30 kW: $n < 10$).

20.1.7 Wasserspeicherung

Das bisherige DVGW Regelwerk W 300 (W 06.05, alt) wird ersetzt aufgrund der Komplexität der Anforderungen und Vorschriften insbesondere hinsichtlich der Werkstoffsysteme durch eine fünfteilige Regel:

W 300-1 (10.14) Trinkwasserbehälter; Teil 1: Planung und Bau

W 300-2 (10.14) Trinkwasserbehälter; Teil 2: Betrieb und Instandhaltung

W 300-3 (10.14) Trinkwasserbehälter; Teil 3: Instandsetzung und Verbesserung

W 300-4 (10.14) Trinkwasserbehälter; Teil 4: Werkstoffe, Auskleidungs- und Beschichtungssysteme – Grundsätze und Qualitätssicherung auf der Baustelle

W 300-5 (10.14) Trinkwasserbehälter Teil 5: Werkstoffe, Auskleidungs- und Beschichtungssysteme – Anforderungen und Prüfung

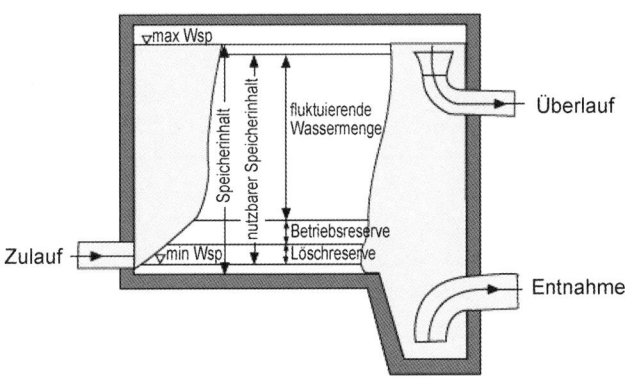

Abb. 20.8 Schema der Aufteilung des Speicherinhaltes nach Mutschmann, Stimmelmayr 2014

Trinkwasserbehälter als Erd- oder Turmbehälter gewährleisten einen konstanten Ruhedruck. Sie dienen dem Ausgleich zwischen Bedarfs- und Fördermengen (Tagesausgleich) sowie der Bevorratung von Feuerlöschwasser-Reserven. Weiterhin ist ein Sicherheitsvorrat für die Überbrückung von Betriebsstörungen zu berücksichtigen (siehe Abb. 20.8). Diese Betriebsreserve dient nach 300-1 (10.14) der Überbrückung von Störungen und ist abhängig vom System der Zubringerleitungen und von der Wahrscheinlichkeit und Dauer von Betriebsunterbrechungen. Der Nutzinhalt entspricht der Differenz zwischen dem maximalen und dem minimalen Betriebswasserspiegel. Der Nutzinhalt setzt sich zusammen aus dem fluktuierenden Wasservolumen, der Betriebsreserve und der Löschwasserreserve. Die Tafeln 20.21 und 20.22 geben Richtwerte für den Nutzinhalt und den Löschwasservorrat von Wasserbehältern und Wassertürmen nach W 300 (06.05, alt und Mutschmann, Stimmelmayr 2014) an.

Beispiele zur tabellarischen und grafischen Berechnung des fluktuierenden Speichervolumens sind in der Tafel 20.23 und Abb. 20.9 aufgezeigt.

Tafel 20.21 Richtwerte für Nutzinhalt und Löschwasservorrat von **Wasserbehältern** nach W 300 (06.05, alt und Mutschmann, Stimmelmayr 2014)

	Maximaler Tagesbedarf $Q_{d\,max}$		
	$< 2000\,m^3/d$	2000 bis $4000\,m^3/d$	$> 4000\,m^3/d$
Nutzinhalt ohne Löschwasser-Vorrat	$1 \cdot Q_{d\,max}$	$1 \cdot Q_{d\,max}$ eventuell geringe Abzüge bis zu 20 %	30 bis 80 % von $Q_{d\,max}$ i. d. R. fluktuierende Wassermenge + Sicherheitszuschlag
Löschwasser-Vorrat	– für ländliche Orte[a] 100 bis 200 m^3 – für städtische Gebiete[b] 200 bis 400 m^3	nicht erforderlich	nicht erforderlich

[a] Dorf-, Misch- und Wohngebiete
[b] Kern-, Gewerbe- und Industriegebiete

Tafel 20.22 Richtwerte für Nutzinhalt und Löschwasservorrat von **Wassertürmen** nach W 300 (06.05, alt und Mutschmann, Stimmelmayr 2014)

	Maximaler Tagesbedarf Q_{dmax}			
	$< 1000\,m^3/d$	1000 bis $2000\,m^3/d$	> 2000 bis $4000\,m^3/d$	$> 4000\,m^3/d$
Nutzinhalt ohne Löschwasser-Vorrat	$0,35 \cdot Q_{d\,max}$	$0,25 \cdot Q_{d\,max}$	$0,25 \cdot Q_{d\,max}$	$0,20 \cdot Q_{d\,max}$
Löschwasser-Vorrat	– für ländliche Orte[a] – bei offener Bauweise 75 m^3 – bei geschlossener Bauweise[a] 100 m^3 – für städtische Gebiete[b] 150 m^3		nicht erforderlich	nicht erforderlich

[a] Dorf-, Misch- und Wohngebiete
[b] Kern-, Gewerbe- und Industriegebiete

Tafel 20.23 Tabellarische Ermittlung des Speicherinhaltes

Uhrzeit	A	$\sum A$	24-h-Betrieb			Intermittierender Betrieb			16-h-Betrieb		
			Z	$Z-A$	$\sum(Z-A)$	Z	$Z-A$	$\sum(Z-A)$	Z	$Z-A$	$\sum(Z-A)$
(1)	(2)	(3)	(4)	(5)	(6)	(4)	(5)	(6)	(4)	(5)	(6)
0 bis 1	1,5	1,5	4,17	+2,67	2,67	8,34	+6,84	6,84		−1,50	13,00
1 bis 2	1,0	2,5	4,17	+3,17	5,84	8,33	+7,33	**14,17**		−1,00	12,00
2 bis 3	1,0	3,5	4,16	+3,16	9,00		−1,00	13,17		−1,00	11,00
3 bis 4	1,5	5,0	4,17	+2,67	11,67		−1,50	11,67		−1,50	9,50
4 bis 5	2,0	7,0	4,17	+2,17	13,84		−2,00	9,67		−2,00	7,50
5 bis 6	3,0	10,0	4,16	+1,16	**15,00**		−3,00	6,67		−3,00	4,50
6 bis 7	4,5	14,5	4,17	−0,33	14,67		−4,50	2,17		−4,50	**0,00**
7 bis 8	5,3	19,8	4,17	−1,13	13,54	8,33	+3,03	5,20	6,25	+0,95	0,95
8 bis 9	4,8	24,6	4,16	−0,64	12,90	8,34	+3,54	8,74	6,25	+1,45	2,40
9 bis 10	4,0	28,6	4,17	+0,17	13,07	8,33	+4,33	13,07	6,25	+2,25	4,65
10 bis 11	5,1	33,7	4,17	−0,93	12,14		−5,10	7,97	6,25	+1,15	5,80
11 bis 12	7,2	40,9	4,16	−3,04	9,10	8,33	+1,13	9,10	6,25	−0,95	4,85
12 bis 13	10,5	51,4	4,17	−6,33	2,77	8,34	−2,16	6,94	6,25	−4,25	0,60
13 bis 14	6,8	58,2	4,17	−2,63	0,14	8,33	+1,53	8,47	6,25	−0,55	0,05
14 bis 15	5,3	63,5	4,16	−1,14	−1,00	8,33	+3,03	11,50	6,25	+0,95	1,00
15 bis 16	4,8	68,3	4,17	−0,63	−1,63		−4,80	6,70	6,25	+1,45	2,45
16 bis 17	4,0	72,3	4,17	+0,17	−1,46		−4,00	2,70	6,25	+2,25	4,70
17 bis 18	4,8	77,1	4,16	−0,64	−2,10	8,34	+3,54	6,24	6,26	+1,45	6,15
18 bis 19	5,0	82,1	4,17	−0,83	−2,93	8,33	+3,33	9,57	6,25	+1,25	7,40
19 bis 20	4,3	86,4	4,17	−0,13	−3,06	8,33	+4,03	13,60	6,25	+1,95	9,35
20 bis 21	5,0	91,4	4,16	−0,84	**−3,90**		−5,00	8,60	6,25	+1,25	10,60
21 bis 22	4,0	95,4	4,17	−0,17	−3,73		−4,00	4,60	6,26	+2,25	12,85
22 bis 23	3,0	98,4	4,17	+1,17	−2,56		−3,00	1,60	6,25	+3,25	**16,10**
23 bis 24	1,6	100,0	4,16	+2,65	0,00		−1,60	**0,00**		−1,60	14,50
Behältergröße ($= \max \sum(A-Z) + |\min \sum(A-Z)|$)					**18,90**			**14,17**			**16,10**

A = stündl. Abgabe, Z = stündl. Zugabe (in % der **maximalen** Tagesabgabe + Löschwasser-Reserve)

Abb. 20.9 Grafische Ermittlung des Speicherinhaltes

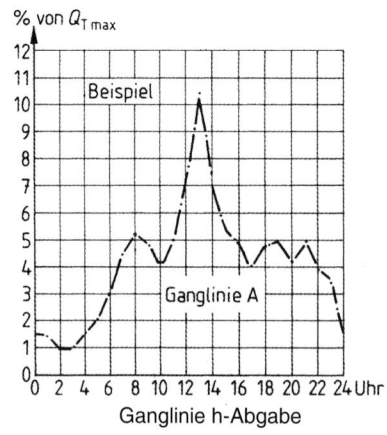

Ganglinie h-Abgabe

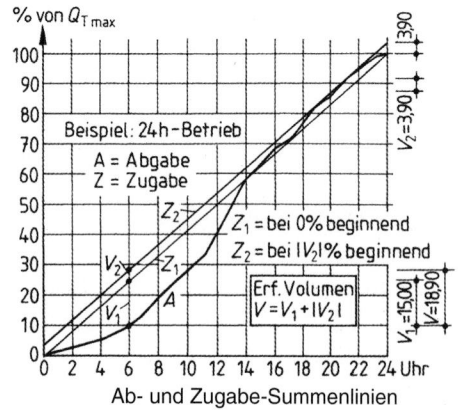

Ab- und Zugabe-Summenlinien

20.1.8 Wasserverteilung

GW 303-1 (10.06) Berechnung von Gas- und Wasserrohrnetzen – Teil 1: Hydraulische Grundlagen, Netzmodellisierung und Berechnung (A)

GW 303-2 (03.06) Berechnung von Gas- und Wasserrohrnetzen – Teil 2: GIS-gestützte Rohrnetzberechnung (A)

W 400-1 (02.15) Technische Regeln Wasserverteilungsanlagen (TRWW) – Teil 1: Planung (A)

20.1.8.1 Berechnung von einfachen Wasserversorgungsnetzen

Einfache Netze werden als so genannte Verästelungsnetze berechnet. Hierbei wird das Ringnetz durch gedachte „Schnittstellen" so weit aufgelöst, bis Rohrstränge mit eindeutiger Fließrichtung entstehen. An den Schnittstellen sollte die Druckdifferenz $\Delta p < 10\,\%$ des Netzdruckes p_e sein und bei kleinen Netzen 0,2 bar nicht überschreiten. Liegen bei der Berechnung die Drücke an den Schnittstellen mehr auseinander, sind diese in Richtung auf den niedrigen Druck zu verschieben.

In der Tafel 20.24 werden die Durchflüsse entgegen und die Druckverluste mit der Fließrichtung aufsummiert. Für ungünstige Netzknoten (Hochpunkte, Netzendpunkte) wird vorab aus der Summe (Geländehöhe in m ü. NN. + erforderlicher Netzdruck $+h_v$) der Ausgangsdruck ab Werk H_w ermittelt, ehe Druckhöhe und Versorgungsdruck über Gelände bestimmt werden können. Der Durchfluss wird mit Hilfe des Metermengenwertes m bestimmt:

$$m = Q_{max} / \sum L \quad [\text{l/(s m)}]$$

mit $\sum L$ Gesamtlänge der Rohrleitungen im betrachteten Teil des Versorgungsgebietes in m.

20.1.8.2 Berechnung von vermaschten Wasserversorgungsnetzen

Bei vermaschten Rohrnetzen wird in der Regel das iterative Rechenverfahren nach Hardy-Cross angewendet. Die Strangdurchflüsse müssen zunächst unter der Knoten-Bedingung $\sum Q = 0$ geschätzt werden. Mit diesen Werten werden die Druckhöhenverluste der Stränge berechnet. Wenn die geschätzten Werte Q der Stränge noch nicht die Maschenbedingung $\sum h_v = 0$ erfüllen, wird eine Korrektur ΔQ für jede Masche berechnet aus

$$\Delta Q = -\sum (a_i Q_i |Q_i|)/2 \left(\sum h_{v,i}/Q_i \right)$$
$$= -\sum h_v/2 \left(\sum h_v/Q \right)$$

Es ist darauf zu achten, dass die Vorzeichen von Q und h_v entsprechend von Q, so dass h_v/Q immer positiv ist. Mit diesen Korrekturwerten werden die Strangdurchflüsse berichtigt.

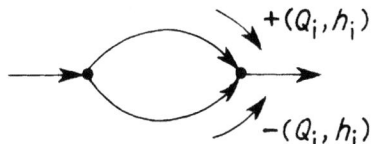

Abb. 20.10 Vorzeichenregelung

Druckverlust im Einzelstrang:

$$h_i = c_i \cdot l_i \cdot Q_i |Q_i| \cdot 10^{-3} \quad \text{mit } c_i \cdot l_i = a_i$$

c Rohrkonstante in s^2/m^6, Werte siehe Tafel 20.25
a Rohrkonstante in s^2/m^5.

Tafel 20.24 Listenkopf mit $Q = Q_{h\,max}$

1	2	3		4	5	6	7	8	9	10	11
Lfd. Nr.	Name der Straße	Strecke		Stranglänge	Strangabnahme		Strangbelastung ohne Löschwasser			Löschwasser	Strangbelastung
		von	bis	L	Metermengenwert m	Durchfluss $Q = L \cdot m$	Übernahme aus Lfd. Nr.	Durchfluss Q aus Sp. 7	Gesamtdurchfluss Q	Q_L	Gesamtdurchfluss mit Löschwasser $Q + Q_L$ Sp. 9 + 10
–	–	–	–	m	l/(s m)	l/s	–	l/s	l/s	l/s	l/s

12	13	14	15	16	17	18	19	20	21	22
Bemessung		Druckgefälle I_p	Verlusthöhe $h_v = L \cdot I_p$	Übernahme aus Lfd. Nr.	Verlusthöhe h_v aus Sp. 16	Gesamtverlusthöhe $\sum h_v$ Sp. 15 + 17	Druckhöhe $H =$ Werksdruck $- \sum h_v$	Geländehöhe H_{geo}	Netzdruck $p_e = \frac{H - H_{geo}}{10}$	Bemerkungen
Nennweite DN	Fließgeschwindigkeit v									
	m/s	m/km	m	–	m	m	m ü. NN	m ü. NN	bar	

Tafel 20.25 c-Werte

DN	100	150	200	250	300	400	500	600	700
$k_i = 0{,}1$ mm	196,6	22,70	4,939	1,518	0,5800	0,1276	0,03951	0,01519	0,006774
$k_i = 0{,}4$ mm	252,7	29,18	6,348	1,950	0,7448	0,1636	0,05061	0,01943	0,008658
$k_i = 1{,}0$ mm	324,6	37,13	8,023	2,452	0,9329	0,2037	0,06272	0,02399	0,01066
$k_i = 1{,}5$ mm	370,4	42,06	9,046	2,756	1,0455	0,2274	0,06980	0,02664	0,01181

Zunächst wird der Durchfluss in den Einzelsträngen ge-schätzt. Dann wird die Korrektur vorgenommen mit

$$\Delta Q = -\sum (a_i \cdot Q_i |Q_i|)/2 \cdot \left(\sum h_{v,i}/Q_i\right)$$

$$= -\sum h_v/2 \cdot \left(\sum h_v/Q\right)$$

Beispiel

Gegeben: Integrale Rauheit $k_i = 0{,}4$ mm, Q, DN, l ge-mäß Skizze

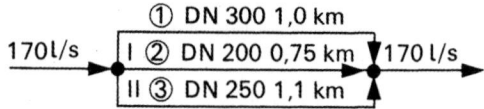

Lösung siehe Tafel 20.26.

Tafel 20.26 Lösung des Beispiels

Masche Strang	d_i	l_i	c_i $k_i = 0{,}4$	$a_i = c_i l_i$	a_i	$h_i = a_i Q_i |Q_i|$ $\cdot 10^{-3}$	$\sum |a_i Q_i|$ $\cdot 10^{-3}$	ΔQ	Q_i'	$h_i' = a_i Q_i' |Q_i'|$ $\cdot 10^{-3}$	$\sum |a_i Q_i'|$ $\cdot 10^{-3}$	$\Delta Q'$	Q_i''	$h_i'' = a_i Q_i'' |Q_i''|$ $\cdot 10^{-3}$
1	2	3	4	5	6	7	8	9	10	11	12	13	14	15
–	mm	km	–	–	l/s	m	–	l/s	l/s	m	–	l/s	l/s	m
I ①	300	1,0	0,7488	0,7488	85	5,38	0,0633	+1,0	86,0	5,51	0,0641	–0,2	85,8	5,48
I ②	200	0,75	6,348	4,761	–35	–5,83	0,1666	+1,0 +0,3	–33,7	–5,41	0,1604	–0,2 +0,1	–33,8	–5,44
				$\sum$:		–0,45	0,2299		$\sum$:	+0,10	0,2245			
				$\Delta Q = -\dfrac{-0{,}45}{2\cdot0{,}2299} = +1{,}0$					$\Delta Q' = -\dfrac{0{,}10}{2\cdot0{,}2245} = -0{,}2$					
II ②	200	0,75	6,348	4,761	–1,0 35	5,50	0,1619	+0,2 –0,3	33,9	5,47	0,1614	–0,1	33,8	+5,44
II ③	250	1,1	1,960	2,145	–50	–5,36	0,1073	–0,3	–50,3	–5,43	0,1079	–0,1	–50,4	–5,45
				$\sum$:		+0,14	0,2692		$\sum$:	+0,04	0,2693			
				$\Delta Q = -\dfrac{0{,}14}{2\cdot0{,}2692} = -0{,}3$					$\Delta Q' = -\dfrac{0{,}04}{2\cdot0{,}2693} = -0{,}1$					

Zuerst wird Masche I bis Spalte 9 korrigiert, dann Masche II, wobei schon ΔQ von I, d. h. 1,0 l/s im gemeinsamen Strang ② berücksichtigt wird. Es folgt Masche I bis Sp. 13 mit Berücksichtigung von Masche II (0,3 in Sp. 9), dann wieder Masche II bis Spalte 15 und Masche I Sp. 14 + 15 mit 0,1 in Sp. 13. Zu beachten ist jeweils die Vorzeichenregelung nach Abb. 20.10 bei ΔQ.

Geschätzte Durchflüsse: Ergebnisse:

①: 85,0 l/s   ①: 85,8 l/s

②: 35,0 l/s   ②: 33,8 l/s

③: 50,0 l/s   ③: 50,4 l/s

Tafel 20.27 Übersicht der Rohre, Formstücke und Verbindungen nach W400-1 (02.15)

	Duktiles Guss-eisen	Stahl	PE 80 PE 100	PE-Xa/b/c	PVC-U/O	GFK
DVGW-Prüfgrund-lage – Rohr	*GW 337* *W 372*	*VP 637*	GW 335-A2	GW 335-A3 *VP 640*	GW 335-A1 *VP 654*	*VP 615*
Produktnorm-Rohr	DIN EN 545	DIN 2460	DIN EN 12201-2	DIN 16892 DIN 16893	DIN EN ISO 1452-2 DIN 8061 DIN 8062	DIN EN 14364 DIN EN 1796 DIN 16869-1 DIN 16869-2
DVGW-Prüfgrund-lage – Formstück/ Verbinder	*GW 337* *W 372*	*VP 637*	GW 335-B2 GW 335-B3 GW 335-B4	GW 335-B2 GW 335-B3 GW 335-B4		*VP 615*
Produktnorm-Form-stück/Verbinder	DIN EN 545 DIN EN 14525 *DIN 28650*	DIN EN 10224 DIN EN 10253-2 DIN 2460	DIN EN 12201-3 ISO 14236 DIN EN 12842	DIN EN 12201-3 ISO 14236 DIN EN 12842	DIN EN 12842 DIN EN ISO 1452-3	DIN EN 14364 DIN EN 1796
Verbindung	Steckmuffe Schraubmuffe Stopfbuchsen-muffe	Stumpfschweißen Steckmuffe	Stumpfschweißen Heizwendel-schweißmuffe Klemmver-schraubung Steckmuffe Pressmuffe	Heizwendel-schweißmuffe Klemmver-schraubung Steckmuffe Pressmuffe	Steckmuffe	Steckmuffe Klebmuffe Laminatmuffe
SDR bzw. Wanddicke	(nach Norm/ Prüfgrundlage)	(nach Norm/ Prüfgrundlage)	PE 80: SDR 7,4 bis 20 bar SDR 11 bis 12,5 bar PE 100: SDR 7,4 bis 25 bar SDR 11 bis 16 bar	SDR 7,4 bis 20 bar SDR 11 bis 12,5 bar	< DN 110: SDR 11 bis 20 bar SDR 13,6 bis 16 bar SDR 17 bis 12,5 bar SDR 21 bis 10 bar ≥ DN 110: SDR 11 bis 25 bar SDR 13,6 bis 20 bar SDR 17 bis 16 bar SDR 21 bis 12,5 bar SDR 26 bis 10 bar	Standardnenn-steifigkeits-klasse SN 2500 SN 5000 SN 10000

20.1.8.3 Rohre und Formstücke in der Wasserversorgung

W400-1 (02.15) Technische Regeln Wasserverteilungsanlagen (TRWW) – Teil 1: Planung (A)

Die wichtigsten Werkstoffe für Rohre und Formstücke in der Wasserverteilung sind gemäß TRWW in der Tafel 20.27 aufgelistet.

20.2 Siedlungsentwässerung

Der in einem Entwässerungsgebiet anfallende Abfluss besteht aus häuslichem Q_H und betrieblichem Schmutzwasser Q_G, Fremdwasser Q_F und Niederschlagswasser Q_R.

Die Entwässerung von Siedlungen erfolgt herkömmlich im Mischverfahren oder im Trennverfahren. Unter Berücksichtigung neuerer Grundsätze zum Umgang mit Regenwasser ergeben sich heute häufig Mischformen, die als modifizierte Systeme bezeichnet werden.

Beim **Trennverfahren** werden häusliches und betriebliches Schmutzwasser im Schmutzwasserkanal, der Regenabfluss sowie ggf. Dränwasser in einem eigenen Regenwasserkanal abgeleitet.

Im **Mischverfahren** werden häusliches und betriebliches Schmutzwasser zusammen mit dem Niederschlagsabfluss in einem gemeinsamen Kanal (Mischwasserkanal) abgeführt.

Modifizierte Entwässerungssysteme ergeben sich aus der Maßgabe, zukünftig von der vollständigen Ableitung beim Niederschlagswasser abzurücken und nach dessen Beschaffenheit zu differenzieren. Nicht schädlich verunreinigtes Niederschlagswasser sollte weitgehend von der Kanalisation ferngehalten werden durch dezentralen Rückhalt, Versickerung und möglichst getrennte (ggf. auch offene) Ableitung des verbleibenden Abflussanteils. Insbesondere können dadurch bestehende Kanäle und die Kläranlage hydraulisch entlastet und Mischwasserüberläufe reduziert werden (siehe A 118, 03.06).

Nachfolgend wird zu Beginn der jeweiligen Anschnitte auf wichtige zu beachtende Technische Regeln hingewiesen.

20.2.1 Maßgebliche Abflussgrößen

DIN EN 752 (04.08) Entwässerungssysteme außerhalb von
    Gebäuden
DWA-A 118 (03.06) Hydraulische Bemessung und Nach-
    weis von Entwässerungssystemen.
Bei der Bestimmung der Abflussgrößen für die einzelnen
Entwässerungsverfahren sind die in Tafel 20.28 dargestellten
Zusammenhänge zu beachten.

Tafel 20.28 Maßgebliche Abflussgrößen und Abflussquerschnitte
nach A118/2006

Trennsystem		Mischsystem
Schmutzwasserkanal	Regenwasser-kanal	Mischkanal
$Q_{ges} = Q_{T,h,max} + Q_{R,Tr,max}$	$Q_{ges} = Q_{R,max}$	$Q_{ges} = Q_{T,h,max} + Q_{R,max}$

$Q_{T,h,max}$ maximaler stündlicher Trockenwetterabfluss
$Q_{R,Tr,max}$ maximaler unvermeidbarer Regenabfluss im Schmutzwasserkanal von Trenngebieten
$Q_{R,max}$ maximaler Regenwetterabfluss
$Q_{R,max}$ maximaler Regenwetterabfluss

Für den maximal stündlichen Trockenwetterabfluss
$Q_{T,h,max}$ gilt:

$$Q_{T,h,max} = Q_H + Q_G + Q_F$$

20.2.1.1 Trockenwetterabfluss Q_T

Bei bestehenden Entwässerungssystemen sollte die Größe
des Trockenwetterabflusses grundsätzlich über Abflussmes-
sungen mit ausreichend langen Messzeiträumen bestimmt
und abgesichert werden.

Für die Planung von neuen Entwässerungssystemen können die nach A 118 (2006) festgelegten Berechnungsgrundlagen berücksichtigt werden.

Bei allen im Folgenden genannten Abflussgrößen und Abflussspenden handelt es sich um (stündliche) Spitzenwerte,
nicht um Tagesmittelwerte. Die Abflussspenden sind auf das
kanalisierte Einzugsgebiet $A_{E,k}$ bezogen.

Häuslicher Schmutzwasserabfluss Q_H Es wird empfohlen, für die Berechnung des künftigen Schmutzwasserabflusses die Werte einer gesicherten Wasserbedarfsprognose des
örtlichen Wasserversorgungsunternehmens zugrunde zu legen und in der Bemessung einen Schmutzwasseranfall von
$150 \, l/(E\,d)$ nicht zu unterschreiten. Die Tafel 20.29 zeigt die
möglichen Berechnungsansätze.

Betrieblicher Schmutzwasserabfluss Q_G Bei geplanten
Gewerbe- und Industriegebieten können meist keine genauen
Angaben über die Art und die Größe der anzusiedelnden Be-
triebe gemacht werden. Für die Bemessung von Kanälen in
Gewerbe- und Industriegebieten wird gemäß Tafel 20.30 ein

Tafel 20.29 Berechnungsansätze für den Schmutzwasseranfall nach
A 118 (2006)

Berechnung von Q_H über spezifischen Schmutzwasseranfall $Q_H = E \cdot w_s \cdot (1/f)/3600 \, [l/s]$	
E	Einwohner [E]
w_s	Spezifischer täglicher Schmutzwasseranfall $[l/(E\,d)]$ Schwankungsbereich von 80 bis $200 \, l/(E\,d)$, Mindestansatz $> 150 \, l/(E\,d)$
f	Schwankungsbreite [h/d] zwischen 1/8 (ländliche Ge-meinde) und 1/16 (Großstädte) des täglichen Abflusses bei Q_d

Berechnung über die Siedlungsdichte $Q_H = q_{H,1000\,E} \cdot ED \cdot A_{E,k,1}/1000 \, [l/s]$	
$q_{H,1000\,E}$	Spezifischer Spitzenabfluss $[l/(s\,1000\,E)]$, $\geq 4 \, l/(s\,1000\,E)$ bis max. $5 \, l/(s\,1000\,E)$
D	Siedlungsdichte (E/ha), Spektrum zwischen $20 \, E/ha$ (ländliche Gebiete) und $300 \, E/ha$ (Stadtzentrum)
$A_{E,k,1}$	Fläche des durch die Kanalisation erfassten Einzugsgebie-tes [ha]

Tafel 20.30 Berechnungsansätze für den betrieblichen Schmutzwasseranfall nach A 118 (2006)

Berechnung für betriebliches Schmutzwasser $Q_G = q_G \cdot A_{E,k,2} \, [l/s]$	
q_G	Betriebliche Schmutzwasserabflussspende bezogen auf kanalisierte Einzugsgebietfläche $[l/(s\,ha)]$ Betriebe mit geringem Wasserverbrauch $q_G = 0,2-0,5 \, l/(s\,ha)$ Betriebe mit mittlerem bis hohem Wasserverbrauch $q_G = 0,5-1,0 \, l/(s\,ha)$ Größere Werte sind in begründeten Einzelfällen betriebs-spezifisch anzusetzen
$A_{E,k,2}$	Fläche des durch die Kanalisation erfassten Gewerbe- und Industriegebietes [ha] des durch die Kanalisation erfassten Einzugsgebietes [ha]

flächenspezifischer Ansatz mit nachstehenden betrieblichen
Schmutzwasserabflussspenden q_G empfohlen.

Fremdwasserabfluss Q_F Fremdwasser umfasst unerwünscht in die Kanalisation gelangende Abflüsse, die durch
eindringendes Grundwasser und je nach Kanalart unterschiedliche Fehleinleitungen verursacht sein können.

Dazu zählt auch bei Regen in Schmutzwasserkanälen
von Trennsystemen abfließendes Niederschlagswasser. Die
möglichen Fremdwasserkomponenten sind in Tafel 20.31
aufgelistet.

Wegen der nachteiligen Auswirkungen ist stets verstärk-
tes Augenmerk darauf zu richten, den Fremdwasserzufluss
durch geeignete Maßnahmen so gering wie möglich zu halten.

Fehleinleitungen von Schmutzwasser in Regenwasser-
kanäle sind generell zu unterbinden. Die unterschiedlichen
Berechnungsansätze sind in Tafel 20.32 zusammengestellt.

Tafel 20.31 Mögliche Fremdwasserkomponenten nach A 118 (2006)

Mischwasserkanäle	Regenwasserkanäle	Schmutzwasserkanäle
Eindringendes Grundwasser (Undichtigkeiten)	Eindringendes Grundwasser (Undichtigkeiten)	Eindringendes Grundwasser (Undichtigkeiten)
Zufließendes Drän- und Quellwasser	Zufließendes Drän- und Quell- und Bachwasser	Zufließendes Drän- und Quellwasser
	Zufließendes Schmutzwasser (Fehleinleitungen)	Zufließendes Regenwasser (über Schachtabdeckungen, Fehleinleitungen)

Tafel 20.32 Berechnungsansätze für den Fremdwasseranfall nach A 118 (2006)

Fall 1	Berechnung für Fremdwasser bei Trockenwetter $Q_{F,T} = q_F \cdot A_{E,k}$ [l/s]
$q_{F,T}$	Fremdwasserabflussspende bei Trockenwetter [l/(s ha)] für Neuplanungen $q_F = 0{,}05 - 0{,}15\, \text{l/(s ha)}$
$A_{E,k}$	Fläche des durch die Kanalisation [ha] des durch die Kanalisation erfassten Einzugsgebietes [ha]

Fall 2	Berechnung für Fremdwasser mit unvermeidbarem Regenabfluss im Schmutzwasserkanal von Trenngebieten $Q_{R,Tr} = q_{R,Tr} \cdot A_{E,k,3}$ [l/s]
$q_{R,Tr}$	Regenabflussspende im Schmutzwasserkanal [l/(s ha)] Ansatz: 0,2 bis 0,7 l/(s ha) in begründeten Fällen auch mehr Alternativ: Vergleichende Abflussmessungen im Schmutzwasserkanal bei Trocken- und Regenwetter
$A_{E,k,3}$	Fläche des durch die Schmutzwasserkanalisation erfassten Einzugsgebietes [ha]

Fall 3	Berechnung für Fremdwasser mit unvermeidbarem Regenabfluss im Schmutzwasserkanal von Trenngebieten (Alternative zu Fall 2) $Q_F = m(Q_H + Q_G)$
m	Pauschalwert mit Ansätzen von 0,1 . . . 1,0 in begründeten Fällen auch > 1

Tafel 20.33 Berechnungsansatz für den Regenwetterabfluss nach A 118 (2006)

Berechnung des Regenabflusses Q_R $Q_R = r_{D,n} \cdot \Psi_S \cdot A_{E,k}$ [l/s]	
$r_{D,n}$	Regenspende der Dauer D und der Häufigkeit n in l/(s ha) z. B. Regenspenden des Deutschen Wetterdienstes aus KOSTRA-DWD 2000
Ψ_S	Spitzenabflussbeiwert: Quotient aus maximaler Niederschlagsabflussspende q_{max} und zugehöriger maximaler Regenspende
$A_{E,k}$	Fläche des durch die Kanalisation erfassten Einzugsgebietes [ha]

Regenspenden Die Regenspende $r_{D,n}$ in l/(s ha), die früher aus der Bezugsregenspende $r_{15,1}$ und dem Zeitbeiwert φ einer bestimmten Regendauer D und Regenhäufigkeit n gebildet wurde, kann derzeit aus den Starkniederschlagsdaten des DWDs (2005) bzw. örtlich verfügbaren Niederschlagsdaten gewonnen werden. Im Atlas des DWDs „Starkniederschlagshöhen für Deutschland – Kostra" (DWD, 2005) ist ein EDV-Programm zur Ermittlung der ortspezifischen Niederschlagshöhen und Regenspenden enthalten.

Sofern diese Daten nicht verfügbar sind, können näherungsweise die in Abb. 20.11 angegebenen Werte berücksichtigt werden. Eine Regenspende von $r = 100\,\text{l/(s ha)}$ entspricht einem Niederschlag von 9 mm mit 10.000 m² pro 15 min zu 60 s. Beliebige Regen, z. B. mit $D = x$ und $n = y$ werden mit dem Zeitbeiwert φ wie folgt umgerechnet

$$r_{x,n=y} = r_{i,n=k} \cdot \frac{\varphi_{x,n=y}}{\varphi_{i,n=k}} \quad \text{mit } \varphi \text{ nach Reinhold}$$

$$\varphi_{T,n} = \frac{38}{T+9}(n^{-0,25} - 0{,}3684)$$

Die **maßgeblichen Regenhäufigkeiten** n aus der DIN EN 752 sind für die Bemessung der Kanäle auf (**90 %**) **Vollfüllung** im A118 (2006) übernommen worden. Die in Tafel 20.35 angegebenen Häufigkeiten von Bemessungsregen gelten für die Anwendung von Fließzeitverfahren. Dabei dürfen die ermittelten Maximalabflüsse das jeweilige Abflussvermögen bei Vollfüllung nicht überschreiten. Für größere Entwässerungssysteme und generell bei der Anwendung von Abflusssimulationsmodellen, insbesondere

20.2.1.2 Regenabfluss Q_R

Der Regenabfluss wird bestimmt durch die Regenspende, $r_{D,n}$ in l/(s ha), die örtlich verschieden ist und sich mit der Regendauer T bzw. D in min sowie der Häufigkeit des jährlichen Auftretens n in 1/a ändert. Bei den herkömmlichen Berechnungsverfahren zur Kanalnetzberechnung wird der maßgebliche Regenwetterabfluss unter Berücksichtigung des kanalisierten Einzugsgebietes $A_{E,k}$ und des aus dem Befestigungsgrad und weiteren Einflussparametern abgeleiteten Spitzenabflussbeiwert Ψ_S berechnet, siehe Tafel 20.33 und 20.37.

Bei den so genannten herkömmlichen Verfahren wie z. B. Zeitbeiwertverfahren, Zeitabflussfaktorverfahren, Summenlinienverfahren oder Flutplanverfahren steht die Berechnung von Maximalwerten im Vordergrund. Sie werden auch als Fließzeitverfahren bezeichnet, da die Ablussberechnung maßgeblich auf der Fließzeit aufbaut.

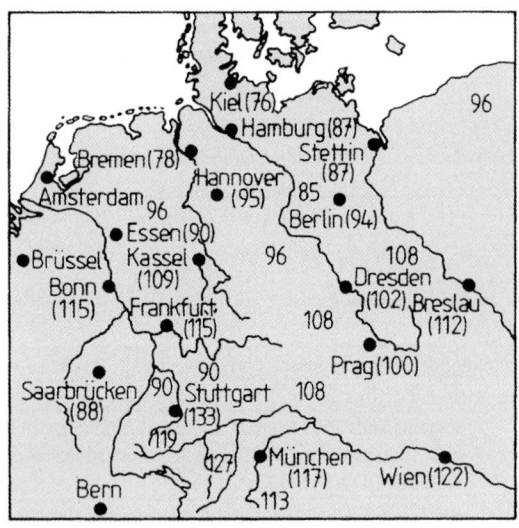

Abb. 20.11 Regenkarte nach Reinhold

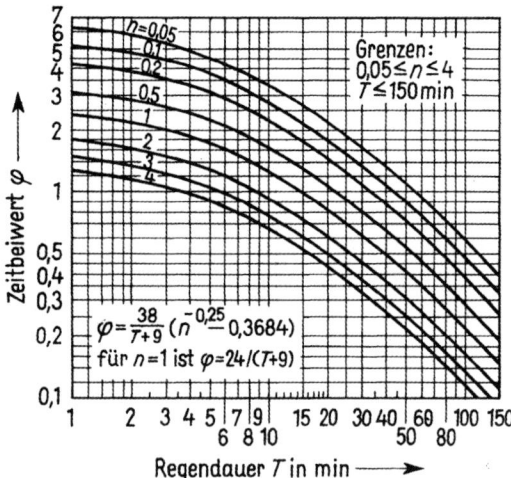

Abb. 20.12 Zeitbeiwertlinien nach Reinhold bezogen auf r_{15}

Tafel 20.34 Maßgebende kürzeste Regendauer in Abhängigkeit der mittleren Geländeneigung und des Befestigungsgrades nach A 118, 2006

Mittlere Geländeneigung	Befestigung	Kürzeste Regendauer
< 1 %	≤ 50 %	15 min
	> 50 %	10 min
1 % bis 4 %		10 min
> 4 %	≤ 50 %	10 min
	> 50 %	5 min

Tafel 20.35 Empfohlene Regen- und Überflutungshäufigkeiten für den Entwurf/Neuplanung nach DIN EN 752, 2008 und DWA-A 118, 2006

Häufigkeit der Bemessungsregen[a] (1-mal in n Jahren)	Ort	Überflutungs-häufigkeit (1-mal in n Jahren)
1 in 1	Ländliche Gebiete	1 in 10
1 in 2	Wohngebiete	1 in 20
Stadtzentren, Industrie- und Gewerbegebiete		
1 in 2	Mit Überflutungsprüfung	1 in 30
1 in 5	Ohne Überflutungsprüfung	–
1 in 10	Unterirdische Verkehrsan-lagen, Unterführungen	1 in 50

[a] Für Bemessungsregen dürfen keine Überlastungen auftreten.

dort, wo bedeutende Schäden oder Gefährdungen auftreten können, empfiehlt DIN EN 752, das Maß des Überflutungsschutzes über die Vorgabe zulässiger **Überflutungshäufigkeiten** festzulegen. Der Vorgang der Überflutung ist jedoch in hohem Maße von den lokalen Verhältnissen abhängig (z. B. Tiefenlage der einzelnen Grundstücke in Bezug auf das Straßenniveau). Die tatsächliche Überflutungshäufigkeit lässt sich überwiegend nur durch Beobachtungen und Erfahrungen in bestehenden Kanalnetzen feststellen und ggf. durch konstruktive Maßnahmen verbessern (z. B. Erhöhung der Bordsteine, Entwässerung von Tiefpunkten mit Hebeanlagen).

Da die modelltechnische Nachbildung der Überflutung nach dem gegenwärtigen Stand jedoch nicht möglich ist, wird der rechnerische Nachweis von Entwässerungsnetzen über die **Überstauhäufigkeit** festgelegt. Als Überstau ist das Überschreiten eines bestimmten Bezugsniveaus durch den rechnerischen Maximalwasserstand zu verstehen. Vielfach wird die Geländeoberkante (z. B. Höhe der Schachtabdeckungen) als Bezugsniveau des rechnerischen Maximalwasserstandes gewählt, da es bei Überschreiten dieses Wertes zu einem Austritt von Wasser auf die Geländeoberfläche (Straßenfläche) kommt und die Möglichkeit einer Überflutung besteht. In der Tafel 20.36 sind die Werte aus dem A 118 (2006) für den Nachweis der Überstauhäufigkeit bei **Neuplanungen** bzw. nach **Sanierungen** zusammengestellt. Für die rechnerische Nachweisführung wird empfohlen, im **ersten Schritt** den rechnerischen Nachweis nach der Zielgröße **Überstauhäufigkeit** zu führen und **im zweiten Schritt** den jeweils geforderten **Überflutungsschutz** unter Beachtung der örtlichen Gegebenheiten zu prüfen und gegebenenfalls durch bauliche Maßnahmen sicherzustellen.

Tafel 20.36 Empfohlene Überstauhäufigkeiten für den rechnerischen Nachweis bei Neuplanungen bzw. nach Sanierung (hier: Bezugsniveau Geländeoberkante) nach A 118 (2006)

Ort	Überstauhäufigkeiten-Neuplanung bzw. nach Sanierung (1-mal in n Jahren)
Ländliche Gebiete	1 in 2
Wohngebiete	1 in 3
Stadtzentren, Industrie- und Gewerbegebiete	Seltener als 1 in 5
Unterirdische Verkehrs- anlagen, Unterführungen	Seltener als 1 in 10[a]

[a] Bei Unterführungen ist zu beachten, dass bei Überstau über Gelände i. d. R. unmittelbar eine Überflutung einhergeht, sofern nicht besondere örtliche Sicherungsmaßnahmen bestehen. Hier entsprechen sich Überstau- und Überflutungshäufigkeit mit dem in Tafel 20.35 genannten Wert „1 in 50"!

Spitzenabflussbeiwerte ψ_s Für die Kanalnetzberechnung ist der Spitzenabflussbeiwert Ψ_s maßgebend, der das Verhältnis zwischen der resultierenden maximalen Abflussspende und der zugehörigen Regenspende beschreibt. Für die Anwendung von Fließzeitverfahren werden Spitzenabflussbeiwerte Ψ_s in Abhängigkeit vom Anteil der befestigten Flächen, der Geländeneigungsgruppe und der maßgeblichen Bezugsregenspende r_{15} nach Tafel 20.37 empfohlen. Sie beziehen sich auf die Fläche des kanalisierten Einzugsgebietes $A_{E,K}$.

Berechnungsmethode: Zeitbeiwertverfahren Das am häufigsten eingesetzte, herkömmliche Berechnungsverfahren ist das Zeitbeiwertverfahren, das der Verhältnismethode

(„rational method") des englischen Sprachraumes entspricht. Mit dem Zeitbeiwertverfahren wird der größte Regenabfluss unter der Annahme ermittelt, dass die Fließzeit im Kanalnetz gleich der maßgebenden Regendauer gesetzt wird. Dabei ist zu berücksichtigen, dass bis zu der Mindestregendauer gemäß Tafel 20.34 die Regenspende konstant gehalten wird, d. h. für diesen Fall ist $D = t_f$ zugrunde zu legen. Erst bei $t_f > D_{min}$ ist die Regenspende r entsprechend der Fließzeit anzupassen. Der Spitzenabflussbeiwert Ψ_s ist gemäß Tafel 20.37 zu bestimmen (A 118, 2006).

Bei unregelmäßigen Gebietsformen und großen Schwankungen von I_G bzw. Ψ_s tritt der Größtabfluss nicht immer bei $D = t_f$ auf, s. Abb. 20.13.

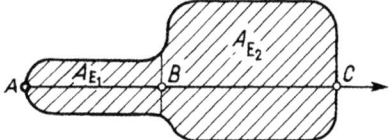

Abb. 20.13 Schema Einzugsgebiet der Kanalisation

Es ist zu prüfen, ob mit der Regendauer D gleich t_{fBC} der Abfluss von A_{E2} nicht größer ist als der Gesamtabfluss von $A_{E1} + A_{E2}$ mit $D = t_{fAC}$.

Faustregel:

$$\max Q_R \text{ aus } \frac{1}{2}A_{E1} + A_{E2} \text{ mit } \frac{1}{2}t_{fAB} + t_{fBC}$$

Ein Bemessungsbeispiel nach dem Zeitbeiwertverfahren ist in der Tafel 20.38 in Form einer Listenrechnung aufgezeigt.

Tafel 20.37 Empfohlene Spitzenabflussbeiwerte für unterschiedliche Regenspenden bei einer Regendauer von 15 min (r_{15}) in Abhängigkeit von der mittleren Geländeneigung I_G und dem Befestigungsgrad nach A 118, 1977

Befestigungs- grad [%]	Gruppe 1 ($I_G < 1\%$)				Gruppe 2 ($1\% \leq I_G \leq 4\%$)				Gruppe 3 ($4\% < I_G \leq 10\%$)				Gruppe 4 ($I_G > 10\%$)			
	Für r_{15} [l/(s ha)] von															
	100	130	180	225	100	130	180	225	100	130	180	225	100	130	180	225
0[a]	0,00	0,00	0,10	0,31	0,10	0,15	0,30	(0,46)	0,15	0,20	(0,45)	(0,60)	0,20	0,30	(0,55)	(0,75)
10[a]	0,09	0,09	0,19	0,38	0,18	0,23	0,37	(0,51)	0,23	0,28	0,50	(0,64)	0,28	0,37	(0,59)	(0,77)
20	0,18	0,18	0,27	0,44	0,27	0,31	0,43	0,56	0,31	0,35	0,55	0,67	0,35	0,43	0,63	0,80
30	0,28	0,28	0,36	0,51	0,35	0,39	0,50	0,61	0,39	0,42	0,60	0,71	0,42	0,50	0,68	0,82
40	0,37	0,37	0,44	0,57	0,44	0,47	0,56	0,66	0,47	0,50	0,65	0,75	0,50	0,56	0,72	0,84
50	0,46	0,46	0,53	0,64	0,52	0,55	0,63	0,72	0,55	0,58	0,71	0,79	0,58	0,63	0,76	0,87
60	0,55	0,55	0,61	0,70	0,60	0,63	0,70	0,77	0,62	0,65	0,76	0,82	0,65	0,70	0,80	0,89
70	0,64	0,64	0,70	0,77	0,68	0,71	0,76	0,82	0,70	0,72	0,81	0,86	0,72	0,76	0,84	0,91
80	0,74	0,74	0,78	0,83	0,77	0,79	0,83	0,87	0,78	0,80	0,86	0,90	0,80	0,83	0,87	0,93
90	0,83	0,83	0,87	0,90	0,86	0,87	0,89	0,92	0,86	0,88	0,91	0,93	0,88	0,89	0,93	0,96
100	0,92	0,92	0,95	0,96	0,94	0,95	0,96	0,97	0,94	0,95	0,96	0,97	0,95	0,96	0,97	0,98

[a] Befestigungsgrade $\leq 10\%$ bedürfen i. d. R. einer gesonderten Betrachtung.

Tafel 20.38 Listenrechnung zum Zeitbeiwertverfahren

Lei-tung Nr.	Stra-ßen-name	Schacht Nr.		Länge	Fläche A_E				Spitzenabflussbeiwert ψ_s				Einwohner		Zufluss aus Fläche Nr.	Schmutzwasserabfluss			
						Befestigung in %				mittlere Geländeneigung			Dichte D	Anzahl		häuslich		gewerblich	
		Nr.			Nr.	40%	50%	...	$I_G<1\%$	$1\% \leq I_G \leq 4\%$	$4\% < I_G \leq 10\%$	$I_G>10\%$				einz. Q_H	zus. ΣQ_H	einz. Q_G	zus. ΣQ_G
–	–	von	bis	m	–	ha	ha	ha	–	–	–	–	E/ha	E	–	l/s	l/s	l/s	l/s
1	2	3	4	5	6	7	8	9	10	11	12	13	14	15	16	17	18	19	20
1	Große	1	5	180	1		1,28			0,52			200	256	–	1,28	1,28	–	–
2	Kleine	6	5	290	2	2,16				0,44			80	173	–	0,87	0,87	–	–
1	Große	5	14	120	3		0,48			0,52			200	96	1,2	0,48	2,63	–	–

Fremd-wasser-abfluss Q_T	Trocken-wetter-abfluss Q_T	Zeit-bei-wert φ	Regenabfluss $Q_{r15}=r_{15}\cdot\psi_s\cdot A_E$			Fließzeit		Misch-wasser-abfluss Q_{ges}	Gefälle		Profil	Rau-heit k_b	Vollfüllung		$\dfrac{Q_{ges}}{Q_v}$	Trocken-wetter-Geschw. v_T	Regenwetter		Bemer-kungen
			einz. Q_{r15}	ΣQ_{r15}	max $Q_R=$ $\varphi\cdot\Sigma Q_{r15}$	einz. t_f	zus. Σt_f		Sohle I_s	Wsp. I_w	Form und Größe		Leist. Q_v	v_v			Geschw. v_M	Füllh. h_M	
l/s	l/s	–	l/s	l/s	l/s	s	min	l/s	‰	‰	mm	mm	l/s	m/s	–	m/s	m/s	cm	
21	22	23	24	25	26	27	28	29	30	31	32	33	34	35	36	37	38	39	40
0,13	1,41	1,26	67	67	84	94	1,56	85,4	21	–	Ø300	1,5	142	2,0	0,60	0,68	2,08	17	
0,22	1,09	1,26	95	95	120	143	2,38	121,1	19	–	Ø300	1,5	135	1,9	0,90	0,58	2,03	24	
0,05	3,03	1,26	25	187	236	50	3,22	239,0	15	–	Ø500	1,5	464	2,4	0,52	0,72	2,38	26	

20.2.2 Hydraulische Dimensionierung und Leistungsnachweis von Abwasserleitungen

DWA-A 110 (08.06) Hydraulische Dimensionierung und Leistungsnachweis von Abwasserkanälen und -leitungen

DWA-A 118 (03.06) Hydraulische Bemessung und Nachweis von Entwässerungssystemen.

Für die Dimensionierung und den Leistungsnachweis sind nachfolgende Berechnungsansätze zu berücksichtigen:

Dimensionierung mit Pauschalkonzept Im Pauschal-Konzept ist die Verwendung der k_b-Werte für genormte Rohre ohne weiteren Nachweis im Einzelfalle zulässig und als Regelfall anzusehen. Im Rahmen des Pauschal-Ansatzes bei der Dimensionierung ist die effektive Wandrauheit für derzeit durch den DIN-Normenausschuss Wasserwesen genormte Rohre einheitlich mit $k = 0,1\,\text{mm}$ und die Fließgeschwindigkeit mit $v = 0,8\,\text{m/s}$ angesetzt, um damit auch den Bereich der Teilfüllung mit abzudecken.

Für nicht genormte Rohre ohne besonderen Nachweis der effektiven Wandrauheit sowie für Mauerwerks- und Ortbetonkanäle ist $k_b = 1,5\,\text{mm}$ zu setzen.

Beim Pauschalansatz sind über den k_b-Wert gemäß Tafel 19.8, Kap. 19, die Einflüsse der Wandrauigkeit, der Lageungenauigkeiten und -Minderungen, der Rohrstöße, der Zulauf-Formstücke und der Schachtbauwerke bis Scheitelfüllung $h/d \leq 1,0$ berücksichtigt. Nicht enthalten sind hierbei Nennweiten-Unterschreitungen, Auswirkungen von Einstau und Überstau, Vereinigungsbauwerke und Ein- und Auslaufbauwerke von Drosselstrecken, Druckrohrleitungen und Dükern.

Leistungsnachweis von Abwassernetzen Für den Leistungsnachweis von Abwassernetzen (bestehender oder in

Planung befindlicher) ist das Individualkonzept anzuwenden, d. h. detaillierte Berücksichtigung aller Verlusteinflüsse im Einzelfall (genauere Einzelheiten siehe A 110, 08.06).

Beim Leistungsnachweis bestehender Netze ist, wenn die effektive lichte Weite im Einzelfall nicht festgestellt wird oder werden kann, grundsätzlich mit 95 % der Nennweite zu rechnen, worin auch Querschnittsreduzierungen infolge normaler Ablagerungen erfasst sind.

Damit verbietet sich eine besondere, generelle k_b-Wert-Tabelle für den Einstau-, Überstau- und Überflutungsnachweis.

Berechnungsrichtwerte Bei der Dimensionierung und dem Leistungsnachweis von Abwasserkanälen sind folgende Berechnungsbedingungen zu beachten:

Ausnutzung der Querschnitte Bei der Bemessung von Freispiegelkanälen soll das rechnerische Abflussvermögen Q_v nicht voll ausgenutzt werden. Es wird empfohlen, den nächst größeren Querschnitt zu wählen, wenn der ermittelte Gesamtabfluss Q_{ges} bei Regen- und Mischwasserkanälen etwa 90 % des Abflussvermögens Q_v beträgt.

Aus betrieblichen Gründen (u. a. Verstopfungsgefahr, Spülung, TV-Befahrung, nachträgliche Herstellung von Anschlüssen) wird empfohlen, unabhängig vom rechnerischen Gesamtabfluss in öffentlichen Kanälen mit Freispiegelabfluss im Allgemeinen die nachstehenden Mindestnennweiten nicht zu unterschreiten: Schmutzwasserkanal DN 250, Regen-, Mischwasserkanal DN 300.

In begründeten Fällen (z. B. geringer Abfluss in ländlich strukturierten Gebieten oder in Streusiedlungen, Verbindungssammler bei guten Gefälleverhältnissen, Steilstrecken, Umsetzung von Maßnahmen der Regenwasserbewirtschaftung) können auch kleinere Querschnitte – möglichst jedoch nicht unter DN 200 – gewählt werden. Dabei sind die betrieblichen Aspekte besonders zu würdigen und ggf. geeignete Maßnahmen zur Vermeidung von Ablagerungen und Verstopfungen zu ergreifen. Dies betrifft auch die Wahl der Querschnittsform (DWA-A 118 03.06).

Flachstrecken und Ablagerungen Abwasser ist eine Mischung von Wasser mit den verschiedenartigsten Feststoffen, unter welchen stets auch absetzbare anzutreffen sind. Deren Sedimentation innerhalb des Leitungssystems kann durch geeignete Wahl der maßgebenden Parameter vermieden werden. Eine Wandschubspannung von $\tau \geq 1,0\,\text{N/m}$ sollte in keinem Fall unterschritten werden.

Ablagerungen werden vermieden, wenn eine erforderliche Mindestwandschubspannung, die von der Volumenkonzentration an absetzbaren Feststoffen abhängig ist, erreicht oder überschritten wird. Die erforderliche Mindestwandschubspannung τ_{min} in N/m^2 beträgt für Konzentrationen

von $c_T = 0,05\,\text{‰}$ für Misch- und Regenwasser sowie $c_T = 0,03\,\text{‰}$ für Schmutzwasser

$$\tau_{\text{min}} = 4,1\,Q^{1/3} \quad \text{für Regen- und Mischwasserkanäle}$$
$$\tau_{\text{min}} = 3,4\,Q^{1/3} \quad \text{für Schmutzwasserkanäle}$$

mit Q in m^3/s und zwar unabhängig vom Durchmesser und Gefälle der betrachteten Leitung.

Die jeweils vorhandene Wandschubspannung τ_{vorh} wird berechnet nach:

$$\tau_{\text{vorh}} = \varrho \cdot g \cdot r_{\text{hy}} \cdot J_R$$

Unter der Annahme einer Betriebsrauheit $k_b = 1,5\,\text{mm}$ ergeben sich untere Grenzwerte J_c des Sohlengefälles für die verschiedenen Nennweitenbereiche von Kreisprofilen und Füllungsgraden von $h_T/d = 0,1$ bis $0,5$ sowie für $\tau \geq 1,0\,\text{N/m}^2$ gemäß Tafel 20.39 und 20.40.

Tafel 20.39 Grenzwerte für ablagerungsfreien Betrieb von Regen- und Mischwasserkanälen (DWA-A 110, 08.06)

Kreisquerschnitt d	$h_T/d \geq 0,10$			$h_T/d \geq 0,20$			$h_T/d \geq 0,30$			$h_T/d \geq 0,50$		
	J_c	V_c	min	J_c	V_c	t_{min}	J_c	V_c	t_{min}	J_c	V_c	τ_{min}
mm	‰	m/s	N/m	‰	m/s	N/m	‰	m/s	N/m	‰	m/s	N/m
200	a	a	a	4,23	0,43	1,00	2,98	0,46	1,00	2,04	0,48	1,00
250	a	a	a	3,38	0,45	1,00	2,39	0,47	1,00	1,63	0,49	1,00
300	5,35	0,43	1,00	2,82	0,46	1,00	1,99	0,49	1,00	1,48	0,53	1,09
350	4,59	0,44	1,00	2,42	0,47	1,00	1,70	0,50	1,00	1,45	0,58	1,24
400	4,02	0,44	1,00	2,11	0,48	1,00	1,61	0,51	1,05	1,42	0,63	1,39
450	3,57	0,45	1,00	1,88	0,49	1,00	1,53	0,55	1,15	1,40	0,67	1,54
500	3,21	0,46	1,00	1,69	0,50	1,00	1,50	0,59	1,26	1,38	0,71	1,69
600	2,68	0,47	1,00	1,61	0,54	1,14	1,47	0,66	1,48	1,34	0,79	1,97
700	2,29	0,48	1,00	1,59	0,61	1,32	1,43	0,71	1,68	1,31	0,86	2,25
800	2,01	0,49	1,00	1,55	0,64	1,47	1,40	0,77	1,88	1,29	0,93	2,52
900	1,88	0,51	1,05	1,52	0,68	1,62	1,38	0,82	2,08	1,26	0,99	2,79
1000	1,84	0,54	1,15	1,50	0,73	1,78	1,36	0,87	2,28	1,24	1,05	3,05
1100	1,81	0,56	1,24	1,48	0,77	1,93	1,35	0,93	2,49	1,23	1,11	3,31
1200	1,79	0,60	1,34	1,46	0,81	2,07	1,32	0,96	2,66	1,21	1,17	3,57
1300	1,77	0,63	1,43	1,44	0,84	2,22	1,30	1,00	2,84	1,20	1,22	3,82
1400	1,75	0,65	1,53	1,43	0,88	2,37	1,30	1,06	3,05	1,18	1,27	4,07
1500	1,73	0,67	1,62	1,41	0,91	2,50	1,28	1,09	3,22	1,17	1,32	4,31
1600	1,71	0,71	1,70	1,40	0,95	2,65	1,27	1,12	3,39	1,16	1,37	4,55
1800	1,69	0,75	1,89	1,38	1,01	2,93	1,25	1,22	3,77	1,14	1,46	5,03
2000	1,66	0,79	2,06	1,36	1,07	3,22	1,23	1,28	4,11	1,12	1,54	5,50
2200	1,64	0,83	2,24	1,34	1,13	3,48	1,21	1,35	4,46	1,11	1,63	5,97
2400	1,61	0,86	2,41	1,32	1,18	3,74	1,19	1,41	4,80	1,09	1,70	6,42
2600	1,59	0,92	2,58	1,30	1,23	3,99	1,17	1,45	5,11	1,08	1,78	6,87
2800	1,58	0,96	2,75	1,29	1,29	4,27	1,16	1,52	5,45	1,07	1,85	7,32
3000	1,56	0,99	2,92	1,27	1,32	4,50	1,15	1,58	5,78	1,05	1,92	7,76
3200	1,54	1,01	3,07	1,26	1,37	4,78	1,14	1,64	6,11	1,04	1,99	8,19
3400	1,53	1,05	3,24	1,25	1,42	5,01	1,13	1,70	6,44	1,03	2,05	8,62
3600	1,51	1,07	3,39	1,24	1,46	5,27	1,12	1,74	6,74	1,03	2,12	9,05
3800	1,50	1,11	3,56	1,22	1,49	5,48	1,11	1,82	7,09	1,02	2,18	9,47
4000	1,49	1,16	3,73	1,21	1,54	5,75	1,10	1,85	7,39	1,01	2,24	9,89

a $J \geq 1/\text{DN}$.

Tafel 20.40 Grenzwerte für ablagerungsfreien Betrieb von Schmutzwasserkanälen (DWA-A 110, 08.06)

Kreisquerschnitt d	$h_T/d \geq 0,10$			$h_T/d \geq 0,20$			$h_T/d \geq 0,30$			$h_T/d \geq 0,50$		
	J_c	V_c	min	J_c	V_c	t_{min}	J_c	V_c	t_{min}	J_c	V_c	τ_{min}
mm	‰	m/s	N/m	‰	m/s	N/m	‰	m/s	N/m	‰	m/s	N/m
150	a	a	a	**5,64**	**0,41**	**1,00**	**3,98**	**0,44**	**1,00**	**2,72**	**0,45**	**1,00**
200	a	a	a	**4,23**	**0,43**	**1,00**	**2,98**	**0,46**	**1,00**	**2,04**	**0,48**	**1,00**
250	a	a	a	**3,38**	**0,45**	**1,00**	**2,39**	**0,47**	**1,00**	**1,63**	**0,49**	**1,00**
300	**5,35**	**0,43**	**1,00**	**2,82**	**0,46**	**1,00**	**1,99**	**0,49**	**1,00**	**1,36**	0,51	1,00
350	**4,59**	**0,44**	**1,00**	**2,42**	**0,47**	**1,00**	**1,70**	**0,50**	**1,00**	**1,18**	0,52	1,01
400	**4,02**	**0,44**	**1,00**	**2,11**	**0,48**	**1,00**	**1,49**	**0,51**	**1,00**	**1,16**	0,56	1,13
450	**3,57**	**0,45**	**1,00**	**1,88**	**0,49**	**1,00**	**1,33**	**0,52**	**1,00**	**1,14**	0,60	1,26
500	**3,21**	**0,46**	**1,00**	**1,69**	**0,50**	**1,00**	1,22	0,53	1,03	1,12	0,64	1,37
600	**2,68**	**0,47**	**1,00**	**1,41**	**0,51**	**1,00**	1,20	0,59	1,20	1,09	0,71	1,61
700	**2,29**	**0,48**	**1,00**	1,30	0,55	1,07	1,16	0,63	1,36	1,07	0,78	1,83
800	**2,01**	**0,49**	**1,00**	1,26	0,58	1,20	1,14	0,69	1,53	1,05	0,84	2,06
900	**1,78**	**0,50**	**1,00**	1,25	0,63	1,33	1,12	0,73	1,69	1,03	0,90	2,27
1000	1,61	0,50	1,00	1,23	0,67	1,45	1,11	0,78	1,86	1,01	0,95	2,49
1100	1,49	0,52	1,02	1,21	0,69	1,57	1,09	0,82	2,01	1,00	1,00	2,70
1200	1,46	0,54	1,09	1,19	0,73	1,69	1,08	0,87	2,17	0,99	1,05	2,91
1300	1,45	0,56	1,17	1,18	0,77	1,82	1,07	0,92	2,33	0,98	1,10	3,11
1400	1,44	0,60	1,25	1,16	0,79	1,93	1,06	0,95	2,48	0,96	1,15	3,31
1500	1,41	0,61	1,32	1,16	0,83	2,05	1,04	0,98	2,62	0,96	1,19	3,51
1600	1,40	0,63	1,40	1,14	0,86	2,16	1,03	1,01	2,76	0,95	1,23	3,71
1800	1,38	0,68	1,55	1,12	0,91	2,38	1,01	1,07	3,05	0,93	1,31	4,10
2000	1,35	0,71	1,68	1,10	0,96	2,60	1,00	1,15	3,35	0,91	1,39	4,49
2200	1,34	0,76	1,83	1,08	1,01	2,82	0,99	1,22	3,64	0,90	1,47	4,86
2400	1,32	0,79	1,97	1,07	1,06	3,04	0,97	1,26	3,90	0,89	1,54	5,23
2600	1,30	0,82	2,10	1,06	1,11	3,25	0,96	1,33	4,18	0,88	1,61	5,60
2800	1,29	0,86	2,25	1,05	1,16	3,47	0,95	1,39	4,46	0,87	1,67	5,96
3000	1,27	0,88	2,37	1,04	1,20	3,67	0,94	1,43	4,72	0,86	1,73	6,32
3200	1,25	0,90	2,50	1,03	1,25	3,89	0,93	1,49	5,00	0,85	1,80	6,68
3400	1,24	0,94	2,63	1,02	1,29	4,10	0,92	1,53	5,25	0,84	1,85	7,03
3600	1,23	0,97	2,76	1,01	1,32	4,29	0,91	1,56	5,49	0,84	1,91	7,38
3800	1,23	1,01	2,91	1,00	1,36	4,48	0,90	1,62	5,76	0,83	1,97	7,72
4000	1,22	1,03	3,03	1,00	1,42	4,71	0,90	1,68	6,03	0,82	2,02	8,06

a $J \geq 1/DN$.

Die Grenzwerte können mit genügender Genauigkeit für alle k_b-Werte, also im Bereich von $k_b = 0,25$ mm bis $k_b = 1,5$ mm angewandt werden.

Beide Tabellen enthalten auch Bereiche, die durch die Einhaltung von $\tau_{min} = 1,0$ N/m^2 gekennzeichnet sind. Die Angaben hierfür wurden fett gesetzt. Für Füllhöhen $h < 3$ cm sind die Bedingungen einer gleichmäßigen Konzentration bei stationärem Abfluss nicht mehr gegeben. In diesen Fällen wird empfohlen, das Gefälle mit $J \geq 1 : DN$ mit DN in mm festzulegen.

Strömung mit seitlichem Zufluss (diskontinuierliche Strömung) In Kanalisationsnetzen ist längs einer Berechnungsstrecke, z. B. zwischen zwei Schächten, mit einem Durch-

flusszuwachs infolge seitlicher Einleitungen (Hausanschlüsse, Straßeneinläufe) zu rechnen. Eine Ausnahme bilden lediglich reine Transportkanäle, Drosselstrecken und Druckleitungen.

Bei Sammelkanälen mit seitlichem Zufluss ist mit einem Ansatz für diskontinuierliche Strömung zu arbeiten. Die Auswirkungen des seitlichen Zuflusses werden gemäß DWA-A 110 (08.06) über vereinfachte Verfahren erfasst. Bei der Dimensionierung wird zur Vermeidung der aufwendigen Berechnungen der Energiehöhenverlust längs einer Berechnungsstrecke für einen Sammelkanal in der Regel so ermittelt, dass man für einen konstant – also nicht diskontinuierlich – gedachten Durchfluss (Ersatzdurchfluss) den Reibungsverlust ermittelt. Es ist darauf hinzuweisen, dass als

Ersatzdurchfluss Q_e der am Ende der betrachteten Rohrstrecke herrschende Durchfluss anzusetzen ist. Bei Überschreitung der Gültigkeitsgrenzen für den Ersatzdurchfluss Q_e gemäß Tafel 20.41 sind die vorliegenden Verhältnisse unter Verwendung der nach A 110 angegebenen Gleichungssysteme zu untersuchen und ggf. ein höherer Ersatzdurchfluss festzulegen (DWA-A 110, 08.06).

Im Rahmen vertretbarer Genauigkeit kann mit dieser Vereinfachung gerechnet werden, wenn für den Anteil ΔQ des seitlichen Zuflusses längs einer Haltung in den verschiedenen Nennweitenbereichen die Kriterien nach Tafel 20.41 erfüllt sind.

Steilstrecken und Lufteintrag Bei Steilstrecken ist ab gewissen Geschwindigkeiten mit einer Luftaufnahme des Wassers zu rechnen. Dieser Effekt trifft dann zu, wenn die Boussines q-Zahl größer als 6 ist. Für diesen Fall ist eine genaue Berechnung nach dem DWA-A 110 vorzunehmen.

20.2.3 Rohre in der Kanalisation

20.2.3.1 Querschnittsformen und -abmessungen
DIN 4263 (06.11) Kennzahlen von Abwasserkanälen und -leitungen für hydraulische Berechnung im Wasserwesen

DIN EN 476 (04.11) Allgemeine Anforderungen an Bauteile für Abwasserleitungen und -kanäle

Es wird in der Praxis unterschieden in genormte geschlossene Profile mit Kreis-, Ei- und Maulquerschnitt (siehe Abb. 20.14) und nicht genormte Profile wie z. B. gestreckter Querschnitt, überhöhter Eiquerschnitt, gedrückter Maulquerschnitt etc. (siehe DWA A 110).

Tafel 20.41 Gültigkeitsgrenzen der Berechnung mit Q_e

	Relativer seitlicher Zufluss
Nennweiten-Bereich	$\Delta Q = Q_e - Q_a$
DN 200 bis DN 500	Keine Einschränkung
DN 600 bis DN 1000	$\leq 0{,}30$
DN 1100 bis DN 2000	$\leq 0{,}10$
DN > 2000	$\leq 0{,}05$

Abb. 20.14 Genormte Querschnitte nach DWA 110 (2006)

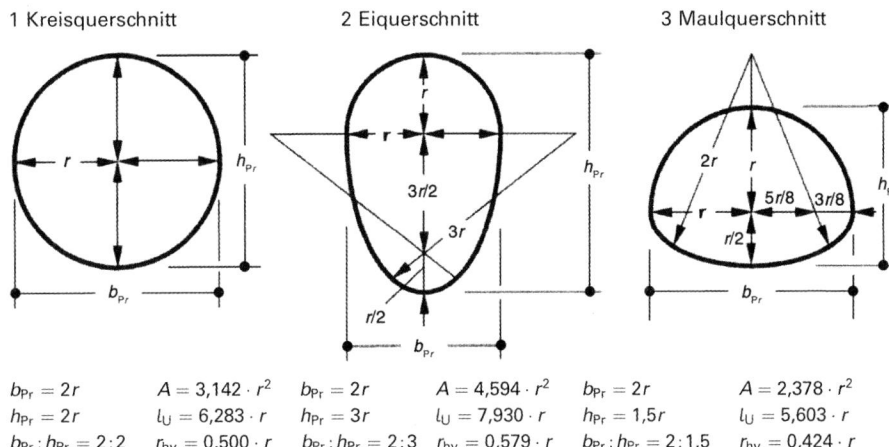

1 Kreisquerschnitt   2 Eiquerschnitt   3 Maulquerschnitt

$b_{Pr} = 2r$ $A = 3{,}142 \cdot r^2$ $b_{Pr} = 2r$ $A = 4{,}594 \cdot r^2$ $b_{Pr} = 2r$ $A = 2{,}378 \cdot r^2$
$h_{Pr} = 2r$ $l_U = 6{,}283 \cdot r$ $h_{Pr} = 3r$ $l_U = 7{,}930 \cdot r$ $h_{Pr} = 1{,}5r$ $l_U = 5{,}603 \cdot r$
$b_{Pr} : h_{Pr} = 2:2$ $r_{hy} = 0{,}500 \cdot r$ $b_{Pr} : h_{Pr} = 2:3$ $r_{hy} = 0{,}579 \cdot r$ $b_{Pr} : h_{Pr} = 2:1{,}5$ $r_{hy} = 0{,}424 \cdot r$

Tafel 20.42 Bevorzugte Nennweiten DN/ID nach DIN EN 476 (2011)

Schwerkraftsysteme DN/ID	Hydraulisch betriebene Drucksysteme DN/ID	Pneumatisch betriebene Drucksysteme DN/ID
30, 40, 50, 60, 70, 80, 90, 100, 125, 150, 200, 225, 250, 300, 350, 375, 400, 450, 500, 600, 700, 800, 900, 1000, 1200, 1250, 1400, 1500, 1600, 1800, 2000, 2200, 2500, 2800, 3000, 2500, 4000	20, 25, 30, 40, 50, 60, 80, 100, 125, 150, 200, 250, 300, 350, 400, 450, 500, 600, 700, 800, 900, 1000, 1100, 1200, 1250, 1300, 1400, 1500, 1600, 1800, 2000, 2100, 2200, 2400, 2500, 2600, 2800, 3000, 3200, 300, 4000	30, 40, 50, 60, 80, 100, 125, 150, 200

Anmerkung Für jeden Werkstoff ist es vorgesehen, die Anzahl der Nennweiten einzuschränken.

Tafel 20.43 Maximale Grenzabmaße für den Innendurchmesser nach E DIN EN 476 (2011)

Schwerkraftsysteme DN/OD	Hydraulisch betriebene Drucksysteme DN/OD	Pneumatisch betriebene Drucksysteme DN/OD
32, 40, 50, 63, 75, 90, 100, 110, 125, 160, 200, 250, 315, 400, 500, 630, 800, 1000, 1200, 1400, 1600, 1800, 2000	22, 25, 28, 32, 40, 50, 63, 75, 90, 100, 110, 125, 140, 160, 180, 200, 225, 250, 280, 315, 355, 400, 450, 500, 560, 630, 710, 800, 900, 1000	32, 40, 50, 63, 75, 90, 100, 110, 125, 140, 160, 180, 200

Anmerkung Für jeden Werkstoff ist es vorgesehen, die Anzahl der Nennweiten einzuschränken.

20.2.3.2 Rohrwerkstoffe

ATV-DVWK-M 159 (12.05) Kriterien zur Materialauswahl für Abwasserleitungen und -kanäle

Das Verzeichnis der aktuellen DIN-Vorschriften zu den in der Kanalisation eingesetzten Rohrwerkstoffen ist unter Güteschutz Kanalbau „Gütegemeinschaft Herstellung und Instandhaltung von Abwasserleitungen und Kanälen e. V." unter www.kanalbau.com abrufbar und wird monatlich überprüft und aktualisiert.

Bei der Auswahl der Werkstoffe von Kanalisationsanlagen sind unterschiedliche Beanspruchungen
- physikalischer Art wie z. B. Erdlasten, Verkehrslasten, Auftrieb, Temperatur, Setzungen, Abfluss,
- chemischer Art wie z. B. Säuren, Laugen, aggressive Wasserinhaltsstoffe und
- biologischer Art wie z. B. organische Abwasserinhaltsstoffe mit Korrosion durch biogene Schwefelsäurekorrosion detailliert zu berücksichtigen.

Die Abb. 20.15 zeigt in der Übersicht die in der Praxis verwendeten unterschiedlichen Werkstoffe in der Kanalisation.

In den Tafeln 20.44 und 20.45 sind wichtige Rohrwerkstoffe mit den (üblichen Rohrweiten und Rohrlängen in Abhängigkeit der Bauweise für den Bereich der kommunalen Entwässerung aufgelistet.

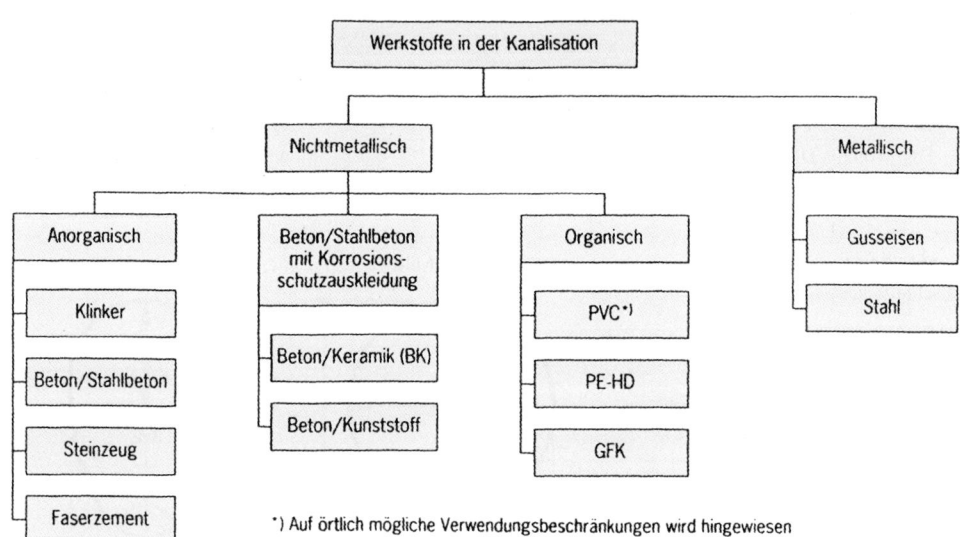

Abb. 20.15 Werkstoffe in der Kanalisation gemäß ATV-Handbuch (1995)

Tafel 20.44 Lieferprogramm von vorgefertigten Abwasserrohren mit Kreisquerschnitt ≤ DN/ID 1200 für die offene Bauweise in Abhängigkeit von Werkstoff, Rohrnennweite und Regelbaulänge[o] nach FBS-Leitfaden zur Rohrwerkstoffauswahl (2007)

DN/ID	Einfachrohre										Rohre mit Trag- und integrierter Korrosionsschutzschicht[n]
	Beton[a]	Stahl-beton[c]	Steinzeug[d]	Duktiler Guss	GFK	Polymer-beton[i]	PEHD[k]	PVC-U			Beton-PVC-U[m]
								Vollwand	Gerippt	
150	1 m	–	1, 1,25 u. 1,5 m	6 m	6 m[h]	–	6, 12 u. 20 m[a]	0,5, 1, 2, 3 u. 5 m	2 u. 5 m	–
200	1 u. 2 m		1, 1,5 u. 2,0 m	3 u. 6 m[g]						2 u. 2,5 m
250	1 u. 2 m		2 u. 2,5 m					1, 2, 3 u. 5 m		
300	2 u. 2,5 m		2,5 m[e]			3 m[j]				
400			2,5 m[f]							
500	2,5 u. 3 m		2,5 m					–	–	
600			2,5 m							
700	2 u. 2,5 m		2 m							
800	2, 2,5 u. 3 m[b]		2 m							
1000			2 m							
1200	2 u. 3 m		2 m							

Tafel 20.44 (Fortsetzung)

[a] FBS-Betonrohre haben serienmäßig in der Regel Kreis- oder Eiquerschnitte (300/450 bis 1200/1800). Sie werden mit Kreisquerschnitt von $300 \leq DN/ID \leq 1500$ ohne Fuß (Form K) oder mit Fuß (Form KF) hergestellt [9]. Andere, beliebige Querschnittsformen z. B. nach DIN 4263 [10] können ebenfalls ausgeführt werden.

[b] Auch in den Zwischennennweiten DN/ID 900 sowie DN/ID 1100 (nur Baulänge 3 m) lieferbar.

[c] FBS-Stahlbetonrohre weisen in der Regel einen Kreisquerschnitt auf. Sie werden von $250 \leq DN/ID \leq 4000$ und größer ohne (K) oder mit Fuß (KF) hergestellt. Andere, beliebige Querschnittsformen nach DIN 4263 [10] können ebenfalls ausgeführt werden.

[d] Tragfähigkeitsklasse ab DN/ID 200: wahlweise Normal- oder Hochlastreihe.

[e] Auch in der Zwischennennweite DN/ID 350 lieferbar.

[f] Auch in der Zwischennennweite DN/ID 450 lieferbar.

[g] Auch in den Zwischennennweite DN/ID 350, 450 und 900 lieferbar.

[h] Standardlänge, die Rohre können auch in kürzerer Ausführung geliefert werden. Auch in den Zwischennennweiten DN/ID 350, 450, 900 und 1100 lieferbar.

[i] Auch als Eiquerschnitt (400/600 bis 1400/2100) lieferbar.

[j] Auch in der Zwischennennweite DN/ID 900 lieferbar.

[k] Vollwandrohre aus PE-HD, coextrudiert, helle Innen- und schwarze Außenschicht, Rohre > DN/ID 600 sind nach Absprache lieferbar, Sonderlängen möglich.

[l] DN/ID 150 auch als Ringbundware lieferbar.

[m] Ohne und mit Fuß lieferbar.

[n] Nur der Vollständigkeit halber mit aufgeführt, wird nachfolgend nicht weiter berücksichtigt.

[o] Kein Anspruch auf Vollständigkeit.

Tafel 20.45 Lieferprogramm von vorgefertigten Abwasserrohren mit Kreisquerschnitt 5 DN/ID 1200 für geschlossene Bauweise in Abhängigkeit von Werkstoff, Rohrnennweite und Regelbaulänge[j] nach FBS – Leitfaden zur Rohrwerkstoffauswahl (2007)

DN/ID	Einfach-Vortriebsrohre							Vortriebsrohre mit Trag- und integrierter Korrosionsschutzschicht[i]		
	Stahlbeton[a]	Steinzeug	Duktiler Guss[f]	GFK	Polymerbeton[g]	PE-HD	PVC-U	Stahlbeton Steinzeug	Stahlbeton-PVC-U, PP, HDPE	Stahlbeton-GFK
150	–	1 m	–	–	1 m	–[h]	1 m	–	–	–
200				1, 2 u. 3 m						
250		1 u. 2 m			1 u. 2 m				2, 2,5 u. 3 m[e]	
300	1 u. 2 m[b]							2 m[d]		2 m
400		2 m								
500	2 m				2 m[c]					
600							–			
700										
800										
1000	2 u. 3 m			1, 2, 3 u. 6 m	2 u. 3 m					3 m
1200		–								

[a] Als dünnwandige, 1-lagig bewehrte und dickwandige, 2-lagig bewehrte Rohre in FBS-Qualität (Anmerkung: Vortriebsrohre aus Beton werden angeboten). Andere, beliebige Querschnittsformen können ebenfalls ausgeführt werden.

[b] Für 1 m Baulänge: Bei DN/ID 300 nur als 1-lagig bewehrte Rohre, bei DN/ID 400 nur als 2-lagig bewehrte Rohre lieferbar.

[c] Auch in den Zwischennennweiten DN/ID 350, 450, 550, 650, 750, 850, 900 und 1100 lieferbar.

[d] Ab DN/ID 1200 auch als KeraLine-Vortriebsrohr mit Korrosionsschutz aus keramischen Spaltplatten erhältlich.

[e] Auch in der Nennweite DN/ID 900 lieferbar.

[f] Duktile Gussrohre werden für den Vortrieb durch Einpressen oder Einschieben nicht mehr hergestellt. Für $100 \leq DN/ID \leq 700$ werden sie nur mit zugkraftschlüssigen TYTON-SIT- bzw. -TIS-K-Muffenverbindungen zur grabenlosen Verlegung von Abwasserdruckleitungen z. B. mittels Horizontal-Spülbohrverfahren eingesetzt.

[g] Auch mit Drachenquerschnitt für $800 \leq DN/ID \leq 1800$ lieferbar.

[h] PE-HD-Rohre können werkstoffbedingt nur geringe Druckkräfte aufnehmen, so dass für den Vortrieb durch Einpressen oder Einschieben nicht geeignet sind. Ihr Einsatz beschränkt sich auf Abwasserdruckleitungen mit zugkraftschlüssigen Rohrverbindungen, die z. B. mittels Horizontal-Spülbohrverfahren grabenlos verlegt werden.

[i] Nur der Vollständigkeit halber mit aufgeführt, wird nachfolgend nicht weiter berücksichtigt.

[j] Kein Anspruch auf Vollständigkeit.

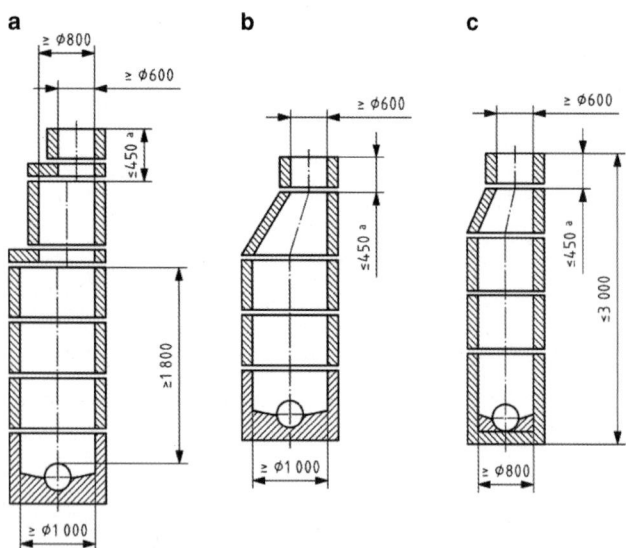

Abb. 20.16 Maße von Einstiegs- und Kontrollschächten nach DIN EN 476 (2011)

20.2.4 Schächte in der Kanalisation

DIN EN 476 (04.11) Allgemeine Anforderungen an Bauteile für Abwasserleitungen und -kanäle
DWA-M 158 (03.06) Bauwerke der Kanalisation – Beispiele
Die Maße von Einstiegs- und Kontrollschächten müssen nach DIN EN 476 (2011) den am Einbauort geltenden Anforderungen entsprechen (siehe Abb. 20.16).

Einsteigschächte für das Einbringen einer Reinigungs-, Kontroll- und Prüfausrüstung mit ausnahmsweiser Zugangsmöglichkeit für eine Person gesichert durch einen Sicherheitsgurt müssen einen Innendurchmesser (ID) und Abmessungen entsprechend Abb. 20.16c aufweisen oder bei rechteckigem Querschnitt eine Nennweite von 750 mm × 1000 mm oder größer, oder bei quadratischem Querschnitt von 800 mm × 800 mm oder größer, oder bei elliptischem Querschnitt eine Nennweite von 800 mm × 1000 mm oder größer.

Kontrollschächte, die einen DN/ID von weniger als 800 aufweisen, erlauben das Einbringen einer Reinigungs-, Kontroll- und Prüfausrüstung, aber gestatten keinen Zugang für Personal.

Im Merkblatt ATV-DVWK-M 158 sind Beispielszeichnungen für die Ausführung von Bauwerken in Kanalisationen zusammengestellt.

Abb. 20.17 Beispiel für Schacht bis DN 500 rund und eckig nach DWA-M 158 (2006)

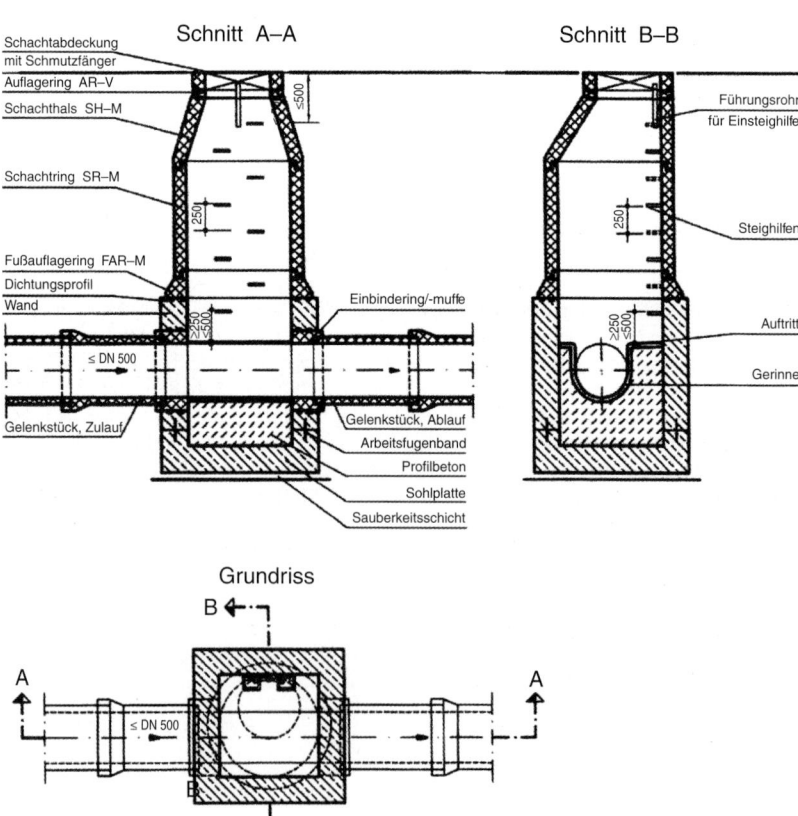

20.2.5 Bau der Kanalisation

Der Einbau der Rohrleitungen kann über die offene oder geschlossene Bauweise erfolgen.

20.2.5.1 Offene Bauweise
DIN EN 1610 EN (12.15) Technische Regeln für die Bauausführung von Abwasserleitungen und -kanälen
DIN 4124 (01.12) Baugruben und Gräben; Böschungen, Verbau, Arbeitsraumbreiten
DWA-A 139 (12.09) Einbau und Prüfung von Abwasserleitungen und -kanälen
ATV-DVWK-A 127 (08.00) Statische Berechnung von Abwasserkanälen und -leitungen

Die genannten Vorschriften und Regelwerke enthalten wichtige Hinweise wie z. B. Auflagerung, Einbettung, Überschüttung, Prüfung der Läge und Wasserdichtheit.

Die zum Einbau der Rohre sowie zur Herstellung der Bettungsschichten, der Seitenverfüllung und der Abdeckung durch lagenweisen Einbau mit ausreichender Verdichtung erforderlichen Mindestgrabenbreiten sind in DIN EN 1610

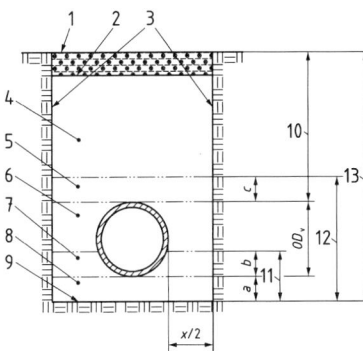

Abb. 20.18 Darstellung der Begriffe zum Grabenverbau nach DIN EN 1610 (12.15). *1* Oberfläche, *2* Unterkante der Straßen- oder Gleiskonstruktion, soweit vorhanden, *3* Grabenwände, *4* Hauptverfüllung, *5* Abdeckung, *6* Seitenverfüllung, *7* Obere Bettungsschicht, *b*, *8* Untere Bettungsschicht, *a*, *9* Grabensohle, *10* Überdeckungshöhe, *11* Dicke der Bettung, *12* Dicke der Leitungszone, *13* Grabentiefe, *a* Dicke der unteren Bettungsschicht, *b* Dicke der oberen Bettungsschicht, *c* Dicke der Abdeckung, OD_v Vertikaler Außendurchmesser.
Anmerkung 1: Mindestwerte für *a* und *c* siehe DIN 1610 Abschnitt 7.
Anmerkung 2: Der Bettungswinkel ist nicht der Bettungsreaktionswinkel der statischen Berechnung

Abb. 20.19 Mindestarbeitsraum neben dem Rohr ($x/2$) und Winkel β der unverbauten Grabenwand nach DIN EN 1610 (12.15).
w_{min} Mindestgrabenbreite, *a* Dicke der unteren Bettungsschicht, *b* Dicke der oberen Bettungsschicht

Tafel 20.46 Mindestgrabenbreite in Abhängigkeit von der Nennweite DN des Rohrs nach DIN EN 1610 (12.15)

DN	Mindestgrabenbreite ($OD_h + x$) [m]		
	Verbauter Graben	Unverbauter Graben	
		$\beta > 60°$	$\beta \leq 60°$
≤ 225	$OD_h + 0,40$	$OD_h + 0,40$	
> 225 bis ≤ 350	$OD_h + 0,50$	$OD_h + 0,50$	$OD_h + 0,40$
> 350 bis ≤ 700	$OD_h + 0,70$	$OD_h + 0,70$	$OD_h + 0,40$
> 700 bis ≤ 1200	$OD_h + 0,85$	$OD_h + 0,85$	$OD_h + 0,40$
> 1200	$OD_h + 1,00$	$OD_h + 1,00$	$OD_h + 0,40$

Anmerkung Bei den Angaben $OD_h + x$ entspricht $x/2$ dem Mindestarbeitsraum zwischen Rohr und Grabenwand oder dem Grabenverbau (Pölzung), falls vorhanden.
Dabei ist
OD_h der horizontale Außendurchmesser, in m;
β der Böschungswinkel des unverbauten Grabens, gemessen gegen die Horizontale (siehe Bild 2).

Tafel 20.47 Mindestgrabenbreite in Abhängigkeit von der Grabentiefe nach DIN EN 1610 (12.15)

Grabentiefe[a] [m]	Mindestgrabenbreite [m]
$< 1,00$	Keine Mindestgrabenbreite vorgegeben
$\geq 1,00 \leq 1,75$	0,80
$> 1,75 \leq 4,00$	0,90
$> 4,00$	1,00

[a] Zur maximalen Tiefe unverbauter Gräben siehe DIN EN 1610 Kap. 6.4.

in Abhängigkeit vom Rohrdurchmesser und der Grabentiefe festgelegt. Hierbei gelten die in Tafel 20.46 und 20.47 angegebenen Werte, wobei der jeweils größere Wert maßgebend ist.

Nach dem Einbau der Rohrleitungen sind Inspektionen und Dichtheitsprüfungen gemäß DIN EN 1610 vorzunehmen.

20.2.5.2 Grabenlose Verlegung – Rohrvortrieb
DWA-A 161 (03.14) Statische Berechnung von Vortriebsrohren
DIN 12889 (03.00) Grabenlose Verlegung und Prüfung von Abwasserleitungen und Kanälen
DWA-A 125 (12.08) Rohrvortrieb und verwandte Verfahren

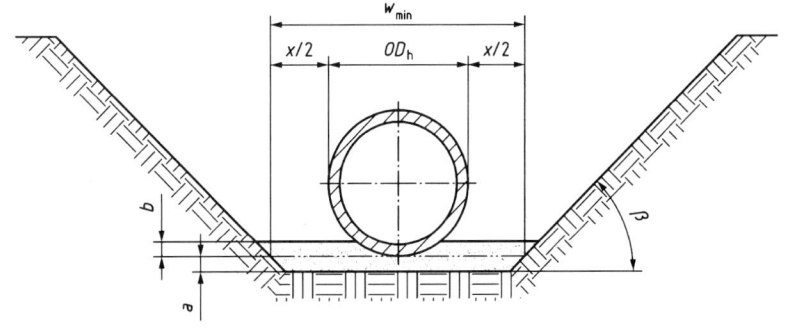

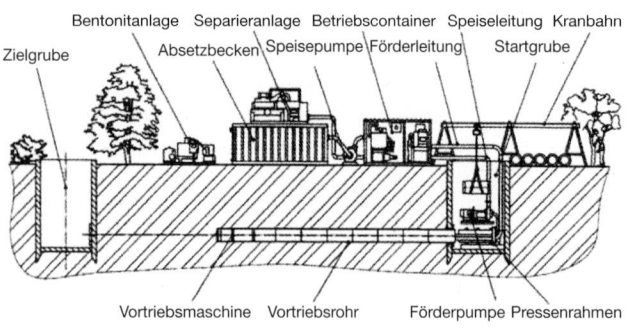

Abb. 20.20 Beispiel Mikrotunnelbau mit Spülförderung DWA-A 125 (2008)

Der grabenlose Einbau von Rohrleitungen in der Kanalisation wird im Nennweitenbereich von 100 bis DN 1200 über die steuerbaren unbemannt arbeitenden Verfahren des Pilotvortriebs und des Mikrotunnelbaus vorgenommen.

Der unterirdische Einbau von vorgefertigten Röhren unterschiedlicher Querschnittsgeometrie erfolgt durch Verdrängen, Rammen, Bohren, Pressen oder sonstigen Abbau, bei dem ein Hohlraum im Boden geschaffen wird, in den die Rohre eingezogen, eingeschoben oder eingepresst werden, oder bei dem bestehende Kanäle oder Rohrleitungen überfahren bzw. ausgewechselt werden.

Beim **Mikrotunnelbau** handelt es sich um ein ferngesteuertes, einstufiges Verfahren zum Vortrieb von Produkt- oder Mantelrohren unter Verwendung einer Vortriebsmaschine bei gleichzeitig kontinuierlichem vollflächigem Bodenabbau an der mechanisch- und/oder flüssigkeits- oder erddruckgestützten Ortsbrust.

Beim **Pilot-Vortrieb-Verfahren** wird zunächst ein Pilotrohrstrang bodenverdrängend oder -entnehmend gesteuert vorgetrieben. Nachfolgend werden Mantel- oder Produktrohre gleichen oder größeren Außendurchmessers bei gleichzeitigem Herauspressen oder -ziehen der Pilotrohre vorgetrieben. Größere Außendurchmesser erfordern eine Aufweitung durch Bodenverdrängung oder -entnahme in einem oder mehreren Arbeitsgängen.

Im Arbeitsblatt DWA-A 125 (12.08) sind Erfahrungswerte für den Anwendungsbereich der genannten steuerbaren Rohrvortriebsverfahren aufgezeigt.

20.2.6 Regenentlastungen in Mischwasserkanälen

Nachfolgend ist eine Auswahl wichtiger Regelwerke und Merkblätter zur Planung und Konstruktion von Bauwerken der Regenentlastung aufgelistet:

ATV-A 128 (04.92) Richtlinien für die Bemessung und Gestaltung von Regenentlastungen in Mischwasserkanälen

DWA-A 166 (11/13) Bauwerke der zentralen Regenwasserbehandlung und -rückhaltung – Konstruktive Gestaltung und Ausrüstung

ATV-DVWK-M 153 (08.07) Handlungsempfehlungen zum Umgang mit Regenwasser

ATV-DVVVK-M 158 (03.06) Bauwerke der Kanalisation – Beispiele

DWA-DVWK-M 176 (11.13) Hinweise zur konstruktiven Gestaltung und Ausrüstung von Bauwerken der zentralen Regenwasserbehandlung und -rückhaltung

ATV-DVVVK-M 177 (06.01) Bemessung und Gestaltung von Regenwasserentlastungen in Mischwasserkanälen – Erläuterungen und Beispiele

DWA-A 166 (11.13) Bauwerke der zentralen Regenwasserbehandlung und -rückhaltung – Konstruktive Gestaltung und Ausrüstung

DWA-A 111 (09.11) Hydraulische Dimensionierung und betrieblicher Leistungsnachweis von Anlagen zur Abfluss- und Wasserstandsbegrenzung in Entwässerungssystemen.

Die Regenwasserbehandlung begrenzt den Regenabfluss zur Kläranlage, sodass deren Wirkungsgrad nicht unzulässig sinkt und die stoßweise Belastung des Gewässers in vertretbaren Grenzen bleibt. – Jedes Bauwerk muss ohne Bewertung der örtlichen Gewässersituation mindestens **Normalanforderungen** erfüllen.

Für diesen „Bezugslastfall" sind zugrunde zu legen:

Schmutzabtrag von $600\,kg\,CSB/(ha\,a)$, Jahresniederschlagshöhe $h_{N,a} = 800\,mm/a$, Abflussbeiwert $\Psi = 0{,}70$;

CSB-Konzentrationen: im Regenabfluss $c_{R,CSB} = 107\,mg/l$, im Trockenwetterabfluss $C_{T,CSB} = 600\,mg/l$, im Ablauf der Kläranlage bei Regenwetter $c_{CSB,AK} = 70\,mg/l$, keine Ablagerungen im Mischwasserkanal.

Unter Berücksichtigung dieser Kenngrößen wird ein Speichervolumen ermittelt, das die Entlastung in das Gewässer auf die zulässige CSB-Jahresfracht begrenzt.

Bei den nachfolgenden Formeln gilt mit den Indizes H = häuslich, G = gewerblich, I = industriell, F = Fremdwasser, x in h = Stundensatz pro Tag z. B. 14, 16, 18, 24 h, $a_{G,i}$ in h = Arbeitsstunden pro Tag (bei einer Schicht 8 h), b_G, b_I = Produktionstage pro Jahr.

Trockenwetterabfluss im Tagesmittel

$$Q_{T24} = Q_{S24} + Q_{F24}$$
$$= (Q_{H24} + Q_{G24} + Q_{I24}) + Q_{F24} \quad [l/s]$$
$$Q_{Sx} = Q_{H24} \cdot 24/x + Q_{G24} \cdot 24 \cdot 365/(a_G \cdot b_G)$$
$$+ 24 \cdot 365 \cdot Q_{I24}/(a_I \cdot b_I) \quad [l/s]$$

Tagesstundenmittel des Trockenwetterabflusses

$$Q_{Tx} = Q_{Sx} + Q_{F24} \quad [l/s]$$

Kritischer Regenabfluss

$$Q_{R\,krit} = r_{krit} \cdot A_u \quad [l/s]$$

Kritische Regenabflussspende

$$7{,}5 \leq r_{krit} \leq 15 \cdot 120/(t_f + 120) \quad [l/(s\,ha)]$$

t_f in min = Fließzeit im Kanal bis zur jeweiligen Entlastung

Kritischer Mischwasserabfluss

$$Q_{krit} = Q_{T.x} + Q_{R\,krit} + \sum Q_{Dr,i} \quad [l/s]$$

$\sum Q_{Dr,i}$ Summe aller unmittelbar von oberhalb zufließenden Drosselabflüsse [l/s]

$Q_{R\,krit}$ kritischer Regenabfluss aus dem unmittelbaren Zwischeneinzugsgebiet [l/s].

Fremdwasser Q_{F24} wird aus Nachtmessungen in Misch- oder Trennsystemen ermittelt oder ersatzweise zu 0,03 bis 0,15 l/(s ha) $\cdot A_u$ oder im Extremfall mit bis zu 100 % Q_{F24} angesetzt.

In Tafel 20.49 kann der mittlere Entlastungszufluss Q_{Re} nur für $q_r \leq 2\,l/(s\,ha)$ näherungsweise ermittelt werden. Bei $q_r \geq 2\,l/(s\,ha)$ sind Langzeitsimulationen erforderlich und der Ansatz

$$Q_{Re} = V Q_e/(T_e \cdot 3{,}6) + Q_{R24} \quad (l/s)$$

VQ_e in einem Jahr entlastete Mischwasserabflusssumme $[m^3]$

T_e in einem Jahr aufsummierte Entlastungsdauer [h]. Mittlere Neigungsgruppe

$$NG_m = \sum (A_{E,i} \cdot N_{Gi})/\sum A_{E,i}$$

Trockenwetterkonzentration des *CSB*

$$c_T = \frac{Q_H \cdot c_H + Q_G \cdot c_G + Q_I \cdot c_I}{Q_H + Q_G + Q_I + Q_{F24}} \quad [mg/l]$$

Trockenwetterabflussspende

$$q_{T24} = Q_{T24}/A_u \quad [l/(s\,ha)]$$

Regenabflussspende

$$q_r = Q_{R24}/A_u \quad [l/(s\,ha)]$$

Weitere Begriffe sind der Tafel 20.49 zu entnehmen.

20.2.6.1 Regenüberläufe RÜ

RÜ begrenzen hohe Regenabflussspitzen. Stark verschmutzte gewerbliche und industrielle Abwässer sowie die Entleerungsabläufe aus RÜB sollen nur über RÜ entlastet werden, wenn $m_{RÜ}$ eingehalten wird. Hinter einem RÜ muss immer noch ein RÜB liegen. Der Mischwasserabfluss Q_{krit} **muss in voller Höhe weitergeleitet werden**, bevor Wasser in den Vorfluter abgeschlagen wird. Es darf keine Entlastung in trockene Vorflutgräben stattfinden.

Das erforderliche Mindestmischverhältnis im Überlaufwasser

$$m_{RÜ} = (Q_{Dr} - Q_{T24})/Q_{T24} \quad \text{mit } Q_{Dr} \geq Q_{krit}$$

wird mit einer *CSB*-Konzentration c_T im Trockenwetterabfluss bei einem Drosselabfluss Q_{Dr} beim Anspringen des RÜ eingehalten in den Grenzen

$$m_{Rü} > 7 \qquad \text{für } c_T < 600\,mg/l$$
$$m_{Rü} > (c_T - 180)/60 \quad \text{für } c_T > 600\,mg/l$$

Für die detaillierte hydraulische Dimensionierung der einzelnen Komponenten eines Regenüberlaufes wie z. B. eines Regenüberlaufes mit hochgezogenem Wehr nach Abb. 20.21 mit Zulaufleitung, Drosselstrecke, Drosselorgan und Überfallwehr ist das DWA-A 111 (12.10) anzuwenden.

20.2.6.2 Regenüberlaufbecken RÜB

1. **Becken im Hauptschluss (HS)**: Der Abfluss zur Kläranlage $Q_{Dr} = Q_{ab} + Q_T$ wird durch das Becken geführt.
2. **Becken im Nebenschluss (NS)**: $Q_{Dr} = Q_{ab} + Q_T$ werden am Becken vorbeigeführt, das bei $Q_{zu} > Q_{ab} + Q_T$ über ein Trennbauwerk (TB) beschickt wird. Beckenentleerung mit Pumpe vor das TB. Becken im qualifizierten Nebenschluss werden gezielt entleert.
3. **Fangbecken (FB)** nach 1. oder 2. speichern den Spülstoß. Sie werden nicht von der Überfallwassermenge durchflossen. Anwendung ist vorteilhaft im wesentlichen für nicht vorentlastete Entwässerungsflächen, aber nur zulässig
   a) wenn *Fließzeit* im Netz bis zum Becken $t_f \leq 15$ bis 20 min;
   b) wenn die Abläufe oberhalb liegender Becken so gesteuert werden, dass sie erst bei leerem Fangbecken öffnen.

Abb. 20.21 Längsschnitt durch eine Regenentlastung mit Drosselstrecke

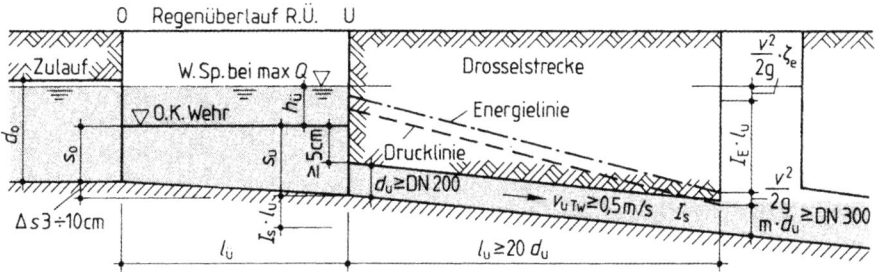

Abb. 20.22 Regenüberlauf-becken

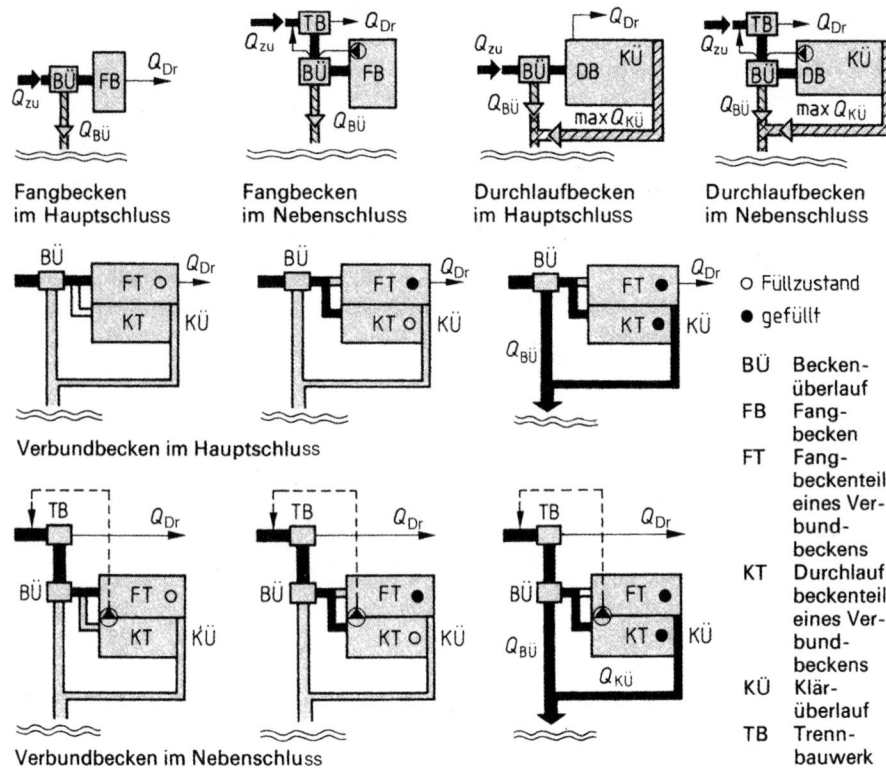

Tafel 20.48 Überfallwasser-mengen an den Entlastungs-organen

Bauwerk	Fangbecken FB		Durchlaufbecken DB	
	Hauptschluss	Nebenschluss	Hauptschluss HS	Nebenschluss NS
Q_{TB}	–	$Q_{zu} - Q_{Dr}$	–	$Q_{zu} - Q_{Dr}$
Q_{Bu}	$Q_{zu} - Q_{Dr}$	$Q_{zu} - Q_{Dr}$	$Q_{zu} - Q_{ku} - Q_{Dr}$	$Q_{zu} - Q_{Kü} - Q_{Dr}$
Q_{ku}	–	–	$\geq Q_{krit} - Q_{Dr}$	$\geq Q_{krit} - Q_{Dr}$

4. **Durchlaufbecken (DB)** nach 1. oder 2. besitzen einen Klärüberlauf (KÜ), der erst nach Beckenfüllung anspringt und den Durchlauf durch das Becken bis zum Erreichen von $h_{Kükrit}$ auf maximal Q_{krit} bei HS-Becken und auf $Q_{krit} - Q_S - Q_T$ bei NS-Becken beschränkt.
Der Beckenüberlauf BÜ soll erst bei vollem Becken anspringen.

5. **Verbundbecken (VB)** werden bei Auftreten von FB und DB Verhältnissen eingesetzt. Der FB-Teil (FT) wird zuerst gefüllt und anschließend der durchströmte DB-Teil (KT).

Die **Bemessung der RÜB** erfolgt bei $q_r < 2\,l/(s\,ha)$ mit den in Tafel 20.49 genannten Ansätzen. Das angegebene Zahlenbeispiel berücksichtigt folgende Kenndaten:

$$x = 13,8;$$
$$Q_F = 7,6\,l/s;$$
$$Q_{S24} = 11.200\,EW \cdot 180\,l/(E\,d)/86.400\,s = 23,5\,l/s;$$
$$Q_{Sx} = 24 \cdot 23,46/13,8 = 40,8\,l/s;$$
$$Q_{Tx} = 40,8 + 7,6 = 48,4\,l/s.$$

Hinweise zu den Berechnungen Die ersten 10 Zeilen werden aufgrund von Messungen oder Berechnungen ermittelt. Nach der Berechnung des Volumens für das Gesamteinzugsgebiet werden die Beckenvolumen für die Einzelbecken ebenso bestimmt, wobei z. B. für das n-te Becken V_n für das gesamte oberhalb liegende Einzugsgebiet mit seinem A_u bestimmt wird abzüglich oberhalb liegender Speichervolumen. Für $Q_{M,n}$ steht das tatsächliche $Q_{Dr,n}$ usw., als ob das n-te Becken alleine für das ges. oberhalb liegende EG bemessen würde.

Jedes einzelne Becken muss ein Mindestspeichervolumen $V_{min} = A_u \cdot V_{s,min}$ in m³ einhalten mit $V_{s,min} = 3,60 + 3,84 \cdot q_r$ in m³/ha. Im Allg. DB > 100 m³, FB > 50 m³. Andererseits sollte $V_s < 40$ m³/ha als Gesamtspeichervolumen eingehalten werden.

Es ist immer zu prüfen, ob auch bei Einzelbecken folgende Kriterien eingehalten werden:

Entleerungsdauer $= V_s/q_r \leq 10$ bis 15 h; ferner $7 \leq m_{RüB} \geq (c_T - 180)/60$; $q_r(RÜB) \leq 1,2 q_r(KA)$ mit $Q_{R,24} = Q_{Dr} - Q_{T,24} - Q_{R,Tr,24}$.

Tafel 20.49 Ermittlung des Volumens von Regenüberlaufbecken

1	Mittlere Jahresniederschlagshöhe	Deutscher Wetterdienst	h_{Na}	722	mm
2	Undurchlässige Gesamtfläche	85 bis 100 % der befestigten Fläche	A_u	66	ha
3	Längste Fließzeit im Gesamtgebiet	Nur bedeutsamere Flächen	t_t	37	min
4	Mittlere Geländeneigungsgruppe	$\sum(NG_i A_{E,i})/\sum(A_{E,i})$	NG_m	1,26	–
5	MW-Abfluss der Kläranlage	Biologie bei Regenwetter $2Q_{s,x} + Q_{F,24}$ oder $2(Q_{s,x} + Q_{F,24})$	Q_M	98	l/s
6	TW-Abfluss, 24-h-Tagesmittel	Aus Misch- und Trenngebieten $Q_{H,24} + Q_{G,24} + Q_{I,24} + Q_{F,24}$	$Q_{F,24}$	31	l/s
7	Mittlerer Fremdwasserzufluss	In $Q_{T,24}$ enthalten	$Q_{F,24}$	7,6	l/s
8	TW-Abfluss, Tagesstundenmittel	Aus Misch- und Trenngebieten $24 \cdot Q_{H,24}/x + 24 \cdot 365 \cdot Q_{G,24}/(a_G \cdot b_G)$ $+ 24 \cdot 365 \cdot Q_{I,24}/(a_I \cdot b_I) + Q_{F,24}$	$Q_{T,x}$	48,4	l/s
9	RW-Abfluss aus Trenngebieten	100 % $Q_{S,24}$ aus Trenngebieten	Q_{RT24}	2,3	l/s
10	CSB-Konzentration im TW-Abfluss Jahresmittel incl. Q_{T24}	$\dfrac{CSB - \text{Jahresfracht kg}}{31,54 \cdot Q_{T,24}}$	c_T	475	mg/l
11	Regenabfluss, 24-h-Tagesmittel	$Q_M - Q_{T,24} - Q_{R,24}$	$Q_{R,24}$	64,7	l/s
12	Regenabflussspende	$Q_{R,24}/A_u$; Soll $\leq 2,0$	q_r	0,98	l/(s ha)
13	Fließzeitabminderung	$0,5 + 50/(t_f + 100) \geq 0,885$	a_f	0,885	–
14	Mittlerer Entlastungszufluss für $q_r \leq 2$	$a_f \cdot (3,0 \cdot A_u + 3,2 Q_{R,24})$	Q_{Re}	358	l/s
15	Mittleres Missverhältnis	$(Q_{Re} + Q_{R,T,24})/Q_{T,24}$	$m_{RÜB}$	11,6	–
16	x_a-Wert für Kanalablagerungen	$24 Q_{T,24}/Q_{T,x}$	x_a	15,4	–
17	Einflusswert TW-Konzentration	$c_T/600$ mindestens 1,0	a_c	1,0	–
18	Einflusswert Jahresniederschlag	$-0,25 \leq h_{NA}/800 - 1 \leq +0,25$	a_h	–0,097	–
19	Einflusswert Kanalablagerungen	Aus A 128, s. Abb. 20.23	a_a	0,372	–
20	Bemessungskonzentration	$600(a_c + a_h + a_a)$	c_b	765	mg/l
21	Rechnerische Entlastungskonzentration	$(107 m_{RÜB} + c_b)/(m_{RÜB} + 1)$	c_e	159	mg/l
22	Zulässige Entlastungsrate	$3700/(c_e - 70)$	e_o	41,6	%
23	Spezifisches Speichervolumen	Aus A 128, s. Abb. 20.24	V_s	21,6	m³/ha
24	Spezifisches minimales Speichervolumen	$\geq 3,60 + 3,84 \cdot q_r$	min V_s	7,36	m³/ha
25	Erforderliches Gesamtvolumen	$V_s \cdot A_u$	V	1426	m³
26	TW-Abflussspende, Gesamtgebiet	$Q_{T,24}/A_u$	q_{t24}	0,47	l/(s ha)
27	Auslastungswert der Kläranlage	$(Q_M - Q_{F,24})/(Q_{T,x} - Q_{F,24})$	n	2,22	–

Abb. 20.23 Einfluss der Kanalablagerungen

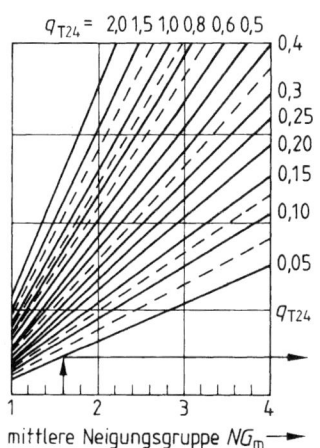
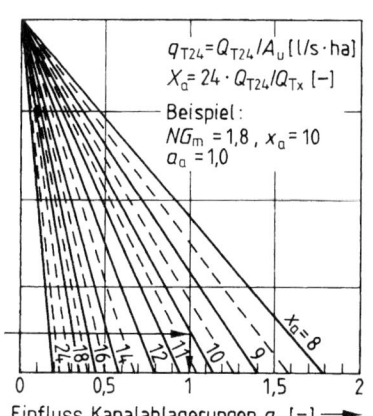

Hierbei wird von oben nach unten jedes Becken mit dem gesamten bis dahin auf das Becken hin entwässernde Einzugsgebiet bemessen. Es gelten ferner folgende **Bedingungen**:

max. 5 RÜB in einer Reihe; max. 5 RÜ in einem Einzugsgebiet; RRB müssen $q_r \geq 5\,l/(s\,ha)$ einhalten; RRB-Volumen wird vernachlässigt.

Auf das Gesamtspeichervolumen anrechenbar ist

1. vorhandenes RÜB-Volumen, wenn $q_{r\,vorhanden} \leq 1{,}2 \cdot q_r$
2. bei RW aktivierbares Speichervolumen auf der Kläranlage
3. statisches Kanalvolumen V_{Stat} in $\geq$ DN 800 (oberhalb der horizontalen Verlängerung der tiefsten Überlaufschwelle), abgemindert zu

$$V_s = (V_{stat}/A_u)/1{,}5 \quad \text{in m}^3/\text{ha}.$$

Bei freier Wahl der Beckenstandorte sind Verschmutzungsschwerpunkte zu suchen; Aufteilung in parallel geschaltete FB, meist teurer, aber effektiver für den Gewässerschutz. Beckensteuerung und Abrufschaltung bei Wahl der Drossel für zukünftigen Ausbau berücksichtigen. Trennbauwerk und Beckenüberlauf in einem Bauwerk Richtung Oberstrom anordnen.

Berechnungsformeln für den Einfluss der Kanalablagerungen

$$dI = 0{,}001 \cdot [1 + 2(NG_m - 1)]$$
$$\tau = 430 \cdot q_{T,24}^{0,45} \cdot dI$$
$$x_a = 24 \cdot Q_{T,24}/Q_{Tx}$$
$$a_0 = (24/x_a)^2 \cdot (2 - \tau)/10 \quad \text{aber: } a_0 \geq 0$$

Berechnungsformeln zur Ermittlung des spezifischen Speichervolumens $V_s[\text{m}^3/\text{ha}]$ aus der Regenabflussspende $q_r[l/(s \cdot ha)]$ und der zulässigen Jahresentlastungsrate e_o [%]:

$$H_1 = (4000 + 25q_r)/(0{,}551 + q_r)$$
$$H_2 = (36{,}8 + 13{,}5q_r)/(0{,}5 + q_r)$$
$$V_s = H_1/(e_o + 6) - H_2$$

aber:

$$V_{s,min} \geq 3{,}60 + 3{,}84q_r$$

Anwendungsbereich der letzten Formel:

$$0{,}2 \leq q_r \leq 2{,}0\,l/(s\,ha),$$
$$25 \leq e_o \leq 75\,\%,$$
$$V_{s,min} \leq V_s \leq 40\,\text{m}^3/\text{ha}.$$

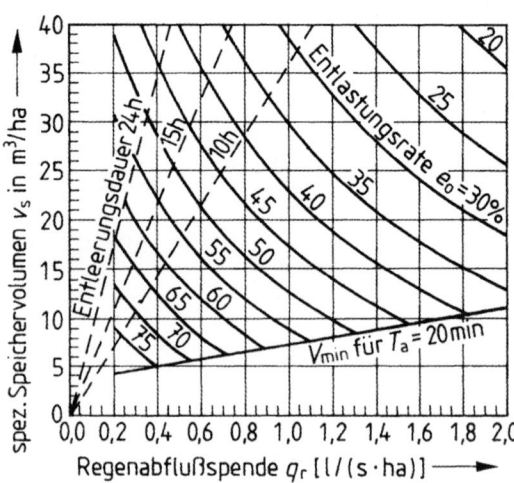

Abb. 20.24 Spezifisches Speichervolumen in Abhängigkeit von der Regenabflussspende und der zulässigen Entlastungsrate

Ausführungshinweise: Durchlaufbecken: Beckenlänge $l_B \geq 2 \cdot$ Beckenbreite b_B. Bei Becken mit flacher Sohle soll das Längsgefälle 1 bis 2 %, das Quergefälle $\geq$ 3 bis 5 % betragen. Bei Wirbeljetreinigung in RÜB beträgt $I_s \geq 1\,\%$ und im KS $\geq 0{,}2$ bis 0,8 %. Sohlgerinne im Hauptschlussbecken ist für $Q \geq 3Q_{S,x} + Q_{F,24}$ und $v \geq 0{,}5\,\text{m/s}$ zu bemessen. Drossel $\varnothing \geq$ DN 300, in Ausnahmefällen $\geq$ DN 200. Bei Drosselblenden sollten $A_{Drossel} \geq 0{,}06\,\text{m}^2$ und die Mindestöffnungshöhe 20 cm sowie die Luftgeschwindigkeit in den Be- und Entlüftungen $v \leq 10\,\text{m/s}$ sein. Die Luftmenge entspricht max Q_{zu}.

20.2.6.3 Kanalstauräume SK

Es sollten Kreisrohre > DN 1500 oder Profile mit stark geneigter Sohle mit $v \geq 0{,}8\,\text{m/s}$ und $h_T \geq 0{,}05\,\text{m}$ bei Q_T gewählt werden. Es sollte die Schleppspannung $\tau = 2$ bis 3 aber immer $> 1{,}3\,\text{N/m}^2$ sein. Bei $v_{tw} < 0{,}5\,\text{m/s}$ ist eine Spülmöglichkeit vorzusehen.

Kanalstauräume mit oben liegender Entlastung SK_o (Regelfall) Die Bemessung erfolgt wie bei RÜB. Als Nutzvolumen gilt der Kanalinhalt von der Drossel bis zur Horizontalen der Wehroberkante *abzüglich* des Volumens für den Abfluss Q_{Dr}.

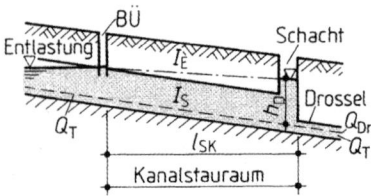

Abb. 20.25 Kanalstauraum mit oben liegender Entlastung SK_o

Kanalstauräume mit unten liegender Entlastung SK_u
Das **erforderliche Nutzvolumen** wird **50 % größer als beim** normalen **RÜB**.

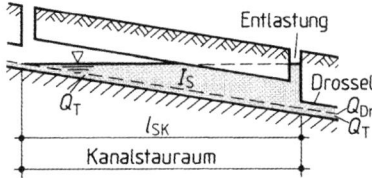

Abb. 20.26 Kanalstauraum mit unten liegender Entlastung SK_u

20.2.7 Regenklärbecken

DWA-A 166 (11.13) Bauwerke der zentralen Regenwasserbehandlung und -rückhaltung – Konstruktive Gestaltung und Ausrüstung.

Regenklärbecken (RKB) sind Absetzbecken für verschmutztes Regenwasser. Sie finden nur in den Regenwasserleitungen einer Trennentwässerung Anwendung. Die Regenklärbecken besitzen i. d. R. einen BÜ, einen KÜ und einen Schlammabzug. Man unterscheidet 2 Arten

- ständig gefüllte und
- nicht ständig gefüllte Becken.

Ständig gefüllte Regenklärbecken werden in der Regel angeordnet, wenn der RW-Kanal bei Trockenwetter ständig oder zeitweilig Wasser führt. Sie besitzen einen Überlauf und einen Schlammabzug (siehe Abb. 20.27).

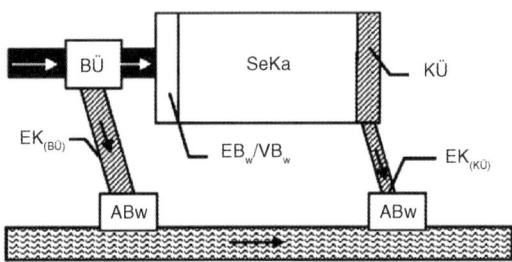

Abb. 20.27 Schematische Darstellung eines als Durchlaufbecken ausgebildeten Regenklärbeckens mit Dauerstau nach DWA – A 166 (11.13)

Bemessungszufluss	$Q_B = r_{krit} \cdot A_u + Q_F$ in l/s
kritische Regenspende	$r_{krit} = 15\,l/(s\,ha)$
zul. Oberflächenbeschickung	$q_A \leq 10\,m/h$
nutzbare Beckentiefe	$h_B \approx 2,0\,m$
erf. Oberfläche	$A_O = 3,6 \cdot Q_B/q_A$ in m^2
erf. Beckenvolumen	$V = A_O \cdot h_B$ in $m^3 \geq 50\,m^3$.

Nicht ständig gefüllte Regenklärbecken werden angeordnet, wenn der RW-Kanal bei Trockenwetter kein oder nur wenig Wasser führt. Konstruktive Ausbildung wie Fangbecken oder Durchlaufbecken in Mischsystemen. Die Beckenfüllung wird vollständig in die Schmutzwasserkanalisation übernommen (siehe Abb. 20.28).

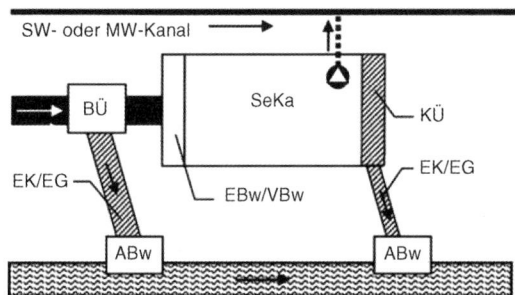

Abb. 20.28 Schematische Darstellung eines als Durchlaufbecken ausgebildeten Regenklärbeckens ohne Dauerstau nach DWA – A 166 (11.13)

Die Bauwerkskomponenten mit den dazugehörigen Funktionen sind in der Tafel 20.50 aufgezeigt.

Tafel 20.50 Unterscheidungsmerkmale und Komponenten von Regenklärbecken nach DWA – A 166 (11.13)

Funktion	Regenklärbecken RKB	
Entwässerungssystem	**Trennsystem (Regenwasserkanalisation)**	
Art	Regenklärbecken ohne Dauerstau (RKBoD)	Regenklärbecken mit Dauerstau (RKBmD)
	Fangbecken (FB)	Durchlaufbecken
Bauwerkskomponenten	Beckenüberlauf	
	–	Einlauf- und Verteilungsbauwerk (EBw/VBw)
	Speicherkammer (SpKa)	Sedimentationskammer (SeKa)
	–	Klärüberlauf (KÜ)
	Entlastungskanal/-graben (EK/EG)	
	Auslaufbauwerk (ABw)	

20.2.8 Regenrückhalteräume

DWA-A 117 (12.13) Bemessung von Regenrückhalteräumen
DWA-A 166 (11.13) Bauwerke der zentralen Regenwasserbehandlung und -rückhaltung – Konstruktive Gestaltung und Ausrüstung.

Regenrückhalteräume speichern bei starken Niederschlagen einen Teil der ankommenden großen Wassermassen und geben sie verzögert wieder an das Kanalnetz oder auch in den Vorfluter ab.

Regenrückhalteräume können als Becken in offener, geschlossener, technischer oder naturnaher Bauweise als Rückhaltekanäle, Rückhaltegräben oder -teiche und in Kombination von Versickerungsanlagen gestaltet werden.

Die **Anordnung** von Regenrückhalteräumen erfolgt in der Praxis z. B. durch Begrenzung von Gebietsabflüssen, Kosteneinsparungen beim Bau von Entwässerungssystemen, beim Anschluss von Neubaugebieten an vorhandene, ausgelastete Entwässerungssysteme, bei Sanierung überlasteter

Kanalnetze, zum Schutz des Gewässers vor hydraulischen Stoßbelastungen oder zum Schutz der Kläranlage vor Überlastung.

Die **Ermittlung des erforderlichen Volumens** von Regenrückhalteräumen (RRR) erfolgt nach dem DWA-A 117 (12.13). Es stehen grundsätzlich zwei Verfahren zur Verfügung und zwar

- *Bemessung* von RRR mittels statistischer Niederschlagsdaten (Näherungsverfahren) für kleine und einfach strukturierte Entwässerungssysteme und
- *Nachweis* der Leistungsfähigkeit von RRR mittels Niederschlag-Abfluss-Langzeitsimulation für alle Anwendungsfälle.

Die **Bemessung** nach dem einfachen Näherungsverfahren erfolgt in Übereinstimmung mit der DIN EN 752. Unter Beachtung wirtschaftlicher und ingenieurtechnischer Aspekte gelten folgende Bedingungen:

- Das Einzugsgebiet $A_{E,k}$ hat eine Fläche von maximal 200 ha oder die Fließzeit bis zum RRR beträgt maximal 15 Minuten. Dies entspricht i. d. R. einem Einzugsgebiet mit einer befestigten Fläche $A_{E,b}$ von maximal 60 bis 80 ha.
- Die gewählte bzw. zulässige Überschreitungshäufigkeit des Speichervolumens V des RRR beträgt $n \geq 0{,}1/a$ ($T_n \leq 10$ a).
- Der Regenanteil der Drosselabflussspende ist $q_{Dr,R,u} \geq 2\,l/(s\,ha)$.

Vorgehensweise zur Bemessung der RRR (Näherungsverfahren) Das erforderliche Speichervolumen wird aus der maximalen Differenz der in einem Zeitraum gefallenen Niederschlagsmenge und dem in diesem Zeitraum über die Drossel weitergeleiteten Abflussvolumen ermittelt (Abb. 20.29).

Das spezifische Volumen kann für den vorgegebenen Regenanteil der Drosselabflussspende aufgrund der Zusammenhänge zwischen Regenspende und Dauerstufe analytisch ermittelt werden. Für die praktische Anwendung ist es jedoch

ausreichend, in Abhängigkeit des vorgegebenen Regenanteils der Drosselabflussspende $q_{Dr,R,U}$ das jeweilige spezifische Volumen für die in einer Starkniederschlagstabelle üblicherweise angegebenen Dauerstufen zu errechnen. Für die jeweilige Dauerstufe ergibt sich das spezifische Volumen zu:

$$V_{s,u} = (r_{D,n} - q_{Dr,R,u}) \cdot D \cdot f_z \cdot f_A \cdot 0{,}06 \quad [m^3/ha]$$

mit

$V_{s,u}$ spezifisches Speichervolumen, bezogen auf A_u [m^3/ha]

$r_{D,n}$ Regenspende der Dauerstufe D und der Häufigkeit n [$l/(s\,ha)$]

$q_{Dr,R,u}$ Regenanteil der Drosselabflussspende, bezogen auf A_u [$l/(s\,ha)$]

D Dauerstufe [min]

f_z Zuschlagfaktor, Risikomaßes nach DWA-A117 (04.06) $f_z = 1{,}2$ (gering), 1,15 mittel, 1,1 (hoch) [–]

f_A Abminderungsfaktor in Abhängigkeit von t_f, $q_{Dr,R,u}$ und n nach Abb. 20.30 [–]

0,06 Dimensionsfaktor zur Umrechnung von l/s in m^3/min.

Das erforderliche Volumen in m^3 des RRR wird durch Multiplikation mit der undurchlässigen Fläche des Einzugsgebietes (A_u) berechnet zu:

$$V = V_{s,u} \cdot A_u$$

Wird der Drosselabfluss eines vorgeschalteten Entlastungsbauwerkes dem zu bemessenden RRR zugeleitet, so kann das einfache Verfahren angewendet werden, indem die Drosselabflussspende $q_{Dr,R,u}$ in $l/(s\,ha)$ berechnet wird zu

$$q_{Dr,R,u} = (Q_{Dr} - Q_{Dr,v} - Q_{T,24})/A_u$$

Q_{Dr} Drosselabfluss des RRR in [$l/(s\,ha)$]

$Q_{Dr,v}$ Summe der Drosselabflüsse aller oberhalb liegenden Entlastungsbauwerke [l/s]

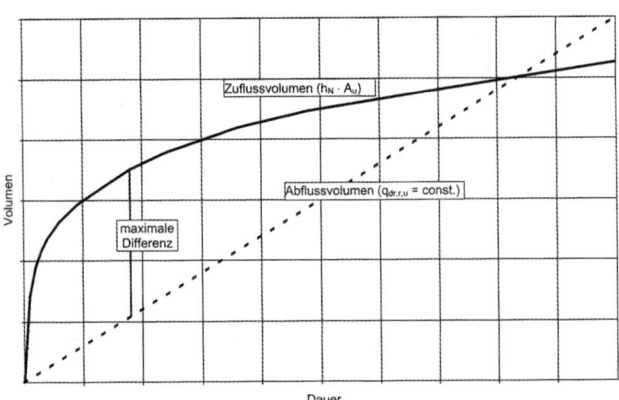

Abb. 20.29 Prinzipskizze zur Ermittlung des Volumens

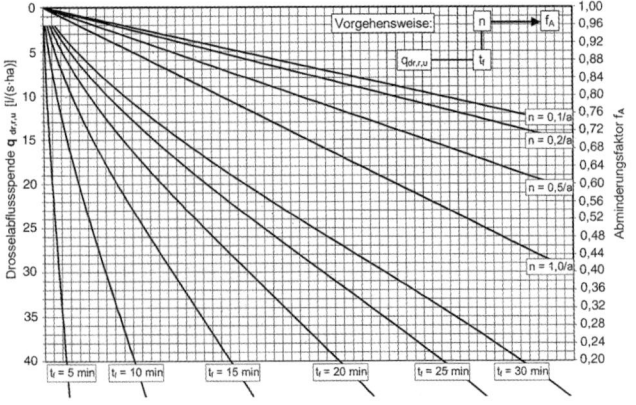

Abb. 20.30 Abminderungsfaktor f_A

$Q_{T,24}$ Trockenwetterabfluss des direkten Einzugsgebietes [l/s]

A_u undurchlässige Fläche des direkten Einzugsgebietes [ha].

Der Drosselabfluss oberhalb liegender Entlastungsbauwerke ist während der für die Bemessung des RRR verwendeten Dauerstufe D als konstante Zuflussspende zum RRR anzusetzen. Ist dieser Wert größer als die statistische Regenspende der verwendeten Dauerstufe, ist die statistische Regenspende zu verwenden. Fließt dem RRR der Überlauf eines Entlastungsbauwerkes zu (z. B. RÜ, RÜB), so kann das Volumen des vorgeschalteten Entlastungsbauwerkes berücksichtigt werden.

Der **Nachweis** der Leistungsfähigkeit des RRR wird mittels Niederschlags-Abfluss-Langzeit-Simulation vorgenommen. Durch die Langzeitsimulation kann die natürliche Abfolge von Niederschlagsereignissen und mögliche Überlagerung von Füll- und Entleerungsvorgängen in Rückhalteräumen rechnerisch erfasst werden. Zusätzlich können bei diesem Verfahren befestigte und nicht befestigte Flächen in ihrem ereignisabhängigen Abflussverhalten simuliert werden.

Vorgehensweise zur Langzeitsimulation von RRR Wird das Verfahren zur Ermittlung des erforderlichen Volumens angewendet, ist das Volumen zunächst sinnvoll abzuschätzen (etwa 100–300 m³/ha befestigte Fläche $A_{E,b}$) und die Überschreitungshäufigkeit zu ermitteln. Das Volumen ist iterativ zu verändern bis die ermittelte Überschreitungshäufigkeit der geforderten entspricht. Den Langzeitsimulationen sollte das vollständige Niederschlagskontinuum einschließlich aller Trockenzeiten zugrunde gelegt werden (Langzeit-Kontinuumsimulation). Im DWA-A 117 (04.06) werden die modelltechnischen Mindestanforderungen an die Simulation der Niederschlag-Abfluss-Prozesse im Einzelnen aufgelistet.

20.2.9   Retentionsbodenfilter

DWA-M 178 (10.05) Empfehlungen für Planung, Bau und Betrieb von Retentionsbodenfiltern zur weitergehenden Regenwasserbehandlung im Misch- und Trennsystem

MKULNV (2015) Retentionsbodenfilter – Handbuch für Planung, Bau und Betrieb, Düsseldorf

Aufgabe und Ziele Retentionsbodenfilteranlagen werden in Deutschland seit ca. 1990 für die weitergehende Behandlung von Regenwasserabflüssen in Misch- und Trennsystemen eingesetzt. Die Filtration durch einen bepflanzten, belebten Bodenkörper ermöglicht es, belastetes Niederschlagswasser nahe am Ort des Anfalls mechanisch-biologisch zu reinigen (Abb. 20.31). Mit ihnen können emissions- und immissionsbezogene Anforderungen des Gewässerschutzes erfüllt werden. Retentionsbodenfilteranlagen sind in vielen Fällen eine geeignete Maßnahme insbesondere zur Reduzierung einer stofflichen und mit Einschränkungen auch einer hydraulischen Gewässerbelastung (MKULNV (2015), DWA-M 178 (10.05)).

Anordnungsmöglichkeiten Die in der Praxis angeordneten verschiedenen Anordnungsmöglichkeiten im Mischsystem sind beispielhaft in den Abb. 20.32 bis 20.36 aufgezeigt.

Im Trennsystem und bei der Straßenentwässerung werden Retentionsbodenfilter bei jedem Regenereignis belastet. Auf ein Regenklärbecken wird verzichtet, da der Retentionsbodenfilter mit nachgeschaltetem Filterbeckenüberlauf den gesamten Stoffrückhalt durch Filtration und Sedimentation leistet (Uhl, Fuchs, Grotehusmann, 2015). Vorhandene Regenklärbecken können als Vorstufe eines Retentionsbodenfilters genutzt werden. In Abb. 20.36 ist eine Kombination aus Regenklärbecken ohne Dauerstau (RKBoD) und RBF mit vorgeschaltetem Filterüberlauf dargestellt.

Abb. 20.31 Filteraufbau eines Retentionsbodenfilters nach MKULNV (2015)

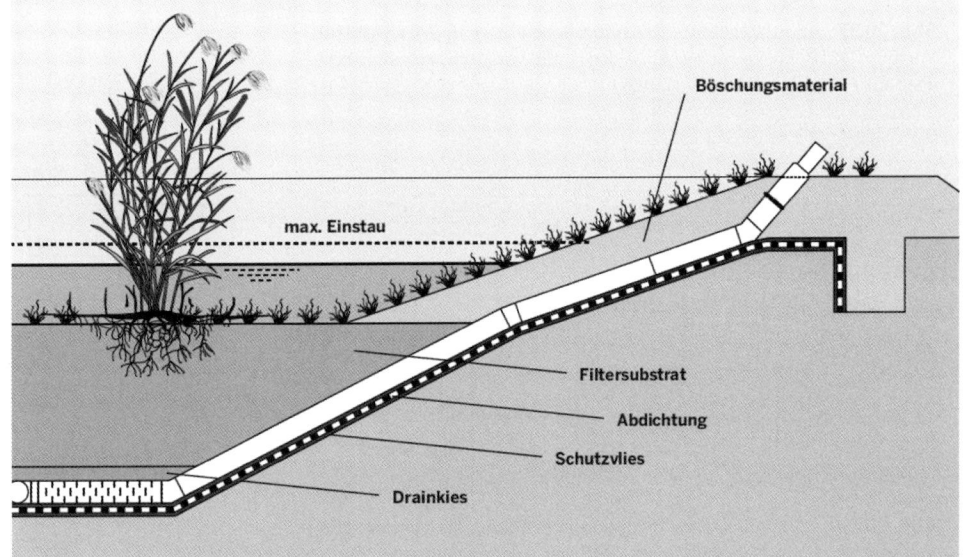

max. Einstau

Böschungsmaterial

Filtersubstrat

Abdichtung

Schutzvlies

Drainkies

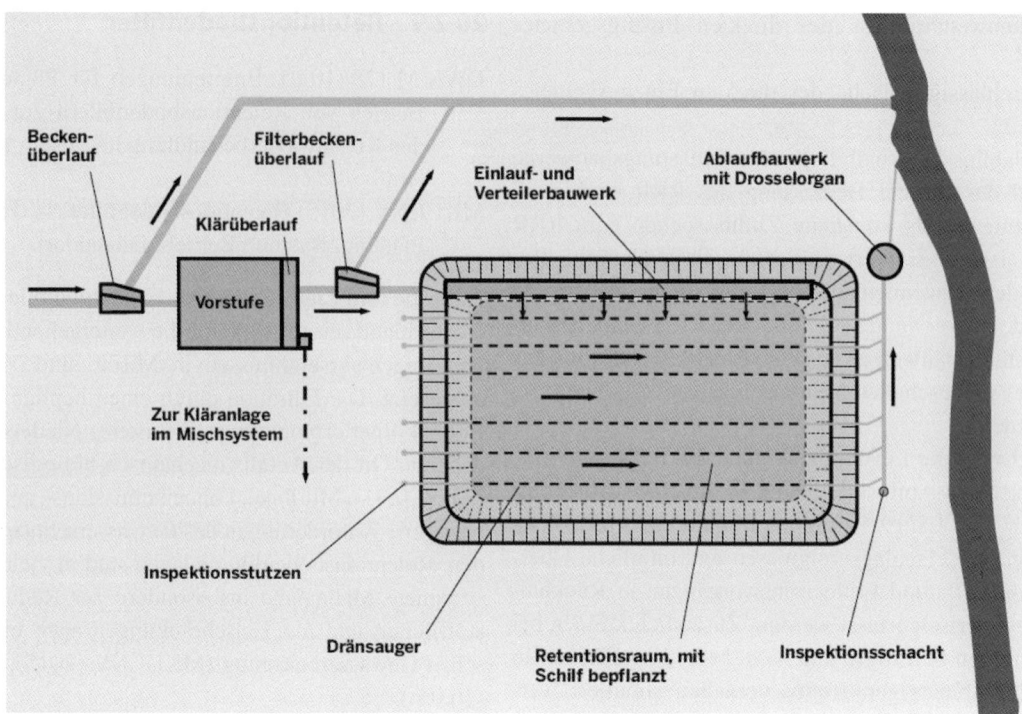

Abb. 20.32 Bauwerkskomponenten einer Retentionsbodenfilteranlage mit vorgeschaltetem Filterbeckenüberlauf und Regenüberlaufbecken als Vorstufe nach MKULNV (2015)

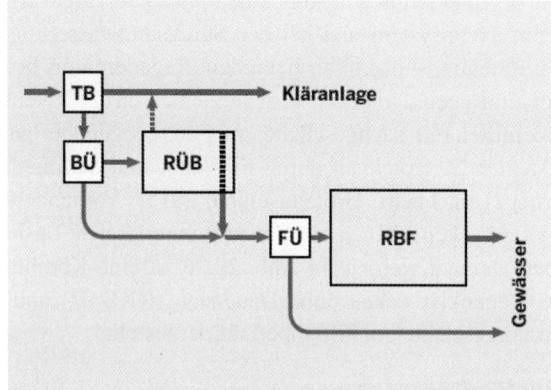

Abb. 20.33 Anordnung eines Retentionsbodenfilters im Mischsystem Vorstufe: RÜB im Nebenanschluss RBF mit vorgeschaltetem Filterüberlauf FÜ nach MKULNV (2015)

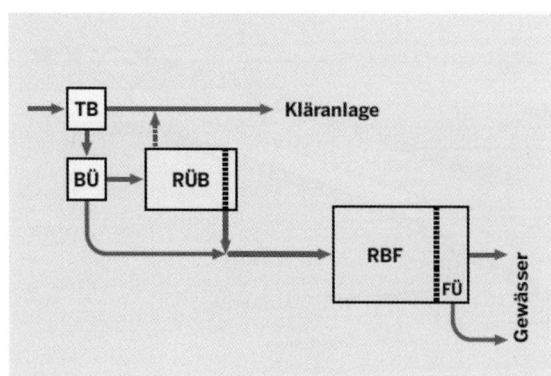

Abb. 20.34 Anordnung eines Retentionsbodenfilters im Mischsystem Vorstufe: RÜB im Nebenanschluss RBF mit nachgeschaltetem Filterüberlauf FÜ nach MKULNV (2015)

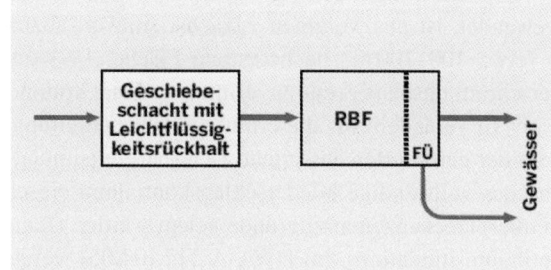

Abb. 20.35 Anordnung eines Retentionsbodenfilters im Trennsystem/Straßenentwässerung Vorstufe: Geschiebeschacht RBF: Durchlauffilterbecken mit nachgeschaltetem Filterüberlauf nach MKULNV (2015)

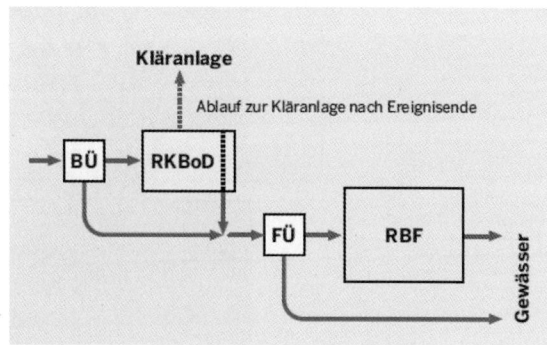

Abb. 20.36 Anordnung eines Retentionsbodenfilters im Trennsystem/Straßenentwässerung Vorstufe: RKBoD RBF: Durchlauffilterbecken mit nachgeschaltetem Filterüberlauf nach MKULNV (2015)

Tafel 20.51 Dimensionierungsgrößen zur Ermittlung der Retentionsbodenfilterfläche und Volumen nach MKULNV (2015)

Bestimmungsgröße	Berechnungsansatz	
	Mischsystem	Trennsystem
Flächenspezifische Feststoffbelastung	$b_{\text{spez:F}} \leq 7\,\text{kg}/(\text{m}^2 \cdot \text{a})$	$b_{\text{spez:F}} \leq 7\,\text{kg}/(\text{m}^2 \cdot \text{a})$
mittlere Beschickungsanzahl RBF	$n_{\text{RüB}} > 10/\text{a}$	
bei einjährlicher Einstaudauer der RBF	$t_{\text{E,n}=1} \leq 48\,\text{h}$	$t_{\text{E,n}=1} \leq 48\,\text{h}$
zulässige mittlere AFS$_{\text{fein}}$ Filterflächenbelastung	$b_{\text{spez\_F}} < 7\,\text{kg}/(\text{m}^2 \cdot \text{a})$	$b_{\text{spez\_F}} < 7\,\text{kg}/(\text{m}^2 \cdot \text{a})$

Tafel 20.52 Drosselabflussspenden für RBF im Misch- und Trennsystem bezogen auf die Filteroberfläche nach MKULNV (2015)

Anwendung	Drosselabfluss $q_{\text{DR,RBF}}$ (l/s $\cdot$ m^2)	
	Mischsystem	Trennsystem
Regelfall	0,03	0,05
Ammoniumrückhalt	0,02	–
Keimrückhalt	0,01[a]	0,01[b]

[a] I. d. R. ist eine UV-Behandlung des Bodenfilterablaufes vorzuziehen. Dann kann auch $0,03\,\text{l}/(\text{s} \cdot \text{m}^2)$ angesetzt werden

[b] I. d. R. ist eine UV-Behandlung des Bodenfilterablaufes vorzuziehen. Dann kann auch $0,05\,\text{l}/(\text{s} \cdot \text{m}^2)$ angesetzt werden.

Bemessung Die Dimensionierung eines Bodenfilters erfolgt iterativ im Nachweisverfahren mit einer Langzeitsimulation für eine mindestens 10-jährige Niederschlagszeitreihe. Zielgröße der Dimensionierung ist das Volumen und die Filterfläche des Retentionsbodenfilters. Ergänzende Hinweise zum Berechnungsablauf enthält das Handbuch des MKULNV (2015) und das Merkblatt der DWA-M 178 (10.05).

Je nach Anforderungsziel und Entwässerungsart ist der Drosselabfluss zu bestimmen.

Die Grundanforderungen an Filtersubstrate für Bodenfilter sind Tafel 20.53 nach MKULNV (2015) zusammengefasst.

20.2.10 Versickerung von Niederschlagswasser

DWA-A 138 (04.05) Planung, Bau, und Betrieb von Anlagen zur Versickerung von Niederschlagswasser

DWA-M 153 (08.07) Handlungsempfehlung zum Umgang mit Regenwasser.

Bewertung der Niederschlagsabflüsse: Hinsichtlich ihrer Stoffkonzentration werden Abflüsse von befestigten Flächen in drei Kategorien eingeteilt und zwar in *unbedenklich, tolerierbar und nicht tolerierbar.*

Die *unbedenklichen* Niederschlagsabflüsse können ohne Vorbehandlungsmaßnahmen über die ungesättigte Zone versickert werden. Die Stoffkonzentration dieser Abflüsse ist i. d. R. so gering, dass schädliche Verunreinigungen des Grundwassers oder sonstige nachteilige Veränderungen seiner Eigenschaften nicht zu erwarten sind.

Tolerierbare Niederschlagsabflüsse können nach geeigneter Vorbehandlung oder unter Ausnutzung der Reinigungsprozesse in der Versickerungsanlage versickert werden. Die oberirdische Versickerung durch einen bewachsenen Boden kann je nach Beschaffenheit der abflussliefernden Fläche als Reinigungsschritt ausreichen.

Nicht tolerierbare Niederschlagsabflüsse sollten in das Kanalnetz eingeleitet oder nur nach geeigneter Vorbehandlung versickert werden.

Jeder dieser Kategorien werden abflussliefernde Flächen zugeordnet (Tafel 20.54, Spalte 1). Die potenzielle Stoffbelastung der Niederschlagsabflüsse steigt in Tafel 20.54 von oben nach unten an. Dieser Zuordnung liegen die bislang veröffentlichten Messergebnisse zur Stoffkonzentration in Niederschlagsabflüssen zugrunde. Die Flächendefinitionen wurden mit den Flächendefinitionen des DWA-M 153 (08.07) harmonisiert.

Zur Wahl der Versickerungsanlage aus qualitativen Gesichtspunkten werden diese hinsichtlich ihrer Reinigungseffektivität in 6 Kategorien unterteilt (Spalten 4 bis 8 der Tafel 20.54) und den abflussliefernden Flächen gegenübergestellt. Bei gleichen Bodenverhältnissen nimmt die Reini-

Tafel 20.53 Grundanforderungen an Filtersubstrate für Bodenfilter MKULNV (2015)

Eigenschaft	Begründung
Verwendung von Sand 0/2 nach TL Gestein – StB 04 $3 < U = d_{60}/d_{10} < 5$	hohe strömungsmechanische Stabilität, hohe Wasserdurchlässigkeit, gleichmäßige Durchströmung
Begrenzung Feinkornanteil $T + U < 1\,\%$	Vermeidung von substratbürtigen Partikelaustrag, hohe Wasserdurchlässigkeit
Begrenzung Kiesanteil $G < 5\,\%$	Feinpartikelfiltration ermöglichen, hohe aktive Kornoberfläche und Pufferfähigkeit gegenüber Belastungsschwankungen
Carbonatgehalt $> 20\,\%$	Abpufferung der bei Nitrifikation entstehender pH-Wert Senkung. Vermeidung der Verlagerung von Schwermetallen
Begrenzung der organischen Substanz $< 1\,\%$	Verhinderung der Mineralisierung von organischer Substanz im Substrat. Vermeidung von Aggregatbildungen
Schadstofffreiheit	Vermeidung von substratbürtigen Schadstoffeintrag in die Gewässer

Tafel 20.54 Versickerung der Niederschlagsabflüsse unter Berücksichtigung der abflussliefernden Flächen außerhalb von Wasserschutzgebieten nach A 138 (04.05)

			oberirdische Versickerungsanlage			unterirdische Versickerungsanlage	
Fläche	Gehalt an Belastungsstoffen	Qualitative Bewertung	$A_u : A_s \leq 5$ in der Regel breitflächige Versickerung	$5 < A_s : A_s \leq 15$ in der Regel dezentrale Flächen- und Muldenversickerung, Mulden-Rigolen-Elemente	$A_u : A_s > 15$ in der Regel zentrale Mulden- und Beckenversickerung	Rigolen und Rohr-Rigolenelement	Versickerungsschacht
1	2	3	4	5	6	7	8
1 Gründächer: Wiesen und Kulturland mit möglichem Regenabluss in das Entwässerungssystem		unbedenklich	+	+	+	+	+
2 Dachflächen ohne Verwendung von unbeschichteten Metallen (Kupfer, Zink und Blei): Terrassenflächen in Wohn- und vergleichbaren Gewerbegebieten			+	+	+	+	(+)
3 Dachflächen mit üblichen Anteilen aus unbeschichteten Metallen (Kupfer, Zink und Blei)			+	+	+	(+)	(+)
4 Rad- und Gehwege in Wohngebieten; Rad- und Gehwege außerhalb des Spritz- und Sprühfahnenbereiches von Straßen: verkehrsberuhigte Bereiche			+	+	(+)	(−)	(−)
5 Hofflächen und Pkw-Parkplätze ohne häufigen Fahrzeugwechsel sowie wenig befahrene Verkehrsflächen (bis DTV 300 Kfz) in Wohn- und vergleichbaren Gewerbegebieten			+	+	(+)	(−)	−
6 Straßen mit DTV 300 – 5000 Kfz, z. B. Anlieger-, Erschließungs-, Kreisstraßen		tolerierbar	+	+	(+)	(−)	−
7 Start-, Lande- und Rollbahnen von Flugplätzen, Rollbahnen von Flughäfen[1]			+	+	(+)	(−)	−
8 Dachflächen in Gewerbe- und Industriegebieten mit signifikanter Luftverschmutzung			+	+	(+)	(−)	−
9 Straßen mit DTV 5000 – 15000 Kfz, z. B. Hauptverkehrsstraßen; Start- und Landebahnen von Flughäfen[1]			+	+	(+)	−	−
10 Pkw-Parkplätze mit häufigem Fahrzeugwechsel, z. B. von Einkaufszentren			+	(+)	(+)	−	−
11 Dachflächen mit unbeschichteten Eindeckungen aus Kupfer, Zink und Blei, Straßen und Plätze mit starker Verschmutzung, z. B. durch Landwirtschaft, Fuhrunternehmen, Reiterhöfe, Märkte			+	(+)	(+)	−	−
12 Straßen mit DTV über 15000 Kfz, z. B. Hauptverkehrsstraßen von überregionaler Bedeutung, Autobahnen			+	(+)	(+)	−	−
13 Hofflächen und Straßen in Gewerbe- und Industriegebieten mit signifikanter Luftverschmutzung		nicht tolerierbar	(−)	(−)	(−)	−	−
14 Sonderflächen, z. B. Lkw-Park- und Abstellflächen: Flugzeugpositionsflächen von Flughäfen			−	−	−	−	−

+   in der Regel zulässig
(+) in der Regel zulässig, nach Entfernung von Stoffen durch Vorbehandlungsmaßnahmen; z. B. nach ATV-DVWK-M 153
(−) nur in Ausnahmefällen zulässig
−   nicht zulässig
[1] Einzelfallbetrachtungen für den Winterbetrieb erforderlich

gungseffektivität der aufgelisteten Versickerungsanlagen von links nach rechts ab.

Die Tafel 20.54 teilt die Niederschlagsabflüsse in Abhängigkeit von der Flächennutzung in die genannten Kategorien ein.

Durchlässigkeit des Sickerraums ist eine wesentliche Voraussetzung für das Versickern von Niederschlagswasser. Der entwässerungstechnisch relevante Versickerungsbereich liegt etwa in einem k_f-Bereich von $1 \cdot 10^{-3}$ bis $1 \cdot 10^{-6}$ m/s (Abb. 20.37). Bei k_f-Werten größer als $1 \cdot 10^{-3}$ m/s sickern die Niederschlagsabflüsse bei geringen Grundwasserflurabständen so schnell dem Grundwasser zu, dass eine ausreichende Aufenthaltszeit und damit eine genügende Reinigung durch chemische und biologische Vorgänge nicht erzielt werden kann.

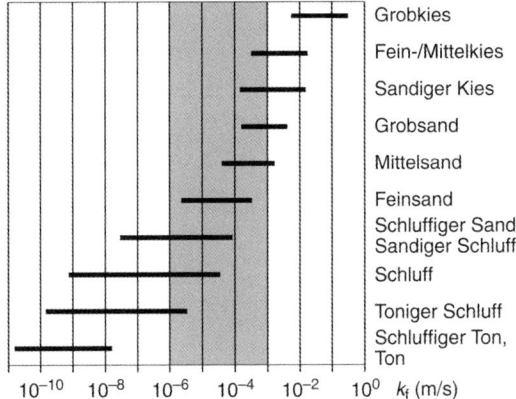

Abb. 20.37 Wasserdurchlässigkeitsbeiwerte von Lockergesteinen und entwässerungstechnisch relevanter Versickerungsbereich

Sind die k_f-Werte kleiner als $1 \cdot 10^{-6}$ m/s, stauen die Versickerungsanlagen lange ein. Dann können anaerobe Verhältnisse in der ungesättigten Zone auftreten, die das Rückhalte- und Umwandlungsvermögen ungünstig beeinflussen können.

Die hydraulischen Standortvoraussetzungen sind in Abhängigkeit von Größe und Sickerleistung der Anlage durch Sondierungen oder Bohrungen vor Ort ausreichend nachzuweisen.

Bemessung der Versickerungsanlagen Zur Dimensionierung der Versickerungsanlagen werden die Bemessungsansätze des DWA-A 117 übernommen. Danach werden Versickerungsanlagen entweder nach einem einfachen Bemessungsverfahren (Lastfallkonzept) oder durch Nachweis der Leistungsfähigkeit mittels Niederschlags-Abfluss-Langzeitsimulation dimensioniert.

Für die Anwendung des Nachweisverfahrens gibt es keine Beschränkung. Bei gekoppelten Systemen, bei denen der Überlauf der einen Versickerungsanlage einen Zufluss zur nächsten darstellt, ist die Anwendung des Nachweisverfahrens obligatorisch.

Beim einfachen Verfahren ohne Berücksichtigung eines Verzögerungseffektes durch den Abflusskonzentrationsprozess ergibt sich für den Zufluss zur Versickerungsanlage:

$$Q_{zu} = 10^{-7} \cdot r_{D(n)} \cdot A_u$$

Q_{zu} Zufluss zur Versickerungsanlage [m³/s]
$r_{D(n)}$ Regenspende der Dauer D und Häufigkeit n aus KOSTRA-Atlas [l/(s ha)]
A_u undurchlässige Fläche [m²].

Die Regenspenden sind dem KOSTRA Atlas zu entnehmen. Ein Verwendung der Zeitbeiwertfunktion ist nicht mehr zulässig.

Der Rechenwert A_u für die angeschlossene undurchlässige Fläche ergibt sich aus der Summe aller angeschlossenen Teilflächen $A_{E,i}$ multipliziert mit dem jeweils zugehörigen mittleren Abflusswert ψ_m gemäß Tafel 20.55.

$$A_u = \sum A_{E,i} \cdot \psi_{m,i}$$

Die Abflüsse aus einer Versickerungsanlage werden nach dem Gesetz von DARCY ermittelt. Mit der Annahme, dass die Durchlässigkeit eines ungesättigten Bodens nur halb so groß ist wie die Durchlässigkeit eines gesättigten Bodens und dass das hydraulische Gefälle vereinfacht zu $I = 1$ gesetzt werden kann, erhält man als Ansatz für die Versickerungsleistung bzw. Versickerungsrate Q_s einer Anlage:

$$Q_s = v_{f,u} \cdot A_s = (k_f/2) \cdot A_s \quad m^3/s$$

$v_{f,u}$ Filtergeschwindigkeit der ungesättigten Zone [m/s]
A_s Versickerungsfläche [m²].

Bei zentralen Versickerungsbecken ohne vorgeschaltetes Absetzbecken ist die Durchlässigkeit der Sohlfläche mit $k_f/10$ anzunehmen, um eine Kolmation der Beckensohle während des Betriebes bei der Bemessung zu berücksichtigen.

Die Versickerungsfläche ist bei den Versickerungsanlagen in Abhängigkeit der geometrischen Form festzulegen. Es wird bei der Bemessung nach dem Lastfallprinzip bei allen Anlagen davon ausgegangen, dass während der Dauer des Bemessungsregenereignisses die Versickerungsanlage im Mittel halb gefüllt ist. Die Versickerungsleistung wird damit während des Bemessungsregenereignisses als konstant angenommen.

Beim Nachweisverfahren mit der Langzeitsimulation kann eine wasserstandsabhängige und damit während eines Ereignisses variable Versickerungsleistung berücksichtigt werden.

Das **erforderliche Speichervolumen** V (m³/ha) der Versickerungsanlage wird beim einfachen Verfahren durch iterative Lösung der folgenden Gleichung für unterschiedliche Regendauern mit zugehörigen Regenspenden ermittelt:

$$V = (Q_{zu} - Q_s) \cdot D \cdot 60 \cdot f_z \cdot f_A \cdot 0{,}06$$

Tafel 20.55 Mittlere Abflussbeiwerte ψ_m von Einzugsgebietsflächen nach DWA M 153 (0.8.07)

Flächentyp	Art der Befestigung	ψ_m
Schrägdach	Metall, Glas, Schiefer, Faserzement	0,9–1,0
	Ziegel, Dachpappe	0,8–1,0
Flachdach (Neigung bis 3° oder ca. 25 %)	Metall, Glas, Faserzement	0,9–1,0
	Dachpappe	0,9
	Kies	0,7
Gründach (Neigung bis 15° oder ca. 25 %)	Humusiert < 10 cm Aufbau	0,5
	Humusiert ≥ 10 cm Aufbau	0,3
Straßen, Wege und Plätze (flach)	Asphalt, fugenloser Beton	0,9
	Pflaster mit dichten Fugen	0,75
	Fester Kiesbelag	0,6
	Pflaster mit offenen Fugen	0,5
	Lockerer Kiesbelag, Schotterrasen	0,3
	Verbundsteine mit Fugen, Sickersteine	0,25
	Rasengittersteine	0,15
Böschungen, Bankette und Graben mit Regenabfluss in das Entwässerungssystem	Toniger Boden	0,5
	Lehmiger Sandboden	0,4
	Kies- und Sandboden	0,3
Garten, Wiesen und Kulturland mit möglichem Regenabfluss in das Entwässerungssystem	Flaches Gelände	0,0–0,1
	Steiles Gelände	0,1–0,3

Q_zu konstanter Zufluss während der Regendauer D [m^3/s]

Q_s konstante Versickerungsrate während der Regendauer D [m^3/s]

D Regendauer in Dauerstufe [min]

f_z Zuschlagfaktor, Risikomaßes nach A117 (12.13)

f_A Abminderungsfaktor nach DWA-A 117.

Als Bemessungshäufigkeit bzw. als Versagenshäufigkeit im Rahmen von Nachweisrechnungen hat sich für dezentrale Versickerungsanlagen eine Häufigkeit von $n = 0,2$/a (entsprechend $T_\mathrm{n} = 5$ Jahre) allgemein durchgesetzt. Bei zentralen Versickerungsanlagen werden i. d. R. $n = 0,1$/a (entsprechend $T_\mathrm{n} = 10$ Jahre) zugrunde gelegt. Geht im Versagensfall ein erhöhtes Gefährdungspotenzial von den Versickerungsanlagen aus, so ist dies unter Beachtung der DIN EN 752 bei der Wahl der Überschreitungshäufigkeit zu beachten.

Damit bei Mulden und vor allem Becken keine zu langen Entleerungszeiten auftreten und damit Schädigungen am Be-

wuchs entstehen, ist für Ereignisse der Häufigkeit $n = 1$/a bei Versickerungsmulden und Becken eine Einstaudauer von 24 Stunden nicht zu überschreiten.

Die wesentlichen Bemessungsgrundlagen gemäß DWA-A 138 (04.05) sind in Tafel 20.56 zusammengestellt.

Anlagen zur Versickerung von Niederschlagsabflüssen sind nachfolgend aufgelistet.

Die **Flächenversickerung** erfolgt i. d. R. durch bewachsenen Boden auf Rasenflächen oder unbefestigten Randstreifen von undurchlässigen oder teildurchlässigen Terrassen-, Hof- und Verkehrsflächen. Die Flächenversickerung kommt der natürlichen Versickerung am nächsten.

Im Gegensatz zu bisher üblichen Konventionen werden durchlässig befestigte Oberflächen, z. B. Pflasterungen mit aufgeweiteten Fugen, grundsätzlich nicht mehr als Anlagen der Flächenversickerung angesehen.

Versickerungsmulden stehen nur kurzzeitig unter Einstau. Ein Dauerstau ist in jedem Falle zu vermeiden, weil

Tafel 20.56 Empfehlung für hydrologische Grundlagen zur Bemessung von Versickerungsanlagen ATV-A 138 (04.05)

Kriterium	Dezentrale Versickerung und einfache zentrale Versickerungsanlagen		Zentrale Versickerung/ Mulden-Rigolen-System
Verfahren	Lastfallkonzept		Vorbemessung und Nachweis mit Langzeitsimulation
Empfohlene Häufigkeit [1/a]	0,2		≤ 0,1/ ≤ 10,2
Maßgebliche Regendauer [min]	Flächenversickerung	Mulden-, Rigolen-, Schachtversickerung	Entfällt
	10–15	Wird schrittweise bestimmt	
Abflussbildung	Bestimmung der undurchlässigen Fläche A_u unter Berücksichtigung des mittleren Abflussbeiwertes ψ_m		Flächenspezifische Prozessmodellierung
Abflusskonzentration	Ohne Berücksichtigung		Übertragungsfunktion

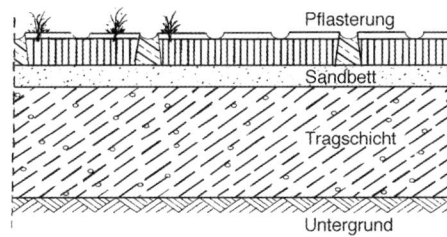

Abb. 20.38 Flächenversickerung

dadurch die Gefahr der Verschlickung und Verdichtung der Oberfläche beträchtlich erhöht wird. Es hat sich bewährt, die Einstauhöhe auf 30 cm zu begrenzen. Die Muldenversickerung kommt im Allgemeinen zur Anwendung, wenn die verfügbare Versickerungsfläche oder Durchlässigkeit des Untergrundes für eine Flächenversickerung nicht ausreicht.

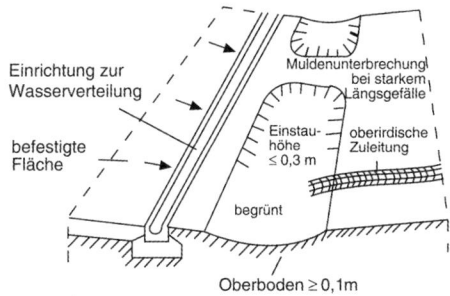

Abb. 20.39 Muldenversickerung

Mulden-Rigolen-Element Die Einsatzmöglichkeit von Einzelanlagen wie z. B. einer Mulde zur Versickerung von Niederschlagsabflüssen endet spätestens bei einer Durchlässigkeit des Untergrundes von $k_f \leq 5 \cdot 10^{-6}$ m/s. Diese Anwendungsgrenze kann jedoch erweitert werden, wenn die geringe Versickerungsrate durch ein vergrößertes Speichervolumen ausgeglichen wird.

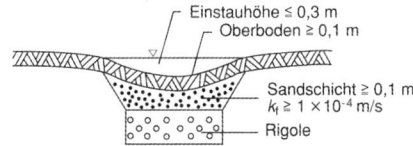

Abb. 20.40 Mulden-Rigolen-Element

Rigolen- und Rohr-Rigolenversickerung Bei der Rigolenversickerung wird das Niederschlagswasser oberirdisch in einen mit Kies oder anderem Material mit großer Speicherfähigkeit gefüllten Graben (Rigole) geleitet, dort zwischengespeichert und entsprechend der Durchlässigkeit des umgebenden Bodens verzögert in den Untergrund abgegeben. Bei der Rohr-Rigolenversickerung erfolgt die Niederschlagswasserzuleitung unterirdisch in einen in Kies oder anderem Material gebetteten perforierten Rohrstrang (Rohr-Rigolen-Element), der zur Geländeroberfläche hin mit einem

Füllboden im Rohrgraben abgedeckt ist. Die Rohr-Rigolenversickerung kommt im Allgemeinen dann zur Anwendung, wenn die zur Verfügung stehende Fläche für eine Muldenversickerung nicht ausreicht. In Abhängigkeit von örtlichen Gegebenheiten können unterschiedliche Bauformen gewählt werden.

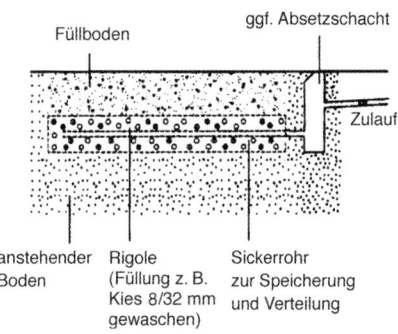

Abb. 20.41 Rigolen- und Rohrelement

Versickerungsschacht Versickerungsschächte bestehen i. d. R. aus Betonschachtringen. Ein Mindestdurchmesser von DN 1000 darf nicht unterschritten werden. Es werden unterschieden die Bauarten Typ A (seitliche Durchtrittsöffnungen im Bereich oberhalb der Filterschicht des Sohlbereichs) und Typ B (seitliche Durchtrittsöffnungen ausschließlich unterhalb der Filterschicht des Sohlbereichs).

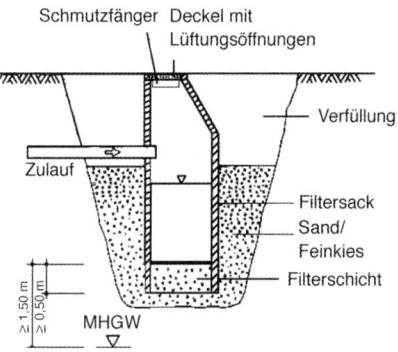

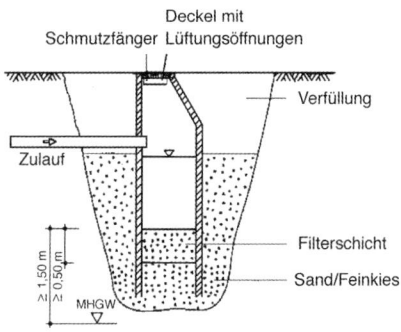

Abb. 20.42 Typen der Versickerungsschächte

Der Einsatz der Schachtversickerung ist durch die Standardmaße der Schachtringe nach DIN 4034-2 (10.90) und durch die Tiefenbeschränkung, z. B. durch die Höhenlage des mittleren höchsten Grundwasserstandes, begrenzt. Versickerungsschächte dürfen gering durchlässige Schichten mit guter Schutzwirkung für das Grundwasser nur in begründeten Ausnahmefällen durchstoßen. Der Abstand zwischen der Oberkante der Filterschicht und dem mittleren höchsten Grundwasserstand darf i. d. R. 1,5 m nicht unterschreiten.

Versickerungsbecken Bei Versickerungsbecken ist das Verhältnis der angeschlossenen undurchlässigen Fläche (Au) zur versickerungswirksamen Fläche (As) i. d. R. größer als 15. Diese höhe hydraulische Belastung macht aus der Sicht der raschen Entleerung von Becken eine ausreichende und gesicherte Wasserdurchlässigkeit des Untergrundes erforderlich. In der Regel sind Durchlässigkeiten von $k_f \geq 1 \cdot 10^{-5}$ m/s vorauszusetzen. Bei geringeren Durchlässigkeiten würden sich zu lange Entleerungszeiten und damit zu lange Einstauzeiten ergeben.

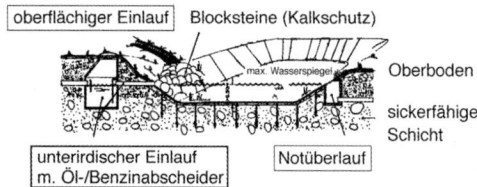

Abb. 20.43 Versickerungsbecken

Mulden-Rigolen-System Bei einer Durchlässigkeit des Untergrundes von $k_f < 1 \cdot 10^{-6}$ m/s kann die geringe Versickerungsrate nicht mehr vollständig durch eine Zwischenspeicherung der Abflüsse ausgeglichen werden, sodass zusätzlich eine Ableitung erforderlich ist. Bei einem Mulden-Rigolen-Element erfolgt die Entleerung der Rigole zum einen durch die (geringe) Versickerung in den Untergrund, zum anderen durch die gedrosselte Ableitung in ein Rohrsystem oder offenen Graben. In der Regel gehört zu jeder Rigole ein *Schacht* in dem die Abflussdrosselung stattfindet.

Sind die Drosselabflüsse aus den einzelnen Rigolen vernetzt, führt dies zu einem Mulden-Rigolen-System.

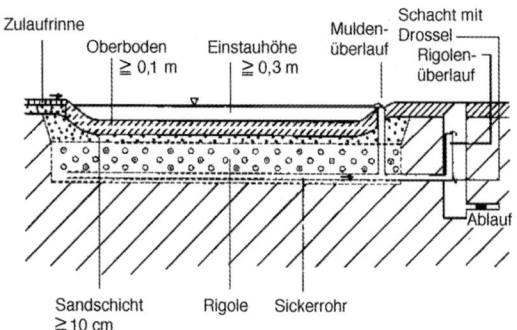

Abb. 20.44 Element eines Mulden-Rigolen-Systems

Bei einem Mulden-Rigolen-System können die einzelnen Mulden-Rigolen-Elemente sowohl aufeinander folgend in Entwässerungsrichtung oder parallel angeordnet werden. Eine höhere Funktionssicherheit sowie eine deutliche Trennung zwischen privatem und öffentlichem Bereich lässt sich erzielen, wenn die einzelnen Mulden-Rigolen-Elemente im Nebenschluss an die erforderliche Transportleitung anbinden, sodass ein System parallel geschalteter Speicher entsteht.

20.3 Abwasserreinigung

Zu Beginn der folgenden Anschnitte wird jeweils auf wichtige einschlägige DIN-Normen und DWA-Regelwerke hingewiesen.

20.3.1 Gewässerschutz

Die am 22.12.2000 in Kraft getretenen EU-Wasserrahmenrichtlinie (WRRL) hat zum Ziel in Europa einen neuen Ordnungsrahmen zum Schutz der Binnenoberflächengewässer, der Übergangsgewässer, der Küstengewässer und des Grundwassers zu gewährleisten. Mit dieser Neuausrichtung der Wasser- und Gewässerschutzpolitik liegt erstmals ein einheitlicher, umfassender Ordnungsrahmen zum Wasserschutz vor. Die WRRL betrachtet die Oberflächengewässer und das Grundwasser ganzheitlich, ebenso wie sie deren Nutzung durch den Menschen ganzheitlich bewertet. Der Betrachtungsraum orientiert sich an dem Lauf des Gewässers und zwar unabhängig von den jeweiligen Verwaltungs- und Landesgrenzen.

Die grundsätzlichen Ziele der WRRL sind für die einzelnen Wasserkörper in der Tafel 20.57 kurz zusammengefasst.

Das umfassende Ziel der WRRL ist die Sicherstellung des „guten ökologischen Zustandes" und des „guten chemischen Zustandes" für alle Gewässer bis spätestens zum Jahre 2027. Zur Realisierung dieses Zieles gibt es einen für alle Mitgliedsstaaten verbindlichen Zeitplan.

Die WRRL setzt verbindliche Qualitätskriterien für die Gewässer fest. Für den „ökologischen Zustand" sind dies biologische, hydromorphologische Qualitätskomponenten und allgemeine chemisch-physikalische Komponenten. Der „chemische Zustand" wird durch die im Anhang X der WRRL festgelegten Liste der Umweltqualitätsnormen für prioritäre Stoffe und Schadstoffe definiert. Diese z. T. gefährlichen Schadstoffe sind soweit wie möglich vom Gewässer fernzuhalten.

In der Oberflächengewässerverordnung (OGewV 2016) sind diese EU-rechtlichen Vorgaben mit aktuell 67 flussgebietsspezifischen und 45 prioritären Stoffen in deutsches Recht übernommen worden. Die Grundwasserverordnung (GrwV 2010) wird derzeit im Hinblick auf die aktuellen EU-Vorgaben novelliert.

Tafel 20.57 Grundsätzliche Ziele der WRRL für Oberflächen- und Grundwasserkörper nach MKULNV NRW (2011)

Kategorie		Grundsätzliche Ziele			
			Ökologie	Chemie	Menge
Natürliche Wasserkörper	Grundwasser	Verschlechterungs-verbot, Zielerreichungsgebot	Kein grundsätzliches Ziel	Guter chemischer Zustand Trendumkehr	Guter mengenmäßi-ger Zustand
	Oberflächengewässer		Guter ökologischer Zustand	Guter chemischer Zustand	Keine grundsätzlichen Ziele
Erheblich veränderte Wasserkörper	Oberflächengewässer		Gutes ökologisches Potenzial		
Künstliche Wasserkörper	Oberflächengewässer				

20.3.2 Rechtliche Anforderungen

Grundlage für die Auflagen an die Abwasserreinigung sind das Wasserhaushaltsgesetz (WHG) des Bundes, in dem die Anforderungen der Europäischen Gemeinschaft mit der Richtlinie des Rates vom 21. Mai 1991 über die Behandlung von kommunalem Abwasser (91/271/EWG) berücksichtigt sind. In der Abwasserverordnung (AbwV vom 17.06.2004 siehe Tafel 20.58) sind die Anforderungen an das Einleiten von häuslichem und kommunalem Abwasser in Gewässer bundeseinheitlich festgelegt.

20.3.3 Belastungswerte

20.3.3.1 Abwasseranfall

ATV-DVWK A 198 (04.03) Vereinheitlichung und Herleitung von Bemessungswerten für Abwasseranlagen.

Für die Bestimmung des Abwasseranfalles sind die im Abschn. 20.2 angegebenen Abflussgrößen des häuslichen Abwassers Q_H, des betrieblichen Schmutzwassers Q_G und des Fremdwassers Q_F zu berücksichtigen. Sofern keine Messungen vor Ort vorliegen, sind die in den aktuellen DWA Regelwerken angegebenen spezifischen Kennwerte zugrunde zu legen.

Je nach Entwässerungssystem sind unterschiedliche Abwassermengen zu behandeln. Wesentliche Abflussdaten sind der maximal stündliche Trockenwetterabfluss $Q_{T,h,max}$ und der Mischwasserabfluss Q_M.

Liegen keine Messdaten vor, kann die Tagesspitze des Schmutzwasserabflusses mit Hilfe des Divisors $X_{Q\,max}$ gemäß A 198 (2003) nach Abb. 20.45 ermittelt werden.

Weitere geeignete Schätzwerte zur Bemessung oder zur Plausibilitätskontrolle sind anwendungsspezifisch in den relevanten ATV-DVWK-Arbeits- und -Merkblättern zu finden.

Tafel 20.58 Anforderungen nach der Abwasserverordnung (AbwV) vom 17.06.2004 für häusliches und kommunales Abwasser

Proben nach Größenklassen der Abwasserbehandlungs-anlagen	Chemischer Sauerstoffbedarf (CSB) [mg/l]	Biochemischer Sauer-stoffbedarf in 5 Tagen (BSB$_5$) [mg/l]	Ammonium-stickstoff[a] (NH$_4$-N) [mg/l]	Gesamtstickstoff (N$_{ges}$) [mg/l]	Phosphor gesamt (P$_{ges}$) [mg/l]	Einwohner-gleichwerte EG
Größenklasse 1 kleiner als 60 kg/d BSB$_5$ (roh)	150	40	–	–	–	< 1000
Größenklasse 2 60 bis 300 kg/d BSB$_5$ (roh)	110	25	–	–	–	1000 bis < 5000
Größenklasse 3 größer als 300 bis 600 kg/d BSB$_5$ (roh)	90	20	10	–	–	5000 bis < 20.000
Größenklasse 4 größer als 600 bis 6000 kg/d BSB$_5$ (roh)	90	20	10	18	2	20.000 bis < 100.000
Größenklasse 5 größer als 6000 kg/d BSB$_5$ (roh)	75	15	10	13	1	≥ 100.000

[a] Diese Anforderung gilt bei einer Abwassertemperatur von 12 °C und größer im Ablauf des biologischen Reaktors der Abwasserbehandlungsanlage. An die Stelle von 12 °C kann auch die zeitliche Begrenzung vom 1. Mai bis 31. Oktober treten.
In der wasserrechtlichen Zulassung kann für Stickstoff, gesamt, eine höhere Konzentration bis zu 25 mg/l zugelassen werden, wenn die Verminderung der Gesamtstickstofffracht mindestens 70 Prozent beträgt. Die Verminderung bezieht sich auf das Verhältnis der Stickstofffracht im Zulauf zu derjenigen im Ablauf in einem repräsentativen Zeitraum, der 24 Stunden nicht überschreiten soll. Für die Fracht im Zulauf ist die Summe aus organischem und anorganischem Stickstoff zugrunde zu legen.

Lastfall: maximaler Abfluss bei Trockenwetter

$$Q_{\text{T,h,max}} = \frac{24 \cdot Q_{\text{s,aM}}}{X_{\text{Q max}}} + Q_{\text{F,aM}} \quad [\text{l/s}]$$

mit

$Q_{\text{T,h,max}}$ maximal stündlicher Trockenwetterabfluss in l/s
$Q_{\text{S,aM}}$ mittlerer jährlicher Schmutzwasserabfluss in l/s
$Q_{\text{F,aM}}$ mittlerer jährlicher Fremdwasserabfluss in l/s
X_{Qmax} Divisor nach ATV-DVVVK-A 198 (2003) in h/d

Im Regenwetterfall wird nur ein bestimmter zusätzlicher Anteil von Q_{R} berücksichtigt. Dieser zusätzliche Anteil ist in den nachfolgenden Ansätzen unterschiedlich berücksichtigt:

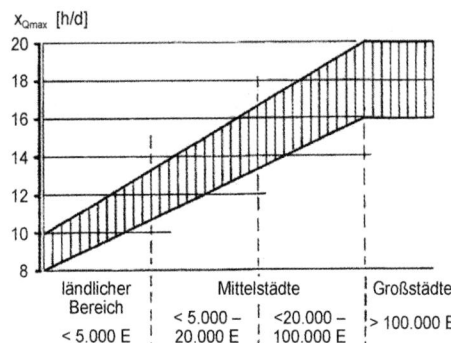

Abb. 20.45 Divisor $X_{\text{Q max}}$ in Abhängigkeit von der Größe des Gebietes nach ATV-DVWK-A 198 (2003)

Lastfall: Mischwasser (näherungsweise)

$$Q_{\text{M}} = 2 \cdot Q_{\text{S}} + Q_{\text{F,aM}} \quad [\text{l/s}]$$

mit

Q_{M} maximal zulässiger Mischwasserabfluss in l/s
Q_{S} $Q_{\text{S,max,85}}$ Schmutzwasserabfluss in l/s, der von dem an Trockenwettertagen in 85 % der Falle unterschrittenen Wert des Tagesabflusses $Q_{\text{T,d}}$ in m³/d abgeleitet in l/s
$Q_{\text{F,aM}}$ mittlerer jährlicher Fremdwasserabfluss in l/s

Lastfall: Mischwasser (Optimierung Mischwasserbehandlung und Kläranlage)

$$Q_{\text{M}} = f_{\text{S,QM}} \cdot Q_{\text{S,aM}} + Q_{\text{F,aM}} \quad [\text{l/s}]$$

mit

Q_{m} maximal zulässiger Mischwasserabfluss in l/s
$f_{\text{S,QM}}$ Spitzenfaktor zur Ermittlung des optimalen Mischwasserabflusses gemäß Abb. 20.46
$Q_{\text{S,aM}}$ mittlerer jährlicher Schmutzwasserabfluss l/s

$$Q_{\text{H,aM}} + Q_{\text{G,aM}} = \frac{\text{EW} \cdot W_{\text{s,d,aM}}}{86.400} + A_{\text{E,G}} \cdot q_{\text{G}} \quad [\text{l/s}]$$

$w_{\text{s,d,aM}}$ spezifischer Abwasseranfall in 1/(E d)
$A_{\text{E,G}}$ betriebliche Einzugsfläche (Gewerbe oder/und Industrie) in ha
q_{G} betriebliche Schmutzwasserabflussspende in 1/(s ha)
$Q_{\text{F,aM}}$ mittlerer jährlicher Fremdwasserabfluss l/s.

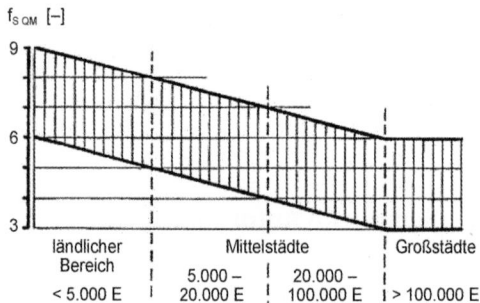

Abb. 20.46 Bereich des Faktors $f_{\text{S,QM}}$ zur Ermittlung des optimalen Mischwasserabflusses zur Kläranlage auf der Basis des mittleren jährlichen Schmutzwasserabflusses nach ATV-DVWK-A 198

20.3.3.2 Abwasserfracht

ATV-DVWK A 198 (04.03) Vereinheitlichung und Herleitung von Bemessungswerten für Abwasseranlagen

ATV-DVWK-M 260 (07.01) Erfassen, Darstellen, Auswerten und Dokumentieren der Betriebsdaten von Abwasserbehandlungsanlagen mit Hilfe der Prozessdatenverarbeitung.

Die Frachtermittlung zur Bestimmung der maßgeblichen Kennwerte ist gemäß Arbeitsblatt ATVDVWK-A 198 durchzuführen. Vorhandene Belastungsbedingungen sind nur durch genaue Auswertungen von Messungen der notwendigen Parameter vor Ort zu erfassen. Parameterauswahl, Probenumfang, Frequenz und Ort der Probenahme sind in Abhängigkeit der Aufgabenstellung festzulegen. Weitere Präzisierungen und ergänzende Informationen zur Ermittlung von Frachten sind in den einzelnen Regelwerken der verschiedenen Verfahren enthalten (z. B. DWA-A 131).

20.3.4 Mechanische Abwasserreinigung

20.3.4.1 Rechenanlagen

DIN 12255-3 (03.01) Kläranlagen – Teil 3: Abwasservorreinigung

DIN 19554 (12.02) Rechenbauwerk mit geradem Rechen als Mitstrom- und Gegenstrom-Rechen; Hauptmaße und Ausrüstungen

DIN 19569-2 (12.02) Baugrundsätze für Bauwerke und technische Ausrüstungen – Teil 2: Besondere Baugrundsätze für Einrichtungen zum Abtrennen und Eindicken von Feststoffen

DWA-M 369 (09.15) Abfälle aus kommunalen Abwasseranlagen – Rechen- und Sandfanggut, Kanal- und Sinkkastengut.

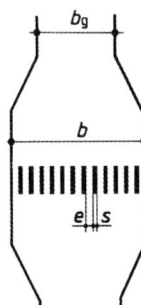

Abb. 20.47 Schema einer Rechenanlage

Bei der Bemessung von Rechenanlagen ist folgendes zu beachten:

a) Rechenkammerbreite b in m, sodass $\sum e = b_g$ ist. Mit $e =$ Spaltweite in m und $s =$ Stabdicke in m wird

$$b = b_g + b_g \cdot s/e - s \quad \text{in m}$$

und die Stabanzahl $n = b_g/e - 1$

b) Geschwindigkeit v zwischen den Rechenstäben (0,8 bis 1,1 m/s). Mit Belegungsgrad η, Wassertiefe h vor dem Rechen in m und Durchfluss Q in m^3/s wird

$$b = Q(e + s)/(h \cdot v \cdot e \cdot \eta) - s \quad \text{in m}$$

Achtung: Möglichst $v_T = Q_T/(h_T \cdot b) \geq 0,5$ m/s wegen Sandablagerungen!

c) Rechengutanfall nach Tafel 20.59 nach DWA-M 369 (09.15)

Tafel 20.59 Spezifische Rohrrechengutmengen in Abhängigkeit von der Durchlassweite (Orientierungswerte) nach DWA-M 369 (09.15)

Trennschnitt des Rechens in mm	Einwohnerspezifischer Anfall von Rohrrechengut bei 8 % TR l/(E · a)	
	Spaltrechen	Lochsieb
40	2,5	–
20	4,5	–
10	6,5	14
8	9,0	16
6	14	21
3	26	50
1	41	117
0,5	49	135

Anmerkung Quellen: Branner 2013, Seyfried et al. 1985.

20.3.4.2 Sandfänge

DIN 19551-3 (12.02) Rechteckbecken – Teil 3: Sandfänge mit Saug- und Schildräumer Bauformen, Hauptmaße, Ausrüstungen

DIN 19569-2 (12.02) Kläranlagen, Baugrundsätze für Bauwerke und technische Ausrüstungen – Besondere Bau-

grundsätze für Einrichtungen zum Abtrennen und Eindicken von Feststoffen

DIN 12255-3 (03.01) Kläranlagen – Teil 3: Abwasservorreinigung.

Langsandfänge *Bemessungsgrundlagen* Die Oberflächenbeschickung q_A muss den Werten in Tafel 20.60 gemäß ATV-Handbuch entsprechen. Die Fließgeschwindigkeit soll bei **0,3 m/s** liegen. Der Sandsammelraum soll den Sandanfall etwa einer Woche (**0,04 bis 0,23 l/E/Wo.**) speichern.

Tafel 20.60 zul q_A in m/h nach ATV Handbuch (1997)

Sandkorn-durchmesser in mm	Sandabscheidegrad		
	100 %	90 %	80 %
	q_A in m/h		
0,125	6	9,4	11
0,16	10	16	20
0,20	17	28	36
0,25	27	45	58

Im Allgemeinen wählt man eine Sandfanglänge L zwischen 5 m und 30 m und ein q_A.

Tafel 20.61 Maße für Rechteckbecken als unbelüfteter und belüfteter Sandfang mit Saugräumer in Abhängigkeit von der Breite b_1 (Maße in Meter) nach DIN 19551-3

b_1	b_2, b_3, b_4	c min.	t
0,8 und um je 0,2 steigend bis 2,6	0,4 und um je 0,1 steigend	0,25	0,6 und um je 0,2 steigend bis 4
2,8 und um je 0,4 steigend bis 6			ab 4 um je 0,4 steigend bis 6
7 und um je 1 steigend bis 16		0,3	

Anmerkung Wählbare Maße sind die Beckenbreiten b_1, b_2, b_3, b_4 und die Beckentiefe t, c min. ergibt sich aus den geometrischen Abhängigkeiten, die der Tabelle zugrundegelegt sind.

Belüftete Sandfänge Durch die Konstruktion des belüfteten Sandfanges kann weitgehend eine konstante vom Zufluss unabhängige Fließgeschwindigkeit eingehalten werden. Der Durchflussquerschnitt wird so groß gewählt, dass die horizontale Fließgeschwindigkeit bei maximalem Zufluss nicht über 20 cm/s liegt.

Bemessungsgrundlagen In der Tafel 20.62 sind die wichtigsten Bemessungs- und Betriebsdaten für belüftete Sandfänge im Regenwetterzufluss zusammengestellt.

Die Möglichkeiten der Verwertung und Entsorgung von Rechen- und Sandfanggut zeigt die Tafel 20.63 auf.

Abb. 20.48 Rechteckbecken als Sandfang mit Saugräumer nach DIN 19551-3 (12.02). **a** Unbelüfteter Sandfang, **b** Belüfteter Sandfang

a

b   Maße in Meter

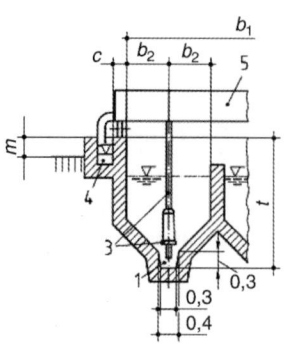
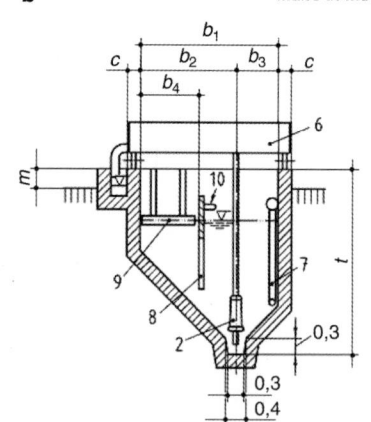

Form der Beckenquerschnitte, Saugvorrichtung, Pumpvorrichtung, Rücklaufrinne, Räumerbrücke, Laufsteg, Belüftungsvorrichtung, Schwimmstoff-Räumschild, Beruhigungsgitter und Anzahl der Saugrinnen sind als Beispiel dargestellt.

Legende

1	Saugrinne
2	Pumpvorrichtung
3	Saugvorrichtung. Die Saugvorrichtung fördert in die Rücklaufrinne zur Trenneinheit am Sandfangeinlauf. Ist ein Silo auf der Räumerbrücke angeordnet, muss dessen Überlauf in die Rücklaufrinne zum Sandfangeinlauf geführt werden.
4	Rücklaufrinne, außen angeordnet
5	Räumerbrücke
6	Laufsteg
—	lichte Breite min. (siehe DIN EN 12255-10)
—	zulässige Verkehrslast (siehe DIN EN 12255-1)

7	Belüftungsvorrichtung
8	Beruhigungsgitter
9	Schwimmstoff-Räumschild
10	Haltestange
b_1	lichte Gesamtbeckenbreite
b_2, b_3	Abstand Mittelachse Saugrinne von Beckeninnenwand
b_4	lichte Breite im Schwimmstoff-Sammelbereich
c	Breite der Beckenkronen für Räumerfahrbahnen
m	Maß Fahrbahnoberkante über Gelände (es gilt DIN EN 12255-10)
t	Beckentiefe

Tafel 20.62 Bemessungsempfehlungen belüfteter Sandfang nach DWA KA Abwasser, Abfall Nr. 5, 2008 und DWA-M 369 (09.15)

Horizontale Fließgeschwindigkeit		V_z	$< 0{,}2\,\text{m/s}$
Breite/Tiefe-Verhältnis b_{SF}/h_{SF}			$0{,}8\text{–}1{,}0$
Querschnittsfläche (ohne Fettfang)		A_i	$1\text{–}15\,\text{m}^2$
Durchflusszeit		t_R	$\geq 300\,\text{s}$
Beckenlänge		l_{SF}	$> 10\,\text{m} \cdot b_{SF} < 50\,\text{m}$
Einblastiefe		h_{Bel}	$h_{SF} - 0{,}3\,\text{m}$
Spez. Luftbedarf bezogen auf das Beckenvolumen (ohne Fettfangkammer)			$0{,}5\text{–}1{,}3\,\text{m}^3/(\text{m}^3\,\text{h})$
Eintauchtiefe der Mittelwand (ohne Einbauten)		h_{MW}	ca. $0{,}2 \cdot h_{SF}$
Sohlquerneigung der Fettfangkammer		α	$35\text{–}45°$
Breite der Fettfangkammer		b_{FF}	$0{,}50\text{–}1{,}00\,b_{SF}$
Flächenbeschickung der Fettfangkammer $q_{A,FF} = Q_T/A_{FF}$ bei Trockenwetterzufluss		$q_{A,FF}$	$\leq 25\,\text{m/h}$
Sandfanggut-Rinne	Tiefe		ca. $0{,}15\,h_{SF}$
	Breite oben		$0{,}15\text{–}0{,}25\,b_{SF}$
Sandgutanfall nach DWA-M 369		Q_{SF}	$2\text{–}5\,\text{l/(E\,a)}$, $3{,}0\text{–}7{,}5\,\text{kg TR/(E\,a)}$
Mittlere Schüttdichte		γ	ca. $1{,}5\,\text{t/m}^3$
Glühverlust		GV	ca. $40\,\%$

20.3.4.3 Absetzbecken

DIN 12255-4 (04.02) Kläranlagen – Teil 4 Vorklärung

DIN 19552 (12.02) Kläranlagen, Rundbecken, Absetzbecken mit Schild- und Saugräumer und Eindicker, Bauformen, Hauptmaße, Ausrüstung

DIN 19551-1 (12.02) Kläranlagen, Rechteckbecken – Teil 1: Absetzbecken für Schild-, Saug- und Bandräumer, Bauformen, Hauptmaße, Ausrüstung

DIN 19558 (12.02) Kläranlagen; Ablaufeinrichtungen, Überfallwehr und Tauchwand, getauchte Ablaufrohre in Becken, Baugrundsätze, Hauptmaße, Anordnungsbeispiele

DIN 19569-2 (12.02) Kläranlagen-Baugrundsätze für Bauwerke mit technischen Ausrüstungen – Teil 2: Besondere Baugrundsätze für Einrichtungen zum Abtrennen und Eindicken von Feststoffen.

In der Abwasserreinigung werden Absetzbecken als Vorklär- und Nachklärbecken eingesetzt.

20.3.4.3.1 Vorklärbecken

Bei Tropf- und Rotationstauchkörpern muss das zufließende Abwasser zur Vermeidung von Verstopfungen möglichst frei von Störstoffen und absetzbaren Stoffen sein. Deshalb

Tafel 20.63 Überblick über mögliche Entsorgungswege modifiziert nach DWA-M 369 (09.15)

	Recycling	Sonstige Verwertung					Beseitigung			Sonstige Behandlung
		Straßen-, Wege- und Landschafts- bau	Zuschlag- stoff in Baupro- dukten	Deponie- bau	Rekulti- vierung	Berg- versatz	Verbren- nung	Ablage- rung	Mechanisch- biologische Abfallbe- handlung (MBA)	Einbringen in eine Abwasser- anlage
Rechengut				(×)			(×)		(×)	(×)
Sandfanggut				(×)	(×)	(×)			×	
Fraktionen aus der Behandlung										
Rechengut				(×)			×		×	
Sandfanggut		×	×	×		×		×		

Anmerkungen:
× Möglich.
(×) Möglich nach geeigneter weiterer Aufbereitung (z. B. Entwässerung oder Stabilisierung).

ist eine Vorbehandlung und Vorklärung des zufließenden Abwassers vor der biologischen Stufe unerlässlich. Dies ist bei Denitrifikationstropfkörpern besonders wichtig, da die Beseitigung von Störungen dort sehr aufwendig ist. Üblicherweise werden hierfür auch Vorklärbecken eingesetzt, ggf. auch Feinsiebe (ATV-DVWK-A 281 (09.01)).

Bei Belebungsanlagen werden Vorklärbecken zur betrieblichen Optimierung und/oder zur Energienutzung (Gasertrag bei der Schlammfaulung) eingesetzt. Es ist zu beachten, dass bei Belebungsanlagen im Hinblick auf eine nachfolgende Denitrifikation die Durchflusszeit nicht zu groß gewählt wird.

Bemessungsgrundlagen Die Tafel 20.64 gibt in Abhängigkeit des Einsatzbereiches Bemessungsempfehlungen. Der in der Regel zu erwartende Wirkungsgrad der Vorklärung für kommunales Abwasser ist in Abhängigkeit der Durchflusszeit in der Tafel 20.65 zusammengestellt, sofern keine Messungen an bestehenden Vorklärbecken durchgeführt werden können. Die Vorklärzeit bezieht sich hierbei auf den mittleren Tagesdurchfluss bei Trockenwetter $Q_{T,aM}$. Zwischenwerte sind sinnvoll zu interpolieren (siehe DWA-A 131 (06.16)).

Tafel 20.64 Dimensionierungsansätze zur Vorklärung

Bestimmungsgröße	Berechnungsansatz	
	$t_{R;VK}$ [h]	$q_{A;VK}$ [m/h]
Tropfkörper bei Q_T mit C + N	> 1,5–2,0[a]	1,5–0,8
Tropfkörper bei Q_T mit vorge- schalteter DN	0,5–1,0	< 1,5–2,0
Tropfkörper bei Q_M	> 0,5	< 1,5–2,0
Belebungsanlagen	0,5–1,0	4,0–2,5
Chemische Fällung	0,5–0,8	4,0–2,5

[a] in Sonderfällen höhere Belastungen gemäß A 281 (09.01)

Tafel 20.65 Abscheideleistung der Vorklärung in Abhängigkeit von der Aufenthaltszeit bezogen auf den mittleren Tagesdurchfluss bei Trockenwetter $Q_{T,aM}$ Durchflusszeit nach A 131 (06.16)

	Durchflusszeit bezogen auf den mittleren Trockenwetter- zufluss $Q_{T,aM}$		
η in %	0,75 h–1 h	1,5 h–2 h	> 2,5 h
C_{CSB}	30	35	40
X_{CSB}	45	55	60
X_{TS}	50	60	65
C_{KN}	10	10	10
C_P	10	10	10

20.3.4.3.2 Nachklärbecken von Tropfkörpern und Rotationstauchkörpern

Maßgebliche Hinweise zur Bemessung und konstruktiven Ausbildung der Nachklärbecken von Tropfkörper und Rotationstauchkörper sind im ATV-DVWK-A 281 (09.01) enthalten.

Bemessung Die Nachklärung einstufiger Tropfkörper und Rotationstauchkörper werden i. d. R. auf einfache Weise nach rein hydraulischen Gesichtspunkten mit der Flächenbeschickung q_A und der Durchflusszeit t_{NB} bemessen. Der Regenwetterfall ist ebenso zu berücksichtigen und in den meisten Fällen bemessungsrelevant.

Konstruktive Auslegung Bei Tropfkörper und Rotationstauchkörper können vertikal und horizontal durchströmte Nachklärbecken gleichermaßen wirkungsvoll eingesetzt werden, solange bei diesen die Mindestaufenthaltszeit eingehalten wird. Da eine kontinuierliche Schlammrückführung beim Tropfkörper- und Rotationstauchkörperverfahren nicht erforderlich ist, genügen für die Schlammräumung auch in Rechteckbecken zumeist einfache Schildräumer.

Tafel 20.66 Dimensionierungsansätze zur Nachklärung nach A 281 (09.01)

Bestimmungsgröße	Berechnungsansatz
Flächenbeschickung der Nachklärung	$q_{A,NB} \leq Q_{NB}/A_{NB}$ [m³/(m² h) bzw. m/h] A_{NB} = Oberfläche der Nachklärung [m²] Q_{NB} = maximale Zuflüsse einschließlich Rückführung $q_{A,NB,zul} \leq 0,80$ m/h
Bei Dosierung von Phosphatfällmitteln oder Polymeren in den Zulauf zur Nachklärung	$q_{A,NB,zul} \leq 1,0$ m/h, wenn Mindestwassertiefe von $h_{NB} \geq 2,50$ m (in Rundbecken bei 2/3 Radius)
Erforderliche Beckenoberfläche	erf $A_{NB} = Q_{NB}/$zul $q_{A,NB}$ [m²]
Durchflusszeit im Nachklärbecken	$t_{NB} = V_{NB}/Q_{NB}$ [h] erf $t_{NB} > 2,5$ h
Erforderliches Beckenvolumen	erf $V_{NB} = t_{NB} \cdot Q_{NB}$ [m³] erf $t_{NB} > 2,0$ m (in Rundbecken bei 2/3 Radius)

Bei Rechteckbecken sollte das Verhältnis von Beckentiefe zu Beckenlänge ca. 1 : 15 bis 1 : 25 betragen. Für die Beckenbreite haben sich Werte bis 7,0 m in der Praxis bewahrt.

Eine möglichst gleichmäßige Verteilung des Zulaufes über den Fließquerschnitt ist anzustreben. Die Überfallkantenbeschickung $q_{Ü}$ muss kleiner als 15 m³/(m h) sein.

Anstelle der Nachklärbecken können auch Tuchfilter oder Mikrosiebe eingesetzt werden. Sofern weitere Reinigungsstufen nachgeschaltet sind, ist zur Verminderung des Platzbedarfs auch der Einsatz von Lamellenabscheidern möglich, wenn der erhöhte Wartungsaufwand in Kauf genommen wird. Diese sind bezüglich der Flächenbeschickung genauso zu bemessen wie Nachklärbecken.

20.3.4.3.3 Nachklärbecken von Belebungsanlagen

Grundlage zur Bemessung der Nachklärbecken von Belebungsanlagen ist das DWA-A 131-Arbeitsblatt (06.16). Die

Tafel 20.67 Kenngrößen und Geltungsbereich zur Bemessung der Nachklärung nach DW A 131 (06.16)

Bestimmungskenngrößen	Geltungsbereich
– Form und Abmessung der Nachklärbecken – zulässige Schlammlager- und Eindickzeit – Rücklaufschlammstrom sowie dessen Regelung – Art und Betriebsweise der Räumeinrichtungen – Anordnung und Gestaltung der Zu- und Abläufe	– Nachklärbecken mit Längen bzw. Durchmessern bis etwa 60 m – Schlammindex 50 l/kg < ISV < 200 l/kg – Vergleichsschlammvolumen VSV < 600 l/m³ Rücklaufschlammstrom – $Q_{RS} < 0,75 \cdot Q_m$ (horizontal durchströmt), bzw. $Q_{RS} < 1,0 \cdot Q$ (vertikal durchströmt) – Trockensubstanzgehalt im Zulauf Nachklärbecken TS_{BB} bzw. $TS_{AB} > 1,0$ kg/m³

Bemessung erfolgt unter Berücksichtigung des maximalen Zuflusses bei Regen Q_M [m³/h], des Schlammindexes ISV [l/kg] und des Schlammtrockensubstanzgehaltes im Zulauf zur Nachklärung TS_{AB} [kg/m³]. Mit Ausnahme der Kaskadendenitrifikation ist $TS_{AB} = TS_{BB}$.

Bemessung Beckenoberfläche Die erforderliche Oberfläche des Nachklärbeckens berechnet sich aus:

$$A_{NB} = Q_M/q_A \quad [m^2]$$

Die Flächenbeschickung q_A errechnet sich aus der zulässigen Schlammvolumenbeschickung q_{SV} und dem Vergleichsschlammvolumen VSV zu:

$$q_A = q_{sv}/VSV = q_{sv}/(TS_{BB} \cdot ISV)$$

Um den Trockensubstanzgehalt $X_{TS,AN}$ und den dadurch bedingten CSB bzw. Phosphor im Ablauf horizontal durchströmter Nachklärbecken niedrig zu halten, ist die in Tafel 20.68 angegebene Schlammvolumenbeschickung q_{sv} einzuhalten.

Vorwiegend horizontal durchströmte Becken liegen vor, wenn das Verhältnis der Strecke vom Einlauf bis zur Wasseroberfläche (Vertikalkomponente h_e) zur lichten Weite bis Beckenrand in Höhe des Wasserspiegels (Horizontalkomponente) kleiner als 1 : 3 ist; bei vorwiegend vertikal durchströmten Becken ist das Verhältnis größer als 1 : 2. Für dazwischen liegende Verhältnisse kann die zulässige Schlammvolumenbeschickung linear interpoliert werden.

Die Flächenbeschickung q_A darf bei vorwiegend horizontal durchströmten Nachklärbecken 1,6 m/h und bei vorwiegend vertikal durchströmten Nachklärbecken 2,0 m/h nicht übersteigen.

Tafel 20.68 Zulässige Schlammvolumenbeschickung q_{sv} nach DW A 131 (06.16)

	$X_{TS,AN<20\,mg/l}$	$q_{A\,max}$	Steigung
Vertikal durchströmte Nachklärbecken	$q_{sv} < 650$ l/(m² h)	$\leq 2,0$ m/h	$\geq 1:2$
Horizontal durchströmte Nachklärbecken	$q_{sv} < 500$ l/(m² h)	$\leq 1,6$ m/h	$\leq 1:3$

Der Schlammindex bestimmt in Verbindung mit der Eindickzeit (t_E) den Trockensubstanzgehalt im Bodenschlamm (TS_{BS}). Zur Vermeidung von Rücklösungen und von Schwimmschlammbildung infolge unerwünschter Denitrifikation im Nachklärbecken muss die Aufenthaltszeit des abgesetzten Schlammes in der Eindick- und Raumzone möglichst kurz gehalten werden. Andererseits dickt der Schlamm umso besser ein, je höher die Schlammschicht und je länger die Verweilzeit des Schlammes in dieser Schicht ist.

Die Betriebsverhältnisse im Belebungsbecken und im Nachklärbecken werden wechselseitig durch die Abhän-

Tafel 20.69 Bemessungskenngrößen der Nachklärung nach DWA A 131 (06.16)

Kenngrößen	Berechnungsansatz		
Der **Trockensubstanzgehalt im Zulauf zum Nachklärbecken** TS_{BB} beträgt:	$TS_{BB} = \dfrac{RV \cdot TS_{RS}}{1 + RV}$ [kg/m³]		
Das **Rücklaufverhältnis** bestimmt den angestrebten Trockensubstanzgehalt im Belebungsbecken	$RV = Q_{RS}/Q$ mit der Bedingung $RV > 0{,}5$ $RV = 0{,}50 - 0{,}75$ im Betrieb $Q_{RS} \leq 0{,}75 \cdot Q_M$ bei horizontal durchströmten Becken RS – Pumpen incl. Reserve mit $1{,}0\ Q_M$ $Q_{RS} \leq 1{,}0 \cdot Q_M$ bei vertikal durchströmten Becken RS – Pumpen incl. Reserve mit $1{,}5\ Q_M$		
Der erreichbare **Trockensubstanzgehalt im Bodenschlamm** TS_{BS} (mittlerer Trockensubstanzgehalt im Räumvolumenstrom) kann in Abhängigkeit vom Schlammindex ISV und der Eindickzeit t_E empirisch abgeschätzt werden	$TS_{BS} = \dfrac{1000}{ISV} \cdot \sqrt[3]{t_E}$ [kg/m³]		
Empfohlene **Eindickzeit** t_E in Abhängigkeit von der Art der Abwasserreinigung	Art der Abwasserreinigung		Eindickzeit t_E in h
	Belebungsanlagen ohne Nitrifikation		1,5–2,0
	Belebungsanlagen mit Nitrifikation		1,0–1,5
	Belebungsanlagen mit Denitrifikation		2,0–(2,5)
Für den **Trockensubstanzgehalt des Rücklaufschlammes** (TS_{RS}) wird infolge der Verdünnung mit dem Kurzschlussschlammstrom vereinfacht angenommen:	Schildräumer		$TS_{RS} \sim 0{,}7$ bis $0{,}8\ TS_{BS}$
	Saugräumer		$TS_{RS} \sim 0{,}5$ bis $0{,}7\ TS_{BS}$
	Vertikal durchströmt, ohne Schlammräumung		$TS_{RS} \sim TS_{BS}$
Richtwerte für den **Schlammindex**	Reinigungsziel	ISV [l/kg] Gewerblicher Einfluss	
		Günstig	Ungünstig
	Ohne Nitrifikation	100–150	120–180
	Nitrifikation (und Denitrifikation)	100–150	120–180
	Schlammstabilisierung	75–120	100–150

gigkeit zwischen dem Trockensubstanzgehalt im Zulauf zum Nachklärbecken TS_{BB}, dem Trockensubstanzgehalt im Rücklaufschlamm TS_{RS} sowie dem Rücklaufverhältnis $RV = Q_{RS}/Q$ beeinflusst.

Bei der Bemessung und Nachrechnung von Nachklärbecken sind darüber hinaus die Zusammenhänge in Tafel 20.69 zu beachten.

Bemessung Beckentiefen Die verschiedenen Vorgänge in Nachklärbecken werden mithilfe von funktionsbedingten Wirkungsräumen erklärt, die in den Abb. 20.49, 20.50 und 20.51 schematisch dargestellt sind.

Die erforderliche Tiefe des Nachklärbeckens setzt sich danach aus Teiltiefen mit den Funktionszonen h_1: Klarwas-

serzone, h_{23}: Übergangs- und Pufferzone und h_4: Eindick- und Räumzone zusammen.

Die errechnete Beckentiefe $h_{ges} = h_1 + h_{23} + h_4$ ist für horizontal durchströmte Nachklärbecken mit geneigter Beckensohle auf zwei Drittel des Fließweges einzuhalten. Sie muss dort mindestens 3 m betragen. Bei runden Nachklärbecken darf die Randwassertiefe 2,5 m nicht unterschreiten.

Bei Trichterbecken erhält man durch Multiplikation der Oberfläche A_{NB} mit den entsprechenden Zonentiefen h_{23} und h_4 die Teilvolumina V_{23} für die Übergangs- und Pufferzone und V_4 für die Eindickzone. Zur Ermittlung der Gesamttiefe werden nach A 131 (06.16) diese Teilvolumina in die gewählte Geometrie des Beckens eingepasst (siehe Abb. 20.51).

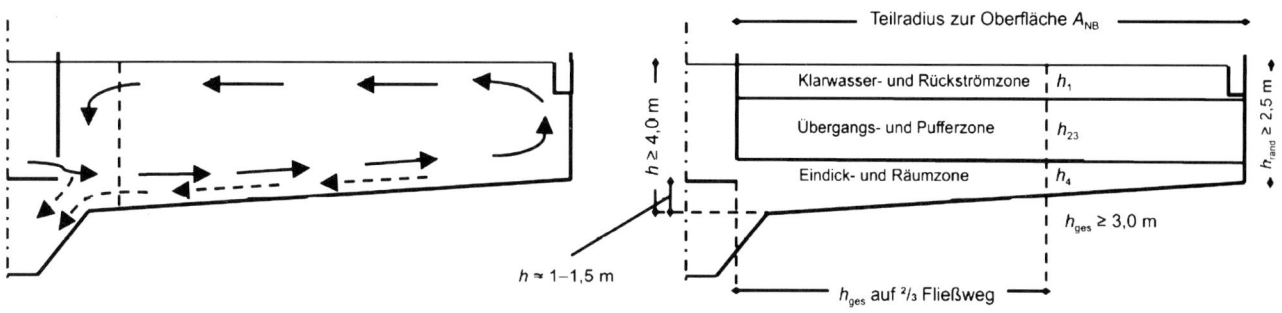

Abb. 20.49 Hauptströmungsrichtungen und funktionale Beckenzonen von horizontal durchströmten runden Nachklärbecken DWA A 131 (06.16)

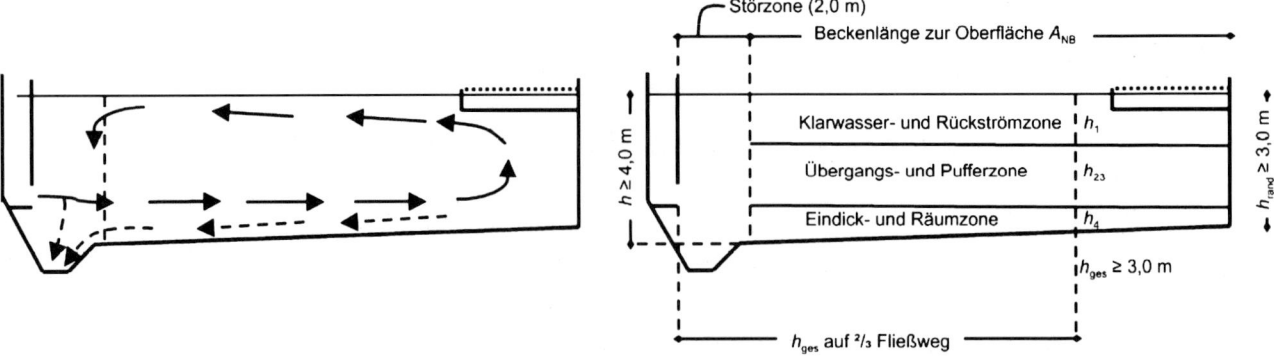

Abb. 20.50 Hauptströmungsrichtungen und funktionale Beckenzonen von längsdurchströmten Rechteckbecken nach DWA A 131 (06.16)

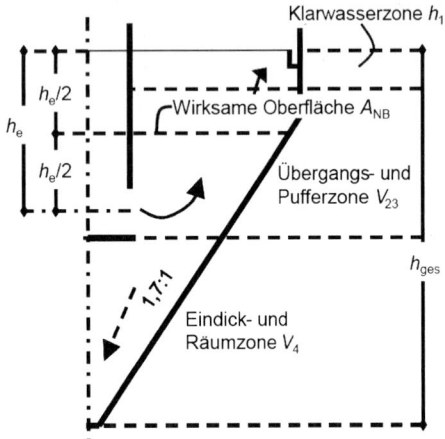

Abb. 20.51 Funktionale Zonen und Tiefen von vertikal durchströmten Trichterbecken nach A 131 (06.16)

Konstruktive Auslegung Hinweise für die Gestaltung von Nachklärbecken befinden sich im A 131 (06.16) und den dort zitierten Arbeitsberichten sowie dem ATV-Handbuch.

Ausbildung der Beckenarten Als Nachklärbecken werden hauptsächlich horizontal durchströmte Langs- und Rundbecken eingesetzt. Als Sonderkonstruktion werden in den letzten Jahren auch querdurchströmte Rechteckbecken geplant,

die in der Wirkungsweise den vertikal durchströmten Nachklärbecken ähnlich sind. Die Hauptmaße für die Nachklärung sind in den entsprechenden DIN-Vorschriften festgelegt.

Einlaufgestaltung Die Einlaufgestaltung hat einen wesentlichen Einfluss auf die Durchströmung und Leistungsfähigkeit von Nachklärbecken. Empfohlen werden Einlaufschlitze bei Rechteckbecken über die Breite des Einlaufs bzw. bei Rundbecken über den Umfang des Mittelbauwerks. Hinweise und Nachweise zur optimalen Auslegung enthält das A 131 (06.16).

Auslegung der Schlammräumung Für die jeweiligen Nachklärbeckenarten stehen verschiedene Schlammräumer und -rückfördereinrichtungen zur Verfügung.

In horizontal durchströmten Rundbecken werden Schild- und Saugräumer eingesetzt.

In horizontal durchströmten Rechteckbecken kommen neben Schild- und Saugräumern auch Bandräumer zur Anwendung.

Wenn in vorwiegend vertikal durchströmten bzw. querdurchströmten Nachklärbecken eine Schlammräumung erforderlich ist, können ebenfalls o. g. Systeme eingesetzt werden.

Richtwerte für die Auslegung von Schlammräumern können gemäß A 131 der Tafel 20.71 entnommen werden.

Tafel 20.70 Bemessungsansätze zur Bestimmung der Teiltiefen der Nachklärung nach A 131 (06.16)	Teiltiefen	Berechnungsansatz
	Klarwasserzone	$h_1 = 0{,}5$ [m]
	Übergangs- und Pufferzone	$h_{23} = q_A \cdot (1 + RV) \cdot \left[\dfrac{500}{1000 - VSV} + \dfrac{VSV}{1.100} \right]$ [m]
	Eindick- und Räumzone	$h_4 = \dfrac{TS_{AB} \cdot q_A \cdot [1 + RV] \cdot t_E}{TS_{BS}}$ [m]

Tafel 20.71 Richtwerte für die Auslegung von Schlammräumern nach A 131 (06.16)		Abk.	Einh.	Rundbecken	Rechteckbecken	
				Schildräumer	Schildräumer	Bandräumer
	Räumschild bzw. Balkenhöhe	h_{SR}	m	0,3–0,6	0,3–0,8	0,15–0,30
	Räumgeschwindigkeit	v_{SR}	m/h	72–144	max. 108	36–108
	Rückfahrgeschwindigkeit	$v_{Rück}$	m/h	–	max. 324	–
	Raumfaktor[a]	f_{SR}	–	1,5	≤ 1,0	≤ 1,0

[a] Der Raumfaktor ist der Quotient aus dem vom Räumer in einem Raumintervall rechnerisch erfassten Volumen und dem tatsächlichen Raumvolumenstrom

Tafel 20.72 Auslegung für die Schlammräumung nach A 131 (06.16)

Räumernachweis mit Feststoffbilanz	Berechnungsansatz
Kurzschlussschlammstrom Q_K	$Q_K = Q_{RS} - Q_{SR}$ [m^3/h]
Erfahrungswert für Kurzschlussschlammstrom Q_K	$Q_K = 0{,}4 - 0{,}8 Q_{RS}$
Feststoffbilanz	$Q_{RS} \cdot TS_{RS} = Q_{SR} \cdot TS_{BS} + Q_K \cdot TS_{BB}$ [kg/h]
Nachweis der Feststoffbilanz Sicherstellung eines ausreichenden Raumvolumenstroms Q_{SR}	$Q_{SR} \geq \dfrac{Q_{RS} \cdot TS_{RS} - Q_K \cdot TS_{BB}}{TS_{BS}}$ [m^3/h]

Kenngrößen für Räumer in horizontal durchströmten Rundbecken	Berechnungsansatz
In Rundbecken ist das Räumintervall gleich der Dauer eines Räumerumlaufes	$t_{SR} = \dfrac{\pi \cdot D_{NB}}{V_{SR}}$ [h]
Der Räumvolumenstrom beträgt für **Schildräumer in Rundbecken**	$Q_{SR} = \dfrac{h_{SR} \cdot a \cdot v_{SR} \cdot D_{NB}}{4 \cdot f_{SR}}$ [m^3/h]
Für **Saugräumer** ist die Trennung in Räumvolumenstrom und Kurzschlussschlammstrom nicht möglich, da der Volumenstrom Q_{RS} abgezogen wird	V in den Saugrohren = 0,6 bis 0,8 m/s Abstand der Saugrohre ≤ 3 bis 4 m V_{SR} wie bei Schildräumern
Der Räumvolumenstrom Q_{SR} für **Schildräumer** ergibt sich bei Annahme eines Abstandes des Räumschildes von dem Schlammabzugspunkt beim Einsetzen des Schlammrückflusses von $l_{SR} \approx 15 \cdot h_{SR}$ mit der Räumschildlänge b_{SR} ($\approx b_{NB}$ in Becken mit senkrechten Wänden) zu:	$Q_{SR} = \dfrac{h_{SR} \cdot b_{SR} \cdot l_{SR}}{f_{SR} \cdot t_{SR}}$ [m^3/h]
Für **Bandräumer** ergibt sich mit der Länge des Räumbandes ($l_B \approx l_{NB}$) das Räumintervall zu:	$t_{SR} = \dfrac{l_B}{v_{SR}}$ [h]
Der geräumte Schlammvolumenstrom Q_{SR} beträgt damit für **Bandräumer**:	$Q_{SR} = \dfrac{v_{SR} \cdot b_{SR} \cdot h_{SR}}{f_{SR}}$ [m^3/h]
Für die Gestaltung der **Saugräumer** gelten die Empfehlungen wie bei horizontal durchströmten Becken	$V_{SR} = 36$ bis 72 m/h (abweichend der Empfehlungen von horizontal durchströmten Becken)

20.3.5 Biologische Abwasserreinigung

20.3.5.1 Tropfkörper und Rotationstauchkörper

DIN 12255-7 (04.02) Kläranlagen – Teil 7: Biofilmreaktoren

DIN 19553 (12.02) Kläranlagen, Tropfkörper mit Drehsprenger, Hauptmaße und Ausrüstung

DIN 19557 (01.04) Kläranlagen, Mineralische Füllstoffe und Füllstoffe aus Kunststoff für Tropfkörper, Anforderungen, Prüfung, Lieferung, Einbringen

DIN 19569-3 (12.02) Kläranlagen-Baugrundsätze für Bauwerke und technische Ausrüstung – Teil 3: Besondere Baugrundsätze für Einrichtungen aeroben biologischen Abwasserbehandlung

ATV-DVWK A 281 (09.01) Bemessung von Tropfkörpern und Rotationstauchkörpern.

Tropfkörperverfahren Das Abwasser wird auf ein mit Lavabrocken oder Kunststoffelementen gefüllten Reaktor mittels Drehsprenger gleichmäßig verrieselt. Das biologisch gereinigte Abwasser und der überschüssige Biorasen werden in der Nachklärung separiert.

Bemessung Tropfkörper Die in Abhängigkeit des Reinigungszieles anzuordnenden Bemessungswerte sind in der Tafel 20.74 zusammengestellt. Nach den bisherigen Erfahrungen wird unterschieden in Abwasserreinigung ohne Nitrifikation, Abwasserreinigung mit Nitrifikation und Abwasserreinigung mit Nitrifikation und Denitrifikation. Zur verfahrenstechnischen Integration der Denitrifikation bei Tropfkörperanlagen bestehen grundsätzlich drei Möglichkeiten: simultane Denitrifikation im Tropfkörper bei Rückführung nitrathaltigen Abwassers sowie die vorgeschaltete und nachgeschaltete Denitrifikation. Als Reaktoren können anoxisch betriebene Festbettreaktoren (z. B. Tropfkörper) oder anoxische Belebungsbecken mit Zwischenklärbecken eingesetzt werden. Die nachgeschaltete Denitrifikation erfolgt unter Zugabe von externen Kohlenstoffquellen in einem Festbettreaktor oder Belebungsbecken.

Konstruktion der Tropfkörper Die konstruktive Ausführung mit den unterschiedlichen Abstufungen der Abmessungen zeigen Abb. 20.52 und Tafel 20.75.

Rotationstauchkörperverfahren Bei der Abwasserreinigung mit Rotationstauchkörpern sitzt die für die biologische Abwasserreinigung benötigte Biomasse fest auf rotierenden Aufwuchsflächen. Rotationstauchkörper tauchen als Walzen teilweise in eine vom Abwasser durchflossene Wanne ein

Tafel 20.73 Berechnungsgrößen zur Bemessung von Tropfkörpern

Bestimmungsgröße	Berechnungsansatz
Ohne Nitrifikation (Kohlenstoffelimination)	
Der für das Füllgut vorzusehende Tropfkörperinhalt ergibt sich nach den zulässigen Raumbelastungen gemäß Tafel zu:	$V_{TK,C} = B_{d,BSB,ZB}/B_{R,BSB}$ [m^3]
Mit Nitrifikation	
Im Falle der Nitrifikation ist neben der BSB5 zusätzlich die TKN-Raumbelastung in kg/(m^3 d) zu berücksichtigen.	$V_{TK,N} = (B_{d,BSB,ZB}/B_{R,BSB}) + (B_{d,TKN,ZB}/B_{R,TKN})$ [m^3]
Die Tropfkörperoberfläche und die Tropfkörperfüllhöhe ergeben sich zu:	$A_{TK} = Q_T \cdot (1 + RV_t)/q_{A,TK}$ [m^2] $C_{BSB,ZB,RF} < 150$ mg/l am Drehsprenger $RV_T \leq 1$ Rückführverhältnis $q_{A,TK} > 0{,}4$ m/h bei brockengefüllten TK bei $Q_T \cdot (1 + RV_T)$ $q_{A,TK} > 0{,}8$ m/h bei Kunststoff-TK bei $Q_T \cdot (1 + RV_T)$
Tropfkörperfüllhöhe: Tropfkörperfüllhöhen um 4 m für brockengefüllte Tropfkörper haben sich bewährt. Beim Einsatz von Kunststoff-Füllmaterial mit einer hohen vertikalen Durchgängigkeit wird eine größere Füllhöhe empfohlen.	$H_{TK} = V_{TK}/A_{TK}$ [m]
Spülkraft S_K Bewährte Werte für S_K zur Erzielung eines ausreichenden Schlammaustrags	$S_K = q_{A,TK} \cdot 1000/(a \cdot n)$ [mm/Arm] $S_K = 4$ bis 8 mm $a = $ Zahl der Drehsprengerarme $n = $ Umdrehungen des Drehsprengers pro Stunde [1/h]

Tafel 20.74 Bemessungswerte nach ATVA 281 (09.01) für Tropfkörper und Rotationstauchkörper

Bemessungswert	Brockengefüllter Tropfkörper	Kunststoff-Tropfkörper mit einer spezifischen Oberfläche A_n von		Rotationstauchkörper	
		100 m^2/m$^3_{TK}$	150 m^2/m$^3_{TK}$	STK	RTK
Ohne Nitrifikation					
Raumbelastung B_R [kg/(m^3 d)]	$\leq 0{,}4$	$\leq 0{,}4$	$\leq 0{,}6$		
Flächenlastung B_A [g/(m^2 d)]				≤ 8–10	$\leq 5{,}6$–7
Oberflächenbeschickung in m/h	$\geq 0{,}4$	$\geq 0{,}4$–0,8	$\geq 0{,}4$–0,8	–	–
Rücklaufverhältnis RV_t	$\geq (C_{BSB,ZB}/C_{BSB,ZB,RF} - 1)$			–	–
Überschussschlammanfall $ÜS_R/B_R$ [kg/kg]	0,75	0,75	0,75	0,75	0,75
Mit Nitrifikation					
Für C-Abbau					
Raumbelastung $B_{R\,BSB}$ in kg/(m^3 d)	$\leq 0{,}4$	$\geq 0{,}4^a$	$\leq 0{,}6$		
Flächenbelastung $B_{A\,BSB}$ in g/(m^2 d)				≤ 8–10	$\leq 5{,}6$–7
Für Nitrifikation					
Raumbelastung $B_{R\,TKN}$ in kg/(m d)	$\leq 0{,}1$	$\geq 0{,}1^a$	$\leq 0{,}15$		
Flächenbelastung $B_{A\,TKN}$ in g/(m d)				$\leq 1{,}6$–2	$\leq 1{,}1$–1,4
Oberflächenbeschickung in m/h	$\geq 0{,}4$	$\geq 0{,}4$–0,8	$\geq 0{,}4$–0,8	–	–
Rücklaufverhältnis RV_t	$\geq (C_{BSB,ZB}/C_{BSB,ZB,RF} - 1)$			–	–
Überschuss-Schlammanfall $ÜS_R/B_R$ [kg/kg]	0,75	0,75	0,75	0,75	0,75

STK = Scheibentauchköper, RTK = Rotationstauchkörper
[a] Über Versuche gesondert nachzuweisen
Die niedrigen Belastungsangaben für RTK und STK beziehen sich auf eine 2-stufige Anordnung, die höheren Werte gelten für eine 3-4 stufige Anordnung.
Bei kleinen Kläranlagen wird wegen ausgeprägter Zufluss- bzw. Belastungsspitzen empfohlen, zwischen den Anschlussgrößen 1000 und 50 EW die BSB$_5$-Flächenbelastung auf 3 g/(m^2 d) linear abzumindern.

und drehen sich langsam. Der auf den Bewuchsflächen haftende Biofilm wird während der Drehung abwechselnd der Luft und dem Abwasser ausgesetzt. Die Rotationstauchkörper werden unterschieden in Scheiben- und Walzentauchkörper (ATV-DVWK-A 281, 09.01).

Bemessung Rotationstauchkörper Die anzuordnenden Bemessungswerte sind gemäß Reinigungsziel nach der Tafel 20.74 festzulegen.

Wird für einzelne Bewuchsmaterialien nachgewiesen, dass die spezifische biologisch aktive Oberfläche dauerhaft mehr als 70 % der spezifischen theoretischen Oberfläche

Abb. 20.52 Tropfkörper mit Drehsprenger nach DIN 19553 (12.02)

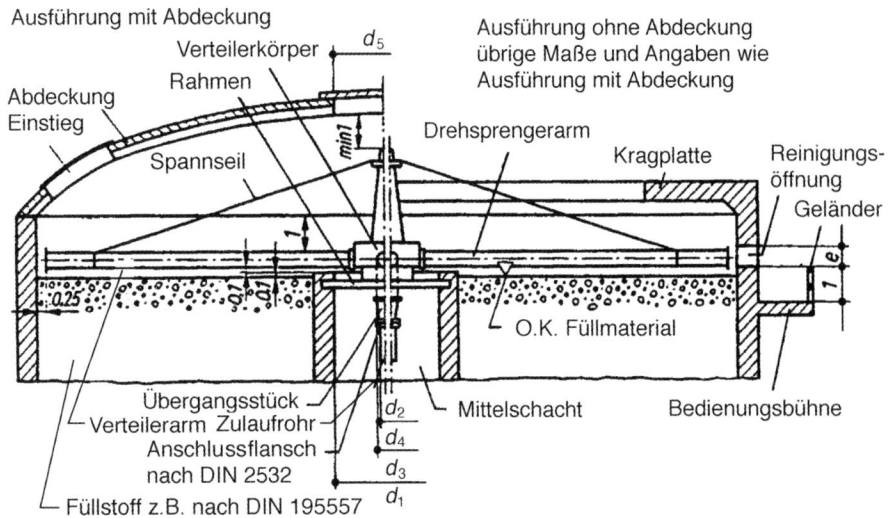

Tafel 20.75 Abmessungen von Tropfkörpern nach DIN 19533

Durchmesser d_1 in m	4,0 und um je 1,0 steigend					
Zulaufrohr Anschlussweite d_2 in mm	DN 80 DN 100 DN 125 DN 150 DN 200	DN 250 DN 300 DN 350	DN 400 DN 500 DN 600	DN 700 DN 800 DN 900	DN 1000 DN 1100	DN 1200
Mittelschachtdurchmesser d_3 in m	1,5	2,0	2,5	3,0	3,5	4,0
Reinigungsöffnung in e in m	0,5	0,5	0,5	0,6	0,8	1,0

Tafel 20.76 Berechnungsgrößen zur Bemessung von Rotationstauchkörpern

Bestimmungsgröße	Berechnungsansatz
Ohne Nitrifikation (Kohlenstoffelimination)	
Die erforderliche theoretische Oberfläche ergibt sich nach der zulässigen Flächenbelastungen gemäß Tafel zu:	$A_{RT,C} = B_{d,BSB,ZB} \cdot 1000 / B_{A,BSB}$ [m^2]
Mit Nitrifikation	
Im Falle der Nitrifikation ist neben der BSB$_5$ zusätzlich die TKN-Raumbelastung in kg/(m^{3}d) zu berücksichtigen.	$A_{RT,N} = (B_{d,BSB,ZB} / B_{A,TKN}) + (B_{d,TKN,ZB} / B_{R,TKN})$ [m^2]

beträgt, können die Bemessungswerte entsprechend bis maximal auf die für Scheibentauchkörper geltenden Werte angehoben werden.

Die Werte für $B_{A,TKN}$ berücksichtigen eine bereits in der Kohlenstoffabbauzone beginnende Nitrifikation. Die zulässige Flächenbelastung $B_{A,TKN}$ für die Dimensionierung ist nicht identisch mit der Nitrifikationsgeschwindigkeit. Eine biologische Denitrifikation ist wie beim Tropfkörper auch bei Rotationstauchkörpern möglich. Eine technische Erprobung steht dazu allerdings noch aus (A-281, 09.01).

20.3.5.2 Abwasserteiche für kommunales Abwasser

DIN 12255-5 (12.99) Kläranlagen, Abwasserbehandlung in Teichen

DWA-A 201 (08.05) Grundsätze für Bemessung, Bau und Betrieb von Abwasserteichanlagen.

Abwasserteiche sind dem Stand der Technik entsprechende Reinigungsanlagen, die als Absetzteiche der Abscheidung absetzbarer Stoffe, als belüftete oder unbelüftete Abwasserteiche der vollbiologischen Klärung kommunalen Abwassers und als Schönungsteiche der Verbesserung des Ablaufes biologischer Kläranlagen dienen.

Die wichtigsten Bemessungswerte für Abwasserteichanlagen sind entsprechend dem Arbeitsblatt DWA-A 201 (08.05) in der Tafel 20.77 zusammengestellt.

Konstruktive Ausbildung Für die konstruktive Ausführung von Abwasserteichanlagen ist gemäß A 201 zu beachten: Böschungsneigung für gewachsenen Boden $\leq 1:2$, Böschungsneigung bei Tondichtung $\leq 1:3$, Länge zu Breite (an der Oberfläche) $\geq 3:1$, Tiefe für Absetz- und Schlammzone $\geq 1,5$ m, Freibord $\sim 0,3$ m.

Tafel 20.77 Bemessungswerte Abwasserteiche gemäß Arbeitsblatt DWA-A 201 (08.05)

Kenngröße	Einheit	Absetzteiche	Unbelüftete Teiche	Belüftete Teiche	Nachklär-teiche	Schönungs-teiche
Spezifisches Volumen V_{EW}	m³/E	≥ 0,5				
Spezifische Oberfläche A_{EW}						
Anlage ohne vorgeschalteten Absetzteich	m²/E		≥ 10			
Anlage mit vorgeschaltetem Absetzteich	m²/E		≥ 8			
Bei Mitbehandlung von Regenwasser $A_{EW,\,MI}$	m²/E		Zuschlag 5			
Für teilweise nitrifizierten Ablauf	m²/E		≥ 15			
Mindestgröße	m²				20	
Raumbelastung $B_{R,BSB}$	g/(m³ d)			≤ 25		
oder Flächenbelastung $B_{A,BSB}$	g/(m² d)			$B_A = B_R \cdot h$		
Für nitrifizierten Ablauf				Zusätzliche Festbetteinrichtungen		
Wassertiefe h	m	≥ 1,5	~ 1,0	1,5 bis 3,5	≥ 1,2	1 bis 2
Sauerstoffverbrauch OV_{C,BSB_5}	kg/kg			≥ 1,5		
Leistungsdichte W_R	W/m³			1 bis 3		
Durchflusszeit						
Bei Trockenwetter	d	≥ 1		≥ 5		1 bis 2
Bei Maximaldurchfluss	d				≥ 1	
Mit vorgeschaltetem Absetzteich	l/(E a)	130	70	70		5
Ohne vorgeschalteten Absetzteich	l/(E a)		200	200		5

20.3.5.3 Belebungsanlagen

DIN 12255-6 (04.02) Kläranlagen – Teil 6: Belebungsverfahren

DIN 19569-3 (12.02) Kläranlagen, Besondere Baugrundsätze für Einrichtungen zur aeroben biologischen Abwasserreinigung

DWA-A 131 (06.16) Bemessung von einstufigen Belebungsanlagen

ATV DVWK-A 198 (04.03) Vereinheitlichung und Herleitung von Bemessungswerten für Abwasseranlagen.

Grundlagen Gemäß DWA A 131 (06.16) ist die Bemessung bzw. Nachrechnung von einstufigen Belebungsanlagen derzeit ausschließlich über den CSB durchzuführen. Der CSB stellt die wesentliche Einflussgröße dar für die Schlammproduktion, den Sauerstoffbedarf und die erreichbare Denitrifikation. Dies setzt voraus, dass der CSB im Zufluss zu einer biologischen Anlage in der gelösten und partikulären Fraktion bekannt ist. Für beide Fraktionen ist weiterhin der abbaubare und inerte Anteil des CSB zu berücksichtigen. Das Vorgehen zur Ermittlung der erforderlichen Belastungsdaten ist im Arbeitsblatt ATV-DWK-A 198 präzisiert.

Verfahren Die Abb. 20.53 und 20.54 zeigen bewährte Verfahrenskonzeptionen zur Stickstoffelimination. An Stelle des in Abb. 20.53 gezeigten Verfahrens der vorgeschalteten De-

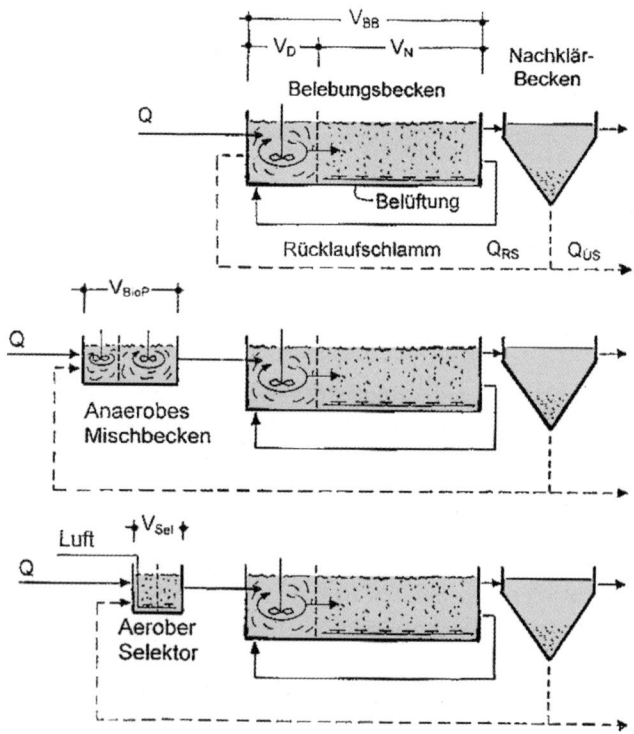

Abb. 20.53 Fließbild einer Belebungsanlage zur Stickstoffelimination ohne und mit vorgeschaltetem anaerobem Mischbecken zur biologischen P-Elimination oder aerobem Selektor

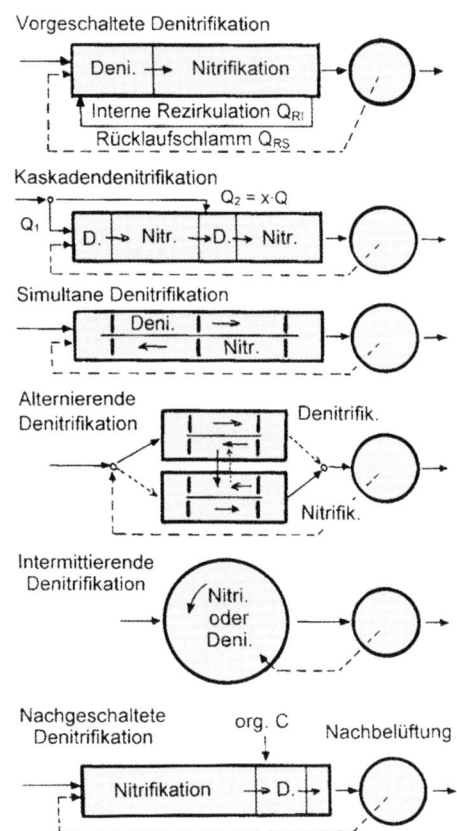

Abb. 20.54 Verfahren zur Stickstoffelimination

nitrifikation können fast alle anderen Verfahren zur Stickstoffelimination und auch Belebungsbecken, die nur der Elimination des organischen Kohlenstoffs dienen, mit einem aeroben Selektor und einem anaeroben Mischbecken kombiniert werden.

Die Volumina eines aeroben Selektors (V_{Sel}) oder eines anaeroben Mischbeckens zur biologischen Phosphorelimination (V_{Bio-P}) werden nicht dem Belebungsbecken (V_{BB}) zugerechnet. In Anlagen, die nur auf Kohlenstoffelimination ausgerichtet sind, kann das Volumen eines aeroben Selektors als Teil des Belebungsbeckens betrachtet werden.

Bemessungshinweise Nachfolgend sind wichtige Bemessungskennwerte für die Planung und den Betrieb von einstufigen Belebungsanlagen aufgezeigt. Detaillierte und ergänzende Informationen sind dem Arbeitsblatt A 131 zu entnehmen.

Die Abb. 20.55 zeigt beispielhaft das Vorgehen zur Bemessung von Belebungsanlagen nach DWA-A 131 (06.16). Detaillierte und ergänzende Informationen sind dem DWA-A 131 Regelwerk zu entnehmen.

Festlegung des Reinigungsziels Das erforderliche Bemessungsschlammalter ist in Abhängigkeit vom Reinigungsziel zu bestimmen. Mögliche Belebungsanlagenkonzepte sind je nach Ablaufforderung nach DWA-A131 Anlagen
- ohne Nitrifikation
- mit Nitrifikation
- mit Nitrifikation und Denitrifikation
- mit aerober Schlammstabilisierung

Für die unterschiedlichen Aufgabenstellungen ist das erforderliche Bemessungsschlammalter in Abhängigkeit von Temperatur und Prozessfaktoren rechnerisch zu bestimmen. In Abb. 20.55 ist für die Denitrifikation der rechnerische Ansatz zur Ermittlung des Bemessungsschlammalters $t_{TS,aerob,Bem}$ aufgezeigt. Der in diesem Ansatz zu berücksichtigenden Prozessfaktor (PF) ist in Tafel 20.78 in Abhängigkeit des NH_4-N Überwachungswertes und der Schwankung der Stickstofffracht aufgelistet.

Nach DWA-131 (06.16) können in erster Näherung in Abhängigkeit von der Ausbaugröße bei einem einzuhaltenden Überwachungswert in der qualifizierten Stichprobe bzw. der 2-h-Mischprobe in Höhe von 10 mg/l NH_4-N folgende Prozessfaktoren angesetzt werden:
- $B_{d,CSB,Z} \leq 2400\,kg/d$ (≤ 20.000 EW): PF $= 2,1$ und
- $B_{d,CSB,Z} > 12.000\,kg/d$ (> 100.000 EW): PF $= 1,5$

Unter Berücksichtigung dieser Vorgaben errechnen sich die in der Tafel 20.79 Bemessungsschlammaltergrößen.

Ermittlung des Volumenanteils für Denitrifikation (V_D/V_{BB}) Der Nachweis einer ausreichenden Reduzierung der Nitratkonzentration wird über den Vergleich von Sauerstoffzehrung ($OV_{C,D}$) zu Sauerstoffangebot aus Nitrat $= 2,86 \cdot S_{NO_3,D}$ geführt. Die Iteration über eine Veränderung der V_D/V_{BB} wird so lange geführt, bis der Wert

$$X = \frac{OV_{C,D}}{2,86\, S_{NO_3D}}$$

den Wert 1 annimmt.

Wird dabei ein V_D/V_{BB} von 0,6 erreicht, ist eine weitere Vergrößerung von V_D/V_{BB} nicht zu empfehlen. Es ist

Tafel 20.78 Erforderlicher Prozessfaktor (PF) in Abhängigkeit des NH_4-N-Überwachungswerts im Ablauf und der Schwankungen der KN-Zulauffracht (Zwischenwerte können interpoliert werden) nach DWA-A 131 (06.16)

	f_N					
$S_{NH_4,ÜW}$	1,4	1,6	1,8	2,0	2,2	2,4
5 mg/l NH_4-N	1,5	1,6	1,9	2,2	2,5	2,8
10 mg/l NH_4-N	1,5	1,5	1,5	1,6	1,9	2,1

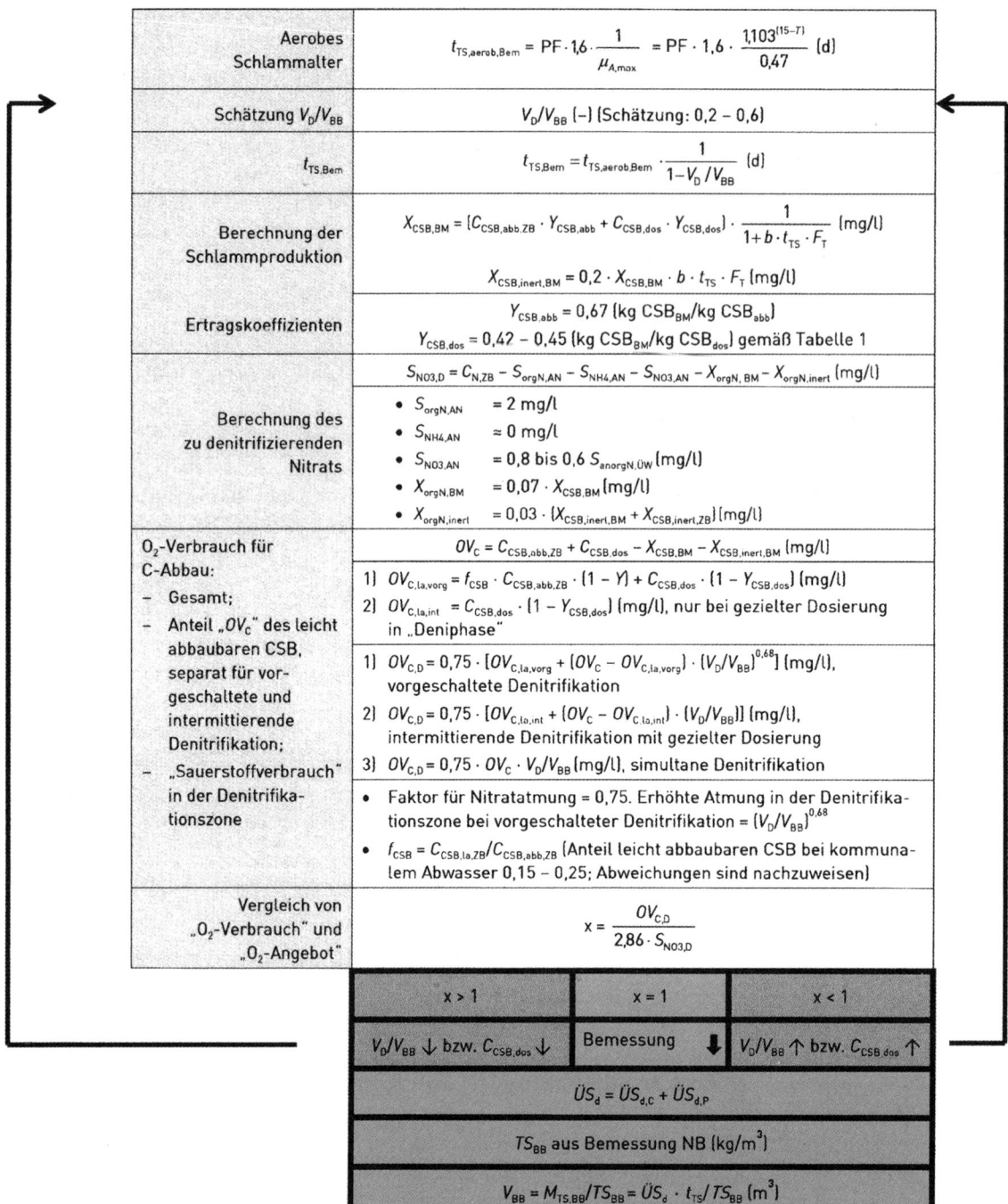

Abb. 20.55 Bemessungsschema der Denitrifikation nach DWA-A 131 (06.16)

zu untersuchen, ob eine Verkleinerung oder zeitweise Umfahrung der Vorklärung möglich oder/und ggf. eine getrennte Schlammwasserbehandlung zielführend sind. Alternativ ist die Zugabe von externem Kohlenstoff vorzusehen. Der CSB handelsüblicher Kohlenstoffverbindungen kann der Tafel 20.80 entnommen werden. Es wird darauf hingewiesen, dass Methanol nur für einen Dauereinsatz geeignet ist, weil sich spezielle Denitrifikanten entwickeln müssen.

Phosphatelimination Phosphorelimination kann alleine durch Simultanfällung, durch biologische Phosphorelimination, in der Regel kombiniert mit Simultanfällung, und durch Vor- oder Nachfällung erfolgen.

Zur Simultanfällung mit Kalk wird Kalkmilch in der Regel in den Zulauf zur Nachklärung dosiert, um den pH-Wert anzuheben und hierdurch die Fällung herbeizuführen. Der Kalkbedarf richtet sich in erster Linie nach der Säureka-

Tafel 20.79 Bemessungs-schlammalter nach A 131 (06.16) in Tagen in Abhängigkeit vom Reinigungsziel, der Temperatur, dem Prozessfaktor und der Anlagengröße

	Größe der Anlage $B_{d,CSB,Z}$			
Reinigungsziel	≤ 2400 kg/d (≤ 20.000 EW)		> 12.000 kg/d (> 100.000 EW)	
Bemessungstemperatur	10 °C	12 °C	10 °C	12 °C
Ohne Nitrifikation	5		4	
Mit Nitrifikation	Prozessfaktor PF $= 2{,}1$		Prozessfaktor PF $= 1{,}5$	
	11,7	9,6	8,3	6,8
Mit Stickstoffelimination	Prozessfaktor PF $= 2{,}1$		Prozessfaktor PF $= 1{,}5$	
$V_D/V_{BB} = 0{,}2$	14,6	12	10,4	8,6
$V_D/V_{BB} = 0{,}3$	16,6	13,7	11,9	9,8
$V_D/V_{BB} = 0{,}4$	19,4	16	13,8	11,4
$V_D/V_{BB} = 0{,}5$	23,3	19,1	16,6	13,6
mit aerober Schlammstabilisierung und gezielter Denitrifikation[a]	≥ 25		Nicht empfohlen	

[a] Hinweis: Das Bemessungsschlammalter von Anlagen, die für aerobe Schlammstabilisierung und Nitrifikation zu bemessen sind, muss $t_{TS,Bem} \geq 20$ d betragen.

Tafel 20.80 Eigenschaften von externen Kohlenstoffquellen nach DWA-A 131

Parameter	Einheit	Methanol	Ethanol	Essigsäure
Dichte	kg/m³	790	780	1060
C_{CSB}	kg/kg	1,50	2,09	1,07
C_{CSB}	g/l	1185	1630	1135
$Y_{CSB,dos}$	g CSB$_{BM}$/g CSB$_{abb}$	0,45	0,42	0,42

pazität. Vorversuche werden auf jeden Fall empfohlen, vgl. Arbeitsblatt ATV-A 202.

Die Einhaltung von Überwachungswerten $C_{P,ÜW} < 1$ mg/l P in der qualifizierten Stichprobe bzw. 2-h-Misch-

probe ist nur unter günstigen Bedingungen in einstufigen Belebungsanlagen möglich.

Ermittlung der Schlammproduktion Der als CSB gemessene, produzierte Schlamm $X_{CSB,ÜS}$ setzt sich aus dem inerten partikulären Zulauf-CSB $X_{CSB,inert,ZB}$, der gebildeten Biomasse $X_{CSB,BM}$ und den vom endogenen Zerfall der Biomasse verbliebenen inerten Feststoffen $X_{CSB,inert,BM}$ zusammen. In der Tafel 20.82 ist unter Berücksichtigung von typischen Kennwerten ein Berechnungsansatz für die Schlammproduktion aus dem CSB-Abbau nach DWA-A131 (06.16) angegeben. Hierzu ergänzend ist in der Tafel 20.82 der Berechnungsansatz zur Phosphorelimination angegeben.

Tafel 20.81 Berechnungsansätze zur P-Elimination

Bestimmungsgröße	Berechnungsansatz
Biologische P-Elimination	
Anordnung eines anaeroben Mischbeckens mit Mindest-kontaktzeiten:	0,5 bis 0,7 h bezogen auf den maximalen Trockenwetterzufluss und den Rücklaufschlammstrom ($Q_t + Q_{RS}$)
Simultanfällung	
Zur Ermittlung des zu fällenden Phosphates ist eine Phosphorbilanz, ggf. für verschiedene Lastfälle aufzustellen:	$X_{P,F} = C_{P,ZB} - C_{P,AN}$ $\qquad - X_{P,BM} - X_{P,BioP}$ [mg/l] mit $C_{P,ZB} =$ Konzentration des Gesamt-phosphors im Zulauf $C_{P,AN} =$ Ablaufkonzentration, $C_{P,AN} = 0{,}6$ bis $0{,}7 C_{P,ÜW}$ $X_{P,BM} =$ zum Zellaufbau benötigtes Phosphor $0{,}01 C_{BSB,ZB}$ bzw. $0{,}005 C_{CSB,ZB}$
Den mittleren Fällmittelbedarf kann man mit 1,5 mol Me^{3+}/mol $X_{P,Fäll}$ berechnen. Umgerechnet ergeben sich folgende Bedarfswerte:	Fällung mit Eisen: 2,7 kg Fe/kg $X_{P,Fäll}$ Fällung mit Aluminium: 1,3 kg Al/kg $X_{P,Fäll}$

Tafel 20.82 Berechnungsansätze zur Schlammproduktion nach DWA-A 131 (06.16)

Bestimmungsgröße	Berechnungsansatz
Gesamtschlammanfall in der Belebung	$\ddot{U}S_d = \ddot{U}S_{d,C} + \ddot{U}S_{d,P}$ [kg TS/d]
Für den Zusammenhang von Schlammproduktion und Schlammalter gilt:	$t_{TS} = \dfrac{M_{TS,BB}}{\ddot{U}S_d} = \dfrac{V_{BB} \cdot TS_{BB}}{\ddot{U}S_d}$ $\quad = \dfrac{V_{BB} \cdot TS_{BB}}{Q_{\ddot{U}S,d} \cdot TS_{\ddot{U}S} + Q_d \cdot X_{TS,AN}}$ [d]
Schlammproduktion aus Kohlenstoffabbau	
Schlammproduktion insgesamt mit Kennwerten nach DWA 131	$\ddot{U}S_{d,C} = Q_{d,Konz} \cdot \left(\dfrac{X_{CSB,inert,ZB}}{1{,}33} \right.$ $\quad + \dfrac{X_{CSB,BM} + X_{CSB,inert,BM}}{0{,}92 \cdot 1{,}42}$ $\quad \left. + X_{anorgTS,ZB} \right)/1000$ [kg/d]
Schlammproduktion aus Phosphorelimination	
Biologisch und chemisch Fällung mit Fe und/oder Al	$\ddot{U}S_{d,P} = Q_d \cdot (3 \cdot X_{P,BioP} + 6{,}8 \cdot X_{P,Fäll,Fe}$ $\quad + 5{,}3 \cdot X_{P,Fäll,Al})/1000$ [kg/d]
Fällung mit Kalk	1,35 kg TS pro kg Calciumhydroxid (Ca(OH)$_2$)

Bestimmung des Volumens des Belebungsbeckens Die maßgebenden Bemessungskenngrößen zur Ermittlung des Belebungsbeckenvolumen sind nachfolgend in Tafel 20.83 entsprechend dem DWA-A 131 (06.16) zusammengestellt.

Tafel 20.83 Berechnungskenngrößen zur Volumenermittlung

Bestimmungsgröße	Berechnungsansatz
Das Volumen des Belebungsbeckens	$V_{BB} = \dfrac{M_{TS,BB}}{TS_{BB}}$ [m³]
Erforderliche Masse der Feststoffe im Belebungsbecken	$M_{TS,BB} = t_{TS,Bem} \cdot \ddot{U}S_d$ [kg]

Erforderliche Rückführung bzw. Taktdauer

Tafel 20.84 Kenngrößen zur Ermittlung der Rückführung und Taktdauer nach DWA-A131 (06.16)

Bestimmungsgröße	Berechnungsansatz
Rechnerisch erforderliches Rückführverhältnis (RF) für vorgeschaltete Denitrifikation	$RF = \dfrac{S_{NO_3,D}}{S_{NO_3,AN}}$ [–]$^{-1}$
Ermittlung der internen Rezirkulation Q_{RZ}	$RF = \dfrac{Q_{RS}}{Q_{T,2h,max}} + \dfrac{Q_{RZ}}{Q_{T,2h,max}}$ [–]
Maximal möglicher Wirkungsgrad der vorgeschalteten Denitrifikation	$\eta_D \leq 1 - \dfrac{1}{(1+RV)}$ [–]
Bei der Kaskadendenitrifikation wird der Wirkungsgrad über den der letzten Stufe zugeführten Frachtanteil (x) bestimmt; ggf. ist eine interne Rezirkulation zu berücksichtigen	$\eta_D \leq 1 - \dfrac{x_i}{(1+RF)}$ [–]
Bei intermittierenden Verfahren kann man die Taktdauer ($t_T = t_N + t_D$) wie folgt abschätzen:	$t_T = t_R \cdot \dfrac{1}{(1+RF)}$ [h] $t_R = V_{BB}/Q_{T,2h,max}$ $t_T > 2\,h$

Sauerstoffbedarf Der Sauerstoffbedarf ergibt sich aus dem Verbrauch für die Kohlenstoffelimination und dem Bedarf für die Nitrifikation sowie der Einsparung an Sauerstoff aus der Denitrifikation. Der Sauerstoffbedarf ist durch die Sauerstoffzufuhr abzudecken. Für die Auslegung der Belüftung sind nach DWA-A 131 (06.16) mindestens vier Lastfälle zu betrachten, für die der stündliche Sauerstoffverbrauch zu berechnen ist (siehe Tafel 20.85).

- Lastfall 1: Durchschnittlicher Sauerstoffverbrauch im Ist-Zustand, $OV_{h,aM}$
- Lastfall 2: Maximaler Sauerstoffverbrauch im Ist-Zustand, $OV_{h,max}$
- Lastfall 3: Minimaler Sauerstoffverbrauch im Ist-Zustand, $OV_{h,min}$
- Lastfall 4: Sauerstoffverbrauchswerte für den Prognose- und gegebenenfalls Revisions-Zustand

Tafel 20.85 Kenngrößen zur Ermittlung des Sauerstoffbedarfes nach DWA-A 131 (06.16)

Bestimmungsgröße	Berechnungsansatz
Für die Kohlenstoffelimination aus der CSB-Bilanz gilt:	$OV_C = C_{CSB,abb,ZB} + C_{CSB,dos} - X_{CSB,BM} - X_{CSB,inert,BM}$ [mg/l] $OV_{d,C} = Q_{d,Konz} \cdot OV_C/1000$ [kg O₂/d]
Für die Nitrifikation wird der Sauerstoffverbrauch mit 4,3 kg O₂ pro kg oxidierten Stickstoffs unter Berücksichtigung des Stoffwechsels der Nitrifikanten angenommen	$OV_{d,N} = Q_{d,Konz} \cdot 4,3 \cdot (S_{NO_3,D} - S_{NO_3,ZB} + S_{NO_3,AN})/1000$ [kg O₂/d]
Bei der Denitrifikation wird für den Kohlenstoffabbau mit 2,9 kg O₂ pro kg denitrifizierten Stickstoffs gerechnet:	$OV_{d,D} = Q_{d,Konz} \cdot 2,86 \cdot S_{NO_3,D}/1000$ [kg O₂/d]
Den Sauerstoffverbrauch für die Tagesspitze (OV_h) wird bestimmt nach folgendem Ansatz:	$OV_h = \dfrac{f_C \cdot (OV_{d,C} - OV_{d,D}) + f_N \cdot OV_{d,N}}{24}$ [kg O₂/h]
Der Stoßfaktor f_C stellt das Verhältnis des Sauerstoffverbrauches für Kohlenstoffelimination in der Spitzenstunde zum durchschnittlichen Sauerstoffverbrauch dar	f_C = Stoßfaktor für Kohlenstoffabbau (siehe Tafel 20.86)
Der Stoßfaktor f_N ist gleich dem Verhältnis der TKN-Fracht in der 2-h-Spitze zur 24-h-Durchschnittsfracht	f_N = Stoßfaktor für Nitrifikation (siehe Tafel 20.86)

Da die Sauerstoffverbrauchsspitze für die Nitrifikation in der Regel vor der Sauerstoffverbrauchsspitze für die Kohlenstoffelimination auftritt, sind jeweils zwei Rechengänge zur Ermittlung des maximalen stündlichen Sauerstoffverbrauchs, einmal mit $f_C = 1$ und dem ermittelten f_N-Wert und einmal mit $f_N = 1$ und dem angenommenen f_C-Wert durchzuführen. Der höhere Wert von OV_h ist maßgebend.

Tafel 20.86 Stoßfaktoren für den Sauerstoffverbrauch nach DWA-A 131 (06.16)

Parameter	Schlammalter in d					
	4	6	8	10	15	25
f_C	1,3	1,25	1,2	1,2	1,15	1,1
f_N^* für $B_{d,CSB,Z} \leq 2400$ kg/d	–	–	–	2,4	2,0	1,5
f_N^* für $B_{d,CSB,Z} > 12.000$ kg/d	–	–	2,0	1,8	1,5	–

Anmerkung

f_N^* hilfsweise, wenn keine Messungen für f_N vorliegen.

Abb. 20.56 Druckbelüftungssysteme, Beispiele

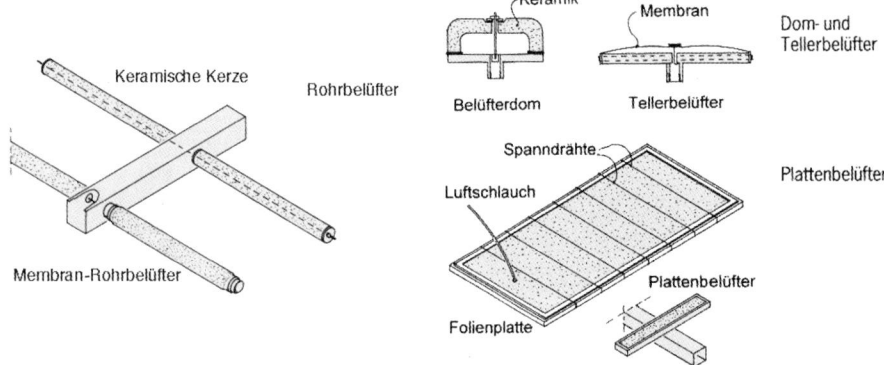

Tafel 20.87 Kenngrößen zur Ermittlung der Belüfterleistung nach DWA-M 229-1 (05.13)

Bestimmungsgröße	Berechnungsansatz
Erforderliche Sauerstoffzufuhr SOTR nach DWA-M 229-1 Weitere Erläuterungen der in Gleichung angegebenen Parameter enthält das Merkblatt DWA-M 229-1	$$\text{SOTR} = \frac{f_d \cdot \beta \cdot C_{S.20}}{\alpha \cdot (f_d \cdot \beta \cdot C_{S.T} - C_X) \cdot \theta^{(T_w - 20)}} \cdot \text{OV}_h$$ $$[\text{kg} \cdot O_2/\text{h}]$$ f_d: Tiefenfaktor; β: Salzfaktor; $C_{S.20}$: Sauerstoffsättigungskonzentration bei 20 °C; $C_{S.T}$: Sauerstoffsättigungskonzentration bei T; C_x: Sauerstoffkonzentrationen im Belebungsbecken; θ: Temperaturkorrekturfaktor; T: Temperatur im Belebungsbecken; α: Grenzflächenwert
Luftbedarf $Q_{L.N}$ unter Verwendung der spezifischen Standardsauerstoffausnutzung SSOTE	$$Q_{L.N} = \frac{1000 \cdot \text{SOTR}}{3 \cdot \text{SSOTE} \cdot h_D} \quad [\text{m}_N^3/\text{h}]$$ h_d: Einblastiefe in m SSOTE: Spezifische Standard-Sauerstoffausnutzung in %/m
Spezifische Standardsauerstoffzufuhr SSOTR bei 300 g O_2/m³	$$\text{SSOTR} = \text{SSOTE} \cdot 3 \quad [\text{g} \, O_2/\text{m}_N^3 \cdot \text{m}]$$

Sauerstoffzufuhr Die Auslegung der Belüftung geht von dem für die einzelnen Lastfälle ermittelten Sauerstoffbedarf nach DWA-A 131 (06.16) aus. Hieraus wird die notwendige Sauerstoffzufuhr SOTR als maßgebliche Dimensionierungsgröße für die Auslegung der Belüftung ermittelt. Siehe DWA-M 229-1 (05.13).

Die in Belebungsanlagen einsetzbaren Belüftungssysteme werden unterschieden in Druckbelüftungs- und Oberflächenbelüftungssysteme. In Deutschland sind überwiegend feinblasige Druckbelüftungselemente in Form von Rohren, Domen bzw. Tellern und Platten im Einsatz (siehe Abb. 20.56).

Die maßgebenden Kenngrößen und Richtwerte zur Ermittlung der Belüfterleistung für die Druckbelüftung sind in den Tafeln 20.87 und 20.88 zusammengestellt.

Bei allen Oberflächenbelüftungssystemen erfolgt der Sauerstoffeintrag durch die mechanische Einwirkung der Belüfter an der Oberfläche. Es wird unterschieden in Walzenbelüftung und Kreiselbelüftung. Zu den Walzenbelüftern zählen die Bürstenbelüfter, Stabwalzen und Mammutrotoren (siehe Abb. 20.57).

Wie bei den Druckbelüftungssystemen erfolgt die Auslegung von Oberflächenbelüftern auf Basis der im Rahmen der Lastfallbetrachtung ermittelten Kennwerte für den Sauerstoffbedarf. Die erforderliche Sauerstoffzufuhr SOTR ist gemäß Tafel 20.87 zu bestimmen. Der mögliche Leistungsbereich von Kreisel und Walzen ist gemäß DWA-M 229 (05.13) in Tafel 20.89 aufgezeigt. Mit Oberflächenbelüftungssystemen kann unter günstigen Bedingungen eine Eintragseffizienz (SAE) von 1,8 kg O_2/kWh bis 2,0 kg O_2/kWh erreicht werden. Unter mittleren Verhältnissen liegt die Eintragseffizienz im Bereich von 1,6 kg O_2/kWh bis 1,8 kg O_2/kWh.

Tafel 20.88 Richtwerte für Druckluftbelüftungssysteme bezüglich SSOTE (Spezifische Standard-Sauerstoffausnutzung) und SAE (Sauerstoffertrag) (alle Werte für Reinwasserbedingungen bis zu einer Einblastiefe von 6 m) System nach DWA-M 229 (05.13)

System	Günstig		Mittel	
	SSOTE (%/m)	SAE (kg/kWh)	SSOTE (%/m)	SAE (kg/kWh)
Flächendeckend	8,0–8,7	4,2–4,5	6,0–7,0	3,3–3,4
Umwälzung und Belüftung	6,7–8,0	3,7–4,2	5,0–7,0	3,2–3,3

Abb. 20.57 Oberflächenbelüftungssysteme – Beispiele

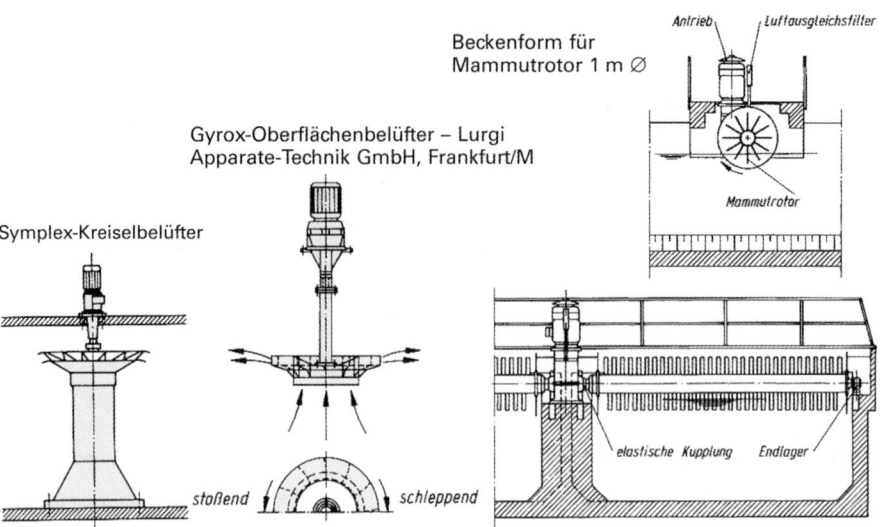

Tafel 20.89

Tafel 20.89 Leistungs- und Regelbereich von Oberflächenbelüftern bezüglich SOTR (Standard-Sauerstoffzufuhr) nach DWA-M 229 (05.13)

Belüftertyp	Mögliche O_2-Zufuhr $SOTR_{max}$ in kg/h	Art der Regelung/Steuerung	Wirtschaftl. Regelbereich in % von $SOTR_{max}$
Kreisel	5–450	intermittierend:	0–100
		Eintauchtiefe:	55–100
		Drehzahl:	30–100
Walzen	5–90 bzw. 5–9 kg/(m · h)	intermittierend:	0–100
		Eintauchtiefe:	40-100
		Drehzahl:	70–100

Tafel 20.91 pH-Werte im Belebungsbecken in Abhängigkeit von der Sauerstoffausnutzung und der Säurekapazität (A 131). Die Sauerstoffausnutzung ist für Betriebsbedingungen zu ermitteln

SKS, AB [mmol/l]	pH-Werte im Belebungsbecken bei einer mittleren Sauerstoffausnutzung von				
	6 %	9 %	12 %	18 %	24 %
1,0	6,6	6,4	6,3	6,1	6,0
1,5	6,8	6,6	6,5	6,3	6,2
2,0	6,9	6,7	6,6	6,4	6,3
2,5	7,0	6,8	6,7	6,5	6,4
3,0	7,1	6,9	6,8	6,6	6,5

Säurekapazität Sowohl durch Nitrifikation als auch durch Zugabe von Metallsalzen (Fe^{2+}, Fe^{3+}, Al^{3+}) zur Phosphorelimination wird die Säurekapazität (Konzentration von Hydrogencarbonat, Bestimmung nach DIN 38409 Teil 7) vermindert. Dies kann auch zu einer Abnahme des pH-Wertes führen.

In tiefen Belebungsbecken (≥ 6 m) mit hoher Sauerstoffausnutzung kann trotz ausreichender Säurekapazität wegen einer zu geringen Strippung der biogen gebildeten Kohlensäure (CO_2) der pH-Wert unter 6,6 absinken. Anhaltswerte sind Tafel 20.91 zu entnehmen.

Bemessung eines aeroben Sektors Aerobe Selektoren sind zur Verringerung der Gefahr von fadenförmigem Bakterienwachstum bei Abwässern mit hohen Anteilen leicht abbaubarer organischer Stoffe sowie vor total durchmischten Belebungsbecken zweckmäßig. Sie dienen insbesondere der intensiven Vermischung von Rücklaufschlamm und Abwasser. Die Abnahme des BSB_5 bzw. CSB kann sich nachteilig auf die Denitrifikation auswirken.

Anaerobe Mischbecken zur biologischen Phosphorelimination haben auf den Schlammindex eine ähnliche Wirkung wie aerobe Selektoren.

Das Becken sollte mindestens zweimal (Zweierkaskade) unterteilt werden.

Tafel 20.90 Berechnungsansatz zur Säurekapazität nach A 131 (06.16)

Bestimmungsgröße	Berechnungsansatz
Die Säurekapazität nimmt durch Nitrifikation (unter Einrechnung des Rückgewinns aus der Denitrifikation) und der Phosphatfällung angenähert wie folgt ab:	$S_{KS,AB} = S_{KS,ZB} - 0{,}07$ $\cdot (S_{NH_4,ZB} - S_{NH_4,AN} + S_{NO_3,AN} - S_{NO_3,AN})$ $- 0{,}06 \cdot S_{Fe3} - 0{,}04 \cdot S_{Fe2} - 0{,}11 \cdot S_{Al3}$ $+ 0{,}03 \cdot X_{P,Fäll}$ [mmol/l] S_{KS} in mmol/l, andere Konzentrationen in mg/l, $S_{KS,AB} \geq 1{,}5$ mmol/l

Tafel 20.92 Bemessungskenngröße für aeroben Selektor nach A 131 (06.16)

Richtwert für das Volumen eines aeroben Selektors wird eine Raumbelastung von	$B_{R,CSB} = 20$ kg CSB/(m^3 d)
Die Sauerstoffzufuhr für den aeroben Selektor sollte bemessen werden auf:	$\alpha\,OC = 4$ kg O_2/m^3 d

20.3.6 Weitergehende Abwasserreinigung

20.3.6.1 Einsatz der Filtration nach biologischer Reinigung

DIN EN 12255-7 (04.02) Kläranlagen – Teil 7: Biofilmreaktoren

DIN EN 12255-16 (12.05) Kläranlagen – Teil 16: Abwasserfiltration

DIN 19569-8 (06.05) Kläranlagen, Baugrundsätze und technische Ausrüstungen – Teil 8: Besondere Baugrundsätze für Anlagen zur Abwasserreinigung mit Festbettfiltern und biologischen Filtern

ATV-A-203 (04.95) Abwasserfiltration durch Raumfilter nach biologischer Reinigung

Tafel 20.93 Auswahlkriterien für den Einsatz von Filtrationsverfahren; Barjenbruch, 1999 modifiziert

	AFS	$CSB_{gelöst}$	NH_4-N	NO_3-N	$P_{gelöst}$
Flächenfiltration					
Kornhaufenfilter (+ Flockung)	+	O	O	O	O/(+)
Tuchfiltration	+	O	O	O	O
Mikrosiebe	+	O	O	O	O
Raumfiltration					
Flockungsfiltration nach Simultanfällung oder erhöhter biologischer P-Elimination	++	+	O	O	++
Raumfiltration und Aktivkohleadsorption	++	++	O	O	+
Biofiltration					
Rest-N-Filter mit O_2-Zugabe + Flockung	+	+	++	O	+
Rest-DN-Filter mit C-Zugabe + Flockung	+	O	O	++	+

O = keine bis geringe Wirkung, + = gute Wirkung, ++ = sehr gute Wirkung

Tafel 20.94 Erhöhung der Kläranlagenablaufwerte bei einem Feststoffabrieb der Nachklärung von 1 mg/l nach DWA-A 131 (06.16)

Feststoffabrieb	C_{CSB}	C_P	C_N
1 mg/l AFS	0,8–1,4	0,012–0,04	0,04–0,10

Tafel 20.95 Verfahren der Flächenfiltration

Bezeichnung	Aufbau Filtermedium	Strömungsrichtung/Strömungsrichtung	Spülzyklus Spülmedium	Eliminations-Wirkung	Filtergeschwindigkeit
Zellenfilter	i. d. R. Einschicht	Abwärts Überstau	Quasikontinuierlich Wasser	AFS, CSB, P	5 bis 10 m/h
Automatischer Schwerkraftfilter	Einschicht	Abwärts Überstau	Diskontinuierlich Wasser/Luft	AFS, CSB, P	5 bis 10 m/h
Tuchfiltration	Nadelfilz, Gewebe	Beliebig	Quasikontinuierlich Wasser	AFS, CSB	bis 12 m/h
Mikrosiebung	Metallgewebe, Kunststoffgewebe	Radial	Kontinuierlich Wasser	AFS, CSB	8 bis 12 m/h

ATV-DVWK (03.00) Arbeitsbericht der ATV-Arbeitsgruppe 2.6.4: Biofilter zur Abwasserreinigung.

DWA-Arbeitsgruppe KA-6.3 Biofilmverfahren (09.14) Arbeitsbericht der Betriebserfahrungen mit Biofiltern zur Abwasserreinigung – Reinigungsleistung und Energieverbrauch

Aufgabenbereiche der Filtration Bei weitergehenden Anforderungen an die Ablaufqualität von Kläranlagen werden Abwasserfilter als nachgeschaltete Stufe hinter der Nachklärung angeordnet. Durch den Einsatz der Filtration werden Reinigungsleistung und Ablaufqualität deutlich verbessert und stabilisiert.

Entsprechend den Aufgabenstellungen werden in der Praxis auch unterschiedliche Filtrationsverfahren eingesetzt. Zur besseren Einordnung des Wirkungsbereiches der einzelnen Filtrationssysteme ist in der Tafel 20.93 eine vereinfachte Übersicht zum Leistungsspektrum einiger wichtiger Abwasserparameter gegenübergestellt.

Den Einfluss der abfiltrierbaren Stoffe auf den Kläranlagenablauf in Bezug auf den BSB, CSB, Phosphor und Stickstoff zeigt die Tafel 20.94.

Flächenfiltration Die Flächenfiltration ermöglicht den Rückhalt von kleinen und großen Partikeln über eine dünne Filterschicht aus Kies oder Sand, Tuchfilter, Membrane oder Siebe. Flächenfilter werden in der weitergehenden Abwasserreinigung zur Feststoffelimination und Phosphorelimination eingesetzt.

Die in der Praxis bisher eingesetzten einzelnen Flächenfilter sind in der Tafel 20.95 in Abhängigkeit des Filtermediums, der Filterschichten, der Filtrationsrichtung, der Spültechnik, des Einsatzzweckes und der Bemessung gegenübergestellt.

Raumfiltration Die Raumfiltration beruht im Gegensatz zur Flächenfiltration auf der Wirkung zweier getrennter Schritte, dem Stofftransport und der Stoffanlagerung im Filterbett. Die Abstufung des Filterkorns von grob nach fein in Fließrichtung ermöglicht ein großes Speichervermögen und längere Filterlaufzeiten.

Tafel 20.96 Verfahren der Raumfiltration

Bezeichnung	Aufbau Filtermedium	Strömungsrichtung/ Strömungsrichtung	Spülzyklus Spülmedium	Eliminations-Wirkung	Filtergeschwindigkeit
Einschichtfilter/ Flockungsfilter	Einschicht	Abwärts Überstau	Diskontinuierlich Wasser/Luft	AFS, CSB, P	7,5–15 m/h
Zweischichtfilter/ Flockungsfilter	Zweischicht	Abwärts Überstau	Diskontinuierlich Wasser/Luft	AFS, CSB, P	7,5–15 m/h
Sonderverfahren Flockungsfilter	Einschicht	Aufwärts Überstau	Kontinuierlich Wasser/Luft	AFS, CSB, P	7,5–15 m/h

Abb. 20.58 Technische Ausführungsform der Raumfiltration (Auswahl) nach ATV A 203 abwärts durchströmter Filter mit Aufstauspülung

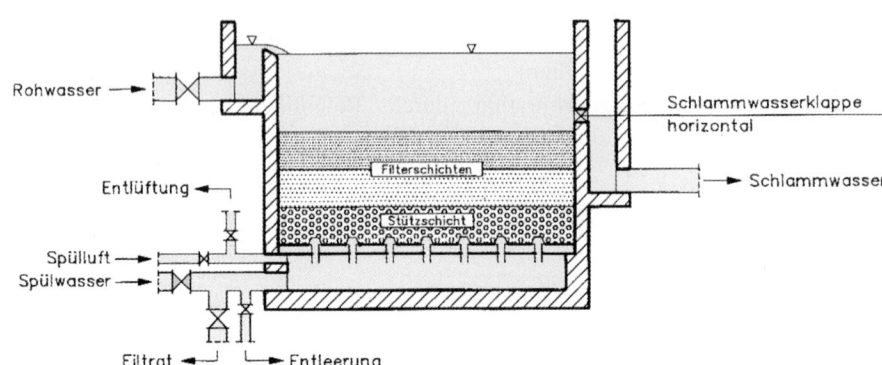

In der weitergehenden Abwasserreinigung wird die Raumfiltration zur erhöhten Partikelentnahme und Phosphorentfernung eingesetzt. In Sonderfällen kann bei hohen Industrieanteilen durch die Zugabe von Aktivkohle vor der Filtration eine verbesserte CSB-Entfernung erreicht werden.

Mit der Flockungsfiltration wird durch die Vorschaltung einer Fällungs- und Flockungsstufe eine weitgehende P-Elimination bis auf Restkonzentrationen von $< 0,3$–$0,2$ mg/l ermöglicht. Dies gilt allerdings nicht, wenn ein erhöhter Anteil an nicht fällbaren gelösten P-Verbindungen von $> 0,1$ mg/l im Zulauf zur Filtration vorliegt. Vor der Filtration erfolgt eine Intensivmischung von Abwasser und Flockungsmitteln, wobei die Kontaktzeit von wenigen Minuten ausreichend ist. Durch die Zugabe der Fällmittel wird der gelöste Phosphor ausgefällt und in partikuläre und damit abscheidbare Form überführt. Im Filter werden die Metallphosphate und Metallhydroxide zurückgehalten. Es können unabhängig vom Filtertyp sehr geringe Restkonzentrationen erreicht werden, wenn das molare Verhältnis von $> 1,8$ eingehalten ist. Gegebenenfalls wird zur Verbesserung der Filtrationseigenschaften die Zudosierung von nicht ionogenen oder schwach anionischen Polyacrylamiden notwendig und zwar in einem Dosierbereich von 0,005 bis 0,3 mg/l.

Die Einordnung der unterschiedlichen Filtrationsverfahren in Bezug auf Filtermedium, Filterschichten, Filtrationsrichtung, Spültechnik und Einsatzzweck erfolgt in der Tafel 20.96.

Die Abb. 20.58 zeigt beispielhaft ein bewährtes Verfahren der Raumfiltration. Diese Filtration wird in der Regel bei sehr großen Anlagen in offener und rechteckiger Bauweise eingesetzt. In Abhängigkeit der Zielvorgaben erfolgt

eine Einschicht- oder Mehrschichtfiltration. Neben den klassischen Raumfiltern werden noch eine Vielzahl von konstruktiv modifizierten Filtersystemen eingesetzt. Ein Beispiel einer derartigen Sonderkonstruktion der Raumfiltration ist der kontinuierlich gespülte Einschichtfilter, der vorwiegend bei kleineren bis mittleren Ausbaugrößen eingesetzt wird.

Biologische Filtration In Verbindung mit den chemisch-physikalischen Prozessen ist zusätzlich zur Filterwirkung parallel auch eine gezielte biologische Wirkung wie z. B. Restnitrifikation oder Restdenitrifikation möglich. In dieser Funktion werden nachfolgend die Biofiltersysteme im Einzelnen dargestellt.

Biofilter sind ihrer Bauart gemäß grundsätzlich Raumfilter. Bezüglich Aufbau, baulicher Gestaltung und technischer Ausrüstung wie z. B. Rückspültechnik, Düsenboden etc. entsprechen sie im Wesentlichen den klassischen Filtrationen. Je nach Durchströmrichtung wird unterschieden in Aufstrom- und Abstromfilter. Beide Filtersysteme werden in der Praxis eingesetzt. Biologische Filtrationssysteme werden mit spezifischen körnigen Filtermaterialien und mit gesonderten technischen Zusatzeinrichtungen wie z. B. Vorbelüftungsbecken, Belüftungen des Filterbettes oder C-Zudosierungen ausgerüstet. Bei der Anwendung dieser Systeme ist darauf zu achten, dass neben den gezielten biologischen Umsatzleistungen der weitgehende Feststoffrückhalt sichergestellt bleibt.

Bei der Sicherstellung ausreichender Restnitrifikation- und Restdenitrifikationsleistungen im Filterbett ist darauf zu achten, dass zulässige Filtergeschwindigkeit und mögliche biologische Umsatzleistung aufeinander abgestimmt sind. Nach den bisherigen Erfahrungen sollte als Bemes-

Tafel 20.97 Verfahren der biologischen Raumfiltration

Bezeichnung	Aufbau Filtermedium	Strömungsrichtung/ Strömungsrichtung	Spülzyklus Spülmedium	Eliminations-Wirkung	Filtergeschwindigkeit
Überstaufiltration mit Flockung und Vorbelüftung oder C-Zugabe	Einschicht oder Zweischicht	Abwärts Überstau	Diskontinuierlich Wasser/Luft	AFS, CSB, P NH$_4$-N oder Nges	7–15 m/h
Aufwärtsfiltration mit Flockung und Filterbettbelüftung oder C-Zugabe	Einschicht	Aufwärts Überstau	Diskontinuierlich Wasser/Luft	AFS, CSB, P NH$_4$-N oder N$_{ges}$	5,5–11 m/h
Sonderverfahren Biofilter mit Flockung und Filterbettbelüftung oder C-Zugabe	Einschicht	Aufwärts Überstau	Kontinuierlich Wasser/Luft	AFS, CSB, P NH$_4$-N oder N$_{ges}$	6–12 m/h
Trockenfilter Trockenfilter mit Flockung	Zweischicht	Abwärts Rieselfilm	Diskontinuierlich Wasser/Luft	AFS, CSB, NH4-N AFS, CSB, P, NH4-N	4–8 m/h

Abb. 20.59 Technische Ausführungsform der biologischen Raumfiltration (Auswahl) Aufstromfiltration mit Durchlaufspülung und Gleichstrombelüftung

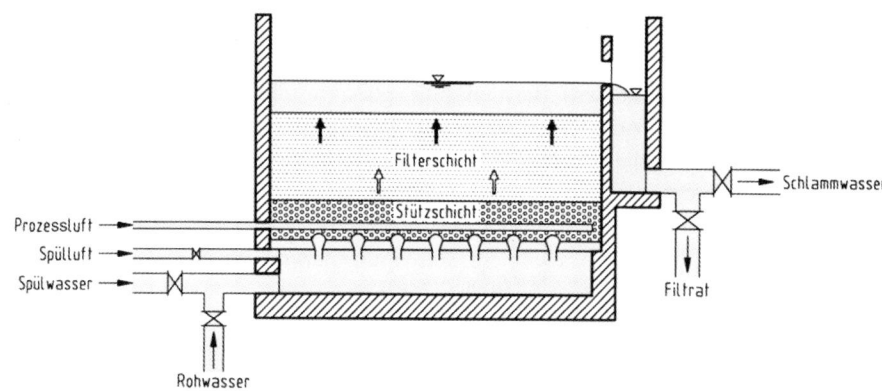

Tafel 20.98 Zusammenstellung von Materialkenndaten und Spülgeschwindigkeiten nach ATV-Handbuch (1997)

Filtermaterial	Körnung [mm]	Feststoffdichte [g/cm^3]^a	Kornnassdichte [g/cm^3]^a	Schüttdichte [kg/m^3]^a	Spülgeschwindigkeit für eine ausreichende Ausdehnung [m/h]
Anthrazit	1,4 bis 2,5	1,4	1,4	720	55
	2,5 bis 4,0	1,4	1,4	720	90
Basalt	1,0 bis 2,0	2,9	2,9	1700	110
Bims	2,5 bis 3,5	2,3	1,3 bis 1,5	340	55
Blähschiefer	1,4 bis 2,5	2,5	1,2 bis 1,7	650	60
	2,5 bis 4,0	2,5	1,2 bis 1,7	600	90
Blähton	1,4 bis 2,5	2,5	1,1 bis 1,6	650	60
	2,5 bis 4,0	2,5	1,1 bis 1,6	600	90
Filtersand	0,71 bis 1,25	2,5	2,5	1500	55
	1,0 bis 1,6	2,5	2,5	1500	75
	1,0 bis 2,0	2,5	2,5	1500	90
	2,0 bis 3,15	2,5	2,5	1500	130

Korrekturfaktor der Spülgeschwindigkeit für 5 °C < T < 30 °C

Temperatur [°C]	5	10	15	20	25	30
Korrekturfaktor [–]	0,87	0,92	0,96	1,0	1,04	1,12

^{a} Richtwerte, maßgebend sind Herstellerangaben

sungsfracht die Maximalbelastung z. B. 2-h-Mittelwert der Tagesspitze für die Bestimmung des erforderlichen Filtervolumen zugrunde gelegt werden (Barjenbruch, 1999). Die in biologischen Filtern maximal erreichbaren biologischen Umsatzleistungen sind nachfolgend gegenübergestellt. Für eine abgesicherte Bemessung sind die jeweiligen Randbedingungen wie z. B. Temperatur, Abwasserbeschaffenheit, Reinigungsziel, Filtrationsverfahren, Filtermaterial differenziert zu berücksichtigen.

Einige bewährte Biofilter sind nach Filtermedium, Filterschichten, Filtrationsrichtung, Spültechnik, Einsatzzweck und Bemessung in der Tafel 20.97 gegenübergestellt.

Ein konstruktives Ausführungsbeispiel zur biologischen Filtration mit den erforderlichen Zusatzeinrichtungen ist in Abb. 20.59 beispielhaft dargestellt. Weitere Ausführungsmöglichkeiten, Angaben zur Reinigungsleistung und zum Energieverbrauch sind in den DWA Erfahrungsberichten der Arbeitsgruppe Biofilmverfahren (09.14) angegeben.

Tafel 20.99 Räumumsatzleistung zur Bemessung der Biofilter

Bestimmungsgröße	Berechnungsansatz
Räumumsatzleistung zur Rest-Nitrifikation (B_R)	$B_R = B_{h,NH_4-N}/V_F$ [kg NH$_4$-N/(m^3 h)] $B_{R\,max} < 0,06$ kg NH$_4$-N/(m^3 h) ($T = 12\,°C$)
Raumumsatzleistung zur Rest-Denitrifikation (B_R)	$B_R = B_{h,NO_x-N}/V_F$ [kg NO$_x$-N/(m^3 h)] $B_{R\,max} < 0,20$ kg NO$_x$-N/(m^3 h) ($T = 12\,°C$)

20.3.6.2 Einsatz von Adsorptionsverfahren

Eine Elimination von anthropogenen Spurenstoffen im Ablauf von Abwasserreinigungsanlagen über adsorptive Verfahren wird derzeit in der Schweiz und Deutschland bereits in diversen Fällen praktiziert. Bei den Adsorptionsverfahren wird entweder die Adsorption an granulierte Aktivkohle (GAK) in Filtern oder die Adsorption an pulverisierte Aktivkohle (PAK) vorgenommen.

PAK-Dosierung In der Praxis wird die Abtrennung der pulverisierten Aktivkohle in unterschiedlichen Varianten vorgenommen. Neben der bewährten Sedimentation und Filtration gemäß Abb. 20.60 werden auch andere Abtrennsysteme wie z. B. Schrägklärer, Mikrosiebe und andere eingesetzt (DWA Themen T3, 04.15).

GAK-Filtration Eine weitgehende und sichere Feststoffentfernung nach der biologischen Abwasserreinigung durch die Anordnung einer Filtrationsstufe führt zu einer stabilen Adsorption von gelösten Spurenstoffen. (Siehe Abb. 20.61)

Tafel 20.100 Dimensionierungsgrößen zur Adsorption mit pulverisierter Aktivkohle (PAK) nach Metzger (2010), DWA-Themen T3/2015

Bestimmungsgröße	Berechnungsansatz
Kontaktbecken	
Kontaktzeit im Mischreaktor	$> 0,5$ h bei $Q_{h,Bem}$
PAK – Dosierung	$C_{Pak} = 10$–20 mg/l abhängig vom DOC, Eliminationsziel
Fällmittel – Dosierung	$C_{FM} = 2$–8 mg/l
Flockungshilfsmittel	$C_{FHM} = 0,1$–$0,3$ mg/l
Rücklaufverhältnis	RV $= 0,5$–$1,0$
Sedimentationsbecken	
Aufenthaltszeit	$t > 2$ h
Oberflächenbeschickung	$q_A < 2$ m/h
Filtration – 2 Schicht: z. B. Hydroanthrazit und Sand	
Filtergeschwindigkeit	$v_{Fmax} < 12$ m/h
Hydroanthrazit	Körnung: 1,4–2,5 mm Schichthöhe $= 0,75$ m
Sand	Körnung: 0,71–1,25 mm Schichthöhe $= 0,75$ m

In einem mit granulierter Aktivkohle gefüllten Raumfilter können aber auch biologische Abbauprozesse Spurenstoffe abbauen. Feststoffe werden im Filterbett ebenfalls zu einem großen Teil zurückgehalten. Granulierte Aktivkohle kann regeneriert werden Es wird somit weniger frische Kohle verbraucht (siehe BAFU (2012)).

Die bisherigen Erfahrungen zur Bemessung mit granulierter Aktivkohle sind in Tafel 20.101 aufgelistet.

Abb. 20.60 Verfahren der PAK-Dosierung mit Sedimentation und Filtration nach BAFU (2012), modifiziert

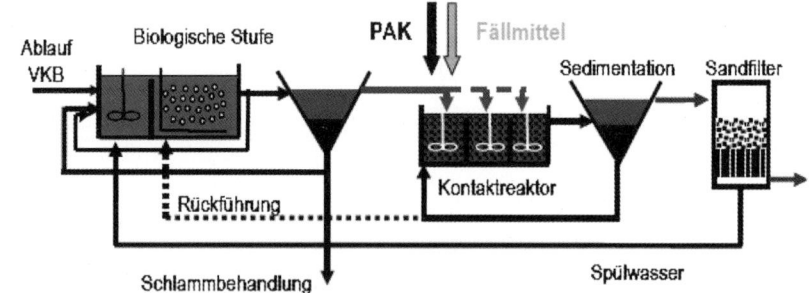

Abb. 20.61 Verfahren und Filtration nach BAFU (2012), modifiziert

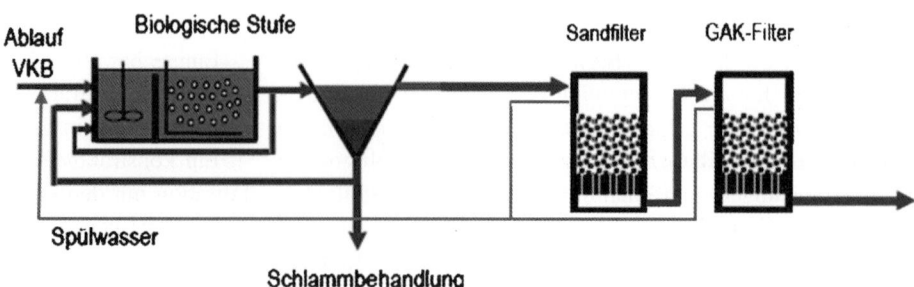

Tafel 20.101 Dimensionierungsgrößen zur Adsorption mit granulierter Aktivkohle (GAK) nach DWA-Themen T3/2015, Mertsch (09.2015)

Bestimmungsgröße	Berechnungsansatz
Aktivkohlefilter	
Kontaktzeit (EBCT = empty bed contact time)	$t_K = 5\text{–}30$ min
Filtergeschwindigkeit	$V_F = 5\text{–}15$ m/h
Filterbetthohe	$h_F = 2\text{–}4$ m
Bettvolumina (BVT = bed volume treated) $= V_{behandelt} / V_{Filtervolumen}$ Je nach Reinigungsziel	$BVT = 5000$ bis 15.000 m$^3_{behandelt}$/m$^3_{GAK}$

Abb. 20.62 Verfahren einer Ozonung und Nachbehandlung Filtration nach BAFU (2012), modifiziert

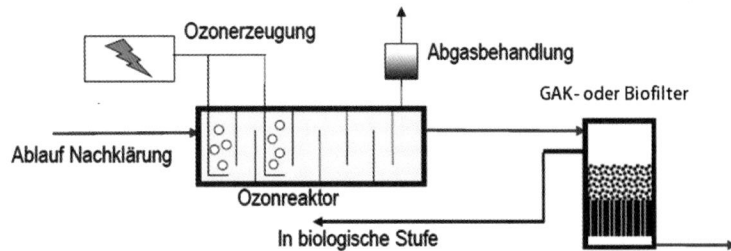

20.3.6.3 Einsatz von Ozonung

Zur erhöhten Entfernung von Spurenstoffen wird neben den adsorptiven Verfahren verstärkt auch das oxidative Verfahren der Ozonung eingesetzt. Durch Zugabe des Oxidationsmittels Ozon werden die Mikroverunreinigungen, die in der biologischen Behandlungsstufe nicht entfernt werden, oxidiert. Ihre chemische Struktur wird verändert und dadurch ergibt sich in einer nachfolgenden biologischen Behandlungsstufe eine bessere Eliminationsleistung. Es können allerdings problematische Transformationsprodukte entstehen. Für den optimalen Einsatz der Ozonung ist eine gut funktionierende Nachklärung oder Filtration Voraussetzung. Nach der Ozonung ist eine biologisch aktive Nachbehandlung erforderlich. Es können vorhandene biologisch wirkende Filteranlagen, Schönungsteiche oder Wirbel- und Festbettreaktoren eingesetzt werden (Mertsch 2016).

Abb. 20.62 zeigt beispielhaft das Verfahren einer Ozonung mit der Nachschaltung einer Biofiltration.

Tafel 20.102 Dimensionierungsgrößen zur Ozonung nach Abbeglen (2009), DWA-Themen T3/2015

Bestimmungsgröße	Berechnungsansatz
Ozonreaktor	
Kontaktzeit	$t_K = 10\text{–}30$ min
Eintragstiefe	$h = 4\text{–}6$ m
Ozondosis, abhängig von Abwassermatrix und Wirkungsgrad	$Y_{O_3} = 0{,}6\text{–}0{,}8$ g O$_3$/g DOC oder $C_{O_3} = 5\text{–}15$ mg/l

20.3.6.4 Einsatz der Membranbelebung

DWA-M 227 (10.14) Membran-Bioreaktor-Verfahren (MBR-Verfahren)

Die Kombination eines Belebungsbeckens mit einer Membranfiltration zur Abtrennung des belebten Schlammes wird als MBR-Verfahren bezeichnet. Die Membranfiltration übernimmt anstelle der konventionellen Nachklärung die Abtrennung des belebten Schlammes. Bei der Membranfiltration werden alle Anteile des belebten Schlammes abgeschieden, die größer als der Trennbereich (Größe der abzutrennenden Partikel bzw. Moleküle) der Membran sind. Beim MBR-Verfahren werden üblicherweise Mikro- oder Ultrafiltrationsmembranen mit einer nominellen Porenweite bis 0,5 µm eingesetzt. Dadurch wird die Abtrennung des belebten Schlammes vom gereinigten Abwasser unabhängig von den Sedimentationseigenschaften des belebten Schlammes und ist nur von der eingesetzten Membran abhängig. Zudem kann dadurch ein höherer Feststoffgehalt im biologischen Reaktor eingehalten werden als beim konventionellen Belebungsverfahren, sodass weniger Reaktorraum benötigt wird. Übliche Feststoffgehalte bewegen sich im Bereich bis etwa 15 g/l (DWA-M 227 (10.14)).

Verfahren Die Abb. 20.63 gibt beispielhaft einen Überblick über die Art des Einsatzbereiches der MBR-Anlagen.

Bemessungshinweise

Vorreinigung Bei MBR-Anlagen müssen Vorreinigungssysteme installiert werden, die eine weitergehende Entnahmeleistung, insbesondere von Haaren und faseriger Stoffe, gewährleisten. Es können auch Feinsiebe mit Öffnungsweiten < 1 mm erforderlich sein (DWA-M 227 (10.14)).

Membranflächen Für eine konkrete Planungsaufgabe sind die hydraulischen Bemessungswerte geeigneter Produkte in Abhängigkeit der Abwassermengen, deren dynamischer Verteilung und der Temperatur zu berücksichtigen. Eine Auslegung der Membranfläche mit pauschal angesetzten, spezifischen Filtrationsleistungen, wird nach DWA-M 227 nicht empfohlen.

Abb. 20.63 Einbaumög-
lichkeiten von getauchten
Filtrationseinheiten nach DWA-
M 227 (10.14)

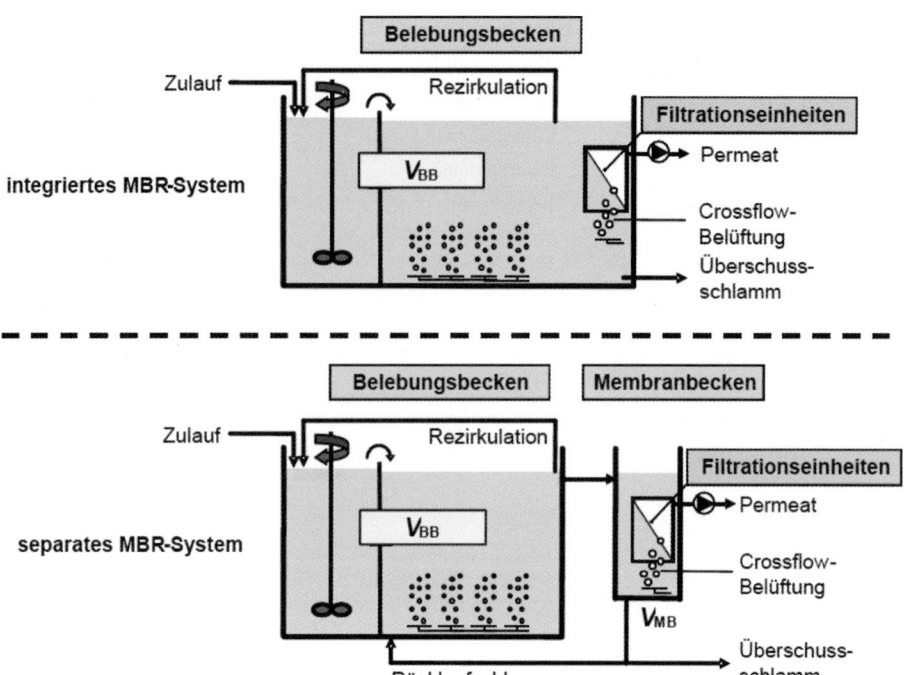

Tafel 20.103 Bandbreite systemspezifischer Dimensionierungspara-
meter nach DWA-M 227 (10.14)

Parameter	Einheit	Größe
Filterfläche pro Filtrationseinheit	m²/FE	240 bis 2880
Spezifische Filterfläche pro Grundfläche im eingebauten Zustand „Foot Print"	m²/m²	70 bis 180
Packungsdichte $A_{Mem,spez}$ der Module im eingebauten Zustand	m²/m³	15 bis 75
Erforderliche Wassertiefe der Membran-becken	m	2,5 bis 5,0

Reinigung der Membranmodule Zum Erhalt bzw. zur Anhebung der Permeabilität und zur Hygienisierung der Per-
meatleitungen ist von Zeit zu Zeit eine chemische Reinigung
der Membranen erforderlich. Es gibt keine einheitliche Rei-
nigungsempfehlung. Die Eignung bestimmter Reinigungs-
methoden ist membranspezifisch. Durch die Kombination
verschiedener Methoden kann die geeignete Strategie für den
Betrieb einer MBR-Anlage im Einzelfall festgelegt werden.
Ergänzende Hinweise enthält das Merkblatt DWA M 227
(10.14).

Beckenvolumen Die Berechnung der Größe der Belebungsbecken erfolgt in Abhängigkeit des Reinigungszieles nach
dem Arbeitsblatt DWA-A131 (06.16) allerdings mit deutlich
höheren Feststoffgehalten.

Belüftung Die Berechnung des Sauerstoffverbrauches erfolgt gemäß Arbeitsblatt DWA-A 131 (06.16). Bei der
Ermittlung der erforderlichen Sauerstoffzufuhr für den Lufteintrag in das Belebungsbecken ist aufgrund der in der Re-

gel höheren Feststoffkonzentrationen ein geringerer α-Wert
anzusetzen. Es wird empfohlen, bei der Auslegung feinbla-
siger Druckbelüftungsanlagen beim MBR-Verfahren einen
gegenüber konventionellen Belebungsanlagen reduzierten α-
Wert von maximal 0,5 für Feststoffkonzentrationen zwischen
10 g/l bis 12 g/l zu verwenden.

Schlammbehandlung Die Ermittlung der Überschuss-
schlammproduktion kann in Anlehnung an das DWA-A131
erfolgen. Klärschlämme aus MBR-Anlagen besitzen eine
eher geringe Flockengröße von ca. 10 μm bis 50 μm. Eine
beeinträchtigte Entwässerbarkeit wurde bislang jedoch nicht
festgestellt. Überschussschlämme aus MBR-Anlagen weisen hinsichtlich des Gasanfalls mit 200 NL/kg oTR$_{zugeführt}$
bis 300 NL/kg oTR$_{zugeführt}$ vergleichbare Eigenschaften wie
konventionelle Überschussschlämme mit hohen Schlammal-
tern auf (DWA-M 227 (10.14)).

20.3.7 Schlammbehandlung und -entsorgung

20.3.7.1 Schlammmengen
DWA-M 368 (06.14) Biologische Stabilisierung von Klär-
    schlamm

Nach DWA-M 368 (06.14) ist im Einzelfall zu prüfen, ob
die in der Tafel 20.104 angegebenen Schlammmengen infolge externer (z. B. Niederschlagsabflüsse) oder interner (z. B.
klärwerksinterner Prozesswässer) Faktoren erhöht werden
müssen. So wird beispielsweise bei reiner Mischwasserka-
nalisation für den Primärschlamm ein Zuschlag von 15 bis
25 % empfohlen.

Tafel 20.104 Anfall und Beschaffenheit von Schlämmen in Abhängigkeit von Verfahren und Betriebsbedingungen; berechnet gemäß ATV-DVWK-A 131:2000-05 für 85- und 50-Perzentile der Frachten im Rohabwasser nach DWA-M 368 (06.14)

Verfahren und Betriebsbedingungen	Schlammart	Schlammanfall und -beschaffenheit bei unterschiedlicher Unterschreitungshäufigkeit der Rohabwasserfracht						
		$b_{TM,E,d}$ [g/(E d)]		TR [%]	GV [%]		$q_{E,d}$ [l/(E d)]	
		85-Perzentile	50-Perzentile		85-Perzentile	50-Perzentile	85-Perzentile	50-Perzentile
Vorklärung[a]								
$t_{VK} = 0{,}5\,h$	Primär-schlamm PS	30[b]	24[c]	3–6	75[a]		0,8	0,6
$t_{VK} = 1{,}0\,h$		35[b]	28[c]	3–6	75[a]		0,9	0,7
$t_{VK} = 2{,}0\,h$		40[b]	32[c]	3–6	75[a]		1,0	0,8
Belebungsverfahren								
BSB-Elimination $t_{TS,Bem} = 5\,d;\ T_{Bem} = 12\,°C$[i]	Überschuss-schlamm $ÜS = ÜS_C + ÜS_{extC} + ÜS_{P,BioP} + ÜS_{P,Fäll,Fe}$							
$t_{VK} = 0{,}5\,h;\ T = 10\,°C$		55,8	42,5	0,6–0,8	77	76	8,0	6,1
$t_{VK} = 0{,}5\,h;\ T = 15\,°C$		52,3	40,0[d]	0,6–0,8	75	75	7,5	5,7
$t_{VK} = 0{,}5\,h;\ T = 20\,°C$		49,3[d]	37,7[d]	0,6–0,8	74	73	7,0	5,4
$t_{VK} = 1{,}0\,h;\ T = 10\,°C$		50,1	38,0	0,6–0,8	76	76	7,2	5,4
$t_{VK} = 1{,}0\,h;\ T = 15\,°C$		46,8	35,8[d]	0,6–0,8	75	74	6,7	5,1
$t_{VK} = 1{,}0\,h;\ T = 20\,°C$		44,1[d]	33,7[d]	0,6–0,8	73	73	6,3	4,8
$t_{VK} = 2{,}0\,h;\ T = 10\,°C$		43,7	33,6	0,6–0,8	76	75	6,2	4,8
$t_{VK} = 2{,}0\,h;\ T = 15\,°C$		41,4	31,6[d]	0,6–0,8	74	74	5,9	4,5
$t_{VK} = 2{,}0\,h;\ T = 20\,°C$		39,0[d]	29,7[d]	0,6–0,8	73	72	5,6	4,2
N-Elimination $t_{TS,Bem} = 10\,d;\ T_{Bem} = 12\,°C$[i]								
$t_{VK} = 0{,}5\,h;\ T = 10\,°C$		48,6	37,2	0,6–0,8	73	73	6,9	5,3
$t_{VK} = 0{,}5\,h;\ T = 15\,°C$		50,0[e]	35,3[e]	0,6–0,8	74[e]	71	7,1	5,0
$t_{VK} = 0{,}5\,h;\ T = 20\,°C$		43,4	33,5[e]	0,6–0,8	70	70	6,2	4,8
$t_{VK} = 1{,}0\,h;\ T = 10\,°C$		43,3	33,1	0,6–0,8	73	72	6,2	4,7
$t_{VK} = 1{,}0\,h;\ T = 15\,°C$		46,1[e]	32,9[e]	0,6–0,8	74[e]	72[e]	6,6	4,7
$t_{VK} = 1{,}0\,h;\ T = 20\,°C$		38,7	30,7[e]	0,6–0,8	70	70[e]	5,5	4,4
$t_{VK} = 2{,}0\,h;\ T = 10\,°C$		38,1	29,1	0,6–0,8	72	71	5,4	4,2
$t_{VK} = 2{,}0\,h;\ T = 15\,°C$		42,1[e]	30,3[e]	0,6–0,8	75[e]	73[e]	6,0	4,3
$t_{VK} = 2{,}0\,h;\ T = 20\,°C$		34,6[e]	28,3[e]	0,6–0,8	69	71[e]	4,9	4,0
N-Elimination $t_{TS,Bem} = 15\,d;\ T_{Bem} = 12\,°C$[i]								
$t_{VK} = 0{,}5\,h;\ T = 10\,°C$		47,2	36,1	0,6–0,8	73	72	6,7	5,2
$t_{VK} = 0{,}5\,h;\ T = 15\,°C$		44,6	34,3	0,6–0,8	71	70	6,4	4,9
$t_{VK} = 0{,}5\,h;\ T = 20\,°C$		42,4	32,8	0,6–0,8	69	69	6,1	4,7
$t_{VK} = 1{,}0\,h;\ T = 10\,°C$		42,0	32,2	0,6–0,8	72	71	6,0	4,6
$t_{VK} = 1{,}0\,h;\ T = 15\,°C$		39,7	31,7[e]	0,6–0,8	70	71[e]	5,7	4,5
$t_{VK} = 1{,}0\,h;\ T = 20\,°C$		37,8	29,8[e]	0,6–0,8	69	69[e]	5,4	4,3
$t_{VK} = 2{,}0\,h;\ T = 10\,°C$		36,9	28,2	0,6–0,8	71	71	5,3	4,0
$t_{VK} = 2{,}0\,h;\ T = 15\,°C$		35,9[e]	29,2[e]	0,6–0,8	70[e]	72[e]	5,1	4,2
$t_{VK} = 2{,}0\,h;\ T = 20\,°C$		33,5[e]	27,4[e]	0,6–0,8	68[e]	70[e]	4,8	3,9
Gemeinsame aerobe Stabilisierung $t_{TS,Bem} = 25\,d;\ T_{Bem} = 10\,°C$								
$t_{VK} = 0\,h;\ T = 10\,°C$		64,4	50,0	0,6–0,8	70	69	9,2	7,2
$t_{VK} = 0\,h;\ T = 15\,°C$		62,0	48,4	0,6–0,8	68	68	8,9	6,9
$t_{VK} = 0\,h;\ T = 20\,°C$		60,2	47,2	0,6–0,8	67	67	8,6	6,8

Tafel 20.104 (Fortsetzung)

Verfahren und Betriebsbedingungen	Schlammart	Schlammanfall und -beschaffenheit bei unterschiedlicher Unterschreitungshäufigkeit der Rohabwasserfracht						
		$b_{TM,E,d}$ [g/(E d)]		TR [%]	GV [%]		$q_{E,d}$ [l/(E d)]	
		85-Perzentile	50-Perzentile		85-Perzentile	50-Perzentile	85-Perzentile	50-Perzentile
Oben bereits enthalten:								
Denitrifikation mit externem C[f]	$ÜS_{extC}$[e]	0–10	0–2,5		> 95			
Biologische P-Elimination[f]	$ÜS_{BioP}$[i]	1,5–2,3	1,2–1,8		> 95			
Simultanfällung mit Fe[f]	$ÜS_{P,Fäll,Fe}$[g]	2,1–3,1	1,5–2,3		< 5			
Simultanfällung mit Al[f]	$ÜS_{P,Fäll,Al}$[g]	1,6–2,4	1,2–1,8	$ÜS$ ist entsprechend um $ÜS_{P,Fäll,Fe} - ÜS_{P,Fäll,Al}$ geringer				
Flockungsfiltration mit Fe	FFS[j, m]	5,0	4,0	ca. 0,8	ca. 50		0,6	0,5
Tropf- und Tauchkörper	TKS_C	ca. 30	ca. 24	0,8–1,0	ca. 65		3,3	2,7
Schlammfaulung[k]	FS	48–54[e]	37–41[e]	3–5[l]	56–65[e]	56–61	1,2–1,3	ca. 1,0
Faulgasproduktion[m] [l i. N./(E d)]	FG	22–29[e]	18–23[e]					

[a] Die Durchflusszeit durch die Vorklärung t_{VK} bezieht sich auf den maximalen Zweistundenmittelwert des Durchflusses bei Trockenwetter. Eine gute Funktion des Sandfangs wird vorausgesetzt, sodass der PS einen hohen GV hat.

[b] Typische 85-Perzentile der Frachten und deren Elimination in der Vorklärung nach Arbeitsblatt ATV-DVWK-A 131:2000-05.

[c] 50-Perzentile mit 80 % der 85-Perzentile angesetzt.

[d] Es erfolgt eine Stickstoffelimination durch Nitrifikation und Denitrifikation.

[e] Steigerung der Denitrifikation durch Zugabe von leicht abbaubarem CSB (externem Kohlenstoff, extC), z. B. von Methanol, mit einem stöchiometrischen Dosierverhältnis $\beta = 1,35$; hierdurch wird $ÜS$ und der GV erhöht. Zugabe von extC ist stets erforderlich bei $t_{TS} = 10$ d (unabhängig von t_{VK}); die Zugabe steigt mit der Belastung und sinkt mit zunehmender Temperatur und kürzerem t_{VK}. Spitzenwerte von FS, FG und GV_{FS} bei Zugabe von extC.

[f] Im $ÜS$ enthalten.

[g] Sichere Einhaltung des Überwachungswertes $P_{ges} = 1,0$ mg/l; $\beta = 1,5$. Bei nachgeschalteter Flockungsfiltration kann β bei der Simultanfällung von $\beta = 1,5$ auf z. B. $\beta = 1,2$ vermindert werden, sodass die Fällmitteldosierung und damit der Anfall von Fällschlamm insgesamt sogar geringer sein kann. $ÜS_{P,Fäll}$ ist bei Einsatz von Al um ca. 22 % geringer als bei Einsatz von Fe.

[h] Bei $T_{Bem} = 10\,°C$ ist $ÜS$ um ca. 4 % bis 6 % geringer und V_{BB} entsprechend größer.

[i] Gesteigerte biologische P-Elimination durch Rückführung des Rücklaufschlammes in ein vorgeschaltetes Anaerobbecken für alle Varianten. Ohne BioP-Elimination steigen der Fällmittelverbrauch und $ÜS_{P,Fäll}$ um den Faktor 2 bis 3.

[j] $C_{TS,AN} = 15$ mg/l und $C_{P,AN} = 1$ mg/l. Bei $q_{E,d} = 200$ l/(E d) sind $b_{TS,AN,E,d} = 3$ g/(E d) und $b_{P,AN,E,d} = 0,2$ g/(E d). Zugabe von Fe mit $\beta = 1,5$.

[k] Mit N- und P-Elimination. Technische Faulgrenze $\eta_{abb} = 85$ % für Bemessung und $\eta_{abb} = 87$ % für Jahresmittel; 70 % der oTM im PS leicht abbaubar (unabhängig von t_{VK}); 40 bis 50 % der oTM im $ÜS$ leicht abbaubar, invers abhängig von $t_{TS,BB}$.

[l] Statische Eindickung des PS auf $TR_{PS} \approx 4$ % und maschinelle Eindickung des $ÜS$ auf $TR_{ÜS} \approx 7$ %. $TR_{RS} = 5$ bis 6 % und $TR_{FS} = 3$ bis 4 %. Im zweiten Faulbehälter einer zweistufigen Faulung oder im Nacheindicker kann Faulwasser abgetrennt werden, sodass TR_{FS} ggf. auf 4 bis 5 % erhöht werden kann.

[m] Abbauspezifische Gasproduktion von 0,95 m^3 i. N./kg für PS und 0,85 m^3 i. N./kg für $ÜS$. Obere Werte bei Zugabe von extC.

Bei der Umrechnung der Schlammmengen für verschiedene Wassergehalte gilt nachfolgender Ansatz:

$$\frac{V_1}{V_2} = \frac{TR_2}{TR_1} = \frac{100 - WG_2}{100 - WG_1}$$

V_1 und V_2 Schlammvolumina z. B. vor und nach der Eindickung

TR_1 und TR_2 Trockenrückstand in % z. B. vor und nach der Eindickung

WG_1 und WG_2 Wassergehalt in Gew. % z. B. vor und nach der Eindickung

In dieser Berechnung wird vereinfachend das spezifische Gewicht der Feststoffe mit 1 statt mit 1,3–1,4 g/cm^3 angesetzt. Der Fehler ist sehr gering bei hohen Wassergehalten.

20.3.7.2   Eindickung von Klärschlamm

DIN 12255-8 (10.01) Kläranlagen – Teil 8: Schlammbehandlung und Lagerung

DIN 1955 (12.02) Kläranlagen-Rundbecken-Absetzbecken mit Schild- und Saugräumer und Eindicker Bauformen, Hauptmaße, Ausrüstungen

DIN 19569-2 (12.02) Kläranlagen-Baugrundsätze für Bauwerke und technische Ausrüstungen – Teil 2: Besondere Baugrundsätze für Einrichtungen zum Abtrennen und Eindicken von Feststoffen

DWA-M 381 (10.07) Eindickung von Klärschlamm.

Statische Eindickung Die statische Eindickung wird unterschieden in Stand-, Durchlauf- und Flotationseindickung. Durchlaufeindicker besitzen im Gegensatz zum Standeindicker ein Krählwerk mit Rührstäben (siehe Abb. 20.64).

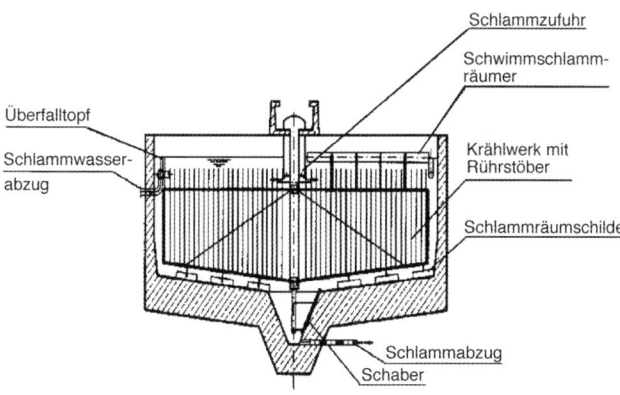

Abb. 20.64 Durchlaufeindickung

Bemessung Die Bemessung der Eindicker erfolgt in Abhängigkeit der Schlammbeschaffenheit über der Feststoff-Oberflächenbelastung B_A in kg TS/(m² d).

$$B_A = Q_{zu} \cdot TS_{zu} / A_E$$

Q_{zu} Schlammmenge im Zufluss [m³/d]
TS_{zu} Trockensubstanzgehalt im Zufluss [kg TS/m³]
A_E Oberfläche des Eindickers [m²].

In der Tafel 20.105 sind typische Oberflächenbelastungen für die unterschiedlichen Schlämme aufgelistet. Die konstruktive Ausbildung der Eindicker erfolgt nach DIN 19552-3. Die Durchmesser der Eindicker umfassen einen Bereich von 5 m bis 30 m. Die Behältertiefen liegen hierbei ≥ 3,0 m.

Beim **Flotationsverfahren** werden kleine Gasbläschen erzeugt, die sich an den Feststoffpartikeln in einer Flüssigkeit anlagern und damit die Partikel in der Flüssigkeit zum Auftreiben an die Flüssigkeitsoberfläche bringen.

Der Flotationsvorgang zur Feststoffabscheidung ist deutlich schneller, als das Sedimentationsverfahren nach dem Schwerkraftprinzip. In der kommunalen Abwassertechnik wird die Entspannungsflotation eingesetzt. Die Flächenbeschickung beträgt je nach Ausgangssituation mit einer Druckdifferenz bei der Entspannung von 3–6 bar etwa 1 bis 7,5 m³/(m² h) (siehe DWA-M 381).

Die in der Praxis erreichbaren Feststoffgehalte der statischen Eindickung und Flotation sind in der Tafel 20.106 in Abhängigkeit der Schlammeigenschaften und der unterschiedlichen Eindicksysteme zusammengestellt.

Maschinelle Eindickung Die maschinelle Eindickung wird unterschieden in Systeme unter Ausnutzung des natürlichen und des künstlichen Schwerefeldes.

Die bewährten Maschinen, die das natürliche Schwerefeld zur Eindickung des Schlammes ausnutzen, sind Trommeleindicker, Schneckeneindicker, Bandeindicker, Scheibeneindicker und Eindickungs-Pumpen. Die Wasserbindungskräfte werden durch die Zugabe von Flockungshilfsmitteln vermindert.

In Zentrifugen wird ein maschinell erzeugtes Schwerefeld dazu benutzt, die „flüssige" Phase des Klärschlammes von der „festen" Phase zu trennen. Dabei werden unter Ausnutzung des künstlichen Schwerefeldes die Wasserbindungskräfte als Folge der erzeugten Fliehkräfte überwunden. Zentrifugen können deshalb zum Erreichen des gewünschten Eindickgrades auch ohne Zugabe von Flockungshilfsmittel betrieben werden (siehe DWA-M 381). Wichtige Betriebs- und Auslegungskenndaten der einzelnen maschinellen Eindickmaschinen sind im DWA-Merkblatt M 381 enthalten.

Unter Berücksichtigung der schlammspezifischen Eindickeigenschaften ist bei verschiedenen Schlammarten und Eindick-Systemen mit folgenden mittleren Ergebnissen in

Tafel 20.105 Bemessungsgrößen von Durchlaufeindickern nach DWA-M 381 (2007)

Schlamm-Absetzeigenschaften	Schlamm-Art	Feststoff-Flächenbelastung TS_A [kg TS/(m² d)]
Schlecht	Überschussschlamm	20–50
Mittel	Mischschlamm, Faulschlamm	40–80
Gut	Primärschlamm, mineralische Schlämme, nicht faulfähige Schlämme	Bis 100

Tafel 20.106 Erreichbare Feststoffgehalte [% TR], spezifischer FHM-Verbrauch und Energieverbrauch von Eindickern nach DWA-M 381 (2007)

		Statische Eindickung			Flotation
		Durchlaufeindicker		Stand-Eindicker	Druckentspannung Flotation
		Ohne FHM	Mit FHM		
Primärschlamm	[% TR]	5-10	–	5–10	–
Mischschlamm	[% TR]	4–6	5–8	4–8	–
ÜS-Schlamm	[% TR]	2–3	3–4	2–3	3–5
Spez. Flockungshilfsmittelverbrauch	[kg WS/Mg TS]	0	0,5–3	0	0
Spez. Energieverbrauch	[kW h/m³]	< 0,1	< 0,1	–	0,6–1,2
Spez. Energieverbrauch	[kW h/Mg TS]	< 20	< 20	–	100–140

Tafel 20.107 Erreichbare Feststoffgehalte [% TR], spezifischer FHM-Verbrauch und Energieverbrauch bei maschineller Eindickung nach DWA-M 381 (2007)

		Maschinelle Eindickung		
		Bandeindicker/Trommeleindicker/Schnecken-eindicker/Scheibeneindicker/Eindickungs-Pumpe	Zentrifuge	
			Ohne FHM	Mit FHM
Primärschlamm	[% TR]	–	–	–
Mischschlamm	[% TR]	–	–	–
ÜS-Schlamm	[% TR]	5–7	5–7	6–8
Spez. Flockungshilfsmittelverbrauch	[kg WS/Mg TS]	3–7	0	1–1,5
Spez. Energieverbrauch	[kg W h/m^3]	< 0,2	1–1,4	0,6–1
Spez. Energieverbrauch	[kW h/Mg TS]	< 30	180–220	100–140

Tafel 20.108 Verfahren der biologischen Schlammstabilisierung

Aerobe Stabilisierung	Anaerobe Stabilisierung	Duale Stabilisierung
Simultane aerobe Schlammstabilsierung	Schlammfaulung beheizte anaerobe Stabilisierung in geschlossenen Faulbehältern:	Aerob-thermophile Stufe und nachgeschaltete anaerobe mesophile Faulungsstufe
Getrennte aerobe Schlammstabilisierung bei normalen oder bei mesophilen bzw. thermophilen Temperaturbereichen	Mesophile Faulung in einem Temperaturbereich zwischen 30 °C und 40 °C oder	Anaerob und aerob meist mit mindestens einer thermophilen Stufe
Schlammkompostierung (getrennte aerobe Schlammstabilisierung bei thermophilen Temperaturbereichen im festen bzw. nicht fließfähigen Aggregatzustand)	Thermophile Faulung in einem Temperaturbereich zwischen 50 °C und 60 °C	

den Leistungsparametern Austrags-Feststoffgehalt, spezifischer Flockungshilfsmittelverbrauch und spezifischer Energieverbrauch zu rechnen (siehe Tafel 20.107).

20.3.7.3 Biologische Stabilisierung von Klärschlamm

DWA-M 368 (06.14) Biologische Stabilisierung von Klärschlamm, Merkblatt.

Zur biologischen Schlammstabilisierung werden in der Praxis aerobe und anaerobe Stabilisierungsverfahren eingesetzt. Eine Übersicht der Verfahren zeigt die Tafel 20.108.

Die wichtigsten Verfahren werden nachfolgend kurz mit den maßgeblichen Bemessungskennwerten aufgelistet. Weitere ergänzende Hinweise sind im ATV-A Merkblatt ATV-DVWK-M 368 (04.03) und im ATV-Handbuch Klärschlamm (1996) enthalten.

Simultane Stabilisierung Bei der simultanen aeroben Stabilisierung werden die mit dem Rohabwasser zur Kläranlage gelangenden absetzbaren Stoffe (Primärschlamm) und der bei der biologischen Abwasserreinigung nach dem Belebtschlammverfahren gebildete Überschussschlamm in einem Verfahrensschritt simultan zur biologischen Elimination der Kohlenstoff- und Stickstoffverbindungen im Verlaufe der Abwasserreinigung stabilisiert. Die Vorklärung entfällt.

Bemessung Die Bemessung der simultanen aeroben Stabilisierung erfolgt anhand des Arbeitsblattes DWA-A 131 (06.16). Für eine überschlägige Vorbemessung dienen folgende Ansätze:

Tafel 20.109 Dimensionierungsansätze zur aeroben Schlammstabilisierung nach DWA-M 368 (06.14)

Bestimmungsgröße	Berechnungsansatz
Schlammalter bei Temperatur $T \geq 10\,°C$ und mit Nitrifikation	$t_{TS} \geq 20\,d$
Schlammalter bei Temperatur $T \geq 10\,°C$ und mit Nitrifikation und gezielter Denitrifikation	$t_{TS} \geq 25\,d$
Belebtschlammgehalt im aeroben Stabilisierungsbecken bei nicht bekanntem ISV	$TS_{BB} = 3{,}5\,kg\,TS/m^3$
Anteil der Belüfterausstattung am Belebungsbeckenvolumen	$V_{BB,belüftet} = 0{,}65 \cdot V_{BB}$
Sauerstoffkonzentration im Belebungsbecken	$C_{O_2} \geq 1\,mg/l$

Getrennte aerobe Schlammstabilisierung bei Normaltemperatur Bei der getrennten aeroben Stabilisierung wird der bei der Abwasserreinigung anfallende Rohschlamm (Primär- und Überschussschlamm) getrennt von der Abwasserreinigung in offenen, aerob betriebenen Becken bzw. Reaktoren bei normalen Außentemperaturen behandelt. Dieses Verfahren wird heute nur noch in Ausnahmefällen z. B. bei Störungen im Anlagenbetrieb eingesetzt.

Getrennte aerob-thermophile Schlammstabilisierung Durch die Schaffung entsprechender verfahrenstechnischer Randbedingungen (Wärmeisolierung der Reaktoren, Eindickung des Rohschlammes, Einsatz geeigneter Belüftungs- und Mischaggregate) werden bei der aerob-thermophilen Stabilisierung die Wärmeverluste so stark reduziert, dass ei-

Tafel 20.110 Bemessungsansätze zur getrennten aerob-thermophilen Stabilisierung nach DWA-M 368 (06.14)

Bestimmungsgröße	Bemessungsansatz
Trockenrückstand des zugeführten Rohschlammes bzw. voreingedickter Schlamm	TR > 4 % und GV > 65 %
Aufenthaltszeit zur sicheren Stabilisierung von voreingedicktem Schlamm bei $\eta_{abb,ges} > 80\%$	$t_{TS} \geq 8$ d, 2-stufig
Thermophile Betriebsweise	$T \geq 50\,°C$
Erforderliche Leistungsdichte im Reaktor abhängig von der Viskosität des Rohschlammes	$80\,W/m^3$ bis $160\,W/m^3$
Stabilisierungsmerkmal OV_{oTM}	$< 0,1\,g\,O_2/(g\,oTM \cdot d)$
Belüftungs- und Mischsysteme mit Schlammspiegelhöhe zu Durchmesser von H/D zum Beispiel	– Selbstansaugende Ejektorbelüfter ($H/D \approx 0,5$) – Tauchbelüfter ($H/D = 0,75$ bis $1,0$) – Injektorbelüfter ($H/D = 1,5$ bis $2,0$) – Druckbelüftungssysteme mit getrennter Durchmischung ($H/D = 1,5$ bis $2,0$)

ne Selbsterwärmung des Schlammes bis in den thermophilen Temperaturbereich von 45–65 °C erreicht wird. Stoffwechselraten und Abbauleistungen sind bei diesen Temperaturen deutlich erhöht. Die Stabilisierungszeit kann somit verringert werden. Infolge des höheren Temperaturniveaus ist auch eine sichere Entseuchung des stabilisierten Klärschlammes möglich (Strauch 1980) (siehe ATV-DVWK-M 368-04.03).

Dieses Verfahren wird heute allerdings nur in Ausnahmefällen eingesetzt.

Anaerobe Stabilisierung – Schlammfaulung Unter Schlammfaulung wird der anaerobe Abbau organischer Schlamminhaltsstoffe verstanden. Diese sogenannte anaerobe Schlammstabilisierung erfolgt in ein oder mehreren zylindrischen, ei- oder kugelförmigen, wärmegedämmten Faulbehältern aus Stahl, Stahlbeton oder Spannbeton (siehe Abb. 20.65).

In Tafel 20.111 sind die für die Bemessung der Faulbehältergrößen empfohlenen Gesamtschlammalterwerte einer

Abb. 20.65 Grundformen von Faulbehältern nach DWA-M 368 (06.14)

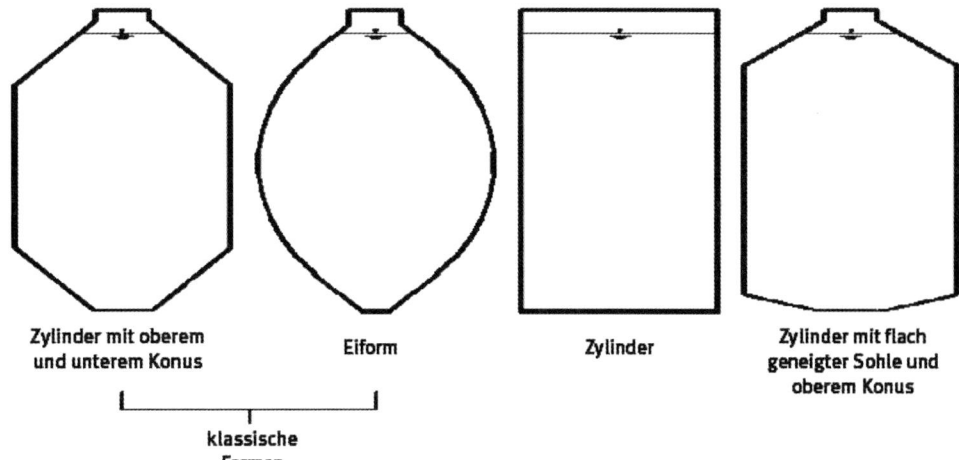

Zylinder mit oberem und unterem Konus — Eiform — Zylinder — Zylinder mit flach geneigter Sohle und oberem Konus

klassische Formen

Tafel 20.111 Bemessungsansätze zur anaeroben Stabilisierung nach DWA-M 368 (06.14)

Bestimmungsgröße	Berechnungsansatz	
Trockenrückstand des zugeführten Rohschlammes bzw. voreingedickter Schlamm	TR > 4 % bis maximal 8 %	
Schlammalter bzw. Aufenthaltszeit im Faulbehälter zur Stabilisierung von voreingedicktem Schlamm	< 50.000 EW	$t_{TM,FB} = 20$–28 d (1-stufig)
	50.000–100.000 EW	$t_{TM,FB} = 18$–25 d (1-stufig)
	> 100.000 EW	$t_{TM,FB} = 16$–22 d (1-stufig)
Mesophile Betriebsweise	$T = 35\,°C$	
Gasertrag der Schlämme im Jahresmittel bei einem technischen Abbaugrad der leicht abbaubaren organischen Trockenmasse von $\eta_{abb} = 85\%$	Primärschlamm (PS)	$FG = 0,57\,m^3$ i. N./kg oTM_{zu}
	Überschussschlamm (ÜS)	$FG = 0,33\,m^3$ i. N./kg oTM_{zu}
	Rohschlamm (RS)	$FG = 0,44\,m^3$ i. N./kg oTM_{zu}
Einrichtungen zur Durchmischung	– Außenliegende Umwälzpumpen – Faulschlammmischer (z. B. Schraubenschaufler) – außenliegende Verdichter zur Faulgaseinpressung über Ringdüsen, Einhängelanzen oder Gasdruckheber – Rührwerke	

einstufigen Faulung in Abhängigkeit der Anschlussgröße nach DWA-M 368 (06.14) zusammengestellt.

Maßgebende Bemessungsgröße ist das anaerobe Schlammalter $t_{TM,FB,Bem} = (V_{FB} \cdot C_{TM,FB})/(Q_{FS} \cdot C_{TM,FS})$. Das Schlammalter ist nur dann identisch mit der mittleren hydraulischen Verweilzeit, der Faulzeit $t_{FB} = V_{FB}/Q_{RS}$, wenn der Faulbehälter ein ideal durchmischter und durchströmter Reaktor ist, was in der Praxis nur selten der Fall ist. Eine schnelle und gleichmäßige Durchmischung des Faulbehälter beeinflusst entscheidend die Leistung zur Stabilisierung und des technischen Abbaugrades.

Unter Berücksichtigung der aktuellen Energiepreissituation wird die Faulung heute bereits bei Kläranlagen ab 10.000 EW eingesetzt. Durch Verwertung des Faulgases wird der Energiefremdbezug um bis zu 40 % reduziert. Durch den höheren Abbau der organischen Feststoffe und die hieraus resultierende bessere Entwässerbarkeit wird die zu entsorgende Feststoffmenge um ca. 30 % reduziert (Gretzschel/ Schmitt/Hansen/Siekmann/Jakob, 2012; Schröder, 2011).

Eine zweistufige Prozessführung der Faulung erhöht weiter die Abbauleistung bei gleichzeitig verbesserter Betriebssicherheit.

Im DWA-M 368 (06.14) sind in Abhängigkeit der Anlagengröße (EW) differenzierte Bemessungsdaten angegeben.

20.3.7.4 Maschinelle Entwässerung

ATV-DVWK-M 366 (02.13) Maschinelle Schlammentwässerung, Merkblatt

An die Beschaffenheit von Klärschlammen werden bei der Entsorgung immer höhere Anforderungen gestellt. Daraus ergibt sich auch, dass innerhalb nahezu aller Verfahrensketten der Klärschlammbehandlung angepasste Entwässerungsgrade notwendig sind, um für nachfolgende Prozessschritte (z. B. Kompostierung, Trocknung, Verbrennung) eine geeignete Beschaffenheit des Aufgabegutes zu erreichen.

Die in der Tafel 20.112 angegebenen Kenndaten geben eine Übersicht zur Eindickfähigkeit und Entwässerbarkeit von Klärschlammen bei Einsatz maschineller Schlamment-

Tafel 20.112 Leistungsdaten verschiedener maschineller Entwässerungsmaschinen DWA-M 366 (02.13)

	Einheit	Zentrifugenn	Bandfilter-pressen[a]	Filterpressen: Kammerfilterpressen[c], Schlauchfilterpressen		Schnecken-pressen
				pFm	Kalk-/Eisen-konditionierung[b]	
Austrags-Feststoffkonzentration TR (%)						
Primärschlamm	%	32–40	30–35	32–40	35–45	30–40
Mischschlamm aus PS + US (Frachtverhältnis ca. 1 : 1)	%	26–32	24–30	26–32	33–45	24–30
Aerob stabilisierter Überschussschlamm (ohne Vorklärung)	%	18–24	15–22	18–24	28–35	18–24
Faulschlamm	%	22–30	20–28	22–30	30–40	20–28
Verbrauch polymerer Flockungsmittel (bezogen auf die polymere Wirksubstanz WS)						
Spezifischer pFM-Verbrauch	kW h/Mg TM	8–14	6–12	6–12 8–15[f]	–	6–12
	Einheit	Zentrifugen	Bandfilter-pressen[a]	Filterpressen: Kammerfilterpressen[c], Schlauchfilterpressen		Schnecken-pressen
				pFm	Kalk-/Eisen-konditionierung[b]	
Stromverbrauch						
Spez. Stromverbrauch[d]	kW h/m³	1,0–1,6	0,5–0,8	0,7–0,9 1,0–1,2[g]	1,0–1,2	0,2–0,5
Spez. Stromverbrauch[e]	kW h/m³	1,6–2,2	1,1–1,4	1,5–1,8	1,8–2,0	0,6–1,0
Spez. Stromverbrauch[d]	kW h/Mg TM	40–60	20–30	30–40 40–50[g]	30–40	8–16
Spez. Stromverbrauch[e]	kW h/Mg TM	60–90	40–50	60–70	70–80	20–40

[a] TR im Zulauf zwischen 2 % und 7 %.

[b] Abhängig von Zugabemengen von Kalk und Eisen.

[c] Membranfilterpressen erreichen im Vergleich zu Kammerfilterpressen bei optimaler Betriebsweise und Konditionierung einem um 2 bis 4 höheren TR im Austrag; der Stromverbrauch von Membranfilterpressen ist etwas höher als der von Kammerfilterpressen.

[d] Stromverbrauch der Maschine bezogen auf den Schlammdurchsatz bzw. die Feststofffracht ohne Konditionierungsmittelmenge.

[e] Stromverbrauch wie [d], aber einschließlich des Stromverbrauchs der Beschickungspumpe und Konditionierungsanlage.

[f] Flockungsmittelverbrauch der Schlauchfilterpresse.

[g] Stromverbrauch der Membranfilterpresse.

wässerungsanlagen. Aus Gründen der Übersichtlichkeit wird lediglich auf die Entwässerungssysteme eingegangen, die am häufigsten im Einsatz sind und über welche die meisten Erfahrungen vorliegen; das sind Zentrifugen, Bandfilterpressen, Schneckenpressen und Filterpressen. Aus den gleichen Gründen werden lediglich die am häufigsten angewandten Konditionierungsverfahren wiedergegeben.

20.3.7.5 Klärschlammtrocknung

ATV-DVWK-M 379 (02.04) Klärschlammtrocknung, Merkblatt

Mit Verfahren der Klärschlammtrocknung lassen sich erheblich höhere Volumenreduzierungen (bis $> 90\,\%$ TR) als mit Eindickern oder Entwässerungsmaschinen erreichen. Man unterscheidet bezüglich der Wärmezuführung zwischen Konvektionstrocknung (direkte Trocknung) und Kontakttrocknung (indirekte Trocknung; Abb. 20.66).

Es werden von Herstellern unterschiedliche Ausführungsformen von Trocknern angeboten (Tafel 20.113).

In Abhängigkeit von der weiteren Verwertung kann mit den Verfahren der Klärschlammtrocknung nahezu jeder geforderte TR-Gehalt erreicht werden (Tafel 20.114 und Abb. 20.67).

Tafel 20.113 Verfahren der Klärschlammtrocknung

Konvektionstrockner	Kontakttrockner
Trommeltrockner	Scheibentrockner
Etagentrockner	Knettrockner
Bandtrockner	Schneckenwärmetrockner
Schwebetrockner	Dünnschichttrockner
Wirbelschichttrockner	Dampfwirbelschichttrockner (Sonderform)

Tafel 20.114 Beschaffenheit von Klärschlämmen

TR-Gehalt (%)	Beschaffenheit
< 15 bis 20	Pumpfähig
20 bis 30	Stichfest
35 bis 40	Krümelig
40 bis 60	Klebrig
60 bis 85	Streufähig
85 bis 95	Staubförmig

Für die Verfahrenswahl ist neben dem Wärmebedarf der Trocknung, der gewünschten Restfeuchte, der Produktform auch von Bedeutung, ob der Klärschlamm stark geruchsbehaftet ist (Kontakttrocknung) oder sich nahezu geruchsneutral (Konvektionstrocknung) verhalt. Der Wärmebedarf

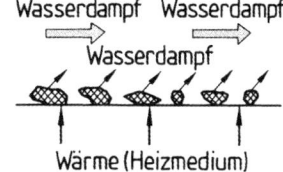

Abb. 20.66 Unterschiedlicher Wärmeübergang bei Klärschlammtrocknern nach Reimann

Abb. 20.67 Arbeitsbereiche zur Klärschlammtrocknung eingesetzter Trocknertypen nach ATV-DVWKM-379 (02.04)

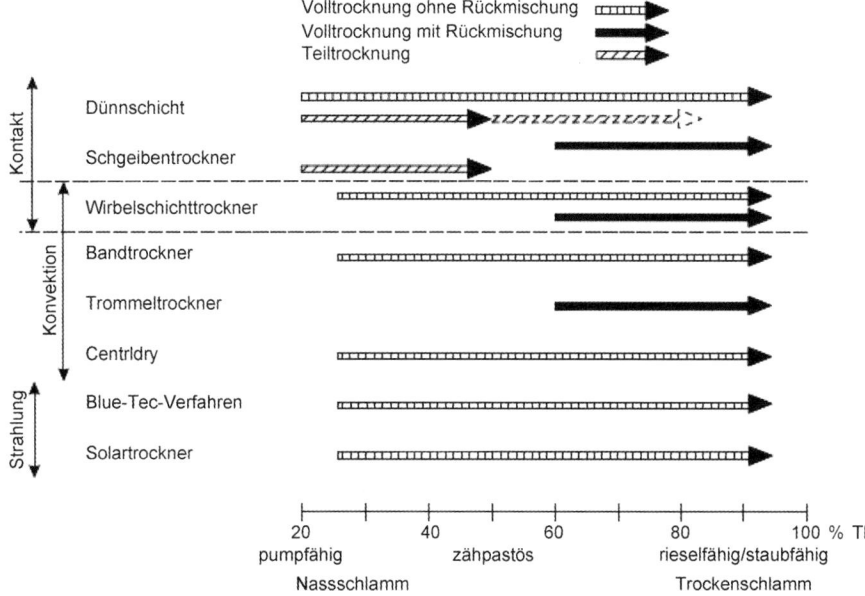

Tafel 20.115 Verfahren der thermischen Klärschlammentsorgung nach Lehrmann (2010)

Monoverbrennung	Mitverbrennung	Alternative Verfahren
Ohne Ascheschmelzen • Wirbelschicht • Etagenofen • Etagenwirbler • Rostfeuerung	Kohlekraftwerke • Staubfeuerung • Wirbelschichtfeuerung • Rostfeuerung • Schmelzkammerfeuerung	Vergasung • Wirbelschichtvergasung • Festbettdruckvergasung • Flugstromvergasung • Konversionsverfahren
Mit Ascheschmelzen • Schmelzzyklon	Müllverbrennungsanlagen • Rostfeuerung	Pyrolyse • Niedertemperaturkonvertierung
	Industrieanlagen • Zementherstellung • Papierschlammverbrennung	Nassoxidation • oberirdische Verfahren • unterirdische Verfahren

der Trocknung setzt sich zusammen aus der Enthalpiedifferenz zur Aufwärmung des Schlammes, der Enthalpie des verdampfenden Wassers und den Verlusten. Den relativ größten Anteil macht in der Regel die Verdampfungswärme aus. Bei stichfestem kommunalem Schlamm reicht gewöhnlich der Heizwert (s. Abb. 20.68 und Abschn. 20.3.7.6) der organischen Stoffe aus, das Wasser zu verdampfen.

Zum gegenwärtigen Zeitpunkt zeigt sich, dass in vielen Fällen die Solartrocknungsanlagen eine technisch wie wirtschaftlich zweckmäßige Verfahrenslösung darstellen. Sie hat allerdings einen großen Flächenbedarf. Die Solartrocknungsanlagen sind eine Kombination aus Strahlungstrocknungsverfahren und Konvektionstrocknung. Bei reiner solarer Betriebsweise ohne Abwärmenutzung werden Verdunstungsraten pro m^2 Anlagenfläche von 0,7 t bis maximal 1 t Wasserverdamfungsleistung erzielt (DWA-M 387, 2012). Es können hierbei Trockenrückstände von mehr als 85 % erzielt werden. Übliche Werte aus der Praxis liegen bei 75 % TR (Lehrmann, F. 2010, Bux, M. 2010).

20.3.7.6 Thermische Behandlung

DWA-M 386 (12.11) Thermische Behandlung von Klärschlämmen – Monoverbrennung

DWA-M 387 (05.12) Thermische Behandlung von Klärschlämmen – Mitverbrennung in Kraftwerken.

Die thermische Behandlung von Klärschlämmen ist in Deutschland ein wichtiger Entsorgungsweg. Heute werden gut 64 % der Gesamtmenge des direkt entsorgten Klärschlamms von rund 1,8 Millionen Tonnen pro Jahr thermisch entsorgt. Von der thermisch entsorgten Klärschlammmenge gingen etwa 432.500 Tonnen (38 %) in die Monoverbrennung und knapp 446.900 Tonnen (39 %) in die Mitverbrennung. Für die übrigen knapp 269.300 Tonnen (23 %) liegen keine Informationen über die Art der Verbrennung vor. Siehe auch Tafel 20.117 (Destatis, 12.16). Die alternativen Verfahren nach Tafel 20.115 sind nicht so verbreitet und spielen in der Praxis zurzeit bis auf wenige Ausnahmen keine Rolle.

Zu beachten ist, dass bei einer Mitverbrennung des Klärschlammes in Kraftwerken, Müllverbrennungsanlagen oder Zementwerken der Phosphor als endliche Rohstoffquelle unwiederbringlich verloren ist (Petzet, S. Cornel P. 2010). Dagegen kann bei Aschen aus der Monoverbrennung von Klärschlamm der Phosphor zurückgewonnen werden. Die Verfahren hierzu sind allerdings noch in der Entwicklung DWA-M 387 (05.12).

Da eine alleinige Verbrennung von Klärschlamm nur bei Luftüberschusszahlen von > 1 (1,1 bis 1,3) betrieben werden kann und jede Verbrennungsanlage ca. 20 % Energieverluste verursacht, muss für die selbstgängige Verbrennung von Klärschlamm neben der reinen Trocknungsenergie ein ca. 20- bis 25 %iges Energieüberangebot vorliegen. Der Heizwert von Klärschlamm hängt ausschließlich von dem Anteil an organischer Substanz (oTR) in der Trockensubstanz ab. Für 100 % organische Substanz kann dabei ein mittlerer Heizwert von 23 MJ/kg zugrunde gelegt werden. Weitere Angaben für Roh- und Faulschlämme aus kommunalen Kläranlagen finden sich in Tafel 20.116.

Tafel 20.116 Heizwertvergleich kommunaler Klärschlämme nach Reimann (1989)

	Rohschlamm		Faulschlamm (eingedickt)	
	von–bis	i. M.	von–bis	i. M.
Trockensubstanz TR in %	1 bis 4	2,5	4 bis 8	6
Wassergehalt in %	99 bis 96	97,5	96 bis 92	94
Aschegehalt in % TR	40 bis 10	25	55 bis 45	50
Glühverlust in % TR bzw. oTR	60 bis 90	75	45 bis 55	50
Heizwert der TR in MJ/kg	14 bis 21	17,3	10 bis 13	11,5

Neuere Untersuchungen zeigen, dass aus energetischer Sicht auch bei der Verbrennung eine vorgeschaltete Faulung (Faulgasverströmung) günstiger zu betreiben ist als eine Rohschlammverbrennung (Schaum Ch. et al., 2010).

Durch die vorherige Ausfaulung verliert der Schlamm also ca. 30 % (bis 50 %) seines Heizwertes (an die Faulgase), es verringert sich jedoch auch der Wassergehalt des Klärschlammes.

In Abb. 20.68 sind der Energiebedarf und -überschuss bei der Trocknung und Verbrennung von Klärschlamm in Abhängigkeit von der organischen Substanz (Glühverlust) und dem Entwässerungsgrad dargestellt. Die über der Abszisse dargestellte Summe des Energiebedarfes hängt im wesentlichen von der Wasserverdampfung aus dem Klärschlamm und in untergeordnetem Maß von der Erwärmung der Trocken-

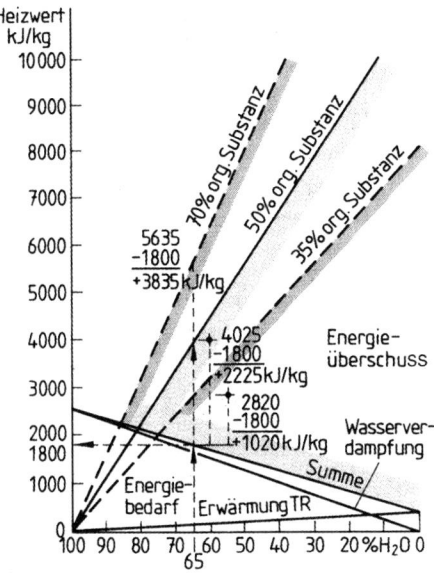

Abb. 20.68 Energiebedarf und -überschuss bei der Trocknung und Verbrennung von Klärschlamm nach Reimann (1989)

masse ab. Es werden drei häufig in der Praxis vorkommende Klarschlämmarten dargestellt. Dabei handelt es sich um Fälle mit 70 % und 50 % organischer Substanz (Rohschlamm und Faulschlamm) sowie 35 % organischer Substanz (stabilisierter Klärschlamm) (Reimann 1989).

Beispiel zu Abb. 20.68

Um einen auf 35 % TR entwässerten Klärschlamm zu trocknen, bedarf es ca. 1800 kJ/kg. Besitzt dieser Klärschlamm 35 % org. Substanz, verbleibt ein Energieüberschuss von ca. 1020 kJ/kg, bei 50 % organischer Substanz (für Faulschlamm) von ca. 2225 kJ/kg und bei 70 % org. Substanz (Rohschlamm) von ca. 3385 kJ/kg.

Für die selbstgängige Verbrennung von Rohschlamm reicht der Energieüberschuss von 1020 kJ/kg nur bei Rückführung heißer Verbrennungsluft in den Prozess aus (Anfahrphase mit Primärenergie). Bei 50 bzw. 70 % organischer Substanz lässt der vorhandene Energieüberschuss in der Regel die Selbstgängigkeit der Verbrennung zu.

Der Mindestheizwert sollte somit mind. ca. 1000 kJ/kg über dem Energiebedarf der Trocknung liegen (siehe Reimann 1989).

Neben der abfallrechtlichen Genehmigung müssen die Anlagen den Anforderungen der 17. BImSchV bzgl. der Emissionsgrenzwerte entsprechen.

20.3.7.7 Klärschlammentsorgung

Die derzeit geltenden Verordnungen und Gesetze beeinflussen die Verwertungsmöglichkeiten der kommunalen Klärschlämme. Die aktuell möglichen Klärschlammentsorgungspfade und die damit verbundenen durchführbaren Schlammbehandlungsmaßnahmen zeigt die Abb. 20.69 schematisch auf.

Die gegenwärtige Klärschlammentsorgung aus öffentlichen Abwasserbehandlungsanlagen ist nach Destatis (12.16) in der Tafel 20.117 dokumentiert.

Die landwirtschaftliche Verwertung ist nur möglich, wenn die Auflagen der Klärschlammaufbringungsverordnung (AbfKlärV) und gemäß Tafel 20.117 erfüllt sind. Aufgrund der Gefahr einer langfristig zu starken Anreicherung der Böden durch Schadstoffe wird es demnächst zu einer Verschärfung der Grenzwerte sowie der Hygieneauflagen im Zuge der Novellierung der Klärschlammverordnung kommen. Des Weiteren sind die Auflagen der Düngemittelverordnung einzuhalten.

Die Düngemittelverordnung von 2012 schreibt neue Grenzwerte für die Verwendung von Klärschlämmen als

Abb. 20.69 Mögliche Schlammbehandlungs- und Entsorgungspfade nach Meyer (1998)

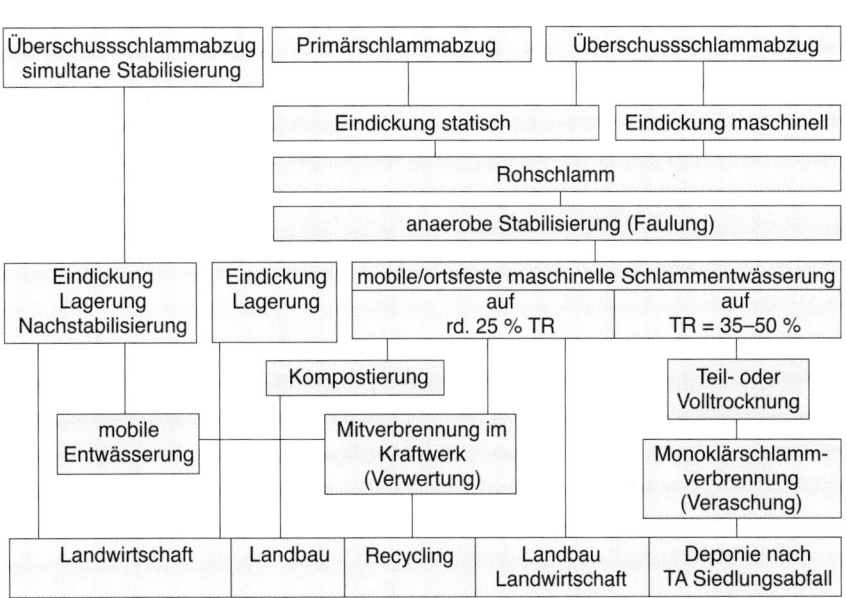

Tafel 20.117 Klärschlammentsorgung aus öffentlichen Abwasserbehandlungsanlagen 2015 nach Destatis 446/16 (12.16)

Direkte Klärschlamm-entsorgung insgesamt[a]	Davon				Thermische Entsorgung	Sonstige direkte Entsorgung
	Stoffliche Verwertung					
	Zusammen	In der Landwirtschaft[b]	Bei landschaftsbau-lichen Maßnahmen	Sonstige stoffliche Verwertung		
Trockenmasse in 1000 Tonnen						
2015	1803,1	651,4	427,7	190,1	33,5	1148,7	3,0
2014	1809,2	722,4	470,9	216,1	35,4	1084,1	2,6
Veränderungen gegenüber 2014 in %						
2015	−0,3	−9,8	−9,2	−12,0	−5,2	6,0	13,8
Anteil in %						
2015	100	36,1	23,7	10,5	1,9	63,7	0,2
2014	100	39,9	26,0	11,9	2,0	59,9	0,1

[a] Ohne Abgabe an andere Abwasserbehandlungsanlagen. Die regionale Zuordnung erfolgt jeweils nach dem Standort der Abwasserbehandlungsanlage.
[b] Nach Klärschlammverordnung (AbfKlärV); im eigenen Bundesland und in anderen Bundesländern verwerteter Klärschlamm nach Bericht für die EU-Kommission.
Abweichungen in den Summen sind rundungsbedingt.

Tafel 20.118 Grenzwerte Klärschlammverordnung und Düngemittelverordnung

Schadstoff		AbfKlärV seit 1992		DüMV 2012, gültig ab 1.1.2015
		Klärschlamm	Boden	Klärschlamm
Arsen	mg/kg TS	–	–	40
Blei	mg/kg TS	900	100	150
Cadmium	mg/kg TS	10 (5,0)	1,5 (1,0)	1,5
Chrom	mg/kg TS	900	100	–
Chrom (VI)	mg/kg TS	–	–	2
Kupfer	mg/kg TS	800	60	900
Nickel	mg/kg TS	200	50	80
Quecksilber	mg/kg TS	8	1	1
Thallium	mg/kg TS	–	–	1
Zink	mg/kg TS	2500 (200)	200 (150)	5000
B(a)P	mg/kg TS	–	–	–
AOX	mg/kg TS	500	–	–
PCB[a]	mg/kg TS	0,2	–	–
I-TE Dioxine und dl-PCB	ng/kg TS	–	–	30
PCDD/PCDF[b]	ngTEQ/kg TS	100	–	–
PFT	mg/kg TS	–	–	0,1

Anmerkungen
Die Werte in () gelten für pH 5 bis 6 oder leichte Böden/Tongehalt $< 5\%$.
Für pH < 5 ist jegliches Aufbringen von Klärschlamm untersagt.
[a] jeweils (bezogen auf die Einzelverb. 28, 52, 101, 138, 153, 180).
[b] TCDD-Toxizitätsäquivalente.
Die maximale Aufbringungsmenge ist auf 5 Tonnen TS je Hektar in 3 Jahren begrenzt.

Dünger vor (Tafel 20.117). Die wesentlichen Parameter, die eine Verwendung in der Landwirtschaft erschweren, sind Blei, Cadmium, Quecksilber und PCB. Dies bedeutet, dass dadurch die nicht mehr als Dünger einsetzbaren Klärschlämme in der Landwirtschaft anderweitig verwertet werden müssen (Six und Lehrmann (10.16), Montag (2015)).

Die gesetzlichen Rahmenbedingungen setzen Grenzen für die stoffliche Verwertung der Klärschlämme. Mit dem politi-schen Willen, das Phosphorrecycling aus dem Klärschlamm in Deutschland zu etablieren, wird der Weg in die thermische Behandlung von Klärschlämmen ausgebaut werden. Dies setzt dann voraus, dass der Klärschlamm in einer Monover-brennungsanlage oder in einer Mitverbrennungsanlage, die mit aschearmen Kohlen betrieben wird, thermisch behandelt wird (Six Lehrmann (10.16)).

Literatur

1. ATV-DVWK-Regelwerke GFA, Theodor-Heuss-Allee 17, Hennef

2. ATV-Handbuch „Planung der Kanalisation" Ernst & Sohn-Verlag, Berlin, 4. Auflage 1995

3. ATV-Handbuch „Bau und Betrieb der Kanalisation" Ernst & Sohn-Verlag, Berlin, 4. Auflage 1996

4. ATV-Handbuch „Mechanische Abwasserreinigung" Ernst & Sohn-Verlag, Berlin, 4. Auflage 1997

5. ATV-Handbuch „Biologische und weitergehende Abwasserreinigung" Ernst & Sohn-Verlag, Berlin, 4. Auflage 1996

6. ATV-Handbuch „Klärschlamm" Ernst & Sohn-Verlag, Berlin, 4. Auflage 1996

7. Barjenbruch, M.: Kapitel Filtrationsverfahren Hütte – Umweltschutztechnik, 1999

8. Barjenbruch, M.; Boll, R.: Stand und Verbreitung der Biofiltrationstechnik in Deutschland Berichte aus Wassergüte- und Abfallwirtschaft Technische Universität München, Bd. Nr. 158, 2000

9. Bever, J., Stein, A., Teichmann, H.: Weitergehende Abwasserreinigung 4. Auflage Oldenburg Industrieverlag München 2002

10. Bundesverband der Energie- und Wasserwirtschaft (BDEW): http://www.bdew.de

11. DVGW Regelwerk Arbeitsblätter, Merkblätter Bonn

12. DVGW Lehr- und Handbuch Wasserversorgung Bd. 6 Wasseraufbereitung – Grundlagen und Verfahren Oldenbourg Industrieverlag GmbH, München, 2004

13. DVGW, Soiné, K. J. et al.: Handbuch für Wassermeister, 4. Auflage R. Oldenbourg Verlag München, Wien 1998

14. DWD Starkniederschlagshöhen für Deutschland KOSTRA Selbstverlag des Deutschen Wetterdienstes Offenbach am Main, Ausgabe 2005

15. DWA Regelwerke, Merkblätter, Arbeitsberichte Deutsche Vereinigung Wasserwirtschaft, Abwasser und Abfall e. V. Theodor-Heuss-Allee 17 Hennef

16. Geiger, W., Dreiseitl, H., Stemplewski, J.: Neue Wege für das Regenwasser Handbuch zum Rückhalt von Regenwasser in Baugebieten 3., neu überarbeitete Auflage, 2010 Oldenbourg Industrieverlag

17. Grombach, P.; Haberer, K.; Merkl, G.; Trueb, E. U.: Handbuch der Wasserversorgungstechnik, 3. Auflage, Oldenbourg Industrieverlag GmbH, 2000

18. Grotehusmann, D., Harms, R. W.: DWA-Kommentar zum Regelwerk DWA-A 138 „Planung, Bau und Betrieb von Anlagen zur Versickerung von Niederschlagswasser", DWA Deutsche Vereinigung für Wasserwirtschaft, Abwasser und Abfall e. V., Hennef 2008

19. Gunthert, F. W.; Reicherter, E. et al.: Kommunale Kläranlagen Bemessung, Erweiterung, Optimierung und Kosten 2. Auflage, expert Verlag 2001

20. Gujer, W.: Siedlungswasserwirtschaft 3., bearbeitete Auflage, Springer, 2007

21. Güteschutz Kanalbau, Technische Regeln im Kanalbau, Verzeichnis der einschlägigen Normen und Richtlinien, http://www.kanalbau.com, Bad Honnef

22. Lipp, P., Baldauf, G., Kuhn, W.: Membranfiltrationsverfahren in der Trinkwasseraufbereitung – Leistung und Grenzen, GWF Wasser Abwasser, Nr. 13 2005

23. Lipp, P., Baldauf, G.: Stand der Membrantechnik in der Trinkwasseraufbereitung in Deutschland, energie/wasser-praxis Nr. 4 2008

24. Klarschlammverordnung (AbfKlarV) BGBl. Nr. 21/92 v. 28. 4. 92

25. Merkel, W. et al.: Einführung in die Wasserversorgung Weiterbildendes Studium Wasser und Umwelt Bauhaus-Universität Weimar, Dez. 2004, Weimar

26. Meyer, H.: Kosten der Klärschlammbehandlung und -entsorgung ATV-Fortbildungskurs für Wassergütewirtschaft und Abwassertechnik, I/4 Fulda, Oktober 1998

27. MKULNV NRW, Programm „Lebendige Gewässer"/Wasserrahmenrichtlinie, Bewirtschaftungsplan und Maßnahmenprogramm für die Gewässer und das Grundwasser in Nordrhein-Westfalen, http://www.flussgebiete.nrw.de/Bewirtschaftungsplanung/index, (abgerufen am 10.03.2011)

28. Mutschmann, J., Stimmelmayer, F.: Taschenbuch der Wasserversorgung 16. Auflage, Vieweg Braunschweig, Wiesbaden 2014

29. Imhoff, K., K. R., Jardin, N.: Taschenbuch der Stadtentwässerung 31. verb. Auflage R. Oldenbourg Verlag München, Wien, 2009

30. Reimann, D. O.: Klärschlammentsorgung Beiheft zu Müll und Abfall; Nr. 28., Berlin 1989

31. Riegler, G.: Aerobe und aerob-thermophile Schlammstabilisierung ATV-Fortbildungskurs F/3, Fulda, März 1989

32. Stein, D.; Stein, R.: Fachinformationssystem Instandhaltung von Kanalisationen Ernst & Sohn Verlag für Architektur und technische Wissenschaften, 2000

33. Umweltbundesamt Informationen zur EU-Wasserrahmenrichtlinie

34. Weiterbildendes Studium Wasser und Umwelt, Bauhaus-Universität Weimar, Abwasserableitung, Universitätsverlag Weimar 2006

35. Weiterbildendes Studium Wasser und Umwelt, Bauhaus-Universität Weimar, Abwasserbehandlung, 3. überarbeitete Auflage, Universitätsverlag Weimar 2009

36. http://www.umweltbundesamt.de/wasser/themen/stoffhaushalt/sseido/wrrl.htm, aufgerufen am 28.04.2013

37. Gretzschel, O., Schmitt, T.G., Hansen, J., Siekmann, K., Jakob, J.: Schlammfaulung statt aerober Stabilisierung, Wasserwirtschaft Wassertechnik 03.2012

38. Schröder, M.: Getrennte anaerobe Schlammstabilisierung und Klärgasverwertung auf kleinen und mittleren Kläranlagen, 44. Essener Tagung GWA Bd. 223, ISBN 978-3-938996- 4, 2011

39. Lehrmann, F. Thermische Klärschlammentsorgung, WasserWirtschafts-Kurse N/4 Schlammbehandlung, -verwertung und -beseitigung ISBN: 978-3-941897-42-7, DWA 2010

40. Bux, M.: Solare Klärschlammtrocknung -- Stand der Technik und ausgewählte Anlagenbeispiele, WasserWirtschafts-Kurse N/4, Schlammbehandlung, -verwertung und -beseitigung ISBN: 978-3-941897-42-7, DWA 2010

41. Petzet, S., Cornel, P.: Wertstoffrückgewinnung aus Klärschlämmen, WasserWirtschafts- Kurse N/4, Schlammbehandlung, -verwertung und -beseitigung ISBN: 978-3-941897-42-7, DWA 2010

42. Schaum Ch. et al.: Klärschlammfaulung und -verbrennung: das Behandlungskonzept der Zukunft? – Ergebnisse einer Grundsatzstudie zum Stand der Klärschlammbehandlung, KA Korrespondenz Abwasser, Abfall(57), Nr. 3 2010

43. MKULNV NRW: Retentionsbodenfilter – Handbuch für Planung,Bau und Betrieb Düsseldorf, aktualisierte 2. Aufl., Stand 2015

44. Uhl, M. et al.: Empfehlungen für Planung, Bau, und Betrieb von Retentionsbodenfiltern 48. Essener Tagung für Wasser- und Abfallwirtschaft Gewässerschutz, Wasser, Abwasser Band 236, ISBN 978-3-938996-42-3, Band 236, 2015

45. Abegglen C., Siegrist H.: Mikroverunreinigungen aus kommunalem Abwasser. Verfahren zur weitergehenden Elimination auf Kläranlagen. Bundesamt für Umwelt, Bern, Umwelt-Wissen Nr. 1214: 210 S., 2012

46. DWA-Themen: – Möglichkeiten der Elimination von anthropogenen Spurenstoffen T3/2015, 04.2015

47. Mertsch V.: 4. Reinigungsstufe machbar und umsetzbar? 27. Hamburger Kolloqium zur Abwasserwirtschaft, Hamburger Berichte zur Siedlungswasserwirtschaft Band Nr. 91, ISBN 978-3-942768-16-0, GFU 2015

48. DWA Arbeitsgruppe KA-8.6 Aktivkohleeinsatz auf kommunalen Kläranlagen zur Spurenstoffentfernung: Arbeitsbericht der DWA-Arbeitsgruppe KA-8.6 „Aktivkohleeinsatz auf Kläranlagen" KA – Korrespondenz Abwasser, Abfall, 12/2016, S. 1062–1065

49. Benström F. et al.: Leistungsfähigkeit granulierter Aktivkohle zur Entfernung organischer Spurenstoffe aus Abläufen kommunaler Kläranlagen Ein Überblick über halb- und großtechnische Untersuchungen Teil 1: Veranlassung, Zielsetzung und Grundlagen KA – Korrespondenz Abwasser, Abfall, 03/2016, S. 187–192 Teil 2: Methoden, Ergebnisse und Ausblick KA – Korrespondenz Abwasser, Abfall, 04/2016, S. 276–289

50. Six J., Lehrmann F.: Thermische Klärschlammverwertung in Deutschland Eine Bestandsaufnahme und ein Blick in die Zukunft für den Aufbau weiterer Kapazitäten KA – Korrespondenz Abwasser, Abfall, 10/2016, S. 878–885

51. Teichgräber B., Hetschel M.: Bemessung der einstufigen biologischen Abwassereinigung nach DWA-A 131 KA – Korrespondenz Abwasser, Abfall, 2/2016, S. 97–102

52. Destatis Statistisches Bundesamt: Klärschlammentsorgung aus öffentlichen Abwasserbehandlungsanlagen 2015 Pressemitteilung vom 12. Dezember 2016 – 446/16

Abfallwirtschaft

Prof. Dr.-Ing. Ernst Biener

Inhaltsverzeichnis

21.1 Grundlagen Abfallwirtschaft 1443
   21.1.1 Abfallbegriffe, Abfallschlüsselnummern und
       Überwachungsverfahren 1443
21.2 Deponietechnik 1445
   21.2.1 Klassifizierung von Deponien 1445
   21.2.2 Bestandteile von Deponien 1447
   21.2.3 Deponiestandort und geologische Anforderungen 1447
   21.2.4 Basisabdichtungssysteme 1448
   21.2.5 Sickerwasserzusammensetzung und -erfassung . . 1449
   21.2.6 Gaszusammensetzung und -erfassung 1451
   21.2.7 Oberflächenabdichtungssysteme 1452
   21.2.8 Betriebseinrichtungen, Betriebsphasen und
       Überwachung 1455
   21.2.9 Einsatz von Abfällen zur Verwertung
       auf Deponien 1458
   21.2.10 Stilllegung und Nachsorge von Deponien 1458
21.3 Altlasten 1460
   21.3.1 Vorgehensweise und Beurteilung von
       Kontaminationen 1460
   21.3.2 Orientierungswerte für Grund- und
       Oberflächenwasser 1463
   21.3.3 Gasförmige Kontaminationen 1465
   21.3.4 Sanierung von Altlasten 1465
21.4 Verwertung von Reststoffen 1466
   21.4.1 Anforderungen an die Verwertung von Reststoffen 1466
   21.4.2 Anforderungen an Gewinnung, Anlieferung,
       Aufbereitung und Lagerung
       von Recyclingbaustoffen 1472

21.1 Grundlagen Abfallwirtschaft

21.1.1 Abfallbegriffe, Abfallschlüsselnummern und Überwachungsverfahren

Gemäß KrW-/AbfG [1] werden zur Definition von Abfällen die in Abb. 21.1 dargestellten Abfallbegriffe, die auf europäischer Ebene mittlerweile harmonisiert sind, verwendet.

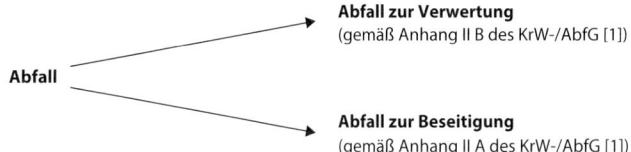

Abb. 21.1 Abfallbegriffe

Hinsichtlich der behördlichen Überwachung anfallender und zu entsorgender Abfälle (z. B. auf Baustellen) sowie der zugehörigen Überwachungs- bzw. Nachweisverfahren wird seit Inkrafttreten der Verordnung zur Vereinfachung der abfallrechtlichen Überwachung [33] zur Anpassung an die Vorgaben des EG Rechtes zwischen den in Tafel 21.1 erläuterten Abfallarten und Register- bzw. Nachweispflichten unterschieden (Beispiele siehe Tafel 21.2).

Das in Tafel 21.1 genannte Nachweisverfahren besteht gemäß Nachweisverordnung [34] jeweils aus den Schritten Vorabkontrolle (Entsorgungsnachweis = Nachweis über die Zulässigkeit der vorgesehenen Entsorgung vor Aufnahme

Tafel 21.1 Abfallarten und Überwachungspflichten

Nr.	Abfallart	Überwachungspflichten	Zuständigkeit
1	Nicht gefährliche Abfälle	Registerpflichtig (Register = ehem. Nachweisbuch) nach § 42 KrW-/AbfG [1]	Entsorger (andere Anforderungen im Einzelfall möglich)
2	Gefährliche Abfälle	Registerpflichtig und behördliches Nachweisverfahren nach § 43 KrW-/AbfG [1]	Erzeuger, Besitzer, Einsammler, Beförderer, Entsorger

E. Biener ✉
FH Aachen, Bayernallee 9, 52066 Aachen, Deutschland

© Springer Fachmedien Wiesbaden GmbH 2018
U. Vismann (Hrsg.), *Wendehorst Bautechnische Zahlentafeln*, https://doi.org/10.1007/978-3-658-17936-6_21

Tafel 21.2 Abfallarten und zugehörige Abfallschlüsselnummern für Abfallgruppe 17 der AVV (Bau- und Abbruchabfälle einschließlich Aushub von verunreinigten Standorten)

AVV-Schlüsselnummer	Abfallart/Bezeichnung
Gruppe 17 01:	**Beton, Ziegel, Fliesen und Keramik**
17 01 01	Beton
17 01 02	Ziegel
17 01 03	Fliesen und Keramik
17 01 06*	*Gemische aus oder getrennte Fraktionen von Beton, Ziegeln, Fliesen und Keramik, die gefährliche Stoffe enthalten*
17 01 07	Gemische aus Beton, Ziegeln, Fliesen und Keramik mit Ausnahme derjenigen, die unter 17 01 06 fallen
Gruppe 17 02:	**Holz Glas und Kunststoff**
17 02 01	Holz
17 02 02	Glas
17 02 03	Kunststoff
17 02 04*	*Holz, Glas und Kunststoff, die gefährliche Stoffe enthalten oder durch gefährliche Stoffe verunreinigt sind*
Gruppe 17 03:	**Bitumengemische, Kohlenteer und teerhaltige Produkte**
17 03 01*	*Kohlenteerhaltige Bitumengemische*
17 03 02	Bitumengemische mit Ausnahme derjenigen, die unter 17 03 01 fallen
17 03 03*	*Kohlenteer und teerhaltige Produkte*
Gruppe 17 04:	**Metalle (einschließlich Legierungen)**
17 04 01	Kupfer, Bronze, Messing
17 04 02	Aluminium
17 04 03	Blei
17 04 04	Zink
17 04 05	Eisen und Stahl
17 04 06	Zinn
17 04 07	Gemischte Metalle
17 04 09*	*Metallabfälle, die durch gefährliche Stoffe verunreinigt sind*
17 04 10*	*Kabel, die Öl, Kohlenteer oder andere gefährliche Stoffe enthalten*
17 04 11	Kabel mit Ausnahme derjenigen, die unter 17 04 10 fallen
Gruppe 17 05:	**Boden (einschließlich Aushub von verunreinigten Standorten), Steine und Baggergut**
17 05 03*	*Boden und Steine, die gefährliche Stoffe enthalten*
17 05 04	Boden und Steine mit Ausnahme derjenigen, die unter 17 05 03 fallen
17 05 05*	*Baggergut, das gefährliche Stoffe enthält*
17 05 06	Baggergut, mit Ausnahme desjenigen, das unter 17 05 05 fällt
17 05 07*	*Gleisschotter, der gefährliche Stoffe enthält*
17 05 08	Gleisschotter, mit Ausnahme desjenigen, das unter 17 05 07 fällt
Gruppe 17 06:	**Dämmmaterial und asbesthaltige Baustoffe**
17 06 01*	*Dämmmaterial, das Asbest enthält*
17 06 03*	*Anderes Dämmmaterial, das aus gefährlichen Stoffen besteht oder solche Stoffe enthält*
17 06 04	Dämmmaterial mit Ausnahme desjenigen, das unter 17 06 01 und 17 06 03 fällt
17 06 05*	*Asbesthaltige Baustoffe*
Gruppe 17 08:	**Baustoffe auf Gipsbasis**
17 08 01*	*Baustoffe aus Gipsbasis, die durch gefährliche Stoffe verunreinigt sind*
17 08 02	Baustoffe auf Gipsbasis mit Ausnahme derjenigen, die unter 17 08 01 fallen
Gruppe 17 09:	**Sonstige Bau und Abbruchabfälle**
17 09 01*	*Bau- und Abbruchabfälle, die Quecksilber enthalten*
17 09 02*	*Bau- und Abbruchabfälle, die PCB enthalten (z. B. PCB-haltige Dichtungsmassen, PCB-haltige Bodenbeläge auf Harzbasis, PCB-haltige Isolierverglasungen, PCB-haltige Kondensatoren)*
17 09 03*	*Sonstige Bau- und Abbruchabfälle (einschließlich gemischte Abfälle), die gefährliche Stoffe enthalten*
17 09 04	Gemischte Bau- und Abbruchabfälle mit Ausnahme derjenigen, die unter 17 09 01, 17 09 02 und 17 09 03 fallen

Hinweis:
Normaldruck: **Nicht gefährliche Abfälle** (registerpflichtige Abfälle für Entsorger).
Kursivdruck*: **Gefährliche Abfälle** (register- und nachweispflichtige Abfälle für Erzeuger, Besitzer, Einsammler, Beförderer, Entsorger).

der Entsorgung) und Verbleibskontrolle (Begleitscheinverfahren = Nachweisführung über die durchgeführte Entsorgung). Entsprechende Formblätter für die Nachweisverfahren finden sich in [34].

Die detaillierte abfallrechtliche Erfassung, Überwachung und Entsorgung auf Baustellen erfolgt gemäß den Abfallschlüsselnummern des europäischen Abfallverzeichnisses (gemäß Abfallverzeichnis-Verordnung AVV [32]). Die AVV unterscheidet zwischen 20 Abfallobergruppen, denen jeweils die mit einem 6-stelligen Abfallschlüssel versehenen Abfallarten herkunfts- und gruppenbezogen zugeordnet sind.

Neben der Obergruppe 20 (Siedlungsabfälle u. Ä.) ist für die Abfallentsorgung auf Baustellen und im Baubereich die Abfallgruppe 17 von Bedeutung. Beispielhaft wird in Tafel 21.2 die Bedeutung der Abfallschlüssel an dieser Abfallgruppe erläutert.

21.2 Deponietechnik

21.2.1 Klassifizierung von Deponien

21.2.1.1 Generelle Hinweise

Grundlage für die Ablagerung von Abfällen auf oberirdischen Deponien bilden die EG-Deponierichtlinie [30] und das Kreislaufwirtschaftsgesetz [1] sowie die darauf basierende Deponieverordnung (DepV) [2]. Durch das Inkrafttreten der Verordnung zur Vereinfachung des Deponierechts [3] ist die Vielzahl bisheriger bundesdeutscher Rechtsvorschriften im Deponiebereich (Ablagerungsverordnung, „alte" Deponieverordnung, Deponieverwertungsverordnung sowie TA Siedlungsabfall und TA Abfall) endgültig aufgehoben worden und nunmehr ein einheitliches Regelwerk entstanden.

In diesem Zusammenhang ist die Ablagerung von unbehandelten organischen Abfällen (z. B. Siedlungsabfall o. Ä.) im Gegensatz zu vielen anderen europäischen Ländern in Deutschland seit dem 15.07.2009 endgültig eingestellt worden. Hinweise zu Anforderungen und Standards dieser sich heute in der Stilllegungs- oder Nachsorgephase (siehe auch Abschn. 21.2.8) befindlichen Altdeponien finden sich in früheren Auflagen des Wendehorstes (bis 33. Auflage).

Tafel 21.3 Deponieklasseneinteilung

Bezeichnung nach DepV [2]	Kurzbezeichnung	Beschreibung
Deponieklasse 0	DK 0	Inertstoffdeponie
Deponieklasse I	DK I	Mineralstoffdeponie
Deponieklasse II	DK II	Reststoffdeponie
Deponieklasse III	DK III	Sonderabfalldeponie
Deponieklasse IV	DK IV	Untertagedeponie

21.2.1.2 Deponieklasseneinteilung und Zuordnungswerte

Gemäß Deponieverordnung [2] gibt es für Bau und Betrieb von ober- und untertägigen Deponien 5 unterschiedliche Deponieklassen für die Ablagerung von Abfallen (Tafel 21.3).

Für die Zulässigkeit der Ablagerung von Abfällen auf Deponien der Klasse 0, I, II oder III sind insbesondere der Schadstoffgehalt und der organische Anteil der abzulagernden Abfälle (sogenannte Zuordnungswerte) von Bedeutung. Diese Zuordnungswerte sind ebenfalls beim Einsatz von Deponieersatzbaustoffen (siehe Abschn. 21.2.9) und dem Einsatz von Böden in Rekultivierungsschichten (siehe Abschn. 21.2.7) auf Deponien zu berücksichtigen.

Organische Abfälle sind vor Ablagerung in der Regel in thermischen oder mechanisch-biologischen Anlagen vorzubehandeln und zu inertisieren. Dies wird durch die Festlegung entsprechender Zuordnungswerte gemäß Tafel 21.4 für die Deponieklassen gemäß Tafel 21.3 sichergestellt. Dabei wird im Hinblick auf die Deponieklasse II (Reststoffdeponie vorbehandelter Siedlungsabfälle) zwischen einer thermischen Vorbehandlung (DK II) und einer mechanisch-biologischen Vorbehandlung (DK II – MBA) auch im Hinblick auf die zulässigen Zuordnungswerte unterschieden (detaillierte Angaben siehe DepV [2]). Werden die Zuordnungswerte der Tafel 21.4 überschritten, so ist ggf. noch eine Abfallentsorgung auf einer Untertagedeponie der DK IV möglich.

Im Einzelfall (wenn der Deponiebetreiber nachweist, dass das Wohl der Allgemeinheit – gemessen an den Anforderungen der Deponieverordnung – nicht beeinträchtigt wird) können mit Zustimmung der zuständigen Behörde einzelne der in Tafel 21.4 genannten Zuordnungswerte maximal bis

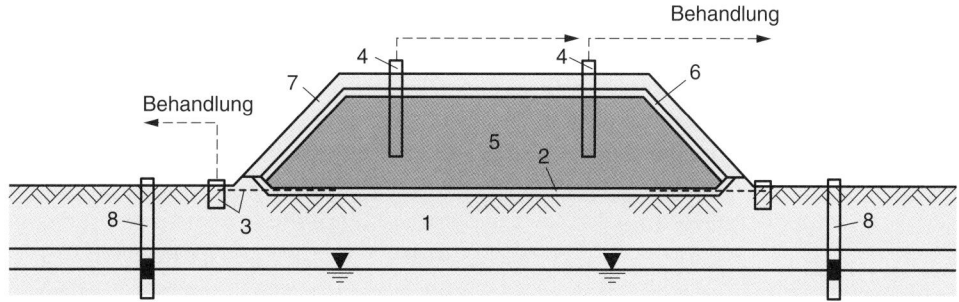

Abb. 21.2 Prinzipielle Bestandteile einer Deponie. *1* Geologische Barriere, *2* Basisabdichtungssystem, *3* Sickerwasserfassung und -behandlung, *4* Gasfassung und behandlung (ggf.), *5* Deponiekörper, *6* Oberflächenabdichtungssystem, *7* Rekultivierung, *8* Grundwasserbeobachtung (Betrieb, Nachsorge)

Tafel 21.4 Zuordnungswerte der Deponieverordnung [2]

1	2	3	4	5	6	7	8	9
Nr.	Parameter	Maßeinheit	Geologische Barriere	DK 0	DK I	DK II	DK III	Rekultivie-rungsschicht[a]
1	**Organischer Anteil des Trockenrückstandes der Originalsubstanz[b]**							
1.01	Bestimmt als Glühverlust	In Masse %	≤ 3	≤ 3	$\leq 3^{c,\,d,\,e}$	$\leq 5^{c,\,d,\,e}$	$\leq 10^{d,\,e}$	
1.02	Bestimmt als TOC	In Masse %	≤ 1	≤ 1	$\leq 1^{c,\,d,\,e}$	$\leq 3^{c,\,d,\,e}$	$\leq 6^{d,\,e}$	
2	**Feststoffkriterien**							
2.01	Summe BTEX (Benzol, Toluol, Ethylbenzol, o-, m-, p-Xylol, Styrol, Cumol)	In mg/kg$_{TM}$	≤ 1	≤ 6				
2.02	PCB (Summe der 7 PCB-Konge-nere nach Ballschmiter, PCB-28, -52, -101, -118, -138, -153, -180)	In mg/kg$_{TM}$	$\leq 0,02$	≤ 1				$\leq 0,1$
2.03	Mineralölkohlenwasserstoffe (C 10 bis C 40)	In mg/kg$_{TM}$	≤ 100	≤ 500				
2.04	Summe PAK nach EPA	In mg/kg$_{TM}$	≤ 1	≤ 30				$\leq 5^{f}$
2.05	Benzo(a)pyren	In mg/kg$_{TM}$						$\leq 0,6$
2.06	Säureneutralisationskapazität	In mmol/kg			Muss bei gefährlichen Abfällen ermittelt werden[g]	Muss bei gefährlichen Abfällen ermittelt werden[g]	Muss ermittelt werden	
2.07	Extrahierbare lipophile Stoffe in der Originalsubstanz	In Masse %		$\leq 0,1$	$\leq 0,4^{e}$	$\leq 0,8^{e}$	$\leq 4^{e}$	
2.08	Blei	In mg/kg$_{TM}$						≤ 140
2.09	Cadmium	In mg/kg$_{TM}$						$\leq 1,0$
2.10	Chrom	In mg/kg$_{TM}$						≤ 120
2.11	Kupfer	In mg/kg$_{TM}$						≤ 80
2.12	Nickel	In mg/kg$_{TM}$						≤ 100
2.13	Quecksilber	In mg/kg$_{TM}$						$\leq 1,0$
2.14	Zink	In mg/kg$_{TM}$						≤ 300
3	**Eluatkriterien**							
3.01	pH-Wert[h]		6,5–9	5,5–13	5,5–13	5,5–13	4–13	6,5–9
3.02	DOC[i]	In mg/l		≤ 50	$\leq 50^{c,\,j}$	$\leq 80^{c,\,j,\,k}$	≤ 100	
3.03	Phenole	In mg/l	$\leq 0,05$	$\leq 0,1$	$\leq 0,2$	≤ 50	≤ 100	
3.04	Arsen	In mg/l	$\leq 0,01$	$\leq 0,05$	$\leq 0,2$	$\leq 0,2$	$\leq 2,5$	$\leq 0,01$
3.05	Blei	In mg/l	$\leq 0,02$	$\leq 0,05$	$\leq 0,2$	≤ 1	≤ 5	$\leq 0,04$
3.06	Cadmium	In mg/l	$\leq 0,002$	$\leq 0,004$	$\leq 0,05$	$\leq 0,1$	$\leq 0,5$	$\leq 0,002$
3.07	Kupfer	In mg/l	$\leq 0,05$	$\leq 0,2$	≤ 1	≤ 5	≤ 10	$\leq 0,05$
3.08	Nickel	In mg/l	$\leq 0,04$	$\leq 0,04$	$\leq 0,2$	≤ 1	≤ 4	$\leq 0,05$
3.09	Quecksilber	In mg/l	$\leq 0,0002$	$\leq 0,001$	$\leq 0,005$	$\leq 0,02$	$\leq 0,2$	$\leq 0,0002$
3.10	Zink	In mg/l	$\leq 0,1$	$\leq 0,4$	≤ 2	≤ 5	≤ 20	$\leq 0,1$
3.11	Chlorid[l]	In mg/l	≤ 10	≤ 80	$\leq 1500^{m}$	$\leq 1500^{m}$	≤ 2500	$\leq 10^{n}$
3.12	Sulfat[l]	In mg/l	≤ 50	$\leq 100^{o}$	$\leq 2000^{m}$	$\leq 2000^{m}$	≤ 5000	$\leq 50^{n}$
3.13	Cyanid, leicht freisetzbar	In mg/l	$\leq 0,01$	$\leq 0,01$	$\leq 0,1$	$\leq 0,5$	≤ 1	
3.14	Fluorid	In mg/l		≤ 1	≤ 5	≤ 15	≤ 50	
3.15	Barium	In mg/l		≤ 2	$\leq 5^{m}$	$\leq 10^{m}$	≤ 30	
3.16	Chrom, gesamt	In mg/l		$\leq 0,05$	$\leq 0,3$	≤ 1	≤ 7	$\leq 0,03$
3.17	Molybdän	In mg/l		$\leq 0,05$	$\leq 0,3^{m}$	$\leq 1^{m}$	≤ 3	
3.18a	Antimon[p]	In mg/l		$\leq 0,006$	$\leq 0,03^{m}$	$\leq 0,07^{m}$	$\leq 0,5$	
3.18b	Antimon – C_0-Wert[p]	In mg/l		$\leq 0,1$	$\leq 0,12^{m}$	$\leq 0,15^{m}$	$\leq 1,0$	
3.19	Selen	In mg/l		$\leq 0,01$	$\leq 0,03^{m}$	$\leq 0,05^{m}$	$\leq 0,7$	

Tafel 21.4 (Fortsetzung)

1	2	3	4	5	6	7	8	9
Nr.	Parameter	Maßeinheit	Geologische Barriere	DK 0	DK I	DK II	DK III	Rekultivierungsschicht[a]
3.20	Gesamtgehalt an gelösten Feststoffen	In mg/l	400	400	3000	6000	10.000	
3.21	Elektrische Leitfähigkeit	In µS/cm						≤ 500

[a] In Gebieten mit naturbedingt oder großflächig siedlungsbedingt erhöhten Schadstoffgehalten in Böden ist eine Verwendung von Bodenmaterial aus diesem Gebieten zulässig, welches die Hintergrundgehalte des Gebietes nicht überschreitet, sofern die Funktion der Rekultivierungsschicht nicht beeinträchtigt wird.

[b] Nummer 1.01 kann gleichwertig zu Nummer 1.02 angewandt werden.

[c] Eine Überschreitung des Zuordnungswertes ist mit Zustimmung der zuständigen Behörde bei Bodenaushub (Abfallschlüssel 17 05 04 und 20 02 02 nach der Anlage zur Abfallverzeichnis-Verordnung) und bei Baggergut (Abfallschlüssel 17 05 06 nach der Anlage zur Abfallverzeichnis-Verordnung) zulässig, wenn

    1. die Überschreitung ausschließlich auf natürliche Bestandteile des Bodenaushubes oder des Baggergutes zurückgeht,

    2. sonstige Fremdbestandteile nicht mehr als 5 Volumenprozent ausmachen,

    3. bei der gemeinsamen Ablagerung mit gipshaltigen Abfällen der DOC-Wert maximal 80 mg/l beträgt,

    4. auf der Deponie, dem Deponieabschnitt oder dem gesonderten Teilabschnitt eines Deponieabschnitts ausschließlich nicht gefährliche Abfälle abgelagert werden und

    5. das Wohl der Allgemeinheit – gemessen an den Anforderungen dieser Verordnung – nicht beeinträchtigt wird.

[d] Der Zuordnungswert gilt nicht für Aschen aus der Braunkohlefeuerung sowie für Abfälle oder Deponieersatzbaustoffe aus Hochtemperatur-prozessen, zu letzteren gehören insbesondere Abfälle aus der Verarbeitung von Schlacke, unbearbeitete Schlacke, Stäube und Schlämme aus der Abgasreinigung von Sinteranlagen, Hochöfen, Schachtöfen und Stahlwerken der Eisen- und Stahlindustrie. Bei gemeinsamer Ablagerung mit gipshaltigen Abfällen darf der TOC-Wert der in Satz 1 genannten Abfälle oder Deponieersatzbaustoffe maximal 5 Massenprozent betragen. Eine Überschreitung dieses TOC-Wertes ist zulässig, wenn der DOC-Wert maximal 80 mg/l beträgt.

[e] Gilt nicht für Asphalt auf Bitumenbasis.

[f] Bei PAK-Gehalten von mehr als 3 mg/kg ist mit Hilfe eines Säulenversuches nach DIN 19528 nachzuweisen, dass in dem Säuleneluat bei einem Flüssigkeit-Feststoffverhältnis von 2 : 1 ein Wert von 0,20 µg/l nicht überschritten wird.

[g] Nicht erforderlich bei asbesthaltigen Abfällen und Abfällen, die andere gefährliche Mineralfasern enthalten.

[h] Abweichende pH-Werte stellen allein kein Ausschlusskriterium dar. Bei Über- oder Unterschreitungen ist die Ursache zu prüfen. Werden jedoch auf Deponien der Klassen I und II gefährliche Abfälle abgelagert, muss deren pH-Wert mindestens 6,0 betragen.

[i] Der Zuordnungswert für DOC ist auch eingehalten, wenn der Abfall oder der Deponiebauersatzstoff den Zuordnungswert nicht bei seinem eigenen pH-Wert, aber bei einem pH-Wert zwischen 7,5 und 8,0 einhält.

[j] Auf Abfälle oder Deponieersatzbaustoffe auf Gipsbasis nur in den Fällen anzuwenden, wenn sie gemeinsam mit biologisch abbaubaren oder gefährlichen Abfällen abgelagert oder eingesetzt werden.

[k] Überschreitungen des DOC bis max. 100 mg/l sind zulässig, wenn auf der Deponie oder dem Deponieabschnitt keine gipshaltigen Abfälle und seit dem 16. Juli 2005 ausschließlich nicht gefährliche Abfälle oder Deponieersatzbaustoffe abgelagert oder eingesetzt werden.

[l] Nummer 3.20 kann, außer in den Fällen gemäß Spalte 9 (Rekultivierungsschicht), gleichwertig zu den Nummern 3.11 und 3.12 angewandt werden.

[m] Der Zuordnungswert gilt nicht, wenn auf der Deponie oder dem Deponieabschnitt seit dem 16. Juli 2005 ausschließlich nicht gefährliche Abfälle oder Deponieersatzbaustoffe abgelagert oder eingesetzt werden.

[n] Untersuchung entfällt bei Bodenmaterial ohne mineralische Fremdbestandteile.

[o] Überschreitungen des Sulfatwertes bis zu einem Wert von 600 mg/l sind zulässig, wenn der C_0-Wert der Perkolationsprüfung den Wert von 1500 mg/l bei $L/S = 0,1$ l/kg nicht überschreitet.

[p] Überschreitungen des Antimonwertes nach Nummer 3.18a sind zulässig, wenn der C_0-Wert der Perkolationsprüfung bei $L/S = 0,1$ l/kg nach Nummer 3.18b nicht überschritten wird.

auf das Dreifache des jeweiligen Zuordnungswertes für die Deponieklasse II überschritten werden (detaillierte Angaben siehe Anhang 3 der DepV [2]).

Bei der Ablagerung auf Monodeponien gilt dies generell, wenn aufgrund der Schadstoffgehalte im Abfall oder der Bindungsform der Schadstoffe in den Abfällen eine Mobilisierung der Schadstoffe und nachteilige Reaktionen mit anderen Abfällen ausgeschlossen werden können.

21.2.2 Bestandteile von Deponien

Die wesentlichen Bestandteile einer obertägigen Deponie nach dem Multibarrierenprinzip [2] sind in Abb. 21.2 dargestellt. Gemäß [2] ist eine Anlage von Deponien in Gruben, aus denen eine Ableitung von Sickerwasser in freiem Gelände zu außerhalb des Ablagerungsbereichs liegenden Schächten nicht möglich ist, nicht mehr zulässig (siehe Tafel 21.5). Daher ist für die Planung von Deponien in der Regel von der Form einer Hoch- bzw. Haldendeponie auszugehen.

21.2.3 Deponiestandort und geologische Anforderungen

Im Anhang 1 der Deponieverordnung [2] werden eine Reihe von geologischen, hydrogeologischen und technischen Anforderungen sowohl an den Deponiestandort (Generelle Eignung und Untergrund) als auch an die geologische Barriere/technische Barriere von Deponien gestellt.

Tafel 21.5 Generelle Eignung von Deponiestandorten

Bezüglich der Eignung des Standorts ist insbesondere Folgendes zu berücksichtigen:

a) Geologische und hydrogeologische Bedingungen des Gebietes einschließlich eines permanent zu gewährleistenden Abstandes der Oberkante der geologischen Barriere vom höchsten zu erwartenden freien Grundwasserspiegel von mindestens 1 m

b) Besonders geschützte oder schützenswerte Flächen wie Trinkwasser- und Heilquellenschutzgebiete, Wasservorranggebiete, Wald- und Naturschutzgebiete, Biotopflächen

c) Ausreichender Schutzabstand zu sensiblen Gebieten wie z. B. Wohnbebauungen, Erholungsgebieten

d) Gefahr von Erdbeben, Überschwemmungen, Bodensenkungen, Erdfällen, Hangrutschen oder Lawinen auf dem Gelände

e) Ableitbarkeit des gesammelten Sickerwassers im freien Gefälle

Tafel 21.6 Anforderungen an den Untergrund von Deponien

Der Untergrund einer Deponie muss folgende Anforderungen erfüllen:

1. Aufnahme sämtlicher bodenmechanischen Belastungen aus der Deponie, auftretende Setzungen dürfen keine Schaden am Basisabdichtungs- und Sickerwassersammelsystem verursachen

2. Geringe Durchlässigkeit, Mächtigkeit, Homogenität, Schadstoffrückhaltevermögen (Wirkung als geologische Barriere; Anforderungen siehe Tafel 21.7)

3. Falls die Anforderungen der lfd. Nr. 2 nicht durch die vorhandene natürliche geologische Barriere erfüllt werden, kann sie durch technische Maßnahmen geschaffen, vervollständigt oder verbessert werden (technische Barriere); Reduzierung der Mindestdicke auf $d = 0,5$ m möglich, falls durch entsprechend geringere Wasserdurchlässigkeit die gleiche Schutzwirkung erzielt wird

4. Falls keine natürliche geologische Barriere vorhanden ist, ist die technische Barriere gemäß lfd. Nr. 3 in einer Mindestdicke entsprechend Tafel 21.7 auszuführen

Tafel 21.7 Anforderungen an die geologische Barriere von Deponien

Deponieklasse	Anforderungen nach Anhang 1 der DepV [2]
Deponieklasse 0	$d \geq 1,0$ m; $k \leq 1 \cdot 10^{-7}$ m/s
Deponieklasse I	$d \geq 1,0$ m; $k \leq 1 \cdot 10^{-9}$ m/s
Deponieklasse II	$d \geq 1,0$ m; $k \leq 1 \cdot 10^{-9}$ m/s
Deponieklasse III	$d \geq 5,0$ m; $k \leq 1 \cdot 10^{-9}$ m/s

Die wesentlichen Anforderungen im Hinblick auf die Eignung entsprechender Deponiestandorte, ihres Untergrundes sowie der zugehörigen geologischen/technischen Barriere sind in Tafel 21.5, 21.6 und 21.7 dargestellt.

21.2.4 Basisabdichtungssysteme

Deponiebasisabdichtungssysteme umfassen neben der oder den eigentlichen Abdichtungskomponenten auch die weiterhin notwendigen Bestandteile wie Entwässerungs-, Schutz- und Filterschichten. Dichtungskomponenten können auf Basis mineralischer Materialien (natürliche oder vergütete mineralische Dichtungen, Kapillarsperren, Bentonitmatten, etc.) und/oder (teilweise) werksmäßig produzierter künstlicher Materialien (Kunststoffdichtungsbahnen, Asphaltdichtungen, etc.) hergestellt werden (siehe auch Tafel 21.12 in Abschn. 21.2.7). Eingesetzt in Deponien dürfen nur dem Stand der Technik entsprechende (z. B. von der Bundesanstalt für Materialforschung und -prüfung oder von den Bundesländern) zugelassene oder eignungsfestgestellte Baustoffe oder Systemkomponenten (siehe [2], [7] und [8]), deren Funktionserfüllung über einen Zeitraum von mindestens 100 Jahren nachgewiesen ist.

Der dauerhafte Schutz des Bodens und des Grundwassers ist durch die Kombination aus geologischer Barriere und einem Basisabdichtungssystem im Ablagerungsbereich gemäß Tafel 21.8 zu gewährleisten.

Beim Erfordernis von zwei Abdichtungskomponenten entsprechend Tafel 21.8 sollen diese aus einer Konvektionssperre (Kunststoffdichtungsbahn oder Asphaltdichtung) über einer mineralischen Komponente bestehen. Die mineralische Komponente ist mehrlagig herzustellen. Abb. 21.3 zeigt die beispielhafte Darstellung von Basisabdichtungssystemen der Deponieklassen I bis III auf der Grundlage der Kombination einer mineralischen Dichtung mit einer Kunststoffdichtungsbahn.

Für die zur Herstellung von Deponieabdichtungssystemen benötigten Materialien sowie für die beabsichtigten Herstellungsverfahren sind Eignungsprüfungen durchzuführen und ein Qualitätsmanagementplan entsprechend [5] aufzustellen.

Abb. 21.3 Beispielhafte Darstellung von Basisabdichtungssystemen.
a Deponieklasse I,
b Deponieklasse II,
c Deponieklasse III;
1 Deponieuntergrund, *2* Deponieplanum, *3* Mineralische Dichtung, *4* Kunststoffdichtungsbahn, *5* Schutzschicht, *6* Entwässerungsschicht, *7* Dränrohre, *8* Abfall, *9* Filterschicht (ggf.)

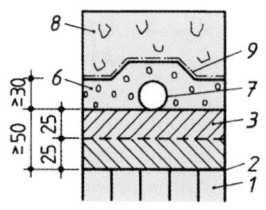
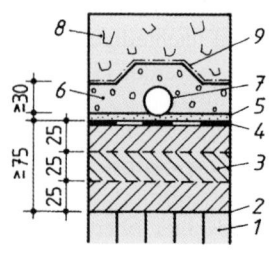
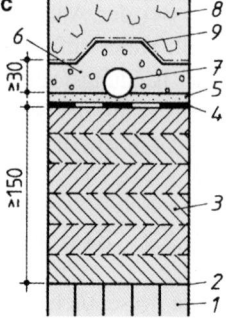

Tafel 21.8 Anforderungen an die Kombination von Geologischer Barriere und Basisabdichtungssystem von Deponien nach DepV [2]

Deponieklasse (DK)	Geologische Barriere[a]	Erste Abdichtungskomponente[b,c]	Zweite Abdichtungskomponente[b,c]	Entwässerungsschicht (Dränage)[d]
DK 0	$d \geq 1{,}0$ m $k \leq 1 \cdot 10^{-7}$ m/s	Nicht erforderlich	Nicht erforderlich	$d \geq 0{,}3$ m $k \geq 1 \cdot 10^{-3}$ m/s
DK I	$d \geq 1{,}0$ m $k \leq 1 \cdot 10^{-9}$ m/s	Erforderlich	Nicht erforderlich	$d \geq 0{,}5$ m $k \geq 1 \cdot 10^{-3}$ m/s
DK II	$d \geq 1{,}0$ m $k \leq 1 \cdot 10^{-9}$ m/s	Erforderlich	Erforderlich	$d \geq 0{,}5$ m $k \geq 1 \cdot 10^{-3}$ m/s
DK III	$d \geq 5{,}0$ m $k \leq 1 \cdot 10^{-9}$ m/s	Erforderlich	Erforderlich	$d \geq 0{,}5$ m $k \geq 1 \cdot 10^{-3}$ m/s

[a] Anforderungen können auch durch technische Maßnahmen verbessert bzw. vervollständigt werden (siehe auch Tafel 21.6).

[b] Werden Abdichtungskomponenten aus mineralischen Bestandteilen hergestellt, müssen diese eine Mindestdicke von $d \geq 0{,}50$ m und einen Durchlässigkeitsbeiwert von $k \leq 5 \cdot 10^{-10}$ m/s einhalten. Werden Kunststoffdichtungsbahnen als Abdichtungskomponente eingesetzt, darf ihre Dicke 2,5 mm nicht unterschreiten.

[c] Bei Erfordernis von zwei Abdichtungskomponenten sollen diese aus einer Konvektionssperre (Kunststoffdichtungsbahn oder Asphaltdichtung) über einer mineralischen Komponente bestehen. Die mineralische Komponente ist mehrlagig herzustellen. Die Abdichtungskomponenten sind vor auflastbedingten Beschädigungen zu schützen.

[d] Im Regelfall Kies der Körnung 16/32 gemäß DIN 19667 [6]; Ausnahmen der Schichtstärke und Körnung zulässig, wenn die hydraulische Leistungsfähigkeit langfristig nachgewiesen wird.

Abb. 21.4 Beispielhafte Abmessungen eines Versuchsfeldes.
L_P Länge des Prüffeldes,
L_R Rampenlänge,
d Dicke einer verdichteten Lage,
B_G Gerätebreite,
L_A Beschleunigungs- und Verzögerungsstrecke,
B_P Breite des Prüffeldes

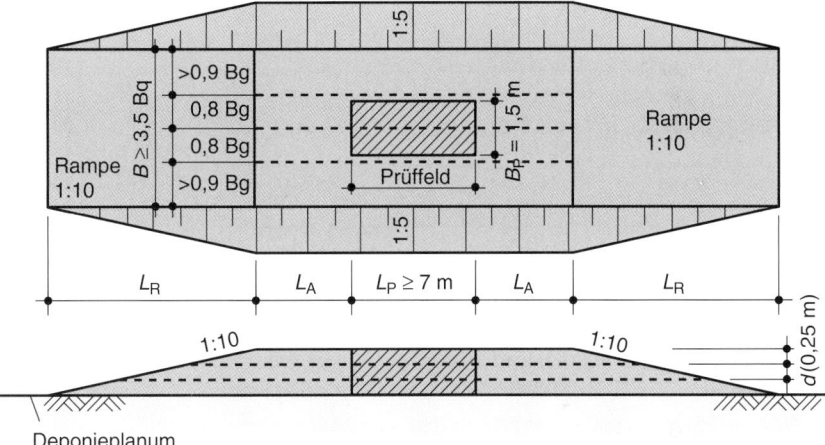

Darüber hinaus ist die Herstellbarkeit von Dichtungssystemen generell unter Baustellenbedingungen durch die Ausführung eines (oder ggf. mehrerer) Versuchsfelder nachzuweisen. Versuchsfelder dürfen nicht Bestandteil des endgültigen Abdichtungssystems werden. Die Abmessungen eines Versuchsfeldes sollen im Regelfall denen in Abb. 21.4 entsprechen. Bei Böschungen steiler als 1 : 4 ist ein zusammenhängendes Versuchsfeld für die Sohl- und Böschungsabdichtungsarbeiten anzulegen.

21.2.5 Sickerwasserzusammensetzung und -erfassung

21.2.5.1 Sickerwasserbildung

Die anfallenden Sickerwassermengen einer Deponie werden maßgeblich vom Sickerwasserhaushalt des Deponiekörpers bestimmt (siehe Tafel 21.9). Spitzenereignisse (z. B. zu Beginn der Ablagerung) sind mit den Mitteln der Hydrologie (Regenspende, -dauer und -häufigkeit; siehe Kap. 19)

zu bestimmen. Für die Bemessung von Dränageschichten und Dränrohren sind neben den o. a. Spitzenereignissen (ca. 10 mm/d) gemäß [6] Extremereignisse in der Größenordnung von 50 mm/d entsprechend 6 l/(s ha) anzusetzen.

Gemäß Tafel 21.9 ist in der Regel von einem durchschnittlichen Sickerwasseranfall von < 1 mm/d auszugehen.

Tafel 21.9 Sickerwassermengen bei durchschnittlichen meteorologischen Verhältnissen ($N = 800$ mm)

Sickerwassermengen (Anhaltswerte für jährliches Mittel)		
Betriebene Deponieabschnitte	4,5 bis 5,5 m³/(ha · d)	165 bis 200 mm/a
Abgeschlossene, nicht zwischenabgedeckte Abschnitte	7,0 bis 8,0 m³/(ha · d)	250 bis 300 mm/a
Abgeschlossene, zwischenabgedeckte Abschnitte	1,0 bis 8,0 m³/(ha · d)	35 bis 100 mm/a
Oberflächenabgedichtete Abschnitte	< 0,5 m³/(ha · d)	< 10 mm/a

Tafel 21.10 Bereiche und Mittelwerte verschiedener Sickerwasserinhaltsstoffe von Deponien

Parameter	In	Altdeponie (Methangärung)	Mineralstoffdeponie (DK I)	Reststoffdeponie (DK II)[a]	MBA-Deponie (DK II – MBA)[a]
pH-Wert	–	7,5 bis 9 (i. M. 8)	k. A.	6,5 bis 8,5	6,9 bis 7,5
CSB	mg O_2/l	500 bis 5000 (i. M. 3000)	280 bis 380	**500** bis 1000	**1200** bis 2000
BSB$_5$	mg O_2/l	20 bis 500 (i. M. 180)	15 bis 30	**80** bis 150	**100** bis 300
TKN	mg/l	50 bis 5000 (i. M. 1300)	k. A.	**80** bis 250	**750** bis 1000
NH$_4$-N	mg/l	30 bis 3000 (i. M. 1300)	k. A.	**50** bis 200	**650** bis 850
AOX	µg/l	300 bis 4000 (i. M. 2500)	200 bis 800	**1000** bis 1500	**1200** bis 2000
ADR	mg/l	400 bis 50.000 (i. M. 8000)	k. A.	**2500** bis 4500	k. A.
Leitfähigkeit	µS/cm	2000 bis 25.000 (i. M. 12.000)	2000 bis 7500	**15.000** bis 20.000	**10.000** bis 15.000
Chlorid	mg/l	100 bis 5000 (i. M. 2000)	1700 bis 2200	**8500** bis 20.000	**1700** bis 3000
Sulfat	mg/l	10 bis 400 (i. M. 100)	1000 bis 1100	**500** bis 2000	**100** bis 400
Blei	µg/l	10 bis 1000 (i. M. 200)	k. A.	**100** bis 1000	**100** bis 500
Cadmium	µg/l	1 bis 150 (i. M. 10)	k. A.	**50** bis 200	**10** bis 50
Chrom	µg/l	100 bis 1500 (i. M. 100)	bis 40	**100** bis 500	**100** bis 300
Quecksilber	µg/l	1 bis 50 (i. M. 10)	bis 1,2	**50** bis 200	**10** bis 50
Nickel	µg/l	20 bis 2000 (i. M. 150)	bis 410	**100** bis 1000	**100** bis 500
Zink	µg/l	30 bis 4000 (i. M. 500)	bis 570	**300** bis 2000	**400** bis 1500

[a] Dargestellt sind empfohlener Mittelwert (**fett gedruckt**) und Maximalwert.

21.2.5.2 Sickerwasserzusammensetzung

Die Zusammensetzung von Deponiesickerwasser bei bisher betriebenen Siedlungsabfalldeponien (Altdeponien) wird von den verschiedenen biologischen Prozessen im Deponiekörper bestimmt. Diesbezüglich liegen viele Daten aus der Literatur vor (z. B. in [10]); über die Zusammensetzung von Sickerwasser aus Deponien der Klasse 0 bis III gibt es hingegen bisher nur vorläufige Angaben und Empfehlungen. Für Planungszwecke können gemäß [9] und [10] vorläufig die in Tafel 21.10 genannten Werte herangezogen werden.

21.2.5.3 Sickerwassererfassung

Die beispielhafte Anordnung von Entwässerungseinrichtungen einer Hochdeponie ist in Abb. 21.5 dargestellt.

Folgende Planungsgrundsätze sind laut [2] zu beachten:

a) Entwässerungsschichten sind flächig auszubilden; die Dränrohre sind spül- und kontrollierbar vorzusehen.

b) Die Ableitung von Sickerwasser muss in freiem Gefälle möglich sein.

c) Vertikale Durchdringungen des Dichtungssystems sind unzulässig.

d) Sonstige Rohrdurchdringungen des Dichtungssystems sind kontrollier- und reparierbar auszubilden.

e) Sämtliche Bauteile sind hydraulisch nachzuweisen.

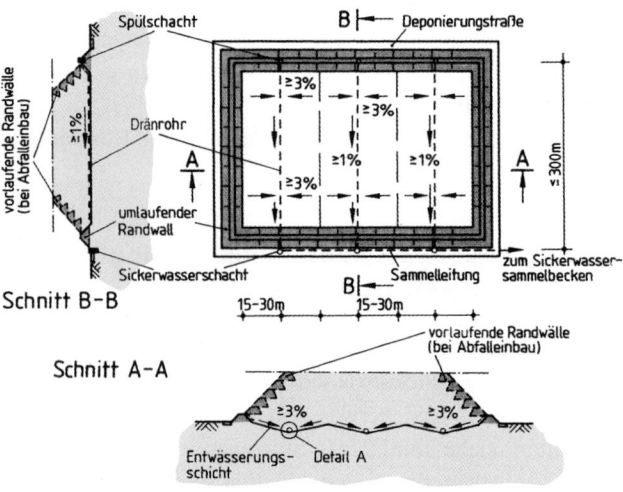

Abb. 21.5 Beispielhafte Anordnung der Entwässerungseinrichtungen einer Hochdeponie (Detail A: siehe Abb. 21.3)

21.2.5.4 Sickerwasserentsorgung und -behandlung

Sickerwasser aus Abfalldeponien ist gemäß [1] in Verbindung mit [2] im Regelfall als besonders überwachungsbedürftiger Abfall unter dem EAK-Abfallschlüssel 19 07 02 (ggf. auch unter 19 07 03) einzustufen. Damit unterliegt es auch dem abfallrechtlichen Nachweisverfahren gemäß [34] (Näheres hierzu findet sich in Abschn. 21.1.1). Wird das Sickerwasser allerdings direkt über einen Abwasserkanalanschluss einer Kläranlage zugeleitet, so ist es kein Abfall im Sinne von [1] und fällt unter das Wasserrecht. Dies ist allerdings nur in Ausnahmefällen genehmigungsfähig.

Umfangreiche Hinweise zur Planung, Auslegung und Dimensionierung von Sickerwasserbehandlungsverfahren finden sich in der weiterführenden Literatur (z. B. [10]).

21.2.6 Gaszusammensetzung und -erfassung

21.2.6.1 Deponiegasbildung

Unter Deponiegas werden die gasförmigen Stoffwechselprodukte der biochemischen Prozesse verstanden, die im Deponiekörper (von Siedlungsabfalldeponien) durch mikrobielle Abbauprozesse entstehen.

Abb. 21.6 zeigt in Abhängigkeit von der Ablagerungsdauer die prinzipielle Zusammensetzung von Deponiegas bis 2009 betriebener Siedlungsabfalldeponien (Altdeponien) mit Gasbildungsraten von ca. 120 bis 250 m^3/Mg$_{TS}$ Abfall.

Die Gasbildungsraten von Reststoffdeponien der Klasse I bis III werden heute mit lediglich ca. 10 % der o. a. Werte herkömmlicher Altdeponien abgeschätzt (siehe auch Tafel 21.4). Über die Zusammensetzung und den zeitlichen Verlauf dieses Deponiegasgemisches künftiger Reststoffdeponien liegen derzeit allerdings kaum Untersuchungen vor.

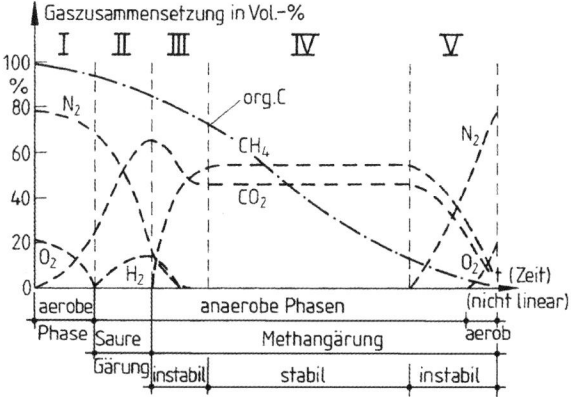

Abb. 21.6 Deponiegaszusammensetzung während des Abbaus von Siedlungsabfall. CH$_4$ Methan, CO$_2$ Kohlendioxid, N$_2$ Stickstoff, O$_2$ Sauerstoff, H$_2$ Wasserstoff, orgC organischer Kohlenstoffanteil im Abfall. Phase I „Aerobe Phase", Phase II „Saure Gärung", Phase III „Instabile Methangärung", Phase IV „Stabile Methangärung", Phase V „Ausklingphase"

21.2.6.2 Ermittlung von Deponiegasmengen (Gasprognosemodelle)

Die konkrete Ermittlung anfallender Deponiegasmengen zur Dimensionierung von Entgasungsanlagen sowie zur Abschätzung von Emissionen erfolgt durch physikalisch-mathematische Deponiegasprognosemodelle, die bezüglich des organischen Kohlenstoffabbaus auf dem Gesetz von Avogadro beruhen.

In der täglichen Praxis werden im Wesentlichen die Modelle von Rettenberger/Tabasaran bzw. Weber/Haase verwendet, deren formelmäßiger Zusammenhang im Folgenden dargestellt wird [10].

a) Modell nach Rettenberger/Tabasaran (Gaspotential G_e)

$$G_e = 1{,}868 \cdot C_{org}(0{,}014 \cdot T + 0{,}28) \quad \text{in m}^3/\text{Mg}$$

1,868 Theoretische Gasmenge/kg$_{orgC}$ in m^3/kg$_{orgC}$ (gemäß Gesetz von Avogadro)

C_{org} Organischer Kohlenstoffanteil des Abfalls in kg$_{orgC}$/Mg (z. B.: 150 bis 200 kg$_{orgC}$/Mg – unbehandelter Siedlungsabfall; bei Reststoffdeponien der DK II $\leq$ 20 kg$_{orgC}$/Mg)

T Temperatur in °C

b) Modell nach Weber/Haase (Gaspotential G_e)

$$G_e = 1{,}868 \cdot C_{org} \cdot f_{ao} \cdot f_a \cdot f_o \cdot f_s \quad \text{in m}^3/\text{Mg}$$

1,868 Theoretische Gasmenge/kg$_{orgC}$ in m^3/kg$_{orgC}$ (gemäß Gesetz von Avogadro)

C_{org} Organischer Kohlenstoffanteil des Abfalls (s. o.) in kg$_{orgC}$/Mg

f_{ao} **Anfangszeitfaktor** zur Berücksichtigung der Gasproduktion während des ersten halben Jahres nach erfolgter Ablagerung (ca. 0,8–0,95)

f_a **Abbaufaktor**; Verhältnis von unter optimalen Bedingungen umsetzbarem C_{org} zum gesamten C_{org} (ca. 0,7)

f_O **Optimierungsfaktor**; Verhältnis von unter praktischen Deponiebedingungen zu unter optimalen Abbaubedingungen (im Versuch) umsetzbarem C_{org} (ca. 0,7)

f_s **Systembedingter Fassungsgrad**; Verhältnis der unter Deponiebedingungen bei laufender Entgasung gefassten zur tatsächlich produzierten Gasmenge (0 bis 1)

c) Zeitliche Entwicklung (Deponiegasmenge $G_{e,t}$)

$$G_{e,t} = G_e \cdot f_t \quad \text{in m}^3/\text{Mg}$$

$G_{e,t}$ bis zur Zeit t gebildete spezifische Deponiegasmenge G_e

f_t Zeitfaktor; Abbaukinetik 1. Ordnung

    a) $f_t = (1 - 10^{-k \cdot t})$

    b) $f_t = (1 - e^{-k \cdot t})$

t Zeit in Jahren

k Abbaukonstante/Zeitbeiwert in $1/a$

    a) $k = 0,05$ bis $0,15$ bzw.

    b) $k = 0,035$ bis $0,045$

d) Zusammenfassung

a) $G_{e,t} = 1,868 \cdot C_{org} \cdot (0,014 \cdot T + 0,28) \cdot (1 - 10^{-k \cdot t})$ in m³

b) $G_{e,t} = 1,868 \cdot C_{org} \cdot f_{ao} \cdot f_a \cdot f_O \cdot f_s \cdot (1 - e^{-k \cdot t})$ in m³

Jährliche Deponiegasproduktion:

c) $Q_{a,t} = G_e \cdot k \cdot e^{-k \cdot t} \cdot M$ in m³/a

$Q_{a,t}$ Deponiegasproduktion bzw. Deponiegasmenge Q im Jahr (t), bezogen auf die im Jahr (a) abgelagerte Abfallmenge

M im Jahr (a) abgelagerte Abfallmenge in Mg

Beispiele zur konkreten Ermittlung von Deponiegaspotential, Deponiegasmengen und Deponiegasproduktionen finden sich in Wendehorst, Beispiele aus der Baupraxis.

21.2.6.3 Deponiegaszusammensetzung

Bei der Überprüfung von Deponiegas in Entgasungsanlagen bzw. Gasverwertungsanlagen in Altdeponien wird Deponiegas (infolge seiner Gewinnung/Absaugung) in mehr oder weniger starker Verdünnung mit (Luft)sauerstoff und -stickstoff festgestellt (siehe Tafel 21.11).

Weitere Bestandteile (Spuren) im Deponiegas sind: Wasserdampf, Schwefelwasserstoff, Ammoniak, Kohlenmonoxid, Schwermetalle und eine Vielzahl von organischen (halogenierten und nichthalogenierten) Verbindungen.

Tafel 21.11 Typische Deponiegaskonstellationen (Angaben in Vol-%) [10]

Fall		CH_4	CO_2	O_2	N_2
Gas 1	Reines Deponiegas, da CH_4 und CO_2 im typischen Verhältnis von ca. 1,2 : 1	55	45	–	–
Gas 2	Mit Atmosphärischer Luft verdünntes Deponiegas	40	30	6	24
Gas 3	Verdünntes Deponiegas; es fehlt der Sauerstoff (Falschluftansaugung in Deponie)	45	35	1	18
Gas 4	Verdünntes Deponiegas als Mischung der Fälle 2 und 3	35	30	5	30

21.2.6.4 Deponiegaserfassung

In der Regel erfolgt die Deponiegaserfassung während der Verfüllung und nach Abschluss der Verfüllung aus betriebstechnischen Gründen mit unterschiedlichen Systemen (Abb. 21.7).

Im Einzelnen sind dies:

- horizontale Systeme (während des Deponiebetriebes bestehend aus horizontalen Kiesfiltern bzw. -rigolen; Einzugsbereich ca. 10 bis 15 m)
- vertikale Systeme (während und nach Abschluss des Deponiebetriebes; bei Altdeponien Gasbrunnen mit Einzugsbereichen von ca. 25 bis 40 m). Zusätzlich erfolgt bei abgeschlossenen Deponien ggf. eine flächige Entgasung unterhalb der Oberflächenabdichtung (s. Abschn. 21.2.7).

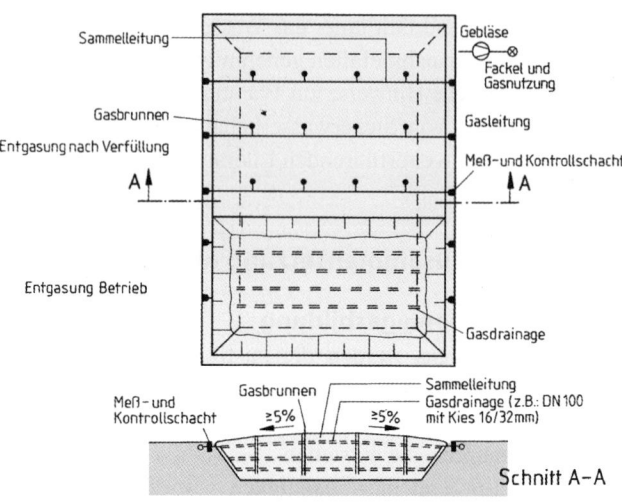

Abb. 21.7 Deponiegaserfassungssysteme (Prinzipskizze)

21.2.7 Oberflächenabdichtungssysteme

Deponieoberflächenabdichtungssysteme umfassen neben der oder den eigentlichen abdichtenden Schicht(en) (Abdichtungskomponenten) auch die weiterhin notwendigen Komponenten wie Ausgleichs-, Gasdrän-, Entwässerungs-, Schutz- und Filterschichten. Dichtungen können auf Basis mineralischer Materialien (natürliche oder vergütete mineralische Dichtungen, Kapillarsperren, Bentonitmatten, etc.) und/oder (teilweise) werksmäßig produzierter künstlicher Materialien (Kunststoffdichtungsbahnen, Asphaltdichtungen, Dichtungskontrollsysteme, etc.) hergestellt werden (siehe auch Tafel 21.12).

Eingesetzt in Deponien dürfen nur dem Stand der Technik entsprechende (z. B. von der Bundesanstalt für Materialforschung und -prüfung oder von den Bundesländern) zugelassene oder gemäß Bundeseinheitlicher Qualitätsstandards (BQS) eignungsfestgestellte Baustoffe oder Systemkomponenten (siehe [7] und [8]), deren Funktionserfüllung über einen Zeitraum von mindestens 100 Jahren (Dichtungskontrollsysteme: 30 Jahre) nachgewiesen ist.

Tafel 21.12 stellt auch besondere Kriterien bei der Auswahl dieser Komponenten sowie einen Überblick über tech-

Tafel 21.12 Komponenten von Dichtungssystemen sowie besondere Kriterien bei der Auswahl

Systemelement	Besondere Kriterien bei der Auswahl
Mineralische Dichtung	Schichtmächtigkeit ≥ 50 cm; weitere Anforderungen siehe Tafel 21.13, Fußnote [b]
	Austrocknung, Schrumpfung und Rissbildung während der Sommerzeit insbesondere bei geringer Überdeckung möglich
	Wasserentzug und Rissbildung der MD durch Pflanzenwurzeln möglich
	Aufnahme von Dehnungen im Bereich 0,5 bis 3 % (in Abhängigkeit vom Dichtungsmaterial; 3 % bedeutet bei einer kreisförmigen Setzung ein Setzungsmaß von ca. 0,2)
	Möglichst: ca. 1,5 m Rekultivierungsboden; Ausbildung der Dränschicht als kapillarbrechende Schicht
Bentonitmatten/Geosynthetische Tondichtungsbahnen	Geringe Schichtmächtigkeit ($d \approx 1$ cm) ; weitere Anforderungen siehe Tafel 21.13, Fußnote [b]
	Aufnahme von Dehnungen bis zu 20 %
	Rückbildung des Natriumbentonits (Quellvermögen ca. 700 %) zu Calciumbentonit (Quellvermögen ca. 200 %) durch im Boden vorhandene Calciumionen (Verschlechterung des k-Wertes)
	Austrocknung, Schrumpfung und Rissbildung sowie Durchwurzelung möglich
	Langfristige Aufnahme der Scherkräfte in Böschungen (Vernadelung, o. Ä.) in Verbindung mit zeitabhängigem Verhalten
Trisoplastdichtungen[©]	Polymervergütetes mineralisches Dichtungsmaterial (ca. 89,1 % Sand, ca. 10,7 % Bentonit, ca. 0,2 % Polymer (Hydrogelbildung); Mischung in Zwangsmischanlagen erforderlich
	$k < 5 \cdot 10^{-11}$ m/s; Schichtmächtigkeit < 10 cm; weitere Anforderungen siehe Tafel 21.13, Fußnote [b]
	Geringe Empfindlichkeit im Hinblick auf Austrocknung, Schrumpfung und Rissbildung
	Patentierte Schutzrechte beachten
Vergütete mineralische Abdichtungen (z. B. Wasserglas), Bentokies, Chemoton, Dywidag-Mineralgemisch, etc.	Schichtmächtigkeit ≥ 50 cm; weitere Anforderungen siehe Tafel 21.13, Fußnote [b]
	Austrocknung, Schrumpfung und Rissbildung während der Sommerzeit insbesondere bei geringer Überdeckung und durch Pflanzenwurzeln möglich
	Mit Wasserglas sehr geringe Durchlässigkeiten erreichbar bis $k < 1 \cdot 10^{-11}$ m/s
Asphaltbetondichtung	Konvektionssperre mit größerer Schichtmächtigkeit ($d \geq 15$ cm)
	Sehr geringes Dehnungsaufnahmevermögen (Rissbildung ab Dehnungen $> 0,85$ %)
	Oxidative Beanspruchung (auch durch Dränschicht) führt zu beschleunigter Alterung
	Probleme an Fugen und an Durchdringungen
	Steile Böschungen (bis 1 : 1) ausführbar
Kapillarsperre	Bei richtiger Dimensionierung keine Wasserdurchlässigkeit; Schichtmächtigkeit ≥ 50 cm; weitere Anforderungen siehe Tafel 21.13, Fußnote [b]
	Nur in Böschungen geeignet
	Gasdichtigkeit nicht gegeben; geringe Langzeiterfahrungen
Kunststoffdichtungsbahn	Konvektionssperre mit geringer Schichtmächtigkeit ($d \geq 2{,}5$ mm)
	Aufnahme von Dehnungen langfristig bis zu 3 % und kurzzeitig bis zu 15 %
	Zeitabhängiges Verhalten
	Empfindlich gegenüber mechanischen Beanspruchungen
	Einsatz in Böschungen mit Neigungen bis 1 : 3
Dichtungskontrollsysteme (DKS)	Sensorengestützte Messung von physikalischen Größen (elektr. Potential, elektr. Widerstand, Dielektrizitätskonstante, Temperatur)
	Kurzzeitüberwachung (VOB-Abnahme) und Langzeitüberwachung (DepV)
	Hohe Nachweisschwellen und Ortungsgenauigkeiten; Anforderungen siehe Tafel 21.13, Fußnote [f]
Wasserhaushaltsschichten	Wirkung abhängig von bodenkundlichen Parametern (n, FK, pWP, nFK, We); Anforderungen siehe Tafel 21.13, Fußnote [e,f]
	Hohe Schichtmächtigkeiten und Einsatz geeigneter Bodenarten erforderlich (siehe Abb. 21.8)
Dränmatten	Dränelemente aus Geokunststoffen (Dränkörper, Filterschichten); Anforderungen siehe Tafel 21.13, Fußnote [d]
	Dränkörper (Wirrgelege, Geogitter, Noppenbahnen, verpresste Schaumstoffe)
	Bemessung (Wasserableitvermögen unter Auflast, Filterfestigkeit, Scherfestigkeit, Langzeitverhalten); PE/PP
	Geringe Schichtmächtigkeit (10 bis 30 mm)

Grundsätzlich sind die Bundeseinheitlichen Qualitätsstandards (BQS) [7] zu berücksichtigen.

nische Anforderungen und Empfehlungen dar. Eine ausführliche Darstellung sämtlicher Systemelemente findet sich beispielsweise in [4], Hinweise zur Bemessung finden sich in [5] und [7].

Die prinzipiellen Anforderungen an den Aufbau eines Oberflächenabdichtungssystems für die Deponieklassen I bis III sind in Tafel 21.13 dargestellt.

Abb. 21.8 zeigt die beispielhafte Darstellung von Oberflächenabdichtungssystemen der Deponieklassen I bis III auf der Grundlage der Kombination einer mineralischen Dichtung mit einer Kunststoffdichtungsbahn.

Die Rekultivierungsschicht eines Oberflächenabdichtungssystems, an die sowohl aus geotechnischer, bodenkundlicher wie auch aus abfallwirtschaftlicher Sicht besondere Anforderungen gestellt werden, wird aus mineralischem Bodenmaterial aufgebaut. Unter besonderen Randbedingungen (Verkehrsflächen-, Parkplatz- oder Bebauungsnutzung) ist alternativ auch der Einsatz einer technischen Funktionsschicht zulässig.

Die Qualitätsanforderungen im Hinblick auf mögliche Schadstoffgehalte an die Rekultivierungsschicht sind in Anhang 3 der DepV [2] ebenfalls als Zuordnungswerte defi-

Tafel 21.13 Anforderungen an Oberflächenabdichtungssystem von Deponien nach DepV [2]

Deponieklasse (DK)	Ausgleichsschicht[a]	Gasdränschicht[a]	Erste Abdichtungskomponente[c]	Zweite Abdichtungskomponente[c]	Dichtungskontrollsystem	Entwässerungsschicht (Dränage)[d]	Rekultivierungsschicht[i]/technische Funktionsschicht
DK 0	Nicht erforderlich	Nicht erforderlich	Nicht erforderlich	Nicht erforderlich	Nicht erforderlich	Nicht erforderlich	Erforderlich
DK I	Ggf. erforderlich[g]	Nicht erforderlich	Erforderlich[b]	Nicht erforderlich	Nicht erforderlich	$d \geq 0{,}3\,\mathrm{m}$ $k \geq 1 \cdot 10^{-3}$ m/s Gefälle $> 5\,\%$	Erforderlich
DK II	Ggf. erforderlich[g]	Ggf. erforderlich[h]	Erforderlich[b]	Erforderlich[b]	Nicht erforderlich	$d \geq 0{,}3\,\mathrm{m}$ $k \geq 1 \cdot 10^{-3}$ m/s Gefälle $> 5\,\%$	Erforderlich
DK III	Ggf. erforderlich[g]	Ggf. erforderlich[h]	Erforderlich[b]	Erforderlich[b]	Erforderlich	$d \geq 0{,}3\,\mathrm{m}$ $k \geq 1 \cdot 10^{-3}$ m/s Gefälle $> 5\,\%$	Erforderlich

[a] Die Ausgleichsschicht kann bei ausreichender Gasdurchlässigkeit und Dicke die Funktion der Gasdränschicht mit erfüllen.

[b] Werden Abdichtungskomponenten aus mineralischen Bestandteilen hergestellt, darf deren rechnerische Permeationsrate (bei einem permanenten Wasserüberstau von 0,30 m) nicht größer sein als die einer Mineralischen Dichtung mit einer Mindestdicke von $d \geq 0{,}50\,\mathrm{m}$ und einen Durchlässigkeitsbeiwert von $k \leq 5 \cdot 10^{-9}$ m/s (DK III: $k \leq 5 \cdot 10^{-10}$ m/s). Abweichend davon können mineralische Abdichtungskomponenten, deren Wirksamkeit nicht mit Durchlässigkeitsbeiwerten beschrieben werden kann, eingesetzt werden, wenn sie im fünfjährigen Mittel nicht mehr als 20 mm/Jahr (DK III: 10 mm/Jahr) Durchfluss aufweisen. Werden Kunststoffdichtungsbahnen als Abdichtungskomponente eingesetzt, darf ihre Dicke 2,5 mm nicht unterschreiten.

[c] Bei Erfordernis von zwei Abdichtungskomponenten sollen diese Komponenten aus verschiedenen Materialien bestehen, die auf eine Einwirkung (z. B. Austrocknung, mechanische Perforation) so unterschiedlich reagieren, dass sie hinsichtlich der Dichtigkeit fehlerausgleichend wirken. Wird das Oberflächenabdichtungssystem ohne eine Konvektionssperre hergestellt, ist ein Kontrollfeld von $\geq 300\,\mathrm{m}^2$ Größe an repräsentativer Stelle im Oberflächenabdichtungssystem einzurichten, mit dem der Durchfluss durch das Oberflächenabdichtungssystem bestimmt werden kann. Das Kontrollfeld ist bis zum Ende der Nachsorgephase zu betreiben.

[d] Im Regelfall Kies der Körnung 16/32 gemäß DIN 19667 [6]; Ausnahmen der Schichtstärke, Körnung und des Gefälles zulässig, wenn hydraulische Leistungsfähigkeit und Standsicherheit der Rekultivierungsschicht langfristig nachgewiesen wird.

[e] Anstelle der Abdichtungskomponenten, der Entwässerungsschicht und der Rekultivierungsschicht kann eine als Wasserhaushaltsschicht ausgeführte Rekultivierungsschicht zugelassen werden, wenn der Durchfluss durch die Wasserhaushaltsschicht im fünfjährigen Mittel nicht mehr als 20 mm/Jahr beträgt.

[f] Anstelle der zweiten Abdichtungskomponenten und der Rekultivierungsschicht kann eine als Wasserhaushaltsschicht ausgeführte Rekultivierungsschicht ($d \geq 1{,}5\,\mathrm{m}$; nutzbare Feldkapazität nFK $\geq 220\,\mathrm{mm}$) zugelassen werden, wenn der Durchfluss durch die Wasserhaushaltsschicht höchstens 10 % vom langjährigen Mittel des Niederschlags (in der Regel 30 Jahre), höchstens 60 mm/Jahr, spätesten fünf Jahre nach Herstellung beträgt.

Wird die erste Abdichtungskomponente als Konvektionssperre ausgeführt, kann anstelle der zweiten Abdichtungskomponente auch ein Kontrollsystem für die Konvektionssperre eingebaut werden. In diesem Fall ist im Bereich von Stellen, an denen das Dränwasser gesammelt und abgeleitet wird, unmittelbar unter der Konvektionssperre eine zweite Abdichtungskomponente einzubauen oder gleichwertige Systeme vorzusehen.

Absatz 1 und 2 gelten bei Deponien oder Deponieabschnitten, auf denen Abfälle mit hohen organischen Anteilen abgelagert worden sind, mit der Maßgabe, dass Maßnahmen (Befeuchtung, Belüftung des Abfalls) zur Beschleunigung biologischer Abbauprozesse und zur Verbesserung des Langzeitverhaltens nachweislich erfolgreich durchgeführt wurden/werden.

[g] Müssen Unebenheiten der Oberfläche des abgelagerten Abfalls ausgeglichen oder bestimmte Tragfähigkeiten hergestellt werden, um die Systemkomponenten ordnungsgemäß einbauen zu können, ist auf der Oberfläche eine ausreichend dimensionierte Ausgleichsschicht einzubauen.

[h] Erforderlich, falls Deponiegas in relevanten Mengen entsteht.

[i] Eine Mindestdicke von 1,0 m der Rekultivierungsschicht bei einer nutzbaren Feldkapazität von nFK $\geq 140\,\mathrm{mm}$ und bei gleichzeitiger Einhaltung der Zuordnungskriterien darf nicht unterschritten werden.

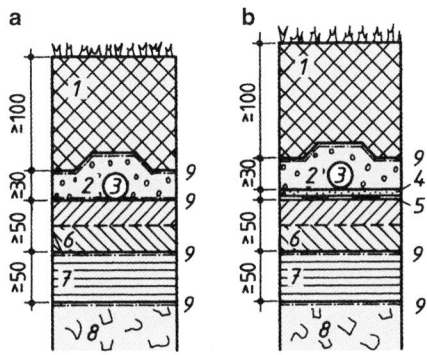

Abb. 21.8 Beispielhafte Darstellung von Oberflächenabdichtungssystemen.
a Deponieklasse I,
b Deponieklasse II und III;
1 Rekultivierungsschicht, *2* Entwässerungsschicht, *3* Dränrohre,
4 Schutzschicht, *5* Kunststoffdichtungsbahn, *6* Mineralische Dichtung,
7 Ausgleichsschicht, *8* Abfall, *9* Filterschicht (ggf.)

niert (siehe Abschn. 21.2.1.2). Für Deponien der Klasse 0 gelten die Vorsorgewerte der BBodSchV [29] gemäß Abschn. 21.3.1.5 (Tafeln 21.22 und 21.23), für Deponien der Klasse I, II und III dürfen die Werte der Tafel 21.4 (Abschn. 21.2.1.2) nicht überschritten werden.

Für die Gewährleistung einer hohen nutzbaren Feldkapazität (nFK) und zur Sicherstellung einer langfristigen Bodenfunktion ist für die Rekultivierungsschicht, insbesondere dann, wenn sie auch als Wasserhaushaltsschicht dienen soll, geotechnisch die Bodenzusammensetzung (Bodenart, Korngrößenverteilung) von besonderer Bedeutung. Eine Über-

sicht über die Eignung unterschiedlicher Bodenarten als Rekultivierungsschicht gibt das Bodenkartendiagramm in Abb. 21.9 [4, 13].

Für die zur Herstellung von Deponieoberflächenabdichtungssystemen benötigten Materialien sowie für die beabsichtigten Herstellungsverfahren ist sowohl eine detaillierte Eignungsprüfung durchzuführen, ein Qualitätsmanagementplan entsprechend [5] aufzustellen als auch ein projektspezifisches Versuchsfeld anzulegen (siehe Abschn. 21.2.4).

21.2.8 Betriebseinrichtungen, Betriebsphasen und Überwachung

Wegen der hohen Kosten für Abdichtungs- und Infrastruktureinrichtungen sollten bei der Neuanlage von Deponien Mindestlaufzeiten (Ablagerungsphase) von > 20 Jahren berücksichtigt werden. Abb. 21.10 zeigt am Beispiel einer Hochdeponie und einem jährlichen Ablagerungsvolumen von 100.000 m³ den notwendigen Flächenbedarf und die zugehörigen Betriebseinrichtungen [31]. Grundsätzlich ist zu berücksichtigen, dass Deponieböschungsneigungen < 1 : 3 und Deponiehöhen in freiem Gelände < 30 m betragen sollten.

Eine schematische Darstellung der gemäß [1] und [2] wesentlichen Deponiephasen, in der auch der Begriff der Stilllegung einer Deponie definiert wird, kann Abb. 21.11 entnommen werden.

Bezüglich des notwendigen Mess- und Kontrollprogrammes für die Durchführung von Eigenkontrollen (Eigen-

Abb. 21.9 Eignung von Bodenarten als Rekultivierungsmaterial [4].
S, s Sand, sandig,
U, u Schluff, schluffig,
T, t Ton, tonig,
L, l Lehm, lehmig,
2 schwach,
3 mittel,
4 stark;
z. B. *Ts2* schwach sandiger Ton,
St2 schwach toniger Sand,
Ut4 stark toniger Schluff

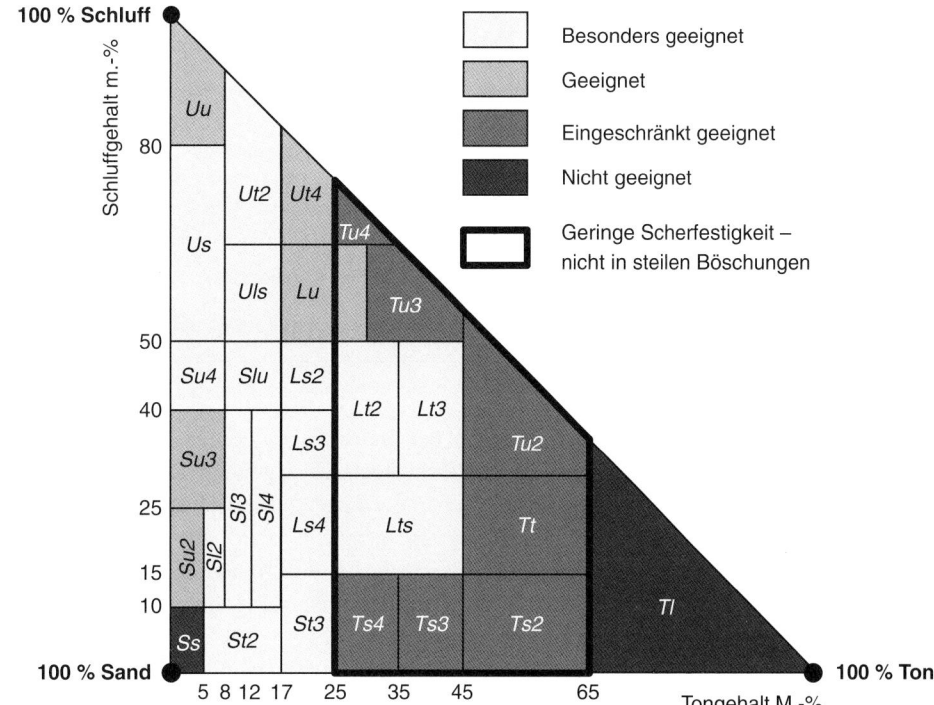

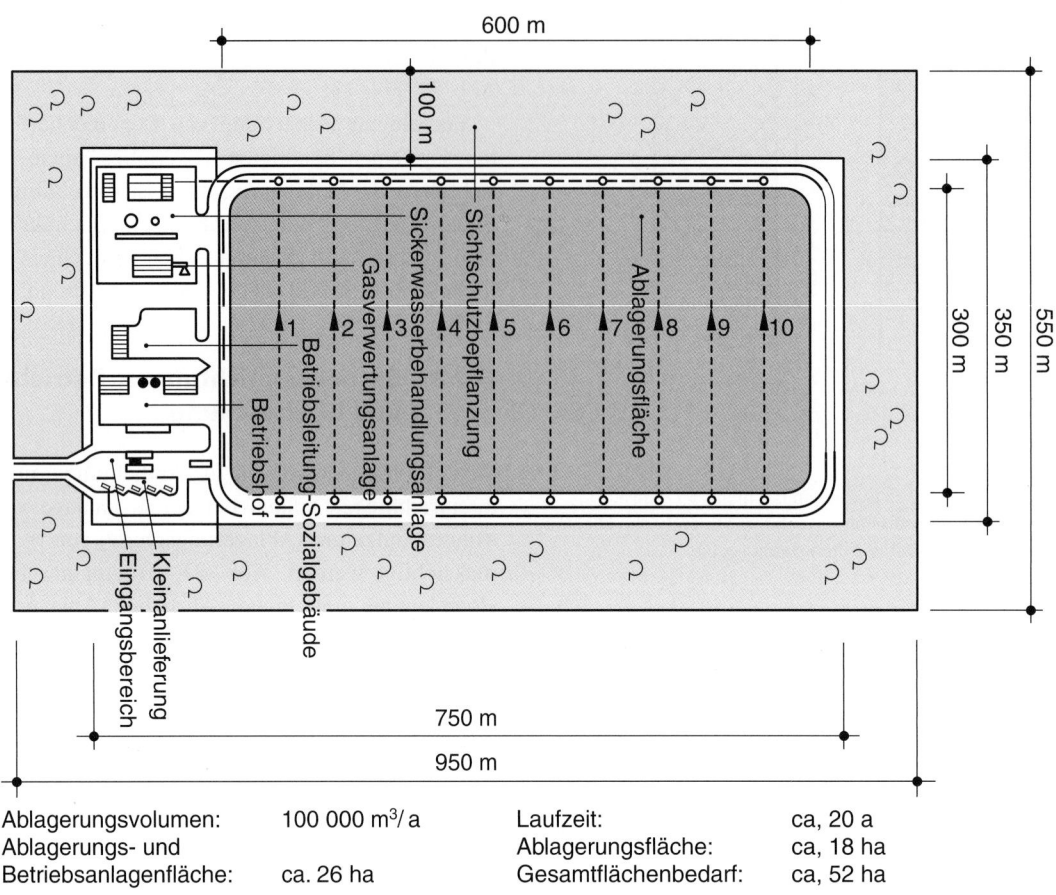

Ablagerungsvolumen:	100 000 m³/a	Laufzeit:	ca, 20 a
Ablagerungs- und		Ablagerungsfläche:	ca, 18 ha
Betriebsanlagenfläche:	ca. 26 ha	Gesamtflächenbedarf:	ca, 52 ha

Abb. 21.10 Prinzipieller Grundriss einer Hochdeponie (schematische Darstellung) [31]

Abb. 21.11 Schematische Darstellung der Deponiephasen

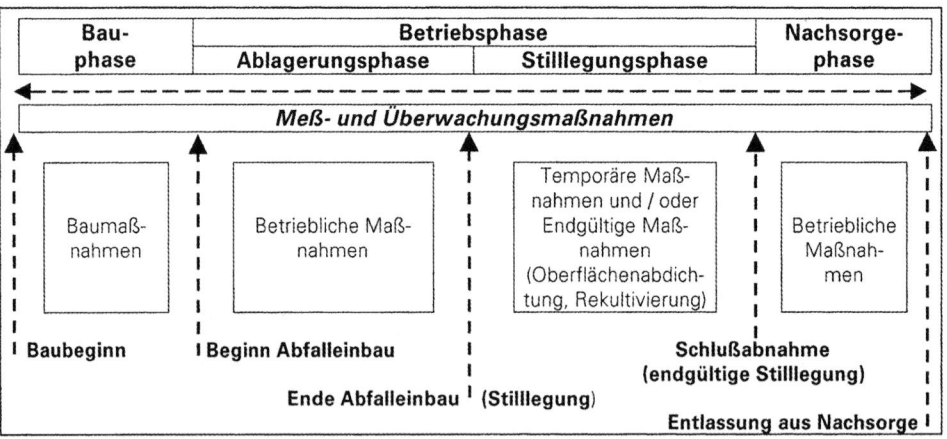

überwachung) bei Deponien wird zwischen der Betriebs- und Nachsorgephase (siehe Abb. 21.11) unterschieden. Zu den Eigenüberwachungsmessungen gehört neben der Erfassung der chemisch-physikalischen Parameter der meteorologischen Daten, der Emissionsdaten und der Daten zum Deponiekörper auch die Kontrolle und Überprüfung der Funktionsfähigkeit von Deponieabdichtungssystemen (Kamerabefahrung und Spülung bzw. Höhenvermessung von Rohrleitungen, etc.).

Einen Überblick über die notwendigen Betriebsmessungen im Rahmen der Eigenüberwachung während der Betriebsphase gibt die Tafel 21.14 [28]. In der Nachsorgephase wird die Häufigkeit der Eigenüberwachungsmessungen in Abhängigkeit von den Ergebnissen der Schlussabnahme entsprechend vermindert bzw. angepasst.

Die erfassten Daten sind auszuwerten und im, der zuständigen Behörde, vorzulegenden Deponiejahresbericht zu dokumentieren.

Tafel 21.14 Betriebsmessungen (Eigenüberwachung) an Deponien gemäß [28]

I. Notwendige Eigenüberwachung		Anforderung
1. Deponiebetrieb		
1.1	**Angenommene Abfälle**	
1.1.1	Menge/Abfallart	Je Anlieferung
1.1.2	Sichtkontrolle	Je Anlieferung
1.1.3	Kontrollanalysen	Regelmäßig
1.2	**Abgegebene Abfälle**	Je Abfuhr
1.3	**Restvolumen**	Jährlich
1.3.1	Betriebszeiten	Täglich
1.3.2	Baumaßnahmen	Je Maßnahme
2. Anlagenbezogene Kontrolluntersuchungen		
2.1	**Grundwasserüberwachung**	
2.1.1	Grundwasserstand	Monatlich
2.1.2	Grundwasserqualität	1/4-jährlich
2.2	**Sickerwasserüberwachung**	
2.2.1	Sickerwassermenge	Täglich
2.2.2	Sickerwasserqualität	1/4-jährlich
2.3	**Oberflächenwasserüberwachung**	
2.3.1	Oberflächenwassermenge	Täglich
2.3.2	Oberflächenwasserqualität	Monatlich/1/4-jährlich
2.4	**Deponiegasüberwachung**	
2.4.1	Deponiegasanalyse	Jährlich
2.4.1.1	Absaugversuch bei neuem System	Inbetriebnahme
2.4.2	Wirkungskontrolle Entgasung	
2.4.2.1	Wirkungskontrolle der Entgasung	Wöchentlich Betreiber
		alle 3 Mon. Fremdkontrolle
2.4.2.2	FID-Messungen	Jährlich
2.4.3	Gasmigrationsmessungen Umfeld mit Gaspegeln	
	Betreiber	Wöchentlich
	Fremdkontrolle	Jährlich
2.4.4	Gaszufuhr CH_4; CO_2; O_2; Menge	Kontinuierlich
2.4.5	Abgas Deponiegasfackel	Jährlich
2.4.6	Abgas Deponiegasverwertung	Jährlich
2.4.7	Geruchsemissionen	im Bedarfsfall
2.5	**Verformungsverhalten**	
2.5.1.1	Höhenvermessung Sickerwasserleitungen	Jährlich
2.5.1.2	Temperaturmessung Sickerwasserleitungen	Jährlich
2.5.1.3	Kamerabefahrung Sickerwasserleitungen	Jährlich
2.5.2	Höhenvermessung Oberfläche	Jährlich
2.6	**Meteorologie**	
2.6.1	Niederschlagsmenge	Täglich
2.6.2	Verdunstung	Täglich
2.6.3	Luftfeuchtigkeit	Täglich
2.6.4	Windrichtung	Täglich
II. Zusätzlich mögliche Auflagen an die Eigenüberwachung		
1.	Deponiebericht	Jährlich
2.	Kondensatmenge	Monatlich
3.	Kondensatanalyse	Jährlich
4.	Funktions- und Sicherheitsüberprüfung Deponiegasanlage	Jährlich
5.	Spülung Sickerwasserleitungen	Jährlich
6.	Meteorologie Temperatur	Täglich

21.2.9 Einsatz von Abfällen zur Verwertung auf Deponien

In der Deponieverordnung [2] werden auch Festlegungen für den Einsatz von Abfällen zur Herstellung von Deponieersatzbaustoffen getroffen. Als Deponieersatzbaustoffen werden einerseits unmittelbar geeignete einsetzbare Abfälle, andererseits unter Verwendung von Abfällen hergestellte Materialien definiert, die sowohl in Abdichtungssystemen als auch für deponietechnisch notwendige Baumaßnahmen (z. B. Fahrstraßen, Trenndämme, Profilierungsmaßnahmen, etc.) eingesetzt werden können.

Die Zulässigkeitskriterien für die mögliche Verwendung dieser Deponieersatzbaustoffe sind vom Schadstoffgehalt dieser Materialien (Zuordnungskriterien – siehe Abschn. 21.2.1.2) abhängig.

Ihr Einsatz ist in den in Abb. 21.12 dargestellten und Tafel 21.15 erläuterten Bereichen mit den in Tafel 21.4 genannten Zuordnungswerten (siehe Abschn. 21.2.1.2) möglich. In Abb. 21.12 und Tafel 21.15 ist auch die Abgrenzung zwischen der Anwendung der DepV [2] und den LAGA Zu-

ordnungswerten [27, 36] dargestellt (siehe hierzu aber auch Abschn. 21.4.1.2).

Die vom Gesetzgeber mit der Änderung der Deponieverordnung [2] (siehe auch Abschn. 21.2.1.1) und der Einführung von bundeseinheitlicher Regelungen zum Einbau von mineralischen Ersatzbaustoffen [35] (siehe auch Abschn. 21.4.1) beabsichtigte Harmonisierung diesbezüglicher Regelungen des Abfall- und des Bodenschutzrechtes befand sich beim Redaktionsschluss der 36. Auflage noch im gesetzgeberischen Abstimmungsverfahren und konnte somit noch nicht in dieser Auflage berücksichtigt werden.

21.2.10 Stilllegung und Nachsorge von Deponien

Rechtliche Grundlagen und technische Anforderungen an die Stilllegung und Nachsorge von Deponien (siehe auch Abb. 21.11) werden in [11] umfassend dargestellt. Die wesentlichen Anforderungen sind allerdings in den Ausführungen der Abschn. 21.2.7 bis 21.2.9 berücksichtigt und werden daher hier nicht noch einmal gesondert dargestellt.

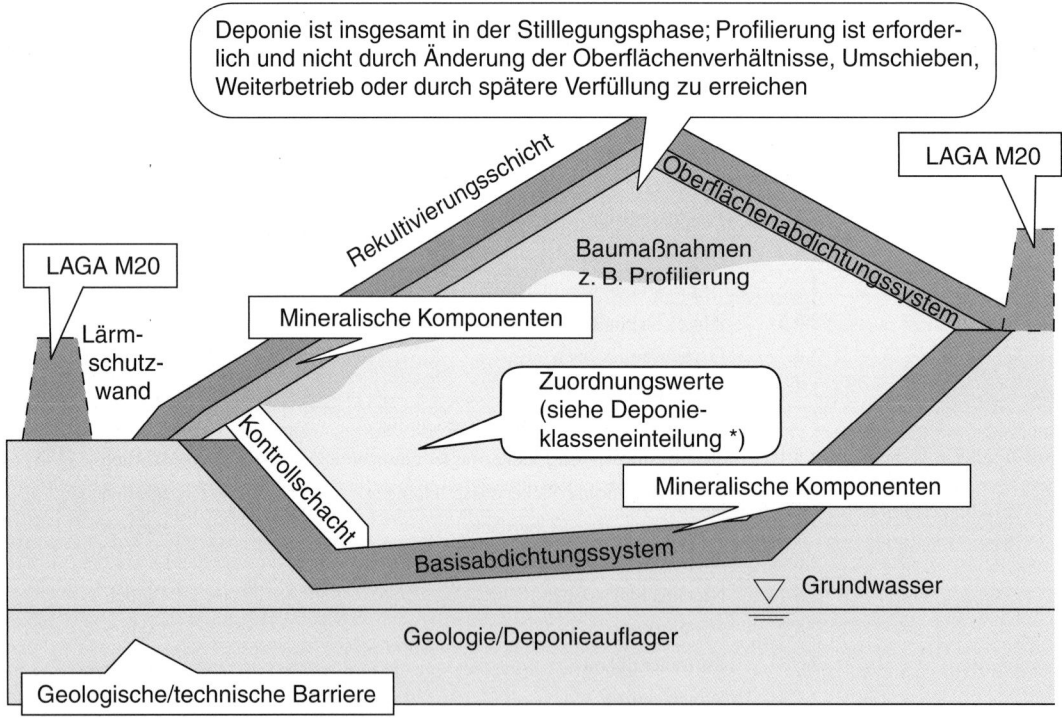

Abb. 21.12 Überblick über den Einsatz von Abfällen als Ersatzbaustoff auf Deponien. * Tafel 21.4

Tafel 21.15 Einsatzbereiche von Abfällen zur Herstellung von Ersatzbaustoffen auf Deponien

1	2	Zulässigkeitskriterien für den Einsatz von Deponieersatzbaustoffen entsprechend Spalte ( ) der Zuordnungskriterien für Deponien der Klasse 0, I, II oder III (siehe Tafel 21.4 in Abschn. 21.2.1.2)			
		3	4	5	6
Nr.	Einsatzbereich	DK 0 (= Spalte 5; Tafel 21.4)	DK I (= Spalte 6; Tafel 21.4)	DK II (= Spalte 7; Tafel 21.4)	DK III (= Spalte 8; Tafel 21.4)
1	**Geologische Barriere**				
1.1	Technische Maßnahmen zur Schaffung, Vervollständigung oder Verbesserung der geologischen Barriere	4	4	4	4
2	**Basisabdichtungssystem**				
2.1	Mineralische Abdichtungskomponente		5	5	5
2.2	Schutzlage/Schutzschicht		6	7	8
2.3	Mineralische Entwässerungsschicht	5	6	7	8
3	**Deponietechnisch notwendige Baumaßnahmen im Deponiekörper (z. B. Trenndämme, Fahrstraßen, Gaskollektoren), Profilierung des Deponiekörpers sowie Ausgleichschicht und Gasdränschicht des Oberflächenabdichtungssystems bei Deponien oder Deponieabschnitten, die[a]**				
3.1	alle Anforderungen an die geologische Barriere und das Basisabdichtungssystem nach DepV einhalten	5	6	7	8
3.2	mindestens alle Anforderungen an die geologische Barriere oder an das Basisabdichtungssystem nach DepV einhalten	5	5[b]	6	7
3.3	weder die Anforderungen an die geologische Barriere noch die Anforderungen an das Basisabdichtungssystem nach DepV vollständig einhalten	[c]	5[b]	5[b]	5[b]
4	**Oberflächenabdichtungssystem**				
4.1	Mineralische Abdichtungskomponente		5[b]	5[b]	5[b]
4.2	Schutzlage/Schutzschicht			[d]	[d]
4.3	Entwässerungsschicht		[d]	[d]	[d]
4.4.1	Rekultivierungsschicht	9	9	9	9
4.4.2	Technische Funktionsschicht	[e]	[e]	[e]	[e]

[a] Bei erhöhten Gehalten des natürlich anstehenden Bodens im Umfeld von Deponien kann die zuständige Behörde zulassen, dass Bodenmaterial aus diesem Umfeld für die genannten Einsatzbereiche verwendet wird, auch wenn einzelne Zuordnungswerte überschritten werden. Dabei dürfen keine nachteiligen Auswirkungen auf das Deponieverhalten zu erwarten sein.

[b] Kann der Deponiebetreiber gegenüber der zuständigen Behörde auf Grund einer Bewertung der Risiken für die Umwelt den Nachweis erbringen, dass die Verwendung von Deponieersatzbaustoffen, die einzelne Zuordnungswerte der Spalte 5 nicht einhalten, keine Gefährdung für Boden oder Grundwasser darstellt, kann sie auch höher belastete Deponieersatzbaustoffe zulassen. In diesem Fall müssen die Deponieersatzbaustoffe aber mindestens die Anforderungen einhalten, unter denen eine Verwertung entsprechender Abfälle außerhalb des Deponiekörpers in technischen Bauwerken mit definierten technischen Sicherungsmaßnahmen zulässig wäre. Die Deponieersatzbaustoffe müssen bei einem Einsatz in der ersten Abdichtungskomponente unter einer zweiten Abdichtungskomponente mindestens die Zuordnungswerte nach Spalte 6 einhalten. Unberührt von der Begrenzung nach Satz 2 bleibt der Einsatz von Deponiebauersatzstoffen in Bereichen von Monodeponien, wenn im Fall von Satz 1 bei einer Deponie der Klasse II mindestens die Zuordnungswerte nach Spalte 6 und bei einer Deponie der Klasse III mindestens die Zuordnungswerte nach Spalte 7 eingehalten werden.

[c] Deponieersatzbaustoffe müssen bei einem Einsatz auf einer Deponie der Klasse 0, die über keine vollständige geologische Barriere nach DepV verfügt, mindestens die Anforderungen einhalten, unter denen einer Verwertung entsprechender Abfälle außerhalb des Deponiekörpers zulässig wäre.

[d] In diesen Einsatzbereichen müssen die Deponieersatzbaustoffe mindestens die Anforderungen für ein vergleichbares Einsatzgebiet außerhalb von Deponien in technischen Bauwerken ohne besondere Anforderungen an den Standort und ohne technische Sicherungsmaßnahmen einhalten.

[e] In diesen Einsatzbereichen müssen die Deponieersatzbaustoffe mindestens die Anforderungen an Schadstoffgehalt und Auslaugbarkeit einhalten, unter denen eine Verwendung außerhalb des Deponiestandortes unter vergleichbaren Randbedingungen zulässig wäre.

21.3 Altlasten

21.3.1 Vorgehensweise und Beurteilung von Kontaminationen

Die generelle Vorgehensweise beim Umgang mit Kontaminationen im Rahmen der Erfassung, Gefährdungsabschätzung sowie Sanierung und Überwachung von altlastverdächtigen Flächen sowie Altlasten erfolgt entsprechend

[12] und [29] schrittweise und wird inklusive der dabei verwendeten Terminologien (siehe auch Abschn. 21.3.4) in Abb. 21.13 dargestellt.

Definitive gesetzliche Regelungen zur Abgrenzung von Böden bzw. Grund- und Oberflächenwasser, die mit Schadstoffen belastet sind ($\Rightarrow$ schädliche Bodenverunreinigungen) gibt es in der Bundesrepublik Deutschland erst seit Einführung des BBodSchG von 1998 [12] bzw. der BBodSchV von 1999 [29].

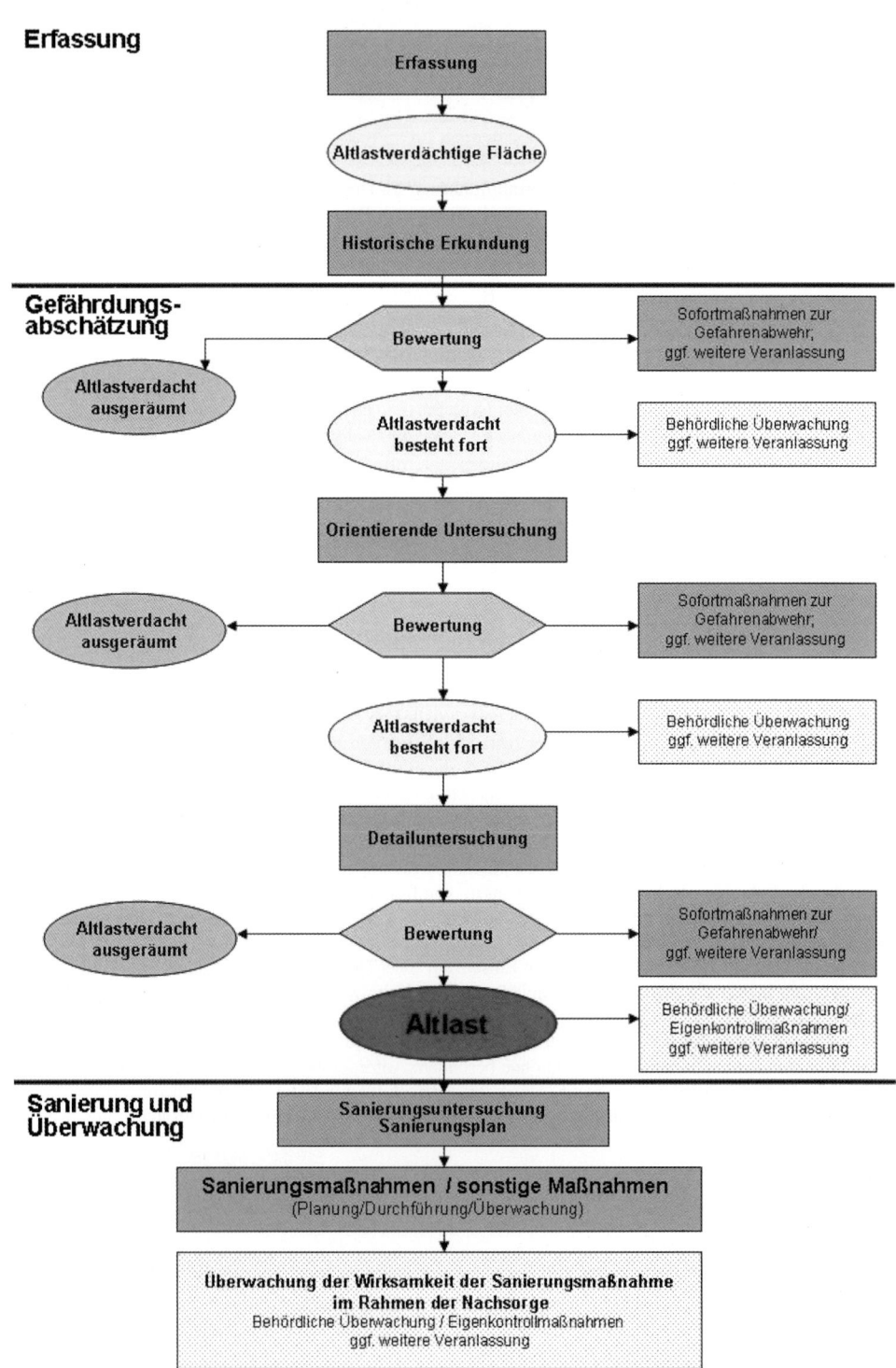

Abb. 21.13 Prinzipielle Vorgehensweise bei der Bearbeitung von Altlasten

21.3.1.1 Grenzwertdefinitionen

Laut BBodSchG [12] bzw. der BBodSchV [29] wurden gesetzlich folgende Definitionen getroffen, die im Rahmen der Beurteilung von Kontaminationen zu beachten sind.

1. Vorsorgewerte Stoffspezifische (Schad)stoffkonzentration in Böden, bei deren Überschreiten unter Berücksichtigung von geogenen oder großflächig siedlungsbedingten Schadstoffgehalten in der Regel davon auszugehen ist, dass die Besorgnis einer schädlichen Bodenveränderung besteht.

2. Prüfwerte Stoffspezifische (Schad)stoffkonzentration, bei deren Überschreitung unter Berücksichtigung der Bodennutzung eine einzelfallbezogene Prüfung (d. h. Detailuntersuchung) durchzuführen und festzustellen ist, ob eine schädliche Bodenverunreinigung oder Altlast vorliegt. Bei Unterschreitung von Prüfwerten ist laut [29] der Verdacht einer schädlichen Bodenverunreinigung ausgeräumt.

3. Maßnahmenwerte Stoffspezifische (Schad)stoffkonzentration für Einwirkungen oder Belastungen, bei deren Überschreiten unter Berücksichtigung der jeweiligen Bodennutzung in der Regel von einer schädlichen Bodenverunreinigung oder Altlast auszugehen ist. Es sind daher Maßnahmen (Sanierungs- bzw. Schutz- und Beschränkungsmaßnahmen) erforderlich.

4. Hintergrundwerte bzw. Referenzwerte (Schad)stoffkonzentration in nicht spezifisch belasteten Medien (Hilfswerte für die Beurteilung einer geogenen oder ubiquitären Belastung).

Neben den genannten Grenzwerten laut BBodSchG [12] bzw. der BBodSchV [29] werden weiterhin im Zusammenhang mit Altlasten häufig auch Vergleichswerte aus anderen Bereichen (Orientierungswerte) herangezogen.

5. Orientierungswerte (Schad)stoffgrenzkonzentration in Böden, Gewässern, Luft (Vergleichswerte aus anderen Anwendungsbereichen).

In den Tafeln 21.16 bis 21.22 sind die aufgrund des BBodSchG [12] bisher mittels der BBodSchV [29] erlassenen Maßnahmen-, Prüf- und Vorsorgewerte wiedergegeben. Die Prüf- und Maßnahmenwerte wurden dabei jeweils in Abhängigkeit von den im Einzelfall zu betrachtenden Wirkungspfaden festgelegt.

Abschn. 21.3.2 und 21.3.3 (Tafel 21.27 und 21.28) geben darüber hinaus einen Überblick über Orientierungswerte aus anderen Anwendungsbereichen.

21.3.1.2 Direkter Kontakt (Wirkungspfad Boden–Mensch)

Tafel 21.16 Prüfwerte für die direkte Aufnahme von Schadstoffen auf Kinderspielflächen, in Wohngebieten, Park- und Freizeitanlagen und Industrie- und Gewerbegrundstücken (unbefestigt)

Stoff	Kinder- spiel- flächen	Wohn- gebiete	Park- und Frei- zeit- anlagen	Industrie und Gewerbe- grund- stücke
Beprobungstiefe in cm	0 bis 10, 10 bis 35	0 bis 10, 10 bis 35	0 bis 10	0 bis 10
	In mg/kg	In mg/kg	In mg/kg	In mg/kg
Blei	200	400	1000	2000
Cadmium	10[a]	20[a]	50	60
Chrom	200	400	1000	1000
Nickel	70	140	350	900
Quecksilber	10	20	50	80
Arsen	25	50	125	140
Cyanide	50	50	50	100
Aldrin	2	4	10	–
Benzo(a)pyren	2	4	10	12
DDT	40	80	200	–
Hexachlorbenzol HCB	4	8	20	200
Hexachlorcyclohexan HCH	5	10	25	400
Pentachlorphenol PCP	50	100	250	250
Polychlorierte Biphenyle[b] PCB$_6$	0,4	0,8	2	40

[a] Falls sowohl Aufenthaltsbereiche von Kindern als auch Anbau von Nahrungspflanzen ⇒ 2.
[b] Falls PCB-Gesamtgehalte bestimmt werden, sind die Gesamtgehalte durch 5 zu dividieren.

Tafel 21.17 Maßnahmenwerte für die direkte Aufnahme von Schadstoffen auf Kinderspielflächen, in Wohngebieten, Park- und Freizeitanlagen und Industrie- und Gewerbe- grundstücken (unbefestigt)

Stoff	Kinder- spiel- flächen	Wohn- gebiete	Park- und Freizeit- anlagen	Industrie und Gewerbe- grund- stücke
Beprobungstiefe in cm	0 bis 10, 10 bis 35	0 bis 10, 10 bis 35	0 bis 10	0 bis 10
	In ng TE/kg	In ng TE/kg	In ng TE/kg	In ng TE/kg
Dioxine/Furane[a] (PCDD/PCDF)	100	1000	1000	10.000

[a] Summe der 2,3,7,8-TCDD-Toxizitätsäquivalente (nach NATO/CCMS).

21.3.1.3 Wirkungspfad Boden–Nutzpflanze

Tafel 21.18 Prüf- und Maßnahmenwerte für den Wirkungspfad Boden–Nutzpflanze von Schadstoffen auf Flächen des Ackerbaus und Nutzgarten im Hinblick auf die Pflanzenqualität

Stoff	Methode[a]	Prüfwert		Maßnahmenwert	
Beprobungstiefe in cm		0 bis 30	30 bis 60	0 bis 30	30 bis 60
		In mg/kg		In mg/kg	
Cadmium	AN	–	–	0,04[b]/0,1[c]	0,06[b]/0,15[c]
Blei	AN	0,1	0,15	–	
Quecksilber	KW	5	7,5		
Thallium	AN	0,1	0,15	–	–
Arsen	KW	200[d]	300[e]	–	–
Benzo(a)pyren	–	1	1,5		

[a] AN: Ammoniumnitrataufschluss; KW: Königswasseraufschluss.
[b] Auf Flächen mit Brotweizenanbau bzw. stark Cd-anreichernder Gemüsearten.
[c] Sonstige Flächen.
[d, e] Bei Böden mit zeitweise reduzierenden Verhältnissen ⇒ 50 bzw. 75.

Tafel 21.19 Maßnahmenwerte für den Wirkungspfad Boden–Nutzpflanze von Schadstoffen auf Grünlandflächen im Hinblick auf die Pflanzenqualität

Stoff	Maßnahmenwert	
Beprobungstiefe in cm	0 bis 10	10 bis 30
	In mg/kg	
Blei	1200	1800
Cadmium	20	30
Kupfer	1300[a]	1950
Nickel	1900	2850
Quecksilber	2	3
Thallium	15	30
Arsen	50	75
Polychlorierte Biphenyle (PCB$_6$)	0,2	0,3

[a] Bei Nutzung durch Schafe ⇒ 200.

Tafel 21.20 Prüfwerte für den Wirkungspfad Boden–Nutzpflanze von Schadstoffen auf Ackerbauflächen im Hinblick auf Wachstumsbeeinträchtigungen bei Kulturpflanzen

Stoff	Prüfwert	
Beprobungstiefe in cm	0 bis 30	30 bis 60
	In mg/kg	
Kupfer	1	1,5
Nickel	1,5	2,25
Zink	2	3
Arsen	0,4	0,6

Sämtliche Werte: Ammoniumnitratextraktion.

21.3.1.4 Wirkungspfad Boden–Grundwasser

Tafel 21.21 Prüfwerte für den Wirkungspfad Boden–Grundwasser von Schadstoffen im Sickerwasser von Altablagerungen und Altstandorten (Beurteilungsort: Übergangsbereich von der ungesättigten zur wassergesättigten Bodenzone)

Stoff	Prüfwert
	In µg/l
Blei	25
Cadmium	5
Chrom, gesamt	50
Kupfer	50
Nickel	50
Quecksilber	1
Zink	500
Antimon	10
Chromat	50
Kobalt	50
Molybdän	50
Selen	10
Zinn	40
Arsen	10
Cyanid, gesamt	50
Cyanid, leicht freisetzbar	10
Fluorid	750
Mineralölkohlenwasserstoffe[a]	200
BTEX[b]	20
Benzol	1
LHKW[c]	10
Aldrin	0,1
Phenole	20
PCB, gesamt[d]	0,05
PAK, gesamt[e]	0,20
Naphthalin	2
DDT	0,1

[a] n-Alkane (C_{10}–C_{39}), Isoalkane, Cycloalkane, und aromatische KW.
[b] Summe Benzol, Toluol, Xylole, Ethylbenzol, Styrol, Cumol.
[c] Summe der halogenierten C_1- und C_2-Kohlenwasserstoffe.
[d] (Summe der 6 Ballschmitter PCB-Kongenere) · 5.
[e] 15-EPA-PAK ohne Naphthalin.

21.3.1.5 Vorsorgewerte

Tafel 21.22 Vorsorgewerte für Böden (organische Stoffe)

Stoff	Humusgehalt > 8 %	Humusgehalt ≤ 8 %
	In mg/kg	In mg/kg
Polychlorierte Biphenyle PCB$_6$	0,1	0,05
Benzo(a)pyren	1	0,3
Polycyclische aromatische Kohlenwasserstoffe PAK$_{16}$	10	3

Tafel 21.23 Vorsorgewerte für Böden (Metalle)

Stoff	Bodenart Ton	Bodenart Lehm/Schluff	Bodenart Sand
	In mg/kg	In mg/kg	In mg/kg
Cadmium[a]	1,5	1	0,4
Blei[a]	100	70	40
Chrom	100	60	30
Kupfer	60	40	20
Quecksilber	1	0,5	0,1
Nickel[a]	70	50	15
Zink[a]	200	150	60

[a] Bei Boden mit pH < 6 gelten für Cadmium, Nickel und Zink die Vorsorgewerte der jeweils nächst(niedrigeren) Bodenart; bei Böden mit pH < 5 gilt für Blei der Vorsorgewert der jeweils nächst(niedrigeren) Bodenart.

Tafel 21.24 Zulässige zusätzliche jährliche Frachten an Schadstoffen über alle Wirkungspfade

Element	Fracht in g/ha · a
Blei	400
Cadmium	6
Chrom	300
Kupfer	360
Nickel	100
Quecksilber	1,5
Zink	1200

21.3.1.6 Probenahme

Zur Beurteilung der Wirkungspfade wird in der BBodSchV [29] die Art der Probenahme in Abhängigkeit von der Beurteilungstiefe (siehe Tafel 21.16, 21.17, 21.18, 21.19 und 21.20) für die Anwendung von Prüf- und Maßnahmenwerten vorgegeben. Ist weiterhin aufgrund vorliegender Erkenntnisse davon auszugehen, dass die Schadstoffe in der beurteilungsrelevanten Bodenschicht annähernd gleichmäßig über eine Fläche verteilt sind, wird eine Probenahmehäufigkeit gemäß Tafel 21.25 bzw. 21.26 empfohlen.

Tafel 21.25 Probenahmehäufigkeit bei der Beurteilung des Wirkungspfades Boden–Mensch

Flächengröße	Mindest-proben-umfang	Regel-proben-umfang	Probenherstellung
$< 500\,\mathrm{m}^2$ sowie Hausgärten	1	1	Mischprobe aus 15–25 Einstichen (je Beprobungshorizont)
$< 10.000\,\mathrm{m}^2$	3	10	
$> 10.000\,\mathrm{m}^2$	10		

Tafel 21.26 Probenahmehäufigkeit bei der Beurteilung des Wirkungspfades Boden–Nutzpflanze

Flächengröße	Mindest-proben-umfang	Regel-proben-umfang	Probenherstellung
$< 5000\,\mathrm{m}^2$	1	1	Mischprobe aus 15–25 Einstichen (je Beprobungshorizont)
$< 100.000\,\mathrm{m}^2$	3	10	
$> 100.000\,\mathrm{m}^2$	10		

21.3.2 Orientierungswerte für Grund- und Oberflächenwasser

Die Beurteilung einer Kontamination von Grundwasser hat zunächst entsprechend der in Tafel 21.21 aufgeführten Prüfwerte zu erfolgen.

Im Einzelfall können als Hilfswerte zur Beurteilung von Grund- und Oberflächenwasserkontaminationen auch die in Tafel 21.27 angegebenen Grenz-, Schwellen- und Einleitungswerte als Orientierungswerte (siehe Abschn. 21.3.1.1) herangezogen werden. Im Einzelnen sind dies:

Spalte 3: Gesetzliche Grenzwerte der Trinkwasserverordnung (TVO) [14], die im wesentlichen mit den zulässigen Mindestanforderungen der EG-Richtlinie über die Qualität von Wasser für den menschlichen Gebrauch [15] übereinstimmen

Spalte 4: Geringfügigkeitsschwellenwerte der LAWA [23] bzw. Schwellenwerte der Grundwasserverordnung (GrwV) [37]. Definiert werden die Werte als Grenze zwischen einer geringfügigen Veränderung (keine relevante ökotoxikologische Wirkung; Anforderungen der TVO (siehe Spalte 3) können eingehalten werden) und einer schädlichen Verunreinigung des Grundwassers

Spalte 5: Grenzwerte des früheren DVGW-Arbeitsblattes W 251 über die Eignung von Fließgewässern als Rohstoff für die Trinkwasserversorgung (Mindestanforderungen bei Anwendung weitergehender Aufbereitungsverfahren) [16]

Spalte 6: Maßnahmenschwellenwerte (bei Überschreitung: Sanierung bzw. Sicherung) der Länderarbeitsgemeinschaft Wasser (LAWA) [17]

Spalte 7: Anforderungen der LAWA an Gewässergüteklasse II (mäßig belastet) [aus [18]]; laut [18] kann daraus (nach Aufbereitung) noch Trinkwasser hergestellt werden

Spalte 8: Grenzwerte für Indirekteinleitungen gemäß ATV-DVWK-Merkblatt M 115 [20]

Tafel 21.27 Übersicht über Grenz-, Schwellen- und Einleitungswerte (Orientierungswerte) [14, 16–18, 20, 23, 37]

1	2	3	4	5	6	7	8
Parameter	In	TVO [14] Grenzwert	LAWA 2004 [23]/ GrwV 2010 [37] (Geringfügigkeits) Schwellenwert	DVGW W 251 Grenzwert	LAWA 93 [17] Maßnahmen-schwellenwert	Gewässergüte-klasse II [18] Anforderung	DWA M 115 [20] Grenzwert
I. Allgemeine Parameter							
pH-Wert	–	6,5 bis 9,5	–	5,5 bis 9,0	–	6 bis 9	6,5 bis 10
Leitfähigkeit	µS/cm	2790 bei 25 °C	–	1000	–	–	–
$KMnO_4$-Verbrauch	mg/l	5	–	–	–	–	–
DOC	mg/l	–	–	8	–	–	–
CSB	mg/l	–	–	–	–	15	100
BSB5	mg/l	–	–	5	–	6	–
II. Anorganische Verbindungen							
Chlorid	mg/l	250	250/250	200	–	–	–
Fluorid	mg/l	1,5	0,75/–	1	2 bis 3	–	50
Sulfat	mg/l	250	240/240	150	–	–	600
Aluminium	mg/l	0,2	–	0,5	–	–	–
Barium	mg/l	–	0,34/–	1	0,4 bis 0,6	–	5000
Bor	mg/l	1	0,74/–	1	–	–	–
Ammonium	mg/l	0,5[d]	–/0,5	0,4	–	0,3	200[e]
Nitrat	mg/l	50	–/50	40	–	–	–
Nitrit	mg/l	0,1	–	–	–	–	10
Cyanid	µg/l	50	5[f] (50)/–	50	100 bis 250	–	1000[f]
Natrium	mg/l	200	–	120	–	–	–
Eisen	mg/l	0,2	–	1	–	1	–
Mangan	µg/l	0,05	–	250	–	–	–
Phosphor	mg/l	–	–	0,5	–	0,3	50
III. Schwermetalle							
Arsen	µg/l	10	10/10	10	20 bis 60	–	500
Blei	µg/l	10	7/10	20	80 bis 200	50	1000
Cadmium	µg/l	3	0,5/0,5	2	10 bis 20	5	500
Chrom, gesamt	µg/l	50	7/–	50	100 bis 250	50	1000
Kupfer	µg/l	(2000)[h]	14/–	50	100 bis 250	40	1000
Nickel	µg/l	20	14/–	40	100 bis 250	50	1000
Quecksilber	µg/l	1	0,2/0,2	1	2 bis 5	0,5	100
Zink	µg/l	(5000)[h]	58	300	500 bis 2000	500	5000
IV. Organische Verbindungen							
Mineralöle	µg/l	–	100[o]	200	400 bis 1000	–	20.000
Phenole	µg/l	–	8	10	30 bis 100	–	100.000
PAK	µg/l	0,1[a]	0,2[k]	0,2[i]	0,4 bis 2[k]	–	–
LCKW	µg/l	10[m]	20[a]	5[b]	20 bis 50[a]	–	500
Pestizide (Einzelsubstanz)	µg/l	0,1[c]	0,01[n]/0,1	0,1[c]	1 bis 3	–	–
Pestizide (Summe)	µg/l	0,5[c]	0,01[n]/0,5	60[j]	–	–	1000[j]

[a] Summe der 4 polycyclischen, aromatischen Kohlenwasserstoffe (Benzo(b)fluoranthen, Benzo(k)fluoranthen, Benzo(ghi)perylen, Indeno(1,2,3-cd)pyren); für Benzo(a)pyren als Einzelsubstanz gilt $< 0,01\,µg/l$.

[b] Summe leichtflüchtiger halogenierter Kohlenwasserstoffe (1,1,1-Trichlorethan, Trichlorethen, Tetrachlorethen, Dichlormethan; für Tetrachlormethan als Einzelsubstanz gilt $< 1\,µg/l$).

[c] Gilt für sämtliche organisch-chemische Stoffe zur Pflanzenbehandlung und Schädlingsbekämpfung incl. ihrer Abbauprodukte sowie polychlorierten Biphenylen (PCB) sowie polychlorierten Terphenylen (PCT).

[d] Geogen bedingte Überschreitungen bis $< 30\,mg/l$ zulässig.   [e] Summe aus NH_4-N und NO_3-N.   [f] Cyanid, leicht freisetzbar.

[g] Geogen bedingte Überschreitungen bis $< 500\,mg/l$ zulässig.   [h] Bedingt durch Werkstoffe Kupfer und verzinktem Stahl.

[i] Summe PAK wie [a] zzgl. Fluoranthen und Benzo(u)pyren.   [j] Berechnet als AOX.   [k] PAK nach EPA (ohne Naphthalin).

[l] Summe der halogenierten C_1- und C_2-Kohlenwasserstoffe.

[m] Tetrachlorethen und Trichlorethen; 1,2-Dichlorethan $< 3\,mg/l$; Vinylchlorid $< 0,5\,mg/l$.

[n] Summe der 6 PCB-Kongenere nach Ballschmiter; weitere Parameter siehe [23].

[o] Kohlenwasserstoffe mit einer Kettenlänge von C_{10} bis C_{40}; Bestimmung nach DEV H53.

21.3.3 Gasförmige Kontaminationen

Gasförmige Kontaminationen sind in der Regel auf Ausgasungen von leichtflüchtigen Schadstoffen bzw. Migrationen von deponietypischen Gasen (s. Abschn. 21.2.6) zurückzuführen. Grenzwerte werden in [29] nicht genannt.

Häufig wird daher bei der Bewertung auf die AGW-Werte (AGW = Arbeitsplatzgrenzwert [21]; früher MAK-Werte = Maximale Arbeitsplatzkonzentration [22]) zurückgegriffen, die jedoch für eine Beurteilung in der Regel nicht geeignet sind. In Tafel 21.28 sind Grenzwerte für die hauptsächlich auftretenden gasförmigen Kontaminationen gemäß LAWA-Empfehlung [17] angegeben.

Tafel 21.28 Grenzwerte für gasförmige Kontaminationen [17]

Parameter	In	Prüfwert[c]	Maßnahmen-schwellenwert[d]	Sanierungs-zielwert[e]
LHKW[a]	mg/m³	5 bis 10	50	1
BTX[b]	mg/m³	5 bis 10	50	1

[a] LHKW – Leichtflüchtige halogenierte Kohlenwasserstoffe (Summenparameter).
[b] BTX – Gruppe der aromatischen Kohlenwasserstoffe Benzol, Toluol, Xylol (Summenparameter).
[c] Prüfwert – Bei Überschreitung weitere Untersuchungen erforderlich.
[d] Maßnahmenschwellenwert – Sanierung bzw. Sicherung erforderlich.
[e] Sanierungszielwert – Nach Sanierung anzustrebender Grenzwert.

21.3.4 Sanierung von Altlasten

Allgemein wird als Altlast eine Altablagerung (stillgelegte, verlassene oder illegale Anlage zum Ablagern von Abfällen, stillgelegte Aufhaldungen und Verfüllungen mit Produktionsrückständen) bzw. ein Altstandort (Grundstück einer stillgelegten Anlage, auf dem mit umweltgefährdenden Stoffen umgegangen worden ist) bezeichnet, sofern von diesem (nach den Erkenntnissen einer vorausgehenden Untersuchung und Beurteilung) eine schädliche Bodenverunreinigung oder eine Gefahr (akute bzw. latente Gefährdung) für die öffentliche Sicherheit und Ordnung ausgeht [12, 18, 19].

Zur Sanierung von Altlasten werden in Deutschland eine Vielzahl von Verfahren unterschiedlichster Anbieter eingesetzt. Generell ist dabei zwischen den Sicherungsverfahren (Unterbrechung der Kontaminationswege) und den Dekontaminationsverfahren (Beseitigung der Kontamination) zu unterscheiden (Tafel 21.29). Gemäß [18] und [19] besteht in der Wertigkeit der o. a. Verfahren kein Unterschied; beide sind als Sanierungsverfahren zu bezeichnen.

Nähere Angaben zur Planung, Bemessung und Bauausführung der in Tafel 21.29 genannten Verfahren findet sich in [10, 18, 19] und [28].

Tafel 21.29 Überblick über Verfahren zur Sanierung von Altlasten [18, 19]

Art der Maßnahme	Verfahren/Maßnahme	Nachsorge
Schutz- und Beschränkungs-maßnahmen	**Nutzungseinschränkungen** **Sicherung vor Zutritt** **Evakuierung** **Keller-, Raumbelüftung** **Zwischenlagerung ausgetretener Stoffe** **Überwachung**	**Erfolgskontrolle** **Untersuchung** **Sicherungs- bzw. Sanierungs-verfahren**
Sicherungsmaßnahmen (zur Unterbrechung der Kontaminationswege)	**Einkapselungsverfahren** (Oberflächenabdichtung, vertikale Abdichtung, nachträgliche Sohl- bzw. Basisabdichtung) **Passive hydraulische Maßnahmen** (Grundwasserabsenkung, -umleitung) **Passive pneumatische Maßnahmen** (Gaserfassung, -ableitung) **Verfestigungs- bzw. Immobilisierungsverfahren**	**Erfolgskontrolle** **Überwachung** (nach Sicherung) **ggf. Reparatur** **ggf. erneute Maßnahmen**
Dekontaminationsmaßnahmen (zur Beseitigung der Kontamination)	**Thermische Verfahren** (Verbrennung, Pyrolyse, Vergasung) **Chemisch-physikalische Behandlung** (Extraktion, Laugung, Tensid-Wäsche, Hochdruck-Wäsche, Desorption, Wasserdampfdestillation, Oxidation, Strippung, Reduktion, Fällung, Ultraschall, Elektroosmose, etc.) **Mikrobiologische Verfahren** (Bioreaktoren, Mietenverfahren, mikrobiologische in-situ-Verfahren) **Aktive hydraulische Maßnahmen** (Spülkreisläufe in Verbindung mit chemisch-physikalischen bzw. mikrobiologischen Verfahren) **Aktive pneumatische Verfahren** (Bodenluftabsaugung, evtl. in Verbindung mit hydraulischen Maßnahmen)	**Entsorgung der Rückstände** **Erfolgskontrolle** **Überwachung** (bei Bedarf)
Umlagerung	**Auskofferung und Umlagerung auf Deponien bzw. Verbringung zu stationären Bodenbehandlungsanlagen**	**Überwachung der Entsorgung** **Erfolgskontrolle**

21.4 Verwertung von Reststoffen

21.4.1 Anforderungen an die Verwertung von Reststoffen

Die Verwertung und umweltverträgliche Anwendung von Reststoffen, z. B. von industriellen Nebenprodukten und Recycling-Baustoffen hat sowohl qualitätsgesichert als auch -kontrolliert zu erfolgen. Während die jeweils erforderlichen bautechnischen Anforderungen in den Zusätzlichen Technischen Vertragsbedingungen (z. B. ZTV E-StB bzw. TL-Min-StB [25]) berücksichtigt werden, erfolgt die umweltverträgliche Einstufung in Abhängigkeit vom Verwertungszweck nach unterschiedlichen Kriterien bzw. Grenzwerten, die im folgenden wiedergegeben sind.

Ziel des Gesetzgebers ist es zwar seit Jahren, diese Vielzahl unterschiedlicher Regelwerke abzuschaffen und bundeseinheitlich Regelungen einzuführen. Zur Vereinheitlichung der im folgenden wiedergegebenen Kriterien und Grenzwerte liegt zwar zwischenzeitlich seitens des Gesetzgebers der Referentenentwurf einer sogenannten Mantelverordnung [35] zur Einführung einer Ersatzbaustoffverordnung (ErsatzbaustoffV) zur Regelung des Einbaus von mineralischen Ersatzbaustoffen in technischen Bauwerken vor. Darüber hinaus soll diese Mantelverordnung neben der Festlegung von Grenzwerten für Ersatzbaustoffe (d. h. der Zusammenfassung der Richt-, Grenz- und Zuordnungswerte sowie der Verwertungsklassen der nachfolgenden Tafeln 21.30 bis 21.35) auch die Anforderungen für das Einbringen/Einleiten von Stoffen in das Grundwasser und die Regelungen der Bundes-Bodenschutz- und Altlastenverordnung [29] sowie deponierechtliche Anforderungen (DepV [2]) vereinheitlichen. Zum Zeitpunkt des Redaktionsschlusses der 36. Auflage befand sich der vorgenannte Arbeitsentwurf der Mantelverordnung [35] jedoch weiterhin in der gesetzgeberischen Vorabstimmung und konnte somit noch nicht in dieser Auflage berücksichtigt werden.

Bezüglich der in diesem Zusammenhang zu erwartenden Novellierung der GrundwV [37] ist jedoch davon auszugehen, dass im Wesentlichen die Werte der Tafel 21.27/Spalte 4 Anwendung finden werden.

21.4.1.1 Wasserwirtschaftliche Anforderungen gemäß TL Gestein-StB 2004

Die Technischen Lieferbedingungen für Gesteinskörnungen im Straßenbau (TL Gestein-StB 2004; Fassung 2007) legen umfassende Richt- und Grenzwerte für die Verwendung von industriellen Nebenprodukten und Recyclingbaustoffen im Straßenbau fest [25]. Auszugsweise sind in den Tafeln 21.30 und 21.31 die Richt- und Grenzwerte für die Verwendung von Recycling Baustoff (RC), Gießereirestsand (GRS) und Hausmüllverbrennungsasche (HMVA) wiedergegeben.

Zu beachten ist dabei, dass bei einigen Parametern (insbesondere im Eluat) gemäß [25] Überschreitungen im Einzelfall bis zu 50 % tolerierbar sind, wenn sie geringfügig und nicht systematisch sind. Eine systematische Überschreitung liegt beispielsweise dann vor, wenn der zulässige Grenzwert bei zwei aufeinander folgenden Prüfungen überschritten

Tafel 21.30 Richt- und Grenzwerte für wasserwirtschaftliche Merkmale gemäß TL Gestein-StB 2004 (Eluate)

Parameter	In	RC-1	RC-2	RC-3	GRS	HMVA-1	HMVA-2	Zulässige Überschreitung in %[b]	Kenngrößengruppe
pH-Wert[c]	–	7 bis 12,5			5,5 bis 12	7 bis 13		–	–
Leitfähigkeit	µS/cm	1500	2500	3000	1000	2500	6000	5/20	2
Fluorid	mg/l	–	–	–	1[d]	–	–	10	1
DOC	mg/l	–	–	–	20[d]	–[a]	–[a]	10	4
NH$_4$-N	mg/l	–	–	–	1[d]	–	–	10	1
Sulfat	mg/l	150	300	600	–	250	600	5/10	1
Chlorid	mg/l	20	40	150	–	30	250	5/10	1
CN$_{leicht freisetzbar}$	µg/l	–	–	–	–	20	20	20	1
Arsen	µg/l	10	40	50	60[d]	–[a]	–[a]	10/20	3
Cadmium	µg/l	2	5	5	10[d]	5	5	10/20	3
Chrom$_{gesamt}$	µg/l	30	75	100	150[d]	50	50	10/20	3
Kupfer	µg/l	50	150	200	300[d]	300	300	10/20	3
Quecksilber	µg/l	0,2	1	2	–	1	1	10/20	3
Nickel	µg/l	50	100	100	150[d]	40	40	10/20	3
Blei	µg/l	40	100	100	200[d]	50	50	10/20	3
Zink	µg/l	100	300	400	600[d]	300	300	10/20	3
Phenolindex	µg/l	10	50	100	100[d]	–	–	50	4

[a] zu bestimmen, wird aber nicht zur Beurteilung herangezogen.
[b] zulässige Überschreitung ist abhängig vom Grenzwert; siehe TL Gestein-StB 2004, Tabelle D3.
[c] kein Grenzwert, stofftypischer Bereich; bei Überschreitung sind Ursachen zu prüfen.
[d] beim Einsatz in Asphalttragschichten unter wasserundurchlässiger Deckschicht im Straßenbau darf Fluorid bis 3 mg/l, DOC bis 250 mg/l, NH$_4$-N bis zu 8 mg/l, der Phenolindex bis 1 mg/l im Eluat betragen; außerdem kann in diesem Fall die Untersuchung auf Arsen und Schwermetalle entfallen.

Tafel 21.31 Richt- und Grenzwerte für wasserwirtschaftliche Merkmale gemäß TL Gestein-StB 2004 (Feststoffanalyse)

Parameter	in	RC-1	RC-2	RC-3	GRS	HMVA-1	HMVA-2	Zulässige Überschreitung in %[b]	Kenngrößengruppe
PAK (EPA)	mg/kg	5	15	75 (100)[c]	20	–	–	10/25	4
EOX	mg/kg	3	5	10	3	3	3	10	4
PCB	mg/kg	0,1	0,5	1,0	–	–	–	25/50	4
Mineralöle (KW)	mg/kg	300[b]	300[b]	1000[b]	150	–	–	10/20	4
TOC	M.-%	–	–	–	–	3	3	10	4
Blei	mg/kg	–	–	–	100[b]	–	–	10/20	3
Cadmium	mg/kg	–	–	–	5[a]	–	–	10/20	3
Chrom$_{gesamt}$	mg/kg	–	–	–	600[a]	–	–	10/20	3
Kupfer	mg/kg	–	–	–	300[a]	–	–	10/20	3
Nickel	mg/kg	–	–	–	300[a]	–	–	10/20	3
Zink	mg/kg	–	–	–	500[a]	–	–	10/20	3

[a] Werte allein stellen kein Ausschlusskriterium dar, sind aber zu bestimmen.
[b] Kohlenwasserstoffe mit einer Kettenlänge von C_{10} bis C_{22}.
[c] Ausnahmen bis 100 mg/kg zulässig; siehe TL Gestein-StB 2004, Tabelle D2.
[d] Zulässige Überschreitung ist abhängig vom Grenzwert; siehe TL Gestein-StB 2004, Tabelle D3.

wird. Eine geringfügige Überschreitung ist gegeben, wenn maximal je eine Kenngröße von zwei der vier Kenngrößengruppen den Grenzwert um nicht mehr als die zulässige Überschreitung übersteigt.

Durch die Unterteilung in die jeweiligen Klassen RC-1 bis RC-3 bzw. HMVA-1 und HMVA-2 wird ein aus hydrogeologischer Sicht differenzierter Einsatz ermöglicht.

21.4.1.2 Verwertung von mineralischen Abfällen gemäß LAGA M20

Die LAGA Mitteilung 20 [36] definiert für mineralische Abfälle (Bodenmaterial, Bauschutt, Straßenaufbruch, Schotter, Baggergut u. Ä.; EAK-Abfallschlüsselnummern gemäß Tafel 21.2) nutzungs- bzw. standortbezogene Zuordnungswerte (Einbauwerte), bei deren Unterschreitung ein Einbau von mineralischen Abfällen in bestimmten Bereichen (Einbauklassen) möglich ist. Dabei wird folgende Unterscheidung vorgenommen:

Einbauklasse 0	Zuordnungswert Z 0 bzw. Z 0* (Verfüllung von Abgrabungen)	Uneingeschränkter Einbau möglich (bodenähnliche Anwendungen)
Einbauklasse 1	Aufgliederung der Einbauklasse 1 in die Einbauklassen 1.1 und 1.2	Eingeschränkter offener Einbau in technischen Bauwerken (Verkehrs-, Gewerbeflächen, Erdbaumaßnahmen, etc.)
Einbauklasse 1.1	Zuordnungswert Z 1.1	Einbau bei ungünstigen hydrogeologischen Standortbedingungen
Einbauklasse 1.2	Zuordnungswert Z 1.2	Einbau bei günstigen hydrogeologischen Standortbedingungen (z. B. flächige Überlagerung des Grundwasserleiters durch eine ausreichend mächtige (> 2 m), gering durchlässige Schicht; z. B. Ton, Schluff, Lehm; Mindestabstand zum Grundwasser > 2 m; nicht zulässig in den in Tafel 21.4 genannten Gebieten)

Einbauklasse 2	Zuordnungswert Z 2	Eingeschränkter Einbau mit definierten technischen Sicherungsmaßnahmen (Unterbindung des Transportes von Schadstoffen in den Untergrund bzw. das Grundwasser; MD oder KDB wie bei OFA der DK I, o. Ä.)

Abb. 21.14 gibt am Beispiel von Bodenmaterialien einen Überblick über die unterschiedlichen Regelungen zur Verwertung von mineralischen Abfällen gemäß BBodSchV 29 bzw. entsprechend LAGA M20 [36].

In Abhängigkeit von den festgestellten Schadstoffgehalten wird das zu verwertende Bodenmaterial Einbauklassen zugeordnet. Die konkrete Anwendung der Zuordnungswerte und Einbauklassen der LAGA M20 wird im Flussbild Abb. 21.15 erläutert.

Bei unspezifischem Verdacht auf Schadstoffe ist zunächst das Mindestuntersuchungsprogramm nach Tafel 21.33 durchzuführen und ggf. entsprechend der Ergebnisse zu erweitern.

Die in Tafel 21.32 und 21.34 genannten Zuordnungswerte Z 0 bis Z 2 stellen dabei die Obergrenze der jeweiligen Einbauklasse bei der Verwertung von Bodenmaterial dar (siehe Abb. 21.15).

Spezifische Zuordnungswerte für Bauschutt und Straßenaufbruch sowie Gleisschotter wurden bisher durch die LAGA noch nicht festgelegt. Hier empfehlen sich einzelfallspezifische Festlegungen; in vielen Bundesländern wird alternativ bis zum Inkrafttreten von [35] empfohlen, die bisherigen Werte der LAGA von 1995 [27] weiterhin anzuwenden; diese können den früheren Auflagen des Wendehorstes (bis 31. Auflage) entnommen werden.

Abb. 21.14 Überblick über die
Regelungen zur Verwertung von
Bodenmaterial.
[1] siehe Abschn. 21.3.1.5
(Tafeln 21.22 und 21.23)

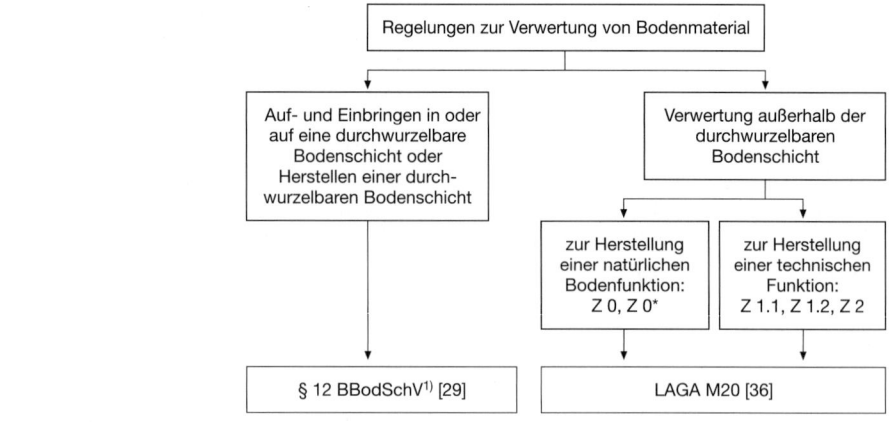

Abb. 21.15 Flussbild Verwertung von Bodenmaterial.
F Feststoffgehalt
(Tafel 21.32),
E Eluatkonzentration
(Tafel 21.34);
* Tafel 21.33,
[1] bodenartspezifischer Zuordnungswert,
[2] bei Gemischen oder Boden
aus Behandlungsanlagen Zuordnungswerte für Lehm/Schluff

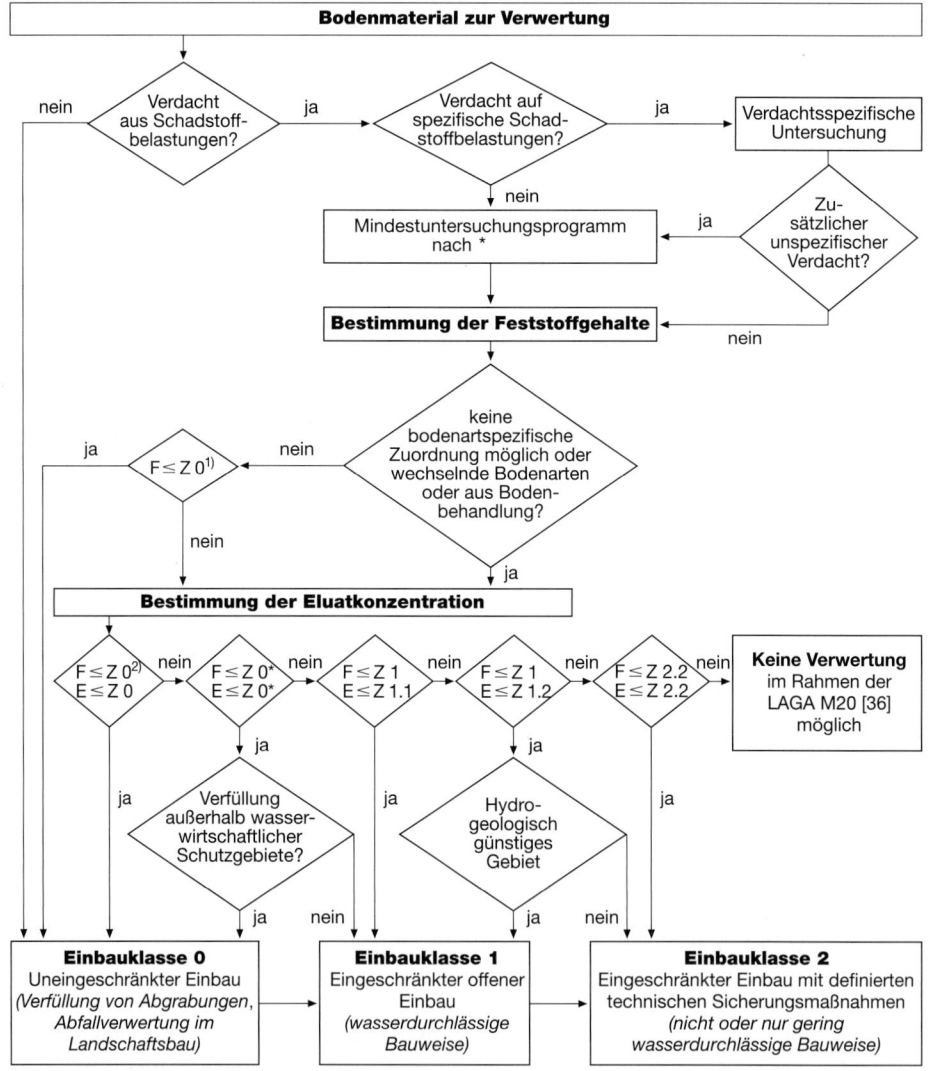

Tafel 21.32 Zuordnungswerte Z 0 bis Z 2 – Feststoffgehalte im Bodenmaterial

Parameter	In	Z 0 (Sand)	Z 0 (Lehm/Schluff)	Z 0 (Ton)	Z 0*a	Z 1	Z 2
Arsen	mg/kg$_{TS}$	10	15	20	15[b]	45	150
Blei	mg/kg$_{TS}$	40	70	100	140	210	700
Cadmium	mg/kg$_{TS}$	0,4	1	1,5	1[c]	3	10
Chrom, gesamt	mg/kg$_{TS}$	30	60	100	120	180	600
Kupfer	mg/kg$_{TS}$	20	40	60	80	120	400
Nickel	mg/kg$_{TS}$	15	50	70	100	150	500
Thallium	mg/kg$_{TS}$	0,4	0,7		0,7[d]	2,1	7
Quecksilber	mg/kg$_{TS}$	0,1	0,5	1	1,0	1,5	5
Cyanide, gesamt	mg/kg$_{TS}$	–	–	–	–	3	10
Zink	mg/kg$_{TS}$	60	150	200	300	450	1500
TOC	Masse-%	0,5 (1,0)[e]	0,5 (1,0)[e]	0,5 (1,0)[e]	0,5 (1,0)[e]	1,5	5
EOX	mg/kg$_{TS}$	1	1	1	1[e]	3[h]	10
Kohlenwasserstoffe	mg/kg$_{TS}$	100	100	100	200 (400)[g]	300 (600)[g]	1000 (2000)[g]
BTX	mg/kg$_{TS}$	1	1	1	1	1	1
LHKW	mg/kg$_{TS}$	1	1	1	1	1	1
PCB6	mg/kg$_{TS}$	0,05	0,05	0,05	0,1	0,15	0,5
PAK16	mg/kg$_{TS}$	3	3	3	3	3 (9)[i]	30
Benzo(a)pyren	mg/kg$_{TS}$	0,3	0,3	0,3	0,6	0,9	3

[a] maximale Feststoffgehalte für die Verfüllung von Abgrabungen unter Einhaltung bestimmter Randbedingungen.
[b] Der Wert 15 mg/kg gilt für Bodenmaterial der Bodenarten Sand und Lehm/Schluff. Für Bodenmaterial der Bodenart Ton gilt der Wert 20 mg/kg.
[c] Der Wert 1 mg/kg gilt für Bodenmaterial der Bodenarten Sand und Lehm/Schluff. Für Bodenmaterial der Bodenart Ton gilt der Wert 1,5 mg/kg.
[d] Der Wert 0,7 mg/kg gilt für Bodenmaterial der Bodenarten Sand und Lehm/Schluff. Für Bodenmaterial der Bodenart Ton gilt der Wert 1,0 mg/kg.
[e] Bei einem C : N-Verhältnis > 25 beträgt der Zuordnungswert 1 Masse-%.
[f] Bei Überschreitung ist die Ursache zu prüfen.
[g] Die angegebenen Zuordnungswerte gelten für Kohlenwasserstoffverbindungen mit einer Kettenlänge von C_{10} bis C_{22}. Der Gesamtgehalt, bestimmt nach E DIN EN 14039 (C_{10} bis C_{40}), darf insgesamt den in Klammern genannten Wert nicht überschreiten.
[h] Bei Überschreitung ist die Ursache zu prüfen
[i] Bodenmaterial mit Zuordnungswerten > 3 mg/kg und ≤ 9 mg/kg darf nur in Gebieten mit hydrogeologisch günstigen Deckenschichten eingebaut werden.

Tafel 21.33 Mindestuntersuchungsprogramm für Bodenmaterial bei unspezifischem Verdacht

Parameter	Feststoffe	Eluat
Kohlenwasserstoffe	×	
EOX	×	
PAK 16	×	
TOC	×	
Korngrößenverteilung[c]	×	
Arsen	×	×[a]
Blei	×	×[a]
Cadmium	×	×[a]
Chrom (gesamt)	×	×[a]
Kupfer	×	×[a]
Nickel	×	×[a]
Quecksilber	×	×[a]
Zink	×	×[a]
Chlorid[d]		×[b]
Sulfat[d]		×[b]
pH-Wert		×
elektrische Leitfähigkeit[d]		×
Sensorische Prüfung (Aussehen und Geruch)	×	

[a] nicht erforderlich, wenn die Feststoffgehalte bei eindeutig zuzuordnenden Bodenarten ≤ Z 0 sind.
[b] nur bei Bodenmaterial mit mineralischen Fremdbestandteilen sowie Baggergut aus Gewässern mit erhöhten Salzgehalten erforderlich.
[c] „Fingerprobe" im Gelände nach [13]; bei Baggergut durch Siebung.
[d] sofern lediglich diese Parameter im Eluat zu bestimmen sind, kann in Abstimmung mit der zuständigen Behörde auch ein Schnelleluat durchgeführt werden.

Tafel 21.34 Zuordnungswerte Z 0 bis Z 2 – Eluatkonzentrationen im Bodenmaterial

Parameter	In	Z 0/Z 0*	Z 1.1	Z 1.2	Z 2
pH-Wert	–	6,5–9,5	6,5–9,5	6–12	5,5–12
Leitfähigkeit	µS/cm	250	250	1500	2000
Chlorid	mg/l	30	30	50	100[a]
Sulfat	mg/l	20	20	50	200
Cyanid	µg/l	5	5	10	20
Arsen	µg/l	14	14	20	60[b]
Blei	µg/l	40	40	80	200
Cadmium	µg/l	1,5	1,5	3	6
Chrom (gesamt)	µg/l	12,5	12,5	25	60
Kupfer	µg/l	20	20	60	100
Nickel	µg/l	15	15	20	70
Quecksilber	µg/l	< 0,5	< 0,5	1	2
Zink	µg/l	150	150	200	600
Phenolindex	µg/l	20	20	40	100

[a] Bei natürlichen Böden in Ausnahmefällen bis 300 mg/l
[b] bei natürlichen Böden in Ausnahmefällen bis 120 µg/l.

21.4.1.3 RAL Güte- und Prüfbestimmungen für die Aufbereitung zur Wiederverwendung von kontaminierten Böden, Bauteilen und Mineralstoffen

In der RAL-Richtlinie RG 501/2 [24] sind Grenzwerte (Tafel 21.35) für die Aufbereitung von Böden, Bauteilen und Mineralstoffen aus dem Baubereich zur Wiederverwendung angegeben. Es wird dabei zwischen folgenden Verwertungsklassen unterschieden:

Verwertungsklasse 1	Die Werte der Klasse 1 liegen im Bereich der geogenen Grundlast; die Materialien der Klasse 1 sind generell einsetzbar, falls keine standortspezifischen Bedingungen entgegenstehen.
Verwertungsklasse 2	Die Verwendung von Material der Klasse 2 als Unterboden ist grundsätzlich gegeben, allerdings analytisch zu überwachen.
Verwertungsklasse 3	Die Verwendung von Material der Klasse 3 ist grundsätzlich geeignet für die Verfüllung von Gruben und Aufschüttungen mit abgedeckter Oberfläche unter Beachtung der Grundwasserverhältnisse, wenn dem keine standortspezifischen Bedingungen entgegenstehen.

Verwertungsklasse 4	Die Materialien der Klasse 4 sind generell einsetzbar, wenn dem keine standortspezifischen Bedingungen entgegenstehen. Die Verwendung des Materials der Klasse 4 erfordert ausschließlich die Bestimmung der Eluatwerte. Bei der Verwendung des Materials ist die Frachtbegrenzung zu gewährleisten.

Weiterhin sind Sicherheitsstufen beim Umgang mit kontaminiertem Material angegeben, die in Anlehnung an die Gefahrstoffverordnung [21] erfolgen:

Sicherheitsstufe 1 (S 1)	Für giftige und/oder explosionsgefährliche Stoffe (Kennbuchstaben T (giftig), T+ (sehr giftig) und/oder E (explosionsgefährlich) der Gefahrstoffverordnung).
Sicherheitsstufe 2 (S 2)	Für mindergiftige, reizend wirkende und/oder leicht entzündliche Stoffe (Kennbuchstaben Xn (mindergiftig), Xi (reizend wirkend) und/oder F (leichtentzündlich) der Gefahrstoffverordnung).
Sicherheitsstufe 3 (S 3)	Für Stoffe mit geringem Gefährdungspotential.

Tafel 21.35 Verwertungsklassen für aufbereitete Böden, Bauteile und Mineralstoffe [24]

Parameter	Verwertungsklasse 1		Verwertungsklasse 2		Verwertungsklasse 3		Verwertungsklasse 4	Sicherheitsstufe
	TS[a] in mg/kg	Eluat in mg/l	TS[b] in mg/kg	Eluat in mg/l	TS[a] in mg/kg	Eluat in mg/l	Eluat in mg/l	
I. Einkernige aromatische Kohlenwasserstoffe								
Benzol	0,01	–	0,1	–	0,5	–	0,005	S 1
Ethylbenzol	0,05	–	0,5	–	5	–	0,010	S 2
Toluol	0,05	–	0,3	–	3	–	0,01	S 2
Xylol	0,05	–	0,5	–	5	–	0,010	S 2
Aromaten gesamt	0,1	0,01	2	0,1	10	0,5	0,010	S 1
II. Polycyclische Aromaten (PAK)								
Naphthalin	0,1	–	1	–	5	–	0,01	S 1
Anthracen	0,1	–	1	–	10	–	0,001	S 1
Phenanthren	0,1	–	1	–	10	–	0,005	S 1
Fluoranthen	0,1	–	1	–	10	–	0,001	S 1
Fluoren	0,1	–	1	–	10	–	0,001	S 1
Pyren	0,1	–	1	–	10	–	0,001	S 1
Chrysen	0,1	–	1	–	10	–	0,001	S 1
Acenaphthen	0,1	–	1	–	10	–	0,001	S 1
Acenaphthylen	0,1	–	1	–	10	–	0,001	S 1
Dibenz-a,h-anthracen	0,1	–	1	–	10	–	0,001	S 1
Benzo-a-anthracen	0,1	–	1	–	10	–	0,001	S 1
Benzo-a-pyren	0,05	–	0,5	–	1	–	0,0005	S 1
Benzo-b-fluoranthen	0,1	–	1	–	10	–	0,001	S 1
Benzo-k-fluoranthen	0,1	–	1	–	10	–	0,001	S 1
Benzo-ghi-perylen	0,1	–	1	–	10	–	0,001	S 1
Indeno-1,2,3-cd-pyren	0,1	–	1	–	10	–	0,001	S 1
PAK gesamt	1	0,005	5	0,01	25	0,1	0,01[b]	S 1

Tafel 21.35 (Fortsetzung)

Parameter	Verwertungsklasse 1		Verwertungsklasse 2		Verwertungsklasse 3		Verwertungs- klasse 4	Sicher- heitsstufe
	TS[a] in mg/kg	Eluat in mg/l	TS[b] in mg/kg	Eluat in mg/l	TS[a] in mg/kg	Eluat in mg/l	Eluat in mg/l	
III. Chlorierte Kohlenwasserstoffe								
Aliphatische CKW einzeln	0,1	–	1	–	5	0,5	0,01	S 1
Aliphatische CKW gesamt	0,1	0,05	1	0,1	7	0,5	0,05	S 1
Chlorbenzole einzeln	0,05	–	0,1	–	1	–	0,001	S 2
Chlorbenzole gesamt	0,05	0,01	0,2	0,05	2	0,5	0,001	S 2
Chlorphenole einzeln	0,01	–	0,1	–	1	–	0,001	S 1/S 2
Chlorphenole gesamt	0,01	0,01	0,1	0,05	1	0,5	0,001	S 1
Polychlorierte Biphenyle (PCB) gesamt	0,05	0,001	0,1	0,05	1	0,5	0,001	S 2
Extrahierbares organisches Chlor (EOCI)	0,1	–	1	–	8	–	–	S 1/S 2
Adsorbierbares Organisches Chlor (AOCI)	–	0,1	–	0,25	–	0,5	0,1	S 1/S 2
Org. Chlorpestizide einzeln	0,1	–	0,25	–	0,5	–	0,0001	S 1
Org. Chlorpestizide gesamt	0,1	–	0,5	–	1	–	0,001	S 1
Pestizide gesamt	0,1	0,005	1	0,01	2	0,1	0,005	S 1
Gesamtphenol, Phenolindex	–	0,2	–	0,5	–	1	0,2	S 1
Kohlenwasserstoffe, Mineralöl, Dieselkraftstoff	100	0,2	500	1	1000	5	0,2	S 3
Tetrahydrofuran	0,1	0,0001	1	–	4	–	0,0001	S 2
Pyridin	0,1	0,0001	0,5	–	2	–	0,0001	S 2
Tetrahydrothiophen	0,1	0,001	1	–	5	–	0,001	S 2
Cyclohexanon	0,1	0,001	1	–	5	–	0,001	S 2
Styrol	0,1	0,001	1	–	5	–	0,001	S 2
IV. Einkernige Nitroaromaten und Derivate								
Nitroaromaten gesamt[c]	1	–	10	–	25	–	0,2	S 1
V. Metalle (Hintergrundbelastungen sind generell zu berücksichtigen)								
Aluminium	–	d	–	d	–	–	d	S 3
Arsen	1/(15)[e]	0,1	25	0,5	40	1	0,1	S 1
Barium	200	1	300	2	400	–	1	S 2
Blei	2/(80)[e]	0,1	200	1	500	2	0,1	S 2/S 1
Bor	5/(80)[e]	1	100	2	–	5	1	S 2/S 1
Cadmium	0,1(1)[e]	0,02	2,0	0,25	10	0,5	0,02	S 2
Chrom gesamt	1/(500)[e]	0,05	150	1	300	3	0,05	S 1/S 2
Chrom-VI	–	0,05	–	0,25	–	0,5	0,05	S 1
Kobalt	20	–	40	1	60	5	0,1	S 1
Kupfer	3/(80)[e]	1	150	1	300	5	0,3	S 3
Mangan	–	d	–	d	–	d	d	S 2
Molybdän	0,2/(5)[e]	0,1	20	0,5	40	1	0,1	S 3
Nickel	2/(500)[e]	0,05	100	0,5	500	5	0,05	S 1
Quecksilber	0,02/(5)[e]	0,001	2,0	0,05	5,0	0,5	0,001	S 1
Selen	10	0,01	–	0,1	–	1	0,01	S 1
Silber	–	0,01	–	0,1	–	2	0,01	S 3
Thallium	0,02/(0,5)[e]	0,001	1	0,05	–	0,5	0,001	S 1
Vanadium	10/(100)[e]	0,05	100	0,1	–	0,5	0,05	S 2
Zink	5/(200)[c]	1,5	500	–	1500	–	1,5	S 2/S 1
Zinn	20	0,5	50	2	100	5	0,5	S 3
VI. Anionen								
Cyanid gesamt	5	0,1	25	1	100	5	0,1	S 1
Cyanid leicht freisetzbar	1	0,05	5	0,5	20	1	0,05	S 1

[a] TS: Trockensubstanz.

[b] Ohne Naphtalin.

[c] Praxiswerte aus der Aufbereitung von Materialien aus Rüstungsstandorten. Aufgrund der besonders hohen Toxizität einiger Nitroaromaten (z. B. 2-MNT, 2,6-DNT, 2,4-DAT) ist deren Anwesenheit im Material nach dem Stand des Wissens gesondert zu betrachten.

[d] Ist im Einzelfall zu überprüfen.

[e] Die Klammerwerte entsprechen geogen bedingten Metallgehalten, die standortabhängig berücksichtigt werden müssen.

Abb. 21.16 Schema einer mobilen Bauschuttaufbereitungsanlage

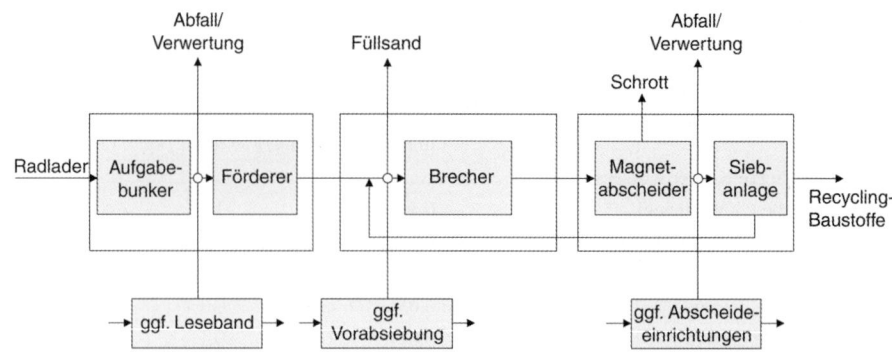

21.4.2 Anforderungen an Gewinnung, Anlieferung, Aufbereitung und Lagerung von Recyclingbaustoffen

Aufgrund der erheblichen anfallenden Mengen von Recyclingbaustoffen (RC-Baustoffe) im Bereich der Bauindustrie und des Baugewerbes kommt der qualitätsgesteuerten und -gesicherten Aufbereitung und Verwertung dieser häufig auch als Baurestmassen bezeichneten Materialien vordringliche Bedeutung zu. Bei diesen gebrauchten Baustoffen handelt es sich überwiegend um:

- Bodenaushub und ungebundene Stoffe
- Straßenaufbruch (bitumengebundene Stoffe)
- Bauschutt (hydraulisch gebundene Stoffe)
- Gemische und Sonstiges

Während die Verwertung von Bodenaushub (z. B. auch über Bodenbörsen) in der Regel ohne spezielle Aufbereitung erfolgen kann, ist die Verwertung von anderen Recyclingbaustoffen (Bauschutt, Straßenaufbruch und sonstigen Gemischen) nur über Vorschaltung einer Aufbereitung möglich.

Anforderungen an die Gewinnung, Anlieferung, Aufbereitung, Lagerung von Recyclingbaustoffen sind beispielsweise in [26] detailliert geregelt.

In Abhängigkeit von den gegebenen Randbedingungen eine Baustelle werden Aufbereitungsanlagen aus bewährten Aggregaten von Anlagen zur Mineralstoffgewinnung zusammengestellt. Ein beispielhaftes Schema einer einfachen mobilen Bauschuttaufbereitungsanlage zeigt Abb. 21.16.

Bei höheren Anforderungen an die Qualität des Recyclingmaterials sind anlagetechnisch weitere Aggregate (Windsichter, Lesebänder, etc.) zu integrieren. Detaillierte Beispiele finden sich in [10].

Literatur

1. Gesetz zur Förderung der Kreislaufwirtschaft und Sicherung der umweltverträglichen Beseitigung von Abfällen – Kreislaufwirtschafts- und Abfallgesetz – KrW-/AbfG v. 6.10.94; BGBl. I S. 2705.

2. Verordnung über Deponien und Langzeitlager (Deponieverordnung – DepV) vom 27.04.2009; BGBl. I, Nr. 22, S. 900ff, in der Fassung vom 04.03.2016 (BGBl. I, S. 382)

3. Verordnung zur Vereinfachung des Deponierechts vom 27.04.2009, BGBl. I, Nr. 22, S. 900.

4. Landesamt für Natur, Umwelt und Verbraucherschutz Nordrhein-Westfalen (LANUV NRW): Technische Anforderungen und Empfehlungen für Deponieabdichtungssysteme; Recklinghausen 2010.

5. Deutsche Gesellschaft für Geotechnik (DGGT): Empfehlungen Geotechnik der Deponien und Altlasten; www.gdaonline.de.

6. DIN 19667: Dränung von Deponien und DIN 4266-1 und -3: Sickerrohre für Deponien.

7. Länderarbeitsgemeinschaft Abfall (LAGA): Bundeseinheitliche Qualitätsstandards (BQS); www.laga-online.de.

8. Bundesanstalt für Materialforschung und -prüfung (BAM): Richtlinie für die Zulassung von Kunststoffdichtungsbahnen für die Abdichtung von Deponien und Altlasten; 2. überarbeitete Auflage; Berlin 1999.

9. Theilen, U.: Behandlung von Sickerwasser aus Siedlungsabfalldeponien - Betriebsergebnisse und Kosten großtechnischer Behandlungsanlagen; Veröffentlichungen des Institutes für Siedlungswasserwirtschaft und Abfalltechnikder Universität Hannover, Heft 91, Hannover 1995.

10. Biletewski, B, Schnurer, H., Zeschmar-Lahl, B.: Müll-Handbuch; Erich Schmidt Verlag; Loseblattausgabe, Berlin.

11. Leitfaden zur Deponiestilllegung; Hrsg. VKS e. V. und DWA e. V.; Köln/Hennef; Grundlieferung 2003 sowie Ergänzungslieferungen.

12. Gesetz zum Schutz vor schädlichen Bodenveränderungen und zur Sanierung von Altlasten (Bundes-Bodenschutzgesetz – BBodSchG) vom 17.3.98; BGBl. i, S. 502.

13. Bundesanstalt für Geowissenschaften und Rohstoffe in Zusammenarbeit mit den Staatlichen Geologischen Diensten der Bundesrepublik Deutschland; Ad-hoc-AG Boden: Bodenkundliche Kartieranleitung, 5. verb. und erw. Auflage, Hannover, 2005.

14. Verordnung über die Qualität von Wasser für den menschlichen Gebrauch (Trinkwasserverordnung – TrinkwV 2001) v. 21.5.2001; BGBl. I Nr. 24, S. 959 v. 28.5.2001.

15. Richtlinie 98/83/EG des Rates vom 03.11.1998 über die Qualität von Wasser für den menschlichen Gebrauch – Trinkwasser-Richtlinie; Abl. Nr. L 330 v. 5.12.98; S. 32.

16. Deutscher Verein des Gas- und Wasserfaches e. V.: Eignung von Fließgewässern für die Trinkwasserversorgung; DVGW-Merkblatt W 251; Aug. 1996.

17. Länderarbeitsgemeinschaft Wasser. (1993). Empfehlungen für die Erkundung, Bewertung und Behandlung von Grundwasserschäden.

18. Der Rat von Sachverständigen für Umweltfragen. (1990). Sondergutachten Altlasten. Stuttgart: Metzler-Poeschel Verlag.

19. Der Rat von Sachverständigen für Umweltfragen. (1995). Sondergutachten Altlasten II. Stuttgart: Metzler-Poeschel Verlag.

20. Deutsche Vereinigung für Wasserwirtschaft, Abwasser und Abfall (DWA): Indirekteinleitung nicht häuslichen Abwassers; Merkblatt DWA M 115; Teil 3; 08/2004.

21. Verordnung zum Schutz vor Gefahrstoffen (Gefahrstoffverordnung – GefStoffV) vom 23.12.2004; BGBl. I, S. 3855.

22. Technische Regeln für Gefahrstoffe, TRGS. 00; Maximale Arbeitsplatzkonzentrationen und biologische Arbeitsstofftoleranzwerte (MAK-Werte – ZH 1/401); Carl Heymanns Verlag KG, Köln.

23. Länderarbeitsgemeinschaft Wasser (LAWA): Ableitung von Geringfügigkeitsschwellenwerten für das Grundwasser; Stand Dez. 2004.

24. Deutsches Institut für Gütesicherung und Kennzeichnung e. V.: Aufbereitung zur Wiederverwendung von kontaminierten Böden, Bauteilen und Mineralstoffen; Gütesicherung RAL 501/2; Beuth-Verlag, Berlin 1998.

25. Forschungsgesellschaft für Straßen- und Verkehrswesen: Technische Lieferbedingungen für Gesteinskörnungen im Straßenbau; TL Gestein-StB 2004; Fassung 2007; Köln 2007.

26. Forschungsgesellschaft für Straßen- und Verkehrswesen: Merkblatt über die Wiederverwertung von mineralischen Baustoffen als Recycling-Baustoffe im Straßenbau M RC; Köln 2002.

27. Länderarbeitsgemeinschaft Abfall (LAGA): Anforderungen an die stoffliche Verwertung von mineralischen Reststoffen/Abfällen; Technische Regeln; Stand September 1995.

28. Deponieselbstüberwachungsverordnung – DepSüVO; GV. NRW. S. 284/SMBl. NRW 74 vom 02.04.1998.

29. Bundes-Bodenschutz- und Altlastenverordnung (BBodSchV) vom 17.7.99; BGBl. I, S. 1554.

30. EG-Deponierichtlinie Nr. 98/C 332/02 vom 4.6.98; Amtsblatt der Europäischen Gemeinschaft v. 30.10.98.

31. Schriftenreihe Abfallwirtschaft in Forschung und Praxis sowie Stuttgarter Berichte zur Abfallwirtschaft; Erich Schmidt Verlag, Berlin.

32. Verordnung über das Europäische Abfallverzeichnis (Abfallverzeichnis-Verordnung – AVV) vom 10.12.2001; BGBI I, S. 3379.

33. Verordnung zur Vereinfachung der abfallrechtlichen Überwachung vom 20.10.2006; BGBl. I, Nr. 48, S. 2298.

34. Verordnung über Verwertungs- und Beseitigungsnachweise (Nachweis-Verordnung – NachweisV) vom 10.09.96; BGBl. I, S. 2298.

35. Verordnung zur Einführung einer Ersatzbaustoffverordnung, zur Neufassung der Bundes-Bodenschutz- und Altlastenverordnung und zur Änderung der Deponieverordnung und der Gewerbeabfallverordnung (Mantelverordnung); Bundesministerium für Umwelt, Naturschutz, Bau und Reaktorsicherheit; Referentenentwurf v. 14.12.2016.

36. Mitteilung der Länderarbeitsgemeinschaft Abfall (LAGA) 20: Anforderungen an die stoffliche Verwertung von mineralischen Abfällen – Technische Regeln, Teil I–II; Stand November 2004.

37. Verordnung zum Schutz des Grundwassers (Grundwasserverordnung – GrwV) vom 9.11.2010; BGBl. I, S. 1513.

Building Information Modeling

Prof. Dr.-Ing. André Borrmann und Prof. Dr.-Ing. Markus König

Inhaltsverzeichnis

22.1 Überblick 1475
   22.1.1 Motivation 1475
   22.1.2 Begriffsdefinition 1475
   22.1.3 BIM-Umsetzungsniveaus 1476
22.2 BIM-Projektablauf 1477
   22.2.1 Überblick 1477
   22.2.2 Auftraggeberinformationsanforderungen 1478
   22.2.3 BIM-Abwicklungsplan 1479
   22.2.4 Fachmodell-basiertes Arbeiten 1479
   22.2.5 Gemeinsame Datenumgebung 1480
   22.2.6 Rollen 1480
22.3 BIM-Anwendungsfälle 1481
22.4 Datenaustauschprozesse und Modellinhalte 1481
   22.4.1 Methoden der Prozessschreibung 1481
   22.4.2 Modellinhalte und Ausarbeitungsgrade 1481
   22.4.3 Klassifikation 1483
   22.4.4 Prüfung von Modellinhalten 1483
   22.4.5 Offenes Datenaustauschformat:
        Industry Foundation Classes 1484

22.1 Überblick

22.1.1 Motivation

Der Informationsaustausch im Bauwesen basiert heute zu einem überwiegenden Teil auf dem Austausch von technischen Zeichnungen, die Bauwerksinformationen vor allem in Form von Schnitten, Grundrissen und Detailzeichnungen widergeben.

Derartige Strichzeichnungen können aber in der Regel nicht vom Computer interpretiert, d. h. die darin enthaltenen Informationen können zum großen Teil nicht automatisiert erschlossen und verarbeitet werden. Dadurch bleibt das große Potential, das die Informationstechnologie zur Unterstützung der Projektabwicklung und Bewirtschaftung bietet, so gut wie ungenutzt.

An dieser Stelle setzt das Konzept des Building Information Modeling an. Durch die BIM-Methode bestehen viel tiefgreifender Möglichkeiten zur Computerunterstützung bei Planung, Bau und Betrieb von Bauwerken, da Bauwerksinformationen nicht in Zeichnungen abgelegt, sondern in Form eines umfassenden digitalen Bauwerksmodells erstellt, vorgehalten und weitergegeben werden. Die Koordination der Planung, die Anbindung von Simulationen, die Steuerung des Bauablaufs und die Übergabe von Gebäudeinformationen an den Betreiber kann dadurch deutlich verbessert werden. Durch den Wegfall von Neueingaben und der konsequenten Weiternutzung digitaler Informationen werden aufwändige und fehleranfällige Arbeit vermieden und ein Zuwachs an Produktivität, Transparenz und Qualität erzielt.

22.1.2 Begriffsdefinition

Unter einem Building Information Model (BIM) versteht man ein umfassendes digitales Abbild eines Bauwerks mit großer Informationstiefe. Dazu gehören neben der dreidimensionalen Geometrie der Bauteile vor allem auch nichtgeometrische Zusatzinformationen wie Typinformationen, technische Eigenschaften oder Kosten. Der Begriff Building Information Modeling beschreibt entsprechend den Vorgang zur Erschaffung, Änderung und Verwaltung eines solchen digitalen Bauwerkmodells mit Hilfe entsprechender Softwarewerkzeuge.

Im erweiterten Sinne wird der Begriff Building Information Modeling auch verwendet, um damit die Nutzung von digitalen Informationen über den gesamten Lebenszyklus des Bauwerks hinweg zu beschreiben – also von der Planung, über die Ausführung bis zur Bewirtschaftung und schließlich zum Rückbau. Durch die konsequente Weiternutzung digitaler Daten kann die bislang übliche aufwändige und fehleranfällige Wiedereingabe von Informationen auf ein Minimum reduziert werden.

A. Borrmann ✉
Technische Universität München, Arcisstraße 21, 80333 München,
Deutschland

M. König
Ruhr-Universität Bochum, Gebäude IC, 44780 Bochum, Deutschland

© Springer Fachmedien Wiesbaden GmbH 2018
U. Vismann (Hrsg.), *Wendehorst Bautechnische Zahlentafeln*, https://doi.org/10.1007/978-3-658-17936-6_22

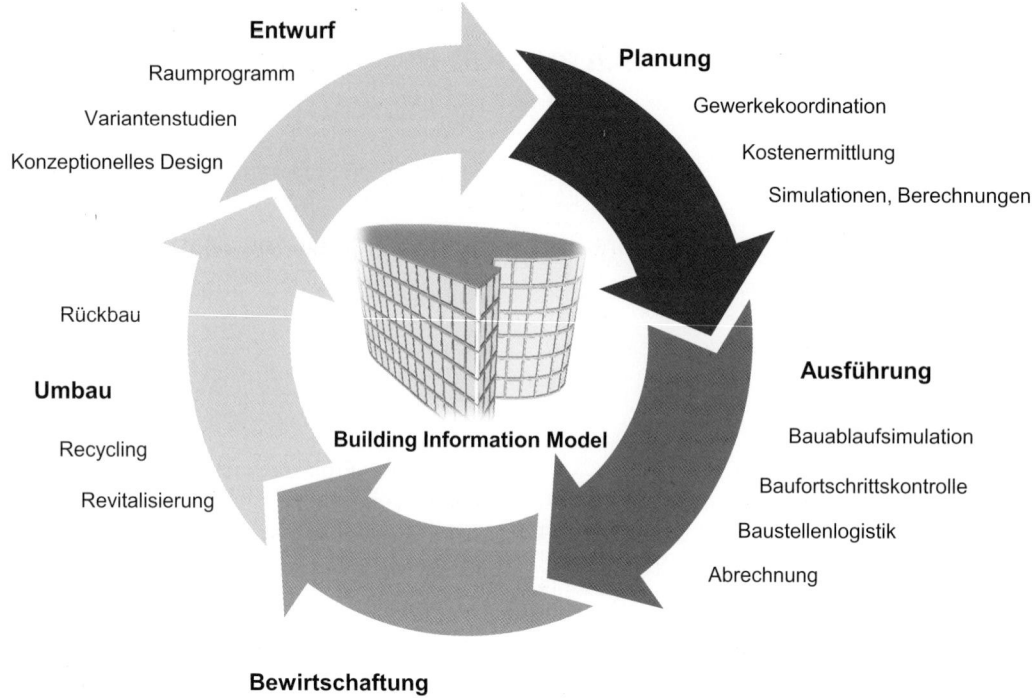

Entwurf
Raumprogramm
Variantenstudien
Konzeptionelles Design

Planung
Gewerkekoordination
Kostenermittlung
Simulationen, Berechnungen

Rückbau

Umbau
Recycling
Revitalisierung

Building Information Model

Ausführung
Bauablaufsimulation
Baufortschrittskontrolle
Baustellenlogistik
Abrechnung

Bewirtschaftung
Facility Management, Wartung, Betriebskosten

Abb. 22.1 Building Information Modeling beruht auf der durchgängigen Nutzung und verlustfreien Weitergabe eines digitalen Gebäudemodells über den gesamten Lebenszyklus

22.1.3 BIM-Umsetzungsniveaus

Der Umstieg von der herkömmlichen zeichnungsgestützten auf die modellgestützte Arbeit macht Änderungen an den unternehmensinternen und unternehmensübergreifenden Prozessen notwendig. Um die Funktionstüchtigkeit der Abläufe nicht zu gefährden, ist ein schrittweiser Übergang sinnvoll. Entsprechend unterscheidet man bei der Umsetzung von BIM verschiedene technologische Umsetzungsformen.

22.1.3.1 Little BIM vs. BIG BIM
Die mögliche Unterscheidung wird mit den Begriffen „BIG BIM" und „little BIM" vorgenommen (Jernigan, 2008). Dabei bezeichnet little BIM die Nutzung einer spezifischen BIM-Software durch einen einzelnen Planer im Rahmen seiner disziplinspezifischen Aufgaben. Mit dieser Software wird ein digitales Gebäudemodell erzeugt und Pläne abgeleitet. Die Weiternutzung des Modells über verschiedene Softwareprodukte wird jedoch nicht realisiert. Ebenso wenig wird das Gebäudemodell zur Koordination der Planung zwischen den beteiligten Fachdisziplinen herangezogen. BIM wird in diesem Fall also als Insellösung innerhalb einer Fachdisziplin eingesetzt, die Kommunikation nach außen wird weiterhin zeichnungsgestützt abgewickelt. Zwar lassen sich

mit little BIM bereits Effizienzgewinne erzielen, das große Potential einer durchgängigen Nutzung digitaler Gebäudeinformationen bleibt jedoch unerschlossen.

Im Gegensatz dazu bedeutet BIG BIM die konsequente modellbasierte Kommunikation zwischen allen Beteiligten über alle Phasen des Lebenszyklus eines Gebäudes hinweg. Für den Datenaustausch und die Koordination der Zusammenarbeit werden in umfassender Weise Internetplattformen und Datenbanklösungen eingesetzt (siehe Abb. 22.2).

22.1.3.2 Open vs. Closed BIM
Orthogonal dazu steht die Frage, ob ausschließlich Softwareprodukte eines Herstellers eingesetzt werden und für den Datenaustausch entsprechende proprietäre Schnittstellen genutzt werden (Open BIM), oder ob offene, herstellerneutrale Datenformate zum Einsatz kommen, die den Datenaustausch zwischen Produkten verschiedener Hersteller ermöglichen (Closed BIM). Zwar bieten einzelne Softwarehersteller eine erstaunliche Palette von Softwareprodukten für das Bauwesen an und können damit eine große Bandbreite der Aufgaben in Planung, Bau und Betrieb abdecken. Allerdings wird es auch weiterhin Lücken geben, bei denen Produkte anderer Hersteller zum Einsatz kommen müssen. Die Heterogenität der Softwarelandschaft ergibt sich darüber hinaus insbesondere aus der Vielzahl der beteiligten Fachdisziplinen

Abb. 22.2 Je nach Umfang der BIM-Nutzung und Art des Informationstausches unterscheidet man little BIM von BIG BIM und Open BIM von Closed BIM

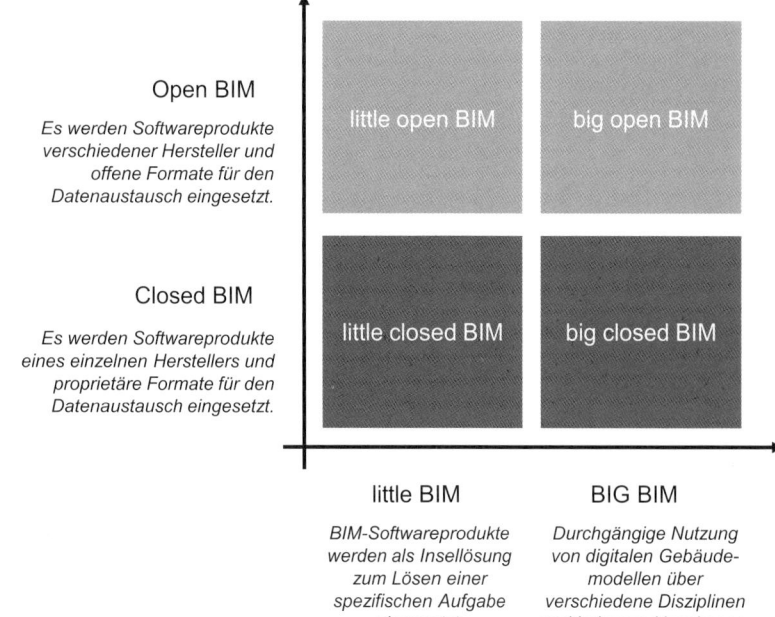

Open BIM

Es werden Softwareprodukte verschiedener Hersteller und offene Formate für den Datenaustausch eingesetzt.

Closed BIM

Es werden Softwareprodukte eines einzelnen Herstellers und proprietäre Formate für den Datenaustausch eingesetzt.

little BIM

BIM-Softwareprodukte werden als Insellösung zum Lösen einer spezifischen Aufgabe eingesetzt.

BIG BIM

Durchgängige Nutzung von digitalen Gebäudemodellen über verschiedene Disziplinen und Lebenszyklusphasen.

und der Verteilung der Aufgaben über verschiedene Unternehmen.

Eines der umfangreichsten und am weitesten verbreiteten herstellerneutralen Datenformate ist das Format Industry Foundation Classes (IFC). Das Datenmodell beinhaltet umfangreiche Datenstrukturen zur Beschreibung von Objekten aus nahezu allen Bereichen des Hochbaus. Es wurde 2013 in den ISO-Standard 16739 überführt und bildet die Grundlage einer Vielzahl nationaler Richtlinien zur Umsetzung von Open BIM.

22.1.3.3 BIM-Reifegradstufen

Die Bauindustrie kann den Umstieg auf ein durchgängiges modellgestütztes Arbeiten im Sinne von BIG Open BIM nicht in einem Zug bewältigen, stattdessen ist eine schrittweise Einführung dieser neuen Technologie sinnvoll. Im Rahmen der in 2017 erscheinenden ISO EN DIN 19650-1 „Organization of information about construction works" wird die BIM-Reifegradstufe 2 beschrieben, welche auch als Basis für alle neuen Infrastrukturprojekte des Bundes ab 2020 in Deutschland vorgesehen ist.

Diese anvisierte Reifegradstufe, basiert auf einer gemeinsamen Datenumgebung (engl. Common Data Environment), die einzelne digitale Fachmodelle und verknüpfte zusätzliche Informationen beinhaltet. Die Fachmodelle können zu einem verknüpften Koordinationsmodell zusammengefügt werden. Wesentlich dabei ist, dass die Fachmodelle ihre Identität sowie Integrität behalten.

Durch die Verknüpfung von zusätzlichen Informationen können sogenannte nD-Modelle, beispielsweise für die Bauablaufplanung (4D) oder Kostenkontrolle (5D) erzeugt wer-

den. Aktuell werden weitere BIM-Reifegradstufen entwickelt, die im Wesentlichen auf dem Ansatz eines integrierten Gesamtmodells, offenen Datenstandards und Integration von weiteren Anwendungsfällen und Technologien (z. B. Internet of Things) basiert.

22.2 BIM-Projektablauf

22.2.1 Überblick

Der in Niveau 1 des „Stufenplan Digitales Planen und Bauen" des BMVI beschriebene Ablauf von BIM-gestützten Projekten orientiert sich weitgehend an den Abläufen konventioneller Bauvorhaben, insbesondere der Aufteilung nach Leistungsphasen der HOAI. Das deutsche Niveau 1 des BMVI zeichnet sich durch folgende Festlegungen aus:

- Bereitstellung von **Auftraggeberinformationsanforderungen** (AIA) als Teil der Ausschreibung von Planungsleistungen, darin Festlegung von BIM-Zielen, BIM-Anwendungsfällen und technischen Randbedingungen
- Vorlegung eines initialen **BIM-Abwicklungsplans** (BAP) durch den Bieter der Planungsleistungen, der die konkrete Umsetzung des BIM-Vorhabens einschließlich wichtiger technischer Details beschreibt
- Im Vergabeverfahren ist zu gewährleisten, dass die Auftragnehmer über die notwendigen **BIM-Kompetenzen** verfügen und zu einer partnerschaftlichen Zusammenarbeit bereit sind. Die BIM-Kompetenz soll daher bei der **Vergabeentscheidung** gewertet werden.

Abb. 22.3 BIM-gestützte Projektabwicklung einschließlich der Erstellung von AIA und BAP (Quelle: Planen Bauen 4.0)

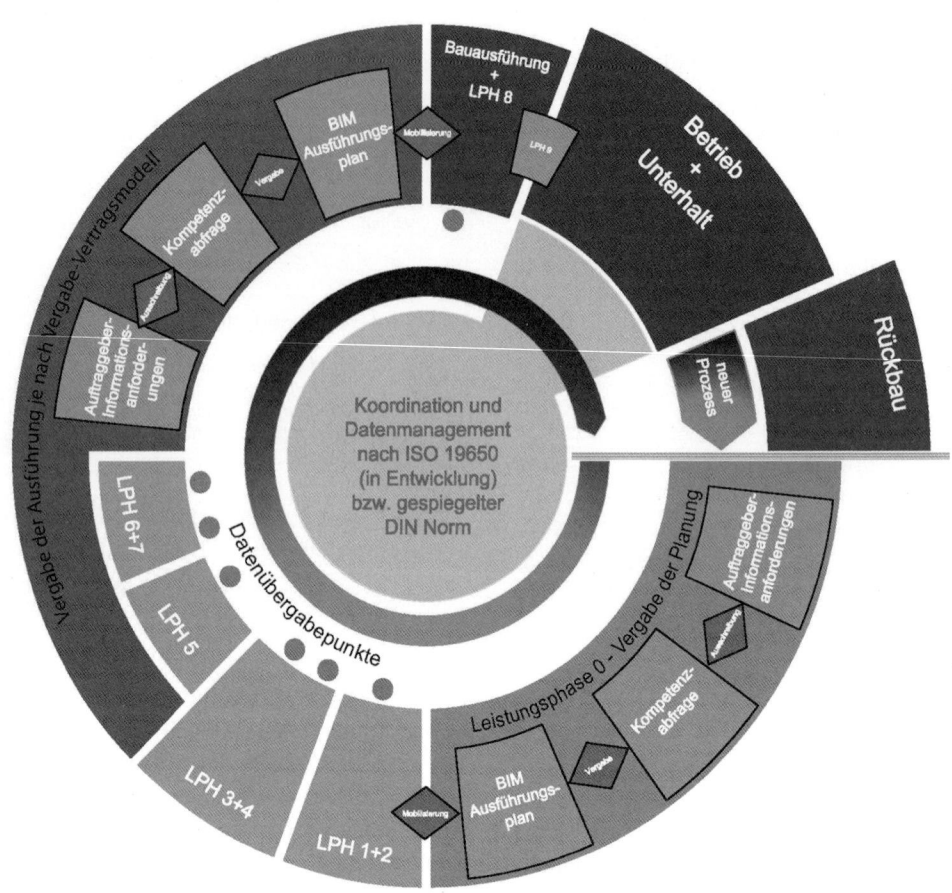

- Kontinuierliche Weiterentwicklung und Aktualisierung des BIM-Abwicklungsplans während der Projektbearbeitung
- Gebot der **Modellkonsistenz**: Pläne werden grundsätzlich aus dem Modell abgeleitet und nur in Ausnahmefällen separat erstellt
- Nutzung von **herstellerneutralen Datenformaten** für die Übergabe von Bauwerksmodellen und weiteren Informationen an den Auftraggeber
- Übergabe von Modellen und weiteren Informationen zu festgelegten **Datenübergabepunkten**
- Nutzung einer **gemeinsamen Datenumgebung** (Common Data Environment) zur strukturierten Verwaltung aller anfallenden Daten
- Umsetzung des Prinzips des **Fachmodell-basierten Arbeitens**, bei dem Fachplaner unabhängig voneinander Teilmodelle entwickeln, diese aber in regelmäßigen Abständen zum Erkennen von Widersprüchen und Kollisionen in einem Koordinationsmodell zusammenführen

Durch die in Deutschland übliche Trennung der Vergabe für die Entwurfs- und Ausführungsphase ist ggf. eine erneute Erstellung von AIA und BAP notwendig. Die Abb. 22.3 gibt die Abwicklung von BIM-Projekten über die verschiedenen Leistungsphasen hinweg wider.

22.2.2 Auftraggeberinformationsanforderungen

Die Auftraggeberinformationsanforderungen (AIA) beinhalten eine detaillierte Beschreibung der vom Auftraggeber (AG) im Zuge der Planung und Ausführung vom jeweiligen Auftragnehmer (AN) geforderten Daten und Informationen. Sie sind verbindlicher Teil der Ausschreibungsunterlagen. Der Bieter reagiert mit einem groben BIM-Abwicklungsplan als Teil seines Angebots auf die AIA. Darin legt er dar, wie er beabsichtigt, die AIA umzusetzen bzw. zu erfüllen. Die AIA sollten Festlegungen zu folgenden Punkten beinhalten:

- Leistungsphasen:
  Auf welche HOAI-Leistungsphasen beziehen sich die AIA?
- BIM-Ziele:
  Welche Ziele verfolgt der Auftraggeber mit der Nutzung von BIM?
- BIM-Anwendungsfälle:
  Welche Anwendungsfälle sollen mit BIM abgedeckt werden?
- BIM-Umfang:
  Welche Teile des Bauvorhabens sollen BIM-gerecht modelliert werden?

- Grundlagen für die BIM-Modellierung:
  Welche digitalen und nicht-digitalen Grundlagen werden AG-seitig für die Modellierung zur Verfügung gestellt? Gibt es BIM-Bauteilbibliotheken die zwingend zu verwenden sind?
- Detaillierungsgrad:
  Welcher geometrische Detaillierungsgrad (Level of Geometry, LOG) ist für die einzelnen Bauteile erforderlich? Welche Bauteile müssen dargestellt werden, welche nicht? Wie feingliedrig müssen die Bauteile unterteilt werden.
- Alphanumerische Informationen (Level of Information, LOI):
  Wird ein Klassifikationsschema genutzt? Welche Attribute müssen die Bauteile aufweisen?
- Koordinatensysteme:
  Welche Koordinatensysteme sind zu verwenden?
- Datenaustauschformate:
  Welche Datenaustauschformate sollen im Zuge des Projekts zum Einsatz kommen?
- Datenübergabepunkte:
  Wann müssen welche Daten in welcher Form und in welchem Umfang übergeben werden?
- Qualitätskontrolle:
  In welcher Form und mit welchen technischen Hilfsmitteln wird eine Qualitätskontrolle auf AN und AG-Seite durchgeführt?
- Gemeinsame Datenumgebung:
  In welcher Form muss eine gemeinsame Datenumgebung realisiert werden? Liegen die Verantwortlichkeiten dafür beim AG oder beim AN? Sind Namenskonventionen des AG zu beachten? Welche Statuskonventionen gelten?
- Rollen und Verantwortlichkeiten:
  Welche Rollen und Verantwortlichkeiten werden durch den AG besetzt, welche müssen vom AN definiert werden?

22.2.3 BIM-Abwicklungsplan

Der BIM-Abwicklungsplan beschreibt, wie und in welcher Weise der AN die BIM-Methoden in Planung bzw. Ausführung des Bauvorhabens einsetzt. Er geht dabei im Detail auf die o. g. Punkte der AIA ein. Folgende Aspekte sollten im BAP beschrieben werden:
- BIM-Ziele
- BIM-Anwendungen nach Phasen
- Modellinhalte nach Anwendungen
- Klassifikation
- Datenübergabepunkte
- Rollen und Verantwortlichkeiten
- Modellkonventionen
- Software und Datenaustauschformate

- Koordination und Qualitätssicherung
- Gemeinsame Datenumgebung
- Dateinamenkonventionen
- Anzuwendende Modellierungsstandards und Richtlinien

Der BIM-Abwicklungsplan bildet in der einer groben Form einen Teil des Angebots des AN und wird zur Angebotswertung herangezogen. Erhält der AN den Zuschlag, erarbeitet er vor dem Beginn der eigentlichen Planungs- bzw. Ausführungsleistung in enger Abstimmung mit dem AG eine detailliertere Fassung des BAP aus.

Der BAP bildet in seinen einzelnen Versionen ein formales Dokument, das vom AG freigegeben werden muss. Es bildet einen Teil der Projektdokumentation. Sind im Laufe des Projekts Änderungen notwendig, werden vom AN überarbeitete Fassungen des BAP entwickelt.

22.2.4 Fachmodell-basiertes Arbeiten

BIM-gestützte Zusammenarbeit bedeutet nicht, dass alle Projektbeteiligten kontinuierlich an einem vollumfassenden Gesamtmodell arbeiten. Die ist aus technischen Gründen sowie aus Gründen der Haftung und des Urheberrechts nicht realisierbar. Stattdessen werden BIM-Projekte heute nach dem Prinzip des Fachmodell-basierten Arbeitens abgewickelt. Dabei erzeugen die Fachplaner jeweils eigene, voneinander unabhängige Modelle, die regelmäßig miteinander abgeglichen werden. Zur Abstimmung und Koordination werden die Daten auf einer gemeinsamen Projektplattform, dem Common Data Environment vorgehalten. Hier werden die Teilmodellen mit einem entsprechenden Ausarbeitungs-Status versehen.

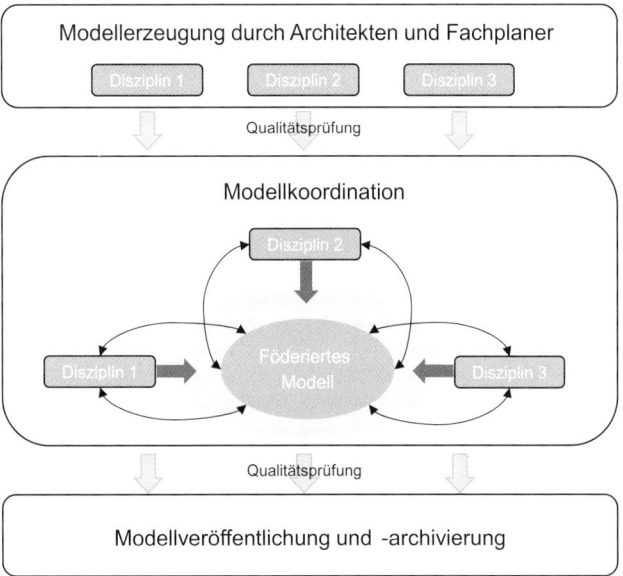

Abb. 22.4 Fachmodell-basiertes Arbeiten (Abb. nach Singapore BIM Guide)

Eine wichtige Rolle bei der Zusammenführung und Koordination der Teilmodelle spielt die Kollisionskontrolle. Dabei werden die geometrischen Elemente der Teilmodelle mithilfe entsprechender Softwarewerkzeuge auf räumliche Überlappungen überprüft. Ziel ist es, evtl. aufgetretene Planungsfehler zu identifizieren. Treten Konflikte auf, werden die betroffenen Fachplaner informiert und mit der Bereinigung beauftragt. Für das Management und die Nachverfolgung der identifizierten Probleme stehen entsprechende technische Hilfsmittel und ein dezidiertes offenes Dateiformat (Building Collaboration Format, BCF) zur Verfügung.

22.2.5 Gemeinsame Datenumgebung

Die gemeinsame Datenumgebung (engl. Common Data Environment, CDE) dient der integrierten Speicherung aller digitalen Projektinformationen einschließlich digitaler Modelle, technischer Zeichnungen, Spezifikationen, Terminpläne usw. Die ISO EN DIN 19650 legt die Anforderungen an CDEs im Detail fest.

Gemeinsame Datenumgebungen bieten die Möglichkeit der strukturierten Verwaltung und Bereitstellung dieser Daten. Die Beteiligten beziehen alle relevanten und zuvor vereinbarten Informationen ausschließlich aus der gemeinsamen Datenumgebung bzw. stellen Informationen dort bereit. Rahmenbedingungen zum Aufbau und zum Arbeiten mit der gemeinsamen Datenumgebung sind vertraglich zu vereinbaren. Die eigentliche Datenhaltung inkl. Sicherungen und Sicherheitseinstellungen muss den aktuellen Standards entsprechen.

Die BIM-basierte Zusammenarbeit setzt voraus, dass Informationen zwischen den einzelnen Projektbeteiligten zu bestimmten Zeitpunkten ausgetauscht werden. Der Austausch erfolgt über die gemeinsame Datenumgebung und wird im BAP beschrieben. Die Häufigkeit und der Umfang der Informationen, die in die gemeinsame Datenumgebung eingepflegt werden, haben einen starken Einfluss auf die technische Realisierung.

Nur geprüfte und freigegebene Informationen sollten für weitere Arbeitsschritte verwendet werden. Um dies zu gewährleisten, wird jeder Informationsentität, die in der CDE vorgehalten wird, einer der Status *In Bearbeitung* (Work in Progress), *Geteilt* (Shared), *Veröffentlicht* (Published) und *Archiviert* (Archived) zugewiesen. Bei jedem Statusübergang müssen fest vorgegeben Prüfläufe durchlaufen werden.

22.2.6 Rollen

Für die Übernahme von BIM-spezifischen Aufgaben und die Steuerung der BIM-Abläufe ist die Besetzung verschiedener Rollen notwendig. Die wichtigsten Rollen bilden der BIM-Manager und die BIM-Koordinatoren.

Aufgabe des BIM-Managers ist es, eine Strategie für die Qualitätssicherung im Gesamtprojekt auszuarbeiten und die die notwendigen Arbeitsabläufe festzulegen. Der BIM-Manager übernimmt die regelmäßige Zusammenführung der Fachmodelle und darauf aufbauend die Koordination der verschiedenen Planungsdisziplinen. Nach der erfolgten Prüfung und Kollisionsbereinigung werden die einzelnen Fachmodelle bzw. das Gesamtmodell durch den BIM-Manager freigegeben und zur Dokumentation des Planungsprozesses archiviert.

Für jede Fachdisziplin gibt es einen eigenen BIM-Koordinator. Er ist für die Qualität des bereitzustellenden Fachmodells verantwortlich und muss die Einhaltung von BIM-Standards und -Richtlinien, Datensicherheit, Datenqualität überwachen. Insbesondere muss er sicherstellen, dass das Modell im vereinbarten Ausarbeitungsgrad zu jeweiligen Meilenstein bereitgestellt wird.

Der BIM-Manager und die einzelnen BIM-Koordinatoren müssen im Laufe des Projekts eng zusammenarbeiten, insbesondere, wenn sie unterschiedlichen Unternehmen angehören.

Abb. 22.5 Aufgabenverteilung zwischen BIM-Manager und BIM-Koordinatoren (Quelle: Egger et al. 2013)

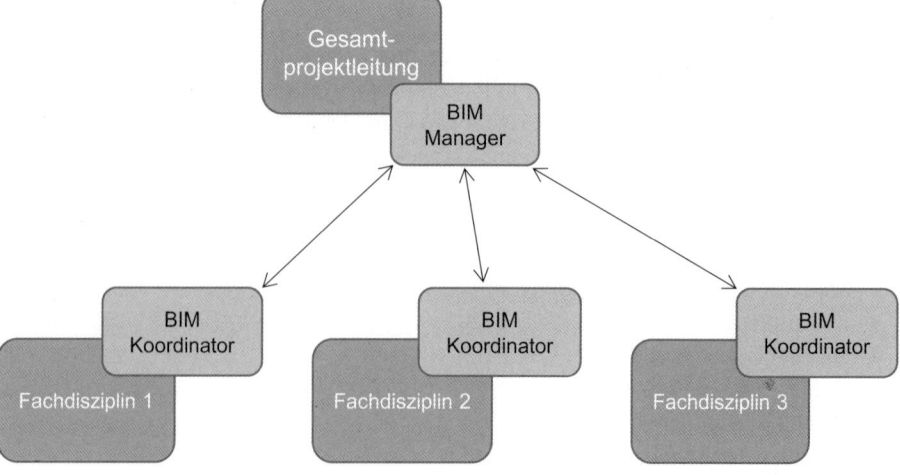

Tafel 22.1 Typische BIM-Anwendungsfälle

Technische Visualisierung	Visualisierung des 3D-Modells als Basis für die Projektbesprechung sowie für die Öffentlichkeitsarbeit
Koordination der Fachgewerke	regelmäßiges Zusammenführen der Fachmodelle in einem Koordinationsmodell, Kollisionsprüfung und systematische Konfliktbehebung
Planableitung	Ableitung der wesentlichen Teile der Entwurfs- bzw. Ausführungspläne aus dem Modell
Kostenschätzung und Kostenberechnung	Mengenermittlung (Volumen, Flächen) anhand des Modells als Basis für die Kostenschätzung und Kostenberechnung
Leistungsverzeichnis, Ausschreibung, Vergabe	Modellgestützte Erzeugung von mengenbezogenen Positionen des Leistungsverzeichnisses, modellbasierte Ausschreibung und Vergabe
BIM-gestützte Tragwerksplanung	Nutzung des Modells für Bemessung und Nachweisführung
Bauablaufmodellierung (4D-Modellierung)	Verknüpfung des 3D-Modells mit dem Bauablauf
Simulation des zeitlichen Verlaufs der Kosten (5D-Modellierung)	Verknüpfung des 4D-Modells mit den Kosten zur Herstellung der betreffenden Bauteile
Baufortschrittskontrolle	Nutzung des Modells für die Baufortschrittskontrolle, Erzeugung und Nachführung eines 4D-Modells zum tatsächlichen Baufortschritt
Abrechnung	Nutzung des Modells für Abrechnung und Controlling, Grundlage bildet das 4D-Modell der Baufortschrittskontrolle
Mängelmanagement	Nutzung des Modells zur Dokumentation von Ausführungsmängeln und deren Behebung
Nutzung für Betrieb und Erhaltung	Übernahme von Daten in entsprechende Systeme für das Erhaltungsmanagement

22.3 BIM-Anwendungsfälle

Die BIM-Anwendungsfälle beschreiben, auf welche Weise BIM-Modelle im Projekt genutzt werden. Die Festlegung der BIM-Anwendungsfälle ist notwendig, damit die erstellten Modelle die damit einhergehenden Anforderungen hinsichtlich Geometrie und Attributierung erfüllen. Die Tafel 22.1 listet die üblichsten BIM-Anwendungsfälle auf. Es wird aber darauf hingewiesen, dass diese Auflistung nicht abschließend ist und projektspezifisch zusätzliche BIM-Anwendungsfälle definiert werden können.

Die Auswahl der umzusetzenden BIM-Anwendungsfälle geschieht durch den Auftraggeber anhand einer Aufwand-Nutzen-Analyse im konkreten Projekt.

22.4 Datenaustauschprozesse und Modellinhalte

22.4.1 Methoden der Prozessschreibung

Die erfolgreiche Anwendung der BIM-Methodik erfordert eine detaillierte Betrachtung der Prozesse, bei denen digitale Informationen erstellt, verändert, verwendet und weitergeben werden. Bei großen Bauprojekten können diese Austauschprozesse sehr komplex werden. Eine kontinuierliche Prüfung, Anpassung und Verbesserung der Prozesse ist daher äußerst sinnvoll.

Die BIM-basierten Austauschprozesse können auf Basis der ISO 29481-1:2016-05 „Building information models – Information delivery manual – Part 1: Methodology and format" definiert werden. Die ISO 29481-1 legt eine Vorgehens-

weise fest, wie für die einzelnen Planungs- und Bauprozesse die erforderlichen Informationen beschrieben und mit Hilfe des Information Delivery Manuals (IDM) dokumentiert werden können. Ein IDM umfasst im Wesentlichen Diagramme zur Beschreibung der Prozesse (Prozesslandkarte, engl. Process Map) und einzelne Anforderungen für den Informationsaustausch (Exchange Requirements). Die hierfür erforderlichen Spezifikationen werden in mehreren Schritten erarbeitet. Die Abb. 22.7 stellt das methodische Vorgehen vor. Zunächst werden die verschiedenen Akteure und ihre jeweiligen Rollen der betrachteten Prozesse festgelegt (1). Anschließend werden die Prozesse auf Basis der Business Process Modeling Notation (BPMN) modelliert (2) und die jeweils benötigten bzw. auszutauschenden Informationen beschrieben (3). Diese sogenannten „Exchange Requirements" werden anschließend formalisiert (4) und auf die verwendeten Datenmodelle abgebildet (5). Die softwaretechnische Umsetzung erfolgt im letzten Schritt über eine sogenannte Model View Definition (MVD) (6). Letztendlich definiert ein MVD eine Teilmenge eines existierenden Datenmodels, welches im Rahmen des definierten Datenaustauschprozesses verwendet werden soll. Softwarewerkzeuge können ein MVD verwenden, um bestimmte Informationen zu filtern und zu validieren. Hierbei kann ein MVD auch mehrere Exchange Requirements der gesamten Process Map umfassen.

22.4.2 Modellinhalte und Ausarbeitungsgrade

Die Exchange Requirements spezifizieren für verschiedene Prozesse die notwendigen Modellinhalte. In der Praxis hat sich gezeigt, dass nach bestimmten Projektphasen die

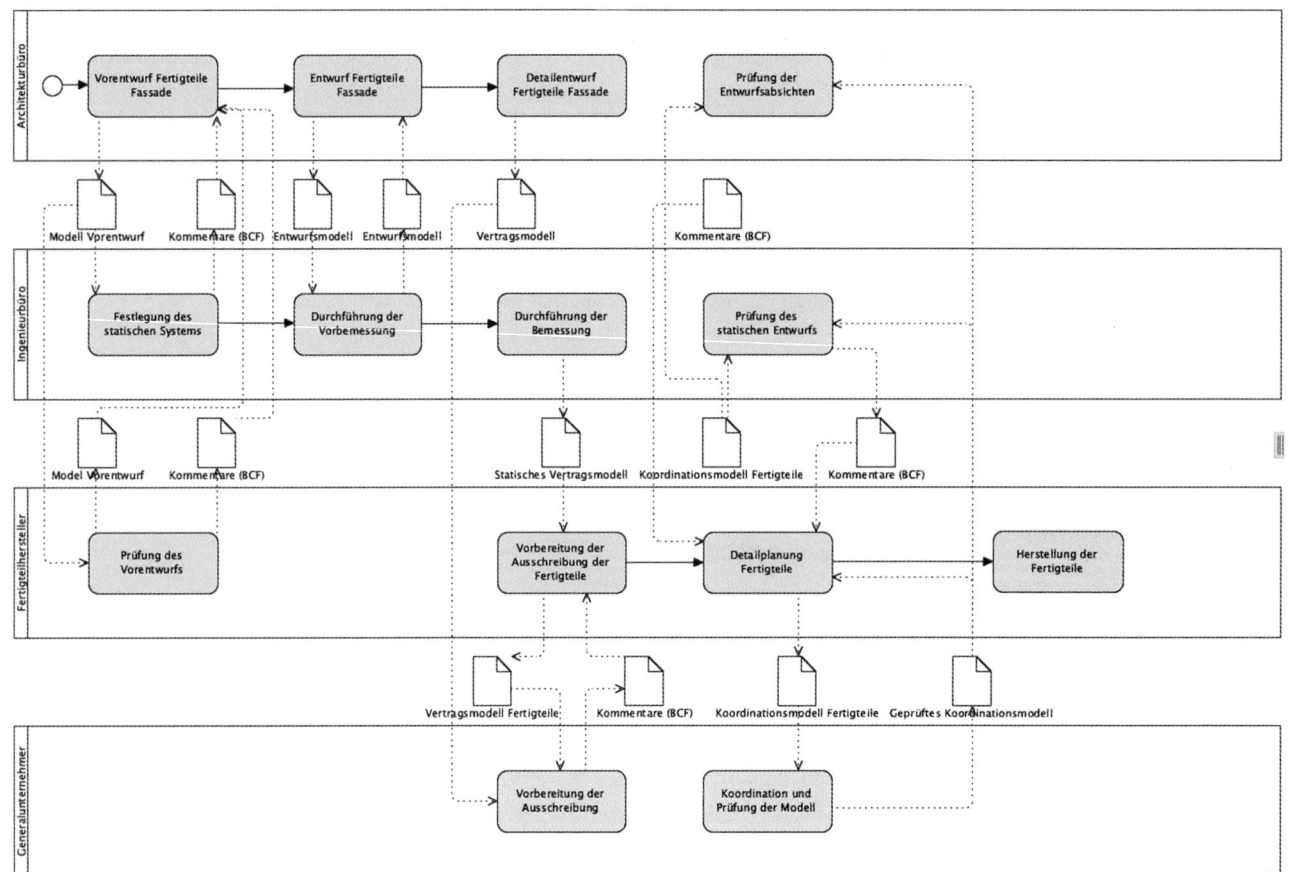

Abb. 22.6 Die Prozesslandkarte stellt horizontal in den sogenannten Schwimmbahnen die Prozessbeteiligten dar, zwischen denen Modelle oder digitale Dokumente ausgetauscht werden. Diese Darstellung erlaubt die eindeutige Definition von Informationsanforderungen für Datenaustauschszenarien

Bauwerksmodelle bestimmte Elemente in einer bestimmten Ausarbeitung vorliegen. Diese Ausarbeitungsgrade oder Fertigstellungsgrade beschreiben neben den geforderten Modellinhalten auch eine gewisse Zuverlässigkeit der vorliegenden Modellinformationen. Hierbei handelt es sich jedoch in der Regel um Minimalanforderungen an die Modellinhalte im Rahmen der Austauschprozesse.

Im englischen Sprachraum wird ein Ausarbeitungsgrad als „Level of Development" (LOD) bezeichnet. Er beschreibt sowohl die geometrische als auch die alphanumerische Informationstiefe der Elemente eines Bauwerksmodells. Generell wird zwischen geometrischen Informationen (Level of Geometry, LOG) und alphanumerischen Informationen (Level of Information, LOI) unterschieden. Die geometrischen Informationen können dabei auf explizite und/oder implizite Weise ausgedrückt werden.

Implizite Informationen sind beispielsweise geometrische Parameter, wie Länge, Höhe oder Breite. Explizite Informationen sind in der Regel Punkte, Linien, Flächen oder Volumen auf Basis von Koordinatensystemen. Die geometrischen und alphanumerischen Informationen können sich im

Laufe der Bearbeitung unterschiedlich entwickeln. Für die verschiedenen Aufgaben im Rahmen der Planung, Ausführung und des Betriebs ist es wichtig, dass die vorhandenen Fachmodelle digital auswertbar sind und die Informationstiefe jeweils ausreichend vorhanden ist. Durch eine Zuordnung eines LODs zu jedem Modellelement kann somit die Zuverlässigkeit eines Bauwerksmodells bewertet werden.

International haben sich fünf verschiedene Ausarbeitungsgrade etabliert, die mit LOD 100 bis LOD 500 bezeichnet werden. Ein Modellelement liegt nur in einem bestimmten LOD vor, wenn alle grundlegenden Anforderungen erfüllt sind. Die LOD-Definitionen sind hierarchisch aufgebaut und ein detaillierter Ausarbeitungsgrad schließt in der Regel alle gröberen Ausarbeitungsgrade ein. Bei der Definition der Ausarbeitungsgrade für bestimmte Phasen sollte immer beachtet werden, dass nur so viel wie notwendig modelliert wird.

Die Tafel 22.2 listet die international üblichen LODs auf und illustriert sie mit den verschiedenen Stufen der geometrischen Ausarbeitung eines Brückenlagers. Die LOD-Definitionen wurden in dieser Form von der VDI-Richtlinie

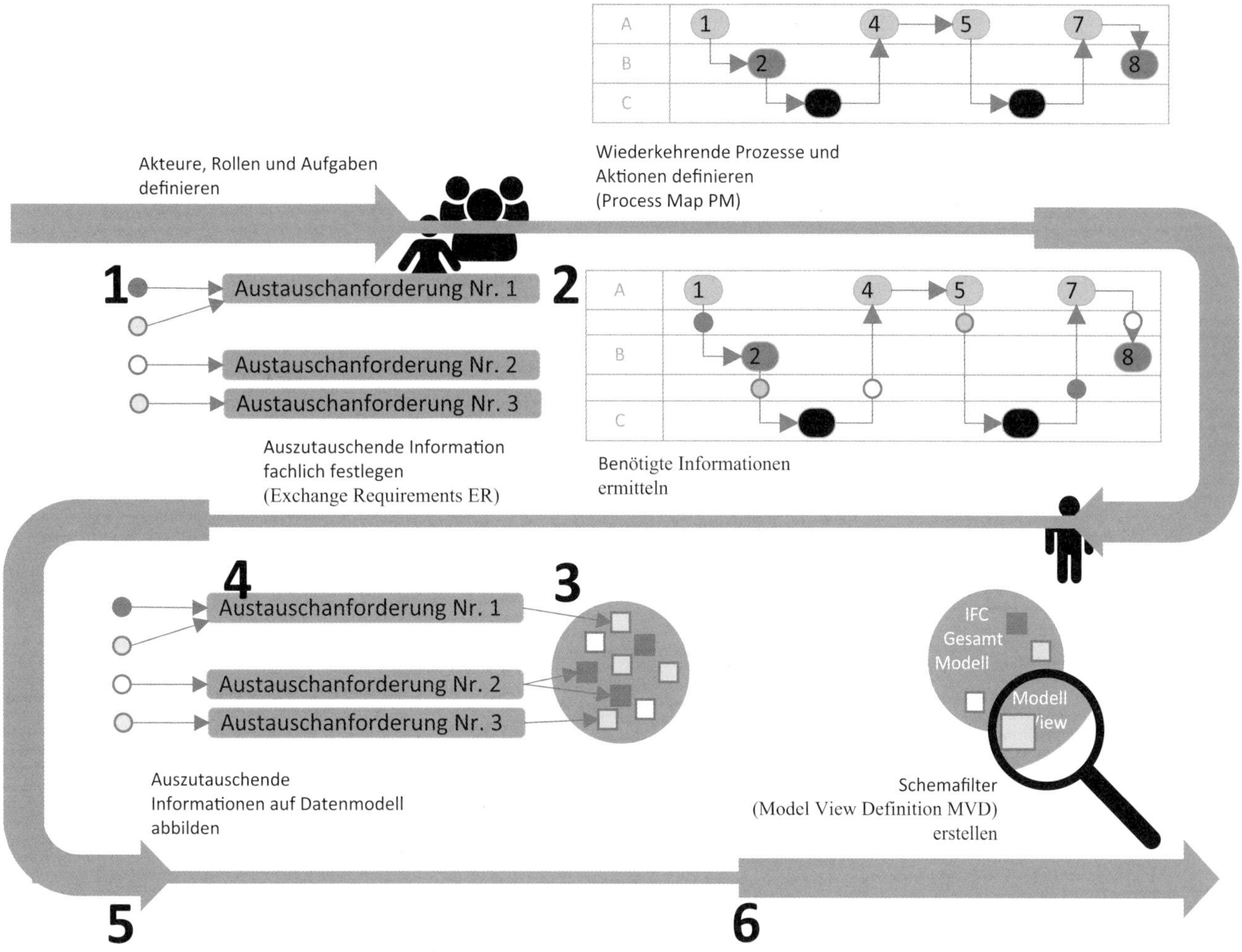

Abb. 22.7 Ablauf bei der Entwicklung von Datenaustauschanforderungen und Model View Definitions (Urheber: Jakob Beetz)

2552-4 übernommen, jedoch um eine feinere Abstufung (LOD 310, 320) ergänzt.

Die Levels of Information (LOI) werden in der momentan üblichen Praxis jeweils projektspezifisch festgelegt, d. h. die zu liefernden Attribute in den AIA spezifiziert. International oder national geltende Richtlinien gibt es bislang nicht.

Omniclass aus Nordamerika und Uniclass aus Großbritannien. In Deutschland wird zum Teil die DIN276 als Klassifikationssystem eingesetzt, die jedoch ursprünglich allein für die Belange der Kostenberechnung entwickelt wurde und eine für viele BIM-Anwendungen zu grobe Klassifikationsstruktur aufweist.

22.4.3   Klassifikation

Ein Klassifikationssystem dient zur hierarchischen Strukturierung und vereinheitlichten Nutzung von Begrifflichkeiten. Die Nutzung eines Klassifikationssystems für die Objekte eines BIM-Modells ist notwendig, um sie semantisch präzise zu beschreiben und für weitere Auswertungen (Mengenermittlung, Normenprüfung) zugreifbar zu machen. Letztlich wird durch ein vereinheitlichtes Klassifikationssystem verhindert, dass projektweise oder auftraggeberweise unterschiedliche Objektbezeichnungen zum Einsatz kommen. International übliche Klassifikationssysteme sind

22.4.4   Prüfung von Modellinhalten

Bei der Übergabe von Modellen zwischen Vertragspartnern ist es notwendig, diese auf inhaltliche Korrektheit zu prüfen. Neben einer Sichtprüfung bietet sich die automatisierte Prüfung durch entsprechende Softwarewerkzeuge (Model Checker) an. Diese sind in der Lage, Modellelemente auf die zuvor festgelegte Attributierung zu überprüfen und dienen somit als Kontrollinstrument. Sie bieten in der Regeln darüberhinausgehende Prüfmechanismen, u. a. zur Identifikation von geometrischen Überlappungen bzw. Klaffungen.

Tafel 22.2 Levels of Development (LODs), am Beispiel eines Brückenlagers (Bilder: Franziska Mini)

LOD 100	Das Modellelement wird sehr vereinfacht mit Hilfe eines Symbols oder einer generischen Repräsentation dargestellt. Des Weiteren werden wesentliche Eigenschaften definiert, die für die Vorplanung (konzeptionelle Planung) erforderlich sind	
LOD 200	Das Modellelement wird mit seiner ungefähren Position und Geometrie sowie wichtigen Eigenschaften angegeben. Ganz wesentlich sind Informationen zur Kostenberechnung, z. B. nach DIN 276	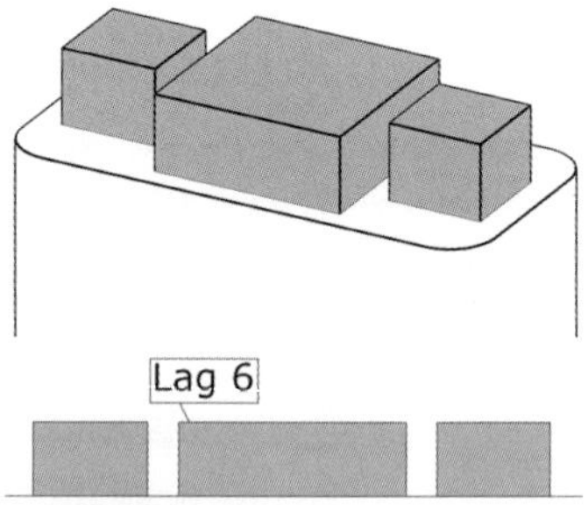
LOD 300	Das Modellelement wird mit seiner genauen Position und Geometrie für die Ausführungsplanung bzw. Werkplanung angeben. Auf Basis dieses Modellelements kann die eigentliche Arbeitsvorbereitung erfolgen. In der Regel wird dieser Ausarbeitungsgrad auch für die Ermittlung der Mengen und das Aufstellen von Leistungsverzeichnissen verwendet	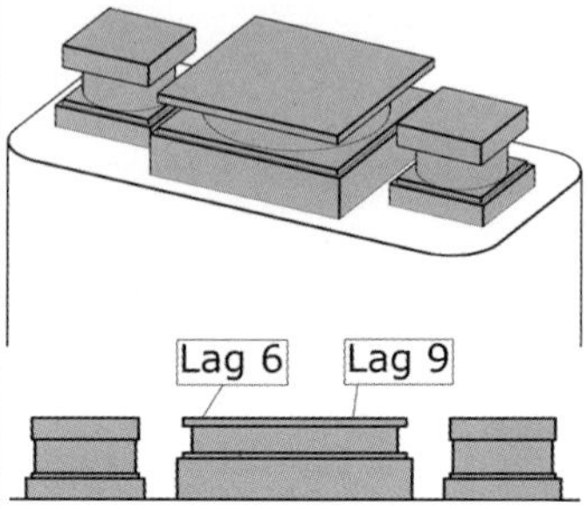
LOD 400	Das Modellelement enthält alle geometrischen und alphanumerischen Informationen, die für die Erstellung oder den Umbau des Elements erforderlich sind. Hierzu gehören auch Montageanweisungen und die im Rahmen der Arbeitsvorbereitung spezifizierten Bauverfahren	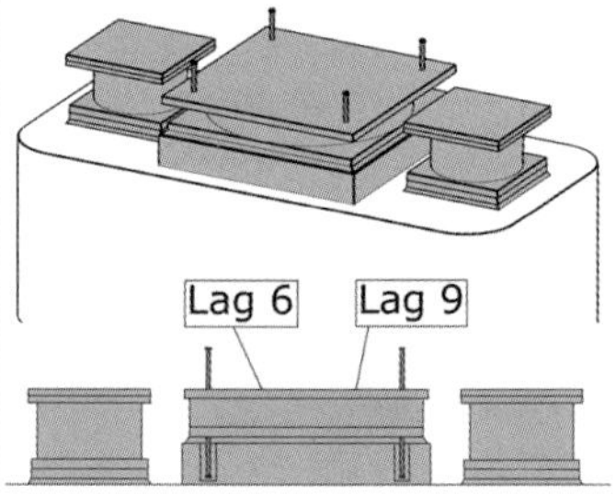
LOD 500	Das Modellelement repräsentiert, dass reale Elemente bzgl. Position und Geometrie. Des Weiteren werden Informationen zur Bauüberwachung und Dokumentation gespeichert	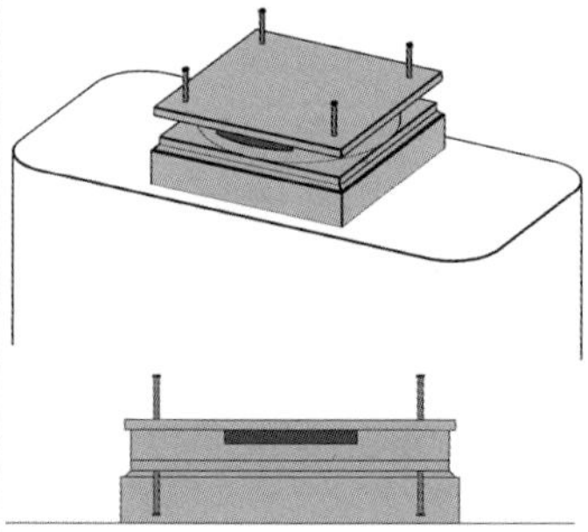

22.4.5 Offenes Datenaustauschformat: Industry Foundation Classes

Infolge des Gebots zur produktneutralen Ausschreibung für öffentliche Auftraggeber ist es notwendig, Modellübergaben an den Auftraggeber mithilfe eines herstellerneutralen und standardisierten Dateiformats zu realisieren. Hierzu wurde von der internationalen Organisation buildingSMART das offene Format Industry Foundation Classes (IFC) entwickelt und als ISO CEN DIN 16739 standardisiert. Das IFC-Format erlaubt die Beschreibung und Übertragung hochwertiger Bauwerksmodelle. Es verwendet eine objektorientierte Modellierung und setzt eine strikte Trennung von Geometrie und Semantik um.

Die unterstützten Geometrierepräsentationen umfassen:
- triangulierte Oberflächennetze
- Boundary Representation (mit ebenen Flächen oder mit gekrümmten Flächen)
- Constructive Solid Geometry (CSG)
- Sweep- und Extrusionsgeometrie

Auf der semantischen Seite unterstützte das IFC-Format die folgenden hierarchischen Strukturen:

- räumliche Strukturierung
- funktionale Strukturierung
- Aggregation/Dekomposition von Bauteilen

Durch die Möglichkeit, generische Platzhalterobjekte (Ifc-Proxy) und dynamische Eigenschaftenlisten (Property Sets) einzusetzen, ist das IFC-Format sehr flexibel und leicht an die Bedürfnisse eines spezifischen Bauherrn bzw. Projekts anpassbar.

Das IFC-Format wird von vielen Softwareprodukten beim Import und Export unterstützt und ist in vielen Ländern als verbindliches Format für den Datenaustausch mit öffentlichen Auftraggebern vorgeschrieben.

Literatur

1. Stufenplan Digitales Planen und Bauen. Berlin: Bundesministerium für Verkehr und digitale Infrastruktur.
2. VDI-Richtlinie 2552 – Building Information Modeling, Verein Deutscher Ingenieure, Düsseldorf
3. ISO EN DIN 19650 – Organisation von Daten zu Bauwerken – Informationsmanagement mit BIM
4. ISO 16739 – Industry Foundation Classes (IFC) for data sharing in the construction and facility management industries, International Organization for Standardization, Genf, Schweiz
5. ISO 29481-1 „Building information models – Information delivery manual – Part 1: Methodology and format"

Bauzeichnungen

23

Prof. Dr.-Ing. Uwe Weitkemper

Inhaltsverzeichnis

23.1 Elemente der zeichnerischen Darstellung 1488
   23.1.1 Blattgrößen, Zeichenflächen, Schriftfeld und Faltungen 1488
   23.1.2 Maßeinheiten und Maßstäbe 1489
   23.1.3 Linienarten und Linienbreiten 1489
   23.1.4 Kennzeichnung von Schnittflächen 1492
   23.1.5 Darstellung von Abriss und Wiederaufbau 1493
   23.1.6 Bemaßung 1494
   23.1.7 Darstellung von Treppen, Rampen und Aussparungen 1494
   23.1.8 Darstellung von Türen und Fenstern 1495
23.2 Darstellung von Bauobjekten 1496
   23.2.1 Parallelschaubild 1496
   23.2.2 Draufsicht, Ansicht, Schnitt und Grundrisse . . . 1496
   23.2.3 Anordnung und Zuordnung der Projektionen . . . 1496
23.3 Thematische Klassifikation 1501
23.4 Zeichnungen für die Objektplanung 1501
   23.4.1 Vorentwurfszeichnungen 1502
   23.4.2 Entwurfszeichnungen 1502
   23.4.3 Bauvorlagezeichnungen 1502
   23.4.4 Ausführungszeichnungen 1502
   23.4.5 Abrechnungszeichnungen 1503
   23.4.6 Baubestandszeichnungen, Bauaufnahmen, Benutzungspläne 1503
   23.4.7 Bauaufnahmezeichnungen nach DIN 1356-6 . . . 1503
23.5 Zeichnungen für die Tragwerksplanung 1505
   23.5.1 Positionspläne 1505
   23.5.2 Schalpläne und Fundamentpläne 1505
   23.5.3 Rohbauzeichnungen 1505
   23.5.4 Bewehrungszeichnungen 1505
   23.5.5 Fertigteilzeichnungen 1505
   23.5.6 Verlegezeichnungen 1505
   23.5.7 Planungsaufwand und Schwierigkeitsgrad 1508
23.6 Bewehrungsdarstellung nach DIN EN ISO 3766 1508
   23.6.1 Allgemeine Regeln für Bewehrungszeichnungen . 1508
   23.6.2 Positionskennzeichnung und Darstellung von Betonstabstählen 1508
   23.6.3 Positionskennzeichnung und Darstellung von Betonstahlmatten 1508
   23.6.4 Positionskennzeichnung und Darstellung von Spannbewehrung 1513
   23.6.5 Darstellung von Bewehrung in Bauteilen 1513

Technische Baubestimmungen

DIN EN ISO 128-20	2002-12	Technische Zeichnungen; Allgemeine Grundlagen der Darstellung, Teil 20: Linien; Grundregeln
DIN ISO 128-23	2000-03	–; Allgemeine Grundlagen der Darstellung, Teil 23: Linien in Zeichnungen des Bauwesen
DIN ISO 128-30	2002-05	–; Allgemeine Grundlagen der Darstellung, Teil 30: Grundregeln für Ansichten
DIN ISO 128-50	2002-05	–; Allgemeine Grundlagen der Darstellung, Teil 50: Grundregeln für Flächen in Schnitten und Schnittansichten
DIN 406-10	1992-12	Maßeintragung; Begriffe; Allgemeine Grundlagen
DIN 406-11	1992-12	–; Grundlagen der Anwendung mit Beiblatt 1, 2000-12
DIN 406-12	1992-12	–; Eintragung von Toleranzen für Längen- u. Winkelmaße
DIN 824	1981-03	Technische Zeichnungen – Faltung auf Ablageformat
DIN 919-1	2014-08	Technische Zeichnungen – Holzverarbeitung – Grundlagen
DIN 1356-1	1995-02	Bauzeichnungen, Arten, Inhalte und Grundregeln der Darstellung
DIN 1356-6	2006-05	Technische Produktdokumentation – Bauzeichnungen – Teil 6: Bauaufnahmezeichnungen
DIN 18065	2015-03	Gebäudetreppen – Begriffe, Messregeln, Hauptmaße
DIN EN ISO 3098-1	2015-06	Technische Produktdokumentation – Schriften – Teil 0: Grundregeln
DIN EN ISO 3098-2	2000-11	–; –; Teil 2: Lateinisches Alphabet, Ziffern und Zeichen
DIN EN ISO 3098-4	2000-11	–; –; Teil 4: Diakritische und besondere Zeichen im Lateinischen Alphabet
DIN EN ISO 3766	2004-05	Zeichnungen für das Bauwesen – Vereinfachte Darstellung von Bewehrungen

U. Weitkemper ✉
Fachhochschule Bielefeld, Campus Minden, Artilleriestraße 9, 32427 Minden, Deutschland

© Springer Fachmedien Wiesbaden GmbH 2018
U. Vismann (Hrsg.), *Wendehorst Bautechnische Zahlentafeln*, https://doi.org/10.1007/978-3-658-17936-6_23

Tafel 23.1 Blattgrößen und Faltungen (Maße in mm)

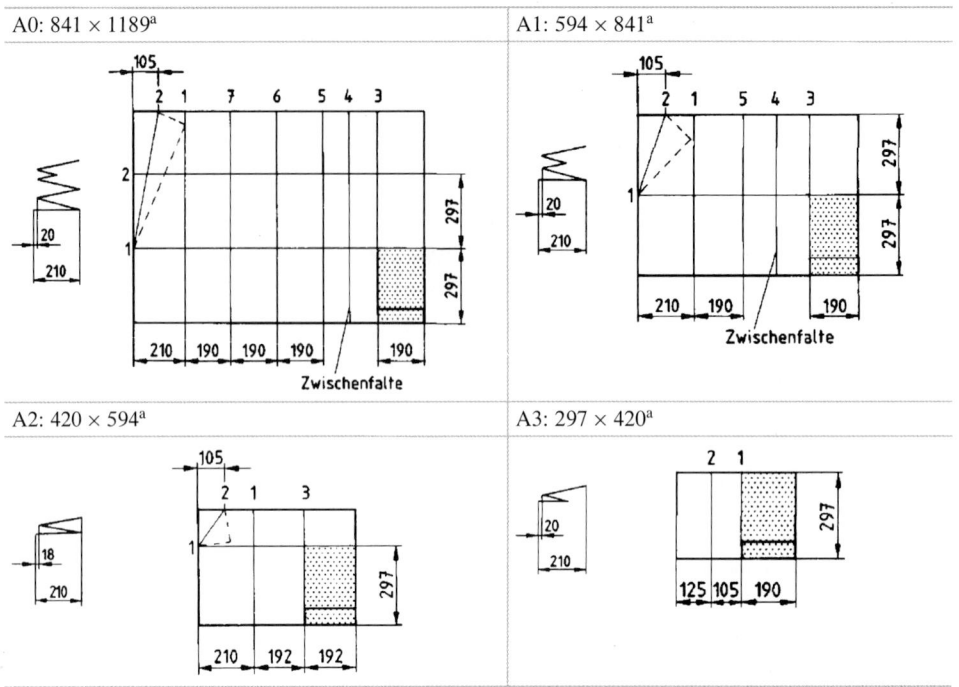

ᵃ Maße der beschnittenen Zeichnung bzw. beschnittenen Lichtpause.

DIN EN ISO 4157-1	1999-03	Zeichnungen für das Bauwesen; Bezeichnungssysteme; Teil 1: Gebäude und Gebäudeteile
DIN EN ISO 4157-2	1999-03	–; –; Teil 2: Raumnamen u. -nummern
DIN EN ISO 4157-3	1999-03	–; –; Teil 3: Raumkennzeichnungen
DIN ISO 4172	1992-08	Zeichnungen für das Bauwesen; Zeichnungen für das Zusammenbauen vorgefertigter Teile
DIN ISO 5261	1997-04	Vereinfachte Darstellung und Maßeintragung von Stäben und Profilen
DIN ISO 5455	1979-12	Technische Zeichnungen, Maßstäbe
DIN ISO 5456-1	1998-04	Projektionsmethoden, Teil 1: Übersicht
DIN ISO 5456-2	1998-04	–; Teil 2: Orthografische Darstellungen
DIN ISO 5456-3	1998-04	–; Teil 3: Axonometrische Darstellungen
DIN EN ISO 5456-4	2002-12	–; Teil 4: Zentralprojektion
DIN EN ISO 5457	2010-11	Technische Produktdokumentation; Formate und Gestaltung von Zeichnungsvordrucken
DIN ISO 6284	1997-09	Zeichnungen für das Bauwesen; Eintragung von Grenzabmaßen
DIN ISO 7518	1986-11	Zeichnungen für das Bauwesen; Vereinfachte Darstellung von Abriss und Wiederaufbau
DIN ISO 7519	1992-09	–; Allgemeine Grundlagen für Anordnungspläne und Zusammenbauzeichnungen

23.1 Elemente der zeichnerischen Darstellung

23.1.1 Blattgrößen, Zeichenflächen, Schriftfeld und Faltungen

Die Blattgrößen und Zeichenflächen von technischen Zeichnungen, sind vorzugsweise nach DIN EN ISO 5457 zu wählen und für Faltungen gilt DIN 824. Siehe Tafeln 23.1 und 23.2. In der Regel enthält jedes Blatt in der rechten un-

Tafel 23.2 Zeichenflächen und Blattformate nach DIN EN ISO 5457 (Maße in mm)

Format	Zeichenfläche
A4	180 × 277
A3	277 × 390
A2	400 × 564
A1	574 × 811
A0	821 × 1159

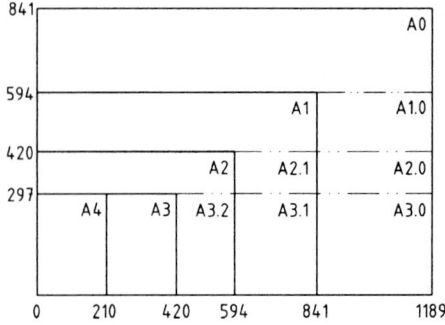

Tafel 23.3 Schriftfeld. Beispiel und übliche Inhalte

Beispiel Schriftfeld	Übliche Inhalte
Bauherr **Bauvorhaben** **Bauteil** **Ausführende Baufirma** **Architekturbüro / Ingenieurbüro / Planungsbüro** bearbeitet / gezeichnet / geprüft / Datum — **Maßstäbe** — **Blatt Nr.** **Änderungen**: Nr. / Datum / bearbeitet — a, b, c, d, e Blattgröße: Fläche:	– Namen des Bauherrn – Bezeichnung des Projektes, Bauteils – Datum – Name des für die Zeichnung Verantwortlichen/Verfassers mit Prüf- und Anerkennungsvermerken – Art und Inhalt der Bauzeichnung – Maßstab – Änderungsvermerk mit Datum – Toleranzen und dergleichen

teren Ecke ein Schriftfeld mit oder ohne Rand. Ein Beispiel und die üblichen Inhalte gibt Tafel 23.3. Die Faltmarken sollten an den Blatträndern angegeben werden.

23.1.2 Maßeinheiten und Maßstäbe

Die Wahl der Maßeinheiten (s. DIN 1356-1) richtet sich nach der Art des Bauwerks und der Bauart. Tafel 23.4 zeigt die Möglichkeiten. Ganzzahliger und gebrochener Teil einer Zahl können durch ein Komma oder einen Punkt getrennt werden.

Maßstäbe sind vorzugsweise nach DIN ISO 5455 zu wählen, s. Tafel 23.5. Darüber hinaus darf auch die Maßstabsreihe 1 : 2,5; 1 : 25; 1 : 250 usw. verwendet werden. Der verwendete Maßstab wird im Schriftfeld notiert. Werden mehrere Maßstäbe in einer Zeichnung verwendet, so werden die abweichenden Maßstäbe an die zugehörigen Zeichnungsteile geschrieben. Siehe auch DIN 1356-1.

Tafel 23.4 Maßeinheiten

	Maßeinheit, Maßeinheit in	Maße unter 1 m; z. B.			Maße über 1 m
1	cm	5	24	88,5	313,5
2	m und cm	5	24	88^5	$3,13^5$
3	mm	50	240	885	3135

23.1.3 Linienarten und Linienbreiten

DIN EN ISO 128-20 definiert die Linienbreiten, die Linienarten, die zugehörigen Bezeichnungen und Abmessungen sowie die Grundregeln für das Zeichnen von Linien. Die Anforderungen für die Mikroverfilmung enthält DIN ISO 6428.

Die Anwendung von Linienarten und Linienbreiten in Zeichnungen des Bauwesens (Architekturzeichnungen, Statikzeichnungen, Zeichnungen für den ingenieurtechnischen Ausbau, Zeichnungen des Bauingenieurwesens, Zeichnungen für Außenanlagen, Zeichnungen der Stadtplanung) werden durch DIN ISO 128-23 festgelegt. In einer Zeichnung für das Bauwesen werden in der Regel drei Linienbreiten (schmal, breit und sehr breit) angewendet. Das Verhältnis zwischen diesen drei Linienbreiten ist 1 : 2 : 4.

Eine spezielle Linienbreite wird für die Darstellung und Beschriftung grafischer Symbole angewendet. Diese Linienbreite befindet sich zwischen den Breiten der schmalen und der breiten Linie.

Die Linienbreite muss nach der Art, den Maßen und dem Maßstab der Zeichnung ausgewählt werden, sowie den Anforderungen für die Mikroverfilmung und für andere Reproduktionsverfahren entsprechen.

Tafel 23.5 Maßstäbe

Kategorie	Empfohlene Maßstäbe			Bemerkung
Vergrößerungsmaßstäbe	50 : 1	20 : 1	10 : 1	Der Maßstab ist das Verhältnis der in einer Originalzeichnung dargestellten linearen Maße eines Bereiches zur wirklichen Abmessung desselben Bereiches eines Gegenstandes. Er wird größer, wenn sein Verhältniswert zunimmt. Er wird kleiner, wenn sein Verhältniswert abnimmt.
	5 : 1	2 : 1		
Natürlicher Maßstab			1 : 1	
Verkleinerungsmaßstäbe	1 : 2	1 : 5	1 : 10	
	1 : 20	1 : 50	1 : 100	
	1 : 200	1 : 500	1 : 1000	
	1 : 2000	1 : 5000	1 : 10.000	

Tafel 23.6 Linienbreiten und Linienarten

Linienbreite in mm	0,13	0,18	0,25	0,35	0,5	0,7	1	1,4	2
Volllinie	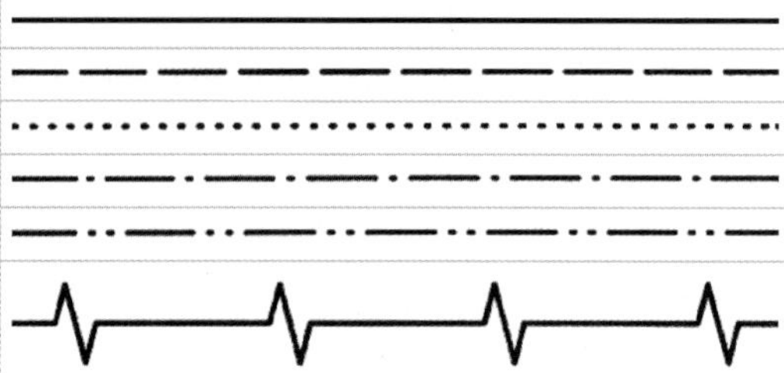								
Strichlinie									
Punktlinie									
Strich-Punktlinie									
Strich-Zweipunktlinie									
Zickzacklinie									

Tafel 23.7 Linien in Zeichnungen des Bauwesens

Nr.	Linienart	Anwendung	Liniengruppe				
			0,25	0,35	0,5	0,7	1
01.1	Volllinie, schmal	Begrenzung unterschiedlicher Werkstoffe in Ansichten und Schnitten	0,13	0,18	0,25	0,35	0,50
		Schraffuren					
		Diagonallinien für die Angabe von Öffnungen, Durchbrüchen und Aussparungen (Schlitzen)					
		Pfeillinien in Treppen, Rampen und geneigten Ebenen					
		Kurze Mittellinien					
		Maßhilfslinien					
		Maßlinien und Maßlinienbegrenzungen					
		Hinweislinien					
		Vorhandene Höhenlinien in Zeichnungen für Außenanlagen					
		Sichtbare Umrisse von Teilen in der Ansicht					
		Vereinfachte Darstellung von Türen, Fenstern, Treppen, Armaturen usw.					
		Umrahmung von Einzelheiten					
	Zickzacklinie, schmal	Begrenzungen von teilweisen oder unterbrochenen Ansichten, wenn die Begrenzung nicht eine Linie wie 04.1 ist					
01.2	Volllinie, breit	Sichtbare Umrisse von Teilen in Schnitten mit Schraffur	0,25	0,35	0,5	0,7	1
		Begrenzungen unterschiedlicher Werkstoffe in Ansichten und Schnitten					
		Sichtbare Umrisse von Teilen in der Ansicht					
		Vereinfachte Darstellung von Türen, Fenstern, Treppen, Armaturen usw.					
		Rasterlinien 2. Ordnung					
		Pfeillinien zur Kennzeichnung von Ansichten und Schnitten					
		Projektierte Höhenlinien in Zeichnungen für Außenanlagen					
01.3	Volllinie, sehr breit	Sichtbare Umrisse von Teilen in Schnitten ohne Schraffur	0,5	0,7	1	1,4	2
		Bewehrungsstähle					
		Linien mit besonderer Bedeutung					

Tafel 23.7 (Fortsetzung)

Nr.	Linienart	Anwendung	Liniengruppe				
			0,25	0,35	0,5	0,7	1
02.1	Strichlinie, schmal	Vorhandene Höhenlinien in Zeichnungen für Außenanlagen	0,13	0,18	0,25	0,35	0,5
		Unterteilung von Pflanzflächen/Rasen					
		Nicht sichtbare Umrisse					
02.2	Strichlinie, breit	Verdeckte Umrisse	0,25	0,35	0,5	0,7	1
02.3	Strichlinie, sehr breit	Bewehrungsstähle in der unteren Lage einer Draufsicht bzw. hinteren Lage einer Seitenansicht, wenn untere und obere bzw. vordere und hintere Bewehrungslagen in derselben Zeichnung dargestellt werden	0,5	0,7	1	1,4	2
04.1	Strichpunktlinie, schmal	Schnittebenen	0,13	0,18	0,25	0,35	0,5
		Mittellinien					
		Symmetrielinien (an den Enden durch zwei rechtwinklig gezeichnete schmale, kurze, parallele Linien gekennzeichnet)					
		Rahmen für vergrößerte Einzelheiten					
		Bezugslinien					
		Begrenzungen von teilweisen oder unterbrochenen Ansichten und Schnitten (besonders bei kurzen Linien und bei Platzmangel, siehe Anhang A von DIN ISO 128-23)					
04.2	Strichpunktlinie, breit	Schnittebenen (an den Enden und bei Richtungswechsel)	0,25	0,35	0,5	0,7	1
		Umrisse von sichtbaren Teilen vor der Schnittebene					
04.3	Strichpunktlinie, sehr breit	Zweitrangige Linien für Lagebezeichnungen und beliebige Bezugslinien	0,5	0,7	1	1,4	2
		Kennzeichnung von Linien oder Oberflächen mit besonderen Anforderungen					
		Grenzlinien für Verträge, Phasen, Bereiche usw.					
05.1	Strich-Zweipunktlinie, schmal	Alternativ- und Grenzstellungen beweglicher Teile	0,13	0,18	0,25	0,35	0,5
		Schwerlinien					
		Umrisse angrenzender Teile					
05.2	Strich-Zweipunktlinie, breit	Umrisslinien nicht sichtbarer Teile vor der Schnittebene	0,25	0,35	0,5	0,7	1
05.3	Strich-Zweipunktlinie, sehr breit	Vorgespannte Bewehrungsstähle und -seile	0,5	0,7	1	1,4	2
07	Punktlinie, schmal	Umrisse von nicht zum Projekt gehörenden Teilen	0,13	0,18	0,25	0,35	0,5
08	Grafische Symbole	Beschriftung und Darstellung grafischer Symbole	0,18	0,25	0,35	0,5	0,7

Tafel 23.8 Schraffuren nach DIN ISO 128-50 und DIN 1356-1

Baustoff	Schraffur nach DIN ISO 128-50	Schraffur nach DIN 1356-1
Boden	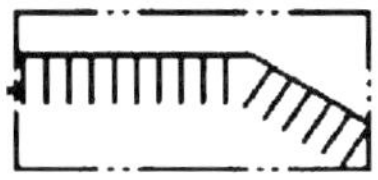  gewachsen geschüttet	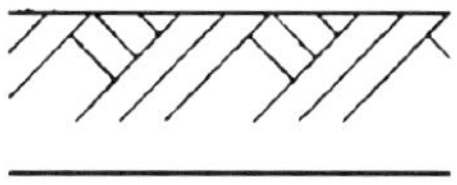
Kies	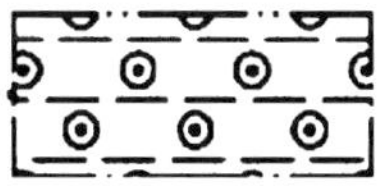	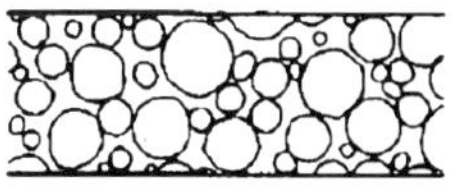
Sand		
Beton – unbewehrt	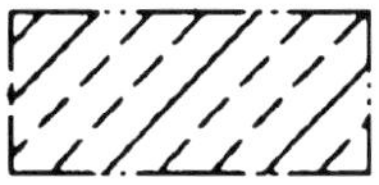	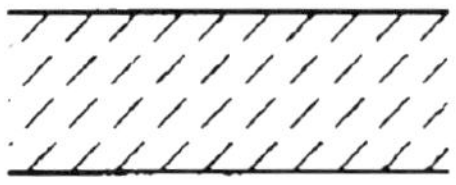
Beton – bewehrt 		
Mauerwerk		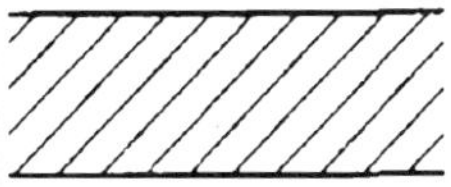

Tafel 23.8 (Fortsetzung)

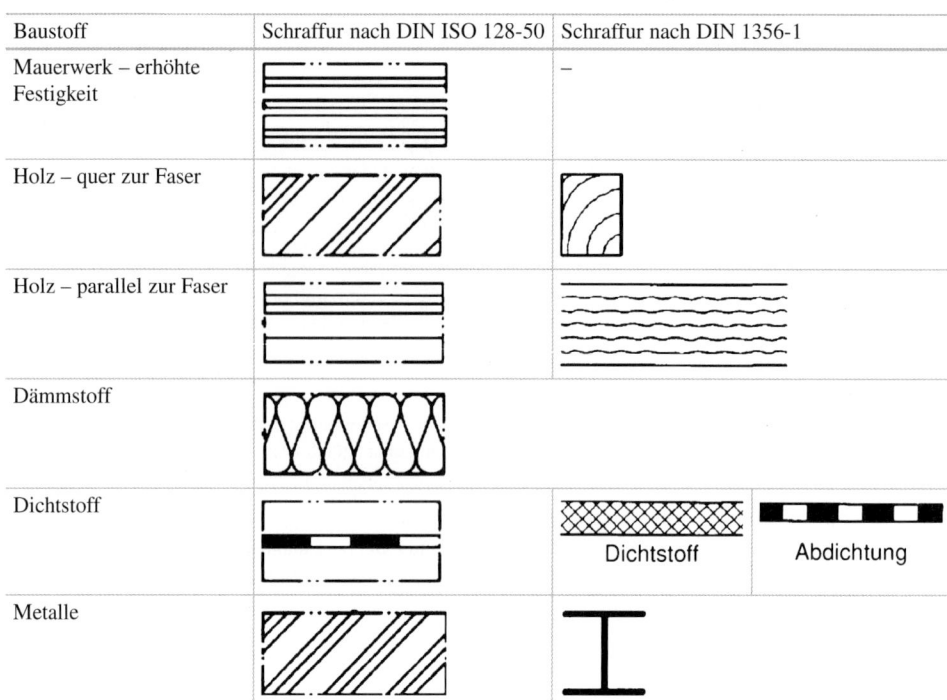

Baustoff	Schraffur nach DIN ISO 128-50	Schraffur nach DIN 1356-1
Mauerwerk – erhöhte Festigkeit		–
Holz – quer zur Faser		
Holz – parallel zur Faser		
Dämmstoff		
Dichtstoff		Dichtstoff / Abdichtung
Metalle		

Tafel 23.9 Schraffuren nach DIN ISO 128-50

Baustoff	Schraffur DIN ISO 128-50	Baustoff	Schraffur DIN ISO 128-50
Leichtbeton		WU-Beton	
Leichtziegel	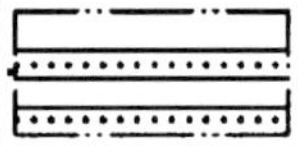	Bimsbaustein	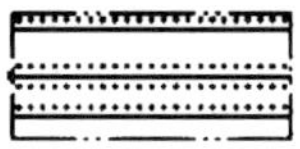
Glas	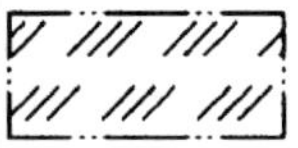	Holzwerkstoff	
Gipsplatte		Füllstoff	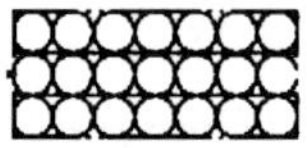
Wasser	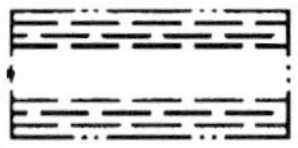	Gasförmige Stoffe	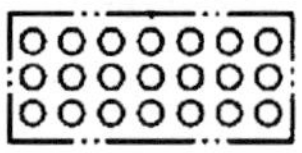

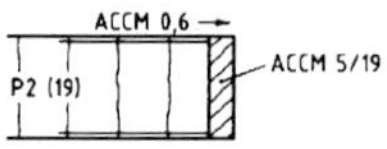

23.1.4 Kennzeichnung von Schnittflächen

Schnittflächen werden auf Zeichnungen für das Bauwesen mit Schraffuren gekennzeichnet, die in DIN ISO 128-50, DIN 1356-1 bzw. DIN 919-1 festgelegt werden. Treffen Schnittflächen mehrerer Bauteile zusammen, sind die zugehörigen Schraffuren unter 45° und um 90° zueinander versetzt anzuordnen. Die Kanten der Schnittflächen sind durch breite Volllinien entsprechend Tafel 23.7 hervorzuheben.

Tafel 23.10 Schraffuren nach DIN 919-1

Baustoff, Bauteil ergänzt um weitere Angaben		Schraffur DIN 919-1
Vollholz	Hirnholz	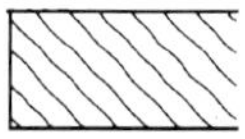
Vollholz	Längsholz	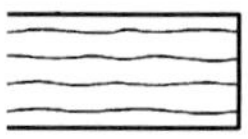
Holzwerkstoff	Plattenart/Nenndicke	P2 16
Kennz. der Oberflächenstruktur	In Faserrichtung	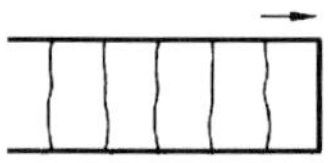
Kennz. der Oberflächenstruktur	Quer zur Faserrichtung	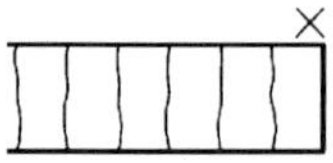
Kernstruktur	Hirnholz	STAE 16
Kernstruktur	Längsholz	ST 16
Beschichtung	Einseitig	MFB P2 19
Beschichtung	Beidseitig	MFB MDF 19
Anleimer	–	P2 (19) / ACCM 0,6 / ACCM 5/19

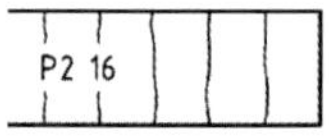

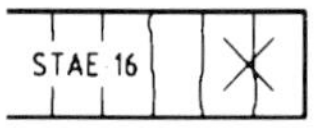

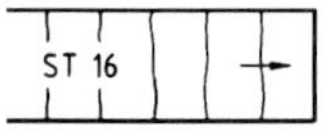

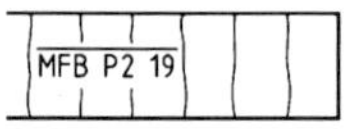

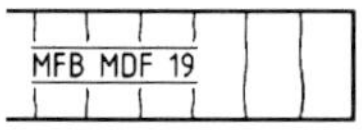

Tafel 23.11 Vereinfachte Darstellung von Abriss und Wiederaufbau

Umrisse, Maße und Informationen im Text

	Absicht	Darstellung und Angaben in der	
		Bestehenden Zeichnung	Neuen Zeichnung
1	Umrisse bestehender Teile, die erhalten bleiben sollen	(keine Vereinbarung)	– schmale Linie [b]
2	Umrisse bestehender Teile, die abgerissen werden sollen	✕——✕——✕	✕——✕——✕ [b] – schmale Linie mit Kreuzen
3	Umrisse neuer Teile	– breite Linie / – Linie breiter als andere in derselben Zeichnung	– breite Linie
4	Bestehende Maße und Informationen, die erhalten bleiben sollen	(keine Vereinbarung)	1370 INFORMATION
5	Maße und Informationen zu bestehenden, abzureißenden Teilen[a]	~~1370~~ ~~INFORMATION~~ – schmale Linie durch das Maß oder den Text	
6	Maße und Informationen für neue Teile	1370	INFORMATION

Darstellung von Bauwerken und Teilen von Gebäuden

	Absicht	Bestehenden Zeichnung	Neuen Zeichnung
7	Bestehender, zu erhaltender Teil	(keine Vereinbarung)	 [b,c]
8	Bestehender, abzureißender Teil	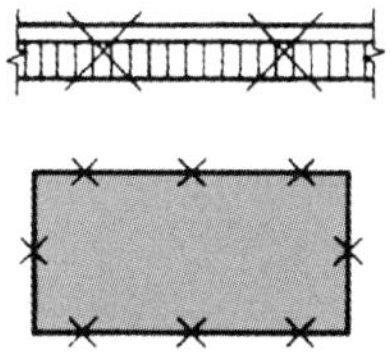	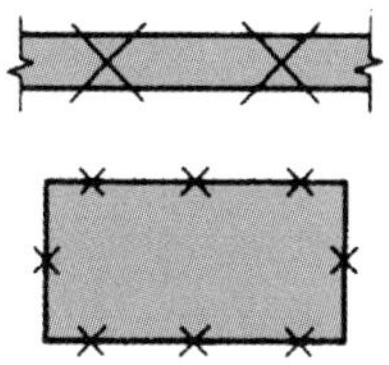 [b,c]
9	Neuer Teil	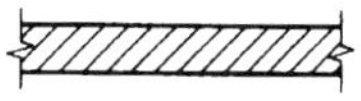	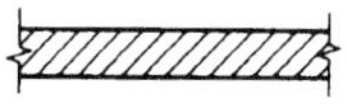 [b,c]
10	Schließung einer Öffnung im bestehenden Bauwerk		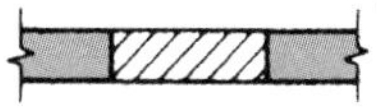 [b,c]
11	Neue Öffnungen im bestehenden Mauerwerk	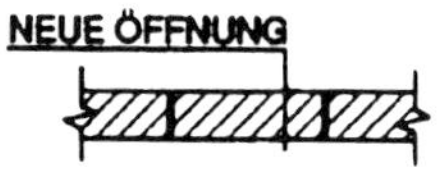 NEUE ÖFFNUNG	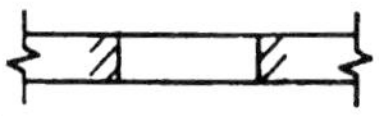 [b,c]
12	Wiederherstellung eines bestehenden Bauwerkes nach Abriss eines damit verbundenen Bauwerkes		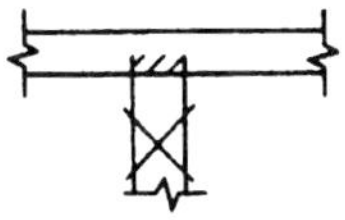 [b,c]
13	Änderung der Oberflächenbeschichtung	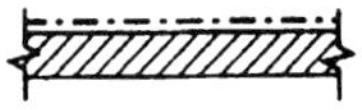	[b,c]

[a] Es kann nützlich sein, zwischen ursprünglichen und neuen Maßen zu unterscheiden. Dies kann durch verschiedene Schriftgrößen oder durch die Schreibweise der Ziffern und des Textes erfolgen.
[b] Linienarten und Linienbreiten nach DIN 1356.
[c] Schraffur oder Schattierung in Übereinstimmung mit ISO 4069.

23.1.5 Darstellung von Abriss und Wiederaufbau

Die vereinfachten Darstellungen von Abriss und Wiederaufbau nach Tafel 23.11 sind in DIN ISO 7518 geregelt. Es muss deutlich unterschieden werden können, ob jeweils zu erhaltene Teile, abzureißende Teile oder neue Teile angegeben werden. Um die geplanten Änderungen zu erklären, wird empfohlen, den ursprünglichen (bestehenden) Zustand des Gebäudes in einer Zeichnung zusammen mit den Angaben der geplanten Änderung sowie eine neue Zeichnung des geänderten Gebäudes anzufertigen.

Wenn es notwendig ist, sollen die Zeichnungen und Symbole durch Text erläutert werden.

Tafel 23.12 Schriftgrößen und Linienbreite von Maßzahlen (Angaben in mm)

Darstellungen im Maßstab	Schriftgröße	Linienbreite
1 : 50 und größer (z. B. 1 : 20)	5,0	0,35
1 : 100 und kleiner (z. B. 1 : 200)	3,5	0,25

Tafel 23.13 Höhenkoten, Symbole

Höhenangabe	Der Oberfläche	Der Unterfläche
Rohkonstruktion	+2,40 ▼	▲ +2,24⁵
Fertigkonstruktion	+2,24 ▽	△ +2,24

23.1.6 Bemaßung

Die Anforderungen an die Bemaßung von Zeichnungen sind in DIN 406-11 und DIN 1356-1 geregelt. Das Schriftbild soll DIN EN ISO 3098 entsprechen. Bemaßt werden Punkte, Schichten, Strecken und Winkel. Maße – im Bauwesen in aller Regel Rohbaumaße – werden entweder zwischen den Begrenzungslinien der bemaßten Figur eingetragen oder mittels Maßhilfslinien herausgezogen. Zu den Maßeinheiten siehe auch Tafel 23.4. Im Betonbau werden die Maße üblicherweise in der Maßeinheit Meter (m), im Holzbau in Zentimeter (cm) und im Stahlbau in Millimeter (mm) angegeben.

Die Bemaßung besteht aus Maßzahl, Maßlinie, Maßlinienbegrenzung und ggf. Maßhilfslinie. Maßzahlen werden im Regelfall mittig über der zugehörigen durchgezogenen Maßlinie so angeordnet, dass sie in der Gebrauchslage der Zeichnung von unten bzw. von rechts zu lesen sind. Bei mehreren parallelen Maßketten stehen zusammenfassende Maße jeweils außen. Wird in Grundrissen bei der Bemaßung von Wandöffnungen (z. B. Türen und Fenster) neben der Öffnungsbreite auch die Höhe angegeben, so steht die Höhenangabe unter der Maßlinie. Schriftgröße und Linienbreite der Maßzahlen werden nach Tafel 23.12 gewählt.

Maßlinien sind schmale Volllinien. Sie werden zwischen den Begrenzungslinien des Objektes (z. B. Schnittfläche) oder zwischen Maßhilfslinien gezeichnet. Maße, die nicht zwischen den Begrenzungslinien der Flächen eingetragen werden, sind mittels Maßhilfslinien herauszuziehen. Maßhilfslinien stehen i. Allg. rechtwinklig zur Maßlinie und gehen etwas über diese hinaus. Sie sind von den zugehörigen Flächenbegrenzungen bzw. Körperkanten abzusetzen. Als Maßlinienbegrenzung kann der Punkt oder der Schrägstrich gewählt werden. Ausnahmsweise werden auch Begrenzungspfeile verwendet.

Höhen werden als Höhendifferenzen (mit Maßlinien) und als Höhenkoten mit Dreiecken angegeben. Für Rohbaumaße

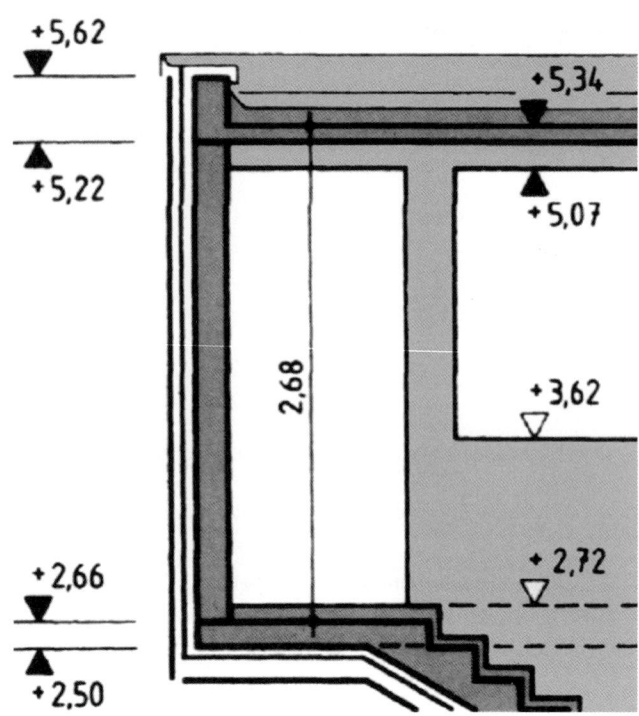

Abb. 23.1 Höhenangaben in Schnitten

werden schwarze Dreiecke verwendet, für Fertigmaße weiße Dreiecke, Tafel 23.13 und Abb. 23.1. Im Regelfall hat die Oberfläche des fertigen Fußbodens im Erdgeschoss die Höhenlage ±0. Geschosshöhen zählen von Oberkante (OK) fertiger Fußboden bis OK fertiger Fußboden (des nächsten Geschosses). Brüstungshöhen zählen von OK Rohdecke bis Unterkante der Mauerwerksöffnung (Rohbau).

23.1.7 Darstellung von Treppen, Rampen und Aussparungen

Begriffe, Messregeln und Hauptmaße von Treppen definiert DIN 18065 in Anlehnung an die Landesbauordnungen. DIN 1356-1 regelt die vereinfachte Darstellung von Treppen und Rampen im Grundriss. Im Grundriss wird bei Treppen neben den Stufen die Lauflinie gezeichnet. Sie beginnt in einem Kreis an der untersten Stufe (Antritt) und endet mit einem 45°-Pfeil an der obersten Stufe (Austritt), Tafel 23.14.

Aussparungen, deren Tiefe kleiner ist als die Bauteiltiefe (*Nischen*), werden durch einen (schmalen) Diagonalstrich von links unten nach rechts oben kenntlich gemacht. Aussparungen, deren Tiefe gleich der Bauteiltiefe ist (*Durchbrüche*), werden durch (schmale) Diagonalstriche kenntlich gemacht. Deckenöffnungen werden in Grundrissen auch durch Andeutung eines Schattens kenntlich gemacht (siehe Tafel 23.15).

Tafel 23.14 Darstellung von Treppen und Rampen

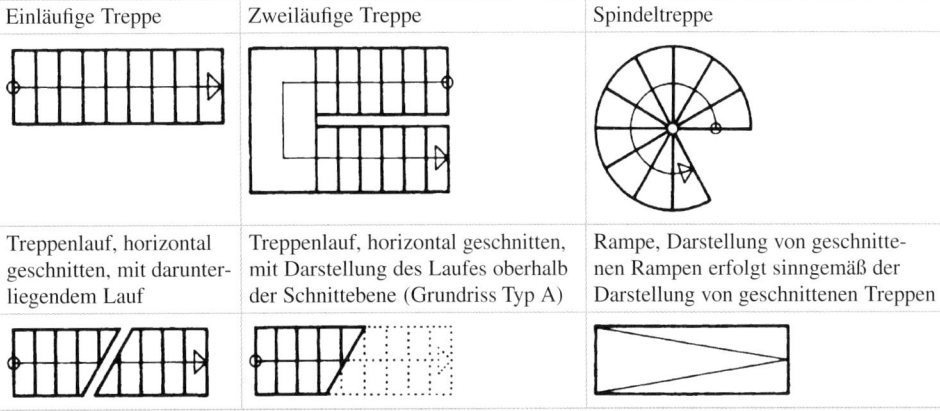

Einläufige Treppe	Zweiläufige Treppe	Spindeltreppe
Treppenlauf, horizontal geschnitten, mit darunterliegendem Lauf	Treppenlauf, horizontal geschnitten, mit Darstellung des Laufes oberhalb der Schnittebene (Grundriss Typ A)	Rampe, Darstellung von geschnittenen Rampen erfolgt sinngemäß der Darstellung von geschnittenen Treppen

Tafel 23.15 Darstellung von Aussparungen nach DIN 1356-1

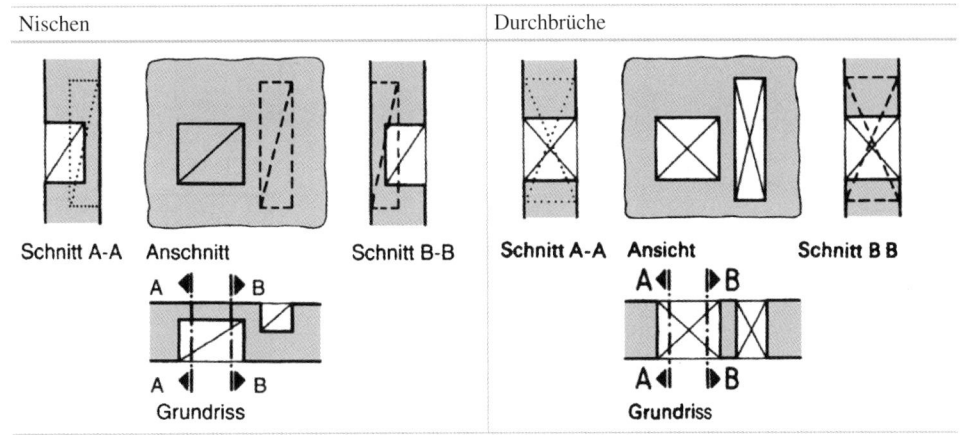

23.1.8 Darstellung von Türen und Fenstern

Tafel 23.16 Darstellung von Türen und Fenstern nach DIN 1356-1

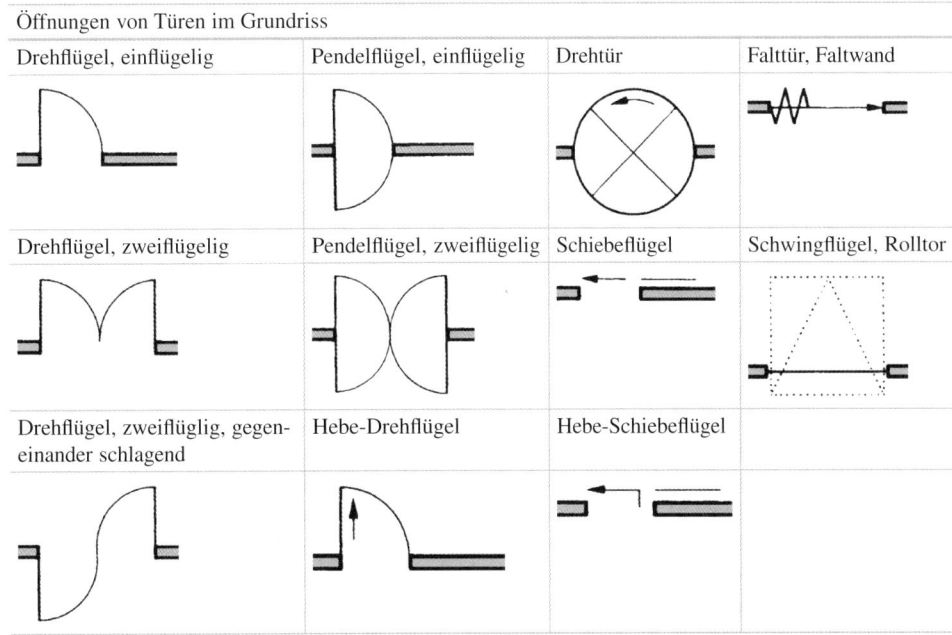

Tafel 23.16 (Fortsetzung)

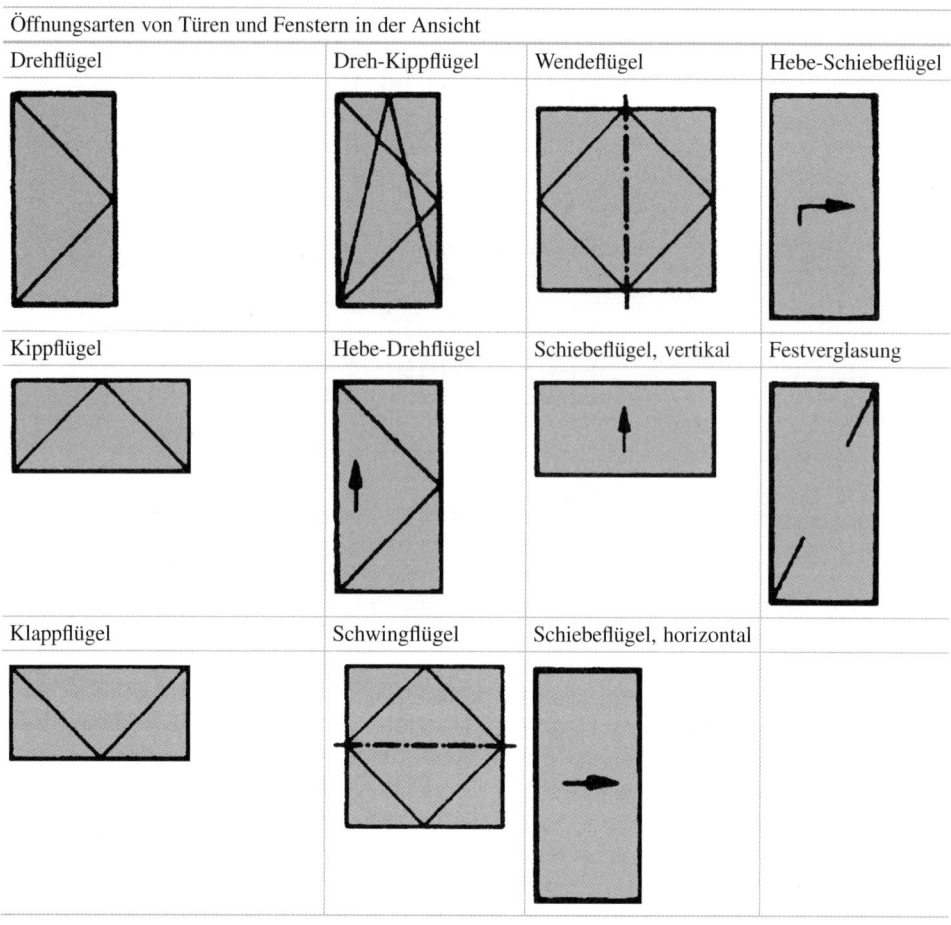

Öffnungsarten von Türen und Fenstern in der Ansicht

Drehflügel	Dreh-Kippflügel	Wendeflügel	Hebe-Schiebeflügel
Kippflügel	Hebe-Drehflügel	Schiebeflügel, vertikal	Festverglasung
Klappflügel	Schwingflügel	Schiebeflügel, horizontal	

23.2 Darstellung von Bauobjekten

Bauobjekte werden als Parallelschaubild und/oder in Draufsicht, Ansichten, Grundrissen und Schnitten dargestellt.

23.2.1 Parallelschaubild

Siehe Tafel 23.17.

23.2.2 Draufsicht, Ansicht, Schnitt und Grundrisse

Siehe Tafel 23.18.

23.2.3 Anordnung und Zuordnung der Projektionen

Werden die verschiedenen Ansichten eines Bauobjektes gemeinsam auf einem Blatt dargestellt, so sind sie nach Abb. 23.2a und b anzuordnen (DIN ISO 128-30).

Sollen bei der Darstellung von Innenräumen alle waagerecht eingesehenen Ansichten in unmittelbarem Zusammenhang mit der Draufsicht gebracht werden, so sind diese Ansichten in die Draufsichtebene einzuklappen. Die verschiedenen Ansichten werden dann kranzartig um den Grundriss angeordnet, Abb. 23.3a.

Müssen die Ansichten in ihrer Höhenentwicklung miteinander zu vergleichen sein, so sind sie als Abwicklung nebeneinander zu reihen, Abb 23.3b.

Tafel 23.17 Konstruktion von Parallelschaubildern nach DIN ISO 5456-3

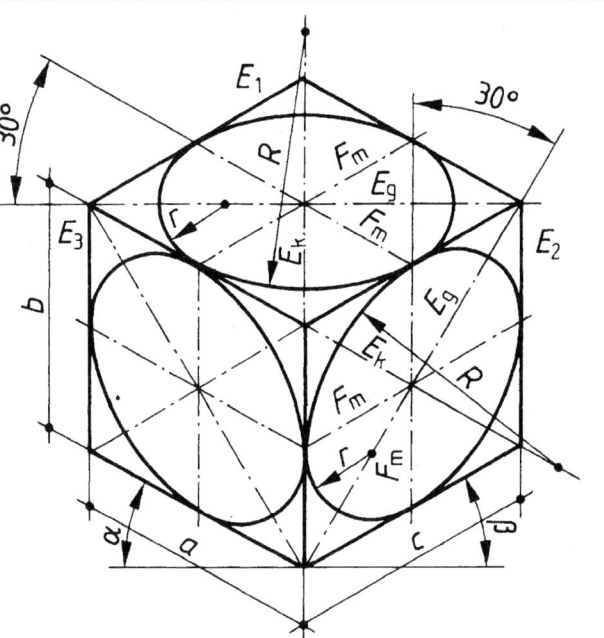

Isometrische Projektion

Seitenverhältnis $a : b : c = 1 : 1 : 1$

Winkel $\alpha = 30°$, $\beta = 30°$

Flächenmittellinie F_m = Kantenlänge a

Verhältnis der Ellipsenachsen $\approx 1 : 1,7$

Ellipse E_1 ... große Achse waagerecht

Ellipse E_2 und E_3 ... große Achse rechtwinklig zu 30°

Große Ellipsenachse $E_g \approx 1,2 \cdot a$

Kleine Ellipsenachse $E_k \approx E_g : 1,7$

Ellipsenradien ... $R \approx 1,04 \cdot a$, $r \approx R : 3,8$

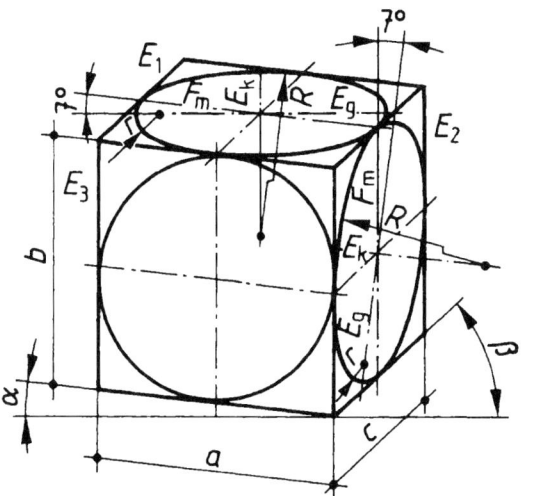

Dimetrische Projektion

Seitenverhältnis $a : b : c = 1 : 1 : 1/2$

Winkel $\alpha = 7°$, $\beta = 42°$

Flächenmittellinie F_m = Kantenlänge a

Achsenverhältnis bei E_1 und $E_2 \approx 1 : 3$

Achsenverhältnis bei $E_3 \approx 1 : 1$

Ellipse E_1 ... große Achse waagerecht

Ellipse E_2 ... große Achse rechtwinklig zu 7°

Große Ellipsenachse $E_g \approx 1,06 \cdot a$

Kleine Ellipsenachse $E_k \approx E_g : 3$

Ellipsenradien ... $R \approx 1,5 \cdot a$, $r \approx R : 20$

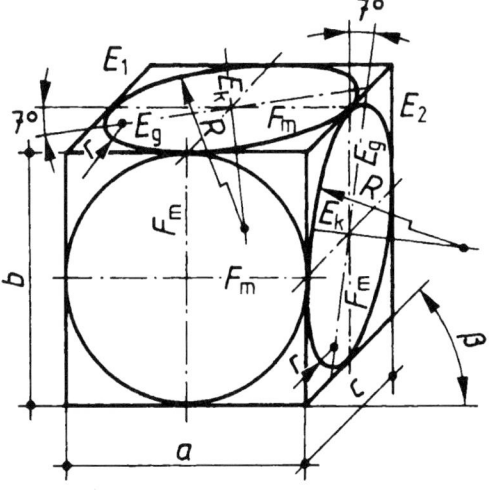

Kabinettprojektion

Seitenverhältnis $a : b : c = 1 : 1 : 1/2$

Winkel $\beta = 45°$

Flächenmittellinie F_m = Kantenlänge a

Achsenverhältnis bei E_1 und $E_2 \approx 1 : 3,2$

Ellipse E_1 ... große Achse um $\approx 7°$ geneigt

Ellipse E_2 ... große Achse rechtwinklig zu 7°

Große Ellipsenachse $E_g \approx 1,07 \cdot a$

Kleine Ellipsenachse $E_k \approx E_g : 3,2$

Ellipsenradien ... $R \approx 1,5 \cdot a$, $r \approx R : 20$

Tafel 23.18 Draufsicht, Ansicht und Schnitt nach DIN 1356-1

Draufsicht, Ansicht eines Bauobjektes	Ansicht
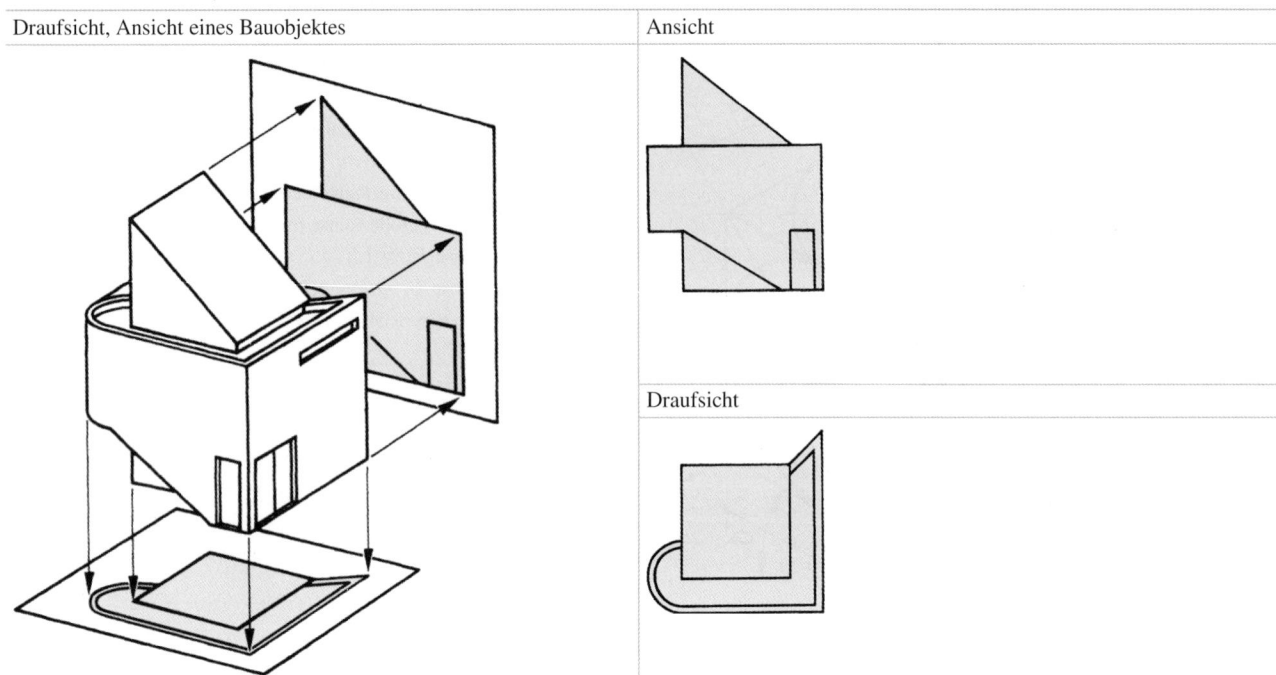	

Ansicht

Draufsicht

Draufsicht des Bauobjektes
– Maßstäbliche Abbildung auf einer horizontalen Bildtafel in orthogonaler Parallelprojektion.
– Bildtafel liegt unter dem darzustellenden Objekt. Projektionsrichtung ist von oben n. unten.
– Von oben sichtbare Begrenzungen und Knickkanten werden durch Volllinien dargestellt.

Ansicht des Bauobjektes
– Maßstäbliche Abbildung auf einer vertikalen Bildtafel in orthogonaler Parallelprojektion.
– Bildtafel wird hinter dem darzustellenden Objekt gewählt. Projektionsrichtung geht von vorn – d. h. von der darzustellenden Seite des Objektes – nach hinten.
– Von vorn sichtbare Begrenzungen und Knickkanten werden durch Volllinien dargestellt.

Schnitt des Bauobjektes
– Ansicht des hinteren Teils eines senkrecht geschnittenen Bauobjektes.
– Von vorn sichtbare Begrenzungen und Knickkanten des hinteren Teilbaukörpers werden durch Volllinien dargestellt. Schnittflächen werden besonders hervorgehoben. Hinter der Schnittebene liegende verdeckte Begrenzungen und Knickkanten werden durch Strichlinien dargestellt. Begrenzungen und Knickkanten des Teilbaukörpers, der vor der Schnittebene liegt, werden ggf. als Punktlinien dargestellt.
– Die Schnittebene soll so gewählt werden, dass komplizierte Teile und Bereiche des Bauobjektes (Treppen u. a.) sichtbar werden.

Schnitt eines Bauobjektes	Schnitt
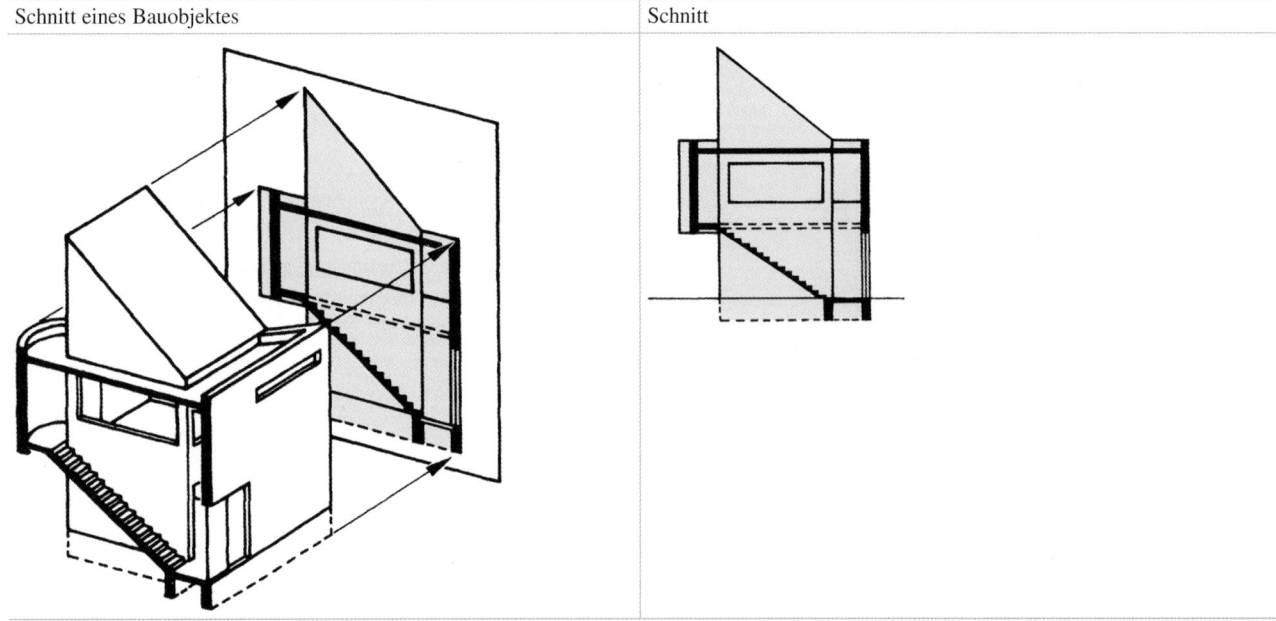	

Tafel 23.19 Grundrissdarstellungen nach DIN 1356-1

Grundriss Typ A: Draufsicht auf den unteren Teil eines waagerecht geschnittenen Bauobjektes

Von oben sichtbare Begrenzungen u. Knickkanten werden durch Volllinien dargestellt. Schnittflächen beim Verlauf der Schnittebene durch Bauteile (Wände, Treppenläufe u. Ä.) werden in der Zeichnung besonders hervorgehoben. Unterhalb der Schnittebene liegende verdeckte Begrenzungen und Knickkanten werden durch Strichlinien dargestellt. Begrenzungen und Knickkanten von Bauteilen, die oberhalb der Schnittebene liegen (Deckenöffnungen, Wände, Wandvorsprünge usw.) werden ggf. durch Punktlinien dargestellt.
Die horizontale Schnittebene ist so zu wählen, dass wesentliche Einzelteile des Bauwerks – Wände, Wandöffnungen, Treppen usw. – geschnitten werden. Gegebenenfalls muss die Schnittebene dazu verspringen.

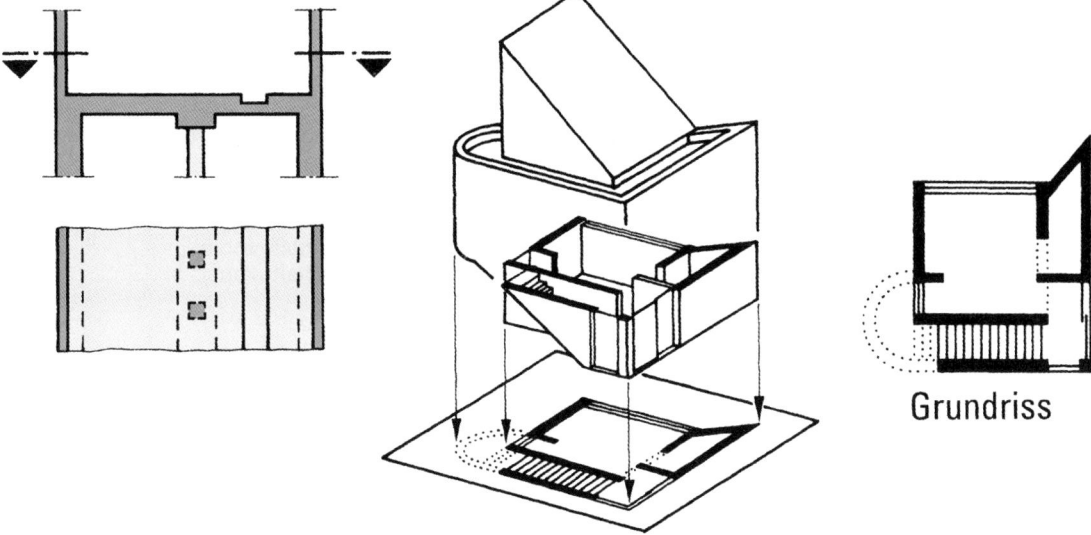

Grundriss Typ B: Gespiegelte Untersicht unter den oberen Teil eines waagerecht geschnittenen Bauobjektes (*Blick in die leere Schalung*)

Alle tragenden Bauteile im jeweiligen Geschoss (Stützen, Wände, Unterzüge usw.) werden zusammen mit der Decke über diesem Geschoss dargestellt. Von unten sichtbare Begrenzungen und Knickkanten des oberen Teilbaukörpers werden durch Volllinien dargestellt. Schnittflächen werden besonders hervorgehoben. Oberhalb der Schnittebene liegende verdeckte Begrenzungen und Knickkanten (Überzüge, Wände, Wandvorsprünge usw.) werden durch Strichlinien dargestellt. Begrenzungen und Knickkanten von Bauteilen, die unterhalb der Schnittebene liegen, werden ggf. durch Punktlinien dargestellt.
Die horizontale Schnittebene ist so zu wählen, dass Gliederung und konstruktiver Aufbau des Tragwerkes deutlich werden.

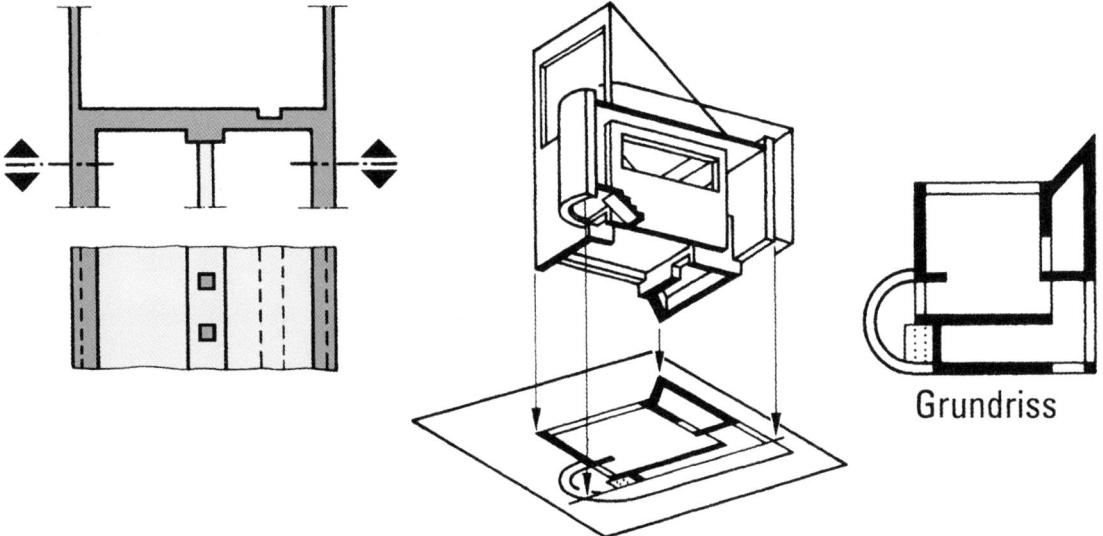

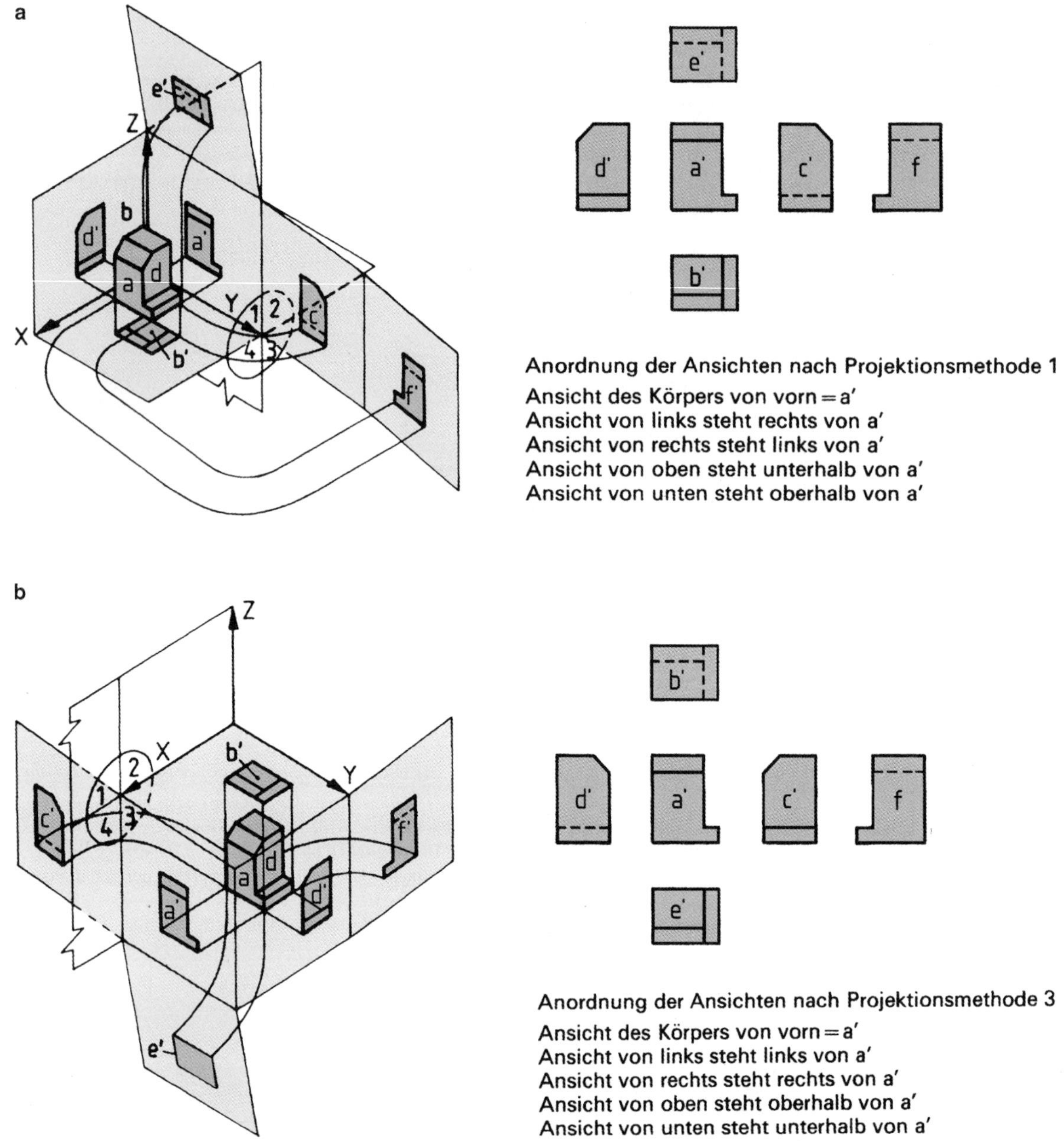

a

Anordnung der Ansichten nach Projektionsmethode 1

Ansicht des Körpers von vorn = a′
Ansicht von links steht rechts von a′
Ansicht von rechts steht links von a′
Ansicht von oben steht unterhalb von a′
Ansicht von unten steht oberhalb von a′

b

Anordnung der Ansichten nach Projektionsmethode 3

Ansicht des Körpers von vorn = a′
Ansicht von links steht links von a′
Ansicht von rechts steht rechts von a′
Ansicht von oben steht oberhalb von a′
Ansicht von unten steht unterhalb von a′

Abb. 23.2 **a** Räumliche Darstellung der Projektionsmethode 1, **b** Räumliche Darstellung der Projektionsmethode 3

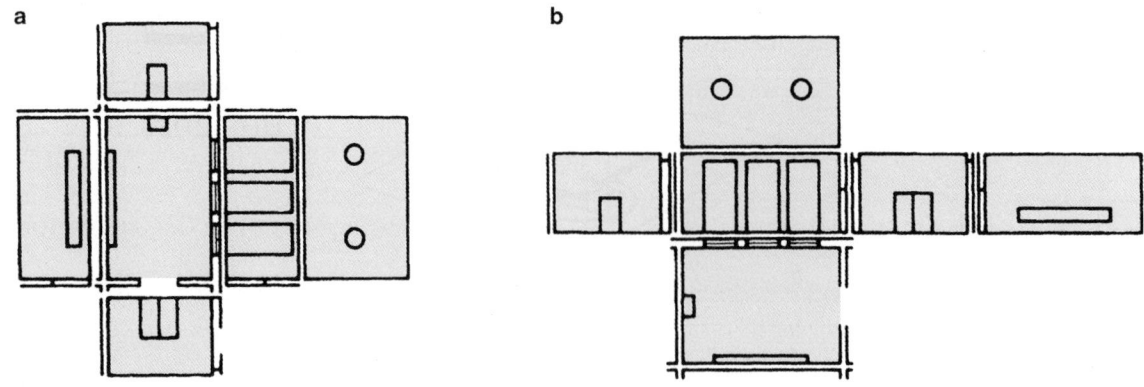

Abb. 23.3 Darstellung von Innenräumen. **a** Gruppierung um Boden, **b** Gruppierung um Wand

Abb. 23.4 Zeichnungen des Bauwesens

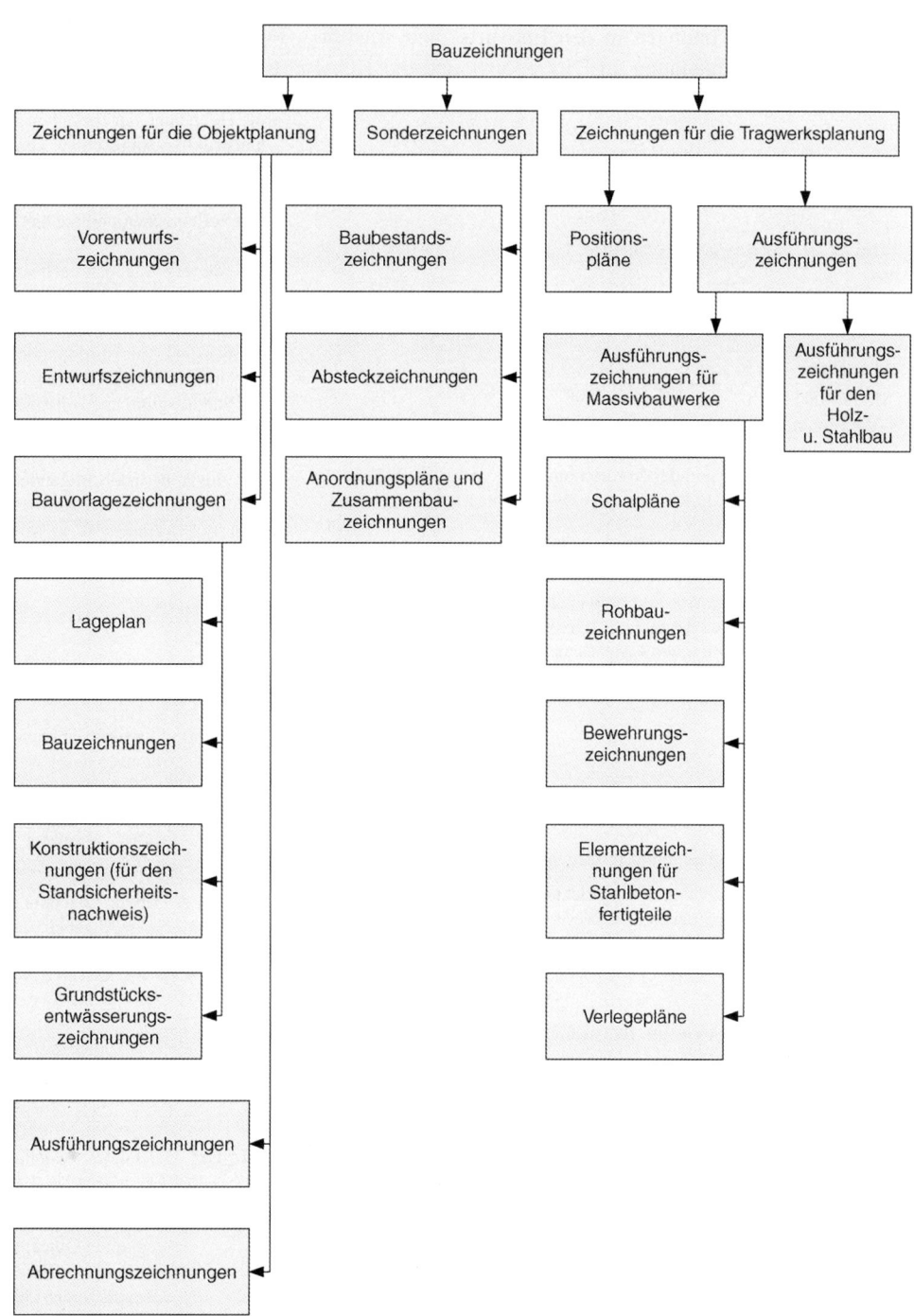

23.3 Thematische Klassifikation

Die Gesamtheit der Zeichnungen des Bauwesens lässt sich nach DIN 1356-1 in die Zeichnungsarten entsprechend Abb. 23.4 gliedern.

23.4 Zeichnungen für die Objektplanung

In der Honorarordnung für Architekten und Ingenieure (HOAI) sind die Leistungsbilder der Objektplanung beschrieben. Nachfolgend sind die Regeln und Mindestanforderungen für Zeichnungen in den Entwurfs- und Ausführungsphasen in Anlehnung an DIN 1356-1 und die HOAI tabellarisch wiedergegeben (siehe Tafeln 23.20 bis 23.23).

23.4.1 Vorentwurfszeichnungen

Tafel 23.20 Vorentwurfszeichnungen: Gegenstand, Maßstäbe und Inhalte

Gegenstand	Bauzeichnungen mit zeichnerischer Darstellung eines Entwurfskonzeptes für eine geplante bauliche Anlage.
Maßstäbe	Im Regelfall 1 : 500 bzw. 1 : 200

Mindestinhalte
– die Einbindung der baulichen Anlage in ihre Umgebung, z. B. als Darstellung des Bauwerks auf dem Baugrundstück mit Angabe der Haupterschließung und der Nordrichtung;
– die Zuordnung der im Raumprogramm genannten Räume zueinander;
– die angenäherten Maße der Baukörper und Räume, auch als Grundlage für die Berechnungen nach DIN 276 und DIN 277;
– konstruktive Angaben, soweit notwendig;
– Darstellung der Baumassen, Gebäudeformen und Bauteile in Grundrissen, Schnitten und wesentlichen Ansichten mit Verdeutlichung der räumlichen Wirkung, soweit notwendig.

23.4.2 Entwurfszeichnungen

Tafel 23.21 Entwurfszeichnungen: Gegenstand, Maßstäbe und Inhalte

Gegenstand	Bauzeichnungen mit zeichnerischer Darstellung des durchgearbeiteten Entwurfskonzeptes der geplanten baulichen Anlage.
Maßstäbe	Im Regelfall 1 : 100, gegebenenfalls 1 : 200

A. Mindestinhalte in den Grundrissen
– Die Bemaßung der Lage des Bauwerks im Baugrundstück; Hinweise auf die Erschließung; Angabe der Nordrichtung;
– die Bemaßung der Baukörper und Bauteile;
– die lichten Raummaße des Rohbaus und die Höhenlage des Bauwerks über NN;
– die Raumflächen in m^2;
– Angaben über die Bauart und die wesentlichen Baustoffe;
– Bauwerksfugen;
– Türöffnungen mit Bewegungsrichtung der Türen, Fensteröffnungen und besondere Kennzeichnung der Gebäudezugänge und ggf. Wohnungszugänge o. Ä.;
– Treppen und Rampen mit Angabe der Steigungsrichtung (Lauflinie), Anzahl der Steigungen (nur bei Treppen) und Steigungsverhältnisse;
– Schornsteine, Kanäle und Schächte;
– Einrichtungen des technischen Ausbaus;
– betriebliche Einbauten und Möblierungen;
– Bezeichnung der Raumnutzung und ggf. die Raumnummern;
– bei Änderung baulicher Anlagen: die zu erhaltenden, zu beseitigenden und die neuen Bauteile;
– den zu erhaltenden Baumbestand und die geplante Gestaltung der Freiflächen;
– auf dem Grundstück (Verkehrsflächen, Grünflächen);
– die bestehenden und zu berücksichtigenden baulichen Anlagen, wenn notwendig;
– die Lage der vertikalen Schnittebenen.

Tafel 23.21 (Fortsetzung)

B. Mindestinhalte in den Schnitten
– die Geschosshöhen, ggf. auch lichte Raumhöhen;
– die Höhenlage der baulichen Anlage über NN;
– konstruktive Angaben zur Gründung und zum Dachaufbau;
– Treppen mit Angabe der Anzahl der Steigungen und Steigungsverhältnisse, bei Rampen Steigungsverhältnis;
– den vorhandenen und geplanten Geländeverlauf (Geländeanschnitt);
– ggf. weitere Angaben nach Art des Grundrisses.

C. Mindestinhalte in den Ansichten
– die Gliederung der Fassade;
– die Fenster- und Türteilungen;
– die Dachrinnen und Regenfallleitungen;
– die Schornsteine und sonstigen technischen Aufbauten;
– die Dachüberstände;
– den vorhandenen und den geplanten Geländeverlauf;
– ggf. die zu berücksichtigende anschließende Bebauung;
– ggf. weitere Angaben nach Art des Grundrisses.

23.4.3 Bauvorlagezeichnungen

Tafel 23.22 Bauvorlagezeichnungen: Gegenstand, Maßstäbe und Inhalte

Gegenstand	Entwurfszeichnungen mit ergänzenden Angaben, die nach den jeweiligen Bauvorlageverordnungen der Länder oder nach den Vorschriften für andere öffentlich-rechtliche Verfahren gefordert werden.
Maßstäbe	Im Regelfall 1 : 100, gegebenenfalls 1 : 200

Mindestinhalte
– Inhalte der Entwurfszeichnungen (siehe Tafel 23.21);
– alle ergänzenden Angaben, die nach den jeweiligen Bauvorlageverordnungen der Länder oder nach den Vorschriften für andere öffentlich-rechtliche Verfahren gefordert werden.

23.4.4 Ausführungszeichnungen

Tafel 23.23 Ausführungszeichnungen: Gegenstand, Maßstäbe und Inhalte

Gegenstand	Bauzeichnungen mit zeichnerischer Darstellung des geplanten Objektes mit allen für die Ausführung notwendigen Einzelangaben. Sie dienen auch als Grundlage der Leistungsbeschreibung. Sie haben die Form von Werkzeichnungen, Teilzeichnungen und Sonderzeichnungen.
Maßstäbe	Bei *Werkzeichnungen* vorzugsweise 1 : 50, gegebenenfalls 1 : 20 Bei *Detailzeichnungen* 1 : 20, 1 : 10, 1 : 5 und 1 : 1 Bei *Sonderzeichnungen* nach Tafel 23.5

Werkzeichnungen müssen in jeweils einer Zeichnung oder aufeinander abgestimmten u. sich schrittweise ergänzenden Zeichnungen (Baufortschritt) die nachfolgenden Inhalte enthalten.
Detailzeichnungen ergänzen die Werkzeichnungen in bestimmten Ausschnitten im jeweils notwendigen Umfang durch zusätzliche Angaben.
Sonderzeichnungen enthalten zusätzliche Angaben über die Ausführung bestimmter Gewerke.

Tafel 23.23 (Fortsetzung)

A. Werkzeichnungen – Mindestinhalte in den Grundrissen
– alle Maße zum Nachweis der Raumflächen und des Rauminhaltes (lichte Raummaße des Rohbaus);
– vollständige Höhenangaben, Lage des Bauwerks über NN;
– Maße aller Bauteile;
– Türöffnungen mit Bewegungsrichtung der Türen, Fensteröffnungen;
– Treppen und Rampen mit Angabe der Steigungsrichtung (Lauflinie), Anzahl der Steigungen und Steigungsverhältnis, bei Rampen nur Steigungsverhältnis;
– Angabe der Bauart und der Baustoffe, soweit diese nicht den Tragwerksausführungszeichnungen zu entnehmen sind;
– Lage und Verlauf der Abdichtungen und Fugen;
– die Anordnung der betriebstechnischen Anlagen mit Querschnitt der Kanäle, Schächte und Schornsteine;
– alle Angaben über Aussparungen, Schlitze und Einbauteile;
– Geländeanschnitte, welche vorhandene und künftige Höhen erkennen lassen;
– bei Änderung baulicher Anlagen: alle Angaben über zu erhaltende, zu beseitigende und neu zu errichtende Bauteile;
– Hinweise auf weitere Zeichnungen;
– die Raumnummern und die Bezeichung der Raumnutzung;
– Angaben über die Oberflächenbeschaffenheit verwendeter Baustoffe bei besonderen Anforderungen an die Oberfläche;
– die Anordnung der Einrichtung des technischen Ausbaus;
– die Anordnung der betrieblichen Einbauten, ggf. in schematischer Darstellung;
– Einbauschränke und Kücheneinrichtungen;
– Verlauf der Grundleitungen;
– Angaben über die Dränung.

B. Werkzeichnungen – Mindestinhalte in den Schnitten:
– Geschosshöhen, ggf. auch lichte Raumhöhen;
– Höhenangaben für Decken und Fußböden (Rohbau- und Fertigmaß), Podeste, Brüstungen, Unterzüge;
– Maße aller Bauteile;
– Angaben über die Bauart und über die Baustoffe, soweit diese nicht den Tragwerksausführungszeichnungen zu entnehmen sind;
– Angaben über die Oberflächenbeschaffenheit der Bauteile, bei besonderen Anforderungen an diese Oberfläche;
– Treppen mit Angabe der Anzahl der Steigungen und des Steigungsverhältnisses, bei Rampen nur Steigungsverhältnis;
– Lage und Verlauf der Abdichtungen;
– Angaben über Aussparungen, Schlitze und Einbauteile;
– die Geländeanschnitte, welche die vorhandenen und die künftigen Höhen erkennen lassen;
– Angaben über die Dränung;
– bei Änderung bestehender Anlagen: Angaben über zu beseitigende und neu zu errichtende Bauteile;
– Einbauschränke und Kücheneinrichtung;
– Hinweis auf weitere Zeichnungen.

C. Werkzeichnungen – Mindestinhalte in den Ansichten:
– die Gliederung der Fassade;
– Bemaßung und Höhenangaben, soweit nicht aus Grundriss und Schnitt ersichtlich;
– hinter der Fassade liegende, verdeckte Geschossdecken und verdeckte Fundamente;
– die Geländeschnitte, welche die vorhandenen und die künftigen Höhen erkennen lassen;
– Fenster und Türen mit Angabe der Teilung und Öffnungsart;
– Dachrinnen und Regenfallleitungen;
– alle Schornsteine und sonstige technische Aufbauten;
– ggf. die zu berücksichtigende anschließende Bebauung;
– weitere Angaben, soweit Grundriss und Schnitte dies erfordern.

23.4.5 Abrechnungszeichnungen

Abrechnungszeichnungen dienen als Grundlage für die Abrechnung und Rechnungsprüfung. Es sind in der Regel die während der Bauausführung fortgeschriebenen Ausführungszeichnungen; ggf. skizzenhaft ergänzt.

23.4.6 Baubestandszeichnungen, Bauaufnahmen, Benutzungspläne

Baubestandszeichnungen enthalten als fortgeschriebene Entwurfs- und Ausführungszeichnungen alle für den jeweiligen Zweck notwendigen Angaben über die fertiggestellte bauliche Anlage.

Bauaufnahmen sind nachträgliche Maßaufnahmen bestehender Objekte im erforderlichen Umfang und Maßstab (siehe auch Abschn. 23.4.7).

Benutzungspläne sind Baubestandszeichnungen oder Bauaufnahmen, die durch zusätzliche Angaben über bestimmte baurechtlich, konstruktiv oder funktionell zulässige Nutzungen ergänzt sind (z. B. zulässige Verkehrslasten und Rettungswege).

23.4.7 Bauaufnahmezeichnungen nach DIN 1356-6

Allgemeines Der Anteil der Bauaufgaben im Bestand nimmt gegenüber dem Neubau im Bezug auf das Bauvolumen, die Vielfalt und die Komplexität der Aufgabenstellungen stetig an Bedeutung zu. Für Bauaufgaben im Bestand werden als Grundlage Bauaufnahmezeichnungen benötigt. Die zugehörigen Zeichnungsarten in der Bauaufnahme gibt Tafel 23.24 an.

Zu den Bauaufgaben im Bestand zählen u. a. die Baubestandsbewertung, die Dokumentation von Kulturdenkmälern und die Flächendokumentation, Orts- und Stadtbildanalysen, Renovierungen, Sanierungsmaßnahmen, Umbaumaßnahmen, Umnutzungen usw.

Für die Definition einheitlicher Anforderungen an Bauaufnahmezeichnungen wurde DIN 1356-6 ausgearbeitet. In der Norm werden erforderliche Genauigkeiten und Inhalte in Abhängigkeit des Verwendungszweckes festgelegt. Für die verwendeten Zeichnungen und Pläne sind die Vorzugsmaßstäbe nach DIN 1356-1 anzuwenden. Die weiteren Vorgaben in DIN 1356-6 bezüglich der Maßstäbe in Abhängigkeit der Informationsdichten sind in Tafel 23.25 enthalten.

Die erforderliche Informationsdichte einer Bauaufnahmezeichnung wird in Abhängigkeit ihres Verwendungszweckes festgelegt. Je größer die Informationsdichte, umso höher sind die Anforderungen an Quantität und Qualität der Messpunkte und Merkmale und umso größer sind auch die Exaktheit und Aussagekraft einer Bauaufnahmezeichnung. Die Art und Weise der Aufmaßmethode ist zu dokumentieren.

Tafel 23.24 Zeichnungsarten in der Bauaufnahme nach DIN 1356-6

Baubestandsplan, Bestandsumbauzeichnung	Darstellung des Ist-Zustands und der Veränderungen des Bauwerks in seiner Geschichte
Aufmaßskizze	Skizze ohne Maßstab der vor Ort aufgenommenen Bauteile und Maße
Baualterplan	Benennung der zeitlichen Baualtersstufen/-abschnitte und der Veränderungen des Bauwerks
Sanierungszeichnung	Darstellung zur Wiederherstellung des Bauwerks in einen zeitgemäßen, dem Original angepassten Zustand
Abrisszeichnung	Festlegung des Umfangs und der Ausführung des Abrisses
Rekonstruktionszeichnung	Darstellung des vermuteten, nicht mehr existenten Zustands von Bauwerken und Bauwerksteilen
Demontage-Wiederherstellungszeichnung	Darstellung, wie ein Bauwerk für die Wiederverwendung demontiert und später montiert werden muss
Bauschadenzeichnung	Darstellung zu Verformungen, Rissen, Zerstörungen, Schädlingsbefall und weiteren Schäden, wie z. B. Umweltschäden

Tafel 23.25 Maßstäbe für Bauaufnahmezeichnungen

Art der Zeichnung	Informationsdichte I	Informationsdichte II
Lagepläne	1 : 500	Mind. 1 : 500
Stockwerksgrundrisse mit Angabe der Nordrichtung	1 : 100	Mind. 1 : 50
Zum Verständnis der Bauaufnahme notwendige Schnitte	1 : 100	1 : 50
Ansichtsdarstellungen in orthogonaler Strichzeichnung und Bauwerksansichten mit Darstellung des Geländeverlaufs	1 : 100	1 : 50

Informationsdichte I Bauaufnahmezeichnungen nach Informationsdichte I werden aufgrund eines zerstörungsfreien Aufmaßes erstellt. In ihnen werden nicht alle Maße dokumentiert, die zur genauen grafischen Darstellung erfasst werden müssen. Es sind jedoch mindestens die Außenabmessungen und lichten Raummaßes anzugeben. In Abhängigkeit von der Aufgabenstellung können weitere Angaben als Zusatzleistung vereinbart werden, z. B.: Wand- und Deckendicken, lichte Wand- und Deckenöffnungen, Stockwerkshöhen, lichte Raumhöhen, Dachstuhlhöhe, Fußbodenhöhe, Traufhöhe, Firsthöhe, Kaminhöhe, Geländehöhen an den Bauwerksbegrenzungen.

Bauaufnahmezeichnungen nach Informationsdichte I dienen u. a. als Grundlage für die *Darstellung des Bestandes* für folgende Zwecke:

- Erstellung von Grundrissen, Ansichten und Schnittdarstellungen; Erstellung einer Objektübersicht/Gesamtübersicht; Grundrissgliederung; Höhenentwicklung und Ansichtendarstellung; weitere Informationen, wie z. B. überschlägige Flächenberechnung; Angaben von Höhen; Volumenangaben: generelle Aufnahme der Oberflächen ohne Details; Nutzungsanalyse; weitere Bearbeitung usw.

Informationsdichte II Bauaufnahmezeichnungen nach Informationsdichte II dienen als Grundlage bei Genehmigungsplanungen und Sanierungsmaßnahmen. Dies gilt auch, wenn die Bausubstanz in geringem Maße verändert wird. Weiterhin bilden sie die Grundlage für Orts- und Stadtbildanalysen und die daraus abgeleiteten Gestaltungssatzungen.

Sie dienen zum Beispiel folgenden Zwecken:

- Aufstellen eines Baualterplans; Darstellung von Bauschäden; Rauminhalte nach DIN 277-1; weitere Bearbeitung

Tafel 23.26 Abkürzungen in Bauaufnahmezeichnungen nach DIN 1356-6

Kategorie	Benennung	Abkürzung
Bauteile	Rekonstruiertes Bauteil	RB
	Bauteil mit Markierung	BM
Sonstiges (siehe auch DIN 18702: 1976-03; Abschn. 2 u. 9)	Abriss	ABR
	Altlasten	AL
	Bauschäden	BS
	Rekonstruiertes Maß	RM
	Ermitteltes Maß	EM
	Unsicheres Maß	UM
	Orientierungsmaß	OM
	Temporäres Maß	TM
	Historisches Maß	HM
	Sicherungsmaßnahme	SM
	Zur Wiederverwendung	WV
	Zerstörte Bauteile	ZERST
Weitere Daten vorhanden	–	DOKU

als Entwurfszeichnung oder Bauvorlagezeichnung; genauere Aufnahme der Oberflächen mit Details.

Informationsdichte II unterscheidet sich von Informationsdichte I durch eine vermehrte Messpunktdichte und durch die Anzahl der textlichen und grafischen Informationen. In Abhängigkeit von der Aufgabenstellung ist ein Aufbau auf ein verformungsgetreues Aufmaß der Informationsdichte I anzustreben.

Besonderheiten der Darstellung Die Abkürzungen in Tafel 23.26 sind eine Erweiterung der Abkürzungen nach DIN 1356-1.

Tafel 23.27 Schadensschlüssel für Bauaufnahmezeichnungen nach DIN 1356-6

01	Löcher	19	Versottung
02	Druckstellen	20	Frost
03	Leckage	21	Wasser/Feuchtigkeit
04	Kratzspuren	22	Brand/Hitze
05	Risse/Spalten	23	Sturm
06	Brüche	24	Schimmel/Pilze
07	Hohlräume/Blasen	25	Fäulnis
08	Abplatzungen	26	Insektenbefall
09	Ablösungen	27	Blitz/elektr. Spannung
10	Verformung/Durchbiegung	28	Funktion
11	Erosion	29	Technischer Ausbau
12	Versandung	30	Reparatur
13	Auswaschung	31	Lärm/Geruch
14	Abnutzung	32	Altlasten/Kontaminierung[a]
15	Salze/Ausblühungen	33	Besondere Schäden[b]
16	Oxidation/Lochfraß	34	Umweltschäden[a]
17	Chemische Schäden	35	…
18	Farbveränderung	36	…

[a] Angabe in Verbindung mit anderen Schadensschlüsseln.
[b] Zum Beispiel bewusst herbeigeführte Schäden, wie Erkundungsschacht/-bohrung, Bergsenkung, Kriegsschäden, Grabräuberei usw.; Brandfolgeschäden z. B. Beaufschlagung durch Ruße und Rauchkondensate.

Bei der Bauschadenserfassung sind die Schäden in Zeichnungen mit fortlaufenden Positionsnummern und Schadensschlüsselnummern (siehe Tafel 23.27) zu versehen.

23.5 Zeichnungen für die Tragwerksplanung

Tafel 23.28 definiert die Begriffe Stockwerk, Ebene, Fußboden und gibt Positionsbezeichnungen für Wände, Stützen, Platten und Balken an.

23.5.1 Positionspläne

Positionspläne erläutern die statische Berechnung in Form von Bauzeichnungen des Tragwerks mit Angabe der Positionsnummern der einzelnen tragenden Bauteile, Tafel 23.29 und Abb. 23.5. Positionspläne werden aus den Entwurfszeichnungen des Objektplaners entwickelt, Positionsplan-Grundrisse als *Grundrisse Typ B*. Der Maßstab ist im *Regelfall 1 : 100*. Positionspläne sollten mindestens enthalten:

- die Hauptmaße des Bauwerks und der tragenden Bauteile,
- die Deckendicke und die Spannrichtung bei Fundament- und Deckenplatten, wenn erforderlich unter Angabe der Bereichsgrenzen,
- die Querschnittsabmessungen bei Trägern, Balken, Stützen, sowie Streifen- und Einzelfundamenten,
- Angaben zu den verwendeten Baustoffen (Festigkeitsklasse usw.).

23.5.2 Schalpläne und Fundamentpläne

Schalpläne ergänzen die Ausführungszeichnungen des Objektplaners und sind die Grundlage für das Einschalen der Beton-, Stahlbeton- und Spannbetonbauteile. Sie werden aus den Schnitt- und Grundrisszeichnungen des Objektplaners entwickelt (siehe Tafel 23.30).

23.5.3 Rohbauzeichnungen

Rohbauzeichnungen entstehen durch Weiterentwicklung der Schalpläne in der Weise, dass die dort für Massivbauteile gemachten Angaben hier für alle Teile der tragenden Konstruktion „des Tragwerks" gemacht werden (z. B. auch Mauerwerk).

Sie enthalten also alle für die Herstellung des Gesamttragwerks erforderlichen Angaben, sodass neben den Bewehrungszeichnungen keine weiteren Ausführungszeichnungen insbesondere der Objektplanung auf der Baustelle benötigt werden. Darstellungsart (Grundrisstyp) und Maßstab werden wie bei Schalplänen gewählt.

23.5.4 Bewehrungszeichnungen

Bewehrungszeichnungen sind Tragwerksausführungszeichnungen des Stahlbeton- und Spannbetonbaus mit allen erforderlichen Angaben zum Schneiden, Biegen und Einbau der Bewehrung. Sie werden nach DIN EN ISO 3766 angefertigt.

Zu den Regelmaßstäben, Mindestinhalten und zur Darstellung der Bewehrung siehe Abschn. 23.6.

23.5.5 Fertigteilzeichnungen

Fertigteilzeichnungen enthalten alle Angaben, die zur Herstellung von Fertigteilen aus Stahlbeton, Spannbeton oder Mauerwerk im Fertigteilwerk oder auf der Baustelle erforderlich sind. Die Fertigteilzeichnung für ein Fertigteil besteht deshalb aus einer Rohbauzeichnung und einer Bewehrungszeichnung, mit Stahlliste *im Regelfall auf einem Blatt* dargestellt (siehe Tafel 23.31).

23.5.6 Verlegezeichnungen

Siehe Tafel 23.32.

Tafel 23.28 Stockwerke, Ebenen, Fußböden und Stützen, Platten, Wände und Balken

Stockwerke	Benummerung von Stockwerken
Ein Stockwerk bedeutet den Raum, der durch den Abstand zwischen zwei einander folgenden Niveau-Ebenen, begrenzt durch Wände, Decke und Fußböden, einschließlich deren Dicken, gebildet wird. Die Begriffe Stockwerk und Ebene gehören zusammen, dürfen jedoch nicht miteinander verwechselt werden. Die Stockwerke eines Gebäudes sollen mit einer Ziffernfolge bezeichnet werden. Die Benummerung von unten nach oben beginnt mit einer 1 an der untersten, beliebig nutzbaren Ebene. Treppen sollen die gleiche Benummerung wie das Stockwerk erhalten, in welchem sie liegen, unabhängig davon, ob sie Zwischenpodeste haben oder nicht. Die Benummerung gilt nicht nur für den Nutzraum eines gegebenen Stockwerkes, sondern auch für die diesen Raum umschließenden Wände, Decken und Fußböden.	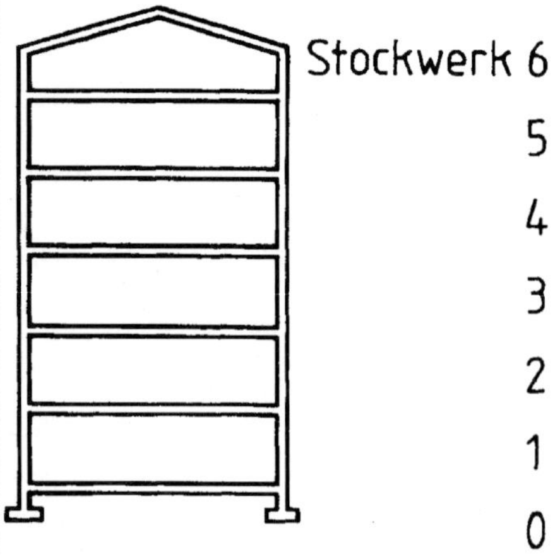

Ebenen	
Um den Übergang von einer Stockwerkszahl zur nächsten auszudrücken, wird empfohlen, die Ebene an der Oberkante des tragenden Deckenelementes einzutragen. Wenn es unterschiedliche Ebenen innerhalb eines Gebäudes gibt, z. B. Halbgeschosse, Versatzhöhen, Treppenabsätze, Rampen usw., soll jede notwendige Angabe gemacht werden, um Irrtümer zu vermeiden. Diese Angaben sollen in Form von Ebenenangaben oder festgelegten Abkürzungen neben der Benummerung des betreffenden Stockwerkes eingetragen werden.	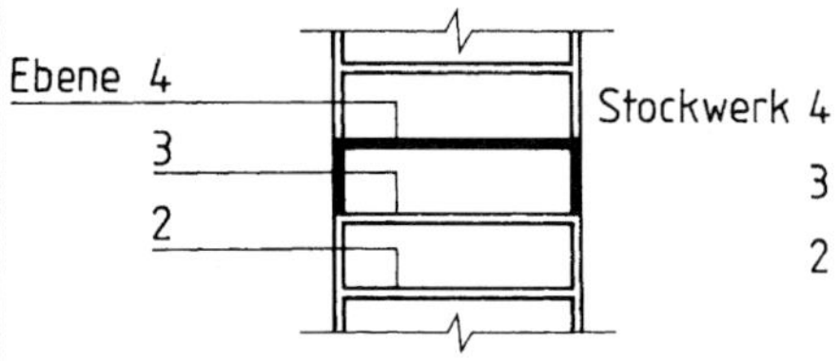

Fußböden	Fußbodenbenummerung
Die Fußböden (Fußbodenaufbau) werden mit einer Ziffernfolge von unten nach oben in Übereinstimmung mit der Nummer des Stockwerkes, zu dem sie gehören, benummert.	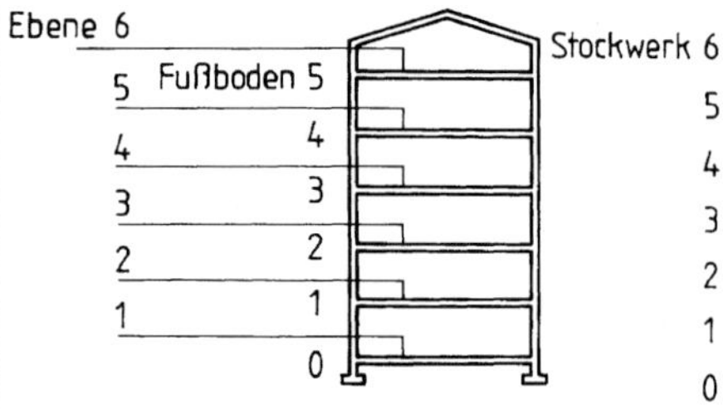

Stützen, Platten, Wände, Balken	Beispiele für Positionsbezeichnungen
Erhalten eine Hauptbezeichnung (Abkürzung) und eine Zusatzbezeichnung (Zahlen). Die erste Ziffer in der Zusatzbezeichnung gibt die Stockwerkzahl an und die zwei letzten sind laufende Nummern entsprechend dem folgenden Beispiel: Stützen (Columns) = C 201, C 202 Platten (Slabs) = S 201, S 202 Wände (Walls) = W201, W202 Balken (Beams) = B 201, B 202	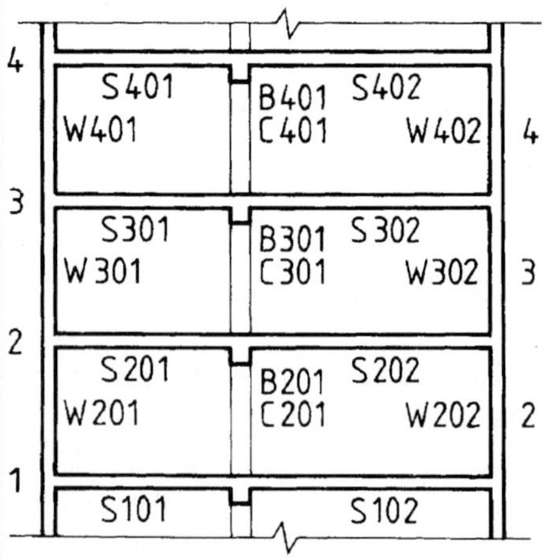

Tafel 23.29 Tragrichtung von Platten

Zweiseitig gelagert	Dreiseitig gelagert	Vierseitig gelagert	Auskragend
	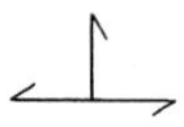	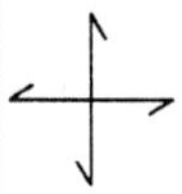	

Abb. 23.5 Positionsplan

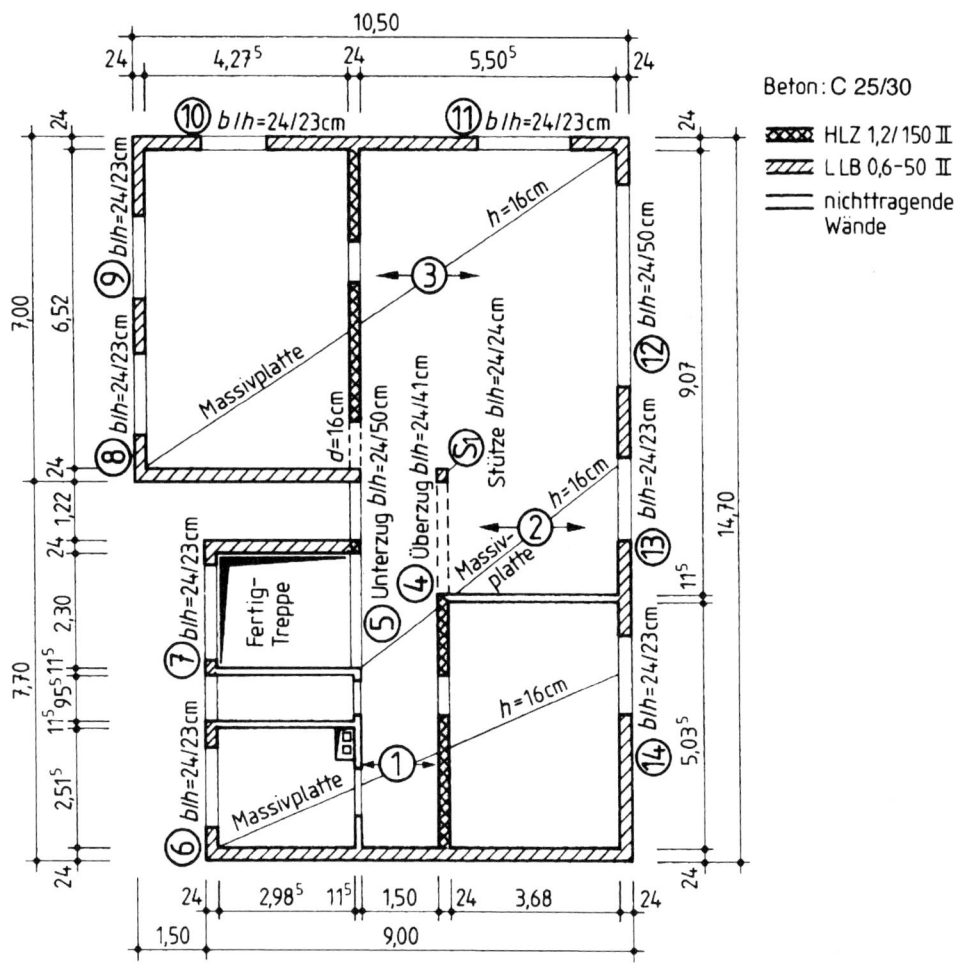

Tafel 23.30 Schal- und Fundamentpläne: Gegenstand, Maßstäbe und Inhalte

Gegenstand	Zeichnungen des Tragwerks mit vollständiger Bemaßung der tragenden Konstruktion im Endzustand inkl. Höhenkoten
Maßstäbe	Vorzugsmaßstab ist 1 : 50, Detailmaßstäbe nach Art und Größe der darzustellenden Einzelheiten
Grundrisstyp	Regelfall der Grundrissdarstellung als *Typ B*, Fundamentpläne als Grundrisszeichnungen *Typ A*

Mindestinhalte
– Arbeitsfugen und Fugenbänder,
– Sauberkeits-, Sperr-, Gleit- und Dämmschichten,
– Aussparungen (Schlitze und Durchbrüche),
– Auflager der einzuschalenden Bauteile (z. B. Kopfplatten von Stahlstützen und Umrisse tragender Mauerwerkswände),
– Bauteile, die in den Beton oder das Mauerwerk einbinden (z. B. Ankerschienen, die in die Schalung verlegt werden),
– Beschaffenheit der Oberflächen und Kanten von Bauteilen,
– Arten und Festigkeitsklassen der Baustoffe, ggf. besondere Zuschläge, Zusatzmittel und Zusatzstoffe.

Tafel 23.31 Fertigteilzeichnungen: Gegenstand, Maßstäbe und Inhalte

Gegenstand	Fertigteilzeichnungen enthalten alle Angaben, die zur Herstellung von Fertigteilen aus Stahlbeton, Spannbeton oder Mauerwerk im Fertigteilwerk oder auf der Baustelle erforderlich sind.
Maßstäbe	Vorzugsmaßstäbe sind 1 : 20 bzw. 1 : 25

Mindestinhalte
Fertigteilzeichnungen müssen zusätzlich zu den Angaben der Rohbauzeichnung und der Bewehrungszeichnung die folgenden Angaben enthalten:
– erforderliche Festigkeit des Fertigteilbaustoffs zur Zeit des Transportes bzw. Einbaus,
– Eigenlast des Fertigteils bzw. der einzelnen Fertigteile,
– zulässige Maßtoleranzen der Fertigteile,
– Aufhängung bzw. Auflagerung für Transport und Einbau, ggf. auch Zwischenlagerung,
– ggf. Stückzahl.

Tafel 23.32 Verlegezeichnungen: Gegenstand, Maßstäbe und Inhalte

Gegenstand	Nach Verlegezeichnungen werden Fertigteile auf der Baustelle zusammen- und eingebaut.
Maßstäbe	Vorzugsmaßstab ist 1 : 50

Mindestinhalte
Verlegezeichnungen enthalten und zeigen außer der Bemaßung:
– Positionsbezeichnungen der einzelnen Fertigteile,
– Lage der Fertigteile im Gesamttragwerk,
– Einbauablauf,
– Einbaumaße und Einbautoleranzen, Auflagertiefen,
– Anschlüsse,
– ggf. Hilfsstützen bzw. Montagestützen,
– auf der Baustelle zusätzlich zu verlegende Bewehrung,
– Festigkeitsklassen u. Ä. der auf der Baustelle beim Einbau benötigten Baustoffe (Ortbeton, Mörtel, usw.).

23.5.7 Planungsaufwand und Schwierigkeitsgrad

Der jeweils erforderliche Planungsaufwand und Planumfang hängt ab vom Schwierigkeitsgrad des geplanten Bauwerks:

Einfache Tragwerke Tragwerke einfacher Bauten werden gebaut nach den Ausführungszeichnungen des Objektplaners und den Bewehrungszeichnungen des Tragwerkplaners.

Tragwerke mittleren Schwierigkeitsgrades Tragwerke von Bauten mittleren Schwierigkeitsgrades werden gebaut nach den Ausführungszeichnungen des Objektplaners ergänzt durch die Schalpläne und die Bewehrungspläne des Tragwerkplaners.

Tragwerke mit großem Schwierigkeitsgrad Tragwerke mit großem Schwierigkeitsgrad werden gebaut nach den Rohbauzeichnungen des Tragwerkplaners und den Bewehrungszeichnungen des Tragwerkplaners.

23.6 Bewehrungsdarstellung nach DIN EN ISO 3766

23.6.1 Allgemeine Regeln für Bewehrungszeichnungen

Die Bewehrung von Stahlbeton- und Spannbetonbauteilen kann bestehen aus Betonstabstahl, Betonstahlmatten und Spanngliedern. Die zugehörigen Bewehrungszeichnungen sind nach DIN EN ISO 3766 anzufertigen.

Jedes Bauteil – Balken, Stütze, Platte usw. – wird im Bewehrungsplan einzeln dargestellt. Mit geschweißten Betonstahlmatten bewehrte tafelartige Stahlbetonbauteile (Decken, Wände usw.) werden in sog. Verlegeplänen dargestellt, die aus vereinfachten Schalplänen entwickelt werden. In aller Regel werden die untere und obere bzw. die innere und äußere bzw. die vordere und hintere Bewehrung getrennt dargestellt.

Die wichtigsten Vorgaben für Bewehrungspläne sind in Tafel 23.33 zusammengefasst.

23.6.2 Positionskennzeichnung und Darstellung von Betonstabstählen

Der Übersichtlichkeit halber erfolgt die vereinfachte Darstellung der Bewehrung nach einheitlichen Regeln. Dabei werden Angaben zur Stabstahlbewehrung in Längsrichtung der Bewehrungsstäbe oder entlang der Bezugslinien eingetragen.

Für jede Positionsnummer (Formnummer) müssen nach DIN EN ISO 3766 die Angaben für die Bewehrungsstäbe in der Zeichnung, wie in Tafel 23.34 und Abb. 23.6 gezeigt, enthalten sein. Für die Kennzeichnung der Bewehrung bezüglich der Lage im Bauteil gelten die Kurzzeichen nach Tafel 23.35.

Für die vereinfachte Darstellung von Bewehrungselementen gelten die Symbole in Anlehnung an DIN EN ISO 3766. Für einfache Bewehrungen aus Betonstabstählen sind diese Symbole in Tafel 23.36 wiedergegeben (weitere Symbole siehe Norm).

23.6.3 Positionskennzeichnung und Darstellung von Betonstahlmatten

In der konventionellen Darstellung wird jede Matte in ihren Umrissen gezeichnet, in der Regel ein Rechteck. In dieses Rechteck wird eine Diagonale gezeichnet, und zwar in (Haupt-)Tragrichtung gesehen von links unten nach rechts oben. Die Matte ist auf der Baustelle so einzulegen, dass die in Haupttragrichtung verlaufenden Mattenstäbe außen liegen, also unten bei positiven Plattenmomenten und oben bei negativen Plattenmomenten (siehe Tafel 23.37).

Während bei den Matten der Feldbewehrung zur Lagebestimmung i. Allg. die Angabe der Übergreifungsweiten ausreicht, muss bei den Matten der Stützbewehrung – wenn sie nicht auf beiden Seiten gleich weit ins Feld reichen – zusätzlich angegeben werden, wie weit sie auf einer Seite ins Feld zu legen sind (gemessen i. Allg. von Vorderkante Mauerwerk), Abb. 23.7 und 23.8.

Zu den Symbolen für die Darstellung von Betonstahlmatten siehe Tafel 23.38.

Tafel 23.33 Bewehrungspläne: Gegenstand, Maßstäbe und Inhalte

Gegenstand	Tragwerksausführungszeichnungen des Stahlbeton- und Spannbetonbaus mit allen erforderlichen Angaben zum Schneiden, Biegen und Einbau der Bewehrung.	
Maßstäbe	*Regelmaßstäbe* sind 1 : 50 oder 1 : 20, auch Maßstab 1 : 25 wird verwendet	
	Großflächige Bauteile mit Betonstahlmatten, Details u. Stabstahl s. u.	1 : 100
	Einfache Bauteile ohne kleinformatige Besonderheiten, die für die Formgebung und Anordnung der Bewehrung von Bedeutung sind. Regelmaßstab für Betonstahlmatten.	1 : 50
	Schwierige Bauteile und allgemein für Querschnitte, wenn diese eine Anhäufung von Bewehrung enthalten. Regelmaßstab für Betonstabstahl.	1 : 25
	Details	1 : 5
	Details, in denen es auf eine besonders genaue Zuordnung ankommt	1 : 1

Mindestinhalte

Bewehrungspläne enthalten alle für die Herstellung und den Einbau der Bewehrung erforderlichen Angaben und Maße, insbesondere
– Hauptmaße der einzelnen Stahlbeton- und Spannbetonbauteile,
– Betonfestigkeitsklassen und Expositionsklassen,
– Sorte des Betonstahls und des Spannstahls,
– Positionsnummern, Anzahl, Durchmesser, Form und Lage der Bewehrungsstäbe,
– Stababstände, Rüttelgassen und Lage von Betonieröffnungen,
– Übergreifungslängen von Stößen und Verankerungslängen an Auflagern,
– Maße und Ausbildung von Schweißstellen mit Angabe der Schweißzusatzwerkstoffe,
– Verlegemaß der Betondeckung c_v,
– Maßnahmen zur Lagesicherung, u. a. Art und Anordnung der Abstandhalter, Maße und Ausführung der Unterstützungen der oberen Bewehrung,
– Mindestdurchmesser der Biegerollen,
– Fugenausbildung,
– zum Tragwerk gehörende Einbauteile, die in die Schalung verlegt werden, auch wenn sie nicht mit der Bewehrung verbunden sind,
– bei Spannbetonteilen weitere spezielle Angaben, u. a. Herstellungsverfahren der Vorspannung, Anzahl, Typ und Lage der Spanngliedverankerungen und -kopplungen.

Abb. 23.6 Beispiel für die Positionskennzeichnung (ohne optionale Angaben)

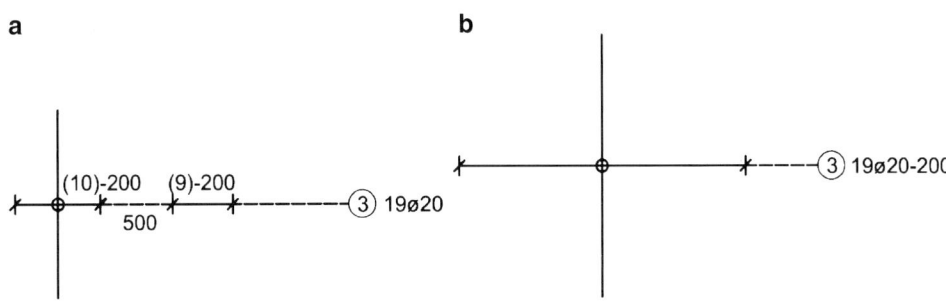

Tafel 23.34 Positionskennzeichnung von Betonstabstählen

Angabe	Beispiel
Alphanumerische Positionsnummer (in z. B. einem Kreis oder einem Oval)	③[a]
Anzahl der Bewehrungsstäbe	19
Stabdurchmesser in mm	⌀ 20
Abstand in mm	200
Lage im Bauteil (optional)	T
Formschlüssel des Bewehrungsstabes (optional)	13

[a] Eine auf das Beispiel bezogene Angabe lautet:
③ 19 ⌀ 20 – 200 – T – 13 oder ③ 19 ⌀ 20 – 200 (siehe Abb. 23.6).

Tafel 23.35 Kennzeichnung der Bewehrungslage

DIN 1356-10:1992-02	u = unten[a]	o = oben[a]	1. Lage[b]	2. Lage[b]	V = vorn[b]	H = hinten[a]
DIN EN ISO 3766:2004-05	B	T	1	2	N	F

[a] Im Zweifelsfall Standort des Betrachters angeben.
[b] Bei mehrlagiger Bewehrung einzelne Lagen nummerieren und Zählrichtung eindeutig festlegen.

Tafel 23.36 Darstellung von
Betonstabstählen

	Erläuterung	Darstellung
1	Gerader Bewehrungsstab ohne Verankerungselement	
	a) allgemein	
	b) als Anschlussbewehrung	
2	Gerader Bewehrungsstab mit Verankerungselement	
	a) mit Winkelhaken	
	b) mit Haken	
	c) mit einem Ankerkörper	
	– Seiten- oder Draufsicht	
	– Ansicht auf die Verankerung	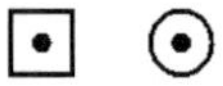
3	Gebogener Bewehrungsstab	
	a) Darstellung als geknickter Linienzug	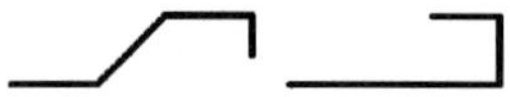
	b) mit Haken	
4	Rechtwinklig aus der Zeichenebene nach hinten gebogener Bewehrungsstab	
5	Rechtwinklig aus der Zeichenebene nach vorne gebogener Bewehrungsstab	
6	Schnitt durch einen Bewehrungsstab	
	a) allgemein	
	b) als Anschlussbewehrung	
7	Übergreifungsstoß von Bewehrungsstäben	
	a) ohne Markierung der Stabenden durch Schrägstrich und Positionsnummer (Formnummer)	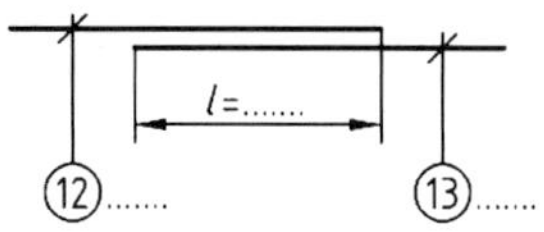
	b) mit Markierung der Stabenden durch Schrägstrich und Positionsnummer (Formnummer)	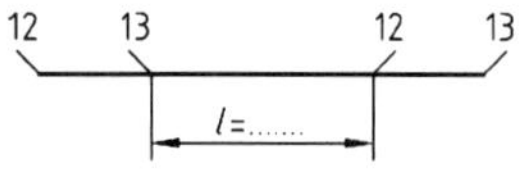
8	Mechanisch verbundene Bewehrungsstäbe allgemeine Darstellung (DIN EN ISO 3766)	
	a) Muffenverbindung für Zugbeanspruchung	
	b) Kontaktstoß für Druckbeanspruchung	
9	Besondere Darstellungen für mechanische Verbindungen	
	a) Schraubenverbindung	
	– Kegelgewinde	
	– aufgerolltes Gewinde	
	– geschnittenes zylindrisches Gewinde	
	– gewindeförmig ausgebildete Rippen	
	b) Pressmuffenstoss	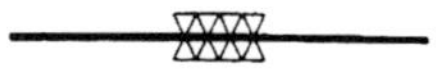
	c) Verbindung mit Stiftschrauben	

Tafel 23.37 Positionskennzeichnung von Betonstahlmatten

Angabe		Beispiel
Alphanumerische Positionsnummer (in z. B. einem Rechteck), in der konventionellen Darstellung oberhalb der Diagonale anzuordnen		4
Mindestens einmal anzugeben	Bei Lagermatten die Mattenkurzbezeichnung nach DIN 488, Teil 4	R257A
	Bei Listenmatten die den Mattenaufbau kennzeichnenden Daten für beide Bewehrungsrichtungen	–
	Die Mattengröße	$\frac{6,00}{2,30}$
Soweit erforderlich anzugeben	Anzahl der Matten	4×
	Lagekennzeichen nach Tafel 23.35	–

Beispiele siehe Abb. 23.7 und 23.8.

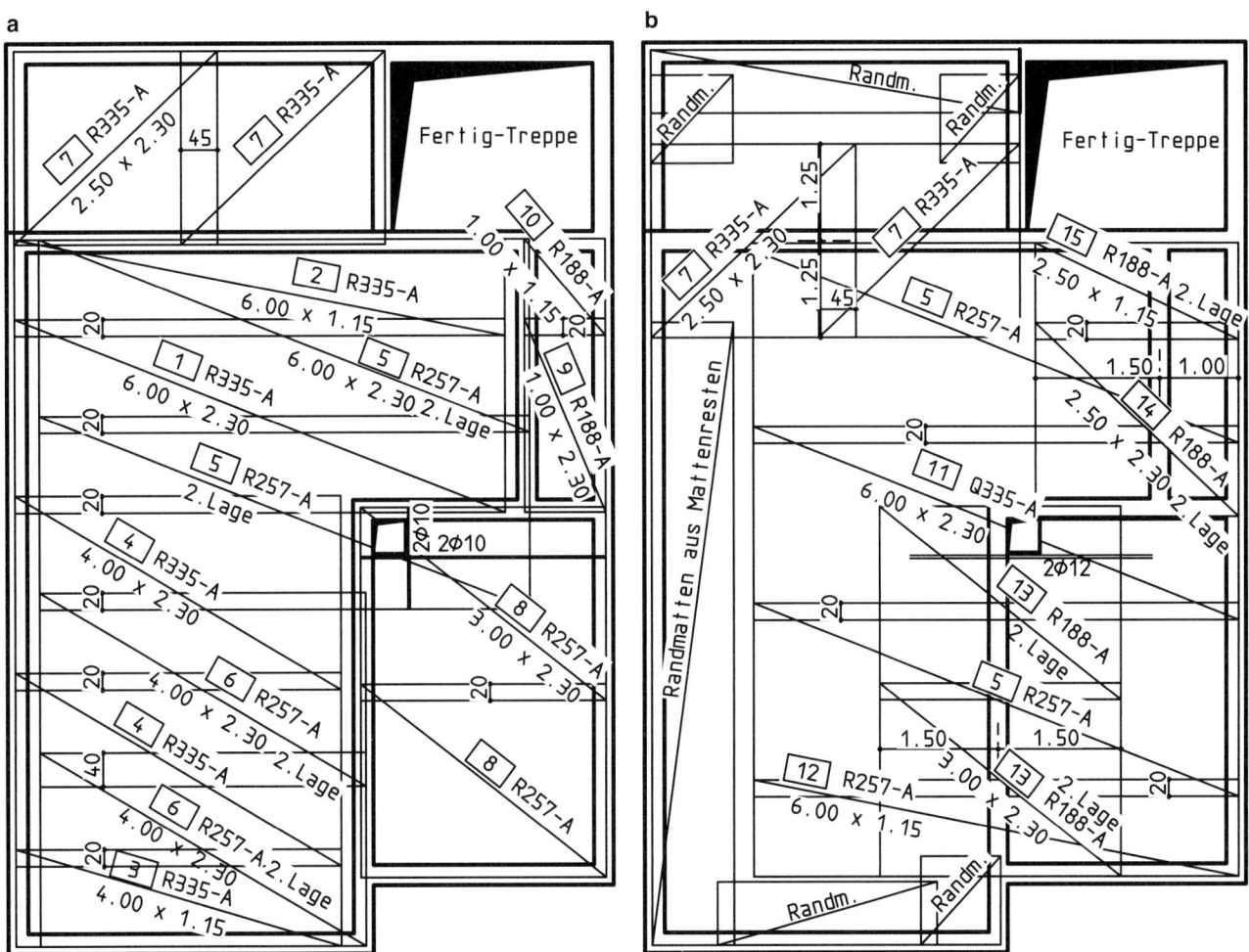

Abb. 23.7 Beispiel für einen Mattenverlegeplan. **a** Feldbewehrung (*unten*), **b** Stützbewehrung (*oben*)

Abb. 23.8 Mattenliste.
a Schneideskizze, **b** Bestellliste

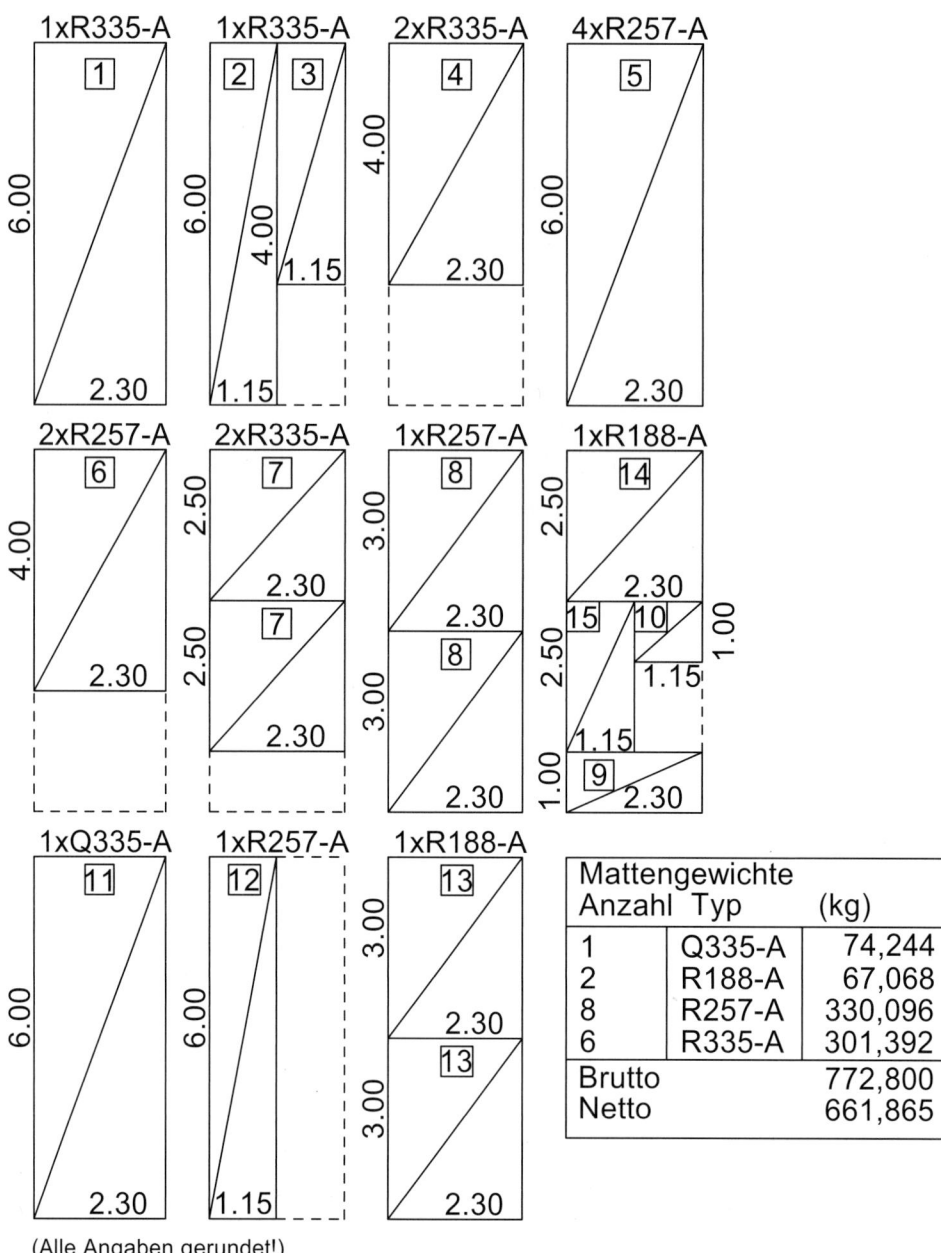

(Alle Angaben gerundet!)

Tafel 23.38 Darstellung von Betonstahlmatten

	Erläuterung	Darstellung
1	Matte in der Ansicht Ggf. zeigt schräger Strich in der Diagonalen die Richtung der Hauptbewehrung.	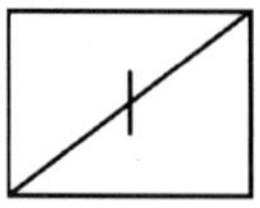
2	Gleiche Matten in einer Reihe	
	a) Darstellung als einzelne Matten	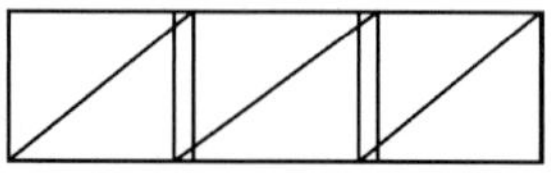
	b) Zusammengefasste Darstellung (Übergreifungslänge muss in der Zeichnung angegeben werden).	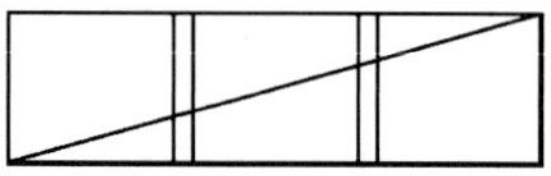
3	Schnitt durch eine geschweißte Matte in ausführlicher Darstellung	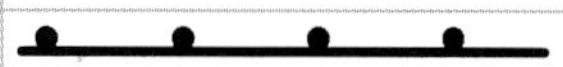

Tafel 23.39 Darstellung von Spannbewehrung

	Erläuterung	Darstellung
1	Vorgespannter Stab oder Drahtbündel, lange breite Strich-Zweipunktlinie	
2	Schnitt durch eine nachträglich vorgespannte Bewehrung, in Hüllrohren liegend	
3	Schnitt durch eine vorgespannte Bewehrung mit sofortigem Verbund	
4	Verankerung	
	a) Spanngliedverankerung	
	b) Festanker	
	c) Ansicht auf die Verankerung	
5	Kopplung	
	a) bewegliche Kopplung	
	b) feste Kopplung	

23.6.4 Positionskennzeichnung und Darstellung von Spannbewehrung

Bei Spanngliedern wird die alphanumerische Positionsnummer in einem Sechseck dargestellt. Es sind die Symbole und Zeichnungsvereinbarungen nach Tafel 23.39 anzuwenden.

23.6.5 Darstellung von Bewehrung in Bauteilen

Ein stabartiges Bauteil wird in einem Längs- und Querschnitt dargestellt. Bei Stahlbetonbalken liegt die Schnittebene des Längsschnittes vor dem Balken, die Bildebene dahinter.

Die aus Stabstahl bestehende Bewehrung wird in der Regel nicht nur in ihrer endgültigen Lage im Bauteil dargestellt, sondern auch „herausgezogen" und vollständig bemaßt.

Tafel 23.40 zeigt die Darstellung der Stabstahl- und Mattenbewehrung in Bauteilen.

Die Beschreibung der einzelnen Biegeformen kann formlos als konventionelle Bemaßung oder durch Angabe sog. Teilgrößen auf einem Formblatt geschehen.

Konventionelle Bemaßung Die Stabformen müssen analog Tafel 23.41 bemaßt werden. Keines der Maße darf Null sein. Die Durchmesser und Radien sind Innenmaße, alle anderen Maßangaben sind Außenmaße.

Der Biegerollendurchmesser oder -radius ist in der Regel der Mindestbiegerollendurchmesser oder -radius, in Abhängigkeit von Referenznormen, die die Größe von gelisteten Stäben regeln. Diese Durchmesser oder Radien müssen auf der Zeichnung angegeben werden und auch auf der Stahl-

liste, wenn diese einzeln vorliegt. Werden in Einzelfällen andere Durchmesser oder Radien in Referenznormen festgelegt, muss dies in relevanten Dokumenten der Stahlliste eingetragen werden.

Bemaßung mittels vordefinierter Formschlüssel Anstelle der konventionellen Bemaßung können optional mittels Formschlüssel vordefinierte Formen nach DIN EN ISO 3766 verwendet werden.

Die Schlüsselnummer für die Stabform besteht aus zwei Zeichen. Das erste Zeichen gibt die Anzahl der Bögen oder die Art des Bogens bzw. der Bögen, das zweite Zeichen gibt die Biegerichtung des Bogens bzw. der Bögen an (siehe Tafel 23.42):

Schlüsselnummern dürfen um Parameter für die Endhaken ergänzt werden. Die Schlüsselnummer selbst wird dabei nicht geändert oder verlängert. Sie werden durch zwei Ziffern definiert, die erste bezeichnet den Endhaken am Maß a. Das Vorzeichen dieser Ziffern ist positiv, wenn die Biegerichtung des benachbarten Bogens gleichgerichtet ist.

Folgende Zahlen sind möglich:

0 = kein Endhaken,

1 = Endhaken 90°,

2 = Endhaken zwischen 90° und 180°, abhängig von Referenznormen,

3 = Endhaken 180°.

Die Maße für die Längen h und Durchmesser oder Radien der Endhaken sind Referenznormen zu entnehmen und müssen in der Stahlliste angegeben werden.

Eine Auswahl bevorzugter Formen ist in Tafel 23.43 angegeben. Die Maßbuchstaben beziehen sich auch auf die

Tafel 23.40 Darstellung von Bewehrung in Bauteilen

Draufsicht auf eine Lage gleicher Matten

a) mit Darstellung der einzelnen Matten	b) Zusammengefasste Darstellung mit Andeutung der Übergreifungsstöße
Liegen gerade Stäbe in einer Lage (Ebene), so sind die hintereinander liegenden Enden der Stäbe darzustellen und die Positionsnummern (Formnummern) mittels einer schmalen Linie zu kennzeichnen.	Ein Stabbündel darf als einzelne Linie gezeichnet werden, wobei die Endmarkierung die Anzahl der Stäbe im Bündel angibt. *Beispiel*: Bündel mit 3 identischen Stäben

Gruppen gleicher Bewehrungsstäbe

| a) Eine Gruppe gleicher Bewehrungsstäbe darf durch einen maßstäblich gezeichneten Bewehrungsstab und eine Verlegelinie, die durch Schräglinien zur Kennzeichnung der äußeren Stäbe begrenzt ist, dargestellt werden. Ein Kreis verbindet den dargestellten Bewehrungsstab mit der Verlegelinie. | b) Gleiche Bewehrungsstäbe in Gruppen |

Festlegung der Bewehrungslagen in ebener Darstellung

| B = untere Bewehrung
T = obere Bewehrung
a) in getrennten Darstellungen | 1 = erste Lage bezüglich Betonoberfläche
2 = zweite Lage bezüglich Betonoberfläche
b) in derselben Darstellung |

Festlegung der Bewehrungslagen in den Ansichten

| N = vordere Bewehrung
F = hintere Bewehrung
a) in getrennten Darstellungen | 1 = erste Lage bezüglich Betonoberfläche
2 = zweite Lage bezüglich Betonoberfläche
b) in derselben Darstellung |

Wenn die Anordnung der Bewehrung nicht eindeutig durch den Schnitt dargestellt ist, darf ein zusätzliches Detail, das die Bewehrung darstellt, außerhalb des Schnittes angefertigt werden.

Tafel 23.41 Bemaßung von
Biegeformen (Beispiele Formschlüssel 25, 26, 44 und 99)

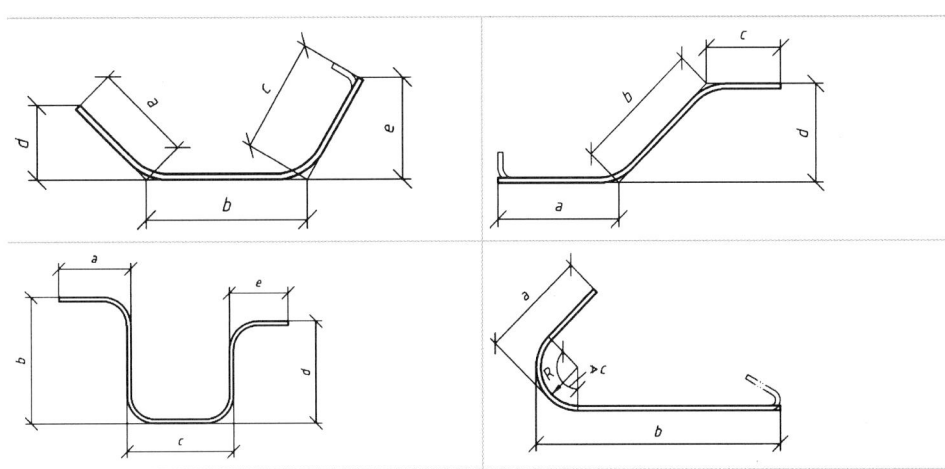

Tafel 23.42 Aufbau des Formschlüssels

Erstes Zeichen		Zweites Zeichen	
0	Keine Bögen (optional)	0	Gerader Stab (optional)
1	1 Bogen	1	90°-Bogen/Bögen mit genormtem Radius, alle Bögen in derselben Richtung gebogen
2	2 Bögen	2	90°-Bogen/Bögen mit ungenormtem Radius, alle Bögen in derselben Richtung gebogen
3	3 Bögen	3	180°-Bogen/Bögen mit ungenormtem Radius, alle Bögen in derselben Richtung gebogen
4	4 Bögen	4	90°-Bogen/Bögen mit genormtem Radius, nicht alle Bögen in derselben Richtung gebogen
5	5 Bögen	5	Bögen < 90° mit genormtem Radius, alle Bögen in derselben Richtung gebogen
6	Kreisabschnitte	6	Bögen < 90° mit genormtem Radius, nicht alle Bögen in derselben Richtung gebogen
7	Vollständige Windungen	7	Kreisabschnitte oder vollständige Windungen
9[a]	Kann nur mit 9 kombiniert werden	9[a]	Kann nur mit 9 kombiniert werden

Anmerkung 1: Diese Tabelle erklärt die Logik hinter der Benummerung der Formen nach Tafel 23.43.
Anmerkung 2: Die Anzahl der Bögen beinhaltet nicht Bögen der Endhaken, die wie unten angegeben werden.
[a] Spezielle nicht-genormte Formen, werden durch eine Skizze definiert. Formschlüssel 99 muss für alle nicht-genormten Formen verwendet
werden. Biegeradien für Formschlüssel 99 müssen als genormt angenommen werden, sofern sie nicht anderweitig festgelegt sind.

entsprechenden Spalten in der Formliste. Weitere Definitionen von Stabformen gibt Tabelle 5, DIN EN ISO 3766 vor.

Matten- und Stabstahllisten

Zu jedem Verlegeplan mit einer Bewehrung von Bauteilen
aus Betonstahlmatten wird eine Schneideskizze angefertigt,
in der gezeigt wird, wie die einzelnen Formnummern aus
„ganzen" Matten geschnitten werden sollen. Die manchmal
unvermeidlichen Mattenreste werden zum Schluss irgendwo
im Bauteil sinnvoll verlegt. Zur **Schneideskizze** gehört eine
Bestell-Liste aller Matten eines Verlegeplanes mit Gewichts-
angabe für die Abrechnung, Abb. 23.8.

Bei einer Bewehrung von Bauteilen aus Betonstabstählen
müssen die vollständigen Biegeinformationen der Bewehrungsstäbe in der Zeichnung oder in separaten Unterlagen
wie z. B. der Stahlliste angegeben werden. DIN EN ISO 3766
unterscheidet zwischen *Biegelisten* und *Formlisten* und die
Angaben zu den Betonstabstählen können somit als Biegelisten oder als Formlisten aufbereitet werden. Kombinationen
aus Formenliste und Biegeliste sind möglich. Bei Bedarf

kann auch eine Gewichtsliste erstellt werden oder eine Spalte
mit Gewichtsangaben in die Formen- oder Biegeliste eingefügt werden.

Biegelisten werden *im Zusammenhang mit der konventionellen Bemaßung* von Stabformen verwendet. Hierbei handelt
es sich um die übliche Darstellung von Bewehrung, die in den
meisten Fällen Anwendung findet. Bei dieser Darstellungsart ist die Bewehrung im Bauteil, vorzugsweise in Ansichten und Schnitten, maßstäblich darzustellen. Die einzelnen
Bewehrungspositionen sind im Maßstab herauszuziehen und
vollständig zu bemaßen (s. Abb. 23.9 und Tafel 23.44). Die
Bewehrung wird bei dieser Darstellungsart nach der Bewehrungszeichnung gebogen, sofern nicht eine Biegeliste aufgestellt wird, in der alle Biegeformen vollständig bemaßt aufgeführt sind. Diese Darstellungsart mit maßstäblichen Stahlaus-
zügen auf dem Bewehrungsplan entspricht im Wesentlichen
Darstellungsart 1 der zurückgezogenen DIN 1356-10.

Bei der Verwendung von *Formlisten* nach Abschn. 7.2,
DIN EN ISO 3766 ist eine vollständige geometrische Beschreibung der verwendeten Biegeformen auf dem Beweh-

Tafel 23.43 Auswahl bevorzugter Stabformen nach DIN EN ISO 3766

Nr.	Stabform	Beispiel ohne Endhaken	Beispiel mit Endhaken
00			
	00 | 0 | 0 | a | h	00 | 0 | 0 | 3600	00 | 1 | 1 | 3600 | 120
11			
	11 | 0 | 0 | a | b | h	11 | 0 | 0 | 4000 | 800	11 | 1 | 1 | 2400 | 1000 | 120
12			
	12 | 0 | 0 | a | b | R | h	12 | 0 | 0 | 2620 | 1420 | 600	12 | 1 | 1 | 1520 | 1320 | 500 | 130
15			
	15 | 0 | 0 | a | b | c | h	15 | 0 | 0 | 1000 | 4800 | 1500	15 | 1 | 1 | 1000 | 4800 | 1500 | 120
21			
	21 | 0 | 0 | a | b | c | h	21 | 0 | 0 | 3000 | 1000 | 800	21 | -1 | -1 | 800 | 300 | 800 | 120
25			
	25 | 0 | 0 | a | b | c | d | e | h	25 | 0 | 0 | 300 | 2000 | 500 | 200 | 100	25 | 2 | 2 | 800 | 1000 | 800 | 740 | 775 | 150
26			
	26 | 0 | 0 | a | b | c | d | h	26 | 0 | 0 | 1000 | 1200 | 1400 | 1185	26 | 1 | 1 | 700 | 300 | 1200 | 500 | 120
31			
	31 | 0 | 0 | a | b | c | d | h	31 | 0 | 0 | 800 | 550 | 400 | 450	31 | 0 | 1 | 800 | 550 | 400 | 450 | 100
77	 a Außendurchmesser b Ganghöhe c Anzahl der vollständigen Windungen		
	77 | 0 | 0 | a | b | c | h	77 | 0 | 0 | 500 | 80 | 57	77 | 1 | 1 | 500 | 80 | 57 | 110
99	Alle anderen Formen und Winkel		
	99 | | | | |	99 | | | | | |	99 | | | | | |

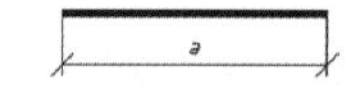

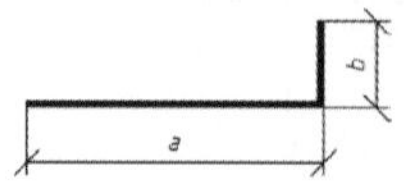

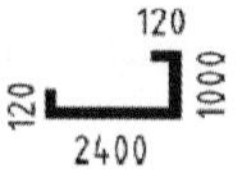

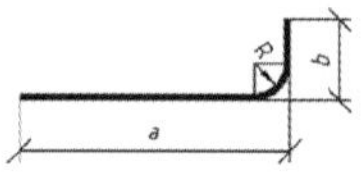

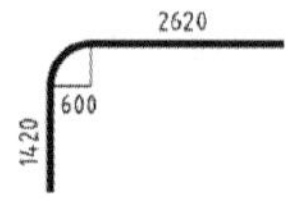

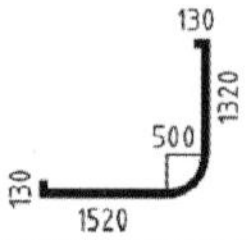

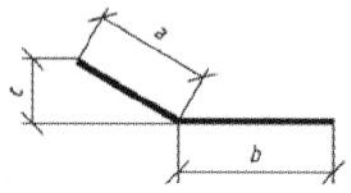

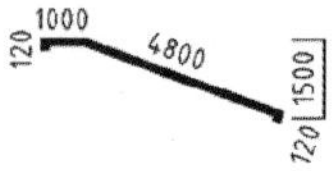

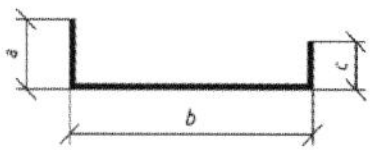

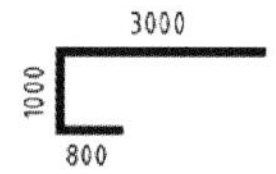

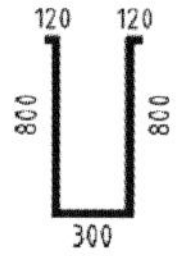

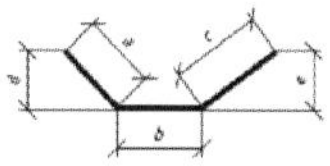

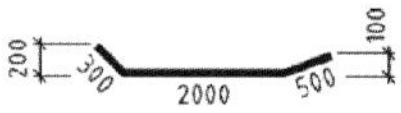

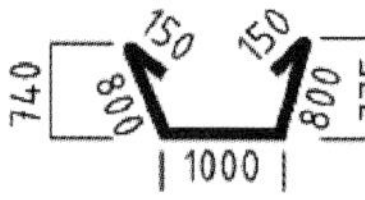

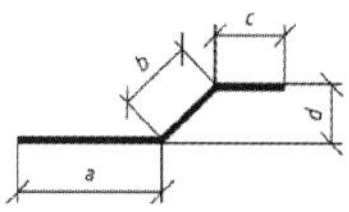

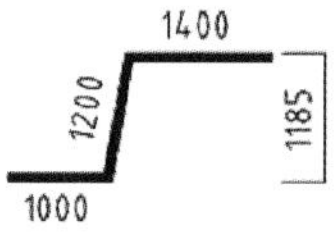

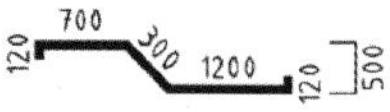

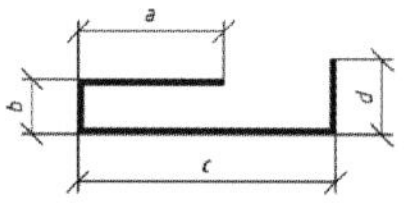

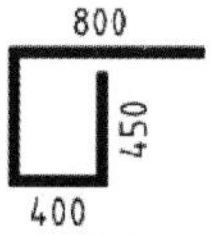

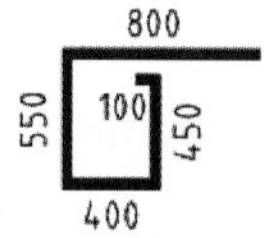

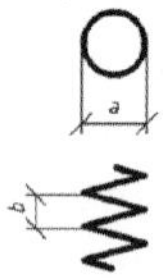

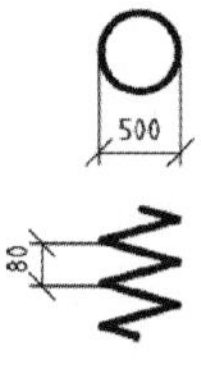

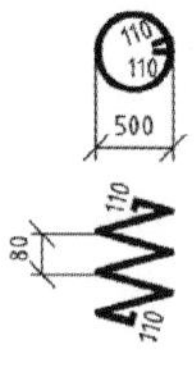

Längsschnitt

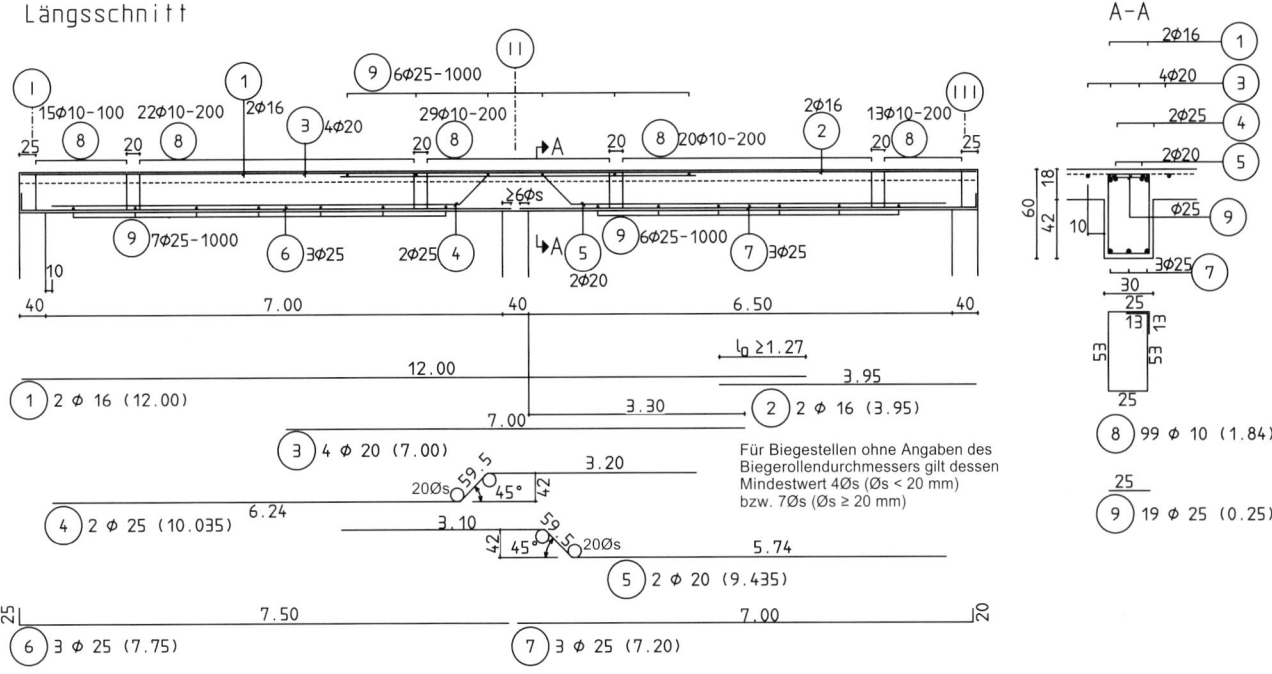

Abb. 23.9 Bewehrungszeichnung eines Unterzugs

Tafel 23.44 Gewichtsliste zu Abb. 23.9 (gekürzt)

Bauteil	Positions-nummer	Betonstahl-sorte	Stabdurch-messer [mm]	Einzelstab-länge [m]	Anzahl Stäbe	Gesamtlänge [m]	Stäbe Ø 10 mm mit 0,617 kg/m	Stäbe Ø 16 mm mit 1,58 kg/m	Stäbe Ø 25 mm mit 3,85 kg/m
UZ	1	B500 B	16	12,00	2	24,00		37,9	
UZ	4	B500 B	25	10,00	2	20,00			77,0
UZ	6	B500 B	25	7,75	3	23,25			89,5
UZ	8	B500 B	10	1,84	99	182,16	112,4		
Gewicht je Durchmesser [kg]							112,4	37,9	166,5
Gesamtgewicht [kg]							**316,9**		

rungsplan nicht notwendig. Die Beschreibung erfolgt in der Formliste durch die vordefinierten Formschlüssel unter Angabe der entsprechenden Maße und Winkel.

Auf dem Bewehrungsplan werden die Positionen dann im Regelfall mit Angabe des Formschlüssels und mit einem reduzierten, nicht maßstäblichen Bewehrungsauszug dargestellt. Diese Art der Darstellung und Beschreibung der Stabformen entspricht nicht dem Regelfall. Sie entspricht im Wesentlichen Darstellungsart 3 der zurückgezogenen DIN 1356-10 und eignet sich als verkürzte Darstellung insbesondere für die stationäre CAM-Fertigung von Stahlbeton-Fertigteilen.

Sachverzeichnis

A

A-bewertete Schallleistungspegel L_{wA} bei der Verwendung von Einzahlangaben, 1196

A-bewerteter Langzeit-Mittelungspegel $L_{AT}(LT)$, 1197

A-Bewertung, 1197

Abfall zur Verwertung, 1458

Abfallart, 1443

Abfallbegriff, 1443

Abfallschlüsselnummer, 1443

Abfallwirtschaft, 1443

Abfluss, 1314

Abflussbeiwert, 1359, 1404

Abflussspende, 980

Abfluss-Wassermenge, 1274

Ablauforganisation, 81

Ablaufplanung, 76

Ableitung, 22

Ableitung elementarer Funktion, 23

Abminderungsfaktor für Sonnenschutzvorrichtungen, 1081

Abplatzung, 999, 1001

Abrechnung, 86

Abrechnungseinheiten, 87

Abrechnungsregeln, 88

Abrechnungszeichnung, 1503

Abriss, 1493

Abschattungsfaktor, 141

Abschertragfähigkeit, 688

Abschlagsrechnungen, 86

Absenkung, 1352

Absetzbecken, 1410

Absteckung, 41, 52

Absteckung mit Freier Standpunktwahl, 51

Absturz, 1328, 1343, 1344

absturzsichernde Verglasung, 892, 900

Abtriebskraft, 229, 232

Abwasseranfall, 1407

Abwasserfracht, 1408

Abwasserreinigung, 1406

Abwasserteich, 1417

Abwasserverordnung, 1407

Abzählkriterium, 200, 217

Achsberechnung, 54

Achsenschnitte, 47

Adjunkte, 8

Adsorption, 1371

Adsorptionsverfahren, 1428

aerodynamischer Druckbeiwert, 127

aerodynamischer Kraftbeiwert, 142

AGW-Wert, 1465

aktiver Erddruck, 945

Allgemeine Geschäftskosten, 74

allgemeines Bemessungsdiagramm, 423

Altablagerung, 1465

Altlast, 1460, 1465

Altstandort, 1465

Anaerobe Stabilisierung, 1435

Analytische Geometrie der Ebene, 19

Anbaufreie Straße, 1227

Änderung, *siehe* Nutzungsänderung

anerkannte Überwachungsstelle, 275

Anfahren, 720

Anfangsschiefstellung, 549, 550

Anfangssteifigkeit, 547

Anforderungen an den Schallschutz, 1148

Angebotskalkulation, 71

Anhaltswerte N der Bewegungshäufigkeit bei verschiedenen Parkplätzen, 1188

Ankerbeanspruchung, 952

Ankerbemessung, 952

Ankerkraft, 952

Ankerlänge, 952

Ankerplatte, 392, 966

Ankertafel, 966

Ankerwiderstand, 952

Anordnung von Aussteifungselementen, 241

Anpassungsverlangen, 1002

Anrampung, 1231

anrechenbare Kosten, 90

Anschluss der Wand, 484

Anschlussmodell, 546

Anschlussstelle, 1248

Anschlussverformung, 547

Ansicht, 1496

Anspruchsgrundlagen, 68

anteilige Sonneneintragskennwerte, 1082

Antriebsart, 720

Antriebskraft, 719

Antwortspektrenverfahren, 252

Antwortspektrum, 251

Anzahl der Stellplätze f je Einheit der Bezugsgröße, 1187

Anziehmoment, 735

Anziehverfahren, 734

Äquivalenter Momentenbeiwert, 628

äquivalenter Wasserzementwert, 257

Äquivalenter, A-bewerteter Dauerschalldruckpegel $L_{AT}(DW)$, 1197

Arbeitskalkulation, 72

Arbeitssatz, 201, 213, 217

Arbeitsvorbereitung, 75

ARGEBAU, 1034

Arithmetik, 3

© Springer Fachmedien Wiesbaden GmbH 2018

U. Vismann (Hrsg.), *Wendehorst Bautechnische Zahlentafeln*, https://doi.org/10.1007/978-3-658-17936-6

arithmetische Reihe, 5
Armaturenverlust, 1323
Asbest, 1008, 1009
Asphaltbetondichtung, 1453
Asphaltbinderschicht, 1270
Asphaltdecke, 1262
Asphaltdeckschicht, 1270
Asphaltschicht, 1270
Aufbauorganisation, 81
Aufbeton, 1025
Aufbruch des Verankerungsbodens, 966
Auflagerkraft, 473
auflagernahe Einzellast, 339
Auflagerpressung, 486
Aufnahmepunktfeld, 42
Aufschlusstiefe, 907
Aufschwimmen, 933, 967
Aufstau, 1336, 1342, 1344
Aufstau vor Rechen, 1350
Aufstockung, 1002
Auftraggeberinformationsanforderung, 1477, 1478
Auftraggeberinformationsanforderungen, 96, 97
Auftrieb, 1312
Auftriebssicherheit, 933
Aufzinsungsformel, 5
Augenstab, 698
Ausarbeitungsgrad, 1482
Ausbreitmaß, 267
Ausbreitung, 301
Ausdruck für die Berechnung der
        Bodendämpfungsbeiträge A_s, A_r und A_m,
        1199
Ausfachungsfläche, 483
Ausfluss unter Schützen, 1348
Ausführung von Stahlbauten, 731
Ausführungsklasse, 731
Ausführungszeichnung, 1502
Ausgangssystem, 45
ausgeglichener Richtungswinkel, 48
ausgesteift, 359
Ausgleichsfeuchtegehalt, 1105, 1127
Aushubabschnitt, 969
Aushubgrenze, 969
Ausklinkung, 625, 780
Auslösegrenzwert, 1180
Ausrundung des Stützmomentes, 303
Außenwand, 486
außergewöhnliche Einwirkung, 419
Aussparung, 485, 1494
Aussteifende Wirkung von Dachlatten, 770
Aussteifendes System, 552
Aussteifung, 233, 477
Aussteifung von Biegeträgern, 796
Aussteifung von Druckträgern, 796
Aussteifungskern, 240
Aussteifungskonstruktion, 796
Austrittsverlust, 1325
Ausziehkraft, 1017
Autobahn, 1214
Autobahnähnliche Straße, 1214
Autobahndreieck, 1246
Autobahnkreuz, 1247
autofreie Stadt, 1254

B
Bahnkörper, 1257

Bahnübergang, 1306
Balken, 194, 1506
Balkenelement, 191
Balkenplan, 77
Bandfilterpresse, 1436
Barwertformel, 5
Basisabdichtungssystem, 1448
Bauablaufplanung, 77
Bauaufnahme, 1503
Bauaufnahmezeichnung, 1503
Baubestandszeichnung, 1503
Baubestimmungen, 740
Baubestimmungen, Listen von Organisationen, 875
Baugenehmigung, 62
Baugruben, 953
Baugrubensicherung, 953
Baugrubensohle, 956
Baugrubensohlplatte, 980
Baugrubentiefe, 954, 956
Baugrubenumschließung, 967
Baugrubenverbau, 956
Baugrubenwand, 958
Baugrubenzufluss, 978
Baugrundeigenschaft, 911
Baugrunderkundung, 906, 907
Baugrundklasse, 169
Bauordnungsrecht, 61
Bauplanungsrecht, 61
Bauregelliste, 1039
Baurichtmaß, 459, 461
Bauschutt, 1467, 1472
Baustelleneinrichtung, 80
Baustelleneinrichtungsplan, 80
Baustelleneinrichtungsplanung, 80
Bauteilwiderstand, 961
Bauvorlagezeichnung, 1502
Bauwerksbuch, 991, 1005
Bauwerksprüfung, 989, 991, 992
Bauwerksüberwachung, 992
Bauwerksunterhaltung, 994
Beanspruchbarkeit von Querschnitten, 555
Beanspruchung, 923, 924
Beanspruchung auf Biegung, 558, 564, 566
Beanspruchung auf Druck, 558
Beanspruchung auf Torsion, 559
Beanspruchung auf Zug, 557
Beanspruchung auf Zug und Abscheren, 691
Beanspruchung durch Querkraft, 558, 563, 564, 566
Beanspruchungsgruppe, 1111
Beanspruchungsklasse, 717
Beckenart, 1414
Beckentiefe, 1413
Bedeutungskategorie, 169
begehbare Verglasung, 896
Begrenzung der Rissbreite, 377
Begrenzung der Spannung, 373
Belastungsrichtlinie, 1023
Belebungsanlagen, 1418
Belebungsbeckens, 1422
Belüfterleistung, 1423
Belüftungssystem, 1423
Bemaßung, 1494
Bemessung der Versickerungsanlage, 1403
Bemessung, Biegung und Längskraft, 332
Bemessung, mit Querkraftbewehrung, 341

Bemessung, ohne Querkraftbewehrung, 340

Bemessung, Querkraft, 338

Bemessung, vorgespannte Querschnitte, 338

Bemessungshilfe, 421

Bemessungssituation, 107, 923

Bemessungstafel, 421

Bemessungswert, 465

Bemessungswert der Verankerungslänge, 391

Bemessungswerte der Festigkeiten für Beton, 288

benetzter Umfang, 1314

Bentonitmatte, 1452

Benutzungsplan, 1503

Beobachtungsmethode, 923

Berechnung ebener Polarkoordinaten, 51

Bereitstellungsplanung, 76

Berichtswesen, 83

Bernoullische Energiegleichung, 1317

beschichtetes Glas, 900

Beschichtungen, 869

Bestand, 1503

Bestandsaufnahme, 990, 991, 1001, 1004, 1005

Bestandsbewertung, 990, 1001

Bestandsschutz, 990, 1001

bestehende Gebäude und Anlagen, 1094

bestimmtes Integral, 23

Beton, 257, 258, 268, 284

Beton nach Eigenschaften, 258, 268, 269

Beton nach Zusammensetzung, 258, 269

Beton, Aufzeichnung, 275

Beton, Ausgangsstoff, 259

Beton, Bauwerk, 268

Beton, Chloridgehalt, 261

Beton, Einbringen, 270

Beton, Entladen, 269

Beton, Prüfung, 268

Beton, Rohdichte, 268

Beton, Transport, 269

Beton, Verdichten, 270

Beton, Wassereindringwiderstand, 268

Beton, Zusammensetzung, 260

Betondecke, 1263

Betondeckung, 327, 330, *siehe* Betonüberdeckung

Betondruckfestigkeit, 284, 287, 1012, 1017

Betondruckfestigkeit In-situ, 1017, 1018

Betoneigenschaft, 267

Betonfahrbahn, 1270

Betonfestigkeit, *siehe* Betondruckfestigkeit

Betonformstahl, 1015, 1016

Betonkorrosion, 263, 329

Betonprüfstelle, 274

Betonstabstahl, 1015, 1508, 1509

Betonstahl, 290

Betonstahl, biegen, 389

Betonstahl, Verankerung, 391

Betonstahlgüte, 1014

Betonstahlmatte, 396, 1018, 1508, 1511

Betontemperatur, 261

Betonüberdeckung, 998

Betonzugfestigkeit, 284, 287

Betonzusammensetzung, 260

betretbare Verglasung, 896

betriebliche Rauheit, 1321

Betriebsphase der Deponie, 1455

Bettungsmodul, 913, 944

Beulen, 635, 672

Beulsicherheitsnachweis, 637

Beulspannung, 647

Beulwert, 639

Beurteilungspegel, 1180, 1187, 1193

Bewegungsspielraum, 1213

bewehrtes Mauerwerk, 490

Bewehrungsgrundlagen, 389

Bewehrungskorrosion, 262, 328, 1007

Bewehrungslage, 1509

Bewehrungsmauer, 490

Bewehrungsstoß, 394

Bewehrungszeichnung, 1505, 1508, 1517

Beweissicherung, private, 1004

bewertete Flankenschalldämm-Maß, 1161

bewertete Norm-Schallpegeldifferenz, 1145, 1164

bewertete Standard-Schallpegeldifferenz, 1145

bewertete Trittschallminderung ΔL_w für die Deckenauflage, 1165

bewertete Verbesserung des Schalldämm-Maßes $\Delta R_{Dd,w}$ durch zusätzlich angebrachte Vorsatzkonstruktionen, 1159

bewerteter äquivalenter Norm-Trittschallpegel $L_{n,eq,0,w}$ der Rohdecke, 1165

bewerteter Norm-Trittschallpegel, 1146, 1165

bewerteter Standard-Trittschallpegel, 1146

bewertetes Schalldämm-Maß, 1145, 1159

bewuchsabhängiger Beiwert, 1336

Bewuchsparameter, 1336

Biegebewehrung, 406

Biegedrillknicken, 584, 585, 595, 616, 630, 660, 726

Biegedrillknicklinie, 618

Biegedrillknicknachweis, 552, 617, 630, 726

Biegefestigkeit, 472

Biegeform, 1515

Biegeknicken, 584, 585

Biegelinie, 192, 199, 213, 229

Biegeliste, 1515

Biegemomente im Rahmentragwerk, 304

Biegen, 389

Biegerollendurchmesser, 390

Biegeschlankheit, 385

Biegestäbe, zusammengesetzte, 791

Biegetragfähigkeit, 495

Biegezugfestigkeit, 268

Biegung, 186, 493, 558, 564, 566, 676

Biegung (Biegedrillknicken), 770

Biegung mit Längskraft, 334

Biegung und Druck, 627, 673, 761

Biegung und Druck (Biegedrillknicken), 771

Biegung und Zug, 761

Biegung, einfache, 760, 770

Biegung, zweiaxiale, 760

BIG BIM, 1476

BIM-Abwicklungsplan, 97, 1477

BIM-Manager, 1480

Binnenwasserstraße, 1359, 1361

Binomialverteilung, 36

Binomischer Satz, 4

biologische Abwasserreinigung, 1415

biologische Filtration, 1426

Biologische Stabilisierung, 1434

Biphenyle, polychlorierte (PCB), 1008

Blattformat, 1488

Blattgröße, 1488

Blockfundament, 415

Blockscherversagen, 817, 827
Blockversagen, 697
Bodenart, 908, 910
Bodenaushub, 1472
Bodenbeschleunigung, 167
Bodendämpfung, 1198
Bodendurchlässigkeit, 976
Bodeneigenschaft, 912
Bodenkenngröße, 912, 913, 915
Bodenklasse, 982
Bodenklassifikation, 916, 918
Bogenabsteckung, 55
Bogenlänge, 28
Bogenweiche, 1298
Bohrkernentnahme, 1007, 1017, 1019
Bohrpfahl, 941
Bohrung, 907
Bolzen, 698, 814, 815
Bordrinne, 1278
Borosilicatglas, 880
Böschung, 970, 1228, 1351
Böschungsbruch, 971
Böschungsbruchsicherheit, 971
Böschungshöhe, 972
Böschungsneigung, 972
Böschungswinkel, 954
Brandschutz, 1034, 1045
Brandschutzanforderungen, 1043
Brandschutznachweis, 1044
Brandschutztechnische Klassifikation, 1041
Brechungswinkel, 48
Bremsen, 720
Brettschichtholz, 747
Bruchzähigkeit, 505
Brückenklasse, 157
Brunnen, 978
Brunnenabsenkung, 976
Brunnenanordnung, 978
Brunnentiefe, 979
Brüstungshöhe, 1494
Bruttoquerschnitt, 301, 556
Bügel, 404
Building Collaboration Format, 1480
Building Information Model, 1475
Building Information Modeling, 95, 1475
Bundeseinheitlicher Qualitätsstandard (BQS), 1448, 1453
Bushaltestelle, 1258
Business Process Modeling Notation, 1481
Bussonderfahrstreifen, 1257

C
c/t-Verhältnis, 552
Charakteristische Festigkeit, 258
charakteristisches Bodenplattenmaß, 1072
chemisch vorgespanntes Glas, 882
Chezy-Beiwert, 1314
Chlorideindringtiefe, 1007
Chloridgehalt des Betons, 261
Common Data Environment, 1477, 1479
Cosinussatz, 14
CVG, 882, 884

D
Dachlatten, 845
Damm, 970

Dammfußgrundbruch, 971, 973
Dammgleiten, 971, 974
Dämpfung des Schalls, 1197
Dämpfung des Schalls bei der Ausbreitung im Freien, 1197
Dämpfungsdekrement, 122
Dämpfungsterm A_{fol} eines Oktavbandgeräusches aufgrund von Schallausbreitung über eine durch dichten Bewuchs verlaufende Weglänge d_f, 1201
Dämpfungsterm A_{site} eines Oktavbandgeräusches aufgrund von Schallausbreitung über eine durch Installationen in Industrieanlagen verlaufende Weglänge d_s, 1202
Datenübergabepunkt, 1478
Dauerfestigkeit, 716
Dauerhaftigkeit, 261, 327
Dauerhaftigkeit von Bauhölzern, 859
deckengleiche Balken, 408
Deckungsanteil erneuerbarer Energien am Wärmeenergiebedarf, 1099
Dehnungsverteilung, 333
Dekompression, 281, 376
Denitrifikation, 1419, 1420
Denkmalschutz, 1002
Deponieersatzbaustoff, 1458
Deponiegas, 1451
Deponiegasbildung, 1451
Deponiegaserfassung, 1452
Deponiegaszusammensetzung, 1452
Deponieklasse, 1445
Deponiephase, 1456
Deponiestandort, 1447
Deponietechnik, 1445
Desinfektion, 1372
Determinante, 7, 12
Dichte, 912, 1310
Dichtungskontrollsystem (DKS), 1453
Dichtungssohle, 980
Dichtwand, 979
Differenzenverfahren, 35
Differenzerddruck, 965
Differenzialgleichung, 33
Differenzialrechnung, 22
Diffusitätsterm, 1196
digitales Geländemodell, 52
Dimetrische Projektion, 1497
DIN 4102, 1038
DIN EN 1992-1-2, 1053
direkte Lagerung, 300
Doppelweiche, 1300
Dörfliche Hauptstraße, 1223
Drahtornamentglas, 880, 884, 900
Dränanlage, 980, 981
Dränelement, 980–982
Dränleitung, 980, 981
Dränmatte, 1453
Dränrohr, 980
Dränschicht, 981
Dränung, 980
Draufsicht, 1496
Drehbettung, 617, 661
Drehelastische Bettung, 597
Drehfederkonstanten, 807
Drehwinkelverfahren, 222, 232

Dreiecksinsel, 1241
Dreiecküberfall, 1347
Dreigelenkrahmen, 199
dreiseitig gelagerte Platte, 316
Drillbewehrung, 408
Drillknicken, 584, 585, 595
Druck, 558, 676
Druck in Faserrichtung, 759, 764
Druck rechtwinklig zur Faserrichtung, 759
Druck und Biegung, 627, 673, 764
Druck unter einem Winkel, 759
Druckbeiwert, 125
Druckbelüftungssystem, 1423
Druckerhöhungsanlagen, 1374
Druckfestigkeit, 267, 465, 467, 468, 470, 482, 912, 915
Druckglied, 278, 361, 367, 412
Druckgurt als Druckstab, 619, 726
Drucksetzunglinie, 935
Drucksondierung, 910
Druckstrebenneigung, 342
Druckstrebentragfähigkeit, 342
Druckwellenfortpflanzungsgeschwindigkeit, 1309
Dübel besonderer Bauart, 829
Dübel besonderer Bauart, in Hirnholzflächen, 837
Dübelabstand, 653
Duktilität, 281, 505
Düngemittelverordnung, 1440
Dunkerley-Näherungsformel, 251
Dünnbettmörtel, 465
Durchbiegung, 384, 669
Durchbiegung von Biegeträgern, 801
Durchbiegungsbeschränkung, 196
Durchbruch, 783
Durchfluss, 1314
Durchfluss an Schwellen, 1348
Durchhang, 384
durchlässiges Deckwerk, 1361
Durchlässigkeit, 977, 980, 1403
Durchlässigkeitsbeiwert, 912, 1353
durchlaufende Platte, 310
Durchlaufträger, 210, 219
Durchstanzbewehrung, 354
Durchstanzen, 352, 696
Dynamik, 250
dynamische Investitionsrechnung, 6
dynamische Steifigkeit, 1160
Dynamischer Beiwert, 711
dynamischer Elastizitätsmodul, 1146
Dynamischer Faktor, 718

E
Ebene, 1506
ebene Fläche, 1310
Ebenengleichung, 11
Echtzeit-Positionierungs-Service (EPS), 42
Eckausrundungen, 1241
Effektive Breite, 557
Effektive Querschnittsgröße, 556
Eigenfrequenz, 250
Eigenlast, 109, 117
Eigenspannungszustand, 226
Eigenüberwachungsprüfung, 986
Eignungsprüfung, 465, 953
Einachsige Biegung, 558, 627, 676
Einbau, 1467

Einbauklasse, 1467
Einbindebereich, 965
Einbindetiefe, 956, 964
Eindickung, 1432
einfache Wasserversorgungsnetze, 1377
Einfluss D_{Fb} der Fahrbahnart, 1189
Einfluss D_{Fz} der Fahrzeugart, 1189
Einfluss D_{Ra} von Kurvenradien r, 1189
Einflusslinie, 213
Einheit, 3
Einheitengleichung, 3
Einheitskreis, 14
Einmassenschwinger, 250
Einsatztemperatur, 507
einschalige Außenwand, 486
Einscheibensicherheitsglas, 877, 881
Einschnürungsbeiwert, 1348
Einschnürungsverlust, 1322
Eintrittsverlust, 1322
Einwirkung, 99, 465, 923, 924
Einwirkung auf Kranbahnträger, 717
Einwirkungskombinationen, 467
Einzelbrunnen, 1352, 1354
Einzeldruckglieder, 361
Einzelfundament, 415, 418
Einzelkosten der Teilleistungen, 72
Einzellast, 480
Einzelrauheit, 1332
Eislast, 153
Eiszone, 155
elastische Bauteilverkürzung, 324
Elastische Tragwerksberechnung, 545, 546
Elastisch-plastische Tragwerksberechnung, 546, 548
Elastizität, 1310
Elastizitätsmodul, 185, 189, 475
elektronische Berechnung, 254
Elementsteifigkeitsmatrix, 221
Ellipse, 17, 21
Eluatkonzentration, 1468
Emissionspegel $L_{m,E}$, 1187
Empfohlene Schallschutzwerte nach VDI 4100, 1157
Endkriechzahl, 288
Endschwindmaß, 290
Energieausweis, 1098
Energiehöhengefälle, 1314
Energiesparender Wärmeschutz, 1086
Energieverlust, 1320
Engstelle, 1342
Enteisenung, 1372
Entmanganung, 1372
Entsäuerung, 1372
Entwässerungseinrichtung, 1275
Entwicklungssatz von Laplace, 8
Entwurfselement, 1237
Entwurfsklasse, 1214
Entwurfszeichnung, 1502
Erdbau, 982
Erdbeben, 251
Erdbebenlast, 167
Erdbebenzone, 167, 168
Erddruck, 945, 959
Erddruckansatz, 958
Erddruckbeiwert, 945, 946, 949
Erddruckkraft, 945, 947
Erddrucklast, 957

Erddruckneigung, 945
Erddruckspannung, 945, 947
Erddruckverteilung, 959
Erdruhedruck, 945, 948, 958
Erdruhedruckbeiwert, 948
Erdwiderlager, 964
Erdwiderstand, 933, 948, 956, 960, 964
Erdwiderstandsbeiwert, 949, 961
Erfassung, 41
Erhaltungszustand, 993
erhöhter aktiver Erddruck, 949
Ermüdung, 709, 728
Ermüdung, Massivbau, 370
Ermüdungsbeanspruchung, 710, 728
Ermüdungsfestigkeit, 713
Ermüdungslast, 710, 721
Ermüdungslastmodell, 710
Ermüdungsnachweis, 370
Ermüdungssicherheit, 715
erneuerbare Energien, 1099
Erneuerung von Fahrbahnen, 1266
Ersatzbaustoff, 1459
Ersatzdruckstab, 648
Ersatzimperfektion, 550, 675
Ersatzlänge, 362
Ersatzlast, 550
Ersatzmaßnahmen, 1100
Ersatzstabnachweis, 584, 585, 627
Erstprüfung, 258
Erstüberprüfung, 990
Ertüchtigung, 990
Erwartungswert, 36
ESG, 877, 884
Euklid, 16
Eulerfall, 193
Eurocode 2, 277
Eurocode EC 6, 490
Exchange Requirements, 1481
Exposition, 327
Expositionsklasse, 258, 262, 327
exzentrische Druckbeanspruchung, 478
Exzentrizität, 21

F
Fachmodell-basiertes Arbeiten, 1479
Fachwerk, 199, 214
Fahrbahnaufweitung, 1233
Fahrbahnverbreiterung in der Kurve, 1233
Fahrrinnenbreite, 1360
Fahrstreifen, 160
Falksches Schema, 12
Faltung, 1488
Faser, 261
Faserplatten, 852
Fassungsvermögen, 978, 1352, 1354, 1355
Fäulepilze, 999
Fehlerfortpflanzungsgesetz, 39
Fehlerrechnung, 35, 39
Felsklasse, 982
Fenster, 1495
Fernautobahn, 1214
Fertigteilzeichnung, 1505, 1507
Festbeton, 258, 267
Feste Fahrbahn, 1305
Festhaltung, 218, 220
Festigkeit, 462

Festigkeit, charakteristische, 258
Festigkeits- und Formänderungskennwerte von
    Normalbeton, 285
Festigkeitsentwicklung, 268
Festigkeitsklasse, 462
Festlegekraft, 952, 953
Festpunktverdichtung, 47
Feststoffbewegung, 1350
Feststoffgehalt, 1468
Feststoff-Reynolds-Zahl, 1350, 1351
Feuchteschutz, 1100
Feuchtigkeitsklasse, 258
feuerbeständig, 1039
feuerhemmend, 1039
Feuerwiderstandsklasse, 1040
FG, 877
Filigrandecke, 332
Filtergeschwindigkeit, 1353
Filterpresse, 1436
Filterregel, 1353
Filtration, 1370
Flachdecke, 408
Flächenberechnung, 57
Flächenerfassung durch Digitalisieren, 58
Flächenfiltration, 1425
Flächengründung, 926
Flächensatz, 14
Flächenversickerung, 1405
Flächenwert, 178, 189
Flachgründung, 926
Flachsturz, 493, 494
Flachsturzrichtlinie, 495
Flanschinduziertes Stegbeulen, 645
Fließformel nach dem universellen Fließgesetz, 1331
Fließformel nach Gauckler-Manning-Strickler, 1330
Fließgelenktheorie, 656
Fließgeschwindigkeit, 1314
Fließgewässerrauheit, 1332
Fließquerschnitt, 1314
Fließwechsel, 1320, 1328, 1343
Fließzustand, 1328
Floatglas, 877, 884, 900
Förderanlagen, 1374
Formänderung, 201, 217, 476
Formelzeichen, 743, 879
Formliste, 1515
Formnummer, 1508
Formschlüssel, 1513, 1515
Fotodokumentation, 1004
Freie Standpunktwahl, 51
freie Stationierung, 51
Freier Ausfluss, 1349
Freier Grundwasserspiegel, 1352
Freiheitsgrad, 220, 232
Fremdwasserabfluss, 1380
Frischbeton, 258, 267
Fristen, 67, 69
Frostangriff, 262
Frostempfindlichkeitsklasse, 985
Froude-Zahl, 1316, 1328
Fundament, 415
Fundament, bewehrt, 415
Fundament, Blockfundament, 415
Fundament, Durchstanzbewehrung, 357
Fundament, Einzelfundament, 415

Fundament, Köcherfundament, 415
Fundament, mit Durchstanzbewehrung, 356
Fundament, ohne Durchstanzbewehrung, 354
Fundament, unbewehrt, 418
Fundamentplan, 1505, 1507
Furnierschichtholz, 751
Fußboden, 1506
Fußgänger, 1253
Fußgängerfurt, 1254
Fußgängerüberführung, 1255
Fußgängerüberweg, 1254
Fußgängerunterführung, 1255
Fußgängerverkehr, 1253
Fußgängerzone, 1254

G
Gabellager, 799
Gabelstapler, 120
GAK-Filtration, 1428
gasförmige Kontamination, 1465
Gasprognosemodell, 1451
Gauß-Algorithmus, 13
Gauß-Krüger-Koordinate, 42
Gauß-Normalverteilung, 37
Gauß'sche Flächenformel, 57
Gebäudeaussteifung, 473
Gebäudedatenmodell, 95, 96
Gebäudekategorie, 169
Gebäudeklasse, 1046
Gebäudesicherung, 969
Gebrauchstauglichkeit, 102, 108, 801, 934
Gebundene Drehachse, 597, 624
gedrungenes Bauteil, 361
Gefahr, konkrete, 1002
Gegenwartswert, 6, 7
gegliederte Profile, 1331
Gehweg, 1218
gekrümmte Fläche, 1312
gekrümmte Träger aus Brettschichtholz, 775
gekrümmte Träger aus Furnierschichtholz, 775
Geländeaufnahme, 52
Geländebruch, 971
Geländebruchberechnung, 970
Geländebruchsicherheit, 973
Geländekategorie, 124
Geländelinie, 60
Geländeneigung, 945
Geländesprung, 971
Geländesprungsicherung, 970
Gelenkpfetten, 805
Gelenkrotation, 202
Gelenkträger, Gerberträger, 198, 199
Gemeinkosten der Baustelle, 74
Gemeinsame Datenumgebung, 1480
gemeinsame Datenumgebung, 1477
genaues Verfahren, 475
Genehmigungsverfahren, 63
Geodätisch Hochpräziser Positionierungs-Service
    (GHPS), 42
geologische Barriere, 1449
Geometrie, 16
Geometrie der Ebene, 16
Geometrie des Raumes, 18
geometrische Reihe, 5
Geosynthetische Tondichtungsbahn, 1453
geotechnische Kategorie, 906

geotechnische Untersuchung, 906
Geotextilie, 981
Gerade, 20
Gerätekosten, 73
Geräteplanung, 76
Gerberträger, 202
Gesamtenergiedurchlassgrad, 1072, 1138
Gesamtquerschnittsverfahren, 655
Gesamtstandsicherheit, 922, 966, 970
Gesamtsteifigkeitsmatrix, 221
Geschosshöhe, 1494
Geschwindigkeitsdruck, 122
gespannter Grundwasserspiegel, 979, 1354
Gesteinskörnung, 257
Gewässerschutz, 1406
Gewerbelärm, 1191
Gewerbestraße, 1226
Gewichtsstaumauer, 1312
Gewindestangenverbindungen, 814, 815
Gewölbewirkung, 488
gezogenes Flachglas, 880, 884, 900
Gipsplatten, 852
Gitterstab, 631
Gitterstütze, 632
GK-System, 41
Glas, 880
Glasbau, 877
Glasbearbeitung, 881
Glashalterungen, 884
Glaskante, 881
Glasoberfläche, 881
Glasprodukt, 882
Glasveredelung, 881
glatt, 346
gleichförmiger Abfluss, 1330
Gleisabstand, 1292
Gleisbettung, 1304
Gleisverbindung, 1297
Gleisverziehung, 1296
Gleitfeste Verbindung, 696
Gleitflächenneigung, 945
Gleitflächenwinkel, 948
Gleitkörper, 972
Gleitkreis, 971, 973
Gleitmodul, 192
Gleitschienenverbau, 955
Gleitsicherheit, 932
Gleitwiderstand, 933
Glühverlust, 913
Grenzdurchmesser, 383
Grenzkurve nach Shields, 1351
Grenzschleppspannung, 1351
Grenzsetzung, 941
Grenztiefe, 935, 1328, 1329
Grenzwertdefinition, 1461
Grenzzustand, 102
Grenzzustand der Gebrauchstauglichkeit, 373, 669,
    685, 728, 923
Großbewuchs, 1333, 1335
Größeneinfluss, 715
Größengleichung, 3
Größenwert, 3
Grundbruchsicherheit, 929
Grundbruchwiderstand, 929
Grunddreieck, 1312

Grundfläche, 94
Grundintegral, 25
Grundmaß der Verankerungslänge, 391
Grundriss, 1496
Grundriss Typ A, 1499
Grundriss Type B, 1499
Gründungsbemessung, 926
Grundwasserabsenkung, 976
Grundwasserabsperrung, 979
Grundwasserbewegung, 1352
Grundwassergewinnung, 1369
Grundwasserhaltung, 975
Güteklasse für Bodenprobe, 908
Güteprüfung, 465, 488, 489

H

Haftscherfestigkeit, 464, 471
Halbfertigteil, 332
Halbwinkelsatz, 14
Haltesichtweite, 1233
Haltestelle für Straßenbahnen, 1258
Harmonisierungsverlangen, 1002, 1003
Häufigkeit, 35
Hauptachse, 181, 186
Hauptgeschäftsstraße, 1225
Hauptprüfung, 992
Hauptspannung, 185
Heißbemessung, 1052
heißgelagertes Einscheibensicherheitglas, 900
heißgelagertes Einscheibensicherheitsglas, 877
Helmert-Transformation, 45, 51
Herausziehen, 966
Herausziehwiderstand, 951–953
Hessesche Normalform, 20
Hinbiegen, 390
Hintergrundwert, 1461
Hochbau, 278
hochfeuerhemmend, 1039
Hochkant-Biegung, 760
Hochofenzement, 259
Hochpräziser-Echtzeit-Positionierungs-Service
    (HEPS), 42
Höchstlängsneigung, 1229
Höchstwert des Stababstandes, 383
Hochwasserabflussspende, 1356
Hochwert, 42
Höhenfestpunktfeld, 41, 43
Höhenkote, 1494
Höhenmessung, 41
Höhensatz, 16
Höhenverbesserung v_H, 53
Hohlprofil, 533–544
Hohlstelle, 1007
Holz verfärbende Pilze, 860
Holz zerstörende Organismen, 860
Holzfeuchte, 754
Holzschraube auf Abscheren, 826
Holzschraube auf Herausziehen, 827
Holzschutz, 859
Holzschutz, allgemeine Regeln, 862
Holzschutz, baulicher, 866
Holzschutz, chemischer, 869
Holzschutzmittel, 869
Honorarberechnung, 91
Honorarordnung für Architekten und Ingenieure, 88
Honorartafel, 90

Honorarzonen, 89
Hookesches Gesetz, 186
horizontale Aussteifung, 235
horizontale Wasserfassung, 1353
Horizontalmessung, 41
Horizontalverglasung, 888, 892
Hubklasse, 717
Hubschrauber-Regellast, 121
Humusgehalt, 909
hydraulischer Grundbruch, 966
hydraulischer Radius, 1314
Hydrodynamik, 1314
Hydrostatik, 1309
Hyperbel, 21
hyperbolische Funktion, 15

I

Ideales Biegedrillknickmoment, 623, 662
ideeller Flächenwert, 189
Ideeller Gesamtquerschnitt, 655
ideeller Querschnitt, 302
identischer Punkt, 45
IFC Schnittstelle, 96
Immission von Spiegelschallquellen $L_{w,Im}$, 1202
Immissionsgrenzwert, 1180
Immissionsrichtwert, 1192
Immissionsrichtwert für Immissionsorte außerhalb
    von Gebäuden, 1192
Imperfektion, 297, 550
Imperfektionsbeiwerte, 585
Impulssatz, 1315
indirekte Auflager, 418
indirekte Einwirkung, 327
indirekte Lagerung, 300
Industrielärm, 1191
Industriestraße, 1226
Industry Foundation Classes, 1484
Information Delivery Manual, 1481
Informationsdichte I, 1504
Informationsdichte II, 1504
Injektion, 955
Injektionssohle, 979, 980
innerörtliche Straße, 1219
Insekten, 861
Insektenbefall, 999
Insellösung, 1476
Instandhaltung, 990
Instandsetzung, 990, 995, 1002
Integrale Rauheit, 1320
Integralrechnung, 23
Integrationsformel, 25
Integrationstafel, 203
Interaktionsbeiwert, 628
inverse Matrix, 12
Investitionsrechnung, 6
Isometrische Projektion, 1497

J

Jährlichkeit des Hochwassers, 1356
Joukowski-Stoß, 1309

K

Kabinettprojektion, 1497
Kalkgehalt, 913
Kalk-Natronglas, 880
Kalkulation, 71

Kammerbeton, 653, 655, 660
Kammerfilterpresse, 1436
Kanaldiele, 962, 963
Kanalstauraum, 1396
Kapillare Steighöhe, 913, 1309
Kapillarsperre, 1453
Karbonatisierung, 262
Karbonatisierungstiefe, 1007
Kassettendecke, 300
Kastenrinne, 1278
Kegelschnitte, 21
Kehlbalkendach, 216
Kehrmatrix, 12
Keilschlupf, 325
Kellerwand, 482, 483
Kennwert für Nadelvollholz, 745
kennzeichnender Punkt, 935
Kentersicherheit, 1313
Kerbfallkatalog, 715
Kern, 240
Kernweite, 934
Kettenregel, 22
kinematische Viskosität, 1314
Kippbeiwert (Biegedrillknicken), 771
Kippen, 368
Kippsicherheit, 929
klaffende Fuge, 190, 485, 934
Klaffung, 51
Klärschlammentsorgung, 1439
Klärschlammtrocknung, 1437
Klärschlammverbrennung, 1438
Klärschlammverordnung, 1440
Klassifikationssystem, 1483
Klassifizierung, 1361
Klassifizierung der Deponie, 1445
Klassifizierung von Anschlüssen, 546
Klassifizierung von Querschnitten, 552
Klebfugen, 853
Klothoid, 1229
Klotoide, 55
Knickbeiwert k_c, 765
Knicken, 193, 230, 232
Knicklänge, 362, 368, 473, 477, 585, 589, 627, 768
Knicklinie, 585, 675
Knicknachweis, 585
Knickstabähnliches Verhalten, 640
Kniestückverlust, 1323
Knotenmoment, 473
Knotenpunkt, 1235
Knotenpunktarten, 1236
Köcherfundament, 415
Kohäsion, 913, 915
Kohlefaserlamelle, 1027
Kohlenwasserstoffe, polycyclische aromatische (PAK), 1009
Koinzidenzgrenzfrequenz, 1146
Kollisionsprüfung, 95
Kombinationsbeiwert, 104, 296
kombinierte Beanspruchung, 480, 826
kombiniertes Brettschichtholz, 747
kommunales Abwasser, 1417
Kompositzement, 259
konjugierte Wechselsprungtiefe, 1316, 1345
Konsistenz, 909, 911, 914
Konsistenzklasse, 259

Konsistenzzahl, 912
Konsole, 414
Konsolidationssetzung, 934, 938
Konstruktionsgrundlagen, 389
Konstruktionsregeln, Balken, 401
Konstruktionsregeln, Konsole, 414
Konstruktionsregeln, Massivbau, 401
Konstruktionsregeln, Platten, 406
Konstruktionsregeln, Stützen, 412
Konstruktionsregeln, vorgefertigte Deckensysteme, 411
Konstruktionsregeln, wandartige Träger, 413
Konstruktionsregeln, Zuganker, 421
Konstruktionsvollholz KVH, 845
konstruktiver Brandschutz, 1052
kontaminierter Boden, 1470
Kontinuitätsgleichung, 1317
Konzept der Schadenstoleranz, 710
Koordinatenabschlussverbesserung, 48
Koordinatensystem, 19
Koordinatentransformation, 19, 221
Koordinationsmodell, 1477
Kopfbolzendübel, 651, 663
Koppelpfetten, 805
Korbbogen, 16
Korndichte, 912
Korngröße des Gesteinskorns, 261
Korngrößenverteilung, 914
Körnungslinie, 916
Korrektur D_E zur Berücksichtigung der Absorptionseigenschaften reflektierender Flächen bei Spiegelschallquellen, 1183
Korrektur D_{StrO} für unterschiedliche Straßenoberflächen, 1183
Korrekturabzug K_T für unterschiedliche Ausbreitungsrichtungen, 1165
Korrekturen von Wärmedurchgangskoeffizienten, 1073
Korrekturwert K zur Berücksichtigung flankierender Decken und Wände, 1162
Korrekturwert K_E für entkoppelte Kanten, 1159
Korrekturzuschlag K für die Flankenübertragung, 1165
Korrelation, 39
Korrosionsschutz, 496
Kostenanschlag, 93
Kostenarten, 72
Kostenberechnung, 93
Kostenfeststellung, 93
Kostengliederung, 92
Kostengruppen, 72, 93
Kostenrahmen, 92
Kostenschätzung, 92
Kraftangriffspunkt, 1311
Kraftbeiwert, 126, 142, 144
Krafteinleitungsbereich, 397
Krafteintragungsstrecke, 952
Kraftgröße, 178
Kraftgrößenverfahren, 217
Kranantrieb, 719
Kranbahn, 712, 717
Kranschiene, 511
Kreis, 17
Kreisausschnitt, 17
Kreisbogenberechnung, 54

Kreis-Element, 2
Kreisquerschnitt, 338
Kreisring, 17
Kreisverkehrsplatz, 1244
Kreuzungsbauwerk, 1276
Kreuzungsweiche, 1300
Kriechbeiwert, 656
Kriechen, 287, 324, 365, 655, 675
Kriechen bei Druckstützen, 765
Kriechen, linear, 288
Kriechen, nicht-linear, 288
Kriechmaß, 953
Kriechsetzung, 934
kritischer Mischwasserabfluss, 1393
kritischer Regenabfluss, 1393
Kritischer Weg, 79
Krümmerverlust, 1323
Krümmung, 28, 192
Krümmungskreis, 28
Krümmungsmittelpunkt, 28
Krümmungsradius, 28
Kugel, 18
Kunststoffdichtungsbahn, 1453
Kuppenhalbmesser, 1230
Kurvenmindestradius, 1228
Kurzzeitrelaxation, 324

L
LAGA M20, 1467
Lagefestpunktfeld, 41
Lagemessung, 41
Lagermatte, 456
Lagerstoff, 113
Lagerungsart, 300
Lagerungsdichte, 910, 912, 914
Lagesicherheit, 107, 922
Lamellenverfahren, 971, 972
Landesbauordnung, 1034
Landstraße, 1217
Landwirtschaftlicher Weg, 1218
Längenänderung, 191
Längs- und Querabweichung, 49
Langsam- und Schnellfilter, 1371
Längsbewehrung, 401
Längsprofil, 52
Längsschubkraft, 664
Längssteifen, 636
Längsverbesserung L, 49
Lärmkartierung, 1204
Lärmsanierung, 1180
Lastannahme, 99
Lastausmitte, 364
Lasteinleitung, 678
Lasteinleitung quer zur Bauteilachse, 643
Lasteinwirkungsdauer, 752, 753
Lastfallkombination, 297
Lastfigur, 957, 958
Lastgruppe, 721
Lastkombination, 480
Lastverteilungsbreite, 318
Laubvollholz, 746
Lebenszyklus, 991
Leichtmauermörtel, 464
Leichtprofil, 962, 963
Leichtputz, 497
Leistungsbeschreibung, 64

Leistungsbild, 89
Leistungsprogramm, 64
Leistungsverzeichnis, 64, 65
Level of Development, 1482
Level of Geometry, 1482
Level of Information, 1482
lichter Raum, 1214
Lichttransmissionsgrad, 1072, 1138
Liefergröße, 883
Lineare Algebra, 7
Lineare Differentialgleichung, 34
lineares Gleichungssystem, 13
Linienart, 1489, 1490
Linienbreite, 1489, 1490
linienförmige Scheibenlagerung, 885
Linienführung, 1228
Liniennivellement, 53
Linienzugbeeinflussung, 1307
Linksabbiegestreifen, 1237
Linkskrümmung, 27
Liste unbedenklicher Bauteile, 1108
little BIM, 1476
Lochabstand, 688
Lochleibungstragfähigkeit, 691
LOD, 1482
Logarithmus, 4
Lohnkosten, 72
Löschwasserbedarf, 1367
Luftdämpfungskoeffizient α für Oktavbänder, 1198
Luftdichtheit von Gebäuden und Außenbauteilen, 1085
Luftschallübertragung von Außenlärm, 1171
Luftschallübertragung zwischen Räumen, 1159
Luftschicht, 487

M
Mantelreibung, 941, 942, 944
Mantelreibungswert, 944
Maßabweichungen, 853
Maßeinheit, 1489
maßgebliche Abflussgröße, 1380
Maßgebliche Verkehrsstärke M und maßgeblicher LKW-Anteil p, 1183
Maßgeblicher Emissionspegel, 1185
Maßhilfslinie, 1494
Maßlinie, 1494
Maßlinienbegrenzung, 1494
Maßnahmenwert, 1461
Maßordnung, 459
Maßstab, 1489, 1490
Maßzahl, 3, 1494
Materialentnahme, 998
Materialplanung, 76
Materialversagen von Bauteilen, 965
Materialwiderstand, 960, 961
Matrix, 11
Matrizenmultiplikation, 12
Mattenliste, 1512, 1515
Mattenverlegeplan, 1511
Mauermörtel, 460, 464
Mauerstein, 460, 462, 465
Mauerwerk, 459, 482
Mauerwerksfestigkeit, 467
Maximum, 27
MBO, 1033, 1038
Mehlkorngehalt, 257

Mehrscheiben-Isolierglas, 877, 883, 900
Mehrstellenformel, 35
Mehrteiliger Druckstab, 631
Membranbelebung, 1429
Mengenberechnung, 57
Mengenberechnung aus Querprofilen, 58
Mengenermittlung, 58
Mengenermittlung mit digitalem Geländemodell, 59
Mercalli-Sieberg-Intensität, 167
Messwehr, 1347
Metazentrum, 1313
Meteorologische Korrektur, 1203
Methode der reduzierten Spannungen, 635, 645
Methode der wirksamen Querschnitte, 635
MIG, 883
Mikropfahl, 943
Mindestabmessung, 406
Mindestanforderungen an den Schallschutz im Hochbau nach DIN 4109-1, 1148
Mindestanforderungen an den sommerlichen Wärmeschutz gemäß DIN 4108-2, 1079
Mindestanforderungen an den Wärmeschutz im Winter nach DIN 4108-2, 1075
Mindestbemessungsmoment, 303, 358
Mindestbetonfestigkeit, 327
Mindestbewehrung, 378, 401, 404, 670
Mindestbewehrungsgrad, 404
Mindestdurchstanzbewehrung, 357
Mindesteinbindetiefe, 942
Mindesteinbindetiefe des Pfahls, 942
Mindesterddruck, 947, 957
Mindestklothoidenparameter, 1229
Mindestnachbehandlungsdauer, 270
Mindestquerkraftbewehrung, 338
Mindestquerschnitte, 756
mineralische Dichtung, 1452
Miner-Regel, 716
Minimum, 27
Mischungsverbot, 990
Mittelspannungseinfluss, 715
Mittelungspegel, 1145
Mittelungspegel L_m von Fahrstreifen, 1181
Mittelwert, 35
Mittelwertsatz, 22, 23
mittige Druckkraft, 334
mittlere flächenbezogene Masse, 1162
Mittragende Breite, 636, 682
Mittragende Gurtbreite, 657
Mittragende Plattenbreite, 557
Mitwirkende Breite, 318
mitwirkende Plattenbreite, 300
$m + k$-Verfahren, 684
Modalanalyse, 252
Model Checker, 1483
Model View Definition, 1481
Modellstütze, 364
Modifikationsbeiwerte, 749
Momenten-Krümmungsbeziehung, 323
Momenten-Rotations-Charakteristik, 546, 548
Momententragfähigkeit, 683
Momentenumlagerung, 655
Momentenzahlen nach Pieper und Martens, 313
Moody-Diagramm, 1321
Mörtelgruppe, 464
Mulden-Rigolen-Element, 1405

Mulden-Rigolen-System, 1406
Muldenrinne, 1278
Muldenversickerung, 1405
Multibarrierenprinzip, 1447
Musterbauordnung, 1033, 1037

N
Nachbehandlungsdauer, 270
Nachkalkulation, 72
Nachklärbecken, 1411, 1412
Nachrechnungsrichtlinie, 1011
Nachrüstung bei Anlagen und Gebäuden, 1097
Nachsorge, 1458
Nachtragskalkulation, 72
Nachweis von Schwingung, 803
Nachweise der Gebrauchstauglichkeit, 801
Nägel auf Abscheren, 816
Nägel auf Herausziehen, 823
Nagelachse (Herausziehen), 823
Nagelverbindung, 816
Näherungswerte für Richtwirkungsmaße D_l bei Abschirmwirkung durch das Gebäude selbst, 1197
Natursteinmauerwerk, 496
Nennkrümmung, 361
Nennlochspiel, 688
Nennmaß, 459, 461
Nennspannung, 712
Nettoquerschnitt, 301, 556, 558
Netzplan, 78
Newton-Verfahren, 27
Nichttragende Wand, 483
Niederschlagswasser, 1401
niedrigste zulässige Oberflächentemperatur, 1103
Nische, 1494
Nivellement, 53
Nordwert, 42
Normale der Kurve einer Funktion, 27
Normalhöhe, 43
Normalkrafttragfähigkeit, 672
Normalmauermörtel, 463
Normalverteilung, 36
Norm-Trittschallpegel, 1146
Notentwässerung, 1000
NPSH-Wert, 1355
NU-Kosten, 74
numerische Integration, 24
Nutzlast, 117
Nutzungsänderung, 990, 1003
Nutzungsdauer, 989, 990
Nutzungseinschränkung, 994
Nutzungsklassen, 752

O
Obelisk, 18
Oberbau von Verkehrsflächen, 1259
Oberbauarbeiten, 1305
Oberflächenabdichtungssystem, 1452
Oberflächenbelüftungssystem, 1424
Oberflächenbewehrung, 405
Oberflächenschutz, 869
Oberflächentemperatur, 1077
Oberflächenwassergewinnung, 1369
oberirdische Entwässerungsanlage, 1278
Oberputz, 496
offene Wasserhaltung, 976, 978

öffentlicher Personennahverkehr, 1257
Oktavband-Schalldruckpegel $L_{fT}(DW)$, 1197
Omniclass, 1483
Orientierungswert, 1461, 1463
Ornamentglas, 880, 884, 900
Ortbetonpfahl, 943
Ortbetonwand, 961
Orthogonalitätsbedingung, 21
örtlich konzentrierter Verlust, 1318
Örtliche Einfahrtsstraße, 1223
Örtliche Geschäftsstraße, 1224
Ortsbesichtigung, 1004
OSB-Platten, 850
Ostwert, 42
Outrigger-System, 240
Ozonung, 1429

P

PAK, *siehe* Kohlenwasserstoffe, polycyclische
          aromatische (PAK)
PAK-Dosierung, 1428
Parabel, 17
Parallelschaubild, 1496, 1497
Parameter der Helmert-Transformation, 51
Parkplatzlärm, 1186
Parkplatzverkehrslärm, 1179
Parkstand, 1251
partielle Ableitung, 23
Passbolzen, 810, 814
passiver Erddruck, 945, 948
Passschraube, 687
Pauschalkonzept, 1384
PCB, *siehe* Biphenyle, polychlorierte (PCB)
PCP, *siehe* Pentachlorphenol (PCP)
Pegelminderung, 1184
Pegelminderung ΔL gegenüber Mitwind, 1203
Pentachlorphenol (PCP), 1008
Personalplanung, 76
Pfahlbeanspruchung, 940
Pfahlbemessung, 941
Pfahlfußwiderstand, 941
Pfahlgründung, 939
Pfahlgruppe, 944
Pfahlkopfsetzung, 941
Pfahlmantelreibung, 942
Pfahlmantelwiderstand, 940, 941
Pfahlspitzendruck, 940, 942
Pfahlspitzenwiderstand, 941, 942
Pfahlwand, 955
Pfahlwiderstand, 940, 941
Pfeiler, 483
Pfeilerstau, 1342
Pflasterdecke, 1264
Phosphatelimination, 1420
Pilzdecke, 319
Pilze, 860
planfreier Knotenpunkt, 1246
Planstein, 460
Planungsgrundsatz, 1274
Plastische Momententragfähigkeit, 658
Plastizität, 916
Plastizitätszahl, 912
Platte, 1506
Platten, dreiseitig gelagert, 316
Platten, einachsig/zweiachsig, 304
Platten, Lastverteilungsbreite, 318

Platten, Pieper Martens, 313
Platten, Schnittgrößenermittlung, 304
Plattenbeulen, 727
Plattenbeulen unter Längsspannung, 637
Plattendruckversuch, 912
Poisson-Verteilung, 37
polares Absteckelement, 44
Polarkoordinate, 19
Polarpunktberechnung, 44
poliertes Drahtglas, 880, 884, 900
Polygonierung, 47
Polygonzug, 48
Polygonzugberechnung, 48
Polyvinyl-Butyral-Folie, 879, 882
Porenwasserdruck, 972
Portlandkompositzement, 259
Portlandzement, 259
Positionsnummer, 1508
Positionsplan, 1505, 1507
Potenz, 3
Potenzreihe, 30
Prandtl-Colebrook, 1321, 1325
Primärenergiebedarf, 1087, 1090
Prisma, 18
Prismenhöhe, 60
Prismenvolumen, 60
Probebelastung, 940
Probenahme, 1463
Proctor-Dichte, 912
Proctorkurve, 914
Profilbauglas, 880
Profilblech, 651, 682
Profilpunkt, 52
Projektionsmethode 1, 1500
Projektionsmethode 3, 1500
Projektstrukturplan, 82
Prüfkraft, 951
Prüfung der Druckfestigkeit, 273
Prüfung von Bohrkernen, *siehe* Bohrkernentnahme
Prüfung, zerstörungsfrei, 992, 996
Prüfwert, 1461
Puffer, 79
Pufferanprall, 721
Pultdachträger, 774
Pumpe, 1355
Pumpversuch, 976
Punkt- und Linienlast, 318
punktförmig gestützte Platte, 410
punktförmige Scheibenlagerung, 885
Punkthalter, 885
Putz, 459, 496
Putzmörtel, 496
Puzzolanzement, 259
Pyramide, 18
Pythagoras, 16

Q

Quadrant, 43
Quadrantenfestlegung, 43
Qualitätsmanagement, 83
Qualitätsmanagementsysteme, 83
Quartiersstraße, 1222
Quellmaß, 754
Quellwasser, 1370
Queranschluss, 786
Querkraft, 338

Querkraftbewehrung, 341, 343, 406
Querkrafttragfähigkeit, 480, 659, 685
Querneigung, 1230
Querprofil, 52, 58
Querschnittselement, 1213
Querschnittsklasse, 552, 652
Querschnittsklassifizierung, 552, 652
Querschnittsnachweis, 556
Querschnittsschwächung, 756
Querschnittstragfähigkeit, 657, 672
Querschnittstragfähigkeit bei Druck, 759
Querschnittswerte, brutto, 301
Querschnittswerte, ideell, 301
Querschnittswerte, netto, 301
Querungshilfe, 1254
Querverbesserung, 49
Querwiderstand, 944
Quotientenregel, 22

R
Radfahrstreifen, 1256
Radiusvektor, 10
Radlast, 719
Radlasteinleitung, 723
Radverkehr, 1255
Radweg, 1218, 1256
Radwegende, 1256
Rahmen, 200, 214, 217, 222, 225, 230, 238
Rahmenecken, 856
Rahmenecken, Dübelkreise, 857
Rahmenecken, gekrümmt, 858
Rahmenecken, Universal-Keilzinkungen, 856
Rahmenformeln, 214
Rahmenstab, 631, 633
RAL Güte- und Prüfbestimmung, 1470
Rammsondierung, 909, 910
Rampe, 1495
Randabstand, 688
Randausbildung, 1265
Randdehnung, 467
rau, 346
Raueis, 153
Rauheit, 1321
Rauheitsbeiwert, 1331
Rauheitsbeiwert nach Strickler, 1314
Raumfiltration, 1425
Rauminhalt, 94
Räumliche Linienführung, 1234
räumliches Stabwerksmodell, 254
räumliches Tragwerk, 200
Raumwinkelmaße D_Ω, 1196
Rechenanlagen, 1408
Rechtecküberfall, 1347
Rechtsabbiegen, 1238
Rechtskrümmung, 27
Rechtswert, 41
Recycling-Baustoff, 1466
Recyclingbaustoff, 1466, 1472
Reduktionssatz, 218
Referenzlagerung, 267
Regelklasse, 157
Regellichtraum, 1290
regelmäßige Überprüfung, 990
Regelquerschnitt, 1215
Regelquerschnitte von Schifffahrtskanälen, 1360
Regenabfluss, 1381

Regendauer, 1382
Regenklärbecken, 1397
Regenrückhalteraum, 1397
Regenspende, 1381
Regenüberlauf, 1393
Regenüberlaufbecken, 1393
Regression, 39
Rehbock, 1342, 1345
Reibung, 324
Reibungskraft, 126
Reibungsverlust, 1318–1320
Reibungswinkel, 912, 915
Reichweite, 977, 1354, 1355
Reihe, 5
Rekultivierungsmaterial, 1455
relative Luftfeuchte, 1100
relative Rauheit, 1314
Relaxation, 324
Rente, 5
Rentenrechnung, 5
Reservoir-Methode, 716
Resonanzfrequenz, 1146
Ressourcenplanung, 76
Restquerschnitt, 1065
Resultierendes Schalldämm-Maß, 1145
Retentionsbodenfilter, 1399
Reynolds-Zahl, 1314, 1318, 1319
Richtungsbezogenes Nachweisverfahren, 700
Richtungscosinus, 9
Richtungswinkel, 43
Richtungswinkelberechnung, 43
Richtwert für die Lärmminderungsplanung, 1205
Richtwirkungskorrektur, 1196
Rigolen- und Rohrelement, 1405
Ringanker, 421, 484
Ringbalken, 484
Ringdübel Typ A, 829
Rippendecke, 300
Rissaufnahme, 1004
Rissbildung, 654, 670
Rissbreite, 377, 670
Rissbreite, Berechnung, 384
Rissbreite, Mindestbewehrung, 378
Rissbreitenbegrenzung, 383, 671
Rissbreitenbeschränkung, 685
Rissesicherung, 496
Ritterschnitt, 199
Robustheit, 996, 997
Robustheitsbewehrung, 401
Rohbauzeichnung, 1505
Rohdichte, 462
Rohrleitung, 1317
Rohrströmung, 1317
Rohrvortrieb, 1391
Rohrwandung, 1321
Rohrwerkstoffe, 1388
Rohrwiderlager, 1315, 1316
Rollladenkasten, 1078
Rotation, Verdrehung, 201, 222
Rotationssteifigkeit, 547
Rotationstauchkörper, 1415
Rotationstauchkörperverfahren, 1415
Rückbau, 1023
Rückblickzielweite, 53
Rückführung, 1422

Rückprallhammer, 268, 1007, 1018, 1020
Rücktransformation, 45, 46, 51
Ruhedruck, 945
ruhende Luftschicht, 1069
ruhender Verkehr, 1251
Rundholz (statischer Wert), 844
Rundschnitt, 352

S
Sammelrinne, 1342
Sammelstraße, 1222
Sandfang, 1409
Sanierputz, 498
Sanierung von Altlast, 1465
Satteldachträger aus Brettschichtholz, 776
Satteldachträger aus Furnierschichtholz, 776
Sauerstoffbedarf, 1422
Sauerstoffzufuhr, 1423
Säurekapazität, 1424
Schadensakkumulation, 716
Schadensanfälligkeit, 993
Schadensäquivalenter Beiwert, 730
Schadensäquivalenzfaktor, 711
Schadensausbreitung, 995
Schadensbewertung, 994
Schadensfolge, 995, 996
Schadensfolgeklasse, *siehe* Schadensfolge
schädliche Bodenverunreinigung, 1465
Schadstoff, 1006, 1008
Schadstoffkataster, 1010
Schalenmodell, 255
Schallabstrahlung von Industriebauten, 1193
Schalldämm-Maß, 1145
Schalldruckpegel L_p, 1195
Schallleistungspegel L_w, 1186, 1195
Schallpegel, 1145
Schallpegeladdition, 1145
Schallpegeldifferenz, 1145
Schallschutz am Schienenweg, 1187
Schallschutz im Hochbau, 1142
Schalltechnischer Orientierungswert, 1180
Schallübertragung von Räumen ins Freie, 1195
Schalplan, 1505, 1507
Scheiben, 320
Scheibendübel Typ B, 829
Scheibendübel Typ C, 833
Scheibenlagerung, 883
Scheibenzwischenraum, 879
Scheitelabfluss, 1358
Scheitelgleichungen, 22
Scherfestigkeit, 911, 914, 915
Schichtenfolge, 909
Schichtgrenztemperatur, 1074
Schiefekoeffizient, 38
Schiefstellung, 937, 938
Schiene, 1303
Schienenbefestigung, 1304
Schienenverkehrslärm, 1179, 1187
schießender Abfluss, 1320
Schlagregenbeanspruchung, 1110, 1111
Schlagregenschutz, 1110
Schlammbehandlung, 1430
Schlammentsorgung, 1430
Schlammfaulung, 1435
Schlammmenge, 1430
Schlammproduktion, 1421

Schlammräumung, 1414
schlank, 361
schlankes Bauteil, 361
Schlankheitskriterium, 363
Schlauchfilterpresse, 1436
Schleppwirkung, 1350
Schlitz, 485
Schlitzrinne, 1278
Schlitzwand, 955
Schlussrechnung, 86
Schmelzwärme, 1309
Schmutzwasserabfluss, 1380
Schneckenpresse, 1436
Schneefanggitter, 153
Schneelast, 148
Schneelastzonenkarte, 149
Schneideskizze, 1512
Schnitt, 1496
Schnitt Gerade-Gerade, 47
Schnitt Gerade-Kreis, 47
Schnittgröße, 178, 186
Schnittgrößen von Kranbahnträgern, 722
Schnittgrößenermittlung, 296, 303
Schnittgrößenermittlung bei Verbundtragwerken,
    652, 654, 682
Schraffur, 1491, 1492
Schräganschluss, 786
Schräglaufkraft, 721
Schrägnagelung, 817
Schrägstab, 404
Schraubenverbindungen, 687, 733
Schriftfeld, 1488, 1489
Schub, 761
Schub aus Querkraft und Torsion, 763
Schubbeulen, 558, 641
Schubbewehrung, 404
Schubfeldsteifigkeit, 616
Schubfestigkeit, 471
Schubfläche, 558
Schubfluss, 188
Schubfuge, 346
Schubkraft, 188
Schubmittelpunkt, 244, 247, 248
Schubspannung, 184, 188
Schubsteifigkeit, 632
Schubtragfähigkeit, 493
Schubverzerrung, 635
Schubzulage, 404
Schulterschub, 344
Schürfe, 907
Schütthöhe, 986
Schutzziele, 1043
schwach belüftete Luftschicht, 1069
Schweißaufsichtspersonal, 731
Schweißen, Betonstahl, 292
Schweißnaht, 699
Schweißnahtprüfung, 731
Schweißverbindung, 699, 731
Schweißverfahren, 292
Schwelle, 1303
Schwerpunkt, 178
Schwerpunktabstand, 1311
Schwerpunktshauptachse, 187
Schwimmstabilität, 1313
Schwinddehnung, 288

Schwinden, 287, 324, 655
Schwindmaß, 754
Schwingbeiwert, 120
Schwingungen bei Wohnungsdecken, 803
Schwingungsanfälligkeit, 121
Senkungskurve, 1339
Setzmaß, 267
Setzung, 934
Setzungsberechnung, 935
Setzungsformel, 935
Setzzeit, 267
Sicherheits- und Gesundheitsschutz, 84
Sicherheitskonzept, 465
Sicherheitsnachweis, 922
Sicherungswesen, 1307
Sichtfeld, 1243
Sickeranlage, 1281
Sickerwassererfassung, 1450
Sickerwasserinhaltsstoff, 1450
Sickerwassermenge, 1449
Sickerwasserzusammensetzung, 1449, 1450
Siededruck, 1310
Siedlungsentwässerung, 1379
SI-Einheiten, 284
Signalwesen, 1307
Simpson-Regel, 24, 29
Sinussatz, 14
Skalar, 8
skalares Produkt, 9
Skalierte Knickeigenform, 551
S-N-Kurve, 715
Sofortsetzung, 934
Sohldruckresultierende, 934
Sohlnormalspannung, 930
Sohlreibungswinkel, 933
Sohlwiderstand, 927, 928
Sommer-Klimaregionen, 1084
Sonderbauten, 1038
Sondierdiagramm, 909
Sondierung, 910
Sonneneintragskennwert, 1080
Sortiermerkmale, -klassen, 870
SOTR, 1424
Spaltenvektor, 11
Spaltzug, 420
Spaltzugfestigkeit, 268
Spannbewehrung, 1513
Spannglied, 397
Spannkraftverlust, 324
Spannstahl, 293
Spannstahl, Bemessungswerte, 294
Spannstahl, Relaxation, 294
Spannstahlspannung, 324
Spannstahlspannung, Verluste aus Kriechen und Schwinden, 324
Spannstahlspannung, zulässig, 324
Spannung, 178, 184
Spannungs-Dehnungs-Linie, 286
Spannungsermittlung, 373
Spannungsnachweis, 556
Spannungsschwingbreite, 712, 715, 716, 730
Spanplatten, 848
Spatprodukt, 10
Spektrum-Anpassungswerte, 1146
Sperrholz, 847

spezifische Wärmekapazität, 1310
Spiegelschallquelle, 1202
Spitzenabflussbeiwerte, 1383
Spitzendruck, 942
Spitzrinne, 1278
Spreizversagen, 973
Spundwand, 955, 957, 961, 964
Spundwandberechnung, 963
Spundwandprofil, 962
Spurweite, 1289
SSG, 897
SSOTE, 1423
Stababstand, 389
Stabbündel, 397
Stabdübel, 810
Stabform, 1516
Stabilitätsberechnung, 549
Stabilitätsnachweis, 584
Stabstahllisten, 1515
Stadtautobahn, 1214
Stahlbetonwand, 413
Stahlblechformteile, 873
Stahlgütewahl, 509
Stahlzuggliedwiderstand, 952
Standardabweichung, 35
Standardbeton, 258, 269
Standardleistungsbuch, 65, 66
ständige Betonprüfstelle, 274
Standpunktsystem, 51
stark belüftete Luftschicht, 1069
Stationärer Abfluss in offenen Gerinnen, 1328
Statische Eindickung, 1432
statische Investitionsrechnung, 6
Statistik, 35
statistische Sicherheit, 38
Staukurve, 1339
Stegbeulen, 645
Stegblechatmen, 728
Steifemodul, 911, 912
Steinfestigkeitsklasse, 470
Steinformat, 460
Steinzugfestigkeit, 471, 472
Stellwerk, 1307
Stichprobe, 35
Stichprobe, normalverteilt, 1020
Stilllegung, 1458
Stockwerk, 1506
Stoffkosten, 73
Stoß, 394
Stoßfugenvermörtelung, 488
Stoßsicherheit, 893
Stoßstellendämm-Maß, 1161
Straßenaufbruch, 1467, 1472
Straßenbau, 1213
Straßenbaulast, 991
Straßenbautechnik, 1259
Straßenentwässerung, 1274
Straßenkategorie, 1213
Straßenmulde, 1278
Straßennetzgestaltung, 1213
Straßenquerschnitt, 1213
Straßenrinne, 1278
Straßenverkehrslärm, 1179, 1180
Streckenreduktion, 49
Streckgrenze, 505, 687

Streichwehr, 1346
Streifenfundament, 418
Streuung, 35
strömender Abfluss, 1320
Stromtrennung, 1323
Stromtrennungsverlust, 1323
Strömungskraft, 966, 972
Strömungsnetz, 972
Stromvereinigung, 1323
Structural-Sealant-Glazing, 879, 897
Strukturspannung, 713
Sturz, 494
Stützbauwerk, 970
Stütze, 361, 412, 1506
Stützkonstruktion, 970
Stützkraft, 1316
Stützmauer, 1312
Stützweite, 300
Substitution, 24
symmetrischer Übergangsbogen, 56

T
TA Lärm, 1192
Tachymeter, 44
Tafeln, 840
Tafeln zum Wärme- und Feuchteschutz, 1112
Tafeln zur Rohrleitungsberechnung, 1325
Taktdauer, 1422
Tangenssatz, 14
Tangente, 21
Tangentenlänge, 57
Tauchwandverlust, 1349
Taupunkttemperatur, 1103
Tauwasserausfall im Bauteilinneren, 1105
Tauwasserbildung auf Bauteiloberflächen, 1109
Tauwassermasse, 1104
Teilflächenbelastung, 419
Teilflächenpressung, 480
Teilfüllung, 1320, 1326
Teilschnittgrößen bei Verbundtragwerken, 656
Teilsicherheitsbeiwert, 106, 295, 466, 545, 652, 710, 722, 755, 924, 925
Teilsicherheitsbeiwert, Massivbau, 295
Teilsicherheitsbeiwert, modifizierter, 1021
Teilverbundverfahren, 683, 684
teilvorgespanntes Glas, 879, 881
Teilweise Verdübelung, 658, 664
Temperaturänderung, 184, 191
Temperaturdehnzahl, 191
Temperatureinwirkung, 164
Terminplanung, 77
terrestrisches Laserscanning (TLS), 52
Theorie II. Ordnung, 229, 249, 299, 359, 549, 584, 799
thermisch vorgespanntes Einscheibensicherheitsglas, 900
Thomson-Messwehr, 1347
Tieffrequentes Geräusch, 1194
Torsion, 184, 186, 189, 200, 348, 763
Torsionsbewehrung, 405
Torsionsmoment, 559
Tosbecken, 1344
totales Differenzial, 23
Träger, wandartig, 320
Trägerbohlwand, 955, 957, 960, 964
Trägerbohlwandberechnung, 963

Tragfähigkeit, 102, 107, 928
Tragfähigkeitstabellen Stahlbau, 567, 597
Trägheitsmoment, 178
Tragrichtung, 1506
Tragschicht, 1269
Tragwerksberechnung, 545
Tragwerksplanung, 295
Tragwerksverformung, 548
Tragwiderstand, 466
Transformation, 45
Transformationsparameter, 45
Transponieren, 11
Trapezregel, 24
Trassenlänge, 57
Trennflächenrauheit, 1336
Trennwandzuschlag, 117
Treppe, 1494
Trigonometrie, 14
trigonometrische Funktion, 15
trigonometrische Höhenübertragung, 44
Trinkwasserinstallation, 1172
Trisoplastdichtung, 1453
Trittschallpegel, 1145
Trockendichte, 912
Trockenlagerung, 267
Trockenwetterabfluss, 1380
Trocknungsschwinddehnung, 288
Tropfkörper, 1415
Tür, 1495
t-Verteilung, 38
TVG, 879, 884

U
Überbindemaß, 488
Überfallwehr, 1345
Übergangsbogen, 1296
Übergreifungslänge, 396
Übergreifungsstoß, 394
Überhöhung, 384, 1295
Überhöhungsrampe, 1296
Überkopfverglasung, 888
übermauerter Flachsturz, 494
Überprüfung der Frisch- und Festbetoneigenschaften, 272
Überregionalautobahn, 1214
Überschreitungswahrscheinlichkeit, 37
Überstauhäufigkeit, 1383
Überwachung, 271, *siehe* Bauwerksüberwachung
Überwachung von Gerüst und Schalung, 272
Überwachungsklasse, 271, 272
Überwachungsstelle, 275
Ultraschall, 268
Ultraschallgeschwindigkeit, 1017, 1018
Umgebungslärm, 1204
Umgebungslärmrichtlinie, 1204
Umkehrdach, 1076
Umlenkkraft, 226
Umlenkwinkel, 325
Umschnürungseffekt, 673
unausgesteift, 359
unbestimmtes Integral, 24
unbewehrter Beton, 368, 372
ungewollte Lastausmitte, 364
ungewollten Ausmitte, 482
ungleichförmiger Abfluss, 1336, 1342
Uniclass, 1483

universelles Fließgesetz, 1332
unsymmetrischer Übergangsbogen, 57
Unterdeterminante, 8
Unterfangung, 969
Unterflanschbiegung, 725
Untergrundklasse, 169
unterirdische Entwässerungsanlage, 1280
Unterputz, 496
Unterschiedliche Rauheit, 1332
unverschieblich, 360
Unverschieblichkeit, 249
Unverschieblichkeit ausgesteifter Tragwerke, 249
Unverstärkter Durchbruch, 783
unvollkommener Ausfluss, 1349
unvollkommener Brunnen, 1353
Unvollkommener Überfall, 1346
U-Profile, 963
UTM-Koordinaten, 42
UTM-System, 42

V
Varianz, 36
Variationsbreite, 35
Variationskoeffizient, 35
Vektor, 8
Vektoralgebra, 9
vektorielles Produkt, 9
Venturikanal, 1347, 1348
veränderte Nutzung, *siehe* Nutzungsänderung
Verankerung, 391
Verankerungslänge, 391, 454
Verankerungsschlupf, 324
Verband, 235, 239
Verbauplatte, 954
Verbauprofil, 961
Verbauwand, 958
Verbindung, 805
Verbindung mit stiftförmigen metallischen
        Verbindungsmitteln, 807
Verbindung, vereinfachte Ermittlung, 808
Verbindung, wechselnde Beanspruchung, 806
Verbindung, Zug-Druck-, 805
Verbindungsstraße, 1227
Verbundbauteil, 791
Verbundbereich, 391
Verbundbewehrung, 348
Verbunddecke, 680
Verbundfestigkeit, 381
Verbundfuge, 664
Verbundglas, 879, 900
Verbundmittel, 663–665
Verbundpfahl, 943
Verbund-Sicherheitsglas, 879, 882, 900
Verbundsicherung, 663, 678
Verbundspannung, 390
Verbundstütze, 672
Verbundträger, 654
Verbundtragwerke, 651
Verdampfungswärme, 1309
Verdichtung, 985
Verdichtungserddruck, 950
Verdichtungsgrad, 985, 986
Verdichtungsgrad (Proctordichte), 912
Verdichtungsmaß, 267
Verdrängungspfahl, 942
Verdrehung, 939

Verdunstungswassermasse, 1104
vereinfachter Sohldrucknachweis, 926
Vereinfachtes Nachweisverfahren, 700
Vereinigungsverlust, 1323
Vereisung, 955
Vereisungsklasse, 153
Verfahren HEPS von SA*POS*, 53
Verfahrensplanung, 75
Verformung, 384, 669, 728
Verformungsbeiwerte, 751
Verformungskennwert, 476
Verformungsmodul, 912, 986
Verformungsnachweis, 385
Verformungsverhalten, 914
Verformungsverhalten, affin, 243, 244
Verformungsverhalten, nicht-affin, 243
Verfügungsberechtigter, 996, 997
Vergabe- und Vertragsordnung, 64, 67
Vergaberecht, 63
Vergabeverordnung, 63
Vergleichsspannung, 556
Verkehrsraum, 1213
Verkehrssicherheit, 991, 993, 995
Verkehrssicherungspflicht, 991
Verkehrswesen, 1209
Verlegezeichnung, 1505, 1508
Verlust durch Querschnittsänderung, 1338
Verlustbeiwert für gekrümmte Rechteckgerinne,
        1337
Verlusthöhe, 1314
vermaschte Wasserversorgungsnetze, 1377
verminderter passiver Erddruck, 950
Verpressanker, 951, 966
Verpresskörper, 966
Verpresspfahl, 943
versagende Zugzone, 189
Versatzmaß, 404
verschieblich, 360
Verschiebung, 934
Verschiebungsmoduln K_{ser}, 806
Verschiebungsmoduln K_u, 806
Verschleißwiderstand, 268
Versickerung, 1401
Versickerungsbecken, 1406
Versickerungsschacht, 1405
Versickerungsversuch, 977
Versinken vom Bauteil, 966
Versorgungsdruck, 1373
Verstärkter Queranschluss, 789
Verstärkter Schräganschluss, 789
Verstärkung, 1004, 1024
Verstärkung gekrümmter Träger, 778
Verstärkung Satteldachträger, 778
Verstärkung, Spritzbeton, 1026, 1027
vertikale Aussteifung, 237
Vertikalmessung, 41
Vertikalverglasung, 888, 891
Verträglichkeitsbedingung, 217
Vertragskalkulation, 72
Vertrauensbereich, 38
Verwehung, 152
Verwertung des mineralischen Abfälls, 1467
Verwertung von Reststoff, 1466
Verwindung, 1231
verzahnt, 347

Verzerrung, 178, 184
Verzinsung, 5
Verzweigungslast, 585, 643
Vier-Augen-Prinzip, 1045
vierseitig gelagerte Platte, 305
virtuelle Arbeit, 201, 217
Volleinspannmoment, Festeinspannmoment, 206, 223, 228
Vollholz, 745
Völligkeit, 146
vollkommener Ausfluss, 1349
Vollkommener Überfall, 1345
Vollplatte, 406
Vollständige Verdübelung, 658, 664
Volumenänderung, 1309
Volumenmodell, 255
Vorblickzielweite, 53
Vorentwurfzeichnung, 1502
Vorklärbecken, 1410
Vorkrümmung, 550
Vorsorgewert, 1462
Vorspannen, 733
Vorspannen von Schrauben, 697
Vorspannung, 226, 377
Vorspannverfahren, 735
Vorverformung, 550

W
Wachstumsfunktion, 5
Wagnis und Gewinn, 75
Wahrscheinlichkeit, 36
Wahrscheinlichkeitsverteilung, 37
Wand, 1506
wandartige Träger, 320, 413
Wandaussteifung, 241
Wanddurchbruch, 1002
Wandneigung, 945
Wandreibung, 945
Wandreibungswinkel, 947, 957, 965
Wandscheibe, 237
Wandschubspannung, 1350
Wannenhalbmesser, 1230
Wärmebrücke, 1077, 1078
Wärmedämmputz, 496
Wärmedämmputzsystem, 496
Wärmedämmung, 487
Wärmedurchgangskoeffizient, 1072
Wärmedurchgangskoeffizient von Außentüren und Toren, 1072
Wärmedurchgangskoeffizient von Bauteilen aus homogenen Schichten, 1070
Wärmedurchgangskoeffizient von Bauteilen aus homogenen und inhomogenen Schichten, 1070
Wärmedurchgangskoeffizient von Bauteilen gegen Erdreich, 1072
Wärmedurchgangskoeffizient von Bauteilen mit Abdichtung, 1072
Wärmedurchgangskoeffizient von Bauteilen mit keilförmigen Schichten, 1071
Wärmedurchgangskoeffizient von Fenstern, 1072
Wärmedurchgangskoeffizient von Lichtkuppeln und Dachlichtbändern, 1072
Wärmedurchgangskoeffizienten U_w für vertikale Fenster, 1136
Wärmedurchgangswiderstand, 1070

Wärmedurchlasswiderstand R von Baustoffschichten, 1068
Wärmedurchlasswiderstand R_u anderer unbeheizter Räume, 1069
Wärmedurchlasswiderstand von Dachräumen, 1069
Wärmedurchlasswiderstand von Decken, 1131
Wärmedurchlasswiderstand von Luftschichten in Außenbauteilen, 1069
Wärmeleitfähigkeit, 1068, 1130, 1310
Wärmeschutz, 1067
Wärmestrom, 1074
Wärmestromdichte, 1074
Wärmeübergangswiderstände, 1069
Wasserandrang, 978
Wasseraufbereitung, 1370
Wasseraufnahmekoeffizient, 1104
Wasseraufnahmevermögen, 913
Wasserbaustein, 1362
Wasserbedarf, 1365
Wasserbeschaffenheit, 1368
Wasserbewegung schießend, 1328
Wasserbewegung strömend, 1328
wasserdampfdiffusionsäquivalente Luftschichtdicke, 1139
Wasserdampfdiffusionsdurchlasswiderstand, 1104
Wasserdampfdiffusionsstromdichte, 1104
Wasserdampfdiffusionswiderstandszahl, 1104
Wasserdampfkonzentration, 1100
Wasserdampfpartialdruck, 1101
Wasserdampfpartialdruckgefälle, 1101
Wasserdruck, 959, 1309, 1310, 1312
Wasserdruckkraft, 1311, 1312
Wasserdrucklast, 972
Wasserdurchlässigkeitsbeiwert, 1403
Wassereindringwiderstand, 268
Wasserförderung, 1373
Wassergehalt, 912
Wassergehalt, wirksamer, 257
Wassergewinnung, 1353, 1369
Wasserhaushaltsschicht, 1453
Wasserrahmenrichtlinie (WRRL), 1406
Wasserspeicherung, 1375
Wasserverluste, 1368
Wasserversorgung, 1365
Wasserversorgungsbrunnen, 1353
Wasserverteilung, 1377
Wasserwirtschaft, 1466
Wasserzementwert, 257, 261
Wasserzementwert, äquivalenter, 257
Weggrößenverfahren, 220, 229
Weg-Zeit-Diagramm, 77
Wehr, 1342, 1345
Weiche, 1297
Wendepunkt, 27
Werkzeichnung, 1502
Wichte, 915, 1310
Widerstand, 923, 924
Widerstandsbeiwert, 1314, 1318, 1321, 1331, 1334
Widerstandsmoment, 182, 186, 189
Widerstandssetzungslinie, 941
Widerstandszahl, 1334
Wiederaufbau, 1493
Windgeschwindigkeit, 122
Windlast, 121
Windzonenkarte, 123

Winkelabschlussverbesserung, 48, 49
Winkelverdrehung, 938
Wirksame Anzahl n_{ef} (Nägel), 817
Wirksame Breite, 557
wirksame Stützweite, 300
wirksame Wärmespeicherfähigkeit, 1074
Wirkungspfad, 1461, 1462
Wöhlerlinie, 716
Wohnstraße, 1221
Wohnweg, 1221
Wölbfreie Querschnitte, 559
Wölbkrafttorsion, 559
Wölbmomente, 559
Wölbtorsionsmoment, 560
WRRL, 1407
Würfel, 18
Wurzel, 4

Z
Zahlenwertgleichung, 3
Zebrastreifen, 1254
Zeichenfläche, 1488
Zeilenvektor, 11
Zeitbeiwertverfahren, 1383
Zeitverlaufsverfahren, 252
Zement, 257, 259
Zementart, 260
Zementgehalt, 260
Zentrifuge, 1436
zentrische Druckbeanspruchung, 478
Zielsystem, 45
Zimmermannsmäßige Verbindung, 839

Zinseszinsrechnung, 5
zu errichtende Nichtwohngebäude, 1090
zu errichtende Wohngebäude, 1087
Zufallsgröße, 35
Zug in Faserrichtung, 757
Zugbeeinflussung, 1307
Zugfestigkeit, 268, 505, 687
Zugkraftdeckungslinie, 402
Zugverbindungen, 758
zulässige Längsabweichung ZL, 49
zulässige Winkelabweichung ZW, 49
Zulauf, 1354
Zuordnungswert, 1467
Zurückbiegen, 390
Zusammendrückbarkeit, 937
Zusatzmittel, 257, 261
Zusatzstoff, 257, 261
Zuschlag K für erhöhte Störwirkung von lichtzeichengeregelten Kreuzungen und Einmündungen, 1181
Zuschlag K_{PA} für die Parkplatzart und Zuschlag K_I für die Impulshaltigkeit, 1186
Zuschlag K_{StrO} für unterschiedliche Fahrbahnoberflächen, 1187
Zuschlagswert $\Delta R_{w,Tr}$ für die Zweischaligkeit, 1162
Zustandsnote, 995
Zweiachsige Biegung, 566, 678
Zwei-Ebenen-Stoß, 396
Zweifeldträger, 208, 213
zweischalige Außenwand, 486–488
Zwischenabstützung (Einzelabstützung), 796
Zylinderdruckfestigkeit, 911

Ihr Bonus als Käufer dieses Buches

Als Käufer dieses Buches können Sie kostenlos das eBook zum Buch nutzen.
Sie können es dauerhaft in Ihrem persönlichen, digitalen Bücherregal
auf **springer.com** speichern oder auf Ihren PC/Tablet/eReader downloaden.

Gehen Sie bitte wie folgt vor:

1. Gehen Sie zu **springer.com/shop** und suchen Sie das vorliegende Buch
   (am schnellsten über die Eingabe der eISBN).
2. Legen Sie es in den Warenkorb und klicken Sie dann auf:
   zum Einkaufswagen/zur Kasse.
3. Geben Sie den untenstehenden Coupon ein. In der Bestellübersicht wird
   damit das eBook mit 0 Euro ausgewiesen, ist also kostenlos für Sie.
4. Gehen Sie weiter **zur Kasse** und schließen den Vorgang ab.
5. Sie können das eBook nun downloaden und auf einem Gerät Ihrer Wahl lesen.
   Das eBook bleibt dauerhaft in Ihrem digitalen Bücherregal gespeichert.

EBOOK INSIDE

eISBN
Ihr persönlicher Coupon

Sollte der Coupon fehlen oder nicht funktionieren, senden Sie uns bitte
eine E-Mail mit dem Betreff: **eBook inside** an **customerservice@springer.com**.